PRINCÍPIOS DE NEUROCIÊNCIAS

EQUIPE DE TRADUÇÃO

Ana Paula Santana de Vasconcellos Bittencourt
(*Caps. 1, 3, 4, 30, 31, 34, 61, 64*)
Professora associada do Departamento de Ciências Fisiológicas na Universidade Federal do Espírito Santo (UFES). Doutora em Neurociências pela Universidade Federal do Rio Grande do Sul (UFRGS).

Carla Dalmaz
(*Caps. 2, 29, 40, 41, 42, 43, 45, 46, 47, 48, 49*)
Professora titular do Departamento de Bioquímica, Instituto de Ciências Básicas da Saúde (ICBS) da UFRGS. Orientadora nos Programas de Pós-Graduação em Neurociências e em Bioquímica da UFRGS. Doutora em Bioquímica pela Universidade Federal do Paraná (UFPR).

Carlos Alberto Saraiva Gonçalves
(*Caps. 11, 12, 13, 14, 15, 50, 51*)
Professor titular do Departamento de Bioquímica, Programa de Pós-Graduação em Neurociências e Programa de Pós-Graduação em Bioquímica na UFRGS. Doutor em Bioquímica pela UFPR/UFRGS.

Carmem Gottfried
(*Caps. 7, 16, 17, 18, 19, 20, 62, Índice*)
Farmacêutica pela Universidade Federal de Santa Maria (UFSM). Mestra e Doutora em Bioquímica pela UFRGS. Professora titular do Departamento de Bioquímica, Programa de Pós-Graduação em Neurociências e Programa de Pós-Graduação em Bioquímica da UFRGS. Membro fundadora do Grupo de Estudos Translacionais em Transtorno do Espectro Autista (GETTEA) na UFRGS.

Denise Maria Zancan
(*Cap. 56*)
Professora associada do Departamento de Fisiologia e professora orientadora no Programa de Pós-Graduação em Neurociências da UFRGS.
Doutora em Ciências Biológicas (Fisiologia) pela UFRGS.

Jorge Alberto Quillfeldt
(*Caps. 5, 6, 39, 52, 53, 54*)
Professor titular do Departamento de Biofísica, Programa de Pós-Graduação em Neurociências da UFRGS. Doutor em Fisiologia pela UFRGS.

Lenir Orlandi Pereira Silva
(*Caps. 33, 36, 37, 38*)
Professora associada do Departamento de Ciências Morfológicas da UFRGS e docente no Programa de Pós-Graduação em Neurociências. Mestra em Neurociências pela Universidade Federal de Santa Catarina (UFSC). Doutora em Neurociências pela UFRGS.

Maria Elisa Calcagnotto
(*Caps. 8, 9, 10, 21, 22, 23, 24, 25, 26, 27, 28, 44, 57, 58, 63*)
Médica neurologista. Professora adjunta do Departamento de Bioquímica, Programa de Pós-Graduação em Bioquímica e Programa de Pós-Graduação em Neurociências da UFRGS. Doutora em Neurologia/Neurociências pela Universidade Federal de São Paulo (UNIFESP). Pós-Doutora em Neurofisiologia Básica (Eletrofisiologia) pelo Instituto Neurológico de Montreal (MNI), Canadá, pela University of California em San Francisco (UCSF), EUA, pela UNIFESP e pelo Centro Andaluz de Biología Molecular y Medicina Regenerativa (CABIMER), Sevilha, Espanha, e pelo Departamento de Bioquímica da UFRGS.

Renata Menezes Rosat
(*Caps. 32, 35, 59, 60*)
Médica pela Universidade Federal de Ciências da Saúde de Porto Alegre (UFCSPA) e graduação em Educação Física pela UFRGS. Professora do Departamento de Fisiologia do ICBS da UFRGS. Mestra em Ciências Biológicas (Fisiologia) pela UFRGS. Doutora em Medicina (Clínica Médica) pela UFRGS.

P954   Princípios de neurociências / Eric R. Kandel ... [et al.] ; tradução : Ana Paula Santana de Vasconcellos Bittencourt... [et al.] ; revisão técnica : Carla Dalmaz...[et al]. – 6. ed. – Porto Alegre : AMGH, 2023.
xlii, 1454 p. il. color. ; 28 cm.

ISBN 978-65-5804-024-8

1. Neurociência. I. Kandel, Eric R.

CDU 616.8

Catalogação na publicação: Karin Lorien Menoncin – CRB 10/2147

Eric R. Kandel
John D. Koester
Sarah H. Mack
Steven A. Siegelbaum

PRINCÍPIOS DE NEUROCIÊNCIAS

6ª Edição

REVISÃO TÉCNICA DESTA EDIÇÃO

Carla Dalmaz (*Caps. 2, 5, 6, 29, 39, 40-43, 45-49, 52, 61*)
Carlos Alberto Saraiva Gonçalves (*Caps. 11-15, 50, 51*)
Carmem Gottfried (*Caps. 7, 16-20, 62*)
Denise Maria Zancan (*Cap. 56*)
Jorge Alberto Quillfeldt (*Caps. 53, 54*)
Lenir Orlandi Pereira Silva (*Caps. 33, 36-38*)
Maria Elisa Calcagnotto (*Caps. 1, 3, 4, 8-10, 21-28, 30, 31, 34, 44, 57, 58, 63, 64*)
Renata Menezes Rosat (*Caps. 32, 35, 55, 59, 60*)

Porto Alegre
2023

Obra originalmente publicada sob o título *Principles of Neural Science*, 6th Edition
ISBN 9781259642241
Original edition copyright © 2021 by McGraw-Hill, LLC, New York New York 10019. All rights reserved.

Portuguese translation copyright © 2023, AMGH Editora Ltda, a +A Educação company. All rights reserved.

Gerente editorial: *Letícia Bispo de Lima*

Colaboraram nesta edição

Coordenador editorial: *Alberto Schwanke*

Preparação de originais: *Pedro Surreaux, Sandra Godoy, Taína Winter de Lima e Tiele Patricia Machado*

Arte sobre capa original: *Kaéle Finalizando Ideias*

Editoração: *Clic Editoração Eletrônica Ltda.*

Imagem da capa: Esta imagem do córtex cerebelar de um camundongo captura a morfologia e a distribuição de células granulares cerebelares, utilizando uma proteína fluorescente ligada à membrana para destacar seus corpos e processos celulares. Células granulares são interneurônios excitatórios, constituindo a mais numerosa população neuronal do sistema nervoso – elas representam mais de 50% de todos os neurônios do encéfalo! A orientação e a organização de seus axônios, que aparecem perpendicularmente ao plano da imagem, dão origem a uma aparência "pilosa" nesta seção e conferem a eles um nome distinto: fibras paralelas. As células de Purkinje, únicos neurônios de saída do córtex cerebelar, recebem *input* de 200 mil a 1 milhão de fibras paralelas, permitindo-as integrar uma imensa quantidade de informação. (Imagem reproduzida, com autorização, de Wendy Xueyi Wang.)

Nota

Assim como a medicina, as neurociências estão em constante evolução. À medida que novas pesquisas e a própria experiência clínica ampliam o nosso conhecimento, são necessárias modificações na terapêutica, onde também se insere o uso de medicamentos. Os autores desta obra consultaram as fontes consideradas confiáveis, num esforço para oferecer informações completas e, geralmente, de acordo com os padrões aceitos à época da publicação. Entretanto, tendo em vista a possibilidade de falha humana ou de alterações nas ciências médicas, os leitores devem confirmar estas informações com outras fontes. Por exemplo, e em particular, os leitores são aconselhados a conferir a bula completa de qualquer medicamento que pretendam administrar, para se certificar de que a informação contida neste livro está correta e de que não houve alteração na dose recomendada nem nas precauções e contraindicações para o seu uso. Essa recomendação é particularmente importante em relação a medicamentos introduzidos recentemente no mercado farmacêutico ou raramente utilizados.

Reservados todos os direitos de publicação, em língua portuguesa, à
AMGH EDITORA LTDA., uma empresa GRUPO A EDUCAÇÃO S.A.
Rua Ernesto Alves, 150 – Bairro Floresta
90220-190 – Porto Alegre – RS
Fone: (51) 3027-7000

SAC 0800 703 3444 – www.grupoa.com.br

É proibida a duplicação ou reprodução deste volume, no todo ou em parte, sob quaisquer formas ou por quaisquer meios (eletrônico, mecânico, gravação, fotocópia, distribuição na Web e outros), sem permissão expressa da Editora.

IMPRESSO NO BRASIL
PRINTED IN BRAZIL

Sarah H. Mack
1962-2020

DEDICAMOS ESTA 6ª EDIÇÃO DE *Princípios de Neurociências* a nossos queridos amigos e colegas Thomas M. Jessell e Sarah H. Mack.

Sarah Mack, que comandou e participou do projeto gráfico de *Princípios de Neurociências* durante mais de 30 anos, faleceu em 2 de outubro de 2020. Ela trabalhou brava e incansavelmente para garantir que a arte desta edição atingisse seu alto padrão de qualidade e pudesse ser finalizada enquanto ela ainda tinha forças para continuar.

Depois de se formar com honras no Williams College em literatura inglesa no ano de 1984, Sarah atuou na área de trabalhos sociais por 5 anos, enquanto estudava artes visuais e computação gráfica em Columbia. Sua primeira participação no projeto gráfico de *Princípios de Neurociências* foi na 3ª edição, quando ingressou no Kandel Lab como artista gráfica, em 1989. Cinco anos depois, durante o planejamento da 4ª edição, Sarah e Jane Dodd, editora de arte, renovaram completamente o projeto gráfico, criando e convertendo centenas de imagens e adicionando cores. Essa tarefa hercúlea exigiu inúmeras decisões de estilo para que se alcançasse coerência entre os vários elementos visuais do livro. O resultado foi um conjunto de esquemas e imagens extremamente claros, didáticos e visualmente agradáveis. Sarah manteve e ampliou esse alto nível de excelência como editora de arte na 5ª e na 6ª edições do livro. Assim, ela deixou uma herança significativa para os milhares de estudantes que, ao longo dos anos que passaram e dos que ainda virão, conheceram e conhecerão as neurociências através do seu trabalho.

Sarah foi uma artista extraordinariamente e talentosa, que desenvolveu uma compreensão e uma admiração profunda pelas neurociências durante os muitos anos em que participou da produção deste livro. Além de suas contribuições artísticas para as imagens, ela também editou os respectivos textos e legendas visando o máximo de clareza. Como sua colaboração ia muito além da preparação de figuras, Sarah se tornou coorganizadora da edição atual. Sarah tinha também uma incrível habilidade para negociar com dezenas de autores simultaneamente, além de orientá-los de forma decidida e gentil, para que obtivéssemos um conjunto de imagens elegante e didático. Ela fazia isso com um espírito tão generoso que suas interações com os autores, mesmo com aqueles que ela nunca havia encontrado em pessoa, se transformaram em amizades afetuosas.

Nas últimas três edições, Sarah foi o motor que impulsionou o estilo unificado que está presente nos capítulos de *Princípios de Neurociências*. Sua ausência será sentida profundamente por todos nós.

Thomas M. Jessell
1951-2019

Tom Jessel foi um neurocientista extraordinário, responsável por uma série de contribuições pioneiras para a compreensão do desenvolvimento da medula espinal, do circuito sensorimotor e do controle dos movimentos. Dono de um profundo conhecimento enciclopédico, ele explorava ao máximo os temas de seu interesse. Um brilhante polímata, Tom podia facilmente discutir uma descoberta científica há tempos esquecida, citar Shakespeare de cor ou se entusiasmar com uma arte britânica do século XX ou da renascença italiana.

O interesse de Tom pelas neurociências começou na graduação, com seus estudos em farmacologia sináptica na University of London, onde se formou em 1973. Depois, ele ingressou no laboratório de Leslie Iversen no Conselho de Pesquisa Médica em Cambridge durante seu doutorado, quando investigou o mecanismo pelo qual a recém-descoberta substância P controla a sensação da dor. Após receber o título de Doutor em 1977, ele continuou a explorar o papel da substância P no processamento da dor no pós-doutorado com Masanori Otsuka, em Tóquio, consolidando seu longo interesse por mecanismos espinais sensoriais ao mesmo tempo em que dava conta de aprender o básico de japonês. Percebendo que uma maior compreensão do desenvolvimento neural poderia levar a descobertas mais profundas sobre a função da medula espinal, Tom começou a pesquisar a formação de uma sinapse clássica, a junção neuromuscular, no laboratório de Gerry Fischbach em Harvard.

Tom se tornou, então, membro do Departamento de Neurobiologia de Harvard como professor assistente em 1981, onde investigou os mecanismos da transmissão sináptica sensorial e o desenvolvimento de sinais de entrada do sistema somatossensorial para a medula espinal. Em 1985, foi convidado a ocupar o cargo de professor associado e pesquisador no Centro de Neurobiologia e Comportamento (hoje Departamento de Neurociência) do Howard Hughes Medical Institute e no Departamento de Bioquímica e Biofísica Molecular na Faculdade de Medicina e Cirurgia da Columbia University. Durante os 33 anos seguintes, Tom e um grupo extraordinário de estudantes e colaboradores, usando uma abordagem celular, bioquímica, genética e eletrofisiológica, identificaram e definiram os microcircuitos da medula espinal que controlam o comportamento sensorial e motor. Os estudos revelaram os mecanismos moleculares e celulares pelos quais os neurônios espinais adquirem sua identidade e pelos quais os circuitos espinais são ligados e como eles operam. Tom definiu conceitos-chave e princípios do desenvolvimento neural e controle motor, e seus achados deram origem a descobertas sem precedentes envolvendo os princípios neurais que coordenam o movimento, embasando terapias para doenças dos neurônios motores.

Eric Kandel e Jimmy Schwartz, os organizadores originais de *Princípios de Neurociências*, recrutaram Tom como coorganizador durante a fase de planejamento da 3ª edição do livro. O papel de Tom era expandir as partes da ciência do desenvolvimento humano e da neurociência molecular. Essa se provou uma escolha acertada, já que o conhecimento amplo de Tom, sua clareza de pensamento e escrita precisa e elegante ajudaram a moldar e definir o texto para as três edições seguintes. Como coautores de capítulos durante os anos de Tom, testemunhamos o rigor de linguagem e prosa que ele incentivava os autores a empregar.

Nos últimos anos de sua vida, Tom combateu com bravura uma doença neurodegenerativa devastadora que o impediu de participar ativamente na organização da edição atual. Mesmo assim, sua visão permaneceu no projeto pela sua abordagem filosófica de fornecer uma compreensão molecular das bases neurais do comportamento e doenças neurológicas. A influência colossal de Tom nesta e em futuras edições de *Princípios de Neurociências* e no campo da neurociência em geral vai, sem dúvidas, perdurar pelas próximas décadas.

Os homens devem saber que do encéfalo, e apenas do encéfalo, surgem nossos prazeres, alegrias, risos e pilhérias, assim como nossas tristezas, dores, lutos e lágrimas. É especialmente por meio dele que pensamos, vemos, ouvimos e distinguimos o feio do belo, o mau do bom, o agradável do desagradável... É a mesma coisa que nos faz loucos ou delirantes, que nos inspira com apreensão e medo, seja à noite ou durante o dia, que nos traz insônia, erros inoportunos, ansiedade sem objetivo, distrações e atos contrários aos nossos hábitos. Essas coisas que sofremos, todas vêm do encéfalo quando não está saudável e se torna anormalmente quente, frio, úmido ou seco, ou sofre qualquer outro estado não natural, ao qual não estava acostumado. A loucura vem de sua umidade. Quando o encéfalo está anormalmente úmido, ele se move por necessidade, e, quando se move, nem a visão nem a audição estão estáveis, mas vemos ou ouvimos agora uma coisa e então outra, e a língua fala de acordo com as coisas vistas e ouvidas em qualquer ocasião. Mas, quando o encéfalo está parado, um homem pode pensar adequadamente.

Atribuído a Hipócrates

Século V a.C.

Reproduzido, com permissão, de The Sacred Disease, in *Hippocrates*, Vol. 2, página 175, traduzido para o inglês por W.H.S. Jones, London and New York: William Heinemann and Harvard University Press. 1923.

Agradecimentos

Tivemos muita sorte de ter a participação criativa de Howard P. Beckman, que faleceu após ter finalizado seu trabalho editorial nesta edição. Depois de se formar na San Francisco State University, em 1968, Howard começou sua brilhante carreira como editor científico. Em 1997, se formou em Direito na John F. Kennedy University e deu início a uma carreira paralela em legislação ambiental. Howard é uma parte fundamental de *Princípios de Neurociências* desde a 3ª edição. Apesar de não ter a formação de um cientista, seu pensamento lógico e intelecto rigoroso ajudaram a garantir que o livro tivesse um estilo consistente nas explicações. Sua insistência por clareza na escrita teve um impacto imenso em cada edição deste livro, e ele deixará saudades para aqueles com quem trabalhou ao longo dos anos.

Temos uma enorme dívida de gratidão com Pauline Henick, que gerenciou o projeto editorial com muita competência, dedicação, inteligência e diligência extrema. Pauline conseguiu, com bom humor e compreensão, manter todos os organizadores e autores dentro do prazo apesar das circunstâncias desafiadoras. A publicação no tempo certo não teria sido possível sem sua enorme contribuição.

Também queremos agradecer a Jan Troutt da Troutt Visual Services por suas incríveis contribuições técnicas e artísticas nas ilustrações. Estendemos os agradecimentos a Mariah Widman que, com seu olhar aguçado e *expertise* artística, ajudou na preparação das figuras.

Devemos muito também aos nossos colegas da McGraw Hill – Michael Weitz, Kim David, Jeffrey Herzich e Becky Hainz-Baxter – por toda ajuda valiosa na produção desta edição. Anupriya Tyagi, da Cenveo Publisher Services, fez um trabalho extraordinário na supervisão da diagramação do livro, e agradecemos a ela imensamente.

Muitos outros colegas ajudaram os organizadores, lendo criteriosamente capítulos selecionados e auxiliando os autores na pesquisa e escrita dos capítulos. Por suas contribuições, agradecemos a Katherine W. Eyring (Capítulo 15); Jeffrey L. Noebels, MD, PhD (Capítulo 58); e Gabriel Vazquez Velez, PhD, Maxime William C. Rousseaux, PhD, e Vicky Brandt (Capítulo 63).

Reconhecemos também as importantes contribuições dos autores das edições passadas de *Princípios de Neurociências*, que ainda podem ser encontradas em vários capítulos da presente edição. Esses autores veteranos incluem Cori Bargmann, Uta Frith, James Gordon, A. J. Hudspeth, Conrad Gilliam, James E. Goldman, Thomas M. Jessell (falecido), Jane M. Macpherson, James H. Schwartz (falecido), Thomas Thach (falecido) e Stephen Warren.

Somos especialmente gratos aos organizadores das diferentes seções (partes) do livro – Thomas D. Albright, Randy M. Bruno, Thomas M. Jessell (falecido), C. Daniel Salzman, Joshua R. Sanes, Michael N. Shadlen, Daniel M. Wolpert e Huda Y. Zoghbi –, que foram indispensáveis na organização geral das suas seções e trabalharam com os autores para dar forma aos capítulos. Os maiores agradecimentos, naturalmente, vão para todos os autores da presente edição.

Por fim, agradecemos aos nossos familiares por todo o apoio e paciência durante o processo editorial.

Prefácio

Assim como nas edições anteriores, o objetivo desta 6ª edição de *Princípios de Neurociências* é oferecer aos leitores noções sobre como os genes, as moléculas, os neurônios e os circuitos que eles formam dão origem ao comportamento. Com o crescimento exponencial das pesquisas em neurociências nos 40 anos desde a 1ª edição deste livro, tem sido um desafio cada vez maior entregar uma visão geral abrangente da área ao mesmo tempo em que nos mantemos fiéis ao objetivo original da primeira edição, que é valorizar princípios básicos essenciais em vez de conhecimentos enciclopédicos detalhados.

Alguns dos maiores sucessos nas ciências do encéfalo nos últimos 75 anos foram a elucidação das funções da biologia celular e da eletrofisiologia das células nervosas, desde os primeiros estudos de Hodgkin, Huxley e Katz sobre potencial de ação e transmissão sináptica até as nossas concepções modernas das bases genéticas e biofísicas em nível molecular desses processos fundamentais. As três primeiras partes deste livro discorrem sobre essas valiosas conquistas.

Os primeiros seis capítulos da Parte I apresentam uma visão geral de temas mais amplos das neurociências, incluindo a organização anatômica básica do sistema nervoso e as bases genéticas de suas funções e comportamento. Um novo capítulo (Capítulo 5) foi incluído para apresentar os princípios pelos quais os neurônios participam de circuitos que realizam processamentos específicos importantes para o comportamento. A primeira parte é concluída com uma consideração sobre como a adoção de técnicas modernas de neuroimagem resulta em uma ponte entre as neurociências e a psicologia. As duas partes seguintes focam nas propriedades básicas das células nervosas, incluindo a geração e condução do potencial de ação (Parte II) e os mecanismos eletrofisiológicos e moleculares da transmissão sináptica (Parte III).

Em seguida, consideramos como a atividade dos neurônios nos sistemas nervosos periférico e central resulta em sensações e movimentos. Na Parte IV, os vários aspectos da percepção sensorial são discutidos, incluindo como a informação dos órgãos primários sensoriais é transmitida ao SNC e como ela é processada por regiões sucessivas no cérebro para gerar a percepção sensorial. Na Parte V, são abordados os mecanismos neurais por trás dos movimentos, começando com uma visão geral da área, seguida por um conteúdo que abrange desde as fibras dos músculos esqueléticos e suas propriedades até uma análise de como os comandos motores enviados pela medula espinal derivam de atividades no córtex motor e cerebelo. Houve uma ampliação no capítulo sobre os núcleos da base, que agora aborda como eles regulam a seleção de ações motoras e a relação deles com a aprendizagem por reforços intrínsecos e extrínsecos (Capítulo 38).

Nas partes que se seguem, o foco está em processos cognitivos mais avançados, começando na Parte VI com os mecanismos neurais pelos quais as estruturas subcorticais regulam mecanismos de controle homeostático, emoções e motivação, e a influência desses processos nas operações cognitivas corticais, como sentimentos, tomada de decisões e atenção. A Parte VII trata do desenvolvimento do sistema nervoso, desde a diferenciação embrionária inicial e o surgimento de conexões sinápticas, passando por seu refinamento com base em experiências, até a substituição de neurônios perdidos devido a uma lesão ou doença. Como o aprendizado e a memória podem ser considerados uma continuação do desenvolvimento sináptico, o foco seguinte está na memória, juntamente com a linguagem, e a Parte VIII inclui um novo capítulo sobre tomada de decisão e consciência (Capítulo 56). Por fim, na Parte IX, são abordados os mecanismos neurais por trás das doenças do sistema nervoso.

Desde a última edição de *Princípios de Neurociências*, o campo das neurociências continuou avançando rapidamente, e a nova edição reflete essa evolução. O desenvolvimento de novas tecnologias de neuroimagem com microscópio óptico e eletrofisiologia permitiu o mapeamento simultâneo da atividade de grandes populações de neurônios em animais despertos. Essa grande quantidade de dados deu origem a novas abordagens computacionais e teóricas que exploram como a atividade de populações de neurônios produz comportamentos específicos. Técnicas de neuroimagem com microscópico óptico aliadas a sensores de cálcio geneticamente codificados permitem mapear a atividade de centenas ou milhares de classes definidas de neurônios com resolução subcelular enquanto um animal realiza comportamentos definidos. Ao mesmo tempo, canais iônicos ativados por luz e bombas de íons (optogenética) ou receptores projetados geneticamente que se ativam através de ligantes sintéticos (quimiogenética ou farmacogenética) podem ser usados para ativar ou silenciar seletivamente populações de neurônios geneticamente definidas para investigar seus papéis em determinados comportamentos. Além da discussão desse conteúdo em capítulos por todo o livro, apresentamos alguns desses desenvolvimentos no novo Capítulo 5, que trata tanto de novas tecnologias experimentais quanto dos princípios computacionais pelos quais os circuitos neurais dão origem ao comportamento.

Nos últimos 20 anos, houve também uma expansão nas tecnologias que permitem mapear, de maneira invasiva ou não, o encéfalo. Novos estudos aproximaram a neurociência e a psicologia, como se pode ver na discussão ampliada sobre os diferentes tipos de memórias no Capítulo 52. Métodos não invasivos de neuroimagem possibilitaram a identificação de áreas do encéfalo que são ativadas durante atos cognitivos. No novo capítulo a respeito da interface cérebro-máquina (Capítulo 39), discute-se sobre como o uso de eletrodos permite tanto o mapeamento eletrofisiológico quanto a estimulação local dos neurônios, o que pode, no futuro, ser um caminho para restaurar funções em indivíduos com danos no sistema nervoso central ou periférico.

Conhecer os mecanismos neurais básicos e avançados é essencial para compreender não apenas as funções normais do encéfalo, mas também as diversas doenças neurológicas e psiquiátricas hereditárias ou adquiridas. Com o sequenciamento genético moderno, agora está claro que mutações hereditárias ou espontâneas em genes expressos em neurônios contribuem para doenças do encéfalo. Junto a isso, é evidente que fatores ambientais interagem com os mecanismos genéticos básicos e influenciam a progressão das doenças. Agora, uma nova seção conclui o livro, a Parte IX, que apresenta os princípios neurocientíficos relacionados com doenças do sistema nervoso. Nas edições anteriores, muitos desses capítulos estavam espalhados pelo livro. Na nova edição, contudo, esses capítulos estão agrupados devido ao crescente interesse pela ideia de que as causas por trás de doenças aparentemente independentes, incluindo as neurodegenerativas – como a doença de Parkinson e a de Alzheimer – e do desenvolvimento do sistema nervoso – como a esquizofrenia e o autismo – possuem alguns princípios em comum. Por fim, esses capítulos destacam a tradição histórica de como as pesquisas em doenças neurológicas aprofundam o conhecimento sobre as funções normais do cérebro, incluindo memória e consciência.

Ao publicar esta nova edição, esperamos inspirar nos leitores um senso de admiração pelas conquistas da neurociência moderna e pelas futuras gerações de neurocientistas que enfrentarão os desafios por vir. Ao mostrar como os neurocientistas do passado desenvolveram abordagens experimentais para responder questões e controvérsias da área, queremos encorajar os leitores a pensarem criticamente e não deixarem de questionar o conhecimento recebido, pois todos os fatos já consolidados costumam vir acompanhados de questões mais profundas quando se trata das ciências do encéfalo. Portanto, esperamos que esta 6ª edição de *Princípios de Neurociências* seja a base e a motivação para a próxima geração de neurocientistas formular e investigar essas questões.

Autores

Allan I. Basbaum, PhD, FRS
Professor and Chair
Department of Anatomy
University California San Francisco

Amy J. Bastian, PhD
Professor of Neuroscience, Neurology, and Physical Medicine and Rehabilitation
Department of Neuroscience
Johns Hopkins University
Director of the Motion Analysis Laboratory
Kennedy Krieger Institute

Aniruddha Das, PhD
Associate Professor
Department of Neuroscience
Mortimer B. Zuckerman Mind Brain Behavior Institute
Columbia University

Anthony D. Wagner, PhD
Professor, Department of Psychology
Wu Tsai Neurosciences Institute
Stanford University

Attila Losonczy, MD, PhD
Professor, Department of Neuroscience
Mortimer B. Zuckerman Mind Brain Behavior Institute
Kavli-Simons Fellow
Kavli Institute for Brain Science
Columbia University

Ben A. Barres, MD, PhD*
Professor and Chair, Department of Neurobiology
Stanford University School of Medicine

Beth Stevens, PhD
Boston Children's Hospital
Broad Institute of Harvard and MIT
Howard Hughes Medical Institute

Bradford B. Lowell, MD, PhD
Professor, Division of Endocrinology, Diabetes, and Metabolism
Department of Medicine
Beth Israel Deaconess Medical Center
Program in Neuroscience
Harvard Medical School

---
*Falecido

Bruce P. Bean, PhD
Department of Neurobiology
Harvard Medical School

Byron M. Yu, PhD
Department of Electrical and Computer Engineering
Department of Biomedical Engineering
Neuroscience Institute
Carnegie Mellon University

C. Daniel Salzman, MD, PhD
Professor, Departments of Neuroscience and Psychiatry
Investigator, Mortimer B. Zuckerman Mind Brain Behavior Institute
Investigator, Kavli Institute for Brain Science
Columbia University

Carol A. Tamminga, MD
Professor and Chairman
Department of Psychiatry
UT Southwestern Medical School

Charles D. Gilbert, MD, PhD
Arthur and Janet Ross Professor
Head, Laboratory of Neurobiology
The Rockefeller University

Charles Zuker, PhD
Departments of Neuroscience, and Biochemistry and Molecular Biophysics
Columbia University
Howard Hughes Medical Institute

Christopher D. Frith, PhD, FMedSci, FRS, FBA
Emeritus Professor of Neuropsychology, Wellcome Centre for Human Neuroimaging
University College London
Honorary Research Fellow
Institute of Philosophy
School of Advanced Study
University of London

Clifford B. Saper, MD, PhD
James Jackson Putnam Professor of Neurology and Neuroscience
Harvard Medical School
Chairman, Department of Neurology
Beth Israel Deaconess Medical Center
Editor-in-Chief, *Annals of Neurology*

Cornelia I. Bargmann, PhD
The Rockefeller University

Daniel Gardner, PhD
Professor of Physiology and Biophysics
Departments of Physiology and Biophysics, Neurology, and Neuroscience
Weill Cornell Medical College

Daniel L. Schacter, PhD
William R. Kenan, Jr. Professor
Department of Psychology, Harvard University

Daniel M. Wolpert, PhD, FMedSci, FRS
Department of Neuroscience
Mortimer B. Zuckerman Mind Brain Behavior Institute
Columbia University

Daphna Shohamy, PhD
Professor, Department of Psychology
Zuckerman Mind Brain Behavior Institute
Kavli Institute for Brain Science
Columbia University

David E. Clapham, MD, PhD
Aldo R. Castañeda Professor of Cardiovascular Research, Emeritus
Professor of Neurobiology, Emeritus
Harvard Medical School
Vice President and Chief Scientific Officer
Howard Hughes Medical Institute

David G. Amaral, PhD
Distinguished Professor
Department of Psychiatry and Behavioral Sciences
The MIND Institute
University of California, Davis

David M. Holtzman, MD
Department of Neurology, Hope Center for Neurological Disorders
Knight Alzheimer's Disease Research Center
Washington University School of Medicine

David Sulzer, PhD
Professor, Departments of Psychiatry, Neurology, and Pharmacology
School of the Arts
Columbia University
Division of Molecular Therapeutics
New York State Psychiatric Institute

Donata Oertel, PhD*
Professor of Neurophysiology
Department of Neuroscience
University of Wisconsin

Dora Angelaki, PhD
Center for Neural Science
New York University

Edvard I. Moser, PhD
Kavli Institute for Systems Neuroscience
Norwegian University of Science and Technology
Trondheim, Norway

Eric J. Nestler, MD, PhD
Nash Family Professor of Neuroscience
Director, Friedman Brain Institute
Dean for Academic and Scientific Affairs
Icahn School of Medicine at Mount Sinai

Eric R. Kandel, MD
University Professor
Kavli Professor and Director, Kavli Institute for Brain Science
Co-Director, Mortimer B. Zuckerman Mind Brain Behavior Institute
Senior Investigator, Howard Hughes Medical Institute
Department of Neuroscience
Columbia University

Esther P. Gardner, PhD
Professor of Neuroscience and Physiology
Department of Neuroscience and Physiology
Member, NYU Neuroscience Institute
New York University Grossman School of Medicine

Eve Marder, PhD
Victor and Gwendolyn Beinfield University Professor
Volen Center and Biology Department
Brandeis University

Fay B. Horak, PhD, PT
Professor of Neurology
Oregon Health and Science University

Franck Polleux, PhD
Professor, Columbia University
Department of Neuroscience
Mortimer B. Zuckerman Mind Brain Behavior Institute
Kavli Institute for Brain Science

Gammon M. Earhart, PT, PhD, FAPTA
Professor of Physical Therapy, Neuroscience, and Neurology
Washington University in St. Louis

Gary L. Westbrook, MD
Senior Scientist, Vollum Institute
Dixon Professor of Neurology
Oregon Health and Science University

Geoffrey A. Manley, PhD
Professor (Retired), Cochlear and Auditory Brainstem Physiology
Department of Neuroscience
School of Medicine and Health Sciences
Cluster of Excellence "Hearing4all"
Research Centre Neurosensory Science
Carl von Ossietzky University
Oldenburg, Germany

Gerald D. Fischbach, MD
Distinguished Scientist and Fellow, Simons Foundation
Executive Vice President for Health and Biomedical Sciences, Emeritus
Columbia University

Gerald D. Fischbach, MD,
Professor of Neuroscience
Professor of Pharmacology
Columbia University

Huda Y. Zoghbi, MD
Investigator, Howard Hughes Medical Institute
Professor, Baylor College of Medicine
Director, Jan and Dan Duncan Neurological Research Institute
Texas Children's Hospital

J. David Dickman, PhD
Vivian L. Smith Endowed Chair of Neuroscience
Department of Neuroscience
Baylor College of Medicine

Jens Bo Nielsen, MD, PhD
Professor, Department of Neuroscience
University of Copenhagen
The Elsass Foundation
Denmark

Joel K. Elmquist, DVM, PhD
Professor, Departments of Internal Medicine and Pharmacology
Director, Center for Hypothalamic Research
Carl H. Westcott Distinguished Chair in Medical Research
Maclin Family Professor in Medical Science
The University of Texas Southwestern Medical Center

John D. Koester, PhD
Professor Emeritus of Clinical Neuroscience
Vagelos College of Physicians and Surgeons
Columbia University

John Kalaska, PhD
Professeur Titulaire
Département de Neurosciences
Faculté de Médecine
l'Université de Montréal

John P. Horn, PhD
Professor of Neurobiology
Associate Dean for Graduate Studies
Department of Neurobiology
University of Pittsburgh School of Medicine

Jonathan A. Javitch, MD, PhD
Lieber Professor of Experimental Therapeutics in Psychiatry
Professor of Pharmacology
Columbia University Vagelos College of Physicians and Surgeons
Chief, Division of Molecular Therapeutics
New York State Psychiatric Institute

Joseph E. LeDoux, PhD
Henry And Lucy Moses Professor of Science
Professor of Neural Science and Psychology
Professor of Psychiatry and Child and Adolescent Psychiatry

---

*Falecido

Joshua A. Gordon, MD, PhD
Director, National Institute of Mental Health

Joshua R. Sanes, PhD
Jeff C. Tarr Professor of Molecular and Cellular Biology
Paul J. Finnegan Family Director, Center for Brain Science
Harvard University

Krishna V. Shenoy, PhD
Investigator, Howard Hughes Medical Institute
Hong Seh and Vivian W. M. Lim Professor
Departments of Electrical Engineering, Bioengineering, and Neurobiology
Wu Tsai Neurosciences Institute and Bio-X Institute
Stanford University

Kristin Scott, PhD
Professor
University of California, Berkeley
Department of Molecular and Cell Biology

Larry W. Swanson, PhD
Department of Biological Sciences
University of Southern California

Laurence F. Abbott, PhD
William Bloor Professor of Theoretical Neuroscience
Co-Director, Center for Theoretical Neuroscience
Zuckerman Mind Brain Behavior Institute
Department of Neuroscience, and Department of Physiology and Cellular Biophysics
Columbia University College of Physicians and Surgeons

Lewis P. Rowland, MD*
Professor of Neurology and Chair Emeritus
Department of Neurology
Columbia University

Linda B. Buck, PhD
Professor of Basic Sciences
Fred Hutchinson Cancer Research Center
Affiliate Professor of Physiology and Biophysics
University of Washington

Marc Tessier-Lavigne, PhD
President, Stanford University
Bing Presidential Professor
Department of Biology
Stanford University

Mark F. Walker, MD
Associate Professor of Neurology
Case Western Reserve University
Staff Neurologist, VA Northeast Ohio Healthcare System

Markus Meister, PhD
Professor of Biology
Division of Biology and Biological Engineering
California Institute of Technology

Matthew W. State, MD, PhD
Oberndorf Family Distinguished Professor and Chair
Department of Psychiatry and Behavioral Sciences
Weill Institute for Neurosciences
University of California, San Francisco

May-Britt Moser, PhD
Kavli Institute for Systems Neuroscience
Norwegian University of Science and Technology
Trondheim, Norway

Michael E. Goldberg, MD
David Mahoney Professor of Brain and Behavior
Departments of Neuroscience, Neurology, Psychiatry, and Ophthalmology
Columbia University Vagelos College of Physicians and Surgeons
Zuckerman Mind Brain Behavior Institute

Michael N. Shadlen, MD, PhD
Howard Hughes Medical Institute
Kavli Institute of Brain Science
Department of Neuroscience
Zuckerman Mind Brain Behavior Institute
Columbia University Irving Medical Center
Columbia University

Nathaniel B. Sawtell, PhD
Associate Professor
Zuckerman Mind Brain Behavior Institute
Department of Neuroscience
Columbia University

Nicholas B. Turk-Browne, PhD
Professor, Department of Psychology
Yale University

Nirao M. Shah, MBBS, PhD
Department of Psychiatry and Behavioral Sciences
Department of Neurobiology
Stanford University

Ole Kiehn, MD, PhD
Professor, Department of Neuroscience
University of Copenhagen
Professor, Department of Neuroscience
Karolinska Institutet
Stockholm, Sweden

Pascal Martin, PhD
CNRS Research Director
Laboratoire Physico-Chimie Curie
Institut Curie, PSL Research University
Sorbonne Université
Paris, France

Patricia K. Kuhl, PhD
The Bezos Family Foundation Endowed Chair in Early Childhood Learning
Co-Director, Institute for Learning and Brain Sciences
Professor, Speech and Hearing Sciences
University of Washington
NYU Langone Medical School
Director of the Emotional Brain Institute
New York University and Nathan Kline Institute

Peter Redgrave, PhD
University Professor, Emeritus
Department of Psychology
University of Sheffield
United Kingdom

Rafael Yuste, MD, PhD
Columbia University
Professor of Biological Sciences
Director, Neurotechnology Center
Co-Director, Kavli Institute of Brain Sciences
Ikerbasque Research Professor
Donostia International Physics Center (DIPC)

Ralph Adolphs, PhD
Bren Professor of Psychology, Neuroscience, and Biology
Division of Humanities and Social Sciences
California Institute of Technology

Randy M. Bruno, PhD
Associate Professor
Kavli Institute for Brain Science
Mortimer B. Zuckerman Mind Brain
 Behavior Institute
Department of Neuroscience
Columbia University

Richard W. Tsien, DPhil
Druckenmiller Professor of
 Neuroscience
Chair, Department of Physiology and
 Neuroscience
Director, NYU Neuroscience Institute
New York University Medical Center
George D. Smith Professor Emeritus
Stanford University School of Medicine

Robert H. Brown, Jr, DPhil, MD
Professor of Neurology
Director, Program in Neurotherapeutics
University of Massachusetts Medical
 School

Robert H. Wurtz, PhD
Distinguished Investigator Emeritus
Laboratory of Sensorimotor Research
National Eye Institute
National Institutes of Health

Roger M. Enoka, PhD
Professor
Department of Integrative Physiology
University of Colorado

Rui M. Costa, DVM, PhD
Professor of Neuroscience and
 Neurology
Director/CEO Zuckerman Mind Brain
 Behavior Institute
Columbia University

Stephen C. Cannon, MD, PhD
Professor and Chair of Physiology
Interim Chair of Molecular and Medical
 Pharmacology
David Geffen School of Medicine
University of California, Los Angeles

Stephen G. Lisberger, PhD
Department of Neurobiology
Duke University School of Medicine

Stephen H. Scott, PhD
Professor and GSK Chair in
 Neuroscience
Centre for Neuroscience Studies
Department of Biomedical and
 Molecular Sciences
Department of Medicine
Queen's University
Kingston, Canada

Steven A. Siegelbaum, PhD
Chair, Department of Neuroscience

Steven E. Hyman, MD
Stanley Center for Psychiatric Research
Broad Institute of MIT and Harvard
 University
Department of Stem Cell and
 Regenerative Biology
Harvard University

T. Conrad Gilliam, PhD
Marjorie I. and Bernard A. Mitchel
 Distinguished Service Professor of
 Human Genetics
Dean for Basic Science
Biological Sciences Division and
 Pritzker School of Medicine
The University of Chicago

Thomas C. Südhof, MD
Avram Goldstein Professor in the
 School of Medicine
Departments of Molecular and Cellular
 Physiology and of Neurosurgery
Howard Hughes Medical Institute
Stanford University

Thomas D. Albright, PhD
Professor and Conrad T. Prebys Chair
The Salk Institute for Biological Studies

Thomas E. Scammell, MD
Professor of Neurology
Beth Israel Deaconess Medical Center
Harvard Medical School

Thomas M. Jessell, PhD*
Professor (Retired)
Department of Neuroscience and
 Biochemistry and Biophysics
Columbia University

Trevor Drew, PhD
Professor
Groupe de Recherche sur le Système
 Nerveux Central (GRSNC)
Department of Neurosciences
Université de Montréal

Winrich Freiwald, PhD
Laboratory of Neural Systems
The Rockefeller University

Xiaoqin Wang, PhD
Professor
Laboratory of Auditory
 Neurophysiology
Department of Biomedical Engineering
Johns Hopkins University

---
*Falecido

Sumário

Parte I
Perspectiva geral

1. Encéfalo e comportamento 5
2. Genes e comportamento 22
3. Células nervosas, circuitos neurais e comportamento 49
4. Bases neuroanatômicas pelas quais os circuitos neurais medeiam o comportamento 64
5. Bases computacionais dos circuitos neurais que medeiam o comportamento 85
6. Imageamento e comportamento 98

Parte II
Biologia celular e molecular das células do sistema nervoso

7. Células do sistema nervoso 119
8. Canais iônicos 149
9. Potencial de membrana e propriedades elétricas passivas dos neurônios 171
10. Propagação de sinal: o potencial de ação 190

Parte III
Transmissão sináptica

11. Visão geral da transmissão sináptica 217
12. Transmissão por ativação direta: a sinapse neuromuscular 229
13. Integração sináptica no sistema nervoso central 246
14. Modulação da transmissão sináptica e excitabilidade neuronal: os segundos mensageiros 271
15. Liberação de neurotransmissores 291
16. Neurotransmissores 321

Parte IV
Percepção

17. Codificação sensorial 346
18. Receptores do sistema somatossensorial 366
19. Tato 390
20. Dor 421
21. Natureza construtiva do processamento visual 444
22. Processamento visual de nível inferior: a retina 465
23. Processamento visual de nível intermediário e primitivos visuais 486
24. Processamento visual de nível superior: da visão à cognição 503
25. Processamento visual para atenção e ação 519
26. Processamento auditivo pela cóclea 532
27. Sistema vestibular 559
28. Processamento auditivo pelo sistema nervoso central 578
29. Olfato e paladar: os sentidos químicos 604

Parte V
Movimento

30. Princípios do controle sensorimotor 631
31. Unidade motora e ação muscular 653
32. Integração sensorimotora na medula espinal 675
33. Locomoção 694
34. Movimento voluntário: córtices motores 722
35. Controle do olhar 764
36. Postura 784
37. Cerebelo 806
38. Núcleos da base 826
39. Interfaces cérebro-máquina 844

Parte VI
Biologia da emoção, da motivação e da homeostase

40 Tronco encefálico 867

41 Hipotálamo: controle autonômico, hormonal e comportamental da sobrevivência 892

42 Emoção 923

43 Motivação, recompensa e estados de adicção 941

44 Sono e vigília 955

Parte VII
Desenvolvimento e o surgimento do comportamento

45 Estruturação do sistema nervoso 977

46 Diferenciação e sobrevivência de células nervosas 998

47 Crescimento e direcionamento de axônios 1021

48 Formação e eliminação de sinapses 1044

49 Experiência e o refinamento de conexões sinápticas 1071

50 Restauração do encéfalo lesionado 1094

51 Diferenciação sexual do sistema nervoso 1115

Parte VIII
Aprendizado, memória, linguagem e cognição

52 Aprendizado e memória 1141

53 Mecanismos celulares da formação da memória implícita e bases biológicas da individualidade 1160

54 Hipocampo e as bases neurais do armazenamento da memória explícita 1184

55 Linguagem 1213

56 Tomada de decisão e consciência 1232

Parte IX
Doenças do sistema nervoso

57 Doenças do nervo periférico e da unidade motora 1259

58 Crises epilépticas e epilepsia 1282

59 Distúrbios dos processos mentais conscientes e inconscientes 1304

60 Transtornos do pensamento e da volição na esquizofrenia 1317

61 Transtornos do humor e de ansiedade 1328

62 Transtornos que afetam a cognição social: transtorno do espectro autista 1348

63 Mecanismos genéticos em doenças neurodegenerativas do sistema nervoso 1366

64 Envelhecimento do encéfalo 1381

Índice 1401

Sumário detalhado

Parte I
Perspectiva geral

1 Encéfalo e comportamento..........5
Eric R. Kandel, Michael N. Shadlen

Duas visões opostas acerca das relações entre o encéfalo e o comportamento têm sido consideradas 6

O encéfalo tem duas regiões funcionalmente distintas 8

A primeira forte evidência da localização das capacidades cognitivas originou-se de estudos de distúrbios da linguagem 14

Os processos mentais são o produto de interações entre unidades elementares de processamento no encéfalo 18

Destaques 20

Leituras selecionadas 20

Referências 21

2 Genes e comportamento............22
Matthew W. State, Cornelia I. Bargmann, T. Conrad Gilliam

A compreensão da genética molecular e da hereditariedade é essencial para o estudo do comportamento humano 23

A compreensão da estrutura e da função do genoma está evoluindo 24

Os genes estão organizados nos cromossomos 26

A relação entre genótipo e fenótipo é frequentemente complexa 27

Os genes são conservados ao longo da evolução 27

A regulação genética do comportamento pode ser estudada em modelos animais 29

Um oscilador transcricional regula o ritmo circadiano em moscas, camundongos e seres humanos 29

A variação natural em uma proteína-cinase regula a atividade em moscas e abelhas 38

Receptores de neuropeptídeos regulam comportamentos sociais de várias espécies 39

Estudos de síndromes genéticas humanas forneceram vislumbres iniciais acerca dos fundamentos do comportamento social 40

Distúrbios encefálicos humanos resultam de interações entre os genes e o ambiente 40

Síndromes raras do neurodesenvolvimento fornecem vislumbres sobre a biologia do comportamento social, da percepção e da cognição 41

Transtornos psiquiátricos envolvem traços multigênicos 42

Avanços na genética dos transtornos do espectro autista enfatizam o papel de mutações *de novo* e de mutações raras nos distúrbios do desenvolvimento do sistema nervoso 43

A identificação de genes para a esquizofrenia ressalta a inter-relação de variantes de risco raras e comuns 44

Perspectivas no estudo das bases genéticas de transtornos neuropsiquiátricos 45

Destaques 45

Glossário 46

Leituras selecionadas 47

Referências 47

3 Células nervosas, circuitos neurais e comportamento...................49
Michael N. Shadlen, Eric R. Kandel

O sistema nervoso possui dois tipos de células 50

As células nervosas são as unidades sinalizadoras do sistema nervoso 50

As células gliais dão suporte às células nervosas 52

Cada célula nervosa é parte de um circuito que medeia comportamentos específicos 54

A sinalização é organizada da mesma forma em todas as células nervosas 56

O componente aferente produz sinais locais graduados 57

A zona de gatilho é decisiva na geração do potencial de ação 59

O componente condutivo propaga um potencial de ação "tudo ou nada" 59

O componente eferente libera neurotransmissores 60

A transformação do sinal neuronal de sensorial para motor é ilustrada pela via do reflexo patelar 60

Células nervosas diferem principalmente em nível molecular 60

O circuito reflexo é um ponto de partida para a compreensão da arquitetura neural do comportamento 61

Circuitos neurais podem ser modificados pela experiência 62

Destaques 63

Leituras selecionadas 63

Referências 63

4 Bases neuroanatômicas pelas quais os circuitos neurais medeiam o comportamento...................64
David G. Amaral

Circuitos locais realizam computações neurais específicas que são coordenadas para mediar comportamentos complexos 65

O sistema somatossensorial ilustra os circuitos de informação sensorial 65

A informação somatossensorial do tronco e dos membros é transmitida para a medula espinal 65

Os neurônios sensoriais primários do tronco e dos membros são agrupados nos gânglios da raiz dorsal 70

Os terminais dos axônios centrais dos neurônios do gânglio da raiz dorsal na medula espinal produzem um mapa da superfície corporal 70

Cada submodalidade somática é processada em um subsistema diferente desde a periferia até o encéfalo 70

O tálamo é uma conexão essencial entre os receptores sensoriais e o córtex cerebral 72

O processamento da informação sensorial culmina no córtex cerebral 73

O movimento voluntário é mediado por conexões diretas entre o córtex e a medula espinal 78

Os sistemas moduladores no encéfalo influenciam a motivação, a emoção e a memória 80

O sistema nervoso periférico é anatomicamente diferente do sistema nervoso central 81

A memória é um comportamento complexo mediado por estruturas distintas das que conduzem sensações e movimento 82

O sistema hipocampal é interconectado com regiões corticais polissensoriais superiores 83

A formação hipocampal compreende muitos circuitos diferentes e altamente integrados 83

A formação hipocampal é constituída principalmente por conexões unidirecionais 83

Destaques 84

Leituras selecionadas 84

Referências 84

5 Bases computacionais dos circuitos neurais que medeiam o comportamento...................85
Larry F. Abbott, Attila Losonczy, Nathaniel B. Sawtell

Padrões de disparos neurais fornecem um código para a informação 86

A informação sensorial é codificada pela atividade neural 86

A informação pode ser decodificada a partir da atividade neural 86

Mapas cognitivos espaciais hipocampais podem ser decodificados para inferir-se a localização 87

Motivos conexionais em circuitos neurais fornecem uma lógica básica para o processamento da informação 90

O processamento visual e o reconhecimento de objetos dependem de uma hierarquia de representações proativas 90

A existência de diversas representações neuronais no cerebelo constitui uma base para a aprendizagem 92

Circuitos recorrentes são a base da atividade sustentada e da integração 93

O aprendizado e a memória dependem da plasticidade sináptica 95

Padrões dominantes de sinais de entrada sinápticos podem ser identificados pela plasticidade hebbiana 95

A plasticidade sináptica cerebelar desempenha um papel crucial no aprendizado motor 95

Destaques 97

Leituras selecionadas 97

Referências 97

6 Imageamento e comportamento......98
Daphna Shohamy, Nick Turk-Browne

Experimentos utilizando IRMf avaliam a atividade neurovascular 99

O IRMf depende da física da ressonância magnética 99

O IRMf depende da biologia do acoplamento neurovascular 101

Dados de IRMf podem ser analisados de diferentes modos 102

Dados de IRMf precisam ser inicialmente preparados para análise seguindo passos de pré-processamento 102

O IRMf pode ser utilizado para localizar funções cognitivas em regiões encefálicas específicas 103

O IRMf pode ser utilizado para decodificar qual informação está representada no encéfalo 105

O IRMf pode ser utilizado para medir correlação de atividade entre redes encefálicas 106

Estudos utilizando IRMf levaram a algumas noções fundamentais 107

Estudos com IRMf em seres humanos inspiraram estudos neurofisiológicos em animais 107

Estudos com IRMf têm desafiado teorias da psicologia cognitiva e das neurociências de sistemas 108

Estudos com IRMf têm testado previsões geradas por estudos com animais e em modelos computacionais 108

Estudos utilizando IRMf exigem uma interpretação cuidadosa 109

Progressos futuros dependem de avanços tecnológicos e conceituais 111

Destaques 112

Leituras selecionadas 112

Referências 112

Parte II
Biologia celular e molecular das células do sistema nervoso

7 Células do sistema nervoso 119
Beth Stevens, Franck Polleux, Ben A. Barres

Os neurônios e as células gliais compartilham muitas características estruturais e moleculares 120

O citoesqueleto determina o formato da célula 123

Partículas proteicas e organelas são transportadas ativamente ao longo dos axônios e dos dendritos 128

O transporte axonal rápido carrega as organelas membranosas 129

O transporte axonal lento carrega proteínas citosólicas e elementos do citoesqueleto 131

As proteínas são produzidas nos neurônios como em outras células secretoras 132

Proteínas de membrana e de secreção são sintetizadas e modificadas no retículo endoplasmático 132

Proteínas de secreção são modificadas no complexo de Golgi 134

Membrana de superfície e substâncias extracelulares são recicladas na célula 135

As células gliais desempenham diversos papéis na função neural 135

As células gliais formam as bainhas isolantes para os axônios 135

Os astrócitos auxiliam na sinalização sináptica 137

A microglia desempenha diversas funções na saúde e na doença 144

O plexo coroide e as células ependimárias produzem o líquido cefalorraquidiano 144

Destaques 146

Leituras selecionadas 147

Referências 147

8 Canais iônicos 149
John D. Koester, Bruce P. Bean

Canais iônicos são proteínas transmembrana 150

Canais iônicos em todas as células compartilham características funcionais 153

As correntes que passam através de um único canal iônico podem ser registradas 153

O fluxo de íons através de um canal difere da difusão livre em solução 153

A abertura e o fechamento de um canal envolvem alterações conformacionais 155

A estrutura dos canais iônicos é deduzida por estudos biofísicos, bioquímicos e de biologia molecular 157

Canais iônicos podem ser agrupados em famílias gênicas 159

A análise cristalográfica de raios X da estrutura do canal de potássio fornece informações sobre os mecanismos de permeabilidade e seletividade do canal 162

A análise cristalográfica de raios X de estruturas de canais de potássio dependentes de voltagem fornece informações sobre os mecanismos de abertura e fechamento de canais 164

A base estrutural da permeabilidade seletiva dos canais de cloreto revela uma estreita relação entre canais e transportadores 167

Destaques 169

Leituras selecionadas 169

Referências 169

9 Potencial de membrana e propriedades elétricas passivas dos neurônios 171
John D. Koester, Steven A. Siegelbaum

O potencial de repouso da membrana resulta da separação de cargas através da membrana celular 172

O potencial de repouso da membrana é determinado por canais iônicos de vazamento e com portão 172

Os canais abertos nas células gliais são permeáveis somente aos íons potássio 174

Os canais abertos nas células nervosas em repouso são permeáveis a três espécies de íons 174

Os gradientes eletroquímicos de sódio, potássio e cálcio são estabelecidos pelo transporte ativo de íons 177

Os íons cloreto também são transportados ativamente 177

O equilíbrio dos fluxos iônicos na membrana em repouso é abolido durante o potencial de ação 179

A contribuição de diferentes íons ao potencial de repouso da membrana pode ser quantificada pela equação de Goldman   179

As propriedades funcionais dos neurônios podem ser representadas como um circuito elétrico equivalente   180

As propriedades elétricas passivas do neurônio afetam a sinalização elétrica   181

   A capacitância da membrana prolonga o curso temporal dos sinais elétricos   182

   As resistências de membrana e citoplasmática afetam a eficiência da condução do sinal   184

   Axônios grandes são mais facilmente excitáveis do que axônios pequenos   185

   Propriedades passivas da membrana e o diâmetro do axônio afetam a velocidade de propagação do potencial de ação   186

Destaques   188

Leituras selecionadas   189

Referências   189

10 Propagação de sinal: o potencial de ação........190
Bruce P. Bean, John D. Koester

O potencial de ação é gerado pelo fluxo de íons através dos canais dependentes de voltagem   191

   Correntes de sódio e de potássio através dos canais dependentes de voltagem são registradas pela técnica de fixação de voltagem   191

   As condutâncias dos canais de sódio e de potássio dependentes de voltagem são calculadas a partir de suas correntes   196

   O potencial de ação pode ser reconstruído a partir das propriedades dos canais de sódio e de potássio   197

Os mecanismos de dependência de voltagem foram referidos a partir de medidas eletrofisiológicas   198

Os canais de sódio dependentes de voltagem são seletivos para o sódio em função do tamanho, da carga e da energia de hidratação do íon   200

Neurônios individuais têm uma rica variedade de canais dependentes de voltagem que expandem suas capacidades de sinalização   202

   A diversidade dos tipos de canais dependentes de voltagem é gerada por vários mecanismos genéticos   203

   Canais de sódio dependentes de voltagem   203

   Canais de cálcio dependentes de voltagem   204

   Canais de potássio dependentes de voltagem   205

   Canais dependentes de voltagem ativados por hiperpolarização e nucleotídeos cíclicos   206

A ativação dos canais iônicos pode ser controlada pelo cálcio citoplasmático   206

As propriedades de excitabilidade variam entre os tipos de neurônios   206

Propriedades de excitabilidade variam entre regiões do neurônio   208

A excitabilidade neuronal é plástica   210

Destaques   210

Leituras selecionadas   211

Referências   211

Parte III
Transmissão sináptica

11 Visão geral da transmissão sináptica........217
Steven A. Siegelbaum, Gerald D. Fischbach

As sinapses são predominantemente elétricas ou químicas   217

As sinapses elétricas proporcionam transmissão rápida de sinais   218

   As células em uma sinapse elétrica são conectadas por canais de junção comunicante   220

   A transmissão elétrica permite disparos rápidos e síncronos das células interconectadas   220

   As junções comunicantes exercem um papel importante nas funções gliais e doenças   223

As sinapses químicas podem amplificar sinais   224

   A ação de um neurotransmissor depende das propriedades do receptor pós-sináptico   224

   A ativação de receptores pós-sinápticos abre ou fecha canais iônicos diretamente ou indiretamente   225

As sinapses elétricas e químicas podem coexistir e interagir   227

Destaques   227

Leituras selecionadas   227

Referências   228

12 Transmissão por ativação direta: a sinapse neuromuscular........229
Gerald D. Fischbach, Steven A. Siegelbaum

A junção neuromuscular tem estruturas pré e pós-sinápticas especializadas   230

   O potencial pós-sináptico resulta de uma alteração local da permeabilidade de membrana   230

   O neurotransmissor acetilcolina é liberado em pacotes individuais   232

Canais iônicos colinérgicos individuais conduzem correntes do tipo "tudo ou nada"   233

O canal iônico na placa motora é permeável tanto ao íon sódio quanto ao íon potássio 234

Quatro fatores determinam a corrente de placa terminal motora 236

Os canais colinérgicos têm propriedades distintas que os distinguem dos canais regulados por voltagem que geram o potencial de ação muscular 236

A ligação do transmissor produz uma série de mudanças de estado no canal colinérgico 237

A estrutura de baixa resolução do receptor de acetilcolina é revelada por estudos moleculares e biofísicos 237

A estrutura de alta resolução do canal colinérgico é revelada por estudos de cristalografia por raios X 239

Destaques 241

Pós-escrito: a corrente de placa motora pode ser calculada a partir de um circuito equivalente 242

Leituras selecionadas 244

Referências 244

13 Integração sináptica no sistema nervoso central 246
Rafael Yuste, Steven A. Siegelbaum

Os neurônios centrais recebem sinais de entrada inibitórios e excitatórios 247

As sinapses excitatórias e inibitórias têm ultraestruturas distintas e visam diferentes regiões neuronais 247

A transmissão sináptica excitatória é mediada por receptores ionotrópicos de glutamato, que são permeáveis a cátions 249

Os receptores glutamatérgicos ionotrópicos são codificados por uma grande família gênica 250

Os receptores de glutamato são construídos a partir de um conjunto de módulos estruturais 250

Os receptores NMDA e AMPA estão organizados em uma rede funcional de proteínas nas densidades pós-sinápticas 253

Os receptores NMDA têm propriedades biofísicas e farmacológicas únicas 255

As propriedades do receptor NMDA são a base da plasticidade sináptica de longo prazo 255

Os receptores NMDA contribuem para doenças neuropsiquiátricas 256

Ações sinápticas inibitórias rápidas são mediadas por receptores ionotrópicos de GABA e glicina, permeáveis ao cloreto 259

Os receptores ionotrópicos de glutamato, GABA e glicina são proteínas transmembrana codificadas por duas famílias gênicas distintas 259

As correntes de cloreto através de canais de receptores de $GABA_A$ e de glicina normalmente inibem a célula pós-sináptica 260

Algumas ações sinápticas no sistema nervoso central envolvem outros tipos de receptores ionotrópicos 262

As ações sinápticas excitatórias e inibitórias são integradas por neurônios em um único sinal de saída 262

Sinais de entrada sinápticos são integrados no segmento inicial do axônio 263

Subclasses de neurônios GABAérgicos têm como alvo regiões distintas de seus neurônios-alvo pós-sinápticos para produzir ações inibitórias com funções diferentes 264

Os dendritos são estruturas eletricamente excitáveis que podem amplificar os sinais sinápticos 265

Destaques 268

Leituras selecionadas 269

Referências 269

14 Modulação da transmissão sináptica e excitabilidade neuronal: os segundos mensageiros 271
Steven A. Siegelbaum, David E. Clapham, Eve Marder

A via do AMPc é a mais bem compreendida cascata de sinalização envolvendo segundos mensageiros iniciada por receptores acoplados à proteína G 272

As vias de segundos mensageiros iniciadas por receptores acoplados a proteínas G compartilham uma lógica comum 274

Uma família de proteínas G ativa vias distintas de segundos mensageiros 274

A hidrólise de fosfolipídeos pela fosfolipase C produz dois importantes segundos mensageiros, trisfosfato de inositol e diacilglicerol 276

Os receptores tirosinas-cinases compõem a segunda principal família de receptores metabotrópicos 276

Várias classes de metabólitos podem atuar como mensageiros transcelulares 278

A hidrólise de fosfolipídeos pela fosfolipase A_2 libera o ácido araquidônico para produzir outros segundos mensageiros 279

Os endocanabinoides são mensageiros transcelulares que inibem a liberação de transmissores pré-sinápticos 279

O segundo mensageiro gasoso, o óxido nítrico, é um sinal transcelular que estimula a síntese do GMPc 279

As ações fisiológicas dos receptores metabotrópicos diferem daquelas dos receptores ionotrópicos 281

As cascatas de segundos mensageiros podem aumentar ou diminuir a abertura de muitos tipos de canais iônicos 281

As proteínas G podem modular diretamente os canais iônicos 282

A fosforilação proteica dependente de AMPc pode fechar os canais de potássio 285

Os segundos mensageiros podem dotar a transmissão sináptica com consequências duradouras 285

Os moduladores podem influenciar a função do circuito por alterar a excitabilidade intrínseca ou a força sináptica 287

Vários neuromoduladores podem convergir para o mesmo neurônio e canais iônicos 288

Por que tantos moduladores? 288

Destaques 288

Leituras selecionadas 290

Referências 290

15 Liberação de neurotransmissores ...291
Steven A. Siegelbaum, Thomas C. Südhof, Richard W. Tsien

A liberação de transmissores é regulada pela despolarização do terminal pré-sináptico 291

A liberação é disparada pelo influxo de cálcio 293

A relação entre a concentração pré-sináptica de cálcio e a liberação de neurotransmissores 294

Várias classes de canais de cálcio medeiam a liberação de neurotransmissores 297

O transmissor é lançado em unidades quânticas 298

Os transmissores são armazenados e liberados por vesículas sinápticas 301

As vesículas sinápticas liberam neurotransmissores por exocitose e são recicladas por endocitose 302

Medidas de capacitância proporcionam uma visão sobre a cinética da exocitose e da endocitose 303

A exocitose envolve a formação de um poro de fusão temporário 303

O ciclo da vesícula sináptica envolve várias etapas 307

A exocitose de vesículas sinápticas depende de uma maquinaria proteica altamente conservada 307

As sinapsinas são importantes para a contenção e a mobilização das vesículas 307

As proteínas SNARE catalisam a fusão das vesículas com a membrana plasmática 308

A ligação do cálcio à sinaptotagmina desencadeia a liberação de neurotransmissores 311

A maquinaria de fusão está incorporada em um complexo proteico evolutivamente conservado na zona ativa 313

A modulação da liberação de neurotransmissores embasa a plasticidade sináptica 314

As mudanças dependentes de atividade no cálcio intracelular podem produzir mudanças duradouras na liberação de neurotransmissores 316

As sinapses axoaxônicas nos terminais pré-sinápticos regulam a liberação de neurotransmissores 317

Destaques 318

Leituras selecionadas 319

Referências 319

16 Neurotransmissores ...321
Jonathan A. Javitch, David Sulzer

Um mensageiro químico deve preencher quatro critérios para ser considerado um neurotransmissor 321

Somente algumas moléculas pequenas agem como neurotransmissores 322

Acetilcolina 323

Transmissores do tipo amina biogênica 323

Aminoácidos transmissores 326

ATP e adenosina 326

Neurotransmissores pequenos são ativamente captados em vesículas 327

Muitos peptídeos neuroativos atuam como transmissores 329

Peptídeos e neurotransmissores pequenos diferem em vários aspectos 331

Peptídeos e neurotransmissores pequenos podem ser coliberados 332

A remoção do transmissor da fenda sináptica finaliza a transmissão sináptica 335

Destaques 337

Leituras selecionadas 338

Referências 338

Parte IV
Percepção

17 Codificação sensorial ...346
Esther P. Gardner, Daniel Gardner

A psicofísica relaciona as sensações às propriedades físicas dos estímulos 348

A psicofísica quantifica a percepção das propriedades do estímulo 348

Os estímulos são representados no sistema nervoso pelos padrões de disparo neuronal 349

Receptores sensoriais respondem a classes específicas de energia de estímulo 351

Múltiplas subclasses de receptores sensoriais são encontradas em cada órgão dos sentidos 353

Os códigos da população de neurônios receptores transmitem informações sensoriais ao encéfalo 354

Sequências de potenciais de ação sinalizam a dinâmica temporal dos estímulos 356

Os campos receptivos dos neurônios sensoriais fornecem informações espaciais sobre a localização do estímulo 356

Circuitos do sistema nervoso central refinam informações sensoriais 357

A superfície do receptor é representada topograficamente nos estágios iniciais de cada sistema sensorial 361

A informação sensorial é processada em vias paralelas no córtex cerebral 361

As vias de retroalimentação encefálicas regulam os mecanismos de codificação sensorial 362

Os mecanismos de aprendizado de cima para baixo influenciam o processamento sensorial 363

Destaques 364

Leituras selecionadas 365

Referências 365

18 Receptores do sistema somatossensorial 366
Esther P. Gardner

Os neurônios do gânglio da raiz dorsal são as células receptoras sensoriais primárias do sistema somatossensorial 367

As fibras nervosas somatossensoriais periféricas conduzem os potenciais de ação em velocidades diferentes 368

Uma variedade de receptores especializados é empregada pelo sistema somatossensorial 371

Os mecanorreceptores medeiam o tato e a propriocepção 372

Órgãos terminais especializados contribuem para a mecanossensibilização 374

Os proprioceptores informam a atividade muscular e a posição das articulações 377

Os receptores térmicos detectam mudanças na temperatura da pele 378

Os nociceptores medeiam a dor 381

O prurido é uma sensação cutânea distinta 381

As sensações viscerais representam o estado dos órgãos internos 382

Códigos de potencial de ação transmitem informações somatossensoriais ao encéfalo 382

Os gânglios sensoriais proporcionam um registro das respostas da população neuronal a estímulos somáticos 383

A informação somatossensorial entra no sistema nervoso central através dos nervos espinais ou cranianos 385

Destaques 388

Leituras selecionadas 388

Referências 389

19 Tato 390
Esther P. Gardner

O tato ativo e o tato passivo têm objetivos distintos 391

A mão tem quatro tipos de mecanorreceptores 391

O campo receptivo define a zona de sensibilidade ao tato 392

Os testes de discriminação de dois pontos medem a acuidade tátil 396

As fibras de adaptação lenta detectam a pressão e a forma de objetos 398

As fibras de adaptação rápida detectam o movimento e a vibração 400

Ambas as fibras, de adaptação rápida e de adaptação lenta, são importantes para o controle da preensão 400

A informação tátil é processada no sistema central do tato 402

Os circuitos do tronco encefálico, espinal, e talâmico segregam o tato e a propriocepção 402

O córtex somatossensorial é organizado em colunas funcionalmente especializadas 405

As colunas corticais estão organizadas de forma somatotópica 407

Os campos receptivos dos neurônios corticais integram informações de receptores vizinhos 407

A informação tátil torna-se cada vez mais abstrata ao longo de sucessivas sinapses centrais 409

O tato cognitivo é mediado por neurônios no córtex somatossensorial secundário 411

O tato ativo aciona circuitos sensorimotores no córtex parietal posterior 414

Lesões nas áreas somatossensoriais do encéfalo produzem déficits táteis específicos 415

Destaques 418

Leituras selecionadas 418

Referências 418

20 Dor 421
Allan I. Basbaum

Danos nocivos ativam nociceptores térmicos, mecânicos e polimodais 422

Sinais dos nociceptores são transmitidos para os neurônios do corno dorsal da medula espinal 425

A hiperalgesia possui origem periférica e central 428

Quatro principais vias ascendentes contribuem com informações sensoriais para os processos centrais de geração da dor 431

Vários núcleos talâmicos retransmitem a informação nociceptiva ao córtex cerebral 433

A percepção da dor surge e pode ser controlada por mecanismos corticais 434

    O córtex cingulado anterior e o córtex insular estão associados à percepção da dor 434

    A percepção da dor é regulada por um equilíbrio de atividade nas fibras aferentes nociceptivas e não nociceptivas 435

    A estimulação elétrica do encéfalo produz analgesia 437

Peptídeos opioides contribuem para o controle endógeno da dor 438

    Peptídeos opioides endógenos e seus receptores estão distribuídos nos sistemas moduladores da dor 438

    A morfina controla a dor pela ativação de receptores opioides 438

    Tolerância e dependência de opioides são fenômenos distintos 441

Destaques 441

Leituras selecionadas 442

Referências 442

21 Natureza construtiva do processamento visual 444
Charles D. Gilbert, Aniruddha Das

A percepção visual é um processo construtivo 444

O processamento visual é mediado pela via geniculoestriatal 447

Forma, cor, movimento e profundidade são processados em distintas áreas do córtex cerebral 449

Os campos receptivos dos neurônios em relés sucessivos na via visual fornecem pistas de como o encéfalo analisa a forma visual 452

O córtex visual é organizado em colunas de neurônios especializados 455

Circuitos corticais intrínsecos transformam a informação neural 457

A informação visual é representada por uma variedade de códigos neurais 459

Destaques 463

Leituras selecionadas 464

Referências 464

22 Processamento visual de nível inferior: a retina 465
Markus Meister, Marc Tessier-Lavigne

A camada de fotorreceptores recolhe amostras da imagem visual 466

    A óptica ocular limita a qualidade da imagem na retina 466

    Existem dois tipos de fotorreceptores: bastonetes e cones 467

A fototransdução vincula a absorção de um fóton a uma variação da condutância da membrana 469

    A luz ativa moléculas de pigmento nos fotorreceptores 471

    A rodopsina excitada ativa uma fosfodiesterase através de uma proteína G, a transducina 472

    Múltiplos mecanismos desligam a cascata 472

    Defeitos na fototransdução causam doenças 473

As células ganglionares transmitem imagens neurais para o encéfalo 473

    Os dois tipos principais de células ganglionares são as células do tipo ON (LIGADAS) e as células do tipo OFF (DESLIGADAS) 473

    Muitas células ganglionares respondem fortemente às margens da imagem 473

    As informações eferentes das células ganglionares realçam as alterações temporais nos estímulos 473

    As informações eferentes da retina realçam os objetos em movimento 474

    Vários tipos de células ganglionares projetam-se para o encéfalo através de vias paralelas 475

Uma rede de interneurônios modela as informações eferentes da retina 478

    As vias paralelas se originam nas células bipolares 478

    A filtragem espacial é realizada pela inibição lateral 478

    A filtragem temporal ocorre nas sinapses e em circuitos de retroalimentação 479

    A visão de cores começa nos circuitos seletivos aos cones 479

    A cegueira congênita às cores aparece de várias formas 480

    Os circuitos de bastonetes e de cones se mesclam na retina interna 481

A sensibilidade da retina se adapta às mudanças na iluminação 482

    A adaptação à luz é aparente no processamento da retina e na percepção visual 482

    Controles de ganho múltiplos ocorrem dentro da retina 484

    A adaptação à luz altera o processamento espacial 484

Destaques 484

Leituras selecionadas 485

Referências 485

23 Processamento visual de nível intermediário e primitivos visuais ..486
Charles D. Gilbert

Os modelos internos de geometria de objetos ajudam o encéfalo a analisar formas 488

A percepção de profundidade auxilia a segregar os objetos do plano de fundo 490

Os sinais de movimento local definem a trajetória e a forma do objeto 494

O contexto determina a percepção dos estímulos visuais 495

    A percepção de brilho e cor depende do contexto 495

    As propriedades do campo receptivo dependem do contexto 498

As conexões corticais, a arquitetura funcional e a percepção estão intimamente relacionadas 498

    O aprendizado perceptivo requer plasticidade nas conexões corticais 498

    A busca visual baseia-se na representação cortical de atributos e formas visuais 499

    Os processos cognitivos influenciam a percepção visual 501

Destaques 501

Leituras selecionadas 502

Referências 502

24 Processamento visual de nível superior: da visão à cognição 503
Thomas D. Albright, Winrich A. Freiwald

O processamento visual de nível superior está relacionado com a identificação de objetos 503

O córtex temporal inferior é o centro primário para o reconhecimento de objetos 503

    Evidências clínicas identificam o córtex temporal inferior como essencial para o reconhecimento de objetos 504

    Neurônios no córtex temporal inferior codificam estímulos visuais complexos e são organizados em colunas funcionalmente especializadas 506

    O cérebro de primatas contém sistemas dedicados para processamento facial 507

    O córtex temporal inferior faz parte de uma rede de áreas corticais envolvidas no reconhecimento de objetos 508

O reconhecimento de objetos depende de constância de percepção 508

A percepção de categorias de objetos simplifica o comportamento 511

A memória visual é um componente de processamento visual de nível superior 511

O aprendizado visual implícito produz mudanças na seletividade de respostas neuronais 511

O sistema visual interage com a memória de trabalho e com os sistemas de memória de longo prazo 512

A evocação associativa de memórias visuais depende da ativação de vias descendentes dos neurônios corticais que processam estímulos visuais 516

Destaques 516

Leituras selecionadas 518

Referências 518

25 Processamento visual para atenção e ação................519
Michael E. Goldberg, Robert H. Wurtz

O encéfalo compensa os movimentos oculares para criar uma representação estável do mundo visual 519

    Comandos motores para os movimentos oculares sacádicos são copiados para o sistema visual 519

    A propriocepção oculomotora pode contribuir para a percepção e o comportamento espacialmente precisos 524

O escrutínio visual é conduzido por circuitos de atenção e excitação 524

O córtex parietal fornece informações visuais para o sistema motor 529

Destaques 529

Leituras selecionadas 531

Referências 531

26 Processamento auditivo pela cóclea 532
Pascal Martin, Geoffrey A. Manley

A orelha possui três partes funcionais 532

A audição se inicia com a captura da energia sonora pela orelha 533

O aparelho mecânico e hidrodinâmico da cóclea transmite os estímulos mecânicos às células receptoras 536

    A membrana basilar é um analisador mecânico da frequência do som 536

    O órgão de Corti é o local da transdução mecanoelétrica na cóclea 537

As células ciliadas transformam a energia mecânica em sinais nervosos 540

    A deflexão do feixe de estereocílios inicia a transdução mecanoelétrica 540

    A força mecânica abre diretamente os canais de transdução 541

    A transdução mecanoelétrica direta é rápida 542

    Os genes da surdez fornecem componentes da maquinaria de mecanotransdução 543

Mecanismos de retroalimentação dinâmica determinam a sensibilidade das células ciliadas 544

As células ciliadas são sintonizadas para frequências específicas de estímulo 545

As células ciliadas adaptam-se à estimulação sustentada 545

A energia sonora é amplificada mecanicamente na cóclea 547

A amplificação coclear distorce as aferências acústicas 549

A bifurcação de Hopf fornece um princípio geral para detecção de som 549

As células ciliadas utilizam sinapses especializadas em fita 551

A informação auditiva segue inicialmente pelo nervo coclear 552

Os neurônios bipolares no gânglio espiral inervam as células ciliadas da cóclea 552

As fibras nervosas cocleares codificam a frequência e a intensidade do estímulo 553

A perda auditiva neurossensorial é comum, mas passível de tratamento 554

Destaques 555

Leituras selecionadas 557

Referências 557

27 Sistema vestibular 559

J. David Dickman, Dora Angelaki

O labirinto vestibular na orelha interna contém cinco órgãos receptores 560

Células capilares transduzem estímulos de aceleração em potenciais receptores 561

Os canais semicirculares detectam a rotação da cabeça 561

Os órgãos otolíticos detectam acelerações lineares 563

Núcleos vestibulares centrais integram sinais vestibulares, visuais, proprioceptivos e motores 565

O sistema comissural vestibular comunica as informações bilaterais 565

Sinais combinados de canal semicircular e otólito melhoram a detecção inercial e diminuem a ambiguidade da translação *versus* inclinação 567

Os sinais vestibulares são cruciais para o controle do movimento da cabeça 567

Os reflexos vestíbulo-oculares estabilizam os olhos quando a cabeça se move 568

O reflexo vestíbulo-ocular rotacional compensa a rotação da cabeça 568

O reflexo vestíbulo-ocular translacional compensa o movimento linear e as inclinações da cabeça 570

Os reflexos vestíbulo-oculares são suplementados por respostas optocinéticas 571

O cerebelo ajusta o reflexo vestíbulo-ocular 571

O tálamo e o córtex usam sinais vestibulares para memória espacial e funções cognitivas e perceptivas 573

A informação vestibular está presente no tálamo 573

A informação vestibular é difundida no córtex 573

Sinais vestibulares são essenciais para orientação espacial e navegação espacial 574

As síndromes clínicas elucidam a função vestibular normal 574

Irrigação calórica como ferramenta de diagnóstico vestibular 575

A hipofunção vestibular bilateral interfere na visão normal 575

Destaques 576

Leituras selecionadas 576

Referências 576

28 Processamento auditivo pelo sistema nervoso central............578

Donata Oertel, Xiaoqin Wang

Os sons transmitem vários tipos de informações aos animais que ouvem 578

A representação neural do som nas vias centrais começa nos núcleos cocleares 580

O nervo coclear fornece informações acústicas em vias paralelas para os núcleos cocleares organizados tonotopicamente 580

O núcleo coclear ventral extrai informações temporais e espectrais sobre os sons 581

O núcleo coclear dorsal integra a informação acústica com a somatossensorial usando informações espectrais para localizar sons 584

O complexo olivar superior em mamíferos contém circuitos separados para detectar diferenças interauriculares de tempo e intensidade 584

A oliva superior medial gera um mapa de diferenças de tempo interauriculares 584

A oliva superior lateral detecta diferenças de intensidade interauriculares 586

O complexo olivar superior fornece retroalimentação para a cóclea 587

Os núcleos ventral e dorsal do lemnisco lateral modulam as respostas no colículo inferior com inibição 588

As vias auditivas aferentes convergem para o colículo inferior 589

A informação da localização do som oriunda do colículo inferior cria um mapa espacial do som no colículo superior 589

O colículo inferior transmite informação auditiva para o córtex cerebral 591

    A seletividade do estímulo aumenta progressivamente ao longo da via ascendente 591

    O córtex auditivo mapeia vários aspectos do som 591

    Uma segunda via de localização do som a partir do colículo inferior envolve o córtex cerebral no controle do olhar 593

    Os circuitos auditivos do córtex cerebral são segregados em vias separadas de processamento 595

    O córtex cerebral modula o processamento nas áreas auditivas subcorticais 595

O córtex cerebral forma representações sonoras complexas 595

    O córtex auditivo usa códigos temporais e de frequência para representar sons que variam no tempo 595

    Os primatas têm neurônios corticais especializados que codificam tom e harmônicos 596

    Morcegos insetívoros possuem áreas corticais especializadas para aspectos dos sons importantes do ponto de vista comportamental 598

    O córtex auditivo está envolvido no processamento de retroalimentação vocal durante a fala 600

Destaques 602

Leituras selecionadas 602

Referências 603

29 Olfato e paladar: os sentidos químicos 604

Linda Buck, Kristin Scott, Charles Zuker

Uma grande família de receptores olfatórios inicia o sentido do olfato 604

    Os mamíferos compartilham uma grande família de receptores de substâncias odoríferas 605

    Diferentes combinações de receptores codificam diferentes odores 607

A informação olfatória é transformada ao longo da via para o encéfalo 607

    Substâncias odoríferas são codificadas no nariz por meio de neurônios dispersos 607

    Sinais sensoriais de entrada no bulbo olfatório estão organizados de acordo com o tipo de receptor 608

    O bulbo olfatório transmite informação ao córtex olfatório 611

    Sinais de saída do córtex olfatório alcançam áreas superiores corticais e áreas límbicas 612

    A acuidade olfatória é variável em humanos 613

Odores determinam comportamentos inatos característicos 613

    Feromônios são detectados por duas estruturas olfatórias 613

    Os sistemas olfatórios dos invertebrados podem ser utilizados para o estudo da codificação de odores e do comportamento 613

    Dicas olfatórias determinam comportamentos estereotipados e respostas fisiológicas nos nematelmintos 615

    Estratégias para o olfato evoluíram rapidamente 616

O sistema gustatório controla o sentido do paladar 617

    O sentido do paladar apresenta cinco submodalidades, que refletem necessidades dietéticas essenciais 617

    A detecção do sabor ocorre em botões gustatórios 617

    Cada modalidade gustatória é detectada por receptores e células sensoriais distintos 618

    A informação gustatória é retransmitida do tálamo para o córtex gustatório 622

    A percepção sensorial de substâncias depende de sinais gustatórios, olfatórios e somatossensoriais 624

    Insetos apresentam células gustatórias específicas para determinadas modalidades que determinam comportamentos inatos 624

Destaques 624

Leituras selecionadas 625

Referências 625

Parte V
Movimento

30 Princípios do controle sensorimotor 631

Daniel M. Wolpert, Amy J. Bastian

O controle do movimento impõe desafios ao sistema nervoso 631

As ações podem ser controladas por comandos voluntários, rítmicos ou circuitos reflexos 633

Os comandos motores surgem por meio de um processamento sensorimotor hierárquico 633

As sinalizações motoras estão sujeitas a controle por pró-ação e por retroalimentação 634

    O controle por pró-ação é necessário para movimentos rápidos 634

    O controle por retroalimentação utiliza sinais sensoriais para corrigir os movimentos 635

    A estimativa do estado atual do corpo depende de sinais sensoriais e motores 637

    A previsão pode compensar o retardo sensorimotor 639

    O processamento sensorial pode diferir para a ação e para a percepção 641

Planos motores traduzem tarefas em movimentos propositais 642

    Padrões estereotipados são empregados em muitos movimentos 642

    O planejamento motor pode ser ótimo para reduzir custos 643

    Um controle por retroalimentação ótimo corrige erros de forma tarefa-dependente 644

Múltiplos processos contribuem para o aprendizado motor 645

    O aprendizado baseado no erro envolve adaptação de modelos sensorimotores internos 646

    O aprendizado de habilidades depende de múltiplos processos para ser bem-sucedido 648

    Representações sensoriais restringem o aprendizado 651

Destaques 651

Leituras selecionadas 652

Referências 652

31 Unidade motora e ação muscular ...653
Roger M. Enoka

A unidade motora é a unidade elementar do controle motor 653

    A unidade motora consiste em um neurônio motor e todas as fibras musculares que ele inerva 653

    As propriedades das unidades motoras variam 655

    A atividade física pode alterar as propriedades das unidades motoras 656

    A força muscular é controlada pelo recrutamento e pela frequência de descarga das unidades motoras 658

    As propriedades das aferências e eferências dos neurônios motores são modificadas pelas vias descendentes do tronco encefálico 660

A força muscular depende da estrutura do músculo 660

    O sarcômero é a unidade funcional básica das proteínas contráteis 660

    Os elementos não contráteis fornecem o suporte estrutural essencial 663

    A força contrátil depende da ativação, do comprimento e da velocidade de contração da fibra muscular 663

    O torque muscular depende da geometria do músculo esquelético 666

Diferentes movimentos requerem estratégias de ativação distintas 669

    A velocidade de contração pode variar em magnitude e direção 669

    Os movimentos envolvem a coordenação de muitos músculos 669

    O trabalho muscular depende do padrão de ativação 671

Destaques 672

Leituras selecionadas 673

Referências 674

32 Integração sensorimotora na medula espinal ...675
Jens Bo Nielsen, Thomas M. Jessell

As vias reflexas na medula espinal produzem padrões coordenados de contração muscular 676

    O reflexo de estiramento atua para resistir ao alongamento do músculo 676

Circuitos neuronais na medula espinal contribuem para a coordenação das respostas reflexas 676

    O reflexo de estiramento envolve uma via monossináptica 676

    Os neurônios motores gama ajustam a sensibilidade dos fusos musculares 677

    O reflexo de estiramento também envolve vias polissinápticas 681

    Os órgãos tendinosos de Golgi fornecem para a medula espinal retroalimentação sensível à força 682

    Os reflexos cutâneos produzem movimentos complexos que exercem funções posturais e de proteção 683

    A convergência de entradas sensoriais sobre os interneurônios aumenta a flexibilidade das contribuições dos reflexos para o movimento 684

Retroalimentação sensorial e comandos motores descendentes interagem em neurônios espinais comuns para produzir movimentos voluntários 685

    A atividade sensorial aferente do fuso muscular reforça os comandos centrais para movimentos através da via reflexa monossináptica Ia 685

    A modulação de interneurônios inibitórios Ia e de células de Renshaw por vias descendentes coordenam a atividade muscular nas articulações 687

    A transmissão em vias reflexas pode ser facilitada ou inibida por comandos motores descendentes 688

    Vias descendentes modulam a entrada sensorial para a medula espinal alterando a eficiência sináptica das fibras sensoriais primárias 689

Parte do comando descendente para movimentos voluntários é transmitido através de interneurônios espinais 690

    Neurônios propriospinais nos segmentos C3-C4 medeiam parte do comando corticospinal para o movimento do membro superior 690

    Neurônios nas vias reflexas espinais são ativados antes do movimento 691

Os reflexos proprioceptivos assumem uma função importante na regulação dos movimentos voluntários e automáticos 691

As vias do reflexo espinal sofrem mudanças de longo prazo 691

Lesões no sistema nervoso central produzem alterações características nas respostas reflexas 691

   A interrupção das vias descendentes para a medula espinal frequentemente produz espasticidade 692

   Lesão da medula espinal em humanos leva a um período de choque espinal seguido de hiper-reflexia 692

Destaques 692

Leituras selecionadas 693

Referências 693

33 Locomoção 694
Trevor Drew, Ole Kiehn

A locomoção requer a produção de um padrão preciso e coordenado de ativação muscular 695

O padrão motor da passada é organizado a nível da medula espinal 699

   Os circuitos espinais responsáveis pela locomoção podem ser modificados pela experiência 701

   As redes locomotoras espinais são organizadas em circuitos de geração de ritmo e padrão 701

Aferências somatossensoriais de membros em movimento modulam a locomoção 704

   A propriocepção regula o tempo e a amplitude da passada 705

   Mecanorreceptores na pele permitem que os passos se ajustem a obstáculos inesperados 708

As estruturas supraespinais são responsáveis pela iniciação e pelo controle adaptativo da passada 708

   Núcleos do mesencéfalo iniciam e mantêm a locomoção e controlam a velocidade 708

   Núcleos do mesencéfalo que iniciam a locomoção se projetam para neurônios do tronco encefálico 710

   Núcleos do tronco encefálico regulam a postura durante a locomoção 711

A locomoção guiada visualmente envolve o córtex motor 713

O planejamento da locomoção envolve o córtex parietal posterior 714

O cerebelo regula o tempo e a intensidade dos sinais descendentes 716

Os núcleos da base modificam os circuitos corticais e do tronco encefálico 717

A neurociência computacional fornece informações sobre os circuitos locomotores 717

O controle neuronal da locomoção humana é semelhante ao dos quadrúpedes 717

Destaques 719

Leituras sugeridas 720

Referências 720

34 Movimento voluntário: córtices motores 722
Stephen H. Scott, John F. Kalaska

O movimento voluntário é a manifestação física de uma intenção de agir 722

   Enquadramentos teóricos ajudam a interpretar o comportamento e as bases neurais do controle voluntário 723

   Muitas regiões corticais frontais e parietais estão envolvidas no controle voluntário 725

   Comandos motores descendentes são transmitidos principalmente pelo trato corticospinal 727

   A imposição de um período de retardo antes do início de um movimento isola a atividade neuronal associada ao planejamento da atividade associada com a execução da ação 727

O córtex parietal fornece informações sobre o mundo e o corpo para uma estimativa de estado para planejar e executar as ações motoras 730

   O córtex parietal liga informações sensoriais a ações motoras 730

   A posição e movimento do corpo são representadas em muitas áreas do córtex parietal posterior 731

   Objetivos espaciais são representados em muitas áreas do córtex parietal posterior 731

   A retroação gerada internamente pode influenciar na atividade do córtex parietal 733

O córtex pré-motor auxilia na seleção e no planejamento motores 734

   O córtex pré-motor medial é envolvido no controle contextual de ações voluntárias 734

   O córtex pré-motor dorsal está envolvido no planejamento de movimentos sensorialmente orientados dos braços 736

   O córtex pré-motor dorsal está envolvido na aplicação de regras (associações) que determinam o comportamento 737

   O córtex pré-motor ventral está envolvido no planejamento das ações motoras da mão 739

   O córtex pré-motor pode contribuir para as decisões perceptivas que orientam as ações motoras 741

   Muitas áreas motoras corticais estão ativas quando as ações motoras de outros indivíduos estão sendo observadas 742

   Muitos aspectos do controle voluntário estão distribuídos através dos córtices pré-motor e parietal 745

O córtex motor primário assume um papel importante na execução motora 745

   O córtex motor primário inclui um mapa detalhado da periferia motora 746

Alguns neurônios do córtex motor primário projetam-se diretamente aos neurônios motores espinais 746

A atividade no córtex motor primário reflete muitas características espaciais e temporais da eferência motora 749

A atividade do córtex motor primário também reflete características de ordem superior do movimento 755

A retroação sensorial é transmitida rapidamente ao córtex motor primário e a outras áreas corticais 756

O córtex motor primário é dinâmico e adaptável 757

Destaques 761

Leituras selecionadas 762

Referências 762

35 Controle do olhar 764
Michael E. Goldberg, Mark F. Walker

O olho é movido pelos seis músculos extraoculares 764

Os movimentos oculares giram o olho na órbita 764

Os seis músculos extraoculares formam três pares agonista-antagonista 765

Os movimentos dos dois olhos são coordenados 766

Os músculos extraoculares são controlados por três nervos cranianos 766

Seis sistemas de controle neuronal mantêm os olhos no alvo 767

Um sistema de fixação ativo mantém a fóvea em um alvo fixo 767

O sistema sacádico dirige a fóvea para objetos de interesse 767

Os circuitos motores para os movimentos sacádicos se encontram no tronco encefálico 770

Os movimentos sacádicos horizontais são gerados na formação reticular pontina 770

Os movimentos sacádicos verticais são gerados na formação reticular mesencefálica 771

Lesões do tronco encefálico resultam em déficits característicos nos movimentos oculares 772

Os movimentos sacádicos são controlados pelo córtex cerebral através do colículo superior 772

O colículo superior integra informações visuais e motoras, transformando em sinais oculomotores para o tronco encefálico 772

O colículo rostral superior facilita a fixação visual 775

Os núcleos da base e duas regiões do córtex cerebral controlam o colículo superior 776

O controle dos movimentos sacádicos pode ser modificado pela experiência 779

Algumas mudanças rápidas no olhar requerem movimentos coordenados da cabeça e dos olhos 779

O sistema de seguimento lento mantém os alvos em movimento na fóvea 779

O sistema de vergência alinha os olhos para olharem alvos em diferentes profundidades 781

Destaques 781

Leituras selecionadas 782

Referências 782

36 Postura 784
Fay B. Horak, Gammon M. Earhart

Equilíbrio e orientação são subjacentes ao controle postural 785

O equilíbrio postural controla o centro de massa corporal 785

A orientação postural antecipa distúrbios do equilíbrio 786

Respostas posturais e ajustes posturais antecipatórios usam estratégias e sinergias estereotipadas 787

Respostas posturais automáticas compensam perturbações súbitas 788

Ajustes posturais antecipatórios compensam o movimento voluntário 792

O controle postural é integrado com a locomoção 794

As informações somatossensoriais, vestibulares e visuais devem ser integradas e interpretadas para manter a postura 794

As aferências somatossensoriais são importantes para a precisão temporal e a direção das respostas posturais automáticas 794

A informação vestibular é importante para o equilíbrio em superfícies instáveis e durante os movimentos da cabeça 794

As aferências visuais fornecem ao sistema postural informações de orientação e movimento 796

A informação a partir de uma única modalidade sensorial pode ser ambígua 797

O sistema de controle postural usa um esquema corporal que incorpora modelos internos para o equilíbrio 797

O controle da postura é tarefa-dependente 798

Requisitos da tarefa determinam o papel de cada sistema sensorial no equilíbrio postural e orientação 798

O controle da postura está distribuído no sistema nervoso 800

Os circuitos da medula espinal são suficientes para a manutenção da sustentação antigravitacional, mas não do equilíbrio 800

O tronco encefálico e o cerebelo integram as sinalizações sensoriais para a postura 800

O espinocerebelo e os núcleos da base são importantes na adaptação da postura 801

Os centros do córtex cerebral contribuem para o controle postural 803

Destaques 804

Leituras sugeridas 805

Referências 805

37 Cerebelo..........................806
Amy J. Bastian, Stephen G. Lisberger

Danos no cerebelo causam sinais e sintomas distintos 806

Os danos resultam em anormalidades características do movimento e da postura 806

O dano afeta habilidades sensoriais e cognitivas específicas 808

O cerebelo controla indiretamente o movimento por meio de outras estruturas encefálicas 808

O cerebelo é uma grande estrutura encefálica subcortical 808

O cerebelo se conecta com o córtex cerebral por meio de alças recorrentes 809

Diferentes movimentos são controlados por zonas longitudinais funcionais 810

O córtex cerebelar compreende unidades funcionais repetidas com o mesmo microcircuito básico 814

O córtex cerebelar é organizado em três camadas funcionalmente especializadas 814

Os sistemas aferentes de fibras trepadeiras e de fibras musgosas codificam e processam informações de maneira diferente 815

A arquitetura do microcircuito cerebelar sugere uma sinalização canônica 817

Existem hipóteses de que o cerebelo realize diversas funções computacionais gerais 818

O cerebelo contribui para o controle sensorimotor pró-ação 818

O cerebelo incorpora um modelo interno do aparelho motor 818

O cerebelo integra aferências sensoriais e a descarga corolária 819

O cerebelo contribui para o controle do tempo de resposta 819

O cerebelo participa do aprendizado das habilidades motoras 819

A atividade das fibras altera a eficiência sináptica das fibras paralelas 820

O cerebelo é necessário para o aprendizado motor em vários sistemas de movimento diferentes 821

O aprendizado ocorre em diversos locais no cerebelo 823

Destaques 824

Leituras selecionadas 825

Referências 825

38 Núcleos da base..................826
Peter Redgrave, Rui M. Costa

A rede dos núcleos da base consiste em três principais núcleos aferentes, dois principais núcleos eferentes e um núcleo intrínseco 827

O estriado, o núcleo subtalâmico e a área tegmentar ventral/compacta da substância negra são os três principais centros aferentes dos núcleos da base 827

A parte reticulada da substância negra e o globo pálido interno são os dois principais centros eferentes dos núcleos da base 829

O globo pálido externo é principalmente uma estrutura intrínseca dos núcleos da base 829

Os circuitos internos dos núcleos da base regulam como os componentes interagem 829

O tradicional modelo dos núcleos da base enfatiza vias diretas e indiretas 829

Uma análise anatômica detalhada revela uma organização mais complexa 829

As conexões dos núcleos da base com estruturas externas são caracterizadas por ciclos reentrantes 829

As aferências definem territórios funcionais nos núcleos da base 829

Neurônios eferentes projetam-se para estruturas externas que fornecem aferências 830

Ciclos reentrantes são um princípio cardinal dos circuitos dos núcleos da base 830

Sinais fisiológicos fornecem pistas adicionais para a função dos núcleos da base 831

O estriado e o núcleo subtalâmico recebem sinais principalmente do córtex cerebral, do tálamo e do mesencéfalo ventral 831

Neurônios dopaminérgicos do mesencéfalo ventral recebem aferências de estruturas externas e de outras regiões dos núcleos da base 832

A desinibição é a expressão final das eferências dos núcleos da base 833

Ao longo da evolução dos vertebrados, os núcleos da base permaneceram altamente conservados 833

A seleção de ações é um tema recorrente na pesquisa sobre os núcleos da base 834

Todos os vertebrados enfrentam o desafio de escolher um comportamento entre várias opções concorrentes 834

A seleção é necessária para o processamento motivacional, afetivo, cognitivo e sensorimotor 834

A arquitetura neural dos núcleos da base é configurada para fazer seleções 834

Mecanismos intrínsecos nos núcleos da base promovem a seleção 835

A função de seleção dos núcleos da base é questionada 836

Aprendizado por reforço é uma propriedade inerente de uma arquitetura de seleção 836

O reforço intrínseco é mediado pela sinalização dopaminérgica fásica nos núcleos da base 836

O reforço extrínseco pode influenciar a seleção ao atuar em estruturas aferentes 838

A seleção comportamental nos núcleos da base está sob controle habitual e direcionada a objetivos 838

Doenças dos núcleos da base podem envolver distúrbios de seleção 839

É provável que um mecanismo de seleção seja vulnerável a várias falhas potenciais 839

A doença de Parkinson pode ser vista em parte como uma falha na seleção de opções sensorimotoras 839

A doença de Huntington pode refletir um desequilíbrio funcional entre as vias direta e indireta 840

A esquizofrenia pode estar associada a uma falha geral em suprimir opções não selecionadas 840

O transtorno do déficit de atenção e hiperatividade e a síndrome de Tourette também podem ser caracterizados por intrusões de opções não selecionadas 841

O transtorno obsessivo-compulsivo reflete a presença de opções patologicamente dominantes 841

Os comportamentos aditivos estão associados a distúrbios dos mecanismos de reforço e objetivos habituais 841

Destaques 842

Leituras sugeridas 842

Referências 843

39 Interfaces cérebro-máquina 844
Krishna V. Shenoy, Byron M. Yu

ICMs medem e modulam a atividade neural para ajudar a restaurar capacidades perdidas 845

Implantes cocleares e próteses retinianas podem restaurar capacidades sensoriais perdidas 845

ICMs motoras e de comunicação permitem restaurar capacidades motoras perdidas 845

A atividade neural patológica pode ser regulada empregando-se estimulação cerebral profunda e ICMs anticonvulsivantes 846

ICMs "de reposição" podem restaurar capacidades perdidas de processamento cerebral 847

Medição e modulação da atividade neural depende de neurotecnologias avançadas 847

ICMs extraem dados da atividade de muitos neurônios para decodificar movimentos 848

Algoritmos de decodificação estimam os movimentos pretendidos a partir da atividade neural 849

Decodificadores discretos fazem estimativas acerca das metas dos movimentos 851

Decodificadores contínuos estimam detalhes dos movimentos a cada instante 851

Aumentos no desempenho e nas capacidades das ICMs motoras e de comunicação permitem a tradução a situações clínicas 852

Pacientes podem digitar mensagens utilizando ICMs de comunicação 854

Pacientes podem alcançar e agarrar objetos usando braços protéticos controlados por ICMs 855

Pacientes podem alcançar e agarrar objetos estimulando braços paralisados sob comando de uma ICM 855

Pacientes podem utilizar a retroalimentação sensorial fornecida pela estimulação cortical durante o controle da ICM 857

As ICMs podem ser utilizadas para avançar a neurociência básica 858

As ICMs trazem novas implicações neuroéticas 859

Destaques 860

Leituras selecionadas 861

Referências 861

Parte VI
Biologia da emoção, da motivação e da homeostase

40 Tronco encefálico 867
Clifford B. Saper, Joel K. Elmquist

Os nervos cranianos são homólogos aos nervos espinais 868

Os nervos cranianos medeiam as funções sensoriais e motoras da face e da cabeça e as funções autonômicas do corpo 869

Os nervos cranianos deixam o crânio em grupos e com frequência são lesionados em conjunto 871

A organização dos núcleos dos nervos cranianos segue o mesmo plano básico que as áreas sensoriais e motoras da medula espinal 871

Os núcleos dos nervos cranianos embrionários têm uma organização segmentar 871

Os núcleos dos nervos cranianos adultos têm uma organização colunar 872

A organização do tronco encefálico difere daquela da medula espinal em três modos importantes 876

Conjuntos de neurônios na formação reticular do tronco encefálico coordenam reflexos e comportamentos simples necessários para a homeostase e a sobrevivência 876

Reflexos dos nervos cranianos envolvem núcleos de retransmissão mono e polissinápticos do tronco encefálico 877

Geradores de padrão coordenam comportamentos estereotipados mais complexos 878

O controle da respiração fornece um exemplo de como geradores de padrão são integrados em comportamentos mais complexos 879

Neurônios monoaminérgicos no tronco encefálico modulam funções sensoriais, motoras, autonômicas e comportamentais 881

Muitos sistemas modulatórios utilizam monoaminas como neurotransmissores 882

Neurônios monoaminérgicos compartilham muitas propriedades celulares 885

A regulação autonômica e a respiração são moduladas por vias monoaminérgicas 885

A percepção da dor é modulada por vias monoaminérgicas antinociceptivas 887

A atividade motora é facilitada por vias monoaminérgicas 887

Projeções ascendentes monoaminérgicas modulam sistemas prosencefálicos para a motivação e a recompensa 887

Neurônios monoaminérgicos e colinérgicos mantêm o estado de alerta pela modulação de neurônios do prosencéfalo 889

Destaques 890

Leituras selecionadas 891

Referências 891

41 Hipotálamo: controle autonômico, hormonal e comportamental da sobrevivência 892
Bradford B. Lowell, Larry W. Swanson, John P. Horn

A homeostase mantém parâmetros fisiológicos dentro de limites estreitos e é essencial para a sobrevivência 893

O hipotálamo coordena a regulação homeostática 895

O hipotálamo é geralmente dividido em três regiões rostrocaudais 895

Neurônios hipotalâmicos modalidade-específicos ligam a retroalimentação sensorial interoceptiva com eferências que controlam comportamentos adaptativos e respostas fisiológicas 895

Neurônios hipotalâmicos modalidade-específicos também recebem aferências descendentes proativas referentes a desafios homeostáticos antecipados 895

O sistema autônomo liga o encéfalo a respostas fisiológicas 897

Neurônios motores viscerais no sistema autônomo estão organizados em gânglios 897

Neurônios pré-ganglionares estão localizados em três regiões ao longo do tronco encefálico e da medula espinal 897

Gânglios simpáticos projetam-se para diversos alvos em todo o corpo 898

Gânglios parassimpáticos inervam órgãos de forma específica 900

Os gânglios entéricos regulam o trato gastrintestinal 900

Acetilcolina e noradrenalina são os principais transmissores dos neurônios motores autonômicos 900

As respostas autonômicas envolvem cooperação entre as divisões autonômicas 902

A informação sensorial visceral é retransmitida para o tronco encefálico e para estruturas encefálicas superiores 905

O controle central da função autonômica pode envolver a substância cinzenta periaquedutal, o córtex pré-frontal medial e a amígdala 906

O sistema neuroendócrino liga o encéfalo a respostas fisiológicas por meio da liberação de hormônios 907

Terminais de axônios hipotalâmicos na hipófise posterior liberam ocitocina e vasopressina diretamente no sangue 907

Células endócrinas na hipófise anterior secretam hormônios em resposta a fatores específicos liberados por neurônios hipotalâmicos 908

Sistemas hipotalâmicos dedicados controlam parâmetros homeostáticos específicos 909

A temperatura corporal é controlada por neurônios no núcleo pré-óptico mediano 909

O balanço hídrico e a sede a ele relacionada são controlados por neurônios no órgão vascular da lâmina terminal, no núcleo pré-óptico mediano e no órgão subfornicial 911

O equilíbrio energético e a fome relacionada são controlados por neurônios no núcleo arqueado 913

Regiões sexualmente dimórficas no hipotálamo controlam comportamentos relacionados a sexo, agressividade e funções parentais 918

O comportamento sexual e a agressividade são controlados pela área pré-óptica hipotalâmica e por uma subárea do núcleo ventromedial do hipotálamo 919

O comportamento parental é controlado pela área pré-óptica hipotalâmica 919

Destaques 920

Leituras selecionadas 921

Referências 921

42 Emoção 923
C. Daniel Salzman, Ralph Adolphs

A busca moderna pelos circuitos neurais das emoções teve início no final do século XIX 925

A amígdala foi implicada tanto no medo aprendido quanto no medo inato 928

    A amígdala foi implicada no medo inato em animais 929

    A amígdala é importante para o medo nos humanos 930

    O papel da amígdala estende-se para emoções positivas 932

As respostas emocionais podem ser atualizadas por extinção ou por regulação 933

A emoção pode influenciar processos cognitivos 933

Muitas outras áreas encefálicas contribuem para o processamento emocional 933

O neuroimageamento funcional está contribuindo para a nossa compreensão da emoção em humanos 936

    O imageamento funcional tem identificado correlatos neurais dos sentimentos 936

    Emoções estão relacionadas à homeostase 937

Destaques 939

Leituras selecionadas 939

Referências 940

43 Motivação, recompensa e estados de adicção 941
Eric J. Nestler, C. Daniel Salzman

Estados motivacionais influenciam o comportamento direcionado a um objetivo 941

    Estímulos internos e externos contribuem para os estados motivacionais 941

    Recompensas podem satisfazer necessidades regulatórias e não regulatórias em escalas de tempo curtas e longas 942

    O circuito de recompensa do encéfalo fornece um substrato biológico para a seleção de objetivos 942

    A dopamina pode atuar como um sinal de aprendizado 944

A adicção a drogas é um estado de recompensa patológico 945

    Todas as drogas de abuso têm como alvo receptores de neurotransmissores, transportadores ou canais iônicos 946

    A exposição repetida a uma droga de abuso induz adaptações comportamentais duradouras 947

    Adaptações moleculares duradouras são induzidas pela exposição repetida a drogas em regiões encefálicas relacionadas com a recompensa 948

    Adaptações duradouras em células e circuitos medeiam aspectos do estado de adicção a drogas 950

    Adicções naturais compartilham mecanismos biológicos com adicção a drogas 952

Destaques 953

Leituras selecionadas 954

Referências 954

44 Sono e vigília 955
Clifford B. Saper, Thomas E. Scammell

O sono consiste em períodos alternados de sono REM e sono não REM 956

O sistema ativador ascendente induz a vigília 957

    O sistema ativador ascendente no tronco encefálico e no hipotálamo inerva o prosencéfalo 957

    Danos no sistema ativador ascendente causam coma 960

    Circuitos compostos de neurônios mutuamente inibitórios controlam as transições do estado de vigília para o sono e do sono não REM para o sono REM 960

O sono é regulado por impulsos homeostáticos e circadianos 960

    A pressão homeostática para o sono depende de fatores humorais 961

    Os ritmos circadianos são controlados por um relógio biológico no núcleo supraquiasmático 962

    O controle circadiano do sono depende de relés hipotalâmicos 964

    A perda de sono prejudica a cognição e a memória 964

O sono sofre alterações com a idade 965

Interrupções nos circuitos do sono contribuem para muitos distúrbios do sono 966

    A insônia pode ser causada pela inibição incompleta do sistema ativador 966

    Apneia do sono fragmenta o sono e prejudica a cognição 966

    A narcolepsia é causada por uma perda de neurônios orexinérgicos 966

    O transtorno do comportamento do sono REM é causado pela falha dos circuitos de paralisia do sono REM 968

    A síndrome das pernas inquietas e distúrbio dos movimentos periódicos dos membros perturbam o sono 968

    Parassonias não REM incluem sonambulismo, falar durante o sono e terrores noturnos 969

O sono tem muitas funções 969

Destaques 970

Leituras selecionadas 971

Referências 971

Parte VII
Desenvolvimento e o surgimento do comportamento

45 Estruturação do sistema nervoso....977
Joshua R. Sanes, Thomas M. Jessell

O tubo neural origina-se do ectoderma 978

Sinais secretados determinam o destino da célula neural 978

O desenvolvimento da placa neural é induzido por sinais da região organizadora 978

A indução neural é mediada por fatores de crescimento peptídicos e seus inibidores 979

A estruturação rostrocaudal do tubo neural envolve gradientes de sinalização e centros organizadores secundários 980

O tubo neural divide-se em regiões no início do desenvolvimento 981

Sinais do mesoderma e do endoderma definem a organização rostrocaudal da placa neural 982

Sinais dos centros organizadores dentro do tubo neural estruturam o prosencéfalo, o mesencéfalo e o rombencéfalo 983

Interações repressoras dividem o rombencéfalo em segmentos 984

A estruturação dorsoventral do tubo neural envolve mecanismos semelhantes em diferentes níveis rostrocaudais 984

O tubo neural ventral é estruturado pela proteína Sonic Hedgehog, secretada pela notocorda e pelo assoalho da placa 986

Proteínas morfogenéticas do osso induzem a estruturação do tubo neural dorsal 988

Os mecanismos de estruturação dorsoventral são conservados ao longo da extensão rostrocaudal do tubo neural 988

Sinais locais determinam subclasses funcionais de neurônios 988

A posição rostrocaudal é um importante determinante do subtipo de neurônio motor 988

Sinais locais e circuitos transcricionais ampliam a diversificação de subtipos de neurônios motores 991

O prosencéfalo em desenvolvimento é estruturado por influências intrínsecas e extrínsecas 991

Sinais indutores e gradientes de fatores de transcrição estabelecem a diferenciação regional 992

Sinais aferentes também contribuem para a regionalização 994

Destaques 996

Leituras selecionadas 997

Referências 997

46 Diferenciação e sobrevivência de células nervosas 998
Joshua R. Sanes, Thomas M. Jessell

A proliferação de células progenitoras neurais envolve divisões celulares simétricas e assimétricas 999

As células gliais radiais servem como progenitores neurais e suporte estrutural 999

A geração de neurônios e de células gliais é regulada por sinais Delta-Notch e por fatores de transcrição básicos hélice-alça-hélice 999

As camadas do córtex cerebral são estabelecidas pela adição sequencial de novos neurônios 1001

Neurônios migram longas distâncias entre seu sítio de origem e sua posição final 1003

Neurônios excitatórios corticais migram radialmente ao longo de guias gliais 1003

Interneurônios corticais surgem em posição subcortical e migram tangencialmente ao córtex 1005

A migração de células da crista neural no sistema nervoso periférico não depende de plataformas 1007

Inovações estruturais e moleculares subjazem a expansão do córtex cerebral humano 1009

Programas intrínsecos e fatores extrínsecos determinam o fenótipo de neurotransmissores dos neurônios 1011

A escolha do neurotransmissor é um componente central dos programas transcricionais da diferenciação neuronal 1011

Sinais de aferências sinápticas e de alvos podem influenciar os fenótipos neurotransmissores dos neurônios 1011

A sobrevivência de um neurônio é regulada por sinais neurotróficos originados do alvo desse neurônio 1013

A hipótese do fator neurotrófico foi confirmada pela descoberta do fator de crescimento neural 1013

As neurotrofinas são os fatores neurotróficos mais bem estudados 1014

Fatores neurotróficos suprimem um programa latente de morte celular 1017

Destaques 1019

Leituras selecionadas 1019

Referências 1019

47 Crescimento e direcionamento de axônios 1021
Joshua R. Sanes

As diferenças entre axônios e dendritos emergem precocemente no desenvolvimento 1021

Os dendritos são padronizados por fatores intrínsecos e extrínsecos 1022

O cone de crescimento é um transdutor sensorial e uma estrutura motora 1027

Sinais moleculares direcionam os axônios a seus alvos 1030

O crescimento dos axônios ganglionares da retina é orientado por uma série de etapas distintas 1032

    Os cones de crescimento divergem no quiasma óptico 1032

    Gradientes de efrinas fornecem sinais inibitórios no encéfalo 1037

Os axônios de alguns neurônios espinais são guiados através da linha média 1039

    As netrinas direcionam os axônios comissurais em desenvolvimento para cruzarem a linha média 1039

    Fatores quimioatratores e quimiorrepelentes organizam a linha média 1039

Destaques 1042

Leituras selecionadas 1042

Referências 1043

48 Formação e eliminação de sinapses 1044
Joshua R. Sanes

Os neurônios reconhecem alvos sinápticos específicos 1045

    Moléculas de reconhecimento promovem a formação seletiva de sinapses no sistema visual 1045

    Receptores sensoriais promovem o direcionamento dos neurônios olfatórios 1046

    Diferentes sinais sinápticos são direcionados a domínios distintos da célula pós-sináptica 1048

    A atividade neural refina a especificidade sináptica 1048

Os princípios da diferenciação sináptica foram descritos a partir da junção neuromuscular 1050

    A diferenciação dos terminais nervosos motores é organizada por fibras musculares 1052

    A diferenciação da membrana muscular pós-sináptica é organizada pelo nervo motor 1056

    O nervo regula a transcrição dos genes de receptores colinérgicos 1058

    A junção neuromuscular amadurece em uma série de etapas 1059

Sinapses centrais e junções neuromusculares desenvolvem-se de maneiras semelhantes 1060

    Os receptores de neurotransmissores tornam-se localizados nas sinapses centrais 1061

    Moléculas sinápticas organizadoras moldam terminais nervosos centrais 1062

Algumas sinapses são eliminadas depois do nascimento 1065

Células gliais regulam tanto a formação quanto a eliminação de sinapses 1067

Destaques 1068

Leituras selecionadas 1069

Referências 1069

49 Experiência e o refinamento de conexões sinápticas 1071
Joshua R. Sanes

O desenvolvimento das funções mentais humanas é influenciado pela experiência precoce 1072

    A experiência precoce tem efeitos de longo prazo sobre os comportamentos sociais 1072

    O desenvolvimento da percepção visual requer experiência visual 1074

O desenvolvimento de circuitos binoculares no córtex visual depende da atividade pós-natal 1074

    A experiência visual afeta a estrutura e a função do córtex visual 1074

    Padrões de atividade elétrica organizam os circuitos binoculares 1077

A reorganização dos circuitos visuais durante um período crítico envolve alterações nas conexões sinápticas 1079

    A reorganização cortical depende de alterações tanto excitatórias quanto inibitórias 1079

    Estruturas sinápticas são alteradas durante o período crítico 1081

    Aferências talâmicas são remodeladas durante o período crítico 1081

    A estabilização sináptica contribui para o encerramento do período crítico 1083

A atividade neural espontânea independente da experiência leva a um refinamento precoce dos circuitos 1083

O refinamento dependente de atividade das conexões é uma característica geral dos circuitos no encéfalo 1085

    Muitos aspectos do desenvolvimento do sistema visual são dependentes de atividade 1085

    As modalidades sensoriais são coordenadas durante um período crítico 1085

    Diferentes funções e diferentes regiões encefálicas têm períodos críticos distintos durante o desenvolvimento 1087

Períodos críticos podem ser reativados na idade adulta 1087

    Mapas visuais e auditivos podem ser alinhados em adultos 1088

    Circuitos binoculares podem ser remodelados em adultos 1090

Destaques 1091

Leituras selecionadas 1092

Referências 1092

50 Restauração do encéfalo lesionado 1094
Joshua R. Sanes

Danos ao axônio afetam tanto o neurônio quanto as células vizinhas 1095

    A degeneração axonal é um processo ativo 1095

    A axotomia leva a respostas reativas em células vizinhas 1096

Axônios centrais mostram pouca regeneração após lesão 1098

Intervenções terapêuticas podem promover a regeneração de neurônios centrais danificados 1099

    Fatores ambientais sustentam a regeneração de axônios lesionados 1100

    Componentes da mielina inibem o crescimento de neuritos 1100

    Cicatrizes induzidas por lesões prejudicam a regeneração axonal 1102

    Um programa intrínseco de crescimento promove a regeneração 1103

    A formação de novas conexões por axônios intactos pode levar à recuperação da função após lesões 1104

Neurônios no encéfalo lesionado morrem, mas novos neurônios podem nascer 1105

Intervenções terapêuticas podem manter ou substituir neurônios centrais lesionados 1108

    O transplante de neurônios ou de suas células progenitoras pode substituir neurônios perdidos 1108

    A estimulação da neurogênese em regiões lesionadas pode contribuir para o restabelecimento funcional 1110

    O transplante de células não neuronais ou de suas células progenitoras pode melhorar a função neuronal 1110

    A restauração da função é o objetivo das terapias regenerativas 1111

Destaques 1112

Leituras selecionadas 1113

Referências 1113

51 Diferenciação sexual do sistema nervoso.................1115
Nirao M. Shah, Joshua R. Sanes

Genes e hormônios determinam as diferenças físicas entre machos e fêmeas 1116

    O sexo cromossômico orienta a diferenciação gonadal do embrião 1116

    As gônadas sintetizam os hormônios que promovem a diferenciação sexual 1117

    Distúrbios da biossíntese do hormônio esteroide afetam a diferenciação sexual 1118

A diferenciação sexual do sistema nervoso gera comportamentos sexualmente dimórficos 1120

    A função erétil é controlada por um circuito sexualmente dimórfico na medula espinal 1123

    A produção do canto em pássaros é controlada por circuitos sexualmente dimórficos no prosencéfalo 1123

    O comportamento de acasalamento em mamíferos é controlado por um circuito neural sexualmente dimórfico no hipotálamo 1126

Sinais do ambiente regulam comportamentos sexualmente dimórficos 1126

    Os feromônios controlam a escolha do parceiro em camundongos 1126

    Situações experimentadas no início da vida modificam o comportamento materno na vida adulta 1128

    Um conjunto de mecanismos-chave está subjacente a muitos dimorfismos sexuais no encéfalo e na medula espinal 1129

O encéfalo humano é sexualmente dimórfico 1130

    Os dimorfismos sexuais em humanos podem surgir da ação hormonal ou das experiências 1131

    Estruturas dimórficas no encéfalo correlacionam-se com identidade de gênero e orientação sexual 1132

Destaques 1134

Leituras selecionadas 1135

Referências 1135

Parte VIII
Aprendizado, memória, linguagem e cognição

52 Aprendizado e memória..........1141
Daphna Shohamy, Daniel L. Schacter, Anthony D. Wagner

Memórias de curto e de longo prazo envolvem diferentes sistemas neurais 1142

    A memória de curto prazo mantém representações transitórias de informações relevantes para objetivos imediatos 1142

    A informação armazenada na memória de curto prazo é convertida seletivamente em memória de longo prazo 1142

O lobo temporal medial é crítico para a memória episódica de longo prazo 1145

    O processamento da memória episódica envolve codificação, armazenamento, consolidação e evocação 1146

    A memória episódica envolve interações entre o lobo temporal medial e os córtices associativos 1148

    A memória episódica contribui para a imaginação e o comportamento orientado para metas 1149

    O hipocampo dá suporte à memória episódica pela construção de associações relacionais 1150

A memória implícita dá suporte a uma série de comportamentos em humanos e outros animais 1151

    Diferentes formas de memória implícita envolvem diferentes circuitos neurais 1152

    A memória implícita pode ser associativa ou não associativa 1153

    O condicionamento operante envolve a associação de um comportamento específico com um evento reforçador 1155

    O aprendizado associativo é limitado pela biologia do organismo 1156

Erros e imperfeições da memória lançam luz sobre os processos normais da memória 1156

Destaques 1157

Leituras sugeridas 1158

Referências 1158

53 Mecanismos celulares da formação da memória implícita e bases biológicas da individualidade 1160

Eric R. Kandel, Joseph LeDoux

A formação da memória implícita envolve modificações na efetividade da transmissão sináptica 1161

    A habituação resulta de uma depressão pré-sináptica da transmissão sináptica 1161

    A sensibilização envolve a facilitação pré-sináptica da transmissão sináptica 1162

    O medo condicionado clássico envolve facilitação da transmissão sináptica 1166

O armazenamento da memória implícita de longo prazo envolve modificações sinápticas mediadas pela via AMPc-PKA-CREB 1166

    A sinalização do AMPc participa na sensibilização de longo prazo 1166

    O papel dos RNA não codificantes na regulação da transcrição 1170

    A facilitação sináptica de longa duração é sinapse-específica 1171

    A manutenção da facilitação sináptica de longa duração requer síntese proteica local regulada por uma proteína semelhante a proteínas priônicas 1174

    A memória armazenada em uma sinapse sensorimotora torna-se desestabilizada após a evocação, mas pode ser reestabilizada 1175

A ameaça condicionada das respostas de defesa em moscas utiliza a via AMPc-PKA-CREB 1175

A memória do aprendizado de ameaça em mamíferos envolve a amígdala 1177

Mudanças induzidas pelo aprendizado na estrutura do encéfalo contribuem para as bases biológicas da individualidade 1180

Destaques 1182

Leituras selecionadas 1182

Referências 1182

54 Hipocampo e as bases neurais do armazenamento da memória explícita 1184

Edvard I. Moser, May-Britt Moser, Steven A. Siegelbaum

A memória explícita em mamíferos envolve plasticidade sináptica no hipocampo 1184

    A potenciação de longa duração em vias hipocampais distintas é essencial para o armazenamento da memória explícita 1185

    Diferentes mecanismos moleculares e celulares contribuem para as distintas formas de expressão da potenciação de longa duração 1189

    A potenciação de longa duração possui duas fases: inicial e tardia 1190

    A plasticidade dependente do tempo de disparo fornece um mecanismo mais natural para a alteração da eficácia sináptica 1193

    A potenciação de longa duração no hipocampo tem propriedades que a tornam útil como mecanismo para o armazenamento da memória 1193

    A memória espacial depende da potenciação de longa duração 1194

O armazenamento da memória explícita também depende da depressão de longa duração da transmissão sináptica 1196

A memória é armazenada em agrupamentos celulares 1200

Diferentes aspectos da memória explícita são processados em diferentes sub-regiões do hipocampo 1202

    O giro denteado é importante para a *separação de padrões* 1202

    A área CA3 é importante para o *completamento de padrões* 1204

    A área CA2 codifica a memória social 1204

Um mapa espacial do mundo externo é formado no hipocampo 1204

Neurônios do córtex entorrinal fornecem uma representação distinta do espaço 1204

As células de lugar fazem parte do substrato da memória espacial 1208

Distúrbios da memória autobiográfica resultam de perturbações funcionais no hipocampo 1210

Destaques 1211

Leituras selecionadas 1212

Referências 1212

55 Linguagem..................1213
Patricia K. Kuhl

A linguagem possui vários níveis estruturais: fonemas, morfemas, palavras e frases 1214

A aquisição da linguagem nas crianças segue um padrão universal 1215

A criança "universalista" torna-se linguisticamente especializada com 1 ano de idade 1216

O sistema visual está envolvido na produção e percepção da linguagem 1218

As pistas prosódicas são aprendidas desde o período intrauterino 1218

Probabilidades transicionais ajudam a distinguir palavras em fala contínua 1219

Há um período crítico para o aprendizado da linguagem 1219

O estilo "paternês" de fala melhora o aprendizado de idiomas 1220

A aprendizagem bilíngue bem-sucedida depende da idade em que a segunda língua é aprendida 1220

Surge um novo modelo para a base neural da linguagem 1221

Numerosas regiões corticais especializadas contribuem para o processamento da linguagem 1221

A arquitetura neural da linguagem desenvolve-se rapidamente durante a primeira infância 1222

O hemisfério esquerdo é dominante para a linguagem 1223

A prosódia recruta tanto o hemisfério direito quanto o esquerdo, dependendo da informação transmitida 1224

Estudos das afasias têm fornecido *insights* sobre o processamento de linguagem 1224

A afasia de Broca resulta de uma extensa lesão no lobo frontal esquerdo 1224

A afasia de Wernicke resulta de lesão em estruturas do lobo temporal posterior esquerdo 1225

A afasia de condução resulta de danos a um setor de áreas posteriores de linguagem 1226

A afasia global resulta de uma lesão alastrada a vários centros da linguagem 1226

As afasias transcorticais resultam de lesão em áreas próximas às áreas de Broca e de Wernicke 1226

As afasias menos comuns envolvem áreas cerebrais adicionais importantes para a linguagem 1228

Destaques 1229

Leituras selecionadas 1230

Referências 1230

56 Tomada de decisão e consciência...1232
Michael N. Shadlen, Eric R. Kandel

Discriminações perceptivas requerem uma regra de decisão 1233

Uma regra simples de decisão é a aplicação de um limiar para uma representação da evidência 1233

Decisões sobre a percepção envolvendo deliberação imitam aspectos de decisões na vida real envolvendo competências cognitivas 1235

Neurônios das áreas corticais sensoriais fornecem as amostras de evidências com ruído para a tomada de decisão 1236

A acumulação de evidências até um limiar explica a negociação entre velocidade e acurácia 1240

Neurônios dos córtices associativos parietal e pré-frontal representam uma variável de decisão 1241

A tomada de decisão sobre percepção é um modelo para raciocínio a partir de amostras de evidências 1244

Decisões sobre preferência usam evidências sobre valor 1245

A tomada de decisão oferece um marco para a compreensão dos processos de pensamento, dos estados de conhecimento e dos estados de consciência 1247

A consciência pode ser compreendida através das lentes da tomada de decisão 1250

Destaques 1253

Leituras selecionadas 1253

Referências 1254

Parte IX
Doenças do sistema nervoso

57 Doenças do nervo periférico e da unidade motora............1259
Robert H. Brown, Stephen C. Cannon, Lewis P. Rowland

Os distúrbios do nervo periférico, da junção neuromuscular e do músculo podem ser distinguidos clinicamente 1260

Uma variedade de doenças acomete neurônios motores e nervos periféricos 1264

    Doenças do neurônio motor não afetam os neurônios sensoriais (esclerose lateral amiotrófica) 1264

    Doenças dos nervos periféricos afetam a condução do potencial de ação 1266

    A base molecular de algumas neuropatias periféricas hereditárias foi definida 1267

As doenças da transmissão sináptica na junção neuromuscular possuem causas múltiplas 1269

    A miastenia grave é o exemplo mais bem estudado de uma doença da junção neuromuscular 1270

    O tratamento da miastenia é baseado nos efeitos fisiológicos e na patogênese autoimune da doença 1272

    Existem duas formas congênitas distintas de miastenia grave 1272

    Síndrome de Lambert-Eaton e botulismo também alteram a transmissão neuromuscular 1273

As doenças do músculo esquelético podem ser hereditárias ou adquiridas 1273

    A dermatomiosite exemplifica uma miopatia adquirida 1273

    As distrofias musculares são as miopatias hereditárias mais comuns 1273

    Algumas doenças hereditárias do músculo esquelético resultam de defeitos genéticos nos canais iônicos dependentes de voltagem 1278

Destaques 1280

Leituras selecionadas 1281

Referências 1281

58 Crises epilépticas e epilepsia......1282
Gary Westbrook

A classificação das crises epilépticas e epilepsias é importante para a patogênese e o tratamento 1283

    Crises epilépticas são perturbações temporárias da função cerebral 1283

    Epilepsia é uma condição crônica de crises epilépticas recorrentes 1284

O eletrencefalograma representa a atividade coletiva dos neurônios corticais 1285

As crises de início focal se originam de um pequeno grupo de neurônios 1285

    Os neurônios no foco da crise têm atividade anormal em salvas 1288

    A falta da inibição circundante leva à sincronização 1289

    A propagação da atividade epileptógena envolve circuitos corticais normais 1290

Crises epilépticas de início generalizado são transmitidas por circuitos talamocorticais 1291

A localização do foco da crise é crucial para o tratamento cirúrgico da epilepsia 1294

Crises prolongadas podem causar dano encefálico 1297

    Crises epilépticas repetidas são uma emergência médica 1297

    A excitotoxicidade é a base do dano cerebral relacionado às crises 1298

Os fatores que levam ao desenvolvimento da epilepsia são pouco compreendidos 1299

    Mutações nos canais iônicos estão entre as causas genéticas da epilepsia 1299

    A gênese das epilepsias adquiridas é uma resposta inadequada à lesão 1301

Destaques 1302

Leituras selecionadas 1303

Referências 1303

59 Distúrbios dos processos mentais conscientes e inconscientes.......1304
Christopher D. Frith

Os processos cognitivos conscientes e inconscientes têm correlatos neurais distintos 1304

Diferenças entre processos conscientes e inconscientes na percepção podem ser percebidas de maneira exagerada após danos encefálicos 1306

O controle da ação é fortemente inconsciente 1309

A evocação consciente da memória é um processo criativo 1312

A observação comportamental precisa ser complementada com relatos subjetivos 1313

    A verificação de relatos subjetivos é desafiadora 1313

    A simulação de doença e a histeria podem levar a relatos subjetivos não confiáveis 1314

Destaques 1315

Leituras selecionadas 1315

Referências 1316

60 Transtornos do pensamento e da volição na esquizofrenia.....1317
Steven E. Hyman, Joshua Gordon

A esquizofrenia é caracterizada por deficiências cognitivas, sintomas deficitários e sintomas psicóticos 1317

    A esquizofrenia apresenta um curso característico de doença com início durante a segunda e terceira décadas de vida 1318

    Os sintomas psicóticos da esquizofrenia tendem a ser episódicos 1319

O risco de esquizofrenia é altamente influenciado pelos genes 1319

A esquizofrenia é caracterizada por anormalidades na estrutura e na função encefálica 1321

    A perda de substância cinzenta no córtex cerebral parece resultar da perda de contatos sinápticos em vez da perda de células 1321

    Anormalidades no desenvolvimento encefálico durante a adolescência podem ser responsáveis pela esquizofrenia 1321

Drogas antipsicóticas atuam em sistemas dopaminérgicos no encéfalo 1324

Destaques 1326

Leituras selecionadas 1327

Referências 1327

61 Transtornos do humor e de ansiedade 1328
Steven E. Hyman, Carol Tamminga

Transtornos do humor podem ser divididos em duas classes gerais: depressão unipolar e transtorno bipolar 1328

    O transtorno depressivo maior difere significativamente da tristeza normal 1329

    O transtorno depressivo maior muitas vezes inicia precocemente na vida 1330

    O diagnóstico de transtorno bipolar requer um episódio de mania 1330

Transtornos de ansiedade representam uma significativa desregulação do circuito do medo 1331

Fatores de risco genéticos e ambientais contribuem para os transtornos de humor e de ansiedade 1333

Depressão e estresse compartilham mecanismos neurais sobrepostos 1334

Disfunções de estruturas encefálicas humanas e circuitos envolvidos nos transtornos de humor e de ansiedade podem ser identificadas por neuroimageamento 1335

    A identificação de funcionamento anormal de circuitos encefálicos ajuda a explicar sintomas e pode sugerir tratamentos 1335

    Uma diminuição no volume hipocampal está associada a transtornos no humor 1338

A depressão maior e os transtornos de ansiedade podem ser eficientemente tratados 1338

    Os fármacos antidepressivos atuais afetam os sistemas neurais monoaminérgicos 1338

    A cetamina se mostra promissora como um fármaco de ação rápida para o tratamento da depressão maior 1341

    A psicoterapia é efetiva no tratamento do transtorno depressivo maior e dos transtornos de ansiedade 1343

    A eletroconvulsoterapia é um tratamento muito eficaz contra a depressão 1343

    Novas formas de neuromodulação estão sendo desenvolvidas para tratar a depressão 1343

    O transtorno bipolar pode ser tratado com lítio e com vários fármacos anticonvulsivantes 1344

    Antipsicóticos de segunda geração são úteis para o tratamento do transtorno bipolar 1345

Destaques 1345

Leituras selecionadas 1346

Referências 1346

62 Transtornos que afetam a cognição social: transtorno do espectro autista 1348
Matthew W. State

Fenótipos do transtorno do espectro autista compartilham características comportamentais características 1349

Os fenótipos do transtorno do espectro autista também compartilham anormalidades cognitivas distintas 1349

    A comunicação social é prejudicada no transtorno do espectro autista: a hipótese da cegueira mental 1349

    Outros mecanismos sociais contribuem para o transtorno do espectro autista 1351

    Pessoas com autismo apresentam menor flexibilidade comportamental 1351

    Alguns indivíduos com autismo apresentam talentos especiais 1352

Fatores genéticos aumentam o risco de transtorno do espectro autista 1352

Síndromes genéticas raras forneceram percepções iniciais sobre a biologia do transtorno do espectro autista 1355

    Síndrome do X frágil 1355

    Síndrome de Rett 1355

    Síndrome de Williams 1356

    Síndrome de Angelman e síndrome de Prader-Willi 1356

    Os transtornos do neurodesenvolvimento têm sido base para percepções sobre os mecanismos da cognição social 1357

A genética complexa de formas comuns de transtorno do espectro autista está sendo esclarecida 1358

A genética e a neuropatologia estão revelando os mecanismos neurais do transtorno do espectro autista 1361

    Descobertas genéticas podem ser interpretadas usando abordagens biológicas de sistemas 1361

    Os genes relacionados ao TEA foram estudados em uma diversidade de modelos 1362

Estudos *post-mortem* e com tecido encefálico fornecem informações sobre a fisiopatologia do transtorno do espectro autista 1362

Avanços na ciência básica e translacional fornecem um caminho para elucidar a fisiopatologia do transtorno do espectro autista 1363

Destaques 1363

Leituras selecionadas 1364

Referências 1364

63 Mecanismos genéticos em doenças neurodegenerativas do sistema nervoso.............1366
Huda Y. Zoghbi

A doença de Huntington envolve degeneração do estriado 1366

A atrofia muscular espinobulbar é causada por disfunção do receptor de andrógeno 1367

Ataxias espinocerebelares hereditárias compartilham sintomas semelhantes, mas têm etiologias distintas 1368

A doença de Parkinson é uma enfermidade degenerativa comum do idoso 1370

Perda neuronal seletiva ocorre após danos a genes expressos ubiquamente 1372

Modelos animais são ferramentas eficientes no estudo de doenças neurodegenerativas 1373

Modelos em camundongos reproduzem muitas características das doenças neurodegenerativas 1373

Modelos em invertebrados manifestam neurodegeneração progressiva 1374

A patogênese das doenças neurodegenerativas segue várias vias 1374

O enovelamento alterado e a degradação proteica contribuem para a doença de Parkinson 1374

O enovelamento modificado de proteínas induz alterações patológicas na expressão gênica 1376

A disfunção mitocondrial agrava as doenças neurodegenerativas 1376

A apoptose e a atividade de caspases modificam a gravidade da neurodegeneração 1377

O entendimento da dinâmica molecular das doenças neurodegenerativas proporciona abordagens para a intervenção terapêutica 1378

Destaques 1378

Leituras selecionadas 1378

Referências 1379

64 Envelhecimento do encéfalo......1381
Joshua R. Sanes, David M. Holtzman

A estrutura e a função do encéfalo mudam com a idade 1381

O declínio cognitivo é significativo e debilitante em parte substancial dos idosos 1385

A doença de Alzheimer é a causa mais comum de demência 1386

Na doença de Alzheimer, o encéfalo está alterado por atrofia, placas amiloides e emaranhados neurofibrilares 1387

As placas amiloides contêm peptídeos tóxicos que contribuem para a fisiopatologia do Alzheimer 1389

Os emaranhados neurofibrilares contêm proteínas associadas a microtúbulos 1392

Fatores de risco para a doença de Alzheimer foram identificados 1393

Atualmente há bons critérios para o diagnóstico da doença de Alzheimer, mas as possibilidades de tratamento são pouco satisfatórias 1394

Destaques 1397

Leituras selecionadas 1398

Referências 1398

Índice 1401

Parte I

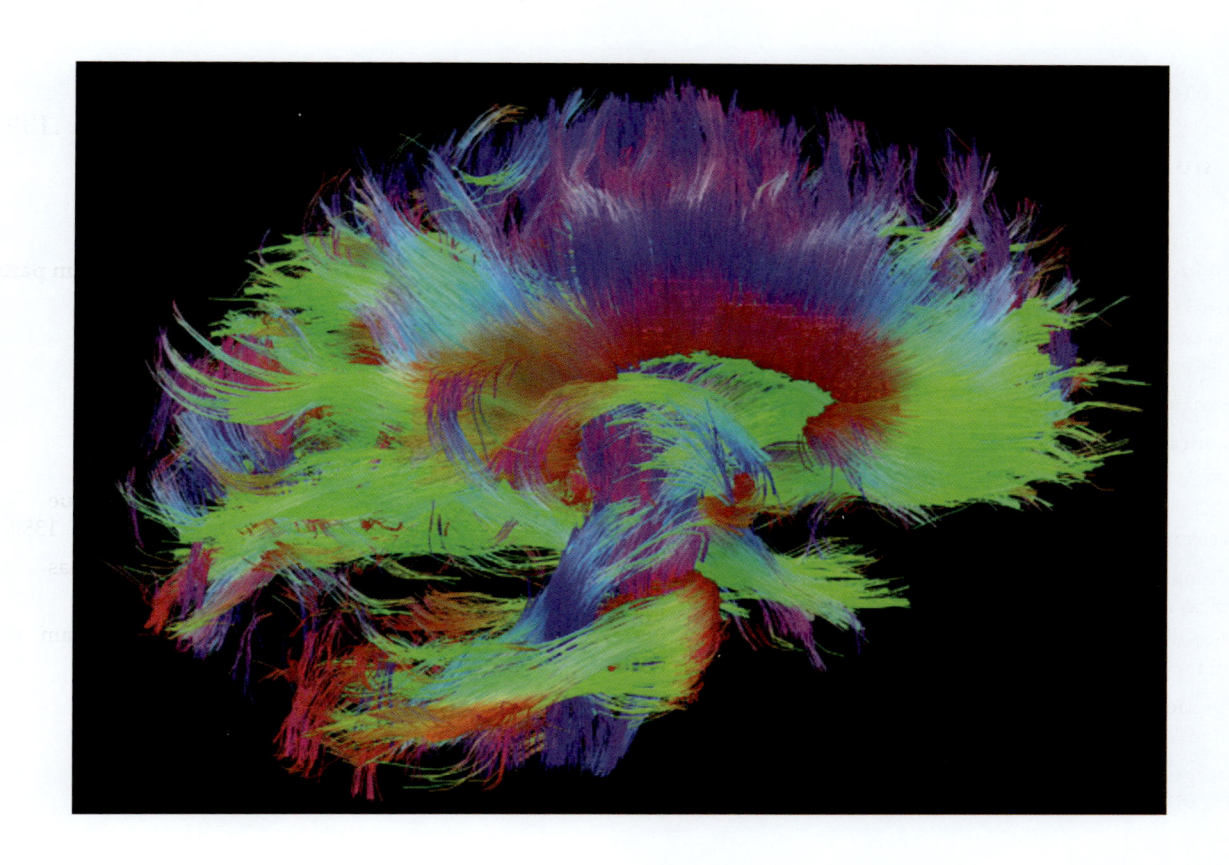

Página anterior
Arquitetura das fibras da substância branca do encéfalo humano, mostrando o corpo caloso e as vias do tronco encefálico. A imagem foi construída a partir de dados de ressonância magnética (RM) com técnica de imageamento por espectro de difusão, a qual usa a razão e a direção preferida de difusão de moléculas de água para gerar contraste nas imagens da RM e revelar feixes de axônios em tratos de fibras. As fibras estão codificadas por cores de acordo com a direção: **vermelhas**, esquerda-direita; **verdes**: anterior-posterior; **azuis**, ascendente-descendente (vermelho/verde/azul = eixos *XYZ*). (Imagem obtida do banco de dados do Conectoma. Cortesia do Laboratório de Neuroimagem da USC e do Centro de Imagem Biomédica Athinoula A. Martinos. Consórcio do "Projeto Conectoma Humano" – www.humanconnectomeproject.org.)

Perspectiva geral

I

DURANTE A SEGUNDA METADE DO SÉCULO XX, a biologia estava focada no gene. Agora, na primeira metade do século XXI, o foco deslocou-se para as neurociências e, especificamente, para a biologia da mente. Deseja-se entender os processos pelos quais os seres humanos percebem, agem, aprendem e lembram. Como o encéfalo – um órgão pesando pouco mais de 1 kg – concebe o infinito, descobre novos conhecimentos e produz a notável individualidade dos pensamentos, sentimentos e ações humanos? Como essas extraordinárias capacidades mentais estão distribuídas nesse órgão? Quais regras relacionam a organização anatômica e a fisiologia celular de uma região com seu papel específico na atividade mental? Em que os genes contribuem para o comportamento, e como a expressão gênica nas células nervosas é regulada por processos do aprendizado e do desenvolvimento? Como a experiência altera a forma pela qual o encéfalo processa eventos subsequentes, e em que grau esse processo é inconsciente? Finalmente, quais as bases neurais de doenças neurológicas e transtornos psiquiátricos? Nesta seção introdutória de *Princípios de Neurociências*, é iniciada a discussão dessas questões. Com essa discussão, descreve-se como as neurociências tentam ligar a lógica computacional dos circuitos neurais à mente – como as atividades das células nervosas dentro de circuitos neurais definidos medeiam complexos processos mentais.

Nas últimas décadas, avanços tecnológicos abriram novos horizontes para o estudo científico do encéfalo. Hoje, é possível unir a dinâmica celular de circuitos neuronais interconectados às representações internas de atos motores e de percepção no encéfalo e relacionar esses mecanismos internos ao comportamento observado. Novas técnicas de imageamento permitem a visualização do encéfalo humano em ação – para identificar regiões específicas do encéfalo associadas a determinados modos de pensamento e de sentimento e seus padrões de interconexões.

Na primeira parte deste livro, é considerado o grau em que funções mentais podem ser localizadas em regiões específicas do encéfalo. Também é examinado em que extensão tais funções podem ser compreendidas em termos de propriedades de células nervosas individuais, seus constituintes moleculares e suas conexões sinápticas. Nas últimas partes do livro, são examinados em detalhe os mecanismos envolvidos nas funções cognitivas e afetivas do encéfalo: percepção, ação, motivação, emoção, aprendizado e memória.

O encéfalo humano é uma rede de mais de 80 bilhões de células nervosas individuais interconectadas em sistemas – circuitos neurais – que constroem a percepção do mundo externo, fixam a atenção, guiam as decisões e implementam as ações humanas. Um primeiro passo em direção à compreensão da mente, portanto, é aprender como os neurônios estão organizados em vias sinalizadoras e como eles se comunicam por meio da transmissão sináptica. Uma das principais ideias desenvolvidas neste livro é que a especificidade das conexões sinápticas estabelecidas durante o desenvolvimento e refinadas durante as experiências constitui a base do comportamento. Deve-se também compreender os determinantes inatos e ambientais do comportamento, nos quais genes codificam proteínas que inicialmente regem o desenvolvimento dos circuitos neurais, que podem, então, ser modificados por alterações na expressão gênica induzidas pelas experiências.

Uma nova ciência da mente está emergindo através da aplicação de técnicas modernas de biologia celular e molecular, imagem encefálica, teoria e observação clínica para o estudo da cognição, emoção e comportamento. As neurociências reforçaram a ideia inicialmente proposta por Hipócrates, mais de dois milênios atrás, de que o estudo adequado da mente inicia com o estudo do encéfalo. A psicologia cognitiva e a teoria psicanalítica têm enfatizado a diversidade e a complexidade da experiência mental humana. Essas disciplinas podem agora ser enriquecidas pelas descobertas das neurociências sobre a função encefálica. A tarefa à frente é produzir um estudo dos processos mentais, firmemente embasados nas neurociências empíricas, com foco em como são gerados as representações internas e os estados da mente.

O objetivo é fornecer não somente os fatos, mas os princípios da organização, função e computação encefálicas. Os princípios das neurociências não reduzem a complexidade do pensamento humano a um conjunto de moléculas ou axiomas matemáticos. Ao invés disso, eles nos permitem apreciar uma certa beleza – uma elegância darwiniana – na complexidade encefálica que contribui para a mente e o comportamento. Alguém pode perguntar se uma ideia obtida da dissecção detalhada do mecanismo neural mais básico traz esclarecimentos sobre funções encefálicas superiores. A organização de um simples reflexo tem similaridade com a organização necessária ao movimento voluntário da mão? Os mecanismos que estabelecem os circuitos neurais na medula espinal em desenvolvimento suportam os mecanismos envolvidos no armazenamento de uma memória? Os processos neurais que nos despertam do sono são similares àqueles que permitem a um processo inconsciente perfurar nossa percepção consciente? Que os leitores se deleitem com os princípios à medida que se aprofundam em suas bases factuais. Sem dúvida, é um trabalho em andamento.

Editores desta parte: Eric R. Kandel e Michael N. Shadlen

Parte I

Capítulo 1	Encéfalo e comportamento
Capítulo 2	Genes e comportamento
Capítulo 3	Células nervosas, circuitos neurais e comportamento
Capítulo 4	Bases neuroanatômicas pelas quais os circuitos neurais medeiam o comportamento
Capítulo 5	Bases computacionais dos circuitos neurais que medeiam o comportamento
Capítulo 6	Imageamento e comportamento

1

Encéfalo e comportamento

Duas visões opostas acerca das relações entre o encéfalo e o comportamento têm sido consideradas
O encéfalo tem duas regiões funcionalmente distintas
A primeira forte evidência da localização das capacidades cognitivas originou-se de estudos de distúrbios da linguagem
Os processos mentais são o produto de interações entre unidades elementares de processamento no encéfalo
Destaques

A ÚLTIMA FRONTEIRA DAS CIÊNCIAS BIOLÓGICAS – o desafio final – é compreender a base biológica da consciência e os processos encefálicos pelos quais o ser humano sente, age, aprende e lembra. Durante as últimas décadas, uma notável unificação dentro das ciências biológicas preparou o cenário para a formulação desse grande desafio. A capacidade de sequenciar genes e inferir a sequência de aminoácidos nas proteínas que eles codificam tem revelado semelhanças imprevistas entre as proteínas no sistema nervoso e aquelas encontradas em outras partes do organismo. Como resultado, tornou-se possível estabelecer um plano geral para a função celular, um plano que fornece um arcabouço conceitual comum para toda a biologia celular, incluindo a neurociência celular.

O atual desafio para a unificação dentro da biologia é a unificação da psicologia – a ciência da mente – e as neurociências – a ciência do encéfalo. Tal abordagem unificada, na qual mente e corpo não são vistos como entidades separadas, apoia-se na visão de que todo o comportamento é resultado da função encefálica. Aquilo que costuma ser chamado de "mente" é um conjunto de operações executadas pelo encéfalo. Processos encefálicos formam a base não apenas dos comportamentos motores, como caminhar e comer, mas também de atos e comportamentos cognitivos complexos, que são entendidos como a quintessência do comportamento humano – o pensamento, a linguagem e a criação de obras de arte. Como corolário, todos os transtornos do comportamento que caracterizam as doenças psiquiátricas – transtornos afetivos (sentimento) e cognitivos (pensamento) – resultam de distúrbios da função encefálica.

Como os bilhões de células nervosas individuais produzem comportamentos e estados cognitivos, e como essas células são influenciadas pelo ambiente, que inclui a experiência social? É tarefa das neurociências explicar o comportamento em termos de atividade encefálica, e o progresso das neurociências a esse respeito é um dos principais temas deste livro.

As neurociências devem confrontar continuamente certas questões fundamentais. Qual o nível apropriado de descrição biológica para compreender o processo de um pensamento, o movimento de um membro ou o desejo de realizar um movimento? Por que um movimento é suave ou desajeitado, ou realizado involuntariamente no curso de determinadas doenças neurológicas? As respostas a essas questões podem emergir a partir da observação do padrão de expressão do ácido desoxirribonucleico (DNA, do inglês *deoxyribonucleic acid*) em células nervosas e de como esse padrão regula as propriedades elétricas dos neurônios. Contudo, também será necessário o conhecimento dos circuitos neurais compostos por muitos neurônios em áreas encefálicas específicas e de como a atividade desses circuitos específicos é coordenada.

Há um nível de descrição biológica mais adequado? A resposta rápida é: depende. Se o objetivo for entender e tratar certas doenças epilépticas genéticas, o sequenciamento do DNA e as medidas das propriedades elétricas de neurônios individuais podem ser suficientes para produzir uma terapia eficaz. Se o interesse for no aprendizado, percepção e exploração, a análise de sistemas de circuitos e regiões encefálicas provavelmente será requerida.

O objetivo das neurociências modernas é integrar todos esses níveis especializados em uma ciência coerente. Os esforços nos forçam a confrontar novas questões. Se os processos mentais podem estar localizados em regiões encefálicas distintas, qual a relação entre as funções dessas regiões e sua anatomia e fisiologia? Há tipos distintos de circuitos neurais requeridos para processar informações visuais, analisar discursos ou ainda para sequenciar movimentos? Ou circuitos com diferentes funções compartilham princípios organizacionais comuns? As computações neurais necessárias são melhor compreendidas como operações sobre informações representadas por neurônios isolados ou populações de neurônios? As informações são representadas na atividade elétrica de neurônios individuais ou são distribuídas sobre conjuntos de forma que uma célula não é mais informativa que um *bit* aleatório da memória de um computador? Como será visto, questões sobre os níveis de organização, especialização celular e localização de funções são recorrentes ao longo das neurociências.

Para ilustrar esses pontos, examina-se como as neurociências modernas descrevem a linguagem, um comportamento cognitivo distintivo em humanos. Para tanto, o foco é colocado nas operações do córtex cerebral, a parte do encéfalo mais altamente desenvolvida nos seres humanos. É visto como o córtex é organizado em regiões funcionalmente distintas, cada uma constituída por grandes grupos de neurônios, e como o aparato neural de um comportamento altamente complexo pode ser analisado em termos da atividade de conjuntos específicos de neurônios interconectados dentro de regiões específicas. No Capítulo 3, é descrito como o circuito neural de um simples comportamento reflexo opera em nível celular, ilustrando como a interação entre sinais sensoriais e motores leva à ação motora.

Duas visões opostas acerca das relações entre o encéfalo e o comportamento têm sido consideradas

A maneira como as células nervosas, o encéfalo e o comportamento são vistos emergiu durante o século XX a partir da síntese de cinco tradições experimentais: anatomia, embriologia, fisiologia, farmacologia e psicologia.

No século II, o médico grego Galeno propôs que os nervos conduziriam um fluido secretado pelo encéfalo e pela medula espinal para os tecidos na periferia. Sua visão dominou a medicina ocidental até que o microscópio revelou a verdadeira estrutura das células no tecido nervoso. Ainda assim, o tecido nervoso não se tornou tema de uma ciência especial até o final do século XIX, quando o italiano Camillo Golgi e o espanhol Santiago Ramón y Cajal produziram descrições detalhadas e exatas das células nervosas, mas chegaram a duas conclusões bastante diferentes sobre a forma de funcionamento do encéfalo.

Golgi desenvolveu um método para corar os neurônios com sais de prata, o que revelava toda sua estrutura ao microscópio. Com base nesses estudos, Golgi concluiu que as células nervosas não eram independentes e isoladas umas das outras, mas que agiam em conjunto em uma rede tissular contínua, como um sincício. Usando a técnica de Golgi, Ramón y Cajal observou que cada neurônio tinha um corpo celular e dois tipos de processos: dendritos que se ramificavam em um lado, e um longo axônio, como um cabo, no outro lado. Cajal concluiu que o tecido nervoso não era um sincício, mas sim um conjunto de células distintas. Durante seu trabalho, Ramón y Cajal desenvolveu alguns conceitos-chave e muitas das evidências iniciais para a *doutrina neuronal* – o princípio de que neurônios individuais são os blocos construtivos elementares e os elementos sinalizadores do sistema nervoso.

Na década de 1920, o embriologista norte-americano Ross Harrison mostrou que os dendritos e o axônio crescem a partir do corpo celular e que o fazem mesmo quando cada neurônio está isolado dos outros em uma cultura de tecidos. Harrison também confirmou a sugestão de Ramón y Cajal de que a ponta do axônio origina uma expansão, o *cone de crescimento*, que leva o axônio em desenvolvimento a seu alvo, seja outra célula nervosa ou um músculo. Ambas as descobertas trouxeram forte suporte à doutrina neuronal. A evidência final e definitiva da doutrina neuronal surgiu em meados da década de 1950, com a introdução da microscopia eletrônica. Um estudo que foi um marco nesse tema foi realizado por Sanford Palay, que demonstrou, sem qualquer dúvida, a existência de sinapses, regiões especializadas de células neurais que permitem a sinalização química ou elétrica entre elas.

A investigação fisiológica do sistema nervoso iniciou no final do século XVIII, quando o médico e físico italiano Luigi Galvani descobriu que os músculos e as células nervosas produzem eletricidade. A eletrofisiologia moderna surgiu do trabalho de três fisiologistas alemães do século XIX – Johannes Müller, Emil du Bois-Reymond e Hermann von Helmholtz – que conseguiram medir a velocidade de condução da atividade elétrica ao longo de axônios das células nervosas e mostraram também que a atividade elétrica de uma célula nervosa afeta de forma previsível a atividade de uma célula adjacente.

A farmacologia causou seu primeiro impacto na compreensão do sistema nervoso e do comportamento no final do século XIX, quando Claude Bernard, na França, Paul Ehrlich, na Alemanha, e John Langley, na Inglaterra, demonstraram que os fármacos não atuam em locais aleatórios sobre as células, mas, sim, ligam-se a receptores individuais geralmente localizados na membrana celular. Essa nova informação levou à descoberta de que células nervosas podem se comunicar umas com as outras por meios químicos.

O pensamento psicológico em relação ao comportamento data do início da ciência ocidental, quando os antigos filósofos gregos especularam acerca das causas do comportamento e da relação da mente com o encéfalo. Nos séculos subsequentes, duas visões principais emergiram. No século XVII, René Descartes distinguiu corpo e mente. Nessa *visão dualística*, o encéfalo media a percepção, a ação motora, a memória, o apetite e as paixões – tudo o que pode ser encontrado nos animais inferiores. Mas a mente – as funções mentais superiores, a experiência da consciência característica do comportamento humano – não é representada no encéfalo ou em parte do corpo, mas, sim, na alma, uma entidade espiritual. Descartes acreditava que a alma se comunicava com a maquinaria encefálica através da glândula pineal, uma pequena estrutura na linha mediana do encéfalo. As ideias de Descartes tiveram pouca influência na filosofia moderna e nas neurociências. Na verdade, a premissa subjacente às neurociências é a de que a mente é um produto do encéfalo e de sua atividade neuronal. Mas isso não significa que o objetivo das neurociências é *explicar* a mente através da redução a componentes biológicos, mas, sim, elucidar a biologia da mente.

As tentativas de integrar conceitos biológicos e psicológicos no estudo do comportamento iniciaram por volta de 1800, quando Franz Joseph Gall, um médico e neuroanatomista vienense, propôs uma ideia de corpo e mente radicalmente nova. Ele defendia que o encéfalo é o órgão da mente e que todas as funções mentais são incorporadas no encéfalo. Assim, ele rejeitou a ideia cartesiana de que mente e corpo são entidades separadas. Além disso, ele argumentou que o córtex cerebral não era um órgão unitário, mas que continha dentro de si muitos órgãos especializados, e que determinadas regiões do córtex cerebral controlavam funções específicas. Gall enumerou pelo menos 27 regiões, ou órgãos, distintos no córtex cerebral; posteriormente, muitas outras regiões foram adicionadas, cada uma delas correspondendo a uma faculdade mental específica (**Figura 1-1**). Gall atribuiu processos intelectuais, como a capacidade de avaliar causalidade, de calcular e de perceber ordem, à parte frontal do encéfalo. Características instintivas, como o amor romântico e a combatividade, foram atribuídas à parte posterior do encéfalo. Mesmo os mais abstratos dos comportamentos humanos – generosidade, introspecção e religiosidade – foram colocados em uma parte do encéfalo.

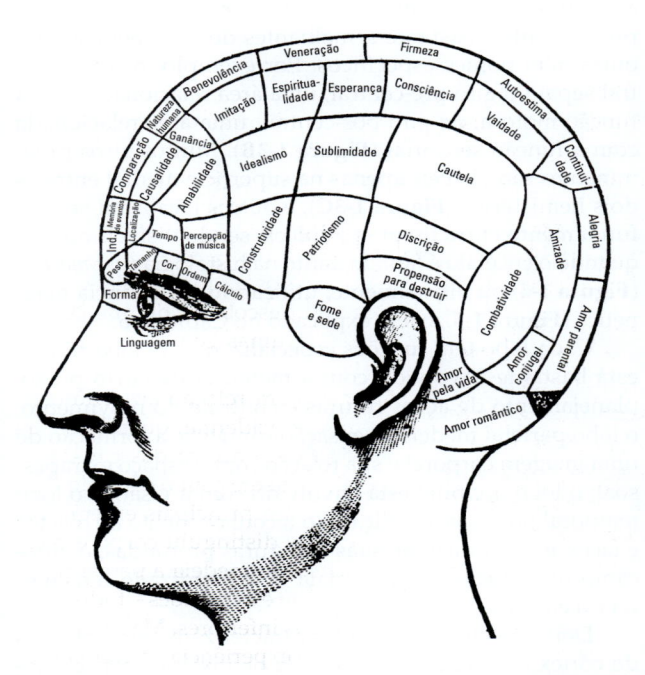

FIGURA 1-1 Um dos primeiros mapas para a localização das funções no encéfalo. De acordo com a doutrina da frenologia no século XIX, traços complexos como combatividade, espiritualidade, esperança e consciência são controlados por "órgãos" especializados, áreas específicas do córtex cerebral que se expandem à medida que tais traços se desenvolvem. Acreditava-se que esse aumento de áreas localizadas no encéfalo produziria calombos e depressões característicos no crânio, a partir dos quais se poderia determinar o caráter de um indivíduo. Este mapa, retirado de um desenho do início dos anos de 1800, mostra 42 "órgãos" intelectuais e emocionais.

Apesar da teoria de unidade entre corpo e mente de Gall e de sua ideia de que certas funções eram localizadas em regiões encefálicas específicas ter se mostrado correta, a visão dominante atual é que muitas funções superiores da mente são muito provavelmente largamente distribuídas. Além disso, a abordagem experimental de Gall para localização foi extremamente ingênua. Em vez de localizar funções de forma empírica pela observação do encéfalo, tentando correlacionar defeitos nos atributos mentais com lesões em regiões específicas após um tumor ou acidente vascular encefálico, Gall desprezou todas as evidências derivadas de estudos de lesões encefálicas, descobertas por meio de exames clínicos ou produzidas cirurgicamente em animais experimentais. Influenciado pela fisiognomia, uma crença popular com base na ideia de que características faciais revelam o caráter, Gall acreditava que saliências e sulcos na superfície do crânio de pessoas bem dotadas com determinadas faculdades cognitivas identificavam os centros dessas faculdades no encéfalo. Ele presumia que o tamanho de uma área no encéfalo estivesse relacionado com a importância relativa da faculdade mental representada naquela área. Assim sendo, o exercício de certa faculdade mental causaria o crescimento da região encefálica correspondente, e esse crescimento, por sua vez, causaria a protrusão da porção do crânio localizada sobre essa região.

Gall teve essa ideia inicialmente quando criança, ao observar que seus colegas que apresentavam ótimo desempenho na memorização de temas estudados na escola tinham olhos salientes. Ele concluiu que isso era o resultado de um superdesenvolvimento de regiões na parte frontal do encéfalo, envolvidas na memória verbal. Ele seguiu desenvolvendo essa ideia quando, como um jovem médico, trabalhou em um asilo para doentes mentais em Viena. Ali, ele começou a estudar pacientes que sofriam de monomania, um transtorno caracterizado por um interesse exagerado em alguma ideia-chave ou uma compulsão profunda de entregar-se a determinado comportamento – roubo, assassinato, eroticismo, religiosidade extrema. Ele raciocinou que, uma vez que o paciente apresentava desempenho razoável em todos os outros comportamentos, o defeito no encéfalo deveria ser discreto e, em princípio, poderia ser localizado pelo exame do crânio dos pacientes. Os estudos de Gall das funções encefálicas localizadas levaram à *frenologia*, uma disciplina preocupada com a determinação da personalidade e do caráter com base na forma detalhada do crânio.

No final da década de 1820, as ideias de Gall foram submetidas à análise experimental pelo fisiologista francês Pierre Flourens. Usando animais experimentais, Flourens destruiu alguns dos centros funcionais delineados por Gall no encéfalo, na tentativa de isolar a contribuição de cada um destes "órgãos cerebrais" para o comportamento. Desses experimentos, Flourens concluiu que regiões encefálicas específicas não são responsáveis por comportamentos específicos, mas que todas as regiões do encéfalo, especialmente os hemisférios cerebrais do prosencéfalo, participam de cada operação mental. Flourens propôs que qualquer parte de um hemisfério cerebral contribui para todas as funções do hemisfério. A lesão em qualquer área dos hemisférios cerebrais deveria, portanto, afetar todas as funções igualmente. Assim, em 1823, Flourens escreveu: "Todas as percepções, todas as vontades ocupam a mesma base nesses órgãos (cerebrais); as faculdades de perceber, de conceber, de desejar constituem meramente uma faculdade que é, portanto, essencialmente única".

A rápida aceitação dessa crença, mais tarde denominada visão *holística* do encéfalo, baseou-se apenas parcialmente no trabalho experimental de Flourens. Ela representava uma reação cultural contra a visão materialista de que a mente humana é um órgão biológico. Representava também uma rejeição da noção de que não há alma, de que todos os processos mentais podem ser reduzidos a uma atividade dentro do encéfalo e de que a mente pode ser melhorada pelo exercício, ideias inaceitáveis para o sistema religioso e a aristocracia que então governavam a Europa.

A visão holística, no entanto, foi seriamente desafiada, em meados do século XIX, pelo neurologista francês Paul Pierre Broca, pelo neurologista alemão Karl Wernicke e pelo neurologista britânico Hughlings Jackson. Por exemplo, em seus estudos sobre a epilepsia focal, uma doença caracterizada por convulsões que iniciam em determinada parte do corpo, Jackson mostrou que diferentes funções motoras e sensoriais podem ser rastreadas até partes específicas do córtex cerebral. Os estudos regionais de Broca, Wernicke e Jackson foram ampliados para o nível celular por Charles Sherrington e Ramón y Cajal, que defenderam a visão da *conectividade celular* para a função encefálica. De acordo com essa visão, neurônios individuais são as unidades sinalizadoras do encéfalo; eles estão arranjados em grupos funcionais e conectados uns aos outros de modo preciso. Os trabalhos de Wernicke e do neurologista francês Jules Dejerine revelaram que diferentes comportamentos são produzidos por diferentes regiões encefálicas interconectadas.

A primeira evidência importante para a localização emergiu de estudos sobre como o encéfalo produz a linguagem. Antes de serem considerados a relevância clínica e os estudos anatômicos, é feita uma revisão da estrutura geral do encéfalo, incluindo suas principais regiões anatômicas. Isso requer que sejam definidos alguns termos de orientação usados por neuroanatomistas para descrever as relações espaciais tridimensionais entre as partes do encéfalo e da medula espinal. Esses termos são apresentados no **Quadro 1-1** e na **Figura 1-2**.

O encéfalo tem duas regiões funcionalmente distintas

O sistema nervoso central é uma estrutura bilateral e amplamente simétrica, com duas partes principais, a medula espinal e o encéfalo. O encéfalo compreende seis estruturas principais: o bulbo, a ponte, o cerebelo, o mesencéfalo, o diencéfalo e o cérebro (**Quadro 1-2** e **Figura 1-3**). Por sua vez, cada uma delas compreende grupos distintos de neurônios com conectividade e origem também distintas. No bulbo, ponte, mesencéfalo e diencéfalo, os neurônios são geralmente agrupados em aglomerados distintos denominados núcleos. A superfície do cérebro e do cerebelo consiste de uma larga camada dobrada de neurônios denominada córtex cerebral e córtex cerebelar, respectivamente, onde os neurônios estão organizados em camadas com padrões estereotipados de conectividade. O cérebro também contém algumas estruturas localizadas abaixo da superfície (subcortical), incluindo núcleos da base e amígdala (**Figura 1-4**).

Técnicas modernas de imageamento encefálico tornaram possível ver a atividade dessas estruturas em pessoas vivas (ver Capítulo 6). O imageamento encefálico é comumente utilizado para avaliar a atividade metabólica de regiões definidas do encéfalo, enquanto os indivíduos estão envolvidos em tarefas específicas, sob condições controladas. Tais estudos fornecem evidências de que tipos específicos de comportamento recrutam a atividade de algumas regiões encefálicas mais do que outras. O imageamento encefálico demonstra vividamente que operações cognitivas dependem primariamente do córtex cerebral, a substância cinzenta e sulcada que cobre os dois hemisférios cerebrais (**Figura 1-5**).

Em cada um dos hemisférios, o córtex sobrejacente é dividido em quatro lobos nomeados pelos ossos cranianos que os cobrem: *frontal, parietal, occipital* e *temporal* (**Figura 1-3B**). Cada lobo tem diversos dobramentos profundos característicos, uma estratégia evolutiva para empacotar uma grande camada de córtex em um espaço limitado. As partes superiores dessas circunvoluções são denominadas *giros*, e as fendas são *sulcos* ou *fissuras*. Os giros e os sulcos mais proeminentes, bastante semelhantes de uma pessoa para outra, têm nomes específicos. Por exemplo, o sulco central separa o giro pré-central, uma área relacionada com a função motora, do giro pós-central, uma área relacionada com a função sensorial (**Figura 1-3B**). Muitos giros proeminentes são visíveis apenas na superfície medial entre os dois hemisférios (**Figura 1-3C**), e outros localizam-se profundamente entre fissuras e sulcos, sendo visíveis apenas quando o encéfalo é fatiado, tanto na histologia *post-mortem* (**Figura 1-4**) ou virtualmente, utilizando ressonância magnética (**Figura 1-5**), como explicado no Capítulo 6.

Cada lobo tem funções especializadas. O lobo frontal está bastante envolvido com a memória de curto prazo, planejamento de ações futuras e controle do movimento; o lobo parietal medeia a sensação somática, a formação de uma imagem corporal e sua relação com o espaço extrapessoal; o lobo occipital está envolvido com a visão; e o lobo temporal processa a audição e o reconhecimento de objetos e faces, e – por meio de suas estruturas profundas, o hipocampo e os núcleos da amígdala – o aprendizado, a memória e a emoção.

Dois aspectos importantes caracterizam a organização do córtex cerebral. Primeiro, cada hemisfério está relacionado principalmente com processos sensoriais e motores no lado contralateral (oposto) do corpo. Assim, a informação sensorial que alcança a medula espinal a partir do lado esquerdo do corpo cruza para o lado direito do sistema nervoso em seu caminho para o córtex cerebral. Do mesmo modo, as áreas motoras no hemisfério direito exercem controle sobre os movimentos do lado esquerdo do corpo. O segundo aspecto é que os hemisférios, embora semelhantes em aparência, não são completamente simétricos em estrutura ou função.

QUADRO 1-1 Termos de orientação neuroanatômica

A localização e a orientação de componentes do sistema nervoso dentro do corpo são descritas com referência a três eixos: rostral-caudal, dorsal-ventral e medial-lateral (**Figura 1-2**). Esses termos permitem ao neuroanatomista descrever as relações espaciais entre partes do encéfalo e da medula espinal. Eles facilitam a comparação de encéfalos de indivíduos de uma mesma espécie a medida em que se desenvolvem ou em caso de doenças. Eles também facilitam a comparação de encéfalos de espécies de animais diferentes, por exemplo, para compreensão da evolução do encéfalo.

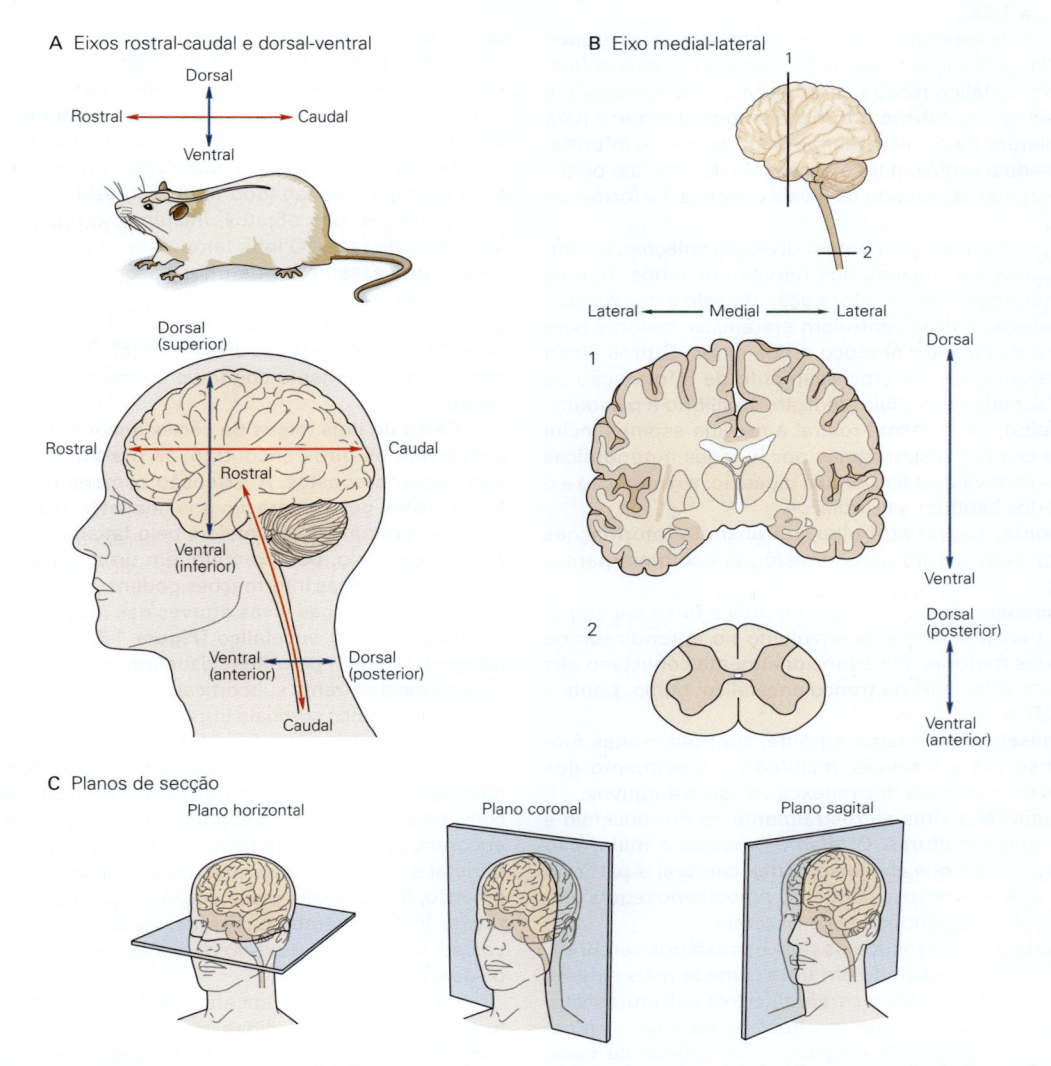

FIGURA 1-2 O sistema nervoso central é descrito ao longo de três eixos principais. (Adaptada, com autorização, de Martin, 2003.)

A. *Rostral* significa em direção à região nasal, e *caudal* significa em direção à cauda. *Dorsal* significa para a região das costas dos animais, e *ventral* significa para a barriga. Em mamíferos inferiores, a orientação desses dois eixos é mantida durante o desenvolvimento até a vida adulta. Nos seres humanos e em outros primatas superiores, o eixo longitudinal é flexionado no tronco encefálico em cerca de 110°. Por causa dessa flexão, os mesmos termos de localização têm significado diferente quando se referem a estruturas abaixo e acima da flexão. Abaixo da flexão, na medula espinal, rostral significa para a cabeça, caudal significa para o cóccix (a porção terminal da coluna espinal), ventral (anterior) significa para a barriga, e dorsal (posterior) significa para as costas. Acima da flexão, rostral significa para a região nasal, caudal significa para a parte de trás da cabeça, ventral significa para a mandíbula, e dorsal significa para o topo da cabeça. O termo *superior* costuma ser usado como sinônimo de dorsal, e *inferior* significa o mesmo que ventral.

B. *Medial* significa para o meio do cérebro, e *lateral* significa para o lado.

C. Quando encéfalos são seccionados para análise, os cortes em geral são feitos em um dos três planos cardinais: horizontal, coronal ou sagital.

QUADRO 1-2 Organização anatômica do sistema nervoso central

O sistema nervoso central tem sete partes principais

A **medula espinal**, a parte mais caudal do sistema nervoso central, recebe e processa informação sensorial da pele, das articulações e dos músculos dos membros e do tronco e controla os movimentos dos membros e do tronco. É subdividida nas regiões cervical, torácica, lombar e sacral (**Figura 1-3A**).

A medula espinal continua rostralmente como **tronco encefálico**, que consiste em bulbo, ponte e mesencéfalo. O tronco encefálico recebe informação sensorial da pele e dos músculos da cabeça e fornece o controle motor para a musculatura da cabeça. Ele também transmite informação da medula espinal para o encéfalo e do encéfalo para a medula espinal, regulando os níveis de alerta via formação reticular.

O tronco encefálico contém diversas coleções de corpos celulares, os núcleos dos nervos cranianos. Alguns desses núcleos recebem informação da pele e dos músculos da cabeça; outros controlam eferências motoras para músculos da face, do pescoço e dos olhos. Outros ainda são especializados no processamento de informação de três dos sentidos especiais: audição, equilíbrio e paladar.

O **bulbo**, diretamente rostral à medula espinal, inclui diversos centros responsáveis por funções autonômicas (neurovegetativas) vitais, como a digestão, a respiração e o controle dos batimentos cardíacos.

A **ponte**, rostral ao bulbo, retransmite informações acerca do movimento dos hemisférios cerebrais para o cerebelo.

O **cerebelo**, dorsal à ponte, modula a força e a amplitude do movimento e está envolvido no aprendizado de habilidades motoras. Ele é funcionalmente conectado aos três órgãos principais do tronco encefálico: bulbo, ponte e mesencéfalo.

O **mesencéfalo**, rostral à ponte, controla muitas funções sensoriais e motoras, incluindo o movimento dos olhos e a coordenação dos reflexos visuais e auditivos.

O **diencéfalo** situa-se rostralmente ao mesencéfalo e contém duas estruturas. O *tálamo* processa a maior parte da informação que chega ao córtex cerebral a partir do resto do sistema nervoso central. O *hipotálamo* regula funções autonômicas, endócrinas e viscerais.

O **cérebro** compreende os dois hemisférios cerebrais, cada um deles consistindo em uma camada mais externa muito enrugada (o *córtex cerebral*) e três estruturas situadas mais profundamente (os *núcleos da base*, o *hipocampo* e os *núcleos da amígdala*). Os núcleos da base, que incluem o caudado, putame e globo pálido, regulam a execução de movimentos e o aprendizado motor e de hábitos, duas formas de memória referidas como memórias implícitas; o hipocampo é crítico para o armazenamento da memória relativa a pessoas, lugares, objetos e eventos, formas de memória denominadas explícitas; e os núcleos da amígdala coordenam as respostas autonômicas e endócrinas a estados emocionais, incluindo memórias de ameaças – outra forma de memória implícita.

Cada hemisfério cerebral é dividido em quatro lobos distintos: frontal, parietal, occipital e temporal (**Figura 1-3B**). Esses lobos são associados com funções distintas, apesar de as áreas corticais serem altamente interconectadas e participarem de uma ampla variedade de funções cerebrais. O lobo occipital recebe informações visuais e é crítico para todos os aspectos da visão. As informações do lobo occipital são, então, processadas através de duas vias principais. O feixe dorsal, conectando o lobo occipital ao lobo parietal, está envolvido com a localização e manipulação de objetos no espaço visual. O feixe ventral, conectando o lobo occipital ao lobo temporal, está envolvido com a identificação dos objetos, incluindo o reconhecimento individual de faces. O lobo temporal é importante também para o processamento de informações auditivas (e também contém o hipocampo e a amígdala inseridos abaixo de sua superfície). Os lobos frontais são fortemente interconectados com todas as áreas corticais e são importantes para o processamento cognitivo superior e planejamento motor.

Cerca de dois terços do córtex encontram-se nos sulcos, e muitos giros encontram-se escondidos por lobos corticais sobrepostos. A extensão completa do córtex se torna visível pela separação dos hemisférios para expor a superfície medial do encéfalo e pelo fatiamento *post-mortem* do encéfalo, por exemplo, em uma autópsia (**Figura 1-4**). Muitas dessas informações podem ser visualizadas no encéfalo de pessoas vivas através das modernas técnicas de imageamento encefálico (**Figura 1-5**; Capítulo 6). Tais imagens também permitem visualizar a substância branca e substância cinzenta subcortical.

Duas regiões corticais importantes não visíveis na superfície do córtex cerebral são o córtex cingulado e o córtex insular. O córtex cingulado se posiciona dorsalmente ao corpo caloso e é importante para a regulação das emoções, percepção de dor e cognição. O córtex insular, que se encontra escondido pela sobreposição dos lobos frontal, parietal e temporal, desempenha um papel importante na emoção, homeostase e percepção de gosto. Essas visualizações internas também permitem a observação do *corpo caloso*, o proeminente *trato de fibras* axonais que conecta os dois hemisférios.

As várias regiões encefálicas descritas anteriormente são geralmente divididas em três regiões mais amplas: *rombencéfalo* (abrangendo bulbo, ponte e cerebelo); *mesencéfalo* (abrangendo teto, substância negra, formação reticular e substância cinzenta periaquedutal); e *prosencéfalo* (compreendendo o diencéfalo e o cérebro). Juntos, o mesencéfalo e o rombencéfalo (excluindo o cerebelo) incluem as estruturas que compõem o tronco encefálico. A organização anatômica do sistema nervoso é descrita em mais detalhes no Capítulo 4.

continua

QUADRO 1-2 Organização anatômica do sistema nervoso central (*continuação*)

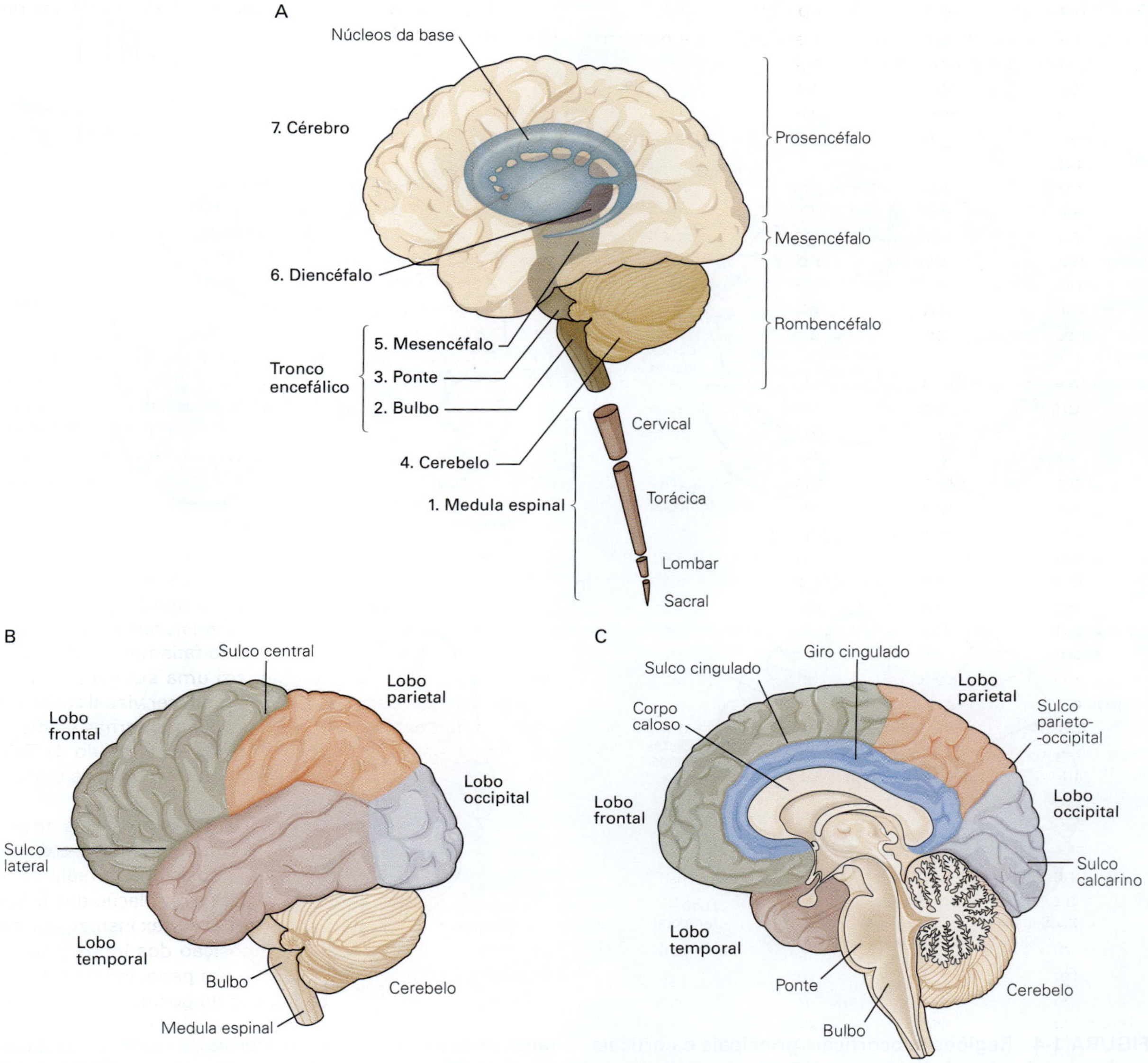

FIGURA 1-3 Divisões do sistema nervoso central.

A. O sistema nervoso central pode ser dividido em sete regiões principais, partindo da região mais caudal, a medula espinal, para o tronco encefálico (bulbo, ponte e mesencéfalo), o diencéfalo (contendo tálamo e hipotálamo), e o telencéfalo ou cérebro (córtex cerebral, substância branca subjacente, núcleos subcorticais e núcleos da base).

B. Os quatro lobos principais do cérebro nomeados de acordo com as partes do crânio que os cobrem. Esta vista lateral do encéfalo mostra apenas o hemisfério encefálico esquerdo. O sulco central separa os lobos frontal e parietal. O sulco lateral separa os lobos frontal e temporal. O córtex motor primário ocupa o giro imediatamente rostral ao sulco central. O córtex somatossensorial primário ocupa o giro imediatamente caudal ao sulco central.

C. Divisões adicionais do encéfalo são visíveis quando os hemisférios são separados nesta vista medial do hemisfério direito. O corpo caloso contém um grande feixe de axônios conectando os dois hemisférios. O córtex cingulado é a parte do córtex cerebral que circunda o corpo caloso. O córtex visual primário ocupa o sulco calcarino.

continua

QUADRO 1-2 Organização anatômica do sistema nervoso central (*continuação*)

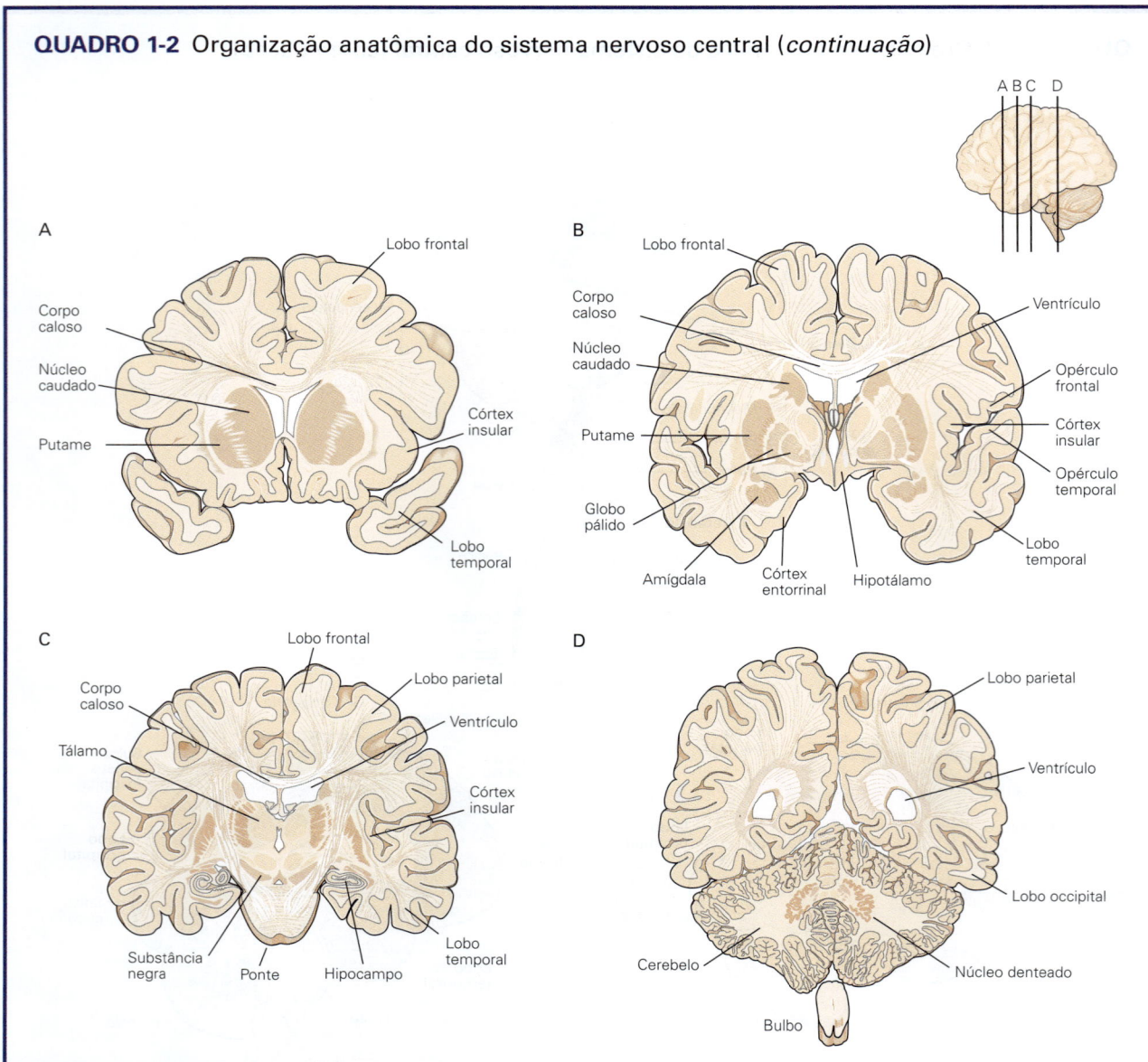

FIGURA 1-4 Regiões subcorticais principais e corticais profundas dos hemisférios encefálicos são visíveis em desenhos de fatias de tecido encefálico de *post-mortem*. Quatro secções coronais sequenciais (A-D) foram realizadas ao longo do eixo rostral-caudal, indicado em uma visão lateral do encéfalo (inserido acima à direita). Os núcleos da base compreendem o núcleo caudado, putame, globo pálido, substância negra e núcleo subtalâmico (não mostrado). O tálamo retransmite as informações sensoriais da periferia para o córtex cerebral. A amígdala e o hipocampo são regiões do córtex cerebral enterradas no lobo temporal que são importantes para as respostas emocionais e para a memória. Os ventrículos contêm e produzem o líquido cefalorraquidiano, o qual banha sulcos, cisternas e medula espinal. (Adaptada de Nieuwenhuys, Voogd e van Huijzen, 1988.)

continua

QUADRO 1-2 Organização anatômica do sistema nervoso central (*continuação*)

A

- Hemisfério cerebral
- Corpo caloso
- Diencéfalo
- Mesencéfalo
- Ponte
- Cerebelo
- Bulbo
- Medula espinal

B

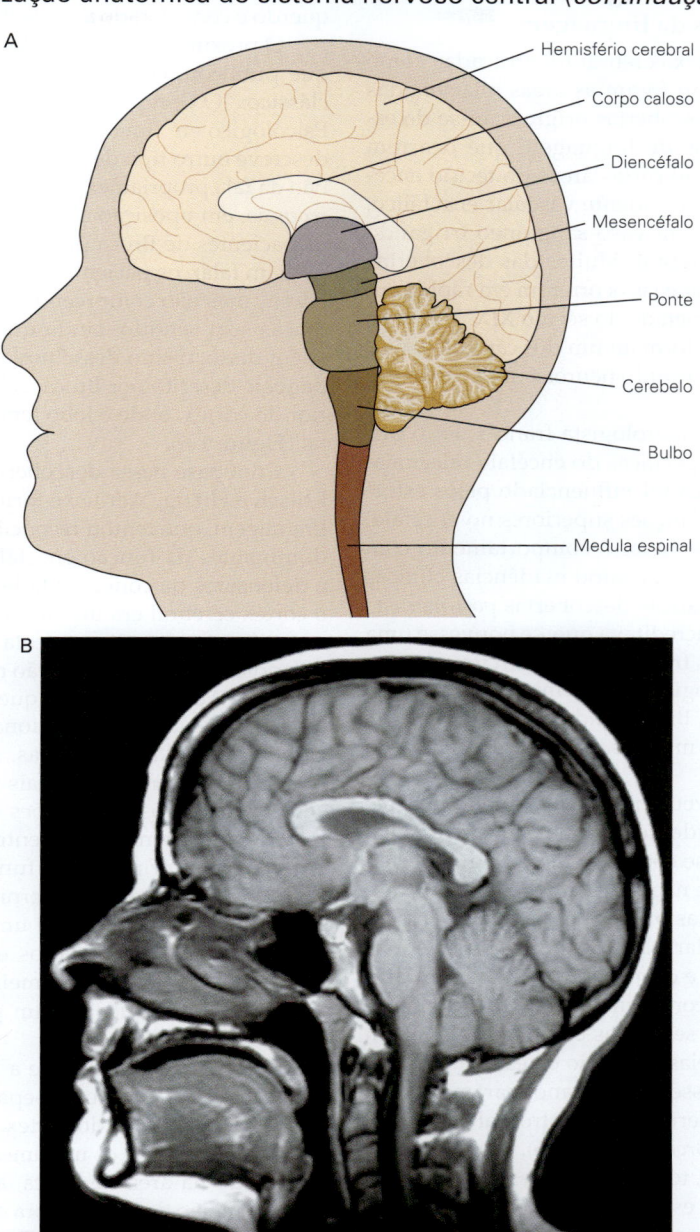

FIGURA 1-5 As principais regiões corticais e subcorticais podem ser visualizadas por imagens de encéfalos de indivíduos vivos.

A. Este desenho esquemático mostra, para referência, a superfície principal e as regiões profundas do encéfalo, incluindo a terminação rostral da medula espinal.

B. As principais divisões encefálicas desenhadas na parte A também são evidenciadas em uma imagem por ressonância magnética de um encéfalo humano vivo.

A primeira forte evidência da localização das capacidades cognitivas originou-se de estudos de distúrbios da linguagem

As primeiras áreas do córtex cerebral identificadas como importantes para a cognição foram as áreas relacionadas com a linguagem. Essas descobertas originaram-se de estudos de *afasias*, distúrbios de linguagem que ocorrem mais frequentemente quando certas áreas do tecido encefálico são destruídas por um acidente vascular encefálico, a oclusão ou a ruptura de um vaso sanguíneo irrigando parte de um hemisfério cerebral. Muitas das descobertas importantes no estudo das afasias ocorreram em rápida sucessão durante a segunda metade do século XIX. Tomados em conjunto, esses avanços formam um dos capítulos mais excitantes e importantes no estudo neurocientífico do comportamento humano.

Pierre Paul Broca, um neurologista francês, foi o primeiro a identificar áreas específicas do encéfalo relacionadas com a linguagem. Broca foi influenciado pelos esforços de Gall em mapear as funções superiores no encéfalo; contudo, em vez de correlacionar o comportamento com calombos no crânio, ele correlacionou evidências clínicas de afasia com lesões encefálicas descobertas *post-mortem*. Em 1861, ele escreveu "Eu acreditava que, se houvesse uma ciência frenológica, seria a frenologia das circunvoluções (*no córtex*), e não a frenologia dos calombos (*na cabeça*)". Com base nessa percepção, Broca fundou a *neuropsicologia*, uma ciência dos processos mentais que ele diferenciou da frenologia de Gall.

Em 1861, Broca descreveu um paciente, Leborgne, que, como resultado de um acidente vascular encefálico, não podia falar, embora pudesse compreender a língua perfeitamente bem. Esse paciente não apresentava déficits motores da língua, da boca ou das pregas vocais que pudessem afetar sua capacidade de falar. Na verdade, ele podia emitir palavras isoladas, assobiar e cantar uma melodia sem dificuldades. No entanto, não conseguia falar de forma gramaticalmente correta ou criar sentenças completas e também não conseguia exprimir ideias por meio da escrita. Exames *post-mortem* do encéfalo desse paciente mostraram uma lesão na região posterior inferior do lobo frontal esquerdo, agora denominada *área de Broca* (**Figura 1-6**). Broca estudou oito pacientes semelhantes, todos com lesões nessa região, e em todos os casos, a lesão estava localizada no hemisfério cerebral esquerdo. Essa descoberta levou Broca, em 1864, a anunciar: "*Nous parlons avec l'hémisphère gauche!*" (Nós falamos com o hemisfério esquerdo!).

O trabalho de Broca estimulou uma busca por regiões corticais associadas a outros comportamentos específicos – uma busca logo recompensada. Em 1870, Gustav Fritsch e Eduard Hitzig causaram grande excitação na comunidade científica quando mostraram que movimentos característicos das patas de cães, como estender uma pata, podiam ser produzidos pela estimulação elétrica de determinadas regiões do giro pré-central. Essas regiões estavam invariavelmente localizadas no córtex motor contralateral. Desse modo, a mão direita humana, usada para escrever e para movimentos que requeiram maior habilidade, é controlada pelo hemisfério esquerdo, o mesmo hemisfério que controla a fala. Na maioria das pessoas, portanto, o hemisfério esquerdo é considerado *dominante*.

O próximo passo foi dado em 1876, por Karl Wernicke, que publicou, com a idade de 26 anos, um artigo agora clássico: "O Complexo de Sintomas da Afasia: Um Estudo Psicológico em uma Base Anatômica". Nesse trabalho, ele descreve outro tipo de afasia, uma falha da compreensão, e não da fala propriamente dita: uma deficiência funcional de *recepção*, em oposição à deficiência de *expressão*. Enquanto os pacientes de Broca podiam entender a língua, mas não podiam falar, os pacientes de Wernicke podiam formar palavras, mas não compreendiam a língua e produziam sentenças sem sentido, ainda que gramaticalmente corretas. Além disso, o sítio desse novo tipo de afasia era diferente daquele descrito por Broca. A lesão ocorria na parte posterior do córtex, onde o lobo temporal encontra o lobo parietal (**Figura 1-6**).

Com base nessa descoberta e nos trabalhos de Broca, Fritsch e Hitzig, Wernicke formulou um modelo neural da linguagem, que tentou reconciliar e ampliar as teorias predominantes da função encefálica na época. Frenologistas e defensores da conectividade celular argumentavam que o córtex cerebral era um mosaico de áreas funcionalmente específicas, enquanto a escola holística de *campo agregado* defendia que qualquer função mental envolve todo o córtex cerebral. Wernicke propôs que apenas as funções mentais mais básicas, aquelas relacionadas com a simples percepção e as atividades motoras, são inteiramente mediadas por neurônios em áreas locais restritas do córtex. Segundo seus argumentos, as funções cognitivas mais complexas resultam de interconexões entre diversos sítios funcionais. Ao integrar o princípio da função localizada em um arcabouço de conectividade, Wernicke enfatizou a ideia de que diferentes componentes de um único comportamento são provavelmente processados em diversas regiões do encéfalo. Assim, ele foi o primeiro a desenvolver a ideia do *processamento distribuído*, um princípio agora central das neurociências.

Wernicke postulou que a linguagem envolve programas sensoriais e motores separados, cada um governado por regiões distintas do córtex. Ele propôs que o programa motor que governa os movimentos da boca para a fala está localizado na área de Broca, adequadamente situada em frente à região da área motora que controla a boca, a língua, o palato e as pregas vocais (**Figura 1-6**). A seguir, Wernicke atribuiu o programa sensorial que governa a percepção da palavra à área do lobo temporal que ele havia descoberto agora denominada *área de Wernicke*. Essa região está cercada pelo córtex auditivo e por áreas agora coletivamente conhecidas como *córtex associativo*, integrando sensações auditivas, visuais e somáticas. De acordo com o modelo de Wernicke, a comunicação entre esses dois centros de linguagem era mediada por um grande feixe de axônios conhecido como fascículo arqueado.

Assim, Wernicke formulou o primeiro modelo coerente para a linguagem que é útil ainda hoje, contando com importantes modificações e elaborações descritas no Capítulo 55. De acordo com esse modelo, o processamento neural

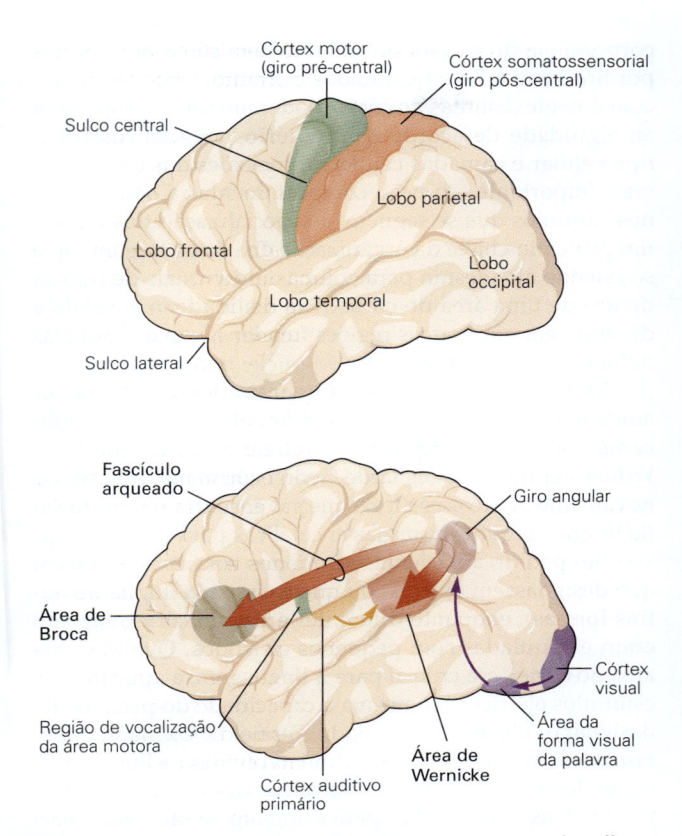

FIGURA 1-6 O processamento da linguagem envolve diversas regiões do hemisfério cerebral esquerdo.

A área de Broca controla a produção da fala. Ela situa-se próxima à região da área motora que controla os movimentos da boca e da língua, que formam as palavras. A área de Wernicke processa sinais auditivos para a linguagem e é importante para a compreensão da fala. Ela situa-se próxima ao córtex auditivo primário e ao giro angular. O neurologista francês Jules Dejerine propôs, na década de 1890, que uma área sensorial polimodal no giro angular integra as informações visuais e auditivas que representam palavras, mas estudos mais recentes implicam uma área mais ventral do córtex occipitotemporal no processamento de palavras visualizadas. A área de Wernicke comunica-se com a área de Broca por uma via bidirecional, parte da qual é constituída pelo fascículo arqueado. (Adaptada, com autorização, de Geschwind, 1979.)

da palavra falada ou escrita inicia em áreas sensoriais separadas do córtex, especializadas em informação visual ou auditiva. Através de áreas associativas que extraem as características adequadas para reconhecimento de palavras faladas ou escritas, a informação é transmitida para a área de Wernicke, onde é reconhecida como língua e associada ao seu significado.

O poder do modelo de Wernicke não está apenas em sua completude, mas também em sua utilidade preditiva. Esse modelo previu corretamente um terceiro tipo de afasia, que resulta da desconexão. Nesse tipo, as zonas de recepção e de expressão para a fala estão intactas, mas as fibras neuronais que as conectam (o fascículo arqueado) estão destruídas. Essa *afasia de condução*, como é hoje chamada, é caracterizada por erros de fala baseados em sons (*parafasias fonêmicas*), dificuldades na repetição e limitações graves na memória verbal de trabalho. Os pacientes com afasia de condução entendem as palavras que ouvem e leem, e não apresentam dificuldades motoras quando falam. Contudo, eles não conseguem falar coerentemente: omitem partes das palavras ou substituem por sons incorretos, e apresentam grande dificuldade na repetição de palavras multissilábicas, frases ou sentenças que ouvem, leem ou recordam. Apesar de dolorosamente conscientes de seus próprios erros, suas tentativas sucessivas de autocorreção são geralmente malsucedidas.

Inspirada em parte pelos avanços de Wernicke e liderada pelo anatomista Korbinian Brodmann, uma nova escola de localização cortical surgiu na Alemanha no início do século XX, a qual distinguia áreas funcionais do córtex com base nas formas das células e nas variações de seus arranjos em camadas. Utilizando esse método *citoarquitetônico*, Brodmann distinguiu 52 áreas anatômica e funcionalmente distintas no córtex cerebral humano (**Figura 1-7**).

Embora as evidências biológicas da existência de áreas funcionalmente distintas no córtex fossem instigantes, no início do século XX, a visão holística do encéfalo continuava a dominar o pensamento experimental e a prática clínica até 1950. Essa situação surpreendente deveu-se em grande parte a diversos neurocientistas importantes que defendiam a visão holística, entre eles o neurologista britânico Henry

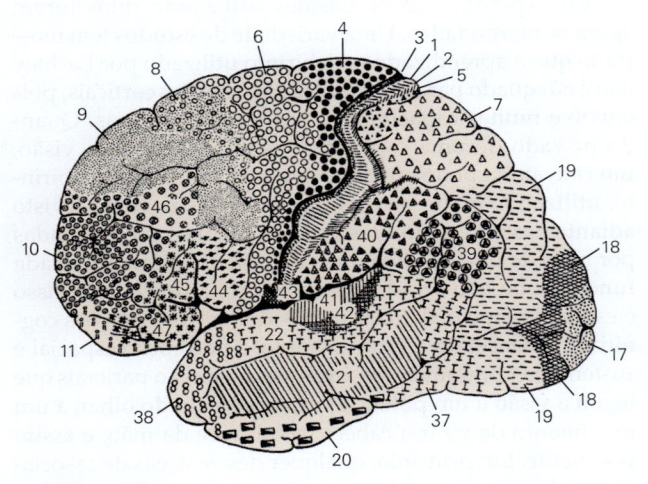

FIGURA 1-7 No início do século XX, o córtex cerebral humano era classificado em 52 áreas funcionais distintas. As áreas mostradas foram identificadas pelo anatomista Korbinian Brodmann com base nas estruturas distintas das células nervosas e nos arranjos característicos das camadas de células. Esse esquema ainda é amplamente utilizado hoje, sendo atualizado com frequência. Descobriu-se que diversas áreas definidas por Brodmann controlam funções encefálicas específicas. Por exemplo, a área 4 é o córtex motor, responsável pelo movimento voluntário. As áreas 1, 2 e 3 constituem o córtex somatossensorial primário, que recebe informação sensorial principalmente da pele e das articulações. A área 17 é o córtex visual primário, que recebe sinais sensoriais dos olhos e os retransmite para outras áreas, para processamento adicional. As áreas 41 e 42 constituem o córtex auditivo primário. O desenho mostra apenas as áreas visíveis na superfície externa do córtex.

Head, o fisiologista comportamental russo Ivan Pavlov e o psicólogo americano Karl Lashley.

O mais influente foi Lashley, que era profundamente cético em relação à abordagem citoarquitetônica para o mapeamento funcional do córtex. "O mapa arquitetônico 'ideal' é praticamente inútil", ele escreveu. Ainda segundo Lashley, "as subdivisões de área são, em grande parte, anatomicamente insignificantes e ilusórias quanto às presumíveis divisões funcionais do córtex". Esse ceticismo foi reforçado por seus estudos acerca dos efeitos de várias lesões encefálicas sobre a capacidade dos ratos de aprenderem o caminho em um labirinto. Desses estudos, Lashley concluiu que a gravidade de um prejuízo no aprendizado depende do tamanho da lesão, e não de sua localização específica. Desiludido, Lashley – e após ele muitos outros psicólogos – concluiu que o aprendizado e outras funções mentais superiores não têm um local específico no encéfalo e, consequentemente, não podem ser atribuídos a conjuntos específicos de neurônios.

Com base em suas observações, Lashley reformulou a visão de campo agregado, minimizando ainda mais o papel de neurônios individuais, de conexões neuronais específicas e mesmo de regiões encefálicas específicas para a produção de comportamentos específicos. De acordo com a *teoria de ação das massas*, de Lashley, é a massa total do encéfalo, não seus componentes regionais, que é crucial para uma função como a memória.

Os experimentos de Lashley utilizando ratos foram agora reinterpretados. Uma variedade de estudos tem mostrado que o aprendizado no labirinto utilizado por Lashley não é adequado para a localização de funções corticais, pois envolve muitas capacidades sensoriais e motoras. Quando privado de uma capacidade sensorial, como a visão, um rato ainda pode aprender seu caminho em um labirinto, utilizando o tato ou o olfato. Além disso, como é visto adiante neste livro, muitas funções mentais são mediadas por mais de uma região ou via neuronal. Assim, uma dada função pode não ser eliminada por uma única lesão. Isso é especialmente real quando consideramos as funções cognitivas do encéfalo. Como exemplo, a percepção espacial é sustentada por numerosas áreas de associação parietais que ligam a visão a um potencial deslocamento do olhar, a um movimento de virar a cabeça, ao alcance da mão, e assim por diante. Em princípio, qualquer dessas áreas de associação pode compensar danos às demais áreas. É necessária uma grande lesão ao lobo parietal para produzir déficits evidentes na percepção espacial (*agnosia espacial*) (Capítulo 59). Tal observação poderia parecer apoiar a teoria de ação das massas, mas hoje se reconhece que esses achados são compatíveis com a localização de funções que incorpora a ideia de redundância de função.

Logo, as evidências de localização de funções tornaram-se extremamente convincentes. Iniciando no final da década de 1930, estudos de Edgar Adrian na Inglaterra e Wade Marshall e Philip Bard nos Estados Unidos demonstraram que o toque em partes diferentes do corpo de um gato determina atividade elétrica em regiões distintas do córtex cerebral. Por sondagem sistemática da superfície corporal, eles estabeleceram um mapa preciso da superfície corporal em áreas específicas do córtex cerebral descritas por Brodmann. Esses resultados mostraram que áreas funcionalmente distintas do córtex poderiam ser definidas sem ambiguidade de acordo com critérios anatômicos como tipo celular e camadas celulares, conexões das células e – mais importante – função comportamental. Como é visto nos capítulos que se seguem, a especialização funcional é um princípio-chave da organização do córtex cerebral, que se estende até mesmo para colunas individuais de células dentro de uma área do córtex. Na realidade, o encéfalo é dividido em muito mais regiões funcionais do que aquelas definidas por Brodmann.

Métodos mais refinados tornaram possível aprender ainda mais acerca da função de diferentes regiões encefálicas envolvidas na linguagem. No final da década de 1950, Wilder Penfield, e mais tarde George Ojemann, investigou novamente as áreas corticais que são essenciais à produção da língua. Durante cirurgias encefálicas para tratar epilepsias, foi pedido a pacientes acordados com anestesia local que designassem objetos (ou que usassem a língua de outras formas), enquanto diferentes áreas do córtex exposto eram estimuladas com pequenos eletrodos. Quando uma área do córtex era crucial para a linguagem, a aplicação de estímulos elétricos bloqueava a capacidade do paciente de designar os objetos. Desse modo, Penfield e Ojemann puderam confirmar as áreas do córtex envolvidas na linguagem, como descritas por Broca e Wernicke. Como é visto no Capítulo 55, as redes neurais para a linguagem são muito mais extensas e complexas do que aquelas descritas por Broca e Wernicke.

Inicialmente, quase tudo o que se sabia acerca da organização anatômica da linguagem originava-se de estudos de pacientes com lesões encefálicas. Hoje, a imagem por ressonância magnética funcional (IRMf) e outros métodos não invasivos permitem a condução de análises em pessoas saudáveis enquanto leem, falam ou pensam (Capítulo 6). A IRMf confirmou não apenas que a leitura e a fala ativam áreas encefálicas diferentes, mas também revelou que apenas *pensar* sobre o significado de uma palavra, na ausência de estímulos sensoriais, ativa uma área distinta das anteriores no córtex frontal esquerdo. De fato, mesmo nas áreas tradicionais da linguagem, subregiões individuais são recrutadas em diferentes graus dependendo da forma como se pensa sobre as palavras e como elas são expressas, determinando seu significado a partir do arranjo de outras palavras (i.e., sintaxe). As novas ferramentas de imageamento prometem não apenas nos ensinar sobre as áreas envolvidas, mas também expor a lógica funcional de suas interconexões.

Uma das grandes surpresas que emergiram das metodologias modernas foi de que muitas áreas corticais são ativadas durante a compreensão e produção da língua. Incluem-se aí as tradicionais áreas de linguagem, identificadas por Broca, Wernicke e Dejerine, no hemisfério esquerdo; suas homólogas no hemisfério direito; e regiões recentemente identificadas. O imageamento funcional tende a elucidar áreas que são recrutadas diferencialmente, enquanto lesões por acidentes vasculares, tumores ou traumas distinguem as áreas que são essenciais para uma ou mais funções. Aparentemente, a área de Broca, com função primeiramente atribuída à produção de língua, está envolvida também em uma variedade de tarefas linguísticas, incluindo compreensão (**Figura 1-6**). Em alguns casos, o imageamento funcional instiga o refinamento ou revisão de áreas críticas identificadas pelo estudo de lesões. Como exemplo, sabe-se agora que a leitura recruta regiões especializadas no córtex occipitotemporal ventral, além do giro angular no córtex parietal (mostrado na **Figura 1-6**).

Assim, o processamento da linguagem no encéfalo exemplifica não somente o princípio da função localizada, mas também a elaboração mais sofisticada desse princípio: de que numerosas estruturas neurais distintas e com funções especializadas pertencem a sistemas. Talvez essa seja a reconciliação natural na controvérsia em relação a processos localizados e distribuídos – ou seja, um pequeno número de áreas distintas, cada uma identificada com um pequeno conjunto de funções, que contribuem através de suas interconexões para os fenômenos de percepção, ação e ideação. Talvez o encéfalo execute as tarefas de forma diferente à que intuitivamente imaginamos. Quem poderia adivinhar que a análise neural da cor e do movimento de um objeto poderia ocorrer em vias diferentes, e não em uma via única mediando uma percepção unificada do objeto? De forma similar, pode-se esperar que a organização neural da linguagem não se enquadre perfeitamente aos axiomas de uma teoria gramatical universal, ainda que suporte a funcionalidade perfeita descrita pela teoria linguística.

Estudos em pacientes com lesões encefálicas continuam a fornecer importantes informações para a determinação de como o encéfalo está organizado no que concerne à linguagem. Um dos resultados mais impressionantes originou-se de um estudo de indivíduos surdos que haviam perdido a capacidade de se comunicar utilizando a língua de sinais (p. ex., Língua Britânica de Sinais [LBS] ou Língua Americana de Sinais [LAS]) após sofrerem lesões encefálicas. As línguas de sinais utilizam movimentos das mãos em vez de vocalizações, e são percebidas pela visão em vez da audição, mas tem a mesma complexidade estrutural que as línguas faladas. O processamento da língua de sinais, como o processamento da língua falada, é localizado no hemisfério esquerdo. Lesões no hemisfério esquerdo podem ter consequências bastante específicas para a produção de sinais, do mesmo modo que para a língua falada, afetando a compreensão dos sinais (após lesão na área de Wernicke), a gramática ou a fluência (após lesão na área de Broca). Essas observações clínicas são corroboradas por neuroimageamento funcional. Não é surpreendente que a produção e a compreensão das línguas de sinais ou faladas não envolva áreas encefálicas idênticas, mas a sobreposição é verdadeiramente marcante (**Figura 1-8**). Há evidências até mesmo de que o processamento das partes constituintes dos sinais (p. ex., o formato em que a mão é usada) envolve algumas das mesmas regiões encefálicas ativadas quando se faz julgamentos sobre a rima da fala.

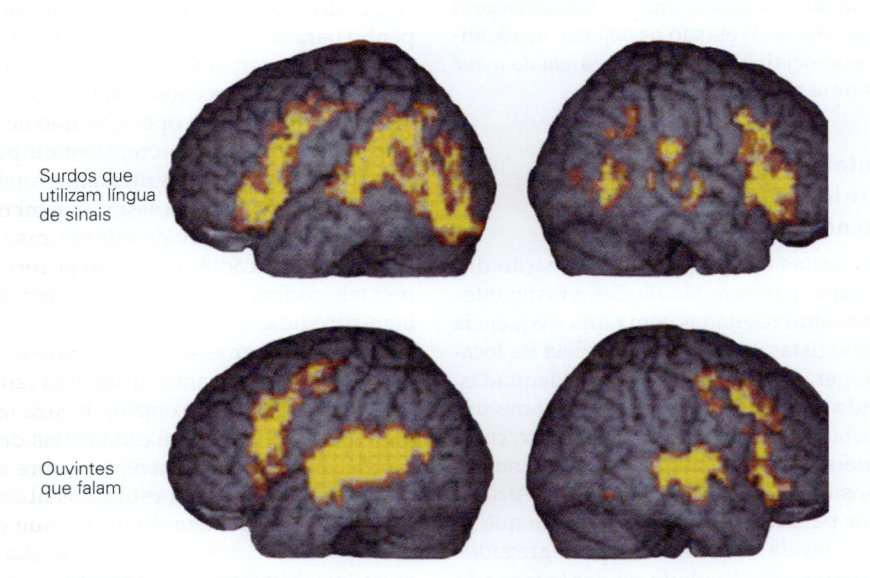

FIGURA 1-8 Indivíduos surdos e ouvintes compartilham as mesmas áreas de processamento da linguagem. Regiões do córtex envolvidas no reconhecimento da língua falada e da língua de sinais, identificadas através de imagem por ressonância magnética funcional (IRMf). Destaques **amarelos** mostram as áreas dos hemisférios cerebrais esquerdo e direito (colunas da *esquerda* e da *direita*, respectivamente) que foram mais ativadas durante a compreensão da língua do que quando desempenhando uma tarefa de percepção. Para os surdos que utilizam a língua de sinais (fileira de cima), as regiões destacadas estavam mais ativas durante a compreensão da Língua Britânica de Sinais do que durante a observação de um estímulo visual sobreposto ao comunicador em língua de sinais enquanto este estava imóvel. Para os ouvintes que falam (**fileira de baixo**), as regiões destacadas estavam mais ativas durante a compreensão de uma fala audiovisual do que durante a detecção de um tom pareado à observação do orador imóvel e silencioso. (Adaptada, com autorização, de MacSweeney et al., 2002. Copyright © 2002 Oxford University Press.)

Essas observações ilustram três pontos. Primeiro, o processamento da linguagem ocorre primariamente no hemisfério esquerdo, independentemente das vias que processam as modalidades sensoriais e motoras utilizadas para a linguagem. Segundo, as aferências auditivas não são necessárias para o surgimento e o funcionamento das capacidades de linguagem no hemisfério esquerdo. Terceiro, a língua falada é apenas uma de uma família de habilidades de linguagem mediadas pelo hemisfério esquerdo.

Pesquisadores de outros comportamentos têm acrescentado evidências adicionais para a ideia de que o encéfalo apresenta sistemas cognitivos distintos. Esses estudos demonstram que o processamento de informações complexas requer muitas áreas corticais e subcorticais interconectadas, cada uma delas envolvida no processamento de aspectos específicos dos estímulos sensoriais ou do movimento motor. Por exemplo, a percepção consciente da localização, tamanho e forma de um objeto requer a ativação de inúmeras áreas associativas parietais que relacionam a visão a ações potenciais, como movimentos oculares, orientação da cabeça, aproximação e posicionamento da mão para segurá-lo. As áreas parietais não iniciam essas ações, mas avaliam as informações sensoriais como evidências para conduzir a sua realização. Elas recebem informações a partir do feixe visual dorsal – denominado, algumas vezes, como a *via do onde*, embora a denominação mais apropriada seja *via do como* – para construir a percepção (gnosia) sobre a localização e outras propriedades espaciais dos objetos. O feixe visual ventral, ou *via do o quê*, está também envolvida com as ações possíveis, mas estas são associadas com a socialização e busca por alimentos. Essas associações estabelecem uma *gnosia* sobre o quão desejáveis são os objetos, faces, alimentos e pares em potencial. Neste sentido, a *via do o quê* poderia ser também uma *via do como*.

Os processos mentais são o produto de interações entre unidades elementares de processamento no encéfalo

Há diversas razões para as evidências da localização das funções encefálicas – que parecem tão óbvias e instigantes em retrospecto – terem sido rejeitadas com tanta frequência no passado. Os frenologistas introduziram a ideia da localização de forma exagerada e sem evidências adequadas. Eles imaginavam cada região do córtex cerebral como um órgão mental independente, dedicado a um aspecto completo e distinto da personalidade, assim como o pâncreas e o fígado são órgãos digestórios independentes. A rejeição da frenologia por parte de Flourens e o debate que se seguiu entre proponentes da visão dos campos agregados (contra a localização) e da conectividade celular (a favor da localização) foram respostas a uma teoria que era simplista e não apresentava evidências experimentais adequadas.

Como consequência da descoberta de Wernicke da organização modular da linguagem no encéfalo – centros de processamento interconectados com funções distintas –, acredita-se agora que todas as capacidades cognitivas resultem da interação de muitos mecanismos de processamento distribuídos em diversas regiões do encéfalo. Ou seja, regiões encefálicas particulares não são completamente responsáveis por faculdades mentais específicas, mas são *unidades elementares de processamento* que em conjunto desempenham uma função. A percepção, o movimento, a linguagem, o pensamento e a memória são todos possibilitados pela interligação de regiões encefálicas determinadas que realizam o processamento serial e paralelo – como módulos computacionais – dentro dessas regiões. Como resultado, a lesão em uma única área não necessariamente resulta na perda completa de uma função (ou faculdade) cognitiva, como muitos neurologistas acreditavam no início. Mesmo que um comportamento inicialmente desapareça, ele poderá retornar parcialmente, na medida em que porções não lesionadas do encéfalo reorganizam suas conexões. Além disso, quando um dano focal afeta adversamente uma função mental isso pode ocorrer indiretamente pela perturbação da função de outros *loci* principais (*diásquise*). De fato, observações desta natureza levaram Kurt Goldstein, aluno de Wernicke, a adotar a visão mais holística.

Assim, não é correto pensar em uma função mental sendo mediada estritamente por uma cadeia de células nervosas e áreas encefálicas – cada uma conectada diretamente com a próxima –, pois, em tal arranjo, o processo todo será rompido quando uma única conexão for danificada. Uma metáfora mais realista é a de um processo consistindo em diversas vias paralelas em uma rede de módulos que interagem e, por fim, convergem para um conjunto de alvos em comum. Um distúrbio no funcionamento de uma única via dentro de uma rede pode afetar a informação transmitida por ela sem prejudicar o sistema inteiro. As partes remanescentes dessa rede podem ser aptas a modificar seu desempenho para acomodar o rompimento de uma via.

O processamento modular no encéfalo foi aceito aos poucos, pois, até recentemente, era difícil demonstrar quais componentes de uma operação mental eram mediados por uma determinada via ou região encefálica. Além disso, não é fácil definir operações mentais de maneira que leve a hipóteses testáveis. Ainda assim, com a convergente evolução da psicologia cognitiva moderna e da ciência do encéfalo nas últimas décadas, foi possível verificar que as funções mentais podem ser fragmentadas em sub funções de forma bem-sucedida.

Para ilustrar esse ponto, deve-se considerar o modo como os seres humanos aprendem, armazenam e evocam informações acerca de objetos, pessoas e eventos. A simples introspecção sugere que cada fragmento do conhecimento é armazenado como uma representação única, que pode ser evocada em resposta a estímulos ou mesmo pela simples imaginação. Por exemplo, tudo o que se sabe sobre uma maçã parece estar armazenado em uma representação completa que é igualmente acessível quando se vê uma maçã em particular, a parte de uma maçã, uma maçã verde ou vermelha, a palavra maçã escrita, ou uma história apócrifa sobre a descoberta da gravidade. A experiência humana, no entanto, não é um guia confiável para a forma como o conhecimento é armazenado na memória.

O conhecimento de uma pessoa sobre maçãs não é armazenado como uma representação coerente única, e, sim, subdividido em categorias distintas e armazenado separadamente. Uma região do encéfalo armazena informações sobre a forma de segurar a maçã, a maneira que a textura (rugosidade e frescor) é percebida, a cor, a forma que a existência ou o sabor da maçã é comunicada a outra pessoa, assim como a associação semântica com computadores, físicos, vermes, serpentes e jardins bíblicos. O conceito de "maçã" implica em cada uma dessas considerações e em muitas mais. Uma suposição natural é a de que um conceito coerente abrangendo muitos detalhes deva existir em um espaço isolado no encéfalo; contudo, uma suposição igualmente válida é a de que um conceito unificado como "maçã" exista na mente sob a forma de ligações múltiplas entre uma variedade de estruturas neurais, cada uma com um tipo particular de informação, coordenadas mediante a ação de recuperação desta memória.

O exemplo mais impressionante da organização modular dos processos mentais humanos é o achado de que o próprio sentido de ser – o ser autoconsciente, a soma de tudo aquilo que se quer dizer quando se diz "eu" – é conseguido pela conexão de circuitos independentes nos dois hemisférios cerebrais, cada um mediando seu próprio sentido de autopercepção. A descoberta notável de que mesmo a consciência não é um processo unitário foi feita por Roger Sperry, Michael Gazzaniga e Joseph Bogen enquanto estudavam pacientes nos quais o corpo caloso – o principal trato que conecta os dois hemisférios cerebrais – fora seccionado como tratamento para a epilepsia. Eles descobriram que cada hemisfério tem uma consciência que funcionava independentemente.

Assim, enquanto um paciente lia um livro de que gostava e que segurava em sua mão esquerda, o hemisfério direito, que controla a mão esquerda mas desempenha um papel secundário na compreensão da linguagem, achava aborrecidas as informações visuais recebidas ao simplesmente olhar para o livro. O hemisfério direito então comandava que a mão esquerda largasse o livro. Outro paciente vestia suas roupas com a mão esquerda enquanto ao mesmo tempo as tirava com a direita. Cada hemisfério tem uma mente própria! Além disso, o hemisfério dominante às vezes opinava acerca do desempenho do hemisfério não dominante, frequentemente manifestando um falso sentido de confiança em relação a problemas para os quais ele não podia saber a solução, a qual era fornecida exclusivamente pelo hemisfério não dominante.

Tais achados trouxeram o estudo da consciência, até então domínio da filosofia e da psicanálise, para o campo das neurociências. Como é visto nos próximos capítulos, muitas das questões descritas neste capítulo reemergem nas teorias da consciência. Ninguém questiona a ideia de que muito do processamento de informações – talvez a maior parte – não alcança a percepção consciente. Quando uma informação sensorial, o planejamento de uma ação ou uma ideia se torna consciente, as neurociências procuram explicar os mecanismos que medeiam essa transição. Enquanto não há uma explicação satisfatória, alguns neurocientistas poderiam comparar o processo com uma mudança no foco da atenção, mediada por distintos grupos de neurônios, enquanto outros acreditam que a consciência requer uma mudança qualitativa nas interações funcionais entre áreas amplamente separadas do cérebro.

A principal razão pela qual se levou tanto tempo para a compreensão de quais atividades mentais são mediadas por quais regiões do encéfalo é o fato de esse ser o maior enigma biológico: os mecanismos neurais que explicam a consciência e a autopercepção. Não há, até o presente momento, uma teoria satisfatória que explique porque apena algumas informações que alcançam nossos olhos levam a um estado de consciência subjetiva de um item, pessoa ou cena. Apenas uma pequena fração das deliberações mentais de um indivíduo é percebida de forma consciente, e os pensamentos que atingem a consciência devem emergir de passos conduzidos pelo encéfalo de forma inconsciente. Como proposto no Capítulo 56, algumas respostas ao enigma da consciência podem estar mais próximas do que o imaginado.

Enquanto isso, a lacuna existente nesse entendimento coloca desafios práticos e epistemológicos para as neurociências. Deve-se confiar na experiência consciente do mundo, do corpo e na ideação em nossa caracterização de percepção, comportamento e cognição. Ao fazer isso, contudo, corre-se o risco de descaracterização de muitos processos mentais que não atingem a consciência. Por exemplo, há uma tendência em caracterizar o problema da percepção em termos consistentes com a experiência subjetiva da informação sensorial, enquanto o conhecimento, por vezes sofisticado (mas inconsciente), do conteúdo da percepção pode estar mais próximo a apresentar uma utilidade comportamental, como uma resposta a por que se deve escolher algo específico para comer, sentar sobre ou se envolver. De forma similar, os processos cognitivos, como o raciocínio, estratégia e tomada de decisão, são supostamente conduzidos pelo encéfalo de maneira apenas vagamente semelhante aos passos que se inferem para a deliberação consciente.

Essas notas de advertência têm um corolário brilhante. A percepção de que muitas funções cognitivas ocorrem de forma não consciente levanta a possibilidade de que os princípios das neurociências revelados pelo estudo de comportamentos rudimentares podem fornecer esclarecimentos sobre processos cognitivos mais complexos. Registros neurais do encéfalo de animais treinados para desempenhar tarefas complexas levaram a um entendimento de processos cognitivos como tomada de decisão, raciocínio, planejamento e alocação de atenção. Esses modelos experimentais são frequentemente extrapolados para as funções humanas e, quando falham, inspiram novas hipóteses. Minimamente, trazem inspiração, se não esclarecimentos, para serem colhidos das lacunas na compreensão dos fenômenos.

Para avaliar como o encéfalo dá origem a um processo mental específico, devemos determinar não apenas quais aspectos desse processo dependem de quais regiões do encéfalo, mas também como as informações relevantes são representadas, distribuídas e transformadas. As neurociências modernas procuram integrar tal entendimento utilizando muitas escalas. Por exemplo, estudos em nível de células nervosas unitárias e de seus constituintes moleculares elucidam os mecanismos envolvidos na excitabilidade elétrica e nas conexões sinápticas. Estudos de células e circuitos simples fornecem hipóteses sobre a computação neural, variando de operações básicas, como o controle da excitação de uma rede, até feitos magistrais, como a derivação de informações significativas a partir de dados sensoriais brutos. Estudos da interação entre circuitos e áreas encefálicas podem explicar a coordenação de grupos musculares amplamente separados ou a expressão da crença em uma proposição. O conhecimento em todos esses níveis está entremeado por formalizações matemáticas, simulações computacionais e teorias psicológicas. Essas ferramentas conceituais podem agora ser combinadas com modernas técnicas fisiológicas e métodos de imageamento encefálico, tornando possível rastrear os processos mentais conforme eles evoluem em tempo real em animais e humanos vivos. Na verdade, excitação evidente nas neurociências hoje decorre da convicção de que os princípios biológicos subjacentes ao pensamento e ao comportamento humano estão ao nosso alcance, e podem em breve ser aproveitados para elucidar e melhorar a condição humana.

Destaques

1. As neurociências procuram compreender o encéfalo em múltiplos níveis de organização, abrangendo da célula e seus constituintes às operações da mente.
2. Os princípios fundamentais das neurociências abrangem níveis relacionados a tempo, complexidade e estado – da célula à ação e ideação, do desenvolvimento por meio do aprendizado à perícia e esquecimento, da função normal a déficits neurológicos e recuperação. Como um primeiro passo, deve-se compreender os processos básicos – as propriedades elétricas das células nervosas e suas conexões com outras células nervosas – e a organização do sistema nervoso das células de suporte às vias neurais.
3. A doutrina neuronal postulou que células nervosas individuais (neurônios) são as unidades constitucionais elementares e elementos sinalizadores do sistema nervoso.
4. Os neurônios são organizados em circuitos com funções especializadas. Os circuitos mais simples medeiam reflexos; funções cognitivas mais complexas requerem circuitos mais sofisticados. Esse princípio organizacional estende a doutrina neuronal ao conexionismo celular.
5. Mesmo em circuitos complexos, nós críticos podem ser identificados em áreas associadas a funções específicas. A primeira evidência clara para a localização de funções encefálicas veio do estudo de um prejuízo específico na produção da língua.
6. Os dois hemisférios cerebrais recebem informações do lado oposto do corpo e controlam as ações também do lado oposto.
7. Ainda que o princípio da localização de funções no encéfalo seja superior às suas principais alternativas históricas – teoria do campo agregado e teoria da ação das massas – esse princípio está constantemente sendo refinado. Nenhuma área do córtex cerebral funciona independentemente de outras áreas corticais e subcorticais.
8. O maior refinamento do princípio da localização é o princípio da organização funcional modular. O encéfalo contém muitas representações de informação organizadas tanto pela relevância de certas características para computações neurais particulares quanto pela variedade de usos com os quais tal informação pode ser aplicada. Isso é uma forma de redundância no que diz respeito ao propósito e ação em potencial.
9. O futuro das neurociências irá requerer a integração de ideias que cruzam os limites das disciplinas tradicionais. A mente deve ser aberta a uma ampla variedade de fontes para guiar a intuição e as estratégias de pesquisa, desde as mais sublimes – como a natureza da consciência – às aparentemente mundanas – como o que a anestesia geral faz com um sensor de cálcio no anel celular em torno do tálamo.

Eric R. Kandel
Michael N. Shadlen

Leituras selecionadas

Churchland PS. 1986. *Neurophilosophy: Toward a Unified Science of the Mind-Brain*. Cambridge, MA: MIT Press.
Cooter R. 1984. *The Cultural Meaning of Popular Science: Phrenology and the Organization of Consent in Nineteenth-Century Britain*. Cambridge: Cambridge Univ. Press.
Cowan WM. 1981. Keynote. In: FO Schmitt, FG Worden, G Adelman, SG Dennis (eds). *The Organization of the Cerebral Cortex: Proceedings of a Neurosciences Research Program Colloquium*, pp. xi–xxi. Cambridge, MA: MIT Press.
Crick F, Koch C. 2003. A framework for consciousness. Nat Neurosci 6:119–126.
Dehaene S. 2009. *Reading in the Brain: The Science and Evolution of a Human Invention*. New York: Viking.
Ferrier D. 1890. *The Croonian Lectures on Cerebral Localisation*. London: Smith, Elder.
Geschwind N. 1974. *Selected Papers on Language and the Brain*. Dordrecht, Holland: Reidel.
Glickstein M. 2014. *Neuroscience. A Historical Introduction*. Cambridge, MA: MIT Press.
Gregory RL (ed). 1987. *The Oxford Companion to the Mind*. Oxford: Oxford Univ. Press.
Harrington A. 1987. *Medicine, Mind, and the Double Brain: A Study in Nineteenth-Century Thought*. Princeton, NJ: Princeton Univ. Press.
Harrison RG. 1935. On the origin and development of the nervous system studied by the methods of experimental embryology. Proc R Soc Lond B Biol Sci 118:155–196.
Hickok G, Small S. 2015. *Neurobiology of Language*. Boston: Elsevier.
Jackson JH. 1884. The Croonian lectures on evolution and dissolution of the nervous system. Br Med J 1:591–593; 660–663; 703–707.
Kandel ER. 1976. The study of behavior: the interface between psychology and biology. In: *Cellular Basis of Behavior: An Introduction to Behavioral Neurobiology*, pp. 3–27. San Francisco: Freeman.
Ojemann GA. 1995. Investigating language during awake neurosurgery. In: RD Broadwell (ed). *Neuroscience, Memory, and Language*. Vol. 1, *Decade of the Brain*, pp. 117–131. Washington, DC: Library of Congress.
Petersen SE. 1995. Functional neuroimaging in brain areas involved in language. In: RD Broadwell (ed). *Neuroscience, Memory, and Language*. Vol. 1, *Decade of the Brain*, pp. 109–116. Washington DC: Library of Congress.
Shepherd GM. 1991. *Foundations of the Neuron Doctrine*. New York: Oxford Univ. Press.

Sperry RW. 1968. Mental unity following surgical disconnection of the cerebral hemispheres. Harvey Lect 62:293–323.

Young RM. 1990. *Mind, Brain and Adaptation in the Nineteenth Century.* New York: Oxford Univ. Press.

Referências

Adrian ED. 1941. Afferent discharges to the cerebral cortex from peripheral sense organs. J Physiol (Lond) 100:159–191.

Bernard C. 1878–1879. *Leçons sur les Phénomènes de la vie Communs aux Animaux et aux Végétaux.* Vols. 1, 2. Paris: Baillière.

Boakes R. 1984. *From Darwin to Behaviourism: Psychology and the Minds of Animals.* Cambridge: Cambridge Univ. Press.

Broca P. 1865. Sur le siége de la faculté du langage articulé. Bull Soc Anthropol 6:377–393.

Brodmann K. 1909. *Vergleichende Lokalisationslehre der Grosshirnrinde in ihren Prinzipien dargestellt auf Grund des Zeelenbaues.* Leipzig: Barth.

Darwin C. 1872. *The Expression of the Emotions in Man and Animals.* London: Murray.

Dejerine J. 1891. Sur un cas de cécité verbale avec agraphie suivi d'autopsie. Mémoires de la Société de Biologie 3:197–201.

Descartes R. [1649] 1984. *The Philosophical Writings of Descartes.* Cambridge: Cambridge Univ. Press.

Finger S., Koehler PJ, Jagella C. 2004. The Monakow concept of diaschisis: origins and perspectives. Arch Neurol 61:283–288.

Flourens P. [1824] 1953. Experimental research. P Flourens and JMD Olmsted. In: EA Underwood (ed). *Science, Medicine and History*, 2:290–302. London: Oxford Univ. Press.

Flourens P. 1824. *Recherches Expérimentales sur les Propriétés et les Fonctions du Système Nerveux, dans les Animaux Vertébrés.* Paris: Chez Crevot.

Fritsch G, Hitzig E. [1870] 1960. Electric excitability of the cerebrum. In: G. von Bonin (transl). *Some Papers on the Cerebral Cortex*, pp. 73–96. Springfield, IL: Thomas.

Gall FJ, Spurzheim G. 1810. *Anatomie et Physiologie du Système Nerveux en Général, et du Cerveau en Particulier, avec des Observations sur la Possibilité de Reconnoître Plusieurs Dispositions Intellectuelles et Morales de l'Homme et des Animaux, par la Configuration de leurs Têtes.* Paris: Schoell.

Galvani L. [1791] 1953. *Commentary on the Effect of Electricity on Muscular Motion.* RM Green (transl). Cambridge, MA: Licht.

Gazzaniga MS, LeDoux JE. 1978. *The Integrated Mind.* New York: Plenum.

Geschwind N. 1979. Specializations of the human brain. Sci Am 241:180–199.

Goldstein K. 1948. *Language and Language Disturbances: Aphasic Symptom Complexes and Their Significance for Medicine and Theory of Language.* New York: Grune & Stratton.

Golgi C. [1906] 1967. The neuron doctrine: theory and facts. In: *Nobel Lectures: Physiology or Medicine, 1901–1921*, pp. 189–217. Amsterdam: Elsevier.

Langley JN. 1906. On nerve endings and on special excitable substances in cells. Proc R Soc Lond B Biol Sci 78:170–194.

Lashley KS. 1929. *Brain Mechanisms and Intelligence: A Quantitative Study of Injuries to the Brain.* Chicago: Univ. Chicago Press.

Lashley KS, Clark G. 1946. The cytoarchitecture of the cerebral cortex of *Ateles*: a critical examination of architectonic studies. J Comp Neurol 85:223–305.

Loeb J. 1918. *Forced Movements, Tropisms and Animal Conduct.* Philadelphia: Lippincott.

MacSweeney M, Capek CM, Campbell R, Woll B. 2008. The signing brain: the neurobiology of sign language. Trends Cogn Sci 12:432–440.

MacSweeney M, Woll B, Campbell R, et al. 2002. Neural systems underlying British Sign Language and audio-visual English processing in native users. Brain 125:1583–1593.

Marshall WH, Woolsey CN, Bard P. 1941. Observations on cortical somatic sensory mechanisms of cat and monkey. J Neurophysiol 4:1–24.

Martin JH. 2003. *Neuroanatomy: Text and Atlas*, 3rd ed. New York: McGraw Hill.

McCarthy RA, Warrington EK. 1988. Evidence for modality-specific meaning systems in the brain. Nature 334:428–430.

Müller J. 1834–1840. *Handbuch der Physiologie des Menschen für Vorlesungen.* Vols. 1, 2. Coblenz: Hölscher.

Nieuwenhuys R, Voogd J, van Huijzen Chr. 1988. *The Human Central Nervous System: A Synopsis and Atlas,* 3rd rev. ed. Berlin: Springer.

Pavlov IP. 1927. *Conditioned Reflexes: An Investigation of the Physiological Activity of the Cerebral Cortex.* GV Anrep (transl). London: Oxford Univ. Press.

Penfield W. 1954. Mechanisms of voluntary movement. Brain 77:1–17.

Penfield W, Rasmussen T. 1950. *The Cerebral Cortex of Man: A Clinical Study of Localization of Function.* New York: Macmillan.

Penfield W, Roberts L. 1959. *Speech and Brain-Mechanisms.* Princeton, NJ: Princeton Univ. Press.

Ramón y Cajal S. [1892] 1977. A new concept of the histology of the central nervous system. DA Rottenberg (transl). In: DA Rottenberg, FH Hochberg (eds). *Neurological Classics in Modern Translation*, pp. 7–29. New York: Hafner. (See also historical essay by SL Palay, preceding Ramón y Cajal's paper.)

Ramón y Cajal S. [1906] 1967. The structure and connexions of neurons. In: *Nobel Lectures: Physiology or Medicine, 1901–1921,* pp. 220–253. Amsterdam: Elsevier.

Ramón y Cajal S. [1908] 1954. *Neuron Theory or Reticular Theory? Objective Evidence of the Anatomical Unity of Nerve Cells.* MU Purkiss, CA Fox (transl). Madrid: Consejo Superior de Investigaciones Científicas Instituto Ramón y Cajal.

Ramón y Cajal S. 1937. *1852–1934. Recollections of My Life.* EH Craigie (transl). Philadelphia: American Philosophical Society; reprinted 1989. Cambridge, MA: MIT Press.

Rose JE, Woolsey CN. 1948. Structure and relations of limbic cortex and anterior thalamic nuclei in rabbit and cat. J Comp Neurol 89:279–347.

Shadlen MN, Kiani R, Hanks TD, Churchland AK. 2008. Neurobiology of decision making: an intentional framework. In: C Engel, W Singer (eds.). *Better Than Conscious? Decision Making, the Human Mind, and Implications for Institutions*, pp. 71–102. Cambridge, MA: MIT Press.

Sherrington C. 1947. *The Integrative Action of the Nervous System,* 2nd ed. Cambridge: Cambridge Univ. Press.

Spurzheim JG. 1825. *Phrenology, or the Doctrine of the Mind,* 3rd ed. London: Knight.

von Helmholtz H. [1850] 1948. On the rate of transmission of the nerve impulse. In: W Dennis (ed). *Readings in the History of Psychology,* pp. 197–198. New York: Appleton-Century-Crofts.

Wandell BA, Rauschecker AM, Yeatman JD. 2012. Learning to see words. Annu Rev Psychol 63:31–53.

Wernicke C. 1908. The symptom-complex of aphasia. In: A Church (ed). *Diseases of the Nervous System*, pp. 265–324. New York: Appleton.

Yeatman JD, Rauschecker AM, Wandell BA. 2013. Anatomy of the visual word form area: adjacent cortical circuits and long-range white matter connections. Brain Lang 125:146–155.

2

Genes e comportamento

A compreensão da genética molecular e da hereditariedade é essencial para o estudo do comportamento humano

A compreensão da estrutura e da função do genoma está evoluindo

    Os genes estão organizados nos cromossomos

A relação entre genótipo e fenótipo é frequentemente complexa

Os genes são conservados ao longo da evolução

A regulação genética do comportamento pode ser estudada em modelos animais

    Um oscilador transcricional regula o ritmo circadiano em moscas, camundongos e seres humanos

    A variação natural em uma proteína-cinase regula a atividade em moscas e abelhas

    Receptores de neuropeptídeos regulam comportamentos sociais de várias espécies

Estudos de síndromes genéticas humanas forneceram vislumbres iniciais acerca dos fundamentos do comportamento social

    Distúrbios encefálicos humanos resultam de interações entre os genes e o ambiente

    Síndromes raras do neurodesenvolvimento fornecem vislumbres sobre a biologia do comportamento social, da percepção e da cognição

Transtornos psiquiátricos envolvem traços multigênicos

    Avanços na genética dos transtornos do espectro autista enfatizam o papel de mutações *de novo* e de mutações raras nos distúrbios do desenvolvimento do sistema nervoso

    A identificação de genes para a esquizofrenia ressalta a inter-relação de variantes de risco raras e comuns

Perspectivas no estudo das bases genéticas de transtornos neuropsiquiátricos

Destaques

Glossário

TODOS OS COMPORTAMENTOS SÃO ESTABELECIDOS PELA inter-relação entre os genes e o ambiente. Os comportamentos mais estereotipados dos animais simples são influenciados pelo ambiente, e os comportamentos altamente evoluídos dos seres humanos são limitados por propriedades inatas especificadas pelos genes. Os genes não controlam o comportamento diretamente, mas os RNA e as proteínas codificados pelos genes atuam em diferentes momentos e em muitos níveis, afetando o encéfalo. Os genes especificam os programas de desenvolvimento que estruturam o encéfalo e são essenciais para as propriedades de neurônios, células gliais e sinapses, que permitem o funcionamento dos circuitos neuronais. Genes herdados de maneira estável ao longo de gerações criam a maquinaria pela qual novas experiências podem mudar o encéfalo durante o aprendizado.

Neste capítulo, questiona-se como os genes contribuem para o comportamento. Para começar, é apresentada uma visão geral das evidências de que os genes, de fato, influenciam o comportamento; em seguida, são revisados os princípios básicos da biologia molecular e da transmissão gênica. Depois, são apresentados exemplos acerca de como influências genéticas sobre o comportamento foram documentadas. Uma compreensão profunda do modo como os genes regulam o comportamento emergiu de estudos sobre vermes, moscas e camundongos, animais cujos genomas são acessíveis à manipulação experimental. Muitas associações persuasivas entre os genes e o comportamento humano emergiram da análise do desenvolvimento e da função do encéfalo humano. Apesar dos formidáveis desafios inerentes ao estudo das complexas características do comportamento humano, progressos recentes começaram a revelar os fatores de risco genéticos em transtornos psiquiátricos e do neurodesenvolvimento, como autismo, esquizofrenia e transtorno bipolar, oferecendo outra importante abordagem para esclarecer a relação entre genes, encéfalo e comportamento.

A compreensão da genética molecular e da hereditariedade é essencial para o estudo do comportamento humano

Muitos transtornos psiquiátricos e distúrbios neurológicos humanos apresentam um componente genético. Familiares de um paciente têm maior probabilidade de apresentarem a doença do que a população em geral. O grau em que fatores genéticos são responsáveis por características em uma população é chamado de *hereditariedade*. O argumento mais forte para a hereditariedade tem como base estudos com gêmeos, utilizados pela primeira vez por Francis Galton em 1883. Gêmeos idênticos se desenvolvem a partir de um único óvulo fecundado que se divide logo após a fecundação; tais gêmeos monozigóticos compartilham todos os genes. Em contraste, gêmeos fraternos se desenvolvem a partir de dois óvulos fecundados diferentes; esses gêmeos dizigóticos, assim como irmãos normais, compartilham em média metade de sua informação genética. Comparações sistemáticas ao longo de muitos anos têm mostrado que gêmeos idênticos tendem a apresentar maior similaridade (são concordantes) para traços neurológicos e psiquiátricos do que gêmeos fraternos, fornecendo evidências de um componente herdado desses traços (**Figura 2-1A**).

Em uma variação desse modelo de estudo em gêmeos, o Estudo de Gêmeos de Minnesota (Minnesota Twin Study) examinou gêmeos idênticos que foram separados no início da vida e criados por famílias diferentes. Apesar de diferenças às vezes bastante grandes em seus ambientes, os gêmeos compartilhavam predisposições para alguns transtornos psiquiátricos e até mesmo tendiam a ter traços de personalidade em comum, como extroversão. Esse estudo fornece evidências de que a variação genética contribui para diferenças humanas normais, não apenas para estados patológicos.

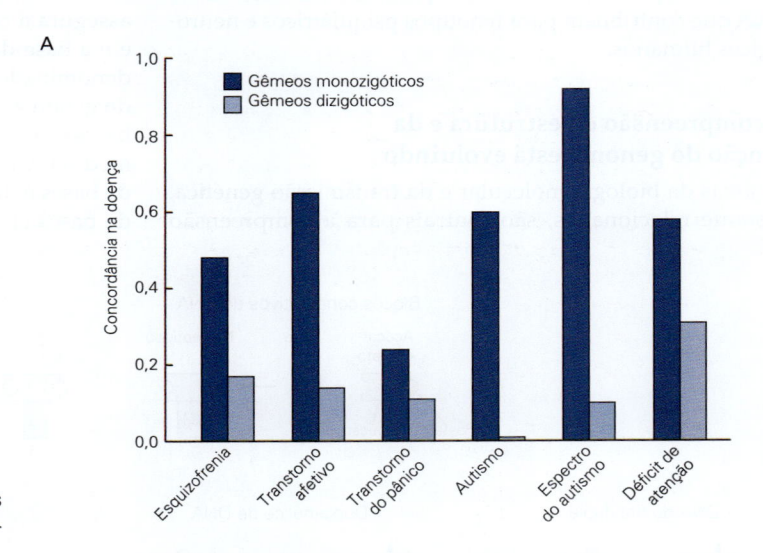

FIGURA 2-1 O risco familiar para transtornos psiquiátricos fornece evidências de hereditariedade.

A. As correlações para transtornos psiquiátricos entre gêmeos monozigóticos são consideravelmente maiores do que as entre gêmeos dizigóticos. Gêmeos monozigóticos compartilham quase todos os genes e têm alto (mas não 100%) risco de compartilhar estados patológicos. Gêmeos dizigóticos compartilham 50% de seu material genético. Um índice de zero indica não haver correlação (o resultado médio de duas pessoas ao acaso), enquanto um índice de 1 representa uma correlação perfeita. (Adaptada de McGue e Bouchard, 1998.)

B. O risco de desenvolver esquizofrenia é maior em familiares próximos de um paciente com esquizofrenia. Do mesmo modo que para gêmeos dizigóticos, pais e filhos, assim como irmãos, compartilham 50% de seu material genético. Se apenas um único gene fosse responsável pela esquizofrenia, o risco deveria ser o mesmo para pais, irmãos, filhos e gêmeos dizigóticos dos pacientes. As variações entre membros da família mostram que estão em jogo fatores genéticos e ambientais mais complexos. (Adaptada, com autorização, de Gottesman II, 1991.)

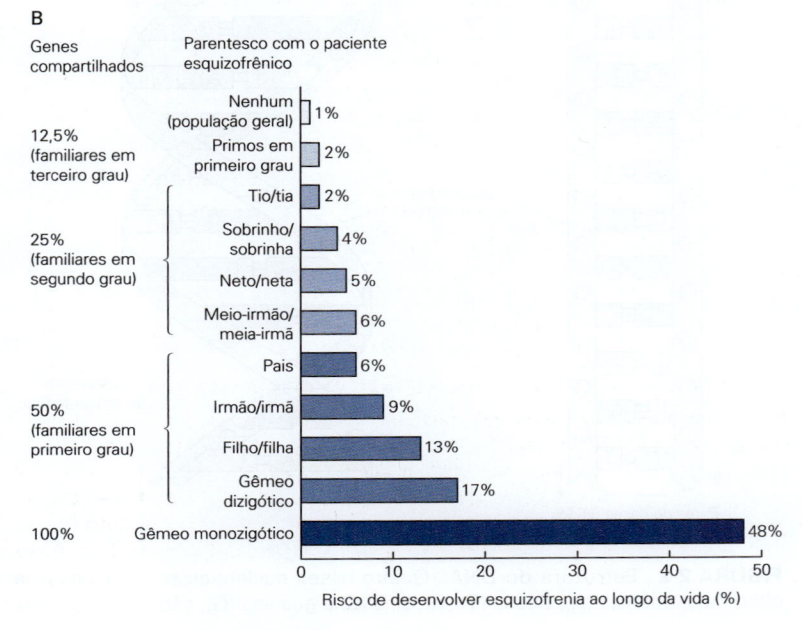

A hereditariedade para doenças humanas e traços comportamentais costuma ser substancialmente menor que 100%, demonstrando que o ambiente é um fator importante para a aquisição de traços ou doenças. A hereditariedade para muitos distúrbios neurológicos, transtornos psiquiátricos e traços comportamentais calculada a partir dos estudos com gêmeos é de cerca de 50%, mas pode ser mais alta ou mais baixa para determinados traços (**Figura 2-1A, B**). Embora os estudos com gêmeos idênticos e outros estudos de famílias apoiem a ideia de que o comportamento humano tem um componente hereditário, eles não esclarecem quais genes são importantes e, menos ainda, como determinados genes influenciam o comportamento. Essas questões são investigadas por estudos em animais experimentais, nos quais fatores genéticos e ambientais são rigidamente controlados, e por métodos modernos de descoberta gênica que estão conduzindo à identificação sistemática e confiável de variações específicas na sequência e na estrutura do DNA que contribuem para fenótipos psiquiátricos e neurológicos humanos.

A compreensão da estrutura e da função do genoma está evoluindo

As áreas da biologia molecular e da transmissão genética, bastante relacionadas, são centrais para a compreensão atual dos genes. Aqui serão resumidas algumas ideias-chave para essas áreas; um glossário no final do capítulo define os termos comumente utilizados.

Os genes são constituídos por DNA, e é esse DNA que é transmitido de uma geração a outra. Por meio da replicação do DNA, cópias exatas de cada gene são geralmente fornecidas a todas as células de um organismo, assim como às gerações seguintes. As raras exceções a essa regra geral – mutações novas (*de novo*) que são introduzidas no DNA de células germinativas ou somáticas e que desempenham um papel importante no risco de patologias – serão discutidas posteriormente. O DNA é constituído por duas fitas, cada uma delas com um esqueleto de desoxirribose-fosfato ligado a uma série de quatro subunidades: as bases nitrogenadas adenina (A), guanina (G), timina (T) e citosina (C). As duas fitas são pareadas, de modo que uma A em uma fita está sempre pareada com uma T na fita complementar, e uma G com uma C (**Figura 2-2**). Essa complementaridade assegura a cópia acurada do DNA durante sua replicação e é a base da *transcrição* do DNA em segmentos de RNA denominados transcritos. Uma vez que a quase totalidade do genoma está contida em dupla-hélice, bases ou pares de bases são usados de modo intercambiável como unidade de medida. Um segmento do genoma que englobe mil pares de bases é denominado 1 quilobase (1 kb) ou 1 quilo-pares de bases (1 kpb), enquanto 1 milhão de pares de bases é

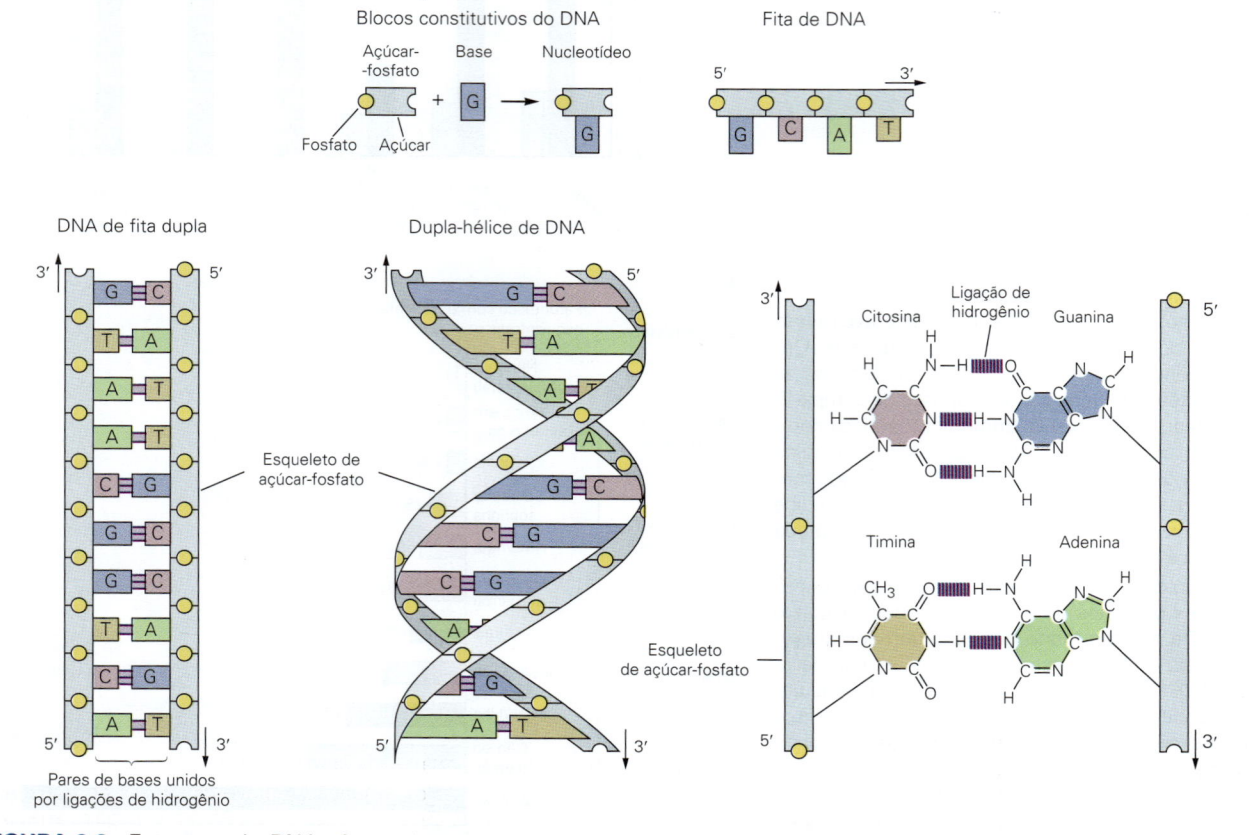

FIGURA 2-2 Estrutura do DNA. Quatro bases nucleotídicas diferentes, adenina (**A**), timina (**T**), citosina (**C**) e guanina (**G**), são unidas a um esqueleto de açúcar-fosfato na hélice de DNA de fita dupla. (Adaptada de Alberts et al., 2002.)

denominado 1 megabase (1 Mb) ou 1 mega-pares de bases (1 Mpb). O RNA difere do DNA pelo fato de ser uma única fita, ter ribose no lugar da desoxirribose na cadeia de nucleotídeos e utilizar a base uracila (U) no lugar da timina em seus nucleotídeos.

No genoma humano, aproximadamente 20.000 genes codificam produtos proteicos, que são gerados pela *tradução* da mensagem linear da sequência de RNA mensageiro (mRNA) em uma sequência polipeptídica linear (proteína) composta por aminoácidos. Um gene que codifica uma proteína tipicamente consiste em uma região codificante, que é traduzida em uma proteína, e em regiões não codificantes (**Figura 2-3**). A região codificante geralmente é organizada em pequenos segmentos codificantes denominados *éxons*, separados por sequências não codificantes denominadas *íntrons*. Os íntrons são removidos do mRNA antes de sua tradução em uma proteína.

Muitos transcritos funcionais de RNA não codificam proteínas. De fato, no genoma humano foram caracterizados mais de 40.000 transcritos não codificantes, em comparação aos aproximadamente 20.000 genes que codificam proteínas. Tais genes incluem os RNA ribossomais (rRNA) e transportadores (tRNA), componentes essenciais da maquinaria da tradução do mRNA. Outros RNA não codificantes (ncRNA) incluem *longos RNA não codificantes (lncRNA)*, arbitrariamente definidos como tendo mais de 200 pares de bases (pb) de comprimento, os quais não codificam proteínas, mas podem ter papel na regulação gênica; *pequenos RNA não codificantes* de diversos tipos, incluindo pequenos RNA nucleares (snRNA), que orientam o corte-junção do mRNA; e micro-RNA (miRNA), que pareiam com sequências complementares em RNA específicos, de modo a inibir sua tradução.

Cada célula do organismo contém DNA para todos os genes, mas expressa apenas um subconjunto específico de seus genes na forma de RNA. A parte do gene que é transcrita em um RNA é flanqueada por regiões não codificantes de DNA, às quais podem se ligar proteínas, incluindo *fatores de transcrição*, para regular a expressão gênica. Essas sequências incluem *promotores*, *estimuladores*, *silenciadores* e *isoladores*, os quais, em conjunto, permitem a expressão acurada dos genes nas células certas e no tempo certo. Os promotores são encontrados tipicamente no início da região a ser transcrita; os estimuladores, os silenciadores e os isoladores podem estar localizados a certa distância do gene que está sendo regulado. Cada tipo celular tem um conjunto único (complemento) de proteínas de ligação ao DNA que interage com promotores e com outras sequências reguladoras de modo a regular a expressão gênica e as propriedades celulares resultantes.

O encéfalo expressa um número maior de genes que qualquer outro órgão no corpo, e dentro do encéfalo diversas populações de neurônios expressam diferentes grupos de genes. A expressão seletiva de genes controlada pelos

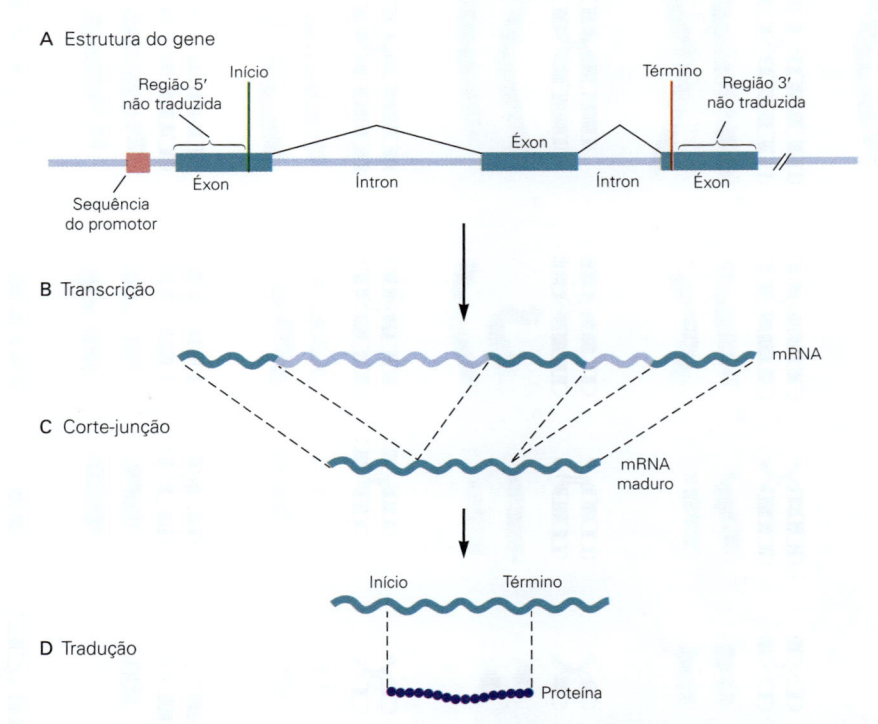

FIGURA 2-3 **Estrutura e expressão gênicas.**
A. Um gene consiste em regiões codificantes (éxons) separadas por regiões não codificantes (íntrons). Sua transcrição é regulada por regiões não codificantes, como os promotores e os estimuladores, que são frequentemente encontrados próximo ao início do gene.

B. A transcrição leva à produção de um transcrito primário de RNA de fita simples, que inclui éxons e íntrons.

C. O processo de corte-junção remove os íntrons do transcrito imaturo e une os éxons, produzindo um RNA mensageiro (**mRNA**) maduro, que é exportado do núcleo da célula.

D. A tradução do mRNA maduro produz um produto proteico.

promotores, por outras sequências reguladoras e pelas proteínas de ligação ao DNA que interagem com essas sequências permite que um número fixo de genes gere um número bem mais amplo de tipos celulares neuronais e de conexões no encéfalo.

Embora os genes especifiquem o desenvolvimento e as propriedades iniciais do sistema nervoso, a experiência de um indivíduo e a atividade resultante em circuitos neurais específicos podem, por si só, alterar a expressão de genes. Desse modo, influências ambientais são incorporadas na estrutura e na função dos circuitos neurais. Alguns dos principais objetivos dos estudos genéticos são descobrir os modos como os genes individuais afetam os processos biológicos, os modos como as redes de genes influenciam as atividades umas das outras e os modos como os genes interagem com o ambiente.

Os genes estão organizados nos cromossomos

Os genes de uma célula estão organizados de forma ordenada em longos segmentos lineares de DNA denominados *cromossomos*. Cada gene do genoma humano está localizado em uma posição característica (*locus*) em um cromossomo específico, e esse "endereço" genético pode ser utilizado para associar traços biológicos aos efeitos de um gene. A maioria dos animais multicelulares (incluindo vermes, moscas-da-fruta, camundongos e seres humanos) é *diploide*; cada célula somática contém dois conjuntos completos de cromossomos, um recebido da mãe, e outro, do pai.

Os seres humanos têm cerca de 20.000 genes, mas apenas 46 cromossomos: 22 pares de autossomos (cromossomos presentes em indivíduos de ambos os sexos) e 2 cromossomos sexuais (2 cromossomos X nos indivíduos do sexo feminino; e 1 cromossomo X e 1 Y nos indivíduos do sexo masculino) (**Figura 2-4**). Cada genitor fornece uma cópia de cada autossomo para a prole diploide. Cada genitor também fornece um cromossomo X para a prole feminina (XX), mas a prole masculina (XY) herda seu único cromossomo X das mães e seu único cromossomo Y dos pais. A herança ligada ao sexo foi descoberta em moscas-da-fruta por Thomas Hunt Morgan em 1910. Esse padrão de herança ligada ao sexo, associado ao cromossomo X único, tem sido altamente significativo em estudos genéticos humanos, em que certas doenças genéticas ligadas ao X costumam ser observadas apenas em indivíduos do sexo masculino, mas são transmitidas geneticamente das mães para os seus filhos.

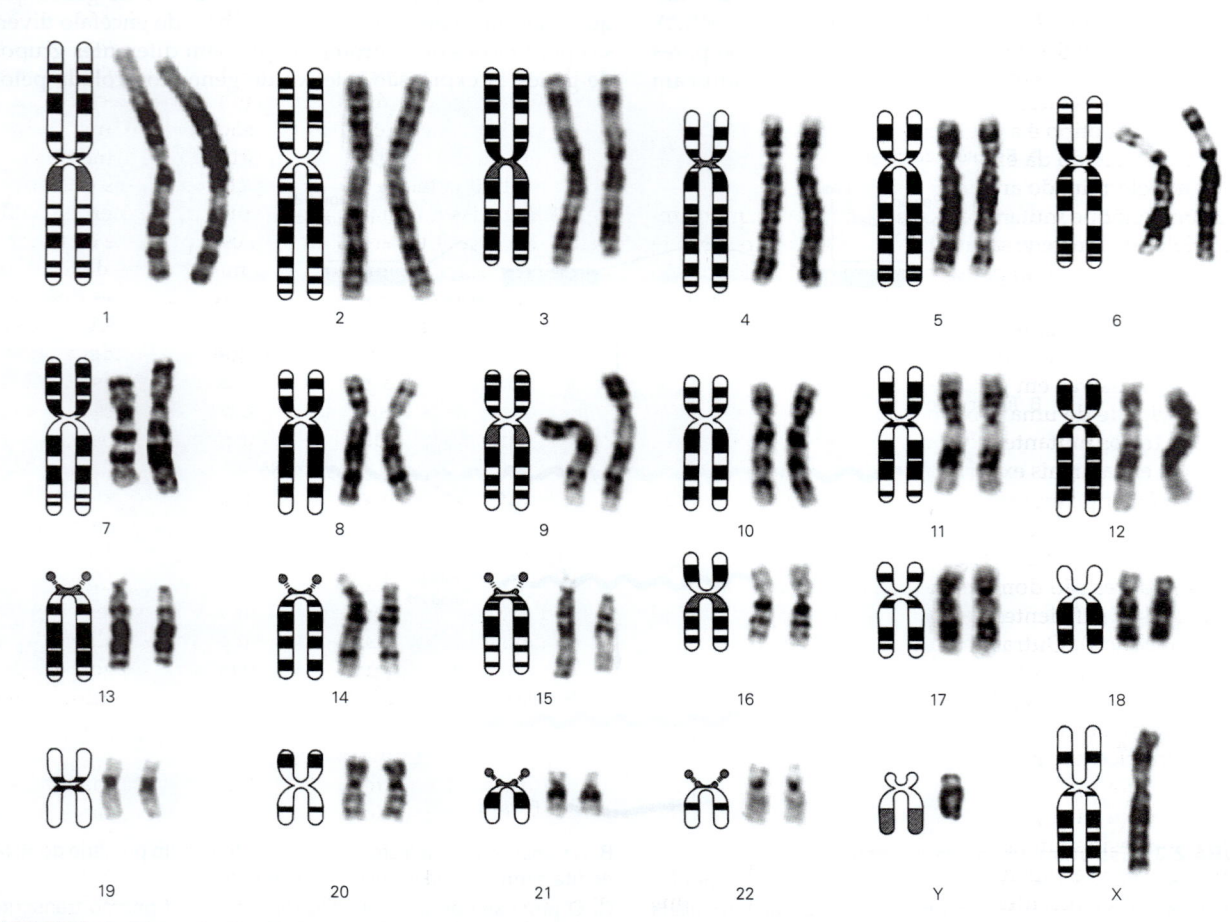

FIGURA 2-4 Mapa dos cromossomos humanos normais em metáfase, ilustrando a morfologia distinta de cada cromossomo. Os tamanhos característicos e as regiões claras e escuras características permitem que os cromossomos sejam distinguidos um do outro. (Adaptada, com autorização, de Watson, Tooze e Kurtz, 1983.)

Além dos genes encontrados nos cromossomos, um número muito pequeno dos genes de um organismo é transmitido pelas *mitocôndrias*, organelas citoplasmáticas que realizam processos metabólicos. Em todas as crianças, as mitocôndrias se originam do óvulo e são, portanto, herança materna para a criança. Certas doenças humanas, incluindo algumas doenças neuromusculares degenerativas e algumas formas de deficiência intelectual e de surdez, são causadas por mutações no DNA mitocondrial.

A relação entre genótipo e fenótipo é frequentemente complexa

As duas cópias de determinado gene autossômico em um indivíduo são chamadas de *alelos*. Se os dois alelos são idênticos, diz-se que o indivíduo é *homozigoto* naquele *locus*. Se os alelos variam devido a mutações, o indivíduo é *heterozigoto* naquele *locus*. Indivíduos do sexo masculino são *hemizigotos* para genes no cromossomo X. Uma população pode ter um grande número de alelos de um gene; por exemplo, o *OCA2*, um gene humano que afeta a cor dos olhos, pode ter alelos que codificam tons de azul, verde, cor de avelã ou castanho. Em função dessa variação, torna-se importante distinguir o *genótipo* de um organismo (o conteúdo genético) de seu *fenótipo* (sua aparência). Em um sentido amplo, um genótipo é todo o conjunto de alelos que formam o genoma de um indivíduo; em um sentido estrito, ele compreende os alelos específicos de um gene. Em contrapartida, o fenótipo é a descrição de um organismo completo e é o resultado da expressão do genótipo desse organismo em determinado ambiente.

Se um fenótipo mutante é expresso apenas quando ambos os alelos de um gene são mutados, o fenótipo resultante é chamado *recessivo*. Isso pode ocorrer se os indivíduos são homozigotos para o alelo mutante ou se eles são portadores de alelos diferentemente mutados em um dado gene de seus cromossomos (os chamados *heterozigotos compostos*). Mutações recessivas em geral resultam de perda ou redução da atividade de uma proteína funcional. A herança recessiva de traços mutantes costuma ser observada em seres humanos e em animais experimentais.

Se um fenótipo mutante resulta de uma combinação de um alelo mutante e um alelo do tipo selvagem, o traço fenotípico e o alelo mutante são chamados de *dominantes*. Algumas mutações são dominantes porque 50% do produto gênico não são suficientes para gerar um fenótipo normal (*haploinsuficiência*). Outras mutações dominantes levam à produção de uma proteína anormal ou à expressão do produto gênico do tipo selvagem em um momento ou um lugar inadequado; se isso ocorre de forma a antagonizar o produto proteico normal, a mutação é denominada de mutação *dominante negativa*.

A diferença entre genótipo e fenótipo se torna evidente quando se consideram as consequências de se ter um alelo normal (do tipo selvagem) e um alelo mutante do mesmo gene. Progressos recentes em descoberta gênica em uma gama de transtornos do neurodesenvolvimento, incluindo autismo e epilepsia, têm demonstrado que o genoma humano é mais sensível à haploinsuficiência do que se acreditava anteriormente. Todavia, enquanto a inativação completa de ambas as cópias de um gene geralmente tem um efeito confiável, a gravidade e a manifestação de haploinsuficiência variam amplamente de indivíduo a indivíduo, um fenômeno conhecido como *penetração variável, parcial* ou *incompleta*.

Variações genéticas que prejudicam o desenvolvimento, a função celular ou o comportamento humano estão situadas em um contínuo entre alelos comuns (também denominados *polimorfismos*), que geralmente apresentam efeitos individuais pequenos na biologia e no comportamento, e variantes raras, as quais podem apresentar amplos efeitos biológicos (**Quadro 2-1**). Embora essas categorizações sejam generalizações úteis, existem casos importantes nos quais polimorfismos comuns estão relacionados a grandes riscos de doença: uma variação comum no gene *APOE*, presente em 16% da população, resulta em um aumento de quatro vezes no risco de o indivíduo apresentar doença de Alzheimer de início tardio.

Os genes são conservados ao longo da evolução

A sequência nucleotídica quase completa do genoma humano foi relatada em 2001, e as sequências nucleotídicas completas de muitos genomas animais também foram decodificadas. As comparações entre esses genomas levaram a uma conclusão surpreendente: a singular espécie humana não resulta da invenção de genes humanos especiais.

Seres humanos e chimpanzés são profundamente diferentes em suas biologias e comportamentos; ainda assim, compartilham 99% de seus genes codificadores de proteínas. Além disso, a maioria dos aproximadamente 20.000 genes nos seres humanos também está presente em outros mamíferos, como camundongos, e mais de 50% de todos os genes humanos são muito semelhantes aos genes de invertebrados, como vermes e moscas (**Figura 2-5**). A conclusão dessa descoberta surpreendente é que genes antigos que os seres humanos compartilham com outros animais são regulados de formas novas, produzindo propriedades humanas novas, como a capacidade de gerar pensamentos e linguagem complexos.

Em função dessa conservação de genes ao longo da evolução, ideias obtidas a partir de estudos com determinado animal frequentemente podem ser aplicadas a outros animais com genes relacionados; esse é um fato importante, visto que experimentos em animais muitas vezes são possíveis em situações nas quais não é possível realizar experimentos em seres humanos. Por exemplo, um gene de um camundongo que codifica uma sequência de aminoácidos similar a um gene humano geralmente tem uma função semelhante ao gene humano *ortólogo*.

Aproximadamente metade dos genes humanos tem funções que foram demonstradas ou inferidas a partir de genes ortólogos em outros organismos (**Figura 2-6**). Um conjunto de genes compartilhado por seres humanos, moscas e mesmo leveduras unicelulares codifica as proteínas para o metabolismo intermediário; a síntese de DNA, RNA e proteínas; a divisão celular; e as estruturas do citoesqueleto, o transporte e a secreção de proteínas.

> **QUADRO 2-1** Mutação: a origem da diversidade genética
>
> Embora a replicação do DNA seja realizada com alta fidelidade, erros espontâneos denominados *mutações* de fato ocorrem. Mutações podem resultar de danos às bases púricas e pirimídicas no DNA, de erros durante o processo de replicação do DNA e de recombinações que ocorrem durante a meiose.
>
> Mudanças em uma única base do DNA (também chamadas mutações pontuais) dentro de uma região codificante estão divididas entre cinco categorias gerais:
>
> 1. Uma *mutação silenciosa* causa a mudança de uma base, mas não resulta em uma mudança óbvia na proteína codificada.
> 2. Uma *mutação com perda do sentido* é uma mutação pontual que resulta na substituição de um aminoácido por outro em uma proteína; essas mutações estão sendo categorizadas cada vez mais, utilizando informática e evidências empíricas, em pelo menos duas subclasses: mutações que prejudicam a função proteica e mutações que podem ser funcionalmente neutras.
> 3. Uma *mutação sem sentido* é aquela em que um *códon* (uma trinca de nucleotídeos) dentro da região codificante que especifica um determinado aminoácido é substituído por um códon de término, resultando em um produto proteico truncado (mais curto).
> 4. Uma *mutação canônica em sítio de corte-junção* muda um nucleotídeo que especifica o limite éxon/íntron.
> 5. Uma *mutação com mudança no módulo de leitura* ocorre quando pequenas inserções ou deleções de nucleotídeos mudam o módulo de leitura dos códons, levando à produção de uma proteína truncada ou anormal.
>
> Na literatura atual, mutações classificadas nas últimas quatro categorias (incluindo mutações com perda de sentido que sejam deletérias) são frequentemente referidas como mutações *com provável perturbação gênica* (*LGD*, do inglês *likely gene disrupting mutations*).
>
> A frequência de mutações aumenta muito quando o organismo é exposto a mutágenos químicos ou à radiação ionizante durante os estudos genéticos experimentais. Os mutágenos químicos tendem a induzir *mutações pontuais*, envolvendo alterações em um único par de bases no DNA ou deleção de alguns pares de bases. A radiação ionizante, por outro lado, pode induzir grandes inserções, deleções ou translocações.
>
> Nos seres humanos, mutações pontuais ocorrem espontaneamente em uma baixa taxa nos oócitos e nos espermatozoides, levando a mutações presentes na criança, mas que nenhum dos pais apresentava, as chamadas mutações *de novo*. A cada geração, entre 70 e 90 alterações em nucleotídeos únicos são introduzidas no genoma como um todo (aproximadamente 3 bilhões de pares de bases), das quais em média uma causará uma mutação com perda do sentido ou sem sentido em um gene codificador de uma proteína. O número de mutações pontuais *de novo* aumenta em filhos de pais mais velhos, enquanto a frequência de anormalidades cromossômicas maiores aumenta em filhos de mães mais velhas.
>
> Com o sequenciamento do genoma humano em 2001 e métodos com resolução crescente para detectar variações genéticas, agora também fica evidente que mutações pontuais não são as únicas diferenças nas sequências do DNA entre os seres humanos. Certas sequências podem estar ausentes, ou serem repetidas diversas vezes em um cromossomo, podendo apresentar diferentes números de cópias em diferentes indivíduos. Quando tais variações englobam mais de 1.000 pares de bases, elas são chamadas de variações no número de cópias (CNV). Alterações em mais de uma única base e em menos de 1000 pares de bases são denominadas inserções/deleções (indels).
>
> A contribuição de qualquer variação genética para uma doença ou síndrome pode ser referida como *simples* (ou *mendeliana*) ou *complexa*. Em geral, uma mutação simples ou mendeliana é aquela que é suficiente para conferir um fenótipo sem riscos genéticos adicionais. Isso não significa que indivíduos com essa mutação mostrarão exatamente o mesmo fenótipo. Todavia, há uma relação que em geral é altamente confiável entre um alelo específico causador de doença e um fenótipo, se aproximando de uma relação um-para-um (como pode ser observado na anemia falciforme ou na doença de Huntington).
>
> Em contraste, uma doença genética complexa é aquela em que os fatores de risco genéticos mudam a probabilidade de a doença se instalar, mas não são completamente causais. Essa contribuição genética pode envolver mutações raras, polimorfismos comuns ou ambos e é tipicamente bastante heterogênea, com múltiplos genes e alelos diferentes tendo a capacidade de aumentar o risco ou de ter um papel protetor. A maior parte das doenças complexas também envolve uma contribuição do ambiente.

A evolução a partir de organismos unicelulares até animais multicelulares foi acompanhada por uma expansão dos genes relacionados com a sinalização intercelular e a regulação gênica. Os genomas de animais multicelulares, como vermes, moscas, camundongos e seres humanos, normalmente codificam milhares de receptores transmembrana, muito mais do que aqueles presentes em organismos unicelulares. Esses receptores transmembrana são utilizados na comunicação célula a célula durante o desenvolvimento, na sinalização entre neurônios e como sensores de estímulos ambientais. O genoma de um animal multicelular também codifica mil ou mais diferentes proteínas de ligação ao DNA que regulam a expressão de outros genes.

Muitos dos receptores transmembrana e das proteínas de ligação ao DNA em seres humanos estão relacionados a genes ortólogos específicos em outros vertebrados e invertebrados. Enumerando-se a herança genética partilhada dos animais, pode-se inferir que as vias moleculares básicas para o desenvolvimento neuronal, a neurotransmissão, a excitabilidade elétrica e a expressão gênica estavam presentes no ancestral comum de vermes, moscas, camundongos e seres humanos. Além disso, o estudo de genes animais e humanos demonstrou que os genes mais importantes no

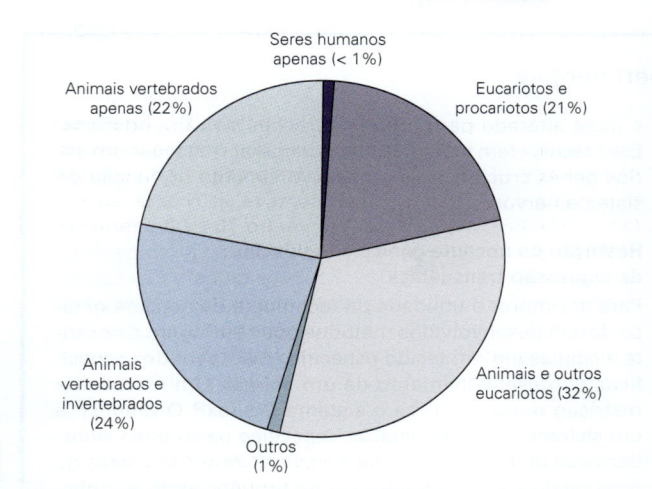

FIGURA 2-5 A maioria dos genes humanos está relacionada a genes de outras espécies. Menos de 1% dos genes é específico dos seres humanos; outros genes podem ser compartilhados por todos os seres vivos, por todos os eucariotos, apenas pelos animais ou apenas pelos animais vertebrados. (Adaptada, com autorização, de Lander et al., 2001. Copyright © 2001, Springer Nature.)

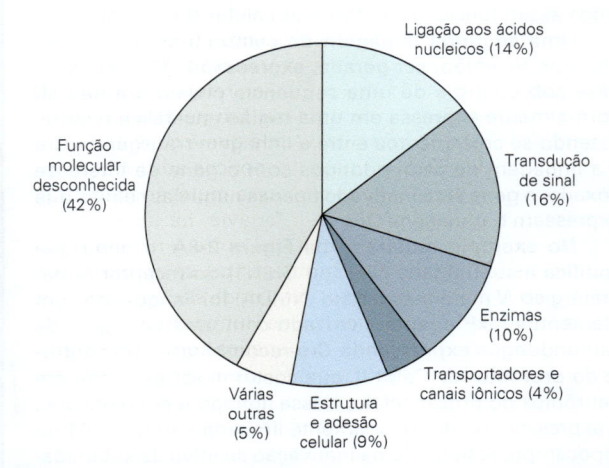

FIGURA 2-6 Funções moleculares previstas para 26.383 genes humanos. (Adaptada, com autorização, de Venter et al., 2001.)

encéfalo humano são aqueles mais conservados ao longo da filogenia animal. Diferenças entre genes de mamíferos e suas contrapartes em invertebrados com frequência resultam de duplicação gênica nos mamíferos ou de mudanças sutis na expressão e função gênicas, em vez da criação de genes inteiramente novos.

A regulação genética do comportamento pode ser estudada em modelos animais

Em função da conservação evolutiva entre genes humanos e animais, estudos em modelos animais das relações entre os genes, as proteínas e os circuitos neurais subjacentes ao comportamento provavelmente levarão à compreensão dessas relações nos seres humanos. Duas estratégias importantes têm sido aplicadas com grande sucesso no estudo da função gênica.

Em *análises genéticas clássicas*, os organismos são inicialmente submetidos à mutagênese com uma substância química ou com irradiação, produzindo mutações ao acaso, e, então, sofrem uma varredura em busca de alterações herdáveis que afetem o comportamento de interesse, por exemplo, o sono. Essa abordagem não impõe um viés quanto ao tipo de gene envolvido; é uma busca ao acaso de todas as mutações possíveis capazes de causar alterações detectáveis. A busca genética de alterações herdáveis permite a identificação dos genes individuais que são alterados nos organismos mutantes. Assim, a via para a descoberta na genética clássica vai do fenótipo para o genótipo, do organismo para o gene. Na *genética reversa*, determinado gene de interesse é o alvo da alteração, um animal geneticamente modificado é produzido, e os animais com os genes alterados são estudados. Essa estratégia apresenta ao mesmo tempo foco e viés – começa-se com um gene específico –, e a via da descoberta vai do genótipo para o fenótipo, do gene para o organismo.

Essas duas estratégias experimentais e suas variações mais sutis formam a base da genética experimental. A manipulação gênica pela genética clássica e pela genética reversa é conduzida em animais experimentais e não em seres humanos.

Um oscilador transcricional regula o ritmo circadiano em moscas, camundongos e seres humanos

Os primeiros estudos em grande escala acerca da influência dos genes sobre o comportamento foram iniciados por Seymour Benzer e colaboradores, por volta de 1970. Eles usaram mutagênese ao acaso e análise genética clássica para identificar mutações que afetavam os comportamentos inatos e adquiridos na mosca-da-fruta *Drosophila melanogaster*: ritmos circadianos (diários), comportamento de corte, movimento, percepção visual e memória (**Quadros 2-2 e 2-3**). Essas mutações induzidas tiveram uma influência imensa sobre a compreensão do papel dos genes no comportamento.

Tem-se um quadro particularmente completo das bases genéticas do controle circadiano do comportamento. O ritmo circadiano de um animal acopla certos comportamentos a um ciclo de 24 horas, ligado ao nascer e ao pôr do sol. O núcleo da regulação circadiana é um relógio biológico intrínseco que oscila em um ciclo de 24 horas. Em função da periodicidade intrínseca do relógio, o comportamento circadiano persiste mesmo na ausência de luz ou outras influências do ambiente.

O relógio circadiano pode ser reiniciado, de modo que mudanças no ciclo dia-noite acabam resultando em um ajuste no oscilador intrínseco, um fenômeno que é familiar a qualquer viajante se recuperando de *jet lag*. O relógio é reiniciado por sinais de luz transmitidos do olho para o encéfalo. Finalmente, o relógio estimula vias eferentes para comportamentos específicos, como sono e locomoção.

O grupo de Benzer avaliou milhares de moscas mutantes, buscando as raras moscas que não seguiam um ritmo circadiano em função de mutações nos genes que dirigem a

QUADRO 2-2 Gerando mutações em animais experimentais

Mutagênese ao acaso em moscas

A análise genética do comportamento na mosca-da-fruta (*Drosophila*) é realizada em moscas nas quais genes individuais sofreram mutação. Mutações podem ser produzidas por mutagênese química ou insercional, estratégias que podem afetar qualquer gene no genoma. Estratégias semelhantes de mutagênese ao acaso são utilizadas para criar mutações no verme nematoide *Caenorhabditis elegans*, no peixe-zebra e nos camundongos.

A mutagênese química, por exemplo, usando etilmetanossulfonato (EMS), geralmente cria mutações pontuais ao acaso nos genes. A mutagênese insercional ocorre quando sequências móveis de DNA, denominadas *elementos móveis* (*transposons*), são inseridas ao acaso no meio de outros genes.

Os elementos móveis (transposons) mais amplamente utilizados na *Drosophila* são os elementos P, que podem ser modificados de forma a carregar marcadores genéticos para a cor dos olhos, o que os torna mais facilmente localizáveis em cruzamentos genéticos; eles também podem ser modificados de modo a alterar a expressão do gene no qual são inseridos.

Para causar a transposição do elemento P, cepas de *Drosophila* que possuem esse elemento são cruzadas com outras que não o possuem. Esse cruzamento genético leva à desestabilização e à transposição dos elementos P na prole resultante. A mobilização do elemento P causa sua transposição para uma nova localização em um gene ao acaso.

Mutagênese direcionada em camundongos

Avanços na manipulação molecular de genes de mamíferos têm permitido a substituição precisa de um gene normal conhecido por uma versão mutante. O processo de gerar uma cepa de camundongos mutantes envolve dois tipos separados de manipulação. Um gene em um cromossomo é substituído por uma recombinação homóloga em uma linhagem celular especial conhecida como células-tronco embrionárias, e a linhagem celular modificada é incorporada em uma população de células germinativas do embrião (**Figura 2-7**).

Inicialmente, o gene de interesse deve ser clonado. O gene é mutado, e um marcador selecionado, em geral um gene de resistência a fármacos, é então introduzido no fragmento mutado. Em seguida, o gene alterado é introduzido nas células-tronco embrionárias, e os clones de células que incorporam o gene alterado são isolados. Amostras de DNA de cada clone são testadas para identificar um clone no qual o gene mutado tenha sido integrado no local homólogo (normal), e não em qualquer local ao acaso.

Quando um clone adequado é identificado, as células são injetadas em um embrião de camundongo no estágio de blastocisto (3 a 4 dias após a fecundação), quando o embrião é composto de cerca de 100 células. Esses embriões são, então, reintroduzidos em uma fêmea hormonalmente preparada para a implantação, e espera-se o parto acontecer. Os embriões resultantes são misturas quiméricas entre a linhagem de células-tronco e o embrião hospedeiro.

Células-tronco embrionárias no camundongo têm a capacidade de participar de todos os aspectos do desenvolvimento, incluindo linhagens germinativas. As células injetadas podem se tornar células germinativas e passar o gene alterado para futuras gerações de camundongos. Essa técnica tem sido utilizada para gerar mutações em vários genes cruciais para o desenvolvimento ou função do sistema nervoso.

Restrição do nocaute gênico e regulação da expressão transgênica

Para aprimorar a utilidade da tecnologia de nocaute gênico, foram desenvolvidos métodos que restringem o nocaute a células em um tecido específico ou a períodos específicos do desenvolvimento de um animal. Um método de restrição regional utiliza o sistema Cre/loxP. O Cre/loxP é um sistema de recombinação específico para certos sítios, derivado do fago P1, no qual a enzima Cre-recombinase do fago catalisa a recombinação entre sequências de reconhecimento loxP, com 34 pb, as quais normalmente não estão presentes em genomas animais.

As sequências loxP podem ser inseridas no genoma de células-tronco embrionárias por recombinação homóloga, de modo que flanqueiem um ou mais éxons de um gene de interesse (chamado de gene floxado). Quando as células-tronco são injetadas em um embrião, pode ser criado um camundongo no qual o gene de interesse está floxado, mas ainda assim funcional em todas as células do animal.

Uma segunda linhagem de camundongos transgênicos pode, então, ser gerada, expressando Cre-recombinase sob controle de uma sequência promotora neural, normalmente expressa em uma região encefálica restrita. Fazendo-se cruzamentos entre a linhagem transgênica Cre e a linhagem de camundongos com o gene de interesse floxado, o gene será inativado apenas naquelas células que expressam o transgene Cre.

No exemplo mostrado na **Figura 2-8A**, o gene que codifica a subunidade NR1 (ou GluN1) do receptor glutamatérgico *N*-metil-D-aspartato (NMDA) foi flanqueado com elementos loxP e, então, cruzado com uma linhagem de camundongos expressando Cre-recombinase sob controle do promotor de CaMKII, que costuma ser expresso em neurônios do prosencéfalo. Nessa linhagem em particular, a expressão foi afortunadamente limitada à região CA1 do hipocampo, resultando na inativação seletiva da subunidade NR1 nessa região encefálica (**Figura 2-8B**). Uma vez que o promotor de CaMKII apenas ativa a transcrição gênica no período pós-natal, alterações precoces no desenvolvimento são minimizadas por essa estratégia.

Além da possibilidade de restringir a região de inativação gênica, o controle sobre o período de tempo em que isso ocorre confere ao investigador um grau adicional de flexibilidade e pode excluir a possibilidade de que qualquer anormalidade observada no fenótipo do animal maduro seja o resultado de um defeito produzido pelo transgene durante o desenvolvimento. Isso pode ser feito em camundongos por meio da construção de um gene cuja expressão possa ser acionada ou inibida pelo uso de um fármaco.

Inicia-se criando duas linhagens de camundongos. A primeira linhagem contém determinado transgene sob controle do promotor tetO, que normalmente é encontrado apenas em bactérias. Esse promotor não pode, por si só, ativar a transcrição do gene; ele precisa ser ativado por um

continua

QUADRO 2-2 Gerando mutações em animais experimentais (*continuação*)

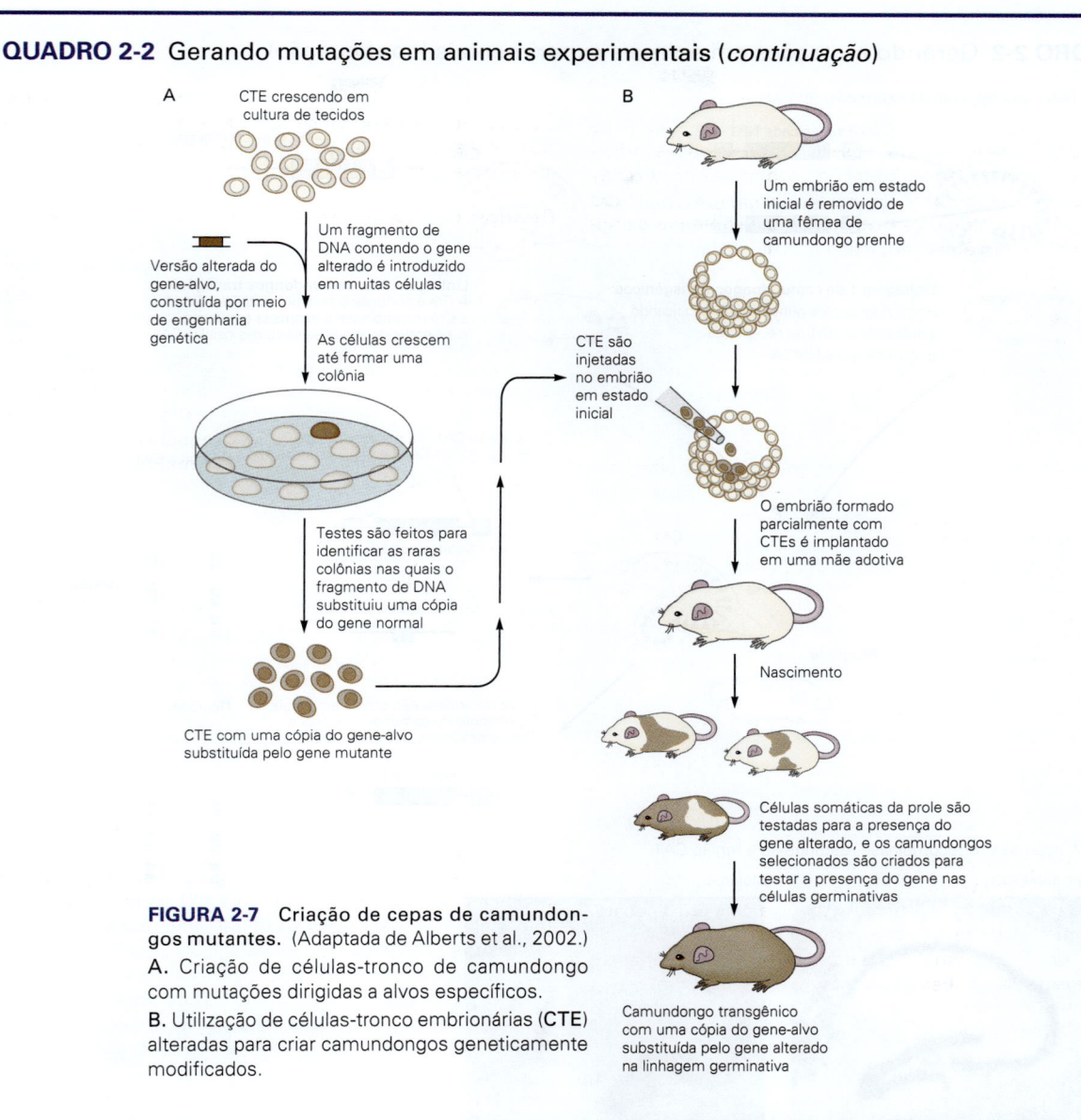

FIGURA 2-7 Criação de cepas de camundongos mutantes. (Adaptada de Alberts et al., 2002.)
A. Criação de células-tronco de camundongo com mutações dirigidas a alvos específicos.
B. Utilização de células-tronco embrionárias (**CTE**) alteradas para criar camundongos geneticamente modificados.

segundo regulador transcricional. Assim, a segunda linhagem de camundongos expressa um segundo transgene que codifica um fator transcricional híbrido, o transativador da tetraciclina (tTA), que reconhece e se liga ao promotor tetO. A expressão do tTA pode ser sujeita ao controle de um promotor no genoma do camundongo que normalmente apenas aciona a transcrição gênica em classes específicas de neurônios ou em regiões encefálicas específicas.

Quando as duas linhagens de camundongos são cruzadas, parte da prole carregará ambos os transgenes. Nesses camundongos, o tTA se liga ao promotor tetO e ativa o transgene a jusante. O que torna o fator de transcrição tTA especialmente útil é que ele é inativado quando se liga a certos antibióticos, como a tetraciclina, o que permite que a expressão do transgene seja regulada pela administração de antibióticos aos camundongos. Pode-se também gerar camundongos que expressem uma forma mutante do tTA, chamada de tTA reverso (rtTA). Esse transativador não se liga ao tetO a menos que se administre doxiciclina ao animal. Nesse caso, o transgene está sempre "desligado", a não ser que esse fármaco seja administrado (**Figura 2-9**).

Alteração da função gênica pela utilização de RNA de interferência e CRISPR

Finalmente, os genes podem ser inativados com a utilização de ferramentas moleculares modernas. Uma dessas técnicas utiliza RNA de interferência, que aproveita o fato de que o RNA de fita dupla em células eucariotas geralmente é destruído; o RNA inteiro é destruído mesmo quando apenas parte dele se apresentar na forma de fita dupla. Pesquisadores podem ativar esse processo pela introdução de uma curta sequência de RNA que, artificialmente, faz com que um mRNA selecionado se torne de fita dupla, reduzindo, assim, os níveis de mRNA para determinados genes.

continua

QUADRO 2-2 Gerando mutações em animais experimentais (*continuação*)

A Restrição regional da expressão gênica

loxP subunidade NR1 *loxP*

Cre-recombinase

CaMKII p

Linhagem 1 de camundongos transgênicos: Homozigotos para gene floxado codificando a subunidade NR1 de receptores glutamatérgicos NMDA

Linhagem 2 de camundongos transgênicos: A *Cre* é controlada pelo promotor de *CaMKII*α; a *Cre*-recombinase é expressa em níveis suficientes de modo seletivo nas células CA1.

Progênie

Na região CA1, a Cre-recombinase remove genes flanqueados por sítios *lox*.

loxP Subunidade NR1 *loxP*

loxP

Neurônio CA1 — Ausência de receptores NMDA

A recombinação não ocorre em células do restante do camundongo, pois a Cre-recombinase não é expressa.

loxP Subunidade NR1 *loxP*

Neurônio CA3 — Receptores NMDA normais

B A ação da Cre-recombinase restringe-se à região CA1

Tipo selvagem / Mutante (CA1, CA3, GD)

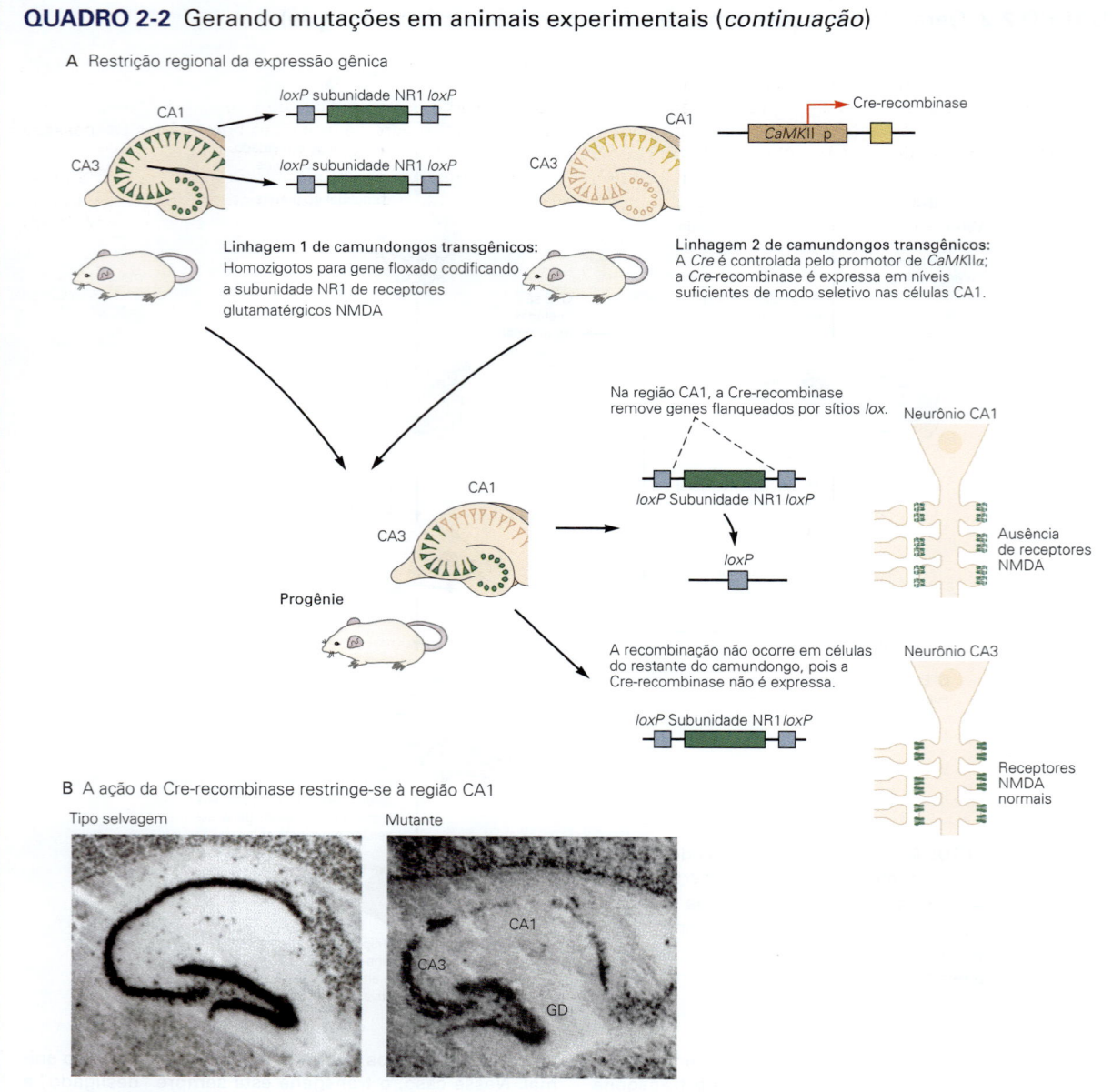

FIGURA 2-8 Sistema Cre/loxP para nocaute gênico em regiões selecionadas.

A. Uma linhagem de camundongos é criada na qual o gene que codifica a subunidade NR1 do receptor de NMDA é flanqueado por elementos genéticos loxP (linhagem 1 de camundongos transgênicos). Esses camundongos, chamados de "floxados NR1", são, então, cruzados com uma segunda linhagem de camundongos, nos quais um transgene que codifica a Cre-recombinase está sob controle de um promotor transcricional específico para um tipo celular ou de tecido (linhagem 2 de camundongos transgênicos). Nesse exemplo, o promotor do gene *CaMKII*α é utilizado para acionar a expressão do gene *Cre*. Na prole que é homozigota para o gene floxado e é portadora do transgene da *Cre*-recombinase, o gene floxado será removido por recombinação loxP mediada por Cre apenas nos tipos celulares em que o promotor que aciona a expressão de Cre estiver ativo.

B. Hibridização *in situ* é utilizada para detectar mRNA para a subunidade NR1 em fatias hipocampais de camundongos do tipo selvagem e mutantes que contêm dois alelos NR1 "floxados" e expressam a Cre-recombinase sob controle do promotor do gene CaMKIIα. Observa-se que, nos camundongos mutantes, a expressão de mRNA para NR1 (coloração escura) está muito reduzida na região CA1 do hipocampo, mas continua normal em CA3 e no giro denteado (**GD**). (Reproduzida, com autorização, de Tsien, Huerta e Tonegawa, 1996.)

continua

QUADRO 2-2 Gerando mutações em animais experimentais (*continuação*)

Uma outra ferramenta experimental é CRISPR, um método no qual componentes do sistema imunológico de uma bactéria são implantados em células não bacterianas, de modo a atacar diretamente uma sequência selecionada de DNA. Para atingir um gene usando CRISPR, uma proteína bacteriana (muitas vezes, embora não sempre, uma proteína chamada CAS9) é produzida junto com um RNA-guia projetado que apresenta uma sequência similar à do gene-alvo. O complexo CAS9/RNA-guia busca e cliva a sequência-alvo no genoma da célula de interesse. A clivagem inicial pode induzir mutações pontuais, inserções e deleções naquele sítio, podendo ainda facilitar eventos de recombinação ou substituições genéticas. Ferramentas como CRISPR apresentam crescente aumento em suas sofisticação e precisão, ao ponto de estarem sendo consideradas para reparo de mutações hereditárias em pessoas com doenças genéticas herdadas graves.

Métodos como RNA de interferência e CRISPR apresentam grande potencial de aumentar o poder da análise genética, pois podem ser usados em qualquer espécie em que DNA ou RNA possam ser introduzidos nas células, incluindo animais que atualmente não são utilizados em análises genéticas clássicas e que apresentam vida relativamente longa, como aves, peixes e mesmo primatas.

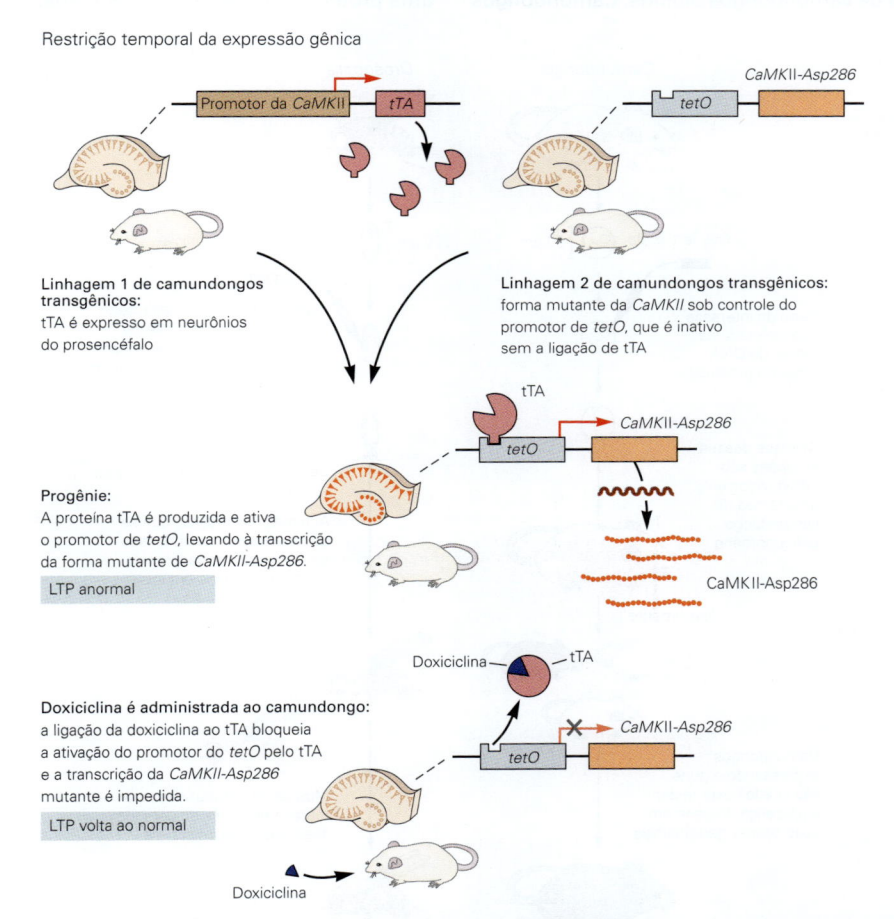

FIGURA 2-9 Sistema tetraciclina para a regulação temporal e espacial da expressão transgênica. Duas linhagens independentes de camundongos transgênicos são criadas. Uma linhagem expressa, sob controle do promotor de *CaMKIIα*, o transativador da tetraciclina (**tTA**), uma proteína criada por engenharia genética que incorpora um fator transcricional bacteriano que reconhece o óperon tetO bacteriano. A segunda linhagem contém um transgene de interesse – aqui codificando uma forma constitutivamente ativa da CaMKII (CaMKII-Asp286) que torna essa cinase persistentemente ativa, mesmo na ausência de Ca^{2+} – cuja expressão está sob controle do tetO. Quando as duas linhagens são cruzadas, a prole expressa a proteína tTA em um padrão restrito ao prosencéfalo. Quando a proteína tTA se ligar ao tetO, ela ativará a transcrição do gene de interesse a jusante. Se tetraciclina (ou doxiciclina) é administrada à prole, esse antibiótico se liga à proteína tTA, causando uma alteração conformacional que faz essa proteína se desligar do tetO, bloqueando a expressão do transgene. Assim, os camundongos expressarão a CaMKII-Asp286 no prosencéfalo, e essa expressão pode ser inativada pela administração de doxiciclina. (Reproduzida, com autorização, de Mayford et al., 1996.)

continua

QUADRO 2-2 Gerando mutações em animais experimentais (*continuação*)

Genes podem ser introduzidos experimentalmente em camundongos injetando-se DNA no núcleo de células-ovo recém-fecundadas (**Figura 2-10**). Em alguns dos óvulos injetados, o novo gene, ou transgene, é incorporado em um local ao acaso em um dos cromossomos. Uma vez que o embrião está no estágio em que é constituído por uma única célula, o gene incorporado é replicado e acaba fazendo parte de todas (ou quase todas) as células do animal, incluindo as células germinativas.

A incorporação do gene é ilustrada por um gene marcador que determina a cor da pelagem, resgatado pela injeção do gene para a produção de pigmento na célula-ovo obtida de uma cepa de camundongos albinos. Camundongos com manchas de pelo pigmentado indicam sucesso na expressão do DNA. A presença do transgene é confirmada pelo teste de amostras de DNA dos animais injetados.

Uma abordagem similar é utilizada em moscas. O DNA a ser injetado é clonado em um transposon (elemento P). Quando injetado no embrião, esse DNA se insere no DNA nuclear da célula germinativa. Elementos P podem ser construídos de modo a expressar genes em momentos específicos e em células específicas. Os transgenes podem ser genes do tipo selvagem, que restauram a função em um mutante, ou *genes criados por engenharia genética*, que alteram a expressão de outros genes ou codificam uma proteína especificamente alterada.

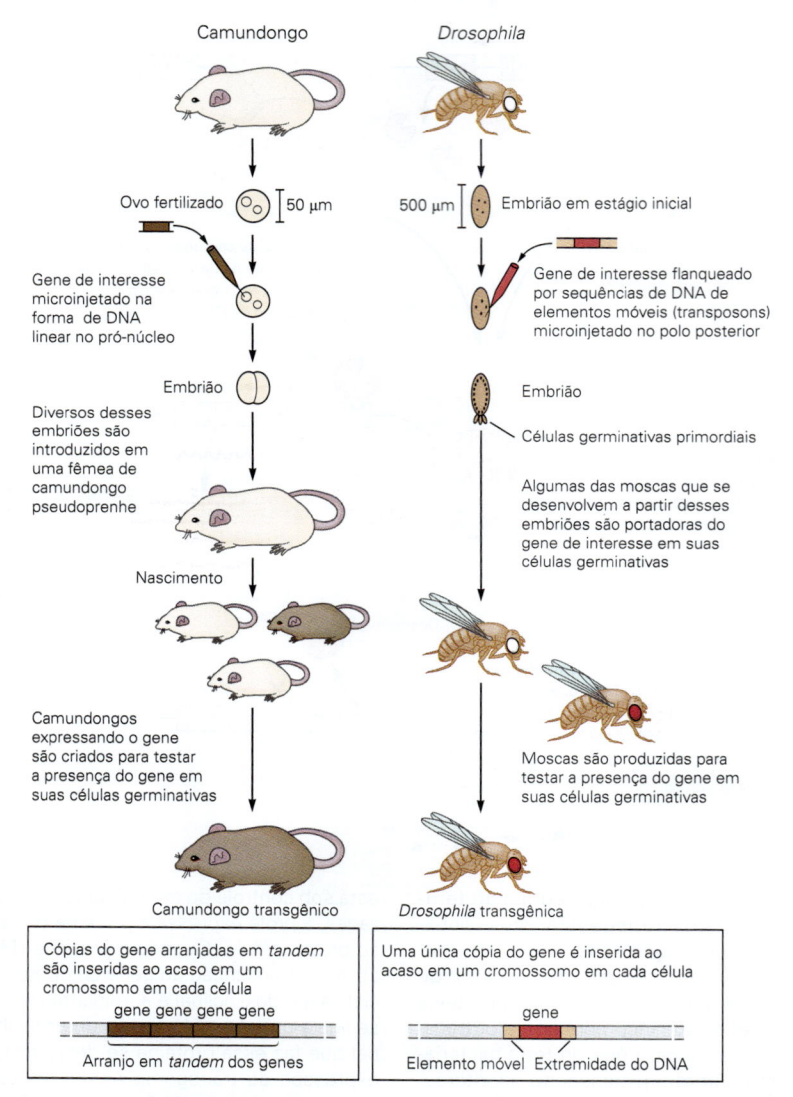

FIGURA 2-10 Produção de camundongos e moscas transgênicos. Aqui, o gene injetado no camundongo determinou uma mudança na cor da pelagem, enquanto o gene injetado na mosca causou uma mudança na cor dos olhos. Em alguns animais transgênicos de ambas as espécies, o DNA é inserido em diferentes regiões cromossômicas em diferentes células (ver ilustração na parte inferior da figura). (Adaptada de Alberts et al., 2002.)

oscilação circadiana. Desse trabalho emergiram as primeiras ideias acerca do mecanismo para a maquinaria molecular do relógio circadiano. Mutações no gene *período*, ou *per*, afetavam todos os comportamentos circadianos gerados pelo relógio interno da mosca.

Curiosamente, mutações no gene *per* podiam alterar o relógio circadiano de diversas maneiras (**Figura 2-11**). Moscas mutantes *per* arrítmicas, que não apresentavam quaisquer ritmos intrínsecos discerníveis em qualquer comportamento, apresentavam ausência completa de função do gene *per*; portanto, o gene *per* é essencial para o comportamento rítmico. Mutações *per* que retinham parte da função do gene resultavam em ritmos anormais. Alguns alelos produziam ciclos comportamentais de 28 horas (dias-longos), enquanto outros produziam um ciclo de 19 horas (dias-curtos). Desse modo, o gene *per* não é apenas uma peça essencial do relógio, mas sim um marca-passo cuja atividade pode mudar a taxa de funcionamento do relógio.

O mutante *per* não apresenta efeitos adversos importantes além da mudança no comportamento circadiano. Essa observação é de grande importância porque, antes da descoberta do *per*, muitos questionavam se poderia haver verdadeiros "genes comportamentais" que não fossem importantes para outras necessidades fisiológicas de um animal. O gene *per* parece ser um desses "genes comportamentais".

Como o *per* controla o tempo? O produto proteico PER é um regulador transcricional que afeta a expressão de outros genes. Os níveis de PER são regulados ao longo do dia. No início da manhã, os níveis de PER e de seu mRNA estão baixos. No decurso do dia, o mRNA para PER e a proteína PER se acumulam, alcançando o pico após o crepúsculo e durante a noite. Os níveis então diminuem, caindo antes do próximo amanhecer. Essas observações fornecem uma resposta ao mistério do ritmo circadiano – um regulador central aparece e desaparece ao longo do dia. No entanto, ao mesmo tempo, essas observações não são satisfatórias, pois apenas empurram a questão um passo além – o que determina o ciclo de PER? Para responder a essa questão, foi necessária a descoberta de genes-relógio adicionais, observados em moscas e também em camundongos.

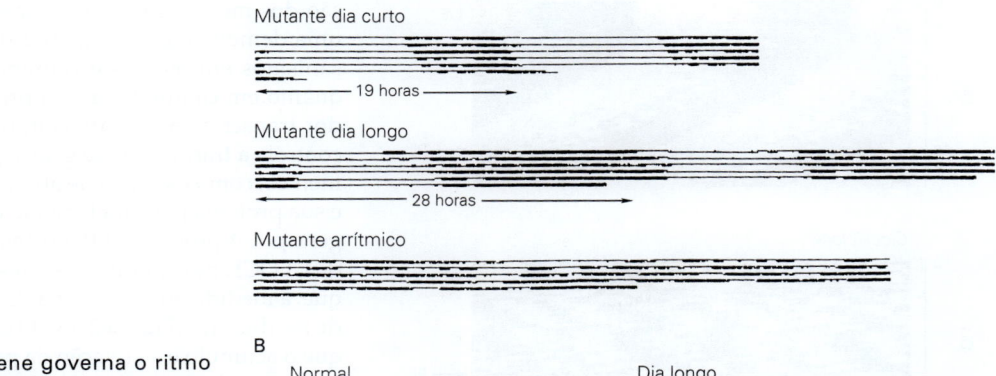

FIGURA 2-11 Um único gene governa o ritmo circadiano dos comportamentos na *Drosophila*. Mutações no gene *período*, ou *per*, afetam todos os comportamentos circadianos regulados pelo relógio interno da mosca. (Reproduzida, com autorização, de Konopka e Benzer, 1971.)

A. Ritmos locomotores na *Drosophila* normal e em três cepas de mutantes *per*: dia curto, dia longo e arrítmico. As moscas foram mudadas de um ambiente com 12 horas de luz e 12 horas de escuro para um de escuridão contínua, e a atividade foi, então, monitorada sob luz infravermelha. Segmentos mais espessos no registro indicam atividade.

B. Populações de moscas adultas normais emergem do estágio de pupa em um padrão cíclico, mesmo na escuridão constante. Os gráficos mostram o número de moscas (em cada uma das quatro populações) que emergem por hora ao longo de um período de quatro dias de escuridão constante. A população de mutantes arrítmicos emerge sem qualquer ritmo discernível.

Encorajado pelo sucesso das varreduras do ritmo circadiano da mosca, Joseph Takahashi iniciou varreduras genéticas semelhantes, mas muito mais trabalhosas, em camundongos, na década de 1990. Ele avaliou centenas de camundongos mutantes, buscando os raros indivíduos com alterações em seu período circadiano de locomoção, e encontrou uma única mutação gênica, que denominou *clock*. Quando camundongos homozigotos para a mutação *clock* são transferidos para um ambiente escuro, eles inicialmente experimentam períodos circadianos extremamente longos e, então, uma completa perda da ritmicidade circadiana (**Figura 2-12**). O gene *clock*, portanto, parece regular duas propriedades fundamentais do ritmo circadiano: a duração do período circadiano e a persistência da ritmicidade na ausência de estímulos sensoriais. Essas propriedades são conceitualmente idênticas às propriedades do gene *per* nas moscas.

O gene *clock* nos camundongos, assim como o gene *per* nas moscas, codifica um regulador transcricional cuja atividade oscila ao longo do dia. As proteínas CLOCK do camundongo e PER da mosca também compartilham um domínio denominado *domínio PAS*, característico de um subconjunto de reguladores transcricionais. Essa observação sugere que o mesmo mecanismo molecular – oscilação da regulação transcricional do domínio PAS – controla o ritmo circadiano em moscas e camundongos.

De modo mais significativo, estudos paralelos de moscas e camundongos mostraram que grupos semelhantes de reguladores transcricionais afetam o relógio circadiano em ambos os animais. Após a clonagem do gene *clock* do camundongo, um gene do ritmo circadiano da mosca foi clonado, e descobriu-se que esse gene estava proximamente relacionado ao *clock* do camundongo, ainda mais que o *per*. Em um estudo diferente, um gene de camundongo semelhante ao gene *per* da mosca foi identificado e inativado, utilizando genética reversa. O camundongo mutante tinha um ritmo circadiano defeituoso, como a mosca mutante *per*. Em outras palavras, moscas e camundongos utilizam ambos os genes, *clock* e *per*, para controlar seus ritmos circadianos. Há um grupo de genes, e não apenas um gene isolado, que são reguladores conservados do relógio circadiano.

A caracterização desses genes levou a uma compreensão dos mecanismos moleculares do ritmo circadiano e a uma demonstração dramática da similaridade desses mecanismos em moscas e camundongos. Tanto em moscas quanto em camundongos, a proteína CLOCK é um ativador transcricional. Junto com outra proteína parceira, ela controla a transcrição de genes que determinam comportamentos, como os níveis de atividade locomotora. A CLOCK e sua proteína parceira também estimulam a transcrição do gene *per*. A proteína PER, no entanto, reprime a capacidade da CLOCK de estimular a expressão gênica de *per*, de modo que, à medida que a proteína PER se acumula, a transcrição de *per* diminui (**Figura 2-13**). O ciclo de 24 horas ocorre porque o acúmulo e a ativação da proteína PER são retardados em muitas horas após a transcrição de *per*, como resultado da fosforilação da PER, de sua instabilidade e de interações com outras proteínas capazes de ciclar.

As propriedades moleculares de *per*, *clock* e outros genes relacionados geram todas as propriedades essenciais para o ritmo circadiano.

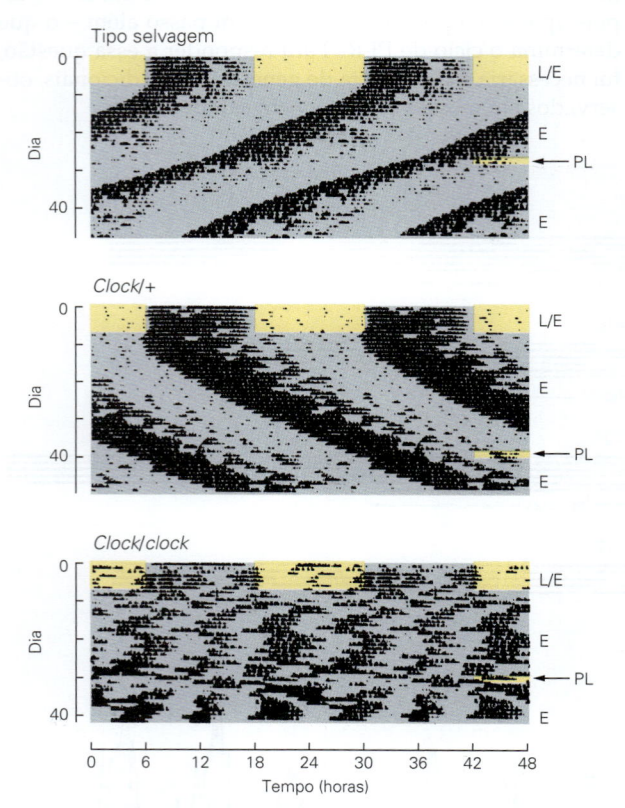

FIGURA 2-12 A regulação do ritmo circadiano pelo gene *clock* (relógio) em camundongos. Os registros mostram períodos de atividade locomotora em três animais: do tipo selvagem, heterozigoto e homozigoto. Todos os animais foram mantidos em um ciclo luz/escuro (**L/E**) de 12 horas durante os primeiros sete dias, sendo, a seguir, transferidos para a escuridão contínua (**E**). Posteriormente, foram expostos a um período de 6 horas de luz (**PL**) para reajuste do ritmo. O ritmo circadiano tem um período de 23,1 horas no camundongo do tipo selvagem. O período para o camundongo heterozigoto *clock/+* é de 24,9 horas. Os camundongos homozigotos *clock/clock* experimentam uma perda completa da ritmicidade circadiana quando transferidos para a escuridão constante e expressam um ritmo transitório de 28,4 horas após o período de luz. (Reproduzida, com autorização, de Takahashi, Pinto e Vitaterna, 1994. Copyright © 1994 AAAS.)

1. A transcrição dos genes do ritmo circadiano varia com o ciclo de 24 horas: a atividade de PER é alta à noite e a atividade de CLOCK é alta durante o dia.
2. Os genes do ritmo circadiano são fatores de transcrição que afetam o nível de mRNA um do outro, gerando as oscilações. CLOCK ativa a transcrição de *per*, e PER reprime a função de CLOCK.
3. Os genes do ritmo circadiano também controlam a transcrição de genes que afetam muitas respostas a jusante. Por exemplo, nas moscas, o gene *pdf* de um neuropeptídeo controla o grau de atividade locomotora.
4. A oscilação desses genes pode ser reajustada pela luz.

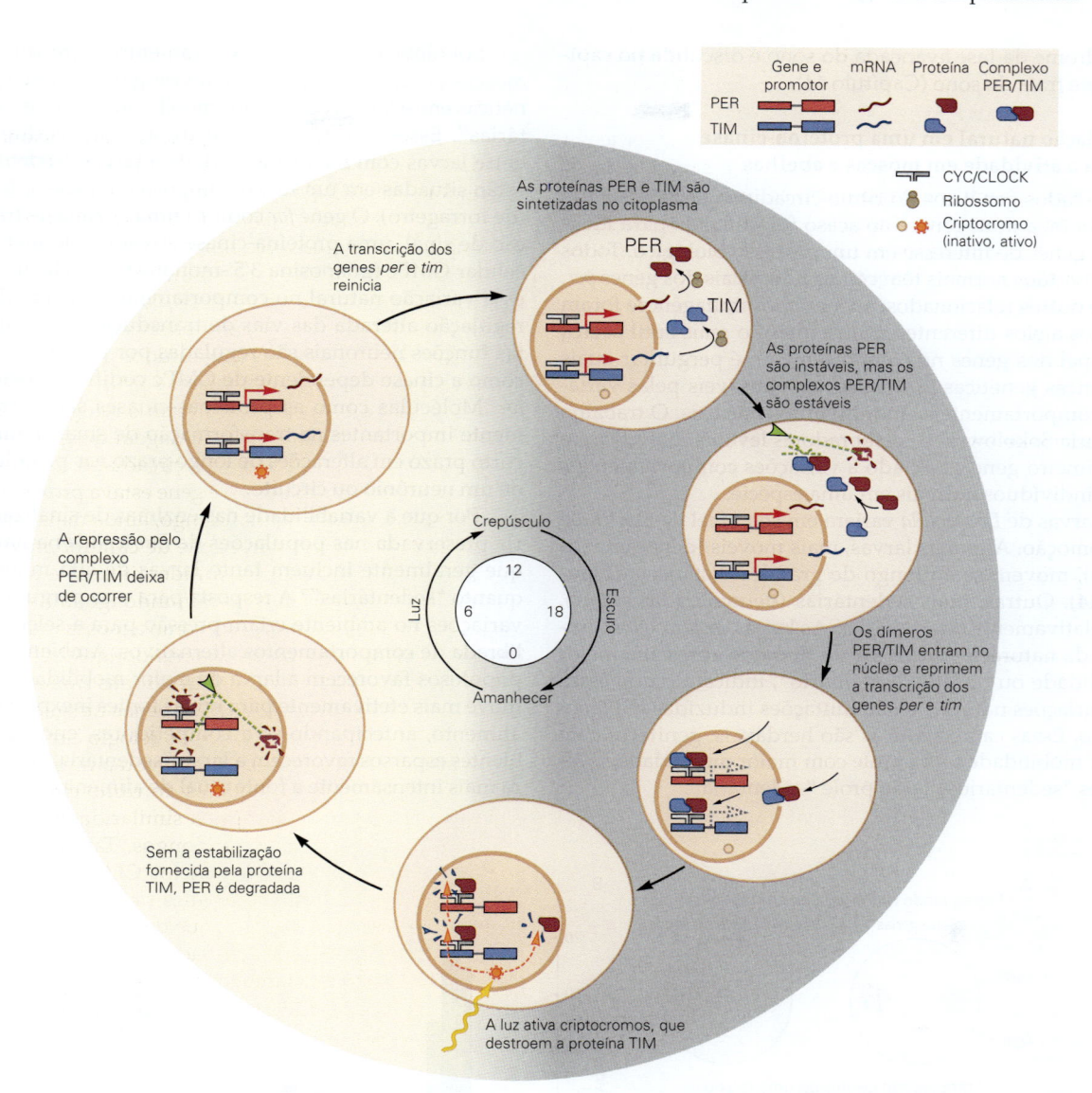

FIGURA 2-13 Eventos moleculares que originam o ritmo circadiano. Os genes que controlam o relógio circadiano são regulados por duas proteínas nucleares, PER e TIM. Essas proteínas se acumulam lentamente e, então, se ligam uma à outra, formando dímeros. Uma vez que os dímeros são formados, eles entram no núcleo e reprimem a expressão de genes circadianos, incluindo dos seus próprios. Isso ocorre pela inibição de CLOCK e CYCLE, que estimulam a transcrição dos genes *per* e *tim*.

A proteína PER é altamente instável, a maior parte dela sendo degradada tão rapidamente que não há a possibilidade de reprimir a transcrição de *per* dependente de CLOCK. A degradação de PER é regulada por pelo menos dois eventos diferentes envolvendo fosforilação por proteínas-cinases distintas. Quando PER se liga a TIM, PER é protegida da degradação. Como CLOCK estimula mais e mais a expressão de *per* e *tim*, quantidades suficientes de PER e TIM por fim se acumularão, possibilitando a ligação de uma com a outra e a sua estabilização; neste momento, essas proteínas entram no núcleo e sua própria transcrição é reprimida. Como resultado, os níveis de mRNA de *per* e *tim* diminuem; em seguida, os níveis das proteínas PER e TIM diminuem, e CLOCK pode (novamente) estimular a expressão do mRNA de *per* e *tim*. Durante a fase clara do ciclo, a proteína TIM é degradada por vias de sinalização reguladas pela luz (incluindo criptocromos), de modo que os complexos PER/TIM se formam apenas durante a noite. A proteína CLOCK induz a expressão de PER e TIM, mas é inibida pelas proteínas PER e TIM.

A elucidação detalhada do mecanismo desse relógio molecular foi reconhecida com o Prêmio Nobel em Fisiologia ou Medicina de 2017, outorgado a Jeffrey Hall, Michael Rosbash e Michael Young.

A mesma rede genética controla o ritmo circadiano nos seres humanos. Pessoas com síndrome da fase avançada do sono têm ciclos diários curtos e um fenótipo extremamente matutino, de ir cedo para a cama e acordar muito cedo. Louis Ptáček e Ying-Hui Fu descobriram que essas pessoas apresentam mutações em um gene *per* humano. Esses resultados mostram que genes para o comportamento são conservados desde os insetos até os seres humanos.

A síndrome da fase avançada do sono é discutida no capítulo que trata do sono (Capítulo 44).

A variação natural em uma proteína-cinase regula a atividade em moscas e abelhas

Nos estudos genéticos do ritmo circadiano descritos anteriormente, a mutagênese ao acaso foi utilizada para identificar genes de interesse em um processo biológico. Todos os indivíduos normais têm cópias funcionais dos genes *per*, *clock* e outros relacionados; apenas após mutagênese foram gerados alelos diferentes. Outra questão mais sutil acerca do papel dos genes no comportamento é perguntar quais mudanças genéticas podem ser responsáveis pelas variações comportamentais em indivíduos normais. O trabalho de Marla Sokolowski e colaboradores levou à identificação do primeiro gene associado a variações comportamentais entre indivíduos normais em uma espécie.

Larvas de *Drosophila* variam em seu nível de atividade e locomoção. Algumas larvas, mais móveis (denominadas *rovers*), movem-se ao longo de grandes distâncias (**Figura 2-14**). Outras, mais sedentárias (denominadas *sitters*), são relativamente estacionárias. As larvas de *Drosophila* isoladas da natureza podem ser do tipo que apresenta maior mobilidade ou do tipo "sedentário", indicando que essas são variações naturais e não mutações induzidas em laboratório. Essas características são herdáveis: genitores com maior mobilidade terão prole com maior mobilidade, e genitores "sedentários" terão prole "sedentária".

Sokolowski utilizou o cruzamento entre diferentes moscas do tipo selvagem para investigar as diferenças genéticas entre larvas com maior mobilidade e larvas "sedentárias". Esses cruzamentos mostraram que as diferenças entre larvas com maior mobilidade e larvas "sedentárias" estão situadas em um único e importante gene, o *locus for* (de forrageiro). O gene *for* codifica uma enzima de transdução de sinal, uma proteína-cinase ativada pelo metabólito celular GMPc (guanosina 3'5'-monofosfato cíclico). Assim, essa variação natural no comportamento provém de uma regulação alterada das vias de transdução de sinal. Muitas funções neuronais são reguladas por proteínas-cinases como a cinase dependente de GMPc codificada pelo gene *for*. Moléculas como as proteínas-cinases são particularmente importantes na transformação de sinais neurais de curto prazo em alterações de longo prazo nas propriedades de um neurônio ou circuito.

Por que a variabilidade nas enzimas de sinalização seria preservada nas populações de *Drosophila* na natureza, que geralmente incluem tanto larvas de alta mobilidade quanto "sedentárias"? A resposta para essa pergunta é que variações no ambiente criam pressão para a seleção equilibrada de comportamentos alternativos. Ambientes muito populosos favorecem a larva de maior mobilidade, que se move mais efetivamente para novas fontes inexploradas de alimento, antecipando-se a competidores, enquanto ambientes esparsos favorecem a larva "sedentária", que explora mais intensamente a fonte atual de alimento.

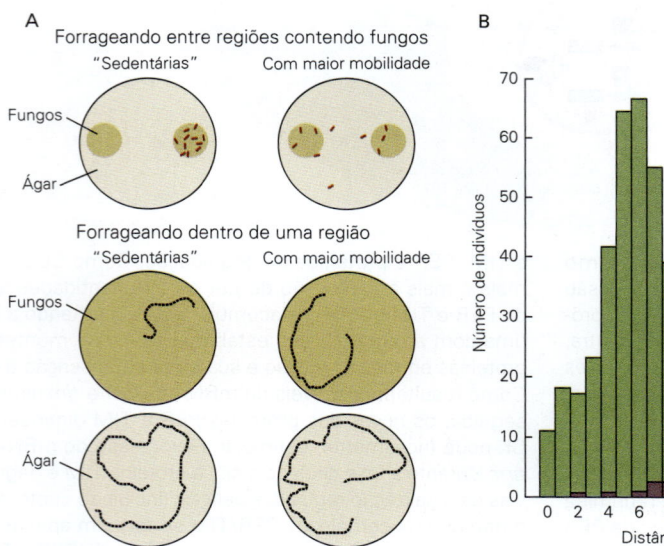

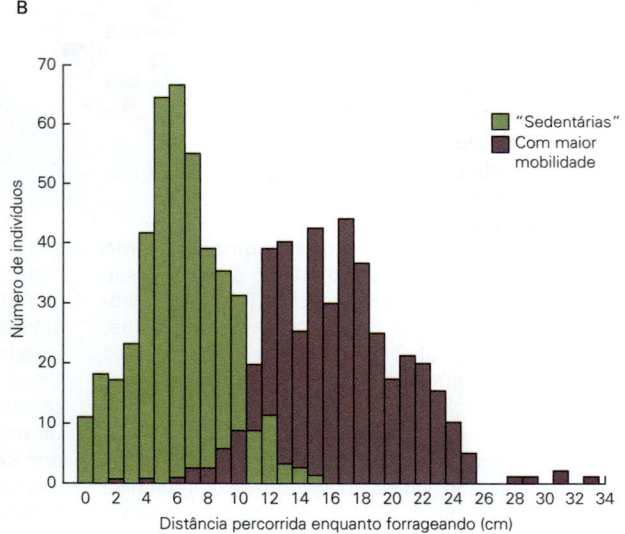

FIGURA 2-14 O comportamento forrageiro de larvas de *Drosophila melanogaster* móveis (*rovers*) e sedentárias (*sitters*) difere enquanto se alimentam de colônias de leveduras. (Reproduzida, com autorização, de Sokolowski, 2001. Copyright © 2001 Springer Nature.)

A. Larvas do tipo de maior mobilidade se movem de uma região a outra, enquanto larvas do tipo "sedentário" permanecem na mesma região por um longo tempo. Quando estão se alimentando em uma única região, as larvas do primeiro tipo se movem mais intensamente que as larvas "sedentárias". Em meio de ágar, ambas se movem com aproximadamente a mesma intensidade.

B. Enquanto se alimentam dentro de uma região, as larvas de maior mobilidade mostram percursos mais longos que as sedentárias (os percursos foram medidos ao longo de um período de 5 minutos).

Essas diferenças no comportamento forrageiro foram mapeadas até um único gene de uma proteína-cinase, *for*, que varia em atividade nas diferentes larvas de moscas.

O gene *for* também é encontrado em abelhas. As abelhas exibem comportamentos distintos em estágios diferentes da vida; em geral, as abelhas jovens são nutrizes ou "babás", enquanto as mais velhas se tornam forrageiras e deixam a colmeia. O gene *for* é expresso em níveis altos no encéfalo de abelhas que estão ativamente coletando nutrientes e em níveis baixos nas nutrizes, que são mais jovens e estacionárias. A ativação da sinalização por GMPc em abelhas jovens pode fazê-las entrar no estágio forrageiro precocemente; essa alteração pode ser induzida por um estímulo ambiental ou pelo aumento da idade da abelha.

Assim, o mesmo gene controla variações no comportamento em dois insetos diferentes, mas de modos diferentes. Na mosca-da-fruta, variações no comportamento são expressas em indivíduos diferentes, enquanto, na abelha, elas são expressas no mesmo indivíduo em diferentes idades. A diferença ilustra como um gene regulador importante pode ser recrutado para estratégias comportamentais distintas em espécies diferentes.

Receptores de neuropeptídeos regulam comportamentos sociais de várias espécies

Muitos aspectos do comportamento estão associados às interações sociais de um animal com outros animais. Comportamentos sociais são altamente variáveis entre espécies, mas ainda assim apresentam um grande componente inato dentro de uma espécie, que é controlado geneticamente. Uma forma simples de comportamento social foi analisada no nematelminto *Caenorhabditis elegans*. Esses animais vivem no solo e comem bactérias.

Diferentes cepas do tipo selvagem exibem diferenças profundas em seu comportamento alimentar. Animais da cepa padrão usada em laboratório são solitários, dispersando-se em um território onde haja comida bacteriana e deixando de interagir uns com os outros. Outras cepas têm um padrão alimentar social, reunindo grandes grupos de dezenas ou centenas de animais que buscam alimento em conjunto (**Figura 2-15**). A diferença entre essas cepas é genética, e ambos os padrões alimentares são herdados de maneira estável.

A diferença entre vermes sociais e solitários é gerada por uma alteração em um único gene, causando a substituição de um único aminoácido em uma proteína; tal gene é membro de uma grande família de genes envolvidos na sinalização entre neurônios. Esse gene, *npr-1*, codifica o receptor de um neuropeptídeo. Os papéis dos neuropeptídeos na coordenação de comportamentos entre redes de neurônios são reconhecidos há muito tempo. Por exemplo, um hormônio neuropeptídico da lesma marinha *Aplysia* estimula um conjunto complexo de movimentos e padrões comportamentais associados a um único comportamento, a oviposição. Neuropeptídeos de mamíferos têm sido implicados no comportamento alimentar, no sono, na dor e em muitos outros comportamentos e processos fisiológicos. A existência de uma mutação no receptor de neuropeptídeo que altera o comportamento social sugere que esse tipo de molécula sinalizadora é importante tanto para a geração do comportamento quanto para a geração da variação entre indivíduos.

Receptores de neuropeptídeos também têm sido implicados na regulação do comportamento social dos mamíferos. Os neuropeptídeos ocitocina e vasopressina estimulam, em mamíferos, comportamentos de formação de vínculos, como a formação de pares e o estabelecimento de laços parentais com a prole. Em camundongos, a ocitocina é necessária para o reconhecimento social, a capacidade de identificar um indivíduo familiar. A ocitocina e a vasopressina têm sido profundamente estudadas em pequenos roedores da espécie *Microtus ochrogaster*, que formam pares duradouros para criar seus filhotes. No caso desses roedores, a ocitocina liberada no encéfalo das fêmeas durante o acasalamento estimula a formação de um vínculo duradouro com seu parceiro. Da mesma forma, a vasopressina liberada no encéfalo do macho durante o acasalamento estimula a formação de laços com sua parceira e o comportamento paternal.

O grau de formação de pares varia substancialmente entre espécies de mamíferos. Os machos de *Microtus ochrogaster* formam vínculos estáveis de longa duração com as

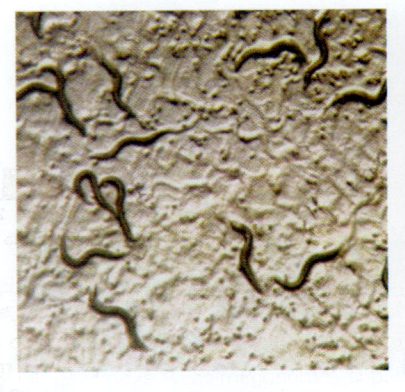

FIGURA 2-15 O comportamento alimentar do nematelminto *Caenorhabditis elegans* depende do nível de atividade do gene que codifica um receptor de neuropeptídeo. Em determinada cepa, os vermes se alimentam isolados (*à esquerda*), enquanto em outra cepa, os indivíduos se juntam em um bloco no momento da alimentação. A diferença é explicada por uma alteração no gene de um receptor de neuropeptídeo, resultando na substituição de um único aminoácido. (Reproduzida, com autorização, de De Bono e Bargmann, 1998.)

fêmeas e as ajudam a criar sua prole, sendo descritos como monogâmicos, mas seu parente próximo, o *Microtus montanus* macho, é promíscuo e não apresenta comportamento paternal. A diferença entre os comportamentos dos machos nessas espécies está relacionada com diferenças na expressão da classe de receptores de vasopressina V1a no encéfalo. Nos *Microtus ochrogaster*, os receptores de vasopressina V1a são expressos em altos níveis em uma região específica do encéfalo, o pálido ventral (**Figura 2-16**). Nos *Microtus montanus*, os níveis desse receptor nessa região são muito mais baixos, embora estejam altos em outras regiões encefálicas.

A importância dos neuropeptídeos ocitocina e vasopressina e de seus receptores tem sido confirmada e ampliada por estudos utilizando genética reversa em camundongos, que são mais fáceis de manipular geneticamente que os *Microtus*. Por exemplo, a introdução do gene para o receptor de vasopressina V1a do *Microtus ochrogaster* em camundongos machos, que se comportam mais como os *Microtus montanus*, aumenta a expressão do receptor de vasopressina V1a no pálido ventral e aumenta o comportamento de formação de laços dos camundongos machos com as fêmeas. Assim, diferenças entre espécies no padrão da expressão do receptor de vasopressina podem contribuir para diferenças nos comportamentos sociais.

A análise dos receptores de vasopressina em diferentes roedores fornece vislumbres acerca dos mecanismos pelos quais os genes e os comportamentos podem mudar durante a evolução. Desse modo, mudanças evolutivas no padrão da expressão do receptor de vasopressina V1a no prosencéfalo ventral levam a alterações na atividade de um circuito neural, ligando a função do prosencéfalo ventral à função de neurônios que secretam vasopressina e que são ativados no acasalamento. Como resultado, os comportamentos sociais são alterados.

A importância da ocitocina e da vasopressina no comportamento social humano não é conhecida, mas seu papel central na formação de pares e na criação de filhotes em certas espécies de mamíferos sugere que essas moléculas também possam desempenhar um papel na espécie humana.

Estudos de síndromes genéticas humanas forneceram vislumbres iniciais acerca dos fundamentos do comportamento social

Distúrbios encefálicos humanos resultam de interações entre os genes e o ambiente

O primeiro gene descoberto para uma doença neurológica em seres humanos ilustra claramente a interação de genes com o ambiente na determinação de fenótipos cognitivos e comportamentais. A fenilcetonúria (PKU), descrita por Asbørn Følling na Noruega em 1934, afeta uma em cada 15.000 crianças e resulta em prejuízos graves na função cognitiva.

Crianças com essa doença têm duas cópias anormais do gene *PKU* que codifica a fenilalanina hidroxilase, a enzima que converte o aminoácido fenilalanina em tirosina. A mutação é recessiva, e indivíduos portadores heterozigotos não apresentam sintomas. Crianças que não possuem uma função normal em ambas as cópias do gene apresentam no sangue altas concentrações de fenilalanina oriunda de proteínas da dieta, o que, por sua vez, leva à produção de metabólitos tóxicos, os quais interferem na função neuronal. Os processos bioquímicos específicos pelos quais o acúmulo de fenilalanina prejudica o encéfalo ainda não foram esclarecidos.

O fenótipo PKU (deficiência intelectual) resulta da interação do genótipo (a mutação *pku* homozigota) com o ambiente (a dieta). Dessa forma, o tratamento para a PKU

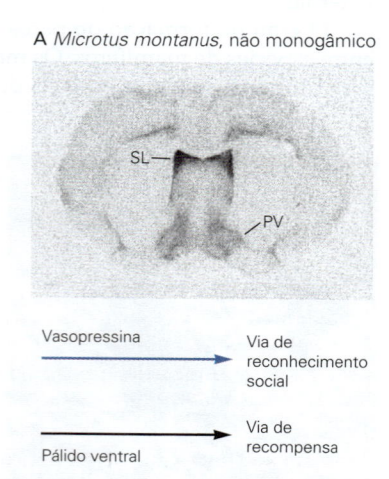

FIGURA 2-16 Distribuição de receptores para vasopressina (V1a) em duas espécies muito próximas de roedores. (Adaptada, com autorização, de Young et al., 2001. Copyright © 2001 Academic Press.)

A. A expressão do receptor V1a é alta no septo lateral (**SL**), mas baixa no pálido ventral (**PV**) no *Microtus montanus*, que não estabelece pares estáveis.

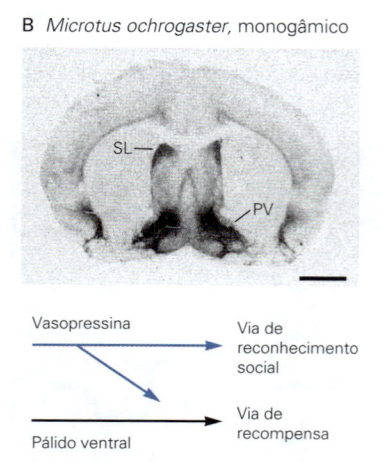

B. A expressão é alta no pálido ventral do *Microtus ochrogaster*, que é monogâmico. A expressão do receptor no pálido ventral permite que a vasopressina ligue vias de reconhecimento social a vias de recompensa.

é simples e razoavelmente efetivo: o retardo no desenvolvimento pode ser prevenido por uma dieta hipoproteica. A análise molecular e genética da função gênica na PKU levou a uma significativa melhora na vida dos indivíduos afetados. Desde o início da década de 1960, foi instituída nos Estados Unidos a obrigatoriedade de testes para PKU em recém-nascidos.* A identificação de crianças com o distúrbio genético e a modificação de suas dietas antes do aparecimento dos sintomas podem prevenir muitos aspectos da doença.

Outros capítulos deste livro descrevem muitos exemplos de características causadas por um único gene que, como a PKU, levam a novos conhecimentos acerca da função do encéfalo e de alguns distúrbios. Certos temas emergiram desses estudos. Por exemplo, diversas doenças neurodegenerativas raras, como a doença de Huntington e a ataxia espinocerebelar, resultam de expansões dominantes patológicas de resíduos de glutamina dentro de proteínas. A descoberta dessas doenças com expansões de repetições de glutamina enfatiza o dano para o encéfalo de proteínas desdobradas e agregadas. A descoberta de que crises epilépticas podem ser causadas por uma variedade de mutações em canais iônicos levou à compreensão de que essas doenças são basicamente doenças da excitabilidade neuronal.

Síndromes raras do neurodesenvolvimento fornecem vislumbres sobre a biologia do comportamento social, da percepção e da cognição

Distúrbios neurológicos e do desenvolvimento que se manifestam na infância têm ressaltado a importância e a complexidade da genética na função encefálica humana. Evidências iniciais de que os genes afetam circuitos específicos relacionados à cognição e ao comportamento emergiram de estudos de uma rara condição genética conhecida como síndrome de Williams. Indivíduos com essa síndrome normalmente apresentam linguagem normal, assim como extrema sociabilidade; no início do desenvolvimento, eles não apresentam o comportamento reservado normalmente observado nas crianças na presença de desconhecidos. Ao mesmo tempo, esses indivíduos apresentam profundo prejuízo no processamento espacial, uma deficiência intelectual geral e altos níveis de ansiedade (mas raramente ansiedade social).

Os diferentes padrões de prejuízo na síndrome de Williams, quando comparados, por exemplo, com o transtorno do espectro autista, sugerem que a linguagem e as capacidades sociais podem ser separadas de outras funções encefálicas. Áreas encefálicas relacionadas com a linguagem mostram prejuízos funcionais em crianças com autismo, mas apresentam função normal ou mesmo destacada em crianças com síndrome de Williams. Em contrapartida, a inteligência geral e espacial se encontra mais prejudicada em crianças com síndrome de Williams do que em cerca de metade de todas as crianças com transtorno do espectro autista.

A síndrome de Williams é causada por uma deleção heterozigota da região cromossômica 7q11.23, que usualmente engloba cerca de 1,5 Mb e 27 genes. A interpretação mais simples desse defeito é que o nível de expressão dos genes dentro desse intervalo se encontra reduzido, pois há apenas uma cópia, em vez de duas, de cada gene na região. Ainda não se sabe precisamente quais os genes no intervalo que influenciam a comunicação social e o processamento espacial, mas eles são de grande interesse devido a seu potencial para ajudar a entender a regulação genética do comportamento humano.

Uma descoberta mais recente em estudos dos transtornos do espectro autista tem ampliado nossa compreensão das relações complexas entre variações genéticas e funções sociais e intelectuais, inicialmente apontadas pela síndrome de Williams. Na última década, avanços na tecnologia genômica permitiram a varredura do genoma usando métodos de alto rendimento na busca por variações na estrutura cromossomal, e em resolução muito mais alta do que era inicialmente permitido pelo microscópio óptico (ver **Quadro 2-1**). Estudos seminais em 2007 e 2008 demonstraram que indivíduos com transtorno do espectro autista são portadores de novas (*de novo*) variações no número de cópias com frequência muito maior que indivíduos não afetados. Esses achados levaram a algumas das primeiras descobertas de intervalos genômicos específicos que contribuem para formas comuns da síndrome (i.e., transtorno do espectro autista sem evidências de características sindrômicas, também conhecido como transtorno do espectro autista *idiopático* ou *não sindrômico*).

Em 2011, dois estudos simultâneos de larga escala de novas variações no número de cópias em uma coorte muito bem caracterizada descobriram que precisamente a mesma região deletada na síndrome de Williams conferia substancial risco para o transtorno do espectro autista em um indivíduo. Contudo, nesses casos, eram duplicações raras (um excesso de cópias da região), e não deleções, que aumentavam dramaticamente o risco para incapacidade social. Esses achados, de que perdas e ganhos no mesmo conjunto de genes possam levar a fenótipos sociais contrastantes (enquanto ambos tipicamente levam a prejuízo intelectual), apoiam ainda mais a ideia de que domínios das funções cognitiva e comportamental são separáveis, mas podem compartilhar importantes mecanismos moleculares.

A síndrome do X frágil é outro distúrbio do neurodesenvolvimento observado na infância que fornece evidências da genética da função cognitiva; diferentemente da síndrome de Williams, esse distúrbio foi relacionado a um único gene no cromossomo X. A síndrome do X frágil varia em sua apresentação. Crianças afetadas podem apresentar deficiência intelectual, prejuízo na cognição social, alta ansiedade social e comportamento repetitivo; cerca de 30% dos meninos com a síndrome do X frágil satisfazem os critérios para o diagnóstico de transtorno do espectro autista. A síndrome do X frágil também está associada com um amplo espectro de traços, que incluem características físicas como face alongada e orelhas salientes.

---

*N. de T. No Brasil, o teste da PKU é realizado no chamado teste do pezinho. Esse teste de triagem neonatal ajuda a diagnosticar várias doenças genéticas e metabólicas além da PKU e é obrigatório em todo o território nacional.

Descobriu-se que essa síndrome resulta de mutações que reduzem a expressão de um gene que codifica uma proteína chamada de *proteína do retardo mental do X frágil* (*FMRP*). Como esse gene está localizado no cromossomo X, os meninos perdem toda a expressão gênica quando sua única cópia é mutada. A proteína FMRP regula a tradução de mRNA em proteínas nos neurônios, em um processo regulado pela própria atividade neuronal. A regulação da tradução nos neurônios é um componente importante da plasticidade sináptica necessária para o aprendizado. O defeito do X frágil no nível da tradução é, assim, ampliado de modo a afetar a função neuronal, o aprendizado e os processos cognitivos de alta ordem. De modo interessante, uma grande proporção de outros genes associados com risco aumentado para transtorno do espectro autista, bem como para esquizofrenia, são regulados pela proteína FMRP.

Outra doença mendeliana cuja base genética é bem compreendida é a síndrome de Rett (considerada em detalhe no Capítulo 62). Essa síndrome é um distúrbio do desenvolvimento do sistema nervoso, progressivo e ligado ao X, sendo uma das causas mais comuns de deficiência intelectual em meninas. A doença é quase sempre restrita a meninas, pois as mutações canônicas da síndrome de Rett são frequentemente fatais para o embrião do sexo masculino em desenvolvimento, que tem um único cromossomo X. Meninas afetadas se desenvolvem normalmente até a idade de 6 a 18 meses, quando passam a apresentar problemas de aquisição de linguagem, regressão na função intelectual e, em vez de movimentos intencionais da mão, torcem as mãos descontroladamente. Além disso, meninas com a síndrome de Rett frequentemente têm um período de marcante prejuízo na interação social, que pode ser indistinguível do transtorno do espectro autista, embora acredite-se que a função social seja posteriormente bastante preservada na vida. Huda Zoghbi e colaboradores descobriram que a principal causa dessa síndrome é uma mutação no gene da *proteína 2 de ligação a metil-CpG* (*MeCP2*). A metilação de sequências CpG específicas no DNA altera a expressão de genes próximos, e uma das funções bem estabelecidas da *MeCP2* é sua ligação ao DNA metilado como parte de um processo que regula a transcrição de mRNA.

Síndromes raras também têm trazido conhecimento sobre os substratos genéticos da esquizofrenia (Capítulo 60). Por exemplo, como descrito inicialmente por Robert Shprintzen e colaboradores em 1978, deleções no cromossomo 22q11 levam a um amplo espectro de sintomas físicos e comportamentais, incluindo psicose, agora frequentemente chamado de síndrome velocardiofacial (SVCF), síndrome de DiGeorge ou síndrome da deleção 22q11. As descrições iniciais de Shprintzen foram recebidas com certo ceticismo em função do extremamente amplo espectro de fenótipos associados a deleções idênticas. Atualmente, é amplamente aceito que a deleção 22q11 é a anormalidade cromossômica mais comumente associada à esquizofrenia e à esquizofrenia de início na infância. Além disso, perdas cromossomais dessa mesma região foram associadas com maior risco individual para o autismo. Até agora, os genes específicos dentro dessa região que são responsáveis pelos fenótipos psiquiátricos não foram completamente estabelecidos.

Ademais, evidências recentes da literatura acerca do autismo sugerem que uma combinação de múltiplos genes dentro desse intervalo, cada qual conferindo relativamente poucos efeitos individuais, seria provavelmente responsável pelo fenótipo de deficiência social.

Transtornos psiquiátricos envolvem traços multigênicos

Como mencionado anteriormente, doenças causadas por mutações em um único gene são raras quando comparadas ao conjunto total de doenças neurodegenerativas e psiquiátricas. Consequentemente, pode-se perguntar qual seria o racional para o estudo de doenças raras se elas representam apenas uma fração do total de doenças. A razão é que doenças raras podem fornecer ideias acerca dos processos biológicos afetados em formas mais frequentes e complexas de uma doença. Por exemplo, um dos sucessos mais marcantes da genética humana foi a descoberta de variantes genéticas raras que levam às doenças de Parkinson ou de Alzheimer de início precoce. Indivíduos com essas variantes raras e graves representam um minúsculo subconjunto de todos os indivíduos com doença de Alzheimer ou de Parkinson; porém, o estudo de doenças causadas por variantes raras desvendou processos celulares que também apresentam distúrbios no grande conjunto de pacientes, sugerindo possibilidades para estratégias terapêuticas gerais. Do mesmo modo, a busca dos mecanismos fisiopatológicos responsáveis pela síndrome de Rett, pela síndrome do X frágil e por outros transtornos do neurodesenvolvimento já levou a algumas das primeiras tentativas de desenvolvimento de fármacos racionais para síndromes psiquiátricas.

No restante deste capítulo, será expandida a discussão acerca de dois fenótipos complexos relativos a transtornos do neurodesenvolvimento e psiquiátricos: transtornos do espectro autista e esquizofrenia. Em comparação aos raros exemplos de doenças mendelianas discutidas anteriormente, a genética das formas comuns dessas condições é de fato mais variada, distinta e heterogênea, envolvendo muitos genes diferentes em indivíduos distintos, assim como múltiplos genes de risco que conferem susceptibilidade quando em combinação. Além disso, para ambos os diagnósticos, enquanto evidências de contribuição genética são substanciais, há também evidências convincentes de contribuição de fatores ambientais.

Avanços na compreensão desses transtornos surgiram da combinação de tecnologias genômicas em rápido desenvolvimento e métodos estatísticos; uma cultura de compartilhamento aberto de dados; e a consolidação de coortes muito grandes de pacientes, que fornecem poder adequado para detectar alelos muito raros com alta penetrância, assim como variantes genéticas comuns que representam pequenos incrementos de risco. É importante observar que sucessos recentes na compreensão de ambas as síndromes forneceram fundações sólidas para a busca das suas consequências biológicas e da fisiopatologia nos níveis molecular, celular e de circuitaria transmitidas por esses fatores genéticos de risco.

Avanços na genética dos transtornos do espectro autista enfatizam o papel de mutações *de novo* e de mutações raras nos distúrbios do desenvolvimento do sistema nervoso

Os transtornos do espectro autista compreendem uma coleção de síndromes do desenvolvimento de gravidade variável, que afetam aproximadamente 2 a 3% da população e são caracterizadas por prejuízos na comunicação social recíproca, além de interesses estereotipados e comportamentos repetitivos. Há uma prevalência significativamente maior em indivíduos do sexo masculino; em média, três vezes mais meninos são afetados em comparação às meninas. Os sintomas clínicos dos transtornos do espectro autista, por definição, emergem nos primeiros 3 anos de vida, embora diferenças bastante fidedignas entre crianças afetadas e não afetadas frequentemente já possam ser observadas nos primeiros meses de vida.

Há considerável variabilidade fenotípica entre os indivíduos afetados, o que levou ao desenvolvimento da classificação diagnóstica bastante ampla de transtornos do espectro autista. Além disso, indivíduos afetados apresentam crises convulsivas e problemas cognitivos com maior frequência quando comparados com a população em geral e frequentemente têm sérios prejuízos em funções adaptativas. Muitos indivíduos com transtorno do espectro autista, todavia, não são tão profundamente afetados e têm vidas altamente bem sucedidas.

O autismo tem um componente hereditário muito forte (ver **Figura 2-1A**), o que provavelmente explica porque esse transtorno está entre as primeiras síndromes neuropsiquiátricas geneticamente complexas cujo exame por ferramentas e métodos modernos de descoberta gênica trouxe resultados. O transtorno do espectro autista também é uma doença amplamente significativa, pois fornece vislumbres sobre as bases de comportamentos que são a quintessência do comportamento humano: linguagem, inteligência complexa e interações interpessoais. Um ponto importante é o fato de que defeitos na comunicação social observados nos transtornos do espectro autista podem coexistir com inteligência normal e funcionamento típico em outros domínios, sugerindo que, até certo grau, o encéfalo se apresenta em módulos, com funções cognitivas distintas que podem variar independentemente.

Enquanto formas sindrômicas do transtorno do espectro autista perfazem uma pequena fração de todos os casos, os primeiros achados nas formas mais comuns desse transtorno, chamadas "idiopáticas" ou "não sindrômicas", também demonstram um papel de mutações raras com marcantes efeitos biológicos. Por exemplo, em 2003, o sequenciamento de genes dentro de uma região do cromossomo X deletada em um número muito pequeno de meninas com características autistas levou à descoberta de mutações raras com perda de função no gene da *neuroligina 4X* (*NLGN4X*), um gene que codifica uma molécula de adesão sináptica em neurônios excitatórios, encontradas em diversos familiares afetados do sexo masculino. Logo após, uma análise de ligação em uma família com muitos membros com deficiência intelectual e transtorno do espectro autista mostrou que os membros afetados da família eram todos portadores de uma mutação com perda de função no gene *NLGN4X*.

Novas (*de novo*) deleções e duplicações submicroscópicas na estrutura cromossomal podem aumentar dramaticamente o risco de um indivíduo desenvolver transtorno do espectro autista. Essas variações no número de cópias (CNV) estão agrupadas em regiões específicas do genoma, permitindo a identificação de intervalos específicos de risco. Os primeiros relatos usando essa abordagem mostraram que as CNV *de novo* no cromossomo 16p11.2, embora presentes em apenas cerca de 0,5 a 1% dos indivíduos afetados, implicam em risco substancial (maior que 10 vezes) de o indivíduo desenvolver transtorno do espectro autista. Estudos subsequentes identificaram uma dúzia ou mais de CNV *de novo* que estão associadas com maior risco, incluindo nos cromossomos 16p11.2, 1q21, 15q11-13 e 3q29; deleções em 22q11, 22q13 (com deleção do gene *SHANK3*) e 2p16 (com deleção do gene *NXRN1*); e duplicações *de novo* de 7q11.23 (a região da síndrome de Williams).

É interessante que, embora essas CNV portem maior risco para o transtorno do espectro autista, estudos de outros transtornos psiquiátricos, incluindo esquizofrenia e transtorno bipolar, descobriram que variações em muitas das mesmas regiões também aumentam o risco para essas condições. Além disso, estudos em indivíduos com determinados genótipos (p. ex., deleções e duplicações em 16p11.2) encontraram uma ampla variedade de fenótipos comportamentais associados, indo de prejuízos específicos de linguagem a prejuízo cognitivo a esquizofrenia. Esse fenômeno "um para N" apresenta importantes desafios no sentido de ajudar a esclarecer mecanismos fisiopatológicos específicos em doenças psiquiátricas e a conceitualizar os passos da descoberta gênica até as terapias.

As descobertas generalizadas e replicáveis de que raras CNV *de novo* aumentam o risco para o transtorno do espectro autista e para outros distúrbios do desenvolvimento imediatamente levantaram a questão acerca da possibilidade de que raras mutações *de novo* em genes isolados possam conferir riscos semelhantes. De fato, o desenvolvimento de tecnologia para sequenciamento do DNA de alto rendimento e baixo custo, inicialmente focado na porção codificante do genoma, levou à identificação de um excesso de mutações *de novo* consideradas como tendo grande probabilidade de perturbar a função gênica (mutações LGD, do inglês *likely gene-disruptive*) nos indivíduos afetados. A ocorrência repetida dessas mutações em regiões muito próximas entre indivíduos não aparentados tem sido utilizada como um meio de identificar genes de risco específicos para transtornos do espectro autista.

Estudos em larga escala de mutações *de novo* nos transtornos do espectro autista identificaram mais de 100 genes associados, com cerca de 45 deles atingindo altos níveis de confiança de significância estatística. Esses genes apresentam um amplo espectro de funções conhecidas, mas análises revelam uma super-representação estatisticamente significativa de genes envolvidos na formação e na função sinápticas e na regulação da transcrição. Além disso, há um número maior que o esperado de genes de risco que codificam RNA-alvos da proteína do retardo mental no X frágil e/ou proteínas ativas em fases precoces do desenvolvimento encefálico.

A identificação de genes para a esquizofrenia ressalta a inter-relação de variantes de risco raras e comuns

A esquizofrenia afeta cerca de 1% de todos os adultos jovens, causando um padrão de desordem do pensamento e distanciamento emocional que prejudica profundamente a qualidade de vida. Esse transtorno é fortemente hereditário (ver **Figura 2-1B**) e também tem um forte componente ambiental associado com estresse no feto em desenvolvimento. Crianças nascidas logo após a Fome Holandesa de 1944, ao final da Segunda Guerra Mundial, mostraram um risco aumentado para esquizofrenia muitos anos depois, e crianças cujas mães sofreram infecção pelo vírus da rubéola durante a gestação na pandemia de 1960 também mostraram risco consideravelmente aumentado.

Os genes, assim como o ambiente, contribuem para a esquizofrenia. Do mesmo modo que no autismo, o sequenciamento do genoma humano, o desenvolvimento de métodos baratos para genotipagem de variantes comuns e detecção de CNV em todo o genoma e a consolidação de coortes muito grandes de pacientes resultaram em uma transformação da genética da esquizofrenia. Primeiro, essencialmente em paralelo com os achados nos transtornos do espectro autista comentados anteriormente, CNV raras e *de novo* começaram a ser implicadas no risco para esquizofrenia nos primeiros anos do século XXI. Uma pequena porcentagem de casos está associada com anormalidades cromossômicas que conferem grandes riscos, por exemplo, deleções no cromossomo 22q11. Essas anormalidades cromossômicas se sobrepõem quase que inteiramente com aqueles *loci* implicados nos transtornos do espectro autista, mas a distribuição de risco entre deleções e duplicações nesses *loci* não parece ser idêntica. Por exemplo, embora tanto duplicações quanto deleções na região 16p11.2 estejam associadas com transtornos do espectro autista e esquizofrenia, duplicações da região têm maior probabilidade de levar à esquizofrenia, enquanto deleções têm maior probabilidade de serem encontradas nos transtornos do espectro autista e em casos de prejuízo intelectual.

Com relação à esquizofrenia, o desenvolvimento mais importante nos últimos 15 anos foi a emergência de variantes comuns em estudos de associação genômica ampla (GWAS). Em contraste com estudos de genes candidatos pensados a partir de hipóteses, descritos anteriormente, os estudos de associações usando todo o genoma se baseiam na investigação de polimorfismos em todos os genes no genoma simultaneamente. Essa abordagem não baseada em hipótese, quando utilizada em coortes com alto poder estatístico e correções apropriadas para comparações múltiplas, tem se mostrado uma estratégia altamente confiável e reprodutível para a identificação de alelos comuns de risco em doenças comuns em toda a medicina.

GWAS envolvendo quase 40.000 casos e 113.000 controles resultaram na identificação de 108 *loci* de risco para a esquizofrenia. Os efeitos atribuíveis a qualquer variante genética individual nesse conjunto têm sido bastante modestos, respondendo por menos de 25% de risco aumentado. Além disso, muitos dos polimorfismos genéticos testados em estudos de GWAS apontam para regiões fora de segmentos codificadores do genoma. Consequentemente, embora tenham sido identificados 108 *loci*, não está completamente esclarecido a quais genes correspondem todas essas variantes de risco. Em alguns casos, as variações são mapeadas suficientemente próximas a um único gene, de modo a poder-se inferir razoavelmente tal relação; em outros casos, ela permanece por ser determinada.

Os genes implicados no risco para a esquizofrenia fornecem um ponto de partida para a determinação da biologia subjacente a esse transtorno. Por exemplo, desde o final da década de 1990, evidências têm apontado para o envolvimento de uma região chamada complexo principal de histocompatibilidade (MHC) no risco para a esquizofrenia. De acordo com essa ideia, a região MHC tem o sinal mais forte em estudos de GWAS que qualquer outra parte do genoma humano em coortes de pacientes com esquizofrenia. Estudos detalhados possibilitados pelo grande número de pacientes nessas coortes afunilaram esse sinal robusto de associação de risco na região MHC para três *loci* diferentes (e provavelmente três diferentes genes). Entre esses três *loci*, um gene, que codifica o fator C4 do complemento, tem um efeito forte e bem definido no risco para a doença. Steven McCarroll e colaboradores mostram que o *locus* do complemento C4 representa um caso natural de CNV, sendo que indivíduos saudáveis apresentam substancial variação no número de cópias do gene que possuem, e o nível de expressão do alelo C4A está correlacionado com risco aumentado para a esquizofrenia. Estudos de seguimento mostraram que camundongos com nocaute do gene C4 têm um déficit na poda sináptica durante o desenvolvimento, sugerindo a hipótese de que excesso de C4A em seres humanos possa causar poda sináptica excessiva, um processo que há muito tempo tem sido de interesse na literatura para a esquizofrenia.

Esse achado representa uma demonstração importante da capacidade de ligar a genômica a um possível mecanismo biológico para o aumento do risco para determinada doença. Ainda assim, um indivíduo com o haplótipo C4 de mais alto risco que não tenha um histórico familiar de esquizofrenia em média tem um aumento de 1 para 1,3% no risco de ter sido afetado como resultado desse alelo. Para se ter uma noção da escala, ter um parente em primeiro grau com esquizofrenia resulta em um aumento de aproximadamente 10 vezes no risco. Esse início promissor e seus limites refletem os desafios que os geneticistas e os neurobiólogos enfrentam agora ao passar das bem sucedidas descobertas de variantes comuns de genes para a elaboração de mecanismos específicos levando a patologias humanas.

Além da identificação de numerosos *loci* específicos de risco, os estudos de GWAS para a esquizofrenia têm encontrado repetidamente que os pequenos efeitos individuais de muitos alelos comuns se somam, resultando em aumento do risco. Esses resultados fornecem uma nova e poderosa forma de abordar o estudo das relações genótipo-fenótipo em conjunto. De fato, já foi esclarecido que o número de alelos de risco de que um indivíduo é portador pode ter um impacto significativo (e aditivo) sobre o risco de desenvolver a patologia. Por exemplo, aqueles no decil superior de um escore de risco poligênico – um cálculo estatístico que se relaciona à quantidade total de risco genético, calculado pela soma dos fatores de risco genéticos individuais de que o indivíduo é portador – apresentam um aumento de risco de 8 a 20 vezes quando comparados com a população em geral. Embora a biologia do efeito cumulativo não seja ainda conhecida, a observação ainda assim prepara o caminho para o estudo de uma série de questões interessantes relacionadas à trajetória de doenças e a respostas ao tratamento e quase certamente revigorará os estudos que combinam neuroimagem e genômica. Esses últimos tipos de estudos, do mesmo modo que os estudos iniciais quando da descoberta de variantes comuns, apresentam o problema da baixa confiabilidade em função das limitações inerentes ao estudo de genes candidato selecionados biologicamente plausíveis.

Por fim, métodos de sequenciamento de alto rendimento, de modo similar àqueles empregados nos transtornos do espectro autista, começaram a produzir resultados também para a esquizofrenia. Especificamente, o sequenciamento do exoma na busca de alelos de risco *de novo* e de alelos raros tem sido realizado com certo grau de sucesso. Contudo, tais estudos requerem coortes muito maiores para a identificação de riscos estatisticamente significativos para mutações LGD em comparação com transtornos do espectro autista, sugerindo que o tamanho geral do efeito desses tipos de variações é provavelmente bem menor na esquizofrenia. Até hoje, essas investigações identificaram poucos genes de risco, com implicação de vias neurobiológicas-chave. Em especial, recentes estudos do exoma mostraram a importância de moléculas dentro do complexo do citoesqueleto regulado por atividade (ARC), assim como do gene *SETD1A* (*contendo o domínio SET 1A*), como relevantes para a patogênese da esquizofrenia.

Perspectivas no estudo das bases genéticas de transtornos neuropsiquiátricos

Os genes afetam muitos aspectos do comportamento. Há notável semelhança em traços de personalidade e doenças psiquiátricas em gêmeos humanos, mesmo quando criados separadamente. Animais domésticos e de laboratório podem ser artificialmente selecionados para determinados traços comportamentais estáveis e, cada vez mais, as contribuições de um amplo espectro de variações genéticas para transtornos psiquiátricos e do desenvolvimento do sistema nervoso estão sendo descobertas.

Uma série de avanços paralelos inaugurou uma era de notável oportunidade para compreender a relação entre genes, encéfalo e comportamento. O arsenal disponível para manipular e estudar sistemas-modelo sofreu uma revolução. Ao mesmo tempo, houve considerável avanço no progresso da definição de fatores de risco genéticos para distúrbios neuropsiquiátricos em seres humanos. Embora o campo de estudo ainda esteja em um estágio inicial neste processo, têm surgido múltiplos exemplos do valor do sucesso da descoberta gênica e de sua aplicação para a compreensão profunda de processos biológicos.

Entre os muitos achados notáveis dos recentes estudos genéticos de condições psiquiátricas e do neurodesenvolvimento está a sobreposição nos riscos genéticos entre um amplo espectro de limites diagnósticos. Enquanto não é grande surpresa o fato de que a biologia não segue critérios diagnósticos categóricos, ainda assim será um formidável desafio conceitual considerar como o campo de estudo seguirá esses efeitos para chegar a novas estratégias terapêuticas.

Além disso, vale a pena observar que para muitas outras condições psiquiátricas que ainda não passaram pelo tipo de progresso reportado acima, o cálculo é direto: maiores investimentos e amostras de tamanhos maiores levarão a uma maior compreensão de seus mecanismos. Por exemplo, estudos recentes de mutações *de novo* na síndrome de Tourette e no transtorno obsessivo-compulsivo demonstram claramente que o fator limitante para a identificação de genes de risco com alta confiança é a disponibilidade de sequenciamento genético de trios de pai-mãe-criança. Na mesma linha, estudos de GWAS enfocando a depressão maior têm apenas recentemente alcançado amostras de tamanhos adequados para confirmar associações a variantes comuns de modo estatisticamente significativo. Esses estudos têm incluído centenas de milhares de indivíduos e não é de surpreender que tenham identificado alelos de risco com efeitos individuais muito pequenos.

Esse último ponto ressalta a ideia de que – para a genômica de transtornos comportamentais, psiquiátricos e do desenvolvimento – aquilo que é adequado para um distúrbio pode não ser para outro. A partir das investigações de sistemas-modelo, do esclarecimento de raras doenças mendelianas até a compreensão de variantes comuns e raras que contribuem para transtornos comuns, as ferramentas e oportunidades disponíveis atualmente são sem precedentes. Os próximos anos devem trazer profundos conhecimentos sobre a biologia de transtornos psiquiátricos e do desenvolvimento do sistema nervoso, e talvez terapias com o potencial de ajudar pacientes e suas famílias.

Destaques

1. Síndromes genéticas raras, como a síndrome do X frágil, a síndrome de Rett e a síndrome de Williams, têm fornecido importantes vislumbres dos mecanismos moleculares dos comportamentos humanos complexos. Além disso, enquanto considerável trabalho ainda esteja por ser feito, o estudo dessas síndromes já contestou a noção de que déficits cognitivos e comportamentais associados sejam imutáveis e demonstrou a utilidade de um amplo espectro de sistemas-modelo no esclarecimento de mecanismos biológicos conservados.
2. O sequenciamento do genoma humano, o desenvolvimento de ensaios genômicos de alto rendimento e os avanços computacionais e metodológicos simultâneos levou a uma profunda mudança na compreensão da genética do comportamento humano e das doenças psiquiátricas. Diversos transtornos paradigmáticos, incluindo esquizofrenia e autismo, têm passado por progressos dramáticos, levando à identificação de dezenas de genes e regiões cromossômicas de definitivo risco.
3. O amadurecimento do campo de estudo da genética psiquiátrica e da genômica ao longo da última década tem revelado a fragilidade de testes de genes

candidatos pré-definidos. Esses tipos de estudos foram agora suplantados por esquadrinhamentos de todo o genoma em busca tanto de alelos comuns quanto de raros. Utilizando testes estatísticos rigorosos e limiares estatísticos de consenso, esses estudos estão produzindo resultados altamente confiáveis e reproduzíveis.

4. Atualmente, evidências cumulativas sugerem que o espectro completo das variações genéticas está na base de síndromes comportamentais complexas, incluindo formas raras e comuns, transmitidas e *de novo*, de linhagens germinativas ou somáticas e variações na sequência e na estrutura de cromossomos. Todavia, as contribuições relativas desses vários tipos de alterações genéticas variam de transtorno para transtorno.

5. Um achado marcante surgido de avanços recentes na genética do comportamento humano foi a sobreposição de riscos genéticos para síndromes com sintomas e histórias distintas. Compreender como e por que uma mutação idêntica pode levar a desfechos fenotípicos altamente diversos em diferentes indivíduos é um desafio importante para futuros estudos.

6. Achados de estudos de transtornos psiquiátricos comuns apontam para taxas extremamente altas de heterogeneidade genética. Isso, acoplado com a pleiotropia biológica de genes de risco identificados até agora, assim como o dinamismo e a complexidade do desenvolvimento do encéfalo humano, aponta para importantes desafios à frente na mudança da compreensão de genes de risco para a compreensão do comportamento. Do mesmo modo, presentemente, uma distinção importante pode ser feita entre lançar luz sobre a biologia de genes de risco e descortinar a fisiopatologia de síndromes comportamentais.

Glossário[1]

Alelo. Os seres humanos têm dois conjuntos de cromossomos, um de cada genitor. Os genes equivalentes, nos dois conjuntos, podem ser diferentes, por exemplo, em função de polimorfismos de nucleotídeo único. Um alelo é uma das duas (ou mais) formas de determinado gene.

Braços longos e curtos. As regiões de cada lado do centrômero são conhecidas como braços. Como o centrômero não está localizado no centro do cromossomo, um braço é mais longo que o outro.

Centrômero. Os cromossomos contêm uma região compacta conhecida como centrômero, onde estão unidas as cromátides irmãs (as duas cópias exatas de cada cromossomo formadas após a replicação).

Clonagem. Processo de produção de cópias de determinado fragmento de DNA em número suficiente para que possa ser sequenciado ou estudado de alguma forma.

Corte-junção (splicing). Processo que remove íntrons (porções não codificantes) do RNA transcrito. Éxons (porções codificantes para proteínas) também podem ser removidos. Dependendo de quais éxons são removidos, diferentes proteínas podem ser produzidas a partir do mesmo RNA inicial ou do mesmo gene. As diferentes proteínas criadas dessa forma são *variantes de corte-junção* ou de *corte-junção alternativo*.

CRISPR (Clustered Regularly Interspaced Short Palindromic Repeats). Sistema de enzima-RNA no qual a enzima cliva sequências-alvo que correspondem a um RNA-guia; o RNA-guia pode ser trabalhado por engenharia genética para reconhecer um gene desejado ou sequências dentro de uma célula para mutação.

DNA complementar (cDNA). Sequência de DNA produzida a partir de uma molécula de mRNA, utilizando uma enzima denominada *transcriptase reversa*. cDNA pode ser utilizado experimentalmente para determinar sequências de mRNA após seus íntrons (seções não codificantes) serem removidos.

Endonuclease de restrição. Enzima que cliva o DNA em uma determinada sequência curta. Diferentes tipos de endonucleases de restrição clivam o DNA em diferentes sequências.

Eucarioto. Organismo cujas células possuem uma estrutura interna complexa, incluindo um núcleo. Animais, plantas e fungos são todos eucariotos.

Eucromatina. Região rica em genes e menos condensada (mais transcrita) de um genoma (*ver também* heterocromatina).

Fenótipo. Propriedades e características físicas observadas de um organismo.

Genes conservados. Os genes presentes em duas espécies distintas são ditos conservados, e os dois genes das espécies diferentes são denominados *genes ortólogos*. A conservação pode ser detectada medindo-se a semelhança das duas sequências de bases (DNA ou RNA) ou de aminoácidos (proteínas). Quanto mais semelhantes, mais altamente conservadas as duas sequências.

Genoma. Sequência completa do DNA de um organismo.

Genótipo. O conjunto de genes que um indivíduo possui; geralmente refere-se a determinado par de alelos (formas alternativas de um gene) que uma pessoa possui em determinada região do genoma.

Haplótipo. Determinada combinação de alelos (formas alternativas de genes) ou variações de sequências vinculadas – ou seja, que provavelmente são herdadas juntas – no mesmo cromossomo.

Heterocromatina. Regiões compactas (menos transcritas) e pobres em genes em um genoma, enriquecidas em repetições de sequências simples.

Íntrons e éxons. Genes são transcritos como sequências contínuas, em que apenas alguns segmentos das moléculas de mRNA resultantes contêm informação que codifica um produto proteico. Esses segmentos são chamados de *éxons*. As regiões entre os éxons são conhecidas como *íntrons* e são removidas do RNA antes que a proteína seja produzida.

Mutação. Uma alteração no genoma em relação a um estado de referência. Mutações nem sempre têm efeitos deletérios.

Polimorfismo. Uma região do genoma que varia entre os membros de uma população. Uma variante, para ser

---
[1]Com base em Bork P, Copley R. 2001. Genome speak. Nature 409:815.

denominada polimorfismo, deve estar presente em um número significativo de pessoas na população.

Polimorfismo de nucleotídeo único (SNP). Polimorfismo causado por mudança de um único nucleotídeo. SNPs frequentemente são utilizados em estudos de mapeamento genético.

Procarioto. Organismo unicelular com uma estrutura interna simples e sem membrana nuclear. Bactérias e arqueobactérias são procariotos.

Proteoma. Conjunto completo das proteínas codificadas por um genoma.

Recombinação. Processo pelo qual DNA é trocado entre pares de cromossomos equivalentes durante a formação do espermatozoide e do óvulo. A recombinação tem o efeito de tornar os cromossomos da prole distintos daqueles de seus pais.

RNA de interferência (RNAi). Método para reduzir a função de um gene específico introduzindo na célula um pequeno RNA complementar ao mRNA-alvo. O pareamento do mRNA com o pequeno RNA leva à destruição do mRNA endógeno.

RNA mensageiro (mRNA). As proteínas não são sintetizadas diretamente a partir do DNA genômico. Uma matriz de RNA (um mRNA precursor) é construída a partir da sequência genômica. Esse RNA é então processado de várias formas, incluindo corte-junção. O RNA que sofreu tal processamento e que se destina a ser usado como matriz para a síntese de proteínas é conhecido como mRNA.

Tradução. Processo que utiliza uma sequência de mRNA para construir uma proteína. O mRNA serve como uma matriz sobre a qual moléculas de RNA transportador, carregando aminoácidos, são alinhadas. Os aminoácidos são então unidos para formar uma cadeia proteica.

Transcriptoma. O conjunto completo de RNA transcrito a partir de um genoma.

Transcrição. Processo de copiar um gene produzindo RNA. Esse é o primeiro passo na produção de uma proteína a partir de um gene, embora nem todos os transcritos levem a proteínas.

Variação no número de cópias (CNV). Deleção ou duplicação de uma região genética limitada, que resulta em um indivíduo ter mais ou menos cópias do que as duas cópias usuais para alguns genes. Variações no número de cópias são observadas em alguns distúrbios neurológicos e transtornos psiquiátricos.

Matthew W. State
Cornelia I. Bargmann
T. Conrad Gilliam

Leituras selecionadas

Alberts B, Johnson A, Lewis J, Raff M, Roberts K, Walter P. 2002. *Molecular Biology of the Cell,* 4th ed. New York: Garland Publishing. Also searchable at http://www.ncbi.nlm.nih.gov/entrez/query.fcgi?db=Books.

Allada R, Emery P, Takahashi JS, Rosbash M. 2001. Stopping time: the genetics of fly and mouse circadian clocks. Annu Rev Neurosci 24:1091–1119.

Bouchard TJ Jr, Lykken DT, McGue M, Segal NL, Tellegen A. 1990. Sources of human psychological differences: the Minnesota Study of Twins Reared Apart. Science 250:222–228.

Cong L, Ran FA, Cox D, et al. 2013. Multiplex genome engineering using CRISPR/Cas systems. Science 339:819–823.

Griffiths AJF, Gelbart WM, Miller JH, Lewontin RC. 1999. *Modern Genetic Analysis.* New York: Freeman. Also searchable at http://www.ncbi.nlm.nih.gov/entrez/query.fcgi? db=Books.

International Human Genome Sequencing Consortium. 2001. Initial sequencing and analysis of the human genome. Nature 409:860–921.

Jinek M, Chylinski K, Fonfara I, Hauer M, Doudna JA, Charpentier E. 2012. A programmable dual-RNA-guided DNA endonuclease in adaptive bacterial immunity. Science 337:816–821.

Online Mendelian Inheritance in Man, OMIM. McKusick-Nathans Institute of Genetic Medicine, Johns Hopkins University (Baltimore, MD) and National Center for Biotechnology Information, National Library of Medicine (Bethesda, MD). http://www.ncbi.nlm.nih.gov/omim/.

Venter JG, Adams MD, Myers EW, et al. 2001. The sequence of the human genome. Science 291:1304–1351.

Referências

Alberts B, Johnson A, Lewis J, Raff M, Roberts K, Walter P. 1998. *Molecular Biology of the Cell,* 3rd ed. New York: Garland Publishing.

Amir RE, Van den Veyver IB, Wan M, Tran CQ, Francke U, Zoghbi HY. 1999. Rett syndrome is caused by mutations in X-linked MECP2, encoding methyl-CpG-binding protein 2. Nat Genet 23:185–188.

Antoch MP, Song EJ, Chang AM, et al. 1997. Functional identification of the mouse circadian Clock gene by transgenic BAC rescue. Cell 89:655–667.

Arnold SE, Talbot K, Hahn CG. 2004. Neurodevelopment, neuroplasticity, and new genes for schizophrenia. Prog Brain Res 147:319–345.

Bear MF, Huber KM, Warren ST. 2004. The mGluR theory of fragile X syndrome. Trends Neurosci 27:370–377.

Bellugi U, Lichtenberger L, Jones W, Lai Z, St George M. 2000. I. The neurocognitive profile of Williams Syndrome: a complex pattern of strengths and weaknesses. J Cogn Neurosci 12:7–29. Suppl.

Ben-Shahar Y, Robichon A, Sokolowski MB, Robinson GE. 2002. Influence of gene action across different time scales on behavior. Science 296:741–744.

Caron H, van Schaik B, van der Mee M, et al. 2001. The human transcriptome map: clustering of highly expressed genes in chromosomal domains. Science 291:1289–1292.

De Bono M, Bargmann CI. 1998. Natural variation in a neuropeptide Y receptor homolog modifies social behavior and food responses in C. elegans. Cell 94:679–689.

De Rubeis S, He X, Goldberg AP, et al. 2014. Synaptic, transcriptional and chromatin genes disrupted in autism. Nature 515:209–215.

Fromer M, Pocklington AJ, Kavanagh DH, et al. 2014. De novo mutations in schizophrenia implicate synaptic networks. Nature 506:179–184.

Genovese G, Fromer M, Stahl EA, et al. 2016. Increased burden of ultra-rare protein-altering variants among 4,877 individuals with schizophrenia. Nat Neurosci 19:1433–1441.

Gottesman II. 1991. *Schizophrenia Genesis. The Origins of Madness.* New York: Freeman.

Iossifov I, O'Roak BJ, Sanders SJ, et al. 2014. The contribution of de novo coding mutations to autism spectrum disorder. Nature 515:216–221.

Jamain S, Quach H, Betancur C, et al. 2003. Mutations of the X-linked genes encoding neuroligins NLGN3 and NLGN4 are associated with autism. Nat Genet 34:27–29.

Kahler SG, Fahey MC. 2003. Metabolic disorders and mental retardation. Am J Med Genet C Semin Med Genet 117:31–41.

Khaitovich P, Muetzel B, She X, et al. 2004. Regional patterns of gene expression in human and chimpanzee brains. Genome Res 14:1462–1473.

Konopka RJ, Benzer S. 1971. Clock mutations of *Drosophila melanogaster*. Proc Natl Acad Sci U S A 68:2112–2116.

Lai CS, Fisher SE, Hurst JA, Vargha-Khadem F, Monaco AP. 2001. A forkhead-domain gene is mutated in a severe speech and language disorder. Nature 413:519–523.

Lander ES, Linton LM, Birren B, et al. 2001. Initial sequencing and analysis of the human genome. Nature 409:860-921.

Laumonnier F, Bonnet-Brilhault F, Gomot M, et al. 2004. X-linked mental retardation and autism are associated with a mutation in the NLGN4 gene, a member of the neuroligin family. Am J Hum Genet 74:552–557.

Lim MM, Wang Z, Olazabal DE, Ren X, Terwilliger EF, Young LJ. 2004. Enhanced partner preference in a promiscuous species by manipulating the expression of a single gene. Nature 429:754–757.

Mayford M, Bach ME, Huang Y-Y, Wang L, Hawkins RD, Kandel ER. 1996. Control of memory formation through regulated expression of a CaMKII transgene. Science 274:1678-1683.

McGue M, Bouchard TH Jr. 1998. Genetic and environmental influences on human behavioral differences. Ann Rev Neurosci 21:1–24.

Mendel G. 1866. Versuche über Pflanzen-hybriden. Verh Naturforsch 4:2–47. Translated in: C Stern, ER Sherwood (eds). *The Origin of Genetics: A Mendel Source Book*, 1966. San Francisco: Freeman.

Neale BM, Kou Y, Liu L, et al. 2012. Patterns and rates of exonic de novo mutations in autism spectrum disorders. Nature 485:242–245.

O'Roak BJ, Vives L, Girirajan S, et al. 2012. Sporadic autism exomes reveal a highly interconnected protein network of de novo mutations. Nature 485:246–250.

Sanders SJ, Ercan-Sencicek AG, Hus V, et al. 2011. Multiple recurrent de novo CNVs, including duplications of the 7q11.23 Williams syndrome region, are strongly associated with autism. Neuron 70:863–885.

Sanders SJ, He X, Willsey AJ, et al. 2015. Insights into autism spectrum disorder genomic architecture and biology from 71 risk loci. Neuron 87:1215–1233.

Sanders SJ, Murtha MT, Gupta AR, et al. 2012. De novo mutations revealed by whole exome sequencing are strongly associated with autism. Nature 485:237–241.

Satterstrom FK, Kosmicki JA, Wang J, et al. 2020. Large-scale exome sequencing study implicated both developmental and functional changes in the neurobiology of autism. Cell 180:568–594.

Schizophrenia Working Group of the Psychiatric Genomics Consortium. 2014. Biological insights from 108 schizophrenia-associated genetic loci. Nature 511:421–427.

Sebat J, Lakshmi B, Malhotra D, et al. 2007. Strong association of de novo copy number variation with autism. Science 316:445–449.

Sekar A, Bialas AR, de Rivera H, et al. 2016. Schizophrenia risk from complex variation of complement component 4. Nature 530:177–183.

Singh T, Kurki MI, Curtis D, et al. 2016. Rare loss-of-function variants in SETD1A are associated with schizophrenia and developmental disorders. Nat Neurosci 19:571–577.

Sokolowski MB. 1980. Foraging strategies of *Drosophila melanogaster*: a chromosomal analysis. Behav Genet 10: 291–302.

Sokolowski MB. 2001. *Drosophila*: genetics meets behavior. Nat Rev Genet 2:879–890.

Sztainberg Y, Zoghbi HY. 2016. Lessons learned from studying syndromic autism spectrum disorders. Nat Neurosci 19:1408–1417.

Takahashi JS, Pinto LH, Vitaterna MH. 1994. Forward and reverse genetic approaches to behavior in the mouse. Science 264:1724–1733.

Toh KL, Jones CR, He Y, et al. 2001. An hPer2 phosphorylation site mutation in familial advanced sleep phase syndrome. Science 291:1040–1043.

Tsien JZ, Huerta PT, Tonegawa S. 1996. The essential role of hippocampal CA1 NMDA receptor-dependent synaptic plasticity in spatial memory. Cell 87:1327–1338.

Walter J, Paulsen M. 2003. Imprinting and disease. Semin Cell Dev Biol 14:101–110.

Watson JD, Tooze J, Kurtz DT (eds). 1983. *Recombinant DNA: A Short Course*. New York: Scientific American.

Whitfield CW, Cziko AM, Robinson GE. 2003. Gene expression profiles in the brain predict behavior in individual honey bees. Science 302:296–299.

Young LJ, Lim MM, Gingrich B, Insel TR. 2001. Cellular mechanisms of social attachment. Horm Behav 40:132–138.

Zondervan KT, Cardon LR. 2004. The complex interplay among factors that influence allelic association. Nat Rev Genet 5:89–100.

3

Células nervosas, circuitos neurais e comportamento

O sistema nervoso possui dois tipos de células
    As células nervosas são as unidades sinalizadoras do sistema nervoso
    As células gliais dão suporte às células nervosas
Cada célula nervosa é parte de um circuito que medeia comportamentos específicos
A sinalização é organizada da mesma forma em todas as células nervosas
    O componente aferente produz sinais locais graduados
    A zona de gatilho é decisiva na geração do potencial de ação
    O componente condutivo propaga um potencial de ação "tudo ou nada"
    O componente eferente libera neurotransmissores
    A transformação do sinal neuronal de sensorial para motor é ilustrada pela via do reflexo patelar
Células nervosas diferem principalmente em nível molecular
O circuito reflexo é um ponto de partida para a compreensão da arquitetura neural do comportamento
Circuitos neurais podem ser modificados pela experiência
Destaques

A IMPRESSIONANTE VARIEDADE DO COMPORTAMENTO HUMANO depende de uma gama sofisticada de receptores sensoriais conectados ao encéfalo, um órgão neural altamente flexível que seleciona, dentre o fluxo de sinais sensoriais, aqueles eventos ambientais e do meio interior do corpo que são importantes para o indivíduo. O encéfalo organiza ativamente as informações sensoriais para percepção, ação, tomada de decisão, apreciação estética e referência futura – isto é, para memória. Ele também ignora e descarta informações criteriosamente, espera-se, e reporta a outros encéfalos algo sobre essas operações e manifestações psicológicas. Tudo isso é realizado por células nervosas interconectadas.

Células nervosas individuais, ou neurônios, são as unidades sinalizadoras básicas do encéfalo. O encéfalo humano possui um enorme número dessas células, da ordem de 86 bilhões de neurônios, que podem ser classificadas em, no mínimo, mil diferentes tipos. Ainda, essa grande variedade de neurônios é um fator menor na complexidade do comportamento humano se comparado à organização em circuitos anatômicos com funções precisas. Na verdade, um princípio organizacional fundamental do encéfalo é que células nervosas com propriedades *similares* podem produzir ações diferentes de acordo com a maneira como se interconectam.

Uma vez que relativamente poucos princípios de organização do sistema nervoso podem gerar uma complexidade funcional considerável, é possível entender muito sobre como os comportamentos são gerados pelo sistema nervoso com foco em cinco de suas características básicas:

1. Os componentes estruturais das células nervosas individuais;
2. Os mecanismos pelos quais os neurônios produzem sinais dentro deles mesmos e entre eles;
3. Os padrões de conexão das células nervosas entre si e com seus alvos (músculos e glândulas efetoras);
4. A relação de diferentes padrões de interconexão com diferentes tipos de comportamento; e
5. As formas de modificação, pela experiência, de neurônios e suas conexões.

As partes deste livro são organizadas de acordo com esses cinco tópicos principais referidos. Neste capítulo, por sua vez, tais tópicos são introduzidos em uma visão geral do controle neural do comportamento. Primeiramente, é considerada a estrutura e a função dos neurônios e das células gliais que os cercam e sustentam. Depois, é examinado como as células individuais organizam e transmitem sinais e como a sinalização entre algumas células nervosas interconectadas produz um comportamento simples, o reflexo patelar. Por fim, essas ideias são estendidas a comportamentos de maior complexidade, mediados por circuitos mais maleáveis e complexos.

O sistema nervoso possui dois tipos de células

Há duas classes principais de células no sistema nervoso: células nervosas, ou neurônios, e células gliais, ou glia.

As células nervosas são as unidades sinalizadoras do sistema nervoso

Um neurônio típico tem quatro regiões morfologicamente definidas: (1) o corpo celular, (2) os dendritos, (3) o axônio e (4) os terminais pré-sinápticos (**Figura 3-1**). Como será visto, cada região tem um papel distinto na geração de sinais e na comunicação com outras células nervosas.

O corpo celular, ou *soma*, é o centro metabólico da célula. Ele inclui o núcleo, que possui os genes da célula, e o retículo endoplasmático, uma extensão do núcleo onde proteínas celulares são sintetizadas. O corpo celular geralmente dá origem a dois tipos de processos: vários *dendritos* curtos e um *axônio* longo e tubular. Os dendritos ramificam-se de forma semelhante a uma árvore e são o principal aparato para recepção de sinais aferentes de outras células nervosas. O axônio tipicamente estende-se até certa distância do corpo celular antes de se ramificar, o que o permite carregar sinais a muitos neurônios-alvo. Um axônio pode transportar sinais elétricos por longas distâncias, de 0,1 mm a 1 m. Esses sinais elétricos, chamados *potenciais de ação*, são iniciados em uma zona especializada de disparo (zona de gatilho) próxima à origem do axônio, chamada *segmento inicial*, a partir da qual esses potenciais se propagam ao longo do axônio sem falhas ou distorções, a velocidades de 1 a 100 m/s. A amplitude de um potencial de ação viajando pelo axônio se mantém constante a 100 mV porque o potencial de ação é um impulso "tudo ou nada" que se regenera a intervalos regulares ao longo do axônio (**Figura 3-2**).

Potenciais de ação são os sinais pelos quais o encéfalo recebe, analisa e transmite a informação. Esses sinais são altamente estereotipados em todo o sistema nervoso, mesmo que iniciados por uma grande variedade de eventos ambientais que nos atingem – da luz ao contato mecânico, de odores a ondas de pressão. Os sinais fisiológicos que transmitem informação sobre visão são idênticos aos que carregam informação sobre odores. Eis um princípio básico da função cerebral: o tipo de informação transmitida por um potencial de ação é determinado não pela forma

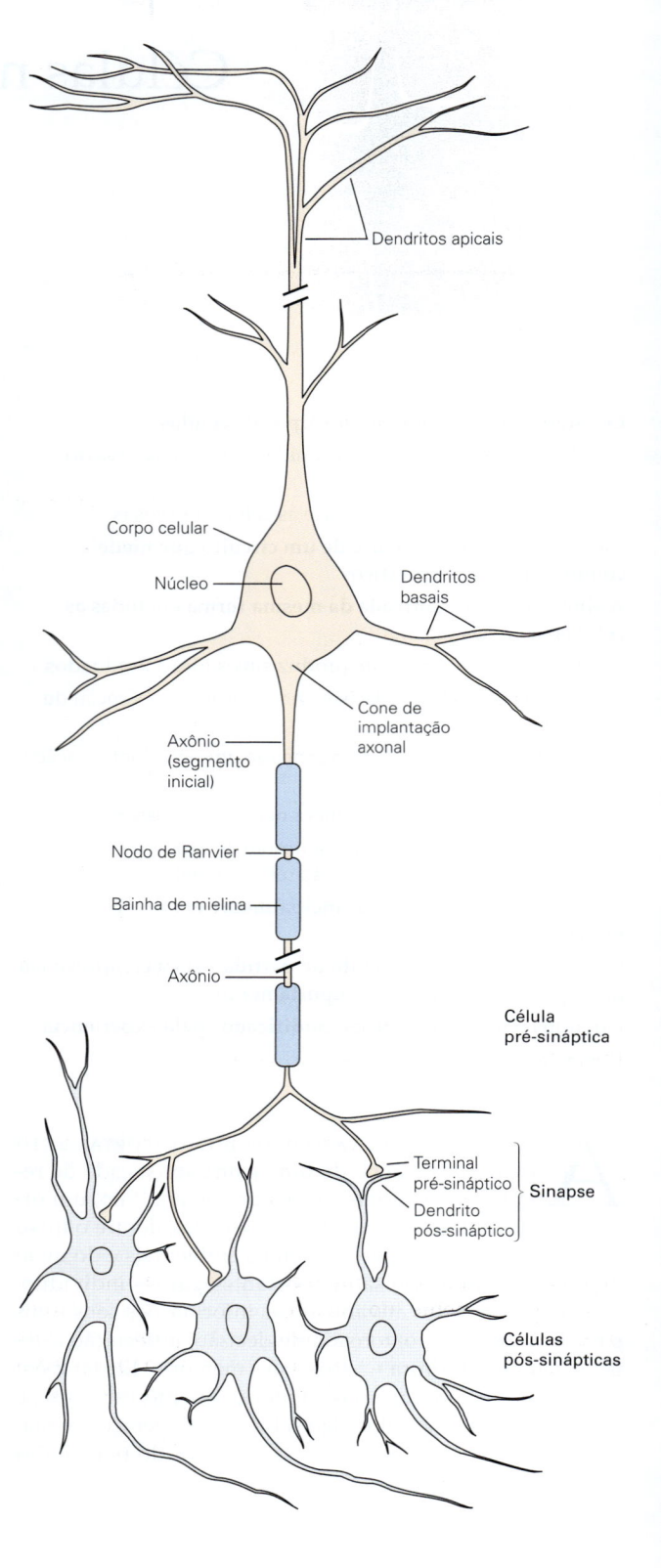

FIGURA 3-1 Estrutura de um neurônio. A maioria dos neurônios no sistema nervoso dos vertebrados tem várias características principais em comum. O corpo celular contém o núcleo, o depósito da informação genética, e origina dois tipos de processos celulares: axônios e dendritos. Os axônios são o elemento transmissor dos neurônios; variam bastante em comprimento e alguns se estendem por mais de 1 metro dentro do corpo. A maioria dos axônios no sistema nervoso central é muito fina (entre 0,2 μm e 20 μm de diâmetro) em comparação com o diâmetro do corpo celular (50 μm ou mais). Muitos axônios são isolados por uma bainha gordurosa de mielina, que é interrompida regularmente em alguns pontos chamados nodos de Ranvier. O potencial de ação, sinal condutor da célula, é iniciado no segmento inicial do axônio e propaga-se para a sinapse, local no qual os sinais se transmitem de um neurônio a outro. As ramificações do axônio do neurônio pré-sináptico transmitem sinais para a célula pós-sináptica. As ramificações de um único axônio podem formar sinapses com até mil neurônios pós-sinápticos. Os dendritos apicais e basais junto com o corpo celular são os elementos aferentes (de entrada) do neurônio, recebendo sinais de outros neurônios.

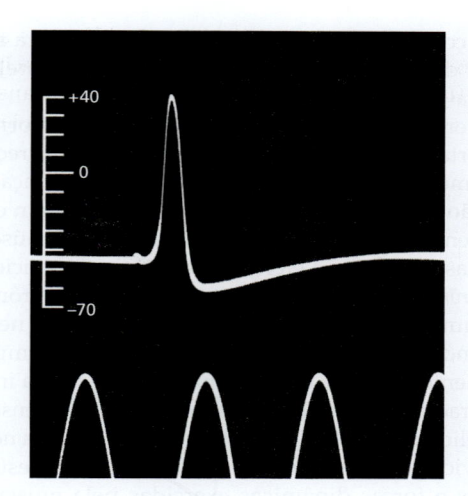

FIGURA 3-2 Esse traçado histórico foi o primeiro registro intracelular de um potencial de ação publicado. Foi registrado em 1939, por Alan Hodgkin e Andrew Huxley, a partir de um axônio gigante da lula, usando eletrodos capilares de vidro preenchidos com água do mar. Os tempos de pulso (parte inferior) são separados por 2 ms. A escala vertical indica o potencial do eletrodo interno em milivolts, sendo a água do mar externa tomada como o potencial zero. (Reproduzida, com autorização, de Hodgkin e Huxley, 1939.)

do sinal, mas pela via trafegada pelo sinal no encéfalo. O encéfalo, então, analisa e interpreta os padrões de sinais elétricos aferentes conduzidos por vias específicas, criando nossas sensações de visão, tato, gosto, olfato e audição.

Para aumentar a velocidade de condução dos potenciais de ação, grandes axônios são enrolados em uma substância lipídica isolante, a mielina. A bainha de mielina é interrompida a intervalos regulares pelos nodos de Ranvier, pontos do axônio não isolados pela mielina, onde o potencial de ação é regenerado. (A mielinização é discutida em detalhes nos Capítulos 7 e 8, e os potenciais de ação no Capítulo 10.)

Próximo ao seu final, o axônio se divide em finas ramificações que contatam outros neurônios em zonas especializadas de comunicação chamadas *sinapses*. A célula nervosa que está transmitindo o sinal é chamada *célula pré-sináptica*; a célula receptora do sinal é a *célula pós-sináptica*. A célula pré-sináptica transmite sinais por regiões especializadas dilatadas em suas ramificações axonais, chamadas *terminais pré-sinápticos* ou *terminais nervosos*. As células pré-sinápticas e pós-sinápticas são separadas por um espaço muito estreito, a *fenda sináptica*. A maioria dos terminais pré-sinápticos termina nos dendritos dos neurônios pós-sinápticos, mas alguns também fazem contato com o corpo celular ou, menos frequentemente, no início ou extremidade do axônio da célula pós-sináptica (ver **Figura 3-1**). Alguns neurônios pré-sinápticos estimulam suas células pós-sinápticas-alvo; outros neurônios pré-sinápticos inibem suas células-alvo.

A doutrina neuronal (Capítulo 1) estabelece que cada neurônio é uma célula distinta com processos distintos se originando de seu corpo celular, e que neurônios são as unidades sinalizadoras do sistema nervoso. Em retrospecto, é difícil avaliar como foi difícil para os cientistas aceitar essa ideia elementar quando primeiramente proposta. Diferentemente de outros tecidos, nos quais as células têm formas simples e cabem em um único campo do microscópio óptico, as células nervosas têm formas complexas. Os padrões elaborados de dendritos e o curso aparentemente infinito de alguns axônios tornou muito difícil estabelecer uma relação entre tais elementos. Mesmo depois que os anatomistas Jacob Schleiden e Theodor Schwann estabeleceram a teoria celular no início da década de 1830 – e a ideia de que as células são as unidades estruturais de todos os seres vivos se tornou um dogma central da biologia –, a maioria dos anatomistas não aceitava que a teoria celular se aplicava ao encéfalo, o qual imaginavam ser uma estrutura reticular contínua de processos muito finos, em formato de teia.

A coerência sobre a estrutura do neurônio não se tornou clara até o fim do século XIX, quando Ramón y Cajal começou a usar o método de coloração com prata introduzido por Golgi. Ainda utilizado nos dias de hoje, esse método possui duas vantagens. Primeiro, de uma maneira randômica que não é compreendida, a solução de prata cora apenas por volta de 1% das células de qualquer região cerebral específica, tornando possível examinar um único neurônio isolado de sua vizinhança. Segundo, os neurônios que são efetivamente corados ficam inteiramente delineados, incluindo corpo celular, axônio e arborização dendrítica completa. A coloração revela que não há uma continuidade citoplásmica entre os neurônios, e Cajal concluiu, profética e corretamente, que não há continuidade nem mesmo nas sinapses entre duas células.

Ramón y Cajal aplicou o método de Golgi para visualizar o sistema nervoso embrionário de muitos animais e também de humanos. Examinando a estrutura dos neurônios em quase todas as regiões do sistema nervoso, ele pode descrever classes de células nervosas e mapear as conexões precisas entre muitas delas. Assim, Ramón y Cajal deduziu, além da doutrina neuronal, outros dois princípios da organização neural que seriam particularmente valiosos no estudo da comunicação no sistema nervoso.

O primeiro deles, o *princípio da polarização dinâmica*, estabelece que sinais elétricos dentro de uma célula nervosa fluem em apenas uma direção: dos sítios pós-sinápticos neuronais, geralmente os dendritos e o corpo celular, para a região da zona de gatilho (ou zona de disparo) do axônio. De lá, o potencial de ação propaga-se por toda a extensão do axônio até seus terminais. Na maioria dos neurônios estudados até agora, os sinais elétricos de fato trafegam ao longo do axônio em um sentido.

O segundo princípio proposto por Ramón y Cajal, *especificidade conectiva*, estabelece que células nervosas não se conectam randomicamente umas às outras para a formação de redes, mas fazem conexões específicas – em pontos de contato particulares – com apenas certos alvos celulares pós-sinápticos. Os princípios da polarização dinâmica e da especificidade conectiva são a base da moderna abordagem celular-conexionista para o estudo do encéfalo.

Ramón y Cajal também esteve entre os primeiros a perceber que a característica que mais distingue um tipo de neurônio de outro é a forma, especificamente o número de processos que se originam do corpo celular. Os neurônios são, portanto, classificados em três grandes grupos: unipolares, bipolares e multipolares.

Neurônios unipolares são os mais simples, pois possuem um único processo primário, que geralmente origina muitas ramificações. Uma ramificação atua como axônio, e as outras, como estruturas receptivas (**Figura 3-3A**). Essas células são predominantes no sistema nervoso de invertebrados; em vertebrados, fazem parte do sistema nervoso autônomo.

Neurônios bipolares têm um corpo oval que origina dois processos distintos: uma estrutura dendrítica, que recebe sinais de outros neurônios, e um axônio, que carrega essa informação para o sistema nervoso central (**Figura 3-3B**). Muitas células sensoriais são bipolares, inclusive aquelas da retina e do epitélio olfatório nasal. Os receptores neuronais que comunicam sinais de toque, pressão e dor à coluna espinal se desenvolvem inicialmente como células bipolares, mas os dois processos celulares se fundem em uma estrutura contínua única que emerge de um único ponto no corpo celular, e o dendrito adquire as especializações que o tornam um axônio. Nessas então chamadas células pseudounipolares, um axônio transmite informações dos receptores sensoriais da pele, articulações e músculos para o corpo celular, enquanto o outro carrega essas informações sensoriais para a medula espinal (**Figura 3-3 C**).

Neurônios multipolares são os predominantes no sistema nervoso de vertebrados. Possuem geralmente um único axônio e muitas estruturas dendríticas originadas de vários pontos ao redor do corpo celular (**Figura 3-3D**). Células multipolares variam muito na forma, especialmente no comprimento de seus axônios e na extensão, dimensões e complexidade de suas ramificações dendríticas. Via de regra, a extensão das ramificações correlaciona-se com o número de contatos sinápticos feitos por outros neurônios. Um neurônio motor espinal com um número relativamente pequeno de dendritos recebe por volta de 10 mil contatos – 1 mil no corpo celular e 9 mil nos dendritos. Nas células de Purkinje, no cerebelo, a arborização dendrítica é muito maior e mais espessa, recebendo algo como milhões de contatos!

As células nervosas são também classificadas em três categorias funcionais principais: neurônios sensoriais, neurônios motores e interneurônios. *Neurônios sensoriais* carregam a informação de sensores periféricos do organismo para o sistema nervoso, objetivando tanto a percepção quanto a coordenação motora. Alguns neurônios sensoriais primários são chamados de *neurônios aferentes*, e as duas denominações são usadas como sinônimos. O termo *aferente* (transmitido para o sistema nervoso) aplica-se a toda a informação que atinge o sistema nervoso central vinda da periferia, independentemente de essa informação levar ou não à sensação. O termo *sensorial* indica aqueles neurônios aferentes que conduzem informações ao sistema nervoso central a partir do epitélio sensorial, de receptores sensoriais nas articulações, ou de músculos, mas o conceito foi expandido para incluir neurônios em áreas corticais primárias e secundárias que respondem a alterações em uma característica sensorial, como o deslocamento de um objeto no espaço, uma mudança na frequência sonora, a rotação angular da cabeça (via órgãos vestibulares na orelha) ou mesmo algo complexo como uma face.

O termo *eferente* é aplicado à todas as informações transportadas do sistema nervoso central em direção aos órgãos motores, não importando se essa informação levará ou não a uma ação. *Neurônios motores* carregam comandos do encéfalo ou da medula espinal para os músculos e glândulas (informação eferente). A definição tradicional de um *neurônio motor* (ou motoneurônio) é um neurônio que excita um músculo, mas a designação atual de neurônio motor inclui outros neurônios que não inervam músculos diretamente, mas que comandam a ação de forma indireta. Uma caracterização útil de neurônios motores e sensoriais é sua fidelidade temporal a questões fora do sistema nervoso. Sua atividade se mantém com as alterações nos estímulos externos e forças dinâmicas exercidas pela musculatura corporal. Neurônios sensoriais abastecem o encéfalo com dados, enquanto neurônios motores convertem a ideação em prática. Juntos, eles compõem nossa interface com o mundo.

Os *interneurônios* compreendem a categoria funcional mais numerosa e subdividem-se em duas classes: neurônios de retransmissão (relés) e locais. Interneurônios de retransmissão ou de projeção têm axônios longos e transmitem sinais por distâncias consideráveis, de uma região encefálica a outra. Interneurônios locais têm axônios curtos porque formam conexões com neurônios próximos em circuitos locais. Uma vez que quase todos os neurônios podem ser considerados como um interneurônio, o termo é frequentemente usado para distinguir os neurônios que se projetam para um outro neurônio dentro de um circuito local dos neurônios que se projetam a uma estrutura neural separada. O termo também é usado algumas vezes como uma abreviação para um neurônio inibitório, especialmente em estudos de circuitos corticais, mas, para maior clareza, o termo *interneurônio inibitório* deve ser usado quando apropriado.

Cada classificação funcional pode ser subdividida ainda mais. Os interneurônios sensoriais são classificados de acordo com o tipo de estímulo sensorial ao qual respondem; essas classificações iniciais podem ainda ser desmembradas de acordo com localização, densidade e tamanho, bem como de acordo com os padrões de expressão gênica. Na realidade, nossa visão da complexidade neural está evoluindo rapidamente devido a avanços na análise de sequenciamento de RNA mensageiro (mRNA), o que tem permitindo traçar o perfil molecular de neurônios individuais. Tais análises recentemente revelaram uma heterogeneidade de tipos neuronais muito maior do que o imaginado anteriormente (**Figura 3-4**).

As células gliais dão suporte às células nervosas

As células gliais são muito mais numerosas do que os neurônios – há 2 a 10 vezes mais glia do que neurônios no sistema nervoso central dos vertebrados. Apesar de o nome dessas células derivar do grego para "cola", não é comum a glia ligar as células nervosas umas às outras. Em vez disso, essas células circundam os corpos celulares, axônios e

A Célula unipolar

Terminais axonais
Axônio
Dendritos
Corpo celular

Neurônio de invertebrado

B Célula bipolar

Dendritos
Corpo celular
Axônio

Célula bipolar da retina

C Célula pseudounipolar

Dendritos
Axônio periférico para pele e músculos
Corpo celular
Processo único bifurcado
Axônio central
Terminais axonais

Célula ganglionar da raiz dorsal

D Três tipos de células multipolares

Dendritos
Corpo celular
Axônio

Neurônio motor da medula espinal

Dendrito apical
Corpo celular
Dendrito basal
Axônio

Célula piramidal do hipocampo

Dendritos
Corpo celular
Axônio

Célula de Purkinje do cerebelo

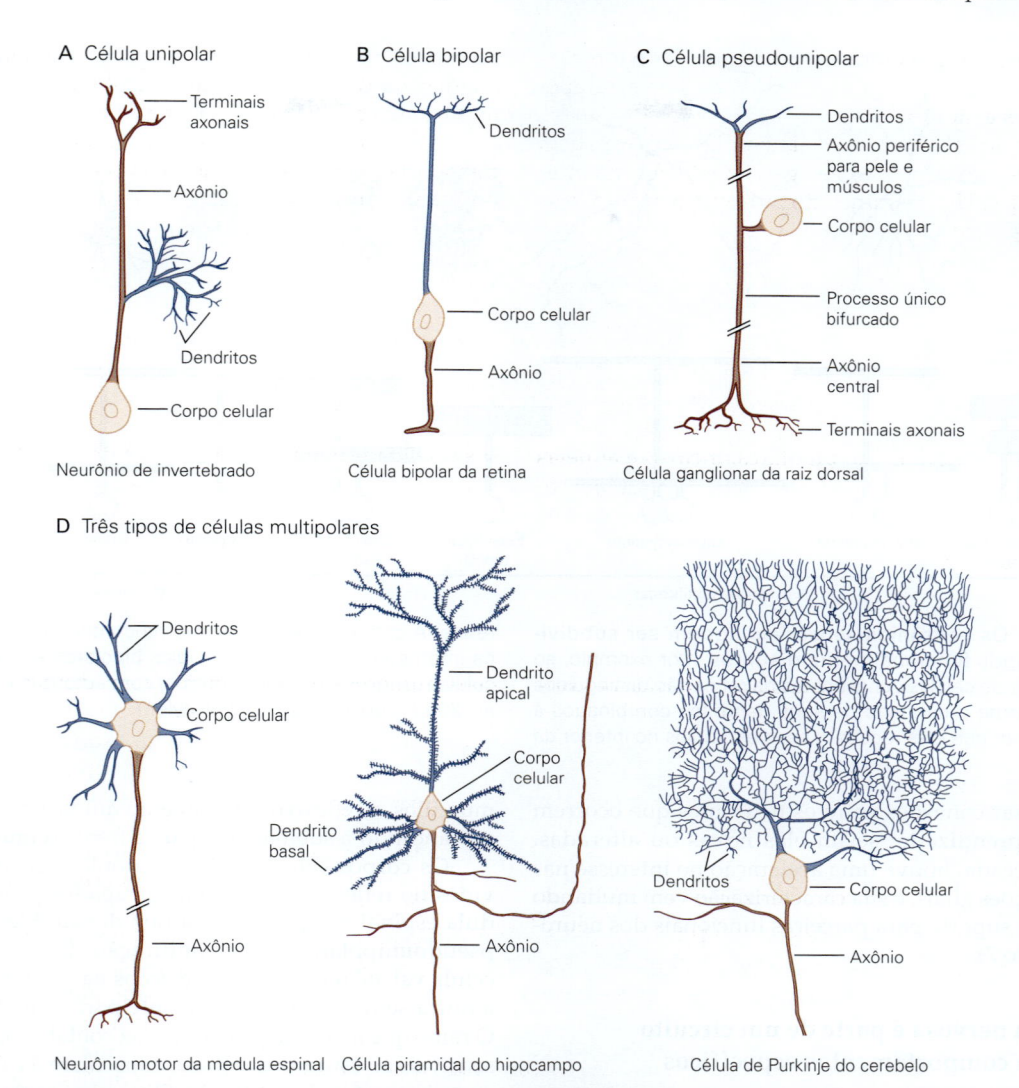

FIGURA 3-3 Neurônios são classificados como unipolares, bipolares ou multipolares, de acordo com o número de processos que se originam do corpo celular.

A. Células unipolares têm um único processo originado da célula. Diferentes segmentos servem como superfícies receptoras ou terminais de liberação. Células unipolares são características do sistema nervoso de invertebrados.

B. Células bipolares têm dois tipos de processos que são especializados funcionalmente. O dendrito recebe sinais elétricos, e o axônio os transmite para outras células.

C. Células pseudounipolares, que são variantes das células bipolares, transmitem informação somatossensorial para a medula espinal. Durante o desenvolvimento, os dois processos da célula bipolar embrionária se fundem e emergem do corpo celular como um único processo que tem dois segmentos funcionalmente distintos. Ambos os segmentos funcionam como axônios: um se estende para a periferia (pele ou músculo), e o outro, para o centro da medula espinal. (Adaptada, com autorização, de Ramón y Cajal, 1933.)

D. Células multipolares têm um único axônio e muitos dendritos. Elas são o tipo de neurônio mais comum no sistema nervoso de mamíferos. Três exemplos ilustram a grande diversidade dessas células: os neurônios motores espinais inervam as fibras dos músculos esqueléticos. As células piramidais têm um corpo celular aproximadamente triangular; os dendritos emergem tanto do ápice (dendritos apicais) quanto da base (dendritos basais). As células piramidais são encontradas no hipocampo e por todo o córtex cerebral. As células de Purkinje do cerebelo são caracterizadas por uma arborização dendrítica rica e extensa, que acomoda uma enorme aferência sináptica. (Adaptada, com autorização, de Ramón y Cajal, 1933.)

dendritos dos neurônios. A glia difere morfologicamente dos neurônios, pois não forma dendritos ou axônios.

Também difere funcionalmente. Apesar de derivarem das mesmas células embrionárias precursoras, as células gliais não apresentam as mesmas propriedades de membrana que os neurônios, não sendo eletricamente excitáveis. Consequentemente, elas não estão envolvidas diretamente na sinalização elétrica, o que é função das células nervosas. A glia ainda atua permitindo aos sinais elétricos se moverem rapidamente ao longo dos axônios neuronais, e parece desempenhar a importante função de guiar a conectividade durante o desenvolvimento embrionário

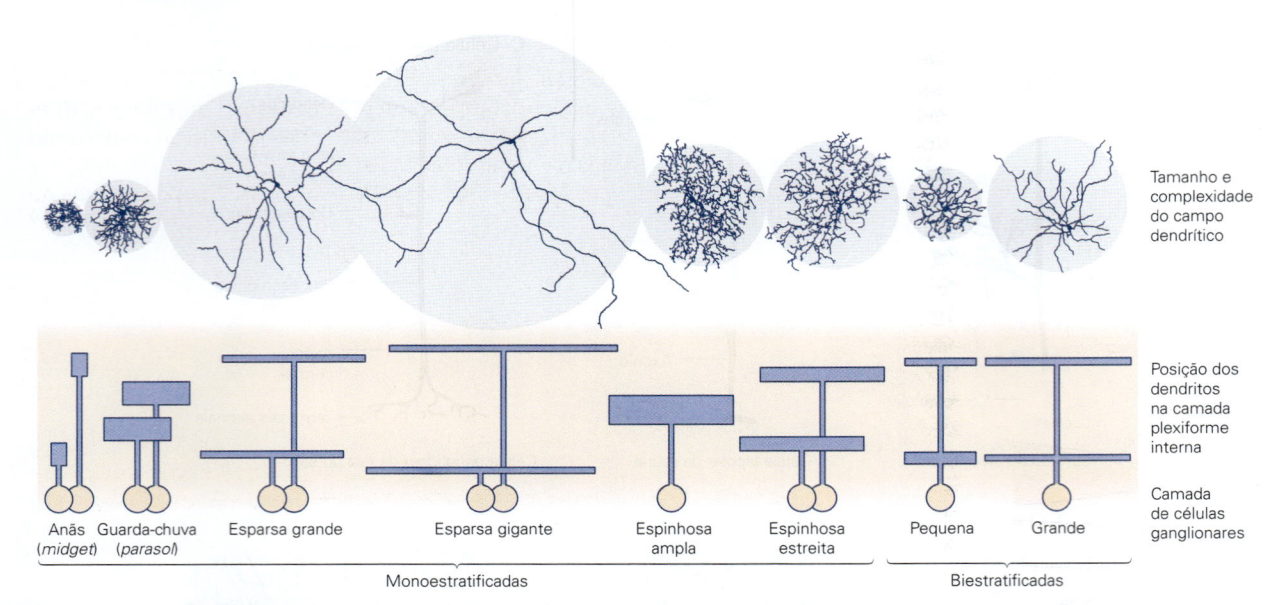

FIGURA 3-4 Os neurônios sensoriais podem ser subdivididos em grupos funcionalmente distintos. Por exemplo, ao menos 13 tipos de células ganglionares da retina são distinguidos baseado na forma e tamanho de seus dendritos combinados à profundidade em que elas recebem seus estímulos no interior da retina. A camada plexiforme interna contém as conexões entre os interneurônios da retina (células bipolares e amácrinas) e as células ganglionares. (Reproduzida, com autorização, de Dacey et al., 2003. Copyright © 2003 Elsevier.)

e de estabilizar conexões entre os neurônios que ocorrem durante o aprendizado, sejam elas novas ou alteradas. Na última década, houve uma aceleração no interesse nas diversas funções gliais, e sua caracterização vem mudando de células de suporte para parceiras funcionais dos neurônios (Capítulo 7).

Cada célula nervosa é parte de um circuito que medeia comportamentos específicos

Cada comportamento é mediado por conjuntos específicos de neurônios interconectados, e a função comportamental de cada neurônio é determinada por suas conexões com outros neurônios. Um comportamento simples, como o reflexo patelar, ilustrará isso. Esse reflexo é iniciado quando um desequilíbrio transitório do corpo estira os músculos quadríceps extensores da coxa. O estiramento elicita uma informação sensorial que é transmitida aos neurônios motores, que, por sua vez, envia comandos aos músculos extensores para que se contraiam de forma a restaurar o equilíbrio.

Esse reflexo é usado clinicamente para testar a integridade dos nervos e também do controle cerebrospinal da amplitude do reflexo (ou ganho). O mecanismo envolvido é importante porque mantém continuamente o tônus normal no quadríceps e evita que os nossos joelhos se dobrem quando levantamos ou caminhamos. O tendão do quadríceps femoral, um músculo extensor que movimenta a perna, está ligado à tíbia por meio do tendão da patela (rótula). Estimular esse tendão logo abaixo da patela estira o quadríceps femoral. Esse estiramento inicia a contração reflexa do músculo quadríceps para produzir o conhecido reflexo patelar. Aumentando a tensão de um grupo específico de músculos, o reflexo de estiramento muda a posição da perna, lançando-a subitamente para a frente (**Figura 3-5**).

Os corpos celulares dos neurônios sensoriais envolvidos no reflexo patelar estão agrupados próximos à medula espinal nos gânglios da raiz dorsal. Eles são células pseudounipolares: uma ramificação do axônio de cada célula vai até o músculo quadríceps na periferia, enquanto a outra se direciona centralmente para a medula espinal. O ramo que inerva o quadríceps faz contato com receptores sensíveis ao estiramento (fusos musculares) e é estimulado quando o músculo é estirado. O ramo que atinge a medula espinal forma conexões excitatórias com neurônios motores que inervam o quadríceps e controlam a sua contração. Esse ramo também faz contato com interneurônios que *inibem* os neurônios motores que controlam os músculos flexores opositores (**Figura 3-5**). Apesar de esses interneurônios locais não estarem envolvidos diretamente na produção do reflexo de estiramento, eles aumentam a estabilidade dos reflexos por meio da coordenação das ações dos grupos musculares opositores. Assim, os sinais elétricos que produzem o reflexo carregam quatro tipos de informação:

1. A informação sensorial é transmitida ao sistema nervoso central (medula espinal) a partir do músculo.
2. Comandos motores do sistema nervoso central são enviados aos músculos responsáveis pelo reflexo patelar.
3. Comandos inibitórios são enviados aos neurônios motores que inervam músculos opositores.
4. A informação sobre a atividade neuronal local relacionada ao reflexo patelar é enviada a centros superiores do sistema nervoso central, permitindo ao encéfalo a coordenação de comportamentos diferentes simultaneamente ou em série.

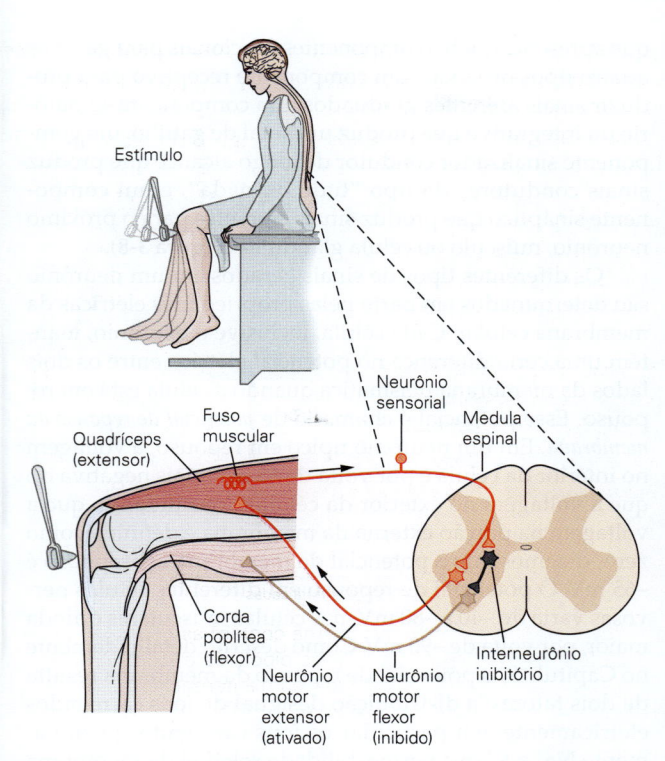

FIGURA 3-5 O reflexo patelar é controlado por um circuito simples de neurônios sensoriais e motores. O estímulo na patela com um martelo de reflexos puxa o tendão do quadríceps femoral, um músculo que estende a perna. Quando o músculo se estira em resposta ao estímulo do tendão, a informação referente a essa mudança no músculo é transmitida ao sistema nervoso central por neurônios sensoriais. Na medula espinal, os neurônios sensoriais formam sinapses excitatórias com neurônios motores extensores que contraem o quadríceps, o músculo que havia sido estirado. Os neurônios sensoriais agem indiretamente, por meio de interneurônios, para inibir os neurônios motores flexores que iriam, de outra forma, contrair o músculo oposto (corda poplítea). Essas ações são combinadas para produzir o comportamento reflexo. Na figura, cada neurônio motor extensor e flexor representa uma população de muitas células.

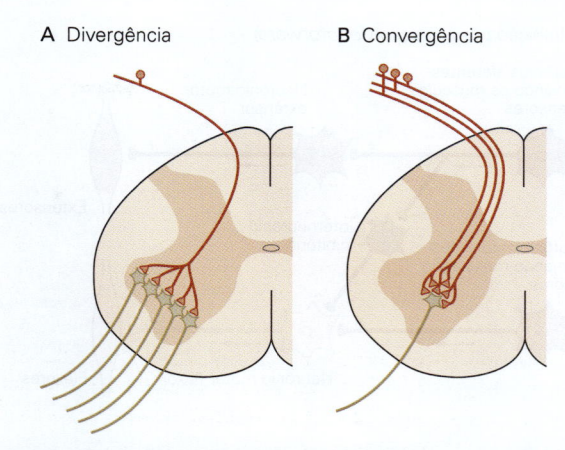

FIGURA 3-6 Conexões neuronais divergentes e convergentes são uma característica organizacional importante do encéfalo.
A. Nos sistemas sensoriais, cada neurônio receptor geralmente faz contato com vários neurônios, que representam o segundo estágio do processamento. Em estágios subsequentes de processamento, as conexões seguintes divergem ainda mais. Isso permite que a informação sensorial de um único local seja distribuída mais amplamente na medula espinal e no encéfalo.
B. Em contraste, neurônios motores são alvos de conexões convergentes progressivas. Com esse arranjo, sinais vindos de muitas células pré-sinápticas são requeridos para ativar o neurônio motor.

Além disso, o encéfalo assegura o controle contexto-dependente do reflexo para ajustar o seu ganho. Por exemplo, ao correr, os músculos isquiotibiais flexionam o joelho, esticando, dessa forma, o quadríceps. O encéfalo e a medula espinal suprimem o reflexo de estiramento para permitir que o quadríceps relaxe. Quando essas vias descendentes são lesionadas, como em alguns acidentes vasculares encefálicos, o reflexo é exagerado e a articulação apresenta rigidez.

O estiramento de apenas um músculo, o quadríceps, ativa várias centenas de neurônios sensoriais, cada um dos quais faz contato direto com 45 a 50 neurônios motores. Esse padrão de conexão, no qual um neurônio ativa muitas células-alvo, é chamado *divergência* (**Figura 3-6A**). É especialmente comum nos pontos de aferência do sistema nervoso – pela distribuição dos sinais a muitas células-alvo, um único neurônio pode exercer uma influência ampla e diversificada. Por sua vez, uma única célula motora no circuito do reflexo patelar recebe entre 200 a 450 aferências de aproximadamente 130 células sensoriais. Esse padrão de conexão é chamado de *convergência* (**Figura 3-6B**). É comum em pontos de eferência do sistema nervoso; uma célula-alvo motora que recebe informação de muitos neurônios sensoriais é capaz de integrar a informação de muitas fontes. Cada aferência dos neurônios sensoriais produz uma excitação relativamente fraca, então a convergência também permite que um neurônio motor seja ativado apenas quando um número suficiente de neurônios sensoriais é ativado conjuntamente.

Um reflexo de estiramento como o reflexo patelar é um comportamento simples produzido por duas classes de neurônios conectados em sinapses excitatórias. Contudo, nem todos os sinais importantes no encéfalo são excitatórios. Muitos neurônios produzem sinais inibitórios que reduzem a chance de disparo. Mesmo no simples reflexo patelar, os neurônios sensoriais fazem conexões tanto excitatórias quanto inibitórias. Conexões excitatórias nos músculos extensores da perna levam à contração desses músculos, enquanto conexões com interneurônios inibitórios evitam a contração nos músculos flexores antagonistas. Tal característica do circuito é um exemplo de *inibição por pró-ação* (*feedforward*) (**Figura 3-7A**). Em um reflexo patelar, essa inibição é *recíproca*, garantindo que as vias flexoras e extensoras se inibam mutuamente, de forma que apenas os músculos apropriados para o movimento (e não seus opositores) sejam recrutados.

Alguns circuitos promovem *inibição por retroalimentação* (*feedback*). Por exemplo, um neurônio motor pode ter conexões excitatórias tanto com um músculo quanto com um interneurônio inibitório, que forma ele mesmo uma conexão

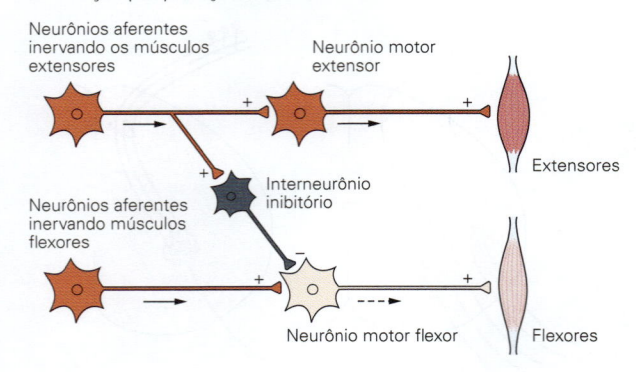

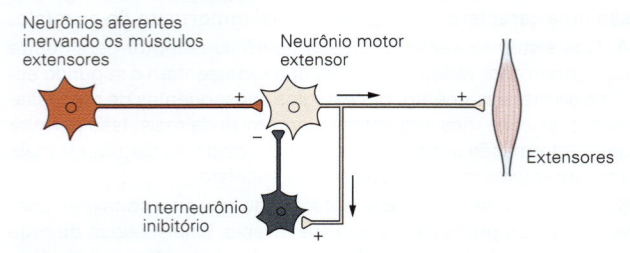

FIGURA 3-7 Interneurônios inibitórios podem produzir inibição por pró-ação ou por retroalimentação.

A. A inibição por pró-ação amplifica o efeito da rota ativa suprimindo a atividade das rotas que mediam ações opositoras. A inibição por pró-ação é comum em sistemas reflexos monossinápticos. Por exemplo, no circuito do reflexo patelar (**Figura 3-5**), neurônios aferentes dos músculos extensores não apenas estimulam os neurônios motores extensores, mas também inibem os interneurônios, evitando o disparo de células motoras que inervam os músculos flexores opositores.

B. A inibição por retroalimentação é um mecanismo de autorregulação. Aqui os neurônios motores extensores agem em interneurônios inibitórios que, por sua vez, atuam nos próprios neurônios motores extensores e, portanto, reduzem sua probabilidade de disparo. O efeito é de inibir a atividade da própria rota estimulada e evitar que o estímulo ultrapasse certo nível crítico.

com o neurônio motor. Quando o interneurônio inibitório é estimulado pelo neurônio motor, é capaz de limitar a capacidade do neurônio motor de estimular o músculo (**Figura 3-7B**). Serão encontrados muitos exemplos de inibição por pró-ação e por retroalimentação quando comportamentos mais complexos forem estudados nos capítulos seguintes.

A sinalização é organizada da mesma forma em todas as células nervosas

Para produzir um comportamento, como o reflexo de estiramento, cada célula nervosa sensorial e motora participante deve gerar quatro sinais diferentes em sequência, cada um num local diverso dentro da célula. A despeito das variações em tamanho e forma das células, transmissores bioquímicos ou funções comportamentais, quase todos os neurônios podem ser descritos por um modelo neuronal que apresenta quatro componentes funcionais para gerar os quatro tipos de sinais: um componente receptivo para produzir sinais aferentes graduados, um componente somatório ou integrativo que produz um sinal de gatilho, um componente sinalizador condutor de longo alcance que produz sinais condutores do tipo "tudo ou nada", e um componente sináptico que produz sinais eferentes para o próximo neurônio, músculo ou célula glandular (**Figura 3-8**).

Os diferentes tipos de sinais gerados em um neurônio são determinados em parte pelas propriedades elétricas da membrana celular. Cada célula, inclusive o neurônio, mantém uma certa diferença no potencial elétrico entre os dois lados da membrana plasmática quando a célula está em repouso. Esse potencial é chamado de *potencial de repouso da membrana*. Em um neurônio típico em repouso, a voltagem no interior da célula é por volta de 65 mV mais negativa do que a voltagem no exterior da célula. Considerando que a voltagem na porção externa da membrana é definida como zero, dizemos que o potencial da membrana em repouso é –65 mV. O potencial de repouso em diferentes células nervosas varia de –40 a –80 mV; nas células musculares é ainda maior, por volta de –90 mV. Como descrito detalhadamente no Capítulo 9, o potencial de repouso da membrana resulta de dois fatores: a distribuição desigual de íons carregados eletricamente, em particular os íons carregados positivamente Na^+ e K^+, e a permeabilidade seletiva da membrana plasmática.

A distribuição desigual de íons carregados positivamente entre os dois lados da membrana celular é mantida por dois mecanismos principais. As concentrações intracelulares de Na^+ e K^+ são controladas sobretudo por uma proteína da membrana que bombeia ativamente Na^+ para fora da célula e K^+ para dentro da célula. Essa *bomba de Na^+-K^+*, da qual se voltará a tratar no Capítulo 9, mantém a concentração de Na^+ baixa dentro da célula (por volta de um décimo da sua concentração no exterior da célula) e a concentração de K^+ alta (cerca de 20 vezes a mais do que a concentração no exterior celular). As concentrações extracelulares de Na^+ e K^+ são mantidas pelos rins e pelas células astrogliais, também conhecidas como astrócitos.

As membranas celulares por outro lado impermeáveis contêm proteínas que formam os denominados *canais iônicos*. Os canais ativos quando a célula está em repouso são muito permeáveis ao K^+, mas consideravelmente menos permeáveis ao Na^+. Os íons K^+ tendem a vazar por meio desses canais abertos, a favor do gradiente de concentração do íon. Conforme saem da célula, os íons K^+ deixam uma quantidade de cargas negativas não neutralizadas na superfície interna da membrana, de forma que a carga final no interior da membrana é mais negativa do que no exterior. Nessas condições, o potencial de membrana é tipicamente mantido ao redor de –65 mV quando relacionado à superfície externa do neurônio, situação em que se diz que o neurônio está em repouso.

O estado de repouso é perturbado pelo influxo celular de Na^+ (ou Ca^{2+}), que estão mais concentrados no exterior da célula. A entrada desses íons positivamente carregados (*corrente para dentro*) neutraliza parcialmente a voltagem negativa dentro da célula. Esses eventos são mais detalhados

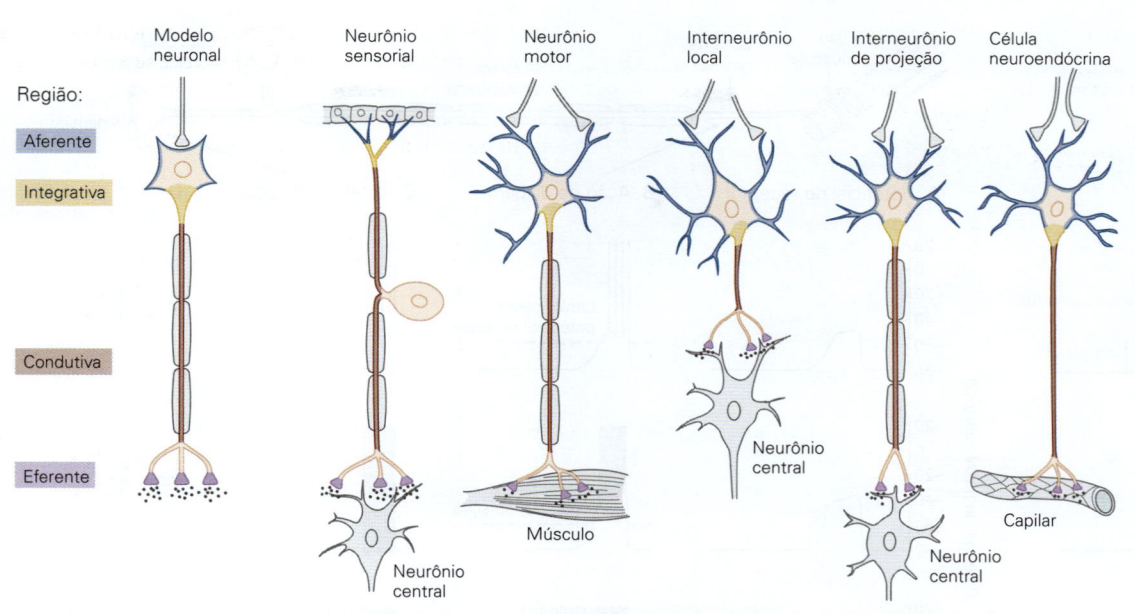

FIGURA 3-8 A maioria dos neurônios possui quatro regiões funcionais nas quais diferentes tipos de sinais são gerados. Assim, a organização funcional da maioria dos neurônios, independentemente do tipo, pode ser representada esquematicamente por um modelo neuronal. Esse modelo neuronal é a expressão fisiológica do princípio de polarização dinâmica de Ramón y Cajal. Os sinais de entrada, integrativos e condutivos, são todos elétricos e integrais para a célula, enquanto o sinal de saída é uma substância química ejetada pela célula na fenda sináptica. Nem todos os neurônios compartilham essas características – por exemplo, alguns interneurônios locais não possuem um componente condutivo.

adiante. O que ocorre a seguir, contudo, é fundamental para a compreensão de como os neurônios transformam essa sinalização em algo adequado para a transmissão de informações.

Uma célula, como as nervosas ou musculares, é dita excitável quando o seu potencial de membrana pode ser rápida e significativamente alterado. Em muitos neurônios, uma alteração de 10 mV no potencial de membrana (de –65 para –55 mV) torna a membrana muito mais permeável ao Na^+ do que ao K^+. O influxo de Na^+ resultante neutraliza ainda mais as cargas negativas dentro da célula, levando a uma permeabilidade ainda maior ao Na^+. O resultado é uma breve e explosiva alteração no potencial de membrana para +40 mV, o *potencial de ação*. Esse potencial é conduzido ativamente ao longo do axônio celular até o terminal axonal, onde inicia e elabora uma interação química com neurônios pós-sinápticos ou células musculares. Uma vez que o potencial de ação é propagado ativamente, sua amplitude não diminui até que ele chegue no terminal axonal. Um potencial de ação típico dura cerca de 1 ms, após o que a membrana retorna a seu estado de repouso com a separação normal de cargas e maior permeabilidade ao K^+ do que ao Na^+.

Os mecanismos envolvidos no potencial de repouso e potencial de ação são discutidos em detalhes nos Capítulos 9 e 10. Além de sinais de longa distância representados pelo potencial de ação, as células nervosas também produzem sinais locais – potenciais receptores e potenciais sinápticos – que não são ativamente propagados e que, em geral, decaem dentro de apenas alguns milímetros (ver próxima seção).

Alterações no potencial de membrana que geram sinais locais e à distância podem ser tanto uma diminuição quanto um aumento do potencial de repouso. Ou seja, o potencial de repouso da membrana é o estado basal a partir do qual toda a sinalização acontece. Uma redução no potencial da membrana, chamada *despolarização*, aumenta a capacidade da célula em gerar um potencial de ação e é, então, excitatória. Em contraste, um aumento no potencial de membrana, chamado *hiperpolarização*, torna a célula menos propensa a gerar um potencial de ação e é, portanto, inibitório.

O componente aferente produz sinais locais graduados

Na maioria dos neurônios em repouso, não há fluxo de corrente de uma parte da célula a outra, de forma que o potencial de repouso se distribui igualmente. Em neurônios sensoriais, o fluxo de corrente em geral é iniciado por um estímulo físico, que ativa proteínas receptoras especializadas na superfície receptiva do neurônio. No exemplo do reflexo patelar, o estiramento do músculo ativa canais iônicos específicos que se abrem em resposta ao estiramento da membrana do neurônio sensorial, como veremos no Capítulo 18. A abertura desses canais quando a célula é estirada permite o influxo rápido de íons Na^+ para dentro da célula sensorial. A corrente iônica altera o potencial de membrana, produzindo um sinal local chamado *potencial de receptor*.

A amplitude e a duração de um potencial de receptor dependem da intensidade do estiramento muscular: quanto maior ou mais duradouro for o estiramento, maior ou mais longo será o potencial de receptor resultante (**Figura 3-9A**). Ou seja, os potenciais de receptores são graduados, diferentemente do formato "tudo ou nada" do potencial de ação. A maioria dos potenciais de receptores são despolarizantes

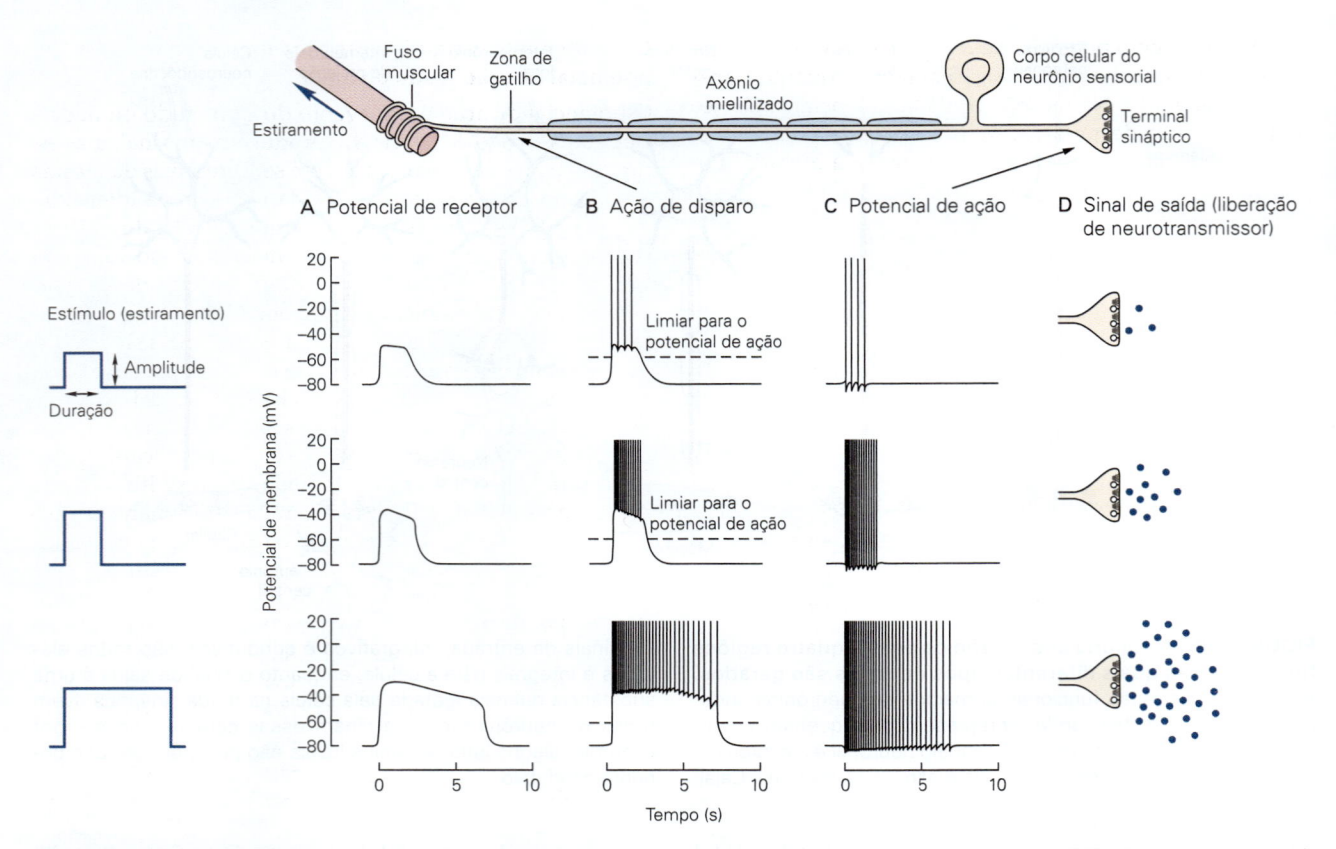

FIGURA 3-9 Cada um dos quatro componentes sinalizadores do neurônio produz um sinal característico. A figura mostra um neurônio sensorial ativado pelo estiramento de um músculo, que o neurônio percebe por meio de um receptor especializado, o fuso muscular.
A. O sinal aferente, chamado potencial de receptor, é graduado em sua amplitude e duração, proporcional à amplitude e à duração do estímulo.
B. A zona de gatilho integra a despolarização gerada pelo potencial de receptor. Um potencial de ação é gerado apenas se o potencial de receptor exceder um certo limiar de voltagem. Uma vez que esse limiar é ultrapassado, qualquer posterior aumento na amplitude do potencial de receptor só pode aumentar a frequência com que os potenciais de ação são gerados, porque eles têm uma amplitude constante. A duração do potencial de receptor determina a duração do trem de potenciais de ação. Assim, a amplitude e a duração graduadas do potencial de receptor se transformam num código de frequência de potenciais de ação gerados na zona de gatilho. Todos os potenciais de ação produzidos são propagados fielmente ao longo do axônio.
C. Potenciais de ação são "tudo ou nada". Como todos os potenciais de ação têm amplitude e duração similares, a frequência e a duração do disparo codificam a informação transmitida pelo sinal.
D. Quando atinge o terminal sináptico, o potencial de ação inicia a liberação de um neurotransmissor, a substância química que serve como sinal de saída. A frequência dos potenciais de ação na célula pré-sináptica determina a quantidade do neurotransmissor liberado pela célula.

(excitatórios); potenciais de receptor hiperpolarizantes (inibitórios) são encontrados na retina.

O potencial de receptor é a primeira representação do estiramento a ser codificada no sistema nervoso. Contudo, como essa despolarização se espalha passivamente a partir do receptor de estiramento, ela não atinge longas distâncias. A distância é mais longa se o diâmetro do axônio é maior, e mais curta se o diâmetro é menor. Além disso, a distância é menor se a corrente pode passar facilmente através da membrana, e mais longa se a membrana é isolada pela mielina. O potencial de receptor do receptor de estiramento, portanto, se desloca somente 1 a 2 mm. De fato, a 1 mm de distância, a amplitude do sinal já é de apenas um terço do que era no sítio de geração. Para ser carregado com sucesso à medula espinal, o sinal local deve ser amplificado – deve gerar um potencial de ação. No reflexo patelar, se o potencial de receptor do neurônio sensorial alcançar o primeiro nodo de Ranvier do axônio e for grande o suficiente, irá deflagrar um potencial de ação (**Figura 3-9B**), o qual pode se propagar sem falha aos terminais axonais na medula espinal (**Figura 3-9C**). Na sinapse entre o neurônio sensorial e um neurônio motor, o potencial de ação produz uma cadeia de eventos que resulta em um sinal aferente para o neurônio motor.

No reflexo patelar, o potencial de ação no terminal pré-sináptico do neurônio sensorial inicia a liberação de uma substância química, ou neurotransmissor, na fenda sináptica (**Figura 3-9D**). Após a difusão pela fenda, o transmissor liga-se a proteínas receptoras na membrana pós-sináptica do neurônio motor, onde abre canais iônicos direta ou indiretamente. O consequente fluxo de corrente altera brevemente o potencial de membrana da célula motora, uma mudança chamada *potencial sináptico*.

Assim como o potencial de receptor, o potencial sináptico é graduado; sua amplitude depende de quanto transmissor é liberado. Na mesma célula, o potencial sináptico pode ser tanto despolarizante quanto hiperpolarizante, dependendo do tipo de molécula receptora ativada. Potenciais sinápticos, assim como potenciais de receptor, se espalham passivamente. Assim, a alteração no potencial permanecerá local a menos que o sinal alcance além do segmento inicial do axônio, onde poderá dar origem a um potencial de ação. Alguns dendritos não são inteiramente passivos, mas contém especializações que impulsionam o potencial sináptico aumentando sua eficácia para produzir um potencial de ação (Capítulo 13). As características dos potenciais de receptor e dos potenciais sinápticos estão resumidas na **Tabela 3-1**.

A zona de gatilho é decisiva na geração do potencial de ação

Sherrington foi o primeiro a observar que a função do sistema nervoso é avaliar as consequências de diferentes tipos de informação e decidir sobre as respostas apropriadas. Essa função *integrativa* do sistema nervoso é claramente vista nos eventos da zona de gatilho do neurônio, o segmento inicial do axônio.

Potenciais de ação são gerados por um influxo súbito de Na^+ por canais na membrana celular que abrem e fecham em resposta a alterações no potencial de membrana. Quando um sinal de entrada (um potencial de receptor ou um potencial sináptico) despolariza uma área da membrana, a mudança local no potencial de membrana abre canais de Na^+ locais que permitem que o Na^+ flua a favor do seu gradiente de concentração – do exterior da célula, onde sua concentração é maior, para o interior, onde é menor.

Como o segmento inicial do axônio tem a mais alta densidade de canais de Na^+ dependente de voltagem e, portanto, o menor limiar para geração de um potencial de ação, um sinal aferente que transita passivamente ao longo da membrana celular tem mais chance de gerar um potencial de ação no segmento inicial do axônio do que em outros locais da célula. Assim, essa parte do axônio é conhecida como *zona de gatilho*. É aqui que a atividade de todos os potenciais de receptor (ou potenciais sinápticos) se soma e onde, se a soma dos sinais aferentes atinge o limiar, o neurônio gera um potencial de ação.

O componente condutivo propaga um potencial de ação "tudo ou nada"

O potencial de ação é um evento do tipo "tudo ou nada": estímulos abaixo do limiar não produzem um sinal, mas estímulos acima do limiar produzem sempre sinais da mesma amplitude. Independentemente da variação na intensidade ou da duração do estímulo, a amplitude e a duração de cada potencial de ação é sempre a mesma, e isso vala para cada potencial de ação regenerado nos nodos de Ranvier ao longo de um axônio mielinizado. Além disso, diferentemente dos potenciais de receptor e potenciais sinápticos, que se espalham de modo passivo e diminuem em amplitude, o potencial de ação, como visto, não decai ao longo de sua transmissão no axônio até seu alvo – uma distância que pode atingir 1 metro –, porque ele é periodicamente regenerado. Esse sinal conduzido pode se transmitir a velocidades de até 100 m/s. De fato, a característica marcante dos potenciais de ação é que eles são bastante estereotipados, variando apenas levemente (mas em algumas situações de forma importante) entre as células nervosas. Tal característica foi demonstrada na década de 1920 por Edgar Adrian, um dos primeiros a estudar o sistema nervoso em nível celular. Adrian descreveu que todos os potenciais de ação têm uma forma, ou formato de curva, similares (ver **Figura 3-2**). Os potenciais de ação que chegam ao sistema nervoso por meio de um axônio sensorial são com frequência indistinguíveis daqueles que saem do sistema nervoso para os músculos via axônio motor.

Apenas duas características do sinal condutor transmitem informação: o número de potenciais de ação e o intervalo de tempo entre eles (**Figura 3-9C**). Conforme Adrian descreveu em 1928, resumindo seu trabalho em fibras sensoriais: "todos os impulsos são muito parecidos, seja a mensagem destinada a estimular a sensação de luz, de tato ou de dor: se forem vários em conjunto, a sensação é intensa; se forem separados por um intervalo longo, a sensação é correspondentemente menor". Assim, o que determina a intensidade da sensação ou a velocidade do movimento é a frequência dos potenciais de ação. Da mesma forma, a duração da sensação ou do movimento é determinada pelo período de tempo no qual os potenciais de ação são gerados.

Além da frequência dos potenciais de ação, o seu padrão também transmite informação importante. Por exemplo, alguns neurônios são espontaneamente ativos na

TABELA 3-1 Comparação de sinais locais (passivos) e sinais propagados

Tipo de sinal	Amplitude (mV)	Duração	Somação	Efeito do sinal	Tipo de propagação
Sinais locais (passivos)					
Potenciais de receptor	Pequena (0,1-10)	Breve (5-100 ms)	Graduados	Hiperpolarização ou despolarização	Passiva
Potenciais sinápticos	Pequena (0,1-10)	Breve a longa (5 ms-20 min)	Graduados	Hiperpolarização ou despolarização	Passiva
Sinais propagados (ativos)					
Potenciais de ação	Grande (70-110)	Breve (1-10 ms)	"Tudo ou nada"	Despolarização	Ativa

ausência de estimulação. Algumas células nervosas espontaneamente ativas (neurônios pulsáteis) disparam potenciais de ação com regularidade; outras (neurônios com disparos em salva) disparam em breves salvas de potenciais de ação. Essas diferentes células respondem de forma diversa à mesma aferência sináptica excitatória. Um potencial sináptico excitatório pode iniciar um ou mais potenciais de ação em uma célula que não é espontaneamente ativa, enquanto a mesma aferência a células espontaneamente ativas irá apenas aumentar a taxa de disparos existente.

Vê-se uma diferença ainda mais significativa quando o sinal aferente é inibitório. Aferências inibitórias possuem pouco valor informativo em uma célula silenciosa. Em contraste, em células espontaneamente ativas, a inibição pode ter um poderoso papel *modulador*. Estabelecendo períodos de silêncio em uma atividade via de regra constante, a inibição pode produzir um padrão complexo de alternância entre disparo e silêncio previamente inexistente. Tais diferenças sutis nos padrões de disparo podem ter consequências funcionais importantes para a transferência de informação entre neurônios. Matemáticos que trabalham com modelos de redes neurais tentaram delinear códigos neurais nos quais a informação também é transmitida pelo refinado padrão de disparos – o tempo exato de cada potencial de ação.

Se os sinais são estereotipados e refletem apenas as propriedades mais elementares dos estímulos, de que forma transmitem a rica variedade de informações necessárias para o comportamento complexo? Como é que a mensagem que carrega a informação visual sobre uma abelha se distingue de outra que carrega a informação dolorosa sobre a picada da abelha, e como esses sinais sensoriais são distintos dos sinais motores para o movimento voluntário? A resposta é simples e, mesmo assim, um dos princípios organizacionais mais importantes do sistema nervoso: neurônios interconectados formam vias anatômica e funcionalmente distintas – linhas demarcadas – e são essas vias de neurônios conectados, essas vias demarcadas, e não neurônios individuais, que transmitem informações. As vias neurais ativadas pelas células receptoras da retina que respondem à luz são completamente distintas das vias ativadas pelas células sensoriais na pele que respondem ao tato.

O componente eferente libera neurotransmissores

Quando um potencial de ação atinge um terminal neuronal, há estimulação da liberação de substâncias químicas pelas células. Essas substâncias, chamadas *neurotransmissores*, podem ser pequenas moléculas orgânicas, como o L-glutamato e a acetilcolina, ou peptídeos, como a substância P ou o hormônio liberador do hormônio luteinizante (LHRH).

Moléculas neurotransmissoras são mantidas em organelas subcelulares chamadas *vesículas sinápticas*, que se acumulam nos terminais em sítios de liberação especializados denominados *zonas ativas*. Para liberar suas substâncias transmissoras na fenda sináptica, as vesículas sobem e se fundem com a membrana plasmática neuronal, eclodindo para liberar o transmissor na fenda sináptica (o espaço extracelular entre células pré e pós-sinápticas) por um processo conhecido como *exocitose*. A maquinaria molecular da liberação de neurotransmissores é descrita nos Capítulos 14 e 15.

As moléculas neurotransmissoras liberadas são o sinal de saída do neurônio. O sinal de saída é graduado de acordo com a quantidade de transmissores liberados, o que é determinado pelo número e pela frequência dos potenciais de ação que atingem os terminais pré-sinápticos (**Figura 3-9C,D**). Depois da liberação, as moléculas transmissoras se difundem através da fenda sináptica e se ligam a receptores no neurônio pós-sináptico. Essa ligação gera um potencial sináptico na célula pós-sináptica. O efeito excitatório ou inibitório do potencial sináptico depende do tipo de receptor na célula pós-sináptica e não do neurotransmissor químico específico. A mesma substância transmissora pode ter efeitos diversos em diferentes receptores.

A transformação do sinal neuronal de sensorial para motor é ilustrada pela via do reflexo patelar

Como visto, as propriedades de um sinal se transformam conforme o sinal se move de um componente do neurônio a outro ou entre neurônios. No reflexo de estiramento, quando um músculo é estirado, a amplitude e a duração do estímulo são refletidas na amplitude e na duração do potencial de receptor gerado no neurônio sensorial (**Figura 3-10A**). Se o potencial de receptor excede o limiar para um potencial de ação naquela célula, o sinal graduado é transformado na zona de gatilho em um potencial de ação. Apesar de potenciais de ação serem sinais do tipo "tudo ou nada", quanto mais o potencial de receptor excede o limiar, maior a despolarização e, consequentemente, maior a frequência de potencias de ação no axônio. A duração do sinal aferente também determina a duração do trem de potenciais de ação.

A informação codificada pela frequência e duração de disparos é transmitida fielmente pelo axônio até seus terminais, onde o disparo dos potenciais de ação determina a quantidade de transmissor liberado. Esses estágios de sinalização possuem seus correspondentes no neurônio motor (**Figura 3-10B**) e no músculo (**Figura 3-10C**).

Células nervosas diferem principalmente em nível molecular

O modelo de sinalização neuronal que descrevemos é uma simplificação que se aplica à maioria dos neurônios, porém há variações importantes. Por exemplo, alguns neurônios não geram potenciais de ação. Eles são geralmente interneurônios locais sem um componente condutivo; não têm axônio ou possuem um tão curto que a regeneração do sinal não é necessária. Nesses neurônios, os sinais de entrada se somam e se espalham passivamente para a região do terminal pré-sináptico próxima de onde ocorre a liberação do transmissor. Neurônios espontaneamente ativos não necessitam de aferências sensoriais ou sinápticas para disparar potenciais de ação porque possuem uma classe especial de canais iônicos que permitem o fluxo de Na^+ mesmo na ausência de uma aferência excitatória sináptica.

Até células morfologicamente similares podem diferir consideravelmente em detalhes moleculares. Por exemplo, elas podem ter diferentes combinações de canais iônicos. Como se vê no Capítulo 10, diferentes canais iônicos

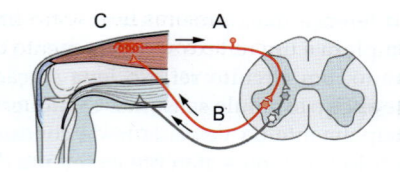

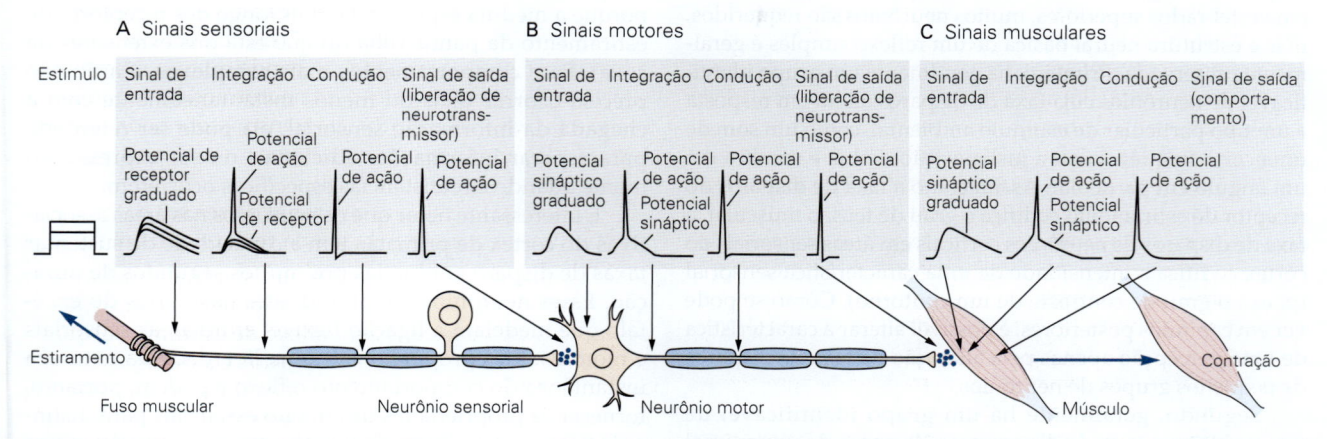

FIGURA 3-10 A sequência de sinais que produz uma ação reflexa.

A. O estiramento de um músculo produz um potencial de receptor no receptor especializado (o fuso muscular). A amplitude do potencial de receptor é proporcional à intensidade do estiramento. Esse potencial espalha-se passivamente para a zona integrativa ou de gatilho no primeiro nodo de Ranvier. Se for suficientemente grande, o potencial de receptor dispara um potencial de ação que, então, se propaga ativamente e sem alterações ao longo do axônio até o terminal axonal. O potencial de ação leva à liberação de um neurotransmissor químico em sítios especializados no terminal axonal, que funcionam como um sinal eferente. O transmissor se difunde através da fenda sináptica entre o terminal axonal e o neurônio motor alvo que inerva o músculo estirado; ele, então, se liga a moléculas receptoras na membrana externa do neurônio motor.

B. Essa interação inicia um potencial sináptico que se espalha passivamente até a zona de gatilho do axônio do neurônio motor, onde inicia um potencial de ação que se propaga ativamente até o terminal do axônio do neurônio motor. No terminal axonal, o potencial de ação leva à liberação de um neurotransmissor próximo à fibra muscular.

C. O neurotransmissor liga-se a receptores na fibra muscular, gerando um potencial sináptico. O potencial sináptico desencadeia um potencial de ação no músculo, o que causa uma contração.

---

fornecem aos neurônios diferentes limiares, propriedades de excitabilidade e padrões de disparo. Tais neurônios podem codificar potenciais sinápticos em padrões de disparo diversos e, assim, transmitir informações distintas.

Os neurônios também diferem nas substâncias químicas que usam como transmissores e nos receptores que recebem as substâncias transmissoras de outros neurônios. De fato, muitos fármacos que agem no encéfalo modificam as ações de transmissores químicos específicos ou de receptores. Devido às diferenças fisiológicas entre os neurônios, uma doença pode afetar uma classe de neurônios, mas não outras. Certas doenças atingem apenas neurônios motores (esclerose lateral amiotrófica e poliomielite), enquanto outras afetam principalmente neurônios sensoriais (hanseníase e tabes dorsalis, um estágio final da sífilis). A doença de Parkinson, uma doença do movimento voluntário, danifica uma pequena população de neurônios que usam a dopamina como neurotransmissor. Algumas doenças são seletivas mesmo dentro do neurônio, afetando apenas os elementos receptivos, o corpo celular ou o axônio. No Capítulo 57, é descrito como o estudo da miastenia grave, uma doença causada pela falha do receptor para o transmissor na membrana muscular, gerou importantes descobertas sobre a transmissão sináptica. De fato, como possui tantos tipos celulares e variações em nível molecular, o sistema nervoso é suscetível a mais doenças (sejam psiquiátricas ou neurológicas) do que qualquer outro órgão ou sistema do organismo.

Apesar das diferenças entre as células nervosas, os mecanismos moleculares da sinalização elétrica são surpreendentemente similares. Tal simplicidade é bem-vinda, uma vez que a compreensão dos mecanismos moleculares de sinalização em um tipo de célula nervosa auxilia no entendimento desses mecanismos em muitas outras células nervosas.

O circuito reflexo é um ponto de partida para a compreensão da arquitetura neural do comportamento

O reflexo de estiramento ilustra como interações entre apenas alguns tipos de células nervosas podem constituir um circuito funcional que produz um comportamento simples, mesmo que o número de neurônios envolvidos seja grande (o circuito do reflexo de estiramento possui provavelmente algumas centenas de neurônios sensoriais e uma centena de neurônios motores). Alguns animais invertebrados são capazes de comportamentos tão sofisticados quanto os reflexos usando muitos neurônios a menos. Além disso, em algumas instâncias, um único neurônio de comando crítico pode desencadear um comportamento complexo, como a retirada de uma parte do corpo de um estímulo nocivo.

Para comportamentos mais complexos, especialmente em vertebrados superiores, muitos neurônios são requeridos, mas a estrutura neural básica de um reflexo simples é geralmente preservada. Primeiro, há geralmente um grupo identificável de neurônios cuja taxa de disparos altera em resposta a um tipo particular de estímulo ambiental, como um som de uma certa frequência ou a justaposição de luz e sombra em um ângulo em particular. Assim como a taxa de disparos do receptor de estiramento codifica o grau de tensão muscular, a taxa de disparos de neurônios corticais em áreas sensoriais do córtex codifica a intensidade de uma característica sensorial (p. ex., o grau de contraste de um contorno). Como se pode ver em capítulos posteriores, é possível alterar a característica de uma percepção apenas pela alteração da taxa de disparos de pequenos grupos de neurônios.

Segundo, geralmente há um grupo identificável de neurônios cuja taxa de disparos muda antes de um animal desempenhar um ato motor. Assim como a frequência dos picos em um neurônio motor controla a magnitude da contração do músculo quadríceps – e consequentemente do reflexo patelar –, também a taxa de disparos dos neurônios do córtex motor afeta a latência e o tipo de movimento que será executado. Qual aspecto exato do movimento é codificado por tais neurônios continua sendo uma área de investigação ativa, mas é bem estabelecido que grupos de neurônios afetam a ação consequente de forma graduada por meio do ajuste na taxa de disparos. Em outras áreas associativas do córtex cerebral, as taxas de disparos neuronais graduadas codificam informações que são essenciais para os processos de pensamento, como o tanto de evidências consideradas em uma escolha (Capítulo 56).

Apesar de operações mentais sofisticadas serem muito mais complicadas que um simples reflexo de estiramento, ainda assim pode se mostrar útil considerar em que extensão as funções cognitivas são sustentadas por mecanismos organizados de forma semelhante a um reflexo simples. Que tipos de elaborações poderiam ser requeridas para mediar comportamentos sofisticados e o pensamento? Diferentemente de um reflexo simples, em um comportamento sofisticado a ativação de neurônios sensoriais não desencadearia uma ação reflexa imediata. Há mais contingências no processo. Apesar de reflexos simples serem modulados pelo contexto, as funções mentais são mais profundamente moldadas por um repertório complexo de contingências, permitindo muitos efeitos possíveis de qualquer estímulo e muitos precipitadores possíveis de qualquer ação. À luz dessas contingências, é necessário conceber uma conexão flexível entre os sistemas de aquisição de dados do encéfalo – não apenas o sistema sensorial, mas também os sistemas de memória – e os sistemas efetores. Como se pode ver em capítulos posteriores, essa é a função das áreas associativas superiores do córtex cerebral, atuando em conjunto com diversas estruturas encefálicas subcorticais.

Talvez a diferença mais proeminente entre uma função mental complexa e um reflexo seja o momento da ação. Uma vez ativado, um circuito reflexo leva à ação quase imediatamente após o estímulo sensorial. Qualquer retardo depende principalmente da velocidade de condução dos potenciais de ação nos ramos aferente e eferente do reflexo (p. ex., o reflexo do tornozelo é mais lento que o patelar porque a medula espinal está mais longe dos receptores de estiramento da panturrilha do que está dos extensores da coxa). Para comportamentos mais complexos, a ação não precisa ocorrer mais ou menos instantaneamente com a chegada da informação sensorial; ela pode ser retardada para esperar informações adicionais ou ser expressa somente quando circunstâncias específicas ocorrerem.

É interessante notar que os neurônios nas áreas associativas do córtex de primatas têm a capacidade de sustentar taxas de disparo graduadas por muitos segundos de duração. Esses neurônios são abundantes nas partes do encéfalo que medeiam a ligação flexível entre áreas sensoriais e motoras. Eles proporcionam uma liberdade da natureza instantânea do comportamento reflexo e podem, portanto, fornecer as propriedades de circuito essenciais para distinguir funções cognitivas de transformações sensorimotoras diretas como um reflexo.

Circuitos neurais podem ser modificados pela experiência

O aprendizado pode resultar em alterações comportamentais que duram por anos ou mesmo uma vida inteira. Mas mesmo reflexos simples podem ser modificados, embora por um período de tempo muito mais curto. O fato de que muitos comportamentos podem ser modificados pelo aprendizado desperta uma questão interessante: como o comportamento pode ser modificado se o sistema nervoso é conectado de forma tão precisa? Como podem ocorrer mudanças no controle neural do comportamento quando as conexões entre as suas unidades sinalizadoras, os neurônios, são determinadas no início da vida?

Várias soluções para esse dilema têm sido propostas. A proposta que tem se mostrado mais adequada é a *hipótese da plasticidade*, introduzida na virada do século XX por Ramón y Cajal. Uma versão moderna dessa hipótese foi sugerida pelo psicólogo polonês Jerzy Konorski em 1948.

A aplicação de um estímulo leva a alterações de tipo duplo no sistema nervoso [...] A primeira propriedade, pela qual as células nervosas *reagem* ao impulso aferente [...] chamamos *excitabilidade*, e [...] alterações provenientes [...] dessa propriedade chamamos *alterações relacionadas à excitabilidade*. A segunda propriedade, pela qual certas transformações funcionais permanentes surgem em sistemas de neurônios particulares como resultado de estímulos apropriados ou sua combinação, chamamos *plasticidade*, e as alterações correspondentes são *alterações plásticas*.

Há atualmente evidências consideráveis para a plasticidade funcional em sinapses químicas. Essas sinapses com frequência possuem uma capacidade impressionante para alterações fisiológicas em curto prazo (durando de segundos até horas) que aumentam ou diminuem a efetividade sináptica. Alterações fisiológicas em longo prazo (durando dias ou mais) podem gerar alterações anatômicas, incluindo redução, ou mesmo o crescimento, de novas sinapses. Como se vê em capítulos posteriores, as sinapses químicas são funcional e anatomicamente modificadas durante períodos críticos do desenvolvimento precoce e também ao longo da vida. Essa plasticidade funcional dos neurônios proporciona a cada um uma maneira característica de interagir com o mundo ao redor, tanto natural quanto social.

Destaques

1. As células nervosas são as unidades sinalizadoras do sistema nervoso. Os sinais são principalmente elétricos dentro da célula e químicos entre duas células. A despeito de variações em forma e tamanho, células nervosas compartilham algumas características comuns. Cada célula tem receptores especializados ou transdutores que recebem aferências de outras células nervosas ou dos sentidos, respectivamente; um mecanismo que converte os estímulos recebidos em sinais elétricos; um mecanismo de limiar para gerar um impulso elétrico do tipo "tudo ou nada", o potencial de ação, que pode ser regenerado ao longo do axônio que conecta a célula nervosa ao seu alvo sináptico (outra célula nervosa, um músculo ou uma glândula); e a habilidade de produzir a liberação de um sinalizador químico (neurotransmissor) que afeta o alvo.
2. Células gliais dão suporte às células nervosas. Um tipo proporciona o isolamento que acelera a propagação do potencial de ação ao longo do axônio. Outras estabelecem o meio químico para o funcionamento das células nervosas, e outras ainda pareiam a atividade neural ao suprimento vascular do sistema nervoso.
3. Células neurais diferem em sua morfologia, nas conexões que estabelecem e onde estabelecem essas conexões. Isso é mais claro na estrutura especializada da retina. Talvez a maior diferença entre os neurônios esteja no nível molecular. Exemplos da diversidade molecular incluem a expressão de diferentes receptores, enzimas para a síntese de diferentes neurotransmissores e expressões diferenciadas de canais iônicos. Diferenças na expressão gênica fornecem o ponto de partida para a compreensão de por que certas doenças afetam alguns neurônios e não outros.
4. Cada célula nervosa é parte de um circuito que tem uma ou mais funções comportamentais. O reflexo de estiramento é um exemplo de um circuito simples que produz um comportamento em resposta a um estímulo. Sua simplicidade contradiz funções integrativas, como relaxamento de músculos que se opõem ao músculo estirado.
5. As neurociências modernas almejam explicar processos mentais bem mais complexos do que os reflexos. Um ponto de partida natural é o entendimento das formas que os circuitos devem ser elaborados para permitir transformações sensorimotoras, as quais, diferentemente dos reflexos, são contingenciadas, flexíveis e não obrigadas ao imediatismo do processamento sensorial e controle do movimento.
6. Conexões neurais podem ser modificadas pela experiência. Em circuitos simples, esse processo é uma mudança simples na força das conexões entre neurônios. Uma hipótese vigente na neurociência moderna é a de que mecanismos "plásticos" envolvidos em circuitos simples também desempenham um papel crítico no aprendizado de comportamentos mais complexos e nas funções cognitivas.

Michael N. Shadlen
Eric R. Kandel

Leituras selecionadas

Adrian ED. 1928. *The Basis of Sensation: The Action of the Sense Organs*. London: Christophers.
Jack JJB, Noble D, Tsien RW. 1983. *Electric Current Flow in Excitable Cells*. Oxford: Clarendon Press.
Jones EG. 1988. The nervous tissue. In: L Weiss (ed). *Cell and Tissue Biology: A Textbook of Histology*, 6th ed., pp. 277–351. Baltimore: Urban and Schwarzenberg.
Poeppel D, Mangun GR, Gazzaniga MS. 2020. *The Cognitive Neurosciences*. Cambridge, MA: The MIT Press.
Ramón y Cajal S. [1937] 1989. *Recollections of My Life*. EH Craigie (transl). Philadelphia: American Philosophical Society; 1989. Reprint. Cambridge, MA: MIT Press.

Referências

Adrian ED. 1932. *The Mechanism of Nervous Action: Electrical Studies of the Neurone*. Philadelphia: Univ. Pennsylvania Press.
Alberts B, Johnson A, Lewis J, Raff M, Roberts K, Walter JD. 2002. *Molecular Biology of the Cell*, 4th ed. New York: Garland.
Dacey DM, Peterson BB, Robinson FR, Gamlin PD. 2003. Fireworks in the primate retina: in vitro photodynamics reveals diverse LGN-projecting ganglion cell types. Neuron 37:15–27.
Erlanger J, Gasser HS. 1937. *Electrical Signs of Nervous Activity*. Philadelphia: Univ. Pennsylvania Press.
Hodgkin AL, Huxley AF. 1939. Action potentials recorded from inside a nerve fiber. Nature 144:710–711.
Kandel ER. 1976. The study of behavior: the interface between psychology and biology. In: *Cellular Basis of Behavior: An Introduction to Behavioral Neurobiology*, pp. 3–27. San Francisco: WH Freeman.
Konorski J. 1948. *Conditioned Reflexes and Neuron Organization*. Cambridge: Cambridge Univ. Press.
Martinez PFA. 1982. *Neuroanatomy: Development and Structure of the Central Nervous System*. Philadelphia: Saunders.
McCormick DA. 2004. Membrane potential and action potential. In: JH Byrne, JL Roberts (eds). *From Molecules to Networks: An Introduction to Cellular Neuroscience*, 2nd ed., p. 130. San Diego: Elsevier.
Newman EA. 1986. High potassium conductance in astrocyte endfeet. Science 233:453–454.
Nicholls JG, Wallace BG, Fuchs PA, Martin AR. 2001. *From Neuron to Brain*, 4th ed. Sunderland, MA: Sinauer.
Penfield W (ed). 1932. *Cytology & Cellular Pathology of the Nervous System*, Vol. 2. New York: Hoeber.
Ramón y Cajal S. 1933. *Histology*, 10th ed. Baltimore: Wood.
Sears ES, Franklin GM. 1980. Diseases of the cranial nerves. In: RN Rosenberg (ed). *The Science and Practice of Clinical Medicine*. Vol. 5, *Neurology*, pp. 471–494. New York: Grune & Stratton.
Sherrington C. 1947. *The Integrative Action of the Nervous System*, 2nd ed. Cambridge: Cambridge Univ. Press.

4

Bases neuroanatômicas pelas quais os circuitos neurais medeiam o comportamento

Circuitos locais realizam computações neurais específicas que são coordenadas para mediar comportamentos complexos

O sistema somatossensorial ilustra os circuitos de informação sensorial

    A informação somatossensorial do tronco e dos membros é transmitida para a medula espinal

    Os neurônios sensoriais primários do tronco e dos membros são agrupados nos gânglios da raiz dorsal

    Os terminais dos axônios centrais dos neurônios do gânglio da raiz dorsal na medula espinal produzem um mapa da superfície corporal

    Cada submodalidade somática é processada em um subsistema diferente desde a periferia até o encéfalo

O tálamo é uma conexão essencial entre os receptores sensoriais e o córtex cerebral

O processamento da informação sensorial culmina no córtex cerebral

O movimento voluntário é mediado por conexões diretas entre o córtex e a medula espinal

Os sistemas moduladores no encéfalo influenciam a motivação, a emoção e a memória

O sistema nervoso periférico é anatomicamente diferente do sistema nervoso central

A memória é um comportamento complexo mediado por estruturas distintas das que conduzem sensações e movimento

    O sistema hipocampal é interconectado com regiões corticais polissensoriais superiores

    A formação hipocampal compreende muitos circuitos diferentes e altamente integrados

    A formação hipocampal é constituída principalmente por conexões unidirecionais

Destaques

O ENCÉFALO HUMANO executa ações de uma maneira da qual nenhum computador atual consegue sequer se aproximar. Apenas enxergar, ver o mundo à volta e reconhecer uma face ou expressão facial implica uma incrível proeza computacional. Por certo, todas as nossas capacidades de percepção – visão, audição, tato, olfato e paladar – são triunfos da nossa capacidade analítica. De forma semelhante, todas as nossas ações voluntárias são triunfos de engenharia. As sensações e o movimento, ainda que relevantes, são pouco sofisticados em comparação aos comportamentos cognitivos complexos, como formação de memórias e compreensão de convenções sociais.

O encéfalo permite esses feitos computacionais pelo fato de suas células neurais estarem interconectadas em circuitos funcionais muito precisos. O encéfalo é organizado hierarquicamente de forma que as informações processadas em um nível são transmitidas a circuitos superiores para um processamento mais refinado e complexo. Em essência, o encéfalo é uma rede de redes. Diferentes áreas encefálicas trabalham de forma integrada para realizar um comportamento proposital.

Neste capítulo, delineia-se a organização neuroanatômica de alguns circuitos que permitem ao encéfalo processar as aferências sensoriais e produzir as eferências motoras. Foca-se no tato como uma modalidade sensorial, pois o sistema somatossensorial é particularmente bem compreendido e porque o tato ilustra claramente a interação dos circuitos de processamento sensorial em muitos níveis, da medula espinal ao córtex cerebral. Com isso, os princípios básicos de como circuitos neurais controlam o comportamento são ilustrados. No próximo capítulo, são consideradas as propriedades funcionais desses circuitos, incluindo as computações neurais pelas quais eles processam as informações. Nos capítulos subsequentes, a anatomia e a função de diversas modalidades sensoriais e como as aferências sensoriais regulam o movimento são consideradas mais detalhadamente.

Por fim, é feita uma prévia dos circuitos encefálicos implicados na produção das memórias de nossas vidas diárias, denominadas memórias explícitas (ver Capítulos 52 e 54). O objetivo é apontar que, embora muitos neurônios nos circuitos de memória sejam similares àqueles nos circuitos sensoriais e motores, nem todos o são. Além disso, a organização das vias entre os circuitos dos sistemas de memória é diferente da organização existente nos sistemas motor e sensorial. Isso destaca um princípio neurobiológico básico, de que circuitos diferentes do encéfalo evoluíram em uma organização para realizar funções específicas da forma mais eficiente.

Compreender a organização funcional do sistema nervoso pode parecer, em um primeiro momento, apavorante. Entretanto, como se viu no capítulo anterior, a organização do sistema nervoso pode ser simplificada por três considerações anatômicas. Primeiro, existem relativamente poucos tipos de neurônios. Cada um dos milhares de motoneurônios da medula espinal ou dos milhões de células piramidais do neocórtex possui estrutura anatômica e função similares. Segundo, os neurônios no encéfalo e na medula formam agrupamentos funcionais chamados de núcleos ou áreas isoladas do córtex cerebral, os quais formam redes ou sistemas funcionais. Terceiro, as áreas isoladas do córtex cerebral são especializadas em percepção sensorial, função motora ou funções associativas, como a memória.

Circuitos locais realizam computações neurais específicas que são coordenadas para mediar comportamentos complexos

Neurônios são interconectados para formar circuitos funcionais. Dentro da medula espinal, por exemplo, circuitos de reflexos simples recebem informações sensoriais de receptores de estiramento e enviam eferências a vários grupos musculares. Para funções comportamentais mais complexas, diferentes estágios de processamento de informações são realizados por redes em diferentes regiões do sistema nervoso. As conexões entre neurônios no sistema nervoso podem ser de diferentes comprimentos.

Dentro de uma região encefálica, conexões locais, as quais podem ser excitatórias ou inibitórias, integram muitos dos neurônios em redes funcionais. Tais redes locais podem, então, fornecer eferências a uma ou mais regiões através de projeções mais longas. Muitas dessas vias longas recebem nomes. Por exemplo, as projeções do núcleo geniculado lateral do tálamo para o córtex visual são chamadas de "radiações ópticas". Conexões do neocórtex – a região do córtex cerebral mais próxima de sua superfície – de um lado do cérebro para o outro lado do cérebro formam o corpo caloso. As informações transmitidas por essas vias longas integram as eferências de muitos circuitos locais (**Figura 4-1**).

Considere-se o simples ato de bater em uma bola de tênis com uma raquete (**Figura 4-2**). A informação visual sobre o movimento da bola se aproximando é analisada pelo sistema visual, que é um sistema hierarquicamente organizado que se estende da retina ao núcleo geniculado lateral do tálamo, e dali a dezenas de áreas corticais nos lobos occipital e temporal (Capítulo 21). Essa informação é combinada no córtex motor com a informação proprioceptiva sobre a posição dos braços, das pernas e do tronco para o cálculo do movimento necessário para interceptar a bola. Quando o movimento se inicia, muitos ajustes pequenos do programa motor são realizados por outras áreas encefálicas dedicadas ao movimento, como o cerebelo, com base em um fluxo constante de informação sensorial sobre a trajetória da bola que se aproxima e a posição do braço.

Como a maioria dos comportamentos motores, bater em uma bola de tênis não é um comportamento preexistente nos circuitos cerebrais, mas requer aprendizado e memória. A memória para tarefas motoras, denominada memória procedural ou implícita, requer modificações nos circuitos do córtex motor, núcleos da base e cerebelo. Finalmente, o ato inteiro é acessível à consciência e pode eliciar a lembrança consciente de experiências similares no passado, denominadas memória explícita, e emoções. A memória explícita depende de circuitos no hipocampo (Capítulos 52 e 54), enquanto emoções são reguladas pela amígdala (Capítulos 42 e 53) e porções dos córtices orbitofrontal, cingulado e insular. Obviamente, à medida que o movimento está sendo executado, o encéfalo também está envolvido na coordenação da frequência cardíaca, da respiração e de outras funções homeostáticas por meio de redes igualmente complexas.

O sistema somatossensorial ilustra os circuitos de informação sensorial

Comportamentos complexos, como diferenciar os atos motores necessários para agarrar uma bola ou um livro, requerem a ação integrada de vários núcleos e regiões corticais. A informação é processada no sistema nervoso de maneira hierárquica. Assim, a informação sobre um estímulo é retransmitida por regiões subcorticais e depois corticais e, a cada nível de processamento, torna-se gradativamente mais complexa.

Além disso, diferentes tipos de informação, mesmo dentro de uma única modalidade sensorial, são processados por diversas vias anatomicamente separadas. No sistema somatossensorial, um leve toque e uma alfinetada dolorosa na mesma área da pele são mediados por diferentes receptores sensoriais, que se conectam a vias distintas no encéfalo. O sistema para o toque fino, pressão e propriocepção é chamado de sistema epicrítico, ao passo que o sistema para dor e temperatura é chamado de sistema protopático.

A informação somatossensorial do tronco e dos membros é transmitida para a medula espinal

Todas as formas de informação sensorial do tronco e dos membros entram na medula espinal, que apresenta uma região central de substância cinzenta em formato de H onde os corpos celulares dos neurônios estão localizados. A substância cinzenta é cercada por uma substância branca formada por axônios mielinizados que realizam conexões tanto longas quanto curtas. A substância cinzenta de cada lado da medula é dividida em cornos dorsais (posteriores) e ventrais (anteriores) (**Figura 4-3**).

O corno dorsal contém grupos de neurônios sensoriais secundários (núcleos sensoriais) cujos dendritos recebem informações de estímulos dos neurônios sensoriais

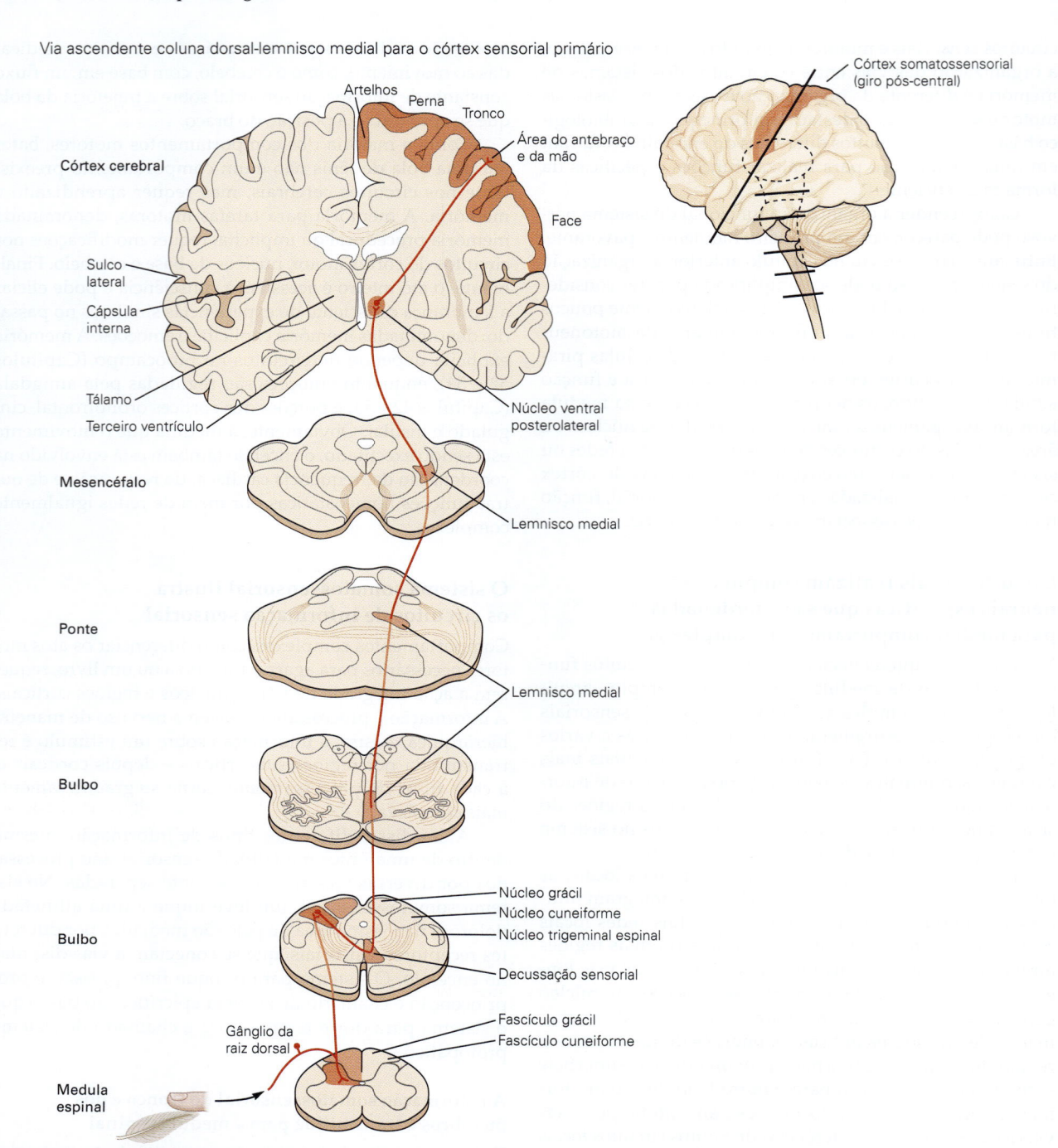

FIGURA 4-1 A via coluna dorsal-lemnisco medial é a principal via aferente para informação somatossensorial. A informação somatossensorial entra no sistema nervoso central por meio das células ganglionares da raiz dorsal. O fluxo de informação leva, em última análise, ao córtex somatossensorial. Fibras que transmitem informação de diferentes partes do corpo mantêm uma relação ordenada entre si e formam um mapa neural da superfície corporal em seu padrão de inervação para cada ponto de retransmissão sináptica.

primários, os quais inervam a pele, músculos e articulações do corpo. O corno ventral contém grupos de neurônios motores (núcleos motores) cujos axônios saem da medula espinal e inervam os músculos esqueléticos. A medula espinal apresenta circuitos mediadores de comportamentos que vão do reflexo de estiramento à coordenação dos movimentos dos membros.

Como discutido no Capítulo 3, durante a descrição do reflexo patelar, interneurônios de vários tipos presentes na substância cinzenta regulam as eferências dos neurônios

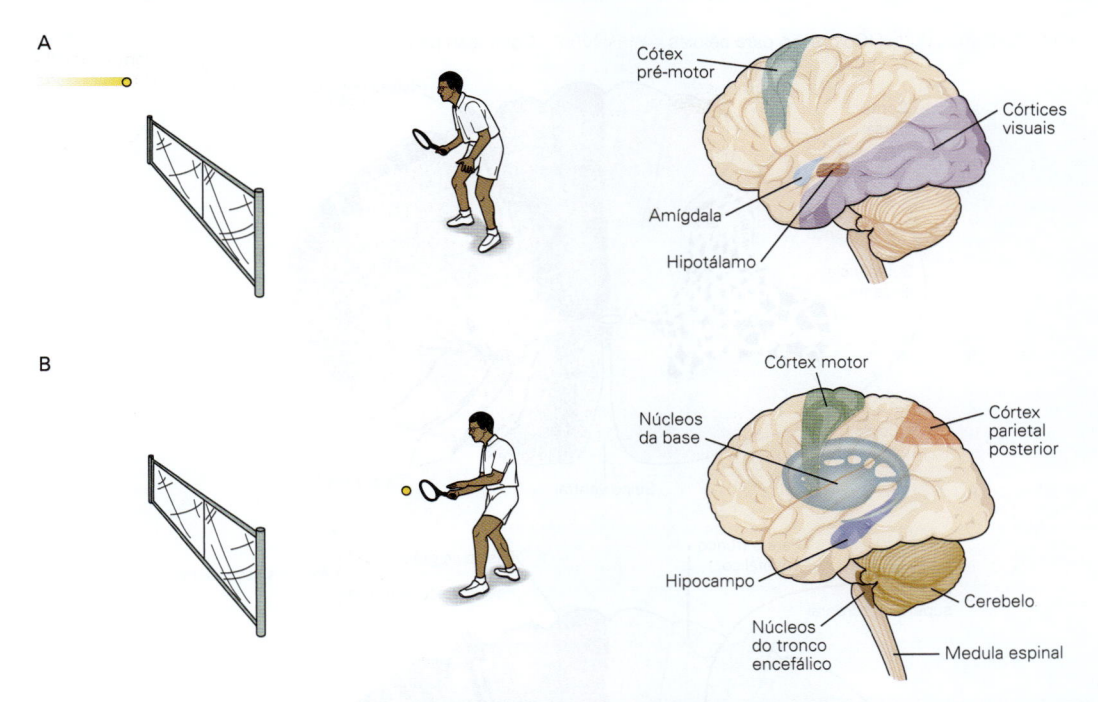

FIGURA 4-2 Um comportamento simples é mediado por muitas regiões do encéfalo.
A. Um jogador de tênis vendo a aproximação de uma bola usa o córtex visual para identificar o tamanho, a direção e a velocidade dessa bola. O córtex pré-motor desenvolve um programa motor para rebater a bola. A amígdala atua em conjunto com outras regiões encefálicas para ajustar a frequência cardíaca, a respiração e outros mecanismos homeostáticos e também ativa o hipotálamo para motivar o jogador a rebater a bola de modo adequado.
B. Para executar a jogada, o jogador deve usar todas as estruturas ilustradas na parte **A**, além de outras. O córtex motor envia sinais à medula espinal que ativam e inibem muitos músculos nos braços e nas pernas. Os núcleos da base envolvem-se na iniciação de padrões motores e talvez na evocação de movimentos aprendidos para bater na bola de modo apropriado. O cerebelo ajusta movimentos com base na informação proprioceptiva dos receptores sensoriais periféricos. O córtex parietal posterior fornece ao jogador um sentido de onde seu corpo está localizado no espaço e onde seu braço com a raquete está localizado em relação a seu corpo. Neurônios do tronco encefálico regulam a frequência cardíaca, a respiração e o alerta durante todo o movimento. O hipocampo não está envolvido em atingir a bola, porém está envolvido em registrar a jogada na memória a fim de que o jogador possa se vangloriar disso mais tarde.

motores da medula espinal (ver **Figura 3-5**). Alguns desses neurônios são excitatórios, enquanto outros são inibitórios. Esses interneurônios modulam tanto a informação sensorial que ascende em direção ao encéfalo quanto os comandos motores descendentes do encéfalo para os motoneurônios da medula espinal. Neurônios motores também podem modular a atividade de outros motoneurônios por meio de interneurônios. Esses circuitos são considerados mais detalhadamente durante a discussão da medula espinal no Capítulo 32.

A substância branca que cerca a substância cinzenta contém feixes de axônios ascendentes e descendentes divididos em colunas dorsal, lateral e ventral. As colunas dorsais, localizadas entre os dois cornos dorsais da substância cinzenta, contêm apenas axônios ascendentes que carregam informação somatossensorial para o tronco encefálico (**Figura 4-1**). As colunas laterais incluem tanto axônios ascendentes quanto descendentes, do tronco encefálico e do neocórtex, que inervam interneurônios e motoneurônios espinais (**Figura 4-3**). Isso demonstra um princípio geral sobre as conexões do sistema nervoso. O processamento tende a ser hierárquico: projeções de uma região de processamento mais baixa para uma mais alta são denominadas como projeções de pró-ação, enquanto projeções descendentes podem modular reflexos espinais e são consideradas como projeções de retroação (ou retroalimentação). O padrão no qual uma região A se projeta a uma região B e, por sua vez, também recebe projeções retornando da região B, é recapitulado ao longo do sistema nervoso. As colunas ventrais também incluem axônios ascendentes e descendentes. Os axônios somatossensoriais ascendentes nas colunas laterais e ventrais constituem vias paralelas que transmitem informações sobre sensações dolorosas e térmicas para níveis superiores do sistema nervoso central. Os axônios descendentes controlam os músculos axiais e a postura.

A medula espinal é dividida ao longo de seu cumprimento em quatro regiões principais: cervical, torácica, lombar e sacral (**Figura 4-4**). Conexões originando-se dessas regiões são segregadas de acordo com os somitos embriológicos de onde são originados os músculos, ossos e outros componentes do corpo (Capítulo 45). Axônios que se projetam da medula espinal para estruturas corporais de um mesmo nível segmentar se juntam a axônios que entram na

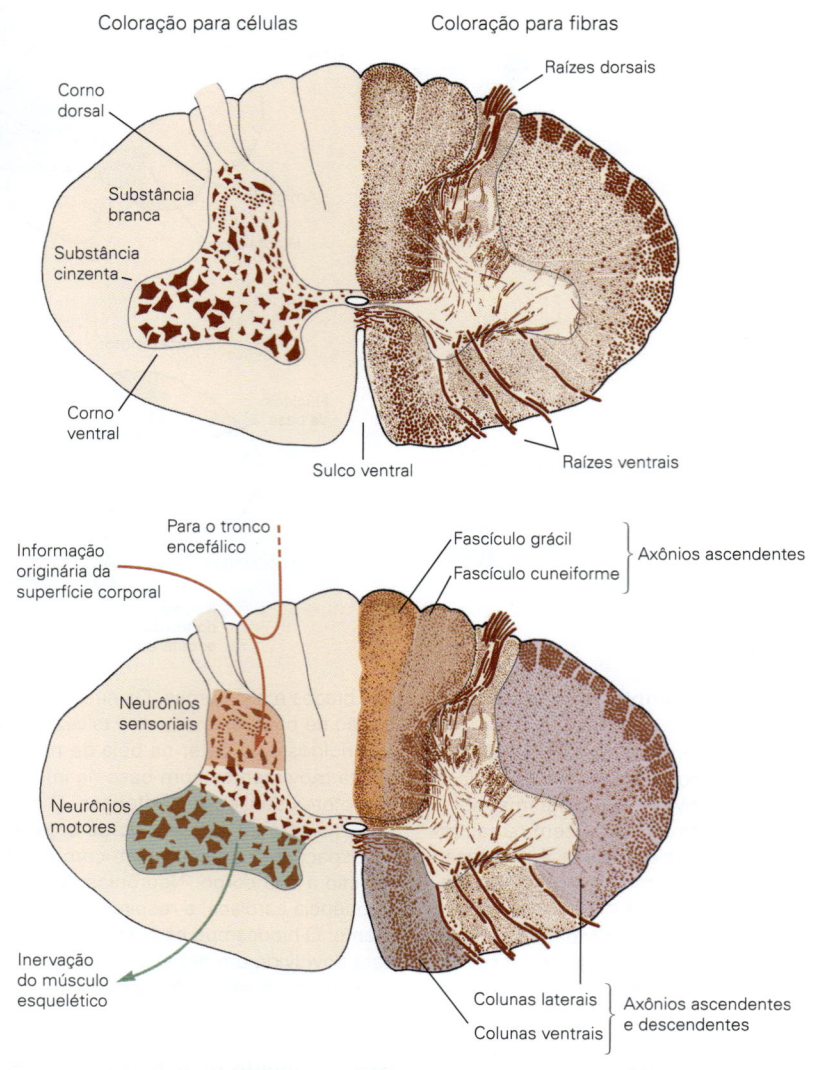

FIGURA 4-3 Principais características anatômicas da medula espinal. O corno ventral (**verde**) contém neurônios motores grandes, enquanto o corno dorsal (**cor de laranja**) contém neurônios menores. Fibras do fascículo grácil carregam informação somatossensorial dos membros inferiores, e fibras do fascículo cuneiforme, informação somatossensorial da porção superior do corpo. Os feixes de fibras das colunas lateral e ventral incluem as vias ascendentes e descendentes.

medula através dos forames intervertebrais para formar os nervos espinais. Os nervos espinais no nível cervical estão envolvidos com a percepção sensorial e função motora do pescoço, braços e porção posterior da cabeça; nervos do nível torácico inervam a porção superior do tronco; e nervos espinais lombares e sacrais inervam a porção inferior do tronco, as costas e as pernas.

Cada uma das quatro regiões da medula espinal contém múltiplos segmentos correspondendo aproximadamente às diferentes vértebras em cada região; há 8 segmentos cervicais, 12 segmentos torácicos, 5 segmentos lombares e 5 segmentos sacrais. O tecido da medula espinal madura não parece segmentado, mas os segmentos das quatro regiões espinais são definidos pelo número e localização das raízes dorsais e ventrais que entram e saem da medula espinal. A medula espinal varia em forma e tamanho ao longo de seu eixo rostrocaudal por duas características organizacionais.

Primeiro, relativamente poucos axônios sensoriais entram na medula pela porção sacral. O número de axônios sensoriais que entram na medula aumenta progressivamente em níveis superiores (lombar, torácico e cervical). Por sua vez, a maior parte dos axônios descendentes originados no encéfalo termina no nível cervical, com quantidades progressivamente menores de vias seguindo em direção aos níveis mais baixos da medula. Assim, o número de fibras na substância branca é maior nos níveis cervicais (onde está a maior parte das fibras ascendentes e descendentes) e menor nos níveis sacrais. Como resultado, a região sacral da medula possui bem menos substância branca do que cinzenta, enquanto a região cervical tem mais substância branca do que cinzenta (**Figura 4-4**).

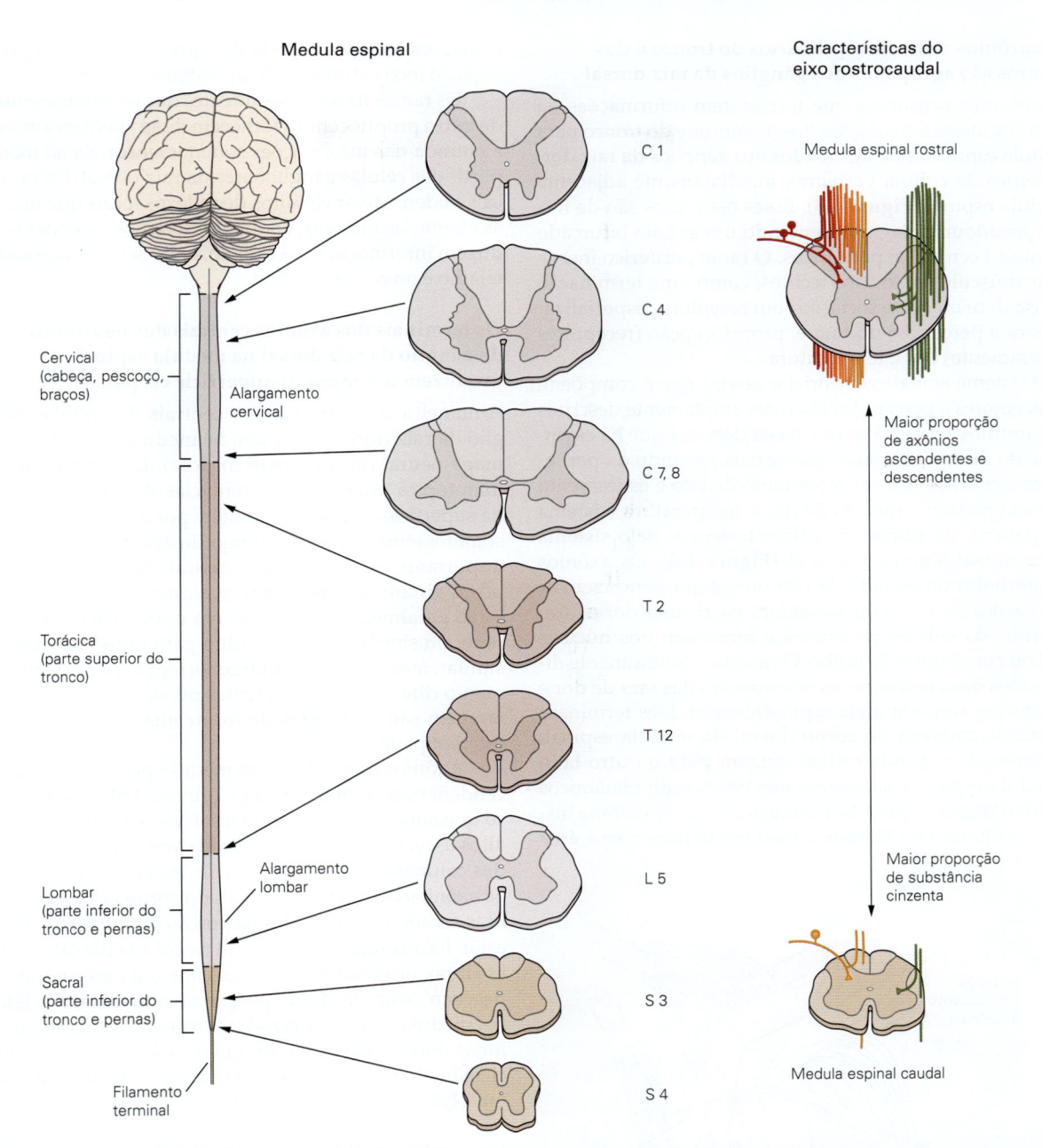

FIGURA 4-4 A aparência interna e externa da medula espinal varia em seus diferentes níveis. A proporção da substância cinzenta (a área em forma de H no interior da medula espinal) em relação à substância branca é maior nos níveis sacrais do que nos cervicais. Nos níveis sacrais, poucos axônios sensoriais aferentes agregaram-se à medula, enquanto grande parte dos axônios motores já terminaram em níveis mais altos da medula. O alargamento de secção transversa nos níveis lombar e cervical compreende regiões onde o grande número de fibras que inerva os membros entra ou sai da medula espinal.

A segunda característica organizacional é a variação do tamanho dos cornos ventral e dorsal. O corno ventral é maior nos níveis onde os nervos motores inervam os braços e as pernas. O número de neurônios motores ventrais dedicados a uma região corporal é aproximadamente paralelo à destreza de movimentos dessa região. Assim, mais neurônios motores são necessários para inervar o maior número de músculos e regular a maior complexidade de movimentos dos membros em comparação aos do tronco. De maneira semelhante, o corno dorsal é maior onde entram os neurônios sensoriais dos membros na medula. Os membros possuem maior densidade de receptores sensoriais que medeiam a discriminação tátil mais fina e, por isso, enviam mais fibras sensoriais para a medula. Essas regiões medulares são conhecidas como alargamentos lombossacrais e cervicais (**Figura 4-4**).

Os neurônios sensoriais primários do tronco e dos membros são agrupados nos gânglios da raiz dorsal

Os neurônios sensoriais que transmitem informações da pele, músculos e articulações dos membros e do tronco para a medula espinal estão agrupados nos gânglios da raiz dorsal, dentro da coluna vertebral, imediatamente adjacente à medula espinal (**Figura 4-5**). Esses neurônios são de formato pseudounipolar, apresentando um axônio bifurcado com ramos centrais e periféricos. O ramo periférico inerva a pele, músculos ou outros tecidos, como uma terminação nervosa livre ou em associação com receptores especializados para a percepção do toque, propriocepção (receptores de estiramento) dor e temperatura.

O sistema somatossensorial e as vias que o compõem, dos receptores à percepção, são mais amplamente descritos nos Capítulos 17 a 20. Por ora, basta destacar que há essencialmente duas vias somatossensoriais partindo da periferia que conduzem informações tanto de tato e estiramento (sistema epicrítico) quanto de dor e temperatura (sistema protopático). As fibras epicríticas trafegam pelo sistema coluna dorsal-lemnisco medial (**Figura 4-6**). Os axônios dos neurônios do gânglio da raiz dorsal que conduzem as informações ao encéfalo ascendem na coluna dorsal (ou posterior) da substância branca e terminam nos núcleos grácil ou cuneiforme do bulbo. Os axônios centralmente direcionados que conduzem as informações das vias de dor e temperatura formam a via espinotalâmica. Eles terminam na matéria cinzenta do corno dorsal da medula espinal. Neurônios de segunda ordem cruzam para o outro lado da medula espinal e ascendem nos tratos espinotalâmicos anterior e lateral (**Figura 4-6**). Ambas as vias, em última instância, terminam no tálamo, o qual envia projeções à área somatossensorial primária do córtex cerebral. Na próxima seção, o foco é direcionado ao sistema epicrítico.

Os ramos locais e ascendentes dos neurônios sensoriais de tato e propriocepção fornecem duas vias funcionais para a entrada das informações somatossensoriais na medula a partir das células ganglionares da raiz dorsal. Os ramos locais podem ativar circuitos de reflexos locais que modulam as eferências motoras, enquanto os ramos ascendentes conduzem informações ao encéfalo, onde serão processadas no tálamo e no córtex cerebral.

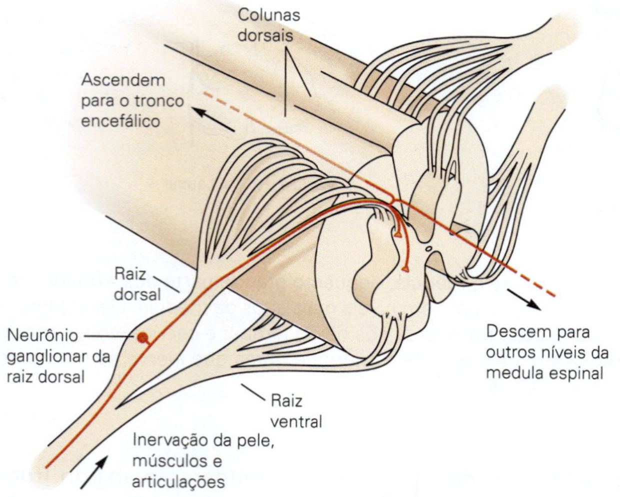

Os terminais dos axônios centrais dos neurônios do gânglio da raiz dorsal na medula espinal produzem um mapa da superfície corporal

A maneira como os axônios centrais das células do gânglio da raiz dorsal terminam na medula espinal forma um mapa neural da superfície corporal. Essa distribuição somatotópica ordenada de aferências de diferentes porções da superfície corporal se mantém por toda a via ascendente somatossensorial. Esse arranjo ilustra um outro princípio importante na organização neural. Neurônios que compõem circuitos neurais em qualquer nível em particular estão geralmente conectados em uma forma sistemática e parecem similares de indivíduo para indivíduo. De forma similar, feixes de fibras que conectam regiões de processamento diferentes em diferentes níveis do sistema nervoso também são arranjados de forma altamente organizada e estereotipada.

Axônios que entram na medula pela região sacral ascendem pela coluna dorsal próximos à linha média, ao passo que aqueles que entram em níveis sucessivamente mais altos ascendem em posições cada vez mais laterais dentro das colunas dorsais. Dessa forma, na coluna cervical, onde os axônios de todas as porções do corpo já entraram, as fibras sensoriais originadas na porção mais inferior do corpo estão localizadas medialmente na coluna dorsal, enquanto as fibras originadas no tronco, braço e ombro e, por fim, pescoço ocupam áreas progressivamente mais laterais. Na medula espinal cervical, os axônios que formam as colunas dorsais são divididos em dois feixes: o fascículo grácil, situado medialmente, e o fascículo cuneiforme, situado mais lateralmente (**Figura 4-1**).

Cada submodalidade somática é processada em um subsistema diferente desde a periferia até o encéfalo

As submodalidades da sensação somática – tato, dor, temperatura e sentido de posição – são processadas no encéfalo por meio de diferentes vias que terminam em diferentes regiões encefálicas. A especificidade dessas vias paralelas será ilustrada através do caminho da informação para a submodalidade do tato.

As fibras aferentes primárias que carregam a informação sobre tato entram na coluna dorsal ipsilateral e ascendem para o bulbo. Fibras originadas na porção inferior do corpo transitam pelo fascículo grácil e terminam no núcleo grácil, enquanto as fibras da parte superior do corpo seguem pelo fascículo cuneiforme e terminam no núcleo cuneiforme. Neurônios nos núcleos grácil e cuneiforme dão

FIGURA 4-5 Gânglios da raiz dorsal e raízes nervosas espinais. Os corpos celulares dos neurônios que trazem a informação sensorial da pele, dos músculos e das articulações se encontram nos gânglios da raiz dorsal – agrupamento de células adjacente à medula espinal. Os axônios desses neurônios são bifurcados em ramos que se prolongam em direção periférica e central. O ramo central entra pela porção dorsal da medula espinal.

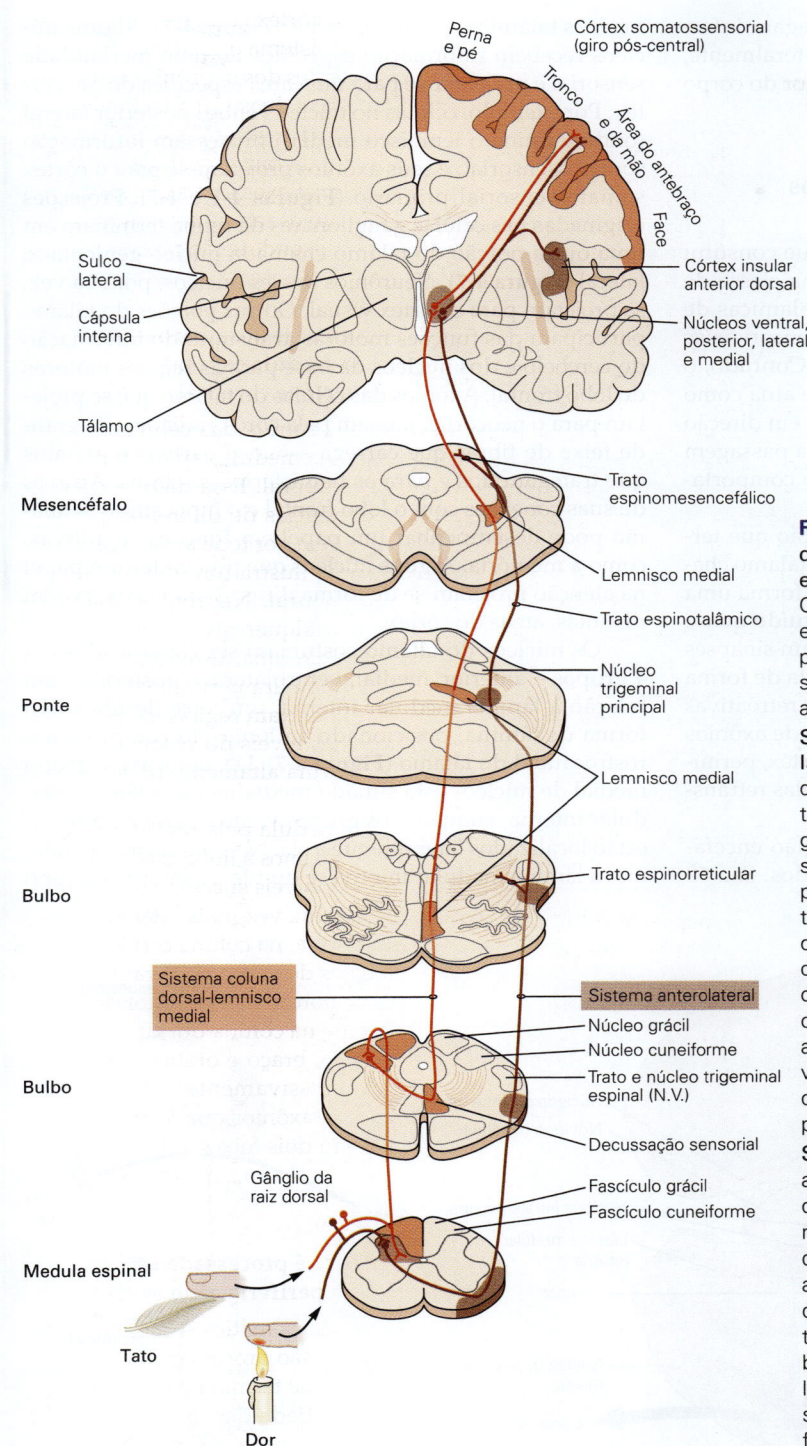

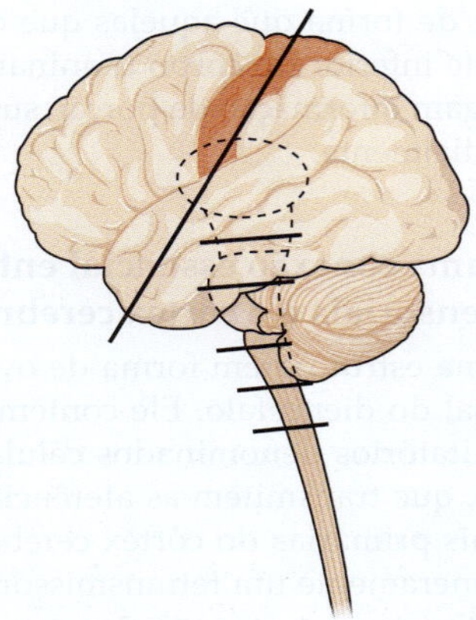

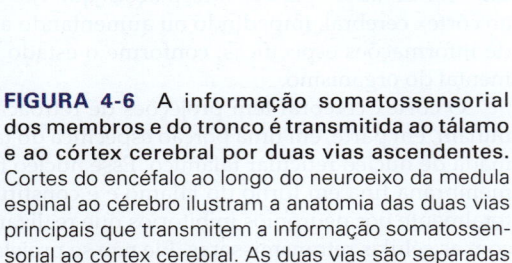

FIGURA 4-6 A informação somatossensorial dos membros e do tronco é transmitida ao tálamo e ao córtex cerebral por duas vias ascendentes. Cortes do encéfalo ao longo do neuroeixo da medula espinal ao cérebro ilustram a anatomia das duas vias principais que transmitem a informação somatossensorial ao córtex cerebral. As duas vias são separadas até atingirem a ponte, onde são justapostas.

Sistema coluna dorsal-lemnisco medial (cor de laranja). Os sinais táteis e os sinais proprioceptivos dos membros são conduzidos à medula espinal e ao tronco encefálico por fibras nervosas mielinizadas de grande diâmetro, e são transmitidos ao tálamo nesse sistema. Na medula espinal, as fibras para o tato e a propriocepção se dividem, um ramo indo para a substância cinzenta espinal ipsilateral e o outro ascendendo da coluna dorsal ipsilateral para o bulbo. As fibras de segunda ordem dos neurônios dos núcleos da coluna dorsal cruzam a linha média no bulbo e ascendem no lemnisco medial contralateral em direção ao tálamo, onde terminam nos núcleos posteriores ventrais mediais e laterais. Os neurônios talâmicos desses núcleos transmitem informação tátil e proprioceptiva ao córtex somatossensorial primário.

Sistema anterolateral (marrom). A dor, o prurido, a temperatura e a informação visceral são transmitidos à medula espinal por fibras de pequeno diâmetro, mielinizadas e amielinizadas, que terminam no corno dorsal ipsilateral. Essa informação é transportada através da linha média por neurônios dentro da medula espinal e transmitida ao tronco encefálico e ao tálamo no sistema anterolateral contralateral. As fibras anterolaterais que terminam no tronco encefálico compõem os tratos espinorreticular e espinomesencefálico; as fibras anterolaterais remanescentes formam o trato espinotalâmico.

origem a axônios que cruzam para o outro lado do encéfalo e ascendem para o tálamo por um longo feixe de fibras chamado lemnisco medial (**Figura 4-1**).

Como nas colunas dorsais da medula espinal, as fibras do lemnisco medial estão arranjadas somatotopicamente. Em razão de as fibras que conduzem informações sensoriais atravessarem a linha média para o outro lado do encéfalo, o lado direito do encéfalo recebe a informação sensorial do lado esquerdo do corpo e vice-versa. As fibras do lemnisco medial terminam em uma subdivisão específica do tálamo, chamada de núcleo ventral posterior lateral (**Figura 4-1**). Ali, as fibras mantêm sua organização somatotópica, de forma que aquelas que carregam informação da parte inferior do corpo terminam lateralmente, e as que carregam informação da porção superior do corpo terminam medialmente.

O tálamo é uma conexão essencial entre os receptores sensoriais e o córtex cerebral

O tálamo é uma estrutura em forma de ovo que constitui a porção dorsal do diencéfalo. Ele contém uma classe de neurônios excitatórios denominados células talâmicas de retransmissão, que transmitem as aferências sensoriais às áreas sensoriais primárias do córtex cerebral. Contudo, o tálamo não é meramente um retransmissor. Ele atua como um "controlador" para as informações que vão em direção ao córtex cerebral, impedindo ou aumentando a passagem de informações específicas, conforme o estado comportamental do organismo.

O córtex cerebral tem projeções de retroação que terminam, em parte, em uma porção específica do tálamo chamada de núcleo reticular talâmico. Esse núcleo forma uma membrana fina em torno do tálamo e é constituído quase totalmente por neurônios inibitórios que realizam sinapses com as células retransmissoras. Ele não se projeta de forma alguma ao neocórtex. Além de receber projeções retroativas do neocórtex, núcleo reticular recebe aferências de axônios que se projetam do tálamo em direção ao neocórtex, permitindo ao tálamo modular a resposta de suas células retransmissoras às informações sensoriais recebidas.

O tálamo é um bom exemplo de uma região encefálica composta de vários núcleos bem delimitados. São 50 núcleos talâmicos já identificados (**Figura 4-7**). Alguns núcleos recebem informação específica de uma modalidade sensorial e projetam-se para uma área específica do neocórtex. Por exemplo, células no núcleo ventral posterior lateral (onde termina o lemnisco medial) processam informação somatossensorial, e seus axônios projetam-se para o córtex somatossensorial primário (**Figuras 4-1** e **4-7**). Projeções originadas nas células ganglionares da retina terminam em uma outra porção do tálamo chamada núcleo geniculado lateral (**Figura 4-7**). Neurônios desses núcleos, por sua vez, se projetam para o córtex visual. Outras porções do tálamo participam das funções motoras, transmitindo informação do cerebelo e dos núcleos da base para as regiões motoras do lobo frontal. Axônios das células do tálamo que se projetam para o neocórtex passam pela coroa radiada, um grande feixe de fibras que carrega a maior parte dos axônios que trafegam dos e para os hemisférios cerebrais. Através de suas conexões com o lobo frontal e o hipocampo, o tálamo pode desempenhar um papel em funções cognitivas, como a memória. Alguns núcleos que podem ter um papel na atenção projetam-se de forma difusa para várias, porém distintas, áreas do córtex.

Os núcleos do tálamo costumam ser classificados em 4 grupos – anterior, medial, ventrolateral e posterior – em relação à lâmina medular interna, um feixe de fibras em forma de lâmina, posicionado ao longo do comprimento rostrocaudal do tálamo (**Figura 4-7**). Dessa forma, o grupo medial de núcleos está situado medialmente à lâmina medular interna, enquanto os grupos ventrolateral e posterior estão localizados lateralmente a ela. No polo rostral do tálamo, a lâmina medular interna se divide e contorna o grupo

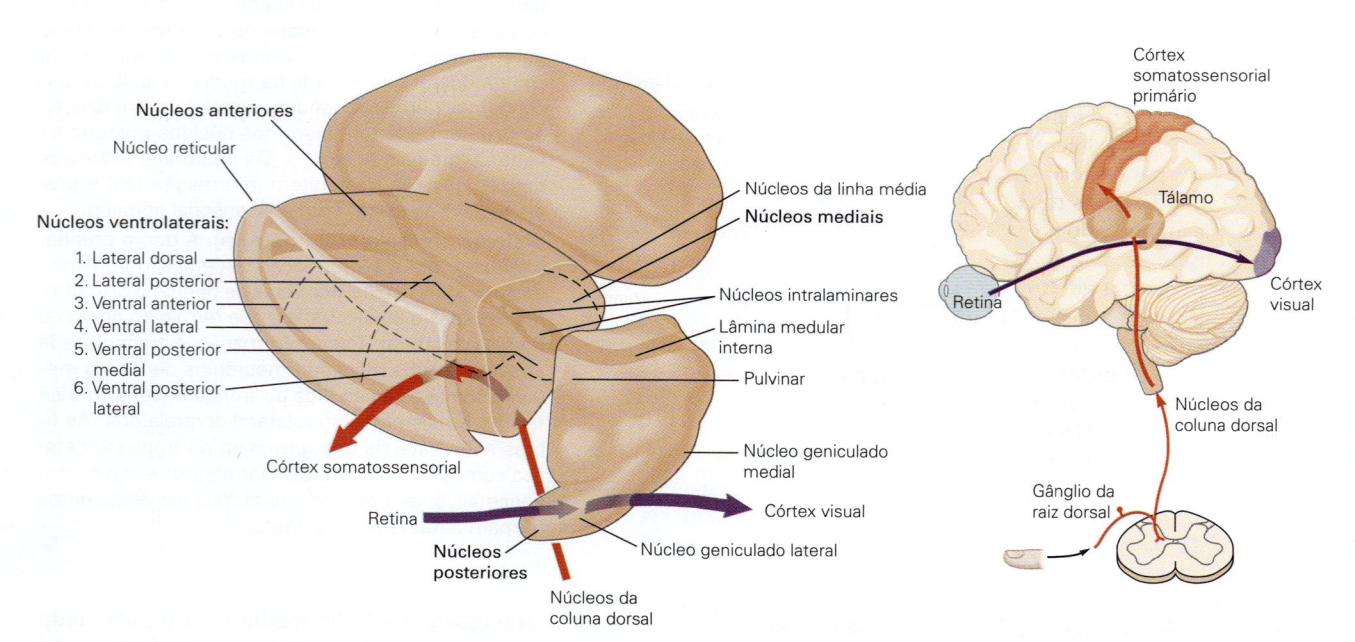

FIGURA 4-7 Principais subdivisões do tálamo. O tálamo é uma importante estação de retransmissão para o fluxo de informação sensorial, dos receptores periféricos ao neocórtex. A informação somatossensorial é transmitida dos gânglios da raiz dorsal para o núcleo ventral posterolateral e daí para o córtex somatossensorial primário. De forma similar, a informação visual da retina alcança o núcleo geniculado lateral, de onde ela é transmitida para o córtex visual primário no lobo occipital. Cada um dos sistemas sensoriais, com exceção do olfato, tem etapas similares de processamento em uma região distinta do tálamo.

anterior. O polo caudal do tálamo está ocupado pelo grupo posterior, composto principalmente pelo núcleo pulvinar. Também existem grupos de neurônios localizados entre as fibras da lâmina medular interna, coletivamente chamados de núcleos intralaminares.

O *grupo anterior* recebe sua principal aferência dos núcleos mamilares do hipotálamo e do pré-subículo da formação hipocampal. O papel do grupo anterior é incerto, mas, em função de suas conexões, acredita-se que esteja relacionado com memória e emoção. O grupo anterior está interconectado principalmente com regiões dos córtices cingulado e frontal.

O *grupo medial* consiste basicamente no núcleo mediodorsal. Esse grande núcleo talâmico possui três subdivisões, cada qual conectada a uma porção específica do córtex frontal. O núcleo recebe aferências de regiões dos núcleos da base, amígdala e mesencéfalo e tem sido implicado na memória e no processamento emocional.

Os núcleos do *grupo ventrolateral* levam o nome de acordo com suas posições no tálamo. Os núcleos ventroanteriores e ventrolaterais são importantes para o controle motor e carregam informação dos núcleos da base e do cerebelo para o córtex motor. O núcleo ventral posterior transmite informação somatossensorial para o neocórtex. O núcleo ventral posterior lateral transmite informações dos tratos da medula espinal, como descrito anteriormente. O núcleo ventral posterior medial transmite informações da face, as quais chegam ao tronco encefálico principalmente através do nervo trigêmeo (nervo craniano V).

O *grupo posterior* inclui os núcleos geniculados medial e lateral, o núcleo posterolateral e o pulvinar. O núcleo geniculado medial é um componente do sistema auditivo e é organizado tonotopicamente baseado nas informações de frequências sonoras transmitidas por suas aferências. Ele transmite informações auditivas ao córtex auditivo primário, localizado no giro temporal superior do lobo temporal. O núcleo geniculado lateral recebe informações da retina e as retransmite para o córtex visual primário no lobo occipital. Comparado ao dos roedores, o pulvinar é desproporcionalmente aumentado no encéfalo dos primatas, especialmente no humano, e seu desenvolvimento parece ocorrer de maneira paralela ao aumento das regiões associativas dos córtices parietal, occipital e temporal. Ele é composto por pelo menos três subdivisões e bastante interconectado com regiões distribuídas nos lobos parietal, temporal e occipital, assim como com o colículo superior e outros núcleos do tronco encefálico relacionados à visão.

Como observado anteriormente, o tálamo se projeta não somente ao neocórtex (conexões de pró-ação), mas também recebe aferências de retorno a partir do neocórtex (conexões de retroação). Por exemplo, no núcleo geniculado lateral, o número de sinapses formadas por axônios de retroação originados no córtex visual é de fato maior do que o de sinapses que o núcleo geniculado lateral recebe da retina! Sabe-se que essa retroação desempenha uma função modulatória importante no processamento da informação sensorial, embora sua função exata não seja ainda compreendida. Apesar de a retroação ser principalmente oriunda de neurônios corticais que são ativados por ambos os olhos, os neurônios do núcleo geniculado lateral são responsivos a apenas um ou outro olho. A implicação disso é que eles são primariamente controlados pela aferência da retina (a qual é de diferentes olhos em diferentes camadas), e não pela retroação cortical, apesar de sua vantagem numérica. A maioria dos núcleos talâmicos recebe uma proporção similarmente proeminente de projeções originadas no córtex cerebral, e o significado disso é um dos mistérios não solucionados das neurociências.

Os núcleos descritos até agora são chamados de *núcleos retransmissores* (ou *específicos*) porque têm uma relação específica e seletiva com alguma região em particular do neocórtex. Outros núcleos talâmicos, chamados de *núcleos inespecíficos*, projetam-se para diversas regiões corticais e subcorticais. Esses núcleos estão localizados ou na linha média do tálamo (os núcleos da linha média) ou no interior da lâmina medular interna (os núcleos intralaminares). Os maiores núcleos da linha média são os núcleos paraventricular, paratenial e de reunião, e o maior dos grupos celulares intralaminares é o núcleo centromediano. Os núcleos intralaminares projetam-se para estruturas do lobo temporal medial, como a amígdala e o hipocampo, mas também enviam projeções para porções dos núcleos da base. Esses núcleos recebem aferências de uma variedade de fontes na medula espinal, tronco encefálico e cerebelo, e postula-se que sejam envolvidos na ativação cortical.

O tálamo é um passo importante na hierarquia do processamento sensorial, e não uma estação de retransmissão passiva onde a informação é simplesmente repassada ao neocórtex. É uma região encefálica complexa, onde um substancial processamento de informação é conduzido (**Figura 4-1**). Para dar apenas um exemplo, a saída de informação somatossensorial do núcleo ventral posterolateral está sujeita a quatro tipos de processamento: (1) processamento local no próprio núcleo; (2) modulação por aferências do tronco encefálico, de sistemas como o noradrenérgico e o serotoninérgico; (3) aferência inibitória do núcleo reticular; (4) retroação modulatória do neocórtex.

O processamento da informação sensorial culmina no córtex cerebral

A informação somatossensorial do núcleo ventral posterior lateral é transmitida principalmente ao córtex somatossensorial primário (**Figura 4-1**). Aqui os neurônios são finamente sensíveis à estimulação tátil da superfície da pele. O córtex somatossensorial, como os estágios anteriores do processamento sensorial do tato, é organizado somatotopicamente (**Figura 4-8**).

Quando estimulava a superfície do córtex somatossensorial em pacientes submetidos à cirurgia cerebral, no final dos anos 1940 e início dos anos 1950, o neurocirurgião Wilder Penfield descobriu que a sensação originada nos membros inferiores é mediada por neurônios próximos à linha média do cérebro, enquanto sensações da parte superior do corpo, mãos e dedos, face, lábios e língua são mediadas por neurônios localizados lateralmente. Penfield descobriu que, embora todas as partes do corpo sejam representadas somatotopicamente no córtex, o montante de

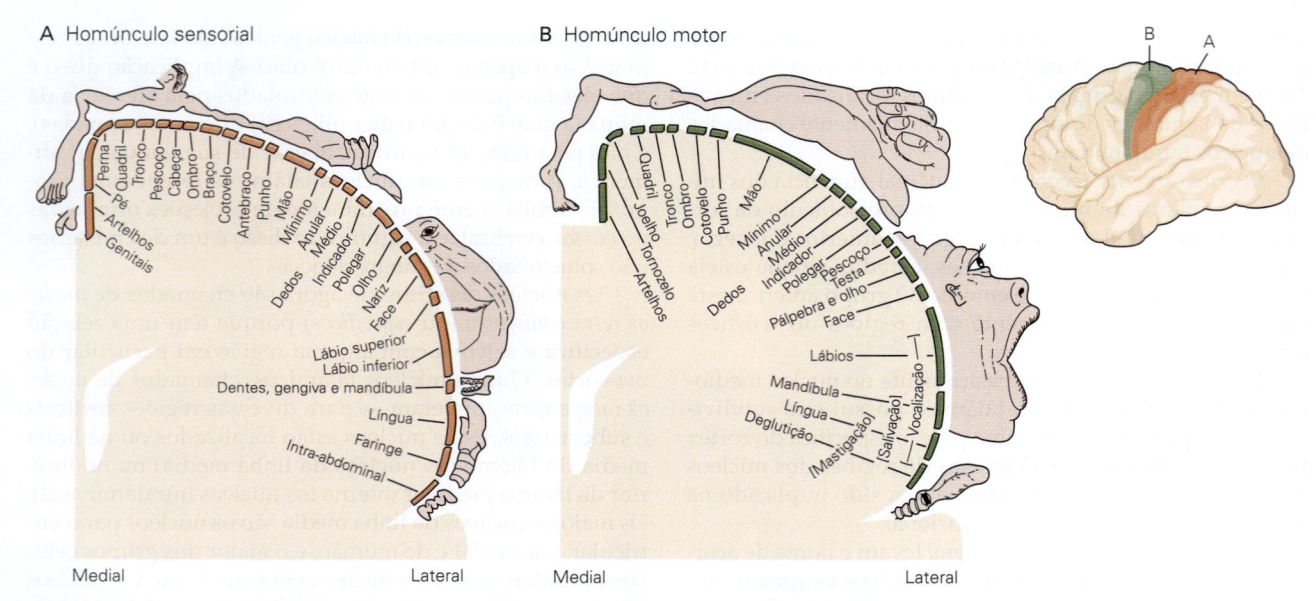

FIGURA 4-8 Um homúnculo ilustra a quantidade relativa de área cortical dedicada à inervação sensorial e motora de porções específicas do corpo. Toda a superfície corporal é representada no córtex por um conjunto ordenado de aferências somatossensoriais. (De Penfield e Rasmussen, 1950. Reproduzida com autorização de Osler Library of the History of Medicine, McGill University.)
A. A área do córtex dedicada ao processamento da informação sensorial de uma região particular do corpo não é proporcional à massa dessa região, mas, em vez disso, reflete a densidade dos receptores sensoriais naquela região. Assim, as aferências sensoriais de lábios e mãos ocupam mais áreas do córtex do que, por exemplo, as do cotovelo.
B. As eferências do córtex motor são organizadas de maneira similar. A quantidade de superfície cortical dedicada a uma parte do corpo está relacionada ao grau de controle motor daquela parte. Assim, nos humanos, grande parte do córtex motor dedica-se ao controle dos músculos dos dedos e daqueles relacionados à fala.

superfície cortical dedicada a cada região corporal não é proporcional à sua massa. Em vez disso, é proporcional à fineza da discriminação sensorial daquela área corporal, o que por sua vez está relacionado à densidade da inervação das fibras sensoriais (Capítulo 19). Assim, a área do córtex dedicada aos dedos é maior do que aquela dedicada aos braços. Da mesma forma, a representação dos lábios e da língua ocupa uma maior superfície cortical do que a do restante da face (**Figura 4-8**). Como é visto no Capítulo 53, o montante de córtex dedicado a uma área corporal particular não é fixo, mas pode ser modificado pela experiência, como é visto em violinistas, nos quais há uma expansão da região do córtex somatossensorial dedicada aos dedos da mão usada para dedilhar as cordas. Isso ilustra um importante aspecto dos circuitos encefálicos: eles são capazes de alterações plásticas em resposta ao uso ou desuso. Tais alterações são importantes para várias formas de aprendizado, incluindo a habilidade de recuperar funções após um acidente vascular encefálico (AVE).

A região do córtex cerebral mais próxima da superfície do encéfalo é organizada em camadas e colunas, uma distribuição que aumenta sua eficiência computacional. O córtex sofreu uma drástica expansão durante a evolução. O neocórtex mais recente compreende a maioria dos córtices de mamíferos. Nos encéfalos maiores de primatas e cetáceos, a superfície neocortical é uma camada dobrada com rugosidades profundas, permitindo que uma superfície cortical três vezes maior seja empacotada em uma cabeça apenas modestamente aumentada. De fato, aproximadamente dois terços do neocórtex estão localizados ao longo das profundas rugosidades do córtex, denominadas sulcos; o restante está nas dobras externas dessa camada, denominadas giros. O neocórtex recebe aferências do tálamo, de outras regiões corticais de ambos os lados do encéfalo e de outras estruturas subcorticais. Suas eferências se dirigem para outras regiões do córtex, núcleos da base, tálamo, núcleos pontinos e medula espinal.

Esse complexo relacionamento de aferências e eferências está organizado de maneira eficiente na laminação dos neurônios corticais; cada camada contém diferentes aferências e eferências. Muitas regiões do neocórtex, em particular nas áreas sensoriais primárias, contém seis camadas numeradas da superfície cortical externa para a substância branca (**Figura 4-9**).

A camada I, a camada molecular, é ocupada pelos dendritos das células localizadas nas camadas mais profundas e pelos axônios que atravessam essa camada para fazer conexões em outras áreas do córtex.

As camadas II e III contêm principalmente pequenas células com formato piramidal. A camada II, a camada granular externa, é uma das duas camadas que contêm neurônios pequenos arredondados. A camada III é chamada de camada externa de células piramidais (a camada interna de células piramidais localiza-se em nível mais profundo). Os neurônios encontrados mais profundamente na camada III são maiores que aqueles observados mais

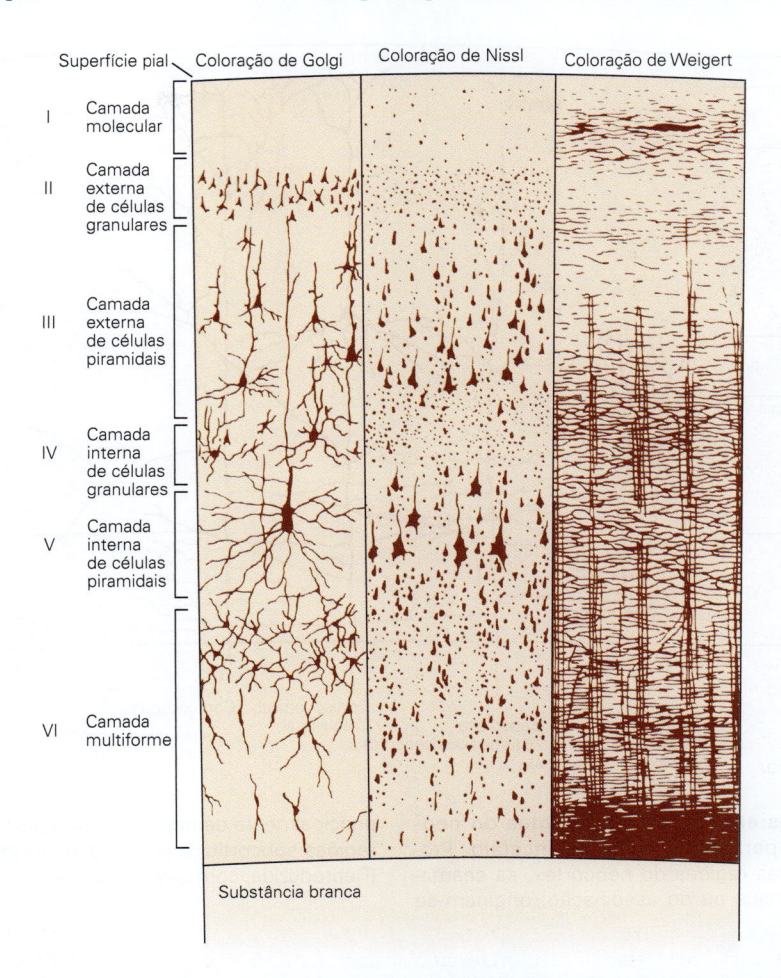

FIGURA 4-9 Os neurônios do neocórtex estão arranjados em diferentes camadas. A aparência do neocórtex depende de qual técnica foi utilizada para corá-lo. A coloração de Golgi (*à esquerda*) mostra um subconjunto de corpos celulares neuronais, axônios e árvores dendríticas. O método de Nissl (*no meio*) mostra corpos celulares e dendritos proximais. A coloração de Weigert (*à direita*) detecta o padrão de fibras mielínicas. (Reproduzida, com autorização, de Heimer, 1994.)

superficialmente. Os axônios dos neurônios piramidais nas camadas II e III projetam-se localmente a outros neurônios dentro da mesma área cortical, assim como a outras áreas corticais, desse modo mediando comunicações intracorticais (**Figura 4-10**).

A camada IV apresenta um grande número de neurônios esféricos pequenos e é chamada de camada interna de células granulares. Ela é a principal receptora de aferências sensoriais do tálamo, sendo mais proeminente nas áreas sensoriais primárias. Por exemplo, a região do córtex occipital que funciona como o córtex visual primário tem uma camada IV extremamente desenvolvida. A camada IV nessa região é tão altamente povoada de neurônios e tão complexa que é dividida em três subcamadas. Áreas com alto desenvolvimento da camada IV são nomeadas córtex granular. Em contrapartida, o giro pré-central, sítio do córtex motor primário, quase não possui camada IV e, assim, é parte do chamado córtex frontal agranular. Essas duas áreas corticais estão entre as mais fáceis de distinguir em cortes histológicos (**Figura 4-11**).

A camada V, camada interna de células piramidais, contém principalmente células de forma piramidal, que costumam ser maiores que aquelas da camada III. Os neurônios dessa camada originam as principais vias eferentes do córtex, que se projetam para outras áreas corticais e para estruturas subcorticais (**Figura 4-9**).

Os neurônios da camada VI são de formatos muito heterogêneos e, assim, essa camada é chamada de camada multiforme ou polimórfica. Ela se mistura com a substância branca que forma o limite profundo do córtex e carrega axônios para áreas do córtex e a partir delas.

A espessura das camadas individuais e os detalhes de sua organização funcional variam ao longo do córtex. Um estudioso do córtex cerebral, Korbinian Brodmann, usou a relativa proeminência das camadas acima e abaixo da camada IV, o tamanho celular e as densidades celulares características para distinguir áreas diferentes do neocórtex. Com base em tais diferenças citoarquitetônicas, Brodmann, em 1909, dividiu o córtex cerebral em 47 regiões (**Figura 4-11**).

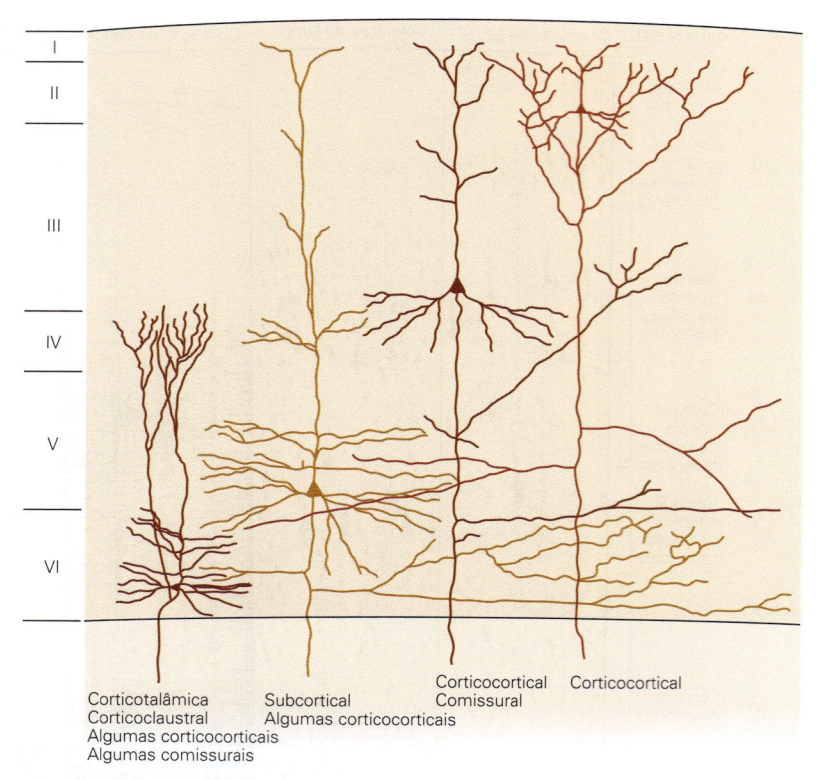

FIGURA 4-10 Neurônios em camadas diferentes do neocórtex projetam-se para partes diferentes do encéfalo. Projeções para todas as outras regiões do neocórtex, as chamadas conexões corticocorticais ou de associação, originam-se principalmente de neurônios das camadas II e III. Projeções para regiões subcorticais em geral originam-se das camadas V e VI. (Reproduzida, com autorização, de Jones, 1986.)

Embora a demarcação de Brodmann coincida, em parte, com informações sobre funções localizadas no neocórtex, o método citoarquitetônico sozinho não capta as sutilezas da variabilidade de funções de todas as diferentes regiões corticais. Por exemplo, Brodmann identificou cinco regiões (áreas 17 a 21) como relacionadas à função visual do macaco. No entanto, a neuroanatomia e a eletrofisiologia da hodologia moderna identificaram mais de 35 regiões corticais funcionalmente diferentes dentre as cinco regiões estudadas por Brodmann.

Dentro do neocórtex, a informação passa de um núcleo retransmissor sináptico para outro utilizando as conexões de pró-ação e de retroalimentação. No sistema visual, por exemplo, projeções de pró-ação do córtex primário para as áreas visuais secundárias e terciárias se originam principalmente na camada III e terminam em sua maioria na camada IV da área cortical alvo. Já as projeções de retroalimentação para estágios anteriores de processamento originam-se das células nas camadas V e VI e terminam nas camadas I, II e VI (**Figura 4-12**).

O córtex cerebral é organizado funcionalmente em colunas de células que se estendem a partir da substância branca até a superfície do córtex. (Essa organização colunar não é particularmente evidente em preparações histológicas padrão e foi descoberta primeiramente em estudos eletrofisiológicos.) Cada coluna apresenta cerca de um terço de 1 milímetro de diâmetro. As células de cada coluna formam um módulo computacional com função altamente especializada. Os neurônios dentro de uma coluna tendem a ter propriedades de resposta semelhantes, presumivelmente porque eles formam uma rede de processamento local. Quanto maior a área cortical dedicada a uma função, maior é o número de colunas computacionais envolvidas (Capítulo 23). O sentido altamente discriminativo do tato nos dedos é o resultado das muitas colunas corticais existentes na extensa área cortical dedicada ao processamento da informação somatossensorial das mãos.

Além da identificação das colunas corticais, uma segunda grande descoberta a partir dos estudos eletrofisiológicos foi a de que o córtex somatossensorial contém não um, mas vários mapas somatotópicos da superfície corporal. O córtex somatossensorial primário (córtex parietal anterior) possui quatro mapas completos da pele, um em cada uma das áreas 3a, 3b, 1 e 2 de Brodmann. O tálamo envia, em paralelo, muitas informações de receptores profundos (p. ex., dos músculos) à área 3a e a maioria de suas informações cutâneas às áreas 3b e 1. A área 2 recebe aferências dessas áreas corticais talamorreceptoras, e pode ser responsável por nossa percepção integrada de objetos sólidos tridimensionais, o que é denominado estereognose. Neurônios do córtex somatossensorial primário projetam-se para neurônios de áreas adjacentes, que, por sua vez, projetam-se para outras

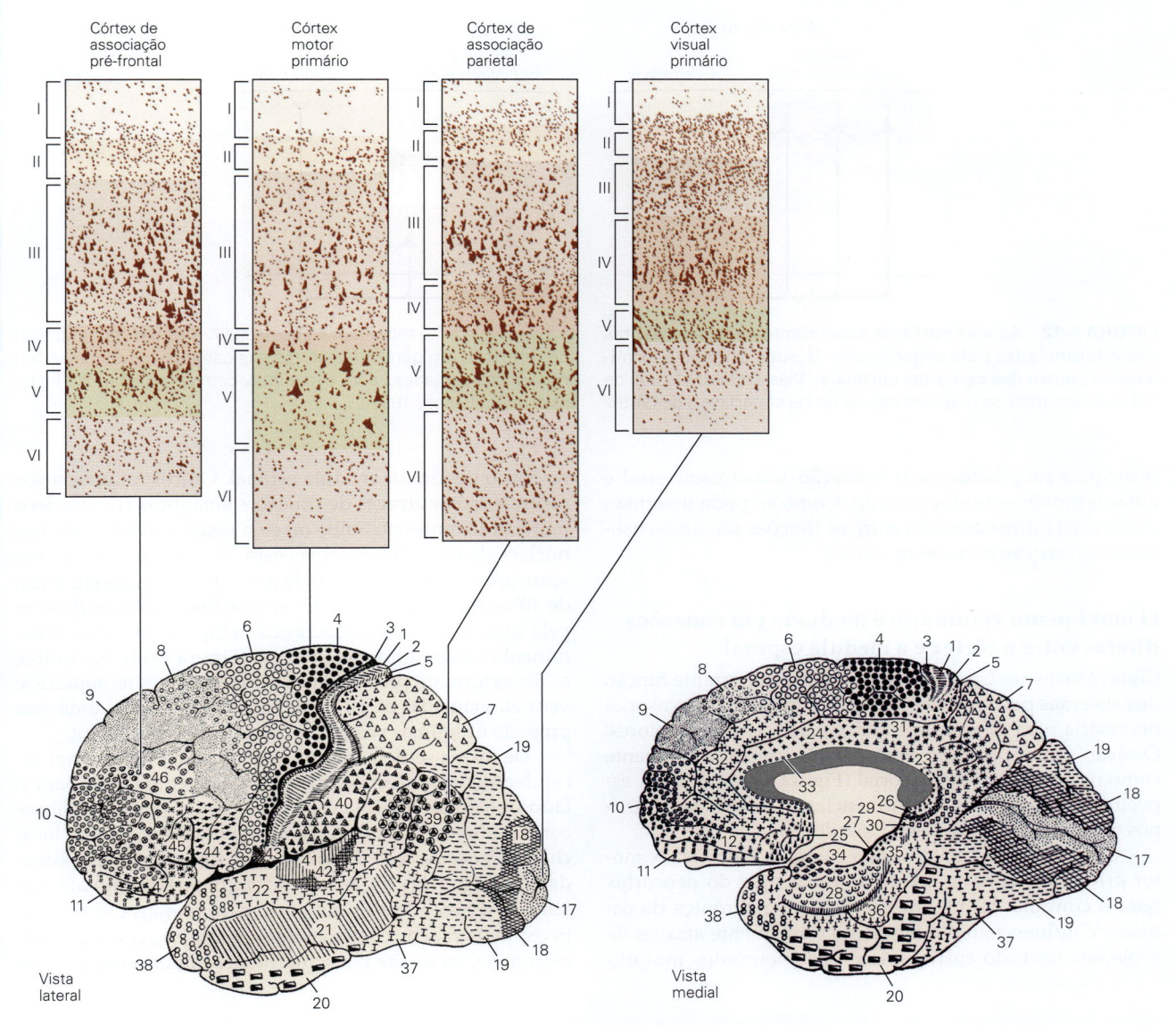

FIGURA 4-11 A espessura de cada camada celular do neocórtex varia ao longo do córtex. As áreas sensoriais do córtex, como o córtex visual primário, tendem a ter uma camada granular interna (camada IV) muito proeminente, o local das aferências sensoriais. As áreas motoras do córtex, como o córtex motor primário, apresentam uma camada IV fina, mas têm camadas de eferências proeminentes, como a camada V. Essas diferenças levaram Korbinian Brodmann e outros, trabalhando na virada do século XX, a dividir o córtex em várias regiões citoarquitetônicas. A subdivisão de Brodmann de 1909 mostrada aqui é uma análise clássica, no entanto foi baseada em um único encéfalo humano. (Reproduzida, com autorização, de Martin, 2012.)

áreas corticais adjacentes (**Figura 4-13**). Em níveis superiores na hierarquia das conexões corticais, a informação somatossensorial é usada para o controle motor, coordenação olho-mão e memória relacionada ao tato.

As áreas corticais envolvidas nos primeiros estágios do processamento sensorial são relacionadas primariamente com uma única modalidade sensorial. Tais regiões são chamadas de áreas de associação primárias ou unimodais. A informação de áreas de associação unimodal converge para áreas de associação multimodal do córtex concernentes à combinação de modalidades sensoriais (**Figura 4-13**). Essas áreas de associação multimodal, que são fortemente interconectadas com o hipocampo, parecem ser particularmente importantes para duas funções: (1) a formação de uma percepção unificada e (2) a representação dessa percepção na memória (isso é abordado novamente ao final deste capítulo).

Assim, da pressão mecânica em um receptor na pele à percepção de que um dedo foi tocado por um amigo em um aperto de mãos, a informação é processada por meio de uma série de circuitos (redes) de complexidade cada vez maior, partindo dos gânglios da raiz dorsal para o córtex somatossensorial, para áreas de associação unimodais e, finalmente, para áreas de associação multimodais. Um dos

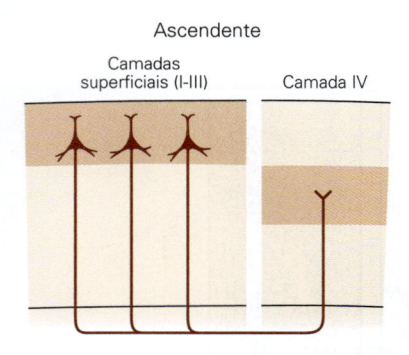

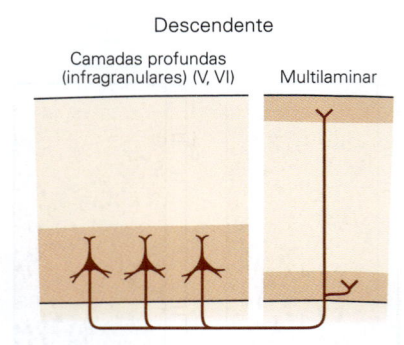

FIGURA 4-12 As vias corticais ascendentes e descendentes são diferenciadas pela organização de suas origens e terminações dentro das camadas corticais. Vias ascendentes ou de pró-ação em geral se originam nas camadas superficiais do córtex e invariavelmente terminam na camada IV. Vias descendentes ou de retroação em geral originam-se nas camadas profundas e terminam nas camadas I e VI. (Adaptada, com autorização, de Felleman e Van Essen, 1991.)

principais propósitos da informação somatossensorial é guiar o movimento direcionado. Como se pode imaginar, existe uma íntima conexão entre as funções somatossensoriais e as funções motoras no córtex.

O movimento voluntário é mediado por conexões diretas entre o córtex e a medula espinal

Como é visto nos Capítulos 25 e 30, uma importante função dos sistemas perceptivos é fornecer a informação sensorial necessária para as ações mediadas pelos sistemas motores. O córtex motor primário é organizado somatotopicamente como o córtex somatossensorial (**Figura 4-8B**). Regiões específicas do córtex motor influenciam a atividade de grupos musculares específicos (Capítulo 34).

Os axônios de neurônios da camada V do córtex motor primário fornecem a eferência principal do neocórtex para o controle do movimento. Alguns neurônios da camada V influenciam o movimento diretamente através de projeções no trato corticospinal para neurônios motores no corno ventral da medula espinal. Outros influenciam o controle motor através de conexões sinápticas com núcleos motores eferentes no bulbo ou com neurônios estriatais nos núcleos da base. O trato corticospinal humano consiste em aproximadamente 1 milhão de axônios, dos quais em torno de 40% originam-se do córtex motor. Esses axônios descem pela substância branca subcortical, a cápsula interna, e o pedúnculo cerebral no mesencéfalo (**Figura 4-14**). No bulbo, as fibras formam protuberâncias proeminentes na superfície ventral, chamadas de pirâmides bulbares; por isso, toda essa projeção é algumas vezes chamada de trato piramidal.

De forma semelhante ao sistema somatossensorial ascendente, o trato corticospinal descendente cruza para o lado oposto da medula espinal. A maior parte das fibras corticospinais cruzam a linha média no bulbo, em um local chamado decussação das pirâmides. Entretanto, aproximadamente 10% das fibras não fazem o cruzamento até que atinjam o nível da medula onde terminam. As fibras corticospinais fazem conexões monossinápticas com motoneurônios, conexões particularmente importantes para os

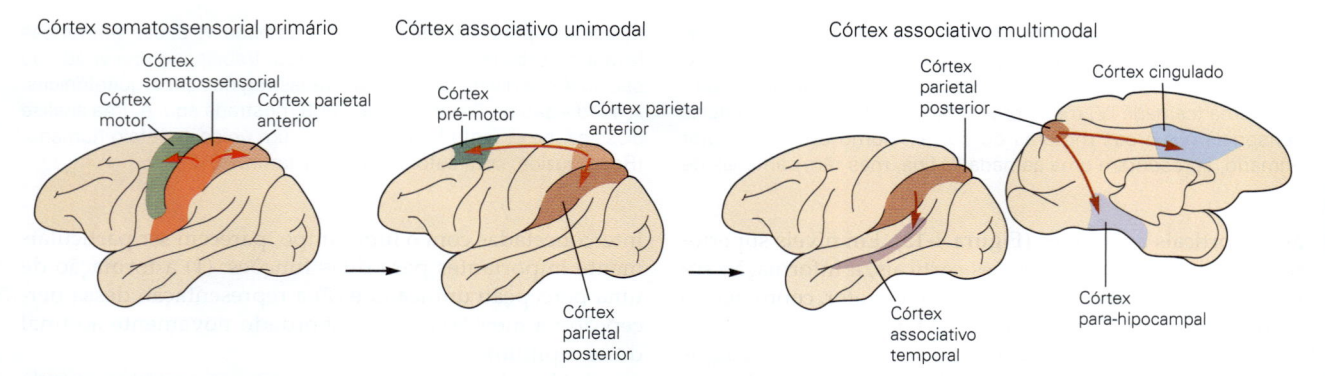

FIGURA 4-13 O processamento da informação sensorial no córtex cerebral tem início nas áreas sensoriais primárias, continua nas áreas de associação unimodal e é mais elaborado nas áreas de associação multimodal. Os sistemas sensoriais também se comunicam com porções do córtex motor. Por exemplo, o córtex somatossensorial primário projeta-se para a área motora no lobo frontal e para a área de associação somatossensorial no córtex parietal. A área de associação somatossensorial, por sua vez, projeta-se para áreas de associação somatossensorial de ordem superior e para o córtex pré-motor. A informação de diferentes sistemas sensoriais converge para áreas de associação multimodais, as quais incluem os córtices para-hipocampal, temporal de associação e cingulado.

Capítulo 4 • Bases neuroanatômicas pelas quais os circuitos neurais medeiam o comportamento 79

movimentos individualizados dos dedos. Elas também formam sinapses com neurônios tanto excitatórios quanto inibitórios da medula espinal, e essas conexões são importantes para a coordenação de grandes grupos musculares em comportamentos como alcançar e caminhar.

A informação motora conduzida pelo trato corticospinal é modulada de forma significativa tanto por informações sensoriais como por outras regiões motoras. Um fluxo contínuo de informação tátil, visual e proprioceptiva é necessário para realizar movimento voluntário em uma

Via corticospinal lateral descendente

Córtex cerebral
- Córtex motor primário
- Cápsula interna (ramo posterior)

Mesencéfalo
- Pedúnculo cerebral

Ponte

Bulbo
- Pirâmide
- Decussação piramidal

Junção bulbo-medula espinal
- Trato corticospinal lateral
- Coluna lateral

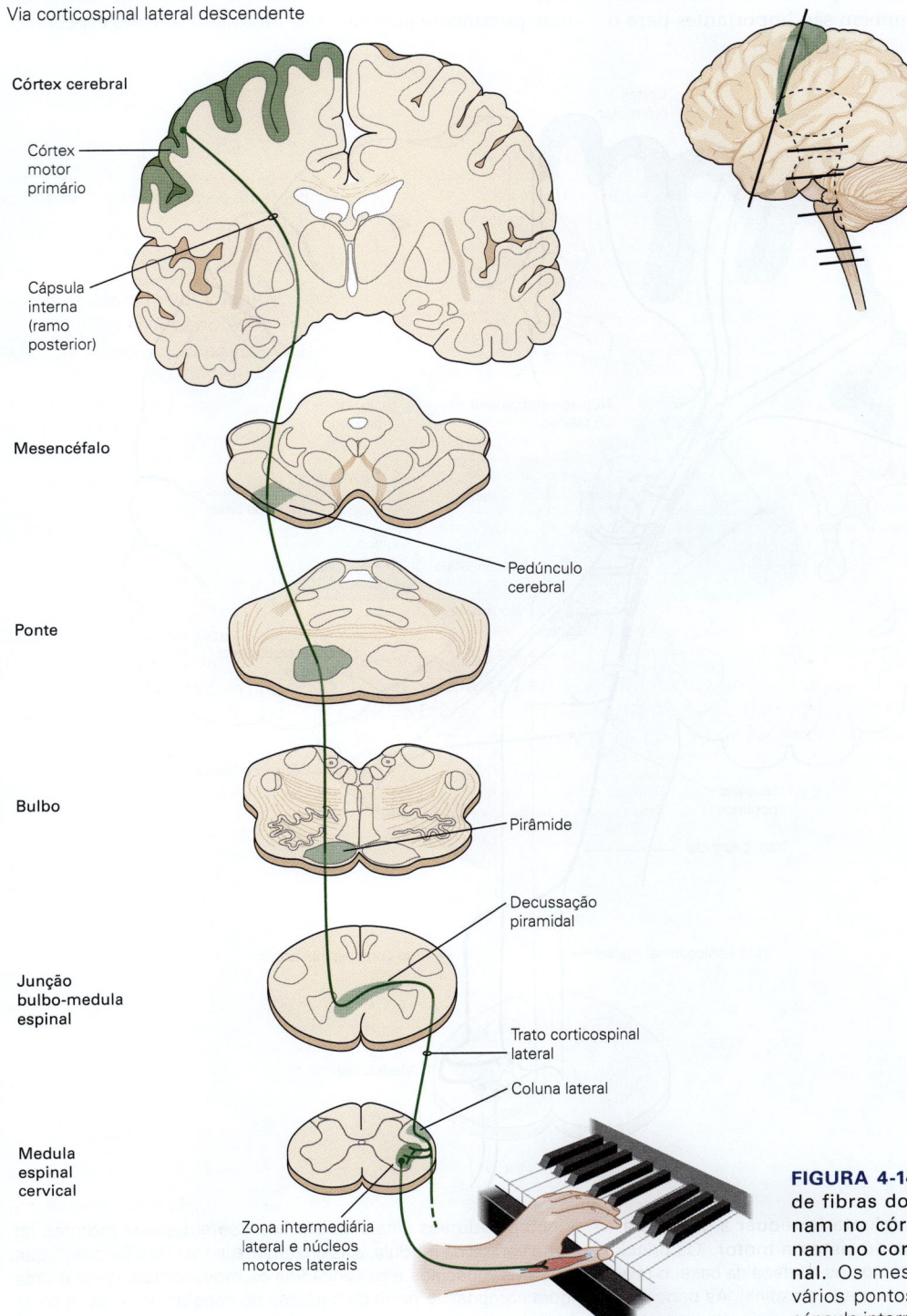

Medula espinal cervical
- Zona intermediária lateral e núcleos motores laterais

FIGURA 4-14 Um número significativo de fibras do trato corticospinal se originam no córtex motor primário e terminam no corno ventral da medula espinal. Os mesmos axônios constituem, em vários pontos de suas projeções, parte da cápsula interna, do pedúnculo cerebral, da pirâmide bulbar e do trato corticospinal lateral.

sequência acurada e apropriada. Além disso, as eferências do córtex motor estão sob importante influência de outras regiões motoras do encéfalo, incluindo o cerebelo e os núcleos da base, estruturas essenciais para a execução de movimentos suaves. Essas duas regiões subcorticais, descritas em detalhe nos Capítulos 37 e 38, fornecem retroalimentação essencial para a execução suave de movimentos complexos e, por isso, também são importantes para o aperfeiçoamento de habilidades motoras por meio da prática (**Figura 4-15**).

Os sistemas moduladores no encéfalo influenciam a motivação, a emoção e a memória

Algumas áreas do encéfalo não são puramente sensoriais nem puramente motoras, mas modulam funções específicas

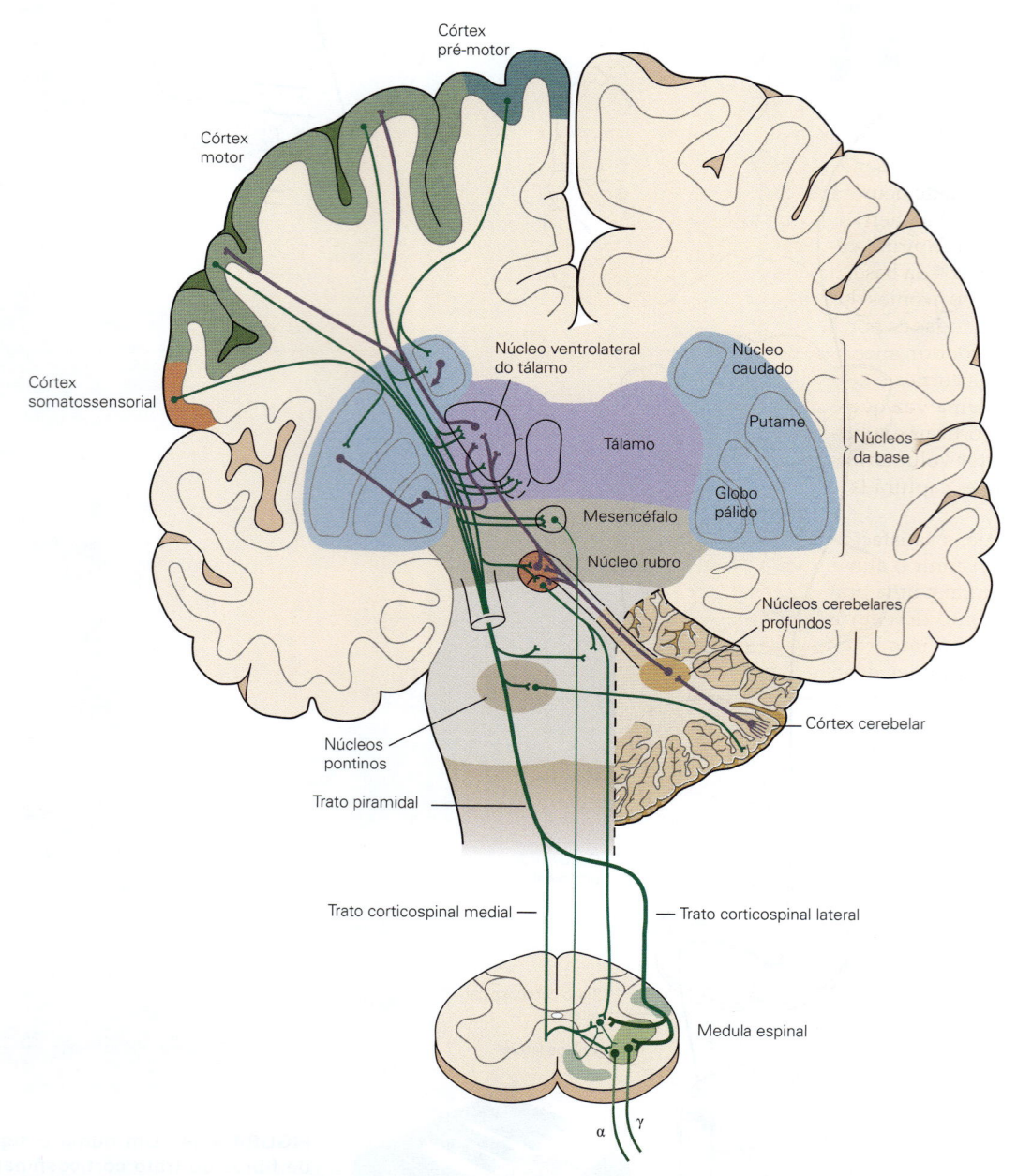

FIGURA 4-15 O movimento voluntário requer a coordenação de todos os componentes do sistema motor. Os principais componentes são o córtex motor, os núcleos da base, o tálamo, o mesencéfalo, o cerebelo e a medula espinal. As principais projeções descendentes são mostradas em **verde**; projeções de retroação e conexões locais, em **lilás**. Todo esse processamento é incorporado aos sinais de entrada dos neurônios motores no corno ventral da medula, a assim chamada "via final comum", que inerva os músculos e desencadeia os movimentos. (Esta é uma figura composta a partir de secções do encéfalo tomadas a partir de diferentes ângulos.)

sensoriais ou motoras. Os sistemas moduladores com frequência estão envolvidos em comportamentos que respondem a uma necessidade primária, como fome, sede ou sono. Por exemplo, sistemas sensoriais e moduladores no hipotálamo determinam os níveis de glicose sanguínea (Capítulo 41). Quando a glicose decresce a certo nível crítico, o indivíduo sente fome. Para satisfazer essa fome, sistemas moduladores do encéfalo focalizam visão, audição e olfação em estímulos que são relevantes para o comportamento alimentar.

Diferentes sistemas moduladores no tronco encefálico modulam a atenção e o alerta (Capítulo 40). Pequenos núcleos no tronco encefálico contêm neurônios que sintetizam e liberam os neurotransmissores modulatórios noradrenalina (o *locus ceruleus*) e serotonina (o núcleo dorsal da rafe). Tais neurônios definem o nível geral de alerta de um animal através de suas amplas conexões com estruturas prosencefálicas. Um grupo de neurônios moduladores colinérgicos, o núcleo basal de Meynert, também está envolvido no alerta e na atenção (Capítulo 40). Esse núcleo está localizado abaixo dos núcleos da base, na porção prosencefálica basal do telencéfalo. Os axônios desses neurônios projetam-se basicamente para todas as porções do neocórtex.

Se um predador encontra uma presa em potencial, vários sistemas corticais e subcorticais determinam se ela é comestível. Uma vez que o alimento é reconhecido, outros sistemas corticais e subcorticais iniciam um abrangente programa motor voluntário para colocar o animal em contato com a presa, capturá-la, colocá-la na boca, mastigá-la e engoli-la.

Finalmente, a satisfação fisiológica da experiência do animal em consumir o alimento reforça os comportamentos que o levaram a uma prática predatória bem-sucedida. Um agrupamento de neurônios dopaminérgicos no mesencéfalo é muito importante para monitorar reforços e recompensas. O poder dos sistemas moduladores dopaminérgicos foi demonstrado por experimentos nos quais eletrodos foram implantados nas regiões de recompensa de ratos, sendo permitido aos animais pressionar livremente uma alavanca para estimular eletricamente seus encéfalos. Os ratos preferiram a autoestimulação à obtenção de água e alimentos, ao envolvimento em comportamentos sexuais ou em quaisquer outras atividades compensadoras. A função do sistema modulatório dopaminérgico no aprendizado por meio do reforço do comportamento exploratório é descrito no Capítulo 38.

Como os sistemas moduladores encefálicos envolvidos com a recompensa, a atenção e a motivação interagem com os sistemas sensorial e motor é uma das questões mais interessantes das neurociências, uma questão que também é fundamental para o entendimento do aprendizado e do armazenamento da memória (Capítulo 40).

O sistema nervoso periférico é anatomicamente diferente do sistema nervoso central

O sistema nervoso periférico supre o sistema nervoso central com uma corrente contínua de informação sobre os meios externo e interno do corpo. Ele é constituído pelas divisões somática e autonômica (**Figura 4-16**).

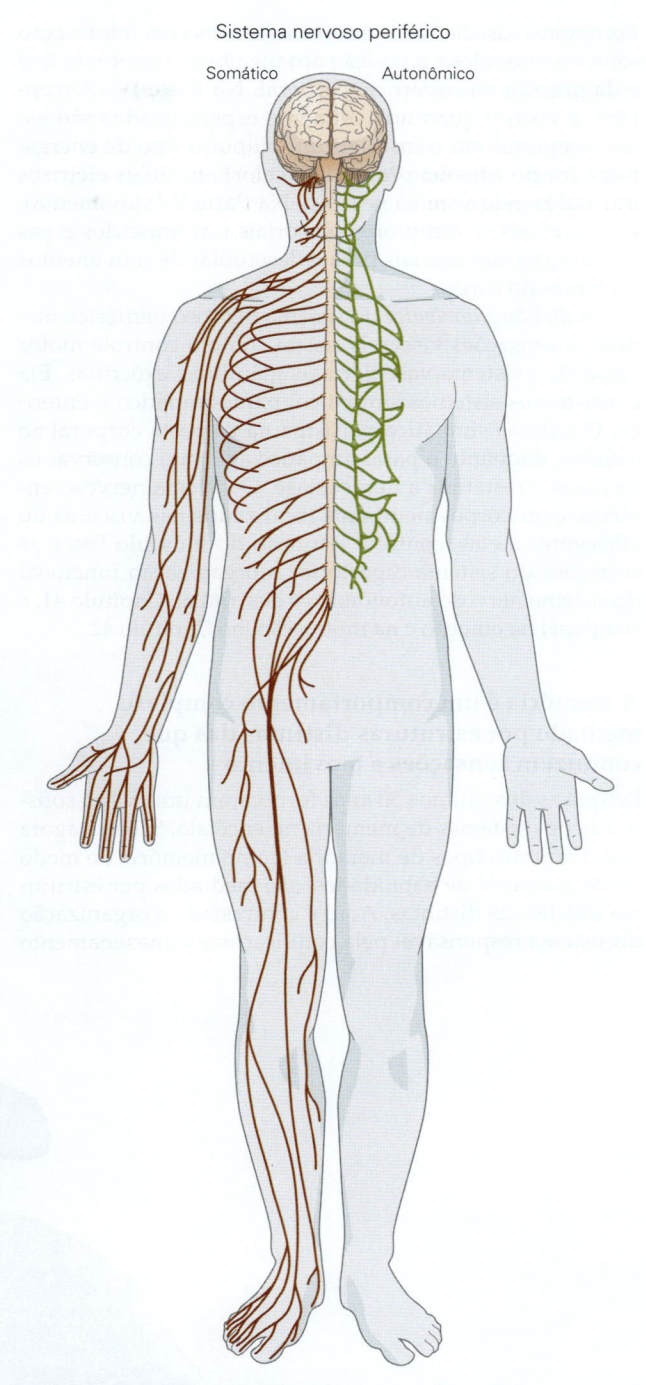

FIGURA 4-16 O sistema nervoso periférico apresenta as divisões somática e autonômica. A divisão somática leva informação da pele até o encéfalo e do encéfalo até os músculos. A divisão autonômica regula funções involuntárias, incluindo atividades do coração e dos músculos lisos no sistema digestório e nas glândulas.

A *divisão somática* inclui os neurônios sensoriais que recebem informação da pele, dos músculos e das articulações. Os corpos celulares desses neurônios sensoriais localizam-se nos gânglios da raiz dorsal e nos gânglios cranianos.

Receptores associados a essas células fornecem informação sobre os músculos e a posição dos membros e acerca do tato e da pressão na superfície corporal. Na Parte IV (Percepção), é visto o quão notavelmente especializados são esses receptores em transduzir um ou outro tipo de energia física (como pressão profunda e calor) em sinais elétricos utilizados pelo sistema nervoso. Na Parte V (Movimento), é visto como os receptores sensoriais nos músculos e nas articulações são cruciais para o desenrolar de movimentos coerentes do corpo.

A *divisão autonômica* do sistema nervoso periférico medeia as sensações viscerais, assim como o controle motor visceral, o sistema vascular e as glândulas exócrinas. Ela consiste nos sistemas simpático, parassimpático e entérico. O sistema simpático participa na resposta corporal ao estresse, enquanto o parassimpático age para conservar os recursos e restaurar a homeostase. O sistema nervoso entérico, com corpos neuronais localizados nas vísceras ou adjacentes a elas, controla a função do músculo liso e as secreções do sistema digestório. A organização funcional do sistema nervoso autonômico é descrita no Capítulo 41, e seu papel na emoção e na motivação, no Capítulo 42.

A memória é um comportamento complexo mediado por estruturas distintas das que conduzem sensações e movimento

Pesquisas dos últimos 50 anos forneceram uma visão sofisticada dos sistemas de memória no encéfalo. Sabe-se agora que diferentes tipos de memória (como memória de medo *versus* memória de habilidades) são mediados por estruturas encefálicas distintas. Aqui é contrastada a organização do sistema responsável pela codificação e armazenamento das experiências relacionadas a outros indivíduos, lugares, fatos e episódios, um processo denominado memória explícita.

Sabe-se que uma estrutura chamada hipocampo (ou, mais apropriadamente, formação hipocampal, uma vez que são diversas regiões corticais) é um componente-chave do sistema de memória do lobo temporal medial que codifica e armazena as memórias de nossas vidas (**Figura 4-17**). Esse entendimento é fortemente baseado na análise do famoso paciente Henry Molaison (referido como HM pelos cientistas que o estudaram), o qual, no início dos anos 1950, passou por uma cirurgia bilateral nos lobos temporais para reduzir uma epilepsia ameaçadora à sua vida. Em contraste às seis camadas do neocórtex, o hipocampo, juntamente com o córtex olfatório (córtex piriforme), é uma estrutura cortical com três camadas, referido como arquicórtex, umas das áreas filogeneticamente mais antigas do córtex.

O hipocampo é brevemente descrito neste capítulo para enfatizar que nem todos os circuitos encefálicos são similares. De fato, quando se fala sobre o bulbo olfatório, onde se inicia o processamento do sentido do olfato, ou o cerebelo, onde a motricidade fina é refinada, o princípio geral é de que a estrutura de um circuito é específica para a função que ele medeia. E o circuito hipocampal é tão diferente dos circuitos que medeiam a percepção sensorial ou a motricidade quanto qualquer um poderia imaginar. A circuitaria hipocampal do encéfalo é tratada bem mais detalhadamente nos capítulos mais à frente. O Capítulo 5 introduz a ideia de que o hipocampo codifica informações sobre a localização espacial de um animal em seu ambiente, e que a codificação da memória explícita (incluindo a memória espacial) requer alterações plásticas na função sináptica. Os Capítulos 52 e 54 exploram a funcionalidade da memória humana

FIGURA 4-17 Secção coronal da formação hipocampal humana corada pelo método de Nissl para demonstrar os corpos celulares. Os principais campos citoarquitetônicos são mostrados nesta secção da formação hipocampal humana. (Siglas: **CA3** e **CA1**, subdivisões do hipocampo; **GD**, giro denteado; **CE**, córtex entorrinal; **F**, fímbria; **Sub**, subículo.)

e as bases celulares e moleculares da memória explícita e da representação espacial respectivamente.

O sistema hipocampal é interconectado com regiões corticais polissensoriais superiores

Os sistemas sensoriais são hierárquicos, e seus níveis superiores – particularmente o neocórtex – processam estímulos progressivamente mais complexos. Além disso, a partir dos níveis superiores de cada modalidade, os circuitos se conectam a áreas corticais polissensoriais localizadas em diversos locais em torno do córtex, onde a informação de muitas modalidades sensoriais converge para neurônios unitários. O sistema hipocampal recebe a maioria de suas aferências, o material cru com o qual ele constrói memórias, de algumas poucas áreas polissensoriais específicas. Elas incluem os córtices perirrinal e para-hipocampal, localizados no lobo temporal medial, assim como o córtex retroesplenial, localizado na porção caudal do giro cingulado. Essas áreas polissensoriais convergem para a estrutura de entrada ao sistema hipocampal, o córtex entorrinal (**Figura 4-18**). As informações polissensoriais que entram pelo córtex entorrinal podem ser vistas como as fornecedoras de resumos da experiência imediata.

A formação hipocampal compreende muitos circuitos diferentes e altamente integrados

A formação hipocampal é constituída de regiões corticais distintas que apresentam organização mais simples que a do neocórtex – ou, ao menos, apresentam menos camadas. Essas regiões incluem o giro denteado, hipocampo, subículo e córtex entorrinal. Cada uma dessas regiões é formada por sub-regiões contendo muitos tipos de células neuronais. A sub-região mais simples da formação hipocampal é o giro denteado, que tem um único tipo de célula neuronal, as denominadas células granulares. As sub-regiões hipocampais, denominadas CA1, CA2 e CA3, consistem em uma única camada de células piramidais cujos dendritos se estendem acima e abaixo da camada de corpos celulares, recebendo aferências de diversas regiões. O subículo (dividido em subículo, pré-subículo e parassubículo) é outra região constituída predominantemente de células piramidais. Por fim, a porção mais complexa da formação hipocampal é o córtex entorrinal, que contém múltiplas camadas, mas ainda apresenta uma organização distinta da do neocórtex. Por exemplo, ele não possui uma camada IV e apresenta uma camada II muito mais proeminente.

A formação hipocampal é constituída principalmente por conexões unidirecionais

Aqui é descrita a circuitaria fundamental da formação hipocampal. Esse circuito é descrito com mais detalhe no Capítulo 54. A versão simplificada do circuito hipocampal mostrada na **Figura 4-19** enfatiza o passo a passo do processamento

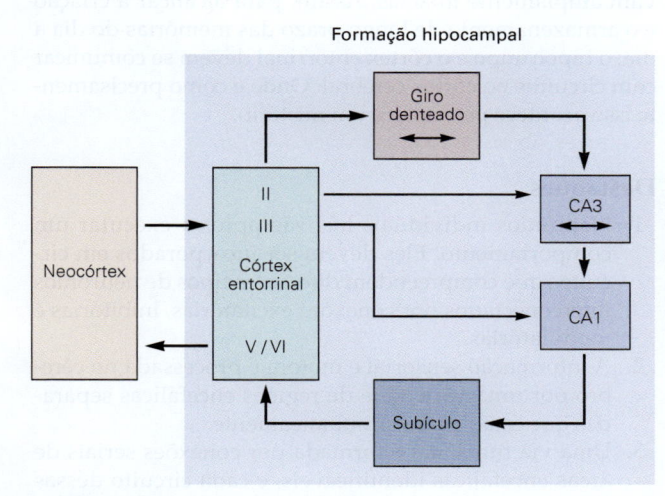

FIGURA 4-19 Diagrama simplificado sobre as conexões no interior da formação hipocampal. O circuito inicia a partir das células na camada II do córtex entorrinal em direção ao giro denteado, o qual, então, se projeta para a região CA3 do hipocampo. A porção CA3 do hipocampo se projeta para a CA1, e esta se projeta para o subículo. O circuito hipocampal é fechado quando o subículo se projeta às camadas profundas do córtex entorrinal. As vias de retroação do córtex entorrinal para as mesmas áreas multimodais de onde ele recebe as informações sensoriais não são mostradas.

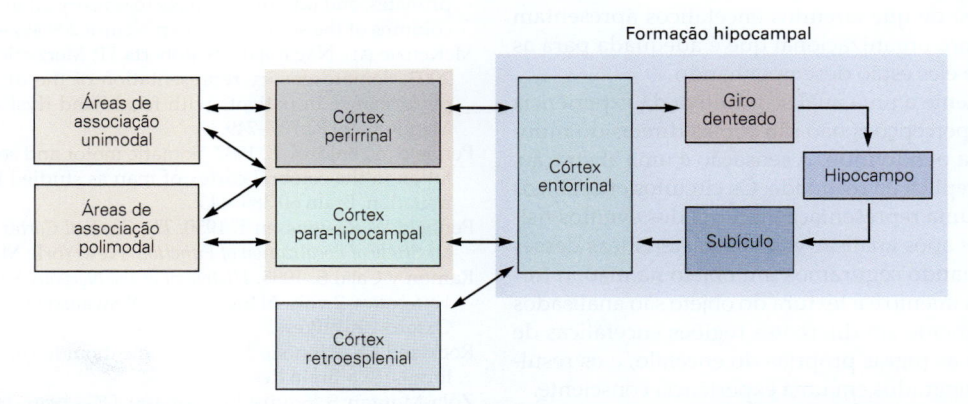

FIGURA 4-18 Organização hierárquica das conexões para a formação hipocampal. A formação hipocampal recebe informações sensoriais altamente processadas primariamente através do córtex entorrinal, oriundas de regiões associativas multimodais como os córtices perirrinal, para-hipocampal e retroesplenial.

serial de informações sensoriais multimodais, com cada região hipocampal contribuindo para a formação de memórias explícitas. Esse processamento serial implica em prejuízos à memória caso qualquer um dos componentes seja danificado. E, de fato, um outro famoso paciente, conhecido pelas iniciais R.B., sofreu profundos prejuízos na memória devido à perda de células da região CA1 após um episódio isquêmico.

Isso demonstra que enquanto a formação hipocampal é essencial para a formação inicial das memórias, estas são, em última instância, armazenadas em outras regiões do encéfalo. Em pacientes como o HM, no qual o córtex entorrinal e grande parte do restante do sistema hipocampal foram removidos, as memórias anteriores à cirurgia estavam amplamente intactas. Assim, para alcançar a criação e o armazenamento de longo prazo das memórias do dia a dia, o hipocampo e o córtex entorrinal devem se comunicar com circuitos no córtex cerebral. Onde e como precisamente isso acontece permanece um mistério.

Destaques

1. Neurônios individuais não são aptos a executar um comportamento. Eles devem ser incorporados em circuitos que compreendem diferentes tipos de neurônios interconectados por conexões excitatórias, inibitórias e modulatórias.
2. A informação sensorial e motora é processada no cérebro por uma variedade de regiões encefálicas separadas que estão ativas simultaneamente.
3. Uma via funcional é formada por conexões seriais de áreas encefálicas identificáveis, e cada circuito dessas áreas processa informações mais complexas ou específicas que a área encefálica precedente.
4. As sensações de tato e dor são mediadas por vias que trafegam entre diferentes circuitos na medula espinal, tronco encefálico, tálamo e neocórtex.
5. Todos os sistemas sensoriais e motores seguem um padrão de processamento de informação hierárquico e recíproco, enquanto o sistema de memória hipocampal é amplamente organizado para o processamento serial de complexas informações polissensoriais. Um princípio geral é o de que circuitos encefálicos apresentam uma estrutura organizacional que é adequada para as funções que eles estão desempenhando.
6. Contrariamente a uma análise intuitiva da experiência pessoal, as percepções não são cópias diretas do mundo que cerca o indivíduo. A sensação é uma abstração, e não uma réplica da realidade. Os circuitos encefálicos constroem uma representação interna dos eventos físicos externos após analisar várias características desses eventos. Quando seguramos um objeto na mão, o formato, o movimento e a textura do objeto são analisados simultaneamente em diferentes regiões encefálicas de acordo com as regras próprias do encéfalo, e os resultados são integrados em uma experiência consciente.
7. Como as sensações são integradas em uma experiência consciente – a *questão da conexão* – e como a experiência consciente emerge da análise do encéfalo à chegada de informações sensoriais, são duas das questões mais intrigantes nas neurociências cognitivas (Capítulo 56). Uma questão ainda mais complexa é como essas impressões conscientes são codificadas em memórias que são armazenadas por décadas.

David G. Amaral

Leituras selecionadas

Brodal A. 1981. *Neurological Anatomy in Relation to Clinical Medicine*, 3rd ed. New York: Oxford Univ. Press.
Carpenter MB. 1991. *Core Text of Neuroanatomy*, 4th ed. Baltimore: Williams and Wilkins.
England MA, Wakely J. 1991. *Color Atlas of the Brain and Spinal Cord: An Introduction to Normal Neuroanatomy*. St. Louis: Mosby Year Book.
Martin JH. 2012. *Neuroanatomy: Text and Atlas*, 4th ed. New York: McGraw Hill.
Nieuwenhuys R, Voogd J, van Huijzen Chr. 1988. *The Human Central Nervous System: A Synopsis and Atlas*, 3rd rev. ed. Berlin: Springer-Verlag.
Peters A, Jones EG (eds). 1984. *Cerebral Cortex*. Vol. 1, *Cellular Components of the Cerebral Cortex*. New York: Plenum.
Peters A, Palay S, Webster H de F. 1991. *The Fine Structure of the Nervous System*, 3rd ed. New York: Oxford Univ. Press.

Referências

Brodmann K. 1909. *Vergleichende Lokalisationslehre der Grosshirnrinde in ihren Prinzipien dargestellt auf Grund des Zellenbaues*. Leipzig: Barth.
Felleman DJ, Van Essen DC. 1991. Distributed hierarchical processing in the primate cerebral cortex. Cereb Cortex 1: 1–47.
Heimer L. 1994. *The Human Brain and Spinal Cord: Functional Neuroanatomy and Dissection Guide*, 2nd ed. New York: Springer.
Jones EG. 1988. The nervous tissue. In: *Cell and Tissue Biology: A Textbook of Histology*, 6th ed., pp. 305–341. Baltimore: Urban & Schwarzenberg.
Jones EG. 1986. Connectivity of the primate sensory-motor cortex. In: EG Jones, A Peters (eds), *Cerebral Cortex*, Vol. 5, Chapter 4: Sensory-Motor Areas and Aspects of Cortical Connectivity, pp. 113–183. New York/London: Plenum.
Kaas JH. 2006. Evolution of the neocortex. Curr Biol 16: R910–914.
Kaas JH, Qi HX, Burish MJ, Gharbawie OA, Onifer SM, Massey JM. 2008. Cortical and subcortical plasticity in the brains of humans, primates, and rats after damage to sensory afferents in the dorsal columns of the spinal cord. Exp Neurol 209:407–416.
McKenzie AL, Nagarajan SS, Roberts TP, Merzenich MM, Byl NN. 2003. Somatosensory representation of the digits and clinical performance in patients with focal hand dystonia. Am J Phys Med Rehabil 82:737–749.
Penfield W, Boldrey E. 1937. Somatic motor and sensory representation in the cerebral cortex of man as studied by electrical stimulation. Brain 60:389–443.
Penfield W, Rasmussen T. 1950. *The Cerebral Cortex of Man: A Clinical Study of Localization of Function*. New York: Macmillan.
Ramón y Cajal S. 1995. *Histology of the Nervous System of Man and Vertebrates*. 2 vols. N Swanson, LW Swanson (transl). New York: Oxford Univ. Press.
Rockland KS, Ichinohe N. 2004. Some thoughts on cortical minicolumns. Exp Brain Res 158:265–277.
Zola-Morgan S, Squire LR, Amaral DG. 1986. Human amnesia and the medial temporal region: enduring memory impairment following a bilateral lesion limited to field CA1 of the hippocampus. J Neurosci 6:2950–2967.

5

Bases computacionais dos circuitos neurais que medeiam o comportamento

Padrões de disparos neurais fornecem um código para a informação

    A informação sensorial é codificada pela atividade neural

    A informação pode ser decodificada a partir da atividade neural

    Mapas cognitivos espaciais hipocampais podem ser decodificados para inferir-se a localização

Motivos conexionais em circuitos neurais fornecem uma lógica básica para o processamento da informação

    O processamento visual e o reconhecimento de objetos dependem de uma hierarquia de representações proativas

    A existência de diversas representações neuronais no cerebelo constitui uma base para a aprendizagem

    Circuitos recorrentes são a base da atividade sustentada e da integração

O aprendizado e a memória dependem da plasticidade sináptica

    Padrões dominantes de sinais de entrada sinápticos podem ser identificados pela plasticidade hebbiana

    A plasticidade sináptica cerebelar desempenha um papel crucial no aprendizado motor

Destaques

O CAPÍTULO ANTERIOR teve como foco a neuroanatomia do encéfalo e as conexões entre diferentes regiões encefálicas. Uma compreensão de como essas conexões medeiam o comportamento requer um entendimento acerca de como a informação representada pela atividade de diferentes populações de neurônios é comunicada e processada. Muito dessa compreensão vem de registros dos pequenos sinais elétricos gerados por neurônios individuais.

Embora se tenha aprendido muito por meio de registros de um ou poucos neurônios por vez, avanços tecnológicos na miniaturização e na eletrônica tornaram possível registrar, simultaneamente, potenciais de ação de muitas centenas de neurônios individuais, em múltiplas áreas encefálicas, frequentemente no contexto de uma tarefa sensorial, motora ou cognitiva (**Quadro 5–1**). Tais avanços, juntamente com abordagens computacionais para o manejo e a análise de grandes bancos de dados, prometem revolucionar nossa compreensão acerca da função neural.

Ao mesmo tempo, abordagens genéticas modernas baseadas em sequenciamento de mRNA de neurônios individuais estão revelando numerosos tipos de células que contribuem para a atividade populacional. Abordagens baseadas na genética também permitem definirem-se tipos de neurônios a serem ativados ou silenciados durante um experimento, para dar suporte a testes que visam demonstrar relações causais (**Quadro 5–2**).

Métodos anatômicos de alto rendimento, tanto na escala da microscopia óptica quanto da eletrônica, fornecem informações sobre conexões de circuitos em níveis de detalhamento e completude sem precedentes. A complexidade dos circuitos neurais e o imenso conjunto de dados coletados a partir deles motivou o desenvolvimento e a aplicação de métodos estatísticos, computacionais e teóricos para extrair, analisar, modelar e interpretar os resultados. Esses métodos são utilizados para estudar um amplo espectro de questões que vão do desenho experimental, à extração de sinais a partir de dados brutos, à análise de grandes e complexos conjuntos de dados, à construção e análise de modelos de simulação de dados e, finalmente – e muito importante – à construção da compreensão, de alguma natureza, a partir dos resultados.

A extração de sinais é frequentemente realizada com base em uma abordagem Bayesiana, inferindo-se o sinal mais provável de estar presente em um registro ruidoso. A análise de dados frequentemente consiste na redução da dimensionalidade de um grande conjunto de dados, não apenas para torná-lo mais compacto, mas para identificar os componentes essenciais a partir dos quais ele é construído.

Modelos de sistemas neurais vão desde simulações detalhadas da morfologia e eletrofisiologia de neurônios individuais até modelos mais abstratos de grandes populações de neurônios. Seja qual for o nível de detalhamento, o objetivo da modelização é revelar como as características

> **QUADRO 5–1** Neuroimageamento óptico
>
> Métodos de imageamento óptico constituem um campo tecnológico que avança rapidamente, no sentido de monitorar dinâmicas de circuitos neurais em grande escala. Muitas dessas abordagens utilizam sensores fluorescentes – corantes sintéticos ou proteínas geneticamente modificadas e codificadas – que sinalizam alterações na atividade neural via mudanças na magnitude ou no comprimento de onda da luz que emitem após serem excitados. Várias abordagens de imageamento por fluorescência foram desenvolvidas, de acordo com a fonte da excitação para a fluorescência, incluindo fóton único (*single-photon*), multifótons e microcopia por fluorescência de super-resolução.
>
> Os corantes fluorescentes mais comumente utilizados sinalizam mudanças nos níveis intracelulares de cálcio como indicadores da atividade elétrica dos neurônios. Apesar da resolução temporal da fluorescência no imageamento do cálcio ser geralmente menor que aquela da eletrofisiologia, o imageamento por fluorescência com indicadores geneticamente modificados de cálcio possibilita o monitoramento simultâneo de milhares de neurônios individualmente identificados em um animal com comportamento ativo ao longo de diversos dias, semanas ou meses.
>
> Além do imageamento do cálcio, indicadores fluorescentes da atividade elétrica, sintéticos ou geneticamente codificados (p. ex., indicadores de voltagem geneticamente codificados [GEVIs]), repórteres da concentração de neurotransmissores (p. ex., repórter fluorescente para detecção de glutamato [GluSnFR, de *glutamate-sensing fluorescent reporter*]), estados de atividade de moléculas sinalizadoras intracelulares e expressão gênica, todos fornecem técnicas versáteis e em rápida expansão para monitorar a atividade neural em múltiplas escalas espaciais e temporais.

medidas de um neurônio ou rede de neurônios contribuem para a função desse neurônio ou circuito neural.

Além disso, nos níveis mais elevados de funcionalidade, tais como identificar imagens, jogar ou realizar tarefas em níveis humanos, ideias obtidas a partir de algoritmos de aprendizado de máquinas (*machine learning*) têm impacto cada vez maior na pesquisa nas neurociências.

Neste capítulo, serão introduzidas ideias, técnicas e abordagens que são usadas para caracterizar e interpretar a atividade de populações e circuitos neurais, mostrando exemplos oriundos de diversas áreas da pesquisa em neurociências. Muitos desses tópicos são discutidos em maior detalhe mais adiante neste livro.

Padrões de disparos neurais fornecem um código para a informação

A informação sensorial é codificada pela atividade neural

Animais e humanos continuamente acumulam informações acerca do mundo através dos sentidos, tomam decisões baseadas nesses dados e, quando necessário, agem. Para que a informação sensorial seja processada de modo a subsidiar a tomada de decisão e a execução de ações, ela deve ser transformada em sinais elétricos que produzem padrões de atividade neural no encéfalo. O estudo de tais representações neurais e suas relações com as dicas sensoriais externas, conhecidas coletivamente como *codificação neural*, é uma importante área de estudos nas neurociências. O processo pelo qual características de um estímulo são representadas pela atividade neural é chamado *codificação*.

A estrutura de uma representação neural desempenha um papel importante na maneira como a informação virá a ser processada pelo sistema nervoso. Por exemplo, a informação visual é inicialmente codificada na retina por respostas de fotorreceptores a cores e intensidades luminosas em uma pequena região do campo visual. Essa informação é então transformada no encéfalo, no córtex visual primário, para codificar uma cena visual, com base nas bordas e formatos que definem a cena, bem como em onde tais características estão localizadas. Transformações adicionais ocorrem em áreas visuais de ordem superior, capazes de extrair formas complexas e mais componentes a partir da cena, inclusive a identificação de objetos ou mesmo de faces individuais. Em outras áreas encefálicas, a codificação auditiva reflete o espectro da frequência de sons, e o tato é codificado em mapas que representam a superfície do corpo. A sequência de potenciais de ação disparados por um neurônio em resposta a um estímulo sensorial representa o modo como o estímulo muda ao longo do tempo. O estudo da codificação neural tem como objetivo compreender tanto as características do estímulo que ativam uma resposta do neurônio quanto a estrutura temporal da resposta e sua relação com as mudanças verificadas no mundo externo.

A informação pode ser decodificada a partir da atividade neural

Neurônios sensoriais codificam informações disparando potenciais de ação em resposta a características sensoriais. Outras áreas encefálicas, como aquelas responsáveis pela tomada de decisão ou que levam a ações motoras, devem interpretar corretamente o significado das sequências de potenciais de ação que recebem das áreas sensoriais a fim de responder adequadamente. O processo pelo qual a informação é extraída a partir da atividade neural é chamado *decodificação*.

A decodificação neural de sinais pode ser feita experimentalmente e em contextos clínicos por neurocientistas. Tal decodificação pode inferir o que um animal ou humano está vendo ou ouvindo a partir de registros de neurônios visuais ou auditivos, por exemplo. Na prática, é provável que apenas certas características do estímulo sejam inferidas, mas os resultados, ainda assim, podem ser bastante impressionantes. Um grande número de procedimentos

> **QUADRO 5–2** Manipulações optogenéticas e quimiogenéticas da atividade neuronal
>
> A análise funcional de circuitos neurais baseia-se na capacidade de se manipularem com precisão elementos identificados em circuitos para elucidar seus papéis na fisiologia e no comportamento. Ferramentas geneticamente codificadas para promover modificações neurais têm sido desenvolvidas para permitir o controle remoto da função neuronal, utilizando luz (optogenética) ou pequenas moléculas (quimiogenética) que ativam receptores construídos geneticamente.
>
> Proteínas estranhas ao organismo e geneticamente codificadas podem ser expressas em subconjuntos de neurônios definidos de acordo com certas características moleculares, genéticas ou espaciais, utilizando-se vírus ou animais transgênicos para observar alterações seletivas subsequentes dessas populações celulares. Abordagens optogenéticas envolvem a expressão de proteínas fotossensíveis e subsequente uso da luz para mudar o estado desses neurônios. Dependendo do tipo de agente atuador optogenético, a ativação mediante iluminação aumentará a atividade neural (p. ex., canais iônicos fotoativados, como a canal-rodopsina) ou a suprimirá (p. ex., bombas iônicas fotoativadas, como a halorrodopsina e a arqueorrodopsina), respectivamente, pela despolarização ou hiperpolarização da membrana celular.
>
> Alternativamente, populações seletas de neurônios podem ser ativadas ou silenciadas de modo remoto, utilizando-se agentes quimiogenéticos, que são receptores construídos geneticamente e endereçados a populações específicas de neurônios por métodos genéticos; eles podem ser ativados via pequenas moléculas exógenas que funcionam como ligantes sintéticos, interagindo seletivamente com esses receptores após serem infundidas (p. ex., receptores desenhados para serem ativados exclusivamente por drogas desenhadas ou DREADDs [do inglês *designer receptors exclusively activated by designer drugs*]).
>
> Essas ferramentas optogenéticas e quimiogenéticas oferecem controle espaço-temporal preciso sobre a atividade neuronal, permitindo que se investiguem as relações causais entre tipos de células neurais, fisiologia de circuitos e comportamentos.

para a decodificação têm sido desenvolvidos, desde a simples atribuição de pesos à soma dos disparos neuronais até métodos estatísticos sofisticados.

Métodos de decodificação são centrais para o desenvolvimento de neuropróteses para indivíduos com uma variedade de prejuízos ou que tenham sido vítimas de lesões no sistema nervoso que resultem em paralisia substancial (Capítulo 39). Para conseguir isso, registram-se neurônios nos córtices parietal ou motor mediante eletrodos implantados, e empregam-se processos de decodificação *online* para interpretar as intenções do movimento representadas pela atividade neural registrada. As intenções inferidas são, então, usadas para controlar um cursor de computador ou acionar um membro robótico.

A decodificação da atividade neural registrada também fornece uma visão notável daquilo que está ocorrendo em um circuito neural, o que por sua vez nos permite uma compreensão mais profunda dos mecanismos de armazenamento e evocação de memórias, de planejamento e tomada de decisão, além de outras funções cognitivas. A seção a seguir ilustra esses *insights* utilizando uma representação neural particularmente interessante, a codificação da localização espacial no hipocampo de roedores.

Mapas cognitivos espaciais hipocampais podem ser decodificados para inferir-se a localização

Um dos mais complexos desafios cognitivos que um animal enfrenta é identificar sua localização e lembrar-se dela em relação a outros objetos de interesse em um mesmo ambiente. Por exemplo, aves que buscam sementes podem lembrar-se da localização de centenas de lugares distintos onde armazenaram alimentos ao longo de um período de vários meses. O circuito neural envolvido na formação de memórias explícitas – a memória de pessoas, lugares, coisas e eventos – foi comentado brevemente no capítulo anterior. Essa forma de memória envolve o hipocampo, o córtex entorrinal e estruturas relacionadas do lobo temporal. Em 1971, John O'Keefe descobriu evidências fisiológicas de uma representação neural do ambiente espacial no hipocampo. Em 2014, ele recebeu o Prêmio Nobel em Fisiologia ou Medicina, juntamente com May-Britt Moser e Edvard Moser, por suas descobertas relativas à representação neuronal do espaço.

O'Keefe descobriu que células individuais no hipocampo do rato, chamadas *células de lugar*, disparam apenas quando o animal percorre uma determinada área do ambiente, chamada *campo de lugar* da célula (**Figura 5-1**). Estudos subsequentes revelaram atividade semelhante à das células de lugar no hipocampo de diversas outras espécies de mamíferos, incluindo morcegos, macacos e humanos. Distintos conjuntos de células de lugar são ativados por diferentes localizações em um determinado ambiente. Consequentemente, embora células de lugar individuais representem áreas espaciais relativamente pequenas, a população completa das variadas células de lugar no hipocampo constrói um mosaico do ambiente como um todo, e cada dado local é codificado por um único grupo de células. A rede hipocampal de codificação de lugar fornece um exemplo de um *mapa cognitivo* – como inicialmente postulado pelo psicólogo Edward Tolman –, que permitiria a um animal lembrar com sucesso e, então, navegar por seu ambiente. O papel do hipocampo na formação da memória e os mecanismos pelos quais o mapa espacial hipocampal é codificado serão investigados em detalhe nos Capítulos 52 e 54.

Os métodos eletrofisiológicos que O'Keefe tinha disponíveis em 1971 eram limitados ao registro de uma célula de lugar por vez, mas avanços subsequentes permitiram aos pesquisadores registrar dezenas, e, mais recentemente, centenas de células de lugar simultaneamente. Algo crítico

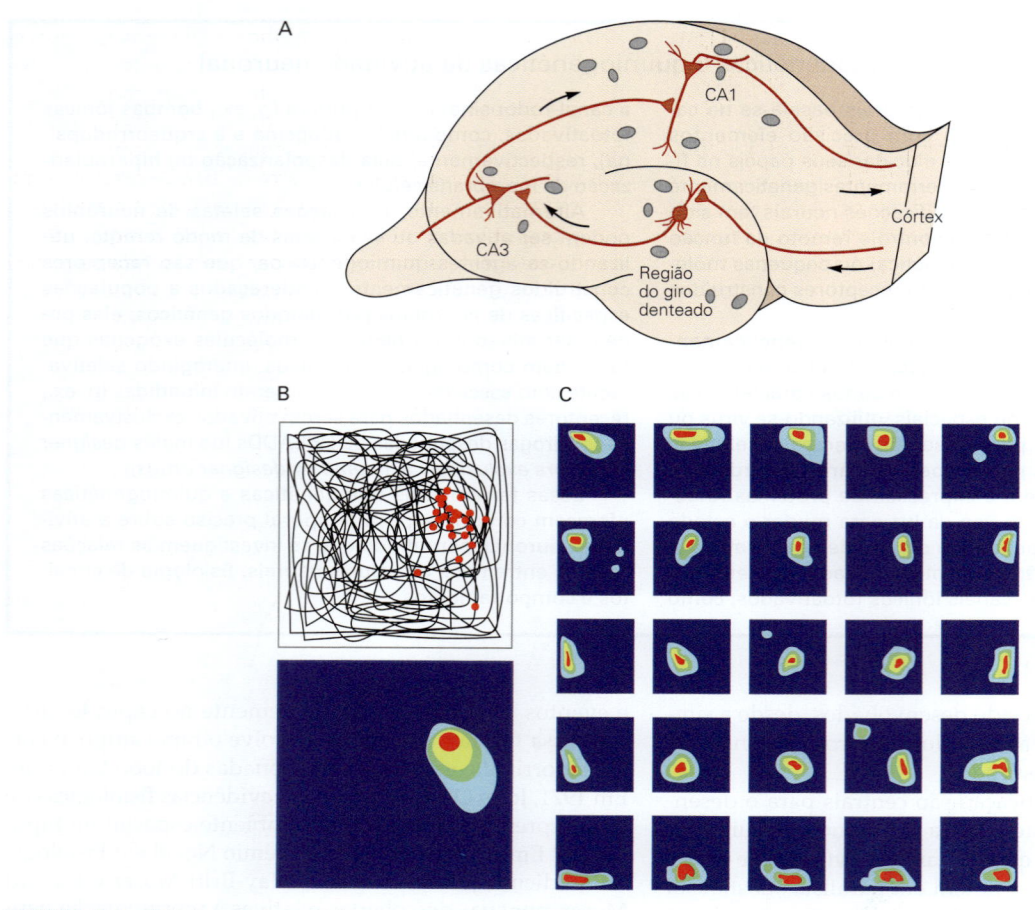

FIGURA 5-1 Células de lugar hipocampais e mapas de células de lugar.
A. Transformações de sinais de entrada-sinais de saída ocorrem no circuito trissináptico do hipocampo de mamíferos, com sinais que vão do giro denteado para a área CA3, e daí para a região de saída, o CA1, conectando os neurônios excitatórios principais (**vermelho**) de cada região como unidades primárias de processamento. A atividade das células principais é modulada por circuitos de interneurônios GABAérgicos locais (**cinza**).
B. Disparo de célula de lugar no hipocampo. O caminho percorrido por um rato à medida que ele atravessa uma arena quadrada é mostrado em **preto**. Eletrodos foram implantados no hipocampo para registrar a atividade de células individuais. **Parte superior**: Uma única célula de lugar aumenta seus disparos (cada potencial de ação é representado por um ponto vermelho) em posições específicas no ambiente. **Parte inferior**: Um mapa de calor codificado em cores da frequência de disparos da célula de lugar esquemática. Cores quentes (**amarelo** e **vermelho**) representam taxas de disparos mais altas sobre um fundo sem atividade (**azul-escuro**).
C. Mapas de calor codificados em cores mostrando os disparos de 25 diferentes células de lugar registradas simultaneamente na região CA1 do hipocampo enquanto o rato explora uma caixa quadrada.

é que, enquanto células de lugar analisadas isoladamente codificam apenas partes específicas do ambiente e podem ocasionalmente disparar fora de seus campos de lugar de modo a gerar ruído, populações inteiras de células de lugar fornecem uma cobertura espacial mais completa e a confiabilidade de codificação de lugar redundante. Essas características de codificação de população pavimentaram o caminho para novas e poderosas análises computacionais. Em especial, é possível decodificar a atividade de populações de células de lugar e estimar a localização de um animal dentro de um ambiente. Isso é realizado pela determinação da *seletividade espacial* de cada célula, utilizando-se então essa seletividade como uma matriz para decodificar a atividade em curso. Na prática, essa decodificação é frequentemente realizada avaliando-se o peso da contribuição de cada célula para a estimativa final da posição do animal em função de um fator proporcional à confiabilidade da codificação espacial daquela célula. Usando-se essa e outras técnicas semelhantes, pode-se reconstruir a localização de um animal de segundo a segundo dentro de um ambiente do tamanho de um quarto com uma precisão de alguns centímetros (**Figura 5-1C**).

A função hipocampal tem sido fortemente implicada na memória espacial e declarativa com base em estudos que utilizam técnicas de decodificação espacial. Durante a exploração ativa de um ambiente, a atividade hipocampal reflete a codificação de lugar, mas durante comportamentos imóveis ou de repouso, o hipocampo entra em um estado de atividade diferente, no qual a atividade neural é dominada por salvas de populações semi-sincrônicas separadas, denominadas *transientes oscilatórios de alta frequência* (do inglês *sharp-wave ripples*; **Figura 5-2A**). Acredita-se que esses eventos sejam gerados internamente por circuitos dentro do hipocampo.

De modo notável, os transientes oscilatórios de alta frequência são proeminentes durante períodos de repouso após aprendizados recentes, como por exemplo após a exploração de um ambiente. A decodificação espacial da atividade de células de lugar ativas dentro desses transientes oscilatórios de curta duração (50 a 500 ms) revelam que os neurônios hipocampais recapitulam ou reveem trajetórias discretas pelo ambiente recentemente explorado. Embora essas trajetórias repliquem caminhos realizados no espaço, as sequências de atividade repetidas diferem de várias maneiras daquelas observadas durante a exploração ativa.

Primeiro, sequências de atividade *repetidas* dentro dos transientes oscilatórios de alta frequência mostram-se comprimidas no tempo, ocorrendo cerca de 10 a 20 vezes mais rapidamente que durante a exploração em tempo real (**Figura 5-2B**). Segundo, elas podem ocorrer na mesma sequência em que as trajetórias espaciais foram percorridas durante o comportamento (*repetição na ordem normal*) ou na direção oposta (*repetição na ordem invertida*). Assim, a decodificação de um único evento de transiente oscilatório de alta frequência de 200 ms após uma sessão de exploração pode revelar uma trajetória mental virtual de execução de um comportamento

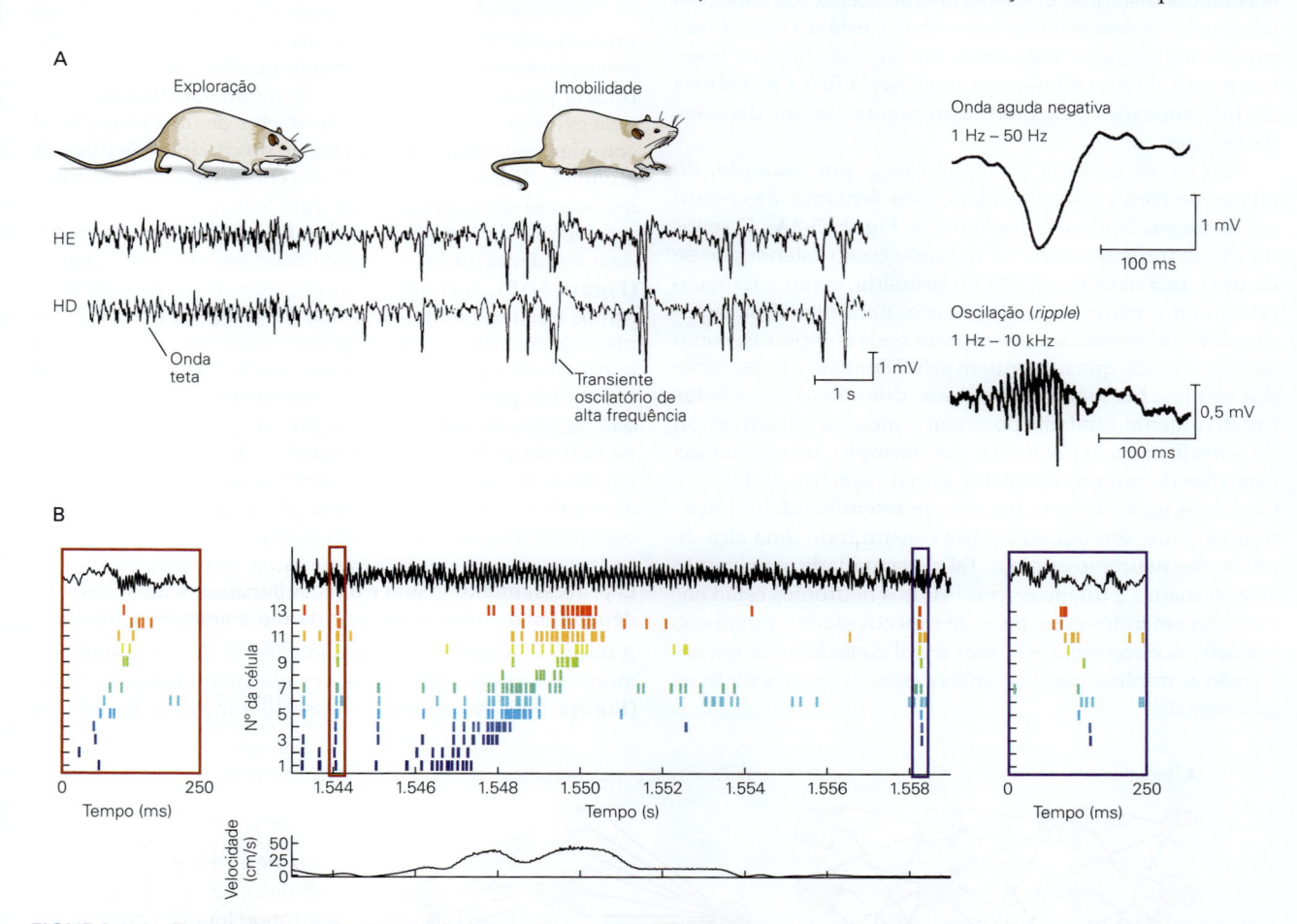

FIGURA 5-2 Transientes oscilatórios hipocampais de alta frequência (*sharp-wave ripples*) e sequências de atividade repetidas.

A. À *esquerda*: Dependência comportamental da atividade dos potenciais de campo locais hipocampais (**HE** e **HD**, hipocampo esquerdo e direito). Ondas teta (θ) estão presentes durante a exploração e grandes ondas agudas negativas estão presentes durante os períodos de imobilidade. À *direita*: Transientes oscilatórios de alta frequência registrados da região CA1 do hipocampo. (Adaptada, com autorização, de Buzsaki, 2015; e reproduzida, com autorização, de Buzsaki et al., 1992. Copyright © 1992 AAAS.)

B. Sequências de ativação de células de lugar experimentadas durante a execução de um comportamento (*no meio*) aparecem repetidas tanto no sentido direto (*à esquerda*) quanto inverso (similar a uma imagem espelhada, *à direita*) durante os transientes oscilatórios de alta frequência. O rato se moveu da esquerda para a direita em um percurso familiar. Trens de disparos para os campos de lugar de 13 células piramidais em CA3 enquanto o rato se desloca pelo caminho são observados antes (*repetição na ordem normal*; **quadro vermelho**), durante (*no meio*) e após (*repetição na ordem invertida*; **quadro azul**) uma única travessia. O potencial de campo local em CA1 é mostrado na parte superior (**traços em preto**), e a velocidade do animal aparece abaixo. (Adaptada, com autorização, de Diba e Buzsaki, 2007. Copyright © 2007 Springer Nature.)

com duração real de 2 a 4 segundos, mas repetida na ordem invertida em relação à experiência natural do animal. Acredita-se que tal repetição represente uma forma de *ensaio mental*, mediante o qual certas memórias são gradualmente consolidadas e pode, deste modo, ser um aspecto crucial do papel do hipocampo na memória.

Motivos conexionais em circuitos neurais fornecem uma lógica básica para o processamento da informação

Neurônios tendem a ser altamente interconectados, tanto com neurônios próximos quanto com neurônios em áreas encefálicas distantes. O conhecimento acerca das conexões neuronais – a denominada *conectômica* – está se expandindo rapidamente graças a diversos novos métodos que revelam a estrutura anatômica em uma escala fina. Os padrões de interconexões neuronais apresentam-se em diversas variedades.

Conexões de uma área com outra, por exemplo, do tálamo ao córtex visual primário, são denominadas *proativas* ou de *proalimentação* (*feedforward*; **Figura 5-3A**). O sentido direto (ordem normal) é definido como estendendo-se de uma área mais periférica ou primária, como a retina, o tálamo ou o córtex visual primário, para uma área superior, com propriedades de resposta mais complexas, como as áreas visuais que respondem seletivamente a determinados objetos. Na maioria dos casos, duas áreas conectadas proativamente também possuem conexões *retroativas* ou de *retroalimentação* (*feedback*); por exemplo, há numerosas conexões de retorno do córtex visual primário ao tálamo. Conexões locais frequentemente se estendem de um neurônio a outro, em última análise constituindo uma alça de retorno ao neurônio original. Tal conectividade envolvendo alças fechadas é dita *recorrente*. Muitos neurônios estão envolvidos em todos esses tipos de conectividade – proativas, retroativas e recorrentes –, mas é útil considerar-se em separado as implicações funcionais desses diferentes motivos conexionais.

As conexões entre neurônios podem ser excitatórias ou inibitórias. Normalmente, conexões excitatórias promovem o aumento dos disparos neuronais, enquanto conexões inibitórias levam à redução dos mesmos. Muitos circuitos neurais recebem forte estímulo excitatório através de centenas ou milhares de sinapses. Se não houvesse um controle mínimo mediante a inibição, essa excitação sináptica poderia levar a uma atividade neural instável. Um certo balanço entre excitação e inibição é uma característica comum dos circuitos neurais, necessária para incrementar sua capacidade computacional. Esse ajuste fino, contudo, pode fazer com que os circuitos tendam a produzir atividade convulsivante, caso o equilíbrio entre excitação e inibição não estiver sendo adequadamente mantido, como se observa na epilepsia.

Nos mamíferos, a informação visual é processada em uma série de áreas encefálicas que frequentemente são consideradas como sendo um circuito proativo. Esses circuitos podem processar informações de modo sofisticado, como pela extração e identificação de objetos de uma cena visual complexa, mas não são capazes de produzir os padrões de atividade dinâmicos que estão em curso. Para isso, circuitos recorrentes são necessários (**Figura 5-3C**).

Dentro de um circuito proativo, dois submotivos podem ser identificados: conexões divergentes e convergentes (**Figura 5-3B**). Nas *conexões divergentes*, o número de neurônios que recebe um certo tipo de aferência excede o número de neurônios que originam essas entradas, de modo que a informação codificada nos neurônios pré-sinápticos é expandida para os neurônios pós-sinápticos. Nas *conexões convergentes*, muitos neurônios pré-sinápticos enviam sinais de entrada para um número menor de neurônios pós-sinápticos. O exemplo mais proeminente de ambos os tipos de conectividade, divergente e convergente, é o cerebelo, como será discutido posteriormente.

O processamento visual e o reconhecimento de objetos dependem de uma hierarquia de representações proativas

A informação visual é processada dentro de um grande número de regiões encefálicas arranjadas hierarquicamente (**Figura 5-4**). Ascendendo nessa hierarquia a partir dos

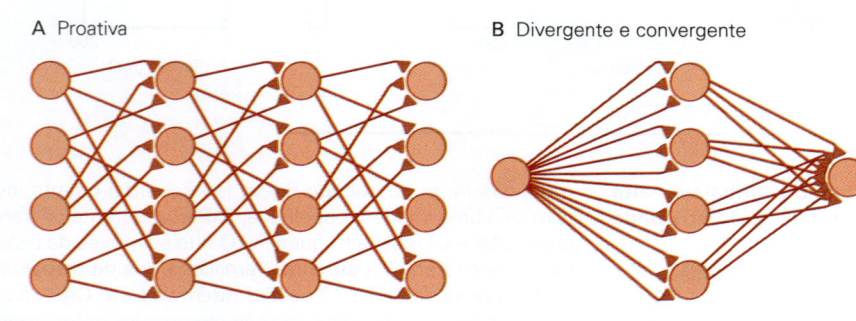

FIGURA 5-3 Quatro motivos conexionais básicos em circuitos neurais.
A. Um *circuito proativo* (*feedforward*) no qual as conexões sinápticas se estendem em uma única direção, de um nível de processamento neural para outro.
B. Conexões proativas *divergentes* descrevem um pequeno número de neurônios pré-sinápticos que se conecta a um grande número de células-alvo. Conexões *convergentes* descrevem um grande número de neurônios pré-sinápticos que se conecta a um pequeno número de alvos.
C. Em uma *rede recorrente*, as conexões sinápticas ocorrem em múltiplas direções entre neurônios, formando alças fechadas ao longo do circuito.

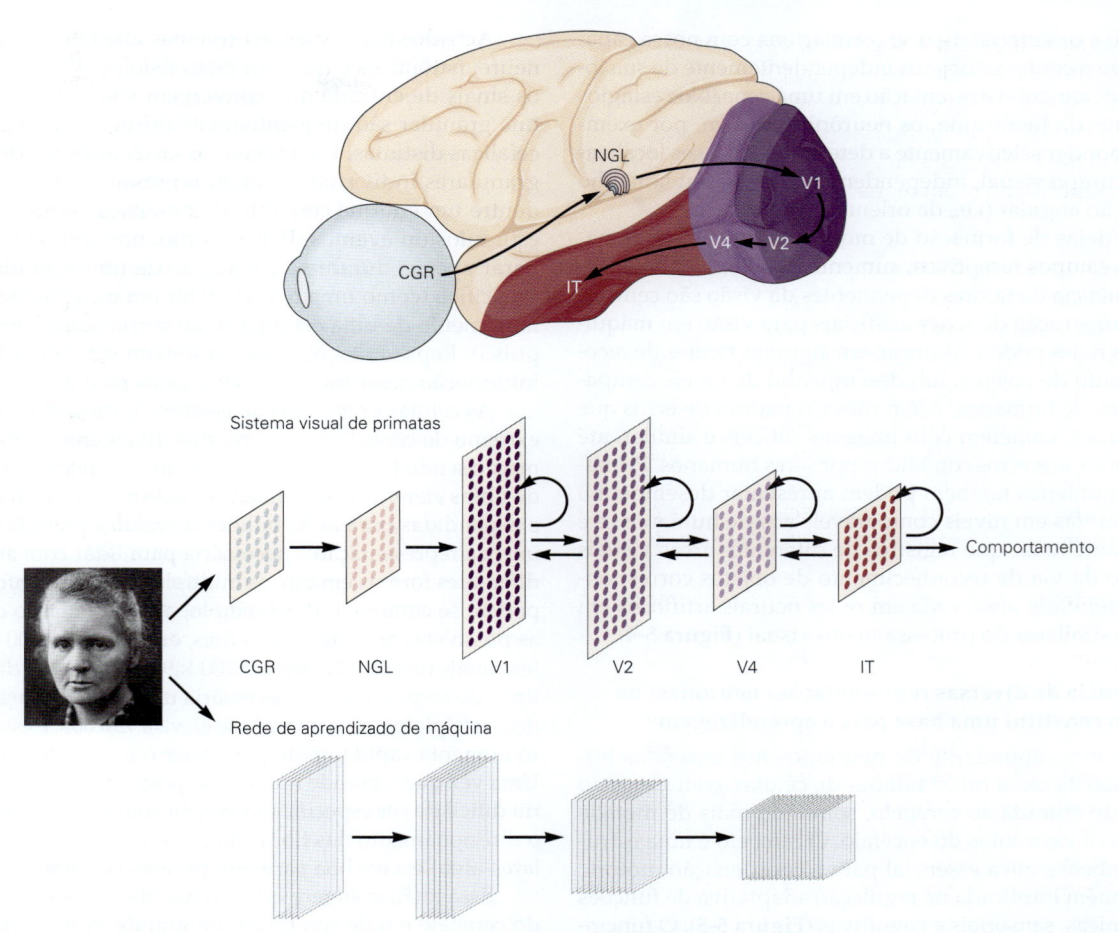

FIGURA 5-4 Comparação entre redes biológicas e de aprendizado de máquina. No sistema visual, múltiplas regiões encefálicas constituem uma hierarquia na qual neurônios em série vão se tornando progressivamente seletivos para objetos mais complexos. As regiões na via do sistema visual de primatas representam células ganglionares da retina (**CGR**), do núcleo geniculado lateral (**NGL**) do tálamo, de áreas do feixe (*stream*) visual ventral (**V1**, **V2** e **V4**) e do córtex inferotemporal (**IT**). O número de neurônios por região (representado pelos **pontos coloridos**) é variável, mas sua seletividade aumenta constantemente. Na via que caracteriza a rede do aprendizado de máquina estão representadas camadas de uma rede proativa treinada para identificar certos objetos em imagens. O aumento da seletividade das diferentes regiões da rede do aprendizado de máquina é indicado pelo número crescente de subcamadas empilhadas, refletindo sua seletividade a uma rica variedade de características visuais. A hierarquia das seletividades de respostas registradas em diferentes áreas visuais assemelha-se às atividades observadas em camadas correspondentes das redes de aprendizado de máquina. (Adaptada, com autorização, de Schrimpf et al., 2018.)

sinais sensoriais primários gerados pela retina, os neurônios respondem a combinações crescentemente complexas de características visuais, culminando na seletividade para objetos complexos, como faces humanas. Estudos importantes conseguiram identificar os princípios que regem a estrutura da hierarquia visual. O desenvolvimento de modelos de redes neurais artificiais para uso em visão de máquinas tem-nos fornecido uma analogia muito informativa para abordar esse problema.

Da retina ao tálamo, ao córtex visual primário e seguindo para áreas visuais superiores associadas à cognição no córtex inferotemporal, os neurônios visuais respondem seletivamente a determinados padrões de luz, escuridão e cores, em regiões do campo visual denominadas campos receptivos. Dos mais baixos aos mais altos estágios do processamento visual, os neurônios representam campos receptivos cada vez maiores e com grau de seletividade cada vez mais elevado. A cada estágio, os neurônios com determinado tipo de seletividade tendem a ter campos receptivos que constituem um mosaico da cena visual, dando completa cobertura à característica selecionada. Além disso, o arranjo dos campos receptivos em cada área visual encefálica é topograficamente compatível com a estrutura da imagem do mundo externo conforme aparece na retina, ou seja, o córtex constitui um mapa do campo visual.

À medida em que os campos receptivos e a seletividade aumentam, as respostas neurais dependem cada vez menos da localização precisa do objeto ou padrão selecionado e mais de suas características gerais. Em geral, neurônios nos estágios superiores do processamento visual respondem mais seletivamente a uma porção maior do campo visual e dependem menos de características como localização, tamanho e orientação. Isso se correlaciona com nossa capacidade de reconhecer objetos independentemente de sua localização, tamanho e orientação em uma cena. Nos estágios mais altos da hierarquia, os neurônios podem, por exemplo, responder seletivamente a determinadas faces localizadas no campo visual, independentemente de seu tamanho ou posição angular (i.e., da orientação da cabeça).

As ideias de formação de mosaico, aumento no tamanho dos campos receptivos, aumento de seletividade e menor influência de fatores dependentes da visão são centrais para a construção de redes artificiais para visão em máquinas. Tais redes podem alcançar, em algumas tarefas de reconhecimento de objetos, um desempenho de níveis comparáveis aos de humanos. Além disso, o padrão de erros que as máquinas cometem com imagens difíceis é similar, até certo ponto, aos erros cometidos por seres humanos. Primatas não humanos também podem apresentar desempenho nessas tarefas em níveis comparáveis aos de humanos, e é interessante notar que registros de diferentes áreas visuais ao longo da via de reconhecimento de objetos correspondem à atividade observada em redes neurais artificiais em estágios similares do processamento visual (**Figura 5-4**).

A existência de diversas representações neuronais no cerebelo constitui uma base para a aprendizagem

A classe mais abundante de neurônios nos encéfalos humanos são as cerca de 50 bilhões de células granulares no estágio de entrada ao cerebelo, somando mais de metade de todos os neurônios do encéfalo. O cerebelo é uma estrutura rombencefálica essencial para a coordenação motora, mas também implicada na regulação adaptativa de funções autonômicas, sensoriais e cognitivas (**Figura 5-5**). O funcionamento inadequado dos circuitos cerebelares pode estar na base de vários distúrbios neurológicos, incluindo o autismo. Contrastando com os milhares de sinais de entrada que a maioria dos neurônios encefálicos recebe, cada célula granular recebe apenas umas poucas entradas sinápticas (quatro em média).

Achados experimentais recentes utilizando traçadores neuroanatômicos e registros eletrofisiológicos indicam que os sinais de entrada que convergem sobre uma única célula granular são frequentemente oriundos de regiões encefálicas distintas. Em função disso, os disparos de células granulares individuais podem representar qualquer uma dentre um enorme conjunto de possíveis combinações de estímulos ou eventos. Por exemplo, uma célula pode disparar apenas durante a conjunção de um estímulo visual específico (como uma bola de tênis em movimento) com o movimento de uma certa parte do corpo (como flexionar o pulso). Representações que combinam diferentes tipos de informação desse modo são chamadas mistas.

As células granulares do cerebelo representam um caso extremo de conectividade proativa divergente, com a informação sendo transmitida por aproximadamente 200 milhões de fibras aferentes (as chamadas fibras musgosas) mescladas e expandidas para as 50 bilhões de células granulares. Essa imensa representação é necessária para lidar com as muitas diferentes formas em que os múltiplos canais de informação podem se combinar. Por exemplo, a representação de todas as possíveis combinações de dois, entre apenas 100 diferentes canais de entrada, requer $100 \times 99/2$, ou 4.950 diferentes tipos de resposta. Se for necessária uma representação de todos os tripletos, esse número se eleva a 150.000, e esse número aumenta rapidamente para quatro e mais combinações. Uma vez que o grande número de possíveis combinações seria difícil de ser especificado geneticamente, acredita-se que o direcionamento das fibras musgosas a suas células granulares-alvo seja em boa parte um processo aleatório.

Essa análise sugere que o papel das células granulares do cerebelo é o de combinar um grande número de canais de entrada de muitas maneiras possíveis. Tal representação seria obviamente útil para fazer inferências e gerar ações que dependam da ocorrência simultânea de combinações de determinados estímulos e ações. No entanto, para ser útil, essa informação deve ser de algum modo extraída do enorme número de células granulares.

FIGURA 5-5 O cerebelo recebe aferências oriundas de muitas regiões do encéfalo e da medula espinal. Essas aferências, conhecidas coletivamente como fibras musgosas, são recodificadas em um grande número de células granulares, um exemplo de conectividade divergente que permite muitas combinações possíveis de sinais de entrada. Dendritos das células de Purkinje recebem sinais de entrada convergentes oriundos de centenas de milhares de células granulares através de seus axônios, conhecidos como fibras paralelas. As sinapses das fibras paralelas que chegam às células de Purkinje podem ser modificadas, o que se acredita ser um importante mecanismo por trás do aprendizado motor e, possivelmente, de outras formas de aprendizado.

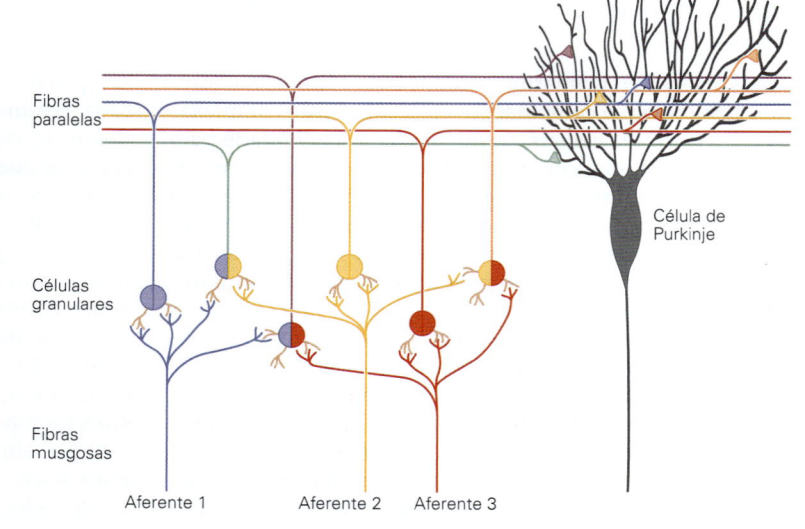

Essa extração da informação das células granulares é realizada pelas células de Purkinje, os neurônios de saída do córtex cerebelar. Em contraste com a conectividade altamente divergente nas entradas de sinais nas células granulares, as conexões entre células granulares e células de Purkinje constituem um exemplo extremo de convergência. Uma única célula de Purkinje recebe sinais de entrada de mais de 100 mil células granulares. Teorias da função cerebelar desenvolvidas na década de 1970 por David Marr e James Albus propõem que essa convergência permite que as células de Purkinje extraiam informações úteis da representação extremamente rica fornecida pelas células granulares. Assim, as células de Purkinje poderiam, por exemplo, estar por trás da extraordinária capacidade humana de estabelecer as muitas associações complexas que são necessárias para habilidades motoras, como andar de bicicleta ou tocar um instrumento musical. No entanto, para que a extração da informação seja útil para múltiplos propósitos sob várias condições, a extração da informação pelas células de Purkinje deve ser adaptável. Essa adaptabilidade é conferida pela plasticidade da sinapse entre a célula granular e a célula de Purkinje, como será discutido posteriormente.

Circuitos recorrentes são a base da atividade sustentada e da integração

Neurônios têm, naturalmente, "memória curta". Entradas sinápticas transitórias tipicamente evocam uma resposta breve, que decai em poucas dezenas de milissegundos. O curso temporal desse decaimento é determinado por uma propriedade intrínseca dos neurônios conhecida como constante de tempo da membrana (Capítulo 9). Como, então, os padrões de atividade neural conseguem persistir por tempo suficiente para dar suporte a operações cognitivas como a memória ou a tomada de decisão, que podem levar segundos, minutos ou mesmo períodos maiores de tempo?

Considere, por exemplo, a tentativa de detectar uma voz familiar em uma sala lotada de pessoas falando alto. Enquanto escuta, você pode ocasionalmente detectar algum som que se assemelhe à voz que está buscando, mas isso, por si só, é inconclusivo. Mesmo assim, com o passar do tempo, você pode ser capaz de acumular evidências suficientes para chegar a uma conclusão. Esse processo de acúmulo de evidências requer integração, o que significa que um somatório dessas evidências é mantido e incrementado, à medida que evidências adicionais vão sendo detectadas. A integração é algo que requer tanto um tipo de cálculo (adição), quanto uma memória, que será usada para computar e, assim, manter um total que vai sendo atualizado (Capítulo 56).

Para que um circuito neural realize uma integração, sinais de entrada transitórios devem produzir atividade que seja sustentada de forma constante, mesmo após o desaparecimento desses sinais. Essa atividade sustentada fornece uma memória do sinal de entrada transitório. Como ressaltado no parágrafo anterior, circuitos capazes de realizar a integração podem ser úteis para acumular informação, mas também são necessários para tarefas não cognitivas, como manter constante o tônus muscular necessário para garantir uma postura corporal fixa. Um dos integradores neurais mais bem estudados é o circuito que permite a humanos e outros animais manter constante a direção do olhar, mesmo no escuro. O fato de os movimentos oculares poderem ser estudados em um amplo espectro de espécies, desde peixes até primatas, tem facilitado bastante esse progresso. Além disso, a relativa simplicidade do sistema oculomotor tem fomentado um diálogo frutífero entre os estudos experimentais e teóricos. (O sistema oculomotor é descrito em mais detalhe no Capítulo 35.)

A existência de circuitos integradores no sistema oculomotor foi sugerida inicialmente por uma observação intrigante de registros neuronais (**Figura 5-6A**). Os neurônios oculomotores que controlam os músculos oculares aumentam transitoriamente os disparos de potenciais de ação para produzir o movimento dos olhos, mas também precisam de disparos sustentados de potenciais de ação para manter os olhos em uma posição fixa. Por exemplo, um neurônio motor que projeta a um músculo ocular que move o olho para a esquerda disparará em uma taxa mais alta quando o olhar precisar ser mantido à esquerda do centro, e disparará em frequência mais baixa quando o olhar precisar ser mantido à direita do centro. O que é intrigante é o fato de que neurônios pré-motores que projetam para neurônios oculomotores, tanto no colículo superior quanto no tronco encefálico, só disparam transitoriamente *antes* dos movimentos oculares. Eles não apresentam qualquer atividade sustentada referente à posição dos olhos. Como, então, é gerada essa atividade sustentada?

Uma conjetura inicial, hoje fortemente sustentada, é a de que sinais referentes à posição estável dos olhos são computados por neurônios do tronco encefálico que integram sinais transitórios de velocidade dos olhos. Tais neurônios recebem informação sobre a velocidade e fornecem sinais de saída estáveis aos neurônios oculomotores, aqueles que mantêm a posição dos olhos. Lesões ou inativação de certos núcleos do tronco encefálico em macacos, incluindo o núcleo vestibular medial e o núcleo prepósito do hipoglosso, resultam na falha da manutenção estável da posição ocular horizontal após certos movimentos dos olhos, sugerindo que o circuito integrador neural esteja situado nessas estruturas. Lesões nessas estruturas do tronco encefálico em humanos levam ao mesmo problema, conhecido clinicamente como *nistagmo evocado pelo olhar* (Capítulo 35).

Como os circuitos neurais realizam a integração? Uma possibilidade é que a integração seja baseada em propriedades neuronais intrínsecas especializadas, que efetivamente aumentam as constantes tempo das membranas neuronais, permitindo que sinais breves de entrada gerem sinais de saída sustentados. Foi descrita uma variedade de possíveis mecanismos envolvendo diferentes canais iônicos dependentes de voltagem. Entretanto, estudos utilizando registros intracelulares, que permitem o controle direto da voltagem da membrana ("fixação de membrana") do neurônio sendo registrado, mostraram que sinais sustentandos relacionados à posição persistem mesmo quando os canais dependentes de voltagem do neurônio são bloqueados. Uma segunda possibilidade é que a integração surja das interações entre uma rede de neurônios acoplados por sinapses.

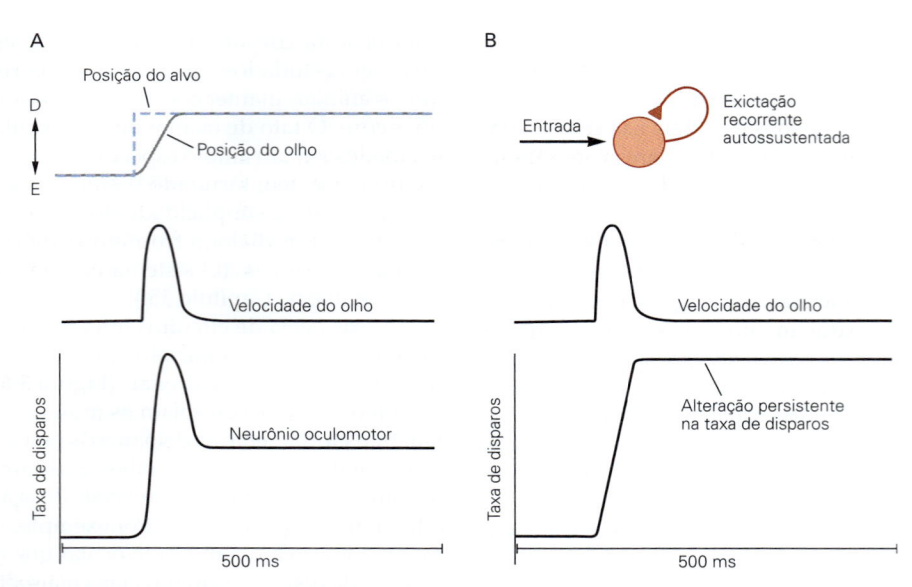

FIGURA 5-6 Circuitos recorrentes e atividade neural sustentada são necessários para a manutenção da posição dos olhos.
A. *Parte superior:* Um movimento ocular sacádico consiste em uma rápida mudança na velocidade do olho de modo a trazer um alvo de volta para o centro do olhar. Isso é seguido por uma alteração sustentada na posição do olho, que mantém a fóvea sobre o alvo. A **linha azul tracejada** mostra a localização do alvo, e a **linha cinza** mostra o movimento ocular e a subsequente fixação no alvo em sua nova posição. *Parte inferior:* Um neurônio oculomotor exibe uma breve rajada de atividade relacionada com a velocidade do olho, juntamente com atividade sustentada que mantém a posição do olho.
B. A excitação recorrente pode explicar como um breve pulso de sinais de entrada, como o sinal da velocidade do olho, pode levar a uma alteração persistente na taxa de disparos, por meio de um processo semelhante à integração matemática.

Registros intracelulares em peixes-dourados dão suporte a essa ideia, mostrando que os níveis de sinais sinápticos de entrada variam com a posição dos olhos.

A questão sobre quais tipos de redes neurais são capazes de realizar integrações foi extensamente investigada em estudos teóricos. Uma classe de modelos que tem sido considerada baseia-se na conectividade recorrente, mais especificamente, em uma população de neurônios que se excitam mutuamente. Uma rede desse tipo fracamente conectada responde a um pulso de sinais de entrada com uma atividade que decai rapidamente. O aumento da força da excitação recorrente compensa um pouco a atividade, que, de outro modo, decairia, prolongando a duração da resposta da população. Se a excitação recorrente for aumentada a ponto de a excitação recorrente estabelecida por um sinal de entrada transitório ser exatamente a necessária para cancelar o decaimento, a resposta pode ter duração indefinida. Isso requer um ajuste fino dos parâmetros da rede.

Em uma rede perfeitamente sintonizada, um pulso transitório de sinais de entrada produz uma mudança na taxa de disparos que dura para sempre na ausência de novos sinais de entrada. De modo equivalente, tal população computa uma integral que é sequencialmente atualizada com os sinais de entrada que recebe (**Figura 5-6B**). Se a excitação transitória na rede não estiver perfeitamente ajustada, mas sim ligeiramente menor, os sinais de entrada produzem uma variação na taxa de disparos que decai lentamente. A posição dos olhos no escuro tende a retornar ao centro em cerca de 20 segundos, sugerindo que o integrador neural não está perfeitamente sintonizado, mas suficientemente ajustado para aumentar a constante de tempo de um neurônio típico de aproximadamente 20 ms por um fator de cerca de 1.000.

O fato de que modelos de redes recorrentes reproduzem algumas das propriedades centrais observadas em circuitos integradores biológicos impulsionou o desenvolvimento de modelos de redes mais detalhados e realistas, e o teste experimental das predições de tais modelos. Esses esforços também apontam para os desafios envolvidos no estabelecimento de relações detalhadas entre estrutura e função nos circuitos neurais. Questões-chave persistem mesmo após décadas de intensos estudos usando diversos sistemas e abordagens.

Por exemplo, circuitos integradores oculomotores tipicamente contêm duas classes opositoras de neurônios, uma que aumenta e outra que diminui sua taxa de disparos quando a posição dos olhos muda em determinada direção. Esse arranjo não se restringe a integradores oculomotores apenas, mas também é encontrado em regiões corticais envolvidas na tomada de decisão e na memória de trabalho. Alguns modelos têm mostrado que a inibição mútua entre essas populações opositoras pode desempenhar um papel na sustentação da atividade e na integração. Embora estudos anatômicos forneçam certo apoio a essa ideia, estudos em peixes-dourados mostraram que a integração permanece intacta, mesmo quando as conexões entre as populações opositoras são removidas.

Uma outra questão crucial diz respeito aos mecanismos para ajuste das redes integradoras. Estudos experimentais sugerem que as redes integradoras podem ser modificadas pela experiência; em outras palavras, são ajustáveis. Embora tal ajuste presumivelmente seja realizado mediante mudanças (plásticas) na força das conexões sinápticas entre os neurônios, ainda não se têm evidências diretas disso. Em resumo, embora se tenha aprendido muito acerca de como a integração *poderia* ser implementada, os detalhes de arquitetura de rede que de fato embasam essa integração em qualquer situação em particular ainda precisam ser estabelecidos.

Uma compreensão detalhada de como mantemos a posição dos olhos é um objetivo importante por si só, dada sua relevância clínica. Contudo, como comentado anteriormente, as soluções encontradas podem aplicar-se igualmente a funções cognitivas, inclusive à memória de curto prazo e à tomada de decisão. O imageamento óptico de grandes populações de neurônios, juntamente com manipulações temporalmente precisas de sua atividade e reconstruções anatômicas detalhadas, combinados com modelos teóricos de funcionalidade de redes, poderão, em breve, trazer-nos respostas.

O aprendizado e a memória dependem da plasticidade sináptica

A experiência pode modificar circuitos neurais para dar suporte à memória e ao aprendizado (Capítulo 3). Em geral, acredita-se que mudanças dependentes da experiência responsáveis pelo aprendizado e pela memória ocorram basicamente nas sinapses. Múltiplas formas de plasticidade sináptica foram identificadas, e cada uma delas seria responsável por um conjunto distinto de funções.

Assim como há múltiplas formas de plasticidade, há múltiplas formas de aprendizado. Diferentes formas de aprendizado podem ser definidas com base na quantidade e no tipo de informação fornecida. No aprendizado supervisionado, instruções explícitas são fornecidas acerca do comportamento necessário para se realizar uma tarefa. No aprendizado com reforço, por outro lado, apenas uma recompensa (estímulo positivo) ou punição (estímulo negativo) é fornecida para indicar se a tarefa está sendo desempenhada adequadamente. Finalmente, o aprendizado não supervisionado não envolve instrução alguma, mas organiza os dados fornecidos com base em sua estrutura intrínseca, sem supervisão. Nas seções a seguir, será discutido um exemplo de aprendizado não supervisionado que envolve plasticidade hebbiana e um exemplo de aprendizado com reforço no cerebelo. (Os vários tipos de aprendizado e memória e seus mecanismos celulares e de circuitos são descritos em detalhe nos Capítulos 52 a 54.)

Padrões dominantes de sinais de entrada sinápticos podem ser identificados pela plasticidade hebbiana

Neurônios corticais recebem sinais de entrada sinápticos de milhares de outros neurônios e combinam essa informação em padrões de potenciais de ação. A força da transmissão sináptica em cada uma das sinapses determina como a informação que chega de muitas aferências é combinada para afetar os disparos do neurônio. Se a intensidade de todas as sinapses fosse fixada em zero, teríamos, obviamente, um neurônio nada informativo e sem qualquer utilidade funcional. Da mesma forma, se fixássemos aleatoriamente todas as forças sinápticas em valores diferentes de zero, acabaríamos extraindo um sinal dominado pelo ruído ao acaso, o que também não seria útil. Em vez disso, neurônios são muito úteis desde que lhes seja permitido extrair os aspectos mais interessantes da informação colhida por suas aferências. A análise teórica de uma forma de plasticidade conhecida como *plasticidade hebbiana* indica um modo de implementar isso de maneira não supervisionada.

Em 1949, Donald Hebb propôs que sinapses deveriam ser reforçadas quando uma certa aferência pré-sináptica a um neurônio cooperasse com um número suficiente de entradas coativadas de modo a fazer com que o neurônio disparasse um potencial de ação. Evidências para a plasticidade sináptica hebbiana foram obtidas a partir de muitos estudos (Capítulo 54). Por si só, a plasticidade sináptica hebbiana acabaria tornando as sinapses cada vez mais fortes, de modo que se faz necessária a existência de alguma outra forma de plasticidade que impeça isso de ocorrer. Tais formas compensatórias de plasticidade são chamadas homeostáticas, e há evidências experimentais que também demonstram sua existência. Análises teóricas indicam que uma combinação de plasticidade hebbiana e plasticidade homeostática pode ajustar as sinapses sem que seja necessário qualquer tipo de supervisão, premitindo-lhes extrair a mais altamente modulada combinação de sinais de entrada neuronal, se comparada a outras possíveis combinações (**Figura 5-7**). Esse é um candidato razoável a sinal de maior interesse carreado por tais entradas, e, desse modo, a plasticidade hebbiana fornece uma forma com que os neurônios possam determinar e extrair tais sinais.

A plasticidade sináptica cerebelar desempenha um papel crucial no aprendizado motor

Embora ainda não se tenha uma compreensão detalhada de como o cerebelo contribui para habilidades motoras complexas em humanos, se sabe muito acerca de seu papel em formas simples de aprendizado motor. Entre os mais bem estudados, está um paradigma conhecido como *condicionamento do piscar de olhos com retardo*, no qual um estímulo sensorial neutro, como uma luz ou um tom, é repetidamente pareado com um estímulo incondicionado (US) aversivo, como um sopro de ar nos olhos. Após diversos dias de treinamento, os animais aprendem a fechar os olhos em resposta ao estímulo previamente neutro (a luz ou o tom), conhecido como estímulo condicionado (CS), que antecipa o US, isto é, o sopro de ar. O momento do fechamento da pálpebra durante o treino é especificado de forma precisa pela duração do atraso entre o início do CS e o US.

O condicionamento de fechar a pálpebra tem sido um paradigma extremamente útil para a compreensão da função cerebelar, pois é mapeado na estrutura do circuito cerebelar de modo particularmente claro (**Figura 5-8**). A informação acerca do CS é inicialmente codificada por células granulares do cerebelo e, então, retransmitida para as células de Purkinje. O US é codificado por uma via de entrada completamente separada, conhecida como sistema olivocerebelar ou sistema das fibras trepadeiras. Em contraste com os muitos milhares de sinais de entrada que chegam das células granulares, cada célula de Purkinje recebe uma única e poderosa fibra trepadeira de entrada, oriunda de um

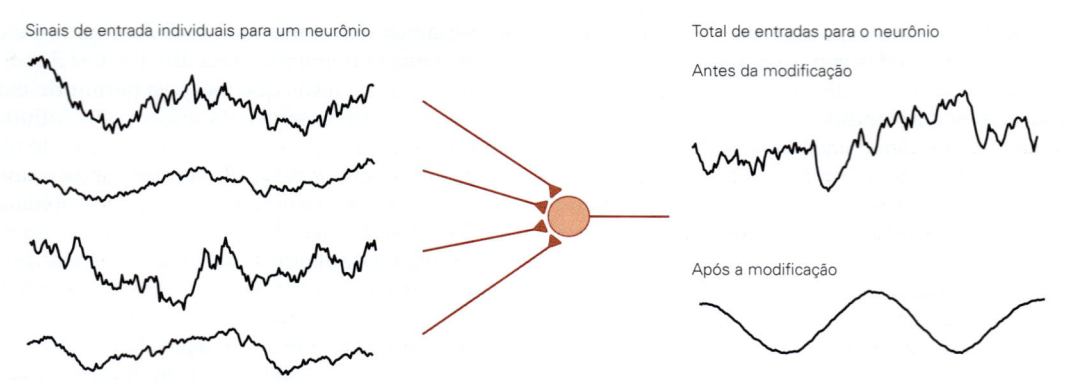

FIGURA 5-7 A plasticidade hebbiana pode identificar sinais de entrada relevantes para um neurônio. Neste exemplo, um neurônio recebe 100 sinais de entrada; são mostradas as taxas de disparo para quatro deles (*à esquerda*). Cada uma das taxas de entrada apresenta ruído, mas contém, dentro do ruído, um sinal sinusoidal. As taxas de entrada são multiplicadas pelas forças sinápticas (**triângulos marrons**) e, então, somadas, para produzir o sinal total de entrada para o neurônio (*à direita*). Antes de ocorrer a plasticidade hebbiana, as sinapses apresentam pesos definidos aleatoriamente, resultando no traço com ruído; após a modificação, o sinal total de entrada revela o sinal sinusoidal subjacente.

núcleo no tronco encefálico conhecido como núcleo olivar inferior. Registros eletrofisiológicos revelaram que os sinais de entrada das fibras trepadeiras para determinada região do cerebelo sinalizam a ocorrência do US, ou seja, de um estímulo que está irritando a córnea. Essa descoberta foi possível pelo fato de que a fibra trepadeira evoca uma resposta supralimiar distinta na célula de Purkinje, conhecida como disparo complexo (*complex spike*).

Fundamental para a compreensão de como o cerebelo medeia o aprendizado foi a descoberta de que disparos complexos desencadeiam plasticidade nas sinapses entre as células granulares e as de Purkinje. Especificamente, a ocorrência simultânea de sinais de uma célula granular pré-sináptica e um disparo complexo na célula de Purkinje pós-sináptica resulta no enfraquecimento persistente do sinal de entrada da célula granular, uma forma de plasticidade conhecida como depressão de longa duração cerebelar (**Figura 5-8**). Assim, para cada ocorrência do US, a força das sinapses entre células granulares e células de Purkinje ativas imediatamente antes do US se reduz. Essa plasticidade leva à emergência gradual de uma pausa aprendida nos disparos da célula de Purkinje em função do decréscimo na excitação das células granulares no período imediatamente anterior ao momento em que é esperada a chegada do US.

Como uma redução nos disparos da célula de Purkinje leva a uma resposta motora aprendida? As células de Purkinje costumam ser espontaneamente ativas e inibir seus alvos a jusante. Células de Purkinje em regiões do cerebelo que recebem aferências de fibras trepadeiras relacionadas a estímulos nocivos ao olho formam sinapses com neurônios que ativam indiretamente os músculos que produzem o fechamento da pálpebra. Assim, a pausa aprendida nos disparos da célula de Purkinje determina o fechamento da pálpebra no momento exato para permitir a proteção do olho. Acredita-se que a precisão temporal da pausa aprendida seja mediada por uma diversidade de padrões de resposta temporais nas células granulares. Simulações computacionais têm mostrado que o aprendizado de respostas temporalmente precisas

FIGURA 5-8 Papel hipotético do cerebelo no condicionamento do piscar de olhos. A informação acerca do estímulo condicionado (**CS**) e do estímulo incondicionado (**US**) é retransmitida por meio das vias de fibras musgosas e trepadeiras, respectivamente. As sinapses ativas nas células granulares antes da apresentação do US são gradualmente enfraquecidas pela depressão de longa duração induzida pelos sinais das fibras trepadeiras. Isso contribui para a pausa (aprendida) nos disparos das células de Purkinje, cuja precisão temporal é controlada de forma a ocorrer imediatamente antes do US. Uma vez que as células de Purkinje são inibitórias, essa pausa excita neurônios a jusante no núcleo cerebelar e no núcleo rubro, o que leva ao fechamento da pálpebra.

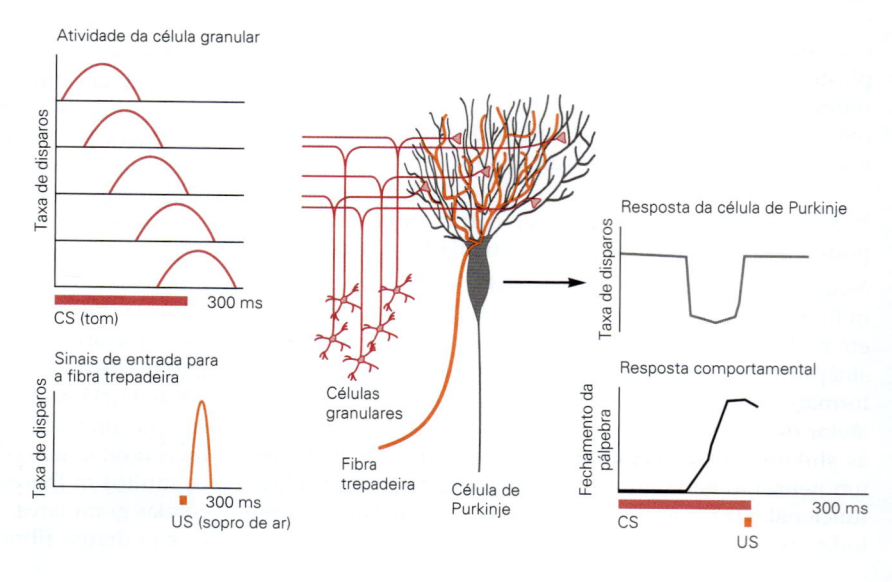

pode ser explicado pela plasticidade na sinapse entre a célula granular e a célula de Purkinje se células granulares individuais estiverem ativas em diferentes momentos após o CS, ou se exibirem vários padrões temporais distintos, porém repetíveis, sincronizados com o CS.

Devido a dificuldades técnicas, ainda não foram obtidas evidências diretas acerca da existência dessas representações temporais em células granulares cerebelares de mamíferos envolvidas no condicionamento do piscar de olhos. Contudo, diversos padrões temporais foram observados nas células granulares de uma estrutura encefálica análoga ao cerebelo em peixes. De modo mais amplo, estudos do cerebelo, incluindo aqueles do condicionamento do piscar de olhos, fornecem uma ilustração concreta de como circuitos neurais podem mediar o aprendizado por meio de tentativa e erro, mesmo para o aprendizado de habilidades motoras mais complexas, como tocar um instrumento musical. As células de Purkinje integram uma rica variedade de sinais, relacionados tanto ao mundo externo quanto ao estado interno do animal (transmitidos pelas células granulares), com informações altamente específicas acerca de erros ou eventos inesperados (transmitidas pelas fibras trepadeiras). A fibra trepadeira atua como uma espécie de "professor", enfraquecendo sinapses que eram ativas previamente e que poderiam então ter contribuído para produzir erros. Essas mudanças na força sináptica alteram os padrões de disparos das células de Purkinje e, em função de padrões específicos de conexões, alteram o comportamento de tal forma que os erros são gradualmente reduzidos.

O cerebelo e o córtex cerebral, incluindo a região hipocampal, são focos de grande interesse nos estudos experimentais e teóricos sobre aprendizado e memória. Avanços tecnológicos estão abrindo novas avenidas de investigação acerca da contribuição das ações sinápticas, das células individuais e de circuitos nos fenômenos relacionados à memória.

Destaques

1. A codificação neural descreve como a atividade neuronal consegue representar as características dos estímulos ou ações planejadas. Decodificação refere-se ao processo inverso, pelo qual a atividade neural é interpretada para revelar os sinais codificados. A decodificação matemática das respostas neurais pode ser utilizada para interpretar as computações que ocorrem nos circuitos neurais e para acionar dispositivos protéticos.
2. Circuitos neurais são altamente interconectados, mas suas funções e modos de operação podem ser caracterizados por uns poucos motivos básicos. Circuitos proativos processam informação para extrair estrutura e significado a partir de um fluxo de informações sensoriais. Circuitos recorrentes podem realizar processamento temporal e gerar atividade dinâmica para acionar respostas motoras.
3. A maioria dos neurônios recebe sinais excitatórios e inibitórios em proporções finamente balanceadas. Pequenas mudanças nesse equilíbrio em resposta a um estímulo sensorial podem evocar o disparo de um potencial de ação como saída.
4. Os níveis de atividade neural devem muitas vezes ser mantidos durante muitos segundos. Redes de excitação recorrente fornecem um mecanismo capaz de produzir mudanças de longa duração nas saídas neurais.
5. A plasticidade sináptica está na base das mudanças mais duradouras nos circuitos neurais subjacentes ao aprendizado e à memória. A plasticidade hebbiana permite que sinais interessantes sejam extraídos de um conjunto complexo de sinais de entrada sem necessidade de supervisão (um "professor"). A plasticidade sináptica no córtex cerebelar é controlada por sinais de erro (uma forma de supervisão), e é usada para ajustar as respostas motoras e aprender relações temporais.

Larry F. Abbott
Attila Losonczy
Nathaniel B. Sawtell

Leituras selecionadas

Abbott LF. 2008. Theoretical neuroscience rising. Neuron 60:489–495.
Dayan P, Abbott LF. 2001. *Theoretical Neuroscience: Computational and Mathematical Modeling of Neural Systems*. Cambridge, MA: MIT Press.
Hebb DO. 1949. *The Organization of Behavior: A Neuropsychological Theory*. New York: Wiley.
LeCunn Y, Bengio Y, Hinton G. 2015. Deep learning. Nature 521:436–444.
Marr D. 1969. A theory of cerebellar cortex. J Physiol 202:437–470.

Referências

Buzsaki G. 2015. Hippocampal sharp wave-ripple: a cognitive biomarker for episodic memory and planning. Hippocampus 25:1073–1188.
Buzsaki G, Horváth Z, Urioste R, Hetke J, Wise K. 1992. High-frequency network oscillation in the hippocampus. Science 256:1025–1027.
Diba K, Buzsaki G. 2007. Forward and reverse hippocampal place-cell sequences during ripples. Nat Neurosci 10:1241–1242.
Fusi S, Miller EK, Rigotti M. 2016. Why neurons mix: high dimensionality for higher cognition. Curr Opin Neurobiol 37:66–74.
Litwin-Kumar A, Harris KD, Axel R, Sompolinsky H, Abbott LF. 2017. Optimal degrees of synaptic connectivity. Neuron 93:1153–1164.
Medina JF, Mauk MD. 2000. Computer simulation of cerebellar information processing. Nat Neurosci 3:1205–1211.
Miri A, Daie K, Arrenberg AB, Baier H, Aksay E, Tank DW. 2011. Spatial gradients and multidimensional dynamics in a neural integrator circuit. Nat Neurosci 14:1150–1159.
Oja E. 1982. A simplified neuron model as a principal component analyzer. J Math Biol 15:267–273.
O'Keefe J, Dostrovky J. 1971. The hippocampus as a spatial map. Preliminary evidence from unit activity in the freely-moving rat. Brain Res 34:171–175.
Schrimpf M, Kubilius J, Hong H, et al. 2018. Brain-Score: which artificial neural network for object recognition is most brain-like? bioRxiv doi:10.1101/407007.
Tolman EC. 1948. Cognitive maps in rats and men. Psychol Rev 55:189–208.
Wilson MA, McNaughton BL. 1994. Reactivation of hippocampal ensemble memories during sleep. Science 265:676–679.
Yamins DLK, DiCarlo JJ. 2016. Using goal-driven deep learning models to understand sensory cortex. Nat Neurosci 19:356–365.

6

Imageamento e comportamento

Experimentos utilizando IRMf avaliam a atividade neurovascular
    O IRMf depende da física da ressonância magnética
    O IRMf depende da biologia do acoplamento neurovascular

Dados de IRMf podem ser analisados de diferentes modos
    Dados de IRMf precisam ser inicialmente preparados para análise seguindo passos de pré-processamento
    O IRMf pode ser utilizado para localizar funções cognitivas em regiões encefálicas específicas
    O IRMf pode ser utilizado para decodificar qual informação está representada no encéfalo
    O IRMf pode ser utilizado para medir correlação de atividade entre redes encefálicas

Estudos utilizando IRMf levaram a algumas noções fundamentais
    Estudos com IRMf em seres humanos inspiraram estudos neurofisiológicos em animais
    Estudos com IRMf têm desafiado teorias da psicologia cognitiva e das neurociências de sistemas
    Estudos com IRMf têm testado previsões geradas por estudos com animais e em modelos computacionais

Estudos utilizando IRMf exigem uma interpretação cuidadosa

Progressos futuros dependem de avanços tecnológicos e conceituais

Destaques

PARA EXPLICAR O COMPORTAMENTO DE UM ORGANISMO em termos biológicos, é necessário conciliar medições de processos biológicos (p. ex., potenciais de ação, fluxo sanguíneo, liberação de neurotransmissores) com registros de sinais de saída cognitivos e motores. Porém, estabelecer relações entre medidas biológicas e comportamentais é algo bastante desafiador. Medições neurais precisas e técnicas invasivas são possíveis em animais não humanos, mas muitas dessas espécies têm um repertório comportamental relativamente limitado. Além disso, é muito mais difícil medirmos diretamente, ou manipular de modo invasivo, a atividade neural em seres humanos saudáveis, a espécie com comportamentos mais avançados e variados. Assim, um esforço central da neurociência moderna tem sido o desenvolvimento de novos métodos para a obtenção de medições biológicas precisas do encéfalo humano e para o desenvolvimento de modelos de comportamentos humanos em outros animais.

Nos seres humanos, a abordagem dominante para mensurar processos biológicos e relacioná-los a comportamentos é o emprego do imageamento por ressonância magnética funcional (IRMf). Outros métodos de imageamento para o registro da função encefálica humana, como a eletroencefalografia, a tomografia por emissão de pósitrons e a espectroscopia no infravermelho próximo, têm suas próprias vantagens. Contudo, o IRMf é especialmente adequado ao estudo dos fundamentos neurais do comportamento humano por várias razões. Primeiro, ele é uma técnica não invasiva: não requer cirurgia, radiação ionizante ou qualquer outra intervenção que afete o organismo. Segundo, ele pode registrar a função encefálica ao longo de curtos períodos de tempo (segundos), permitindo a captura de aspectos dinâmicos dos processos mentais e do comportamento. Terceiro, ele mede a atividade por todo o encéfalo simultaneamente, dando a oportunidade de examinar a maneira como múltiplas regiões encefálicas interagem para mediar comportamentos complexos. Sendo assim, neste capítulo enfocaremos o IRMf.

Começaremos explicando alguns detalhes técnicos de como funciona um experimento empregando IRMf e como os dados normalmente são coletados. Explicaremos na sequência como os dados são analisados e como fornecem uma compreensão mais profunda acerca do comportamento e do pensamento humanos. Em seguida, tomaremos um olhar mais conceitual acerca do que aprendemos utilizando o IRMf, explorando exemplos dos campos da percepção, da memória e da tomada de decisão. Por fim, avaliaremos as vantagens e as limitações do IRMf, discutindo os tipos de inferência que tal metodologia permite extrair acerca do encéfalo e do comportamento.

Embora o foco deste capítulo seja o imageamento e o comportamento em encéfalos saudáveis, o IRMf também tem o potencial de mudar a maneira como fazemos o diagnóstico e o tratamento de distúrbios neurológicos e transtornos psiquiátricos. Praticamente todos os transtornos (p. ex., autismo, esquizofrenia, depressão, transtornos alimentares) envolvem mudanças em larga escala da dinâmica de circuitos, além de causar alterações em tipos celulares específicos e determinadas regiões encefálicas. A pesquisa básica acerca de como os circuitos do encéfalo saudável medeiam processos mentais e comportamentos, combinada com a capacidade de registrar a atividade nos mesmos circuitos em populações clínicas, é muito promissora no sentido de melhorar a compreensão de doenças e de comportamentos disfuncionais.

Experimentos utilizando IRMf avaliam a atividade neurovascular

Experimentos empregando o IRMf permitem que os pesquisadores monitorem a função encefálica com base nas mudanças dos níveis de oxigenação locais que ocorrem em função da atividade neural. Como todas as formas de imageamento por ressonância magnética (IRM), o IRMf requer tanto equipamentos altamente especializados quanto programas computacionais sofisticados. Nesta seção, abordaremos primeiro os princípios básicos de como o IRM pode ser usado para o imageamento de estruturas encefálicas e, em seguida, explicaremos como o IRMf amplia essa capacidade com o imageamento da atividade encefálica.

No núcleo de cada aparelho de IRM, está um magneto, ou eletroímã, poderoso. A força do campo magnético é medida em unidades Tesla (T), sendo que a maioria dos modernos aparelhos de IRM é de 3T. O uso de campos magnéticos mais intensos, como o de 7T, traz algumas vantagens, inclusive a possibilidade de imagens de alta resolução das camadas corticais. Tais máquinas ainda não estão muito difundidas, e o imageamento de camadas específicas do córtex é uma técnica que ainda está engatinhando, de modo que nosso foco estará nas capacidades e na configuração dos aparelhos de 3T.

Visto de fora, o aparelho de IRM se assemelha a um tubo, conhecido como "túnel" do magneto. O paciente ou participante de um experimento se deita em uma cama com sua cabeça em uma bobina semelhante a um capacete, que recebe sinais do encéfalo. Estímulos visuais normalmente são fornecidos por meio de um espelho, em ângulo tal que permita refletir uma tela na parte posterior do tubo. Estímulos auditivos são apresentados por meio de fones de ouvido. O comportamento normalmente é medido em termos de respostas manuais – por meio de um aparelho com botões – e/ou de movimentos oculares – por meio de um *eye tracker*. Esse aparato limita quais serão as tarefas experimentais possíveis. O aparelho de IRMf, contudo, é flexível de outras formas, incluindo a sua possibilidade de ser utilizado repetidamente sem causar dano em diferentes tipos de sujeitos, desde crianças até idosos, sejam eles saudáveis ou acometidos de alguma patologia.

O que o IRMf mede? Para melhor compreendê-lo, discutiremos antes dois conceitos fundamentais: primeiro, a ressonância magnética, e depois, o acoplamento neurovascular (**Figura 6-1**).

O IRMf depende da física da ressonância magnética

Em geral, o IRM se baseia nas propriedades magnéticas dos átomos de hidrogênio, a fonte predominante de prótons no corpo, mais especificamente na maneira como o próton do núcleo de cada átomo de hidrogênio interage com um forte campo magnético. Uma propriedade-chave dos prótons é que eles apresentam rotação intrínseca ao redor de um eixo. Esse *spin* confere aos prótons um momento angular e estabelece um dipolo magnético ao longo do eixo, com seus próprios polos norte e sul. Em condições normais, a orientação de cada um desses dipolos é aleatória. Quando colocados em um forte campo magnético externo, contudo, um subconjunto desses prótons (cuja quantidade é proporcional à força do campo) se alinha com o campo, que cobre dos pés à cabeça o indivíduo deitado no túnel do aparelho de IRM.

Uma etapa importante do registro desse sinal dos prótons consiste em empurrá-los para fora do alinhamento com esse campo magnético principal. Para entender por que, é útil pensar acerca de um objeto familiar, o pião giroscópico. Se um giroscópio imóvel for deslocado do equilíbrio vertical, ele simplesmente cairá. Contudo, se você o fizer girar antes de deslocá-lo, a inércia impedirá sua queda. O eixo ao redor do qual o pião giroscópico está girando iniciará, ele próprio, uma rotação ao redor do eixo vertical. Esse movimento de *precessão* ocorre em função de a gravidade exercer um torque vertical sobre o giroscópio inclinado, puxando seu centro de massa para baixo de modo que ele gire ao redor de seu ponto inferior, enquanto o ponto superior traça um círculo no plano transversal (olhando-se de cima). Algo similar ocorre quando um próton é deslocado do alinhamento com o forte campo magnético: o campo externo aplica um torque, e a orientação do eixo de rotação começa a precessionar ao redor da direção do campo. A velocidade da precessão, ou a *frequência de ressonância*, é determinada pela equação de Larmor, de acordo com a força do campo e uma *razão giromagnética* específica de cada tipo de átomo. No caso de um magneto 3T e átomos de hidrogênio, essa velocidade coincide com a janela das radiofrequências (RF).

Mas o que provoca, em primeiro lugar, esse desalinhamento dos prótons para, então, possibilitar a precessão? A resposta está no mesmo princípio do torque: um segundo campo magnético mais fraco é aplicado em direção perpendicular (p. ex., da parte de trás da cabeça rumo à face), introduzindo outro torque que puxa os prótons para fora do alinhamento com o forte campo magnético. Esse desalinhamento causa a precessão ao redor da direção do campo magnético forte ao permitir que o campo forte exerça seu torque. Para complicar as coisas, essa precessão faz dos prótons um alvo móvel para o campo magnético fraco, necessário para causar o desalinhamento em primeiro lugar. Isso é resolvido pela geração do segundo campo utilizando uma bobina de transmissão no aparelho de IRM, através da

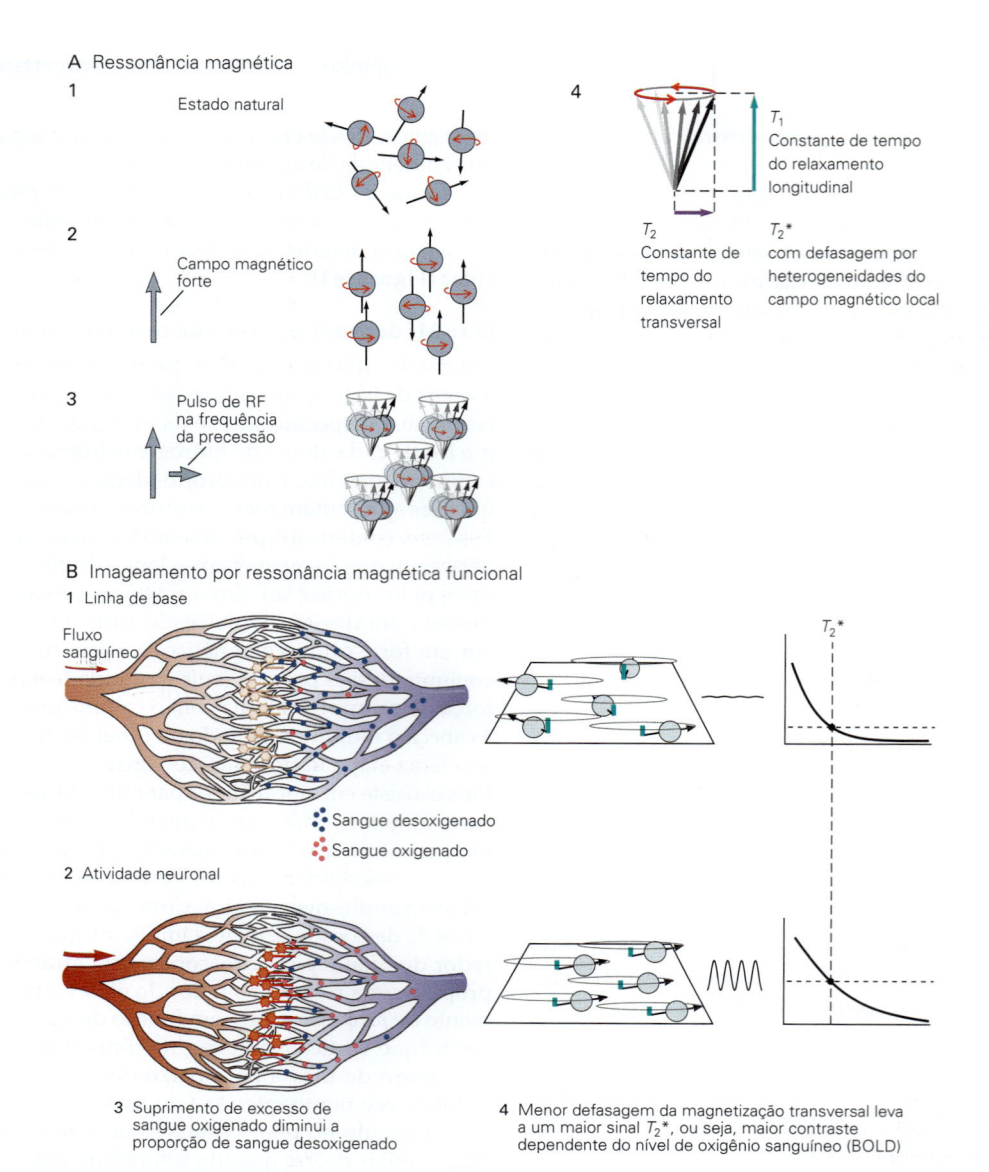

FIGURA 6-1 Como o IRMf mede a atividade neural.

A. Fora do ambiente de IRM, sabemos que os prótons nos átomos de hidrogênio no encéfalo giram ao redor de seus eixos, que apontam para direções aleatórias (**1**). Quando um encéfalo é submetido ao forte campo magnético no túnel do aparelho de IRM, um subconjunto desses eixos se alinha com esse campo, o que é conhecido como magnetização longitudinal (**2**). Esses prótons podem ser medidos mediante a transmissão de um pulso de radiofrequência (**RF**) capaz de induzir um campo magnético mais fraco perpendicular ao campo mais forte. Isso desalinha os prótons com relação ao campo magnético forte, causando um torque que faz com que os eixos de rotação dos prótons comecem a precessionar, traçando um arco no plano transversal. A frequência do pulso de RF é escolhida de modo a entrar em ressonância com a frequência de precessão dos prótons, que, por sua vez, depende da força do campo magnético (**3**). Quando o pulso de RF cessa, os prótons inicialmente continuam seu movimento de precessão de modo sincrônico, induzindo uma corrente elétrica alternada de mesma frequência em bobinas receptoras que cercam a cabeça. Esses sinais podem ser usados para gerar uma imagem pela aplicação de gradientes magnéticos que ajustam a força do campo em direções ortogonais ao longo do encéfalo. Isso resulta em diferentes frequências de ressonância oriundas de diferentes pontos do encéfalo, permitindo a identificação da posição exata da fonte dos sinais recebidos. A magnetização transversal se dissipa com o tempo, e o sinal é perdido. Esse relaxamento ocorre à medida que os prótons cedem energia termodinâmica e seus eixos retornam à direção longitudinal (T_1), e à medida que os prótons vão se dessincronizando no plano transversal devido a interações locais com outros átomos e moléculas (T_2) e por causa de heterogeneidades no campo magnético (T_2^*) (**4**).

B. A ressonância magnética pode ser utilizada para estimar a atividade neuronal no IRM *funcional* devido às propriedades magnéticas do sangue. Quando uma região encefálica está no estado basal, há uma maior proporção de sangue desoxigenado em relação a sangue oxigenado em comparação com quando essa região está ativa. O sangue desoxigenado interage com o campo magnético, causando heterogeneidades locais que distorcem a taxa de precessão e perturbam a sincronia dos prótons no plano transversal, levando a um decaimento T_2^* mais rápido e a um sinal BOLD menor (**1**). A atividade neuronal provoca uma maior demanda metabólica (**2**), que, por sua vez, resulta na chegada de um excesso de sangue oxigenado (**3**). O sangue oxigenado não interage com o campo magnético, de modo que seu aumento em regiões encefálicas ativas reduz as heterogeneidades do campo. Isso, por sua vez, reduz a defasagem de prótons em precessão no plano transversal, levando a um decaimento T_2^* mais lento e a um maior sinal BOLD (**4**).

qual se passa uma corrente alternada que produz um pulso de RF na frequência da ressonância dos prótons. Isso induz um campo magnético perpendicular que gira em sincronia com a precessão. Esse pulso de RF é mantido enquanto for necessário para gerar uma determinada alteração da orientação do *spin* dos prótons para fora do alinhamento com o campo magnético forte (p. ex., a 90°). Essa alteração é conhecida como o *ângulo de virada* (*flip angle*) e frequentemente é escolhida de modo a maximizar o sinal, de acordo com a equação de Ernst.

Uma vez que o ângulo de virada desejado tenha sido alcançado, o pulso de RF é interrompido para que se possa medir a composição do tecido. Nesse ponto, os prótons estão precessionando ao redor do forte campo magnético, fortemente inclinados no plano transversal. Isso é similar a uma barra magnética girando sobre uma mesa, onde os polos norte e sul se alternam passando por qualquer dada localização. Se uma bobina for colocada nas vizinhanças, o ímã em rotação induzirá uma corrente elétrica que reverte seu sentido cada vez que os polos são alternados. É isso que a bobina receptora na cabeça mede no aparelho de IRM: uma corrente alternada induzida por prótons que sofrem precessão de modo sincronizado (nota: esse é o mesmo princípio descrito anteriormente para a forma como a bobina transmissora funciona, só que invertido). A quantidade de corrente indica a concentração de prótons em precessão.

A frequência dos sinais medidos reflete de modo crítico a velocidade da precessão, que, por sua vez, depende da força do campo magnético experimentado pelo tecido. Isso pode ser utilizado para gerar imagens tridimensionais impondo-se diferentes gradientes ao campo magnético (pense em uma escadaria descendo das maiores para as menores intensidades), que causam a variação sistemática da frequência de Larmor por toda a extensão do encéfalo. Durante o IRMf, um gradiente é aplicado numa direção específica para selecionar uma fatia do encéfalo. O pulso de RF pode ser ajustado para coincidir com a frequência de ressonância para a intensidade exata do campo em cada passo do gradiente, de modo que somente prótons daquele tomo (fatia) sejam excitados. A mesma lógica é utilizada com gradientes adicionais em direções ortogonais para impor uma matriz bidimensional sobre a fatia selecionada, onde cada unidade de volume na matriz – ou *vóxel* – possui frequência e fase únicas. A bobina da cabeça recebe um sinal composto, com uma mistura dessas frequências, mas o sinal pode ser decomposto para identificar prótons em cada vóxel na fatia.

Há uma outra propriedade importante da precessão dos prótons que contribui para o IRM: a corrente alternada induzida na bobina na cabeça começa a decair logo após o pulso de RF. Há diferentes origens para o decaimento. Uma é que a precessão dos prótons libera energia termodinâmica (calor) nas vizinhanças do tecido, exatamente como um pião giroscópico finalmente perde energia pelo atrito e tomba. À medida que isso ocorre, a orientação do *spin* dos prótons relaxa gradualmente de volta à orientação do campo magnético forte, de modo que apresentam menor precessão no plano transversal e, assim, geram menor sinal. Isso é chamado de relaxamento longitudinal e ocorre com uma constante de tempo T_1. Um segundo tipo de decaimento ocorre enquanto os prótons ainda estão precessionando no plano transversal: prótons individuais estão cercados por uma vizinhança variável de outros átomos, que possuem seus próprios campos magnéticos fracos. Isso muda sutilmente a força do campo experimentado pelos prótons, causando variações imprevisíveis na frequência de Larmor. Levando-se em conta que logo após o pulso de RF os prótons precessionam em sincronia, tais interações locais fazem com que os prótons tenham uma precessão mais rápida ou mais lenta. Como eles saem cada vez mais de sincronia, a corrente induzida se alterna de forma cada vez menos confiável e o sinal é perdido. Isso é chamado relaxamento transversal e ocorre na constante de tempo T_2. Essa defasagem dos prótons também pode resultar de heterogeneidades intrínsecas ao próprio campo magnético forte, incluindo a maneira como ele sofre distorções devido ao tecido que foi colocado dentro do campo. O decaimento do sinal causado tanto pelas interações locais quanto por distorções do campo tem constante de tempo T_2^* (pronuncia-se "tempo 2-asterisco" ou "tempo 2-estrela").

Essas distintas fontes de decaimento são importantes pois as constantes de tempo T_1 e T_2 variam dependendo do tipo de tecido. O IRM pode, então, utilizar o decaimento de sinal para identificar substância cinzenta, substância branca, gordura ou líquido cefalorraquidiano. Dependendo da configuração e dos ajustes temporais dos pulsos de RF, dos gradientes e de outros parâmetros ajustados no aparelho de IRM (coletivamente conhecidos como *sequência de pulsos*), os sinais recebidos de diferentes vóxeis podem ressaltar os contrastes entre tecidos com diferentes valores de T_1 (imagem ponderada em T_1) e/ou diferentes valores de T_2 (imagem ponderada em T_2). Por exemplo, a substância branca é mais brilhante que a substância cinzenta em imagens ponderadas em T_1, e vice-versa em imagens ponderadas em T_2.

A sequência padrão de pulsos para medir a função encefálica é a sequência de imageamento, ou imagem, ecoplanar (IEP). O IEP possui duas propriedades desejáveis para o IRMf: é extremamente rápido, permitindo que a aquisição de uma fatia inteira seja feita a partir de um pulso de RF em menos de 100 ms, e é sensível a T_2^*, que, como veremos a seguir, é como o IRM mede a atividade neural. Quando se desenha um estudo de IRMf, diversos parâmetros da sequência de IEP devem ser escolhidos, incluindo quantas fatias deverão ser adquiridas no volume encefálico (tipicamente 30-90); quanto tempo por volume (tempo de repetição, tipicamente 1-2 s); resolução do vóxel a ser utilizada (tipicamente 2-3 mm em cada dimensão); e se se utilizará aquisição paralela (p. ex., se serão adquiridas múltiplas partes de uma fatia e/ou múltiplas fatias simultaneamente). Tais escolhas são interdependentes, de modo que é preciso buscar uma compensação entre velocidade, precisão e relação sinal-ruído.

O IRMf depende da biologia do acoplamento neurovascular

Agora que vimos os princípios gerais da ressonância magnética, o que dizer da segunda parte da história, o acoplamento neurovascular? Neurônios ativos consomem energia obtida usando o oxigênio do sangue. Assim, quando uma área encefálica está ativa, a oxigenação sanguínea local cai naquele momento. Para repor esses recursos metabólicos, o fluxo sanguíneo para essa área aumenta nos próximos segundos. Como o fornecimento excede a demanda, há, contraintuitivamente, uma proporção maior de sangue oxigenado (comparada com a de desoxigenado) em áreas encefálicas ativas.

Para relacionar isso com a ressonância magnética, lembre-se que o decaimento T_2^* reflete os prótons tirados de fase pelas heterogeneidades do campo. O sangue exibe propriedades magnéticas diferentes dependendo da oxigenação: sangue desoxigenado interage com o campo magnético, pois o ferro na hemoglobina não está ligado; enquanto que sangue oxigenado, em que o ferro está ligado ao oxigênio, não interage. Desse modo, sangue desoxigenado causa um decaimento mais rápido de T_2^* e reduz o sinal relativo ao sangue oxigenado. Essa diferença de sinal é chamada de contraste *dependente do nível de oxigênio sanguíneo* (BOLD, do inglês *blood oxygenation level-dependent*). Juntando tudo, o sinal aumentado em vóxel medido mediante uma sequência IEP indica atividade neuronal recente, devido ao aumento relativo na oxigenação sanguínea local que acompanha tal atividade. O perfil temporal dessa resposta BOLD, conhecido como *função da resposta hemodinâmica*, é semelhante a uma curva em forma de "sino" – dita curva gaussiana ou normal – com uma cauda longa, com um pico ocorrendo cerca de 4 a 5 segundos após a atividade neuronal local e retornando à linha de base após 12 a 15 segundos.

Há muito mais detalhes acerca da física e da biologia do IRMf. Além disso, nossa compreensão sobre como tudo isso funciona ainda está evoluindo. Por exemplo, não está claro se o contraste BOLD se relaciona mais aos disparos de neurônios individuais ou à atividade de populações neurais. Do mesmo modo, pode ser difícil distinguir se o aumento na oxigenação sanguínea local é causado por aumentos da excitação ou da inibição local. De maneira geral, os mecanismos do acoplamento neurovascular – como o encéfalo sabe quando e onde deve haver um maior aporte de sangue oxigenado – continuam sendo um mistério, embora haja um foco cada vez maior no papel funcional dos astrócitos. Há também a possibilidade de se obter melhores resoluções temporal e espacial medindo-se o consumo inicial de oxigênio no exato local da atividade neuronal (a "queda súbita inicial"), fruto do aumento imediato e bem localizado de sangue desoxigenado, em vez de avaliar o aumento posterior e mais difuso de sangue oxigenado. No entanto, mesmo com essa compreensão incompleta, o IRMf tem sido útil como ferramenta para localizar mudanças de atividade neural induzidas por operações mentais no encéfalo humano.

Dados de IRMf podem ser analisados de diferentes modos

Ao realizar um experimento de IRMf, os pesquisadores relacionam as medidas neurovasculares, descritas anteriormente, com tarefas cognitivas automatizadas, mediante um programa (*script*) de computador, realizadas por um sujeito humano. O programa geralmente produz uma série de *corridas*, cada uma correspondendo a um período contínuo de coleta de dados (i.e., diversos volumes de IRMf, um atrás do outro), com duração típica de 5 a 10 minutos. Durante cada corrida, diversas *tentativas* (*trials*) são apresentadas ao sujeito, frequentemente mostrando um estímulo visual ou emitindo um estímulo auditivo. Dependendo da tarefa, o sujeito pode, por exemplo, ver ou ouvir o estímulo passivamente, tomar uma decisão acerca dele ou armazená-lo na memória. Frequentemente, respostas como apertar um botão ou fazer um movimento ocular são coletadas para produzir um índice comportamental de processamento cognitivo referente àquela tentativa. Essas tentativas são tipicamente realizadas em duas ou mais *condições* da tarefa, que determinam o tipo de estímulo, a dificuldade da tarefa ou outros parâmetros experimentais. Em um desenho experimental básico de subtração, divide-se as tentativas entre uma condição experimental e uma condição-controle, que são idênticas exceto por uma diferença crítica cuja base neural está sendo investigada. As tentativas geralmente duram de 2 a 10 segundos, frequentemente separadas por um intervalo variável de diversos segundos. Ao todo, tais sessões duram tipicamente até 2 horas.

Cada sessão de IRMf produz uma grande quantidade de dados brutos, com respostas BOLD amostradas milhares de vezes, em centenas de milhares de posições dentro do encéfalo. Como esses dados são traduzidos em conhecimento acerca da cognição e do comportamento? Numerosas abordagens para a análise do IRMf são possíveis (**Quadro 6-1**), mas a maioria delas pode ser dividida em três categorias (**Figura 6-2**). Descreveremos inicialmente as etapas de pré-processamento comuns aos três tipos e, em seguida, explicaremos como cada uma delas é feita e que tipo de informação pode nos dar.

Dados de IRMf precisam ser inicialmente preparados para análise seguindo passos de pré-processamento

Antes que os dados possam ser analisados, eles devem ser preparados para o processamento. Isso é realizado por meio de uma série de etapas que, em conjunto, são denominadas *pré-processamento*. O pré-processamento busca remover fontes conhecidas de ruído nos dados, causado tanto pelo sujeito experimental ou paciente, quanto pelo aparelho de IRM. A prática padrão inclui cinco etapas básicas conhecidas como correção do movimento, correção de tempo para a fatia, filtração temporal, suavização espacial e alinhamento anatômico.

A *correção de movimento* busca considerar o ruído inevitavelmente presente nos dados em função do movimento da cabeça do indivíduo. Mesmo os melhores pacientes movem suas cabeças alguns milímetros ao longo de uma varredura, de modo que os vóxeis ao longo de volumes encefálicos tridimensionais ficam ligeiramente desalinhados. Esse movimento pode ser corrigido utilizando-se um algoritmo de interpolação espacial que alinha todos os volumes dentro de cada corrida. Esse algoritmo quantifica o movimento em cada ponto durante uma varredura, incluindo a translação nas dimensões *x*, *y* e *z* e o grau de rotação sobre esses eixos (*transversal*, *longitudinal* e *vertical*, respectivamente).

QUADRO 6-1 Imageamento encefálico como ciência de dados

Os métodos básicos de imageamento encefálico têm sido submetidos a uma notável padronização se comparados com os de muitas áreas da ciência. Um motivo importante para isso tem sido a disponibilidade de pacotes de programas (*software*) amplamente adotados desde os primeiros tempos do IRMf, em meados da década de 1990. Esses pacotes eram criados e liberados por grupos de pesquisa e – antes disso se tornar algo comum – eram, em sua maioria, licenciados como código-aberto.

Primeiramente, foram introduzidas ferramentas para pré-processamento, alinhamento, modelos de análise e correções estatísticas. Depois, foram incorporadas novas ferramentas desenvolvidas por pesquisadores, incluindo alinhamento não linear, correção de mapa de campo, estatística não paramétrica e paralelização.

Como resultado, praticamente todos os pesquisadores que empregam IRMf utilizam um ou mais desses pacotes, pelo menos para parte de seu processo de análise. Abaixo estão listados pacotes de *software* livre populares para as análises de IRMf.

AFNI: https://afni.nimh.nih.gov
FSL: https://fsl.fmrib.ox.ac.uk
SPM: https://www.fil.ion.ucl.ac.uk/spm

Além desses pacotes especializados, o IRMf está cada vez mais sendo visto através da lente mais geral da ciência de dados. Há duas razões para isso. Primeiro, o IRMf produz uma enorme quantidade de dados, tanto dentro de uma única sessão quanto ao se reunir milhares de estudos realizados. Para que os dados de IRMf façam sentido, convém considerá-los um problema de megadados (*big data*; ou seja, quando há quantidade excessiva de dados). Segundo, os dados são incrivelmente complexos e têm muito ruído, e os sinais cognitivos de interesse são fracos e difíceis de serem encontrados. Isso cria um desafio em termos de mineração de dados, que, inclusive, tem inspirado muitos cientistas computacionais.

A manifestação mais concreta dessa tendência é o aumento do emprego de aprendizado de máquina para analisar dados de IRMf. Outros pontos de contato com a ciência de dados incluem: os desafios associados com a análise em tempo real de dados transmitidos; a aplicação de análises de redes e abordagens baseadas em teoria de grafos; o uso de computação de alto desempenho mediante *clusters* de computadores e sistemas em nuvem; e a crescente prática dos pesquisadores de compartilhar publicamente dados (p. ex., https://openneuro.org), códigos (em serviços como GitHub) e materiais educacionais (p. ex., https://brainiak.org/tutorials). Desse modo, o campo do imageamento encefálico continuará a se beneficiar dos avanços na ciência computacional, na engenharia, na matemática aplicada e na estatística.

Esses cursos de seis tempos podem ser depois incluídos na análise de dados como *regressores*, para remover artefatos adicionais resultantes de movimentos.

A *correção de tempo para fatia* é aplicada para controlar diferenças no tempo de aquisição das amostras ao longo de diferentes fatias. Sequências IEP coletam as fatias que constituem cada volume encefálico em sequência, muitas vezes de modo intercalado para evitar contaminação por fatias vizinhas. Assim, há uma grande diferença de tempo entre a primeira e a última fatia adquirida do mesmo volume, que estão mais próximas no tempo aos volumes precedente e subsequente, respectivamente, do que uma à outra. A correção dessa diferença no tempo para as fatias pode ser realizada com interpolação temporal para estimar como teria sido o sinal se todas as fatias fossem adquiridas simultaneamente.

A *filtração temporal* e a *suavização espacial* têm por objetivo aumentar a razão sinal-ruído. A filtração temporal remove componentes relacionados ao decurso do tempo em cada vóxel que tenham alta probabilidade de representarem ruído em vez de variação com significado, como frequências muito baixas (período > 100 segundos) que tipicamente resultam de movimentos do próprio aparelho. A suavização espacial aplica uma área-núcleo (com tipicamente 4-8 mm de largura) na qual volumes individuais são borrados, computando médias de ruído entre vóxeis adjacentes e melhorando a probabilidade de que as funções apresentarão sobreposição entre os pacientes após o alinhamento anatômico.

Esse *alinhamento anatômico* é realizado pelo registro de dados de corridas e pacientes, geralmente usando transformações simples (p. ex., ângulo, rotação, escala), em uma matriz padrão, como a do Instituto Neurológico de Montreal (Montreal Neurological Institute) ou o Espaço de Talairach. Tipicamente, os dados de IRMf são, primeiro, alinhados a uma varredura estrutural do mesmo indivíduo, e, depois, essa varredura estrutural é alinhada a uma matriz padrão.

Uma vez que essas cinco etapas estejam completas, os dados estão prontos para análise.

O IRMf pode ser utilizado para localizar funções cognitivas em regiões encefálicas específicas

O primeiro tipo de análise de IRMf busca localizar funções no encéfalo e determinar quais regiões encefálicas estão associadas com um determinado comportamento. Ele tem como base fazer com que pacientes completem uma tarefa durante o IRMf e, então, examinar a relação entre diferentes fases do experimento e mudanças na atividade BOLD em diferentes partes do encéfalo. Com base no conhecimento dos pesquisadores acerca do que acontece em diferentes momentos do experimento, as funções daquelas regiões podem ser inferidas.

Uma série de análises estatísticas é realizada para quantificar essa relação e determinar sua significância. Tipicamente, usa-se um método estatístico de regressão conhecido como um *modelo linear geral* (GLM, do inglês *general linear model*). A análise usando GLM tenta explicar os dados observados (aqui, o curso temporal da atividade BOLD em

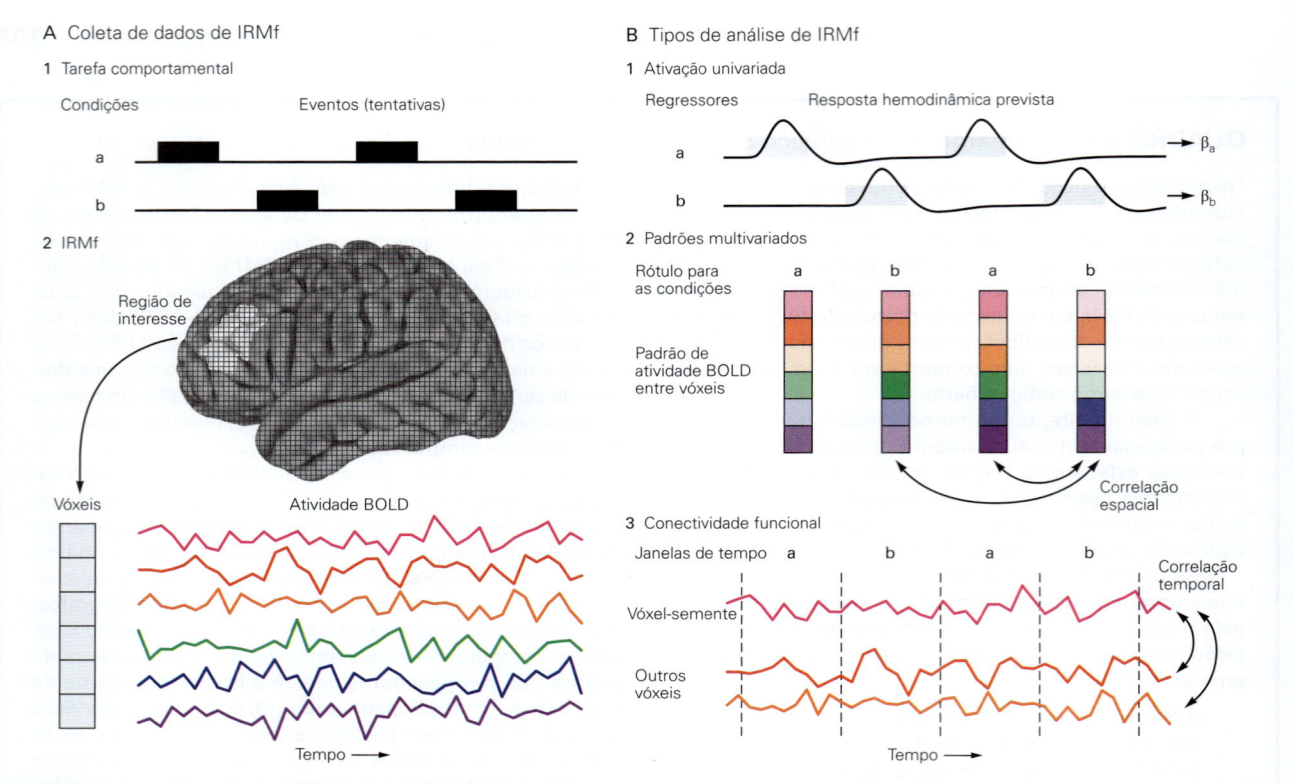

FIGURA 6-2 Coletando e analisando dados de IRMf.

A. Um experimento usando IRMf geralmente envolve sujeitos desempenhando uma tarefa comportamental enquanto a atividade BOLD no encéfalo é medida.

1. A tarefa no exemplo consiste em duas condições (**a**, **b**) que se alternam no tempo, cada uma delas com dois eventos representados (**retângulos pretos**).

2. O curso temporal da atividade BOLD em seis vóxeis exemplificados (em diferentes cores) de uma região de interesse (**ROI**) durante a tarefa. A análise frequentemente enfoca uma ROI ou outro subconjunto de vóxeis no encéfalo de modo a reduzir o número de testes estatísticos necessários. Quando todos os vóxeis no encéfalo são analisados, são aplicadas correções estatísticas para reduzir o número de falsos positivos. Os resultados dessas análises são frequentemente sobrepostos a uma IRM estrutural como um mapa de calor com código de cores. O mapa é resultado de uma grande quantidade de pré-processamento e análise e não reflete diretamente a atividade neuronal, ou mesmo a oxigenação sanguínea. Na verdade, os vóxeis são coloridos para indicar que passaram o limiar de significância em um teste estatístico.

B. Três abordagens de análise são frequentemente utilizadas em experimentos com IRMf, como aquele mostrado em (**A**).

1. A *análise de ativação univariada* tenta explicar a atividade BOLD de cada vóxel individual em termos do que aconteceu na tarefa. Isso é realizado usando um modelo estatístico que contém um regressor para cada condição da tarefa que especifique a resposta hemodinâmica prevista (**curvas normais**, em forma de sino) para tentativas naquela condição (**retângulos em cinza**). O resultado do ajuste do modelo à atividade BOLD é um valor beta para cada regressor em cada vóxel, quantificando a resposta média do vóxel às tentativas naquela condição. Os valores beta para um vóxel podem ser subtraídos para medir se há uma resposta maior em uma condição do que em outra. Para determinar a significância estatística, essa diferença na ativação entre as condições em cada vóxel é comparada entre os sujeitos experimentais.

2. A *análise multivariada de padrões* (AMVP) considera o padrão de atividade BOLD entre vóxeis. Esses padrões espaciais são extraídos em cada tentativa a partir de um subconjunto de vóxeis (seis estão representados) e em um determinado momento no tempo, geralmente o pico da atividade hemodinâmica prevista (a saturação das cores indica a amplitude de atividade BOLD em cada vóxel naquela tentativa). Há dois modos mais comuns de análise desses padrões. O primeiro (mostrado) envolve o cálculo das correlações espaciais dos padrões a partir de um par de tentativas para investigar quão similar é a resposta dos vóxeis às tentativas. Se uma região encefálica representa informação distinta entre diferentes condições, essa similaridade de padrões deve ser maior para pares de tentativas nas mesmas condições do que em condições diferentes. O segundo tipo de análise multivariada de padrões (não mostrado) usa um tipo de aprendizado de máquina conhecido como classificação de padrões. Alguns dos padrões e seus rótulos correspondentes às condições são usados para treinar um modelo classificador, atribuindo pesos aos vóxeis com base em seu grau de utilidade para distinguir entre as condições. O modelo é, então, testado com padrões com os quais ele não foi treinado. Se uma região encefálica representa informação diferente entre condições diferentes, o modelo deve ser capaz de determinar corretamente em qual condição os padrões foram extraídos. Para determinar a significância estatística, as correlações espaciais ou a acurácia da classificação em uma região são comparadas entre dados de diferentes sujeitos.

3. A *análise de conectividade funcional* examina como a atividade BOLD se correlaciona entre vóxeis ao longo do tempo. Tipicamente, um vóxel-semente ou ROI é escolhido e seu curso temporal (**curva em rosa**) é correlacionado com os cursos temporais de outros vóxeis (dois são mostrados aqui). Isso pode ser realizado enquanto o sujeito está em repouso, resultando em um valor de correlação para cada vóxel, que pode ser usado para identificar redes encefálicas no estado basal. A conectividade funcional pode também ser calculada em diferentes janelas temporais de uma tarefa (**linhas tracejadas**), resultando em um valor de correlação para cada tentativa, que pode ser usado para entender a dinâmica dessas redes. Para determinar a significância estatística, correlações temporais para cada vóxel são comparadas entre sujeitos, entre condições, ou contra zero.

cada vóxel) como uma combinação linear de regressores que refletem variáveis independentes (p. ex., condições da tarefa) e covariáveis (p. ex., parâmetros de movimento).

Os regressores que modelam as condições da tarefa servem como uma hipótese acerca de como um vóxel deveria responder quando envolvido na função cognitiva manipulada pela tarefa. O regressor para cada condição é gerado marcando-se o início e a duração de cada tentativa naquela condição na linha de tempo experimental, correspondendo à atividade neuronal esperada, e, então, considerando a resposta hemodinâmica que ocorre posteriormente. Todos os regressores são ajustados simultaneamente à atividade de IRMf em cada vóxel, e o resultado é uma estimativa (ou "beta") para cada condição e vóxel, que reflete quanto da variação temporal daquele vóxel é, em média, explicado unicamente pelas tentativas naquela condição.

Para localizar uma função, os betas de duas ou mais condições são comparados em um contraste. A forma mais básica de contraste é subtrair um beta (p. ex., atividade no controle) de outro (p. ex., condição experimental). Tipicamente, as médias dos contrastes são calculadas ao longo das corridas para cada sujeito e, então, é realizado um teste t para se verificar a confiabilidade dos resultados entre os sujeitos. Como as estatísticas são calculadas para cada vóxel, há um alto risco de falsos positivos, e é necessário fazer uma correção para comparações múltiplas (p. ex., dando aos vóxels maior importância quando se agrupam com outros vóxels significativos). Alternativamente, uma análise mais restrita pode ser realizada, com foco em um número limitado de regiões de interesse (ROI, do inglês *regions of interest*) definidas a priori. Pode-se calcular médias de valores de contraste de vóxels em uma ROI para produzir uma estimativa regional, em vez de examinar todos os vóxels no encéfalo, reduzindo, assim, o número de comparações.

Esse conjunto geral de abordagens é frequentemente descrito como medidas de *ativação univariada* – "ativação" pois o resultado é uma medida da atividade relativa evocada por uma condição em comparação com outra e "univariada" pois cada vóxel ou região é tratado independentemente. Esse tipo de análise é tipicamente utilizado para localizar uma função cognitiva em um conjunto de vóxels ou regiões no encéfalo.

Contudo, a ativação univariada tem mais funções além da localização. Por exemplo, um GLM pode fazer previsões quantitativas acerca da atividade BOLD atribuindo um peso contínuo, em vez de um valor categórico, a cada tentativa em uma regressão baseada em um parâmetro experimental (p. ex., carga de memória de trabalho), medida comportamental (p. ex., tempo para a resposta) ou modelo computacional (p. ex., previsão de erro no aprendizado com reforço). O beta resultante reflete o grau em que um vóxel se correlaciona com a variável de interesse.

Outra utilidade da ativação univariada é para a medida de mudanças na atividade BOLD em função da repetição de um estímulo. Tais estudos levam em conta a *adaptação* (ou *supressão pela repetição*) – a tendência de neurônios seletivos para um estímulo de responderem menos a estímulos repetidos, em comparação com estímulos novos. Isso permite que a ativação de uma região seja inferida realizando-se experimentos em que estímulos relacionados e não relacionados são apresentados sequencialmente. Em algumas tentativas, um estímulo é seguido por uma quase repetição do mesmo estímulo, mas com uma característica alterada (p. ex., sua localização ou tamanho). Uma análise univariada testa se a atividade BOLD em vóxels na região é menor nessas tentativas em comparação a tentativas em que (1) o primeiro estímulo é seguido por outro não relacionado ou (2) o estímulo alterado é precedido por um estímulo não relacionado. Se uma redução do BOLD for observada, pode-se interpretar esse resultado como significando que a região não está ajustada para a característica que mudou (p. ex., a região pode ser considerada invariante quanto à localização ou ao tamanho).

O IRMf pode ser utilizado para decodificar qual informação está representada no encéfalo

A segunda categoria de análise usando IRMf busca caracterizar que tipos de informação estão representados em diferentes regiões encefálicas para determinar o comportamento. Em vez de analisar vóxels independentemente, ou de fazer médias de vóxels em uma ROI, essas análises examinam a informação relacionada com *padrões* espaciais de atividade BOLD ao longo de múltiplos vóxels. Isso é tipicamente designado como *análise multivariada de padrões* (AMVP; o mesmo que MVPA, do inglês *multivariate pattern analysis*). Há dois tipos de AMVP, baseados nas similaridades ou na classificação dos padrões de atividade.

A AMVP com base nas similaridades tenta entender qual informação está contida ou "representada" em uma região encefálica. Isso é obtido pelo exame de quão semelhante é o processamento pela região de diferentes condições ou estímulos em um experimento. Essa similaridade é calculada a partir do padrão de ativação entre vóxels em uma ROI, definido como o padrão de valores beta de um GLM ou o padrão de atividade BOLD bruta em dados pré-processados. Uma vez que esses padrões tenham sido definidos para múltiplas condições ou estímulos, é calculada a correlação ou distância para cada par de padrões. Isso produz uma matriz de similaridades pareadas entre condições ou estímulos dentro da ROI. Com essa matriz, é possível inferir para qual informação a ROI é mais sensível. Por exemplo, se fotos de diferentes objetos (p. ex., banana, canoa, taxi) são mostradas aos sujeitos, uma matriz das distâncias entre os padrões de atividade evocados por esses objetos pode ser computada para diferentes regiões encefálicas. Uma ROI na qual há uma distância menor entre banana e canoa do que entre qualquer uma das duas e taxi poderia ser interpretada como estando relacionada à codificação de forma (isto é, concavidade); uma outra região na qual a menor distância está entre banana e taxi poderia estar envolvida na representação de cor (isto é, amarela); ou uma região com a menor distância entre canoa e taxi poderia ser interpretada como envolvida na representação de função (isto é, transporte).

A similaridade neural observada com IRMf pode também ser comparada com a similaridade calculada de outras formas para as mesmas condições ou estímulos, inclusive a partir de julgamentos humanos, modelos computacionais ou medidas neurais em outras espécies. Por exemplo, se indivíduos humanos avaliam um grande conjunto de estímulos em termos de quão similares eles parecem ser entre si, uma região encefálica com uma similaridade estrutural equivalente poderia ser considerada uma forte candidata a ser a fonte desse comportamento. Essa abordagem de se calcular correlações de *segunda ordem* entre matrizes de similaridade neural e comportamental, ou entre matrizes de similaridade neural obtidas de duas fontes, é denominada *análise de representação por similaridade* (RSA, do inglês *representational similarity analysis*).

A AMVP baseada na classificação dos padrões de atividade utiliza técnicas do aprendizado de máquina (discutido no Capítulo 5) para decodificar qual informação está presente em uma região encefálica. A primeira etapa consiste em treinar um modelo classificador com um subconjunto de dados de IRMf para discriminar entre classes de condições ou estímulos a partir de padrões de atividade BOLD entre vóxeis em uma ROI. Esses padrões normalmente são obtidos a partir de tentativas individuais, e cada uma delas é marcada de acordo com a condição ou estímulo nas tentativas correspondentes. Esse treinamento contém, então, diversos exemplos de padrões encefálicos para cada classe. O treinamento classificador pode usar muitos algoritmos diferentes, sendo os dois mais comuns os de máquina de suporte de vetor (*support vector machine*) e de regressão logística regularizada. O resultado geralmente é um peso para cada vóxel, refletindo como a atividade naquele vóxel contribui para a classificação coletivamente com os outros vóxeis. A segunda etapa após o treinamento é testar o classificador examinando quão bem ele pode decodificar padrões a partir de um subconjunto de dados de IRMf independentes e previamente não utilizados (p. ex., para uma corrida diferente ou um sujeito distinto). Os padrões de atividade BOLD em cada tentativa testada são multiplicados pelos pesos atribuídos pelo aprendizado do classificador e somados para produzir uma conjetura acerca de como o padrão deveria ser marcado. A acurácia da classificação é quantificada como a proporção dessas conjeturas que se equiparam às marcações corretas. Importante, essa abordagem pode ser usada para compreender como diferentes regiões encefálicas originam o comportamento, como tentar classificar qual ação foi realizada, qual decisão foi tomada ou qual memória foi evocada.

O IRMf pode ser utilizado para medir correlação de atividade entre redes encefálicas

A terceira categoria de análise utilizando IRMf busca entender a organização do encéfalo como uma rede. Saber o que regiões individuais fazem não explica completamente como o encéfalo, como um todo, gera o comportamento. Além disso, essa análise é crítica para entender como as regiões encefálicas se relacionam umas com as outras – ou seja, de onde vêm as aferências para dada região e para onde vão suas eferências. Isso requer a compreensão de quais regiões se comunicam entre si e para onde e como elas transmitem informação. É difícil uma determinação definitiva dessas questões utilizando IRMf, mas estimativas podem ser feitas pelas medidas das correlações da atividade BOLD entre vóxeis ou regiões ao longo do tempo. Se duas partes do encéfalo têm atividades correlacionadas, elas podem estar partilhando a mesma informação ou participando do mesmo processo. Tais correlações são interpretadas como medidas de *conectividade funcional*.

Uma maneira de estudar a conectividade funcional utilizando IRMf é pela medida de correlações de BOLD no estado de repouso. Varreduras são feitas enquanto os sujeitos estão deitados e quietos, sem realizar qualquer tarefa, e, então, o curso temporal de atividade BOLD a partir de uma ROI "semente" é extraído e correlacionado com os cursos temporais de outras ROI ou de todos os vóxeis no encéfalo. Alternativamente, análises de agrupamento (ou *clusters*) ou de componentes podem ser realizadas sem uma semente para identificar coleções de vóxeis com perfis temporais similares. A conectividade funcional no repouso definida dessa forma ajudou a mostrar que o encéfalo contém diversas redes de regiões em larga escala. A mais amplamente estudada dessas redes é chamada rede de modo padrão (RMP; em inglês, chamada de DMN – *default mode network*), que inclui o córtex medial posterior, o córtex parietal lateral e o córtex pré-frontal medial. Por definição, a conectividade no repouso não pode ser vinculada a comportamentos ocorrendo simultaneamente. Ela também não é estática, pois pedir aos sujeitos que "não façam coisa alguma" não os impede de pensar sobre alguma coisa. Ainda assim, a conectividade no repouso pode ser vinculada indiretamente ao comportamento pelo exame das perturbações que ela manifesta em caso de doença ou transtorno e de como ela se relaciona com as diferenças cognitivas entre as pessoas.

A conectividade funcional pode ser mais diretamente vinculada ao comportamento se for medida durante a execução de tarefas, e não no repouso. Uma dificuldade na interpretação de tais correlações entre regiões é que duas regiões podem estar correlacionadas durante uma tarefa não porque se comunicam uma com a outra, mas devido a uma terceira variável. Por exemplo, regiões que estejam respondendo independentemente a um mesmo estímulo, mas de modo coincidente. Assim, a conectividade funcional baseada em tarefas é geralmente calculada após remover, ou explicar de outra forma, as respostas BOLD evocadas pelos estímulos. Essa abordagem permite que a conectividade funcional seja manipulada experimentalmente e comparada entre diferentes condições de uma tarefa. Essas comparações fornecem informações acerca de como o envolvimento e interações de regiões encefálicas em uma rede mudam dinamicamente para permitir diferentes comportamentos. Essa abordagem tem sido útil no estudo de funções cognitivas como atenção, motivação e memória, que dependem da modulação de algumas regiões encefálicas por outras.

A conectividade funcional também pode ser vista como um padrão (de correlações e não de atividades) e ser submetida à AMVP. Padrões de correlação são maiores em escala do que padrões de atividade: se há n vóxeis em um padrão de atividade, há da ordem de n^2 pares de vóxeis em um padrão de correlações. Desse modo, pode ser útil resumir as propriedades de padrões de correlações usando a teoria de grafos, onde vóxeis ou regiões individuais são tratados como nodos em um grafo e a conectividade funcional entre os nodos determina as intensidades das conexões.

Estudos utilizando IRMf levaram a algumas noções fundamentais

O IRMf mudou nossa compreensão neurobiológica dos blocos constitutivos básicos do comportamento humano. A combinação de manipulações experimentais e modelos computacionais da psicologia cognitiva com medições neurobiológicas precisas expandiu teorias existentes da mente e do encéfalo e estimulou o surgimento de novas ideias. Descobertas usando IRMf tiveram impacto não apenas em nossa compreensão de comportamentos presumidamente exclusivos de seres humanos, mas também de comportamentos estudados há muito tempo em animais.

Nesta seção, revisaremos três exemplos desse progresso. O estudo da percepção de faces revela como estudos usando IRMf em seres humanos inspirou a pesquisa em animais; o estudo da memória ilustra como o IRMf desafiou teorias da psicologia cognitiva e da neurociência de sistemas; e o estudo da tomada de decisão mostra como estudos em animais e modelos computacionais promoveram avanços na pesquisa em IRMf.

Estudos com IRMf em seres humanos inspiraram estudos neurofisiológicos em animais

Nosso entendimento acerca de como o encéfalo detecta faces tem crescido enormemente nas duas últimas décadas (Capítulo 24). Os avanços descritos a seguir nos dão um exemplo de como achados obtidos em seres humanos usando IRMf inspiraram estudos de acompanhamento com registros neuronais e intervenções causais em primatas não humanos. Essa sinergia entre espécies e técnicas levou a uma compreensão mais completa dos processos fundamentais pelos quais faces são reconhecidas.

Certas classes de estímulos são mais importantes que outras para a sobrevivência. Terá o encéfalo uma maquinaria dedicada para o processamento desses estímulos? Faces são um caso óbvio para os seres humanos. O desenvolvimento de IRMf combinado com desenhos experimentais cuidadosos e sistemáticos levaram a importantes conhecimentos acerca de como e onde as faces são processadas no encéfalo humano. Foi observado que uma região no giro fusiforme, frequentemente denominada área facial fusiforme (AFF), apresenta robusta e seletiva atividade BOLD quando seres humanos veem faces.

Estudos iniciais usando IRMf que levaram a essa descoberta se baseavam em desenhos experimentais simples nos quais uma série de tipos diferentes de estímulos visuais era apresentada aos sujeitos. Para medir seletividade a faces em áreas encefálicas, a resposta BOLD a faces foi comparada com respostas BOLD para outras categorias (p. ex., lugares, objetos). Uma área do giro fusiforme lateral, com maior grau de confirmação no hemisfério direito, era fortemente ativada por faces. Esses resultados se encaixam bem com achados anteriores em primatas não humanos em que neurônios individuais respondiam à exibição de faces e inspiraram uma nova onda de estudos em animais para examinar uma rede de regiões encefálicas em uma maior escala. Esses estudos mais recentes em animais, que adaptaram desenhos experimentais a partir de estudos em seres humanos, empregaram inicialmente IRMf para descobrir análogos da AFF. As faixas corticais (*patches*) detectadas para a percepção facial foram então examinadas de forma invasiva, com registros e estimulação neuronais. Isso trouxe informações acerca da circuitaria neural distribuída que realiza o processamento de faces em primatas.

Além de responder seletivamente a estímulos envolvendo faces, seria a AFF capaz de contribuir para o comportamento de percepção facial? Essa questão foi investigada usando variações de estímulos que sabidamente afetam a percepção facial (p. ex., a apresentação de faces invertidas ou de partes de faces). Estudos iniciais com IRMf que usavam comparações simples de estímulos categóricos (faces invertidas em comparação com faces na orientação normal) produziram resultados fracos e confusos. Estudos que se seguiram utilizaram uma adaptação no desenho experimental para determinar como a atividade BOLD muda quando uma face é repetida de modo intacto ou alterado. Os achados sugeriram que a AFF representa faces intactas de modo diferente em relação a quando as mesmas características visuais são reconfiguradas de forma a prejudicar a resposta comportamental de percepção facial.

Uma outra forma de examinar a significância de uma região para a expressão desse comportamento é estudar pacientes que apresentam deficiências comportamentais – neste caso, um prejuízo da percepção facial conhecido como prosopagnosia. De modo surpreendente, alguns estudos de IRMf constataram uma AFF intacta nesses pacientes, lançando dúvidas sobre a sua importância para a percepção facial. Entretanto, também nessa questão estudos posteriores utilizando uma adaptação daquele desenho experimental provaram ser informativos: a AFF aparentemente intacta dos pacientes com prosopagnosia não apresenta adaptação quando a mesma face é repetida. Isso sugere que a AFF responde de modo diferente em pessoas com prosopagnosia, de modo consistente com sua importância para a percepção facial.

O achado mostrando que categorias visuais ou processos mentais de modo mais geral podem ser mapeados em uma ou em um pequeno número de regiões, como o caso da AFF, foi importante para repensar a relação mente-cérebro*. Saber se funções cognitivas específicas estão localizadas ou amplamente distribuídas tem sido uma questão central acerca da organização do encéfalo ao longo da história das neurociências (Capítulo 1). A descoberta da AFF e do sistema de faixas corticais responsáveis pelo sistema de percepção de faces forneceu novas evidências para a localização de funções e encorajou os pesquisadores a buscar evidências para a hipótese de que outras funções cognitivas complexas poderiam estar localizadas em áreas encefálicas

---

*N. de T. Como explicamos anteriormente, a palavra "*brain*", quando traduzida do inglês, é ambígua em português, podendo significar tanto "cérebro" quanto "encéfalo". Porém, estas duas não são sinônimas, pois enquanto a primeira se refere apenas ao telencéfalo (os hemisférios corticais), a última compreende todas as estruturas contidas na caixa craniana. Assim, a expressão "relação mente-cérebro" está correta pois se refere basicamente a funções cognitivas superiores, que estão localizadas no neocórtex. Na maioria das outras situações, o correto é empregar o termo "encéfalo".

específicas ou em pequenos conjuntos de nodos, bem como a questionar se o localizacionismo* é a forma correta de se pensar a organização do encéfalo. Por exemplo, estudos posteriores mostraram que faces produzem respostas amplamente distribuídas no córtex visual e que a AFF pode ser cooptada para a percepção de outros tipos de objetos com os quais temos familiaridade ou *expertise*. Esses debates refletem a natureza transformadora desse trabalho original, tanto para estudos do encéfalo humano quanto para questões relacionadas aos modelos animais.

Estudos com IRMf têm desafiado teorias da psicologia cognitiva e das neurociências de sistemas

Muitos modelos teóricos da psicologia cognitiva foram originalmente céticos acerca da importância do encéfalo. Contudo, há agora diversos exemplos em estudos de IRMf que mudaram nossa compreensão sobre a organização e os mecanismos da cognição.

Um importante exemplo é o estudo da memória. O objetivo geral do estudo da memória, desde o século XIX, tem sido entender como uma memória é criada, evocada, utilizada, e se esses processos são distintos para diferentes tipos de memória. Uma descoberta importante veio de estudos com o paciente H. M. e a constatação de que danos ao hipocampo causam perda da capacidade de formar novas memórias autobiográficas, mas não afetam a capacidade de aprender certas tarefas (Capítulo 52). Esses achados levaram à ideia de que a memória pode ser dividida em duas amplas categorias, conscientes e inconscientes (também conhecidas como declarativas e procedurais, ou explícitas e implícitas). Na tradição da localização, esses e outros tipos de memória foram mapeados em diferentes regiões encefálicas, com base na localização das lesões no encéfalo de um paciente e que tipo de sintomas comportamentais se observava.

Estudos posteriores com IRMf em encéfalos humanos saudáveis ajudaram a mostrar que tal dicotomia estava muito simplificada. Primeiro, diversos estudos usando uma tarefa que veio a ser conhecida como *tarefa de memórias subsequentes* mostrou que outras regiões, além do hipocampo, estão implicadas na formação bem sucedida de memórias declarativas. Em tais estudos, uma série de estímulos é apresentada aos sujeitos (fotografias ou palavras) enquanto se realiza o IRMf. Depois, geralmente fora do aparelho de IRM, suas memórias para esses estímulos são testadas. As respostas BOLD observadas no momento em que o estímulo era inicialmente codificado são, então, classificadas com base em ter sido subsequentemente lembradas ou esquecidas. Essas condições são comparadas para se determinar quais regiões encefálicas mostram maior (ou menor) atividade durante a formação bem sucedida de memórias. Além dessas diferenças terem sido observadas no hipocampo e no lobo temporal medial circundante, a atividade BOLD nos córtices pré-frontal e parietal também se mostrou capaz de prever uma boa memória posteriormente. Estudos com IRMf do encéfalo inteiro em indivíduos saudáveis mostraram que a memória declarativa envolve mais de um sistema encefálico – processos ligados ao córtex pré-frontal (p. ex., elaboração semântica) e ao córtex parietal (p. ex., atenção seletiva) também estão envolvidos em sua codificação.

A taxonomia tradicional para a organização da memória também foi desafiada de outra forma por estudos com IRMf. O IRMf mostrou que uma grande variedade de tarefas que presumidamente não envolviam o hipocampo (ou a memória declarativa) na verdade ativava consistentemente essa região. Esses estudos frequentemente utilizam tarefas de aprendizado classicamente consideradas inconscientes, nas quais os sujeitos têm a oportunidade de aprender, mas nunca são requisitados a relatar suas memórias e, em alguns casos, são incapazes de fazê-lo mesmo quando solicitado. Por exemplo, na *tarefa de classificação probabilística*, os sujeitos aprendem por tentativa e erro a classificar dicas visuais em categorias, mesmo quando as relações entre as dicas e as categorias são às vezes duvidosas. A atividade BOLD durante essas tentativas de aprendizado é estimada e comparada a uma linha de base, representada por uma tarefa que não envolve aprendizado por tentativa e erro (p. ex., estudar dicas organizadas em categorias previamente definidas). Tais comparações geralmente revelam ativação do estriado, mas também uma consistente ativação do hipocampo (ver Capítulo 52).

Em resumo, estudos empregando IRMf em tarefas que se acreditava serem baseadas em memória declarativa frequentemente recrutam regiões fora do hipocampo, e tarefas que se acreditava serem baseadas na memória de procedimentos podem recrutar o hipocampo. Em ambos os casos, essas descobertas foram feitas ao acaso e só foram possíveis porque os dados, empregando IRMf, foram obtidos para todo o encéfalo. Embora esses resultados tenham sido inicialmente inesperados, eles levaram a estudos sistemáticos subsequentes que atualizaram nossa compreensão acerca da organização da memória. O mais importante é que eles desafiaram a ênfase original da percepção consciente como característica definidora do processamento hipocampal. Isso, por sua vez, ajudou a relacionar achados em seres humanos com aqueles obtidos em estudos com animais, nos quais a noção de memória consciente é menos central e as tarefas que ativam o hipocampo frequentemente envolvem navegação espacial. Assim, os achados com IRMf em seres humanos têm sido profundamente transformadores de nossa compreensão teórica sobre a memória, tanto em termos de estruturas neurais envolvidas quanto de comportamentos cognitivos.

Estudos com IRMf têm testado previsões geradas por estudos com animais e em modelos computacionais

A integração de modelos computacionais com IRMf representa um desenvolvimento importante nas neurociências cognitivas. Um exemplo vem de estudos acerca de como o encéfalo aprende a prever e obter recompensas,

---

*N. de T. É preferível chamarmos de *neolocalizacionismo* a concepção de que funções cognitivas complexas ocupam áreas específicas do córtex, posto que não se trata de uma "reedição" da doutrina *localizacionista* mais antiga, a frenologia, que se baseava em premissas completamente equivocadas, hoje plenamente superadas, de que o formato do crânio, bem como suas depressões e protuberâncias, seriam indicativas das faculdades mentais de uma pessoa; a frenologia foi uma pseudociência que causou muitos danos.

combinados com modelos de aprendizado com reforço, que formalizam esse processo. Esses modelos evoluíram simultaneamente a estudos de tomada de decisão com base em recompensa em animais, os quais também inspiraram estudos humanos posteriores.

Uma observação central nesses estudos e teorias é que neurônios dopaminérgicos mesencefálicos aumentam seus disparos em resposta a recompensas inesperadas, como um suco (Capítulo 43). Uma vez que determinada dica preditiva tenha sido consistentemente pareada com uma recompensa, os neurônios deslocam sua resposta no tempo e disparam quando essa dica aparece. Se uma recompensa prevista não ocorrer, os disparos diminuem. Esse padrão de resposta sugere que os neurônios dopaminérgicos mesencefálicos sinalizam a diferença entre recompensa esperada e recompensa obtida de fato. Essa diferença é comumente conhecida como *erro de predição da recompensa* e foi modelada usando equações baseadas na teoria de aprendizado com reforço. Quando esse modelo é aplicado a tarefas envolvendo recompensas em seres humanos, erros de predição de recompensas hipotéticas podem ser estimados com base em tentativas caso a caso. Essas estimativas podem, então, ser usadas para prever a atividade BOLD e identificar vóxeis e regiões que podem estar envolvidos no aprendizado por reforço no encéfalo humano.

Em um típico estudo desse tipo, os sujeitos realizam uma tarefa envolvendo aprendizado durante um IRMf, fazendo uma série de escolhas acerca de dicas visuais para prever possíveis recompensas. Eles aprendem qual desfecho se dá imediatamente após cada escolha. Por exemplo, diante de duas formas apresentadas (p. ex., um círculo e um triângulo), o sujeito escolheria uma pressionando um botão e logo aprenderia se a sua escolha levou a uma recompensa monetária. A característica-chave de tais tarefas é que a associação entre formas e recompensas é probabilística e muda ao longo do curso do experimento. Devido ao "ruído" dessa relação pouco clara, os sujeitos devem aprender a acompanhar e corrigir a probabilidade de recompensa para cada forma. O erro de previsão de uma recompensa pode ser calculado para cada tentativa com base na história das escolhas que o sujeito fez e das recompensas recebidas e ser, então, incluído na análise dos dados de IRMf. Muitos estudos utilizando essa abordagem descobriram que o erro de previsão de recompensa, tentativa a tentativa, está correlacionado com a atividade BOLD no estriado ventral, uma área que recebe aferências de neurônios dopaminérgicos do mesencéfalo.

Outros modelos computacionais, como o de *redes neurais profundas*, que ajudam a integrar os campos da psicologia cognitiva, da ciência computacional e das neurociências, também têm servido a um propósito teórico importante, gerando novas hipóteses acerca da atividade encefálica. Uma vez que esses modelos são frequentemente inspirados pela arquitetura e funções do encéfalo, eles ajudam a estabelecer pontes entre diferentes níveis de análise, desde registros fisiológicos em animais até IRMf em seres humanos. Eles também são bastante úteis na análise de dados ao simular variáveis de interesse psicológico e neurobiológico que podem ser acessadas no encéfalo, uma abordagem chamada de análise baseada em modelo.

Estudos utilizando IRMf exigem uma interpretação cuidadosa

Os exemplos fornecidos anteriormente ilustram como o IRMf pode aprimorar nossa compreensão acerca dos elos entre cérebro/encéfalo e comportamento. Na interface com a psicologia, o IRMf pode complementar medidas puramente comportamentais. Muitos comportamentos humanos complexos (p. ex., evocação de memórias, tomada de decisões) dependem de múltiplos estágios de processamento e componentes. A medida desses processos utilizando IRMf pode fornecer explicações mais ricas de comportamentos observados e mais focadas em mecanismos do que aquelas baseadas apenas em simples medidas comportamentais como acurácia ou tempo de resposta. Na interface com as neurociências de sistemas, o IRMf complementa registros neuronais diretos. A maior parte das áreas encefálicas (p. ex., o hipocampo) dá suporte a múltiplos comportamentos e o faz em concerto com outras regiões. A capacidade de se produzir o imageamento do encéfalo como um todo usando IRMf torna possível chegarmos a uma compreensão mais completa dos mecanismos neurais no nível de redes.

O que significa, então, a determinação da atividade BOLD em uma região durante uma tarefa? A multiplicidade de mapeamentos entre encéfalo e comportamento impõe sérios desafios à interpretação dos resultados do IRMf (**Figura 6-3**). Uma consideração fundamental é o tipo de inferência: a maior parte dos estudos usando IRMf utiliza *inferência proativa (forward inference)*, na qual um experimento compara a atividade BOLD entre diferentes condições da tarefa que controlam a ativação de determinados processos mentais (p. ex., comparar os efeitos de estímulos usando faces em relação a imagens que não são faces para estudar a percepção facial). Regiões encefálicas cuja atividade seja diferente entre tais condições seriam as responsáveis pelo referido processo cognitivo. A inferência proativa se baseia na manipulação de uma tarefa e, portanto, permite a um pesquisador inferir que tais diferenças na atividade encefálica estão relacionadas ao processo mental de interesse.

Na *inferência inversa (reverse inference)*, as diferenças na atividade neural são a base para se inferir qual processo mental específico está ativo, mesmo quando as condições que originaram as diferenças não foram planejadas para manipular o processo. Por exemplo, no contraste entre imagens de faces e imagens que não são faces citado anteriormente, um pesquisador poderia interpretar diferenças na atividade no estriado como evidência de que faces são recompensadoras. Esse tipo de inferência inversa frequentemente não se justifica, já que a recompensa não foi medida ou manipulada – a interpretação se baseia em outros estudos que manipularam a variável recompensa e encontraram atividade estriatal. O problema surge porque cada região encefálica geralmente está envolvida em mais de uma função, significando que não há como termos certeza, unicamente a partir da observação da atividade, em qual função (ou funções) aquela estrutura está engajada. De fato, o estriado está fortemente implicado no movimento, então talvez as faces estejam acionando processos motores em vez de os de recompensa? A conclusão mais razoável nesse

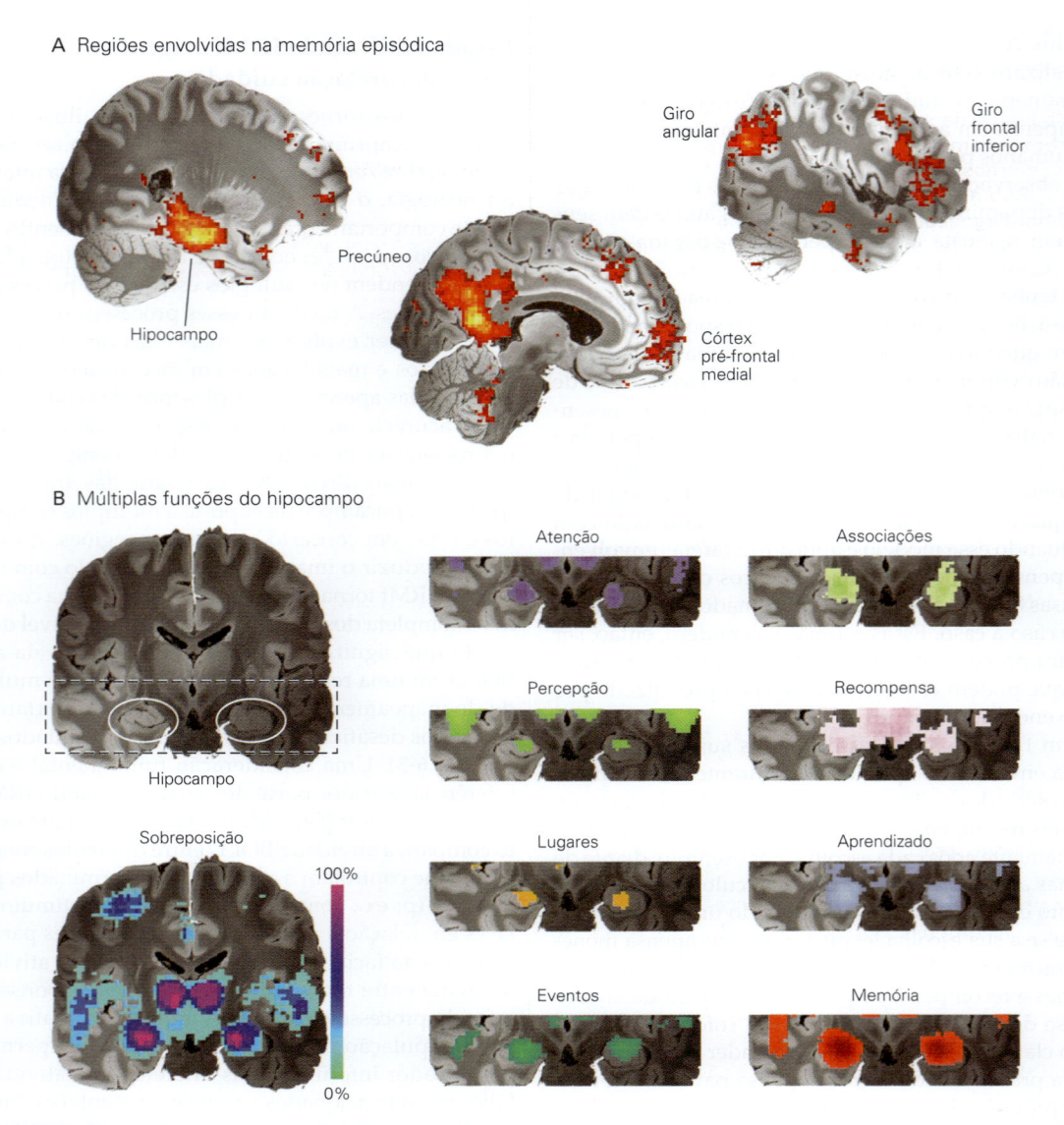

FIGURA 6-3 Desafios do mapeamento da mente e encéfalo. Qualquer interpretação de dados obtidos com IRMf deve considerar a complexidade da relação entre funções cognitivas e regiões encefálicas. Essa complexidade é ilustrada aqui com uma metanálise a partir de um banco de dados contendo mais de 14.000 estudos de IRMf publicados. (Dados obtidos em 2019 de http://neurosynth.org, dispostos no encéfalo a partir de Edlow et al., 2019; figura atualizada e adaptada a partir de Shohamy e Turk-Browne, 2013, por Tristan Yates.)

A. Este mapa mostra que múltiplas regiões encefálicas são acionadas pela memória episódica – ou seja, a codificação e a evocação de eventos específicos do passado do sujeito. Os vóxeis coloridos indicam uma alta probabilidade do termo "episódica" em estudos que relatam ativação desses vóxeis (inferência inversa). Esse exemplo ilustra como uma única função cognitiva pode estar associada com múltiplas regiões encefálicas (mapeamento um-para-muitos).

B. Estes mapas mostram que múltiplas funções cognitivas acionam o hipocampo (circulado em branco em cada hemisfério). Os vóxeis coloridos em cada inserto mostrando um encéfalo indicam uma alta probabilidade de que esses vóxeis sejam ativados em estudos que examinam o termo correspondente (inferência proativa). O mapa sobreposto mostra a porcentagem desses termos que ativa cada vóxel. Esse exemplo ilustra como uma única região encefálica pode estar associada com múltiplas funções cognitivas e comportamentos (mapeamento muitos-para-um).

exemplo, refletindo uma inferência proativa, seria a de que o estriado estaria envolvido em algum aspecto (ainda não descrito) da percepção de faces.

Uma solução, portanto, é não utilizar inferência inversa em estudos de IRMf. Contudo, há algumas situações em que a inferência inversa pode ser desejável ou mesmo necessária. Por exemplo, a inferência inversa pode possibilitar aos pesquisadores a realização de análises exploratórias e gerar novas hipóteses, mesmo a partir de dados coletados para outros propósitos. Isso pode ser especialmente importante no caso de dados de IRMf difíceis de coletar, como aqueles obtidos de crianças, idosos e pacientes (**Quadro 6-2**).

QUADRO 6-2 Imageamento encefálico no mundo real

A possibilidade de se produzir imagens do encéfalo humano com ferramentas não invasivas e medir processos mentais internos levou a um crescente interesse na aplicação do IRMf a uma variedade de problemas do mundo real, como diagnóstico clínico e tratamento, lei e justiça, inteligência artificial, mercado e economia e política.

No campo clínico, uma possibilidade interessante é o uso de IRMf no exame de pacientes em estado vegetativo. Estudos sugerem que alguns desses pacientes mostram atividade encefálica que reflete processos mentais. Por exemplo, um paciente pode parecer estar comatoso –inconsciente, sem comunicação e sem reação a estímulos externos –, mas ainda assim apresentar atividade neural no córtex motor quando lhe pedem que pense em uma ação, ou em regiões visuais específicas para certas categorias quando lhe pedem que imagine dicas visuais específicas. Tais achados poderiam influenciar médicos e outros profissionais quanto ao prognóstico e tratamento de pacientes.

Outra aplicação potencial do IRMf no mundo real é para a detecção de mentiras. A capacidade de distinguir com acurácia entre verdade e mentira com base na atividade encefálica poderia ter um importante valor nos tribunais. Alguns estudos laboratoriais relataram diferenças na atividade encefálica quando grupos de sujeitos experimentais eram instruídos a mentir repetidamente. Para ser útil, contudo, o IRMf precisaria fornecer evidências altamente confiáveis sobre se um *indivíduo* está mentindo sobre um evento *específico*, de forma que não seja influenciável por estratégias e contramedidas. Atualmente, isso não é possível e, de fato, evidências geradas por IRMf geralmente não são admissíveis em tribunais.

Essas e outras aplicações do IRMf levantam questões éticas e de privacidade. Por exemplo, as autoridades poderiam utilizar dados de IRMf para justificar decisões com consequências sérias (p. ex., culpa ou inocência), se aproveitando da tendência da opinião pública em acreditar em explicações biológicas, mesmo que a ciência subjacente não esteja tão bem estabelecida. Mais perturbador, os seres humanos atualmente têm autonomia sobre compartilhar ou não pensamentos internos e sentimentos, mas aparelhos capazes de detectar essas informações poderiam mudar isso. Como resultado, um desafio importante para os neurocientistas ao considerarem aplicações práticas é informar com exatidão que o IRMf é poderoso, mas tem limitações, e que nossa compreensão do encéfalo humano é um trabalho que ainda está em andamento.

Com essa motivação, foram desenvolvidas ferramentas estatísticas que suportam inferências inversas. Por exemplo, o aplicativo Neurosynth, baseado na internet, utiliza uma grande base de dados com estudos publicados que atribuem uma probabilidade de que um determinado processo mental (p. ex., recompensa) esteja envolvido sempre que se observa a atividade BOLD em determinada área (p. ex., o estriado).

Ao se considerar a relação entre atividade encefálica e comportamento, é também importante distinguir entre uma correlação entre essas variáveis e uma relação causa e efeito entre elas. Se uma região encefálica está seletiva e consistentemente envolvida em determinado processo mental, essa correlação não permite concluirmos que ela desempenhe um papel necessário ou suficiente no processo. Com relação à suficiência, a região encefálica poderia trabalhar com outra ou mais regiões encefálicas para realizar o processo – e provavelmente isso ocorre. Com relação à necessidade, a atividade na região poderia ser um produto colateral secundário do processamento em alguma outra região.

Uma abordagem para reforçar a interpretação de um estudo de IRMf é avaliar como esses achados convergem com aqueles obtidos por outros métodos mais invasivos, como a estimulação elétrica em pacientes epilépticos. Como todas as ferramentas têm limitações, inclusive outras medidas de correlação, como registros neuronais, esse princípio de convergência de evidências é central para o avanço na compreensão de como o encéfalo determina o comportamento. Além de se buscar evidências convergentes entre estudos e ferramentas, há também esforços no sentido de manipular a função encefálica simultaneamente com o uso de IRMf, por meio de estimulação magnética transcraniana ou de neuromodulação autorregulatória (ou retroinformação neurológica; do inglês *neurofeedback*) em tempo real.

Progressos futuros dependem de avanços tecnológicos e conceituais

O IRMf é a melhor tecnologia que temos até agora para sondar o encéfalo humano saudável. Essa tecnologia permite medidas do encéfalo como um todo com resolução razoavelmente alta, assim como de muitos aspectos da mente em grandes amostras de indivíduos, sem causar qualquer tipo de dano. Por outro lado, contudo, ainda estamos longe daquilo que precisamos, em última instância, para obtermos uma compreensão mais profunda e precisa de como funciona o encéfalo. Em comparação com as ferramentas disponíveis para estudos em animais, o IRMf fornece medidas indiretas e relativamente lentas e ruidosas da atividade neuronal e da dinâmica dos circuitos.

Esforços vêm sendo envidados para resolver essas limitações, tanto tecnicamente quanto biologicamente. No fronte técnico, sequências de imagens em multibandas podem aumentar a resolução temporal e espacial dos dados de IRMf, possibilitando a aquisição de múltiplas fatias do encéfalo em paralelo. Medidas mais rápidas, porém, são inerentemente limitadas pela velocidade lenta da resposta hemodinâmica, e os menores vóxeis ainda são médias de centenas de milhares de neurônios.

No fronte biológico, temos uma compreensão rudimentar sobre como a atividade BOLD emerge a partir de mecanismos fisiológicos no encéfalo, como a atividade unitária de neurônios individuais, a atividade de populações, a função de astrócitos e outras células gliais, de sistemas neuromodulatórios e do sistema vascular. Uma melhor compreensão da relação entre a atividade BOLD e esses processos é essencial para sabermos quando e por que medidas de diferentes tipos se alinham ou divergem. Embora algumas condições experimentais levem a aumentos tanto da atividade neuronal quanto da atividade BOLD, outras não o fazem. Por exemplo, embora a apresentação de uma dica visual aumente tanto o fluxo sanguíneo no córtex visual quanto os disparos neuronais, se essa dica visual for altamente esperada, mas não for apresentada, o fluxo sanguíneo ainda assim pode aumentar, mas sem o aumento na atividade neuronal. Isso sugere que há importantes nuances no acoplamento das atividades neural e vascular que podem ter significado funcional e que os próprios sinais vasculares podem ser mais complexos do que se pensava previamente.

Como mostra a história do IRMf, descobertas científicas em um campo podem levar a grandes e inesperados avanços em outros. A descoberta do IRM na década de 1970 (que 20 anos mais tarde levou ao IRMf) veio da física e da química e teve um impacto tão profundo e de longo alcance que foi reconhecida com a outorga do Prêmio Nobel de Fisiologia ou Medicina para Paul Lauterbur e Peter Mansfield em 2003. Isso, por sua vez, foi possibilitado pela descoberta, décadas antes, da ressonância magnética nuclear, que resultou no Prêmio Nobel de Física para Isidor Rabi em 1944 e para Felix Bloch e Edward Purcell em 1952. Essas descobertas não tinham inicialmente qualquer conexão com as neurociências, mas vieram para disparar uma revolução no estudo da mente, do encéfalo e do comportamento.

Destaques

1. Os métodos de imageamento funcional do encéfalo nas neurociências cognitivas buscam registrar a atividade no encéfalo humano associada a processos mentais à medida que estes se desenrolam na mente humana, associando medidas biológicas e comportamentais. Atualmente, a técnica dominante é o IRMf.
2. O IRMf se baseia em dois conceitos principais: a física da ressonância magnética e a biologia do acoplamento neurovascular. Combinados, eles permitem usar o IRMf para medir a resposta vascular BOLD à atividade neuronal. Quando sujeitos humanos realizam tarefas cognitivas durante o IRMf, as medidas de atividade BOLD podem ser associadas a determinados processos mentais e a comportamentos ao longo do tempo.
3. A associação entre a atividade BOLD e o comportamento é inferida por meio de uma série de etapas de pré-processamento e análises estatísticas. Essas análises podem responder uma variedade de questões, como que regiões encefálicas estão ativas durante tarefas específicas, qual informação é codificada no padrão espacial de atividade dentro de uma região e quais regiões interagem entre si ao longo do tempo como parte de uma rede.
4. O imageamento do encéfalo humano levou a noções fundamentais acerca dos mecanismos neurais do comportamento ao longo de muitos domínios. Alguns exemplos proeminentes são a compreensão de como o encéfalo humano processa a percepção facial, como as memórias são armazenadas e evocadas e como aprendemos por tentativa e erro. Entre esses domínios, dados de IRMf convergem com achados de registros neuronais em animais e com previsões teóricas a partir de modelos computacionais, fornecendo um quadro mais completo das relações mente-cérebro.
5. O IRMf registra a atividade encefálica, mas não a modifica diretamente. Assim, ele não dá suporte a inferências acerca da necessidade de uma região encefálica para um comportamento, mas sim se a região está envolvida naquele comportamento. A maior parte dos estudos apoia inferências proativas acerca desse envolvimento, através das quais a atividade observada no encéfalo pode ser relacionada a um processo mental em função de manipulações experimentais daquele processo.
6. O IRMf permite que possamos estudar a função do encéfalo humano enquanto são acionados vários processos mentais, tanto na saúde quanto na doença. Essa tecnologia e a análise dos dados por ela gerados estão em contínuo desenvolvimento para aprimorar as resoluções temporal e espacial das medidas biológicas e para esclarecer as relações entre essas medidas, os processos mentais e o comportamento.

Daphna Shohamy
Nick Turk-Browne

Leituras selecionadas

Bandettini PA. 2012. Twenty years of functional MRI: the science and the stories. NeuroImage 62:575–588.
Bullmore E, Sporns O. 2009. Complex brain networks: graph theoretical analysis of structural and functional systems. Nat Rev Neurosci 10:186–198.
Cohen JD, Daw N, Engelhardt B, et al. 2017. Computational approaches to fMRI analysis. Nat Neurosci 20:304–313.
Daw ND, Doya K. 2006. The computational neurobiology of learning and reward. Curr Opin Neurobiol 16:199–204.
Kanwisher N. 2010. Functional specificity in the human brain: a window into the functional architecture of the mind. Proc Natl Acad Sci U S A 107:11163–11170.
Poldrack RA, Mumford JA, Nichols TE. 2011. *Handbook of Functional MRI Data Analysis*. Cambridge: Cambridge Univ. Press.
Shohamy D, Turk-Browne NB. 2013. Mechanisms for widespread hippocampal involvement in cognition. J Exp Psychol Gen 142:1159–1170.

Referências

Aly M, Ranganath C, Yonelinas AP. 2013. Detecting changes in scenes: the hippocampus is critical for strength-based perception. Neuron 78:1127–1137.
Aly M, Turk-Browne NB. 2016. Attention stabilizes representations in the human hippocampus. Cereb Cortex 26:783–796.
Brewer JB, Zhao Z, Desmond JE, Glover GH, Gabrieli JD. 1998. Making memories: brain activity that predicts how well visual experience will be remembered. Science 281:1185–1187.
Dricot L, Sorger B, Schiltz C, Goebel R, Rossion B. 2008. The roles of "face" and "non-face" areas during individual face perception:

evidence by fMRI adaptation in a brain-damaged prosopagnosic patient. NeuroImage 40:318–332.

Edlow BL, Mareyam A, Horn A, et al. 2019. 7 Tesla MRI of the ex vivo human brain at 100 micron resolution. Sci Data 30:244.

Farah MJ, Hutchinson JB, Phelps EA, Wagner AD. 2014. Functional MRI-based lie detection: scientific and societal challenges. Nat Rev Neurosci 15:123–131.

Foerde K, Shohamy D. 2011. Feedback timing modulates brain systems for learning in humans. J Neurosci 31:13157–13167.

Fox MD, Raichle ME. 2007. Spontaneous fluctuations in brain activity observed with functional magnetic resonance imaging. Nat Rev Neurosci 8:700–711.

Friston KJ, Holmes AP, Worsley KJ, Poline JP, Frith CD, Frackowiak, RS. 1994. Statistical parametric maps in functional imaging: a general linear approach. Hum Brain Mapp 2:189–210.

Grill-Spector K, Henson R, Martin A. 2006. Repetition and the brain: neural models of stimulus-specific effects. Trends Cogn Sci 10:14–23.

Hannula DE, Ranganath C. 2009. The eyes have it: hippocampal activity predicts expression of memory in eye movements. Neuron 63:592–599.

Huettel SA, Song AW, McCarthy G. 2014. *Functional Magnetic Resonance Imaging*. Sunderland, Massachusetts: Sinauer Associates, Inc.

Kanwisher N, McDermott J, Chun MM. 1997. The fusiform face area: a module in human extrastriate cortex specialized for face perception. J Neurosci 17:4302–4311.

Kim H. 2011. Neural activity that predicts subsequent memory and forgetting: a meta-analysis of 74 fMRI studies. NeuroImage 54:2446–2461.

Kriegeskorte N, Mur M, Bandettini P. 2008. Representational similarity analysis—connecting the branches of systems neuroscience. Front Syst Neurosci 2:4.

McCarthy G, Puce A, Gore JC, Allison T. 1997. Face-specific processing in the human fusiform gyrus. J Cog Neurosci 9:605–610.

Moeller S, Freiwald WA, Tsao DY. 2008. Patches with links: a unified system for processing faces in the macaque temporal lobe. Science 320:1355–1359.

Norman KA, Polyn SM, Detre GJ, Haxby JV. 2006. Beyond mind-reading: multi-voxel pattern analysis of fMRI data. Trends Cogn Sci 10:424–430.

O'Doherty JP, Hampton A, Kim H. 2007. Model-based fMRI and its application to reward learning and decision making. Ann NY Acad Sci 1104:35–53.

Owen AM, Coleman MR, Boly M, Davis MH, Laureys S, Pickard JD. 2006. Detecting awareness in the vegetative state. Science 313:1402.

Schapiro AC, Kustner LV, Turk-Browne NB. 2012. Shaping of object representations in the human medial temporal lobe based on temporal regularities. Curr Biol 22:1622–1627.

Sirotin Y, Das A. 2009. Anticipatory haemodynamic signals in sensory cortex not predicted by local neuronal activity. Nature 457:475–479.

Squire LR. 1992. Memory and the hippocampus: a synthesis from findings with rats, monkeys, and humans. Psychol Rev 99:195–231.

Turk-Browne NB. 2013. Functional interactions as big data in the human brain. Science 342:580–584.

Wagner AD, Schacter DL, Rotte M, et al. 1998. Building memories: remembering and forgetting of verbal experiences as predicted by brain activity. Science 281:1188–1191.

Wimmer GE, Shohamy D. 2012. Preference by association: how memory mechanisms in the hippocampus bias decisions. Science 338:270–273.

Yarkoni T, Poldrack RA, Nichols TE, Van Essen DC, Wager TD. 2011. Large-scale automated synthesis of human functional neuroimaging data. Nat Methods 8:665–670.

Parte II

Página anterior
Estrutura em cristal do MthK, canal de K⁺ regulado por Ca^{2+} do *Methanobacterium thermoautotrophicum*, um procarioto termofílico pertencente ao domínio Archaea. Visão do lado extracelular do canal no estado aberto ligado a Ca^{2+}. O MthK é constituído por dois domínios funcionais principais. Uma proteína integral de membrana forma um poro aquoso (**azul**), que seleciona e conduz íons K⁺, e possui um portão que alterna entre as conformações aberta e fechada; um anel intracelular com regiões ligantes de Ca^{2+} (**cinza**) é responsável por controlar esse portão. Quando se liga ao Ca^{2+}, a mudança conformacional resultante é transmitida mecanicamente ao poro, fazendo com que ele mude para o estado aberto. (Usada com autorização de Kenton Swartz, com base no código PDB 1LNQ, de Jian Y, Lee A, Chen J, et al., 2002. Nature 417:523–526.)

Biologia celular e molecular das células do sistema nervoso

II

EM TODOS OS SISTEMAS BIOLÓGICOS, DESDE O MAIS primitivo até o mais desenvolvido, o bloco de construção básico é a célula. As células frequentemente são organizadas em módulos funcionais que são repetidos em um sistema biológico complexo. O encéfalo dos vertebrados é o exemplo mais complexo de um sistema modular. Os sistemas biológicos complexos têm outra característica básica: eles são arquitetônicos – isto é, sua anatomia, sua estrutura fina e suas propriedades dinâmicas refletem uma função fisiológica específica. Assim, a construção do encéfalo e a biologia, a biofísica e a bioquímica das células que o compõem refletem sua função fundamental, que é mediar o comportamento.

O sistema nervoso é formado por células gliais e por neurônios. A ideia inicial de que as células gliais eram elementos puramente estruturais foi suplantada pelo nosso entendimento atual de que existem tipos especializados de células gliais, cada um deles podendo regular um ou mais aspectos particulares da função neuronal. Os diferentes tipos de células gliais desempenham papéis essenciais, favorecendo e guiando o desenvolvimento neural, isolando os processos axonais, controlando o meio extracelular, dando suporte para a transmissão sináptica, facilitando o aprendizado e a memória e modulando processos patológicos no sistema nervoso. Algumas células gliais têm receptores para neurotransmissores e canais iônicos operados por voltagem, permitindo que elas se comuniquem umas com as outras e com os neurônios para dar suporte à sinalização neuronal.

Em contraste com as células gliais, a grande diversidade de células neuronais – as unidades fundamentais a partir das quais os módulos do sistema nervoso são configurados – é composta de variações de um plano celular básico. Quatro características desse plano dão às células nervosas a capacidade exclusiva de se comunicar umas com as outras de forma precisa e rápida por longas distâncias. Primeiro, o neurônio é polarizado, possuindo dendritos receptores em uma extremidade e axônios comunicando-se com terminais sinápticos na outra. Essa polarização das propriedades funcionais restringe o fluxo predominante de impulsos de voltagem a uma única direção. Segundo, o neurônio é eletricamente excitável. Sua membrana celular possui proteínas especializadas – canais iônicos e receptores – que permitem a entrada e a saída de íons inorgânicos específicos, criando, assim, correntes elétricas que originam os sinais de voltagem através da membrana. Terceiro, o neurônio possui proteínas e organelas que o dotam de propriedades secretoras especializadas, que lhe permitem liberar os neurotransmissores nas sinapses. Quarto, esse sistema de sinalização rápida nas longas distâncias entre o corpo celular e seus terminais é possibilitado por uma estrutura citoesquelética que medeia, em uma escala de tempo mais lenta, o transporte eficiente de várias proteínas, mRNA e organelas entre os dois compartimentos.

Nesta parte do livro, devemos considerar as distintas propriedades biológicas celulares que permitem com que neurônios e células gliais cumpram suas várias funções especializadas. Será dada uma grande ênfase nas propriedades dos canais iônicos que conferem aos neurônios a capacidade de gerar e propagar sinais elétricos na forma de potenciais de ação. Começamos a discussão dos neurônios considerando as propriedades gerais compartilhadas pelos canais iônicos – a capacidade de selecionar e conduzir íons e de alternar entre as conformações aberta e fechada. Os neurônios usam quatro classes principais de canais para sinalização: (1) os canais de repouso geram o potencial de repouso e fundamentam as propriedades elétricas passivas dos neurônios que determinam o curso temporal dos potenciais sinápticos, a sua propagação ao longo dos dendritos e o limiar para disparar um potencial de ação; (2) os canais dos receptores sensoriais respondem a certos estímulos sensoriais para gerar potenciais receptores locais; (3) os canais operados por ligantes se abrem em resposta a neurotransmissores, gerando potenciais sinápticos locais; e (4) os canais dependentes de voltagem produzem as correntes que geram potenciais de ação autopropagantes. Nesta parte, é dada atenção especial principalmente aos canais de vazamento e aos canais dependentes de voltagem. Na Parte III, consideramos com mais detalhes os canais operados por ligantes, bem como os neurotransmissores e os segundos mensageiros que controlam sua atividade. Os canais que são ativados por estímulos sensoriais serão examinados na Parte IV.

Editores desta parte: John D. Koester e Steven A. Siegelbaum

Parte II

Capítulo 7 Células do sistema nervoso
Capítulo 8 Canais iônicos
Capítulo 9 Potencial de membrana e propriedades elétricas passivas dos neurônios
Capítulo 10 Propagação de sinal: o potencial de ação

7
Células do sistema nervoso

Os neurônios e as células gliais compartilham muitas características estruturais e moleculares
O citoesqueleto determina o formato da célula
Partículas proteicas e organelas são transportadas ativamente ao longo dos axônios e dos dendritos
   O transporte axonal rápido carrega as organelas membranosas
   O transporte axonal lento carrega proteínas citosólicas e elementos do citoesqueleto
As proteínas são produzidas nos neurônios como em outras células secretoras
   Proteínas de membrana e de secreção são sintetizadas e modificadas no retículo endoplasmático
   Proteínas de secreção são modificadas no complexo de Golgi
Membrana de superfície e substâncias extracelulares são recicladas na célula
As células gliais desempenham diversos papéis na função neural
   As células gliais formam as bainhas isolantes para os axônios
   Os astrócitos auxiliam na sinalização sináptica
   A microglia desempenha diversas funções na saúde e na doença
O plexo coroide e as células ependimárias produzem o líquido cefalorraquidiano
Destaques

AS CÉLULAS DO SISTEMA NERVOSO – neurônios e células gliais – compartilham muitas características com as células em geral. Entretanto, os neurônios são especialmente dotados da capacidade de se comunicar de modo preciso e rápido com outras células em locais distantes no corpo. Duas características proporcionam aos neurônios essa capacidade.

Primeiro, eles apresentam um alto grau de assimetria funcional e morfológica: os neurônios apresentam dendritos receptores em uma extremidade e um axônio transmissor na outra. Esse arranjo é a base estrutural para a sinalização neuronal unidirecional.

Segundo, os neurônios são elétrica e quimicamente excitáveis. A membrana celular do neurônio contém proteínas especializadas – canais iônicos e receptores – que facilitam o fluxo de íons inorgânicos específicos, desse modo, redistribuindo a carga e criando correntes elétricas que alteram a voltagem através da membrana. Essa mudança na carga pode produzir uma onda de despolarização na forma de potencial de ação ao longo do axônio, que é o modo como um sinal costuma viajar no interior do neurônio. As células gliais são menos excitáveis, mas suas membranas contêm proteínas transportadoras que facilitam a entrada de íons, bem como proteínas que removem moléculas neurotransmissoras do espaço extracelular, regulando, assim, a função neuronal.

Existem centenas de tipos distintos de neurônios, dependendo da sua morfologia dendrítica, do seu padrão de projeções axonais e das suas propriedades eletrofisiológicas. Essa diversidade estrutural e funcional é amplamente especificada pelos genes expressos por cada tipo de célula neuronal. Embora todos os neurônios herdem a mesma carga genética, cada um expressa um conjunto restrito de genes e, portanto, produz somente algumas moléculas – enzimas, proteínas estruturais, constituintes de membrana e produtos de secreção – e outras, não. Essa expressão depende, em grande parte, da história do desenvolvimento da célula. Em essência, cada célula *é* o conjunto de moléculas que ela expressa.

Existem também muitos tipos de células gliais que podem ser identificados com base em suas características morfológicas, fisiológicas e bioquímicas únicas. A morfologia diversificada das células gliais sugere que essas células provavelmente sejam tão heterogêneas quanto os neurônios. Ainda assim, as células gliais no sistema nervoso dos vertebrados podem ser divididas em duas classes principais: macroglia e microglia. Há três tipos principais de macroglias: oligodendrócitos, células de Schwann e astrócitos. No encéfalo humano, cerca de 90% das células gliais são macroglias. Destas, aproximadamente metade é composta de células produtoras de mielina (oligodendrócitos e células de Schwann) e a outra metade, de astrócitos. Os *oligodendrócitos* fornecem as bainhas de mielina isolantes dos axônios de neurônios no sistema nervoso central (SNC) (**Figura 7-1A**). As *células de Schwann* mielinizam o axônio dos neurônios no sistema nervoso periférico (**Figura 7-1B**). As células de Schwann não mielinizantes têm outras funções, incluindo a promoção do desenvolvimento, da manutenção e do reparo na sinapse neuromuscular. Os *astrócitos* são assim denominados por apresentarem corpo celular irregular em forma de estrela e possuírem um grande número de processos; eles dão suporte metabólico aos neurônios e modulam a sinalização neuronal de várias maneiras (**Figura 7-1C**). As *microglias* compreendem as células imunitárias e fagocíticas residentes no encéfalo, mas também apresentam funções homeostáticas no encéfalo saudável.

Os neurônios e as células gliais compartilham muitas características estruturais e moleculares

Os neurônios e as células gliais se desenvolvem a partir de progenitores neuroepiteliais comuns do sistema nervoso embrionário e compartilham muitas características estruturais (**Figura 7-2**). Os limites dessas células são definidos pela membrana plasmática, ou *plasmalema*, que apresenta uma estrutura de bicamada assimétrica, bem como todas as membranas biológicas, e provê a barreira hidrofóbica impermeável para a maioria das substâncias hidrossolúveis. O citoplasma tem dois componentes principais: o citosol e as organelas membranosas.

O citosol é a fase aquosa do citoplasma. Nessa fase, apenas algumas proteínas estão realmente livres na solução. Com exceção de algumas enzimas que catalisam reações metabólicas, a maioria das proteínas está organizada em complexos funcionais. Uma especialidade recente chamada de *proteômica* definiu que esses complexos podem consistir em muitas proteínas distintas, nenhuma sendo ligada de forma covalente à outra. Por exemplo, a cauda citoplasmática do receptor de glutamato do tipo *N*-metil-D-aspartato (NMDA), uma proteína associada à membrana que media a transmissão sináptica excitatória no SNC, está ancorada em um grande complexo de mais de cem proteínas estruturais e enzimas modificadoras de proteínas. (Muitas proteínas citosólicas envolvidas na sinalização por meio de segundos mensageiros, discutidas em capítulos posteriores, estão incorporadas na matriz do citoesqueleto imediatamente abaixo da membrana plasmática.) Os *ribossomos*, organelas nas quais as moléculas do RNA mensageiro (mRNA) são traduzidas, são compostos de várias subunidades proteicas. Os *proteassomos*, organelas multienzimáticas grandes que degradam proteínas ubiquitinadas (um processo descrito mais adiante neste capítulo), também estão presentes no citosol de neurônios e de células gliais.

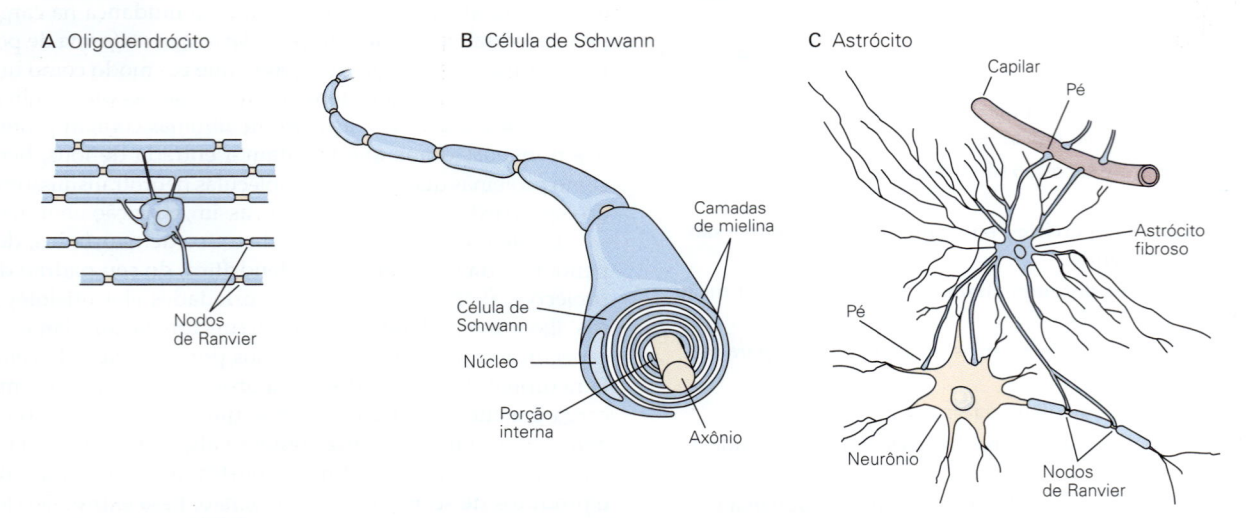

FIGURA 7-1 Os principais tipos de células gliais são os oligodendrócitos e os astrócitos no sistema nervoso central e as células de Schwann no sistema nervoso periférico.

A. Os oligodendrócitos são células pequenas com relativamente poucos processos. Na substância branca encefálica, como mostrado aqui, eles fornecem a bainha de mielina que envolve os axônios. Um único oligodendrócito pode enrolar seus processos membranosos ao redor de vários axônios. Na substância cinzenta, os oligodendrócitos perineurais envolvem e dão suporte aos corpos celulares dos neurônios.

B. As células de Schwann fornecem a bainha de mielina para os axônios no sistema nervoso periférico. Durante o desenvolvimento, várias células de Schwann são posicionadas ao longo da extensão de um único axônio. Cada célula forma uma bainha de mielina de aproximadamente 1 mm de extensão entre dois nodos de Ranvier. A bainha se desenvolve conforme a porção interna da célula de Schwann se volta ao redor do axônio várias vezes, enrolando o axônio em camadas de membrana. Na realidade, as camadas de mielina são mais compactas do que mostrado aqui. (Adaptada de Alberts et al., 2002.)

C. Os astrócitos, a maior classe de células gliais do sistema nervoso central, são caracterizados pelo seu formato estelar e pelas amplas terminações em seus processos ("pés"). Considerando que essas terminações colocam os astrócitos em contato tanto com capilares quanto com neurônios, acredita-se que os astrócitos tenham uma função nutritiva. Os astrócitos também desempenham um papel importante na manutenção da barreira hematencefálica (descrita mais adiante no capítulo).

são funcionalmente contínuas com o aparelho vacuolar. As mitocôndrias também desempenham outros papéis essenciais na homeostase do Ca^{2+} e na biogênese lipídica.

O aparelho vacuolar inclui o retículo endoplasmático liso, o retículo endoplasmático rugoso, o complexo de Golgi, as vesículas secretoras, os endossomos, os lisossomos e uma multiplicidade de vesículas transportadoras que interconectam esses vários compartimentos (**Figura 7-3**). Seu lúmen corresponde topologicamente à parte externa da célula; consequentemente, o folheto interno de sua bicamada lipídica corresponde ao folheto externo da membrana plasmática.

Os principais subcompartimentos desse sistema são anatomicamente descontínuos, mas funcionalmente conectados, uma vez que o material membranoso e luminal é movido de um compartimento para outro por meio de vesículas de transporte. Por exemplo, proteínas e fosfolipídeos sintetizados no retículo endoplasmático rugoso (a porção do retículo mais próxima ao núcleo e cravejada de ribossomos) e no retículo endoplasmático liso são transportados para o complexo de Golgi e, então, para as vesículas secretoras, que esvaziam seu conteúdo quando a membrana da vesícula se fusiona com a membrana plasmática (um processo denominado *exocitose*). Essa via secretora adiciona componentes de membrana à membrana plasmática e também libera o conteúdo dessas vesículas secretoras no espaço extracelular.

Inversamente, os componentes excedentes da membrana celular são levados para dentro da célula por meio de vesículas endocíticas (*endocitose*). Essas vesículas são incorporadas aos endossomos iniciais, organizando os compartimentos que ficam concentrados na periferia da célula. A membrana que sofreu endocitose, que normalmente contém proteínas específicas (como receptores transmembrana), pode ser direcionada de volta à membrana plasmática por maturação em endossomos de reciclagem ou ser convertida em endossomos tardios, que são direcionados para degradação por fusão com lisossomos. (Os processos de exocitose e de endocitose são detalhados mais adiante neste capítulo.) O retículo endoplasmático liso também atua como um estoque regulado de Ca^{2+} interno em todo o citoplasma neuronal (ver discussão sobre a liberação de Ca^{2+} no Capítulo 14).

Uma porção especializada do retículo endoplasmático rugoso forma o *envoltório nuclear*, uma cisterna esférica e achatada que circunda o DNA cromossômico e suas proteínas associadas (histonas, fatores de transcrição, polimerases e isomerases) e define o núcleo (**Figura 7-3**). Visto que o envoltório nuclear é contínuo com outras porções do retículo endoplasmático e com outras membranas do aparelho vacuolar, acredita-se que ele tenha evoluído como uma invaginação da membrana plasmática para envelopar os cromossomos eucarióticos. O envoltório nuclear é interrompido por poros nucleares, onde a fusão das membranas interna e externa do envoltório resulta na formação de canais hidrofílicos através dos quais proteínas e RNA são trocados entre o citoplasma propriamente dito e o nucleoplasma.

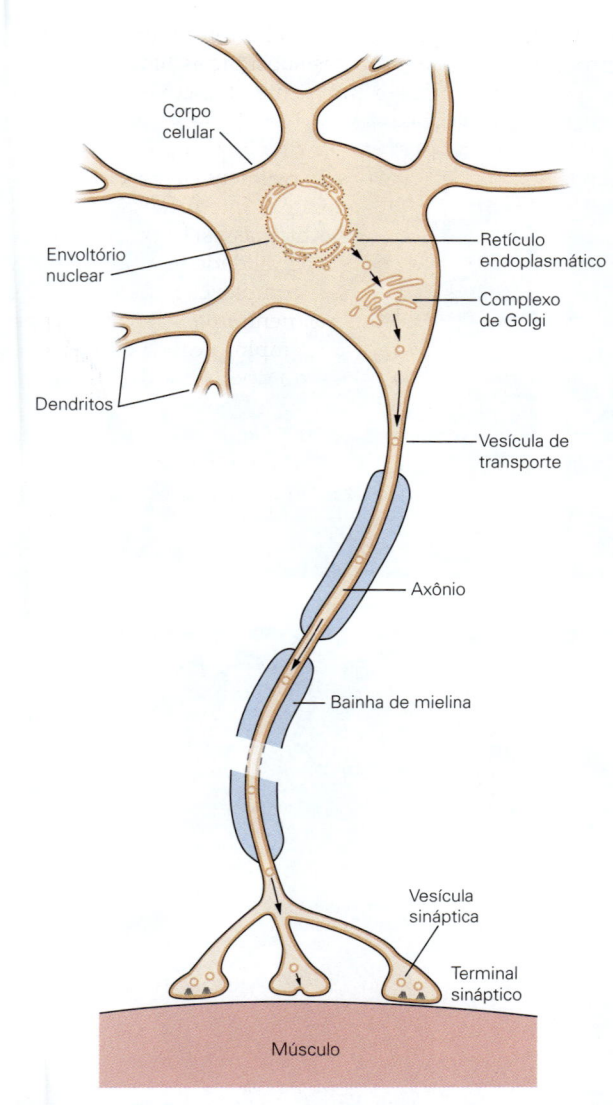

FIGURA 7-2 Estrutura do neurônio. O corpo celular e o núcleo de um neurônio motor da medula espinal estão envolvidos por uma membrana de dupla camada, o envoltório nuclear, o qual é contínuo com o retículo endoplasmático. O espaço entre as duas camadas da membrana que constitui o envoltório nuclear é contínuo com o lúmen do retículo endoplasmático. Os dendritos emergem da porção basal do neurônio, e o axônio, da porção apical. (Adaptada, com autorização, de Williams et al., 1989.)

As organelas membranosas, o segundo grande componente do citoplasma, incluem as mitocôndrias e os peroxissomos, bem como um sistema complexo de túbulos, vesículas e cisternas denominado *aparelho vacuolar*. A mitocôndria e os peroxissomos processam o oxigênio molecular. As mitocôndrias geram trifosfato de adenosina (ATP), a principal molécula para a qual a energia celular é transferida ou por meio da qual é gasta, enquanto os peroxissomos previnem o acúmulo de peróxido de hidrogênio, um agente fortemente oxidante. As mitocôndrias, que são derivadas de arqueobactérias simbióticas que invadiram células eucarióticas no início da evolução, não

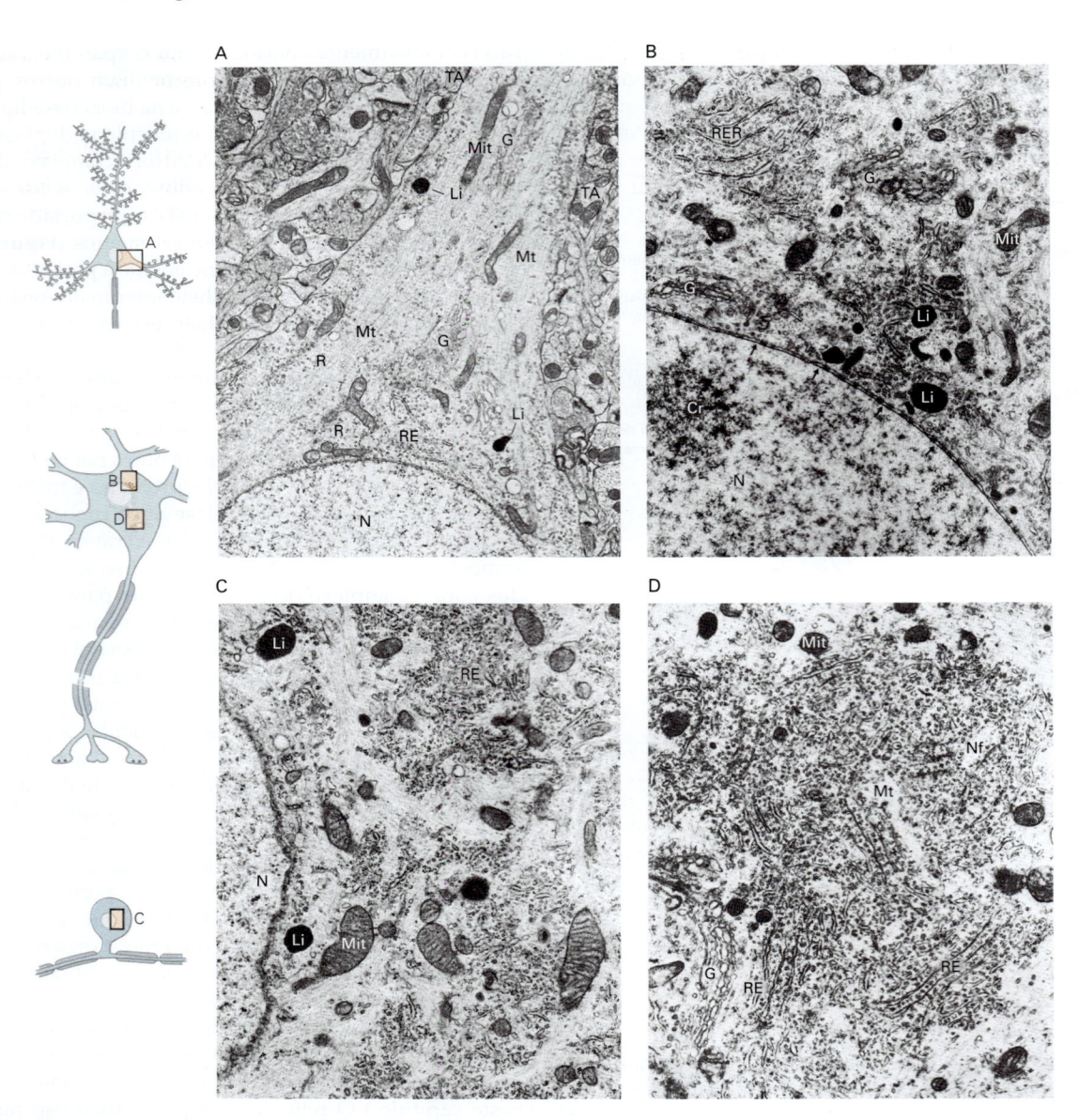

FIGURA 7-3 Organelas do neurônio. Eletromicrografias mostrando o citoplasma em quatro diferentes regiões do neurônio. (Adaptada, com autorização, de Peters et al., 1991.)

A. Um dendrito emerge do corpo celular de um neurônio piramidal, no qual se observa o retículo endoplasmático (**RE**) acima do núcleo (**N**) e uma porção do complexo de Golgi (**G**) nas cercanias. Algumas cisternas de Golgi penetram no dendrito, assim como mitocôndrias (**Mit**), lisossomos (**Li**) e ribossomos (**R**). Microtúbulos (**Mt**) são os filamentos do citoesqueleto proeminentes no citosol. Terminais axonais (**TA**) fazendo contato com o dendrito são observados no canto superior direito.

B. Alguns componentes de um neurônio motor da medula espinal que participam da síntese de macromoléculas. O núcleo (**N**), contendo massas de cromatina (**Cr**), é delimitado pelo envoltório nuclear, que apresenta muitos poros nucleares (**setas**). O mRNA sai do núcleo por esses poros e se liga a ribossomos, que tanto podem permanecer livres no citoplasma quanto se aderir às membranas do retículo endoplasmático para formar o retículo endoplasmático rugoso (**RER**). Proteínas reguladoras sintetizadas no citoplasma são importadas para o núcleo através dos poros. Observam-se várias regiões do complexo de Golgi (**G**), bem como lisossomos (**Li**) e mitocôndrias (**Mit**).

C, D. Micrografias de uma célula de um gânglio da raiz dorsal (**C**) e de um neurônio motor (**D**) mostrando as organelas no corpo celular que são as principais responsáveis pela síntese e pelo processamento de proteínas. O mRNA entra no citoplasma através do envoltório nuclear e é traduzido em proteínas. Os polissomos livres, cordões de ribossomos ligados a um único mRNA, sintetizam proteínas citosólicas e proteínas destinadas à incorporação em mitocôndrias (**Mit**) e peroxissomos. As proteínas destinadas ao retículo endoplasmático são formadas após a ligação dos polissomos à membrana do retículo endoplasmático (**RE**). A região específica do neurônio motor mostrada aqui também inclui membranas do complexo de Golgi (**G**), onde as proteínas de secreção e de membrana são ainda processadas. Algumas das proteínas recém-sintetizadas deixam o complexo de Golgi em vesículas que se movem ao longo do axônio em direção às sinapses; outras proteínas de membrana são incorporadas em lisossomos (**Li**) e em outras organelas membranosas. Os microtúbulos (**Mt**) e os neurofilamentos (**Nf**) são componentes do citoesqueleto.

Embora o nucleoplasma e o citoplasma sejam domínios contínuos do citosol, somente moléculas com peso molecular menor que 5.000 podem passar livremente por difusão pelos poros nucleares. Moléculas maiores necessitam de auxílio. Algumas proteínas têm sinais especiais de localização nuclear, domínios que são compostos por uma sequência de aminoácidos básicos (arginina e lisina) que são reconhecidos por proteínas solúveis chamadas de *receptores de importação nuclear* (importinas). No poro nuclear, esse complexo é direcionado para o núcleo por outro grupo de proteínas chamadas de *nucleoporinas*.

O citoplasma do corpo da célula nervosa se estende para o interior da árvore dendrítica sem diferenciação funcional. Em geral, todas as organelas no citoplasma do corpo celular também estão presentes nos dendritos, embora as densidades do retículo endoplasmático rugoso, do complexo de Golgi e dos lisossomos diminuam rapidamente com o distanciamento do corpo celular. Nos dendritos, o retículo endoplasmático liso é proeminente na base dos finos processos chamados de *espinhos* (**Figuras 7-4** e **7-5**), a porção receptora das sinapses excitatórias. As concentrações de polirribossomos nos espinhos dendríticos mediam a síntese proteica local (ver adiante).

Em contraste com a continuidade entre o corpo celular e os dendritos, existe um limite funcional bem nítido entre o corpo celular e o cone axonal, de onde emerge o axônio. As organelas que compõem a principal maquinaria biossintética para proteínas no neurônio – os ribossomos, o retículo endoplasmático rugoso e o complexo de Golgi – são geralmente excluídas dos axônios (**Figura 7-4**), assim como os lisossomos e certas proteínas. No entanto, os axônios são ricos em retículo endoplasmático liso, vesículas sinápticas individuais e suas membranas precursoras.

O citoesqueleto determina o formato da célula

O citoesqueleto determina o formato de uma célula e é responsável pela distribuição assimétrica das organelas dentro do citoplasma. Ele inclui três estruturas filamentosas: microtúbulos, neurofilamentos e microfilamentos. Esses filamentos e as proteínas associadas a eles constituem aproximadamente um quarto do total de proteínas na célula.

Os *microtúbulos* formam grandes arcabouços que se estendem por todo o neurônio e desempenham um papel fundamental no desenvolvimento e na manutenção do formato celular. Um único microtúbulo pode ter até 0,1 mm de comprimento. Os microtúbulos consistem em protofilamentos, cada um dos quais consistindo em vários pares de subunidades α e β-*tubulina* dispostas longitudinalmente ao longo do microtúbulo (**Figura 7-6A**). As subunidades de tubulina se ligam a subunidades vizinhas ao longo do protofilamento e também lateralmente entre os protofilamentos adjacentes. Os microtúbulos são polarizados, apresentando uma extremidade positiva (ou extremidade crescente) e uma extremidade negativa (onde os microtúbulos podem ser despolimerizados). Curiosamente, as orientações dos microtúbulos diferem entre axônios e dendritos. No axônio, os microtúbulos exibem uma única orientação, com a extremidade positiva direcionada para o lado oposto ao do corpo celular. Nos dendritos proximais, os microtúbulos podem ser orientados nos dois sentidos, com a extremidade positiva orientada no sentido do corpo celular ou se afastando dele.

FIGURA 7-4 As membranas de Golgi e do retículo endoplasmático se estendem do corpo celular até os dendritos.

A. O complexo de Golgi (**seta sólida**) aparece sob o microscópio óptico como vários filamentos que se estendem para os dendritos (**seta vazada**), mas não para o axônio. As **cabeças de seta** na parte inferior indicam o cone de implantação do axônio. Para esta micrografia, um grande neurônio do tronco encefálico foi imunomarcado com anticorpos específicos dirigidos contra o complexo de Golgi. (Reproduzida, com autorização, de De Camilli et al., 1986. Copyright © 1986 Rockefeller University Press.)

B. O retículo endoplasmático liso (**cabeça de seta**) se estende para o interior do pescoço de um espinho dendrítico, enquanto outro compartimento de membrana está situado no início do espinho (**seta**). (Reproduzida, com autorização, de Cooney et al., 2002. Copyright © 2002 Society for Neuroscience.)

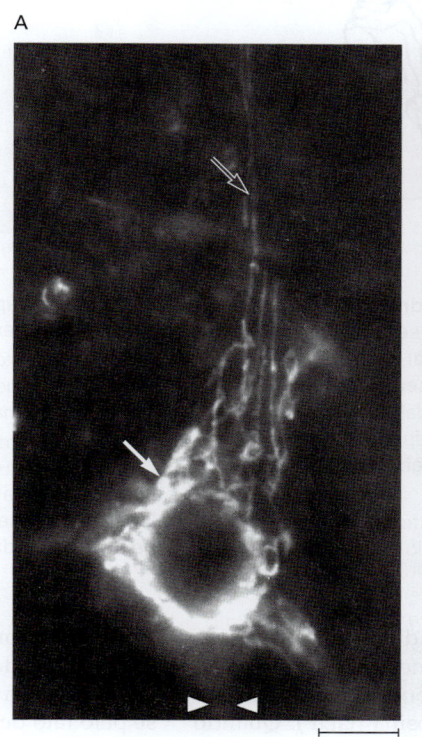

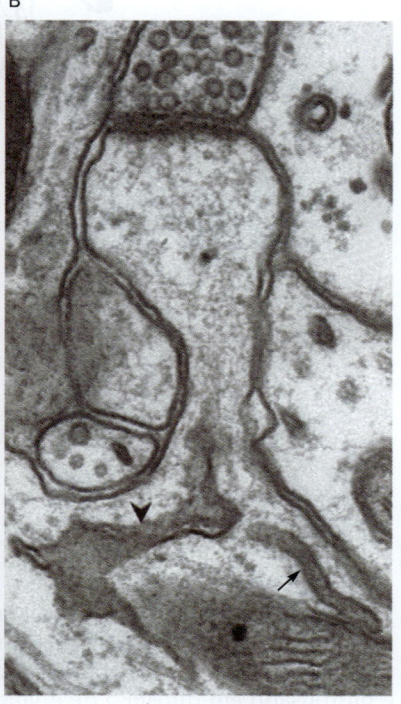

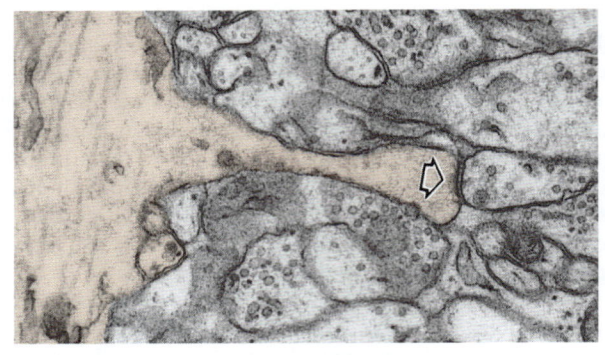

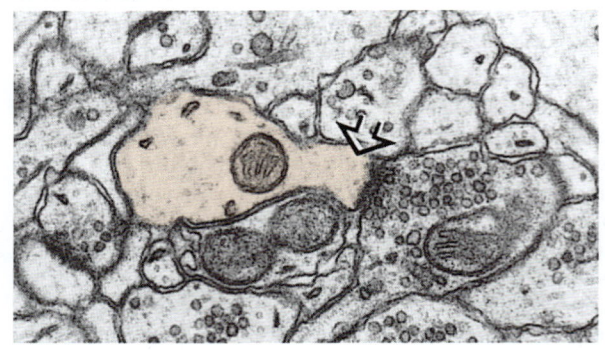

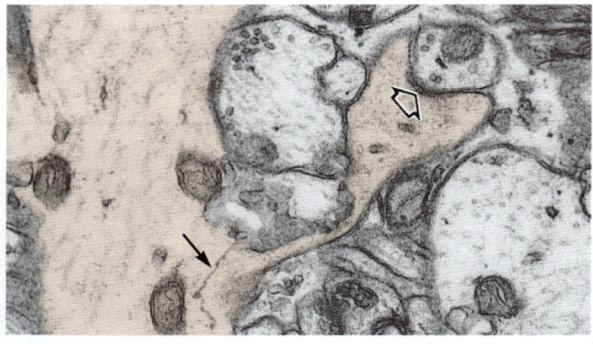

FIGURA 7-5 Tipos de espinhos dendríticos. Três tipos de formato de espinhos dendríticos podem ser observados em um dendrito maduro de uma célula piramidal na região CA1 do hipocampo. A ilustração à esquerda é baseada em uma série de eletromicrografias. (Ilustração reproduzida, com autorização, de Harris e Stevens, 1989; A, B e C são reproduzidas, com autorização, de Sorra e Harris, 1993. Copyright © 1993 Society for Neuroscience.)
A. Neste espinho dendrítico fino, a superfície receptora mais espessa (**seta**), localizada em frente ao axônio pré-sináptico, contém receptores sinápticos. O tecido mostrado aqui e em **B** e **C** é do hipocampo do encéfalo de um rato no 15º dia pós-natal.
B. Espinhos curtos e espessos contendo densidades pós-sinápticas (**seta**) são pequenos e raros no hipocampo maduro. Seus homólogos maiores (não mostrados) predominam no encéfalo imaturo.
C. Espinhos em formato de cogumelo têm uma cabeça maior. O espinho imaturo mostrado aqui contém cisternas achatadas de retículo endoplasmático liso, algumas com uma aparência de colar de contas (**seta sólida**). A densidade pós-sináptica é indicada pela **seta vazada**.

Os microtúbulos crescem pela adição de dímeros de tubulina ligados a trifosfato de guanosina (GTP) em sua extremidade positiva. Logo após a polimerização, o GTP é hidrolisado em difosfato de guanosina (GDP). Quando um microtúbulo para de crescer, sua extremidade positiva é recoberta por um monômero de tubulina ligado ao GDP. A baixa afinidade da tubulina associada a GDP pelo polímero levaria a uma despolimerização catastrófica, não fosse pelo fato de que os microtúbulos são estabilizados pela interação com outras proteínas.

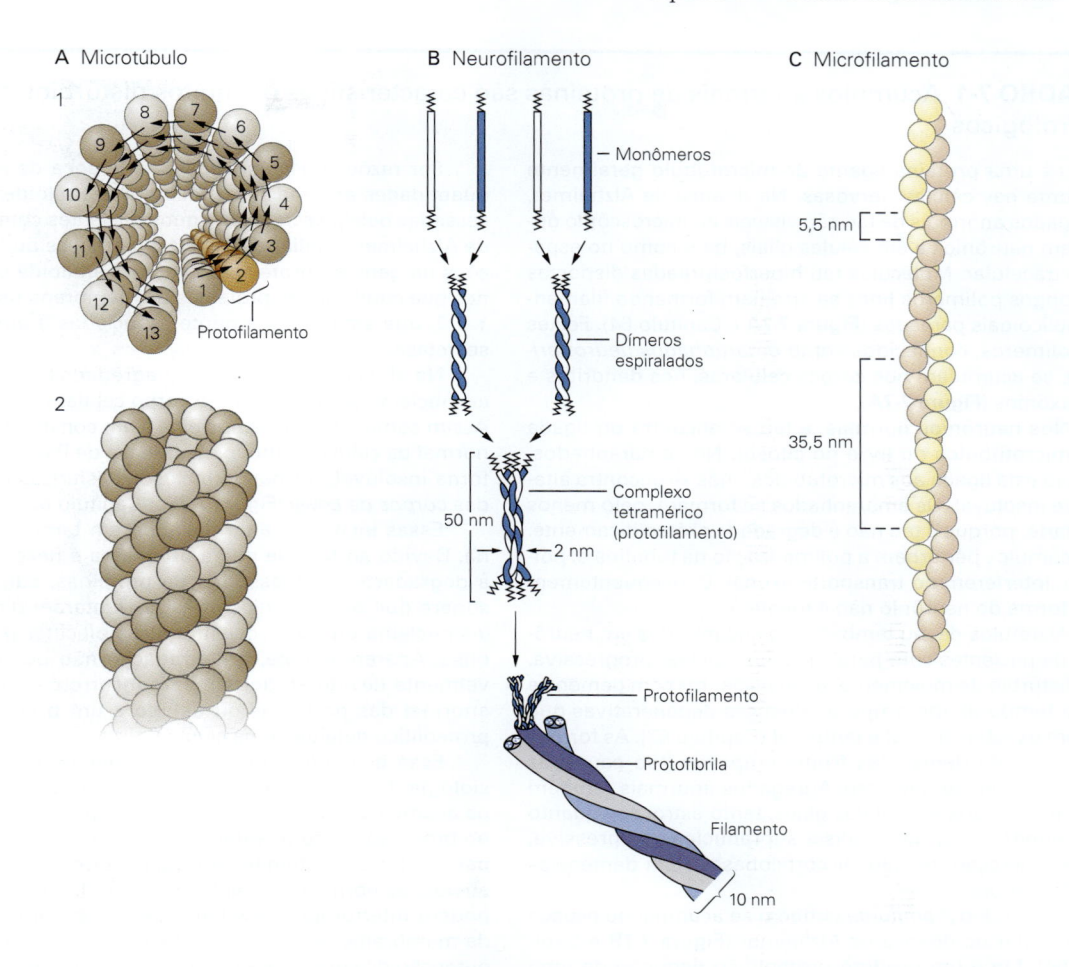

FIGURA 7-6 Atlas de estruturas fibrilares.
A. Microtúbulos, as fibras de maior diâmetro (25 nm), são cilindros helicoidais compostos de 13 protofilamentos, cada um com 5 nm de largura. Cada protofilamento é formado por uma coluna de subunidades alternadas de tubulina α e β; cada subunidade tem um peso molecular de aproximadamente 50.000 Da. As subunidades adjacentes se ligam umas às outras ao longo dos protofilamentos longitudinais e lateralmente entre subunidades de protofilamentos adjacentes.

A molécula de tubulina é um heterodímero que consiste em uma subunidade de α-tubulina e uma subunidade de β-tubulina.
1. Visão de um microtúbulo. As **setas** indicam a direção da hélice, que gira para a direita. **2.** Visão lateral de um microtúbulo mostrando as subunidades α e β alternadas.
B. Neurofilamentos são constituídos por fibras que se enrolam umas em torno das outras para produzir espirais de espessura cada vez maior. As unidades mais finas são monômeros que formam heterodímeros enrolados em espiral. Esses dímeros formam um complexo tetramérico que se torna o protofilamento. Dois protofilamentos se tornam uma protofibrila, e três protofibrilas são helicoidalmente torcidas para formar um neurofilamento de 10 nm de diâmetro. (Adaptada, com autorização, de Bershadsky e Vasiliev, 1988.)
C. Microfilamentos, as fibras de menor diâmetro (aproximadamente 7 nm), são compostos de duas fitas de monômeros de actina globular (actina-G) polimerizada organizadas em uma hélice. Pelo menos seis actinas diferentes (mas intimamente relacionadas) são encontradas nos mamíferos; cada variante é codificada por um gene diferente. Os microfilamentos são estruturas polarizadas porque os monômeros globulares são assimétricos.

Na verdade, durante o processo de divisão celular, os microtúbulos passam por ciclos rápidos de polimerização e despolimerização, um fenômeno conhecido como *instabilidade dinâmica*, sendo mais estáveis em dendritos e axônios maduros. Acredita-se que essa estabilidade seja causada por *proteínas associadas a microtúbulos* (MAP), as quais promovem a polimerização orientada e associação dos polímeros de tubulina. As MAP dos axônios diferem daquelas dos dendritos. Por exemplo, MAP2 está presente nos dendritos, mas não nos axônios, onde proteínas tau (ver **Quadro 7-1**) e MAP1b estão presentes. Além disso, a estabilidade dos microtúbulos também é fortemente regulada por muitos tipos diferentes de modificações pós-traducionais reversíveis da tubulina, como acetilação, destirosinação e poliglutamilação. Na doença de Alzheimer e em alguns outros distúrbios degenerativos, as proteínas tau estão modificadas e anormalmente polimerizadas, formando uma lesão característica chamada de *emaranhado neurofibrilar* (**Quadro 7-1**).

> **QUADRO 7-1** Acúmulos anormais de proteínas são característicos de muitos distúrbios neurológicos
>
> A *tau* é uma proteína ligante de microtúbulo geralmente presente nas células nervosas. Na doença de Alzheimer, agregados anormais de tau são visíveis ao microscópio óptico em neurônios e em células gliais, bem como no espaço extracelular. Moléculas tau hiperfosforiladas dispostas em longos polímeros finos se arranjam formando filamentos helicoidais pareados (**Figura 7-7A** e Capítulo 64). Feixes de polímeros, conhecidos como *emaranhados neurofibrilares*, se acumulam nos corpos celulares, nos dendritos e nos axônios (**Figura 7-7A**).
>
> Nos neurônios normais, a tau se encontra ou ligada aos microtúbulos ou livre no citosol. Nos emaranhados, ela não está ligada aos microtúbulos, mas se encontra altamente insolúvel. Os emaranhados se formam, pelo menos em parte, porque a tau não é degradada proteoliticamente. Os acúmulos perturbam a polimerização da tubulina e, portanto, interferem no transporte axonal. Consequentemente, a forma do neurônio não é mantida.
>
> Acúmulos de tau também são encontrados em neurônios de pacientes com paralisia supranuclear progressiva, um distúrbio de movimento, e em pacientes com demência frontotemporal, um grupo de doenças degenerativas que afetam os lobos frontal e temporal (Capítulo 63). As formas familiares de demências frontotemporais são causadas por mutações no gene *tau*. Agregados anormais também são encontrados em células gliais, tanto astrócitos quanto oligodendrócitos, na paralisia supranuclear progressiva, na degeneração ganglionar corticobasal e em demências frontotemporais.
>
> O peptídeo *β-amiloide* também se acumula no espaço extracelular na doença de Alzheimer (**Figura 7-7B** e Capítulo 64). Ele é um produto proteolítico pequeno de uma proteína integral de membrana muito maior, a proteína precursora amiloide, que normalmente é processada por várias enzimas proteolíticas associadas às membranas intracelulares. A via proteolítica que gera o peptídeo β-amiloide requer a enzima β-secretase.
>
> Por razões desconhecidas, na doença de Alzheimer, quantidades anormais de precursores amiloides são processadas pela β-secretase. Alguns pacientes com a doença de Alzheimer familiar de instalação precoce ou têm mutações no gene da proteína precursora amiloide ou nos genes que codificam as proteínas de membrana presenilinas 1 e 2, que estão intimamente associadas à atividade da secretase.
>
> Na doença de Parkinson, agregados anormais de α-sinucleína se acumulam no corpo celular dos neurônios. Assim como a tau, a *α-sinucleína* é um constituinte solúvel normal da célula. Contudo, na doença de Parkinson, ela se torna insolúvel, formando inclusões esféricas denominadas *corpos de Lewy* (**Figura 7-7C** e Capítulo 63).
>
> Essas inclusões anormais contêm também ubiquitina. Devido ao fato de que a ubiquitina é necessária para a degradação proteassomal de proteínas, sua presença sugere que os neurônios afetados tentaram direcionar a α-sinucleína ou outro constituinte molecular para proteólise. Aparentemente, a degradação não ocorre, provavelmente devido ao dobramento incorreto ou agregação anormal das proteínas ou devido a um processamento proteolítico defeituoso na célula.
>
> Esse acúmulo anormal de proteínas prejudica a fisiologia dos neurônios e das células gliais? Por um lado, os acúmulos podem se formar em resposta às alterações no processamento pós-traducional de proteínas e servem para isolar as proteínas anormais, permitindo, assim, as atividades normais da célula. Por outro lado, os acúmulos podem interromper atividades celulares como o tráfego de membrana, os transportes axonal e dendrítico e a manutenção de conexões sinápticas entre classes específicas de neurônios. Além disso, as proteínas alteradas podem, por si só, ter efeitos prejudiciais além das agregações. Com relação ao β-amiloide, há evidências de que o próprio peptídeo seja tóxico.
>
> *continua*

As tubulinas são codificadas por uma família multigênica. Pelo menos seis genes codificam as subunidades α e β. Devido à expressão de diferentes genes ou a modificações pós-transcricionais, existem mais de 20 isoformas de tubulina presentes no encéfalo.

Os *neurofilamentos*, com 10 nm de diâmetro, são o arcabouço do citoesqueleto (**Figura 7-6B**). Os neurofilamentos estão relacionados com os filamentos intermediários de outros tipos celulares, incluindo as citoqueratinas nas células epiteliais (cabelos e unhas), a proteína ácida fibrilar glial nos astrócitos e a desmina no músculo. Diferentemente dos microtúbulos, os neurofilamentos são estáveis e quase totalmente polimerizados na célula.

Os *microfilamentos*, com 3 a 7 nm de diâmetro, são os mais finos dos três tipos principais de fibras que constituem o citoesqueleto (**Figura 7-6C**). Assim como os filamentos finos do músculo, os microfilamentos são constituídos de dois cordões de monômeros de actina globular polimerizada, cada qual portando um ATP ou um difosfato de adenosina (ADP), enrolados na hélice de fita dupla. A actina é um dos principais constituintes de todas as células, sendo talvez a proteína animal mais abundante na natureza. Existem várias formas moleculares intimamente relacionadas: a actina α do músculo esquelético e no mínimo duas outras formas moleculares, a β e a γ. Cada uma é codificada por um gene diferente. A actina neuronal nos vertebrados superiores é uma mistura dos tipos β e γ, diferindo da actina muscular por alguns poucos resíduos de aminoácidos. A maioria das moléculas de actina é altamente conservada, não apenas nos diferentes tipos celulares de uma mesma espécie, mas também em organismos com relação tão distante quanto os seres humanos e os protozoários.

Diferentemente dos microtúbulos e dos neurofilamentos, os filamentos de actina são curtos. Eles estão concentrados na periferia da célula, no citoplasma cortical logo abaixo da membrana plasmática, onde formam uma densa rede

> **QUADRO 7-1** Acúmulos anormais de proteínas são características de muitos distúrbios neurológicos (*continuação*)
>
> **A** Emaranhado neurofibrilar
>
> Filamentos helicoidais pareados
>
> **B** Placa amiloide
>
> Depósitos amiloides
> Centro de amiloide
> Processos neuronais com filamentos helicoidais pareados
>
> **C** Corpo de Lewy
>
> Corpo de Lewy
> Neurônio
>
> **FIGURA 7-7** Agregados anormais de proteínas dentro dos neurônios nas doenças de Alzheimer e de Parkinson.
> **A.** *À esquerda*: emaranhados neurofibrilares intracelulares da doença de Alzheimer, marcados aqui com coloração de prata escura. (Reproduzida, com autorização, de J. P. Vonsattel.) *À direita*: eletromicrografia de um emaranhado mostra feixes de filamentos anormais preenchendo um dendrito. Os filamentos são compostos de proteína tau alterada. (Usada, com autorização, de Dr. L. Carrasco, do Runwell Hospital, Wickford, Reino Unido.)
> **B.** Na doença de Alzheimer, a placa amiloide é formada por depósitos extracelulares de peptídeos β-amiloides polimerizados. A placa amiloide mostrada aqui tem um núcleo denso, bem como um halo de depósitos ao redor. Alguns processos neuronais na placa exibem emaranhados patológicos. (Reproduzida, com autorização, de J. P. Vonsattel.)
> **C.** Um corpo de Lewy na substância negra de um paciente com doença de Parkinson contém acúmulos de filamentos anormais constituídos por α-sinucleína, entre outras proteínas. (Reproduzida, com autorização, de J. P. Vonsattel.)

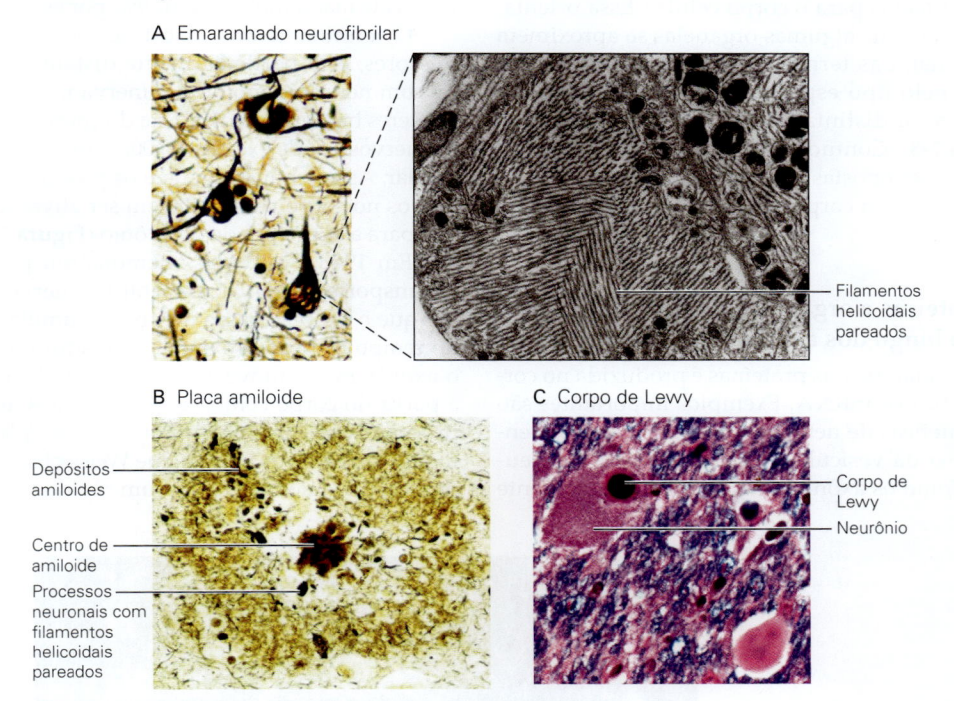

com muitas proteínas de ligação à actina (p. ex., fodrina-espectrina, anquirina, talina e actinina). Essa matriz desempenha um papel fundamental na função dinâmica da periferia celular, como a mobilidade dos cones de crescimento (as extremidades em crescimento dos axônios) durante o desenvolvimento, a geração de microdomínios especializados na superfície celular e a formação de especializações morfológicas pré e pós-sinápticas.

De forma semelhante aos microtúbulos, os microfilamentos sofrem ciclos de polimerização e despolimerização. Em um dado momento, aproximadamente metade do total de actina de uma célula pode existir como monômeros não polimerizados. A conformação da actina é controlada por proteínas de ligação, as quais facilitam a agregação e limitam o comprimento do polímero cobrindo ou cortando a extremidade do filamento que está crescendo rapidamente. Outras proteínas de ligação promovem a formação de retículos ou de junções dos filamentos de actina. O estado dinâmico dos microtúbulos e dos microfilamentos permite que um neurônio maduro retraia axônios ou dendritos envelhecidos e estenda novos. Acredita-se que essa plasticidade estrutural constitua um fator fundamental nas alterações das conexões e da eficiência sinápticas e, portanto, nos mecanismos celulares de memória de longa duração e de aprendizado.

Além de servir como citoesqueleto, os microtúbulos e os filamentos de actina atuam como trilhas ao longo das quais organelas e proteínas são direcionadas rapidamente por motores moleculares. Os motores empregados pelos filamentos de actina, as *miosinas*, também medeiam outros tipos de mobilidade celular, incluindo a extensão dos processos celulares e a translocação de organelas membranosas de uma porção central do citoplasma para uma região adjacente à membrana plasmática. (A actomiosina é responsável pela contração muscular.) Visto que os microtúbulos e os filamentos de actina são polarizados, cada motor conduz sua carga de organelas em uma única direção.

Como já mencionado, os microtúbulos estão organizados em paralelo no axônio, com as extremidades positivas apontando para fora do corpo celular e as extremidades negativas direcionadas para o corpo celular. Essa orientação regular permite que algumas organelas se aproximem e outras se afastem das terminações nervosas; a direção é determinada pelo tipo específico de motor molecular, mantendo, assim, a distinta distribuição das organelas axonais (**Figura 7-8**). Contudo, nos dendritos, microtúbulos com polarizações opostas estão misturados, explicando por que as organelas do corpo celular e dos dendritos são semelhantes.

Partículas proteicas e organelas são transportadas ativamente ao longo dos axônios e dos dendritos

Nos neurônios, a maioria das proteínas é produzida no corpo celular a partir dos mRNA. Exemplos importantes são enzimas biossintéticas de neurotransmissores, componentes da membrana da vesícula sináptica e peptídeos neurossecretores. Como os axônios e os terminais geralmente ficam a grandes distâncias do corpo celular, manter a função dessas regiões remotas representa um desafio. A difusão passiva seria muito lenta para liberar vesículas, partículas ou até macromoléculas únicas por essa grande distância.

O terminal axonal, local de secreção de neurotransmissores, está particularmente distante do corpo celular. Em um neurônio motor que inerva um músculo da perna em seres humanos, a distância do corpo celular até o terminal nervoso pode exceder 10.000 vezes o diâmetro do corpo celular. Assim, a membrana e os produtos de secreção formados no corpo celular devem ser ativamente transportados para a extremidade do axônio (**Figura 7-9**).

Em 1948, Paul Weiss demonstrou pela primeira vez o transporte axonal ao amarrar um nervo ciático e observar que o axoplasma no nervo se acumulava com o passar do tempo no lado proximal da ligadura. Ele concluiu que o axoplasma se move a uma velocidade lenta e constante a partir do corpo celular em direção aos terminais em um processo que ele denominou *fluxo axoplasmático*. Atualmente, sabe-se que o fluxo que Weiss observou consiste em dois mecanismos diferentes, um rápido e um lento.

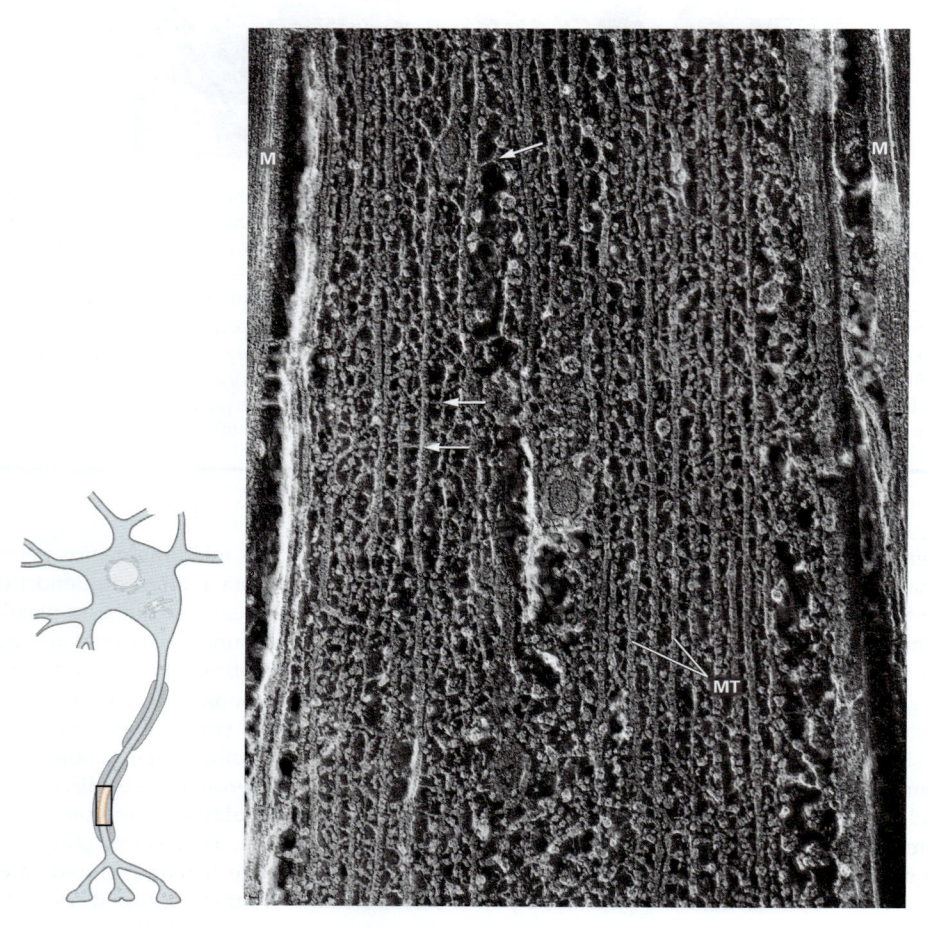

FIGURA 7-8 A estrutura do citoesqueleto de um axônio. A micrografia mostra o denso empacotamento de microtúbulos e neurofilamentos ligados por pontes cruzadas (**setas**). As organelas são transportadas em ambas as direções, anterógrada e retrógrada, nos domínios ricos em microtúbulos. A visualização na micrografia foi obtida por criofratura (de rápido congelamento e criorrelevo acentuado). **M**, bainha de mielina; **MT**, microtúbulos. × 105.000. (Adaptada, com autorização, de Schnapp e Reese, 1982. Copyright © 1982 Rockefeller University Press.)

secretoras. Como todos esses mecanismos operam ao longo dos axônios, eles têm sido usados por neuroanatomistas para traçar o curso de axônios individuais, bem como das interconexões entre os neurônios (**Quadro 7-2**).

O transporte axonal rápido carrega as organelas membranosas

Organelas membranosas grandes são carregadas para os terminais axonais e a partir deles por transporte rápido (**Figura 7-11**). Essas organelas incluem precursores de vesículas sinápticas, grandes vesículas de núcleo denso, mitocôndrias, elementos do retículo endoplasmático liso e partículas proteicas que transportam RNA. Análises microscópicas diretas revelam que o transporte rápido ocorre no modo parada-e-recomeço (saltatório) ao longo de trilhos lineares de microtúbulos alinhados ao eixo principal do axônio. A natureza saltatória do movimento resulta da dissociação periódica de uma organela do trilho ou de colisões com outras partículas.

Experimentos anteriores em células ganglionares da raiz dorsal mostraram que o transporte rápido anterógrado depende criticamente de ATP, não sendo afetado por inibidores da síntese proteica (uma vez que o aminoácido marcado injetado é incorporado), e não depende do corpo celular, pois ocorre em axônios separados de seus corpos celulares. Na verdade, o transporte ativo pode ocorrer em axoplasma reconstituído livre de célula.

Os microtúbulos fornecem essencialmente uma trilha estável na qual organelas específicas podem se mover por meio de motores moleculares. A ideia de que os microtúbulos estão envolvidos no transporte rápido surgiu a partir da descoberta de que certos alcaloides que desorganizam os microtúbulos e bloqueiam a mitose, a qual depende dos microtúbulos, também interferem com o transporte rápido.

Os motores moleculares foram visualizados pela primeira vez em eletromicrografias como pontes cruzadas entre microtúbulos e partículas em movimento (**Figura 7-8**). As técnicas de microscopia de fluorescência por lapso de tempo mais avançadas são capazes de visualizar a dinâmica do transporte de axônios para cargas específicas, como mitocôndrias e vesículas sinápticas. As moléculas motoras para o transporte anterógrado são motores direcionados à extremidade positiva, incluindo a *cinesina* e uma variedade de proteínas relacionadas a ela. As cinesinas representam uma grande família de adenosina-trifosfatases (ATPase), cada uma transportando uma carga diferente. A cinesina é um heterotetrâmero composto de duas cadeias pesadas e duas cadeias leves. Cada cadeia pesada tem três domínios: (1) uma cabeça globular (o domínio da ATPase), que atua como o motor quando ligada aos microtúbulos; (2) uma haste enrolada de forma helicoidal, responsável pela dimerização com a outra cadeia pesada; e (3) um terminal carboxila em forma de leque, que interage com as cadeias leves. Essa extremidade do complexo se liga indiretamente à organela que é movida por meio de famílias específicas de proteínas conhecidas como adaptadores de carga.

O transporte retrógrado rápido move principalmente endossomos gerados pela atividade endocítica nas terminações nervosas, mitocôndrias e elementos do retículo

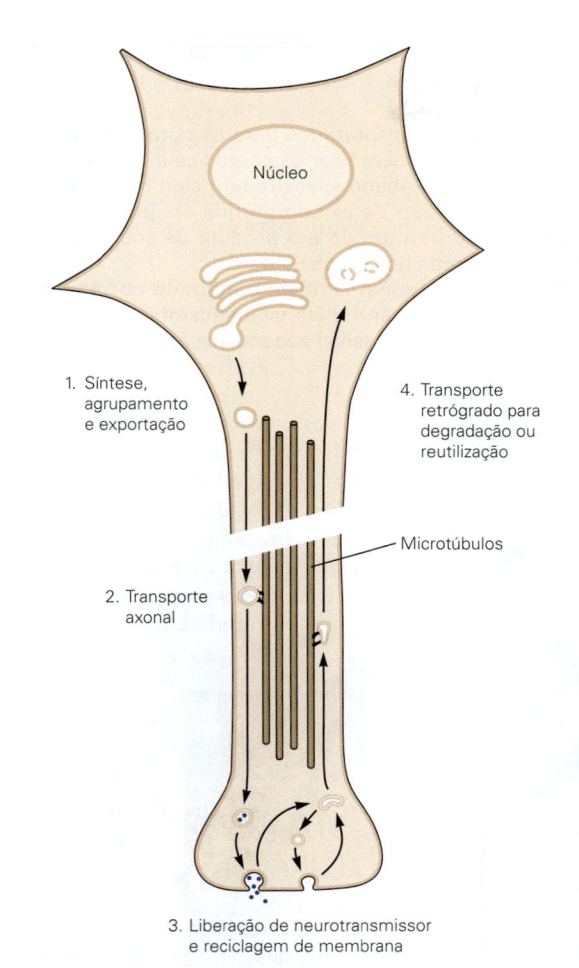

FIGURA 7-9 Tráfego de membrana no neurônio. 1. As proteínas e os lipídeos de organelas secretoras são sintetizados no retículo endoplasmático e transportados para o complexo de Golgi, onde vesículas grandes eletrodensas (grânulos de secreção contendo peptídeos) e precursores das vesículas sinápticas são conjugados. 2. Vesículas grandes eletrodensas e vesículas transportadoras carreiam proteínas de vesículas sinápticas para a extremidade do axônio via transporte axonal. 3. Nas terminações nervosas, as vesículas sinápticas são agregadas e carregadas com neurotransmissores não peptídicos. As vesículas sinápticas e as vesículas grandes eletrodensas liberam seus conteúdos por exocitose. 4. Após a exocitose, as membranas das vesículas grandes eletrodensas retornam ao corpo celular para reutilização ou degradação. As membranas das vesículas sinápticas sofrem muitos ciclos de exocitose e endocitose local na terminação pré-sináptica.

As organelas membranares se movem em direção aos terminais axonais (direção anterógrada) e de volta ao corpo celular (direção retrógrada) por *transporte axonal rápido*, uma forma de transporte que as move em até 400 mm por dia em animais de sangue quente. Em contraste, proteínas citosólicas e do citoesqueleto se movem apenas na direção anterógrada por uma forma muito mais lenta de transporte, o *transporte axonal lento*. Esses mecanismos de transporte nos neurônios são adaptações dos processos que facilitam o movimento intracelular de organelas em todas as células

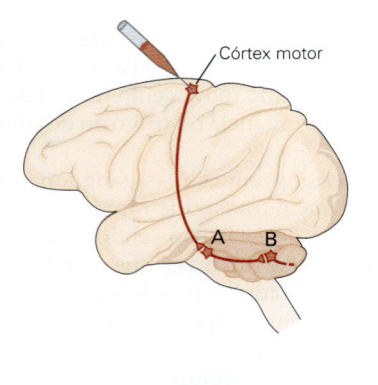

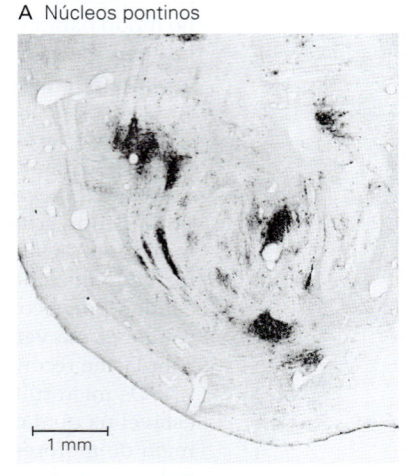

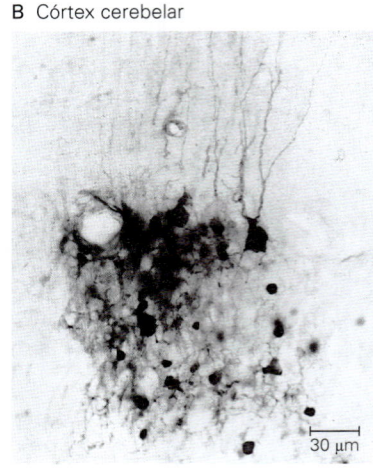

> **QUADRO 7-2** O traçado neuroanatômico utiliza o transporte axonal
>
> Os neuroanatomistas geralmente localizam axônios e terminações de corpos celulares neuronais específicos por microinjeção de corantes, expressão de proteínas fluorescentes ou traçado autorradiográfico de proteínas específicas logo após a administração de aminoácidos marcados radioativamente, de alguns açúcares marcados (fucose ou aminoaçúcares, precursores de glicoproteínas) ou de substâncias transmissoras específicas.
>
> De forma semelhante, partículas, proteínas ou corantes que são facilmente captados nas terminações nervosas por endocitose e transportados para os corpos celulares são utilizados para identificar os corpos celulares. A enzima peroxidase de rábano-silvestre tem sido bastante utilizada para esse tipo de estudo porque ela prontamente sofre transporte retrógrado e o produto de sua reação é histoquimicamente de fácil visualização.
>
> O transporte axonal também é utilizado por neuroanatomistas para marcar o material intercambiado entre os neurônios, tornando possível a identificação de redes neuronais (**Figura 7-10**).
>
> **FIGURA 7-10** O transporte axonal do vírus herpes simplex (HSV) é usado para rastrear vias corticais em macacos. Dependendo da cepa, o vírus se desloca por transporte axonal em direção anterógrada ou retrógrada. Em ambas as direções, ele entra no neurônio com o qual a célula infectada faz contato sináptico. Neste esquema, as projeções das células do córtex motor primário até o cerebelo em macacos foram traçadas pela utilização de uma cepa de movimento anterógrado (HSV-1 [H129]). Os macacos foram injetados na região do córtex motor primário que controla o braço. Após quatro dias, o encéfalo foi cortado e imunomarcado para antígeno viral. As micrografias mostram que o vírus foi transportado do córtex motor primário até os neurônios de segunda ordem nos núcleos pontinos (**A**) e, então, até os neurônios de terceira ordem no córtex cerebelar (**B**). (Reproduzida, com autorização, de P. L. Strick.)

endoplasmático. Muitos desses componentes são degradados pela fusão com lisossomos. O transporte retrógrado rápido também fornece sinais que regulam a expressão gênica no núcleo do neurônio. Por exemplo, os receptores para fator de crescimento ativados nas terminações nervosas são captados em vesículas e transportados de volta ao longo do axônio até o núcleo. O transporte de fatores de transcrição informa as condições da periferia ao aparato de transcrição gênica no núcleo. O transporte retrógrado dessas moléculas é especialmente importante durante a regeneração nervosa e o recrescimento do axônio (Capítulo 47). Certas toxinas (toxina tetânica), assim como patógenos (vírus do herpes simples, da raiva e da pólio), também são transportadas ao longo do axônio em direção ao corpo celular.

A velocidade do transporte retrógrado rápido é aproximadamente de metade a dois terços da velocidade do transporte anterógrado rápido. Assim como no transporte anterógrado, as partículas se movem ao longo dos microtúbulos durante o fluxo retrógrado. As moléculas motoras para o transporte axonal retrógrado são motores direcionados para a extremidade negativa chamados *dineínas*, semelhantes às encontradas em cílios e flagelos de células não neuronais. Elas consistem em um complexo de proteína ATPase multimérica com duas cabeças globulares em duas hastes conectadas a uma estrutura basal. As cabeças globulares se ligam aos microtúbulos e atuam como motores, movendo-se em direção à extremidade negativa do polímero. Tal como acontece com a cinesina, a outra extremidade do complexo se liga à organela transportada por meio de adaptadores de carga especializados.

Os microtúbulos também medeiam os transportes anterógrado e retrógrado de mRNA e RNA ribossomal, transportados em partículas constituídas de proteínas ligantes de RNA. Essas proteínas têm sido caracterizadas em sistemas nervosos tanto de vertebrados como de invertebrados e incluem a proteína de ligação ao elemento de

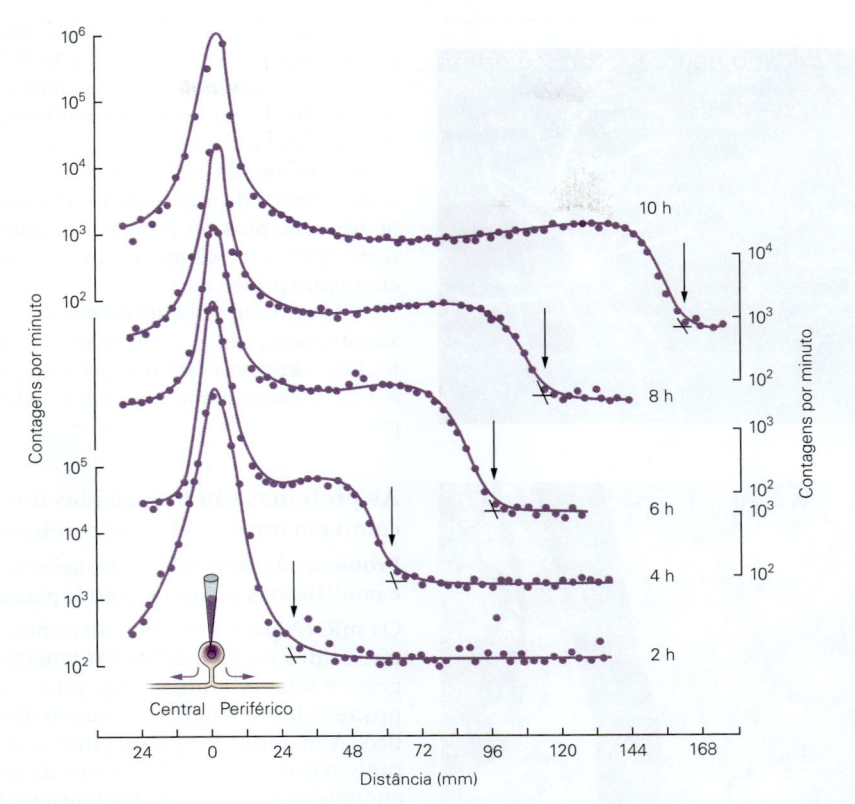

FIGURA 7-11 Os primeiros experimentos sobre transporte axonal anterógrado usaram marcação radioativa em proteínas. No experimento aqui ilustrado, a distribuição das proteínas radioativas ao longo do nervo ciático de um gato foi avaliada em vários tempos após a injeção de [^{3}H]-leucina nos gânglios da raiz dorsal na região lombar da medula espinal. Para demonstrar as curvas de transporte em vários tempos (2, 4, 6, 8 e 10 horas após a injeção) em uma mesma figura, são utilizadas várias escalas ordinais, em unidades logarítmicas. Grandes quantidades da proteína marcada permanecem nos corpos celulares dos gânglios, mas, com o passar do tempo, deslocam-se ao longo dos axônios no nervo ciático, de forma que a linha de frente da proteína marcada fica progressivamente mais longe do corpo celular (setas). A velocidade do transporte pode ser calculada a partir das distâncias da linha de frente mostradas nos diferentes tempos. A partir de experimentos desse tipo, Sidney Ochs descobriu que a velocidade do transporte axonal rápido é constante na temperatura corporal, cerca de 410 mm por dia. (Adaptada, com autorização, de Ochs, 1972. Copyright © 1972 AAAS.)

poliadenilação citoplasmática (CPEB, de *cytoplasmic polyadenylation element binding protein*), a proteína do X frágil e as proteínas Hu, NOVA e Staufen. As atividades dessas proteínas são críticas. Por exemplo, a CPEB mantém dormentes mRNA seletos durante o transporte do corpo celular até as terminações nervosas; uma vez lá (sob estimulação), a proteína de ligação pode facilitar a tradução local do RNA por mediar a poliadenilação e a ativação do mensageiro. Tanto CPEB como Staufen foram descobertas na *Drosophila*, onde mantêm os mRNA maternos dormentes em óvulos não fertilizados e, quando ocorre a fertilização, distribuem e posicionam o mRNA em diferentes regiões do embrião em divisão. Mutações com perda de função no gene X frágil (*FMR1*) levam a uma forma grave de retardo mental.

Proteínas, ribossomos e mRNA estão concentrados na base dos espinhos dendríticos (**Figura 7-12**). Apenas um grupo seleto de mRNA é transportado para os dendritos do corpo neuronal, incluindo mRNA que codificam proteínas associadas à actina e ao citoesqueleto, MAP2 e a subunidade α da proteína-cinase dependente de Ca^{2+}/calmodulina. Eles são traduzidos nos dendritos em resposta à atividade no neurônio pré-sináptico. Acredita-se que essa síntese proteica local seja importante na manutenção das alterações moleculares na sinapse que promovem a memória de longa duração e o aprendizado. De maneira semelhante, o mRNA para a proteína básica de mielina é transportado para as terminações distantes dos oligodendrócitos, onde ele é traduzido à medida que a bainha de mielina cresce, como será discutido mais adiante neste capítulo.

O transporte axonal lento carrega proteínas citosólicas e elementos do citoesqueleto

Proteínas citosólicas e proteínas do citoesqueleto são transportadas do corpo celular por um transporte axonal lento. O transporte lento ocorre somente na direção anterógrada e consiste em pelo menos dois componentes cinéticos que carregam proteínas diferentes a velocidades diferentes.

O componente mais lento se desloca de 0,2 a 2,5 mm por dia e carrega as proteínas que constituem os elementos fibrilares do citoesqueleto: as subunidades de neurofilamentos e

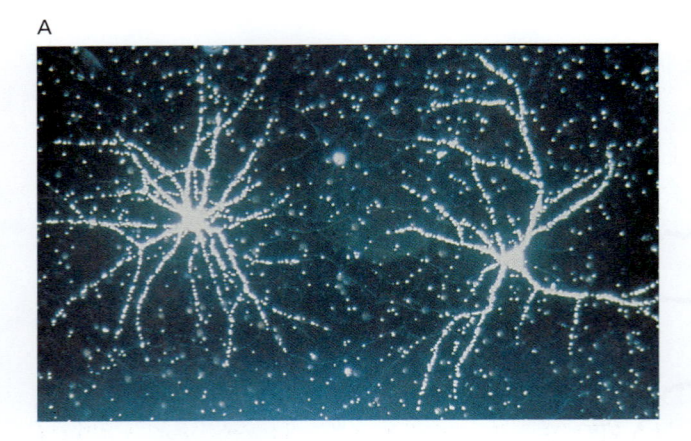

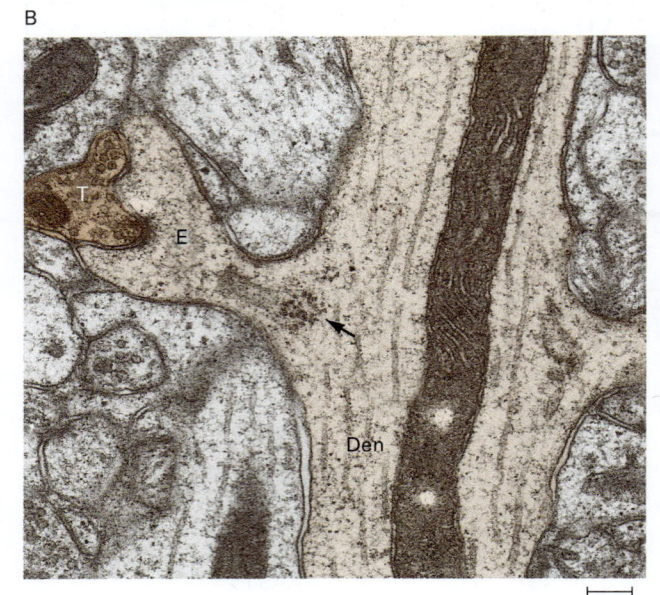

FIGURA 7-12 Ribossomos na árvore dendrítica. (Imagens reproduzidas, com autorização, de Oswald Steward.)
A. Alguns ribossomos são enviados do corpo celular para os dendritos, onde são utilizados na síntese proteica local. Esta autorradiografia mostra a distribuição do RNA ribossomal (rRNA) em neurônios do hipocampo, em culturas de baixa densidade, empregando hibridização *in situ*. A imagem foi feita com iluminação de campo escuro, na qual grãos de prata refletem a luz e, portanto, aparecem como pontos brilhantes. Os grãos de prata, que correspondem ao rRNA, estão altamente concentrados nos corpos celulares e nos dendritos, mas não são detectados nos axônios que intercruzam entre os dendritos.
B. Os ribossomos nos dendritos ficam seletivamente concentrados na junção do espinho com o eixo principal do dendrito (**seta**), onde o espinho contata a terminação axonal de um neurônio pré-sináptico. Esta eletromicrografia mostra um espinho em forma de cogumelo de um neurônio no giro denteado do hipocampo. Pode-se observar a ausência de ribossomos no eixo dendrítico. E, cabeça do espinho; T, terminação pré-sináptica; Den, eixo principal do dendrito contendo uma mitocôndria alongada. × 60.000.

as subunidades α e β-tubulina dos microtúbulos. Essas proteínas fibrosas constituem cerca de 75% do total de proteínas movidas no componente mais lento. Os microtúbulos são transportados na forma polimerizada por um mecanismo que envolve o deslizamento desses microtúbulos, no qual microtúbulos pré-organizados relativamente curtos se movem ao longo de microtúbulos já existentes. Monômeros de neurofilamentos ou polímeros curtos se movem passivamente junto com os microtúbulos porque eles se interligam em pontes proteicas.

O outro componente do transporte axonal lento é aproximadamente duas vezes mais rápido do que o mais lento. Ele transporta clatrina, actina e proteínas que se ligam à actina, assim como uma variedade de enzimas e outras proteínas.

As proteínas são produzidas nos neurônios como em outras células secretoras

Proteínas de membrana e de secreção são sintetizadas e modificadas no retículo endoplasmático

Os mRNA para proteínas secretoras e de membrana são traduzidos na membrana do retículo endoplasmático rugoso, e seus produtos polipeptídicos são extensivamente processados no interior do lúmen do retículo endoplasmático. A maioria dos polipeptídeos destinados a se tornar proteínas é translocada através da membrana do retículo endoplasmático rugoso durante a síntese, em um processo chamado de *transferência cotraducional*.

A transferência é possível porque os ribossomos, local onde as proteínas são sintetizadas, se ligam à superfície citosólica do retículo (**Figura 7-13**). A transferência completa da cadeia polipeptídica para o interior do lúmen do retículo produz uma proteína de secreção (lembre que o interior do retículo está relacionado com o exterior da célula). Exemplos importantes são os peptídeos neuroativos. Se a transferência for incompleta, resultará em uma proteína integral de membrana. Considerando-se que uma cadeia polipeptídica pode tecer seu caminho pela membrana várias vezes durante a síntese, muitas configurações através da membrana são possíveis, dependendo da sequência primária de aminoácidos da proteína. Exemplos importantes são os receptores de neurotransmissores e os canais iônicos (Capítulo 8).

Algumas proteínas transportadas para o interior do retículo endoplasmático permanecem lá. Outras são deslocadas para outros compartimentos do aparelho vacuolar, deslocadas para a membrana plasmática ou secretadas para o espaço extracelular. As proteínas que são processadas no retículo endoplasmático são extensivamente modificadas. Uma modificação importante é a formação de ligações dissulfeto (Cys-S-S-Cys) intramoleculares causadas pela oxidação de pares de cadeias laterais sulfidrila, um processo que não pode ocorrer no ambiente redutor do citosol. As ligações dissulfeto são fundamentais para a estrutura terciária dessas proteínas.

As proteínas podem ser modificadas por enzimas citosólicas durante a síntese (modificação cotraducional) ou posteriormente (modificação pós-traducional). Um exemplo

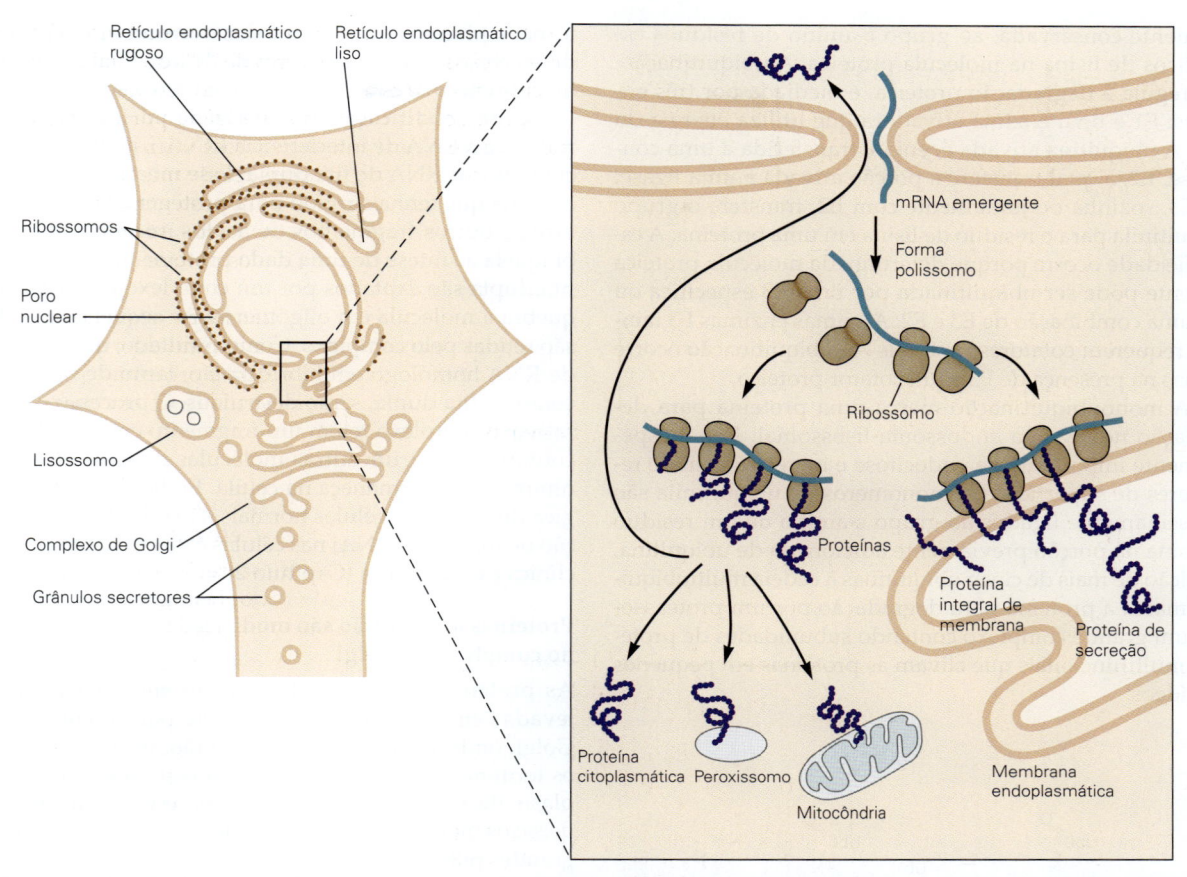

FIGURA 7-13 Síntese de proteínas no retículo endoplasmático. Polissomos livres ou ligados à membrana traduzem os mRNA que codificam proteínas com diversos destinos. O mRNA, transcrito do DNA genômico no núcleo do neurônio, emerge no citoplasma através de poros nucleares para formar polirribossomos (ver ampliação). Os polipeptídeos que se tornam proteínas de secreção ou de membrana são translocados através da membrana do retículo endoplasmático rugoso.

é a *N*-acilação – a transferência de um grupo acila para a extremidade N da cadeia polipeptídica em crescimento. A acilação por um grupo miristoíla, um ácido graxo de 14 carbonos, permite que a proteína se ancore na membrana por meio da cadeia lipídica.

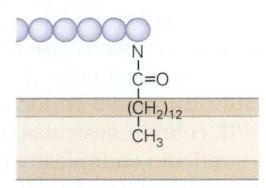

Outros ácidos graxos podem ser conjugados ao grupo sulfidrila da cisteína, produzindo uma tioacilação:

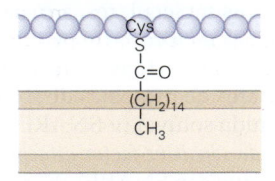

A isoprenilação é outra modificação pós-traducional importante para ancorar proteínas no lado citosólico das membranas. Ela ocorre logo após a síntese da proteína ter sido completada e envolve uma série de passos enzimáticos que resultam na tioacilação por uma de duas porções hidrofóbicas de poli-isoprenila de cadeia longa (farnesila, com 15 carbonos, ou geranil-geranila, com 20) do grupo sulfidrila de uma cisteína na porção C-terminal das proteínas.

Algumas modificações pós-traducionais são prontamente reversíveis e, portanto, usadas para regular a função de uma proteína de forma transitória. A mais comum dessas modificações é a fosforilação no grupo hidroxila nos resíduos de serina, treonina ou tirosina por proteínas-cinases. A desfosforilação é catalisada por proteínas-fosfatase. (Essas reações são discutidas no Capítulo 14.) Assim como ocorre com todas as modificações pós-traducionais, os locais a serem fosforilados são determinados por sequências particulares de aminoácidos em torno do resíduo a ser modificado. A fosforilação pode alterar processos fisiológicos de modo reversível. Por exemplo, reações de fosforilação-desfosforilação da proteína regulam a cinética dos canais iônicos, a atividade dos fatores de transcrição e a agregação do citoesqueleto.

Outra modificação pós-traducional importante é a adição de *ubiquitina*, uma proteína com 76 aminoácidos altamente conservada, ao grupo ε-amino de resíduos específicos de lisina na molécula proteica. A ubiquitinação, que regula a degradação proteica, é mediada por três enzimas. E1 é uma enzima ativadora que utiliza energia do ATP. A ubiquitina ativada é, então, transferida a uma conjugase, E2, a qual transfere a porção ativada a uma ligase, E3. E3, sozinha ou juntamente com E2, transfere o grupo ubiquitinila para o resíduo de lisina em uma proteína. A especificidade ocorre porque determinada molécula proteica somente pode ser ubiquitinada por uma E3 específica ou por uma combinação de E3 e E2. Algumas enzimas E3 também requerem cofatores especiais – a ubiquitinação ocorre apenas na presença de E3 e um cofator proteico.

A monoubiquitinação marca uma proteína para degradação no sistema endossoma-lisossomal. Isso é especialmente importante na endocitose e na reciclagem de receptores de superfície. Os monômeros de ubiquitinila são sucessivamente ligados ao grupo ε-amino de um resíduo de lisina na porção previamente adicionada de ubiquitina. A adição de mais de cinco ubiquitinas à cadeia multiubiquitina marca a proteína para degradação por um proteassomo, um grande complexo contendo subunidades de proteases multifuncionais que clivam as proteínas em pequenos peptídeos.

A via ATP-ubiquitina-proteassomo é um mecanismo para a proteólise seletiva e regulada de proteínas que opera no citosol de todas as regiões do neurônio – dendritos, corpo celular, axônio e terminações. Até recentemente, acreditava-se que esse processo estivesse primariamente direcionado a proteínas mal dobradas, desnaturadas ou envelhecidas e danificadas. Agora se sabe que a proteólise mediada pela ubiquitina pode ser regulada pela atividade neuronal e tem papéis específicos em vários processos neuronais, incluindo a sinaptogênese e o armazenamento de memória de longa duração.

Outra modificação proteica importante é a glicosilação, que ocorre nos grupos amino dos resíduos de asparagina (glicosilação ligada ao N) e resulta na adição em bloco de cadeias complexas de polissacarídeos. Essas cadeias são, então, "aparadas" dentro do retículo endoplasmático por uma série de reações controladas por chaperonas, incluindo proteínas de choque térmico, calnexina e calreticulina. Devido às grandes especificidades químicas das porções de oligossacarídeos, essas modificações podem ter implicações importantes para a função celular. Por exemplo, interações célula-célula que ocorrem durante o desenvolvimento dependem do reconhecimento molecular entre as glicoproteínas nas superfícies das duas células que estão interagindo. Além disso, visto que determinada proteína pode ter cadeias oligossacarídicas um tanto diferentes, a glicosilação pode diversificar a função de uma proteína. Isso pode tornar a proteína mais hidrofílica (vantajoso para proteínas de secreção), ajustar sua capacidade de se ligar a parceiros macromoleculares e retardar sua degradação.

Uma modificação pós-traducional interessante do mRNA é o RNA de interferência (RNAi), a destruição direcionada dos RNA de fita dupla. Esse mecanismo, o qual se acredita que tenha surgido para proteger as células contra vírus e outros fragmentos de ácidos nucleicos sem valor, bloqueia a síntese de uma dada proteína-alvo. Os RNA de fita dupla são captados por um complexo enzimático que quebra a molécula em oligômeros. As sequências de RNA são retidas pelo complexo. Como resultado, quaisquer fitas de RNA homólogo em hibridização, tanto de fita simples como de fita dupla, serão destruídas. O processo é regenerativo: o complexo retém um fragmento em hibridização e continua a destruir outras moléculas de RNA até que nenhuma mais permaneça na célula. Embora o papel fisiológico do RNAi em células normais não seja claro, a transfecção ou injeção de RNAi nas células é de grande importância clínica e de pesquisa (Capítulo 2).

Proteínas de secreção são modificadas no complexo de Golgi

As proteínas que saem do retículo endoplasmático são levadas em vesículas de transporte para o complexo de Golgi, onde são modificadas, e, então, transportadas para os terminais sinápticos e para outras partes da membrana plasmática. O complexo de Golgi parece um agrupamento de sacos membranosos empilhados uns sobre os outros em grandes pilhas.

O mecanismo pelo qual as vesículas são transportadas entre os locais das vias secretoras e endocíticas é notavelmente conservado desde os simples procariotos (leveduras) até os neurônios e as células gliais de organismos multicelulares. As vesículas de transporte se desenvolvem a partir de membranas, começando com uma agregação de proteínas que formam *capas* (ou proteínas de revestimento) em locais específicos da superfície citosólica da membrana. Uma capa tem duas funções: ela forma estruturas rígidas semelhantes a gaiolas que produzem evaginações da membrana para um formato de broto e seleciona a carga proteica a ser incorporada nas vesículas.

Existem vários tipos de capas. *Capas de clatrina* auxiliam na evaginação da membrana do complexo de Golgi e da membrana plasmática durante a endocitose. Duas outras capas, COPI e COPII, cobrem vesículas de transporte que se deslocam entre o retículo endoplasmático e o complexo de Golgi. As capas em geral são dissolvidas rapidamente assim que as vesículas formadas estiverem livres. A fusão das vesículas com a membrana-alvo é mediada por uma cascata de interações moleculares, a mais importante sendo o reconhecimento recíproco de pequenas proteínas nas superfícies citosólicas das duas membranas em interação: receptores vesiculares de proteínas de fixação a fator sensível à N-etilmaleimida solúvel (v-SNAREs, de *vesicular soluble N-ethylmaleimide-sensitive factor attachment protein receptors*) e t-SNAREs, que são SNAREs de membrana-alvo (de *target-membrane SNAREs*). O papel das proteínas SNARE na liberação de neurotransmissores por meio da fusão da vesícula sináptica com a membrana plasmática é discutido no Capítulo 15.

As vesículas do retículo endoplasmático chegam ao lado *cis* do complexo de Golgi (o lado voltado para o núcleo) e se fundem com suas membranas para liberar seus conteúdos dentro do complexo de Golgi. Essas proteínas trafegam de um compartimento de Golgi (cisterna) a outro, do lado *cis* ao lado *trans*, sofrendo uma série de reações enzimáticas. Cada cisterna de Golgi, ou conjunto de cisternas, é especializado em um tipo específico de reação. Vários tipos de modificações proteicas, algumas das quais começam no retículo endoplasmático, ocorrem dentro do complexo de Golgi propriamente dito ou dentro do local de transporte adjacente ao seu lado *trans*, a *rede trans-Golgi* (o lado do complexo normalmente afastado do núcleo e de frente para o cone axonal). Essas modificações incluem adição de oligossacarídeos ligados ao N, glicosilação em átomos de oxigênio (ligada ao O; nos grupos hidroxila da serina e da treonina), fosforilação e sulfatação.

Ambas as proteínas, solúveis e ligadas à membrana, que trafegam pelo complexo de Golgi saem da rede *trans*-Golgi em uma diversidade de vesículas que têm composições moleculares e destinos diferentes. As proteínas transportadas a partir da rede *trans*-Golgi incluem tanto produtos de secreção como componentes recém-sintetizados para a membrana plasmática, endossomos e outras organelas membranosas (ver **Figura 7-2**). Uma classe de vesículas carrega proteínas recém-sintetizadas da membrana plasmática e proteínas que são continuamente secretadas (*secreção constitutiva*). Essas vesículas se fundem com a membrana plasmática de forma desregulada. Um tipo importante dessas vesículas transporta as enzimas lisossomais aos endossomos tardios.

Ainda, outras classes de vesículas transportam proteínas de secreção que são liberadas por um estímulo extracelular (*secreção regulada*). Um tipo armazena os produtos de secreção em altas concentrações, principalmente peptídeos neuroativos. Chamadas de *vesículas grandes de centro denso* devido ao seu aspecto eletrodenso (osmofílico) ao microscópio eletrônico, essas vesículas são semelhantes em função e biogênese aos grânulos contendo peptídeos das células endócrinas. As vesículas grandes de centro denso são destinadas principalmente aos axônios, mas podem ser encontradas em todas as regiões do neurônio. Elas se acumulam no citoplasma logo abaixo da membrana plasmática e são altamente concentradas nos terminais axonais, onde seu conteúdo é liberado por exocitose regulada por Ca^{2+}.

Trabalhos recentes demonstraram que *pequenas vesículas sinápticas* – as vesículas eletrolúcidas responsáveis pela rápida liberação de neurotransmissores nos terminais axonais – são ativamente transportadas em direção aos terminais sinápticos como cargas individuais. Cogita-se que os componentes proteicos das pequenas vesículas sinápticas se originam de grandes vesículas precursoras da rede *trans*-Golgi. Essas vesículas sinápticas já incorporam a maioria das proteínas que possibilitam sua fusão na zona ativa pré-sináptica. As moléculas neurotransmissoras armazenadas nas vesículas sinápticas são liberadas por exocitose regulada pelo influxo de Ca^{2+} através de canais próximos ao local de liberação. As vesículas podem, então, passar por ciclos de reciclagem/exocitose conforme descrito no Capítulo 15. É importante ressaltar que essas vesículas são reabastecidas por meio de transportadores especializados chamados transportadores vesiculares, específicos para cada neurotransmissor (p. ex., glutamato, ácido γ-aminobutírico [GABA] e acetilcolina).

Membrana de superfície e substâncias extracelulares são recicladas na célula

O tráfego vesicular em direção à superfície da célula é continuamente equilibrado pelo *tráfego endocítico* da membrana plasmática para as organelas internas. Esse tráfego é essencial para a manutenção da área da membrana plasmática em um estado estável. Ele pode alterar a atividade de muitas moléculas reguladoras importantes na superfície celular (p. ex., removendo receptores e moléculas de adesão). Ele também remove nutrientes e moléculas, como ligantes de receptores descartados e proteínas de membrana danificadas, para os compartimentos de degradação das células. Finalmente, ele serve para reciclar vesículas sinápticas nas terminações nervosas (Capítulo 15).

Uma fração significativa do tráfego endocítico ocorre por meio de vesículas revestidas com clatrina. A capa de clatrina interage seletivamente por meio de receptores transmembrana com moléculas extracelulares que serão captadas para o interior da célula. Por esse motivo, a captação mediada por clatrina geralmente é referida como *endocitose mediada por receptor*. As vesículas, por fim, descartam suas capas de clatrina e se fundem com os endossomos iniciais, nos quais as proteínas que serão recicladas para a superfície celular são separadas daquelas destinadas para outras organelas intracelulares. Porções da membrana plasmática também podem ser recicladas por vacúolos maiores e não cobertos, que também se fundem com endossomos iniciais (*endocitose em massa*).

As células gliais desempenham diversos papéis na função neural

Ramón y Cajal reconheceu a estreita associação das células gliais com neurônios e sinapses no encéfalo (**Figura 7-14**). Embora na época sua função fosse um mistério, ele previu que as células gliais deveriam fazer mais do que apenas manter os neurônios juntos. De fato, agora está claro que as células gliais são elementos críticos para o desenvolvimento, função e processos patológicos encefálicos.

As células gliais formam as bainhas isolantes para os axônios

A principal função dos oligodendrócitos e das células de Schwann é fornecer um material isolante que permite a rápida condução de sinais elétricos ao longo do axônio. Essas células produzem finas camadas de mielina que se enrolam concentricamente, várias vezes, em volta do axônio. A mielina do SNC, produzida por oligodendrócitos, é semelhante, mas não idêntica, à mielina do sistema nervoso periférico, produzida pelas células de Schwann.

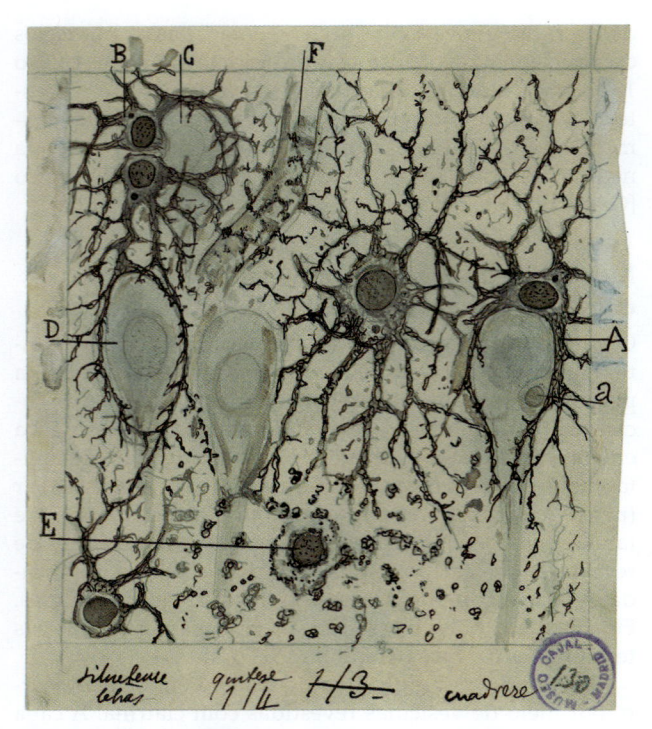

FIGURA 7-14 Os astrócitos interagem com neurônios e sinapses no encéfalo. Este desenho de Ramón y Cajal (baseado em tecido corado com o método de cloreto de ouro sublimado) mostra astrócitos da camada piramidal e do estrato radiado do corno de Amon no encéfalo humano. (**A**) Um astrócito grande está envolvendo um neurônio piramidal. (**B**) Astrócitos gêmeos formam um ninho em torno de um corpo neuronal (**C**). Um dos astrócitos envia dois ramos para formar outro ninho (**D**). (**E**) Uma célula mostra sinais de autólise. (**F**) Vaso capilar. (Reproduzida, com autorização, do Instituto Cajal, Madri, Espanha.)

Ambos os tipos de células gliais produzem mielina somente para segmentos dos axônios. Isso ocorre porque o axônio não é envolvido por mielina de forma contínua, uma característica que facilita a propagação dos potenciais de ação (Capítulo 9). Uma célula de Schwann produz a bainha de mielina para um segmento de um único axônio, enquanto um oligodendrócito produz bainha de mielina para segmentos de até 30 axônios (**Figura 7-1** e **Figura 7-15**).

O número de camadas de mielina em um axônio é proporcional ao seu diâmetro – axônios maiores têm bainha mais espessa. Os axônios de diâmetro muito pequeno não são mielinizados; os axônios amielínicos conduzem os potenciais de ação muito mais lentamente do que os axônios mielinizados devido ao seu menor diâmetro e à ausência de isolamento pela mielina (Capítulo 9).

A estrutura lamelar regular e a composição bioquímica da bainha são consequência de como a mielina é formada a partir da membrana plasmática da célula glial. No desenvolvimento do sistema nervoso periférico, antes de ocorrer a mielinização, o axônio se localiza dentro de uma pequena depressão formada pelas células de Schwann. As células de Schwann estão organizadas ao longo dos axônios em intervalos regulares que se tornam os segmentos mielinizados do axônio. A membrana externa de cada célula de Schwann circunda o axônio para formar uma estrutura de membrana dupla chamada de *mesaxônio*, a qual se estende e se espiraliza em torno do axônio em camadas concêntricas (**Figura 7-15C**). À medida que o axônio é envelopado, o citoplasma da célula de Schwann é expelido de maneira a formar uma estrutura lamelar compacta.

Os segmentos regularmente espaçados da bainha de mielina são separados por fendas não mielinizadas, chamadas de *nodos de Ranvier*, onde a membrana plasmática do axônio fica exposta ao espaço extracelular por aproximadamente 1 μm (**Figura 7-16**). Essa organização aumenta consideravelmente a velocidade na qual os impulsos nervosos são conduzidos (até 100 m/s em seres humanos) porque o sinal pula de um nodo a outro, um mecanismo denominado *condução saltatória* (Capítulo 9). Os nodos são facilmente excitados porque a densidade dos canais de Na^+, que geram o potencial de ação, é aproximadamente 50 vezes maior na região dos nodos da membrana do axônio do que nas regiões da membrana com bainha de mielina. As moléculas de adesão celular ao redor dos nodos mantêm os limites da mielina estáveis.

No nervo femoral humano, o axônio sensorial primário tem um comprimento de cerca de 0,5 m, e a distância internodal é de 1 a 1,5 mm; portanto, existem cerca de 300 a 500 nodos de Ranvier ao longo de uma fibra aferente primária entre o músculo da coxa e o corpo celular localizado no gânglio da raiz dorsal. Visto que cada segmento internodal é formado por uma única célula de Schwann, até 500 células de Schwann participam da mielinização de cada axônio sensorial periférico.

A mielina tem camadas bimoleculares de lipídeos intercalados entre camadas proteicas. Sua composição é semelhante àquela da membrana plasmática, consistindo em 70% de lipídeos e 30% de proteínas, com elevadas concentrações de colesterol e fosfolipídeos. No SNC, a mielina tem duas proteínas principais: a proteína básica de mielina, uma pequena proteína carregada positivamente que está situada na superfície citoplasmática da mielina compacta; e a proteína proteolipídica, uma proteína hidrofóbica integral de membrana. Supõe-se que ambas forneçam estabilidade estrutural para a bainha.

As duas proteínas também têm sido implicadas como importantes autoantígenos contra os quais o sistema imunitário pode reagir, produzindo a esclerose múltipla, uma doença desmielinizante. No sistema nervoso periférico, a mielina contém uma proteína principal, P_0, assim como uma proteína hidrofóbica, PMP22. Reações autoimunes contra essas proteínas produzem uma neuropatia de desmielinização periférica – a *síndrome de Guillain-Barré*. Mutações em genes da proteína da mielina também causam uma variedade de doenças desmielinizantes tanto nos axônios centrais como nos periféricos (**Quadro 7-3**). A desmielinização diminui ou até interrompe a condução do potencial de ação em um axônio afetado, pois permite que a corrente elétrica escape para fora da membrana axonal. Assim, as doenças desmielinizantes têm efeitos devastadores nos circuitos neuronais dos sistemas nervosos central e periférico (Capítulo 57).

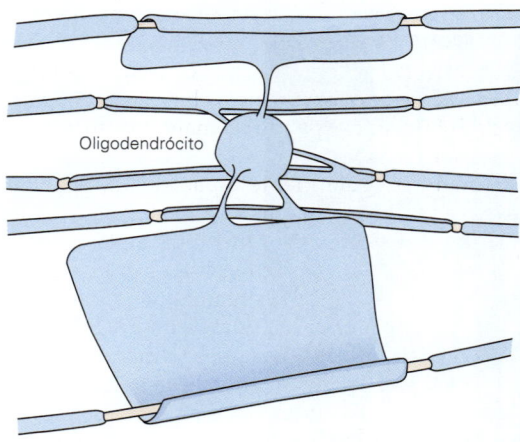

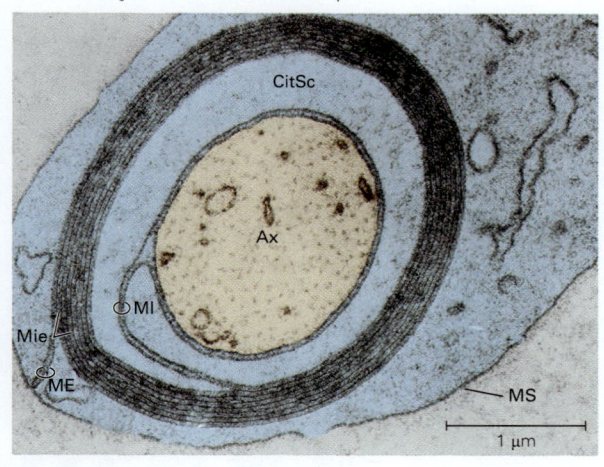

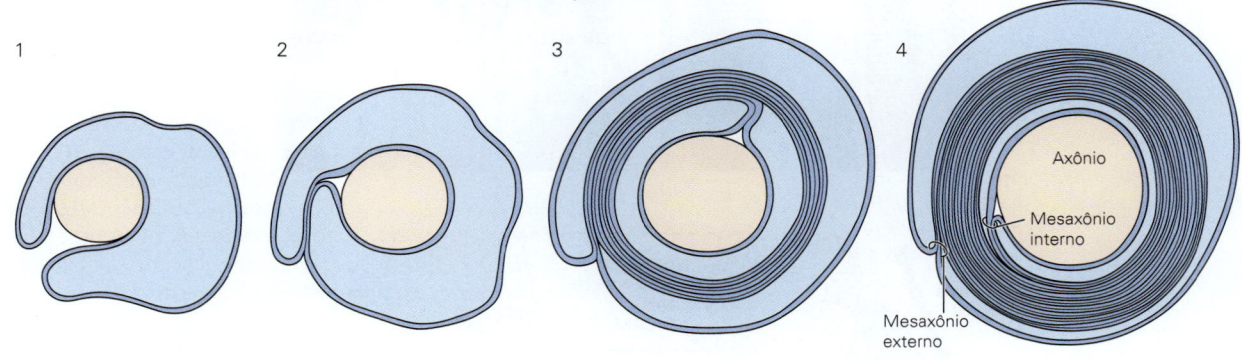

FIGURA 7-15 As células gliais produzem a mielina que isola os axônios de neurônios centrais e periféricos.

A. Os axônios do sistema nervoso central são envoltos por várias camadas de mielina produzida pelos oligodendrócitos. Cada oligodendrócito pode mielinizar muitos axônios. (Adaptada de Raine 1984.)

B. Esta eletromicrografia de um corte transversal através de um axônio (**Ax**) no nervo ciático de um camundongo mostra a origem de uma camada de mielina (**Mie**) em uma estrutura chamada de mesaxônio interno (**MI**). A camada surge a partir da membrana de superfície (**MS**) de uma célula de Schwann, uma continuação do mesaxônio externo (**ME**). Nessa imagem, o citoplasma da célula de Schwann (**CitSc**) ainda permanece nas camadas ao redor do axônio. Quando o citoplasma é extravasado, as camadas de mielina se tornam compactas, como mostrado na parte **C**. (Reproduzida, com autorização, de Dyck et al., 1984.)

C. Uma fibra nervosa periférica é mielinizada por uma célula de Schwann em várias etapas. Na etapa 1, a célula de Schwann envolve o axônio. Na etapa 2, as porções externas da membrana plasmática se tornam fortemente apostas em determinada área. Essa fusão de membranas reflete a formação inicial da membrana de mielina. Na etapa 3, várias camadas de mielina se formaram devido à rotação contínua do citoplasma da célula de Schwann em torno do axônio. Na etapa 4, a bainha de mielina madura está formada e boa parte do citoplasma da célula de Schwann foi expelido da alça mais interna. (Adaptada, com autorização, de Williams et al., 1989.)

Os astrócitos auxiliam na sinalização sináptica

Os astrócitos são encontrados em todas as áreas do encéfalo; em realidade, eles constituem quase metade do número de células encefálicas. Eles desempenham papéis importantes na nutrição dos neurônios e na regulação das concentrações de íons e de neurotransmissores no espaço extracelular. Contudo, os astrócitos e os neurônios também se comunicam uns com os outros para modular a sinalização sináptica de formas que ainda são pouco compreendidas. Os astrócitos são geralmente divididos em duas classes principais, que se distinguem pela morfologia, localização e função. Os *astrócitos protoplasmáticos* são encontrados na substância cinzenta e seus processos estão intimamente associados às sinapses e aos vasos sanguíneos. Os *astrócitos fibrilares (ou fibrosos)* na substância branca estabelecem contato com axônios e nodos de Ranvier. Além disso, os astrócitos especializados incluem as células gliais de Bergmann no cerebelo e as células gliais de Müller na retina.

Os astrócitos possuem um grande número de processos finos que rodeiam todos os vasos sanguíneos do encéfalo e envolvem sinapses ou grupos de sinapses. Por sua íntima associação física com as sinapses, estando geralmente mais próximos do que 1 μm, os astrócitos são capazes de regular as concentrações extracelulares de íons, neurotransmissores

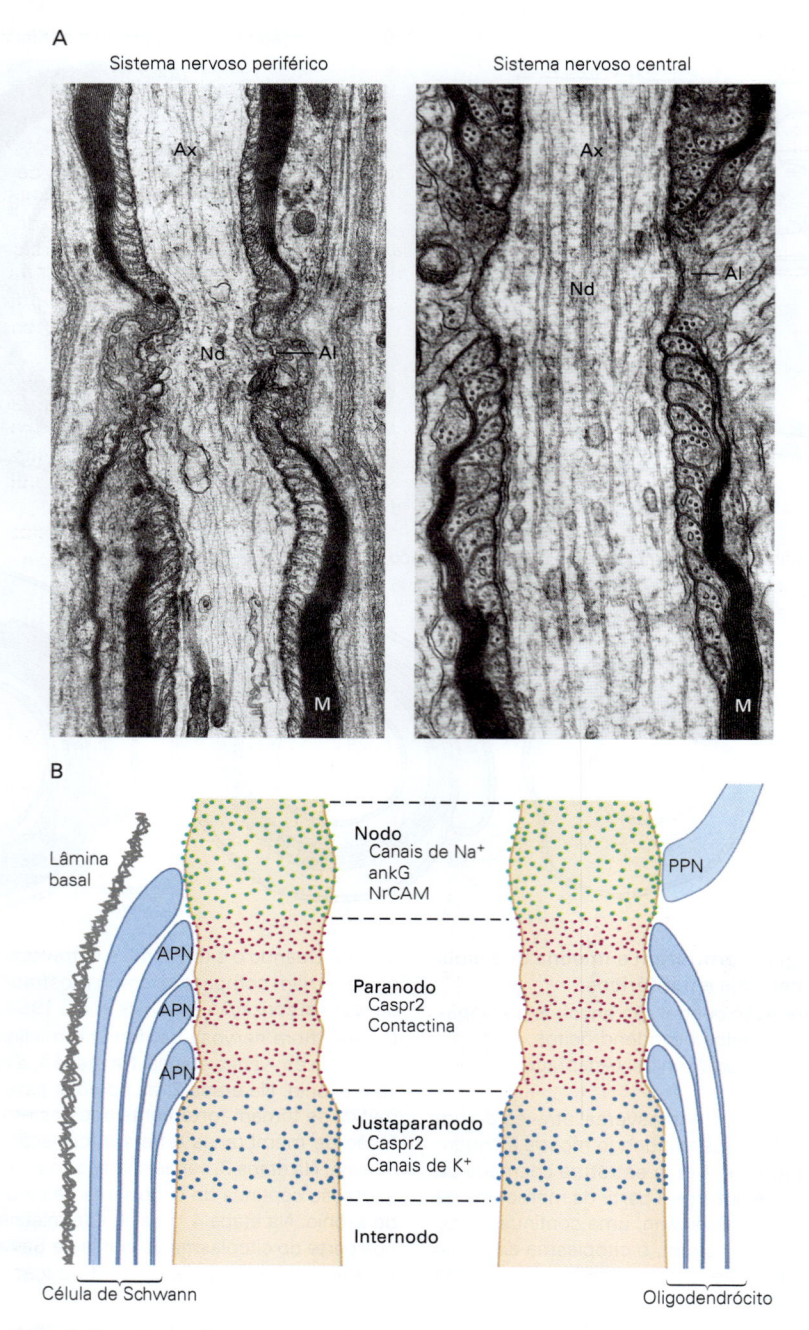

FIGURA 7-16 A bainha de mielina dos axônios apresenta lacunas regulares chamadas *nodos de Ranvier*.

A. Eletromicrografias mostrando a região dos nodos em axônios do sistema nervoso periférico e da medula espinal. O axônio (**Ax**) é mostrado verticalmente em ambas as eletromicrografias. As camadas de mielina (**M**) estão ausentes nos nodos (**Nd**), onde a membrana do axônio (axolema, **Al**) está exposta. (Reproduzida, com autorização, de Peters et al., 1991.)

B. As regiões em ambos os lados de um nodo de Ranvier são ricas em contatos estáveis entre as células mielinizantes e o axônio, para garantir que os nodos não se desloquem ou mudem de tamanho e para limitar a localização dos canais de K^+ e de Na^+ no axônio. Os canais permeáveis ao potássio e a proteína de adesão Caspr2 estão concentrados na região justaparanodo. As alças paranodais (**APN**) do citoplasma da célula de Schwann ou do oligodendrócito formam uma série de junções estáveis com o axônio. A região do paranodo é rica em proteínas de adesão, como Caspr2, contactina e neurofascina (NF155). Nos nodos dos axônios centrais, os processos perinodais (**PPN**) astrogliais entram em contato com a membrana axonal, que é riquíssima em canais de Na^+. Essa localização da permeabilidade ao Na^+ é um elemento fundamental para a condução saltatória em axônios mielinizados. O ligante anquirina G (**ankG**), que une a membrana com o citoesqueleto, e as moléculas de adesão celular NrCAM e NF186 também estão concentrados nos nodos. (Reproduzida, com autorização, de Peles e Salzer, 2000. Copyright © 2000 Elsevier.)

QUADRO 7-3 Defeitos nas proteínas da mielina prejudicam a condução dos sinais nervosos

Visto que, nos axônios mielinizados, a condução normal do impulso nervoso depende das propriedades isolantes da bainha de mielina, uma mielina defeituosa pode resultar em distúrbios graves das funções sensorial e motora.

Muitas doenças que afetam a mielina, incluindo alguns modelos animais de doenças desmielinizantes, têm uma base genética. Os camundongos mutantes *shiverer* (ou *shi*) têm tremores e convulsões frequentes e tendem a morrer jovens. Nesses camundongos, a mielinização dos axônios no sistema nervoso central é altamente deficiente, e a mielinização que chega a ocorrer é anormal.

A mutação que leva a essa doença é uma deleção de cinco dos seis éxons do gene para a proteína básica de mielina, o qual está localizado no cromossomo 18 do camundongo. A mutação é recessiva; um camundongo desenvolve a doença somente se tiver herdado o gene defeituoso de ambos os progenitores. Camundongos *shiverer* que herdam ambos os genes defeituosos têm apenas aproximadamente 10% da proteína básica de mielina (MBP) encontrada em camundongos normais (**Figura 7-17A**).

Quando o gene do tipo selvagem é injetado em oócitos fertilizados de mutante *shiverer*, com o objetivo de resgatar o mutante, os camundongos transgênicos resultantes expressam o gene do tipo selvagem, mas produzem apenas 20% da quantidade normal de MBP. Apesar disso, a mielinização dos neurônios centrais nos camundongos transgênicos é muito melhorada. Embora ainda tenham alguns tremores ocasionais, os camundongos transgênicos não têm convulsões e têm um tempo de vida normal (**Figura 7-17B**).

Tanto no sistema nervoso central como no periférico, a mielina contém uma proteína chamada de *glicoproteína associada à mielina* (MAG). A MAG pertence à superfamília das imunoglobulinas, que inclui várias importantes proteínas de superfície celular que se acredita estarem envolvidas no reconhecimento célula-célula; por exemplo, o complexo de histocompatibilidade principal dos antígenos, os antígenos de superfície da célula T e a molécula de adesão da célula neural (NCAM).

A
O camundongo normal tem mielinização abundante

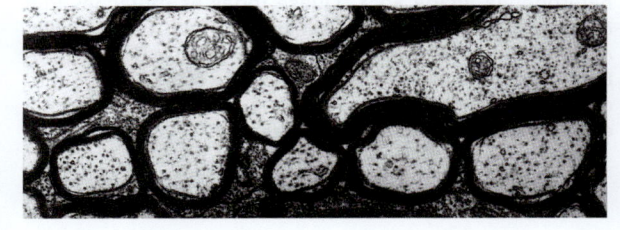

O mutante *shiverer* tem mielinização escassa

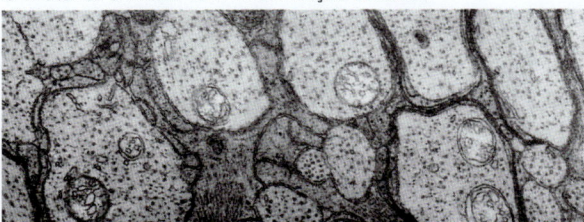

O gene normal transfectado melhora a mielinização

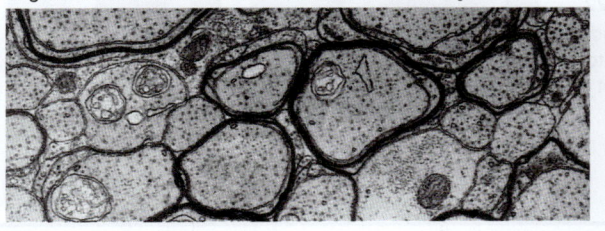

B

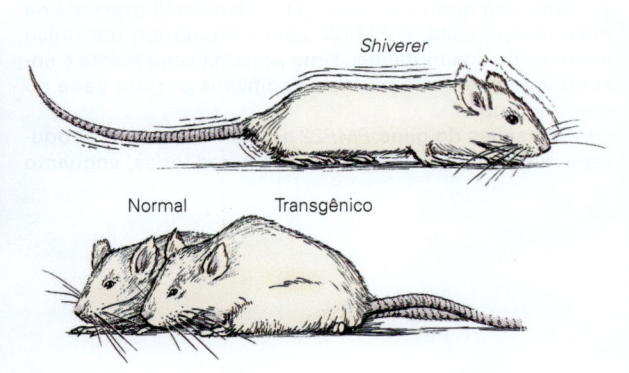

FIGURA 7-17 Um distúrbio genético de mielinização em camundongos pode ser parcialmente revertido pela transfecção do gene normal que codifica a proteína básica de mielina.

A. Estas eletromicrografias mostram o estado de mielinização no nervo óptico de um camundongo normal, de um mutante *shiverer* e de um mutante *shiverer* com o gene transfectado para proteína básica de mielina.

B. O mutante *shiverer* exibe fragilidade e uma postura deficiente. A injeção do gene do tipo selvagem no oócito fertilizado do mutante melhora a mielinização; o mutante tratado parece ter aspecto tão bom quanto o camundongo normal. (Reproduzida, com autorização, de Readhead et al., 1987.)

continua

> **QUADRO 7-3** Defeitos nas proteínas da mielina prejudicam a condução dos sinais nervosos (*continuação*)
>
> No sistema nervoso periférico, a MAG é expressa pelas células de Schwann no início da produção de mielina até, finalmente, tornar-se um componente da mielina madura (compacta). Sua expressão precoce, localização subcelular e semelhança estrutural a outras proteínas de reconhecimento de superfície sugerem que ela seja uma importante molécula de adesão para o início do processo de mielinização. Duas isoformas de MAG são produzidas a partir de um único gene por meio de corte-junção alternativo do RNA.
>
> A principal proteína na mielina periférica madura, a *proteína mielínica zero* (MPZ ou P_0), atravessa a membrana plasmática da célula de Schwann. Ela tem um domínio intracelular básico e, como a MAG, é um membro da superfamília de imunoglobulinas. A porção extracelular glicosilada da proteína, que contém o domínio da imunoglobulina, funciona como uma proteína de adesão homofílica durante o embainhamento mielínico, interagindo com domínios idênticos na superfície da membrana aposta. Camundongos geneticamente modificados nos quais a função de P_0 foi eliminada têm coordenação motora deficiente, tremores e convulsões ocasionais.
>
> A observação de camundongos mutantes *trembler* levou à identificação da *proteína mielínica periférica 22* (PMP22). Essa proteína da célula de Schwann atravessa a membrana quatro vezes e geralmente está presente na mielina compacta. A PMP22 está alterada em um único aminoácido nos mutantes. Uma proteína semelhante é encontrada em seres humanos, codificada por um gene do cromossomo 17.
>
> Mutações do gene *PMP22* no cromossomo 17 produzem várias neuropatias periféricas hereditárias, enquanto a duplicação desse gene causa uma forma da *doença de Charcot-Marie-Tooth* (**Figura 7-18**). Essa doença é a neuropatia periférica hereditária mais comum e é caracterizada por fraqueza muscular progressiva, condução muito diminuída nos nervos periféricos e ciclos de desmielinização e remielinização. Visto que ambos os genes duplicados estão ativos, a doença resulta de uma produção *aumentada* de PMP22 (um aumento de 2 a 3 vezes na dosagem gênica). Mutações em diversos genes expressos pelas células de Schwann podem levar a neuropatias periféricas hereditárias.
>
> No sistema nervoso central, mais da metade das proteínas da mielina consiste na proteína proteolipídica (PLP), que possui cinco domínios que atravessam a membrana. Uma das diferenças entre os proteolipídeos e as lipoproteínas é que eles são insolúveis em água. Os proteolipídeos são solúveis apenas em solventes orgânicos, pois contêm cadeias longas de ácidos graxos que estão ligados covalentemente a resíduos de aminoácidos ao longo de toda a molécula proteolipídica. Em contrapartida, as lipoproteínas são complexos não covalentes de proteínas com lipídeos e geralmente servem como carreadores solúveis da fração lipídica no sangue.
>
> Muitas mutações de PLP são conhecidas em seres humanos, assim como em outros mamíferos; por exemplo, o camundongo mutante *jimpy*. Um exemplo em seres humanos é a doença de Pelizaeus-Merzbacher, uma doença heterogênea ligada ao X. Quase todas as mutações PLP ocorrem em um domínio transmembrana da molécula. Animais mutantes têm quantidades reduzidas de PLP (mutada), hipomielinização e degeneração e morte de oligodendrócitos. Essas observações sugerem que a PLP esteja envolvida na compactação da mielina.
>
> **FIGURA 7-18** A doença de Charcot-Marie-Tooth (tipo 1A) resulta de uma produção aumentada da proteína mielínica periférica 22.
> **A.** Um paciente com a doença de Charcot-Marie-Tooth mostrando uma marcha prejudicada e deformidades. (Reproduzida, com autorização, da descrição original de Charcot sobre a doença, Charcot e Marie, 1886.)
>
> *continua*

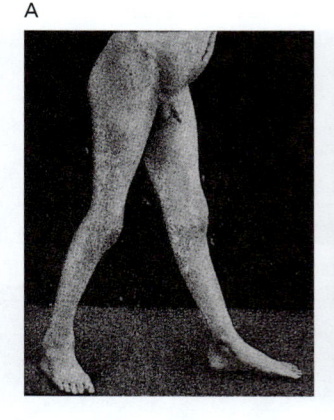

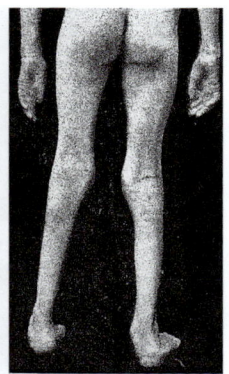

QUADRO 7-3 Defeitos nas proteínas da mielina prejudicam a condução dos sinais nervosos (*continuação*)

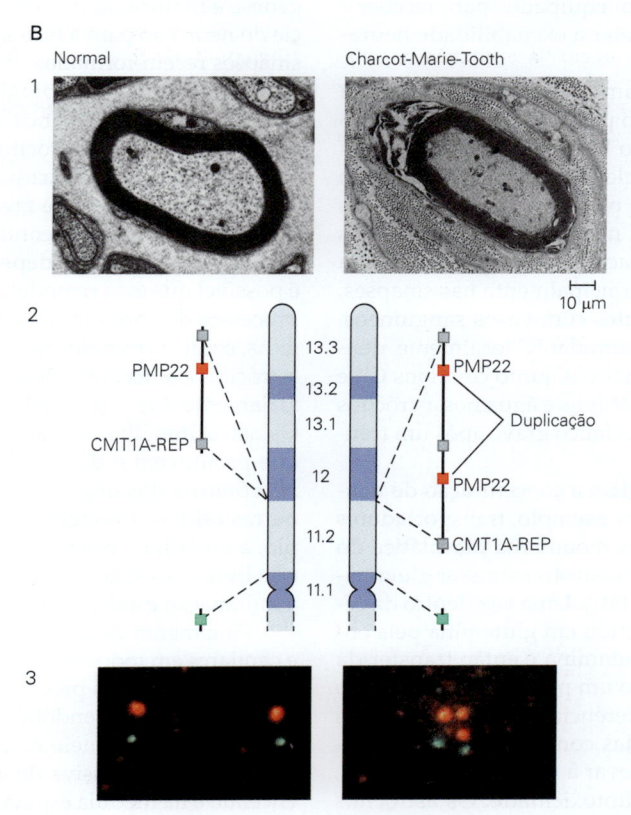

B. A mielinização desorganizada na doença de Charcot-Marie-Tooth (tipo 1A) resulta da produção aumentada da proteína mielínica periférica 22 (PMP22).

1. Biópsias do nervo sural de um indivíduo normal (reproduzida, com autorização, de A. P. Hays) e de um paciente com doença de Charcot-Marie-Tooth (reproduzida, com autorização, de Lupski e Garcia, 1992). Na biópsia do paciente, a bainha de mielina é levemente mais delgada do que o normal e está circundada por anéis concêntricos de processos de células de Schwann. Essas alterações são típicas das recorrentes desmielinizações e remielinizações observadas na doença.

2. O aumento na PMP22 é causado pela duplicação de uma região normal de 1,5 megabases do DNA no braço curto do cromossomo 17 em 17p11.2-p12. O gene *PMP22* está ladeado por duas sequências repetitivas semelhantes (CMT1A-REP), como mostrado no cromossomo 17 normal à *esquerda*. Indivíduos normais têm dois cromossomos normais. Nos pacientes com a doença (*à direita*), a duplicação resulta em dois genes *PMP22* funcionais, cada qual ladeado por uma sequência repetitiva. As regiões normal e duplicada são apresentadas nos diagramas expandidos, sendo indicadas pelas **linhas tracejadas**. (Acredita-se que as repetições tenham dado origem à duplicação original, a qual foi então herdada. Acredita-se também que a presença de duas sequências semelhantes que ladeiam os genes, com homologia a um elemento transponível, aumente a frequência de *crossing over* desigual nessa região do cromossomo 17 porque as repetições aumentam a probabilidade de mau pareamento dos dois cromossomos parentais no oócito fertilizado.)

3. Embora uma grande duplicação (3 megabases) não possa ser detectada em exames rotineiros dos cromossomos por microscopia óptica, evidência da duplicação pode ser obtida usando-se hibridização *in situ* fluorescente. O gene *PMP22* é detectado com uma sonda de oligonucleotídeos marcada com o corante vermelho Texas. Uma sonda de oligonucleotídeos que hibridiza com DNA da região 11.2 (indicada pelo segmento verde próximo ao centrômero) é utilizada para hibridização *in situ* na mesma amostra. Um núcleo de um indivíduo normal (*à esquerda*) apresenta um par de cromossomos, cada um com uma região vermelha (gene *PMP22*) para cada região verde. Um núcleo de um paciente com a doença (*à direita*) apresenta uma região vermelha extra, indicando que um cromossomo tem um gene *PMP22* e o outro tem dois genes *PMP22*. (Adaptada, com autorização, de Lupski et al., 1991.)

e outras moléculas (**Figura 7-19**). De fato, os astrócitos expressam muitos dos mesmos canais iônicos dependentes de voltagem e receptores de neurotransmissores presentes nos neurônios e, portanto, estão bem equipados para receber e transmitir sinais que podem afetar a excitabilidade neuronal e a função sináptica.

Como os astrócitos regulam a condução axonal e a atividade sináptica? O primeiro papel fisiológico reconhecido foi o de tamponamento do K^+. Quando os neurônios disparam potenciais de ação, eles liberam íons K^+ para o espaço extracelular. Visto que os astrócitos têm grandes concentrações de canais de K^+ nas suas membranas, eles podem atuar como *tampões espaciais*: eles captam o K^+ em locais de atividade neuronal, principalmente nas sinapses, e o liberam em contatos distantes com vasos sanguíneos. Os astrócitos podem também acumular K^+ localmente, dentro de seus processos citoplasmáticos, junto com íons Cl^- e água. Infelizmente, o acúmulo de íons e água nos astrócitos pode contribuir para edema encefálico grave após um traumatismo craniano.

Os astrócitos também regulam a concentração de neurotransmissores no encéfalo. Por exemplo, transportadores de alta afinidade localizados na membrana plasmática do astrócito captam rapidamente o neurotransmissor glutamato da fenda sináptica (**Figura 7-19C**). Uma vez dentro da célula glial, o glutamato é convertido em glutamina pela enzima glutamina sintetase. A glutamina é então transferida aos neurônios, onde serve como um precursor imediato do glutamato (Capítulo 16). Interferência nesses mecanismos de captação resulta em elevadas concentrações de glutamato extracelular, o que pode levar à morte dos neurônios, um processo chamado de excitotoxicidade. Os astrócitos também degradam dopamina, noradrenalina, adrenalina e serotonina.

Os astrócitos detectam quando os neurônios estão ativos, pois são despolarizados pelo K^+ liberado pelos neurônios e têm receptores para neurotransmissores semelhantes aos dos neurônios. Por exemplo, as células gliais de Bergmann no cerebelo expressam receptores de glutamato. Assim, o glutamato liberado nas sinapses cerebelares afeta não somente os neurônios pós-sinápticos, mas também os astrócitos próximos à sinapse. A ligação desses ligantes a receptores das células gliais aumenta a concentração de Ca^{2+} livre intracelular, fato que tem várias consequências importantes. Os processos de um astrócito se conectam aos dos astrócitos vizinhos por meio de canais aquosos intercelulares chamados junções comunicantes (Capítulo 11), permitindo a transferência de íons e pequenas moléculas entre muitas células. O aumento no Ca^{2+} livre dentro de um astrócito induz aumento nas concentrações de Ca^{2+} dos astrócitos adjacentes. Essa propagação de Ca^{2+} através da rede de astrócitos ocorre ao longo de centenas de micrômetros. É provável que essa onda de Ca^{2+} module a atividade neuronal próxima ao acionar a liberação de nutrientes e regular o fluxo sanguíneo. Um aumento de Ca^{2+} nos astrócitos leva à secreção de moléculas sinalizadoras que melhoram a função sináptica e até mesmo o comportamento. Assim, a sinalização astrócito-neurônio contribui com o adequado funcionamento dos circuitos neurais.

Os astrócitos também são importantes para o desenvolvimento das sinapses. Sua aparição nas sinapses encefálicas em estágio pós-natal coincide com os períodos de sinaptogênese e maturação das sinapses. Eles preparam a superfície do neurônio para a formação da sinapse e estabilizam as sinapses recém-formadas. Por exemplo, os astrócitos secretam vários fatores sinaptogênicos, incluindo trombospondinas, hevinas e glicipanos, que promovem a formação de novas sinapses. Os astrócitos também podem ajudar a remodelar e eliminar o excesso de sinapses durante o desenvolvimento por meio de fagocitose (Capítulo 48). No SNC do adulto, os astrócitos continuam a fagocitar as sinapses e, como essa fagocitose é dependente da atividade neuronal, é possível que essa remodelação das sinapses contribua nos processos de aprendizado e memória. Em situações patológicas, como a cromatólise causada por uma lesão axonal, os astrócitos e as terminações pré-sinápticas se retraem temporariamente dos corpos celulares pós-sinápticos lesionados. Os astrócitos liberam fatores neurotróficos e gliotróficos que promovem o desenvolvimento e a sobrevivência dos neurônios e dos oligodendrócitos. Eles também protegem outras células dos efeitos do estresse oxidativo. Por exemplo, a glutationa peroxidase nos astrócitos remove os radicais livres de oxigênio tóxicos liberados durante a hipóxia, a inflamação e a degeneração neuronal.

Finalmente, os astrócitos envolvem pequenas arteríolas e capilares em todo o encéfalo, estabelecendo contatos entre as terminações dos processos astrocíticos e a lâmina basal em torno da célula endotelial. O SNC está protegido da circulação geral por meio da *barreira hematencefálica*, que impede a entrada passiva de macromoléculas sanguíneas no encéfalo e na medula espinal. A barreira é, em grande parte, o resultado de junções oclusivas entre células endoteliais e capilares encefálicos, uma característica não compartilhada por capilares em outras partes do corpo. Entretanto, as células endoteliais têm diversas propriedades de transporte que permitem que algumas moléculas passem através delas para o sistema nervoso. Devido ao íntimo contato entre astrócitos e vasos sanguíneos, algumas moléculas transportadas pelo sangue, como a glicose, podem ser captadas pelos pés astrocíticos.

Em processos de dano e quadros patológicos encefálicos, os astrócitos podem sofrer uma intensa transformação denominada *astrocitose reativa*, envolvendo mudanças morfológicas, na expressão gênica e na sinalização celular. As funções dos astrócitos reativos são complexas e pouco compreendidas, considerando que podem tanto auxiliar como dificultar o processo de recuperação do SNC. Estudos recentes encontraram evidências de pelo menos dois tipos de astrócitos reativos. Um tipo ajuda a promover o reparo e a recuperação, enquanto o outro é prejudicial, contribuindo ativamente para a morte de neurônios após lesão aguda do SNC; no entanto, provavelmente existem outros subtipos. Esses astrócitos reativos neurotóxicos são proeminentes em pacientes com doença de Alzheimer e outras doenças neurodegenerativas e, portanto, são um alvo importante para novas terapias. Uma questão interessante é por que o encéfalo gera um astrócito reativo neurotóxico. Muito possivelmente, a remoção de neurônios danificados ou fragilizados

Capítulo 7 • Células do sistema nervoso   143

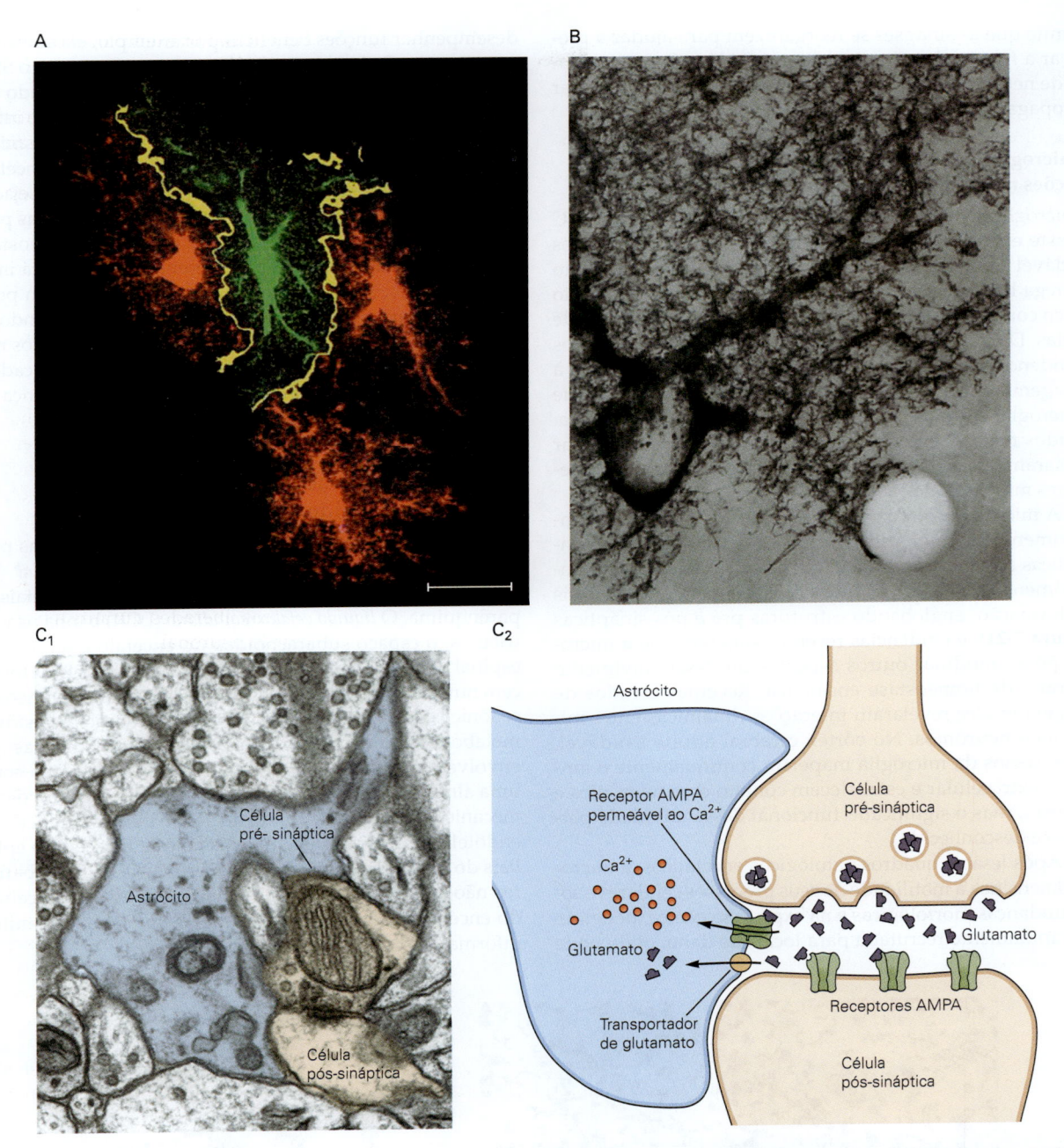

FIGURA 7-19 Os processos astrocíticos estão intimamente associados às sinapses.

A. Os astrócitos ocupam volumes distintos. O astrócito central (**verde**) ocupa um volume distinto de seus três vizinhos (**vermelho**), com apenas uma pequena sobreposição (**amarelo**) nas extremidades de seus processos, que são interligados por junções comunicantes com barra de escala = 20 μm. (Reproduzida, com autorização, de Bushong et al., 2002. Copyright © 2002 Society for Neuroscience.)

B. Esta eletromicrografia de alta voltagem mostra vários processos espessos partindo do corpo celular de um astrócito e se ramificando em processos extremamente delgados. O revestimento típico de um vaso sanguíneo está representado no lado direito inferior. (Reproduzida, com autorização, de Hama et al., 1994. Copyright © 1994 Wiley.)

C. Os processos dos astrócitos estão intimamente associados aos elementos pré-sinápticos e pós-sinápticos. **1.** A íntima associação entre os processos dos astrócitos e as sinapses é observada nesta eletromicrografia de células do hipocampo. (Reproduzida, com autorização, de Ventura e Harris, 1999. Copyright © 1999 Society for Neuroscience.) **2.** O glutamato liberado pelo neurônio pré-sináptico ativa não somente receptores no neurônio pós-sináptico, mas também receptores α-amino-3-hidróxi-5-metilisoxazol-4-propionato (AMPA) nos astrócitos. Os astrócitos removem o glutamato da fenda sináptica captando-o por meio de transportadores de alta afinidade. (Adaptada de Gallo e Chittajallu, 2001.)

permite que as sinapses se reorganizem para ajudar a preservar a função dos circuitos neurais. Além disso, a remoção de neurônios infectados por vírus pode ajudar a limitar a propagação de infecções virais.

A microglia desempenha diversas funções na saúde e na doença

A microglia compõe cerca de 10% das células gliais no SNC e existe em múltiplos estados morfológicos nos encéfalos saudável e danificado. Apesar de ter sido descrita por Rio Hortega há mais de 100 anos, as funções da microglia são pouco compreendidas em comparação com outros tipos de células. Diferentemente dos neurônios, dos astrócitos e dos oligodendrócitos, as células da microglia não pertencem à linhagem neuroectodérmica. No passado, cogitava-se que a microglia era derivada de precursores da medula óssea. Estudos mais recentes de mapeamento de destino celular revelaram que, na verdade, a microglia se origina de progenitores mieloides do saco vitelino.

A microglia coloniza o encéfalo muito cedo no desenvolvimento embrionário e reside em todas as regiões encefálicas ao longo da vida (**Figura 7-20**). Durante o desenvolvimento, a microglia ajuda a moldar os circuitos neurais em formação, englobando estruturas pré e pós-sinápticas (**Figura 7-21**), e evidências recentes sugerem que a microglia possa modular outros aspectos do desenvolvimento neural e da homeostase encefálica. Recentes estudos de imagem *in vivo* revelaram interações dinâmicas entre microglia e neurônios. No córtex cerebral adulto saudável, os processos da microglia mapeiam continuamente o ambiente extracelular e estabelecem contato com neurônios e sinapses, mas o significado funcional dessa atividade permanece desconhecido.

Após lesão e quadros patológicos encefálicos, a microglia intensifica a motilidade de seus processos celulares e sofre mudanças morfológicas e na expressão gênica, podendo ser rapidamente recrutada para locais de dano, onde pode desempenhar funções benéficas. Por exemplo, ela contribui para recrutar linfócitos, neutrófilos e monócitos para o SNC e, assim, expandir a população de linfócitos, ampliando atividades imunitárias importantes durante quadros de infecção, no acidente vascular encefálico e em doença desmielinizante imunitária. A microglia também protege o encéfalo fagocitando restos celulares, bem como células indesejadas e danificadas e proteínas tóxicas, ações que são críticas para prevenir danos maiores e, assim, manter a homeostase neural. Embora seja crítica para desencadear resposta imunitária à infecção ou ao trauma, a microglia também pode contribuir para a neuroinflamação patológica, liberando citocinas e proteínas neurotóxicas e induzindo astrócitos reativos neurotóxicos. A microglia também pode desencadear disfunção e perda de sinapses em modelos de doença de Alzheimer e de doença neurodegenerativa.

O plexo coroide e as células ependimárias produzem o líquido cefalorraquidiano

As funções neuronal e glial são fortemente reguladas pelo ambiente extracelular do SNC. O *fluido intersticial* (FI) preenche os espaços entre os neurônios e as células gliais no parênquima. O *líquido cefalorraquidiano* (LCR) banha os ventrículos, o espaço subaracnóideo do encéfalo e da medula espinal e as principais cisternas do SNC. O FI e o LCR fornecem nutrientes para as células do SNC, mantêm a homeostase iônica e atuam como um sistema de remoção de resíduos metabólicos. Em conjunto com as camadas meníngeas que envolvem o encéfalo e a medula espinal, o LCR atua como uma almofada, protegendo os tecidos do SNC contra danos mecânicos. O ambiente fluido do SNC é mantido por células endoteliais da barreira hematencefálica e por células epiteliais do plexo coroide da barreira sangue-LCR. Essas barreiras não atuam apenas para regular o ambiente extracelular do encéfalo e da medula espinal, mas também transmitem informações críticas entre o SNC e a periferia.

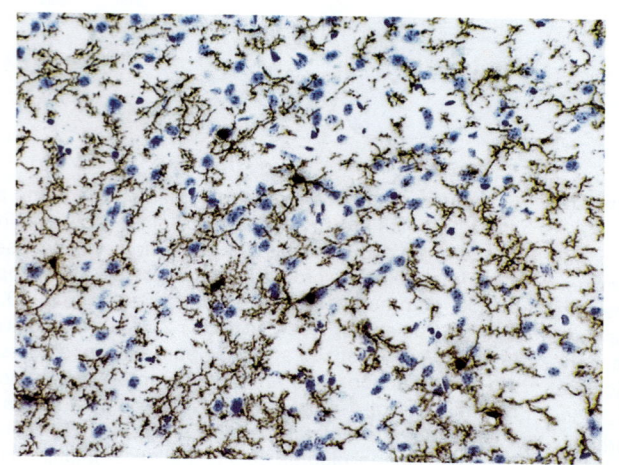

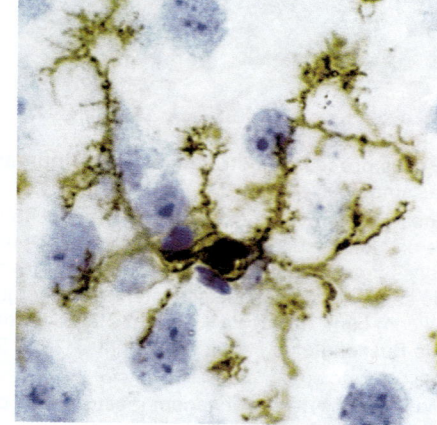

FIGURA 7-20 As células microgliais residem em grandes quantidades no sistema nervoso central dos mamíferos. A micrografia *à esquerda* mostra uma microglia (em **marrom**, por imunocitoquímica) no córtex cerebral de um camundongo adulto. A coloração **azul** mostra núcleos de células não microgliais. As células microgliais possuem processos delgados semelhantes a uma renda, como mostrado na micrografia em maior aumento *à direita*. (Reproduzida, com autorização, de Berry et al., 2002.)

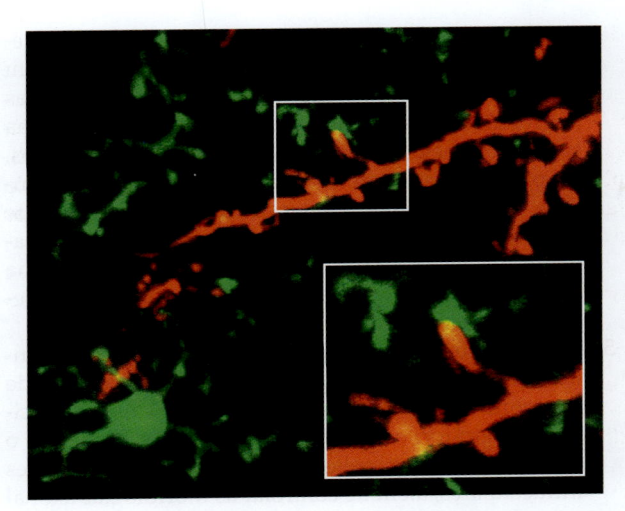

FIGURA 7-21 A microglia interage e modela elementos sinápticos no encéfalo saudável. A imagem do bulbo olfatório de camundongos adultos (obtida com microscopia de dois fótons) mostra processos microgliais expressando o receptor de fractalcina conjugado com a proteína de fluorescência verde (CX3CR1-GFP) (em **verde**) conectando-se a neurônios marcados com tdTomato (em **vermelho**). (Reproduzida, com autorização, de Hong e Stevens, 2016

As células do *plexo coroide* e da *camada ependimária* contribuem para a produção, composição e dinâmica do LCR. Os plexos coroides aparecem como invaginações epiteliais logo após o fechamento do tubo neural, onde os ventrículos laterais, terceiro e quarto serão formados. Durante o desenvolvimento embrionário, os plexos coroides amadurecem, cada um formando uma camada epitelial cúbica ciliada que encapsula uma rede de células estromais e imunitárias e um extenso leito capilar. O epêndima é uma única camada de células cuboides ciliadas, um tipo de célula glial que reveste os ventrículos encefálicos. Em vários locais nos ventrículos lateral e quarto, células ependimárias especializadas formam a camada epitelial que circunda o plexo coroide (**Figura 7-22B**).

O plexo coroide produz a maior parte do LCR que banha o encéfalo. Junções frouxas entre as células ependimárias fornecem acesso para o LCR ao espaço intersticial encefálico. O movimento ciliar nas células ependimárias ajuda a mover o LCR pelo sistema ventricular (**Figura 7-22A**), facilitando a entrega molecular de longo alcance para outras células do SNC e o transporte de resíduos do SNC para a periferia.

O plexo coroide transporta fluido e solutos do soro para o SNC para formar o LCR. Os capilares fenestrados

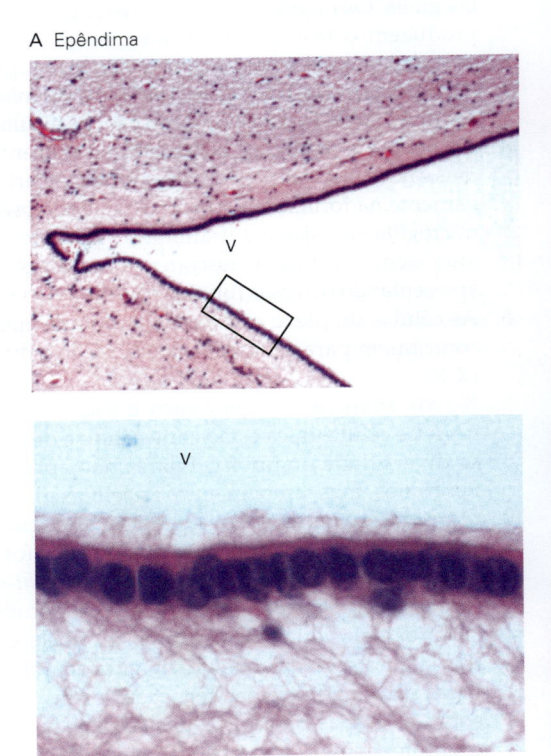

FIGURA 7-22 Epêndima e plexo coroide.
A. O epêndima consiste em uma única camada de células ciliadas em forma de cubos recobrindo os ventrículos cerebrais (**V**). A imagem inferior (ampliada a partir do retângulo da imagem superior) mostra o revestimento ependimário contendo os cílios do lado ventricular das células ependimárias.

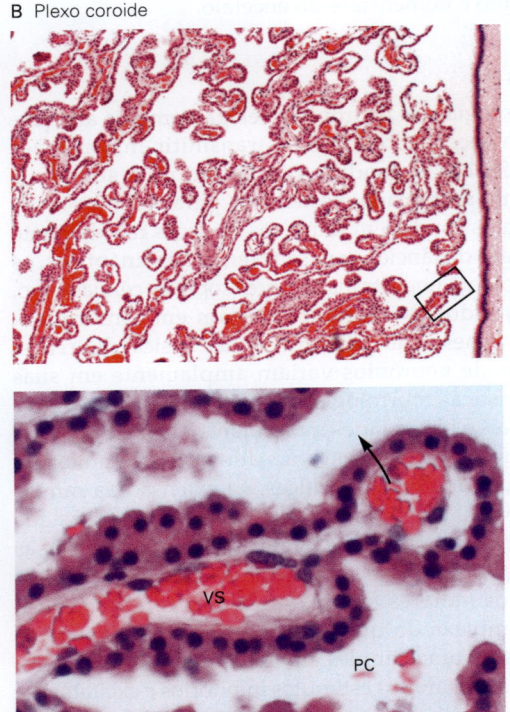

B. O plexo coroide é contínuo com o epêndima, mas se projeta para dentro dos ventrículos, onde cobre vasos sanguíneos delgados e forma uma estrutura papilar altamente ramificada. Esse é o local da formação do líquido cefalorraquidiano. A imagem ampliada (inferior) mostra o núcleo do vaso sanguíneo (**VS**) e o plexo coroide (**PC**) sobrejacente. A seta indica o fluxo do fluido capilar em direção ao ventrículo durante a formação do líquido cefalorraquidiano.

que atravessam o plexo coroide permitem a livre passagem de água e pequenas moléculas do sangue para o espaço estromal do plexo coroide. As células epiteliais do plexo coroide, no entanto, formam junções oclusivas, impedindo o movimento desregulado adicional dessas moléculas para o encéfalo. Em vez disso, a importação de água, íons, metabólitos e mediadores de proteínas que compõem o LCR é fortemente regulada por transportadores e canais no epitélio do plexo coroide. Os mecanismos de transporte ativo no epitélio são bidirecionais, mediando adicionalmente o fluxo de moléculas do LCR de volta à circulação periférica.

As células epiteliais do plexo coroide também sintetizam e secretam muitas proteínas no LCR. Nos encéfalos embrionário e pós-natal saudáveis, essas proteínas modulam o desenvolvimento de células-tronco neurais e podem regular processos como a plasticidade cortical. O secretoma das células epiteliais do plexo coroide também pode ser alterado por sinais inflamatórios da periferia ou de dentro do encéfalo, com consequências para a função neuronal durante quadros de infecção e no envelhecimento. Os papéis funcionais para outros fatores derivados do plexo coroide no encéfalo saudável e em quadros patológicos – incluindo micro-RNA, RNA longos não codificantes e vesículas extracelulares – estão começando a surgir, destacando ainda mais a importante contribuição dessa estrutura para o desenvolvimento e homeostase do encéfalo.

Destaques

1. A morfologia dos neurônios é elegantemente adequada para receber, conduzir e transmitir informações no encéfalo. Os dendritos fornecem uma superfície altamente ramificada e estendida para receber sinais. Os axônios conduzem impulsos elétricos rapidamente por longas distâncias para seus terminais sinápticos, os quais liberam neurotransmissores sobre as células-alvo.

2. Embora todos os neurônios estejam em conformidade com a mesma arquitetura celular básica, diferentes subtipos de neurônios variam amplamente em suas características morfológicas específicas, propriedades funcionais e identidades moleculares.

3. Neurônios em diferentes locais diferem na complexidade de suas árvores dendríticas, na extensão da ramificação axonal e no número de terminais sinápticos que eles formam e recebem. O significado funcional dessas diferenças morfológicas é evidente. Por exemplo, os neurônios motores devem ter uma árvore dendrítica mais complexa do que os neurônios sensoriais, visto que mesmo uma simples atividade de reflexo requer a integração de muitos estímulos inibitórios e excitatórios. Diferentes tipos de neurônios usam neurotransmissores, canais iônicos e receptores de neurotransmissores distintos. Juntas, essas diferenças bioquímicas, morfológicas e eletrofisiológicas contribuem para a ampla complexidade do processamento de informações no encéfalo.

4. Os neurônios estão entre as células mais polarizadas do nosso corpo. O tamanho e complexidade consideráveis de seus compartimentos dendríticos e axonais representam desafios biológicos celulares significativos para essas células, incluindo o transporte de várias organelas, proteínas e mRNA por longas distâncias (de até um metro para alguns axônios). A maioria das proteínas neuronais é sintetizada no corpo celular, mas alguma síntese também ocorre nos dendritos e nos axônios. As proteínas recém-formadas são dobradas com o auxílio de chaperonas, e sua estrutura final geralmente é alterada por modificações pós-traducionais permanentes ou reversíveis. O destino final de uma proteína no neurônio depende de sinais codificados em sua sequência de aminoácidos.

5. O transporte de proteínas e de mRNA ocorre com grande especificidade e resulta no transporte vetorial de componentes seletos da membrana plasmática. O citoesqueleto fornece uma estrutura importante para o transporte de organelas para diferentes localizações intracelulares, além de controlar as morfologias axonal e dendrítica.

6. Todos esses processos biológicos celulares fundamentais são profundamente modificáveis pela atividade neuronal, produzindo as mudanças significativas na estrutura e na função celular pelas quais os circuitos neurais se adaptam à experiência (aprendizado).

7. O sistema nervoso também contém vários tipos de células gliais. Os oligodendrócitos e as células de Schwann produzem o isolamento de mielina que permite que os axônios conduzam os sinais elétricos rapidamente. Os astrócitos e as células de Schwann não mielinizantes envolvem outras partes do neurônio, particularmente as sinapses. Os astrócitos controlam as concentrações de íons e neurotransmissores extracelulares e participam ativamente na formação e na função das sinapses. Células microgliais do sistema imunitário residente e fagócitos interagem dinamicamente com neurônios e células gliais, apresentando diversas funções na saúde e na doença.

8. As células do plexo coroide e da camada ependimária contribuem para produção, composição e dinâmica do LCR.

9. Novos avanços em genômica e sequenciamento de RNA de célula única estão começando a definir a imensa diversidade de tipos celulares não apenas entre os neurônios, mas também entre as células gliais.

10. O progresso recente em genética, biologia celular e microscopia *in vivo* (microscopia de dois fótons – *two photon* – e microscopia de feixe de luz – *light-sheet*) está fornecendo novas percepções sobre os mecanismos exclusivos pelos quais os neurônios estabelecem e mantêm sua polaridade ao longo da vida de um indivíduo.

11. Essas novas percepções fornecem pistas importantes sobre as etapas biológicas das células, incluindo, por exemplo, defeitos no transporte de axônios, que desencadeiam doenças neurodegenerativas como Huntington, Parkinson e Alzheimer.

Beth Stevens
Franck Polleux
Ben A. Barres

Leituras selecionadas

Alberts B, Johnson A, Lewis J, Raff M, Roberts K, Walter P (eds). 2002. *Molecular Biology of the Cell*, 4th ed. New York: Garland.

Chung WS, Allen NJ, Eroglu C. 2015. Astrocytes control synapse formation, function, and elimination. Cold Spring Harb Perspect Biol 7:a020370.

Damkier HH, Brown P, Praetorius J. 2013. Cerebrospinal fluid secretion by the choroid plexus. Physiol Rev 93:1847–1892.

Dyck PJ, Thomas PK, Griffin JW, Low PA, Poduslo JF (eds). 1993. *Peripheral Neuropathy*, 3rd ed. Philadelphia: Saunders.

Dyck PJ, Thomas PK, Lambert EH, Bunge R (eds). 1984. *Peripheral Neuropathy*, 2nd ed., Vols. 1, 2. Philadelphia: Saunders.

Glickman MH, Ciechanover A. 2002. The ubiquitin-proteasome proteolytic pathway: destruction for the sake of construction. Physiol Rev 82:373–428.

Hartl FU. 1996. Molecular chaperones in cellular protein folding. Nature 381:571–579.

Kapitein LC, Hoogenraad CC. 2015. Building the neuronal microtubule cytoskeleton. Neuron 87:492–506.

Kelly RB. 1993. Storage and release of neurotransmitters. Cell 72:43–53.

Kreis T, Vale R (eds). 1999. *Guidebook to the Cytoskeletal and Motor Proteins*, 2nd ed. Oxford: Oxford Univ. Press.

Lun MP, Monuki ES, Lehtinen MK. 2015. Development and functions of the choroid plexus-cerebral fluid system. Nature Rev Neurosci 16:445–457.

Nigg EA. 1997. Nucleocytoplasmic transport: signals, mechanisms and regulation. Nature 386:779–787.

Pemberton LF, Paschal BM. 2005. Mechanisms of receptor-mediated nuclear import and nuclear export. Traffic 6:187–198.

Rothman JE. 2002. Lasker Basic Medical Research Award: the machinery and principles of vesicle transport in the cell. Nat Med 8:1059–1062.

Schafer DP, Stevens B. 2015. Microglia function in central nervous system development and plasticity. Cold Spring Harb Perspect Biol 7:a020545.

Schatz G, Dobberstein B. 1996. Common principles of protein translocation across membranes. Science 271:1519–1526.

Schwartz JH. 2003. Ubiquitination, protein turnover, and long-term synaptic plasticity. Sci STKE 190:26.

Siegel GJ, Albers RW, Brady S, Price DL (eds). 2005. *Basic Neurochemistry: Molecular, Cellular, and Medical Aspects*, 7th ed. Amsterdam: Elsevier.

Signor D, Scholey JM. 2000. Microtubule-based transport along axons, dendrites and axonemes. Essays Biochem 35:89–102.

St Johnston D. 2005. Moving messages: the intracellular localization of mRNAs. Nat Rev Mol Cell Biol 6:363–375.

Stryer L. 1995. *Biochemistry*, 4th ed. New York: Freeman.

Tahirovic S, Bradke F. 2009. Neuronal polarity. Cold Spring Harb Perspect Biol 1:a001644.

Zhou L, Griffin JW. 2003. Demyelinating neuropathies. Curr Opin Neurol 16:307–313.

Referências

Barnes AP, Polleux F. 2009. Establishment of axon-dendrite polarity in developing neurons. Ann Rev Neurosci 32:347–381.

Berry M, Butt AM, Wilkin G, Perry VH. 2002. Structure and function of glia in the central nervous system. In: Graham DI and Lantos PL (eds). *Greenfield's Neuropathology*. 7th ed., pp. 104–105. London: Arnold.

Bershadsky AD, Vasiliev JM. 1988. *Cytoskeleton*. New York: Plenum.

Brendecke SM, Prinz M. 2015. Do not judge a cell by its cover—diversity of CNS resident, adjoining and infiltrating myeloid cells in inflammation. Semin Immunopathol 37:591–605.

Bushong EA, Martone ME, Jones YZ, Ellisman MH. 2002. Protoplasmic astrocytes in CA1 stratum radiatum occupy separate anatomical domains. J Neurosci 22:183–192.

Charcot J-M, Marie P. 1886. Sur une forme particulière d'atrophie musculaire progressive, souvent familiale, débutant par les pieds et les jambes et atteignant plus tard les mains. Rev Med 6:97–138.

Christopherson KS, Ullian EM, Stokes CC, et al. 2005. Thrombospondins are astrocyte-secreted proteins that promote CNS synaptogenesis. Cell 120:421–433.

Chung WS, Clarke LE, Wang GX, et al. 2013. Astrocytes mediate synapse elimination through MEGF10 and MERTK pathways. Nature 504:394–400.

Ciechanover A, Brundin P. 2003. The ubiquitin proteasome system in neurodegenerative diseases: sometimes the chicken, sometimes the egg. Neuron 40:427–446.

Cooney JR, Hurlburt JL, Selig DK, Harris KM, Fiala JC. 2002. Endosomal compartments serve multiple hippocampal dendritic spines from a widespread rather than a local store of recycling membrane. J Neurosci 22:2215–2224.

De Camilli P, Moretti M, Donini SD, Walter U, Lohmann SM. 1986. Heterogeneous distribution of the cAMP receptor protein RII in the nervous system: evidence for its intracellular accumulation on microtubules, microtubule-organizing centers, and in the area of the Golgi complex. J Cell Biol 103:189–203.

Divac I, LaVail JH, Rakic P, Winston KR. 1977. Heterogeneous afferents to the inferior parietal lobule of the rhesus monkey revealed by the retrograde transport method. Brain Res 123:197–207.

Duxbury MS, Whang EE. 2004. RNA interference: a practical approach. J Surg Res 117:339–344.

Esiri MM, Hyman BT, Beyreuther K, Masters C. 1997. Ageing and dementia. In: DI Graham, PL Lantos (eds). *Greenfield's Neuropathology*, 6th ed. Vol II. London: Arnold.

Gallo V, Chittajallu R. 2001. Neuroscience. Unwrapping glial cells from the synapse: what lies inside? Science 292:872–873.

Giraudo CG, Hu C, You D, et al. 2005. SNAREs can promote complete fusion and hemifusion as alternative outcomes. J Cell Biol 170:249–260.

Goldberg AL. 2003. Protein degradation and protection against misfolded or damaged proteins. Nature 426:895–899.

Görlich D, Mattaj IW. 1996. Nucleocytoplasmic transport. Science 271:1513–1518.

Hama K, Arii T, Kosaka T. 1994. Three-dimensional organization of neuronal and glial processes: high voltage electron microscopy. Microsc Res Tech 29:357–367.

Harris KM, Jensen FE, Tsao B. 1992. Three-dimensional structure of dendritic spines and synapses in rat hippocampus (CA1) at postnatal day 15 and adult ages: implications for the maturation of synaptic physiology and long-term potentiation. J Neurosci 12:2685–2705.

Harris KM, Stevens JK. 1989. Dendritic spines of CA1 pyramidal cells in the rat hippocampus: serial electron microscopy with reference to their biophysical characteristics. J Neurosci 9:2982–2997.

Hirokawa N. 1997. The mechanisms of fast and slow transport in neurons: identification and characterization of the new Kinesin superfamily motors. Curr Opin Neurobiol 7:605–614.

Hirokawa N, Pfister KK, Yorifuji H, Wagner MC, Brady ST, Bloom GS. 1989. Submolecular domains of bovine brain kinesin identified by electron microscopy and monoclonal antibody decoration. Cell 56:867–878.

Hoffman PN, Lasek RJ. 1975. The slow component of axonal transport: identification of major structural polypeptides of the axon and their generality among mammalian neurons. J Cell Biol 66:351–366.

Hong S, Stevens B. 2016. Microglia: phagocytosing to clear, sculpt and eliminate. Dev Cell 38:126–128.

Ko CO, Robitaille R. 2015. Perisynaptic Schwann cells at the neuromuscular junction: adaptable, multitasking glial cells. Cold Spring Harb Perspect Biol 7:a020503.

Lemke G. 2001. Glial control of neuronal development. Annu Rev Neurosci 24:87–105.

Liddelow SA, Guttenplan KA, Clarke LE, et al. 2016 Neurotoxic reactive astrocytes are induced by activated microglia. Nature 541:481–487.

Lupski JR, de Oca-Luna RM, Slaugenhaupt S, et al. 1991. DNA duplication associated with Charcot-Marie-Tooth disease type 1A. Cell 66:219–232.

Lupski JR, Garcia CA. 1992. Molecular genetics and neuropathology of Charcot-Marie-Tooth disease type 1A. Brain Pathol 2:337–349.

Ma Z, Stork T, Bergles DE, Freeman MR. 2016. Neuromodulators signal through astrocytes to alter neural circuit activity and behaviour. Nature 539:428–432.

Maday S, Twelvetrees AE, Moughamian AJ, Holzbaur EL. 2014. Axonal transport: cargo-specific mechanisms of motility and regulation. Neuron 84:292–309.

McNew JA, Goodman JM. 1996. The targeting and assembly of peroxisomal proteins: some old rules do not apply. Trends Biochem Sci 21:54–58.

Mirra SS, Hyman BT. 2002. Aging and dementia. In: DI Graham, PL Lantos (eds). *Greenfield's Neuropathology*, 7th ed., Vol. 2, p. 212. London: Arnold.

Ochs S. 1972. Fast transport of materials in mammalian nerve fibers. Science 176:252–260.

Peles E, Salzer JL. 2000. Molecular domains of myelinated axons. Curr Opin Neurobiol 10:558–565.

Peters A, Palay SL, Webster H de F. 1991. *The Fine Structure of the Nervous System*, 3rd ed. New York: Oxford University Press.

Raine CS. 1984. Morphology of myelin and myelination. In: P Morell (ed). *Myelin*. New York: Plenum Press.

Ransohoff RM, Cardona AE. 2010. The myeloid cells of the central nervous system parenchyma. Nature 468:253–262.

Ramón y Cajal S. [1901] 1988. Studies on the human cerebral cortex. IV. Structure of the olfactory cerebral cortex of man and mammals. In: J DeFelipe, EG Jones (eds, transl). *Cajál on the Cerebral Cortex*, pp. 289–362. New York: Oxford Univ. Press.

Ramón y Cajal S. [1909] 1995. *Histology of the Nervous System of Man and Vertebrates*. N Swanson, LW Swanson (transl). Vols. 1, 2. New York: Oxford Univ. Press.

Readhead C, Popko B, Takahashi N, et al. 1987. Expression of a myelin basic protein gene in transgenic Shiverer mice: correction of the dysmyelinating phenotype. Cell 48:703–712.

Roa BB, Lupski JR. 1994. Molecular genetics of Charcot-Marie-Tooth neuropathy. Adv Human Genet 22:117–152.

Schafer DP, Lehrman EK, Kautzman AG, et al. 2012. Microglia sculpt postnatal neural circuits in an activity and complement-dependent manner. Neuron 74:691–705.

Schnapp BJ, Reese TS. 1982. Cytoplasmic structure in rapid-frozen axons. J Cell Biol 94:667–679.

Silva-Vargas V, Maldonado-Soto AR, Mizrak D, Codega P, Doetsch F. 2016. Age-dependent niche signals from the choroid plexus regulate adult neural stem cells. Cell Stem Cell 19:643–652.

Sorra KE, Harris KM. 1993. Occurrence and three-dimensional structure of multiple synapses between individual radiatum axons and their target pyramidal cells in hippocampal area CA1. J Neurosci 13:3736–3748.

Sossin W. 1996. Mechanisms for the generation of synapse specificity in long-term memory: the implications of a requirement for transcription. Trends Neurosci 19:215–218.

Takei K, Mundigl O, Daniell L, De Camilli P. 1996. The synaptic vesicle cycle: a single vesicle budding step involving clathrin and dynamin. J Cell Biol 1335:1237–1250.

Ventura R, Harris KM. 1999. Three-dimensional relationships between hippocampal synapses and astrocytes. J Neurosci 19:6897–6906.

Weiss P, Hiscoe HB. 1948. Experiments on the mechanism of nerve growth. J Exp Zool 107:315–395.

Wells DG, Richter JD, Fallon JR. 2000. Molecular mechanisms for activity-regulated protein synthesis in the synapto-dendritic compartment. Curr Opin Neurobiol 10:132–137.

Williams PL, Warwick R, Dyson M, Bannister LH (eds). 1989. *Gray's Anatomy*, 37th ed., pp 859–919. Edinburgh: Churchill Livingstone.

Zemanick MC, Strick PL, Dix RD. 1991. Direction of transneuronal transport of herpes simplex virus 1 in the primate motor system is strain-dependent. Proc Natl Acad Sci U S A 88:8048–8051.

8

Canais iônicos

Canais iônicos são proteínas transmembrana

Canais iônicos em todas as células compartilham características funcionais

    As correntes que passam através de um único canal iônico podem ser registradas

    O fluxo de íons através de um canal difere da difusão livre em solução

    A abertura e o fechamento de um canal envolvem alterações conformacionais

A estrutura dos canais iônicos é deduzida por estudos biofísicos, bioquímicos e de biologia molecular

    Canais iônicos podem ser agrupados em famílias gênicas

    A análise cristalográfica de raios X da estrutura do canal de potássio fornece informações sobre os mecanismos de permeabilidade e seletividade do canal

    A análise cristalográfica de raios X de estruturas de canais de potássio dependentes de voltagem fornece informações sobre os mecanismos de abertura e fechamento de canais

    A base estrutural da permeabilidade seletiva dos canais de cloreto revela uma estreita relação entre canais e transportadores

Destaques

A SINALIZAÇÃO NO ENCÉFALO DEPENDE da capacidade das células nervosas de responder a estímulos muito pequenos com mudanças grandes e rápidas na diferença de potencial elétrico sobre a membrana celular. Nas células sensoriais, o potencial de membrana é alterado em resposta a estímulos físicos mínimos: receptores no olho respondem a um simples fóton de luz; neurônios olfatórios detectam uma simples molécula de substância odorífera; e as células ciliadas na orelha interna respondem a pequenos movimentos de dimensões atômicas. Essas respostas sensoriais levam finalmente ao disparo de um potencial de ação durante o qual o potencial de membrana é alterado em até 500 volts por segundo.

As mudanças rápidas no potencial de membrana, que fundamentam a sinalização por todo o sistema nervoso, são mediadas por poros ou aberturas especializadas na membrana, chamadas de canais iônicos, uma classe de proteínas integrais de membrana encontrada em todas as células do organismo. Os canais iônicos das células nervosas estão perfeitamente ajustados para responder a sinais físicos e químicos específicos. Eles são também heterogêneos – em partes diferentes do sistema nervoso, tipos diferentes de canais realizam tarefas específicas de sinalização.

Devido a seu importante papel na sinalização elétrica, o mau funcionamento dos canais iônicos pode causar uma variedade de doenças neurológicas (ver Capítulos 57 e 58). Doenças causadas por disfunção dos canais iônicos não estão limitadas ao encéfalo; por exemplo, fibrose cística, doenças do músculo esquelético e certos tipos de arritmias cardíacas também são causadas por disfunção dos canais iônicos. Ainda, os canais iônicos são frequentemente locais de ação de drogas/fármacos, venenos ou toxinas. Portanto, canais iônicos exercem um papel importante tanto na fisiologia normal como na fisiopatologia do sistema nervoso.

Além dos canais iônicos, as células nervosas contêm uma segunda classe importante de proteínas especializadas em mover os íons através das membranas celulares, os transportadores iônicos e as bombas iônicas. Essas proteínas não participam da sinalização neuronal rápida, mas são importantes para o estabelecimento e manutenção dos gradientes de concentração de íons fisiologicamente importantes entre os meios intra e extracelulares. Como será visto neste e nos próximos capítulos, os transportadores iônicos e as bombas diferem dos canais iônicos em aspectos importantes, mas também apresentam características em comum.

Os canais iônicos têm três propriedades importantes: (1) eles reconhecem e selecionam íons específicos; (2) abrem e fecham em resposta a sinais elétricos, químicos ou mecânicos específicos; e (3) conduzem íons através da membrana. Os canais nos nervos e músculos conduzem íons através da membrana celular em velocidades extremamente rápidas, proporcionando, assim, um grande fluxo de cargas elétricas. Até 100 milhões de íons podem passar através de um único canal a cada segundo. Essa corrente causa rápidas mudanças no potencial de membrana, as quais são necessárias para a sinalização (Capítulo 10). O fluxo rápido de íons através dos canais é comparável à taxa de renovação das mais rápidas das enzimas, catalase e anidrase carbônica, que são limitadas pela difusão do substrato. (As taxas de renovação da maioria das outras enzimas são consideravelmente menores, variando de 10 a 1.000 por segundo).

Apesar de uma taxa de fluxo iônico tão extraordinária, os canais são surpreendentemente seletivos para os íons aos quais eles são permeáveis. Cada tipo de canal permite a passagem de somente um ou alguns poucos tipos de íons. Por exemplo, o potencial de membrana negativo das células nervosas é grandemente determinado por uma classe de canais de K^+ cem vezes mais permeável ao K^+ do que ao Na^+. Em contrapartida, a geração de potencial de ação envolve uma classe de canais de Na^+ que é 10-20 vezes mais permeável ao Na^+ que ao K^+. Então, a chave para a grande versatilidade da sinalização neuronal é a ativação regulada de diferentes classes de canais iônicos, sendo cada uma seletiva para íons específicos.

Muitos canais abrem e fecham em resposta a eventos específicos: os canais dependentes de voltagem são regulados pelas mudanças no potencial de membrana; os canais ativados por ligantes, pela ligação dos transmissores químicos; e os dependentes de ação mecânica, pelo estiramento da membrana. Outros canais são normalmente abertos quando o potencial de membrana da célula está no repouso. O fluxo iônico através desses canais "de repouso"* determina em grande parte o potencial de repouso contribui significativamente para o potencial de repouso da membrana celular.

O fluxo de íons através dos canais iônicos é passivo, não requerendo gasto de energia metabólica por parte dos canais. Os canais iônicos estão limitados a catalisar o movimento passivo de íons a favor do gradiente de concentração e do gradiente elétrico. O sentido desse fluxo é determinado não pelo canal em si, mas por ambas as forças, eletrostática e de difusão, através da membrana. Por exemplo, íons Na^+ fluem para dentro da célula através dos canais de Na^+ dependentes de voltagem durante o potencial de ação, porque a concentração de Na^+ no meio extracelular é muito maior do que no meio citoplasmático; os canais abertos permitem a difusão de Na^+ para dentro da célula a favor de seu gradiente de concentração. Com esse movimento passivo de íons, o gradiente de concentração dos íons Na^+ acabaria por se dissipar, não fosse pelas bombas iônicas. Diferentes tipos de bombas iônicas mantêm os gradientes de concentração de Na^+, K^+, Ca^{2+} e outros íons.

Essas bombas diferem dos canais iônicos em dois detalhes importantes. Primeiro, enquanto os canais iônicos abertos têm uma via contínua de água através do qual os íons fluem livremente de um lado para outro da membrana, cada vez que a bomba move um íon ou um grupo de íons através da membrana, ela precisa sofrer uma série de alterações conformacionais. Como resultado, a velocidade de fluxo iônico através das bombas é de 100 a 100 mil vezes mais lenta do que a dos canais iônicos. Segundo, as bombas que mantêm gradientes de íons utilizam energia química, geralmente em forma de trifosfato de adenosina (ATP), para transportar íons contra os gradientes tanto elétrico como químico. Esse movimento de íons é chamado de *transporte ativo*. A função e a estrutura das bombas iônicas e dos transportadores serão detalhadas no final deste capítulo e no Capítulo 6.

Neste capítulo, serão examinadas seis questões: por que células nervosas têm canais? Como os canais podem conduzir tão rapidamente íons e ainda assim serem seletivos? Como esses canais são ativados? Como as propriedades desses canais são modificadas por várias condições intrínsecas e extrínsecas? Como a estrutura do canal determina sua função? Finalmente, como os movimentos do íon pelos canais diferem dos movimentos através dos transportadores? Nos capítulos seguintes, iremos explicar como canais de repouso e bombas geram o potencial de repouso de membrana (Capítulo 9), como os canais dependentes de voltagem geram potencial de ação (Capítulo 10) e como os canais ativados por ligantes produzem potenciais sinápticos (Capítulos 11, 12 e 13).

Canais iônicos são proteínas transmembrana

Para saber por que células nervosas utilizam canais, é necessário entender a natureza da membrana plasmática e a físico-química de íons em solução. A membrana plasmática de todas as células, incluindo as células nervosas, tem aproximadamente de 6 a 8 nm de espessura e consiste em um mosaico de lipídeos e proteínas. A estrutura básica da membrana é formada por uma dupla camada de fosfolipídeos de aproximadamente 3 a 4 nm de espessura. As proteínas integrais da membrana, incluindo os canais iônicos, estão embebidas nessa dupla camada contínua de lipídeos.

Os lipídeos da membrana não se misturam com água – eles são hidrofóbicos. Em contrapartida, os íons dentro e fora das células são fortemente atraídos por moléculas de água – eles são hidrofílicos (**Figura 8-1**). Os íons atraem água porque as moléculas de água formam dipolos: embora a carga resultante na molécula de água seja zero, a carga é separada dentro da molécula. O átomo de oxigênio na molécula de água tende a atrair elétrons e, portanto, tem uma pequena carga resultante negativa, ao passo que os átomos de hidrogênio tendem a perder elétrons e, portanto, têm uma pequena carga resultante positiva. Como resultado dessa distribuição desigual de cargas, os íons carregados positivamente (cátions) são atraídos eletrostaticamente

---

*N. de T. Estes canais que mantêm o potencial de repouso da membrana são em sua maioria canais abertos, também chamados de canais de vazamento. Entretanto, a expressão "canais de repouso" inclui também canais com portão que estão abertos na voltagem de repouso da membrana. Canais de vazamento estão permanentemente abertos em qualquer situação, exceto na presença de bloqueadores, como toxinas. O potencial de repouso das células não excitáveis é mantido por canais de vazamento de potássio, os quais são os mais abundantes na membrana dessas células. Já nas células excitáveis, capazes de gerar potenciais de ação, os canais de vazamento que mantêm o potencial são os canais de potássio, de sódio e de cloreto.

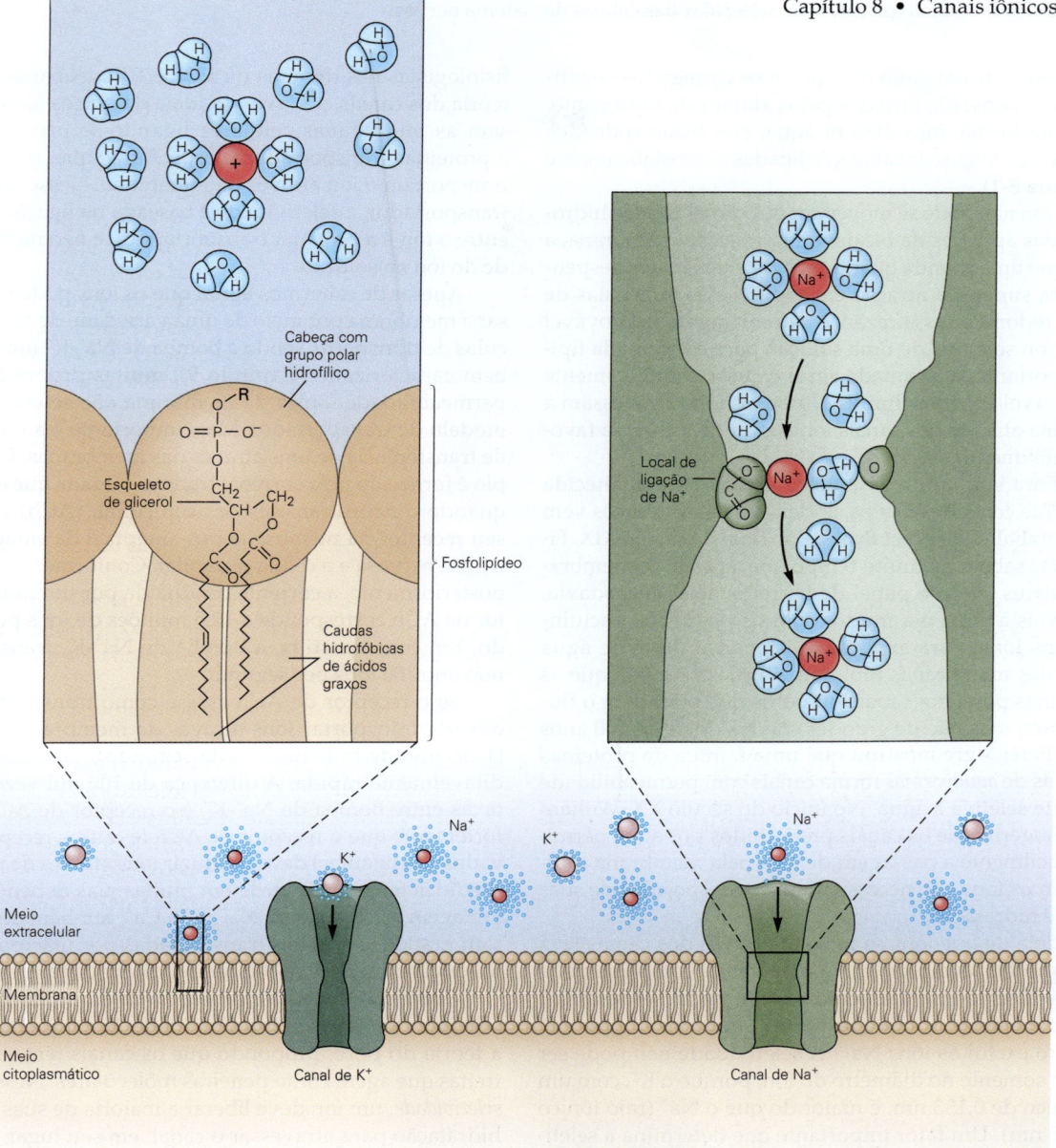

FIGURA 8-1 A permeabilidade da membrana celular a íons é determinada pela interação dos íons com a água, a bicamada lipídica da membrana e os canais iônicos. Os íons em solução são rodeados por uma nuvem de moléculas de água (água de hidratação) que são atraídas pela carga resultante do íon. Essa nuvem de moléculas de água trafega com o íon enquanto ele se difunde na solução, aumentando o tamanho efetivo do íon. É energeticamente desfavorável e, portanto, improvável, para o íon deixar esse ambiente polar e entrar no ambiente apolar da bicamada lipídica formada pelos fosfolipídeos.

Os fosfolipídeos têm uma cabeça hidrofílica e uma cauda hidrofóbica. As caudas hidrofóbicas unem-se, excluindo a água e os íons, ao passo que as cabeças hidrofílicas ficam voltadas para o meio aquoso do fluido extracelular e do citoplasma. O fosfolipídeo é composto por um esqueleto de glicerol no qual dois grupos –OH são unidos por ligações éster a moléculas de ácidos graxos. O terceiro grupo –OH do glicerol é ligado ao ácido fosfórico. O grupo fosfato, por sua vez, liga-se a um de uma variedade de pequenos grupamentos de álcool de cabeça polar (**R**).

Canais iônicos são proteínas integrais de membrana que atravessam a bicamada lipídica, proporcionando uma via para que os íons atravessem a membrana. Os canais são seletivos para íons específicos.

Canais de potássio têm um poro estreito que exclui o Na^+. Embora o íon Na^+ seja menor do que o íon K^+, em solução, o diâmetro efetivo do Na^+ é maior, porque seu campo de força local é mais intenso, levando à atração de uma grande nuvem de moléculas de água em torno de si. O poro do canal de K^+ é muito estreito para que o íon Na^+ hidratado penetre.

Canais de sódio têm um filtro de seletividade que liga fracamente os íons Na^+. De acordo com a hipótese desenvolvida por Bertil Hille e colaboradores, um íon Na^+ se liga transitoriamente a um sítio ativo enquanto se move pelo filtro. No sítio de ligação, a carga positiva do íon é estabilizada pela carga negativa de um resíduo de aminoácido na parede do canal e também pela molécula de água que é atraída por um segundo resíduo de aminoácido, no outro lado da parede do canal. Acredita-se que, devido ao seu grande diâmetro, um íon K^+ não pode ser estabilizado tão efetivamente pela carga negativa e, portanto, será excluído do filtro. (Adaptada de Hille, 1984.)

pelos átomos de oxigênio da água, e os carregados negativamente (ânions) são atraídos pelos átomos de hidrogênio. Da mesma forma, íons atraem água; eles ficam rodeados por *moléculas de água de hidratação* ligadas eletrostaticamente (ver **Figura 8-1**).

Um íon não pode se mover em direção às caudas hidrocarbonadas apolares da bicamada lipídica na membrana, a menos que uma grande quantidade de energia seja despendida para superar a atração entre o íon e as moléculas de água ao redor. Por essa razão, é extremamente improvável que um íon se mova de uma solução para a bicamada lipídica, e, portanto, a bicamada em si é quase completamente impermeável aos íons. Em vez disso, os íons atravessam a membrana através dos canais iônicos, onde a energia favorece o movimento dos íons.

Embora sua natureza molecular seja bem conhecida há somente cerca de 35 anos, a ideia de canais iônicos vem desde o trabalho de Ernst Brücke, no final do século XIX. Fisiologistas sabem há muito tempo que, apesar de membranas celulares terem o papel de barreira, elas são, todavia, permeáveis à água e a muitos solutos pequenos, incluindo alguns íons. Para explicar a osmose, o fluxo de água através das membranas biológicas, Brücke propôs que as membranas possuem canais ou poros que permitem o fluxo de água, mas não de grandes solutos. Mais de 100 anos depois, Peter Agre mostrou que uma família de proteínas chamadas de *aquaporinas* forma canais com permeabilidade altamente seletiva à água. No início do século XX, William Bayliss sugeriu que os canais preenchidos por água permitiriam facilmente a passagem de íons pela membrana celular, assim os íons não necessitariam ser despojados de suas águas de hidratação.

A ideia de que íons se movem através dos canais leva a uma questão: como um canal preenchido com água pode conduzir íons tão rapidamente e ainda assim ser seletivo? Como, por exemplo, um canal permite que íons K^+ pass em, enquanto exclui os íons Na^+? A seletividade não pode ser baseada somente no diâmetro do íon, porque o K^+, com um raio iônico de 0,133 nm, é maior do que o Na^+ (raio iônico de 0,095 nm). Um fator importante que determina a seletividade iônica é o tamanho da coroa de águas de hidratação ao redor do íon, porque a facilidade com que um íon se move em solução (sua mobilidade) depende do tamanho do íon junto com a coroa de água que o circunda. Quanto menor o íon, mais localizada é sua carga e mais forte é seu campo elétrico. Como resultado, íons menores atraem água mais fortemente. Então, na medida em que o Na^+ se move através da solução, sua forte atração eletrostática pela água o faz ter uma grande coroa de água ao seu redor, a qual tende a diminuir sua mobilidade em relação ao K^+. Devido à sua grande coroa de água, o Na^+ comporta-se como se fosse maior do que o K^+. Quanto menor um íon, menor sua mobilidade em solução. Portanto, pode-se construir um modelo de canal que seja mais seletivo ao K^+ do que ao Na^+, baseando-se simplesmente na interação dos dois íons com a água em um canal preenchido por água (**Figura 8-1**).

Embora esse modelo explique como um canal pode selecionar K^+ e excluir Na^+, não explica como um canal poderia selecionar Na^+ e excluir K^+. Esse problema levou muitos fisiologistas nas décadas de 1930 e 1940 a abandonarem a teoria dos canais em favor da ideia de que os íons atravessam as membranas celulares ligando-se primeiramente a proteínas transportadoras específicas, que, por sua vez, transportam o íon através da membrana. Nesse modelo de transportador, a seletividade é baseada na ligação química entre o íon e a proteína transportadora, e não na mobilidade do íon na solução.

Apesar de sabermos agora que os íons podem atravessar a membrana por meio de uma variedade de macromoléculas de transporte, sendo a bomba de Na^+-K^+ um exemplo bem caracterizado (Capítulo 9), muitas propriedades de permeabilidade iônica da membrana não se encaixam no modelo de transportador. Mais importante é a rápida taxa de transferência de íons através das membranas. Um exemplo é fornecido pela corrente transmembrana que é iniciada quando o neurotransmissor acetilcolina (ACh) se liga ao seu receptor na membrana pós-sináptica da sinapse entre a fibra nervosa e a célula muscular. Conforme será descrito posteriormente, a corrente conduzida por um único receptor de ACh corresponde a 12,5 milhões de íons por segundo. Em contrapartida, a bomba de Na^+-K^+ transporta no máximo 100 íons por segundo.

Se o receptor de ACh agisse como transportador, ele deveria transportar íons através da membrana em 0,1 μs (1 décimo de milionésimo de segundo), uma taxa inacreditavelmente rápida. A diferença de 100 mil vezes nessas taxas entre bomba de Na^+-K^+ e o receptor de ACh sugere fortemente que o receptor de ACh (e outros receptores ativados por ligantes) deve conduzir íons através de um canal. Medidas feitas mais tarde em muitas vias dependentes de voltagem seletivas para Na^+, K^+ e Ca^{2+} também demonstraram grandes correntes transportadas por macromoléculas únicas, indicando que elas também funcionam como canais.

Contudo, ainda há o problema de o que faz o canal ser seletivo. Para explicar a seletividade, Bertil Hille expandiu a teoria do poro, propondo que os canais têm regiões estreitas que agem como peneiras moleculares. Nesse *filtro de seletividade*, um íon deve liberar a maioria de suas águas de hidratação para atravessar o canal; em seu lugar, formam-se fracas ligações químicas (interações eletrostáticas) com resíduos de aminoácidos polares (carregados) que revestem as paredes do canal (**Figura 8-1**). Uma vez que liberar suas moléculas de água de hidratação é algo energeticamente desfavorável, o íon irá atravessar o canal somente se a energia de interação com o filtro de seletividade compensar pela perda de energia de interação com suas águas de hidratação. Os íons que atravessam o canal normalmente ligam-se ao filtro de seletividade por um curto período de tempo (menos de 1 μs), depois do qual as forças eletrostáticas e de difusão impulsionam o íon através do canal. Em canais onde o diâmetro do poro é grande o suficiente para acomodar muitas moléculas de água, um íon não precisa se desfazer completamente de sua coroa de água.

Como se estabelece o reconhecimento e a especificidade química? Uma teoria foi desenvolvida no início dos anos 1960 por George Eisenman para explicar as propriedades dos eletrodos de vidro seletivos a íons. De acordo com essa teoria, o sítio de ligação com campo altamente negativo

– por exemplo, formado por grupos carboxílicos carregados negativamente de glutamato ou aspartato – se ligará ao Na^+ mais firmemente do que ao K^+. Essa seletividade ocorre porque a interação eletrostática entre os dois grupos carregados, como regido pela lei de Coulomb, depende inversamente da distância entre os dois grupos.

Como tem um raio iônico menor do que o K^+, o Na^+ pode se aproximar mais do sítio de ligação altamente negativo do que o K^+ e, portanto, irá originar uma variação de energia livre mais favorável na ligação. Isso compensa a perda necessária de algumas das águas de hidratação do Na^+ para poder atravessar o estreito filtro de seletividade. Em contrapartida, um sítio de ligação com uma baixa intensidade de campo negativo – que é composto, por exemplo, por átomos de oxigênio dos grupos carbonila ou hidroxila – selecionará o K^+ sobre o Na^+. Em tal local, a ligação do Na^+ não proporcionaria uma variação de energia livre suficiente para compensar a perda de águas de hidratação do íon, as quais o Na^+ segura fortemente. Entretanto, tal local seria capaz de compensar a perda das moléculas de água de hidratação do K^+, uma vez que os íons K^+ que são maiores interagem mais fracamente com a água. Atualmente acredita-se que os canais iônicos sejam seletivos tanto devido a estas interações químicas específicas quanto aos crivos moleculares baseados no diâmetro do poro.

Canais iônicos em todas as células compartilham características funcionais

A maioria das células é capaz de realizar sinalização local, mas somente as células nervosas e musculares são especializadas para sinalização rápida a longas distâncias. Embora células nervosas e musculares apresentem uma variedade particularmente rica e de alta densidade de canais iônicos na membrana, seus canais não diferem fundamentalmente daqueles de outras células no corpo. Aqui descrevemos as propriedades gerais dos canais iônicos em uma ampla variedade de células determinadas pelo registro do fluxo de corrente através dos canais sob várias condições experimentais.

As correntes que passam através de um único canal iônico podem ser registradas

Estudos de canais iônicos foram originalmente limitados a registrar a corrente total através de toda a população de uma classe de canais iônicos, uma abordagem que obscurece alguns detalhes da função do canal. Desenvolvimentos posteriores tornaram possível obter uma resolução muito maior registrando a corrente através de canais iônicos individuais. Os primeiros registros diretos de canais iônicos individuais em membranas biológicas foram obtidos por Erwin Neher e Bert Sakmann em 1976. Uma micropipeta de vidro contendo ACh – neurotransmissor que ativa os receptores colinérgicos na membrana do músculo esquelético – foi pressionada hermeticamente contra a membrana de uma célula muscular. Pequenos pulsos de corrente unitária, representando a abertura e o fechamento de um único canal receptor de ACh, foram registrados na membrana sob a ponta da pipeta. Todos os pulsos de corrente tinham a mesma amplitude, indicando que os canais se abrem de forma "tudo ou nada" (**Quadro 8-1**).

Os pulsos mediram 2 pA (2×10^{-12} A) a um potencial de membrana de –80 mV, que, de acordo com a lei de Ohm ($I = V/R$), indica que os canais possuíam uma resistência de 5×10^{11} ohms. No estudo dos canais iônicos, é mais útil falar de condutância, a recíproca da resistência ($\gamma = 1/R$), porque isso fornece uma medida elétrica relacionada à permeabilidade do íon. Assim, a lei de Ohm para um único canal iônico pode ser expressa como $i = \gamma \times V$. A condutância do canal receptor de ACh é de aproximadamente 25×10^{-12} siemens (S), ou 25 picosiemens (pS), onde 1 S é igual a 1/ohm.

O fluxo de íons através de um canal difere da difusão livre em solução

A melhor forma de descrever as propriedades cinéticas da permeação dos íons é através da condutância do canal, a qual é determinada pela medida da corrente (fluxo de íons) através do canal aberto em resposta a uma força motriz eletroquímica. A força motriz eletroquímica resultante é determinada por dois fatores: a diferença de potencial elétrico através da membrana e o gradiente de concentração do íon permeável através da membrana. Alterando-se um ou outro, a força motriz resultante é alterada (ver Capítulo 9).

Em alguns canais abertos, a corrente varia linearmente com a força motriz – isto é, os canais se comportam como um simples resistor. Em outros, a corrente é uma função não linear da força motriz. Esse tipo de canal se comporta como um retificador – ele conduz íons mais prontamente em um sentido do que em outro devido à assimetria da estrutura do canal ou do ambiente iônico (**Figura 8-3**).

A taxa do fluxo de íons (corrente) através do canal depende da concentração dos íons permeáveis na solução. Em baixas concentrações, a corrente aumenta quase que linearmente com a concentração. Em altas concentrações, a corrente tende a atingir um platô, onde não aumenta mais. Nesse ponto, a corrente é dita *saturada*. Este efeito de saturação indica que o fluxo de íons através da membrana celular não é como a difusão eletroquímica de íons livre em solução, mas envolve a ligação de íons a locais polares específicos dentro do poro do canal. Um modelo simples de eletrodifusão poderia prever que a corrente iônica deveria aumentar proporcionalmente ao aumento da concentração.

A relação entre corrente e concentração iônicas para uma grande variedade de canais iônicos é bem descrita por uma simples equação de ligação química, idêntica à equação de Michaelis-Menten para enzimas, sugerindo que um único íon se liga dentro do canal durante a permeação. A concentração iônica na qual a corrente atinge metade do seu máximo define a *constante de dissociação*, a concentração na qual metade dos canais será ocupada pelo íon ligado. A constante de dissociação em gráficos de corrente *versus* concentração é tipicamente bastante alta, aproximadamente 100 mM, indicando uma fraca ligação. (Em interações típicas entre enzimas e substratos, a constante de dissociação é menor que 1 μM). A rapidez com que um íon se solta é necessária para o canal atingir a alta taxa de condutância responsável pelas rápidas mudanças no potencial de membrana durante a sinalização.

QUADRO 8-1 Registro de corrente em canais iônicos individuais: técnica de fixação de membrana (*patch clamp*)

A técnica de fixação de membrana (*patch-clamp*) foi desenvolvida em 1976 por Erwin Neher e Bert Sakmann para registrar correntes de canais iônicos individuais (*single channel recording*). É um refinamento da técnica original de fixação de voltagem (*voltage clamp*) (ver **Quadro 10-1**).

Uma pequena micropipeta de vidro com uma ponta com diâmetro de aproximadamente 1 μm e polida a fogo é pressionada contra a membrana de uma fibra muscular esquelética. Um eletrodo de metal em contato com um eletrólito no interior da micropipeta a conecta a um circuito elétrico especial que mede a corrente através do canal na membrana que está sob a ponta da pipeta (**Figura 8-2A**).

Em 1980, Neher descobriu que a aplicação de uma pequena sucção à pipeta aumenta enormemente o contato hermético entre a pipeta e a membrana. O resultado foi a formação de uma vedação (selo) com uma resistência extremamente alta entre o meio interno e externo da pipeta. O selo de alta resistência diminuiu o ruído eletrônico e expandiu o uso da técnica de fixação de membrana para o estudo de toda a gama de canais iônicos. Desde essa descoberta, a técnica de fixação de membrana (*patch-clamp*) tem sido usada para estudar todas as principais classes de canais iônicos em uma variedade de neurônios e outras células (**Figura 8-2B**).

Christopher Miller desenvolveu independentemente um método de incorporação de canais de membranas biológicas em bicamadas lipídicas artificiais. Ele primeiro homogeneizou as membranas biológicas em laboratório. Usando a centrifugação do homogenato, ele então separou uma fração composta somente por vesículas de membrana. Ele estudou os componentes funcionais dessas vesículas usando uma técnica desenvolvida por Paul Mueller e Donald Rudin na década de 1960. Eles descobriram como criar uma bicamada lipídica artificial colocando uma fina gota de fosfolipídio sobre um buraco em uma barreira não condutora que separa duas soluções salinas. Miller descobriu que, sob condições iônicas apropriadas, suas vesículas de membrana se fundiam com a membrana fosfolipídica planar, incorporando qualquer canal iônico na vesícula na membrana planar.

Essa técnica tem duas vantagens experimentais. Primeiro, permite o registro de canais iônicos em regiões de células que são inacessíveis à técnica de fixação de membrana; por exemplo, Miller estudou com sucesso os canais de K^+ isolados de membrana interna do músculo esquelético (o retículo sarcoplasmático). Segundo, permite a pesquisadores estudar como a composição dos lipídeos da membrana influencia a função dos canais.

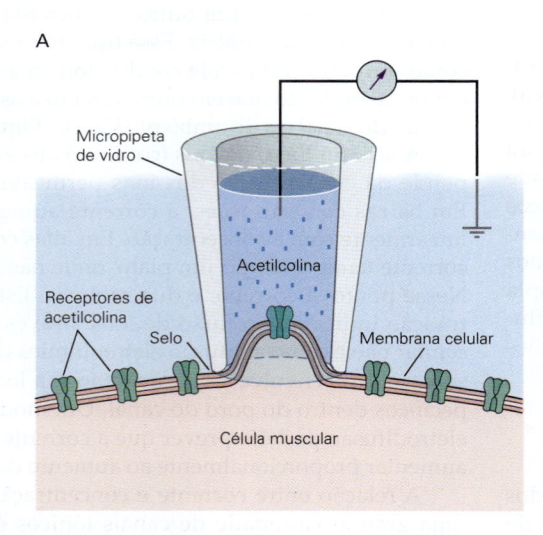

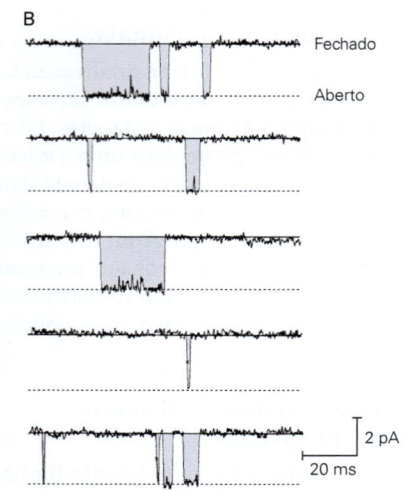

FIGURA 8-2 Configuração e registro pela técnica de fixação de membrana (*patch-clamp*).

A. Uma pipeta contendo baixa concentração de acetilcolina (**ACh**) em solução salina é utilizada para registrar corrente através do receptor de ACh no músculo esquelético. (Adaptada de Alberts et al., 1994.)

B. Registro, usando a técnica de fixação de membrana, da corrente através de um único receptor de ACh enquanto o canal muda entre os estados fechado e aberto. (Reproduzida, com autorização, de B. Sakmann.)

Alguns canais iônicos podem ser bloqueados por certos íons ou moléculas livres no citoplasma ou fluido extracelular que se ligam à abertura do poro aquoso ou em algum lugar dentro do poro. Se o bloqueador é um íon que se liga a um sítio dentro do poro, ele será influenciado pelo campo elétrico da membrana enquanto entra no canal. Por exemplo, se um bloqueador carregado positivamente entrar no canal pelo lado de fora da membrana, então tornar o lado citoplasmático da membrana mais negativo conduzirá o bloqueador para dentro do canal pela atração eletrostática, aumentando o bloqueio. Embora alguns bloqueadores sejam frequentemente toxinas ou drogas que se originam

FIGURA 8-3 Relações entre corrente e voltagem. Em muitos canais iônicos, a relação entre corrente (i) através do canal aberto e a voltagem de membrana (V_m) é linear (gráfico à esquerda). Tais canais são chamados de "ôhmicos", porque seguem a lei de Ohm, $i = V_m/R$ ou $V_m \times \gamma$, em que γ é a condutância. Em outros canais, a relação entre corrente e potencial de membrana não é linear. Esse tipo de canal é chamado de "retificador", porque conduz corrente mais prontamente em uma direção do que em outra. O gráfico à direita mostra um canal retificador de efluxo de corrente, onde a corrente positiva (lado direito) é maior do que a corrente negativa (lado esquerdo) para um valor absoluto de voltagem.

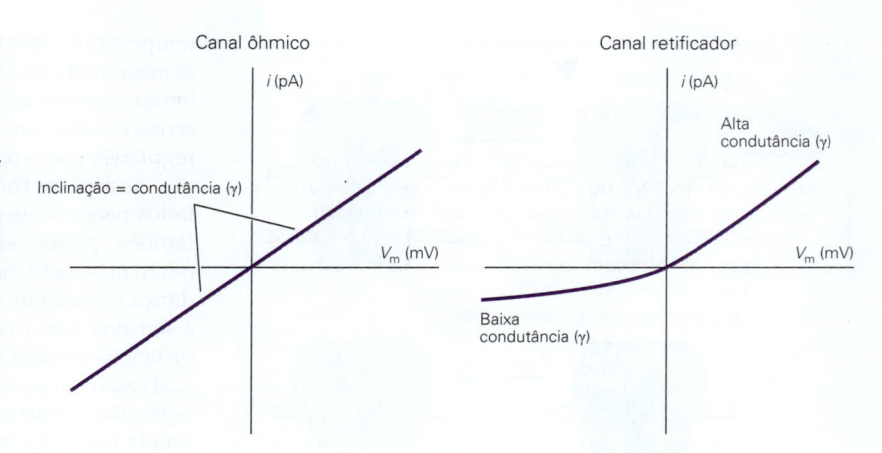

fora do corpo, outros são íons comuns normalmente presentes na célula ou em seu ambiente. Bloqueadores fisiológicos de certas classes de canais incluem Mg^{2+}, Ca^{2+}, Na^+ e poliaminas, como a espermina.

A abertura e o fechamento de um canal envolvem alterações conformacionais

Em canais iônicos que medeiam sinalização elétrica, a proteína do canal tem dois ou mais estados conformacionais que são relativamente estáveis. Cada conformação representa um estado funcional diferente. Por exemplo, cada canal iônico tem pelo menos um estado aberto e um ou dois estados fechados. A transição do canal entre esses diferentes estados é chamada de *gating* (portão que abre e fecha).

Os mecanismos moleculares de abertura e fechamento dos canais são compreendidos apenas parcialmente. Em alguns casos, como no canal Cl^- dependente de voltagem, que será descrito mais adiante neste capítulo, uma mudança conformacional local ao longo do lúmen do canal o fecha (**Figura 8-4A**). Na maioria dos casos, o fechamento do canal envolve mudanças generalizadas em sua conformação (**Figura 8-4B**). Por exemplo, movimentos combinados das subunidades que revestem o poro do canal, como torcer, dobrar ou inclinar, medeiam a abertura e o fechamento de alguns canais iônicos (consulte a **Figura 8-14** e os Capítulos 11 e 12). Os arranjos moleculares que ocorrem durante a transição do estado fechado para aberto parecem aumentar a condutância iônica através do canal, não somente por criarem um lúmen maior, mas também por posicionarem os aminoácidos constituintes relativamente mais polares na superfície que reveste o poro aquoso. Em outros casos (por exemplo, inativação dos canais de K^+ descritos no Capítulo 10), parte da proteína do canal atua como uma partícula que pode fechar o canal, bloqueando o poro (**Figura 8-4C**).

Três principais mecanismos de transdução evoluíram para controlar a abertura de canais nos neurônios. Certos canais são abertos pela ligação de ligantes químicos, conhecidos como agonistas (**Figura 8-5A**). Alguns ligantes se ligam diretamente ao canal em um sítio extracelular ou intracelular; os transmissores se ligam em sítios extracelulares, enquanto certos constituintes citoplasmáticos,

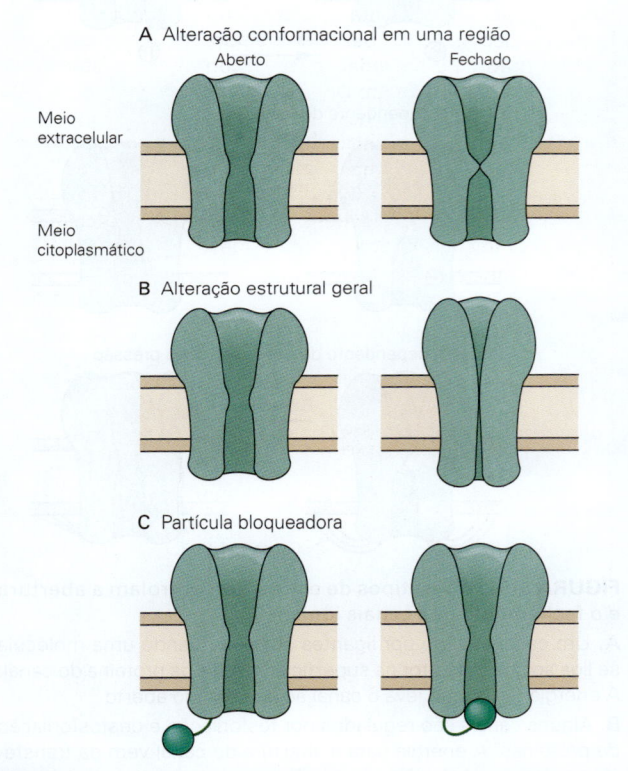

FIGURA 8-4 Três modelos físicos para abertura e fechamento dos canais iônicos.
A. Uma mudança conformacional localizada ocorre em uma região do canal.
B. Uma mudança estrutural generalizada ocorre ao longo do comprimento do canal.
C. Uma partícula bloqueadora oscila para dentro e para fora da entrada do canal.

como Ca^{2+}, nucleotídeos cíclicos e proteínas ligadas a GTP, ligam-se em sítios intracelulares, assim como certos componentes lipídicos móveis da membrana regulados dinamicamente (Capítulo 14). Outros ligantes ativam cascatas de sinalização de segundos mensageiros intracelulares que podem modificar a abertura e o fechamento de canais por

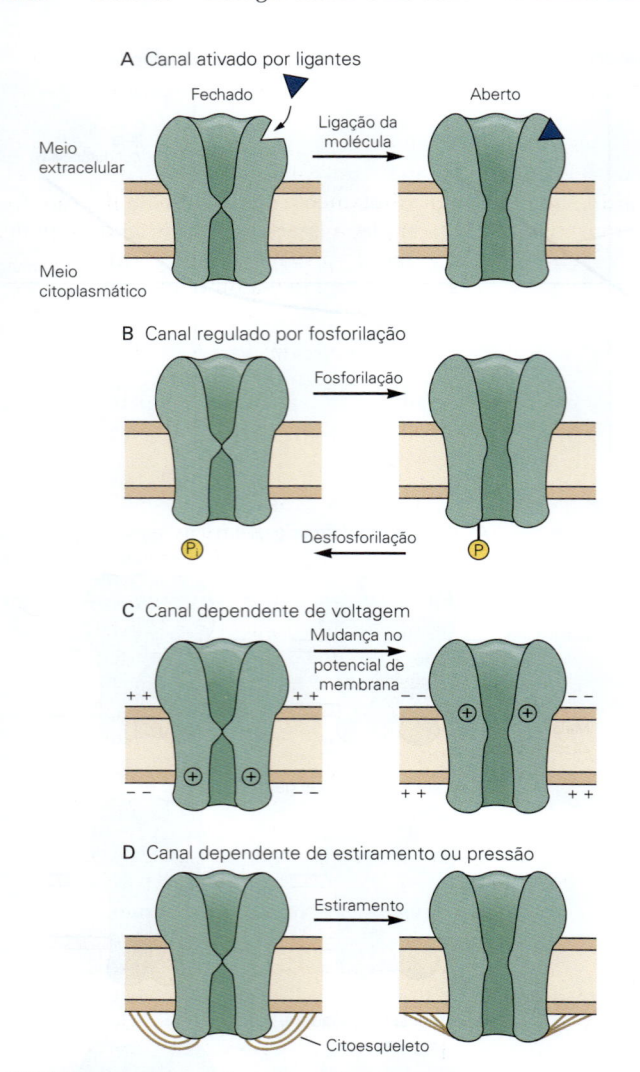

FIGURA 8-5 Vários tipos de estímulos controlam a abertura e o fechamento dos canais iônicos.

A. Um canal ativado por ligantes abre-se quando uma molécula se liga ao sítio receptor na superfície externa da proteína do canal. A energia da ligação leva o canal ao seu estado aberto.

B. Alguns canais são regulados por fosforilação e desfosforilação de proteínas. A energia para a abertura do canal vem da transferência do fosfato de alta energia, P_i.

C. Canais dependentes de voltagem abrem e fecham com as mudanças na diferença de potencial elétrico através da membrana. A alteração no potencial de membrana causa uma mudança conformacional local, agindo sobre uma região do canal que tem uma carga líquida resultante.

D. Alguns canais abrem e fecham em resposta ao estiramento ou pressão na membrana. A energia para a passagem pode vir de forças mecânicas que são passadas para o canal diretamente por distorção da bicamada lipídica da membrana ou por filamentos de proteínas ligados ao citoesqueleto ou tecidos circundantes.

temperatura; mudanças na temperatura alteram a voltagem na qual eles abrem ou fecham para potenciais de membrana mais ou menos elevados, dando origem aos canais sensíveis ao calor ou ao frio. Finalmente, alguns canais são regulados por força mecânica (**Figura 5-6**).

As rápidas transições dos canais entre os diferentes estados necessárias para a sinalização momento a momento também podem ser influenciadas por mudanças de curto prazo no estado metabólico das células. Por exemplo, a mudança dos canais de K^+ entre os estados aberto e fechado é sensível aos níveis intracelulares de ATP. Alguns canais proteicos contêm uma subunidade com um domínio integral catalítico de oxidorredutase, que parece alterar as transições dos canais nos seus diferentes estados em resposta ao estado redox da célula.

Esses reguladores controlam a entrada do canal em um dos três estados funcionais: fechado e passível de ativação (repouso); aberto (ativo); ou fechado e inativado (*não passível de ativação*, ou *refratário*). Uma mudança no estado funcional de um canal requer energia. Em canais dependentes de voltagem, a energia é fornecida pelo movimento da região carregada da proteína do canal através do campo elétrico da membrana. Essa região, o *sensor de voltagem*, apresenta uma carga elétrica resultante (*gating charge*) ou carga de portão, devido à presença de aminoácidos básicos (positivamente carregados) ou ácidos (negativamente carregados). O movimento do sensor de voltagem carregado através do campo elétrico em resposta a uma variação no potencial de membrana confere uma mudança na energia livre para o canal, que altera o equilíbrio entre seus estados fechado e aberto. Para a maioria dos canais dependentes de voltagem, a abertura do canal é favorecida quando o lado interno da membrana fica mais positivo (despolarização).

Em canais ativados por ligantes, a transição entre os diferentes estados, aberto e fechado, é mediada pela mudança na energia química livre que resulta quando o transmissor se liga ao sítio receptor na proteína do canal. Finalmente, os canais mecanossensíveis são abertos pela força transmitida pela distorção da bicamada lipídica circundante ou por proteínas do citoesqueleto.

O estímulo que ativa o canal também controla as taxas de transição entre os diferentes estados, aberto e fechado. Para os canais dependentes de voltagem, as taxas são fortemente dependentes do potencial de membrana. Embora a escala de tempo possa variar de vários microssegundos a um minuto, a transição tende a ocorrer em poucos milissegundos, em média. Então, quando um canal se abre, ele permanece aberto por poucos milissegundos e, depois de fechado, permanece fechado por poucos milissegundos antes de reabrir. Uma vez que a transição entre os estados aberto e fechado começa, ela prossegue de forma virtualmente instantânea (em menos de 10 μs, o limite atual das medidas experimentais), dando origem a mudanças abruptas do tipo "tudo ou nada", na corrente através do canal. (**Figura 8-2** no **Quadro 8-1**).

Canais ativados por ligantes e canais dependentes de voltagem entram em estado refratário por diferentes processos. Os canais ativados por ligantes podem entrar no estado refratário quando sua exposição ao agonista for prolongada,

ligações covalentes por meio da fosforilação de proteínas (**Figura 8-5B**). Muitos canais iônicos são regulados por mudanças no potencial de membrana (**Figura 8-5C**). Alguns canais dependentes de voltagem agem como sensores de um processo chamado dessensibilização – uma propriedade intrínseca da interação entre o ligante e o canal.

Muitos (mas não todos os) canais dependentes de voltagem entram em um estado refratário depois de abertos, um processo chamado de *inativação*. No estado inativado, o canal está fechado e não pode mais ser aberto por voltagens positivas. Em vez disso, o potencial de membrana deve retornar ao nível negativo do potencial de repouso antes que o canal possa se recuperar da inativação, para que então possa novamente se abrir em resposta à despolarização. Acredita-se que a inativação dos canais de Na^+ e K^+ dependentes de voltagem resulte de uma alteração conformacional, controlada por uma subunidade ou região do canal que é separada da porção que controla a ativação. Em contrapartida, a inativação de certos canais de Ca^{2+} dependentes de voltagem parece necessitar do influxo de Ca^{2+}. Um aumento na concentração de Ca^{2+} no citoplasma inativa o canal de Ca^{2+} devido à ligação do Ca^{2+} à molécula reguladora calmodulina, que está permanentemente associada à proteína do canal de Ca^{2+} (**Figura 8-6**).

Alguns canais iônicos mecanossensíveis que mediam a sensação de tato são inativados em resposta a um estímulo prolongado ou a uma série de estímulos breves. Embora o mecanismo molecular dessa inativação não seja conhecido, acredita-se que seja uma propriedade intrínseca do canal.

Fatores exógenos, como drogas e toxinas, também podem afetar os sítios de controle da transição de um canal iônico entre os diferentes estados, aberto e fechado. Muitos desses agentes tendem a inibir a abertura do canal, mas alguns poucos facilitam sua abertura. *Antagonistas competitivos* interferem no processo de abertura e fechamento normal, ligando-se ao mesmo local em que o agonista endógeno normalmente se liga. A ligação do antagonista, que não abre o canal, bloqueia o acesso do agonista ao sítio de ligação, impedindo assim a abertura do canal. A ligação do antagonista pode ser fraca e reversível, como no bloqueio do canal nicotínico de ACh no músculo esquelético pelo alcaloide vegetal curare, um veneno de flecha sul-americano (Capítulos 11 e 12), ou pode ser forte e praticamente irreversível, como no bloqueio do mesmo canal pela α-bungarotoxina, um veneno de serpente.

Algumas substâncias exógenas modulam o processo de abertura e fechamento do canal de maneira não competitiva, sem interagir diretamente com o sítio de ligação do transmissor. Por exemplo, a ligação do fármaco diazepam (Valium) a um sítio regulatório nos canais permeáveis ao Cl^- que são ativados pelo ácido γ-aminobutírico (GABA), um neurotransmissor inibitório, aumenta a frequência com que os canais se abrem em resposta à ligação do GABA (**Figura 8-7B**). Esse tipo de efeito indireto e alostérico modulador também ocorre em alguns canais dependentes de voltagem e mecanossensíveis.

A estrutura dos canais iônicos é deduzida por estudos biofísicos, bioquímicos e de biologia molecular

Como são os canais iônicos? Como a proteína do canal atravessa a membrana? O que acontece com a estrutura do canal quando ele abre e fecha? Em que local do canal as drogas e os transmissores se ligam?

Estudos biofísicos, bioquímicos e de biologia molecular têm fornecido informações básicas sobre estrutura e função dos canais. Estudos mais recentes usando cristalografia de raios X e criomicroscopia eletrônica forneceram informações sobre a estrutura a nível atômico de um número crescente de canais. Todos os canais iônicos são grandes proteínas integrais de membrana, com um domínio transmembrana que atravessa toda a extensão da membrana, o qual contém um poro central aquoso. A proteína do canal possui com frequência grupos de carboidratos na superfície externa. A região que forma o poro, em muitos canais, é constituída por duas ou mais subunidades idênticas ou diferentes entre si. Além disso, alguns canais têm subunidades auxiliares que podem ter uma variedade de efeitos, incluindo facilitar a expressão do canal na superfície da

FIGURA 8-6 Canais dependentes de voltagem são inativados por dois mecanismos.

A. Muitos canais dependentes de voltagem entram em um estado refratário (inativado) após uma breve abertura causada pela despolarização da membrana. Depois do estado refratário, eles retornam ao estado de repouso somente após o potencial de membrana ter voltado aos valores do repouso.

B. Alguns canais de Ca^{2+} dependentes de voltagem se inativam quando os níveis de Ca^{2+} intracelular aumentam após a abertura do canal. O Ca^{2+} intracelular se liga à calmodulina (**CaM**), uma proteína regulatória específica associada ao canal.

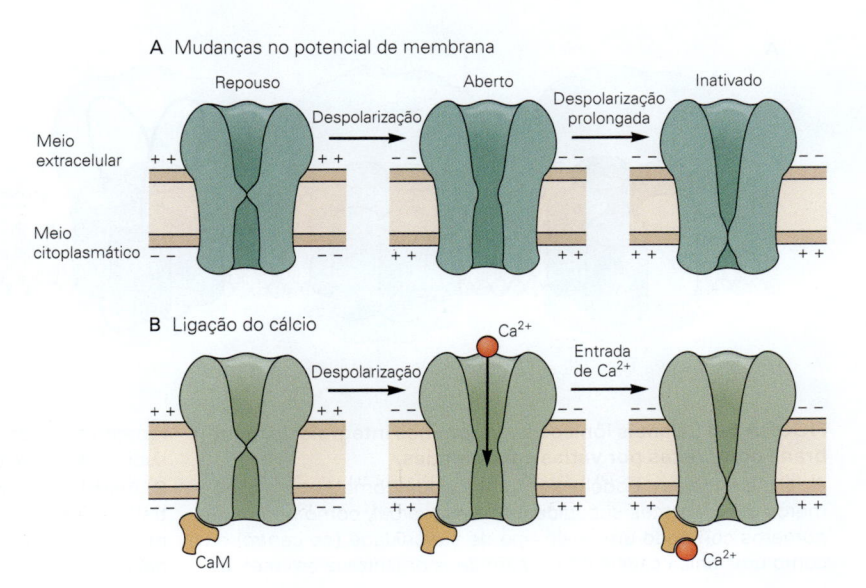

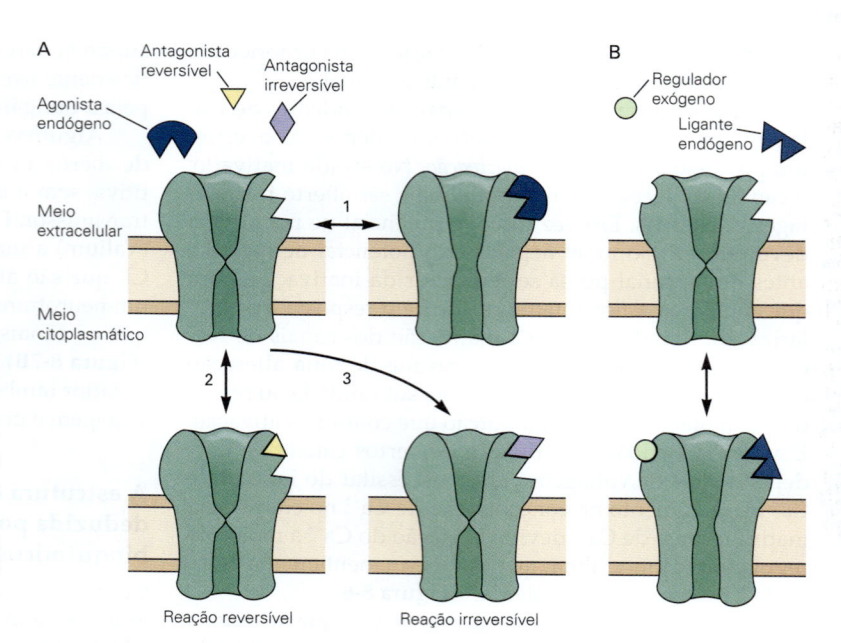

FIGURA 8-7 Ligantes exógenos, como drogas, podem conduzir um canal iônico ao estado aberto ou fechado.
A. Em canais que normalmente se abrem pela ligação de um agente endógeno (1), uma droga ou toxina pode bloquear a ligação do agonista de forma reversível (2) ou irreversível (3).
B. Alguns agentes exógenos podem levar um canal ao estado aberto ao ligarem-se a um sítio regulador diferente do sítio de ligação que normalmente abre o canal.

célula, direcionar o canal para sua localização apropriada na superfície da célula e modificar as propriedades de abertura e fechamento do canal. Essas subunidades podem estar ligadas à extremidade citoplasmática ou embutidas na membrana (**Figura 8-8**).

Os genes das principais classes de canais iônicos já foram clonados e sequenciados. A sequência de aminoácidos de um canal, deduzida a partir de sua sequência de DNA, pode ser utilizada para criar um modelo estrutural da proteína do canal. Regiões de estrutura secundária – o arranjo de resíduos de aminoácidos em α-hélice e folhas β –, bem como regiões que provavelmente correspondem aos domínios do canal que atravessam a membrana, são deduzidas a partir da estrutura de proteínas relacionadas que foram determinadas experimentalmente, por meio de análise eletrônica e de difração de raios X. Esse tipo de análise identificou, por exemplo, a presença de quatro regiões hidrofóbicas, cada uma com uma sequência de aproximadamente 20 aminoácidos em uma subunidade do receptor nicotínico de ACh. Cada uma dessas regiões parece formar uma α-hélice que atravessa a membrana (**Figura 8-9**).

A comparação das sequências de aminoácidos do mesmo tipo de canal de diferentes espécies fornece informações adicionais sobre a estrutura e a função do canal. Regiões que mostram um alto grau de similaridade de sequência (isto é, que foram altamente conservadas ao longo da evolução) provavelmente são importantes na determinação da estrutura e da função do canal. Da mesma forma, regiões conservadas em canais diferentes, porém relacionados, provavelmente apresentem a mesma função biofísica.

As consequências funcionais de alterações na sequência primária de aminoácidos em um canal podem ser estudadas

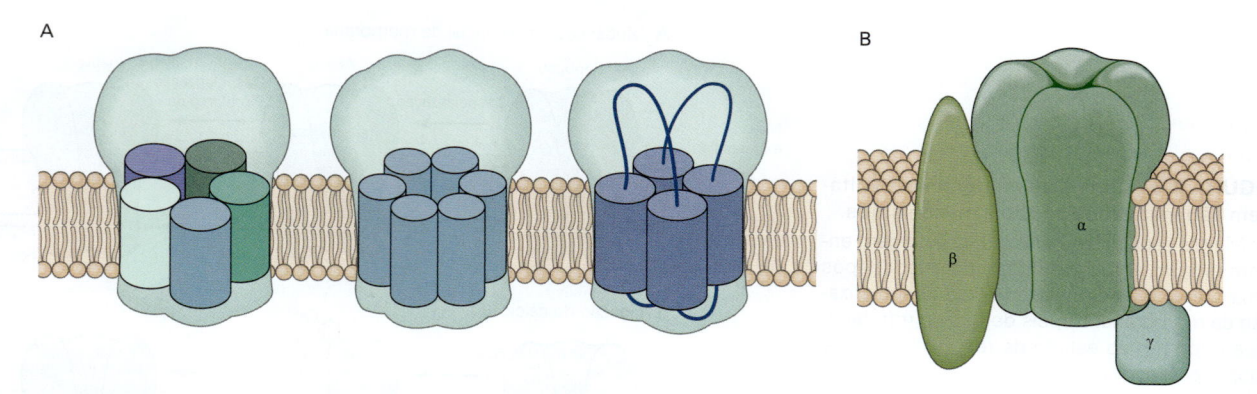

FIGURA 8-8 Canais iônicos são proteínas integrais da membrana compostas por várias subunidades.
A. Canais iônicos podem ser construídos como hetero-oligômeros de diferentes subunidades (à *esquerda*), como homo-oligômeros contendo um único tipo de subunidade (*no centro*) ou como uma única cadeia de polipeptídeos organizada em motivos repetitivos, onde cada motivo funciona como o equivalente a uma subunidade (à *direita*).
B. Além de uma ou mais subunidades α que formam o poro central, alguns canais possuem subunidades auxiliares (β ou γ) que modulam a abertura e o fechamento do poro, a expressão do canal e sua localização na membrana.

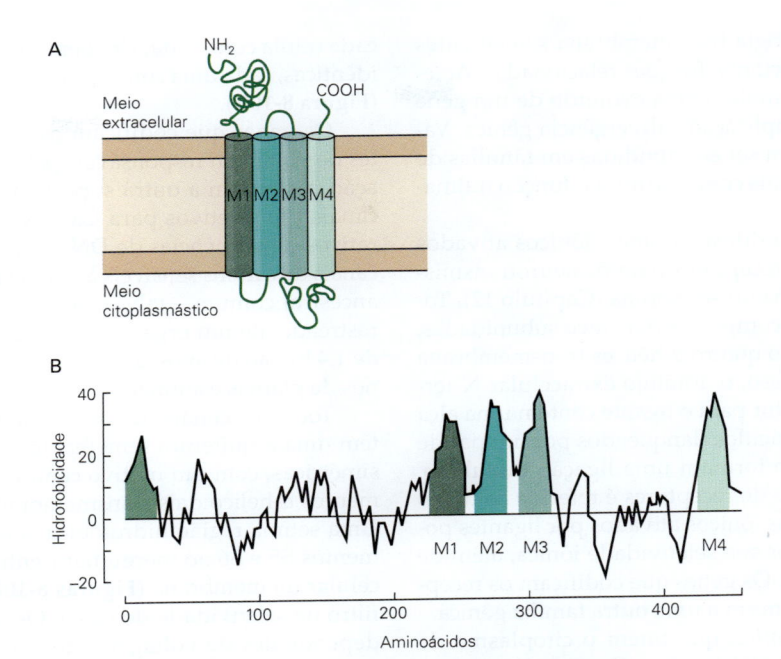

FIGURA 8-9 Estrutura secundária de proteína transmembrana.
A. Estrutura secundária proposta para a subunidade do receptor nicotínico de acetilcolina (ACh) presente no músculo esquelético. Cada cilindro (**M1-M4**) representa uma possível α-hélice transmembrana composta por aproximadamente 20 resíduos de aminoácidos hidrofóbicos. Os segmentos de membrana são conectados pelos segmentos citoplasmático e extracelular (alças), constituídos por resíduos hidrofílicos. O grupo aminoterminal (**NH₂**) e o grupo carboxiterminal (**COOH**) da proteína ficam no meio extracelular da membrana.
B. As regiões transmembrana de uma proteína de canal podem ser identificadas pelo gráfico de hidrofobicidade. A sequência de aminoácidos da subunidade α do receptor nicotínico de ACh foi inferida pela sequência de nucleotídeos do gene clonado dessa subunidade do receptor. O gráfico representa a média de hidrofobicidade da sequência total de aminoácidos da subunidade. Cada ponto no gráfico representa a média do índice hidrofóbico de uma sequência de 19 aminoácidos e corresponde ao ponto mediano da sequência. Quatro regiões hidrofóbicas (M1-M4) correspondem aos segmentos transmembrana. A região hidrofóbica no lado esquerdo do gráfico é a sequência sinalizadora, que posiciona a porção hidrofílica aminoterminal da proteína na superfície extracelular da célula durante a síntese proteica. A sequência sinalizadora é clivada da proteína madura. (Reproduzida, com autorização, de Rotenberg et al., 1987.)

por várias técnicas. Uma abordagem particularmente versátil é a utilização de engenharia genética para construir canais com partes que são derivadas de genes de diferentes espécies – chamados *canais quiméricos*. Essa técnica se aproveita do fato de que o mesmo tipo de canal pode ter algumas propriedades distintas em diferentes espécies. Por exemplo, o receptor nicotínico de ACh em bovinos tem uma condutância ligeiramente maior do que o mesmo canal no peixe elétrico. Comparando-se as propriedades de um canal quimérico com as dos dois canais originais, as funções das regiões específicas do canal podem ser avaliadas. Essa técnica tem sido utilizada para identificar o segmento transmembrana que forma o revestimento do poro do receptor de ACh (ver Capítulo 12).

As funções de diferentes resíduos ou segmentos de cadeias de resíduos de aminoácidos podem ser testadas utilizando-se a *mutagênese sítio-dirigida*, um tipo de engenharia genética em que resíduos de aminoácidos específicos são substituídos ou excluídos. Por fim, podem-se explorar as mutações que ocorrem naturalmente nos genes dos canais. Várias mutações herdadas ou adquiridas espontaneamente em genes que codificam os canais iônicos no nervo ou no músculo produzem alterações nas funções do canal que podem estar relacionadas a certas doenças neurológicas. Muitas dessas mutações são causadas por alterações localizadas em um único resíduo de aminoácido na proteína do canal, demonstrando a importância dessa região para a função do canal. As detalhadas alterações funcionais em tais canais podem então ser examinadas em um sistema de expressão artificial.

Canais iônicos podem ser agrupados em famílias gênicas

A grande diversidade dos canais iônicos em um organismo multicelular é ilustrada pelo genoma humano. Nosso genoma contém nove genes que codificam variantes dos canais de Na^+ dependentes de voltagem, 10 genes para diferentes canais de Ca^{2+}, mais de 80 genes para os canais de K^+, 70 genes para canais ativados por ligantes, e mais de uma dúzia de genes para canais de Cl^-. Felizmente, as relações evolutivas (filogenéticas) entre os genes que codificam os canais iônicos fornecem uma estrutura relativamente simples, que os categoriza.

A maioria dos canais iônicos já descritos em células nervosas e musculares é classificada em poucas superfamílias gênicas. Membros de cada superfamília têm sequências de aminoácidos e topologia transmembrana semelhantes e, o que é bastante importante, funções relacionadas. Acredita-se que cada superfamília tenha evoluído de um gene ancestral comum por duplicação e divergência gênica. Várias superfamílias podem ser subdivididas em famílias de genes que codificam canais com estrutura e função intimamente relacionadas.

Uma superfamília codifica os canais iônicos ativados por ligantes que são os receptores para os neurotransmissores ACh, GABA, glicina ou serotonina (Capítulo 12). Todos esses receptores são compostos por cinco subunidades, cada uma delas contendo quatro α-hélices transmembrana (**Figura 8-10A**). Além disso, o domínio extracelular N-terminal que forma o receptor para o ligante contém uma alça conservada de 13 aminoácidos flanqueados por um par de resíduos de cisteína que formam uma ligação dissulfeto. Assim, essa superfamília de receptores é referida como *receptores alça-cys*. Os canais iônicos ativados por ligantes podem ser classificados por sua seletividade iônica, além de seletividade ao agonista. Os genes que codificam os receptores de glutamato pertencem a uma outra família gênica.

As junções comunicantes, que unem o citoplasma de duas células nas sinapses elétricas (ver Capítulo 11), são codificadas por outra superfamília gênica. Um canal tipo junção comunicante é composto por dois hemicanais, um de cada célula conectada. Um hemicanal tem seis subunidades idênticas, cada uma com quatro segmentos transmembrana (**Figura 8-10B**).

Os genes que codificam os canais iônicos dependentes de voltagem responsáveis pela geração do potencial de ação pertencem a outra superfamília (Capítulo 10). Esses canais são seletivos para Ca^{2+}, Na^+ ou K^+. Dados comparativos de sequências de DNA sugerem que a maioria dos canais de cátions sensíveis à voltagem derivam de um canal ancestral comum – talvez um canal de K^+ – que pode ser rastreado até um organismo unicelular que viveu há mais de 1,4 bilhão de anos, antes da separação evolutiva dos reinos de plantas e animais.

Todos os canais de cátions dependentes de voltagem têm uma arquitetura semelhante com quatro subunidades simétricas, com um motivo central composto por seis segmentos α-helicoidais transmembrana denominados S1-S6. Uma sétima região hidrofóbica, a *região P*, conecta os segmentos S5 e S6 ao mergulhar dentro e fora no lado extracelular da membrana (**Figuras 8-10C** e **8-11A**); ela forma o filtro de seletividade do canal. Os canais de Na^+ e de Ca^{2+} dependentes de voltagem são compostos por uma grande subunidade que contém quatro repetições desse motivo básico (**Figura 8-10C**). Os canais de K^+ dependentes de voltagem são tetrâmeros, com cada subunidade separada

FIGURA 8-10 Três superfamílias de canais iônicos.

A. Membros de uma grande família de canais ativados por ligantes, como o receptor de acetilcolina, são compostos por cinco subunidades idênticas ou intimamente relacionadas, cada uma contendo quatro α-hélices transmembrana (M1-M4). Cada cilindro na figura representa uma única α-hélice transmembrana.

B. Os canais das junções comunicantes são formados por um par de hemicanais, um em cada membrana das células pré e pós-sinápticas, que se juntam no espaço entre as duas células. Cada hemicanal é formado por seis subunidades idênticas, cada uma contendo quatro α-hélices transmembrana. As junções comunicantes servem como condutos entre o citoplasma das células pré e pós-sinápticas nas sinapses elétricas (Capítulo 11).

C. O canal de Na^+ dependente de voltagem é formado por uma única cadeia polipeptídica que contém quatro domínios homólogos (motivos I-IV), cada um com seis α-hélices transmembrana (**S1-S6**). Os segmentos S5 e S6 são conectados por uma cadeia prolongada de aminoácidos, a região **P**, que forma uma alça que entra e sai na superfície externa da membrana para formar o filtro de seletividade do poro. Os canais de Ca^{2+} dependentes de voltagem compartilham o mesmo padrão estrutural geral, embora as sequências de aminoácidos sejam diferentes.

A Canais iônicos ativados por ligantes (receptor de ACh)

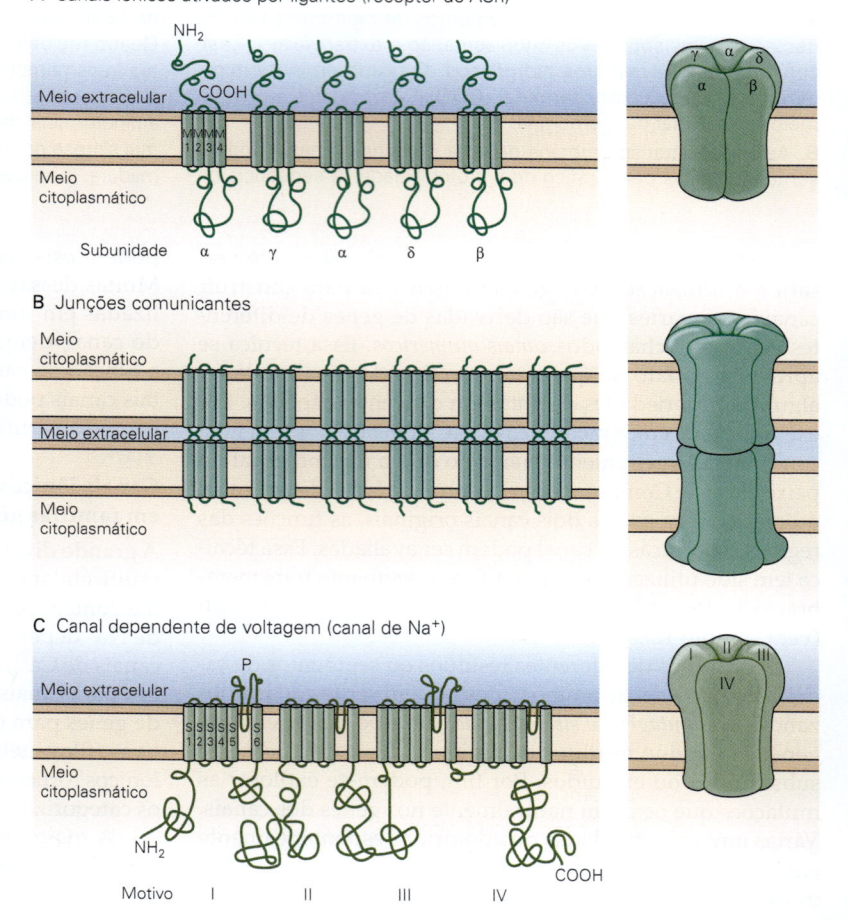

B Junções comunicantes

C Canal dependente de voltagem (canal de Na^+)

contendo uma cópia do motivo básico (**Figura 8-11A**). Cada subunidade contribui com uma região P para o poro do canal totalmente formado. Essa configuração estrutural também é compartilhada por outras famílias mais distantes de canais, que serão descritas posteriormente e no Capítulo 10.

Parece que o segmento S4 tem um papel particularmente importante na abertura e no fechamento dependentes de voltagem. Esse segmento contém um padrão incomum de aminoácidos, no qual cada terceira posição contém um resíduo de arginina ou lisina carregado positivamente. A proposta original é que esta região seria o sensor de voltagem, já que, de acordo com princípios biofísicos fundamentais, a dependência de voltagem deve envolver o movimento de cargas de portão no campo elétrico da membrana no local intramembrana de abertura e fechamento do canal. Evidências adicionais implicando o segmento S4 como o sensor de voltagem vêm da descoberta de que esse padrão de cargas positivas é altamente conservado em todos os canais seletivos a cátions dependentes de voltagem, mas está ausente em canais que não são dependentes de voltagem. Suporte adicional vem de experimentos que usam mutagênese sítio-dirigida, mostrando que a neutralização dessas cargas positivas em S4 diminui a sensibilidade à voltagem de ativação do canal.

A principal família de genes que codifica os canais de K^+ dependentes de voltagem está relacionada a três famílias adicionais de canais de K^+, cada uma com propriedade e estrutura distintas. Uma família inclui genes que codificam três tipos de canais ativados por Na^+ ou Ca^{2+} intracelular ou por Ca^{2+} intracelular mais despolarização. Uma segunda família consiste nos genes que codificam canais K^+ retificadores de influxo de corrente. Por estarem abertos no potencial de repouso e rapidamente ocluídos por cátions citosólicos durante a despolarização, eles conduzem íons mais facilmente em direção ao citoplasma do que para o meio externo. Cada subunidade do canal tem somente dois segmentos transmembrana conectados por uma região P formadora do poro. Uma terceira família de genes codifica canais K2P compostos de subunidades com dois segmentos formadores de poros repetidos (**Figura 8-11**). Vários membros são regulados pela temperatura, força mecânica e ligantes intracelulares. Esses canais também podem contribuir para a permeabilidade a K^+ no potencial de repouso da membrana.

O sequenciamento dos genomas de uma variedade de espécies, de bactérias a humanos, levou à identificação de famílias de genes de canais iônicos adicionais. Estes incluem canais com regiões P relacionadas, mas que têm pouca relação com a família de canais dependentes de voltagem. Um exemplo é o canal receptor excitatório pós-sináptico ativado por glutamato, no qual a região P é invertida, entrando e saindo da superfície interna da membrana (**Figura 8-11D**).

Finalmente, a família de receptor de potencial transitório (TRP, de *transient receptor potential*) de canais não seletivos de cátions (nomeados pelas pesquisas com cepa mutante de *Drosophila*, na qual a luz evoca um breve potencial pelos fotorreceptores) compreende um grupo muito grande e diverso de tetraméricos que contém regiões P. Como os canais K^+ dependentes de voltagem, os canais TRP também contêm seis segmentos transmembrana, mas, na maioria

FIGURA 8-11 Quatro famílias relacionadas de canais iônicos com regiões P.
A. Canais de K^+ dependentes de voltagem são compostos por quatro subunidades, cada uma das quais corresponde a um domínio repetido de canais de Na^+ ou de Ca^{2+} dependentes de voltagem, com seis segmentos transmembrana e uma região P formadora de poros (ver Figura 8-10C).
B. Canais de K^+ retificadores de influxo de corrente são compostos por quatro subunidades, cada uma com somente dois segmentos transmembrana conectados pela alça da região P.
C. Os canais de K^+ K2P são compostos de subunidades que contêm duas repetições semelhantes à subunidade do canal K^+ retificador de influxo de corrente, com cada repetição contendo uma região P. Duas dessas subunidades se combinam para formar um canal com quatro regiões P.
D. Os receptores de glutamato constituem uma família distinta de canais tetraméricos com regiões P. Seus poros são permeáveis a cátions de forma não seletiva. Nesses receptores, a porção aminoterminal é extracelular e a região P fica no lado citoplasmático da membrana onde entra e sai. O receptor de glutamato bacteriano GluR0 permeável a K^+ tem quatro subunidades, que contêm dois segmentos transmembrana (*à esquerda*); e em organismos superiores, as subunidades contêm três segmentos transmembrana (*à direita*).

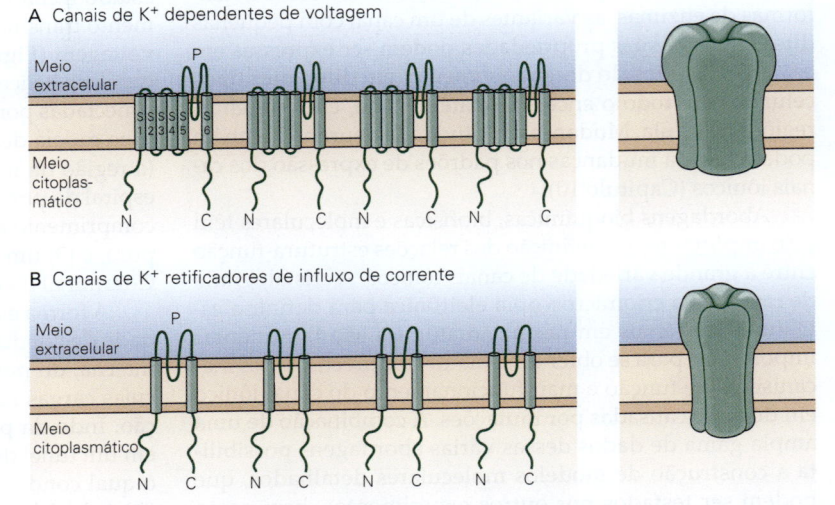

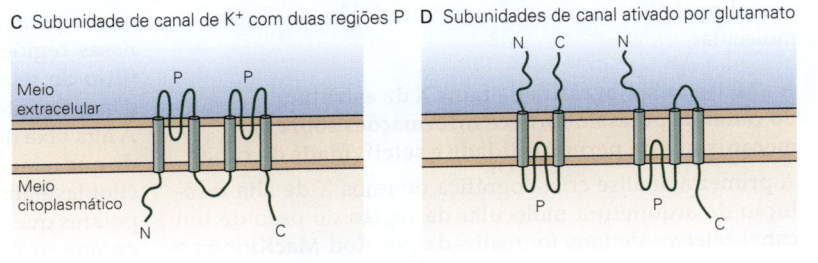

dos casos, são controlados por ligantes intracelulares ou intramembrana. Canais TRP são importantes para o metabolismo do Ca^{2+} em todas as células, para a sinalização visual em insetos, e para a sensação de dor, calor e frio no sistema nervoso de animais superiores (Capítulo 18). Os canais TRP têm sido implicados na osmorecepção e em certas sensações gustativas em mamíferos.

Várias outras famílias de canais foram identificadas, estruturalmente não relacionadas àquelas consideradas anteriormente. Esta s incluem canais de Cl^- CLC que ajudam a definir o potencial de repouso das células musculares esqueléticas e de certos neurônios, canais Piezo que são permeáveis a cátions não específicos que são ativados por estímulos mecânicos (Capítulo 18), canais de Na^+ que são ativados por íons H^+ liberados durante a inflamação e canais catiônicos ativados por ligantes que são ativados por ATP, que funciona como um neurotransmissor em certas sinapses excitatórias. Com a realização completa do projeto do genoma humano, é provável que quase todas as principais classes de genes de canais iônicos tenham sido identificadas.

A diversidade dos canais iônicos é ainda maior do que o grande número de genes que codificam esses canais. Como a maioria dos canais em uma subfamília é composta por múltiplas subunidades, cada tipo pode ser codificado por uma família de genes intimamente relacionados, as permutações combinatórias dessas subunidades podem gerar um conjunto diversificado de canais heteromultiméricos com diferentes propriedades funcionais. Diversidade adicional pode ser produzida por modificações pós-transcricionais e pós-traducionais. Essas variações sutis na estrutura e na função supostamente permitem que os canais possam realizar funções altamente específicas. Como as isoformas de enzimas, as variantes de um canal com pequenas diferenças em suas propriedades podem ser expressas em estágios distintos do desenvolvimento, em diferentes tipos celulares em todo o encéfalo e, até mesmo, em diferentes regiões da célula. Mudanças na atividade neuronal também podem levar a mudanças nos padrões de expressão dos canais iônicos (Capítulo 10).

Abordagens bioquímicas, biofísicas e moleculares têm sido importantes na definição das relações estrutura-função entre a grande variedade de canais iônicos. A cristalografia de raios X e a criomicroscopia eletrônica para definir a estrutura dos canais em resolução atômica são ferramentas importantes para se obter uma maior compreensão dos mecanismos de função e mau funcionamento do canal iônico em doenças causadas por mutações. A combinação de uma ampla gama de dados dessas várias abordagens possibilita a construção de modelos moleculares detalhados, que podem ser testados por outros experimentos, bem como por abordagens teóricas, como simulação de dinâmica molecular.

A análise cristalográfica de raios X da estrutura do canal de potássio fornece informações sobre os mecanismos de permeabilidade e seletividade do canal

A primeira análise cristalográfica de raios X de alta resolução da arquitetura molecular da região do poro de um canal seletivo de íons foi realizada por Rod MacKinnon e seus colegas. Para superar as dificuldades inerentes à obtenção de cristais de grandes proteínas integrais de membrana, eles inicialmente se concentraram em um canal K^+ não dependente de voltagem, denominado KcsA, de uma bactéria. Es se canal é vantajoso para cristalografia, pois pode ser expresso em altos níveis por purificação, é relativamente pequeno e tem uma topologia transmembrana simples, semelhante à do canal de K^+ retificador de influxo de corrente em organismos superiores, incluindo mamíferos (**Figura 8-11B**).

A estrutura cristalina da proteína KcsA fornece importantes informações importantes sobre o mecanismo pelo qual o canal facilita o movimento dos íons K^+ através da bicamada lipídica hidrofóbica. O canal é formado por quatro subunidades idênticas simetricamente dispostas ao redor do poro central (**Figura 8-12A**). Cada subunidade tem duas α-hélices que atravessam a membrana, uma hélice interna e uma externa. Elas são conectadas pela alça P, que forma o filtro de seletividade do canal. A sequência de aminoácidos dessas subunidades é homóloga à região S5-P-S6 dos canais de K^+ dependentes de voltagem, de vertebrados. As duas α-hélices de cada subunidade se inclinam para longe do eixo central do poro, de modo que a estrutura se assemelha a uma tenda invertida (**Figura 8-12B,C**).

As quatro α-hélices internas de cada uma das subunidades revestem o meio citoplasmático do poro. Na porção intracelular do canal, essas quatro hélices se cruzam, formando uma abertura bem estreita – como o "buraco de fumaça" na parte superior de uma tenda. Como esse buraco é muito pequeno para permitir a passagem de íons K^+, presume-se que a estrutura cristalina represente o canal no estado fechado. As hélices internas são homólogas ao segmento transmembrana S6 dos canais de K^+ dependentes de voltagem (**Figura 8-11A**). Na extremidade extracelular do canal, as hélices transmembrana em cada subunidade estão conectadas por uma região composta por três elementos: (1) uma cadeia de aminoácidos que rodeia a abertura do canal (a região da torre), (2) uma α-hélice encurtada (a hélice ou espiral do poro), com aproximadamente 10 aminoácidos em comprimento e que se projeta em direção ao eixo central do poro, e (3) um segmento de 5 aminoácidos perto da porção C-terminal da região P que forma o filtro de seletividade.

A forma e a estrutura do poro determinam sua propriedade de condutância iônica. Ambas as aberturas, externa e interna, do poro estão revestidas com aminoácidos ácidos cujas cargas negativas ajudam a atrair os cátions da solução. Indo da parte interna para a externa, o poro consiste em um túnel de largura média e com 18 Å de comprimento, o qual conduz a uma câmara interna esférica mais ampla (10 Å de diâmetro). Essa câmara é revestida predominantemente pelas cadeias laterais de aminoácidos hidrofóbicos. Essas regiões relativamente largas são seguidas por um filtro de seletividade muito estreito, com apenas 12 Å de comprimento, que limita a taxa de passagem dos íons K^+. A alta taxa de passagem dos íons K^+ é assegurada pelo fato de que o interior de 28 Å do poro, desde a entrada no meio citoplasmático até o filtro de seletividade, carece de grupos polares que poderiam retardar a passagem de íons pela ligação e desligamento dos íons (**Figura 8-12C,D**).

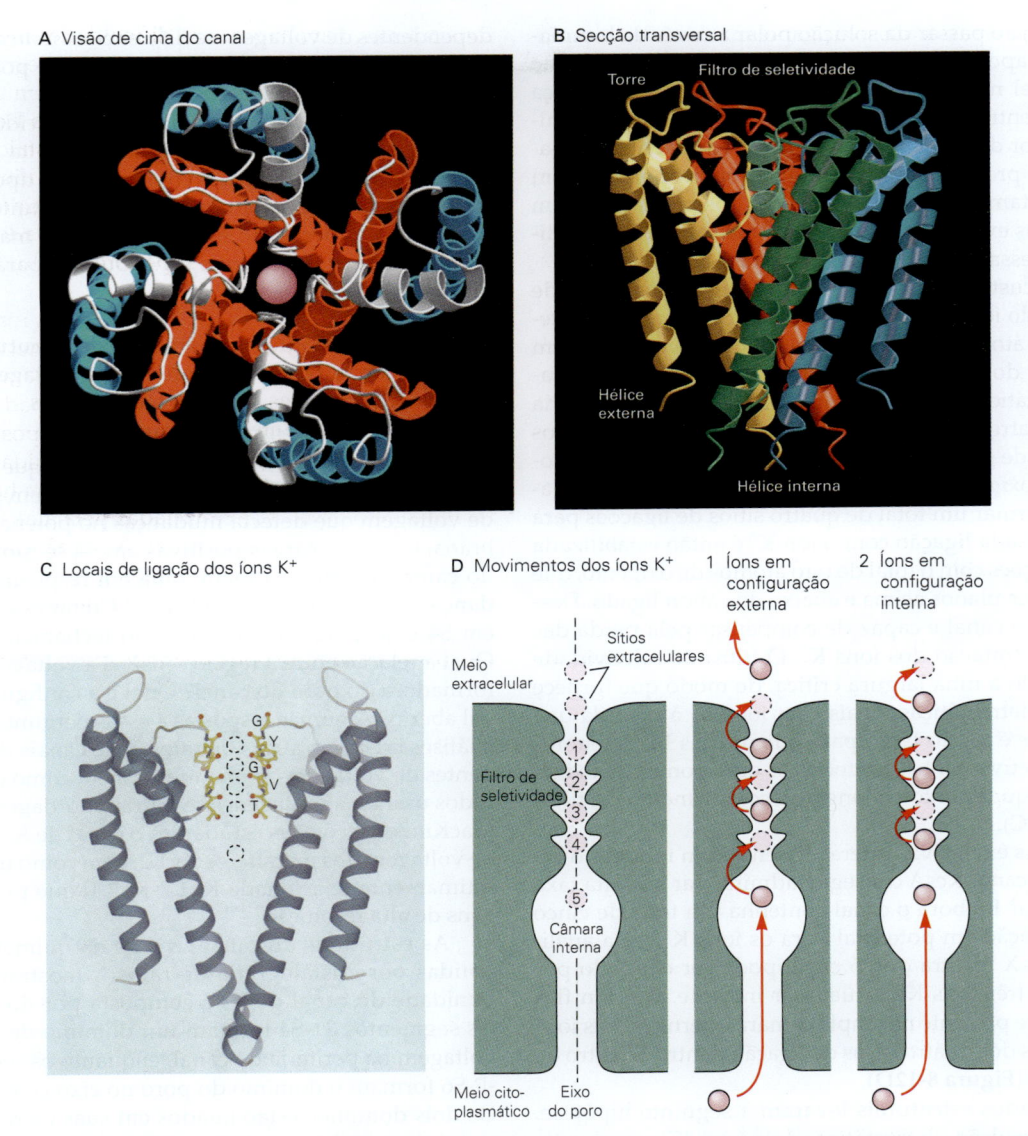

FIGURA 8-12 Estrutura cristalina por raios X do canal de potássio bacteriano. (Reproduzida, com autorização, de Doyle et al. 1998. Copyright © 1998 AAAS.)

A. Visão de cima do poro do canal observada desde o lado externo da célula. Cada uma das quatro subunidades do canal de K⁺ KcsA possui duas hélices transmembrana, uma hélice externa (**azul**) e uma hélice interna (**vermelho**). A região P (**branco**) fica perto da superfície extracelular do poro do canal e consiste em uma α-hélice curta (hélice do poro) e uma alça que forma o filtro de seletividade do canal. No centro do poro há um íon K⁺ (**cor-de-rosa**).

B. Visão lateral do canal numa secção transversal no plano da membrana. As quatro subunidades são vistas em cores diferentes.

C. Outra visão na mesma orientação de B mostra somente duas das quatro subunidades. O canal contém cinco sítios de ligação para o K⁺ (**tracejado**). Quatro dos sítios ficam no filtro de seletividade (**amarelo**) e o quinto sítio fica numa câmara interior perto do centro do canal. Os quatro locais de ligação do K⁺ do filtro de seletividade são formados por sucessivos anéis de átomos de oxigênio (**vermelho**) de cinco resíduos de aminoácidos por subunidade. Quatro dos anéis são formados por átomos de oxigênio carbonílico da cadeia principal de quatro resíduos consecutivos de aminoácidos – glicina (**G**), tirosina (**Y**), glicina (**G**) e valina (**V**). Um quinto anel de oxigênio próximo à extremidade interna do filtro de seletividade é formado por oxigênio do grupo hidroxila da cadeia lateral de treonina (**T**). Cada anel contém quatro átomos de oxigênio, um de cada subunidade. Somente os átomos de oxigênio de duas das quatro subunidades são mostrados nesta figura. (Reproduzida, com autorização, de Morais-Cabral et al. 2001. Copyright © 2001 Springer Nature.)

D. Uma visão dos íons K⁺ permeando o canal ilustra a sequência de mudanças da ocupação dos vários sítios de ligação dos íons K⁺. Um par de íons salta em conjunto entre um par de locais de ligação no filtro de seletividade. No estado inicial, a "configuração externa", um par de íons liga-se aos locais 1 e 3. Enquanto um íon entra pela abertura interna do canal, o íon na câmara interna salta para ocupar o local de ligação mais interno do filtro de seletividade (local 4). Isso faz o par de íons na configuração externa saltar para fora, expelindo o íon do canal. Os dois íons, agora na configuração interna (locais 2 e 4), podem saltar para se ligarem aos locais 1 e 3, trazendo o canal novamente ao seu estado inicial (a configuração externa), a partir da qual ele pode conduzir um segundo íon K⁺. (Adaptada, com autorização, de Miller, 2001. Copyright © 2001 Springer Nature.)

Um íon, ao passar da solução polar através da bicamada lipídica apolar, encontra uma região energeticamente desfavorável no meio da bicamada. A grande diferença de energia entre essas duas regiões para um íon K^+ é minimizada por dois detalhes da estrutura do canal. A câmara interna é preenchida com água, o que proporciona um ambiente altamente polar, e as hélices dos poros fornecem dipolos cujas extremidades carboxila eletronegativas se direcionam a essa câmara interna (**Figura 8-12C**).

O alto custo energético relativo à perda das águas de hidratação do íon K^+ é compensado parcialmente pela presença de 20 átomos de oxigênio eletronegativos que ficam nas paredes do filtro de seletividade e estabelecem interações eletrostáticas favoráveis com os íons permeantes. Cada uma das quatro subunidades contribui com quatro átomos de oxigênio de grupos carbonila da cadeia principal da proteína e um oxigênio do grupo hidroxila de uma cadeia lateral para formar um total de quatro sítios de ligações para os íons K^+. Cada ligação com o íon K^+ é então estabilizada pelas interações com o total de oito átomos de oxigênio, que ficam em dois planos acima e abaixo do cátion ligado. Dessa maneira, o canal é capaz de compensar pela perda das águas de hidratação dos íons K^+. O filtro de seletividade é estabilizado a uma largura crítica, de modo que fornece interações eletrostáticas ideais com íons K^+ à medida que passam, mas é muito largo para que os íons Na^+ menores interajam efetivamente com todos os oito átomos de oxigênio em qualquer ponto ao longo do comprimento do filtro (**Figura 8-12C**).

Dadas as extensivas interações entre um íon K^+ e o canal, como o canal KcsA consegue administrar sua alta taxa de condução? Embora o canal contenha um total de cinco sítios de ligação em potencial para os íons K^+, uma análise por raios X mostra que o canal pode ser ocupado por no máximo três íons K^+ a qualquer instante. Um íon fica normalmente presente na ampla câmara interna, e dois íons ocupam dois dos quatro sítios de ligação dentro do filtro de seletividade (**Figura 8-12D**).

Esses dados estruturais levaram à seguinte hipótese. Devido à repulsão eletrostática, dois íons K^+ nunca ocupam simultaneamente sítios de ligação adjacentes dentro do filtro de seletividade; em vez disso, uma molécula de água está sempre interposta entre os íons K^+. Durante a condução, um par de íons K^+ dentro do filtro de seletividade salta um atrás do outro entre pares de sítios de ligação. Se somente um íon ficasse no filtro de seletividade, ele se ligaria muito firmemente, e a taxa de rendimento para a permeação do íon ficaria comprometida. Mas a repulsão eletrostática mútua entre dois íons K^+ ocupando sítios vizinhos assegura que os íons permanecerão ligados apenas brevemente, resultando, então, em uma alta taxa global de condução de íons K^+.

A forma do filtro de seletividade KcsA parece ser altamente conservada entre vários tipos de canais de K^+ dependentes de voltagem de mamíferos. No entanto, estudos mais recentes realizados por MacKinnon e colegas revelaram como as variações nas características geométricas e de carga de superfície abaixo do filtro de seletividade desse poro canônico podem fazer com que alguns canais de K^+ dependentes de voltagem se diferenciem marcadamente na condutância do canal único e na afinidade por vários bloqueadores de canais abertos.

O ajuste perfeito entre o filtro de seletividade do canal K^+ e os íons K^+ que ajuda a explicar sua alta seletividade incomum não é representativo de todos os tipos de canais. Como veremos em capítulos adiante, em muitos canais, os diâmetros dos poros são significativamente maiores do que o principal íon permeante, contribuindo para um menor grau de seletividade.

A análise cristalográfica de raios X de estruturas de canais de potássio dependentes de voltagem fornece informações sobre os mecanismos de abertura e fechamento de canais

Como descrito anteriormente, acredita-se que o segmento S4 de canais iônicos dependentes de voltagem seja o sensor de voltagem que detecta mudanças no potencial de membrana. Como as cargas positivas em S4 se movem através do campo elétrico da membrana em resposta a uma mudança no potencial de membrana? Como esse movimento em S4 é acoplado à abertura e ao fechamento do canal? Qual a relação entre a região sensível à voltagem e a região formadora do poro do canal? Qual é a configuração do canal aberto? Algumas respostas a essas perguntas vieram de análises cristalográficas de raios X de canais de K^+ dependentes de voltagem de mamíferos, bem como de vários estudos usando a mutagênese e outras abordagens biofísicas. MacKinnon e colegas estudaram o canal de K^+ dependente de voltagem dos mamíferos Kv1.2, bem como uma quimera intimamente relacionada Kv1.2-Kv2.1, que produziu imagens de alta resolução.

As estruturas do canal Kv1.2 e da quimera Kv1.2-2.1 obtidas por cristalografia de raios X mostram que a subunidade do canal de K^+ é composta por dois domínios. Os segmentos S1-S4 formam um domínio de detecção de voltagem na periferia do canal, enquanto os segmentos S5-P-S6 formam o domínio do poro no eixo central do canal. Os dois domínios estão ligados em suas extremidades intracelulares pela curta hélice de acoplamento S4-S5 (**Figura 8-13**). A ideia de que o sensor de voltagem S1-S4 é um domínio separado é apoiada pelo fato de que certas proteínas bacterianas contêm domínios S1-S4, mas não possuem um domínio de poro. Uma dessas proteínas é a fosfatase sensível à voltagem, e uma segunda proteína forma o canal de próton dependente de voltagem. Por outro lado, os canais de K^+ retificadores de influxo de corrente (**Figura 8-11B**) têm uma alta seletividade ao K^+, mas não são diretamente controlados pela voltagem por não possuírem o domínio do sensor de voltagem.

As estruturas cristalinas também ajudam a esclarecer o que acontece quando o canal se abre. Estudos feitos por Clay Armstrong, na década de 1960, sugeriram que o mecanismo que induz a abertura e o fechamento do canal está na porção intracelular dos canais de K^+ dependente de voltagem de organismos superiores. Ele descobriu que pequenos cátions orgânicos, como o tetraetilamônio (TEA), podem entrar e bloquear o canal somente quando o portão interno é aberto por despolarização. Conforme descrito

Capítulo 8 • Canais iônicos   **165**

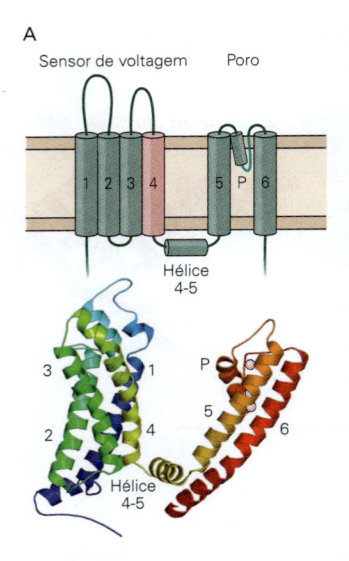

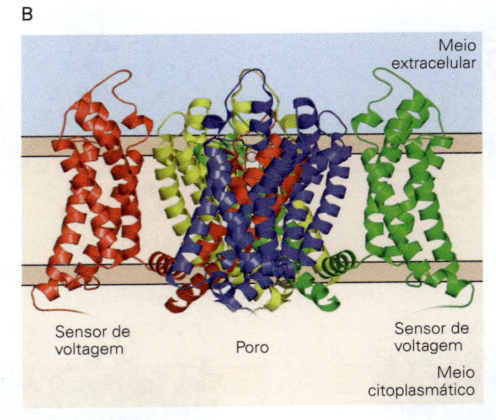

FIGURA 8-13 Estrutura cristalina por raios X de um canal de K⁺ dependente de voltagem. (Adaptada, com autorização, de Long et al., 2007. Copyright © 2007 Springer Nature.)
A. *Parte superior:* Além das seis α-hélices transmembrana (S1-S6), uma subunidade do canal de K⁺ dependente de voltagem contém uma pequena α-hélice (a hélice P), que faz parte da região P do filtro de seletividade, bem como uma α-hélice no meio citoplasmático da membrana que conecta as hélices transmembrana S4 e S5 (hélice acoplada 4-5). *Parte inferior:* Um modelo de estrutura de raios X de uma única subunidade mostra as posições de seis hélices transmembrana, da hélice P e da hélice acoplada 4-5. A região de detecção de voltagem S1-S4 e as regiões de formação de poros S5-P-S6 estão localizadas em domínios separados. Dois íons K⁺ ligados ao poro são mostrados em **cor-de-rosa**.
B. Nesta vista lateral do canal, cada subunidade tem uma cor diferente. A subunidade 6 (**vermelha**) está na mesma orientação da **parte A**.

de três aminoácidos (prolina-valina-prolina), fazendo com que a extremidade interna da hélice se dobre para fora. Essa configuração resulta em uma conformação de canal aberto com um orifício interno que é dilatado a 12 Å de diâmetro, largo o suficiente para que passem íons K⁺ totalmente hidratados, bem como cátions maiores, como o TEA (**Figuras 8-13** e **Figura 8-14C**). Uma vez dentro do lúmen do canal, o TEA bloqueia a permeação de K⁺, já que é muito grande para passar pelo filtro de seletividade. Não é surpreendente que o canal Kv esteja no estado aberto, uma vez que não há gradiente de voltagem através do canal nos cristais. Essa é uma situação semelhante à da membrana despolarizada a 0 mV, uma voltagem na qual os canais estão normalmente abertos. Esse mecanismo de abertura é provavelmente um mecanismo geral, porque as hélices internas de muitos canais de K⁺ em bactérias e organismos superiores também têm uma dobradiça flexível nesta posição.

Uma questão há muito em aberto diz respeito ao posicionamento e movimento das cargas de portão no sensor de voltagem do segmento S4. Como mencionado anteriormente, acredita-se que o movimento dessas cargas dentro do plano da membrana em resposta a mudanças no potencial de membrana acople a despolarização da membrana ao fechamento do canal. No entanto, a presença de cargas dentro da membrana hidrofóbica resulta em um estado de energia desfavorável, como discutido anteriormente para íons livres em soluções. Como os canais iônicos compensam essa energia livre desfavorável?

A estrutura de cristal fornece algumas respostas para essa questão. Estudos de mutagênese indicam que quatro resíduos de arginina carregados positivamente na metade externa do segmento S4 provavelmente levam a maioria das cargas de abertura e de fechamento (cargas de portão). No estado aberto, as quatro cargas positivas estão viradas para fora, em direção ao meio extracelular da membrana, onde podem ser submetidas a interações energeticamente favoráveis com a água ou com os grupos carregados negativamente da bicamada de fosfolipídeos. As cargas positivas dos outros resíduos de S4 que estão na parte mais profunda dentro da bicamada lipídica são estabilizadas pelas interações com resíduos acídicos carregados negativamente nas hélices transmembrana S1-S3.

No momento, ainda não se tem uma estrutura cristalina para o estado fechado da quimera Kv1.2–Kv2.1. Entretanto, MacKinnon e colegas propuseram um modelo plausível para regulação de voltagem com base nas estruturas do canal de K⁺ dependente de voltagem aberto e do canal de K⁺ bacteriano KcsA fechado (**Figura 8-14**). De acordo com esse modelo, a voltagem negativa dentro da célula exerce uma força sobre a hélice S4 carregada positivamente, fazendo-a mover-se de 1,0 a 1,5 nm para dentro. Como resultado, os quatro resíduos em S4 carregados positivamente, que no estado despolarizado estão virados para o meio externo e detectam o potencial extracelular, agora se viram para o meio citoplasmático da membrana e detectam o potencial intracelular. Dessa forma, o movimento de cada segmento S4 deslocará de 3 a 4 cargas de portão através do campo elétrico da membrana, à medida que o canal transita entre os estados fechado e aberto, para que se mova um total de

anteriormente, nos canais de K⁺ bacterianos fechados, as quatro hélices transmembrana internas, que correspondem às hélices S6 em canais de K⁺ dependentes de voltagem, encontram-se em um feixe apertado, que cruza em suas extremidades citoplasmáticas, formando o portão fechado do canal (**Figura 8-12**). Em contraste, a hélice S6 da quimera Kv1.2-2.1 é inclinada em uma dobradiça flexível

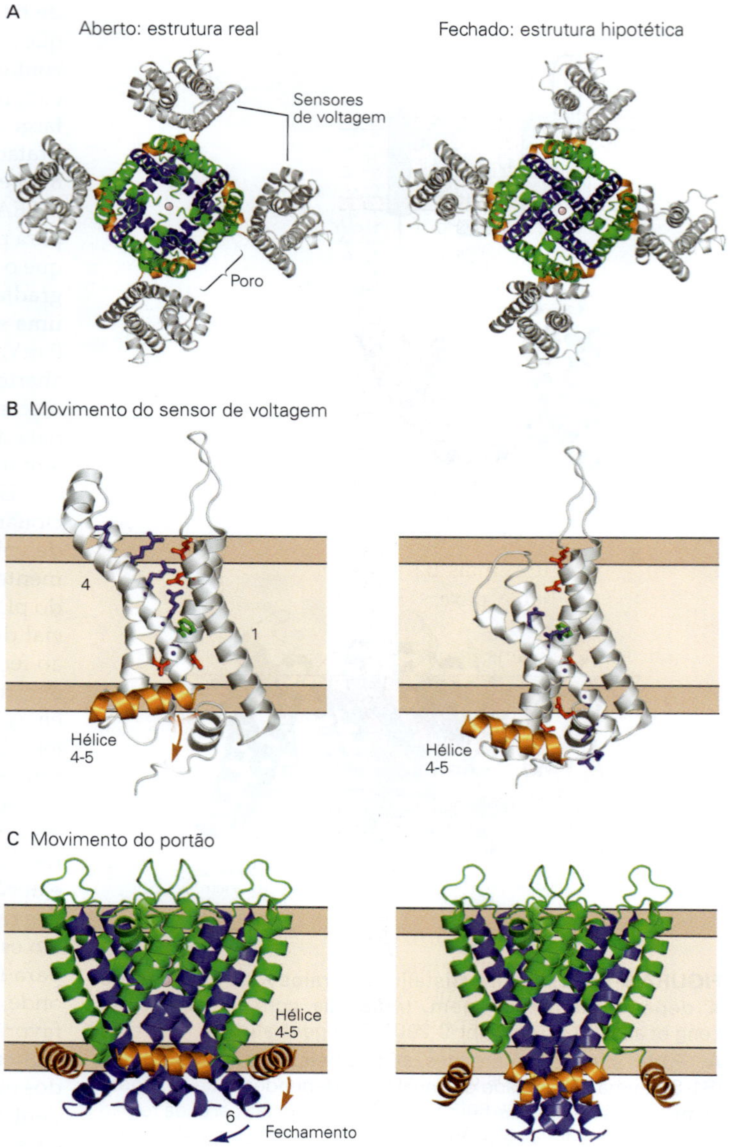

FIGURA 8-14 Modelo de fechamento e abertura dependente de voltagem baseado em estruturas cristalinas usando raios X. Em cada parte da figura, o desenho à *esquerda* mostra a estrutura real da quimera Kv1.2-2.1 dependente de voltagem aberta, enquanto o desenho à *direita* mostra a estrutura hipotética de um canal de K^+ dependente de voltagem fechado, baseado, em parte, na estrutura da região do poro do canal de K^+ bacteriano KcsA no estado fechado. (Adaptada, com autorização, por Yu-hang Chen, a partir de Long et al., 2007. Copyright © 2007 Springer Nature.)

A. Visão de cima do lado externo do canal aberto e fechado. O poro central é constrito no estado fechado, impedindo o fluxo de K^+ pelo canal.

B. Visão lateral, paralela ao plano da membrana, do domínio sensor de voltagem S1-S4. Resíduos de S4 carregados positivamente são mostrados como **bastões azuis**. No estado aberto, quando a membrana é despolarizada, quatro cargas positivas na hélice estão localizadas na metade externa da membrana, viradas para a solução externa. As cargas positivas no interior da membrana são estabilizadas por interações com resíduos carregados negativamente em S1 e S2 (**bastões vermelhos**). No estado fechado, quando o potencial de membrana é mais negativo, a região S4 se move para dentro, de modo que suas cargas positivas ficam na metade interna da membrana. O movimento de S4 para dentro leva a hélice acoplada S4-S5 (**laranja**) do meio citoplasmático a mover-se para baixo.

C. Uma suposta alteração conformacional no poro do canal dependente de voltagem. Uma visão lateral da região tetramérica do poro do canal S5-P-S6 mostra a hélice acoplada S4-S5. A repolarização da membrana causa um movimento para baixo da hélice S4-S5, aplicando uma força sobre a hélice S6 interna do poro (**azul**). Isso faz com que a hélice S6 flexione na sua dobradiça pro-val-pro, fechando, assim, o portão do canal.

12 a 16 cargas por canal tetramérico. Esse número é semelhante ao movimento total da carga de portão determinado a partir de medições biofísicas (Capítulo 10).

Como os movimentos de S4 são acoplados ao portão do canal? De acordo com o modelo, quando a voltagem da membrana se torna negativa, o movimento resultante para dentro do segmento S4 exerce uma força descendente na hélice S4-S5 acoplada. Essa hélice, que fica aproximadamente paralela à membrana, em sua superfície citoplasmática, repousa sobre a extremidade interna do portão da hélice S6 no estado aberto. À medida que a hélice S4-S5 se move para baixo, ela atua como uma alavanca, aplicando força a S6 e fechando o portão. Sendo assim, acredita-se que o mecanismo de abertura e fechamento dependente de voltagem se baseie no acoplamento eletromecânico entre o domínio sensor de voltagem e o domínio do poro do canal. Embora esse modelo de acoplamento eletromecânico forneça uma explicação satisfatória de como mudanças na voltagem da membrana podem levar à abertura e ao fechamento do canal, para se ter uma resposta definitiva a esse problema-chave será necessária uma resolução da estrutura do estado fechado de um canal de K^+ dependente de voltagem em mamíferos.

Tal acoplamento direto entre o elemento sensor de um canal (sítio S4/S4-S5) e o portão do poro (S6) é encontrado na maioria dos canais de K^+ dependentes de voltagem, bem como nos canais de Na^+ e Ca^{2+} dependentes de voltagem. No entanto, em muitos casos, o elemento de um canal que responde diretamente ao sinal de abertura e fechamento não está em contato direto com o portão do canal e, em vez disso, um mecanismo alostérico propaga a resposta indiretamente por mudanças conformacionais remotas. Por exemplo, no canal de K^+ dependente de voltagem Kv10, o sítio S4–S5 não está em posição de atuar como uma alavanca em S6. Em vez disso, o movimento para dentro de S4 em resposta a um potencial negativo fecha o portão S6 indiretamente, comprimindo lateralmente a hélice S5, que é pressionada contra a hélice S6. Casos adicionais de mecanismos alostéricos de abertura e fechamento do canal são discutidos posteriormente no contexto da inativação de canais de Na^+ dependentes de voltagem (Capítulo 10) e ativação de canais ativados por ligantes (Capítulos 12 e 13) e mecanossensíveis (Capítulo 18).

A base estrutural da permeabilidade seletiva dos canais de cloreto revela uma estreita relação entre canais e transportadores

Os íons se movem através das membranas das células por transporte ativo via transportadores ou bombas e por difusão passiva através do canal. Os transportadores iônicos distinguem-se dos canais iônicos porque (1) usam uma fonte de energia para transportar ativamente os íons contra seus gradientes eletroquímicos (2) e transportam os íons em uma taxa muito mais baixa do que os canais iônicos, extremamente baixa para suportar a rápida sinalização neuronal. Contudo, de acordo com estudos da família de proteínas CLC, alguns tipos de transportadores e certos canais iônicos podem ter estruturas semelhantes.

As proteínas CLC expressas em vertebrados consistem em uma família de canais de Cl^- e uma família intimamente relacionada de cotransportadores de Cl^--H^+. Os cotransportadores usam o gradiente eletroquímico de um íon para mover outro íon contra seu gradiente eletroquímico. Os cotransportadores CLC Cl^--H^+, que são expressos em organelas intracelulares, transferem dois íons Cl^- através da membrana em troca de um próton. Esse tipo de transporte é chamado de trocador iônico.

Os canais ClC-1 dependentes de voltagem humanos são importantes para manter o potencial de repouso no músculo esquelético (Capítulo 57).

As estruturas cristalinas do canal ClC-1 humano e os trocadores homólogos de CLC de *E. coli* foram determinados por MacKinnon e colegas. Eles encontraram uma grande semelhança na sequência de aminoácidos que se reflete numa marcada semelhança na estrutura geral. Ambos os tipos de proteínas CLC consistem em um homodímero composto por duas subunidades idênticas. Cada subunidade forma uma via de íons separada, e as duas subunidades funcionam independentemente (**Figura 8-15**). As estruturas das proteínas CLC são bastante diferentes daquelas dos canais de K^+. Ao contrário do poro de um canal de K^+, que é mais largo na região central, cada poro da proteína CLC tem um perfil de ampulheta. O pescoço dessa ampulheta, um túnel com 12 Å de comprimento que forma o filtro de seletividade, é amplo o suficiente somente para conter três íons de Cl^- completamente desidratados.

Embora as vias de permeação iônica das proteínas CLC e do canal de K^+ difiram em aspectos significativos, elas evoluíram em quatro características semelhantes, que são críticas para sua função. Primeiro, seus filtros de seletividade contêm vários sítios de ligação sequenciais para o íon permeante. A ocupação multi-íon cria um estado metaestável que facilita a passagem rápida de íons. Em segundo lugar, os sítios de ligação de íons são formados por átomos polares parcialmente carregados, não por átomos totalmente ionizados. A energia de ligação resultante, relativamente fraca, garante que os íons permeantes não fiquem fortemente ligados. Terceiro, os íons permeantes são estabilizados no centro da membrana pelas extremidades positivamente polarizadas de duas α-hélices. Quarto, vestíbulos largos e cheios de água em cada extremidade do filtro de seletividade permitem que os íons se aproximem do filtro em um estado parcialmente hidratado. Assim, embora os canais de K^+ e as proteínas CLC difiram fundamentalmente na sequência de aminoácidos e na estrutura geral, características funcionais notavelmente semelhantes evoluíram nessas duas classes de proteínas de membrana, que promovem tanto um alto grau de seletividade aos íons quanto um rendimento eficiente. Essas características se conservaram com uma fidelidade surpreendente desde os procariotos até os seres humanos.

Estudos estruturais mais detalhados serão necessários para entender como algumas proteínas CLC funcionam como trocadores de Cl^--H^+, enquanto outras atuam como canais convencionais. Acredita-se que a maioria dos trocadores e bombas, como a bomba de Na^+-K^+ (Capítulo

FIGURA 8-15 A família CLC de canais e transportadores de cloreto nos vertebrados são canais de barril duplo com dois poros idênticos.

A. Registro de correntes através de um único canal de Cl^- de vertebrados mostra três níveis de corrente: ambos os poros fechados (**0**), um poro aberto (**1**) e ambos os poros abertos (**2**). (Adaptada de Miller, 1982.)

B. O canal é mostrado de lado (*à esquerda*) e de cima para baixo na membrana de fora da célula (*à direita*). Cada subunidade contém sua própria via de transporte do íon e abertura e fechamento próprios. Além disso, o dímero tem um sistema de abertura e fechamento que é compartilhado por ambas as subunidades (não mostrado).

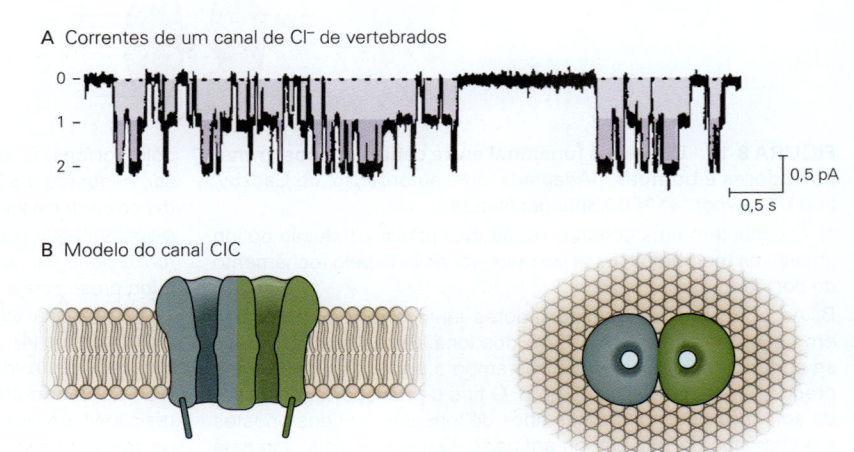

A Correntes de um canal de Cl^- de vertebrados

B Modelo do canal ClC

9), tenham dois portões, um externo e outro interno, que nunca são abertos simultaneamente. Em vez disso, presume-se que os movimentos de íons e os movimentos do portão sejam parte de um ciclo de reação fortemente acoplado (**Figura 8-16**). Os trocadores CLC aparentemente têm dois portões que controlam o fluxo de Cl^-, acoplados ao ciclo de protonação-desprotonação de um resíduo de glutamato flexível no filtro de seletividade que transporta prótons através da membrana. As mudanças conformacionais resultantes permitem o transporte de Cl^- contra seu gradiente de concentração, impulsionado pelo fluxo de íons H^+ a favor de seu gradiente eletroquímico. Os canais CLC são aparentemente formados com uma estrutura muito semelhante aos transportadores, mas com portões modificados e com pequenas mudanças estruturais na via de transporte de íons que permitem um movimento muito mais rápido de Cl^- a favor de seu gradiente eletroquímico.

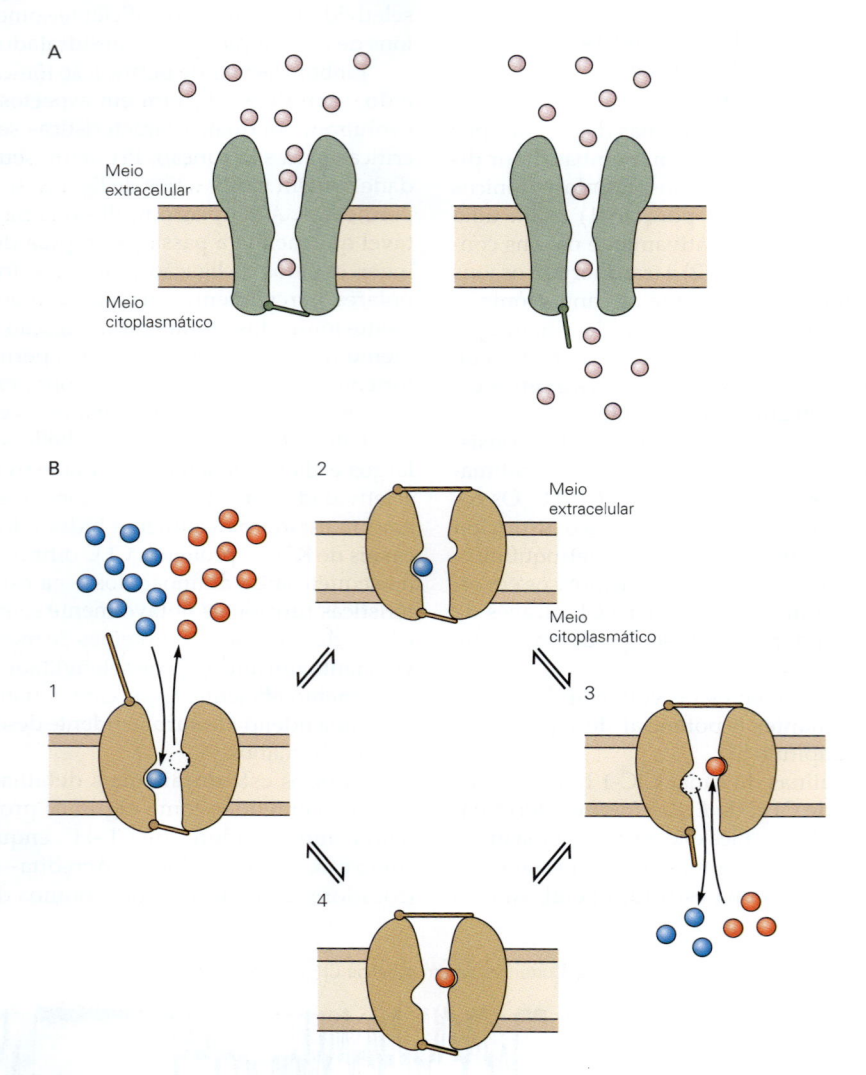

FIGURA 8-16 Diferença funcional entre canais iônicos, transportadores e bombas. (Adaptada, com autorização, de Gadsby, 2004. Copyright © 2004 Springer Nature.)

A. O canal tem uma contínua via aquosa para a condução do íon através da membrana. Essa via pode ser ocluída pelo fechamento do portão.

B. As bombas e os transportadores iônicos têm dois portões em série que controlam o fluxo dos íons. Esses portões nunca se abrem simultaneamente, mas ambos podem se fechar para prender um ou mais íons no poro. O tipo de transportador ilustrado aqui move dois diferentes tipos de íons em sentidos opostos e é chamado de *trocador* ou *antiporte*. O movimento iônico está firmemente acoplado ao ciclo de abertura e fechamento desses dois portões. Quando o portão externo se abre, um tipo de íon sai, enquanto o outro tipo entra no poro (**1**). Isso leva a uma mudança conformacional, causando o fechamento do portão externo e aprisionando o íon que passa (**2**). Uma segunda mudança conformacional faz, então, o portão interno se abrir, permitindo que o íon preso saia e que outro íon entre no poro (**3**). Uma mudança conformacional adicional fecha o portão interno, permitindo que o ciclo continue (**4**). Em cada ciclo, um tipo de íon é transportado de fora para dentro da célula, enquanto outro tipo de íon é transportado de dentro para fora. Acoplando os movimentos de dois ou mais íons, um trocador iônico pode utilizar a energia armazenada no gradiente eletroquímico de um íon para transportar ativamente outro íon contra seu gradiente de eletroquímico.

Destaques

1. Os íons atravessam as membranas celulares através de duas classes principais de proteínas integrais de membrana – canais iônicos e bombas, ou transportadores, de íons.
2. Os canais iônicos atuam como catalisadores para o fluxo passivo de íons através da membrana. Os canais têm um poro central cheio de água que substitui o ambiente polar em ambos os lados da membrana. Ele permite que os íons eletricamente carregados atravessem rapidamente o ambiente não polar da membrana celular, impulsionados pelo gradiente eletroquímico do íon.
3. A maioria dos canais iônicos é seletivamente permeável a certos íons. A porção do poro do canal chamada filtro de seletividade determina quais íons podem penetrar, com base na carga do íon, em seu tamanho e nas interações físico-químicas com os aminoácidos que revestem a parede do poro.
4. Os canais iônicos têm portões que abrem e fecham em resposta a diferentes sinais. No estado aberto, os canais geram correntes iônicas que produzem sinais de voltagem rápidos que transportam informações no sistema nervoso e em outras células excitáveis.
5. Muitos canais iônicos têm três estados: aberto, fechado e inativado, ou dessensibilizado. A transição entre esses estados é chamada de *gating*. Dependendo do tipo de canal, o processo de abertura e fechamento (*gating*) é controlado por vários fatores, incluindo voltagem da membrana, ligação do ligante, força mecânica, estado de fosforilação e temperatura.
6. Os canais iônicos mais comuns nas células nervosas e musculares pertencem a três grandes superfamílias de genes, cujos membros estão relacionados por homologia de sequência gênica e, na maioria dos casos, por propriedades funcionais.
7. A maioria dos canais iônicos é composta por múltiplas subunidades. As permutações combinatórias dessas subunidades podem gerar uma gama diversificada de canais com diferentes propriedades funcionais. Modificações pós-transcricionais geram diversidade adicional.
8. Os vários tipos de canais iônicos são expressos diferencialmente em tipos distintos de neurônios e em suas diferentes regiões, contribuindo para a complexidade funcional e para o poder computacional do sistema nervoso. Os padrões de expressão de alguns canais iônicos e transportadores mudam durante o desenvolvimento e em resposta a mudanças nos padrões de atividade neuronal.
9. A rica variedade de canais iônicos em diferentes tipos de neurônios estimulou intensamente o desenvolvimento de drogas que consigam ativar ou bloquear tipos específicos de canais em células nervosas e musculares. Tais drogas, em princípio, maximizariam a eficácia terapêutica com mínimos efeitos colaterais.
10. Estudos de função de estrutura e por cristalografia de raios X de canais iônicos dependentes de voltagem forneceram informações importantes sobre os detalhes a nível molecular e atômico da condução, seletividade e mecanismo de abertura e fechamento do canal K^+. Avanços técnicos recentes em criomicroscopia eletrônica de partícula única levaram a um rápido progresso nos estudos de uma ampla gama de canais iônicos.
11. O transporte ativo, que é mediado por proteínas integrais de membrana chamadas de transportadores, ou bombas, permite que os íons se movam através da membrana contra seu gradiente eletroquímico. A força motriz que gera fluxos de íons ativos vem da energia química (a hidrólise do ATP) ou da diferença de potencial eletroquímico favorável para um íon cotransportado.
12. A maioria dos transportadores de íons e bombas não fornece um caminho contínuo para os íons. Em vez disso, eles sofrem mudanças conformacionais nas diferentes fases do ciclo de transporte, proporcionando assim acesso alternado do lúmen central da molécula aos dois lados da membrana. Como essas mudanças conformacionais são relativamente lentas, transportadores e bombas iônicas são muito menos eficientes que os canais iônicos na mediação de fluxos iônicos.

John D. Koester
Bruce P. Bean

Leituras selecionadas

Hille B. 2001. *Ion Channels of Excitable Membranes*, 3rd ed. Sunderland, MA: Sinauer.
Isacoff EY, Jan LY, Minor DL. 2013. Conduits of life's spark: a perspective on ion channel research since the birth of *Neuron*. Neuron 80:658–674.
Jentsch TJ, Pusch M. 2018. CLC chloride channels and transporters: structure, function, physiology and disease. Physiol Rev 98:1493–1590.
Miller C. 1987. How ion channel proteins work. In: LK Kaczmarek, IB Levitan (eds). *Neuromodulation: The Biological Control of Neuronal Excitability*, pp. 39–63. New York: Oxford Univ. Press.
Yu FH, Yarov-Yarovoy V, Gutman GA, Catterall WA. 2005. Overview of molecular relationships in the voltage-gated ion channel superfamily. Pharmacol Rev 57:387–395.

Referências

Accardi A, Miller C. 2004. Secondary active transport mediated by a prokaryotic homologue of ClC Cl^- channels. Nature 427:803–807.
Alberts B, Bray D, Lewis J, Raff M, Roberts K, Watson JD. 1994. *Molecular Biology of the Cell*, 3rd ed. New York: Garland.
Armstrong CM. 1971. Interaction of tetraethylammonium ion derivatives with the potassium channels of giant axons. J Gen Physiol 58:413–437.
Basilio D, Noack K, Picollo A, Accardi A. 2014. Conformational changes required for H^+/Cl^- exchange mediated by a CLC transporter. Nat Struct Mol Biol 21:456–464.
Bayliss WM. 1918. *Principles of General Physiology*, 2nd ed., rev. New York: Longmans, Greene.
Boscardin E, Alijevic O, Hummler E, Frateschi S, Kellenberger S. 2016. The function and regulation of acid-sensing ion channels (ASICs) and the epithelial Na+ channel (ENaC): IUPHAR Review 19. Br J Pharmacol. 173:2671–2701.

Brücke E. 1843. Beiträge zur Lehre von der Diffusion tropfbarflüssiger Korper durch poröse Scheidenwände. Ann Phys Chem 58:77–94.

Coste B, Xiao B, Santos JS, et al. 2012. Piezo proteins are pore-forming subunits of mechanically activated channels. Nature 483:176–181.

Doyle DA, Cabral JM, Pfuetzner RA, et al. 1998. The structure of the potassium channel: molecular basis of K^+ conduction and selectivity. Science 280:69–77.

Eisenman G. 1962. Cation selective glass electrodes and their mode of operation. Biophys J 2:259–323. Suppl 2.

Enyedi P, Gabor G. 2010. Molecular background of leak K^+ currents: two-pore domain potassium channels. Physiol Rev 90:550–605.

Feng L, Campbell EB, MacKinnon R. 2012. Molecular mechanism of proton transport in CLC Cl^-/H^+ exchange transporters. Proc Natl Acad Sci U S A 109:11699–11704.

Gadsby DC. 2004. Ion transport: spot the difference. Nature 427:795–797.

Hamill OP, Marty A, Neher E, Sakmann B, Sigworth FJ. 1981. Improved patch-clamp techniques for high-resolution current recording from cells and cell-free membrane patches. Pflugers Arch 391:85–100.

Hansen SB. 2015. Lipid antagonism: the PIP2 paradigm of ligand-gated ion channels. Biochim Biophys Acta 1851:620–628.

Henderson R, Unwin PNT. 1975. Three-dimensional model of purple membrane obtained by electron microscopy. Nature 257:28–32.

Hille B. 1973. Potassium channels selective permeability to small cations. J Gen Physiol 61:669–686.

Hille B. 1984. *Ion Channels of Excitable Membranes*, Sunderland, MA: Sinauer.

Isom LL, DeJongh KS, Catterall WA. 1994. Auxiliary subunits of voltage-gated ion channels. Neuron 12:1183–1194.

Kaczmarek LK. 2013. Slack, slick, and sodium-activated potassium channels. ISRN Neurosci 2013:354262.

Katz B, Thesleff S. 1957. A study of the "desensitization" produced by acetylcholine at the motor end-plate. J Physiol (Lond) 138:63–80.

Kyte J, Doolittle RF. 1982. A simple method for displaying the hydropathic character of a protein. J Mol Biol 157:105–132.

Lau C, Hunter MJ, Stewart A, Perozo E, and Vandenberg JI. 2019. Never at rest: insights into the conformational dynamics of ion channels from cryo-electron microscopy. J Physiol 596:1107–1119.

Lewis AH, Cui AF, McDonald MF, Grandl J. 2017. Transduction of repetitive mechanical stimuli by Piezo1 and Piezo2 ion channels. Cell Rep 19:2572–2585.

Long SB, Tao X, Campbell EB, MacKinnon R. 2007. Atomic structure of a voltage-dependent K^+ channel in a lipid membrane-like environment. Nature 450:376–382.

Miller C. 1982. Open-state substructure of single chloride channels from *Torpedo electroplax*. Philos Trans R Soc Lond B Biol Sci 299:401–411.

Miller C (ed). 1986. *Ion Channel Reconstitution*. New York: Plenum.

Miller C. 2001. See potassium run. Nature 414:23–24.

Morais-Cabral JH, Zhou Y, MacKinnon R. 2001. Energetic optimization of ion conduction rate by the K^+ selectivity filter. Nature 414:37–42.

Moran Y, Barzilai MG, Liebeskind BJ, Zakon HH. 2015. Evolution of voltage-gated ion channels at the emergence of Metazoa. J Exp Biol 218:515–525.

Murata Y, Iwasaki H, Sasaki M, Inaba K, Okamura Y. 2005. Phosphoinositide phosphatase activity coupled to an intrinsic voltage sensor. Nature 435:1239–1243.

Neher E, Sakmann B. 1976. Single-channel currents recorded from membrane of denervated frog muscle fibres. Nature 260:799–802.

Nishida M, MacKinnon R. 2002. Structural basis of inward rectification: cytoplasmic pore of the G protein-gated inward rectifier GIRK1 at 1.8 Å resolution. Cell 111:957–965.

Noda M, Takahashi H, Tanabe T, et al. 1983. Structural homology of *Torpedo californica* acetylcholine receptor subunits. Nature 302:528–532.

Noda M, Shimizu S, Tanabe T, et al. 1984. Primary structure of *Electrophorus electricus* sodium channel deduced from cDNA sequence. Nature 312:121–127.

Park E, MacKinnon R. 2018. Structure of the CLC chloride channel from *Homo sapiens*. eLife 7:36629.

Payandeh J, Scheuer T, Zheng N, Catterall WA. 2011. The crystal structure of a voltage-gated sodium channel. Nature 475:353–359.

Peterson BZ, DeMaria CD, Yue DT. 1999. Calmodulin is the Ca^{2+} sensor for Ca^{2+}-dependent inactivation of L-type calcium channels. Neuron 22:549–558.

Pongs O, Schwarz JR. 2010. Ancillary subunits associated with voltage-dependent K^+ channels. Physiol Rev 90:755–796.

Prager-Khoutorsky M, Arkady Khoutorsky A, Bourque CW. 2014. Unique interweaved microtubule scaffold mediates osmosensory transduction via physical interaction with TRPV1. Neuron 83:866–878.

Preston GM, Agre P. 1992. Appearance of water channels in *Xenopus* oocytes expressing red cell CHIP28 protein. Science 256:385–387.

Ramsey IS, Moran MM, Chong JA, Clapham DE. 2006. A voltage-gated proton-selective channel lacking the pore domain. Nature 440:1213–1216.

Rogers CJ, Twyman RE, MacDonald RL. 1994. Benzodiazepine and β-carboline regulation of single $GABA_A$ receptor channels of mouse spinal neurones in culture. J Physiol (Lond) 475:69–82.

Schofield PR, Darlison MG, Fujita N, et al. 1987. Sequence and functional expression of the $GABA_A$ receptor shows a ligand-gated receptor super-family. Nature 328:221–227.

Tao X, Hite RK, MacKinnon R. 2017. Cryo-EM structure of the open high-conductance Ca^{2+}-activated K^+ channel. Nature 541:46–51.

Voets T, Droogmans T, Wissenbach U, Jannssens A, Flockerzi V, Nillus B. 2004. The principle of temperature-dependent gating in cold- and heat-sensitive TRP channels. Nature 430:748–754.

Wang W, MacKinnon R. 2017. Cryo-EM structure of the open human ether-à-go-go-related K^+ channel hERG. Cell 169:422–430.

Wu LJ, Sweet TB, Clapham DE. 2010. Current progress in the mammalian TRP ion channel family. Pharmacol Rev 62:381–404.

Yang N, George AL Jr, Horn R. 1996. Molecular basis of charge movement in voltage-gated sodium channels. Neuron 16:113–122.

Zhou Y, Morais-Cabral JH, Kaufman A, MacKinnon R. 2001. Chemistry of ion coordination and hydration revealed by a K^+ channel-Fab complex at 2.0 Å resolution. Nature 414:43–48.

9

Potencial de membrana e propriedades elétricas passivas dos neurônios

O potencial de repouso da membrana resulta da separação de cargas através da membrana celular

O potencial de repouso da membrana é determinado por canais iônicos de vazamento e com portão

    Os canais abertos nas células gliais são permeáveis somente aos íons potássio

    Os canais abertos nas células nervosas em repouso são permeáveis a três espécies de íons

    Os gradientes eletroquímicos de sódio, potássio e cálcio são estabelecidos pelo transporte ativo de íons

    Os íons cloreto também são transportados ativamente

O equilíbrio dos fluxos iônicos na membrana em repouso é abolido durante o potencial de ação

A contribuição de diferentes íons ao potencial de repouso da membrana pode ser quantificada pela equação de Goldman

As propriedades funcionais dos neurônios podem ser representadas como um circuito elétrico equivalente

As propriedades elétricas passivas do neurônio afetam a sinalização elétrica

    A capacitância da membrana prolonga o curso temporal dos sinais elétricos

    As resistências de membrana e citoplasmática afetam a eficiência da condução do sinal

    Axônios grandes são mais facilmente excitáveis do que axônios pequenos

    Propriedades passivas da membrana e o diâmetro do axônio afetam a velocidade de propagação do potencial de ação

Destaques

A INFORMAÇÃO É CONDUZIDA nos neurônios e transferida dos neurônios para as células-alvo através de sinais elétricos e químicos. Os sinais elétricos transitórios são particularmente importantes por conduzirem informações sensíveis ao tempo de forma rápida e por longas distâncias. Esses sinais elétricos transitórios – os potenciais de receptor, os potenciais sinápticos e o potencial de ação – são todos produzidos por mudanças temporárias na corrente elétrica dentro e fora da célula, mudanças que alteram o potencial elétrico da membrana celular, desviando-o do potencial de repouso. Essa corrente representa o fluxo de íons com cargas negativas e positivas através dos canais iônicos na membrana celular.

Dois tipos de canais iônicos – os de vazamento e os que se abrem e se fecham, os canais com portão – têm papéis distintos na sinalização celular. Os chamados canais de repouso são importantes principalmente por manterem o potencial de repouso da membrana celular, o potencial elétrico através da membrana na ausência de sinalização. Alguns tipos de canais em repouso são constitutivamente abertos, não sendo controlados por mudanças na voltagem da membrana; outros são controlados por mudanças na voltagem, mas também são abertos no potencial de repouso negativo dos neurônios. Em contrapartida, a maioria dos canais iônicos dependentes de voltagem está fechada quando a membrana está no seu potencial de repouso, sendo necessária a despolarização da membrana para que se abra.

Neste e nos vários capítulos que seguem, consideramos o modo com que os sinais elétricos transitórios são gerados no neurônio. Começamos discutindo como determinados canais iônicos estabelecem e mantêm o potencial de membrana quando a membrana está em repouso e descrevemos brevemente o mecanismo pelo qual o potencial de repouso pode ser perturbado e dar origem a sinais elétricos transitórios tais como o potencial de ação. Após, consideramos como as propriedades elétricas passivas dos neurônios – suas características de resistência e capacitância – contribuem para a integração e propagação local dos potenciais sináptico e de receptor dentro do neurônio. No Capítulo 10, são examinados em detalhes os mecanismos pelos quais os canais de Na^+, K^+, e Ca^{2+} dependentes de voltagem geram o potencial de ação, o sinal elétrico propagado ao longo do axônio. Os potenciais sinápticos são considerados nos Capítulos 11 a 14, e os potenciais do receptor são discutidos na Parte IV, em conexão com as ações dos receptores sensoriais.

O potencial de repouso da membrana resulta da separação de cargas através da membrana celular

A membrana celular do neurônio tem uma fina nuvem de íons positivos e negativos distribuídos sobre sua superfície interna e externa. No repouso, a superfície extracelular da membrana tem um excesso de cargas positivas, e a superfície citoplasmática, um excesso de cargas negativas (**Figura 9-1**). Essa separação de cargas é mantida porque a bicamada lipídica da membrana é uma barreira à difusão dos íons (Capítulo 8). A separação de carga dá origem ao *potencial de membrana* (V_m), uma diferença de potencial elétrico, ou voltagem, através da membrana, definida como

$$V_m = V_i - V_e,$$

em que V_i é o potencial do lado interno da célula e V_e o potencial do lado externo.

O potencial de membrana de uma célula em repouso, o *potencial de repouso da membrana* (V_r), é igual a V_i, uma vez que, por convenção, o potencial fora da célula é definido como zero. Geralmente é em torno de –60 mV a –70 mV. Toda a sinalização elétrica envolve breves mudanças no potencial de repouso da membrana causadas por correntes elétricas através da membrana celular.

A corrente elétrica é conduzida por íons positivos (cátions) e negativos (ânions). A direção da corrente é convencionalmente definida como a direção *do movimento resultante das cargas positivas*. Então, em uma solução iônica, os cátions se movem na direção da corrente elétrica, e os ânions se movem na direção oposta. Na célula nervosa em repouso, não há movimento de carga resultante (líquido) através da membrana. Quando existe um fluxo resultante de cátions ou de ânions para dentro ou para fora da célula, a separação de cargas através da membrana é alterada, mudando o potencial elétrico da membrana. A redução ou reversão da separação de cargas, que leva a um potencial de membrana menos negativo, é chamada de *despolarização*. O aumento da separação de cargas, que leva a um potencial de membrana mais negativo, é chamado de *hiperpolarização*.

Mudanças no potencial de membrana que não levam à abertura dos canais iônicos dependentes de voltagem são respostas passivas da membrana e são chamadas de *potenciais eletrotônicos*. Respostas hiperpolarizantes e pequenas despolarizações são quase sempre passivas. Entretanto, quando a despolarização atinge o nível crítico, ou limiar, a célula responde ativamente, abrindo canais iônicos dependentes de voltagem e gerando um *potencial de ação* na forma "tudo ou nada" (**Quadro 9-1**).

O potencial de repouso da membrana é determinado por canais iônicos de vazamento e com portão

O potencial de repouso da membrana é o resultado do fluxo passivo de íons através de várias classes de canais de repouso*. O entendimento sobre como esse fluxo passivo de íons leva ao potencial de repouso permite entendermos como a abertura e o fechamento de diferentes tipos de canais geram potencial de ação, bem como o potencial de receptor e o potencial sináptico.

Nenhum tipo de íon é igualmente distribuído entre os dois lados da membrana das células nervosas. Dos quatro íons mais abundantes encontrados em qualquer um dos lados da membrana celular, Na^+ e Cl^- são os mais concentrados no lado externo da célula, e K^+ e A^- (ânions orgânicos, principalmente aminoácidos e proteínas), no lado interno. A **Tabela 9-1** mostra a distribuição desses íons entre os lados interno e externo de um processo de uma célula nervosa particularmente muito estudado, o axônio gigante da lula, cujo fluido extracelular tem uma concentração salina semelhante à da água do mar. Embora os valores absolutos das concentrações iônicas para as células nervosas dos vertebrados sejam de 2 a 3 vezes menores do que os do axônio gigante da lula, os *gradientes de concentração* (a razão entre a concentração iônica externa e interna) são similares.

A distribuição desigual de íons levanta várias e importantes questões. Como os gradientes iônicos contribuem para o potencial de repouso da membrana? O que previne a dissipação dos gradientes iônicos por difusão dos íons através da membrana pelos canais de repouso? Essas questões

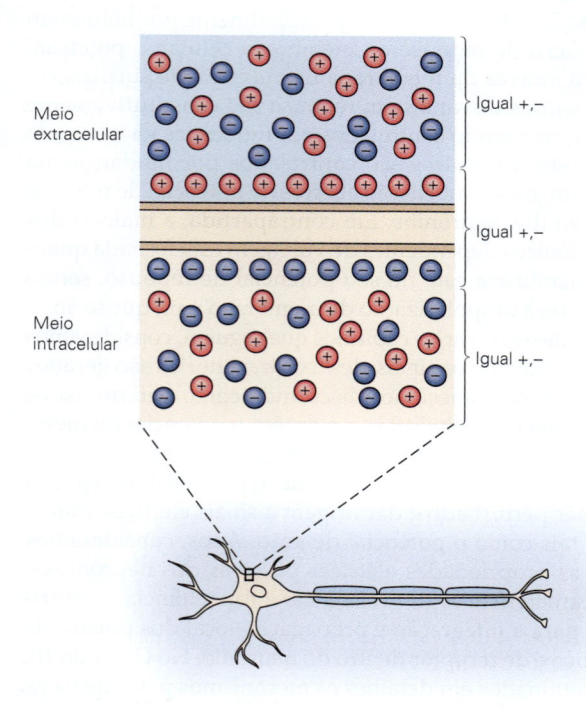

FIGURA 9-1 O potencial da membrana celular resulta da separação de cargas líquidas positivas e negativas entre os dois lados da membrana. O excesso de íons positivos no lado externo da membrana e de íons negativos no interior da membrana representa uma pequena fração do número total de íons dentro e fora da célula no repouso.

---
*N. de T. Os canais de repouso incluem os canais de vazamento, que estão sempre abertos, e os canais com portão que estiverem abertos naquela voltagem do potencial de repouso, como visto no Capítulo 8.

QUADRO 9-1 Registro do potencial de membrana

Técnicas confiáveis de registro do potencial elétrico através da membrana celular somente foram desenvolvidas no final da década de 1940. Essas técnicas permitem registros apurados tanto do potencial de repouso da membrana como do potencial de ação (**Figura 9–2**).

Micropipetas de vidro preenchidas com uma solução salina concentrada servem como eletrodos e são colocadas em qualquer um dos lados da membrana celular. Fios inseridos na parte posterior das pipetas são conectados via um amplificador a um osciloscópio, que mostra a amplitude do potencial de membrana em volts. Devido ao pequeno diâmetro da ponta do *microeletrodo* (<1 μm), ele pode ser inserido dentro da célula com relativamente pouco dano à membrana celular (**Figura 9–2A**).

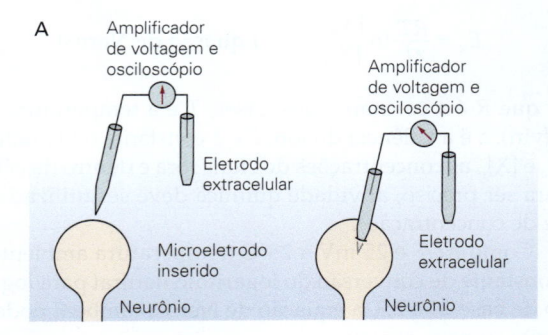

FIGURA 9-2A Configuração de registro.

Quando os dois eletrodos estão do lado de fora da célula, não se registra diferença de potencial elétrico. Mas, logo que um dos microeletrodos é inserido dentro da célula, o osciloscópio mostra uma voltagem estável, o potencial de repouso da membrana. Na maioria das células nervosas, o potencial de repouso é de aproximadamente –65 mV (**Figura 9–2B**).

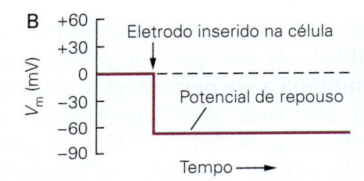

FIGURA 9-2B Visualização no osciloscópio.

O potencial de membrana pode ser alterado experimentalmente, utilizando-se um gerador de corrente conectado a um segundo par de eletrodos – um intracelular e outro extracelular. Quando o eletrodo intracelular fica positivo em relação ao extracelular, um pulso de corrente positivo do gerador de corrente causa o fluxo de carga positiva do eletrodo intracelular para dentro do neurônio.

Essa corrente retorna para o eletrodo extracelular, fluindo para fora através da membrana.

Como resultado, o lado interno da membrana fica mais positivo, enquanto o lado externo fica mais negativo. Essa diminuição na separação das cargas é chamada de *despolarização*.

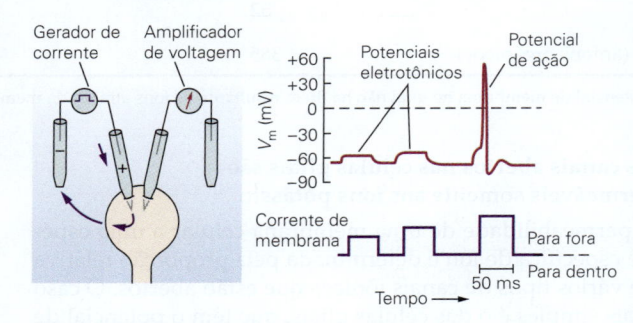

FIGURA 9-2C Despolarização.

Pequenos pulsos de corrente despolarizante evocam potenciais puramente eletrotônicos (passivos) na célula – o tamanho da mudança de potencial é proporcional ao tamanho do pulso de corrente. Entretanto, uma corrente despolarizante suficientemente grande provoca a abertura dos canais iônicos dependentes de voltagem. A abertura desses canais gera o potencial de ação, que difere dos potenciais eletrotônicos na maneira pela qual é gerado, em sua magnitude e em sua duração (**Figura 9–2C**).

Revertendo a direção da corrente – fazendo o eletrodo intracelular negativo em relação ao eletrodo extracelular – faz com que o potencial de membrana fique mais negativo. Esse aumento na separação das cargas é chamado de *hiperpolarização*.

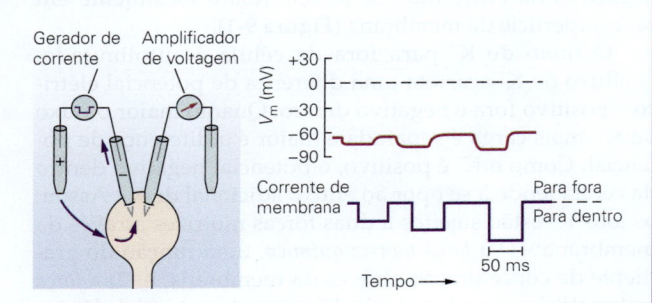

FIGURA 9-2D Hiperpolarização.

A hiperpolarização não gera resposta ativa na célula. As respostas da célula à hiperpolarização são em geral puramente eletrotônicas. À medida que o tamanho do pulso de corrente aumenta, a hiperpolarização aumenta proporcionalmente (**Figura 9-2D**).

---

são relacionadas entre si e serão respondidas considerando-se dois exemplos de permeabilidade da membrana: a membrana em repouso das células gliais, que é permeável a somente uma espécie de íon, e a membrana em repouso das células nervosas, permeável a três. Para os propósitos desta discussão, serão considerados somente os canais de repouso que não são dependentes de voltagem e, portanto, estão sempre abertos (os canais de vazamento).

TABELA 9-1 Distribuição dos principais íons através da membrana neuronal durante o repouso: o axônio gigante da lula

Tipo de íon	Concentração no citoplasma (mM)	Concentração no fluido extracelular (mM)	Potencial de equilíbrio[1] (mV)
K^+	400	20	−75
Na^+	50	440	+55
Cl^-	52	560	−60
A^- (ânions orgânicos)	385	Nenhuma	Nenhuma

[1]Potencial de membrana no qual não há fluxo resultante de íons através da membrana celular, também conhecido como potencial de Nernst.

Os canais abertos nas células gliais são permeáveis somente aos íons potássio

A permeabilidade de uma membrana celular a uma espécie específica de íon é determinada pela proporção relativa de vários tipos de canais iônicos que estão abertos. O caso mais simples é o das células gliais, que têm o potencial de repouso de aproximadamente −75 mV. Como muitas células, a glia tem alta concentração de K^+ e A^- no lado interno, e alta concentração de Na^+ e Cl^- no lado externo da célula. Entretanto, a maioria dos canais de repouso na membrana é permeável somente ao K^+.

Devido a sua alta concentração dentro da célula, íons K^+ tendem a difundir de dentro para fora através da membrana, a favor de seu gradiente químico de concentração. Como resultado, o lado externo da membrana acumula uma resultante de cargas positivas (causada pelo pequeno excesso de K^+); e o lado interno, uma resultante das cargas negativas (causada pelo déficit de K^+ e pelo pequeno excesso de ânions). Como as cargas opostas se atraem, o excesso de cargas positivas na parte externa e o excesso de cargas negativas na parte interna se acumulam localmente em cada superfície da membrana (**Figura 9-1**).

O fluxo de K^+ para fora da célula é autolimitado. O efluxo de K^+ acarreta uma diferença de potencial elétrico – positivo fora e negativo dentro. Quanto maior o fluxo de K^+, mais carga é separada e maior é a diferença de potencial. Como o K^+ é positivo, o potencial negativo dentro da célula tende a se opor ao efluxo adicional de K^+. Assim, os íons K^+ estão sujeitos a duas forças motrizes através da membrana: (1) a *força motriz química*, uma função do gradiente de concentração através da membrana, e (2) a *força motriz elétrica*, uma função da diferença de potencial elétrico através da membrana.

Uma vez que a difusão de K^+ tenha procedido até um certo ponto, a força motriz elétrica sobre o K^+ equilibra precisamente a força motriz química. Ou seja, o efluxo de K^+ (levado por seu gradiente de concentração) é igual ao influxo de K^+ (levado pela diferença de potencial elétrico através da membrana). Esse potencial é chamado de *potencial de equilíbrio* do K^+, E_K (**Figura 9-3**). Na célula permeável somente aos íons K^+, E_K determina o potencial de repouso, que, na maioria das células gliais, é aproximadamente −75 mV.

O potencial de equilíbrio para qualquer íon X pode ser calculado pela equação derivada, em 1888, dos princípios básicos da termodinâmica, pelo físico-químico alemão Walter Nernst:

$$E_x = \frac{RT}{zF} \ln \frac{[X]_e}{[X]_i},\quad \text{Equação de Nernst}$$

em que R é a constante dos gases, T é a temperatura (em Kelvin), z é a valência do íon, F é a constante de Faraday, e $[X]_e$ e $[X]_i$, as concentrações dos íons fora e dentro da célula. (Para ser preciso, atividade química deve ser utilizada em vez de concentração).

Como RT/F é 25 mV a 25°C (temperatura ambiente), e a constante de conversão do logaritmo natural para logaritmo de base 10 é 2,3, a equação de Nernst também pode ser escrita como se segue:

$$E_x = \frac{58\,\text{mV}}{z} \log \frac{[X]_e}{[X]_i}.$$

Então, para o K^+, como $z = +1$, e dadas as concentrações dentro e fora do axônio da lula da **Tabela 9-1**:

$$E_K = \frac{58\,\text{mV}}{1} \log \frac{[20]}{[400]} = -75\,\text{mV}.$$

A equação de Nernst pode ser utilizada para saber o potencial de equilíbrio de qualquer íon presente nos dois lados de uma membrana a ele permeável (o potencial é às vezes chamado de *potencial de Nernst*). Os potenciais de equilíbrio para as distribuições de íons Na^+, K^+ e Cl^- ao longo do axônio gigante da lula são mostrados na **Tabela 9-1**.

Em nossa discussão até agora, vimos a geração do potencial de repouso como um mecanismo passivo – a difusão de íons a favor de seus gradientes eletroquímicos – que não requer o gasto de energia pela célula. Entretanto, a energia da hidrólise do trifosfato de adenosina (ATP) é necessária para configurar os gradientes de concentração iniciais e mantê-los nos neurônios, como veremos abaixo.

Os canais abertos nas células nervosas em repouso são permeáveis a três espécies de íons

Diferentes das células gliais, as células nervosas no repouso são permeáveis aos íons Na^+ e Cl^-, além dos íons K^+. De todas as espécies iônicas das células nervosas, somente os grandes ânions orgânicos (A^-) não são capazes de permear a membrana celular. Como são mantidos os gradientes

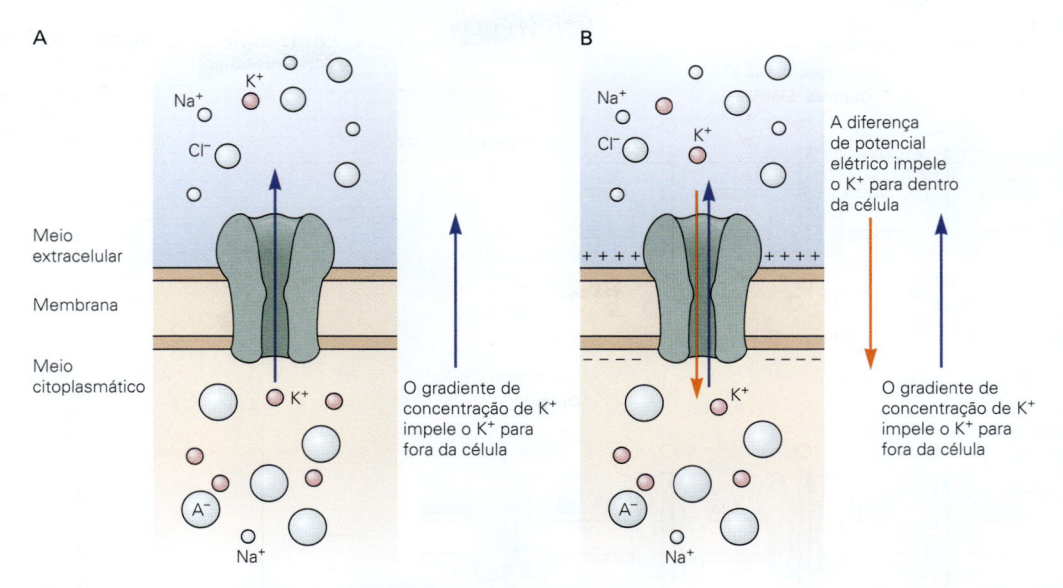

FIGURA 9-3 O fluxo de K⁺ através de uma membrana celular é determinado pelo gradiente de concentração de K⁺ e pelo potencial de membrana.
A. Em uma célula permeável apenas ao K⁺, o potencial de repouso é gerado pelo efluxo de K⁺ a favor de seu gradiente de concentração.
B. O efluxo contínuo de K⁺ acumula cargas positivas em excesso no meio extracelular, deixando um excesso de cargas negativas no lado de dentro da célula. Essa separação de cargas leva a uma diferença de potencial através da membrana que impede o efluxo adicional de K⁺, de modo que, ao final, atinge-se um equilíbrio: as forças motrizes elétrica e química são iguais e opostas, de modo que o número de íons K⁺ que se move para dentro e para fora é o mesmo.

de concentração dos três íons permeantes (Na⁺, K⁺ e Cl⁻) através da membrana de uma célula, e como esses três gradientes interagem para determinar o potencial de repouso da membrana?

Para responder tais questões, é mais fácil examinar primeiro somente a difusão de Na⁺ e K⁺. Vamos retornar ao exemplo simples da célula contendo somente canais de K⁺, com gradientes de concentração para Na⁺, K⁺, Cl⁻ e A⁻, como mostrado na **Tabela 9-1**. Sob essas condições, o potencial de repouso da membrana, V_r é determinado somente pelo gradiente de concentração dos íons K⁺ e é igual ao E_K (−75 mV) (**Figura 9-4A**).

Consideremos, agora, o que aconteceria se adicionássemos alguns canais de repouso para Na⁺ à membrana, fazendo-a levemente permeável a esse íon. Duas forças levam os íons Na⁺ para dentro da célula: eles tendem a fluir a favor de seu gradiente de concentração e também são levados para dentro da célula pela diferença de potencial negativa através da membrana (**Figura 9-4B**). O influxo de Na⁺ despolariza a célula, tornando o potencial apenas levemente mais positivo do que o potencial de equilíbrio do K⁺ (−75 mV). O novo potencial de membrana não chega próximo ao potencial de equilíbrio do Na⁺ de +55 mV, porque há muito mais canais iônicos de repouso – especialmente de vazamento – de K⁺ do que de Na⁺ na membrana.

Logo que o potencial de membrana começa a despolarizar a partir do valor do potencial de equilíbrio de K⁺, o fluxo de K⁺ através da membrana deixa de estar em equilíbrio. A redução da força elétrica que leva o K⁺ para dentro da célula significa que existe um fluxo resultante de íons K⁺ para fora da célula, tendendo a contrabalançar o influxo dos íons Na⁺. Quanto mais despolarizado o potencial de membrana e mais longe do potencial de equilíbrio do K⁺, maior a força eletroquímica que leva o K⁺ para fora da célula e, por consequência, maior o efluxo resultante de K⁺. Por fim, o potencial de membrana alcança um novo nível de repouso, no qual o aumento do efluxo de K⁺ se equilibra com o influxo de Na⁺ (**Figura 9-4C**). Esse ponto de equilíbrio (em geral em torno de −65 mV) é um valor muito diferente do potencial de equilíbrio do Na⁺ (+55 mV) e levemente mais positivo do que o potencial de equilíbrio do K⁺ (−75 mV).

Para entender como esse ponto de equilíbrio é determinado, devemos lembrar que a magnitude do fluxo de um íon através da membrana é o produto da sua *força motriz eletroquímica* (a soma das forças motrizes elétrica e química) multiplicada pela condutância da membrana ao íon:

fluxo iônico = (força motriz elétrica
+ força motriz química)
− condutância da membrana.

Em uma célula nervosa em repouso, relativamente poucos canais iônicos de Na⁺ estão abertos, então a condutância da membrana ao Na⁺ é muito baixa. Portanto, apesar das grandes forças, elétrica e química, que levam o Na⁺ para dentro da célula, o influxo de Na⁺ é pequeno. Em contrapartida, muitos canais iônicos de K⁺ estão abertos na membrana de uma célula em repouso, de modo que a condutância da membrana ao K⁺ é relativamente alta. Devido à alta condutância do K⁺ em relação ao Na⁺ na célula em repouso, a pequena força resultante que age sobre os íons K⁺ impulsionando-os para fora é suficiente para produzir um efluxo de K⁺ igual ao influxo de Na⁺.

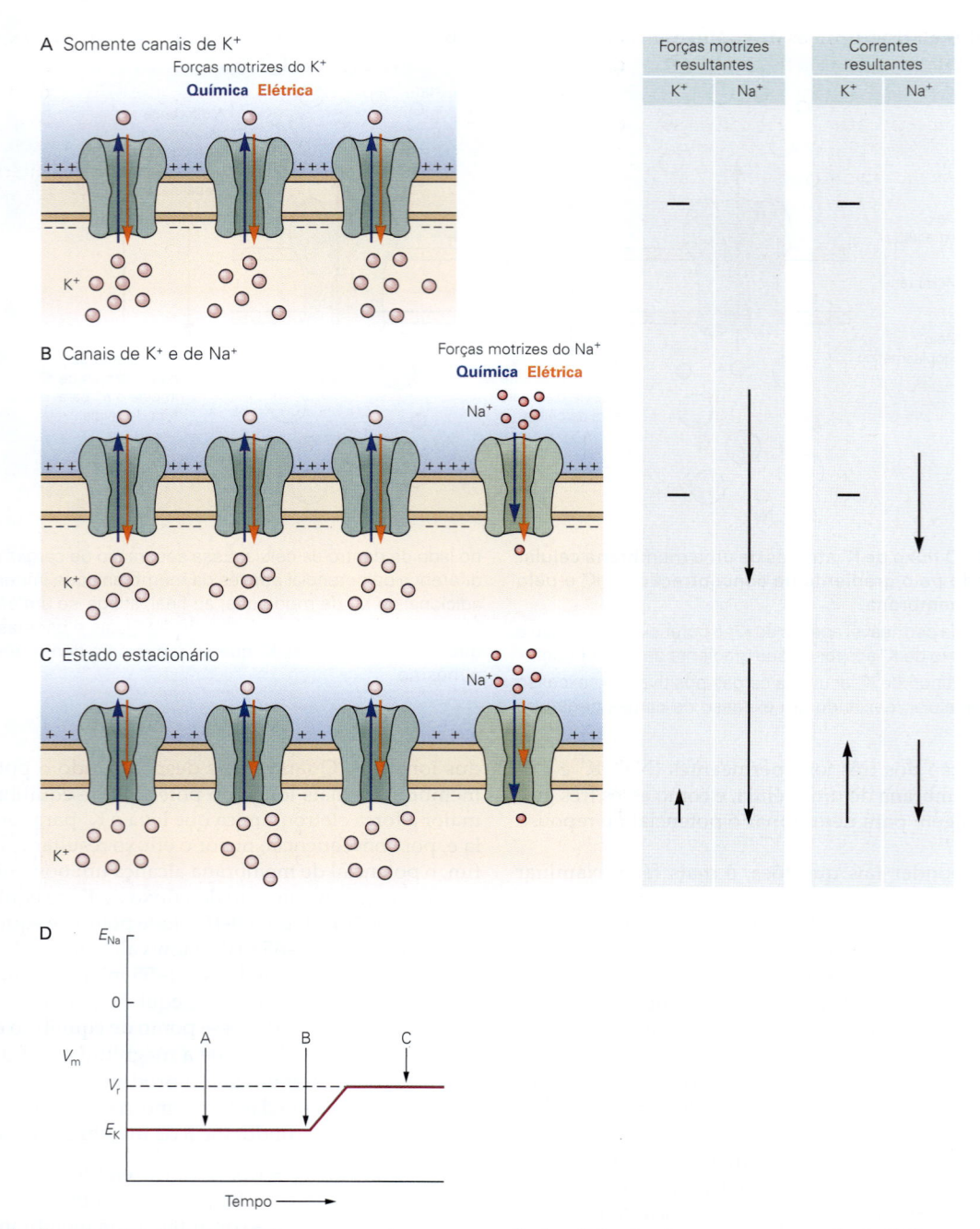

FIGURA 9-4 O potencial de repouso de uma membrana celular é determinado pela proporção de diferentes tipos de canais iônicos que estão abertos, em conjunto com o valor de seus potenciais de equilíbrio. Os canais na figura representam a totalidade dos canais de K^+ ou de Na^+ nesta membrana celular hipotética. Os comprimentos das setas dentro dos canais representam as amplitudes relativas das forças motrizes, elétrica (**vermelho**) e química (**azul**) agindo sobre o Na^+ ou K^+. Os comprimentos das setas no diagrama à direita denotam os tamanhos relativos da força motriz resultante (a soma das forças motrizes elétrica e química) para Na^+ e K^+ e as correntes iônicas resultantes. Três situações hipotéticas são ilustradas.

A. Em uma célula em repouso na qual somente os canais de K^+ estão presentes, os íons K^+ estão em equilíbrio e $V_m = E_k$.

B. A adição de alguns poucos canais de Na^+ na membrana em repouso permite aos íons Na^+ se difundirem para dentro da célula, e esse influxo começa a despolarizar a membrana.

C. O potencial de repouso se estabelece em um novo nível (V_r), onde o influxo de Na^+ é equilibrado pelo efluxo de K^+. Neste exemplo, a condutância agregada dos canais de K^+ é muito maior do que a dos canais de Na^+, porque os canais de K^+ são mais numerosos. Como resultado, a força motriz resultante relativamente pequena para o K^+ gera uma corrente igual e em direção oposta à corrente de íons Na^+ gerada por uma força motriz resultante muito maior para o Na^+. Essa é uma condição de estado estacionário, na qual nem o Na^+ nem o K^+ estão em equilíbrio, mas o fluxo resultante de cargas é nulo.

D. Mudanças na voltagem da membrana durante as situações hipotéticas ilustradas em **A**, **B** e **C**.

Os gradientes eletroquímicos de sódio, potássio e cálcio são estabelecidos pelo transporte ativo de íons

Como visto, o movimento passivo dos íons K$^+$ para fora da célula em repouso, através dos canais abertos, equilibra o movimento passivo dos íons Na$^+$ para dentro da célula. Entretanto, esse vazamento estável de íons não pode ficar sem oposição por um tempo considerável, porque, assim, os gradientes de Na$^+$ e de K$^+$ acabariam por dissipar-se, reduzindo o potencial de repouso da membrana.

A dissipação dos gradientes iônicos é prevenida pela bomba de sódio-potássio (*bomba de Na$^+$-K$^+$*), que move Na$^+$ e K$^+$ *contra* seus gradientes eletroquímicos: ela expulsa Na$^+$ da célula enquanto coloca K$^+$ para dentro. A bomba, portanto, requer gasto de energia, e essa energia vem da hidrólise do ATP. Então, no potencial de repouso da membrana, a célula não está em equilíbrio, mas sim em *estado estacionário*: existe um influxo passivo contínuo de Na$^+$ e um efluxo contínuo passivo de K$^+$ através dos canais de repouso, o que é precisamente contrabalançado pela bomba de Na$^+$-K$^+$.

Como visto no capítulo anterior, as bombas são semelhantes aos canais iônicos no fato de catalisarem o movimento dos íons através das membranas celulares. Entretanto, são diferentes em dois importantes aspectos. Primeiro, enquanto os canais iônicos são condutos passivos que permitem que os íons se movam a favor de seu gradiente eletroquímico, as bombas requerem uma fonte de energia química para transportar íons contra seu gradiente eletroquímico. Segundo, o transporte de íons é muito mais rápido nos canais: 10^7 a 10^8 íons por segundo, enquanto as bombas operam a velocidades mais de 10 mil vezes mais lenta.

A bomba de Na$^+$-K$^+$ é uma grande proteína transmembrana com sítios catalíticos para o Na$^+$ e o ATP na superfície intracelular e para K$^+$ na superfície extracelular. Em cada ciclo, a bomba hidrolisa uma molécula de ATP. (Como a bomba de Na$^+$-K$^+$ hidrolisa ATP, ela também é chamada de *Na$^+$-K$^+$ ATPase*). Ela utiliza energia da hidrólise do ATP para expulsar três íons Na$^+$ da célula e introduzir dois íons K$^+$ na célula. Esse fluxo desigual de íons Na$^+$ e K$^+$ leva a bomba a gerar uma corrente iônica resultante para fora. Por isso, a bomba é chamada de *eletrogênica*. Esse efluxo de cargas positivas provocado pela bomba tende a ajustar o potencial de repouso poucos milivolts mais negativo do que seria atingido pelos mecanismos de difusão passiva discutidos anteriormente. Durante períodos de intensa atividade neuronal, o aumento do influxo de Na$^+$ leva a um aumento da atividade da bomba de Na$^+$-K$^+$, que gera uma prolongada corrente que flui para fora, e, por consequência, uma hiperpolarização pós-potencial que pode durar vários minutos, até que a concentração normal de Na$^+$ seja restaurada. A bomba de Na$^+$-K$^+$ é inibida por ouabaína ou alcaloides da planta Digitalis, uma ação que é importante no tratamento de insuficiência cardíaca.

A bomba de Na$^+$-K$^+$ é membro de uma grande família de bombas conhecidas como *ATPases tipo P* (porque o grupo fosforila do ATP é transferido temporariamente para a bomba). As ATPases tipo P incluem uma *bomba de Ca^{2+}* que transporta Ca^{2+} através das membranas celulares (ver **Figura 9-5A**). Todas as células mantêm normalmente uma concentração citoplasmática de Ca^{2+} muito baixa, entre 50 e 100 nM. Essa concentração é mais de quatro vezes menor que a concentração externa, que é de aproximadamente 2 mM em mamíferos. As bombas de cálcio na membrana plasmática transportam Ca^{2+} para fora da célula; outras bombas de Ca^{2+} localizadas em membranas internas, como o retículo endoplasmático liso, transportam Ca^{2+} do citoplasma para dentro desses reservatórios intracelulares de Ca^{2+}. Acredita-se que as bombas de cálcio transportam dois íons Ca^{2+} para cada molécula de ATP que é hidrolisada, com dois prótons transportados em direção oposta.

A bomba de Na$^+$-K$^+$ e a bomba de Ca^{2+} apresentam estruturas semelhantes. Elas são formadas por subunidades α de 110 kDa, cujos grandes domínios transmembrana contêm 10 α-hélices (ver **Figura 9-5A**). Na bomba de Na$^+$-K$^+$, uma subunidade α se associa a uma subunidade β obrigatória que é necessária para a montagem adequada e para a expressão da bomba na membrana. Em humanos, quatro genes codificam subunidades α da bomba de Na$^+$-K$^+$ altamente relacionadas (*ATP1A1, ATP1A2, ATP1A3, ATP1A4*). Mutações em *ATP1A2* resultam em enxaqueca hemiplégica familiar, uma forma de enxaqueca associada a uma aura e fraqueza muscular. Certas mutações na isoforma *ATP1A3*, específica do neurônio, levam ao parkinsonismo com distonia de início rápido, um distúrbio do movimento que ocorre pela primeira vez no final da adolescência ou início da idade adulta. Um conjunto diferente de mutações leva a um distúrbio neurológico distinto, a hemiplegia alternante da infância, uma paralisia que afeta um lado do corpo e se desenvolve em crianças menores de 2 anos.

A maioria dos neurônios tem relativamente poucas bombas de Ca^{2+} na membrana plasmática. Em vez disso, o Ca^{2+} é transportado para fora da célula principalmente pelo *trocador de Na$^+$-Ca^{2+}* (**Figura 9-5B**). Essa proteína de membrana não é uma ATPase, mas um tipo de molécula diferente chamada de *cotransportador*. Cotransportadores movem um tipo de íon contra seu gradiente eletroquímico, utilizando energia armazenada no gradiente eletroquímico de um segundo íon. (O cotransportador de Cl$^-$-H$^+$, CLC discutido no Capítulo 8 é um tipo de trocador.) No caso do trocador de Na$^+$-Ca^{2+}, a energia do gradiente eletroquímico do Na$^+$ propicia o efluxo do Ca^{2+}. O trocador transporta três ou quatro íons Na$^+$ para dentro da célula (a favor do gradiente eletroquímico de Na$^+$) para cada íon Ca^{2+} removido (contra o gradiente eletroquímico do Ca^{2+}). Como os íons Na$^+$ e Ca^{2+} são transportados em direções opostas, o trocador é chamado de *antiporte*. Em última análise, é a hidrólise do ATP pela bomba de Na$^+$-K$^+$ que promove a energia (armazenada no gradiente de Na$^+$) para manter a função do trocador de Na$^+$-Ca^{2+}. Por essa razão, o fluxo de íons impulsionado pelos cotransportadores é com frequência referido como *transporte ativo, secundário* para distinguir do *transporte ativo primário* conduzido diretamente pelas ATPases.

Os íons cloreto também são transportados ativamente

Até o momento, para simplificar, foi ignorada a contribuição do cloreto (Cl$^-$) no potencial de repouso. Entretanto, na maioria das células nervosas, o gradiente de Cl$^-$ através

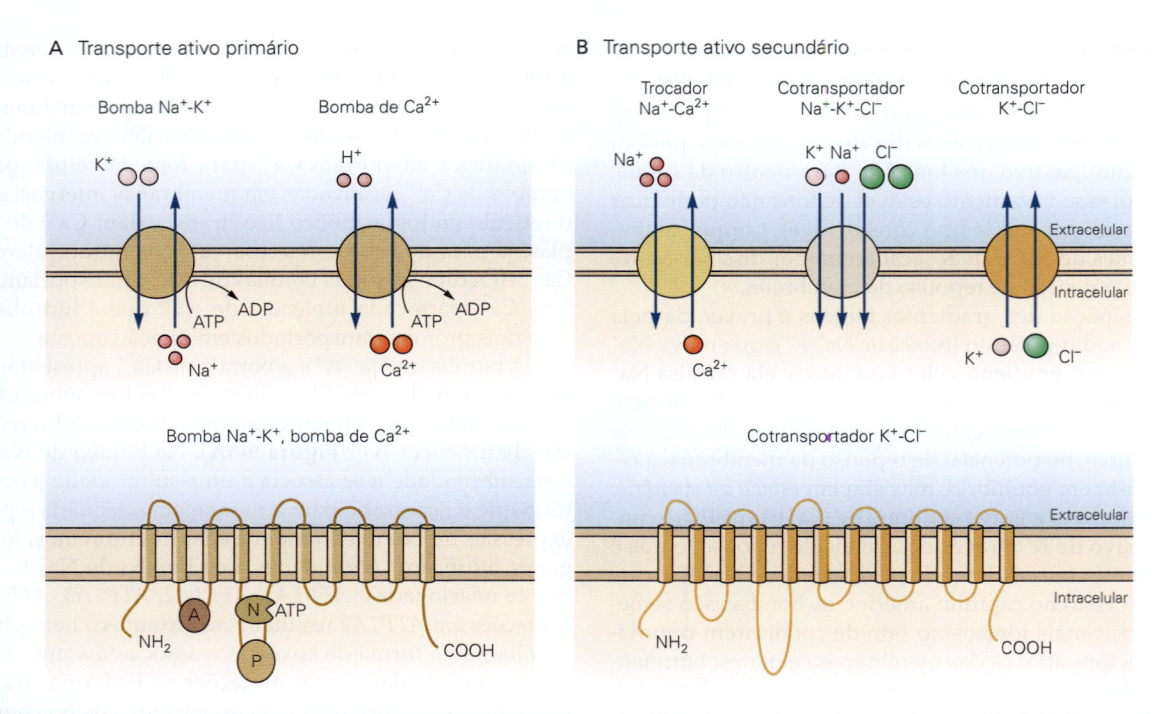

FIGURA 9-5 Bombas e transportadores regulam os gradientes de concentração química dos íons Na⁺, K⁺, Ca²⁺ e Cl⁻.
A. As bombas de Na⁺-K⁺ e de Ca²⁺ são dois exemplos de transportadores ativos que usam energia da hidrólise do trifosfato de adenosina (**ATP**) para transportar íons contra seu gradiente de concentração. A subunidade α da bomba de Na⁺-K⁺ ou homóloga da bomba de Ca²⁺ (**abaixo**) possui 10 segmentos transmembrana, uma porção aminoterminal citoplasmática e uma porção carboxiterminal citoplasmática. Existem também alças citoplasmáticas importantes para a ligação do ATP (**N**), hidrólise do ATP e fosforilação da bomba (**P**), e a transdução da fosforilação para o transporte (**A**). A bomba de Na⁺-K⁺ também contém uma subunidade β menor com um único domínio transmembrana, mais uma pequena proteína de membrana integral acessória **FXYD**, que modula a cinética da bomba (não mostrado).
B. O trocador de Na⁺-Ca²⁺ utiliza a energia potencial do gradiente eletroquímico do Na⁺ para transportar Ca²⁺ para fora da célula. O trocador de Na⁺-Ca²⁺ contém nove segmentos transmembrana, duas alças reentrantes na membrana, importantes para o transporte de íons, e uma grande alça regulatória citoplasmática. Os íons cloreto são transportados para dentro da célula pelo cotransportador de Na⁺-K⁺-Cl⁻ e para fora da célula pelo cotransportador de K⁺-Cl⁻. Esses transportadores são membros de uma família de proteínas transportadoras de Cl⁻ com 12 segmentos transmembrana (**abaixo**).

da membrana é controlado por um ou mais mecanismos de transporte ativo, de modo que o E_{Cl} difere do V_r. Como resultado, a presença de canais de Cl⁻ abertos irá influenciar o potencial de membrana em direção a seu potencial de Nernst. Os *transportadores de cloreto* tipicamente utilizam a energia armazenada nos gradientes de outros íons – são cotransportadores.

As membranas celulares contêm diferentes tipos de cotransportadores de Cl⁻ (**Figura 9-5B**). Alguns transportadores aumentam a concentração intracelular de Cl⁻ a níveis maiores do que aqueles que seriam atingidos se o potencial de Nernst fosse igual ao potencial de repouso. Nessas células, o E_{Cl} é positivo em relação ao V_r, de modo que a abertura de canais de Cl⁻ despolariza a membrana. Um exemplo desse tipo de transportador é o cotransportador de Na⁺-K⁺-Cl⁻. Essa proteína transporta dois íons Cl⁻ para dentro da célula junto com um íon Na⁺ e um íon K⁺. Como resultado, o transportador tem ação eletricamente neutra. O cotransportador de Na⁺-K⁺-Cl⁻ difere do trocador de Na⁺-Ca²⁺ porque o primeiro transporta todos os três íons na mesma direção – funcionando como um *simporte*.

Na maioria dos neurônios, o gradiente de Cl⁻ é determinado por cotransportadores que movem Cl⁻ para fora da célula. Essa ação diminui a concentração intracelular de Cl⁻, de modo que o E_{Cl} é normalmente mais negativo do que o potencial de repouso da membrana. Como resultado, a abertura de canais de Cl⁻ levam ao influxo de Cl⁻, que hiperpolariza a membrana. O cotransportador de K⁺-Cl⁻ é um exemplo desse mecanismo de transporte; ele move um íon K⁺ para fora da célula para cada íon Cl⁻ que é exportado.

Curiosamente, nos estágios iniciais do desenvolvimento, as células tendem a expressar principalmente o cotransportador de Na⁺-K⁺-Cl⁻. Como resultado, nesse estágio, o neurotransmissor ácido γ-aminobutírico (GABA), que se liga aos canais ativados por ligantes permeáveis ao Cl⁻, tem um efeito excitatório (despolarizante). Com o desenvolvimento dos neurônios, eles começam a expressar o cotransportador de K⁺-Cl⁻, de tal forma que, em neurônios maduros, o GABA hiperpolariza a membrana, agindo então como neurotransmissor inibitório. Em algumas condições patológicas em adultos, como alguns tipos de epilepsia ou síndromes de dor crônica, o padrão de expressão dos cotransportadores de Cl⁻ pode reverter para o padrão do sistema nervoso imaturo. Isso levará a uma aberrante despolarização em resposta ao GABA, que pode produzir níveis anormalmente altos de excitação.

O equilíbrio dos fluxos iônicos na membrana em repouso é abolido durante o potencial de ação

Nas células nervosas em repouso, o influxo estacionário de íons Na^+ é equilibrado pelo efluxo estacionário dos íons K^+, de modo que o potencial de membrana é constante. Esse equilíbrio se altera quando a membrana é despolarizada em direção ao limiar para o potencial de ação. Quando o potencial de membrana se aproxima desse limiar, os canais de Na^+ dependentes de voltagem abrem rapidamente. O aumento resultante na condutância da membrana ao Na^+ leva o influxo dos íons Na^+ a exceder o efluxo dos íons K^+ quando o limiar é excedido, criando um influxo resultante de cargas positivas que causa despolarização adicional. O aumento da despolarização leva à abertura de mais canais de Na^+ dependentes de voltagem, resultando em um maior influxo de Na^+, que acelera ainda mais a despolarização.

Esse ciclo regenerativo de retroalimentação positiva se desenvolve explosivamente, levando rapidamente o potencial de membrana até próximo ao potencial de equilíbrio do Na^+, que é +55 mV:

$$E_{Na} = \frac{RT}{F} \ln \frac{[Na]_e}{[Na]_i} = 58 \text{ mV} \times \log \frac{[440]}{[50]} = +55 \text{ mV}.$$

Entretanto, o potencial de membrana nunca chega ao E_{Na}, porque o efluxo de K^+ continua durante toda a despolarização. Um pequeno influxo de Cl⁻ para dentro da célula também contraria o efeito de despolarização do influxo dos íons Na^+. Contudo, são tantos os canais de Na^+ dependentes de voltagem que se abrem durante a fase ascendente do potencial de ação que a condutância da membrana para o íon Na^+ torna-se muito maior do que a condutância para os íons Cl⁻ ou K^+. Então, no pico do potencial de ação, o potencial de membrana se aproxima do potencial de equilíbrio do Na^+, assim como no repouso (quando a permeabilidade ao íon K^+ é predominante), o potencial de membrana tende a ser próximo ao potencial de equilíbrio do K^+.

A contribuição de diferentes íons ao potencial de repouso da membrana pode ser quantificada pela equação de Goldman

Embora os fluxos de K^+, Na^+ e Cl⁻ sejam responsáveis pelo valor do potencial de repouso da membrana, o V_m não é igual ao E_K, E_{Na} ou ao E_{Cl}, mas sim a um valor intermediário. Como regra, quando V_m é determinado por duas ou mais espécies de íons, a contribuição de uma das espécies é determinada não somente pela concentração do íon dentro e fora da célula, mas também pela facilidade com que o íon atravessa a membrana.

Uma medida conveniente da facilidade com que o íon atravessa a membrana é a *permeabilidade* (P) da membrana àquele íon, que tem unidades de velocidade (cm/s). Essa medida é semelhante à constante de difusão, que determina a taxa de movimento do soluto em solução, conduzida pelo gradiente de concentração local. A equação de Goldman mostra a dependência do potencial de membrana em relação à permeabilidade e à concentração iônica:

$$V_m = \frac{RT}{F} \ln \frac{P_K[K^+]_e + P_{Na}[Na^+]_e + P_{Cl}[Cl^-]_i}{P_K[K^+]_i + P_{Na}[Na^+]_i + P_{Cl}[Cl^-]_e}.$$

Equação de Goldman

Essa equação se aplica somente quando V_m não se altera. Ela afirma que, quanto maior a concentração de uma espécie de íon, e quanto maior a permeabilidade da membrana, maior sua contribuição para determinar o potencial de membrana. No limite, quando a permeabilidade de um íon é excepcionalmente alta, a equação de Goldman se reduz à equação de Nernst para aquele íon. Por exemplo, se $P_K \gg P_{Cl}$ ou P_{Na}, como ocorre nas células gliais, a equação fica como abaixo:

$$V_m \cong \frac{RT}{F} \ln \frac{[K^+]_e}{[K^+]_i}.$$

Alan Hodgkin e Bernard Katz utilizaram a equação de Goldman para analisar mudanças no potencial de membrana do axônio gigante da lula. Eles mediram as variações no potencial de membrana em resposta a alterações sistemáticas nas concentrações extracelulares dos íons Na^+, Cl⁻ e K^+. Eles descobriram que se V_m for medida logo após a alteração da concentração iônica extracelular (antes que as concentrações internas sejam alteradas), a $[K^+]_e$ tem um grande efeito no potencial de repouso, a $[Cl^-]_e$ tem um efeito moderado e a $[Na^+]_e$ tem pouco efeito. O valor para a membrana em repouso poderia ser determinado precisamente pela equação de Goldman, utilizando-se as seguintes razões de permeabilidade:

$$P_K : P_{Na} : P_{Cl} = 1,0 : 0,04 : 0,45.$$

No pico do potencial de ação, há um período de tempo em que V_m não se altera, e a equação de Goldman é aplicável. Nesse ponto, a variação do V_m com as concentrações iônicas externas se encaixa melhor nessa equação se forem assumidos valores de razões de permeabilidade bastante diferentes:

$$P_K : P_{Na} : P_{Cl} = 1,0 : 20 : 0,45.$$

Para esses valores de permeabilidade, a equação de Goldman se aproxima da equação de Nernst para o íon Na^+:

$$V_m \cong \frac{RT}{F} \ln \frac{[Na^+]_e}{[Na^+]_i} = +55 \text{ mV}.$$

Então, no pico do potencial de ação, quando a membrana é muito mais permeável aos íons Na^+ do que a qualquer outro íon, V_m se aproxima do E_{Na}. Entretanto, a permeabilidade finita da membrana aos íons K^+ e Cl⁻ resulta em um efluxo de K^+ e um influxo de Cl⁻ que parcialmente contrabalança o influxo de Na^+, prevenindo, assim, que o V_m alcance o E_{Na}.

As propriedades funcionais dos neurônios podem ser representadas como um circuito elétrico equivalente

A utilidade da equação de Goldman é limitada porque não pode ser usada para determinar como o potencial de membrana varia com o tempo ou com a distância dentro do neurônio, em resposta a uma mudança local na permeabilidade. É também inconveniente para determinar a magnitude de correntes individuais dos íons Na^+, K^+ e Cl^-. Essa informação pode ser obtida usando-se um modelo matemático simples, derivado da teoria dos circuitos elétricos. O modelo chamado *circuito equivalente* representa todas as propriedades elétricas importantes de um neurônio por meio de um circuito de condutores ou resistores, baterias e capacitores. Circuitos equivalentes fornecem um entendimento intuitivo, bem como uma descrição qualitativa, de como a corrente causada pelo movimento de íons gera sinais nas células nervosas.

O primeiro passo para desenvolver um circuito equivalente é correlacionar as propriedades físicas discretas da membrana com suas propriedades elétricas. A bicamada lipídica é o que confere à membrana a *capacitância* elétrica, que é a capacidade de um não condutor elétrico (isolante) de separar as cargas elétricas em seus dois lados. A bicamada não condutora de fosfolipídeos da membrana separa o citoplasma e o fluido extracelular, dois ambientes altamente condutores. A separação de cargas nas superfícies interna e externa da membrana celular (o capacitor) dá origem à diferença de potencial elétrico através da membrana. A diferença de potencial elétrico ou de voltagem através de um capacitor é

$$V = Q/C,$$

em que Q é o excedente líquido de cargas positivas ou negativas em cada lado do capacitor, e C é a capacitância.

A capacitância é medida em unidade de farads (F), e a carga é medida em coulombs (C) (em que 96.500 coulombs de um íon univalente são equivalentes a 1 mol daquele íon). Uma separação de cargas de 1 C através do capacitor de 1 F produz a diferença de potencial de 1 volt. Um valor típico de capacitância da membrana para uma célula nervosa é de aproximadamente 1 μF por cm^2 de área da membrana. Poucas cargas são necessárias para que se produza uma grande diferença de potencial através de tal capacitância. Por exemplo, o excesso de cargas positivas ou negativas separadas pela membrana de uma célula esférica com um diâmetro de 50 μm e potencial de repouso de –60 mV é 29×10^6 íons. Embora esse número pareça grande, ele representa somente uma pequena fração (1/200.000) do número total de cargas positivas ou negativas em solução no citoplasma. O conjunto do volume citoplasmático, e também do próprio volume do fluido extracelular, caracteriza-se, em geral, pela eletroneutralidade.

A membrana é um *capacitor com vazamento*, porque é repleta de canais iônicos que podem conduzir carga. Os canais iônicos conferem à membrana a condutância e a capacidade de gerar uma diferença de potencial elétrico. A bicamada lipídica tem, efetivamente, condutância zero e resistência infinita. Entretanto, como canais iônicos são altamente condutores, eles fornecem vias da resistência elétrica finita para íons através da membrana. Em razão de os neurônios possuírem muitos tipos de canais seletivos para diferentes íons, deve-se considerar cada classe de canal iônico separadamente.

Em um circuito equivalente, pode-se representar cada canal de K^+ como um resistor ou condutor de corrente iônica com uma condutância de canal único γ_K (lembre-se que condutância = 1/resistência) (**Figura 9-6A**). Se não houvesse gradiente de concentração de K^+, a corrente através de um único canal de K^+ seria dada pela lei de Ohm: $i_K = \gamma_K \times V_m$. No entanto, normalmente há um gradiente de concentração de K^+ e, portanto, também uma força química conduzindo K^+ através da membrana, representada no circuito equivalente por uma bateria. (A fonte de potencial elétrico é chamada de *força eletromotriz* [FEM], e uma força eletromotriz gerada pela diferença nos potenciais químicos é chamada de bateria.) A força eletromotriz dessa bateria é dada pelo E_K, o potencial de Nernst para o K^+ (**Figura 9-6**).

Na ausência de voltagem através da membrana, o gradiente de concentração normal para o íon K^+ causa uma corrente de K^+ para fora da célula. De acordo com a convenção para a corrente, o movimento de uma carga positiva

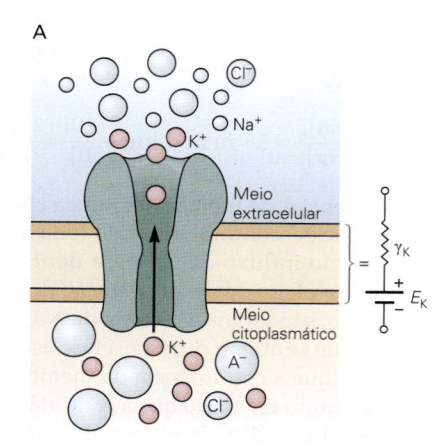

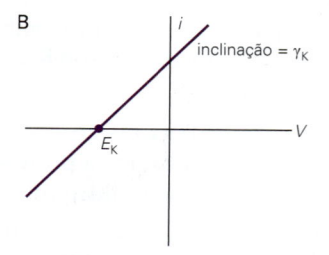

FIGURA 9-6 Forças químicas e elétricas contribuem para corrente através de um canal iônico.

A. O gradiente de concentração dos íons K^+ produz uma força eletromotriz que tem o valor igual ao E_K, o potencial de Nernst para o K^+, o que pode ser representado por uma bateria. Neste circuito, a bateria E_K está em série com o condutor γ_K, que representa a condutância do canal de K^+.

B. Relação corrente-voltagem para o canal de K^+ em presença de ambas as forças motrizes, elétrica e química. O potencial no qual a corrente é zero é igual ao potencial de Nernst para o K^+.

para fora através da membrana corresponde a uma corrente positiva. De acordo com a equação de Nernst, quando o gradiente de concentração para um íon carregado positivamente, como o K$^+$, é dirigido para fora (i.e., a concentração de K$^+$ dentro da célula é maior que a de fora), o potencial de equilíbrio para aquele íon é negativo. Então, a corrente de K$^+$ que flui somente devido ao seu gradiente de concentração é dada por $i_K = -\gamma_K \times E_K$ (o sinal negativo é necessário porque um potencial de equilíbrio negativo produz uma corrente positiva a 0 mV).

Finalmente, para um neurônio real, que possui tanto o potencial de membrana quanto o gradiente de concentração de K$^+$, a corrente de K$^+$ resultante é dada pela soma das correntes causadas pelas forças motrizes elétrica e química:

$$i_K = (\gamma_K \times V_m) - (\gamma_K \times E_K) = \gamma_K \times (V_m - E_K). \quad \textbf{(9-1)}$$

O termo $(V_m - E_K)$ é chamado de *força motriz eletroquímica*. Ela determina a direção da corrente iônica e (junto com a condutância) sua magnitude. Essa equação é uma forma modificada da lei de Ohm que leva em consideração o fato de que a corrente iônica através da membrana é determinada não somente pela voltagem através da membrana, mas também pelos gradientes de concentrações iônicas.

Uma membrana celular tem muitos canais iônicos de repouso de K$^+$, todos os quais podendo ser combinados dentro de um único elemento do circuito equivalente, que consiste em um condutor em série com uma bateria. Nesse circuito equivalente, a condutância total de todos os canais de K$^+$ (g_K), isto é, a condutância da membrana celular ao K$^+$ no seu estado de repouso, é igual ao número de canais de repouso de K$^+$ (N_K) multiplicado pela condutância de um canal individual de K$^+$ (γ_K):

$$g_K = N_K \times \gamma_K.$$

Em razão de a bateria nesse circuito equivalente depender somente do gradiente de concentração do íon K$^+$ e ser independente do número de canais de K$^+$, seu valor é igual ao potencial de equilíbrio para o K$^+$, E_K.

Assim como a população de canais de repouso de K$^+$, todos os canais de repouso de Na$^+$ podem ser representados por um único condutor em série com única bateria, bem como os canais de repouso de Cl$^-$. Como os canais iônicos de K$^+$, Na$^+$ e de Cl$^-$ são responsáveis pela maior parte da corrente iônica passiva através da membrana na célula em repouso, podemos calcular o potencial de repouso incorporando essas três vias em um circuito equivalente simples de um neurônio (**Figura 9-7**).

Para completar este circuito, primeiro conectamos os elementos que representam cada tipo de canal em suas duas extremidades com elementos que representam o líquido extracelular e o citoplasma. O fluido extracelular e o citoplasma são ambos bons condutores (comparados à membrana), porque têm áreas relativamente grandes de secção transversal e muitos íons disponíveis para conduzir a carga. Em uma pequena região do neurônio, as resistências, tanto extracelular como citoplasmática, podem ser aproximadas por um *curto circuito* – um condutor com resistência zero. A capacitância da membrana (C_m) é determinada pelas propriedades isolantes da bicamada lipídica e por sua área.

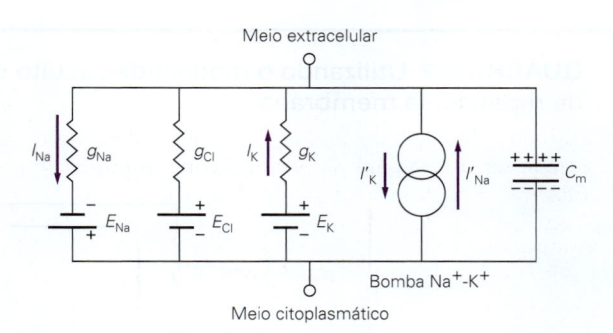

FIGURA 9-7 Um circuito equivalente de corrente passiva e ativa em um neurônio em repouso. A condutância total de K$^+$ representada pelo símbolo g_K é o produto de $\gamma_K \times N$, o número total de canais de K$^+$ abertos na membrana em repouso. As condutâncias totais para os canais de Na$^+$ e Cl$^-$ são determinadas de forma semelhante. No estado estacionário, as correntes passivas de Na$^+$ e K$^+$ estão equilibradas pelos fluxos ativos de Na$^+$ e K$^+$ (I'_{Na} e I'_K) gerados pela bomba de Na-K$^+$. O fluxo ativo de Na$^+$ (I'_{Na}) é 50% maior do que o fluxo ativo de K$^+$ (I'_K), portanto I^{Na} é 50% maior do que I^{K}, porque a bomba de Na$^+$-K$^+$ transporta três íons Na$^+$ para fora para cada dois íons K$^+$ transportados para dentro da célula. Como resultado, para que a célula permaneça em estado estável, I_{Na} deve ser 50% maior que I_K (o tamanho da seta é proporcional à magnitude da corrente). Não há corrente através dos canais de Cl$^-$ porque neste exemplo o valor de V_m é o mesmo que E_{Cl}, potencial de equilíbrio do Cl$^-$.

Finalmente, o circuito equivalente pode ser completado pela incorporação dos fluxos de íons ativos acionados pela bomba de Na$^+$-K$^+$, que expulsa três íons Na$^+$ da célula para cada dois íons K$^+$ que ela bombeia. Essa bomba eletrogênica dependente de ATP, que mantém as baterias iônicas carregadas, é representada no circuito equivalente pelo símbolo de um gerador de corrente (**Figura 9-7**). O uso do circuito equivalente para analisar quantitativamente as propriedades neuronais é ilustrado no **Quadro 9-2**, onde o circuito equivalente é usado para calcular o potencial de repouso.

As propriedades elétricas passivas do neurônio afetam a sinalização elétrica

Quando um sinal elétrico é gerado em uma parte do neurônio, por exemplo, em resposta a um sinal de entrada sináptico no ramo de um dendrito, ele é integrado a outros sinais que chegam ao neurônio e então se propaga para o segmento inicial do axônio, sítio de geração do potencial de ação. Quando potenciais sinápticos, potenciais receptores ou potenciais de ação são gerados em um neurônio, o potencial de membrana muda rapidamente.

O que determina a taxa de alteração no potencial com o tempo e com a distância? O que determina se um estímulo produzirá ou não um potencial de ação? Aqui consideramos as propriedades elétricas passivas e a geometria do neurônio, e como essas propriedades relativamente constantes afetam a sinalização elétrica celular. As ações dos canais com portão e as correntes iônicas que alteram o potencial de membrana são descritas nos próximos cinco capítulos.

> **QUADRO 9-2** Utilizando o modelo de circuito equivalente para calcular o potencial de repouso da membrana
>
> [Figura: circuito equivalente com $g_{Na} = 0,5 \times 10^{-6}$ S, $E_{Na} = +55$ mV; $g_K = 10 \times 10^{-6}$ S, $E_K = -75$ mV; $g_{Cl} = 4,0 \times 10^{-6}$ S, $E_{Cl} = -73$ mV]
>
> **FIGURA 9-8** O circuito elétrico equivalente usado para calcular o potencial de repouso da membrana. Neste exemplo, assume-se que o cotransportador de Cl^- mantém a concentração de Cl^- intracelular em um valor relativamente baixo. Como resultado, o potencial de equilíbrio Cl^- é mais negativo que o potencial de repouso.
>
> Um modelo de circuito equivalente da membrana em repouso pode ser utilizado para calcular o potencial de repouso (**Figura 9-8**). Para simplificar o cálculo, ignoramos a influência eletrogênica da bomba de Na^+-K^+ porque ela é pequena. Também ignoramos a capacitância da membrana porque V_m é imutável, então a carga na capacitância também não muda.
>
> Como existem mais canais de repouso de K^+ do que de Na^+, a condutância da membrana para K^+ é muito maior do que para o Na^+. No circuito equivalente na **Figura 9-8**, g_K (10×10^{-6} S) é 20 vezes maior que g_{Na} ($0,5 \times 10^{-6}$ S). Para a maioria das células nervosas, a g_{Cl} varia entre ¼ e ½ da g_K. Neste exemplo, g_{Cl} é igual a $4,0 \times 10^{-6}$ S. Dados esses valores e os valores de E_K, E_{Cl} e E_{Na}, podemos calcular V_m como segue.
>
> Como o potencial de membrana é constante, não há corrente líquida através dos três conjuntos de canais iônicos:
>
> $$I_K + I_{Cl} + I_{Na} = 0. \quad (9\text{--}2)$$
>
> Podemos calcular facilmente cada corrente em duas etapas. Primeiro, somamos as diferenças de potencial separadas em cada ramo do circuito. Por exemplo, no ramo do K^+, a diferença de potencial total é a soma da bateria E_K com a queda de voltagem em g_K dada pela lei de Ohm ($V_m = I_K/g_K$):*
>
> $$V_m = E_K + I_K/g_K$$
>
> Da mesma forma, para os ramos de condutância de Na^+ e Cl^-:
>
> $$V_m = E_{Cl} + I_{Cl}/g_{Cl}$$
> $$V_m = E_{Na} + I_{Na}/g_{Na}$$
>
> Em seguida, reorganizamos e resolvemos a corrente iônica I em cada ramo:
>
> $$I_{Na} = g_{Na} \times (V_m - E_{Na}) \quad (9\text{--}3a)$$
> $$I_K = g_K \times (V_m - E_K) \quad (9\text{--}3b)$$
> $$I_{Cl} = g_{Cl} \times (V_m - E_{Cl}). \quad (9\text{--}3c)$$
>
> *Como definimos V_m como $V_i - V_e$, a seguinte convenção deve ser usada para essas equações. Corrente fluindo para fora (neste caso, I_K) é positiva e, para dentro, negativa. As baterias cujo polo positivo se direciona para o lado de dentro da membrana (p. ex., E_{Na}) têm valores positivos nas equações. O inverso é verdadeiro para baterias cujo polo negativo se direciona para o lado de dentro da membrana, como a bateria de K^+.
>
> *continua*

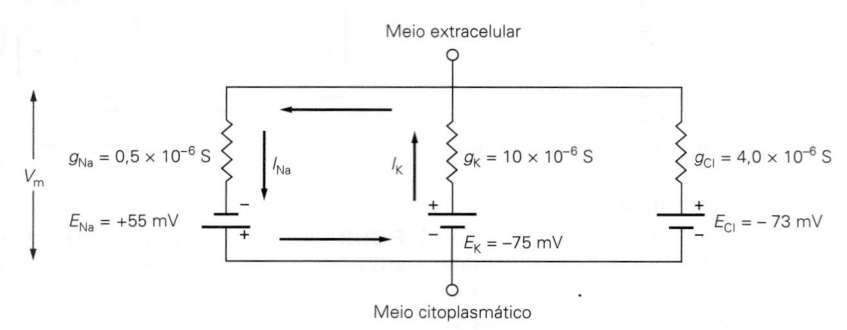

Os neurônios têm três propriedades elétricas passivas que são importantes para a sinalização elétrica. Já foram consideradas a condutância, ou resistência, da membrana em repouso ($g_r = 1/R_r$) e a capacitância da membrana (C_m). Uma terceira propriedade importante, que determina a propagação do sinal ao longo dos dendritos ou axônios, é sua resistência axial intracelular (r_a). Embora a resistividade do citoplasma seja muito menor do que a da membrana, a resistência axial ao longo de todo o comprimento de um processo neuronal fino estendido pode ser considerável. Uma vez que esses três elementos proporcionam a via de retorno para completar o circuito quando correntes iônicas ativas fluem para fora ou para dentro da célula, eles determinam o curso temporal da alteração no potencial sináptico gerado pela corrente sináptica. Eles também determinam se o potencial sináptico gerado nos dendritos irá despolarizar suficientemente a zona de gatilho no segmento inicial do axônio para gerar o potencial de ação. Finalmente, as propriedades passivas influenciam na velocidade em que o potencial de ação é conduzido.

A capacitância da membrana prolonga o curso temporal dos sinais elétricos

A alteração do estado estacionário da voltagem da membrana do neurônio em resposta a uma corrente subliminar se assemelha ao comportamento de um resistor simples,

QUADRO 9-2 Utilizando o modelo de circuito equivalente para calcular o potencial de repouso da membrana (*continuação*)

Essas equações são semelhantes à Equação 9-1, na qual a corrente líquida através de um único canal iônico é derivada das correntes causadas pelas forças motrizes individuais. Como essas equações ilustram, a corrente iônica através de cada ramo de condutância é igual à condutância daquele ramo multiplicada pela força motriz eletroquímica resultante. Então, para a corrente de K$^+$, a condutância é proporcional ao número de canais abertos de K$^+$, e a força motriz é igual a diferença entre V_m e E_K. Se V_m é mais positiva que E_K (–75 mV), a força motriz é positiva e a corrente flui para fora; se V_m é mais negativa que E_K, a força motriz é negativa e a corrente flui para dentro.

Equações semelhantes são utilizadas em vários contextos ao longo deste livro para relacionar a magnitude de uma determinada corrente iônica com a sua condutância de membrana e força motriz.

Como visto na Equação 9-2, $I_{Na} + I_K + I_{Cl} = 0$. Se então substituirmos as Equações 9–3a,b,c por I_{Na}, I_K e I_{Cl} na Equação 9–2, fizermos as multiplicações e reorganizarmos, obteremos a seguinte expressão:

$$V_m \times (g_{Na} + g_K + g_{Cl}) = (E_{Na} \times g_{Na}) + (E_K \times g_K) + (E_{Cl} \times g_{Cl}).$$

Resolvendo para V_m, obtém-se uma equação para o potencial de repouso da membrana que é expresso em termos de condutâncias g e baterias E da membrana:

$$V_m = \frac{(E_{Na} \times g_{Na}) + (E_K \times g_K) + (E_{Cl} \times g_{Cl})}{g_{Na} + g_K + g_{Cl}}. \quad (9\text{--}4)$$

Dessa equação, utilizando os valores no circuito equivalente (**Figura 9-8**), calculamos que $V_m = -70$ mV.

A Equação 9-4 indica que V_m se aproxima do valor da bateria iônica de maior condutância. Esse princípio pode ser ilustrado considerando-se o que ocorre durante o potencial de ação. No pico do potencial de ação, g_K e g_{Cl} estão essencialmente inalterados em relação aos seus valores de repouso, mas g_{Na} aumenta até 500 vezes. Esse aumento na g_{Na} é causado pela abertura dos canais de Na$^+$ dependentes de voltagem. No circuito equivalente da **Figura 9-8**, um aumento de 500 vezes alteraria a g_{Na} de 0,5 × 10^{-6} S para 250 × 10^{-6} S.

Substituindo-se esse novo valor de g_{Na} na Equação 9-4 e isolando-se V_m, obtém-se o valor de +48 mV. V_m fica mais próximo ao E_{Na} do que ao E_K no pico do potencial de ação, porque g_{Na} fica 25 vezes maior que g_K e 62,5 vezes maior que g_{Cl}, de modo que a bateria de Na$^+$ se torna muito mais importante do que a de K$^+$ e a de Cl$^-$ para determinar o V_m.

A Equação 9-4 é semelhante à equação de Goldman, pois a contribuição para V_m de cada bateria iônica é ponderada proporcionalmente à condutância da membrana para o íon em particular. No limite, se a condutância para um íon for muito maior do que para outros íons, V_m se aproxima do valor do potencial de Nernst para aquele íon.

O circuito equivalente pode ser simplificado ainda mais, agrupando-se a condutância de todos os canais de repouso que contribuem para o potencial de repouso em uma única condutância, g_r, e substituindo-se a bateria para cada canal de condutância por uma única bateria E_r, cujo valor é dado pela Equação 9–4 (**Figura 9–9**). Aqui, o índice r significa a via através do canal de repouso. Como os canais de repouso sem portão fornecem um caminho para o vazamento constante de íons através da membrana, eles às vezes são chamados de *canais de vazamento* (Capítulo 10). Essa consolidação das vias de repouso será útil quando forem considerados os efeitos, na voltagem da membrana, da corrente através dos canais dependentes de voltagem e dos ativados por ligantes, em capítulos posteriores.

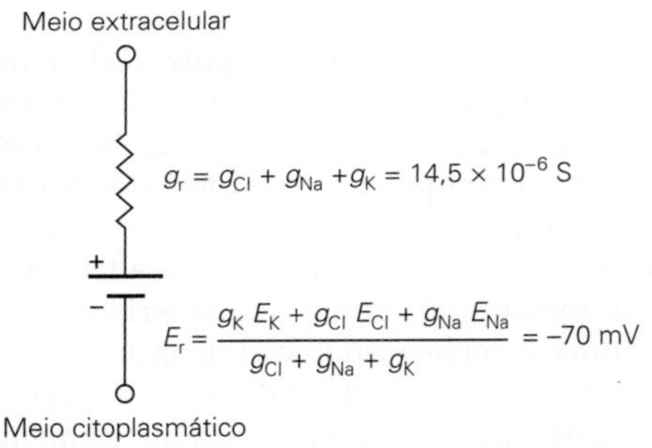

Meio extracelular

$g_r = g_{Cl} + g_{Na} + g_K = 14,5 \times 10^{-6}$ S

$E_r = \dfrac{g_K E_K + g_{Cl} E_{Cl} + g_{Na} E_{Na}}{g_{Cl} + g_{Na} + g_K} = -70$ mV

Meio citoplasmático

FIGURA 9-9 Os canais de repouso de Na$^+$, K$^+$ e Cl$^-$ podem ser representados em conjunto por uma única condutância e bateria. Para um modelo de circuito equivalente da membrana em repouso (p. ex., **Figura 9-8**), a condutância total da membrana (g_r) é calculada a partir da soma das condutâncias de Na$^+$, K$^+$ e Cl$^-$, e o valor da bateria potencial de repouso (E_r) é calculado a partir da Equação 9-4.

---

porém o *curso temporal* da alteração, não. Um resistor verdadeiro responde a alterações súbitas na corrente com alterações semelhantes na voltagem, porém o potencial de membrana do neurônio aumenta e declina mais lentamente que as alterações na corrente, devido a sua *capacitância* (**Figura 9-10**).

Para entender como a capacitância retarda a resposta de voltagem, lembre-se que a voltagem através de um capacitor é proporcional à carga armazenada no capacitor. Para alterar a voltagem, carga Q deve ser adicionada ou removida do capacitor C:

$$\Delta V = \Delta Q/C.$$

Para alterar a carga através do capacitor (a bicamada lipídica da membrana), a corrente deve fluir através do capacitor (I_c). Como a corrente é o fluxo de carga por unidade de tempo ($I_c = \Delta Q/\Delta t$), a alteração na voltagem através do capacitor é uma função da magnitude e da duração da corrente:

$$\Delta V = I_c \cdot \Delta t/C.$$

Então, a magnitude da alteração na voltagem através do capacitor em resposta ao pulso de corrente depende da duração da corrente, porque há um tempo necessário para que se depositem e removam cargas do capacitor.

Se a membrana tivesse somente propriedades resistivas, porém, um pulso de corrente fluindo para fora da

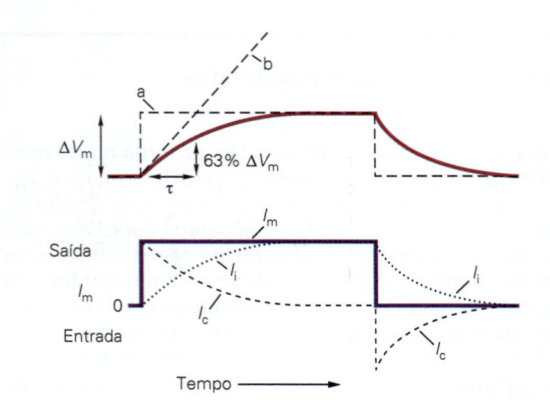

FIGURA 9-10 A taxa de variação do potencial de membrana é diminuída pela capacitância da membrana. O gráfico superior mostra a resposta do potencial de membrana (ΔV_m) a um pulso de corrente (I_m). O formato real da resposta de voltagem (linha vermelha) combina as propriedades do elemento puramente resistivo (linha tracejada a) e do elemento puramente capacitivo (linha tracejada b). O tempo gasto para atingir 63% do valor da voltagem final define a constante de tempo da membrana, τ. O gráfico inferior mostra os dois elementos da corrente total da membrana (I_m) durante o pulso de corrente: a corrente iônica (I_i) através dos elementos resistivos da membrana (canais iônicos) e da corrente capacitiva (I_c).

célula alteraria instantaneamente o potencial de membrana. Por outro lado, se a membrana tivesse somente propriedades capacitivas, o potencial de membrana mudaria linearmente com o tempo, em resposta à mesma alteração de corrente. Como a membrana tem ambas as propriedades, resistiva e capacitiva, em paralelo, a alteração real no potencial de membrana combina características das duas respostas puras. A inclinação inicial da mudança de voltagem reflete um elemento puramente capacitivo, enquanto a inclinação e a amplitude finais refletem um elemento puramente resistivo (**Figura 9-10**, gráfico superior).

No simples caso de um neurônio com corpo celular esférico, o curso temporal da mudança de potencial é descrito pela seguinte equação:

$$\Delta V_m(t) = I_m R_m (1 - e^{-t/\tau}),$$

em que e é a base do sistema de logaritmos naturais e tem um valor aproximado de 2,72, e τ é a *constante de tempo da membrana*, dada pelo produto da resistência e da capacitância da membrana ($R_m C_m$). A constante de tempo pode ser medida experimentalmente como o tempo que leva para o potencial de membrana se elevar a $1 - 1/e$, ou aproximadamente 63% do valor do estado estacionário (**Figura 9-10**, gráfico superior). Os valores típicos de τ para neurônios variam de 20 a 50 ms. A constante de tempo é retomada no Capítulo 13, onde consideramos a somação temporal dos sinais de entrada sinápticos na célula.

As resistências de membrana e citoplasmática afetam a eficiência da condução do sinal

Até o momento, foram considerados os efeitos das propriedades passivas dos neurônios sobre a sinalização somente no corpo celular. O efeito da distância sobre a propagação do sinal no soma do neurônio não é um fator importante, porque o corpo celular pode ser comparado a uma esfera cuja voltagem da membrana é uniforme. Entretanto, um sinal de voltagem subliminar que se conduz ao longo de estruturas estendidas (dendritos, axônios e fibras musculares) diminui em amplitude com a distância do local de iniciação, porque alguma carga vaza pela condutância da membrana em repouso à medida que flui ao longo do dendrito ou axônio. Para entender como essa atenuação ocorre, veremos como a geometria do neurônio influencia a distribuição de corrente.

Se uma corrente é injetada em um ponto do dendrito, como o potencial de membrana irá mudar ao longo do comprimento do dendrito? Para simplificar, considere a variação do potencial de membrana com a distância após aplicação de um pulso de corrente com uma amplitude constante por um período de tempo ($t \gg \tau$). Nessas condições, a capacitância da membrana está completamente carregada, e, portanto, o potencial de membrana atinge um valor estável. A variação do potencial com a distância depende da fração de carga que vaza do dendrito para fora, em comparação com a fração que flui para dentro do dendrito em direção ao soma. Como a carga flui ao longo da via de menor resistência, isso depende dos valores relativos da *resistência da membrana* numa unidade de comprimento de dendrito r_m (unidades de $\Omega \cdot cm$) e da *resistência axial* por unidade de comprimento de dendrito r_a (unidades de Ω/cm). A mudança no potencial de membrana ao longo do dendrito torna-se menor com a distância do eletrodo (**Figura 9-11A**). Esse declínio com a distância é exponencial e expresso como

$$\Delta V(x) = \Delta V_0 \, e^{-x/\lambda},$$

em que λ é a *constante de comprimento* da membrana, x é a distância do sítio de injeção de corrente, e ΔV_0 é a variação no potencial de membrana gerado pelo fluxo de corrente no sítio de injeção ($x = 0$). A constante de comprimento é a distância ao longo do dendrito desde o ponto de injeção de corrente até onde ΔV_m decai a $1/e$, ou 37% do seu valor inicial (**Figura 9-11B**). Ela é a medida da eficiência da condução eletrotônica – a condução passiva das mudanças de voltagem ao longo do neurônio – e é determinada pelos valores da resistência da membrana e da resistência axial, como a seguir:

$$\lambda = \sqrt{(r_m/r_a)}.$$

Quanto melhor o isolamento da membrana (ou seja, quanto maior r_m) e melhores as propriedades condutoras do meio interno (quanto menor r_a), maior a constante de comprimento do dendrito. Isso porque a corrente é capaz de se distribuir para mais longe no meio interno condutor do dendrito antes de extravasar através da membrana em algum ponto x para alterar o potencial de membrana local:

$$\Delta V(x) = i(x) \cdot r_m.$$

A constante de comprimento é também uma função do diâmetro do processo neuronal. O diâmetro dos processos neuronais varia muito, desde 1 mm para o axônio gigante da lula a 1 μm para os ramos dendríticos finos do encéfalo

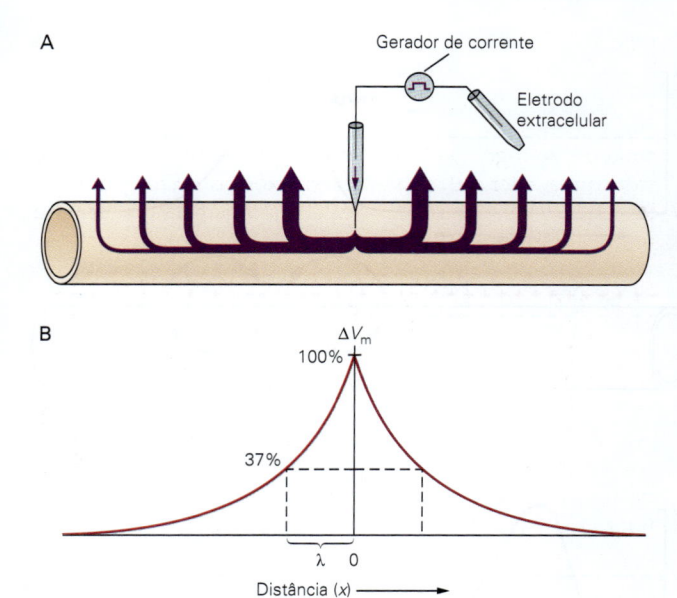

FIGURA 9-11 A variação do potencial de membrana ao longo de um processo neuronal durante a condução eletrotônica diminui com a distância.

A. A corrente injetada no processo neuronal por um microeletrodo segue a via de menor resistência ao eletrodo de retorno no fluido extracelular. (As espessuras das setas representam a magnitude da corrente da membrana.)

B. A variação em V_m decai exponencialmente com a distância a partir do sítio de injeção de corrente. A distância na qual ΔV_m decai a 37% do seu valor do ponto de injeção de corrente é definido com a constante de comprimento, λ.

de mamíferos. Para processos neuronais com densidades semelhantes de canais iônicos na superfície da membrana (número de canais por unidade de área de membrana) e composição citoplasmática semelhante, axônios e dendritos mais espessos têm constantes de comprimento mais longas do que processos mais estreitos e, portanto, podem transmitir sinais elétricos passivos por distâncias maiores. Os valores típicos para constantes de comprimento neuronal para axônios não mielinizados variam de cerca de 0,5 a 1,0 mm. Axônios mielinizados têm constantes de comprimento mais longas – até cerca de 1,5 mm – porque as propriedades isolantes da mielina levam a um aumento na r_m efetiva do axônio.

Para entender como o diâmetro de um processo afeta a constante de comprimento, deve-se considerar como o diâmetro (ou o raio) afeta r_m e r_a. Ambos, r_m e r_a, são medidas da resistência para uma unidade de comprimento de processo neuronal com um determinado raio. A resistência axial r_a do processo depende inversamente do número de cargas transportadas (íons) em uma área transversal do processo. Portanto, dada a concentração fixa de íons no citoplasma, r_a depende inversamente da área transversal do processo, $1/(\pi \cdot raio^2)$. A resistência de uma unidade de comprimento da membrana r_m depende inversamente do número total de canais em uma unidade de comprimento do processo neuronal.

A densidade de canal, o número de canais por μm^2 de membrana, costuma ser semelhante entre processos de diferentes tamanhos. Como resultado, o número de canais por unidade de comprimento de um processo neuronal aumenta em proporção direta ao aumento da área da membrana, a qual depende da circunferência do processo, multiplicado pelo valor de seu comprimento; portanto, r_m varia como $1/(2 \cdot \pi \cdot raio)$. Como r_m/r_a varia em proporção direta ao raio do processo, a constante de comprimento é proporcional à raiz quadrada do raio. Nesta análise, assumimos que os dendritos têm apenas propriedades elétricas passivas. Conforme discutido no Capítulo 13, no entanto, os canais iônicos dependentes de voltagem proporcionam à maioria dos dendritos propriedades ativas que modificam suas passivas constantes de comprimento.

A eficiência da condução eletrotônica tem dois efeitos importantes sobre a função neuronal. Primeiro, influencia a somação espacial, processo pelo qual os potenciais sinápticos gerados em diferentes regiões do neurônio são somados na zona de gatilho do axônio (ver Capítulo 13). Segundo, a condução eletrotônica é um fator para a propagação do potencial de ação. Toda vez que a membrana em qualquer ponto ao longo do axônio é despolarizada acima do limiar, um potencial de ação é gerado naquela região. Essa despolarização local se espalha passivamente ao longo do axônio, fazendo sucessivas regiões adjacentes da membrana atingirem o limiar de despolarização para gerar o potencial de ação (**Figura 9-12**). Então, a despolarização se espalha ao longo do comprimento do axônio por uma corrente local impulsionada pela diferença de potencial entre as regiões ativa e em repouso da membrana do axônio. Nos axônios com longas constantes de comprimento, a corrente local se espalha a maiores distâncias ao longo do axônio, e, portanto, o potencial de ação se propaga mais rapidamente.

Axônios grandes são mais facilmente excitáveis do que axônios pequenos

A influência da geometria axonal na condução do potencial de ação tem um papel importante no exame neurológico. No exame de um paciente a fim de avaliar doenças do sistema nervoso periférico, o nervo é frequentemente estimulado pela passagem de corrente entre um par de eletrodos cutâneos colocados sobre o nervo, e a população de potenciais de ação resultante (o *potencial de ação composto*) é registrada a uma certa distância ao longo do nervo por um segundo par de eletrodos cutâneos que registram a voltagem. Nessa situação, o número total de axônios que geram potenciais de ação varia com a amplitude do pulso de corrente (Capítulo 57).

Para levar a célula ao limiar, a corrente do eletrodo de estímulo (positivo) deve passar pela membrana da célula e para dentro do axônio. Lá, a corrente é conduzida ao longo do axoplasma e por fim sai do axônio para o meio extracelular, através da membrana, até chegar ao segundo eletrodo. Entretanto, a maior parte da corrente de estímulo nem sequer entra no axônio, movendo-se, em vez disso,

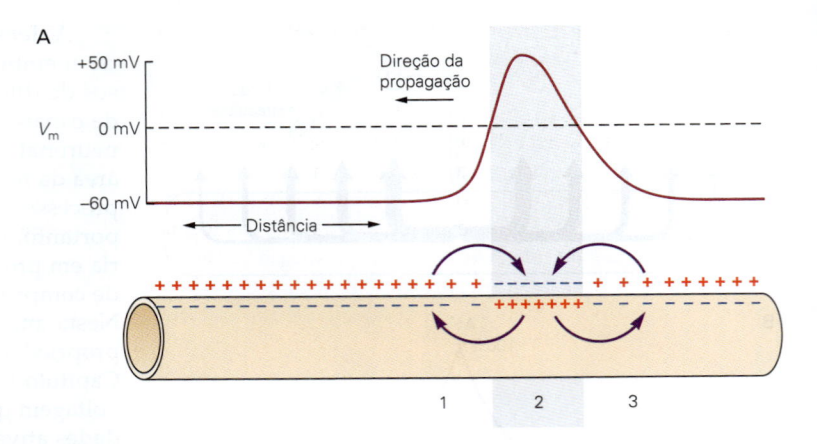

FIGURA 9-12 A condução eletrotônica contribui para a propagação do potencial de ação.
A. Um potencial de ação propagando da direita para a esquerda causa uma diferença no potencial da membrana em duas regiões adjacentes do axônio. A diferença cria um circuito local que causa a condução passiva da despolarização. A corrente é conduzida de uma região ativa mais positiva (**2**) para uma região em repouso menos positiva tanto *na frente* (**1**) como *atrás* do potencial de ação (**3**). No entanto, como existe também um aumento na condutância da membrana ao K^+ na sequência do potencial de ação (Capítulo 10), o aumento de cargas positivas ao longo do lado interno da membrana na área 3 é maior do que equilibrado pelo efluxo local de K^+, permitindo que essa região da membrana se repolarize.
B. Pouco tempo depois, o potencial de ação avança ao longo do axônio e o processo é repetido.

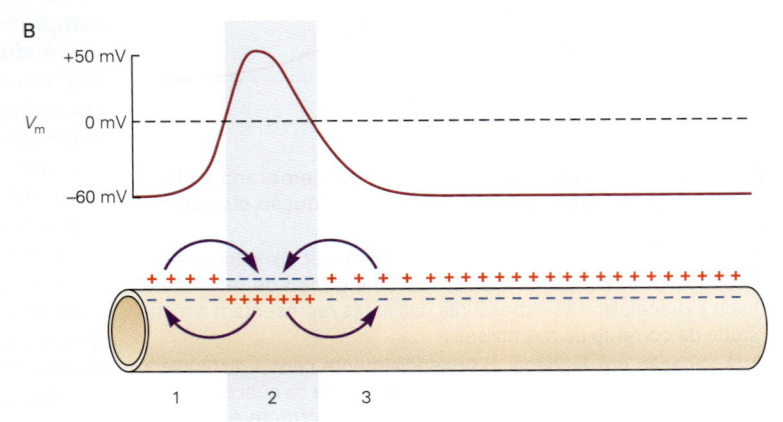

através dos axônios vizinhos ou através de vias de baixa resistência do fluido extracelular. Sendo assim, os axônios nos quais as correntes entram com mais facilidade são os mais excitáveis.

Em geral, os axônios com diâmetros maiores possuem baixo limiar para tal excitação. Quanto maior o diâmetro do axônio, menor é a resistência axial ao fluxo de corrente no axônio, porque o número de cargas (íons) por unidade de comprimento do axônio é maior. Como mais corrente entra em um axônio mais largo, o axônio é despolarizado com mais eficiência do que o axônio menor. Por essa razão, axônios maiores são recrutados a baixos valores de corrente; axônios com diâmetros menores são recrutados somente a correntes relativamente altas.

O fato de que axônios maiores conduzem mais rapidamente e têm limiares de corrente de excitação mais baixos auxilia na interpretação dos testes clínicos de estimulação nervosa. Neurônios que transmitem tipos diferentes de informação (p. ex., motor vs. sensorial) diferem frequentemente no diâmetro do axônio e, portanto, na velocidade de condução (Capítulo 18). Além disso, uma doença específica pode preferencialmente afetar certas classes funcionais de axônios. Então, a velocidade de condução como um critério para determinar quais classes de axônios apresentam alterações nas propriedades de condução pode ajudar a definir a base neuronal do déficit neurológico.

Propriedades passivas da membrana e o diâmetro do axônio afetam a velocidade de propagação do potencial de ação

A difusão passiva da despolarização durante a propagação do potencial de ação não é instantânea. Na verdade, a condução eletrotônica é o fator limitante da taxa de propagação do potencial de ação. Pode-se entender essa limitação considerando-se um circuito equivalente simplificado de dois segmentos adjacentes da membrana do axônio conectados por um segmento de axoplasma.

Um potencial de ação gerado em um segmento de membrana fornece a corrente despolarizante à membrana adjacente, despolarizando-a gradualmente em direção ao limiar (**Figura 9-12**). De acordo com a lei de Ohm, quanto maior a resistência axoplasmática, menor é a corrente entre os segmentos de membrana adjacentes ($I = V/R$) e, portanto, mais tempo leva para que a carga na capacitância da membrana do segmento adjacente se altere.

Lembre-se que, como $\Delta V = \Delta Q/C$, o potencial da membrana se altera lentamente se a corrente for pequena, porque ΔQ, igual à magnitude da corrente, multiplicada pelo tempo, altera-se lentamente. De forma similar, quanto maior a capacitância da membrana, mais cargas devem ser depositadas sobre ela para que o potencial através da membrana mude, de modo que a corrente requer períodos mais longos para produzir uma determinada despolarização. Portanto, o tempo que leva para a despolarização se difundir ao longo do axônio é determinado tanto pela resistência axial r_a como pela capacitância por unidade de comprimento do axônio c_m (unidade F/cm). A taxa de propagação passiva de carga varia inversamente com o produto $r_a c_m$. Se este produto for reduzido, a taxa de propagação passiva aumenta e o potencial de ação se propaga mais rapidamente.

A rápida propagação do potencial de ação é funcionalmente importante, e duas estratégias adaptativas foram desenvolvidas para aumentar essa rapidez. Uma delas é o aumento do diâmetro do centro do axônio. Como r_a diminui em proporção ao quadrado do diâmetro do axônio, enquanto c_m aumenta em proporção direta ao diâmetro, o efeito líquido de um aumento no diâmetro é uma diminuição em $r_a c_m$. Essa adaptação foi levada ao extremo no axônio gigante da lula, que pode atingir um diâmetro de 1 mm. Nenhum axônio maior evoluiu como ele, presumivelmente por causa da necessidade competitiva de manter-se o tamanho neuronal pequeno para que muitas células possam ser empacotadas em um espaço limitado.

A segunda estratégia para aumentar a velocidade de condução é envolver o axônio com uma bainha de mielina (Capítulo 7). Esse processo é funcionalmente equivalente a aumentar a espessura da membrana axonal em até 100 vezes. Como a capacitância de um capacitor de placas paralelas, como a membrana, é inversamente proporcional à espessura do isolamento, a mielinização diminui c_m e, portanto, $r_a c_m$. Cada camada de mielina é extremamente fina – apenas 80 Å. Portanto, a mielinização resulta em uma diminuição proporcionalmente muito maior em $r_a c_m$ do que o mesmo aumento no diâmetro interno do axônio, porque as muitas camadas de membrana na bainha de mielina produzem uma expressiva diminuição em c_m, com um aumento relativamente pequeno do diâmetro geral do axônio. Por essa razão, a condução em axônios mielinizados é mais rápida do que os não mielinizados com o mesmo diâmetro.

Em um neurônio com axônio mielinizado, o potencial de ação é gerado na membrana do segmento inicial não mielinizado do axônio. A corrente de entrada através desta região da membrana está disponível para descarregar a capacitância do axônio mielinizado adiante. Mesmo que a capacitância do axônio seja pequena (pelo isolamento de mielina), a quantidade de corrente no centro do axônio vinda da zona de gatilho não é suficiente para descarregar a capacitância ao longo de todo o comprimento do axônio mielinizado.

Para evitar que o potencial de ação se dissipe, a bainha de mielina é interrompida a cada 1 a 2 mm pelos nódulos de Ranvier, trechos sem mielina da membrana do axônio com aproximadamente 1 μm de comprimento (Capítulo 7). Embora a área de membrana em cada nodo seja pequena, a membrana nodal é rica em canais de Na^+ dependentes de voltagem e pode, então, gerar uma intensa corrente de Na^+ despolarizante em resposta à difusão passiva da despolarização ao longo do axônio. Esses nós regularmente distribuídos aumentam periodicamente a amplitude do potencial de ação, evitando que ele decaia com a distância.

O potencial de ação, que se propaga rapidamente ao longo da região internodal, devido à baixa capacitância da bainha de mielina, diminui, à medida que passa pela região de alta capacitância de cada nodo sem mielina. Por consequência, à medida que o potencial de ação avança no axônio, ele salta rapidamente de nodo em nodo (**Figura 9-13A**). Por essa razão, diz-se que o potencial de ação em um axônio

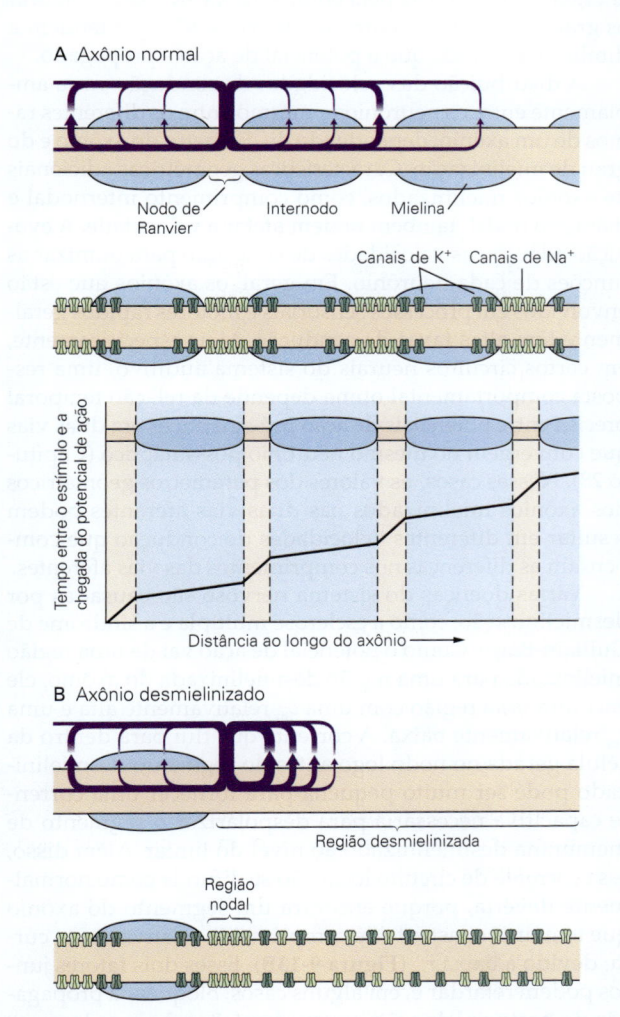

FIGURA 9-13 Potenciais de ação em nervos mielinizados são regenerados nos nodos de Ranvier.

A. As densidades das correntes iônica e capacitiva da membrana (corrente de membrana por unidade de área da membrana) são muito maiores nos nodos de Ranvier do que nas regiões mielinizadas internodais. (A densidade da corrente de membrana em qualquer ponto ao longo do axônio é representada pela espessura das setas.) Devido à alta capacitância da membrana dos axônios nos nodos, a velocidade do potencial de ação diminui à medida que se aproxima de cada nodo, parecendo pular rapidamente de nodo a nodo enquanto se propaga da esquerda para a direita.

B. Em regiões do axônio com perda de mielina, a velocidade de propagação do potencial de ação diminui ou é bloqueada. As correntes do circuito local devem descarregar uma capacitância de membrana maior e, devido à constante de comprimento mais curta (causada pela baixa resistência de membrana nos espaços desmielinizados do axônio), elas não se difundem adequadamente ao longo do axônio. Em resposta à desmielinização, canais de Na^+ e K^+ dependentes de voltagem adicionais são inseridos na membrana que normalmente é mielinizada.

mielinizado se move por *condução saltatória* (do latim *saltare*). Como os íons fluem através da membrana apenas nos nodos das fibras mielinizadas, a condução saltatória também é favorável do ponto de vista metabólico. Menos energia deve ser gasta pela bomba de Na^+-K^+ para restaurar os gradientes de concentração de Na^+ e K^+, que tendem a diminuir à medida que o potencial de ação é propagado.

A distribuição das velocidades de condução varia amplamente entre os neurônios e mesmo entre os diferentes ramos de um axônio, dependendo do diâmetro do axônio e do grau de mielinização. Características geométricas adicionais de axônios mielinizados, como comprimento internodal e diâmetro nodal, também podem afetar a velocidade. A evolução adaptou as velocidades de condução para otimizar as funções de cada neurônio. Em geral, os axônios que estão envolvidos em processos sensoriais e motores rápidos geralmente têm altas taxas de condução. Mais especificamente, em certos circuitos neurais do sistema auditivo, uma resposta comportamental ótima depende da relação temporal precisa entre potenciais de ação pré-sinápticos em duas vias que convergem no mesmo neurônio pós-sináptico (Capítulo 28). Nesses casos, os valores dos parâmetros geométricos dos axônios mielinizados nas duas vias aferentes podem resultar em diferentes velocidades de condução que compensam as diferenças nos comprimentos das vias aferentes.

Várias doenças do sistema nervoso são causadas por desmielinização, como a esclerose múltipla e a síndrome de Guillain-Barré. Como o potencial de ação vai de uma região mielinizada para uma região desmielinizada do axônio, ele encontra uma região com uma c_m relativamente alta e uma r_m relativamente baixa. A corrente que flui para dentro da célula gerada no nodo logo antes do segmento desmielinizado pode ser muito pequena para fornecer uma corrente capacitiva necessária para despolarizar o segmento de membrana desmielinizado ao nível do limiar. Além disso, essa corrente de circuito local não se difunde como normalmente deveria, porque encontra um segmento do axônio que tem uma constante de comprimento relativamente curta, devido à baixa r_m (**Figura 9-13B**). Esses dois fatores juntos podem retardar e, em alguns casos, bloquear a propagação do potencial de ação, causando efeitos devastadores no comportamento (Capítulo 57).

Destaques

1. Quando a célula está em repouso, os fluxos passivos de íons para dentro e para fora da célula através dos canais iônicos são equilibrados, de modo que a separação de carga através da membrana permanece constante e o potencial de membrana é mantido em seu valor de repouso.
2. A permeabilidade da membrana celular para uma espécie de íon é proporcional ao número de canais abertos que permitem a passagem daquele íon. De acordo com a equação de Goldman, o valor do potencial de membrana de repouso nas células nervosas é determinado pelos canais de repouso que conduzem K^+, Cl^- e Na^+; o potencial de membrana está mais próximo do potencial de equilíbrio (Nernst) do íon ou íons com maior permeabilidade de membrana.
3. Mudanças no potencial de membrana que geram sinais neuronais elétricos (potenciais de ação, sinápticos e de receptores) são causadas por alterações na permeabilidade relativa da membrana a esses três íons e aos íons Ca^{2+}.
4. Embora as mudanças na permeabilidade causadas pela abertura de canais iônicos com portão alterem a separação de cargas líquida (resultante) através da membrana, elas normalmente apenas produzem mudanças insignificantes na concentração total dos íons.
5. As propriedades funcionais de um neurônio podem ser descritas por um circuito elétrico equivalente, que inclui a capacitância da membrana, as condutâncias iônicas, as propriedades geradoras da FEM dos canais iônicos e a resistência citoplasmática. Neste modelo, o potencial de membrana é determinado pelo íon ou íons com as maiores condutâncias de membrana.
6. As bombas iônicas evitam que as baterias iônicas se esgotem, devido a fluxos passivos através dos canais iônicos. A bomba de Na^+-K^+ usa a energia química de uma molécula de ATP para trocar três íons Na^+ intracelulares por dois íons K^+ extracelulares, um exemplo de transporte ativo primário. O transporte ativo secundário por cotransportadores é produzido pelo acoplamento dos gradientes iônicos de um ou dois tipos de íons para conduzir o transporte de outro íon contra seu gradiente. O transporte ativo secundário pode se dar na forma de simporte (na mesma direção) ou antitporte (em direções opostas).
7. O trocador de Na^+-Ca^{2+} troca o íon Ca^{2+} interno por íons Na^+ externos. Existem dois tipos de cotransportadores de Cl^- na membrana celular. O cotransportador de Cl^--K^+ (simporte), que transporta Cl^- e K^+ para fora da célula, mantém E_{Cl} em um potencial relativamente negativo, e é a variante mais comum do transportador de Cl^- encontrada em neurônios maduros. O cotransportador de Cl^--Na^+-K^+ (simporte), que transporta Cl^-, Na^+ e K^+ para dentro da célula, gera um E_{Cl} relativamente positivo, expresso em neurônios imaturos e em certos neurônios adultos.
8. Os detalhes das transições moleculares durante o transporte ativo primário e secundário são uma área de investigação ativa.
9. A membrana da célula nervosa tem uma capacitância relativamente alta por unidade de área da membrana. Como resultado, quando um canal se abre e os íons começam a fluir, o potencial de membrana muda mais lentamente do que a corrente de membrana.
10. As correntes que alteram a carga na capacitância da membrana ao longo do comprimento de um axônio ou dendrito passam por um condutor de condutância relativamente baixa – uma coluna delgada de citoplasma. Esses dois fatores em conjunto diminuem a condução dos sinais de voltagem. Além disso, os vários canais iônicos que estão abertos no repouso, e que dão origem ao potencial de repouso, também degradam a função de sinalização do neurônio, pois tornam a célula permeável e limitam a distância que um sinal pode percorrer passivamente.

11. Para superar as restrições físicas na sinalização de longa distância, os neurônios usam a abertura transitória sequencial de canais de Na^+ e K^+ dependentes de voltagem para gerar potenciais de ação. O potencial de ação é continuamente regenerado ao longo do axônio e, assim, propagado sem atenuação.
12. Para vias nas quais a sinalização rápida é particularmente importante, a propagação do potencial de ação é aumentada pela mielinização do axônio, pelo aumento no diâmetro do axônio, ou por ambos. As velocidades de condução podem variar entre ou dentro dos axônios de forma a otimizar o tempo dos sinais neuronais dentro de um circuito neuronal.

John D. Koester
Steven A. Siegelbaum

Leituras selecionadas

Clausen MV, Hilbers F, Poulsen H. 2017. The structure and function of the Na,K-ATPase isoforms in health and disease. Front Physiol 8:371.

Hille B. 2001. *Ionic Channels of Excitable Membranes*, 3rd ed. Sunderland, MA: Sinauer.

Hodgkin AL. 1964. Saltatory conduction in myelinated nerve. In: *The Conduction of the Nervous Impulse. The Sherrington Lecture, VII*, pp. 47–55. Liverpool: Liverpool University Press.

Jack JB, Noble D, Tsien RW. 1975. *Electric Current Flow in Excitable Cells*, pp. 1–4, 83–97, 131–224, 276–277. Oxford: Clarendon.

Johnston D, Wu M-S. 1995. Functional properties of dendrites. In: *Foundations of Cellular Neurophysiology*, pp. 55–120. Cambridge, MA: MIT Press.

Koch C. 1999. *Biophysics of Computation*, pp. 25–48. New York: Oxford Univ. Press.

Referências

Debanne D, Campanac E, Bialowas A, Carlier E, Alcaraz G. 2011. Axon physiology. Physiol Rev 91:555–602.

Ford MC, Alexandrova O, Cossell L, et al. 2015. Tuning of Ranvier node and internode properties in myelinated axons to adjust action potential timing. Nat Commun 6:8073.

Friedrich T, Tavraz NN, Junghans C. 2016. ATP1A2 mutations in migraine: seeing through the facets of an ion pump onto the neurobiology of disease. Front Physiol 7:239.

Gadsby DC. 2009. Ion channels versus ion pumps: the principal difference, in principle. Nat Rev Mol Cell Biol 10:344–352.

Goldman DE. 1943. Potential, impedance, and rectification in membranes. J Gen Physiol 27:37–60.

Hodgkin AL, Katz B. 1949. The effect of sodium ions on the electrical activity of the giant axon of the squid. J Physiol 108:37–77.

Hodgkin AL, Rushton WAH. 1946. The electrical constants of a crustacean nerve fibre. Proc R Soc Lond Ser B 133:444–479.

Huxley AF, Stämpfli R. 1949. Evidence for saltatory conduction in peripheral myelinated nerve fibres. J Physiol 108:315–339.

Jorgensen PL, Hakansson KO, Karlish SJ. 2003. Structure and mechanism of Na,K-ATPase: functional sites and their interactions. Annu Rev Physiol 65:817–849.

Kaila K, Price T, Payne J, Puskarjov M, Voipio J. 2014. Cation-chloride cotransporters in neuronal development, plasticity and disease. Nat Rev Neurosci 15:637–654.

Lytton J. 2007. Na^+/Ca^{2+} exchangers: three mammalian gene families control Ca^{2+} transport. Biochem J 406:365–382.

Moore JW, Joyner RW, Brill MH, Waxman SD, Najar-Joa M. 1978. Simulations of conduction in uniform myelinated fibers: relative sensitivity to changes in nodal and internodal parameters. Biophys J 21:147–160.

Nernst W. [1888] 1979. Zur Kinetik der in Lösung befindlichen Körper. [On the kinetics of substances in solution.] Z Physik Chem 2:613–622, 634–637. English translation in: GR Kepner (ed.) 1979. *Cell Membrane Permeability and Transport*, pp. 174–183. Stroudsburg, PA: Dowden, Hutchinson & Ross.

Ren D. 2011. Sodium leak channels in neuronal excitability and rhythmic behaviors. Neuron 72:899–911.

Seidl AH, Rubel EW, Barría A. 2014. Differential conduction velocity regulation in ipsilateral and contralateral collaterals innervating brainstem coincidence detector neurons. J Neurosci 34:4914–4919.

Stokes DL, Green NM. 2003. Structure and function of the calcium pump. Annu Rev Biophys Biomol Struct 32:445–468.

Toyoshima C, Flemming F. 2013. New crystal structures of PII-type ATPases: excitement continues. Curr Op Struct Biol 23:507–514.

10

Propagação de sinal: o potencial de ação

O potencial de ação é gerado pelo fluxo de íons através dos canais dependentes de voltagem

    Correntes de sódio e de potássio através dos canais dependentes de voltagem são registradas pela técnica de fixação de voltagem

    As condutâncias dos canais de sódio e de potássio dependentes de voltagem são calculadas a partir de suas correntes

    O potencial de ação pode ser reconstruído a partir das propriedades dos canais de sódio e de potássio

Os mecanismos de dependência de voltagem foram referidos a partir de medidas eletrofisiológicas

Os canais de sódio dependentes de voltagem são seletivos para o sódio em função do tamanho, da carga e da energia de hidratação do íon

Neurônios individuais têm uma rica variedade de canais dependentes de voltagem que expandem suas capacidades de sinalização

    A diversidade dos tipos de canais dependentes de voltagem é gerada por vários mecanismos genéticos

    Canais de sódio dependentes de voltagem

    Canais de cálcio dependentes de voltagem

    Canais de potássio dependentes de voltagem

    Canais dependentes de voltagem ativados por hiperpolarização e nucleotídeos cíclicos

A ativação dos canais iônicos pode ser controlada pelo cálcio citoplasmático

As propriedades de excitabilidade variam entre os tipos de neurônios

Propriedades de excitabilidade variam entre regiões do neurônio

A excitabilidade neuronal é plástica

Destaques

As células nervosas são capazes de conduzir sinais elétricos a longas distâncias porque o potencial de ação, um sinal de longa distância, é continuamente regenerado e, portanto, não se atenua à medida que avança no axônio. No Capítulo 9, vimos como um potencial de ação é gerado pelas mudanças sequenciais na permeabilidade da membrana aos íons Na^+ e K^+ e como as propriedades passivas da membrana influenciam a velocidade com que o potencial de ação é conduzido. Neste capítulo, descrevemos em detalhes os canais iônicos dependentes de voltagem, que são críticos para gerar e propagar potenciais de ação, e como esses canais são responsáveis por características importantes da excitabilidade elétrica dos neurônios.

Os potenciais de ação possuem quatro propriedades importantes para a sinalização neuronal. Primeiro, eles podem ser iniciados apenas quando a voltagem da membrana celular atinge um *limiar*. Como visto no Capítulo 9, em muitas células nervosas, a membrana se comporta como um simples resistor, em resposta a pequenos pulsos de corrente hiperpolarizante ou despolarizante. A voltagem da membrana varia gradualmente em função do tamanho da corrente, de acordo com a lei de Ohm, $\Delta V = \Delta I \cdot R$ (em condutância, $\Delta V = \Delta I/G$). Entretanto, como a intensidade da corrente despolarizante aumenta, o limiar de voltagem será atingido, normalmente, por volta de –50 mV, no qual um potencial de ação pode ser gerado (ver **Figura 9-2C**). Segundo, o potencial de ação é um evento "tudo ou nada". O tamanho e a forma de um potencial de ação iniciado por uma corrente de despolarização de alta intensidade são os mesmos de um potencial de ação evocado por uma corrente que apenas ultrapassa o limiar.[1] Terceiro, o potencial de ação é propagado sem decréscimo. Ele possui características autorregenerativas que mantêm a amplitude constante, mesmo quando propagado

---

[1] A propriedade "tudo ou nada" descreve um potencial de ação que é gerado sob um conjunto de condições específicas. O tamanho e a forma do potencial de ação *podem* ser afetados por alterações nas propriedades da membrana, nas concentrações iônicas, na temperatura e em outras variáveis, conforme discutido mais adiante no capítulo. A forma também pode ser ligeiramente afetada pela corrente que é usada para evocar o potencial de ação, se medida perto do ponto de estimulação.

a longas distâncias. Quarto, o potencial de ação é seguido por um *período refratário*. Por um breve período após a geração do potencial de ação, a capacidade do neurônio em disparar um segundo potencial de ação é suprimida. O período refratário limita a frequência na qual o nervo pode disparar um potencial de ação. limitando, assim, a capacidade do axônio em conduzir informação.

Essas quatro propriedades do potencial de ação – o limiar de iniciação, a natureza "tudo ou nada", a propagação sem decremento e o período refratário – não são comuns em processos biológicos, que geralmente respondem de uma forma gradual a alterações do ambiente. Biólogos ficaram intrigados com essas propriedades por quase 100 anos, desde a primeira vez em que o potencial de ação foi medido, na metade dos anos 1800. Finalmente, no final da década de 1940 e início da década de 1950, estudos das propriedades da membrana do axônio gigante da lula feitos por Alan Hodgkin, Andrew Huxley e Bernard Katz forneceram as primeiras informações quantitativas acerca dos mecanismos envolvidos no potencial de ação.

O potencial de ação é gerado pelo fluxo de íons através dos canais dependentes de voltagem

Um *insight* inicial importante sobre como os potenciais de ação são gerados veio de um experimento realizado por Kenneth Cole e Howard Curtis, que antecedeu os estudos de Hodgkin, Huxley e Katz. Enquanto registravam a atividade do axônio gigante da lula, eles observaram que a condutância da membrana aumentava drasticamente durante o potencial de ação (**Figura 10-1**). Essa descoberta forneceu evidências de que o potencial de ação resulta de um aumento dramático na permeabilidade iônica da membrana celular. Isso também fez surgir duas questões centrais: quais íons são responsáveis pelo potencial de ação e como a permeabilidade da membrana é regulada?

Hodgkin e Katz forneceram uma visão importante sobre esse problema, demonstrando que a amplitude do potencial de ação é reduzida quando a concentração externa de Na^+ é reduzida, indicando que o influxo de Na^+ é responsável pela fase ascendente do potencial de ação. Eles propuseram que a despolarização da célula acima do limiar de disparo do potencial de ação causa um breve aumento na condutância de Na^+ da membrana celular, durante o qual a condutância de Na^+ supera a condutância de K^+, que predomina na célula em repouso, conduzindo assim o potencial de membrana em direção ao E_{Na}. Seus dados também sugeriram que a fase de declínio do potencial de ação era causada pelo aumento tardio da permeabilidade ao K^+.

Correntes de sódio e de potássio através dos canais dependentes de voltagem são registradas pela técnica de fixação de voltagem

Essa informação, fornecida por Alan Hodgkin e Bernard Katz, fez surgir outro questionamento. Qual o mecanismo responsável pela regulação das permeabilidades da membrana ao Na^+ e ao K^+? Hodgkin e Andrew Huxley diziam que as permeabilidades aos íons Na^+ e K^+ eram reguladas diretamente pela voltagem da membrana. Para testar essa hipótese, eles variaram sistematicamente o potencial de membrana no axônio gigante da lula e mediram as alterações resultantes na condutância dos canais de Na^+ e de K^+ dependentes de voltagem. Para isso, usaram um – até então – novo aparato que permitia a fixação da voltagem (o *voltage-clamp*), desenvolvido por Kenneth Cole.

Antes da disponibilidade dessa técnica de fixação de voltagem, as tentativas de medir as condutâncias de Na^+ e de K^+ em função do potencial de membrana eram limitadas pela grande interdependência entre o potencial de membrana e a abertura ou o fechamento dos canais de Na^+ e de K^+. Por exemplo, se a membrana for suficientemente despolarizada para abrir alguns canais de Na^+ dependentes de voltagem, o influxo de Na^+ através desses canais causará mais despolarização. Essa despolarização adicional causará a abertura de mais canais de Na^+ e, por consequência, uma maior corrente de Na^+ para dentro da célula:

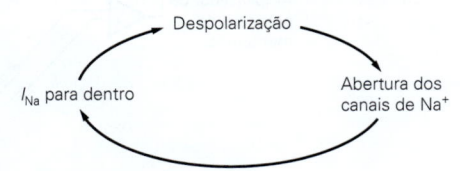

Esse ciclo de retroalimentação positiva leva o potencial de membrana ao pico de potencial de ação, tornando impossível alcançar um potencial de membrana estável.

A técnica de fixação de voltagem interrompe a interação entre o potencial de membrana e a abertura e o fechamento dos canais iônicos dependentes de voltagem. Ela faz isso adicionando ou retirando uma corrente do axônio que é igual à corrente através dos canais de membrana dependentes de voltagem. Dessa maneira, a fixação de voltagem previne que o potencial de membrana se altere. Assim, a quantidade de corrente que deve ser gerada pela fixação de voltagem para manter o potencial de membrana constante fornece uma medida direta da corrente através dos canais dependentes de voltagem (**Quadro 10-1**). Utilizando a técnica de fixação de voltagem, Hodgkin e Huxley foram capazes de descrever completamente os mecanismos iônicos envolvidos no potencial de ação.

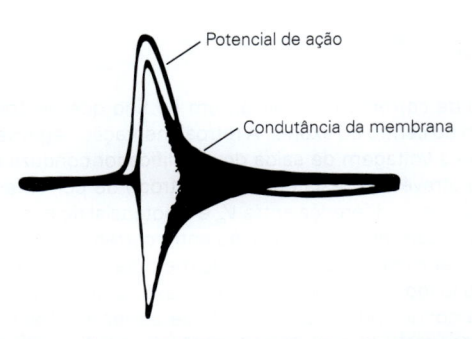

FIGURA 10-1 O potencial de ação resulta de um aumento da condutância iônica da membrana do axônio. Este registro histórico de um experimento conduzido em 1939 por Kenneth Cole e Howard Curtis mostra o registro no osciloscópio de um potencial de ação sobreposto ao registro simultâneo da condutância da membrana axonal.

QUADRO 10-1 Técnica de fixação de voltagem

A técnica de fixação de voltagem permite que o experimentador "fixe" o potencial de membrana em níveis predeterminados, evitando que alterações na corrente influenciem o potencial de membrana. Controlando o potencial de membrana, pode-se medir o efeito das suas variações sobre a condutância da membrana a íons específicos.

O amplificador de fixação de voltagem é conectado a um par de eletrodos (um intracelular e um extracelular) usados para medir o potencial de membrana e outro par de eletrodos usados para passar a corrente através da membrana (**Figura 10-2A**). Por meio de um amplificador de retroalimentação negativa, a fixação de voltagem é capaz de passar a intensidade correta de corrente através da membrana da célula para mudar rapidamente a membrana para um potencial constante predeterminado.

A despolarização abre os canais de Na^+ e K^+ dependentes de voltagem, iniciando o movimento dos íons Na^+ e K^+ através da membrana. Essa alteração na corrente da membrana normalmente alteraria o potencial de membrana, porém, a fixação de voltagem mantém o potencial de membrana em um nível predeterminado (comandado).

Quando os canais de Na^+ se abrem, em resposta a um pulso de voltagem despolarizante de intensidade moderada, uma corrente iônica para dentro da célula se desenvolve, porque os íons Na^+ são impulsionados através desses canais pela sua força motriz eletroquímica. Esse influxo de Na^+ normalmente despolarizaria a membrana pelo aumento de carga positiva do lado interno da membrana e pela redução da carga positiva do lado externo.

A fixação de voltagem intervém nesse processo, retirando simultaneamente as cargas positivas da célula e depositando-as no meio externo. Ao gerar uma corrente que é igual e oposta à corrente iônica através da membrana, o circuito de fixação de voltagem automaticamente previne que a corrente iônica altere o potencial de membrana a partir de seu valor de comando. Assim, a quantidade *resultante* de cargas separadas pela membrana não se altera e, portanto, não ocorrem mudanças significativas na V_m.

A fixação de voltagem é um sistema de retroalimentação negativa, um tipo de sistema no qual o valor da saída do sistema (V_m neste caso) é retroalimentado como entrada para o sistema e comparado a um valor de referência (o sinal de comando). Qualquer diferença entre o sinal de comando e o sinal de saída ativa um "controlador" (o amplificador de retroalimentação, neste caso), que automaticamente reduz a diferença. Então, o potencial de membrana

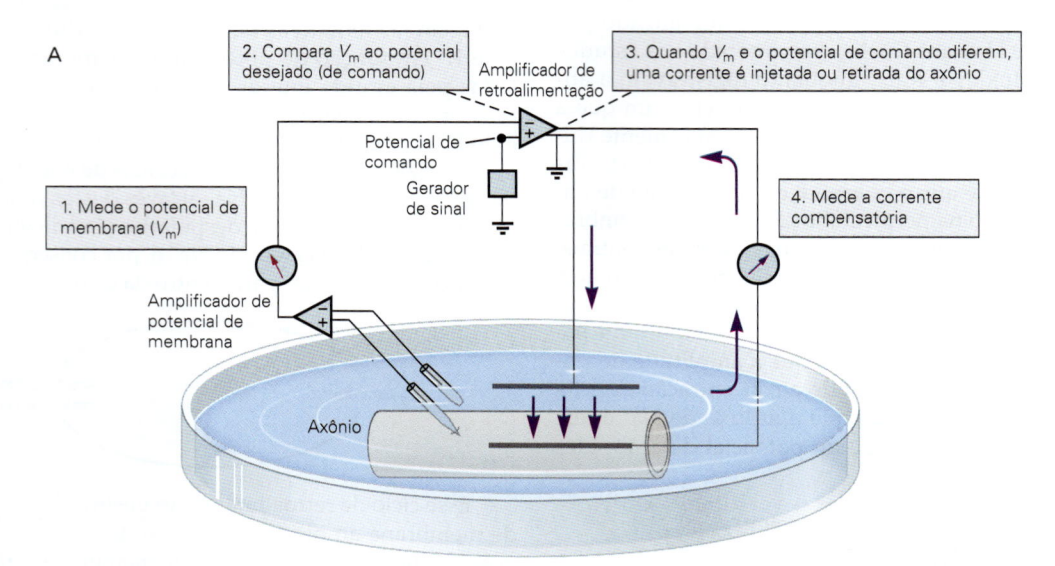

FIGURA 10-2 O mecanismo de retroalimentação negativa da fixação de voltagem.

A. O potencial de membrana (V_m) é medido por dois eletrodos, um intracelular e outro na banheira, conectados a um amplificador. O sinal do potencial de membrana é exibido em um osciloscópio e também ligado no terminal negativo do amplificador de retroalimentação. O potencial de comando, que é selecionado pelo pesquisador e que pode ser de qualquer amplitude e forma desejada, é aplicado no terminal positivo do amplificador de retroalimentação. Esse amplificador de retroalimentação subtrai o potencial de membrana do potencial de comando e amplifica qualquer diferença entre esses dois sinais. A saída de voltagem do amplificador é conectada a um eletrodo de corrente intracelular, um fio fino que percorre a extensão do centro do axônio. A retroalimentação negativa garante que a voltagem de saída do amplificador conduza uma corrente através da resistência do eletrodo de corrente que elimina qualquer diferença entre V_m e o potencial de comando. Para medir com precisão a relação entre corrente e voltagem da membrana celular, o potencial de membrana deve ser uniforme ao longo de toda a superfície do axônio. Isso é possível pela alta condutividade do eletrodo de corrente intracelular, que causa um curto-circuito na resistência axoplasmática, reduzindo a resistência axial até próximo a zero (ver Capítulo 9). Essa via de baixa resistência elimina todas as variações no potencial elétrico ao longo do centro do axônio.

continua

QUADRO 10-1 Técnica de fixação de voltagem (*continuação*)

real se ajusta ao potencial de comando de forma automática e precisa.

Por exemplo, assume-se que uma corrente de Na⁺ para dentro da célula através dos canais de Na⁺ dependentes de voltagem ordinariamente faça o potencial de membrana tornar-se mais positivo do que o potencial de comando. A entrada no amplificador de retroalimentação é igual a ($V_{comando} - V_m$). O amplificador gera uma saída de voltagem igual a esse sinal de erro multiplicado pelo ganho do amplificador. Assim, ambas as voltagens de entrada e de saída resultantes no amplificador de retroalimentação serão negativas.

Essa voltagem de saída negativa tornará negativo o eletrodo de corrente intracelular, removendo cargas positivas de forma líquida da célula através do circuito de fixação de voltagem. Como a corrente flui ao redor do circuito, uma quantidade igual de cargas positivas resultantes será depositada no meio externo através do outro eletrodo de corrente.

Hoje, a maioria dos experimentos de fixação de voltagem usa um amplificador de fixação de membrana (*patch-clamp*). A técnica de fixação de membrana usa o amplificador de retroalimentação para controlar a voltagem em uma micropipeta preenchida com solução salina e mede a corrente que flui através de um pedaço de membrana ao qual a pipeta é selada. Isso permite que as propriedades funcionais de canais iônicos individuais sejam analisadas (ver **Quadro 8-1** e **Figura 10-9**).

Se a pipeta for selada em uma célula e o pedaço sob a membrana for rompido por um pulso de sucção, o resultado é um registro de célula inteira por fixação de membrana (um registro "whole-cell patch clamp") no qual a voltagem intracelular é controlada pelo amplificador de *patch-clamp* (fixação de membrana) e a corrente que flui através de toda a membrana celular é medida (**Figura 10-2B**). A técnica de *whole-cell patch clamp* (registro de célula inteira por fixação de membrana) permite os registros de fixação de voltagem em neurônios com corpos celulares pequenos e é amplamente utilizada para estudar as propriedades eletrofisiológicas de neurônios em cultura de células, em preparações de fatias de cérebro e, recentemente, *in vivo*.

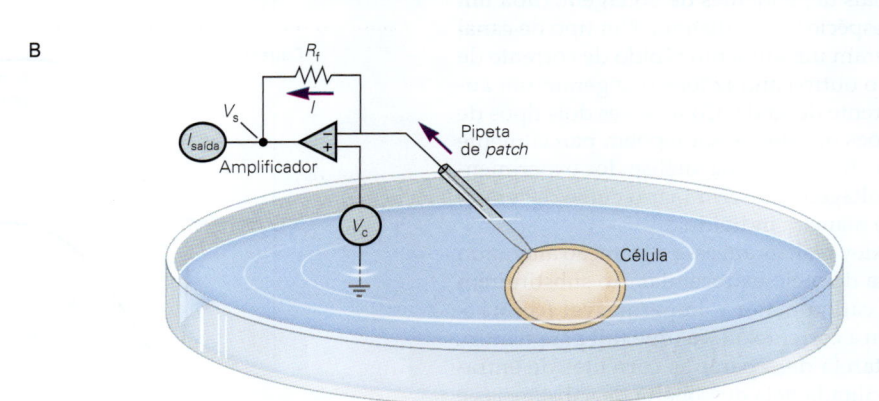

B. Fixação de voltagem da membrana do corpo celular neuronal usando o modo de registro de célula inteira (*whole-cell*) de um amplificador de *patch-clamp*. A pipeta de *patch* é selada na membrana celular e a membrana sob a pipeta é rompida, proporcionando continuidade elétrica entre o interior da célula e a pipeta. Um eletrodo na pipeta controla V_m, com um amplificador fornecendo corrente (*I*) através de um resistor de retroalimentação(R_f) para fixar o eletrodo (e, portanto, a solução da pipeta e o interior da célula) na voltagem de comando (V_c), que é aplicada à outra entrada do amplificador. A voltagem na saída do amplificador (V_s) é proporcional à corrente que flui através do eletrodo e através da membrana.

Uma vantagem da técnica de fixação de voltagem é que ela permite rapidamente que os componentes capacitivos e iônicos da corrente da membrana sejam analisados de modo individual. Como descrito no Capítulo 9, o potencial de membrana V_m é proporcional à carga Q_m para uma capacitância da membrana C_m. Quando V_m não se altera, Q_m é constante, e não existe fluxo de corrente capacitiva ($\Delta Q_m/\Delta t$). A corrente capacitiva flui *somente* quando V_m é alterada. Portanto, quando o potencial de membrana é alterado em resposta a um pulso de comando despolarizante, a corrente capacitiva flui somente no início e no final do pulso. Como a corrente capacitiva é essencialmente instantânea, a corrente iônica que flui subsequentemente através dos canais dependentes de voltagem pode ser analisada de modo individual.

A medida dessas correntes iônicas pode ser utilizada para calcular como as variações da condutância da membrana causadas pela abertura e pelo fechamento dos canais de Na⁺ e de K⁺ dependem da voltagem e do tempo. Essas informações fornecem bases para o entendimento das propriedades desses dois tipos de canais.

Um experimento de fixação de voltagem típico começa com a fixação da voltagem da membrana no seu valor de repouso. Quando um pequeno pulso despolarizante (10 mV) é aplicado, uma corrente de saída muito breve descarrega instantaneamente a capacitância da membrana na quantidade necessária para uma despolarização de 10 mV. Essa corrente capacitiva (I_c) é seguida de uma pequena corrente que flui para fora e persiste durante o pulso de voltagem.

Essa corrente iônica estável flui através dos canais iônicos de repouso abertos na membrana, os quais são referidos como *canais de vazamento* (ver **Quadro 9-2**). A corrente através desses canais é chamada de *corrente de vazamento*, I_l, e a condutância total dessa população de canais é chamada de *condutância de vazamento* (g_l). No final do pulso, uma breve corrente capacitiva flui para dentro, repolarizando a membrana para sua voltagem inicial, e a corrente total na membrana retorna a zero (**Figura 10-3A**).

Se um pulso despolarizante de maior intensidade for imposto, o registro de corrente torna-se mais complicado. A amplitude de ambas as correntes capacitiva e de vazamento aumenta. Além disso, imediatamente após o final da corrente capacitiva e o início da corrente de vazamento, ocorre uma corrente (negativa) que flui para dentro; ela atinge um pico após poucos milissegundos, decai e origina uma corrente que flui para fora. Essa corrente que flui para fora atinge um platô, que se mantém durante o pulso de voltagem (**Figura 10-3B**).

Uma interpretação simples desses resultados é que o pulso de despolarização da voltagem ativa sequencialmente dois tipos de canais dependentes de voltagem, cada um seletivo para uma espécie iônica distinta. Um tipo de canal conduz íons que geram um aumento rápido de corrente de entrada, enquanto o outro conduz íons que geram um aumento lento de corrente de saída. Como esses dois tipos de correntes em direções opostas se sobrepõem parcialmente no tempo, a grande dificuldade na análise dos experimentos de fixação de voltagem é discriminar o curso de tempo de cada corrente de maneira individual.

Hodgkin e Huxley realizaram essa separação alterando a composição iônica do meio extracelular. Ao substituírem o íon Na⁺ por um cátion maior e impermeável (colina × H⁺), eles eliminaram a corrente de Na⁺ que flui para dentro. Posteriormente, a tarefa de separar as correntes de entrada e de saída foi facilitada pela descoberta de substâncias e toxinas que bloqueiam seletivamente diferentes classes de canais iônicos dependentes de voltagem. A tetrodotoxina, um veneno de um certo peixe do Pacífico, bloqueia o canal de Na⁺ dependente de voltagem com elevada potência em concentração na ordem de nanomolar. (A ingestão de poucos miligramas de tetrodotoxina do peixe baiacu que tenha sido preparado inadequadamente para ser consumido como *sushi* como a iguaria japonesa chamada de *fugu*, pode ser fatal.) O cátion tetraetilamônio (TEA) bloqueia especificamente alguns canais de K⁺ dependentes de voltagem.

Quando o TEA é aplicado no axônio para bloquear os canais de K⁺, a corrente total da membrana (I_m) consiste em I_c, I_l e I_{Na}. A condutância de vazamento g_l é constante, não variando com a V_m nem com o tempo. Portanto, a corrente de vazamento I_l pode ser calculada e subtraída de I_m, restando I_{Na} e I_c. Como I_c só ocorre brevemente no início e no final do pulso, ela é facilmente isolada por análise visual do registro, deixando apenas a I_{Na} pura. De modo semelhante, I_K pode ser medida quando os canais de Na⁺ forem bloqueados por tetrodotoxina (**Figura 10-3B**).

Aplicando uma ampla variedade de pulsos de voltagem na membrana, Hodgkin e Huxley foram capazes de medir as correntes de Na⁺ e de K⁺ durante todo o período

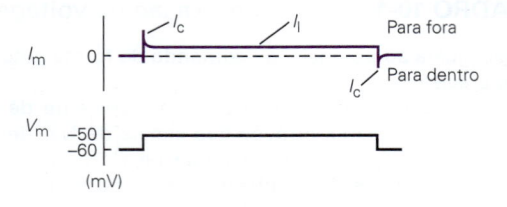

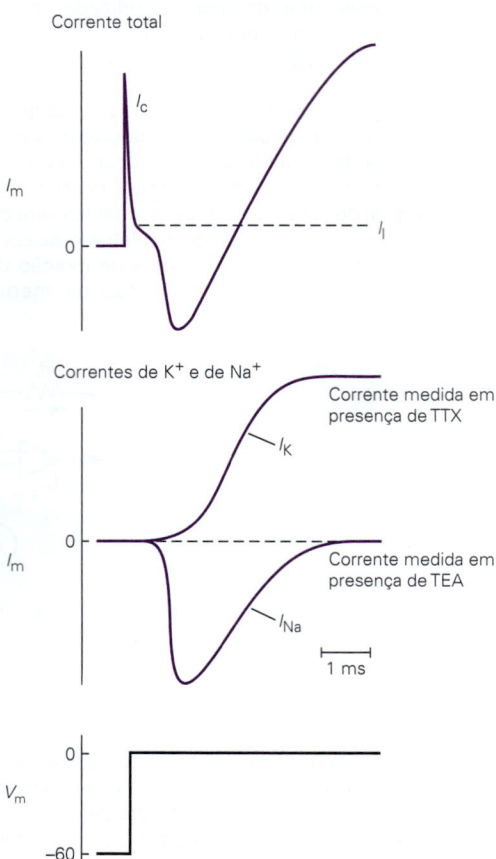

FIGURA 10-3 Um experimento de fixação de voltagem demonstra a ativação sequencial de canais de sódio e potássio dependentes de voltagem.

A. Um pequeno pulso de despolarização (10 mV) produz as correntes capacitiva e de vazamento (I_c e I_l, respectivamente), que são os componentes da corrente total da membrana (I_m).

B. Um pulso de despolarização com intensidade mais alta (60 mV) resulta em correntes maiores, capacitiva e de vazamento, além de correntes iônicas dependentes do tempo, uma que flui para dentro seguida de outra que flui para fora.

Parte superior: a corrente (resultante) total em resposta à despolarização. *No meio*: as correntes individuais de Na⁺ e de K⁺. Despolarização da célula em presença de tetrodotoxina (**TTX**), que bloqueia a corrente de Na⁺, ou em presença de tetraetilamônio (**TEA**), que bloqueia a corrente de K⁺, discrimina as correntes puras de K⁺ e de Na⁺ (I_K e I_{Na}, respectivamente), após a subtração de I_c e I_l. *Parte inferior:* pulso de voltagem.

do potencial de ação (**Figura 10-4**). Eles observaram que as correntes de Na⁺ e de K⁺ variavam gradativamente em função do potencial da membrana. Quanto mais positiva a voltagem da membrana, maior a corrente de saída de K⁺. A corrente de entrada do Na⁺ também aumenta, até certo ponto, com o incremento da despolarização. Entretanto, à medida que a voltagem se torna mais positiva, a amplitude da corrente de Na⁺ por fim começa a declinar. Quando o potencial de membrana chega a +55 mV, a corrente de Na⁺ é zero. Em potenciais mais positivos que +55 mV, a corrente de Na⁺ reverte e se volta para fora.

Hodgkin e Huxley explicaram esse comportamento por meio de um modelo muito simples, no qual o tamanho das correntes de Na⁺ e de K⁺ é determinado por dois fatores. O primeiro é a magnitude da condutância de Na⁺ ou de K⁺, g_{Na} ou g_K, a qual reflete o número de canais de Na⁺ e de K⁺ abertos a qualquer momento (Capítulo 9). O segundo é a força motriz eletroquímica sobre os íons Na⁺ ($V_m - E_{Na}$) ou K⁺ ($V_m - E_K$). O modelo é expresso como:

$$I_{Na} = g_{Na} \times (V_m - E_{Na})$$
$$I_K = g_K \times (V_m - E_K).$$

De acordo com esse modelo, as amplitudes de I_{Na} e de I_K são alteradas à medida que a voltagem se torna mais positiva, porque há um aumento na g_{Na} e na g_K. As condutâncias aumentam devido à abertura dos canais de Na⁺ e de K⁺ ser dependente de voltagem. As correntes também se alteram em resposta a alterações das forças motrizes eletroquímicas.

Ambas as correntes, I_{Na} e I_K, aumentam em amplitude inicialmente, à medida que a voltagem da membrana fica mais positiva, isso porque g_{Na} e g_K aumentam abruptamente com a voltagem. Entretanto, quando o potencial de membrana se aproxima do E_{Na} (+55 mV), apesar da grande g_{Na}, a I_{Na} decai, devido à diminuição da força motriz que impulsiona os íons Na+ para dentro. Isto é, a voltagem positiva da membrana se opõe ao influxo de Na⁺ a favor de seu gradiente de concentração química. A +55 mV, as forças

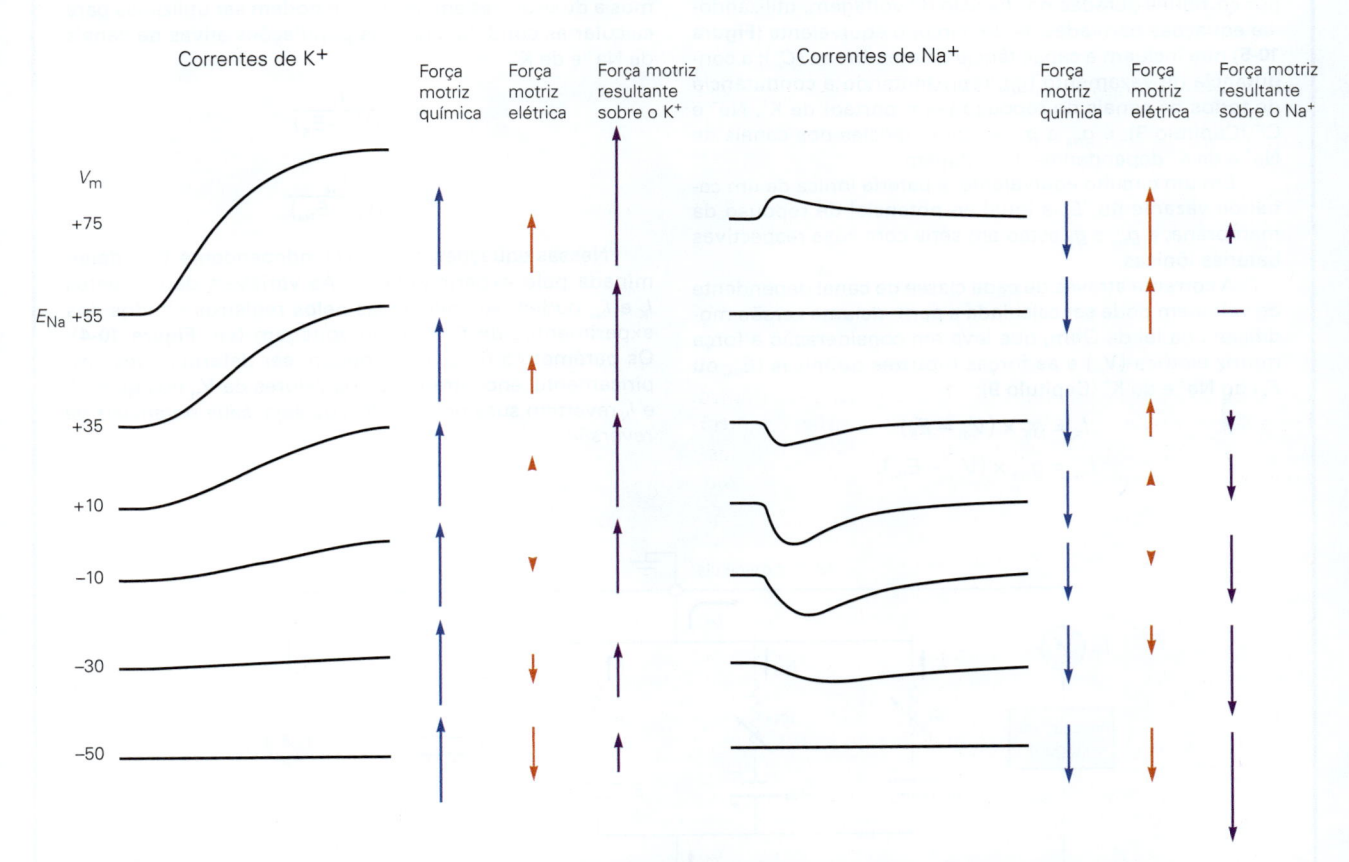

FIGURA 10-4 A magnitude e a polaridade das correntes de membrana de sódio e potássio variam com a amplitude da despolarização da membrana. *À esquerda:* com a despolarização progressiva, a corrente de K⁺ da membrana fixada por voltagem aumenta monotonicamente, porque tanto a g_K como a ($V_m - E_K$), a força motriz para o K⁺, aumentam com o aumento da despolarização. A voltagem durante a despolarização está indicada à esquerda. A direção e a magnitude das forças motrizes, química (E_K) e elétrica, sobre o K⁺, bem como a força motriz resultante, estão identificadas pelas setas à direita de cada traçado. (**Setas para cima** = força para fora; **setas para baixo** = força para dentro.) *À direita:* primeiro, o influxo de corrente de Na⁺ aumenta com o aumento da despolarização devido ao aumento na g_{Na}. Entretanto, à medida que o potencial de membrana se aproxima do E_{Na} (+55 mV), a magnitude da corrente de Na⁺ para dentro começa a diminuir, devido ao decréscimo da força motriz que impulsiona os íons Na⁺ para dentro ($V_m - E_{Na}$). No final, I_{Na} fica igual a zero quando o potencial da membrana atinge o E_{Na}. Em níveis de despolarização mais positivos que E_{Na}, o sinal de ($V_m - E_{Na}$) reverte, e a I_{Na} passa a fluir para fora.

motrizes química e elétrica estão balanceadas e não há fluxo resultante de I_{Na}, mesmo que a g_{Na} seja muito grande. Quando a voltagem da membrana se torna mais positiva em relação ao E_{Na}, a força motriz sobre os íons Na⁺ torna-se positiva. Ou seja, a força motriz elétrica que impulsiona os íons Na⁺ para fora, agora se torna maior que a força motriz química que impulsiona os íons Na⁺ para dentro e assim o fluxo de I_{Na} se dirige para fora. O comportamento do I_K é mais simples; E_K é bastante negativo (–75 mV), portanto, além de um aumento em g_K, a força motriz que impulsiona K⁺ para fora também se torna maior à medida que a membrana se torna mais positiva, aumentando assim a corrente de saída de K⁺.

As condutâncias dos canais de sódio e de potássio dependentes de voltagem são calculadas a partir de suas correntes

A partir das duas equações anteriores, Hodgkin e Huxley foram capazes de calcular g_{Na} e g_K, dividindo as correntes de Na⁺ e de K⁺ medidas através do valor conhecido das forças motrizes eletroquímicas para o Na⁺ e o K⁺. Seus resultados forneceram informações diretas sobre como a voltagem da membrana controla a abertura dos canais, porque os valores de g_{Na} e g_K refletem o número de canais abertos de Na⁺ e de K⁺ (**Quadro 10-2**).

As medidas de g_{Na} e g_K em vários níveis de potencial de membrana mostram duas similaridades e duas diferenças

---

QUADRO 10-2 Cálculo da condutância da membrana por fixação de voltagem

As condutâncias das membranas podem ser calculadas por correntes geradas por fixação de voltagem, utilizando-se equações derivadas de um circuito equivalente (**Figura 10-5**) que incluem a capacitância da membrana (C_m); a condutância de vazamento (g_l), representando a condutância de todos os canais de repouso (sem portão) de K⁺, Na⁺ e Cl⁻ (Capítulo 9); e g_{Na} e g_K, as condutâncias dos canais de Na⁺ e de K⁺ dependentes de voltagem.

Em um circuito equivalente, a bateria iônica de um canal de vazamento, E_l, é igual ao potencial de repouso da membrana, e g_{Na} e g_K estão em série com suas respectivas baterias iônicas.

A corrente através de cada classe de canal dependente de voltagem pode ser calculada a partir de uma versão modificada da lei de Ohm, que leva em consideração a força motriz elétrica (V_m) e as forças motrizes químicas (E_{Na} ou E_K) do Na⁺ e do K⁺ (Capítulo 9):

$$I_K = g_K \times (V_m - E_K)$$
$$I_{Na} = g_{Na} \times (V_m - E_{Na}).$$

Reorganizando e resolvendo a equação para g, chegamos a duas outras equações que podem ser utilizadas para calcular as condutâncias das populações ativas de canais de Na⁺ e de K⁺:

$$g_K = \frac{I_K}{(V_m - E_K)}$$

$$g_{Na} = \frac{I_{Na}}{(V_m - E_{Na})}.$$

Nessas equações, a variável independente V_m é determinada pelo experimentador. As variáveis dependentes I_K e I_{Na} podem ser calculadas pelos registros obtidos dos experimentos de fixação de voltagem (ver **Figura 10-4**). Os parâmetros de E_K e E_{Na} podem ser determinados empiricamente, encontrando-se os valores de V_m nos quais I_K e I_N revertem suas polaridades, ou seja, seus *potenciais de reversão*.

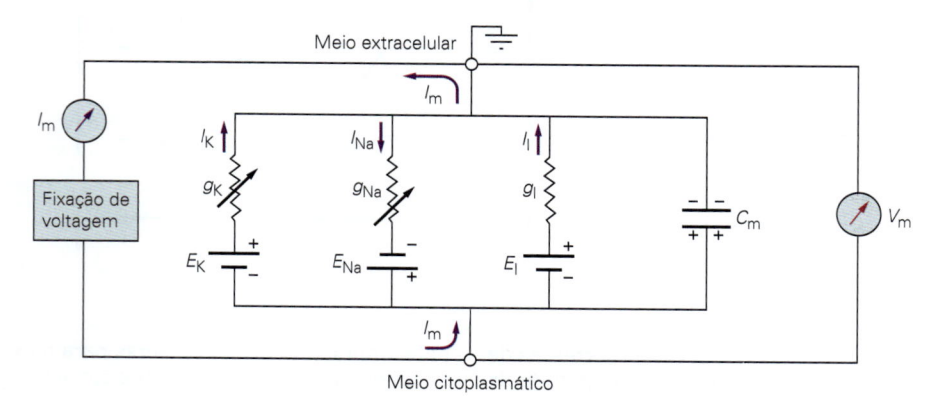

FIGURA 10-5 O circuito equivalente de fixação de voltagem de um neurônio. As vias de condutâncias dependentes de voltagem (g_K e g_{Na}) estão representadas pelo símbolo para condutância variável – um condutor (resistor) com uma seta atravessada. A condutância é variável porque depende do tempo e da voltagem. Essas condutâncias estão em série, com as baterias representando os gradientes químicos para os íons Na⁺ e K⁺. Além disso, existem vias paralelas para a corrente de vazamento (g_l e E_l) e a corrente capacitiva (C_m). As setas indicam o fluxo de corrente durante o pulso despolarizante que ativa g_K e g_{Na}.

funcionais entre os canais de Na⁺ e de K⁺. Ambos os tipos de canais abrem em resposta à despolarização. Também, à medida que o tamanho da despolarização aumenta, a extensão e a taxa de abertura aumentam para ambos os tipos de canais. Entretanto, os canais de Na⁺ e de K⁺ diferem na taxa de abertura e na resposta à despolarização prolongada. Em todos os níveis de despolarização, os canais de Na⁺ se abrem mais rapidamente do que os canais de K⁺ (**Figura 10-6**). Quando a despolarização é mantida por algum tempo, os canais de Na⁺ começam a se fechar, levando à diminuição da corrente que flui para dentro. O processo pelo qual os canais de Na⁺ se fecham durante a despolarização prolongada é chamado de *inativação*.

Assim, a despolarização faz os canais de Na⁺ alternarem entre três estados – repouso, ativado ou inativado –, os quais representam três diferentes conformações da proteína do canal de Na⁺ (**Figura 8-6**). Em contraste, os canais de K⁺ do axônio de lula não são inativados; eles permanecem abertos enquanto a membrana estiver despolarizada, pelo menos para despolarizações de fixação de voltagem com duração de até dezenas de milissegundos (**Figura 10-6**).

No estado inativado, os canais de Na⁺ não podem ser abertos por despolarização adicional. A inativação pode ser revertida somente pela repolarização da membrana ao seu valor negativo de potencial de repouso, no qual o canal muda para o estado de repouso. Esta mudança leva algum tempo.

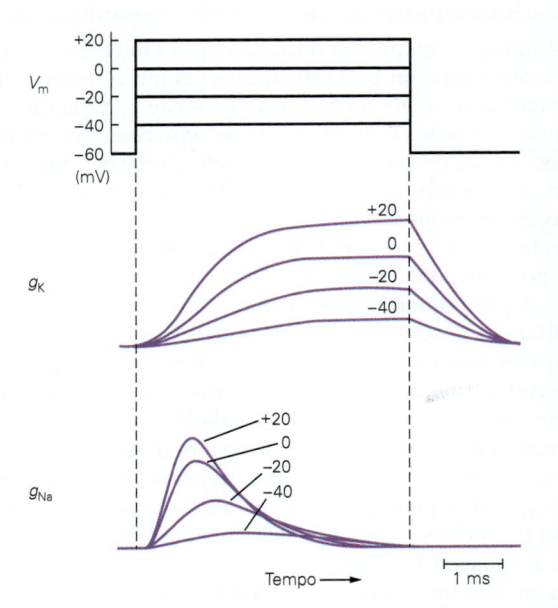

FIGURA 10-6 Respostas dos canais de potássio de sódio à despolarização prolongada. Aumentos na despolarização provocam aumentos graduais nas condutâncias de K⁺ e de Na⁺ (g_K e g_{Na}), o que reflete a abertura proporcional de milhares de canais de K⁺ e de Na⁺ dependentes de voltagem. Os canais de Na⁺ abrem mais rapidamente que os canais de K⁺. Enquanto a despolarização é mantida, os canais de Na⁺ se fecham após sua abertura, em razão do fechamento do portão de inativação. Os canais de K⁺ permanecem abertos por não possuírem um processo rápido da inativação. Em um V_m muito positivo, as condutâncias de K⁺ e Na⁺ se aproximam de um valor máximo porque a despolarização é suficiente para abrir quase todos os canais disponíveis.

Esses efeitos variáveis e dependentes do tempo da despolarização sobre a g_{Na} são determinados pela cinética de dois mecanismos de abertura ou de fechamento dos canais de Na⁺. Cada canal de Na⁺ tem uma *comporta de ativação* que está fechada enquanto o potencial de membrana está no repouso e que é aberta pela despolarização. Uma *comporta de inativação* está aberta durante o potencial de repouso e se fecha depois que o canal se abre em resposta à despolarização. O canal conduz Na⁺ pelo breve período durante a despolarização em que os *dois* portões estão abertos.

O potencial de ação pode ser reconstruído a partir das propriedades dos canais de sódio e de potássio

Hodgkin e Huxley foram capazes de ajustar suas medidas da condutância da membrana a uma série de equações empíricas que descrevem completamente as condutâncias de Na⁺ e de K⁺ em função do potencial de membrana e do tempo. Utilizando essas equações e valores medidos para as propriedades passivas do axônio, eles calcularam a forma e a velocidade de condução do potencial de ação. Notavelmente, essas equações também forneceram conhecimentos sobre as bases biofísicas para a dependência da voltagem para abertura e fechamento que foram confirmadas mais de 50 anos depois, quando a estrutura de certos canais dependentes de voltagem foi elucidada através da cristalografia de raios X.

A forma do potencial de ação calculada teoricamente foi quase idêntica à forma registrada no axônio sem fixação de voltagem. Essa estreita concordância indica que o modelo matemático desenvolvido por Hodgkin e Huxley descreve de modo preciso as propriedades dos canais essenciais para a geração e propagação do potencial de ação. Mais de meio século depois, o modelo de Hodgkin-Huxley se mantém como o modelo quantitativo de maior sucesso em neurociência, se não em toda a biologia.

De acordo com o modelo de Hodgkin-Huxley, um potencial de ação envolve a seguinte sequência de eventos. A despolarização da membrana causa a abertura rápida dos canais de Na⁺ (um aumento da g_{Na}), resultando em um fluxo de corrente de Na⁺ para dentro. Essa corrente, ao descarregar a capacitância da membrana, causa despolarização adicional, levando à abertura de mais canais de Na⁺, o que resulta em um aumento ainda maior do fluxo de corrente para dentro. Esse processo regenerativo leva o potencial de membrana em direção ao E_{Na}, causando a fase ascendente do potencial de ação. A despolarização limita a duração do potencial de ação de duas formas: (1) gradualmente inativando os canais de Na⁺ dependentes de voltagem, reduzindo, portanto, a g_{Na}, e (2) abrindo, com algum retardo, os canais de K⁺ dependentes de voltagem, aumentando, assim, a g_K. Por consequência, a corrente de Na⁺ que flui para dentro é seguida por uma corrente de K⁺ que flui para fora e tende a repolarizar a membrana (**Figura 10-7**).

Duas características do potencial de ação previstas pelo modelo de Hodgkin-Huxley foram seu limiar e seu comportamento "tudo ou nada". Uma fração de um milivolt pode ser a diferença entre um estímulo subliminar e um estímulo que gera o potencial de ação. Esse fenômeno de "tudo ou nada" pode parecer surpreendente se for

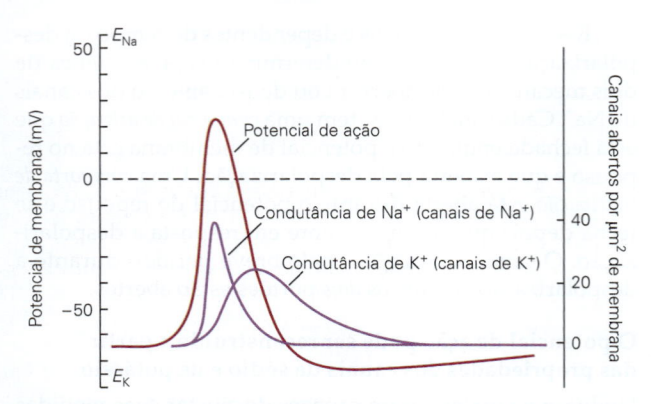

FIGURA 10-7 A abertura sequencial dos canais de Na⁺ e de K⁺ dependentes de voltagem gera o potencial de ação. Uma das maiores conquistas de Hodgkin e Huxley foi detalhar as alterações da condutância durante o potencial de ação em componentes separados atribuídos à abertura dos canais de Na⁺ e de K⁺. A forma do potencial de ação e as alterações de condutâncias envolvidas podem ser calculadas a partir das propriedades dos canais de Na⁺ e de K⁺ dependentes de voltagem. (Adaptada, com autorização, de Hille, 2001.)

considerado que a condutância de Na⁺ aumenta de uma forma estritamente *gradual* com o aumento de despolarização (ver **Figura 10-6**). Cada incremento de despolarização eleva o número de canais de Na⁺ dependentes de voltagem que se abrem, aumentando, assim, gradualmente, a corrente de Na⁺. Como, então, pode haver um limiar discreto para gerar um potencial de ação?

Embora uma pequena despolarização subliminar eleve o influxo de I_{Na}, ela também aumenta o *efluxo* de duas correntes, I_K e I_l, pelo aumento da força motriz eletroquímica agindo sobre os íons K⁺ e Cl⁻. Além disso, a despolarização eleva a condutância de K⁺ ao abrir gradualmente mais canais de K⁺ dependentes de voltagem (**Figura 10-6**). À medida que as correntes de saída de K⁺ e de vazamento aumentam com a despolarização, elas tendem a repolarizar a membrana e, assim, resistir à ação despolarizante do influxo de Na⁺. Entretanto, devido à alta sensibilidade à voltagem e à rápida cinética de ativação dos canais de Na⁺, a despolarização, por fim, atinge o ponto no qual o aumento do influxo de I_{Na} excede o aumento do efluxo de I_K e I_l. Nesse ponto, existe uma resultante de fluxo de corrente iônica para dentro. Isso produz uma despolarização adicional, abrindo ainda mais canais de Na⁺, de modo que a despolarização se torna regenerativa, levando rapidamente o potencial de membrana V_m ao pico máximo do potencial de ação. O valor específico do V_m no qual a corrente iônica resultante ($I_{Na} + I_K + I_l$) muda de fora para dentro, depositando uma carga resultante positiva no lado interno da capacitância de membrana, é o limiar.

Experimentos iniciais com estimulação extracelular de fibras nervosas mostraram que, por um curto período de tempo após um potencial de ação (normalmente alguns milissegundos), é impossível gerar outro potencial de ação. Esse *período refratário absoluto* é seguido por um período em que é possível estimular a geração de outro potencial de ação, mas apenas com um estímulo maior do que o necessário para o primeiro. Esse *período refratário relativo* normalmente dura de 5 a 10 ms.

A análise de Hodgkin-Huxley forneceu uma explicação mecanicista de dois fatores subjacentes ao período refratário. Imediatamente após um potencial de ação, é impossível evocar outro, mesmo com um estímulo muito forte, porque os canais de Na⁺ permanecem inativados. Após a repolarização, os canais de Na⁺ se recuperam da inativação e reentram no estado de repouso, uma transição que leva vários milissegundos (**Figura 10-8**). O período refratário relativo corresponde à recuperação parcial da inativação.

O período refratário relativo também é influenciado por um aumento residual na condutância de K⁺ que segue o potencial de ação. Leva vários milissegundos para que todos os canais de K⁺ que se abrem durante o potencial de ação retornem ao seu estado fechado. Durante esse período, quando a condutância de K⁺ permanece um pouco elevada, V_m é ligeiramente mais negativa do que seu valor normal de repouso, à medida que V_m se aproxima de E_K (**Figura 10-7**, Equação 9-4). Essa *hiperpolarização pós-potencial* e aumento residual em g_K contribuem para o aumento na corrente de despolarização necessária para conduzir V_m ao limiar durante o período refratário relativo.

Os mecanismos de dependência de voltagem foram referidos a partir de medidas eletrofisiológicas

As equações empíricas derivadas por Hodgkin e Huxley descreveram com bastante sucesso como o fluxo de íons através dos canais de Na⁺ e de K⁺ é capaz de gerar o potencial de ação. Entretanto, essas equações descrevem o processo de excitação em termos de alterações em condutância e corrente da membrana. Elas dizem pouco sobre os mecanismos que ativam e inativam os canais em resposta a mudanças no potencial de membrana ou sobre a seletividade do canal a íons específicos.

Agora sabemos que as condutâncias dependentes de voltagem descritas por Hodgkin e Huxley são geradas por canais iônicos que se abrem de maneira dependente de voltagem e do tempo. Os registros por fixação de membrana (*patch-clamp*) de uma variedade de células nervosas e musculares forneceram informações detalhadas sobre as propriedades dos canais de Na⁺ dependentes de voltagem que geram o potencial de ação. Os registros de canais individuais de Na⁺ dependentes de voltagem mostram que, em resposta a uma determinada despolarização, cada canal se abre de forma "tudo ou nada", conduzindo breves pulsos de corrente de amplitude constante, mas de duração variável.

Cada abertura de canal está associada a uma corrente de cerca de 1 pA (a voltagens próximas a –30 mV), e o estado aberto é rapidamente encerrado por inativação. Cada canal se comporta estocasticamente, abrindo-se após um tempo variável e permanecendo aberto por um tempo variável antes de ser inativado. Se forem somadas as aberturas de todos os canais em uma membrana celular em resposta a uma despolarização gradual, ou somadas as aberturas de um único canal para várias tentativas da mesma

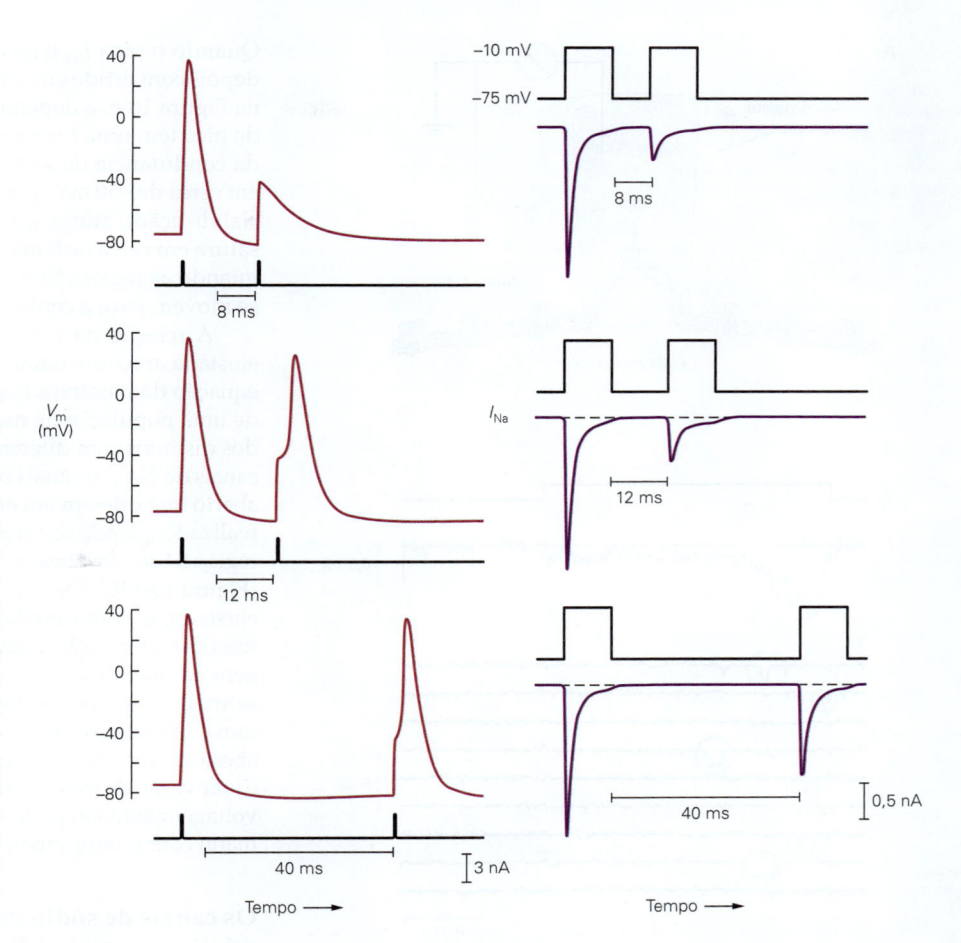

FIGURA 10-8 O período refratário está associado à recuperação dos canais de sódio do estado de inativação. *À esquerda:* a resposta de voltagem de um neurônio do gânglio da raiz dorsal do camundongo a dois pulsos de corrente (**traços inferiores**). O primeiro desencadeia um potencial de ação; o segundo evoca uma resposta de voltagem variável dependendo do intervalo entre os pulsos de corrente. *À direita:* correntes de sódio registradas por fixação de voltagem na mesma célula, evocadas por dois pulsos de voltagem despolarizantes separados pelos intervalos indicados nos registros à esquerda. Nesse neurônio, o período refratário corresponde ao tempo necessário para recuperação de cerca de 20% dos canais de sódio. (Dados de Pin Liu e Bruce Bean.)

despolarização (**Figura 10-9**), o resultado é uma corrente média com a mesmo curso de tempo que a corrente macroscópica de Na⁺ registrada em experimentos com fixação de voltagem (ver **Figura 10-4B**).

Para explicar como as mudanças no potencial da membrana levam a um aumento na condutância do Na⁺, Hodgkin e Huxley deduziram, a partir de considerações termodinâmicas básicas, que uma mudança conformacional em algum componente da membrana que regula a condutância deve mover partículas carregadas através do campo elétrico da membrana. Como resultado, a despolarização da membrana exerceria uma força, fazendo com que as partículas carregadas se movessem, assim abrindo o canal. Para um canal com partículas móveis carregadas positivamente, a despolarização produziria um movimento de carga para fora que deveria preceder a abertura do canal. Após a repolarização da membrana, a carga se moveria na direção oposta, fechando o canal. Como o movimento da carga móvel está confinado à membrana, esse é um tipo de corrente capacitiva. Este movimento de carga *de abertura ou de fechamento do canal* foi previsto para gerar uma pequena corrente de saída (*corrente de abertura ou de fechamento* ou *corrente de portão;* do inglês *gating current*), confirmada posteriormente quando o exame da corrente de membrana foi realizado utilizando-se técnicas muito sensíveis. O bloqueio do influxo de corrente iônica com tetrodotoxina revelou uma pequena corrente capacitiva externa durante o tempo em que os canais estavam sendo ativados (**Figura 10-10A**). Em experimentos posteriores, esta corrente de abertura ou de fechamento (I_g) foi progressivamente reduzida pela mutação que troca os resíduos de lisina e arginina carregados positivamente nas quatro regiões transmembrana S4 do canal de Na⁺ por resíduos neutros. Assim, a corrente de abertura ou de fechamento é produzida pelo movimento para fora dos resíduos carregados positivamente nas regiões S4 através do campo elétrico da membrana (Capítulo 8). Canais de K⁺ e Ca²⁺ dependentes de voltagem também geram estas correntes durante a abertura do canal.

Experimentos recentes mostraram que as quatro regiões transmembrana S4 do canal de Na⁺ se movem com diferentes cursos de tempo. O movimento das regiões S4 dos três primeiros domínios (DI, DII, DIII) ocorre primeiro e está associado à ativação do canal. O movimento da região S4 do domínio IV ocorre mais lentamente e está associado à inativação. A inativação dos canais de Na⁺ provavelmente envolve uma série de mudanças conformacionais pelas quais o movimento para fora da região S4 do domínio IV permite a ligação do ligante citoplasmático que conecta os domínios III e IV a um sítio de ligação próximo às extremidades intracelulares das hélices S6 formadoras de poros, estabilizando um estado inativado não condutor do poro (**Figura 10-10B,C**).

Quando o pico I_{Na} é medido em uma ampla faixa de V_m e depois convertido em uma condutância, conforme ilustrado na Figura 10-6, a dependência de voltagem da condutância de pico tem uma forma sigmoide (**Figura 10-11**). A ativação da condutância de sódio dependente de voltagem começa em cerca de –50 mV (perto do limiar para disparo do potencial de ação), atinge um ponto médio próximo a –25 mV e satura em cerca de 0 mV. A saturação da condutância ocorre quando as regiões S4 de toda a população de canais de Na⁺ se movem para a conformação ativada.

A relação da condutância com a voltagem pode ser ajustada aproximadamente pela função de Boltzmann, uma equação da mecânica estatística que descreve a distribuição de uma população de moléculas que podem existir em estados distintos com diferentes energias potenciais. No caso de canais de Na⁺, os canais se movem entre os estados fechado e aberto que diferem em energia potencial devido ao trabalho realizado quando as cargas de abertura ou de fechamento da região S4 se movem através do campo elétrico da membrana (**Figura 10-10C**). Os dois parâmetros da curva de Boltzmann ajustada, o ponto médio e o fator de inclinação, fornecem uma caracterização conveniente da dependência da voltagem na qual os canais se abrem. A curva é mais acentuada se mais carga de abertura ou de fechamento do portão se move quando os canais se convertem do estado fechado ao aberto e vice-versa. A dependência de voltagem de ativação e inativação de muitos outros tipos de canais dependentes de voltagem também pode ser aproximada por curvas de Boltzmann com pontos médios e de inclinação característicos.

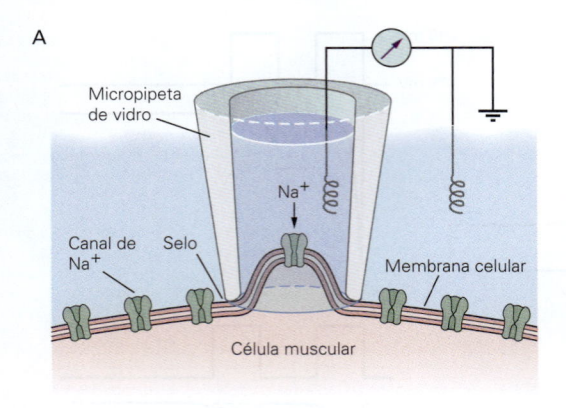

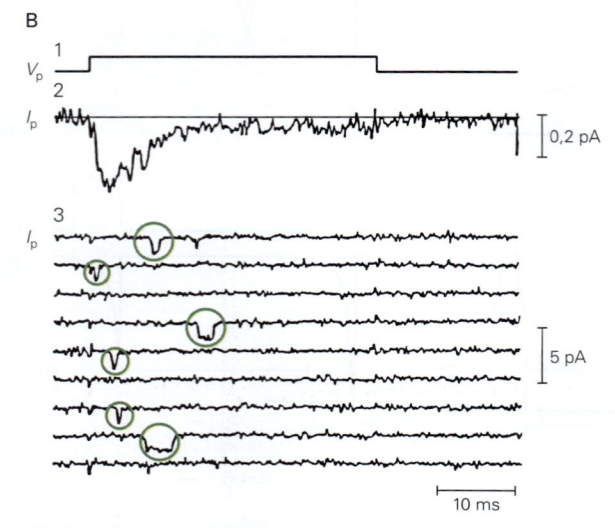

FIGURA 10-9 Canais iônicos dependentes de voltagem individuais abrem-se de maneira "tudo ou nada".

A. Um pequeno fragmento de membrana contendo um único canal de Na⁺ dependente de voltagem é eletricamente isolado do resto da célula por um eletrodo. A corrente de Na⁺ que entra na célula através do canal é registrada pelo monitor de corrente conectado ao eletrodo na membrana (ver **Quadro 8-1**).

B. Registros de canais de Na⁺ unitários de células musculares de ratos em culturas. (**1**) Curso temporal de um pulso de voltagem despolarizante de 10 mV aplicado através de um fragmento isolado de membrana (V_p = diferença de potencial através do fragmento – do inglês *patch*). (**2**) A soma do fluxo de corrente para fora através do canal de Na⁺ no fragmento durante 300 registros (I_p = corrente através do fragmento). O traçado foi obtido bloqueando os canais de K⁺ com tetraetilamônio e subtraindo as correntes de vazamento e capacitiva eletronicamente. (**3**) Nove dos 300 registros individuais, mostrando seis períodos de abertura de canal (**circulados**). Esses dados demonstram que a corrente total de Na⁺ registrada pela técnica de fixação de voltagem convencional (ver **Figura 10-3B**) pode ser explicada pela natureza estatística da abertura e fechamento de forma "tudo ou nada" de um grande número de canais de Na⁺. (Reproduzida, com autorização, de Sigworth e Neher, 1980.)

O controle da ativação do canal por cargas de abertura ou de fechamento do portão resulta em uma característica dos canais dependentes de voltagem: a mudança de condutância ocorre em uma faixa relativamente estreita de V_m com um valor de saturação em despolarizações maiores.

Os canais de sódio dependentes de voltagem são seletivos para o sódio em função do tamanho, da carga e da energia de hidratação do íon

No Capítulo 8, vimos como a estrutura do poro dos canais de K⁺ pode explicar de que modo esses canais são capazes de selecionar os íons K⁺ sobre os íons Na⁺. O diâmetro estreito do filtro de seletividade do canal de K⁺ (em torno de 0,3 nm) requer que um íon K⁺ ou Na⁺ seja desprovido de quase todas as suas águas de hidratação para entrar no canal, um evento energeticamente desfavorável.

O custo energético da desidratação do íon K⁺ é bem compensado por sua estreita interação com os átomos de oxigênio eletronegativos dos grupos carbonila providos pelo suporte peptídico das quatro subunidades do filtro de seletividade do canal de K⁺. Devido ao seu raio pequeno, um íon Na⁺ tem um campo elétrico local maior do que o do íon K⁺ e, portanto, interage mais fortemente com suas águas de hidratação do que o K⁺. Por outro lado, o pequeno diâmetro do íon Na⁺ impede a interação próxima com a armação de átomos de oxigênio carbonil no filtro de seletividade; o alto custo energético resultante da desidratação do íon Na⁺ o impede de entrar no canal.

Então, como o filtro de seletividade do canal de Na⁺ seleciona os íons Na⁺ sobre os K⁺? Bertil Hille deduziu um modelo para o mecanismo de seletividade dos canais de Na⁺ medindo a permeabilidade para vários tipos de cátions orgânicos e inorgânicos. Como estudado no Capítulo 8, o canal comporta-se como se tivesse um filtro de

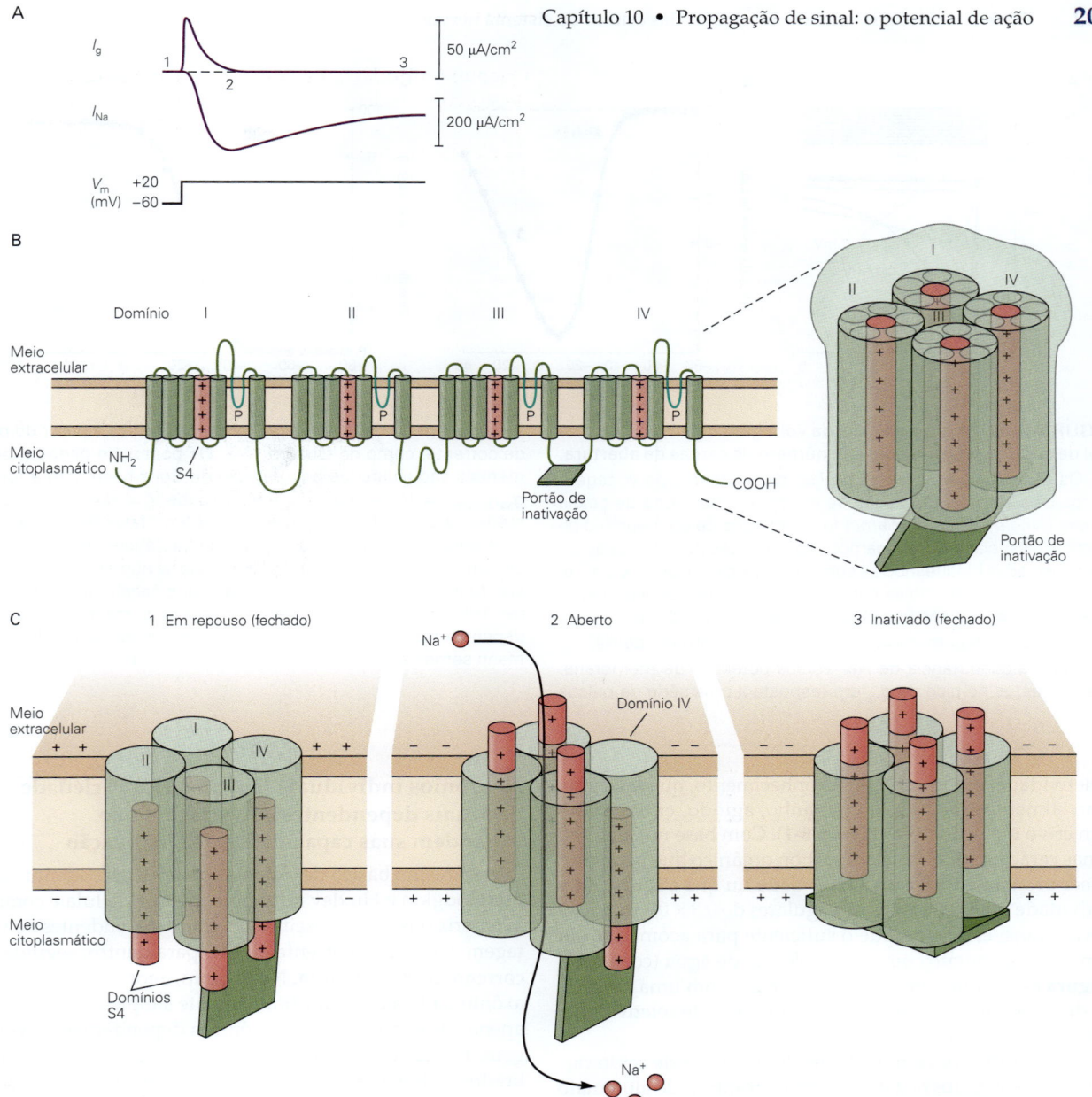

FIGURA 10-10 A abertura e o fechamento do canal de sódio estão associados a uma redistribuição de cargas.

A. Quando a membrana é despolarizada, a corrente de Na$^+$ (I_{Na}) é ativada e, a seguir, inativada. A ativação da corrente de Na$^+$ é precedida por uma breve *corrente capacitiva de abertura do portão* (I_g), refletindo o movimento para fora de cargas positivas dentro das paredes dos canais de Na$^+$. Para detectar essa pequena corrente de abertura do portão, é necessário bloquear o fluxo de corrente iônica através dos canais de Na$^+$ e K$^+$ e subtrair a corrente capacitiva que despolariza a bicamada lipídica. (Adaptada, com autorização, de Armstrong e Gilly, 1979).

B. Estrutura secundária da subunidade α dos canais de sódio de mamíferos mostrando a localização das cargas de abertura ou fechamento do portão. A subunidade α do canal de sódio é um único polipeptídeo que consiste em quatro domínios repetidos, cada um contendo seis regiões transmembrana. A quarta região transmembrana (região S4) de cada domínio contém resíduos de arginina e lisina carregados positivamente que formam a carga de abertura ou de fechamento dos canais. (Adaptada, com autorização, de Ahern et al., 2016. Autorização transmitida através do Copyright Clearance Center, Inc.)

C. Os diagramas descrevem a redistribuição da carga de abertura ou de fechamento e as posições dos portões de ativação e inativação quando o canal está em repouso, aberto e inativado. Os cilindros **vermelhos** representam as regiões S4 que contêm as cargas de abertura ou de fechamento positivas. A despolarização da membrana celular do estado de repouso faz com que a carga de abertura se mova para fora. O movimento para fora das regiões S4 dos domínios I, II e III está associado à ativação (**1-2**), enquanto o movimento mais lento da região S4 do domínio IV está associado à inativação (**2-3**). O movimento da região S4 do domínio IV permite que um *loop* intracelular entre os domínios III e IV (representado como um retângulo **verde**) se ligue a um sítio de encaixe próximo às hélices S6 no interior do poro, estabilizando alostericamente um estado fechado inativado. (Adaptada de Ahern et al., 2016.)

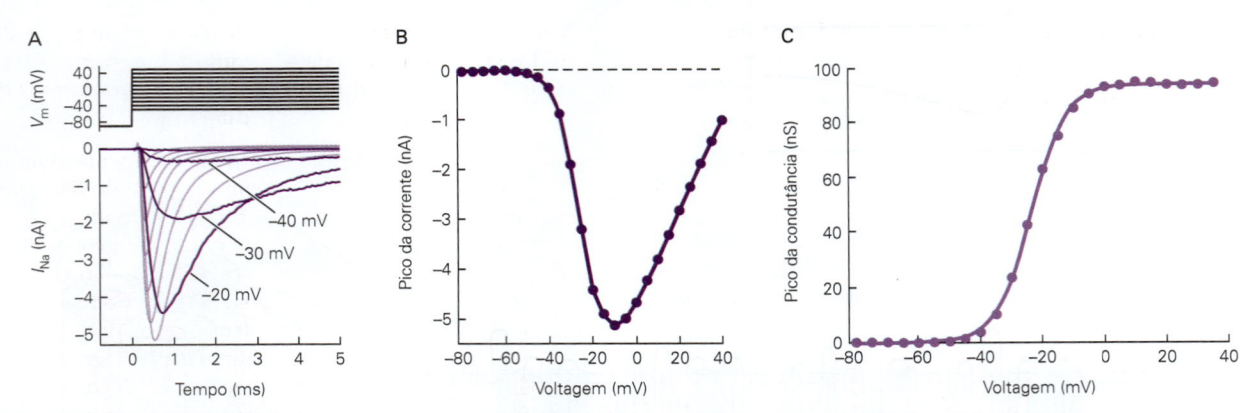

FIGURA 10-11 A dependência da voltagem da ativação do canal de sódio é determinada pelo número de cargas de abertura.
A. Os registros de correntes de Na⁺ dependentes de voltagem feitos pela técnica de fixação de membrana no modo de célula inteira (w*hole-cell patch-clamp*) foram obtidos de um neurônio piramidal dissociado do hipocampo. As correntes do canal de sódio foram isoladas bloqueando as correntes dos canais de K⁺ e Ca²⁺ e, em seguida, subtraindo as correntes capacitivas e de vazamento que permaneceram após o bloqueio das correntes de Na⁺.
B. Curva de voltagem-corrente para o pico de corrente de Na⁺.
C. Pico de condutância de Na⁺ *versus* potencial de membrana. Os aumentos no pico de g_{Na} em resposta a uma série de pulsos de voltagem de despolarização foram calculados a partir do pico de corrente, como no Quadro 10-2. Os pontos de dados experimentais são ajustados pela relação de Boltzmann com a forma $g_{Na}/g_{Na(max)} = 1/[1 + \exp - (V_m - V_h)/k]$, onde $V_h = -24$ mV é o ponto médio da curva de ativação e $k = 5,5$ é o "fator de inclinação", com unidades de mV, e $g_{Na(max)}$ é a condutância máxima de sódio em voltagens positivas. Quanto maior o número de cargas de abertura que devem se mover para abrir o canal, menor é o fator de inclinação. A dependência de voltagem da maioria dos canais dependentes de voltagem pode ser ajustada por curvas de Boltzmann semelhantes. (Dados de Indira M. Raman.)

seletividade, ou um sítio de reconhecimento, que seleciona parcialmente com base no tamanho, agindo, então, como um crivo molecular (ver **Figura 8-1**). Com base no tamanho e nas características do maior cátion orgânico que pode permear prontamente o canal, Hille deduziu que o filtro de seletividade tem dimensões retangulares de 0,3 × 0,5 nm. Esta seção transversal é grande o suficiente para acomodar um íon Na⁺ em contato com uma molécula de água (consulte a **Figura 8-1**). Como um íon K⁺ em contato com uma molécula de água é maior que o tamanho do filtro de seletividade, ele não pode permear prontamente.

De acordo com o modelo de Hille, grupos de ácido carboxílico carregados negativamente de resíduos de glutamato ou aspartato na abertura externa do poro realizam o primeiro passo no processo de seleção, atraindo cátions e repelindo ânions. Os grupos negativos de ácido carboxílico, bem como outros átomos de oxigênio que revestem o poro, podem substituir as águas de hidratação, mas o grau de efetividade dessa substituição varia entre as espécies de íons. A carga negativa de um ácido carboxílico é capaz de formar uma interação coulômbica mais forte com o íon Na⁺, que é menor, do que com o íon K⁺, que é maior. Como o canal de Na⁺ é grande o suficiente para acomodar um cátion em contato com várias moléculas de água, o custo energético da desidratação não é tão grande quanto o custo para um canal de K⁺. Como resultado dessas duas características, o canal de Na⁺ é capaz de selecionar Na⁺ sobre K⁺, mas não perfeitamente, com $P_{Na}/P_K \sim 12/1$. Estruturas de canais de Na⁺ dependentes de voltagem de bactérias e vertebrados, obtidos por cristalografia de raios X e criomicroscopia eletrônica, confirmaram muitas das principais características do modelo de Hille.

Neurônios individuais têm uma rica variedade de canais dependentes de voltagem que expandem suas capacidades de sinalização

O mecanismo básico de excitabilidade elétrica identificado por Hodgkin e Huxley no axônio gigante da lula é comum à maioria das células excitáveis: canais dependentes de voltagem conduzem corrente de Na⁺ para dentro, seguida de corrente de K⁺ para fora. No entanto, agora sabemos que o axônio da lula é extraordinariamente simples em expressar apenas dois tipos de canais iônicos dependentes de voltagem. Em contraste, os genomas de vertebrados e invertebrados incluem grandes famílias de canais de Na⁺, K⁺ e Ca²⁺ dependentes de voltagem codificados por subfamílias de genes relacionados que são amplamente expressos em diferentes tipos de células nervosas e musculares.

Um neurônio no encéfalo de um mamífero normalmente expressa uma dúzia ou mais de tipos diferentes de canais iônicos dependentes de voltagem. A dependência de voltagem e as propriedades cinéticas de vários canais de Na⁺, Ca²⁺ e K⁺ podem diferir amplamente. Além disso, a distribuição desses canais varia entre diferentes tipos de neurônios e até mesmo entre diferentes regiões de um único neurônio. A grande variedade de canais dependentes de voltagem nas membranas da maioria dos neurônios permite que um neurônio dispare potenciais de ação com uma gama muito maior de frequências e de padrões do que o axônio da lula e, portanto, permite habilidades de processamento de informações e controle modulatório muito mais complexos do que é possível com apenas dois tipos de canais.

A diversidade dos tipos de canais dependentes de voltagem é gerada por vários mecanismos genéticos

O mecanismo de conservação pelo qual a evolução prossegue – criando novas entidades estruturais ou funcionais pela duplicação, modificação, mistura e recombinação de sequências codificadoras de genes existentes — é ilustrado pela diversidade e estrutura modular dos membros da extensa superfamília gênica que codifica os canais de Na^+, K^+ e Ca^{2+} dependentes de voltagem. Essa família também inclui genes que codificam canais de K^+ ativados por cálcio, os canais catiônicos não seletivos HCN ativados por hiperpolarização, e um canal de cátion independente de voltagem e dependente de nucleotídeo cíclico, importante para a fototransdução e para o olfato.

As diferenças funcionais entre esses canais são produzidas por diferenças nas sequências de aminoácidos em seus domínios transmembrana centrais, bem como pela adição de elementos reguladores em domínios citoplasmáticos. Por exemplo, alguns canais de K^+ têm um mecanismo de inativação mediado por um plugue ancorado, formado pelo N-terminal citoplasmático da proteína do canal, que se liga à abertura interna do canal quando o portão de ativação é aberto. A extremidade citoplasmática C-terminal das proteínas do canal é um *locus* particularmente rico para elementos reguladores, incluindo domínios que se ligam a Ca^{2+} ou nucleotídeos cíclicos, permitindo que esses agentes regulem a abertura e o fechamento do canal. Os canais de K^+ retificadores de influxo de corrente, que são tetrâmeros com apenas uma região P e regiões transmembrana flanqueadoras, têm um sítio interno de ligação a cátions que produz a retificação. Quando a célula é despolarizada, Mg^{2+} citoplasmático ou poliaminas carregadas positivamente (pequenas moléculas orgânicas constituintes normais do citoplasma) são eletrostaticamente levados a esse sítio de ligação a partir do citoplasma, fechando o canal (**Figura 10–12**).

A Figura 10-12 representa grandes famílias de canais com considerável diversidade estrutural e funcional. Cinco mecanismos diferentes contribuem para a diversidade em canais dependentes de voltagem:

1. Múltiplos genes codificam subunidades principais relacionadas dentro de cada classe de canal. Por exemplo, em neurônios e células musculares de mamíferos, nove genes diferentes codificam subunidades α do canal de Na^+ dependente de voltagem.
2. As quatro subunidades α que formam um canal de K^+ dependente de voltagem (**Figura 8-11**) podem ser codificadas por diferentes genes. Após a tradução, as subunidades α são, em alguns casos, agrupadas em várias combinações, formando diferentes subclasses de canais heteroméricos.
3. Um único produto gênico pode sofrer *splicing* alternativo, resultando em variações nas moléculas de mRNA que codificam a subunidade α.
4. O mRNA que codifica uma subunidade α pode ser editado pela modificação química de um único nucleotídeo, alterando a composição de um único aminoácido na subunidade do canal.
5. As principais subunidades α formadoras de poros de todos os tipos de canais são comumente combinadas com diferentes subunidades acessórias para formar tipos de canais funcionalmente diferentes.

Essas subunidades acessórias (frequentemente chamadas de subunidades β, γ ou δ) podem ser tanto do tipo citoplasmático como transmembrana e podem produzir uma ampla variedade de efeitos na função do canal. Por exemplo, algumas subunidades β aumentam a eficiência com que a proteína do canal é transportada do retículo endoplasmático rugoso para a membrana, além de determinar seu destino final na superfície celular. Outras subunidades podem regular a sensibilidade da voltagem ou a cinética de abertura ou de fechamento do canal. Diferente das subunidades α, não existe homologia conhecida entre as subunidades β, γ, e δ das três principais subfamílias de canais dependentes de voltagem.

Essas várias fontes de diversidade de canal também variam amplamente entre diferentes áreas do sistema nervoso, entre diferentes tipos de neurônios e entre diferentes compartimentos subcelulares de um determinado neurônio. A consequência dessa diferenciação regional é que mutações ou mecanismos epigenéticos que alteram a função dos canais dependentes de voltagem podem ter efeitos muito seletivos sobre a função neuronal ou muscular. O resultado é uma grande variedade de doenças neurológicas, chamadas canalopatias (Capítulos 57 e 58).

Canais de sódio dependentes de voltagem

As subunidades α de canais de Na^+ dependentes de voltagem de mamíferos são codificadas por nove genes. Três das subunidades α codificadas por esses genes (Nav1.1, Nav1.2 e Nav1.6) são amplamente expressas em neurônios no encéfalo de mamíferos maduros, enquanto outras quatro têm expressão mais restrita em neurônios. Nav1.3 é fortemente expresso no início do desenvolvimento, com pouca expressão no encéfalo maduro, mas pode ser expresso novamente em tecido lesionado, por exemplo, após lesão na medula espinal. Os canais Nav1.7 estão confinados aos neurônios autonômicos e sensoriais, no sistema nervoso periférico. Os canais Nav1.8 e Nav1.9 são amplamente restritos a um subconjunto de neurônios sensoriais periféricos, com expressão particularmente proeminente em neurônios sensoriais primários sensíveis à dor (nociceptores). Os canais Nav1.1, Nav1.2, Nav1.3, Nav1.6 e Nav1.7 têm geralmente dependência de voltagem semelhante e cinética de ativação e inativação relativamente rápida em comparação aos canais Nav1.8 e Nav1.9. Os canais Nav1.4 nas fibras musculares esqueléticas e os canais Nav1.5 no músculo cardíaco conduzem a corrente de Na^+ dependente de voltagem que gera potenciais de ação nesses tecidos.

Embora Nav1.1, Nav1.2 e Nav1.6 sejam amplamente expressos em neurônios centrais de mamíferos, eles são expressos em diferentes proporções em diferentes tipos de neurônios. Os canais Nav1.1 são muito expressos, em particular, em alguns interneurônios inibitórios GABAérgicos, e algumas mutações de perda de função nos canais Nav1.1 podem levar à epilepsia, como na síndrome de Dravet, talvez refletindo uma maior perda de excitabilidade dos neurônios inibitórios, em relação aos neurônios excitatórios.

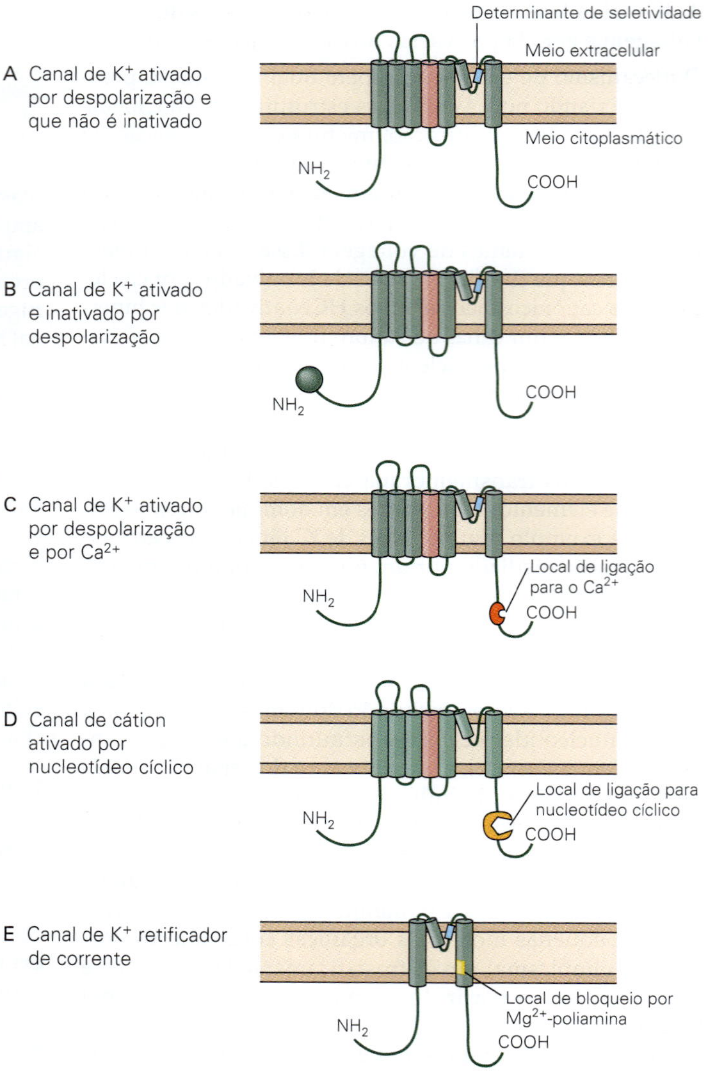

FIGURA 10-12 A família extensa de genes de canais dependentes de voltagem produz variantes de uma estrutura molecular comum.

A. A topologia básica transmembrana de uma subunidade α de um canal de K⁺ dependente de voltagem. A α-hélice S4 transmembrana é marcada em **vermelho**.

B. Muitos canais de K⁺ que são ativados e depois inativados por despolarização prolongada possuem um segmento "bola e corrente" na sua porção N-terminal que inativa o canal pelo fechamento da abertura interna.

C. Alguns canais de K⁺ que requerem tanto a despolarização quanto um aumento intracelular de Ca^{2+} para serem ativados possuem um sítio de ligação para o Ca^{2+} na sua porção C-terminal final.

D. Canais de cátions ativados por nucleotídeos cíclicos possuem um domínio de ligação para o nucleotídeo cíclico na sua porção C-terminal final. Uma subclasse de tais canais inclui os canais não dependentes de voltagem e ativados por nucleotídeo cíclico importantes para a transdução dos sinais sensoriais olfatórios e visuais. Outra subclasse consiste nos canais dependentes de voltagem ativados por hiperpolarização e nucleotídeos cíclicos (HCN) importantes para a atividade do marca-passo (consulte a Figura 10-15D). As alças P nestes canais não possuem os resíduos de aminoácidos-chave necessários para a seletividade aos íons K⁺. Como resultado, esses canais não apresentam alto grau de discriminação entre Na⁺ e K⁺.

E. Os canais de K⁺ retificadores de corrente, que são fechados por partículas bloqueadoras disponíveis no citoplasma, são formados por uma versão truncada de seu elemento básico estrutural, com somente duas regiões transmembrana e uma região P.

A Canal de K⁺ ativado por despolarização e que não é inativado

B Canal de K⁺ ativado e inativado por despolarização

C Canal de K⁺ ativado por despolarização e por Ca^{2+}

D Canal de cátion ativado por nucleotídeo cíclico

E Canal de K⁺ retificador de corrente

Canais de cálcio dependentes de voltagem

Praticamente todos os neurônios contêm canais de Ca^{2+} dependentes de voltagem que se abrem em resposta à despolarização. Um forte gradiente eletroquímico impulsiona os íons Ca^{2+} para dentro da célula, esses canais então originam um influxo de corrente que auxilia na despolarização da célula.

Um único neurônio normalmente expressa pelo menos quatro ou cinco tipos diferentes de canais de Ca^{2+} dependentes de voltagem, com diferentes dependências de voltagem, propriedades cinéticas e localização subcelular. Os canais de cálcio que são amplamente expressos em neurônios centrais e periféricos incluem canais Cav1.2 e Cav1.3 (conhecidos coletivamente como canais do tipo L), Cav2.1 (canais do tipo P/Q), Cav2.2 (canais do tipo N), e Cav2.3 (canais do tipo R). Os vários canais da família Cav1 e Cav2 são conhecidos coletivamente como canais de Ca^{2+} de *alto limiar* ou canais *ativados por alta voltagem* (HVA, do inglês *high-voltage activated*), já que a ativação geralmente requer despolarizações relativamente grandes.

Os membros da família Cav3, coletivamente conhecidos como *tipo T* ou canais *ativados por baixa voltagem* (LVA, do inglês *low-voltage activated*), são expressos de forma mais seletiva em certos neurônios. Eles são abertos por pequenas despolarizações (tão negativas quanto –65 mV) e sofrem inativação por dezenas de milissegundos. Em potenciais normais de repouso, os canais Cav3 normalmente estão inativados. A hiperpolarização da voltagem da membrana (como por aferência sináptica inibitória) remove a inativação em repouso, o que permite a ativação transitória dos canais LVA após a hiperpolarização, à medida que a voltagem da membrana volta ao seu nível de repouso. Essa ativação pode produzir uma despolarização regenerativa que desencadeia uma salva de potenciais de ação pela abertura dos canais de Na⁺, que termina quando os canais de Cav3 são inativados. Esses disparos em salva pós-inibição é comum em algumas regiões do tálamo e pode ajudar a impulsionar os disparos em salva sincronizados em circuitos neurais (ver **Figura 44-2**). A ativação de rebote semelhante dos canais Cav3 após a fase hiperpolarizante de um potencial de marca-passo lento contribui para os disparos em salva rítmicos e espontâneos em alguns neurônios talamocorticais (ver **Figura 10-15**).

Canais de potássio dependentes de voltagem

Os canais de K^+ dependentes de voltagem compreendem um grupo especialmente variado de canais, que diferem em sua cinética de ativação, faixa de ativação de voltagem e sensibilidade a vários ligantes. Neurônios de mamíferos normalmente expressam membros de pelo menos cinco famílias de canais de K^+ dependentes de voltagem: Kv1, Kv2, Kv3, Kv4 e Kv7 (**Figura 10-13**). Cada família consiste em múltiplos produtos gênicos, com cada canal composto por quatro subunidades α. Por exemplo, existem oito genes intimamente relacionados que codificam os membros da família de genes Kv1 (Kv1.1-Kv1.8).

As subunidades podem ser do mesmo tipo (um canal homomérico) ou de produtos gênicos diferentes da mesma família Kv (um canal heteromérico). Por exemplo, os canais Kv1 podem ser formados por combinações heteroméricas de pelo menos cinco produtos gênicos diferentes que possuem ampla expressão em neurônios centrais, com cada combinação possuindo diferentes propriedades de cinética e dependência de voltagem. A possível variação funcional fornecida por diferentes combinações de subunidades α em canais heteroméricos é imensa, embora nem todas as combinações possíveis realmente ocorram.

Uma maneira de distinguir diferentes componentes de correntes de K^+ dependentes de voltagem em um neurônio é pela presença ou ausência de inativação. A corrente de K^+ sem inativação, como a descrita no axônio da lula, por Hodgkin e Huxley, é chamada de corrente K^+ *retificadora com retardo*. No axônio da lula, a corrente retificadora com retardo flui através de um único tipo de canal da família Kv1. Na maioria dos neurônios de mamíferos, a corrente retificadora com retardo inclui vários componentes dos canais da família Kv1, Kv2 e Kv3, cada um com cinética e dependência de voltagem diferentes. Os canais Kv3 são incomuns por exigirem grandes despolarizações para serem ativados e também por terem uma cinética de ativação muito rápida. Como resultado, os canais Kv3 não são ativados até que o potencial de ação esteja próximo de seu pico, mas são ativados com rapidez suficiente para ajudar a terminar o potencial de ação.

Além da corrente retificadora com retardo, muitos neurônios também têm um componente de inativação da corrente K^+ conhecida como corrente do tipo A. Nos corpos celulares e dendritos, a corrente do tipo A é formada principalmente por subunidades α da família Kv4, que formam canais que se inativam em uma escala de tempo de alguns milissegundos a dezenas de milissegundos. Os canais Kv1 que incluem as subunidades Kv1.4 ou a subunidade auxiliar Kvβ1 também mediam um componente inativador da corrente, que é altamente expresso em alguns terminais nervosos, bem como em alguns corpos celulares.

Como no caso dos canais de Na^+ e canais da família Cav3, a corrente K^+ do tipo A não apenas se inativa durante grandes despolarizações, mas também está sujeita à inativação em estado estacionário por pequenas despolarizações

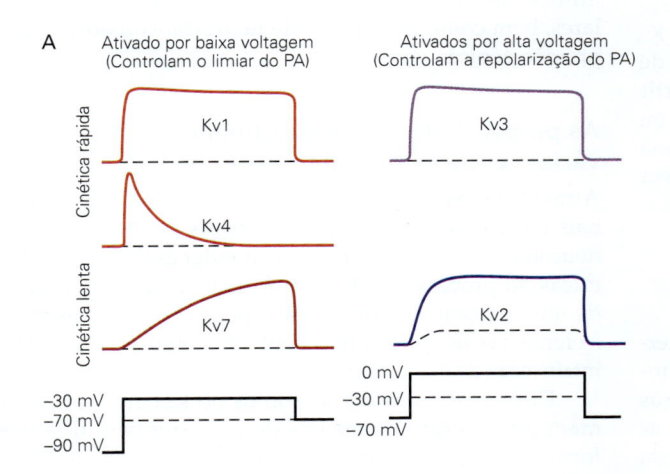

FIGURA 10-13 As diferentes cinéticas e dependências de voltagem das principais classes de canais de potássio dependentes de voltagem de mamíferos.

A. Generalização simplificada da dependência de voltagem e da cinética das principais famílias de canais de K^+ dependentes de voltagem. Como os canais Kv1, Kv4 e Kv7 podem ser ativados por despolarizações relativamente pequenas, eles geralmente ajudam a controlar o limiar do potencial de ação (PA). Os canais Kv2 e Kv3 requerem despolarizações maiores para serem ativados. Os canais Kv1, Kv3 e Kv4 são ativados de forma relativamente rápida, enquanto os canais Kv7 e Kv2 são ativados mais lentamente.

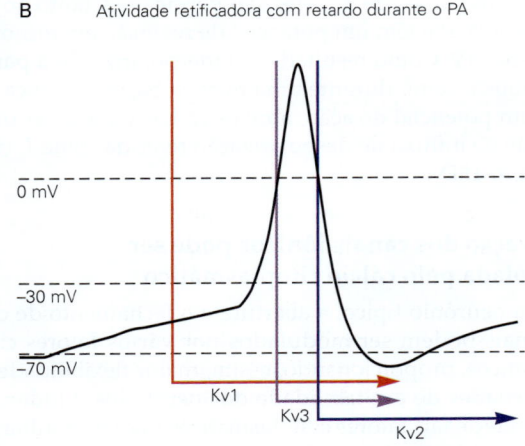

B. Generalização simplificada dos diferentes tempos de ativação dos principais componentes dos canais de K^+ retificadores com retardo durante um potencial de ação. Os canais Kv1 requerem pequenas despolarizações e são ativados rapidamente, às vezes significativamente antes do potencial de ação. Os canais Kv3 requerem grandes despolarizações e são ativados tardiamente na fase ascendente do potencial de ação e desativados muito rapidamente depois disso. Os canais Kv2 são ativados de forma relativamente lenta durante a fase descendente do potencial de ação e permanecem abertos durante a hiperpolarização pós-potencial. (Adaptada, com autorização, de Johnston et al., 2010.)

a partir do repouso, fornecendo um mecanismo pelo qual sua amplitude pode ser modulada por pequenas mudanças de voltagem em torno do potencial de repouso (consulte a **Figura 10-15B**).

As subunidades Kv7 formam canais que não se inativam, e que requerem apenas pequenas despolarizações do repouso para serem ativados, podendo ainda ser ativados significativamente no potencial de repouso. Em alguns neurônios, os canais Kv7 são regulados negativamente pelo transmissor acetilcolina, que age por meio de receptores acoplados à proteína G muscarínicos (daí a origem de um nome alternativo de "corrente M"). Os canais Kv7 normalmente são ativados de forma relativamente lenta, ao longo de dezenas de milissegundos, e geram pouca corrente durante um único potencial de ação, mas tendem a suprimir o disparo de potenciais de ação subsequentes (Capítulo 14).

A família de genes KCNH consiste em três subfamílias de canais de K$^+$ dependentes de voltagem (Kv10, Kv11 e Kv12), que também são expressos no encéfalo. Eles influenciam o potencial de repouso, o limiar do potencial de ação e a frequência e padrão de disparo.

Canais dependentes de voltagem ativados por hiperpolarização e nucleotídeos cíclicos

Muitos neurônios possuem canais de cátions que são ativados lentamente por hiperpolarização. Essa sensibilidade à hiperpolarização é aumentada quando os nucleotídeos cíclicos intracelulares se ligam ao canal. Como esses canais dependentes de voltagem ativados por hiperpolarização e nucleotídeo cíclico (HCN) têm apenas dois dos quatro sítios de ligação negativos encontrados no filtro de seletividade dos canais de K$^+$, eles são permeáveis tanto ao K$^+$ quanto ao Na$^+$ e têm um potencial de reversão em torno de –40 a –30 mV. Como resultado, a hiperpolarização a partir do repouso, como durante uma forte inibição sináptica ou após um potencial de ação, abre os canais para gerar uma corrente de influxo de despolarização referida como I_h (ver **Figura 10-15D**).

A ativação dos canais iônicos pode ser controlada pelo cálcio citoplasmático

Em um neurônio típico, a abertura e o fechamento de certos canais podem ser modulados por vários fatores citoplasmáticos, proporcionando, assim, maior flexibilidade às propriedades de excitabilidade dos neurônios. Mudanças nos níveis de tais fatores citoplasmáticos podem resultar da atividade do próprio neurônio ou das influências de outros neurônios (Capítulos 14 e 15).

A concentração intracelular de Ca^{2+} é um fator importante que modula a atividade do canal iônico. Embora as correntes iônicas através dos canais de membrana, durante um potencial de ação, geralmente não resultem em mudanças significativas nas concentrações intracelulares da maioria das espécies de íons, o cálcio é uma exceção notável a essa regra. A concentração de Ca^{2+} livre no citoplasma de célula em repouso é extremamente baixa, cerca de 10^{-7} M, várias ordens de magnitude abaixo da concentração de Ca^{2+} extracelular, que é aproximadamente de 2 mM. Assim, a concentração de Ca^{2+} intracelular pode aumentar muitas vezes acima de seu valor de repouso como resultado do influxo de Ca^{2+} dependente de voltagem.

A concentração intracelular de Ca^{2+} controla a abertura e o fechamento de vários canais. Vários tipos de canais são ativados por aumentos no Ca^{2+} intracelular. Por exemplo, os *canais BK* (nomeados por sua grande condutância de canal único) ativados por Ca^{2+}, que são amplamente expressos em neurônios, são canais de K$^+$ dependentes de voltagem que requerem uma despolarização não fisiológica muito grande para abrir na ausência de Ca^{2+}. A ligação do Ca^{2+} a um sítio na superfície citoplasmática do canal muda a voltagem com que o canal abriria para permitir que ele se abra a um potencial mais negativo. Com o influxo de Ca^{2+} durante um potencial de ação, os canais BK podem abrir e ajudar a repolarizar o potencial de ação. Outra família de canais de K$^+$ ativados por cálcio, os *canais SK* (nomeados por sua pequena condutância do canal individual), não são dependentes de voltagem, mas abrem apenas em resposta a aumentos no Ca^{2+} intracelular. Os canais SK podem se abrir em resposta a mudanças relativamente pequenas no Ca^{2+} intracelular, mas fecham lentamente, de modo que sua ativação aumenta gradualmente à medida que mais Ca^{2+} entra na célula durante o disparos repetidos de potencial de ação. Alguns canais de Ca^{2+} são sensíveis aos níveis de Ca^{2+} intracelular, tornando-se inativados quando o Ca^{2+} intracelular aumenta como resultado da entrada pelo próprio canal.

Conforme descrito em capítulos posteriores, as alterações na concentração intracelular de Ca^{2+} também podem influenciar uma variedade de processos metabólicos celulares, bem como a liberação de neurotransmissores e a expressão gênica.

As propriedades de excitabilidade variam entre os tipos de neurônios

Através da expressão de um complemento distinto de canais iônicos, as propriedades elétricas de diferentes tipos neuronais evoluíram para corresponder às demandas dinâmicas do processamento de informações. Assim, a função de um neurônio é definida não apenas por suas aferências e eferências sinápticas, mas também por suas propriedades intrínsecas de excitabilidade.

Diferentes tipos de neurônios no sistema nervoso de mamíferos geram potenciais de ação que têm diferentes formas e disparam em diferentes padrões característicos, refletindo diferentes expressões de canais dependentes de voltagem. Por exemplo, neurônios cerebelares de Purkinje e interneurônios corticais GABAérgicos estão associados a níveis altos de expressão de canais Kv3. A rápida ativação desses canais produz potenciais de ação estreitos. Em neurônios dopaminérgicos e outros neurônios monoaminérgicos, há um alto nível de expressão de canais de Ca^{2+} dependentes de voltagem que se abrem durante a fase descendente do potencial de ação. A corrente de entrada de Ca^{2+} desses canais retarda a repolarização, resultando em potenciais de ação mais amplos.

No axônio da lula, o potencial de ação é seguido por uma *hiperpolarização pós-potencial* (ver **Figura 10-7**). Em alguns neurônios de mamíferos, a hiperpolarização pós-potencial tem componentes lentos com duração de dezenas ou mesmo centenas de milissegundos, gerados por canais de K^+ ativados por cálcio ou canais de K^+ dependentes de voltagem com cinética de desativação lenta. As hiperpolarizações pós-potenciais lentas mediadas por canais SK podem ser potencializadas por potenciais de ação repetidos, refletindo o acúmulo nas concentrações de Ca^{2+} intracelular.

Em muitos neurônios piramidais no córtex e no hipocampo, o potencial de ação é seguido por uma despolarização pós-potencial, uma despolarização transitória que às vezes segue uma hiperpolarização pós-potencial mais rápida. Se a despolarização pós-potencial for grande o suficiente, ela pode desencadear um segundo potencial de ação, resultando em disparos em salva de forma "tudo ou nada". A despolarização pós-potencial pode ser causada por uma variedade de correntes iônicas, incluindo correntes de Na^+ e Ca^{2+} de vários canais dependentes de voltagem.

A forma do potencial de ação em um neurônio nem sempre é invariável. Em alguns casos, pode ser regulada de forma dinâmica, tanto intrinsecamente (p. ex., por disparos repetitivos), como extrinsecamente (p. ex., por modulação sináptica) (Capítulo 15).

O padrão de disparo do potencial de ação evocado pela despolarização varia amplamente entre os neurônios. A função de aferência e eferência de um neurônio pode ser caracterizada pela frequência e pelo padrão de disparos de potencial de ação em resposta a uma série de injeções experimentais de corrente de diferentes magnitudes. No córtex cerebral de mamíferos, os neurônios piramidais glutamatérgicos normalmente disparam rapidamente no início do pulso de corrente, seguido por uma desaceleração progressiva dos disparos, padrão conhecido como *adaptação* (**Figura 10-14A**). Em contraste, muitos interneurônios GABAérgicos disparam com muito pouca mudança na frequência (**Figura 10-14B**). Outros neurônios têm padrões de disparos mais complexos. Alguns neurônios piramidais no córtex cerebral tendem a disparar com uma salva inicial de potenciais de ação (**Figura 10-14C**); as células "vibrantes" (*"chattering"* cells) respondem com breves salvas repetitivas de disparos de alta frequência (**Figura 10-14D**).

A sensibilidade dessas quatro classes de neurônios à aferência excitatória também pode ser caracterizada por suas relações entre frequência e intensidade de corrente. Os neurônios de disparos rápidos são os mais sensíveis a aumentos na corrente excitatória despolarizante.

Alguns neurônios podem sustentar disparos repetitivos a altas frequências de até 500 Hz. Esses neurônios de *disparos rápidos* ocorrem em todo o sistema nervoso central de mamíferos, incluindo muitos neurônios principais no sistema auditivo, onde os neurônios devem responder a ondas sonoras de frequências muito altas. A capacidade de disparar repetidamente em altas frequências está correlacionada com altos níveis de expressão de canais da família Kv3, que produzem repolarização rápida e fecham de maneira extremamente rápida após a repolarização, resultando em uma hiperpolarização pós-potencial mínima e um breve período refratário.

Os diferentes padrões de disparo dos neurônios podem ser entendidos em termos da expressão e das propriedades de abertura e fechamento de canais particulares. Por exemplo, a adaptação da frequência de disparo durante um pulso de corrente mantido pode ser produzida pela ativação de determinados canais da família Kv1, que são fortemente ativados após um potencial de ação e, portanto, impedem o disparo de um potencial de ação subsequente (**Figura 10-15A**). Como muitos canais são controlados por um processo de inativação que regula sua disponibilidade para ativação, as aferências sinápticas que produzem pequenas mudanças de voltagem em torno do potencial de repouso podem modificar muito a excitabilidade da célula. Por exemplo, em alguns neurônios, uma aferência sináptica hiperpolarizante constante torna a célula menos excitável, reduzindo a extensão da inativação dos canais de K^+ do tipo A no potencial de repouso normal da célula (**Figura 10-15B**). Em outros neurônios, uma hiperpolarização tão constante torna a célula mais excitável porque reduz a inativação dos canais de Ca^{2+} Cav3 dependentes de voltagem (**Figura 10-15C**).

Um número surpreendentemente grande de neurônios no encéfalo dos mamíferos dispara espontaneamente na ausência de qualquer aferência sináptica. Quando essa atividade é regular e rítmica, muitas vezes é chamada de "marca-passo", por analogia com o disparo espontâneo rítmico do marca-passo cardíaco no nó sinoatrial do coração. Muitos neurônios que liberam neurotransmissores moduladores, como dopamina, serotonina, norepinefrina e acetilcolina, disparam espontaneamente, normalmente em frequências de 0,5 a 5 Hz, resultando em liberação tônica constante do transmissor nas áreas-alvo do neurônio.

Um mecanismo que causa disparo espontâneo é exemplificado por neurônios no núcleo supraquiasmático do hipotálamo, que ajuda a controlar o ritmo circadiano do metabolismo geral e o ciclo sono-vigília. Esses neurônios disparam espontaneamente, com disparos mais rápidos durante o dia do que à noite (Capítulo 44). O marca-passo nessas células é acionado em parte pela *corrente de Na^+ persistente* subliminar, uma pequena corrente dependente de voltagem que flui através dos canais de Na^+ em voltagens tão negativas quanto –70 mV. Essa corrente pode despolarizar lentamente o neurônio até o ponto em que um potencial de ação rápido dispara (Figura 10-15E). Nos mesmos neurônios, existem canais não dependentes de voltagem que conduzem a corrente de "vazamento" de Na^+, que despolariza as células na faixa de voltagem onde a corrente de Na^+ persistente dependente de voltagem é ativada. O nível de expressão mais alto na membrana celular de tais canais de vazamento de Na^+ durante o dia leva à diferença na taxa de disparo entre o dia e a noite.

Em neurônios dopaminérgicos da substância negra, o marca-passo é incomum por ser acionado parcialmente por correntes de Ca^{2+} dependentes de voltagem. A entrada contínua de Ca^{2+} durante a vida útil dos neurônios pode contribuir para o estresse metabólico associado à morte desses neurônios na doença de Parkinson (Capítulo 63).

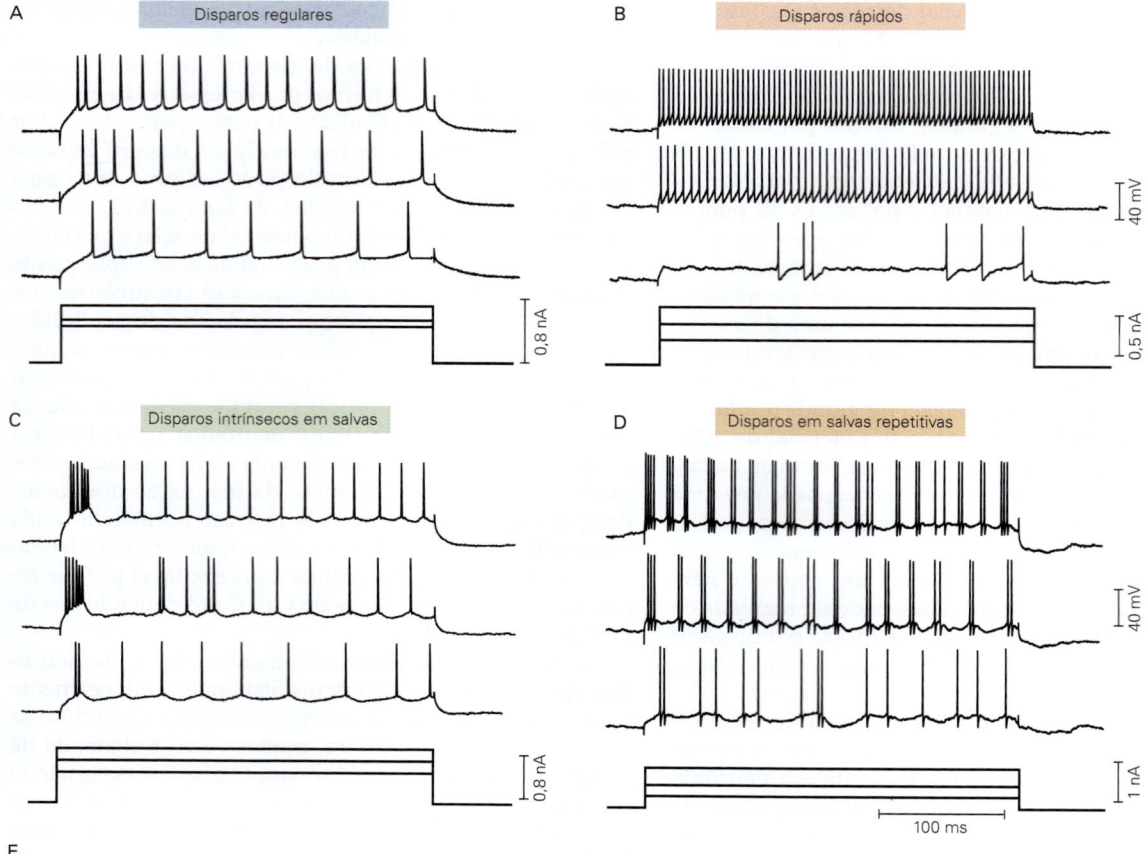

FIGURA 10-14 Diferentes padrões de disparo em quatro tipos de neurônios corticais. Três pulsos de corrente despolarizante, com amplitudes diferentes, foram injetadas em cada célula para evocar os disparos de potencias de ação. (Adaptada, com autorização, de Nowak et al, 2003.)

A. Um neurônio cortical com um padrão de disparo típico de muitos neurônios piramidais corticais glutamatérgicos com disparos regulares, ilustrando adaptação característica.

B. Um padrão de disparo típico de muitos interneurônios GABAérgicos, ilustrando disparo repetitivo de alta frequência sustentado.

C. Disparos intrínsecos em salvas em um subtipo de neurônio piramidal na camada cortical II/III.

D. Disparos com breves salvas repetitivas de alta frequência em uma célula "vibrante" (*chattering*), um subtipo de neurônio piramidal na camada cortical V.

E. Frequência de disparos *versus* estímulo de corrente para esses quatro tipos de células, mostrando suas diferentes sensibilidades ao aumento da intensidade do estímulo.

Propriedades de excitabilidade variam entre regiões do neurônio

Diferentes regiões de um neurônio têm diferentes tipos de canais iônicos responsáveis por funções especializadas de cada região. O axônio, por exemplo, funciona como uma linha de retransmissão relativamente simples. Em contraste, as regiões de aferência, integração e eferência de um neurônio normalmente realizam um processamento mais complexo da informação recebida antes de passá-la adiante (Capítulo 3).

A zona de gatilho no segmento inicial do axônio tem o menor limiar para a geração de potencial de ação, em parte porque possui uma concentração excepcionalmente alta de canais de Na^+ dependentes de voltagem. Além disso, essa zona tem canais iônicos dependentes de voltagem que são sensíveis a variações relativamente pequenas no potencial de repouso. Esses canais, portanto, possuem um papel crítico na transformação de potenciais sinápticos ou potenciais de receptores eletrotônicos em potenciais do tipo "tudo ou nada". Canais altamente expressos no segmento inicial do axônio de muitos neurônios incluem Nav1.6, Kv1, Kv7 e canais de Ca^{2+} do tipo T ativados por baixa voltagem.

Os dendritos de muitos tipos de neurônios possuem canais iônicos dependentes de voltagem, incluindo canais

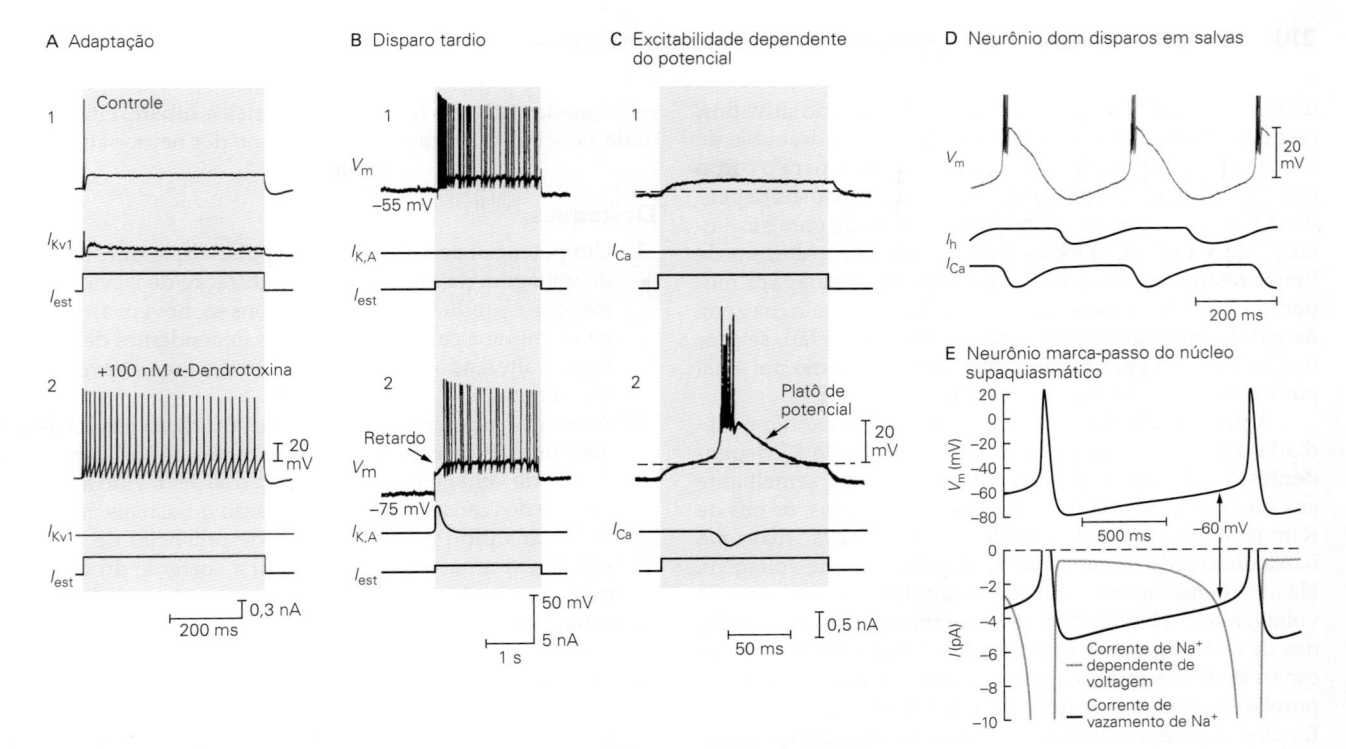

FIGURA 10-15 Regulação do padrão de disparo por uma variedade de canais dependentes de voltagem.

A. A ativação dos canais Kv1 normalmente impede o disparo de um segundo potencial de ação ao aumentar o limiar do potencial de ação em um neurônio do gânglio da raiz dorsal de camundongo (1). O bloqueio dos canais Kv1 com a toxina de cobra α-dendrotoxina altera o padrão de disparo com forte adaptação para o padrão de disparo repetitivo sustentado em resposta a uma corrente estimulante constante (I_{est}) (2). (Dados de Pin Liu.)

B. A injeção de um pulso de corrente despolarizante (I_{est}) em um neurônio no núcleo do trato solitário normalmente desencadeia um trem imediato de potenciais de ação (1). Se a célula é inicialmente mantida em um potencial de membrana hiperpolarizado, o trem de potenciais de ação é atrasado (2). O atraso é causado quando os canais de K+ do tipo A são ativados pelo pulso de corrente despolarizante. Os canais geram uma corrente transitória de K+ para fora, $I_{K,A}$, que retarda brevemente a aproximação do V_m ao limiar. Esses canais são inativados no potencial de repouso (−55 mV), mas a hiperpolarização estável remove a inativação. (Adaptada, com autorização, de Dekin e Getting, 1987.)

C. Um pequeno pulso de corrente despolarizante injetado em um neurônio talâmico em repouso gera uma despolarização subliminar (1). Se o potencial de membrana for fixado em um nível hiperpolarizado, o mesmo pulso de corrente gera potenciais de ação em salvas (2). A efetividade do pulso de corrente é aumentada devido à hiperpolarização, que causa a recuperação do estado de inativação de um tipo de canal de Ca^{2+} dependente de voltagem. O influxo de corrente despolarizante através desses canais de Ca^{2+} (I_{Ca}) gera um platô de potencial de aproximadamente 20 mV que desencadeia uma salva de potenciais de ação. As **linhas tracejadas** indicam o nível normal do potencial de repouso. (Adaptada, com autorização, de Llinás e Jahnsen, 1982.)

Os dados nas partes **B** e **C** demonstram que a hiperpolarização constante, como a que pode ser produzida pela aferência sináptica inibitória em um neurônio, pode afetar profundamente o padrão de trem de de disparos de potencial de ação de um neurônio. Esse efeito varia enormemente entre tipos celulares e depende da presença ou ausência de tipos particulares de canais de Ca^{2+} e K+ dependentes de voltagem.

D. Na ausência de aferência sináptica, os neurônios de relé do tálamo podem disparar espontaneamente em breves salvas de potenciais de ação. Essas salvas são produzidas pela corrente através de dois tipos de canais iônicos dependentes de voltagem. A despolarização gradual que leva ao disparo em salvas é impulsionada pela corrente de entrada (I_h) através dos canais HCN, que se abrem em resposta à hiperpolarização. Um disparo em salvas é desencadeado por um influxo de corrente de Ca^{2+} através de canais Cav3 dependentes de voltagem, que são ativados em níveis relativamente baixos de despolarização. Esse influxo de Ca^{2+} gera uma despolarização suficiente para atingir o limiar e gerar uma breve salva de potenciais de ação dependentes de Na+. A intensa despolarização durante a salva causa o fechamento dos canais HCN e a inativação dos canais de Ca^{2+}, permitindo, assim, o desenvolvimento da hiperpolarização entre as salvas de disparos. Essa hiperpolarização, por sua vez, abre os canais HCN, iniciando o próximo ciclo no ritmo. (Adaptada, com autorização, de McCormick e Huguenard, 1992.)

E. Neurônios do núcleo supraquiasmático do hipotálamo geram potenciais de marca-passo espontâneos. Após um potencial de ação, o neurônio se despolariza espontaneamente, primeiro lentamente e depois mais rapidamente, resultando em outro potencial de ação. A despolarização é acionada por dois influxos correntes de Na+ durante o intervalo entre os disparos. Uma é a "corrente persistente de Na+", que flui através de canais de sódio dependentes de voltagem que são sensíveis ao bloqueio pela tetrodotoxina, provavelmente a mesma população de canais associados à corrente de sódio muito maior durante o aumento do potencial de ação. A segunda corrente flui através de canais de vazamentos de sódio não seletivos e não dependentes de voltagem (*NALCN*), que fornecem uma via de condutância constante para íons Na+ e K+. Em voltagens negativas, a força motriz de Na+ é grande e a força motriz K+ é pequena, então a corrente de vazamento é transportada predominantemente por íons Na+. Esse influxo de corrente despolariza o neurônio até o ponto em que a corrente de Na+ persistente dependente de voltagem se torna dominante (cerca de −60 mV). (Adaptada, com autorização, de Jackson et al., 2004. Copyright © 2004 Society for Neuroscience.)

de Ca^{2+}, K^+, HCN e Na^+ (Capítulo 13). Quando ativados, esses canais ajudam na modulação da amplitude, curso de tempo e propagação dos potenciais sinápticos para o corpo celular. Em alguns neurônios, a densidade de canais dependentes de voltagem nos dendritos é suficiente para sustentar potenciais de ação locais, tipicamente com voltagens de limiar relativamente altas. Com estimulação sináptica moderada, os potenciais de ação são gerados primeiro na zona de gatilho no segmento inicial do axônio e, então, se propagam de volta para os dendritos, servindo como um sinal para as regiões sinápticas que a célula disparou.

A propagação do potencial de ação pelo axônio é mediada principalmente pelos canais de Na^+ e de K^+ dependentes de voltagem que funcionam de forma semelhante aos do axônio da lula. Em axônios mielinizados, os nós de Ranvier têm uma alta densidade de canais de Na^+, mas uma baixa densidade de canais de K^+ dependentes de voltagem. Há uma densidade mais alta de canais de K^+ dependentes de voltagem sob a bainha de mielina perto das duas extremidades de cada segmento internodal. A função normal desses canais de K^+ é suprimir a geração de potenciais de ação em porções da membrana do axônio sob a bainha de mielina. Em doenças desmielinizantes, esses canais ficam expostos e, portanto, podem inibir a capacidade do axônio desencapado de conduzir potenciais de ação (Capítulos 9 e 57).

Os terminais nervosos pré-sinápticos em sinapses químicas têm uma alta densidade de canais de Ca^{2+} dependentes de voltagem, mais comumente canais Cav2.1 (do tipo P/Q), canais Cav2.2 (tipo N) ou uma mistura dos dois. A chegada do potencial de ação no terminal abre esses canais, causando um influxo de Ca^{2+} que desencadeia a liberação de neurotransmissores (Capítulo 15).

A excitabilidade neuronal é plástica

A expressão, localização e estado funcional dos canais iônicos dependentes de voltagem que controlam a taxa e o padrão de disparo do potencial de ação em um neurônio específico nem sempre são fixos, eles podem mudar tanto em resposta a mudanças na aferência sináptica que o neurônio recebe, na sua atividade ou no seu ambiente, como em resposta a lesões ou doenças. Por exemplo, a aferência sináptica que causa a fosforilação do canal por meio de segundo mensageiro pode levar a mudanças transitórias nas propriedades funcionais de um canal, que por sua vez modulam a excitabilidade celular (Capítulo 14). A plasticidade também pode ocorrer em uma escala de tempo mais longa, como quando o aumento da atividade de uma rede neuronal leva à diminuição da excitabilidade de neurônios individuais – um sistema de retroalimentação homeostática. Em alguns casos, mudanças estruturais induzidas por atividade, como mudança no comprimento do segmento inicial do axônio ou sua migração em relação ao soma, também podem afetar a excitabilidade. Os mecanismos moleculares das alterações homeostáticas na excitabilidade neuronal não são bem compreendidos, mas provavelmente envolvem vias de sinalização de cálcio intracelular que controlam a transcrição ou o tráfego celular de canais iônicos específicos. A disfunção de tais vias regulatórias pode estar relacionada a alguns tipos de epilepsias e hiperexcitabilidade associada a outras condições como dor neuropática.

Destaques

1. Um potencial de ação é uma despolarização transitória da voltagem da membrana com duração de cerca de 1 ms, que é produzida quando os íons se movem através da membrana celular pelos canais dependentes de voltagem, alterando assim a separação de carga através da membrana.

2. A fase de despolarização do potencial de ação resulta da abertura rápida e regenerativa de canais de Na^+ dependentes de voltagem. A repolarização se dá devido à inativação dos canais de Na^+ e à ativação dos canais de K^+.

3. O limiar nítido para a geração de potencial de ação ocorre em uma voltagem na qual a corrente do canal de Na^+ apenas excede as correntes de saída através dos canais de vazamento e canais de K^+ dependentes de voltagem.

4. O período refratário reflete a inativação do canal de Na^+ e a ativação do canal de K^+ continuando após o potencial de ação. O período refratário limita a taxa de disparo do potencial de ação.

5. As mudanças conformacionais das proteínas de canal envolvidas na ativação e inativação dependentes de voltagem ainda não são completamente compreendidas, mas as regiões-chave envolvidas na abertura e fechamento do canal foram identificadas

6. Os canais de sódio dependentes de voltagem selecionam o sódio com base no tamanho, na carga e na energia de hidratação do íon.

7. A maioria dos neurônios expressa vários tipos de canais de Na^+, Ca^{2+}, K^+, HCN e Cl^- dependentes de voltagem, com uma diversidade especialmente grande nas propriedades dos canais de K^+.

8. A diversidade de canais dependentes de voltagem é devida à expressão de múltiplos genes, à formação de canais heteroméricos a partir de múltiplos produtos gênicos, ao *splicing* alternativo de transcritos de genes, à edição de mRNA e à combinação de subunidades formadoras de poros com uma variedade de proteínas acessórias.

9. A atividade de alguns canais iônicos dependentes de voltagem pode ser modulada pelo Ca^{2+} citoplasmático.

10. A diversidade na expressão de canais iônicos dependentes de voltagem resulta em diferenças nas propriedades de excitabilidade de diferentes tipos de neurônios e em diferentes regiões do mesmo neurônio.

11. A expressão regional e o estado funcional dos canais iônicos podem ser regulados em resposta à atividade celular, mudanças no ambiente celular ou processos patológicos, resultando na plasticidade da excitabilidade intrínseca dos neurônios.

Bruce P. Bean
John D. Koester

Leituras selecionadas

Ahern CA, Payandeh J, Bosmans F, Chanda B. 2016. The hitchhiker's guide to the voltage-gated sodium channel galaxy. J Gen Physiol 147:1–24.

Armstrong CM, Hille B. 1998. Voltage-gated ion channels and electrical excitability. Neuron 20:371–380.

Bezanilla F. 2008. How membrane proteins sense voltage. Nat Rev Mol Cell Biol 9:323–332.

Duménieu M, Oulé M, Kreutz MR, Lopez-Rojas J. 2017. The segregated expression of voltage-gated potassium and sodium channels in neuronal membranes: functional implications and regulatory mechanisms. Front Cell Neurosci 11:115.

Hille B. 2001. *Ion Channels of Excitable Membranes*, 3rd ed. Sunderland, MA: Sinauer.

Hodgkin AL. 1992. *Chance & Design: Reminiscences of Science in Peace and War*. Cambridge: Cambridge Univ. Press.

Johnston J, Forsythe ID, Kopp-Scheinpflug C. 2010. Going native: voltage-gated potassium channels controlling neuronal excitability. J Physiol 588:3187–3200.

Llinás RR. 1988. The intrinsic electrophysiological properties of mammalian neurons: insights into central nervous system function. Science 242:1654–1664.

Rudy B, McBain C. 2001. Kv3 channels: voltage-gated K^+ channels designed for high-frequency repetitive firing. Trends Neurosci 24:517–526.

Turrigiano GG, Nelson SB. 2004. Homeostatic plasticity in the developing nervous system. Nat Rev Neurosci 5:97–107.

Vacher H, Mohapatra DP, Trimmer JS. 2008. Localization and targeting of voltage-dependent ion channels in mammalian central neurons. Physiol Rev 88:1407–1447.

Referências

Aplizar SA, Cho H, Hoppa M. 2019. Subcellular control of membrane excitability in the axon. Curr Opin Neurobiol 57:117–125.

Armstrong CM, Gilly WF. 1979. Fast and slow steps in the activation of sodium channels. J Gen Physiol 59:691–711.

Battefeld A, Tran BT, Gavrilis J, Cooper EC, Kole MH. 2014. Heteromeric Kv7.2/7.3 channels differentially regulate action potential initiation and conduction in neocortical myelinated axons. J Neurosci 34:3719–3732.

Bauer CK, Schwarz JR. 2018. Ether-à-go-go K^+ channels: effective modulators of neuronal excitability. J Physiol (Lond) 596:769–783.

Bender KJ, Trussell LO. 2012. The physiology of the axon initial segment. Annu Rev Neurosci 35:249–265.

Capes DL, Goldschen-Ohm MP, Arcisio-Miranda M, Bezanilla F, Chanda B. 2013. Domain IV voltage-sensor movement is both sufficient and rate limiting for fast inactivation in sodium channels. J Gen Physiol 142:101–112.

Carrasquillo Y, Nerbonne JM. 2014. I_A channels: diverse regulatory mechanisms. Neuroscientist 20:104–111.

Catterall WA. 1988. Structure and function of voltage-sensitive ion channels. Science 242:50–61.

Catterall WA. 2010. Ion channel voltage sensors: structure, function, and pathophysiology. Neuron 67:915–928.

Catterall WA. 2011. Voltage-gated calcium channels. Cold Spring Harb Perspect Biol 3:a003947.

Catterall WA, Few AP. 2008. Calcium channel regulation and presynaptic plasticity. Neuron 59:882–8901.

Cole KS, Curtis HJ. 1939. Electric impedance of the squid giant axon during activity. J Gen Physiol 22:649–670.

Dekin MS, Getting PA. 1987. In vitro characterization of neurons in the vertical part of the nucleus tractus solitarius. II. Ionic basis for repetitive firing patterns. J Neurophysiol 58:215–229.

Erisir A, Lau D, Rudy B, Leonard CS. 1999. Function of specific K^+ channels in sustained high-frequency firing of fast-spiking neocortical interneurons. J Neurophysiol 82:2476–2489.

Flourakis M, Kula-Eversole E, Hutchison AL, et al. 2015. A conserved bicycle model for circadian clock control of membrane excitability. Cell 162:836–848.

Hodgkin AL, Huxley AF. 1952. A quantitative description of membrane current and its application to conduction and excitation in nerve. J Physiol 117:500–544.

Hodgkin AL, Katz B. 1949. The effect of sodium ions on the electrical activity of the giant axon of the squid. J Physiol 108:37–77.

Isom LL, DeJongh KS, Catterall WA. 1994. Auxiliary subunits of voltage-gated ion channels. Neuron 12:1183–1194.

Jackson AC, Yao GL, Bean BP. 2004. Mechanism of spontaneous firing in dorsomedial suprachiasmatic nucleus neurons. J Neurosci 24:7985–7998.

Joseph A, Turrigiano GG. 2017. All for one but not one for all: excitatory synaptic scaling and intrinsic excitability are coregulated by CaMKIV, whereas inhibitory synaptic scaling is under independent control. J Neurosci 37:6778–6785.

Kaczmarek LK. 2012. Gradients and modulation of K^+ channels optimize temporal accuracy in networks of auditory neurons. PLoS Comput Biol 8:e1002424.

Kole MH, Ilschner SU, Kampa BM, Williams SR, Ruben PC, Stuart GJ. 2008. Action potential generation requires a high sodium channel density in the axon initial segment. Nat Neurosci 11:178–186.

Lee C-H, MacKinnon R. 2017. Structures of the human HCN1 hyperpolarization-activated channel. Cell 168:111–120.

Llinás R, Jahnsen H. 1982. Electrophysiology of mammalian thalamic neurones in vitro. Nature 297:406–408.

McCormick DA, Connors BW, Lighthall JW, Prince DA. 1985. Comparative electrophysiology of pyramidal and sparsely spiny stellate neurons of the neocortex. J Neurophysiol 54:782–806.

McCormick DA, Huguenard JR. 1992. A model of electrophysiological properties of thalamocortical relay neurons. J Neurophysiol 68:1384–1400.

Nowak LG, Azouz R, Sanchez-Vives MV, Gray CM, McCormick DA. 2003. Electrophysiological classes of cat primary visual cortical neurons in vivo as revealed by quantitative analyses. J Neurophysiol 89:1541–1566.

Pan X, Li Z, Zhou Q, et al. 2018. Structure of the human voltage-gated sodium channel Na(v)1.4 in complex with β1. Science 362:eaau2486.

Payandeh J, Scheuer T, Zheng N, Catterall WA. 2011. The crystal structure of a voltage-gated sodium channel. Nature 475:353–359.

Proft J, Weiss N. 2015. G protein regulation of neuronal calcium channels: back to the future. Mol Pharmacol 87:890–906.

Puopolo M, Raviola E, Bean BP. 2007. Roles of subthreshold calcium current and sodium current in spontaneous firing of mouse midbrain dopamine neurons. J Neurosci 27:645–656.

Sigworth FJ, Neher E. 1980. Single Na^+ channel currents observed in cultured rat muscle cells. Nature 287:447–449.

Tai C, Abe Y, Westenbroek RE, Scheuer T, Catterall WA. 2014. Impaired excitability of somatostatin- and parvalbumin-expressing cortical interneurons in a mouse model of Dravet syndrome. Proc Natl Acad Sci U S A 111:E3139–E3148.

Tateno T, Harsch A, Robinson HP. 2004. Threshold firing frequency-current relationships of neurons in rat somatosensory cortex: type 1 and type 2 dynamics. J Neurophysiol 92:2283–2294.

Vassilev PM, Scheuer T, Catterall WA. 1988. Identification of an intracellular peptide segment involved in sodium channel inactivation. Science 241:1658–1661.

Yamada R, Kuba H. 2016, Structural and functional plasticity at the axon initial segment. Front Cell Neurosci 10:250.

Yang N, George AL Jr, Horn R. 1996. Molecular basis of charge movement in voltage-gated sodium channels. Neuron 16:113–122.

Yu FH, Catterall WA. 2003. Overview of the voltage-gated sodium channel family. Genome Biol 4:207.

Parte III

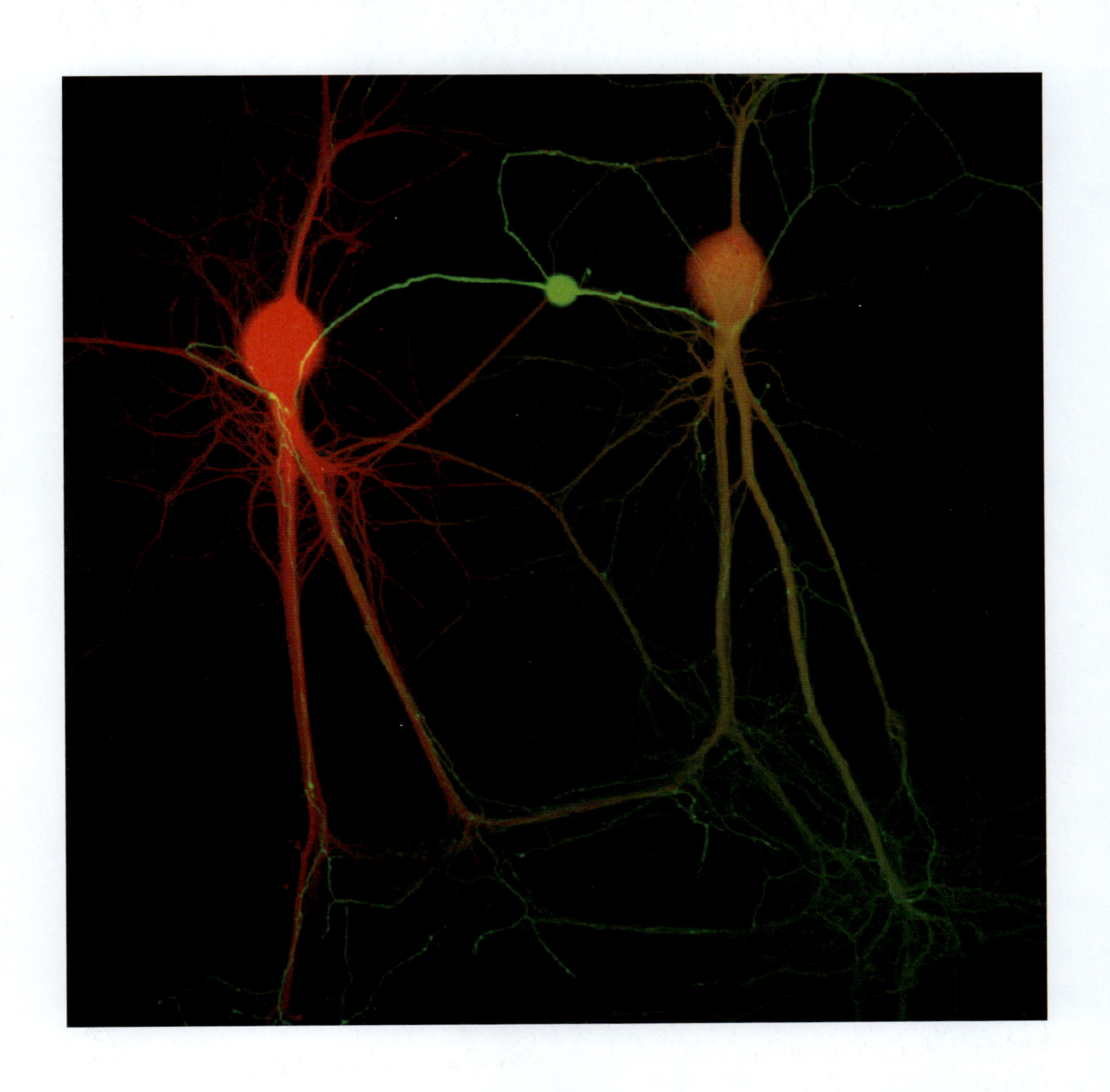

Página anterior
Um neurônio mecanossensorial (no centro, em **verde**) envia seu axônio para formar conexões sinápticas excitatórias com dois neurônios motores (um em **vermelho**, outro em **laranja**) em uma cultura celular, lembrando as conexões em um animal vivo. Os neurônios foram isolados de uma lesma marinha *Aplysia californica*. (Reproduzida, com autorização, de Harshad Vishwasrao e Eric R. Kandel.)

Transmissão sináptica III

NA PARTE II, EXAMINAMOS COMO OS SINAIS ELÉTRICOS são iniciados e propagados em um neurônio individual. Agora abordamos a transmissão sináptica, o processo pelo qual um neurônio se comunica com outro.

Com algumas exceções, a sinapse consiste em três componentes: (1) o terminal do axônio pré-sináptico, (2) o alvo na célula pós-sináptica e (3) a zona de aposição entre as células. Com base na estrutura da zona de aposição, as sinapses são classificadas em dois grupos principais: elétrica e química. Nas sinapses elétricas, o terminal pré-sináptico e a célula pós-sináptica estão em estreita aposição em regiões chamadas de *junções comunicantes*. A corrente gerada por um potencial de ação no neurônio pré-sináptico entra diretamente na célula pós-sináptica através de canais especializados que formam uma ponte entre as células, chamado de *canal de junção comunicante*, que conecta fisicamente os citoplasmas das células pré e pós-sinápticas. Nas sinapses químicas, uma fenda separa as duas células, de modo que elas não se comunicam através de canais comunicantes. Nessas sinapses, um potencial de ação na célula pré-sináptica leva à liberação de transmissores químicos do terminal nervoso. O transmissor difunde-se pela fenda sináptica e liga-se a moléculas receptoras na membrana pós-sináptica, de modo a regular a abertura ou o fechamento de canais iônicos na célula pós-sináptica. Isso leva a mudanças no potencial de membrana do neurônio pós-sináptico que podem excitar ou inibir o disparo de um potencial de ação.

Os receptores para transmissores podem ser classificados em dois grupos principais, dependendo de como eles controlam canais iônicos nas células pós-sinápticas. O primeiro tipo, o receptor ionotrópico, é um canal iônico que se abre quando o transmissor se liga a ele. O segundo tipo, o receptor metabotrópico, age indiretamente nos canais iônicos, ativando uma cascata bioquímica de segundos mensageiros dentro da célula pós-sináptica. Ambos os tipos de receptores podem causar excitação e inibição. A valência (excitação ou inibição) do sinal não depende da identidade do transmissor, mas sim das propriedades do receptor com o qual o transmissor interage. Em sua maioria, os transmissores são moléculas de baixo peso molecular, mas alguns peptídeos também podem atuar como mensageiros nas sinapses. Técnicas de eletrofisiologia, bioquímica e biologia molecular têm sido utilizadas para caracterizar os receptores nas células pós-sinápticas que respondem a esses vários mensageiros químicos. Esses métodos também têm esclarecido a transdução de sinais intracelulares por vias de segundos mensageiros.

Nesta parte do livro, é considerada a transmissão sináptica em suas formas mais elementares. Primeiro, são comparadas e contrastadas as duas classes principais de sinapses, químicas e elétricas (ver Capítulo 11). Depois focamos em um modelo de sinapse química no sistema nervoso periférico, a junção neuromuscular entre o neurônio motor pré-sináptico e a fibra muscular esquelética pós-sináptica (ver Capítulo 12). A seguir, examinamos as sinapses químicas entre neurônios no sistema nervoso central, com foco na célula pós-sináptica e na integração de sinais sinápticos originados de múltiplos sinais pré-sinápticos, que envolvem tanto os sinais mediados por receptores ionotrópicos (ver Capítulo 13) quanto aqueles mediados por receptores metabotrópicos (ver Capítulo 14). São, então, considerados o terminal pré-sináptico e o mecanismo pelo qual neurônios liberam transmissores dos terminais pré-sinápticos, como a liberação do transmissor pode ser regulada pela atividade neuronal (ver Capítulo 15) e a natureza química dos neurotransmissores (ver Capítulo 16). Devido à complexidade da arquitetura molecular nas sinapses químicas, muitas doenças inatas e adquiridas podem afetar a transmissão sináptica química, as quais são detalhadas mais adiante (ver Capítulo 57).

Um tema-chave abordado ao longo dos capítulos desta seção, e de fato ao longo do livro, é o conceito de plasticidade. Em todas as sinapses a força da conexão sináptica não é constante, mas pode ser modificada de várias maneiras pelo contexto comportamental ou experiência, por meio de uma variedade de mecanismos referidos como plasticidade sináptica. Algumas modificações resultam da atividade da própria sinapse (plasticidade homossináptica). Outras modificações dependem de fatores extrínsecos, frequentemente devido à liberação de neurotransmissores modulatórios (plasticidade heterossináptica). Nos Capítulos 53 e 54, vemos como tais modificações fornecem um substrato celular para diferentes formas de armazenamento de memória com duração variável de segundos a uma vida inteira. Nos capítulos da Parte IX, vemos como a disfunção da plasticidade sináptica pode contribuir para uma variedade de transtornos psiquiátricos e neurológicos.

Editor desta parte: Steven A. Siegelbaum.

Parte III

Capítulo 11	Visão geral da transmissão sináptica
Capítulo 12	Transmissão por ativação direta: a sinapse neuromuscular
Capítulo 13	Integração sináptica no sistema nervoso central
Capítulo 14	Modulação da transmissão sináptica e excitabilidade neuronal: os segundos mensageiros
Capítulo 15	Liberação de neurotransmissores
Capítulo 16	Neurotransmissores

11

Visão geral da transmissão sináptica

As sinapses são predominantemente elétricas ou químicas

As sinapses elétricas proporcionam transmissão rápida de sinais

    As células em uma sinapse elétrica são conectadas por canais de junção comunicante

    A transmissão elétrica permite disparos rápidos e síncronos das células interconectadas

    As junções comunicantes exercem um papel importante nas funções gliais e doenças

As sinapses químicas podem amplificar sinais

    A ação de um neurotransmissor depende das propriedades do receptor pós-sináptico

    A ativação de receptores pós-sinápticos abre ou fecha canais iônicos diretamente ou indiretamente

As sinapses elétricas e químicas podem coexistir e interagir

Destaques

O QUE DÁ ÀS CÉLULAS NERVOSAS SUA HABILIDADE ESPECIAL para se comunicarem de modo tão rápido e com tamanha precisão? Foi visto anteriormente como os sinais são propagados *dentro* de um neurônio, de seus dendritos e do corpo celular para seu terminal axonal. Neste capítulo, começamos a abordar a sinalização *entre* os neurônios, por meio do processo de transmissão sináptica. A transmissão sináptica é fundamental para as funções neurais que são abordadas neste livro, como percepção, movimento voluntário e aprendizado.

Neurônios se comunicam um com outro em um sítio especializado chamado *sinapse*. Um neurônio médio forma vários milhares de conexões sinápticas e recebe um número similar de sinais. Entretanto, esse número pode variar amplamente dependendo do tipo particular de neurônio. Enquanto as células de Purkinje recebem até 100 mil sinais sinápticos, os neurônios granulares vizinhos, a classe de neurônios mais numerosa no encéfalo, recebem apenas cerca de quatro sinais excitatórios. Embora muitas das conexões nos sistemas nervosos central e periférico sejam altamente especializadas, todos os neurônios fazem uso de uma das duas formas básicas de transmissão sináptica: a elétrica ou a química. Além disso, a eficiência de ambas as formas não é constante, mas pode ser aumentada ou diminuída pela atividade neuronal. Essa *plasticidade* sináptica é crucial para a memória e outras funções encefálicas superiores.

As sinapses elétricas são empregadas principalmente para enviar sinais de despolarização rápidos e estereotipados. Em contrapartida, as sinapses químicas são capazes de uma sinalização mais variável e, assim, podem produzir interações mais complexas. Essas sinapses produzem ações tanto excitatórias quanto inibitórias nas células pós-sinápticas e iniciam mudanças nas células pós-sinápticas que duram de milissegundos a horas. As sinapses químicas também servem para amplificar os sinais neuronais; assim, mesmo um pequeno terminal nervoso pré-sináptico pode alterar a resposta pós-sináptica de células grandes. Devido à transmissão sináptica química ter um papel central no entendimento do encéfalo e do comportamento, ela será examinada em detalhes nos próximos quatro capítulos.

As sinapses são predominantemente elétricas ou químicas

O termo *sinapse* foi introduzido no início do século XX por Charles Sherrington para descrever a zona especializada de contato na qual um neurônio se comunica com outro. Esse local já tinha sido descrito histologicamente, com base na microscopia óptica, por Ramón y Cajal no final do século XIX.

Inicialmente, pensava-se que todas as sinapses operavam por meio de transmissão elétrica. Entretanto, na década de 1920, Otto Loewi descobriu que um composto químico, mais provavelmente a acetilcolina (ACh), transmite sinais do nervo vago que reduzem o batimento cardíaco. A descoberta de Loewi provocou um considerável debate na década de 1930, sobre se a sinalização química existia em sinapses rápidas entre o neurônio motor e o músculo esquelético, bem como as sinapses no encéfalo.

Duas correntes de pensamento emergiram, uma fisiológica e outra farmacológica. Cada uma defendia um único mecanismo para toda a transmissão sináptica. Liderados por John Eccles (aluno de Sherrington), os fisiologistas argumentavam que a transmissão sináptica era elétrica e que o potencial de ação no neurônio pré-sináptico gera uma corrente que flui passivamente para a célula pós-sináptica. Os farmacologistas, liderados por Henry Dale, defendiam que a transmissão era química e que o potencial de ação no neurônio pré-sináptico levava à liberação de uma substância química que, por sua vez, iniciava uma corrente na célula pós-sináptica. Com o avanço das técnicas fisiológicas e ultraestruturais, nas décadas de 1950 e 1960, tornou-se claro que ambas as formas de transmissão existem. Enquanto a maioria dos neurônios iniciam sinais elétricos com um transmissor químico, muitos outros produzem um sinal elétrico diretamente na célula pós-sináptica.

Quando a ultraestrutura das sinapses foi analisada com a utilização da microscopia eletrônica, foi possível identificar que as sinapses químicas e elétricas possuem estruturas diferentes. Nas sinapses químicas, os neurônios pré e pós-sinápticos são completamente separados por um espaço pequeno, a fenda sináptica; não há continuidade entre o citoplasma de uma célula e o da célula seguinte. Em contraste, nas sinapses elétricas, as células pré e pós-sinápticas comunicam-se através de canais especiais que conectam diretamente o citoplasma das duas células.

As propriedades funcionais principais desses dois tipos de sinapses estão resumidas na **Tabela 11-1**. A diferença mais importante pode ser observada ao se injetar uma corrente positiva na célula pré-sináptica para evocar uma despolarização. Em ambos os tipos de sinapses, a corrente que sai da célula pré-sináptica deposita carga positiva no lado de dentro da membrana celular, despolarizando-a (ver Capítulo 9). Nas sinapses elétricas, uma parte da corrente entrará na célula pós-sináptica através de canais de junções comunicantes (*gap junctions*), depositando carga positiva no interior da membrana e despolarizando-a. A corrente sai da célula pós-sináptica cruzando a membrana através de canais de repouso (**Figura 11-1A**). Se a despolarização exceder o limiar, canais iônicos dependentes de voltagem na célula pós-sináptica abrem-se e geram um potencial de ação. Ao contrário, nas sinapses químicas, não há um caminho direto de baixa resistência entre as células pré e pós-sinápticas. Em vez disso, o potencial de ação no neurônio pré-sináptico inicia a liberação do transmissor químico, que se difunde pela fenda sináptica e se liga com os receptores na membrana da célula pós-sináptica (**Figura 11-1B**).

As sinapses elétricas proporcionam transmissão rápida de sinais

Na transmissão sináptica excitatória das sinapses elétricas, os canais iônicos dependentes de voltagem nas células pré-sinápticas geram uma corrente que despolariza a célula pós-sináptica. Desse modo, esses canais não somente despolarizam a célula pré-sináptica acima do limiar para um potencial de ação, mas também geram uma corrente iônica suficiente para produzir uma mudança no potencial da célula pós-sináptica. Para gerar uma corrente tão grande, o terminal pré-sináptico deve ser extenso o suficiente para que sua membrana contenha muitos canais iônicos. Ao mesmo tempo, a célula pós-sináptica deve ser relativamente pequena. Isso se deve ao fato de que uma célula pequena tem uma resistência de entrada mais alta (R_{in}) do que uma célula grande e, de acordo com a lei de Ohm ($\Delta V = I \times R_{in}$), sofre uma maior variação de voltagem (ΔV) em resposta a determinada corrente pré-sináptica (I).

A transmissão sináptica elétrica foi descrita pela primeira vez por Edwin Furshpan e David Potter na sinapse motora gigante de lagostim (um crustáceo de água doce), na qual a fibra pré-sináptica é muito maior que a fibra pós-sináptica (**Figura 11-2A**). Um potencial de ação gerado na fibra pré-sináptica produz um potencial pós-sináptico de despolarização, que, com frequência excede o limiar para disparar um potencial de ação. Nas sinapses elétricas, o atraso sináptico – o tempo entre o potencial de ação pré-sináptico e o potencial pós-sináptico – é extremamente curto (**Figura 11-2B**).

Essa latência tão curta não é possível na transmissão química, que requer muitas etapas bioquímicas: a liberação de um transmissor pelo neurônio pré-sináptico, a difusão das moléculas do transmissor através da fenda sináptica à célula pós-sináptica, a ligação do transmissor a um receptor específico e a subsequente abertura ou o fechamento de canais iônicos (todos descritos neste e no próximo capítulo). Dessa forma, apenas a corrente que flui diretamente de uma célula para a outra pode produzir a transmissão quase instantânea observada na sinapse elétrica motora gigante.

TABELA 11-1 Propriedades que distinguem sinapses elétricas e químicas

Tipo de sinapse	Distância entre as membranas das células pré e pós-sinápticas	Continuidade citoplasmática entre as células pré e pós-sinápticas	Componentes ultraestruturais	Agente da transmissão	Retardo sináptico	Direção da transmissão
Elétrica	4 nm	Sim	Canais de junções comunicantes	Corrente iônica	Praticamente ausente	Normalmente bidirecional
Química	20-40 nm	Não	Vesículas pré-sinápticas e zonas ativas; receptores pós-sinápticos	Transmissor químico	Significativo: no mínimo 0,3 ms; geralmente 1-5 ms ou mais	Unidirecional

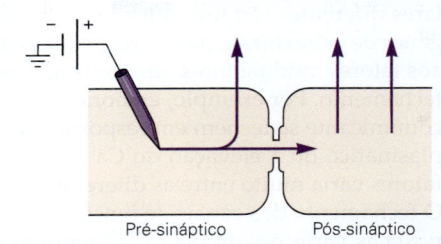

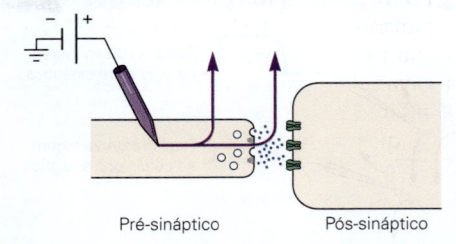

A Fluxo de corrente em sinapses elétricas

B Fluxo de corrente em sinapses químicas

FIGURA 11-1 Propriedades funcionais das sinapses elétricas e químicas.
A. Em uma sinapse elétrica, parte da corrente injetada na célula pré-sináptica escapa por meio de canais iônicos de repouso (sem portão) na membrana celular. Entretanto, parte da corrente também flui para a célula pós-sináptica através de junções comunicantes, que conectam os citoplasmas das células pré e pós-sinápticas e proporcionam uma via de baixa resistência (alta condutância) para a corrente elétrica.

B. Nas sinapses químicas, toda a corrente injetada na célula pré-sináptica escapa para o fluido extracelular. Entretanto, a despolarização da membrana celular pré-sináptica resultante pode produzir um potencial de ação que resulta na liberação de moléculas neurotransmissoras que se ligam aos receptores na célula pós-sináptica. Essa ligação abre canais iônicos que iniciam uma mudança no potencial de membrana na célula pós-sináptica.

Outro aspecto da transmissão elétrica é que a mudança no potencial da célula pós-sináptica é diretamente relacionada ao tamanho e à forma da alteração do potencial da célula pré-sináptica. Mesmo quando uma corrente fraca de despolarização subliminar é injetada no neurônio pré-sináptico, alguma corrente entra na célula pós-sináptica e a despolariza (**Figura 11-3**). Em contraste, nas sinapses químicas, a corrente na célula pré-sináptica deve atingir o limiar para iniciar um potencial de ação antes que possa liberar o transmissor e evocar uma resposta na célula pós-sináptica.

A maioria das sinapses elétricas pode transmitir correntes tanto de despolarização como de hiperpolarização. Um potencial de ação pré-sináptico que tem um pós-potencial de hiperpolarização grande produzirá uma mudança bifásica (despolarizadora-hiperpolarizadora) no potencial da célula pós-sináptica. A transmissão do sinal nas sinapses elétricas é similar à propagação passiva de um sinal elétrico subliminar ao longo dos axônios (Capítulo 9) e, portanto, é referida também como *transmissão eletrotônica*. Em algumas junções comunicantes especializadas, os canais apresentam

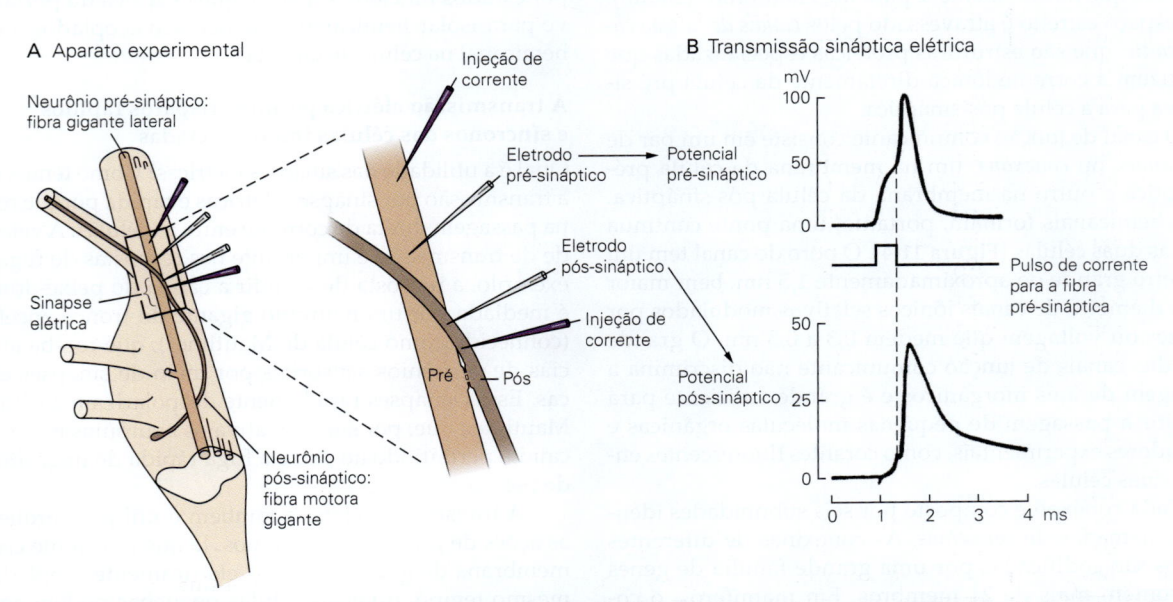

FIGURA 11-2 A transmissão sináptica elétrica foi demonstrada pela primeira vez na sinapse motora gigante de lagostim. (Adaptada, com autorização, de Furshpan e Potter, 1957 e 1959.)
A. A fibra gigante lateral que percorre o cordão nervoso é o neurônio pré-sináptico. A fibra motora gigante, que se projeta do corpo celular no gânglio para a periferia, é o neurônio pós-sináptico. Os eletrodos para a passagem da corrente e para o registro da voltagem estão posicionados dentro das células pré e pós-sinápticas respectivamente.
B. A transmissão na sinapse elétrica é praticamente instantânea – a resposta pós-sináptica surge em uma fração de milissegundo após a estimulação pré-sináptica. A **linha tracejada** mostra como as respostas das duas células se correlacionam no tempo. Nas sinapses químicas, há um atraso (o retardo sináptico) entre os potenciais pré e pós-sinápticos (ver **Figura 11-8**).

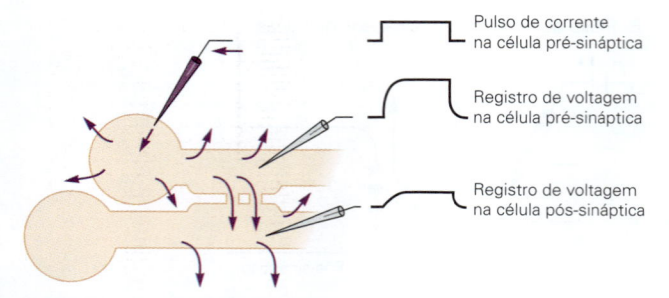

FIGURA 11-3 A transmissão elétrica é graduada. Ela ocorre mesmo quando a corrente na célula pré-sináptica está abaixo do limiar para desencadear um potencial de ação. Como demonstrado em registros de células isoladas, um estímulo de despolarização subliminar causa uma despolarização passiva nas células pré e pós-sinápticas. (Uma corrente para fora da célula, de despolarização, é indicada por uma deflexão para cima.)

canais dependentes de voltagem que lhes permitem conduzir correntes de despolarização em uma só direção, da célula pré-sináptica para a célula pós-sináptica. Essas junções são chamadas de *sinapses retificadoras*. (A sinapse motora gigante do lagostim é um exemplo.)

As células em uma sinapse elétrica são conectadas por canais de junção comunicante

Nas sinapses elétricas, os componentes pré e pós-sinápticos são apostos na *junção comunicante*, onde a separação entre os dois neurônios (4 nm) é bem menor que o espaço não sináptico que normalmente separa dois neurônios (20 nm). Esse espaço estreito é atravessado pelos *canais de junção comunicante*, que são estruturas proteicas especializadas que conduzem a corrente iônica diretamente da célula pré-sináptica para a célula pós-sináptica.

O canal de junção comunicante consiste em um par de *hemicanais*, ou *conéxons*, um na membrana da célula pré-sináptica e outro na membrana da célula pós-sináptica. Esses hemicanais formam, portanto, uma ponte contínua entre as duas células (**Figura 11-4**). O poro do canal tem um diâmetro grande de aproximadamente 1,5 nm, bem maior que o diâmetro de canais iônicos seletivos modulados por ligantes ou voltagem que medem 0,3 a 0,5 nm. O grande poro dos canais de junção comunicante não discrimina a passagem de íons inorgânicos e é grande suficiente para permitir a passagem de pequenas moléculas orgânicas e marcadores experimentais, como corantes fluorescentes entre as duas células.

Cada conéxon é composto por seis subunidades idênticas, chamadas de *conexinas*. As conexinas de diferentes tecidos são codificadas por uma grande família de genes que contém mais de 21 membros. Em mamíferos, o conéxon mais comum é formado pelos produtos da *conexina 36*. Os genes das conexinas têm a nomenclatura baseada no peso molecular, em quilodáltons (kDa), e na sequência primária de aminoácidos. Todas as subunidades de conexinas possuem um N-terminal e um C-terminal intracelulares com quatro α-hélices interpostas que atravessam a membrana celular (**Figura 11-4C**).

Muitos canais de junção comunicante em tipos celulares diferentes são formados pelos produtos de distintos genes de conexinas e, assim, respondem de modo diferente aos fatores moduladores que controlam sua abertura e seu fechamento. Por exemplo, embora muitos canais de junção comunicante se fechem em resposta à redução de pH citoplasmático ou à elevação do Ca^{2+}, a sensibilidade a esses fatores varia muito entre as diferentes isoformas de canais. O fechamento dos canais de junções comunicantes em resposta às variações de pH e Ca^{2+} tem um importante papel no desacoplamento de células danificadas das saudáveis, já que as danificadas contêm elevadas concentrações de Ca^{2+} e de prótons. Por fim, cabe mencionar que os neurotransmissores liberados em sinapses químicas próximas podem modular a abertura dos canais de junções comunicantes, por meio de reações metabólicas intracelulares (Capítulo 14).

A estrutura tridimensional de um canal de junção comunicante formada pela conexina 26 humana é o determinada por cristalografia de raios X. Essa estrutura mostra em detalhes como as α-hélices atravessam a membrana e se juntam para formar um poro central do canal e como as alças extracelulares que conectam as hélices transmembrana se interdigitam para acoplar os dois hemicanais (**Figura 11-5**). O poro é revestido com resíduos polares que facilitam o movimento dos íons. Uma α-hélice N-terminal pode servir como um portão dependente de voltagem do canal de conexina 26, mantendo a abertura citoplasmática do poro em estado fechado. Um portão separado do lado extracelular do canal, formado pela alça extracelular que conecta as duas primeiras hélices da membrana, tem sido inferido por estudos funcionais. Parece que essa alça do portão serve para isolar hemicanais que não são acoplados a outro hemicanal na célula justaposta.

A transmissão elétrica permite disparos rápidos e síncronos das células interconectadas

Qual é a utilidade das sinapses elétricas? Como temos visto, a transmissão por sinapses elétricas é rápida porque resulta na passagem direta de corrente entre as células. A velocidade de transmissão é importante nas respostas de fuga. Por exemplo, a resposta de sacudir a cauda do peixe-dourado é mediada por um neurônio gigante do tronco encefálico (conhecido como célula de Mauthner), que recebe aferências de neurônios sensoriais por meio de sinapses elétricas. Essas sinapses rapidamente despolarizam a célula de Mauthner, que, por sua vez, ativa os neurônios motores da cauda, permitindo ao peixe a fuga rápida de uma situação de perigo.

A transmissão elétrica também é útil para orquestrar as ações de grupos de neurônios. Já que a corrente cruza a membrana de todas as células eletricamente acopladas ao mesmo tempo, diversas células pequenas podem agir de modo coordenado como uma grande célula. Além disso, por causa do acoplamento elétrico entre as células, a resistência efetiva da rede neuronal é menor que a resistência de uma célula individual. Assim, pela lei de Ohm, a corrente sináptica necessária para despolarizar células eletricamente acopladas é maior que a corrente necessária para despolarizar uma única célula – ou seja, células eletricamente

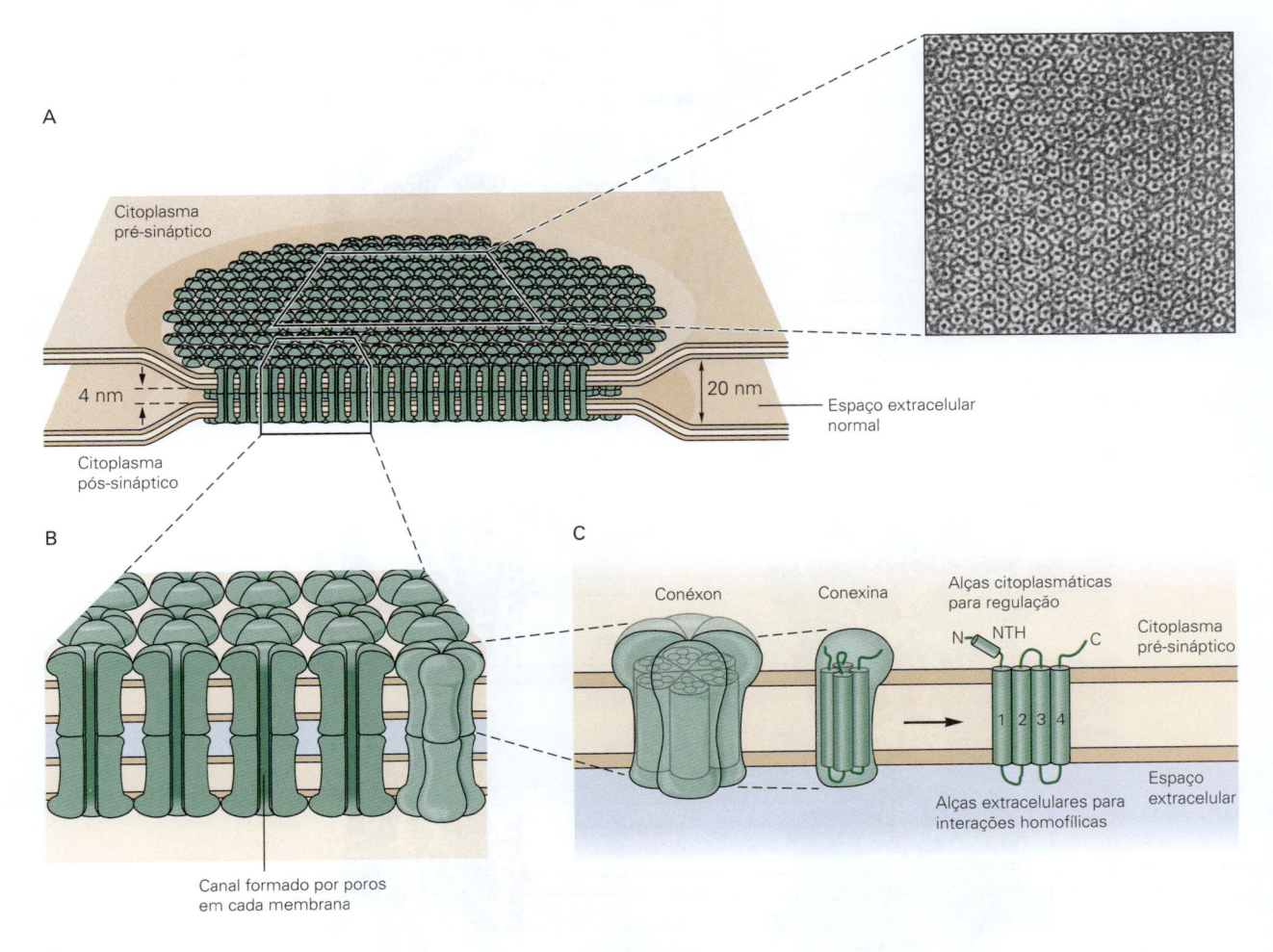

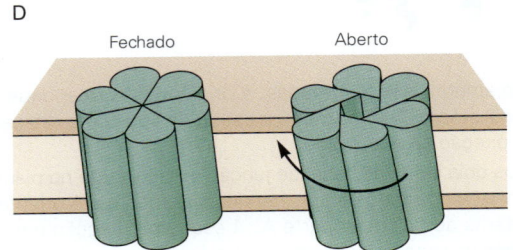

FIGURA 11-4 Um modelo tridimensional do canal de junção comunicante, com base em estudos de difração por raios X e eletrônica.

A. A sinapse elétrica, ou junção comunicante, é composta de numerosos canais especializados que atravessam a membrana de neurônios pré e pós-sinápticos. Esses canais de junção comunicante permitem que a corrente passe diretamente de uma célula para outra. O arranjo de canais na micrografia eletrônica foi obtido da membrana hepática de rato que foi corada negativamente, uma técnica que escurece a área em volta dos canais e poros. Cada canal parece ter um contorno hexagonal. Aumento de 307.800×. (Reproduzida, com autorização, de N. Gilula.)

B. O canal de junção comunicante é, na verdade, um par de hemicanais, um em cada célula, que conecta o citoplasma das duas células. (Adaptada de Makowski et al, 1977.)

C. Cada hemicanal, ou conéxon, é formado de seis subunidades proteicas idênticas, chamadas de conexinas. Cada conexina tem cerca de 7,5 nm de comprimento e atravessa a membrana celular. Uma conexina possui extremidades N-terminal e C-terminal intracelulares, incluindo uma pequena porção N-terminal em α-hélice (**NTH**, do inglês *N-terminal α-helix*) intracelular e quatro α-hélices (1 a 4) que atravessam a membrana. A sequência de aminoácidos das proteínas de junções comunicantes de muitos tecidos diferentes têm similaridades estruturais que incluem as hélices transmembrana e as regiões extracelulares, as quais estão envolvidas no pareamento homofílico de hemicanais justapostos.

D. As conexinas são arranjadas de tal forma que um poro é formado no centro da estrutura. O conéxon resultante, com um poro de cerca de 1,5 a 2 nm de diâmetro, possui um contorno hexagonal característico, como mostrado na fotografia na parte A. Em alguns canais de junção comunicante, o poro é aberto quando as subunidades rodam cerca de 0,9 nm na base citoplasmática, no sentido horário. (Reproduzida, com autorização, de Unwin e Zampighi, 1980. Copyright © 1980, Springer Nature.)

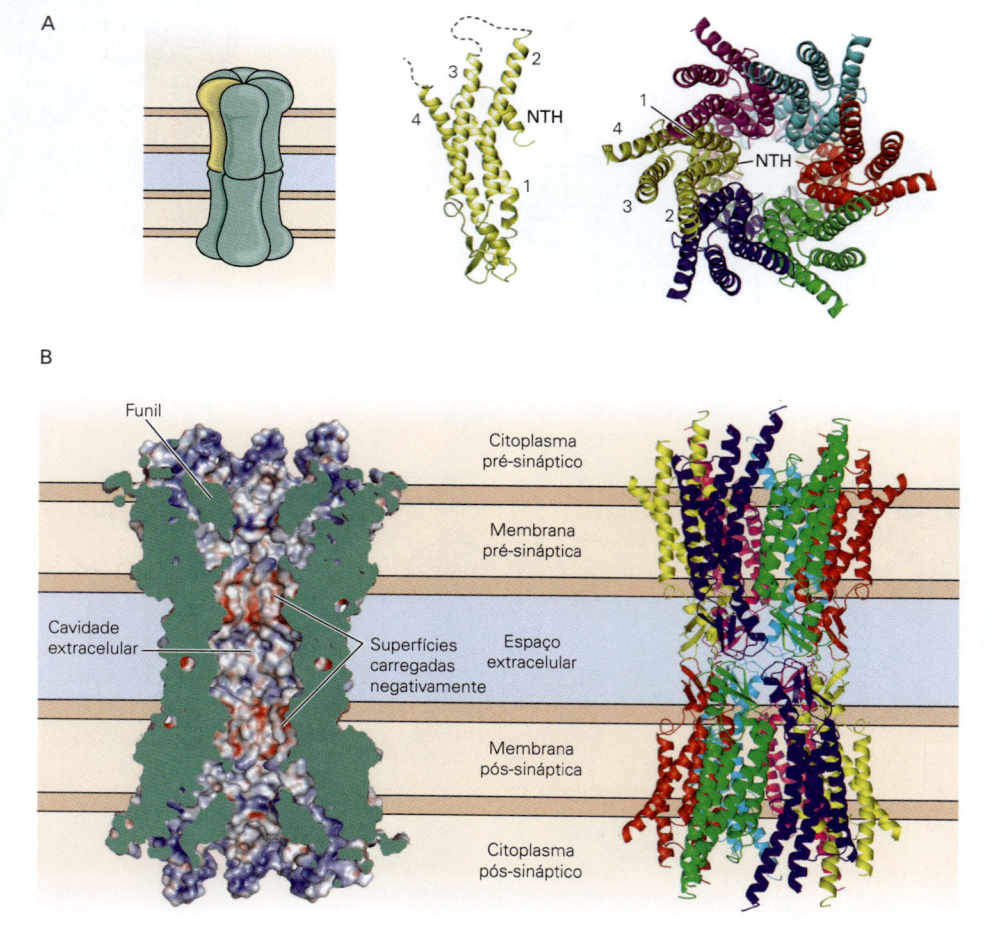

FIGURA 11-5 Estrutura tridimensional em alta resolução de um canal de junção comunicante. Todas as estruturas foram determinadas por cristalografia de raios X dos canais de junção comunicante formados pela conexina 26 humana. (Reproduzida, com autorização, de Maeda et al, 2009. Copyright © 2009, Springer Nature.)

A. *À esquerda:* Diagrama de um canal de junção comunicante intacto, mostrando o par de hemicanais justapostos. *Parte do meio:* Estrutura em alta resolução de uma subunidade de conexina mostra a presença de quatro α-hélices transmembrana (**1 a 4**) e uma pequena porção de hélice N-terminal (**NTH**). A orientação da subunidade corresponde àquela da subunidade em amarelo no diagrama à direita. *À direita:* Visão de baixo para cima, olhando para dentro de um hemicanal, a partir do citoplasma. Cada uma das seis subunidades tem uma cor diferente. As hélices da subunidade amarela são numeradas. A orientação corresponde à do hemicanal amarelo no diagrama à esquerda após uma rotação de 90° em direção ao observador.

B. Visão dos dois lados do canal de junção comunicante no plano da membrana, mostrando os dois hemicanais apostos. A orientação é a mesma do painel da parte A. *À esquerda:* Secção transversal através do canal, mostrando a superfície interna do poro do canal. **Azul** indica superfícies carregadas positivamente; **vermelho** indica superfícies carregadas negativamente. A **massa verde** dentro do poro na entrada citoplasmática (funil) representa a ideia de um portão do canal, formado por uma hélice N-terminal. *À direita:* Visão lateral do canal, mostrando cada uma das seis subunidades de conexinas no mesmo esquema de cores da parte A. O canal de junção comunicante inteiro tem cerca de 9 nm de largura e 15 nm de altura.

acopladas possuem um limiar de disparo maior. Entretanto, uma vez que esse limite alto é superado, as células eletricamente acopladas disparam de modo sincrônico, porque as correntes de Na$^+$ geradas pela alteração da voltagem em uma célula são rapidamente transmitidas às outras células.

Assim, um comportamento controlado por um grupo de células eletricamente acopladas tem uma vantagem adaptativa importante: é acionado de modo explosivo. Por exemplo, quando seriamente perturbada, a lesma marinha *Aplysia* libera nuvens compactas de tinta roxa que formam uma barreira protetora. Esse comportamento estereotipado é mediado por três células motoras acopladas eletricamente que inervam a glândula de tinta. Uma vez que o limiar para desencadear o potencial de ação é ultrapassado nessas três células, elas disparam de modo sincrônico (**Figura 11-6**). Em alguns peixes, o movimento rápido dos olhos (chamado de sacádico) também é mediado por neurônios motores acoplados eletricamente, que agem de modo sincrônico. Junções comunicantes também são importantes no encéfalo de mamíferos, no qual o disparo sincrônico de interneurônios inibitórios eletricamente acoplados gera oscilações sincrônicas de 40 a 100 Hz (gama) em uma grande população de células.

Além de proporcionarem velocidade e sincronismo à sinalização neuronal, as sinapses elétricas também podem transmitir sinais metabólicos entre as células. Devido ao seu poro de grande diâmetro, os canais de junção comunicante conduzem uma variedade de cátions e ânions inorgânicos, incluindo o segundo mensageiro Ca^{2+}, permitindo também a passagem de compostos orgânicos de tamanho moderado (menos que 1.000 Da de peso molecular) – como os segundos mensageiros inositol 1,4,5-trisfosfato (IP_3), o monofosfato de adenosina cíclico (AMPc) e mesmo peptídeos pequenos.

As junções comunicantes exercem um papel importante nas funções gliais e doenças

As junções comunicantes são encontradas entre as células gliais, bem como entre os neurônios. Na glia, essas junções medeiam sinalizações tanto intercelulares como intracelulares. No encéfalo, astrócitos individuais são conectados uns aos outros por meio de junções comunicantes formando uma rede celular glial. A estimulação elétrica de vias neuronais em fatias encefálicas causa a liberação de neurotransmissores que provocam um aumento no Ca^{2+} intracelular em determinados astrócitos. Isso produz uma onda de Ca^{2+} que se propaga de astrócito para astrócito a uma velocidade aproximada de 1 a 20 µm/s, cerca de 1 milhão de vezes mais lenta que a propagação de um potencial de ação (10 a 100 m/s). Embora a função exata dessas ondas seja desconhecida, sua existência sugere que a glia possa ter um papel ativo na sinalização do encéfalo.

As junções comunicantes também aumentam a comunicação *dentro* de algumas células gliais, como as células de Schwann, que produzem a bainha de mielina dos axônios no sistema nervoso periférico. Camadas sucessivas de mielina formadas por uma única célula de Schwann são conectadas por junções comunicantes. Essas junções podem ajudar a manter as camadas de mielina unidas, além de promoverem a passagem de pequenos metabólitos e íons entre as muitas camadas de mielina. A importância das junções comunicantes nas células de Schwann torna-se evidente em algumas doenças genéticas. Por exemplo, a forma ligada ao cromossomo X da doença de Charcot-Marie-Tooth, uma doença desmielinizante, é causada por mutações que interrompem a função da *conexina 32*, um gene expresso nas células de Schwann. Mutações herdadas que impedem a função de uma conexina na cóclea (conexina 26), as quais formam canais de junções comunicantes que são importantes para a secreção de fluidos na orelha interna, estão na base de até metade de todos os casos de surdez congênita.

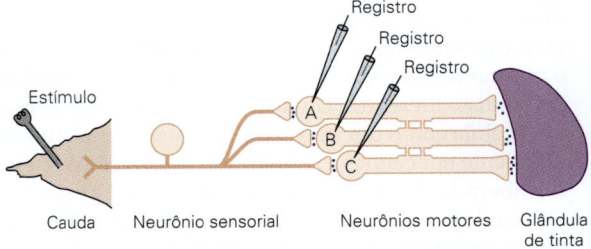

FIGURA 11-6 Neurônios motores acoplados eletricamente disparando juntos podem produzir comportamentos síncronos. (Adaptada, com autorização, de Carew e Kandel, 1976.)
A. Na lesma marinha *Aplysia*, os neurônios sensoriais do gânglio da cauda formam sinapses com três neurônios motores que inervam a glândula de tinta. Os neurônios motores são interconectados por sinapses elétricas.
B. Uma série de estímulos aplicados à cauda produz uma descarga síncrona nos três neurônios motores, resultando em liberação da tinta.

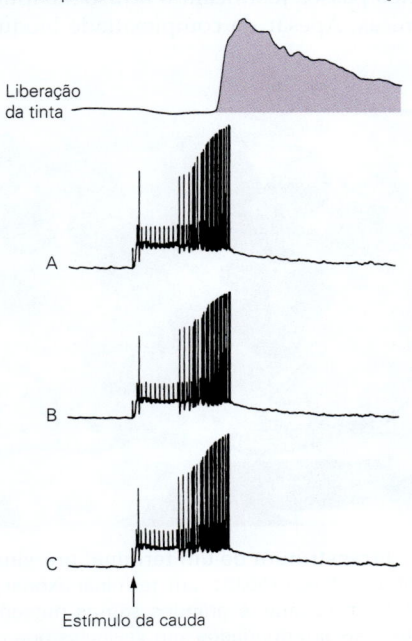

As sinapses químicas podem amplificar sinais

Diferente das sinapses elétricas, nas sinapses químicas não há continuidade estrutural entre os neurônios pré e pós-sinápticos. Na verdade, na sinapse química, a separação entre as duas células, a fenda sináptica, costuma ser levemente maior (20 a 40 nm) do que o espaço intercelular não sináptico (20 nm). A transmissão sináptica química depende de um transmissor, uma substância química que se difunde através da fenda sináptica e se liga e modula receptores na membrana da célula-alvo. Na maioria das sinapses químicas, o transmissor é liberado a partir de estruturas dilatadas e especializadas do axônio pré-sináptico – os botões sinápticos –, que tipicamente contêm de 100 a 200 vesículas sinápticas, cada uma delas repleta com milhares de moléculas de neurotransmissor (**Figura 11-7**).

As vesículas sinápticas aglomeram-se em regiões especializadas da membrana pré-sináptica, chamadas de *zonas ativas*. Durante o potencial de ação pré-sináptico, abrem-se canais de Ca^{2+} dependentes de voltagem nas zonas ativas, permitindo a entrada de Ca^{2+} no terminal pré-sináptico. O aumento da concentração de Ca^{2+} intracelular desencadeia uma reação bioquímica que leva as vesículas a se fundirem com a membrana pré-sináptica e a liberarem neurotransmissor na fenda sináptica, um processo denominado *exocitose*. As moléculas do transmissor então se difundem pela fenda sináptica e se ligam a seus receptores na membrana celular pós-sináptica. Isso, por sua vez, ativa os receptores, levando à abertura ou ao fechamento de canais iônicos. O fluxo iônico resultante altera a condutância da membrana e, assim, o potencial da célula pós-sináptica (**Figura 11-8**).

Esses vários passos justificam o atraso sináptico nas sinapses químicas. Apesar da complexidade bioquímica, o processo de liberação é extraordinariamente eficiente – o atraso sináptico é geralmente de apenas de 1 ms ou menos. Embora a sinapse química perca a instantaneidade das sinapses elétricas, ela possui a importante propriedade de *amplificação*. De apenas uma única vesícula sináptica são liberados vários milhares de moléculas de transmissor, que, juntas, podem abrir milhares de canais iônicos na célula-alvo. Desse modo, um pequeno terminal nervoso pré-sináptico, que gera somente uma fraca corrente elétrica, pode despolarizar uma grande célula pós-sináptica.

A ação de um neurotransmissor depende das propriedades do receptor pós-sináptico

A transmissão sináptica química pode ser dividida em duas etapas: a etapa de transmissão, na qual a célula pré-sináptica libera um mensageiro químico, e a etapa de recepção, na qual o transmissor se liga aos receptores e ativa-os na célula pós-sináptica. O processo de transmissão em neurônios assemelha-se à liberação de hormônios endócrinos. Realmente, a transmissão sináptica química pode ser vista como uma forma modificada de secreção hormonal. Tanto glândulas endócrinas como terminais pré-sinápticos liberam um agente químico com uma função de sinalização, e ambos são exemplos de secreção regulada (Capítulo 7). De modo similar, tanto as glândulas endócrinas como os neurônios em geral estão a uma certa distância de suas células-alvo.

Há, contudo, uma diferença importante entre a sinalização endócrina e a sináptica. Enquanto o hormônio liberado pela glândula se desloca pela corrente sanguínea até interagir com todas as células que contêm um receptor apropriado, um neurônio em geral se comunica somente com as células com as quais ele forma sinapses. Devido ao potencial de ação pré-sináptico desencadear a liberação do transmissor químico em uma célula-alvo a uma distância de somente 20 nm, o sinal químico percorre apenas pequenas distâncias até seu alvo. Assim, a sinalização neuronal tem dois aspectos especiais: é rápida e precisamente direcionada.

Na maioria dos neurônios, essa liberação direcionada ou focada é realizada em zonas ativas dos botões sinápticos. Em neurônios pré-sinápticos sem zonas ativas, a distinção entre transmissão neuronal e hormonal não é muito clara. Por exemplo, os neurônios do sistema nervoso autônomo que inervam os músculos lisos estão a alguma distância de suas células pós-sinápticas e não possuem locais especializados de liberação em seus terminais. A transmissão sináptica entre essas células é mais lenta e se baseia em uma difusão mais espalhada do transmissor. Além disso, o mesmo transmissor pode ser liberado de modo diferente em células diferentes. Uma substância pode ser liberada de uma célula como um transmissor convencional atuando diretamente em células vizinhas. Em outras células, ela pode ser liberada de uma forma menos focada, atuando como um modulador, produzindo uma ação mais difusa; e, ainda, em outras células, pode ser liberada na corrente sanguínea e agir como um neuro-hormônio.

Embora uma variedade de substâncias químicas atue como neurotransmissores, incluindo tanto moléculas pequenas quanto peptídeos (ver Capítulo 16), a ação dos transmissores na célula pós-sináptica depende das propriedades

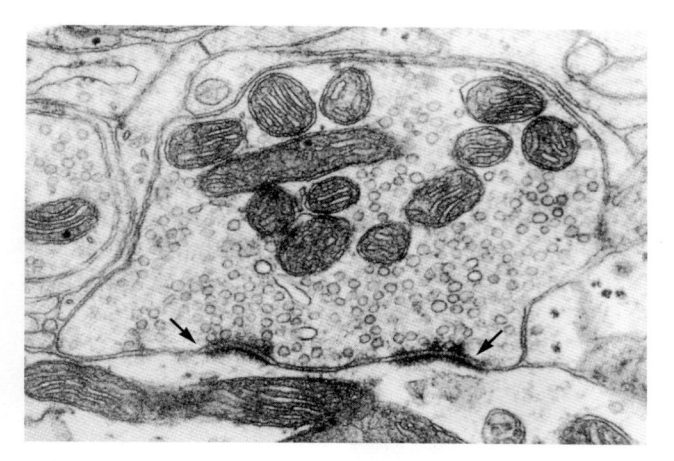

FIGURA 11-7 Ultraestrutura de um terminal pré-sináptico. Esta micrografia eletrônica mostra um terminal axonal no cerebelo. As estruturas escuras e grandes são as mitocôndrias. Os vários corpúsculos arredondados são vesículas que contêm neurotransmissor. O espessamento escuro difuso ao longo da membrana pré-sináptica (**setas**) são as zonas ativas, áreas especializadas consideradas os locais nos quais há o ancoramento e a liberação das vesículas sinápticas. A fenda sináptica é um espaço que separa as membranas pré e pós-sinápticas. (Reproduzida, com autorização, de Heuser e Reese, 1977.)

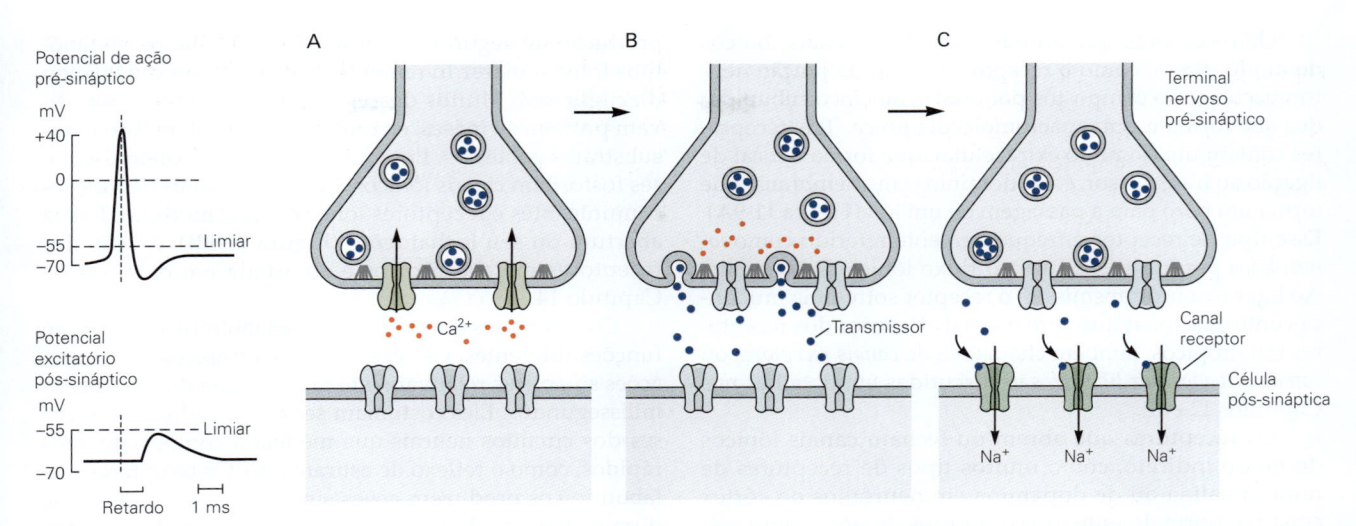

FIGURA 11-8 A transmissão sináptica nas sinapses químicas envolve várias etapas. O processo complexo da transmissão sináptica química é responsável pelo atraso entre o potencial de ação na célula pré-sináptica e o potencial sináptico na célula pós-sináptica, em comparação com a transmissão praticamente instantânea dos sinais nas sinapses elétricas (ver **Figura 11-2B**).
A. Um potencial de ação chegando ao terminal de um axônio pré-sináptico causa a abertura dos canais de Ca^{2+} dependentes de voltagem na zona ativa. Os **filamentos em cinza** representam os locais de ancoramento e liberação na zona ativa.

B. A abertura dos canais de Ca^{2+} produz uma alta concentração de Ca^{2+} intracelular perto das zonas ativas, levando as vesículas contendo neurotransmissor a se fundirem com a membrana celular pré-sináptica e a liberarem seu conteúdo na fenda sináptica (processo chamado de *exocitose*).
C. As moléculas de neurotransmissor liberadas se difundem, então, através da fenda sináptica e se ligam a receptores específicos na membrana pós-sináptica. Esses receptores causam a abertura (ou o fechamento) de canais iônicos, mudando, assim, a condutância da membrana e o potencial de membrana da célula pós-sináptica.

dos receptores pós-sinápticos, que reconhecem e se ligam ao transmissor, e não das propriedades químicas do transmissor. Por exemplo, a ACh pode excitar algumas células pós-sinápticas e inibir outras, podendo, ainda, em outras células, produzir tanto excitação quanto inibição. É o receptor que determina a ação da ACh, incluindo se a sinapse colinérgica é excitatória ou inibitória.

Dentro de um grupo de animais filogeneticamente próximos, uma substância transmissora liga-se a famílias conservadas de receptores e com frequência pode ser associada a funções fisiológicas específicas. Em vertebrados, por exemplo, a ACh atua sobre receptores de ACh excitatórios em todas as junções neuromusculares para desencadear a contração muscular e age sobre receptores de ACh inibitórios para desacelerar o coração.

A distinção entre processos de transmissão e recepção não é absoluta; muitos terminais contêm receptores para transmissores que podem modificar o processo de liberação. Em alguns casos, esses receptores pré-sinápticos são ativados pelo transmissor liberado do mesmo terminal pré-sináptico. Em outros casos, o terminal pré-sináptico é contatado por terminais pré-sinápticos de outras classes de neurônios que liberam neurotransmissores distintos.

A noção de receptor foi introduzida no final do século XIX pelo bacteriologista alemão Paul Ehrlich para explicar a ação seletiva de toxinas e outros agentes farmacológicos, e a grande especificidade das reações imunológicas. Em 1900, Ehrlich escreveu: "Substâncias químicas somente são capazes de exercer ação sobre os elementos do tecido com os quais elas podem estabelecer uma relação química íntima ... [Esta relação] deve ser específica. Os grupos [químicos] devem ser adaptados uns aos outros ... como chave e fechadura".

Em 1906, o farmacologista inglês John Langley postulou que a sensibilidade do músculo esquelético ao curare ou à nicotina era causada por uma "molécula receptora". Uma teoria sobre a função do receptor foi desenvolvida mais tarde por discípulos de Langley (em particular, A. V. Hill e Henry Dale), com base nos estudos concomitantes de cinética enzimática e das interações cooperativas entre pequenas moléculas e proteínas. Como se pode ver no próximo capítulo, a "molécula receptora" de Langley foi posteriormente isolada e caracterizada como o receptor da ACh da junção neuromuscular.

Todos os receptores para os transmissores químicos possuem duas características bioquímicas em comum:

1. São proteínas que atravessam a membrana. A região exposta ao ambiente externo celular reconhece e liga-se ao transmissor liberado pela célula pré-sináptica.
2. Eles executam uma função efetora dentro da célula-alvo. Os receptores geralmente influenciam a abertura ou o fechamento de canais iônicos.

A ativação de receptores pós-sinápticos abre ou fecha canais iônicos diretamente ou indiretamente

Os neurotransmissores controlam a abertura de canais iônicos na célula pós-sináptica tanto de maneira direta quanto indireta. Esses dois tipos de ação de transmissores são mediados por proteínas receptoras derivadas de diferentes famílias de genes.

Os receptores que abrem ou fecham canais iônicos de modo direto, como o receptor de ACh da junção neuromuscular, são compostos por quatro ou cinco subunidades que formam uma macromolécula única. Tais receptores contêm um domínio extracelular, que forma o local de ligação ao transmissor, e um domínio transmembrana, que forma um poro para a passagem de um íon (**Figura 11-9A**). Esse tipo de receptor é frequentemente referido como *ionotrópico* porque ele controla o fluxo iônico diretamente. Ao ligar o neurotransmissor, o receptor sofre uma mudança conformacional que abre o canal. As ações dos receptores ionotrópicos, também chamados de *canais receptores* ou *canais ativados por ligante*, são discutidas em detalhes nos Capítulos 12 e 13.

Os receptores que abrem ou fecham canais iônicos de modo indireto, como muitos tipos de receptores de noradrenalina ou de dopamina em neurônios do córtex cerebral, normalmente são compostos de uma ou no máximo duas subunidades que são distintas dos canais iônicos que eles regulam. Esses receptores, que costumam possuir sete α-hélices que atravessam a membrana, agem alterando as reações metabólicas intracelulares e com frequência são chamados de *receptores metabotrópicos*. A ativação desses receptores frequentemente estimula a produção de segundos mensageiros, pequenos metabólitos intracelulares livremente difusíveis, como AMPc ou diacilglicerol. Muitos desses segundos mensageiros ativam proteínas-cinases, enzimas que fosforilam diferentes substratos proteicos. Em muitos casos, as proteínas-cinases fosforilam canais iônicos, incluindo canais de junções comunicantes e receptores ionotrópicos, modulando sua abertura ou seu fechamento (**Figura 11-9B**). A ação dos receptores metabotrópicos é abordada em detalhes no Capítulo 14.

Os receptores ionotrópicos e metabotrópicos possuem funções diferentes. Os receptores ionotrópicos produzem ações sinápticas relativamente rápidas, que duram apenas milissegundos. Eles costumam ser encontrados nas sinapses dos circuitos neurais que medeiam comportamentos rápidos, como o reflexo de estiramento. Os receptores metabotrópicos produzem ações sinápticas mais lentas, que duram centenas de milissegundos a minutos. Essas ações mais lentas podem modular um comportamento por alterarem a excitabilidade dos neurônios e a eficiência das conexões sinápticas nos circuitos neurais que medeiam tal comportamento. Essas ações sinápticas moduladoras frequentemente atuam como vias de reforço cruciais no processo de aprendizado.

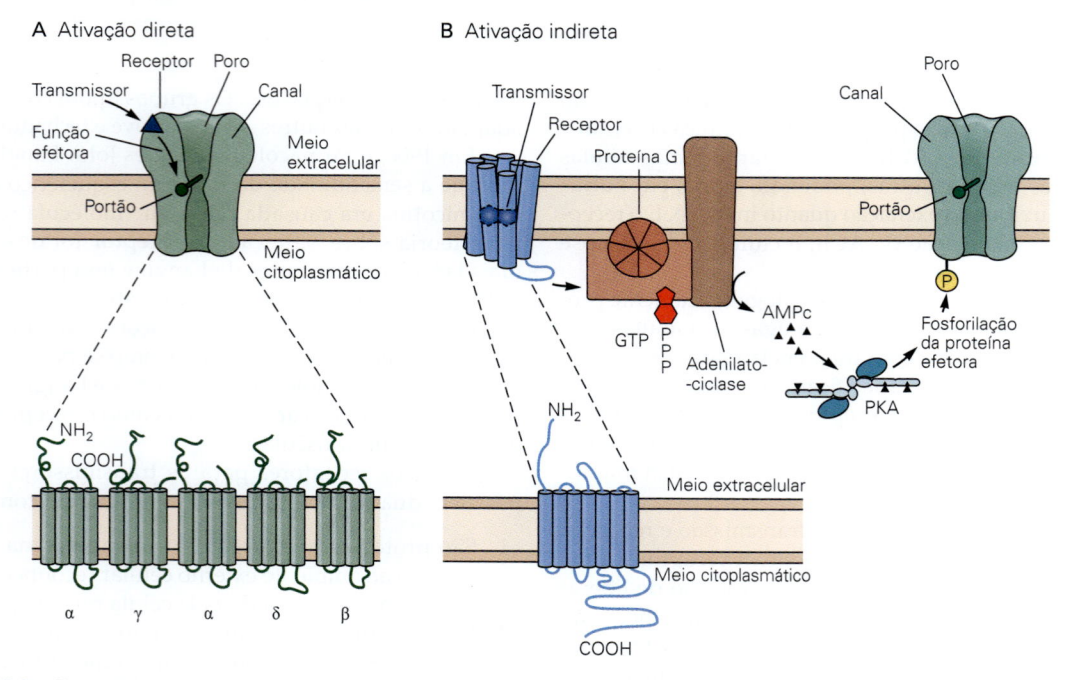

FIGURA 11-9 Os neurotransmissores abrem canais iônicos pós-sinápticos de modo direto ou indireto.
A. Um receptor que abre diretamente um canal iônico é uma parte integral de uma macromolécula que também forma o canal. Muitos desses canais ativados por ligante são compostos por cinco subunidades, onde cada uma contém quatro regiões α-hélice que atravessam a membrana.
B. Um receptor que abre indiretamente um canal iônico é uma macromolécula diferente, separada do canal que ela regula. Em uma ampla família desses receptores, os receptores são compostos de uma única subunidade com sete regiões α-hélice que atravessam a membrana e que se ligam ao ligante dentro do plano da membrana. Esses receptores ativam uma proteína ligante de trifosfato de guanosina (**GTP**), chamada de **proteína G**, que, por sua vez, ativa uma cascata de segundos mensageiros que modula a atividade do canal. Na cascata ilustrada aqui, a proteína G estimula a adenilato-ciclase, que converte trifosfato de adenosina (**ATP**) em monofosfato de adenosina cíclico (**AMPc**). O AMPc ativa a proteína-cinase dependente de AMPc (**PKA**), que fosforila o canal (**P**), levando a uma mudança em sua abertura.

As sinapses elétricas e químicas podem coexistir e interagir

Podemos perceber hoje que ambos, Henry Dale e John Eccles, estavam corretos sobre a existência de sinapses químicas e elétricas, respectivamente. Além disso, sabemos atualmente que ambas as formas de transmissão coexistem no mesmo neurônio e que sinapses elétricas e químicas podem modificar a eficiência uma da outra. Por exemplo, durante o desenvolvimento, muitos neurônios estão inicialmente conectados por sinapses elétricas, cuja presença ajuda na formação das sinapses químicas. Quando as sinapses químicas começam a se formar, elas iniciam a redução da transmissão elétrica.

Ambos os tipos de sinapse também podem coexistir em neurônios no sistema nervoso maduro. O papel desses dois tipos de sinapse é talvez melhor entendido na circuitaria da retina. Ali, receptores de bastonetes e cones liberam o neurotransmissor glutamato e formam sinapses químicas com uma classe de interneurônios denominados células bipolares. Cada célula bipolar estende seus dendritos horizontalmente, recebendo sinais de sinapses químicas de um número de bastonetes e cones sobrejacentes que reagem à luz de uma pequenina região do campo visual. Entretanto, o campo receptivo de um neurônio bipolar estende-se cerca de duas vezes mais longe do que o campo receptivo dos fotorreceptores dos quais recebe aferências sinápticas químicas. Esse é o resultado das sinapses elétricas formadas entre células bipolares e entre células bipolares e um segundo tipo de interneurônio, as células amácrinas (Capítulo 22).

Por fim, a eficiência das junções comunicantes pode ser regulada pela fosforilação por meio de diferentes proteínas-cinases, as quais, em geral, aumentam o acoplamento dessas junções. Por exemplo, a dopamina e outros transmissores podem aumentar ou reduzir o acoplamento de junções comunicantes por atuarem em receptores metabotrópicos acoplados à proteína G que regulam os níveis de AMPc e, portanto, aumentam ou decrescem a fosforilação de canais. Tais ciclos complexos de sinalização são a marca registrada de muitos circuitos neurais e expandem grandemente sua capacidade computacional.

Destaques

1. Os neurônios se comunicam por meio de dois principais mecanismos: transmissão sináptica elétrica e química.
2. As sinapses elétricas são formadas em regiões de forte aposição, denominadas junções comunicantes, as quais permitem um caminho direto para o fluxo de cargas entre o citoplasma dos neurônios comunicantes. Isso resulta em transmissão sináptica muito rápida que é adequada para a sincronização da atividade de uma população de neurônios.
3. Os neurônios nas sinapses elétricas estão conectados através de canais de junções comunicantes, que são formadas a partir de um par de hemicanais, denominados conéxons, onde cada um participa pelas células pré e pós-sináptica. Cada conéxon é um hexâmero, composto de subunidades, chamadas conexinas.
4. Nas sinapses químicas, o potencial de ação pré-sináptico dispara a liberação de transmissores químicos da célula pré-sináptica por meio do processo de exocitose. Moléculas transmissoras, então, se difundem rapidamente através da fenda sináptica, para ligar e ativar receptores desses transmissores na célula pós-sináptica.
5. Embora as sinapses químicas sejam mais lentas que as sinapses elétricas, elas permitem a amplificação do potencial de ação pré-sináptico por meio da liberação de dezenas de milhares de moléculas transmissoras e ativação de centenas de milhares de receptores na célula pós-sináptica.
6. Há duas classes principais de receptores para neurotransmissores. Os receptores ionotrópicos são canais iônicos regulados por ligantes. A ligação do transmissor a um sítio específico extracelular desencadeia uma mudança conformacional proteica que abre o poro do canal, gerando uma corrente iônica que excita (despolariza) ou inibe (hiperpolariza) a células pós-sináptica, dependendo do receptor. Receptores ionotrópicos embasam as transmissões sinápticas químicas rápidas que medeiam a sinalização rápida no sistema nervoso.
7. Receptores metabotrópicos são responsáveis pela segunda principal classe de ações sinápticas químicas. Esses receptores ativam rotas metabólicas intracelulares de sinalização, frequentemente levando à síntese de segundos mensageiros, como o AMPc, que regulam a fosforilação de proteínas. Receptores metabotrópicos embasam as ações sinápticas lentas e modulatórias que contribuem para mudanças na excitação ou no estado comportamental.

Steven A. Siegelbaum
Gerald D. Fischbach

Leituras selecionadas

Bennett MV, Zukin RS. 2004. Electrical coupling and neuronal synchronization in the mammalian brain. Neuron 19:495–511.
Colquhoun D, Sakmann B. 1998. From muscle endplate to brain synapses: a short history of synapses and agonist-activated ion channels. Neuron 20:381–387.
Cowan WM, Kandel ER. 2000. A brief history of synapses and synaptic transmission. In: MW Cowan, TC Südhof, CF Stevens (eds). *Synapses,* pp. 1–87. Baltimore and London: The Johns Hopkins Univ. Press.
Curti S, O'Brien J. 2016. Characteristics and plasticity of electrical synaptic transmission. BMC Cell Biol 17:13. Suppl 1.
Eccles JC. 1976. From electrical to chemical transmission in the central nervous system. The closing address of the Sir Henry Dale Centennial Symposium. Notes Rec R Soc Lond 30:219–230.
Furshpan EJ, Potter DD. 1959. Transmission at the giant motor synapses of the crayfish. J Physiol 145:289–325.
Goodenough DA, Paul DL. 2009. Gap junctions. Cold Spring Harb Perspect Biol 1:a002576.
Jessell TM, Kandel ER. 1993. Synaptic transmission: a bidirectional and a self-modifiable form of cell-cell communication. Cell 72:1–30.
Nakagawa S, Maeda S, Tsukihara T. 2010. Structural and functional studies of gap junction channels. Curr Opin Struct Biol 20:423–430.
Pereda AE. 2014. Electrical synapses and their functional interactions with chemical synapses. Nat Rev Neurosci 15:250–263.

Referências

Beyer EC, Paul DL, Goodenough DA. 1987. Connexin 43: a protein from rat heart homologous to a gap junction protein from liver. J Cell Biol 105:2621–2629.

Bruzzone R, White TW, Scherer SS, Fischbeck KH, Paul DL. 1994. Null mutations of connexin 32 in patients with X-linked Charcot-Marie-Tooth disease. Neuron 13:1253–1260.

Carew TJ, Kandel ER. 1976. Two functional effects of decreased conductance EPSP's: synaptic augmentation and increased electrotonic coupling. Science 192:150–153.

Cornell-Bell AH, Finkbeiner SM, Cooper MS, Smith SJ. 1990. Glutamate induces calcium waves in cultured astrocytes: long-range glial signaling. Science 247:470–473.

Dale H. 1935. Pharmacology and nerve-endings. Proc R Soc Lond 28:319–332.

Eckert R. 1988. Propagation and transmission of signals. In: *Animal Physiology: Mechanisms and Adaptations,* 3rd ed., pp. 134–176. New York: Freeman.

Ehrlich P. 1900. On immunity with special reference to cell life. Croonian Lect Proc R Soc Lond 66:424–448.

Furshpan EJ, Potter DD. 1957. Mechanism of nerve-impulse transmission at a crayfish synapse. Nature 180:342–343.

Harris AL. 2009. Gating on the outside. J Gen Physiol 133:549–553.

Heuser JE, Reese TS. 1977. Structure of the synapse. In: ER Kandel (ed). *Handbook of Physiology: A Critical, Comprehensive Presentation of Physiological Knowledge and Concepts,* Sect. 1. *The Nervous System,* Vol. 1 *Cellular Biology of Neurons,* Part 1, pp. 261–294. Bethesda, MD: American Physiological Society.

Jaslove SW, Brink PR. 1986. The mechanism of rectification at the electrotonic motor giant synapse of the crayfish. Nature 323:63–65.

Langley JN. 1906. On nerve endings and on special excitable substances in cells. Proc R Soc Lond B Biol Sci 78:170–194.

Loewi O, Navratil E. [1926] 1972. On the humoral propagation of cardiac nerve action. Communication X. The fate of the vagus substance. English translation in: I Cooke, M Lipkin Jr (eds). *Cellular Neurophysiology: A Source Book,* pp. 4711–485. New York: Holt, Rinehart and Winston.

Maeda S, Nakagawa S, Suga M, et al. 2009. Structure of the connexin 26 gap junction channel at 3.5 Å resolution. Nature 458:597–602.

Makowski L, Caspar DL, Phillips WC, Goodenough DA. 1977. Gap junction structures. II. Analysis of the X-ray diffraction data. J Cell Biol 74:629–645.

Pappas GD, Waxman SG. 1972. Synaptic fine structure: morphological correlates of chemical and electronic transmission. In: GD Pappas, DP Purpura (eds). *Structure and Function of Synapses,* pp. 1–43. New York: Raven.

Ramón y Cajal S. 1894. La fine structure des centres nerveux. Proc R Soc Lond 55:444–468.

Ramón y Cajal S. 1911. *Histologie du Système Nerveux de l'Homme & des Vertébrés,* Vol. 2. L Azoulay (transl). Paris: Maloine, 1955. Reprint. Madrid: Instituto Ramón y Cajal.

Sherrington C. 1947. *The Integrative Action of the Nervous System,* 2nd ed. New Haven: Yale Univ. Press.

Unwin PNT, Zampighi G. 1980. Structure of the junction between communicating cells. Nature 283:545–549.

Whittington MA, Traub RD. 2003. Interneuron diversity series: inhibitory interneurons and network oscillations in vitro. Trends Neurosci 26:676–682.

12

Transmissão por ativação direta: a sinapse neuromuscular

A junção neuromuscular tem estruturas pré e pós-sinápticas especializadas
    O potencial pós-sináptico resulta de uma alteração local da permeabilidade de membrana
    O neurotransmissor acetilcolina é liberado em pacotes individuais

Canais iônicos colinérgicos individuais conduzem correntes do tipo "tudo ou nada"
    O canal iônico na placa motora é permeável tanto ao íon sódio quanto ao íon potássio
    Quatro fatores determinam a corrente de placa terminal motora

Os canais colinérgicos têm propriedades distintas que os distinguem dos canais regulados por voltagem que geram o potencial de ação muscular
    A ligação do transmissor produz uma série de mudanças de estado no canal colinérgico
    A estrutura de baixa resolução do receptor de acetilcolina é revelada por estudos moleculares e biofísicos
    A estrutura de alta resolução do canal colinérgico é revelada por estudos de cristalografia por raios X

Destaques
Pós-escrito: a corrente de placa motora pode ser calculada a partir de um circuito equivalente

MUITO DO NOSSO ENTENDIMENTO dos princípios que governam as sinapses químicas no encéfalo é baseado em estudos de sinapses formadas entre neurônios motores e células musculares esqueléticas. O trabalho referencial de Bernard Katz e seus colegas por mais de três décadas, iniciando em 1950, definiu os parâmetros básicos da transmissão sináptica e abriu a porta para a moderna análise molecular da função sináptica. Assim, antes de se examinar as complexidades das sinapses no sistema nervoso central, serão examinados os aspectos básicos da transmissão sináptica química na sinapse mais simples da junção neuromuscular.

Os primeiros estudos aproveitaram várias vantagens experimentais oferecidas por preparações de músculo-nervo de várias espécies. Músculos e neurônios motores adjacentes são fáceis de dissecar e manter *in vitro* por várias horas. As células musculares são suficientemente grandes para serem penetradas por dois os mais microeletrodos de ponta fina, permitindo a análise precisa de potenciais sinápticos e as subjacentes correntes iônicas. Em muitas espécies, a inervação é restrita a um sítio, a placa motora terminal, e, em animais adultos, esse sítio é inervado por um único axônio motor. Em contraste, neurônios centrais recebem muitos sinais convergentes que são distribuídos por toda árvore dendrítica e o soma neuronal, tornando, portanto, mais difícil discernir o impacto de sinais simples.

Muito importante, o transmissor químico de medeia a transmissão sináptica entre nervo e músculo, a acetilcolina (ACh), foi identificado no início do século XX. Nós sabemos agora que a sinalização química na sinapse nervo-músculo envolve um mecanismo relativamente simples: o neurotransmissor liberado nos nervos pré-sinápticos se liga a um único tipo de receptor na membrana pós-sináptica, o receptor nicotínico para ACh.[1] A ligação do transmissor ao receptor abre diretamente um canal iônico; ambos – receptor e canal – são componentes da mesma macromolécula. Compostos sintéticos e naturais que ativam ou inibem os receptores nicotínicos para ACh têm se mostrado úteis na análise não somente dos receptores para ACh musculares, mas também das sinapses colinérgicas nos gânglios periféricos e no encéfalo. Além disso, tais ligantes podem ser agentes terapêuticos úteis, inclusive para o tratamento de doenças neurológicas hereditárias e adquiridas resultantes de alterações funcionais ou mutações genéticas dos receptores para ACh.

---

[1] Há dois tipos básicos de receptores para acetilcolina: nicotínicos e muscarínicos, assim chamados em função da ligação específica dos alcaloides nicotina e muscarina, que ativam de forma exclusiva um ou outro tipo de receptor colinérgico. O receptor colinérgico nicotínico é ionotrópico, enquanto o muscarínico é metabotrópico. O estudo dos receptores colinérgicos muscarínicos é feito no Capítulo 14.

A junção neuromuscular tem estruturas pré e pós-sinápticas especializadas

Quando o axônio motor se aproxima da placa terminal, o sítio de contato entre o nervo e o músculo (também conhecido como *junção neuromuscular*), ele perde a bainha de mielina e se divide em vários ramos finos. Em seus terminais, esses ramos finos formam múltiplas dilatações ou varicosidades, chamadas *botões sinápticos* (**Figura 12-1**), dos quais o neurônio motor libera seus neurotransmissores. Embora a mielina termine a uma certa distância dos sítios de liberação, as células de Schwann cobrem e envolvem parcialmente o terminal nervoso. A "árvore" terminal nervosa define a área da placa terminal motora. Em diferentes espécies, as placas terminais variam de compactas estruturas elípticas de 20 μm de diâmetro aproximadamente para arranjos lineares com mais de 100 μm de comprimento.

Os terminais nervosos se colocam em sulcos, as dobras primárias, ao longo da superfície muscular. A membrana sob cada botão sináptico é então invaginada formando uma série de dobras secundárias ou juncionais (**Figura 12-1**). O citoplasma muscular sob os terminais nervosos contém muitos núcleos redondos que provavelmente estão envolvidos na síntese de moléculas específicas das sinapses. Eles são diferentes dos núcleos achatados distantes das sinapses e situados ao longo das fibras musculares.

Os potenciais de ação no axônio são conduzidos às pontas dos ramos terminais finos onde eles disparam a liberação de ACh. Os botões sinápticos contêm toda maquinaria requerida para síntese e liberação de ACh. Isso inclui as vesículas sinápticas contendo a ACh e as zonas ativas onde as vesículas sinápticas são agrupadas. Além disso, cada zona ativa contém canais de Ca^{2+} dependentes de voltagem que conduzem a entrada de Ca^{2+} no terminal axonal a cada potencial de ação. Esse influxo de Ca^{2+} desencadeia a fusão das vesículas sinápticas com a membrana plasmática nas zonas ativas, liberando o conteúdo das vesículas na fenda sináptica pelo processo de exocitose (Capítulo 15).

A distribuição de receptores colinérgicos pode ser estudada utilizando a α-bungarotoxina (αBTX), um peptídeo isolado do veneno da cobra *Bungarus multicinctus* que se liga forte e especificamente aos receptores colinérgicos na junção neuromuscular (**Figura 12-2B**). Autorradiografias quantitativas de BTX iodada (^{125}I-αBTX) mostram que os receptores colinérgicos estão concentrados nas dobras secundárias a uma densidade acima de $10.000/\mu m^2$ (**Figura 12-3**). Os fatores responsáveis pela localização do receptor são discutidos no Capítulo 48, onde é abordado o desenvolvimento das conexões sinápticas.

As membranas pré e pós-sinápticas na junção neuromuscular são separadas por uma fenda de cerca de 100 nm de largura. Embora esse espaço tenha sido postulado por Ramón y Cajal nos últimos anos do século XIX, ele não foi visualizado até que as sinapses foram examinadas por microscopia eletrônica 50 anos mais tarde! Uma membrana basal (ou lâmina basal), composta por colágenos e outras proteínas da matriz extracelular, está espalhada na fenda sináptica. A acetilcolinesterase (AChE), uma enzima que hidrolisa a ACh rapidamente, está ancorada às fibrilas de colágeno da membrana basal. A ACh liberada na fenda sináptica deve escapar de um "enxame" de AChE antes de atingir os receptores colinérgicos na membrana muscular. Como a AChE é inibida por altas concentrações de ACh, a maioria das moléculas consegue passar. No entanto, a enzima limita a ação da ACh a "uma ligação", porque a AChE hidrolisa o transmissor assim que se dissocia de seu receptor na membrana pós-sináptica.

O potencial pós-sináptico resulta de uma alteração local da permeabilidade de membrana

Uma vez liberada do terminal pré-sináptico, a ACh rapidamente se liga e abre os receptores colinérgicos na membrana da placa terminal. Isso produz um aumento drástico na permeabilidade da membrana muscular aos cátions, que leva à entrada de cargas positivas na fibra muscular e uma rápida despolarização da membrana pós-sináptica. O potencial excitatório pós-sináptico (PEPS) é bem grande; a estimulação de um único axônio motor gera um PEPS de aproximadamente 75 mV. Na sinapse neuromuscular, o PEPS é também referido como *potencial da placa terminal*.

Essa alteração no potencial da membrana costuma ser grande o suficiente para ativar rapidamente os canais de Na^+ dependentes de voltagem na membrana muscular, convertendo o potencial da placa terminal em um potencial de ação, que se propaga ao longo da fibra muscular. O limiar para geração de um potencial de ação no músculo é particularmente baixo na placa terminal, devido à alta densidade de canais de Na^+ dependentes de voltagem na parte inferior das dobras juncionais. A combinação de um grande PEPS e um baixo limiar resulta em um fator altamente capaz de desencadear um potencial de ação na fibra muscular. Em contraste, no sistema nervoso central, os neurônios pré-sinápticos em sua maioria geram potenciais pós-sinápticos com amplitudes inferiores a 1 mV, de tal forma que são necessários muitos neurônios pré-sinápticos para gerar um potencial de ação na maioria dos neurônios centrais.

O potencial de placa motora foi estudado em detalhe pela primeira vez na década de 1950, por Paul Fatt e Bernard Katz, por meio de registros intracelulares de voltagem. Fatt e Katz conseguiram isolar o potencial de placa motora aplicando a substância curare (**Figura 12-2A**) para reduzir a amplitude do potencial pós-sináptico abaixo do limiar para gerar o potencial de ação (**Figura 12-4**). Na placa terminal, o potencial sináptico aumenta em 1 a 2 ms, mas decai mais lentamente. Por registros em diferentes pontos ao longo da fibra muscular, Fatt e Katz observaram que o PEPS é máximo na placa terminal e decresce progressivamente com a distância (**Figura 12-5**). Além disso, o período do PEPS diminui progressivamente com a distância.

A partir desses dados, Fatt e Katz concluíram que o potencial de placa motora é gerado por um influxo de corrente iônica que está confinado à placa motora e se alastra passivamente para longe dela. (Uma corrente para dentro corresponde a um influxo de carga positiva, que despolariza a superfície interna da membrana.) A corrente para dentro é confinada à placa motora porque os receptores colinérgicos estão concentrados aí, em frente ao terminal pré-sináptico

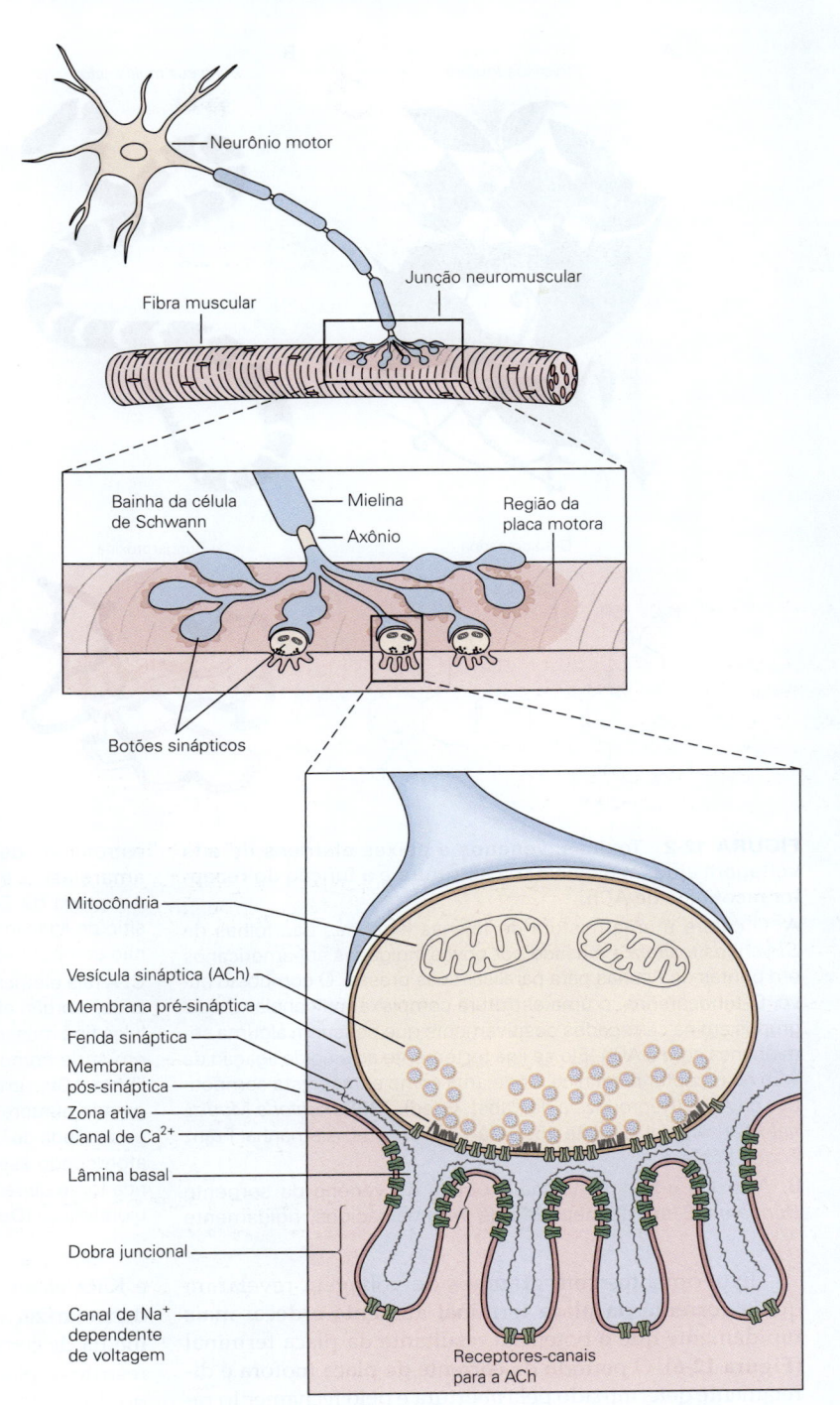

FIGURA 12-1 A junção neuromuscular é um local ideal para o estudo da sinalização sináptica química. No músculo, o axônio motor divide-se em diversos ramos finos de cerca de 2 μm de espessura. Cada ramo forma múltiplas dilatações chamadas de *botões sinápticos*, cobertos por uma fina camada de células de Schwann. Esses botões contatam uma região especializada da membrana da fibra muscular, a *placa motora*, e são separados da membrana muscular por uma fenda sináptica de 100 nm. Cada botão contém mitocôndrias e vesículas sinápticas agrupadas em torno de *zonas ativas*, onde o neurotransmissor acetilcolina (**ACh**) é liberado. Imediatamente sob cada botão na placa motora, há várias pregas juncionais, cujas cristas contêm uma alta densidade de receptores colinérgicos.

A fibra muscular e o terminal axonal são cobertos por uma camada de tecido conectivo, a lâmina basal, que consiste em colágeno e glicoproteínas. Ao contrário da membrana celular, a lâmina basal é livremente permeável a íons e pequenos compostos orgânicos, incluindo o neurotransmissor ACh. Tanto o terminal pré-sináptico quanto a fibra muscular secretam proteínas na lâmina basal, incluindo a enzima acetilcolinesterase, a qual inativa a ACh liberada pelo terminal pré-sináptico, hidrolisando-a em acetato e colina. A lâmina basal também organiza as sinapses, alinhando os botões pré-sinápticos com as dobras juncionais pós-sinápticas. (Adaptada de McMahan e Kuffler, 1971.)

do qual o transmissor é liberado. A diminuição da amplitude e a lentificação do PEPS em função da distância resultam das propriedades passivas de cabo da fibra muscular.

As evidências eletrofisiológicas de que os receptores de ACh estão localizados na placa terminal foi fornecida por Stephen Kuffler e colaboradores, que aplicaram ACh em pontos precisos da membrana muscular usando uma técnica chamada microiontoforese. Nessa abordagem, a ACh carregada positivamente é ejetada de um microeletrodo extracelular cheio de ACh pela aplicação de uma voltagem positiva no interior do eletrodo. A exposição da região da placa terminal a enzimas proteolíticas permite que o terminal nervoso seja afastado da superfície do músculo e que a ACh seja aplicada diretamente na membrana pós-sináptica diretamente sob a ponta do microeletrodo. Usando essa técnica, Kuffler descobriu que a resposta despolarizante pós-sináptica à ACh declinou abruptamente dentro de alguns micrômetros do terminal sináptico.

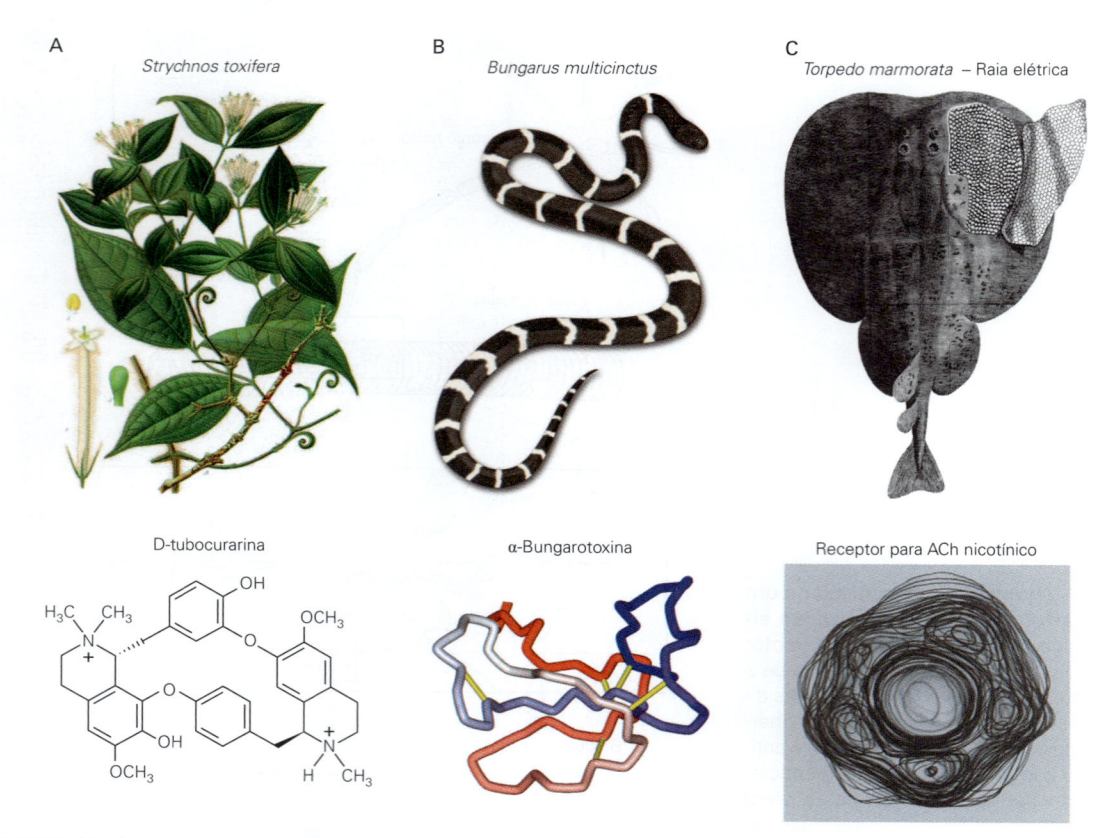

FIGURA 12-2 Toxinas, venenos e peixes elétricos de alta voltagem ajudam a elucidar a estrutura e a função do receptor nicotínico de ACh.

A. O curare é uma mistura de toxinas extraídas das folhas de *Strychnos toxifera* e é usado por povos indígenas sul-americanos em pontas de flechas para paralisar suas presas. O composto ativo, D-tubocurarina, é uma estrutura complexa multianelar e dois grupos amina carregados positivamente que possuem alguma semelhança com a ACh. Ele se liga fortemente ao sítio de ligação da ACh no receptor nicotínico, onde atua como antagonista competitivo da ACh. (Reproduzida de Pabst. G (ed). 1898. *Köhler's Medizinal-Pflanzen*, Vol. 3, Plate 45. Gera-Untermhaus, Alemanha: Franz Eugen Köhler.)

B. A toxina α-bungarotoxina é obtida do veneno da serpente *Bungarus*. É um polipeptídeo de 74 aminoácidos, rigidamente estruturada devido às 5 pontes dissulfeto que possui (**linhas amarelas**). (De https://en.wikipedia.org/wiki/Alpha-bungarotoxin. Adaptada de Zeng et al., 2001.) A toxina liga-se fortemente ao sítio de ligação de ACh e atua como um antagonista irreversível e não competitivo do neurotransmissor.

C. A raia elétrica *Torpedo marmorata* tem uma estrutura especializada, o órgão elétrico, que consiste em um grande número de células tipo musculares, pequenas e planas (eletroplacas), dispostas em série como uma pilha de baterias. Quando um nervo motor libera ACh, uma grande corrente é gerada pela abertura de um grande número de receptores ionotrópicos de ACh, o que produz uma queda de voltagem muito grande de até 200 V fora do peixe, atordoando assim as presas próximas. As eletroplacas são uma rica fonte de receptores de ACh para purificação e caracterização bioquímica. (De Walsh, 1773.)

Experimentos com grampos de voltagem revelaram que a corrente da placa terminal aumenta e decai mais rapidamente que o potencial resultante da placa terminal (**Figura 12-6**). O período da corrente de placa motora é diretamente determinado pela abertura e pelo fechamento rápido dos receptores-canais colinérgicos. Como leva tempo para uma corrente iônica carregar ou descarregar a capacitância da membrana muscular e, portanto, alterar a voltagem da membrana, o PEPS fica atrás da corrente sináptica (ver **Figura 9-10** e o Pós-escrito no final deste capítulo).

O neurotransmissor acetilcolina é liberado em pacotes individuais

Durante seus primeiros registros de microeletrodos em placas terminais motoras de sapos na década de 1950, Fatt e Katz observaram pequenos potenciais espontâneos de despolarização (0,5 a 1,0 mV) que ocorreram a uma taxa média de cerca de 1/s. Esses potenciais espontâneos eram restritos à placa terminal, exibiram o mesmo curso de tempo dos PEPSs evocados por estímulo e foram bloqueados pelo curare. Por isso, eles foram chamados de potenciais de placa terminal "miniatura" (mPEPSs em nossa terminologia atual).

O que poderia explicar o tamanho pequeno e fixo do potencial em miniatura? Del Castillo e Katz testaram a possibilidade de um mPEPS representar a ação de uma *única* molécula de ACh. Essa hipótese foi rapidamente descartada, porque a aplicação de quantidades muito pequenas de ACh na placa terminal poderia provocar respostas despolarizantes muito menores do que o mPEPS de 1,0 mV.

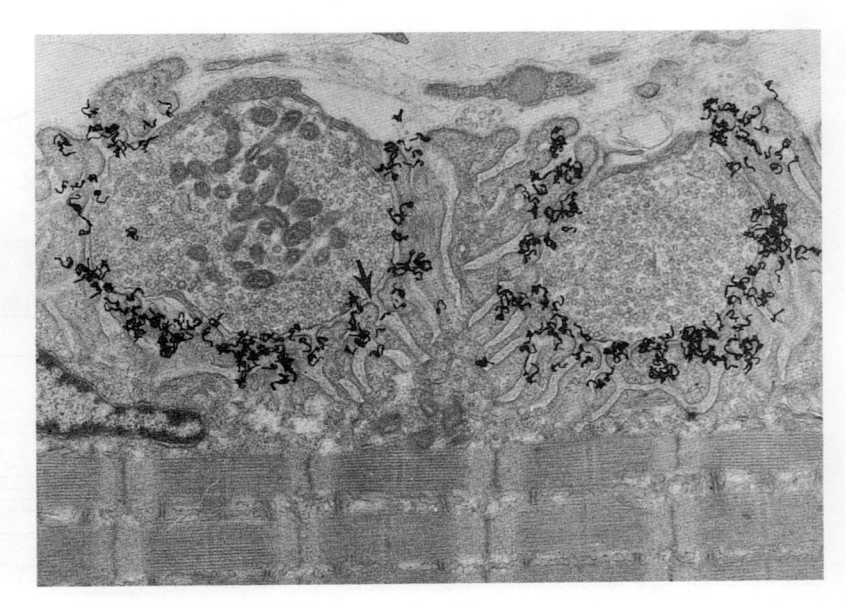

FIGURA 12-3 Os receptores de acetilcolina na junção neuromuscular de vertebrados estão concentrados no terço superior das dobras juncionais. Essa região rica em receptores é caracterizada por uma densidade aumentada da membrana pós-juncional (**seta**). A autorradiografia mostrada aqui foi feita pela incubação das membranas com α-bungarotoxina marcada radioativamente, a qual se liga a receptores de ACh. O decaimento radioativo resulta na emissão de uma partícula que causa a fixação de grãos de prata no filme sobreposto (**grãos pretos**). Aumento de 18.000×. (Reproduzida, com autorização, de Salpeter, 1987.)

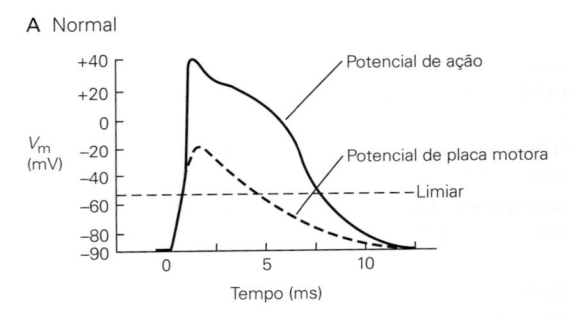

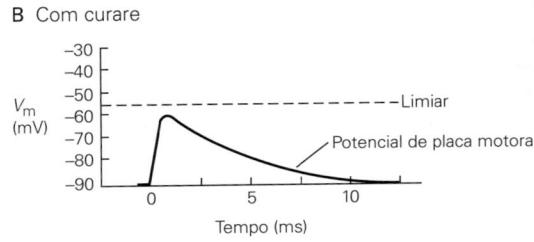

FIGURA 12-4 O potencial de placa motora pode ser isolado farmacologicamente para estudo.

A. Sob circunstâncias normais, a estimulação do axônio motor produz um potencial de ação na célula muscular esquelética. A **curva tracejada** no gráfico mostra o curso temporal inferido ao potencial de placa motora que desencadeia o potencial de ação. A **linha tracejada** mais clara mostra o limiar do potencial de ação.
B. O curare bloqueia a ligação da ACh a seu receptor, evitando que o potencial de placa motora atinja o limiar para o potencial de ação. Dessa forma, as correntes e os canais que contribuem para o potencial de placa motora, os quais são diferentes daqueles que produzem o potencial de ação, podem ser estudados. O potencial de placa motora demonstrado aqui foi registrado na presença de baixas concentrações de curare, as quais bloqueiam apenas uma fração dos receptores colinérgicos. Os valores para o potencial de repouso (−90 mV), para o potencial de placa motora e para o potencial de ação desses registros intracelulares são típicos de um músculo esquelético de vertebrado.

As baixas doses de ACh produziram um aumento nas flutuações da linha de base ou "ruído". A análise posterior dos componentes estatísticos desse ruído levou a estimativas de que a resposta pós-sináptica unitária subjacente era uma despolarização de 0,3 µV de amplitude e 1,0 ms de duração. Esse foi o primeiro indício das propriedades de sinalização elétrica de um único canal receptor de ACh (descrito posteriormente).

Del Castillo e Katz concluíram que cada mPEPS deve representar a ação de um pacote multimolecular ou *quantum* de transmissor. Além disso, eles sugeriram que o grande PEPS evocado por estímulo era composto de um número inteiro de *quanta*. As evidências para essa hipótese quântica são apresentadas no Capítulo 15.

Canais iônicos colinérgicos individuais conduzem correntes do tipo "tudo ou nada"

Quais são as propriedades dos canais receptores de ACh que produzem a corrente para dentro que gera o potencial despolarizante da placa terminal? Quais íons se movem através dos canais para a produzir esta corrente para dentro? E como é a corrente transportada por um único canal de ACh?

Em 1976, Erwin Neher e Bert Sakmann obtiveram informações importantes sobre a natureza biofísica da função do canal de ACh a partir de registros da corrente conduzida por canais ACh individuais nas células do músculo esquelético, a corrente unitária ou elementar. Eles descobriram que a abertura de um canal individual gera um passo retangular muito pequeno de corrente iônica (**Figura 12-7A**). Em determinado potencial de repouso, a abertura de cada canal gera um pulso de corrente com a mesma amplitude. Em −90 mV, os passos da corrente são de cerca de −2,7 pA em amplitude. Apesar de ser uma corrente muito pequena, isso corresponde a um fluxo de cerca de 17 milhões de íons por segundo!

FIGURA 12-5 O potencial de placa motora diminui com a distância à medida que se propaga passivamente a partir da placa. (Adaptada, com autorização, de Miles, 1969.)
A. A amplitude do potencial pós-sináptico diminui e o curso temporal do potencial se retarda com o distanciamento do local de início na placa motora.
B. O decaimento resulta do vazamento da membrana da fibra muscular. Como a carga deve fluir em um circuito completo, a corrente sináptica para dentro na placa motora dá origem a uma corrente de retorno para fora por canais de repouso e através da bicamada lipídica (o capacitor). Esse fluxo para fora de retorno de cargas positivas despolariza a membrana. Como a corrente vaza ao longo de toda a membrana, a corrente para fora e a despolarização resultante diminuem com o distanciamento da placa motora.

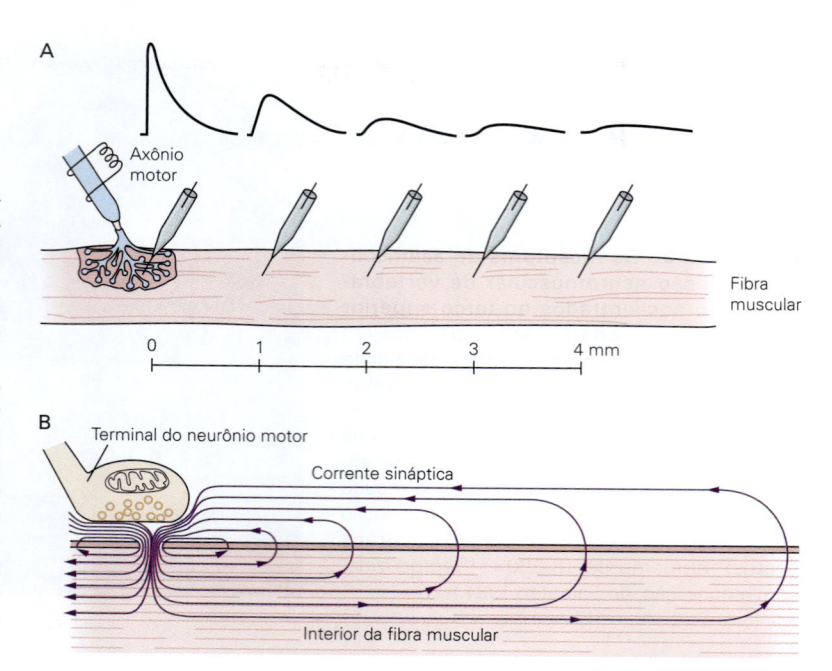

Enquanto a amplitude da corrente através de um único canal receptor de ACh é constante para cada abertura, a duração em cada abertura e o tempo entre aberturas variam consideravelmente. Essas variações ocorrem porque as aberturas e os fechamentos dos canais são estocásticos; eles obedecem às mesmas leis estatísticas que descrevem o curso de tempo exponencial do decaimento radioativo. Porque os canais e a ACh sofrem movimentos e flutuações térmicas aleatórias, é impossível prever exatamente quanto tempo levará para qualquer canal se ligar à ACh ou quanto tempo esse canal permanecerá aberto antes que a ACh se dissocie e o canal feche. No entanto, o tempo médio que um tipo determinado de canal permanece aberto é uma propriedade bem definida para esse canal, assim como a meia-vida de decaimento radioativo é uma propriedade invariável de um determinado isótopo. O tempo médio de abertura de canais ativados por ACh é de cerca de 1 ms. Assim, cada abertura do canal permite o movimento de aproximadamente 17.000 íons. Quando o canal fecha, as moléculas de ACh se dissociam e o canal permanece fechado até se ligar novamente à ACh.

O canal iônico na placa motora é permeável tanto ao íon sódio quanto ao íon potássio

Uma vez que um canal receptor se abre, quais íons fluem através do canal e como isso leva à despolarização da membrana muscular? Uma maneira importante de identificar o íon (ou íons) responsável pela corrente sináptica é medir

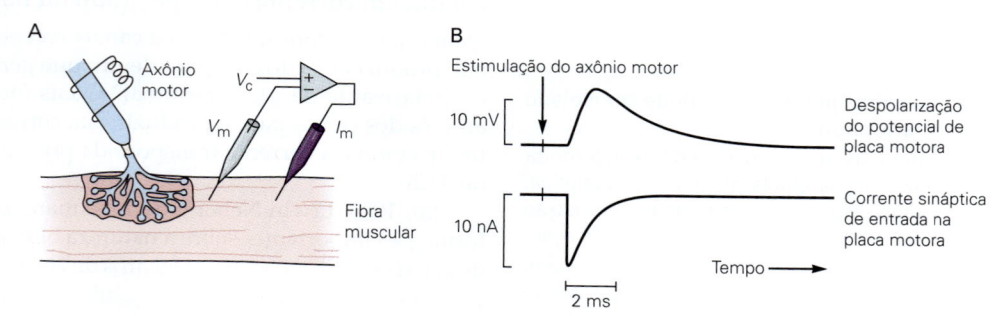

FIGURA 12-6 A corrente de placa motora aumenta e decai mais rapidamente que o potencial de placa motora.
A. A membrana da placa motora tem a voltagem fixada pela introdução de dois microeletrodos no músculo perto da placa motora. Um eletrodo mede o potencial de membrana (V_m), enquanto o segundo passa a corrente (I_m). Ambos os eletrodos estão conectados a um amplificador de retroalimentação negativa, que assegura que será liberada corrente suficiente (I_m) para assim manter o V_m fixado ao potencial de comando V_c. A corrente sináptica evocada pela estimulação do nervo motor pode ser medida em um V_m constante, por exemplo, –90 mV (ver **Quadro 10-1**).
B. O potencial de placa motora (medido quando V_m não está fixado) muda de modo relativamente lento e fica atrás das correntes sinápticas para dentro mais rápidas (medidas em condições de fixação de voltagem). Isso ocorre porque a corrente sináptica deve primeiro alterar a carga da capacitância da membrana muscular antes que a membrana possa ser despolarizada.

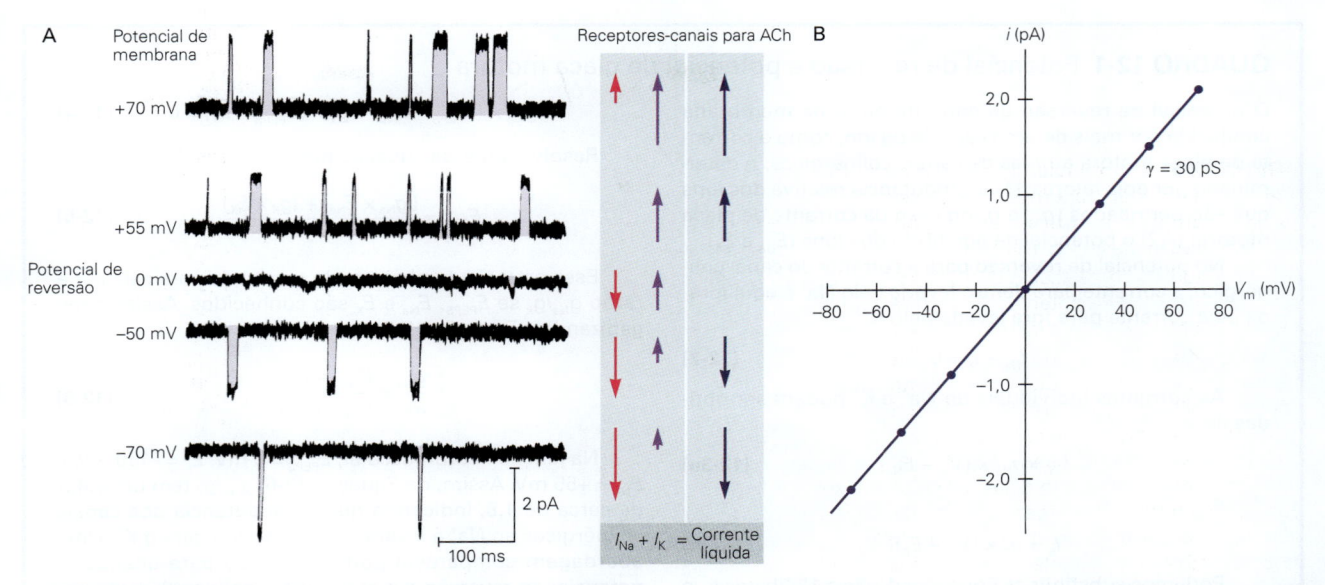

FIGURA 12-7 Receptores individuais ativados por ACh conduzem correntes elementares do tipo "tudo ou nada".

A. A técnica que usa microfragmentos de membrana (*patch clamp*) é usada para registrar correntes de canais colinérgicos unitários. O eletrodo é preenchido com solução salina que contém baixas concentrações de ACh, sendo, então, colocado em contato próximo com a superfície da membrana muscular (ver **Quadro 8-1**). Em um potencial de membrana fixada, cada vez que um canal se abre, ele gera uma corrente elementar relativamente constante. No potencial de repouso de –90 mV, a corrente é de aproximadamente –2,7 pA (1 pA = 10^{-12} A). Como a voltagem através de um "pedaço" de membrana varia sistematicamente, a corrente resultante varia em amplitude como resultado de mudanças na força motriz. A corrente é direcionada para dentro em voltagens negativas a 0 mV e para fora em voltagens positivas de 0 mV, definindo, assim, 0 mV como o potencial de reversão. As setas do lado direito dos traçados ilustram os fluxos individuais de sódio e potássio e a corrente líquida resultante em função da voltagem.

B. A relação linear entre a corrente através de um canal unitário ativado por ACh e a voltagem da membrana mostra que o canal se comporta como um resistor simples tendo uma condutância unitária (γ) de cerca de 30 pS.

o valor da força química que impulsiona os íons (a bateria química) através do canal. Lembre-se, a corrente através de um único canal aberto é dada pelo produto da condutância do canal único pela força eletroquímica motriz nos íons conduzidos através do canal (Capítulo 9). Portanto, a corrente gerada por um único canal colinérgico é representada por:

$$I_{PEPS} = \gamma_{PEPS} \times (V_m - E_{PEPS}), \quad \quad (12\text{-}1)$$

onde I_{PEPS} é a amplitude da corrente através de um canal, γ_{PEPS} é a condutância de um único canal aberto, E_{PEPS} é o potencial de membrana no qual o fluxo líquido de íons através do canal é zero e $V_m - E_{PEPS}$ é a força motriz eletroquímica para o fluxo de íons. Os passos da corrente mudam em amplitude a medida de varia o potencial de membrana devido a mudança na força eletroquímica. Para os canais colinérgicos, a relação entre I_{PEPS} e a voltagem da membrana é linear, indicando que a condutância de canal único é constante e não depende da voltagem da membrana; ou seja, o canal se comporta como um resistor ôhmico simples. A partir da inclinação dessa relação, o canal tem uma condutância de 30 pS (**Figura 12-7B**). Como vimos no Capítulo 9, a condutância total, g, devido à abertura de vários canais receptores (n) é dada por:

$$g = n \times \gamma.$$

A relação corrente-voltagem para um único canal mostra que o potencial de reversão da corrente iônica através dos canais colinérgicos, obtido a partir da interceptação do eixo de voltagem da membrana, é de 0 mV, o que não é igual ao potencial de equilíbrio para Na^+ ou qualquer um dos outros principais cátions ou ânions. Isso se deve ao fato de que esse potencial químico é produzido não por uma única espécie de íons, mas pela combinação de duas espécies. Os canais ativados por ligante na placa motora são quase igualmente permeáveis aos dois principais cátions, Na^+ e K^+. Assim, durante o potencial de placa motora, o Na^+ flui para dentro da célula e o K^+ flui para fora. O potencial de reversão ocorre em 0 mV porque essa é uma média ponderada entre os potenciais de equilíbrio para Na^+ e K^+ (**Quadro 12-1**). No potencial de reversão, o influxo de Na^+ é equilibrado por um efluxo igual de K^+ (**Figura 12-7A**).

Os canais colinérgicos na placa terminal não são seletivos para uma única espécie de íons, assim como os canais de Na^+ ou K^+ dependentes de voltagem, porque o diâmetro do poro do canal colinérgico é substancialmente maior que dos canais dependentes de voltagem. Medidas eletrofisiológicas sugerem que eles podem ter um diâmetro de 0,6 nm, uma estimativa com base no diâmetro do maior cátion orgânico que pode permear o canal. Por exemplo, o tetrametilamônio (TMA) tem um diâmetro aproximado de 0,6 nm e ainda assim atravessa o canal. Em contraste, o canal de Na^+ dependente de voltagem é permeável apenas a cátions orgânicos menores que 0,5 × 0,3 nm em sua secção transversal, e canais de K^+ dependentes de voltagem irão conduzir apenas íons com diâmetros menores que 0,3 nm.

> **QUADRO 12-1** Potencial de reversão e potencial de placa motora
>
> O potencial de reversão da corrente em uma membrana conduzida por mais de uma espécie de íon, como a corrente de placa motora através de canais colinérgicos, é determinado por dois fatores: (1) a condutância relativa dos íons que são permeados (g_{Na} e g_K no caso da corrente de placa motora) e (2) o potencial de equilíbrio dos íons (E_{Na} e E_K).
>
> No potencial de reversão para a corrente do canal colinérgico, a corrente para dentro levada pelo Na^+ é equilibrada pela corrente para fora levada pelo K^+:
>
> $$I_{Na} + I_K = 0. \quad (12\text{-}2)$$
>
> As correntes individuais de Na^+ e K^+ podem ser obtidas de
>
> $$I_{Na} = g_{Na} \times (V_m - E_{Na}) \quad (12\text{-}3a)$$
>
> e
>
> $$I_K = g_K \times (V_m - E_K). \quad (12\text{-}3b)$$
>
> Podemos substituir as Equações 12-3a e 12-3b por I_{Na} e I_K na Equação 12-2, substituindo o V_m por E_{PEPS} (porque no potencial de reversão, $V_m = E_{PEPS}$):
>
> $$g_{Na} \times (E_{PEPS} - E_{Na}) + g_K \times (E_{PEPS} - E_K) = 0. \quad (12\text{-}4)$$
>
> Resolvendo essa equação para E_{PEPS}, resulta
>
> $$E_{PEPS} = \frac{(g_{Na} \times E_{Na}) + (g_K \times E_K)}{g_{Na} + g_K}. \quad (12\text{-}5)$$
>
> Essa equação também pode ser usada para calcular a razão g_{Na}/g_K se E_{PEPS}, E_{Na} e E_K são conhecidos. Assim, reorganizando a Equação 12-5, tem-se
>
> $$\frac{g_{Na}}{g_K} = \frac{E_{PEPS} - E_K}{E_{Na} - E_{PEPS}}. \quad (12\text{-}6)$$
>
> Na junção neuromuscular, $E_{PEPS} = 0$ mV, $E_K = -100$ mV, e $E_{Na} = +55$ mV. Assim, da Equação 12-6, g_{Na}/g_K tem um valor de cerca de 1,8, indicando que a condutância dos canais colinérgicos ao Na^+ é levemente maior que para o K^+. Uma abordagem comparável pode ser usada para analisar o potencial de reversão e o movimento de íons durante potenciais sinápticos excitatórios e inibitórios nos neurônios centrais (Capítulo 13).

Acredita-se que o diâmetro relativamente grande do poro dos canais colinérgicos providencia um ambiente preenchido por água que permite que cátions se difundam através do canal de maneira relativamente desimpedida, tanto quanto seriam livres em solução. Isso explica por que o poro não discrimina entre Na^+ e K^+ e porque mesmo cátions divalentes, como Ca^{2+}, são capazes de atravessar. Os ânions, no entanto, são excluídos pela presença de cargas negativas fixas no canal, como descrito posteriormente neste capítulo. Dados cristalográficos de raios X recentes forneceram uma visão direta do grande poro do canal colinérgico (ver **Figura 12-12**).

Quatro fatores determinam a corrente de placa terminal motora

Como os passos retangulares de corrente transportadas por canais colinérgicos únicos produzem a grande corrente sináptica na placa terminal em resposta à estimulação do nervo motor? A estimulação de um nervo motor libera uma grande quantidade de ACh na fenda sináptica. A ACh rapidamente difunde-se através da fenda e se liga aos receptores colinérgicos, causando a abertura de mais de 200 mil canais de modo praticamente simultâneo. (Esse número é obtido pela comparação da corrente total de placa motora, de cerca de –500 nA, com a corrente através de um único canal, de cerca de –2,7 pA.)

A abertura rápida de tantos canais causa um grande aumento na condutância total da membrana da placa motora, g_{PEPS}, e produz a fase de aumento rápido na corrente da placa motora. À medida que a ACh diminui rapidamente para zero na fenda (em < 1 ms), devido à hidrólise enzimática e difusão, os canais começam a se fechar aleatoriamente. Embora cada fechamento produza apenas uma pequena diminuição gradual na corrente da placa terminal, o fechamento aleatório de um grande número de pequenas correntes unitárias faz a corrente total da placa terminal parecer decair suavemente (**Figura 12-8**).

Os canais colinérgicos têm propriedades distintas que os distinguem dos canais regulados por voltagem que geram o potencial de ação muscular

Os receptores colinérgicos que produzem o potencial de placa motora diferem de duas formas importantes dos canais dependentes de voltagem que geram o potencial de ação no músculo. Primeiro, o potencial de ação é gerado pela ativação sequencial de duas classes distintas de canais dependentes de voltagem, um seletivo para Na^+ e outro para K^+. Em contraste, um único tipo de canal iônico, o canal colinérgico, gera o potencial de placa terminal permitindo que Na^+ e K^+ passem com permeabilidade quase igual.

Segundo, o fluxo de Na^+ pelos canais dependentes de voltagem é regenerativo: ao aumentar a despolarização da célula, o influxo de Na^+ abre mais canais de Na^+ dependentes de voltagem. Essa propriedade regenerativa é responsável pela natureza "tudo ou nada" do potencial de ação. Em contrapartida, o número de canais colinérgicos abertos durante o potencial sináptico é fixo de acordo com o montante de ACh disponível. A despolarização produzida pelo influxo de Na^+ através dos canais controlados por ACh não leva à abertura de mais canais colinérgicos e não pode produzir um potencial de ação. Para desencadear um potencial de ação, um potencial sináptico deve recrutar os canais de Na^+ dependentes de voltagem das regiões adjacentes (**Figura 12-9**).

Como poderia ser esperado a partir dessas duas diferenças nas propriedades fisiológicas, os canais ativados por ACh e os canais dependentes de voltagem são formados por macromoléculas diferentes que exibem sensibilidades diferentes a substâncias e toxinas. A tetrodotoxina, que bloqueia

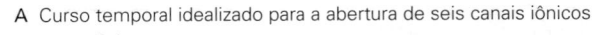

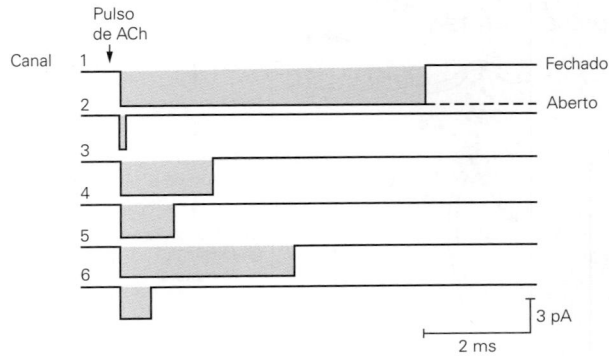

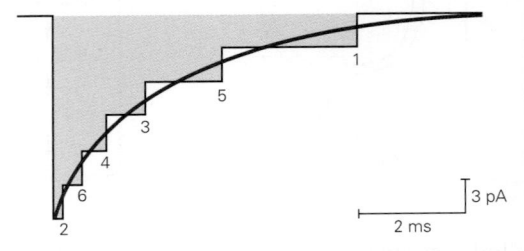

FIGURA 12-8 O curso de tempo da corrente total na placa motora reflete a soma das contribuições individuais dos muitos receptores ionotrópicos de ACh. (Reproduzida, com autorização, de Colquhoun, 1981. Copyright © 1981, Elsevier.)

A. Canais individuais ativados por ACh abrem em resposta a um breve pulso do neurotransmissor. Neste exemplo idealizado, a membrana contém seis receptores ionotrópicos de ACh, todos os quais se abrem rapidamente e quase simultaneamente. Os canais permanecem abertos por tempos variáveis e fecham independentemente.

B. O traçado em degraus mostra a soma das correntes dos seis canais unitários registrados em A. Isso representa a corrente durante o fechamento sequencial de cada canal (o número indica quais canais foram fechados). No período final da corrente, apenas o canal um está aberto. Em um registro de corrente de uma célula muscular inteira, com milhares de canais, o fechamento de canais individuais não é detectável porque a escala necessária para mostrar a corrente total de placa motora (centenas de nanoamperes) é muito grande, não permitindo a resolução da contribuição de canais individuais. Como consequência, a corrente total de placa motora parece decair suavemente.

os canais de Na^+ dependentes de voltagem, não impede o influxo de Na^+ através dos receptores colinérgicos nicotínicos. Da mesma forma, a α-bungarotoxina se liga fortemente aos receptores nicotínicos e bloqueia a ação da ACh, mas não interfere nos canais de Na^+ ou K^+ dependentes de voltagem.

A ligação do transmissor produz uma série de mudanças de estado no canal colinérgico

Cada receptor colinérgico tem dois sítios de ligação ao transmissor; ambos devem ser ocupados para que o canal se abra de maneira eficiente. No entanto, durante aplicações prolongadas de ACh, o canal entra em um estado dessensibilizado onde não conduz mais. O período de dessensibilização do receptor nicotínico muscular é muito lento para contribuir para o curso de tempo do PEPS em condições normais, onde a ACh está presente na fenda sináptica por apenas um período muito breve. Entretanto, a dessensibilização pode desempenhar um papel mais importante na determinação do curso de tempo da resposta pós-sináptica em determinadas sinapses neuronais, onde o transmissor pode persistir na fenda sináptica por tempos mais prolongados ou onde os receptores pós-sinápticos sofrem dessensibilização mais rápida.

Por exemplo, a persistência de ACh na fenda sináptica em sinapses colinérgicas no encéfalo pode levar a uma dessensibilização significativa de determinados subtipos de receptores nicotínicos neuronais. Fumantes pesados podem acumular níveis suficientes de nicotina para dessensibilizar os receptores no encéfalo. A dessensibilização também desempenha um papel na ação do fármaco succinilcolina, um dímero de ACh que é resistente à acetilcolinesterase e é usado durante a anestesia geral para produzir relaxamento muscular. A succinilcolina faz isso por meio de sua capacidade de produzir tanto a dessensibilização do receptor quanto a despolarização prolongada, que bloqueia os potenciais de ação muscular ao inativar os canais de Na^+ dependentes de voltagem.

Um modelo de reação mínima, proposto pela primeira vez por Katz e colaboradores, captura muitas (mas não todas) das etapas-chave da função do canal colinérgico, em que um canal fechado (R) liga sucessivamente duas moléculas de ACh (A) antes de sofrer uma rápida mudança conformacional para um estado aberto (R*). Isso é seguido por uma mudança conformacional mais lenta para o estado dessensibilizado não condutor (D). O modelo também incorpora a descoberta de que há uma pequena probabilidade de que um receptor individual possa entrar no estado dessensibilizado mesmo na ausência de ACh. Essas reações de ligação e portão podem ser resumidas pelo seguinte esquema:

$$A + R \longleftrightarrow AR + A \longleftrightarrow A_2R \longleftrightarrow A_2R^*$$
$$\updownarrow \quad\quad \updownarrow \quad\quad \updownarrow \quad\quad \updownarrow$$
$$A + D \longleftrightarrow AD + A \longleftrightarrow A_2D \longleftrightarrow A_2D^*$$

Modelos cristalográficos por raios X foram recentemente obtidos para todos os três estados do receptor de ACh (descritos mais adiante).

A estrutura de baixa resolução do receptor de acetilcolina é revelada por estudos moleculares e biofísicos

O receptor nicotínico de ACh na sinapse neuromuscular é parte de uma única macromolécula que inclui o poro da membrana através do qual os íons fluem. Onde, na molécula, está localizado o sítio de ligação? Como o poro do canal é formado? Como a ligação de ACh é acoplada à abertura do canal?

Entendimentos sobre essas questões foram obtidos a partir de estudos moleculares e biofísicos das proteínas receptoras de ACh e seus genes, começando com a purificação da macromolécula da raia elétrica *Torpedo marmorata* (**Figura 12-2**). Usando diferentes abordagens bioquímicas, Arthur Karlin e Jean Pierre Changeux purificaram o receptor a partir de eletroplacas, células musculares especializadas cujo empacotamento em forma de pilha permite que seus PEPSs individuais se somem em série para gerar as

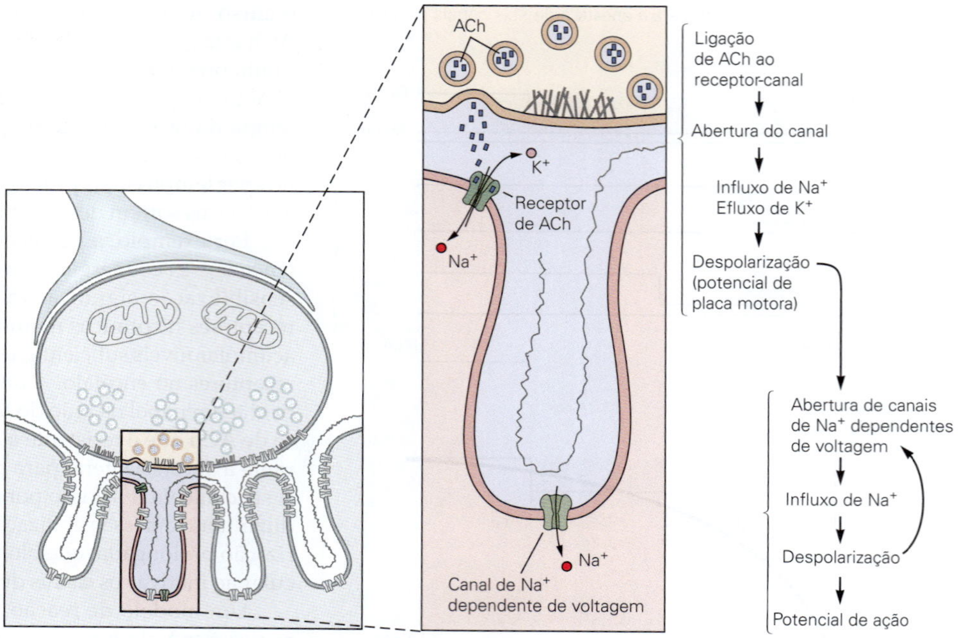

FIGURA 12-9 O potencial da placa motora, resultante da abertura de receptores ionotrópicos de ACh, abre canais de sódio regulados por voltagem. O potencial da placa motora é normalmente grande o suficiente para abrir um número satisfatório de canais de Na⁺ regulados por voltagem para exceder o limiar e gerar um potencial de ação. (Adaptada de Alberts et al., 1989.)

grandes voltagens (> 100 V) usadas pela raia elétrica para atordoar sua presa. Seus estudos indicam que o receptor nicotínico para ACh maduro é uma glicoproteína de membrana formada por cinco subunidades de peso molecular semelhante: duas subunidades α e uma β, uma γ e uma subunidade δ (**Figura 12-10**).

Karlin e colaboradores identificaram dois sítios extracelulares de ligação para a ACh em cada receptor nas fendas entre cada subunidade α e a subunidade vizinha γ ou δ. Deve haver a ligação de uma molécula de ACh em cada um dos sítios de ligação para que o canal se abra de maneira eficiente (**Figura 12-10**). Como a α-bungarotoxina se liga firmemente ao mesmo sítio de ligação da ACh na subunidade α, a toxina atua como um antagonista irreversível do transmissor.

Outras informações sobre a estrutura do canal colinérgico vêm da análise da sequência primária de aminoácidos das quatro subunidades diferentes do receptor e de estudos biofísicos. Estudos com clonagem molecular por Shosaku Numa e colaboradores demonstraram que as quatro subunidades são codificadas por genes distintos, mas relacionados. A comparação de sequência das subunidades mostra um alto grau de similaridade – metade dos resíduos de aminoácidos são idênticos ou substituídos de forma conservadora –, o que sugere que todas as subunidades têm uma estrutura semelhante. Além disso, todos os quatro genes para essas subunidades são homólogos; ou seja, eles derivam de um gene ancestral comum. Os canais colinérgicos nicotínicos nos neurônios são codificados por um conjunto de genes distintos, mas relacionados. Todos esses receptores são pentâmeros; entretanto, a composição de subunidades e a estequiometria varia. Enquanto a maioria dos receptores neuronais é composta por duas subunidades α e três subunidades β, alguns receptores neuronais são compostos por cinco subunidades α idênticas (a isoforma α7) e, portanto, podem se ligar a cinco moléculas de ACh.

Todas as subunidades do receptor de ACh nicotínico contêm uma sequência altamente conservada perto do sítio de ligação extracelular para ACh consistindo em dois resíduos de cisteína (Cys) formando uma ponte dissulfeto e 13 aminoácidos intermediários. A alça resultante de 15 aminoácidos forma uma assinatura molecular tanto para as subunidades do receptor colinérgico nicotínico quanto para os receptores relacionados para outros transmissores em neurônios. A *família de receptores alça Cys*, também conhecidos *canais iônicos pentaméricos regulados por ligantes* (pLGIC, do inglês *pentameric ligand-gated ion channels*), inclui receptores para os neurotransmissores ácido γ-aminobutírico (GABA), glicina e serotonina.

A distribuição de aminoácidos polares e apolares nas subunidades providencia as primeiras pistas de como as subunidades estão inseridas na bicamada lipídica. Cada subunidade contém quatro regiões hidrofóbicas de cerca de 20 aminoácidos chamadas de M1 a M4, onde cada uma forma uma α-hélice que atravessa a membrana (**Figura 12-11A**). As sequências de aminoácidos das subunidades sugerem que as subunidades estão dispostas de tal forma que criam um poro central através da membrana (**Figura 12-11B**).

As paredes do poro do canal são formadas pelo segmento transmembrana M2 e pela alça que conecta os segmentos M2 e M3. Três anéis de cargas negativas que ladeiam os limites externos e internos do segmento M2 desempenham uma função importante na seletividade do canal a cátions. Alguns anestésicos locais bloqueiam o canal pela interação com um anel polar de resíduos de serina e dois anéis de resíduos hidrofóbicos na região central da hélice M2, no meio da membrana.

Modelos tridimensionais do complexo receptor-canal inteiro foram inicialmente propostos por Karlin com base em espalhamento de nêutrons de baixa resolução e por Nigel Unwin com base em imagens de difração de elétrons.

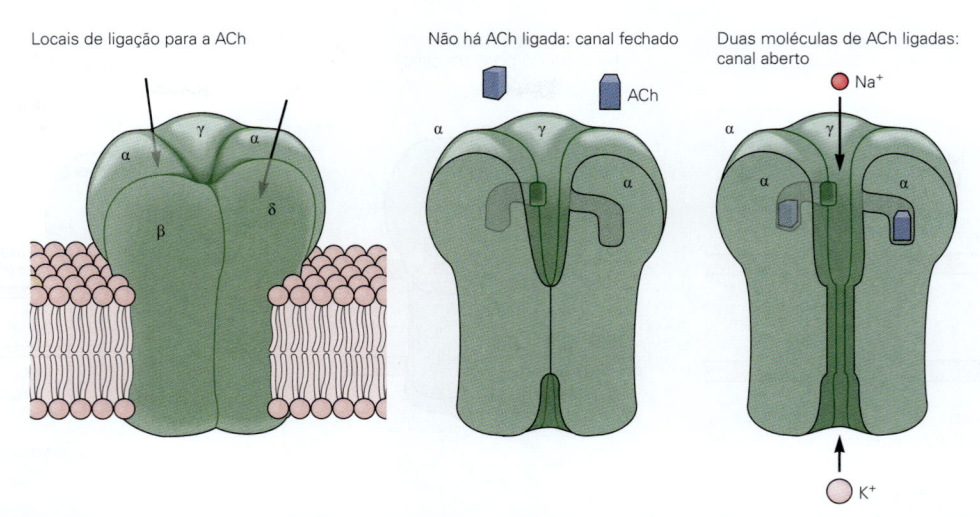

FIGURA 12-10 O receptor colinérgico nicotínico é uma macromolécula pentamérica. O receptor e o canal são componentes de uma única macromolécula que consiste em cinco subunidades: duas subunidades α idênticas e uma de cada uma das subunidades β, γ e δ. O conjunto de subunidades forma um poro através da membrana celular. Quando duas moléculas de ACh se ligam aos locais de ligação extracelulares – formados nas interfaces entre as subunidades α e suas subunidades γ e δ vizinhas –, a conformação molecular do receptor/canal muda (ver **Figura 12-12**). Essa mudança abre o poro pelo qual tanto K^+ quanto Na^+ fluem de acordo com seus gradientes eletroquímicos.

O complexo é dividido em três regiões: uma grande porção extracelular que contém o sítio de ligação para ACh, um poro transmembrana estreito seletivo para cátions e uma região grande de saída na superfície interna da membrana (**Figura 12-11C**). A região extracelular é surpreendentemente grande, com cerca de 6 nm de comprimento. Além disso, o terminal extracelular do poro tem uma boca larga, com cerca de 2,5 nm de diâmetro. Dentro da bicamada lipídica, o poro estreita-se gradualmente.

A doença autoimune miastenia grave resulta da produção de anticorpos que se ligam ao domínio extracelular do receptor de ACh, levando a uma diminuição do número ou função dos receptores nicotínicos de ACh na junção neuromuscular. Se as alterações são suficientemente graves, podem decrescer os PEPSs abaixo do limiar para disparar um potencial de ação, resultando em fraqueza debilitante. Várias formas congênitas de miastenia resultam de mutações nas subunidades do receptor colinérgico nicotínico que também podem alterar o número de receptores ou a função do canal. Por exemplo, uma mutação em um resíduo de aminoácido no segmento M2 leva a um tempo de abertura prolongado do canal, denominado síndrome do canal lento, que resulta em excitação pós-sináptica excessiva que leva à degeneração da placa terminal (Capítulo 57).

A estrutura de alta resolução do canal colinérgico é revelada por estudos de cristalografia por raios X

Uma compreensão mais detalhada do sítio de ligação para ACh veio inicialmente de estudos cristalográficos de raios X de alta resolução de uma proteína de ligação à ACh de moluscos, que é homóloga ao N-terminal extracelular das subunidades do receptor colinérgico nicotínico. De modo notável, diferentemente de receptores colinérgicos típicos, a proteína de ligação à ACh do molusco é uma proteína solúvel secretada por células gliais no espaço extracelular. Nas sinapses colinérgicas de caramujos, ela age para reduzir a amplitude do PEPS, talvez pelo tamponamento da concentração de ACh livre na fenda sináptica.

A compreensão posterior sobre a estrutura do canal colinérgico completo veio de estruturas cristalinas de raios X de canais dependentes de ligantes pentaméricos relacionados encontrados em bactérias e animais multicelulares, culminando com uma recente estrutura cristalina de raios X de um receptor colinérgico nicotínico de neurônios humanos complexados com nicotina. Combinado com a informação de estruturas de proteínas relacionadas, agora temos um conhecimento notavelmente detalhado da estrutura e dos mecanismos subjacentes à interação do ligante, abertura do canal e permeação iônica do receptor colinérgico e canais regulados por ligantes relacionados.

No receptor colinérgico neuronal, duas subunidades α combinam-se com três subunidades β para formar o pentâmero (**Figura 12-11D**). O grande domínio extracelular do receptor contém dois sítios de ligação para ACh e forma um anel pentamérico que circunda um grande vestíbulo central, que presumivelmente afunila íons em direção ao estreito domínio transmembrana do receptor. Cada subunidade α liga uma molécula de nicotina em um local localizado na interface com uma subunidade β vizinha. Os dados de difração de elétrons das estruturas de alta resolução de Nigel Unwin de receptores de alça Cys relacionados e da estrutura de alta resolução do estado dessensibilizado do receptor nicotínico neuronal mostram que os quatro segmentos transmembrana de cada subunidade são, de fato, α-hélices que atravessam os 3 nm de comprimento da bicamada lipídica (**Figura 12-12**). No estado dessensibilizado, os segmentos M2 das cinco subunidades formam uma estreita constrição próxima do lado intracelular da membrana, impedindo a permeação iônica.

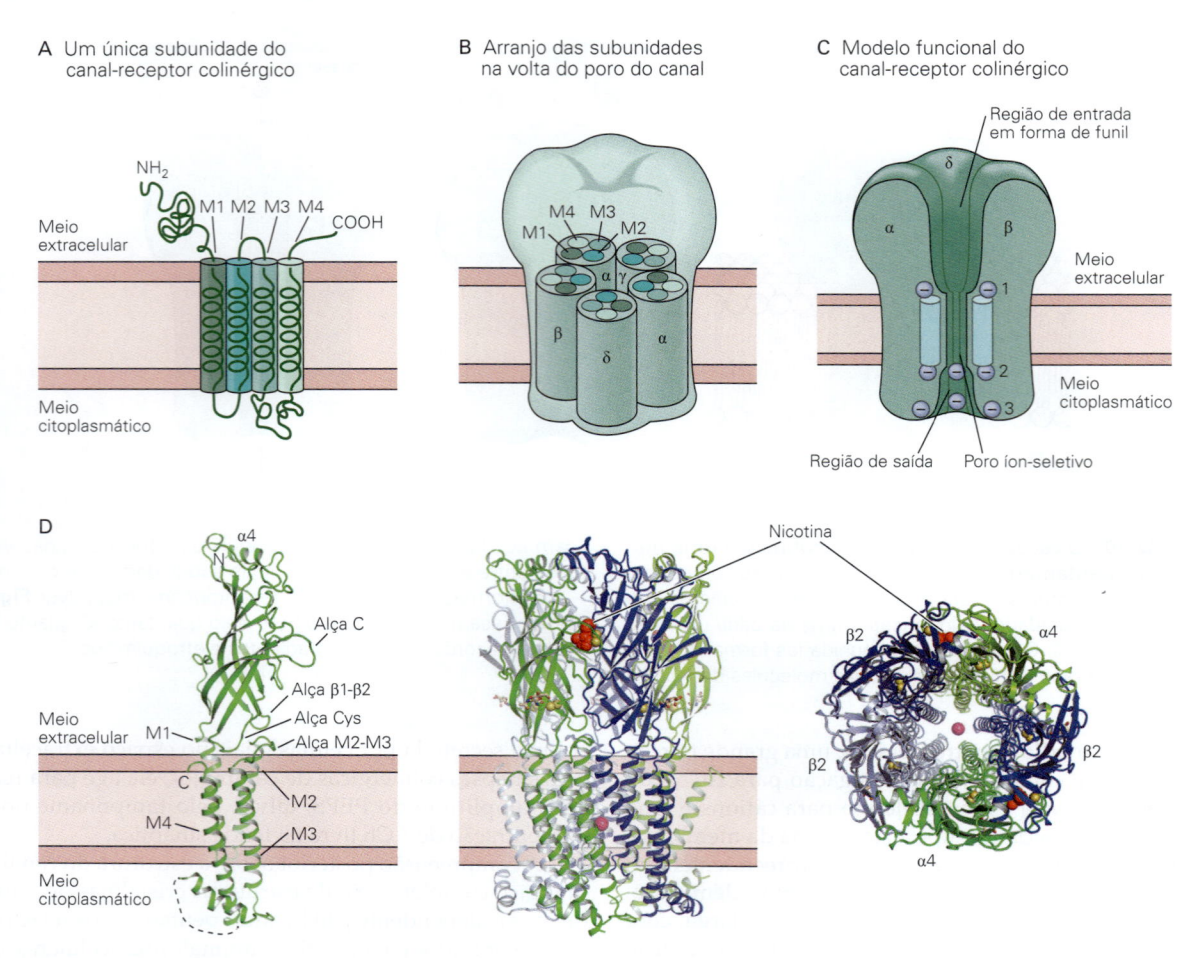

FIGURA 12-11 As subunidades dos receptores colinérgicos são proteínas transmembrana homólogas.

A. Cada subunidade contém uma porção N-terminal grande e extracelular, quatro α-hélices transmembrana (M1 a M4) e uma pequena porção C-terminal também extracelular. A porção N-terminal contém o local de ligação para ACh e as hélices na membrana formam o poro.

B. As cinco subunidades estão arranjadas de modo que elas formam um canal aquoso central e os segmentos M2 de cada subunidade formam o revestimento do poro. A subunidade γ se encontra entre as duas subunidades α. (As dimensões não estão em escala.)

C. Aminoácidos carregados negativamente em cada subunidade formam três anéis de carga negativa ao redor do poro. À medida que um íon atravessa o canal, ele encontra esses anéis carregados. Os anéis nas superfícies externa e interna da membrana celular (**1, 3**) podem servir como pré-filtros que ajudam a repelir ânions e formar sítios de bloqueio de cátions bivalentes. O anel central próximo ao meio citoplasmático da bicamada lipídica (**2**) pode contribuir de forma mais importante para o estabelecimento da seletividade específica para cátions observada no filtro de seletividade, o qual é a porção mais estreita do poro.

D. Modelo de estrutura cristalina, baseada em imagens de raios X de alta resolução, de um receptor nicotínico neuronal humano. *À direita:* Uma vista de cima para baixo do canal aberto, que é composto por duas subunidades α_4 e três subunidades β_2 dispostas ao redor do poro central. Essas subunidades são variantes intimamente relacionadas das subunidades α e β do receptor muscular. Duas moléculas de nicotina (átomos representados por esferas **vermelhas**) estão ligadas ao receptor. Um cátion permeante é mostrado como uma esfera **rosa**. *No centro:* Uma vista lateral do receptor mostrando a localização da bicamada fosfolipídica da membrana e nicotina ligada. *À esquerda:* Uma vista lateral de uma única subunidade α_4 no plano da membrana. O N-terminal da subunidade consiste em um grande domínio extracelular. A alça C contribui para formar o sítio de ligação. A alça entre as folhas β_1-β_2 e a alça Cys na interface entre o domínio extracelular e as α-hélices que atravessam a membrana M1 a M4 transmitem uma mudança conformacional do sítio de ligação ao ligante para o poro para abrir o canal. (Reproduzida, com autorização, de Morales-Perez et al., 2016. Copyright © 2016 Springer Nature.)

Nossa visão da região transmembrana do canal do receptor colinérgico nicotínico no estado aberto e fechado ainda está incompleta. No entanto, em comparação com estruturas de pLGICs relacionados, uma imagem consistente do receptor começa a emergir. No estado fechado, os segmentos M2 que revestem de poros ficam aproximadamente paralelos uns aos outros, formando um orifício central estreito. A passagem é ainda mais restrita com um diâmetro de 0,3 a 0,4 nm devido um arranjo de resíduos hidrofóbicos de leucina altamente conservados perto do meio

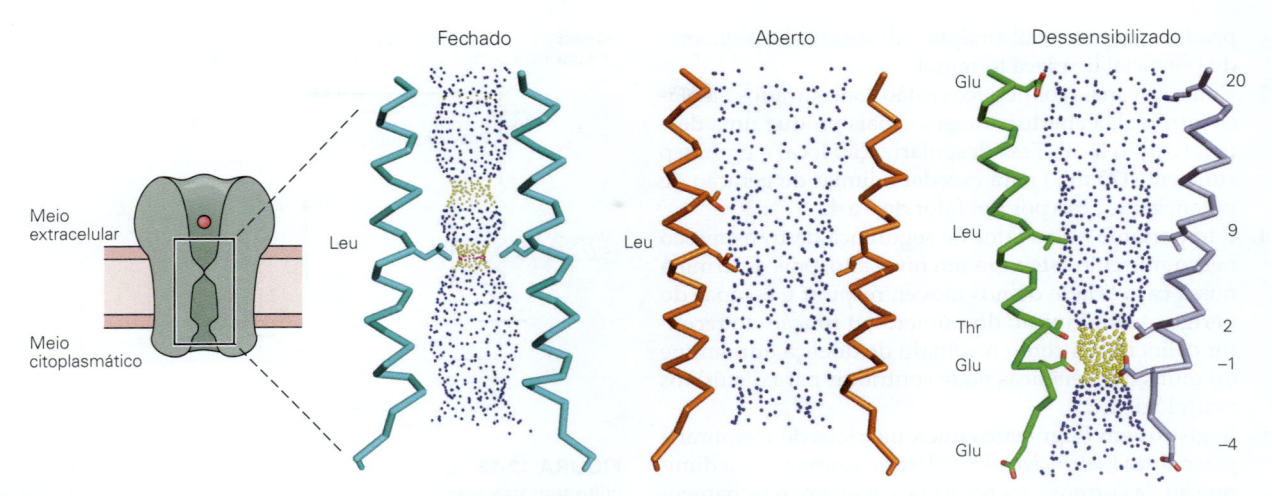

FIGURA 12-12 Um modelo tridimensional de alta resolução da estrutura do receptor colinérgico nicotínico. Modelos de alta resolução da família pentamérica de canais controlados por ligantes são mostrados para os estados fechado, aberto e dessensibilizado do canal receptor. Duas das cinco das α-hélices de M2 são mostradas. A estrutura dessensibilizada é do receptor de ACh neuronal humano. Os estados fechado e aberto são baseados em estruturas de receptores de glicina neuronais, que estão intimamente relacionados na sequência de aminoácidos às subunidades do receptor de ACh. As cadeias laterais de aminoácidos-chave são ilustradas para o receptor de ACh dessensibilizado com numeração de posição à direita e abreviaturas de aminoácidos à esquerda. Conforme a convenção, a posição 0 fica perto da superfície intracelular da bicamada fosfolipídica; outras posições são identificadas conforme a posição relativa na sequência do aminoácido primário. Uma leucina conservada no meio do segmento M2 (posição 9) forma um portão que constringe o poro no estado fechado. A ligação do neurotransmissor faz as subunidades se inclinarem para fora e torcerem, abrindo a porta da leucina. Uma mudança conformacional adicional durante a dessensibilização faz as subunidades se inclinarem para dentro perto do fundo, constringindo o poro próximo ao lado intracelular do canal e, assim, produzindo um estado não condutor. Os glutamatos carregados negativamente nas posições 20, –1 e –4 correspondem aos anéis de carga externo (1), médio (2) e interno (3) na **Figura 12-11C**. O glutamato carregado negativamente na posição –1 e a treonina eletronegativa na posição 2 formam o filtro de seletividade do canal. (Reproduzida, com autorização, de Morales-Perez et al., 2016. Copyright © 2016 Springer Nature.)

do segmento M2 (**Figura 12-12**). Considera-se que essa constrição hidrofóbica forneça uma barreira de alta energia que restringe a passagem de cátions hidratados cujo diâmetro é maior que o estreitamento do poro. Atualmente, a discrepância no diâmetro dos poros inferida a partir de medições eletrofisiológicas (0,6 nm) e o valor mais estreito da estrutura cristalina permanecem não resolvidos.

No estado aberto, considera-se que os segmentos M2 se inclinam para fora e giram, ampliando a constrição dos resíduos de leucina no meio de M2, permitindo, assim, a permeação iônica. O estreitamento no poro aberto fica perto da boca intracelular do canal, onde se considera que os resíduos hidroxílicos de treonina (resíduos de serina e treonina no receptor colinérgico muscular) e um segundo arranjo de resíduos de glutamato carregados negativamente formem o filtro de seletividade. No estado dessensibilizado, os segmentos M2 se inclinam ainda mais, fazendo o filtro de seletividade se estreitar ainda mais, impedindo a permeação iônica.

Uma imagem detalhada de como a ligação da ACh leva à abertura do canal está surgindo com base em vários estudos estruturais e funcionais. Considera-se que a interação do ligante promova o fechamento da fenda entre as subunidades vizinhas, apertando o domínio extracelular do pentâmero, semelhante ao fechamento das pétalas de uma flor. Isso resulta em um movimento de torção que faz a parte inferior do domínio extracelular do receptor empurrar o segmento M1 e a alça extracelular conectando os segmentos transmembrana M2 e M3. Esse movimento exerce uma força no segmento M2 que leva à sua rotação e inclinação, abrindo assim o portão hidrofóbico da leucina no meio do poro e permitindo a permeação iônica. Embora estudos futuros irão, sem dúvida, refinar nossa compreensão das bases estruturais do canal e função do receptor nicotínico, esses avanços recentes nos dão uma compreensão molecular sem precedentes de um dos processos mais fundamentais no sistema nervoso: a transmissão sináptica e, especificamente, a sinalização de informação do nervo para o músculo.

Destaques

1. As terminações dos neurônios motores formam sinapses com as fibras musculares em regiões especializadas da membrana muscular chamadas de placas terminais motoras. Quando um potencial de ação atinge a terminação de um neurônio motor pré-sináptico, ele causa a liberação de ACh.

2. A ACh se difunde através da fenda sináptica estreita (100 nm) em questão de microssegundos e se liga aos receptores nicotínicos de ACh na membrana da placa terminal. A energia de ligação é traduzida em uma mudança conformacional que abre um canal seletivo de cátions na proteína, permitindo que Na^+, K^+ e Ca^{2+} fluam através da membrana pós-sináptica. O efeito resultante, devido em grande parte ao influxo de íons Na^+,

produz um potencial sináptico despolarizante chamado potencial de placa terminal.
3. Como os canais colinérgicos estão concentrados na placa terminal, a abertura desses canais produz uma despolarização local. Essa despolarização local é grande o suficiente (75 mV) para exceder o limiar de geração de potencial de ação por um fator de 3 a 4.
4. É importante que o fator de segurança da transmissão nervo-músculo esteja em um nível alto, pois determina nossa capacidade de nos mover, respirar e escapar do perigo. A diminuição do número ou função do receptor colinérgicos como resultado de doença autoimune ou mutações genéticas pode contribuir para distúrbios neurológicos.
5. Registros em fragmentos micrométricos de membrana plasmática (*patch-clamp*) revelaram o aumento e a diminuição da corrente em resposta à abertura e fechamento de canais colinérgicos individuais. Uma corrente pós-sináptica excitatória típica na junção neuromuscular é gerada pela abertura de aproximadamente 200 mil canais individuais.
6. A estrutura bioquímica do receptor nicotínico da ACh muscular foi determinada. O receptor é um pentâmero composto por duas subunidades α e as subunidades β-γ e δ. Os quatro genes que codificam as subunidades estão intimamente relacionados e mais distantemente relacionados com os genes que codificam outros canais pentaméricos regulados por outros neurotransmissores.
7. Estruturas de alta resolução forneceram uma visão detalhada do sítio de ligação para a ACh e do poro do canal e informações adicionais sobre como o ligante leva a mudanças conformacionais associadas à abertura do canal do receptor e reações de dessensibilização.

Pós-escrito: a corrente de placa motora pode ser calculada a partir de um circuito equivalente

A corrente através de uma população de receptores colinérgicos pode ser descrita pela lei de Ohm. No entanto, para descrever como a corrente gera o potencial de placa terminal, a condutância dos canais em repouso na membrana circundante também deve ser considerada. Devemos considerar também as propriedades de capacitância da membrana e as baterias iônicas determinadas pela distribuição de Na^+ e K^+ dentro e fora da célula.

As relações dinâmicas entre esses vários componentes podem ser explicadas usando as mesmas regras utilizadas no Capítulo 9 para a analisar a corrente em dispositivos elétricos passivos que consistem apenas em resistores, capacitores e baterias. Podemos representar a região da placa motora terminal com um circuito equivalente que possui três ramos paralelos: (1) um para a corrente sináptica através dos canais ativados por neurotransmissores; (2) um para a corrente de retorno através de canais de repouso (na membrana não sináptica); e (3) um para a corrente capacitativa através da bicamada lipídica (**Figura 12-13**). Para simplificação, desconsideramos os canais regulados por voltagem na membrana não sináptica circundante.

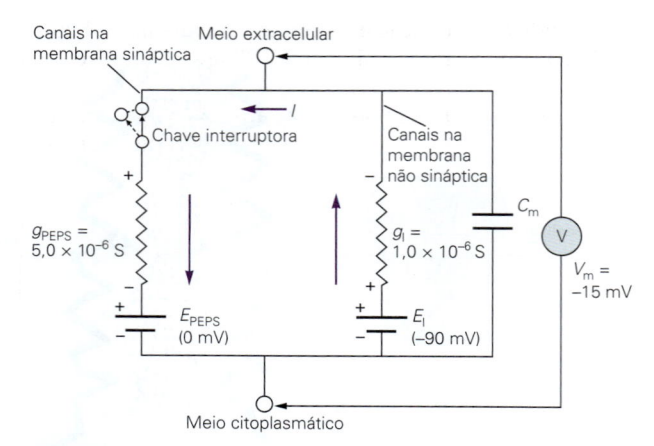

FIGURA 12-13 Circuito equivalente da placa motora. O circuito tem três vias paralelas de corrente. Uma via de condutância transporta a corrente de placa motora e consiste em uma bateria, E_{PEPS}, em série com a condutância dos canais ativados por ACh, g_{PEPS}. Outra via de condutância transporta a corrente através da membrana não sináptica e consiste em uma bateria representando o potencial de repouso (E_l) em série com a condutância dos canais de repouso (g_l). Em paralelo com ambas as vias de condutância está a capacitância da membrana (C_m). O voltímetro (V) mede a diferença de potencial entre os meios intracelular e extracelular.

Quando não há ACh presente, os receptores ionotrópicos de ACh estão fechados e não carregam corrente alguma. Esse estado é retratado como um circuito elétrico aberto no qual a condutância sináptica não é conectada ao resto do circuito. A ligação de ACh abre os canais sinápticos. Esse evento é eletricamente equivalente a acionar a chave que conecta a via de condutância ativada (g_{PEPS}) com a via de repouso (g_l). No estado estacionário, uma corrente de entrada através dos receptores ionotrópicos de ACh é equilibrada por uma corrente de saída através dos canais em repouso. Com os valores indicados de condutâncias e baterias, a membrana irá despolarizar de –90 mV (seu potencial de repouso) para –15 mV (o pico do potencial de placa motora).

Como a corrente da placa terminal é transportada por Na^+ e K^+ fluindo através do mesmo canal de íons, combinamos as vias de corrente de Na^+ e K^+ em uma única condutância (g_{PEPS}) que representa receptor ionotrópico de ACh. A condutância dessa via é proporcional ao número de canais abertos, o que, por sua vez, depende da concentração do neurotransmissor na fenda sináptica. Na ausência do transmissor, nenhum canal é aberto, e a condutância é zero. Quando um potencial de ação pré-sináptico causa a liberação de ACh, a condutância dessa via aumenta para aproximadamente 5×10^{-6} S, que é cerca de cinco vezes a condutância do ramo paralelo que representa os canais de repouso (vazamento) (g_l, em que l vem do inglês *leakage*).

A condutância da placa motora terminal está em série com uma bateria (E_{PEPS}), com um valor dado pelo potencial de reversão para a corrente sináptica (0 mV) (**Figura 12-13**). Esse valor é a soma algébrica ponderada dos potenciais de equilíbrio para Na^+ e K^+ (ver **Quadro 12-1**). A corrente durante o PEPS (I_{PEPS}) é dada por

$$I_{PEPS} = g_{PEPS} \times (V_m - E_{PEPS}).$$

Usando essa equação e o circuito equivalente da **Figura 12-13**, podemos agora analisar o PEPS nos termos de seus componentes (**Figura 12-14**).

No início da PEPS (a fase dinâmica), uma corrente para dentro (I_{PEPS}) flui através dos receptores inotrópicos de ACh em função da condutância aumentada ao Na^+ e ao K^+ e da grande força motriz para o influxo de Na^+ no potencial de repouso de –90 mV (**Figura 12-14B**, tempo 2). Como a carga flui em um circuito fechado, a corrente sináptica para dentro deixa a célula como corrente para fora através de duas vias paralelas: uma via para corrente iônica (I_l) através dos canais de repouso (ou vazamento) e uma via para corrente capacitiva (I_c) através da bicamada lipídica. Assim,

$$I_{PEPS} = -(I_l + I_c).$$

Durante a fase mais inicial do PEPS, o potencial de membrana, V_m, ainda está próximo do seu valor de repouso, E_l. Como resultado, a força motriz que direciona o fluxo

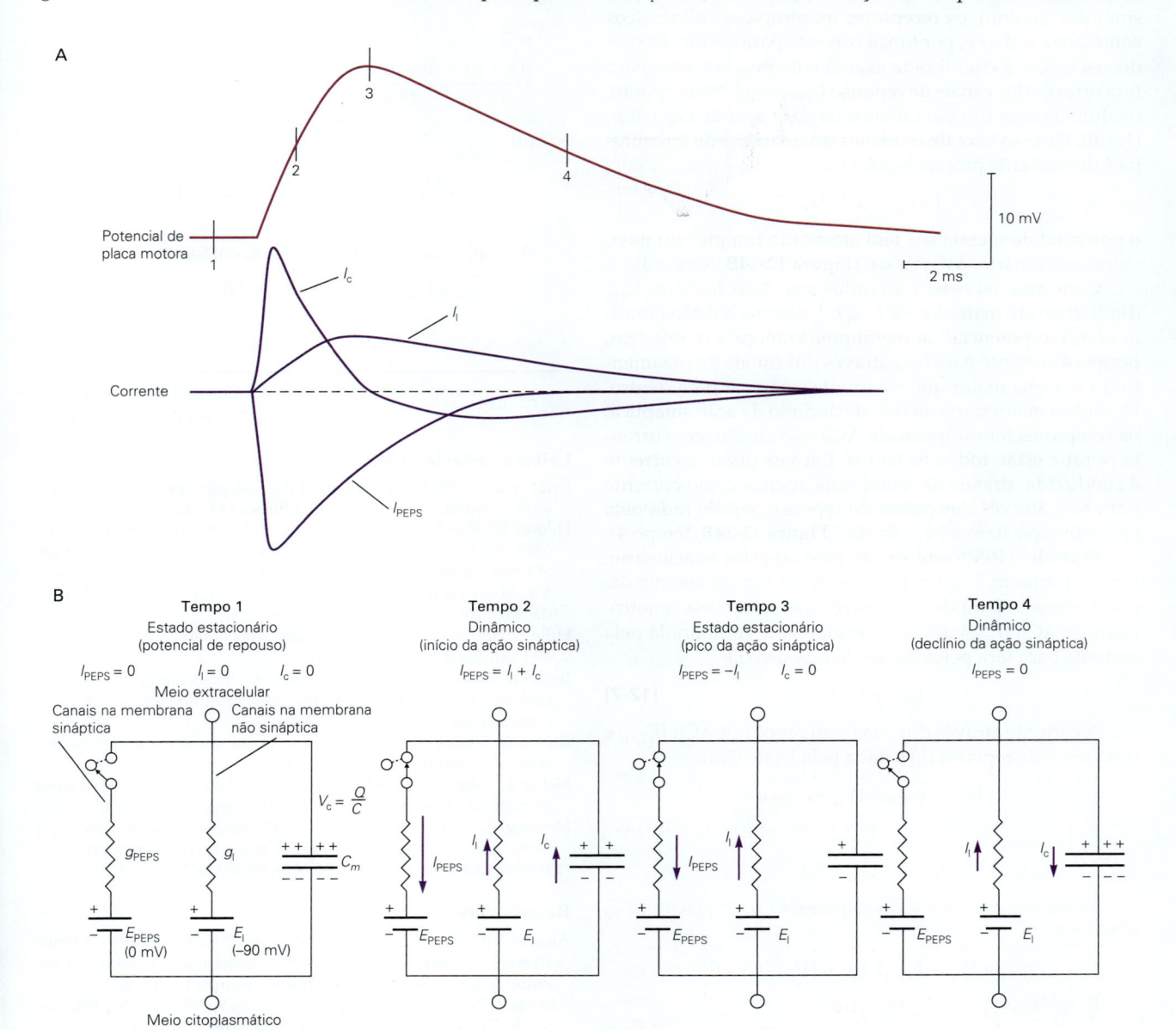

FIGURA 12-14 O curso de tempo do potencial da placa motora é determinado pela condutância sináptica regulada por ACh e pelas propriedades passivas da membrana da célula muscular.

A. Evolução temporal do potencial de placa motora e das correntes componentes através dos canais ativados por ACh (I_{PEPS}), dos canais de repouso (ou de vazamento) (I_l) e do capacitor (I_c). Há uma corrente capacitiva apenas quando o potencial de membrana está mudando. No estado estacionário, como no pico do potencial de placa motora, o influxo de cargas positivas através dos canais ativados por ACh é exatamente equilibrado pelo efluxo de corrente iônica através dos canais de repouso, e não há corrente capacitiva.

B. Circuitos equivalentes para a corrente nos tempos 1, 2, 3 e 4 mostrados na parte A. (A magnitude relativa da corrente é representada pelo comprimento da seta.)

de corrente para fora pelos canais de repouso ($V_m - E_l$) é pequena. Portanto, a maior parte da corrente deixa a célula como corrente capacitiva e a membrana despolariza rapidamente (**Figura 12-14B**, tempo 2). À medida que a célula despolariza, a força motriz que direciona a corrente para fora através dos canais de repouso aumenta, enquanto a força motriz sobre a corrente sináptica para dentro através dos receptores ionotrópicos ativados por ACh diminui. Concomitantemente, conforme a concentração de ACh na fenda sináptica diminui, os receptores ionotrópicos colinérgicos começam a fechar e, por fim, a corrente para dentro através desses canais é equilibrada exatamente pela corrente para fora através dos canais de repouso ($I_{PEPS} = -I_l$). Nesse ponto, nenhuma carga flui para dentro ou para fora do capacitor, ($I_c = 0$). Como a taxa de mudança do potencial de membrana é diretamente proporcional a I_c,

$$I_c / C_m = \Delta V / \Delta t,$$

o potencial de membrana terá alcançado um pico ou novo valor estacionário, $\Delta V_m / \Delta t = 0$ (**Figura 12-14B**, tempo 3).

Conforme os canais ativados por ACh fecham, I_{PEPS} diminui ainda mais. Agora I_{PEPS} e I_l não mais estão equilibradas, e o potencial de membrana começa a repolarizar, porque a corrente para fora através dos canais de vazamento (I_l) se torna maior que a corrente sináptica para dentro. Durante a maior parte da fase de declínio da ação sináptica, os receptores ionotrópicos de ACh não conduzem corrente porque estão todos fechados. Em vez disso, a corrente é conduzida através da membrana apenas como corrente para fora através dos canais de repouso, equilibrada pela corrente capacitiva para dentro (**Figura 12-14B**, tempo 4).

Quando o PEPS está em seu pico ou valor estacionário, $I_c = 0$ e, portanto, o valor de V_m pode ser facilmente calculado. A corrente para dentro através dos receptores ionotrópicos de ACh (I_{PEPS}) dever ser exatamente equilibrada pela corrente para fora pelos canais de repouso (I_l):

$$I_{PEPS} + I_l = 0. \quad \text{(12-7)}$$

A corrente através dos canais ativados por ACh (I_{PEPS}) e dos canais de repouso (I_l) é dada pela lei de Ohm:

$$I_{PEPS} = g_{PEPS} \times (V_m - E_{PEPS}),$$

e

$$I_l = g_l \times (V_m - E_l).$$

Substituindo essas duas expressões na Equação 12-7, obtém-se

$$g_{PEPS} \times (V_m - E_{PEPS}) + g_l \times (V_m - E_l) = 0.$$

Resolvendo para V_m, obtemos

$$V_m = \frac{(g_{PEPS} \times E_{PEPS}) + (g_l \times E_l)}{g_{PEPS} + g_l}. \quad \text{(12-8)}$$

Essa equação é similar àquela usada para calcular os potenciais de repouso e de ação (Capítulo 9). De acordo com a Equação 12-8, o pico de voltagem do PEPS é uma média ponderada das forças eletromotrizes das duas baterias para os receptores ionotrópicos de ACh e os canais de repouso (vazamento). Os fatores de ponderação são dados pela magnitude relativa das duas condutâncias. Como g_l é uma constante, quanto maior o valor de g_{PEPS} (i.e., quanto mais canais regulados por ACh estiverem abertos), mais próximo V_m se aproximará do valor de E_{PEPS}.

Pode-se agora calcular o pico de PEPS para o caso específico mostrado na **Figura 12-13**, onde $g_{PEPS} = 5 \times 10^{-6}$ S, $g_l = 1 \times 10^{-6}$ S, $E_{PEPS} = 0$ mV, e $E_l = -90$ mV. Substituindo esses valores na Equação 12-8, tem-se

$$V_m = \frac{[(5 \times 10^{-6} \text{ S}) \times (0 \text{ mV})] + [(1 \times 10^{-6} \text{ S}) \times (-90 \text{ mV})]}{(5 \times 10^{-6} \text{ S}) + (1 \times 10^{-6} \text{ S})}.$$

ou

$$V_m = \frac{(1 \times 10^{-6} \text{ S}) \times (-90 \text{ mV})}{(6 \times 10^{-6} \text{ S})} = -15 \text{ mV}.$$

A amplitude do pico do PEPS é, então,

$$\Delta V_{PEPS} = V_m - E_l = -15 \text{ mV} - (-90 \text{ mV}) = 75 \text{ mV}.$$

Gerald D. Fischbach
Steven A. Siegelbaum

Leituras selecionadas

Fatt P, Katz B. 1951. An analysis of the end-plate potential recorded with an intracellular electrode. J Physiol 115:320–370.

Heuser JE, Reese TS. 1977. Structure of the synapse. In: ER Kandel (ed). *Handbook of Physiology: A Critical, Comprehensive Presentation of Physiological Knowledge and Concepts*, Sect. 1 *The Nervous System*, Vol. 1 *Cellular Biology of Neurons*, Part 1, pp. 261–294. Bethesda, MD: American Physiological Society.

Hille B. 2001. *Ion Channels of Excitable Membranes*, 3rd ed., pp. 169–199. Sunderland, MA: Sinauer.

Imoto K, Busch C, Sakmann B, et al. 1988. Rings of negatively charged amino acids determine the acetylcholine receptor-channel conductance. Nature 335:645–648.

Karlin A. 2002. Emerging structure of the nicotinic acetylcholine receptors. Nat Rev Neurosci 3:102–114.

Neher E, Sakmann B. 1976. Single-channel currents recorded from membrane of denervated frog muscle fibres. Nature 260:799–802.

Nemecz Á, Prevost MS, Menny A, Corringer PJ. 2016. Emerging molecular mechanisms of signal transduction in pentameric ligand-gated ion channels. Neuron 90:452–470.

Referências

Akabas MH, Kaufmann C, Archdeacon P, Karlin A. 1994. Identification of acetylcholine receptor-channel lining residues in the entire M2 segment of the α-subunit. Neuron 13:919–927.

Alberts B, Bray D, Lewis J, Raff M, Roberts K, Watson JD. 1989. *Molecular Biology of the Cell*, 2nd ed. New York: Garland.

Brejc K, van Dijk WJ, Klaassen RV, et al. 2001. Crystal structure of an ACh-binding protein reveals the ligand-binding domain of nicotinic receptors. Nature 411:269–276.

Charnet P, Labarca C, Leonard RJ, et al. 1990. An open channel blocker interacts with adjacent turns of α-helices in the nicotinic acetylcholine receptor. Neuron 4:87–95.

Claudio T, Ballivet M, Patrick J, Heinemann S. 1983. Nucleotide and deduced amino acid sequences of *Torpedo californica* acetylcholine receptor γ-subunit. Proc Natl Acad Sci U S A 80:1111–1115.

Colquhoun D. 1981. How fast do drugs work? Trends Pharmacol Sci 2:212–217.

Dwyer TM, Adams DJ, Hille B. 1980. The permeability of the endplate channel to organic cations in frog muscle. J Gen Physiol 75:469–492.

Fertuck HC, Salpeter MM. 1974. Localization of acetylcholine receptor by ^{125}I-labeled α-bungarotoxin binding at mouse motor endplates. Proc Natl Acad Sci U S A 71:1376–1378.

Heuser JE, Salpeter SR. 1979. Organization of acetylcholine receptors in quick-frozen, deep-etched, and rotary-replicated Torpedo postsynaptic membrane. J Cell Biol 82:150–173.

Ko C-P. 1984. Regeneration of the active zone at the frog neuromuscular junction. J Cell Biol 98:1685–1695.

Kuffler SW, Nicholls JG, Martin AR. 1984. *From Neuron to Brain: A Cellular Approach to the Function of the Nervous System*, 2nd ed. Sunderland, MA: Sinauer.

McMahan UJ, Kuffler SW. 1971. Visual identification of synaptic boutons on living ganglion cells and of varicosities in postganglionic axons in the heart of the frog. Proc R Soc Lond B Biol Sci 177:485–508.

Miles FA. 1969. *Excitable Cells*. London: Heinemann.

Miyazawa A, Fujiyoshi Y, Unwin N. 2003. Structure and gating mechanism of the acetylcholine receptor pore. Nature 424:949–955.

Morales-Perez CL, Noviello CM, Hibbs RE. 2016. X-ray structure of the human α4β2 nicotinic receptor. Nature 538:411–415.

Noda M, Furutani Y, Takahashi H, et al. 1983. Cloning and sequence analysis of calf cDNA and human genomic DNA encoding α-subunit precursor of muscle acetylcholine receptor. Nature 305:818–823.

Noda M, Takahashi H, Tanabe T, et al. 1983. Structural homology of *Torpedo californica* acetylcholine receptor subunits. Nature 302:528–532.

Palay SL. 1958. The morphology of synapses in the central nervous system. Exp Cell Res 5:275–293. Suppl.

Revah F, Galzi J-L, Giraudat J, Haumont PY, Lederer F, Changeux J-P. 1990. The noncompetitive blocker [3H] chlorpromazine labels three amino acids of the acetylcholine receptor gamma subunit: implications for the alpha-helical organization of regions MII and for the structure of the ion channel. Proc Natl Acad Sci U S A 87:4675–4679.

Salpeter MM (ed). 1987. *The Vertebrate Neuromuscular Junction*, pp. 1–54. New York: Liss.

Takeuchi A. 1977. Junctional transmission. I. Postsynaptic mechanisms. In: ER Kandel (ed). *Handbook of Physiology: A Critical, Comprehensive Presentation of Physiological Knowledge and Concepts*, Sect. 1 *The Nervous System*, Vol. 1 *Cellular Biology of Neurons*, Part 1, pp. 295–327. Bethesda, MD: American Physiological Society.

Verrall S, Hall ZW. 1992. The N-terminal domains of acetylcholine receptor subunits contain recognition signals for the initial steps of receptor assembly. Cell 68:23–31.

Villarroel A, Herlitze S, Koenen M, Sakmann B. 1991. Location of a threonine residue in the alpha-subunit M2 transmembrane segment that determines the ion flow through the acetylcholine receptor-channel. Proc R Soc Lond B Biol Sci 243:69–74.

Walsh J. 1773. Of the electric property of the torpedo. Phil Trans 63(1773):480.

Zeng H, Moise L, Grant MA, Hawrot E. 2001. The solution structure of the complex formed between alpha-bungarotoxin and an 18-mer cognate peptide derived from the alpha 1 subunit of the nicotinic acetylcholine receptor from Torpedo californica. J Biol Chem 276: 22930–22940.

13

Integração sináptica no sistema nervoso central

Os neurônios centrais recebem sinais de entrada inibitórios e excitatórios

As sinapses excitatórias e inibitórias têm ultraestruturas distintas e visam diferentes regiões neuronais

A transmissão sináptica excitatória é mediada por receptores ionotrópicos de glutamato, que são permeáveis a cátions

    Os receptores glutamatérgicos ionotrópicos são codificados por uma grande família gênica

    Os receptores de glutamato são construídos a partir de um conjunto de módulos estruturais

    Os receptores NMDA e AMPA estão organizados em uma rede funcional de proteínas nas densidades pós-sinápticas

    Os receptores NMDA têm propriedades biofísicas e farmacológicas únicas

    As propriedades do receptor NMDA são a base da plasticidade sináptica de longo prazo

    Os receptores NMDA contribuem para doenças neuropsiquiátricas

Ações sinápticas inibitórias rápidas são mediadas por receptores ionotrópicos de GABA e glicina, permeáveis ao cloreto

    Os receptores ionotrópicos de glutamato, GABA e glicina são proteínas transmembrana codificadas por duas famílias gênicas distintas

    As correntes de cloreto através de canais de receptores de $GABA_A$ e de glicina normalmente inibem a célula pós-sináptica

Algumas ações sinápticas no sistema nervoso central envolvem outros tipos de receptores ionotrópicos

As ações sinápticas excitatórias e inibitórias são integradas por neurônios em um único sinal de saída

    Sinais de entrada sinápticos são integrados no segmento inicial do axônio

    Subclasses de neurônios GABAérgicos têm como alvo regiões distintas de seus neurônios-alvo pós-sinápticos para produzir ações inibitórias com funções diferentes

    Os dendritos são estruturas eletricamente excitáveis que podem amplificar os sinais sinápticos

Destaques

COMO A TRANSMISSÃO SINÁPTICA na junção neuromuscular, a sinalização mais rápida entre os neurônios no sistema nervoso central envolve receptores ionotrópicos na membrana pós-sináptica. Portanto, muitos princípios aplicáveis à conexão sináptica entre neurônios motores e fibras musculares esqueléticas, na junção neuromuscular, também se aplicam ao sistema nervoso central. No entanto, a transmissão sináptica entre neurônios centrais é mais complexa por várias razões.

Primeiro, embora a maioria das fibras musculares seja tipicamente inervada por apenas um neurônio motor, uma célula nervosa central (como neurônios piramidais no neocórtex) recebe conexões de milhares de neurônios. Segundo, fibras musculares recebem apenas sinais excitatórios, enquanto neurônios centrais recebem sinais excitatórios e inibitórios. Terceiro, todas as ações sinápticas nas fibras musculares são mediadas por um neurotransmissor, acetilcolina (ACh), que ativa apenas um tipo de receptor, o nicotínico (o receptor ionotrópico colinérgico). Um único neurônio central, no entanto, pode responder a muitos tipos diferentes de sinais, cada um mediado por um transmissor distinto que ativa um tipo específico de receptor. Esses receptores incluem os ionotrópicos, nos quais a ligação do neurotransmissor abre diretamente um canal iônico, e os metabotrópicos, nos quais a ligação do neurotransmissor regula indiretamente um canal, através de segundos mensageiros. Como resultado, diferentemente das fibras musculares, os neurônios centrais integram diversos sinais em uma única ação coordenada.

Finalmente, a sinapse neuromuscular é um modelo de eficiência, na qual cada potencial de ação de um neurônio motor produz um potencial de ação na fibra muscular. Em comparação, conexões feitas por neurônios pré-sinápticos sobre um neurônio motor são apenas modestamente eficientes, já que, em muitos casos, pelo menos 50 a 100 neurônios excitatórios devem disparar conjuntamente para produzir um potencial sináptico suficientemente grande para desencadear um potencial de ação em um neurônio pós-sináptico.

Os primeiros entendimentos sobre a transmissão sináptica no sistema nervoso central vieram de experimentos realizados por John Eccles e colaboradores, na década de 1950, com sinais elétricos em neurônios medulares que controlam o reflexo de estiramento (ver Capítulo 3). Os neurônios motores espinais têm sido particularmente úteis para examinar os mecanismos sinápticos centrais porque possuem corpos celulares grandes e acessíveis e, mais importante, recebem conexões excitatórias e inibitórias e, portanto, permitem estudar a ação integrativa do sistema nervoso no nível celular.

Os neurônios centrais recebem sinais de entrada inibitórios e excitatórios

Para analisar as sinapses que mediam o reflexo do estiramento, Eccles ativou uma grande população de axônios das células sensoriais que inervam os órgãos receptores de estiramento no músculo do quadríceps (extensor) (**Figura 13-1A,B**). Hoje em dia, os mesmos experimentos podem ser feitos estimulando um único neurônio sensorial.

A passagem de corrente através de um microeletrodo para o corpo celular de um neurônio sensorial do receptor de estiramento que inerva o músculo extensor gera um potencial de ação. Isso, por sua vez, produz um pequeno potencial excitatório pós-sináptico (PEPS) no neurônio motor que inerva o mesmo músculo (nesse caso, o quadríceps) monitorado pelo neurônio sensorial (**Figura 13-1B**, painel superior). O PEPS produzido por uma célula sensorial, o PEPS unitário, despolariza o neurônio motor extensor em menos de 1 mV, muitas vezes apenas 0,2 a 0,4 mV, muito abaixo do limiar para gerar um potencial de ação. Normalmente, uma despolarização de 10 mV ou mais é necessária para atingir o limiar.

A geração de um potencial de ação em um neurônio motor requer, portanto, o disparo quase sincrônico de vários neurônios sensoriais. Isso pode ser observado em um experimento no qual uma população de neurônios sensoriais é estimulada passando-se uma corrente por um eletrodo extracelular. À medida que a força do estímulo extracelular é aumentada, mais fibras sensoriais aferentes são excitadas, e a despolarização produzida pelo PEPS se torna maior. A despolarização por fim se torna grande o suficiente para trazer o potencial de membrana do segmento inicial do axônio do neurônio motor (a região com o limiar mais baixo) para o limiar de um potencial de ação.

Além do PEPS produzido no neurônio motor extensor, a estimulação dos neurônios extensores receptores de estiramento também produz um pequeno potencial pós-sináptico inibitório (PIPS) no neurônio motor que inerva o músculo flexor, que é antagônico ao músculo extensor (**Figura 13-1B**, painel inferior). Essa ação hiperpolarizante é gerada por um interneurônio inibitório, o qual recebe sinais excitatórios dos neurônios sensoriais do músculo extensor e, por sua vez, faz sinapses com os neurônios motores que inervam o músculo flexor. De modo experimental, um único interneurônio pode ser estimulado intracelularmente para provocar diretamente um pequeno PIPS unitário no neurônio motor. A ativação extracelular de uma população inteira de interneurônios provoca um PIPS maior. Se suficientemente fortes, os PIPSs podem antagonizar o PEPS e impedir que o potencial de membrana atinja o limiar.

As sinapses excitatórias e inibitórias têm ultraestruturas distintas e visam diferentes regiões neuronais

Como aprendemos no Capítulo 11, o efeito de um potencial sináptico, seja excitatório ou inibitório, é determinado não pelo tipo de neurotransmissor liberado pelo neurônio pré-sináptico, mas pelo tipo de canais iônicos ativados por ele na membrana pós-sináptica. Embora alguns transmissores possam produzir PEPS e PIPS, por agirem em distintas classes de receptores ionotrópicos em diferentes sinapses, a maioria dos neurotransmissores produz, predominantemente, um único tipo de resposta sináptica; isto é, um transmissor é comumente inibitório ou excitatório. Por exemplo, no sistema nervoso central de vertebrados, neurônios que liberam glutamato geralmente atuam em receptores que provocam excitação; neurônios que liberam ácido γ-aminobutírico (GABA) ou glicina atuam em receptores que provocam inibição.

Os terminais sinápticos de neurônios excitatórios e inibitórios podem ser distinguidos por sua ultraestrutura. Dois tipos morfológicos de sinapses são comuns no encéfalo: tipos I e II de Gray (em homenagem a E. G. Gray, que os descreveu usando microscopia eletrônica). A maioria das sinapses tipo I é glutamatérgica e excitatória, enquanto a maioria das sinapses tipo II é GABAérgica e inibitória. As sinapses do tipo I têm vesículas sinápticas redondas, uma região eletrodensa (a *zona ativa*) na membrana pré-sináptica e uma região eletrodensa ainda maior na membrana pós-sináptica em oposição à zona ativa (conhecida como *densidade pós-sináptica*), o que dá à sinapse do tipo I uma aparência assimétrica. As sinapses do tipo II têm vesículas sinápticas ovais ou achatadas e especializações de membrana pré-sináptica e densidades pós-sinápticas menos óbvias, resultando em uma aparência mais simétrica (**Figura 13-2**). (Embora as sinapses do tipo I sejam principalmente excitatórias e inibitórias do tipo II, os dois tipos morfológicos mostram ser apenas uma primeira aproximação à bioquímica de neurotransmissão. A imunocitoquímica oferece distinções muito mais confiáveis entre os tipos de transmissores, conforme discutido no Capítulo 16.)

Embora os dendritos sejam normalmente pós-sinápticos e os terminais axônicos pré-sinápticos, todas as quatro regiões da célula nervosa – axônio, terminais pré-sinápticos, corpo celular e dendritos – podem ser locais pré-sinápticos ou pós-sinápticos de sinapses químicas. Os tipos de contato mais comuns, ilustrados na **Figura 13-2**, são axodendrítico, axossomático e axoaxônico (por convenção, o elemento pré-sináptico é identificado primeiro). As sinapses excitatórias são tipicamente axodendríticas e ocorrem principalmente nos espinhos dendríticos. As sinapses inibitórias são normalmente formadas nas hastes dendríticas, no corpo celular e no segmento inicial do axônio. Sinapses dendrodendríticas e somatossomáticas também foram descritas, mas são raras.

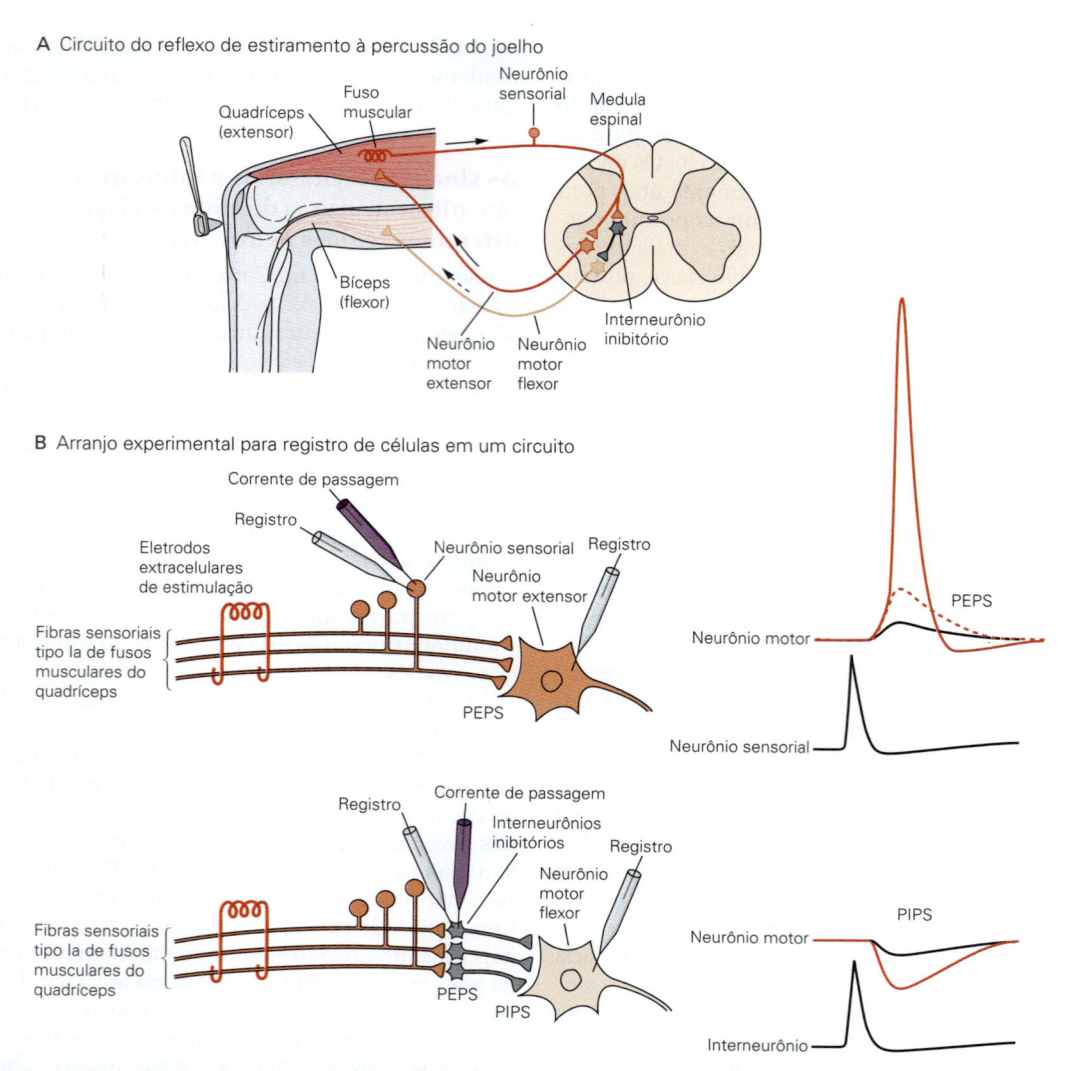

FIGURA 13-1 A combinação de conexões sinápticas excitatórias e inibitórias, que medeiam o reflexo de estiramento do músculo do quadríceps, é típica dos circuitos do sistema nervoso central.

A. Um neurônio sensorial ativado por um receptor de estiramento (fuso muscular) no músculo extensor (quadríceps) faz uma conexão excitatória com um neurônio motor extensor na medula espinal que inerva esse mesmo grupo muscular. Ele também faz uma conexão excitatória com um interneurônio, que, por sua vez, faz uma conexão inibitória com o neurônio motor flexor que inerva o músculo bíceps femoral (antagonista do músculo extensor). Por sua vez, uma fibra aferente do bíceps (não mostrada) excita um interneurônio que estabelece uma sinapse inibitória com o neurônio motor extensor.

B. O esquema experimental idealizado mostra abordagens para o estudo da inibição e da excitação de neurônios motores no circuito mostrado no painel A. **Painel superior:** Duas alternativas para provocar potenciais excitatórios pós-sinápticos (**PEPSs**) no neurônio motor extensor. Um único axônio pré-sináptico pode ser estimulado por um eletrodo inserido no corpo celular de um neurônio sensorial. Um potencial de ação no neurônio sensorial estimulado dessa maneira dispara um pequeno PEPS no neurônio motor extensor (**linha em preto**). Como alternativa, todo o nervo aferente do quadríceps pode ser estimulado eletricamente com um eletrodo extracelular. A excitação de vários neurônios aferentes por eletrodos extracelulares gera um potencial sináptico (**linha tracejada**) grande o suficiente para iniciar um potencial de ação (**linha em vermelho**). **Painel inferior:** O arranjo experimental para provocar e medir os potenciais inibitórios no neurônio motor flexor. A estimulação intracelular de um único interneurônio inibitório que recebe sinais do quadríceps produz um pequeno potencial inibitório (hiperpolarizante) pós-sináptico (**PIPS**) no neurônio motor flexor (**linha em preto**). A estimulação extracelular recruta um grande número de neurônios inibitórios e gera um PIPS maior (**linha em vermelho**). (Os potenciais de ação em neurônios sensoriais e interneurônios parecem menores porque são registrados usando-se uma amplificação menor que aqueles em neurônios motores.)

Como regra, considera-se que a proximidade de uma sinapse com o segmento inicial do axônio determine sua eficácia. Uma determinada corrente pós-sináptica gerada em um local próximo ao corpo celular produzirá uma mudança maior no potencial de membrana na zona de gatilho do segmento inicial do axônio e, portanto, terá uma influência

FIGURA 13-2 Os dois tipos morfológicos mais comuns de sinapses no sistema nervoso central são os tipos I e II de Gray. A tipo I geralmente é excitatória, enquanto o tipo II é geralmente inibitória. As diferenças incluem a forma das vesículas, a proeminência das densidades pós-sinápticas, a área total da zona ativa, o comprimento da fenda sináptica e a presença de uma membrana basal densa. As sinapses de tipo I normalmente contatam projeções especializadas nos dendritos, denominadas espinhos, e menos comumente contatam as hastes dos dendritos. As sinapses do tipo II entram em contato com o corpo celular (axossomático), eixo dendrítico (axodendrítico), segmento inicial do axônio (axoaxônico) e terminais pré-sinápticos de outro neurônio (não mostrado).

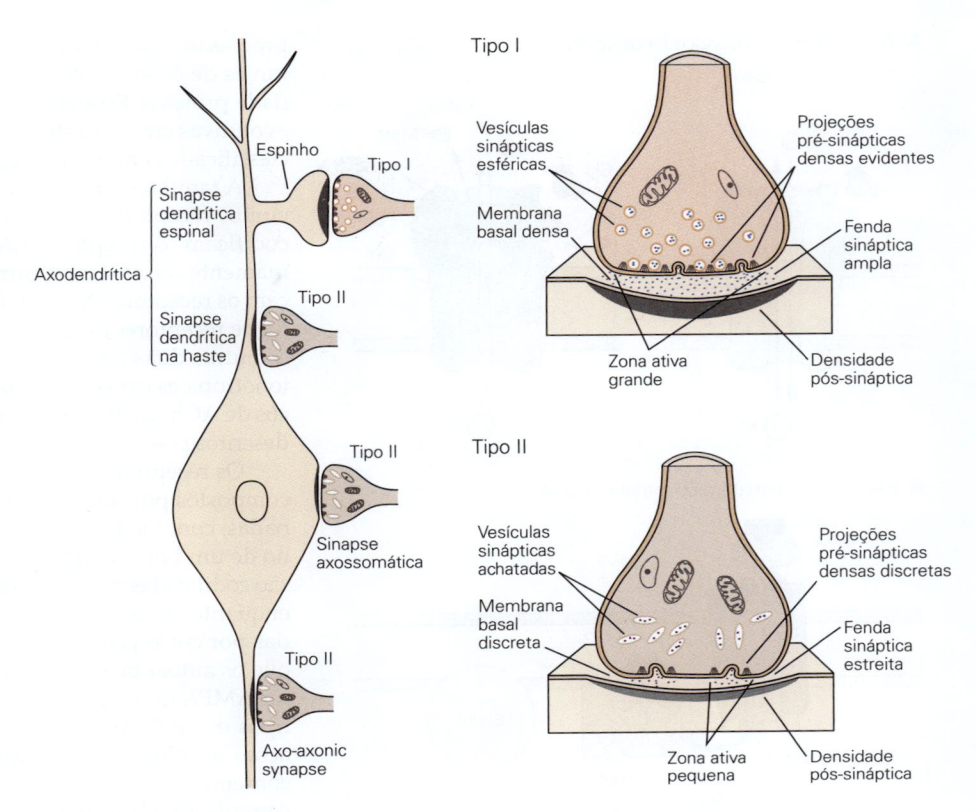

maior na saída do potencial de ação do que uma corrente igual gerada em locais mais remotos no os dendritos. Isso ocorre porque parte da carga que entra na membrana pós-sináptica em um local remoto vazará para fora da membrana dendrítica à medida que o potencial sináptico se propaga para o corpo celular (Capítulo 9). Alguns neurônios compensam esse efeito colocando mais receptores de glutamato nas sinapses distais do que nas sinapses proximais, garantindo que as entradas em diferentes locais ao longo da árvore dendrítica tenham uma influência mais equivalente no segmento inicial. Em contrapartida aos sinais de entrada axodentríticos e axossomáticos, a maioria dos sinais de sinapses axoaxônicas não tem efeito direto na zona de gatilho das células pós-sinápticas. Em vez disso, eles afetam a atividade neural controlando a quantidade de transmissor liberada dos terminais pré-sinápticos (Capítulo 15).

A transmissão sináptica excitatória é mediada por receptores ionotrópicos de glutamato, que são permeáveis a cátions

O neurotransmissor excitatório liberado dos terminais pré-sinápticos dos neurônios sensoriais de estiramento é o aminoácido L-glutamato, o principal neurotransmissor excitatório no encéfalo e na medula espinal. Eccles e colaboradores descobriram que o PEPS nas células motoras espinais resulta da abertura de canais de receptores ionotrópicos de glutamato, que são permeáveis tanto ao Na^+ quanto ao K^+. Esse mecanismo iônico é similar àquele produzido pela ACh na junção neuromuscular descrita no Capítulo 12.

Como nos canais ativados pela ACh, os canais ativados pelo glutamato conduzem Na^+ e K^+ com permeabilidade similar. Como resultado, o potencial de reversão para o fluxo de corrente através desses canais é de 0 mV (ver **Figura 12-7**).

Os receptores de glutamato podem ser divididos em duas grandes categorias: receptores ionotrópicos e receptores metabotrópicos (**Figura 13-3**). Há três tipos principais de receptores glutamatérgicos ionotrópicos: *AMPA, cainato* e *NMDA*, denominados de acordo com os tipos de agonistas farmacológicos que os ativam (ácido α-amino-3-hidróxi-5-metilisoxazol-4-propiônico, cainato e N-metil-D-aspartato respectivamente). Esses receptores também são diferencialmente sensíveis a antagonistas. O receptor de NMDA é bloqueado seletivamente por *APV* (ácido 2-amino-5-fosfonovalérico). Os receptores AMPA e cainato não são afetados pelo APV, mas ambos são bloqueados por *CNQX* (6-ciano-7-nitroquinoxalina-2,3-diona). Devido a essa sensibilidade farmacológica similar, esses dois tipos às vezes são chamados de *receptores não NMDA*. Outra distinção importante entre os receptores NMDA e não NMDA é que o canal do receptor NMDA é altamente permeável ao Ca^{2+}, enquanto a maioria dos receptores não NMDA não são. Existem vários tipos de receptores metabotrópicos de glutamato, a maioria dos quais pode ser ativado por ácido *trans-(1S,3R)-1-amino-1,3-ciclopentanodicarboxílico* (*ACPD*).

A ação de todos os receptores ionotrópicos de glutamato é excitatória ou despolarizante porque o potencial de reversão de sua corrente iônica é próximo de zero, fazendo a abertura do canal produzir uma corrente de entrada despolarizante em potenciais de membrana negativos.

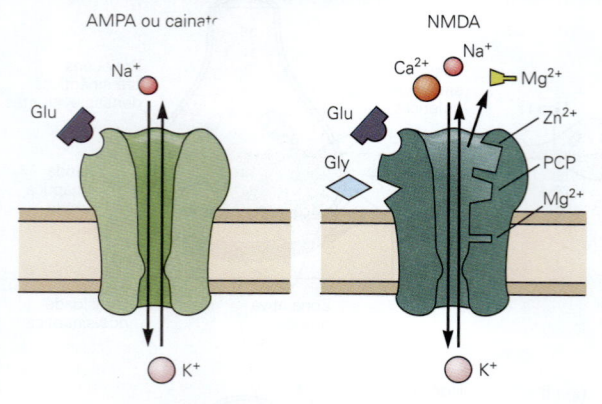

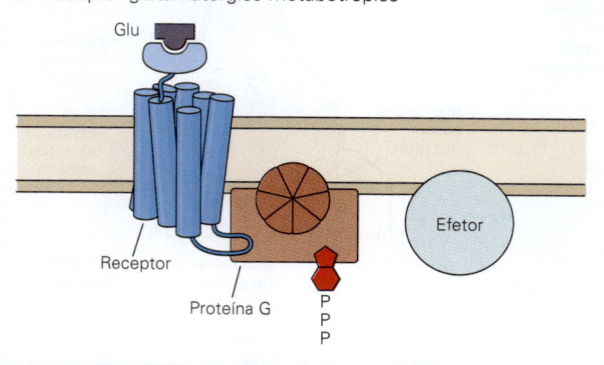

FIGURA 13-3 Diferentes classes de receptores glutamatérgicos regulam ações sinápticas excitatórias em neurônios do encéfalo e da medula espinal.

A. Receptores glutamatérgicos ionotrópicos abrem diretamente canais iônicos permeáveis a cátions. Os receptores tipo AMPA e cainato ligam-se aos agonistas de glutamato AMPA ou cainato respectivamente; esses receptores contêm um canal permeável ao Na^+ e K^+. O receptor NMDA, que liga o agonista glutamatérgico NMDA, contém um canal permeável a Ca^{2+}, K^+ e Na^+. Ele tem sítios de ligação para glutamato, glicina, Zn^{2+}, fenciclidina (**PCP**), MK801 (uma substância utilizada experimentalmente) e Mg^{2+}, onde cada um desses ligantes regula diferentemente o canal.
B. A ligação de glutamato (**Glu**) a receptores glutamatérgicos metabotrópicos causa indiretamente a abertura de canais iônicos pela ativação de proteínas ligantes de GTP (**proteína G**), as quais, por sua vez, interagem com moléculas efetoras que alteram a atividade metabólica e de canais iônicos (Capítulo 11).

Em contraste, os receptores metabotrópicos podem produzir excitação ou inibição, dependendo do potencial de reversão das correntes iônicas que regulam e se promovem a abertura ou fechamento do canal.

Os receptores glutamatérgicos ionotrópicos são codificados por uma grande família gênica

Nos últimos 30 anos, foi identificada uma grande variedade de genes que codificam as subunidades de todos os principais receptores de neurotransmissores. Além disso, muitos desses genes de subunidades estão sujeitos a mudanças no processamento do mRNA, com remoção de íntrons e rearranjos de éxons (*alternative splicing*), gerando mais diversidade proteica. Essa análise molecular demonstra conexões evolutivas entre as estruturas dos receptores que permitem classificá-los em três famílias distintas (**Figura 13-4**).

A família de receptores ionotrópicos de glutamato inclui os receptores AMPA, cainato e NMDA. Os genes que codificam os receptores AMPA e cainato estão mais proximamente relacionados entre si do que os genes que codificam os receptores NMDA. De modo surpreendente, a família de receptores de glutamato tem pouca semelhança com as outras duas famílias de genes que codificam receptores ionotrópicos (uma dos quais codifica os receptores nicotínicos de ACh, GABA e glicina, e o outra os receptores de ATP, descritos posteriormente).

Os receptores AMPA, cainato e NMDA são tetrâmeros compostos por dois ou mais tipos de subunidades relacionadas, com todas as quatro subunidades dispostas em torno de um poro central. As subunidades do receptor AMPA são codificadas por quatro genes separados (*GluA1-GluA4*), enquanto as subunidades do receptor cainato são codificadas por cinco genes diferentes (*GluK1-GluK5*). Acredita-se que os autoanticorpos para a subunidade GluA3 do receptor AMPA desempenhem um papel importante em alguns tipos de epilepsia. Esses anticorpos de fato mimetizam as ações do glutamato, ativando os receptores de glutamato contendo GluA3, o que resulta em excitação excessiva e convulsões. Os receptores NMDA, por outro lado, são codificados por uma família composta por cinco genes que se dividem em dois grupos: o gene *GluN1* codifica um tipo de subunidade, enquanto quatro genes *GluN2* distintos (*A-D*) codificam um segundo tipo. Cada receptor NMDA contém duas subunidades GluN1 e duas subunidades GluN2.

Os receptores de glutamato são construídos a partir de um conjunto de módulos estruturais

Todas as subunidades do receptor de glutamato ionotrópico compartilham uma arquitetura comum com motivos estruturais semelhantes. Eric Gouaux e colaboradores forneceram informações importantes sobre a estrutura dos receptores ionotrópicos de glutamato, inicialmente por meio de um modelo cristalográfico de raios X de um receptor AMPA composto por quatro subunidades GluA2. As subunidades têm um grande domínio aminoterminal extracelular, que é seguido na sequência de aminoácidos primária por um domínio extracelular de ligação ao ligante e um domínio transmembrana (**Figuras 13-4B** e **13-5**). O domínio transmembrana contém três segmentos de α-hélice transmembrana (M1, M3 e M4) e uma alça (M2) entre as hélices M1 e M3, que mergulha para dentro e para fora no lado citoplasmático da membrana. Essa alça M2 se assemelha à alça P de revestimento de poros dos canais K^+ e ajuda a formar o filtro de seletividade do canal (ver **Figura 8-12**).

Ambos os domínios extracelulares são homólogos aos domínios de proteínas de ligação de aminoácidos encontrados em bactérias. O domínio de ligação ao ligante é uma estrutura tipo garra bilobulada (**Figura 13-5A**), enquanto o domínio aminoterminal é homólogo ao domínio de ligação ao glutamato dos receptores metabotrópicos de glutamato,

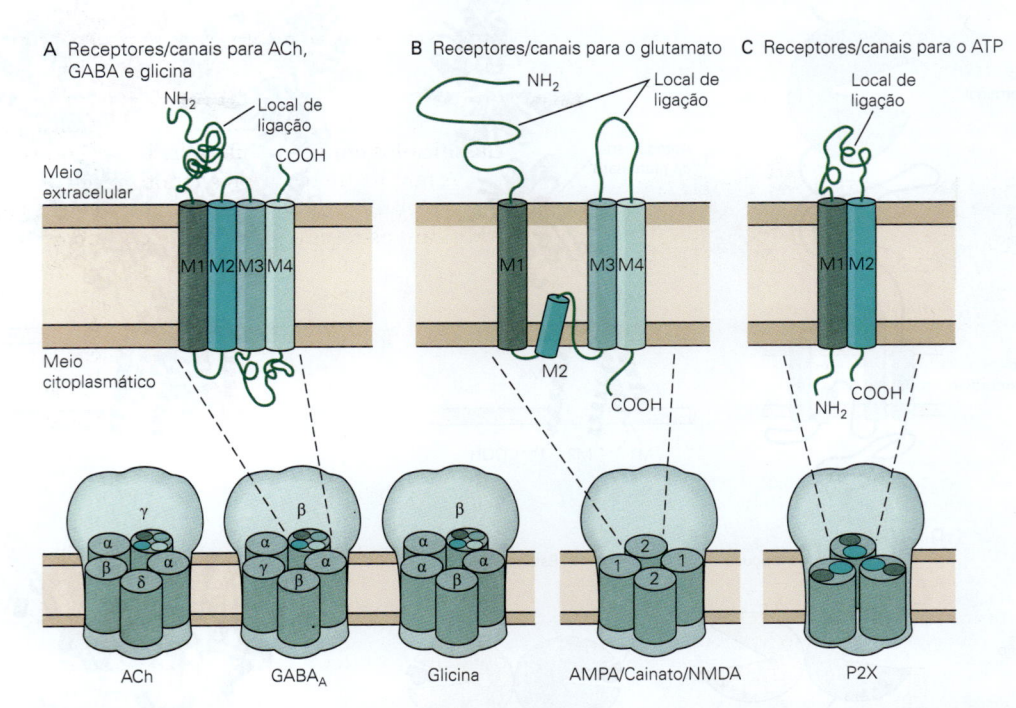

FIGURA 13-4 As três famílias de receptores ionotrópicos.

A. Os receptores ionotrópicos de ACh (nicotínicos), GABA$_A$ e glicina são todos pentâmeros compostos por vários tipos de subunidades relacionadas. Como mostrado aqui, o domínio de ligação é formado por uma região aminoterminal extracelular da proteína. Cada subunidade tem um domínio de membrana com quatro segmentos α-hélice transmembrana (M1-M4) e um pequeno domínio carboxiterminal extracelular. A hélice M2 reveste o poro do canal.

B. Os receptores/canais para o glutamato são tetrâmeros, frequentemente compostos de duas subunidades diferentes bastante relacionadas (aqui indicadas como 1 e 2). As subunidades têm um grande domínio aminoterminal extracelular, um domínio de membrana com três segmentos α-hélice transmembrana (M1, M3 e M4), uma grande alça extracelular conectando as hélices M3 e M4 e um domínio carboxiterminal intracelular. O segmento M2 que forma uma alça que penetra parcialmente para dentro e para fora no lado citoplasmático da membrana, contribuindo para a seletividade do canal. O local de ligação para o glutamato é formado por resíduos do domínio aminoterminal extracelular e da alça M3-M4 extracelular.

C. Os receptores/canais para adenosina trifosfato (**ATP**) (denominados receptores purinérgicos P2X) são trímeros. Cada subunidade possui dois segmentos α-hélice transmembrana (M1 e M2) e uma grande alça extracelular que liga ATP. A hélice M2 reveste o poro.

mas não se liga ao glutamato. Em vez disso, nos receptores ionotrópicos de glutamato, esse domínio está envolvido na montagem de subunidades, na modulação da função do receptor por outros ligantes que não o glutamato e/ou na interação com outras proteínas sinápticas para regular o desenvolvimento da sinapse.

O domínio de ligação é formado por duas regiões distintas na sequência linear da proteína. Uma região compreende a extremidade do domínio aminoterminal até a hélice transmembrana M1; a segunda região é formada por uma alça extracelular grande que conecta as hélices M3 e M4 (**Figura 13-5A**). Nos receptores ionotrópicos, a ligação de uma molécula de glutamato dentro da garra desencadeia o fechamento dos lóbulos; antagonistas competitivos também se ligam à garra, mas não conseguem desencadear o seu fechamento. Isso sugere que a mudança conformacional associada ao fechamento da garra é importante para a abertura do canal iônico.

Além das subunidades centrais que formam o canal, os receptores AMPA contêm subunidades adicionais (ou auxiliares) que regulam o tráfego do receptor para a membrana e sua função. Uma classe importante de subunidades auxiliares compreende as *proteínas transmembrana reguladoras do receptor AMPA* (TARPs, do inglês *transmembrane AMPA receptor regulatory proteins*). Uma subunidade TARP tem quatro domínios transmembrana, e sua associação com as subunidades do receptor AMPA formadoras de poros aumenta o tráfego à superfície membrana, a localização sináptica e a abertura dos receptores AMPA. O primeiro membro da família TARP identificado foi a estargazina, isolada durante uma análise genética do camundongo mutante *stargazer*, assim denominado devido aos movimentos de elevação da cabeça. A perda dessa proteína causou a perda completa de receptores AMPA nos neurônios granulares do cerebelo, o que levou a ataxia cerebelar e convulsões frequentes. Outros membros da família TARP são similarmente requeridos para o tráfego de receptores AMPA para a superfície da membrana em outros tipos de neurônios.

A criomicroscopia eletrônica de alta resolução revelou a estrutura das subunidades TARP em associação com as subunidades do receptor AMPA (**Figura 13-5D,E**). Esses estudos sugerem que as interações entre uma subunidade

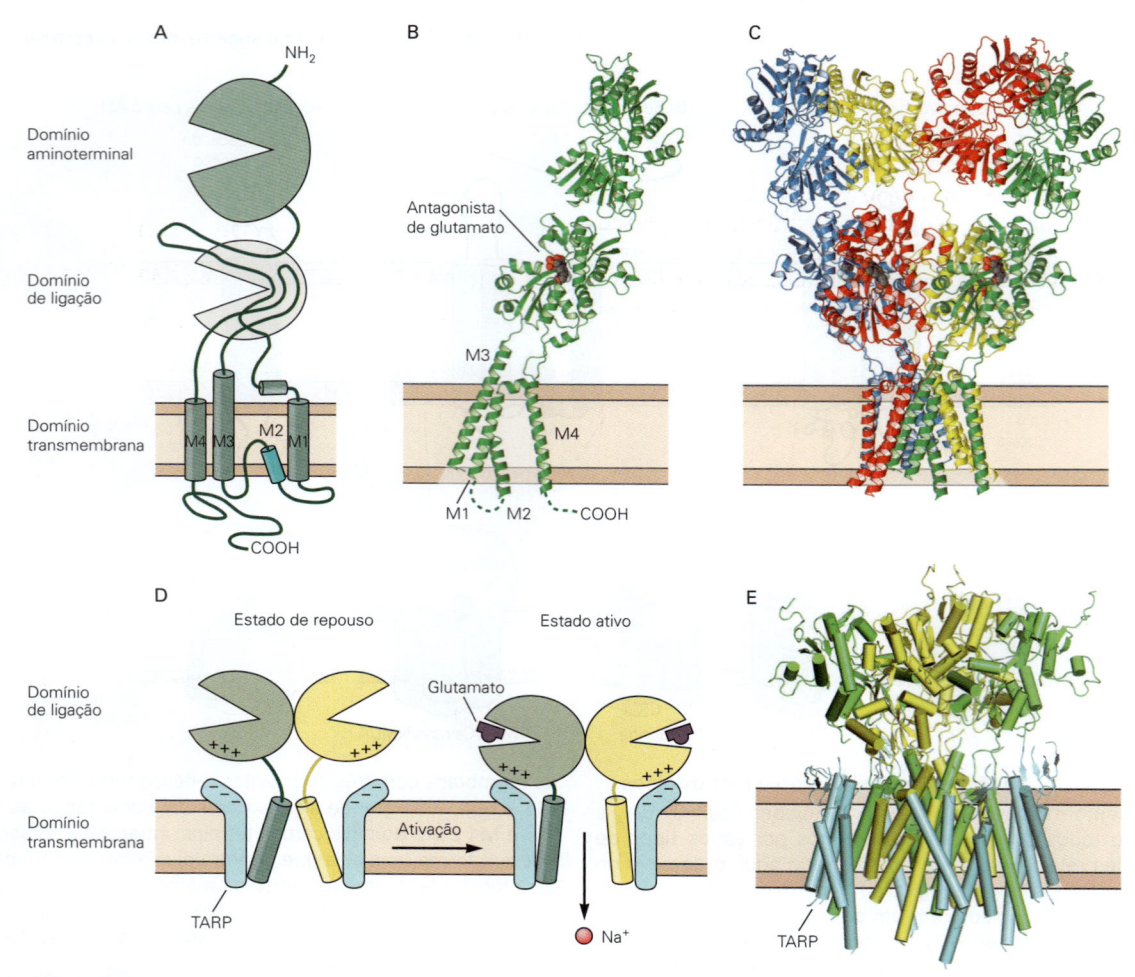

FIGURA 13-5 Estrutura atômica de um receptor glutamatérgico ionotrópico.

A. Organização esquemática dos receptores glutamatérgicos ionotrópicos. Os receptores contêm um grande domínio aminoterminal extracelular, um domínio de membrana contendo três segmentos α-hélice transmembrana (M1, M3 e M4) e uma alça que mergulha parcialmente no lado citoplasmático da membrana (M2). O domínio ligante de glutamato é formado por uma região extracelular do lado aminoterminal do segmento M1 e pela alça extracelular entre os segmentos M3 e M4. Essas duas regiões se entrelaçam para formar uma estrutura em "garra" que liga glutamato e vários agonistas farmacológicos e antagonistas competitivos. Uma segunda estrutura em "garra" é formada no extremo aminoterminal do receptor. Nos receptores ionotrópicos de glutamato, este domínio aminoterminal não se liga ao glutamato, mas possivelmente modula a função do receptor e o desenvolvimento da sinapse. (Reproduzida, com autorização, de Armstrong et al., 1998.)

B. Estrutura tridimensional cristalográfica por raios X de um receptor AMPA composto exclusivamente por subunidades GluA2. Esta vista lateral mostra o aminoterminal, o local de ligação e os domínios transmembrana (compare ao painel A). Os segmentos α-hélice transmembrana M1, M3 e M4 estão indicados, bem como uma α-hélice curta na alça M2. Uma molécula de um antagonista competitivo de glutamato no domínio ligante é mostrada (**representação em vermelho no modelo**). As alças citoplasmáticas que conectam as α-hélices da membrana não foram resolvidas na estrutura e foram desenhadas como **linhas tracejadas**. (Reproduzida, com autorização, de Sobolevsky, Rosconi e Gouaux, 2009.)

C. Esta vista lateral mostra a estrutura de um receptor montado a partir de quatro subunidades GluA2 idênticas (as subunidades são coloridas de forma diferente para fins ilustrativos). As subunidades GluA2 associam-se através de seus domínios extracelulares como um par de dímeros (simetria de duas dobras). No domínio aminoterminal, um dímero é formado pelas subunidades **azul** e **amarela**, enquanto o outro dímero é formado pelas subunidades **vermelha** e **verde**. No domínio ligante, as subunidades mudam de parceiros. Em um dímero, a subunidade azul associa-se com a subunidade vermelha, enquanto no outro dímero, a subunidade amarela associa-se com a subunidade verde. Na região transmembrana, as subunidades associam-se como um tetrâmero com simetria de quatro dobras. O significado desse arranjo de subunidades altamente incomum não é totalmente compreendido. (Reproduzida, com autorização, de Sobolevsky, Rosconi e Gouaux, 2009.)

D. Vista lateral de um desenho das subunidades TARP auxiliares (**azul**) associadas a subunidades GluA2 formadoras do poro. Para simplificar, apenas o domínio transmembrana e de ligação ao glutamato de duas das quatro subunidades GluA2 é mostrado. Duas das quatro subunidades de TARP são mostradas. A ligação do glutamato faz o domínio de ligação tipo garra se fechar, levando a uma mudança conformacional no domínio transmembrana que abre o poro. Uma interação eletrostática entre TARP e GluA2 estabiliza o estado aberto do receptor. (Adaptada, com autorização, de Mayer, 2016. Copyright © 2016 Elsevier Ltd.)

E. Estrutura tridimensional do complexo TARP-GluA2. As α-hélices são mostradas como cilindros. As quatro subunidades TARP são mostradas em **azul**. Domínios transmembrana e de ligação ao glutamato da subunidade GluA2 são mostrados em **amarelo** e **verde**, respectivamente. (Adaptada, com autorização, de Mayer, 2016. Copyright © 2016 Elsevier Ltd.)

TARP e o domínio de ligação de um receptor AMPA podem estabilizar o receptor no estado aberto ligado ao glutamato, aumentando, assim, o tempo de abertura do canal, a condutância de canal único e a afinidade pelo glutamato.

Considerando a homologia entre os vários subtipos de receptores de glutamato, não é surpreendente que a estrutura geral dos receptores cainato e NMDA seja semelhante à do receptor homomérico GluA2. Entretanto, há algumas diferenças importantes que originam as funções fisiológicas distintas dos diferentes receptores. A alta permeabilidade dos canais do receptor NMDA para Ca^{2+} foi localizada em um único resíduo de aminoácido na alça M2 formadora do poro. Todas as subunidades dos receptores NMDA possuem um resíduo neutro de asparagina nessa posição no poro. Na maioria dos tipos de subunidades do receptor de AMPA, o resíduo nessa posição é o aminoácido glutamina não carregado; na subunidade GluA2, no entanto, o resíduo M2 correspondente é arginina, um aminoácido básico carregado positivamente. A inclusão de até mesmo uma única subunidade GluA2 impede que o canal do receptor AMPA conduza Ca^{2+} (**Figura 13-6B**), provavelmente como resultado de forte repulsão eletrostática pela arginina. A abertura dos canais do receptor AMPA em células que não possuem a subunidade GluA2 pode produzir um influxo significativo de Ca^{2+} porque os poros desses receptores não possuem o resíduo de arginina carregado positivamente.

Interessantemente, o DNA do gene *GluA2* não codifica um resíduo de arginina nesta posição na alça M2, mas codifica um resíduo de glutamina. Após a transcrição, o códon para glutamina no mRNA *GluA2* é substituído por um para arginina por meio de um processo enzimático denominado edição de RNA (**Figura 13-6A**). A importância desta edição de RNA foi investigada usando um camundongo geneticamente modificado cujo gene *GluA2* foi projetado para que o nucleotídeo relevante no códon de glutamina não pudesse mais ser alterado para arginina. Esses camundongos desenvolvem convulsões e morrem dentro de algumas semanas após o nascimento, presumivelmente porque a alta permeabilidade ao Ca^{2+} de todos os receptores AMPA resulta em um excesso de Ca^{2+} intracelular.

Os receptores NMDA e AMPA estão organizados em uma rede funcional de proteínas nas densidades pós-sinápticas

Como diferentes receptores glutamatérgicos estão localizados e arranjados nas sinapses excitatórias? Os receptores de glutamato, como a maioria dos receptores ionotrópicos, normalmente estão agrupados em locais pós-sinápticos da membrana, precisamente em oposição aos terminais glutamatérgicos pré-sinápticos. A grande maioria das sinapses excitatórias no sistema nervoso maduro contém receptores NMDA e AMPA, enquanto no desenvolvimento inicial são comuns as sinapses contendo apenas receptores NMDA. O padrão de localização e expressão do receptor nas sinapses individuais depende de um grande número de proteínas reguladoras que constituem a densidade pós-sináptica e ajudam a organizar a estrutura tridimensional da membrana celular pós-sináptica.

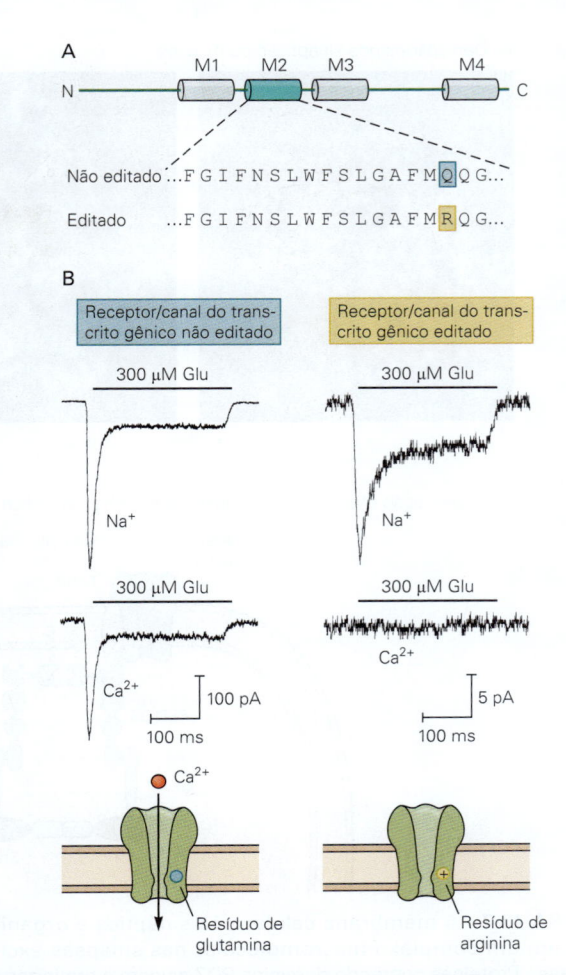

FIGURA 13-6 Determinantes da permeabilidade do Ca^{2+} no receptor AMPA.
A. Comparação da sequência de aminoácidos na região M2 no receptor AMPA codificadas nos transcritos dos genes *GluA2* antes e depois da edição do RNA. Um transcrito não editado codifica glutamina, um aminoácido polar (representado pela letra Q, na nomenclatura de uma letra para aminoácidos), enquanto o transcrito editado codifica arginina, um resíduo de aminoácido positivamente carregado (representado pela letra R). Em animais adultos, a subunidade proteica GluA2 existe quase exclusivamente na forma editada.
B. Os receptores AMPA expressos a partir de transcritos não editados conduzem Ca^{2+} (*traços à esquerda*), enquanto aqueles expressos a partir de transcritos editados não o fazem (*traços à direita*). Os traços de cima e de baixo mostram correntes causadas pelo glutamato, de Na^+ extracelular (*em cima*) ou de Ca^{2+} (*embaixo*) como cátion predominante na corrente. (Reproduzida, com autorização, de Sakmann, 1992. Copyright © 1992 Elsevier.)

A densidade pós-sináptica (PSD) é uma estrutura notavelmente estável, permitindo seu isolamento bioquímico, purificação e caracterização. Estudos de microscopia eletrônica de PSDs intactas e isolados fornecem uma visão impressionantemente detalhada de sua estrutura (**Figura 13-7A**). Usando-se anticorpos marcados com ouro é possível identificar componentes proteicos específicos da membrana pós-sináptica, incluindo a localização e o

A Densidades pós-sinápticas purificadas

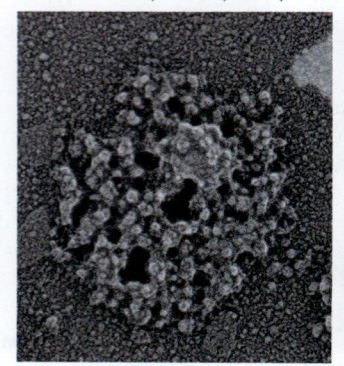

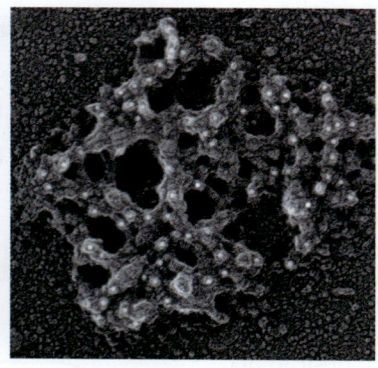

B Distribuição de receptores

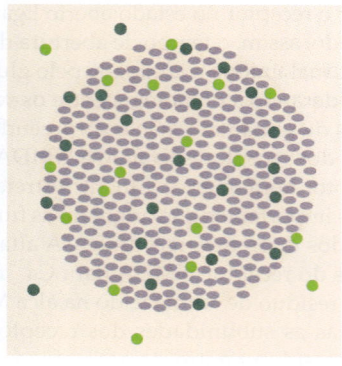

- Receptores AMPA
- Receptores NMDA
- PSD-95

C Organização molecular da sinapse no espinho dendrítico

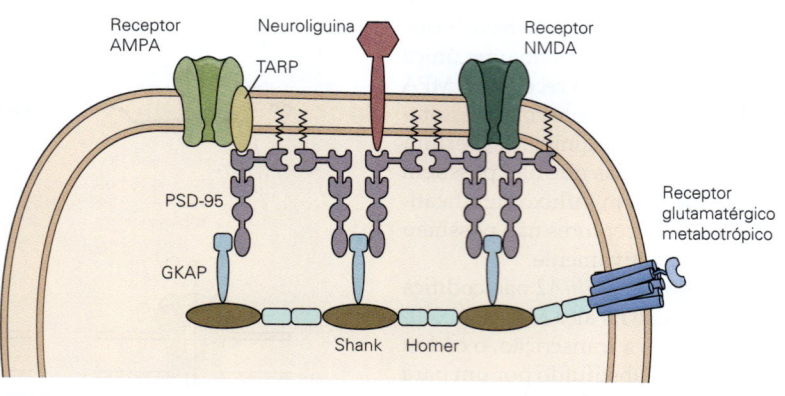

FIGURA 13-7 A membrana celular pós-sináptica é organizada em um complexo macromolecular nas sinapses excitatórias. Proteínas contendo domínios PDZ ajudam a organizar a distribuição dos receptores AMPA e NMDA na membrana na densidade pós-sináptica. (Reproduzida, com autorização, de Sheng e Hoogenrad, 2007. Micrografias obtidas originalmente por Thomas S. Reese e Xiaobing Chen; National Intitutes of Health, EUA.)

A. Imagens de microscopia eletrônica de densidades pós-sinápticas bioquimicamente purificadas, mostrando a organização da rede proteica. A bicamada lipídica não está mais presente. *À esquerda:* Visão da densidade pós-sináptica a partir do que normalmente seria o lado de fora da célula. Esta imagem consiste em domínios extracelulares de vários receptores e proteínas de membrana. *À direita:* Visão da densidade pós-sináptica a partir do que normalmente seria o lado citoplasmático da membrana. Os **pontos brancos** mostram a proteína de ancoramento da guanilato-cinase imunomarcada, um componente importante da densidade pós-sináptica.

B. Distribuição de receptores NMDA e AMPA e de PSD-95, uma proteína proeminente na organização da densidade pós-sináptica, em uma sinapse.

C. A rede de receptores e proteínas que interagem na densidade pós-sináptica. A PSD-95 contém três domínios PDZ na região aminoterminal e outros dois domínios de interação proteica na região carboxiterminal, um domínio SH3 e outro domínio guanilato-cinase (**GK**). Determinados domínios PDZ da proteína PSD-95 interagem com a região carboxiterminal da subunidade GluN2 dos receptores NMDA. A PSD-95 não interage diretamente com receptores AMPA, mas se liga com a região carboxiterminal de proteínas de membrana da família TARP, que, por sua vez, interagem com receptores de AMPA como subunidades auxiliares. A PSD-95 também atua como proteína "andaime" que ancora várias proteínas citoplasmáticas por intermédio da proteína associada à guanilato-cinase (**GKAP**, do inglês *GK-associated protein*), a qual interage com a proteína Shank, uma proteína grande que associa diversas proteínas das densidades pós-sinápticas em uma rede estrutural. A PSD-95 também interage com a região citoplasmática de uma proteína de membrana denominada neuroliguina. O receptor metabotrópico de glutamato está localizado na periferia da sinapse onde interage com a proteína denominada Homer, que, por sua vez, se liga a Shank.

número de receptores glutamatérgicos. Uma PSD típica tem um diâmetro aproximado de 350 nm e contém cerca de 20 receptores NMDA, os quais tendem a se localizar próximo ao centro da DPS, e 10 a 50 receptores AMPA, que se localizam menos centralmente. Os receptores glutamatérgicos metabotrópicos são localizados na periferia sináptica, fora da área principal da PSD. Todos os três tipos de receptores interagem com um amplo conjunto de proteínas citoplasmáticas e de membrana que asseguram sua localização apropriada (**Figura 13-7C**).

Uma das mais destacadas proteínas na PSD importante para o agrupamento dos receptores glutamatérgicos é denominada PSD-95 (devido ao peso molecular de 95 kD). A PSD-95 é uma proteína associada à membrana que contém três regiões repetidas chamadas domínios PDZ, fundamentais para interações proteína-proteína. (Esses domínios foram assim denominados em função das letras iniciais das primeiras três proteínas em que eles foram identificados: PSD-95, DLG – uma proteína supressora de tumores em *Drosophila* e ZO-1 – proteína *zonula occludens 1*.) Os domínios PDZ ligam sequências específicas na região carboxiterminal de diversas proteínas. Os domínios PDZ da PSD-95 ligam o receptor NMDA e os canais de K^+ dependentes de voltagem (do tipo *shaker*), desse modo localizando e concentrando esses canais em locais pós-sinápticos. O PSD-95 também interage com a proteína de membrana pós-sináptica neuroliguina, que entra em contato com a proteína de membrana pré-sináptica neurexina na fenda sináptica, uma interação importante para o desenvolvimento da sinapse. Mutações na neuroliguina parecem contribuir para alguns casos de autismo.

Embora o PSD-95 não se ligue diretamente aos receptores AMPA, ele interage com as subunidades TARP. A localização apropriada dos receptores AMPA na membrana pós-sináptica depende da interação entre o carboxiterminal da subunidade TARP e a PSD-95. Os receptores AMPA também se ligam a outra proteína com domínio do tipo PDZ, denominada GRIP, enquanto os receptores glutamatérgicos metabotrópicos interagem ainda com outra proteína contendo domínio tipo PDZ, denominada Homer. Além da interação com receptores, as proteínas com domínios PDZ interagem com muitas outras proteínas celulares, incluindo proteínas que se ligam à actina do citoesqueleto, providenciando um arcabouço sobre o qual um complexo de proteínas pós-sinápticas é construído. De fato, a análise bioquímica da PSD tem identificado dúzias de proteínas que participam de complexos com receptores AMPA ou NMDA.

Os receptores NMDA têm propriedades biofísicas e farmacológicas únicas

Os receptores NMDA têm várias propriedades interessantes que os distinguem dos receptores AMPA. Como mencionado anteriormente, os receptores NMDA têm diferentemente alta permeabilidade ao Ca^{2+}. Além disso, o receptor NMDA é único entre os canais controlados por ligantes até agora caracterizados porque sua abertura depende da voltagem da membrana, bem como da ligação do transmissor.

A dependência de voltagem do receptor de NMDA é causada por um mecanismo bastante diferente daquele observado em canais dependentes de voltagem que geram um potencial de ação. Nesses últimos, as mudanças no potencial de membrana implicam em mudanças conformacionais no canal, induzidas por um sensor de voltagem intrínseco. Nos receptores NMDA, no entanto, a despolarização exige a remoção de um bloqueio extrínseco ao canal – no potencial da membrana em repouso (–65 mV), um íon Mg^{2+} extracelular liga-se fortemente a um local no interior do poro do canal, impedindo a corrente iônica. Porém, quando a membrana é despolarizada (p. ex., por abertura dos receptores ionotrópicos AMPA), o Mg^{2+} é expelido do canal por repulsão eletrostática, permitindo o fluxo de Na^+, K^+ e Ca^{2+} (**Figura 13-8**). O receptor NMDA tem a propriedade interessante de ser inibido pela droga alucinógena *fenciclidina* (PCP) e o composto experimental MK801. Ambos os compostos se ligam a um sítio no poro do canal que é distinto do sítio de ligação ao Mg^{2+} (**Figura 13-3A**).

Na maioria das sinapses centrais glutamatérgicas, a membrana pós-sináptica contém receptores NMDA e AMPA. A contribuição relativa das correntes através dos receptores NMDA e AMPA para a corrente excitatória pós-sináptica (CEPS) total pode ser quantificada usando-se antagonistas farmacológicos em um experimento com fixação de voltagem (*voltage clamp*, **Figura 13-9**). Como os receptores NMDA são amplamente inibidos por Mg^{2+} no potencial normal de repouso da maioria dos neurônios, a CEPS é predominantemente determinada pelo fluxo de carga através dos receptores AMPA. Essa corrente tem fases de subida e descida muito rápidas. Entretanto, à medida que o neurônio se torna despolarizado, o Mg^{2+} é removido da boca dos receptores NMDA e mais carga flui por esses canais. Portanto, o receptor NMDA conduz a corrente mais ativamente quando duas condições são satisfeitas: a presença de glutamato e a despolarização da célula. Ou seja, o receptor NMDA atua como um "detector de coincidência" molecular, abrindo durante a ativação simultânea das células pré-sinápticas e pós-sinápticas. Além disso, devido à sua cinética intrínseca de ativação do ligante, a corrente através do canal do receptor NMDA aumenta e decai com um curso de tempo muito mais lento do que a corrente através dos canais do receptor AMPA. Sendo assim, os receptores NMDA contribuem para a fase tardia lenta da CEPS e do PEPS.

Como a maioria das sinapses glutamatérgicas contém receptores AMPA que são capazes de desencadear um potencial de ação por si mesmos, qual é a função do receptor NMDA? À primeira vista, a função desses receptores é ainda mais intrigante porque seu canal intrínseco é normalmente bloqueado pelo Mg^{2+} no potencial de repouso. No entanto, a alta permeabilidade dos canais do receptor NMDA ao Ca^{2+} os confere a capacidade especial de produzir um aumento acentuado na $[Ca^{2+}]$ intracelular que pode ativar várias cascatas de sinalização dependentes de cálcio, incluindo várias proteínas-cinases diferentes (Capítulos 15 e 53). Portanto, a ativação do receptor NMDA pode traduzir sinais elétricos em sinais bioquímicos. Algumas dessas reações bioquímicas levam a mudanças duradouras na força sináptica por meio de um conjunto de processos chamados plasticidade sináptica de longo prazo, que são importantes para refinar as conexões sinápticas durante o desenvolvimento inicial e regular os circuitos neurais no encéfalo adulto, incluindo circuitos críticos para memória de longo prazo.

As propriedades do receptor NMDA são a base da plasticidade sináptica de longo prazo

Em 1973, Tim Bliss e Terje Lomo descobriram que um breve período de estimulação sináptica de alta intensidade e alta frequência (conhecido como estimulação tetânica) leva à *potenciação de longa duração* (LTP) da transmissão sináptica excitatória no hipocampo, uma região do cérebro de mamífero necessário para muitas formas de memória de longo prazo (**Figura 13-10**; ver Capítulos 53 e 54). Estudos subsequentes demonstraram que a LTP requer um influxo de Ca^{2+} através dos canais do receptor NMDA, que se abrem em resposta ao efeito combinado da liberação de glutamato e forte despolarização pós-sináptica durante a estimulação

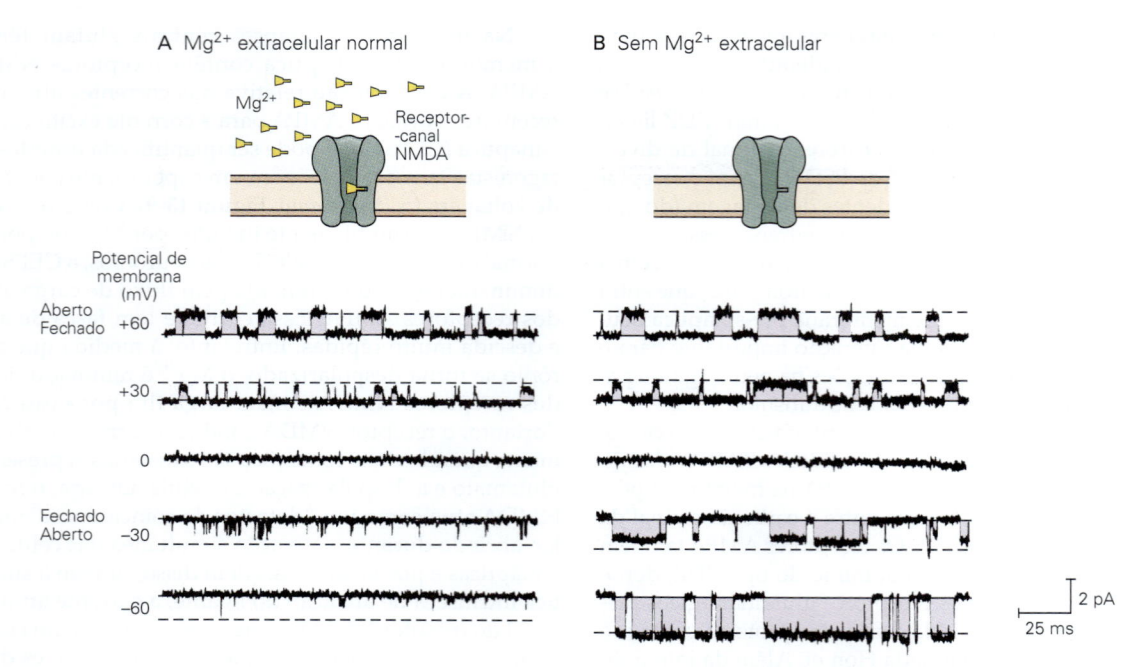

FIGURA 13-8 A abertura de um receptor NMDA depende do potencial de membrana, além da presença de glutamato. Estes registros em fragmentos micrométricos de membrana plasmática (*patch-clamp*) são de receptores NMDA individuais (obtidos de neurônios hipocampais de rato em cultura). Deflexões **para baixo** indicam pulsos de corrente para dentro (negativos); deflexões **para cima** indicam pulsos de corrente para fora (positivos). (Reproduzida, com autorização, de J. Jen e C. F. Stevens.)
A. Quando Mg^{2+} está presente em concentrações fisiológicas na solução extracelular (1,2 mM), o canal está bloqueado no potencial de repouso (−60 mV). Em potenciais negativos de membrana, apenas correntes para dentro breves e oscilantes são observadas, devido ao bloqueio do canal pelo Mg^{2+}. A despolarização substancial para voltagens positivas para o potencial de reversão de 0 mV (para +30 mV ou +60 mV) remove o bloqueio Mg^{2+}, permitindo pulsos mais duradouros de corrente de saída através do canal.

B. Quando o Mg^{2+} é removido da solução extracelular, a abertura e o fechamento do canal não dependem de voltagem, O canal é aberto no potencial de repouso de −60 mV, e as correntes sinápticas sofrem reversão próximas de 0 mV, como a corrente sináptica total (ver **Figura 13-9B**).

tetânica. A LTP é bloqueada se a estimulação tetânica for executada na presença de APV, que bloqueia os receptores NMDA, ou se o neurônio pós-sináptico for injetado com um composto que quela o Ca^{2+} intracelular.

Considera-se que o aumento de Ca^{2+} na célula pós-sináptica potencializa a transmissão sináptica ativando cascatas bioquímicas pós-sinápticas que desencadeiam a inserção de receptores AMPA adicionais na membrana pós-sináptica. Em algumas circunstâncias, o Ca^{2+} pós-sináptico pode desencadear a produção de um mensageiro retrógrado, um sinal químico que aumenta a liberação do transmissor do terminal pré-sináptico (Capítulo 14). Como é discutido mais adiante, o acúmulo de Ca^{2+} e a ativação bioquímica são amplamente restritos aos espinhos individuais que são ativadas pela estimulação tetânica. Como resultado, a LTP é específica para os locais de entrada; apenas aquelas sinapses que são ativados durante a estimulação tetânica são potencializadas.

É improvável que o disparo pré-sináptico de alta frequência prolongado necessário para induzir a LTP seja alcançado sob condições fisiológicas. No entanto, uma forma de plasticidade mais fisiologicamente relevante, denominada plasticidade dependente do tempo de pico (STDP, do inglês *spike-timing-dependent plasticity*), pode ser induzida se um único estímulo pré-sináptico for emparelhado em baixa frequência com o disparo desencadeado de um ou mais potenciais de ação pós-sinápticos, proporcionando despolarização suficiente para liberar o bloqueio Mg^{2+} do poro do receptor NMDA. A atividade pré-sináptica deve preceder o disparo pós-sináptico, seguindo uma regra proposta em 1949 pelo psicólogo Donald Hebb sobre como os neurônios individuais podem se agrupar em conjuntos funcionais durante o armazenamento de memória associativa. Várias linhas de evidência agora sugerem que LTP, STDP ou processos relacionados fornecem um mecanismo celular importante para armazenamento de memória (Capítulos 53 e 54) e ajuste fino de conexões sinápticas durante o desenvolvimento (Capítulo 49).

Os receptores NMDA contribuem para doenças neuropsiquiátricas

Infelizmente, também há uma desvantagem em recrutar Ca^{2+} por meio dos receptores NMDA. Concentrações excessivamente altas de glutamato podem resultar em uma sobrecarga de Ca^{2+} nos neurônios pós-sinápticos, uma condição que pode ser tóxica para os neurônios. Em células cultivadas, mesmo uma breve exposição a altas concentrações de glutamato pode matar muitos neurônios, um fenômeno

A Componentes inicial e tardio da corrente sináptica

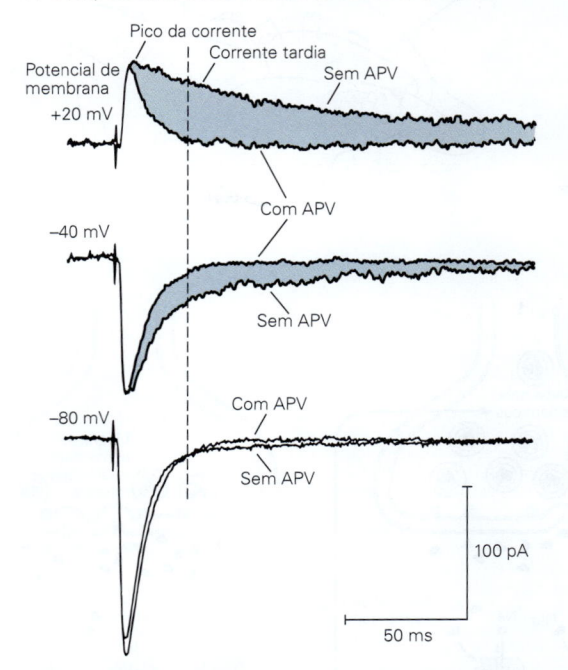

B Relação corrente-voltagem da corrente sináptica

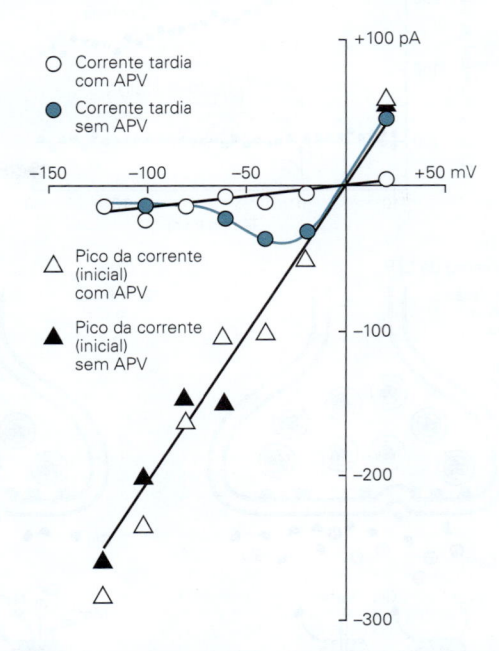

FIGURA 13-9 As contribuições dos receptores AMPA e NMDA para a corrente excitatória pós-sináptica. Estes registros de corrente com fixação de voltagem (*voltage clamp*) são de uma célula do hipocampo de rato. Receptores similares estão presentes nos neurônios motores e em todo o encéfalo. (Adaptada, com autorização, de Hestrin et al., 1990).
A. O composto APV seletivamente liga e bloqueia o receptor NMDA. São mostradas aqui correntes excitatórias pós-sinápticas (**CEPSs**) antes e durante a aplicação de APV (50 μM) em três potenciais de membrana diferentes. A diferença entre os traçados (**região azul**) representa a contribuição do receptor NMDA para a CEPS. A corrente que permanece na presença de APV é a contribuição do receptor AMPA. Em −80 mV, não há corrente através do receptor NMDA, devido ao pronunciado bloqueio pelo Mg^{2+} (ver **Figura 13-8**). Em −40 mV, é observada uma pequena corrente (componente tardio) para dentro, através dos receptores NMDA. Em +20 mV, o componente tardio é mais proeminente e sofre inversão, tornando-se uma corrente de saída. O tempo 25 ms após o pico da corrente sináptica (**linha tracejada**) é usado para os cálculos da corrente tardia na parte B.

B. As correntes pós-sinápticas através dos receptores NMDA e AMPA diferem na dependência do potencial de membrana. A corrente através dos receptores AMPA contribui para a fase inicial da corrente sináptica (**triângulos sólidos**). A fase inicial é medida no pico da corrente sináptica e plotada aqui como função do potencial de membrana. A corrente através dos receptores NMDA contribui para a fase tardia da corrente sináptica (**círculos sólidos**). A fase tardia é medida 25 ms após o pico da corrente sináptica, momento em que o componente do receptor AMPA decaiu quase a zero (ver parte A). Note que os receptores AMPA se comportam como resistores simples; corrente e voltagem têm uma relação linear. Em contraste, a corrente nos receptores NMDA não é linear e aumenta com a despolarização da membrana de −80 a −40 mV, devido à liberação progressiva do bloqueio pelo Mg^{2+}. O potencial de inversão de ambos os tipos de receptores acontece em 0 mV. Os componentes da corrente sináptica, na presença de APV a 50 μM, estão indicados por **círculos e triângulos vazados**. Note que o APV bloqueia o componente tardio (receptor NMDA), mas não o componente inicial (receptor AMPA).

chamado *excitotoxicidade do glutamato*. Altas concentrações de Ca^{2+} intracelular ativam proteases e fosfolipases dependentes de cálcio e levem à produção de radicais livres tóxicos para a célula.

A toxicidade do glutamato pode contribuir para danos celulares após acidente vascular encefálico, para a morte celular que ocorre com episódios de convulsões repetidas experimentadas por pacientes que têm estado de mal epiléptico e para doenças degenerativas, como a doença de Huntington. Compostos que bloqueiam seletivamente os receptores NMDA podem proteger contra os efeitos tóxicos do glutamato e têm sido testados clinicamente. As alucinações que acompanham o bloqueio dos receptores NMDA têm, até agora, limitado a utilidade de tais compostos. Uma complicação adicional das tentativas de controlar a excitotoxicidade pelo bloqueio dos receptores NMDA é que a ativação fisiológica desses receptores pode proteger os neurônios do dano e da morte celular.

Nem todos os efeitos fisiológicos e fisiopatológicos mediados pelo receptor NMDA podem resultar do influxo de Ca^{2+}. Há evidências crescentes de que a ligação do glutamato ao receptor NMDA pode causar uma mudança conformacional no receptor que ativa as vias de sinalização intracelular independentemente do fluxo iônico. Essas funções metabotrópicas do receptor NMDA podem contribuir para a depressão de longa duração, uma forma de plasticidade sináptica na qual a atividade sináptica de baixa frequência produz uma diminuição duradoura na transmissão

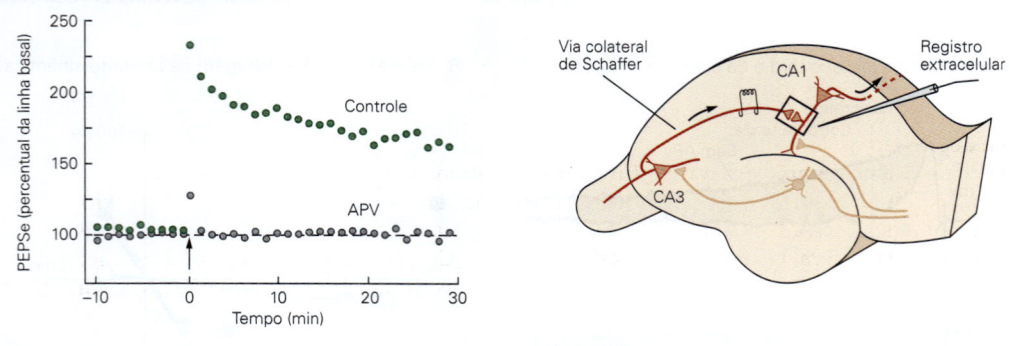

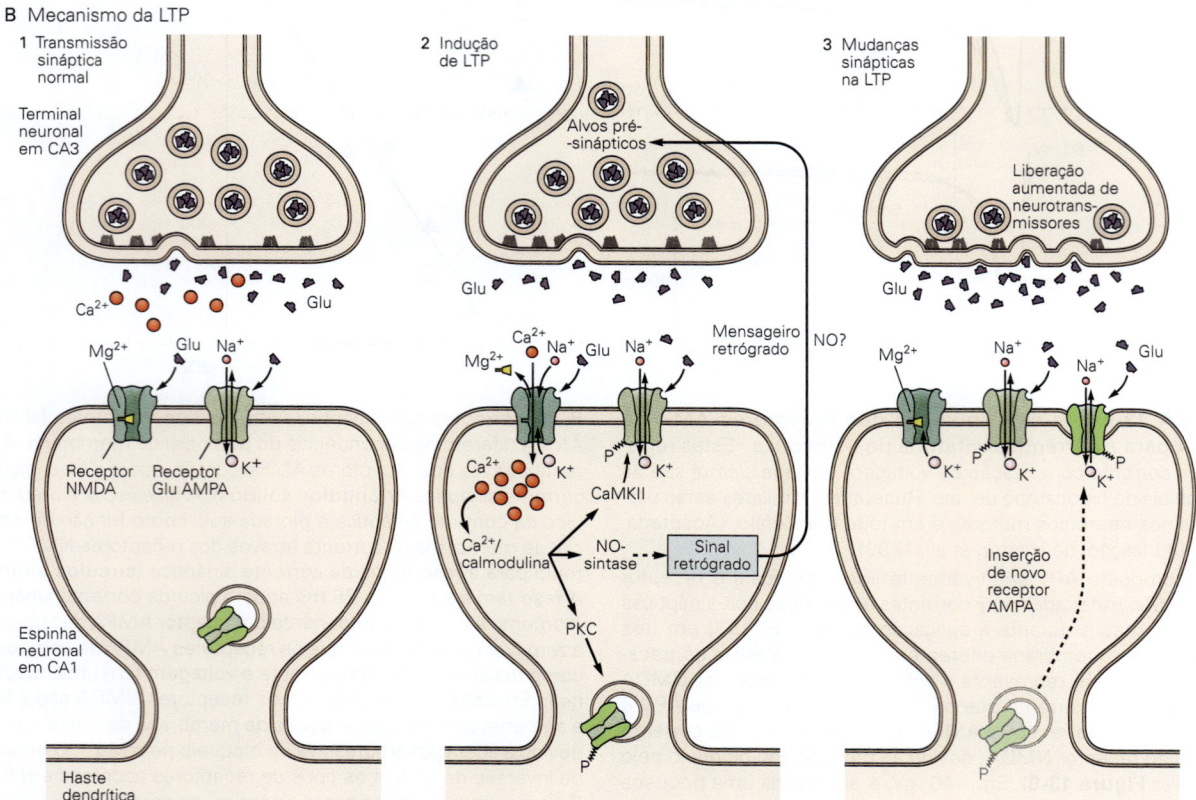

FIGURA 13-10 Potenciação de longa duração dependente do receptor NMDA da transmissão sináptica nas vias colaterais de Schaffer.

A. A estimulação tetânica da via colateral de Schaffer por 1 segundo (**seta**) induz LTP nas sinapses entre os terminais pré-sinápticos dos neurônios piramidais CA3 e os espinhos dendríticos pós-sinápticos dos neurônios piramidais CA1. O gráfico mostra o tamanho da resposta sináptica (PEPS no campo extracelular ou **PEPSe**) como uma porcentagem da resposta inicial antes da indução de LTP. Nessas sinapses, a LTP requer a ativação de receptores de NMDA nos neurônios de CA1; a LTP é completamente bloqueada quando a estimulação tetânica é aplicada na presença de APV, antagonista do receptor de NMDA. (Adaptada de Morgan e Teyler, 2001.)

B. Um modelo para o mecanismo da potenciação de longa duração nas sinapses das vias colaterais de Schaffer.

1. Durante a transmissão sináptica normal de baixa frequência, o glutamato (**Glu**) liberado dos terminais dos axônios colaterais de Schaffer em CA3 liga-se aos receptores NMDA e AMPA nos neurônios CA1 pós-sinápticos (especificamente na membrana pós-sináptica dos espinhos dendríticos, o local da entrada excitatória). Os íons sódio e potássio fluem através dos receptores AMPA, mas não através dos canais do receptor NMDA, porque seus poros são bloqueados por Mg^{2+} em potenciais negativos de membrana.

2. Durante uma estimulação tetânica, a grande despolarização da membrana pós-sináptica (causada pela grande quantidade de liberação de glutamato resultando em forte ativação dos receptores AMPA) remove o bloqueio de Mg^{2+} dos canais do receptor NMDA, permitindo o fluxo de Ca^{2+}, Na^+ e K^+ por esses canais. O aumento resultante de Ca^{2+} nos espinhos dendríticos ativa proteínas-cinases dependentes de cálcio – proteína-cinase dependente de cálcio/calmodulina (**CaMKII**) e proteína-cinase C (**PKC**) – levando à indução de LTP.

3. Cascatas de segundos mensageiros ativadas durante a indução da LTP têm dois efeitos principais na transmissão sináptica. A fosforilação, pela ativação de proteínas-cinases, incluindo a PKC, aumenta a corrente através dos receptores de AMPA, em parte pela inserção de novos receptores nas membranas pós-sinápticas dos neurônios CA1. Além disso, a célula pós-sináptica libera (de formas ainda não bem compreendidas) mensageiros retrógrados que se difundem ao terminal pré-sináptico, estimulando a liberação subsequente de neurotransmissor. Um desses mensageiros retrógrados pode ser o óxido nítrico (**NO**), produzido pela enzima NO-sintase (NOS, mostrada no painel B-2).

sináptica glutamatérgica, o oposto da LTP. As ações metabotrópicas do receptor NMDA também podem contribuir para o efeito do peptídeo β-amiloide, envolvido na doença de Alzheimer, na depressão da função sináptica.

Várias linhas de evidência implicam o mau funcionamento do receptor NMDA na esquizofrenia. O bloqueio farmacológico dos receptores NMDA com drogas como fenciclidina (PCP) ou o anestésico geral cetamina, um derivado do PCP, produz sintomas que se assemelham às alucinações associadas à esquizofrenia; em contraste, certos fármacos antipsicóticos aumentam a corrente através dos canais do receptor NMDA. Uma ligação particularmente marcante com a esquizofrenia é observada na encefalite antirreceptor NMDA, um distúrbio autoimune no qual a produção de anticorpos contra o receptor NMDA reduz os níveis do receptor na membrana. Indivíduos com esse transtorno geralmente apresentam convulsões graves, provavelmente como resultado da perda do tônus inibitório devido a uma redução na excitação do receptor NMDA nos interneurônios GABAérgicos, bem como psicoses, incluindo alucinações e outros sintomas semelhantes à esquizofrenia. Os tratamentos que reduzem os níveis de anticorpos geralmente levam à remissão completa desses sintomas. A ideia de que uma diminuição na função do receptor NMDA pode contribuir para os sintomas da esquizofrenia é ainda mais apoiada pela recente análise de ligação genômica, sugerindo uma associação entre o gene *NR2A* e a esquizofrenia. Uma ligação adicional entre o receptor NMDA e distúrbios neuropsiquiátricos é fornecida pela descoberta de que baixas doses de cetamina exercem uma ação antidepressiva rápida e poderosa.

Ações sinápticas inibitórias rápidas são mediadas por receptores ionotrópicos de GABA e glicina, permeáveis ao cloreto

Embora as sinapses excitatórias glutamatérgicas representem a grande maioria das sinapses no cérebro, as sinapses inibitórias desempenham um papel essencial no sistema nervoso, tanto prevenindo excesso de excitação quanto regulando os padrões de disparo das redes de neurônios. Os PIPSs nos neurônios motores da medula espinal e na maioria dos neurônios centrais são gerados pelos neurotransmissores GABA e glicina.

GABA atua em receptores ionotrópicos e metabotrópicos. O receptor $GABA_A$ é um receptor ionotrópico que abre diretamente um canal de Cl^-. O receptor $GABA_B$ é um receptor metabotrópico que ativa uma cascata de segundos mensageiros, a qual com frequência ativa indiretamente um canal de K^+ (ver Capítulo 15). A glicina, um neurotransmissor inibitório menos comum, também ativa receptores ionotrópicos que abrem diretamente canais de Cl^-. A glicina é o principal neurotransmissor liberado na medula espinal por interneurônios que inibem os neurônios motores antagonistas.

Os receptores ionotrópicos de glutamato, GABA e glicina são proteínas transmembrana codificadas por duas famílias gênicas distintas

As subunidades individuais que formam os receptores $GABA_A$ e glicina são codificadas por dois conjuntos de genes distintos, mas intimamente relacionados. Mais surpreendentemente, essas subunidades do receptor estão estruturalmente relacionadas com as subunidades do receptor nicotínico de ACh, embora estas últimas selecionem cátions e sejam, portanto, excitatórias. Assim, como vimos anteriormente (**Figura 13-4**), os três tipos de subunidades receptoras são membros de uma grande família de genes.

Como os canais dos receptores nicotínicos de ACh, os canais dos receptores de $GABA_A$ e glicina são pentâmeros. Os receptores $GABA_A$ são geralmente compostos por duas subunidades α, duas β e uma γ ou δ e são ativados pela ligação de duas moléculas de GABA em fendas formadas entre as duas subunidades α e β. Os receptores de glicina são compostos de três subunidades α e duas β, e a ativação requer a ligação de até três moléculas de glicina. A topologia transmembrana das subunidades dos receptores $GABA_A$ e de glicina é similar à topologia das subunidades do receptor nicotínico, que consiste em um grande domínio extracelular de ligação, seguido de quatro segmentos hidrofóbicos transmembrana em α-hélice (denominados M1, M2, M3 e M4), onde o segmento M2 forma o revestimento do poro do canal (**Figura 13-4A**). Entretanto, os aminoácidos que formam o segmento M2 são notavelmente diferentes daqueles encontrados no receptor nicotínico. Como discutido no Capítulo 12, o poro do receptor colinérgico contém resíduos ácidos carregados negativamente, que contribuem para a seletividade catiônica. Em contrapartida, os receptores de GABA e glicina contêm resíduos neutros ou básicos carregados positivamente em posições homólogas, que contribuem para a seletividade desses canais aos ânions.

A maioria das principais classes de subunidades do receptor é codificada por múltiplos genes relacionados. Assim, há seis subtipos de subunidades α de $GABA_A$ (α1 a α6), três subunidades β (β1 a β3), três subunidades γ (γ1 a γ3) e uma subunidade δ. Os genes para estes diferentes subtipos são frequentemente expressos de modo distinto nos diferentes tipos de neurônios, dotando-os com sinapses inibitórias com propriedades distintas. Os possíveis arranjos combinatórios dessas subunidades em uma estrutura pentamérica do receptor permitem um enorme potencial de diversidade desses receptores.

Os receptores $GABA_A$ e glicina exercem importantes papéis em doenças e nas ações de fármacos. Os receptores de $GABA_A$ são alvos de vários fármacos clinicamente importantes e socialmente utilizadas sem recomendação médica, incluindo anestésicos gerais, benzodiazepínicos e barbitúricos, além do álcool. Os anestésicos gerais, tanto gases como compostos injetáveis, induzem a perda de consciência e são, portanto, amplamente utilizados durante cirurgias. Os benzodiazepínicos, incluindo diazepam, lorazepam e clonazepam, são agentes ansiolíticos e relaxantes musculares. O zolpidem é um benzodiazepínico que provoca sono. Os barbitúricos compreendem um grupo distinto de hipnóticos que inclui fenobarbital e secobarbital.

As diferentes classes de compostos – GABA, anestésicos gerais, benzodiazepínicos, barbitúricos e álcool – ligam-se a diferentes locais no receptor, mas atuam de modo similar aumentando a abertura do canal no receptor GABA. Por exemplo, enquanto o GABA liga-se a uma fenda entre as subunidades α e β, os benzodiazepínicos ligam-se a uma fenda entre as subunidades α e γ. Além disso, a ligação de qualquer um desses compostos influencia a ligação dos outros. Por exemplo, um benzodiazepínico (ou barbitúrico) liga-se mais fortemente ao receptor quando o GABA também estiver ligado, e essa ligação mais forte ajuda a estabilizar o canal no estado aberto. Dessa maneira, esses vários compostos aumentam a transmissão sináptica inibitória.

Como todos esses diferentes compostos, todos agindo em receptores GABA$_A$ promovendo a abertura do canal, produzem tal diversidade de efeitos comportamentais e psicológicos, por exemplo, reduzindo a ansiedade ou promovendo o sono? Acontece que muitos desses compostos se ligam seletivamente a tipos específicos de subunidades, que podem ser expressas em diferentes tipos de neurônios em diferentes regiões do encéfalo. Por exemplo, o zolpidem liga-se seletivamente aos receptores GABA$_A$ contendo a subunidade $α_1$. Em contrapartida, o efeito ansiolítico dos benzodiazepínicos requer ligação às subunidades $α_2$ e γ.

Além de serem importantes alvos farmacológicos, os receptores GABA$_A$ e glicina são alvos de doenças e venenos. Mutações com troca de sentido (em determinados códons) na subunidade α do receptor de glicina estão na base de uma doença neurológica hereditária denominada *doença familiar de sobressalto* (ou *hiperecplexia*), caracterizada por tônus muscular exageradamente alto e uma resposta exagerada ao ruído. Essas mutações diminuem a abertura dos canais de glicina e, portanto, reduzem os níveis normais de transmissão inibitória na medula espinal. O veneno estricnina, um composto alcaloide de plantas, causa convulsões por bloquear os receptores de glicina e diminuir a inibição. Mutações sem sentido que resultam em truncamento das subunidades α e γ do receptor de GABA$_A$ têm sido implicadas em formas congênitas de epilepsia.

As correntes de cloreto através de canais de receptores de GABA$_A$ e de glicina normalmente inibem a célula pós-sináptica

A função dos receptores GABA está intimamente ligada às suas propriedades biofísicas. Eccles e colaboradores determinaram o mecanismo iônico do PIPS nos neurônios motores espinais, variando sistematicamente o nível do potencial de repouso na membrana em um neurônio motor enquanto estimulava um interneurônio inibitório pré-sináptico (**Figura 13-11**).

Quando a membrana do neurônio motor é mantida no potencial normal de repouso (–65 mV), um pequeno potencial hiperpolarizante é gerado com a estimulação do interneurônio pré-sináptico. Quando a membrana do neurônio motor é mantida em –70 mV, nenhuma mudança no potencial é observada com a estimulação do interneurônio. Porém, em potenciais mais negativos que –70 mV, o neurônio motor gera uma resposta *despolarizante* após a estimulação do interneurônio inibitório. Esse potencial de reversão de –70 mV corresponde ao potencial de equilíbrio do Cl$^-$ nos neurônios motores espinais (a concentração extracelular de Cl$^-$ é muito maior que a concentração intracelular). Portanto, em –70 mV, a tendência do Cl$^-$ de difundir para dentro da célula, a favor de seu gradiente químico, é equilibrada pela força elétrica (o potencial negativo de membrana) que se opõe ao influxo de Cl$^-$. A substituição do Cl$^-$ extracelular por um ânion impermeável reduz o tamanho do PIPS e desloca o potencial de inversão para valores mais positivos, como determinado pela equação de Nernst. Portanto, o PIPS resulta do aumento da condutância do Cl$^-$.

As correntes através de um único receptor/canal para GABA ou glicina, chamadas correntes unitárias, têm sido medidas por uma técnica de fixação de um fragmento da membrana plasmática (*patch-clamp*). Ambos os neurotransmissores ativam canais de Cl$^-$ que abrem do modo "tudo ou nada", de modo semelhante à abertura de canais ativados por acetilcolina e glutamato. O efeito inibitório do GABA e da glicina no disparo neuronal depende de dois mecanismos relacionados. Primeiro, em um neurônio típico, o potencial de repouso de –65 mV é levemente mais positivo do que E_{Cl} (–70 mV). Nesse potencial de repouso, a força química motora de Cl$^-$ para dentro da célula é levemente maior que a força elétrica oposta ao influxo, isto é, a força eletroquímica sobre o Cl$^-$ ($V_m - E_{Cl}$) é positiva. Como resultado, a abertura de canais de Cl$^-$ leva a uma corrente positiva, com base na relação $I_{Cl} = g_{Cl} (V_m - E_{Cl})$. Como a carga carreada é negativa (Cl$^-$), a corrente positiva correspondente ao influxo de Cl$^-$ para o neurônio, a favor de seu gradiente eletroquímico. Isso causa um aumento líquido da carga negativa no lado interno da membrana, tornando-a hiperpolarizada.

Entretanto, alguns neurônios centrais têm um potencial de repouso que é aproximadamente igual ao E_{Cl}. Em tais células, um aumento da condutância do Cl$^-$ não muda o potencial de membrana, isto é, a célula não sofre hiperpolarização, pois a força eletroquímica sobre o Cl$^-$ é aproximadamente zero. Entretanto, a abertura dos canais de Cl$^-$ nesse tipo de célula consegue inibir o disparo do potencial de ação em resposta a um PEPS quase simultâneo. Isso porque a despolarização produzida por um estímulo excitatório depende sobretudo de uma média ponderada das voltagens de equilíbrio de todos os canais abertos, ou seja, das condutâncias sinápticas excitatórias e inibitórias, além, é claro, das condutâncias de repouso (mantidas pelos canais de vazamento), com um fator ponderal igual para a condutância total de determinado tipo de canal (ver Capítulo 12, Pós-escrito). Uma analogia útil é pensarmos a voltagem de equilíbrio de cada tipo de canal como uma bateria elétrica equivalente que atua provendo a "força" eletromotriz que gera essas condutâncias. Como a "bateria" correspondente aos canais de Cl$^-$ encontra-se próxima do potencial de repouso, a abertura desses canais ajuda a manter a membrana próxima ao potencial de repouso durante o PEPS.

O efeito que a abertura de canais de Cl$^-$ tem sobre a magnitude de um PEPS também pode ser descrito em termos da Lei de Ohm. Desse modo, a amplitude da despolarização durante um PEPS, ΔV_{PEPS}, é dada por:

$$\Delta V_{PEPS} = I_{PEPS}/g_I$$

onde I_{PEPS} é a corrente excitatória sináptica e g_I é a condutância de todos os outros canais abertos na membrana, incluindo os de repouso e de canais de Cl$^-$ ativados por neurotransmissor. Como a abertura dos canais de Cl$^-$ aumenta a condutância de repouso, ou seja, torna o neurônio mais

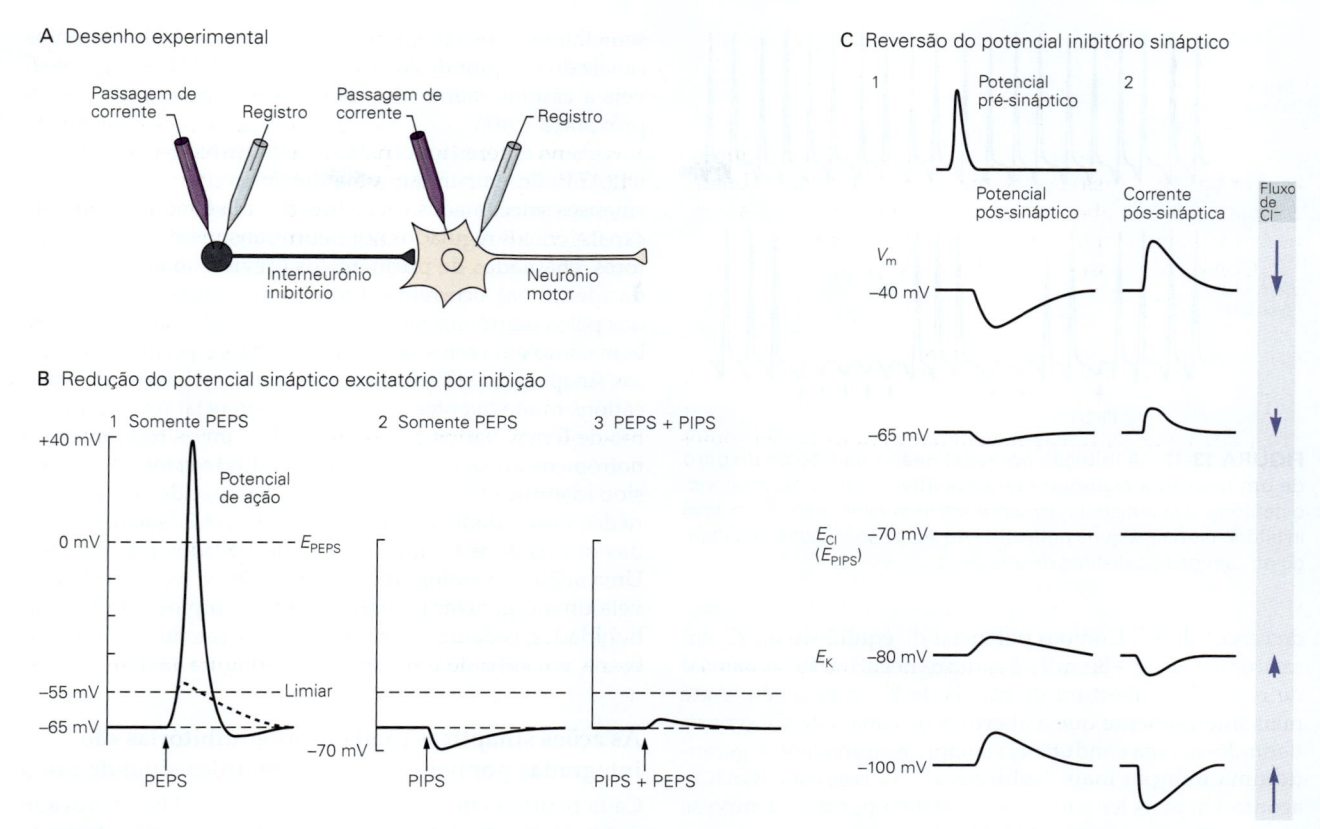

FIGURA 13-11 As ações inibitórias nas sinapses químicas resultam da abertura de canais iônicos seletivos para cloreto.
A. Neste experimento hipotético, dois eletrodos são colocados no interneurônio pré-sináptico e dois outros são colocados no neurônio motor pós-sináptico. O eletrodo de passagem de corrente na célula pré-sináptica é usado para gerar o potencial de ação; na célula pós-sináptica, ele é usado para alterar o potencial de membrana sistematicamente antes do sinal pré-sináptico.
B. As ações inibitórias contrapõem-se às ações excitatórias. **1.** Um grande PEPS isolado despolariza a membrana para E_{PEPS} e excede o limiar para geração do potencial de ação. **2.** Um PIPS isolado move o potencial de membrana para longe do limiar em direção a E_{Cl}, o potencial de equilíbrio para Cl⁻ (–70 mV). **3.** Quando os potenciais sinápticos inibitório e excitatório ocorrem juntos, a efetividade do PEPS é reduzido, impedindo de atingir o limiar para desencadear o potencial de ação.

C. O PIPS e a corrente sináptica inibitória revertem no E_{Cl}. **1.** Um pico pré-sináptico produz um PIPS hiperpolarizante no potencial de membrana em repouso (–65 mV). O PIPS é maior quando o potencial de membrana é fixado em –40 mV devido ao aumento da força motriz para dentro do Cl⁻. Quando o potencial de membrana é ajustado para –70 mV, o PIPS é anulado. O potencial reverso para o PIPS ocorre no E_{Cl}. Com maior hiperpolarização, o PIPS é invertido para um potencial pós-sináptico despolarizante (a –80 e –100 mV), pois o potencial de membrana é negativo para E_{Cl}. **2.** Potencial de inversão da corrente inibitória pós-sináptica medida com fixação da voltagem. Uma corrente para dentro (negativa) flui em potenciais de membrana negativos para o potencial de inversão (que corresponde ao efluxo de Cl⁻) e uma corrente para fora (positiva) flui em potenciais de membrana positivos para o potencial de inversão (que corresponde ao influxo de Cl⁻). (**Seta para cima** = efluxo; **seta para baixo** = influxo.)

---

permeável, a despolarização durante o PEPS diminui. Esse tipo de inibição sináptica é denominado *inibição por derivação* (*shunting*) e funciona como uma espécie de curto-circuito.

Por se contrapor à excitação sináptica, a inibição sináptica exerce um forte controle sobre a geração de potenciais de ação em neurônios que são espontaneamente ativos devido à presença de canais marca-passo intrínsecos. Essa função, denominada *inibição escultora*, dá forma ao padrão de disparo em tais células (**Figura 13-12**). De fato, esse papel esculpido da inibição provavelmente acontece em todos os neurônios, levando à padronização temporal do pico neuronal e ao controle da sincronização dos circuitos neurais.

As diferentes propriedades biofísicas da condutância sináptica podem ser compreendidas como distintas operações matemáticas executadas pelo neurônio pós-sináptico. Sendo assim, os sinais inibitórios que hiperpolarizam a célula fazem uma *subtração* nos sinais excitatórios, enquanto o efeito de desvio do aumento da condutância realiza uma *divisão*. A adição de sinais excitatórios (ou remoção de sinais inibitórios por derivação) resulta em uma *somação*. Por fim, a combinação de um sinal excitatório com a remoção de uma inibição por derivação produz uma *multiplicação*. Esses efeitos aritméticos, no entanto, são muitas vezes mistos e podem variar com o tempo, pois o potencial de membrana dos neurônios varia constantemente, levando a mudanças na força motriz do Cl⁻ através dos canais do receptor $GABA_A$.

Em algumas células, como as que possuem receptores metabotrópicos $GABA_B$, a inibição é causada pela abertura

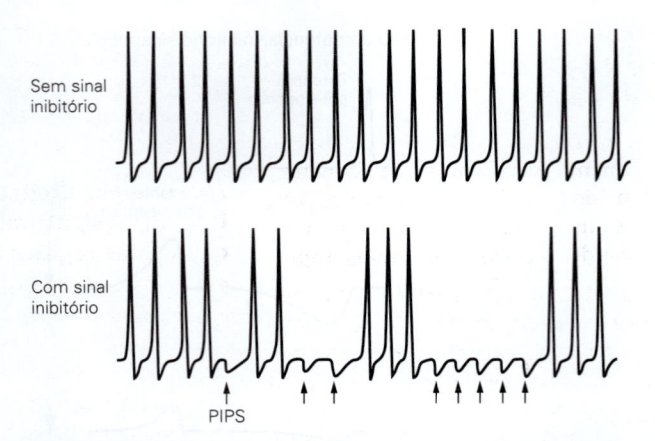

FIGURA 13-12 A inibição pode delinear o padrão de disparo de um neurônio espontaneamente ativo. Sem sinal inibitório, o neurônio dispara continuamente em intervalos fixos. Com sinal inibitório (**setas**), alguns potenciais de ação são inibidos, resultando em um padrão distinto de impulsos.

de canais de K^+. Como o potencial de equilíbrio do K^+ em neurônios ($E_K = -80$ mV) é sempre negativo no potencial de repouso, a abertura de canais de K^+ inibe a célula até mais intensamente que a abertura de canais de Cl^- (considerando-se uma condutância sináptica equivalente), gerando uma inibição mais "subtrativa". As respostas $GABA_B$ acontecem mais lentamente e persistem por mais tempo se comparadas às respostas $GABA_A$.

Paradoxalmente, sob algumas condições, a ativação de receptores de $GABA_A$ em neurônios pode causar excitação. Isso acontece porque o influxo de Cl^- depois de períodos intensos de estimulação pode ser tão grande que a concentração intracelular de Cl^- aumenta substancialmente. Pode até dobrar. Como consequência, o potencial de equilíbrio de Cl^- pode se tornar mais positivo que o potencial de repouso. Sob essas condições, a abertura dos canais de Cl^- leva ao efluxo de Cl^- e à despolarização neuronal. Essas respostas despolarizantes do cloreto normalmente ocorrem em alguns neurônios de animais recém-nascidos, nos quais a concentração intracelular de Cl^- tende a ser mais alta mesmo no repouso. Isso ocorre porque o cotransportador K^+-Cl^- responsável por manter o Cl^- intracelular baixo é expresso em níveis baixos durante o desenvolvimento inicial (Capítulo 9). As respostas despolarizantes do Cl^- também podem ocorrer nos dendritos distais de neurônios mais maduros e talvez também no segmento inicial do axônio. Tais ações excitatórias dos receptores $GABA_A$ em animais adultos podem contribuir para descargas epilépticas, nas quais são observadas respostas ao GABA grandes, sincrônicas e despolarizantes.

Algumas ações sinápticas no sistema nervoso central envolvem outros tipos de receptores ionotrópicos

Uma minoria de ações sinápticas excitatórias rápidas no encéfalo é mediada pelo neurotransmissor serotonina (5-HT) que atua na classe $5\text{-}HT_3$ de receptores ionotrópicos. Esses receptores pentaméricos, compostos por subunidades com quatro segmentos transmembrana, são estruturalmente semelhantes aos receptores nicotínicos de ACh. Como os canais do receptor de ACh, os receptores $5\text{-}HT_3$ são permeáveis a cátions monovalentes e têm um potencial reverso próximo a 0 mV.

Os receptores ionotrópicos para trifosfato de adenosina (ATP) desempenham uma função excitatória em outras sinapses selecionadas e constituem uma terceira família de canais iônicos regulados por neurotransmissor. Esses receptores, chamados de purinérgicos (devido ao anel purínico da adenosina), ocorrem em células musculares lisas inervadas pelos neurônios simpáticos dos gânglios autonômicos, bem como em certos neurônios centrais e periféricos. Nessas sinapses, o ATP ativa o canal iônico que é permeável a cátions monovalentes e Ca^{2+} e tem potencial reverso próximo de 0 mV. Vários genes que codificam os receptores ionotrópicos dessa família (denominados *receptores P2X*) têm sido identificados. A sequência de aminoácidos e a estrutura das subunidades desses receptores de ATP são diferentes das outras duas famílias de canais ativados por ligantes. Uma análise cristalográfica por raios X do receptor P2X revela uma organização extremamente simples com três subunidades, cada uma contendo dois segmentos transmembrana, em volta de um poro central (**Figura 13-4C**).

As ações sinápticas excitatórias e inibitórias são integradas por neurônios em um único sinal de saída

Cada neurônio no sistema nervoso central é bombardeado constantemente por um conjunto de sinais sinápticos de muitos outros neurônios. Um único neurônio motor, por exemplo, pode ser inervado por até 10 mil terminais pré-sinápticos diferentes. Alguns são excitatórios, outros inibitórios; alguns são fortes, outros fracos. Alguns contatam os neurônios motores nas pontas de seus dendritos apicais, outros nos dendritos proximais; alguns nas hastes dendríticas, outros no corpo celular. Os diferentes sinais de entrada podem se reforçar ou se cancelar mutuamente. Como um dado neurônio integra esses sinais para uma resposta coerente?

Como visto anteriormente, os potenciais sinápticos produzidos por um único neurônio pré-sináptico em geral não são grandes o suficiente para despolarizar o neurônio pós-sináptico de modo a passar o limiar e gerar o potencial de ação. Os PEPSs produzidos em um neurônio motor pela maioria dos neurônios aferentes sensíveis ao estiramento são de apenas 0,2 a 0,4 mV de amplitude. Se os PEPSs gerados em um único neurônio motor fossem somados linearmente, pelo menos 25 neurônios aferentes teriam que disparar juntos e liberar transmissores para despolarizar a zona de gatilho até acumular os 10 mV necessários para atingir o limiar. Contudo, ao mesmo tempo em que a célula pós-sináptica está recebendo sinais excitatórios, ela pode também estar recebendo sinais inibitórios que impedem o disparo de potenciais de ação, tanto por um efeito de subtração quanto pela inibição por derivação.

O efeito resultante dos sinais de entrada em qualquer sinapse excitatória ou inibitória dependerá de vários fatores: localização, tamanho e forma da sinapse, proximidade e força relativa de outras sinapses sinérgicas e antagonistas, e o potencial de repouso da célula. E, além disso, tudo isso depende primorosamente do tempo da entrada excitatória e inibitória. Os sinais de entrada são coordenados no neurônio pós-sináptico por um processo denominado *integração neuronal*. Esse processo celular reflete a tarefa que compete ao sistema nervoso como um todo. Uma célula, em qualquer dado momento, tem duas opções: disparar ou não o potencial de ação. Charles Sherrington descreveu a capacidade do encéfalo de escolher entre essas alternativas concorrentes como *ação integradora do sistema nervoso*. Ele considerava essa tomada de decisão como a operação mais fundamental do encéfalo (ver Capítulo 56).

Sinais de entrada sinápticos são integrados no segmento inicial do axônio

Na maioria dos neurônios, a decisão de iniciar um potencial de ação é feita em um local: o segmento inicial do axônio. Aqui, a membrana celular tem um limiar mais baixo para gerar um potencial de ação que no corpo celular ou nos dendritos, pois tem maior densidade de canais de Na^+ dependentes de voltagem (**Figura 13-13**). A cada incremento da despolarização de membrana, mais canais de Na^+ se abrem, fornecendo uma corrente de entrada maior (por unidade de área de membrana) no segmento inicial do axônio do que em qualquer outra parte da célula.

No segmento inicial, a variação no potencial necessária para atingir o limiar para um potencial de ação (−55 mV) é de apenas 10 mV do potencial de repouso (−65 mV). Em contraste, a membrana do corpo celular precisa ser despolarizada em 30 mV para atingir o limiar (−35 mV). Portanto, a excitação sináptica primeiramente dispara na região da membrana que constitui o segmento inicial, também conhecido como *zona de gatilho*. O potencial de ação gerado nesse local então despolariza a membrana do corpo celular até o limiar e, ao mesmo tempo, propaga-se ao longo do axônio.

Como a integração neuronal envolve a somação de potenciais sinápticos que chegam até a zona de gatilho, ela é afetada crucialmente por duas propriedades passivas da membrana neuronal (Capítulo 9). Primeiro, a constante de tempo da membrana ajuda a determinar o curso de tempo do potencial sináptico em resposta ao CEPS, controlando assim a *somação temporal*, o processo pelo qual os potenciais sinápticos consecutivos são adicionados na célula pós-sináptica. Neurônios com uma constante de tempo de membrana grande têm maior capacidade de soma temporal do que neurônios com uma constante de tempo menor (**Figura 13-14A**). Como resultado, quanto maior a constante de tempo, maior é a probabilidade de que duas entradas consecutivas se somem para trazer a membrana celular ao seu limiar para um potencial de ação.

Segundo, a constante de *comprimento* da célula determina o grau em que o PEPS diminui à medida que se espalha passivamente de uma sinapse ao longo do comprimento do dendrito para o corpo celular e o segmento inicial do axônio (a zona de gatilho). Em neurônios com uma constante de comprimento maior, o sinal espalha-se com menor decremento para a zona de gatilho; em neurônios com

FIGURA 13-13 Os potenciais sinápticos que chegam aos dendritos podem gerar um potencial de ação no segmento inicial do axônio. (Adaptada, com autorização, de Eckert et al., 1988.)

A. Um potencial sináptico excitatório originado nos dendritos diminui com a distância à medida que se propaga passivamente ao corpo celular. Não obstante, um potencial de ação pode ser iniciado na zona de gatilho (o segmento inicial do axônio), devido à alta densidade dos canais de Na^+ nessa região, e onde, portanto, o limiar para um potencial de ação é baixo.

B. Comparação do limiar para iniciação do potencial de ação em diferentes locais do neurônio (correspondente ao esquema em A). Um potencial de ação é gerado quando a amplitude do potencial sináptico ultrapassa o limiar. A **linha tracejada** indica o decaimento do potencial sináptico se não houver geração de potencial de ação no segmento inicial do axônio.

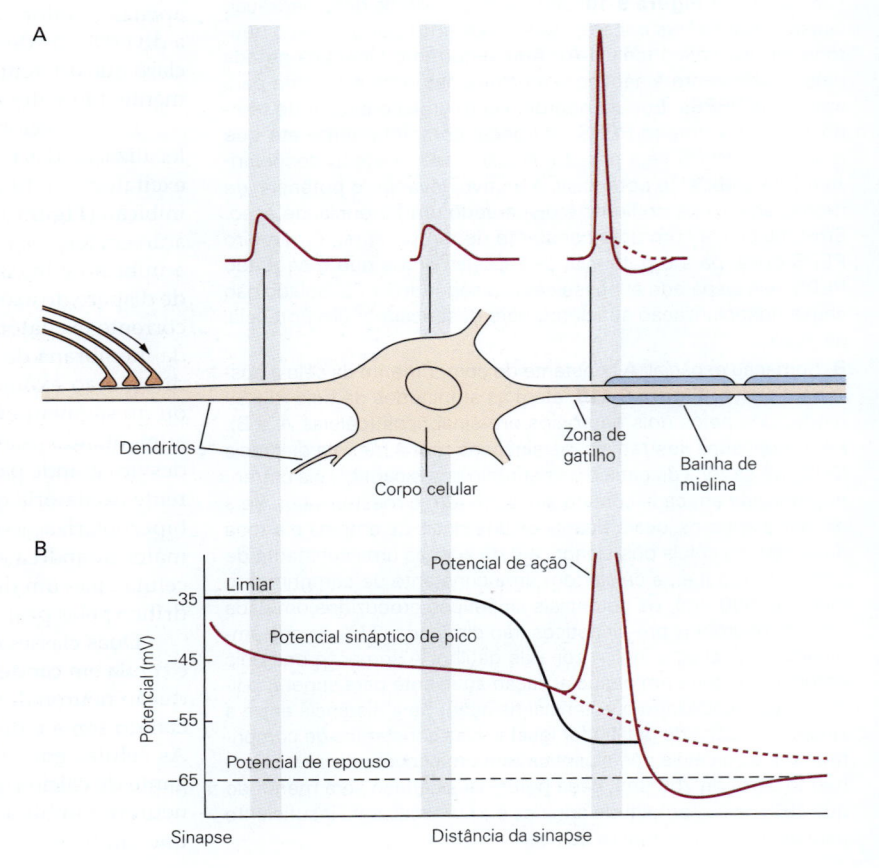

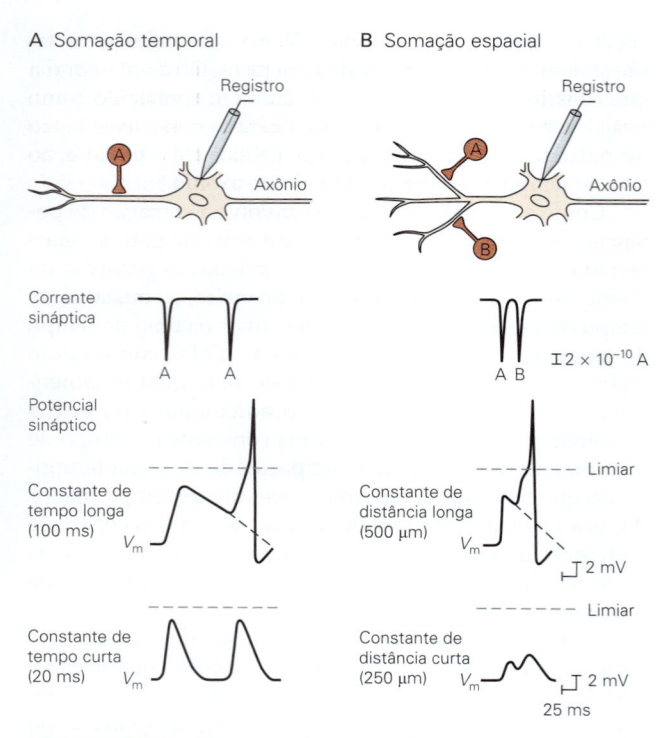

FIGURA 13-14 Os neurônios centrais são capazes de integrar uma variedade de sinais por meio da somação temporal e espacial dos potenciais sinápticos.

A. Somação temporal. A constante de tempo de uma célula pós-sináptica (ver **Figura 9-10**) afeta a amplitude da despolarização causada por PEPSs consecutivos produzidos por um único neurônio pré-sináptico (célula **A**). Aqui a corrente sináptica gerada pelo neurônio pré-sináptico é aproximadamente a mesma para ambos os PEPSs. Em um neurônio com uma constante de tempo *longa*, o primeiro PEPS não decai completamente até que o segundo PEPS seja gerado. Nesse caso, o efeito despolarizante de ambos os potenciais é aditivo, levando o potencial de membrana acima do limiar e disparando um potencial de ação. Em uma célula com uma constante de tempo *curta*, o primeiro PEPS decai para o potencial de repouso antes que o segundo PEPS seja disparado e, nesse caso, o segundo PEPS isolado não causa despolarização suficiente para desencadear um potencial de ação.

B. Somação espacial. A constante de comprimento da célula pós-sináptica (ver **Figura 9-11B**) afeta as amplitudes de dois PEPSs produzidos pelos dois neurônios pré-sinápticos (células **A** e **B**). Para propósitos ilustrativos, as sinapses têm a mesma distância (500 μm) da zona de gatilho do neurônio pós-sináptico, e a corrente produzida em cada contato sináptico têm o mesmo valor. Se a distância entre os locais sinápticos dos sinais de entrada e a zona de gatilho na célula pós-sináptica é de apenas uma constante de comprimento (i.e., a célula tem uma constante de comprimento longa de 500 μm), os potenciais sinápticos produzidos em cada um dos neurônios pré-sinápticos irão diminuir a 37% de sua amplitude original ao atingir a zona de gatilho. A somação dos dois potenciais resulta em despolarização suficiente para superar o limiar, desencadeando o potencial de ação. Se a distância entre a sinapse e a zona de gatilho for igual a duas constantes de comprimento (i.e., a célula pós-sináptica tem uma constante de comprimento curta de 250 μm), cada potencial sináptico será menor do que 15% de sua amplitude original, e a somação será insuficiente para disparar um potencial de ação.

uma constante de comprimento menor, os sinais diminuem rapidamente com a distância. Como a despolarização produzida por uma sinapse quase sempre é insuficiente para disparar um potencial de ação na zona de gatilho, os sinais de muitos neurônios pré-sinápticos que atuam em diferentes locais no neurônio pós-sináptico devem ser adicionados juntos. Esse processo é chamado de *somação espacial*. Neurônios com uma constante de comprimento maior têm uma probabilidade maior de atingir o limiar pela chegada de sinais de diferentes locais do que neurônios com uma constante de comprimento mais curta (**Figura 13-14B**).

Subclasses de neurônios GABAérgicos têm como alvo regiões distintas de seus neurônios-alvo pós-sinápticos para produzir ações inibitórias com funções diferentes

Em contraste com os relativamente poucos tipos de neurônios piramidais glutamatérgicos, o sistema nervoso central de mamíferos tem uma grande variedade de interneurônios inibitórios GABAérgicos que diferem em origem de desenvolvimento, composição molecular, morfologia e conectividade (**Figura 13-15**). Até 20 subtipos diferentes de neurônios GABAérgicos foram identificados em uma única sub-região do hipocampo. Os diferentes tipos de interneurônios GABAérgicos formam extensas conexões sinápticas com seus neurônios excitatórios e inibitórios vizinhos. Assim, embora apenas 20% de todos os neurônios sejam inibitórios, os níveis gerais de inibição e excitação tendem a ser quase equilibrados na maioria das regiões do encéfalo. Isso resulta no ajuste dos circuitos neurais para responder apenas às informações excitatórias mais salientes. Embora a diversidade de interneurônios desafie o entendimento, é claro que diferentes tipos de interneurônios visam seletivamente diferentes regiões de seus neurônios pós-sinápticos.

Esse direcionamento seletivo é importante porque a localização das entradas inibitórias em relação às sinapses excitatórias é fundamental para determinar a eficácia da inibição (**Figura 13-16**). A inibição da saída do potencial de ação em resposta à entrada excitatória é mais eficaz quando a inibição é iniciada no corpo celular ou próximo à zona de disparo do axônio. A despolarização produzida por uma corrente excitatória de um dendrito deve passar ao longo da membrana do corpo celular à medida que se move em direção ao axônio. As ações inibitórias no corpo celular ou no segmento inicial do axônio abrem os canais de Cl$^-$, aumentando assim a condutância de Cl$^-$ e reduzindo (por desvio) grande parte da despolarização produzida pela corrente excitatória que se espalha. Além disso, o tamanho da hiperpolarização no corpo celular em resposta a um PIPS é maior quando a entrada inibitória tem como alvo o corpo celular, não um dendrito, devido à atenuação do PIPS dendrítico pelas propriedades do cabo do dendrito.

Duas classes de neurônios inibitórios, células em cesta e célula em candelabro, exercem forte controle sobre a produção neuronal, visando especificamente o segmento inicial do soma e do axônio, respectivamente (**Figura 13-15**). As células em cesto geralmente expressam a proteína ligante de cálcio parvalbumina e são o tipo mais comum de neurônio inibitório no cérebro. As células em candelabro, que também expressam a parvalbumina, tem uma árvore

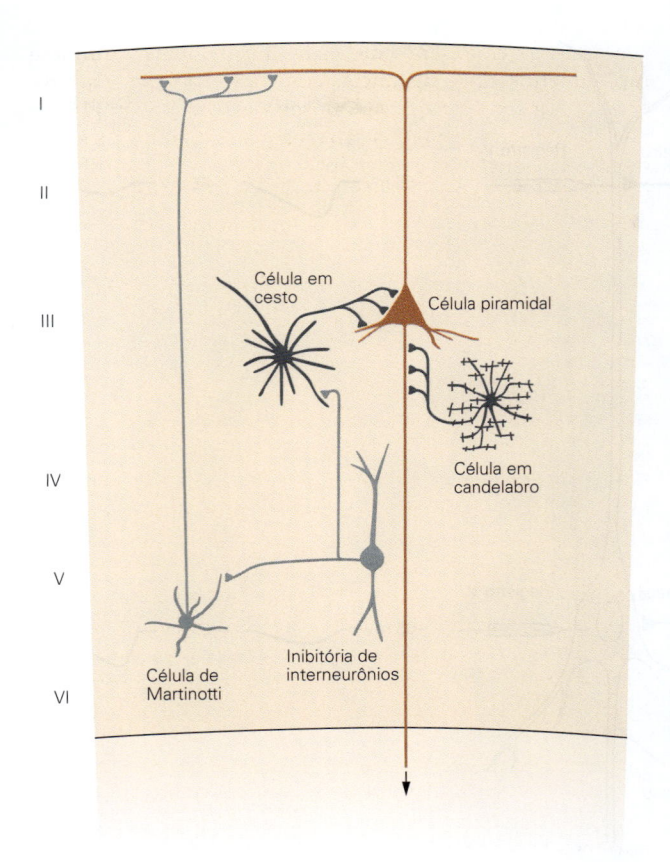

FIGURA 13-15 Diferentes neurônios inibitórios GABAérgicos têm como alvo diferentes regiões de uma célula pós-sináptica. Um conjunto diverso de interneurônios pode ser distinguido por sua morfologia, expressão de diferentes marcadores moleculares e seu local preferido de direcionamento de neurônios pós-sinápticos. *Células em cesto* enviam seus axônios para formar sinapses no corpo celular e dendritos proximais de neurônios pós-sinápticos. Os dendritos das células em cesto são mostrados como linhas curtas que irradiam do soma. As *células axoaxônicas*, também chamadas de *células em candelabro*, enviam seus axônios para formar aglomerados de sinapses ao longo do segmento inicial do axônio de seus alvos. Ambas células, em cesto e em candelabro, expressam a proteína ligante de cálcio parvalbumina. As *células direcionadas aos dendritos*, também chamadas de *células de Martinotti*, enviam seus axônios para formar sinapses nos dendritos distais das células piramidais. Essas células também liberam o neuropeptídeo somatostatina. Outras classes de neurônios GABAérgicos formam sinapses seletivamente em outros interneurônios inibitórios. Esses neurônios inibitórios direcionados a interneurônios geralmente liberam o neuropeptídeo Y além do GABA.

axonal terminal com padrão de ramificação e agrupamento de terminais sinápticos que se assemelham às numerosas velas de um candelabro. Em algumas circunstâncias, as células do candelabro podem paradoxalmente aumentar o disparo neuronal porque o potencial de reversão de Cl⁻ em alguns axônios pode ser positivo para o limiar de disparo do potencial de ação.

Uma terceira classe de interneurônios, as células de Martinotti, visa especificamente dendritos e espinhos distais. Esses interneurônios comuns liberam o neuropeptídeo somatostatina além do GABA. Ações inibitórias em uma parte remota de um dendrito agem para diminuir a despolarização local produzida por uma entrada excitatória próxima, com menos efeito sobre os PEPSs gerados em outros ramos dendríticos. Os interneurônios positivos para somatostatina ativam-se lentamente em resposta a uma entrada excitatória e geram PIPSs que aumentam de tamanho com ativação repetitiva (facilitação sináptica). Em contraste, os interneurônios que expressam parvalbumina disparam rapidamente e geram PIPSs que diminuem de tamanho com a ativação repetitiva (depressão sináptica). Essas propriedades permitem que os interneurônios que expressam somatostatina e parvalbumina, controlem a propagação através dos circuitos neurais das fases posteriores e iniciais dos sinais neurais, respectivamente.

Um quarto tipo principal de interneurônio inibitório expressa o neuropeptídeo peptídeo intestinal vasoativo (VIP). Esses interneurônios visam seletivamente outros interneurônios e, portanto, servem para diminuir o nível de inibição em um circuito neural, aumentando, assim, a excitação geral, um processo denominado desinibição.

Os dendritos são estruturas eletricamente excitáveis que podem amplificar os sinais sinápticos

A propagação de sinais em dendritos foi originalmente considerada ser puramente passiva. Entretanto, os registros celulares no corpo celular de neurônios na década de 1950 e nos dendritos, iniciando na década de 1970, demonstraram que os dendritos poderiam produzir potenciais de ação. Realmente, agora se sabe que os dendritos da maioria dos neurônios possuem canais dependentes de voltagem de Na^+, K^+ e Ca^{2+}, além dos canais ativados por ligantes e dos canais de vazamento. De fato, a rica diversidade de condutâncias dendríticas sugere que os neurônios centrais dispõem de um sofisticado repertório de propriedades eletrofisiológicas para integrar os sinais sinápticos de entrada.

Uma função dos canais dendríticos de Na^+ e Ca^{2+} dependentes de voltagem é a de amplificar o PEPS. Em alguns neurônios, há uma densidade suficiente de canais dependentes de voltagem na membrana dendrítica para servir como uma zona de gatilho local. Isso pode produzir respostas elétricas não lineares que aumentam a despolarização gerada por entradas excitatórias que chegam a partes remotas do dendrito. Quando uma célula tem várias zonas de gatilho dendríticas, cada uma delas soma a excitação e a inibição locais produzidas por sinapses próximas; se o sinal resultante supera o limiar, um potencial de ação dendrítico pode ser gerado, comumente por canais de Na^+ ou Ca^{2+} regulados por voltagem (**Figura 13-17A**). Contudo, o número de canais de Na^+ ou Ca^{2+} regulados por voltagem nos dendritos não é suficiente para garantir a propagação regenerativa do tipo "tudo ou nada" de um potencial de ação para o corpo celular. Em vez disso, os potenciais de ação gerados nos dendritos são geralmente eventos locais que se espalham eletrotonicamente para o corpo celular e o segmento inicial do axônio, produzindo uma despolarização somática subliminar que é integrada a outros sinais de entrada na célula.

FIGURA 13-16 O efeito da corrente inibitória no neurônio pós-sináptico depende da distância que a corrente percorre da sinapse até a zona de gatilho. Neste experimento hipotético, os sinais inibitórios de sinapses axossomáticas e axodendríticas são comparados pelo registro elétrico na célula pós-sináptica no corpo celular (V_1) e no dendrito (V_2). Estimular a célula B (a sinapse axossomática) produz um grande PIPS no corpo celular. O PIPS decai à medida que se propaga no dendrito, produzindo apenas uma pequena hiperpolarização no local do registro dendrítico. A estimulação da sinapse axodendrítica a partir da célula A pré-sináptica produz um grande PIPS no dendrito, mas apenas um pequeno PIPS no corpo celular, devido à diminuição do potencial durante sua propagação pelo dendrito. Assim, o PIPS axossomático é mais eficaz do que o PIPS axodendrítico na inibição do disparo do potencial de ação na célula pós-sináptica, enquanto o PIPS axodendrítico é mais eficaz na prevenção da despolarização dendrítica local.

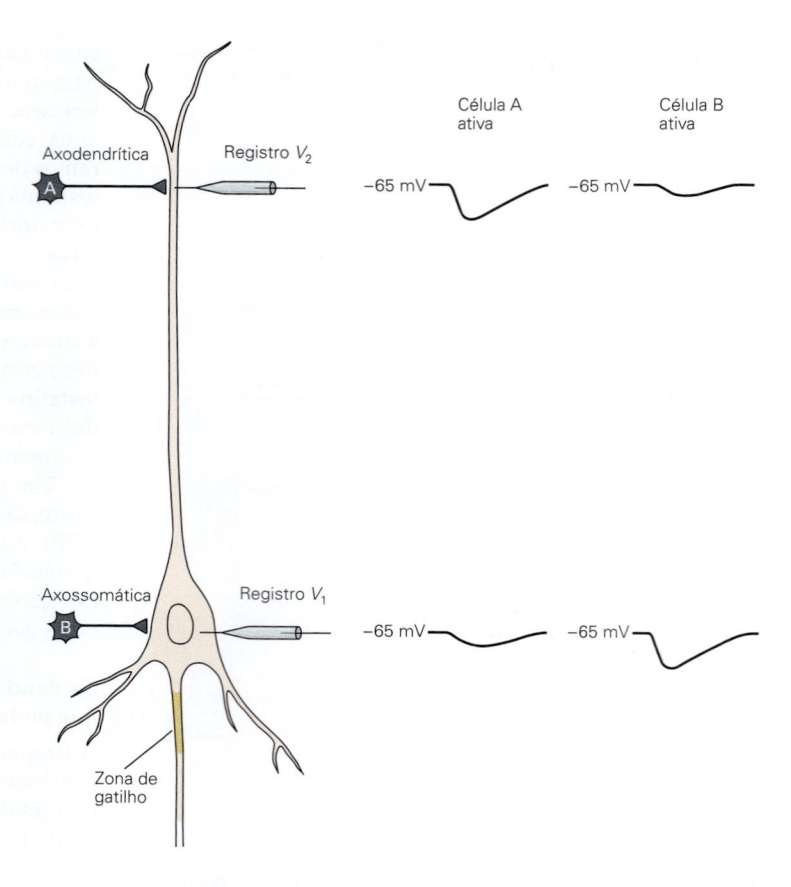

Os canais dendríticos dependentes de voltagem também permitem que os potenciais de ação gerados no segmento inicial do axônio se propaguem para trás na árvore dendrítica (**Figura 13-17B**). Esses potenciais de ação de retropropagação são amplamente gerados por canais de Na^+ regulados por voltagem dendríticos. Embora o papel preciso desses potenciais de ação não seja claro, eles podem fornecer um mecanismo temporalmente preciso para aumentar a corrente através dos canais do receptor NMDA, fornecendo a despolarização necessária para remover o bloqueio de Mg^{2+}, contribuindo, assim, para a indução da plasticidade sináptica (**Figura 13-10**).

Os receptores NMDA são capazes de mediar outro tipo de integração não linear em dendritos como resultado de sua dependência de voltagem. Estímulos sinápticos moderados são capazes de ativar um número suficiente de receptores AMPA para produzir um nível intermediário de despolarização que é capaz de levar à expulsão de Mg^{2+} de uma fração de receptores NMDA. À medida que esses receptores começam a conduzir cátions para o dendrito pós-sináptico, eles produzem uma despolarização adicional que leva a um desbloqueio maior de Mg^{2+}, aumentando ainda mais o tamanho da CEPS no receptor NMDA, resultando em uma despolarização ainda maior. Em alguns casos, isso leva a uma despolarização regenerativa local, conhecida como pico de NMDA. Esses picos de NMDA são eventos puramente locais – eles não podem se propagar ativamente na ausência de estimulação sináptica porque requerem liberação de glutamato. Os picos de NMDA têm sido implicados em diferentes formas de plasticidade sináptica e no incremento da integração dendrítica de entradas sinápticas.

Em que condições as condutâncias ativas influenciam a integração dendrítica? Há agora evidências de que os dendritos podem alternar entre integração passiva e ativa, dependendo do momento e da força das entradas sinápticas. Um exemplo interessante de tal mudança é a maneira como alguns neurônios corticais respondem aos sinais que chegam aos seus dendritos distais e proximais. Em muitos neurônios, os sinais de neurônios relativamente próximos chegam a regiões mais proximais dos dendritos, mais perto do corpo celular. Os sinais de áreas encefálicas mais distantes chegam às pontas distais dos dendritos. Embora os sinais sinápticos excitatórios nos dendritos distais geralmente produzam apenas uma resposta despolarizante muito pequena no soma, devido ao decaimento eletrônico ao longo do cabo dendrítico, essas entradas podem aumentar significativamente o disparo de pico quando pareadas com entradas excitatórias em regiões mais proximais dos dendritos. Assim, um único PEPS forte em um local proximal (ou um único pulso de corrente somática breve) normalmente produz um único potencial de ação no segmento inicial do axônio, que pode, então, retropropagar nos dendritos. No entanto, quando um estímulo distal é pareado com um estímulo proximal, o pico de retropropagação soma-se ao PEPS distal para desencadear um tipo de pico dendrítico

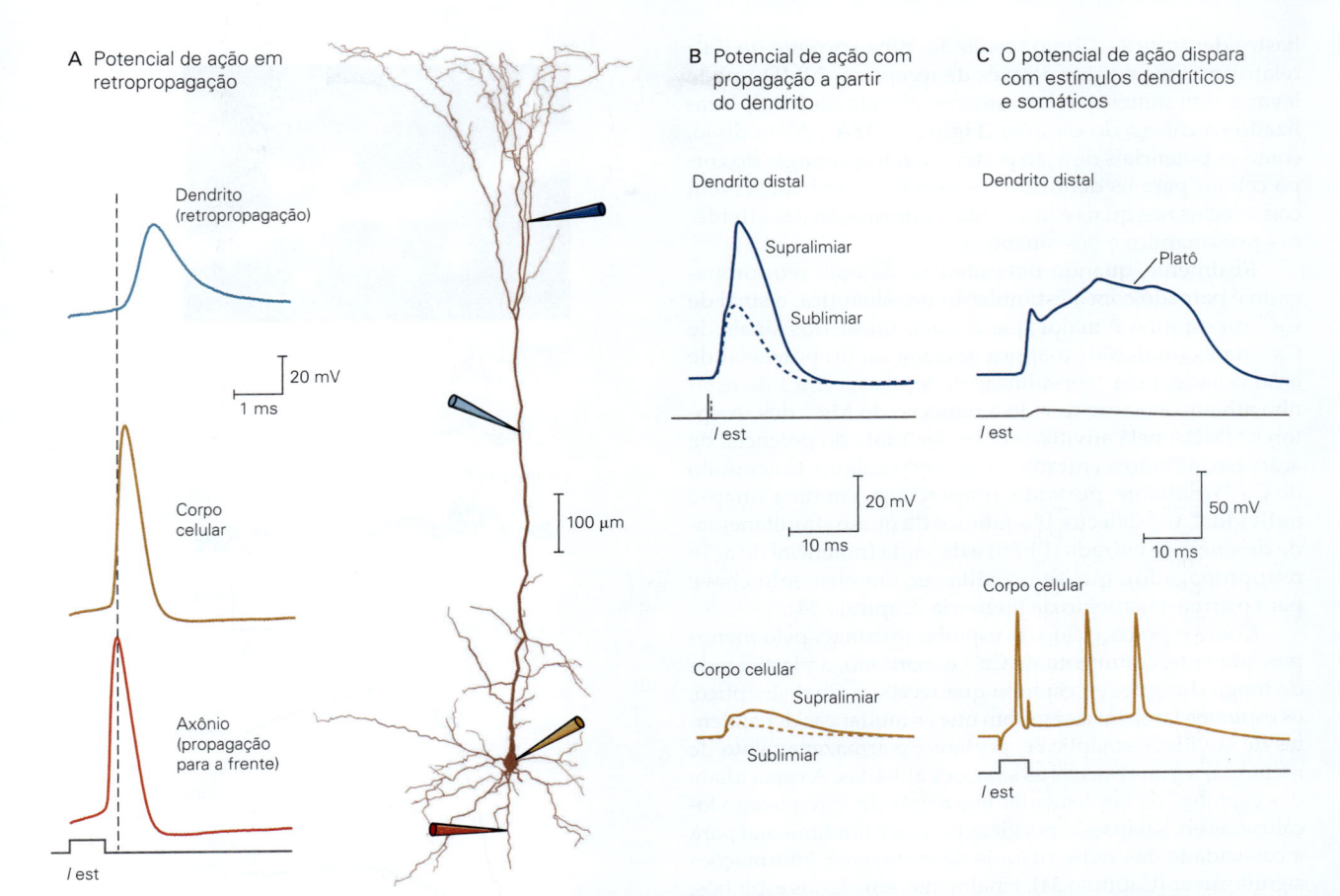

FIGURA 13-17 As propriedades ativas dos dendritos podem amplificar os sinais de entrada sinápticos e apoiar a propagação de sinais elétricos para e do segmento inicial do axônio. A figura ilustra um experimento no qual vários eletrodos são usados para registrar a voltagem da membrana e passar corrente estimulante no axônio, no corpo celular e em vários locais ao longo da árvore dendrítica. O eletrodo de registro e o traçado de voltagem correspondente são pareados pela cor. Pulsos de corrente estimulantes também são indicados (*I*est). (Painéis A e B adaptados de Stuart et al., 2016.)

A. Um potencial de ação iniciado no segmento inicial do axônio pode se propagar para os dendritos. Essa retropropagação depende da ativação de canais de Na$^+$ dependentes de voltagem nos dendritos. Ao contrário do potencial de ação não decrescente que é continuamente regenerado ao longo de um axônio, a amplitude de um potencial de ação de retropropagação diminui à medida que viaja ao longo de um dendrito devido à sua densidade relativamente baixa de canais de Na$^+$ dependentes de voltagem.

B. Um PEPS forte e despolarizante no dendrito pode gerar um potencial de ação que viaja até o corpo celular. Tais potenciais de ação com frequência são gerados por canais de Ca^{2+} dependentes de voltagem nos dendritos e têm um alto limiar. Eles se propagam de maneira relativamente lenta e diminuem com a distância, frequentemente falhando em atingir o corpo celular. A linha azul sólida mostra uma resposta supralimiar gerada no dendrito em resposta a um grande pulso de corrente despolarizante e a linha azul tracejada mostra uma resposta sublimiar a um estímulo de corrente mais fraco. As linhas laranja sólidas e tracejadas mostram as respostas de voltagem correspondentes registradas no corpo da célula.

C. Injeção quase simultânea de uma corrente estimulante sublimiar que se assemelha a um CEPS fraca no dendrito e uma forte e breve corrente estimulante supralimiar no corpo celular (que por si só evoca um único potencial de ação somático) desencadeia um potencial de platô de longa duração no dendrito e o disparo de uma explosão de potenciais de ação no corpo celular. (Adaptada, com autorização, de Larkum et al., 1999. Copyright © 1999 Springer Nature.)

de longa duração chamado potencial de platô, que depende da ativação de canais de Ca^{2+} regulados por voltagem e receptores NMDA. Quando o potencial de platô chega ao corpo celular, ele pode desencadear uma breve explosão de três ou mais picos em taxas tão altas quanto 100 Hz (**Figura 13-17C**). Acredita-se que essas explosões de picos fornecem um meio muito potente de induzir plasticidade sináptica a longo prazo e liberar o transmissor à medida que o potencial se propaga para o terminal pré-sináptico.

Uma forma mais localizada de integração sináptica ocorre nos espinhos dendríticos. Mesmo considerando que alguns sinais excitatórios ocorrem nas hastes dendríticas, cerca de 95% de todos os sinais excitatórios no encéfalo acontecem em espinhos dendríticos, evitando as hastes de modo surpreendente (ver **Figura 13-2**). Embora a função dos espinhos não seja completamente entendida, seus pescoços finos proporcionam uma barreira à difusão de várias moléculas sinalizadoras da cabeça do espinho para as hastes dendríticas. Como resultado, uma corrente de Ca^{2+} relativamente pequena através de receptores NMDA pode levar a um aumento relativamente grande na [Ca^{2+}] localizado na cabeça do espinho (**Figura 13-18A**). Além disso, como os potenciais de ação podem se retropropagar do corpo celular para os dendritos, os espinhos também servem como locais nos quais é integrada a informação das atividades pré-sináptica e pós-sináptica.

Realmente, quando um potencial de ação retropropagado é pareado com a estimulação pré-sináptica, o sinal de Ca^{2+} no espinho é maior que a soma linear dos sinais de Ca^{2+} da estimulação sináptica sozinha ou do potencial de ação isolado. Essa "supralinearidade" é específica do espinho ativado e ocorre devido à remoção do Mg^{2+} dos receptores NMDA pela atividade despolarizante do potencial de ação, permitindo a entrada de Ca^{2+} no espinho. O acúmulo de Ca^{2+} resultante, portanto, proporciona, em uma sinapse individual, um detector bioquímico da quase simultaneidade de sinais de entrada (PEPS) e de saída (potencial de ação retropropagado), que se acredita ser um elemento-chave para o armazenamento da memória (Capítulo 54).

Como o pescoço fino do espinho restringe, pelo menos parcialmente, o aumento de Ca^{2+} e, portanto, a plasticidade de longa duração, ao espinho que recebe o sinal sináptico, os espinhos também asseguram que as mudanças dependentes de atividade sináptica e, portanto, o armazenamento de memória, sejam restritas às sinapses ativadas. A capacidade dos espinhos de implementar tais regras de aprendizado localizadas em sinapses específicas pode ser fundamental para a capacidade das redes neurais de armazenar informações significativas (Capítulo 54). Finalmente, em alguns espinhos, potenciais sinápticos locais são filtrados à medida que se propagam através do pescoço do espinho e entram no dendrito, de modo que o tamanho do PEPS no corpo celular é reduzido. A regulação dessa filtragem elétrica poderia fornecer outro meio de controlar a eficácia com que uma determinada condutância sináptica é capaz de excitar o corpo celular.

Destaques

1. Um neurônio central típico integra um grande número de sinais de entrada excitatórios e inibitórios. O aminoácido transmissor glutamato é responsável pela maioria das ações sinápticas excitatórias no sistema nervoso central, enquanto os aminoácidos inibitórios GABA e glicina mediam as ações sinápticas inibitórias.

2. O glutamato ativa famílias de receptores ionotrópicos e metabotrópicos. As três principais classes de receptores ionotrópicos de glutamato – AMPA, NMDA e cainato – são nomeadas de acordo com os agonistas químicos que os ativam.

3. Os receptores ionotrópicos de glutamato são tetrâmeros compostos por subunidades codificadas por genes homólogos. Cada subunidade tem uma porção aminoterminal grande extracelular, com três segmentos que atravessam a membrana e uma grande cauda citoplasmática. Uma alça formadora do poro mergulha para dentro e para fora da membrana entre o primeiro e o segundo segmentos transmembrana.

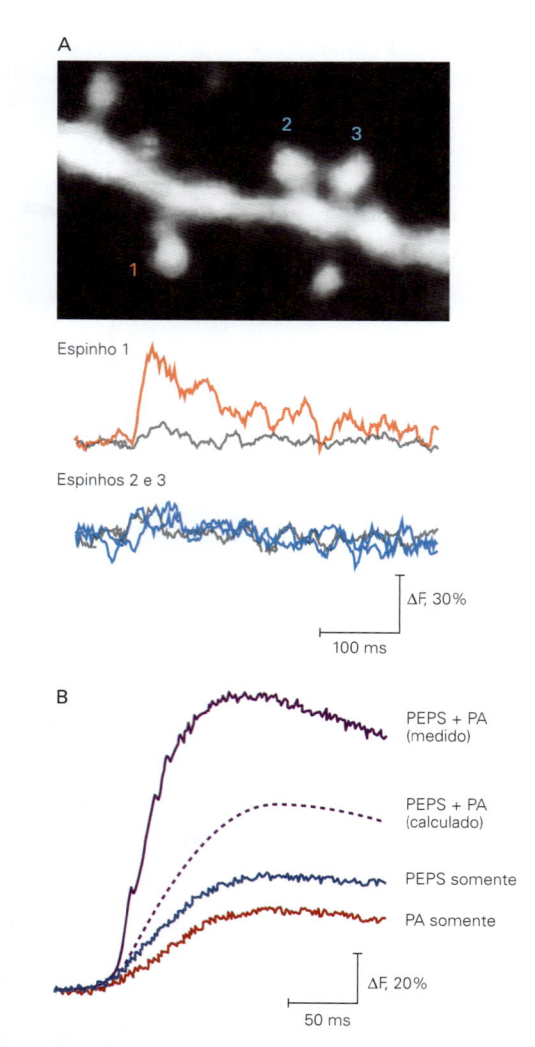

FIGURA 13-18 Espinhos dendríticos compartimentalizam o influxo de cálcio através de receptores NMDA.

A. Esta imagem fluorescente de um neurônio piramidal hipocampal em CA1 carregado com fluoróforos sensíveis ao cálcio delineia uma haste dendrítica e vários espinhos. Quando o marcador liga Ca^{2+}, a intensidade da fluorescência aumenta. Os gráficos registram a intensidade de fluorescência ao longo do tempo após a estimulação extracelular do axônio pré-sináptico. No espinho dendrítico 1, é mostrado um grande e rápido aumento da fluorescência (ΔF) em resposta à ativação sináptica (**linha em vermelho**), refletindo o influxo de Ca^{2+} através de receptores NMDA. Em contraste, há pouca mudança na intensidade da fluorescência na haste dendrítica vizinha (**linha em cinza**), mostrando que o acúmulo de Ca^{2+} é restrito à cabeça do espinho. Os espinhos 2 e 3 mostram pequeno aumento na fluorescência em resposta à estimulação sináptica, pois seus axônios pré-sinápticos não foram ativados. (Reproduzida, com autorização, de Lang et al., 2004. Copyright © 2004, National Academy of Sciences.)

B. A acumulação de Ca^{2+} é maior nos espinhos quando a estimulação sináptica é pareada com potenciais de ação pós-sinápticos. O sinal de Ca^{2+} gerado quando um PEPS e um potencial de ação retropropagado são evocados ao mesmo tempo é maior do que a soma esperada de sinais individuais de Ca^{2+} quando tanto um PEPS quanto um potencial de ação (**PA**) em retropropagação são evocados isoladamente. (Adaptada, com autorização, de Yuste e Denk, 1995.)

4. A ligação do glutamato a todos os três receptores ionotrópicos abre um canal de cátions não seletivo igualmente permeável ao Na^+ e K^+. O receptor NMDA tem adicionalmente uma alta permeabilidade ao Ca^{2+}.
5. O receptor NMDA atua como um detector de coincidência – normalmente o receptor está bloqueado por Mg^{2+} extracelular alojado em seu poro; ele conduz os cátions quando o glutamato é liberado (da pré-sinapse) *e* a membrana pós-sináptica é suficientemente despolarizada para expelir o íon Mg^{2+} por repulsão eletrostática.
6. O influxo de cálcio através do receptor NMDA durante uma forte ativação sináptica pode desencadear cascatas de sinalização intracelular, levando à plasticidade sináptica de longo prazo, que pode potencializar a transmissão sináptica por um período de horas a dias, fornecendo um mecanismo potencial para armazenamento de memória.
7. As ações sinápticas inibitórias no encéfalo são mediadas pela ligação do GABA aos receptores ionotrópicos ($GABA_A$) e metabotrópicos ($GABA_B$). Os receptores $GABA_A$ são pentâmeros, cujas subunidades são homólogas às dos receptores nicotínicos de ACh. Os receptores ionotrópicos de glicina são estruturalmente semelhantes aos receptores $GABA_A$ e estão amplamente confinados a sinapses inibitórias na medula espinal.
8. A ligação do GABA ou glicina a seu receptor ativa um canal seletivo a Cl^-. Na maioria das células, o potencial de equilíbrio Cl^- é levemente negativo em relação ao potencial de repouso. Como resultado, as ações sinápticas inibitórias hiperpolarizam a membrana celular para longe do limiar de disparo de um potencial de ação.
9. A decisão sobre se um neurônio dispara um potencial de ação depende da somação espacial e temporal das várias entradas excitatórias e inibitórias e é determinada pelo tamanho da despolarização resultante no segmento inicial do axônio, a região do neurônio com o limiar mais baixo.
10. Os dendritos também possuem canais dependentes de voltagem, permitindo que eles disparem potenciais de ação locais em algumas circunstâncias. Isso pode amplificar o tamanho do PEPS local para produzir uma despolarização maior no corpo celular.

Rafael Yuste
Steven A. Siegelbaum

Leituras selecionadas

Arundine M, Tymianski M. 2004. Molecular mechanisms of glutamate-dependent neurodegeneration in ischemia and traumatic brain injury. Cell Mol Life Sci 61:657–668.

Basu J, Siegelbaum SA. 2015. The corticohippocampal circuit, synaptic plasticity, and memory. Cold Spring Harb Perspect Biol 7:11.

Colquhoun D, Sakmann B. 1998. From muscle endplate to brain synapses: a short history of synapses and agonist-activated ion channels. Neuron 20:381–387.

Granger AJ, Gray JA, Lu W, Nicoll RA. 2011. Genetic analysis of neuronal ionotropic glutamate receptor subunits. J Physiol 589:4095–4101.

Herring BE, Nicoll RA. 2016. Long-term potentiation: from CaMKII to AMPA receptor trafficking. Annu Rev Physiol 78:351–365.

Karnani M, Agetsuma M, Yuste R. 2014. A blanket of inhibition: functional inferences from dense inhibitory connectivity. Curr Opin Neurobiol 26:96–102.

Martenson JS, Tomita S. 2015. Synaptic localization of neurotransmitter receptors: comparing mechanisms for AMPA and $GABA_A$ receptors. Curr Opin Pharmacol 20:102–108.

Mayer ML. 2016. Structural biology of glutamate receptor ion channel complexes. Curr Opin Struct Biol 41:119–127.

Olsen RW, Sieghart W. 2009. $GABA_A$ receptors: subtypes provide diversity of function and pharmacology. Neuropharmacology 56:141–148.

Peters A, Palay SL, Webster HD. 1991. *The Fine Structure of the Nervous System*. New York: Oxford Univ. Press.

Sheng M, Hoogenraad CC. 2007. The postsynaptic architecture of excitatory synapses: a more quantitative view. Ann Rev Biochem 76:823–847.

Stuart GJ, Spruston N. 2015. Dendritic integration: 60 years of progress. Nat Neurosci 18:1713–1721.

Valbuena S, Lerma J. 2016. Non-canonical signaling, the hidden life of ligand-gated ion channels. Neuron 92:316–329.

Referências

Araya R, Vogels T, Yuste R. 2014. Activity-dependent dendritic spine neck changes are correlated with synaptic strength. Proc Natl Acad Sci U S A 111:E2895–E2904.

Armstrong N, Sun Y, Chen GQ, Gouaux E. 1998. Structure of a glutamate-receptor ligand-binding core in complex with kainate. Nature 395:913–917.

Bormann J, Hamill O, Sakmann B. 1987. Mechanism of anion permeation through channels gated by glycine and γ-aminobutyric acid in mouse cultured spinal neurones. J Physiol 385:243–286.

Cash S, Yuste R. 1999. Linear summation of excitatory inputs by CA1 pyramidal neurons. Neuron 22:383–394.

Coombs JS, Eccles JC, Fatt P. 1955. The specific ionic conductances and the ionic movements across the motoneuronal membrane that produce the inhibitory post-synaptic potential. J Physiol 130:326–373.

Eccles JC. 1964. *The Physiology of Synapses*. New York: Academic.

Eckert R, Randall D, Augustine G. 1988. Propagation and transmission of signals. In: *Animal Physiology: Mechanisms and Adaptations*, 3rd ed., pp. 134–176. New York: Freeman.

Finkel AS, Redman SJ. 1983. The synaptic current evoked in cat spinal motoneurones by impulses in single group Ia axons. J Physiol 342:615–632.

Gray EG. 1963. Electron microscopy of presynaptic organelles of the spinal cord. J Anat 97:101–106.

Grenningloh G, Rienitz A, Schmitt B, et al. 1987. The strychnine-binding subunit of the glycine receptor shows homology with nicotinic acetylcholine receptors. Nature 328:215–220.

Hamill OP, Bormann J, Sakmann B. 1983. Activation of multiple-conductance state chloride channels in spinal neurones by glycine and GABA. Nature 305:805–808.

Hestrin S, Nicoll RA, Perkel DJ, Sah P. 1990. Analysis of excitatory synaptic action in pyramidal cells using whole-cell recording from rat hippocampal slices. J Physiol 422:203–225.

Heuser JE, Reese TS. 1977. Structure of the synapse. In: ER Kandel (ed), *Handbook of Physiology: A Critical, Comprehensive Presentation of Physiological Knowledge and Concepts*, Sect. 1 *The Nervous System*. Vol. 1, *Cellular Biology of Neurons*, Part 1, pp. 261–294. Bethesda, MD: American Physiological Society.

Hollmann M, O'Shea-Greenfield A, Rogers SW, Heinemann S. 1989. Cloning by functional expression of a member of the glutamate receptor family. Nature 342:643–648.

Jia H, Rochefort NL, Chen X, Konnerth A. 2010. Dendritic organization of sensory input to cortical neurons in vivo. Nature 464:1307–1312.

Kayser MS, Dalmau J. 2016. Anti-NMDA receptor encephalitis, autoimmunity, and psychosis. Schizophr Res 176:36–40.

Lang C, Barco A, Zablow L, Kandel ER, Siegelbaum SA, Zakharenko SS. 2004. Transient expansion of synaptically connected dendritic spines upon induction of hippocampal long-term potentiation. Proc Natl Acad Sci U S A 101:16665–16670.

Larkum ME, Zhu JJ, Sakmann B. 1999. A new cellular mechanism for coupling inputs arriving at different cortical layers. Nature 398:338–341.

Llinas R. 1988. The intrinsic electrophysiological properties of mammalian neurons: insights into central nervous system function. Science 242:1654–1664.

Llinas R, Sugimori M. 1980. Electrophysiological properties of in vitro Purkinje cell dendrites in mammalian cerebellar slices. J Physiol 305:197–213.

Markram H, Lubke J, Frotscher M, Sakmann B. 1997. Regulation of synaptic efficacy by coincidence of postsynaptic APs and EPSPs. Science 275:213–215.

Morgan SL, Teyler TJ. 2001. Electrical stimuli patterned after the theta-rhythm induce multiple forms of LTP. J Neurophysiol 86:1289–1296.

Palay SL. 1958. The morphology of synapses in the central nervous system. Exp Cell Res Suppl 5:275–293.

Pfeffer CK, Xue M, He M, Huang ZJ, Scanziani M. 2013. Inhibition of inhibition in visual cortex: the logic of connections between molecularly distinct interneurons. Nat Neurosci 16:1068–1076.

Pritchett DB, Sontheimer H, Shivers BD, et al. 1989. Importance of a novel $GABA_A$ receptor subunit for benzodiazepine pharmacology. Nature 338:582–585.

Redman S. 1979. Junctional mechanisms at group Ia synapses. Prog Neurobiol 12:33–83.

Sakmann B. 1992. Elementary steps in synaptic transmission revealed by currents through single ion channels. Neuron 8:613–629.

Schiller J, Schiller Y. 2001. NMDA receptor-mediated dendritic spikes and coincident signal amplification. Curr Opin Neurobiol 11:343–348.

Sheng M, Hoogenraad C. 2007. The postsynaptic architecture of excitatory synapses: a more quantitative view. Ann Rev Biochem 76:823–847.

Sherrington CS. 1897. The central nervous system. In: M Foster (ed). *A Text Book of Physiology*, 7th ed. London: Macmillan.

Sobolevsky AI, Rosconi MP, Gouaux E. 2009. X-ray structure, symmetry and mechanism of an AMPA-subtype glutamate receptor. Nature 462:745–756.

Sommer B, Köhler M, Sprengel R, Seeburg PH. 1991. RNA editing in brain controls a determinant of ion flow in glutamate-gated channels. Cell 67:11–19.

Stuart G, Spruston N, Häuser M (eds). 2016. *Dendrites*, 3rd ed. Oxford, England, and New York: Oxford Univ. Press.

Yuste R. 2010. *Dendritic Spines*. Cambridge, MA and London, England: MIT Press.

Yuste R, Denk W. 1995. Dendritic spines as basic functional units of neuronal integration. Nature 375:682–684.

14

Modulação da transmissão sináptica e excitabilidade neuronal: os segundos mensageiros

A via do AMPc é a mais bem compreendida cascata de sinalização envolvendo segundos mensageiros iniciada por receptores acoplados à proteína G

As vias de segundos mensageiros iniciadas por receptores acoplados a proteínas G compartilham uma lógica comum

    Uma família de proteínas G ativa vias distintas de segundos mensageiros

    A hidrólise de fosfolipídeos pela fosfolipase C produz dois importantes segundos mensageiros, trisfosfato de inositol e diacilglicerol

Os receptores tirosinas-cinases compõem a segunda principal família de receptores metabotrópicos

Várias classes de metabólitos podem atuar como mensageiros transcelulares

    A hidrólise de fosfolipídeos pela fosfolipase A_2 libera o ácido araquidônico para produzir outros segundos mensageiros

    Os endocanabinoides são mensageiros transcelulares que inibem a liberação de transmissores pré-sinápticos

    O segundo mensageiro gasoso, o óxido nítrico, é um sinal transcelular que estimula a síntese do GMPc

As ações fisiológicas dos receptores metabotrópicos diferem daquelas dos receptores ionotrópicos

    As cascatas de segundos mensageiros podem aumentar ou diminuir a abertura de muitos tipos de canais iônicos

    As proteínas G podem modular diretamente os canais iônicos

    A fosforilação proteica dependente de AMPc pode fechar os canais de potássio

Os segundos mensageiros podem dotar a transmissão sináptica com consequências duradouras

Os moduladores podem influenciar a função do circuito por alterar a excitabilidade intrínseca ou a força sináptica

    Vários neuromoduladores podem convergir para o mesmo neurônio e canais iônicos

    Por que tantos moduladores?

Destaques

A LIGAÇÃO DOS NEUROTRANSMISSORES aos receptores pós-sinápticos produz um potencial pós-sináptico tanto diretamente, por abrir canais, quanto indiretamente, por alterar a atividade de canais por meio de mudanças no estado bioquímico da célula pós-sináptica. Como visto nos Capítulos 11 a 13, o tipo de ação pós-sináptica depende do tipo de receptor. A ativação do *receptor ionotrópico* abre diretamente um canal iônico, que é parte da própria macromolécula receptora. Em contraste, a ativação de *receptores metabotrópicos* regula a abertura de canais iônicos indiretamente por meio de vias de sinalização bioquímica; o receptor metabotrópico e os canais iônicos regulados pelo receptor são macromoléculas distintas (**Figura 14-1**).

Enquanto a ação dos receptores ionotrópicos é rápida e breve, os receptores metabotrópicos produzem efeitos que começam lentamente e persistem por longos períodos, variando de centenas de milissegundos a muitos minutos. Os dois tipos de receptores também diferem em suas funções. Os receptores ionotrópicos são a base da sinalização sináptica rápida, que é a base de todos os comportamentos, desde reflexos simples até processos cognitivos complexos. Os receptores metabotrópicos *modulam* comportamentos; eles modificam a força reflexa, ativam padrões motores, focalizam a atenção, estabelecem estados emocionais e contribuem para mudanças duradouras nos circuitos neurais subjacentes ao aprendizado e à memória. Os receptores metabotrópicos são responsáveis por muitas ações de neurotransmissores, hormônios e fatores de crescimento. As ações desses neuromoduladores podem produzir mudanças notáveis e drásticas na excitabilidade neuronal e na força sináptica e, ao fazê-lo, podem alterar profundamente o estado de atividade em todo um circuito importante para o comportamento.

Os receptores ionotrópicos alteram o potencial de membrana rapidamente. Como temos visto, essa mudança é localizada no início, mas é propagada como potencial de ação ao longo do axônio se a mudança do potencial de membrana supera o limiar. A ativação de receptores metabotrópicos também começa como uma ação local que pode difundir dentro da célula para ativar ainda outras enzimas que catalisam modificações de uma variedade de proteínas-alvo, mudando intensamente suas atividades.

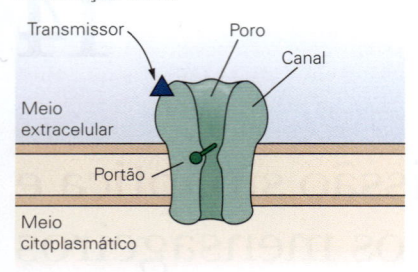

Há duas famílias principais de receptores metabotrópicos: receptores acoplados a proteínas G e receptores com atividade tirosina-cinase. Primeiro descreveremos a família dos receptores acoplados a proteínas G e, mais adiante, discutiremos a família dos receptores com atividade tirosina-cinase.

Os receptores acoplados à proteína G conectam-se às proteínas efetoras por meio de uma proteína trimérica que liga nucleotídeos da guanina, daí o nome proteína G (**Figura 14-1B**). Essa família de receptores inclui os receptores adrenérgicos (α e β) para a noradrenalina, os receptores muscarínicos para a acetilcolina (ACh), os receptores metabotrópicos para o ácido γ-aminobutírico B ($GABA_B$), alguns tipos de receptores glutamatérgicos e serotoninérgicos, todos os receptores da dopamina, receptores de neuropeptídeos, moléculas odoríferas, rodopsina (a proteína que reage com a luz e inicia a sinalização visual; ver Capítulo 22) e muitos outros. Considera-se que muitos desses receptores estejam envolvidos em doenças neurológicas e psiquiátricas e são alvos-chave das ações de fármacos importantes.

Os receptores acoplados à proteína G ativam uma variedade de moléculas efetoras. O efetor típico é uma enzima que produz um segundo mensageiro difusível. Esses segundos mensageiros, por sua vez, desencadeiam uma cascata bioquímica, tanto pela ativação de proteínas-cinases específicas, que fosforilam o grupo hidroxila de resíduos específicos de serina ou treonina de várias proteínas, quanto pela mobilização de Ca^{2+} dos estoques intracelulares, iniciando, assim, reações que mudam o estado bioquímico celular. Em alguns casos, as proteínas G ou os segundos mensageiros atuam diretamente sobre um canal iônico.

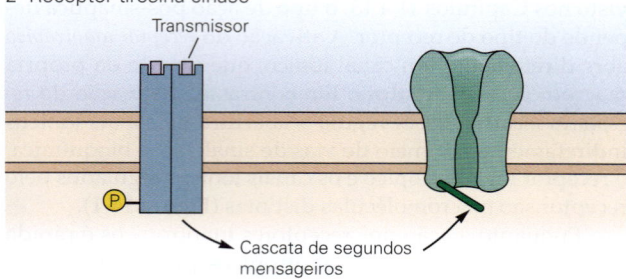

FIGURA 14-1 As ações dos neurotransmissores podem ser divididas em dois grupos de acordo com a forma como as funções receptora e efetora são acopladas.
A. As ações diretas do transmissor são produzidas pela ligação do transmissor aos *receptores ionotrópicos*, canais controlados por ligantes nos quais o receptor e o canal iônico são domínios dentro de uma única macromolécula. A ligação do transmissor ao receptor no lado extracelular da proteína do canal receptor abre diretamente o canal iônico embutido na membrana celular.
B. As ações indiretas do transmissor são causadas pela ligação do transmissor aos *receptores metabotrópicos*, macromoléculas que são separadas dos canais iônicos que regulam. Há duas famílias desses receptores: **1.** Receptores acoplados à proteína G, que ativam proteínas que ligam trifosfato de guanosina (GTP) que, por sua vez, acionam cascatas de segundos mensageiros ou atuam diretamente sobre canais iônicos. **2.** Receptores tirosinas-cinases, que iniciam uma cascata de reações de fosforilações proteicas, começando pela autofosforilação (**P**) da própria proteína-cinase em resíduos de tirosina.

se espalhar para uma região mais ampla da célula. A ligação de um neurotransmissor com um receptor metabotrópico ativa proteínas que, por sua vez, ativam enzimas efetoras. As enzimas efetoras frequentemente produzem moléculas que atuam como segundos mensageiros, que podem se

A via do AMPc é a mais bem compreendida cascata de sinalização envolvendo segundos mensageiros iniciada por receptores acoplados à proteína G

A via do monofosfato de adenosina cíclico (AMPc) é um exemplo prototípico de uma cascata de segundo mensageiro acoplada à proteína G. Ela foi a primeira via de segundo mensageiro descoberta e embasou a concepção de outras vias desse tipo.

A ligação do transmissor ao receptor, conectado à cascata de AMPc, primeiro ativa uma proteína G específica chamada G_s, assim denominada por *estimular* a síntese de AMPc. No estado de repouso, a Gs, como outras proteínas G, é uma proteína trimérica que compreende as subunidades α, β e γ. A subunidade α está frouxamente associada à membrana, sendo geralmente ela que acopla o receptor à enzima efetora primária. As subunidades β e γ formam um complexo fortemente ligado que é mais firmemente associado à membrana. Conforme descrito mais adiante neste capítulo, o complexo βγ das proteínas G pode regular diretamente a atividade de certos canais iônicos.

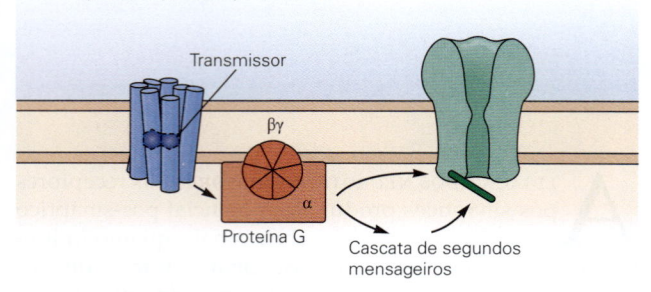

No estado de repouso, a subunidade α liga-se a uma molécula de difosfato de guanosina (GDP). Após a ligação do ligante, um receptor acoplado à proteína G sofre uma

mudança conformacional que permite que ele se ligue à subunidade α, promovendo, assim, a troca de GDP com uma molécula de trifosfato de guanosina (GTP). Isso leva a uma mudança conformacional que faz a subunidade α se dissociar do complexo βγ, ativando, assim, a subunidade α.

A classe particular de subunidade α que é acoplada à cascata de AMPc é denominada $α_s$, que estimula a proteína integral de membrana adenililciclase para catalisar a conversão de trifosfato de adenosina (ATP) em AMPc. Quando associada à adenililciclase, a proteína $α_s$ também age como uma GTPase, hidrolisando o GTP ligado ao GDP. Quando GTP é hidrolisado, $α_s$ torna-se inativa. Ela se dissocia da adenililciclase e se reassocia com o complexo βγ, parando, assim, a síntese de AMPc (**Figura 14-2A**). Em geral, a proteína G_s permanece ativa por alguns poucos segundos antes que o GTP ligado seja hidrolisado.

Uma vez que o receptor seja ativado pelo ligante, ele pode interagir sequencialmente com mais de uma molécula de proteína G. Como resultado, a ligação sequencial de algumas poucas moléculas de transmissor a um pequeno

FIGURA 14-2 A ativação de receptores acoplados à proteína G_s estimula a produção de monofosfato de adenosina cíclico (**AMPc**) e proteína-cinase A. (Adaptada de Alberts et al., 1994.)

A. A ligação de um transmissor a certos receptores ativa a proteína G estimuladora (**G_s**), consistindo em subunidades $α_s$, β e γ. Quando ativada, a subunidade $α_s$ troca seu difosfato de guanosina (**GDP**) ligado por trifosfato de guanosina (**GTP**), fazendo $α_s$ se dissociar do complexo βγ. A seguir, $α_s$ se associa a um domínio intracelular de adenililciclase, estimulando, assim, a enzima a produzir AMPc a partir da adenosina trifosfato (**ATP**). A hidrólise de GTP em GDP e fosfato inorgânico (**P_i**) leva à dissociação de $α_s$ da adenililciclase e sua reassociação com o complexo βγ. A ciclase, então, interrompe a produção de segundo mensageiro. À medida que o transmissor se dissocia do receptor, as três subunidades da proteína G se reassociam e o sítio de ligação ao nucleotídeo de guanina na subunidade α permanece ocupado por GDP.

B. Quatro moléculas de AMPc se ligam às duas subunidades reguladoras da proteína-cinase A (**PKA**), liberando as duas subunidades catalíticas, que ficam, então, livres para fosforilar proteínas de substrato específicas em certos resíduos de serina ou treonina, regulando, assim, a função da proteína para produzir uma determinada resposta celular. Dois tipos de enzimas contrarregulam essa via: as fosfodiesterases convertem AMPc em monofosfato de adenosina (que é inativo), e as fosfatases proteicas removem grupos fosforil (**P**) das proteínas do substrato, liberando fosfato inorgânico, P_i. A atividade da fosfatase é, por sua vez, diminuída pela proteína inibidora-1 (não mostrada), quando esta é fosforilada pela PKA.

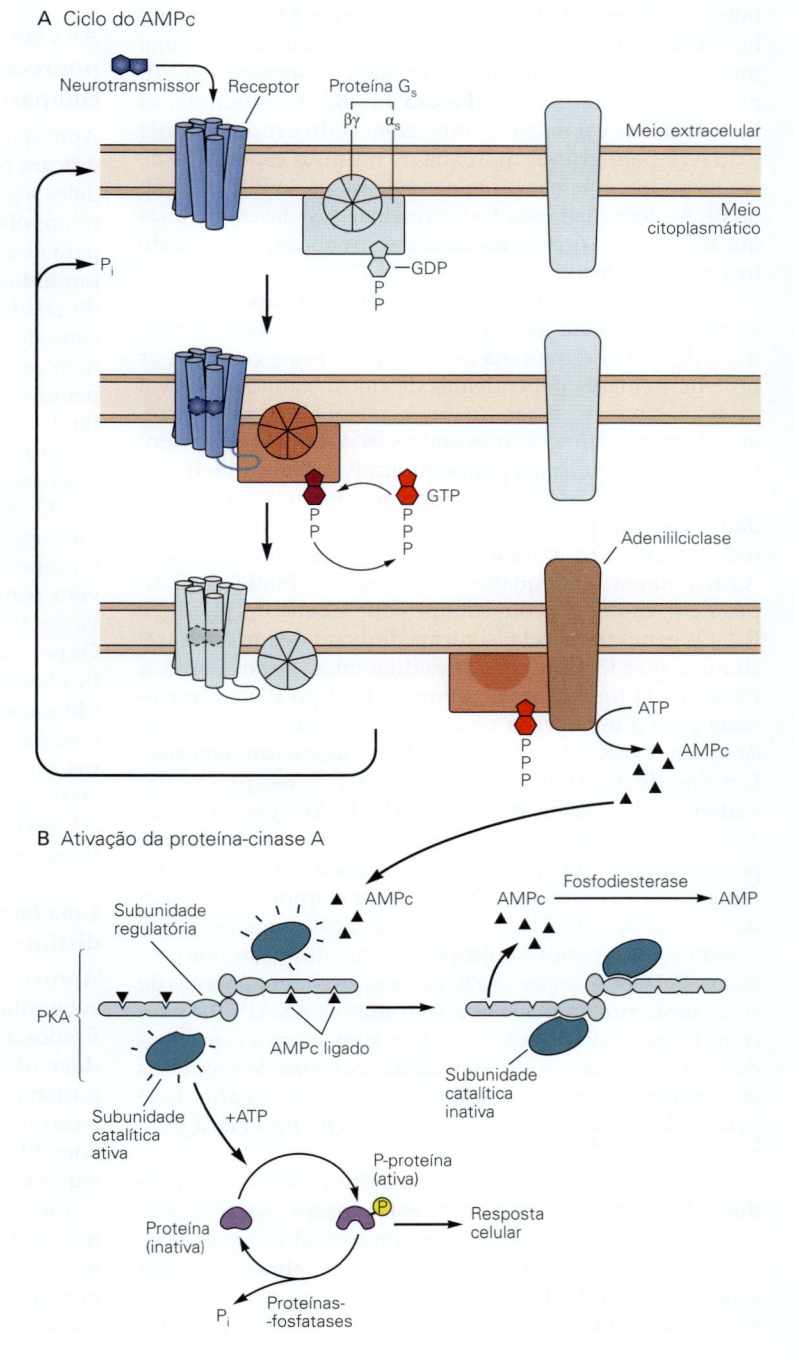

número de receptores pode ativar um grande número de complexos de adenililciclase. O sinal é mais amplificado no próximo passo da cascata do AMPc, que leva à ativação da proteína-cinase.

O principal alvo do AMPc, na maioria das células, é a proteína-cinase dependente de AMPc (também chamada de proteína-cinase A e abreviada como PKA). Essa cinase, identificada e caracterizada por Edward Krebs e colaboradores, tem uma estrutura enzimática heterotetramérica, que consiste em um dímero com duas subunidades reguladoras (R) e um dímero com duas subunidades catalíticas (C). Na ausência de AMPc, as subunidades R ligam e inibem as subunidades C. Na presença de AMPc, cada subunidade R liga duas moléculas de AMPc, levando a uma mudança conformacional que causa a dissociação em dímero R e subunidades C (**Figura 14-2B**). As subunidades C dissociadas catalisam a transferência do grupo fosforila γ do ATP para grupos hidroxila de resíduos específicos de serina ou treonina nas proteínas substratos da PKA. A ação da PKA é terminada por fosfoproteínas-fosfatases, enzimas que hidrolisam o grupo fosforila das proteínas, produzindo fosfato inorgânico.

Do ponto de vista evolutivo, a PKA está apenas vagamente relacionada às outras cinases que fosforilam resíduos de serina e treonina consideradas neste capítulo: as proteínas-cinases dependentes de cálcio/calmodulina e a proteína-cinase C. Essas cinases também têm domínios reguladores e catalíticos, mas ambos os domínios estão dentro da mesma molécula polipeptídica (ver **Figura 14-4**).

Além de bloquear a atividade enzimática, as subunidades reguladoras da PKA também direcionam as subunidades catalíticas para locais distintos dentro das células. A PKA humana tem quatro isoformas da subunidade R, tipos I e II, cada uma com subtipos alfa e beta: $R_{I\alpha}$, $R_{I\beta}$, $R_{II\alpha}$ e $R_{II\beta}$. Os genes para cada isoforma derivam de um ancestral comum, mas têm propriedades diferentes. Por exemplo, a PKA tipo II (que contém subunidades tipo R_{II}) é direcionada para a membrana onde se liga a *proteínas de fixação da cinase A* (AKAPs, do inglês *A kinase attachment proteins*). Um tipo de AKAP direciona a PKA para o receptor glutamatérgico do *N*-metil-D-aspartato (NMDA), ligando ambas a PKA e a proteína PSD-95 (uma proteína da densidade pós-sináptica), que, por sua vez, se liga à extremidade citoplasmática do receptor NMDA (ver Capítulo 13). Além disso, esse tipo de AKAP também se liga a uma proteína-fosfatase, que remove o grupo fosforila de substratos proteicos. Pela localização da PKA e de outros componentes de sinalização próximo a seus substratos, as AKAPs formam complexos de sinalização local que aumentam a especificidade, a velocidade e a eficiência das cascatas de segundos mensageiros. Como as AKAPs têm apenas fraca afinidade pelas subunidades R_I, a maioria das PKAs tipo I está livre no citoplasma.

As cinases apenas podem fosforilar proteínas em resíduos de serina ou treonina que estão inseridos em *sequências consensuais de fosforilação* de aminoácidos específicos. Por exemplo, a fosforilação por PKA geralmente requer uma sequência de dois aminoácidos básicos contíguos, lisina ou arginina, seguidos por um aminoácido qualquer e, então, pelo resíduo serina ou treonina a ser fosforilado (p. ex., Arg-Arg-Ala-Thr).

Vários substratos proteicos importantes para a PKA têm sido identificados em neurônios. Eles incluem canais iônicos regulados por voltagem e canais iônicos ativados por ligantes, proteínas de vesículas sinápticas, enzimas envolvidas na síntese de neurotransmissores e proteínas que regulam a transcrição gênica. Como resultado, a via do AMPc tem amplos efeitos nas propriedades bioquímicas e eletrofisiológicas dos neurônios. Algumas dessas ações são consideradas mais adiante neste capítulo.

As vias de segundos mensageiros iniciadas por receptores acoplados a proteínas G compartilham uma lógica comum

Aproximadamente 3,5% dos genes no genoma humano codificam receptores acoplados à proteína G. Embora muitos deles sejam receptores para substâncias odoríferas nos neurônios olfatórios (Capítulo 29), muitos outros são receptores para neurotransmissores bem caracterizados e distribuídos por todas as partes do sistema nervoso. Apesar da enorme diversidade, todos os receptores acoplados às proteínas G consistem em uma única cadeia polipeptídica com sete segmentos transmembrana característicos (receptores em serpentina) (**Figura 14-3A**). Resultados recentes da cristalografia de raios X forneceram informações detalhadas sobre a estrutura tridimensional desses receptores em contato com suas respectivas proteínas G (**Figura 14-3B**).

O número de substâncias que atuam como segundos mensageiros na transmissão sináptica é muito menor que o número de transmissores. Mais de 100 substâncias servem como transmissores; cada transmissor pode ativar vários tipos de receptores presentes em diferentes células. Os poucos segundos mensageiros caracterizados são classificados em duas categorias: intracelulares e transcelulares. Mensageiros intracelulares são moléculas cujas ações estão confinadas à célula em que são produzidas. Os mensageiros transcelulares são moléculas que podem rapidamente atravessar a membrana celular e, portanto, podem deixar as células onde foram produzidos e agir como sinais intercelulares ou primeiros mensageiros em células vizinhas.

Uma família de proteínas G ativa vias distintas de segundos mensageiros

Aproximadamente 20 tipos de subunidades α, 5 tipos de subunidades β e 12 tipos de subunidades γ têm sido identificados. Proteínas G com diferentes subunidades α acoplam diferentes classes de receptores e proteínas efetoras, tendo, portanto, diferentes ações fisiológicas. Por exemplo, as *proteínas inibitórias G_i*, que contém a subunidade α_i, inibem a adenililciclase e decrescem os níveis de AMPc. Outras proteínas G (proteínas $G_{q/11}$, que contém as subunidades α_q ou α_{11}) ativam a fosfolipase C e provavelmente outros mecanismos de transdução de sinal ainda não identificados. A proteína G_o, que contém a subunidade α_o, é expressa em níveis particularmente altos no cérebro, mas seus alvos exatos não são conhecidos. Comparado a outros órgãos do corpo, o

A Receptor acoplado à proteína G clássico

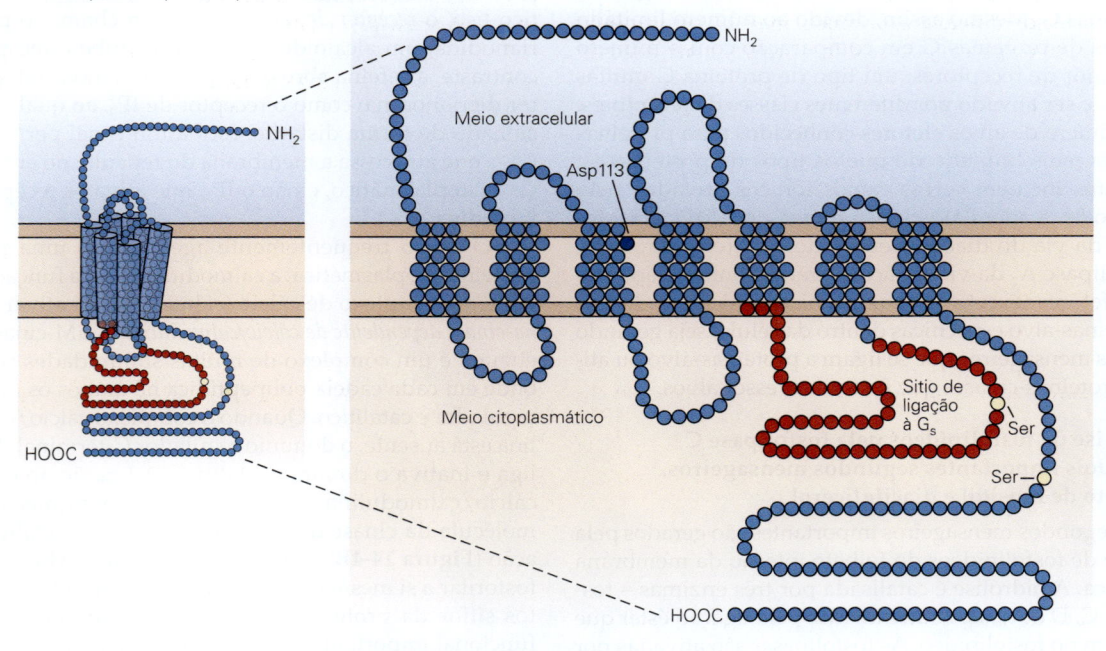

B Interação do receptor e proteína G

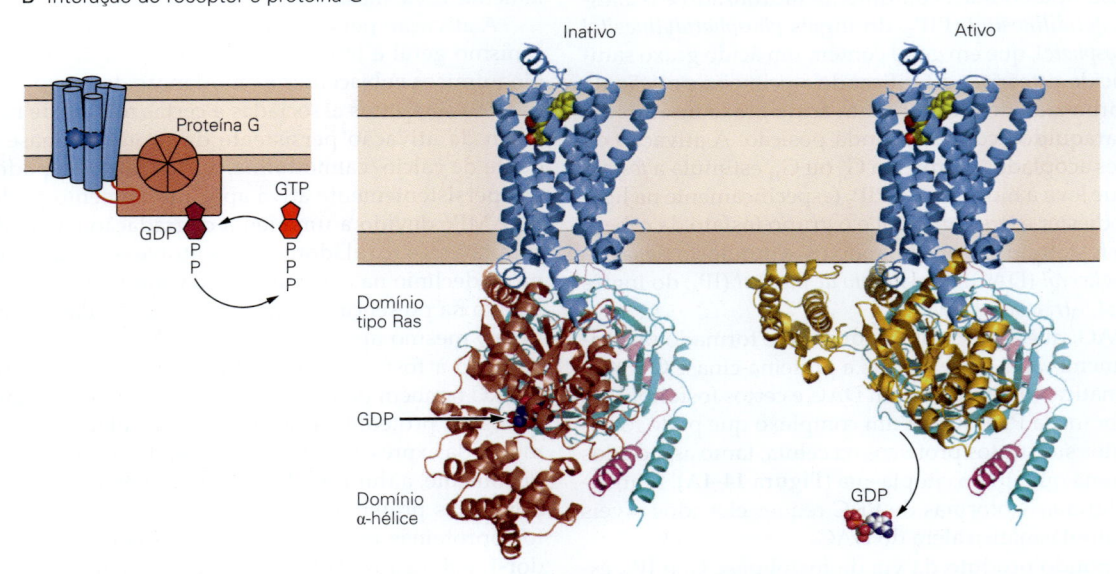

FIGURA 14-3 Os receptores acoplados à proteína G têm 7 domínios transmembrana.

A. O receptor β_2-adrenérgico mostrado aqui é representativo de receptores acoplados à proteína G, incluindo os receptores β_1-adrenérgicos, muscarínicos de acetilcolina (ACh) e rodopsina. Ele consiste em uma única subunidade com o domínio extracelular aminoterminal, um domínio de membrana com 7 segmentos transmembrana de α-hélices e um domínio intracelular carboxiterminal. O local de ligação para o neurotransmissor situa-se em uma fenda do receptor formada pelas hélices transmembrana. O resíduo de aminoácido 113, aspartato (**Asp**), participa da interação com o neurotransmissor. A parte do receptor indicada em **marrom** associa-se à subunidade α da proteína G. Dois resíduos de serina (**Ser**) na cauda carboxiterminal intracelular são locais para fosforilação para cinases específicas, as quais contribuem para inativar o receptor. (Adaptada, com autorização, de Frielle et al., 1989.)

B. Modelos baseados em estruturas cristalinas obtidas com raios X do receptor β_2-adrenérgico (**azul**) interagindo com a proteína G_s no estado inativo ligado ao difosfato de guanosina (**GDP**) e no estado ativo ligado ao trifosfato de guanosina (**GTP**). Um agonista sintético de alta afinidade está ligado na região transmembrana perto da superfície extracelular da membrana (modelo de preenchimento de espaço). As subunidades α_s, β e γ da proteína G_s inativa são mostradas em **marrom**, **ciano** e **roxo** respectivamente. No estado ativo, α_s (em **amarelo-ouro**) sofre uma mudança conformacional que lhe permite interagir com a adenililciclase. (Adaptada, com autorização, de Kobilka, 2013. Copyright © 2013 Wiley-VCH Verlag GmbH & Co. KGaA, Weinheim.)

encéfalo contém uma variedade excepcionalmente grande de proteínas G. Mesmo assim, devido ao número limitado de classes de proteínas G em comparação com o número muito maior de receptores, um tipo de proteína G muitas vezes pode ser ativado por diferentes classes de receptores.

O número de alvos efetores conhecidos para proteínas G é ainda mais limitado do que os tipos de proteínas G. Os efetores incluem certos canais iônicos ativados pelo complexo βγ, a adenilato-ciclase da via do AMPc, a fosfolipase C da via do diacilglicerol e do inositol-polifosfato, e a fosfolipase A_2 da via do ácido araquidônico. Cada um desses efetores (exceto os canais iônicos) inicia mudanças em proteínas-alvo específicas dentro da célula, seja gerando segundos mensageiros que se ligam a proteínas-alvo ou ativando proteínas-cinases que fosforilam esses alvos.

A hidrólise de fosfolipídeos pela fosfolipase C produz dois importantes segundos mensageiros, trisfosfato de inositol e diacilglicerol

Muitos segundos mensageiros importantes são gerados pela hidrólise de fosfolipídeos do folheto interno da membrana plasmática. A hidrólise é catalisada por três enzimas – fosfolipases C, D e A_2, assim nominadas pela ligação éster que hidrolisam no fosfolipídeo. As fosfolipases são ativadas por diferentes proteínas G, acopladas a diferentes receptores.

O fosfolipídeo mais comumente hidrolisado é o *difosfato de fosfatidilinositol* (PIP_2, do inglês *phosphatidylinositol 4,5-bisphosphate*), que em geral contém um ácido graxo saturado, o ácido esteárico, esterificando a primeira posição da cadeia carbonada do glicerol, e um ácido graxo insaturado, o ácido araquidônico, na segunda posição. A ativação de receptores acoplados à proteína G_q ou G_{11} estimula a *fosfolipase C*, que leva à hidrólise do PIP_2 (especificamente na ligação fosfodiéster entre o glicerol e o grupo fosfato da cabeça polar do fosfolipídeo), produzindo os segundos mensageiros *diacilglicerol* (DAG) e *trisfosfato de inositol* (IP_3, do inglês *inositol 1,4,5-trisphosphate*).

O DAG, que é hidrofóbico, quando é formado permanece na membrana, onde recruta a proteína-cinase C (PKC) citoplasmática. Juntamente com DAG e certos fosfolipídeos da membrana, a PKC forma um complexo que pode fosforilar muitos substratos proteicos na célula, tanto associados à membrana quanto no citoplasma (**Figura 14-4A**). A ativação de algumas isoformas de PKC requer elevados níveis de Ca^{2+} citoplasmático além do DAG.

O segundo produto da via da fosfolipase C, o IP_3, estimula a liberação do Ca^{2+} dos estoques intracelulares no lúmen do retículo endoplasmático liso. A membrana do retículo contém uma macromolécula integral de membrana, o receptor IP_3, que forma o sítio receptor na superfície citoplasmática e um canal permeável ao Ca^{2+} que atravessa a membrana do retículo. Quando essa macromolécula liga o IP_3, o canal se abre, liberando o Ca^{2+} para o citoplasma (**Figura 14-4A**).

O aumento do Ca^{2+} intracelular desencadeia muitas reações bioquímicas e abre canais ativados por Ca^{2+} na membrana plasmática. O cálcio pode agir também como um segundo mensageiro para desencadear a liberação de Ca^{2+} adicional dos estoques internos por ligação a outra proteína integral na membrana do retículo endoplasmático liso, o *receptor de rianodina* (assim chamado por ligar rianodina, um alcaloide vegetal, que inibe o receptor; em contraste, a cafeína abre o receptor de rianodina). O receptor de rianodina, como o receptor de IP_3, ao qual está relacionado de forma distante, forma um canal permeável ao Ca^{2+}, que atravessa a membrana do retículo; no entanto, é o Ca^{2+} citoplasmático, e não o IP_3, que ativa os receptores de rianodina.

O cálcio frequentemente age ligando uma pequena proteína citoplasmática, a calmodulina. Uma função importante do complexo de cálcio/calmodulina é ativar a *proteína-cinase dependente de cálcio/calmodulina* (CaM-cinase). Essa enzima é um complexo de muitas subunidades similares, onde em cada cadeia polipeptídica há ambos os domínios, regulador e catalítico. Quando o complexo cálcio/calmodulina está ausente, o domínio regulador C-terminal da cinase liga e inativa o domínio catalítico. A ligação ao complexo cálcio/calmodulina causa mudanças conformacionais na molécula da cinase que liberam o domínio catalítico para ação (**Figura 14-4B**). Uma vez ativada, a CaM-cinase pode fosforilar a si mesma por reações intramoleculares em muitos sítios da proteína. A autofosforilação tem um efeito funcional importante: ela converte a cinase em uma forma independente de cálcio/calmodulina e, portanto, persistentemente ativa, mesmo na ausência de Ca^{2+}.

A ativação persistente de proteínas-cinases é um mecanismo geral e importante na manutenção de processos bioquímicos subjacentes às mudanças de longo prazo nas funções sinápticas associadas a certas formas de memória. Além da ativação persistente da proteína-cinase dependente de cálcio/calmodulina, a PKA também pode se tornar persistentemente ativa após um aumento prolongado do AMPc devido a uma lenta degradação enzimática das subunidades reguladoras livres através da via da ubiquitina. O declínio na concentração da subunidade reguladora resulta na presença duradoura das subunidades catalíticas livres, mesmo após os níveis de AMPc terem declinado, levando à fosforilação contínua de substratos proteicos. A PKC também pode se tornar persistentemente ativa pela clivagem proteolítica do domínio regulador ou pelo aumento da expressão de isoformas sem o domínio regulador. Finalmente, a duração da fosforilação pode ser aumentada por certas proteínas que atuam inibindo a atividade das fosfoproteínas-fosfatases. Uma dessas proteínas, o inibidor-1, inibe a atividade da fosfatase somente quando o próprio inibidor é fosforilado pela PKA.

Os receptores tirosinas-cinases compõem a segunda principal família de receptores metabotrópicos

Os *receptores tirosinas-cinases* representam uma família distinta dos receptores acoplados à proteína G. Os receptores tirosinas-cinases são proteínas integrais de membrana compostas por uma única subunidade com um domínio extracelular, onde está o sítio ligante, conectado a uma região citoplasmática por um único segmento transmembrana. A região citoplasmática contém o domínio proteína-cinase que fosforila

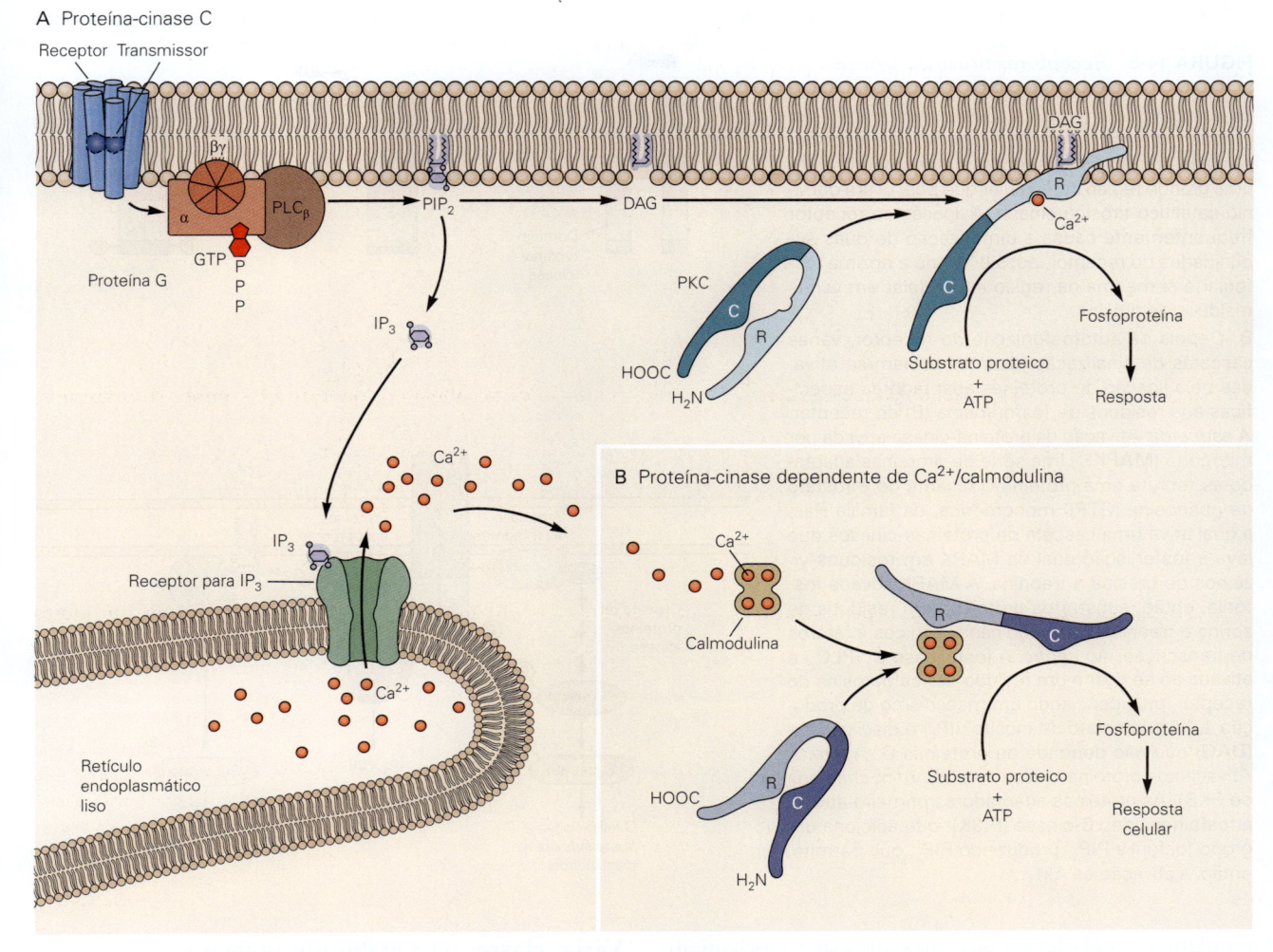

FIGURA 14-4 A hidrólise de fosfolipídeos na membrana celular ativa três grandes cascatas de segundos mensageiros.

A. A ligação do transmissor a um receptor ativa uma proteína G que ativa a fosfolipase C$_\beta$ (**PLC$_\beta$**). Essa enzima cliva o fosfatidilinositol 4,5-bisfosfato (**PIP$_2$**) nos segundos mensageiros inositol 1,4,5-trisfosfato (**IP$_3$**) e diacilglicerol (**DAG**). O IP$_3$ é hidrossolúvel e se difunde no citoplasma, onde se liga ao canal do receptor de IP$_3$ no retículo endoplasmático liso, liberando, assim, Ca^{2+} dos estoques internos. O DAG permanece na membrana, onde recruta e ativa a proteína-cinase C (**PKC**). O fosfolipídeo da membrana também é um cofator necessário para a ativação da PKC. Algumas isoformas da PKC também requerem Ca^{2+} para ativação. A PKC é composta por uma única molécula proteica que tem ambos os domínios: regulador, que liga DAG, e catalítico, que fosforila proteínas em resíduos de serina ou treonina. Na ausência de DAG, o domínio regulador inibe o domínio catalítico.

B. A proteína-cinase dependente de cálcio/calmodulina é ativada quando Ca^{2+} se liga à calmodulina, e o complexo cálcio/calmodulina se liga, então, a um domínio regulador da cinase. A cinase é composta de muitas subunidades similares (apenas uma é representada aqui), cada uma com ambos os domínios: regulador e catalítico. O domínio catalítico fosforila proteínas em resíduos de serina ou treonina. (**ATP**, adenosina trifosfato; **C**, subunidade catalítica; **COOH**, terminal carbóxi; **NH$_2$**, terminal amino; **R**, subunidade reguladora.)

a si mesmo (autofosforilação) e outras proteínas em resíduos de tirosina (**Figura 14-5A**). Essa fosforilação resulta na ativação de um grande número de proteínas, incluindo outras cinases que são capazes de agir em canais iônicos.

Os receptores tirosinas-cinases são ativados quando ligados por hormônios peptídicos, incluindo fator de crescimento epidérmico (EGF), fator de crescimento de fibroblastos (FGF), fator de crescimento neural (NGF), fator neurotrófico derivado do encéfalo (BDNF) e insulina. As células também possuem proteínas tirosinas-cinases citoplasmáticas, como o proto-oncogene *src*. Essas cinases citoplasmáticas frequentemente são ativadas por interação com receptores tirosinas-cinases na membrana e são importantes na regulação do crescimento e na diferenciação celular.

Muitos dos receptores tirosinas-cinases (mas não todos) existem como monômeros na membrana plasmática na ausência de ligantes. A ativação pelo ligante faz dois receptores monoméricos formarem um dímero, ativando, assim, a cinase intracelular. Cada monômero fosforila sua contraparte em um resíduo de tirosina, uma ação que permite à cinase fosforilar outros substratos intracelulares. As tirosinas-cinases, como as serina/treonina-cinases,

FIGURA 14-5 Receptores tirosinas-cinases.
A. Os receptores tirosinas-cinases são monômeros na ausência de um ligante. O receptor contém um grande domínio ligante extracelular, que está conectado por um único segmento transmembrana a uma grande região intracelular que possui um domínio catalítico tirosina-cinase. A ligação ao receptor frequentemente causa a dimerização de duas subunidades do receptor, possibilitando à enzima fosforilar a si mesma na região intracelular em vários resíduos de tirosina.

B. Depois da autofosforilação do receptor, várias cascatas de sinalização jusantes tornam-se ativadas pela ligação de proteínas adaptadoras específicas aos resíduos de fosfotirosina (**P**) do receptor. *À esquerda:* Ativação da proteína-cinase ativada por mitógeno (**MAPK**). Uma série de proteínas adaptadoras recruta uma proteína G (ligante de trifosfato de guanosina [GTP]) monomérica, da família Ras, a qual ativa uma cascata de proteínas-cinases que leva à fosforilação dual da MAPK em resíduos vizinhos de tirosina e treonina. A MAPK ativada fosforila, então, substratos proteicos em resíduos de serina e treonina, incluindo canais iônicos e fatores de transcrição. *Ao centro:* A fosfolipase C$_\gamma$ (**PLC$_\gamma$**) é ativada ao se ligar a um resíduo de fosfotirosina do receptor, providenciando um mecanismo de produção 1,4,5-trisfosfato de inositol (**IP$_3$**) e diacilglicerol (**DAG**) que não depende de proteínas G. *À direita:* Ativação da proteína-cinase Akt (também chamada de PKB). As proteínas adaptadoras primeiro ativam a fosfoinositídeo 3-cinase (**PI3K**), que adiciona um grupo fosforil à PIP$_2$, produzindo PIP$_3$, que permite, então, a ativação da Akt.

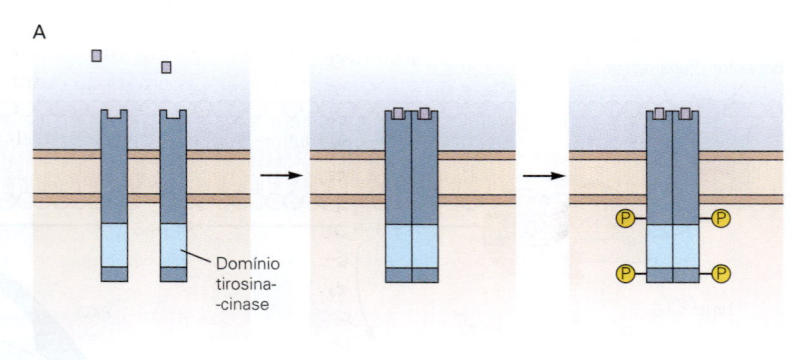

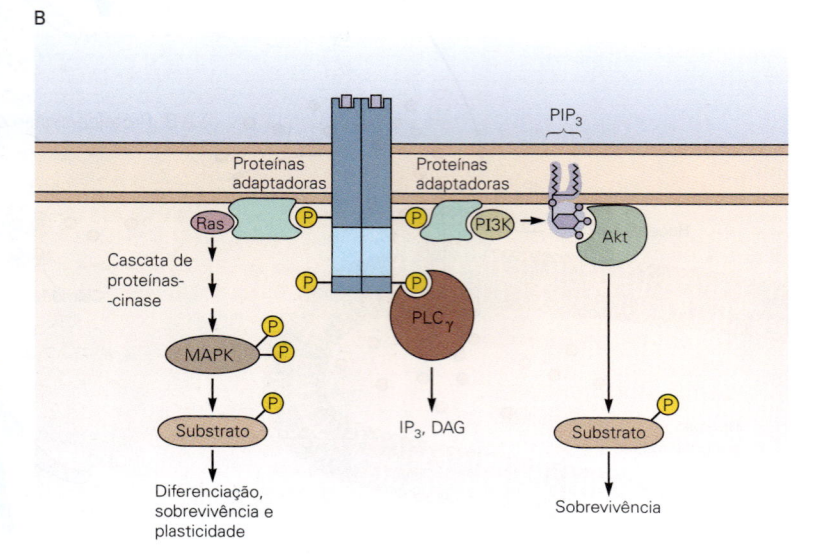

regulam a atividade das proteínas que elas fosforilam, incluindo a atividade de certos canais iônicos. Tirosinas-cinases também ativam uma isoforma da fosfolipase C (PLC), a PLCγ, que, como a PLCβ, cliva o PIP$_2$ em IP$_3$ e DAG.

Receptores tirosinas-cinases iniciam cascatas de reações envolvendo várias proteínas adaptadoras e outras proteínas-cinases que frequentemente levam a mudanças na transcrição gênica. As proteínas-cinases ativadas por mitógenos (MAP-cinases, MAPK) são um importante grupo de serina/treonina-cinases que podem ser ativadas por uma cascata de sinalização iniciada pelo receptor tirosina-cinase. As MAPKs são ativadas por outras proteínas-cinases (i.e., cinases de cinases), específicas para cada tipo das três MAPKs: a cinase regulada por sinais extracelulares (ERK, do inglês *extracellular signal regulated kinase*), a cinase p38--MAPK e a cinase *c-Jun* N-terminal (JNK, do inglês *c-Jun N-terminal kinase*). Quando ativadas, as MAPKs têm várias ações importantes. Elas se translocam para o núcleo, onde ativam a transcrição gênica pela fosforilação de determinados fatores de transcrição. Acredita-se que essa ação seja importante para estabilizar a formação da memória de longo prazo (Capítulos 53 e 54). As MAPKs também fosforilam proteínas citoplasmáticas e de membrana para produzir ações moduladoras de curto prazo (**Figura 14-5B**).

Várias classes de metabólitos podem atuar como mensageiros transcelulares

Os produtos metabólicos que consideramos até agora gerados em resposta às ações dos receptores metabotrópicos não atravessam facilmente a membrana celular. Como resultado, eles atuam como verdadeiros segundos mensageiros intracelulares – eles só afetam a célula que os produz. No entanto, as células também podem sintetizar metabólitos que são lipossolúveis e, portanto, podem atuar na célula que os produz e se difundir através da membrana plasmática para afetar as células vizinhas. Referimos tais moléculas como mensageiros transcelulares.

Embora essas moléculas tenham alguma semelhança funcional com os neurotransmissores, elas diferem de várias maneiras importantes. Eles não estão contidos em vesículas e não são liberados em contatos sinápticos especializados. Eles geralmente não atuam em receptores de membrana, mas atravessam a membrana plasmática de células vizinhas para atingir alvos intracelulares. E suas liberação e ações são muito mais lentas do que aquelas realizadas nas sinapses. Consideraremos aqui três grandes classes de mensageiros transcelulares: os metabólitos das enzimas cicloxigenase e lipoxigenase a partir do ácido araquidônico; os endocanabinoides; e o óxido nítrico.

A hidrólise de fosfolipídeos pela fosfolipase A_2 libera o ácido araquidônico para produzir outros segundos mensageiros

A *fosfolipase A_2* hidrolisa fosfolipídeos que são distintos de PIP_2, clivando a ligação éster entre a posição 2' do esqueleto de glicerol e ácido araquidônico. Isso libera o *ácido araquidônico*, que é, então, convertido, por ação enzimática, em um composto de uma família de metabólitos denominados *eicosanoides*, assim chamados por possuírem 20 (do grego *eicosa*) átomos de carbono.

Três tipos de enzimas metabolizam o ácido araquidônico: (1) cicloxigenases, que produzem prostaglandinas e tromboxanos; (2) várias lipoxigenases, que produzem uma variedade de outros metabólitos; e (3) o complexo citocromo P450, que oxida o próprio ácido araquidônico, bem como os metabólitos da cicloxigenase e da lipoxigenase (**Figura 14-6**). A síntese de prostaglandinas e tromboxanos no encéfalo é aumentada de modo notável por estimulação inespecífica, como eletrochoque convulsivante, traumatismo ou isquemia aguda (i.e., ausência localizada de fluxo sanguíneo). Esses metabólitos podem ser liberados pela célula que os sintetiza e, assim, atuam como sinais transcelulares. Muitas das ações das prostaglandinas são mediadas pela atuação na membrana plasmática em uma família de receptores acoplados à proteína G. Os membros dessa família de receptores podem, por sua vez, ativar ou inibir a adenililciclase ou ativar a fosfolipase C.

Os endocanabinoides são mensageiros transcelulares que inibem a liberação de transmissores pré-sinápticos

No início da década de 1990, pesquisadores identificaram dois tipos de receptores acoplados à proteína G, CB1 e CB2, os quais ligam com alta afinidade o composto ativo da maconha, o Δ^9-tetra-hidrocanabinol (THC). Ambos os receptores são acoplados a proteínas G do tipo G_i e G_o. Os receptores CB1 são os receptores acoplados à proteína G mais abundantes no encéfalo e são encontrados predominantemente nos axônios e nos terminais pré-sinápticos nos sistemas nervosos central e periférico. A ativação desses receptores inibe a liberação de vários tipos de neurotransmissores, incluindo GABA e glutamato. Os receptores CB2 são encontrados principalmente nos linfócitos, onde modulam a resposta imunológica.

A identificação dos receptores canabinoides levou à purificação de seus ligantes endógenos, os *endocanabinoides*. Dois principais endocanabinoides foram identificados; ambos contêm uma porção de ácido araquidônico e se ligam aos receptores CB1 e CB2. A *anandamida* (do sânscrito *ananda*, que significa felicidade) consiste em um ácido araquidônico conjugado à etanolamina (araquidonil-etanolamida); o *2-araquidonilglicerol* (2-AG) consiste em um ácido araquidônico esterificado na posição 2 do glicerol. Ambos são produzidos pela hidrólise enzimática de fosfolipídeos contendo ácido araquidônico, em um processo que é iniciado quando certos receptores acoplados à proteína G são estimulados ou quando as concentrações internas de Ca^{2+} são elevadas (**Figura 14-6**). No entanto, enquanto o 2-AG é sintetizado em quase todos os neurônios, as fontes de anandamida são menos bem caracterizadas.

Como os endocanabinoides são metabólitos lipídicos que podem se difundir através da membrana, eles funcionam como sinais transcelulares que atuam nas células vizinhas, incluindo os terminais pré-sinápticos. Sua produção costuma ser estimulada nos neurônios pós-sinápticos pelo aumento do Ca^{2+} que resulta da excitação pós-sináptica. Uma vez produzidos, os endocanabinoides difundem-se através da membrana para os terminais pré-sinápticos próximos, onde se ligam ao receptor CB1 e inibem a liberação de neurotransmissores. Dessa maneira, o neurônio pós-sináptico pode controlar a atividade do neurônio pré-sináptico. Há atualmente um intenso interesse no entendimento de como a ativação desses receptores no encéfalo leva aos vários efeitos comportamentais da maconha.

O segundo mensageiro gasoso, o óxido nítrico, é um sinal transcelular que estimula a síntese do GMPc

O óxido nítrico (NO) atua como mensageiro transcelular em neurônios, bem como em outras células do corpo. A função moduladora do NO foi descoberta em razão de sua ação como hormônio local liberado pelas células endoteliais dos vasos sanguíneos, causando relaxamento da musculatura lisa das paredes dos vasos. Como os metabólitos do ácido araquidônico, o NO passa facilmente pelas membranas celulares e pode afetar as células vizinhas sem atuar em receptores da superfície. O NO é um radical livre e, portanto, é altamente reativo e de curta duração.

O NO produz muitas de suas ações estimulando a síntese de 3'-5'-monofosfato de guanosina cíclico (GMP cíclico ou GMPc), que, como o AMPc, é um segundo mensageiro citoplasmático que ativa uma proteína-cinase. Especificamente, o NO ativa a guanililciclase, a enzima que converte GTP em GMPc. Há dois tipos de guanililciclase. Um dos tipos é uma proteína integral de membrana com um domínio receptor extracelular e um domínio catalítico intracelular que sintetiza GMPc. A outra é uma enzima citoplasmática (guanililciclase solúvel), ativada diretamente pelo NO. Em alguns casos, considera-se que o NO atue diretamente modificando grupos sulfidrila em resíduos de cisteína de várias proteínas, um processo denominado nitrosilação.

O *GMPc* tem duas ações principais. Ele atua diretamente para abrir canais regulados por nucleotídeos cíclicos (importante para a fototransdução e sinalização olfativa, conforme descrito nos Capítulos 22 e 29 respectivamente), e ativa a *proteína-cinase dependente de GMPc* (PKG), que, como a PKA, fosforila substratos proteicos em resíduos de serina ou treonina. A PKG difere da PKA por ser um único polipeptídeo com domínios regulatório (com sítio de ligação ao GMPc) e catalítico, que são homólogos aos domínios regulatórios e catalíticos em outras proteínas-cinases. Ela também fosforila um conjunto distinto de substratos da PKA.

A fosforilação proteica dependente de GMPc é bastante proeminente nas células de Purkinje no cerebelo, neurônios grandes com ramificação dendrítica abundante. Lá, a cascata de GMPc é ativada pelo NO produzido e liberado nos terminais pré-sinápticos dos axônios das

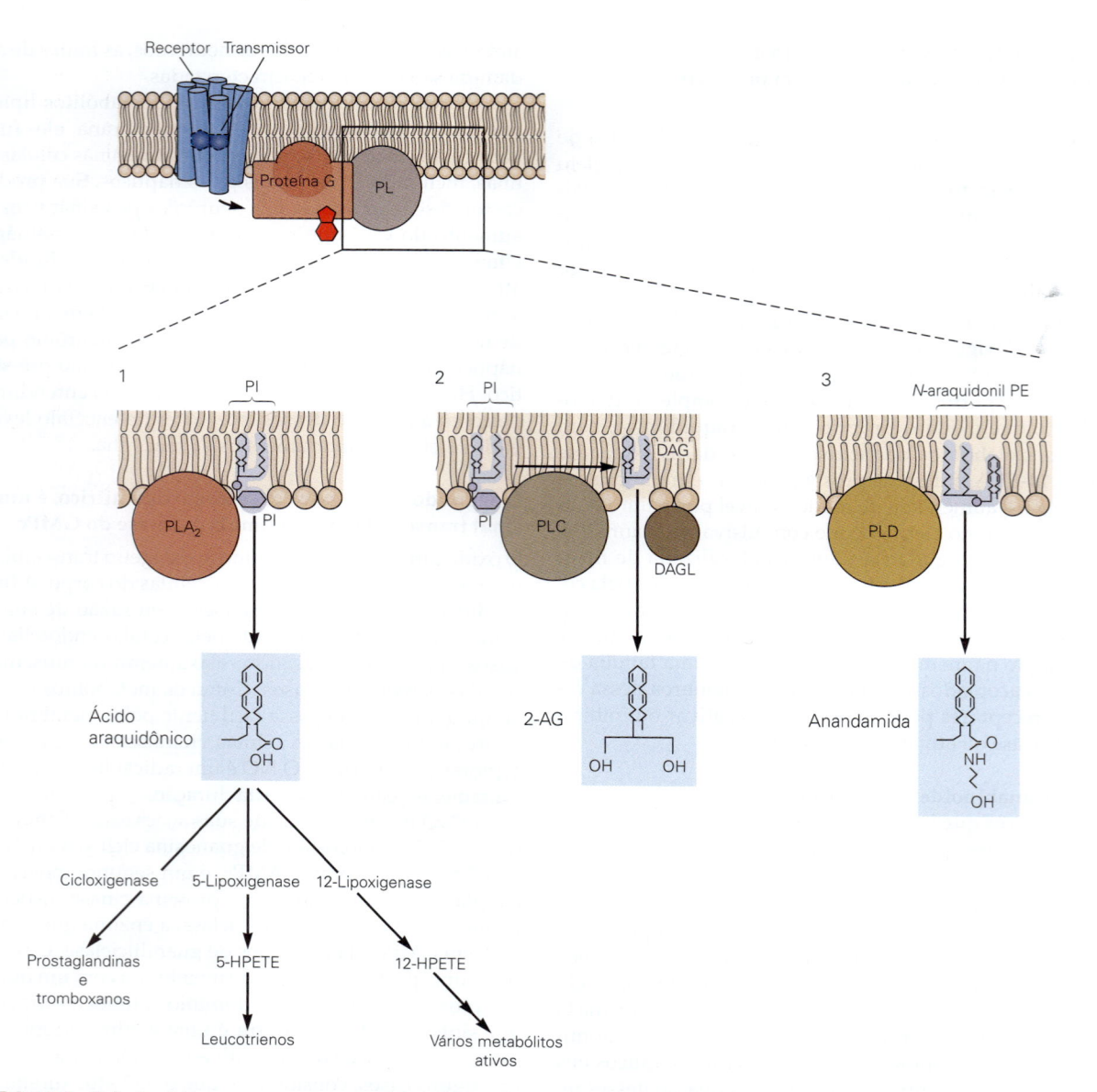

FIGURA 14-6 Três fosfolipases geram segundos mensageiros distintos por hidrólise de fosfolipídeos contendo ácido araquidônico.

Via 1. A estimulação de receptores acoplados à proteína G leva à ativação da fosfolipase A_2 (**PLA_2**) pelo complexo de subunidade βγ livre. A fosfolipase A_2 hidrolisa o fosfatidilinositol (**PI**) na membrana plasmática, levando à liberação de ácido araquidônico, um ácido graxo de 20 carbonos com quatro ligações duplas que é um componente de muitos fosfolipídeos. Uma vez liberado, o ácido araquidônico é metabolizado por várias vias, três das quais são mostradas. As vias das 5 e 12-lipoxigenases produzem vários metabólitos ativos; a via da cicloxigenase produz prostaglandinas e tromboxanos. A cicloxigenase é inibida por indometacina, ácido acetilsalicílico e outros anti-inflamatórios não esteroides. O ácido araquidônico e muitos de seus metabólitos modulam a atividade de certos canais iônicos. (**HPETE**, ácido hidroperoxieicosatetraenoico.)

Via 2. Outras proteínas G ativam a fosfolipase C (**PLC**), a qual hidrolisa PI na membrana plasmática para gerar DAG (ver **Figura 14-4**). A hidrólise de DAG por uma segunda enzima, a diacilglicerol-lipase (**DAGL**), leva à produção de 2-araquidonil-glicerol (**2-AG**), um endocanabinoide que é liberado das membranas neuronais e ativa receptores de endocanabinoides acoplados à proteína G na membrana plasmática de neurônios vizinhos.

Via 3. A elevação do Ca^{2+} intracelular ativa a fosfolipase D (**PLD**), a qual hidrolisa fosfolipídeos que têm uma cabeça polar incomum contendo ácido araquidônico (**N-araquidonil-fosfatidil-etanolamina [N-araquidonil PE]**). Essa ação gera um segundo endocanabinoide denominado anandamida (araquidonil-etanolamida).

células granulares (fibras paralelas) que fazem sinapses excitatórias nas células de Purkinje. O aumento do GMPc nos neurônios de Purkinje reduz a resposta dos receptores glutamatérgicos para AMPA, diminuindo, portanto, a transmissão excitatória rápida nas sinapses das fibras paralelas.

As ações fisiológicas dos receptores metabotrópicos diferem daquelas dos receptores ionotrópicos

As cascatas de segundos mensageiros podem aumentar ou diminuir a abertura de muitos tipos de canais iônicos

As diferenças funcionais entre os receptores metabotrópicos e ionotrópicos refletem as diferenças em suas propriedades. Por exemplo, as ações dos receptores metabotrópicos são muito mais lentas do que as dos ionotrópicos (**Tabela 14-1**). As ações fisiológicas das duas classes de receptores também diferem.

Os receptores ionotrópicos são canais que funcionam como simples interruptores liga-desliga; sua função principal é excitar um neurônio para aproximá-lo do limiar de disparo ou inibir o neurônio para diminuir sua probabilidade de disparo. Como esses canais normalmente são confinados à região pós-sináptica da membrana, a ação dos receptores ionotrópicos é local. Os receptores metabotrópicos, por outro lado, por ativarem segundos mensageiros difusíveis, podem atuar em canais a alguma distância do receptor. Além disso, os receptores metabotrópicos regulam uma variedade de tipos de canais, incluindo canais em repouso, canais controlados por ligantes e canais regulados por voltagem que geram potenciais de ação, sustentam potenciais marca-passos e fornecem influxo de Ca^{2+} para liberação de neurotransmissores.

Finalmente, enquanto a ligação de um neurotransmissor sempre leva a um aumento na abertura de um receptor ionotrópico, a ativação de receptores metabotrópicos pode levar tanto ao aumento quanto à diminuição na abertura de um canal. Por exemplo, a fosforilação de um canal de K^+ inativador (tipo A) pela MAPK nos dendritos de neurônios piramidais do hipocampo diminui a abertura do canal e, assim, a magnitude da corrente de K^+, aumentando, assim, o disparo do potencial de ação dendrítico.

A ligação do neurotransmissor aos receptores metabotrópicos pode influenciar muito as propriedades eletrofisiológicas de um neurônio (**Figura 14-7**). Os receptores metabotrópicos em um terminal pré-sináptico podem alterar a liberação do transmissor regulando o influxo de Ca^{2+} ou a eficácia do próprio processo de liberação sináptica (**Figura 14-7A**). Os receptores metabotrópicos na célula pós-sináptica podem influenciar a força de uma sinapse modulando os receptores ionotrópicos que medeiam o potencial pós-sináptico (**Figura 14-7B**). Ao atuar nos canais de repouso e canais regulados por voltagem no corpo celular do neurônio pós-sináptico, nos dendritos e no axônio, as ações dos receptores metabotrópicos também podem alterar o potencial de repouso, a resistência da membrana, as constantes de comprimento e tempo, o potencial limiar, a duração do potencial de ação e as características de disparo repetitivo. Essa modulação da excitabilidade intrínseca dos neurônios pode desempenhar um papel importante na regulação do fluxo de informação através dos circuitos neuronais para alterar o comportamento.

A distinção entre a regulação direta e indireta dos canais iônicos é bem ilustrada pela transmissão sináptica colinérgica nos gânglios autonômicos do sistema nervoso periférico. A estimulação do nervo pré-sináptico libera ACh dos terminais nervosos, abrindo diretamente os canais de receptores nicotínicos de ACh no neurônio pós-sináptico, produzindo, assim, um potencial excitatório pós-sináptico (PEPS) rápido. O PEPS rápido é seguido por um PEPS lento, que leva aproximadamente 100 milissegundos para se desenvolver, mas dura por vários segundos. O PEPS lento é produzido por uma ação da ACh nos receptores muscarínicos metabotrópicos que leva ao fechamento de um canal K^+ retificador tardio chamado de canal K^+ sensível à muscarina (ou tipo M) (**Figura 14-8A**). Esses canais regulados por voltagem, que são formados por membros da família de genes KCNQ, são parcialmente ativados quando a célula está em repouso; como resultado, a corrente que eles transportam ajuda a determinar o potencial de repouso da célula e a resistência da membrana.

O canal de K^+ tipo M difere de outros canais de K^+ retificadores tardios pela ativação mais lenta. Ele requer diversas centenas de milissegundos para a ativação completa na despolarização. Como os canais do tipo M estão parcialmente abertos no potencial de repouso, seu fechamento em resposta à estimulação muscarínica causa uma diminuição na condutância de K^+ em repouso, despolarizando, portanto, a célula (**Figura 14-8B**). Até que ponto a membrana se despolarizará? Isso pode ser calculado usando a forma de circuito equivalente da equação de Goldman (Capítulo 9), diminuindo o termo g_K de seu valor inicial. Como a mudança em g_K devido ao fechamento dos canais K^+ do tipo M é relativamente modesta, a despolarização no pico do PEPS lento é pequena, de apenas alguns milivolts. No entanto, o fechamento do canal K^+ do tipo M por ACh pode levar a um aumento impressionante no disparo do potencial de ação em resposta a um sinal despolarizante.

TABELA 14-1 Comparação da excitação sináptica produzida pela abertura e pelo fechamento de canais iônicos

	Canais iônicos envolvidos	Efeito sobre a condutância total da membrana	Contribuição ao potencial de ação	Curso temporal	Segundo mensageiro	Natureza da ação sináptica
PEPS causado pela abertura de canais	Canal catiônico não seletivo	Aumento	Desencadeia potencial de ação	Comumente rápido (milissegundos)	Nenhum	Mediadora
PEPS causado pelo fechamento de canais	Canal de K^+	Redução	Modula o potencial de ação	Lento (segundos ou minutos)	AMPc (ou outro segundo mensageiro)	Moduladora

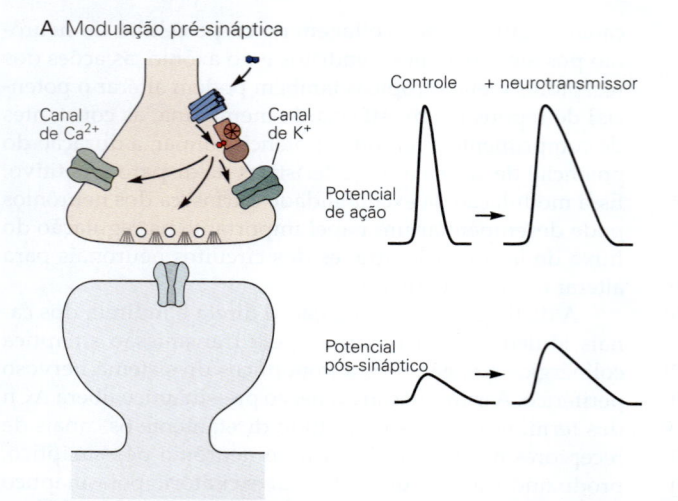

FIGURA 14-7 As ações modulatórias dos segundos mensageiros podem regular a transmissão sináptica rápida atuando em dois sítios sinápticos.
A. No terminal pré-sináptico, os segundos mensageiros podem regular a eficácia da liberação do transmissor e, portanto, o tamanho do potencial pós-sináptico rápido mediado por receptores ionotrópicos. Isso pode ocorrer alterando o influxo de Ca^{2+} pré-sináptico, seja diretamente modulando os canais de Ca^{2+} regulados por voltagem pré-sinápticos ou indiretamente modulando os canais de K^+ pré-sinápticos, que alteram o influxo de Ca^{2+} controlando a duração do potencial de ação conforme ilustrado (e, portanto, o tempo que os canais de Ca^{2+} permanecem abertos). Alguns transmissores moduladores atuam regulando diretamente a eficácia da maquinaria de liberação.
B. No neurônio pós-sináptico, os segundos mensageiros podem alterar diretamente a amplitude dos potenciais pós-sinápticos modulando receptores ionotrópicos.

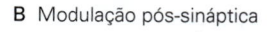

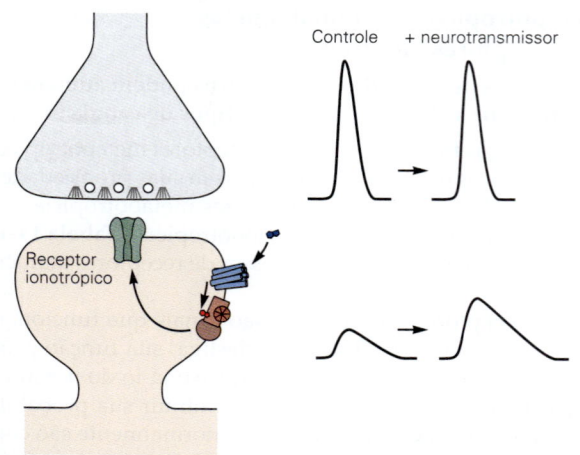

Quais são as propriedades especiais do fechamento do canal K^+ do tipo M que aumentam drasticamente a excitabilidade? Primeiro, a despolarização resultante da redução da g_K em repouso aproxima a membrana do limiar. Segundo, o aumento da resistência da membrana diminui a quantidade de corrente excitatória necessária para despolarizar a célula para uma determinada voltagem. Terceiro, a redução nas correntes atrasadas de K^+ permite à célula uma produção mais sustentada de disparos de potencial de ação em resposta a um estímulo despolarizante prolongado.

Na ausência de ACh, os neurônios ganglionares normalmente disparam apenas um ou dois potenciais de ação e, então, interrompem os disparos em resposta a uma estimulação excitatória prolongada que está um pouco acima do limiar. Esse processo, denominado *adaptação à frequência de pico*, resulta em parte do aumento da corrente K^+ tipo M em resposta à despolarização prolongada, que ajuda a repolarizar a membrana abaixo do limiar. Como resultado, se o mesmo estímulo prolongado for aplicado durante um PEPS lento (quando os canais K^+ do tipo M estiverem fechados), o neurônio permanecerá despolarizado acima do limiar durante todo o estímulo e, assim, disparará uma explosão prolongada de impulsos (**Figura 14-8C**). Como essa modulação por ACh ilustra, os canais de K^+ do tipo M fazem mais do que contribuir para o ajuste do potencial de repouso – eles também controlam a excitabilidade.

Embora já se saiba há algum tempo que as ações dos receptores muscarínicos nos gânglios autonômicos resultam na ativação de PLC e na produção de DAG e IP_3, o mecanismo preciso pelo qual essa cascata de sinalização produz o fechamento do canal tipo M permanece um mistério. No entanto, agora está claro que o fechamento do canal M após a ativação do receptor muscarínico não é devido à produção de um segundo mensageiro. Em vez disso, os canais M, bem como vários outros tipos de canais (p. ex., ver **Figura 14-10**), ligam-se ao PIP_2 na membrana como um cofator para seu funcionamento. Assim, a ativação do receptor muscarínico fecha os canais do tipo M com ativação da PLC, diminuindo, assim, os níveis de PIP_2 na membrana devido à hidrólise pela PLC. A seguir são discutidos os mecanismos pelos quais outras cascatas de sinalização são capazes de modular outros tipos de canais iônicos. Inicialmente será descrito o mecanismo mais simples, a abertura direta de canais iônicos por proteínas G, e, depois, será considerado um mecanismo mais complexo dependente da fosforilação via PKA.

As proteínas G podem modular diretamente os canais iônicos

O mecanismo mais simples para a abertura indireta de um canal ocorre quando o transmissor, ligando-se a um receptor metabotrópico, libera uma subunidade da proteína G, que, por sua vez, interage diretamente com o canal para modificar sua abertura. Esse mecanismo é usado para regular dois tipos de canais iônicos: os *canais de K^+ retificadores de entrada controlado pela proteína G* (GIRK1-4; codificados pelos genes *KCNJ1-4*) e um canal de Ca^{2+} regulado por voltagem. Com ambos os tipos de canais, é o complexo βγ da proteína G que se liga e regula a abertura do canal (**Figura 14-9A**).

O canal GIRK, como outros canais retificadores de entrada, passa a corrente mais rapidamente para dentro do

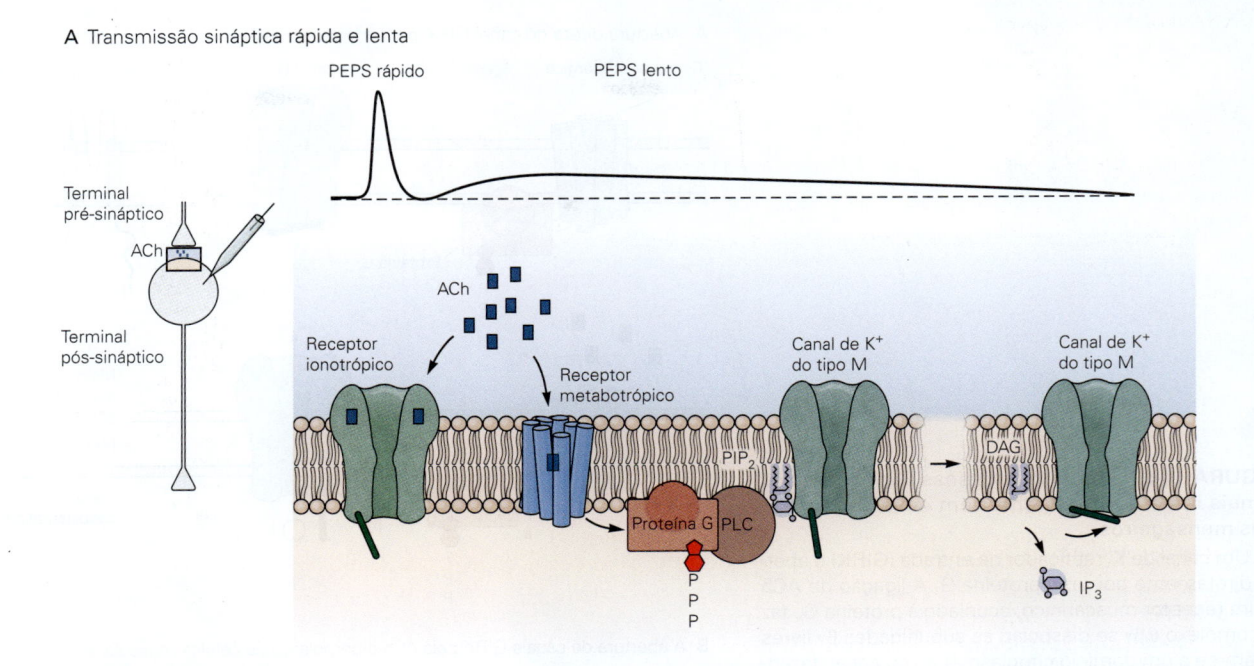

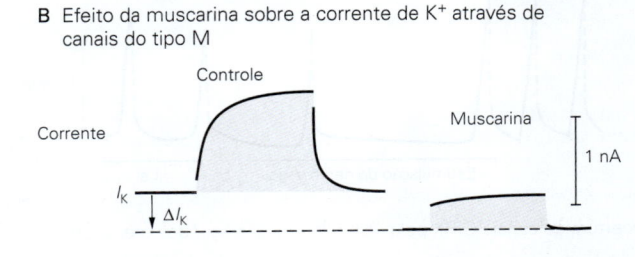

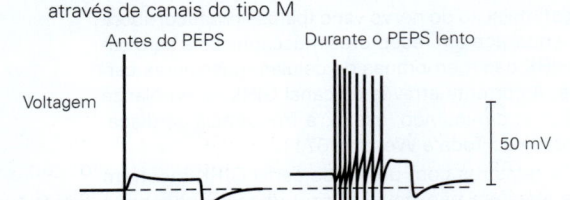

FIGURA 14-8 Ações sinápticas ionotrópicas rápidas e metabotrópicas lentas nos gânglios autonômicos.

A. A liberação de ACh em um neurônio pós-sináptico nos gânglios autonômicos produz um PEPS rápido seguido por um PEPS lento. O PEPS rápido é produzido pela ativação de receptores nicotínicos ionotrópicos de ACh, o PEPS lento pela ativação de receptores muscarínicos metabotrópicos de ACh. O receptor metabotrópico estimula a PLC a hidrolisar PIP_2, produzindo IP_3 e DAG. A diminuição no PIP_2 causa o fechamento dos canais de K^+ retificadores tardios do tipo M.

B. Registros de corrente (por fixação de voltagem) de um neurônio ganglionar autonômico indicam que ACh diminui a magnitude da corrente transportada pelos canais K^+ tipo M dependentes de voltagem. Neste experimento, a célula é inicialmente fixada em um potencial determinado (V_f), próximo ao potencial de repouso na ausência de ACh (tipicamente –60 mV). Nesse potencial, os canais de K^+ do tipo M estão parcialmente abertos, levando a uma corrente de K^+ constante para fora. A tensão é, então, aumentada por 1 segundo para um potencial de teste mais positivo (V_t, normalmente –40 mV), o que normalmente causa um aumento lento na corrente K^+ de saída (I_K) à medida que os canais K^+ do tipo M respondem à tensão mais positiva aumentando sua abertura (controle). A aplicação de muscarina, um alcaloide vegetal que estimula seletivamente o receptor muscarínico de ACh, faz uma fração dos canais de K^+ do tipo M se fechar. Isso diminui a corrente de K^+ para fora no potencial fixado (observe a mudança na corrente de linha de base, ΔI_K), fechando os canais de K^+ do tipo M que estão abertos em repouso e diminui a magnitude da corrente de K^+ de ativação lenta em resposta à etapa despolarização. (Adaptada de Adams et al., 1986.)

C. Na ausência de estimulação do receptor muscarínico de ACh, o neurônio dispara apenas um único potencial de ação em resposta a um estímulo de corrente despolarizante prolongado, um processo denominado adaptação à frequência de pico (*à esquerda*). Isso ocorre porque a ativação lenta do canal de K^+ do tipo M durante a despolarização gera uma corrente de saída que repolariza a membrana abaixo do limiar. Quando o mesmo estímulo de corrente é aplicado durante um PEPS lento, no qual uma grande fração dos canais do tipo M não consegue abrir, o neurônio dispara uma sequência mais sustentada de potenciais de ação (*à direita*). (Adaptada de Adams et al., 1986.)

que para fora, embora, em situações fisiológicas, a corrente de K^+ seja sempre para fora. Os canais retificadores de entrada se assemelham a um canal K^+ truncado regulado por voltagem por ter duas regiões transmembrana conectadas por uma alça da região P que forma o filtro de seletividade no canal (ver **Figura 8-11**).

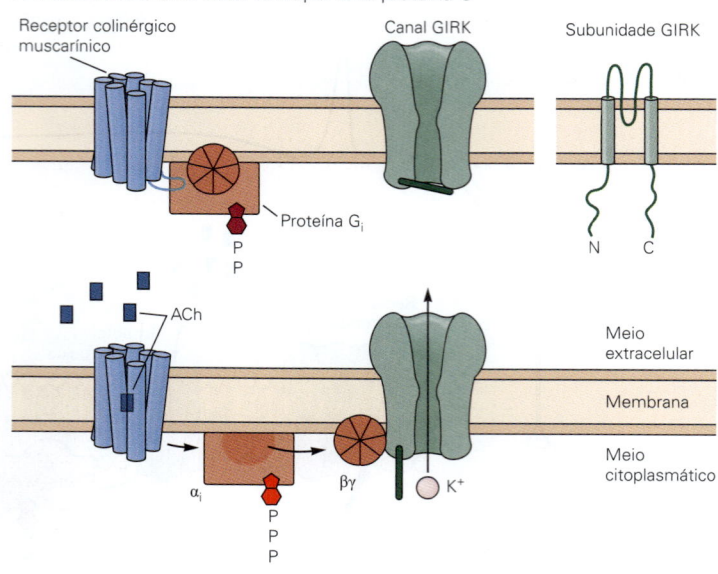

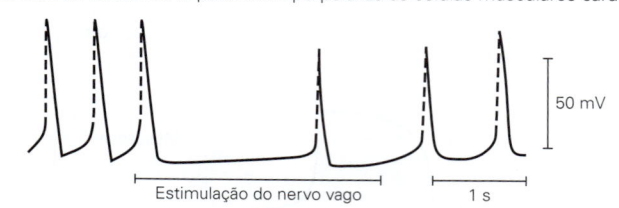

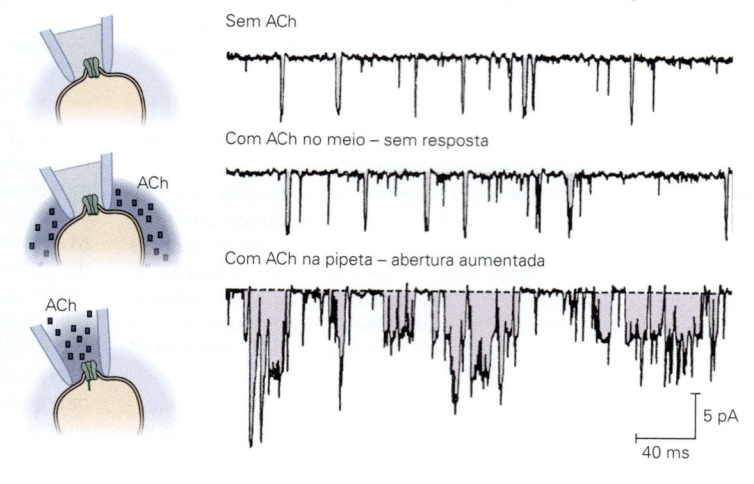

FIGURA 14-9 Algumas proteínas G podem abrir canais iônicos diretamente sem envolver segundos mensageiros.

A. Um canal de K^+ retificador de entrada (**GIRK**) é aberto diretamente por uma proteína G. A ligação de ACh a um receptor muscarínico, acoplado à proteína G_i, faz o complexo $\alpha_i\beta\gamma$ se dissociar; as subunidades $\beta\gamma$ livres ligam-se a um domínio citoplasmático do canal, fazendo o canal se abrir.

B. A estimulação do nervo vago (parassimpático) libera ACh, a qual age em receptores muscarínicos e abre canais GIRK nas membranas de células musculares cardíacas. A corrente através do canal GIRK hiperpolariza as células, diminuindo, assim, a frequência cardíaca. (Adaptada de Toda e West, 1967.)

C. Três registros com um único canal GIRK mostram que a abertura não envolve segundos mensageiros difusíveis. Neste experimento, a pipeta com uma alta concentração de K^+ torna o E_K menos negativo. Sendo assim, quando canais GIRK são abertos, eles geram breves pulsos de corrente entrantes, baixando a voltagem. Na ausência de ACh, os canais abrem-se de modo breve e infrequente (**registro na parte superior**). A aplicação de ACh no meio que banha (por fora) a pipeta não aumenta a abertura do canal que está no fragmento de membrana sob a pipeta (**registro do meio**). Isso ocorre porque as subunidades $\beta\gamma$, liberadas pela ligação da ACh com o receptor, permanecem dentro da membrana e ativam apenas canais GIRK próximos. As subunidades não podem se difundir livremente para canais da membrana fora da região aderida sob a pipeta. A ACh colocada na pipeta ativa o canal (**registro de baixo**). (Reproduzida, com autorização, de Soejima e Noma, 1984. Copyright © 1984 Springer Nature.)

Na década de 1920, Otto Loewi descreveu de que forma a liberação de ACh em resposta à estimulação do nervo vago diminui a frequência cardíaca (**Figura 14-9B**). Sabe-se agora que a ACh ativa receptores muscarínicos que estimulam a atividade da proteína G, a qual abre diretamente o GIRK. Por muitos anos, a ação desse transmissor foi vista como um quebra-cabeça, pois tinha propriedades de ações tanto sobre os receptores ionotrópicos, quanto sobre os metabotrópicos. O curso de tempo de ativação da corrente de K^+ após a liberação de ACh é mais lento (50 a 100 ms para atingir topo) do que o dos receptores ionotrópicos (< 1 ms). Entretanto, a taxa de ativação do canal de K^+ é muito mais rápida do que a das ações mediadas por segundos mensageiros que dependem de fosforilação proteica (as quais podem levar muitos segundos para iniciar). Embora estudos bioquímicos e eletrofisiológicos tenham demonstrado claramente que proteínas G são necessárias para essa ação, os experimentos com microfragmentos membrana (*patch-clamp*) mostraram que a proteína G não desencadeia a produção de um segundo mensageiro difusível (**Figura 14-9C**). Esses achados foram conciliados quando se verificou que o canal GIRK foi ativado diretamente pelo complexo da subunidade βγ da proteína G, que fica disponível para interagir com o canal GIRK quando se dissocia da subunidade α da proteína G após a ativação dos receptores muscarínicos.

O mecanismo pelo qual as subunidades βγ ativam o canal GIRK foi recentemente elucidado por meio da resolução da estrutura cristalina de raios X do canal GIRK em um complexo com as subunidades βγ. Cada uma das quatro subunidades do canal GIRK liga-se a um único complexo de subunidade βγ, que interage com a superfície citoplasmática do canal, levando a uma mudança conformacional que promove a abertura do canal (**Figura 14-10**).

A ativação de canais GIRK hiperpolariza a membrana na direção do E_K (–80 mV). Em certas classes de neurônios espontaneamente ativos, a corrente de saída de K^+ através desses canais atua predominantemente para diminuir a taxa de disparo intrínseca do neurônio, opondo-se à despolarização lenta causada por correntes marca-passo excitatórias transportadas por canais regulados por nucleotídeos cíclicos, ativados por hiperpolarização, que são codificados pela família de genes *HCN* (Capítulo 10). Como os canais GIRK são ativados por neurotransmissores, eles fornecem um meio para a modulação sináptica da taxa de disparo das células excitáveis. Esses canais são regulados em uma variedade de neurônios por um grande número de neurotransmissores e neuropeptídeos, que agem em diferentes receptores acoplados à proteína G ativando G_i ou G_o, liberando, portanto, subunidades βγ.

Vários receptores acoplados à proteína G também agem inibindo a abertura de certos canais de Ca^{2+} regulados por voltagem, novamente como resultado da interação direta do canal com complexo βγ de proteínas G_i ou G_o. Como o influxo de Ca^{2+} através de canais de Ca^{2+} regulados por voltagem normalmente tem um efeito despolarizante, a ação dual das subunidades βγ – inibição do canal de Ca^{2+} e ativação do canal de K^+ – inibe fortemente o disparo neuronal. Como veremos no Capítulo 15, a inibição de canais de Ca^{2+} regulados por voltagem nos terminais pré-sinápticos pode suprimir a liberação do neurotransmissor.

A fosforilação proteica dependente de AMPc pode fechar os canais de potássio

No molusco marinho *Aplysia*, um grupo de neurônios sensoriais através de mecanorreceptores inicia reflexos de retirada em resposta a estímulos táteis por meio de sinapses excitatórias rápidas com neurônios motores. Determinados interneurônios formam sinapses serotoninérgicas com esses neurônios sensoriais, e a serotonina liberada pelos interneurônios sensibiliza o reflexo de retirada, aumentando a resposta do animal a um estímulo e, portanto, produzindo uma forma simples de aprendizado (Capítulo 53).

A ação moduladora da serotonina depende de sua ligação a um receptor acoplado à proteína G_s, que eleva os níveis de AMPc e ativa a PKA. Isso leva à fosforilação direta e ao consequente fechamento do canal de K^+ sensível à serotonina (tipo S), que atua como um canal de repouso (**Figura 14-11**). O fechamento do canal de K^+ do tipo S, como o fechamento do canal do tipo M pela acetilcolina, diminui o efluxo de K^+ da célula, despolarizando-a e decrescendo sua condutância da membrana no repouso. Por outro lado, a abertura do mesmo canal do tipo S pode ser aumentada pelo neuropeptídeo FMRFamida, agindo por meio de metabólitos resultantes da ação da lipoxigenase-12 sobre o ácido araquidônico. Essa abertura aumentada do canal leva a um potencial inibitório pós-sináptico (PIPS) hiperpolarizante lento, associado a um aumento na condutância da membrana em repouso.

Assim, um único canal pode ser regulado por vias distintas de segundo mensageiro que produzem efeitos opostos na excitabilidade neuronal. Da mesma forma, um canal de K^+ de repouso com dois domínios formadores de poros em cada subunidade (o canal TREK-1) em neurônios de mamíferos é duplamente regulado por PKA e ácido araquidônico de uma maneira muito semelhante à regulação dupla do canal tipo S em *Aplysia*.

Os segundos mensageiros podem dotar a transmissão sináptica com consequências duradouras

Até agora, foi descrito como os segundos mensageiros sinápticos alteram a bioquímica neuronal por períodos que duram de segundos a minutos. Segundos mensageiros podem também causar mudanças a longo prazo, com duração

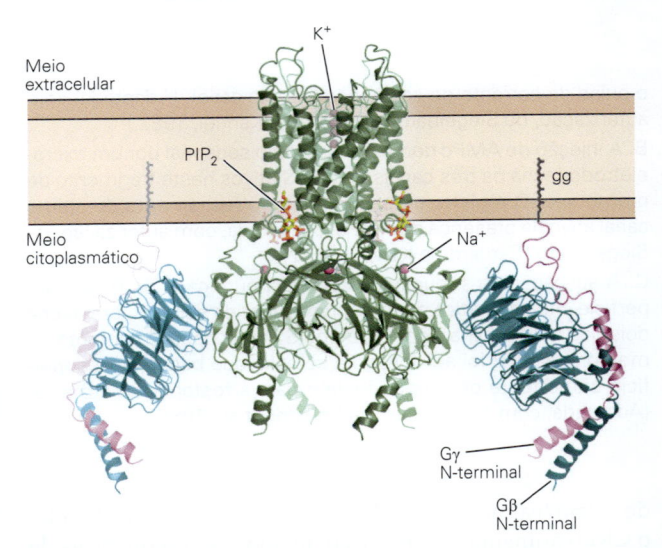

FIGURA 14-10 As subunidades βγ da proteína G podem se ligar diretamente e ativar os canais GIRK. Uma estrutura de alta resolução de um canal GIRK (**verde**) interagindo com a subunidade β da proteína G (Gβ, **ciano**) e a subunidade γ (Gγ, **roxo**). Uma molécula lipídica geranilgeranil (**gg**) está ligada ao terminal carboxi da subunidade Gγ. A estrutura ilustra que os íons Na^+ e o fosfolipídeo PIP_2 também se ligam ao canal, favorecendo, assim, a abertura do canal. As **esferas em rosa** dentro do canal representam íons K^+. (Adaptada, com autorização, de Whorton e MacKinnon, 2013. Copyright © 2013 Springer Nature.)

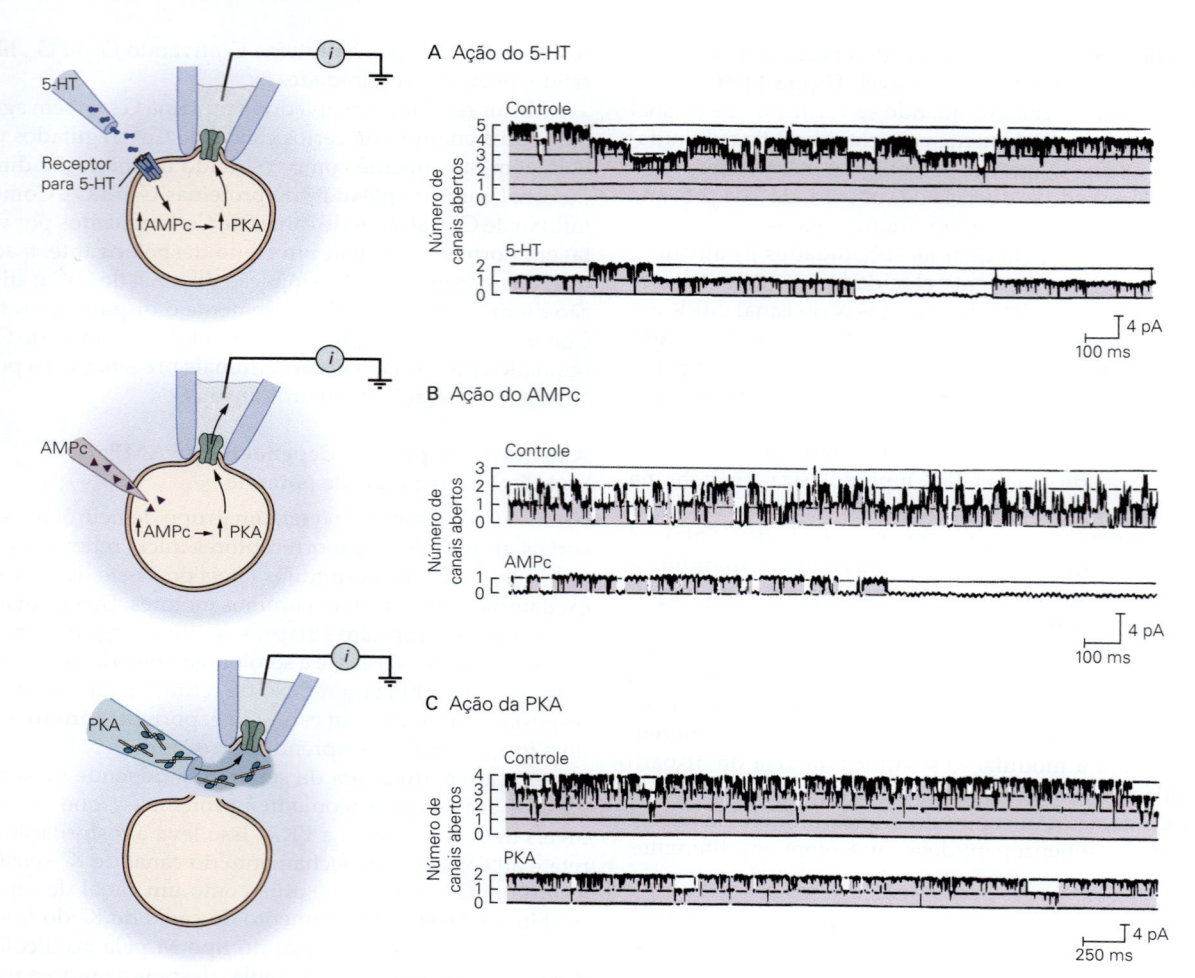

FIGURA 14-11 Os interneurônios serotoninérgicos fecham um canal de K^+ através do segundo mensageiro AMPc. A serotonina (**5-HT**) produz um PEPS lento nos neurônios sensoriais da *Aplysia* ao fechar os canais K^+ sensíveis à serotonina (tipo S). O receptor de 5-HT é acoplado à proteína G_s, a qual estimula a adenililciclase. O aumento no AMPc ativa a proteína-cinase dependente de AMPc (**PKA**), a qual fosforila o canal do tipo S, levando a seu fechamento. Registros de um único canal ilustram a ação de 5-HT, AMPc e PKA sobre os canais do tipo S.

A. A adição de 5-HT ao meio fecha 3 dos 5 canais de K^+ do tipo S ativos no fragmento de membrana aderido à pipeta. O experimento envolve um mensageiro difusível, já que a 5-HT aplicada ao meio não tem acesso direto ao canal do tipo S no fragmento de membrana aderido sob a pipeta. Cada canal aberto contribui com o pulso da corrente de saída (positiva, no caso). (Adaptada, com autorização, de Siegelbaum, Camardo e Kandel, 1982.)

B. A injeção de AMPc dentro do neurônio sensorial por um microeletrodo fecha os três canais do tipo S ativos neste fragmento de membrana. O registro de baixo mostra o fechamento do último canal ativo na presença de AMPc. (Adaptada, com autorização, de Siegelbaum, Camardo e Kandel, 1982.)

C. A aplicação da subunidade catalítica purificada de PKA à superfície citoplasmática da membrana (aderida sob a pipeta) fecha dois dos quatro canais de K^+ do tipo S ativos neste fragmento de membrana. ATP foi adicionado à solução que banha essa superfície como fonte de grupos fosfato para a fosforilação proteica. (Adaptada, com autorização, de Shuster et al., 1985.)

de dias a semanas, como resultado da expressão de genes específicos (**Figura 14-12**). Tais mudanças na expressão gênica resultam da capacidade de cascatas de segundos mensageiros de controlar a atividade de fatores de transcrição, proteínas reguladoras que controlam a síntese de RNA mensageiro (mRNA).

Alguns fatores de transcrição podem ser regulados diretamente pela fosforilação. Por exemplo, a proteína de ligação ao elemento responsivo ao AMP cíclico (CREB, do inglês *cAMP response element-binding protein*) é ativada quando fosforilada por PKA, proteína-cinase dependente de cálcio/calmodulina, PKC ou MAPK. Uma vez ativado, o CREB aumenta a transcrição, ligando-se a sequências de DNA específicas – os elementos de resposta ao AMPc cíclico (CRE) – e recrutando um componente da maquinaria de transcrição, a proteína de ligação ao CREB (CBP, do inglês *CREB-binding protein*). A CBP ativa a transcrição por recrutamento da RNA-polimerase II e, por sua atividade acetilase, adicionando grupos acetil em certos resíduos de lisina nas histonas. A acetilação enfraquece a interação entre as histonas e o DNA, abrindo a estrutura da cromatina e possibilitando a transcrição de genes específicos. As mudanças

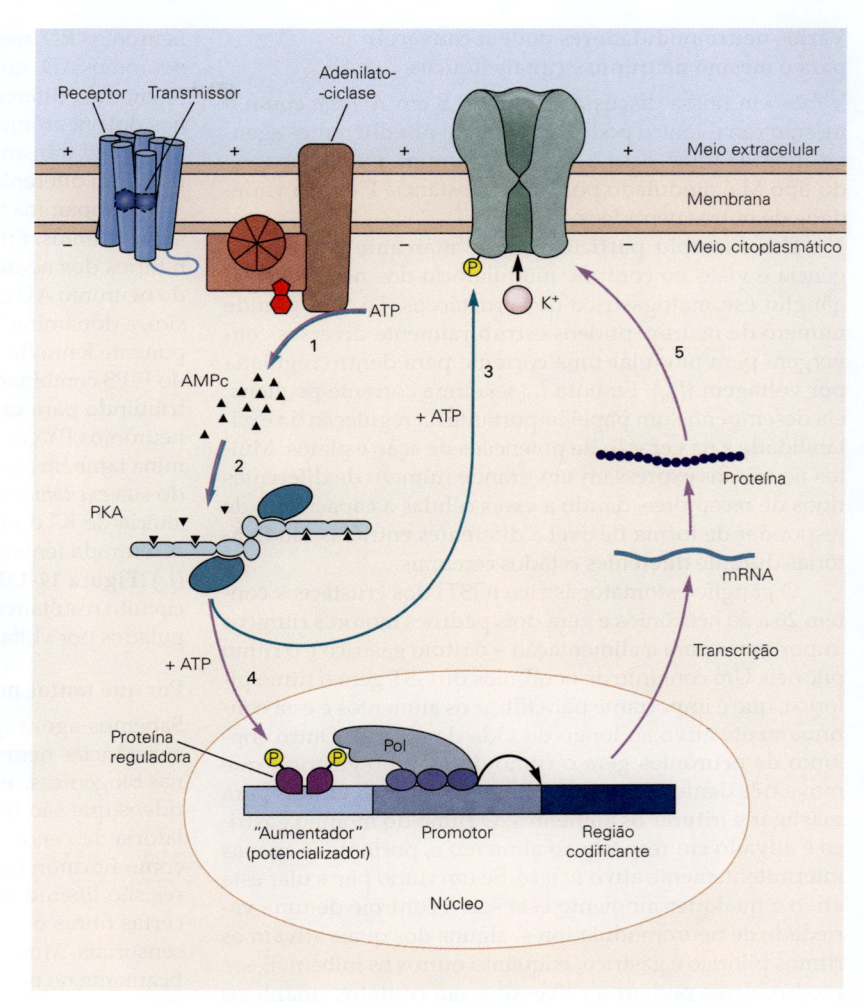

FIGURA 14-12 Um único neurotransmissor pode ter efeitos de curto ou longo prazo em um canal iônico. Neste exemplo, uma exposição curta do neurotransmissor ativa o sistema de segundo mensageiro AMPc (1), que por sua vez, ativa a PKA (2). A cinase fosforila um canal de K^+; esse canal produz um potencial sináptico que dura vários minutos e modifica a excitabilidade do neurônio (3). Com a ativação prolongada do receptor, a cinase transloca-se para o núcleo, onde fosforila um ou mais fatores de transcrição que iniciam a expressão gênica (4). Como resultado dessa síntese proteica induzida, as ações sinápticas são mais duradouras – fechamento do canal e mudanças na excitabilidade duram dias ou mais (5). (**Pol**, polimerase.)

na transcrição e na estrutura da cromatina são importantes para a regulação do desenvolvimento neuronal, bem como para o aprendizado e a memória de longa duração (ver Capítulos 53 e 54).

Os moduladores podem influenciar a função do circuito por alterar a excitabilidade intrínseca ou a força sináptica

A maior parte deste capítulo é dedicada à compreensão dos mecanismos celulares e das vias de transdução de sinal que permitem que as vias ativadas por neuromoduladores alterem a atividade de canais iônicos, receptores e sinapses em neurônios individuais. No entanto, no encéfalo intacto, os transmissores modulatórios liberados de projeções difusas sobre grandes áreas encefálicas (Capítulo 16) ou de conexões mais direcionadas localmente podem alterar a dinâmica dos circuitos neurais de várias maneiras importantes. Nesta seção, examinamos um exemplo bem estudado de controle modulatório da função do circuito – o controle do comportamento alimentar de crustáceos pelos neurônios do gânglio estomatogástrico para ilustrar as seguintes propriedades gerais:

1. Neurônios com projeção modulatória ou neuro-hormônios podem influenciar coordenadamente as propriedades de um grande número de neurônios de modo a alterar o estado de um circuito neural ou de todo o animal. Por exemplo, moduladores liberados por um número relativamente pequeno de neurônios são importantes no controle das transições entre o sono e a vigília (Capítulo 44).
2. Os neuromoduladores atuam em escalas de tempo intermediárias, variando de muitos milissegundos a horas. A transmissão sináptica rápida e a propagação rápida do potencial de ação são adequadas para a computação rápida de todos os tipos de processos importantes para o comportamento. No entanto, moduladores que atuam em escalas de tempo mais longas podem influenciar a dinâmica de um circuito para expandir seu alcance dinâmico ou adaptá-lo às necessidades comportamentais do animal. Por exemplo, muitos processos sensoriais evocam respostas muito diferentes dependendo do estado comportamental do animal, e moduladores que alteram a força sináptica e a excitabilidade intrínseca estão frequentemente envolvidos em tais ações.

Vários neuromoduladores podem convergir para o mesmo neurônio e canais iônicos

Vimos em nossa discussão do canal S em *Aplysia* como o mesmo canal iônico pode ser regulado por diferentes agentes moduladores. Esse é um tema comum, pois o canal K^+ do tipo M é modulado por ACh, substância P e uma variedade de outros peptídeos.

Um exemplo particularmente marcante de convergência é visto no controle modulatório dos neurônios do gânglio estomatogástrico dos crustáceos. Lá, um grande número de neuropeptídeos estruturalmente diversos convergem para modular uma corrente para dentro regulada por voltagem (I_{MI}). Embora I_{MI} seja uma corrente pequena, ela desempenha um papel importante na regulação da excitabilidade e na geração de potenciais de ação e platôs. Muitos neurônios expressam um grande número de diferentes tipos de receptores, dando a essas células a capacidade de responder de forma flexível a diferentes entradas modulatórias durante diferentes estados cerebrais.

O gânglio estomatogástrico (GST) dos crustáceos contém 26 a 30 neurônios e gera dois padrões motores rítmicos importantes para a alimentação – o ritmo gástrico e o ritmo pilórico. Um conjunto de neurônios do GST gera o ritmo pilórico, que é importante para filtrar os alimentos e está continuamente ativo ao longo da vida do animal. Outro conjunto de neurônios gera o ritmo do moinho gástrico, que move três dentes dentro do estômago que são usados para mastigar e triturar os alimentos. O ritmo do moinho gástrico é ativado em resposta ao alimento e, portanto, é apenas intermitentemente ativo *in vivo*. Se um ritmo particular está ativo a qualquer momento está sob o controle de uma variedade de neuromoduladores, alguns dos quais ativam os ritmos pilórico e gástrico, enquanto outros os inibem. Esses moduladores podem ser liberados em contatos sinápticos específicos ou podem atuar difusamente como neuro-hormônios. Interessantemente, os moduladores também podem fazer os neurônios individuais alternarem entre esses dois circuitos, aumentando, assim, o poder computacional que esse pequeno número de neurônios pode alcançar.

O circuito fundamental (o núcleo) que serve como marca-passo do ritmo pilórico do GST consiste em um único neurônio anterior disparador (AD) e dois neurônios pilóricos dilatadores (PD). Ambos os tipos de neurônios fazem conexões sinápticas inibitórias com um terceiro tipo de neurônio, o neurônio pilórico (PY). Durante o disparo, um potencial marca-passo de despolarização lenta (onda lenta) desencadeia um disparo de potenciais de ação nos neurônios AD e PD. Como esses neurônios são fortemente acoplados por sinapses elétricas (junções comunicantes), eles despolarizam e disparam rajadas de potenciais de ação de forma síncrona, resultando em inibição transitória do neurônio PY a jusante (**Figura 14-13A**).

A dopamina, que funciona tanto como um neurotransmissor rápido quanto como um neuro-hormônio em crustáceos, influencia o comportamento alimentar agindo em muitos neurônios e sinapses para influenciar a força sináptica e a excitabilidade neuronal e muscular. Por exemplo, a aplicação de dopamina diminui a amplitude da onda lenta nos neurônios PD, mas aumenta a amplitude da onda lenta nos neurônios AD. Ron Harris-Warrick descobriu que a dopamina modula diferentes conjuntos de correntes de membrana nos dois neurônios, fornecendo um exemplo claro de como um único transmissor modulador pode exercer ações distintas em diferentes células pós-sinápticas (**Figura 14-13B**).

A dopamina também altera o tempo das atividades nesses neurônios. Embora o neurônio PY receba estímulos inibitórios dos neurônios AD e PD, a ação sináptica inibitória do neurônio AD é mais rápida do que a do neurônio PD. Assim, a dopamina, ao inibir o neurônio PD e suprimir o componente lento do PIPS, atua para acelerar o curso de tempo do PIPS combinado nos neurônios PY (**Figura 14-13A**), contribuindo para uma mudança no tempo da atividade de os neurônios PY em relação ao do grupo marca-passo. A dopamina também aumenta o disparo no neurônio PY, modulando sua *excitabilidade* intrínseca, diminuindo a corrente transitória de K^+ do tipo A ($I_{K,A}$) enquanto aumenta a corrente de entrada lenta *excitatória* transportada pelos canais HCN (I_h) (**Figura 14-13B**). Assim, os efeitos de um modulador no circuito resultam de suas ações seletivas em vários canais regulados por voltagem e sinapses em elementos do circuito.

Por que tantos moduladores?

Sabemos agora que o GST é o alvo direto de 50 ou mais substâncias neuromoduladoras diferentes, incluindo aminas biogênicas, aminoácidos, NO e uma série de neuropeptídeos que são liberados de neurônios de projeção modulatória descendentes e neurônios sensoriais e que circulam como hormônios na hemolinfa. Muitos desses moduladores são liberados como cotransmissores dos terminais de certas fibras descendentes que são ativadas por neurônios sensoriais. Muitos neuromoduladores são liberados sinapticamente no neurópilo do GST e também funcionam como neuro-hormônios.

Por que um pequeno gânglio composto de apenas 26 a 30 neurônios deveria ser modulado por tantas substâncias? A princípio, pensava-se que a riqueza da inervação modulatória era importante para a produção de diferentes saídas motoras comportamentalmente relevantes. Isso continua sendo verdade, mas agora também é evidente que alguns moduladores podem ser usados exclusivamente em circunstâncias especiais, como a etapa de muda, e que diferentes moduladores com efeitos semelhantes garantem que funções importantes sejam preservadas mesmo se um sistema modulatório for perdido. Assim, diversos moduladores podem ser usados a serviço tanto da plasticidade quanto da estabilidade.

Destaques

1. Os neuromoduladores são substâncias que se ligam aos receptores, a maioria dos quais são metabotrópicos, para alterar a excitabilidade dos neurônios, a probabilidade de liberação do transmissor ou o estado funcional dos receptores nos neurônios pós-sinápticos.
2. Quando os neuromoduladores ativam as vias de segundos mensageiros, o modulador pode influenciar as propriedades dos canais iônicos e outros alvos a alguma distância do local de liberação.

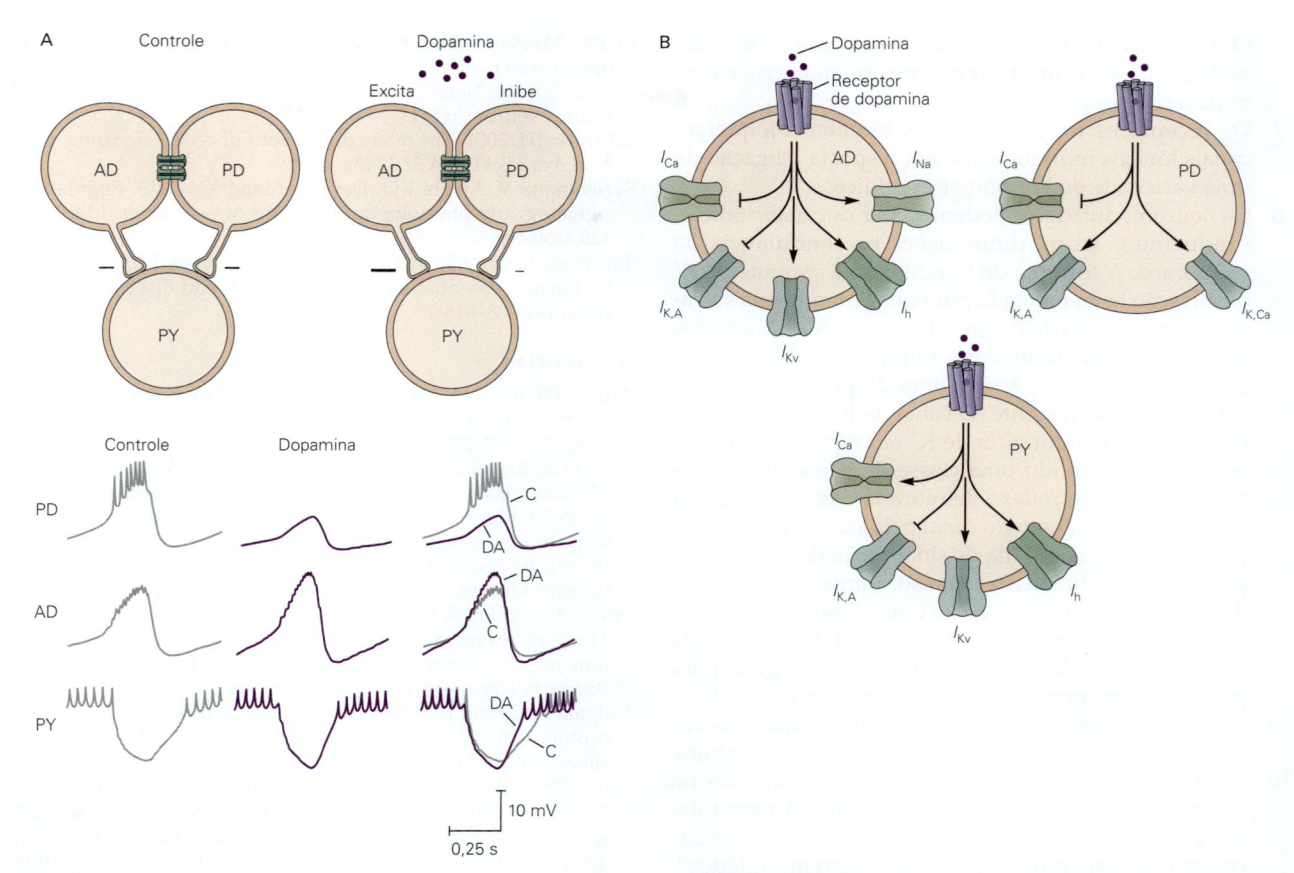

FIGURA 14-13 A ação moduladora da dopamina no ritmo pilórico do gânglio estomatogástrico da lagosta resulta de inúmeras ações.
A. Um diagrama do circuito mostra as interações entre três dos neurônios do circuito pilórico. Os neurônios anteriores disparadores (**AD**) e pilóricos dilatadores (**PD**) são fortemente acoplados eletricamente por canais de junções comunicantes (*gap junctions*). Ambos os neurônios AD e PD formam sinapses inibitórias com o neurônio pilórico (**PY**) que geram potenciais inibitórios pós-sinápticos (PIPS) nessa célula. Os registros de voltagem intracelular ilustram as fases do ritmo pilórico dos neurônios PD, AD e PY sem entrada dopaminérgica (controle) e com dopamina. À *direita*, os registros de voltagem das células controle (**C**) e células com estímulo dopaminérgico (**DA**) são sobrepostos. A dopamina aumenta a amplitude de disparo de onda lenta no neurônio AD (nesse neurônio, os potenciais de ação axonal são altamente atenuados pelas propriedades do cabo do neurônio e aparecem no soma como ondulações fracas), mas hiperpolariza e diminui a amplitude da onda lenta onda nos neurônios PD. Essas ações combinadas resultam em um PIPS mais curto no neurônio PY, permitindo que ele dispare mais cedo em relação aos neurônios PD. (Adaptada, com autorização, de Eisen e Marder, 1984.)
B. A dopamina modula uma série de diferentes canais regulados por voltagem nos neurônios AD, PD e PY. O fluxo iônico inclui correntes de Ca^{2+} (I_{Ca}), uma corrente de K^+ ativada por cálcio ($I_{K,Ca}$), uma corrente de K^+ de inativação ($I_{K,A}$), uma corrente de K^+ através de canal retificador tardio (I_{Kv}), a corrente de cátion ativada por hiperpolarização (I_h) e uma corrente persistente de Na^+ (I_{Na}). **Linhas com pontas de seta** indicam aumento de corrente, **linhas que terminam em segmento de linha curto** indicam diminuição de corrente. (Adaptada, com autorização, de Marder e Bucher, 2007. Para efeitos da dopamina no circuito pilórico completo, ver Harris-Warrick, 2011.)

3. Alguns sistemas neuromoduladores têm ações generalizadas e pronunciadas sobre muitos neurônios e muitas áreas do encéfalo.
4. Há duas famílias principais de receptores metabotrópicos: receptores acoplados a proteínas G e receptores com atividade tirosina-cinase. Muitas moléculas importantes de sinalização neural, como noradrenalina, ACh, GABA, glutamato, serotonina, dopamina e muitos neuropeptídeos diversos ativam receptores metabotrópicos; muitas dessas mesmas substâncias também ativam receptores ionotrópicos.
5. A via do AMPc está entre as cascatas de sinalização de segundos mensageiros mais bem compreendidas. A ativação do receptor metabotrópico desencadeia uma sequência de reações bioquímicas que resultam na ativação da adenililciclase, que sintetiza o AMPc, que, por sua vez, ativa a proteína-cinase A. A cinase, então, fosforila as proteínas-alvo, alterando seu estado funcional. Alvos importantes para PKA incluem canais iônicos regulados por voltagem e ligantes, bem como proteínas importantes na liberação de vesículas.
6. A hidrólise de fosfolipídeos pela fosfolipase C produz DAG e IP_3, que desempenha um papel importante na regulação intracelular do Ca^{2+}. Os endocanabinoides são sintetizados a partir de precursores lipídicos e podem atuar nas sinapses como mensageiros retrógrados.

Outra molécula de sinalização generalizada é o óxido nítrico, que se difunde através das membranas e estimula a síntese de GMPc.

7. Os receptores tirosinas-cinases também bloqueiam canais iônicos indiretamente em resposta à ligação de uma variedade de hormônios peptídicos.
8. Os neuromoduladores podem fechar os canais iônicos, produzindo, assim, diminuições na condutância da membrana. A corrente do tipo M é uma corrente de K^+ de ativação lenta regulada por voltagem que está subjacente à adaptação do potencial de ação. A ACh e vários neuropeptídeos diminuem a amplitude da corrente do tipo M, produzindo, assim, uma despolarização lenta e adaptação decrescente. O canal de K^+ do tipo S contribui para a condutância de K^+ em repouso de certos neurônios, incluindo uma classe de neurônios sensoriais mediando o reflexo de retirada das brânquias da *Aplysia*. O fechamento do canal pela serotonina, agindo por meio de uma cascata de sinalização de AMPc, despolariza a membrana em repouso, aumenta a excitabilidade e aumenta a liberação de transmissores dos terminais dos neurônios sensoriais. A exposição prolongada à serotonina pode alterar a transcrição do gene para produzir mudanças de longo prazo na força sináptica.
9. Os moduladores podem alterar a saída de sinais de circuitos neuronais por agirem em vários alvos de circuito.
10. Considerando que todos os neurônios e sinapses no sistema nervoso central provavelmente são modulados por uma ou mais substâncias, é notável que os circuitos cerebrais raramente sejam "sobremodulados", de modo que percam sua função. Mais pesquisas são necessárias para entender as regras que permitem um desempenho robusto e estável da rede diante dos moduladores que permitem a plasticidade da rede.
11. Exceto em alguns casos notáveis, como pequenos gânglios ou retina, é provável que ainda tenhamos apenas um catálogo parcial do número total de substâncias neuromoduladoras presentes e ativas.
12. Muito do que sabemos sobre ações neuromoduladoras vem de estudos *in vitro*. Muito menos se sabe sobre como as concentrações neuromodulatórias são reguladas nos diferentes comportamentos em animais.

Steven A. Siegelbaum
David E. Clapham
Eve Marder

Leituras selecionadas

Berridge MJ. 2016. The inositol trisphosphate/calcium signaling pathway in health and disease. Physiol Rev 96:1261–1296.

Greengard P. 2001. The neurobiology of slow synaptic transmission. Science 294:1024–1030.

Hille B, Dickson EJ, Kruse M, Vivas O, Suh BC. 2015. Phosphoinositides regulate ion channels. Biochim Biophys Acta 1851:844–856.

Kobilka B. 2013. The structural basis of G-protein-coupled receptor signaling (Nobel Lecture). Angew Chem Int Ed Engl 52:6380–6388.

Levitan IB. 1999. Modulation of ion channels by protein phosphorylation. How the brain works. Adv Second Messenger Phosphoprotein Res 33:3–22.

Lu HC, Mackie K. 2016. An introduction to the endogenous cannabinoid system. Biol Psychiatry 79:516–525.

Marder E. 2012. Neuromodulation of neuronal circuits: back to the future. Neuron 76:1–11.

Schwartz JH. 2001. The many dimensions of cAMP signaling. Proc Natl Acad Sci U S A 98:13482–13484.

Syrovatkina V, Alegre KO, Dey R, Huang XY. 2016. Regulation, signaling, and physiological functions of G-proteins. J Mol Biol 428:3850–3868.

Takemoto-Kimura S, Suzuki K, Horigane SI, et al. 2017. Calmodulin kinases: essential regulators in health and disease. J Neurochem 141:808–818.

Referências

Adams PR, Jones SW, Pennefather P, Brown DA, Koch C, Lancaster B. 1986. Slow synaptic transmission in frog sympathetic ganglia. J Exp Biol 124:259–285.

Alberts B, Bray D, Lewis J, Raff M, Roberts K, Watson JD. 1994. *Molecular Biology of the Cell*, 3rd ed. New York: Garland.

Eisen JS, Marder E. 1984. A mechanism for the production of phase shifts in a pattern generator. J Neurophysiol 51:1375–1393.

Fantl WJ, Johnson DE, Williams LT. 1993. Signalling by receptor tyrosine kinases. Annu Rev Biochem 62:453–481.

Frielle T, Kobilka B, Dohlman H, Caron MG, Lefkowitz RJ. 1989. The β-adrenergic receptor and other receptors coupled to guanine nucleotide regulatory proteins. In: S Chien (ed). *Molecular Biology in Physiology*, pp. 79–91. New York: Raven.

Halpain S, Girault JA, Greengard P. 1990. Activation of NMDA receptors induces dephosphorylation of DARPP-32 in rat striatal slices. Nature 343:369–372.

Harris-Warrick, RM. 2011. Neuromodulation and flexibility in central pattern generating networks. Curr Opin Neurobiol 21:685-692.

Logothetis DE, Kurachi Y, Galper J, Neer EJ, Clapham DE. 1987. The βγ subunits of GTP-binding proteins activate the muscarinic K^+ channel in heart. Nature 325:321–326.

Marder E, Bucher D. 2007. Understanding circuit dynamics using the stomatogastric nervous system of lobsters and crabs. Annu Rev Physiol 69:291–316.

Nusbaum MP, Blitz DM, Marder E. 2017. Functional consequences of neuropeptide/small molecule cotransmission. Nature Rev Neurosci 18:389–403.

Osten P, Valsamis L, Harris A, Sacktor TC. 1996. Protein synthesis-dependent formation of protein kinase Mzeta in long-term potentiation. J Neurosci 16:2444–2451.

Pfaffinger PJ, Martin JM, Hunter DD, Nathanson NM, Hille B. 1985. GTP-binding proteins couple cardiac muscarinic receptors to a K channel. Nature 317:536–538.

Phillis JW, Horrocks LA, Farooqui AA. 2006. Cyclooxygenases, lipoxygenases, and epoxygenases in CNS: their role and involvement in neurological disorders. Brain Res Rev 52:201–243.

Shuster MJ, Camardo JS, Siegelbaum SA, Kandel ER. 1985. Cyclic AMP-dependent protein kinase closes the serotonin-sensitive K^+ channels of *Aplysia* sensory neurones in cell-free membrane patches. Nature 313:392–395.

Siegelbaum SA, Camardo JS, Kandel ER. 1982. Serotonin and cyclic AMP close single K^+ channels in *Aplysia* sensory neurones. Nature 299:413–417.

Soejima M, Noma A. 1984. Mode of regulation of the ACh-sensitive K-channel by the muscarinic receptor in rabbit atrial cells. Pflugers Arch 400:424–431.

Tedford HW, Zamponi GW. 2006. Direct G protein modulation of Cav2 calcium channels. Pharmacol Rev 58:837–862.

Toda N, West TC. 1967. Interactions of K, Na, and vagal stimulation in the S-A node of the rabbit. Am J Physiol 212:416–423.

Whorton MR, MacKinnon R. 2013. X-ray structure of the mammalian GIRK2-betagamma G-protein complex. Nature 498:190–197.

Zeng L, Webster SV, Newton PM. 2012. The biology of protein kinase C. Adv Exp Med Biol 740:639–661.

15

Liberação de neurotransmissores

A liberação de transmissores é regulada pela despolarização do terminal pré-sináptico

A liberação é disparada pelo influxo de cálcio

    A relação entre a concentração pré-sináptica de cálcio e a liberação de neurotransmissores

    Várias classes de canais de cálcio medeiam a liberação de neurotransmissores

O transmissor é lançado em unidades quânticas

Os transmissores são armazenados e liberados por vesículas sinápticas

    As vesículas sinápticas liberam neurotransmissores por exocitose e são recicladas por endocitose

    Medidas de capacitância proporcionam uma visão sobre a cinética da exocitose e da endocitose

    A exocitose envolve a formação de um poro de fusão temporário

    O ciclo da vesícula sináptica envolve várias etapas

A exocitose de vesículas sinápticas depende de uma maquinaria proteica altamente conservada

    As sinapsinas são importantes para a contenção e a mobilização das vesículas

    As proteínas SNARE catalisam a fusão das vesículas com a membrana plasmática

    A ligação do cálcio à sinaptotagmina desencadeia a liberação de neurotransmissores

    A maquinaria de fusão está incorporada em um complexo proteico evolutivamente conservado na zona ativa

A modulação da liberação de neurotransmissores embasa a plasticidade sináptica

    As mudanças dependentes de atividade no cálcio intracelular podem produzir mudanças duradouras na liberação de neurotransmissores

    As sinapses axoaxônicas nos terminais pré-sinápticos regulam a liberação de neurotransmissores

Destaques

ALGUMAS DAS MAIS NOTÁVEIS HABILIDADES DO ENCÉFALO, como memória e aprendizado, são consideradas como derivadas das propriedades elementares das sinapses químicas, onde neurotransmissores liberados da célula pré-sináptica ativam receptores na membrana da célula pós-sináptica. Na maioria das sinapses centrais, o transmissor é liberado da célula pré-sináptica em botões pré-sinápticos, varicosidades ao longo do axônio (como um fio de contas), preenchidos com vesículas sinápticas e outras organelas celulares, e que entram em contato com alvos pós-sinápticos. Em outras sinapses, incluindo a junção neuromuscular, o transmissor é liberado dos terminais pré-sinápticos na extremidade do axônio. Por conveniência, vamos nos referir a ambos os tipos de locais de liberação como terminais pré-sinápticos. Nos últimos três capítulos, foi visto de que forma receptores pós-sinápticos controlam canais iônicos e geram o potencial pós-sináptico. Aqui consideramos como os eventos elétricos e bioquímicos no terminal pré-sináptico levam à rápida liberação de pequenas moléculas neurotransmissoras como acetilcolina (ACh), glutamato e ácido γ-aminobutírico (GABA), que são a base da transmissão sináptica rápida. No próximo capítulo, examinamos a química dos próprios neurotransmissores, bem como as aminas biogênicas (serotonina, noradrenalina e dopamina) e os neuropeptídeos, os quais embasam a formas mais lentas de sinalização intercelular.

A liberação de transmissores é regulada pela despolarização do terminal pré-sináptico

Que evento no terminal pré-sináptico leva à liberação do transmissor? Bernard Katz e Ricardo Miledi demonstraram, pela primeira vez, a importância da despolarização da membrana pré-sináptica. Para esse propósito, eles usaram as sinapses gigantes de lula, uma sinapse grande o suficiente para permitir a inserção de eletrodos nas estruturas pré e pós-sinápticas. Dois eletrodos são inseridos no terminal pré-sináptico – um para estimulação e outro para registro – e um eletrodo é inserido na célula pós-sináptica para registro do potencial excitatório pós-sináptico (PEPS), o qual proporciona um índice da liberação de neurotransmissores (**Figura 15-1A**).

Depois que o neurônio pré-sináptico é estimulado e dispara um potencial de ação, um PEPS grande o suficiente para desencadear um potencial de ação é registrado na célula pós-sináptica. Katz e Miledi perguntaram-se, então, como o potencial pré-sináptico desencadeia a liberação de transmissores. Eles descobriram que, quando os canais de Na^+ dependentes de voltagem são bloqueados pela aplicação de tetrodotoxina, os sucessivos potenciais de ação tornam-se progressivamente menores. Quando o potencial de ação é reduzido em tamanho, o PEPS decresce de modo proporcional (**Figura 15-1B**). Quando o bloqueio do canal de Na^+ se torna tão intenso de forma a reduzir a amplitude da espiga pré-sináptica abaixo de 40 mV (positivo em relação ao potencial de repouso), o PEPS desaparece completamente. Portanto, a quantidade de transmissor liberado (medido pelo tamanho da despolarização pós-sináptica) é uma função extremamente relacionada à quantidade de despolarização pré-sináptica (**Figura 15-1C**).

A seguir, Katz e Miledi investigaram como a despolarização pré-sináptica desencadeia a liberação de neurotransmissores. O potencial de ação é produzido por um influxo de Na^+ e um efluxo de K^+ através de canais dependentes de voltagem. Para determinar se o influxo de Na^+ e o efluxo de K^+ são necessários para desencadear a liberação de transmissores, Katz e Miledi bloquearam inicialmente os canais de Na^+ com tetrodotoxina. Eles questionaram, então, se a despolarização direta da membrana pré-sináptica, pela injeção de corrente, ainda desencadearia a liberação de transmissores. De fato, a despolarização da membrana pré-sináptica além de um limiar de cerca de 40 mV positivo para o potencial de repouso provoca um PEPS na célula pós-sináptica, mesmo com os canais de Na^+ bloqueados. Além desse limiar, o aumento da despolarização

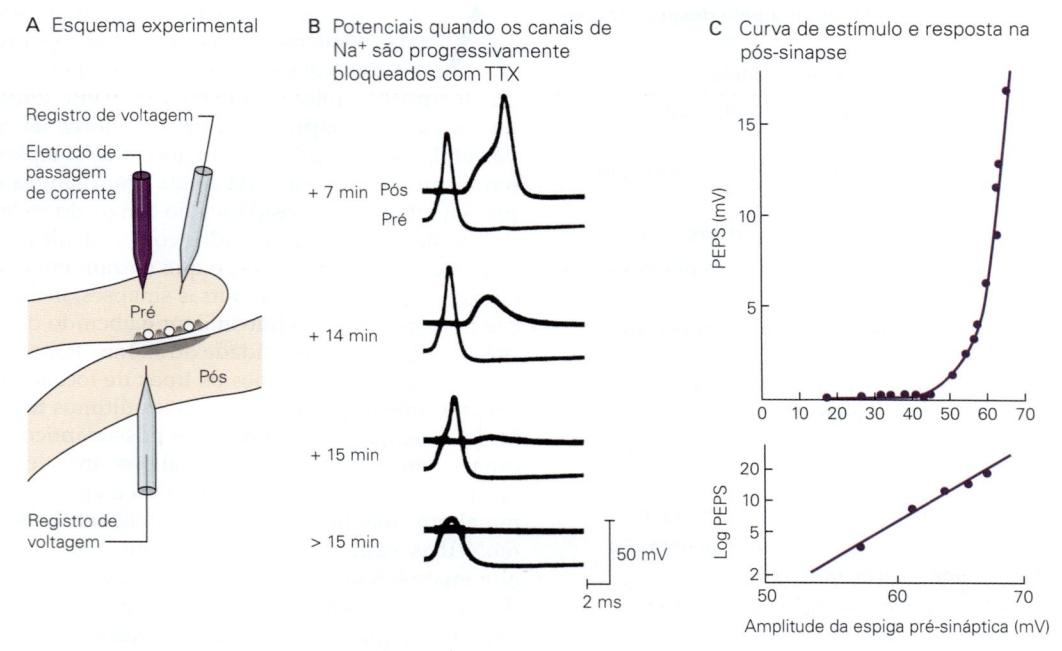

FIGURA 15-1 A liberação do transmissor é desencadeada por mudanças no potencial de membrana pré-sináptico. (Adaptada, com autorização, de Katz e Miledi, 1967a.)

A. Eletrodos de registro de voltagem são inseridos nas fibras pré e pós-sinápticas de sinapses gigantes no gânglio estrelado de uma lula. Um eletrodo de passagem de corrente também é inserido na pré-sinapse para provocar um potencial de ação pré-sináptico.

B. Tetrodotoxina (**TTX**) é adicionada à solução que banha a célula para bloquear os canais de Na^+ dependentes de voltagem que embasam o potencial de ação. As amplitudes tanto do potencial de ação pré-sináptico quanto do potencial excitatório pós-sináptico (**PEPS**) decrescem gradualmente à medida que os canais de Na^+ são bloqueados. Após 7 minutos, o potencial de ação pré-sináptico ainda pode produzir um PEPS supralimiar que desencadeia um potencial de ação na célula pós-sináptica. Após cerca de 14 a 15 minutos, o pico pré-sináptico torna-se gradualmente menor e produz despolarizações pós-sinápticas menores. Quando a espiga pré-sináptica é reduzida para 40 mV ou menos, ela falha em produzir um PEPS. Portanto, o tamanho da despolarização pré-sináptica (indicado aqui pelo potencial de ação) controla a magnitude da liberação de neurotransmissor.

C. A dependência da amplitude do PEPS na amplitude do potencial de ação pré-sináptico é a base para a curva de entrada-saída para liberação do neurotransmissor. Essa relação é obtida pela estimulação do nervo pré-sináptico durante o início do bloqueio com TTX dos canais de Na^+ pré-sinápticos, quando há uma redução progressiva na amplitude do potencial de ação pré-sináptico e despolarização pós-sináptica. O gráfico superior demonstra que um potencial de ação pré-sináptico de 40 mV é necessário para produzir um potencial pós-sináptico. Além desse limiar, há um aumento íngreme na amplitude do PEPS em resposta a pequenos aumentos na amplitude do potencial de ação pré-sináptico. A relação entre a espiga pré-sináptica e o PEPS é logarítmica, como mostrado no gráfico inferior. Um aumento de 13,5 mV na espiga pré-sináptica produz um aumento de 10 vezes no PEPS.

progressivamente leva a uma liberação cada vez maior de transmissores. Esse resultado mostra que o influxo pré-sináptico de Na⁺ não é necessário para a liberação; é importante apenas na medida em que despolariza a membrana o suficiente para que ocorra a liberação do transmissor (**Figura 15-2B**).

Para examinar a contribuição do efluxo de K⁺ para a liberação de neurotransmissores, Katz e Miledi bloquearam os canais de K⁺ dependentes de voltagem com tetraetilamônio, ao mesmo tempo em que bloquearam os canais de Na⁺ regulados por voltagem com tetrodotoxina. Então, eles injetaram uma corrente despolarizante no terminal pré-sináptico e observaram que os PEPSs estavam normais em tamanho, indicando que havia ocorrido uma liberação normal de transmissores (**Figura 15-2C**). Portanto, nem o fluxo de Na⁺, nem o fluxo de K⁺ é necessário para a liberação de neurotransmissores.

Na presença de tetraetilamônio, o pulso de corrente provoca despolarização pré-sináptica durante toda a duração do pulso porque a corrente de K⁺ que normalmente repolariza a membrana pré-sináptica está bloqueada. Como resultado, a liberação do transmissor é mantida durante todo o pulso da corrente, conforme refletido na despolarização prolongada da célula pós-sináptica (**Figura 15-2C**). A quantificação da despolarização sustentada foi usada por Katz e Miledi para determinar uma curva de entrada-saída completa relacionando a despolarização pré-sináptica à liberação do transmissor (**Figura 15-2D**). Eles confirmaram que a liberação de neurotransmissores depende de modo acentuado da despolarização pré-sináptica. Na faixa de despolarização sobre a qual a liberação do transmissor aumenta (40 a 70 mV positivo para o nível de repouso), um aumento de 10 mV na despolarização pré-sináptica produz um aumento de 10 vezes na liberação do transmissor. A despolarização da membrana pré-sináptica acima de um limite superior não mais produz um aumento no potencial pós-sináptico.

A liberação é disparada pelo influxo de cálcio

A seguir, Katz e Miledi voltaram a atenção para os íons Ca^{2+}. Anteriormente, Katz e José del Castillo tinham visto que, aumentando a concentração de Ca^{2+} extracelular, aumentava a liberação de neurotransmissores, enquanto um decréscimo na concentração reduzia e, por fim, bloqueava a transmissão sináptica. Como a liberação de neurotransmissores

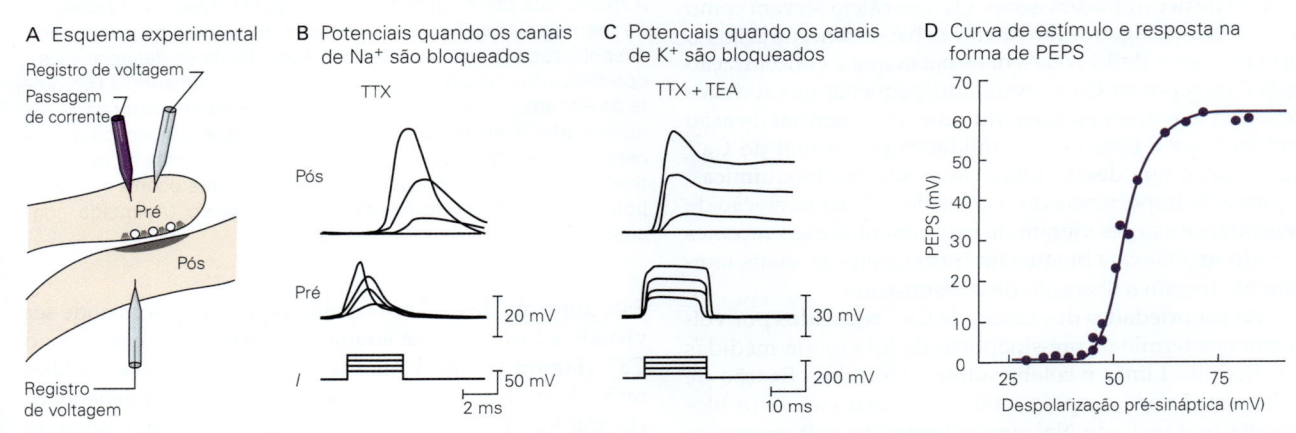

FIGURA 15-2 A liberação de neurotransmissor não é acionada diretamente pela abertura de canais pré-sinápticos de Na⁺ ou K⁺ dependentes de voltagem. (Adaptada, com autorização, de Katz e Miledi, 1967a.)

A. Eletrodos de registro de voltagem são inseridos nas fibras pré e pós-sinápticas de sinapses gigantes no gânglio estrelado de uma lula. Um eletrodo de passagem de corrente também é inserido na célula pré-sináptica.

B. A despolarização do terminal pré-sináptico com uma corrente injetada através do microeletrodo pode desencadear a liberação de neurotransmissor mesmo depois que os canais de Na⁺ dependentes de voltagem estejam completamente bloqueados pela adição de tetrodotoxina (**TTX**) à solução que banha a preparação. Três conjuntos de registros representam (de baixo para cima) o pulso de corrente despolarizante injetado no terminal pré-sináptico (**I**), o potencial resultante no terminal pré-sináptico (**Pré**), e o PEPS gerado na célula pós-sináptica (**Pós**) pela liberação do neurotransmissor. Pulsos de corrente progressivamente mais fortes na pré-sinapse produzem despolarizações correspondentemente maiores no terminal pré-sináptico. Quanto maior a despolarização pré-sináptica, maior o PEPS. A despolarização pré-sináptica não é mantida durante todo o período em que é aplicado o pulso de corrente despolarizante devido à ativação tardia dos canais de K⁺ dependentes de voltagem, que leva à repolarização.

C. A liberação de transmissor ocorre mesmo depois de os canais de Na⁺ dependentes de voltagem terem sido bloqueados com TTX *e* os canais de K⁺ dependentes de voltagem terem sido bloqueados com tetraetilamônio (**TEA**). Neste experimento, TEA foi injetado no terminal pré-sináptico. Os três conjuntos registros representam as mesmas medidas do painel B. Como os canais de K⁺ pré-sinápticos estão bloqueados, a despolarização pré-sináptica é mantida durante o pulso de corrente. A grande despolarização sustentada na pré-sinapse produz grandes PEPSs sustentados.

D. O bloqueio dos canais de Na⁺ e K⁺ permite um controle preciso da voltagem pré-sináptica e a determinação completa da curva entrada-saída. Além de certo limiar (40 mV positivos em relação ao potencial de repouso), há uma relação íngreme entre despolarização pré-sináptica e liberação de neurotransmissor, medida pelo tamanho do PEPS. Despolarizações acima de determinado nível não causam um aumento adicional na liberação de neurotransmissor. O potencial pré-sináptico de repouso inicial foi de cerca de –70 mV.

é um processo intracelular, esses achados implicavam que a entrada do Ca^{2+} deveria influenciar a liberação.

Um trabalho prévio com axônios gigantes de lula havia identificado uma classe de canais de Ca^{2+} dependentes de voltagem, cuja abertura resultava em grande influxo de Ca^{2+} devido ao potencial eletroquímico para a entrada desse íon. A concentração extracelular de Ca^{2+}, cerca de 2 mM em vertebrados, normalmente é 4 ordens de grandeza maior que a concentração intracelular, em torno de 10^{-7} M no repouso. Entretanto, porque esses canais estão distribuídos esparsamente ao longo do axônio, eles não podem, por sua conta, proporcionar corrente suficiente para produzir um potencial de ação regenerativo.

Katz e Miledi observaram que os canais de Ca^{2+} eram muito mais abundantes no terminal pré-sináptico. Ali, na presença de tetraetilamônio e tetrodotoxina, um pulso de corrente despolarizante algumas vezes era capaz de desencadear uma despolarização regenerativa dependente de Ca^{2+} extracelular, um *pico de Ca^{2+}*. Katz e Miledi propuseram, então, que o Ca^{2+} teria uma função dual. Ele transporta a carga despolarizante durante o potencial de ação (como o Na^+) e é um sinal químico especial – um segundo mensageiro – veiculando informação sobre as mudanças no potencial de membrana à maquinaria intracelular responsável pela liberação de neurotransmissores. Os íons cálcio servem como eficientes mensageiros devido a sua baixa concentração no repouso, cerca de 10^5 vezes mais baixa que a concentração de Na^+ no repouso. Como resultado, pequenas quantidades de íons que entram ou saem durante um potencial de ação podem levar a uma grande mudança percentual do Ca^{2+} intracelular, que desencadeia várias reações bioquímicas. A prova da importância dos canais de Ca^{2+} na liberação de neurotransmissores vieram de experimentos mais recentes usando toxinas que bloqueiam esses canais, as quais também bloqueiam a liberação de transmissores.

As propriedades dos canais de Ca^{2+} regulados por voltagem nos terminais pré-sinápticos de lula foram medidas por Rodolfo Llinás e colaboradores. Usando a fixação de voltagem, Llinás despolarizou o terminal enquanto bloqueava os canais de Na^+ dependentes de voltagem com tetrodotoxina e os canais de K^+ com tetraetilamônio. Ele observou que despolarizações gradativas levavam a correntes gradativas de entrada de Ca^{2+}, as quais resultam em liberações gradativas de neurotransmissores (**Figura 15-3**). A corrente de Ca^{2+} é gradativa porque os canais de Ca^{2+} são dependentes de voltagem como os canais dependentes de voltagem de Na^+ e K^+. Entretanto, os canais de Ca^{2+} nos terminais de lula diferem dos canais de Na^+, pois não são inativados rapidamente e permanecem abertos enquanto durar a despolarização da pré-sinapse.

Os canais de cálcio estão amplamente localizados em terminais pré-sinápticos em *zonas ativas*, os locais onde o neurotransmissor é liberado, exatamente em frente aos receptores pós-sinápticos (**Figura 15-4**). Essa localização é importante, pois os íons Ca^{2+} não difundem longas distâncias de seu local de entrada porque os íons Ca^{2+} livres são rapidamente tamponados por proteínas ligantes de cálcio. Como resultado, o influxo de Ca^{2+} cria um aumento local agudo da concentração de Ca^{2+} nas zonas ativas.

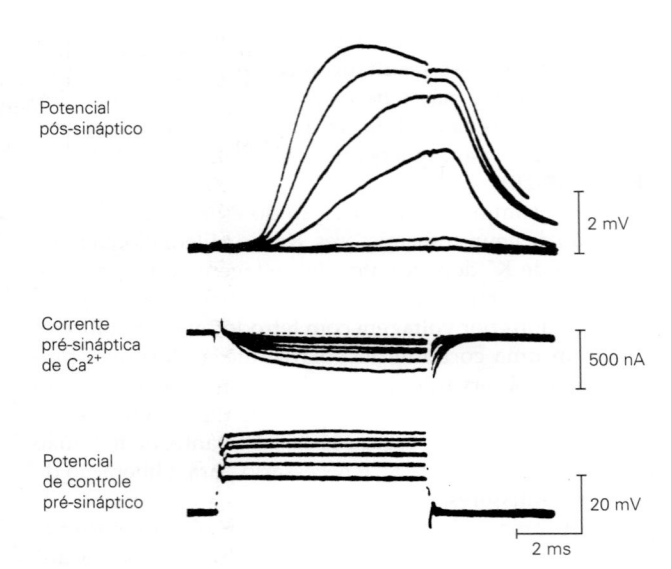

FIGURA 15-3 A liberação do neurotransmissor é regulada pelo influxo de Ca^{2+} nos terminais pré-sinápticos através de canais de Ca^{2+} dependentes de voltagem. Os canais de Na^+ e K^+ sensíveis à voltagem em sinapses gigantes de lula foram bloqueados com tetrodotoxina e tetraetilamônio, respectivamente. A membrana pré-sináptica teve a voltagem fixada e o potencial de membrana mantido em seis níveis diferentes de controle da despolarização (**registro inferior**). A amplitude da despolarização pós-sináptica (**registro superior**) varia com o tamanho da corrente de entrada de Ca^{2+} na pré-sinapse (**registro do meio**) porque a quantidade de neurotransmissor liberado está relacionada à concentração de Ca^{2+} no terminal pré-sináptico. O entalhe no registro do potencial pós-sináptico é um artefato que ocorre quando o potencial de controle na pré-sinapse é desligado. (Adaptada, com autorização, de Llinás e Heuser, 1977.)

Esse aumento de Ca^{2+} nos terminais pré-sinápticos pode ser visualizado usando-se sondas fluorescentes sensíveis ao Ca^{2+} (**Figura 15-4B**). Uma característica marcante da liberação do transmissor em todas as sinapses é sua dependência acentuada e não linear do influxo de Ca^{2+}; um aumento de 2 vezes no influxo de Ca^{2+} pode aumentar a quantidade de transmissor liberado em mais de 16 vezes. Essa relação indica que, em algum sítio regulatório, o *sensor de Ca^{2+}*, a ligação cooperativa de diversos íons Ca^{2+} é necessária para desencadear a liberação.

A relação entre a concentração pré-sináptica de cálcio e a liberação de neurotransmissores

Quanto Ca^{2+} é necessário para induzir a liberação de neurotransmissores? Para resolver essa questão, Bert Sakmann e Erwin Neher e colaboradores mediram a transmissão sináptica no cálice de Held, uma grande sinapse no tronco cerebral auditivo de mamíferos, composta de axônios do núcleo coclear ao núcleo medial do corpo trapezoide. Essa sinapse é especializada na transmissão rápida e confiável, de modo a permitir a localização do som no ambiente.

O cálice forma um terminal pré-sináptico em um formato de taça que engolfa o corpo celular pós-sináptico (**Figura 15-5A**). A sinapse do cálice inclui quase mil zonas

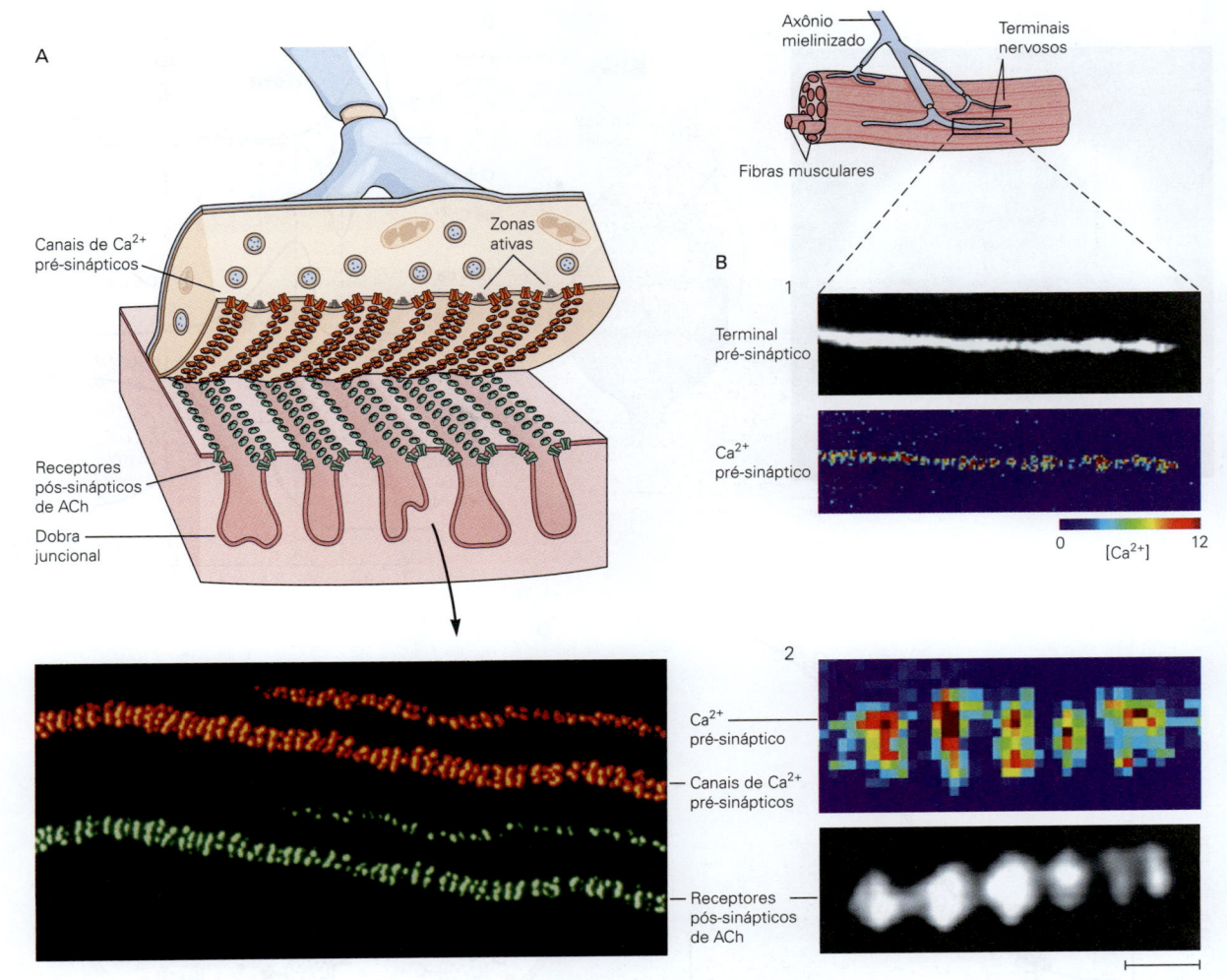

FIGURA 15-4 O cálcio que flui para o terminal nervoso pré-sináptico durante a transmissão sináptica na junção neuromuscular é concentrado na zona ativa. Canais de cálcio nos terminais pré-sinápticos nas placas motoras terminais são concentrados em frente aos agregados de receptores colinérgicos (ACh) nicotínicos na membrana muscular pós-sináptica. Dois desenhos mostram a junção neuromuscular de uma rã.

A. A visão ampliada mostra a microanatomia da junção neuromuscular com o terminal pré-sináptico "descascado". A imagem fluorescente mostra os canais de Ca^{2+} pré-sinápticos (marcado com o fluoróforo Texas-red conjugado com a toxina de molusco marinho que liga canais de Ca^{2+}) e receptores de ACh pós-sinápticos (marcados com α-bungarotoxina fluorescente, que seletivamente liga receptores de ACh). As duas imagens normalmente são superpostas, mas foram separadas para facilitar a visualização. Os padrões de marcação com as duas sondas mostram o alinhamento quase perfeito das zonas ativas dos neurônios pré-sinápticos com as membranas pós-sinápticas contendo altas concentrações de receptores de ACh. (Reproduzida, com autorização, de Robitaille, Adler e Charlton, 1990.)

B. O influxo de Ca^{2+} nos terminais pré-sinápticos está localizado nas zonas ativas. O cálcio pode ser visualizado usando fluoróforos sensíveis ao Ca^{2+}. **1.** Um terminal pré-sináptico na junção neuromuscular, com a sonda fura-2 em condições de repouso, é mostrado na imagem em preto e branco. A intensidade da fluorescência muda quando a sonda liga Ca^{2+}. Na imagem colorida, as mudanças na intensidade da fluorescência, vistas pela escala de cor, mostram locais bem definidos com alta concentração de Ca^{2+} intracelular em resposta a um único potencial de ação. A cor **vermelha** indica regiões com grande aumento da concentração de Ca^{2+}; a cor **azul** indica pequeno aumento na concentração de Ca^{2+}. Picos regulares na concentração de Ca^{2+} são vistos ao longo do terminal, correspondendo à localização dos canais de Ca^{2+} nas zonas ativas. **2.** A imagem colorida mostra uma visão ampliada de um pico dos níveis de Ca^{2+} no terminal. A imagem em preto e branco correspondente mostra marcação de fluorescência de receptores nicotínicos de ACh na membrana pós-sináptica, ilustrando a correspondência espacial próxima entre áreas de influxo de Ca^{2+} pré-sináptico e áreas de receptores pós-sinápticos. Barra de escala = 2 μm. (Reproduzida, com autorização, de Wachman et al., 2004. Copyright © 2004 Society for Neuroscience.)

ativas que funcionam como locais de liberação independentes. Isso permite que um potencial de ação pré-sináptico libere uma grande quantidade de transmissor que resulta em uma grande despolarização pós-sináptica confiável. Em contraste, botões sinápticos individuais de um neurônio típico no encéfalo contêm apenas uma única zona ativa.

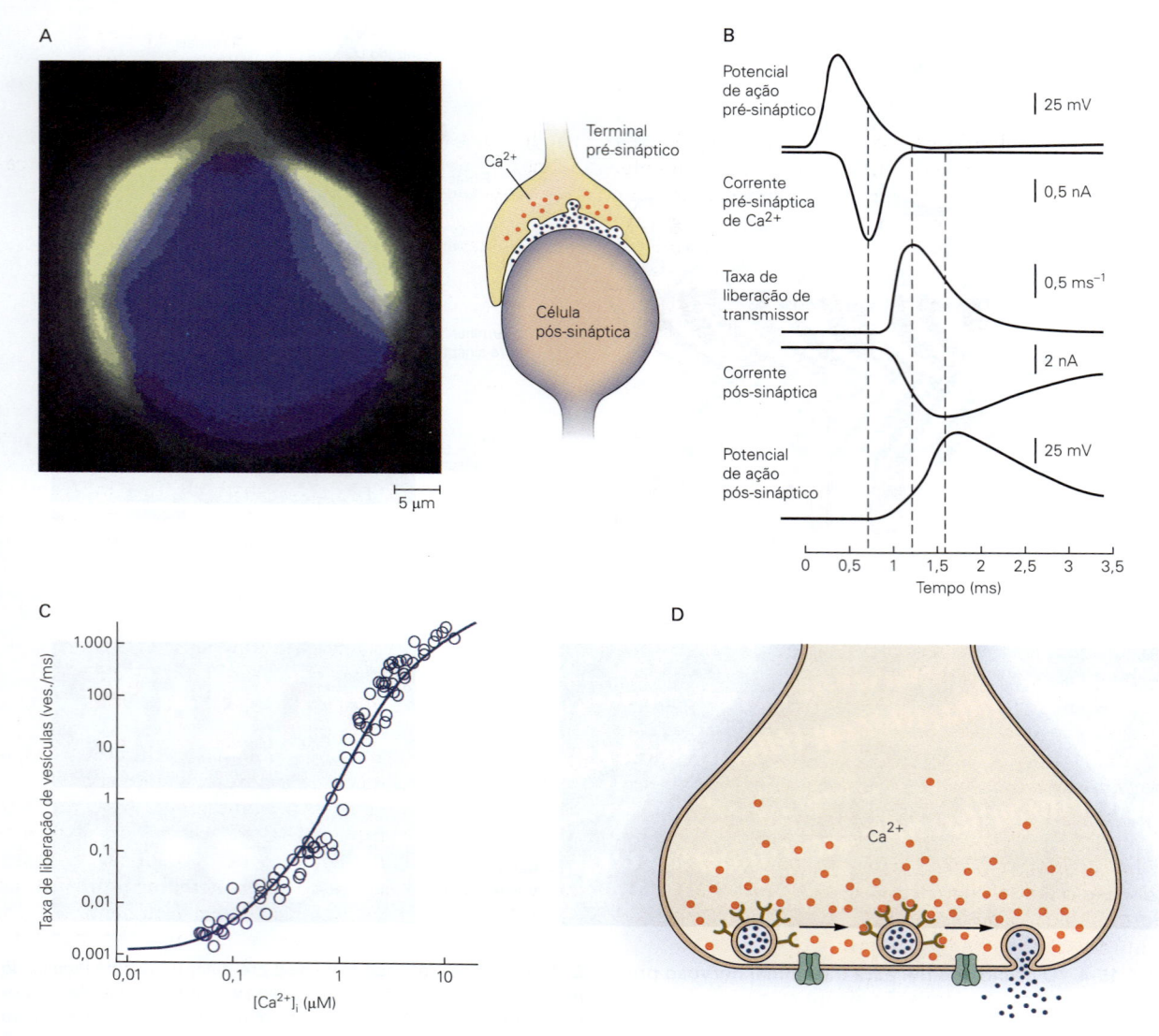

FIGURA 15-5 A relação precisa entre o Ca^{2+} pré-sináptico e a liberação do transmissor em uma sinapse central foi medida. (Reproduzida, com autorização, de Meinrenken, Borst e Sakmann, 2003; e Sun et al., 2007. Partes A e B: Copyright © 2003 John Wiley and Sons.)

A. O grande terminal pré-sináptico do cálice de Held no tronco cerebral de mamíferos circunda um corpo celular pós-sináptico. A imagem de fluorescência à esquerda mostra um cálice preenchido com um corante sensível ao Ca^{2+}.

B. Curso de tempo para vários eventos sinápticos. As **linhas tracejadas** indicam o tempo das respostas de pico para a corrente de Ca^{2+}, liberação do transmissor e corrente pós-sináptica.

C. A liberação do neurotransmissor é fortemente dependente da concentração de Ca^{2+} do terminal pré-sináptico. O cálice foi carregado com um composto ligante de Ca^{2+} que libera o Ca^{2+} em resposta a um *flash* de luz ultravioleta e com um fluoróforo sensível a Ca^{2+} que permite que a concentração de Ca^{2+} intracelular seja medida. Ao controlar a intensidade da luz, pode-se regular o aumento de Ca^{2+} no terminal pré-sináptico. O gráfico, em escala logarítmica, mostra a relação entre a concentração intracelular de Ca^{2+} e a quantidade de vesículas liberadas. A **linha azul** representa um ajuste dos dados em um modelo que considera que a liberação é acionada por um sensor principal de Ca^{2+} que liga cinco íons de Ca^{2+}, resultando em uma cooperatividade entre dos cinco íons. Devido à relação não linear entre Ca^{2+} e liberação, pequenos incrementos em Ca^{2+} em concentrações de mais de 1 μm causam aumentos maciços na liberação.

D. A liberação do neurotransmissor de uma vesícula requer a ligação de cinco íons Ca^{2+} a uma proteína de vesícula sináptica sensível a Ca^{2+}. Na figura, íons Ca^{2+} se ligam a cinco sensores presentes em uma única vesícula; na realidade, cada molécula sensora se liga a vários íons de Ca^{2+}.

Como o terminal em cálice é grande, é possível inserir eletrodos em estruturas pré e pós-sinápticas, assim como nas sinapses gigantes de lula, e medir diretamente o acoplamento sináptico entre os dois compartimentos. Esse registro pareado permite a determinação precisa do curso temporal das atividades celulares pré e pós-sinápticas (**Figura 15-5B**).

Esses registros revelaram um breve atraso de 1 a 2 ms entre o início do potencial de ação pré-sináptico e o PEPS, o que explica o que Sherrington chamou de *atraso sináptico*. Como os canais de Ca^{2+} se abrem mais lentamente do que os canais de Na^+ e a força motriz de Ca^{2+} para dentro aumenta à medida que o neurônio se repolariza, o Ca^{2+} não começa a entrar no terminal pré-sináptico com força total até que a membrana comece a repolarizar. De modo surpreendente, uma vez que o Ca^{2+} entre no terminal, o neurotransmissor é rapidamente liberado com um atraso de apenas algumas centenas de microssegundos. Portanto, o atraso sináptico é atribuído em grande parte ao tempo necessário para abrir os canais de Ca^{2+}. A velocidade espantosa da ação do Ca^{2+} indica que, antes do influxo de Ca^{2+}, a maquinaria bioquímica que embasa o processo de liberação já deva existir em um estado preparado e pronto para ser acionado. Essa cinética rápida é vital para o processamento da informação neuronal e requer mecanismos moleculares elegantes que são considerados mais adiante.

Um potencial de ação pré-sináptico normalmente produz apenas um aumento breve na concentração pré-sináptica de Ca^{2+}, pois os canais de Ca^{2+} abrem somente por um tempo curto. Além disso, o influxo de Ca^{2+} é localizado na zona ativa. Essas duas propriedades contribuem para um pulso local e concentrado de Ca^{2+} que induz uma rajada de liberação de neurotransmissores (**Figura 15-5B**). Como se pode ver, mais adiante, neste capítulo, a duração do potencial de ação regula a quantidade de Ca^{2+} que flui no terminal e, portanto, a quantidade de neurotransmissor liberado.

Para determinar quanto Ca^{2+} é necessário para desencadear a liberação, os grupos de Neher e Sakmann introduziram no terminal pré-sináptico uma forma inativa de Ca^{2+} que era conjugada a um *carreador* sensível à luz. Eles também carregaram os terminais com uma sonda fluorescente sensível ao Ca^{2+} para testar a concentração de Ca^{2+} livre intracelular. Ao descarregar os íons Ca^{2+} (do carreador) com um *flash* de luz, eles podem desencadear a liberação do transmissor por um aumento uniforme e quantificável na concentração de Ca^{2+}. Esses experimentos revelaram que um aumento na concentração de Ca^{2+} menor que 1 μM é suficiente para induzir a liberação de algum neurotransmissor, mas que cerca de 10 a 30 μM são requeridos para a liberação da quantidade normalmente observada durante um potencial de ação. Aqui mais uma vez a relação entre concentração de Ca^{2+} e liberação de neurotransmissor é altamente não linear, sendo consistente com um modelo no qual 4 ou 5 íons Ca^{2+} devem se ligar ao sensor de cálcio para desencadear a liberação (**Figura 15-5C,D**).

Várias classes de canais de cálcio medeiam a liberação de neurotransmissores

Canais de cálcio são encontrados em todas as células nervosas e em muitas células não neuronais. Nas células musculares esqueléticas e cardíacas, elas são importantes para o acoplamento excitação-contração; nas células endócrinas, eles medeiam a liberação de hormônios. Os neurônios contêm cinco grandes classes de canais de Ca^{2+} dependentes de voltagem: o tipo L, tipo P/Q, tipo N, tipo R e tipo T, que são codificados por genes distintos, mas intimamente relacionados, que podem ser divididos em três famílias de genes com base na semelhança de sequência de aminoácidos. Os canais do tipo L são codificados pela família Ca_V1. Os membros da família Ca_V2 compreendem canais P/Q- ($Ca_V2.1$), N- ($Ca_V2.2$) e tipo R ($Ca_V2.3$). Finalmente, os canais do tipo T são codificados pela família de genes Ca_V3. Cada tipo tem propriedades biofísicas e farmacológicas específicas, bem como funções fisiológicas distintas (**Tabela 15-1**).

Os canais de cálcio são proteínas multiméricas cujas propriedades distintas são determinadas por sua subunidade formadora do poro, a subunidade α_1. A subunidade α_1 é homóloga à subunidade α dos canais de Na^+ dependentes de voltagem, composta por quatro repetições de um domínio com seis segmentos transmembrana que inclui o sensor de voltagem S4 e a região P de revestimento do poro (ver **Figura 8-10**). Os canais de Ca^{2+} também têm subunidades auxiliares (denominadas α_2, β, γ e δ) que modificam as propriedades do canal formado pela subunidade α_1. A localização subcelular em neurônios de diferentes tipos de canais de cálcio também varia. Os canais de Ca^{2+} do tipo

TABELA 15-1 Canais de Ca^{2+} dependentes de voltagem em neurônios

Canal	Nome anterior	Tipo de canal de Ca^{2+}	Tecido	Bloqueador	Dependência de voltagem[1]	Função
$Ca_V1.1$-1.4	$\alpha_{1C,D,F,S}$	L	Músculos, neurônios	Di-hidropiridinas	AAV	Contração, liberação lenta e alguma liberação rápida limitada
$Ca_V2.1$	α_{1A}	P/Q	Neurônios	ω-Agatoxina (veneno de aranha)	AAV	Liberação rápida +++
$Ca_V2.2$	α_{1B}	N	Neurônios	ω-Conotoxina (veneno de moluscos marinhos)	AAV	Liberação rápida ++
$Ca_V2.3$	α_{1E}	R	Neurônios	SNX-482 (veneno de tarântula)	AAV	Liberação rápida +
$Ca_V3.1$-3.3	$\alpha_{1G,H,I}$	T	Músculos, neurônios	Mibefradil (seletividade limitada)	ABV	Ritmo em marca-passos

[1]AAV, ativados por alta voltagem; ABV, ativados por baixa voltagem.

N e P/Q são encontrados predominantemente no terminal pré-sináptico, enquanto os canais do tipo L, R e T são encontrados em grande parte no soma e dendritos.

Quatro dos tipos de canais de Ca^{2+} dependentes de voltagem – o tipo L, tipo P/Q, tipo N e tipo R – geralmente requerem uma despolarização bastante forte para serem ativados (voltagens positivas para –40 a –20 mV são necessário) e, portanto, às vezes são vagamente referidos como canais de Ca^{2+} *ativados por alta voltagem* (**Tabela 15-1**). Em contraste, canais do tipo T abrem em resposta a pequenas despolarizações em torno do limiar para gerar o potencial de ação (–60 a –40 mV) e, portanto, são chamados de canais de Ca^{2+} *ativados por baixa voltagem*. Como são ativados por pequenas mudanças no potencial de membrana, os canais do tipo T ajudam a controlar a excitabilidade no potencial de repouso e são importantes fontes de correntes excitatórias que conduzem o ritmo de atividades nos marca-passos de certas células no coração e no encéfalo.

Nos neurônios, a liberação rápida de transmissores convencionais durante a transmissão sináptica rápida é mediada principalmente por canais de Ca^{2+} do tipo P/Q e do tipo N, os tipos de canais mais concentrados na zona ativa. A localização dos canais de Ca^{2+} do tipo N na junção neuromuscular de rãs tem sido visualizada usando-se toxinas de caracol marcadas com compostos fluorescentes que se ligam seletivamente a esses canais (ver **Figura 15-4A**). Os canais do tipo L não são encontrados nas zonas ativas e, portanto, não contribuem para a liberação rápida de neurotransmissores clássicos como glutamato e ACh. Entretanto, o influxo de Ca^{2+} através de canais do tipo L é importante para as formas mais lentas de liberação que não ocorrem nas zonas ativas, como a liberação de neuropeptídeos por neurônios e a liberação de hormônios por células endócrinas. Como será visto a seguir, a regulação do influxo de Ca^{2+} no terminal pré-sináptico controla a quantidade de neurotransmissor liberado e, portanto, a força da transmissão sináptica.

Mutações em canais de Ca^{2+} dependentes de voltagem são responsáveis por certas doenças adquiridas e genéticas. A síndrome de Timothy, um transtorno do desenvolvimento caracterizado por uma forma grave de autismo com função cognitiva prejudicada e uma série de outras alterações fisiopatológicas, resulta de uma mutação na subunidade α_1 dos canais do tipo L que altera seu portão dependente de voltagem, afetando assim a integração dendrítica. Diferentes mutações pontuais na subunidade α_1 do canal do tipo P/Q dão origem a enxaqueca hemiplégica ou epilepsia. Pacientes com síndrome de Lambert-Eaton, uma doença autoimune associada à fraqueza muscular, produzem anticorpos para a subunidade α_1 do canal do tipo P/Q que diminuem a corrente total de Ca^{2+} (Capítulo 57).

O transmissor é lançado em unidades quânticas

Como o influxo de Ca^{2+} dispara a liberação do neurotransmissor? Katz e colaboradores possibilitaram a compreensão dessa questão mostrando que os neurotransmissores são liberados em quantidades delimitadas chamadas *quanta*. Cada *quantum* de neurotransmissor produz um potencial pós-sináptico de tamanho fixo denominado *potencial sináptico quântico*. O potencial pós-sináptico total é composto por um grande número de potenciais quânticos. Os PEPSs parecem suavemente graduados em amplitude apenas porque cada potencial quântico (unitário) é pequeno em relação ao potencial total.

Katz e Fatt obtiveram a primeira pista sobre a natureza quântica da transmissão sináptica em 1951, quando observaram potenciais pós-sinápticos espontâneos de cerca de 0,5 mV nas sinapses neuromusculares da rã. Como potenciais de placa motora evocados pela estimulação neural, essas pequenas respostas despolarizantes foram maiores nos sítios de contato neuromuscular e diminuíram eletrotonicamente com a distância (ver **Figura 12-5**). Pequenos potenciais espontâneos têm sido observados em músculos e neurônios centrais de mamíferos. Como os potenciais pós-sinápticos nas sinapses neuromusculares de vertebrados são chamados de potenciais de placa terminal motora, Fatt e Katz denominaram esses potenciais espontâneos de *potenciais de placa motora em miniatura*.

Vários resultados convenceram Fatt e Katz de que os potenciais de placa em miniatura refletiam respostas à liberação de pequenas quantidades de ACh, o neurotransmissor usado na sinapse neuromuscular. O curso temporal dos potenciais de placa motora em miniatura e os efeitos de vários fármacos sobre eles são indistinguíveis das propriedades do potencial de placa motora. Como os potenciais de placa motora, os potenciais em miniatura são aumentados e prolongados com prostigmina, um fármaco que bloqueia a hidrólise da ACh pela acetilcolinesterase. Por outro lado, eles são abolidos por agentes que bloqueiam o receptor de ACh, como o curare. Os potenciais de placa em miniatura representam respostas a pequenos pacotes de neurotransmissor que são espontaneamente liberados no terminal pré-sináptico na ausência de um potencial de ação. A frequência desses potenciais pode ser aumentada por uma pequena despolarização do terminal pré-sináptico. Eles desaparecem se o nervo motor pré-sináptico degenera e reaparecem quando uma nova sinapse motora é formada.

O que poderia explicar o tamanho pequeno e fixo do potencial da placa motora em miniatura? Del Castillo e Katz primeiro testaram a possibilidade de cada evento representar a resposta à abertura de um *único* receptor/canal de ACh. No entanto, a aplicação de quantidades muito pequenas de ACh na placa motora do músculo de rã provocou respostas pós-sinápticas despolarizantes que foram muito menores do que a resposta de 0,5 mV de um potencial de placa motora em miniatura. Esse achado esclareceu que o potencial de placa em miniatura representa a abertura de mais de um canal/receptor de ACh. De fato, Katz e Miledi mais tarde foram capazes de estimar as respostas de voltagem às correntes elementares por um único canal/receptor de ACh em torno de 0,3 µV (Capítulo 12). Com base nessa estimativa, o potencial em miniatura estimado em 0,5 mV representaria a soma de correntes elementares de cerca de 2.000 canais. Mais tarde, um trabalho mostrou que um potencial em miniatura é uma resposta à liberação sincrônica de aproximadamente 5.000 moléculas de ACh.

Qual é a relação entre os potenciais de placa motora evocados por estimulação nervosa e os pequenos e espontâneos potenciais de placa em miniatura? Essa questão foi abordada por del Castillo e Katz em um estudo de sinalização na sinapse neuromuscular banhada em uma solução com baixa concentração de Ca^{2+}. Sob essa condição, o potencial de placa é acentuadamente reduzido, do normal 70 mV para cerca de 0,5 a 2,5 mV. Além disso, nessas condições, a amplitude de cada potencial de placa sucessivo varia de modo aleatório de um estímulo para outro; com frequência, nenhuma resposta pode ser detectada (as denominadas *falhas*). No entanto, a resposta mínima acima de zero – o potencial de placa motora unitário em resposta a um potencial de ação pré-sináptico – é idêntica em amplitude (aproximadamente 0,5 mV) e forma aos potenciais de placa motora em miniatura espontâneos. É importante mencionar que a amplitude de cada potencial de placa motora é um múltiplo integral do potencial unitário (**Figura 15-6**).

Agora del Castillo e Katz podiam perguntar: como o aumento de Ca^{2+} intracelular, que acompanha cada potencial de ação, afeta a liberação de neurotransmissores? Eles observaram que o aumento da concentração externa de Ca^{2+} não muda a amplitude do potencial sináptico unitário. No entanto, a proporção de falhas diminui e a incidência

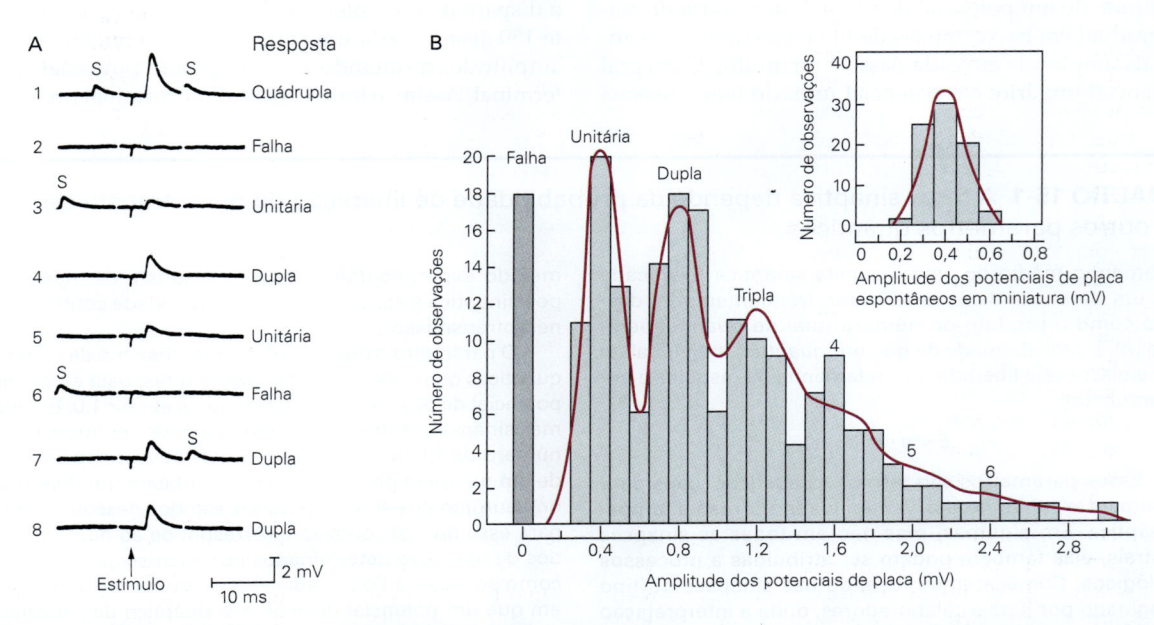

FIGURA 15-6 O neurotransmissor é liberado em incrementos fixos. Cada incremento ou *quantum* de neurotransmissor produz uma unidade de potencial de placa terminal de amplitude fixa. A amplitude da resposta evocada pela estimulação nervosa é, portanto, igual à amplitude do potencial da placa terminal da unidade multiplicado pelo número de *quanta* do neurotransmissor liberado.

A. Registros intracelulares de uma fibra muscular na placa motora terminal mostram a mudança no potencial pós-sináptico quando oito estímulos consecutivos de igual tamanho são aplicados ao nervo motor. Para reduzir a liberação de neurotransmissor e manter os potenciais de placa pequenos, o tecido é incubado em uma solução contendo baixos níveis de Ca^{2+} (e altos níveis de Mg^{2+}). As respostas pós-sinápticas aos estímulos variam. Dois dos oito estímulos pré-sinápticos não provocam PEPS (falhas), dois produzem potenciais unitários e os outros produzem PEPSs que são aproximadamente duas a quatro vezes a amplitude do potencial unitário. Nota-se que o potencial de placa espontâneo em miniatura (**S**), que ocorre em intervalos aleatórios nos registros, tem o mesmo tamanho do potencial unitário. (Adaptada, com autorização, de Liley, 1956.)

B. Depois que muitos potenciais de placa motora são registrados, o número de respostas com uma determinada amplitude é plotado em função dessa amplitude no histograma mostrado aqui. A distribuição das respostas mostra agrupamentos em picos. O primeiro pico, em 0 mV, representa as falhas. O primeiro pico de respostas, em 0,4 mV, representa o potencial unitário, a menor resposta provocada. A resposta unitária tem a mesma amplitude do potencial de placa espontâneo em miniatura (detalhe), indicando que a unidade de resposta é causada por um único *quantum* de transmissor. Os outros picos no histograma são múltiplos integrais de amplitude do potencial unitário; isto é, as respostas são compostas de dois, três, quatro ou mais eventos quânticos.

O número de respostas sob cada pico dividido pelo número total de eventos no histograma é a probabilidade de que um único potencial de ação pré-sináptico desencadeie a liberação de um número de *quanta* que corresponde ao pico. Por exemplo, se há 30 eventos no pico correspondente à liberação de 2 *quanta* em um total de 100 eventos registrados, a probabilidade de um potencial de ação pré-sináptico liberar exatamente 2 *quanta* é de 30/100 ou 0,3. A probabilidade segue a distribuição de Poisson (**curva em vermelho**). Essa distribuição teórica é composta pela soma de várias funções de Gauss. A dispersão do pico unitário (desvio padrão da função de Gauss) reflete o fato de que a quantidade de transmissor em um *quantum*, portanto, a amplitude da resposta pós-sináptica quântica, varia aleatoriamente em torno de um valor médio. Os picos gaussianos sucessivos aumentam progressivamente porque a variabilidade (ou variância) associada a cada evento quântico aumenta linearmente com o número de *quanta* por evento. A distribuição das amplitudes dos potenciais espontâneos em miniatura (inserção) está de acordo com uma curva de Gauss cuja largura é idêntica àquela observada na resposta sináptica unitária. (Adaptada, com autorização, de Boyd e Martin, 1956.)

de respostas de maior amplitude (compostas por várias unidades quânticas) aumenta. Essas observações mostram que um aumento na concentração externa de Ca^{2+} não aumenta o *tamanho* de um *quantum* de neurotransmissor (i.e., o número de moléculas de ACh em cada *quantum*), mas, sim, atua para aumentar o número médio de *quanta* que são liberados em resposta ao potencial de ação pré-sináptico. Quanto maior o influxo de Ca^{2+} no terminal, maior o número de *quanta* de neurotransmissor liberados.

Portanto, três descobertas levaram del Castillo e Katz a concluir que o neurotransmissor é liberado em pacotes com uma quantidade fixa de neurotransmissor, o *quantum*: a amplitude de um potencial de placa motora varia de maneira gradual em baixos níveis de liberação de ACh; o aumento da amplitude em cada passo é um múltiplo integral do potencial unitário; e o potencial unitário tem a mesma amplitude média e forma dos potenciais espontâneos em miniatura. Além disso, analisando a distribuição estatística das amplitudes do potencial de placa terminal, del Castillo e Katz e outros pesquisadores subsequentes foram capazes de mostrar que um único potencial de ação produzia um aumento transitório na probabilidade de que um determinado *quantum* de neurotransmissor fosse liberado de acordo com um processo aleatório, semelhante ao que rege o resultado de um lançamento de moeda (**Quadro 15-1**).

Na ausência de um potencial de ação, a taxa de liberação quântica é baixa – apenas um *quantum* por segundo é liberado espontaneamente na placa terminal. Em contraste, o disparo de um potencial de ação libera aproximadamente 150 *quanta*, cada um com aproximadamente 0,5 mV de amplitude, resultando em um grande potencial de placa terminal. Assim, o influxo de Ca^{2+} no terminal pré-sináptico

---

QUADRO 15-1 A força sináptica depende da probabilidade de liberação do neurotransmissor e de outros parâmetros quânticos

O tamanho médio de uma resposta sináptica *E* evocada por um potencial de ação tem sido frequentemente descrito como o produto do número total de *quanta* liberáveis (*n*), a probabilidade de que um *quantum* individual de transmissor seja liberado (*p*) e o tamanho da resposta a um *quantum* (*a*):

$$E = n \cdot p \cdot a.$$

Esses parâmetros são termos estatísticos, úteis para descrever o tamanho e a variabilidade da resposta pós-sináptica. Em algumas, mas não em todas as sinapses centrais, elas também podem ser atribuídas a processos biológicos. Começaremos focando nas sinapses do tipo imaginado por Katz e colaboradores, onde a interpretação dos parâmetros é mais direta. Nessas sinapses, o terminal pré-sináptico normalmente contém múltiplas zonas ativas, e cada zona ativa libera no máximo uma única vesícula em resposta a um potencial de ação (*liberação univesicular*).

Consideramos, então, outro tipo de sinapse que requer uma interpretação diferente. Nessas sinapses, cada zona ativa pode liberar múltiplas vesículas em resposta a um único potencial de ação (*liberação multivesicular*), levando a concentrações muito altas de neurotransmissor na fenda sináptica que podem fazer os receptores pós-sinápticos ficarem saturados.

Liberação univesicular em zonas ativas múltiplas

No caso mais simples, o parâmetro *a* é a resposta da membrana pós-sináptica à liberação do conteúdo do transmissor de uma única vesícula. Supõe-se que o neurotransmissor seja empacotado em vesículas sinápticas, que a liberação do conteúdo de uma vesícula seja um evento estereotipado, "tudo ou nada", e que eventos de liberação única ocorram em isolamento físico um do outro. O tamanho quântico depende da quantidade de neurotransmissor em uma vesícula e das propriedades da célula pós-sináptica, como a resistência e capacitância da membrana (que podem ser estimadas independentemente) e a capacidade de resposta da membrana pós-sináptica à substância transmissora. Isso também pode ser medido experimentalmente pela resposta da membrana pós-sináptica à aplicação de uma quantidade conhecida de neurotransmissor.

O parâmetro *n* descreve o número máximo de unidades quânticas que podem ser liberadas em resposta a um único potencial de ação, se a probabilidade *p* atingir 1,0. Em algumas sinapses centrais, esse máximo pode ser imposto pelo número de sítios de liberação (zonas ativas) nos terminais de um neurônio pré-sináptico que contatam um determinado neurônio pós-sináptico. Vários estudos descobriram que para esse tipo de conexão *n* corresponde ao número de sítios de liberação determinados por microscopia eletrônica, como se esses sítios obedecessem a uma regra grosseira em que um potencial de ação pré-sináptico desencadeia a exocitose de no máximo 1 vesícula por zona ativa.

O parâmetro *p* representa a probabilidade de liberação da vesícula. Essa probabilidade abrange uma série de eventos necessários para que um determinado local de liberação contribua com um evento quântico: (1) A zona ativa deve ser carregada com pelo menos uma vesícula liberável (um processo conhecido como mobilização vesicular); (2) o potencial de ação pré-sináptico deve evocar influxo de Ca^{2+} em quantidade suficiente e proximidade da vesícula; e (3) a proteína sinaptotagmina e a maquinaria proteica SNARE, sensíveis ao Ca^{2+}, devem fazer a vesícula se fundir e descarregar seu conteúdo.

Aqui, nos concentramos principalmente nos determinantes de *p*. Podemos tratar a liberação quântica em uma única zona ativa como um evento aleatório com apenas dois resultados possíveis em resposta a um potencial de ação – o *quantum* de neurotransmissor é ou não liberado. Como acredita-se que as respostas quânticas de diferentes zonas ativas ocorrem independentemente umas das outras em algumas situações, isso é semelhante a jogar um conjunto de *n* moedas no ar e contar o número de caras ou coroas. O equivalente a lançamentos de moedas individuais (ensaios de Bernoulli) são, então, totalizados em uma distribuição binomial, onde *p* representa a probabilidade média de sucesso (ou seja, a probabilidade de que qualquer

continua

durante um potencial de ação aumenta drasticamente a taxa de liberação quântica por um fator de 150.000, desencadeando a liberação síncrona de cerca de 150 *quanta* em cerca de 1 ms.

Os transmissores são armazenados e liberados por vesículas sinápticas

Que características morfológicas da célula podem explicar a liberação quântica do transmissor? As observações fisiológicas indicando que o neurotransmissor é liberado em *quanta* fixos coincidiram com a descoberta, por microscopia eletrônica, do acúmulo de pequenas vesículas eletrolúcidas no terminal pré-sináptico. Del Castillo e Katz especularam que as vesículas eram organelas para o armazenamento de neurotransmissores, onde cada vesícula armazena um *quantum* de neurotransmissor (totalizando vários milhares de moléculas), e cada vesícula libera seu conteúdo inteiramente na fenda sináptica de uma maneira "tudo ou nada" em sítios especializados de liberação.

Os sítios de liberação, as zonas ativas, contêm uma nuvem de vesículas sinápticas que se agrupam sobre um material eletronicamente denso anexo à face interna da membrana pré-sináptica (ver **Figura 15-4A**). Em todas as sinapses, as vesículas são tipicamente claras, pequenas e ovoides, com um diâmetro de aproximadamente 40 nm (em distinção com as grandes vesículas de núcleo denso descritas no Capítulo 16). Embora a maioria das vesículas sinápticas não contate as zonas ativas, algumas estão fisicamente ligadas. Elas são chamadas de vesículas *ancoradas* e são consideradas como imediatamente disponíveis para lançamento (às vezes chamadas de *estoque prontamente liberável*). Na junção

---

QUADRO 15-1 A força sináptica depende da probabilidade de liberação do neurotransmissor e outros parâmetros quânticos (*continuação*)

quantum dado seja liberado) e *q* (igual a 1 – *p*) representa a probabilidade média de falha.

Tanto a probabilidade média (*p*) de que um *quantum* individual será liberado quanto o número máximo (*n*) de *quanta* liberáveis são considerados constantes. (Supõe-se que qualquer redução no estoque de vesículas seja rapidamente reabastecida após cada estímulo.) O produto de *n* e *p* produz uma estimativa *m* do número médio de *quanta* que será liberado. Essa média é chamada de *conteúdo quântico* ou *saída quântica*.

O cálculo da probabilidade de liberação de neurotransmissor pode ser ilustrado no exemplo a seguir. Considerando-se um terminal que tem um estoque liberável de 5 *quanta* (*n* = 5). Assumindo-se que *p* = 0,1, então a probabilidade de que um *quantum* individual não seja liberado dos terminais (*q*) é 1 – *p*, ou 0,9. Agora podemos determinar a probabilidade de que um estímulo não libere nenhum dos *quanta* (falha), um único *quantum* ou qualquer outro número de *quanta* (até *n*).

A probabilidade de que nenhum dos 5 *quanta* disponíveis seja liberado por determinado estímulo é o produto das probabilidades individuais de cada *quantum* de não ser liberado: $q^5 = (0,9)^5$ ou 0,59. Seriam esperadas, portanto, 59 falhas em 100 estímulos. A probabilidade de observar 0, 1, 2, 3, 4 ou 5 *quanta* é representada pelos termos sucessivos da expansão binomial:

$$(q + p)^5 = q^5 \text{ (falhas)} + 5 q^4 p \text{ (1 } quantum\text{)}$$
$$+ 10 q^3 p^2 \text{ (2 } quanta\text{)} + 10 q^2 p^3 \text{ (3 } quanta\text{)}$$
$$+ 5 qp^4 \text{ (4 } quanta\text{)} + p^5 \text{ (5 } quanta\text{)}.$$

Portanto, em 100 estímulos, a expansão binomial permitiria prever 33 respostas unitárias, 7 respostas duplas, 1 resposta tripla e nenhuma resposta quádrupla ou quíntupla.

Os valores de conteúdo quântico *m* variam de aproximadamente 100 a 300 nas sinapses neuromusculares de vertebrados, nas sinapses gigantes de lula e nas sinapses centrais de *Aplysia*, a somente de 1 a 4 nas sinapses de gânglios simpáticos e da medula espinal de vertebrados. A probabilidade *p* de liberação também varia de altos valores como 0,7 em junção neuromuscular de rã e 0,9 de caranguejo para cerca de 0,1 em algumas sinapses centrais em mamíferos. As estimativas para *n* variam de até 1.000 (na sinapse neuromuscular de vertebrados) a 1 (em terminais únicos de neurônios centrais de mamíferos).

Esse exemplo numérico ilustra uma característica das sinapses com características binomiais simples – sua variabilidade substancial. Isso vale com a mesma força se *p* é alto ou baixo. Por exemplo, para *p* = 0,9 e 100 estímulos, a expansão binomial prevê 0 falhas, 0 respostas de unidade única, 1 resposta dupla, 7 respostas triplas, 33 respostas quádruplas e 59 respostas quíntuplas, a imagem espelhada da distribuição para *p* = 0,1. Mesmo que cada evento sequencial que suporte a liberação da vesícula seja altamente provável, a força agregada da sinapse variará amplamente.

Liberação multivesicular com saturação do receptor

Um mecanismo bem estudado para alcançar alta confiabilidade sináptica é através da liberação de múltiplas vesículas em um único local pós-sináptico. No extremo, isso pode liberar quantidades suficientes de neurotransmissor na fenda sináptica para fazer os sítios de ligação ao receptor pós-sináptico ficarem totalmente ocupados pelo transmissor (saturação do receptor).

Sob essas condições, a resposta pós-sináptica atingirá uma amplitude máxima. A liberação adicional do neurotransmissor, por exemplo em resposta a uma substância moduladora, não aumentaria a resposta pós-sináptica. A variabilidade no tamanho da resposta diminuiria muito se, digamos, 3 a 5 vesículas de neurotransmissor ativassem o mesmo número de receptores que uma única vesícula. A resposta pós-sináptica seria altamente estereotipada (pareceria resultar da liberação de um único *quantum* de transmissor), mesmo que o terminal pré-sináptico estivesse liberando múltiplas vesículas. No entanto, o tratamento binomial ainda poderia reter alguma utilidade como forma de somar as contribuições de múltiplas sinapses desse tipo, desde que cada sinapse liberasse o transmissor de forma simultânea e independente. Mas, nesse caso, *n*, *p* e *a* assumiriam significados biológicos diferentes daqueles em que apenas uma única vesícula poderia ser liberada por sinapse.

neuromuscular, as zonas ativas são estruturas lineares (ver **Figura 15-4**), enquanto, nas sinapses centrais, elas são estruturas na forma de disco, com área de cerca de 0,1 μm^2 e com projeções densas apontadas para o citoplasma. As zonas ativas são geralmente encontradas em aposição precisa às áreas específicas de membrana pós-sinápticas que contêm os receptores de neurotransmissores (ver **Figura 13-2**). Assim, as especializações pré-sinápticas e pós-sinápticas são funcional e morfologicamente sintonizadas umas com as outras, às vezes precisamente alinhadas em "nanocolunas" estruturais. Como se verá mais tarde, várias proteínas essenciais das zonas ativas envolvidas na liberação de neurotransmissores têm sido identificadas e caracterizadas.

A transmissão quântica foi demonstrada em todas as sinapses químicas examinadas até agora. Apesar disso, a eficiência da liberação de transmissor de uma única célula pré-sináptica para uma única célula pós-sináptica varia amplamente no sistema nervoso e depende de vários fatores: (1) o número de sinapses individuais entre um par de células pré-sinápticas e pós-sinápticas (i.e., o número de botões pré-sinápticos que entram em contato com a célula pós-sináptica); (2) o número de zonas ativas em um terminal sináptico individual; e (3) a probabilidade de um potencial de ação pré-sináptico desencadear a liberação de um ou mais *quanta* de neurotransmissores em uma zona ativa. Como veremos mais adiante, a probabilidade de liberação pode ser fortemente regulada em função da atividade neuronal.

No sistema nervoso central, a maioria dos terminais pré-sinápticos tem apenas uma única zona ativa, onde o potencial de ação normalmente libera, no máximo, um único *quantum* de neurotransmissores de maneira "tudo ou nada". No entanto, em algumas sinapses centrais, como o cálice de Held, o neurotransmissor é liberado de um grande terminal pré-sináptico que pode conter muitas zonas ativas e, portanto, pode liberar um grande número de *quanta* em resposta a um único potencial de ação pré-sináptico. Os neurônios centrais também variam no número de sinapses que uma célula pré-sináptica típica forma com uma célula pós-sináptica típica. Enquanto a maioria dos neurônios centrais forma apenas algumas sinapses com qualquer célula pós-sináptica, uma única fibra trepadeira de neurônios na oliva inferior forma até 10 mil terminais em um único neurônio de Purkinje no cerebelo! Finalmente, a probabilidade média de liberação de um neurotransmissor de uma única zona ativa também varia amplamente entre os diversos terminais pré-sinápticos, de menos de 0,1 (ou seja, com chance de 10% de liberação de neurotransmissor com a chegada de um potencial de ação pré-sináptico) até mais de 0,9. Essa ampla gama de probabilidades pode até ser vista entre os botões em sinapses individuais entre um tipo específico de célula pré-sináptica e um tipo específico de célula pós-sináptica.

Portanto, os neurônios centrais variam amplamente na eficiência e na confiabilidade da transmissão sináptica. A *confiabilidade* sináptica é definida como a probabilidade de que um potencial de ação na célula pré-sináptica leve a alguma resposta mensurável na célula pós-sináptica, ou seja, a probabilidade de que um potencial de ação libere um ou mais *quanta* de neurotransmissor. A *eficiência* refere-se à amplitude média da resposta sináptica, que depende da confiabilidade da transmissão sináptica e do tamanho médio da resposta quando ocorre a transmissão sináptica.

A maioria dos neurônios centrais estabelece sinapses com baixa probabilidade de liberação de transmissores. A alta taxa de falha de liberação na maioria das sinapses centrais (ou seja, sua baixa probabilidade de liberação) não é um *defeito de design*, mas serve a um propósito. Como discutiremos mais adiante, esse recurso permite que a liberação do transmissor seja regulada em uma ampla faixa dinâmica, o que é importante para adaptar a sinalização neural a diferentes demandas comportamentais. Em conexões sinápticas em que a baixa probabilidade de liberação é deletéria para a função, a limitação é superada aumentando-se o número de zonas ativas em uma sinapse, como no caso do cálice de Held e da sinapse neuromuscular. Ambos contêm centenas de zonas ativas independentes, onde um potencial libera de maneira confiável de 150 a 250 *quanta*, assegurando que os sinais pré-sinápticos resultem sempre em um potencial de ação pós-sináptico. A transmissão confiável na junção neuromuscular é essencial para a sobrevivência. Um animal não poderia sobreviver se sua capacidade de escapar de um predador fosse prejudicada por uma resposta de baixa probabilidade. Outra estratégia para aumentar a confiabilidade é usar a liberação multivesicular, a fusão simultânea de várias vesículas em uma única zona ativa, para garantir que os receptores pós-sinápticos sejam consistentemente expostos a uma concentração saturante de neurotransmissor (ver **Quadro 15-1**).

Nem toda sinalização química entre neurônios depende da maquinaria sináptica descrita anteriormente. Algumas substâncias, como certos metabólitos de lipídeos e óxido nítrico (Capítulo 14), podem se difundir através da bicamada lipídica da membrana. Outras podem se mover para fora dos terminais através de transportadores se sua concentração intracelular for suficientemente alta. Transportadores de membrana plasmática para glutamato ou GABA normalmente transferem o neurotransmissor da fenda sináptica para dentro de uma célula sináptica após um potencial de ação pré-sináptico (Capítulo 13). Entretanto, em células gliais da retina, a direção do transporte de glutamato pode ser invertida sob determinadas condições, liberando glutamato na fenda via transportadores. Outras substâncias podem ainda simplesmente vazar dos terminais em taxas baixas. De modo surpreendente, cerca de 90% da ACh que deixa o terminal sináptico na junção neuromuscular o faz por vazamento contínuo. Esse vazamento é ineficiente, porque é difuso e não é direcionado para receptores na placa terminal e porque é contínuo e diluído em vez de sincrônico e concentrado.

As vesículas sinápticas liberam neurotransmissores por exocitose e são recicladas por endocitose

A hipótese quântica de del Castillo e Katz tem sido amplamente confirmada por evidências experimentais diretas de que vesículas sinápticas são de fato pacotes de neurotransmissores e que elas liberam seus conteúdos diretamente por fusão com a membrana pré-sináptica, em um processo chamado de *exocitose*.

Há 40 anos, Victor Whittaker descobriu que vesículas sinápticas nos terminais de nervos motores do órgão elétrico do peixe *Torpedo* contêm uma grande concentração de ACh. Mais tarde, Thomas Reese e John Heuser e colaboradores obtiveram micrografias eletrônicas de vesículas capturadas no momento da exocitose. Para observar esse breve evento, eles rapidamente congelaram as sinapses neuromusculares imergindo-as em hélio líquido em intervalos precisamente definidos depois da estimulação pré-sináptica. Além disso, eles aumentaram o número de *quanta* de neurotransmissor descarregado a cada impulso nervoso aplicando 4-aminopiridina, que bloqueia determinados canais de K^+ regulados por voltagem, portanto aumentando a duração do potencial de ação e o influxo de Ca^{2+}. (O alargamento de pico produzido por esta intervenção farmacológica se assemelha ao alargamento de pico resultante da inativação cumulativa de canais de K^+ durante disparos repetitivos; ver **Figura 15-15C**.) Em ambos os casos, potenciais de ação prolongados evocam maior abertura dos canais de Ca^{2+} pré-sinápticos.

Essas técnicas proporcionaram imagens claras de vesículas sinápticas nas zonas ativas durante a exocitose. Por uma técnica chamada de *microscopia eletrônica por criofratura*, Reese e Heuser notaram deformações na membrana ao longo da zona ativa imediatamente após a atividade sináptica, as quais eles interpretaram como invaginações da membrana celular causadas pela fusão das vesículas. Essas deformações situam-se ao longo de uma ou duas fileiras de partículas intramembranosas extraordinariamente grandes, visíveis ao longo de ambas as margens da densidade pré-sináptica. Muitas dessas partículas são agora consideradas canais de Ca^{2+} dependentes de voltagem (**Figura 15-7**). A densidade de partículas (aproximadamente 1.500 por μm^2) é semelhante à densidade de canais de Ca^{2+} que se acredita estar presente na membrana plasmática pré-sináptica na zona ativa. Além disso, a proximidade entre as partículas e o sítio de liberação está de acordo com o breve intervalo entre o início da corrente de Ca^{2+} e a liberação do neurotransmissor.

Finalmente, Heuser e Reese observaram que as deformações são transitórias; elas ocorrem apenas quando as vesículas são descarregadas e não persistem após a liberação dos transmissores. Secções finas à microscopia eletrônica revelaram estruturas em forma de ômega (Ω), com aparência de vesículas sinápticas que se fundiram com a membrana, antes do colapso completo da membrana da vesícula na membrana plasmática (**Figura 15-7B**). Heuser e Reese confirmaram essa ideia mostrando que o número de estruturas em forma de Ω está diretamente correlacionado com o tamanho do PEPS quando eles variaram a concentração de 4-aminopiridina para alterar a quantidade de liberação do transmissor. Esses estudos morfológicos permitiram, de maneira notável, evidenciar que a liberação de neurotransmissores das vesículas sinápticas ocorre por exocitose.

Após a exocitose, a membrana adicional fundida ao terminal pré-sináptico é recuperada. Em imagens de terminais pré-sinápticos feitas 10 a 20 segundos após a estimulação, Heuser e Reese observaram novas estruturas na membrana plasmática, as depressões revestidas, que são formadas pela proteína *clatrina* que ajuda a mediar a recuperação da membrana através do processo de endocitose (**Figura 15-7C**). Vários segundos depois, as depressões revestidas são vistas se soltando da membrana e aparecem como vesículas revestidas no citoplasma. Como se pode ver a seguir, a endocitose pela formação de poços revestidos representa um dos vários meios de recuperação da membrana.

Medidas de capacitância proporcionam uma visão sobre a cinética da exocitose e da endocitose

Em certos neurônios com grandes terminais pré-sinápticos, o aumento da área da superfície da membrana plasmática durante a exocitose pode ser detectado por medidas elétricas conforme a capacitância da membrana aumenta. Como visto no Capítulo 9, a capacitância da membrana é proporcional à área de superfície. Erwin Neher descobriu que poderia usar essa medida de capacitância para monitorar a exocitose de células secretoras.

Em células cromafins suprarrenais (que liberam adrenalina e noradrenalina) e em mastócitos do peritônio de rato (que liberam histamina e serotonina), as vesículas eletrodensas são grandes o suficiente para permitir a medida do aumento na capacitância associada à fusão de uma única vesícula. A liberação de transmissor nessas células é acompanhada por um aumento gradual na capacitância, posteriormente seguido por um decréscimo, que reflete a recuperação e a reciclagem da membrana (**Figura 15-8**).

Em neurônios, as mudanças na capacitância causadas pela fusão de uma pequena e única vesícula sináptica são muito baixas para serem detectadas. Em certas preparações sinápticas favoráveis que liberam um grande número de vesículas (como os terminais pré-sinápticos gigantes de neurônios bipolares na retina), a despolarização da membrana desencadeia uma subida e descida suave e transitória da capacitância total do terminal como resultado da exocitose e recuperação da membrana de centenas de vesículas sinápticas individuais (**Figura 15-8C**). Esses resultados fornecem medidas diretas das taxas de fusão e recuperação.

A exocitose envolve a formação de um poro de fusão temporário

Estudos morfológicos em mastócitos usando congelamento rápido sugerem que a exocitose depende da formação de um poro temporário de fusão que abrange a membrana da vesícula e a membrana plasmática. Em estudos eletrofisiológicos de aumentos da capacitância em mastócitos, um poro de fusão (como um canal) foi observado nos registros antes da fusão completa das vesículas à membrana plasmática. Esse poro de fusão começa a funcionar como um canal de condutância unitário de cerca de 200 pS, similar à condutância de um canal de junção comunicante, que também conecta duas membranas. Durante a exocitose, o poro dilata-se rapidamente, provavelmente de 5 para 50 nm de diâmetro, e a condutância aumenta de modo notável (**Figura 15-9A**).

O poro de fusão não é apenas uma estrutura intermediária que leva à exocitose do transmissor, pois o transmissor pode ser liberado através do poro antes da expansão do poro e do colapso da vesícula. Isso foi mostrado primeiro por amperometria, um método que usa um eletrodo

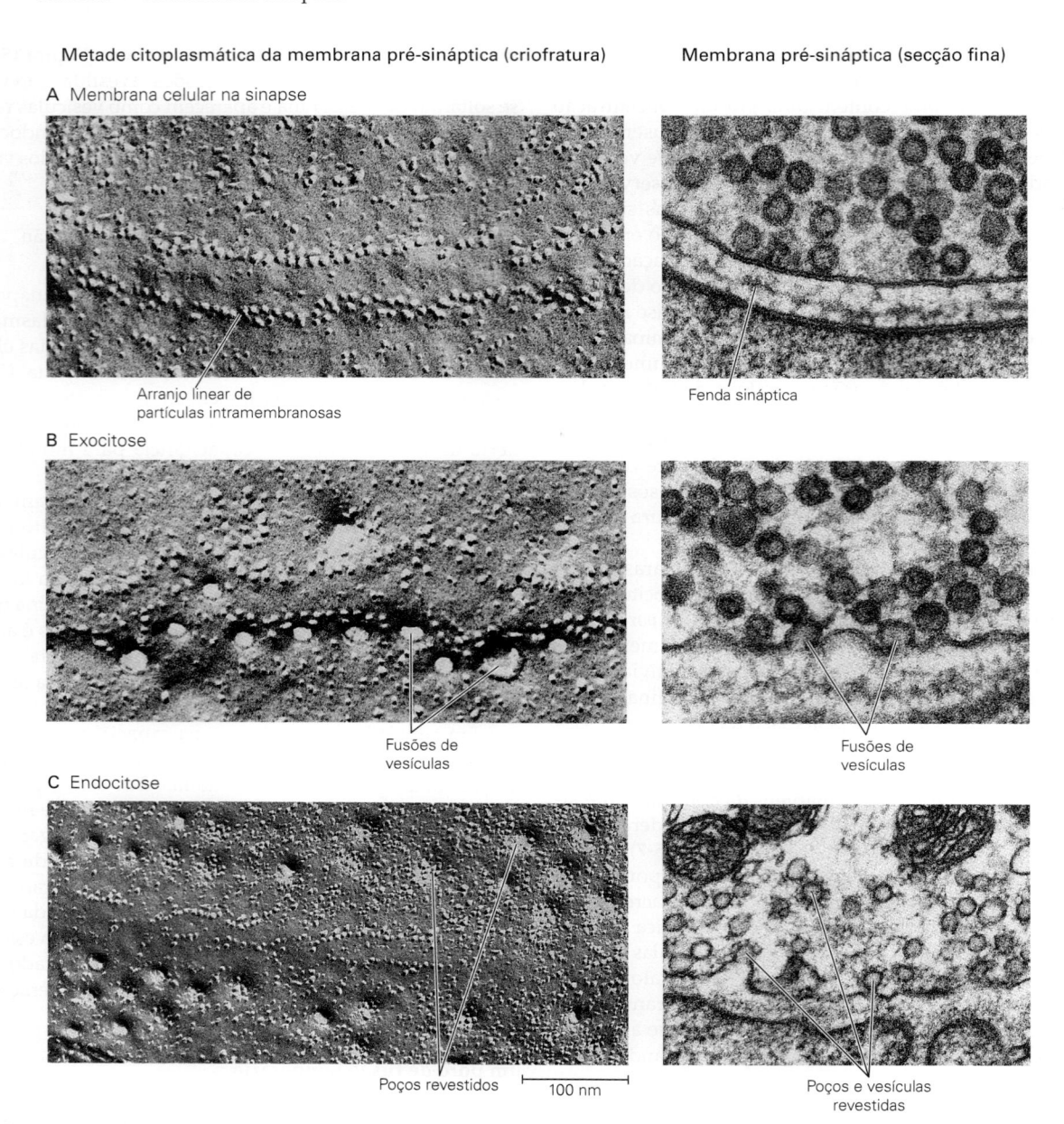

FIGURA 15-7 As vesículas sinápticas liberam neurotransmissores por exocitose e são recuperadas por endocitose. As imagens à esquerda são micrografias eletrônicas por criofratura de junções neuromusculares. A técnica de criofratura expõe a área intramembranosa à vista, dividindo a membrana ao longo do interior hidrofóbico da bicamada lipídica. As visualizações mostradas são do folheto citoplasmático da membrana pré-sináptica de bicamada olhando para cima a partir da fenda sináptica (ver **Figura 15-4A**). Micrografias eletrônicas convencionais de seção fina à direita mostram vistas em corte transversal do terminal pré-sináptico, fenda sináptica e membrana muscular pós-sináptica. (Reproduzida, com autorização, de Heuser e Reese, 1981. Autorização transmitida através do Copyright Clearance Center, Inc.)

A. Linhas paralelas de partículas intramembranosas dispostas em ambos os lados de uma zona ativa são consideradas os canais de Ca^{2+} regulados por voltagem essenciais para a liberação do neurotransmissor (ver **Figura 15-4A**). A secção fina à direita mostra vesículas sinápticas adjacentes à zona ativa.

B. Vesículas sinápticas liberam neurotransmissor por fusão com a membrana plasmática (exocitose). Aqui, vesículas sinápticas são capturadas no ato da fusão com a membrana plasmática por congelamento rápido do tecido dentro de 5 ms depois do estímulo de despolarização. Cada depressão na membrana plasmática representa a fusão de uma vesícula sináptica. Na fotomicrografia à direita, vesículas fundidas são vistas como estruturas em forma de Ω.

C. Depois da exocitose, a membrana das vesículas sinápticas é recuperada por endocitose. Dentro de cerca de 10 s depois da fusão das vesículas sinápticas com a membrana pré-sináptica, formam-se poços revestidos. Após mais 10 segundos, as depressões revestidas começam a se soltar por endocitose para formar vesículas revestidas. Essas vesículas armazenam as proteínas da membrana da vesícula sináptica original e também moléculas capturadas do meio extracelular. As vesículas são recicladas nos terminais ou são transportadas para o corpo celular, onde os constituintes de membrana são degradados ou reciclados (ver Capítulo 7).

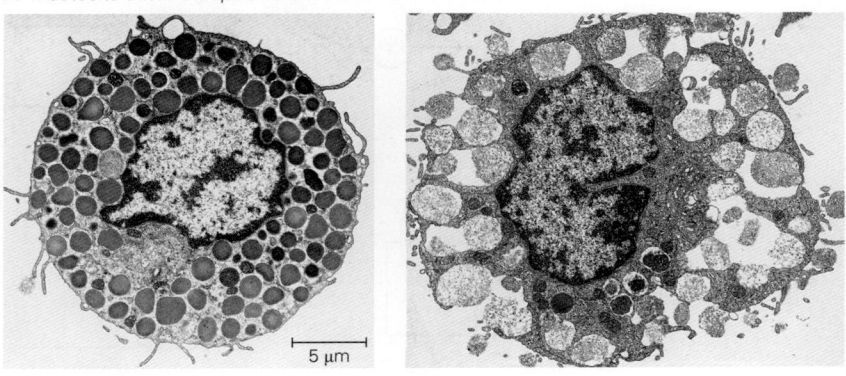

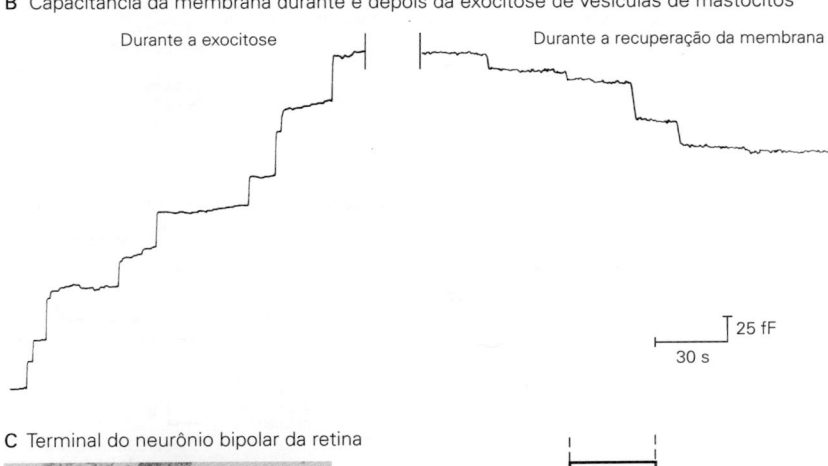

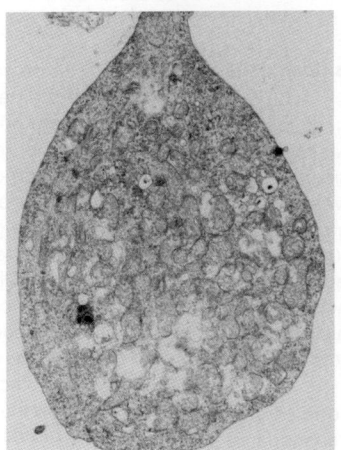

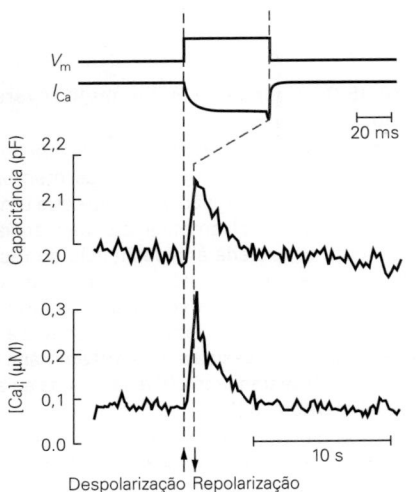

FIGURA 15-8 Mudanças na capacitância revelam o curso temporal da exocitose e endocitose.

A. Micrografias eletrônicas mostram mastócitos antes (*à esquerda*) e depois (*à direita*) da exocitose. Os mastócitos são células secretoras do sistema imunológico que contêm grandes vesículas densas contendo os mensageiros químicos histamina e serotonina. A exocitose dessas vesículas normalmente é desencadeada pela ligação do antígeno complexado a uma imunoglobulina (IgE). Em condições experimentais, uma exocitose maciça pode ser desencadeada pela inclusão de um análogo não hidrolisável de trifosfato de guanosina (GTP) em um eletrodo intracelular de registro. (Reproduzida, com autorização, de Lawson et al., 1977. Autorização transmitida através do Copyright Clearance Center, Inc.)

B. Um aumento gradativo na capacitância reflete a fusão individual sucessiva de vesículas secretoras com a membrana plasmática de mastócitos. Os aumentos não são iguais devido à variabilidade da área da membrana das vesículas. Depois da exocitose, a membrana adicionada por fusão é recuperada por endocitose. A endocitose de vesículas individuais dá origem a um decréscimo gradativo na capacitância da membrana. Dessa maneira, a célula mantém o tamanho constante. (Unidades são femtofarads, onde 1 fF = 0,1 μm² da área de membrana.) (Adaptada, com autorização, de Fernandez, Neher e Gomperts, 1984.)

C. Os terminais pré-sinápticos gigantes de neurônios bipolares na retina têm mais de 5 μm de diâmetro, permitindo registros de capacitância da membrana e de correntes de Ca^{2+} com fixação de membrana (*patch-clamp*). Uma breve etapa de despolarização, com voltagem fixada, no potencial de membrana (V_m) provoca uma grande corrente sustentada de Ca^{2+} (I_{Ca}) e um aumento na concentração citoplasmática de Ca^{2+}, $[Ca]_i$. Isso resulta na fusão de vários milhares de pequenas vesículas sinápticas com a membrana celular, levando a um aumento na capacitância total da membrana. Os aumentos na capacitância causados pela fusão de vesículas individuais são pequenos demais para serem detectados. À medida que a concentração interna de Ca^{2+} retorna ao nível de repouso com a repolarização, a área extra de membrana é recuperada, e a capacitância retorna ao nível basal. Os aumentos na capacitância e na concentração de Ca^{2+} duram mais que a breve despolarização e a corrente de Ca^{2+} (observe diferentes escalas de tempo) devido à relativa lentidão da endocitose e do metabolismo do Ca^{2+}. (Micrografia reproduzida, com autorização, de Zenisek et al., 2004. Copyright © 2004 Society for Neuroscience.)

extracelular de fibra de carbono para detectar certos neurotransmissores aminérgicos, como serotonina, com base na reação eletroquímica entre o transmissor e o eletrodo que gera uma corrente elétrica proporcional à concentração local de transmissor. Com o disparo de um potencial em células serotoninérgicas, ocorre um aumento grande e transitório na corrente do eletrodo, correspondendo à exocitose do conteúdo de uma única vesícula eletrodensa. Algumas

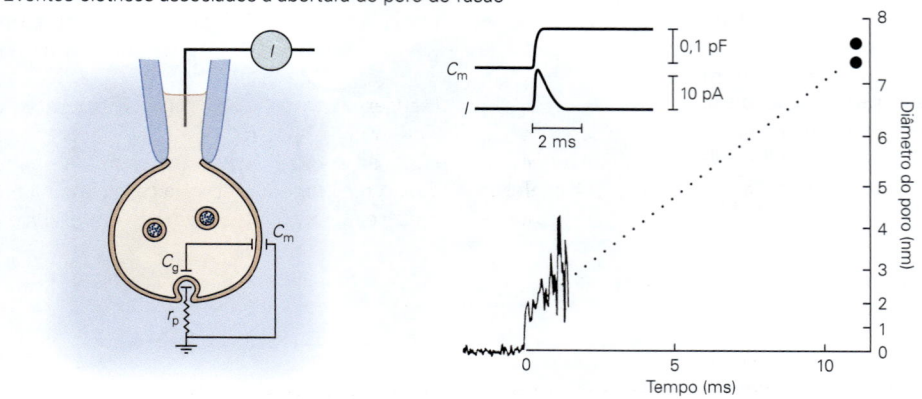

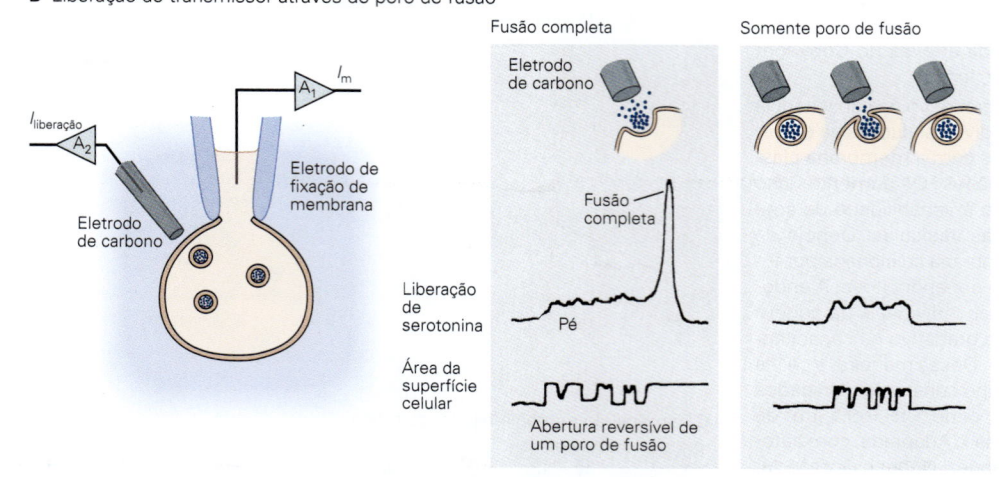

FIGURA 15-9 Abertura e fechamento reversíveis dos poros de fusão.

A. O fragmento de membrana (*patch-clamp*) de uma célula inteira é usado para registrar a corrente de membrana associada à abertura de um poro de fusão. À medida que uma vesícula se funde com a membrana plasmática, a capacitância da vesícula (C_g) é inicialmente conectada à capacitância do resto da membrana da célula (C_m) pela alta resistência do poro de fusão (r_p). Como o potencial de membrana da vesícula (lado luminal negativo) normalmente é muito mais negativo que o potencial da membrana da célula, a carga flui da vesícula para a membrana da célula durante a fusão. A corrente transitória (I) é associada ao aumento na capacitância da membrana (C_m).

A magnitude da condutância do poro de fusão (g_p) pode ser calculada a partir da constante de tempo da corrente transitória de acordo com $\tau = C_g r_p = C_g/g_p$. O diâmetro do poro pode ser calculado a partir da condutância do poro, considerando que o poro atravessa as duas camadas bilipídicas e está preenchido com uma solução cuja resistividade é igual à do citoplasma. O gráfico à direita mostra que o poro tem uma condutância inicial de aproximadamente 200 pS, similar à condutância de um canal de junção comunicante (*gap junction*), correspondendo a um diâmetro de poro de aproximadamente 2 nm. O diâmetro do poro e a condutância aumentam rapidamente à medida que o poro se dilata para aproximadamente 7 a 8 nm em 10 ms (**círculos cheios**). (Reproduzida, com autorização, de Monck e Fernandez, 1992. Autorização transmitida através do Copyright Clearance Center, Inc; e adaptada, com autorização, de Spruce et al., 1990).

B. A liberação de neurotransmissor é medida por amperometria. Em um eletrodo de *patch-clamp*, de célula inteira, a voltagem é fixada enquanto uma fibra de carbono extracelular é pressionada contra a superfície celular. Uma grande voltagem aplicada na ponta do eletrodo de carbono oxida certos neurotransmissores aminérgicos (como serotonina e noradrenalina). Essa oxidação em uma molécula gera um ou mais elétrons livres, o que resulta em uma corrente elétrica que é proporcional à quantidade de neurotransmissor liberado. A corrente pode ser registrada através de um amplificador (A_2) conectado ao eletrodo de carbono. A corrente e a capacitância da membrana são registradas através do amplificador do eletrodo de *patch* (A_1). Registros de liberação de serotonina (**traços superiores**) e medições de capacitância (**traços inferiores**) de vesículas secretoras de mastócitos são mostradas *à direita*. Os registros indicam que a serotonina pode ser liberada através da abertura e fechamento reversíveis do poro de fusão antes da fusão total (*traços à esquerda*). Durante essas breves aberturas, pequenas quantidades de transmissor escapam através do poro, resultando em um sinal de baixo nível (um "pé") que precede um grande pico de liberação do transmissor após a fusão total. Durante o pé, a área da superfície da célula (proporcional à capacitância da membrana) sofre mudanças reversíveis em etapas à medida que o poro de fusão abre e fecha. Às vezes, a abertura e o fechamento reversíveis do poro de fusão não são seguidos pela fusão completa (*traços à direita*). (Adaptada, com autorização, de Neher, 1993.)

vezes, esses grandes aumentos são precedidos por sinais de corrente menores e mais duradouros, que refletem o vazamento de transmissor através de um poro de fusão que oscila entre aberto e fechado várias vezes antes da fusão completa (**Figura 15-9B**).

É possível que o transmissor também possa ser liberado apenas através de poros de fusão transitória que conectam fugazmente o lúmen da vesícula e o espaço extracelular sem colapso total da membrana da vesícula na membrana plasmática. As medições de capacitância para exocitose de grandes vesículas eletrodensas em células neuroendócrinas mostram que o poro de fusão pode abrir e fechar de forma rápida e reversível. A abertura e o fechamento reversíveis de um poro de fusão representam um método muito rápido de recuperação da membrana. As circunstâncias sob as quais as vesículas pequenas e eletrolúcidas descarregam o transmissor em sinapses rápidas através do poro de fusão, em oposição ao colapso completo da membrana, são incertas.

O ciclo da vesícula sináptica envolve várias etapas

Ao disparar em alta frequência, um neurônio pré-sináptico típico é capaz de manter uma alta taxa de liberação do transmissor. Isso pode resultar na exocitose de um grande número de vesículas ao longo do tempo, mais do que o número morfologicamente evidente dentro do terminal pré-sináptico. Para evitar que o estoque de vesículas seja rapidamente esgotado durante a transmissão sináptica rápida, as vesículas usadas são rapidamente recuperadas e recicladas. Como os terminais nervosos estão a alguma distância do corpo celular, a reposição de vesículas por síntese no corpo celular e transporte seria muito lenta para ser prática nas sinapses rápidas.

As vesículas sinápticas são liberadas e reutilizadas em um ciclo simples. Elas são carregadas com neurotransmissor e agrupadas no terminal sináptico. Elas então ancoram na zona ativa onde passam por um complexo *processo de iniciação* que torna as vesículas competentes para responder ao sinal de Ca^{2+} que desencadeia o processo de fusão (**Figura 15-10A**). Existem numerosos mecanismos para recuperar a membrana da vesícula sináptica após a exocitose, cada um com um curso de tempo distinto (**Figura 15-10B**).

O primeiro e mais rápido mecanismo envolve a abertura e fechamento reversíveis do poro de fusão, sem a fusão total da membrana da vesícula com a membrana plasmática. Na via denominada *beija e fica*, a vesícula permanece na zona ativa após o fechamento do poro, pronta para um segundo evento de liberação. Na via denominada *beija e corre*, a vesícula deixa a zona ativa depois do fechamento do poro de fusão, mas é capaz de uma nova liberação rápida. Acredita-se que essas vias sejam usadas preferencialmente durante a estimulação em baixas frequências.

Jorgensen e colaboradores descreveram uma segunda via de endocitose independente de clatrina *ultrarrápida*, que é 200 vezes mais rápida que a via mediada por clatrina clássica. Começando apenas 50 ms após a exocitose, a endocitose ultrarrápida ocorre fora da zona ativa.

A estimulação em frequências mais altas recruta uma terceira via de reciclagem mais lenta que usa clatrina para recuperar a membrana da vesícula após a fusão com a membrana plasmática. A clatrina forma uma estrutura semelhante a uma treliça que envolve a membrana durante a endocitose, dando origem ao aparecimento de um revestimento ao redor das cavidades revestidas observadas por Heuser e Reese. Nessa via, a recuperação da membrana vesicular envolve a reciclagem através de um compartimento endossômico, antes que as vesículas possam ser reutilizadas. A reciclagem mediada pela clatrina requer até 1 minuto para ser completada e parece envolver o deslocamento da zona ativa para a membrana na zona vizinha (ver **Figura 15-7**). Um quarto mecanismo opera após estimulação prolongada de alta frequência. Sob essas condições, grandes invaginações membranosas no terminal pré-sináptico são visíveis, que refletem a reciclagem da membrana por meio de um processo chamado de *recuperação em massa*.

A exocitose de vesículas sinápticas depende de uma maquinaria proteica altamente conservada

Muitas proteínas-chave das vesículas sinápticas, bem como seus parceiros de interação na membrana plasmática, foram isoladas e purificadas. A análise proteômica de vesículas sinápticas isoladas forneceu um censo dos muitos tipos de proteínas que elas contêm (**Figura 15-11**). Duas das proteínas mais abundantes, *sinaptobrevina* e *sinaptotagmina-1*, estão envolvidas na fusão de vesículas e serão discutidas mais tarde. Outra classe chave de proteínas vesiculares são os transportadores de neurotransmissores (Capítulo 16). Essas proteínas transmembrana (exemplificadas pelo *transportador de glutamato* v-GluT) aproveitam a energia armazenada no gradiente eletroquímico de prótons para transportar moléculas transmissoras contra seu gradiente de concentração do citoplasma para a vesícula. A força próton-motriz é gerada por uma bomba vesicular H^+, a V-ATPase, que bombeia prótons para o lúmen da vesícula a partir do citoplasma, levando a um pH vesicular ácido próximo de 5,0.

Outras proteínas da vesícula sináptica direcionam as vesículas aos seus sítios de liberação, participam na liberação de neurotransmissores por exocitose e mediam a reciclagem das membranas das vesículas. A maquinaria proteica envolvida nessas três etapas tem sido conservada ao longo da evolução, em espécies que variam de vermes a humanos, e forma a base para a liberação regulada de neurotransmissores. Cada um desses passos será considerado separadamente.

As sinapsinas são importantes para a contenção e a mobilização das vesículas

As vesículas fora da zona ativa são conjuntos de reserva de neurotransmissores. Paul Greengard descobriu uma família de proteínas, as *sinapsinas*, que se acredita serem importantes reguladores do estoque reserva de vesículas. As sinapsinas são proteínas periféricas de membrana que são ligadas à superfície citoplasmática das vesículas sinápticas. As sinapsinas contêm um domínio ATPase central conservado que responde pela maior parte de sua estrutura, mas cuja função permanece desconhecida. Além disso, a sinapsina-1 se liga à actina.

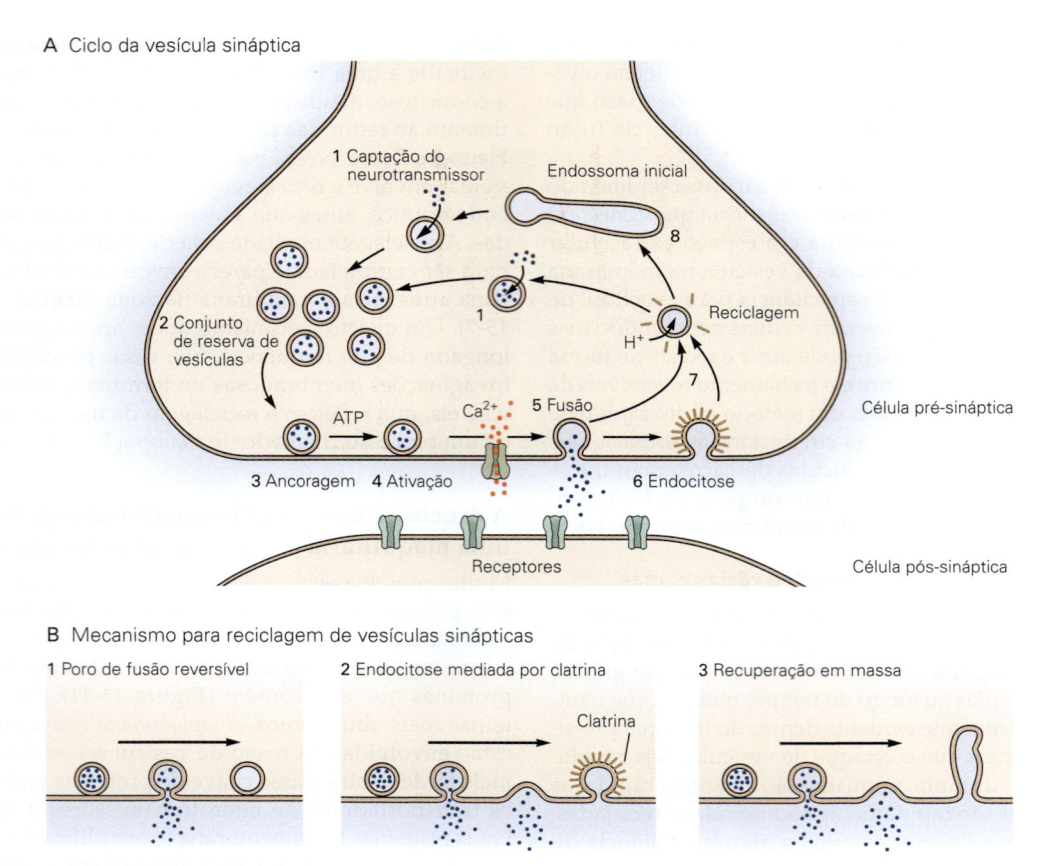

FIGURA 15-10 Ciclo da vesícula sináptica.
A. Vesículas sinápticas são preenchidas com neurotransmissores por transporte ativo (**etapa 1**) e reunidas formando um estoque de reserva de vesículas (**etapa 2**). Vesículas cheias ancoram na zona ativa (**etapa 3**), onde sofrem uma reação de ativação dependente de ATP (**etapa 4**) que as torna competentes para a etapa de fusão com a membrana plasmática, que é dependente de Ca^{2+} (**etapa 5**). Depois de descarregar seu conteúdo, as vesículas sinápticas são recicladas por uma das várias vias de recuperação (ver parte B). Em uma via comum, a vesícula é recuperada pela endocitose mediada por clatrina (**etapa 6**) e reciclada diretamente (**etapa 7**) ou por endossomos (**etapa 8**).
B. Acredita-se que a recuperação de vesículas depois da descarga de neurotransmissor aconteça por três mecanismos com cinéticas distintas: **1.** O poro reversível de fusão é o mecanismo mais rápido para a reutilização das vesículas. A membrana vesicular não se funde completamente com a membrana plasmática, e o transmissor é liberado através do poro de fusão. A recuperação de vesículas requer apenas o fechamento do poro de fusão e, portanto, ocorre rapidamente, em dezenas a centenas de milissegundos. Essa via pode predominar em taxas de liberação baixas a normais. A vesícula usada pode tanto permanecer na membrana ("beija e fica") quanto ser realocada da membrana para o conjunto de vesículas de reserva ("beija e corre"). **2.** No caminho clássico, a membrana adicional é recuperada por endocitose pelos poços revestidos com clatrina. Esses poços são encontrados por toda parte no terminal axonal, exceto nas zonas ativas. Essa via pode ser importante nas taxas de liberação de transmissão normais a altas. **3.** Na via de recuperação em massa, a membrana adicional reentra no terminal por brotamento de poços não revestidos. Essas cisternas não revestidas são formadas primariamente nas zonas ativas. Essa via pode ser usada apenas depois de altas taxas de liberação, e não durante o funcionamento comum da sinapse. (Adaptada, com autorização, de Schweizer, Betz e Augustine, 1995; Südhof, 2004.)

As sinapsinas são substratos tanto para a proteína-cinase A quanto para a proteína-cinase dependente de Ca^{2+}/calmodulina tipo II. Quando o terminal nervoso é despolarizado e o Ca^{2+} entra, as sinapsinas tornam-se fosforiladas pela cinase e, assim, são liberadas das vesículas. Surpreendentemente, a estimulação da fosforilação de sinapsina, deleção genética de sinapsinas ou injeção intracelular de um anticorpo de sinapsina leva a uma diminuição no número de vesículas sinápticas no terminal nervoso e uma diminuição resultante na capacidade de um terminal de manter uma alta taxa de liberação do transmissor durante a estimulação repetitiva.

As proteínas SNARE catalisam a fusão das vesículas com a membrana plasmática

Sendo a membrana bilipídica uma estrutura estável, a fusão da vesícula sináptica e da membrana plasmática deve superar uma grande e desfavorável barreira energética. Isso é feito por uma família de proteínas de fusão, as quais são agora conhecidas como *SNARE* (do inglês *soluble N-ethyl-maleimide-sensitive factor attachment receptor*s) (**Figura 15-12**).

As proteínas SNARE estão envolvidas universalmente na fusão de membranas, desde leveduras a seres humanos. Elas mediam tanto o tráfego constitutivo de membranas durante o movimento de proteínas do retículo

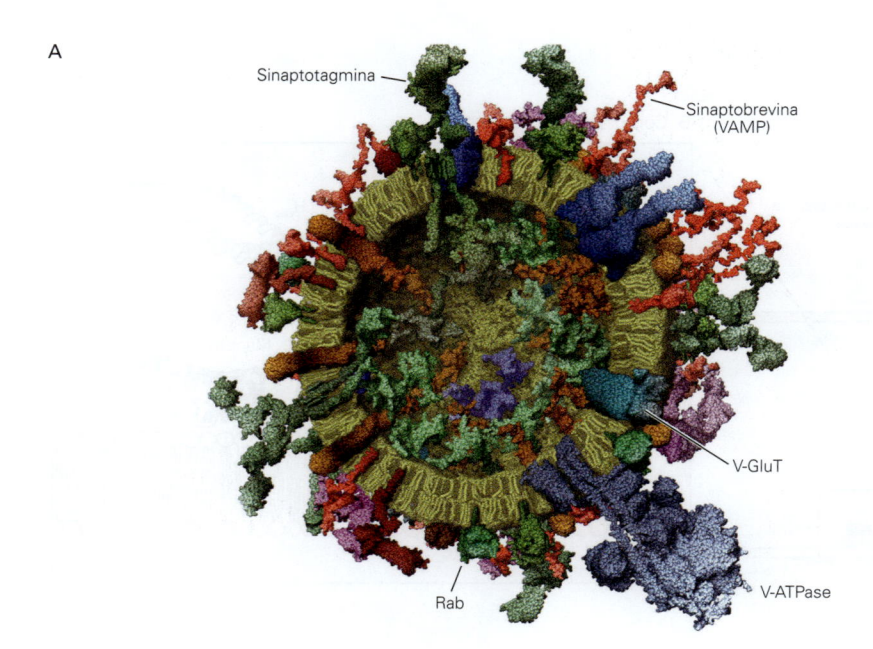

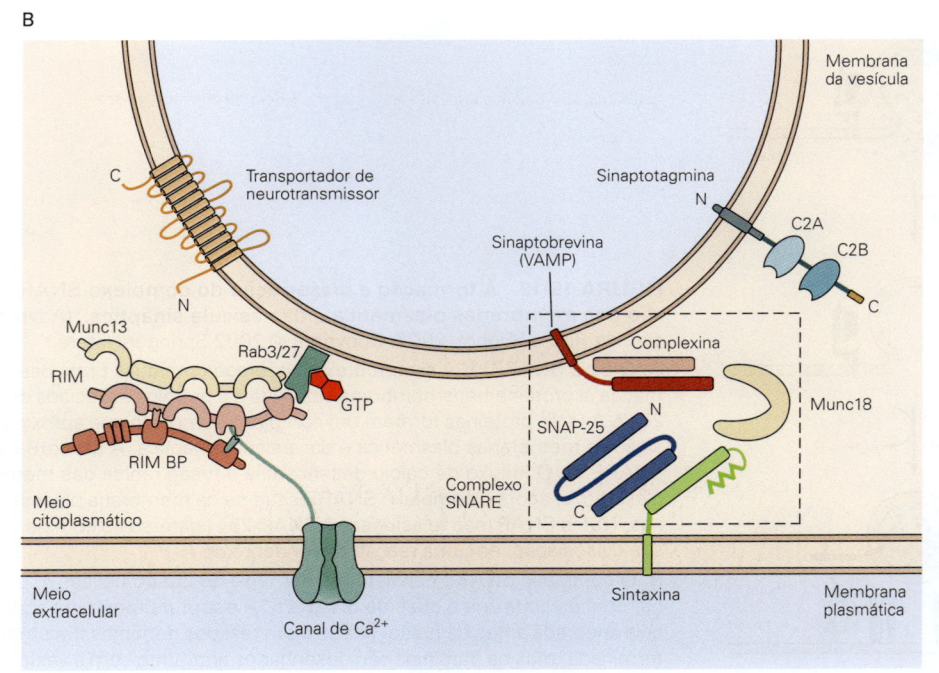

FIGURA 15-11 Componentes moleculares da exocitose.

A. Representação de constituintes proteicos de uma vesícula sináptica glutamatérgica (e seus números de cópias aproximados). As proteínas são mostradas embebidas em uma vesícula sináptica, desenhadas em uma escala proporcional. Os componentes incluem a ATPase vesicular (V-ATPase; 1-2 por vesícula), o transportador de glutamato vesicular (V-GluT; ~ 10 por vesícula), a sinaptobrevina/VAMP (~ 70 por vesícula), a sinaptotagmina (~ 15 por vesícula) e as GTPases pequenas Rab3 e/ou Rab27. As estimativas são obtidas como uma média sobre muitas vesículas. (Reproduzida de Takamori et al., 2006. Copyright © 2006 Elsevier.)

B. A maquinaria molecular que medeia a fusão, desencadeada por Ca^{2+}, da vesícula com a membrana celular pré-sináptica. Esta representação de uma porção de uma vesícula sináptica ancorada e a zona pré-sináptica ativa ilustra as interações de várias proteínas funcionais chave da maquinaria de liberação de neurotransmissores. À direita: O quadro pontilhado mostra a máquina de fusão do núcleo, que é composta pelas proteínas SNARE sinaptobrevina/VAMP, sintaxina-1 e SNAP-25, juntamente com Munc18-1. A sensora de Ca^{2+} sinaptotagmina-1 funciona em coordenação com a complexina (mostrada ligada ao complexo SNARE). À esquerda: O complexo proteico da zona ativa também contém RIM, Munc13 e RIM-BP e um canal de Ca^{2+} na membrana plasmática pré-sináptica. A RIM desempenha um papel central nesse complexo, coordenando múltiplas funções da zona ativa, ligando-se a proteínas-alvo específicas: (1) proteínas Rab vesiculares (Rab3 e Rab27) para mediar o encaixe da vesícula; (2) Munc13 para iniciar a ativação da vesícula; e (3) o canal de Ca^{2+}, tanto direta quanto indiretamente via RIM-BP, para prender canais de Ca^{2+} dentro de 100 nm das vesículas ancoradas. O complexo proteico da zona ativa coloca em estreita proximidade elementos-chave que permitem que as vesículas se encaixem, preparem e se fundam rapidamente em resposta à entrada de Ca^{2+}, desencadeada pelo potencial de ação perto da vesícula ancorada. (Reproduzida de Südhof, 2013.)

310 Parte III • Transmissão sináptica

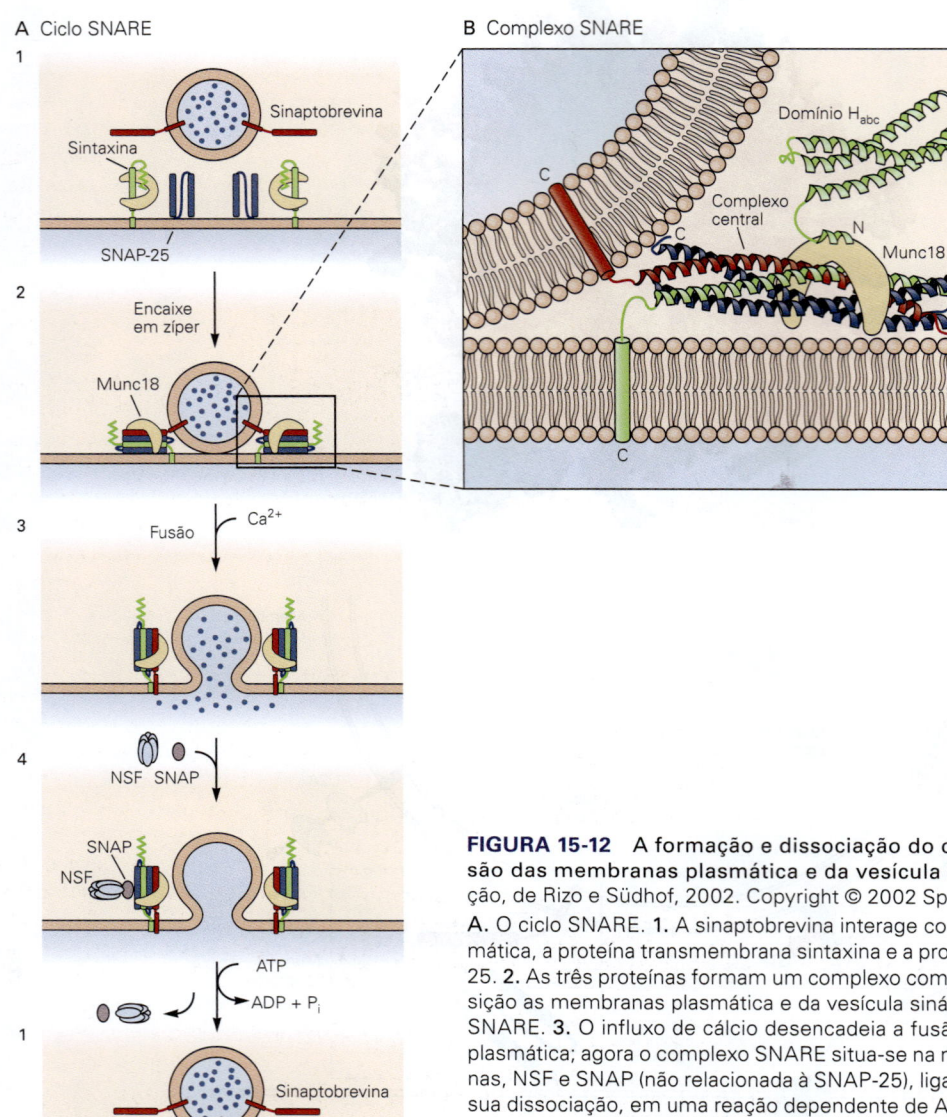

FIGURA 15-12 A formação e dissociação do complexo SNARE impulsiona a fusão das membranas plasmática e da vesícula sináptica. (Adaptada, com autorização, de Rizo e Südhof, 2002. Copyright © 2002 Springer Nature.)

A. O ciclo SNARE. **1.** A sinaptobrevina interage com duas proteínas da membrana plasmática, a proteína transmembrana sintaxina e a proteína associada de membrana SNAP-25. **2.** As três proteínas formam um complexo compacto que aproxima e coloca em aposição as membranas plasmática e da vesícula sináptica. A Munc18 liga-se ao complexo SNARE. **3.** O influxo de cálcio desencadeia a fusão rápida das membranas vesicular e plasmática; agora o complexo SNARE situa-se na membrana plasmática. **4.** Duas proteínas, NSF e SNAP (não relacionada à SNAP-25), ligam-se ao complexo SNARE e causam sua dissociação, em uma reação dependente de ATP.

B. O complexo SNARE consiste em um feixe de quatro hélices α, uma da sinaptobrevina, uma da sintaxina e duas da SNAP-25. A estrutura mostrada aqui representa a vesícula ancorada antes da fusão. (A estrutura real dos domínios transmembrana não foi determinada, mas os domínios são desenhados aqui junto com a vesícula e as membranas plasmáticas para fins ilustrativos.)

endoplasmático para o Golgi e para a membrana plasmática, bem como o tráfego regulado de vesículas sinápticas por exocitose. Essas proteínas têm uma sequência bem conservada e um motivo estrutural específico (denominado motivo SNARE) de 60 resíduos de aminoácidos. Elas têm duas formas. As SNAREs de vesícula, ou v-SNAREs (também chamadas de R-SNAREs. porque contêm um importante resíduo de arginina central), que se localizam nas membranas vesiculares sinápticas. As SNAREs de membrana-alvo, ou t-SNAREs (também chamadas de Q-SNAREs porque contêm um importante resíduo de glutamina), estão presentes nas membranas-alvo, como a membrana plasmática.

Cada vesícula sináptica contém uma v-SNARE chamada *sinaptobrevina* (também chamada de proteína de membrana associada à vesícula ou VAMP). Por outro lado, a zona ativa pré-sináptica contém dois tipos de proteínas t-SNARE, *sintaxina* e *SNAP-25*. (Sinaptobrevina e sintaxina têm 1 motivo SNARE; SNAP-25 tem 2.) A primeira pista de que sinaptobrevina, sintaxina e SNAP-25 estão envolvidas na fusão da vesícula sináptica com a membrana plasmática veio da descoberta de que as três proteínas são alvos das toxinas botulínica e tetânica, que são proteases bacterianas com potente atividade de inibição sobre a liberação de neurotransmissores. James Rothman, então, adicionou a informação crucial de que essas proteínas interagem em um complexo bioquímico fortemente ajustado. Em experimentos usando v-SNAREs e t-SNAREs purificados em solução, quatro motivos SNARE se ligam firmemente entre si por interação entre hélices α (rolos) que se enrolam, formando uma estrutura complexa do tipo "rolo enrolado" ou simplesmente em bobina (**Figura 15-12B**).

Como a formação do complexo SNARE direciona a fusão da vesícula sináptica? Durante a exocitose, o motivo SNARE da sinaptobrevina, na vesícula sináptica, forma um complexo firme com os motivos SNARE das proteínas SNAP-25 e sintaxina, na membrana plasmática (**Figura 15-12B**). A estrutura cristalina do complexo SNARE sugere que esse complexo puxa e aproxima as membranas. O complexo ternário de sinaptobrevina, sintaxina e SNAP-25 é extraordinariamente estável. Acredita-se que a energia liberada nessa assembleia aproxime as cargas negativas dos fosfolipídeos das membranas, justapondo e forçando-as a um estado intermediário de pré-fusão (**Figura 15-12**). Tal estado instável pode iniciar a formação do poro de fusão e contribuir para a rápida abertura e fechamento (tremulante) desse poro, observados em medidas eletrofisiológicas.

Entretanto, as proteínas SNARE não explicam completamente a fusão das membranas vesicular e plasmática. Experimentos de reconstituição com as proteínas purificadas em vesículas lipídicas indicam que sinaptobrevina, sintaxina e SNAP-25 podem catalisar a fusão; contudo a reação *in vitro* mostra pequena regulação pelo Ca^{2+} e é muito mais lenta e menos eficiente que a fusão vesicular em sinapses. Outra proteína importante requerida para exocitose de vesículas sinápticas é a Munc18 (do inglês *mammalian uncoordinated 18 homolog*). Os homólogos de Munc18, referidos como proteínas SM (proteínas semelhantes a Sec1/Munc18), são essenciais para todas as etapas de fusão intracelular mediadas por SNARE. Munc18 se liga à sintaxe antes que o complexo SNARE seja montado. A deleção da Munc18 impede a fusão sináptica neuronal. O núcleo da maquinaria de fusão é, portanto, composto de proteínas SNARE e SM que são moduladas por vários fatores acessórios específicos para determinadas etapas do processo de fusão. Finalmente, o complexo SNARE sináptico também interage com uma pequena proteína solúvel chamada *complexina*, que suprime a liberação espontânea de neurotransmissor, mas aumenta a liberação evocada dependente de Ca^{2+}.

Depois da fusão, o complexo SNARE deve ser desfeito de maneira eficiente para que a reciclagem ocorra. Rothman descobriu que uma ATPase citoplasmática envolvida na fusão denominada proteína NSF (do inglês *N-ethylmaleimide-sensitive fusion protein*) se liga ao complexo SNARE via uma proteína adaptadora chamada de SNAP (do inglês *soluble NSF-attachment protein*), não relacionada com a SNAP-25. NSF e SNAP usam a energia da hidrólise do ATP para dissociar o complexo SNARE, regenerando as proteínas SNARE livres (**Figura 15-12A**). Proteínas SNARE e NSF também participam do tráfego de receptores de glutamato do tipo AMPA pós-sinápticos em espinhos dendríticos.

A ligação do cálcio à sinaptotagmina desencadeia a liberação de neurotransmissores

Como a fusão das vesículas sinápticas com a membrana plasmática deve ocorrer em uma fração de milissegundos, acredita-se que muitas proteínas responsáveis pela fusão sejam agregadas antes do influxo de Ca^{2+}. De acordo com essa visão, quando o Ca^{2+} entra no terminal pré-sináptico, ele liga-se ao sensor de Ca^{2+} na vesícula, desencadeando a fusão imediata das membranas.

Membros de uma família de proteínas, as sinaptotagminas, foram identificados como os principais sensores de Ca^{2+} que desencadeiam a fusão de vesículas sinápticas. As sinaptotagminas são proteínas de membrana com uma única região transmembrana N-terminal que as ancora à vesícula sináptica (**Figura 15-13A, B**). A região citoplasmática de cada proteína sinaptotagmina é composta por dois domínios, os domínios C2, que têm um motivo estrutural homólogo ao domínio C2 de ligação a fosfolipídeos e Ca^{2+} da proteína-cinase C. A descoberta de que os domínios C2 se ligam não apenas ao Ca^{2+}, mas também fosfolipídeos é consistente com sua importância na exocitose dependente de Ca^{2+}. As sinaptotagmina-1, 2 e 9 foram identificadas como sensores de Ca^{2+} para fusão rápida e síncrona de vesículas. Cada uma exibe afinidade e cinética de ligação ao Ca^{2+} distintas, dotando diferentes sinapses com propriedades de liberação distintas com base na isoforma de sinaptotagmina específica que é expressa. Em contraste, a sinaptotagmina-7 media uma forma mais lenta de exocitose desencadeada por Ca^{2+} que é importante para a transmissão sináptica durante períodos prolongados de atividade de disparo repetido de potencial de ação. Todas essas sinaptotagminas também funcionam como sensores de Ca^{2+} em outras formas de exocitose, como exocitose em células endócrinas e a inserção de receptores de glutamato do tipo AMPA na membrana celular pós-sináptica a partir de um estoque de vesículas intracelulares durante a potenciação de longa duração dependente do receptor NMDA.

Estudos com camundongos mutantes nos quais a sinaptotagmina-1 é deletada ou em que sua afinidade ao Ca^{2+} é alterada por meio de engenharia genética fornecem evidências importantes de que a sinaptotagmina é o sensor fisiológico de Ca^{2+}. Quando a afinidade dessa proteína por Ca^{2+} é diminuída duas vezes, a quantidade de Ca^{2+} requerida para a liberação muda na mesma proporção. Quando a proteína é deletada em camundongos, moscas ou vermes, um potencial de ação não é mais capaz de desencadear uma liberação rápida e sincrônica. No entanto, o Ca^{2+} ainda é capaz de estimular uma forma mais lenta de liberação do transmissor denominada liberação assíncrona (**Figura 15-13A**), mediada pela sinaptotagmina-7. Assim, quase toda a liberação de neurotransmissores desencadeados por Ca^{2+} depende das sinaptotagminas.

Como a ligação do Ca^{2+} à sinaptotagmina desencadeia a fusão da vesícula? Os dois domínios C2 ligam um total de cinco íons Ca^{2+}, o mesmo número mínimo de íons Ca^{2+} necessário para desencadear a liberação de um *quantum* de neurotransmissor (**Figura 15-13B**). No entanto, como várias sinaptotagminas podem ser acionadas para desencadear a liberação, mais de cinco íons Ca^{2+} ligados podem ser distribuídos entre as várias moléculas de sinaptotagmina em uma única vesícula.

A ligação do Ca^{2+} à sinaptotagmina parece atuar como uma chave, provendo a interação entre os domínios C2 e os fosfolipídeos. Os domínios C2 da sinaptotagmina também interagem com proteínas SNARE e complexina.

As estruturas cristalinas da sinaptotagmina revelam uma interface primária conservada com o complexo SNARE associado. Além disso, uma segunda molécula de sinaptotagmina forma uma interação tripartite com o mesmo complexo SNARE e complexina. Brunger e colaboradores descobriram que tanto a interface primária do complexo SNARE/sinaptotagmina quanto a interface tripartite do complexo SNARE/sinaptotagmina/complexina são essenciais para a fusão rápida desencadeada por Ca^{2+}. Essas descobertas levaram à hipótese de que: (1) em repouso, a sinaptotagmina das vesículas iniciadas existe em um complexo com proteínas SNARE parcialmente associadas e complexina; (2) após o influxo de Ca^{2+} desencadeado pelo potencial de ação, o Ca^{2+} se liga à sinaptotagmina.

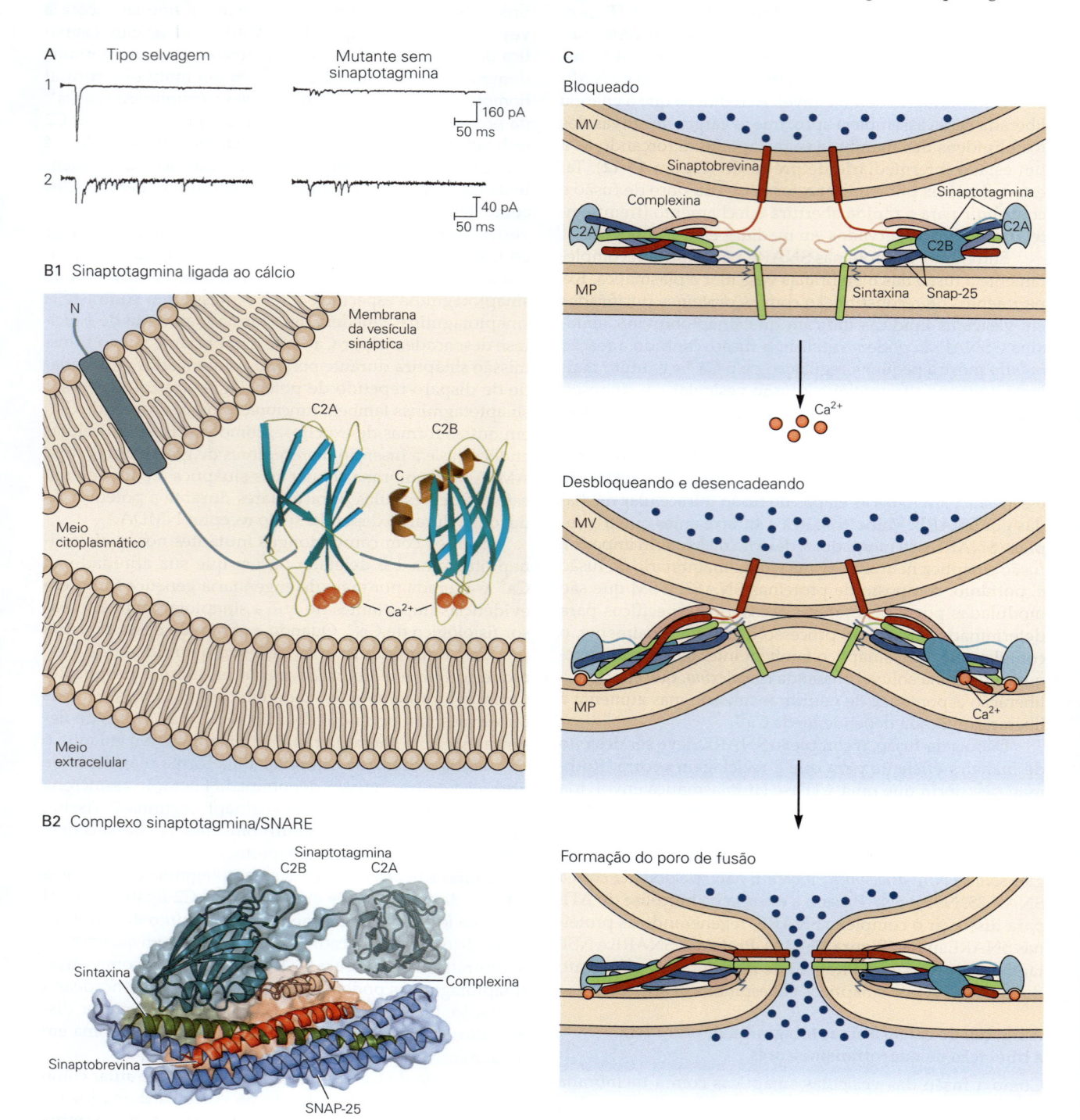

FIGURA 15-13 (Ver legenda na próxima página).

Isso desencadeia uma interação entre a sinaptotagmina e a membrana plasmática que faz o complexo girar em bloco, o que induz a complexina a se dissociar parcialmente do complexo SNARE; (3) essa rotação causa uma ondulação da membrana plasmática, rearranjo de seus lipídeos voltados para o citoplasma e, por fim, a fusão das membranas plasmática e vesicular (**Figura 15-13C**). Dessa forma, a energia da interação favorável da sinaptotagmina, Ca^{2+} e a membrana pode ser aproveitada para aliviar o bloqueio mediado pela complexina na fusão e promover a fusão energeticamente desfavorável de uma membrana vesicular com a membrana plasmática.

A maquinaria de fusão está incorporada em um complexo proteico evolutivamente conservado na zona ativa

Como vimos, uma característica definidora da transmissão sináptica rápida é que os neurotransmissores são liberados por exocitose na zona ativa. Outros tipos de exocitose, como a observada na medula da suprarrenal, não requerem domínios especializados na membrana plasmática. A zona ativa é considerada coordenadora e reguladora do ancoramento e da ativação das vesículas sinápticas para assegurar a velocidade e a regulação firme da liberação. Isso é realizado através de um conjunto de proteínas evolutivamente conservadas que formam uma grande estrutura macromolecular em zonas ativas.

Uma visão primorosamente detalhada da zona ativa na junção neuromuscular de rã foi obtida por Jack MacMahan usando uma poderosa técnica ultraestrutural chamada tomografia por microscopia eletrônica. Essa técnica mostrou como vesículas sinápticas estão agarradas à membrana por uma série de elementos estruturais distintos, denominadas *costelas* e *vigas*, que se prendem a locais definidos nas vesículas sinápticas e a partículas (*pinos*) na membrana pré-sináptica que podem corresponder aos canais de Ca^{2+} regulados por voltagem (**Figura 15-14**).

Um objetivo fundamental para entender como as várias vesículas sinápticas e proteínas da zona ativa são coordenadas durante a exocitose é combinar às várias proteínas que foram identificadas com elementos dessa estrutura por microscopia eletrônica. Várias proteínas citoplasmáticas têm sido identificadas; acredita-se que elas sejam componentes da matriz estrutural da zona ativa. Elas incluem três grandes proteínas citoplasmáticas com múltiplos domínios, a *Munc13* (não relacionadas à proteína Munc18 discutida anteriormente), a *RIM* e *proteínas de ligação à RIM* (RIM-BPs), que formam um complexo apertado entre si e podem compreender parte das chamadas costelas e vigas. A ligação de vesículas sinápticas à RIM e Munc13 é essencial para preparar as vesículas para exocitose. A fosforilação da RIM pela proteína-cinase dependente de AMPc (PKA) está implicada no aumento da liberação do transmissor associada a certas formas de plasticidade sináptica de longo prazo que podem contribuir para o aprendizado e a memória. Como veremos mais adiante, a regulação de Munc13 por segundos mensageiros está envolvida em formas de plasticidade sináptica de curto prazo.

A RIM liga as proteínas da vesícula sináptica *Rab3* e *Rab27*, membros da família de trifosfatases de guanosina de baixo peso molecular (GTPases). As proteínas Rab3 e Rab27 associam-se transitoriamente às vesículas sinápticas como um complexo Rab3 ligado a GTP (**Figura 15-11B**). Considera-se que a ligação da RIM à Rab3 ou Rab27 prende as vesículas sinápticas à zona ativa durante o ciclo da vesícula antes da montagem do complexo SNARE. Além disso, RIM e RIM-BP juntas mediam o recrutamento de canais de Ca^{2+} para a zona ativa, permitindo o acoplamento íntimo do influxo de Ca^{2+} à liberação da vesícula. Essa maquinaria geral é conservada ao longo da evolução e está presente nos invertebrados, embora com modificações.

FIGURA 15-13 A sinaptotagmina, dependentemente do Ca^{2+}, medeia a liberação de neurotransmissor formando um complexo proteico que favorece a fusão das vesículas.
A. A liberação rápida de transmissor desencadeada por Ca^{2+} está ausente em camundongos mutantes sem sinaptotagmina-1. Registros mostram correntes excitatórias pós-sinápticas evocadas *in vitro* por estimulação de neurônios hipocampais de camundongos selvagens e mutantes, em cultura celular, nos quais a sinaptotagmina foi deletada por recombinação homóloga (**1**). Neurônios de camundongos selvagens mostram grandes e rápidas correntes excitatórias pós-sinápticas evocadas por três potenciais de ação pré-sinápticos sucessivos, refletindo o fato de que a transmissão sináptica é dominada pela liberação rápida e sincrônica do neurotransmissor de um grande número de vesículas sinápticas. No **registro inferior**, em que a corrente sináptica está em uma escala altamente expandida (**2**), pode ser vista uma liberação de transmissor assincrônica, pequena e de fase prolongada, seguida por uma liberação sincrônica de fase rápida. Durante essa fase lenta, há um aumento prolongado na frequência de respostas quânticas individuais. Em neurônios de um camundongo mutante, um potencial de ação pré-sináptico desencadeia apenas a fase assincrônica lenta da liberação; a fase sincrônica rápida foi abolida. (Reproduzida, com autorização, de Geppert et al., 1994).

B. Estrutura cristalográfica por raios X da sinaptotagmina. **B1.** Um diagrama em fita mostra que o domínio C2A liga três íons Ca^{2+} e o domínio C2B dois íons Ca^{2+}. As **setas azuis** indicam folhas β. Existem duas hélices α curtas (em **laranja**) no terminal C (carboxil) do domínio C2B. As estruturas de outras regiões da sinaptotagmina ainda não foram determinadas e o esboço aqui tem apenas propósito ilustrativo. A membrana e as estruturas estão desenhadas em uma escala proporcional. (Adaptada, com autorização, de Fernandez et al., 2001). **B2.** A estrutura cristalina por raio X da sinaptotagmina (em **azul-claro**) ligada ao complexo SNARE (sinaptobrevina, sintaxina e SNAP-25) e complexina. O domínio transmembrana da sinaptotagmina não é mostrado. (Adaptada, com autorização, de Zhou et al., 2017.)
C. A compactação do complexo sinaptotagmina-complexina-SNARE medeia a fusão da vesícula. **Acima**, na ausência de Ca^{2+}, as hélices α do complexo SNARE e da complexina, com a sinaptotagmina ligada, são apenas parcialmente fechadas. **No meio**, a ligação de Ca^{2+} aos domínios C2A e C2B da sinaptotagmina permite que eles interajam com a membrana plasmática, aplicando força para aproximar a vesícula e as membranas plasmáticas. **Abaixo**, a proximidade mediada pela sinaptotagmina e o fechamento final do complexo complexina-SNARE-sinaptotagmina desencadeiam a fusão da membrana. (Adaptada, com autorização, de Zhou et al., 2017.)

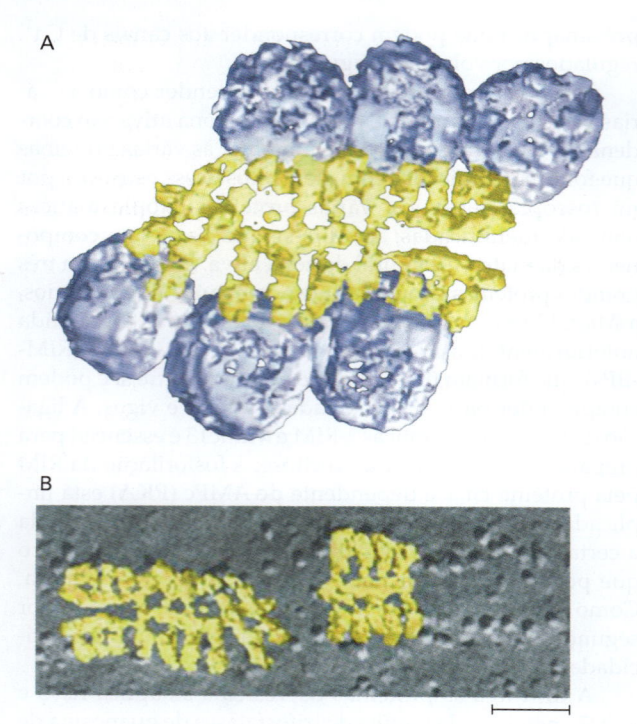

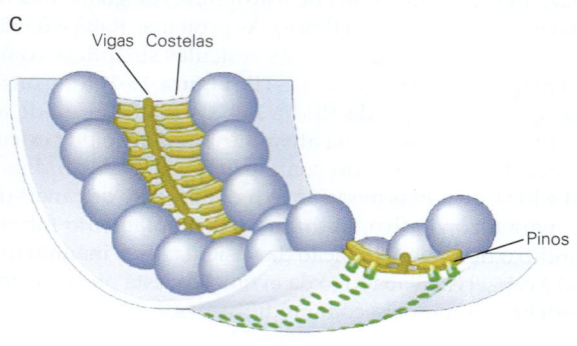

FIGURA 15-14 Vesículas sinápticas na zona ativa. As imagens foram obtidas por tomografia microscópica eletrônica. (Reproduzida, com autorização, de Harlow et al., 2001. Copyright © 2001 Springer Nature.)

A. As vesículas são presas a proteínas filamentosas da zona ativa. Três estruturas filamentosas distintas são observadas: pinos, costelas e vigas. As costelas projetam-se das vesículas e agarram-se a estruturas alongadas e horizontais denominadas vigas, as quais estão ancoradas à membrana por pinos verticais.

B. Costelas e vigas superpostas em uma imagem obtida por criofratura das partículas intramembranosas na zona ativa mostram como as costelas estão alinhadas com as partículas, algumas das quais se presume sejam os canais de Ca^{2+} regulados por voltagem. Barra de escala = 100 nm.

C. Um modelo para a estrutura da zona ativa mostra a relação entre vesículas sinápticas, pinos, costelas e vigas.

Na junção neuromuscular de *Drosophila*, Sigrist e colaboradores identificaram outra proteína, Bruchpilot, um componente importante da "barra em T" da zona ativa eletrodensa; a Bruchpilot está associada ao homólogo de mosca da proteína de ligação RIM, que também serve para recrutar canais de Ca^{2+} para zonas ativas em *Drosophila*. Como coordenadoras de canais de Ca^{2+} pré-sinápticos e vesículas sinápticas, essas proteínas atuam como reguladoras essenciais da liberação pré-sináptica na mosca. No verme *Caenorhabditis elegans*, a RIM desempenha um papel central para os mesmos processos.

A modulação da liberação de neurotransmissores embasa a plasticidade sináptica

A eficácia das sinapses químicas pode ser modulada de forma dramática e rápida – várias vezes em questão de segundos –, e essa mudança pode ser mantida por segundos, horas ou até dias ou mais, uma propriedade chamada *plasticidade sináptica*.

A força sináptica pode ser modificada pré-sinapticamente, alterando a liberação do neurotransmissor, pós-sinapticamente, modulando a resposta ao transmissor (conforme discutido no Capítulo 13) ou ambos. Mudanças de longo prazo nos mecanismos pré-sinápticos e pós-sinápticos são cruciais para o refinamento das conexões sinápticas durante o desenvolvimento (Capítulo 49) e para o armazenamento de informações durante o aprendizado e a memória (Capítulos 53 e 54). Aqui, nos concentramos em como a força sináptica pode ser alterada através da modulação da quantidade de neurotransmissor liberada. Em princípio, as alterações na liberação do neurotransmissor podem ser mediadas por dois mecanismos diferentes: alterações no influxo de Ca^{2+} ou alterações na quantidade de transmissor liberado em resposta a uma determinada concentração de Ca^{2+}. Como veremos mais adiante, ambos os tipos de mecanismos contribuem para diferentes formas de plasticidade.

A força sináptica é frequentemente alterada pelo padrão de atividade do neurônio pré-sináptico. Séries de potenciais de ação produzem correntes pós-sinápticas sucessivamente maiores em algumas sinapses e correntes sucessivamente menores em outras (**Figura 15-15A**). Uma diminuição no tamanho da resposta pós-sináptica à estimulação repetida é chamada de *depressão sináptica* (**Figura 15-15A**, superior); o oposto, o aumento da transmissão com estimulação repetida, é chamado *facilitação sináptica* ou *potenciação* (**Figura 15-15A**, inferior, **15-15E**). Várias sinapses exibem essas formas díspares de *plasticidade sináptica de curto prazo* – às vezes sobrepostas e às vezes com uma predominante –, resultando em padrões característicos de dinâmica de curto prazo em tipos de sinapses individuais (**Figura 15-15A**).

Se uma sinapse vai facilitar ou deprimir é determinado muitas vezes pela probabilidade de liberação em resposta ao primeiro potencial de ação de uma série. Sinapses com uma alta probabilidade inicial de liberação normalmente sofrem depressão porque a alta taxa de liberação esgota transitoriamente as vesículas ancoradas na zona ativa. Sinapses com uma baixa probabilidade inicial de liberação sofrem facilitação sináptica, em parte porque o acúmulo de Ca^{2+} intracelular durante a série de potenciais aumenta a probabilidade de liberação (ver mais adiante). A importância da probabilidade de liberação no controle do sinal de plasticidade pode ser vista pelo efeito de mutações genéticas. As sinapses formadas por neurônios hipocampais em cultura celular têm uma probabilidade de liberação inicialmente alta e, assim, normalmente deprimem em resposta à estimulação de 20 Hz. No entanto, uma mutação que reduz em aproximadamente duas vezes a afinidade de ligação ao Ca^{2+} da sinaptotagmina-1, reduzindo assim a probabilidade inicial de liberação, converte a sinapse depressora em uma sinapse facilitadora (**Figura 15-15B**).

Mecanismos que afetam a concentração de Ca^{2+} livre no terminal pré-sináptico também afetam a quantidade de neurotransmissor liberada. Por exemplo, o acúmulo de inativação de certos canais de K^+ regulados por voltagem durante o disparo de alta frequência leva a um aumento gradual na duração do potencial de ação. O prolongamento do potencial de ação aumenta o tempo que os canais de Ca^{2+} regulados por voltagem permanecem abertos, o que leva a uma entrada reforçada de Ca^{2+} e um aumento subsequente na liberação do neurotransmissor, resultando em um potencial pós-sináptico maior (**Figura 15-15C**).

A maioria dos estudos das implicações funcionais da dinâmica sináptica de curto prazo foram realizados *in vitro* ou são baseados em resultados computacionais. No entanto, recentes experimentos *in vivo* estão começando a esclarecer a importância comportamental da plasticidade de curto prazo. Por exemplo, registros *in vivo* de sinapses talamocorticais em roedores sugeriram que a depressão sináptica pode contribuir para a adaptação sensorial durante a estimulação repetida das vibrissas (bigodes). O curso temporal dessa adaptação sensorial é paralelo à atenuação do pico cortical à estimulação da vibrissa e à depressão sináptica dos PEPSs nas sinapses talamocorticais (**Figura 15-15D**).

A estimulação de alta frequência dos neurônios pós-sinápticos, que em algumas células pode gerar de 500 a 1.000

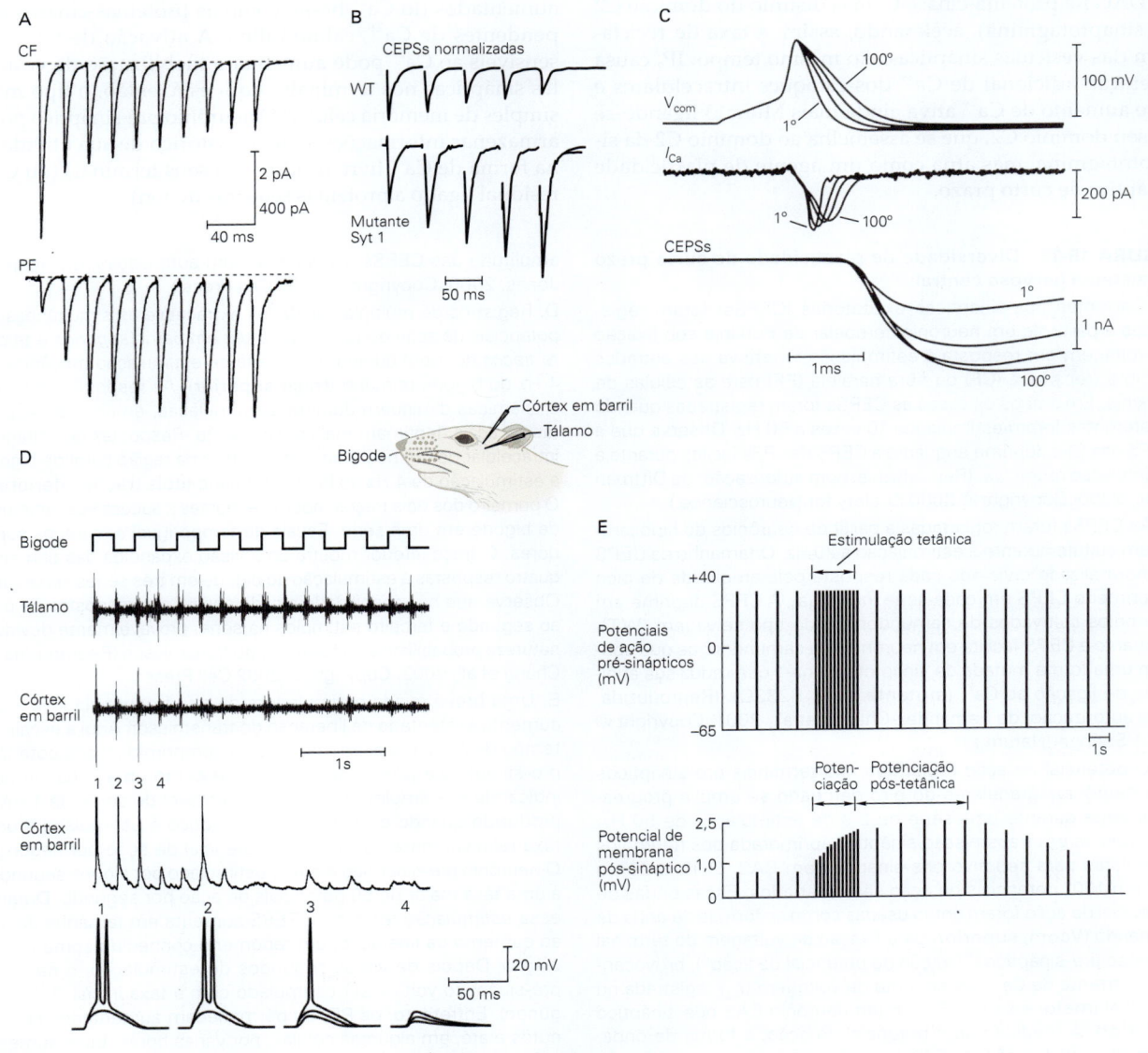

FIGURA 15-15 (Ver legenda na próxima página).

potenciais de ação por segundo, é chamada de *estimulação tetânica*. Essa estimulação intensa pode causar mudanças dramáticas na força sináptica. O aumento no tamanho do PEPS durante a estimulação tetânica é chamado de *potenciação*; o aumento que persiste após a estimulação tetânica é chamado *potenciação pós-tetânica* (**Figura 15-15E**). Em contraste com a facilitação sináptica, que dura de milissegundos a segundos, a potenciação pós-tetânica geralmente dura vários minutos, mas pode persistir por 1 hora ou mais em algumas sinapses.

As sinapses utilizam um complexo contendo Munc13 e RIM, duas das proteínas da zona ativa discutidas anteriormente, para evitar a depleção de vesículas durante a estimulação de alta frequência. O aumento do Ca^{2+} pré-sináptico durante a estimulação tetânica ativa a fosfolipase C, que produz inositol 1,4,5-trisfosfato (IP_3) e diacilglicerol (DAG). O DAG interage diretamente com um domínio da proteína Munc13 denominado C1 (homólogo ao domínio de ligação ao DAG na proteína-cinase C, mas distinto do domínio C2 da sinaptotagmina), acelerando, assim, a taxa de reciclagem das vesículas sinápticas. Ao mesmo tempo, IP_3 causa liberação adicional de Ca^{2+} dos estoques intracelulares e esse aumento de Ca^{2+} ativa ainda mais Munc13 ligando-se ao seu domínio C2, que se assemelha ao domínio C2 da sinaptotagmina, mas atua como um agente de plasticidade sináptica de curto prazo.

As mudanças dependentes de atividade no cálcio intracelular podem produzir mudanças duradouras na liberação de neurotransmissores

Vários mecanismos dependentes de Ca^{2+} contribuem para mudanças mais duradouras na liberação do neurotransmissor que persistem após o término do tétano de alta frequência. Normalmente, o aumento de Ca^{2+} no terminal pré-sináptico em resposta a um potencial de ação é rapidamente tamponado por proteínas citoplasmáticas ligantes de Ca^{2+} e mitocôndrias. Os íons de cálcio também são transportados ativamente para fora do neurônio por bombas e transportadores. Entretanto, durante a estimulação tetânica, tanto Ca^{2+} flui para dentro do terminal que as capacidades de tamponamento e de depuração de Ca^{2+} se tornam saturadas.

Isso leva a um excesso temporário de Ca^{2+}, denominado *Ca^{2+} residual*. O Ca^{2+} residual aumenta a transmissão sináptica por muitos minutos e até por mais tempo, pela ativação de certas enzimas que são sensíveis aos níveis aumentados do Ca^{2+} basal, como as proteínas-cinases dependentes de Ca^{2+}/calmodulina. A ativação de tais vias sensíveis ao Ca^{2+} pode aumentar a mobilização de vesículas sinápticas nos terminais. Aqui está, então, o tipo mais simples de memória celular! O neurônio pré-sináptico pode armazenar informações sobre o histórico de sua atividade na forma de Ca^{2+} livre residual em seus terminais (ou Ca^{2+} residual ligado a proteínas sensoras do íon).

FIGURA 15-15 Diversidade de plasticidade de curto prazo no sistema nervoso central.

A. Correntes pós-sinápticas excitatórias (CEPSs) foram registradas a partir de um neurônio cerebelar de Purkinje sob fixação de voltagem em resposta à estimulação repetitiva das entradas de fibra trepadeira (**CF**) ou fibra paralela (**PF**) para as células de Purkinje. Em ambos os casos as CEPSs foram registradas quando os aferentes foram estimulados 10 vezes a 50 Hz. Observe que a CEPS das CFs deprime enquanto a CEPS das PFs facilita durante a estimulação repetitiva. (Reproduzida, com autorização, de Dittman et al., 2000. Copyright © 2000 Society for Neuroscience.)
B. As CEPSs foram registradas a partir de neurônios do hipocampo em cultura durante a estimulação a 20 Hz. O tamanho da CEPS foi normalizado dividindo cada resposta pela amplitude de pico do primeiro CEPS em cada série individual. A CEPS deprime em neurônios cultivados de camundongos do tipo selvagem (**WT**), enquanto a CEPS facilita em neurônios de camundongos que abrigam uma forma mutada de sinaptotagmina-1 que reduz sua afinidade de ligação ao Ca^{2+} (**mutante Syt1, R233Q**). (Reproduzida, com autorização, de Fernandez-Chacon et al., 2001. Copyright © 2001 Springer Nature.)
C. O potencial de ação registrado nos terminais pré-sinápticos dos neurônios granulares do giro denteado se amplia progressivamente durante uma série de 2 s de estimulação de 50 Hz. Isso resulta em transmissão sináptica aprimorada dos neurônios granulares para seu alvo pós-sináptico em CA3. O 1°, o 25°, o 50° e o 100° potenciais de ação são mostrados. Essas ondas de potencial de ação foram então usadas como as formas de onda de comando (**Vcom, superior**) para fixação de voltagem do terminal nervoso pré-sináptico ("fixação do potencial de ação"), provocando a corrente de Ca^{2+} dependente de voltagem (I_{Ca}) registrada no terminal (**meio**) e as CEPSs em um neurônio CA3 pós-sináptico (**inferior**). À medida que o potencial de ação, a forma de onda, aumenta em duração, a duração de I_{Ca} aumenta, aumentando a amplitude das CEPSs. (Adaptada, com autorização, de Geiger e Jonas, 2000. Copyright © 2000 Cell Press.)
D. Registros de múltiplas unidades extracelulares simultâneas de potenciais de ação do tálamo e córtex em barril (*segundo e terceiro traços* do topo) durante uma série de estimulação mecânica de 4 Hz do bigode primário (**traço superior**). As respostas corticais e talâmicas diminuem durante a estimulação, embora as respostas corticais deprimam mais rapidamente. Respostas de voltagem intracelular de um neurônio cortical em uma região barril de bigode à estimulação de 4 Hz do bigode primário (**dois traços inferiores**). O primeiro dos dois traços mostra respostas a sucessivos estímulos de bigode em uma série. Escala de tempo igual aos traços superiores. O traço inferior mostra uma visão expandida das primeiras quatro respostas à estimulação do bigode em três séries separadas. Observe que há variabilidade a cada ensaio nas respostas de pico ao segundo e terceiro estímulos na série, provavelmente devido à natureza probabilística da liberação do transmissor. (Reproduzida de Chung et al., 2002. Copyright © 2002 Cell Press.)
E. Uma breve rajada estimuladora de alta frequência leva a um aumento sustentado da liberação de transmissor. Aqui a escala de tempo de registros experimentais foi comprimida (cada potencial pré-sináptico e pós-sináptico aparece como uma linha simples indicando sua amplitude). Um PEPS estável de cerca de 1 mV é produzido quando o neurônio pré-sináptico é estimulado a uma taxa relativamente baixa de um potencial de ação por segundo. O neurônio pré-sináptico é então estimulado por alguns segundos a uma taxa maior de 50 potenciais de ação por segundo. Durante essa *estimulação tetânica*, o PEPS aumenta em tamanho devido ao aumento da liberação, um fenômeno conhecido como *potenciação*. Depois de vários segundos de estimulação, o neurônio pré-sináptico volta a ser estimulado com a taxa inicial (1 por segundo). Entretanto, os PEPSs permanecem aumentados por minutos e até, em algumas células, por várias horas. Esse aumento persistente é chamado de *potenciação pós-tetânica*.

Esse Ca^{2+} atua em várias vias que têm diferentes tempos meia-vida de decaimento. No Capítulo 13, vimos como a potencialização pós-tetânica em certas sinapses é seguida por um processo ainda mais duradouro (também iniciado pelo influxo de Ca^{2+}), chamado *potenciação de longa duração*, que pode durar muitas horas ou até dias. A importância da potenciação de longa duração para aprendizado e memória será considerada nos Capítulos 53 e 54.

As sinapses axoaxônicas nos terminais pré-sinápticos regulam a liberação de neurotransmissores

As sinapses são formadas entre os terminais axonais, assim como entre o corpo celular e os dendritos de neurônios (ver Capítulo 13). Embora as ações das sinapses axossomáticas afetem todas as ramificações axonais do neurônio pós-sináptico (pois afetam a probabilidade de disparo do potencial de ação), as ações das sinapses axoaxônicas controlam seletiva e individualmente os terminais axonais. Uma ação importante das sinapses axoaxônicas é o aumento ou o decréscimo do influxo de Ca^{2+} nos terminais pré-sinápticos dos neurônios pós-sinápticos, aumentando ou reduzindo, assim, a liberação de neurotransmissor, respectivamente.

Como visto no Capítulo 13, quando um neurônio libera transmissor que hiperpolariza o corpo celular (ou os dendritos) de outro neurônio, ele diminui a probabilidade de que a célula pós-sináptica dispare; essa ação é chamada de *inibição pós-sináptica*. Em contrapartida, quando um neurônio faz sinapses com terminais axonais de outra célula, ele pode reduzir a quantidade de neurotransmissor que será liberada pela célula pós-sináptica sobre uma terceira célula; essa ação é chamada de *inibição pré-sináptica* (**Figura 15-16A**). Outras ações sinápticas axoaxônicas podem aumentar a quantidade de neurotransmissor liberado por uma célula pós-sináptica; essa ação é denominada *facilitação pré-sináptica* (**Figura 15-16B**). Tanto a inibição quanto a facilitação pré-sináptica podem ocorrer em resposta à ativação de receptores ionotrópicos ou metabotrópicos nos terminais pré-sinápticos.

Os mecanismos mais bem analisados de inibição e facilitação pré-sináptica são encontrados em neurônios de invertebrados e neurônios mecanorreceptores de vertebrados (cujos axônios se projetam para neurônios na medula espinal). Três mecanismos para inibição pré-sináptica foram identificados nessas células. Um depende da ativação de interneurônios inibitórios que formam sinapses axoaxônicas nos terminais pré-sinápticos do neurônio sensorial, onde

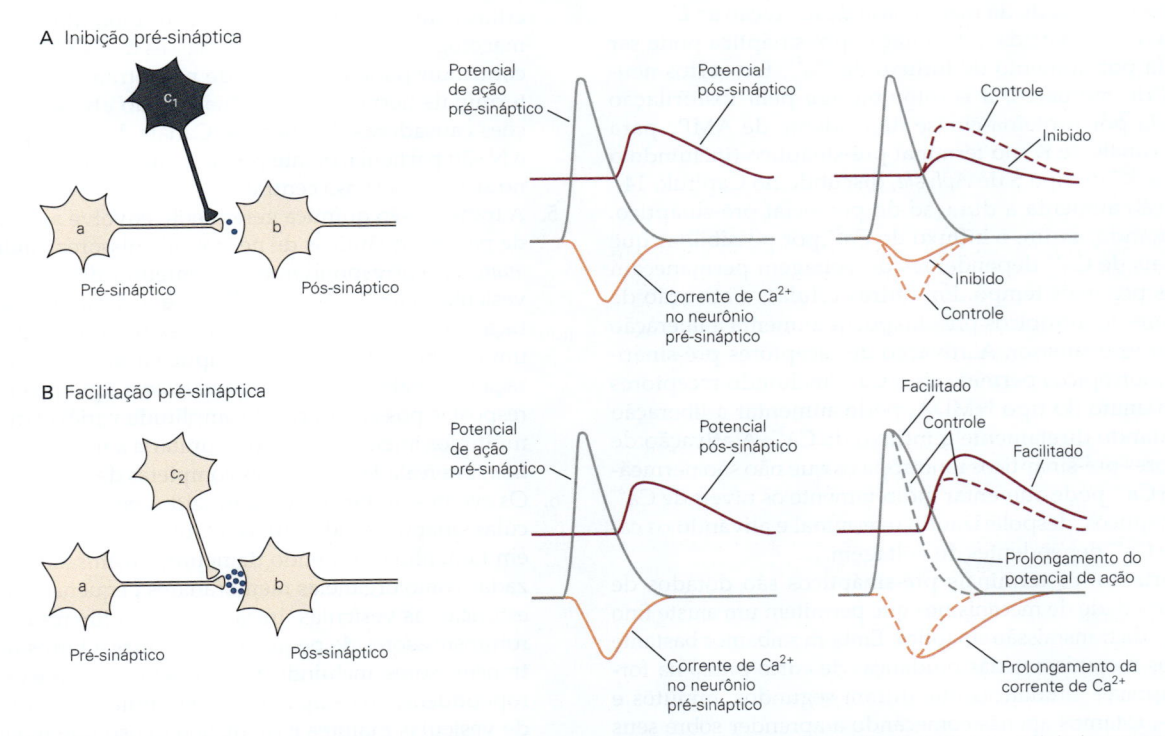

FIGURA 15-16 As sinapses axoaxônicas podem inibir ou facilitar a liberação do neurotransmissor pela célula pré-sináptica.

A. Um neurônio inibitório (c_1) forma uma sinapse em um terminal axônico do neurônio **a**. A liberação do neurotransmissor pela célula c_1 ativa os receptores metabotrópicos no terminal, inibindo assim a corrente de Ca^{2+} no terminal e reduzindo a quantidade de transmissor liberado pela célula **a** na célula **b**. A redução da liberação do transmissor da célula a, por sua vez, reduz a amplitude do potencial excitatório pós-sináptico na célula b, um processo denominado inibição pré-sináptica.

B. Um neurônio facilitador (c_2) forma uma sinapse em um terminal axonal do neurônio a. A liberação do neurotransmissor pela célula c_2 ativa os receptores metabotrópicos no terminal, diminuindo assim uma corrente de K^+ nos terminais e, portanto, prolongando o potencial de ação e aumentando o influxo de Ca^{2+} na célula **a**. Isso aumenta a liberação do neurotransmissor da célula a para a célula **b**, aumentando assim o tamanho do PEPS na célula b, um processo denominado facilitação pré-sináptica.

ativam os canais do receptor ionotrópico GABA$_A$. Como o potencial de reversão de Cl⁻ nos terminais pré-sinápticos é relativamente positivo, o aumento da condutância de Cl⁻ resultante da ativação dos canais GABA$_A$ despolariza o terminal pré-sináptico. Acredita-se que essa mudança de voltagem, denominada despolarização aferente primária, inativa os canais de Na⁺ regulados por voltagem, reduzindo a amplitude do potencial de ação pré-sináptico, o que diminui a ativação dos canais de Ca^{2+} regulados por voltagem e, assim, diminui a quantidade de liberação do neurotransmissor.

Os outros dois mecanismos de inibição pré-sináptica resultam da ativação de receptores metabotrópicos pré-sinápticos acoplados à proteína G. Um tipo de ação resulta da modulação de canais iônicos. Como visto no Capítulo 14, o complexo βγ da proteína G pode simultaneamente fechar canais de Ca^{2+} regulados por voltagem e abrir canais de K⁺. Isso diminui o influxo de Ca^{2+} e aumenta a repolarização do terminal pré-sináptico após um potencial de ação, diminuindo, assim, a liberação do neurotransmissor. No segundo tipo, que também envolve a proteína G, a ação depende de uma ação direta do complexo βγ sobre a própria maquinaria de liberação, independentemente de qualquer mudança na atividade de canais iônicos ou de influxo de Ca^{2+}. Considera-se que essa segunda ação envolva um decréscimo da sensibilidade da maquinaria de liberação ao Ca^{2+}.

Em contrapartida, a facilitação pré-sináptica pode ser causada por aumento de influxo de Ca^{2+}. Em certos neurônios de moluscos, a serotonina age pela fosforilação mediada por proteína-cinase dependente de AMPc para fechar canais de K⁺ no terminal pré-sináptico (incluindo o canal de K⁺ do tipo S de *Aplysia*, discutido no Capítulo 14). Essa ação aumenta a duração do potencial pré-sináptico, aumentando, assim, o influxo de Ca^{2+} por possibilitar que os canais de Ca^{2+} dependentes de voltagem permaneçam abertos por mais tempo. Em outras células, a ativação de receptores ionotrópicos pré-sinápticos aumenta a liberação de neurotransmissor. A ativação de receptores pré-sinápticos ionotrópicos permeáveis a Ca^{2+}, incluindo receptores de glutamato do tipo NMDA, pode aumentar a liberação aumentando diretamente o influxo de Ca^{2+}. A ativação de receptores pré-sinápticos ionotrópicos que não são permeáveis ao Ca^{2+} pode aumentar indiretamente os níveis de Ca^{2+} pré-sinápticos, despolarizando o terminal e ativando os canais de Ca^{2+} dependentes de voltagem.

Portanto, os terminais pré-sinápticos são dotados de uma variedade de mecanismos que permitem um ajuste fino da força da transmissão sináptica. Embora saibamos bastante sobre os mecanismos das mudanças de curto prazo na força sináptica – mudanças que duram segundos, minutos e horas –, estamos apenas começando a aprender sobre seus papéis funcionais. Os mecanismos que sustentam mudanças que persistem por dias, semanas e mais também permanecem desconhecidos. Essas mudanças de longo prazo com frequência requerem alterações na expressão gênica e crescimento de estruturas pré e pós-sinápticas, além das alterações no influxo de Ca^{2+} e do aprimoramento da liberação de neurotransmissor dos terminais existentes. Discutimos como essas mudanças podem contribuir para diferentes formas de aprendizado e memória de longo prazo nos Capítulos 53 e 54.

Destaques

1. A neurotransmissão química é o principal mecanismo pelo qual os neurônios se comunicam e processam informações; ocorre em todo o sistema nervoso. A liberação do neurotransmissor é estimulada por uma série de processos elétricos e bioquímicos no terminal nervoso pré-sináptico.

2. A liberação do neurotransmissor é fortemente dependente da despolarização do terminal pré-sináptico. Embora o potencial de ação seja controlado pelas condutâncias de sódio e potássio, é a própria despolarização, em vez da abertura dos canais de sódio ou potássio dependentes de voltagem, que desencadeia a liberação.

3. A despolarização do terminal pré-sináptico abre canais de Ca^{2+} regulados por voltagem (VGCC), resultando em influxo de Ca^{2+}. Esses canais estão concentrados em "zonas ativas" pré-sinápticas, muito próximas aos locais em que ocorre a liberação. A relação entre o influxo de Ca^{2+} e a liberação de neurotransmissores é fortemente acoplada e acentuadamente não linear. O pico de entrada de Ca^{2+} fica um pouco atrás do pico do potencial de ação e produz rapidamente um aumento acentuado na taxa de liberação do neurotransmissor.

4. Os VGCCs são heterogêneos – cinco classes foram descritas com propriedades biofísicas, bioquímicas e farmacológicas distintas. Várias classes de VGCCs podem contribuir para a liberação de neurotransmissores em terminais nervosos individuais e são alvos de mutações causadoras de doenças. Canais de Ca^{2+} tipo P/Q e N são particularmente proeminentes em zonas ativas no sistema nervoso central.

5. A transmissão química geralmente envolve a liberação de pacotes quânticos de neurotransmissores, onde um *quantum* correspondente ao conteúdo de uma única vesícula sináptica. Sob condições que diminuem a liberação do transmissor, como Ca^{2+} extracelular reduzido, um potencial de ação pré-sináptico desencadeia a liberação probabilística de alguns *quanta*, que produzem respostas pós-sinápticas de amplitude variável que são múltiplos inteiros da resposta unitária a um único *quantum*, intercaladas por falhas completas de transmissão.

6. Os eventos unitários são conduzidos pela fusão de vesículas sinápticas individuais relativamente homogêneas em tamanho e conteúdo de neurotransmissor. Visualizadas como organelas membranares pequenas, claras e esféricas, as vesículas únicas contêm milhares de neurotransmissores de pequenas moléculas. Outros neurotransmissores, incluindo as aminas biogênicas e os neuropeptídeos, são empacotados em uma classe distinta de vesículas maiores e de núcleo denso que mediam formas mais lentas de transmissão sináptica. Um terminal pré-sináptico típico no sistema nervoso central de mamífero envolvido na transmissão sináptica rápida contém 100 a 200 vesículas. Um pequeno número de vesículas ancora ao longo da membrana pré-sináptica da zona ativa e são as mais prontas para se fundir.

7. Em muitas conexões sinápticas, a amplitude de um potencial pós-sináptico pode ser descrita como um produto de múltiplos fatores: (1) o número de sítios

pré-sinápticos ocupados por uma vesícula prontamente liberável (*n*); (2) a probabilidade de liberação em sítios individuais (*p*); e (3) o tamanho da resposta pós-sináptica à liberação de uma única vesícula (*a*). Em ensaios individuais, o número de vesículas liberadas pode ser descrito por uma distribuição binomial refletindo a probabilidade de liberação de zero, uma, duas ou mais vesículas, como se fôssemos contar o número de caras quando *n* moedas estavam sendo lançadas.

8. A exocitose, o processo pelo qual as vesículas se fundem com a membrana pré-sináptica, e a endocitose, o processo que recupera as vesículas, ocorrem em rápida sucessão nos terminais nervosos e outras estruturas secretoras. Esses eventos são evidentes em estudos morfológicos e são estudados em tempo real por medições elétricas da área de superfície da membrana.

9. A exocitose é mediada por proteínas SNARE evolutivamente conservadas. Juntas, as proteínas da membrana plasmática pré-sináptica sintaxina e SNAP-25 e a proteína sinaptobrevina da membrana da vesícula sináptica contribuem para o complexo SNARE, um conjunto de quatro domínios helicoidais. A formação deste complexo é crítica para a fusão das vesículas, como demonstrado pela capacidade de várias neurotoxinas de bloquear a liberação do transmissor através da clivagem das proteínas SNARE. A montagem do complexo SNARE é modulada por uma família de proteínas SM, exemplificada pela Munc18.

10. As sinaptotagminas, como a sinaptotagmina-1 (syt1), são proteínas vesiculares abundantes que atuam como sensores de Ca^{2+} para regulação da liberação de vesículas. Syt1 liga vários íons Ca^{2+} e, assim, forma uma associação próxima com a membrana plasmática após o influxo de Ca^{2+}. Ao se ligar ao complexo SNARE mesmo antes do aumento do Ca^{2+} pré-sináptico, pode permitir que esse complexo cause fusão rapidamente.

11. A exocitose das vesículas sinápticas é extremamente precisa e rápida porque sua maquinaria molecular está incorporada em um andaime proteico na zona ativa que consiste em RIM, RIM-BP e Munc-13. O complexo: 1. Prende as vesículas à membrana plasmática através da ligação do RIM às proteínas da vesícula Rab3 e Rab27; 2. Recruta canais de cálcio para a vizinhança de vesículas presas através da ligação a RIM e RIM-BP; e 3. Facilita a montagem do complexo SNARE por meio da interação com a Munc13. O complexo da zona ativa também medeia muitas formas de plasticidade sináptica de curto e longo prazo.

12. A endocitose rápida das membranas das vesículas após a liberação permite a rápida reciclagem das vesículas para um fornecimento contínuo durante a estimulação prolongada.

13. Os terminais sinápticos são diversos e variam em suas propriedades de liberação. Os andaimes proteicos da zona ativa diferem entre sinapses e espécies, assim como a expressão pré-sináptica de canais de Ca^{2+} e sinaptotagminas. Em algumas sinapses, vesículas e canais de Ca^{2+} aparecem alinhados por uma intrincada rede estrutural.

14. A liberação do neurotransmissor pode ser modulada intrínseca ou extrinsecamente como um aspecto da plasticidade sináptica. A força sináptica pode ser fortemente influenciada intrinsecamente pelo padrão de disparo em fenômenos conhecidos como "depressão" e "facilitação". Além disso, neuromoduladores extrínsecos podem alterar a dinâmica de liberação pela regulação de canais de Ca^{2+} ou eventos a jusante da entrada de Ca^{2+}.

Steven A. Siegelbaum
Thomas C. Südhof
Richard W. Tsien

Leituras selecionadas

Katz B. 1969. *The Release of Neural Transmitter Substances*. Springfield, IL: Thomas.
Lonart G. 2002. RIM1: an edge for presynaptic plasticity. Trends Neurosci 25:329–332.
Meinrenken CJ, Borst JG, Sakmann B. 2003. Local routes revisited: the space and time dependence of the Ca^{2+} signal for phasic transmitter release at the rat calyx of Held. J Physiol 547:665–689.
Reid CA, Bekkers JM, Clements JD. 2003. Presynaptic Ca^{2+} channels: a functional patchwork. Trends Neurosci 26:683–687.
Stevens CF. 2003. Neurotransmitter release at central synapses. Neuron 40:381–388.
Südhof TC. 2014. The molecular machinery of neurotransmitter release (Nobel lecture). Angew Chem Int Ed Engl 53:12696–12717.

Referências

Acuna C, Liu X, Südhof TC. 2016. How to make an active zone: unexpected universal functional redundancy between RIMs and RIM-BPs. Neuron 91:792–807.
Akert K, Moor H, Pfenninger K. 1971. Synaptic fine structure. Adv Cytopharmacol 1:273–290.
Bacaj T, Wu D, Yang X, et al. 2013. Synaptotagmin-1 and -7 trigger synchronous and asynchronous phases of neurotransmitter release. Neuron 80:947–959.
Baker PF, Hodgkin AL, Ridgway EB. 1971. Depolarization and calcium entry in squid giant axons. J Physiol 218:709–755.
Bollmann JH, Sakmann B, Gerard J, Borst G. 2000. Calcium sensitivity of glutamate release in a calyx-type terminal. Science 289:953–957.
Borst JG, Sakmann B. 1996. Calcium influx and transmitter release in a fast CNS synapse. Nature 383:431–434.
Boyd IA, Martin AR. 1956. The end-plate potential in mammalian muscle. J Physiol 132:74–91.
Chung S, Li X, Nelson SB. 2002. Short-term depression at thalamocortical synapses contributes to rapid adaptation of cortical sensory responses in vivo. Neuron 34:437–446.
Couteaux R, Pecot-Dechavassine M. 1970. Vésicules synaptiques et poches au niveau des "zones actives" de la jonction neuromusculaire. C R Acad Sci Hebd Seances Acad Sci D 271:2346–2349.
Del Castillo J, Katz B. 1954. The effect of magnesium on the activity of motor nerve endings. J Physiol 124:553–559.
Dittman JS, Kreitzer AC, Regehr WG. 2000. Interplay between facilitation, depression and residual calcium at three presynaptic terminals. J Neurosci 20:1374–1385.
Enoki R, Hu YL, Hamilton D, Fine A. 2009. Expression of long-term plasticity at individual synapses in hippocampus is graded, bidirectional, and mainly presynaptic: optical quantal analysis. Neuron 62:242–253.
Fatt P, Katz B. 1952. Spontaneous subthreshold activity at motor nerve endings. J Physiol 117:109–128.
Fawcett DW. 1981. *The Cell*, 2nd ed. Philadelphia: Saunders.

Fernandez I, Araç D, Ubach J, et al. 2001. Three-dimensional structure of the synaptotagmin 1 C2B-domain: synaptotagmin 1 as a phospholipid binding machine. Neuron 32:1057–1069.

Fernandez JM, Neher E, Gomperts BD. 1984. Capacitance measurements reveal stepwise fusion events in degranulating mast cells. Nature 312:453–455.

Fernandez-Chacon R, Konigstorfer A, Gerber SH, et al. 2001. Synaptotagmin I functions as a calcium regulator of release probability. Nature 410:41–49.

Geiger JR, Jonas P. 2000. Dynamic control of presynaptic Ca(2+) inflow by fast-inactivating K(+) channels in hippocampal mossy fiber boutons. Neuron 28:927–939.

Geppert M, Goda Y, Hammer RE, et al. 1994. Synaptotagmin I: a major Ca^{2+} sensor for transmitter release at a central synapse. Cell 79:717–727.

Harlow LH, Ress D, Stoschek A, Marshall RM, McMahan UJ. 2001. The architecture of active zone material at the frog's neuromuscular junction. Nature 409:479–484.

Heuser JE, Reese TS. 1981. Structural changes in transmitter release at the frog neuromuscular junction. J Cell Biol 88:564–580.

Hille B. 2001. *Ionic Channels of Excitable Membranes*, 3rd ed. Sunderland, MA: Sinauer.

Kaeser PS, Deng L, Wang Y, et al. 2011. RIM proteins tether Ca^{2+} channels to presynaptic active zones via a direct PDZ-domain interaction. Cell 144:282–295.

Kandel ER. 1981. Calcium and the control of synaptic strength by learning. Nature 293:697–700.

Katz B, Miledi R. 1967a. The study of synaptic transmission in the absence of nerve impulses. J Physiol 192:407–436.

Katz B, Miledi R. 1967b. The timing of calcium action during neuromuscular transmission. J Physiol 189:535–544.

Klein M, Shapiro E, Kandel ER. 1980. Synaptic plasticity and the modulation of the Ca^{2+} current. J Exp Biol 89:117–157.

Kretz R, Shapiro E, Connor J, Kandel ER. 1984. Post-tetanic potentiation, presynaptic inhibition, and the modulation of the free Ca^{2+} level in the presynaptic terminals. Exp Brain Res Suppl 9:240–283.

Kuffler SW, Nicholls JG, Martin AR. 1984. *From Neuron to Brain: A Cellular Approach to the Function of the Nervous System,* 2nd ed. Sunderland, MA: Sinauer.

Lawson D, Raff MC, Gomperts B, Fewtrell C, Gilula NB. 1977. Molecular events during membrane fusion. A study of exocytosis in rat peritoneal mast cells. J Cell Biol 72:242–259.

Liley AW. 1956. The quantal components of the mammalian end-plate potential. J Physiol 133:571–587.

Llinás RR. 1982. Calcium in synaptic transmission. Sci Am 247:56–65.

Llinás RR, Heuser JE. 1977. Depolarization-release coupling systems in neurons. Neurosci Res Program Bull 15:555–687.

Llinás R, Steinberg IZ, Walton K. 1981. Relationship between presynaptic calcium current and postsynaptic potential in squid giant synapse. Biophys J 33:323–351.

Lynch G, Halpain S, Baudry M. 1982. Effects of high-frequency synaptic stimulation on glumate receptor binding studied with a modified in vitro hippocampal slice preparation. Brain Res 244:101–111.

Magee JC, Johnston D. 1997. A synaptically controlled, associative signal for Hebbian plasticity in hippocampal neurons. Science 275:209–213.

Magnus CJ, Lee PH, Atasoy D, Su HH, Looger LL, Sternson SM. 2011. Chemical and genetic engineering of selective ion channel-ligand interactions. Science 333:1292–1296.

Martin AR. 1977. Junctional transmission. II. Presynaptic mechanisms. In: ER Kandel (ed). *Handbook of Physiology: A Critical, Comprehensive Presentation of Physiological Knowledge and Concepts,* Sect. 1 *The Nervous System,* Vol. 1 *Cellular Biology of Neurons,* Part 1, pp. 329–355. Bethesda, MD: American Physiological Society.

Monck JR, Fernandez JM. 1992. The exocytotic fusion pore. J Cell Biol 119:1395–1404.

Neher E. 1993. Cell physiology. Secretion without full fusion. Nature 363:497–498.

Nicoll RA. 1982. Neurotransmitters can say more than just "yes" or "no." Trends Neurosci 5:369–374.

Park M, Penick EC, Edwards JG, Kauer JA, Ehlers MD. 2004. Recycling endosomes supply AMPA receptors for LTP. Science 305:1972–1975.

Peters A, Palay SL, Webster H deF. 1991. *The Fine Structure of the Nervous System: Neurons and Supporting Cells,* 3rd ed. Philadelphia: Saunders.

Redman S. 1990. Quantal analysis of synaptic potentials in neurons of the central nervous system. Physiol Rev 70:165–198.

Rhee JS, Betz A, Pyott S, et al. 2002. Beta phorbol ester- and diacylglycerol-induced augmentation of transmitter release is mediated by Munc13s and not by PKCs. Cell 108:121–133.

Rizo J, Südhof TC. 2002. Snares and Munc18 in synaptic vesicle fusion. Nat Rev Neurosci 3:641–653.

Robitaille R, Adler EM, Charlton MP. 1990. Strategic location of calcium channels at transmitter release sites of frog neuromuscular synapses. Neuron 5:773–779.

Schneggenburger R, Neher E. 2000. Intracellular calcium dependence of transmitter release rates at a fast central synapse. Nature 406:889–893.

Schoch S, Castillo PE, Jo T, et al. 2002. RIM1alpha forms a protein scaffold for regulating neurotransmitter release at the active zone. Nature 415:321–326.

Schoch S, Deak F, Konigstorfer A, et al. 2001. SNARE function analyzed in synaptobrevin/VAMP knockout mice. Science 294:1117–1122.

Schweizer FE, Betz H, Augustine GJ. 1995. From vesicle docking to endocytosis: intermediate reactions of exocytosis. Neuron 14:689–696.

Smith SJ, Augustine GJ, Charlton MP. 1985. Transmission at voltage-clamped giant synapse of the squid: evidence for cooperativity of presynaptic calcium action. Proc Natl Acad Sci U S A 82:622–625.

Söllner T, Whiteheart SW, Brunner M, et al. 1993. SNAP receptors implicated in vesicle targeting and fusion. Nature 362:318–324.

Spruce AE, Breckenridge LJ, Lee AK, Almers W. 1990. Properties of the fusion pore that forms during exocytosis of a mast cell secretory vesicle. Neuron 4:643–654.

Sudhof TC. 2004. The synaptic vesicle cycle. Annu Rev Neurosci. 27:509–547.

Südhof TC. 2013. Neurotransmitter release: the last millisecond in the life of a synaptic vesicle. Neuron 80:675–690.

Sun J, Pang ZP, Qin D, Fahim AT, Adachi R, Südhof TC. 2007. A dual-Ca2+-sensor model for neurotransmitter release in a central synapse. Nature 450:676–682.

Sun JY, Wu LG. 2001. Fast kinetics of exocytosis revealed by simultaneous measurements of presynaptic capacitance and postsynaptic currents at a central synapse. Neuron 30:171–182.

Sutton RB, Fasshauer D, Jahn R, Brunger AT. 1998. Crystal structure of a SNARE complex involved in synaptic exocytosis at 2.4 A resolution. Nature 395:347–353.

Takamori S, Holt M, Stenius K, et al. 2006. Molecular anatomy of a trafficking organelle. Cell 127:831–846.

von Gersdorff H, Matthews G. 1994. Dynamics of synaptic vesicle fusion and membrane retrieval in synaptic terminals. Nature 367:735–739.

Wachman ES, Poage RE, Stiles JR, Farkas DL, Meriney SD. 2004. Spatial distribution of calcium entry evoked by single action potentials within the presynaptic active zone. J Neurosci 24:2877–2885.

Wernig A. 1972. Changes in statistical parameters during facilitation at the crayfish neuromuscular junction. J Physiol 226:751–759.

Whittaker VP. 1993. Thirty years of synaptosome research. J Neurocytol. 22:735–742.

Zenisek D, Horst NK, Merrifield C, Sterling P, Matthews G. 2004. Visualizing synaptic ribbons in the living cell. J Neurosci 24:9752–9759.

Zhou Q, Zhou P, Wang AL, et al. 2017. The primed SNARE-complexin-synaptotagmin complex for neuronal exocytosis. Nature. 548:420–425.

Zucker RS. 1973. Changes in the statistics of transmitter release during facilitation. J Physiol 229:787–810.

16
Neurotransmissores

Um mensageiro químico deve preencher quatro critérios para ser considerado um neurotransmissor
Somente algumas moléculas pequenas agem como neurotransmissores
   Acetilcolina
   Transmissores do tipo amina biogênica
   Aminoácidos transmissores
   ATP e adenosina
Neurotransmissores pequenos são ativamente captados em vesículas
Muitos peptídeos neuroativos atuam como transmissores
Peptídeos e neurotransmissores pequenos diferem em vários aspectos
Peptídeos e neurotransmissores pequenos podem ser coliberados
A remoção do transmissor da fenda sináptica finaliza a transmissão sináptica
Destaques

A TRANSMISSÃO QUÍMICA SINÁPTICA pode ser dividida em quatro etapas: (1) síntese e armazenamento de uma substância transmissora, (2) liberação do transmissor, (3) interação do transmissor com receptores na membrana pós-sináptica e (4) remoção do transmissor da fenda sináptica. Nos capítulos anteriores, foram considerados os passos 2 e 3. São abordadas agora as etapas inicial e final da transmissão sináptica química: a síntese das moléculas neurotransmissoras e sua remoção da fenda após a ação sináptica.

Um mensageiro químico deve preencher quatro critérios para ser considerado um neurotransmissor

Antes de serem considerados os processos bioquímicos envolvidos na transmissão sináptica, é importante esclarecer o que significa um transmissor químico. O conceito é empírico e mudou ao longo dos anos com o aumento da compreensão da transmissão sináptica e uma correspondente expansão dos agentes de sinalização. O conceito de que um produto químico liberado poderia atuar como um transmissor foi introduzido pelo médico britânico George Oliver e seu colega Edward Albert Schaefer. Em 1894, eles relataram que a injeção de um extrato de glândula suprarrenal aumentou a pressão arterial (Sir Henry Dale afirmou que Oliver descobriu isso por injetar o extrato em seu próprio filho). O constituinte responsável foi identificado de maneira independente por três laboratórios em 1897, e as reivindicações concorrentes de prioridade fornecem uma razão para esse transmissor ter 38 nomes diferentes no Índice Merck, incluindo adrenalina (por ter sido obtida da glândula suprarrenal) e epinefrina.

Experimentos relatados em 1904 por Thomas Elliott, um estudante do laboratório do fisiologista John Langley, são geralmente creditados como o primeiro relato de neurotransmissão química. Elliott concluiu que "a adrenalina deveria ser o estimulador químico liberado quando o impulso chega à periferia". Não por acaso, Elliott também propôs, já em 1914, que os nervos poderiam acumular transmissores por um sistema de captação, sugerindo que a sinalização da glândula suprarrenal poderia "depender do que poderia ser captado do sangue circulante e armazenado em suas terminações nervosas", embora a demonstração dos mecanismos de captação somente tenha ocorrido cerca de 40 anos depois.

Em 1913, Arthur Ewins, trabalhando com Henry Dale, descobriu a acetilcolina (ACh) como um componente do fungo cravagem (do gênero *Claviceps*). Em 1921, Otto Loewi demonstrou que a estimulação dos terminais do nervo vago em corações de sapos liberava "vagustoff", que mais tarde foi demonstrado ser ACh. Dale e Loewi dividiram mais tarde o Prêmio Nobel em 1946. Os termos *colinérgico* e *adrenérgico* foram introduzidos para indicar que um neurônio sintetiza e libera, respectivamente, ACh ou noradrenalina (ou adrenalina), as duas primeiras substâncias reconhecidas como neurotransmissores. O termo *catecolaminérgico*, abrangendo dopamina e os transmissores adrenérgicos, foi derivado de uma das muitas fontes naturais, a árvore catechu da Índia. Desde então, muitas outras substâncias foram identificadas como neurotransmissores.

As primeiras vesículas secretoras que foram evidenciadas com as propriedades de armazenar e liberar neurotransmissores foram as vesículas cromafins da glândula suprarrenal, nomeadas em 1902 por Alfred Kohn devido à sua reação colorimétrica com o cromato. William Cramer mais tarde mostrou que essas organelas acumulam adrenalina. Mais recentemente, Mark Wightman forneceu evidências diretas de que essas vesículas liberavam adrenalina, usando eletrodos de fibra de carbono como um detector eletroquímico para medir moléculas de catecolaminas liberadas após a fusão de vesículas cromafins com a membrana plasmática.

Como uma primeira aproximação, um neurotransmissor pode ser definido como uma substância que é liberada por um neurônio e que afeta um alvo específico de determinada maneira. Um alvo pode ser tanto outro neurônio quanto um órgão efetor, como um músculo ou uma glândula. Assim como com outros conceitos operacionais em biologia, o conceito de neurotransmissor não é preciso. Embora as ações dos hormônios e dos neurotransmissores sejam similares, os neurotransmissores costumam agir em alvos que estão próximos ao local de liberação, enquanto os hormônios são liberados na corrente sanguínea para agirem em alvos distantes.

Os neurotransmissores normalmente agem em um alvo diferente do próprio neurônio de liberação, enquanto as substâncias denominadas autacoides agem na célula da qual são liberadas. No entanto, em muitas sinapses, os transmissores ativam não apenas os receptores pós-sinápticos, mas também os autorreceptores no local de liberação pré-sináptica. Autorreceptores costumam modular a transmissão sináptica que está em curso, por exemplo, limitando a liberação adicional de um neurotransmissor ou inibindo sua síntese subsequente. Os receptores também podem existir em locais de liberação pré-sináptica que recebem aferência sináptica de outro neurônio. Esses receptores funcionam como heterorreceptores que regulam a excitabilidade pré-sináptica e a liberação do transmissor (Capítulos 13 e 15).

Após a liberação, a interação dos neurotransmissores com os receptores é tipicamente transitória, durando por períodos que variam de menos de 1 milissegundo a vários segundos. No entanto, as ações dos neurotransmissores podem resultar em alterações de longo prazo nas células-alvo com duração de horas ou dias, muitas vezes ativando a transcrição gênica. Além disso, células não neurais, incluindo astrócitos e microglia, também podem sintetizar, armazenar e liberar neurotransmissores, bem como expressar receptores que modulam sua própria função.

Um número limitado de substâncias de baixo peso molecular é geralmente aceito como neurotransmissores clássicos, e esses excluem muitos neuropeptídeos, bem como outras substâncias que não são liberadas por exocitose. Mesmo assim, em geral é difícil demonstrar que um transmissor específico age em uma sinapse particular, principalmente dada à difusibilidade e à rápida recaptação ou degradação dos neurotransmissores na fenda sináptica.

Considera-se que um neurotransmissor clássico atende a quatro critérios:

1. A substância deve ser sintetizada no neurônio pré-sináptico.
2. Ele é acumulado dentro de vesículas presentes em locais de liberação pré-sináptica e é liberado por exocitose em quantidades suficientes para exercer uma ação definida no neurônio pós-sináptico ou órgão efetor.
3. Quando administrada exogenamente em concentrações adequadas, a substância mimetiza a ação do transmissor endógeno (p. ex., ativa os mesmos canais iônicos ou cascata de segundos mensageiros na célula pós-sináptica).
4. Geralmente existe um mecanismo específico para remover a substância do ambiente extracelular. Essa pode ser a fenda sináptica no caso da neurotransmissão "por cabo" ou "isolada" (em que a ação da substância é limitada a uma única sinapse) ou o espaço extrassináptico no caso da neurotransmissão por "volume"* ou "social" (em que a substância se difunde para múltiplas sinapses).

O sistema nervoso faz uso de duas classes principais de substâncias químicas que se enquadram nesses critérios de sinalização: neurotransmissores pequenos e neuropeptídeos. Os neuropeptídeos são polímeros curtos de aminoácidos processados no complexo de Golgi, onde são empacotados em grandes vesículas de centro denso (aproximadamente 70 a 250 nm de diâmetro). Os neurotransmissores pequenos são empacotados em vesículas menores (~40 nm de diâmetro), que geralmente são eletrolúcidas. As vesículas estão intimamente associadas a canais específicos de Ca^{2+} em zonas ativas e liberam seu conteúdo por exocitose em resposta a um aumento no Ca^{2+} intracelular evocado por um potencial de ação (Capítulo 15). A membrana da vesícula é recuperada por endocitose e reciclada localmente no axônio para produzir novas vesículas sinápticas. Grandes vesículas de centro denso podem conter tanto neurotransmissores pequenos quanto neuropeptídeos e não sofrem reciclagem local após a fusão total com a membrana plasmática.

Esses dois tipos de vesículas são encontrados na maioria dos neurônios, mas em proporções diferentes. Pequenas vesículas sinápticas são características de neurônios que usam ACh, glutamato, ácido γ-aminobutírico (GABA) e glicina como transmissores, enquanto os neurônios que usam catecolaminas e serotonina como transmissores geralmente têm vesículas de centro denso pequenas e grandes. A medula suprarrenal – o tecido em que a maioria das descobertas sobre a secreção foi feita e ainda amplamente utilizado como modelo para o estudo da exocitose – contém apenas grandes vesículas de centro denso que, por sua vez, contêm catecolaminas e peptídeos neuroativos.

Somente algumas moléculas pequenas agem como neurotransmissores

Apenas algumas substâncias de baixo peso molecular são geralmente aceitas como neurotransmissores. Dentre elas, a ACh, o aminoácido excitatório glutamato, os aminoácidos inibitórios GABA e glicina, derivados de aminoácidos contendo amina e trifosfato de adenosina (ATP) e seus metabólitos (Tabela 16-1). Poucas dessas moléculas pequenas, como os metabólitos lipídicos de óxido nítrico gasoso, não são liberadas das vesículas e tendem a quebrar todas as regras clássicas (Capítulo 14).

Os mensageiros de amina compartilham muitas semelhanças bioquímicas. Todos são moléculas pequenas e carregadas que são formadas em vias biossintéticas relativamente curtas e sintetizadas tanto a partir de aminoácidos essenciais quanto a partir de precursores derivados dos principais carboidratos do metabolismo intermediário. Como outras vias do metabolismo intermediário, a síntese desses neurotransmissores é catalisada por enzimas que, com a notável exceção da dopamina β-hidroxilase, são citosólicas. O ATP, que é formado na mitocôndria, está amplamente presente em toda a célula.

Assim como em outras vias biossintéticas, a síntese geral de transmissores do tipo amina é regulada por uma reação enzimática limitante. O passo limitante com frequência é característico de um tipo neuronal e costuma estar ausente em outros tipos de neurônios maduros. Os neurotransmissores clássicos de moléculas pequenas liberados de um neurônio particular são determinados por sua presença no citosol, devido à síntese e recaptação e à seletividade do transportador vesicular.

Acetilcolina

A ACh é o único transmissor do tipo amina de baixo peso molecular que não é um aminoácido ou um derivado direto de um aminoácido. A via biossintética para ACh tem apenas uma reação enzimática, catalisada pela colina-acetiltransferase (passo 1 a seguir):

$$\text{Acetil-CoA + colina} \xrightarrow{(1)} CH_3-\underset{\underset{O}{\|}}{C}-O-CH_2-CH_2-\overset{+}{N}-(CH_3)_3 + \text{CoA}$$
$$\text{Acetilcolina}$$

Essa transferase é a enzima característica e limitante da biossíntese de ACh. O tecido nervoso não pode sintetizar colina, que é derivada da dieta e entregue aos neurônios pela corrente sanguínea. O outro substrato, a acetil-coenzima A (acetil-CoA), participa de muitas vias metabólicas gerais e não é restrito a neurônios colinérgicos.

A ACh é liberada em todas as junções neuromusculares dos vertebrados por neurônios motores espinais (Capítulo 12). No sistema nervoso autônomo, a Ach é liberada por todos os neurônios pré-ganglionares e pelos neurônios pós-ganglionares parassimpáticos (Capítulo 41). Os neurônios colinérgicos formam sinapses em todo o encéfalo; aqueles no núcleo basal têm projeções particularmente amplas para o córtex cerebral. A ACh (junto com um componente noradrenérgico) é o principal neurotransmissor do sistema ativador reticular que modula o alerta, o sono, a vigília e outros aspectos críticos da consciência humana.

Transmissores do tipo amina biogênica

Os termos *amina biogênica* ou *monoamina*, embora quimicamente imprecisos, são usados há décadas para designar certos neurotransmissores. Esse grupo inclui as catecolaminas e a serotonina. A histamina, um imidazol, também é frequentemente incluída nos transmissores de aminas biogênicas, embora sua bioquímica seja distante das catecolaminas e das indolaminas.

Transmissores do tipo catecolamina

As catecolaminas neurotransmissoras – dopamina, noradrenalina e adrenalina – são todas sintetizadas a partir do aminoácido essencial tirosina em uma via biossintética comum que contém cinco enzimas: tirosina-hidroxilase, pteridina-redutase, descarboxilase de aminoácidos aromáticos, dopamina-β-hidroxilase e feniletanolamina-*N*-metiltransferase. As catecolaminas contêm um núcleo catecol, um anel benzênico 3,4-di-hidroxilado.

A primeira enzima, tirosina-hidroxilase (passo 1 a seguir), é uma oxidase que converte a tirosina em L-di-hidroxifenilalanina (L-DOPA).

TABELA 16-1 Neurotransmissores pequenos e seus precursores

Neurotransmissor	Precursor
Acetilcolina	Colina
Aminas biogênicas	
Dopamina	Tirosina
Noradrenalina	Tirosina via dopamina
Adrenalina	Tirosina via noradrenalina
Octopamina	Tirosina via tiramina
Serotonina	Triptofano
Histamina	Histidina
Melatonina	Triptofano via serotonina
Aminoácidos	
Aspartato	Oxalacetato
Ácido γ-aminobutírico	Glutamina
Glutamato	Glutamina
Glicina	Serina
Trifosfato de adenosina (ATP)	Difosfato de adenosina (ADP)
Adenosina	ATP
Endocanabinoides	Fosfolipídeos
Óxido nítrico	Arginina

$$\text{Tirosina} + O_2 \xrightarrow[\text{Pt-2H} \quad \text{Pt}]{(1) \quad (4)} \quad \underset{\text{L-DOPA}}{HO--CH_2-\underset{H}{\overset{COOH}{\underset{|}{\overset{|}{C}}}}-NH_2}$$

Essa é a enzima limitante para a síntese de dopamina e de noradrenalina. Uma via distinta é usada para sintetizar L-DOPA para a produção dos pigmentos de melanina, encontrados nos reinos vegetal e animal. Já o pigmento de neuromelanina, encontrado em alguns neurônios de dopamina e norepinefrina, são metabólitos dos neurotransmissores oxidados.

A L-DOPA está presente em todas as células produtoras de catecolaminas e sua síntese requer um cofator de pteridina reduzido, Pt-2H, que é regenerado a partir de pteridina (Pt) por outra enzima, a pteridina-redutase, que utiliza desidrogenase do dinucleotídeo de adenina-nicotinamida (NADH, do inglês *nicotinamide adenine dinucleotide dehydrogenase*) (etapa 4 anteriormente). Essa redutase não é específica de neurônios.

Com base na descoberta de que indivíduos com doença de Parkinson perderam neurônios dopaminérgicos da substância negra, a L-DOPA foi usada para restaurar a dopamina e a função motora nesses pacientes. A L-DOPA, seja exógena ou produzida pela tirosina-hidroxilase, é descarboxilada por uma enzima de ampla distribuição, conhecida como *descarboxilase dos L-aminoácidos aromáticos*, também chamada *L-DOPA descarboxilase* (etapa 2 a seguir), para produzir dopamina e dióxido de carbono:

$$\text{L-DOPA} \xrightarrow{(2)} \text{Dopamina} + CO_2$$

Curiosamente, inicialmente se pensava que a dopamina estava presente nos neurônios apenas como um precursor da noradrenalina. Porém, a demonstração de que a dopamina também funciona como um neurotransmissor ocorreu em 1957, por Aarvid Carlsson. Ele descobriu que coelhos tratados com reserpina, um bloqueador de captação de dopamina pela vesícula sináptica, exibiam orelhas flexíveis, mas que a L-DOPA, sob condições que produziam dopamina, mas não noradrenalina, restaurou a postura normal da orelha ereta.

Nos neurônios adrenérgicos, a terceira enzima na sequência, dopamina β-hidroxilase (etapa 3 a seguir), converte ainda mais dopamina em noradrenalina:

$$\text{Dopamina} \xrightarrow{(3)} \text{Noradrenalina}$$

De modo diferente de todas as outras enzimas nas vias biossintéticas de neurotransmissores pequenos, a dopamina-β-hidroxilase está associada à membrana. Ela está fortemente ligada à superfície interna das vesículas aminérgicas como uma proteína periférica. Como consequência, a noradrenalina é o único transmissor sintetizado dentro das vesículas.

No sistema nervoso central (SNC), a noradrenalina é utilizada como um transmissor por neurônios com corpos neuronais localizados no *locus ceruleus*, um núcleo do tronco encefálico com muitas funções moduladoras complexas (Capítulo 40). Embora esses neurônios adrenérgicos sejam relativamente poucos em número, eles se projetam amplamente por todo o córtex, cerebelo, hipocampo e medula espinal. Em muitos casos, os neurônios que liberam noradrenalina também podem liberar o precursor dopamina e, portanto, podem atuar em neurônios que expressam receptores para dopamina ou noradrenalina. No sistema nervoso periférico, a noradrenalina é o transmissor dos neurônios pós-ganglionares no sistema nervoso simpático (Capítulo 41).

Além dessas quatro enzimas biossintéticas catecolaminérgicas, uma quinta enzima, feniletanolamina-*N*-metiltransferase (etapa 5 a seguir), metila a noradrenalina para formar adrenalina na medula suprarrenal:

$$\text{Noradrenalina} \xrightarrow{(5)} \text{Adrenalina}$$

Essa reação requer *S*-adenosil-metionina como doador de metil. A transferase é uma enzima citoplasmática. Então, para que a adrenalina seja formada, seu precursor imediato, a noradrenalina, deve sair da vesícula e ir para o citoplasma. Para que a adrenalina seja liberada, ela deve ser internalizada nas vesículas. Somente um pequeno número de neurônios no encéfalo usa a adrenalina como transmissor.

A produção desses neurotransmissores de catecolaminas é controlada pela regulação por retroalimentação da primeira enzima da via, a tirosina-hidroxilase (**Quadro 16-1**). Nem todas as células que liberam catecolaminas expressam todas as cinco enzimas biossintéticas, embora as células que liberam adrenalina o façam. Durante o desenvolvimento, a expressão dos genes que codificam essas enzimas sintéticas é regulada de maneira independente. A produção de uma catecolamina particular por uma célula é determinada, considerando a enzima que não é expressa na via passo a passo. Dessa forma, os neurônios que liberam noradrenalina não expressam a metiltransferase, e os neurônios que liberam dopamina não expressam a transferase ou a dopamina-β-hidroxilase. Alguns neurônios que expressam tirosina-hidroxilase e, portanto, produzem dopamina, não expressam o transportador de monoamina vesicular (VMAT, do inglês *vesicular monoamine transporter*), o transportador que acumula dopamina nas vesículas sinápticas e, portanto, não parecem liberar dopamina como transmissor.

Dos quatro principais tratos nervosos dopaminérgicos, três surgem no mesencéfalo (Capítulos 40 e 43). Na substância negra, os neurônios dopaminérgicos que se projetam para o córtex estriado são importantes para o controle do movimento e são afetados na doença de Parkinson e outros distúrbios do movimento. Mais recentemente, as projeções para o estriado associativo foram relacionadas com disfunção dopaminérgica na esquizofrenia. Os tratos mesolímbico e mesocortical são cruciais para o afeto, a emoção, a atenção e a motivação e estão implicados na dependência de drogas e na esquizofrenia. Um quarto trato dopaminérgico, a via tuberoinfundibular, origina-se no núcleo arqueado do hipotálamo e projeta-se para a hipófise, onde regula a secreção de hormônios (Capítulo 41).

QUADRO 16-1 A produção de catecolaminas varia com a atividade neuronal

A neurotransmissão de noradrenalina é muito mais ativa durante os estados de vigília do que durante sono ou anestesia, pois durante o sono de movimento rápido dos olhos (REM, do inglês *rapid eye movement*), os neurônios noradrenérgicos do *locus ceruleus* estão praticamente sem atividade. A produção de catecolaminas pode ser mantida mediante amplas variações na atividade neuronal, porque sua síntese é altamente regulada. Alterações circadianas na dopamina extracelular estriatal foram sugeridas como resultado da atividade alterada do transportador de captação de dopamina.

Nos gânglios autonômicos, a quantidade de noradrenalina nos neurônios pós-ganglionares é regulada transinapticamente. A atividade dos neurônios pré-sinápticos, que são colinérgicos e peptidérgicos, induz primeiramente mudanças de curto prazo em segundos mensageiros nas células adrenérgicas pós-sinápticas. Essas mudanças aumentam o suprimento de noradrenalina pela fosforilação dependente de monofosfato de adenosina cíclico (AMPc) da tirosina-hidroxilase, a primeira enzima na via biossintética da noradrenalina.

A fosforilação aumenta a afinidade da tirosina-hidroxilase pelo cofator pteridina e diminui a inibição gerada pelos produtos finais, como noradrenalina. A fosforilação da tirosina-hidroxilase dura somente enquanto o AMPc estiver elevado, uma vez que a hidroxilase fosforilada é rapidamente desfosforilada por proteínas-fosfatase.

No entanto, se a atividade pré-sináptica for suficientemente prolongada, outras mudanças na produção de noradrenalina irão ocorrer. Estresse grave no animal resulta em atividade pré-sináptica intensa e disparo persistente do neurônio adrenérgico pós-sináptico, gerando uma demanda maior pela síntese de neurotransmissor. Para enfrentar esse desafio, o gene da tirosina-hidroxilase é induzido a aumentar a transcrição e, portanto, a produção da proteína. Quantidades elevadas de tirosina-hidroxilase são observadas no corpo celular dentro de horas após a estimulação e até dias depois nos terminais nervosos.

Essa indução de níveis aumentados de tirosina-hidroxilase começa com o aumento persistente de transmissores químicos a partir dos neurônios pré-sinápticos e a ativação prolongada da via do AMPc nas células adrenérgicas pós-sinápticas, promovendo ativação da proteína-cinase dependente de AMPc (PKA, do inglês *cAMP-dependent protein kinase*). Essa cinase fosforila não somente as moléculas de tirosina-hidroxilase, mas também um fator de transcrição, a proteína de ligação ao elemento de resposta ao AMPc (CREB, do inglês *cAMP response element binding protein*).

Uma vez fosforilada, a CREB liga-se a uma sequência específica de DNA chamada de elemento de reconhecimento do AMPc (CRE, do inglês *cAMP-recognition element*), a qual está a montante (5′) do gene da hidroxilase. A ligação da CREB ao CRE facilita a ligação da RNA-polimerase ao promotor do gene, aumentando a transcrição da tirosina-hidroxilase. A indução da tirosina-hidroxilase foi o primeiro exemplo conhecido de um neurotransmissor alterando a expressão gênica.

Considerando porções semelhantes nas sequências de aminoácidos e de ácidos nucleicos que codificam três das enzimas biossintéticas (tirosina-hidroxilase, dopamina-β-hidroxilase e feniletanolamina-*N*-metiltransferase), foi sugerido que as três enzimas podem ter surgido de uma proteína ancestral comum. Além disso, mudanças de longo prazo na síntese dessas enzimas são coordenadamente reguladas nos neurônios adrenérgicos.

Inicialmente, essa descoberta sugeriu que os genes que codificam essas enzimas poderiam estar localizados em sequência ao longo do mesmo cromossomo e ser controlados pelo mesmo promotor, como genes em um óperon bacteriano. Contudo, em seres humanos, os genes de enzimas biossintéticas para noradrenalina não estão localizados no mesmo cromossomo. Dessa forma, a regulação coordenada é provavelmente obtida pela ativação paralela de sistemas de estimulação da transcrição semelhantes, mas independentes.

A síntese das aminas biogênicas é altamente regulada e pode ser rapidamente aumentada. Como resultado, as quantidades de transmissores disponíveis para liberação podem ser ajustadas a variações amplas na atividade neuronal. Maneiras de como regular a síntese de catecolaminas, bem como a produção das enzimas que as sintetizam, são discutidas no **Quadro 16-1**.

As aminas-traço (presentes em quantidades muito pequenas) derivadas de catecolaminas de ocorrência natural também podem servir como transmissores. Em invertebrados, os derivados de tirosina, tiramina e octopamina (assim chamados porque foram originalmente identificados na glândula salivar do polvo) desempenham papéis fundamentais em vários processos fisiológicos, incluindo a regulação comportamental. Receptores de aminas-traço também foram identificados em mamíferos, onde seu papel funcional ainda está sendo caracterizado. Em particular, o receptor 1 associado a aminas-traço (RAAT1) demonstrou modular aspectos da neurotransmissão de aminas biogênicas, bem como desempenhar um papel no sistema imunológico.

Serotonina

A serotonina (5-hidroxitriptamina, ou 5-HT) e o triptofano, aminoácido essencial do qual a serotonina deriva, pertencem a um grupo de compostos aromáticos chamados de indóis, que possuem um anel de cinco átomos contendo um nitrogênio unido a um anel benzênico. Duas enzimas são necessárias para sintetizar a serotonina: triptofano (Trp)-hidroxilase (etapa 1 a seguir), uma oxidase semelhante à tirosina-hidroxilase, e o aminoácido aromático descarboxilase, também chamado de 5-hidroxitriptofano (5-HTP) descarboxilase (etapa 2 a seguir):

Try $\xrightarrow{(1)}$ 5-HTP $\xrightarrow{(2)}$ Serotonina

Assim como as catecolaminas, a reação limitante na síntese de serotonina é catalisada pela primeira enzima da via, a triptofano-hidroxilase. Essa enzima é semelhante à tirosina-hidroxilase não somente em seu mecanismo catalítico, mas também em sua sequência de aminoácidos. Acredita-se que as duas enzimas derivam de uma proteína ancestral comum por duplicação de genes, porque as duas hidroxilases são codificadas por genes próximos no mesmo cromossomo (triptofano-hidroxilase, 11p15.3-p14; tirosina-hidroxilase, 11p15.5). A segunda enzima da via, a 5-hidroxitriptofano-descarboxilase, é idêntica à L-DOPA-descarboxilase. Enzimas com atividade semelhante, descarboxilases de aminoácidos L-aromáticos, também estão presentes em tecidos não nervosos.

Os corpos celulares dos neurônios serotoninérgicos são encontrados dentro e ao redor dos núcleos da rafe da linha média do tronco encefálico e estão envolvidos na regulação do afeto, atenção e outras funções cognitivas (Capítulo 40). Essas células, como as células noradrenérgicas no *locus ceruleus*, projetam-se amplamente por todo o encéfalo e a medula espinal. A serotonina e as catecolaminas noradrenalina e dopamina estão envolvidas na depressão, um transtorno do humor proeminente. As medicações antidepressivas inibem a recaptação da serotonina, da noradrenalina e da dopamina, aumentando a magnitude e a duração da ação desses transmissores, o que, por sua vez, leva a mudanças na sinalização e na adaptação celular (Capítulo 61).

Histamina

A histamina, derivada do aminoácido essencial histidina por descarboxilação, contém um anel característico de cinco átomos, sendo dois de nitrogênio. Ela é reconhecida há muito tempo como um autacoide, atuando quando liberada por mastócitos na reação inflamatória e no controle da vasculatura, do músculo liso e das glândulas exócrinas (p. ex., secreção do suco gástrico, altamente ácido). A histamina é um transmissor tanto em vertebrados quanto em invertebrados. Concentra-se no hipotálamo, um dos centros encefálicos de regulação da secreção de hormônios (Capítulo 41). A descarboxilase que catalisa sua síntese (etapa 1 a seguir), embora não tenha sido extensamente analisada, parece ser característica de neurônios histaminérgicos.

Histidina (1) → [anel imidazol HN—N]—CH_2—CH_2—NH_2 + CO_2
Histamina

Conforme descrito na próxima seção, as aminas biogênicas são captadas pelas vesículas sinápticas e secretoras por dois transportadores, VMAT1, principalmente em células periféricas, e VMAT2, principalmente no SNC. Como os transportadores não são seletivos para uma determinada amina biogênica, uma mistura de neurotransmissores pode estar presente. Alguns neurônios coliberam dopamina com noradrenalina, enquanto vesículas secretoras da medula suprarrenal podem coliberar adrenalina e noradrenalina.

Aminoácidos transmissores

Ao contrário da acetilcolina e das aminas biogênicas, que não são intermediárias de vias metabólicas gerais e são produzidas somente em determinados neurônios, os aminoácidos glutamato e glicina não são somente neurotransmissores, mas também constituintes celulares universais. Como eles podem ser sintetizados em neurônios e outras células, nenhum deles é um aminoácido essencial.

O glutamato, neurotransmissor utilizado com mais frequência em sinapses excitatórias no SNC, é produzido a partir do α-cetoglutarato, um intermediário do ciclo dos ácidos tricarboxílicos no metabolismo intermediário. Após sua liberação, o glutamato é recaptado da fenda sináptica por transportadores específicos na membrana de ambos, neurônios e glia (ver a seguir). O glutamato captado pelos astrócitos é convertido em glutamina pela enzima glutamina-sintetase. Essa glutamina é transportada de volta para os neurônios que usam o glutamato como transmissor, onde é hidrolisada em glutamato pela enzima glutaminase. O glutamato citoplasmático é, então, captado nas vesículas sinápticas pelo transportador vesicular de glutamato (VGLUT, do inglês *vesicular glutamate transporter*).

A glicina é o principal neurotransmissor utilizado em interneurônios inibitórios da medula espinal. Também é um cofator necessário para a ativação dos receptores de glutamato N-metil-D-aspartato (NMDA) (Capítulo 13). A glicina é sintetizada a partir da serina pela forma mitocondrial da serina hidroximetiltransferase. O aminoácido GABA é sintetizado a partir do glutamato em uma reação catalisada pela enzima ácido glutâmico descarboxilase (passo 1 a seguir):

$$\text{Glutamato} \xrightarrow{(1)} \text{GABA} + CO_2$$

COOH—CH_2—CH_2—CH(NH_2)—COOH → H_2N—CH_2—CH_2—CH_2—COOH + CO_2

O GABA está presente em altas concentrações em todo o SNC, sendo também detectável em outros tecidos. Ele é utilizado como neurotransmissor por uma classe importante de interneurônios inibitórios na medula espinal. No encéfalo, o GABA é o principal neurotransmissor de uma ampla gama de neurônios e interneurônios inibitórios. Tanto o GABA quanto a glicina são captados nas vesículas sinápticas pelo mesmo transportador, VGAT, e assim podem ser coliberados das mesmas vesículas.

ATP e adenosina

O ATP e seus produtos de degradação (p. ex., adenosina) atuam como transmissores em algumas sinapses, ligando-se a várias classes de receptores acoplados à proteína G (os receptores P1 e P2Y). O ATP também pode produzir ações excitatórias ligando-se aos receptores ionotrópicos P2X. Os efeitos estimulantes da cafeína dependem de sua inibição da ligação de adenosina aos receptores P1. A adenina, a guanina e seus derivados contendo açúcares são denominados purinas. As evidências de transmissão por receptores purinérgicos são bem consistentes para os neurônios do sistema nervoso autônomo (que inervam o ducto deferente, a bexiga e as fibras musculares do coração), para os plexos nervosos no músculo liso do intestino e para alguns neurônios no encéfalo. A transmissão purinérgica é, particularmente, importante para os nervos mediadores da dor (Capítulo 20).

O ATP liberado pelo dano tecidual atua para transmitir a sensação de dor através de um tipo de receptor ionotrópico de purina presente nos terminais dos axônios periféricos das células ganglionares da raiz dorsal que atuam como nociceptores. O ATP liberado dos terminais dos axônios centrais das células do gânglio da raiz dorsal excita outro tipo de receptor ionotrópico purinérgico em neurônios no corno dorsal da medula espinal. O ATP e outros nucleotídeos também atuam na família de receptores acoplados à proteína G P2Y para modular várias vias de sinalização a jusante.

Neurotransmissores pequenos são ativamente captados em vesículas

Aminoácidos comuns agem como transmissores em alguns neurônios, mas não em outros, indicando que a presença de uma substância no neurônio, mesmo em quantidades substanciais, não é evidência suficiente de que essa substância seja utilizada como transmissor. Por exemplo, na junção neuromuscular da lagosta (e de outros artrópodes), o GABA é inibitório e o glutamato é excitatório. A concentração de GABA é cerca de 20 vezes maior em células inibitórias do que em células excitatórias, reforçando a ideia de que o GABA é o neurotransmissor inibitório na junção neuromuscular da lagosta. Ao contrário, a concentração do neurotransmissor excitatório, o glutamato, é semelhante em ambas as células, excitatórias e inibitórias. O glutamato precisa, portanto, ser compartimentalizado nesses neurônios; ou seja, o glutamato *neurotransmissor* deve manter-se separado do glutamato *metabólico*. De fato, o glutamato transmissor é compartimentalizado em vesículas sinápticas.

Embora a presença de um conjunto específico de enzimas biossintéticas possa determinar se uma molécula pequena pode ser usada como transmissor, a presença das enzimas não significa que a molécula será utilizada. Antes que uma substância possa ser liberada como neurotransmissor, ela geralmente deve ser concentrada em vesículas sinápticas. As concentrações de neurotransmissores dentro das vesículas são altas, na ordem de muitas centenas de milimolares. As substâncias neurotransmissoras são concentradas nas vesículas por transportadores específicos para cada tipo de neurônio e energizados por uma H^+-ATPase do tipo vacuolar (V-ATPase), encontrada não apenas nas vesículas sinápticas e secretoras, mas também em todas as organelas da via secretora, incluindo endossomos e lisossomos.

Utilizando a energia da hidrólise do ATP citoplasmático, a V-ATPase cria um gradiente eletroquímico de H^+ promovendo o influxo de prótons para dentro da vesícula. Os transportadores usam esse gradiente de prótons para direcionar os neurotransmissores para dentro das vesículas contra seu gradiente de concentração por meio de um mecanismo próton-antiporte. Vários transportadores vesiculares diferentes em mamíferos são responsáveis pela concentração de diferentes moléculas transmissoras nas vesículas (**Figura 16-1**). Essas proteínas atravessam a membrana vesicular 12 vezes e possuem uma relação distante com uma classe de transportadores bacterianos que medeiam resistência a substâncias. (Os transportadores vesiculares diferem estrutural e mecanicamente dos transportadores da membrana plasmática, conforme discutido mais adiante.)

Moléculas transmissoras são modeladas classicamente para serem captadas por uma vesícula por meio de transportadores vesiculares do tipo antiporte, levando dois prótons para fora da vesícula. Como a manutenção do gradiente de pH requer a hidrólise do ATP, a captação do transmissor para dentro da vesícula é dependente de energia. Os transportadores vesiculares podem concentrar alguns neurotransmissores, como a dopamina, até 100.000 vezes em relação à sua concentração no citoplasma. A captação de neurotransmissores pelos transportadores é rápida, permitindo que as vesículas sejam novamente preenchidas de modo rápido após terem liberado o neurotransmissor e terem sido recuperadas por endocitose; isso é importante para manter o suprimento de vesículas pronto para liberação durante períodos de disparo neural rápido (Capítulo 15).

A especificidade dos transportadores para o substrato é bastante variável. O transportador vesicular de ACh (VAChT) não transporta colina ou outros transmissores. Da mesma forma, os transportadores vesiculares de glutamato, para os quais existem três tipos (VGLUT1, 2 e 3) que são expressos diferencialmente no SNC, carregam quantidades desprezíveis do outro aminoácido ácido, o aspartato. No entanto, o VMAT2 pode transportar todas as aminas biogênicas, bem como drogas, incluindo anfetaminas e até alguns compostos neurotóxicos, como *N*-metil-4-fenilpiridínio (MPP^+). 1-Metil-4-fenil-1,2,3,6-tetra-hidropiridina (MPTP), um contaminante de um opiáceo sintético de abuso, é metabolizado em MPP^+ pela enzima monoaminoxidase (MAO) tipo B. Na verdade, VMAT1 foi clonado por Robert Edwards e colaboradores com base na capacidade do transportador de proteger as células dos efeitos neurotóxicos do MPP^+. Células expressando VMAT foram capazes de sequestrar a toxina em compartimentos semelhantes a vesículas, diminuindo, assim, sua concentração citoplasmática e promovendo a sobrevivência celular. Ao expressar genes obtidos de uma biblioteca de cDNA de células de feocromocitoma suprarrenal, em uma linhagem de células de mamífero sensível a MPP^+, Edwards identificou células que expressavam VMAT1 com base em sua sobrevivência seletiva. O VMAT2 foi posteriormente identificado por clonagem de homologia, bem como diretamente por vários outros grupos.

Os transportadores e a V-ATPase estão presentes nas membranas das vesículas sinápticas pequenas e grandes. Os transportadores vesiculares são alvo de diversos agentes farmacológicos importantes. A reserpina e a tetrabenazina inibem a captação de transmissores de amina ligando-se ao transportador de monoamina vesicular. Os psicoestimulantes anfetamina, metanfetamina e 3,4-metilenodioxi-*N*-metilanfetamina (MDMA ou *ecstasy*) atuam para esgotar vesículas de moléculas transmissoras de amina, mas também causam seu efluxo do citoplasma para o espaço extracelular através dos transportadores de amina biogênica da membrana plasmática (ver adiante). Esses compostos se acumulam no interior das vesículas através do transporte acionado por próton-antiporte mediado pelo VMAT, o que diminui o gradiente de prótons necessário para captar os transmissores de amina nas vesículas.

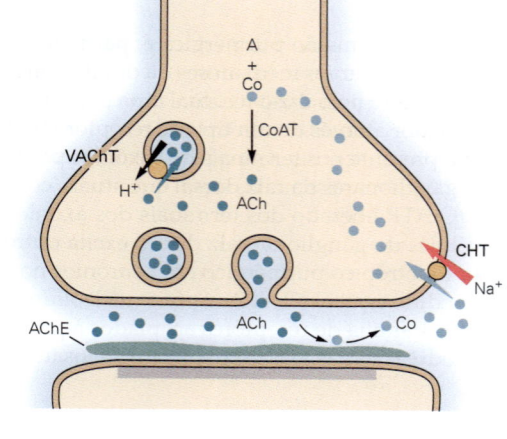

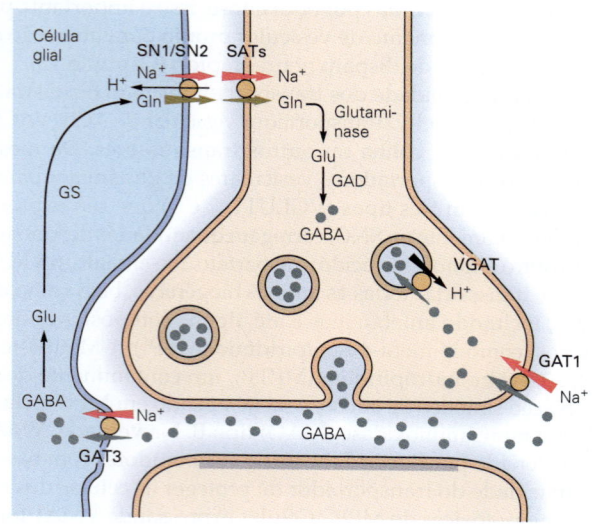

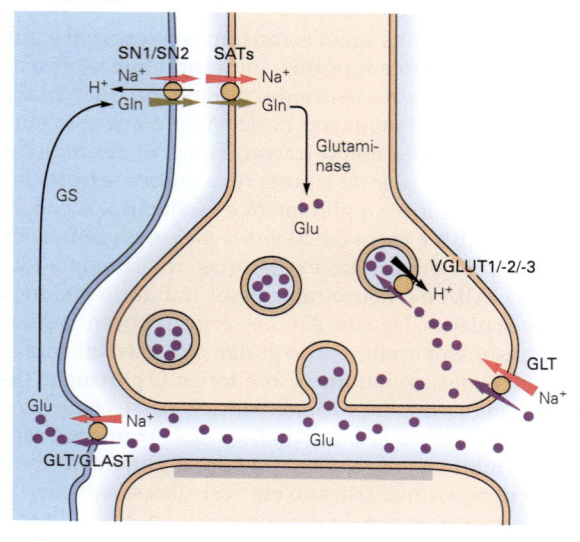

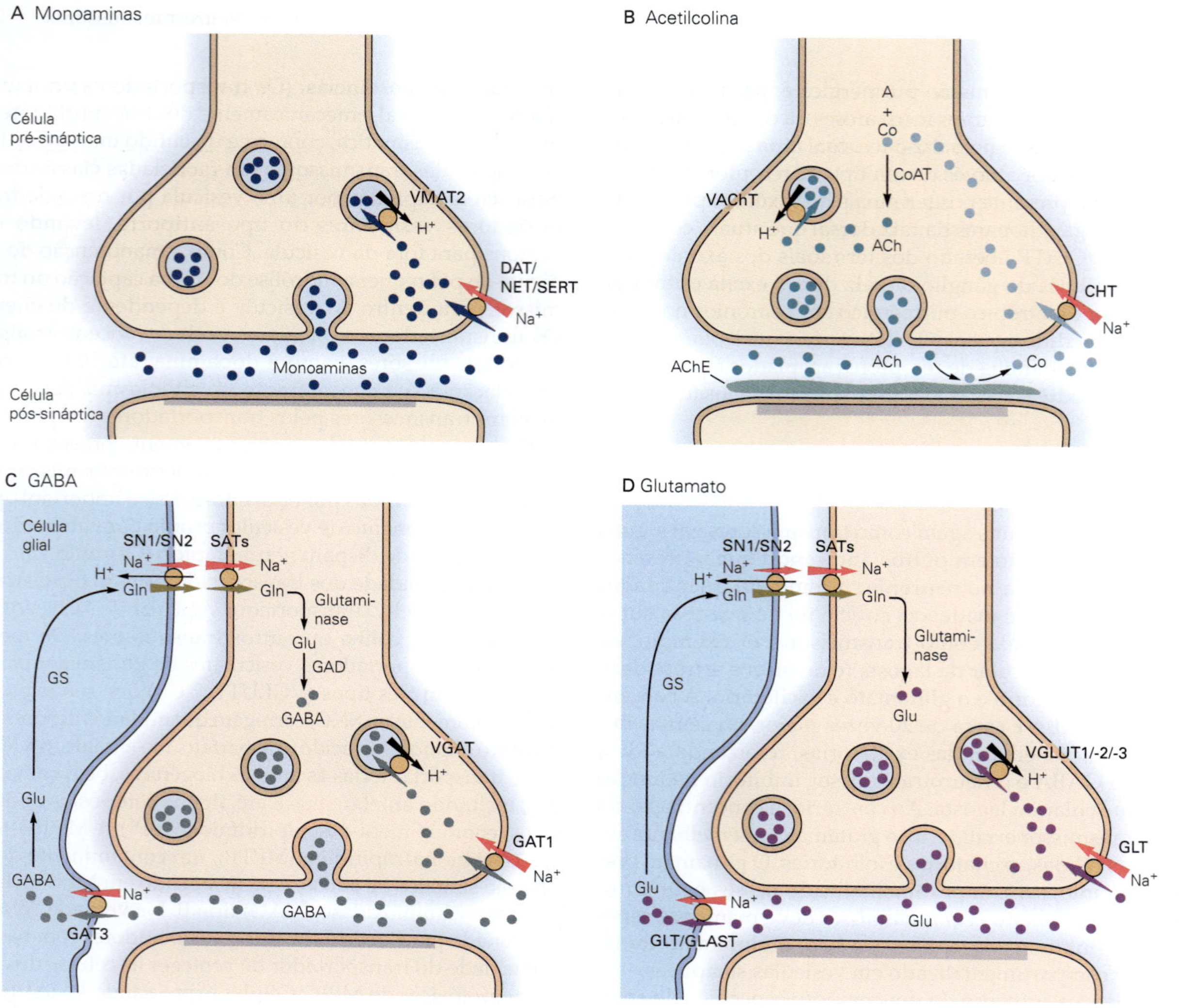

FIGURA 16-1 Neurotransmissores pequenos são transportados do citosol para vesículas ou da fenda sináptica para o citosol por transportadores. A maioria dos neurotransmissores pequenos é liberada por exocitose a partir do terminal sináptico e age em receptores pós-sinápticos específicos. Ao terminar o sinal, o transmissor é reciclado por proteínas transportadoras específicas localizadas nos terminais sinápticos ou nas células gliais ao redor. O transporte por essas proteínas (círculos laranja) é impulsionado pelos gradientes eletroquímicos de H⁺ (setas pretas) ou Na⁺ (setas vermelhas). (Adaptada, com autorização, de Chaudhry et al., 2008. Copyright © 2008 Springer-Verlag.)

A. Três transportadores distintos medeiam a captação de monoaminas pela membrana plasmática. O transportador de dopamina (**DAT**), o transportador de noradrenalina (**NET**) e o transportador de serotonina (**SERT**) são responsáveis pela recaptação (**setas azul-escuro**) de seus transmissores cognatos. O transportador de monoaminas vesicular (**VMAT2**) transporta todas as três monoaminas para dentro de vesículas sinápticas para a liberação subsequente por exocitose.

B. A sinalização colinérgica termina com a metabolização da acetilcolina (**ACh**) aos produtos inativos colina e acetato pela acetilcolinesterase (**AChE**), a qual está localizada na fenda sináptica (**barra verde**). A colina (**Ch**) é transportada pelo transportador de colina (**CHT**, do inglês *choline transporter*) de volta ao terminal nervoso (**seta azul-claro**) onde a colina-acetiltransferase (**ChAT**) catalisa a acetilação da colina para reconstituir a ACh. A ACh é transportada para o interior da vesícula pelo transportador vesicular de ACh (**VAChT**).

C. Nos terminais GABAérgicos e glicinérgicos, o transportador de GABA (**GAT-1**) e o transportador de glicina (**GLYT2**, não mostrado) medeiam a recaptação de GABA e glicina (**seta cinza**), respectivamente. O GABA também pode ser captado por células gliais adjacentes (p. ex., pelo GAT-3). Nas células gliais, o GABA é primeiro convertido em glutamato (**Glu**) pela enzima GAD. A seguir o Glu é convertido em glutamina (**Gln**), pela enzima glutamina-sintetase (**GS**) glial. A glutamina é, então, transportada de volta para o terminal nervoso por meio da ação do sistema N de transporte (**SN1/SN2**) e do sistema A de transporte (**SAT**) (**setas em marrom**). No terminal nervoso, a glutaminase ativada por fosfato (**PAG**), converte glutamina em glutamato, que é convertido em GABA pela glutamato-descarboxilase (**GAD**). O VGAT, então, transporta GABA para as vesículas. O transportador glial GLYT1 (não mostrado) também contribui para a remoção da glicina.

D. Após a liberação a partir dos terminais neuronais excitatórios, a maioria do glutamato é captada pelas células gliais circundantes (p. ex., via transportadores **GLT** e **GLAST**), para conversão em glutamina, a qual será transportada de volta aos terminais nervosos pelo SN1/SN2 e por um tipo de SAT (**SATx**) (**setas marrons**). A recaptação de glutamato nos terminais glutamatérgicos também foi demonstrada para uma isoforma de GLT (**setas roxas**). O glutamato é transportado para vesículas por **VGLUT**.

Os fármacos que apresentam suficiente semelhança estrutural com os neurotransmissores podem agir como *falsos transmissores*. Eles são empacotados em vesículas e liberados por exocitose como se fossem verdadeiros transmissores, mas, muitas vezes, ligam-se apenas fracamente ou não se ligam totalmente ao receptor pós-sináptico do transmissor natural e, portanto, sua liberação diminui a eficácia da transmissão. Vários medicamentos historicamente usados para tratar a hipertensão, como α-metildopa e guanetidina, são captados em sinapses adrenérgicas (e convertidos em α-metildopamina no caso de α-metildopa) e substituem a noradrenalina nas vesículas sinápticas. Quando liberados, esses fármacos não estimulam os receptores adrenérgicos póssinápticos, relaxando o músculo liso vascular por inibição do tônus adrenérgico. A tiramina, que é encontrada em grandes quantidades no vinho tinto e no queijo da dieta, também atua como um falso transmissor; no entanto, também pode atuar como estimulante, liberando aminas biogênicas por meio de um mecanismo semelhante à anfetamina. Outro falso transmissor, a 5-hidroxidopamina, pode produzir um produto de reação eletrodenso e tem sido usado para identificar vesículas sinápticas que adquirem aminas biogênicas.

Mais recentemente, vários falsos neurotransmissores fluorescentes foram projetados, permitindo que os pesquisadores usem métodos de imagem para monitorar a captação e liberação de derivados de neurotransmissores durante a atividade sináptica no encéfalo de roedores e moscas (ver **Figura 16-5** no **Quadro 16-2**).

Uma descoberta inesperada é que dopamina pode ser liberada por dendritos, bem como por axônios, apesar da falta de vesículas sinápticas nos dendritos. As organelas que expressam VMAT2 parecem, provavelmente, ser a fonte da liberação, embora com requisitos diferentes para Ca^{2+} intracelular do que a neurotransmissão clássica nos terminais pré-sinápticos. Por razões técnicas, esse fenômeno foi estudado principalmente em dendritos de neurônios dopaminérgicos da substância negra: a dopamina pode ser medida diretamente por técnicas eletroquímicas, e os dendritos estão bem separados dos corpos celulares. No entanto, é possível que a liberação de neurotransmissores dendríticos ocorra mais amplamente em todo o sistema nervoso.

Muitos peptídeos neuroativos atuam como transmissores

As enzimas que catalisam a síntese dos neurotransmissores de baixo peso molecular, com exceção da dopamina-β-hidroxilase, localizam-se no citoplasma. Essas enzimas são sintetizadas em polissomos livres no corpo celular e provavelmente em dendritos e são distribuídas por todo o neurônio por fluxo axoplasmático. Assim, neurotransmissores pequenos podem ser formados em todas as partes do neurônio; mais importante, eles podem ser sintetizados em locais pré-sinápticos axonais a partir dos quais são liberados.

Em contrapartida, os neuropeptídeos são derivados de proteínas secretoras que são formadas no corpo neuronal. Mais de 50 peptídeos curtos são produzidos por neurônios ou células neuroendócrinas e exercem ações fisiológicas (**Tabela 16-2**). Alguns agem como hormônios em alvos

TABELA 16-2 Peptídeos neuroativos de mamíferos

Categoria	Peptídeo
Neuropeptídeos hipotalâmicos	Hormônio liberador de tireotropina
	Hormônio liberador de gonadotropinas
	Fator liberador de corticotropina (CRF)
	Hormônio liberador do hormônio do crescimento
	Hormônio estimulador de melanócitos
	Fator inibidor de melanócitos
	Somatostatina
	β-Endorfina
	Dinorfina
	Galanina
	Neuropeptídeo Y
	Orexina
	Ocitocina
	Vasopressina
Neuropeptídeos neuro-hipofisários	Ocitocina
	Vasopressina
Peptídeos hipofisários	Hormônio adrenocorticotrópico
	β-Endorfina
	α-MSH
	Prolactina
	Hormônio luteinizante
	Hormônio do crescimento
	Tireotropina
Hormônios da pineal	Melatonina
Gânglios basais	Substância P
	Encefalina
	Dinorfina
	Neuropeptídeo Y
	Neurotensina
	Colecistocinina
	Peptídeo 1 semelhante ao glucagon
	Transcrito regulado por cocaína e anfetamina (CART)
Peptídeos gastrintestinais	Polipeptídeo intestinal vasoativo
	Colecistocinina
	Gastrina
	Substância P
	Neurotensina
	Metionil-encefalina
	Leucil-encefalina
	Insulina
	Glucagon
	Bombesina
	Secretina
	Somatostatina
	Hormônio liberador de tireotropina
	Motilina
Cardíaco	Peptídeo natriurético atrial
Outros	Angiotensina II
	Bradicinina
	Calcitonina
	Peptídeo relacionado ao gene da calcitonina (CGRP)
	Galanina
	Leptina
	Peptídeos do sono
	Substância K (neurocinina A)

fora do encéfalo (p. ex., a angiotensina e a gastrina) ou são produtos da secreção neuroendócrina (p. ex., a ocitocina, a vasopressina, a somatostatina, o hormônio luteinizante e o hormônio liberador de tireotropina). Além disso, muitos neuropeptídeos atuam como neurotransmissores quando liberados perto de um neurônio-alvo, onde podem causar inibição, excitação ou ambos.

Peptídeos neuroativos têm sido implicados na modulação da percepção sensorial e do afeto. Alguns peptídeos, incluindo a substância P e as encefalinas, estão preferencialmente localizados em regiões do SNC envolvidas na percepção da dor. Outros neuropeptídeos regulam as complexas respostas ao estresse; esses peptídeos incluem o hormônio estimulador de melanócitos γ, o hormônio liberador de corticotropina (CRH, do inglês *corticotropin-releasing hormone*), o hormônio adrenocorticotrópico (ACTH, do inglês *adrenocorticotropin hormone*) e a β-endorfina.

Embora a diversidade de neuropeptídeos seja enorme, como uma classe, esses mensageiros químicos compartilham uma biologia celular comum. Uma generalidade notável é que os neuropeptídeos são agrupados em famílias com membros que têm sequências de resíduos de aminoácidos semelhantes. Pelo menos 10 já foram identificadas; as sete principais famílias estão listadas na **Tabela 16-3**.

Muitos neuropeptídeos diferentes podem ser codificados por um único RNA mensageiro (mRNA), que é traduzido em um único precursor poliproteico grande (**Figura 16-2**). As poliproteínas podem servir como um mecanismo de amplificação, fornecendo mais de uma cópia do mesmo peptídeo a partir de um precursor. Poliproteínas podem gerar diversidade produzindo diversos peptídeos distintos a partir da clivagem de um mesmo precursor, como no caso dos peptídeos opioides. Os peptídeos opioides são derivados de poliproteínas codificadas por três genes distintos. Esses peptídeos são ligantes endógenos para uma família de receptores acoplados à proteína G. Além dos agonistas endógenos, o receptor opioide mu também liga moléculas com propriedades analgésicas e viciantes, como morfina e derivados sintéticos, incluindo heroína e oxicodona.

O processamento de mais de um peptídeo funcional a partir de uma única poliproteína não é exclusivo dos neuropeptídeos. O mecanismo foi descrito inicialmente para proteínas codificadas por pequenos vírus de RNA. Muitos polipeptídeos virais são produzidos a partir da mesma poliproteína viral, e todos contribuem para a geração de novas partículas virais. Assim como os vírus, em que proteínas diferentes servem obviamente para um propósito biológico comum (formação de novos vírus), um polipeptídeo neuronal muitas vezes dará origem a peptídeos que agem juntos para conseguirem um objetivo fisiológico comum. Algumas vezes, as funções biológicas parecem ser mais complexas, como peptídeos com atividades relacionadas ou antagonistas que podem ser originados do mesmo precursor.

Um exemplo particularmente interessante dessa forma de sinergia é o grupo de peptídeos formados a partir do precursor do hormônio de postura de ovos (ELH, do inglês *egg-laying hormone*), um conjunto de neuropeptídeos que controla diversos comportamentos reprodutivos no molusco marinho *Aplysia*. O ELH pode agir como hormônio, causando a contração dos músculos dos ductos; ele também pode agir como neurotransmissor, alterando o disparo de muitos neurônios envolvidos na produção de comportamentos, assim como fazem os outros peptídeos originados da mesma poliproteína.

O processamento de peptídeos neuroativos ocorre dentro do sistema de membrana intracelular do neurônio e em vesículas. Muitos peptídeos são produzidos a partir de uma única poliproteína por meio de clivagens proteolíticas específicas e limitadas catalisadas por proteases presentes nos sistemas de membrana internos. Algumas dessas proteínas são serinas-proteases, uma classe que também inclui as enzimas pancreáticas tripsina e quimotripsina. Tal como acontece com a tripsina, o local de clivagem da ligação peptídica é determinado por resíduos de aminoácidos básicos (lisina e arginina) na proteína substrato. Embora a clivagem seja comum onde houver dois resíduos básicos em sequência, ela também pode ocorrer em resíduos básicos únicos, e algumas vezes as poliproteínas são clivadas em outras ligações peptídicas.

Outros tipos de peptidases também catalisam a proteólise limitada necessária para o processamento de peptídeos neuroativos. Entre elas estão as tiol-endopeptidases (com mecanismos catalíticos como aquele da pepsina), as aminopeptidases (que removem o aminoácido N-terminal do peptídeo) e a carboxipeptidase B (uma enzima que remove um aminoácido da extremidade C-terminal do peptídeo se ele for básico).

Diferentes neurônios que produzem a mesma poliproteína podem liberar diferentes neuropeptídeos devido a diferenças na forma como a poliproteína é processada. Um exemplo é a pró-opiomelanocortina (POMC), um dos três ramos da família opioide. A POMC é encontrada em neurônios nos lobos anterior e intermediário da hipófise, no hipotálamo e em muitas outras regiões do encéfalo, assim como na placenta e no intestino. O mesmo mRNA da POMC é encontrado em todos esses tecidos, mas diferentes

TABELA 16-3 As principais famílias de peptídeos neuroativos

Família	Membros
Opioides	Opiocortina, encefalinas, dinorfina, FMRFamida (Phe-Met-Arg-Phe-amida)
Neuropeptídeos neuro-hipofisários	Vasopressina, ocitocina, neurofisinas
Taquicininas	Substância P, fisalaemina, cassinina, uperoleína, eledoisina, bombesina, substância K
Secretinas	Secretina, glucagon, peptídeo intestinal vasoativo, peptídeo inibitório gástrico, fator liberador do hormônio do crescimento, peptídeo histidina isoleucina amida
Insulinas	Insulina, fatores semelhantes à insulina I e II
Somatostatinas	Somatostatinas, polipeptídeo pancreático
Gastrinas	Gastrina, colecistocinina

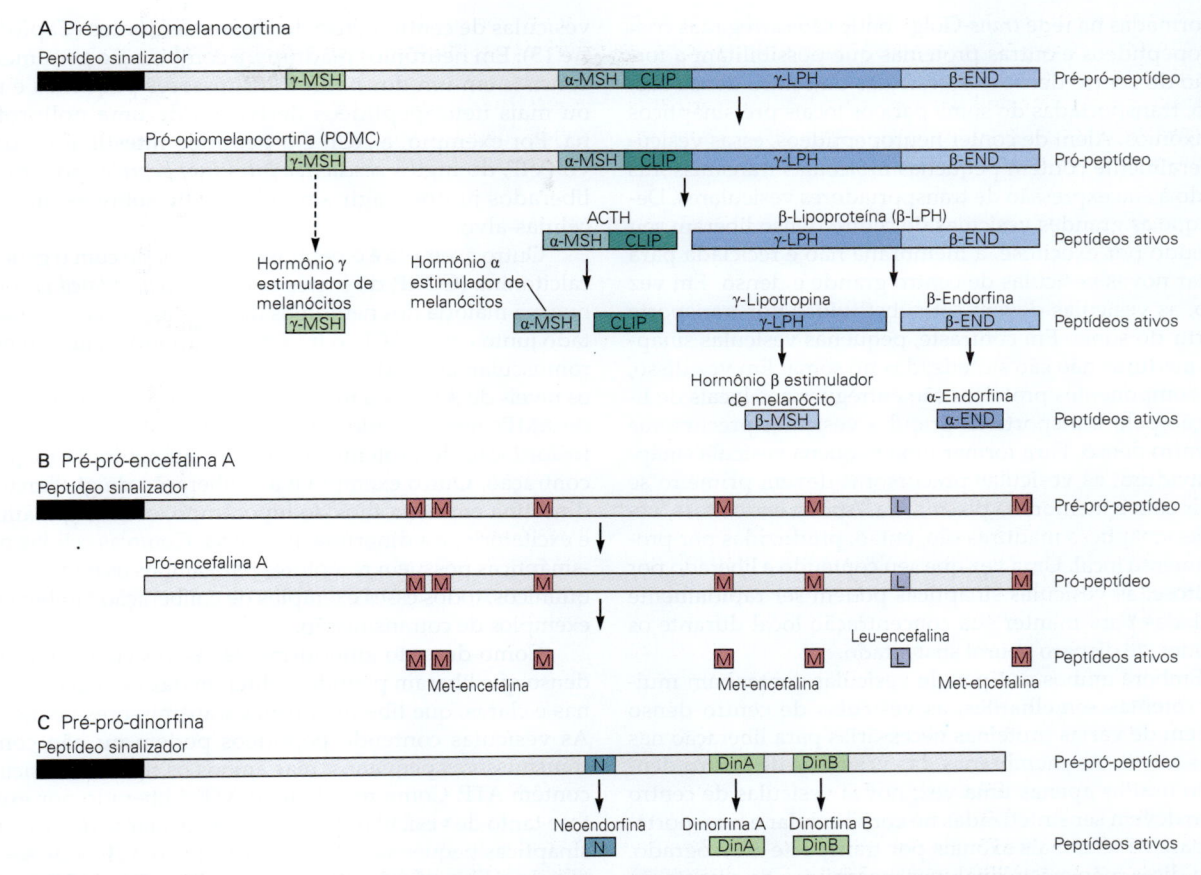

FIGURA 16-2 Os precursores de hormônios e neuropeptídeos são produzidos de maneira distinta: a família opioide de neuropeptídeos. Os neuropeptídeos opioides são derivados de moléculas precursoras maiores, que requerem múltiplas rodadas de clivagem mediada por proteases. Esses precursores são processados de maneiras diferentes para gerar seus produtos peptídicos específicos. O transporte desses precursores através da membrana do retículo endoplasmático é iniciado por uma sequência sinalizadora hidrofóbica. Clivagens internas frequentemente ocorrem em resíduos básicos dentro do polipeptídeo. Além disso, esses precursores têm resíduos de cisteína que são essenciais e açúcares que têm papel em seu processamento e função. Geralmente, a primeira etapa do processamento começa com o precursor de polipoteína recém-sintetizado (conhecido como a forma pré-propeptídeo). A clivagem de uma sequência-sinal da porção aminoterminal gera uma molécula menor, o pró-peptídeo. Três principais proteínas precursoras de peptídeos opioides são codificadas por três genes: *pró-opiomelanocortina* (**POMC**), *pro-encefalina* (**PENK**) e *prodinorfina* (**PDYN**) (não mostrado). O processamento diferencial dos três pré-propeptídeos resultantes dá origem aos principais peptídeos opioides: endorfinas, encefalinas e dinorfinas.

A. O precursor POMC é processado de forma distinta em diferentes lobos da glândula pituitária, resultando em hormônio α estimulador de melanócitos (α-MSH) e γ-MSH, peptídeo de lobo intermediário semelhante à corticotropina (CLIP) e β-lipotropina (β-LPH). O β-LPH é clivado para produzir γ-LPH e β-endorfina (β-END), que, por sua vez, produzem hormônio β estimulador de melanócitos (β-MSH) e α-endorfina (α-END) respectivamente. As clivagens endoproteolíticas no hormônio adrenocorticotrópico (ACTH) e β-LPH ocorrem no lobo intermediário, mas não no lobo anterior.

B. Princípios similares são evidentes no processamento do precursor da encefalina, o qual dá origem aos peptídeos Met-encefalina (6 moléculas) e Leu-encefalina (1 molécula).

C. O precursor de dinorfina é clivado em pelo menos três peptídeos que estão relacionados à Leu-encefalina, uma vez que as sequências aminoterminais de todos os três peptídeos contêm a sequência da Leu-encefalina.

peptídeos são produzidos a partir da POMC em tecidos distintos de uma maneira controlada. Uma possibilidade é que dois neurônios que processam a mesma polipoteína possam expressar de forma diferente proteases com diferentes especificidades dentro do lúmen do retículo endoplasmático, complexo de Golgi ou vesículas. Alternativamente, dois neurônios podem conter as mesmas proteases, mas cada célula poderia glicosilar a poliproteína comum em sítios diferentes, protegendo, assim, da clivagem diferentes regiões do polipeptídeo.

Peptídeos e neurotransmissores pequenos diferem em vários aspectos

Grandes vesículas de centro denso são homólogas aos grânulos secretores de células não neuronais. Essas vesículas são formadas na rede *trans*-Golgi, onde são carregadas com neuropeptídeos e outras proteínas que possibilitam a formação do centro denso. As vesículas de centro denso são, então, transportadas do soma para os locais pré-sinápticos nos axônios. Além de conter neuropeptídeos, essas vesículas geralmente contêm pequenas moléculas transmissoras devido à sua expressão de transportadores vesiculares. Depois que as grandes vesículas de centro denso liberam seu conteúdo por exocitose, a membrana não é reciclada para formar novas vesículas de centro grande e denso. Em vez disso, as vesículas devem ser substituídas por transporte a partir do soma. Em contraste, pequenas vesículas sinápticas maduras não são sintetizadas no soma. Em vez disso, seus componentes proteicos são entregues aos locais de liberação pelo transporte de grandes vesículas precursoras de centro denso. Para formar uma pequena vesícula sináptica madura, as vesículas precursoras devem primeiro se fundir com a membrana plasmática. Após a endocitose, vesículas sinápticas maduras são, então, produzidas por processamento local. Uma vez que seu conteúdo é liberado por exocitose, as vesículas sinápticas podem ser rapidamente recicladas para manter sua concentração local durante os períodos de disparo neural sustentado.

Embora ambos os tipos de vesículas contenham muitas proteínas semelhantes, as vesículas de centro denso carecem de várias proteínas necessárias para liberação nas zonas ativas. As membranas das vesículas de centro denso são usadas apenas uma vez; novas vesículas de centro denso devem ser sintetizadas no corpo celular e transportadas para os terminais axonais por transporte anterógrado. Além disso, não existe qualquer mecanismo de recaptação de neuropeptídeos. Assim, uma vez que um peptídeo é liberado, um novo suprimento deve chegar do corpo celular. Embora haja evidências de síntese proteica local em alguns axônios, não foi demonstrado que isso forneça novos peptídeos para liberação.

As grandes vesículas de centro denso liberam seu conteúdo por um mecanismo exocitótico que não é especializado em células nervosas e não requer zonas ativas. A liberação pode, portanto, ocorrer em qualquer lugar ao longo da membrana do axônio que tenha a maquinaria de fusão apropriada. Como em outros exemplos de secreção regulada, a exocitose de vesículas secretoras de centro denso depende de uma elevação geral no Ca^{2+} intracelular por canais de Ca^{2+} dependentes de voltagem que não estão presentes no sítio de liberação. Como resultado, essa forma de exocitose é lenta e requer altas frequências de estimulação para aumentar os níveis de Ca^{2+} o suficiente para desencadear a liberação. Isso contrasta com a rápida exocitose de vesículas sinápticas após um único potencial de ação, que inicia o grande e rápido aumento de Ca^{2+} através de canais de Ca^{2+} dependentes de voltagem fortemente agrupados na zona ativa (Capítulo 15).

Peptídeos e neurotransmissores pequenos podem ser coliberados

Peptídeos neuroativos, neurotransmissores pequenos e outras moléculas neuroativas coexistem nas mesmas vesículas de centro denso de alguns neurônios (Capítulos 7 e 15). Em neurônios maduros, a combinação geralmente consiste em um dos neurotransmissores pequenos e um ou mais neuropeptídeos derivados de uma poliproteína. Por exemplo, a ACh e o peptídeo intestinal vasoativo (VIP, do inglês *vasoactive intestinal peptide*) podem ser liberados juntos e agir sinergicamente sobre as mesmas células-alvo.

Outro exemplo é o peptídeo relacionado com o gene da calcitonina (CGRP, do inglês *calcitonin gene-related peptide*), que, na maioria dos neurônios motores espinais, é empacotado junto com a ACh, o transmissor usado na junção neuromuscular. O CGRP ativa a adenilato-ciclase, aumentando os níveis de AMPc e a fosforilação de proteínas dependente de AMPc nos músculos-alvo (Capítulo 14). O aumento na fosforilação de proteínas resulta no aumento da força de contração. Outro exemplo é a coliberação de glutamato e dinorfina em neurônios do hipocampo, onde o glutamato é excitatório, e a dinorfina, inibitória. Como as células pós-sinápticas possuem receptores para ambos os mensageiros químicos, todos esses exemplos de coliberação também são exemplos de cotransmissão.

Como descrito anteriormente, as vesículas de centro denso que liberam peptídeos diferem das vesículas pequenas e claras, que liberam apenas transmissores pequenos. As vesículas contendo peptídeos podem ou não conter transmissores pequenos, mas ambos os tipos de vesículas contêm ATP. Como resultado, o ATP é liberado por exocitose tanto de vesículas de centro denso quanto de vesículas sinápticas pequenas. Ainda, parece que o ATP pode ser estocado e liberado de diversas maneiras: (1) o ATP é coarmazenado e coliberado com transmissores; (2) a liberação do ATP é simultânea, mas independente da liberação de transmissores; e (3) o ATP é liberado isoladamente. A coliberação do ATP (que pode ser degradado em adenosina após a liberação) pode ilustrar de modo importante o fato de que a coexistência e a coliberação não necessariamente significam cotransmissão. O ATP, como muitas outras substâncias, pode ser liberado dos neurônios, mas ainda não está envolvido na sinalização se não houver receptores próximos.

Como mencionado anteriormente, um dos critérios para que uma substância em particular seja considerada um transmissor é que ela esteja presente em altas concentrações nos neurônios. A identificação de transmissores em neurônios específicos tem sido importante na compreensão da transmissão sináptica, e uma variedade de métodos histoquímicos é utilizada para detectar mensageiros químicos nos neurônios (**Quadro 16-2**).

Os transportadores glutamatérgicos de vesículas sinápticas VGLUT2 e VGLUT3 são expressos em neurônios que liberam outras classes de neurotransmissores, particularmente neurônios colinérgicos, serotoninérgicos e catecolaminérgicos. Um exemplo interessante de coliberação de dois neurotransmissores pequenos é o de glutamato e dopamina por neurônios que se projetam para o estriado ventral, córtex e outros lugares. Essa coliberação pode ter implicações importantes para a modulação de comportamentos motivados e para o estabelecimento

QUADRO 16-2 Detecção de mensageiros químicos e de suas enzimas de processamento nos neurônios

Técnicas histoquímicas eficientes estão disponíveis para a detecção tanto de transmissores pequenos quanto de neuropeptídeos em secções histológicas de tecido nervoso.

As catecolaminas e a serotonina, quando reagem com vapor de formaldeído, formam derivados fluorescentes. Em um exemplo inicial da histoquímica de transmissores, os neuroanatomistas suecos Bengt Falck e Nils Hillarp observaram que essa reação pode ser utilizada para localizar transmissores com microscopia de fluorescência sob condições controladas de modo adequado.

Como as vesículas individuais são muito pequenas para serem visualizadas pelo microscópio óptico, a posição exata das vesículas contendo o neurotransmissor pode ser inferida pela comparação da distribuição da fluorescência sob microscópio óptico com a posição das vesículas sob microscopia eletrônica. Vários falsos transmissores fluorescentes, particularmente aqueles que imitam as catecolaminas, são substratos para transportadores da membrana plasmática e/ou vesiculares, permitindo seu uso para marcar vesículas e avaliar sua renovação em tecidos vivos.

Além disso, diversos repórteres de neurotransmissores geneticamente expressos, tendo como base a proteína fluorescente verde, são usados para detectar níveis extracelulares de neurotransmissores.

A análise histoquímica pode ser estendida para a ultraestrutura dos neurônios sob condições especiais. A fixação do tecido nervoso na presença de permanganato de potássio, cromato ou sais de prata, ou o análogo de dopamina 5-hidroxidopamina, que forma um produto eletrodenso, intensifica a densidade eletrônica de vesículas contendo aminas biogênicas e, portanto, revela o grande número de vesículas de centro denso que são características de neurônios aminérgicos.

Também é possível identificar neurônios que expressem o gene para determinada enzima do metabolismo de transmissores ou determinada proteína precursora de neuropeptídeos. Muitos métodos para detectar mRNAs específicos dependem da hibridização do ácido nucleico. Um desses métodos é a hibridização *in situ*.

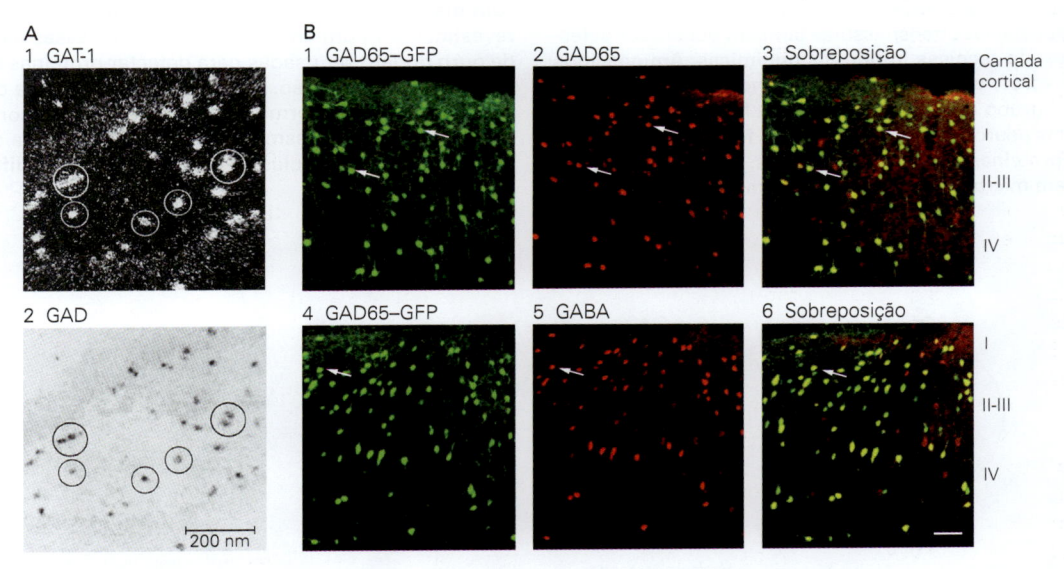

FIGURA 16-3 Técnicas de visualização de mensageiros químicos.

A. Microscopia óptica de uma secção hipocampal de rato. **1.** Hibridização *in situ* utilizando sonda para RNA mensageiro (mRNA) que codifica transportador de GABA (GAT-1), um transportador de ácido γ-aminobutírico (GABA). A sonda foi marcada com α-^{35}S-dATP e visualizada por aglomerados de grânulos de prata na emulsão autorradiográfica fotográfica sobreposta. **2.** A hibridização *in situ* do mRNA para a descarboxilase do ácido glutâmico (**GAD**), a enzima biossintética específica do GABA, foi realizada com uma sonda de oligonucleotídeo ligada à fosfatase alcalina. A sonda GAD é visualizada pelos acúmulos no citoplasma do produto colorido da reação da fosfatase alcalina. Neurônios que expressam transcritos de GAT-1 e GAD foram marcados por grãos de prata e a reação de fosfatase, respectivamente, e são indicados pelos círculos a redor dos corpos celulares que contêm ambas as marcações. (Utilizada com autorização de Sarah Augood.)

B. Imagens do neocórtex de um camundongo transgênico para GAD65-GFP no qual a proteína fluorescente verde (**GFP**, do inglês *green fluorescent protein*) é expressa sob controle do promotor de GAD65. A GFP está colocalizada com GAD65 (1-3) e com GABA (4-6) (ambos detectados por imunofluorescência indireta) em neurônios de diferentes camadas. A maioria dos neurônios GFP-positivos são imunopositivos para GAD65 e GABA (as **setas** mostram exemplos selecionados). Barra de escala = 100 µm. (Adaptada, com autorização, de López-Bendito et al., 2004. Copyright © 2004 Oxford University Press.)

continua

> **QUADRO 16-2** Detecção de mensageiros químicos e de suas enzimas de processamento nos neurônios (*continuação*)
>
> Duas fitas simples de um polímero de nucleotídeos irão parear se sua sequência de bases for complementar. Com a hibridização *in situ*, a fita de DNA não codificante (a fita negativa ou antissenso ou seu RNA correspondente) é aplicada a fatias de tecido sob condições adequadas à hibridização com mRNA endógeno (senso). Se as sondas forem marcadas com isótopos radioativos, a autorradiografia revelará a localização dos neurônios que contenham o complexo formado pela fita de ácido nucleico complementar marcada e o mRNA.
>
> Os oligonucleotídeos híbridos sintetizados com nucleotídeos contendo análogos de base marcados quimicamente, fluorescentemente ou com anticorpos podem ser detectados histoquimicamente. Vários rótulos podem ser usados ao mesmo tempo (**Figura 16-3A**). O RNAscope (hibridização *in situ*), um método de hibridização de mRNA mais recente, permite a detecção simultânea de diferentes mRNAs com menor interferência de fundo e com maior sensibilidade molecular. Outra abordagem para detectar as proteínas sintéticas envolve a expressão viral ou transgênica de proteínas fundidas com variantes da proteína fluorescente verde (**Figura 16-3B**).
>
> As substâncias transmissoras também podem ser detectadas usando técnicas imuno-histoquímicas. Aminoácidos transmissores, aminas biogênicas e neuropeptídeos possuem um grupo amino primário que se fixa covalentemente dentro dos neurônios; esse grupo pode formar reação cruzada com proteínas por meio de aldeídos, os fixadores usuais usados em microscopia para técnicas imuno-histoquímicas.
>
> São necessários anticorpos específicos para marcar neurotransmissores. Anticorpos específicos para serotonina, histamina e muitos neuropeptídeos podem ser detectados por um segundo anticorpo (em uma técnica chamada de *imunofluorescência indireta*). Por exemplo, se o primeiro anticorpo é derivado de coelho, o segundo anticorpo pode ser um anticorpo produzido em cabra contra imunoglobulina de coelho.
>
> Esses anticorpos secundários disponíveis comercialmente são marcados com corantes fluorescentes e, por microscopia de fluorescência, são empregados para localizar antígenos em regiões de neurônios individuais, incluindo corpos celulares, axônios e locais de liberação pré-sináptica (**Figura 16-3**).
>
> Técnicas de imuno-histoquímica também são usadas em microscopia eletrônica para localizar transmissores químicos na ultraestrutura dos neurônios. Tais técnicas geralmente envolvem um sistema peroxidase-antiperoxidase que produz um produto de reação eletrodenso. Outro método é usar anticorpos ligados a partículas de ouro eletrodensas. Esferas de ouro coloidal podem ser geradas com diâmetros precisos na faixa de nanômetros. Quando revestidas com um anticorpo apropriado, essas partículas de ouro podem ser usadas para detectar proteínas e peptídeos em alta resolução. Essa técnica ainda tem a característica adicional de permitir que mais de um anticorpo seja avaliado em uma mesma fatia de tecido se cada anticorpo for ligado a partículas de ouro de tamanhos diferentes (**Figura 16-4**).
>
> **FIGURA 16-4** Partículas de ouro eletro-opacas, ligadas ao anticorpo, são usadas para localizar antígenos no tecido em nível ultraestrutural. A micrografia eletrônica mostra uma secção transversal do corpo de um neurônio em saco (célula *bag*) da *Aplysia*. Essas células controlam o comportamento reprodutivo pela liberação de um grupo de neuropeptídeos clivados a partir do precursor do hormônio de postura de ovos (ELH). As células contêm vários tipos de vesículas eletrodensas. A célula mostrada aqui foi tratada com dois anticorpos contra diferentes sequências de aminoácidos contidas em diferentes regiões do precursor de ELH. Um anticorpo foi produzido em coelhos e o outro em ratos. Esses anticorpos foram detectados com anticorpos contra imunoglobulinas de coelho ou de rato (anticorpos secundários) desenvolvidos em cabra. Cada anticorpo secundário foi acoplado a partículas de ouro coloidal de tamanhos diferentes. As vesículas identificadas pelo antígeno 1 (marcadas com as partículas de ouro menores) são menores do que as vesículas identificadas pelo antígeno 2 (marcadas com as partículas de ouro maiores), indicando que os fragmentos específicos clivados do precursor estão localizados em vesículas diferentes. (Reproduzida, com autorização, de Fisher et al., 1988.)
>
> *continua*

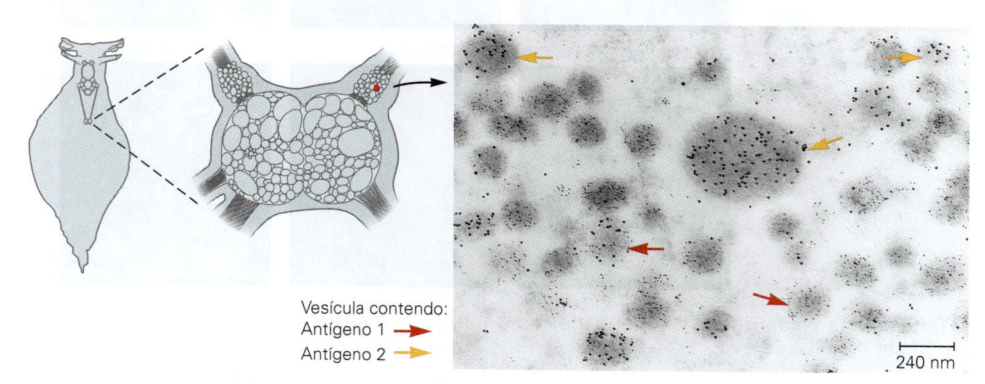

QUADRO 16-2 Detecção de mensageiros químicos e de suas enzimas de processamento nos neurônios (*continuação*)

Vários substratos de transportadores vesiculares fluorescentes têm sido usados como falsos neurotransmissores fluorescentes (FNFs) para monitorar a liberação do transmissor em fatias encefálicas de camundongos ou encéfalo inteiro da mosca (**Figura 16-5**). Essa abordagem permite a visualização de terminais nervosos em que as vesículas sinápticas foram carregadas com FNFs. Dessa forma, a liberação pode ser monitorada opticamente em tempo real, em resposta ou à despolarização, que leva à exocitose e esvaziamento da vesícula sináptica, ou à anfetamina, que leva à liberação não exocítica do conteúdo vesicular no citoplasma em resposta à desacidificação da vesícula.

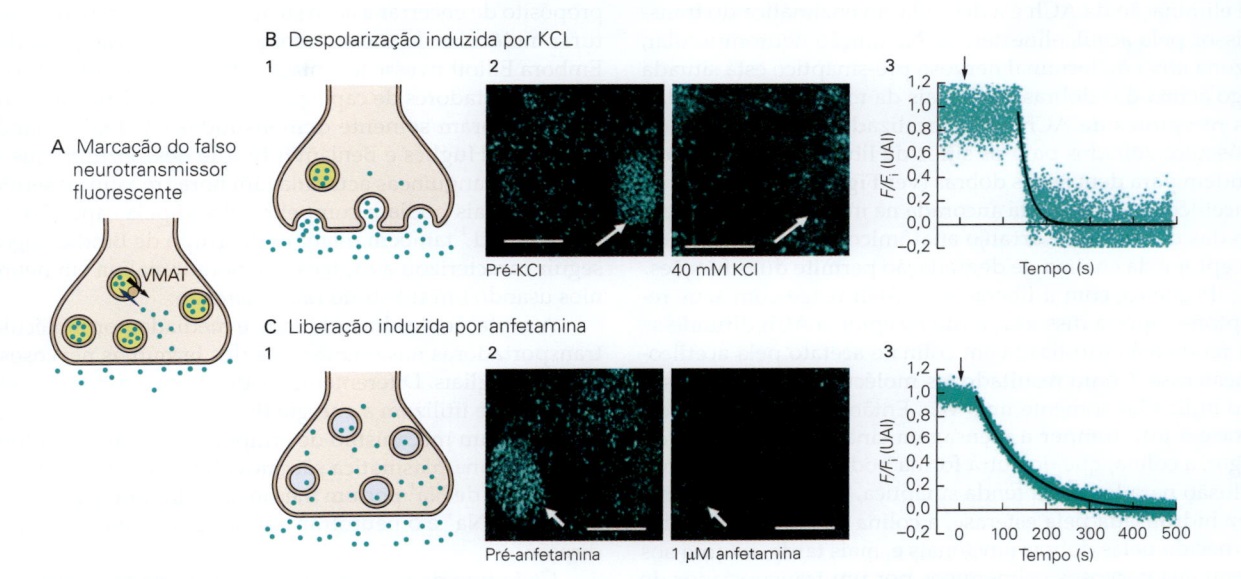

FIGURA 16-5 A marcação do falso neurotransmissor fluorescente (FNF) permite o monitoramento óptico da liberação do neurotransmissor.

A. O FNF (**pontos azuis**) é transportado por VMAT para vesículas sinápticas em terminais nervosos dopaminérgicos. As vesículas em estado estacionário são ácidas, conforme indicado pelo **sombreamento amarelo**.

B. 1. O aumento da concentração extracelular de KCl leva à despolarização e liberação de vesículas por exocitose, resultando na perda do marcador fluorescente (descoloração). **2.** A despolarização de KCl (40 mM) causou rápida descoloração de FNF206 em terminais pré-sinápticos dopaminérgicos. Encéfalos inteiros de moscas foram carregados em estado estacionário com FNF206 (300 nM) e tratados com KCl. As imagens representativas mostram o neurópilo antes (*à esquerda*) e após (*à direita*) a despolarização induzida por KCl. **3.** Cinética do decaimento de fluorescência de experimentos representativos. A **seta preta** indica o início da adição de KCl. Barra de escala = 25 µm. UAI, unidades arbitrárias de intensidade de fluorescência.

C. 1. A anfetamina leva à desacidificação das vesículas (**perda do sombreamento amarelo**) e sua descoloração por meio de um mecanismo que não envolve exocitose, discutido no texto. **2.** A anfetamina (1 µM) causou a descoloração de FNF206. Os encéfalos de moscas foram carregados em estado estacionário com FNF206 (300 nM) e tratados com anfetamina. A imagem ilustra o neurópilo antes (*esquerda*) e depois (*direita*) do tratamento. **3.** Cinética de decaimento de fluorescência de experimentos representativos. A **seta preta** indica o início da adição de fármacos. Barra de escala = 25 µm. (Reproduzida, com autorização, de Freyberg et al., 2016.)

---

de padrões de projeções axonais. Em alguns casos, o glutamato é liberado junto com a dopamina em resposta a diferentes padrões de disparo de neurônios dopaminérgicos. Embora haja uma controvérsia sobre se as mesmas vesículas sinápticas podem acumular ambos os neurotransmissores, em vesículas sinápticas isoladas, a captação de glutamato aumenta o armazenamento vesicular de monoaminas, aumentando o gradiente de pH que impulsiona o transporte vesicular de monoaminas, fornecendo um mecanismo pré-sináptico para regular o tamanho quântico.

A remoção do transmissor da fenda sináptica finaliza a transmissão sináptica

A remoção de transmissores da fenda nos tempos adequados é crucial à transmissão sináptica. Se as moléculas transmissoras liberadas em uma ação sináptica pudessem permanecer na fenda após a liberação, isso impediria a dinâmica espacial e temporal normal da sinalização, inicialmente aumentando o sinal, mas impedindo a passagem de novos sinais. A sinapse iria se tornar refratária, principalmente em razão da dessensibilização dos receptores, resultante da exposição contínua ao transmissor.

Os transmissores são removidos da fenda por três mecanismos: difusão, degradação enzimática e recaptação. A difusão remove alguma fração de todos os mensageiros químicos, mas em regiões encefálicas com inervação muito alta e, portanto, com uma alta necessidade de liberação de neurotransmissores, a difusão pode desempenhar um papel relativamente pequeno na sinalização gradual. Em contraste, em regiões de baixa inervação, a difusão é o principal mecanismo pelo qual a sinalização é diminuída.

Nas sinapses colinérgicas, o mecanismo preponderante de eliminação da ACh é a degradação enzimática do transmissor pela acetilcolinesterase. Na junção neuromuscular, a zona ativa do terminal nervoso pré-sináptico está situada logo acima das dobras juncionais da membrana muscular. Os receptores de ACh estão localizados na superfície do músculo, voltados para os sítios de liberação, e não se estendem para dentro das dobras (ver **Figura 12-1**), enquanto a acetilcolinesterase está ancorada na membrana basal dentro das dobras. Esse arranjo anatômico do transmissor, do receptor e da enzima de degradação permite duas funções.

Primeiro, com a liberação, a ACh reage com seus receptores; após a dissociação do receptor, a ACh difunde-se na fenda e é hidrolisada em colina e acetato pela acetilcolinesterase. Como resultado, as moléculas do transmissor são utilizadas somente uma vez. Então, uma função da esterase é interromper a mensagem sináptica. Em segundo lugar, a colina, que de outra forma poderia ser perdida por difusão para longe da fenda sináptica, é recapturada. Uma vez hidrolisada pela esterase, a colina fica no reservatório fornecido pelas dobras juncionais e, mais tarde, retorna aos terminais nervosos colinérgicos por um transportador de colina de alta afinidade. (Ao contrário das aminas biogênicas, não há mecanismo de captação da própria ACh na membrana plasmática.) Além da acetilcolinesterase, a ACh também é degradada por outra esterase, a butirilcolinesterase, que pode degradar outras moléculas, incluindo a cocaína e a substância que causa paralisia, succinilcolina. No entanto, as funções precisas da butirilcolinesterase não são totalmente compreendidas.

Muitas outras vias de degradação de transmissores liberados não estão envolvidas na terminação da transmissão sináptica, mas são importantes no controle da concentração do transmissor dentro do neurônio ou na inativação das moléculas do transmissor que se difundiram para longe da fenda sináptica. Muitas dessas enzimas de degradação têm importância clínica, pois fornecem alvos para a ação de fármacos e servem como indicadores diagnósticos. Por exemplo, os inibidores da MAO, uma enzima intracelular que degrada os transmissores de aminas, são usados para tratar a depressão e a doença de Parkinson. A catecol-O-metiltransferase (COMT) é outra enzima citoplasmática importante para a degradação de aminas biogênicas. A medição de seus metabólitos fornece um índice clínico útil da eficácia de drogas que afetam a síntese ou degradação das aminas biogênicas no tecido nervoso. Acredita-se que a COMT desempenhe um papel particularmente crítico na regulação dos níveis de dopamina cortical devido aos baixos níveis do transportador de captação de dopamina. A relevância dessa enzima é ressaltada pela descoberta de que um polimorfismo funcional no gene COMT tem sido relacionado ao desempenho cognitivo.

Os neuropeptídeos são removidos de forma relativamente lenta da fenda sináptica por difusão lenta e proteólise por meio de peptidases extracelulares. Em contraste, os neurotransmissores pequenos são removidos mais rapidamente da fenda sináptica e do espaço extrassináptico. O mecanismo crucial para a inativação da maioria dos neurotransmissores de moléculas pequenas é a recaptação na membrana plasmática. Esse mecanismo serve ao duplo propósito de encerrar a ação sináptica do transmissor e capturar moléculas do transmissor para reutilização posterior. Embora Elliott tivesse levantado a hipótese em 1914 de que os transportadores de captação pudessem existir, suas proposições foram somente demonstradas em 1958, quando F. Barbara Hughes e Benjamin Brodie descobriram que as plaquetas sanguíneas acumulavam noradrenalina e serotonina, as quais podiam competir entre si pela captação. Julius Axelrod,[1] também membro do grupo de Brodie, logo a seguir caracterizou a captação de noradrenalina em neurônios usando um substrato radiomarcado.

A captação de alta afinidade é mediada por moléculas transportadoras nas membranas dos terminais nervosos e de células gliais. Diferentemente dos transportadores vesiculares, que utilizam a energia do gradiente eletroquímico de H^+ em um mecanismo de antiporte, os transportadores da membrana plasmática são movidos pelo gradiente eletroquímico de Na^+ por um mecanismo de simporte no qual os íons de Na^+ e o neurotransmissor se movem na mesma direção.

Cada tipo de neurônio tem seu próprio mecanismo de recaptação. Por exemplo, os neurônios não colinérgicos não captam colina com alta afinidade. Certas drogas psicotrópicas poderosas podem bloquear processos de recaptação. Por exemplo, a cocaína bloqueia a captação de dopamina, noradrenalina e serotonina. Os antidepressivos tricíclicos bloqueiam a captação de serotonina e de noradrenalina. Os inibidores seletivos da recaptação de serotonina, como fluoxetina, foram uma importante inovação terapêutica e geralmente são mais bem tolerados do que os antidepressivos tricíclicos, embora a depressão resistente ao tratamento continue sendo um problema crítico. A aplicação de substâncias apropriadas que bloqueiam os transportadores pode prolongar e aumentar a sinalização sináptica pelas aminas biogênicas e pelo GABA. Algumas vezes, essas substâncias agem tanto nos transportadores de superfície neuronal quanto nos transportadores vesiculares de dentro da célula. Por exemplo, as anfetaminas são ativamente captadas pelo transportador de dopamina ou de outras aminas biogênicas na membrana externa do neurônio, bem como pelo VMAT2.

---

[1] Axelrod recebeu um diploma de bacharel em química e escreveu muitos de seus célebres trabalhos como técnico no laboratório de Brodie antes de entrar na pós-graduação concluir o doutorado 21 anos depois. Ele recebeu uma parte do Prêmio Nobel em 1970 por sua codescoberta da captação de noradrenalina neuronal e sua descoberta da COMT. Seus colegas que dividiram o prêmio naquele ano foram Bernard Katz, que descreveu a neurotransmissão quântica, e Ulf von Euler, que também estudou a captação vesicular e a liberação de adrenalina.

Os transportadores para neurotransmissores pertencem a dois grupos distintos que são diferentes tanto em estrutura quanto em mecanismo. A estrutura de alta resolução de homólogos bacterianos de cada uma dessas famílias foi demonstrada recentemente, o que avançou muito a compreensão sobre os mecanismos de transporte.

Um grupo de transportadores envolve o simporte neurotransmissor-sódio (NSS, do inglês *neurotransmitter sodium symporter*), uma superfamília de proteínas transmembrana que atravessam a membrana plasmática 12 vezes (11 vezes para muitos homólogos procarióticos). Essas proteínas são compostas por uma repetição invertida pseudossimétrica, na qual os segmentos 1 a 5 que atravessam a membrana são homólogos aos segmentos 6 a 10 que atravessam a membrana. A família NSS inclui os transportadores de GABA, glicina, noradrenalina, dopamina, serotonina, osmólitos e aminoácidos. Recentemente, foram resolvidas estruturas em cristal para o transportador de serotonina humana e para o transportador de dopamina da mosca, que compartilham a mesma estrutura e mecanismo geral que os homólogos bacterianos resolvidos anteriormente.

A segunda família consiste em transportadores de glutamato. Essas proteínas atravessam a membrana plasmática oito vezes e contêm dois grampos helicoidais que desempenham um papel para o acesso do substrato em cada lado da membrana (ver **Figura 8-16**). Cada um desses dois grupos compreende vários transportadores para cada neurotransmissor; por exemplo, existem múltiplos transportadores para GABA, glicina e glutamato, sendo cada um ligeiramente diferente na localização, na função e na farmacologia.

Os dois grupos podem ser funcionalmente distintos. Embora ambos sejam impulsionados pelo potencial eletroquímico fornecido pelo gradiente de Na^+, o transporte de glutamato requer o antiporte de K^+, enquanto o transporte por proteínas NSS geralmente requer o antiporte de Cl^- (ou H^+ antiporte no caso de homólogos procarióticos). Durante o transporte de glutamato, uma molécula negativamente carregada desse transmissor é importada com três íons Na^+ e um próton (simporte) em troca de um K^+ exportado. Isso leva ao influxo resultante de duas cargas positivas para cada ciclo de transporte, gerando uma corrente de entrada. Como resultado dessa transferência de cargas, o potencial negativo de repouso da célula gera uma força de entrada, que resulta em um enorme gradiente de glutamato entre os dois lados da membrana plasmática. Em contrapartida, as proteínas NSS transportam de 1 a 3 íons Na^+ e um íon Cl^- junto com seus substratos. Enquanto na maioria das condições a força motriz eletroquímica é suficiente para que os transportadores NSS captarem o transmissor para dentro da célula, aumentando assim a concentração do transmissor citoplasmático, a concentração do transmissor no citoplasma é bastante baixa e, em última análise, determinada pela ação dos transportadores vesiculares para carregar o transmissor em vesículas sinápticas.

Um aspecto fascinante da função das proteínas NSS é a capacidade desses transportadores de realizarem sentido reverso, permitindo que eles gerem efluxo do neurotransmissor. Isso é melhor caracterizado para o neurotransmissor dopamina, pois anfetamina e análogos relacionados levam à liberação maciça de dopamina por meio de um mecanismo não exocitótico. Conforme discutido anteriormente, em doses farmacológicas, a anfetamina é ativamente transportada pelo transportador de dopamina (DAT) da membrana plasmática e pelo VMAT2 vesicular. O último efeito dissipa o gradiente vesicular de H^+, levando ao escape de dopamina para o citoplasma. A dopamina, então, é direcionada "de modo reverso" para fora da célula, através do DAT, um processo que requer a fosforilação de seu N-terminal. Embora essencial para a função da anfetamina, o papel fisiológico normal dessa fosforilação permanece um mistério, pois não parece essencial para a captação de dopamina. Estudos computacionais sugerem que as interações reguladas por fosforilação do N-terminal com lipídeos ácidos, no folheto interno, desempenham um papel na modulação da função do transportador. No entanto, a resposta final pode exigir estruturas de resolução atômica que incluam o domínio N-terminal juntamente com dados biofísicos sobre a dinâmica N-terminal.

Destaques

1. A informação carregada por um neurônio é codificada em sinais elétricos que viajam ao longo do axônio para a sinapse, onde esses sinais são transformados e carregados através da fenda sináptica por um ou mais mensageiros químicos.
2. As duas principais classes de mensageiros químicos, os transmissores pequenos e os peptídeos neuroativos, são armazenadas dentro de vesículas no neurônio pré-sináptico. Após sua síntese no citoplasma, os neurotransmissores pequenos são captados e altamente concentrados nas vesículas, onde são protegidas das enzimas degradativas no citoplasma.
3. Na periferia, as vesículas sinápticas são altamente concentradas em terminações nervosas. No encéfalo, tendem a estar em varicosidades ao longo do axônio, em locais pré-sinápticos. As sinapses excitatórias clássicas via receptores glutamatérgicos ionotrópicos são exemplos de sinapses "isoladas", que se comunicam com uma estrutura pós-sináptica intimamente aposta, como um espinho dendrítico. Em contraste, o sistema de dopamina representa sinapses "sociais" que podem interagir com receptores extrassinápticos em muitos neurônios.
4. Para evitar a depleção de pequenos neurotransmissores durante a transmissão sináptica rápida, a maioria é sintetizada localmente nos próprios terminais.
5. As proteínas precursoras de peptídeos neuroativos são sintetizadas apenas no corpo celular, local de transcrição e tradução. Os neuropeptídeos são empacotados em grânulos e vesículas de secreção que são transportados do corpo celular para os terminais por transporte axoplasmático. Diferentemente das vesículas que contêm os transmissores pequenos, essas vesículas não são preenchidas novamente no terminal.
6. As enzimas que regulam a biossíntese do transmissor estão sob rígido controle regulatório, e mudanças na

atividade neuronal podem produzir alterações homeostáticas nos níveis e na atividade dessas enzimas. Essa regulação pode ocorrer tanto de maneira pós-traducional no citoplasma, por reações de fosforilação e desfosforilação, quanto por controle transcricional no núcleo.

7. Mecanismos precisos para encerrar a ação dos transmissores representam um passo essencial na transmissão sináptica, que é tão importante quanto a síntese e a liberação do transmissor. Uma parte do neurotransmissor liberado é perdida como resultado da difusão simples para fora da fenda sináptica. No entanto, em sua maior parte, as ações do neurotransmissor são finalizadas por reações moleculares específicas.

8. A acetilcolina é rapidamente hidrolisada pela acetilcolinesterase em colina e acetato. Glutamato, GABA, glicina e aminas biogênicas são captados em terminais pré-sinápticos e/ou pela glia, por meio de transportadores específicos na membrana plasmática, acoplado ao movimento de Na^+ a favor do gradiente.

9. Alguns dos compostos psicoativos mais potentes atuam nos transportadores de neurotransmissores. Os efeitos psicoestimulantes da cocaína ocorrem pelo seu efeito preventivo da recaptação de dopamina, aumentando, assim, seus níveis extracelulares. Em contraste, a anfetamina e seus derivados promovem a liberação não exocitótica de dopamina através de um mecanismo envolvendo o DAT da membrana plasmática e o transportador vesicular VMAT2.

10. O primeiro passo para se entender a estratégia molecular da transmissão química costuma envolver a identificação do conteúdo de vesículas sinápticas. Com exceção daqueles casos em que o transmissor é liberado por moléculas transportadoras ou por difusão através da membrana (como no caso dos gases e dos metabólitos lipídicos, ver Capítulo 14), somente moléculas devidamente armazenadas em vesículas podem ser liberadas pelos terminais neuronais. Contudo, nem todas as moléculas liberadas por um neurônio são mensageiros químicos – somente aquelas que se ligam aos receptores apropriados e iniciam alterações funcionais no neurônio-alvo podem ser consideradas neurotransmissores.

11. A informação é transmitida quando neurotransmissores se ligam a proteínas receptoras na membrana de outra célula, fazendo elas mudarem de conformação, levando tanto a um aumento da condutância iônica no caso de canais iônicos controlados por ligantes, quanto a alterações nas vias de sinalização a jusante no caso de receptores acoplados a proteínas G.

12. A coliberação de diversas substâncias neuroativas sobre os receptores pós-sinápticos apropriados permite que uma grande diversidade de informações seja transferida em uma única ação sináptica.

Jonathan A. Javitch
David Sulzer

Leituras selecionadas

Alberts B, Johnson A, Lewis J, Raff M, Roberts K, Walter P. 2002. Membrane transport of small molecules and the electrical properties of membranes. In: *Molecular Biology of the Cell*, 4th ed. New York and Oxford: Garland Science.

Axelrod J. 2003. Journey of a late blooming biochemical neuroscientist. J Biol Chem 278:1–13.

Burnstock G. 1986. Purines and cotransmitters in adrenergic and cholinergic neurones. Prog Brain Res 68:193–203.

Chaudhry FA, Boulland JL, Jenstad M, Bredahl MK, Edwards RH. 2008. Pharmacology of neurotransmitter transport into secretory vesicles. Handb Exp Pharmacol 184:77–106.

Cooper JR, Bloom FE, Roth RH. 2003. *The Biochemical Basis of Neuropharmacology*, 8th ed. New York: Oxford Univ. Press.

Dale H. 1935. Pharmacology and nerve endings. Proc R Soc Med (Lond) 28:319–332.

Edwards RH. 2007. The neurotransmitter cycle and quantal size. Neuron 55:835–858.

Falck B, Hillarp NÅ, Thieme G, Torp A. 1982. Fluorescence of catecholamines and related compounds condensed with formaldehyde. Brain Res Bull 9:11–15.

Fatt P, Katz B. 1950. Some observations on biological noise. Nature 166:597–598.

Jiang J, Amara SG. 2011. New views of glutamate transporter structure and function: advances and challenges. Neuropharmacology 60:172–181.

Johnson RG. 1988 Accumulation of biological amines into chromaffin granules: a model for hormone and neurotransmitter transport. Physiol Rev 68:232–307.

Katz B. 1966. *Nerve, Muscle, and Synapse*. New York: McGraw-Hill.

Koob GF, Sandman CA, Strand FL (eds). 1990. A decade of neuropeptides: past, present and future. Ann N Y Acad Sci 579:1–281.

Loewi O. 1960. An autobiographic sketch. Perspect Biol Med 4:3–25.

Lohr KM, Masoud ST, Salahpour A, Miller GW. 2017. Membrane transporters as mediators of synaptic dopamine dynamics: implications for disease. Eur J Neurosci 45:20–33.

Pereira D, Sulzer D. 2012. Mechanisms of dopamine quantal size regulation. Front Biosci 17:2740–2767.

Sames D, Dunn M, Karpowicz RJ Jr, Sulzer D. 2013. Visualizing neurotransmitter secretion at individual synapses. ACS Chem Neurosci 4:648–651.

Siegel GJ, Agranoff BW, Albers RW, Molinoff PB (eds). 1998. *Basic Neurochemistry: Molecular, Cellular, and Medical Aspects*, 6th ed. Philadelphia: Lippincott.

Snyder SH, Ferris CD. 2000. Novel neurotransmitters and their neuropsychiatric relevance. Am J Psychiatry 157:1738–1751.

Sossin WS, Fisher JM, Scheller RH. 1989. Cellular and molecular biology of neuropeptide processing and packaging. Neuron 2:1407–1417.

Sulzer D, Cragg SJ, Rice ME. 2016. Striatal dopamine neurotransmission: regulation of release and uptake. Basal Ganglia 6:123–148.

Sulzer D, Pothos EN. 2000. Regulation of quantal size by presynaptic mechanisms. Rev Neurosci 11:159–212.

Toei M, Saum R, Forgac M. 2010. Regulation and isoform function of the V-ATPases. Biochemistry 49:4715–4723.

Torres GE, Amara SG. 2007. Glutamate and monoamine transporters: new visions of form and function. Curr Opin Neurobiol 17:304–312.

Van der Kloot W. 1991 The regulation of quantal size. Prog Neurobiol 36:93–130.

Weihe E, Eiden LE. 2000. Chemical neuroanatomy of the vesicular amine transporters. FASEB J 15:2435–2449.

Referências

Augood SJ, Herbison AE, Emson PC. 1995. Localization of GAT-1 GABA transporter mRNA in rat striatum: cellular coexpression with GAD_{67} mRNA, GAD_{67} immunoreactivity, and parvalbumin mRNA. J Neurosci 15:865–874.

Coleman JA, Green EM, Gouaux E. 2016. X-ray structures and mechanism of the human serotonin transporter. Nature 532:334–339.

Danbolt NC, Chaudhry FA, Dehnes Y, et al. 1998. Properties and localization of glutamate transporters. Prog Brain Res 116:23–43.

Fisher JM, Sossin W, Newcomb R, Scheller RH. 1988. Multiple neuropeptides derived from a common precursor are differentially packaged and transported. Cell 54:813–822.

Freyberg Z, Sonders MS, Aguilar JI, et al. 2016. Mechanisms of amphetamine action illuminated through in vivo optical monitoring of dopamine synaptic vesicles. Nat Commun 7:10652.

Hnasko TS, Chuhma N, Zhang H, et al. 2010. Vesicular glutamate transport promotes dopamine storage and glutamate corelease in vivo. Neuron 65:643–656.

Khoshbouei, H, Sen N, Guptaroy B, et al. 2004. N-terminal phosphorylation of the dopamine transporter is required for amphetamine-induced efflux. PLoS Biol 2(3): E78.

Krieger DT. 1983. Brain peptides: what, where, and why? Science 222:975–985.

Liu Y, Kranz DE, Waites C, Edwards RH. 1999. Membrane trafficking of neurotransmitter transporters in the regulation of synaptic transmission. Trends Cell Biol 9:356–363.

Lloyd PE, Frankfurt M, Stevens P, Kupfermann I, Weiss KR. 1987. Biochemical and immunocytological localization of the neuropeptides FMRFamide SCPA, SCPB, to neurons involved in the regulation of feeding in *Aplysia*. J Neurosci 7:1123–1132.

López-Bendito G, Sturgess K, Erdélyi F, Szabó G, Molnár Z, Paulsen O. 2004. Preferential origin and layer destination of GAD65-GFP cortical interneurons. Cereb Cortex 14:1122–1133.

Okuda T, Haga T. 2003. High-affinity choline transporter. Neurochem Res 28:483–488.

Otsuka M, Kravitz EA, Potter DD. 1967. Physiological and chemical architecture of a lobster ganglion with particular reference to γ-aminobutyrate and glutamate. J Neurophysiol 30:725–752.

Palay SL. 1956. Synapses in the central nervous system. J Biophys Biochem Cytol 2:193–202.

Pereira DB, Schmitz Y, Mészáros J, et al. 2016. Fluorescent false neurotransmitter reveals functionally silent dopamine vesicle clusters in the striatum. Nat Neurosci 19:578–586.

Rubin RP. 2007. A brief history of great discoveries in pharmacology: in celebration of the centennial anniversary of the founding of the American Society of Pharmacology and Experimental Therapeutics. Pharmacol Rev 59:289–359.

Yamashita A, Singh SK, Kawate T, Jin Y, Gouaux E. 2005. Crystal structure of a bacterial homologue of Na^+/Cl^--dependent neurotransmitter transporters. Nature 437:205–223.

Yernool D, Boudker O, Jin Y, Gouaux E. 2004. Structure of a glutamate transporter homologue from *Pyrococcus horikoshii*. Nature 431:811–818.

Parte IV

LVX VENIT IN MVNDVN ET DILEXERVNT HOMINES MAGIS TENEBRAS QVAM LVCEM. Io. 3. 19.

Antrum Platonicum.

Página anterior
Na "Alegoria da caverna" de Platão, que aborda a origem do conhecimento, sua percepção primitiva da natureza construtiva da percepção oferece metáforas esclarecedoras para o processo. A parábola começa com a premissa de que um grupo de prisioneiros nunca viu o mundo exterior. Sua experiência é limitada às sombras projetadas na parede da caverna por objetos que passam diante do fogo. As causas dessas sombras – mesmo o fato de serem sombras – são desconhecidas para os prisioneiros. No entanto, ao longo do tempo, as sombras tornam-se imbuídas de significado na mente dos prisioneiros. Metaforicamente, as sombras representam sensações, que são fugazes e incoerentes. A atribuição de sentido representa a construção de perceptos inteligíveis. O prisioneiro que contornou o muro, tornou-se livre para testemunhar o amplo mundo de causas, as quais ele relata aos que ainda estão presos. Em uma nova abordagem metafórica dessa história antiga, esse prisioneiro que retorna representa o campo da neurociência moderna, que lança luz sobre a relação entre nossas sensações sombrias e nossa rica experiência perceptiva do mundo. (Caverna de Platão, 1604. Jan Pietersz Saenredam, a partir de Cornelis Cornelisz van Haarlem. Galeria Nacional, Washington D.C.)

Percepção IV

> Eu entendi que o mundo não era nada: um caos mecânico de hostilidade casual e bruta em que impomos estupidamente nossas esperanças e medos. Finalmente e absolutamente, entendo que só eu existo. Vi que todo o restante é apenas o que me empurra ou o que eu, contrária e cegamente, empurro – tão cegamente quanto tudo que não sou eu me empurra de volta. Eu crio o universo inteiro, parte por parte... No entanto, algo virá de tudo isso.[1]

O COMOVENTE CONTO DE JOHN GARDNER DO MONSTRO ATORMENTADO. A perspectiva de Grendel sobre a vida captura a natureza fundamental da experiência perceptiva: é uma construção que só nós impomos. Ou, como Grendel observa com perspicácia: "As montanhas são como eu as defino". Isolado e torturado pela solidão, Grendel vê o mundo como os prisioneiros algemados na Caverna de Platão, onde meras sombras são o que se sente, mas essas sombras são imbuídas de significado, utilidade, agência, beleza, alegria e tristeza, tudo através do processo construtivo da percepção: "O que vejo, eu inspiro com utilidade... e tudo o que não vejo é inútil, vazio".

Como o prisioneiro que escapa da Caverna de Platão para ver um mundo maior de causas, ou o dragão onisciente que enche Grendel com ideias de outra dimensão – "Mas os dragões, meu rapaz, os dragões têm um intelecto completamente distinto... Observamos do alto de uma montanha: todo o tempo, todo o espaço" –, a neurociência moderna promete uma compreensão da experiência perceptiva no topo da montanha, uma compreensão não apenas das coisas que construímos a partir de nossas sensações sombrias, mas como o fazemos e com que propósito.

Esta seção sobre percepção oferece uma visão ampla do topo da montanha. Para cada uma das modalidades sensoriais, por sua vez, os capítulos que a compõem começam examinando os estímulos ambientais – luz, som, gravidade, tato e substâncias químicas –, que são as origens da experiência humana e do conhecimento do mundo. De forma hierárquica, os capítulos examinam os mecanismos que permitem a detecção e a discriminação de estímulos, os processos perceptivos relacionados com sensações evanescentes contendo significado e as operações que sustentam a atenção, a decisão e a ação, com base no que é percebido.

A visão, um sentido particularmente bem compreendido e muito utilizado pelos humanos, adquire informações por meio das propriedades da luz. A luz refletida por objetos no ambiente varia em comprimento de onda e intensidade e flutua no espaço e no tempo e, por meio dessas propriedades físicas, transmite evidências do mundo ao nosso redor. Lançada como imagens padronizadas sobre a retina, a energia luminosa é transduzida em sinais neuronais por células receptoras dedicadas. As propriedades dessas imagens são detectadas por uma coleção de sistemas neuronais especializados, que identificam formas de contraste e transmitem essas informações ao resto do encéfalo.

---

[1] Gardner J. 1971. *Grendel*. Alfred A. Knopf, Nova York.

Da mesma forma, o sistema auditivo adquire informações sobre o mundo por meio da simples compressão e rarefação do ar, como ocorre a partir da linguagem falada, da música ou de sons ambientais. Essa evidência sensorial é detectada, mesmo em quantidades minúsculas e com um tempo incrivelmente preciso, por um sistema de amplificação extraordinariamente intrincado que consiste em pequenos tambores, alavancas, tubos e células ciliadas, cujos estereocílios dobráveis transformam energia mecânica em sinais neuronais. Células ciliadas de detecção de movimento semelhantes desempenham funções para os sentidos vestibulares de equilíbrio, para a aceleração e para a rotação da cabeça.

O sistema somatossensorial adquire informações sobre os estímulos físicos que incidem sobre o corpo na forma de pressão, de vibração e de temperatura (e, em condições extremas, desencadeando dor), como seria causado pelo tato, pelo movimento da pele em uma superfície texturizada ou pelo contato com uma fonte de calor. As terminações nervosas periféricas de uma variedade de neurônios detectores especializados embutidos na pele, vísceras e músculos, transduzem essa energia mecânica em sinais neuronais, que são transportados pela medula espinal e pelos nervos cranianos até o encéfalo.

Finalmente, os sentidos do paladar e do olfato adquirem informações sobre a composição química do mundo, na forma de alimentos, bebidas e moléculas transportadas pelo ar. A partir de estudos da biologia sensorial, considerada uma das áreas mais excitantes e em rápido desenvolvimento da atualidade, sabe-se que existem centenas de receptores olfativos que apresentam padrões únicos de afinidade por moléculas transportadas pelo ar, o que explica a capacidade humana de detectar e discriminar um número e uma diversidade impressionantes de odores.

Todos esses sistemas de receptores servem como filtros, caracterizados por "campos receptivos" neurais que destacam certas formas de informação e restringem outras. Esses filtros seletivos são ajustáveis em diferentes escalas de tempo, aumentando a atenção aos estímulos salientes e adaptando-se às estatísticas do mundo sensorial. Essa flexibilidade acomoda variações tanto nas ações comportamentais quanto nas condições ambientais.

Como os prisioneiros algemados na caverna de Platão, nossos sistemas sensoriais inicialmente transmitem representações filtradas simples de entrada sensorial, que são fundamentalmente ambíguas, ruidosas e incompletas. Sozinhas, essas representações não têm significado. Notavelmente, nosso encéfalo nos permite experimentar essas informações sensoriais, como os objetos e eventos ambientais que *causam* esses padrões. A transição construtiva de um mundo de evidências sensoriais para um mundo de significado está no cerne da percepção e tem sido um dos mistérios mais envolventes da cognição humana. O filósofo inglês do século XIX John Stuart Mill escreveu que "a percepção reflete as possibilidades permanentes da sensação" e, ao fazê-lo, resgata, a partir de eventos sensoriais transitórios, propriedades estruturais e relacionais duradouras do mundo.

Esta seção revela como a percepção supera os caprichos da evidência sensorial para desenvolver hipóteses ou inferências sobre as causas da sensação, por referência ao conhecimento passado. Muito disso ocorre por meio da maquinaria do córtex cerebral, onde os sinais sensoriais estão ligados dentro e entre as modalidades e por meio de retroalimentação da memória armazenada. Como um detetive vendo uma cena de crime, informado pela memória e pelo contexto, a atividade dos neurônios corticais começa a produzir o que William James apropriadamente chamou de "percepção de coisas prováveis".

Com essa transformação perceptual vem também a capacidade de reconhecer objetos familiares. Nós generalizamos prontamente, por meio de diferentes manifestações sensoriais a partir de objetos iguais ou semelhantes, na forma de constâncias perceptivas e percepções categóricas, e as ligamos a outros eventos significativos. O som do moedor de café pela manhã, o cheiro do perfume de uma pessoa querida ou a visão de seu rosto expandem nossa experiência além do imediato para um reino de recordação e imaginação. Os capítulos desta coleção revisam as estruturas encefálicas e os cálculos subjacentes a essas funções associativas, que incluem sistemas neuronais altamente especializados para reconhecer e interpretar objetos complexos e comportamentalmente significativos, como rostos.

A experiência perceptiva do mundo ao nosso redor é um pré-requisito para uma interação significativa com esse mundo. As decisões são tomadas com base no acúmulo de evidências sensoriais em prol de uma percepção em relação à outra. Essa é a minha mala na esteira? É para cá que nós deveremos retornar? Essa ária é de Wagner ou Strauss? Essa fragrância é de jasmim ou de gardênia? Os neurônios corticais formam mapas de relevo, que representam o resultado dessas decisões perceptivas em relação a objetivos comportamentais e recompensas e priorizam as ações de concordância.

A percepção é geralmente tratada, como é aqui, como uma subdisciplina distinta da neurociência. Cada vez mais vemos essa compartimentalização se desfazendo. A relação da percepção com outras funções encefálicas (aprendizado, memória, emoção, controle motor, linguagem, desenvolvimento), fica cada vez mais clara com o crescimento intenso de novos conceitos e métodos experimentais visando monitorar e manipular a estrutura e a função encefálica e também revelar as extensas conexões neurais anatômicas e funcionais entre regiões encefálicas aparentemente distintas. Assim, dá-se início à compreensão de por que o sistema encefálico tem sido considerado a peça funcional central da cognição e do comportamento humano, para adquirir e interpretar informações, para se tornar consciente e para entender o mundo (*percepção*).

Editores desta parte: Thomas D. Albright e Randy M. Bruno

Parte IV

Capítulo 17	Codificação sensorial
Capítulo 18	Receptores do sistema somatossensorial
Capítulo 19	Tato
Capítulo 20	Dor
Capítulo 21	Natureza construtiva do processamento visual
Capítulo 22	Processamento visual de nível inferior: a retina
Capítulo 23	Processamento visual de nível intermediário e primitivos visuais
Capítulo 24	Processamento visual de nível superior: da visão à cognição
Capítulo 25	Processamento visual para atenção e ação
Capítulo 26	Processamento auditivo pela cóclea
Capítulo 27	Sistema vestibular
Capítulo 28	Processamento auditivo pelo sistema nervoso central
Capítulo 29	Olfato e paladar: os sentidos químicos

17

Codificação sensorial

A psicofísica relaciona as sensações às propriedades físicas dos estímulos

A psicofísica quantifica a percepção das propriedades do estímulo

Os estímulos são representados no sistema nervoso pelos padrões de disparo neuronal

Receptores sensoriais respondem a classes específicas de energia de estímulo

Múltiplas subclasses de receptores sensoriais são encontradas em cada órgão dos sentidos

Os códigos da população de neurônios receptores transmitem informações sensoriais ao encéfalo

Sequências de potenciais de ação sinalizam a dinâmica temporal dos estímulos

Os campos receptivos dos neurônios sensoriais fornecem informações espaciais sobre a localização do estímulo

Circuitos do sistema nervoso central refinam informações sensoriais

A superfície do receptor é representada topograficamente nos estágios iniciais de cada sistema sensorial

A informação sensorial é processada em vias paralelas no córtex cerebral

As vias de retroalimentação encefálicas regulam os mecanismos de codificação sensorial

Os mecanismos de aprendizado de cima para baixo influenciam o processamento sensorial

Destaques

O S SENTIDOS NOS INSTRUEM E NOS CAPACITAM. Através da sensação, formamos uma imagem imediata e relevante do mundo e de nosso lugar nele, informado por nossa experiência passada e nos preparando para futuros prováveis. A sensação fornece respostas imediatas a três perguntas contínuas e essenciais: *Há algo ali? O que é isso?* e *O que mudou?* Para responder a essas perguntas, todos os sistemas sensoriais realizam duas funções fundamentais: *detecção* e *discriminação*. Como nosso mundo e nossas respostas necessárias a ele mudam com o tempo, os sistemas sensoriais podem *preferencialmente responder* e *adaptar-se* à mudança de estímulos no curto prazo, e também *aprender* a modificar nossas respostas aos estímulos à medida que nossas necessidades e circunstâncias mudam.

Desde os tempos antigos, os seres humanos são fascinados pela natureza da experiência sensorial. Aristóteles definiu cinco sentidos – visão, audição, tato, paladar e olfato –, cada um ligado a órgãos sensoriais específicos do corpo: olhos, ouvidos, pele, língua e nariz. A dor não era considerada uma modalidade sensorial, mas sim uma aflição da alma. A intuição, muitas vezes referida coloquialmente como um "sexto sentido", ainda não era entendida como dependente da experiência dos sistemas sensoriais clássicos. Hoje, os neurobiólogos reconhecem a intuição como inferências derivadas de experiências anteriores e, portanto, o resultado de processos cognitivos e sensoriais.

Neste capítulo, serão considerados os princípios organizacionais e os mecanismos de codificação que são universais a todos os sistemas sensoriais. A *informação sensorial* é definida como atividade neural originada da estimulação de células receptoras em partes específicas do corpo. Nossos sentidos incluem os cinco sentidos clássicos mais uma variedade de modalidades não reconhecidas pelos antigos, mas essenciais para a função corporal: as sensações *somáticas* de dor, coceira, temperatura e propriocepção (postura e movimento do nosso próprio corpo); sensações *viscerais* (conscientes e inconscientes) necessárias para a homeostase; e os sentidos *vestibulares* de equilíbrio (a posição do corpo no campo gravitacional) e movimento da cabeça.

A sensação informa e enriquece a vida, e os fundamentos do processamento sensorial foram conservados ao longo da evolução dos vertebrados. Receptores especializados em cada um dos sistemas sensoriais fornecem a primeira representação neural do mundo externo e interno, transformando um tipo específico de energia de estímulo em sinais elétricos (**Figura 17-1**). Todas as informações sensoriais são, então, transmitidas ao sistema nervoso central por disparos de potenciais de ação que representam aspectos particulares do estímulo. Essa informação flui centralmente para regiões encefálicas envolvidas no processamento dos sentidos individuais, na integração multissensorial e na cognição.

As vias sensoriais têm componentes seriais e paralelos, consistindo em tratos de fibras com milhares ou milhões de axônios ligados por sinapses que transmitem e transformam informações. Formas relativamente simples de codificação neural de estímulos por receptores são moduladas por mecanismos complexos no encéfalo para formar a base da cognição. As vias sensoriais também são controladas por centros encefálicos superiores que modificam e regulam os sinais sensoriais recebidos, enviando informações de volta aos estágios anteriores de processamento. Assim, a percepção é o produto não apenas da informação sensorial física "crua", mas também da cognição e da experiência.

Tanto cientistas quanto filósofos examinaram até que ponto as sensações que experimentamos, refletem com precisão os estímulos que as produzem, e como elas são alteradas por nosso conhecimento inerentemente subjetivo e impreciso do mundo. Em séculos anteriores, o interesse dos filósofos europeus pela sensação e percepção estava relacionado à questão da própria natureza humana. Duas escolas de pensamento acabaram dominando: o empirismo, representado por John Locke, George Berkeley e David Hume, e o idealismo, representado por René Descartes, Immanuel Kant e Georg Wilhelm Friedrich Hegel.

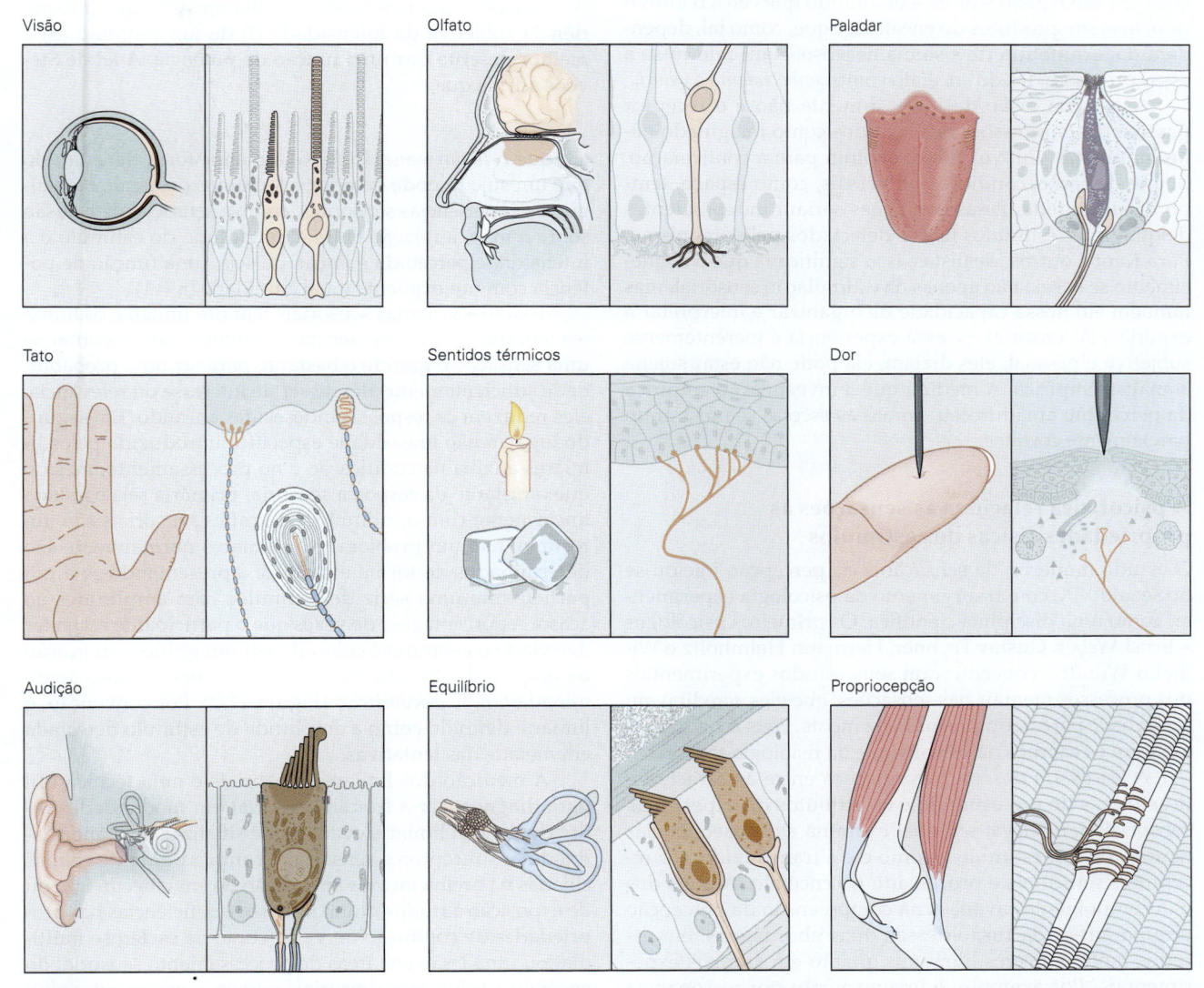

FIGURA 17-1 As principais modalidades sensoriais em humanos são mediadas por classes distintas de neurônios receptores localizados em órgãos sensoriais específicos. Cada classe de célula receptora transforma um tipo de energia de estímulo em sinais elétricos que são codificados como sequências de potenciais de ação (ver **Figura 17-4**). As principais células receptoras incluem fotorreceptores (visão), quimiorreceptores (olfato, paladar e dor), receptores térmicos e mecanorreceptores (tato, audição, equilíbrio e propriocepção). Os cinco sentidos clássicos – visão, olfato, paladar, tato e audição – e o sentido do equilíbrio são mediados por receptores nos olhos, no nariz, na boca, na pele e na orelha interna respectivamente. As outras modalidades somatossensoriais – sentidos térmicos, dor, sensações viscerais e propriocepção – são mediadas por receptores distribuídos por todo o corpo.

Locke, o eminente empirista, levantou a ideia de que a mente é, ao nascimento, uma lousa em branco, ou *tabula rasa*, despida de quaisquer ideias. O conhecimento, afirmou ele, é obtido apenas por meio da experiência sensorial: o que vemos, ouvimos, sentimos, provamos e cheiramos. Berkeley estendeu esse tópico questionando se havia alguma realidade sensorial além das experiências e conhecimentos adquiridos por meio dos sentidos. Em sua famosa frase ele indaga: uma árvore ao cair faz um som se não houver alguma pessoa suficientemente próxima para ouvi-lo?

Os idealistas argumentavam que a mente humana possui certas habilidades inatas, incluindo o próprio raciocínio lógico. Kant classificou os cinco sentidos como categorias do entendimento humano. Ele argumentou que as percepções não são registros diretos do mundo que cerca o indivíduo, mas sim produtos do encéfalo, e que, como tal, dependem da arquitetura do sistema nervoso. Kant referiu-se a essas propriedades do encéfalo como *conhecimento a priori*.

Assim, na visão de Kant, a mente não é o receptor passivo das impressões dos sentidos como imaginado pelos empiristas. Em vez disso, evoluiu para a confirmação, diante de certas condições universais, como espaço, tempo e causalidade. Essas condições seriam independentes de quaisquer estímulos físicos detectados pelo organismo. Para Kant e outros idealistas, isso significava que o conhecimento se baseia não apenas na estimulação sensorial, mas também em nossa capacidade de organizar e interpretar a experiência sensorial. Se essa experiência é inerentemente subjetiva e pessoal, eles diziam, ela pode não estar sujeita à análise empírica. À medida que a investigação empírica da percepção amadureceu, ambas as escolas se mostraram parcialmente corretas.

A psicofísica relaciona as sensações às propriedades físicas dos estímulos

O estudo moderno da sensação e da percepção iniciou-se no século XIX, com o surgimento da psicologia experimental como uma disciplina científica. Os primeiros psicólogos – Ernst Weber, Gustav Fechner, Hermann Helmholtz e Wilhelm Wundt – concentraram seus estudos experimentais dos processos mentais nas sensações, que eles acreditavam ser a chave para a compreensão da mente. Seus achados originaram os campos da psicofísica e da fisiologia sensorial.

A *psicofísica* descreve as relações entre as características físicas de um estímulo e os atributos da experiência sensorial. A *fisiologia sensorial* examina as consequências neurais de um estímulo – como ele é transduzido por receptores sensoriais e processado no encéfalo. Alguns dos mais empolgantes avanços na compreensão da percepção originaram-se da fusão dessas duas abordagens, em estudos tanto em seres humanos quanto em animais experimentais. Por exemplo, o imageamento por ressonância magnética funcional (IRMf) e a tomografia por emissão de pósitrons (PET, do inglês *positron emission tomography*) são usados em experimentos controlados para identificar regiões do encéfalo humano envolvidas na percepção da dor ou na identificação de tipos específicos de objetos ou pessoas e lugares particulares.

A psicofísica quantifica a percepção das propriedades do estímulo

Estudos científicos iniciais acerca da mente não focalizaram a percepção de qualidades complexas, como a cor ou o sabor, mas sim fenômenos que podiam ser isolados e medidos de modo preciso: tamanho, forma, amplitude, velocidade e duração dos estímulos. Weber e Fechner desenvolveram paradigmas experimentais simples para estudar como e sob quais condições os seres humanos são capazes de distinguir entre dois estímulos de diferentes amplitudes. Eles quantificaram a intensidade das sensações na forma de leis matemáticas que lhes permitiram prever a relação entre a magnitude de um estímulo e sua detectabilidade, incluindo a capacidade de discriminar entre diferentes estímulos.

Em 1953, Stanley S. Stevens demonstrou que a experiência subjetiva da intensidade (I) de um estímulo (S) é melhor descrita por uma função de potência. A lei de Stevens afirma que,

$$I = K(S - S_0)^n,$$

em que o *limiar sensorial* (S_0) é a menor força de estímulo que um sujeito pode detectar e K é uma constante. Para algumas experiências sensoriais, como a sensação de pressão sobre a mão, a relação entre a magnitude do estímulo e a intensidade percebida é linear, ou seja, uma função de potência com um expoente igual à unidade ($n = 1$).

Todos os sistemas sensoriais têm um limiar, e os limiares têm duas funções essenciais. Primeiro, ao perguntar se uma sensação é grande o bastante para ter uma probabilidade suficientemente alta de ser de interesse ou relevância, eles reduzem as respostas indesejadas ao ruído. Em segundo lugar, a não linearidade específica introduzida pelos limiares auxilia na codificação e no processamento, mesmo que o restante da resposta sensorial primária seja escalada linearmente com o estímulo. Os limites sensoriais são um recurso, não um problema. Os limiares normalmente são determinados de forma estatística, apresentando-se a um participante uma série de estímulos com amplitudes ao acaso. A porcentagem de vezes que o participante relata ter detectado o estímulo é colocada em um gráfico em função da amplitude do estímulo, formando uma relação denominada *função psicométrica* (**Figura 17-2**). Por convenção, o limiar é definido como a amplitude de estímulo detectada em metade das tentativas.

A medição dos limiares sensoriais é uma técnica útil para diagnosticar a função sensorial em modalidades individuais. Um limiar elevado pode sinalizar uma anormalidade nos receptores sensoriais (como a perda de células ciliadas na orelha interna em função de envelhecimento ou de exposição a ruídos muito intensos), deficiências nas propriedades de condução nervosa (como na esclerose múltipla) ou uma lesão em áreas de processamento sensorial do encéfalo. Os limiares sensoriais podem também estar alterados por fatores emocionais ou psicológicos relacionados às condições nas quais é realizada a detecção do estímulo. Os limiares também podem ser determinados pelo método dos limites, no qual o participante informa a intensidade em que um estímulo que diminui progressivamente não mais é detectado, ou a intensidade em que um estímulo

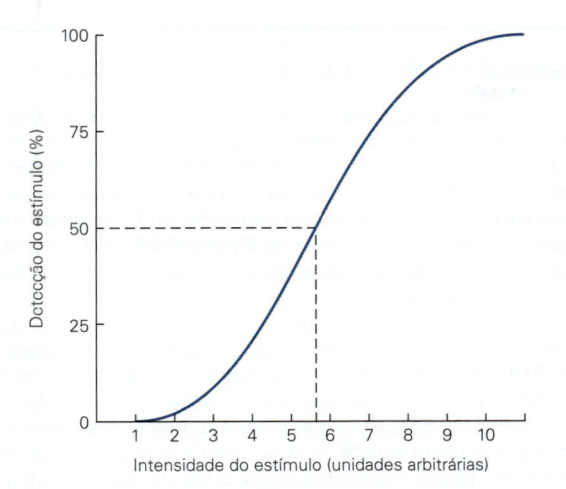

FIGURA 17-2 Função psicométrica. A função psicométrica no gráfico mostra a porcentagem de detecção do estímulo por um observador humano em função da magnitude do estímulo. O limiar é definido como a intensidade do estímulo detectado em 50% das tentativas, que, neste exemplo, seria cerca de 5,5 (unidades arbitrárias). Funções psicométricas também são utilizadas para medir a *menor diferença observável (MDO)* entre estímulos que diferem em intensidade, frequência ou outras propriedades paramétricas.

crescente é detectado. Essa técnica é amplamente utilizada em audiologia, para medir limiares de audição.

Os sujeitos também podem fornecer respostas não verbais em tarefas de detecção ou discriminação sensorial usando alavancas, botões ou outros dispositivos que permitem a medição precisa dos tempos de decisão. Animais experimentais podem ser treinados para responder a estímulos sensoriais controlados usando tais dispositivos, permitindo que os neurocientistas investiguem os mecanismos neurais subjacentes combinando estudos eletrofisiológicos e comportamentais no mesmo experimento. Os métodos para quantificar as respostas aos estímulos estão resumidos no **Quadro 17-1**.

Os estímulos são representados no sistema nervoso pelos padrões de disparo neuronal

Os métodos psicofísicos fornecem técnicas objetivas para analisar sensações evocadas por estímulos. Essas medidas quantitativas foram combinadas com técnicas neurofisiológicas para estudar os mecanismos neurais que transformam sinais neurais sensoriais em percepções. O objetivo da neurociência sensorial é seguir o fluxo de informações sensoriais dos receptores em direção aos centros cognitivos

---

QUADRO 17-1 Teoria da detecção de sinal: quantificando detecção e discriminação

Duas funções principais do sistema sensorial são: detectar algo e verificar do que se trata. Para testar essa capacidade do sistema sensorial, protocolos experimentais, ferramentas e métodos foram desenvolvidos para quantificar a resposta do sistema sensorial aos estímulos. Isso inclui *teoria de decisão* e *teoria de detecção de sinal*. Cada um usa métodos estatísticos para quantificar a variabilidade das respostas dos sujeitos.

No questionamento "Há algo ali?", por exemplo, sujeitos ou animais experimentais podem detectar corretamente um estímulo específico (um "acerto" ou "verdadeiro-positivo"), responder incorretamente na ausência desse estímulo ("falso-positivo" ou "falso alarme"), não responder a um estímulo verdadeiro ("falta"), ou se recusar corretamente a responder na ausência do estímulo ("verdadeiro-negativo" ou "rejeição correta"). Com apresentações repetidas, essas escolhas podem ser tabuladas em uma matriz de estímulo--resposta de quatro células (**Figura 17-3A**).

Isso quantifica *sensibilidade*, definida como o número de verdadeiro-positivos dividido pelo número de estímulos apresentados, e *especificidade*, definida como o número de verdadeiro-negativos dividido pelo número de apresentações sem estímulo.

Em 1927, L. L. Thurstone propôs que a variabilidade de sensações evocadas por estímulos poderia ser representada como funções de probabilidade normal ou gaussiana, igualando a distância física entre as amplitudes de dois estímulos a um valor de escala psicológica de intensidade inferida chamado de *índice de discriminação* ou *d'*.

Os métodos da teoria das decisões foram inicialmente aplicados a estudos psicofísicos em 1954, pelos psicólogos

FIGURA 17-3A Matriz estímulo-resposta para dados coletados durante uma tarefa de detecção de estímulo sim-não ("Há um estímulo específico ali?"). Cada teste contabiliza uma das quatro opções. Por exemplo, a detecção correta do estímulo contabilizaria como verdadeiro-positivos (acertos), mas uma resposta positiva incorreta na ausência do estímulo contabilizaria como um falso-positivo. A partir dessa tabela, medidas importantes, como a sensibilidade e a taxa de falso-positivos, podem ser calculadas.

Wilson Tanner e John Swets. Eles desenvolveram uma série de protocolos experimentais para detecção de estímulos que permitiram o cálculo preciso de *d'*, bem como técnicas para análises quantitativas de sensações em seres humanos e animais. Tais estudos podem ser projetados para medir não apenas "Há algo ali?", como no exemplo anterior,

continua

> **QUADRO 17-1** Teoria da detecção de sinal: quantificando detecção e discriminação (*continuação*)
>
> **FIGURA 17-3B** Um gráfico de característica operacional do receptor (ROC) exibe os resultados de conjuntos de ensaios, cada um coletado em matrizes como as da Figura 17-3A. O eixo vertical traça a fração ou a probabilidade de acertos em função da fração ou da probabilidade de falsos alarmes no eixo horizontal. Também é comum rotular o eixo vertical TVP (taxa de verdadeiro-positivo), ou sensibilidade, e o eixo horizontal TFP (taxa de falso-positivo), ou (1 − especificidade). Um conjunto de tentativas em que as respostas sim ou não são entregues aleatoriamente (discriminabilidade [d'] = 0) plotadas como uma linha reta da origem até o canto superior direito. A área sob tal curva ROC (AUC) seria 0,5. Um conjunto perfeito de tentativas, em que os observadores detectam com precisão a presença de cada estímulo e não são enganados por quaisquer tentativas sem estímulos ($d' > 3$), aumentaria acentuadamente ao longo do eixo esquerdo, e a AUC seria 1,0. Os valores de AUC são cada vez mais citados como medidas de confiança de número único. As curvas (teóricas) mostradas demonstram como valores mais altos de d' resultam em maior AUC. (Adaptada, com autorização, de Swets, 1973. Copyright © 1973 AAAS.)
>
> mas também julgamentos comparativos de uma propriedade física de um estímulo, como sua intensidade, tamanho ou frequência temporal, medindo, assim, um análogo de *escolha forçada entre duas alternativas* de "O que é isso?".
>
> Quando os sujeitos são solicitados a relatar se o segundo estímulo é mais forte ou mais fraco, mais alto ou mais baixo, maior ou menor, ou igual ou diferente do primeiro estímulo, as respostas em cada tentativa podem ser novamente tabuladas em uma matriz estímulo-resposta de quatro células semelhante ao da **Figura 17-3A**, mas com os termos "estímulo" ou "sem estímulo" substituídos pelos dois estímulos distintos.
>
> A discriminabilidade (d') nesses estudos é medida com análises de *características operacionais do receptor* (ROC, do inglês *receiver operating characteristic*) que comparam as taxas de disparo neural ou probabilidade de escolha evocadas por pares de estímulos que diferem em alguma propriedade. A suposição é que um dos dois estímulos evoca respostas mais altas do que o outro. Os gráficos ROC de dados neurais ou psicofísicos traçam a proporção de tentativas julgadas corretamente (acertos) e incorretamente (falso-positivos) quando os critérios de decisão são definidos em vários níveis de disparo ou taxas de escolha (**Figura 17-3B**). A área sob a curva (AUC, do inglês *area under curve*) ROC fornece uma estimativa acurada de d' para cada par de estímulos.
>
> Os métodos de detecção de sinal foram aplicados por William Newsome, Michael Shadlen e J. Anthony Movshon em estudos de respostas neurais a estímulos visuais que diferem em orientação, frequência espacial ou coerência de movimento para correlacionar mudanças nas taxas de disparo neural com processamento sensorial. A função neurométrica, obtida confeccionando-se um gráfico da capacidade de discriminação neural em função das diferenças nos estímulos, corresponde com bastante proximidade à função psicométrica, obtida em paradigmas de escolhas forçadas testando os mesmos estímulos, fornecendo, assim, uma base fisiológica para as respostas comportamentais observadas.
>
> Muitas dessas ferramentas, desenvolvidas em parte para estudar sistemas sensoriais, foram generalizadas para serem aplicadas amplamente além da neurociência. Curvas ROC, sensibilidade e especificidade são essenciais na quantificação do diagnóstico e tratamento da doença. Atualmente, a *AUC* ROC é muito mais utilizada do que d'. Valores de AUC próximos a 1 caracterizam alta sensibilidade e alta especificidade. Para muitos experimentos ou investigações clínicas em que os resultados de verdadeiro-positivos são raros, a *taxa de falso-positivos* (1 − especificidade, ou o número de falso-positivos dividido pelo número de apresentações sem estímulo) é uma medida mais significativa do que o valor de *p* clássico.

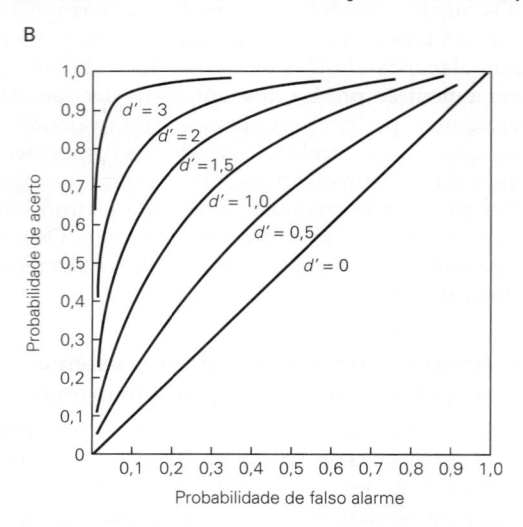

encefálicos, entender os mecanismos de processamento que ocorrem em sucessivas sinapses e decifrar como isso molda nossa representação interna do mundo externo. No encéfalo, a codificação neural da informação sensorial é mais bem compreendida nos estágios iniciais do processamento do que em estágios posteriores.

Essa abordagem para o *problema de codificação neural* foi iniciada na década de 1960 por Vernon Mountcastle, que mostrou que registros unicelulares de sequência de picos de potencial de neurônios sensoriais periféricos e centrais fornecem uma descrição estatística da atividade neural evocada por um estímulo físico. Na sequência, ele investigou quais aspectos quantitativos das respostas neurais podem corresponder às medidas psicofísicas de tarefas sensoriais e, igualmente importante, quais não.

O estudo da codificação neural da informação é fundamental para a compreensão de como funciona o encéfalo. Um código neural descreve a relação entre a atividade em uma população neural especificada e suas consequências funcionais para a percepção ou ação. Os sistemas sensoriais são ideais para o estudo da codificação neural, porque tanto as propriedades físicas da entrada do estímulo quanto a saída neural ou comportamental desses sistemas podem ser definidas e quantificadas com precisão em um ambiente controlado.

Ao registrar a atividade neuronal em vários estágios do processamento sensorial, os neurocientistas tentam decifrar os mecanismos usados por várias modalidades sensoriais para representar informações e as transformações necessárias para transmitir esses sinais ao encéfalo, codificados por sequências de potenciais de ação. Análises adicionais são realizadas a partir da transformação de sinais por redes neurais ao longo de caminhos de chegada e de vias internas ao córtex cerebral. Os neurocientistas também podem modificar a atividade dentro dos circuitos sensoriais por estimulação direta com pulsos elétricos, neurotransmissores químicos e moduladores, ou podem usar canais iônicos ativados por luz geneticamente codificados (optogenética) para despolarizar ou hiperpolarizar os neurônios sensoriais. Respostas para como os estímulos sensoriais são codificados pelos neurônios podem levar à compreensão dos princípios de codificação que fundamentam a cognição.

Frequentemente diz-se que o poder do encéfalo está nos milhões de neurônios processando informações em paralelo. Essa formulação, no entanto, não apreende a diferença essencial entre o encéfalo e todos os demais órgãos do corpo. No rim ou no músculo, a maioria das células faz coisas semelhantes; se entendermos as células musculares típicas, entenderemos essencialmente como funcionam os músculos inteiros. No encéfalo, milhões de células fazem algo *diferente*. Para entender o encéfalo, é necessário compreender como suas tarefas são organizadas em redes de neurônios.

Receptores sensoriais respondem a classes específicas de energia de estímulo

As diferenças funcionais entre os sistemas sensoriais surgem de duas características: as diferentes energias de estímulo que os conduzem e as vias discretas que compõem cada sistema. Cada neurônio realiza uma tarefa específica, cuja sequência de potenciais de ação produzida gera um significado funcional específico para todos os neurônios pós-sinápticos nesse circuito. Essa ideia básica foi expressa na teoria da especificidade dos sistemas, proposta por Charles Bell e Johannes Müller no século XIX, e continua sendo um dos fundamentos das neurociências sensoriais.

Durante a análise da experiência sensorial, é importante perceber que as sensações conscientes humanas diferem qualitativamente das propriedades físicas dos estímulos, pois, como previram Kant e os idealistas, o sistema nervoso extrai apenas certos fragmentos de informação de cada estímulo, ao mesmo tempo que ignora outros. Ele, então, interpreta a informação, dentro de limites impostos pela estrutura intrínseca do encéfalo e da experiência prévia. Assim, recebem-se ondas eletromagnéticas de diferentes frequências, mas são *vistas* como cores. Recebem-se ondas de pressão de objetos que vibram em diferentes frequências, mas se ouvem sons, palavras e música. Compostos químicos são encontrados flutuando no ar ou na água, mas são experimentados como odores e sabores. Cores, tons, odores e sabores são criações mentais, construídas pelo encéfalo a partir da experiência sensorial. Eles não existem como tal fora do encéfalo, mas estão ligados a propriedades físicas específicas dos estímulos.

A riqueza da experiência sensorial inicia com milhões de receptores sensoriais altamente específicos. Os receptores sensoriais são encontrados em estruturas epiteliais especializadas chamadas órgãos dos sentidos, principalmente olhos, ouvidos, nariz, língua e pele. Cada receptor responde a um tipo específico de energia em locais específicos no órgão dos sentidos e, às vezes, apenas à energia com um padrão temporal ou espacial específico. O receptor transforma a energia do estímulo em energia elétrica; assim, todos os sistemas sensoriais usam um mecanismo de sinalização comum. A amplitude e a duração do sinal elétrico produzido pelo receptor, chamado de *potencial de receptor*, estão relacionadas à intensidade e ao curso temporal da estimulação do receptor. O processo pelo qual a energia de um estímulo específico é convertida em um sinal elétrico é chamado de *transdução do estímulo*.

Os receptores sensoriais são morfologicamente especializados para transduzir formas específicas de energia, e cada receptor tem uma região anatômica especializada dentro do órgão sensorial onde ocorre a transdução do estímulo (**Figura 17-4**). A maioria dos receptores é seletiva, respondendo otimamente a um único tipo de energia que funciona como estímulo, uma propriedade denominada *especificidade de receptor*. Vemos cores específicas, por exemplo, porque temos receptores que são seletivamente sensíveis a fótons com faixas específicas de comprimentos de onda, e sentimos cheiros específicos porque temos receptores que se ligam a moléculas odoríferas específicas.

Em todos os sistemas sensoriais, cada receptor codifica o tipo de energia aplicada ao seu campo receptivo, a magnitude do estímulo local e como ele muda com o tempo. Por exemplo, os fotorreceptores na retina codificam a tonalidade, o brilho e a duração da luz que atinge a retina de um local específico no campo visual. Os receptores das células ciliadas na cóclea codificam a frequência tonal, o volume e a duração das ondas de pressão sonora que atingem o ouvido. A representação neural de um objeto, som ou cena é, portanto, composta por um mosaico de receptores individuais que sinalizam coletivamente seu tamanho, contornos, textura, frequência temporal, cor e temperatura.

O arranjo dos receptores no órgão dos sentidos permite uma maior especialização da função dentro de cada sistema sensorial. Os receptores sensoriais de mamíferos são classificados como mecanorreceptores, quimiorreceptores, fotorreceptores ou termorreceptores (**Tabela 17-1**). Os mecanorreceptores e os quimiorreceptores são os mais amplamente distribuídos e os que apresentam maior variabilidade de forma e função.

Quatro tipos diferentes de *mecanorreceptores* que detectam deformação, movimento, estiramento e vibração da pele são responsáveis pela sensação de toque na mão humana e em outros lugares (Capítulos 18 e 19). Os músculos contêm três tipos de mecanorreceptores, que sinalizam estiramento muscular, velocidade e força, enquanto outros

A Quimiorreceptor B Fotorreceptor C Mecanorreceptor

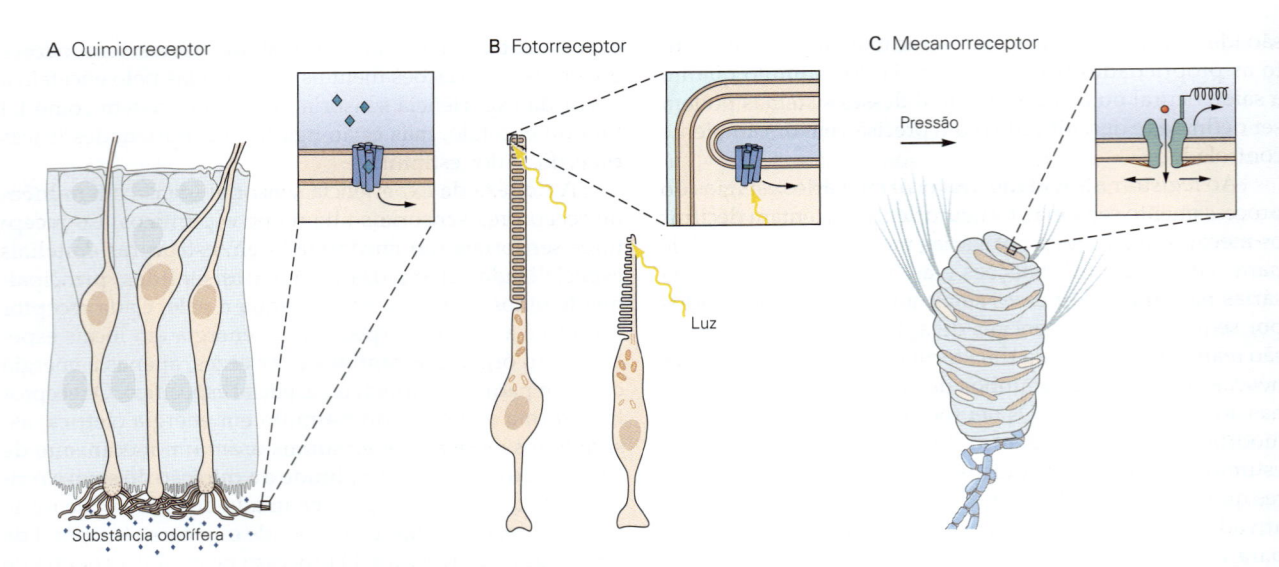

FIGURA 17-4 Os receptores sensoriais são especializados para transduzir um tipo particular de energia de estímulo em sinais elétricos. Os receptores sensoriais são classificados como quimiorreceptores, fotorreceptores ou mecanorreceptores, dependendo da classe de energia de estímulo que os excita. Eles transformam essa energia em um sinal elétrico, que é transmitido ao longo de vias que atendem uma modalidade sensorial. Os insertos em cada painel ilustram a localização dos canais iônicos que são ativados pelos estímulos.

A. As células ciliares olfativas respondem a moléculas químicas no ar. Os cílios olfatórios na superfície da mucosa ligam moléculas odoríferas específicas e despolarizam o nervo sensorial por meio de um sistema de segundos mensageiros. A taxa de disparos sinaliza a concentração da substância odorífera no ar inspirado.

B. As células dos tipos bastonete e cone na retina respondem à luz. O segmento externo de ambos os receptores contém o fotopigmento rodopsina, que muda sua configuração quando absorve luz em determinados comprimentos de onda. A estimulação do cromóforo pela luz reduz a concentração de 3′,5′-monofosfato de guanosina cíclico (GMPc) no citoplasma, fechando canais de cátions e hiperpolarizando, assim, o fotorreceptor. (Adaptada de Shepherd, 1994.)

C. Os corpúsculos de Meissner respondem à pressão mecânica. A cápsula cheia de líquido (**azul-claro**) ao redor das terminações nervosas sensoriais (**rosa**) está ligada por fibras de colágeno às cristas das impressões digitais. Pressão ou movimento sobre a pele abrem canais iônicos sensíveis ao estiramento nos terminais das fibras nervosas, despolarizando-os. (Adaptada, com autorização, de Andres e von Düring, 1973.)

TABELA 17-1 Classificação dos receptores sensoriais

Sistema sensorial	Modalidade	Estímulo	Classe de receptor	Células receptoras
Visual	Visão	Luz (fótons)	Fotorreceptor	Bastonetes e cones
Auditivo	Audição	Som (ondas de pressão)	Mecanorreceptor	Células ciliadas na cóclea
Vestibular	Movimentos da cabeça	Gravidade, aceleração e movimento da cabeça	Mecanorreceptor	Células ciliadas no labirinto vestibular
Somatos--sensorial				Gânglios das raízes dorsais e craniais com receptores em:
	Tato	Deformação e movimento da pele	Mecanorreceptor	Pele
	Propriocepção	Comprimento e força muscular e ângulo da articulação	Mecanorreceptor	Fusos musculares, órgãos tendinosos de Golgi e cápsulas das articulações
	Dor	Estímulos nocivos (estímulos térmicos, mecânicos e químicos)	Termorreceptor, mecanorreceptor e quimiorreceptor	Todos os tecidos, exceto o sistema nervoso central
	Prurido	Histamina	Quimiorreceptor	Pele
	Visceral (não doloroso)	Amplo espectro (estímulos térmicos, mecânicos e químicos)	Termorreceptor, mecanorreceptor e quimiorreceptor	Cardiovascular, trato gastrintestinal, bexiga e pulmões
Gustatório	Paladar	Substâncias químicas	Quimiorreceptor	Botões gustatórios, sensação térmica intraoral e quimiorreceptores
Olfatório	Olfato	Substâncias odoríferas	Quimiorreceptor	Neurônios sensoriais olfatórios

mecanorreceptores nas cápsulas articulares sinalizam o ângulo da articulação (Capítulo 31). A audição baseia-se em dois tipos de mecanorreceptores, células ciliadas internas e externas, que fazem a transdução do movimento na membrana basilar na orelha interna (Capítulo 26). Outras células ciliadas no labirinto vestibular percebem o movimento e a aceleração dos fluidos da orelha interna para sinalizar movimento e orientação da cabeça (Capítulo 27). Os mecanorreceptores viscerais detectam a distensão de órgãos internos, como os intestinos e a bexiga. Os osmorreceptores encefálicos, que percebem o estado de hidratação, são ativados quando uma célula incha. Certos mecanorreceptores relatam distorção extrema que ameaça danificar o tecido; seus sinais atingem os centros encefálicos para dor (Capítulo 20).

Os quimiorreceptores são responsáveis pelo olfato, pelo paladar, pela sensação de prurido, pela dor e por muitas sensações viscerais. Uma parte significativa da dor é devida a quimiorreceptores que detectam moléculas que vazaram para o fluido extracelular em consequência de lesão tecidual, e moléculas que são parte da resposta inflamatória. Diversos tipos de *termorreceptores* na pele percebem o aquecimento e o resfriamento da pele. Outro termorreceptor, que monitora a temperatura do sangue no hipotálamo, é o principal responsável pelo sentimento de aquecimento ou frio.

A visão é mediada por cinco tipos de *fotorreceptores* na retina. As sensibilidades desses receptores à luz definem o espectro visível. Os fotopigmentos em bastonetes e cones detectam energia eletromagnética de comprimentos de onda que abrangem a faixa de 390 a 670 nm (**Figura 17-5A**), os principais comprimentos de onda da luz solar e da lua que atingem a Terra e que informam nosso mundo visual. Diferentemente de outras espécies, como aves ou répteis, os seres humanos não detectam luz ultravioleta ou radiação infravermelha, pois não têm receptores que detectem comprimentos de onda curtos ou longos. Da mesma forma, não percebemos ondas de rádio e bandas de energia de micro-ondas porque não desenvolvemos receptores para esses comprimentos de onda.

Múltiplas subclasses de receptores sensoriais são encontradas em cada órgão dos sentidos

Cada sistema sensorial principal tem várias *submodalidades*. Por exemplo, o sabor pode ser doce, azedo, salgado, amargo ou saboroso (*umami*, do japonês). Os objetos visuais têm qualidades de cor, forma e padrão. O tato inclui qualidades de temperatura, textura e rigidez. Algumas submodalidades são mediadas por subclasses discretas de receptores que respondem a gamas limitadas de energias de estímulo daquela modalidade; outras são derivadas da combinação de informações de diferentes tipos de receptores.

O receptor comporta-se como um filtro em um espectro estreito, ou largura de banda, de energia. Por exemplo, dado fotorreceptor não é sensível a todos os comprimentos de onda da luz, mas apenas a uma pequena parte do espectro. Diz-se que um receptor está *afinado* para responder otimamente ou melhor a certo estímulo, o *único* estímulo que ativa o receptor com baixa energia e que evoca a resposta neural mais forte. Como resultado, podemos traçar uma *curva de sintonia* para cada receptor com base em experimentos fisiológicos (ver as curvas de absorção de luz para fotorreceptores na **Figura 17-5A**). A curva de sintonia mostra a faixa de sensibilidade do receptor, incluindo seu estímulo preferido. Por exemplo, os cones azuis na retina são mais sensíveis à luz de 430 a 440 nm, os cones verdes respondem melhor a 530 a 540 nm, e os cones vermelhos respondem mais vigorosamente à luz de 560 a 570 nm. As respostas das três células de cone a outros comprimentos de onda de luz são mais fracas, pois os comprimentos de onda incidentes diferem dessas faixas ideais (Capítulo 22).

Cada célula de bastonete e cone responde, assim, a um amplo espectro de cores. A sensibilidade graduada dos fotorreceptores codifica comprimentos de onda específicos pela amplitude do potencial do receptor evocado. No entanto, essa amplitude também depende da intensidade ou brilho da luz, de modo que um cone verde responde de maneira semelhante à luz laranja brilhante ou verde mais fraca. Como eles são distinguidos? Estímulos mais fortes ativam mais fotorreceptores do que os mais fracos, e o código populacional resultante de múltiplos receptores, combinado com receptores de diferentes preferências de comprimento de onda, distingue intensidade de matiz. Esses conjuntos neurais permitem que neurônios visuais individuais multiplexem sinais de cor e brilho pelo mesmo caminho.

Além disso, como a curva de sintonia de um fotorreceptor é aproximadamente simétrica em torno da melhor frequência, comprimentos de onda de valores maiores ou menores podem evocar respostas semelhantes. Por exemplo, os cones vermelhos respondem de forma semelhante à luz de 520 e 600 nm. Como o encéfalo interpreta esses sinais? A resposta novamente está em múltiplos receptores, neste caso, nos cones verde e azul. Os cones verdes respondem mais fortemente à luz a 520 nm, pois está próximo de seu comprimento de onda preferido, mas respondem fracamente à luz a 600 nm. Os cones azuis não respondem à luz a 600 nm e são muito pouco ativados a 520 nm. Como resultado, a luz a 520 nm é percebida como verde, enquanto a 600 nm é vista como laranja. Assim, por meio de combinações variadas de fotorreceptores, somos capazes de perceber um espectro de cores.

Da mesma forma, os sabores complexos que percebemos ao comer são resultado de combinações de quimiorreceptores com diferentes afinidades por ligantes naturais. As amplas curvas de afinação de um grande número de receptores olfatórios e gustatórios distintos permitem infinitas possibilidades combinatórias.

A existência de submodalidades aponta para um importante princípio de codificação sensorial. Ou seja, que a gama de energias de estímulo (como o comprimento de onda da luz) é desconstruída em componentes menores e mais simples, cuja intensidade é monitorada ao longo do tempo por receptores especializados, os quais transmitem paralelamente informações ao encéfalo. O encéfalo, por fim, integra esses diversos componentes do estímulo, para transmitir uma representação de conjunto do evento sensorial. A hipótese do conjunto é ainda mais importante quando examinamos a representação de eventos sensoriais no sistema nervoso central. Embora a maioria dos estudos

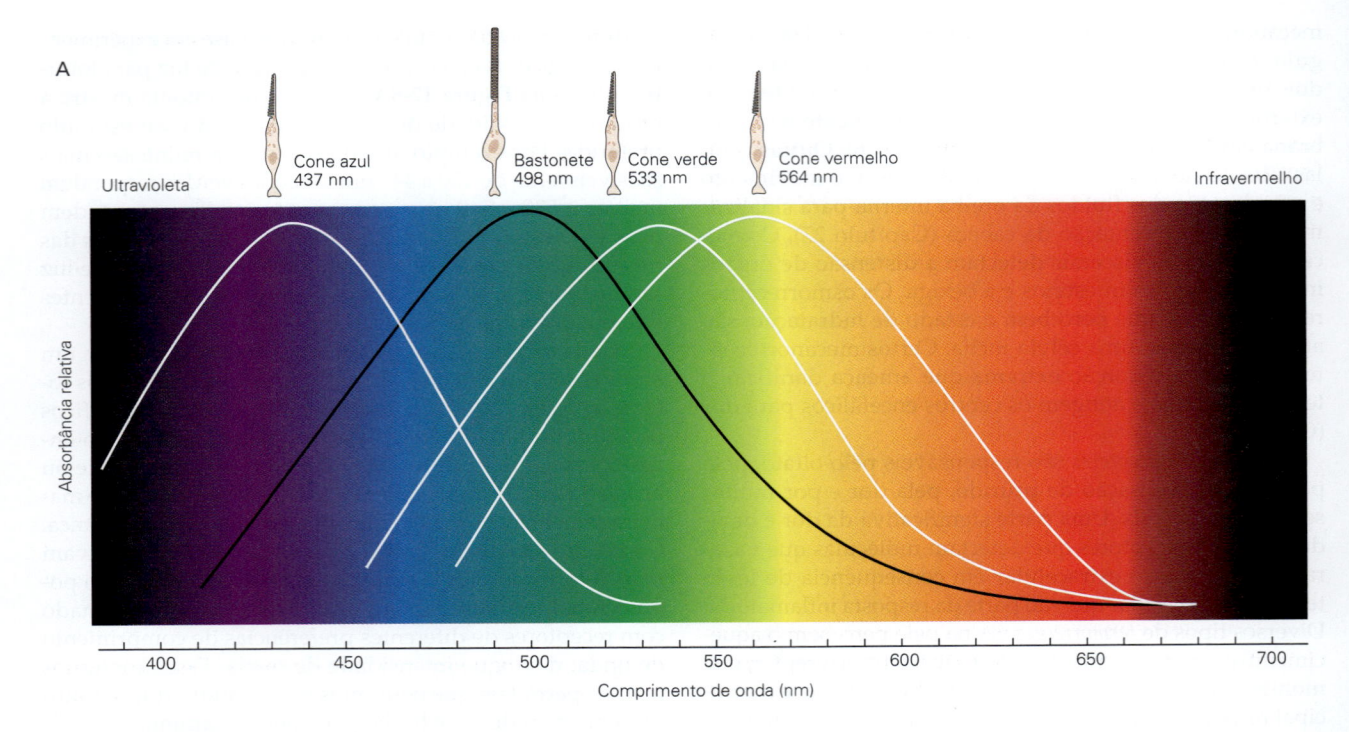

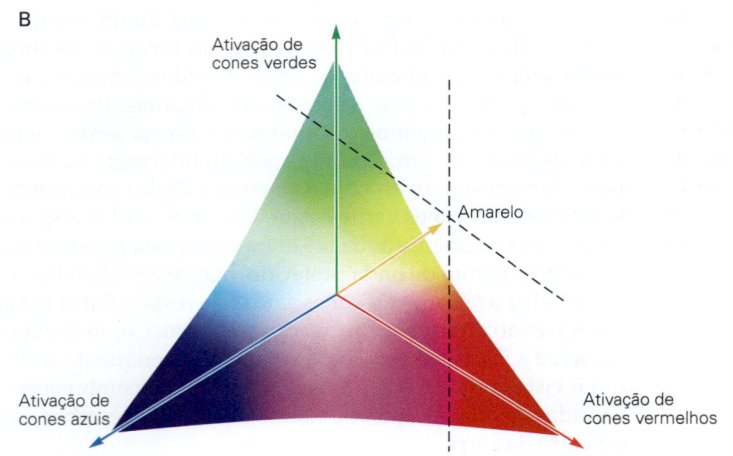

FIGURA 17-5 A percepção humana das cores resulta da ativação simultânea de três classes diferentes de fotorreceptores na retina.

A. O espectro da luz visível abrange comprimentos de onda de 390 a 670 nm. Os fotorreceptores individuais são sensíveis a uma ampla faixa de comprimentos de onda, mas cada um é mais responsivo à luz em uma determinada banda espectral. Assim, as células cone são classificadas como fotorreceptores do tipo vermelho, verde ou azul. Mudanças na ativação relativa de cada um dos três tipos de cones são responsáveis pela percepção de cores específicas. (Adaptada de Dowling, 1987.)

B. A codificação neural das cores e do brilho na retina pode ser retratada como um vetor tridimensional no qual a força da ativação de cada tipo de cone é colocada ao longo de um dos três eixos. Cada ponto no espaço vetorial representa um padrão único de ativação dos três tipos de cone. A direção no vetor indica a atividade relativa de cada tipo de cone e a cor resultante. No exemplo mostrado aqui, a forte ativação de **cones vermelhos** junto com estimulação moderada de **cones verdes** e ativação fraca de **cones azuis** produz a percepção de **amarelo**. O comprimento do vetor da origem ao ponto representa a intensidade do brilho da luz naquela região da retina.

de processamento sensorial tenha examinado como neurônios individuais respondem a estímulos que variam temporalmente, o desafio atual é decifrar como a informação sensorial é distribuída entre populações de neurônios que respondem ao mesmo evento ao mesmo tempo.

Os códigos da população de neurônios receptores transmitem informações sensoriais ao encéfalo

O potencial receptor gerado por um estímulo adequado produz uma despolarização ou hiperpolarização local do neurônio receptor sensorial, cuja amplitude é proporcional à intensidade do estímulo. No entanto, como os órgãos dos sentidos estão localizados a distâncias suficientemente distantes do sistema nervoso central, a propagação passiva dos potenciais receptores seria insuficiente para transmitir sinais diretamente ao encéfalo. Assim, para comunicar a informação sensorial ao encéfalo, precisa haver um segundo passo na codificação neural. O potencial receptor produzido pelo estímulo deve ser transformado em sequências de potenciais de ação que podem ser propagadas ao longo dos axônios. O sinal analógico de magnitude do estímulo no potencial receptor é transformado em um código de pulso digital no qual a frequência dos potenciais de ação é proporcional à intensidade do estímulo (**Figura 17-6A**). Essa é a *codificação* da sequência de picos.

A noção de uma transformação analógica-digital data de 1925, quando Edgar Adrian e Yngve Zotterman descobriram as propriedades "tudo ou nada" dos potenciais de ação nos neurônios sensoriais. Apesar dos instrumentos de registro simples disponíveis na época, Adrian e Zotterman descobriram que a frequência de disparo (o número de potenciais de ação por segundo) varia com a força do estímulo e sua duração; estímulos mais fortes evocam potenciais receptores maiores, gerando um número maior e uma frequência maior de potenciais de ação. Esse mecanismo de sinalização é denominado *taxa de codificação*.

Nos últimos anos, à medida que a tecnologia de registros melhorou e os computadores digitais permitiram a quantificação precisa do tempo dos potenciais de ação, Vernon Mountcastle e seus colegas demonstraram uma correlação precisa entre os limiares sensoriais e respostas neurais, bem como a relação paramétrica entre as taxas de disparo neural e a intensidade percebida das sensações (**Figura 17-6B**). Eles também descobriram que a intensidade de um estímulo é representada no encéfalo por todos os neurônios ativos na população receptora. Esse tipo de *código populacional* depende do fato de que receptores individuais em um sistema sensorial diferem em seus limiares sensoriais ou em suas afinidades por determinadas moléculas.

A maioria dos sistemas sensoriais tem receptores de alto e de baixo limiar. Quando a intensidade do estímulo muda de fraca para forte, receptores de baixo limiar são recrutados inicialmente, seguidos pelos receptores de alto limiar. Por exemplo, os bastonetes na retina são ativados por níveis de luz muito baixos e atingem seus potenciais máximos de receptores e taxas de disparo na penumbra do dia. As células de cone não respondem à luz muito fraca, mas apresentam respostas durante a claridade do dia. A combinação dos dois tipos de fotorreceptores permite perceber a intensidade da luz ao longo de diversas ordens de magnitude. Assim, o processamento paralelo por receptores de baixo e alto limiar amplia a faixa dinâmica de um sistema sensorial.

A padronização distribuída de disparo em conjuntos neurais permite o uso de álgebra vetorial para quantificar como as propriedades do estímulo são distribuídas entre populações de neurônios ativos. Por exemplo, apesar de a espécie humana possuir apenas três tipos de células cone na retina, é possível identificar claramente as cores em todo o espectro de luz visível. A **Figura 17-5B** demonstra que a cor amarela pode ser originada por combinações específicas de atividade nas células de cone vermelho, verde e azul

A Código neural da magnitude do estímulo

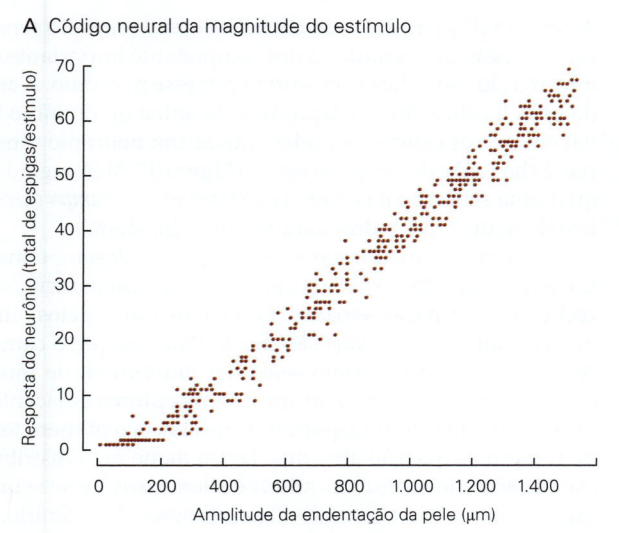

B Intensidade da sensação percebida

FIGURA 17-6 As taxas de disparo dos neurônios sensoriais codificam a magnitude do estímulo. Os dois gráficos indicam que a codificação neural da intensidade do estímulo é transmitida fielmente dos receptores periféricos para os centros corticais que medeiam a sensação consciente. (Adaptada, com autorização, de Mountcastle, Talbot e Kornhuber, 1966.)

A. O número de potenciais de ação por segundo, registrado em um receptor do tato na mão, é proporcional à amplitude da indentação da pele. Cada ponto representa a resposta do receptor à pressão aplicada por uma pequena sonda. A relação entre a taxa de disparos neurais e a pressão do estímulo é linear. Esse receptor não responde a estímulos mais fracos que 200 μm, seu limiar para o tato.

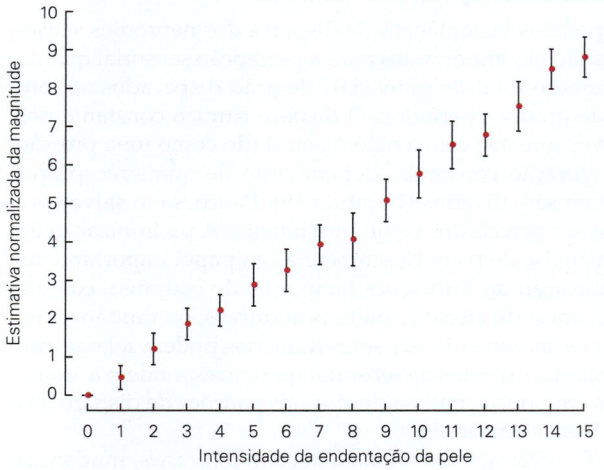

B. As estimativas feitas por seres humanos da magnitude da sensação produzida pela pressão sobre a mão aumentam linearmente em função da endentação da pele. A relação entre a estimativa da intensidade do estímulo feita pelo indivíduo e sua força física assemelha-se à relação entre a frequência de descarga do neurônio sensorial e a amplitude do estímulo.

(**Figura 17-5B**). Da mesma forma, a cor magenta resulta de outras combinações das mesmas classes de fotorreceptores. Matematicamente, a tonalidade percebida pode ser representada em um espaço vetorial tridimensional no qual as forças de ativação de cada classe de receptores são combinadas para produzir uma sensação única.

A representação multineuronal de alta dimensão de estímulos em grandes populações de neurônios está começando a ser analisada à medida que novas técnicas são desenvolvidas para gravação e imagem simultâneas de atividade em conjuntos neurais. A taxa de disparos de cada neurônio em uma população pode ser colocada em um gráfico em um sistema de coordenadas com eixos múltiplos, como modalidade, localização, intensidade e tempo. Os componentes neurais ao longo desses eixos se combinam para formar um vetor que representa a atividade da população. A interpretação vetorial é útil, pois disponibiliza poderosas técnicas matemáticas.

As possibilidades de codificação de informações por meio de *padronização temporal* dentro e entre neurônios em uma população são enormes. Por exemplo, o tempo dos potenciais de ação em um neurônio pré-sináptico pode determinar se a célula pós-sináptica dispara. Dois potenciais de ação que chegam quase de forma síncrona alterarão a probabilidade do neurônio pós-sináptico de disparar mais do que os potenciais de ação que chegam em momentos diferentes. O tempo relativo dos potenciais de ação entre os neurônios também tem um efeito profundo nos mecanismos de aprendizagem e plasticidade sináptica, incluindo potencialização e depressão de longa duração nas sinapses (Capítulo 54).

Sequências de potenciais de ação sinalizam a dinâmica temporal dos estímulos

Os padrões instantâneos de disparos dos neurônios sensoriais são tão importantes para a percepção sensorial quanto o número total de potenciais de ação disparados ao longo de grandes períodos. O disparo rítmico constante nos nervos que inervam a mão é percebido como uma pressão ou vibração constante, dependendo de quais receptores de tato são ativados (Capítulo 19). Padrões em salvas podem ser percebidos como movimento. A padronização de sequências de picos desempenha um papel importante na codificação de flutuações temporais do estímulo, como a frequência de vibração ou tons auditivos, ou mudanças na taxa de movimento. Os seres humanos podem relatar mudanças na experiência sensorial que correspondem a alterações em poucos milissegundos nos padrões de disparo dos neurônios sensoriais.

Os sistemas sensoriais detectam *contrastes*, mudanças nos padrões temporais e espaciais de estimulação. Se um estímulo persistir inalterado por vários minutos sem mudança de posição ou amplitude, a resposta neural e a sensação correspondente diminuem, uma condição chamada de *adaptação do receptor*. Acredita-se que a adaptação do receptor seja uma importante base neural da adaptação das percepções, por meio da qual um estímulo constante se desvanece, desaparecendo da consciência. Os receptores que respondem à estimulação prolongada e constante – conhecidos como receptores de *adaptação lenta* – codificam a duração do estímulo gerando potenciais de ação durante todo o período de estimulação (**Figura 17-7A**). Em contrapartida, receptores de *adaptação rápida* respondem apenas no início ou no final de um estímulo. Eles *cessam* seus disparos em resposta a estimulações de amplitude constante e são ativos apenas quando a intensidade do estímulo aumenta ou diminui (**Figura 17-7B**). Sensores de adaptação rápida e lenta ilustram outro princípio importante da codificação sensorial: os neurônios sinalizam propriedades importantes dos estímulos não apenas quando disparam, mas também quando diminuem ou param de disparar.

As propriedades temporais de um estímulo em mudança são codificadas como mudanças no padrão de disparo, incluindo os *intervalos entre picos*, de neurônios sensoriais. Por exemplo, os receptores de tato ilustrados na **Figura 17-7** disparam em taxas mais altas quando uma sonda inicialmente entra em contato com a pele do que quando a pressão é mantida. O intervalo de tempo entre os picos é menor quando a pele é indentada rapidamente do que quando a pressão é aplicada gradualmente. A taxa de disparo desses neurônios é proporcional tanto à velocidade na qual a pele é indentada quanto à quantidade total de pressão aplicada. Durante a pressão constante, a taxa de disparo diminui para um nível proporcional à indentação da pele (**Figura 17-7A**) ou cessa completamente (**Figura 17-7B**). O disparo de ambos os neurônios cessa depois que a sonda é retirada.

Os campos receptivos dos neurônios sensoriais fornecem informações espaciais sobre a localização do estímulo

A posição dos terminais de entrada de um neurônio sensorial no órgão dos sentidos é um componente importante da informação específica transmitida por esse neurônio. A área da pele, localização no corpo, área da retina ou domínio tonal em que os estímulos podem ativar um neurônio sensorial é chamado de *campo receptivo* (**Figura 17-8**). A região da qual uma sensação é percebida é chamada de *campo perceptivo* do neurônio. Os dois geralmente coincidem.

As dimensões dos campos receptivos desempenham um papel importante na capacidade de um sistema sensorial codificar informação espacial. Os objetos vistos pelos olhos ou segurados pelas mãos são muito maiores que o campo receptivo de um neurônio sensorial individual, de modo que há a estimulação de grupos de receptores adjacentes. O tamanho do estímulo, portanto, influencia o número total de receptores que são ativados. Dessa maneira, a distribuição espacial de receptores ativos e silenciosos fornece uma imagem neural do tamanho e dos contornos do estímulo.

A resolução espacial de um sistema sensorial depende do número total de neurônios receptores e da distribuição dos campos receptivos na área coberta. Os neurônios de projeção para regiões do corpo com alta densidade de receptores, como as células ganglionares retinianas que representam a retina central (a fóvea), têm campos receptivos pequenos porque recebem informações de um pequeno número de células bipolares, cada uma das quais recebe entrada de alguns fotorreceptores compactados. Devido à alta

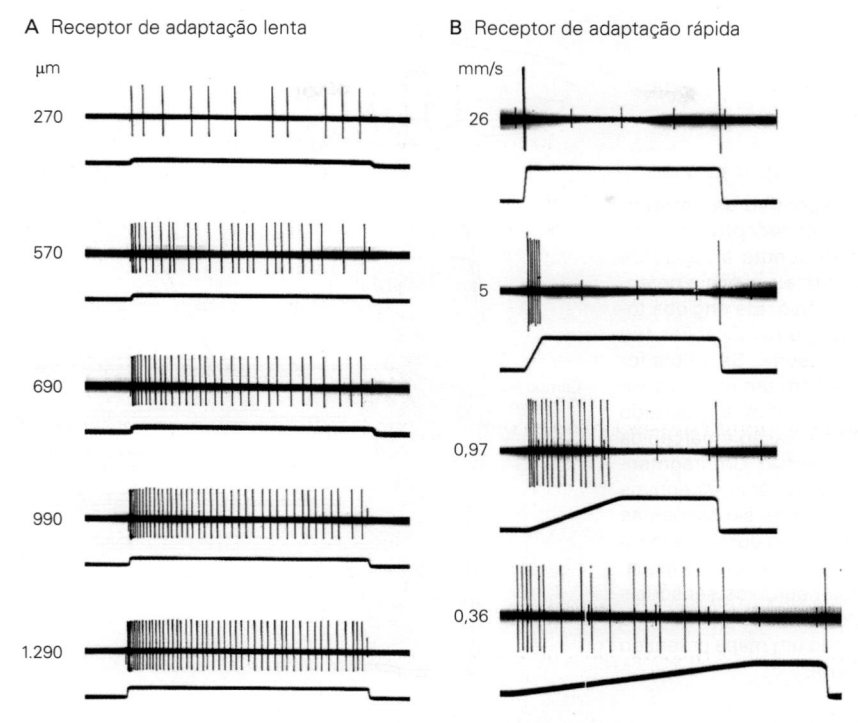

FIGURA 17-7 Os padrões de disparo dos neurônios sensoriais transmitem informações sobre a intensidade do estímulo e o curso do tempo. Esses registros ilustram respostas de duas classes diferentes de receptores do tato a uma sonda pressionada sobre a pele. A amplitude do estímulo e o curso temporal são mostrados no traçado inferior de cada par; o traçado superior mostra os potenciais de ação registrados na fibra nervosa sensorial em resposta ao estímulo.

A. Um mecanorreceptor de adaptação lenta responde enquanto for aplicada pressão à pele. O número total de potenciais de ação descarregados durante o estímulo é proporcional à quantidade de pressão aplicada à pele. A taxa de disparos é maior no início do contato com a pele que durante uma pressão constante, pois esse receptor também detecta quão rapidamente a pressão é aplicada à pele. Quando a sonda é removida da pele, a atividade de espigas cessa. (Adaptada, com autorização, de Mountcastle, Talbot e Kornhuber, 1966.)

B. Um mecanorreceptor de adaptação rápida responde no início e no final da estimulação, sinalizando a taxa em que é aplicada e removida a sonda; esse receptor está silencioso quando a pressão é mantida em uma amplitude fixa. Um movimento rápido evoca uma breve descarga de espigas de alta frequência, enquanto um movimento lento evoca uma sequência de espigas duradouras e de baixa frequência. (Adaptada, com autorização, de Talbot et al., 1968.)

densidade de receptores na fóvea, a população de neurônios transmite uma representação muito detalhada da cena visual. Células ganglionares na periferia da retina têm campos receptivos maiores, pois a densidade de receptores é muito menor. Os dendritos de cada célula ganglionar recebem informação de uma ampla área da retina, integrando, assim, a intensidade da luz ao longo de uma porção maior do campo visual. Esse arranjo produz uma imagem menos detalhada da cena visual (**Figura 17-9**). Do mesmo modo, a região do corpo mais frequentemente utilizada para tocar objetos é a mão. Assim, não é surpreendente que mecanorreceptores para o tato estejam concentrados nas pontas dos dedos, e os campos receptivos na mão sejam menores que aqueles no braço ou no tronco.

Circuitos do sistema nervoso central refinam informações sensoriais

As conexões centrais de um neurônio sensorial determinam como os sinais desse neurônio influenciam nossa experiência sensorial. Os potenciais de ação nas fibras nervosas da cóclea, por exemplo, evocam a sensação de um tom, sejam eles iniciados por ondas sonoras atuando nas células ciliadas ou por estimulação elétrica com uma prótese neural.

O parcelamento de um estímulo em seus componentes, cada um codificado por um tipo individual de receptor sensorial ou neurônio de projeção, é um passo inicial no processamento sensorial. Esses componentes são integrados em uma representação de um objeto ou cena por redes neurais encefálicas. Esse processo permite que o encéfalo selecione certas características abstratas de um objeto, pessoa, cena ou evento externo a partir da entrada detalhada de muitos receptores. Como resultado, a representação formada no encéfalo pode aumentar a saliência de características que são importantes no momento, ignorando outras. Nesse sentido, nossas percepções não são meros reflexos de eventos ambientais, mas também construções da mente.

A forma como experimentamos as sensações relatadas pelos receptores primários também está sujeita a modificação ou aprendizado. Odores e sabores inicialmente aversivos, por exemplo, podem se tornar atrativos ao longo do tempo devido à familiaridade ou mudanças de contexto ou

FIGURA 17-8 Campo receptivo de um neurônio sensorial. O campo receptivo de um neurônio sensível ao tato denota a região da pele onde leves estímulos táteis evocam potenciais de ação naquele neurônio. Ele engloba todos os terminais receptivos e ramificações terminais da fibra nervosa sensorial. Se a fibra for estimulada eletricamente com um microeletrodo, o sujeito experimenta um toque localizado na pele. A área da qual a sensação é percebida é chamada de *campo perceptivo*. Um fragmento de pele contém muitos campos receptivos sobrepostos, permitindo que as sensações se desloquem suavemente de um neurônio sensorial para o próximo, em uma varredura contínua. Os terminais axonais dos neurônios sensoriais são arranjados somatotopicamente no sistema nervoso central, fornecendo um mapa ordenado da região do corpo inervada.

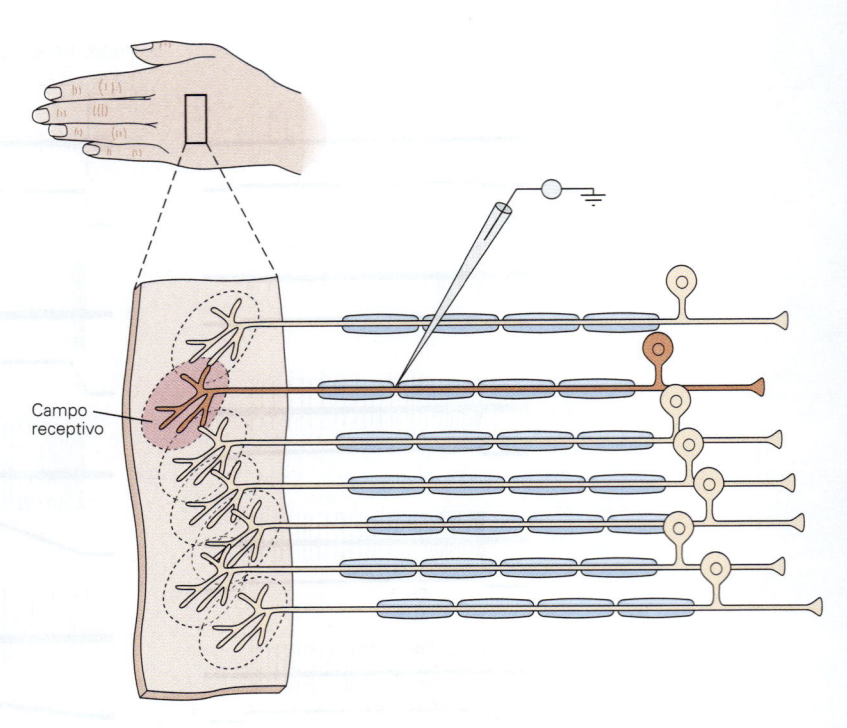

associação. O prazer provocado pelas fotos de um respeitado jogador de beisebol pode ser convertido em desdém caso ele apareça posteriormente com o uniforme de um time rival.

Nos estágios iniciais do processamento de informações sensoriais no sistema nervoso central, cada classe de receptores periféricos fornece entrada para grupos de neurônios em núcleos de retransmissão dedicados a uma modalidade sensorial. Ou seja, cada modalidade sensorial é representada por um conjunto de neurônios centrais conectados a uma classe específica de receptores. Esses conjuntos são chamados de *sistemas sensoriais* e incluem os sistemas somatossensorial, visual, auditivo, vestibular, olfativo e gustativo (ver **Tabela 17-1**).

O encéfalo evoluiu para processar e responder a esse rico conjunto de informações sensoriais. A ativação dos sistemas sensoriais, cognitivos e motores no encéfalo humano pode ser visualizada em tempo real com técnicas de IRMf. Maurizio Corbetta, Marcus Raichle e colegas descobriram flutuações coerentes nos componentes de baixa frequência

FIGURA 17-9 A resolução visual de cenas e objetos depende da densidade de fotorreceptores que medeiam a imagem. A resolução de detalhes correlaciona-se inversamente com a área do campo receptivo dos neurônios individuais. Cada quadrado ou *pixel* nessas imagens representa um campo receptivo. A escala em cinza em cada *pixel* é proporcional à intensidade média da luz no campo receptivo correspondente. Se houver um pequeno número de neurônios, e cada um abrange uma grande área da imagem, o resultado é uma representação muito esquemática da cena (**A**). À medida que a densidade dos neurônios aumenta, o tamanho de cada campo receptivo diminui e o detalhamento espacial torna-se mais claro (**B, C**). O aumento da resolução espacial vem à custa do maior número de neurônios necessários para transmitir a informação. (Fotografias reproduzidas, com autorização, de Daniel Gardner.)

(0,01-0,1 Hz) do sinal dependente do nível de oxigênio sanguíneo (BOLD, do inglês *blood oxygen level-dependent*) durante o estado de "repouso", em áreas encefálicas que são anatomicamente conectadas e ativadas concomitantemente durante comportamentos específicos. A **Figura 17-10** destaca três redes funcionalmente especializadas de áreas encefálicas que respondem a entradas auditivas (em vermelho), somatomotoras (em verde) e visuais (em azul). Outras áreas são multissensoriais, integrando informações de diversas modalidades. A correlação espontânea do disparo dessas redes na ausência de estímulos sensoriais diretos ou no desempenho de tarefas motoras sugere que a excitabilidade dentro de redes sensoriais ou motoras no estado de repouso pode sinalizar prontidão para processar informações para sensação ou ação futura. Prejuízos na função sensorial, cognitiva ou motora, após lesão encefálica local, podem resultar não apenas do comprometimento de uma área ou nodo específico, mas também da interrupção do circuito ou circuitos que incluem esse nodo.

As sinapses nas vias sensoriais possibilitam a modificação dos sinais dos receptores. A maioria dos neurônios nos núcleos de retransmissão recebe entradas excitatórias convergentes de muitos neurônios pré-sinápticos (**Figura 17-11A**), integra essas entradas, combina-as com sinais inibitórios e com sinais de cima para baixo e transmite a informação processada para áreas encefálicas superiores. Horace Barlow propôs que os sistemas sensoriais demonstram *codificação eficiente*, que inclui relés sensoriais que recodificam mensagens sensoriais para que sua redundância seja reduzida, mas comparativamente pouca informação é perdida. Da mesma forma, cada neurônio receptor excita vários neurônios de retransmissão pós-sinápticos.

As redes excitatórias convergentes fornecem um mecanismo para a soma espacial de entradas, fortalecendo os sinais de importância funcional. Um exemplo de como esses circuitos são usados é a detecção de entradas síncronas de vários locais próximos, mas não de outros, fornecendo, assim, o primeiro passo para o *ajuste de orientação* dos

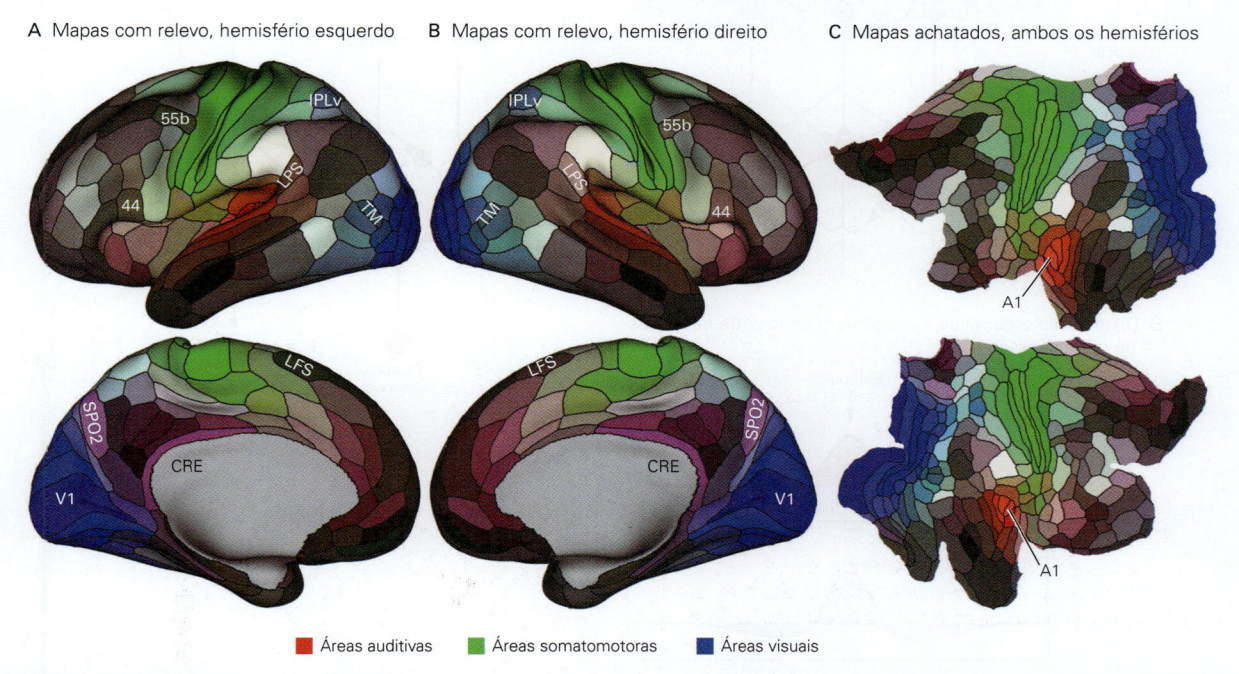

FIGURA 17-10 Regiões diferentes do encéfalo humano processam informações para modalidades sensoriais individuais, sistemas multissensoriais, atividade motora ou função cognitiva. O córtex cerebral humano foi dividido em 180 áreas funcionais pelo Projeto Conectoma Humano, baseado em grande parte em uma variedade de técnicas de imageamento por ressonância magnética funcional (IRMf) e de neuroanatomia. As áreas auditivas primordiais (**vermelho**), áreas somatossensoriais e motoras (**verde**) e áreas visuais (**azul**) estão sombreadas em núcleos primários. Cores mescladas indicam áreas multissensoriais: visual e somatossensorial/motora (**azul-verde, IPLv, TM**); ou visual e auditivo (**rosa a roxo, SPO2, CRE**). As redes de linguagem incluem as áreas 55b, 44, LFS e LPS em ambos os hemisférios. As regiões em tons de cinza indicam funções cognitivas; relacionadas com as redes anticorrelacionadas "tarefa-positiva" (**sombreamento claro**) e "modo padrão" (**sombreamento escuro**). Os mapas mostram regiões encefálicas localizadas nos giros da superfície e nos sulcos corticais adjacentes. Observe a semelhança da organização encefálica entre os dois hemisférios. Dados disponíveis em https://balsa.wustl.edu/study/RVVG. (Reproduzida, com autorização, de Glasser et al., 2016. Copyright © 2016 Springer Nature.)

A. Mapas com relevo do hemisfério esquerdo. O mapa superior é uma vista lateral, e o mapa inferior é uma vista medial.

B. Mapas semelhantes do hemisfério direito.

C. Mapas achatados mostram a organização funcional de ambos os hemisférios (esquerdo na parte superior, direito na parte inferior).

(Siglas: **A1**, córtex auditivo primário; **IPLv**, área intraparietal lateral, porção ventral; **TM**, área temporal média; **SPO2**, área 2 do sulco parieto-occipital; **LPS**, área de linguagem perissilviana; **CRE**, complexo retroesplenial; **LFS**, área de linguagem frontal superior; **V1**, córtex visual primário; **área 55b**, área linguística recém-identificada; **área 44**, parte da área de Broca.)

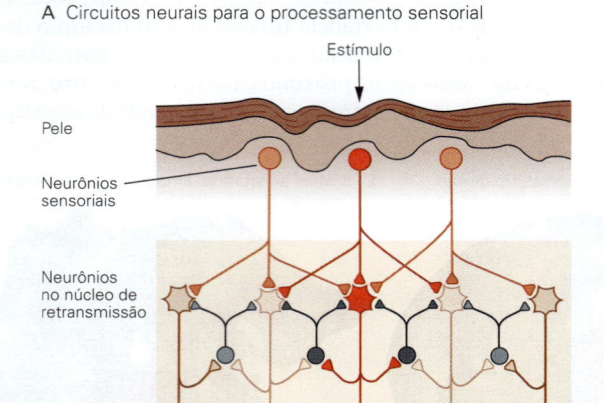

neurônios centrais. Os neurônios de retransmissão também estão interconectados com seus vizinhos, formando conexões excitatórias recorrentes que amplificam os sinais sensoriais. Essas *redes recorrentes* também são uma característica de alguns algoritmos de aprendizado profundo usados por redes neurais artificiais para classificar padrões sensoriais.

O campo receptivo de um neurônio de retransmissão também é moldado pela entrada inibitória. A região inibitória de um campo receptivo fornece um mecanismo importante para acentuar o contraste entre os estímulos, fornecendo, assim, aos sistemas sensoriais poder adicional para a resolução de detalhes espaciais. Os interneurônios inibitórios modulam a excitabilidade dos neurônios nos núcleos de retransmissão, regulando assim, a quantidade de informação sensorial transmitida aos níveis mais altos de uma rede (**Figura 17-11B**). Os circuitos inibitórios também são úteis para suprimir informações irrelevantes durante comportamentos direcionados a objetivos, concentrando, assim, a atenção em entradas específicas relacionadas à tarefa. Além disso, as redes inibitórias permitem que o contexto de um estímulo modifique a força da excitação evocada por esse estímulo, um processo importante chamado *normalização*.

As respostas dos neurônios centrais aos estímulos sensoriais são mais variáveis de tentativa para tentativa do que as dos receptores periféricos. Neurônios sensoriais centrais também disparam irregularmente antes e após a

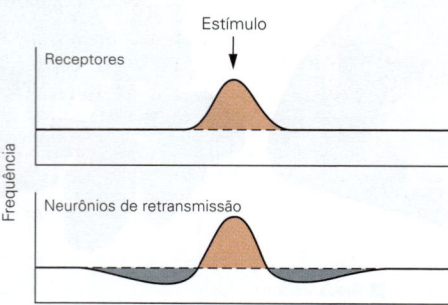

FIGURA 17-11 Os neurônios de retransmissão em sistemas sensoriais integram uma diversidade de entradas que moldam a informação do estímulo.

A. A informação sensorial é transmitida no sistema nervoso central por redes hierárquicas de processamento. A sinalização neural iniciada por um estímulo na pele atinge um grande grupo de neurônios pós-sinápticos em núcleos de retransmissão no tronco encefálico e no tálamo e é mais forte em neurônios no centro da matriz de células pós-sinápticas (**neurônio vermelho**). (Adaptada, com autorização, de Dudel, 1983.)

B. A inibição (**áreas em cinza**) mediada por interneurônios locais (**cinza**) limita a excitação (**área laranja**) à zona central na matriz de neurônios de retransmissão onde a estimulação é mais forte. Esse padrão de inibição dentro do núcleo retransmissor aumenta o contraste entre os neurônios retransmissores fortemente e fracamente estimulados.

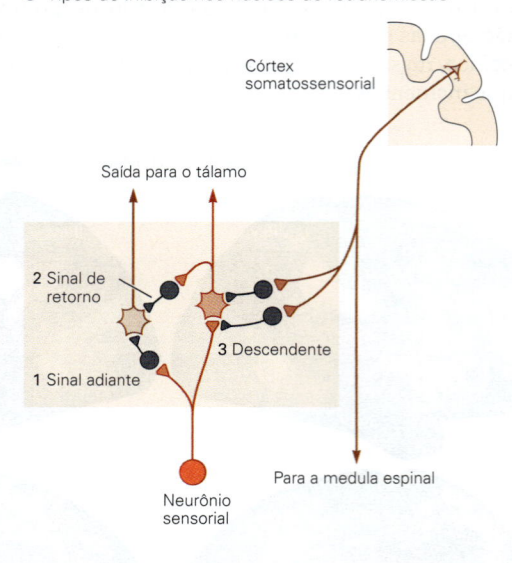

C. Interneurônios inibitórios em um núcleo de retransmissão são ativados por três vias excitatórias distintas. **1.** A inibição *feed-forward* (proativa) é iniciada pelas fibras aferentes de neurônios sensoriais que terminam nos interneurônios inibitórios. **2.** A inibição de *feedback* (de retorno ou retroalimentação) é iniciada por axônios colaterais recorrentes de neurônios na via de saída, a partir do núcleo, projetando-se de volta para os interneurônios do núcleo de origem. Os interneurônios, por sua vez, inibem neurônios próximos da via de saída, criando áreas bem definidas de atividade excitatória e inibitória no núcleo. Dessa forma, os neurônios de retransmissão mais ativos reduzem a saída de neurônios adjacentes menos ativos, garantindo que apenas um de dois ou mais neurônios ativos enviará sinais. **3.** A inibição **descendente** é iniciada por neurônios em outras regiões encefálicas, como o córtex cerebral. Os comandos descendentes permitem que os neurônios corticais controlem a transmissão aferente de informações sensoriais, fornecendo um mecanismo pelo qual a atenção pode selecionar entradas sensoriais.

estimulação e durante períodos em que não há apresentação de estímulos. A variabilidade das respostas centrais evocadas é resultado de vários fatores: estado de alerta do sujeito, se a atenção está engajada (**Figura 17-12**), experiência anterior desse estímulo e ativação recente da via por estímulos semelhantes. Da mesma forma, o contexto de apresentação do estímulo, intenções subjetivas, planos motores que podem exigir retroalimentação ou oscilações intrínsecas do potencial de membrana do neurônio podem modificar as informações sensoriais recebidas.

A superfície do receptor é representada topograficamente nos estágios iniciais de cada sistema sensorial

Os axônios dos neurônios de projeção sensorial terminam no encéfalo de uma maneira ordenada que retém seu arranjo espacial na região receptora. Neurônios sensoriais para tato, em regiões adjacentes da pele, projetam-se para neurônios vizinhos no sistema nervoso central, e esse arranjo topográfico de campos receptivos é preservado ao longo das primeiras vias somatossensoriais. Cada área sensorial primária no encéfalo contém, portanto, um mapa topográfico e espacialmente organizado do órgão dos sentidos. Essa topografia se estende a todos os níveis de um sistema sensorial. Dentro desses mapas, a especificidade (qualidades pelas quais os neurônios são mais sintonizados) fornece pistas para a organização funcional dessa região encefálica.

Nos primeiros núcleos de retransmissão dos sistemas somatossensorial, visual e auditivo, neurônios adjacentes representam áreas adjacentes do corpo, da retina e da cóclea respectivamente. Assim, a organização desses núcleos é dita somatotópica, retinotópica ou tonotópica. Os núcleos do sistema auditivo são tonotópicos porque as células ciliadas da cóclea da orelha interna estão dispostas para criar uma mudança ordenada na sensibilidade à frequência de célula para célula (**Figura 26-2**). Neurônios nas áreas sensoriais primárias do córtex cerebral mantêm essas características específicas da localização de um estímulo, e os mapas funcionais dessas áreas corticais iniciais são também somatotópicos, retinotópicos ou tonotópicos.

A informação sensorial flui em série através de vias hierárquicas, incluindo vários níveis do córtex cerebral, antes de terminar em regiões encefálicas relacionadas à cognição e à ação. A formação de percepções que informam essas regiões requer a integração de entradas de nível inferior que relatam apenas informações de pequenas áreas do órgão dos sentidos. Neurônios no córtex cerebral são especializados para integrar e, assim, detectar características específicas de estímulos além de sua localização no órgão dos sentidos. Diz-se que esses neurônios são *sintonizados* a recursos de estímulo combinados representados por conjuntos de receptores sensoriais. Esses neurônios respondem preferencialmente às propriedades do estímulo, como a orientação das bordas (p. ex., ativação simultânea de grupos específicos de receptores), direção do movimento ou sequências de frequências tonais (padrão temporal de ativação do receptor). Assim, neurônios auditivos centrais são menos seletivos à frequência e mais seletivos a certos tipos de som. Por exemplo, alguns neurônios são mais específicos para vocalizações emitidas por membros da mesma espécie. Em cada estágio sucessivo do processamento cortical, a organização espacial dos estímulos é progressivamente perdida à medida que os neurônios se tornam menos relacionados com as características descritivas dos estímulos e mais relacionados com propriedades de importância comportamental. Os detalhes dessas transformações sensoriais centrais são apresentados nos capítulos seguintes que descrevem sistemas sensoriais específicos.

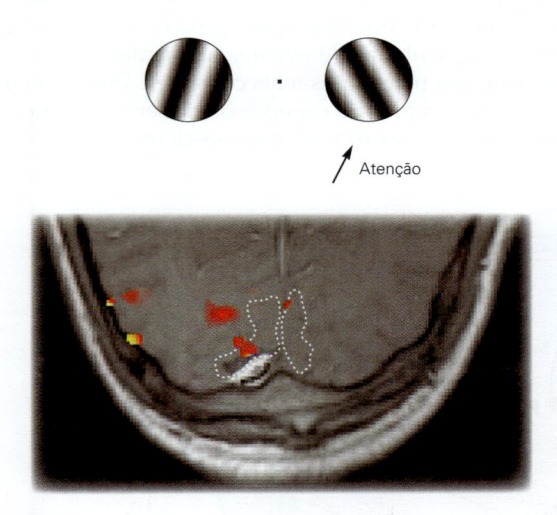

FIGURA 17-12 A atenção a um estímulo visual altera as respostas dos neurônios em áreas corticais visuais. Quando prestamos atenção a um estímulo, selecionamos certas entradas sensoriais para processamento cognitivo e ignoramos ou suprimimos outras informações. O IRMf é usado neste estudo para medir os efeitos da atenção aos estímulos visuais nas respostas neurais no córtex visual primário humano (V1) (**linhas brancas tracejadas** na seção anatômica encefálica, **painel inferior**). Estímulos de grade móvel (**painel superior**) foram apresentados simultaneamente para os campos visuais direito e esquerdo enquanto os sujeitos olhavam para um ponto de fixação central (**ponto preto**). Os sujeitos realizaram uma tarefa de discriminação de movimento, executando (sem mover os olhos) uma das duas grades orientadas. Quando os estímulos foram realizados no campo visual direito, a atividade neural (**vermelho**) aumentou significativamente no hemisfério esquerdo, mas não no hemisfério direito, mesmo que os estímulos fossem apresentados em ambos os olhos. Quando os estímulos foram realizados no campo visual esquerdo, um foco de atividade semelhante ocorreu no córtex V1 direito e a atividade caiu no hemisfério esquerdo (não mostrado). (Adaptada de Gandhi, Heeger e Boynton, 1999.)

A informação sensorial é processada em vias paralelas no córtex cerebral

A codificação espacial distribuída é onipresente nos sistemas sensoriais por duas razões. Primeiro, ela aproveita a arquitetura paralela do sistema nervoso. Existem aproximadamente 100 milhões de neurônios em cada área sensorial primária do córtex cerebral, e o número possível de padrões combinatórios de atividade neural excede em muito o número de átomos no universo. Em segundo lugar, cada neurônio codifica a intensidade e o tempo de um estímulo, bem como sua localização na região receptora. Ele dispara apenas quando muitas de suas sinapses excitatórias recebem potenciais de ação e a maioria das sinapses inibitórias não, disparando em resposta a alguns padrões específicos de estimulação, mas não a outros. Como muitos neurônios corticais recebem entradas de 1.000 a 10.000 sinapses, o potencial de codificação de informações é enorme.

Uma das percepções mais importantes sobre a detecção de características no córtex surgiu a partir de estudos fisiológicos e anatômicos combinados das vias visuais corticais por Mortimer Mishkin e Leslie Ungerleider no início dos anos 1980. Eles descobriram que a informação sensorial que chega a áreas visuais primárias se divide em duas vias paralelas.

Um caminho carrega informações necessárias para a classificação de imagens, enquanto o outro transmite informações necessárias para ação imediata. Características visuais que identificam *o que* um objeto é são transmitidas para o lobo temporal em uma *via ventral*, chegando por fim ao hipocampo e ao córtex entorrinal. Informações visuais sobre *onde* um objeto está localizado, seu tamanho e forma e como pode ser adquirido e usado são transmitidas em uma *via mais dorsal* para o lobo parietal e, finalmente, para as áreas motoras do córtex frontal (**Figura 17-13**).

As correntes ventral e dorsal também são evidentes em outros sistemas sensoriais. No sistema auditivo, a informação acústica da fala é transmitida para a área de Wernicke no lobo temporal, que tem um importante papel na compreensão da linguagem, e para a área de Broca no córtex frontal, que está envolvida na produção da fala. No sistema somatossensorial, as informações sobre o tamanho e a forma de um objeto são transmitidas para áreas ventrais do córtex parietal para reconhecimento do objeto. Informações táteis acerca do tamanho, do peso e da textura do objeto também são comunicadas a áreas motoras frontais e parietais posteriores para o planejamento da manipulação do objeto.

Os fluxos ventral e dorsal de informações sensoriais também contribuem para duas formas principais de memória: memória semântica (também chamada de explícita), que usamos para falar sobre objetos ou pessoas, e memória procedural (também chamada de implícita), que usamos para interagir com objetos, pessoas ou com o ambiente imediato.

As informações de fluxo ventral geram *substantivos* que usamos para identificar e classificar pessoas, lugares e objetos, como esferas, tijolos e carros. As informações do fluxo dorsal motivam *verbos* que permitem as ações realizadas com base em entradas sensoriais e intenções subjetivas, como agarrar, levantar ou dirigir.

As vias de retroalimentação encefálicas regulam os mecanismos de codificação sensorial

Os sistemas sensoriais não são simplesmente linhas de montagem automatizadas que agrupam representações neurais fragmentadas de eventos ambientais (p. ex., luz, som, odor) em percepções mais coerentes. Tem-se enorme controle sobre a própria experiência de sensação e percepção, e até mesmo sobre a atenção consciente.

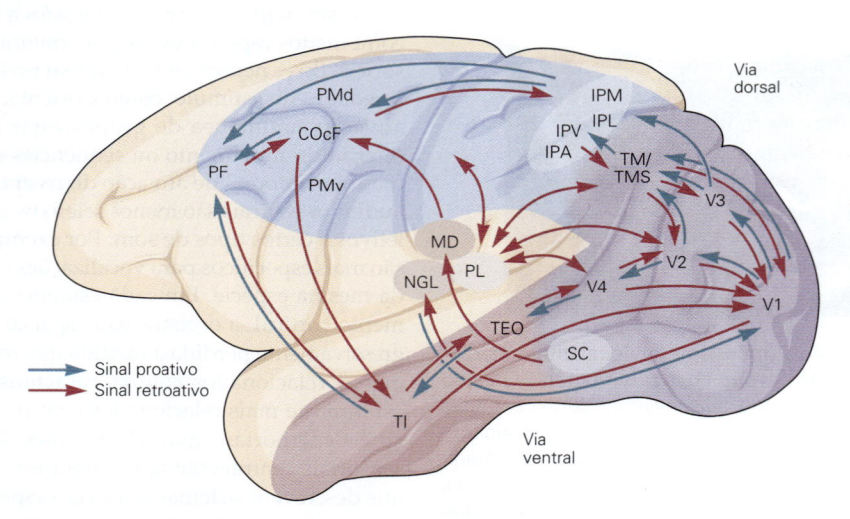

FIGURA 17-13 Os estímulos visuais são processados por redes seriais e paralelas no córtex cerebral. Ao ler este texto, o padrão espacial das letras é enviado ao córtex cerebral por sucessivos elos sinápticos, compreendendo fotorreceptores, células bipolares da retina, células ganglionares da retina, células do núcleo geniculado lateral (**NGL**) do tálamo e neurônios do córtex visual primário (**V1**). Dentro do córtex, há uma divergência gradual para sucessivas áreas de processamento, denominadas correntes ventral e dorsal, que não são completamente seriais nem paralelas. A corrente ventral no lobo temporal (**sombreamento vermelho**) analisa e codifica a informação acerca da forma e da estrutura da cena visual e dos objetos dentro dela, enviando essa informação ao córtex para-hipocampal (não mostrado) e ao córtex pré-frontal (**PF**). A corrente dorsal no lobo parietal (**sombreamento azul**) analisa e representa a informação acerca da localização e do movimento do estímulo e envia essa informação às áreas motoras do córtex frontal, que controlam os movimentos dos olhos, da mão e do braço. As conexões anatômicas entre essas áreas são recíprocas, envolvendo circuitos proativos e retroativos. A zona de sobreposição (**roxa**) mostra que ambas as vias se originam da mesma fonte em V1. As conexões com estruturas subcorticais no tálamo e mesencéfalo são definidas na **Figura 21-7B**. (Siglas: COcF, campos oculares frontais; **IPA, IPV, IPL e IPM**, intraparietal anterior, ventral, lateral e medial; **PMd e PMv**, pré-motor dorsal e ventral; **TM**, temporal médio; **TMS**, temporal medial superior; **TEO**, temporal-occipital; **TI**, temporal inferior; **V1, V2, V3 e V4**, áreas visuais occipitais.) (Adaptada de Albright e Stoner, 2002.)

Pode-se, até certo ponto, controlar quais sensações atingem a consciência. Pode-se, por exemplo, ver televisão para desviar a mente da dor de um tornozelo luxado. O controle direto e voluntário da informação sensorial que atinge a consciência pode ser facilmente demonstrado pelo direcionamento súbito da atenção para uma parte do corpo, como os dedos de sua mão esquerda, aos quais você não estava atento enquanto prestava atenção a este texto. Sensações dos dedos fluem para a consciência, até a atenção ser redirecionada para o texto. Registros neurais no córtex somatossensorial e visual confirmam que os neurônios alteram sua sensibilidade, conforme refletido em suas taxas de disparo, muito mais do que sua seletividade para estímulos específicos. Em um nível mais abstrato, por exemplo, podemos desviar nossa atenção do assunto de uma pintura para a técnica do artista.

Cada área sensorial primária do córtex tem extensas projeções de volta ao seu principal núcleo retransmissor aferente no tálamo. De fato, o número de axônios de retroalimentação excede o número de axônios aferentes do tálamo ao córtex. Essas projeções têm uma importante função, que ainda não está bem esclarecida. Uma possibilidade seria a modulação da capacidade de resposta de certos neurônios, quando a atenção e a vigilância mudam, ou durante tarefas motoras.

Centros superiores no encéfalo também são capazes de modular as respostas de receptores sensoriais. Por exemplo, neurônios no córtex motor podem alterar a sensibilidade de receptores sensoriais que sinalizam o comprimento muscular no músculo esquelético. A ativação de neurônios motores gama por vias corticospinais aumenta as respostas sensoriais dos aferentes dos fusos musculares ao estiramento. Neurônios no tronco encefálico podem modular diretamente a sensibilidade à frequência nas células ciliares na cóclea. Assim, a informação sobre um estímulo enviado de neurônios sensoriais periféricos para o encéfalo está condicionada a todo o organismo.

Os mecanismos de aprendizado de cima para baixo influenciam o processamento sensorial

O que percebemos é sempre uma combinação do próprio estímulo sensorial e das memórias que ele evoca e constrói. A relação entre percepção e memória foi originalmente desenvolvida por empiristas, particularmente os filósofos associacionistas James e John Stuart Mill. A ideia deles era que as experiências sensoriais e perceptivas que ocorrem juntas ou em sucessão próxima, particularmente aquelas que o fazem repetidamente, tornam-se associadas de tal modo que uma desencadeia a outra. A associação é um mecanismo poderoso, e grande parte do aprendizado consiste em forjar associações por meio da repetição.

Neurocientistas contemporâneos usando registros multineurais descobriram que eventos sensoriais evocam sequências de ativação neuronal. Acredita-se que esses padrões de atividade neural desencadeiam memórias de experiências anteriores de tais padrões de estimulação. Por exemplo, quando ouvimos uma obra musical repetidamente, os circuitos do nosso sistema auditivo são modificados pela experiência e aprendemos a antecipar o que vem a seguir, completando a frase antes que ela ocorra. A familiaridade com o fraseado e as harmonias usadas por um compositor nos permite distinguir as óperas de Verdi das de Mozart, e as sinfonias de Bruckner das de Brahms. Da mesma forma, quando dirigimos para um destino desconhecido, nosso sistema visual é inicialmente sobrecarregado por novos pontos de referência, pois avaliamos quais são importantes e quais não são. Com viagens repetidas, a jornada se torna uma segunda natureza e parece levar menos tempo.

As percepções são exclusivamente subjetivas. Quando olhamos para uma obra de arte, sobrepomos nossa experiência pessoal à vista; o que vemos não é apenas a imagem projetada na retina, mas seu significado contextual para nós como indivíduos. Por exemplo, quando vemos uma fotografia histórica de eventos importantes em nossas vidas, ou pessoas que admiramos ou detestamos, lembramos não apenas o evento na imagem, mas também as palavras ditas e nossas reações emocionais no passado. A resposta emocional é silenciada ou ausente se não experimentamos uma conexão direta com o evento ou pessoa ilustrada.

Como uma rede de neurônios pode "reconhecer" um padrão específico de entradas de uma população de neurônios pré-sinápticos? Um mecanismo em potencial é chamado de *modelo de correspondência*. Cada neurônio na população-alvo tem um padrão de conexões pré-sinápticas excitatórias e inibitórias. Se o padrão dos potenciais de ação que chegam se ajusta, mesmo aproximadamente, ao padrão de conexões sinápticas do neurônio pós-sináptico – ativa muitas de suas sinapses excitatórias, mas evita ativar muitas de suas sinapses inibitórias –, o neurônio-alvo, então, dispara. Os códigos também podem ser combinatórios: a atividade geral de uma região permanece a mesma com diferentes estímulos, mas o subconjunto específico de neurônios que estão ativos quando uma determinada entrada é apresentada constitui um "rótulo" que especifica essa entrada.

Charles F. Stevens os identificou em sistemas sensoriais muito diferentes e observou que esses códigos de *entropia máxima* são altamente eficientes, capazes de representar muitos estímulos diferentes para um número definido de neurônios. Refinando nossa compreensão da codificação eficiente, os laboratórios Carandini e Harris mostraram, recentemente, que o código neural no córtex visual do camundongo é realmente eficiente e que preserva detalhes finos, de tal forma que mantém a capacidade de generalizar, respondendo de maneira semelhante a estímulos visuais intimamente relacionados. Tais visões computacionais ou algorítmicas são muito promissoras para nossa compreensão dos sistemas sensoriais. As *redes neurais artificiais*, simuladas usando computadores, podem ser treinadas em imagens e ensinadas a "ver". Daniel L. Yamins e James J. DiCarlo apontaram que, à medida que essas redes artificiais evoluem a capacidade de reconhecer objetos e rostos, as propriedades de "unidades" semelhantes a neurônios em camadas particulares começam a se assemelhar à distribuição de atividade vista em áreas corticais correspondentes. Essas redes neurais artificiais são treinadas por algoritmos de aprendizado de máquina que modificam a força da conexão entre as unidades, semelhante ao aprendizado neuronal, com repetição e modificação de sinapses.

Precisamente como o encéfalo resolve o problema de reconhecimento, ainda é incerto. Atualmente, há muitas evidências de que a representação neural de um estímulo nas vias iniciais dos sistemas sensoriais é uma representação isomórfica do estímulo. Regiões sinápticas sucessivas transformam essas representações iniciais em abstrações do nosso ambiente que estamos começando a decifrar. Em contraste, são mal-entendidos os mecanismos de cima para baixo pelos quais a informação sensorial que chega evoca memórias de ocorrências passadas e ativa os preconceitos e as opiniões subjetivas.

Uma visão desses processos é bayesiana: nossa experiência e compreensão de mundo denotam uma *antecipação sensorial* de cima para baixo que descreve nosso ambiente provável. A percepção inicial da regra de Bayes é que as decisões são tomadas pela razão de verossimilhança da evidência atual de um estímulo de teste e pela experiência anterior do sujeito para estímulos semelhantes (anteriores), todos modificados pelas contingências da tarefa (recompensas e perigos). As informações sensoriais contínuas contribuem com dados imediatos, e os dois se combinam para formar uma estimativa posterior atual de nossos arredores e nosso lugar neles. Quando entendermos esses códigos neurais e os algoritmos e mecanismos que os geram e interpretam, é provável que estejamos à beira de entender a cognição, a maneira pela qual a informação é codificada em nossa memória e nossa compreensão. Isso é o que torna o estudo da codificação neural tão desafiador e excitante.

Destaques

1. Os sistemas sensoriais humanos fornecem os meios pelos quais o indivíduo percebe o mundo externo, permanece em alerta, forma uma imagem corporal e regula os movimentos. As sensações surgem quando os estímulos externos interagem com alguns dos bilhões de receptores sensoriais que inervam cada órgão do corpo. A informação detectada por esses receptores é transmitida para o encéfalo como sequências de potenciais de ação, viajando ao longo de axônios sensoriais individuais.
2. Todos os sistemas sensoriais respondem a quatro características elementares dos estímulos – modalidade, localização, intensidade e duração. As diversas sensações experimentadas – as modalidades sensoriais – refletem diferentes formas de energia que são transformadas por receptores em sinais elétricos que despolarizam ou hiperpolarizam, chamados de potenciais de receptor. Receptores especializados para determinadas formas de energia e sensíveis a determinadas larguras de banda de energia permitem aos seres humanos sentir muitos tipos de eventos mecânicos, térmicos, químicos e eletromagnéticos.
3. A intensidade e a duração do estímulo são representadas pela amplitude e pelo curso temporal do potencial de receptor e pelo número total de receptores ativados. Para transmitir informações sensoriais a longas distâncias, o potencial receptor é transformado em um código de pulso digital, sequências de potenciais de ação cuja frequência de disparo é proporcional à força do estímulo. O padrão de potenciais de ação nos nervos periféricos e no encéfalo dá origem a sensações cujas qualidades podem ser medidas diretamente usando uma variedade de paradigmas psicofísicos, como estimativa de magnitude, métodos de detecção de sinal e tarefas de discriminação. As características temporais de um estímulo, como duração e mudanças na magnitude, são sinalizadas pela dinâmica do disparo de espigas.
4. A localização e as dimensões espaciais de um estímulo são transmitidas por cada campo receptivo de receptor, a área precisa no domínio sensorial em que a estimulação ativa o receptor. As identidades dos neurônios sensoriais ativos sinalizam não apenas a modalidade de um estímulo, mas também o local onde ele ocorre.
5. Essas mensagens são analisadas centralmente por diversos milhões de neurônios sensoriais, desempenhando funções diferentes e específicas em paralelo. Cada neurônio sensorial extrai informações altamente específicas e localizadas sobre o ambiente externo ou interno e, por sua vez, tem um efeito específico na sensação e na cognição porque se projeta para locais específicos do encéfalo, que têm funções sensoriais, motoras ou cognitivas específicas. Para manter a especificidade de cada modalidade dentro do sistema nervoso, axônios dos receptores são segregados em vias anatômicas discretas, que terminam em núcleos unimodais.
6. A informação sensorial é processada em estágios no sistema nervoso central, em núcleos de retransmissão sequenciais da medula espinal, do tronco encefálico, do tálamo e do córtex cerebral. Cada núcleo integra sinais de entrada sensoriais de receptores adjacentes e, utilizando redes de neurônios inibitórios, enfatiza os sinais mais fortes. Após cerca de uma dúzia de passos sinápticos em cada sistema sensorial, a atividade neural converge sobre grupos de neurônios cuja função é polimodal e mais diretamente cognitiva.
7. O processamento da informação sensorial no córtex cerebral ocorre em paralelo, em áreas corticais múltiplas, e não é estritamente hierárquico. Conexões de retroalimentação, a partir de áreas do encéfalo envolvidas em cognição, memória e planejamento motor, controlam a corrente de informação sensorial que chega, permitindo a interpretação da informação sensorial no contexto da experiência passada e de objetivos atuais.
8. A riqueza da experiência sensorial – a complexidade dos sons em uma sinfonia de Mahler, os sutis estratos de cor e textura em uma visão do Grand Canyon, ou os múltiplos aromas de um molho – requer a ativação de grandes conjuntos de receptores atuando em paralelo, cada um sinalizando determinado aspecto de um estímulo. A atividade neural em um conjunto de milhares ou milhões de neurônios deveria ser pensada como atividade coordenada, que transmite uma "imagem neural" de propriedades específicas do mundo externo.
9. Nossos sistemas sensoriais são cada vez mais apreciados como codificadores, processadores e decodificadores de informações computacionais e algorítmicos. Percepções a partir de aprendizado de máquina, da

teoria da informação, de redes neurais artificiais e de inferência bayesiana continuam a informar nossa compreensão do que percebemos em nossos corpos e do mundo ao nosso redor.

Esther P. Gardner
Daniel Gardner

Leituras selecionadas

Basbaum AI, Kaneko JH, Shepherd GM, Westheimer G (eds). 2008. *The Senses: A Comprehensive Reference* (6 vols). Oxford: Elsevier.

Dowling JE. 1987. *The Retina: An Approachable Part of the Brain*. Cambridge, MA: Belknap.

Gerstein GL, Perkel DH, Dayhoff JE. 1985. Cooperative firing activity in simultaneously recorded populations of neurons: detection and measurement. J Neurosci 5:881–889.

Green DM, Swets JA. 1966. *Signal Detection Theory and Psychophysics*. New York: Wiley. (Reprinted 1974, Huntington, NY: Robert E. Krieger.)

Kandel ER. 2016. *Reductionism in Art and Brain Science: Bridging the Two Cultures*. New York: Columbia Univ. Press.

Moore GP, Perkel DH, Segundo JP. 1966. Statistical analysis and functional interpretation of neuronal spike data. Annu Rev Physiol 28:493–522.

Mountcastle VB. 1998. *Perceptual Neuroscience: The Cerebral Cortex*. Cambridge, MA: Harvard Univ. Press.

Singer W. 1999. Neuronal synchrony: a versatile code for the definition of relations? Neuron 24:49–65.

Stevens SS. 1961. The psychophysics of sensory function. In: WA Rosenblith (ed). *Sensory Communication*, pp. 1–33. Cambridge, MA: MIT Press.

Stevens SS. 1975. *Psychophysics: Introduction to Its Perceptual, Neural, and Social Prospects*. New York: Wiley.

Referências

Adrian ED, Zotterman Y. 1926. The impulses produced by sensory nerve-endings. Part 2. The response of a single end-organ. J Physiol (Lond) 61:151–171.

Albright TD, Stoner GR. 2002. Contextual influences on visual processing. Annu Rev Neurosci 25:339–379.

Andres KH, von Düring M. 1973. Morphology of cutaneous receptors. In: Iggo A (ed). *Handbook of Sensory Physiology*, Vol. 2, *Somatosensory System*, pp. 3–28. Berlin: Springer-Verlag.

Barch DM, Burgess GC, Harms MP, et al. 2013. Function in the human connectome: task-fMRI and individual differences in behavior. Neuroimage 80:169–189.

Berkeley G. [1710] 1957. *A Treatise Concerning the Principles of Human Knowledge*. K Winkler (ed). Indianapolis: Bobbs-Merrill.

Britten KH, Shadlen MN, Newsome WT, Movshon JA. 1992. The analysis of visual motion: a comparison of neuronal and psychophysical performance. J Neurosci 12:4745–4768.

Carandini M, Heeger DJ. 2011. Normalization as a canonical neural computation. Nat Rev Neurosci 13:51–62.

Chang L, Tsao DY. 2017. The code for facial identity in the primate brain. Cell 169:1013–1028.

Colquhoun D. 2014. An investigation of the false discovery rate and the misinterpretation of *p*-values. Royal Soc Open Sci 1:140216.

DiCarlo JJ, Zoccolan D, Rust NC. 2012. How does the brain solve visual object recognition? Neuron 73:415–434.

Dudel J. 1983. General sensory physiology. In: RF Schmitt, G Thews (eds). *Human Physiology*, pp. 177–192. Berlin: Springer-Verlag.

Gandhi SP, Heeger DJ, Boynton GM. 1999. Spatial attention affects brain activity in human primary visual cortex. Proc Natl Acad Sci U S A 96:3314–3319.

Gazzaniga MS (ed). 2009. *The Cognitive Neurosciences*, 4th ed. Cambridge, MA: MIT Press.

Glasser MF, Coalson TS, Robinson EC, et al. 2016. A multi-modal parcellation of human cerebral cortex. Nature 536:171–178.

Hubel DH, Wiesel TN. 1968. Receptive fields and functional architecture of monkey striate cortex. J Physiol 195:215–243.

Hume D. [1739] 1984. *A Treatise of Human Nature*. EC Mossner (ed). New York: Penguin.

Johansson RS, Vallbo AB. 1979. Detection of tactile stimuli. thresholds of afferent units related to psychophysical thresholds in the human hand. J Physiol 297:405–422.

Johnson KO, Hsiao SS, Yoshioka T. 2002. Neural coding and the basic law of psychophysics. Neuroscientist 8:111–121.

Kant I. [1781/1787] 1961. *Critique of Pure Reason*. NK Smith (transl.). London: Macmillan.

Kirkland KL, Gerstein GL. 1999. A feedback model of attention and context dependence in visual cortical networks. J Comput Neurosci 7:255–267.

LaMotte RH, Mountcastle VB. 1975. Capacities of humans and monkeys to discriminate between vibratory stimuli of different frequency and amplitude: a correlation between neural events and psychophysical measurements. J Neurophysiol 38:539–559.

Li HH, Rankin J, Rinzel J, Carrasco M, Heeger DJ. 2017. Attention model of binocular rivalry. Proc Natl Acad Sci U S A 114:E6192-E6201.

Livingstone MS, Hubel DH. 1987. Psychophysical evidence for separate channels for the perception of form, color, movement, and depth. J Neurosci 7:3416–3468.

Locke J. 1690. *An Essay Concerning Human Understanding: In Four Books*, Book 2, Chapter 1. London.

Mountcastle VB, Talbot WH, Kornhuber HH. 1966. The neural transformation of mechanical stimuli delivered to the monkey's hand. In: AVS de Reuck, J Knight (eds). *Ciba Foundation Symposium: Touch, Heat and Pain*, pp. 325–351. London: Churchill.

Ochoa J, Torebjörk E. 1983. Sensations evoked by intraneural microstimulation of single mechanoreceptor units innervating the human hand. J Physiol 342:633–654.

Raichle ME. 2011. The restless brain. Brain Connect 1:3–12.

Roy A, Steinmetz PN, Hsiao SS, Johnson KO, Niebur E. 2007. Synchrony: a neural correlate of somatosensory attention. J Neurophysiol 98:1645–1661.

Shepherd GM. 1994. *Neurobiology*, 3rd ed. New York: Oxford Univ. Press.

Smith SM, Beckmann CF, Andersson J, et al. 2013. Resting-state fMRI in the Human Connectome Project. Neuroimage 80:144–168.

Stevens CF. 2015. What the fly's nose tells the fly's brain. Proc Natl Acad Sci U S A 112:9460–9465.

Stevens CF. 2018. Conserved features of the primate face code. Proc Natl Acad Sci U S A 115:584–588.

Stringer C, Pachitariu M, Steinmetz N, Carandini M, Harris KD. 2019. High-dimensional geometry of population responses in visual cortex. Nature 571:361–365.

Swets JA. 1973. The relative operating characteristic in psychology: a technique for isolating effects of response bias finds wide use in the study of perception and cognition. Science 182:990–1000.

Swets JA. 1986. Indices of discrimination or diagnostic accuracy: their ROCs and implied models. Psychol Bull 99:100–117.

Talbot WH, Darian-Smith I, Kornhuber HH, Mountcastle VB. 1968. The sense of flutter-vibration: comparison of the human capacity with response patterns of mechanoreceptive afferents from the monkey hand. J Neurophysiol 31:301–334.

Tanner WP, Swets JA. 1954. A decision-making theory of visual detection. Psychol Rev 61:401–409.

Thurstone LL. 1927. A law of comparative judgment. Psychol Rev 34:273–286.

Ungerleider LG, Mishkin M. 1982. Two cortical visual systems. In: DG Ingle, MA Goodale, RJW Mansfield (eds). *Analysis of Visual Behavior*, pp. 549–586. Cambridge, MA: MIT Press.

Yamins DLK, DiCarlo JJ. 2016. Using goal-driven deep learning models to understand sensory cortex. Nat Neurosci 19:356–365.

18

Receptores do sistema somatossensorial

Os neurônios do gânglio da raiz dorsal são as células receptoras sensoriais primárias do sistema somatossensorial

As fibras nervosas somatossensoriais periféricas conduzem os potenciais de ação em velocidades diferentes

Uma variedade de receptores especializados é empregada pelo sistema somatossensorial

    Os mecanorreceptores medeiam o tato e a propriocepção

    Órgãos terminais especializados contribuem para a mecanossensibilização

    Os proprioceptores informam a atividade muscular e a posição das articulações

    Os receptores térmicos detectam mudanças na temperatura da pele

    Os nociceptores medeiam a dor

    O prurido é uma sensação cutânea distinta

    As sensações viscerais representam o estado dos órgãos internos

Códigos de potencial de ação transmitem informações somatossensoriais ao encéfalo

    Os gânglios sensoriais proporcionam um registro das respostas da população neuronal a estímulos somáticos

    A informação somatossensorial entra no sistema nervoso central através dos nervos espinais ou cranianos

Destaques

E STUDOS NEUROFISIOLÓGICOS DAS MODALIDADES SENSORIAIS INDIVIDUAIS foram conduzidos pela primeira vez no sistema somatossensorial (*soma* – do grego para "corpo"), o sistema que transmite informações codificadas por receptores distribuídos por todo o corpo. Charles Sherrington, um dos primeiros pesquisadores a estudar os sentidos corporais, observou que o sistema somatossensorial tem três funções principais: propriocepção, exterocepção e interocepção.

Propriocepção é a sensação de si próprio. Os receptores nos músculos esqueléticos, nas cápsulas articulares e na pele permitem a consciência da postura e dos movimentos do próprio corpo, particularmente dos quatro membros e da cabeça. Embora partes do corpo possam ser movidas sem retroalimentação sensorial dos proprioceptores, os movimentos, nesse caso, são geralmente desajeitados, pouco coordenados e inadequadamente adaptados a tarefas complexas, em especial se a orientação visual estiver ausente.

Exterocepção é a sensação da interação direta do mundo externo com o corpo. A principal forma de exterocepção é a sensação do *tato*, que inclui as sensações de contato, pressão, carícias, movimento e vibração, e pode ser usada para identificar objetos. Alguns tipos de tato envolvem um componente motor ativo (afagar, tocar, agarrar ou pressionar) em que uma parte do corpo é movida contra uma superfície ou organismo. Os componentes sensoriais e motores do tato são intimamente conectados de modo anatômico no encéfalo e são importantes para orientar o comportamento.

Exterocepção também inclui a *sensação térmica* de calor e frio. As sensações térmicas são importantes controladores do comportamento e de mecanismos homeostáticos, necessários para a manutenção da temperatura corporal em torno de 37°C. Por fim, a exterocepção inclui a *sensação de dor*, ou nocicepção, uma resposta a eventos externos que podem danificar ou prejudicar o corpo. A nocicepção é o principal motivador de ações necessárias para a sobrevivência, como luta ou fuga.

O terceiro componente da sensação somática, a *interocepção*, é a sensação do funcionamento dos principais sistemas de órgãos do corpo e de seu estado interno. As informações veiculadas pelos receptores viscerais são cruciais para a regulação das funções autonômicas, principalmente nos sistemas cardiovascular, respiratório, digestivo e renal, embora a maioria dos estímulos registrados por esses receptores não leve a sensações conscientes. Os interoceptores são principalmente quimiorreceptores que monitoram a função do órgão por meio de indicadores como gases sanguíneos e pH, e mecanorreceptores que detectam a distensão do tecido, que pode ser percebida como dolorosa.

Esse grupo diversificado de funções sensoriais parece não formar um sistema sensorial. Todas as sensações somáticas são tratadas em um capítulo introdutório, uma vez que elas são mediadas por uma classe de neurônios sensoriais denominados neurônios do gânglio da raiz dorsal (GRD). A informação somatossensorial da pele, dos músculos, das cápsulas articulares e das vísceras é transmitida por neurônios do GRD que inervam os membros e o tronco ou por neurônios sensoriais trigeminais que inervam as estruturas cranianas (face, lábios, cavidade oral, conjuntiva e dura-máter). Esses neurônios sensoriais desempenham duas funções principais: a transdução e codificação do estímulo em sinais elétricos e a transmissão desses sinais ao sistema nervoso central.

O estudo da sensação somática foi revolucionado nos últimos 10 anos por três avanços importantes. Primeiro, o desenvolvimento de camundongos transgênicos com uso de repórteres fluorescentes de expressão gênica em neurônios GRD permitiu aos neurocientistas avaliar as respostas fisiológicas de classes específicas de receptores e suas projeções anatômicas para receptores sensoriais no corpo e no sistema nervoso central. A imagem funcional de neurônios GRD individuais expressando sensores de cálcio geneticamente codificados, como GCaMP6, permite registros ópticos simultâneos de atividade de populações de neurônios receptores que inervam uma região específica do corpo, fornecendo, assim, uma ferramenta útil para analisar respostas de conjunto a estímulos somatossensoriais. Em segundo lugar, estudos de neurônios GRD isolados *in vitro*, ou em preparações reduzidas de nervos da pele, permitem a avaliação biofísica das respostas do receptor e a caracterização de canais iônicos expressos em neurônios somatossensoriais individuais. Em terceiro lugar, a identificação de canais iônicos da proteína Piezo como os transdutores moleculares de tato e propriocepção em mecanorreceptores de mamíferos forneceu um novo sistema para avaliar o papel desses canais nos sentidos de tato, propriocepção e função visceral.

Neste capítulo, são abordados os princípios comuns a todos os neurônios GRD e os que distinguem sua função sensorial individual. Inicia-se com a descrição dos nervos periféricos e sua organização, seguido pela abordagem dos receptores responsáveis por cada uma das principais sensações corporais. Na sequência, são discutidos os mecanismos de transdução sensorial que convertem várias energias de estímulo em sinais elétricos. Por fim, será abordada a integração de informações pelo axônio primário a partir de múltiplos receptores em seu campo receptivo, concluindo com uma discussão dos centros de processamento central para cada submodalidade na medula espinal e no tronco encefálico. O processamento de ordem superior do tato, da dor, da propriocepção e da regulação autonômica das vísceras é descrito em capítulos posteriores.

Os neurônios do gânglio da raiz dorsal são as células receptoras sensoriais primárias do sistema somatossensorial

O corpo celular de um neurônio GRD encontra-se em um gânglio na raiz dorsal de um nervo espinal ou craniano. Os neurônios GRD originam-se da crista neural e estão intimamente associados ao segmento próximo da medula espinal. Neurônios individuais em um GRD respondem seletivamente a tipos específicos de estímulos devido às especializações morfológicas e moleculares de seus terminais periféricos.

Os neurônios GRD são um tipo de célula bipolar, chamada de célula pseudounipolar. O axônio de um neurônio GRD tem duas ramificações, uma projetando-se para a periferia e outra projetando-se para o sistema nervoso central (**Figura 18-1**). Os terminais periféricos de neurônios GRD individuais inervam a pele, os músculos, as cápsulas articulares ou vísceras e contêm receptores especializados para tipos específicos de estímulos. A região do corpo inervada por essas terminações sensoriais é chamada de *dermátomo* (ver **Figura 18-13**). As terminações nervosas periféricas sensoriais diferem na morfologia do receptor e na seletividade do estímulo, permitindo a detecção de eventos mecânicos, térmicos ou químicos. As ramificações centrais terminam na medula espinal ou no tronco encefálico, formando as primeiras sinapses nas vias somatossensoriais. Assim, o axônio de cada célula GRD serve como uma única linha de transmissão com uma polaridade entre o terminal receptor e o sistema nervoso central. Esse axônio é chamado de *fibra aferente primária*.

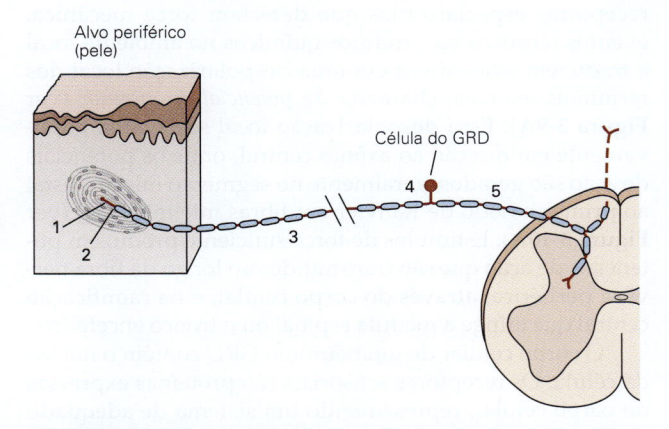

FIGURA 18-1 O neurônio do gânglio da raiz dorsal é a célula sensorial primária do sistema somatossensorial. O corpo celular está localizado em um gânglio da raiz dorsal (**GRD**) adjacente à medula espinal. O axônio tem duas ramificações: uma projeta-se para a periferia, onde seus terminais especializados contêm receptores para uma determinada forma de estímulo, e a outra projeta-se para a medula espinal ou para o tronco encefálico, onde os sinais aferentes são processados. Todos os neurônios GRD contêm cinco zonas funcionais: 1. Os *terminais distais* na pele, músculo ou vísceras contêm canais receptores especializados que convertem tipos específicos de energia de estímulo (mecânica, térmica ou química) em um potencial receptor despolarizante. Os neurônios GRD normalmente têm múltiplas terminações sensoriais. 2. O local de *geração de pico* contém canais de Na^+ e de K^+ dependentes de voltagem (Na_V e K_V) que estão localizados perto do segmento inicial do axônio dentro da cápsula receptora; eles convertem o potencial receptor em uma corrente de potenciais de ação. 3. A *fibra nervosa periférica* transmite potenciais de ação do local onde inicia o pico para o corpo celular do neurônio GRD. 4. O *corpo celular* do neurônio GRD está contido em um gânglio adjacente à medula espinal ou no tronco encefálico. 5. Um *nervo espinal ou craniano* conecta o GRD ou o neurônio trigêmeo à medula espinal ou tronco encefálico ipsilateral.

Fibras aferentes primárias individuais que inervam uma determinada região do corpo, como o polegar ou os dedos, são agrupadas em feixes ou fascículos de axônios, formando os *nervos periféricos*. Eles são guiados durante o desenvolvimento para um local específico no corpo por vários fatores tróficos, como fator neurotrófico derivado do encéfalo (BDNF, do inglês *brain-derived neurotrophic factor*), neurotrofina-3 (NT3), neurotrofina-4 (NT4) ou fator de crescimento neural (NGF, do inglês *nerve growth factor*). Os nervos periféricos também incluem axônios motores que inervam músculos, vasos sanguíneos, glândulas e vísceras na proximidade.

Danos aos nervos periféricos ou seus alvos encefálicos podem produzir prejuízos sensoriais em mais de uma submodalidade somatossensorial ou prejuízos motores em grupos musculares específicos. O conhecimento de onde as submodalidades somatossensoriais se sobrepõem morfologicamente e onde elas divergem facilita o diagnóstico dos distúrbios neurológicas e do funcionamento anormal.

Cada neurônio GRD pode ser subdividido em cinco zonas funcionais: a zona receptora, o local de geração da espiga, a fibra nervosa periférica, o corpo celular GRD e o nervo espinal ou craniano (**Figura 18-1**). A zona receptora, na extremidade distal do axônio GRD, contém proteínas receptoras especializadas que detectam força mecânica, eventos térmicos ou produtos químicos no ambiente local e traduzem esses sinais em uma despolarização local dos terminais axonais, chamada de *potencial do receptor* (ver **Figura 3-9A**). Essa despolarização local se espalha passivamente em direção ao axônio central, onde os potenciais de ação são gerados, geralmente no segmento inicial (distal ao primeiro nodo de Ranvier em fibras mielinizadas) (ver **Figura 3-10A**). Estímulos de força suficiente produzem potenciais de ação que são transmitidos ao longo da fibra nervosa periférica, através do corpo celular, e na ramificação central que atinge a medula espinal ou o tronco encefálico.

O corpo celular de um neurônio GRD contém o núcleo da célula. Os receptores sensoriais são proteínas expressas no corpo celular, representando um sistema de adequado de expressão para a caracterização de suas propriedades de condutância *in vitro*. Neurônios GRD isolados têm sido amplamente utilizados para estudos envolvendo a técnica de fixação de membrana (*patch-clamp*), na análise de correntes de receptores sensoriais e de canais de potenciais de ação dependentes de voltagem.

Os neurônios GRD diferem no tamanho de seu corpo celular, no perfil de expressão gênica, na velocidade de condução de seus axônios, na(s) molécula(s) de transdução sensorial, no padrão de inervação no corpo e na função fisiológica. Por exemplo, os GRDs que inervam mecanorreceptores que detectam o tato e a propriocepção têm os maiores corpos celulares e axônios mielinizados de maior calibre; eles expressam proteínas como Npy2r ou parvalbumina (PV) (**Figura 18-2**). Em contraste, os neurônios GRD que detectam temperatura ou substâncias químicas que provocam irritação têm pequenos corpos celulares e axônios amielínicos; eles expressam o peptídeo relacionado com o gene da calcitonina (CGRP, do inglês *calcitonin gene-related peptide*) ou a lectina IB4 (**Figura 18-2C,D**). Considerando que esses marcadores moleculares fluorescentes se estendem através dos axônios até suas terminações periféricas no corpo e no sistema nervoso central, isso permitiu que David Ginty e colaboradores pudessem caracterizar o padrão de terminações nervosas somatossensoriais no corpo (**Figura 18-2H**) e traçar suas projeções para a medula espinal (**Figura 18-2G**) e tronco encefálico.

As fibras nervosas somatossensoriais periféricas conduzem os potenciais de ação em velocidades diferentes

Os nervos periféricos que transmitem a sequência de espigas (*spike trains*) desde o local de geração da espiga até o sistema nervoso central têm sido classicamente considerados como os principais ambientes para registro de estudos neurofisiológicos sobre mecanismos dos receptores somatossensoriais. Fibras nervosas periféricas individuais em animais são tipicamente dissecadas do feixe axonal principal e colocadas em contato com fios finos que servem como eletrodos de registro. Microeletrodos – fabricados a partir de fios afiados de tungstênio ou platina – também foram inseridos através da pele nos nervos periféricos de humanos (uma técnica conhecida como *microneurografia*) para medir as respostas sensoriais a vários estímulos somáticos (Capítulo 19).

Fibras nervosas periféricas são classificadas em grupos funcionais com base nas propriedades relacionadas ao diâmetro do axônio e à mielinização, à velocidade de condução e ao fato de elas serem sensoriais ou motoras. O primeiro esquema de classificação foi concebido em 1894 por Charles Sherrington, que mediu o diâmetro dos axônios mielinizados nos nervos sensoriais, subsequentemente codificado por David Lloyd (**Tabela 18-1**). Eles encontraram 2 ou 3 grupos de diâmetros axonais que se sobrepõem (**Figura 18-3**). Mais tarde se descobriu que esses agrupamentos anatômicos são funcionalmente importantes. Os axônios do grupo I nos nervos *musculares* inervam os receptores do fuso muscular e os órgãos tendinosos de Golgi, que sinalizam o comprimento do músculo e a força contrátil. As fibras do grupo II inervam terminações secundárias dos fusos e receptores nas cápsulas articulares; esses receptores também mediam a propriocepção. As fibras do grupo III (os menores aferentes musculares mielinizados) e os aferentes amielínicos do grupo IV sinalizam trauma ou lesões em músculos e articulações que são sentidas como dolorosas.

Os nervos que inervam a pele contêm dois conjuntos de fibras mielinizadas: as fibras do grupo II inervam mecanorreceptores cutâneos que respondem ao tato, e as fibras do grupo III conduzem estímulos térmicos e nocivos, bem como a sensação do tato leve nos pelos da pele. Aferentes cutâneos amielínicos do grupo IV, como aqueles dos músculos, também mediam estímulos térmicos e nocivos.

Outro método para classificar as fibras nervosas periféricas tem como base a estimulação elétrica dos nervos. Nessa técnica de diagnóstico, amplamente utilizada, as velocidades de condução nervosa são medidas entre pares de eletrodos de estimulação e registro colocados na pele acima do nervo periférico. Quando se estuda a condução no nervo mediano ou ulnar, por exemplo, o eletrodo de estimulação pode ser colocado no pulso, e o eletrodo de registro, no braço. Pulsos elétricos breves aplicados através do eletrodo

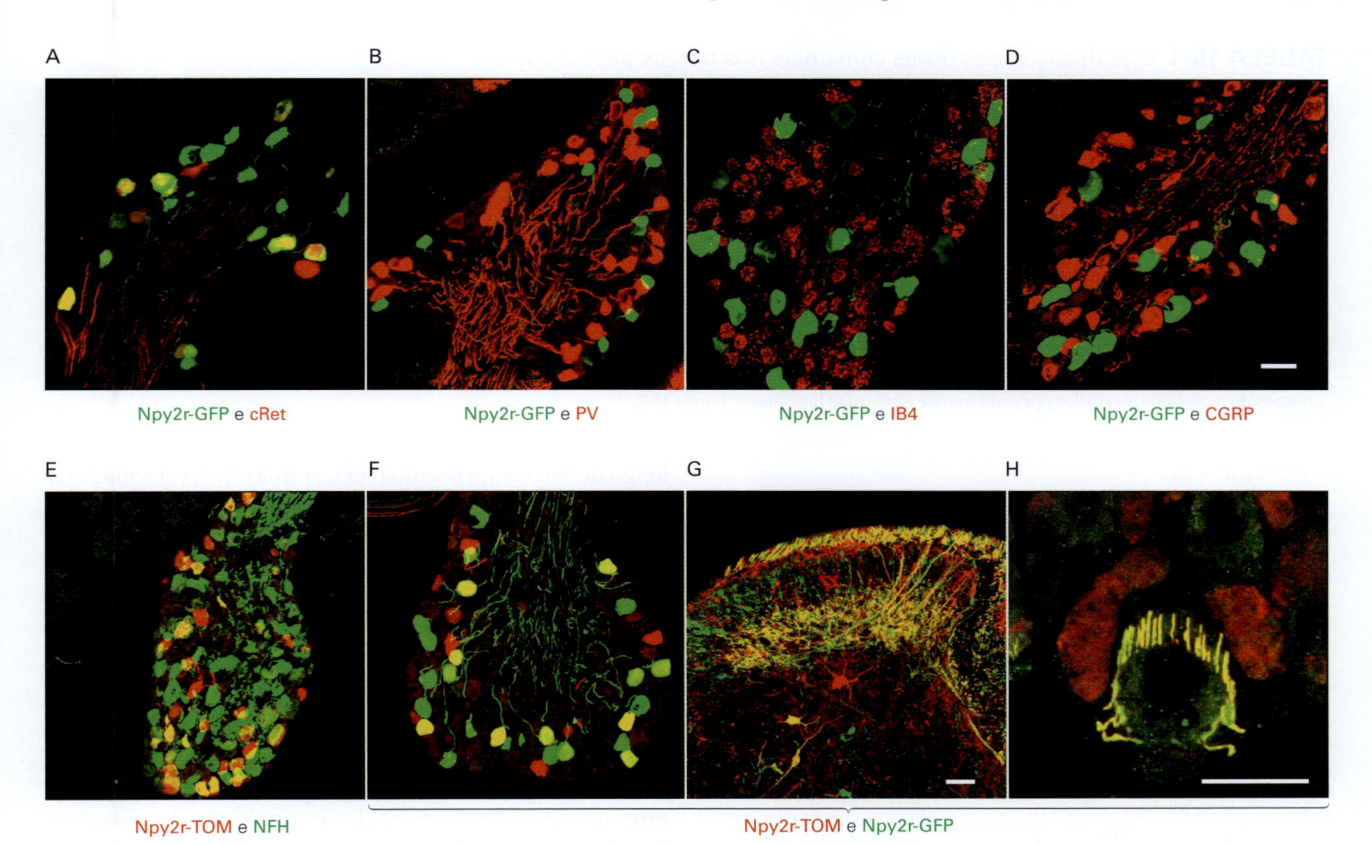

FIGURA 18-2 Os neurônios do gânglio da raiz dorsal diferem em tamanho, expressão gênica e padrões de inervação da pele. (Reproduzida, com autorização, de Li et al., 2011. Copyright © 2011 Elsevier Inc.)

Os painéis **A-F** mostram cortes histológicos de um gânglio da raiz dorsal torácica com dupla imunomarcação. Os neurônios individuais do gânglio da raiz dorsal (GRD) expressam marcadores genéticos para classes específicas de fibras nervosas somatossensoriais. A marcação genética para o receptor acoplado à proteína G Npy2r-GFP (marcado em **verde**) ou Npy2r-TOM (marcado em **vermelho**), indica mecanorreceptores de baixo limiar de adaptação rápida Aβ (MRBL-AR Aβ). Essas fibras também expressam o polipeptídeo de neurofilamento pesado (**NfH**). Esse polipeptídeo é marcador de axônios fortemente mielinizados (**E**), forma terminações lanceoladas longitudinais (semelhantes a pentes) que cercam os pelos de guarda individuais ou os pelos de awl/auchene na pele pilosa (**H**) e terminam em lâminas III a V do corno dorsal (**G**). Os neurônios ou fibras duplamente marcados (**verde + vermelho**) assumem cor **amarela**.

A. Os MRBL-AR Aβ que expressam o receptor de tirosina-cinase *Ret* no início do desenvolvimento (chamado de *Ret* precoce) são marcados de Npy2r-TOM (**vermelho**). A maioria desses neurônios também expressa Npy2r-GFP (**verde**); os neurônios que expressam os dois marcadores assumem cor **amarela**. Os MRBL-AR Aβ têm corpos celulares de tamanho médio.

B. Os MRBL-AR Aβ de cor **verde** têm corpos celulares menores do que os proprioceptores (aferentes do fuso muscular e órgãos tendinosos de Golgi) que expressam parvalbumina (**PV, vermelho**).

C, D. Os MRBL-AR Aβ (Npy2r-GFP, **verde**) têm corpos celulares maiores do que as fibras C purinérgicas amielínicas que liberam ATP como cotransmissores e que expressam isolectina B4 (**IB4, vermelho**) e maiores do que as fibras peptidérgicas MRBL Aδ que expressam peptídeo relacionado ao gene da calcitonina (**CGRP, vermelho**).

E. Fibras nervosas periféricas fortemente mielinizadas com corpos celulares grandes expressam O polipeptídeo de NfH (**verde**). Note também a presença de aferentes musculares do grupo Ia e Ib, MRBL-AL Aβ e MRBL-AR Aβ (marcados com Npy2r-tdTOM [**vermelho**]). Apenas MRBL-AR Aβ expressam ambos os marcadores (verde + vermelho), assumindo cor **amarela**.

F-H. Dupla imunomarcação com Npy2r-GFP (**verde**) e Npy2r-tdTomato (**vermelho**) de neurônios GRD torácicos (**F**), de seus processos centrais na lâmina III a V no corno dorsal da medula espinal (**G**) e de suas terminações lanceoladas periféricas nos folículos pilosos em seções de pele pilosa (**H**). As imagens mostram que os neurônios MRBL-AR Aβ periféricos e centrais marcados se sobrepõem amplamente uns aos outros (assumindo cor **amarela**) e que esses marcadores genéticos são úteis para rastrear terminações nervosas sensoriais.

---

estimulador evocam potenciais de ação no nervo. O sinal neural registrado no braço pouco tempo depois representa a soma dos potenciais de ação de todas as fibras nervosas excitadas pelo pulso do estímulo e é chamado de *potencial de ação composto* (Capítulo 9). O aumento da amplitude corresponde a uma maior quantidade de fibras nervosas estimuladas, e a atividade somada é grosseiramente proporcional ao número total de fibras nervosas ativas.

Estímulos elétricos de força crescente evocam potenciais de ação primeiro nos axônios maiores, porque eles têm

TABELA 18-1 Classificação das fibras sensoriais nos nervos periféricos[1]

	Nervos musculares	Nervos cutâneos[2]	Diâmetro da fibra (μm)	Velocidade de condução (m/s)
Mielinizadas				
Grossa	I	Aα	12-20	72-120
Diâmetro médio	II	Aβ	6-12	36-72
Pequeno diâmetro	III	Aδ	1-6	4-36
Amielinizadas	IV	C	0,2-1,5	0,4-2,0

[1]As fibras sensoriais dos músculos são classificadas de acordo com seu diâmetro, enquanto aquelas da pele são classificadas de acordo com a velocidade de condução.
[2]Os tipos de receptores inervados por cada tipo de fibra estão listados na **Tabela 18-2**.

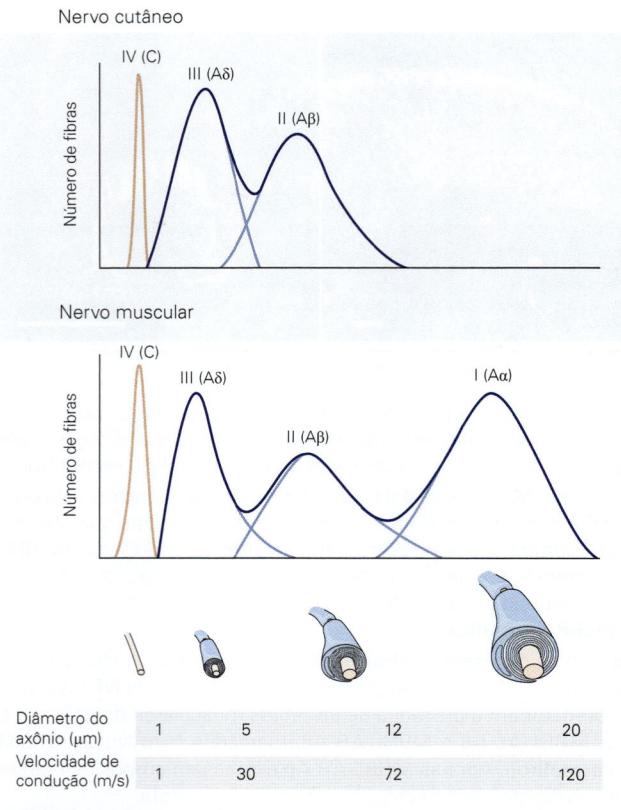

FIGURA 18-3 Classificação das fibras nervosas periféricas de mamíferos. Os histogramas ilustram a distribuição do diâmetro do axônio para quatro grupos de fibras nervosas sensoriais que inervam o músculo esquelético e a pele. Cada grupo tem um diâmetro de axônio e velocidade de condução característicos (ver **Tabela 18-1**). Linhas azul-claro marcam os limites dos perfis de fibra em cada grupo nas zonas de sobreposição. A velocidade de condução (m/s) das fibras nervosas periféricas mielinizadas é aproximadamente seis vezes o diâmetro da fibra (μm). (Adaptada, com autorização, de Boyd e Davey, 1968.)

a menor resistência elétrica, e, então, progressivamente nos axônios menores (**Figura 18-4**). Fibras de grande diâmetro conduzem potenciais de ação mais rapidamente, pois a resistência interna ao fluxo de corrente ao longo do axônio é menor e os nodos de Ranvier são amplamente espaçados ao longo de seu comprimento (ver Capítulo 9). A velocidade de condução de uma fibra com mielina densa (em metros por segundo) é de cerca de seis vezes o diâmetro do axônio (em micrômetros), enquanto a velocidade de condução de uma fibra com mielina fina é de cinco vezes o diâmetro do axônio. Para fibras amielinizadas, o fator de conversão do diâmetro do axônio para a velocidade de condução é de 1,5 a 2,5.

Após o artefato de estímulo, o primeiro sinal neural registrado no potencial de ação composto ocorre em fibras com velocidades de condução superiores a 90 m/s. Chamado de onda Aα (**Figura 18-4**), esse sinal reflete os potenciais de ação gerados nas fibras do grupo I e nos neurônios motores que inervam os músculos esqueléticos. A sensação é pouco percebida pelo sujeito na região inervada.

À medida que mais fibras grandes são recrutadas, aparece um segundo sinal, a onda Aβ. Esse componente corresponde às fibras do grupo II na pele ou nervos musculares que inervam os mecanorreceptores mediadores do tato e da propriocepção e torna-se maior à medida que a intensidade do choque é aumentada. Em voltagens mais altas ainda, ocorre a ativação de axônios Aδ, que são fibras menores, e o estímulo torna-se doloroso, assemelhando-se a um choque elétrico produzido pela eletricidade estática. Voltagens suficientes para ativar fibras C amielínicas evocam sensações de dor em queimação. Como será visto mais adiante neste capítulo, algumas fibras Aδ e C também respondem ao tato leve nos pelos da pele, mas esses estímulos táteis suaves são mascarados pela ativação simultânea de fibras de dor quando nervos inteiros são estimulados eletricamente. A estimulação de neurônios motores que inervam as fibras intrafusais dos fusos musculares (ver **Figura 18-9**) evoca uma onda intermediária chamada onda Aγ, mas isso geralmente é difícil de discernir porque as velocidades de condução desses neurônios motores se sobrepõem às dos axônios sensoriais Aβ e Aδ. Essas diferenças no diâmetro das fibras e na velocidade de condução dos nervos periféricos permitem que os sinais de tato e propriocepção alcancem a medula espinal e os centros encefálicos superiores antes do que os sinais nocivos ou térmicos.

O conhecimento sobre a distribuição das velocidades de condução de fibras aferentes é empregado na clínica para diagnosticar doenças que resultam em degeneração das fibras sensoriais ou perda do neurônio motor. Em certas condições, a perda de axônios de nervos periféricos é

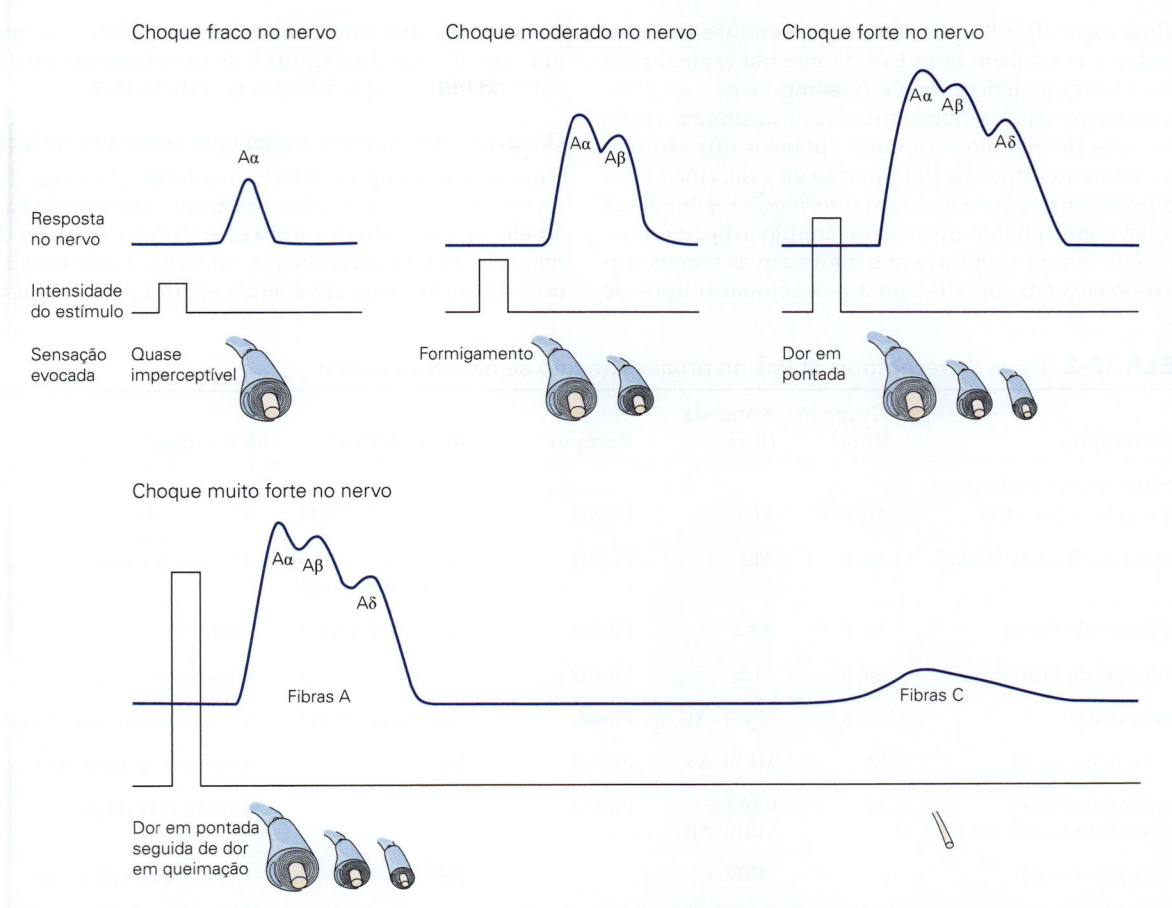

FIGURA 18-4 As velocidades de condução dos nervos periféricos são medidas clinicamente a partir de potenciais de ação compostos. A estimulação elétrica de um nervo periférico em diferentes intensidades ativa diferentes tipos de fibras nervosas. Os potenciais de ação de todos os axônios estimulados por determinada quantidade de corrente são somados para criar o potencial de ação composto. As velocidades de condução distintas a partir de diferentes classes de axônios sensoriais e motores produzem múltiplos picos. (Adaptada de Erlanger e Gasser, 1938.)

seletiva; na neuropatia característica do diabetes, por exemplo, as fibras sensoriais de grande diâmetro degeneram. Essa perda seletiva é refletida na redução do potencial de ação composto, no retardo da condução nervosa e na diminuição da capacidade sensorial. Da mesma forma, na esclerose múltipla, a perda da bainha de mielina das fibras aferentes de grande diâmetro no sistema nervoso central resulta em atraso na condução nervosa e, se for grave, a condução pode falhar.

Uma variedade de receptores especializados é empregada pelo sistema somatossensorial

A especialização funcional de neurônios GRD individuais é determinada pelos mecanismos moleculares de transdução sensorial que ocorrem nos terminais nervosos distais do corpo. Quando um receptor somático é ativado por um estímulo apropriado, seu terminal sensorial é despolarizado. A amplitude e o curso de tempo da despolarização refletem a força do estímulo e sua duração (ver **Figura 3-9A**). Estímulos de força suficiente produzem potenciais de ação que são transmitidos ao longo das ramificações periféricas do axônio do neurônio GRD e na ramificação central que termina na medula espinal ou no tronco encefálico.

Os neurônios sensoriais que medeiam o tato e a propriocepção terminam em uma cápsula não neural (**Figura 18-1**) ou formam terminações morfologicamente distintas ao redor dos folículos pilosos (**Figura 18-2H**) ou fibras musculares intrafusais (ver **Figura 18-9A**). Esses neurônios percebem estímulos mecânicos que promovem pressão ou estiramento da superfície receptora. Em contraste, os axônios periféricos de neurônios que detectam eventos nocivos, térmicos ou químicos têm terminações não revestidas com múltiplas ramificações que terminam na epiderme ou nas vísceras.

Diferentes receptores morfologicamente especializados estão subjacentes às várias submodalidades somatossensoriais. Por exemplo, o nervo mediano, que inerva a pele da mão e alguns dos músculos que controlam a mão, contém dezenas de milhares de fibras nervosas que podem ser classificadas em 30 tipos funcionais. Desses, 22 tipos são fibras aferentes (axônios sensoriais que conduzem impulsos para a medula espinal) e 8 tipos são fibras eferentes (axônios motores que conduzem impulsos da medula espinal para os músculos esqueléticos, os vasos sanguíneos e as glândulas sudoríparas). As fibras aferentes transmitem sinais de oito tipos de mecanorreceptores cutâneos que são sensíveis a diferentes tipos de deformação da pele; cinco tipos de proprioceptores que sinalizam informações sobre força muscular, comprimento muscular e ângulo articular; quatro tipos de termorreceptores que informam as temperaturas dos objetos em contato com a pele; e quatro tipos de nociceptores que sinalizam estímulos potencialmente prejudiciais. Os principais grupos de receptores dentro de cada submodalidade estão listados na **Tabela 18-2**.

Os mecanorreceptores medeiam o tato e a propriocepção

Um mecanorreceptor detecta a deformação física do tecido que o cerca. A distensão mecânica – como pressão sobre a pele, estiramento dos músculos, sucção aplicada diretamente às membranas celulares ou inchaço osmótico do tecido – é transformada em energia elétrica pela ação física do

TABELA 18-2 Tipos de receptores ativos no processamento sensorial somático

Tipo de receptor	Grupo da fibra[1]	Nome da fibra	Receptor	Marcador(es)	Modalidade
Mecanorreceptores cutâneos					Tato
Corpúsculo de Meissner	Aα, β	AR1	Piezo2	cRet/Npy2r/NFH	Carícia, vibração
Receptor de disco de Merkel	Aα, β	AL1	Piezo2	Troma1/Queratina8/Npy2r	Pressão, textura
Corpúsculo de Pacini[2]	Aα, β	AR2	Piezo2	cRet/Npy2r/NFH	Vibração
Terminação de Ruffini	Aα, β	AL2	Piezo2		Estiramento da pele
Pelos (guarda)	Aα, β	MRBL-AR Aβ	Piezo2	cRet/Npy2r/NFH	Carícia, movimento do pelo
Pelos (awl/auchene)	Aδ	MRBL Aδ	Piezo2	TrkB	Carícia leve, sopro de ar
Receptor de campo (terminações circunferenciais)	Aβ	Campo MRBL Aβ	Piezo2	NFH	Estiramento da pele
Pelos (zigue-zague)	C	MRBL-C		TH	Carícia leve, tato suave
Receptores térmicos					Temperatura
Receptores de frio	Aδ	III	TRPM8		Resfriamento da pele (< 25°C)
Receptores de calor	C	IV	TRPV3		Aquecimento da pele (> 35°C)
Nociceptores de calor	Aδ	III	TRPV1/TRPV2		Temperatura quente (> 45°C)
Nociceptores de frio	C	IV	TRPA1/TRPM8		Temperatura fria (< 5°C)
Nociceptores					Dor
Mecânicos	Aδ	III		CGRP	Dor em pontada aguda
Mecânico-térmicos (calor)	Aδ	III	TRPV2		Dor em queimação
Mecânico-térmicos (frio)	C	IV	TRPV1/TRPA1	IB4	Dor em congelamento
Polimodais	C	IV	TRPV1/TRPA1		Dor em queimação lenta
Mecanorreceptores musculares e esqueléticos					Propriocepção do membro
Fuso muscular primário	Aα	Ia	Piezo2	PV/NFH	Comprimento muscular e velocidade
Fuso muscular secundário	Aβ	II	Piezo2	PV/NFH	Estiramento muscular
Órgão tendinoso de Golgi	Aα	Ib	Piezo2	PV/NFH	Contração muscular
Receptores na cápsula articular	Aβ	II			Ângulo articular
Terminações livres sensíveis ao estiramento	Aδ	III			Excesso de estiramento ou força

[1]Ver **Tabela 18-1**.
[2]Os corpúsculos de Pacini também estão localizados no mesentério, entre as camadas de músculo e nas membranas interósseas.

estímulo nos canais iônicos mecanorreceptores na membrana. A estimulação mecânica deforma a proteína receptora, abrindo canais iônicos sensíveis ao estiramento e aumentando as condutâncias catiônicas inespecíficas que despolarizam o neurônio receptor (ver **Figura 3-9A**). A remoção do estímulo alivia o estresse mecânico no receptor e permite o fechamento dos canais sensíveis ao estiramento.

Vários mecanismos para ativação de canais iônicos mecanorreceptores foram propostos. Alguns mecanorreceptores parecem responder a forças transmitidas por meio de tensão ou deformação dos lipídeos da membrana plasmática, um mecanismo chamado *força dos lipídeos* (**Figura 18-5A**). Aqui, a deformação dos lipídeos da membrana altera a curvatura da superfície celular, expondo os resíduos hidrofóbicos na proteína receptora aos fosfolipídeos da membrana, abrindo assim o poro do canal para o fluxo de cátions. Esse pode ser o mecanismo para o inchaço celular, devido ao papel importante na osmorregulação, ou alterações na tensão tangencial (*shear stress*) nas paredes dos vasos sanguíneos devido ao fluxo alterado.

Outro mecanismo postulado para ativação de mecanorreceptores envolve a ligação da proteína-canal ao tecido circundante por meio de proteínas estruturais, um mecanismo denominado *força dos filamentos* (**Figura 18-5B**). Nesse arranjo, a força mecânica aplicada à pele ou ao músculo por pressão direta ou estiramento lateral do tecido distorce a matriz extracelular ou proteínas intracelulares do citoesqueleto (actina, integrinas, microtúbulos). Essas moléculas de ligação interagem com as proteínas do canal receptor, alteram sua conformação e abrem os canais de cátions. A ligação extracelular às proteínas-canal é elástica e muitas vezes representada como uma porta de mola. O fechamento direto do canal nesse modelo pode ser produzido por forças que esticam a proteína de ligação extracelular. O canal fecha quando a força é removida. Esse tipo de fechamento direto do canal é empregado pelas células ciliadas do ouvido interno e por alguns receptores de tato na pele.

É notável que, embora a porção terminal de receptores para o tato na pele tenham sido estudados pela primeira vez por Edgar Adrian e Yngve Zotterman na década de 1920 e que os potenciais receptores tenham sido registrados a partir de receptores para tato isolados do mesentério (corpúsculos de Pacini) na década de 1960, houve pouco consenso sobre a biologia molecular da mecanossensibilização do tato dos mamíferos. Os principais candidatos foram obtidos em modelos em organismos invertebrados, como o nematódeo *Caenorhabditis elegans*, cujos receptores para tato foram identificados como membros da superfamília degenerina de canais iônicos e são semelhantes aos canais de Na^+ do epitélio de vertebrados (canais DEG/CENa). Entre outras moléculas candidatas estão os receptores TRPV4 (membros dos receptores de potencial transitório [TRP] que também estão envolvidos em sentidos térmicos) e NOMPC, um membro da família TRPN da *Drosophila*. No entanto, essas moléculas não são expressas em neurônios GRD de mamíferos.

A família de proteínas Piezo de canais iônicos transmembrana foi recentemente identificada por Ardem Patapoutian e colaboradores, como mediadores moleculares da mecanorrecepção em mamíferos. As proteínas Piezo1 são compostas por aproximadamente 2.500 aminoácidos, com pelo menos 26 α-hélices transmembrana (**Figura 18-6A**). O canal iônico é um trímero formado a partir de três subunidades idênticas da proteína Piezo, com duas α-hélices formadoras de poros na extremidade C-terminal de cada proteína Piezo. As porções N-terminal de cada subunidade formam uma estrutura semelhante a uma hélice (**Figura 18-6B**), que parece estar envolvida no acoplamento de estímulos mecânicos à abertura do canal. As proteínas Piezo formam canais permeáveis a cátions não específicos que conduzem a corrente excitatória despolarizante.

Duas isoformas diferentes das proteínas Piezo servem como mecanossensores: Piezo1 é encontrado principalmente em tecido não neural, como epitélios em vasos sanguíneos, rins e bexiga, e em glóbulos vermelhos. Piezo2 é expresso

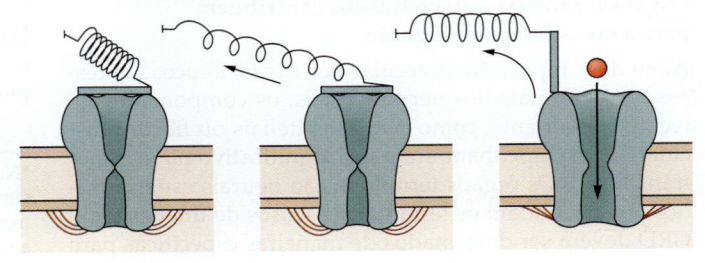

FIGURA 18-5 Os canais iônicos nos terminais de nervos mecanorreceptores são ativados por estímulos mecânicos que esticam ou deformam a membrana celular. O deslocamento mecânico leva à abertura do canal, permitindo o influxo de cátions. (Adaptada, com autorização, de Lin e Corey, 2005. Copyright © 2005 Elsevier Ltd.)

A. Força dos lipídeos. Os canais podem ser ativados diretamente por forças transmitidas através da tensão lipídica na membrana celular, como alterações na pressão sanguínea.

B. Força dos filamentos. As forças transmitidas através de proteínas estruturais ligadas ao canal iônico também podem ativar diretamente os canais mecanossensoriais. As proteínas estruturais de ligação podem ser extracelulares (ligadas ao tecido circundante) ou intracelulares (ligadas ao citoesqueleto) ou ambas.

A Ativação direta por meio de tensão nos lipídeos

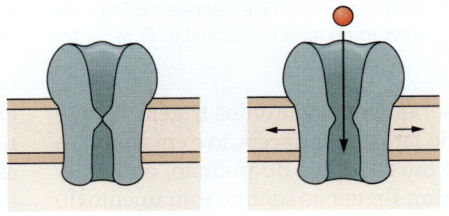

B Ativação direta por meio de proteínas estruturais

A Organização molecular da proteína Piezo1

B Estrutura do canal iônico Piezo1

1 Vista lateral

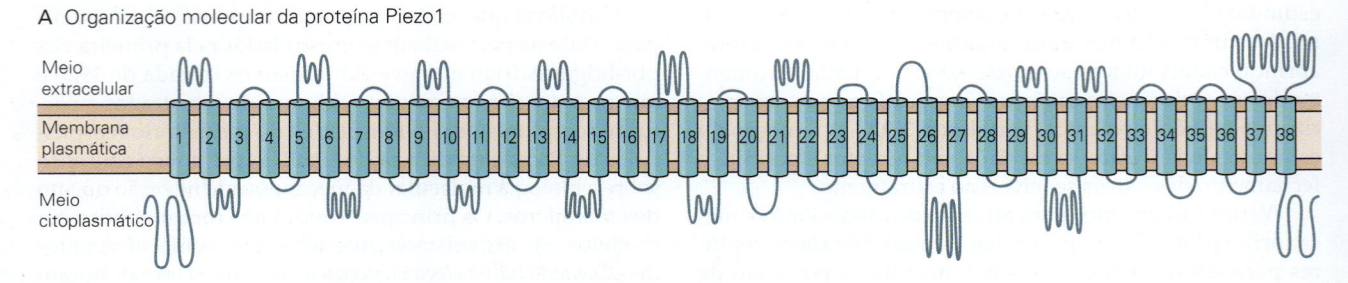

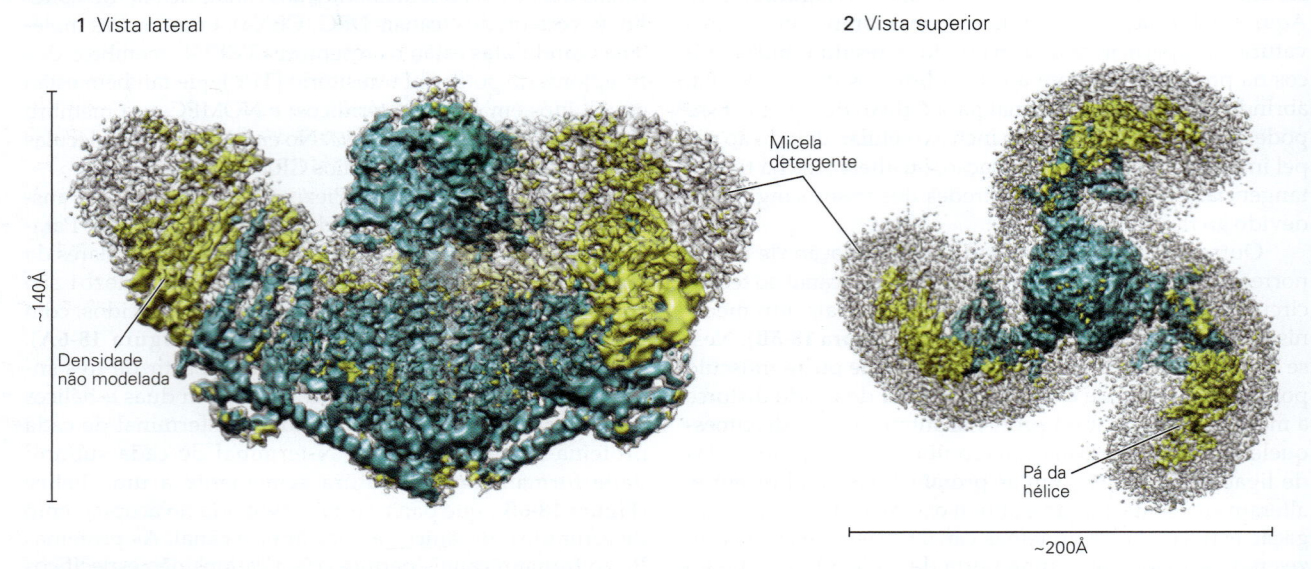

2 Vista superior

FIGURA 18-6 Estrutura e organização molecular dos canais iônicos Piezo1.

A. Piezo1 e Piezo2 possuem estruturas proteicas homólogas, contendo aproximadamente 2.500 aminoácidos, com pelo menos 26 segmentos transmembrana putativos. Combinados como trímeros, eles formam os maiores canais iônicos de membrana em mamíferos. (Adaptada, com autorização, de Murthy, Dubin e Patapoutian, 2017. Copyright © 2017 Springer Nature.)

B. Estrutura putativa do canal iônico Piezo1 deduzida por criomicroscopia eletrônica. **1.** Vista lateral, superfície citoplasmática para baixo. **2.** Vista de cima para baixo do lado extracelular. O receptor tem formato de um trisquel* composto por três subunidades Piezo1 idênticas. Os terminais C das três proteínas Piezo formam uma tampa extracelular central presa à superfície extracelular do poro transmembrana, que se estende além da membrana em um domínio de cauda citoplasmática. O poro aquoso através do canal se estende pelo eixo central da tampa, pelo poro transmembrana e pelo domínio da cauda citoplasmática. Os N-terminais das três subunidades proteicas estão dispostos perifericamente, formando uma estrutura helicoidal semelhante a uma hélice. A cor **azul** indica a área de modelagem de alta resolução. (Adaptada, com autorização, de Saotome et al., 2018. Copyright © 2018 Springer Nature.)

no GRD mecanossensorial e nos neurônios trigêmeos que medeiam os sentidos do tato e propriocepção e em aferentes vagais que inervam o músculo liso do pulmão, onde medeiam o reflexo de Hering-Breuer ao sentir o estiramento do pulmão (Capítulo 32).

Órgãos terminais especializados contribuem para a mecanossensibilização

Além da composição molecular dos canais iônicos expressos nos terminais dos nervos distais, os componentes do tecido circundante, como células epiteliais ou fibras musculares, desempenham um papel significativo na mecanotransdução. Os órgãos terminais não neurais especializados que circundam os terminais nervosos de um neurônio GRD devem ser deformados de maneiras específicas para excitar a fibra. Por exemplo, mecanorreceptores individuais respondem seletivamente à pressão ou ao movimento e, assim, detectam a direção da força aplicada à pele, às articulações ou às fibras musculares. O órgão terminal pode também amplificar ou modular a sensibilidade do receptor ao deslocamento mecânico.

Células epiteliais especializadas na pele (como as células de Merkel, o epitélio que reveste os folículos pilosos e as cristas papilares que formam as impressões digitais da pele glabra) desempenham papéis auxiliares importantes

---

*N. de T. O trisquel (do grego *triskélion*, "com três pernas") é um símbolo formado por três espirais entrelaçadas, por três pernas humanas flexionadas ou por qualquer desenho similar que contenha a ideia de simetria rotacional.

no sentido do tato. Os mais bem estudados desses órgãos terminais é a junção dérmica das células de Merkel, células epiteliais sensoriais que formam contatos próximos com os terminais dos axônios nervosos sensoriais de grande diâmetro (Aβ) na junção epidérmica-dérmica. Essa junção forma complexos entre as células de Merkel e neuritos. As células de Merkel agrupam-se na epiderme, nas chamadas cúpulas do tato da pele pilosa (**Figura 18-7A**) e também próximas do centro das cristas da impressão digital na pele glabra (ver **Figura 19-3**). A pressão sobre a cúpula do tato faz o nervo sensorial responder com uma sequência de potenciais de ação, cuja frequência é proporcional à velocidade e amplitude da pressão aplicada à pele (**Figura 18-7A2**). Essas sequências de potenciais normalmente duram todo o período de estimulação e são denominadas de *adaptação lenta* porque o disparo persiste por períodos de até 30 minutos. Da mesma forma, o nervo sensorial é chamado de *fibra AL1* (fibra tipo 1 de adaptação lenta).

As células de Merkel têm uma função receptiva semelhante no sentido do tato como as células ciliadas auditivas na cóclea (Capítulo 26) e as células gustativas na língua (Capítulo 32). Estudos *in vitro* com as células de Merkel demonstram que essas células respondem à força mecânica como pressão ou sucção, com correntes despolarizantes semelhantes ao que ocorre em neurônios GRD isolados, tanto em curso de tempo quanto em condutância. As células de Merkel expressam proteínas de liberação sináptica e contêm vesículas que liberam neurotransmissores excitatórios durante a pressão sustentada. As células de Merkel expressam proteínas Piezo2 e aumentam níveis de Ca^{2+} citoplasmático quando estimuladas por pressão.

A importância das células de Merkel para as respostas fisiológicas ao tato é observada em camundongos que não desenvolvem células de Merkel na epiderme (camundongos nocaute condicional *Atoh1*). As taxas de disparo de fibras AL1 nesses animais são reduzidas em amplitude e duração em comparação com o tipo selvagem. Esses experimentos indicam que as células de Merkel são responsáveis pela resposta sustentada ao tato estático. Recentemente, Ellen Lumpkin e colaboradores usaram estimulação optogenética das células de Merkel, em vez de pressão direta sobre a pele, para demonstrar que as fibras AL1 que inervam as cúpulas de tato usam um mecanismo duplo para sentir a pressão na pele (**Figura 18-7B**). A resposta dinâmica inicial ao tato é gerada principalmente pelo fluxo de corrente através dos canais Piezo2 no terminal nervoso AL1. A resposta estática subsequente resulta da transmissão sináptica excitatória das células de Merkel, as quais expressam os canais Piezo2 e liberam o neurotransmissor continuamente durante a pressão sustentada na pele.

Os pelos que se projetam da superfície da pele fornecem outro conjunto importante de estruturas terminais de tato. As fibras capilares sensoriais são extremamente sensíveis ao movimento. A deflexão dos pelos por brisas leves ou sopros de ar evoca um ou mais potenciais de ação das fibras aferentes do folículo piloso. Os seres humanos podem perceber o movimento de pelos individuais e localizar a sensação na base do pelo, posição onde emerge da pele. Os pelos sensoriais desempenham uma importante função protetora, pois detectam objetos, outros organismos ou obstáculos no ambiente à distância antes de atingir o corpo. Pelos ou antenas sensoriais detectam características importantes do objeto, como textura, curvatura e rigidez, aprimorando o reconhecimento de algo como amigo ou inimigo. Esses neurônios são chamados de *mecanorreceptores de adaptação rápida de baixo limiar* (MRBL-AR) porque respondem ao tato suave ou movimento do pelo com breves rajadas de picos quando o pelo é movido por forças externas.

Os pelos estão embutidos em invaginações da pele chamadas folículos pilosos. Três tipos de pelos são encontrados na pele de mamíferos (**Figura 18-8A**). Os pelos maiores, mais longos e mais rígidos (chamados pelos de guarda) são os primeiros a emergir da pele durante o desenvolvimento. Os *pelos de guarda* são inervados pelas fibras nervosas sensoriais de maior diâmetro e condução mais rápida (tipo Aβ); essas fibras formam terminações lanceoladas (em forma de pente) na epiderme do folículo que circunda o pelo (**Figura 18-2H**). As fibras nervosas MRBL-AR Aβ também inervam pelos de tamanho intermediário (chamados *pelos de awl/auchene*) com terminações lanceoladas. Os pelos de awl/auchene são triplamente inervados: eles fornecem entradas para fibras mielinizadas de condução rápida (Aβ); fibras mielinizadas (Aδ) de menor diâmetro e condução mais lenta; e fibras C amielinizadas. Os pelos menores e mais numerosos (chamados *zigue-zague*) também são inervados por fibras Aδ e C.

Até recentemente, pensava-se que as fibras Aδ e C mediavam apenas sensações térmicas ou dolorosas. No entanto, estudos de microneurografia em humanos por Johan Wessberg, Håkan Olausson e Åke Vallbo demonstraram que a pele pilosa também é inervada por fibras MRBL-C amielinizadas que respondem a estímulos táteis de movimento lento e são consideradas mediadoras do tato social ou prazeroso. Eles também podem desempenhar um papel na inibição da dor no corno dorsal da medula espinal.

O padrão de inervação dos folículos pilosos na pele ilustra dois princípios importantes da inervação sensorial do corpo: convergência e divergência. Cada folículo piloso individual na pele fornece entrada para várias fibras aferentes sensoriais. Esse padrão de sobreposição fornece redundância de entrada sensorial de um pequeno pedaço de pele. Linhas de comunicação compartilhadas inervam cada folículo piloso, em vez de uma única linha marcada. A informação tátil da pele é, portanto, transmitida em paralelo por um conjunto de neurônios sensoriais.

A área da pele inervada pelos terminais nervosos sensoriais de um neurônio GRD define o *campo receptivo* da célula, ou seja, a região do corpo que pode excitar a célula. Cada fibra nervosa sensorial coleta informações de uma ampla área da pele porque seus terminais distais possuem múltiplos ramos que podem ser ativados independentemente. Essa morfologia permite que cada fibra aferente forneça padrões únicos de entrada sensorial ao encéfalo.

A diversidade de tamanhos de campos receptivos e territórios englobados por classes individuais de neurônios GRD é ilustrada na **Figura 18-8B**. Devido ao grande

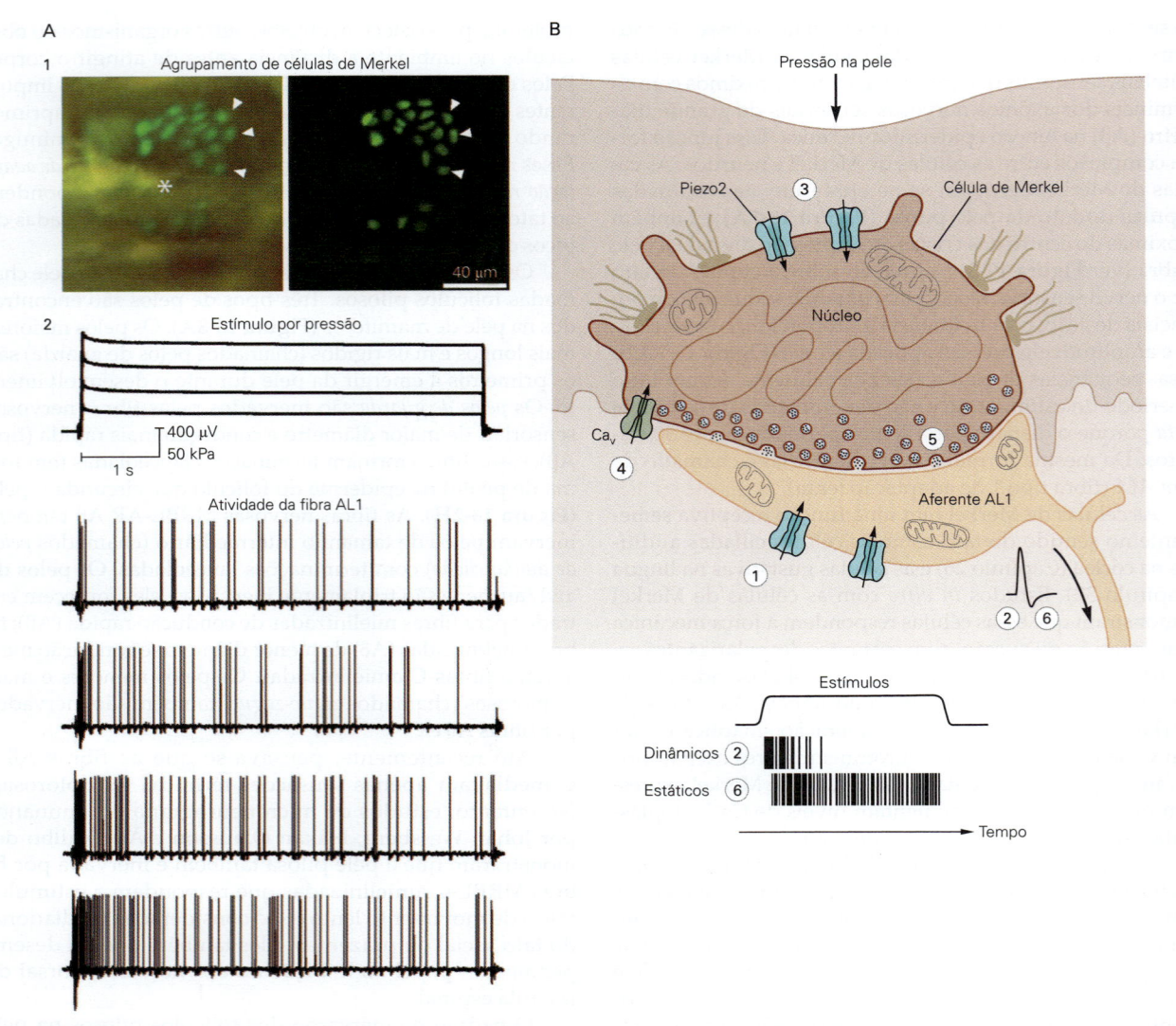

FIGURA 18-7 As fibras aferentes que inervam as células de Merkel respondem continuamente à pressão sobre a pele.

A. 1. Uma fibra mecanorreceptora individual do tipo 1 de adaptação lenta (**AL1**), inerva um aglomerado de 22 células de Merkel (cada uma marcada com proteína fluorescente verde aprimorada [eGFP]) em uma cúpula do tato da pele pilosa. *À esquerda*: Imagens epifluorescentes *in vivo* durante o registro do nervo da pele isolado. Asterisco (*) indica a localização do pelo de guarda, dentro da cúpula do tato. *À direita*: Projeções confocais da série z de toda a cúpula do tato inervada pela fibra AL1. As **pontas de seta** são usadas para alinhar as células de Merkel nas duas imagens.
2. A fibra AL1 responde a etapas de pressão de 5 segundos de duração (medido em quilopascais [**kPa**]) aplicados sobre a cúpula do tato (registros de cima) com sequências de picos irregulares e de adaptação lenta (registrados extracelularmente), cuja frequência média de disparo é proporcional à força aplicada (registros de baixo). O neurônio dispara em sua taxa mais alta no início da estimulação e dispara menos picos durante a pressão mantida. (Reproduzida, com autorização, de Wellnitz et al., 2010.)

B. Um modelo de transdução sensorial em mecanorreceptores AL1. A pressão na pele abre os canais Piezo2 (**azul**) na célula de Merkel e no neurito periférico da fibra AL1 que recebe a entrada sináptica da célula de Merkel. Canais Piezo2 no neurito se abrem no início da estimulação (**1**) gerando a resposta dinâmica inicial ao tato (**2**). A pressão sobre a pele ativa simultaneamente os canais Piezo2 na célula de Merkel (**3**), despolarizando-a e permitindo que os canais de Ca$_V$ dependentes de voltagem na célula de Merkel (**4**) se abram e liberem o neurotransmissor continuamente (**5**). A ligação do neurotransmissor despolariza ainda mais o neurito AL1, produzindo disparo sustentado no axônio principal (**6**). (Reproduzida, com autorização, de Maksimovic et al., 2014. Copyright © 2014 Springer Nature.)

tamanho dos campos receptivos táteis, o tato suave excita muitas fibras sensoriais diferentes no local de contato, cada uma transmitindo uma mensagem sensorial específica. Os menores campos receptivos táteis são as cúpulas de tato inervadas pelas fibras AL1 (ver **Figura 19-8B** Aβ AL1). Uma fibra AL1 individual inerva todas as células de Merkel em uma cúpula de tato e normalmente coleta informações de 1 a 3 cúpulas de tato em regiões adjacentes da pele. Os folículos pilosos inervados por fibras AR individuais estão mais afastados, e as terminações sensoriais diferem um pouco em tamanho, com as fibras Aβ de maior diâmetro abrangendo os menores campos receptivos do folículo piloso (ver **Figura 19-8B** Aβ AR). Os maiores campos receptivos na pele são os dos receptores de campo Aβ (ver **Figura 19-8B** Campo Aβ). Essas fibras formam terminações circunferenciais ao redor dos folículos pilosos, mas não respondem ao movimento do pelo ou a sopros de ar. Em vez disso, os receptores de campo respondem ao afago ou estiramento da pele em seus campos receptivos. Os receptores de campo também são excitados por estímulos dolorosos, como puxar pelos ou forte pressão, sugerindo que eles também podem mediar sensações de dor mecânica.

Os proprioceptores informam a atividade muscular e a posição das articulações

Os mecanorreceptores presentes nos músculos e nas articulações transmitem informações sobre a postura e os movimentos do corpo, tendo um importante papel na propriocepção e

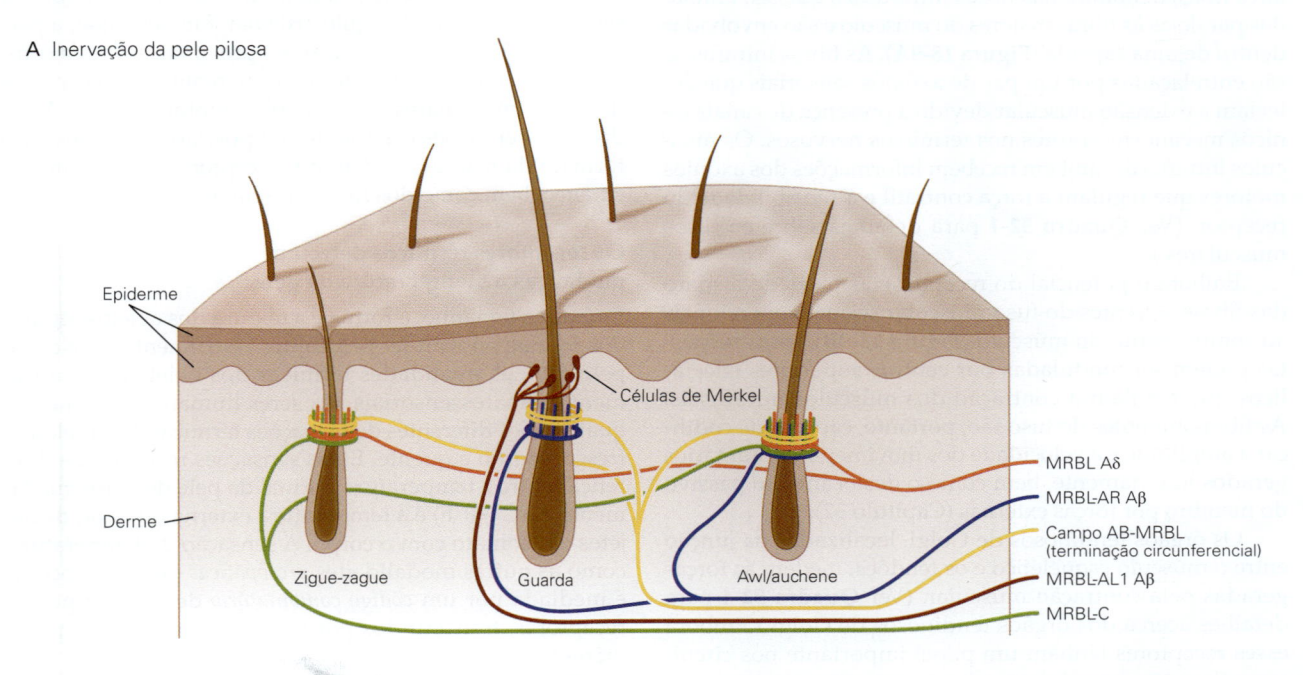

A Inervação da pele pilosa

B Campos receptivos de mecanorreceptores de baixo limiar

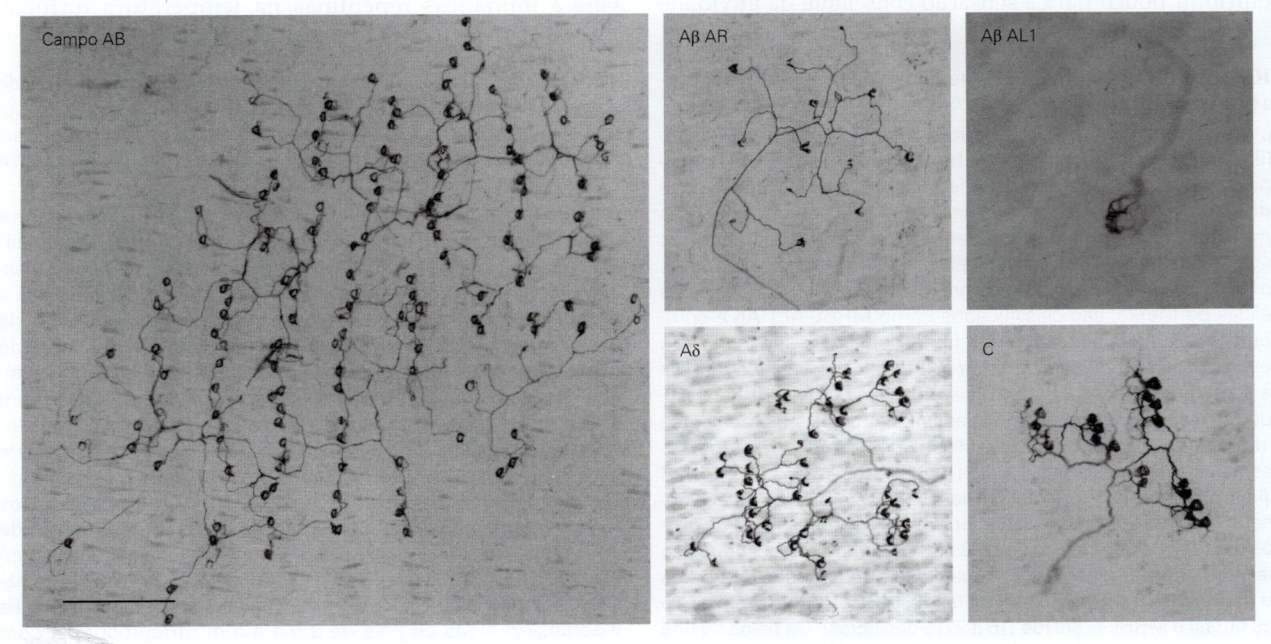

FIGURA 18-8 (Ver legenda na próxima página).

no controle motor. Acredita-se que o acoplamento mecânico de terminais nervosos sensoriais ao músculo esquelético, aos tendões, às cápsulas articulares e à pele seja a base da propriocepção. Esses receptores incluem dois tipos de sensores de comprimento muscular, as terminações do fuso muscular tipo Ia e II; um sensor de força muscular, o órgão tendinoso de Golgi; receptores da cápsula articular, que transduzem a tensão na cápsula articular; e terminações Ruffini, que sentem a pele esticar sobre as articulações.

O fuso muscular consiste em um feixe de fibras musculares finas, denominadas fibras intrafusais, que são alinhadas paralelas às fibras maiores do músculo e são envolvidas dentro de uma cápsula (**Figura 18-9A**). As fibras intrafusais são entrelaçadas por um par de axônios sensoriais que detectam a extensão muscular devido à presença de canais iônicos mecanorreceptores nos terminais nervosos. Os músculos intrafusais também recebem informações dos axônios motores que regulam a força contrátil e a sensibilidade do receptor. (Ver **Quadro 32-1** para detalhes sobre os fusos musculares.)

Embora o potencial do receptor e as taxas de disparo das fibras aferentes do fuso muscular sejam proporcionais ao comprimento do músculo (**Figura 18-9B**), essas respostas podem ser moduladas por centros superiores encefálicos que regulam a contração dos músculos intrafusais. As fibras aferentes do fuso são, portanto, capazes de codificar a amplitude e a velocidade dos movimentos voluntários gerados internamente, bem como o deslocamento passivo do membro por forças externas (Capítulo 32).

Os órgãos tendinosos de Golgi, localizados na junção entre o músculo esquelético e os tendões, medem as forças geradas pela contração muscular. (Ver **Quadro 32-4** para detalhes acerca dos órgãos tendinosos de Golgi.) Embora esses receptores tenham um papel importante nos circuitos reflexos que modulam a força muscular, eles parecem contribuir pouco para a sensação consciente da atividade muscular. Experimentos psicológicos nos quais músculos estão fatigados ou parcialmente paralisados demonstraram que a força muscular percebida está relacionada principalmente ao esforço gerado no sistema nervoso central e não à força muscular efetiva.

Estudos recentes de Ardem Patapoutian e colaboradores sugerem que Piezo2 medeia os sinais transmitidos por fibras aferentes de fusos musculares e órgãos tendinosos de Golgi, pois essas fibras expressam a proteína Piezo2 em seus terminais distais e corpo celular.

Receptores articulares têm pouco ou nenhum papel na sensação postural do ângulo articular. Em vez disso, a percepção do ângulo das articulações proximais, como o cotovelo e o joelho, depende de sinais aferentes dos receptores dos fusos musculares e do comando motor eferente. Além disso, as sensações conscientes da posição dos dedos e do formato da mão dependem dos receptores de estiramento cutâneo, bem como dos fusos musculares.

Os receptores térmicos detectam mudanças na temperatura da pele

Embora o tamanho, a forma e a textura dos objetos segurados na mão possam ser percebidos visualmente, bem como pelo tato, as qualidades térmicas dos objetos são unicamente somatossensoriais. Os seres humanos reconhecem quatro tipos diferentes de sensações térmicas: frio (gelado), fresco, morno e quente. Essas sensações resultam de diferenças entre a temperatura normal da pele de aproximadamente 32°C (90°F) e a temperatura externa do ar ou de objetos em contato com o corpo. A sensação de temperatura, como as outras modalidades *protopáticas* de dor e coceira, é mediada por um *código combinatório* de vários tipos de receptores, transmitidos por fibras aferentes de pequeno diâmetro.

Embora os humanos sejam extremamente sensíveis a mudanças repentinas na temperatura da pele,

FIGURA 18-8 Inervação da pele pilosa por mecanorreceptores de baixo limiar.

A. A pele pilosa de mamíferos é inervada por combinações específicas de mecanorreceptores de baixo limiar (**MRBL**). Essas múltiplas classes de fibras nervosas permitem que as informações do tato sejam transmitidas ao longo de várias fibras nervosas paralelas em direção ao sistema nervoso central. Nas células de Merkel, as cúpulas de tato localizam-se no limite entre a epiderme e a derme, ao redor dos pelos de guarda de grande diâmetro. Os axônios das células de Merkel são classificados como MRBL-AL1 Aβ e compõem aproximadamente 3% das fibras sensoriais que inervam a pele pilosa. Os folículos pilosos de guarda são inervados por fibras para o tato de adaptação rápida, classificadas como MRBL-AR Aβ, que formam terminações lanceoladas longitudinais (semelhantes a um pente) ao redor do folículo piloso. Eles compõem outros 3% das fibras sensoriais que inervam a pele pilosa. As fibras MRBL-AR Aβ também formam terminações lanceoladas em pelos de awl/auchene de tamanho médio; cada fibra inerva múltiplos folículos pilosos em regiões vizinhas da pele. Os pelos do tipo awl/auchene são inervados por terminações lanceoladas de três classes diferentes de fibras sensoriais; MRBL-AR Aβ (**azul**), MRBL Aδ (**vermelha**, 7% das fibras) e MRBL-C (**verde**, 15 a 27% das fibras). Os pelos do tipo zigue-zague (pelos menores), são o tipo mais numeroso; eles são inervados pelas fibras nervosas periféricas de menor diâmetro e de condução mais lenta (MRBL Aδ e C). Todos os três tipos de folículos pilosos também são inervados por terminações circunferenciais (**amarelas**). (Reproduzida, com autorização, de Zimmerman, Bai e Ginty, 2014. Copyright © 2014 AAAS.)

B. Seções por montagem inteira (*whole mount*) da pele ilustram a distribuição dos terminais nervosos sensoriais MRBL na pele peluda e na região da pele que pode ativar uma fibra sensorial individual. Todas as cinco classes inervam múltiplos folículos pilosos e possuem terminações nervosas sensoriais ramificadas. Barra de escala (que se aplica a todas as imagens) = 500 μm. As taxas de disparo em cada um desses axônios refletem entradas de múltiplos órgãos receptores na pele. Os MRBL de campo Aβ formam terminações circunferenciais em torno de todas as classes de folículos pilosos; eles têm os maiores campos receptivos na pele pilosa, inervando até 180 folículos/fibras capilares e abrangendo áreas de até 6 mm². Os MRBL-AL1 Aβ têm os menores campos receptivos, mas inervam todas as células de Merkel dentro de uma cúpula do tato; cada cúpula do tato é inervada por apenas um único MRBL-AL1 Aβ. Os MRBL-AL1 Aβ, Aδ e C formam terminações lanceoladas envolvendo até 40 folículos pilosos individuais e abrangem áreas de pele de 0,5 a 4 mm². (Reproduzida, com autorização, de Bai et al., 2015. Copyright © 2015 Elsevier Inc.)

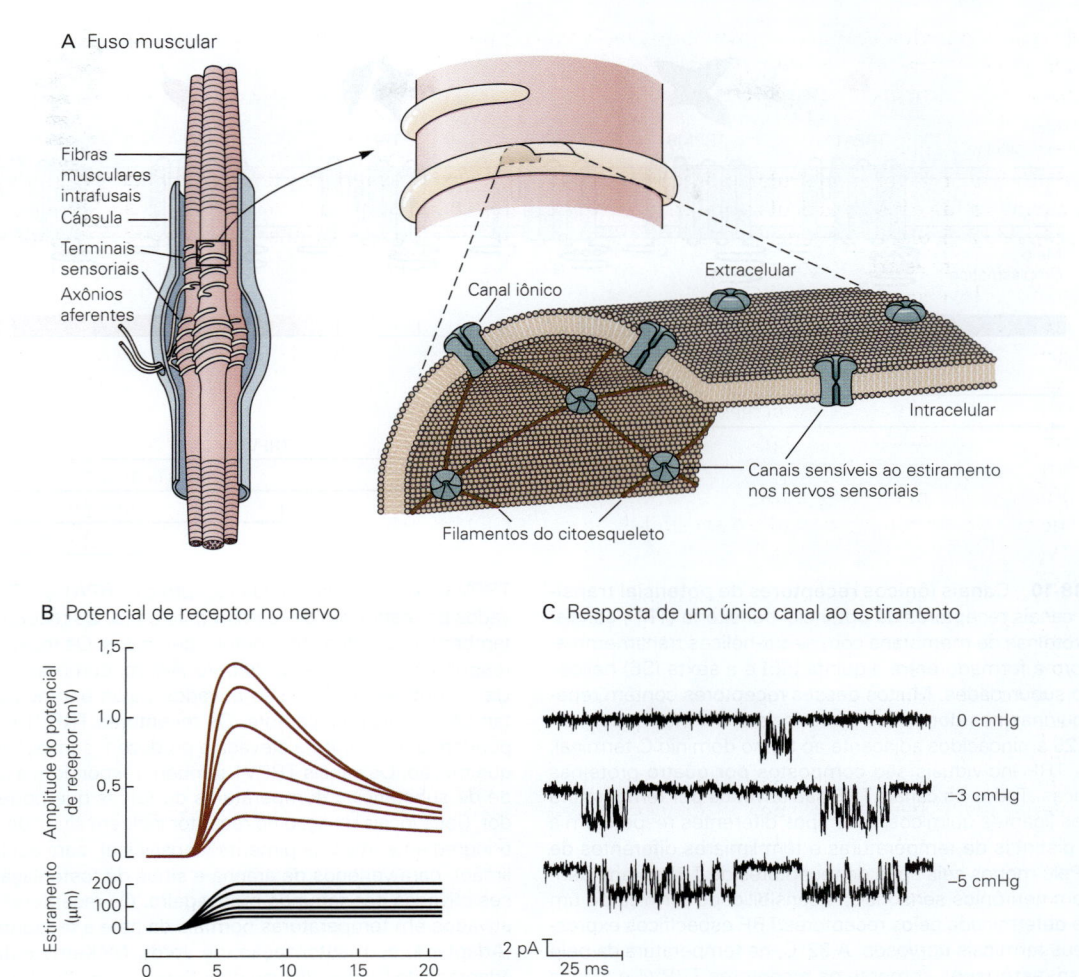

FIGURA 18-9 O fuso muscular é o principal receptor para a propriocepção.

A. O fuso muscular está localizado dentro do músculo esquelético e é excitado pelo estiramento muscular. Consiste em um feixe de fibras musculares finas (intrafusais) entrelaçadas por um par de axônios sensoriais. Também é inervado por vários axônios motores (não mostrados) que produzem contração das fibras musculares intrafusais. Os canais iônicos sensíveis ao estiramento nos terminais nervosos sensoriais são ligados ao citoesqueleto pela proteína espectrina. (Adaptada, com autorização, de Sachs, 1990.)

B. O potencial de despolarização do receptor registrado em uma fibra do grupo Ia que inerva o fuso muscular é proporcional à velocidade e à amplitude do estiramento muscular paralelo aos miofilamentos. Quando o estiramento é mantido em um comprimento fixo, o potencial de receptor decai a valores mais baixos. (Adaptada, com autorização, de Ottoson e Shepherd, 1971.)

C. Registros usando fixação de membrana (*patch clamp*) de um único canal sensível ao estiramento nos miócitos. A pressão é aplicada à membrana celular do receptor por sucção. Em repouso (0 cmHg) o canal abre esporadicamente por curtos intervalos de tempo. À medida que a pressão aplicada à membrana aumenta, o canal se abre com mais frequência e permanece no estado aberto por mais tempo. Isso permite que mais corrente flua para dentro da célula receptora, resultando em níveis mais altos de despolarização. (Adaptada, com autorização, de Guharay e Sachs, 1984. Copyright © 1984 The Physiological Society.)

normalmente não temos consciência das grandes oscilações na temperatura da pele que ocorrem à medida que nossos vasos sanguíneos cutâneos se expandem ou se contraem para descarregar ou conservar o calor do corpo. Se a temperatura da pele muda vagarosamente, não percebemos as mudanças na faixa de 31° a 36°C. Abaixo de 31°C, a sensação progride do fresco para o frio e, por fim, começando entre 10° a 15°C, para a dor. Acima de 36°C, a sensação progride de morno para quente e, então, começando em 45°C, para a dor.

As sensações térmicas são mediadas por terminações nervosas livres na epiderme. As faixas de temperatura sinalizadas por essas fibras nervosas são determinadas pela composição molecular dos receptores expressos nos terminais nervosos distais e corpos nos celulares de neurônios GRD de pequeno diâmetro. Estudos de David Julius e colaboradores revelaram que os estímulos térmicos ativam nesses neurônios uma classe específica de canais de membrana denominada *receptor de potencial transitório* (TRP, do inglês *transient receptor potential*) (**Figura 18-10**). Os canais TRP são

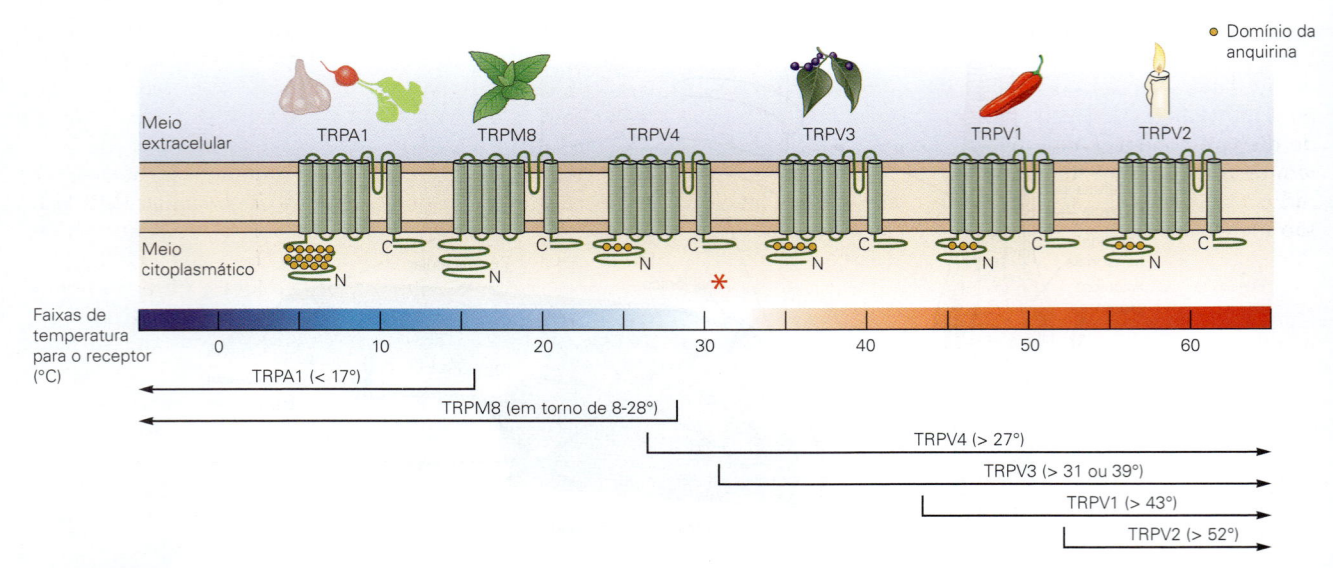

FIGURA 18-10 Canais iônicos receptores de potencial transitório. Os canais receptores de potencial transitório (TRP) consistem em proteínas de membrana com seis α-hélices transmembrana. Um poro é formado entre a quinta (S5) e a sexta (S6) hélices das quatro subunidades. Muitos desses receptores contêm repetições anquirinas nos domínios N-terminais e um motivo comum contendo 25 aminoácidos adjacente ao S6 no domínio C-terminal. Os canais TRP individuais são compostos por quatro proteínas TRP idênticas. Todos os canais TRP são ativados por temperatura e por vários ligantes químicos, mas tipos diferentes respondem a variações distintas de temperaturas e têm limiares diferentes de ativação. Pelo menos seis tipos de receptores de TRP foram identificados em neurônios sensoriais; a sensibilidade térmica de um neurônio é determinada pelos receptores TRP específicos expressos em seus terminais nervosos. A 32°C, na temperatura da pele em repouso (**asterisco**), somente os receptores TRPV4 e alguns TRPV3 são estimulados. Os receptores TRPA1 e TRPM8 são ativados por estímulos de resfriamento e frio. Os receptores TRPM8 também respondem ao mentol e derivados. Os receptores TRPA1 respondem a plantas do gênero *Allium*, como alho e rabanete. Os receptores TRPV3 são ativados pelos estímulos de calor e também se ligam à cânfora. Os receptores TRPV1 e TRPV2 respondem à temperatura elevada e produzem sensações de dor em queimação. Os canais TRPV1 também respondem a uma variedade de substâncias, temperaturas ou forças que podem provocar dor. Seus locais de ação no receptor incluem sítios de ligação para o ingrediente ativo da pimenta (capsaicina), para ácidos (suco de limão), para venenos de aranha e sítios de fosforilação para cinases ativadas por segundo mensageiro. Os receptores TRPV4 são ativados em temperaturas normais da pele e respondem ao tato. (Adaptada, com autorização, de Jordt, McKemy e Julius, 2003; adaptada de Dhaka, Viswanath e Patapoutian, 2006.)

codificados por genes pertencentes à mesma superfamília de genes que os canais dependentes de voltagem que dão origem ao potencial de ação (Capítulo 8). Eles formam canais de cátions não seletivos que mediam a corrente interna despolarizante. Os canais TRP compreendem quatro subunidades de proteínas idênticas, cada uma contendo seis α-hélices transmembrana, com um elemento formador de poros entre a quinta e a sexta hélices. Os receptores individuais de TRP se distinguem por sua sensibilidade ao calor ou ao frio, mostrando aumentos acentuados na condutância aos cátions quando seu limite térmico é excedido. Seus nomes especificam a subfamília genética de receptores TRP e o número do membro. Exemplos incluem o TRPV1 (para o TRP baunilhoide-1, ou vaniloide, segundo alguns autores), o TRPM8 (para o TRP melastatina-8) e o TRPA1 (para o TRP anquirina-1).

Duas classes de receptores TRP são ativadas por temperaturas frias e inativadas pelo aquecimento. Os receptores TRPM8 respondem a temperaturas abaixo de 25°C; essas temperaturas são percebidas como fresco ou frio. Os receptores TRPA1 têm limiares abaixo de 17°C; esse intervalo é descrito como frio ou gelado. Ambos os receptores, TRPM8 e TRPA1, são expressos nos terminais de alto limiar para o frio, enquanto apenas os receptores TRPM8 são expressos nos terminais de baixo limiar para o frio.

Os sinais térmicos dos receptores de frio de baixo limiar são transmitidos por fibras Aδ mielinizadas de pequeno diâmetro com terminações amielínicas dentro da epiderme. Essas fibras expressam o canal de potencial receptor transitório TRPM8 e respondem ao mentol aplicado na pele. Os receptores de frio são aproximadamente 100 vezes mais sensíveis a quedas repentinas na temperatura da pele do que a mudanças graduais. Essa sensibilidade extrema a mudanças permite aos seres humanos detectar uma corrente de ar vinda de uma janela aberta distante.

Quatro tipos de receptores TRP são ativados por temperaturas mornas ou quentes e inativados pelo resfriamento. Os receptores TRPV3 são expressos em fibras para temperatura morna; eles respondem ao aquecimento da pele acima de 35°C e geram sensações que variam de morno a quente. Os receptores TRPV1 e TRPV2 respondem a temperaturas que excedem 45°C e mediam sensações de dor em queimação; eles são expressos em nociceptores de calor. Os receptores TRPV4 são ativos em temperaturas acima de 27°C e sinalizam temperaturas normais da pele.

Os receptores para temperaturas mornas estão localizados nos terminais das fibras C, os quais terminam na derme. Diferentemente dos receptores de frio, os receptores para morno agem como simples termômetros; suas taxas de disparo sobem monotonicamente com o aumento da temperatura da pele até o limiar de dor e tornam-se saturados em temperaturas altas. Os receptores para quente são menos sensíveis a mudanças rápidas na temperatura da pele do que os receptores para frio. Consequentemente, os humanos respondem menos ao aquecimento do que ao resfriamento; a alteração do limiar para detectar o aquecimento súbito da pele, mesmo no sujeito mais sensível, é de cerca de 0,1°C.

Os nociceptores de calor são ativados por temperaturas que excedem 45°C e são inativados pelo resfriamento da pele. A dor em queimação causada por altas temperaturas é transmitida pelas fibras Aδ mielinizadas e pelas fibras C amielinizadas.

O papel dos receptores TRP na sensação térmica foi descoberto por análises de substâncias naturais, como a capsaicina e o mentol, que produzem sensações de queimação e resfriamento quando aplicadas à pele ou injetadas subcutaneamente. A capsaicina, o componente ativo da pimenta, tem sido extensivamente usada para ativar aferentes nociceptivos que medeiam sensações de dor em queimação. Esses estudos indicam que vários receptores TRP também se ligam a outras moléculas que induzem sensações dolorosas, como toxinas, venenos e substâncias liberadas por tecidos em situação de doença ou lesão. Os receptores TRPA1 ligam substâncias pungentes, como rábano (wasabi), alho, cebola e plantas semelhantes do gênero *Allium*. Essas substâncias se comportam como irritantes que podem produzir dor ou coceira através da modificação covalente de cisteínas na proteína TRPA1.

Os canais TRP são integradores sensoriais polimodais, porque diferentes seções da proteína respondem diretamente a mudanças de temperatura, pH ou osmolaridade; à presença de substâncias nocivas, como capsaicina ou toxinas; ou à fosforilação por segundos mensageiros intracelulares (ver **Figura 20-2**). Sua estrutura molecular e papel na dor são detalhados no Capítulo 20.

Os nociceptores medeiam a dor

Os receptores que respondem seletivamente aos estímulos que podem danificar os tecidos são chamados de *nociceptores* (do latim *nocere*, "ferir"). Eles respondem diretamente a estímulos mecânicos e térmicos e, indiretamente, a outros estímulos, via mediadores químicos liberados das células no tecido lesionado. Os nociceptores sinalizam dano tecidual iminente e, mais importante, fornecem um lembrete constante dos tecidos que já estão lesionados e devem ser protegidos.

A função anormal nos principais sistemas de órgãos, resultante de doenças ou traumas, pode evocar sensação consciente de dor. Muito do conhecimento sobre os mecanismos neurais da dor é derivado de estudos de nociceptores cutâneos, pois os mecanismos são mais fáceis de serem estudados nos nervos cutâneos do que nos nervos viscerais. Porém, os mecanismos neurais da dor de origem visceral são semelhantes àqueles da dor originada na superfície do corpo.

Nociceptores na pele, no músculo, nas articulações e nas vísceras dividem-se em duas grandes classes de receptores, com base na mielinização de suas fibras aferentes. Os nociceptores inervados por fibras finas Aδ mielinizadas produzem dor de curta latência que é descrita como aguda e em pontada. A maioria é chamada de nociceptores mecânicos ou *mecanorreceptores de alto limiar* (MRAL), porque são excitados por objetos pontiagudos que penetram, apertam ou beliscam a pele (**Figura 18-11**) ou puxam pelos na pele peluda. Muitas dessas fibras também respondem a temperaturas acima de 45°C que queimam a pele; essas fibras Aδ também expressam o canal TRPV2 sensível ao calor.

Os nociceptores inervados pelas fibras C produzem dor lenta e em queimação, que é difusamente localizada e pouco tolerada. Os tipos mais comuns são os nociceptores polimodais, que respondem a uma variedade de estímulos nocivos mecânicos, térmicos e químicos, como beliscão ou punção, calor ou frio e substâncias químicas irritantes aplicadas à pele. Conforme detalhado no Capítulo 20, a maioria dos nociceptores polimodais C expressam os receptores TRPV1 e/ou TRPA1. A estimulação elétrica dessas fibras em seres humanos evoca uma sensação prolongada de dor em queimação. Nas vísceras, os nociceptores são ativados por distensão ou inchaço, produzindo sensações de dor intensa.

O prurido é uma sensação cutânea distinta

O prurido é uma experiência sensorial comum que é restrita à pele, à conjuntiva ocular e às mucosas. O prurido tem algumas propriedades em comum com a dor, e até recentemente pensava-se que resultasse de uma baixa taxa de disparo de fibras nociceptivas. Como a dor, o prurido é inerentemente desagradável, qualquer que seja sua intensidade; mesmo induzindo dor, tenta-se eliminá-lo coçando.

Estudos recentes de Diana Bautista e Sarah Wilson indicam que as fibras C que expressam os receptores TRPV1 e TRPA1 medeiam sensações de coceira evocadas por agentes pruriginosos (produtores de coceira). A coceira induzida por injeção intradérmica de histamina ou por procedimentos que liberam histamina endógena ativa um subconjunto de neurônios que expressam TRPV1 que também contém o receptor de histamina H1; essas sensações de coceira são bloqueadas por anti-histamínicos. A coceira independente de histamina parece ser mediada por GRDs de fibra C que expressam canais TRPA1. As sensações de coceira nessa via são desencadeadas pela pele seca ou por pruritógenos que se ligam a membros da família de receptores acoplados à proteína G do tipo Mas* (Mrgpr), como a droga antimalárica cloroquina.*

Como os receptores TRPA1 podem mediar a coceira quando também estão envolvidos na detecção de temperaturas frias nocivas (< 15°C)? Por que algumas fibras que

---

*N. de T. O proto-oncogene *MAS* (ou *MAS1*) é uma abreviação do sobrenome (Massey) da pessoa que doou o tumor humano do qual o gene *MAS* foi derivado. O receptor codificado por esse gene (Mrgpr) pode desempenhar um papel em vários processos, incluindo hipotensão, relaxamento do músculo liso, bem como desencadear coceira pelo uso de cloroquina no tratamento da malária.

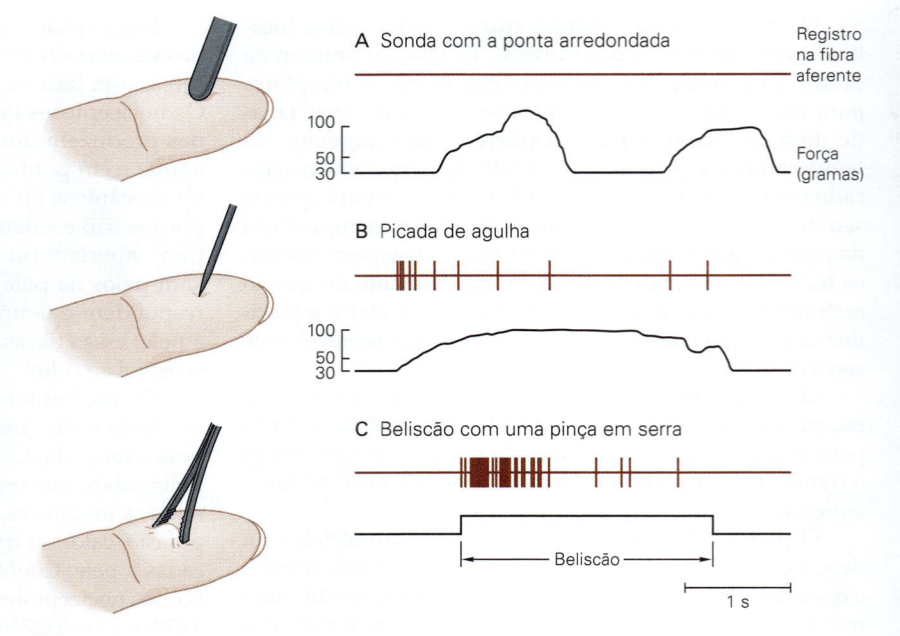

FIGURA 18-11 Os nociceptores mecânicos respondem a estímulos que perfuram, apertam ou beliscam a pele. As sensações de dor aguda forte resultam da estimulação de fibras Aδ que possuem terminações nervosas livres na pele. Esses receptores respondem a objetos cortantes que perfuram a pele (**B**), mas não a uma pressão forte de uma sonda arredondada (**A**). As respostas mais fortes são produzidas pelo aperto da pele com uma pinça em serra que danifica o tecido na região do contato (**C**). (Adaptada, com autorização, de Perl, 1968.)

expressam TRPV1 medeiam sensações de coceira em vez de sensações de calor nocivo? A resposta está no uso de *códigos combinatórios* por fibras nervosas sensoriais de pequeno diâmetro. Por exemplo, o frio nocivo é sentido quando os receptores TRPA1 e TRPM8 são ativados, mas a coceira é percebida quando os receptores TRPM8 estão silenciosos. Da mesma forma, a dor pelo calor é sentida quando as fibras que expressam TRPV1, TRPV2 e TRPV3 tem ativação nesses 3 receptores. Entretanto, a coceira pode ser percebida quando existe resposta apenas das fibras que expressam TRPV1, mesmo sem ativação de TRPV2 e TRPV3. Códigos combinatórios semelhantes usando múltiplos receptores são comumente usados por outros sentidos químicos, como olfato e paladar.

As sensações viscerais representam o estado dos órgãos internos

As sensações viscerais são importantes porque conduzem a comportamentos cruciais para a sobrevivência, como respiração, alimentação, ingestão de água e reprodução. As mesmas estratégias genéticas moleculares descritas anteriormente para estudar o tato, a dor, os sentidos térmicos e a propriocepção na raiz dorsal e nos gânglios do trigêmeo foram usadas para classificar os aferentes viscerais nos gânglios sensoriais vagais. Stephen Liberles e colaboradores analisaram recentemente as respostas sensoriais nos gânglios sensoriais vagais (complexo nodoso/jugular) que recebem informações mecanossensoriais ou quimiossensoriais dos pulmões, sistemas cardiovascular, imunológico ou digestivo.

As fibras aferentes vagais expressam uma variedade de receptores acoplados à proteína G (GPCRs, do inglês *G protein-coupled receptors*), que foram marcados com anticorpos fluorescentes para identificar seus sítios de localização periféricos em vísceras específicas, bem como marcar suas projeções centrais distintas para zonas específicas no núcleo do trato solitário no bulbo. Liberles e colaboradores induziram neurônios identificados de gânglios vagais a expressarem marcadores genéticos para cálcio de curta duração (GCaMPs) e mediram suas respostas fisiológicas a estímulos mecânicos, como estiramento ou sua ativação por nutrientes ou hormônios gástricos (serotonina, peptídeo 1 semelhante ao glucagon ou colecistocinina). A capacidade de marcar aferentes vagais específicos fornece ferramentas importantes para analisar a regulação neural da função visceral e traçar as vias usadas para modular essas importantes funções corporais.

Embora seus corpos celulares pareçam estar espalhados aleatoriamente no núcleo vagal, os neurônios vagais individuais desempenham diferentes funções sensoriais em sistemas orgânicos específicos. Por exemplo, a estimulação optogenética de neurônios sensoriais vagais identificados revela que existem pelo menos duas populações de neurônios vagais controlando a respiração. Neurônios que expressam o GPCR *P2ry1* induzem apneia, prendendo o pulmão durante a expiração, enquanto aqueles que expressam o GPCR *Npy2r* produzem respiração rápida e superficial. A estimulação desses neurônios não tem efeito sobre a frequência cardíaca ou sobre a função digestiva. Outro conjunto de GPCRs é usado para rotular os neurônios que regulam a função gastrointestinal. Um conjunto de aferentes gástricos são mecanorreceptores que detectam a distensão do estômago e do intestino superior e modulam a motilidade gástrica, enquanto outros aferentes gástricos são quimiorreceptores que detectam nutrientes específicos no intestino e auxiliam sua absorção.

Códigos de potencial de ação transmitem informações somatossensoriais ao encéfalo

Nas seções anteriores, foi visto que uma variedade de estímulos, como forças mecânicas, temperatura e vários produtos químicos, interagem com moléculas receptoras nos terminais axonais distais dos neurônios GRD para produzir despolarização local das terminações sensoriais. Conforme observado no Capítulo 17, esses potenciais receptores são transformados em um código de pulso digital de potenciais de ação para transmissão ao sistema nervoso central.

As regiões terminais sensoriais das fibras nervosas periféricas geralmente não são mielinizadas e não expressam os canais de Na$^+$ e K$^+$ dependentes de voltagem subjacentes à geração de potencial de ação. Por exemplo, as terminações lanceoladas dos aferentes do folículo piloso não são mielinizadas (**Figura 18-2H**). Esse formato otimiza a coleta de informações no campo receptivo, dedicando a área da membrana terminal altamente ramificada aos canais de transdução sensorial, como os receptores Piezo2 ou TRP.

Os canais iônicos de potencial de ação mais distais em fibras mielinizadas geralmente estão localizados perto do segmento de mielina inicial (ver **Figura 3-10**) ou na intersecção de ramos em fibras amielínicas. Isso tem consequências importantes para a transmissão de informações. Sinais sensoriais despolarizantes de vários ramos podem contabilizar mais facilmente se os canais envolvidos na geração do potencial de ação estiverem ausentes dos terminais receptivos, devido às propriedades regenerativas dos potenciais de ação e a subsequente inativação dos canais de Na$^+$ dependentes de voltagem. As mensagens sensoriais que chegam de receptores ativados posteriormente podem ser extintas pela colisão com potenciais de ação de propagação inversa que viajam ao longo de outro ramo da fibra. Assim, os sinais transmitidos ao longo de um axônio aferente primário podem ser uma reflexão não linear do estímulo sensorial, refletindo tanto a soma espacial da excitação de múltiplos ramos ou a supressão total da atividade gerada tardiamente. A ativação sequencial de diferentes ramos de neuritos também pode auxiliar na detecção de estímulos em movimento, gerando longas sequências de potenciais de ação se as terminações individuais forem estimuladas em taxas ótimas, para que suas respostas não sejam desviadas por picos gerados anteriormente em outros ramos.

A transmissão do potencial de ação ao longo dos nervos periféricos depende se o axônio é mielinizado ou amielínico e da expressão de subclasses específicas de canais Na$_V$ e K$_V$ dependentes de voltagem em cada fibra nervosa. Steven Waxman e colaboradores relataram que as fibras Aα e Aβ de grande diâmetro que inervam proprioceptores e mecanorreceptores de baixo limiar (MRBL), expressam principalmente as isoformas Na$_V$1.1 e Na$_V$1.6. Essas fibras geralmente disparam potenciais de ação em altas taxas, em parte porque também expressam canais K$_V$1.1 e K$_V$1.2, os quais permitem a rápida repolarização dos axônios. Os nervos periféricos de pequeno diâmetro que medeiam as sensações de dor e coceira expressam os canais Na$_V$1.7, Na$_V$1.8 e Na$_V$1.9. Os dois últimos subtipos de Na$_V$ apresentam sensibilidades cinética e de voltagem que promovem disparos repetitivos, aumentando, assim, as sensações dolorosas: os canais Na$_V$ 1.8 são inativados de forma incompleta durante os potenciais de ação e se recuperam rapidamente após eles. Os canais de Na$_V$ 1.9 são ativados em potenciais relativamente negativos e sofrem inativação insignificante, resultando em correntes de entrada persistentes que podem amplificar estímulos subliminares.

Os gânglios sensoriais proporcionam um registro das respostas da população neuronal a estímulos somáticos

A pesquisa de neurônios GRD foi concluída com a análise da distribuição de respostas sensoriais dentro de um gânglio somatossensorial individual de mamífero. Normalmente, as fibras nervosas periféricas têm sido estudadas uma de cada vez, geralmente com estímulos ótimos para classes específicas de receptores. No entanto, mesmo vozes fracas contribuem para o coro neural, e essas foram amplamente ignoradas com as técnicas clássicas de gravação de célula única.

Novas técnicas de imagem funcional *in vivo* fornecem ferramentas úteis para marcar, visualizar e medir respostas de um conjunto de vários tipos de estímulos somatossensoriais. Por exemplo, correntes de Ca^{2+} evocadas por estímulos sensoriais fornecem uma alternativa para registros eletrofisiológicos de sequências de picos em neurônios individuais. No experimento ilustrado na **Figura 18-12**, o sensor de Ca^{2+} geneticamente codificado GCaMP6f foi expresso em células dos gânglios trigeminal de camundongo que também expressavam o receptor polimodal TRPV1, permitindo que os pesquisadores visualizassem e quantificassem a atividade de populações de neurônios ativados por uma variedade de estímulos somatossensoriais. Usando um conjunto de estímulos táteis, nocivos e térmicos desenvolvidos pela primeira vez por William Willis para analisar respostas somatossensoriais de neurônios na medula espinal, Nima Ghitani, Alexander Chesler e colaboradores registraram respostas de 213 neurônios do trigêmeo simultaneamente. Suas descobertas foram notáveis. Conforme mostrado no mapa de calor da **Figura 18-12B1**, as respostas neuronais são diversas, variando consideravelmente na intensidade e duração dos padrões de disparo para estímulos idênticos. Tais técnicas de registro de conjunto indicam que, mesmo no nível do receptor, não há respostas canônicas a estímulos somáticos, mas, sim, padrões comuns de respostas.

Além disso, neurônios somatossensoriais individuais parecem ser polissensoriais, respondendo a mais de uma modalidade, como tato e dor. Esse estudo mostra que neurônios individuais do trigêmeo distinguem o calor nocivo da dor mecânica (puxão de pelo) e podem responder, embora fracamente, ao tato suave ou estímulos térmicos moderados (**Figura 18-12A**). O tipo mais prevalente de neurônios do gânglio trigeminal (49%) distingue o tato leve (acariciar a bochecha) de estímulos térmicos (**Figura 18-12B**). Os próximos tipos mais comuns são os nociceptores mecânicos (18%) ou termorreceptores (16%). Menos comuns são os tipos polimodais que respondem a estímulos térmicos e nociceptivos (total de 9%).

Essas novas técnicas de imagem permitirão aos neurocientistas quantificar interações sensoriais em populações de aferentes somatossensoriais, definir códigos combinatórios usados por membros da população ativa e, assim, identificar populações neurais específicas envolvidas na sensação somática. Registrar neurônios simultaneamente, em vez de um de cada vez, é essencial para decodificar a atividade da população e definir os circuitos subjacentes às diversas modalidades sensoriais.

Por fim, foi demonstrado que neurônios dos gânglios trigeminal, vagal e da raiz dorsal não parecem estar espacialmente agrupados ou funcionalmente segregados por modalidade como mecanossensibilização ou eventos térmicos ou químicos (**Figura 18-12A**). A principal característica organizacional desses gânglios sensoriais é a topografia do corpo, indicando qual área específica da pele ou qual músculo ou estrutura visceral é inervada por neurônios sensoriais específicos. Tal especificidade geográfica estende-se centralmente às estruturas encefálicas superiores que

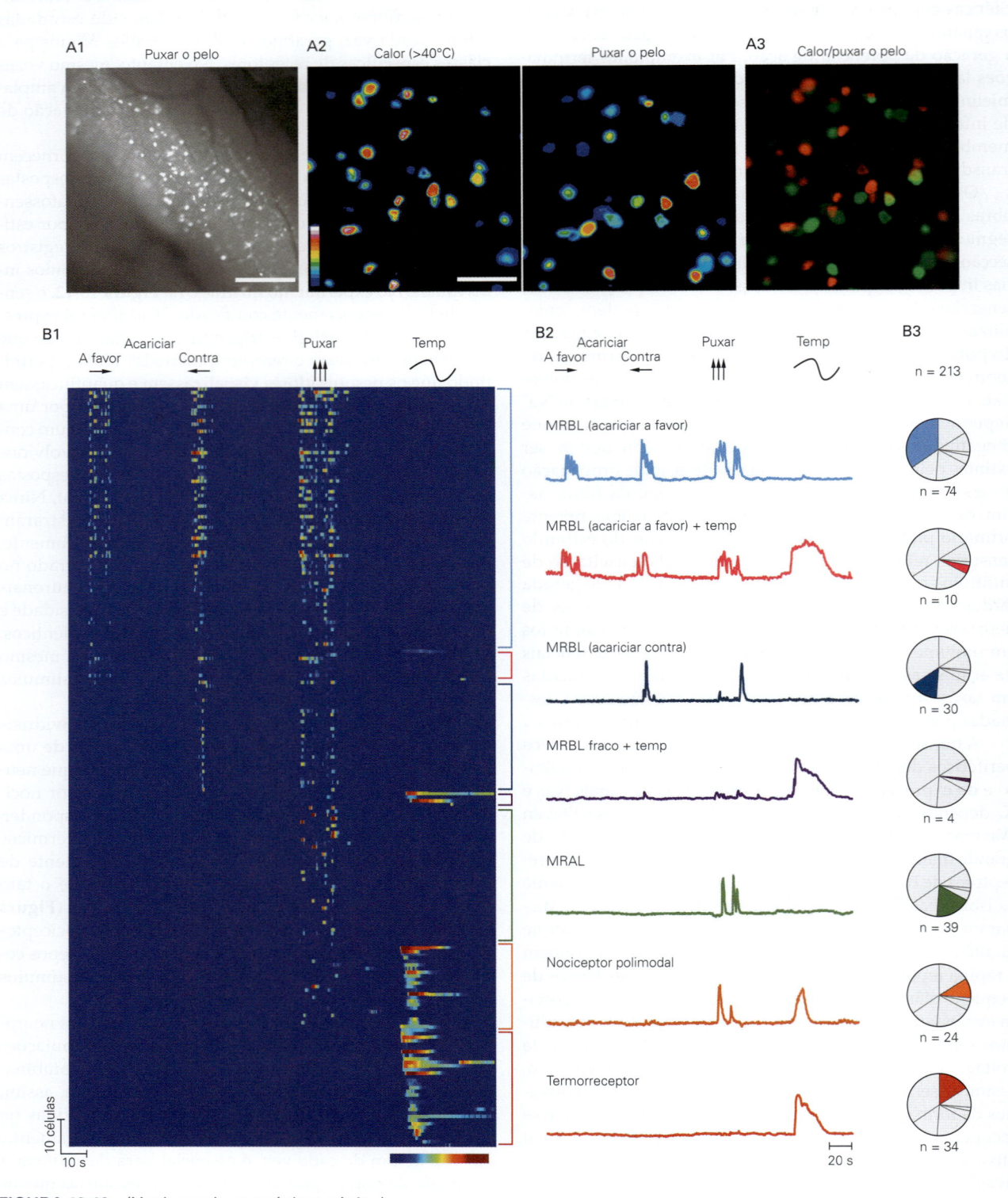

FIGURA 18-12 (Ver legenda na próxima página).

analisam as informações sensoriais e que organizam comportamentos específicos.

A informação somatossensorial entra no sistema nervoso central através dos nervos espinais ou cranianos

À medida que as fibras nervosas periféricas emergem dos gânglios da raiz dorsal e se aproximam da medula espinal, as fibras de grande e pequeno diâmetro se separam em medial e lateral, para formar os *nervos espinais* que se projetam para locais distintos na medula espinal e no tronco encefálico. A divisão medial inclui grandes fibras mielinizadas Aα e Aβ, que transmitem informações proprioceptivas e táteis da região inervada do corpo. A divisão lateral de um nervo espinal inclui pequenas fibras Aδ com mielinização fina e fibras C amielínicas, que transmitem informações nocivas, térmicas, pruriginosas e viscerais da mesma região do corpo, bem como algumas informações táteis.

A informação somatossensorial dos membros e do tronco chega ao sistema nervoso central através dos 31 nervos espinais, que entram na medula espinal através de aberturas entre as vértebras da coluna. Os nervos espinais individuais são numerados de acordo com a vértebra abaixo do forame por onde eles passam (nervos cervicais) ou pela vértebra acima de seu ponto de entrada (nervos torácicos, lombares e sacrais).

A informação somatossensorial da cabeça e do pescoço é transmitida através dos nervos trigêmeo, facial, glossofaríngeo e vago, que entram através de aberturas no crânio. O nervo trigêmeo transmite informações somatossensoriais dos lábios, boca, córnea e pele na metade anterior da cabeça, bem como dos músculos da mastigação. Os nervos facial e glossofaríngeo inervam os botões gustatórios da língua, a pele da orelha e parte da pele da língua e da faringe.

Os nervos glossofaríngeo e vago fornecem alguma informação cutânea, mas seu papel sensorial principal é visceral. Os aferentes vagais que regulam a respiração e os que regulam a motilidade gástrica projetam-se para regiões distintas do núcleo do trato solitário.

Cada nervo espinal ou craniano recebe informações sensoriais de uma região específica do corpo chamada *dermátomo* (**Figura 18-13**); os músculos inervados por fibras motoras no nervo periférico correspondente constituem um *miótomo*. Essas são as regiões da pele e do músculo afetadas por danos aos nervos periféricos. Como há sobreposição dos dermátomos, frequentemente três nervos espinais adjacentes precisam ser bloqueados para induzir a anestesia de uma área da pele. A distribuição dos nervos espinais no corpo forma a base anatômica dos mapas topográficos dos receptores sensoriais no encéfalo que fundamentam nossa capacidade de localizar sensações específicas.

Fibras individuais de nervos espinais ou cranianos terminam em neurônios em zonas específicas da substância cinzenta da medula espinal ou no corno dorsal bulbar (**Figura 18-14**). Os neurônios espinais que recebem a entrada sensorial podem ser classificados em interneurônios, que terminam em outros neurônios espinais dentro do mesmo segmento ou em segmentos adjacentes, ou neurônios de projeção, que originam as grandes vias ascendentes que se projetam para centros superiores no encéfalo.

A substância cinzenta é subdividida em 10 lâminas (ou camadas), numeradas de I a X, de dorsal para ventral, com base nas diferenças entre as células e na composição das fibras. Como regra, as fibras maiores (Aα) terminam no corno ventral ou perto dele, as fibras de tamanho médio (Aβ) da pele e dos músculos terminam nas camadas intermediárias do corno dorsal, e as fibras menores (Aδ e C) terminam na porção mais dorsal da substância cinzenta.

FIGURA 18-12 Distribuição de modalidades somatossensoriais entre os neurônios do gânglio trigeminal que inervam a pele pilosa da face. (Adaptada, com autorização, de Ghitani et al., 2017.)

A. Imagem epifluorescente *in vivo* de um gânglio trigeminal em um camundongo que expressa TRPV1-GCaMP6f. Corantes sensíveis ao cálcio (GCaMP6f) fluorescem em resposta à entrada de Ca^{2+} através de canais dependentes de voltagem em neurônios individuais do gânglio trigeminal. **A1.** Posições anatômicas de neurônios que expressam GCaMP6f 213 no gânglio trigeminal de um camundongo. Barra de escala = 500 µm. Esses neurônios estão amplamente distribuídos no interior do gânglio trigeminal. **A2.** Imagens com maior ampliação, ilustrando sinalização de Ca^{2+} em um subconjunto de neurônios que respondem a pulsos de calor acima de 40°C ou a puxões de pelo; a barra colorida na imagem à esquerda indica a intensidade do sinal de cálcio em cada neurônio. A atividade mais forte é mostrada em **branco** ou **vermelho**, e a resposta mais fraca, em **azul**. Barra de escala = 100 µm. **A3.** Uma sobreposição dos dois mapas populacionais rotulados de **vermelho** para *calor* e **verde** para *puxão de pelo*) mostra quais neurônios responderam a cada estímulo. Esses neurônios eram geralmente seletivos para calor ou puxão de pelo, mas dois responderam a ambas as modalidades (**amarelo**).

B. Quantificação das respostas de todos os neurônios que expressam TRPV1 visualizados neste gânglio trigeminal a vários modos de estímulos táteis, nocivos e térmicos. **B1.** Mapa de calor de todos os 213 neurônios marcados, a partir do registro simultâneo das respostas obtidas pelos estímulos de acariciar a bochecha, mecânico nocivo (puxar o pelo) e térmicos. Cada linha ilustra a resposta de um neurônio individual a esses estímulos; a cor do *pixel* indica a força da resposta de cada neurônio ($\Delta f/F$). (Intervalo de cores = 10 a 60% $\Delta f/F$.) As respostas neuronais são ordenadas verticalmente pelo início temporal das taxas de disparo aumentadas. Os símbolos acima do mapa de calor indicam o tipo e a sequência de estimulação: acariciando a bochecha **a favor** ou **contra** a direção do crescimento do pelo, puxão do pelo e estímulos térmicos variando de 25° a 47°C até 12°C. Embora mais da metade desses neurônios respondesse ao tato suave (acariciar), eles geralmente responderam mais vigorosamente a estímulos mecânicos nocivos (puxar o pelo) do que acariciar a pele. As respostas mais fortes foram observadas ao calor nocivo, mas esses neurônios compuseram apenas 30% da população estudada. Ao final do experimento, os registros de cada neurônio foram classificados em uma das sete categorias de resposta identificadas em B2. **B2.** Amplitude de resposta média e curso de tempo de sinais de Ca^{2+} para as sete categorias de respostas sensoriais trigeminais. Observe a natureza polimodal das respostas usando esse modo objetivo de classificação neuronal. (Siglas: **MRAL**, nociceptor-mecanorreceptor de alto limiar; **MRBL**, mecanorreceptor de baixo limiar.) **B3.** Os gráficos em pizza ilustram o número e a fração de neurônios em cada categoria.

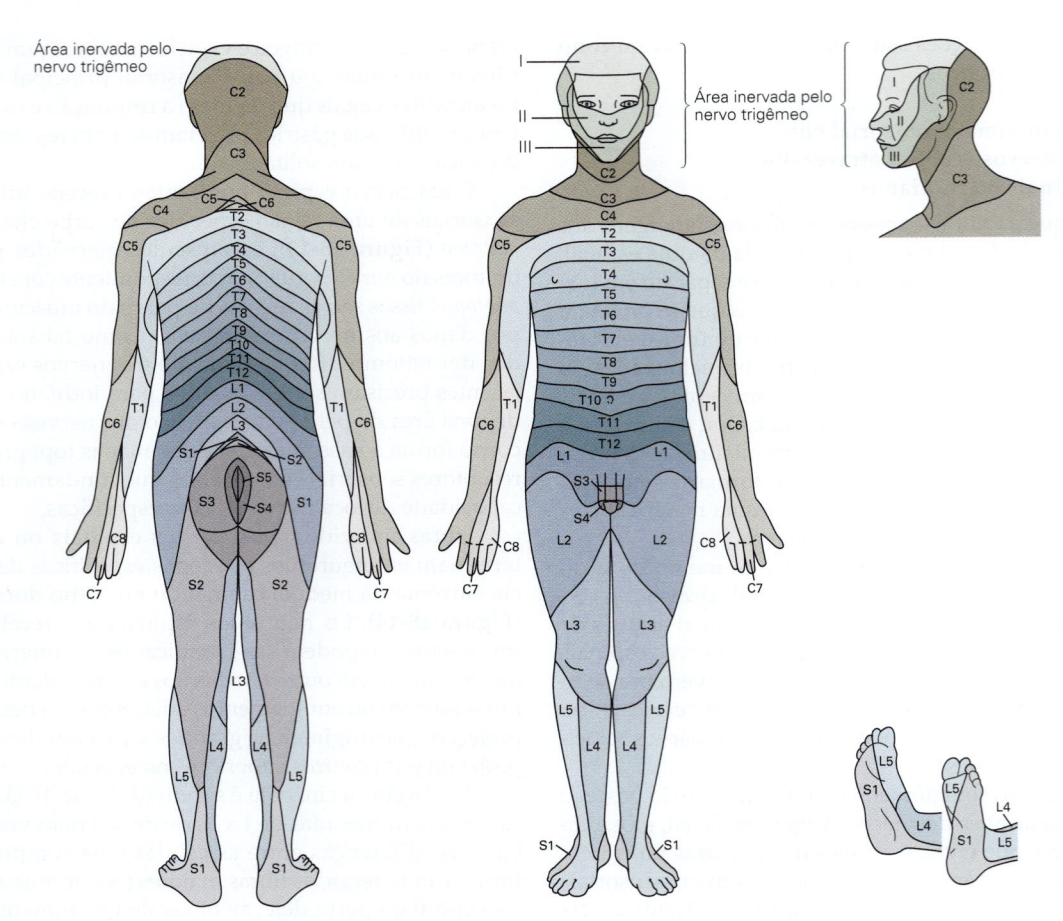

FIGURA 18-13 A distribuição dos dermátomos na medula espinal e no tronco encefálico. Um dermátomo é a área da pele e tecidos mais profundos inervados por uma única raiz dorsal ou ramo do nervo trigêmeo. Os dermátomos dos 31 pares dos nervos da raiz dorsal são projetados na superfície do corpo e foram designados de acordo com os forames pelos quais cada nervo entra na medula espinal. As 8 raízes cervicais (C), as 12 torácicas (T), as 5 lombares (L), as 5 sacrais (S) e a única coccígea são numeradas rostrocaudalmente para cada divisão da coluna vertebral. A pele facial, a córnea, o escalpo, a dura-máter e as regiões intraorais são inervadas pelas divisões oftálmica (I), maxilar (II) e mandibular (III) do nervo trigêmeo (nervo craniano V). O nível C1 não tem raiz dorsal, somente uma raiz ventral (ou motora). Os mapas de dermátomos fornecem uma importante ferramenta de diagnóstico para localizar o local da lesão na medula espinal e nas raízes dorsais. Contudo, os limites dos dermátomos são menos nítidos do que os mostrados aqui, pois os axônios que compreendem uma raiz dorsal se originam de muitos nervos periféricos diferentes, e cada nervo periférico contribui com fibras para muitas raízes dorsais adjacentes.

A lâmina I consiste em uma fina camada de neurônios no topo do corno dorsal da medula espinal e da parte caudal no núcleo trigeminal espinal. Neurônios individuais da lâmina I recebem sinais de entrada monossinápticos de fibras pequenas mielinizadas (Aδ) ou fibras C amielinizadas de um único tipo (**Figura 18-14**) e, portanto, transmitem informação sobre estímulos nocivos, térmicos ou viscerais. Os sinais de entrada via receptores de calor, frio, coceira e dor foram identificados na lâmina I, e alguns neurônios têm morfologias celulares distintas que se correlacionam com modalidades sensoriais. Os neurônios na lâmina I em geral têm campos receptivos pequenos localizados em um dermátomo.

Os neurônios nas lâminas II e III são interneurônios que recebem informações das fibras Aδ e C e fazem conexões excitatórias e inibitórias com os neurônios nas lâminas I, IV e V, os quais se projetam para os centros superiores no encéfalo. A porção mais superficial da lâmina II recebe entrada de nociceptores peptidérgicos que liberam substância P ou CGRP junto com glutamato em suas sinapses centrais. As fibras que terminam na parte mais profunda da lâmina II são purinérgicas; elas liberam ATP em suas sinapses centrais e expressam a lectina IB4. Cotransmissores como ATP fornecem imunomarcadores úteis para identificar classes específicas de fibras nervosas sensoriais (**Figura 18-2C,D**).

Neurônios nas lâminas III a V são os principais alvos dos MRBL, particularmente as grandes fibras sensoriais mielinizadas (Aβ) dos mecanorreceptores cutâneos (**Figura 18-14**). Os circuitos da medula espinal do corno dorsal foram caracterizados anatômica e funcionalmente por Victoria Abraira e David Ginty. Essas redes espinais locais permitem a integração sensorial de múltiplas modalidades dentro de uma zona local do corpo, permitindo que os conjuntos de motoneurônios respondam rapidamente ao sinal local de retroalimentação sensorial. Fibras de grande

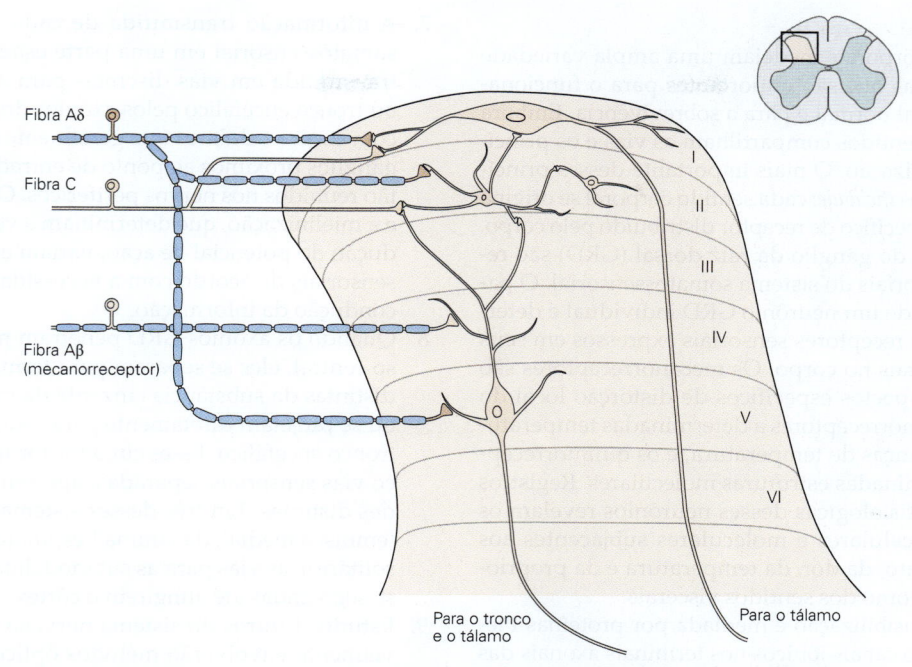

FIGURA 18-14 Projeções de fibras de tato e de dor para o corno dorsal da medula espinal. A substância cinzenta espinal no corno dorsal e na zona intermediária da medula espinal é dividida em seis camadas de células (lâminas I a VI), cada uma com populações funcionalmente distintas de neurônios. Neurônios na zona marginal (lâmina I) e na lâmina II recebem estímulos nociceptivos ou térmicos de receptores inervados por fibras Aδ ou C. A zona para entradas de mecanorreceptores de baixo limiar (MRBL) está localizada abaixo da lâmina II e abrange as lâminas III a V, com as fibras menores (MRBL C) localizadas dorsalmente e as fibras maiores (MRBL Aβ) terminando ventralmente. Os MRBL que inervam um determinado pedaço de pele são alinhados para formar uma coluna celular estreita no corno dorsal espinal, terminando em interneurônios espinais ou em neurônios de projeção que enviam seus axônios para o tronco encefálico. O arranjo medial-lateral dos nervos espinais no corno dorsal fornece uma representação somatotópica das áreas adjacentes da pele no corpo. As projeções do nervo espinal dos MRBL Aβ se estendem a vários segmentos espinais ao longo do eixo rostrocaudal, enquanto as das fibras Aδ ou C estão mais localizadas no segmento de entrada imediato (não mostrado). Os MRBL Aβ também enviam ramificações para os núcleos da coluna dorsal no tronco encefálico (Capítulos 19 e 20).

diâmetro mediando o tato (Aβ) ou a propriocepção (Aα) também enviam ramos ascendentes para o bulbo através das colunas dorsais ou funículos dorsolaterais.

Além disso, os neurônios do córtex cerebral se projetam para o corno dorsal, permitindo a regulação cortical direta dos circuitos sensorimotores locais e, assim, coordenando comportamentos propositais. Essas vias de ordem superior, de cima para baixo, são complementadas por circuitos intraespinais entre dermátomos que permitem movimentos coordenados de diferentes dedos ou articulações distais e proximais.

Os neurônios na lâmina V geralmente respondem a mais que uma modalidade – estímulos mecânicos de baixo limiar, estímulos viscerais ou estímulos nocivos – e têm sido chamados de *neurônios de amplo espectro dinâmico*.

Muitos dos circuitos do corno dorsal também transmitem informações somatossensoriais diretamente para estruturas superiores no tronco encefálico, como a coluna dorsal, os núcleos parabraquial e da rafe, e para o cerebelo ou vários núcleos talâmicos.

As fibras C viscerais aferentes têm projeções distribuídas pela medula espinal, terminando ipsilateralmente nas lâminas I, II, V e X; alguns também cruzam a linha média e terminam nas lâminas V e X da substância cinzenta contralateral.

A distribuição espinal ampla das fibras C viscerais parece ser responsável pela pobre localização das sensações de dor visceral. Os aferentes das vísceras pélvicas fazem conexões importantes com as células da substância cinzenta central (lâmina X) dos segmentos espinais L5 e S1. Os neurônios na lâmina X, por sua vez, projetam seus axônios ao longo da linha média da coluna dorsal para o núcleo grácil em uma via pós-sináptica da coluna dorsal para a dor visceral.

As fibras aferentes primárias que terminam nas lâminas mais profundas do corno ventral fornecem informações sensoriais dos proprioceptores (fusos musculares e órgãos tendinosos de Golgi) que são necessárias para o controle motor somático, como os reflexos espinais (Capítulo 32).

A informação somatossensorial é transmitida por várias vias ascendentes para centros encefálicos superiores, particularmente o tálamo e o córtex cerebral. O sistema coluna dorsal-lemnisco medial transmite informações táteis e proprioceptivas para o tálamo (Capítulo 19), e o trato espinotalâmico (anterolateral) transmite dor e informação térmica para o núcleo parabraquial do mesencéfalo ou para o tálamo (Capítulo 20). Uma terceira via, o trato dorsolateral, transmite informação somatossensorial da metade inferior do corpo ao cerebelo. Os papéis anatômicos e funcionais dessas redes são descritos em detalhes em capítulos posteriores.

Destaques

1. Os sentidos corporais medeiam uma ampla variedade de experiências que são importantes para o funcionamento corporal normal e para a sobrevivência. Embora distintos, os sentidos compartilham as vias e os princípios de organização. O mais importante desses princípios é o da *especificidade*: cada sentido corporal se origina de um tipo específico de receptor distribuído pelo corpo.

2. Os neurônios do gânglio da raiz dorsal (GRD) são receptores sensoriais do sistema somatossensorial. O papel funcional de um neurônio GRD individual é determinado pelos receptores sensoriais expressos em seus terminais distais no corpo. Os mecanorreceptores são sensíveis a aspectos específicos de distorção local do tecido, os termorreceptores a determinadas temperaturas e às mudanças de temperatura, e os quimiorreceptores a determinadas estruturas moleculares. Registros de respostas fisiológicas desses neurônios revelam os mecanismos celulares e moleculares subjacentes aos sentidos do tato, da dor, da temperatura e da propriocepção, bem como dos sentidos viscerais.

3. A mecanossensibilização é mediada por proteínas Piezo2, formando canais iônicos nos terminais axonais das fibras GRD sensíveis à compressão ou estiramento. Nesse processo estão incluídas fibras para o tato, inervando folículos pilosos ou epitélios especializados, como células de Merkel, corpúsculos de Meissner e Pacini, ou terminações de Ruffini. O estiramento muscular é sinalizado pelos receptores do fuso intramuscular, e a força contrátil, pelos órgãos tendinosos de Golgi. Esses receptores transmitem informações sensoriais por meio de fibras nervosas periféricas Aα e Aβ de condução rápida.

4. Os termorreceptores são excitados por canais iônicos de potencial receptor transitório (TRP), nos terminais axonais que são bloqueados em resposta a gradientes de temperatura locais e respondem seletivamente a faixas específicas de temperatura: frio, gelado, morno ou quente. Os quimiorreceptores alteram sua condutância ao se ligarem a substâncias químicas específicas, tanto naturais quanto exógenas, dando origem a sensações de dor, coceira ou função visceral. As informações termossensoriais e quimiossensoriais são transmitidas centralmente através das vias de fibra Aδ e C.

5. A ativação de receptores somatossensoriais produz despolarização local dos terminais nervosos distais, chamado de *potencial do receptor*, cuja amplitude é proporcional à força do estímulo. Os potenciais receptores são convertidos, perto dos terminais nervosos distais, em sequências de potenciais de ação cuja frequência está ligada à força do estímulo, assim como os potenciais sinápticos nas sinapses produzem padrões de disparo complexos nos neurônios pós-sinápticos.

6. Os neurônios GRD individuais têm múltiplas terminações sensoriais na pele, nos músculos ou nas vísceras, formando campos receptivos complexos com territórios sobrepostos. A combinação de terminais distais divergentes e a inervação dos órgãos dos sentidos por vários axônios, permite caminhos paralelos e redundantes para a transmissão de informações ao encéfalo.

7. A informação transmitida de cada tipo de receptor somatossensorial em uma parte específica do corpo é transmitida em vias discretas para a medula espinal ou tronco encefálico pelos axônios dos neurônios GRD com corpos celulares que geralmente se encontram em gânglios próximos ao ponto de entrada. Os axônios estão reunidos nos nervos periféricos. O diâmetro axonal e a mielinização, que determinam a velocidade da condução do potencial de ação, variam em diferentes vias sensoriais de acordo com a necessidade de rapidez da condução da informação.

8. Quando os axônios GRD penetram no sistema nervoso central, eles se separam para terminar em camadas distintas da substância cinzenta da medula espinal e/ou se projetam diretamente para centros superiores no tronco encefálico. Esses circuitos formam a base de cinco vias sensoriais separadas, apresentando propriedades distintas. Em três desses sistemas (os sistemas do lemnisco medial, da lâmina I espinotalâmica e do trato solitário), as vias para as submodalidades apresentam-se segregadas até atingirem o córtex cerebral.

9. Estudos futuros do sistema nervoso periférico provavelmente envolverão métodos ópticos de alta resolução para identificação de classes de receptores específicos no GRD identificados com marcadores genéticos. Os estudos funcionais desses neurônios também empregarão imagens ópticas de gânglios sensoriais inteiros marcados com corantes fluorescentes sensíveis à voltagem ou sensíveis ao cálcio, que permitem o monitoramento temporal quantitativo das respostas do conjunto a modalidades somatossensoriais específicas. Dessa forma, esses neurônios receptores serão estudados como subpopulações fisiológicas identificadas, em vez de cada um isoladamente.

Esther P. Gardner

Leituras selecionadas

Abraira VE, Ginty DD. 2013. The sensory neurons of touch. Neuron 79:618–639.

Abraira VE, Kuehn ED, Chirila AM, et al. 2017. The cellular and synaptic architecture of the mechanosensory dorsal horn. Cell 168:295–310.

Bautista DM, Siemens J, Glazer JM, et al. 2007. The menthol receptor TRPM8 is the principal detector of environmental cold. Nature 448:204–208.

Delmas P, Hao J, Rodat-Despoix L. 2011. Molecular mechanisms of mechanotransduction in mammalian sensory neurons. Nat Rev Neurosci 12:139–153.

Dhaka A, Viswanath V, Patapoutian A. 2006. TRP ion channels and temperature sensation. Annu Rev Neurosci 29:135–161.

Iggo A, Andres KH. 1982. Morphology of cutaneous receptors. Annu Rev Neurosci 5:1–31.

Julius D. 2013. TRP channels and pain. Annu Rev Cell Dev Biol 29:355–384.

Kaas JH, Gardner EP (eds). 2008. *The Senses: A Comprehensive Reference*, Vol. 6, *Somatosensation*. Oxford: Elsevier.

LaMotte RH, Dong X, Ringkamp M. 2014. Sensory neurons and circuits mediating itch. Nat Rev Neurosci 15:19–31.

Lechner SG, Lewin GR. 2013. Hairy sensation. Physiology 28:142–150.

Li L, Rutlin M, Abraira VE, et al. 2011. The functional organization of cutaneous low-threshold mechanosensory neurons. Cell 147:1615–1627.

Patapoutian A, Tate S, Woolf CJ. 2009. Transient receptor potential channels: targeting pain at the source. Nat Rev Drug Discov 8:55–68.

Ranade SS, Syeda R, Patapoutian A. 2015. Mechanically activated ion channels. Neuron 87:1162–1179.

Vallbo ÅB, Hagbarth KE, Torebjörk HE, Wallin BG. 1979. Somatosensory, proprioceptive, and sympathetic activity in human peripheral nerves. Physiol Rev 59:919–957.

Vallbo ÅB, Hagbarth KE, Wallin BG. 2004. Microneurography: how the technique developed and its role in the investigation of the sympathetic nervous system. J Appl Physiol 96:1262–1269.

Referências

Bai L, Lehnert BP, Liu J, et al. 2015. Genetic identification of an expansive mechanoreceptor sensitive to skin stroking. Cell 163:1783–1795.

Bandell M, Macpherson LJ, Patapoutian A. 2007. From chills to chilis: mechanisms for thermosensation and chemesthesis via thermoTRPs. Curr Opin Neurobiol 17:490–497.

Bennett DL, Clark AJ, Huang J, Waxman SG, Dib-Hajj SD. 2019. The role of voltage-gated sodium channels in pain signaling. Physiol Rev 99:1079–1151.

Boyd IA, Davey MR. 1968. *Composition of Peripheral Nerves*. Edinburgh: Livingston.

Cao E, Liao M, Cheng Y, Julius D. 2013. TRPV1 structures in distinct conformations reveal activation mechanisms. Nature 504:113–118.

Chang RB, Strochlic DE, Williams EK, Umans BD, Liberles SD. 2015. Vagal sensory neuron subtypes that differentially control breathing. Cell 161:622–633.

Collins DF, Refshauge KM, Todd G, Gandevia SC. 2005. Cutaneous receptors contribute to kinesthesia at the index finger, elbow, and knee. J Neurophysiol 94:1699–1706.

Coste B, Xiao B, Santos JS, et al. 2012. Piezo proteins are poreforming subunits of mechanically activated channels. Nature 483:176–181.

Cox CD, Bae C, Ziegler L, et al. 2016. Removal of the mechanoprotective influence of the cytoskeleton reveals PIEZO1 is gated by bilayer tension. Nat Commun 7:10366.

Darian-Smith I, Johnson KO, Dykes R. 1973. "Cold" fiber population innervating palmar and digital skin of the monkey: responses to cooling pulses. J Neurophysiol 36:325–346.

Darian-Smith I, Johnson KO, LaMotte C, Shigenaga Y, Kenins P, Champness P. 1979. Warm fibers innervating palmar and digital skin of the monkey: responses to thermal stimuli. J Neurophysiol 42:1297–1315.

Dib-Hajj SD, Cummins TR, Black JA, Waxman SG. 2010. Sodium channels in normal and pathological pain. Annu Rev Neurosci 33:325–347.

Edin BB, Vallbo AB. 1990. Dynamic response of human muscle spindle afferents to stretch. J Neurophysiol 63:1297–1306.

Erlanger J, Gasser HS. 1938. *Electrical Signs and Nervous Activity*. Philadelphia: Univ. of Pennsylvania Press.

Gandevia SC, McCloskey DI, Burke D. 1992. Kinaesthetic signals and muscle contraction. Trends Neurosci 15:62–65.

Gandevia SC, Smith JL, Crawford M, Proske U, Taylor JL. 2006. Motor commands contribute to human position sense. J Physiol 571:703–710.

Ghitani N, Barik A, Szczot M, et al. 2017. Specialized mechanosensory nociceptors mediating rapid responses to hair pull. Neuron 95:944–954.

Guharay F, Sachs F. 1984. Stretch-activated single ion channel currents in tissue-cultured embryonic chick skeletal muscle. J Physiol 352:685–701.

Guo YR, MacKinnon R. 2017. Structure-based membrane dome mechanism for Piezo mechanosensitivity. Elife 6:e33660.

Johansson RS, Vallbo ÅB. 1983. Tactile sensory coding in the glabrous skin of the human hand. Trends Neurosci 6:27–32.

Jordt S-E, McKemy DD, Julius D. 2003. Lessons from peppers and peppermint: the molecular logic of thermosensation. Curr Opin Neurobiol 13:487–492.

Liao M, Cao E, Julius D, Cheng Y. 2013. Structure of the TRPV1 ion channel determined by electron cryo-microscopy. Nature 504:107–112.

Lin S-Y, Corey DP. 2005. TRP channels in mechanosensation. Curr Opin Neurobiol 15:350–357.

Macefield VG. 2005. Physiological characteristics of low-threshold mechanoreceptors in joints, muscle and skin in human subjects. Clin Exp Pharmacol Physiol 32:135–144.

Macefield G, Gandevia SC, Burke D. 1990. Perceptual responses to microstimulation of single afferents innervating joints, muscles and skin of the human hand. J Physiol 429:113–129.

Maksimovic S, Nakatani M, Baba Y, et al. 2014. Epidermal Merkel cells are mechanosensory cells that tune mammalian touch receptors. Nature 509:617–621.

McGlone F, Wessberg J, Olausson H. 2014. Discriminative and affective touch: sensing and feeling. Neuron 82:737–755.

Murthy SE, Dubin AE, Patapoutian A. 2017. Piezos thrive under pressure: mechanically activated ion channels in health and disease. Nat Rev Mol Cell Biol 18:771–783.

Ochoa J, Torebjörk E. 1989. Sensations evoked by intraneural microstimulation of C nociceptor fibres in human skin nerves. J Physiol 415:583–599.

Ottoson D, Shepherd GM. 1971. Transducer properties and integrative mechanisms in the frog's muscle spindle. In: WR Lowenstein (ed). *Handbook of Sensory Physiology*, Vol. 1 *Principles of Receptor Physiology*, pp. 442–499. Berlin: Springer-Verlag.

Perl ER. 1968. Myelinated afferent fibers innervating the primate skin and their response to noxious stimuli. J Physiol (Lond) 197:593–615.

Perl ER. 1996. Cutaneous polymodal receptors: characteristics and plasticity. Prog Brain Res 113:21–37.

Ranade SS, Woo SH, Dubin AE, et al. 2014. Piezo2 is the major transducer of mechanical forces for touch sensation in mice. Nature 516:121–125.

Sachs F. 1990. Stretch-sensitive ion channels. Sem Neurosci 2:49–57.

Saotome K, Murthy SE, Kefauver JM, Whitwam T, Patapoutian A, Ward AB. 2018. Structure of the mechanically activated ion channel Piezo1. Nature 554:481–486.

Torebjörk HE, Vallbo ÅB, Ochoa JL. 1987. Intraneural microstimulation in man. Its relation to specificity of tactile sensations. Brain 110:1509–1529.

Wellnitz SA, Lesniak DR, Gerling GJ, Lumpkin EA. 2010. The regularity of sustained firing reveals two populations of slowly adapting touch receptors in mouse hairy skin. J Neurophysiol 103:3378–3388.

Wessberg J, Olausson H, Fernström KW, Vallbo ÅB. 2003. Receptive field properties of unmyelinated tactile afferents in the human skin. J Neurophysiol 89:1567–1575.

Williams EK, Chang RB, Strochlic DE, Umans BD, Lowell BB, Liberles SD. 2016. Sensory neurons that detect stretch and nutrients in the digestive system. Cell 166:209–221.

Wilson SR, Gerhold KA, Bifolck-Fisher A, et al. 2011. TRPA1 is required for histamine-independent, Mas-related G protein-coupled receptor-mediated itch. Nat Neurosci 14:595–602.

Wilson SR, Nelson AM, Batia L, et al. 2013. The ion channel TRPA1 is required for chronic itch. J Neurosci 33:9283–9294.

Woo SH, Lukacs V, de Nooij JC, et al. 2015. Piezo2 is the principal mechanotransduction channel for proprioception. Nat Neurosci 18:1756–1762.

Woo SH, Ranade S, Weyer AD, et al. 2014. Piezo2 is required for Merkel-cell mechanotransduction. Nature 509:622–626.

Zhao Q, Zhou H, Chi S, et al. 2018. Structure and mechanogating mechanism of the Piezo1 channel. Nature 554:487–492.

Zimmerman A, Bai L, Ginty DD. 2014. The gentle touch receptors of mammalian skin. Science 346:950–954.

19

Tato

O tato ativo e o tato passivo têm objetivos distintos
A mão tem quatro tipos de mecanorreceptores
    O campo receptivo define a zona de sensibilidade ao tato
    Os testes de discriminação de dois pontos medem a acuidade tátil
    As fibras de adaptação lenta detectam a pressão e a forma de objetos
    As fibras de adaptação rápida detectam o movimento e a vibração
    Ambas as fibras, de adaptação rápida e de adaptação lenta, são importantes para o controle da preensão

A informação tátil é processada no sistema central do tato
    Os circuitos do tronco encefálico, espinal, e talâmico segregam o tato e a propriocepção
    O córtex somatossensorial é organizado em colunas funcionalmente especializadas
    As colunas corticais estão organizadas de forma somatotópica
    Os campos receptivos dos neurônios corticais integram informações de receptores vizinhos

A informação tátil torna-se cada vez mais abstrata ao longo de sucessivas sinapses centrais
    O tato cognitivo é mediado por neurônios no córtex somatossensorial secundário
    O tato ativo aciona circuitos sensorimotores no córtex parietal posterior

Lesões nas áreas somatossensoriais do encéfalo produzem déficits táteis específicos
Destaques

N ESTE CAPÍTULO SOBRE O SENTIDO DO TATO, o enfoque se concentra na mão em decorrência de sua importância para essa modalidade, em particular seu papel na apreciação das propriedades do objeto e no desempenho de tarefas motoras qualificadas. A mão humana é uma das grandes criações da evolução. A capacidade humana de fazer manipulações finas com os dedos é possível devido à fina capacidade sensorial; perdendo a sensação tátil nos dedos, perde-se também a destreza manual.

A maciez e a flexibilidade da pele desempenham um papel importante no sentido do tato. Quando um objeto entra em contato com a mão, a pele amolda-se a seus contornos, formando uma imagem especular da superfície do objeto. O deslocamento e a indentação que ocorrem na pele como resultado causam um estiramento do tecido, estimulando, assim, terminais sensoriais de mecanorreceptores na região de contato ou próximos a ela.

Esses receptores são altamente sensíveis e estão continuamente ativos durante a manipulação de objetos e a exploração do mundo com as mãos. Eles fornecem informações ao encéfalo sobre a posição do objeto na mão, sua forma e textura da superfície, a quantidade de força aplicada nos pontos de contato e como esses recursos mudam ao longo do tempo quando a mão ou o objeto se move. As pontas dos dedos estão entre as partes mais densamente inervadas do corpo, fornecendo informações somatossensoriais extensas e redundantes sobre objetos manipulados pela mão.

Além disso, a estrutura anatômica da mão, com suas múltiplas articulações e dedos opositores, permite que os humanos modelem a mão de maneira que espelhe a forma geral de um objeto, fornecendo uma representação proprioceptiva do mundo externo centrada na mão. Essa capacidade de internalizar a forma dos objetos permite a criação de ferramentas que estendem as habilidades das mãos.

Quando um indivíduo se torna hábil no uso de uma ferramenta, como um bisturi ou uma tesoura, ele percebe as condições na superfície de trabalho da ferramenta como se os dedos estivessem lá, pois dois grupos de mecanorreceptores monitoram as vibrações e as forças produzidas naquelas condições distantes. Ao deslizar-se os dedos ao longo de uma superfície, pode-se sentir sua forma e textura porque outro grupo de mecanorreceptores tem alta acuidade espacial e temporal. Uma pessoa cega usa essa capacidade para ler em braille, a uma centena de palavras por minuto. O processo de agarrar e manipular um objeto é feito de forma delicada, usando apenas a força necessária, porque mecanorreceptores específicos monitoram continuamente o deslizamento e ajustam adequadamente a força da mão.

O ser humano também é capaz de reconhecer objetos colocados na mão apenas pelo tato. Quando um indivíduo recebe uma bola de beisebol, a reconhece instantaneamente sem olhar para ela, por sua forma, tamanho, peso, densidade e textura. Não é preciso pensar na informação fornecida por cada dedo para deduzir que o objeto deve ser uma bola de beisebol; a informação flui para a memória e logo é comparada a representações previamente armazenadas dessas bolas. Mesmo que nunca tenha manipulado uma bola de beisebol, o indivíduo a percebe como um objeto único e não como uma coleção de características separadas. As vias somatossensoriais no encéfalo têm a assustadora tarefa de integrar informações de milhares de sensores em cada mão, transformando-as em uma forma conveniente de cognição.

Além da cognição, a informação sensorial é extraída com o objetivo de controle motor, e diferentes tipos de informação são extraídos para tais propósitos. Pode-se, por exemplo, desviar a atenção da forma da bola para sua localização na mão para reajustar a preensão para um lançamento efetivo. Essa atenção seletiva a aspectos distintos da informação sensorial é realizada por mecanismos corticais.

O tato ativo e o tato passivo têm objetivos distintos

O tato é definido como o contato direto entre dois corpos físicos. Nas neurociências, o tato refere-se ao sentido especial pelo qual o contato com o corpo é percebido conscientemente. O tato pode ser ativo, como quando se move a mão ou outra parte do corpo contra uma superfície, ou passivo, como quando se é tocado por outro alguém ou por algo. O tato ativo é um processo retroativo, no qual o sujeito tem envolvimento, busca informações específicas e controla o que ocorre. Os sujeitos selecionam características salientes relevantes de objetos para determinar comportamentos subsequentes. Eles escolhem qual objeto pegar e qual o formato da mão mais eficiente para envolvê-lo, e decidem como manipulá-lo para alcançar o que se pretende. Durante o tato ativo, as informações somatossensoriais retratam as propriedades físicas dos objetos, bem como as ações motoras da mão e do braço do sujeito e sua relação com os objetivos da tarefa. É importante ressaltar que a manipulação ativa de objetos é baseada no conceito de tato como uma modalidade tridimensional projetada para capturar as propriedades volumétricas, topográficas e elásticas dos objetos, conforme proposto pela primeira vez por Roberta Klatzky e Susan Lederman. Essas qualidades tridimensionais são mais bem apreciadas pela manipulação ativa, incluindo preensão, rotação e traçado de contorno pela mão.

O tato passivo envolve um processo proativo no qual os sujeitos reagem a estímulos externos especificados pelo experimentador ou clínico. O experimentador seleciona e controla a localização, amplitude, força, tempo, duração e propagação espacial dos estímulos entregues à pele. Comportamentos subsequentes são guiados por instruções fornecidas no paradigma. Os estímulos táteis são classificados em categorias selecionadas pelo experimentador e/ou classificados ao longo de uma escala intensiva ou hedônica.

Os sujeitos, portanto, precisam analisar todas as informações somatossensoriais transmitidas e selecionar características específicas guiadas, em parte, pelas instruções da tarefa.

As formas ativa e passiva da estimulação tátil excitam as mesmas populações de receptores na pele e evocam respostas similares nas fibras aferentes. Elas diferem de certo modo nas características cognitivas que refletem atenção e objetivos do comportamento durante o período de estimulação. O tato passivo é testado nomeando objetos ou descrevendo sensações; o tato ativo é usado quando a mão manipula objetos. Os componentes sensorial e motor do tato estão intimamente conectados em sua anatomia no encéfalo e são funcionalmente importantes para orientar o comportamento motor.

Durante o tato ativo, fibras descendentes dos centros motores do córtex cerebral terminam em interneurônios no corno dorsal medial, os quais recebem informações táteis da pele. As fibras semelhantes de áreas motoras corticais terminam nos núcleos da coluna dorsal, fornecendo uma *cópia de eferência* (ou descarga corolária) dos comandos motores que geram o comportamento (Capítulo 30). Dessa forma, os sinais táteis da mão, resultantes dos movimentos ativos da mão, podem ser diferenciados centralmente dos estímulos aplicados passivamente no exame neurológico ou nos testes psicofísicos.

A distinção entre o tato ativo e o tato passivo é clinicamente importante quando os pacientes têm déficits na utilização da mão. Prejuízos motores como fraqueza, rigidez ou falta de jeito podem resultar de perda sensorial, razão pela qual o teste sensorial passivo é importante no exame neurológico. Testes neurológicos comuns para o tato incluem medidas do limiar de detecção, percepção de vibração, discriminação entre dois pontos ou de texturas e capacidade de reconhecer formas pelo tato (*estereognosia*). Os testes medem a sensibilidade e a função de vários receptores para o tato. Desvios dos valores esperados podem ajudar a diagnosticar prejuízos sensoriais ou lesões subjacentes à disfunção somatossensorial. Os mecanismos neurais subjacentes a esses testes são discutidos neste capítulo. Outros testes comuns da função somatossensorial – percussão do tendão, sensibilidade dolorosa e térmica – são discutidos em outros capítulos.

A mão tem quatro tipos de mecanorreceptores

As sensações táteis na mão humana são provenientes de quatro tipos de mecanorreceptores: corpúsculos de Meissner, células de Merkel, corpúsculos de Pacini e terminações de Ruffini (**Figura 19-1**). Cada receptor responde de modo distinto, dependendo de sua morfologia, padrão de inervação e profundidade na pele. O sentido do tato pode ser compreendido como o resultado combinado da informação fornecida por esses quatro sistemas atuando em concerto.

Os receptores do tato são inervados por axônios de adaptação lenta ou rápida. As fibras de adaptação lenta (AL) respondem à indentação constante da pele com uma descarga sustentada, enquanto as fibras de adaptação rápida (AR) param de disparar quando a indentação se torna estacionária (**Figura 19-1** e **Tabela 19-1**). As sensações mecânicas sustentadas da mão devem, portanto, surgir das

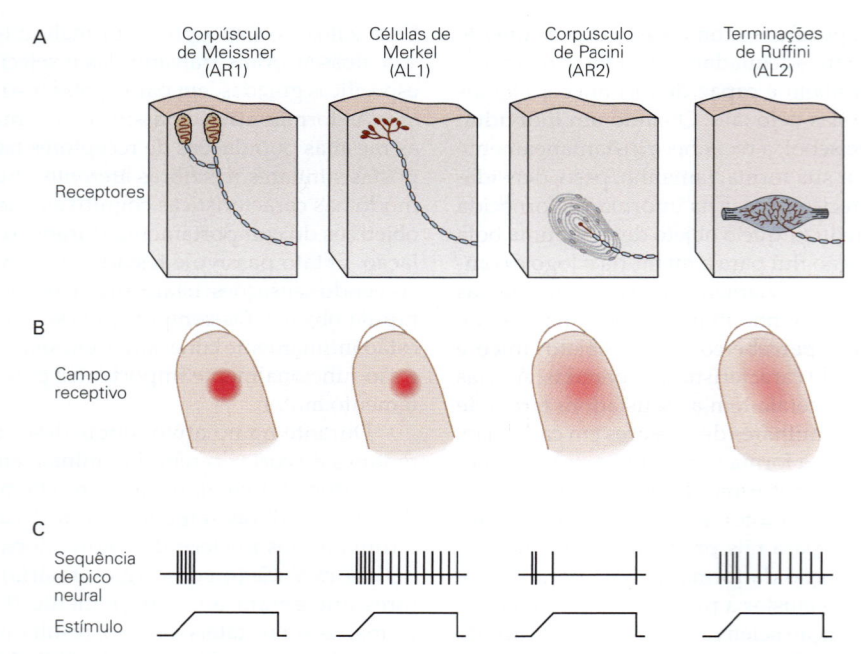

FIGURA 19-1 Quatro tipos de mecanorreceptores são responsáveis pelo sentido do tato na mão humana. Os terminais das fibras nervosas sensoriais mielinizadas que inervam a mão são cercados por estruturas especializadas que detectam o contato com a pele. Os receptores diferem na morfologia, no padrão de inervação, na localização na pele, no tamanho do campo receptivo e nas respostas fisiológicas ao tato. (Adaptada, com autorização, de Johansson e Vallbo, 1983.)

A. As camadas superficiais e profundas da pele glabra (sem pelos) das mãos contêm tipos diferentes de mecanorreceptores. As camadas superficiais contêm células receptoras pequenas: corpúsculos de Meissner (**AR1**, adaptação rápida do tipo 1) e células de Merkel (**AL1**, adaptação lenta do tipo 1). As fibras nervosas sensoriais que inervam esses receptores têm terminais ramificados que inervam múltiplos receptores de um tipo. As camadas profundas da pele e do tecido subcutâneo contêm receptores grandes: corpúsculos de Pacini (**AR2**, adaptação rápida do tipo 2)

e terminações de Ruffini (**AL2**, adaptação lenta do tipo 2). Cada um desses receptores é inervado por uma única fibra nervosa, e cada fibra inerva somente um receptor.

B. O campo receptivo do mecanorreceptor reflete a localização e a distribuição de seus terminais na pele. Os receptores do tato nas camadas superficiais da pele têm campos receptivos menores que aqueles das camadas profundas.

C. As fibras nervosas que inervam cada tipo de mecanorreceptor respondem diferentemente quando ativadas. A representação esquemática das sequências de picos ilustra respostas de cada tipo de nervo, quando seu receptor é ativado por uma pressão constante e lentamente crescente contra a pele. As fibras de adaptação rápida respondem ao movimento no início e no final de um estímulo de pressão e se adaptam rapidamente à estimulação constante, enquanto as fibras de adaptação lenta respondem à pressão e ao movimento constantes e se adaptam lentamente.

---

fibras AL. A sensação de movimento sobre ou através da pele é sinalizada principalmente pelas fibras AR.

Os receptores do tato na mão são subdivididos em dois tipos, com base no tamanho e localização na pele. As fibras do tato do tipo 1 terminam em grupos de pequenos órgãos receptores (corpúsculos de Meissner ou células de Merkel) nas camadas superficiais da pele, na margem entre a derme e a epiderme (**Figura 19-2, Quadro 19-1**). As fibras AR1 são as aferências táteis mais numerosas na mão, atingindo uma densidade de aproximadamente 150 fibras por cm^2 na ponta do dedo no homem e no macaco; as fibras AL1 também são amplamente distribuídas na mão, em densidades de 70 fibras por cm^2 nas pontas dos dedos.

As fibras do tipo 2 inervam a pele esparsamente e terminam em grandes receptores únicos (corpúsculos de Pacini e terminações de Ruffini) localizados na derme ou no tecido subcutâneo. Os receptores são maiores e menos numerosos que os órgãos receptores das fibras do tipo 1. O tamanho grande dos receptores do tipo 2 permite que

eles detectem o deslocamento mecânico da pele a alguma distância das terminações nervosas sensoriais. A densidade das fibras AR2 nos dedos humanos é de apenas 21 fibras por cm^2; as fibras AL2 são as menos abundantes, fornecendo apenas 9 fibras por cm^2.

O campo receptivo define a zona de sensibilidade ao tato

As fibras mecanorreceptoras individuais transmitem informações a partir de uma área limitada da pele, denominada *campo receptivo* (Capítulo 18). Os campos receptivos táteis foram estudados pela primeira vez na mão humana por Åke Vallbo e Roland Johansson usando microneurografia. Eles inseriram microeletrodos através da pele nos nervos mediano ou ulnar no membro anterior humano e registraram as respostas de fibras aferentes individuais. Eles descobriram que, em seres humanos, assim como em outras espécies de primatas, há diferenças importantes entre os receptores do tato, tanto em suas respostas fisiológicas quanto nas estruturas de seus campos receptivos.

TABELA 19-1 Mecanorreceptores cutâneos na pele glabra

	Tipo 1		Tipo 2	
	AL1	AR1[1]	AL2	AR2[2]
Receptor	Complexo de neurito/célula de Merkel (múltiplas terminações)	Corpúsculo de Meissner (múltiplas terminações)	Terminação de Ruffini (terminação única)	Corpúsculo de Pacini (terminação única)
Localização	Base da crista intermediária ao redor do ducto sudoríparo	Papilas dérmicas (adjacentes à crista limitante)	Dobras cutâneas, pele sobre articulações, leito ungueal	Derme (tecido profundo)
Diâmetro do axônio (μm)	7-11	6-12	6-12	6-12
Velocidade de condução (ms)	40-65	35-70	35-70	35-70
Melhor estímulo	Bordas, pontas	Movimento lateral	Estiramento da pele	Vibração
Resposta à indentação sustentada	Sustentada com adaptação lenta (padrão de disparo irregular)	Fásica no início do estímulo	Sustentada com adaptação lenta (taxa de disparo regular)	Fásica no início do estímulo
Faixa de frequências (Hz)	0-100	1-300		5-1.000
Melhor frequência (Hz)	5	50		200
Limiar para (melhor) indentação rápida ou vibração (μm)	8	2	40	0,01

[1]Também denominado AR, QA ou FA1.
[2]Também denominado PC ou FA2.
AR1, adaptação rápida do tipo 1; **AR2**, adaptação rápida do tipo 2; **AL1**, adaptação lenta do tipo 1; **AL2**, adaptação lenta do tipo 2.

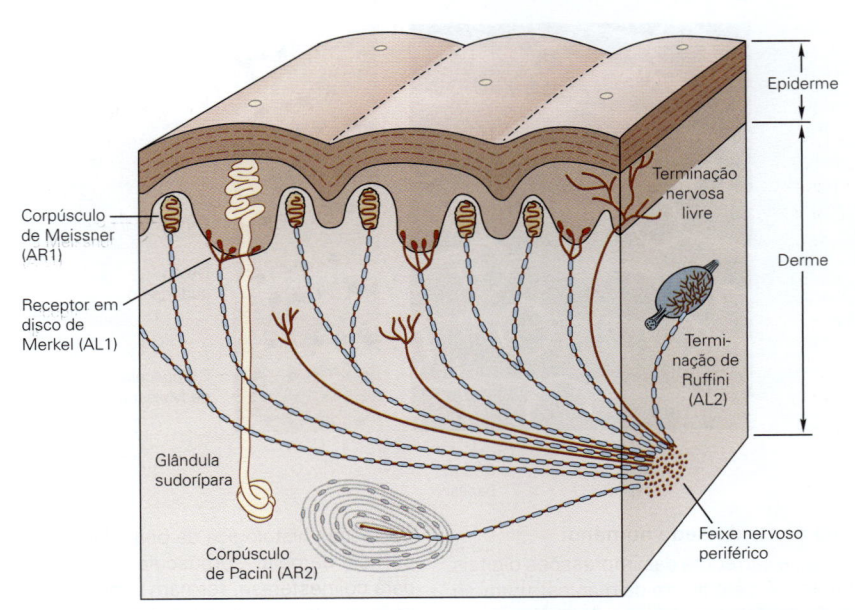

FIGURA 19-2 Inervação tátil da pele glabra em humanos. Um corte transversal da pele glabra mostra os principais receptores para o tato na mão humana. Todos esses receptores são inervados por fibras mielinizadas Aβ de grande diâmetro. Os corpúsculos de Meissner e as células de Merkel situam-se em camadas superficiais da pele na base da epiderme, 0,5 a 1,0 mm abaixo da superfície da pele. Os corpúsculos de Meissner estão localizados nas papilas dérmicas que margeiam as bordas de cada crista papilar. As células de Merkel formam bandas densas abaixo da crista intermediária que circunda os ductos das glândulas sudoríparas ao longo do centro das cristas papilares. As fibras AR1 e AL1 que inervam esses receptores se ramificam em seus terminais, de modo que cada fibra inerva diversos órgãos receptores próximos. Os corpúsculos de Pacini e de Ruffini situam-se dentro da derme (de 2 a 3 mm de espessura) ou em tecidos profundos. As fibras AR2 e AL2, que inervam esses receptores, inervam, cada uma, apenas um órgão receptor. (Siglas: **AR1**, adaptação rápida do tipo 1; **AR2**, adaptação rápida do tipo 2; **AL1**, adaptação lenta do tipo 1; **AL2**, adaptação lenta do tipo 2.)

QUADRO 19-1 A estrutura das papilas digitais acentua a sensibilidade da mão ao tato

A estrutura histológica da pele glabra – a pele lisa e desprovida de pelos da palma da mão e das pontas dos dedos – desempenha um papel crucial na sensibilidade da mão ao tato. As papilas digitais são formadas por um arranjo regular de cristas paralelas na epiderme, as cristas papilares (**Figura 19-3**). As células de Merkel, regularmente espaçadas abaixo dos ductos de suor que emergem do centro de cada crista, fornecem uma grade espacial que permite a localização precisa de estímulos com na ponta dos dedos.

Cada crista é delimitada por dobras epidérmicas – os sulcos limitantes – que são visíveis como linhas finas nos dedos, nas palmas das mãos e nos pés. Esses sulcos aumentam a inflexibilidade e a rigidez da pele, protegendo-a de lesões quando em contato com objetos ou quando o indivíduo anda descalço. Os corpúsculos de Meissner estão tipicamente localizados nas papilas dérmicas adjacentes aos sulcos limitantes; cada papila dérmica contém vários corpúsculos de Meissner e é inervada por dois a cinco axônios AR1 (**Figura 19-4A**).

As células de Merkel, inervadas por uma fibra AL1, estão densamente agrupadas no centro de cada crista papilar, na base do sulco intermediário que circunda os ductos sudoríparos epidérmicos (**Figura 19-4A**), colocando-os em excelente posição para detectar deformação da epiderme por pressão ou estiramento lateral. Desempenham funções receptivas táteis semelhantes às células de Merkel nas cúpulas do tato da pele com pelo (Capítulo 18).

As papilas digitais dão à pele glabra uma estrutura rugosa, corrugada, que aumenta a fricção, permitindo ao indivíduo agarrar objetos sem que eles escorreguem. As forças friccionais são ainda aumentadas quando essas cristas papilares estabelecem contato com superfícies de objetos com textura. Superfícies lisas escorregam facilmente entre os dedos e requerem maior força de preensão para manter a estabilidade na mão; as garrafas cujas tampas são enroscadas em geral apresentam cristas, facilitando girar a tampa. As forças de atrito entre os sulcos limitantes e os objetos também amplificam sensações relacionadas com características da superfície quando objetos são palpados, gerando vibrações que permitem detectar pequenas irregularidades, como a rugosidade da madeira e os fios dos tecidos.

O espaçamento regular das cristas papilares – e a localização precisa de receptores específicos dentro desse retículo – permite que se esquadrinhe repetidamente superfícies com movimentos de vai-e-vem da mão, ao mesmo tempo em que se preserva um constante alinhamento espacial de características da superfície adjacente. Eles também fornecem uma grade anatômica para referenciar a localização precisa dos estímulos táteis.

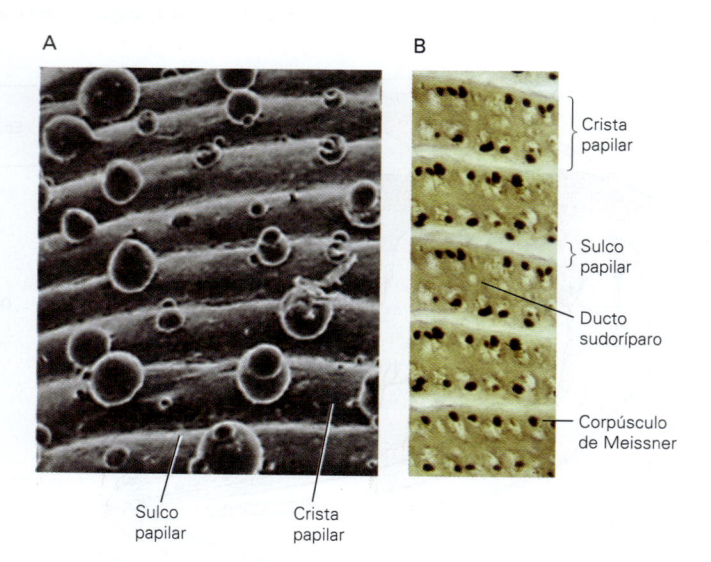

FIGURA 19-3 Pele da ponta do dedo humano.

A. Micrografia eletrônica de varredura das impressões digitais no dedo indicador humano. A pele glabra da mão estrutura-se como agrupamentos de cristas e sulcos papilares recorrentes a intervalos regulares. Os glóbulos de suor exsudam dos ductos no centro das cristas papilares, formando um padrão semelhante a uma grade regularmente espaçado ao longo do centro de cada crista. As células de Merkel estão localizadas em aglomerados densos abaixo dos ductos sudoríparos, na base da epiderme ao longo do centro das cristas papilares (ver **Figura 19-2**). (Adaptada, com autorização, de Quilliam, 1978.)

B. Secção histológica da pele glabra, em corte paralelo à superfície da pele. Corpúsculos de Meissner, imunomarcados para colinesterase, formam cadeias regularmente espaçadas ao longo de ambos os lados de cada crista papilar adjacente à crista limitante. Assim, os corpúsculos de Meissner e as células de Merkel formam bandas alternadas de receptores do tato de adaptação rápida tipo 1 (AR1) e de adaptação lenta tipo 1 (AL1) que abrangem cada sulco da impressão digital. (Adaptada, com autorização, de Bolanowski e Pawson, 2003.)

continua

QUADRO 19-1 A estrutura das papilas digitais acentua a sensibilidade da mão ao tato (*continuação*)

A Pele glabra **B** Pele pilosa

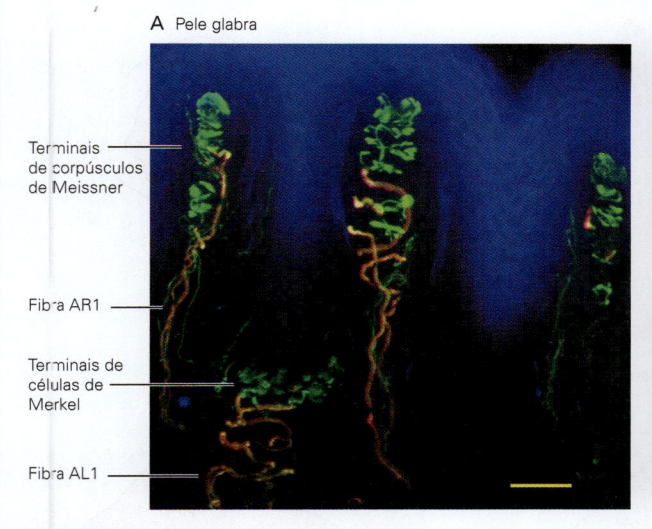

FIGURA 19-4 Padrão de inervação de corpúsculos de Meissner e de células de Merkel na pele glabra e na pele pilosa.

A. Uma secção transversal por microscopia confocal de uma crista papilar na pele da ponta do dedo humano mostra o padrão de inervação dos mecanorreceptores. Os corpúsculos de Meissner estão localizados nas papilas dérmicas logo abaixo da epiderme (**azul**) margeando a crista limitante e são inervados por duas ou mais fibras tipo 1 (**AR1**) de adaptação rápida. As fibras perdem suas bainhas de mielina (**laranja**) ao entrar na cápsula receptora, expondo amplos bulbos terminais (**verde**) nos quais ocorre a transdução sensorial. Fibras de adaptação lenta tipo 1 (**AL1**) individuais inervam conjuntos de células de Merkel agrupadas na base da parte intermediária da papila, fornecendo sinais localizados da pressão aplicada àquela papila. Barra de escala = 50 µm. (Adaptada, com autorização, de Nolano et al., 2003. Copyright © 2003 American Neurological Association.)

B. Uma micrografia em maior aumento mostra células de Merkel marcadas com anticorpo de queratina-8 (**vermelho**) inervadas por uma fibra AL1 (**verde**) marcada com polipeptídeo pesado de neurofilamento (NFH[+]). Cada fibra estende múltiplas ramificações paralelamente à superfície da pele, que lhe permitem integrar a informação tátil de múltiplas células receptoras em uma pequena zona da pele. O diâmetro de cada célula de Merkel é de aproximadamente 10 µm. (Adaptada, com autorização, de Snider, 1998. Copyright © 1998 Springer Nature.)

As fibras do tipo 1 têm campos receptivos pequenos, altamente localizados, com múltiplos locais de alta sensibilidade, que refletem os padrões de ramificação de seus axônios na pele (**Figura 19-5**). Um axônio AR1 em geral inerva 10 a 20 corpúsculos de Meissner, integrando a informação de diversas papilas dérmicas adjacentes. Uma fibra AL1 inerva aproximadamente 20 células de Merkel em adultos jovens (**Figura 19-4B**). O número de células de Merkel diminui significativamente conforme o indivíduo envelhece.

Em contraste, as fibras do tipo 2 que inervam as camadas profundas da pele estão conectadas a um único corpúsculo de Pacini ou a uma única terminação de Ruffini. Uma vez que esses receptores são grandes, eles coletam informações de uma área mais ampla da pele. Seus campos receptivos contêm um único "ponto quente", onde se observa a maior sensibilidade ao tato; esse ponto está localizado diretamente sobre o receptor (**Figura 19-5**).

Os campos receptivos nas pontas dos dedos são os menores do corpo, tendo em média 11 mm^2 para fibras AL1 e cerca de 25 mm^2 para fibras AR1. Os pequenos campos complementam a alta densidade de receptores nas pontas dos dedos. Os campos receptivos tornam-se progressivamente maiores nas falanges proximais e na palma da mão, o que é consistente com a menor densidade de mecanorreceptores nessas regiões. É importante ressaltar que os campos receptivos das fibras do tipo 1 são significativamente menores do que a maioria dos objetos que entram em contato com a mão e, portanto, sinalizam as propriedades espaciais de apenas uma porção limitada de um objeto. Como no sistema visual, as características espaciais dos objetos encontram-se distribuídas ao longo de uma população de receptores estimulados, com respostas que são integradas no encéfalo para formar a percepção unificada do objeto.

Cada axônio AR2 termina sem ramificar-se em um único corpúsculo de Pacini, e cada corpúsculo de Pacini recebe apenas um único axônio AR2. Os corpúsculos de Pacini são grandes estruturas semelhantes a cebolas nas quais camadas sucessivas de tecido conjuntivo são separadas por espaços preenchidos por líquido (ver **Figura 19-8A1**). Essas camadas cercam um terminal AR2 não mielinizado e seu axônio mielinizado até um ou mais nodos de Ranvier. A cápsula amplifica vibrações de alta frequência, um papel

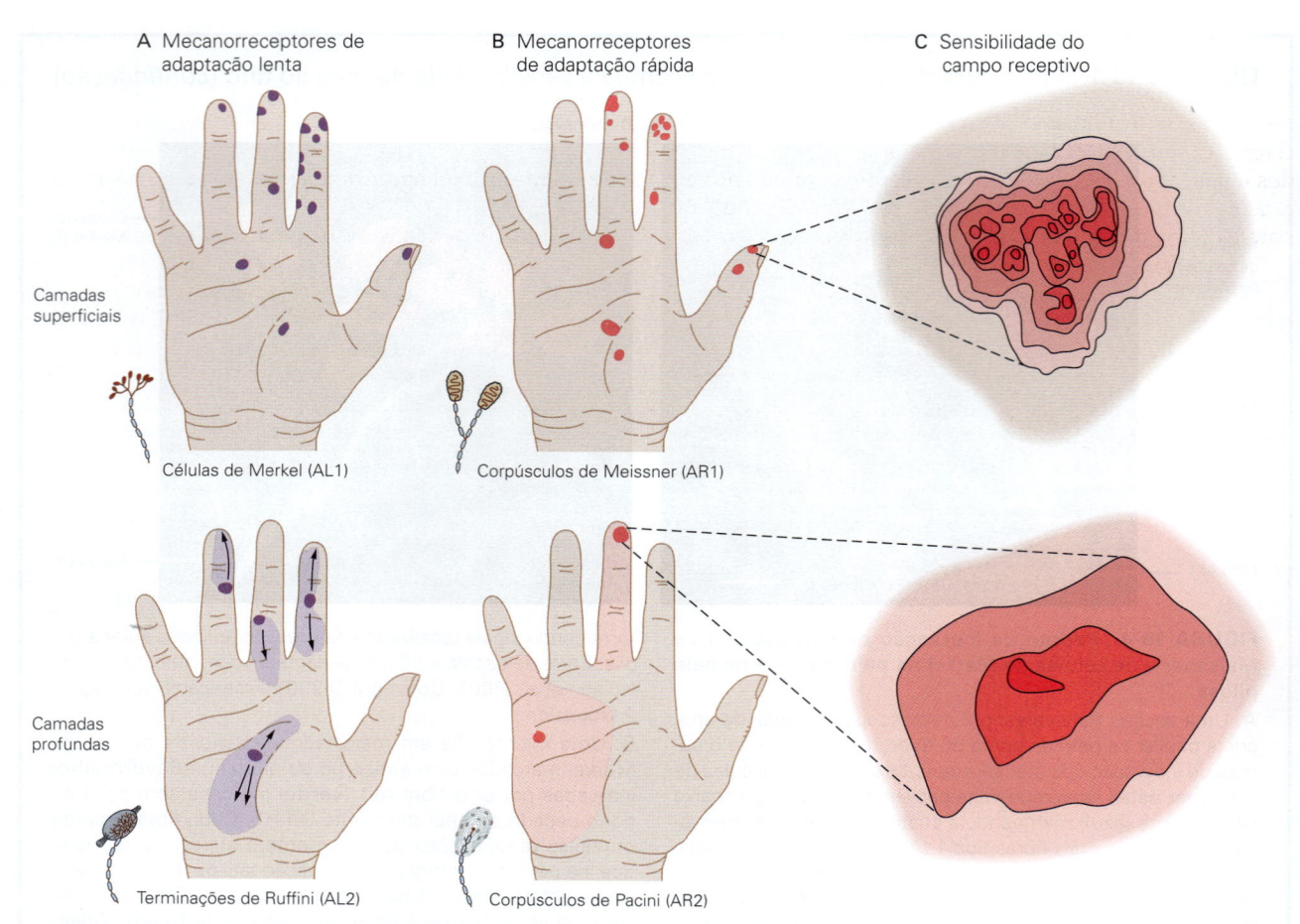

FIGURA 19-5 Os campos receptivos na mão humana são menores na ponta dos dedos. Cada área colorida nas mãos indica o campo receptivo de uma fibra nervosa sensorial individual. (Adaptada, com autorização, de Johansson e Vallbo, 1983.)

A-B. Os campos receptivos dos receptores do tipo 1 são representados pelos pontos coloridos, em camadas superficiais da pele. Nas camadas profundas, os campos receptivos do tipo 2 se estendem por amplas regiões da pele (**sombreamento claro**), mas as respostas são mais fortes na pele diretamente sobre o receptor (**cor escura**). As **setas** indicam as direções do estiramento da pele que ativam as fibras de adaptação lenta do tipo 2 (**AL2**).

C. A sensibilidade à pressão ao longo do campo receptivo é mostrada como um mapa com contornos distintos. As regiões mais sensíveis são indicadas em **vermelho**, as menos sensíveis, em **rosa-claro**. O campo receptivo de uma fibra do tipo 1 (**AR1**) de adaptação rápida (**acima**) possui muitos pontos de alta sensibilidade, marcando as posições do grupo de corpúsculos de Meissner inervados pela fibra. O campo receptivo de uma fibra tipo 2 (**AR2**) de adaptação rápida (**abaixo**) tem um único ponto de máxima sensibilidade, sobrejacente ao corpúsculo de Pacini. O mapa de contorno do campo receptivo das fibras do tipo 1 (**AL1**) de adaptação lenta é semelhante ao das fibras AR1. Do mesmo modo, o campo receptivo das fibras AL2 assemelha-se ao das fibras AR2.

importante para a utilização de ferramentas. Estimativas acerca do número de corpúsculos de Pacini na mão humana variam entre 2.400 no indivíduo jovem e 300 no idoso.

As fibras AL2 inervam as terminações de Ruffini, concentrando-se nas articulações dos dedos e do punho, na pele ao redor das unhas e ao longo das dobras cutâneas da palma da mão. As terminações de Ruffini são estruturas fusiformes alongadas que cercam fibrilas de colágeno que se estendem do tecido subcutâneo a dobras na pele em articulações, na palma da mão ou nas unhas. As terminações nervosas AL2 estão entrelaçadas entre as fibras de colágeno na cápsula, como nos órgãos tendinosos de Golgi (**Quadro 32-4**), e são sensibilizadas por estímulos que esticam a pele ao longo de seu eixo longo.

Os testes de discriminação de dois pontos medem a acuidade tátil

A capacidade dos seres humanos de perceber detalhes de superfícies com texturas depende de quais partes do corpo estão em contato com a superfície em questão. Quando um par de sondas está espaçado em vários milímetros na mão, cada sonda é percebida como um ponto distinto porque produz uma covinha separada na pele e estimula populações não sobrepostas de receptores. À medida que as sondas são aproximadas, as duas sensações tornam-se indistintas, pois ambas as sondas estão contidas dentro do mesmo campo receptivo. As interações espaciais entre os estímulos táteis formam a base dos testes neurológicos da *discriminação de dois pontos* e do reconhecimento de texturas.

O limite para a *acuidade tátil* – a separação que define o desempenho no meio do caminho entre o acaso e a discriminação perfeita – é de aproximadamente 1 mm na ponta dos dedos de adultos jovens, mas diminui nos idosos para cerca de 2 mm. A acuidade tátil é maior nas pontas dos dedos e nos lábios, onde os campos receptivos são menores. A acuidade tátil nas partes proximais do corpo diminui em paralelo com o tamanho crescente dos campos receptivos em fibras AL1 e AR1 (**Figura 19-6A**).

O ato de agarrar ou tocar um objeto, permite a discriminação de características de sua superfície, separadas por apenas 0,5 mm. Os humanos são capazes de distinguir orientações horizontais e verticais de grades com espaçamento notavelmente estreito das cristas (**Figura 19-6B**). As bordas longas, como as linhas de uma grade, evocam respostas mais fortes dos aferentes AR1 e AL1 quando estimulam várias terminações sensoriais no campo receptivo simultaneamente, enfatizando a importância dos campos receptivos multissensoriais para o processamento de informações táteis. Roland Johansson e Andrew Pruszynski descobriram recentemente, que as fibras AR1 e AL1 respondem mais intensamente às bordas que entram em contato com múltiplas terminações sensoriais, permitindo que esses aferentes distingam orientações verticais, horizontais ou oblíquas.

A acuidade tátil é ligeiramente maior nas mulheres do que nos homens e varia entre os dedos, mas não entre as mãos; a diferença de gênero está relacionada principalmente ao menor diâmetro da crista papilar nas mulheres e à maior densidade resultante de fibras AL1 por cm^2 de pele. A polpa distal do dedo indicador tem a maior sensibilidade; a acuidade espacial declina de modo progressivo a partir do indicador para o mínimo, e declina rapidamente em localizações proximais em relação às polpas distais dos dedos. A resolução espacial tátil é 50% menor na polpa distal do dedo mínimo e 6 a 8 vezes mais grosseira na palma da mão.

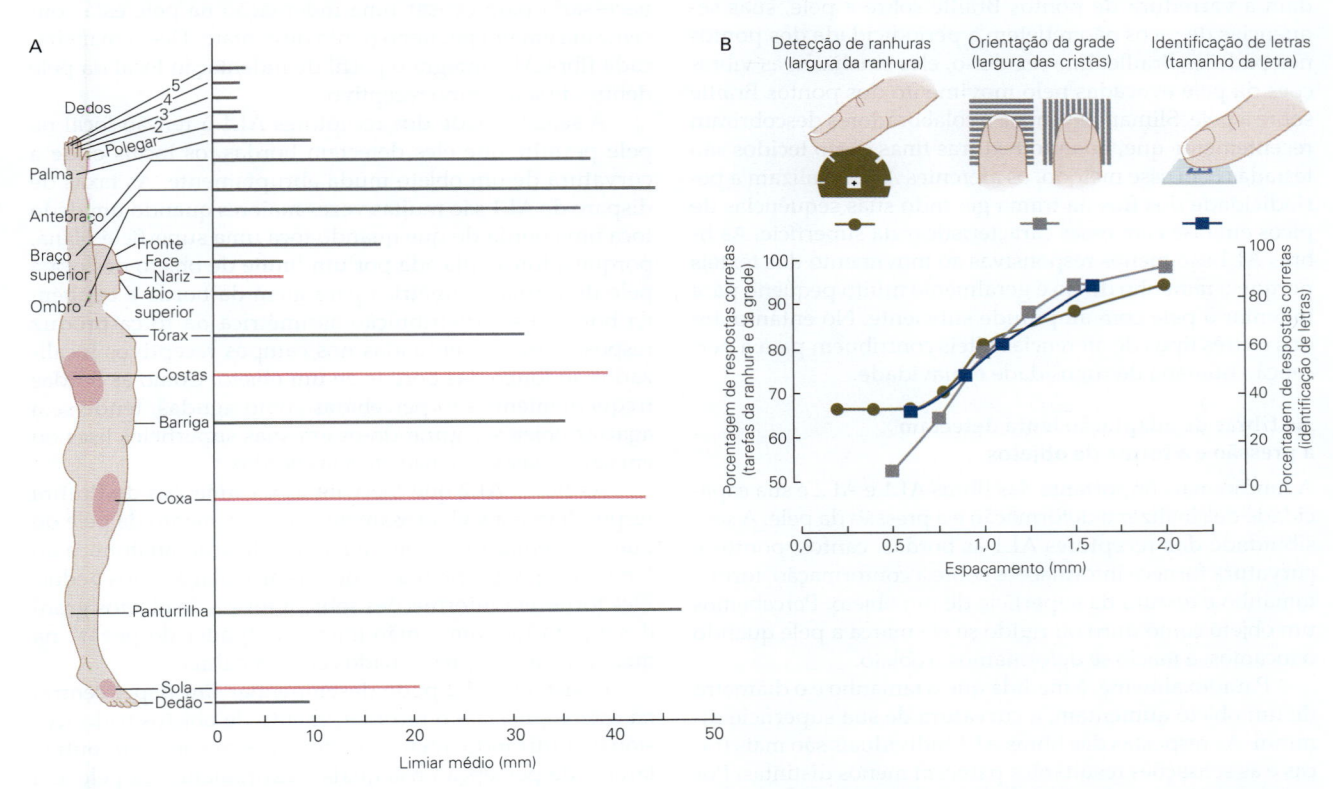

FIGURA 19-6 A acuidade tátil na mão humana é maior na ponta do dedo.

A. Medidas de limiares de dois pontos, as distâncias mínimas nas quais dois estímulos são percebidos como distintos. Essa distância varia para diferentes regiões do corpo; ela é de cerca de 2 mm nos dedos, mas de até 10 mm nas palmas e de 40 mm nos braços, nas coxas e nas costas. Os limites médios de percepção de dois pontos de diferentes partes do corpo, indicados por linhas rosa no gráfico de barras, correspondem aos diâmetros médios do campo receptivo das zonas rosa correspondentes no corpo. A mais alta capacidade discriminativa é obtida nas pontas dos dedos, nos lábios e na língua, que têm os menores campos receptivos. (Adaptada, com autorização, de Weinstein, 1968. © Charles C. Thomas Publisher, Ltd.)

B. A acuidade espacial é avaliada em experimentos psicofísicos em que um indivíduo com os olhos vendados toca várias superfícies com texturas. Como mostrado aqui, pede-se ao participante que determine se a superfície de um cilindro é lisa ou contém ranhuras, se as cristas de uma grade são orientadas transversalmente ao dedo ou paralelamente ao seu eixo maior, ou quais letras aparecem em alto relevo em um papel de carta. O limiar de acuidade tátil é definido pela largura da ranhura, pela largura entre as cristas ou pelo tamanho da letra que produzem 75% de desempenho correto (valor que se situa a meio caminho entre um desempenho ao acaso e uma acurácia perfeita). O limiar de espaçamento no dedo humano é de 1,0 mm em cada um desses testes. (Adaptada, com autorização, de Johnson e Phillips, 1981.)

Indivíduos cegos utilizam a sensibilidade espacial fina das fibras AL1 e AR1 para ler Braille. O alfabeto Braille representa letras como padrões de pontos simples que são fáceis de distinguir pelo tato. Uma pessoa cega lê braile movendo seus dedos sobre os padrões de pontos. Esse movimento da mão amplia as sensações produzidas pelos pontos. Uma vez que os pontos do alfabeto Braille estão espaçados uns dos outros em cerca de 3 mm, uma distância maior que o diâmetro do campo receptivo de uma fibra AL1, cada ponto estimula um conjunto diferente de fibras AL1. Uma fibra AL1 dispara uma salva de potenciais de ação quando um ponto entra em seu campo receptivo e fica silenciosa quando o ponto deixa seu campo (**Figura 19-7**). Combinações específicas de fibras AL1 que disparam sincronicamente sinalizam o arranjo espacial dos pontos no Braille. Fibras AR1 também discriminam os padrões de pontos, aumentando os sinais fornecidos pelas fibras AL1.

Embora os corpúsculos de Pacini (fibras AR2) respondam à varredura de pontos Braille sobre a pele, suas sequências de picos não refletem a periodicidade dos pontos nos padrões Braille. Em vez disso, eles sinalizam as vibrações da pele evocadas pelo movimento dos pontos Braille sobre a pele. Sliman Bensmaia e colaboradores descobriram recentemente que, quando texturas finas como tecidos são testadas com esse método, os aferentes AR2 sinalizam a periodicidade dos fios na trama gerando suas sequências de picos em fase com essas características da superfície. As fibras AL1 são menos responsivas ao movimento dos têxteis porque o tamanho do fio é geralmente muito pequeno para indentar a pele com amplitude suficiente. No entanto, todos os três tipos de aferências táteis contribuem para a percepção humana de rugosidade e suavidade.

As fibras de adaptação lenta detectam a pressão e a forma de objetos

A função mais importante das fibras AL1 e AL2 é sua capacidade de sinalizar a deformação e a pressão da pele. A sensibilidade dos receptores AL1 às bordas, cantos, pontos e curvatura fornece informações sobre a conformação, forma, tamanho e textura da superfície de um objeto. Percebemos um objeto como duro ou rígido se ele marca a pele quando o tocamos, e macio se deformamos o objeto.

Paradoxalmente, à medida que o tamanho e o diâmetro de um objeto aumentam, a curvatura de sua superfície diminui. As respostas das fibras AL1 individuais são mais fracas e as sensações resultantes parecem menos distintas. Por exemplo, a ponta de um lápis, pressionada 1 mm dentro da pele, é percebida como aguda, desagradável e altamente localizada no ponto de contato, enquanto uma indentação de 1 mm feita pela borracha é percebida como indistinta e difusa. A sensação mais fraca é evocada por uma superfície plana pressionada contra a almofada do dedo.

Para compreender a razão pela qual esses objetos evocam diferentes sensações, é preciso considerar os eventos físicos que ocorrem quando a pele é tocada. Quando a ponta de um lápis é pressionada contra a pele, ela causa uma depressão da superfície no ponto de contato, formando uma depressão inclinada e rasa na região circundante (com cerca de 4 mm de raio). Embora a força de indentação seja concentrada no centro, a região circundante também é perturbada pelo estiramento local, denominado resistência à tração. Receptores AL1, tanto no centro quanto nas "inclinações" da pele que circundam o centro, são estimulados, disparando sequências de espigas proporcionais ao grau de estiramento local.

Se uma segunda sonda é pressionada em local próximo à primeira, mais fibras AL1 são estimuladas, mas a resposta neural de cada fibra é reduzida, pois a força necessária para deslocar a pele é compartilhada pelas duas sondas. Ken Johnson e colaboradores mostraram que, à medida que mais sondas são adicionadas ao campo receptivo, a intensidade da resposta de cada fibra torna-se progressivamente mais fraca, pois as forças de deslocamento sobre a pele estão distribuídas ao longo de toda a zona de contato. Assim, a mecânica da pele resulta em um caso de "menos é mais". Fibras AL1 individuais respondem mais vigorosamente a um objeto pequeno que a um objeto grande, pois a força necessária para causar uma indentação na pele está concentrada em um pequeno ponto de contato. Dessa maneira, cada fibra AL1 integra o perfil de indentação local da pele dentro de seu campo receptivo.

A sensibilidade dos receptores AL1 à tensão local na pele permite que eles detectem bordas, os locais onde a curvatura de um objeto muda abruptamente. As taxas de disparo de AL1 são muitas vezes maiores quando um dedo toca uma borda do que quando toca uma superfície plana, porque a força aplicada por um limite de objeto desloca a pele de forma assimétrica para além da borda e também na borda. Essa distribuição assimétrica da força produz respostas mais acentuadas nos campos receptivos localizados ao longo das bordas de um objeto. Como as bordas frequentemente são percebidas como agudas, tende-se a agarrar objetos segurando-os em suas superfícies lisas ou em curvas suaves, e não em suas bordas.

As fibras AL2 que inervam as terminações de Ruffini respondem mais vigorosamente ao estiramento da pele do que à indentação, devido à sua localização anatômica ao longo das pregas palmares ou nas articulações dos dedos. Eles fornecem informações sobre a forma de objetos grandes agarrados com a mão inteira, o "poder do pegar" na qual um objeto é pressionado contra a palma.

O sistema AL2 pode desempenhar um papel central na estereognosia – o reconhecimento de objetos tridimensionais utilizando apenas o tato –, assim como em outras tarefas de percepção nas quais o estiramento da pele, é a principal dica. Benoni Edin mostrou que a inervação AL2 da pele com pelo no dorso da mão desempenha um papel substancial na percepção da forma da mão e da posição dos dedos. As fibras AL2 auxiliam na percepção do ângulo da articulação dos dedos, detectando o estiramento da pele sobre os nós dos dedos, ou na membrana entre os dedos. As terminações de Ruffini próximas a essas articulações são alinhadas de tal forma que diferentes grupos de receptores são estimulados à medida que os dedos se movem em direções específicas (**Figura 19-5A, painel inferior**). Desse modo, o sistema AL2 fornece uma representação neural do estiramento da pele sobre toda a mão, uma função proprioceptiva mais que exteroceptiva.

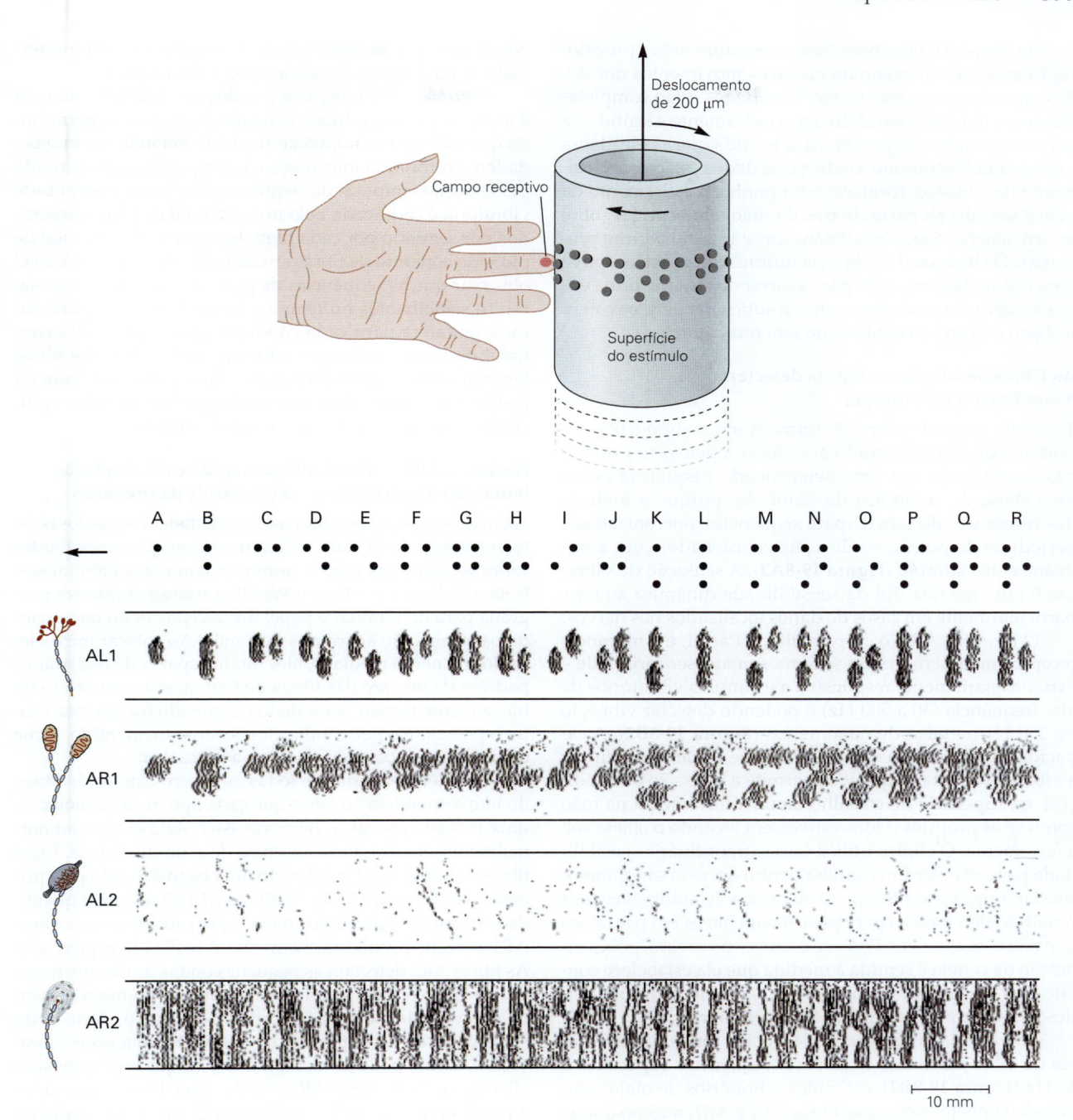

FIGURA 19-7 Respostas dos receptores do tato aos pontos Braille escaneados pelos dedos. Os símbolos no Braille para as letras A a R foram montados em um cilindro, que gira repetidamente contra a ponta do dedo de um participante humano. Após cada volta, o cilindro é deslocado para cima, de maneira que outra parte dos símbolos seja esquadrinhada pelo dedo. Microeletrodos colocados no nervo mediano desse participante registram as respostas das fibras mecanorreceptivas que inervam a ponta do dedo. Os potenciais de ação disparados pelas fibras nervosas à medida que os símbolos no Braille são movidos ao longo dos campos receptivos estão representados nesses registros por pequenos pontos; cada coluna horizontal de pontos representa as respostas das fibras a um único ciclo do círculo. Os receptores AL1 registram a imagem mais nítida dos símbolos no Braille, representando cada ponto no Braille com uma série de potenciais de ação e silenciando quando os espaços entre os símbolos não fornecem qualquer estimulação. Os receptores AR1 fornecem uma imagem borrada dos símbolos, pois seus campos receptivos são maiores, mas os padrões individuais de pontos ainda são reconhecíveis. Nem os receptores AR2 nem AL2 são capazes de codificar as características espaciais dos padrões Braille, porque seus campos receptivos são maiores do que o espaçamento entre pontos. A alta taxa de disparos das fibras AR2 reflete a sensibilidade aguda dos corpúsculos de Pacini à vibração. (Siglas: **AR1**, adaptação rápida do tipo 1; **AR2**, adaptação rápida do tipo 2; **AL1**, adaptação lenta do tipo 1; **AL2**, adaptação lenta do tipo 2.) (Reproduzida, com autorização, de Phillips, Johansson e Johnson, 1990. Copyright © 1990 Society for Neuroscience.)

As fibras AL2 também fornecem informações proprioceptivas sobre o formato da mão e os movimentos dos dedos, quando a mão está vazia. Se os dedos estão completamente estendidos e em abdução, o estiramento é sentido na palma e nas falanges proximais, à medida que a pele glabra é estendida. Do mesmo modo, se os dedos estão completamente flexionados, formando um punho, o estiramento da pele é sentido na parte de trás da mão, em especial sobre as articulações metacarpofalângicas e interfalângicas proximais. Os humanos usam essa informação proprioceptiva para pré-moldar sua mão para agarrar objetos de forma eficiente, abrindo os dedos apenas o suficiente para envolver o objeto e agarrá-lo habilmente sem muita força.

As fibras de adaptação rápida detectam o movimento e a vibração

Testes de senso de vibração formam um componente importante do exame neurológico. Tocar a pele com um diapasão que oscila em uma determinada frequência evoca uma sensação periódica de zumbido, porque a maioria dos receptores do tato dispara sequências sincronizadas e periódicas de potenciais de ação, coordenados com a frequência do estímulo (**Figura 19-8A2**). A sensação de vibração é uma medida útil da sensibilidade dinâmica ao tato, particularmente em casos de danos localizados nos nervos.

O receptor AR2, o corpúsculo de Pacini, é o mecanorreceptor mais sensível do sistema somatossensorial. Ele é extraordinariamente responsivo a estímulos vibratórios de alta frequência (30 a 500 Hz) e podendo detectar vibração de 250 Hz na faixa de nanômetros (**Figura 19-8B2**). A capacidade dos corpúsculos de Pacini de filtrar e amplificar a vibração de alta frequência, permite a detecção de condições na superfície de trabalho de uma ferramenta na mão como se os próprios dedos estivessem tocando o objeto sob a ferramenta. O clínico utiliza essa extraordinária sensibilidade para orientar uma agulha dentro do vaso sanguíneo e sondar a rigidez do tecido. O mecânico de automóveis usa o sentido de vibração para posicionar chaves em parafusos que não consegue ver. Pode-se escrever no escuro, pois a vibração da caneta é sentida à medida que ela estabelece contato com o papel e transmite as forças de fricção resultantes desde a superfície áspera até os dedos da mão.

Embora os corpúsculos de Pacini tenham os limiares de vibração mais baixos para frequências superiores a 40 Hz (**Figura 19-8B2**), estímulos vibratórios de maior amplitude também excitam as fibras AL1 e AR1, mesmo que as sequências de picos evocados sejam mais fracas do que os aferentes de Pacini. A **Figura 19-9A** ilustra os padrões de disparo evocados de 15 fibras nervosas periféricas diferentes, estimuladas a 20 Hz em amplitudes fracas, moderadas e altas. Embora essas fibras sejam diferentes em sensibilidade à vibração, suas sequências de picos têm certas características importantes em comum. Primeiro, cada neurônio dispara em uma fase particular do ciclo vibratório, geralmente quando a sonda penetra na pele, e seu padrão sincronizado de picos replica a frequência vibratória – quando estimulado a 20 Hz, os picos se repetem em intervalos de aproximadamente 50 ms. A padronização das sequências de pico é reforçada porque a população de fibras dispara de forma síncrona, permitindo que as informações de frequência sejam preservadas centralmente, devido à integração sináptica.

O número total de picos por disparo também aumenta à medida que a amplitude do estímulo aumenta, permitindo que cada fibra multiplexe sinais de frequência e intensidade vibratórias: a informação de frequência é transmitida pelo padrão temporal da sequência de picos e a amplitude vibratória é codificada pelo número total de picos disparados por segundo por cada fibra, bem como a saída total de picos do conjunto de fibras ativadas. Finalmente, é possível observar que as sequências de picos de cada neurônio são muito semelhantes no tempo e na contagem de picos em cada tentativa para cada condição, indicando a alta confiabilidade da sinalização sensorial fornecida pelas fibras aferentes táteis. Essa confiabilidade e previsibilidade da codificação sensorial tornam a vibração uma técnica particularmente útil para avaliar o sentido do tato.

Ambas as fibras, de adaptação rápida e de adaptação lenta, são importantes para o controle da preensão

Além de seu papel de sentir as propriedades físicas dos objetos, os receptores do tato fornecem informações importantes sobre as ações das mãos durante movimentos habilidosos. Roland Johansson e Gören Westling usaram a microneurografia para determinar o papel dos receptores do tato quando os objetos são agarrados pela mão. Ao colocar microeletrodos no nervo mediano, eles foram capazes de registrar os padrões de disparo das fibras do tato quando um objeto foi inicialmente tocado pelos dedos e, quando foi agarrado entre o polegar e o dedo indicador, levantado, mantido acima de uma mesa, abaixado, e voltou a descansar.

Eles descobriram que todas as quatro classes de fibras do tato respondem ao tato e que cada tipo de fibra monitora uma função específica. As fibras AR1, AR2 e AL1 são normalmente silenciosas na ausência de estímulos táteis. Essas fibras detectam contato quando um objeto é tocado pela primeira vez (**Figura 19-10**). As fibras AL1 sinalizam a quantidade de força de preensão aplicada por cada dedo, e as fibras AR1 percebem quão rapidamente é realizada a preensão. As fibras AR2 detectam as pequenas ondas de choque transmitidas pelo objeto quando ele é levantado da mesa e quando é devolvido. Sabe-se o momento em que o objeto entra em contato com a superfície da mesa devido a essas vibrações, e, assim, pode-se manipulá-lo sem que seja necessário olhar para ele. As fibras AR1 e AR2 param de responder após a preensão ter ocorrido. As fibras AL2 sinalizam flexão ou extensão dos dedos nos momentos em que o objeto é agarrado e quando é liberado, monitorando, assim, a postura da mão à medida que esses movimentos se processam.

Sinais originários da mão que relatam forma, tamanho e textura de um objeto são fatores importantes que governam a aplicação da força de preensão. Johansson e colaboradores descobriram que um objeto é levantado e manipulado com delicadeza, envolvendo forças de preensão que apenas excedem as forças que resultam em deslizamento evidente. Demonstraram também que a força de preensão é ajustada automaticamente para compensar as diferenças no coeficiente de atrito entre os dedos e a superfície do objeto. Uma pessoa pode predizer quanta força é necessária para

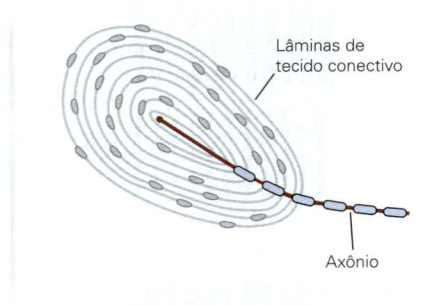

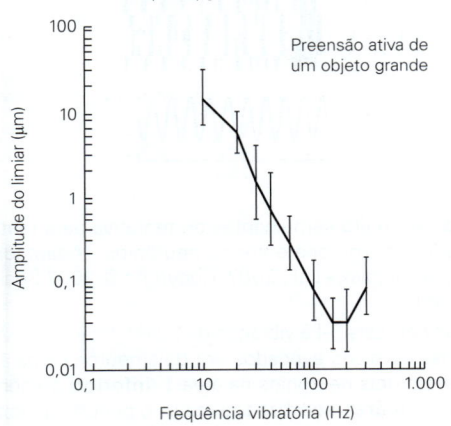

FIGURA 19-8 As fibras do tipo 2 (AR2) de adaptação rápida têm o limiar mais baixo para vibração. A vibração é a sensação produzida pela estimulação sinusoidal da pele, como aquela produzida pelo zumbido de um motor elétrico, pelas cordas de um instrumento musical ou pelo diapasão utilizado em exames neurológicos.

A. 1. O corpúsculo de Pacini consiste em lamelas de tecido conectivo concêntricas, preenchidas com fluido, que formam uma cápsula ao redor do terminal de uma fibra AR2. Essa estrutura está situada de modo singular para a detecção do movimento. A transdução sensorial na fibra AR2 ocorre em canais de cátions sensíveis a estiramento unidos às lamelas internas da cápsula. **2.** Quando uma pressão constante é aplicada à pele, a fibra AR2 dispara uma salva no início e no final de estimulação. Em resposta à estimulação sinusoidal (vibração), a fibra dispara em intervalos regulares, de modo que cada potencial de ação sinaliza um ciclo do estímulo. A percepção humana da vibração como um evento ritmicamente repetido resulta da ativação simultânea de muitas unidades AR2, que disparam em sincronia. (Adaptada de Talbot et al., 1968.)

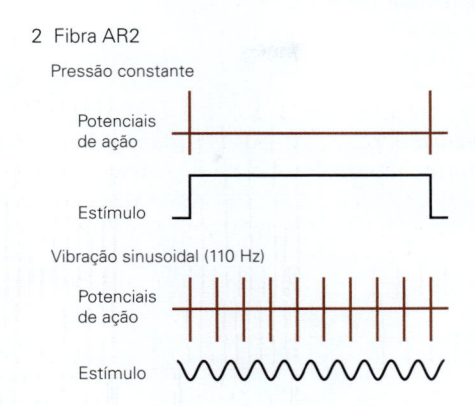

B. 1. Os limiares psicofísicos para a detecção da vibração dependem da frequência da estimulação. Como mostrado aqui, seres humanos podem detectar vibrações tão leves quanto 30 nm a 200 Hz quando seguram um objeto grande; o limiar é maior em outras frequências e quando testado com sondas menores. (Adaptada, com autorização, de Brisben, Hsiao e Johnson, 1999.) **2.** Os limites humanos para vibração, medidos por uma pequena ponta de sonda que indenta a pele, correspondem aos das fibras do tato mais sensíveis em cada faixa de frequência. Cada tipo de fibra mecanossensorial é mais sensível a uma faixa específica de frequências. As fibras do tipo 1 (**AL1**) de adaptação lenta são a população mais sensível abaixo de 5 Hz, as fibras do tipo 1 (**AR1**) de adaptação rápida têm frequência entre 10 Hz e 50 Hz e as fibras AR2 entre 50 Hz e 400 Hz. (Adaptada, com autorização, de Mountcastle, La-Motte e Carli 1972, e Johansson, Landström e Lundström, 1982.)

agarrar e levantar um objeto, modificando essas forças com base nas informações táteis fornecidas pelos aferentes AL1 e AR1. Objetos com superfícies lisas são agarrados mais firmemente que aqueles com texturas rugosas, propriedades codificadas por aferentes AR1 durante o contato inicial da mão com um objeto. A importância da informação tátil para segurar um objeto é observada em casos em que há lesão de nervos ou durante anestesia local da mão; pacientes aplicam forças de preensão extraordinariamente altas e há pouca coordenação entre a preensão e a força de elevação aplicadas pelos dedos.

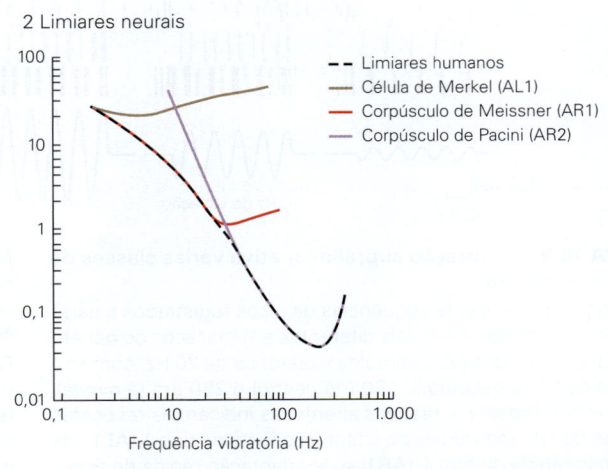

A informação fornecida pelos receptores AR1 para monitorar ações envolvendo agarrar objetos são críticas para o controle da preensão, permitindo que se continue a segurar um objeto quando perturbações inesperadas fazem ele escorregar. As fibras AR1 estão silenciosas durante a manutenção contínua de um objeto na mão e, em geral, continuam dessa forma até o objeto ser colocado em algum

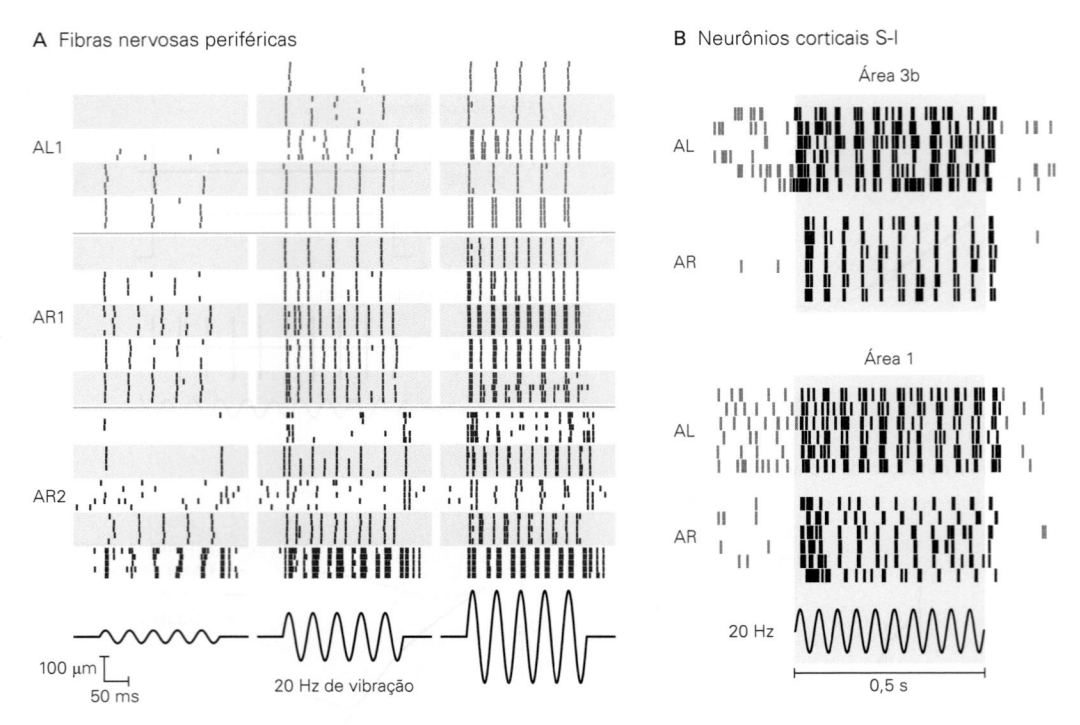

FIGURA 19-9 A vibração supraliminar ativa várias classes de receptores do tato.

A. Imagens matriciais de sequências de picos registrados a partir de 15 fibras somatossensoriais diferentes em macacos do gênero *Macaca*, estimulados por estímulos vibratórios de 20 Hz, com amplitudes de 35 (*à esquerda*), 130 (*no centro*) e 250 μm (*à direita*). As faixas sombreadas e brancas alternadas indicam as respostas de fibras do tato individuais de adaptação lenta do tipo 1 (**AL1**), de adaptação rápida do tipo 1 (**AR1**) e de adaptação rápida do tipo 2 (**AR2**) a cinco apresentações do mesmo estímulo. As respostas neurais são agrupadas em disparos de um ou mais picos, que ocorrem sincronizados com a fase de indentação de cada ciclo vibratório. O número total de picos por ciclo em cada fibra está correlacionado com a amplitude da vibração; o número total de picos disparados nessa população também reflete a amplitude vibratória. Embora os neurônios individuais sejam diferentes na intensidade de suas respostas, as sequências de pico de cada fibra do tato são muito semelhantes de tentativa para tentativa e ocorrem de forma síncrona entre os neurônios. (Adaptada, com autorização, de Muniak et al., 2007. Copyright © 2007 Society for Neuroscience.)

B. Respostas corticais S-I à vibração de 20 Hz. Imagens matriciais de sequências de picos evocados em dois neurônios na área 3b (**superior**) e em dois neurônios na área 1 (**inferior**) do córtex S-I de um macaco. A **área sombreada** indica o período de estimulação vibratória. Como nos nervos periféricos, os neurônios corticais S-I respondem à vibração de baixa frequência com disparo de impulsos sincronizados com a taxa de estimulação. Nota-se que as sequências de pico variam um pouco de tentativa para tentativa e são menos periódicas na área 1 do que na área 3b. A periodicidade do disparo é ainda menos pronunciada no córtex S-II (ver **Figura 19-21**) do que no S-I. (Siglas: AR, fibras de adaptação rápida; AL, fibras de adaptação lenta.) (Adaptada, com autorização, de Salinas et al., 2000. Copyright © 2000 Society for Neuroscience.)

lugar e a ação de segurá-lo cessar. No entanto, se o objeto é inesperadamente pesado ou é sacudido por forças externas e começa a escorregar da mão, as fibras AR1 disparam em resposta ao pequeno movimento tangencial do objeto. O resultado líquido dessa atividade AR1 é que a força de preensão aumenta em função de sinais vindos do córtex motor.

A informação tátil é processada no sistema central do tato

As fibras aferentes sensoriais que inervam a mão transmitem informações táteis e outras informações somatossensoriais ao sistema nervoso central através dos nervos mediano, ulnar e radial superficial. Esses nervos terminam ipsilateralmente nos segmentos espinais C6 a T1. Outros ramos dessas fibras projetam-se através das colunas dorsais ipsilaterais diretamente para o bulbo, onde fazem conexões sinápticas com neurônios no núcleo cuneiforme, a divisão lateral dos núcleos da coluna dorsal (**Figura 19-11**).

Os circuitos do tronco encefálico, espinal, e talâmico segregam o tato e a propriocepção

As fibras nas colunas dorsais e os neurônios nos núcleos da coluna dorsal estão organizados topograficamente, com a parte superior do corpo (incluindo a mão) representada lateralmente no fascículo e no núcleo cuneiforme e a parte inferior representada medialmente no fascículo e no núcleo grácil. As submodalidades somatossensoriais do tato e propriocepção também são segregadas funcionalmente nessas regiões, pois neurônios individuais da coluna vertebral e do tronco encefálico recebem entradas sinápticas de aferentes de um único tipo, e neurônios de tipos distintos são espacialmente separados. O terço rostral dos núcleos da coluna dorsal é dominado por neurônios que processam

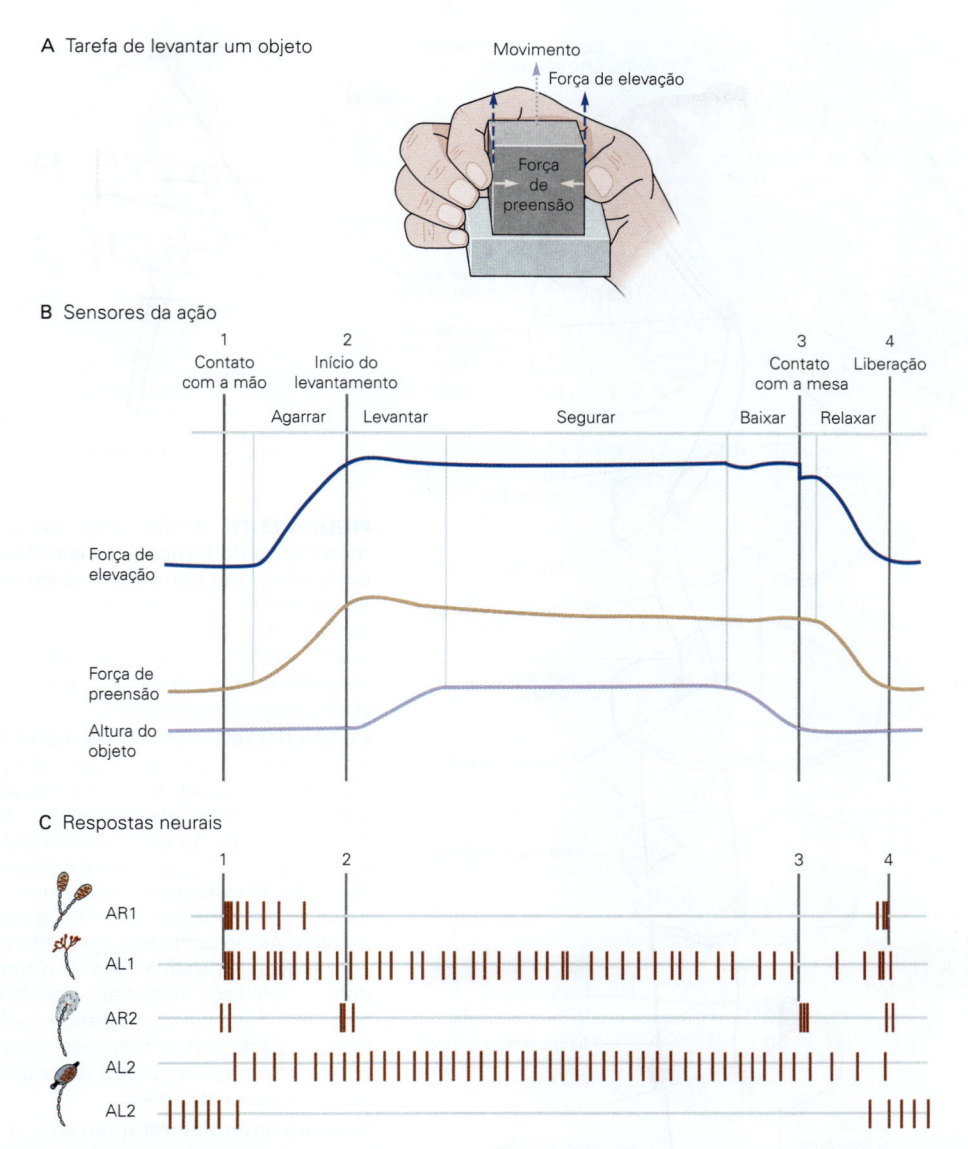

FIGURA 19-10 Informação sensorial da mão durante a preensão e levantamento. (Adaptada, com autorização, de Johansson, 1996.)

A. O participante segura e levanta um bloco entre o polegar e as pontas dos dedos, mantém-no sobre a mesa e depois retorna o bloco para a posição de origem. A força normal (força de preensão) mantém o objeto na mão, e a força tangencial (força de elevação) supera a gravidade. A força de preensão é adaptada à textura da superfície e ao peso do objeto.

B. As forças de preensão e de elevação são monitoradas com sensores no objeto. Essas forças são coordenadas após o contato com o objeto, atingem um platô à medida que se inicia a ação de levantar e relaxam em concerto após o objeto ter sido retornado à mesa.

C. Todos os quatro mecanorreceptores detectam o contato da mão com o objeto, mas cada um monitora um aspecto diferente da ação à medida que a tarefa prossegue. Fibras AL1 codificam a força de preensão e fibras AL2 codificam a postura da mão. Fibras AR1 codificam a taxa de aplicação da força e o movimento da mão sobre o objeto. As fibras AR2 detectam vibrações no objeto durante cada fase da tarefa: contato com a mão, levantamento, contato com a mesa e liberação da preensão. (Siglas: **AR1**, adaptação rápida do tipo 1; **AR2**, adaptação rápida do tipo 2; **AL1**, adaptação lenta do tipo 1; **AL2**, adaptação lenta do tipo 2.)

informações proprioceptivas dos aferentes musculares. As entradas táteis predominam mais caudalmente. A segregação de modalidade é uma característica consistente das vias de projeção para o córtex somatossensorial primário.

Os neurônios nos núcleos da coluna dorsal projetam seus axônios através da linha média no bulbo para formar o *lemnisco medial*, um trato de fibra proeminente que transmite informações táteis e proprioceptivas do lado contralateral do corpo através da ponte e do mesencéfalo para o tálamo. Como resultado desse cruzamento (ou intersecção) das fibras sensoriais, o lado esquerdo do encéfalo recebe estímulos somatossensoriais dos mecanorreceptores do lado direito do corpo e vice-versa. A representação somatotópica do corpo no lemnisco medial e no tálamo se inverte.

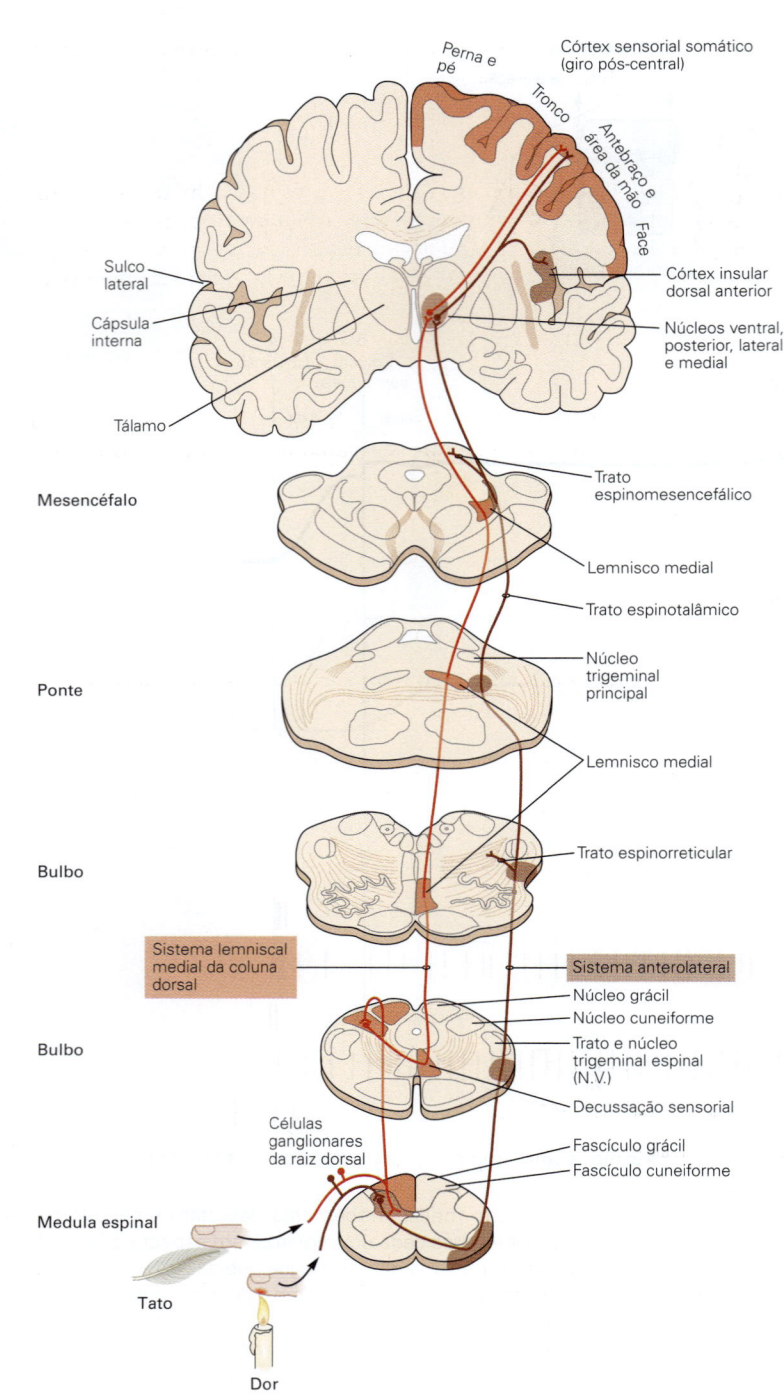

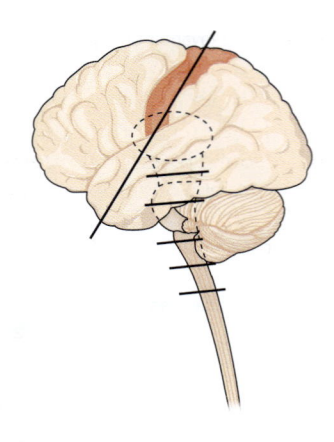

FIGURA 19-11 A informação somatossensorial dos membros e do tronco é transmitida ao tálamo e ao córtex cerebral por duas vias ascendentes. Cortes do encéfalo ao longo do neuroeixo da medula espinal ao cérebro ilustram a anatomia das duas vias principais que transmitem a informação somatossensorial ao córtex cerebral. As duas vias são separadas até atingirem a ponte, onde são justapostas.

Coluna dorsal – sistema lemniscal medial (laranja). Os sinais táteis e os sinais proprioceptivos dos membros são conduzidos à medula espinal e ao tronco encefálico por fibras mielinizadas de grande diâmetro e são transmitidos ao tálamo nesse sistema. Na medula espinal, as fibras para o tato e a propriocepção se dividem, um ramo indo para a substância cinzenta espinal e o outro ascendendo da coluna dorsal ipsilateral para o bulbo. As fibras de segunda ordem dos núcleos da coluna dorsal cruzam a linha média no bulbo e ascendem no lemnisco medial em direção ao tálamo, onde terminam nos núcleos posteriores ventrais mediais e laterais. Os neurônios talâmicos nesses núcleos transmitem informações táteis e proprioceptivas ao córtex somatossensorial primário.

Sistema anterolateral (marrom). A dor, o prurido, a temperatura e a informação visceral são transmitidos à medula espinal por fibras de pequeno diâmetro mielinizadas e amielinizadas que terminam no corno dorsal. Essa informação é transportada através da linha média dentro da medula espinal e transmitida ao tronco encefálico e ao tálamo no sistema anterolateral contralateral. As fibras anterolaterais que terminam no tronco encefálico compreendem os tratos espinorreticular e espinomesencefálico; as fibras anterolaterais remanescentes formam o trato espinotalâmico.

O mapa topográfico do corpo mostra a face medialmente, a parte inferior do corpo lateralmente e a parte superior do corpo e as mãos no meio.

As informações táteis e proprioceptivas da mão e de outras regiões do corpo são processadas em distintos subnúcleos do tálamo. Os sinais do tato dos membros e do tronco são enviados através do lemnisco medial para o núcleo ventral posterior lateral (VPL), enquanto os da face e da boca são transmitidos para o núcleo ventral posterior medial (VPM). As informações proprioceptivas dos músculos e das articulações, incluindo as da mão, são transmitidas ao núcleo ventral posterior superior (VPS). Esses núcleos enviam suas saídas para diferentes sub-regiões do lobo parietal do córtex cerebral. Os núcleos VPL e VPM transmitem informações cutâneas principalmente para a área 3b do córtex somatossensorial primário (S-I), enquanto o núcleo VPS transmite informações proprioceptivas principalmente para a área 3a.

O córtex somatossensorial é organizado em colunas funcionalmente especializadas

Acredita-se que a percepção consciente do tato se origina no córtex cerebral. A informação tátil entra no córtex cerebral por meio do córtex somatossensorial primário (S-I) no giro pós-central do lobo parietal. O córtex somatossensorial primário compreende quatro áreas citoarquitetonicamente classificadas: áreas de Brodmann 3a, 3b, 1 e 2 (**Figura 19-12**). Essas áreas estão interconectadas de tal forma que o processamento de informações sensoriais em S-I envolve processamento serial e paralelo.

Em uma série de estudos pioneiros do córtex cerebral, Vernon Mountcastle descobriu que o córtex está organizado em colunas ou placas verticais. Cada coluna tem 300 a 600 μm de largura e abrange todas as seis camadas corticais da superfície pial até a substância branca (**Figura 19-13**). Neurônios dentro de uma coluna recebem entradas da mesma área local da pele e respondem à mesma classe ou classes de receptores do tato. Uma coluna compreende, portanto, um módulo funcional elementar do neocórtex; ele fornece uma estrutura anatômica que organiza entradas sensoriais para transmitir informações relacionadas sobre localização e modalidade.

A organização colunar do córtex é uma consequência direta do circuito cortical intrínseco, dos padrões de projeção dos axônios talamocorticais e das vias de migração dos neuroblastos durante o desenvolvimento cortical. O padrão de conexões dentro de uma coluna é orientado verticalmente, perpendicular à superfície cortical. Os axônios talamocorticais terminam principalmente em aglomerados de células estreladas na camada IV, cujos axônios se projetam verticalmente em direção à superfície do córtex, bem como nas células piramidais estreladas. Assim, as entradas talamocorticais são retransmitidas para uma coluna estreita de células piramidais que são contatadas pelos axônios das células da camada IV. Os dendritos apicais e os axônios das células piramidais corticais em outras camadas corticais também são amplamente orientados verticalmente, paralelos aos axônios talamocorticais e aos axônios das células estreladas (**Figura 19-14**). Isso permite que a mesma informação seja processada por uma coluna de neurônios em toda a espessura do córtex.

Os neurônios piramidais formam a principal classe excitatória do córtex somatossensorial; eles compõem aproximadamente 80% dos neurônios S-I. Os neurônios piramidais em cada uma das seis camadas corticais projetam-se para alvos específicos (**Figura 19-14**). Conexões horizontais recorrentes ligam neurônios piramidais na mesma coluna ou em colunas vizinhas, permitindo que eles compartilhem informações quando ativados simultaneamente pelo mesmo estímulo. Neurônios nas camadas II e III também se projetam para a camada V na mesma coluna, para áreas corticais superiores no mesmo hemisfério e para locais de imagem espelhada no hemisfério oposto. Essas conexões proativas (*feedforward*) para áreas corticais superiores permitem uma integração de sinal complexa, conforme descrito posteriormente neste capítulo.

Os neurônios piramidais na camada V fornecem a saída principal de cada coluna. Eles recebem entradas excitatórias de neurônios nas camadas II e III na mesma coluna e nas colunas adjacentes, bem como entradas talamocorticais esparsas. Neurônios na porção superficial da camada V

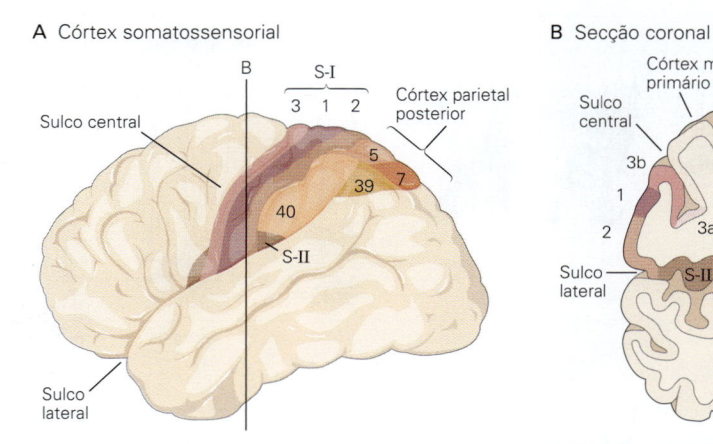

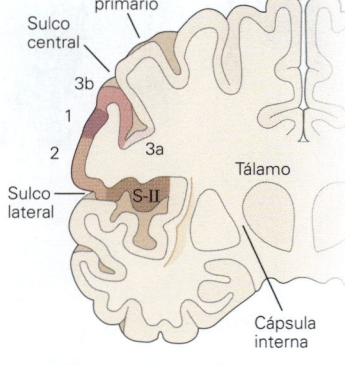

FIGURA 19-12 As áreas somatossensoriais do córtex cerebral no encéfalo humano.

A. As áreas somatossensoriais do córtex situam-se no lobo parietal e consistem em três divisões principais. O *córtex somatossensorial primário* (S-I) forma a parte anterior do lobo parietal. Ele estende-se através do giro pós-central, iniciando no fundo do sulco pós-central e seguindo posterior a ele em direção à parede medial do hemisfério, para o giro cingulado (não mostrado). O córtex S-I compreende quatro regiões citoarquitetônicas distintas: as áreas de Brodmann 3a, 3b, 1 e 2. O *córtex somatossensorial secundário* (S-II) está localizado na margem superior do sulco lateral (fissura de Sylvius) e no opérculo parietal; ele cobre a área 43 de Brodmann. O *córtex parietal posterior* cerca o sulco intraparietal, na superfície lateral do hemisfério, estendendo-se do sulco pós-central ao sulco parieto-occipital e medialmente ao pré-cúneo. O lóbulo parietal superior (áreas de Brodmann 5 e 7) é uma área somatossensorial; o lóbulo parietal inferior (áreas 39 e 40) recebe sinais tanto somatossensoriais quanto visuais.

B. Uma secção coronal através do giro pós-central ilustra a relação anatômica entre o S-I, o S-II e o córtex motor primário (área 4). O S-II situa-se lateralmente à área 2 em S-I e estende-se medialmente ao longo da margem superior do sulco lateral em direção ao córtex insular. O córtex motor primário situa-se rostralmente à área 3a, dentro da parede do sulco central.

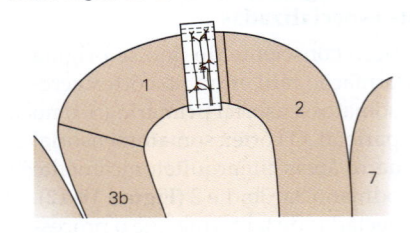

FIGURA 19-13 Organização de circuitos neuronais dentro de uma coluna do córtex somatossensorial. As entradas sensoriais da pele ou do tecido profundo são organizadas em colunas de neurônios que vão da superfície do encéfalo até a substância branca. Cada coluna recebe entrada talâmica de uma parte do corpo, principalmente na camada IV. Os neurônios excitatórios na camada IV enviam seus axônios verticalmente em direção à superfície do córtex, contatando os dendritos dos neurônios piramidais nas camadas II e III (camadas supragranulares), bem como os dendritos apicais das células piramidais nas camadas infragranulares (camadas V e VI). Dessa maneira, as informações táteis de uma parte do corpo, como um dedo, são distribuídas verticalmente dentro de uma coluna de neurônios.

A Corte sagital do córtex S-I de macaco

B Visão expandida da histologia cortical

C Circuitos corticais esquemáticos

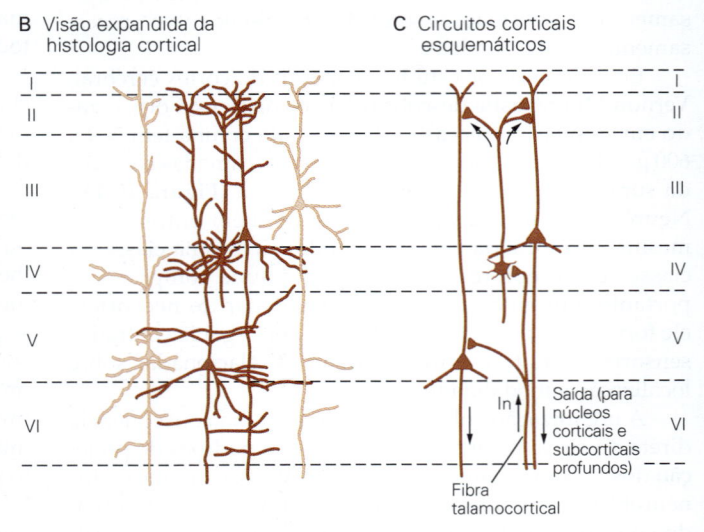

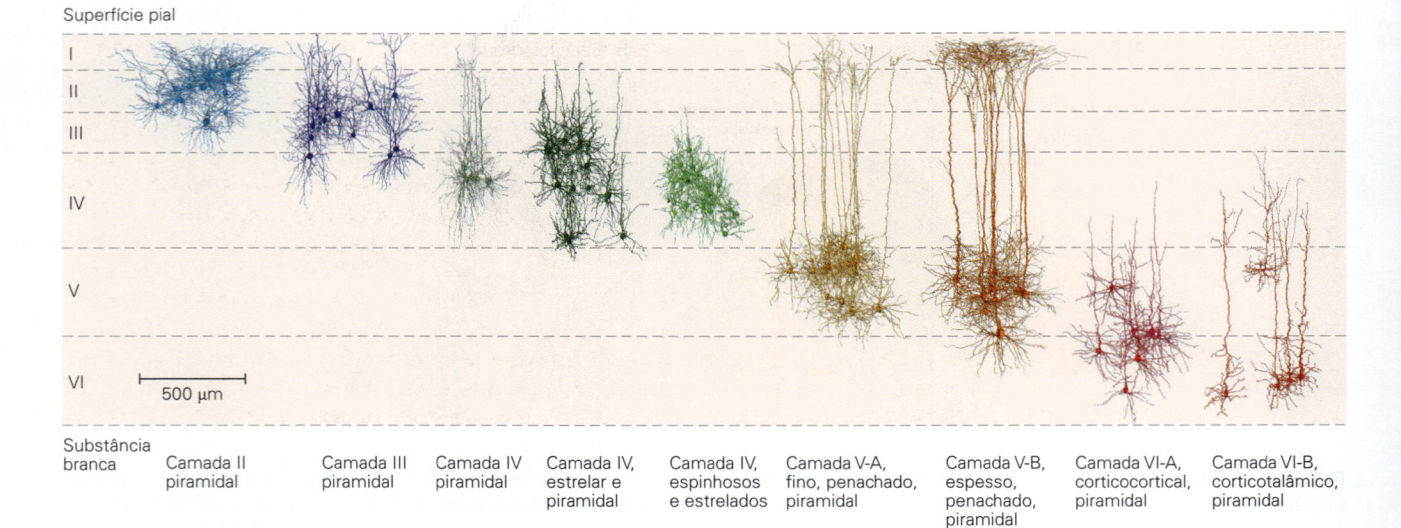

FIGURA 19-14 Organização colunar do córtex somatossensorial. Os neurônios excitatórios corticais nas seis camadas têm formas distintas, do tipo piramidal, com corpos celulares grandes, um único dendrito apical que se projeta verticalmente em direção à superfície cortical e arboriza em camadas mais superficiais e vários dendritos basais que arborizam próximo ao corpo celular. Os neurônios piramidais diferem em tamanho, padrões de expressão gênica, comprimento e espessura de seu dendrito apical e os alvos de projeção de seus axônios. Todos esses neurônios fazem sinapse em alvos dentro do córtex cerebral. Além disso, os neurônios piramidais na camada V projetam-se subcorticalmente para a medula espinal, tronco encefálico, mesencéfalo e gânglios da base. Os neurônios corticotalâmicos na camada VI projetam-se de volta para o núcleo talâmico aferente, fornecendo informações sensoriais para essa coluna. Os neurônios estrelados espinhosos na camada IV são as únicas células excitatórias mostradas que não são neurônios piramidais. (Adaptada, com autorização, de Oberlaender et al., 2012.)

(camada V-A) enviam sinais proativos bilateralmente para a camada IV de áreas corticais de ordem superior (ver **Figura 19-17C**), bem como para o corpo estriado. Neurônios mais profundos na camada V (camada V-B) projetam-se para estruturas subcorticais, incluindo os gânglios da base, colículo superior, pontina e outros núcleos do tronco encefálico, medula espinal e núcleos da coluna dorsal. Os neurônios da camada VI projetam-se para os neurônios corticais locais e de volta para o tálamo, particularmente para as regiões dos núcleos ventrais posteriores que fornecem entradas para essa coluna.

Além dos sinais proativos de informações dos receptores do tato, sinais de retroalimentação das camadas II e III das áreas corticais somatossensoriais superiores são fornecidos à camada I nas áreas corticais inferiores, regulando sua excitabilidade. Esses sinais retroativos originam-se não apenas em áreas corticais somatossensoriais, mas também em áreas sensorimotoras do córtex parietal posterior, áreas motoras frontais, áreas límbicas e regiões do lobo temporal medial envolvidas na formação e armazenamento da memória. Acredita-se que esses sinais de retorno desempenhem um papel na seleção de informações sensoriais para processamento cognitivo (pelos mecanismos de atenção) e em tarefas de memória de curto prazo. As vias de retorno também podem bloquear os sinais sensoriais durante a atividade motora. Vários interneurônios inibitórios locais dentro de cada coluna servem para direcionar a saída colunar.

As colunas corticais estão organizadas de forma somatotópica

As colunas dentro do córtex sensorial somático primário são dispostas topograficamente, de modo que haja uma representação somatotópica completa do corpo em cada uma das quatro áreas de S-I (**Figura 19-15**). O mapa cortical do corpo corresponde, grosso modo, aos dermátomos espinais (ver **Figura 18-13**). Os segmentos sacrais são representados medialmente, os segmentos lombar e torácico centralmente, os segmentos cervicais mais lateralmente e a representação trigeminal da face na porção mais lateral do córtex S-I. O conhecimento do mapa neural do corpo no encéfalo é importante para a localização de lesões corticais produzidas por acidentes vasculares encefálicos ou trauma.

A superfície do corpo é representada em pelo menos 10 mapas neurais distintos no lobo parietal: quatro em S-I, quatro em S-II e pelo menos dois no córtex parietal posterior. Como resultado, essas regiões mediam diferentes aspectos da sensação tátil. Neurônios nas áreas 3b e 1 do S-I processam detalhes da textura da superfície, enquanto os da área 2 representam o tamanho e a forma dos objetos. Esses atributos da sensação somática são mais elaborados em S-II e no córtex parietal posterior, onde os neurônios estão envolvidos na discriminação e manipulação de objetos, respectivamente.

Outra característica importante dos mapas somatotópicos é a quantidade de córtex cerebral devotada a cada parte do corpo. O mapa neural do corpo no encéfalo humano, denominado *homúnculo*, não duplica exatamente a topografia espacial da pele. Cada parte do corpo está representada conforme a sua importância para o sentido do tato. Áreas desproporcionalmente grandes são dedicadas a certas regiões do corpo, particularmente mão, pé e boca, e áreas relativamente menores para partes mais proximais do corpo. Em humanos e macacos, mais colunas corticais são dedicadas aos dedos do que a todo o tronco (**Figura 19-15C**).

A quantidade de área cortical dedicada a uma unidade de área da pele – denominada *magnificação cortical* – varia em mais de cem vezes ao longo de diferentes superfícies corporais. Essa variação está intimamente correlacionada com a densidade de inervação e, portanto, a acuidade espacial dos receptores do tato em uma área da pele. As áreas com maior ampliação no encéfalo humano – lábios, língua, dedos das mãos e dos pés – têm limiares de acuidade tátil de 0,5, 0,6, 1,0 e 4,5 mm, respectivamente.

Roedores e outros mamíferos que sondam o ambiente com suas vibrissas têm um grande número de colunas em S-I, denominadas *barris*, que recebem entradas de vibrissas individuais na face (**Quadro 19-2**). O córtex em barril fornece uma preparação experimental amplamente utilizada para estudar circuitos corticais.

Os campos receptivos dos neurônios corticais integram informações de receptores vizinhos

Os neurônios em S-I estão pelo menos três sinapses além dos receptores na pele. Seus sinais de entrada representam informação processada nos núcleos da coluna dorsal, no tálamo e no próprio córtex. Cada neurônio cortical recebe sinais que se originam de receptores em uma área específica da pele, e esses sinais de entrada em conjunto representam seu campo receptivo. Percebe-se que um determinado local da pele é tocado porque populações específicas de neurônios no córtex são ativadas. Essa experiência pode ser induzida experimentalmente por estimulação elétrica ou optogenética dos mesmos neurônios corticais.

Os campos receptivos de neurônios corticais são muito maiores do que aqueles das fibras mecanorreceptoras nos nervos periféricos. Por exemplo, os campos receptivos das fibras AL1 e AR1 que inervam a ponta do dedo são pequenos pontos na pele (**Figura 19-5**), enquanto os campos dos neurônios corticais que recebem essas entradas cobrem toda a ponta do dedo ou vários dedos adjacentes (**Figura 19-17B**). O campo receptivo de um neurônio na área 3b representa um composto de entradas de 300 a 400 fibras nervosas e normalmente cobre uma única falange. As entradas dos receptores do tato AL1 e AR1 na mesma região da pele convergem em neurônios comuns na área 3b.

Os campos receptivos nas áreas corticais superiores são ainda maiores, abrangendo regiões funcionais da pele que são ativadas simultaneamente durante a atividade motora. Eles incluem as pontas de vários dedos adjacentes, ou um dedo inteiro, ou ambos os dedos e a palma da mão. Os neurônios nas áreas 1 e 2 do S-I estão relacionados com informações mais abstratas do que apenas seus locais de inervação no corpo. Neurônios cujos campos receptivos incluem mais de um dedo disparam em taxas mais altas quando vários dedos são tocados simultaneamente e, dessa forma, sinalizam o tamanho e a forma dos objetos mantidos na mão. Esses grandes campos receptivos permitem que os neurônios corticais integrem as informações fragmentadas de receptores

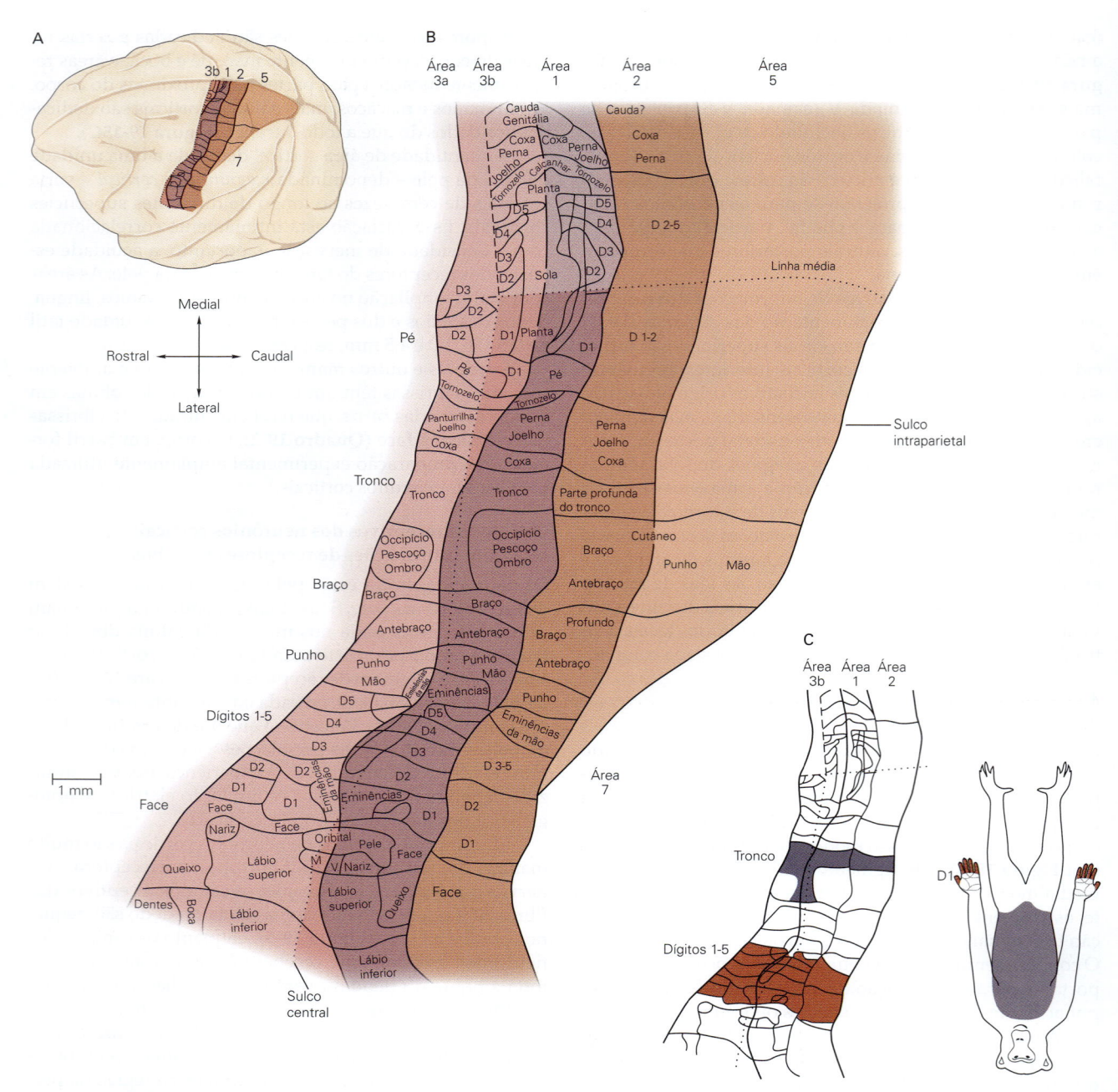

FIGURA 19-15 Cada região do córtex somatossensorial primário contém um mapa neural topográfico de toda a superfície do corpo. (Adaptada, com autorização, de Nelson et al., 1980. Copyright © 1980 Alan R. Liss, Inc.)

A. O córtex somatossensorial primário no macaco, gênero *Macaca*, situa-se caudalmente ao sulco central, como no encéfalo humano. As áreas coloridas no córtex do macaco correspondem às áreas homólogas de Brodmann do encéfalo humano, representadas na **Figura 19-12**. A área 5 nesse macaco é homóloga às áreas 5 e 7 nos seres humanos. A área 7 em macacos é homóloga às áreas 39 e 40 em humanos.

B. O diagrama do mapa plano à direita mostra o córtex somatossensorial do macaco gênero *Macaca* desdobrado ao longo do sulco central (**linha pontilhada** que é paralela à fronteira entre as áreas 3b e 1). A parte superior do diagrama inclui o córtex desdobrado a partir da parede medial do hemisfério. Os mapas corporais foram obtidos a partir de registros de microeletrodos no giro pós-central. A superfície corporal está mapeada em colunas dentro das bandas rostrocaudais, arranjadas na ordem dos dermátomos espinais. Os mapas nas áreas 3b e 1 formam imagens especulares dos eixos distal-proximal ou dorsal-ventral de cada dermátomo. Cada dedo (D5-D1) tem sua própria representação ao longo do eixo médio-lateral do córtex nas áreas 3b e 1, mas as entradas de dedos adjacentes convergem nos campos receptivos dos neurônios nas áreas 2 e 5.

C. Ampliação cortical de áreas de pele altamente inervadas. Embora o tronco (**violeta**) seja coberto por uma área de pele maior do que os dedos (**vermelho**), o número de colunas corticais que respondem ao tato nos dedos é quase três vezes o número ativado ao tocar o tronco devido à maior densidade de inervação dos dedos.

do tato individuais, permitindo-nos reconhecer a forma geral de um objeto. Por exemplo, esses neurônios podem distinguir o cabo de uma chave de fenda de sua lâmina.

Entradas convergentes de diferentes receptores sensoriais em S-I também podem permitir que neurônios individuais detectem o tamanho e a forma dos objetos. Enquanto neurônios nas áreas 3b e 1 respondem apenas ao tato, e neurônios na área 3a respondem à variação no comprimento muscular, muitos dos neurônios na área 2 recebem ambos os sinais. Assim, os neurônios da área 2 podem integrar informações sobre o formato da mão usada para agarrar um objeto, a força de preensão aplicada pela mão e a estimulação tátil produzida pelo objeto. Essa informação integrada pode ser suficiente para reconhecer o objeto.

Os campos receptivos dos neurônios corticais em geral têm uma zona excitatória cercada por ou sobreposta a zonas inibitórias (**Figura 19-18A**). A estimulação de regiões da pele fora da zona excitatória pode reduzir as respostas do neurônio à estimulação tátil dentro do campo receptivo. Da mesma forma, a estimulação repetida dentro do campo receptivo também pode diminuir a capacidade de resposta neuronal porque a excitabilidade da via é diminuída pela inibição mais duradoura, mediada por interneurônios locais.

Os campos receptivos inibitórios resultam de conexões proativas (*feedforward*) e retroativas (*feedback*), através de interneurônios nos núcleos da coluna dorsal, no tálamo e no próprio córtex que limitam a propagação da excitação. A inibição gerada por forte atividade em um circuito reduz os sinais de saída de neurônios próximos que estão apenas fracamente excitados. As redes inibitórias asseguram que seja transmitida a mais forte entre diversas respostas que competem, permitindo uma estratégia do tipo "o vencedor leva tudo". Esses circuitos impedem o embaçamento de detalhes táteis como a textura quando são estimuladas grandes populações de neurônios do tato. Além disso, os centros superiores do encéfalo usam circuitos inibitórios para concentrar a atenção em informações relevantes da mão, quando são usadas em tarefas especializadas, suprimindo entradas indesejadas e distrativas.

O tamanho e a posição dos campos receptivos sobre a pele não são permanentemente fixos, podendo ser modificados pela experiência ou por lesão nos nervos sensoriais (Capítulo 53). Os campos receptivos corticais parecem ser formados durante o desenvolvimento e são mantidos por ativação simultânea de vias aferentes. Se um nervo periférico é lesado ou seccionado, seus alvos de projeção cortical adquirem novos campos receptivos de entradas sensoriais menos eficazes, que normalmente são suprimidas por redes inibitórias, ou por conexões recém-desenvolvidas de áreas vizinhas da pele que retêm inervação. Da mesma forma, a estimulação extensiva de vias aferentes através da prática repetida pode fortalecer as entradas sinápticas, melhorando a percepção e, portanto, o desempenho.

A informação tátil torna-se cada vez mais abstrata ao longo de sucessivas sinapses centrais

A informação somatossensorial é transmitida em paralelo, saindo das quatro áreas de S-I em direção aos centros superiores no córtex, como o córtex somatossensorial secundário (S-II), o córtex parietal posterior e o córtex motor

---

QUADRO 19-2 O sistema de barril da vibrissa do roedor

O sistema de barril da vibrissa do roedor é um modelo animal amplamente utilizado na neurociência moderna. A maioria dos mamíferos e todos os primatas, exceto o homem, possuem pelos táteis especializados em seu rosto chamados *vibrissas* (*vibrissae*). Diferentes de outros pelos da pele, as vibrissas crescem a partir de um folículo densamente inervado pelo nervo trigêmeo e circundado por um seio cheio de sangue.

Muitas espécies de mamíferos movem ativamente essas grandes vibrissas faciais usando músculos especializados que envolvem como estilingue cada folículo individual. Camundongos e ratos, dois dos modelos de vertebrados mais comumente usados, dependem mais fortemente de seu senso de tato mediado por vibrissas do que de seus outros sentidos durante a exploração.

Os roedores movem ritmicamente suas vibrissas pelos objetos da mesma forma que os humanos palpam objetos com a ponta dos dedos. Apesar de suas diferenças estruturais, as vibrissas e as pontas dos dedos proporcionam limiares psicofísicos e sensibilidades discriminativas semelhantes. As vibrissas mediam diversas habilidades, incluindo localizar objetos no espaço, discriminar texturas e formas, navegar no ambiente, interagir socialmente e capturar presas.

O córtex somatossensorial de roedores evoluiu proporcionalmente à alta relevância etológica desse sistema. Por exemplo, o córtex somatossensorial do rato é mais espesso do que o córtex visual primário do gato, um animal altamente visual.

A representação das vibrissas maiores (macrovibrissas) no roedor S-I é maior em relação a outras partes do corpo (**Figura 19-16**). Em contraste com as representações contínuas da pele ou da retina, as redes corticais dedicadas ao processamento de informações de vibrissas individuais são discretas e anatomicamente identificáveis. Cada vibrissa está conectada a um conjunto distinto de neurônios excitatórios visíveis na camada cortical IV denominado de *barril*.

Os barris são redes densamente interconectadas que são estabelecidas durante o desenvolvimento pela interação de axônios talamocorticais com neurônios corticais. Essa correspondência individual facilita diversos estudos de microcircuitaria cortical, de desenvolvimento, de plasticidade dependente da experiência, de integração sensorimotora, de comportamento tátil e de doença.

Randy M. Bruno

continua

QUADRO 19-2 O sistema de barril da vibrissa do roedor (*continuação*)

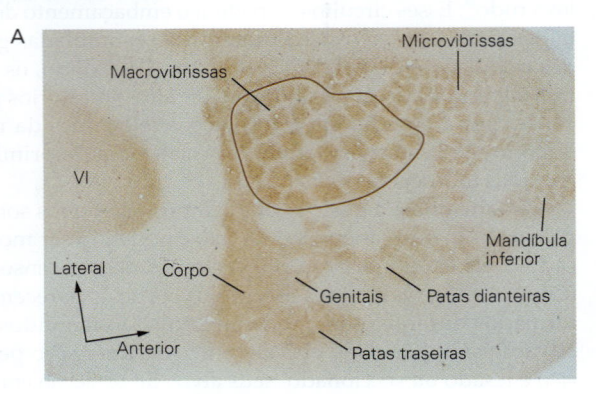

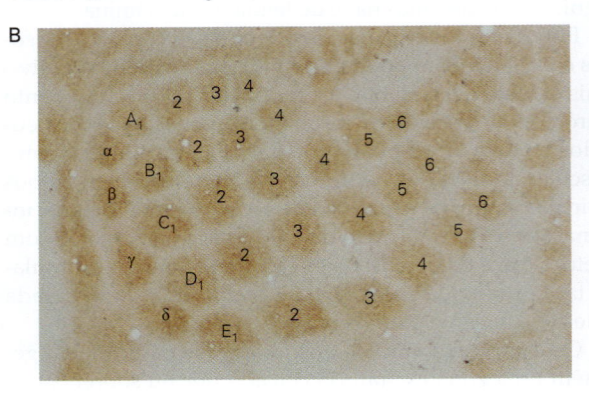

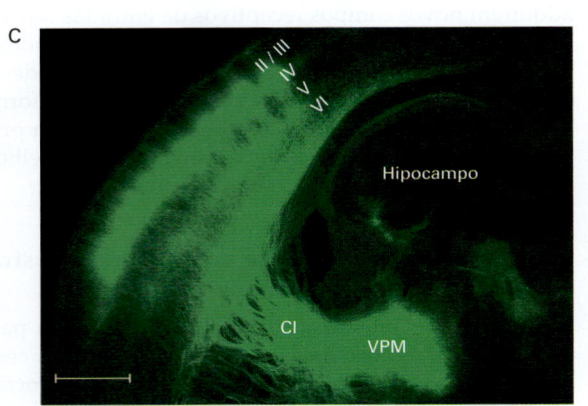

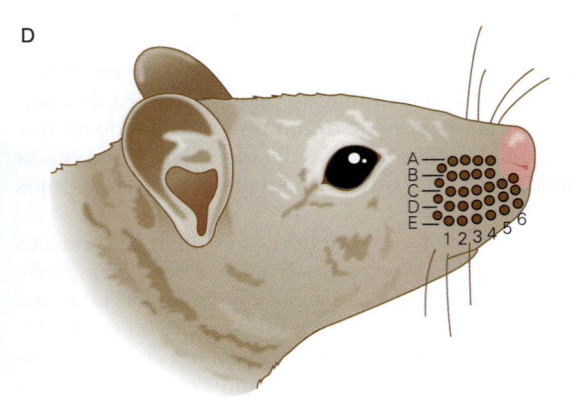

FIGURA 19-16 O "córtex em barril" de roedores representa as vibrissas em padrões topográficos. O córtex em barril, uma sub-região do córtex somatossensorial primário de roedores (S-I) que representa as vibrissas faciais, é uma estrutura amplamente estudada, usada para decifrar circuitos corticais. (Adaptada de Bennett-Clarke et al., 1997, e Wimmer et al., 2010.)

A. Secção histológica tangencial através da camada IV do córtex somatossensorial de um rato juvenil marcado para serotonina. As manchas imunorreativas mais escuras correspondem a representações corticais de partes específicas do corpo. A maior parte do mapa cortical somatossensorial de roedores está relacionada com vibrissas.

B. Visão ampliada da representação de macrovibrissas em S-I. O padrão espacial das vibrissas na face é estereotipado de animal para animal, permitindo que cada "barril" cortical seja identificado por letras nas linhas, e por números nos arcos (colunas) para cada vibrissa correspondente. Os neurônios em cada barril são mais responsivos ao movimento da vibrissa correspondente.

C. Secção do encéfalo de rato cortado obliquamente ao longo do caminho de passagem dos axônios desde o núcleo talâmico ventroposterior medial (**VPM**) até o S-I. Os axônios VPM marcados com a proteína fluorescente verde projetam-se através da cápsula interna (**CI**) para a substância branca subcortical, seguindo paralelamente à superfície pial antes de entrarem no córtex. Os axônios inervam densamente a camada IV, onde formam barris discretos e inervam mais esparsamente e difusamente a borda das camadas V e VI. Barra de escala = 1 mm.

D. O arranjo topográfico dos barris no córtex corresponde ao arranjo espacial das vibrissas na face em linhas (letras) e em arcos (números).

---

primário (**Figura 19-17C**). À medida que a informação flui em direção a áreas corticais de alta ordem, combinações específicas de estímulos ou de padrões de estímulos são necessárias para excitar neurônios individuais.

Sinais de neurônios vizinhos são combinados em áreas corticais superiores para discernir propriedades globais de objetos, como sua orientação na mão ou a direção do movimento (**Figura 19-19**). Em geral, os neurônios corticais em áreas corticais superiores estão preocupados com características sensoriais que são independentes da posição do estímulo em seu campo receptivo, abstraindo propriedades de objetos comuns a uma classe particular de estímulos.

Um neurônio cortical é capaz de detectar a orientação de uma borda ou a direção do movimento devido ao arranjo espacial dos campos receptivos pré-sinápticos. Os campos receptivos dos neurônios pré-sinápticos excitatórios são tipicamente alinhados ao longo de um eixo comum que gera a orientação preferencial do neurônio pós-sináptico. Além disso, os campos receptivos dos neurônios pré-sinápticos inibitórios em um lado dos campos excitatórios reforçam

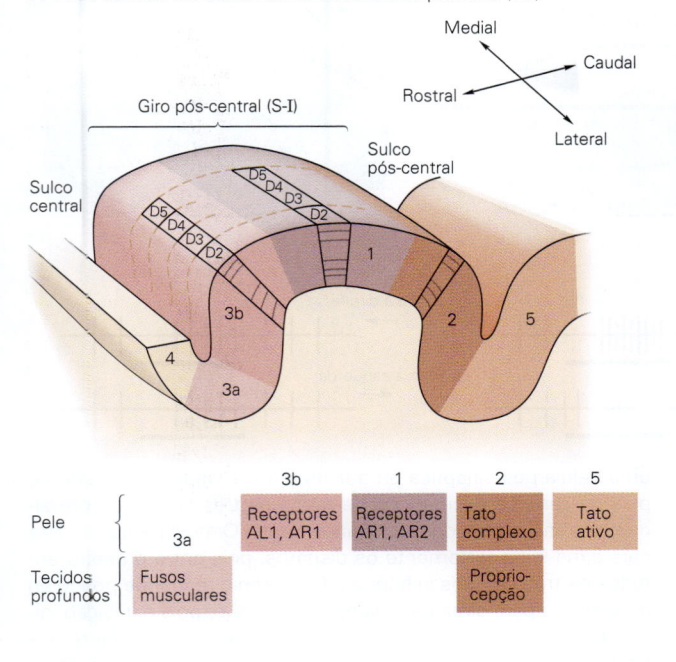

FIGURA 19-17 Área da mão no córtex S-I.

A. Esta secção sagital, através da representação da mão, ilustra a anatomia rostrocaudal das quatro sub-regiões de S-I (áreas 3a, 3b, 1 e 2) no encéfalo humano e no córtex motor primário adjacente (área 4) e córtex parietal posterior (área 5). As marcações na superfície cortical indicam colunas representando dedos individuais (D2-D5); setas para a direita denotam a orientação da secção do encéfalo. As quatro regiões S-I processam diferentes tipos de informações somatossensoriais indicadas por retângulos de cores correspondentes, abaixo da secção cortical. Os neurônios na área 5 respondem principalmente aos movimentos ativos das mãos direcionados a objetivos. (Siglas: **AR1**, adaptação rápida tipo 1; **AR2**, adaptação rápida tipo 2; **AL1**, adaptação lenta tipo 1.)

B. Os campos receptivos típicos de neurônios em cada área de S-I de macacos são mostrados como manchas coloridas nos ícones de mão. Os campos são delineados aplicando um leve toque na pele ou movendo as articulações individuais. Os campos receptivos são menores nas áreas 3a e 3b, onde a informação tátil entra primeiro no córtex, e são progressivamente maiores nas áreas 1, 2 e 5, refletindo entradas convergentes de neurônios na área 3b, que são estimulados juntos durante o uso da mão. Neurônios na área 5 e no córtex S-II geralmente têm campos receptivos bilaterais, porque respondem ao tato em locais espelhados em ambas as mãos. (Adaptada de Gardner 1988; Iwamura et al., 1993; Iwamura, Iriki e Tanaka, 1994.)

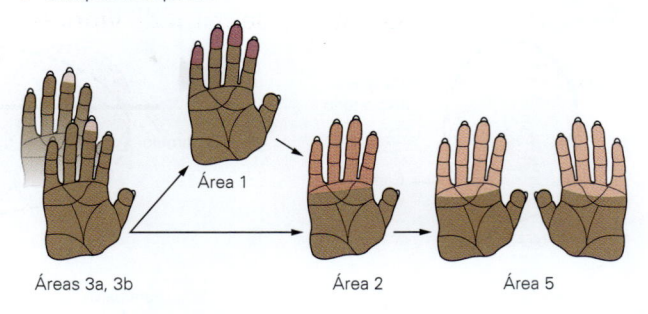

C. Conexões hierárquicas proativas (*feedforward*) entre áreas corticais somatossensoriais. A força das conexões talamocorticais e corticocorticais é indicada pela espessura das setas que interligam essas áreas. Neurônios no tálamo enviam seus axônios principalmente para as áreas 3a e 3b, mas alguns também se projetam para as áreas 1 e 2. Por sua vez, neurônios nas áreas corticais 3a e 3b projetam-se para as áreas 1 e 2. Informação dessas quatro áreas de S-I é transmitida para neurônios no córtex parietal posterior (área 5) e para S-II. Muitas dessas conexões são bidirecionais. Neurônios em áreas corticais de ordem superior se projetam de volta para regiões de ordem inferior, particularmente para a camada I. (**RP**, córtex rostroventral parietal; **VP**, córtex ventral parietal; **VPL**, núcleo ventral posterior lateral; **VPM**, núcleo ventral posterior medial; **VPS**, núcleo ventral posterior superior). (Adaptada, com autorização, de Felleman e Van Essen, 1991. Copyright © 1991 Oxford University Press.)

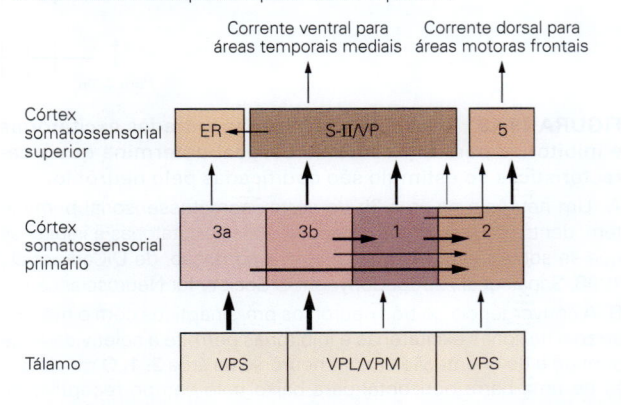

a orientação e a seletividade de direção dos neurônios pós-sinápticos (**Figura 19-18B**).

O tato cognitivo é mediado por neurônios no córtex somatossensorial secundário

A resposta de um neurônio S-I ao tato depende principalmente de sinais de entrada no campo receptivo do neurônio. Essa via proativa é frequentemente descrita como um processo *bottom-up* (de baixo para cima) porque os receptores na periferia são a principal fonte de excitação dos neurônios corticais S-I.

As áreas somatossensoriais de ordem superior não apenas recebem informações de receptores periféricos, mas também são fortemente influenciadas por processos cognitivos de retroalimentação, como estabelecimento de metas e modulação da atenção. Os dados obtidos a partir de uma variedade de estudos – estudos de neurônio único em macacos, estudos de neuroimagem em humanos e observações clínicas de pacientes com lesões em áreas somatossensoriais de ordem superior – sugerem que as regiões ventral e dorsal do lobo parietal desempenham funções complementares no

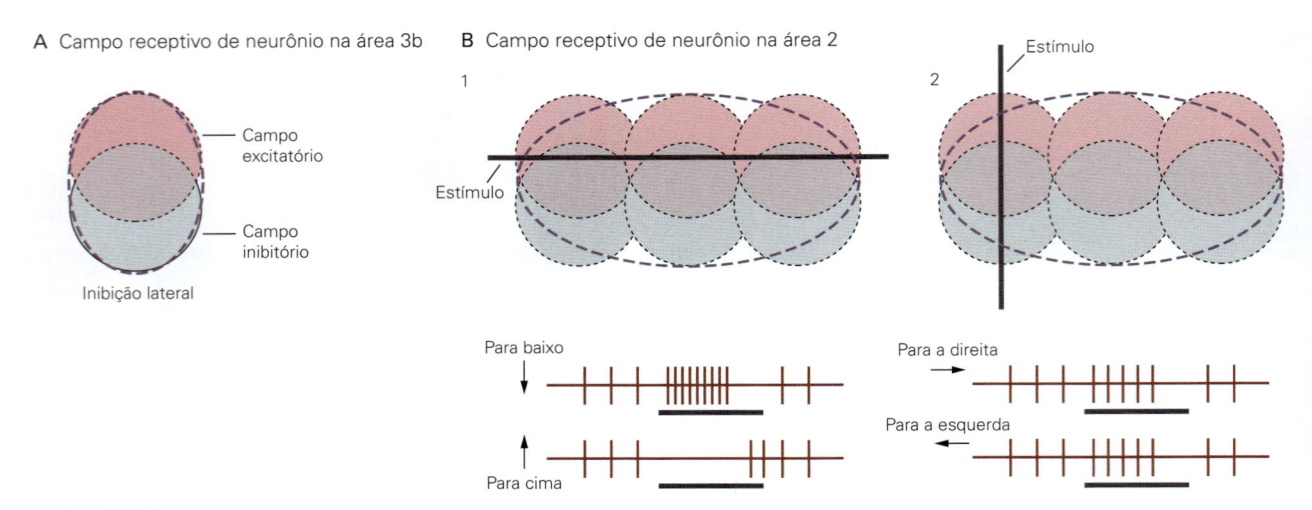

FIGURA 19-18 O arranjo espacial das entradas excitatórias e inibitórias para um neurônio cortical determina quais características do estímulo são codificadas pelo neurônio.

A. Um neurônio na área 3b do córtex somatossensorial primário tem, dentro de seu campo receptivo, zonas excitatórias e inibitórias que se sobrepõem. (Adaptada, com autorização, de DiCarlo et al., 1998; Sripati et al., 2006. Copyright © Society for Neuroscience.)

B. A convergência de três neurônios pré-sinápticos com o mesmo arranjo de zonas excitatórias e inibitórias permite a seletividade de sentido e de orientação em um neurônio na área 2. **1.** O movimento de uma barra horizontal para baixo pelo campo receptivo de uma célula pós-sináptica produz uma forte resposta excitatória, pois os campos excitatórios de todos os três neurônios pré-sinápticos são contatados simultaneamente. O movimento da barra para cima inibe fortemente os disparos, pois entra primeiro em todos os três campos inibitórios. O neurônio responde pouco ao movimento para cima pelo campo excitatório, pois a inibição inicial dura mais que o estímulo. **2.** O movimento de uma barra vertical pelo campo receptivo evoca uma resposta fraca, pois cruza simultaneamente campos receptivos excitatórios e inibitórios dos neurônios que enviam sinais. Os movimentos para a esquerda ou para a direita não podem ser distinguidos neste exemplo.

sistema do tato, semelhante aos caminhos "o quê" e "onde" do sistema visual (ver **Figura 17-13**).

O S-II está localizado na margem superior e no opérculo parietal adjacente ao sulco lateral em humanos e macacos (**Figuras 19-12B** e **19-20B**). Assim como o córtex S-I, o S-II contém quatro sub-regiões anatômicas distintas, com mapas separados do corpo. A zona central – que consiste no S-II propriamente dito e na área ventral parietal adjacente – recebe suas principais aferências das áreas 3b e 1, basicamente informação tátil da mão e da face. Uma região mais rostral, a área rostroventral parietal, recebe informações da área 3a sobre os movimentos ativos da mão, bem como informações táteis das áreas 3b e 1 (**Figura 19-20**). A região somatossensorial mais caudal do sulco lateral se estende até o opérculo parietal (**Figura 19-12A**). Essa região engloba o córtex parietal posterior e desempenha um papel na integração das propriedades somatossensoriais e visuais dos objetos.

Estudos fisiológicos indicam que S-II desempenha papéis fundamentais no reconhecimento tátil de objetos colocados na mão (estereognose), distinguindo características espaciais, como forma e textura, e propriedades temporais, como frequência vibratória. Os campos receptivos dos neurônios em S-II são maiores do que aqueles em S-I, cobrindo toda a superfície da mão, e geralmente são bilaterais, representando localizações simétricas e espelhadas nas mãos contralateral e ipsilateral. Esses grandes campos receptivos permitem a percepção da forma de um objeto grande inteiro agarrado em uma mão, permitindo a integração dos contornos gerais de uma ferramenta ao entrar em contato com a palma e com os diferentes dedos. Os campos receptivos bilaterais permitem a percepção de objetos ainda maiores usando as duas mãos, como uma melancia ou uma bola de basquete, dividindo a carga entre eles.

Os grandes campos receptivos dos neurônios S-II também influenciam suas respostas fisiológicas ao movimento e vibração. Os neurônios S-II não representam a vibração como sequências de picos periódicos ligados à frequência oscilatória, assim como as fibras sensoriais da pele ou os neurônios S-I (**Figura 19-9**). Em vez disso, os neurônios S-II abstraem propriedades temporais ou intensivas do estímulo vibratório, disparando em diferentes taxas médias para diferentes frequências. Uma transição dependente de frequência semelhante, de neurônios temporais para neurônios codificadores de taxa, está subjacente ao processamento de som no córtex auditivo primário (Capítulo 28), uma região do encéfalo justaposta ao córtex S-II no opérculo parietal.

É importante ressaltar que as taxas de disparo dos neurônios S-II dependem do contexto comportamental ou do estado motivacional do sujeito. Em elegantes e recentes estudos, Ranulfo Romo e colaboradores compararam respostas a estímulos vibratórios de neurônios em S-I, S-II e várias regiões do lobo frontal de macacos, enquanto os animais realizavam uma tarefa de escolha forçada de duas alternativas. Os animais eram recompensados se reconhecessem corretamente qual de dois estímulos vibratórios tinha maior frequência.

Os neurônios em S-I representam fielmente os ciclos vibratórios de cada estímulo usando um código temporal: eles disparam breves rajadas de picos sincronizados com cada ciclo (**Figura 19-9B**). Em contraste, os neurônios S-II

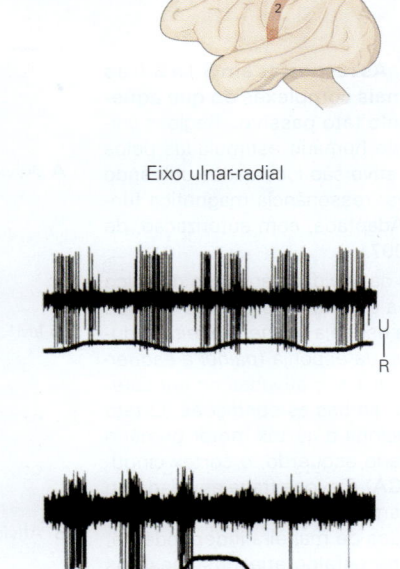

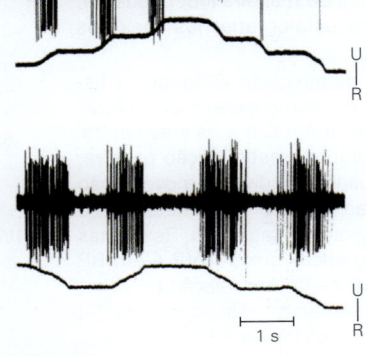

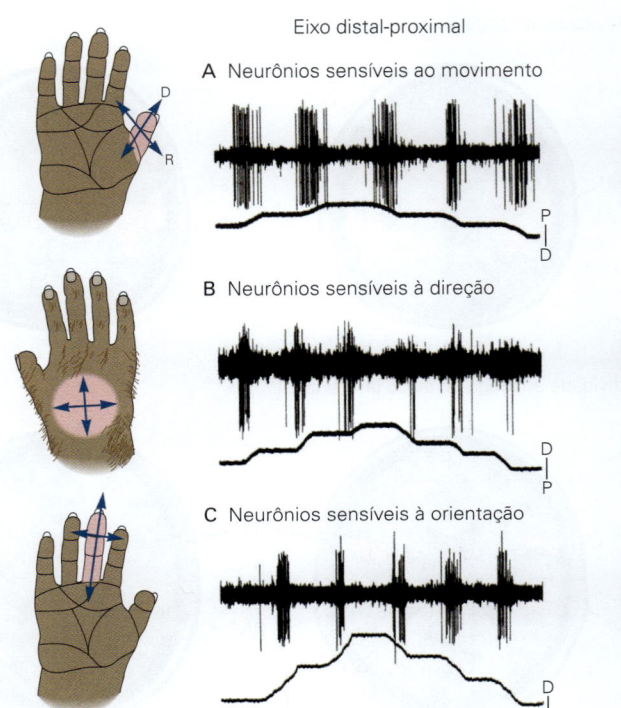

FIGURA 19-19 Os neurônios na área 2 codificam informações táteis complexas. Esses neurônios respondem ao movimento de uma sonda ao longo do campo receptivo, mas não ao tato em um único ponto. O traçado inferior indica a direção do movimento para deflexões para cima e para baixo. (Adaptada, com autorização, de Warren, Hämäläinen e Gardner, 1986.)

A. Um neurônio sensível ao movimento responde a afagos na pele em todas as direções.

B. Um neurônio sensível à direção responde fortemente ao movimento em direção ao lado ulnar da palma, mas não responde ao movimento na direção oposta. Respostas a movimentos distais ou proximais são mais fracas.

C. Um neurônio sensível à orientação responde melhor ao movimento através de um dedo (ulnar-radial) que ao movimento ao longo do dedo (distal-proximal), mas não distingue o sentido ulnar do radial, nem o proximal do distal.

respondem ao primeiro estímulo com sequências de pico não periódicos em que suas taxas médias de disparo são direta ou inversamente correlacionadas com a frequência vibratória (**Figura 19-21A**). Suas respostas ao segundo estímulo são ainda mais abstratas. As sequências de pico S-II combinam as frequências de ambos os estímulos (**Figura 19-21B**). Em outras palavras, as respostas S-II à vibração dependem do contexto do estímulo: o mesmo estímulo vibratório pode evocar diferentes taxas de disparo, dependendo se o estímulo precedente é maior ou menor em frequência.

Ainda mais interessante, o grupo de Romo descobriu que os neurônios em S-II enviam cópias das sequências de pico evocados pelo primeiro estímulo para o córtex pré-frontal e para o córtex pré-motor, para preservar a memória dessa resposta. Os neurônios nessas áreas corticais frontais continuam a disparar durante o período de atraso, após o término do primeiro estímulo. Romo e colaboradores propuseram que essas regiões no lobo frontal enviam o sinal de memória de volta para S-II quando ocorre o segundo estímulo, modificando assim a resposta dos neurônios S-II aos sinais táteis diretos da mão. Desse modo, memórias sensorimotoras de estímulos prévios influenciam o processamento sensorial no encéfalo, permitindo que se estabeleçam julgamentos cognitivos acerca de estímulos táteis recém-chegados.

S-II é o portão para o lobo temporal, via córtex insular. Regiões do lobo temporal medial, em especial o hipocampo, são vitais para o armazenamento da memória explícita (Capítulo 53). Não é armazenada na memória cada partícula

FIGURA 19-20 As respostas em S-I e S-II ao tato ativo são mais complexas do que aquelas evocadas pelo tato passivo. Regiões corticais no encéfalo humano estimuladas pelos tatos passivo e ativo são localizadas utilizando imageamento por ressonância magnética funcional (IRMf). (Adaptada, com autorização, de Hinkley et al., 2007.)

A. Visões axiais da atividade ao longo do sulco central durante a estimulação passiva da mão direita com uma esponja (*painel à direita*) e durante o tato ativo da esponja (*painel à esquerda*). As áreas 3b e 1 são ativadas no hemisfério esquerdo em ambas as condições. O tato ativo também aciona o córtex motor primário (**M1**) no hemisfério esquerdo, o córtex cingulado anterior (**CCA**) e evoca fraca atividade no S-I ipsilateral (hemisfério direito). Esses locais foram confirmados de maneira independente, usando magnetencefalografia nos mesmos indivíduos.

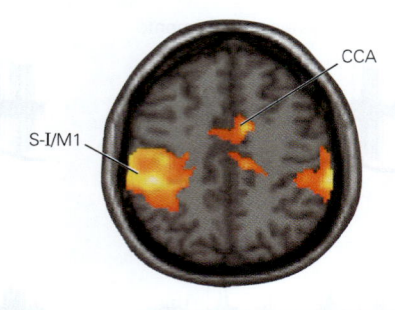

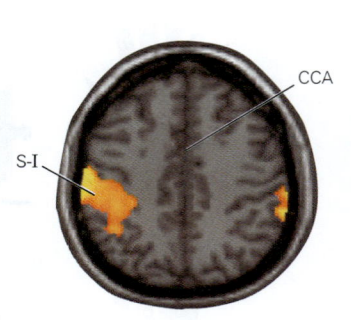

B. Visões axiais da atividade ao longo da fissura de Sylvius no mesmo experimento. Atividade bilateral ocorre em S-II e na área ventral parietal (**VP**) durante a estimulação passiva, e é mais forte quando o indivíduo move a mão ativamente. A área rostroventral parietal (**RP**) é ativada apenas durante o tato ativo. Respostas magnetencefalográficas em S-II/VP e em RP ocorrem posteriormente em relação a S-I, refletindo o processamento serial do tato, de S-I para S-II/VP e de S-II/VP para RP.

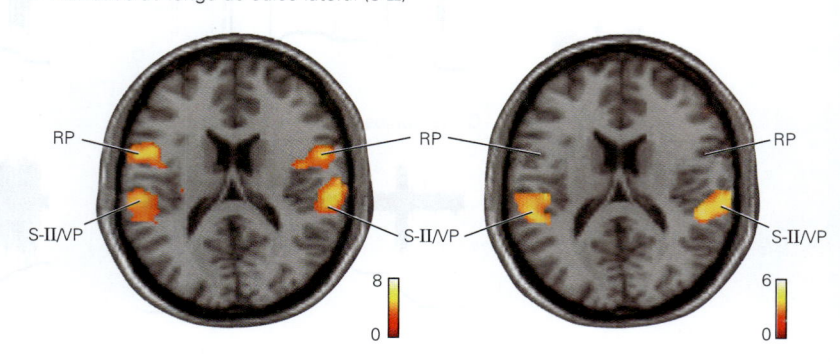

de informação tátil que penetra no sistema nervoso, apenas aquela que tem algum significado comportamental. À luz da demonstração de que os padrões de disparo dos neurônios S-II são modificados pela atenção seletiva, S-II poderia decidir se determinado fragmento de informação tátil será lembrado.

O tato ativo aciona circuitos sensorimotores no córtex parietal posterior

Estudos de meados da década de 1970, realizados por Vernon Mountcastle, Juhani Hyvärinen e colaboradores, demonstraram que as regiões do córtex parietal posterior ao redor do sulco intraparietal, desempenham um papel importante na orientação sensorial do movimento, e não no tato discriminativo. Essas regiões incluem as áreas 5 e 7 em macacos e o lóbulo parietal superior (áreas 5 e 7 de Brodmann) e o córtex parietal inferior (áreas 39 e 40) em humanos. Essas descobertas e outras de estudos subsequentes, demonstraram que a atividade neural no córtex parietal posterior durante o alcance e a preensão coincide com a ativação de neurônios em áreas motoras e pré-motoras do córtex frontal e precede a atividade em S-I. As áreas 5 e 7 são postuladas como envolvidas no planejamento das ações da mão, porque o córtex parietal posterior recebe sinais convergentes centrais e periféricos que permitem comparar comandos motores centrais somatossensoriais de de retroalimentação (*feedback*), durante os comportamentos de alcançar e agarrar. A retroalimentação sensorial de S-I para o córtex parietal posterior é usada para confirmar o objetivo da ação planejada, reforçando assim as habilidades aprendidas anteriormente ou corrigindo essas ações quando ocorrem erros.

A previsão das consequências sensoriais das ações realizadas pela mão representa um componente importante do tato ativo. Por exemplo, quando um indivíduo vê um objeto e tenta alcançá-lo, prevê quão pesado ele deve ser e como será sentido pela mão; tais previsões são usadas para iniciar a preensão. Daniel Wolpert e Randy Flanagan propuseram que, durante o tato ativo, o sistema motor controla o fluxo aferente da informação somatossensorial, de modo que o indivíduo possa prever quando a informação tátil chegará em S-I e alcançará a consciência. A convergência de sinais centrais e periféricos permite aos neurônios comparar movimentos planejados e executados. Descargas assim produzidas, das áreas motoras para regiões somatossensoriais do córtex, podem desempenhar um papel-chave no tato ativo. Ele fornece aos neurônios do córtex parietal posterior,

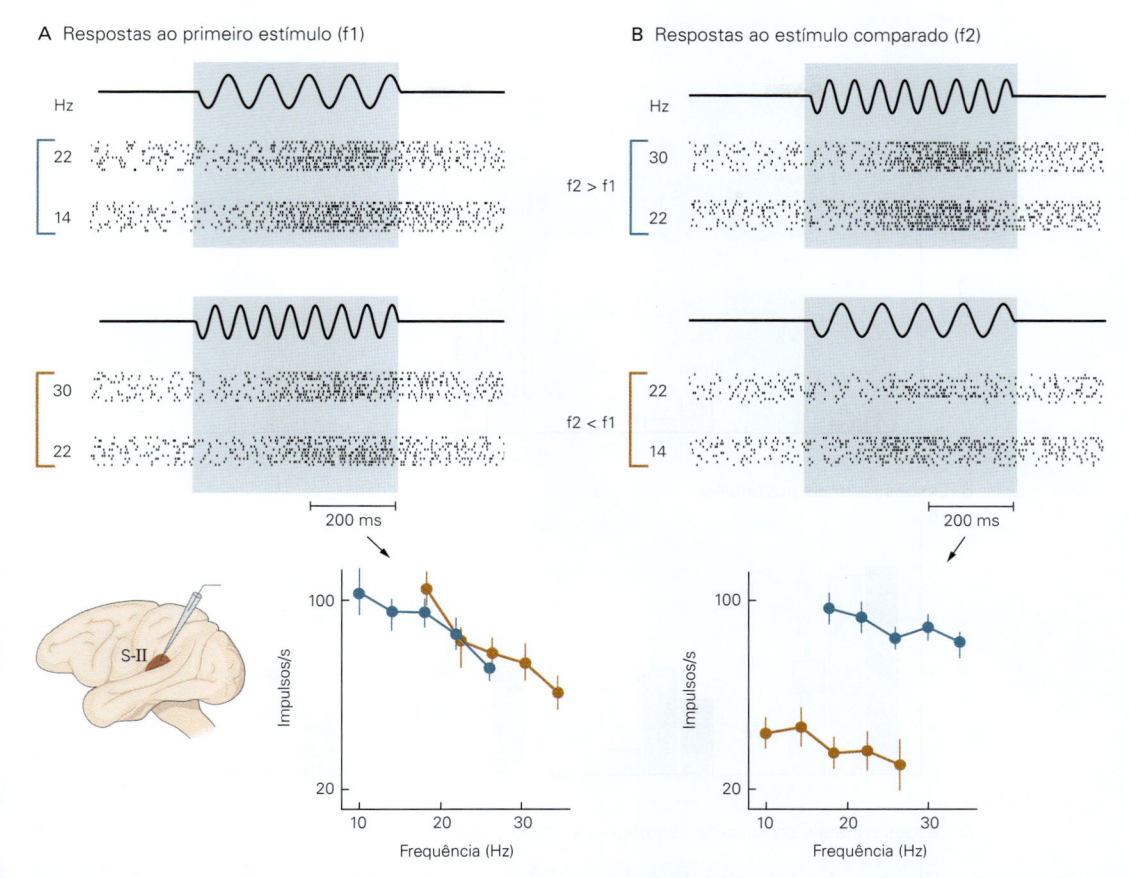

FIGURA 19-21 A sensibilidade de um neurônio S-II a estímulos vibratórios é modulada pela atenção e pelas condições comportamentais. Um macaco foi treinado para comparar dois estímulos vibratórios aplicados em um intervalo de 3 segundos na ponta dos dedos (f1 e f2) e indicar qual tinha a maior frequência. Os gráficos mostram as taxas médias de disparos do neurônio durante cada um dos dois estímulos. A decisão do animal acerca de qual frequência é mais alta pode ser prevista a partir dos dados neurais durante cada tipo de tentativa. As taxas médias de disparo desse neurônio são significativamente maiores em cada frequência de estimulação quando f2 é maior que f1 do que quando f2 é menor que f1. (Adaptada, com autorização, de Romo et al., 2002. Copyright © 2002 Springer Nature.)

A. Gráficos matriciais mostrando as respostas de um neurônio S-II a vários estímulos amostrais (f1). As marcas verticais em cada coluna denotam potenciais de ação, e as colunas individuais são avaliações separadas de pares de estímulos. As avaliações são agrupadas de acordo com as frequências testadas. A taxa de disparos do neurônio codifica a frequência vibratória do estímulo que funciona como amostra; ela é mais alta para vibrações de baixa frequência, independentemente dos eventos subsequentes. Observe que os padrões de disparo registrados em S-II não são bloqueados pela fase para o ciclo vibratório como em S-I (ver **Figura 19-9B**).

B. Cada coluna no gráfico matricial ilustra respostas ao estímulo comparado (f2) durante as mesmas tentativas de avaliação mostradas em A. A resposta do neurônio a f2 reflete a frequência de ambos, f2 e f1. Quando f2 > f1, o neurônio mostra altas taxas de disparo durante f2, e o animal relata que f2 tem maior frequência. Quando f2 < f1, o neurônio dispara em taxas baixas durante f2, e o animal relata que f1 tem maior frequência. Dessa maneira, as respostas dos neurônios S-II refletem a memória do animal a um evento prévio.

informações sobre as ações pretendidas, permitindo que eles aprendam novas habilidades e as executem sem problemas.

Lesões nas áreas somatossensoriais do encéfalo produzem déficits táteis específicos

Pacientes com lesões no córtex S-I têm dificuldade em responder a testes táteis simples: limiares do tato, vibração e senso de posição articular e discriminação de dois pontos (**Figura 19-22A**). Os pacientes também apresentam fraco desempenho em tarefas mais complexas, como discriminação de texturas, estereognosia e testes de pareamento visuotátil.

A perda da sensação tátil na mão produz déficits motores significativos, além dos sensoriais. As deficiências motoras são menos pronunciadas que as perdas sensoriais, em especial durante testes de controle de força e posição. Movimentos exploratórios e tarefas que requerem habilidade, como pegar uma bola ou pinçar objetos pequenos entre as pontas dos dedos, também são anormais em certo grau.

A anestesia local das fibras nervosas sensoriais na mão fornece uma maneira direta de apreciar o papel sensorimotor do tato. Sob anestesia local dos nervos mediano e ulnar, os movimentos das mãos são desajeitados e mal coordenados, e a geração de força durante a preensão é anormalmente

A Lesões parietais anteriores

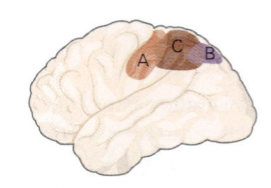

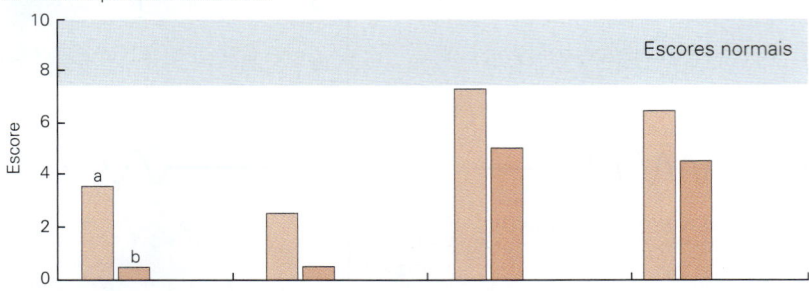

B Lesões parietais posteriores

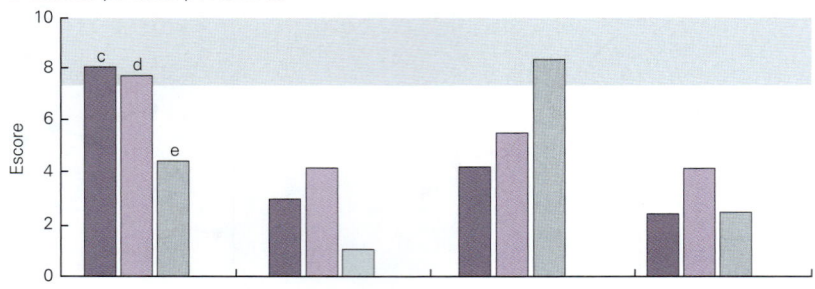

C Lesões parietais combinadas (anteriores e posteriores)

Função somatossensorial simples | Reconhecimento tátil complexo | Controle da posição da mão e da força | Movimentos exploratórios e de destreza

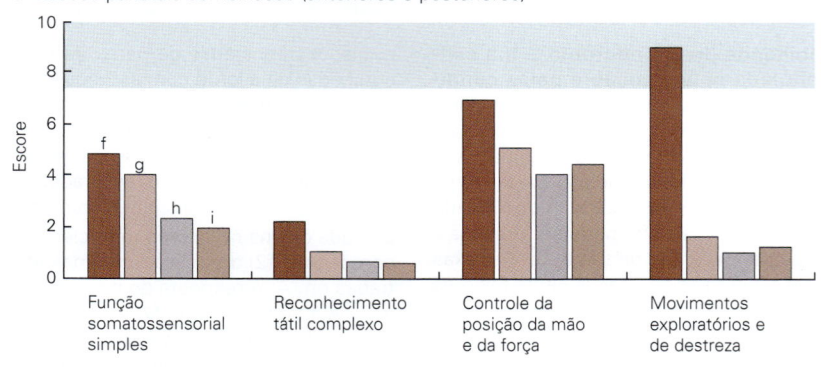

FIGURA 19-22 As lesões das regiões anterior e posterior do lobo parietal produzem prejuízos sensoriais e motores característicos da mão. Os gráficos de barras classificam o desempenho de 9 pacientes (a-i) com lesões cerebrais unilaterais do córtex parietal em quatro conjuntos de testes padronizados de função sensorial e motora da mão contralateral. Os desempenhos comportamentais receberam escore de normal (10) a deficiência máxima (0). A faixa de normalidade apresentada é o escore de desempenho desses pacientes para a mão ipsilateral. Os testes de *função somatossensorial simples* incluem toque leve de uma sonda com força calibrada para 1 g, discriminação de dois pontos no dedo e na palma, sentido de vibração e sentido de posição da articulação metacarpofalângica do dedo indicador. Os testes de *reconhecimento tátil complexo* avaliam discriminação de textura, reconhecimento de forma e discriminação de tamanho. Os testes de *posição da mão e controle da força* medem força de preensão, movimentos de tocar os dedos contra o polegar e movimento em direção a um alvo. Os testes de *movimentos exploratórios e de destreza* avaliam inserção de pinos em fendas, pinçamento de pequenos objetos e movimentos exploratórios ao tatear objetos. (Adaptada, com autorização, de Pause et al., 1989. Copyright © 1989 Oxford University Press.)

A. Dois pacientes com lesões no lobo parietal anterior mostram graves prejuízos em ambos os conjuntos de testes táteis, mas apenas prejuízo moderado nas tarefas motoras.

B. Três pacientes com lesões parietais posteriores mostram apenas deficiências menores em testes somatossensoriais simples, mas grave prejuízo em testes complexos de estereognosia e forma. As deficiências motoras são maiores em tarefas que requerem habilidade.

C. Quatro pacientes com lesões combinadas no córtex parietal anterior e posterior mostram grave prejuízo em todos os testes. É interessante que o paciente que mostrou o menor prejuízo nesse grupo (paciente f) sofreu a lesão encefálica ao nascer; o encéfalo em desenvolvimento foi capaz de compensar a perda das principais áreas somatossensoriais. Lesões nos outros pacientes resultaram de acidentes vasculares encefálicos posteriormente na vida.

lenta. Com a perda da sensibilidade tátil, o indivíduo torna-se completamente dependente da visão para direcionar a mão. A perda do tato não causa paralisia ou fraqueza porque muitos dos movimentos que requerem habilidade são previsíveis e se baseiam na retroalimentação sensorial para ajustes, caso necessário. O sistema motor nesses sujeitos compensa a ausência de informação tátil gerando mais força do que o necessário.

Esses problemas motores são exacerbados pela perda crônica, a longo prazo, da função tátil por lesão nos nervos periféricos ou na coluna dorsal. A desaferentação produz grandes mudanças nas conexões encefálicas aferentes, assim como certas doenças. Fibras aferentes mielinizadas na coluna dorsal degeneram em pacientes com doenças desmielinizantes, como a esclerose múltipla. Nos últimos estágios da sífilis, neurônios de grande diâmetro nos gânglios das raízes dorsais são destruídos (*tabes dorsalis*). Esses pacientes apresentam graves deficiências crônicas no tato e na propriocepção, mas frequentemente mostram pouca perda da percepção da temperatura e da nocicepção. As perdas somatossensoriais são acompanhadas por deficiências motoras: movimentos desajeitados e com pouca coordenação e distonia. Prejuízos semelhantes ocorrem em pacientes com lesão em S-I causada por acidente vascular encefálico ou trauma na cabeça ou após excisão cirúrgica do giro pós-central.

Pacientes com lesões no córtex parietal posterior geralmente apresentam apenas leve dificuldade com testes táteis simples. Eles apresentam, no entanto, profundas dificuldades em tarefas complexas de reconhecimento tátil e utilizam poucos movimentos exploratórios ou que requeiram habilidade (**Figura 19-22B**). Observam-se deficiências cinemáticas quando o paciente interage com objetos, falhas em orientar e dar um formato adequado à mão ao agarrar objetos e orientação imprópria do braço ao tentar alcançar um objeto. Os pacientes usam muita força de preensão ao segurarem um objeto que lhes é colocado na mão e são incapazes de orientar adequadamente os dedos quando lhes é pedido que avaliem o tamanho e o formato desse objeto. Essas deficiências são clinicamente descritas como síndrome da "mão inútil" (apraxia tátil).

Os estudos de déficits sensoriais em humanos são complicados pelo fato de que estados de doença ou trauma raramente produzem danos confinados a uma área encefálica localizada. Por essa razão, análises de lesões experimentalmente controladas em animais têm sido úteis para a compreensão da etiologia das deficiências sensoriais observadas em pacientes humanos. Por exemplo, macacos do gênero *Macaca* com uma lesão do fascículo cuneiforme apresentam perdas crônicas da discriminação tátil, como maiores limiares para o tato, percepção prejudicada da vibração e da discriminação de dois pontos. Eles também apresentam grandes prejuízos no controle dos movimentos finos dos dedos durante a limpeza, coçar e manipulação de objetos. Um prejuízo semelhante em movimentos habilidosos pode ser produzido experimentalmente em macacos, inibindo os neurônios na região de representação da mão da área 2.

A ablação experimental de áreas somatossensoriais do córtex forneceu informações valiosas acerca da função dessas áreas. Pequenas lesões, limitadas à área 3b, produzem grandes déficits na sensação de tato originária de determinada área do corpo. Lesões na área 1 produzem um defeito na avaliação da textura de objetos, enquanto lesões na área 2 alteram a capacidade de diferenciar o tamanho e a forma de objetos. O prejuízo resultante para a função tátil é menos grave quando tais lesões são realizadas em animais muito jovens, aparentemente porque, no encéfalo em desenvolvimento, o córtex S-II pode assumir funções normalmente realizadas por S-I.

A remoção do córtex S-II em macacos causa grave prejuízo na discriminação de formas e texturas e impede que os animais aprendam novas discriminações táteis. A ablação ou inibição das áreas 2 ou 5 ocasiona prejuízo na discriminação da rugosidade, mas poucas outras alterações no tato passivo. No entanto, o desempenho motor é prejudicado, pois esses animais direcionam erroneamente o alcance de objetos, não conseguem pré-moldar a mão para agarrar objetos com habilidade e têm dificuldade em coordenar os movimentos dos dedos porque o retorno tátil está ausente (**Figura 19-23**).

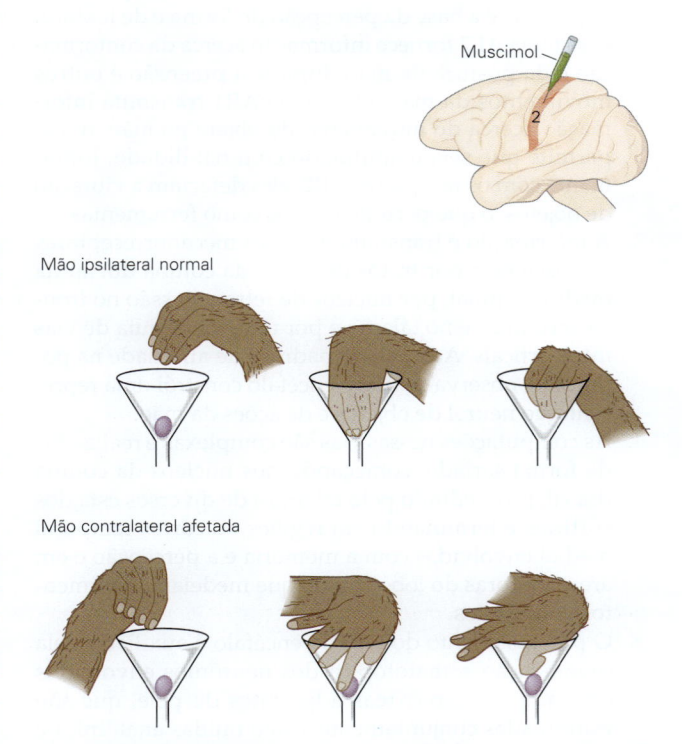

FIGURA 19-23 Em um macaco, a coordenação dos dedos é interrompida quando a transmissão sináptica no córtex sensorial somático é inibida. Muscimol, um agonista do ácido γ-aminobutírico (GABA) que inibe células corticais, foi injetado na área 2 de Brodmann, no lado esquerdo do encéfalo de um macaco. Dentro de minutos após a injeção, a coordenação dos dedos da mão direita (contralateral) estava gravemente prejudicada; o macaco era incapaz de apanhar uma uva em um funil. Sabe-se que os efeitos da injeção são específicos para o hemisfério injetado, pois a mão esquerda (ipsilateral) continua a apresentar desempenho normal. (Adaptada, com autorização, de Hikosaka et al., 1985. Copyright © 1985 Elsevier B.V.)

As semelhanças entre os prejuízos observados em seres humanos e em macacos são uma base importante para a compreensão das perdas clínicas da função somatossensorial. Nos próximos capítulos, será visto que estudos de lesões de outras áreas corticais em macacos também forneceram vislumbres acerca das funções sensoriais e motoras de alta ordem no encéfalo.

Destaques

1. Quando um indivíduo explora um objeto com as mãos, uma grande parte do encéfalo pode envolver-se com a experiência sensorial, pelos pensamentos e emoções que evoca e pelas respostas motoras a ele. Essas sensações resultam das ações paralelas de múltiplas áreas corticais envolvidas em redes de *feedforward* (proativas) e de *feedback* (retroativas).
2. Ao primeiro tato, o aparato sensorial periférico separa o objeto em minúsculos segmentos, distribuídos ao longo de uma grande população de cerca de 20 mil fibras nervosas sensoriais. O sistema AL1 fornece informações de alta fidelidade sobre a estrutura espacial do objeto que é a base da percepção de forma e de textura. O sistema AL2 fornece informação acerca da conformação e da postura da mão durante a preensão e outros movimentos da mão. O sistema AR1 transmite informação acerca do movimento do objeto na mão, o que permite que seja manipulado com habilidade. Juntamente com os receptores AR2, eles detectam a vibração de objetos, o que permite usá-los como ferramentas.
3. A informação é transmitida desses mecanorreceptores à consciência por tratos de fibras da coluna dorsal da medula espinal, por núcleos de retransmissão no tronco encefálico e no tálamo e por uma hierarquia de vias intracorticais. Ao analisar padrões de atividade na população, observa-se que o encéfalo constrói uma representação neural de objetos e de ações da mão.
4. As computações nessas vias são complexas e realizadas de forma seriada, começando nos núcleos da coluna dorsal, progredindo pelo tálamo e de diversos estágios corticais e terminando em regiões do córtex temporal medial envolvidas com a memória e a percepção e em áreas motoras do lobo frontal que medeiam movimentos voluntários.
5. O processamento do tato no encéfalo é auxiliado pela organização somatotópica dos neurônios envolvidos em cada estação. Áreas adjacentes da pele, que são estimuladas conjuntamente, estão unidas anatômica e funcionalmente em estações centrais de retransmissão. Partes do corpo especialmente sensíveis ao tato – mãos, pés e boca – são representadas em grandes áreas do encéfalo, refletindo a importância da informação tátil transmitida por essas regiões.
6. Outra função das vias centrais é a transformação da representação desagregada de propriedades de objetos entre milhares de neurônios, para uma representação integrada de propriedades de objetos complexos em poucos neurônios. Conexões excitatórias convergentes entre neurônios representando áreas vizinhas na pele e circuitos inibitórios intracorticais permitem que células corticais de alta ordem integrem as características globais dos objetos. Dessa forma, as áreas somatossensoriais do encéfalo representam propriedades comuns a determinadas classes de objetos.
7. A terceira função é a regulação do fluxo aferente da informação somatossensorial. As fibras periféricas transmitem muito mais informação do que pode ser manipulado em um dado momento; as vias neurais centrais compensam selecionando a informação a ser transmitida aos mecanismos de percepção e memória. Vias recorrentes de áreas encefálicas superiores modificam a informação ascendente fornecida pelos receptores do tato, ajustando, assim, a corrente de informação sensorial à experiência prévia e aos objetivos atuais.
8. Finalmente, o sistema do tato fornece a informação necessária para o controle e a orientação do movimento. As interações entre as áreas sensoriais e motoras do córtex parietal e frontal fornecem um mecanismo neural para planejar as ações desejadas, para prever as consequências sensoriais dos comportamentos motores e para o aprendizado de habilidades a partir de experiências repetidas.

Esther P. Gardner

Leituras selecionadas

Freund HJ. 2003. Somatosensory and motor disturbances in patients with parietal lobe lesions. Adv Neurol 93:179–193.
Harris KD, Shepherd GMG. 2015. The neocortical circuit: themes and variations. Nat Neurosci 18:170–181.
Johnson KO. 2001. The roles and functions of cutaneous mechanoreceptors. Curr Opin Neurobiol 11:455–461.
Jones EG. 2000. Cortical and subcortical contributions to activity-dependent plasticity in primate somatosensory cortex. Annu Rev Neurosci 23:1–37.
Jones EG, Peters A (eds). 1986. *Cerebral Cortex*. Vol 5, *Sensory-Motor Areas and Aspects of Cortical Connectivity*. New York: Plenum Press.
Kaas JH, Gardner EP (eds). 2008. *The Senses: A Comprehensive Reference*. Vol 6, *Somatosensation*. Oxford: Elsevier.
Milner AD, Goodale MA. 1995. *The Visual Brain in Action*. Oxford: Oxford Univ. Press.
Mountcastle VB. 1995. The parietal system and some higher brain functions. Cerebral Cortex 5:377–390.
Mountcastle VB. 2005. *The Sensory Hand: Neural Mechanisms of Somatic Sensation*. Cambridge, MA: Harvard Univ. Press.
Romo R, Salinas E. 2003. Flutter discrimination: neural codes, perception, memory and decision making. Nat Rev Neurosci 4:203–218.
Wing AM, Haggard P, Flanagan JR (eds). 1996. *Hand and Brain*. San Diego, CA: Academic Press.

Referências

Bennett-Clarke CA, Chiaia NL, Rhodes RW. 1997. Contributions of raphe-cortical and thalamocortical axons to the transient somatotopic pattern of serotonin immunoreactivity in rat cortex. Somatosens Mot Res 14:27–33.
Birznieks I, Macefield VG, Westling G, Johansson RS. 2009. Slowly adapting mechanoreceptors in the borders of the human fingernail encode fingertip forces. J Neurosci 29:9370–9379.
Bolanowski SJ, Pawson L. 2003. Organization of Meissner corpuscles in the glabrous skin of monkey and cat. Somatosens Mot Res 20:223–231.

Brisben AJ, Hsiao SS, Johnson KO. 1999. Detection of vibration transmitted through an object grasped in the hand. J Neurophysiol 81:1548–1558.

Brochier T, Boudreau M-J, Paré M, Smith AM. 1999. The effects of muscimol inactivation of small regions of motor and somatosensory cortex on independent finger movements and force control in the precision grip. Exp Brain Res 128:31–40.

Carlson M. 1981. Characteristics of sensory deficits following lesions of Brodmann's areas 1 and 2 in the postcentral gyrus of *Macaca mulatta*. Brain Res 204:424–430.

Chapman CE, Meftah el-M. 2005. Independent controls of attentional influences in primary and secondary somatosensory cortex. J Neurophysiol 94:4094–4107.

Connor C, Hsiao SS, Phillips J, Johnson KO. 1990. Tactile roughness: neural codes that account for psychophysical magnitude estimates. J Neurosci 10:3823–3836.

Costanzo RM, Gardner EP. 1980. A quantitative analysis of responses of direction-sensitive neurons in somatosensory cortex of alert monkeys. J Neurophysiol 43:1319–1341.

DiCarlo JJ, Johnson KO, Hsaio SS. 1998. Structure of receptive fields in area 3b of primary somatosensory cortex in the alert monkey. J Neurosci 18:2626–2645.

Edin BB, Abbs JH. 1991. Finger movement responses of cutaneous mechanoreceptors in the dorsal skin of the human hand. J Neurophysiol 65:657–670.

Felleman DJ, Van Essen DC. 1991. Distributed hierarchical processing in the primate cerebral cortex. Cereb Cortex 1:1–47.

Fitzgerald PJ, Lane JW, Thakur PH, Hsiao SS. 2006. Receptive field properties of the macaque second somatosensory cortex: representation of orientation on different finger pads. J Neurosci 26:6473–6484.

Flanagan JR, Vetter P, Johansson RS, Wolpert DM. 2003. Prediction precedes control in motor learning. Curr Biol 13:146–150.

Fogassi L, Luppino G. 2005. Motor functions of the parietal lobe. Curr Opin Neurobiol 15:626–631.

Gardner EP. 1988. Somatosensory cortical mechanisms of feature detection in tactile and kinesthetic discrimination. Can J Physiol Pharmacol 66:439–454.

Gardner EP. 2008. Dorsal and ventral streams in the sense of touch. In: JH Kaas, EP Gardner (eds). *The Senses: A Comprehensive Reference*. Vol. 6, *Somatosensation*, pp. 233–258. Oxford: Elsevier.

Gardner EP, Babu KS, Ghosh S, Sherwood A, Chen J. 2007. Neurophysiology of prehension: III. Representation of object features in posterior parietal cortex of the macaque monkey. J Neurophysiol 98:3708–3730.

Hikosaka O, Tanaka M, Sakamoto M, Iwamura Y. 1985. Deficits in manipulative behaviors induced by local injections of muscimol in the first somatosensory cortex of the conscious monkey. Brain Res 325:375–380.

Hinkley LB, Krubitzer LA, Nagarajan SS, Disbrow EA. 2007. Sensorimotor integration in S2, PV, and parietal rostroventral areas of the human Sylvian fissure. J Neurophysiol 97:1288–1297.

Hyvärinen J, Poranen A. 1978. Movement-sensitive and direction and orientation-selective cutaneous receptive fields in the hand area of the post-central gyrus in monkeys. J Physiol (Lond) 283:523–537.

Iwamura Y, Iriki A, Tanaka M. 1994. Bilateral hand representation in the postcentral somatosensory cortex. Nature 369:554–556.

Iwamura Y, Tanaka M, Sakamoto M, Hikosaka O. 1993. Rostrocaudal gradients in neuronal receptive field complexity in the finger region of the alert monkey's postcentral gyrus. Exp Brain Res 92:360–368.

Jenmalm P, Birznieks I, Goodwin AW, Johansson RS. 2003. Influence of object shape on responses of human tactile afferents under conditions characteristic of manipulation. Eur J Neurosci 18:164–176.

Johansson RS. 1996. Sensory control of dexterous manipulation in humans. In: AM Wing, P Haggard, JR Flanagan (eds). *Hand and Brain*, pp. 381–414. San Diego, CA: Academic Press.

Johansson RS, Flanagan JR. 2009. Coding and use of tactile signals from the fingertips in object manipulation tasks. Nat Rev Neurosci 10:345–359.

Johansson RS, Landström U, Lundström R. 1982. Responses of mechanoreceptive afferent units in the glabrous skin of the human hand to sinusoidal skin displacements. Brain Res 244:17–25.

Johansson RS, Vallbo ÅB. 1983. Tactile sensory coding in the glabrous skin of the human hand. Trends Neurosci 6:27–32.

Johnson KO, Phillips JR. 1981. Tactile spatial resolution: I. Two-point discrimination, gap detection, grating resolution and letter recognition. J Neurophysiol 46:1177–1191.

Jones EG, Powell TPS. 1969. Connexions of the somatic sensory cortex of the rhesus monkey. I. Ipsilateral cortical connexions. Brain 92:477–502.

Klatzky RA, Lederman SJ, Metzger VA. 1985. Identifying objects by touch: an "expert system." Percept Psychophys 37:299–302.

Koch KW, Fuster JM. 1989. Unit activity in monkey parietal cortex related to haptic perception and temporary memory. Exp Brain Res 76:292–306.

LaMotte RH, Mountcastle VB. 1979. Disorders in somethesis following lesions of parietal lobe. J Neurophysiol 42:400–419.

Lederman SJ, Klatzky RL. 1987. Hand movements: a window into haptic object recognition. Cogn Psychol 19:342–368.

Lieber JD, Xia X, Weber AI, Bensmaia SJ. 2017. The neural code for tactile roughness in the somatosensory nerves. J Neurophysiol 118:3107–3117.

Manfredi LR, Saal, HP, Brown KJ, et al. 2014. Natural scenes in tactile texture. J Neurophysiol 111:1792–1802.

Mountcastle VB. 1997. The columnar organization of the neocortex. Brain 120:701–722.

Mountcastle VB, LaMotte RH, Carli G. 1972. Detection thresholds for stimuli in humans and monkeys: comparison with threshold events in mechanoreceptive afferent fibers innervating the monkey hand. J Neurophysiol 35:122–136.

Mountcastle VB, Lynch JC, Georgopoulos AP, Sakata H, Acuna C. 1975. Posterior parietal association cortex of the monkey: command functions for operations within extrapersonal space. J Neurophysiol 38:871–908.

Muniak MA, Ray S, Hsiao SS, Dammann JF, Bensmaia SJ. 2007. The neural coding of stimulus intensity: linking the population response of mechanoreceptive afferents with psychophysical behavior. J Neurosci 27:11687–11699.

Murray EA, Mishkin M. 1984. Relative contributions of SII and area 5 to tactile discrimination in monkeys. Behav Brain Res 11:67–83.

Nelson RJ, Sur M, Felleman DJ, Kaas JH. 1980. Representations of the body surface in postcentral parietal cortex of *Macaca fascicularis*. J Comp Neurol 192:611–643.

Nolano M, Provitera V, Crisci C, et al. 2003. Quantification of myelinated endings and mechanoreceptors in human digital skin. Ann Neurol 54:197–205.

Oberlaender M, de Kock CP, Bruno RM, et al. 2012. Cell type-specific three-dimensional structure of thalamocortical circuits in a column of rat vibrissal cortex. Cereb Cortex 22:2375–2391.

Pandya DN, Seltzer B. 1982. Intrinsic connections and architectonics of posterior parietal cortex in the rhesus monkey. J Comp Neurol 204:196–210.

Pause M, Kunesch E, Binkofski F, Freund H-J. 1989. Sensorimotor disturbances in patients with lesions of the parietal cortex. Brain 112:1599–1625.

Pei Y-C, Denchev P V, Hsiao SS, Craig JC, Bensmaia SJ. 2009. Convergence of submodality-specific input onto neurons in primary somatosensory cortex. J Neurophysiol 102:1843–1853.

Peters RM, Hackeman E, Goldreich D. 2009. Diminutive digits discern delicate details: fingertip size and the sex difference in tactile spatial acuity. J Neurosci 29:15756–15761.

Phillips JR, Johansson RS, Johnson KO. 1990. Representation of braille characters in human nerve fibres. Exp Brain Res 81:589–592.

Pons TP, Garraghty PE, Mishkin M. 1992. Serial and parallel processing of tactual information in somatosensory cortex of rhesus monkeys. J Neurophysiol 68:518–527.

Pons TP, Garraghty PE, Ommaya AK, Kaas JH, Taub E, Mishkin M. 1991. Massive cortical reorganization after sensory deafferentation in adult macaques. Science 252:1857–1860.

Pruszynski JA, Johansson RS. 2014. Edge-orientation processing in first-order tactile neurons. Nat Neurosci 17:1404–1409.

Quilliam TA. 1978. The structure of finger print skin. In: G Gordon (ed). *Active Touch*, pp. 1–18. Oxford: Pergamon Press.

Robinson CJ, Burton H. 1980. Somatic submodality distribution within the second somatosensory (SII), 7b, retro-insular, postauditory and granular insular cortical areas of *M. fascicularis*. J Comp Neurol 192:93–108.

Romo R, Hernandez A, Zainos A, Lemus L, Brody CD. 2002. Neuronal correlates of decision-making in secondary somatosensory cortex. Nat Neurosci 5:1217–1235.

Saal HP, Bensmaia SJ. 2014. Touch is a team effort: interplay of submodalities in cutaneous sensibility. Trends Neurosci 37:689–697.

Salinas E, Hernandez A, Zainos A, Romo R. 2000. Periodicity and firing rate as candidate neural codes for the frequency of vibrotactile stimuli. J Neurosci 20:5503–5515.

Snider WD. 1998. How do you feel? Neurotrophins and mechanotransduction. Nat Neurosci 1:5–6.

Srinivasan MA, Whitehouse JM, LaMotte RH. 1990. Tactile detection of slip: surface microgeometry and peripheral neural codes. J Neurophysiol 63:1323–1332.

Sripati AP, Yoshioka T, Denchev P, Hsiao SS, Johnson KO. 2006. Spatiotemporal receptive fields of peripheral afferents and cortical area 3b and 1 neurons in the primate somatosensory system. J Neurosci 26:2101–2114.

Talbot WH, Darian-Smith I, Kornhuber HH, Mountcastle VB. 1968. The sense of flutter-vibration: comparison of the human capacity with response patterns of mechanoreceptive afferents from the monkey hand. J Neurophysiol 31:301–334.

Vega-Bermudez F, Johnson KO. 1999. Surround suppression in the responses of primate SA1 and RA mechanoreceptive afferents mapped with a probe array. J Neurophysiol 81:2711–2719.

Warren S, Hämäläinen HA, Gardner EP. 1986. Objective classification of motion- and direction-sensitive neurons in primary somatosensory cortex of awake monkeys. J Neurophysiol 56:598–622.

Weber AI, Saal HP, Lieber JD, et al. 2013. Spatial and temporal codes mediate the tactile perception of natural textures. Proc Nat Acad Sci USA 110:17107–17112.

Weinstein S. 1968. Intensive and extensive aspects of tactile sensitivity as a function of body part, sex, and laterality. In: DR Kenshalo (ed). *The Skin Senses*, pp. 195–222. Springfield, IL: Thomas.

Westling G, Johansson RS. 1987. Responses in glabrous skin mechanoreceptors during precision grip in humans. Exp Brain Res 66:128–140.

Wimmer VC, Bruno RM, de Kock CP, Kuner T, Sakmann B. 2010. Dimensions of a projection column and architecture of VPM and POm axons in rat vibrissal cortex. Cereb Cortex 20:2265–2276.

20

Dor

Danos nocivos ativam nociceptores térmicos, mecânicos e polimodais

Sinais dos nociceptores são transmitidos para os neurônios do corno dorsal da medula espinal

A hiperalgesia possui origem periférica e central

Quatro principais vias ascendentes contribuem com informações sensoriais para os processos centrais de geração da dor

Vários núcleos talâmicos retransmitem a informação nociceptiva ao córtex cerebral

A percepção da dor surge e pode ser controlada por mecanismos corticais

    O córtex cingulado anterior e o córtex insular estão associados à percepção da dor

    A percepção da dor é regulada por um equilíbrio de atividade nas fibras aferentes nociceptivas e não nociceptivas

    A estimulação elétrica do encéfalo produz analgesia

Peptídeos opioides contribuem para o controle endógeno da dor

    Peptídeos opioides endógenos e seus receptores estão distribuídos nos sistemas moduladores da dor

    A morfina controla a dor pela ativação de receptores opioides

    Tolerância e dependência de opioides são fenômenos distintos

Destaques

DE ACORDO COM A ASSOCIAÇÃO INTERNACIONAL para o Estudo da Dor, a dor é uma experiência sensitiva e emocional desagradável associada a uma lesão tecidual real ou potencial, ou descrita nos termos de tal lesão. Formigamento, queimação, dor e picada estão entre as mais distintas de todas as modalidades sensoriais. Como acontece com outras modalidades somatossensoriais – tato, pressão e sentido de posição –, a dor possui uma função protetora importante, alertando sobre lesões que requerem fuga ou tratamento. Em crianças nascidas com insensibilidade à dor, lesões graves com frequência passam despercebidas e podem levar a danos teciduais permanentes. No entanto, a dor é diferente de outras modalidades somatossensoriais, como visão, audição e olfato, pois apresenta uma qualidade urgente* e primitiva**, possuindo um poderoso componente emocional.

A percepção da dor é subjetiva e é influenciada por muitos fatores. Um estímulo sensorial idêntico pode induzir respostas bastante distintas no mesmo indivíduo sob condições diferentes. Muitos soldados feridos, por exemplo, não sentem dor até que tenham sido removidos do campo de batalha; atletas lesionados com frequência não têm conhecimento da dor até o jogo terminar. Assim, não há um estímulo puramente "doloroso", um estímulo sensorial que invariavelmente cause percepção de dor em todos os indivíduos. A variabilidade da percepção da dor é ainda outro exemplo de um princípio encontrado nos capítulos anteriores: A dor não é uma expressão direta de um evento sensorial, mas sim o produto elaborado de uma variedade de sinais neurais processados pelo encéfalo.

Quando a dor é experimentada, ela pode ser aguda, persistente ou, em casos extremos, crônica. A dor persistente caracteriza muitas condições clínicas e normalmente é a razão pela qual os pacientes procuram atenção médica. Em contrapartida, a dor crônica parece não possuir um objetivo útil; ela somente faz o paciente sofrer. A dor é altamente individual, e sua natureza subjetiva é um dos fatores que a torna tão difícil de se definir objetivamente e de tratar clinicamente.

Neste capítulo, são discutidos os processos neurais que constituem a base da percepção da dor em indivíduos normais, sendo explicadas as origens de alguns estados anormais de dor encontrados clinicamente.

---

*N. de T. A dor tem uma qualidade urgente, em que se sabe que algo está errado e que é necessário fazer algo sobre isso.

**N. de T. A partir de Darwin, com a publicação do livro *A expressão das emoções no homem e nos animais* (1872), as emoções são abordadas como tendo uma qualidade primitiva, englobando aspectos psicológicos, sociais, culturais e cognitivos, fazendo a percepção da dor (por ter um componente emocional) assumir um caráter subjetivo.

Danos nocivos ativam nociceptores térmicos, mecânicos e polimodais

Muitos órgãos na periferia, incluindo pele e estruturas subcutâneas, como articulações e músculos, possuem receptores sensoriais especializados que são ativados por estímulos nocivos. De modo diferente dos receptores somatossensoriais especializados para tato e pressão leves, muitos desses *nociceptores* são simplesmente terminações nervosas livres de neurônios sensoriais primários. Há três classes principais de nociceptores – térmicos, mecânicos e polimodais – bem como uma quarta classe, mais enigmática, chamada de nociceptores silentes.

Os *nociceptores térmicos* são ativados por extremos de temperatura, em geral mais de 45°C ou menos de 5°C. Eles incluem as terminações periféricas de axônios Aδ de pequeno diâmetro e finamente mielinizados que conduzem potenciais de ação a velocidades de 5 a 30 m/s e axônios de fibra C não mielinizados que conduzem a velocidades inferiores a 1,0 m/s (**Figura 20-1A**). Os *nociceptores mecânicos* são ativados de modo ideal pela pressão intensa aplicada à pele; eles também são terminações de axônios Aδ finamente mielinizados.

Os *nociceptores polimodais* podem ser ativados por estímulos de alta intensidade, mecânicos, químicos ou térmicos (quente e frio). Essa classe de nociceptores consiste, predominantemente, em fibras C não mielinizadas (**Figura 20-1A**).

Essas três classes de nociceptores são amplamente distribuídas na pele e nos tecidos profundos e com frequência são coativadas. Quando um martelo bate no polegar de um indivíduo, ele inicialmente sente uma dor forte ("primeira dor"), seguida de uma dor mais prolongada e, às vezes, ardente ("segunda dor") (**Figura 20-1B**). A dor intensa e rápida é transmitida pelas fibras Aδ, que levam a informação de nociceptores térmicos ou mecânicos danificados. A dor incômoda e prolongada é transmitida pelas fibras C, que transmitem sinais de nociceptores polimodais.

Os *nociceptores silentes* são encontrados nas vísceras. Essa classe de receptores normalmente não é ativada pela estimulação nociva; em vez disso, inflamação e vários agentes químicos reduzem drasticamente seu limiar de disparo. Acredita-se que sua ativação contribua para o surgimento de hiperalgesia secundária e sensibilização central, duas características proeminentes da dor crônica.

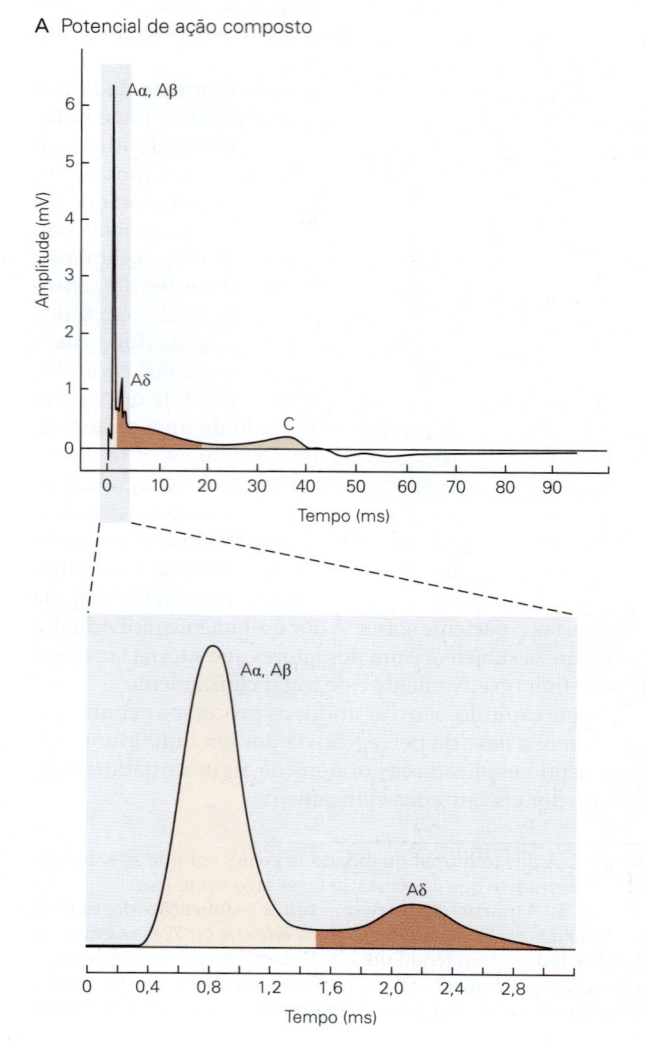

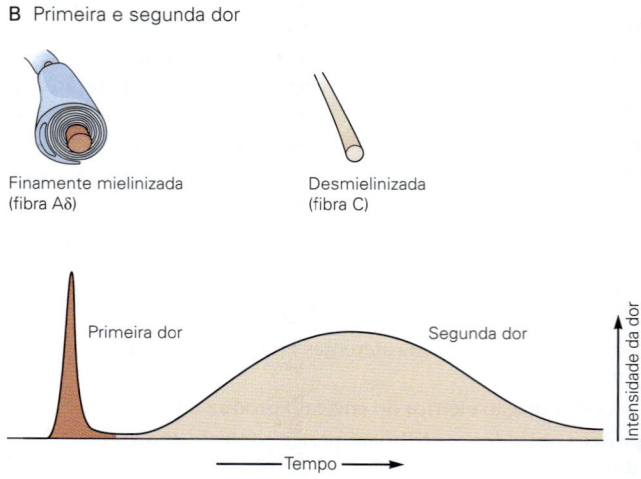

FIGURA 20-1 Propagação de potenciais de ação em diferentes classes de fibras nociceptivas.

A. A velocidade com que os potenciais de ação são conduzidos é uma função do diâmetro de secção transversal de cada fibra. Os picos de onda na figura estão rotulados alfabeticamente em ordem de latência. O primeiro pico e suas subdivisões são a soma da atividade elétrica de fibras mielinizadas tipo A. Uma deflexão mais tardia (baixa velocidade de condução) representa a soma dos potenciais de ação de fibras amielínicas tipo C. O potencial de ação composto das fibras A é mostrado em uma base de tempo mais rápida para representar a soma dos potenciais de ação de várias fibras. (Adaptada, com autorização, de Perl, 2007. Copyright © 2007 Springer Nature.)

B. A primeira e a segunda dor são transportadas por fibras A-delta e C respectivamente. (Adaptada, com autorização, de Fields, 1987.)

O estímulo nocivo despolariza o terminal nervoso dos axônios aferentes e gera potenciais de ação que são propagados centralmente. Como isso acontece? A membrana do nociceptor contém receptores que convertem a energia térmica, mecânica ou química dos estímulos nocivos em um potencial elétrico despolarizante. Uma dessas proteínas faz parte de uma grande família de canais iônicos de potencial de receptor transitório (TRP, do inglês *transient receptor potential*). Esse canal receptor, o TRPV1, é expresso de maneira seletiva pelos neurônios nociceptivos e medeia a dor induzida pela capsaicina, o ingrediente ativo das pimentas e de muitos outros químicos pungentes. O canal TRPV1 também é ativado por estímulos térmicos nocivos, com limiar de ativação em torno de 45°C, temperatura que provoca dor pelo calor. Ainda, as correntes de membrana mediadas pelo TRPV1 são aumentadas pela redução no pH, uma característica do meio químico da inflamação.

Outros canais receptores da família de canais TRP são expressos por nociceptores e fundamentam a percepção de uma ampla faixa de temperaturas, do frio ao calor intenso. De particular interesse é o TRPM8, um canal sensível ao frio e responsivo ao mentol que provavelmente medeia a extrema hipersensibilidade ao frio, produzida por muitos medicamentos quimioterápicos (como oxaliplatina). O TRPA1 responde a uma variedade de agentes irritantes, desde óleo de mostarda a alho e até poluentes do ar (**Figura 20-2**). Muito recentemente, uma família de transdutores mecânicos (Piezo1 e Piezo2) foi descrita (Capítulo 18). Esses canais podem ser importantes contribuintes para a hipersensibilidade mecânica, que é uma característica proeminente de muitas condições de dor crônica.

Além dessa constelação de canais TRP, os neurônios sensoriais expressam muitos outros receptores e canais iônicos envolvidos na transdução de estímulos periféricos. Os nociceptores expressam seletivamente diferentes canais de Na^{2+} dependentes de voltagem, alvo dos anestésicos locais, os quais bloqueiam a dor de forma muito eficaz. (Pense no dentista que pode eliminar completamente a dor de dente.) Os nociceptores expressam canais de Na^{2+} que são sensíveis ou resistentes à tetrodotoxina (TTX). O Nav1.7, um tipo de canal sensível a TTX, descoberto nos raros indivíduos que apresentam mutação com perda-de-função no gene *SCN9A* correspondente, tornou-se um mecanismo molecular chave na percepção da dor em humanos. Esses indivíduos são insensíveis à dor, mas são saudáveis e exibem respostas sensoriais normais ao toque, temperatura, propriocepção, cócegas e pressão. Uma segunda classe de mutações no gene SCN9A resulta em hiperexcitabilidade de nociceptores; indivíduos com essas mutações apresentam uma condição hereditária chamada eritromelalgia, na qual há dor intensa e contínua com queimação nas extremidades, acompanhada de vermelhidão acentuada (vasodilatação). Como o Nav1.7, diferente de vários outros canais de Na^+ dependentes de voltagem, não é encontrado no sistema nervoso central, as empresas farmacêuticas estão desenvolvendo antagonistas que, espera-se, fornecerão uma nova abordagem para regular o processamento da dor sem os efeitos colaterais adversos que podem ocorrer com a administração sistêmica de lidocaína, a qual bloqueia todos os subtipos de canais de Na^+ dependentes de voltagem.

Nociceptores também expressam um receptor purinérgico ionotrópico, PTX3, que é ativado pelo trifosfato de adenosina (ATP) liberado das células periféricas após dano tecidual. Adicionalmente, eles expressam membros da família de receptores associados à proteína G relacionados ao Mas (Mrg, de *Mas-related G protein-coupled receptor*), que são ativados por ligantes peptídicos e servem para sensibilizar nociceptores a outras substâncias químicas liberadas em seu ambiente local (ver **Figura 20-7**). Subconjuntos desses aferentes não mielinizados também incluem canais receptores que respondem a uma variedade de substâncias que provocam coceira, incluindo a histamina pruriginosa e a cloroquina. Dessa forma, esses receptores e canais são alvos importante para o desenvolvimento de fármacos seletivos para neurônios sensoriais responsivos a estímulos que provocam dor e coceira.

A ativação descontrolada de nociceptores está associada a várias condições patológicas. Dois estados de dor comuns que resultam de alterações na atividade nociceptora são alodinia e hiperalgesia. Pacientes com *alodinia* sentem dor em resposta a estímulos que normalmente são inócuos: pelo afago leve na pele queimada, pelo movimento das articulações nos pacientes com artrite reumatoide, e mesmo pelo ato de sair da cama na manhã seguinte à realização de um exercício vigoroso. Entretanto, pacientes com alodinia não sentem dor constantemente, pois na ausência de um estímulo periférico não há dor. Em contrapartida, pacientes com *hiperalgesia* – uma resposta exagerada a estímulos nocivos – costumam reportar dor persistente na ausência de estimulação sensorial.

A dor persistente pode ser subdividida em duas classes amplas: nociceptiva e neuropática. A *dor nociceptiva* resulta da ativação de nociceptores na pele ou nos tecidos moles em resposta à lesão tecidual e geralmente ocorre seguida de inflamação. Entorses e distensões produzem formas moderadas de dor nociceptiva, enquanto artrite ou um tumor que invade tecidos moles produzem uma dor nociceptiva muito mais grave. Normalmente, a dor nociceptiva é tratada com anti-inflamatórios não esteroidais (AINEs; ver discussão posterior) ou, quando grave, com opiáceos como a morfina.

A *dor neuropática* resulta da lesão direta dos nervos no sistema nervoso periférico ou central e com frequência é acompanhada por uma sensação de queimação ou elétrica. As dores neuropáticas incluem síndrome de dor regional complexa, que pode ocorrer seguida de danos muito pequenos a um nervo periférico de um membro; neuralgia pós-herpética, a dor intensa experimentada por muitos pacientes após um surto de herpes-zóster; ou neuralgia do trigêmeo, uma dor intensa e aguda na face que resulta de uma patologia ainda desconhecida do nervo trigêmeo. Outras dores neuropáticas incluem dor do membro fantasma, que pode ocorrer após a amputação do membro (ver **Figura 20-14**). Em alguns casos, a dor espontânea, contínua e muitas vezes em queimação pode ocorrer até mesmo sem um estímulo periférico, um fenômeno denominado *anestesia dolorosa*. Essa síndrome pode ser desencadeada após

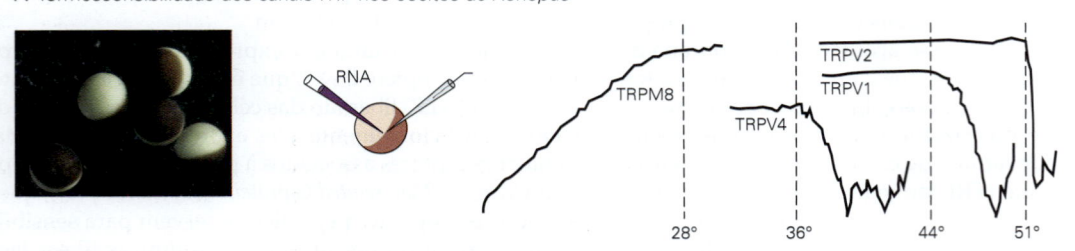

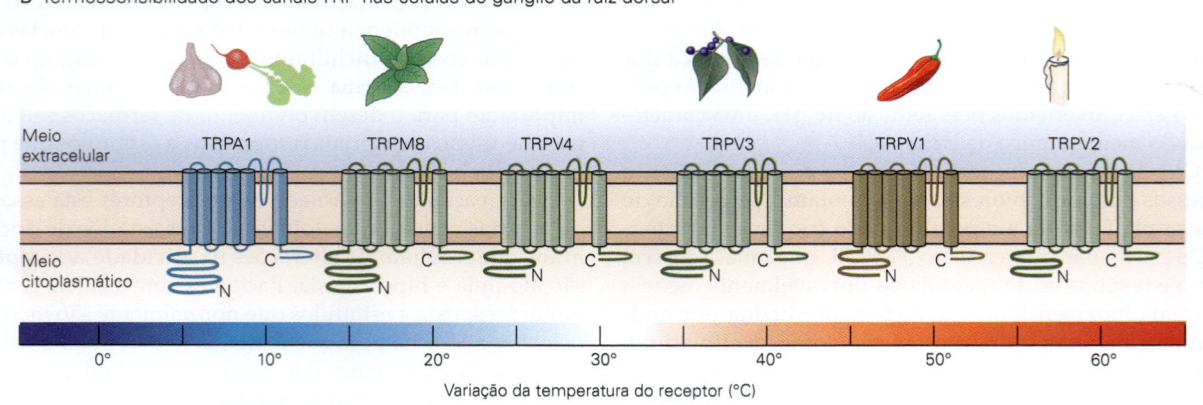

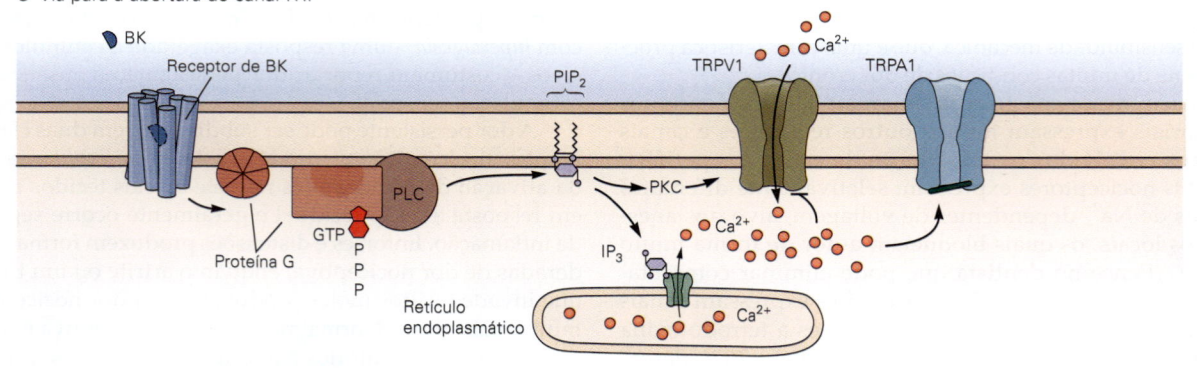

FIGURA 20-2 Canais iônicos de potenciais receptores transitórios em neurônios nociceptivos.

A. Registros de oócitos de *Xenopus* injetados com mRNA que codifica canais de potencial receptor transitório (TRP) revelam a termossensibilidade dos canais. A temperatura (em Celsius) na qual um canal TRP específico é ativado é mostrada pela deflexão para baixo do registro. (Fotografia à esquerda reproduzida, com autorização, de Erwin Siegel, 1987; traçados à direita reproduzidos, com autorização, de Tominaga e Caterina, 2004.)

B. Perfil de resposta à temperatura de diferentes canais TRP expressos nos neurônios do gânglio da raiz dorsal. (Adaptada, com autorização, de Jordt, McKemy e Julius, 2003; Dhaka, Viswanath e Patapoutian, 2006.)

C. A bradicinina (**BK**, do inglês *bradykinin*) une-se a receptores acoplados à proteína G na superfície de neurônios aferentes primários para ativar a fosfolipase C (**PLC**, do inglês *phospholipase* C), levando à hidrólise do fosfatidilinositol bisfosfato (**PIP$_2$**, do inglês *phosphatidylinositol bisphosphate*) na membrana, à produção de 1,4,5-trifosfato de inositol (**IP$_3$**) e à liberação de Ca^{2+} dos depósitos intracelulares. A ativação da proteína cinase C (**PKC**, do inglês *protein kinase C*) regula a atividade dos canais TRP. O canal TRPV1 é sensibilizado, levando à abertura do canal e ao influxo de Ca^{2+}. (Fonte: Bautista et al., 2006.)

---

tentativas de tratar a neuralgia do trigêmeo por ablação dos neurônios sensoriais do trigêmeo. As dores neuropáticas não respondem aos AINEs e geralmente respondem mal aos opiáceos. Por fim, lesões do sistema nervoso central, por exemplo, na esclerose múltipla, após acidente vascular encefálico ou após lesão da medula espinal, também podem resultar em estados de dor neuropática central. Uma vez que a perda de controles inibitórios (como ocorre na epilepsia) é um importante contribuinte para a dor neuropática, a terapia de primeira linha para esta, não surpreendentemente, envolve anticonvulsivantes, especialmente os gabapentinoides. (A referência ao ácido γ-aminobutírico [GABA] foi baseada em uma semelhança estrutural de gabapentina com o GABA. No entanto, a gabapentina exerce sua ação ligando-se à subunidade $\alpha_2\delta$ de canais de Ca^{2+} dependentes de voltagem, em última análise, diminuindo a liberação de neurotransmissores.)

Sinais dos nociceptores são transmitidos para os neurônios do corno dorsal da medula espinal

A sensação a estímulos nocivos surge de sinais nos ramos axonais periféricos, a partir de neurônios sensoriais nociceptivos, cujos corpos celulares estão localizados nos gânglios da raiz dorsal. As ramificações centrais desses neurônios terminam na medula espinal de forma altamente organizada. A maioria termina no corno dorsal. Neurônios aferentes primários que transmitem modalidades sensoriais distintas terminam em lâminas diferentes (**Figura 20-3B**), com uma ligação estreita entre a organização anatômica dos neurônios do corno dorsal, suas propriedades receptivas e sua função no processamento sensorial.

Muitos neurônios na lâmina mais superficial do corno dorsal, chamada de *lâmina I* ou *lâmina marginal*, respondem a estímulos nocivos transmitidos por fibras Aδ e C. Já que eles respondem de maneira seletiva à estimulação nociva, têm sido chamados de *neurônios específicos da nocicepção*. Esse conjunto de neurônios se projeta para o mesencéfalo e para o tálamo. Uma segunda classe de neurônios da lâmina I recebe estímulos de fibras C que são ativadas seletivamente por estímulos frios. Outras classes de neurônios da lâmina I respondem de maneira graduada a estimulações mecânicas, ambas inócuas e nocivas, sendo chamados de *neurônios de amplo espectro dinâmico*.

A lâmina II, a substância gelatinosa, é uma camada densamente empacotada que contém muitas classes diferentes de interneurônios locais, alguns excitatórios e outros inibitórios. Alguns desses interneurônios respondem seletivamente a estímulos que provocam dor, enquanto outros são ativados seletivamente por estímulos que provocam coceira. As lâminas III e IV contêm uma mistura de interneurônios locais e neurônios de projeção supraespinal. Muitos desses neurônios recebem impulsos de fibras aferentes Aβ que respondem a estímulos cutâneos inócuos, como a deflexão dos pelos e a pressão leve. A lâmina V contém neurônios que respondem a uma ampla variedade de estímulos

A Tipos de nociceptores

Térmico   Mecânico   Polimodal   Silencioso

Fibras Aδ   Fibra C

B Sinais de entrada na medula espinal

Fibra Aδ
Fibra C
Fibra Aδ (mecanorreceptor)

Para o tronco encefálico e o tálamo   Para o tálamo

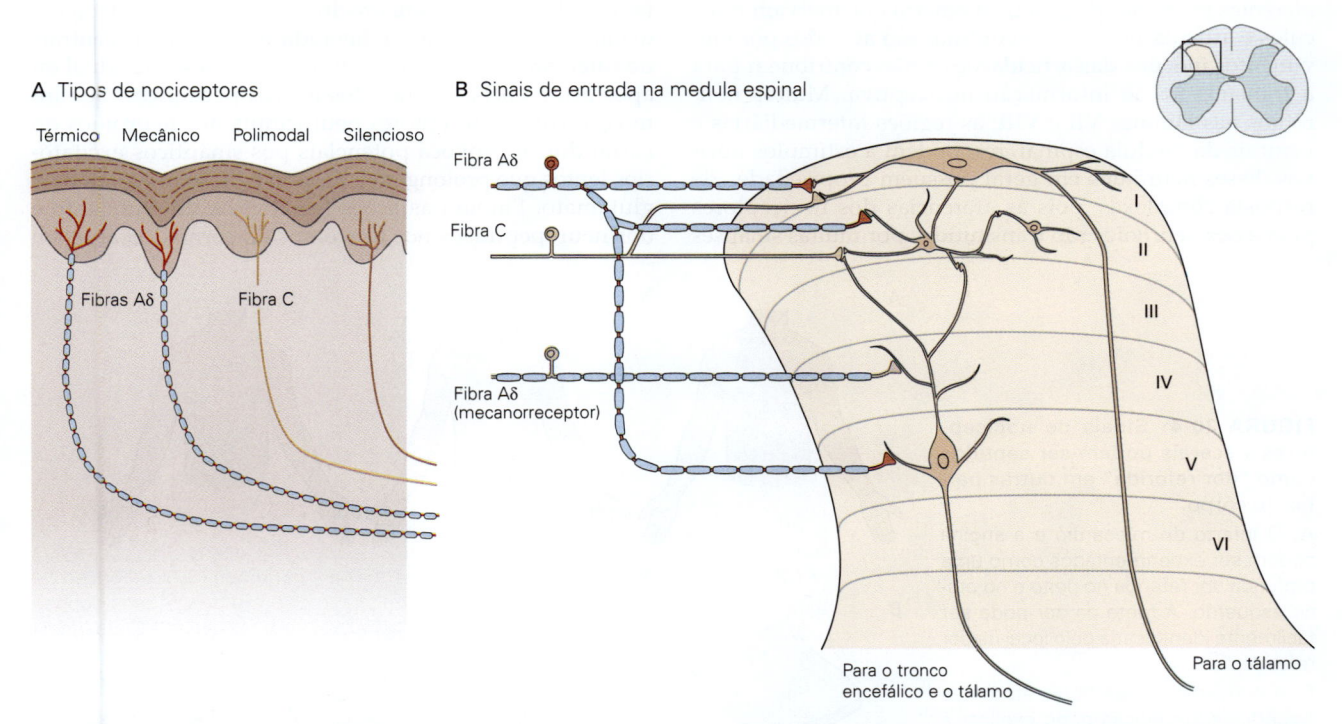

FIGURA 20-3 As fibras nociceptivas terminam em diferentes lâminas do corno dorsal da medula espinal.
A. Existem três classes principais de nociceptores periféricos, bem como os nociceptores silenciosos, que são ativados por inflamação e por várias substâncias químicas.
B. Os neurônios da lâmina I do corno dorsal recebem aferência direta de fibras nociceptivas mielinizadas (**Aδ**) e aferências diretas e indiretas de fibras nociceptivas amielínicas (**C**) via interneurônios da lâmina II. Os neurônios da lâmina V recebem aferências de baixo limiar de fibras mecanorreceptoras Aβ mielinizadas de grande diâmetro, bem como entradas de fibras nociceptivas Aδ e C. Os neurônios da lâmina V estendem seus dendritos para a lâmina IV, onde fazem contato com as terminações dos aferentes primários Aβ. Os terminais axonais dos interneurônios da lâmina II podem fazer contato com os dendritos na lâmina III que surgem das células da lâmina V. Os aferentes primários de Aα entram em contato com os neurônios motores e os interneurônios na medula espinal ventral (não mostrado). (Adaptada, com autorização, de Fields, 1987.)

nocivos e se projetam para o tronco encefálico e o tálamo. Esses neurônios recebem sinais de entrada diretos das fibras Aβ e Aδ e, já que seus dendritos se estendem para dentro da lâmina II, são também inervados por nociceptores de fibras C (**Figura 20-3B**).

Neurônios na lâmina V também recebem aferências de nociceptores dos tecidos viscerais. Essa convergência de sinais de entrada nociceptivos somáticos e viscerais para neurônios individuais da lâmina V fornece uma explicação para o fenômeno chamado de "dor referida", uma condição na qual a dor de uma lesão ao tecido visceral é percebida como originada de uma região da superfície do corpo. Pacientes com infarto do miocárdio, por exemplo, com frequência referem dor no braço esquerdo, bem como no peito (**Figura 20-4**). Esse fenômeno ocorre porque um único neurônio da lâmina V recebe aferência sensorial de ambas as regiões e, assim, o sinal desse neurônio não informa aos centros encefálicos superiores sobre a origem do sinal. Como uma consequência, o encéfalo com frequência atribui de maneira incorreta a dor à pele, possivelmente porque os impulsos cutâneos predominam. Outra explicação anatômica para exemplos de dor referida é que axônios de neurônios sensoriais nociceptivos se ramificam na periferia, inervando a pele e alvos viscerais.

Neurônios na lâmina VI recebem aferências de fibras aferentes primárias de grande diâmetro que inervam músculos e articulações. Esses neurônios são ativados por movimentos inócuos das articulações e não contribuem para a transmissão de informação nociceptiva. Muitos neurônios nas lâminas VII e VIII, as regiões intermediárias e ventrais da medula espinal, respondem a estímulos nocivos. Esses neurônios em geral possuem propriedades de resposta complexas, pois as aferências dos nociceptores para esses neurônios são transmitidas por muitas sinapses intervenientes. Neurônios na lâmina VII com frequência respondem à estimulação de qualquer lado do corpo, enquanto os neurônios mais dorsais do corno recebem aferências unilaterais. Portanto, acredita-se que a ativação dos neurônios da lâmina VII contribua para a qualidade difusa de muitas condições dolorosas.

Os neurônios sensoriais nociceptivos que ativam neurônios no corno dorsal da medula espinal liberam duas classes principais de neurotransmissores. O glutamato é o neurotransmissor primário de todos os neurônios sensoriais primários, independentemente da modalidade sensorial. Os neuropeptídeos são liberados como cotransmissores por muitos nociceptores com axônios amielínicos. Esses peptídeos incluem a substância P, o peptídeo relacionado ao gene da calcitonina (CGRP, de *calcitonin gene-related peptide*), a somatostatina e a galanina (**Figura 20-5**). O glutamato é estocado em vesículas pequenas, eletrolúcidas, enquanto os peptídeos são armazenados em vesículas grandes, de centro denso, nos terminais centrais dos neurônios sensoriais nociceptivos (**Figura 20-6**). Os locais separados de estocagem permitem que essas duas classes de neurotransmissores possam ser liberadas sob condições fisiológicas diferentes.

Dos neuropeptídeos expressos pelos neurônios sensoriais nociceptivos, a ação da substância P, um membro da família dos peptídeos neurocinina, tem sido estudada em detalhe. A substância P é liberada dos terminais centrais dos aferentes nociceptivos em resposta a lesão tecidual ou após estimulação intensa dos nervos periféricos. Sua interação com os receptores neurocinina nos neurônios do corno dorsal provoca potenciais pós-sinápticos excitatórios lentos que prolongam a despolarização induzida pelo glutamato. Embora as ações fisiológicas do glutamato e dos neuropeptídeos nos neurônios do corno dorsal sejam

FIGURA 20-4 Sinais de nociceptores viscerais podem ser sentidos como "dor referida" em outras partes do corpo.

A. O infarto do miocárdio e a angina podem ser experimentados como uma profunda dor referida no peito e no braço esquerdo. A fonte da dor pode ser facilmente identificada pelo local da dor referida.

B. A convergência de fibras aferentes viscerais e somáticas pode explicar a dor referida. Fibras aferentes nociceptivas das vísceras e fibras de áreas específicas da pele convergem nos mesmos neurônios de projeção no corno dorsal. O encéfalo não tem como saber o local real do estímulo nocivo e associa, de maneira equivocada, o sinal de um órgão visceral a uma área da pele. (Adaptada, com autorização, de Fields, 1987.)

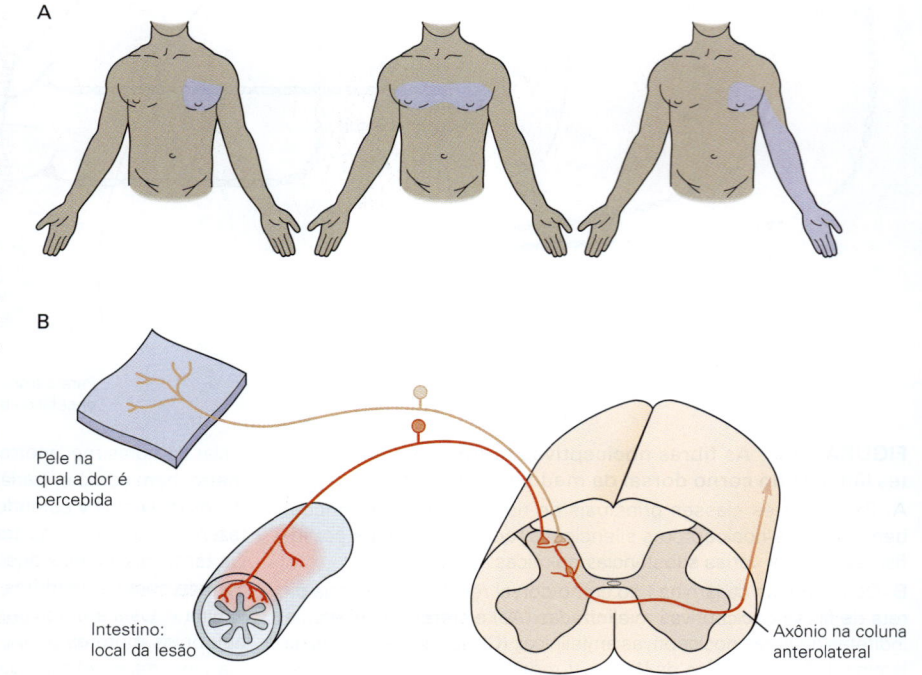

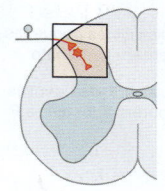

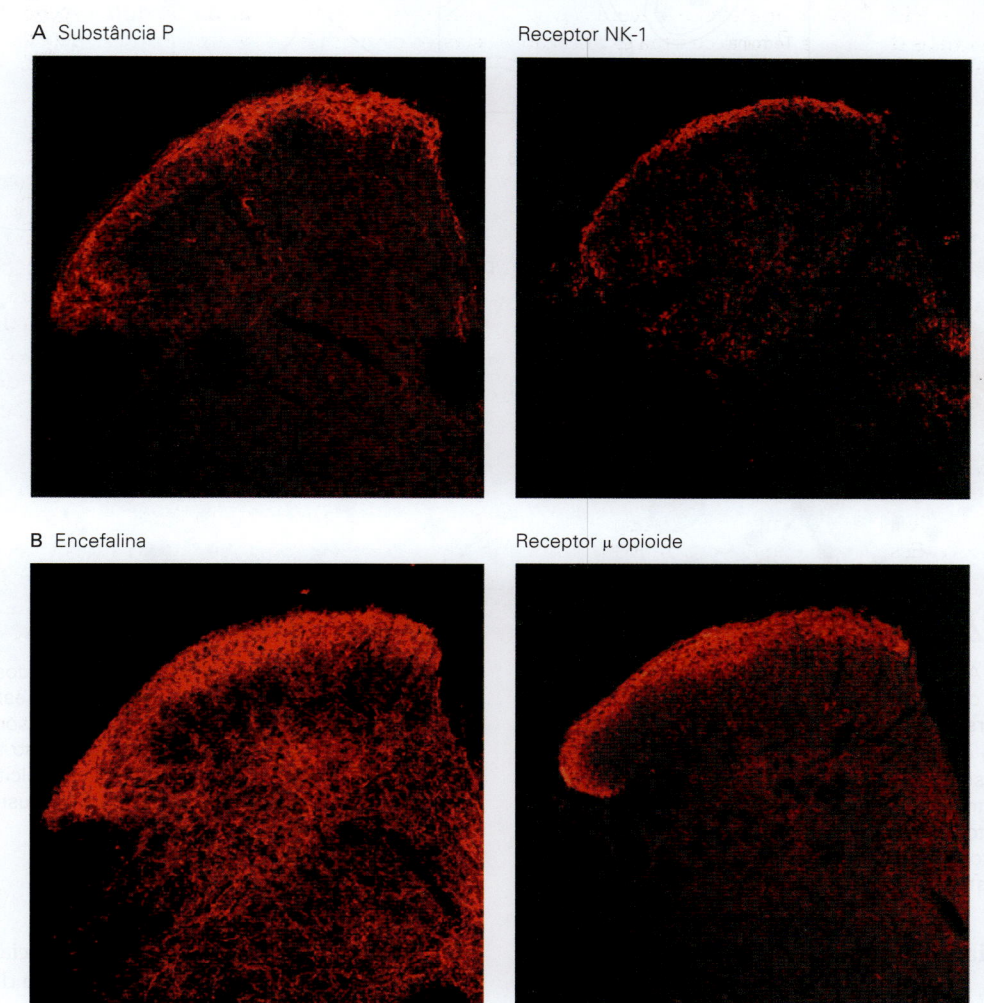

FIGURA 20-5 Neuropeptídeos e seus receptores no corno dorsal superficial da medula espinal de ratos. (Imagens reproduzidas, com autorização, de A. Basbaum.)

A. Os terminais de neurônios sensoriais primários não mielinizados são uma fonte importante de substância P no corno dorsal superficial. A substância P ativa o receptor de neurocinina-1 (NK1, do inglês *neurokinin-1*), que é expresso por neurônios no corno dorsal superficial, a maioria dos quais são neurônios de projeção.

B. A encefalina está localizada nos interneurônios e encontrada na mesma região do corno dorsal, assim como os terminais contendo a substância P. O receptor μ-opioide, que é alvo das encefalinas, é expresso por neurônios no corno dorsal superficial e também, em terminais pré-sinápticos de neurônios sensoriais.

diferentes, esses transmissores agem de maneira coordenada para regular as propriedades de disparo dos neurônios do corno dorsal.

Detalhes da interação dos neuropeptídeos com seus receptores nos neurônios do corno dorsal têm sugerido estratégias para a regulação da dor. A infusão de substância P associada a uma neurotoxina no corno dorsal de animais experimentais resulta em uma destruição seletiva de neurônios que expressam receptores neurocinina. Animais tratados dessa maneira não desenvolvem a sensibilização central, que normalmente é associada à lesão periférica. Esse método de ablação neuronal é mais seletivo do que as intervenções cirúrgicas tradicionais, como a transecção parcial da medula espinal (cordotomia anterolateral) e está sendo considerado um tratamento para pacientes que sofrem de dor crônica intratável.

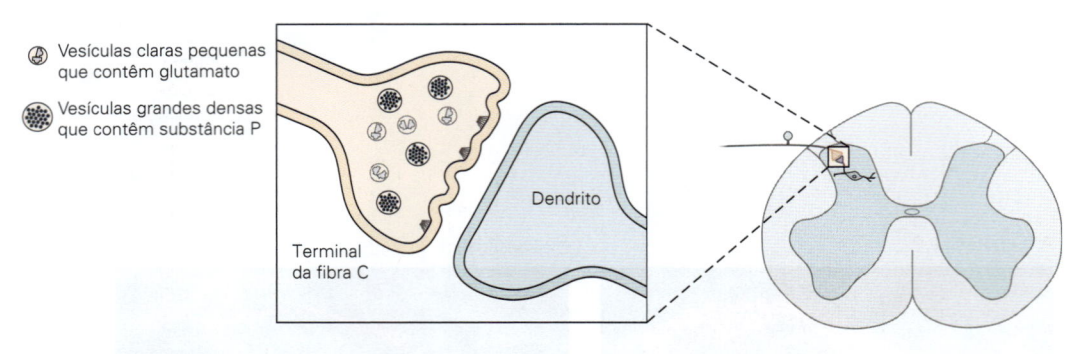

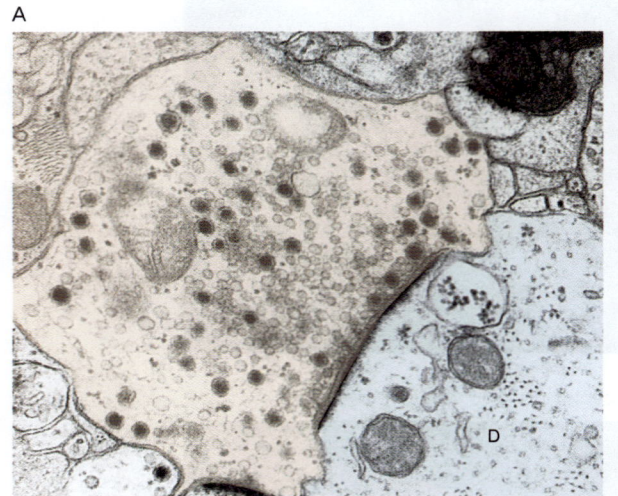

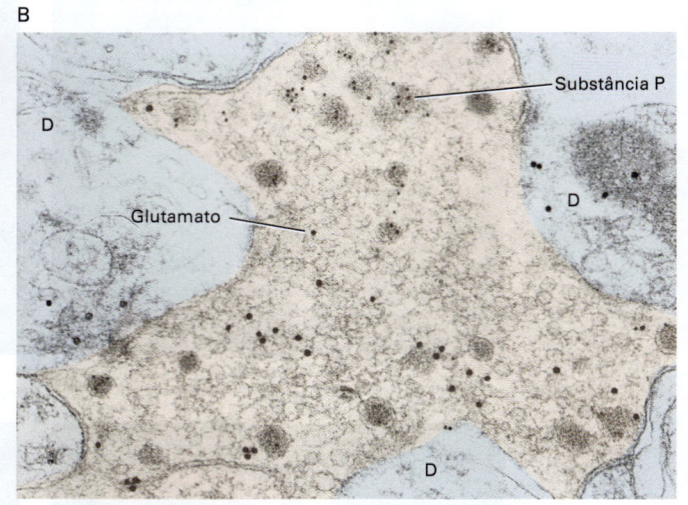

FIGURA 20-6 Armazenamento de transmissor nos terminais sinápticos de neurônios nociceptivos primários na medula espinal dorsal.

A. O terminal de uma fibra C no dendrito (D) de um neurônio do corno dorsal possui dois tipos de vesículas sinápticas que contêm diferentes neurotransmissores. Pequenas vesículas eletrolúcidas contêm glutamato, enquanto vesículas grandes de núcleo denso armazenam neuropeptídeos. (Imagem reproduzida, com autorização, de H. J. Ralston III.)

B. Glutamato e o peptídeo substância P (marcados por partículas de ouro grandes e pequenas respectivamente) estão espalhados no axoplasma de um terminal de neurônio sensorial na lâmina II do corno dorsal. As vesículas de núcleo denso também armazenam o peptídeo relacionado ao gene da calcitonina (CGRP). (Reproduzida, com autorização, de De Biasi e Rustioni, 1990.)

A hiperalgesia possui origem periférica e central

Até este ponto, consideramos a transmissão de sinais nocivos no estado fisiológico normal. Contudo, o processo normal de sinalização sensorial pode ser dramaticamente alterado quando o tecido periférico é lesionado, resultando em um aumento da sensibilidade à dor, ou hiperalgesia. Essa condição pode ser provocada pela sensibilização de nociceptores periféricos por exposição repetitiva a estímulos nocivos (**Figura 20-7**).

A sensibilização é desencadeada por uma mistura complexa de substâncias químicas liberadas das células danificadas que se acumulam no local do tecido lesionado. Esse coquetel de substâncias contém peptídeos e proteínas, como bradicinina, substância P e fator de crescimento do nervo, bem como moléculas, como ATP, histamina, serotonina, prostaglandinas, leucotrienos e acetilcolina. Muitos desses mediadores químicos são liberados por tipos celulares distintos, mas juntos eles agem diminuindo o limiar de ativação nociceptiva.

Mas afinal, de onde vêm essas substâncias e o que exatamente elas fazem? A histamina é liberada dos mastócitos após uma lesão tecidual e ativa nociceptores polimodais. O lipídeo anandamida, um agonista canabinoide endógeno, é liberado sob condições de inflamação, ativa os canais TRPV1 e pode desencadear a dor associada à inflamação. O ATP, a acetilcolina e a serotonina são liberados das células endoteliais danificadas e das plaquetas. Eles agem indiretamente sensibilizando os nociceptores por desencadearem a liberação de agentes químicos, como as prostaglandinas e a bradicinina das células periféricas.

A bradicinina é um dos agentes mais ativos em produzir dor. Sua potência decorre em parte por sua capacidade de ativar diretamente os nociceptores Aδ e C e aumenta a síntese e liberação de prostaglandinas de células vizinhas. As prostaglandinas são metabólitos do ácido araquidônico que são gerados pela atividade das enzimas cicloxigenase (COX) que clivam o ácido araquidônico (Capítulo 14). A enzima COX-2 é induzida preferencialmente sob condições de

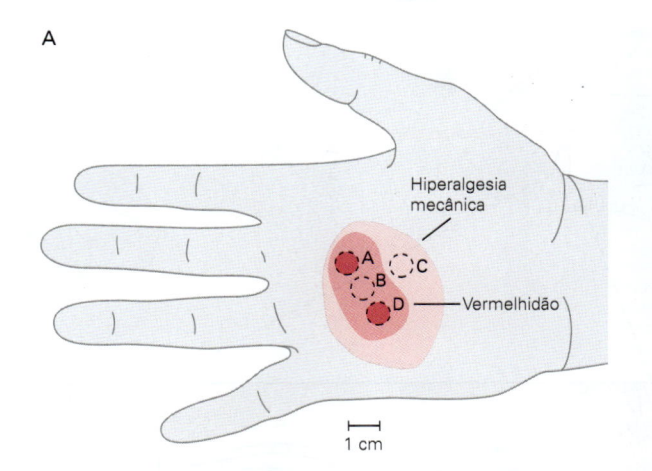

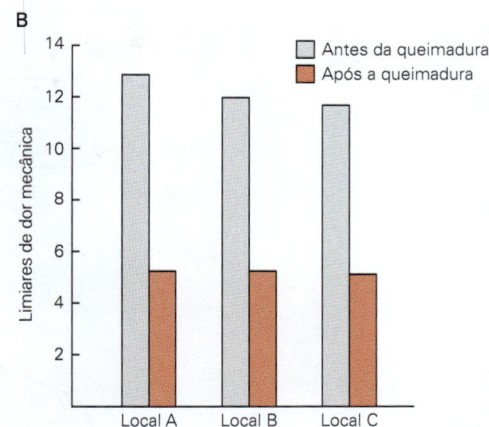

FIGURA 20-7 Hiperalgesia como resultado da sensibilização dos nociceptores. (Reproduzida, com autorização, de Raja, Campbell e Meyer, 1984. Copyright © 1984 Oxford University Press.)
A. Os limiares mecânicos para dor foram registrados nos locais A, B e C antes e depois das queimaduras nos locais A e D. As áreas avermelhadas e de hiperalgesia mecânica que resultaram das queimaduras são mostradas na mão de uma pessoa. Em todos os sujeitos, a área de hiperalgesia mecânica foi maior que a área queimada. A hiperalgesia mecânica estava presente mesmo depois de a vermelhidão ter desaparecido.
B. Média dos limiares de dor mecânica, antes e depois da queimadura. O limiar mecânico para dor é diminuído de maneira significativa após a queimadura.

inflamação periférica, contribuindo para o aumento da sensibilidade à dor. As vias enzimáticas da síntese das prostaglandinas são alvos de fármacos analgésicos comumente usados. O ácido acetilsalicílico e outros AINEs, como ibuprofeno e naproxeno, são eficazes no controle da dor por bloquearem a atividade das enzimas COX, reduzindo a síntese de prostaglandinas.

A atividade dos nociceptores periféricos também pode produzir todos os sinais cardinais da inflamação, incluindo calor (calor), vermelhidão (rubor) e inchaço (edema). O calor e o rubor resultam da dilatação dos vasos sanguíneos periféricos, enquanto o edema resulta do extravasamento de plasma, um processo no qual proteínas, células e fluidos penetram nas vênulas pós-capilares. A liberação dos neuropeptídeos substância P e CGRP dos terminais periféricos das fibras C provoca extravasamento de plasma e vasodilatação, respectivamente. Já que essa forma de inflamação depende da atividade neuronal, ela tem sido chamada de *inflamação neurogênica* (**Figura 20-8**). É importante ressaltar que, como a vasodilatação periférica profunda é um gatilho crítico de muitas enxaquecas, o desenvolvimento de anticorpos para CGRP com fins de neutralizar a vasodilatação, oferece uma esperança significativa para uma nova terapia para enxaqueca.

A liberação da substância P e do CGRP dos terminais periféricos dos neurônios sensoriais é também responsável pelo *reflexo axonal*, um processo fisiológico caracterizado pela vasodilatação na vizinhança de uma lesão cutânea. Os antagonistas farmacológicos da substância P são capazes de bloquear a inflamação neurogênica e a vasodilatação em humanos; essa descoberta ilustra como o conhecimento dos mecanismos nociceptivos pode ser aplicado na melhoria das terapias clínicas para a dor.

Além dessas pequenas moléculas e peptídeos, as neurotrofinas são agentes causadores de dor. O fator de crescimento neural (NGF) e o fator neurotrófico derivado do encéfalo (BDNF) são particularmente ativos em estados de dor inflamatória. A síntese de BDNF é regulada positivamente em tecidos periféricos inflamados (**Figura 20-9**). Moléculas que neutralizam o NGF são agentes analgésicos efetivos nos modelos animais de dor persistente. De fato, a inibição da função e da sinalização do NGF bloqueia a sensação da dor tão eficientemente quanto os inibidores da COX e os opiáceos. Já foram relatados vários ensaios clínicos promissores usando anticorpos para NGF para tratamento da osteoartrite de joelho, demonstrando mais uma vez a translação da ciência básica para a clínica.

O que aumenta a sensibilidade dos neurônios do corno dorsal aos sinais nociceptivos? Sob condições de lesão persistente, as fibras C disparam repetidamente, e a resposta dos neurônios do corno dorsal aumenta de maneira progressiva (**Figura 20-10A**). O aumento gradual na excitabilidade dos neurônios do corno dorsal tem sido chamado de potenciação da dor (*windup*) e acredita-se que envolva receptores para glutamato do tipo *N*-metil-D-aspartato (NMDA) (**Figura 20-10B**).

A exposição repetida ao estímulo nocivo resulta, assim, em mudanças a longo prazo na resposta dos neurônios da coluna dorsal por mecanismos que são similares àqueles envolvidos na potenciação de longa duração das respostas sinápticas em muitos circuitos no encéfalo. Em essência, essas mudanças prolongadas na excitabilidade dos neurônios do corno dorsal constituem uma "memória" dos sinais de entrada da fibra C. Esse fenômeno tem sido chamado de *sensibilização central*, para distinguir da sensibilização dos terminais periféricos dos neurônios do corno dorsal, um processo que envolve a ativação das vias enzimáticas da síntese de prostaglandinas.

A sensibilização dos neurônios do corno dorsal também envolve o recrutamento de vias de segundos mensageiros e a ativação de proteínas-cinases que têm sido

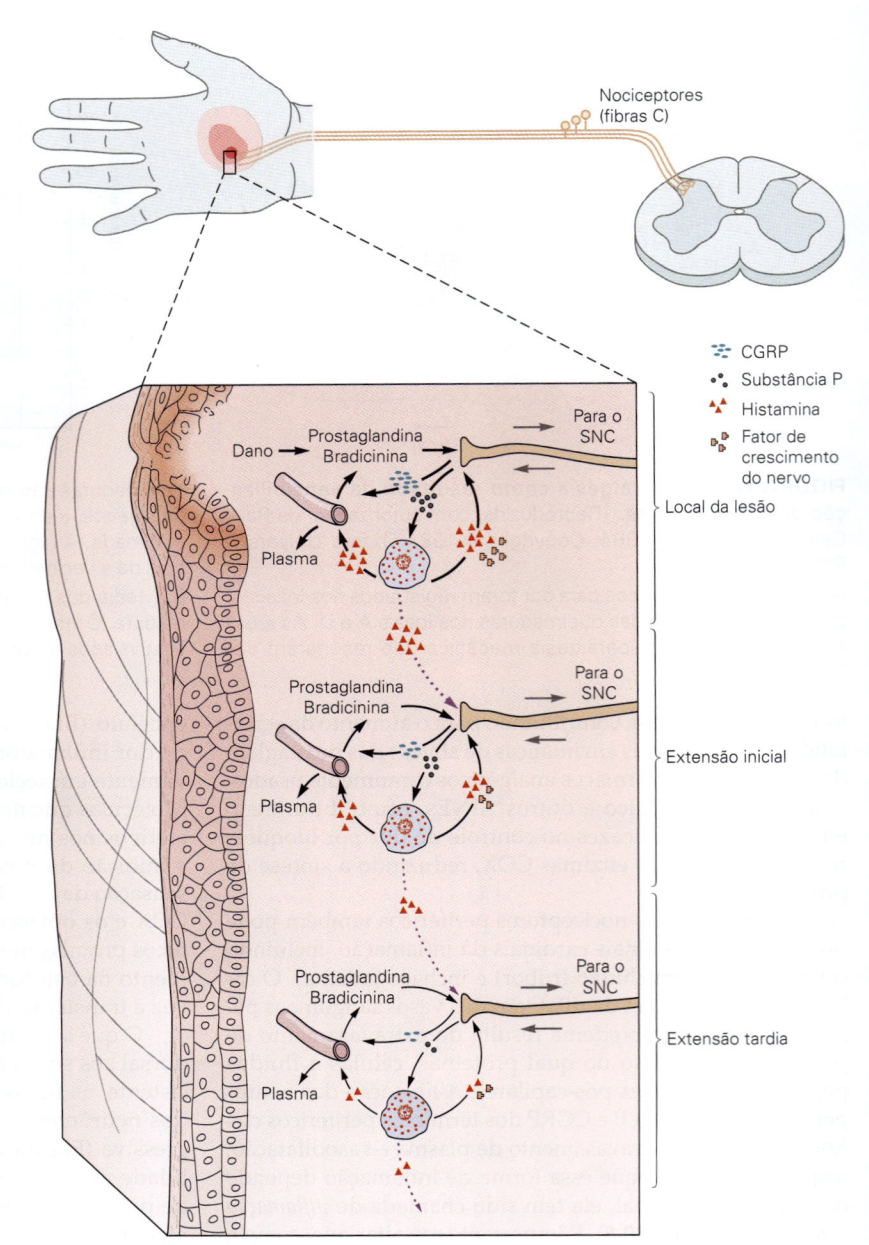

FIGURA 20-8 Inflamação neurogênica. Lesões ou danos nos tecidos liberam bradicininas e prostaglandinas, as quais ativam ou sensibilizam nociceptores. A ativação de nociceptores leva à liberação de substância P e peptídeo relacionado ao gene da calcitonina (**CGRP**). A substância P atua nos mastócitos (**azul-claro**) nas proximidades das terminações sensoriais para evocar a degranulação e a liberação de histamina, que excita diretamente os nociceptores. A substância P também produz extravasamento de plasma e edema, e o CGRP produz dilatação dos vasos sanguíneos periféricos (levando a vermelhidão da pele); a inflamação resultante causa liberação adicional de bradicinina. Esses mecanismos também ocorrem em tecidos saudáveis, onde contribuem para a hiperalgesia secundária ou disseminada. (Sigla: **SNC**, sistema nervoso central.)

implicadas no armazenamento da memória em outras regiões do sistema nervoso central. Uma consequência dessa cascata enzimática é a expressão de genes de resposta imediata que codificam fatores de transcrição como *c-fos*, os quais acredita-se que ativem proteínas efetoras que sensibilizam os neurônios do corno dorsal às aferências sensoriais. Mais importante ainda, a sensibilização central dos circuitos de transmissão de "dor" no corno dorsal é o processo que pode diminuir os limiares de dor (alodinia) e levar à *dor espontânea* (ou seja, dor contínua na ausência de estimulação periférica).

A sensibilização central também é um dos principais contribuintes para a dor neuropática devido à lesão do nervo. Novamente aqui, há um aumento da excitabilidade dos circuitos do corno dorsal mediados pelos receptores NMDA. Há também perda de controles inibitórios no corno dorsal. Em condições normais, os interneurônios inibitórios GABAérgicos no corno dorsal não são apenas tonicamente ativos, mas também são ativados pela atividade de fibras Aβ não nociceptivas de grande diâmetro (**Figura 20-11A**). A lesão do nervo periférico diminui os controles GABAérgicos, exacerbando, assim, a hiperatividade dessas vias nociceptivas (**Figura 20-11B**). Estudos recentes também relacionam a ativação da microglia induzida por lesão nervosa, com a consequente redução da inibição GABAérgica no processo de sensibilização central (**Figuras 20-11C** e **20-12**). Juntas, essas mudanças contribuem para *alodinia mecânica* (ou seja, dor provocada por estimulação mecânica

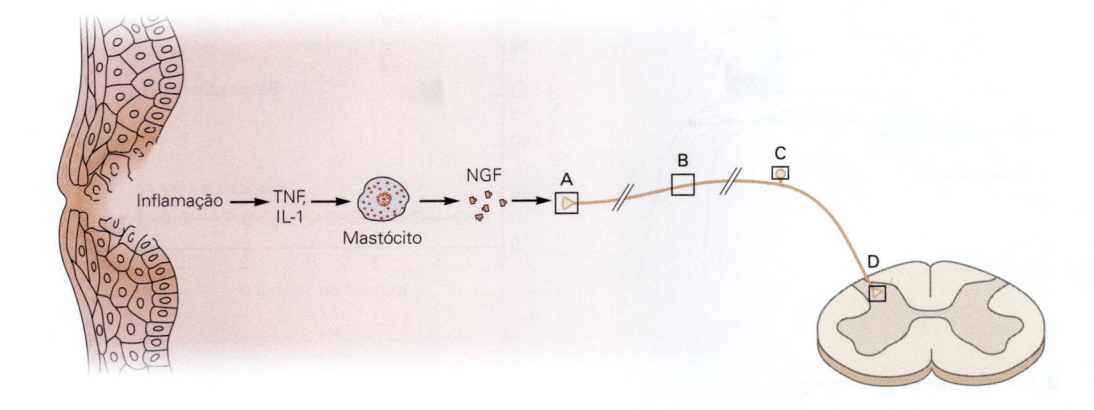

A Exposição periférica ao NGF
B Transporte retrógrado dos endossomas sinalizadores
C Aumento da transcrição do BDNF
D Liberação central de BDNF

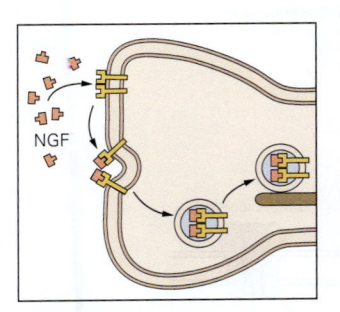

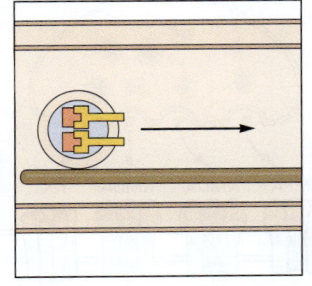

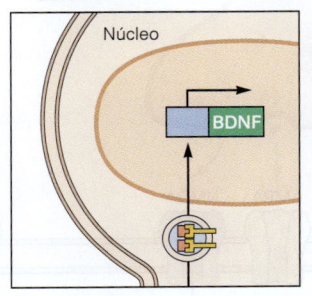

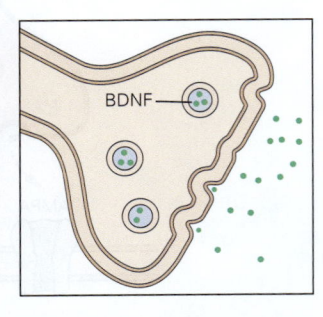

FIGURA 20-9 As neurotrofinas são mediadoras da dor. A produção local de citocinas inflamatórias como a interleucina-1 (IL-1) e do fator de necrose tumoral (TNF) promove a síntese e a liberação de fator de crescimento do nervo (NGF) a partir de diversos tipos de células na periferia. O fator de crescimento do nervo liga-se aos receptores TrkA nos terminais nociceptivos primários (**A**), desencadeando a regulação positiva na expressão de canais iônicos que aumentam a excitabilidade do nociceptor. O transporte retrógrado de endossomos sinalizadores para o corpo celular (**B**) resulta em maior expressão do fator neurotrófico derivado do encéfalo (BDNF) (**C**), e sua liberação de terminais sensoriais na medula espinal (**D**) aumenta ainda mais a excitabilidade dos neurônios do corno dorsal.

normalmente inócua). A alodinia mecânica também pode se desenvolver devido a um envolvimento inadequado dos circuitos da via nociceptiva do corno dorsal pelos aferentes mielinizados Aβ. De fato, a disseminação da dor (hiperalgesia secundária) pode ocorrer porque os aferentes Aβ não lesionados (fora da área da lesão) podem ativar inadequadamente os circuitos do corno dorsal que sofreram sensibilização central.

Quatro principais vias ascendentes contribuem com informações sensoriais para os processos centrais de geração da dor

Quatro principais vias ascendentes – os tratos espinotalâmico, espinorreticular, espinoparabraquial e espino-hipotalâmico – contribuem com informações sensoriais para os processos centrais de geração da dor.

O *trato espinotalâmico* é a via nociceptiva ascendente mais proeminente da medula espinal. Ele inclui os axônios de neurônios específicos nociceptivos, os termossensíveis e os de amplo espectro dinâmico das lâminas I e V a VII no corno dorsal. Esses axônios cruzam a linha média da medula espinal em seu segmento de origem e ascendem na substância branca anterolateral antes de terminar nos núcleos talâmicos (**Figura 20-13**). O trato espinotalâmico tem um papel crucial na transmissão da informação nociceptiva. As células na origem desse trato geralmente têm campos receptivos distintos e unilaterais que fundamentam nossa capacidade de localizar estímulos dolorosos. Não surpreendentemente, a estimulação elétrica do trato é suficiente para provocar a sensação de dor. Por outro lado, a lesão desse trato (cordotomia anterolateral), procedimento geralmente utilizado apenas para dor intratável em pacientes com câncer terminal, pode resultar em acentuada redução da sensação dolorosa no lado do corpo contralateral ao da lesão.

O *trato espinorreticular* contém os axônios dos neurônios de projeção das lâminas VII e VIII. Esse trato ascende no quadrante anterolateral da medula espinal com axônios do trato espinotalâmico e termina na formação reticular e no tálamo. Como os neurônios na origem do trato espinorreticular geralmente têm campos receptivos grandes, muitas vezes bilaterais, essa via tem sido mais implicada no processamento de dores difusas e mal localizadas.

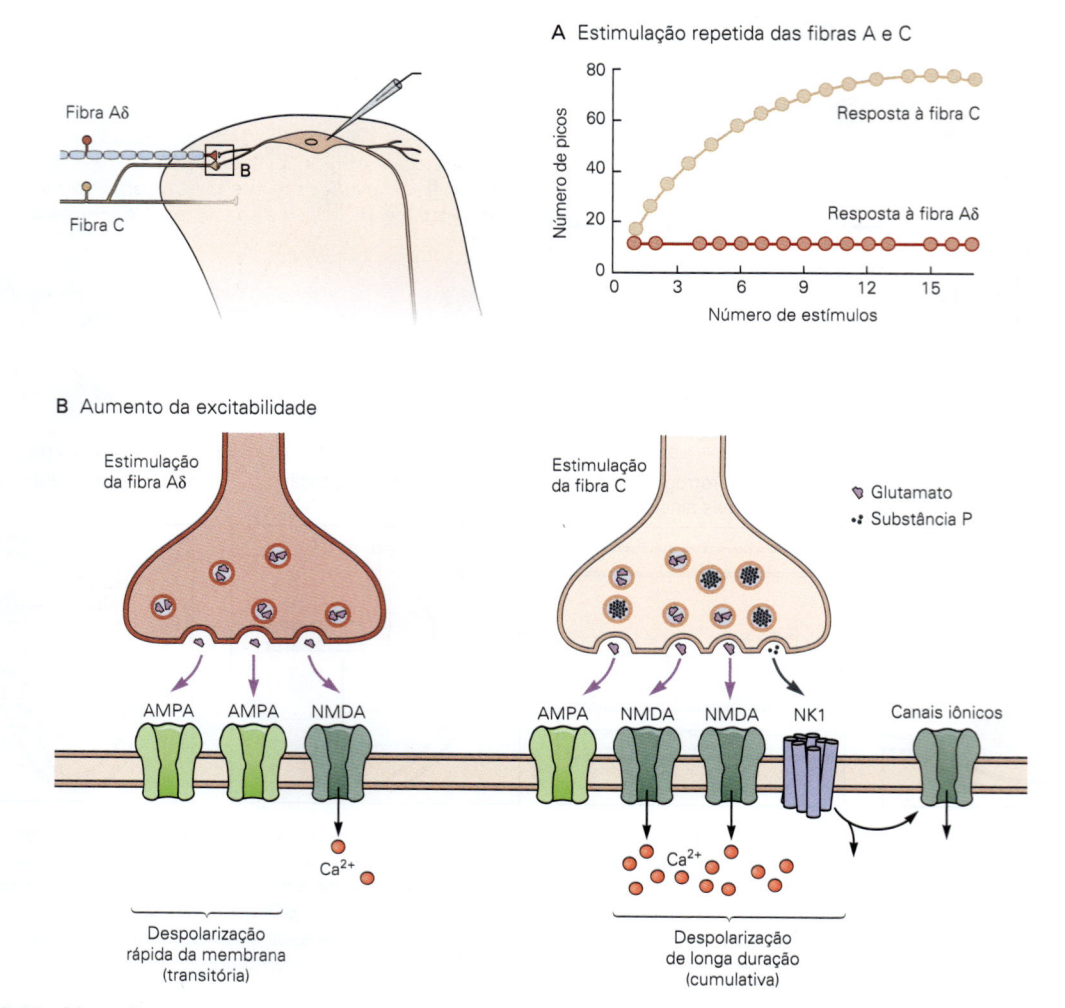

FIGURA 20-10 Mecanismos para aumentar a excitabilidade dos neurônios do corno dorsal.

A. Respostas típicas de um neurônio do corno dorsal de rato a um estímulo elétrico aplicado de maneira transcutânea a uma frequência de 1 Hz. Com a estimulação repetida, o componente de latência longa evocado pela fibra C aumenta gradualmente, enquanto o componente de latência curta evocado pela fibra A se mantém constante.

B. Os neurônios do corno dorsal recebem entrada mono e polissináptica dos nociceptores de fibra Aδ e C. A elevação do Ca^{2+} residual no terminal pré-sináptico leva ao aumento da liberação de glutamato e substância P (e CGRP, não mostrado). *À esquerda*: A ativação de receptores AMPA pós-sinápticos por fibras Aδ causa uma rápida despolarização transitória da membrana, que alivia o bloqueio Mg^{2+} dos receptores NMDA. *À direita*: A ativação dos receptores pós-sinápticos NMDA e neurocinina-1 (**NK1**) pelas fibras C gera uma despolarização cumulativa de longa duração. A concentração de Ca^{2+} citosólico no neurônio do corno dorsal aumenta devido à entrada de Ca^{2+} através dos canais do receptor NMDA e dos canais de Ca^{2+} sensíveis à voltagem. O Ca^{2+} elevado e a ativação pelos receptores NK1 de sistemas de segundo mensageiro melhoram o desempenho dos receptores NMDA. A ativação dos receptores NK1, a despolarização cumulativa, o Ca^{2+} citosólico elevado e outros fatores regulam o comportamento dos canais iônicos dependentes de voltagem responsáveis pelos potenciais de ação, resultando em maior excitabilidade, os quais contribuem para o processo de sensibilização central. (Siglas: **AMPA**, α-amino-3-hidróxi-5-metil-4-isoxazolepropionato; **NMDA**, N-metil-D-aspartato.)

O *trato espinoparabraquial* contém os axônios dos neurônios de projeção nas lâminas I e V. Acredita-se que as informações transmitidas ao longo desse trato contribuam para o componente afetivo da dor. Esse trato se projeta no quadrante anterolateral da medula espinal até o núcleo parabraquial no nível da ponte (**Figura 20-13**). Essa via possui extensos colaterais para a formação reticular mesencefálica e substância cinzenta periaquedutal. Os neurônios parabraquiais projetam-se para a amígdala, um núcleo crítico do sistema límbico, que regula os estados emocionais (Capítulo 42).

O *trato espino-hipotalâmico* contém os axônios dos neurônios encontrados nas lâminas da medula espinal I, V, VII e VIII. Esses axônios se projetam para núcleos hipotalâmicos que servem como centros de controle autonômico, envolvidos na regulação das respostas neuroendócrinas e cardiovasculares que acompanham as síndromes dolorosas (Capítulo 41).

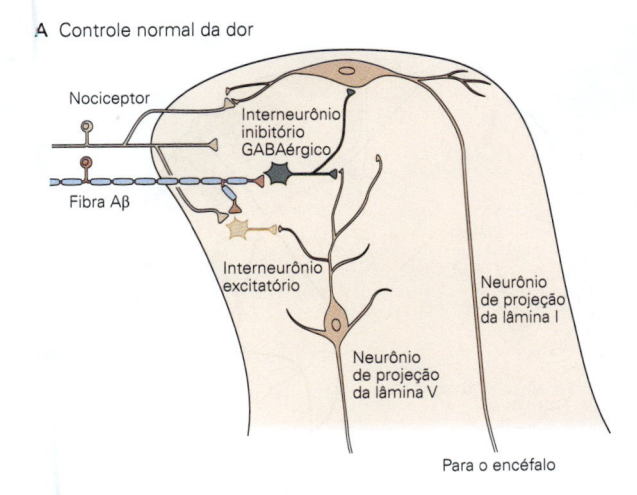

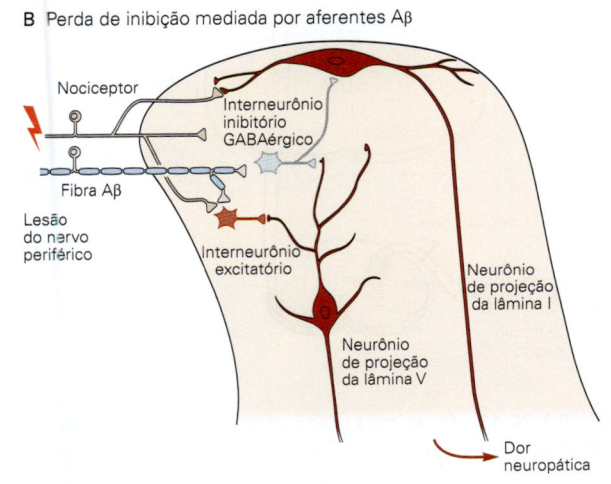

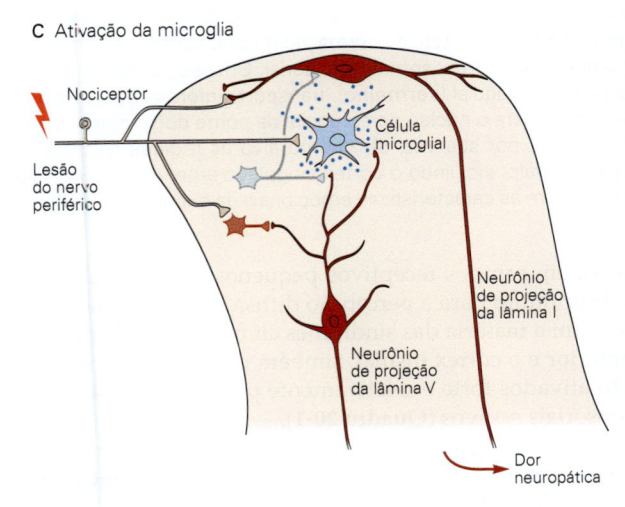

A Controle normal da dor

B Perda de inibição mediada por aferentes Aβ

C Ativação da microglia

FIGURA 20-11 A lesão do nervo desencadeia múltiplos mecanismos de sensibilização central do corno dorsal que contribuem para a dor neuropática.

A. Em condições normais, os nociceptores acionam os circuitos de transmissão da dor do corno dorsal, por meio de entradas monossinápticas e polissinápticas (excitatórias) para os neurônios de projeção das lâminas I e V que transmitem informações nociceptivas ao tronco encefálico e ao tálamo. (Ver **Figura 20-13**.) A saída dos neurônios de projeção é regulada por interneurônios inibitórios GABAérgicos, que podem ser ativados por fibras aferentes Aβ não nociceptivas, de grande diâmetro e mielinizadas.

B. A lesão do nervo periférico pode resultar em uma perda do controle inibitório exercido pelos aferentes Aβ, via perda de interneurônios GABAérgicos, produção reduzida de GABA ou expressão reduzida de receptores GABAérgicos pelos neurônios de projeção. O brotamento fisiopatológico de aferentes Aβ também pode permitir que entradas não nociceptivas se engajem diretamente nos neurônios de projeção (não mostrados), resultando na condição de hipersensibilidade/alodinia mecânica mediada por Aβ, uma característica da dor neuropática.

C. A lesão do nervo periférico não apenas ativa os neurônios do corno dorsal diretamente, mas também ativa a microglia, que por sua vez libera uma série de mediadores que aumentam a excitabilidade neuronal e reduzem os controles inibitórios exercidos pelos interneurônios GABAérgicos. Assim, direcionar os mediadores liberados pela microglia introduz mais uma abordagem potencial para a farmacoterapia da dor crônica.

Vários núcleos talâmicos retransmitem a informação nociceptiva ao córtex cerebral

O tálamo contém vários núcleos de retransmissão que participam do processamento central da informação nociceptiva. Duas das mais importantes regiões talâmicas são os grupos nucleares lateral e medial. O *grupo nuclear lateral* compreende os núcleos ventroposterolateral (VPL), ventroposteromedial (VPM) e posterior/pulvinar. O VPL e o VPM, respectivamente, recebem aferências via trato espinotalâmico de neurônios de nocicepção-específicos e de amplo-alcance-dinâmico nas lâminas I e V do corno dorsal e via trato trigeminotalâmico do núcleo trigeminal caudalis, o homólogo trigeminal do corno dorsal que processa informações nociceptivas das regiões orofaciais. O tálamo lateral processa informações sobre a localização precisa de uma lesão, informações geralmente transmitidas à consciência como dor aguda. Em concordância com esse ponto de vista, neurônios dos núcleos talâmicos laterais possuem campos receptivos pequenos, correspondentes àqueles dos neurônios espinais pré-sinápticos.

Um infarto cerebrovascular que resulte em dano sobre o tálamo lateral pode produzir a condição de dor neuropática central chamada síndrome de Dejerine-Roussy (dor talâmica). Os pacientes com essa síndrome experimentam dor em queimação espontânea, bem como sensações atípicas (chamadas disestesias) contralaterais ao infarto. A estimulação elétrica do tálamo pode também resultar em dor intensa. Em um caso clínico notável, essa estimulação causou uma sensação de angina tão real que o anestesiologista pensou que o paciente estava tendo um ataque cardíaco. Essa e outras observações clínicas sugerem que, em condições de dor crônica, há uma mudança fundamental na circuitaria talâmica e cortical. Essa hipótese é consistente com estudos que demonstram que o mapa topográfico do corpo no tálamo e no córtex somatossensorial não é constante, podendo ser moldado com o uso e desuso. A perda de um membro pode levar ao encolhimento e até ao desaparecimento da representação cortical do membro. A reorganização atípica provavelmente contribui para a dor do membro fantasma (**Figura 20-14**).

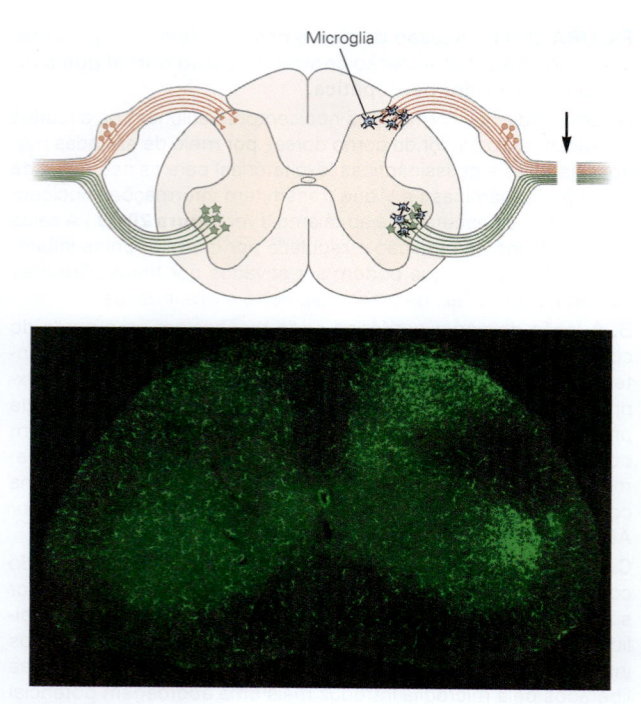

FIGURA 20-12 A lesão do nervo periférico ativa a microglia nos cornos dorsal e ventral. Desenho esquemático e fotomicrografia ilustram o local onde a microglia é ativada após lesão do nervo periférico. A ativação da microglia no corno dorsal resulta de dano (**seta**) ao ramo periférico dos neurônios sensoriais primários (**células laranja**). A ativação microglia ao redor dos corpos celulares dos neurônios motores no corno ventral ocorre porque a mesma lesão danifica os axônios eferentes dos neurônios motores (**células verdes**). (Micrografia reproduzida, com autorização, de Julia Kuhn.)

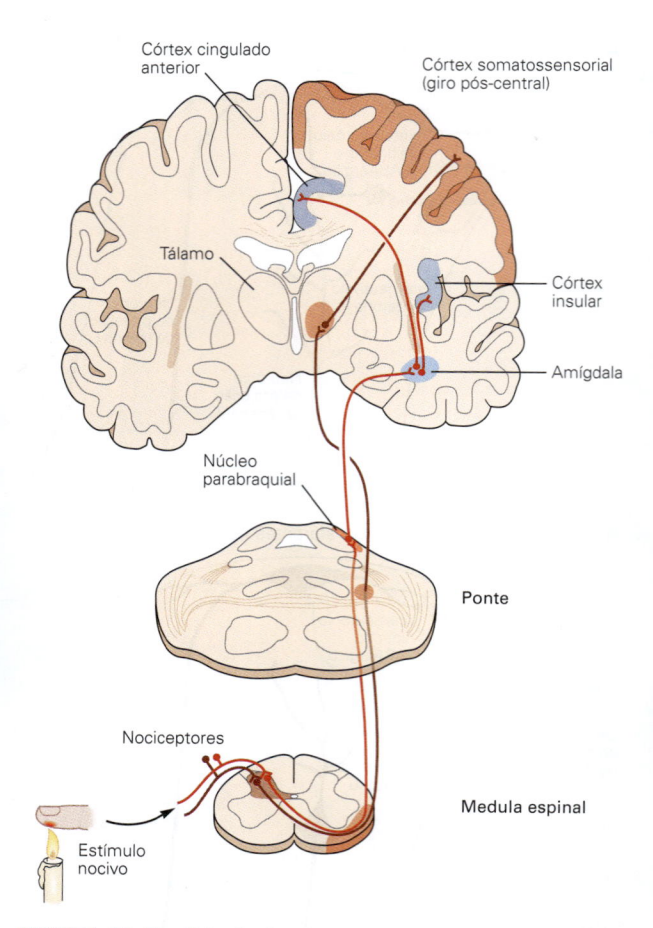

FIGURA 20-13 Principais vias ascendentes que transmitem informações nociceptivas. Características discriminativas sensoriais da experiência de dor são transmitidas da medula espinal para o tálamo ventroposterolateral através do trato espinotalâmico (**marrom**). A partir daí, a informação é transmitida predominantemente para o córtex somatossensorial. Uma segunda via, (o trato espinoparabraquial (**vermelho**), transporta informações da medula espinal para o núcleo parabraquial da ponte dorsolateral. Esses neurônios, por sua vez, têm como alvo as regiões límbicas do prosencéfalo, incluindo o córtex cingulado anterior e insular, que processam as características emocionais da experiência da dor.

O *grupo nuclear medial* do tálamo compreende os núcleos dorsal medial e lateral central do tálamo e o complexo intralaminar. Sua principal entrada é de neurônios das lâminas VII e VIII do corno dorsal. A via para o tálamo medial foi a primeira projeção espinotalâmica evidente na evolução dos mamíferos, sendo conhecida como *trato paleoespinotalâmico*. Esse trato é também algumas vezes referido como trato espinorreticulotalâmico, pois inclui conexões indiretas pela formação reticular do tronco encefálico. A projeção do tálamo lateral aos núcleos lateral e medial ventroposterior está mais desenvolvida em primatas, e é chamada de *trato neoespinotalâmico*. Muitos neurônios no tálamo medial respondem de forma otimizada a estímulos nocivos e se projetam para muitas regiões do sistema límbico, incluindo o córtex cingulado anterior.

A percepção da dor surge e pode ser controlada por mecanismos corticais

O córtex cingulado anterior e o córtex insular estão associados à percepção da dor

Estudos atuais de imagem mostram que não há uma área cortical única responsável pela percepção da dor. Em vez disso, várias regiões são ativadas quando um indivíduo sente dor. Neurônios do córtex somatossensorial em geral possuem campos receptivos pequenos e podem não contribuir muito para a percepção difusa das dores que caracterizam a maioria das síndromes clínicas. O giro cingulado anterior e o córtex insular também contêm neurônios que são ativados forte e seletivamente por estímulos somatossensoriais nocivos (**Quadro 20-1**).

O giro cingulado anterior faz parte do sistema límbico e está envolvido no processamento de estados emocionais associados à dor. O córtex insular recebe projeções diretas do tálamo e da amígdala. Os neurônios no córtex insular processam a informação sobre o estado interno do corpo e contribuem para o componente autonômico das respostas à dor. É importante ressaltar que os procedimentos neurocirúrgicos que removem o córtex cingulado ou o caminho do córtex frontal para o córtex cingulado reduzem as características afetivas da dor sem eliminar a capacidade de

FIGURA 20-14 Alterações na ativação neural na dor do membro fantasma.
A. A região do córtex cerebral ativada por aferências sensoriais espinais ascendentes é expandida em pacientes com dor no membro fantasma.
B. Imagem por ressonância magnética funcional (IRMf) de pacientes com dor no membro fantasma e pacientes saudáveis durante uma tarefa de franzir o lábio. Em pacientes amputados com dor no membro fantasma, a representação cortical da boca se ampliou para regiões da mão e do braço. Em pacientes amputados sem dor, as áreas dos córtices somatossensorial primário e motor que são ativadas são similares àquelas dos controles saudáveis (imagem não mostrada). (Adaptada, com autorização, de Flor, Nokolajsen e Jensen 2006. Copyright © 2006 Springer Nature.)

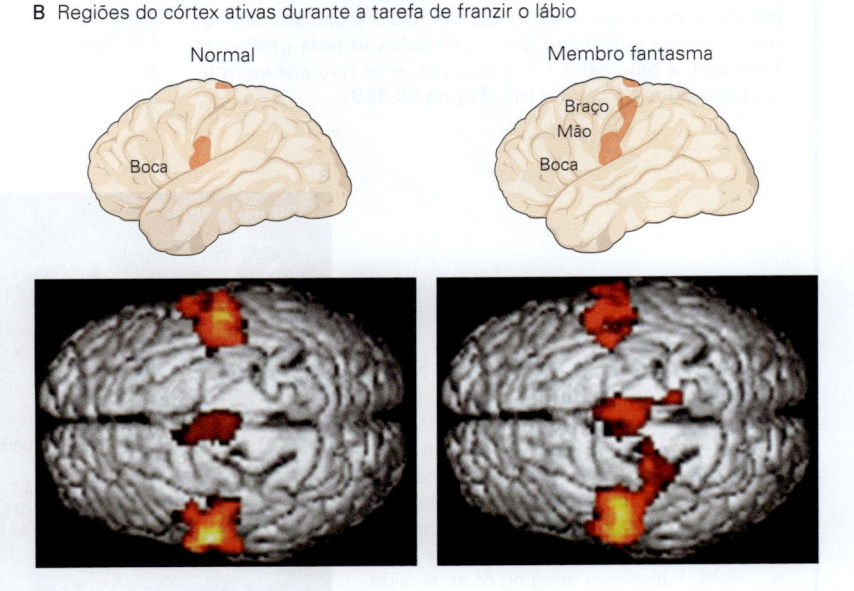

reconhecer a intensidade e a localização da lesão. Pacientes com lesões no córtex insular apresentam a impressionante síndrome de assimbolia para dor. Eles percebem estímulos nocivos como dolorosos e podem distinguir entre dor aguda e dor surda, mas não apresentam resposta emocional apropriada. Essas observações implicam o córtex insular como uma área na qual os componentes sensoriais, afetivos e cognitivos da dor são integrados.

A percepção da dor é regulada por um equilíbrio de atividade nas fibras aferentes nociceptivas e não nociceptivas

Muitos neurônios de projeção no corno dorsal da medula espinal respondem de maneira seletiva aos sinais nocivos, mas outros recebem sinais de entrada convergentes de aferentes nociceptivos e não nociceptivos. O conceito de que a convergência das aferências sensoriais sobre os neurônios de projeção regula o processamento da dor emergiu pela primeira vez na década de 1960.

Ronald Melzack e Patrick Wall propuseram que o equilíbrio relativo da atividade dos aferentes nociceptivos e não nociceptivos pode influenciar a transmissão e a percepção da dor. Em particular, eles propuseram que a ativação de neurônios sensoriais não nociceptivos, envolvendo interneurônios inibitórios no corno dorsal, fecha um "portão" para transmissão aferente de sinais nociceptivos que podem ser abertos pela ativação de neurônios sensoriais nociceptivos. Na forma original e mais simples da teoria de controle do portão, a interação entre fibras de grande e pequeno diâmetro ocorre no primeiro local possível de

> **QUADRO 20-1** Localização da dor ilusória no córtex cerebral
>
> A ilusão de Thunberg, demonstrada pela primeira vez em 1896, é uma forte e, frequentemente, dolorosa sensação de calor sentida após o toque em uma grelha de barras quentes e frias alternadas (**Figura 20-15A**).
>
> Uma hipótese propõe que essa sensação ilusória ocorre como resultado de respostas diferenciais da grade de duas classes de neurônios do trato espinotalâmico, uma sensível ao frio inócuo e outra ao frio nocivo. Essa descoberta levou a um modelo de percepção da dor baseado em um processo central de desinibição ou desmascaramento no córtex cerebral. Esse modelo prevê semelhanças perceptivas entre a dor provocada pela grelha e pelo frio, o que foi verificado psicofisicamente. A integração talamocortical dos estímulos de dor e temperatura pode explicar a sensação de queimadura sentida quando os nociceptores são ativados pelo frio.
>
> Para identificar os sítios anatômicos do fenômeno de desmascaramento descrito anteriormente, a tomografia por emissão de pósitrons (PET) foi utilizada para comparar as áreas corticais ativadas pela grelha de Thunberg com aquelas ativadas pelos estímulos de frio, de calor, de frio nocivo e de calor nocivo separadamente. Todos os estímulos térmicos ativam os córtices da ínsula e somatossensorial. O córtex cingulado anterior é ativado pela grelha de Thunberg e pelo calor e frio nocivos, mas não por estímulos separados de calor e frio (**Figura 20-15B**).
>
> **FIGURA 20-15A** Grade térmica de Thunberg. A superfície de estímulo (20 × 14 cm) é composta de 15 barras de prata, de 1 cm de largura cada, dispostas aproximadamente com 3 mm de separação. Embaixo de cada barra há três elementos termoelétricos (Peltier) (1 cm^2) separados longitudinalmente, e no topo de cada barra há um termostato. Barras alternadas (numeradas como pares e ímpares) podem ser controladas em separado. (Adaptada, com autorização, de Craig e Bushnell 1994. Copyright © 1994 AAAS.)
>
> **FIGURA 20-15B** Áreas corticais ativadas pela grade de Thunberg. As regiões do cingulado anterior e da ínsula do córtex cerebral são ativadas quando a mão é colocada na grelha, mas não quando os estímulos de calor e frio são aplicados separadamente. (Reproduzida, com autorização, de Craig AD, Reiman EM, Evans A, et al., 1996. Functional imaging of an illusion of pain. Nature 384:258-260. Copyright © 1996 Springer Nature.)

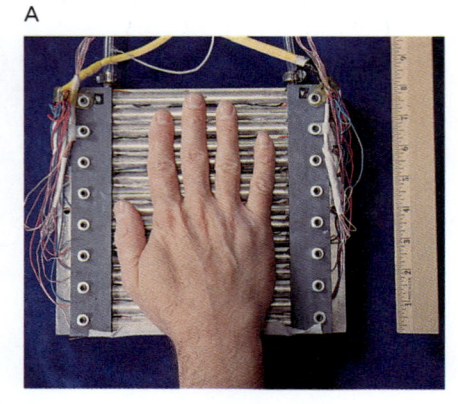

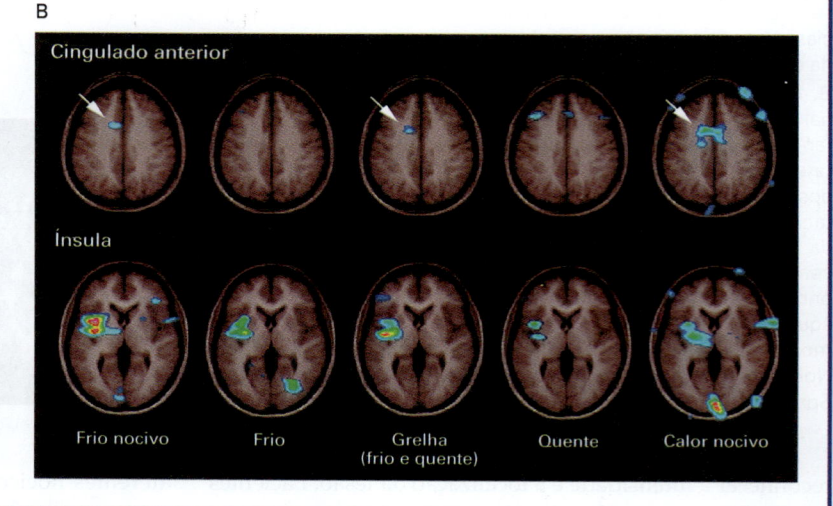

convergência nos neurônios de projeção no corno dorsal da medula espinal (**Figura 20-16**). Sabemos agora que tais interações também podem ocorrer em muitos centros de retransmissão supraespinais.

O conceito de convergência de diferentes modalidades sensoriais forneceu uma base importante para o desenho de novas terapias para a dor. Visto em seu sentido mais amplo, a convergência de sinais de entrada de altos e baixos limiares na medula ou em regiões supraespinais fornece uma explicação plausível para muitas observações empíricas sobre a percepção da dor. O tremor da mão após uma martelada ou queimadura é um comportamento reflexivo e pode aliviar a dor pela ativação de fibras aferentes de grande diâmetro que suprimem a transmissão de informações sobre estímulos nocivos.

A ideia de convergência também ajudou a incentivar o uso da estimulação nervosa elétrica transcutânea (TENS, do inglês *transcutaneous electrical nerve stimulation*) e da estimulação da coluna dorsal para o alívio da dor. Com a TENS, eletrodos estimulantes colocados em locais periféricos ativam fibras aferentes de grande diâmetro que inervam áreas que se sobrepõem, mas também circundam a região da lesão e da dor. A região do corpo na qual a dor é reduzida delineia aqueles segmentos da medula espinal nos quais

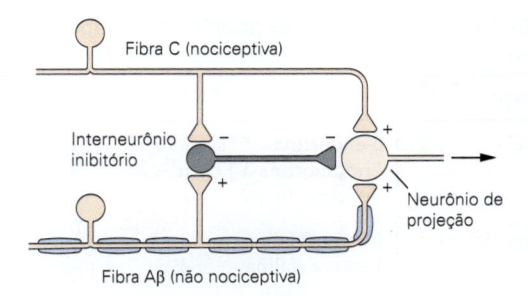

FIGURA 20-16 Teoria do portão para o controle da dor. A hipótese do portão para o controle da dor foi proposta na década de 1960 para explicar o fato de que a ativação de fibras aferentes primárias de baixo limiar pode atenuar a dor. A hipótese teve como foco a interação de neurônios no corno dorsal da medula espinal: os neurônios sensoriais nociceptivos (C) e não nociceptivos (Aβ), os neurônios de projeção e os interneurônios inibitórios. Na versão original do modelo, como mostrado aqui, o neurônio de projeção é excitado por ambos os tipos de neurônios sensoriais e inibido por interneurônios no corno dorsal superficial. As duas classes de fibras sensoriais também terminam nos interneurônios inibitórios; as fibras C inibem indiretamente os interneurônios, aumentando a atividade dos neurônios de projeção (dessa forma "o portão abre"), enquanto as fibras Aβ excitam os interneurônios, suprimindo sinais de saída dos neurônios de projeção (e assim "o portão fecha").

terminam os aferentes nociceptivos e não nociceptivos dessa parte do corpo. Isso tem um sentido intuitivo: o indivíduo não irá agitar a perna esquerda para aliviar a dor no braço direito.

A estimulação elétrica do encéfalo produz analgesia

Muitos locais de regulação endógena da dor são localizados no encéfalo. Um meio efetivo de suprimir a nocicepção envolve a estimulação da região cinzenta periaquedutal, a área do mesencéfalo que circunda o terceiro ventrículo e o aqueduto cerebral. A estimulação dessa região em animais experimentais provoca uma analgesia profunda e seletiva. Essa *analgesia produzida por estimulação* é notavelmente específica da modalidade; os animais ainda respondem ao tato, pressão e temperatura dentro da área do corpo que não é sensível à dor. De fato, a analgesia produzida pela estimulação tem provado ser uma via efetiva para o alívio da dor em um número limitado de condições dolorosas em seres humanos.

A estimulação da substância cinzenta periaquedutal bloqueia os reflexos de retirada mediados pelo bulbo que são normalmente evocados por estimulação nociva. Poucos neurônios nessa substância se projetam diretamente para o corno dorsal da medula espinal. A maioria faz conexões excitatórias com neurônios do bulbo rostroventral, incluindo neurônios serotoninérgicos em uma região da linha média chamada núcleo magno da rafe. Os axônios desses neurônios serotoninérgicos projetam-se através da região dorsal do funículo lateral para a medula espinal, onde eles formam conexões inibitórias com os neurônios das lâminas I, II e V do corno dorsal (**Figura 20-17**). A estimulação do bulbo rostroventral inibe assim o disparo de muitas classes de neurônios do corno dorsal, incluindo neurônios de projeção das principais vias ascendentes que transmitem sinais nociceptivos aferentes ao encéfalo.

Um segundo importante sistema descendente monoaminérgico também pode suprimir a atividade dos neurônios nociceptivos no corno dorsal. Esse sistema noradrenérgico se origina no *locus ceruleus* e em outros núcleos do bulbo e da ponte (**Figura 20-17**). Por meio de ações sinápticas diretas e indiretas, essas projeções inibem neurônios nas lâminas I e V do corno dorsal.

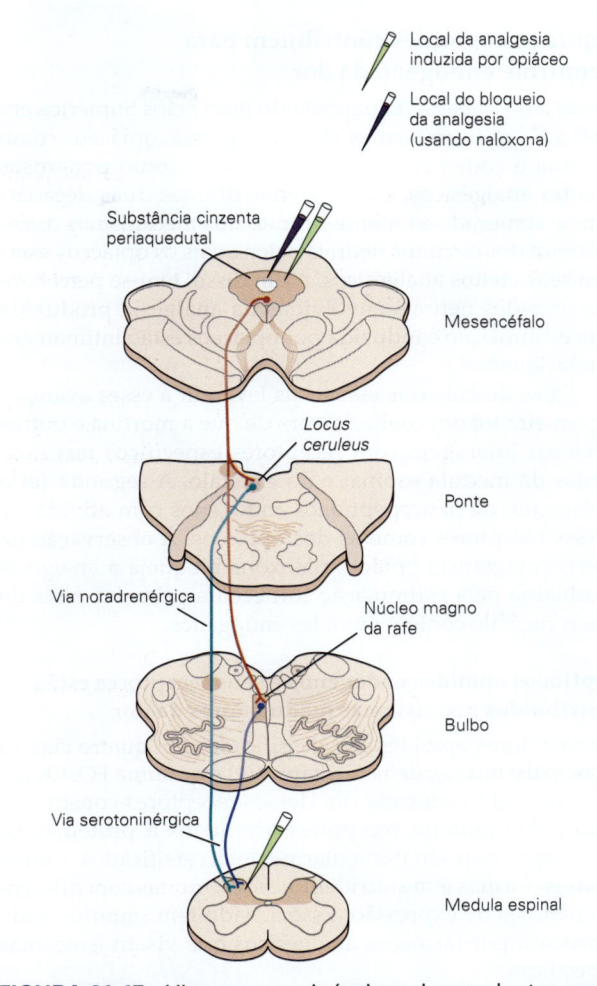

FIGURA 20-17 Vias monoaminérgicas descendentes regulam a retransmissão nociceptiva de neurônios na medula espinal. Uma via serotoninérgica origina-se no núcleo magno da rafe e projeta-se através do funículo dorsolateral para o corno dorsal da medula espinal. O sistema noradrenérgico origina-se no *locus ceruleus* e em outros núcleos da ponte e do bulbo. (Ver **Figura 40-11A** para as localizações e projeções de neurônios monoaminérgicos.) Na medula espinal, essas vias descendentes inibem os neurônios de projeção nociceptivos por meio de conexões diretas, assim como por meio de interneurônios nas lâminas superficiais do corno dorsal. O núcleo magno da rafe serotoninérgico e os núcleos noradrenérgicos recebem informações dos neurônios da substância cinzenta periaquedutal. São mostrados os locais de expressão dos peptídeos opioides e de ação dos opioides administrados exogenamente.

Peptídeos opioides contribuem para o controle endógeno da dor

Desde a descoberta da papoula do ópio pelos Sumérios em 3300 a.C., os ingredientes ativos da planta, opiáceos como morfina e codeína, foram reconhecidos como poderosos agentes analgésicos. Ao longo das últimas duas décadas, tem-se começado a entender muito dos mecanismos moleculares e dos circuitos neurais pelos quais os opiáceos exercem seus efeitos analgésicos. Além disso, tem-se percebido que as redes neurais envolvidas na analgesia produzida pela estimulação e induzida por opiáceos estão intimamente relacionadas.

Duas descobertas essenciais levaram a esses avanços. A primeira foi o reconhecimento de que a morfina e outros opiáceos interagem com receptores específicos nos neurônios da medula espinal e do encéfalo. A segunda foi o isolamento de neuropeptídeos endógenos com atividades nesses receptores como as dos opiáceos. A observação de que o antagonista opiáceo naloxona bloqueia a analgesia produzida pela estimulação forneceu a primeira pista de que o encéfalo contém opioides endógenos.

Peptídeos opioides endógenos e seus receptores estão distribuídos nos sistemas moduladores da dor

Os receptores opioides são classificados em quatro classes principais: mu (μ), delta (δ), kappa (κ) e orfanina FQ. Os genes que codificam cada um desses receptores constituem uma subfamília de receptores acoplados a proteínas G. Os receptores μ são particularmente diversificados; numerosas isoformas têm sido identificadas, muitas com diferentes padrões de expressão. Esse achado tem impulsionado a procura por fármacos analgésicos que visam isoformas específicas.

Os receptores opioides foram originalmente definidos com base em sua afinidade de ligação a diferentes compostos agonistas. A morfina e outros alcaloides opioides são agonistas potentes para receptores μ, e há uma forte correlação entre a potência de um analgésico e sua afinidade de ligação a esses receptores. Camundongos nos quais o gene para o receptor μ foi inativado são insensíveis à morfina e a outros agonistas opioides. Muitos fármacos antagonistas opioides, como a naloxona, também se ligam ao receptor μ e competem com a morfina para ocupá-lo sem ativar a sinalização do receptor.

Os receptores μ são altamente concentrados na superfície do corno dorsal da medula espinal, no bulbo ventral e na substância cinzenta periaquedutal, locais anatômicos importantes para a regulação da dor. Contudo, como em outras classes de receptores opioides, eles também são encontrados em muitos outros lugares nos sistemas nervosos central e periférico. Sua ampla distribuição explica por que a administração sistêmica de morfina influencia muitos processos fisiológicos além da percepção da dor.

A descoberta dos receptores opioides e de sua expressão pelos neurônios dos sistemas nervosos central e periférico levou à definição de quatro importantes classes de peptídeos opioides endógenos, cada uma interagindo com uma classe específica de receptores opioides (**Tabela 20-1**).

TABELA 20-1 Quatro classes principais de peptídeos opioides endógenos

Pró-peptídeo	Peptídeo (s)	Receptor preferencial
POMC	β-endorfina	μ/δ
	Endomorfina-1	μ
	Endomorfina-2	μ
Pró-encefalina	Met-encefalina	δ
	Leu-encefalina	δ
Pró-dinorfina	Dinorfina A	κ
	Dinorfina B	κ
Pró-orfanina FQ	Orfanina FQ	Receptor orfanina

POMC, pró-opiomelanocortina.

Três classes – as encefalinas, as β-endorfinas e as dinorfinas – são as mais bem caracterizadas. Esses peptídeos são formados a partir de grandes precursores polipeptídicos por clivagem enzimática (**Figura 20-18**) e codificados por genes diferentes. Apesar das diferenças na sequência de aminoácidos, cada um contém a sequência Tyr-Gly-Gly-Phe. A β-endorfina é um produto de clivagem de um precursor que também gera o peptídeo ativo do hormônio adrenocorticotrópico (ACTH). A β-endorfina e o ACTH são sintetizados por células na hipófise e são liberados na circulação sanguínea em resposta ao estresse. As dinorfinas são derivadas do produto proteico do gene da *dinorfina*.

Os membros das quatro classes de peptídeos opioides são amplamente distribuídos no sistema nervoso central, e os peptídeos individuais estão localizados em locais associados com o processamento ou a modulação da informação nociceptiva. Corpos das células neuronais e terminais axonais contendo encefalina e dinorfina são encontrados no corno dorsal da medula espinal, em particular nas lâminas I e II, bem como no bulbo ventral rostral e na substância cinzenta periaquedutal. Neurônios que sintetizam β-endorfina são primariamente confinados ao hipotálamo; seus axônios terminam na substância cinzenta periaquedutal e/ou nos neurônios noradrenérgicos do tronco encefálico. A orfanina FQ parece participar de uma ampla variedade de outras funções fisiológicas.

A morfina controla a dor pela ativação de receptores opioides

A microinjeção de baixas doses de morfina, outros opiáceos ou peptídeos opioides diretamente em regiões específicas do encéfalo do rato produz uma potente analgesia. A substância cinzenta periaquedutal está entre os locais mais sensíveis, mas a administração local de morfina em outras regiões, incluindo a medula espinal, também produz analgesia profunda.

A analgesia induzida pela morfina pode ser bloqueada pela injeção da naloxona, um antagonista opioide, na substância cinzenta periaquedutal ou no núcleo magno da rafe (**Figura 20-17**). Além disso, a transecção bilateral do funículo lateral dorsal na medula espinal bloqueia a analgesia induzida pela administração central de morfina. Assim, as

A Proteína precursora

Pré-pró-encefalina

Pré-pró-opiomelanocortina — γ-MSH, α-MSH, CLIP, γ-LPH, β-END

Pré-pró-dinorfina — N, D, D

Pré-pró-orfanina FQ — O

B Peptídeos opioides processados proteoliticamente

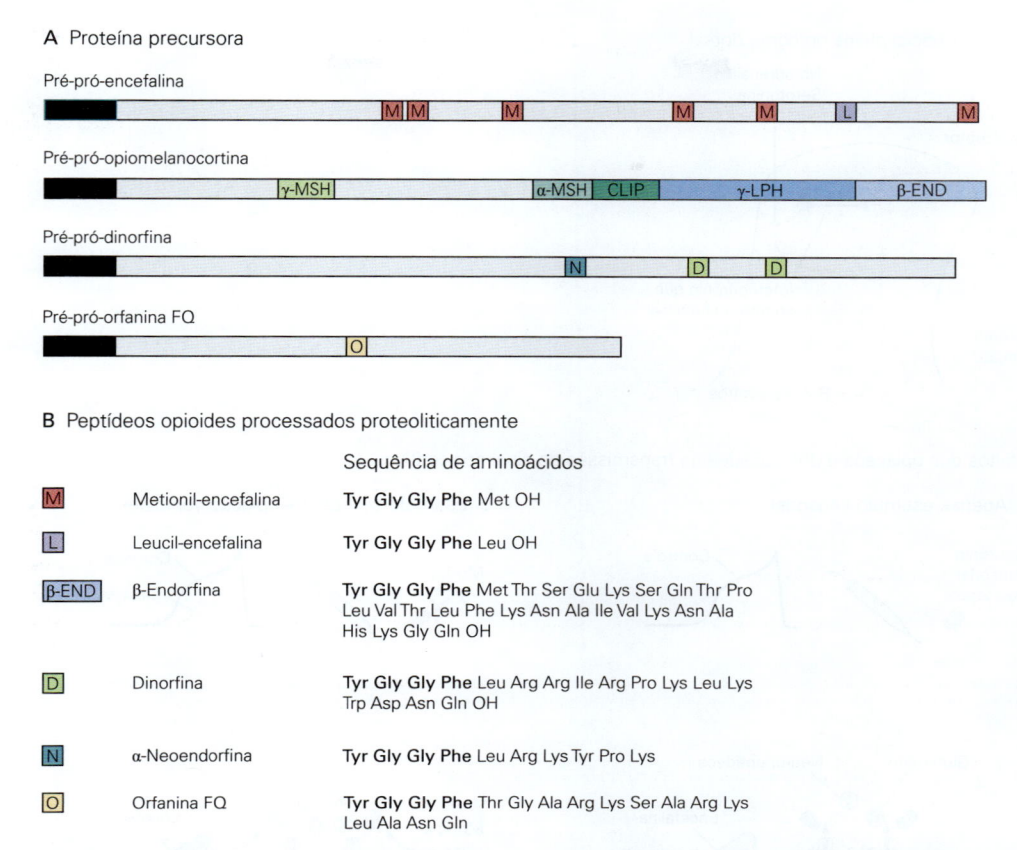

		Sequência de aminoácidos
M	Metionil-encefalina	**Tyr Gly Gly Phe** Met OH
L	Leucil-encefalina	**Tyr Gly Gly Phe** Leu OH
β-END	β-Endorfina	**Tyr Gly Gly Phe** Met Thr Ser Glu Lys Ser Gln Thr Pro Leu Val Thr Leu Phe Lys Asn Ala Ile Val Lys Asn Ala His Lys Gly Gln OH
D	Dinorfina	**Tyr Gly Gly Phe** Leu Arg Arg Ile Arg Pro Lys Leu Lys Trp Asp Asn Gln OH
N	α-Neoendorfina	**Tyr Gly Gly Phe** Leu Arg Lys Tyr Pro Lys
O	Orfanina FQ	**Tyr Gly Gly Phe** Thr Gly Ala Arg Lys Ser Ala Arg Lys Leu Ala Asn Gln

FIGURA 20-18 Quatro famílias de peptídeos opioides endógenos provém de grandes poliproteínas precursoras.
A. As enzimas proteolíticas clivam cada uma das proteínas precursoras para gerar peptídeos biologicamente ativos mais curtos, alguns dos quais são mostrados neste diagrama. A proteína precursora pró-encefalina contém múltiplas cópias de metionil-encefalina (**M**), leucil-encefalina (**L**) e diversas encefalinas com número maior de resíduos de aminoácidos. A pró-opiomelanocortina (**POMC**) contém β-endorfina (**β-END**), hormônio estimulador dos melanócitos (**MSH**), hormônio adrenocorticotrópico (**ACTH**) e o peptídeo do lobo intermediário semelhante à corticotropina (**CLIP**). A proteína precursora pró-dinorfina pode produzir dinorfina (**D**) e α-neoendorfina (**N**). O precursor da pró-orfanina contém o peptídeo orfanina FQ (**O**), também chamado de nociceptina. Os domínios pretos indicam um sinal peptídico.
B. Sequência de aminoácidos de peptídeos bioativos proteoliticamente processados. Os resíduos de aminoácidos mostrados em **negrito** medeiam a interação com os receptores opioides. (Adaptada, com autorização, de Fields, 1987.)

ações analgésicas centrais da morfina envolvem a ativação de vias descendentes para a medula espinal, as mesmas vias descendentes que medeiam a analgesia produzida por estimulação elétrica encefálica.

Na medula espinal, como nos demais locais, a morfina age mimetizando a ação dos peptídeos opioides endógenos. O corno dorsal superficial da medula espinal contém interneurônios que expressam encefalina e dinorfina, e os terminais desses neurônios encontram-se próximos das sinapses formadas por neurônios sensoriais nociceptivos e neurônios de projeção espinal (**Figura 20-19A**). Além disso, os receptores μ, δ e κ estão localizados nos terminais dos neurônios sensoriais nociceptivos, bem como nos dendritos dos neurônios do corno dorsal que recebem impulsos nociceptivos aferentes, de modo que os peptídeos opioides endógenos estão em uma posição estratégica para regular os sinais aferentes sensoriais. Os nociceptores de fibra C, que medeiam a dor persistente lenta ou "segunda dor", têm mais receptores μ do que os nociceptores Aδ, que medeiam a dor rápida e aguda ou a "primeira dor" (**Figura 20-1**). Isso pode ajudar a explicar por que a morfina é mais efetiva no tratamento da dor persistente em comparação às dores agudas.

Os opioides (tanto opiáceos quanto peptídeos opioides) regulam a transmissão nociceptiva nas sinapses do corno dorsal por meio de dois mecanismos principais. Primeiro, eles aumentam as condutâncias de K^+ na membrana nos neurônios do corno dorsal, hiperpolarizando os neurônios e aumentando seu limiar para ativação. Em segundo lugar, ao se ligar a receptores nos terminais sensoriais pré-sinápticos, os opioides bloqueiam os canais de Ca^{2+} dependentes de voltagem, o que reduz a entrada de Ca^{2+} no terminal nervoso sensorial (**Figura 20-19B**). Esse efeito, por sua vez, inibe a liberação do neurotransmissor e, assim, diminui a ativação dos neurônios pós-sinápticos do corno dorsal.

A ampla distribuição de receptores opioides no encéfalo e na periferia é responsável pelos muitos efeitos colaterais produzidos pelos opiáceos. A ativação de receptores opioides expressos pelos músculos do intestino e do

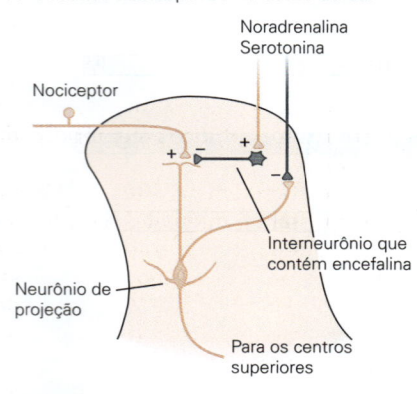

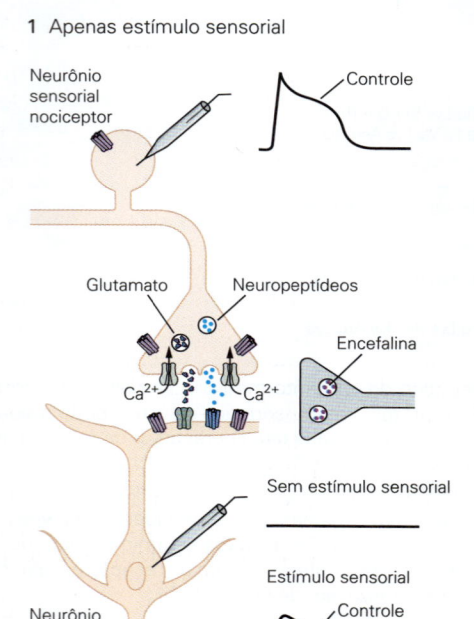

FIGURA 20-19 Interneurônios locais na medula espinal integram vias nociceptivas descendentes e aferentes.

A. Fibras aferentes nociceptivas, interneurônios locais e fibras descendentes interconectam-se no corno dorsal da medula espinal (ver também **Figura 20-3B**). As fibras nociceptivas terminam em neurônios de projeção de segunda ordem. Interneurônios inibitórios locais GABAérgicos que contêm encefalina exercem ações inibitórias pré e pós-sinápticas nessas sinapses. Neurônios serotoninérgicos e noradrenérgicos no tronco encefálico ativam os interneurônios locais e também suprimem a atividade dos neurônios de projeção espinotalâmicos. A perda desses controles inibitórios contribui para a dor contínua e hipersensibilidade à dor.

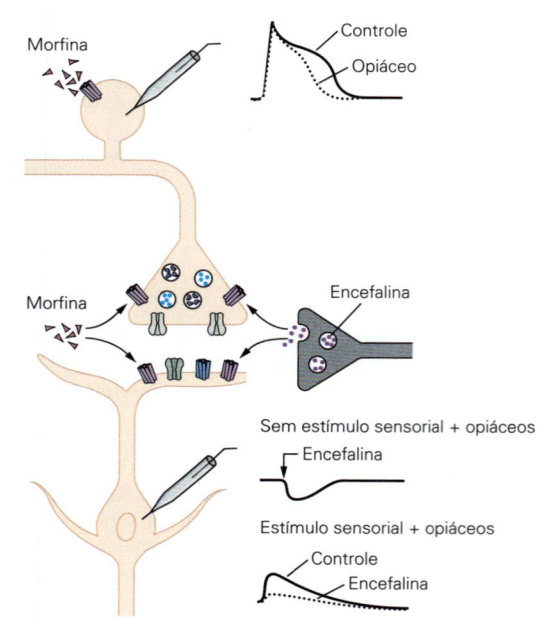

B. Regulação dos sinais nociceptivos nas sinapses do corno dorsal. 1. A ativação de um nociceptor leva à liberação de glutamato e de neuropeptídeos do neurônio sensorial primário, produzindo um potencial pós-sináptico excitatório no neurônio de projeção. 2. Os opiáceos diminuem a duração do potencial pós-sináptico, provavelmente por meio da redução do influxo de Ca^{2+} e, assim, diminuem a liberação de transmissores dos terminais sensoriais primários. Além disso, os opiáceos hiperpolarizam os neurônios do corno dorsal pela ativação da condutância ao K^+ e, assim, diminuem a amplitude dos potenciais pós-sinápticos no neurônio do corno dorsal.

esfincter anal resulta em constipação. Da mesma forma, a inibição da atividade neuronal mediada por receptores opioides no núcleo do trato solitário está subjacente à depressão respiratória e aos efeitos colaterais cardiovasculares. Por essa razão, a administração espinal direta de opiáceos tem vantagens significativas. A morfina injetada no líquido cefalorraquidiano do espaço subaracnóideo da medula espinal interage com os receptores opioides no corno dorsal para provocar uma analgesia profunda e prolongada. A administração local de morfina tem sido usada no tratamento da dor pós-operatória, em especial a dor associada à cesariana durante o parto. Além de produzir analgesia prolongada, a injeção intratecal de morfina causa poucos efeitos secundários porque o fármaco não se difunde muito longe de seu local de injeção. A infusão local contínua de morfina na medula espinal tem sido usada também para o tratamento de certas dores relacionadas ao câncer.

Os opiáceos também atuam em receptores no córtex cerebral. Há evidências, por exemplo, de que os opiáceos podem influenciar o componente afetivo da experiência da dor por uma ação no giro cingulado anterior. O mais interessante é que há evidências consideráveis de que a analgesia com placebo envolve a liberação de endorfina e pode ser revertida pela naloxona. Essa descoberta enfatiza que as respostas a um placebo não indicam que a dor era de alguma forma imaginária. Além disso, a analgesia placebo é um componente da ação analgésica geral de qualquer medicamento analgésico, incluindo a morfina, desde que o paciente acredite que o tratamento será eficaz. Por outro lado, algumas outras intervenções psicológicas para aliviar a dor, nomeadamente hipnose, não parecem envolver a liberação de endorfinas.

Tolerância e dependência de opioides são fenômenos distintos

O uso crônico de morfina provoca grandes problemas, principalmente tolerância e dependência psicológica (vício) (Capítulo 43). O uso repetido de morfina para o alívio da dor pode levar os pacientes a desenvolver resistência aos efeitos analgésicos desse fármaco e, consequentemente, doses cada vez mais altas são necessárias para alcançar o mesmo efeito terapêutico. Uma teoria sustenta que a tolerância resulta de um desacoplamento do receptor opioide de sua proteína G transdutora. No entanto, como a ligação de naloxona aos receptores μ-opioides pode precipitar sintomas de abstinência em indivíduos tolerantes, isso simula um receptor opioide ainda ativo no estado de tolerância. Dessa forma, a tolerância pode também refletir uma resposta celular à ativação dos receptores opioides, uma resposta que neutraliza os efeitos dos opiáceos e recompõe o sistema. Assim, quando o opiáceo é removido abruptamente ou naloxona é administrada, essa resposta compensatória é exposta e resulta em abstinência.

Tal tolerância fisiológica difere da dependência/vício, que é um desejo psicológico pela droga, associado ao seu uso indevido e que contribui para os transtornos por uso de opiáceos. Dado o aumento alarmante de mortes relacionadas a opiáceos, seja por uso indevido e superdose de opioides prescritos ou uma série de fatores socioeconômicos, torna-se importante ampliar estudos sobre os mecanismos que contribuem para o desenvolvimento e a distinção entre tolerância e dependência. Incontestavelmente, a morfina e outros opiáceos são muito úteis no tratamento da dor pós-operatória. Porém, ainda é controverso se eles são igualmente eficazes para o tratamento da dor crônica em pacientes que não tenham câncer, sendo também necessário mais estudos.

Destaques

1. Os axônios nociceptivos periféricos, com corpos celulares nos gânglios da raiz dorsal, incluem aferentes não mielinizados (C) e mielinizados (Aδ) de pequeno diâmetro. Aferentes Aβ de maior diâmetro respondem apenas à estimulação inócua, mas, após lesão, podem ativar os circuitos de dor do sistema nervoso central.
2. Todos os nociceptores usam glutamato como neurotransmissor excitatório; muitos também expressam um cotransmissor neuropeptídico excitatório, como a substância P ou CGRP.
3. Os nociceptores também se diferenciam molecularmente por expressarem diferentes receptores sensíveis à temperatura, a produtos de origem vegetal, a estímulos mecânicos ou ao ATP. Como muitas dessas moléculas, incluindo o subtipo Nav1.7 de canais de Na^+ dependentes de voltagem, são expressas exclusivamente em neurônios sensoriais, seu direcionamento farmacológico seletivo sugere uma nova abordagem para o desenvolvimento de medicamentos analgésicos.
4. Os nociceptores terminam no corno dorsal da medula espinal, onde excitam os interneurônios e os neurônios de projeção. Os neuropeptídeos também são liberados dos terminais periféricos dos nociceptores e contribuem para a inflamação neurogênica, incluindo vasodilatação e extravasamento de vasos periféricos. O desenvolvimento de anticorpos para CGRP, para bloquear a vasodilatação, é uma nova abordagem para o manejo da enxaqueca.
5. Um dos principais alvos encefálicos dos neurônios de projeção do corno dorsal é o tálamo ventroposterolateral, que processa as características de localização e intensidade do estímulo doloroso. Outros neurônios têm como alvo o núcleo parabraquial (PB) da ponte dorsolateral. Os neurônios PB, por sua vez, projetam-se para regiões límbicas do encéfalo, que processam características afetivas/emocionais da experiência da dor.
6. Alodinia, dor produzida por um estímulo inócuo, resulta em parte da sensibilização periférica de nociceptores. A sensibilização periférica ocorre quando há lesão tecidual e inflamação e envolve a produção de prostaglandinas sensíveis aos AINEs, que diminuem o limiar de ativação de nociceptores. Uma grande vantagem dos AINEs é que eles atuam na periferia, ilustrando a importância dos esforços para desenvolver farmacoterapias, como anticorpos para NGF, que não conseguem atravessar a barreira hematencefálica, reduzindo assim a probabilidade de efeitos colaterais adversos no sistema nervoso central.
7. A hiperalgesia (dor exacerbada em resposta a um estímulo doloroso) e alodinia também surgem da atividade alterada no corno dorsal – um processo de sensibilização central que contribui para a atividade espontânea dos neurônios transmissores da dor e amplificação dos sinais nociceptivos. A ativação glutamatérgica dos receptores NMDA da medula espinal e a ativação da microglia e dos astrócitos contribuem, em particular, para as dores neuropáticas que podem ocorrer após a lesão do nervo periférico. Compreender as consequências da sensibilização central é fundamental para prevenir a transição da dor aguda para a crônica.
8. Em condições normais, a entrada transportada por aferentes não nociceptivos de grande diâmetro pode

reduzir a transmissão de informações nociceptivas para o encéfalo, envolvendo circuitos inibitórios GABAérgicos no corno dorsal. Esse controle inibitório é a base do alívio da dor produzido pela vibração e estimulação elétrica transcutânea. No entanto, quando a lesão induz sensibilização central, a entrada de Aβ medeia alodinia mecânica.

9. Os opiáceos são a ferramenta farmacológica mais eficaz para o tratamento da dor intensa. A ação inibitória dos opiáceos e dos peptídeos opioides endógenos relacionados resulta da redução da liberação de neurotransmissores ou da hiperpolarização dos neurônios pós-sinápticos. Todas as ações opioides podem ser bloqueadas pelo antagonista do receptor opiáceo naloxona.

10. Os opioides endógenos, incluindo encefalina e dinorfina, e seus alvos receptores opioides não são expressos apenas em áreas encefálicas relevantes para a dor. Como resultado, a administração sistêmica de opiáceos está associada a muitos efeitos colaterais adversos, incluindo constipação, depressão respiratória e ativação do sistema de recompensa. Esse último pode levar à dependência psicológica e eventual uso indevido. Muitos desses efeitos colaterais adversos limitam o uso de opiáceos para controle da dor em longo prazo.

11. O encéfalo não apenas recebe informações nociceptivas que levam à percepção da dor, mas também regula a saída da medula espinal para reduzir a dor por meio de um sistema de controle da dor mediado por endorfinas. A estimulação elétrica da substância cinzenta periaquedutal do mesencéfalo pode acionar um sistema de controle inibitório descendente, provavelmente envolvendo endorfinas, o que reduz a transmissão de mensagens de dor da medula espinal para o encéfalo.

12. O alívio da dor produzido por algumas manipulações psicológicas (p. ex., analgesia placebo) envolve a liberação de endorfina; outras manipulações, como a hipnose, não.

13. Tolerância e dependência psicológica podem surgir após uso prolongado de opiáceos. A tolerância se manifesta como um requisito para doses mais altas do opiáceo para atingir o mesmo desfecho fisiológico. A dependência psicológica, por sua vez, envolve a ativação do sistema encefálico de recompensa e o desenvolvimento do desejo que pode levar ao uso indevido de opiáceos. O desenvolvimento de analgésicos opioides não recompensadores, que podem regular as características sensoriais discriminativas, mas não as emocionais da experiência de dor, pode impactar significativamente a epidemia de opioides em curso.

Allan I. Basbaum

Leituras selecionadas

Basbaum AI, Bautista DM, Scherrer G, Julius D. 2009 Cellular and molecular mechanisms of pain. Cell 139:267–284.

Basbaum AI, Fields HL. 1984. Endogenous pain control systems: brainstem spinal pathways and endorphin circuitry. Annu Rev Neurosci 7:309–338.

Dib-Hajj SD, Geha P, Waxman SG. 2017. Sodium channels in pain disorders: pathophysiology and prospects for treatment. Pain 158(Suppl 1):S97–S107.

Grace PM, Hutchinson MR, Maier SF, Watkins LR. 2014. Pathological pain and the neuroimmune interface. Nat Rev Immunol 14:217–231.

Ji RR, Chamessian A, Zhang YQ. 2016. Pain regulation by non-neuronal cells and inflammation. Science 354:572–577.

Peirs C, Seal RP. 2016. Neural circuits for pain: recent advances and current views. Science 354:578–584.

Tracey I. 2017. Neuroimaging mechanisms in pain: from discovery to translation. Pain 158:S115–S122.

Referências

Akil H, Mayer DJ, Liebeskind JC. 1976. Antagonism of stimulation-produced analgesia by naloxone, a narcotic antagonist. Science 191:961–962.

Bautista DM, Jordt SE, Nikai T, et al. 2006. TRPA1 mediates the inflammatory actions of environmental irritants and proalgesic agents. Cell 124:1269–1282.

Bautista DM, Siemens J, Glazer JM, et al. 2007. The menthol receptor TRPM8 is the principal detector of environmental cold. Nature 44:204–208.

Benedetti F. 2014. Placebo effects: from the neurobiological paradigm to translational implications. Neuron 84:623–637.

Bliss TV, Collingridge GL, Kaang BK, Zhuo M. 2016. Synaptic plasticity in the anterior cingulate cortex in acute and chronic pain. Nat Rev Neurosci 17:485–496.

Caterina MJ, Schumacher MA, Tominaga M, Rosen TA, Levine JD, Julius D. 1997. The capsaicin receptor: a heat-activated ion channel in the pain pathway. Nature 389:816–824.

Colloca L, Ludman T, Bouhassira D, et al. 2017. Neuropathic pain. Nat Rev Dis Primers 3:17002.

Cox JJ, Reimann F, Nicholas AK, et al. 2006. An SCN9A channelopathy causes congenital inability to experience pain. Nature 444:894–898.

Craig AD, Bushnell MC. 1994. The thermal grill illusion: unmasking the burn of cold pain. Science 265:252–255.

Darland T, Heinricher MM, Grandy DK. 1988. Orphanin FQ/nociceptin: a role in pain and analgesia, but so much more. Trends Neurosci 21:215–221.

De Biasi S, Rustioni A 1990. Ultrastructural immunocytochemical localization of excitatory amino acids in the somatosensory system. J Histochem Cytochem 38: 1745–1754.

De Felice M, Eyde N, Dodick D, et al. 2013. Capturing the aversive state of cephalic pain preclinically. Ann Neurol 74:257–265.

Dejerine J, Roussy G. 1906. Le syndrome thalamique. Rev Neurol 14:521–532.

Dhaka A, Viswanath V, Patapoutian A. 2006. Trp ion channels and temperature sensation. Annu Rev Neurosci 29:135–161.

Fields H. 1987 *Pain*. New York: McGraw-Hill.

Flor H, Nikolajsen L, Jensen TS. 2006. Phantom limb pain: a case of maladaptive CNS plasticity? Nature Rev Neurosci 7:873–881.

Günther T, Dasgupta P, Mann A, et al. 2017. Targeting multiple opioid receptors—improved analgesics with reduced side effects? Br J Pharmacol 2018:2857–2868.

Han L, Ma C, Liu Q, et al. 2013. A subpopulation of nociceptors specifically linked to itch. Nat Neurosci 16:174–182.

Hosobuchi Y. 1986. Subcortical electrical stimulation for control of intractable pain in humans: report of 122 cases 1970–1984. J Neurosurg 64:543–553.

Jordt SE, Bautista DM, Chuang HH, et al. 2004. Mustard oils and cannabinoids excite sensory nerve fibres through the TRP channel ANKTM1. Nature 427:260–265.

Jordt SE, McKemy DD, Julius D. 2003. Lessons from peppers and peppermint: the molecular basis of thermosensation. Curr Opin Neurobiol 13:487–492.

Kelleher JH, Tewari D, McMahon SB. 2017. Neurotrophic factors and their inhibitors in chronic pain treatment. Neurobiol Dis 97:127–138.

Kuner R, Flor H. 2016. Structural plasticity and reorganisation in chronic pain. Nat Rev Neurosci 18:20–30.

Lane NE, Schnitzer TJ, Birbara CA, et al. 2010. Tanezumab for the treatment of pain from osteoarthritis of the knee. N Engl J Med 363:1521–1531.

Lenz FA, Gracely RH, Romanoski AJ, Hope EJ, Rowland LH, Dougherty PM. 1995. Stimulation in the human somatosensory thalamus can reproduce both the affective and sensory dimensions of previously experienced pain. Nat Med 1:910–913.

Mantyh PW, Rogers SD, Honore P, et al. 1997. Inhibition of hyperalgesia by ablation of lamina I spinal neurons expressing the substance P receptor. Science 278:275–279.

Matthes HW, Maldonado R, Simonin F, et al. 1996. Loss of morphine-induced analgesia, reward effect and withdrawal symptoms in mice lacking the μ-opioid-receptor gene. Nature 383:819–823.

McDonnell A, Schulman B, Ali Z, et al. 2016. Inherited erythromelalgia due to mutations in SCN9A: natural history, clinical phenotype and somatosensory profile. Brain 39:1052–1065.

Melzack R, Wall PD. 1965. Pain mechanisms: a new theory. Science 150:971–979.

Merzenich MM, Jenkins WM. 1993. Reorganization of cortical representations of the hand following alterations of skin inputs induced by nerve injury, skin island transfers, and experience. J Hand Ther 6:89–104.

Perl ER. 2007. Ideas about pain, a historical review. Nat Rev Neurosci 8:71–80.

Raja SN, Campbell JN, Meyer RA. 1984. Evidence for different mechanisms of primary and secondary hyperalgesia following heat injury to the glabrous skin. Brain 107:1179–1188.

Ross SE, Mardinly AR, McCord AE, et al. 2010. Loss of inhibitory interneurons in the dorsal spinal cord and elevated itch in Bhlhb5 mutant mice. Neuron 65:886–898.

Sorge RE, Mapplebeck JC, Rosen S, et al. 2015. Different immune cells mediate mechanical pain hypersensitivity in male and female mice. Nat Neurosci 18:1081–1083.

Talbot JD, Marrett S, Evans AC, Meyer E, Bushnell MC, Duncan GH. 1991. Multiple representations of pain in human cerebral cortex. Science 251:1355–1358.

Todd AJ. 2010. Neuronal circuitry for pain processing in the dorsal horn. Nat Rev Neurosci. 11:823–836.

Tominaga M, Caterina MJ. 2004. Thermosensation and pain. J Neurobiol 61:3–12.

Tracey I, Mantyh PW. 2007. The cerebral signature for pain perception and its modulation. Neuron 55:377–391.

Tso AR, Goadsby PJ. 2017. Anti-CGRP monoclonal antibodies: the next era of migraine prevention? Curr Treat Options Neurol 19:27.

Wercberger R. Basbaum AI. 2019. Spinal cord projection neurons: A superficial, and also deep analysis. Curr Opin Physiol 11:109–115.

Woo SH, Ranade S, Weyer AD, et al. 2014. Piezo2 is required for Merkel-cell mechanotransduction. Nature 509:622–626.

Woolf CJ. 1983. Evidence for a central component of post-injury pain hypersensitivity. Nature 306:686–688.

Yaksh TL, Fisher C, Hockman T, Wiese A. 2017. Current and future issues in the development of spinal agents for the management of pain. Curr Neuropharmacol 15:232–259.

Zeilhofer HU, Wildner H, Yévenes GE. 2012. Fast synaptic inhibition in spinal sensory processing and pain control. Physiol Rev 92:193–235.

21

Natureza construtiva do processamento visual

A percepção visual é um processo construtivo

O processamento visual é mediado pela via geniculoestriatal

Forma, cor, movimento e profundidade são processados em distintas áreas do córtex cerebral

Os campos receptivos dos neurônios em relés sucessivos na via visual fornecem pistas de como o encéfalo analisa a forma visual

O córtex visual é organizado em colunas de neurônios especializados

Circuitos corticais intrínsecos transformam a informação neural

A informação visual é representada por uma variedade de códigos neurais

Destaques

Estamos tão familiarizados com a visão, que é preciso um salto de imaginação para perceber que existem problemas a serem resolvidos. Mas considere isto. Recebemos imagens minúsculas e distorcidas de cabeça para baixo nos olhos e vemos objetos sólidos separados no espaço circundante. A partir dos padrões de estimulação na retina percebemos um mundo de objetos, e isso não é nada menos que um milagre.

—Richard L. Gregory, *Eye and Brain*, 1966

A MAIOR PARTE DAS IMPRESSÕES do mundo e das memórias de um ser humano é baseada na visão. Ainda assim, os mecanismos envolvidos na visão não são de todo óbvios. Como se percebem a forma e o movimento? Como se distinguem as cores? Identificar objetos em ambientes visuais complexos é uma extraordinária realização computacional que sistemas visuais artificiais ainda não conseguiram reproduzir. A visão não é utilizada somente para o reconhecimento de objetos, mas também para guiar os movimentos, e essas funções separadas são mediadas por pelo menos duas vias paralelas que interagem entre si.

A existência de vias paralelas no sistema visual levanta uma das questões centrais da cognição – o problema da ligação: como diferentes tipos de informações levados por vias distintas são integrados resultando em uma imagem visual coerente?

A percepção visual é um processo construtivo

A visão é comparada, muitas vezes de maneira incorreta, com uma câmera fotográfica. Uma câmera simplesmente reproduz ponto a ponto as intensidades de luz em um plano do campo visual. O sistema visual, em contraste, faz algo fundamentalmente diferente. Ele interpreta a cena e a analisa em componentes distintos, separando o primeiro plano do plano de fundo. O sistema visual é menos preciso do que uma câmera em determinadas tarefas, como quantificar o nível absoluto de brilho ou identificar a cor espectral. No entanto, ele se destaca em tarefas como reconhecer um animal correndo (ou um carro em alta velocidade), seja sob luz solar intensa ou ao entardecer, em um campo aberto ou parcialmente obstruído por árvores (ou outros carros). E faz isso rapidamente para permitir que o espectador responda e, se necessário, escape.

Um *insight* potencialmente unificador que reconcilia a notável capacidade do sistema visual de compreender o todo com sua imprecisão em relação aos detalhes que recebe é que a visão é um processo biológico que evoluiu em sintonia com nossas necessidades ecológicas. Essa percepção ajuda a explicar por que o sistema visual é tão eficiente na extração de informações úteis, como as identidades dos objetos, independentemente das condições de iluminação, ao mesmo tempo que dá menos importância a aspectos como a natureza exata da luz ambiente. Além disso, a visão o faz usando regras previamente aprendidas sobre a estrutura do mundo. Algumas dessas regras parecem ter se conectado aos nossos circuitos neurais ao longo da evolução. Outras são mais plásticas e ajudam o cérebro a adivinhar a cena apresentada aos olhos com base na experiência passada do indivíduo. Esse processamento complexo e intencional acontece em todos os níveis do sistema visual. Começa até mesmo na retina, que é especializada em identificar os limites dos objetos, em vez de criar uma representação ponto a ponto de superfícies uniformes.

Essa natureza *construtiva* da percepção visual apenas recentemente foi apreciada por completo. O entendimento prévio acerca da percepção sensorial recebeu muitas influências de filósofos britânicos empíricos, como John Locke, David Hume e George Berkeley, que pensavam que a percepção era como um processo atomista, no qual elementos sensoriais simples, como cor, forma e brilho, eram montados em um conjunto de uma maneira aditiva, componente por componente. A concepção moderna de que a percepção é um processo ativo e criativo, que envolve mais do que apenas as informações fornecidas para a retina, tem suas raízes na filosofia de Immanuel Kant, e foi desenvolvida em detalhes no início do século XX pelos psicólogos alemães Max Wertheimer, Kurt Koffka e Wolfgang Köhler, que fundaram a escola Gestalt de psicologia.

O termo alemão *gestalt* significa configuração ou forma. A ideia central dos psicólogos da Gestalt é que o que se vê de um estímulo – interpretação perceptiva que se faz de qualquer objeto visual – depende não apenas das propriedades desse estímulo, mas também de seu contexto, de outras características no campo visual. Os psicólogos da Gestalt argumentaram que o sistema visual processa as informações sensoriais de forma, cor, distância e movimento de objetos de acordo com regras computacionais inerentes ao sistema. O encéfalo tem uma maneira de olhar o mundo, um conjunto de expectativas que deriva, em parte, da experiência e, em parte, da construção dos circuitos neurais.

Max Wertheimer escreveu: "Existem entidades em que o comportamento do todo não pode ser derivado de seus elementos individuais, nem da forma como esses elementos se encaixam; o oposto, entretanto, é verdadeiro: as propriedades de qualquer uma das partes são determinadas pelas leis intrínsecas estruturais do todo". No início do século XX, os psicólogos da Gestalt elaboraram as leis da percepção, que determinam como agrupamos os elementos na cena visual, incluindo a similaridade, a proximidade e a continuidade.

Vemos uma matriz uniforme de seis por seis de pontos como linhas ou colunas devido à tendência do sistema visual de impor um padrão. Se os pontos em cada linha forem semelhantes, é mais provável que vejamos um padrão de linhas alternadas (**Figura 21-1A**). Se os pontos em cada coluna estiverem mais próximos do que os das linhas, estaremos mais propensos a ver um padrão de colunas (**Figura 21-1B**). O princípio da continuidade é uma base importante para a ligação de elementos de linhas em formas unificadas (**Figura 21-1C**). É também visto em fenômenos de contorno

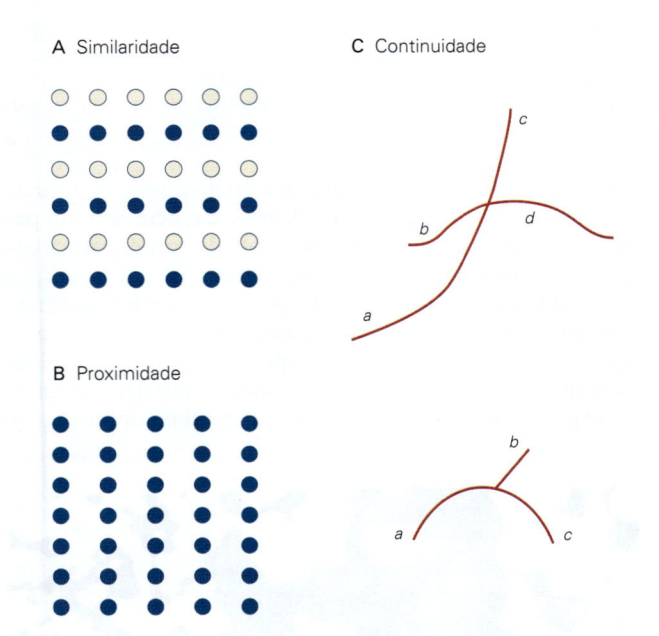

FIGURA 21-1 Regras organizacionais da percepção visual. Para ligar os elementos de uma cena visual em percepções unificadas, o sistema visual se baseia em regras organizacionais, como similaridade, proximidade e continuidade.

A. Como os pontos em linhas alternadas têm a mesma cor, um padrão geral de linhas azuis e brancas é percebido.

B. Os pontos nas colunas são mais próximos do que nas linhas, resultando na percepção de colunas.

C. Os segmentos de linhas são perceptivamente ligados quando são colineares. No conjunto superior de linhas, é mais provável ver o segmento de linha **a** como pertencente a **c** em vez de a **d**. No conjunto inferior, **a** e **c** são perceptivamente ligados, porque mantêm a mesma curvatura, enquanto **a** e **b** parecem ser descontínuos.

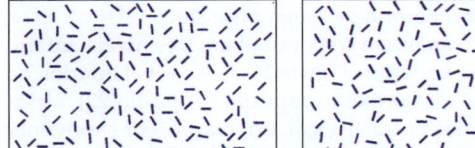

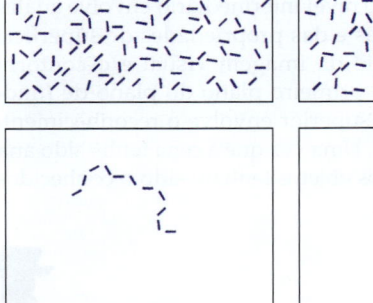

D. O princípio de continuidade é também visto em saliência de contornos. À direita, um contorno suave de elementos da linha se salienta do plano de fundo, enquanto o contorno irregular à esquerda se confunde com o plano de fundo. (Adaptada, com autorização, de Field, Hayes e Hess, 1993. Copyright © 1993 Elsevier Ltd.)

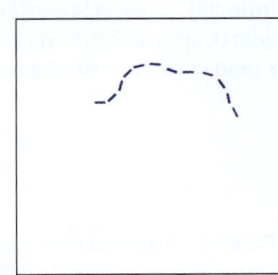

saliente, em que contornos suaves tendem a salientar-se sobre fundos complexos (**Figura 21-1D**). As características da Gestalt que estamos dispostos a destacar são também aquelas que caracterizam os objetos em cenas naturais. Estudos estatísticos de cenas naturais mostram que é provável que os limites dos objetos contenham elementos visuais próximos, sejam contínuos em interseções ou formem contornos suaves. É tentador especular que as características formais dos objetos em cenas naturais criaram uma pressão evolutiva em nossos sistemas visuais para desenvolver circuitos neurais que nos tornaram sensíveis a essas características.

Separar a figura e o fundo em uma cena visual é um passo importante no reconhecimento de objetos. Em momentos diferentes, os mesmos elementos no campo visual podem ser organizados em figuras reconhecíveis ou servir como plano de fundo para outras figuras (**Figura 21-2**). Esse processo de segmentação depende não apenas de certos princípios geométricos, mas também de influências cognitivas, como atenção e expectativa. Assim, um estímulo inicial que funciona como uma dica (*priming*) ou uma representação interna da forma do objeto pode facilitar a associação de elementos visuais em uma percepção unificada (**Figura 21-3**). Essa representação interna pode assumir muitas formas diferentes, refletindo a ampla gama de escalas de tempo e mecanismos de codificação neural. Pode consistir de disparos de potenciais de ação reverberantes transitórios e seletivos para uma forma ou decisão, com duração de uma fração de segundo, ou da modulação seletiva de pesos sinápticos durante um contexto particular de uma tarefa ou forma esperada, ou de mudanças de circuito que podem incluir memória de longa duração.

O encéfalo analisa a cena visual em três níveis: inferior, intermediário e superior (**Figura 21-4**). No nível inferior, que consideraremos no próximo capítulo (Capítulo 22), atributos visuais como contraste local, orientação, cor e movimento são discriminados. O nível intermediário envolve análise da disposição das cenas e das propriedades de superfície, analisando a superfície da imagem visual e o contorno global, distinguindo o primeiro plano do plano de fundo (Capítulo 23). O nível superior envolve o reconhecimento do objeto (Capítulo 24). Uma vez que a cena tenha sido analisada pelo encéfalo e os objetos tenham sido reconhecidos, os objetos podem ser combinados com memórias de formas e seus significados associados. A visão também tem um papel importante em guiar o movimento do corpo, particularmente o movimento das mãos (Capítulo 25).

Na visão, como em outras operações cognitivas, várias características – movimento, forma, profundidade e cor – ocorrem em conjunto em uma percepção unificada. Essa unidade é alcançada não por um sistema neural hierárquico, mas por várias áreas encefálicas que recebem informações

FIGURA 21-2 O reconhecimento de objetos depende da segmentação de uma cena em primeiro e segundo plano. O reconhecimento das salamandras brancas nesta imagem depende de o encéfalo "localizar" as salamandras brancas em primeiro plano e as salamandras marrons e pretas no fundo. A imagem também ilustra o papel de influências superiores na segmentação: pode-se conscientemente selecionar qualquer uma das cores como primeiro plano. (Reproduzida, com autorização, de M.C. Escher's "Symmetry Drawing E56" © 2010 The M.C. Escher Company-Holland. Todos os direitos reservados. www.mcescher.com.)

FIGURA 21-3 A expectativa e a tarefa perceptiva desempenham um papel crucial no que é visto. É difícil separar, nesta figura, as manchas escuras e brancas em primeiro plano e segundo plano sem informações adicionais. Esta figura torna-se imediatamente reconhecível após a visualização da imagem modelada na página 448. Neste exemplo, os processos de ordem superior de representações de forma guiam os processos de ordem inferior de segmentação de superfície. (Reproduzida, com autorização, de Porter, 1954. Copyright © 1954 pelo Conselho de Curadores da Universidade de Illinois. Utilizada com autorização da University of Illinois Press.)

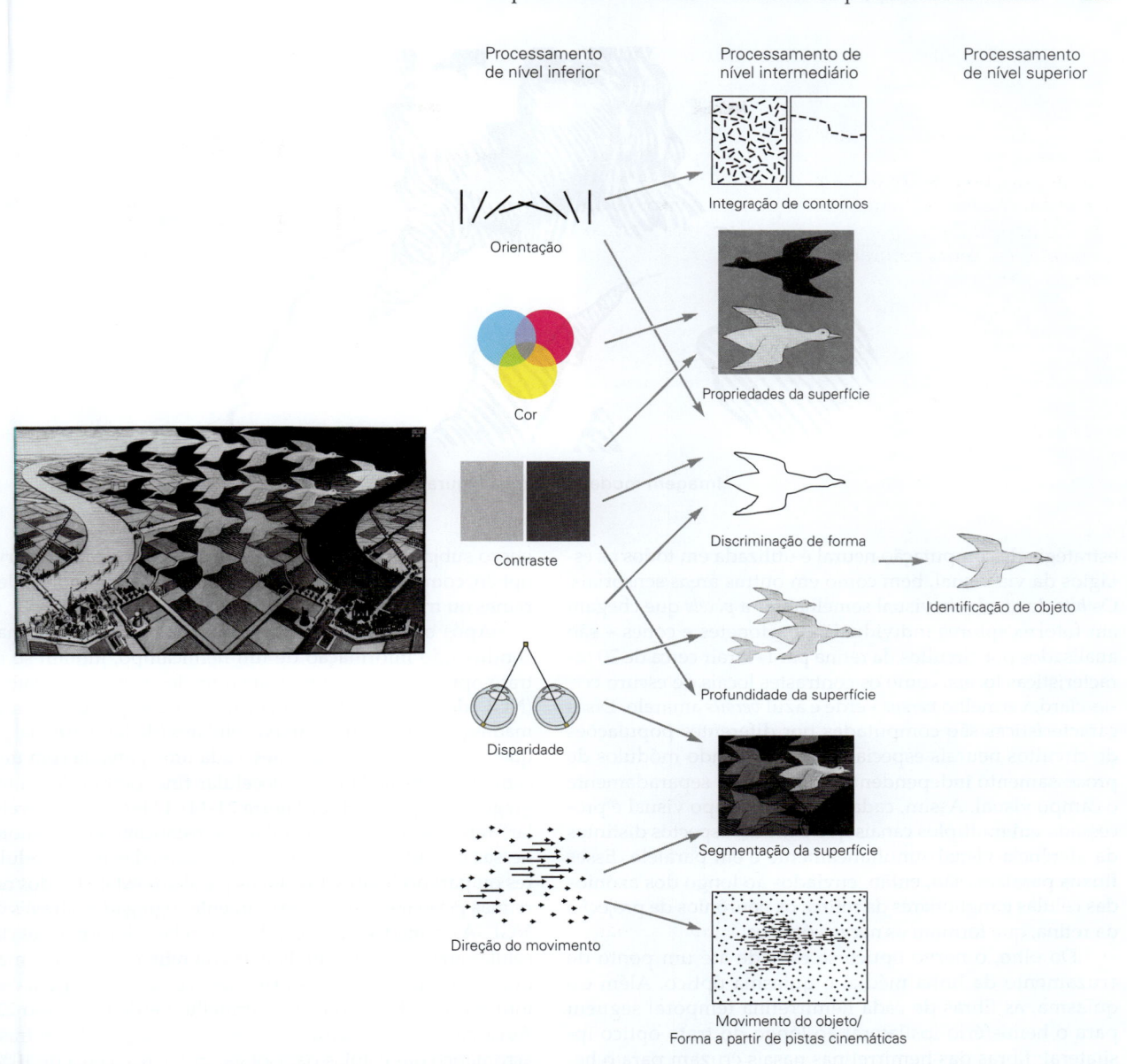

FIGURA 21-4 Uma cena visual é analisada em três níveis. Atributos simples do ambiente visual são analisados (processamento de nível inferior) e esses recursos de nível inferior são usados para analisar a cena visual (processamento de nível intermediário): as características visuais locais são agrupadas em superfícies, os objetos são separados do plano de fundo (segmentação de superfície), a orientação local é integrada em contornos globais (integração de contornos), e a forma da superfície é identificada por sombreamentos e pistas cinemáticas. Finalmente, as superfícies e os contornos são usados para identificar o objeto (processamento de nível superior). (M.C. Escher's "Day and Night". © 2020 The M.C. Escher Company—The Netherlands. Todos os direitos reservados. www.mcescher.com.)

por vias neurais paralelas, porém interativas. Em razão de o processamento distribuído ser um dos principais princípios organizacionais da neurobiologia da visão, é necessário que se tenha uma ideia das vias anatômicas do sistema visual para compreender plenamente a descrição fisiológica do processamento visual nos capítulos posteriores.

Neste capítulo, são estabelecidas as bases para se compreenderem os circuitos neurais e os princípios organizacionais das vias visuais. Esses princípios aplicam-se de forma bastante ampla e são relevantes não só para as várias áreas do encéfalo relacionadas com a visão, mas também para outros tipos de processamento de informação sensorial pelo encéfalo.

O processamento visual é mediado pela via geniculoestriatal

A análise cerebral das cenas visuais começa nas duas retinas, que transformam a entrada visual usando uma estratégia de processamento paralelo (Capítulo 22). Essa importante

Imagem modelada para a Figura 21-3.

estratégia de computação neural é utilizada em todos os estágios da via visual, bem como em outras áreas sensoriais. Os *bits* de aferência visual semelhantes a *pixels* que chegam em fotorreceptores individuais – bastonetes e cones – são analisados por circuitos da retina para extrair cerca de 20 características locais, como os contrastes locais de escuro *versus* claro, vermelho *versus* verde e azul *versus* amarelo. Essas características são computadas por diferentes populações de circuitos neurais especializados formando módulos de processamento independentes que cobrem separadamente o campo visual. Assim, cada ponto do campo visual é processado em múltiplos canais que extraem aspectos distintos da aferência visual simultaneamente e em paralelo. Esses fluxos paralelos são, então, enviados ao longo dos axônios das células ganglionares da retina, os neurônios de projeção da retina, que formam os nervos ópticos.

Do olho, o nervo óptico se estende até um ponto de cruzamento da linha média, o quiasma óptico. Além do quiasma, as fibras de cada hemirretina temporal seguem para o hemisfério ipsilateral ao longo do trato óptico ipsilateral; fibras das hemirretinas nasais cruzam para o hemisfério contralateral ao longo do trato óptico contralateral (**Figura 21-5**). Como a hemirretina temporal de um olho enxerga a mesma metade do campo visual (hemicampo) que a hemirretina nasal do outro olho, a decussação parcial das fibras no quiasma assegura que toda a informação de cada hemicampo seja processada no córtex visual do hemisfério contralateral. A disposição da via também é a base para informações úteis de diagnóstico. Como consequência da anatomia particular dessa via visual, lesões em diferentes pontos ao longo da via levam a déficits visuais com diferentes formas geométricas (**Figura 21-5**), que podem ser distinguidas de forma confiável pelo exame clínico. O déficit poderia ser inteiramente monocular; se presente em ambos os olhos, pode afetar partes não correspondentes ou correspondentes do campo visual nos dois olhos; pode ser restrito ao campo visual superior ou inferior ou pode se estender a ambos, etc. Assim, a forma do déficit pode fornecer pistas valiosas sobre o tipo e a localização do dano ou oclusão do nervo subjacente (variando desde a degeneração do nervo óptico, como devido à esclerose múltipla, até tumores, derrames ou trauma físico).

Após o quiasma óptico, os axônios das hemirretinas, conduzindo informação de um hemicampo, juntam-se no trato óptico, que se estende até o núcleo geniculado lateral (NGL) do tálamo. O NGL em primatas é composto de seis camadas primárias: quatro parvocelulares (do latim *parvus*, pequeno) e duas magnocelulares, cada uma pareada com uma camada intercalada ou coniocelular fina, porém densa (do grego *konio*, poeira) (ver **Figura 21-14**). O termo "coniocelular" refere-se aos corpos celulares substancialmente menores nessas camadas em relação aos das camadas magnocelulares ou parvocelulares. Os canais paralelos estabelecidos nas retinas permanecem anatomicamente segregados através do NGL. As camadas parvocelulares recebem informações das células anãs (*midget*) ganglionares da retina, que são as mais numerosas na retina dos primatas (cerca de 70%) e levam informações dos oponentes vermelho-verde (Capítulo 22). As camadas magnocelulares obtêm informações de contraste acromático das células parasol ganglionares (cerca de 10%). As camadas coniocelulares recebem informações das pequenas e grandes células ganglionares biestratificadas, transportando informações de azul-amarelo, que, juntas, compõem o terceiro conjunto mais populoso de projeções da retina para o NGL (cerca de 8%). As camadas coniocelulares também recebem informações de várias outras classes numericamente muito menores de células ganglionares da retina.

Cada camada geniculada recebe aferências do olho ipsilateral ou contralateral (ver **Figura 21-12**), mas é alinhada de modo a vir de uma região correspondente do hemicampo contralateral. Assim, elas formam um conjunto de mapas concordantes empilhadas umas sobre as outras. Os neurônios talâmicos, então, retransmitem informações da retina para o córtex visual primário. Mas o NGL não é simplesmente um relé; a informação da retina que recebe pode ser fortemente modulada pela atenção e pela excitação por meio de conexões inibitórias com essa região do encéfalo e pela retroalimentação do córtex visual.

A via visual primária também é chamada de via geniculoestriatal (**Figura 21-6A**), porque passa pelo NGL no trajeto para o córtex visual primário (V1), também conhecido como córtex estriado, devido às estrias ricas em mielina que atravessam suas camadas intermediárias. Uma segunda via se estende da retina até a área pré-tectal do mesencéfalo, onde os neurônios medeiam os reflexos pupilares que controlam a quantidade de luz que entra nos olhos (**Figura 21-6B**). Uma terceira via que se origina na retina dirige-se ao colículo superior e é importante por controlar os movimentos oculares. Essa via continua para a formação pontina no tronco encefálico e depois para os núcleos motores extraoculares (**Figura 21-6C**).

Cada NGL se projeta para o córtex visual primário através de uma via conhecida como radiação óptica. Essas fibras aferentes formam um mapa neural completo do campo visual contralateral no córtex visual primário. Depois do córtex estriado, estão as áreas extraestriatais, um conjunto de áreas visuais de ordem superior que também estão organizadas como mapas neurais do campo visual. A preservação do arranjo espacial das informações vindas da retina é chamada de retinotopia, e um mapa neural do campo visual é descrito como mapa retinotópico ou como tendo uma moldura retinotópica de referência.

O córtex visual primário constitui o primeiro nível do processamento cortical da informação visual. Dele, as informações são transmitidas através de duas vias principais: uma via ventral para o lobo temporal, que conduz informação sobre qual é o estímulo, e uma via dorsal para o lobo parietal, que conduz informação sobre onde está o estímulo (informação que é crucial para guiar o movimento).

Um grande feixe de fibras chamado de corpo caloso conecta os dois hemisférios, transmitindo informações através da linha média. O córtex visual primário em cada hemisfério representa um pouco mais da metade do campo visual, com as representações dos dois hemicampos sobrepostas no meridiano vertical. Uma das funções do corpo caloso é unificar a percepção de objetos que atravessam o meridiano vertical ligando as áreas corticais que representam os hemicampos opostos.

Forma, cor, movimento e profundidade são processados em distintas áreas do córtex cerebral

No final do século XIX e início do século XX, o córtex cerebral foi diferenciado em regiões distintas pelo anatomista Korbinian Brodmann e outros usando critérios anatômicos. Esses critérios incluíam tamanho, forma e densidade de neurônios nas camadas corticais e espessura e densidade da mielina. As áreas corticais com funções distintas consideradas até hoje correspondem apenas vagamente à classificação de Brodmann. O córtex visual primário (V1) é idêntico à área de Brodmann 17. No córtex extraestriatal, a área visual secundária (V2) corresponde à área 18. Além delas, entretanto, a área 19 contém várias áreas funcionalmente distintas, que, em geral, não podem ser definidas por critérios anatômicos.

O número de áreas funcionalmente distintas do córtex visual varia entre espécies. Os macacos do gênero *Macaca*

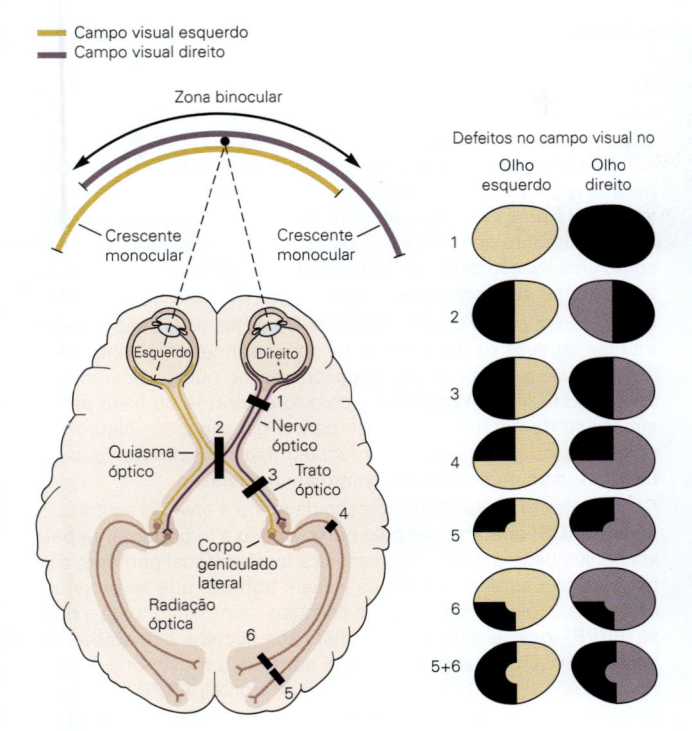

FIGURA 21-5 Representação do campo visual ao longo da via visual. Cada olho vê a maior parte do campo visual, com exceção de uma porção periférica do campo visual conhecida como crescente monocular. Os axônios dos neurônios da retina (células ganglionares) conduzem informações de cada hemicampo visual ao longo do nervo óptico até o quiasma óptico, onde as fibras da hemirretina nasal cruzam para o hemisfério oposto. Fibras da hemirretina temporal permanecem no mesmo lado, juntando-se às fibras da hemirretina nasal do olho contralateral para formar o trato óptico. O trato óptico conduz informações do hemicampo visual oposto de ambos os olhos e projeta-se para o núcleo geniculado lateral. Células nesse núcleo enviam seus axônios ao longo da radiação óptica para o córtex visual primário.

Lesões ao longo da via visual produzem déficits específicos de campo visual, como mostrado à *direita*.

1. Uma lesão de um nervo óptico leva à perda total da visão em um olho.
2. Uma lesão do quiasma óptico provoca uma perda de visão na metade temporal de cada hemicampo visual (hemianopsia bitemporal).
3. Uma lesão do trato óptico provoca uma perda de visão na metade oposta do hemicampo visual (hemianopsia contralateral).
4. Uma lesão das fibras da radiação óptica que se curva para o lobo temporal (alça de Meyer) provoca perda de visão no quadrante superior do hemicampo visual contralateral em ambos os olhos (quadrantanopsia superior contralateral).
5, 6. Lesões parciais do córtex visual levam a déficits em porções do hemicampo visual contralateral. Por exemplo, uma lesão na margem superior do sulco calcarino (**5**) provoca um déficit parcial no quadrante inferior, ao passo que uma lesão na margem inferior (**6**) provoca um déficit parcial no quadrante superior. A área central do campo visual tende a não ser afetada por lesões corticais devido à extensão da representação da fóvea e à representação duplicada do meridiano vertical nos hemisférios.

FIGURA 21-6 Vias para processamento visual, reflexo pupilar e acomodação e o controle da posição dos olhos.

A. *Processamento visual.* O olho envia informação primeiramente a núcleos talâmicos, incluindo o núcleo geniculado lateral e o pulvinar, e dali para as áreas corticais. As projeções corticais dirigem-se para a frente desde o córtex visual primário até áreas no lobo parietal (via dorsal, que é responsável por guiar visualmente o movimento) e áreas no lobo temporal (via ventral, responsável pelo reconhecimento de objetos). O pulvinar do tálamo serve também como uma ligação de retransmissão (relé) entre áreas corticais para suplementar suas conexões diretas. (Sigla: CS, colículo superior.)

B. *Reflexo pupilar e de acomodação.* Os sinais de luz são retransmitidos, através da área pré-tectal do mesencéfalo, para os neurônios parassimpáticos pré-ganglionares no núcleo oculomotor acessório (Edinger-Westphal) e para fora, através do fluxo parassimpático do nervo oculomotor, para o gânglio ciliar. Neurônios pós-ganglionares inervam o músculo liso do esfíncter pupilar, bem como os músculos que controlam o cristalino.

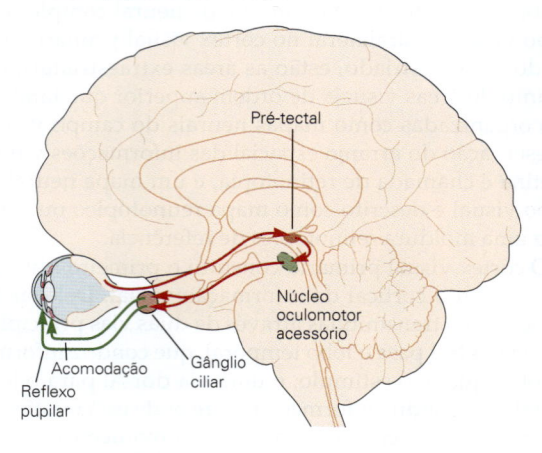

C. *Movimento ocular.* A informação da retina é enviada ao colículo superior (**CS**) diretamente pelo nervo óptico e indiretamente pela via geniculoestrial às áreas corticais (córtex visual primário, córtex parietal posterior e campos visuais frontais) que se projetam de volta ao colículo superior. Os colículos se projetam para a ponte (**FRPP**), que, então, manda sinais aos núcleos oculomotores, incluindo o núcleo abducente, que controla o movimento lateral dos olhos. (Siglas: COcF, campo ocular frontal; **FRPP**, formação reticular pontina paramedial; **NGL**, núcleo geniculado lateral.)

de vias em macacos, pode-se apreciar agora que essas áreas são organizadas em fluxos funcionais (**Figura 21-7B**).

As áreas visuais do córtex podem ser diferenciadas pelas propriedades funcionais de seus neurônios. Estudos de tais propriedades funcionais revelaram que as áreas visuais estão organizadas em duas vias hierárquicas, uma via ventral envolvida no reconhecimento de objetos e uma via dorsal dedicada ao uso da informação visual para orientar os movimentos. A via ventral ou de reconhecimento de objetos se estende desde o córtex visual primário até o lobo temporal e é descrita em detalhes no Capítulo 24. A via dorsal, de orientação do movimento, conecta o córtex visual primário com o lobo parietal e, então, com os lobos frontais.

As vias estão interligadas de modo que as informações são compartilhadas. Por exemplo, a informação sobre o movimento na via dorsal pode contribuir para o reconhecimento de objetos por meio de dicas cinemáticas. A informação sobre os movimentos no espaço derivados de áreas na via dorsal é, portanto, importante para a percepção da forma do objeto e é enviada para a via ventral.

Todas as conexões entre áreas corticais são recíprocas – cada área envia informações de volta para as áreas de onde recebe sinais. Essas conexões de retroalimentação fornecem informações acerca das funções cognitivas, incluindo a atenção espacial, a expectativa de estímulo e o conteúdo emocional, para níveis anteriores do processamento visual. O pulvinar do tálamo serve como uma ligação de retransmissão (relé) entre as áreas corticais (ver **Figura 21-7B**).

A via dorsal passa pelo córtex parietal, uma região que usa a informação visual para dirigir o movimento dos olhos e dos membros, ou seja, para a integração visuomotora. A área intraparietal lateral, nomeada por sua localização

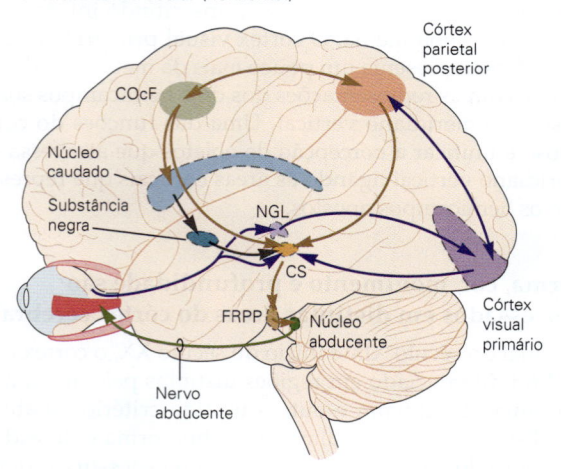

têm mais de 30 áreas. Embora nem todas as áreas visuais em humanos tenham sido identificadas, o número parece ser pelo menos tão numeroso quanto o dos macacos. Se forem incluídas as áreas oculomotoras e as áreas pré-frontais que contribuem para a memória visual, quase a metade do córtex cerebral está envolvida com a visão. A imagem por ressonância magnética funcional (IRMf) tornou possível estabelecer homologias entre as áreas visuais cerebrais do macaco e as do humano (**Figura 21-7**). Com base nos estudos de traçadores

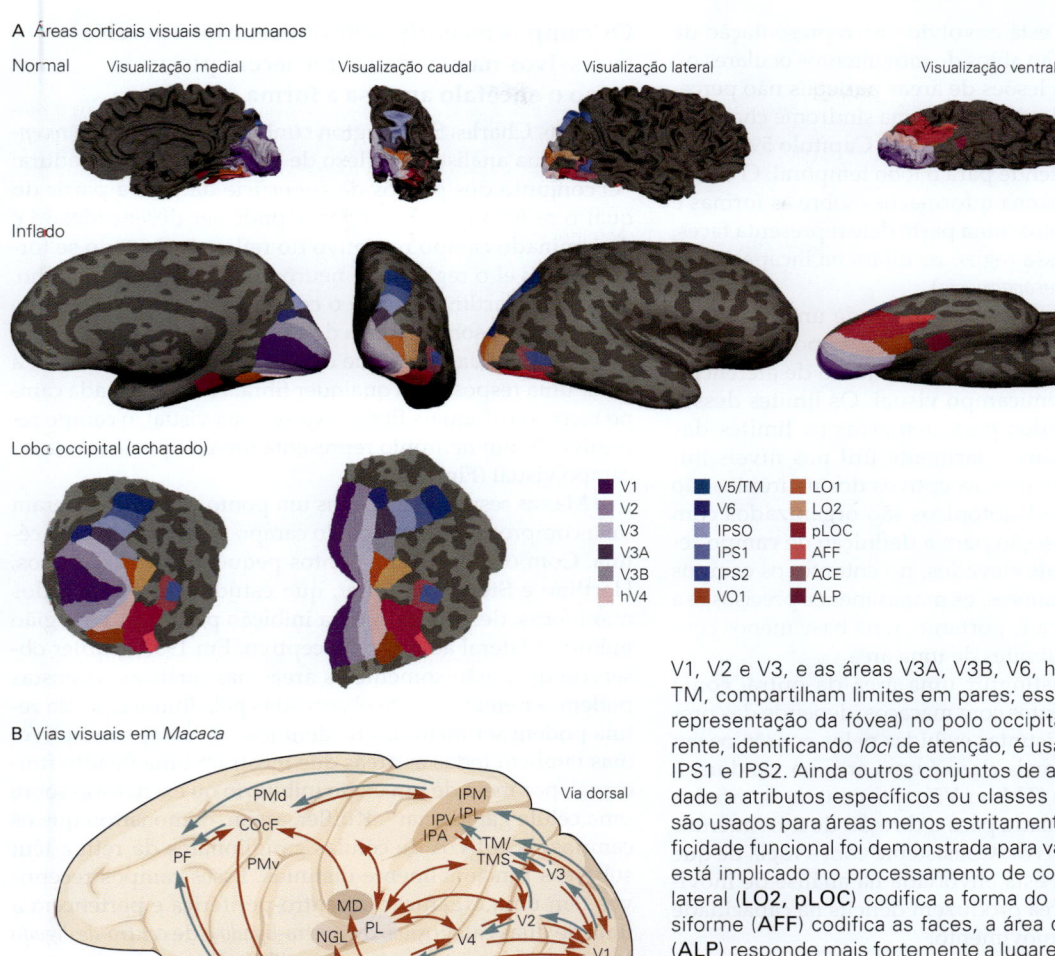

Capítulo 21 • Natureza construtiva do processamento visual   451

A Áreas corticais visuais em humanos

FIGURA 21-7 Vias visuais no córtex cerebral.
A. A ressonância magnética funcional mostra áreas do córtex cerebral humano envolvidas no processamento visual. A **linha superior** mostra áreas nos giros e sulcos de uma visão normal de um cérebro; a **linha do meio** mostra visualizações "infladas" do cérebro seguindo um processo computacional que simula inflar o cérebro como um balão para esticar as "rugas" dos giros e sulcos em uma superfície lisa, minimizando as distorções locais. As regiões cinza-claro e cinza-escuro identificam giros e sulcos respectivamente; a **linha inferior** mostra uma representação bidimensional do lobo occipital (à esquerda) e uma representação com menos distorção fazendo um corte ao longo da fissura calcarina. Diferentes abordagens são necessárias para demarcar diferentes áreas funcionais. As áreas retinotópicas, por definição, contêm mapas contínuos do espaço visual e são identificadas usando estímulos como espirais rotativas ou círculos em expansão que varrem o espaço visual. Mapas em áreas corticais adjacentes correm em direções opostas na superfície cortical e se encontram ao longo dos limites de reversões de espelhos locais. Essas reversões de espelho podem ser usadas para identificar os limites da área e, assim, demarcar cada área. Essas áreas retinotópicas, incluindo as áreas visuais iniciais V1, V2 e V3, e as áreas V3A, V3B, V6, hV4, VO1, LO1, LO2 e V5/TM, compartilham limites em pares; esses limites convergem (na representação da fóvea) no polo occipital. Uma abordagem diferente, identificando *loci* de atenção, é usada para mapear as áreas IPS1 e IPS2. Ainda outros conjuntos de abordagens ou responsividade a atributos específicos ou classes de objetos (como rostos) são usados para áreas menos estritamente retinotópicas. A especificidade funcional foi demonstrada para várias áreas visuais: O VO1 está implicado no processamento de cores, o complexo occipital lateral (**LO2, pLOC**) codifica a forma do objeto, a área da face fusiforme (**AFF**) codifica as faces, a área do lugar para-hipocampal (**ALP**) responde mais fortemente a lugares do que a objetos, a área do corpo extraestriado (**ACE**) responde mais fortemente a partes do corpo do que objetos, e V5/TM está envolvido no processamento de movimento. Áreas no sulco intraparietal (**IPS1 e IPS2**) estão envolvidas no controle da atenção espacial e dos movimentos oculares sacádicos. (Imagens cortesia de V. Piech, reproduzidas com autorização.)

B. No macaco do gênero *Macaca*, V1 está localizado na superfície do lobo occipital e envia axônios em duas vias. Uma via dorsal percorre várias áreas no lobo parietal e no lobo frontal e medeia o controle da atenção e os movimentos guiados visualmente. Uma via ventral projeta-se através de V4 em áreas do córtex temporal inferior e medeia o reconhecimento de objetos. Além das vias de informação de avanço direto (*feedforward*) que se estendem do córtex visual primário para os lobos temporal, parietal e frontal (**setas azuis**), as vias recíprocas ou de retroalimentação correm na direção oposta (**setas vermelhas**). O mecanismo de avanço direto ou de retroalimentação podem operar diretamente, entre áreas corticais, ou indiretamente, através do tálamo, em particular o pulvinar, que atua como um relé entre as áreas corticais. As vias subcorticais envolvidas incluem os núcleos talâmicos – o núcleo geniculado lateral (**NGL**), o núcleo pulvinar (**PL**) e o núcleo mediodorsal (**MD**) – e o colículo superior (**CS**). (Siglas: **COcF**, campo ocular frontal; **IPA**, área intraparietal anterior; **IPL**, área intraparietal lateral; **IPM**, área intraparietal medial; **IPV**, área intraparietal ventral; **PF**, córtex pré-frontal; **PMd**, córtex pré-motor dorsal; **PMv**, córtex pré-motor ventral; **TEO**, divisão posterior da área do TI; **TI**, córtex temporal inferior; **TM**, área temporal média; **V1**, córtex visual primário, área de Brodmann 17; **V2**, área visual secundária, área de Brodmann 18; **V3, V4**, terceira e quarta áreas visuais.)

no sulco intraparietal, está envolvida na representação de pontos no espaço que são alvos de movimentos oculares ou alcance. Pacientes com lesões de áreas parietais não percebem objetos em um lado do corpo, uma síndrome chamada *negligência unilateral* (ver **Figura 59-1** no Capítulo 59).

A via ventral se estende para o lobo temporal. O córtex temporal inferior armazena informações sobre as formas e as identidades dos objetos; uma parte dele representa faces, uma vez que danos nessa região resultam na incapacidade de reconhecer faces (*prosopagnosia*).

Cada via dorsal e ventral compreende uma série hierárquica de áreas que podem ser delineadas por vários critérios. Primeiro, em muitos relés, o conjunto de aferências forma um mapa do hemicampo visual. Os limites desses mapas podem ser usados para demarcar os limites das áreas visuais. Isso é particularmente útil nos níveis iniciais da via, onde os campos receptivos dos neurônios são pequenos e os mapas visuotópicos são organizados com precisão (ver próxima seção para a definição de campo receptivo). Em níveis mais elevados, no entanto, os campos receptivos se tornam maiores, os mapas menos precisos, e a organização visuotópica é, portanto, uma base menos confiável para delinear os limites de uma área.

Outro meio de distinguir uma área da outra, como mostrado em experimentos com macacos, depende das propriedades funcionais distintas exibidas pelos neurônios em cada área. O exemplo mais claro é uma área na via dorsal, a área temporal média (TM ou V5), que contém neurônios com uma forte seletividade para a direção de movimentos em seus campos receptivos. Consistente com a ideia de que a área temporal média está envolvida na análise de movimentos, lesões nessa área produzem déficits na capacidade de rastrear objetos em movimento.

Uma visão clássica da organização das áreas corticais visuais é hierárquica, onde as áreas na parte inferior da hierarquia, como V1 e V2, representam as áreas primitivas visuais de orientação, direção do movimento, profundidade e cor. Nessa visão, o topo da hierarquia da via ventral representaria objetos inteiros, com as áreas intermediárias representando a visão de nível intermediário. Essa ideia de "complexificação" ao longo da hierarquia sugere um mapeamento entre os níveis de percepção visual e estágios na sequência de áreas corticais. Descobertas mais recentes, no entanto, indicam uma história mais complexa, onde até o córtex visual primário desempenha um papel na visão de nível intermediário, e os neurônios nas áreas superiores podem processar informações sobre componentes de objetos. Além disso, conforme mostrado na **Figura 21-7**, também é preciso levar em consideração o fato de que há um poderoso fluxo reverso de informações, ou retroalimentação, das áreas corticais "superiores" para as "inferiores". Conforme será descrito no Capítulo 23, essa direção reversa de informações contém influências cognitivas "descendentes" de ordem superior, incluindo atenção, expectativa do objeto, tarefa perceptiva, aprendizado perceptual e cópia de eferência. As influências descendentes podem desempenhar um papel na segmentação de cena, nos relacionamentos de objetos e na percepção de detalhes de objetos, bem como no próprio reconhecimento de objetos.

Os campos receptivos dos neurônios em relés sucessivos na via visual fornecem pistas de como o encéfalo analisa a forma visual

Em 1906, Charles Sherrington cunhou o termo *campo receptivo* em sua análise do reflexo de retirada por arranhadura: "O conjunto dos pontos da superfície da pele a partir do qual o reflexo por arranhadura pode ser desencadeado é denominado campo receptivo do reflexo". Quando se tornou possível o registro de neurônios individuais no olho, H. Keffer Hartline aplicou o conceito de campo receptivo no seu estudo sobre a retina do caranguejo-ferradura, *Limulus*: "A região da retina que deve ser iluminada de forma a obter uma resposta em qualquer fibra... é denominada campo receptivo daquela fibra". No sistema visual, o campo receptivo de um neurônio representa uma pequena janela no campo visual (**Figura 21-8**).

Mas as respostas a apenas um ponto de luz forneceram uma compreensão limitada do campo receptivo de uma célula. Com o uso de dois pontos pequenos de luz, ambos, Hartline e Stephen Kuffler, que estudavam a retina dos mamíferos, descobriram uma inibição periférica ou região inibitória lateral ao campo receptivo. Em 1953, Kuffler observou que "não somente as áreas nas quais as respostas podem ser efetivamente observadas pela iluminação da retina podem ser incluídas na definição do campo receptivo, mas também todas as áreas que mostram uma ligação funcional, por meio de um efeito inibitório ou excitatório sobre uma célula ganglionar". Kuffler, assim, demonstrou que os campos receptivos de células ganglionares da retina têm subáreas funcionalmente distintas. Esses campos receptivos têm uma organização centro-periférica e pertencem a uma de duas categorias: de *centro-ligado* e de *centro-desligado* (do inglês *on-center* e *off-center*). Trabalhos posteriores demonstraram que os neurônios no NGL têm campos receptivos semelhantes.

As células no centro-ligado disparam quando um ponto de luz é ligado dentro de uma região circular central. As células no centro-desligado disparam quando um ponto de luz no centro do seu campo receptivo é desligado. A região anular periférica tem o sinal oposto. Para as células de centro-ligado, um estímulo de luz em qualquer lugar no anel ao redor do centro produz uma resposta quando a luz é desligada, uma resposta denominada *centro-ligada, periférico-desligada*. O centro e as áreas periféricas circundantes são mutuamente inibitórios (**Figura 21-9**). Quando tanto o centro como a periferia são iluminados com luz difusa, há pouca ou nenhuma resposta. Por outro lado, uma fronteira limitante de claro-escuro através do campo receptivo produz uma resposta marcante. Como esses neurônios são mais sensíveis a margens e contornos – a diferenças em iluminação, em oposição a superfícies uniformes –, eles codificam informações acerca do contraste no campo visual.

O tamanho de um campo receptivo na retina varia tanto de acordo com a *excentricidade* do campo – sua posição em relação à fóvea, a parte central da retina onde a acuidade visual é maior – como com a posição dos neurônios ao longo da via visual. Os campos receptivos com a mesma excentricidade são relativamente pequenos nos primeiros

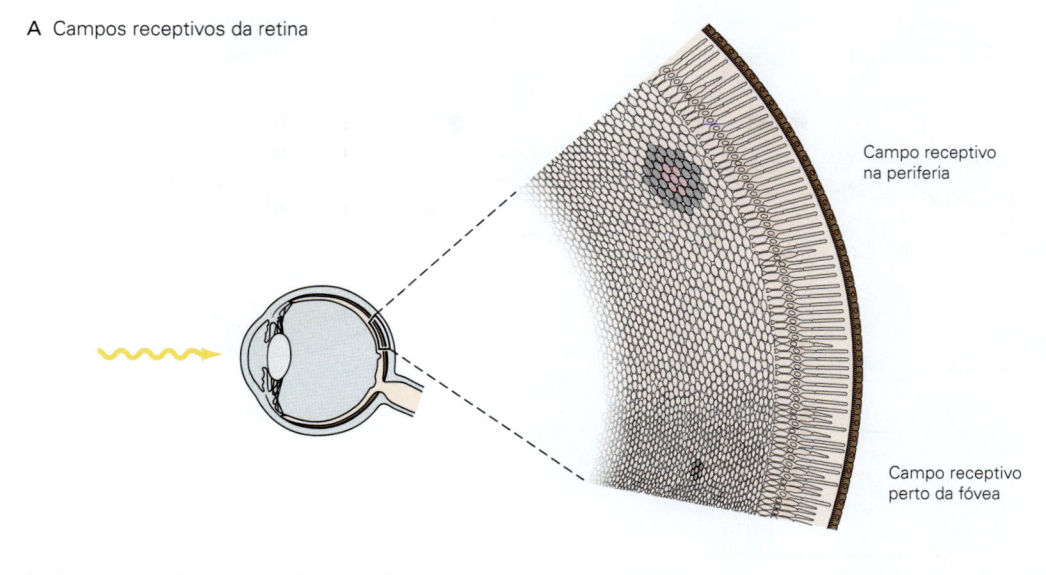

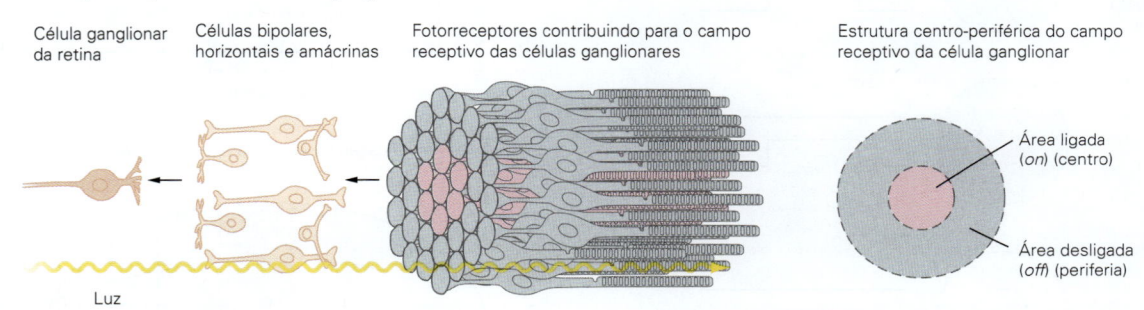

FIGURA 21-8 Campos receptivos das células ganglionares da retina em relação aos fotorreceptores.

A. O número de fotorreceptores que contribuem para o campo receptivo de uma célula ganglionar da retina varia dependendo da localização do campo receptivo na retina. Uma célula perto da fóvea recebe informações aferentes de menos receptores, cobrindo uma área menor, ao passo que uma célula mais longe da fóvea recebe informação aferente de muito mais receptores, cobrindo uma área maior (ver **Figura 21-10**).

B. A luz passa por camadas de células nervosas para alcançar os fotorreceptores na parte de trás da retina. Os sinais dos fotorreceptores são, então, transmitidos por neurônios nas camadas nuclear interna e externa para uma célula ganglionar da retina.

níveis do processamento visual e ficam progressivamente maiores em níveis posteriores. Os tamanhos dos campos receptivos são expressos em termos de graus do ângulo visual; o campo visual inteiro cobre cerca de 180° (**Figura 21-10A**). Em relés precoces do processamento visual, os campos receptivos perto da fóvea são os menores. Os campos receptivos para as células ganglionares da retina que monitoram as porções da fóvea subtendem aproximadamente 0,1°, enquanto aqueles na periferia visual podem ser algumas ordens de magnitude maiores.

A quantidade de córtex dedicada a um grau do espaço visual muda com a excentricidade. Mais áreas do córtex são dedicadas à parte central do campo visual, onde os campos receptivos são menores e o sistema visual tem a maior resolução espacial (**Figura 21-10C**).

As propriedades dos campos receptivos mudam de relé em relé ao longo da via visual. Ao se determinarem essas propriedades, pode-se testar a função de cada um dos núcleos de retransmissão (de relé) e como a informação visual é progressivamente analisada pelo encéfalo. Por exemplo, a mudança na estrutura do campo receptivo que ocorre entre o NGL e o córtex cerebral revela um mecanismo importante na análise da forma visual do encéfalo. A propriedade-chave da via da forma é a seletividade para a orientação dos contornos no campo visual. Essa é uma propriedade emergente do processamento de sinal no córtex visual primário; não é uma propriedade das informações aferentes corticais, mas é gerada dentro do próprio córtex.

Enquanto as células ganglionares da retina e os neurônios no NGL têm campos receptivos concêntricos no centro, os do córtex, embora igualmente sensíveis ao contraste, também analisam os contornos. David Hubel e Torsten Wiesel descobriram essa característica em 1958, enquanto estudavam quais estímulos visuais provocavam atividade em neurônios no córtex visual primário. Enquanto

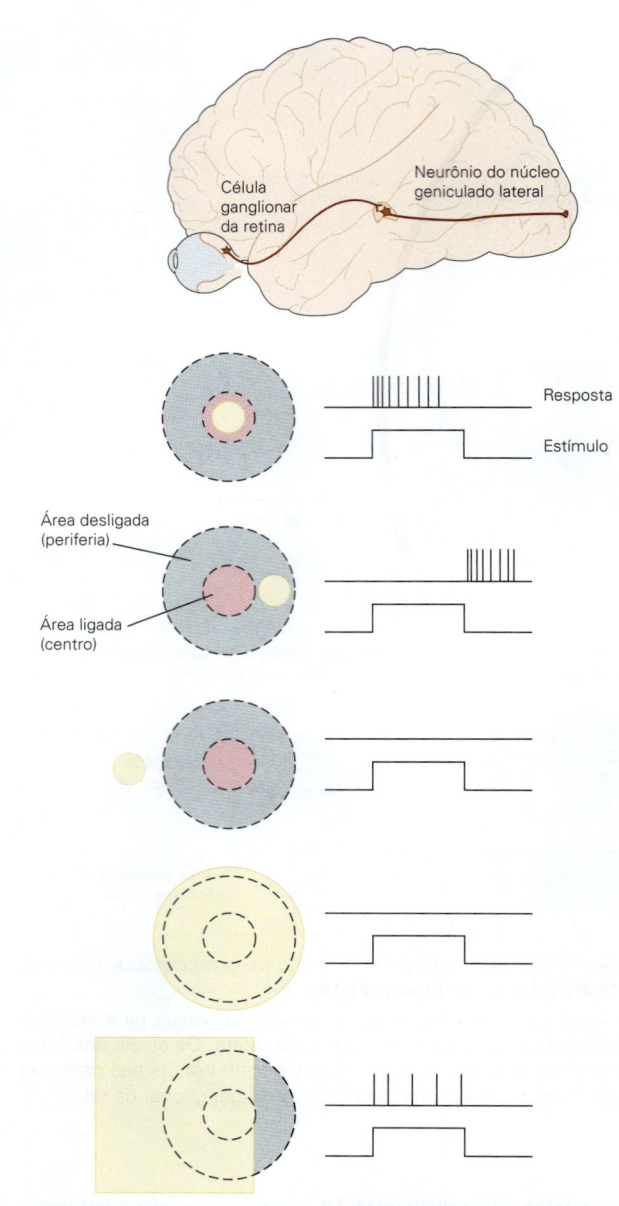

FIGURA 21-9 Campos receptivos de neurônios em primeiros relés de vias visuais. Um campo receptivo simétrico circular com centro e periferia mutuamente antagônicos é característico das células ganglionares da retina e dos neurônios no núcleo geniculado lateral do tálamo. O centro pode responder ao ligar ou desligar de um ponto de luz (**amarelo**), dependendo se o campo recebido pertence a uma classe "centro-ligado" ou "centro-desligado", respectivamente. A região periférica no entorno tem a resposta oposta. Fora da região periférica não há resposta à luz, definindo, assim, o limite do campo receptivo. A resposta é fraca quando a luz cobre tanto o centro quanto a periferia, de modo que esses neurônios respondem de forma otimizada ao contraste (limite entre claro-escuro) no campo visual.

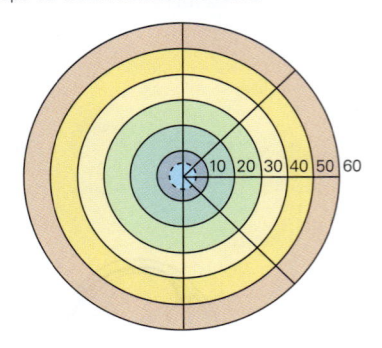

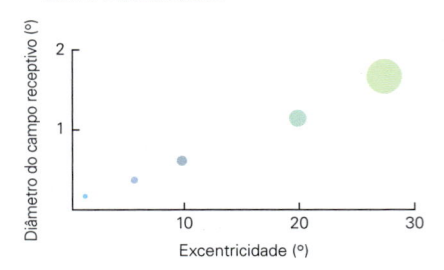

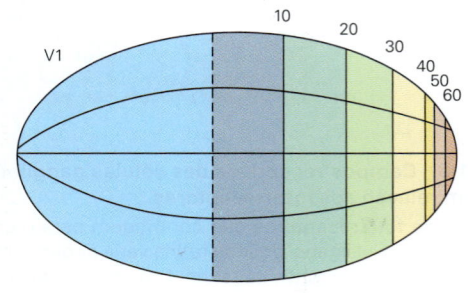

FIGURA 21-10 Tamanho do campo receptivo, excentricidade, organização retinotópica e fator de magnificação. O código de cores refere-se à posição no espaço visual ou sobre a retina.
A. A distância de um campo receptivo a partir da fóvea é referida como a excentricidade do campo receptivo.
B. O tamanho do campo receptivo varia conforme a distância a partir da fóvea. Os menores campos encontram-se no centro do olhar, a fóvea, onde a resolução visual é a mais elevada; os campos tornam-se progressivamente maiores com a distância a partir da fóvea.
C. A quantidade de área cortical dedicada às informações aferentes dentro de cada grau do espaço visual, conhecido como fator de magnificação, também varia com a excentricidade. A parte central do campo visual comanda a maior área do córtex. Por exemplo, na área V1, mais áreas são dedicadas aos 10° centrais do espaço visual do que a todo o resto. O mapa de V1 mostra a lâmina cortical desdobrada.

mostravam ao animal anestesiado projeções contendo uma variedade de imagens, os pesquisadores faziam registros extracelulares de neurônios individuais no córtex visual. À medida que mudavam de uma imagem para outra, eles encontraram um neurônio que produzia um trem de disparos rápidos de potenciais de ação. A célula respondia não à imagem projetada, mas sim às bordas da imagem quando esta era movida de posição.

O córtex visual é organizado em colunas de neurônios especializados

A característica dominante da organização funcional do córtex visual primário é a organização visuotópica de suas células: o campo visual é sistematicamente representado na superfície do córtex (**Figura 21-11A**).

Além disso, as células do córtex visual primário com propriedades funcionais semelhantes estão localizadas próximas umas das outras em colunas que se estendem da superfície do córtex até a substância branca. As colunas responsáveis pelas propriedades funcionais que são analisadas em qualquer área cortical determinada refletem, portanto, o papel funcional dessa área de visão. As propriedades que são desenvolvidas no córtex visual primário incluem especificidade de orientação e integração das informações aferentes dos dois olhos, que é medida como a força relativa da informação aferente de cada olho, ou dominância ocular.

As colunas de dominância ocular refletem a segregação de aferências talamocorticais que chegam de diferentes camadas do NGL. As camadas alternadas desse núcleo recebem a informação a partir de células ganglionares da retina ipsilateral ou contralateral (**Figura 21-12**). Essa segregação é mantida nas aferências do NGL para o córtex visual primário, produzindo as bandas de dominância ocular alternadas do olho esquerdo e do olho direito (**Figura 21-11B**).

As células com preferências de orientação semelhantes também estão agrupadas em colunas. Ao longo da superfície cortical, há um ciclo regular no sentido horário e anti-horário de preferência de orientação, com o ciclo completo de 180° se repetindo a cada 750 μm (**Figura 21-11C**). Da mesma forma, as colunas de dominância do olho esquerdo e do direito alternam com uma periodicidade de 750 a 1.000 μm. Um ciclo completo de colunas de orientação, ou um par completo de colunas de dominância do olho esquerdo e direito, é chamado de *hipercoluna*. As colunas de orientação e dominância ocular em cada ponto da superfície cortical são localmente aproximadamente ortogonais entre si. Assim, um pedaço cortical de uma hipercoluna de extensão contém todas as combinações possíveis de preferência de orientação e dominância do olho esquerdo e do direito.

Ambos os tipos de colunas foram primeiramente mapeados por meio de registros das respostas de neurônios utilizando eletrodos com espaçamentos próximos no córtex. As colunas de dominância ocular também foram identificadas fazendo lesões ou injeções de traçador em camadas individuais do NGL. Mais recentemente, uma técnica conhecida como imagem óptica tem permitido aos pesquisadores visualizar a representação da superfície da orientação e das colunas de dominância ocular em animais vivos. Desenvolvida para os estudos de organização cortical por Amiram Grinvald, essa técnica visualiza mudanças na refletância de superfície associada às exigências metabólicas de grupos de neurônios ativos, conhecida como imagem óptica de sinal intrínseco, ou mudanças na fluorescência de corantes sensíveis à voltagem. A imagem de sinal intrínseco depende das alterações associadas à atividade no fluxo sanguíneo local e de alterações no estado oxidativo da hemoglobina e outros cromóforos intrínsecos. Essas técnicas também estão sendo complementadas com imagens em resolução celular usando marcadores de atividade neural geneticamente codificados.

Um experimentador pode visualizar a distribuição de células com dominância ocular esquerda ou direita, por exemplo, subtraindo a imagem obtida pela estimulação de um olho daquela adquirida quando estimula o outro olho. Quando vistas em um plano tangencial à superfície cortical, as colunas de dominância ocular aparecem como listras alternantes de olho esquerdo e direito, cada uma com largura aproximada de 750 μm (**Figura 21-11B**).

Os ciclos de colunas de orientação formam várias estruturas, desde tiras paralelas até do tipo cata-ventos. Saltos acentuados na preferência de orientação ocorrem nos centros do cata-vento, como "fraturas" no mapa de orientação (**Figura 21-11C**).

Incorporados dentro das colunas de orientação e de dominância ocular estão os aglomerados de neurônios que têm baixa seletividade à orientação, mas com forte preferência à cor. Essas unidades de especialização, localizadas dentro das camadas superficiais, foram reveladas por histoquímica usando a enzima citocromo-oxidase, que está distribuída em um padrão regular de bolhas (*blobs*) e interbolhas (*interblobs*). No córtex visual primário, essas bolhas têm poucas centenas de micrômetros de diâmetro e estão distantes umas das outras por 750 μm (**Figura 21-11D**). As bolhas correspondem aos aglomerados de neurônios seletivos à cor. Como essas bolhas são ricas em células com seletividade à cor e pobres em células com seletividade à orientação, elas são especializadas em fornecer informações sobre superfícies, em vez de bordas.

Na área V2, as listras escuras grossas e finas separadas por listras claras são evidentes por histoquímica com citocromo-oxidase (**Figura 21-11D**). As listras grossas contêm neurônios seletivos para a direção de movimento e para a disparidade binocular, bem como células sensíveis a contornos ilusórios e pistas de disparidade globais. As listras finas contêm células especializadas em cor. As listras pálidas contêm neurônios seletivos à orientação.

Para cada atributo visual ser analisado em cada posição no campo visual, deve haver uma cobertura adequada de neurônios, com diferentes propriedades funcionais. À medida que se segue em qualquer direção pela superfície cortical, a progressão da localização visuotópica dos campos receptivos é gradual, enquanto o ciclo de colunas ocorre mais rapidamente. Portanto, qualquer posição dada no campo visual pode ser analisada adequadamente em termos de orientação dos contornos, cor e direção do movimento dos objetos e profundidade estereoscópica por um único módulo computacional. O pequeno segmento do córtex visual que compreende tal módulo representa todos os valores possíveis de todos os sistemas colunares (**Figura 21-13**).

O sistema de colunas serve como substrato para dois tipos fundamentais de conectividade ao longo da via visual. O *processamento serial* ocorre em conexões sucessivas entre áreas corticais, conexões que percorrem desde a parte posterior do encéfalo até a frente. Ao mesmo tempo, o

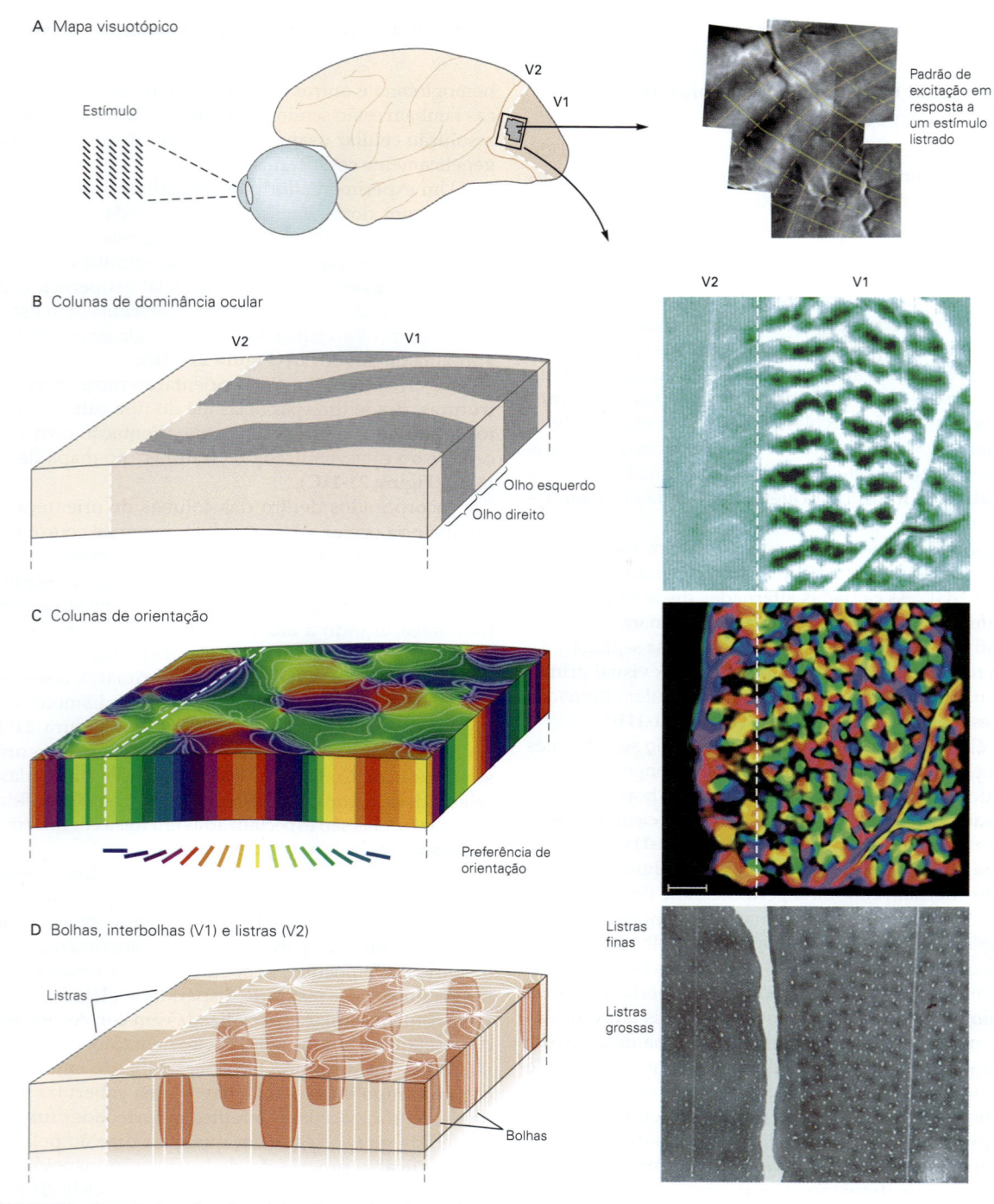

FIGURA 21-11 Arquitetura funcional do córtex visual primário. (Cortesia de M. Kinoshita e A. Das; reproduzidas com autorização.)

A. A superfície do córtex visual primário é funcionalmente organizada em um mapa do campo visual. As elevações e azimutes de espaço visual são organizados em uma grade regular que é distorcida em razão da variação do fator de magnificação (ver **Figura 21-10**). A grade é visível aqui em listras escuras (visualizadas com imagem óptica de sinal intrínseco), que refletem o padrão de neurônios que respondem a uma série de listras verticais. Dentro desse mapa de superfície, encontram-se ciclos repetidos sobrepostos de colunas de células com funcionalidade específica, tal como ilustrado em **B**, **C** e **D**.

B. As listras escuras e claras representam a visão da superfície das colunas de dominância ocular esquerda e direita. Essas listras interceptam a fronteira entre as áreas de V1 e V2, a representação do meridiano vertical, em ângulo reto.

C. Algumas colunas contêm células com seletividade semelhante para a orientação dos estímulos. As cores diferentes indicam a preferência de orientação das colunas. A melhor descrição das colunas de orientação na visão de superfície é como particularidades que circundam cata-ventos com mudanças bruscas de orientação (o centro do cata-vento). A barra de escala representa 1 mm. (A imagem de superfície das colunas de orientação à esquerda é cortesia de G. Blasdel; reproduzida com autorização.)

D. Padrões das bolhas em V1 e listras em V2 representam outros módulos de organização funcional. Esses padrões são visualizados com a enzima citocromo-oxidase.

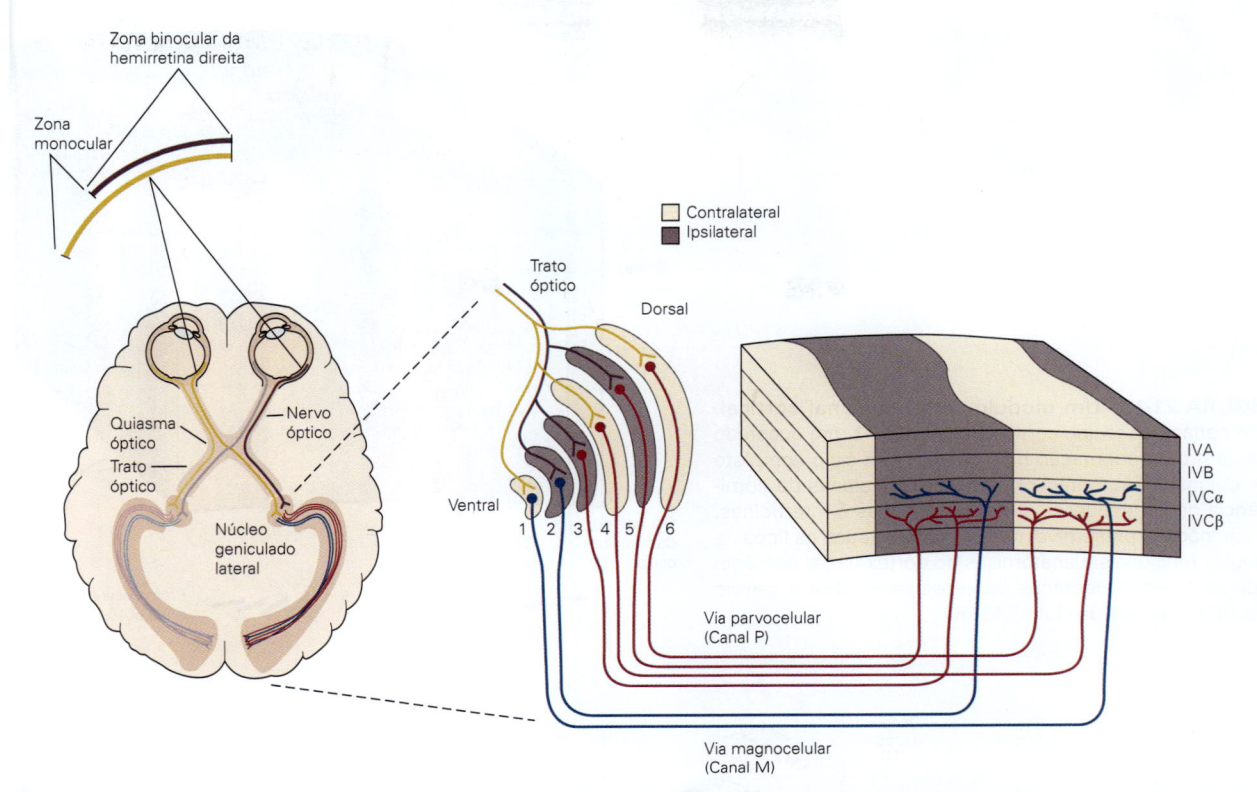

FIGURA 21-12 Projeções do núcleo geniculado lateral para o córtex visual. O núcleo geniculado lateral em cada hemisfério recebe aferências a partir da retina temporal do olho ipsilateral e da retina nasal do olho contralateral. O núcleo é uma estrutura laminada que compreende quatro camadas parvocelulares (camadas 3 a 6) e duas camadas magnocelulares (camadas 1 e 2). Cada uma é emparelhada com uma camada coniocelular intercalada. (Essas camadas são representadas aqui pelas lacunas que separam as camadas primárias. Eles não são rotulados para evitar confusão. Ver **Figura 21-14**.) As aferências dos dois olhos terminam em diferentes camadas geniculadas: as aferências do olho contralateral projetam-se para as camadas 1, 4 e 6, enquanto as do olho ipsilateral para as camadas 2, 3 e 5. Os neurônios dessas camadas geniculadas se projetam para diferentes camadas do córtex. Os neurônios geniculados parvocelulares projetam-se para a camada IVCβ, os magnocelulares projetam-se para a camada IVCα e os coniocelulares projetam-se para "bolhas" nas camadas corticais superiores (ver **Figuras 21-14** e **21-15**). Além disso, as aferências das camadas ipsilateral e contralateral do núcleo geniculado lateral são separadas em colunas de dominância ocular alternadas.

processamento paralelo ocorre simultaneamente em subconjuntos de fibras que processam diferentes submodalidades, como forma, cor e movimento, continuando a estratégia de processamento neural iniciada na retina.

Muitas áreas do córtex visual refletem esse arranjo – por exemplo, células funcionalmente específicas em V1 se comunicam com as células de mesma especificidade em V2. Entretanto, essas vias não são absolutamente segregadas, porque há alguma mistura de informações entre os diferentes atributos visuais (**Figura 21-14**).

A organização colunar confere várias vantagens. Ela minimiza a distância necessária para que os neurônios com propriedades funcionais similares se comuniquem uns com os outros e permite que eles compartilhem aferências de vias distintas que conduzem informações sobre determinados atributos sensoriais. Essa eficiente conectividade economiza no uso de volume encefálico e maximiza a velocidade do processamento. A aglomeração de neurônios em grupos funcionais, como nas colunas corticais, permite que o encéfalo possa minimizar o número de neurônios necessários para analisar diferentes atributos. Se todos os neurônios fossem ajustados para cada atributo, a explosão combinatória resultante necessitaria de um número proibitivo de neurônios.

Circuitos corticais intrínsecos transformam a informação neural

Cada área do córtex visual transforma a informação recebida pelos olhos e processada em relés sinápticos anteriores em um sinal que representa a cena visual. Essa transformação é realizada por circuitos locais compreendendo neurônios excitatórios e inibitórios.

A principal aferência para o córtex visual primário vem de três vias paralelas que se originam nos canais parvocelular, magnocelular e azul/amarelo das camadas coniocelulares do NGL (ver **Figura 21-12**). Neurônios nas camadas parvocelulares projetam-se para as camadas corticais IVCβ e 6, aqueles nas camadas magnocelulares projetam-se para as camadas IVCα e 6, enquanto os neurônios coniocelulares se projetam para a camada 1 e para as bolhas de citocromo-oxidase nas camadas 2 e 3. A partir daí, uma sequência de

FIGURA 21-13 Um módulo computacional cortical. Um pedaço de tecido cortical de cerca de 1 mm quadrado contém uma orientação hipercolunar (um ciclo completo de colunas de orientação), um ciclo de colunas de dominância ocular esquerda e direita, e bolhas e interbolhas. Esse módulo, presumivelmente, conteria todos os tipos de células funcionais e anatômicas do córtex visual primário, que se repetiria centenas de vezes para cobrir o campo visual. (Adaptada de Hubel, 1988.)

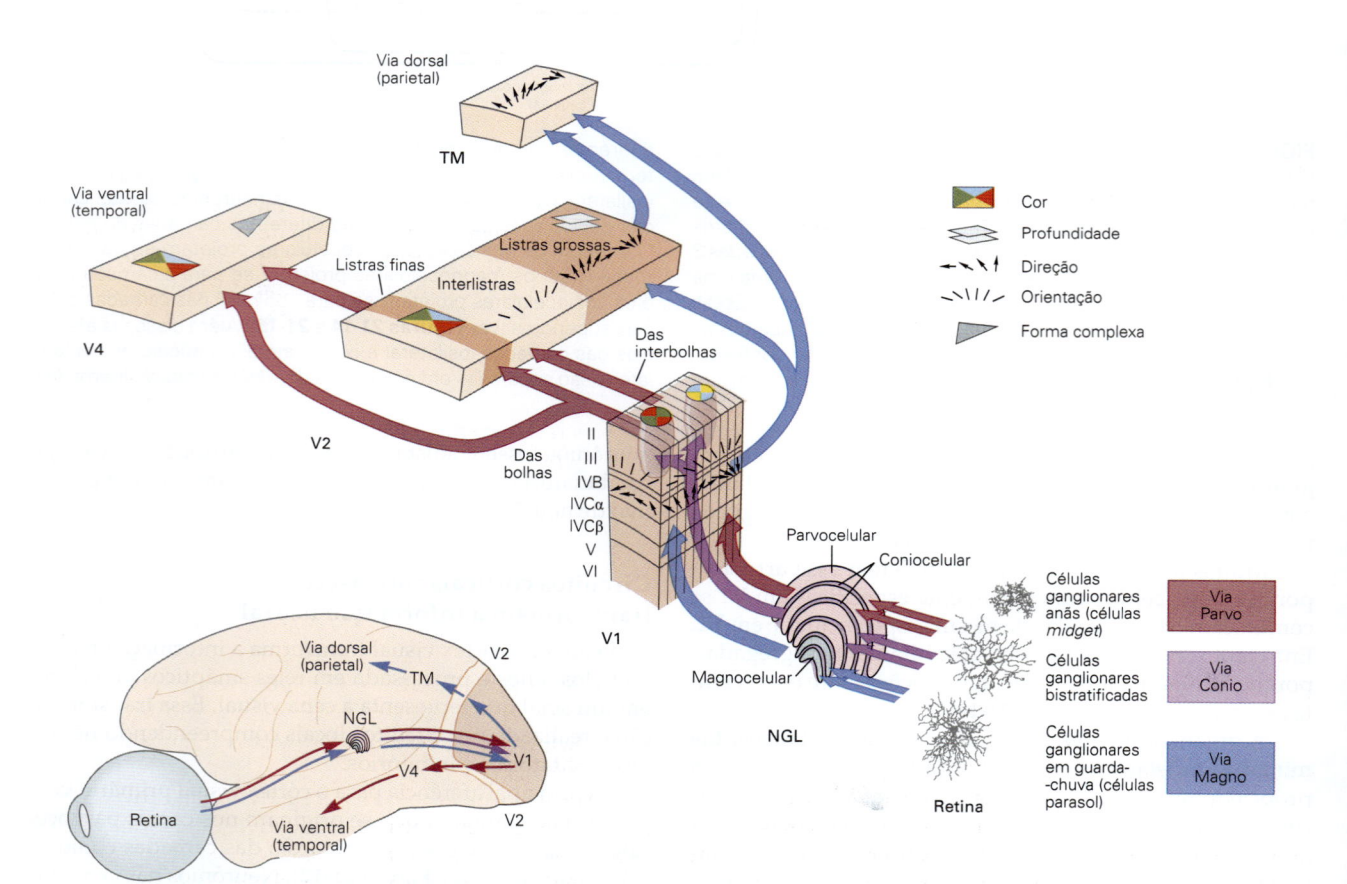

FIGURA 21-14 Processamento paralelo em vias visuais. O fluxo ventral é principalmente responsável pela identificação de objetos, levando informações sobre a forma e a cor. A via dorsal é dedicada a guiar o movimento visualmente, com células seletivas para a direção do movimento. No entanto, essas vias não são estritamente separadas, e existe uma interligação substancial entre elas, mesmo no córtex visual primário. (Siglas: **NGL**, núcleo geniculado lateral; **TM**, área temporal média.) (As imagens das células ganglionares da retina são cortesia de Dennis Dacey; reproduzidas com autorização.)

conexões intercamadas, mediadas pelos neurônios excitatórios estrelados espinhosos, processa a informação visual em um conjunto estereotipado de conexões (**Figura 21-15**).

Essa caracterização das vias paralelas é apenas uma aproximação, já que existe uma interação considerável entre as vias. Essa interação é a maneira pela qual diversas características visuais – cor, forma, profundidade e movimento – estão interligadas, conduzindo a uma percepção visual unificada. Uma maneira como essa conexão ou ligação pode ser obtida é por meio de células que são ajustadas para mais de um atributo visual.

A cada estágio de processamento cortical, os neurônios piramidais estendem eferências para outras áreas do encéfalo. Células da camada superficial são responsáveis por conexões com áreas de ordem superior do córtex. Os neurônios piramidais da camada V projetam-se para o colículo superior e para a ponte no tronco encefálico. As células da camada VI são responsáveis por projeções de retroalimentação, tanto para o tálamo como para áreas corticais de ordem inferior.

Neurônios em diferentes camadas têm distintas propriedades de campo receptivo. Neurônios na camada superficial de V1 têm campos receptivos pequenos, enquanto neurônios nas camadas mais profundas têm campos grandes. Os neurônios da camada superficial são especializados em padrão de reconhecimento de alta resolução. Neurônios nas camadas mais profundas, como os da camada V, que são seletivos para a direção do movimento, são especializados no rastreamento de objetos no espaço.

Projeções de retroalimentação parecem fornecer um meio pelo qual os centros superiores em uma via podem influenciar os centros mais inferiores. O número de neurônios que se projetam do córtex para o NGL é 10 vezes o número que se projeta do NGL para o córtex. Embora essa projeção de retroalimentação seja obviamente importante, a sua função é desconhecida.

A atividade dos neurônios excitatórios piramidais e estrelados espinhosos que medeiam o fluxo de informações para dentro ou para fora das regiões corticais também é rigidamente controlada por redes locais de interneurônios inibitórios. As taxas de disparos dos neurônios excitatórios são constantemente balanceadas de forma não linear pela inibição combinada que mantém a estabilidade da resposta neural a um estímulo aferente. Os interneurônios inibitórios apresentam várias classes diferenciadas por sua morfologia e sua coexpressão de peptídeos distintos, como parvalbumina, somatostatina ou polipeptídeo intestinal vasoativo (PVI). Alguns desses interneurônios formam circuitos em cascata onde os interneurônios de uma classe têm como alvo os interneurônios de outra classe, que, por sua vez, têm como alvo os neurônios excitatórios. Isso leva a mecanismos de controle de várias etapas no circuito neural em que o aumento da atividade na primeira classe de interneurônios inibitórios reduz a atividade na segunda classe, desinibindo e aumentando as respostas nos alvos excitatórios no final da cascata. Tais motivos de controle inibitório provavelmente são comuns a múltiplas áreas sensoriais corticais.

Além das conexões em série de transmissão de informação de avanço direto (*feedforward*), de retroalimentação e recorrentes locais, as fibras que percorrem paralelamente à superfície cortical dentro de cada camada fornecem conexões horizontais de longo alcance (**Figura 21-16**). Essas conexões e seu papel na arquitetura funcional do córtex foram analisados por Charles Gilbert e Torsten Wiesel, que fizeram registros intracelulares e injeção de corante para correlacionar características anatômicas com a função cortical. Como o córtex visual é organizado visuotopicamente, as conexões horizontais permitem que os neurônios-alvo integrem a informação em uma área relativamente grande do campo visual e, portanto, são importantes para a montagem dos componentes de uma imagem visual em uma percepção unificada.

A integração também pode ser conseguida por outros meios. As consideráveis convergência e divergência de conexões nos relés sinápticos da via aferente visual implicam que os campos receptivos de neurônios sejam maiores e mais complexos a cada relé sucessivo e, portanto, tenham uma função integradora. Conexões de retroalimentação também podem apoiar a integração, tanto por sua divergência como por sua origem a partir de células com maiores campos receptivos.

A informação visual é representada por uma variedade de códigos neurais

Neurônios individuais em uma via sensorial respondem a um intervalo de valores de estímulos. Por exemplo, um neurônio de uma via de detecção de cor não é limitado a responder a um comprimento de onda, mas, em vez disso, é ajustado para um intervalo de comprimentos de onda. A resposta de um neurônio atinge um pico em um valor específico e diminui em ambos os lados desse valor, formando uma curva de ajuste em forma de sino com uma largura de banda específica. Assim, um neurônio, com um pico de resposta em 650 nm e uma largura de banda de 100 nm, poderá fornecer respostas idênticas em 600 nm e 700 nm.

Para poder determinar o comprimento de onda a partir de sinais neuronais é preciso pelo menos dois neurônios representando filtros centrados em diferentes comprimentos de onda. Cada neurônio pode ser imaginado como uma *linha marcada* em que a atividade sinaliza um estímulo com um dado valor. Quando mais do que um desses neurônios disparam, os sinais convergentes no relé pós-sináptico representam um estímulo com um comprimento de onda que é a média ponderada dos valores representados por todas as aferências.

Uma única percepção visual é o produto da atividade de um número de neurônios que operam de uma forma combinatória específica e interativa chamada de *código de população*. O código de população foi modelado de várias maneiras. O modelo mais prevalente é chamado de *média de vetores*.

Pode-se ilustrar o código de população com uma população de células seletivas para orientação, cada uma respondendo de forma ótima a uma linha, com uma orientação específica. Cada neurônio não responde apenas ao

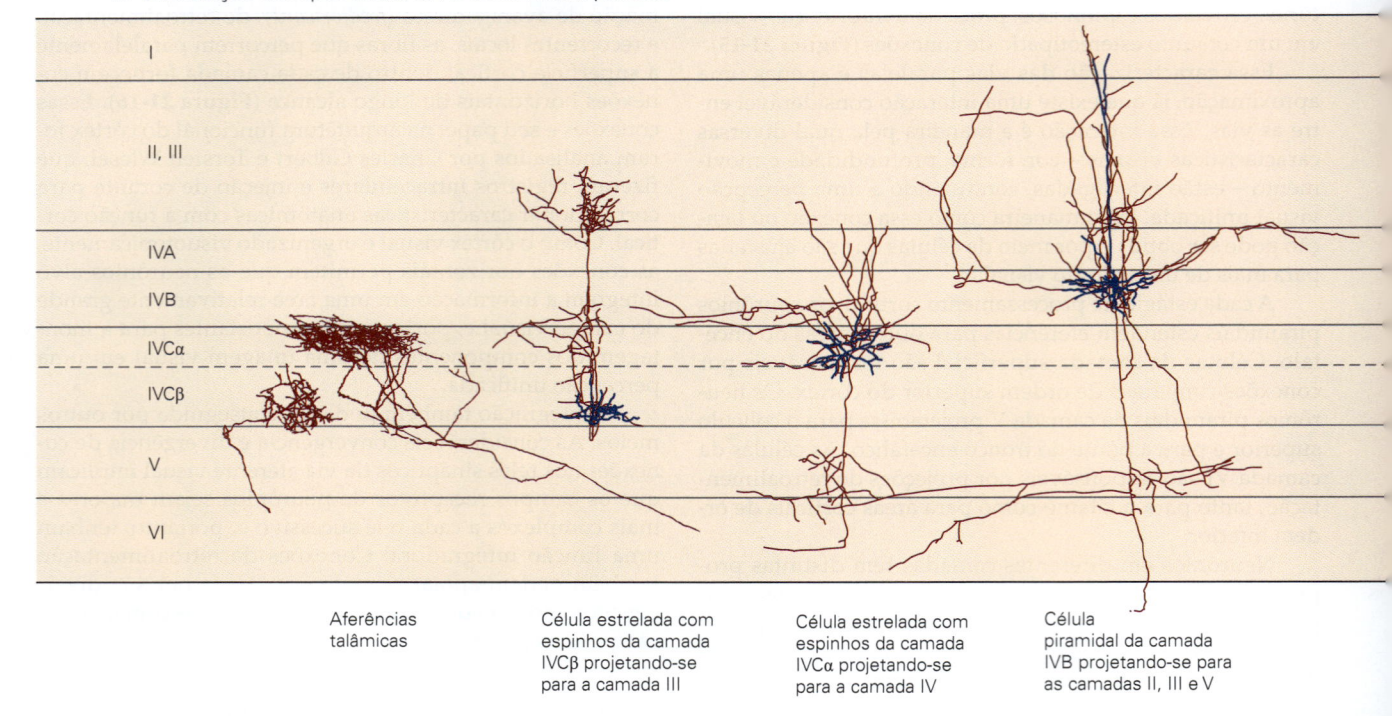

A Distribuição dos tipos celulares no córtex visual primário

I

II, III

IVA

IVB

IVCα

IVCβ

V

VI

Aferências talâmicas

Célula estrelada com espinhos da camada IVCβ projetando-se para a camada III

Célula estrelada com espinhos da camada IVCα projetando-se para a camada IV

Célula piramidal da camada IVB projetando-se para as camadas II, III e V

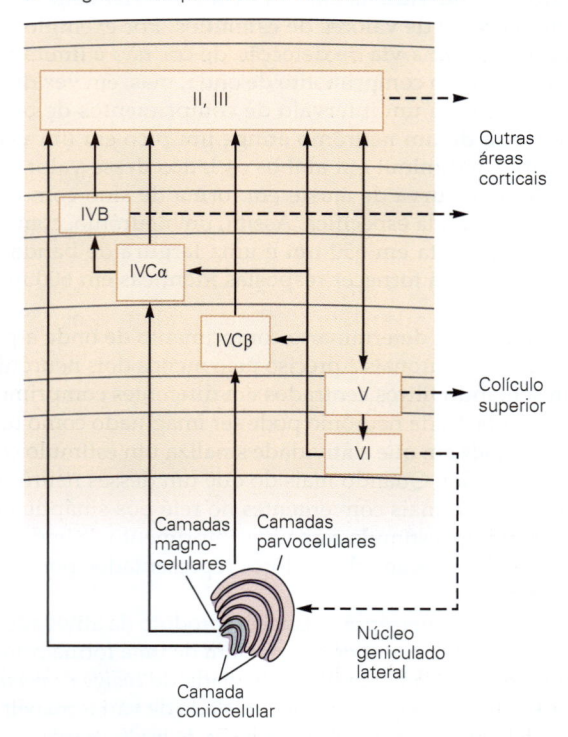

B Diagrama simplificado do circuito intrínseco

II, III

Outras áreas corticais

IVB

IVCα

IVCβ

V

Colículo superior

VI

Camadas magnocelulares

Camadas parvocelulares

Núcleo geniculado lateral

Camada coniocelular

FIGURA 21-15 Circuito intrínseco do córtex visual primário.
A. Exemplos de neurônios em diferentes camadas corticais responsáveis por conexões excitatórias nos circuitos corticais. A camada IV é a principal camada de aferência a partir do núcleo geniculado lateral do tálamo. Fibras da camada parvocelular terminam na camada IVCβ, enquanto as da camada magnocelular terminam na camada IVCα. As conexões excitatórias intrínsecas corticais são mediadas por células estreladas com espinhos e células piramidais. Uma variedade de células GABAérgicas estreladas (não mostradas) são responsáveis pelas conexões inibitórias. As arborizações dendríticas estão em **azul**, e as axonais são mostradas em **marrom**. (Imagens de neurônios corticais – cortesia de E. Callaway, reproduzidas com autorização; aferentes talâmicos – adaptadas, com autorização, de Blasdel e Lund, 1983. Copyright © 1983 Society for Neuroscience.)
B. Diagrama esquemático de conexões excitatórias no interior do córtex visual primário. Eferências para outras regiões do córtex são enviadas a partir de cada camada do córtex visual.

Um estímulo de uma determinada orientação ativa mais fortemente as células com curvas de sintonia centradas àquela orientação; células com curvas de sintonia centradas longe desse valor, mas com sobreposição de orientação, são excitadas com menor intensidade.

A orientação preferida de cada célula, a marca de linha, é representada como um vetor que aponta na direção da referida orientação. Cada disparo de uma célula é um "voto" para a marca de linha da célula, e a frequência de disparos da célula representa a ponderação dos votos. O sinal da célula pode, portanto, ser representado por um vetor que aponta na direção da orientação preferida da célula com um comprimento proporcional à força da resposta da

estímulo preferido, mas, sim, a qualquer linha que caia dentro de uma série de orientações descrita pela curva de sintonia de Gauss, com uma determinada largura de banda.

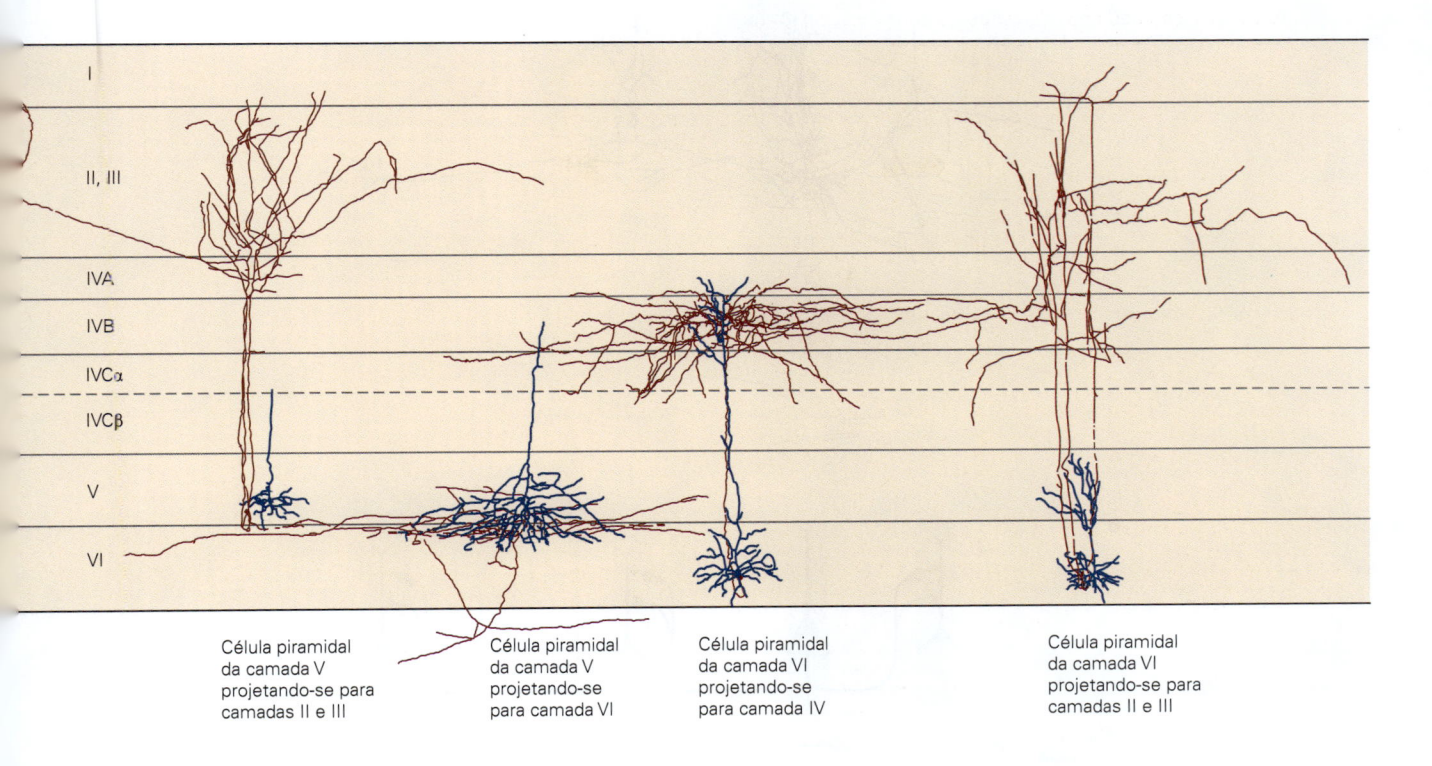

| Célula piramidal da camada V projetando-se para camadas II e III | Célula piramidal da camada V projetando-se para camada VI | Célula piramidal da camada VI projetando-se para camada IV | Célula piramidal da camada VI projetando-se para camadas II e III |

célula. Para todas as células ativadas, pode-se calcular a soma de vetores com uma direção que representa o valor do estímulo (**Figura 21-17**).

Outro aspecto do código de população é a variabilidade da resposta de um neurônio para o mesmo estímulo. A apresentação repetida do mesmo estímulo para um neurônio sensível a esse estímulo irá evocar uma gama de respostas. A parte mais sensível da curva de sintonia de um neurônio não reside no pico, mas ao longo do aclive e do declive da curva, onde ela é mais íngreme. Aqui, pequenas alterações no valor de um estímulo produzem a mudança mais forte na resposta. As variações no valor do estímulo devem, no entanto, ser suficientes para provocar uma alteração na resposta que exceda significativamente a variabilidade normal na resposta do neurônio. Pode-se comparar essa quantidade de mudança com o limiar de discriminação perceptual. Quando muitos neurônios contribuem para a discriminação, a razão sinal-ruído aumenta, um processo conhecido como soma de probabilidade, e a diferença crítica de valor de estímulo necessária para uma alteração significativa na resposta neuronal é menor.

Quando o encéfalo representa uma peça de informação, uma consideração importante é o número de neurônios que participam dessa representação. Embora todas as informações sobre um estímulo visual estejam presentes na retina, a representação da retina não é suficiente para o reconhecimento de objetos. Na outra extremidade da via visual, alguns neurônios no lobo temporal são seletivos para objetos complexos, como faces. Será que uma célula individual pode representar algo tão complexo como um rosto em particular? Tal neurônio hipotético foi denominado "célula-avó", porque representaria exclusivamente a avó de uma pessoa, ou uma "célula pontifícia", porque representaria o ápice de uma via cognitiva hierárquica.

O sistema nervoso, no entanto, não representa objetos inteiros pela atividade de neurônios individuais. Em vez disso, algumas células representam partes de um objeto, e um conjunto de neurônios representa um objeto inteiro. Cada membro do conjunto pode participar em conjuntos diferentes que são ativados por diferentes objetos. Esse arranjo é conhecido como *código distribuído*. Os códigos distribuídos podem envolver alguns ou muitos neurônios. Em qualquer caso, um código distribuído requer complexa conectividade entre as células que representam uma face e as que representam o nome e as experiências associadas àquela pessoa.

Essa discussão assume que os neurônios sinalizam informações por sua frequência de disparos e por suas marcas de linha. Uma hipótese alternativa é que o próprio tempo dos potenciais de ação transmite informações, análogas ao código Morse. O código pode ser lido a partir do disparo sincrônico de diferentes conjuntos de neurônios ao longo do tempo. Em um instante, um grupo de células pode disparar junto, seguido pelo disparo sincrônico de outro grupo de células. Ao longo de um único trem de potenciais de ação, uma única célula poderia participar de muitos desses conjuntos. Não se sabe se a informação sensorial é representada dessa maneira e se o sistema nervoso transmite mais informações do que a representada pela taxa de disparo sozinha.

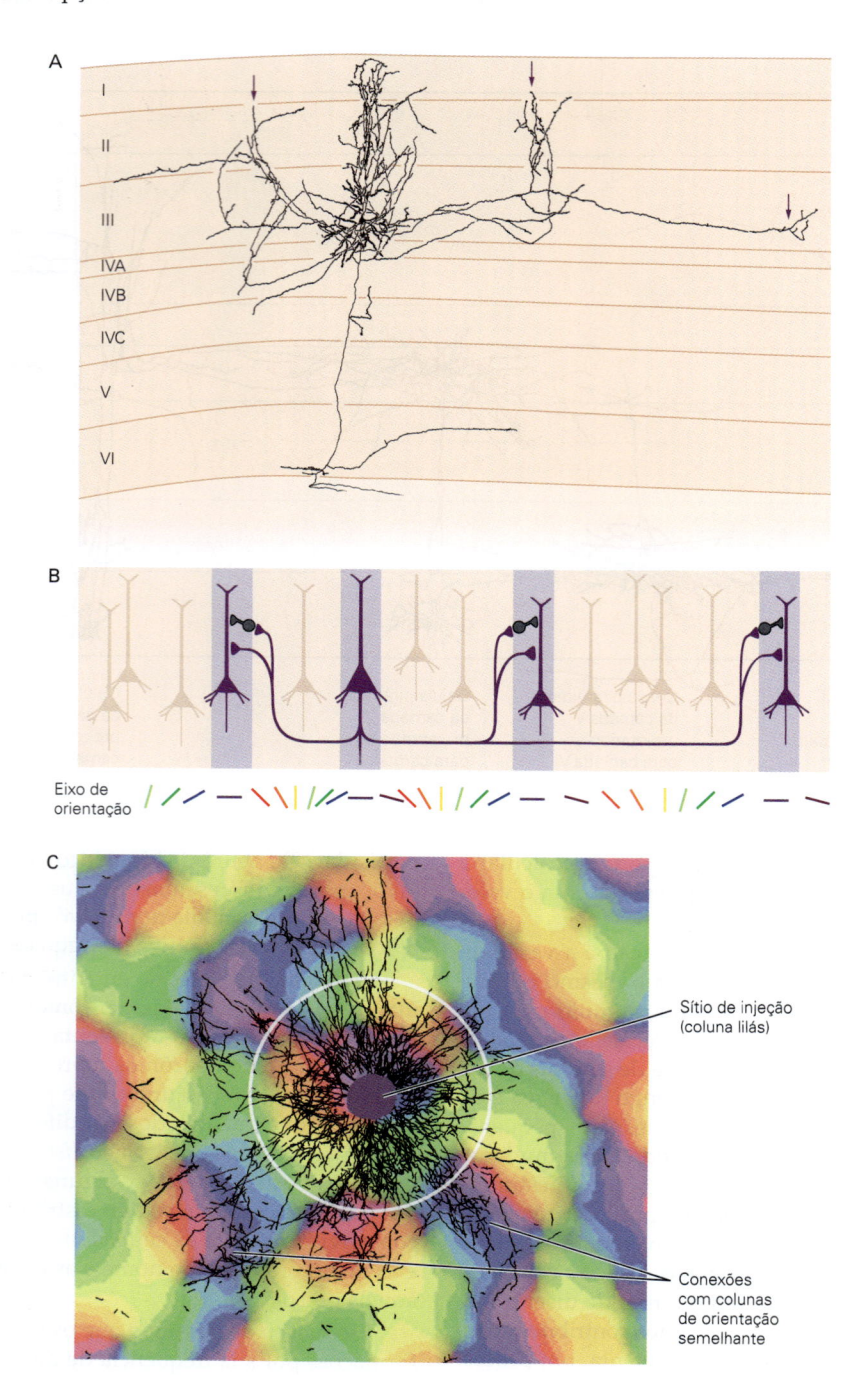

FIGURA 21-16 Conexões horizontais de longo alcance em cada camada do córtex visual integram as informações a partir de diferentes partes do campo visual.

A. Os axônios de células piramidais estendem-se por muitos milímetros paralelamente à superfície cortical. Colaterais axonais formam conexões com outras células piramidais, bem como com interneurônios inibitórios. Esse arranjo permite que os neurônios integrem informações em grande parte do campo visual. Uma característica importante dessas conexões é a sua relação com as colunas funcionais. Os axônios colaterais são encontrados em agregados (**setas**) a distâncias maiores do que 0,5 mm a partir do corpo celular. (Reproduzida, com autorização, de Gilbert e Wiesel, 1983. Copyright © 1983 Society for Neuroscience.)

B. Conexões horizontais ligam as colunas de células com especificidade de orientação semelhante.

C. O padrão das conexões horizontais é visualizado pela injeção de um vetor adenoviral contendo o gene que codifica a proteína fluorescente verde em uma coluna de orientação e pela sobreposição da imagem marcada (**preto**) em um mapa com digitalização óptica das colunas de orientação na vizinhança da injeção. (O diâmetro do círculo branco é de 1 mm.) (Reproduzida, com autorização, de Stettler et al., 2002.)

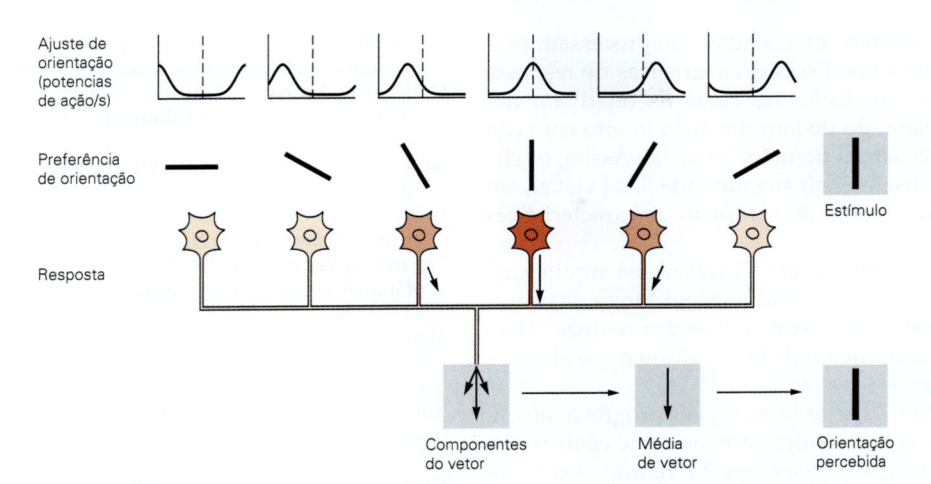

FIGURA 21-17 A média vetorial é um modelo para codificação populacional em circuitos neurais. A média de vetores descreve a possível relação entre as respostas em um conjunto de neurônios, as características de ajuste de neurônios individuais no conjunto e a percepção resultante. Neurônios individuais respondem de forma ótima a uma determinada orientação de um estímulo no campo visual, mas também respondem em diferentes intensidades a uma série de orientações. A orientação de estímulo para o qual um neurônio dispara melhor pode ser imaginada como uma marca de linha – quando a célula dispara vividamente, sua atividade significa a presença de um estímulo com aquela determinada orientação. Certo número de neurônios com diferentes preferências de orientação responde ao mesmo estímulo. A resposta de cada neurônio pode ser representada como um vetor, cujo comprimento indica a intensidade da sua resposta e cuja direção representa a orientação preferida ou marca de linha. (Adaptada, com autorização, de Kapadia, Westheimer e Gilbert, 2000.)

Destaques

1. A visão é um processo construtivo fundamentalmente diferente do mero registro do estímulo aferente visual como em uma câmera. Em vez disso, o encéfalo usa o estímulo aferente visual para inferir informações sobre o mundo ao seu redor, incluindo informações sobre objetos, como seus tamanhos, formas, distâncias e identidades e a rapidez com que estão se movendo.

2. O ajuste de circuitos neurais para características visuais, como contraste, orientação e movimento, geralmente corresponde à distribuição da característica no ambiente natural. Isso sugere uma origem evolutiva e etologicamente orientada para os circuitos neurais.

3. Os circuitos visuais e, portanto, a visão são modulados pela experiência visual individual.

4. A visão faz uso extensivo de processamento paralelo. Os centros visuais superiores formam duas vias distintas. A via dorsal, localizada no córtex parietal, está envolvida na percepção de movimento, atenção e ação visualmente guiada. A via ventral, localizada no córtex temporal, processa formas e objetos. Outras subdivisões da via ventral são especializadas, por exemplo, para reconhecer rostos. Esses caminhos, embora distintos, comunicam-se entre si; isso é provavelmente importante para a percepção de objetos como totalidades coerentes.

5. O processamento paralelo começa na retina. Circuitos distintos na retina analisam cada ponto da aferência visual para diferentes características locais, incluindo contrastes locais de claro *versus* escuro acromático, vermelho *versus* verde e azul *versus* amarelo. A informação é enviada através de classes distintas de células ganglionares da retina (magnocelulares, parvocelulares e coniocelulares, respectivamente, para as três características observadas) cujos axônios formam os nervos ópticos.

6. Os nervos ópticos dos dois olhos se reagrupam no quiasma óptico de tal forma que todas as fibras do hemisfério visual esquerdo se projetam para o hemisfério direito do cérebro e vice-versa. No entanto, os canais paralelos da retina permanecem anatomicamente segregados pelo olho e pela característica visual, passando por uma estação de retransmissão (relé) talâmica, o núcleo geniculado lateral (NGL), até o córtex visual primário (V1).

7. Os diferentes canais entram em V1 em diferentes camadas, embora entrem, sobretudo, nas principais camadas das aferências 4 e 6. A aferência visual é recombinada para extrair novos conjuntos de recursos. Isso inclui ajuste de orientação, movimento e profundidade do objeto (obtido pela combinação de aferências do olho esquerdo e direito).

8. Os neurônios de V1 que compartilham propriedades básicas, como localização espacial ou preferência de orientação, formam colunas que se estendem verticalmente da pia à substância branca.

9. Os neurônios de V1 também formam mapas horizontais sistemáticos das suas propriedades de resposta sobre o córtex. O ajuste para a localização forma um mapa "visuotópico" suave do espaço visual, que muda gradualmente com a distância, e é mais bem resolvido na fóvea, tornando-se progressivamente mais grosseiro em direção à periferia. Sobrepostos no mapa espacial estão os mapas localmente suaves de preferência de orientação e preferência do olho esquerdo *versus*

direito, com colunas intercaladas que processam preferencialmente a cor. Essas características de resposta visual percorrem distâncias corticais relativamente curtas, completando de fato um ciclo inteiro em cada deslocamento parcial do mapa espacial. Assim, os circuitos V1 analisam efetivamente cada local visual, em paralelo, para o conjunto completo de características visuais V1.

10. O processamento neural em V1 reflete sua arquitetura, com processamento vertical local ao longo das colunas e processamento lateral através das colunas. Além disso, há processamento de longo alcance que abrange várias colunas.

11. A eferência de V1 atinge áreas visuais progressivamente mais altas, compreendendo mais de 30 centros distribuídos ao longo das vias dorsal e ventral. A conectividade é recíproca, com *loci* mais altos enviando densa retroalimentação visando áreas mais baixas, incluindo o NGL.

12. Uma medida útil do processamento visual é fornecida por mudanças nos "campos receptivos" neuronais ao longo da via visual. O campo receptivo é a região do espaço visual da qual o neurônio recebe informações; é ainda caracterizado pelo estímulo visual ótimo do neurônio. Os campos receptivos tornam-se maiores e mais complexos em estágios sucessivos ao longo da via visual. Seus estímulos ótimos também aumentam em complexidade, desde pontos simples semelhantes a *pixels* para fotorreceptores, até linhas orientadas para V1, para faces em centros mais altos da via ventral seletivos de face.

13. Olhando adiante, uma das questões mais importantes a ser resolvida é a interação entre o processamento visual de avanço direto (*feedforward*) mediado por computações neurais progressivamente "superiores" e o de retroalimentação mediado pelo denso plexo de conexões dos níveis mais altos aos mais baixos. Compreender essa interação pode ser a chave para entender como o cérebro forma percepções visuais complexas sem esforço.

Charles D. Gilbert
Aniruddha Das

Leituras selecionadas

Hubel DH, Wiesel TN. 1962. Receptive fields, binocular interaction and functional architecture in the cat's visual cortex. J Physiol 160:106–154.

Hubel DH, Wiesel TN. 1977. Functional architecture of macaque monkey visual cortex. Proc R Soc Lond B Biol Sci 198:1–59.

Hubener M, Shohan D, Grinvald A, Bonhoeffer T. 1997. Spatial relationships among three columnar systems in cat area 17. J Neurosci 17:9270–9284.

Isaacson JS, Scanziani M. 2011. How inhibition shapes cortical activity. Neuron 72:231–243.

Nassi JJ, Callaway EM. 2009. Parallel processing strategies of the primate visual system. Nat Rev Neurosci 10:360–372.

Orban GA, Van Essen D, Vanduffel W. 2004. Comparative mapping of higher visual areas in monkeys and humans. Trends Cogn Sci 8:315–324.

Stryker MP. 2014. A neural circuit that controls cortical state, plasticity, and the gain of sensory responses in mouse. Cold Spring Harb Symp Quant Biol 79:1–9.

Tsao DY, Moeller S, Freiwald WA. 2008. Comparing face patch systems in macaques and humans. Proc Natl Acad Sci U S A 105:19514–19519.

VanEssen DC, Anderson CH, Felleman DJ. 1992. Information processing in the primate visual system: an integrated systems perspective. Science 255:419–423.

Wertheimer M. 1938. *Laws of Organization in Perceptual Forms*. London: Harcourt, Brace & Jovanovitch.

Wiesel TN, Hubel DH. 1966. Spatial and chromatic interactions in the lateral geniculate body of the rhesus monkey. J Neurophysiol 29:1115–1156.

Referências

Blasdel GG, Lund JS. 1983. Termination of afferent axons in macaque striate cortex. J Neurosci 3:1389–1413.

Callaway EM. 1998. Local circuits in primary visual cortex of the macaque monkey. Annu Rev Neurosci 21:47–74.

Field DJ, Hayes A, Hess RF. 1993. Contour integration by the human visual system: evidence for a local "association field." Vision Res 33:173–193.

Gilbert CD, Li W. 2012. Adult visual cortical plasticity. Neuron 75:250–264.

Gilbert CD, Li W. 2013. Top-down influences on visual processing. Nat Rev Neurosci 14:350–363.

Gilbert CD, Wiesel TN. 1983. Clustered intrinsic connections in cat visual cortex. J Neurosci 3:1116–1133.

Hartline HK. 1941. The neural mechanisms of vision. Harvey Lect 37:39–68.

Hubel DH. 1988. *Eye, Brain and Vision*. New York: Scientific American Library.

Hubel DH, Wiesel TN. 1974. Uniformity of monkey striate cortex. A parallel relationship between field size, scatter and magnification factor. J Comp Neurol 158:295–306.

Kapadia MK, Westheimer G, Gilbert CD. 2000. Spatial distribution of contextual interactions in primary visual cortex and in visual perception. J Neurophysiol 84:2048–2062.

Kuffler SF. 1953. Discharge patterns and functional organization of mammalian retina. J Neurophysiol 16:37–68.

Porter PB. 1954. Another puzzle-picture. Am J Psychol 67:550–551.

Stettler DD, Das A, Bennett J, Gilbert CD. 2002. Lateral connectivity and contextual interactions in macaque primary visual cortex. Neuron 36:739–750.

22

Processamento visual de nível inferior: a retina

A camada de fotorreceptores recolhe amostras da imagem visual
    A óptica ocular limita a qualidade da imagem na retina
    Existem dois tipos de fotorreceptores: bastonetes e cones

A fototransdução vincula a absorção de um fóton a uma variação da condutância da membrana
    A luz ativa moléculas de pigmento nos fotorreceptores
    A rodopsina excitada ativa uma fosfodiesterase através de uma proteína G, a transducina
    Múltiplos mecanismos desligam a cascata
    Defeitos na fototransdução causam doenças

As células ganglionares transmitem imagens neurais para o encéfalo
    Os dois tipos principais de células ganglionares são as células do tipo ON (LIGADAS) e as células do tipo OFF (DESLIGADAS)
    Muitas células ganglionares respondem fortemente às margens da imagem
    As informações eferentes das células ganglionares realçam as alterações temporais nos estímulos
    As informações eferentes da retina realçam os objetos em movimento
    Vários tipos de células ganglionares projetam-se para o encéfalo através de vias paralelas

Uma rede de interneurônios modela as informações eferentes da retina
    As vias paralelas se originam nas células bipolares
    A filtragem espacial é realizada pela inibição lateral
    A filtragem temporal ocorre nas sinapses e em circuitos de retroalimentação
    A visão de cores começa nos circuitos seletivos aos cones
    A cegueira congênita às cores aparece de várias formas
    Os circuitos de bastonetes e de cones se mesclam na retina interna

A sensibilidade da retina se adapta às mudanças na iluminação

A adaptação à luz é aparente no processamento da retina e na percepção visual
    Controles de ganho múltiplos ocorrem dentro da retina
    A adaptação à luz altera o processamento espacial

Destaques

A RETINA É A JANELA DO ENCÉFALO para o mundo. Toda a experiência visual é baseada na informação processada por esse circuito neural no olho. A informação eferente da retina é transportada para o encéfalo por apenas 1 milhão de fibras do nervo óptico, e, ainda assim, quase metade do córtex cerebral é usada para processar esses sinais. A informação visual perdida na retina – pela estrutura da retina ou por deficiência – nunca poderá ser recuperada. Como o processamento da retina estabelece limites fundamentais sobre o que pode ser visto, há um grande interesse em entender como ela funciona.

Na superfície, o olho dos vertebrados parece atuar como uma câmera. A pupila forma a abertura variável, e a córnea e o cristalino proporcionam a óptica de refração que projeta uma imagem pequena do mundo exterior sobre a retina sensível à luz que reveste a parte posterior do globo ocular (**Figura 22-1**). Mas é aí que a analogia termina. A retina é uma fina lâmina de neurônios, com algumas centenas de micrômetros de espessura, composta por cinco tipos de células principais que estão dispostas em três camadas celulares separadas por duas camadas sinápticas (**Figura 22-2**).

As células fotorreceptoras, na camada mais externa, absorvem a luz e a convertem em um sinal neural, um processo conhecido como fototransdução. Esses sinais são transmitidos por sinapses às células bipolares, que, por sua vez, conectam-se com as células ganglionares da retina na camada mais interna. As células ganglionares da retina são os neurônios de eferência da retina, e seus axônios formam o nervo óptico. Em adição a essa via direta, dos neurônios sensoriais aos neurônios que levam sinais para fora da retina, o circuito da retina inclui muitas conexões laterais fornecidas pelas células horizontais na camada sináptica

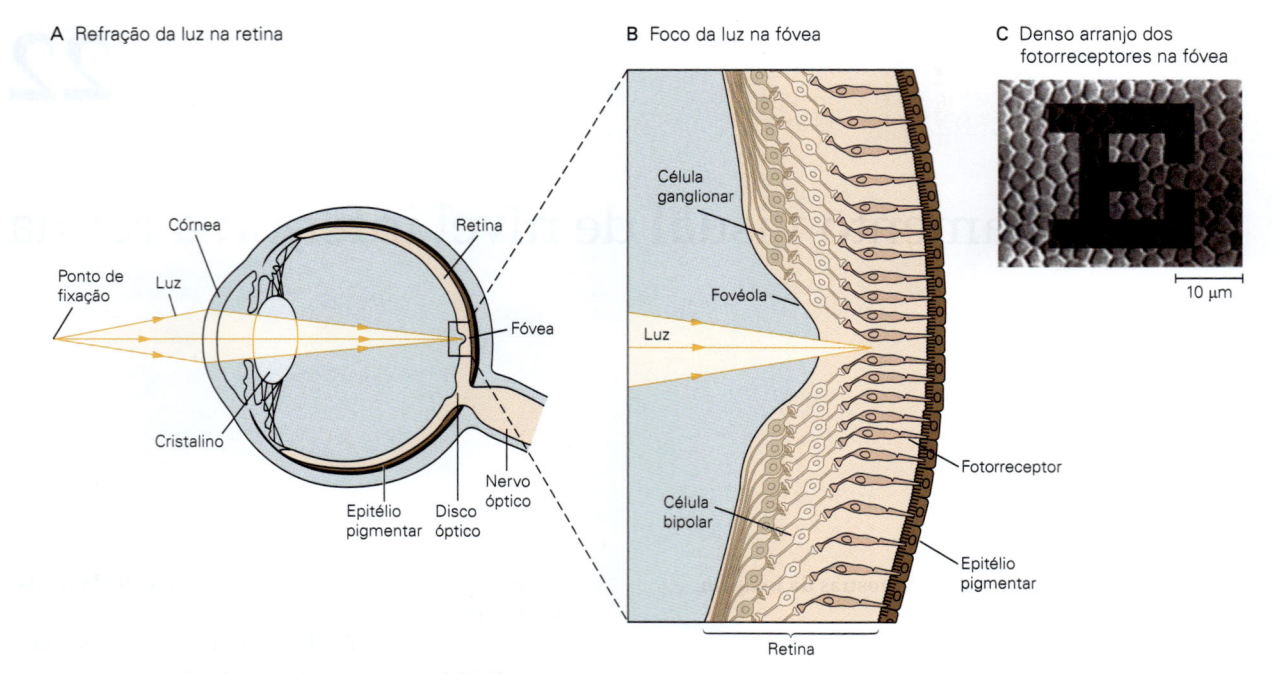

FIGURA 22-1 O olho projeta a cena visual em fotorreceptores da retina.
A. A luz de um objeto no campo visual é refratada através da córnea e do cristalino e focada na retina.
B. Na fovéola, correspondente ao centro do olhar, os neurônios proximais da retina são deslocados para o lado para que a luz tenha acesso direto aos fotorreceptores.
C. Uma letra de cartilha usada para avaliar a acuidade visual normal é projetada nos fotorreceptores densamente compactados na fóvea. Apesar de ser menos nitidamente focado do que mostrado aqui, como resultado da difração pela óptica do olho, os menores traços visíveis da letra são da largura aproximada do diâmetro de um cone. (Adaptada, com autorização, de Curcio e Hendrickson, 1991. Copyright © 1991 Elsevier Ltd.)

externa e pelas células amácrinas na camada sináptica interna (**Figura 22-3**).

O circuito da retina realiza o processamento visual de nível inferior, o estágio inicial na análise de imagens visuais. Ele extrai das imagens brutas nos olhos certas características espaciais e temporais e as transmite para centros visuais superiores. As regras desse processamento são adaptadas às mudanças nas condições ambientais. Em particular, a retina precisa ajustar a sua sensibilidade para constantes mudanças nas condições de iluminação. Essa adaptação permite à visão permanecer mais ou menos estável, apesar da vasta gama de intensidades de luz encontrada no decurso de cada dia.

Neste capítulo, são discutidos os três aspectos importantes da função da retina: fototransdução, pré-processamento e adaptação. São ilustrados tanto os mecanismos neurais pelos quais essas funções são realizadas como suas consequências para a percepção visual.

A camada de fotorreceptores recolhe amostras da imagem visual

A óptica ocular limita a qualidade da imagem na retina

A nitidez da imagem na retina é determinada por vários fatores: difração na abertura da pupila, erros de refração na córnea e no cristalino e disseminação devida ao material no caminho da luz. Um ponto no mundo exterior é geralmente focado em um pequeno círculo desfocado projetado sobre a retina. Como em outros dispositivos ópticos, essa mancha turva é menor próxima ao eixo óptico, em que a qualidade da imagem se aproxima do limite imposto pela difração na pupila. Fora do eixo, a imagem é significativamente degradada devido a aberrações na córnea e no cristalino e pode ser degradada ainda mais por condições anormais, como catarata de dispersão de luz ou erros de refração, como miopia.

A área da retina perto do eixo óptico, a *fóvea*, é onde a visão é mais aguçada e corresponde ao centro do olhar que é dirigido para os objetos (o centro do eixo óptico). A densidade de fotorreceptores, células bipolares e células ganglionares é maior na fóvea (**Figura 22-1B**). O espaçamento entre os fotorreceptores está bem ajustado ao tamanho do círculo de desfoque óptico e, portanto, a imagem é amostrada de maneira ideal. A luz geralmente deve atravessar várias camadas de células antes de atingir os fotorreceptores, mas, no centro da fóvea, a chamada *fovéola*, as outras camadas celulares são postas de lado para reduzir a turvação adicional pela dispersão da luz (**Figura 22-1B**). Finalmente, a parte de trás do olho é revestida por um epitélio pigmentar preto que absorve a luz e impede seu espalhamento de volta para o interior da cavidade ocular.

A retina contém outro local especial, o *disco óptico*, onde os axônios das células ganglionares da retina convergem e se estendem pela retina para emergir da parte posterior do olho como nervo óptico (**Figura 22-1A**). Essa área, por

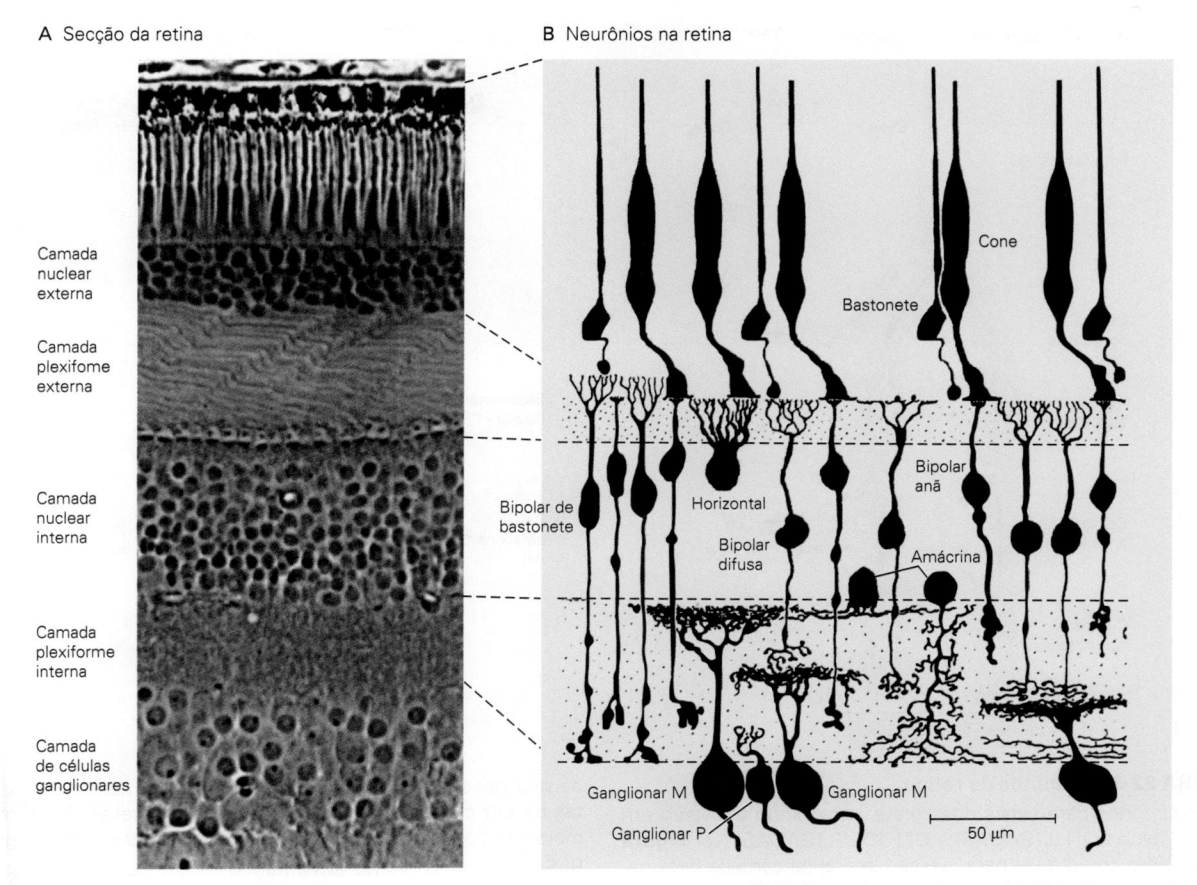

FIGURA 22-2 A retina é constituída por cinco camadas distintas de neurônios e sinapses.

A. Uma secção perpendicular da retina humana vista através do microscópio óptico. As três camadas de corpos celulares são evidentes. A camada nuclear externa contém corpos celulares de fotorreceptores; a camada nuclear interna inclui células horizontais, bipolares e amácrinas; e a camada de células ganglionares contém células ganglionares e algumas células amácrinas deslocadas. Duas camadas de fibras e sinapses as separam: a camada plexiforme externa e a camada plexiforme interna. (Reproduzida, com autorização, de Boycott e Dowling, 1969. Autorização transmitida através do Copyright Clearance Center.)

B. Neurônios na retina de um macaco pela coloração de Golgi. As camadas celular e sináptica estão alinhadas com a imagem na parte A. (**Ganglionar M**, célula ganglionar magnocelular; **Ganglionar P**, célula ganglionar parvocelular.) (Reproduzida, com autorização, de Polyak, 1941.)

necessidade, é desprovida de fotorreceptores e, portanto, corresponde a um ponto cego no campo visual de cada olho. Como o disco se encontra do lado nasal da fóvea de cada olho, a luz proveniente de um ponto único nunca incide sobre ambos os pontos cegos simultaneamente, de modo que normalmente não se percebe a presença deles. Pode-se perceber o ponto cego usando apenas um dos olhos (**Figura 22-4**). O ponto cego demonstra o que as pessoas cegas enxergam – não a escuridão, mas simplesmente nada. Isso explica por que uma lesão na retina periférica muitas vezes passa despercebida. É geralmente em razão de acidentes, como bater em um objeto despercebido, ou por meio de testes clínicos que um déficit de visão é detectado.

O ponto cego é uma consequência necessária da disposição das camadas de dentro para fora da retina, que tem intrigado biólogos por gerações. O objetivo dessa organização pode ser permitir uma aposição justa dos fotorreceptores com o epitélio pigmentar da retina, o qual desempenha um papel essencial na rotatividade do pigmento da retina e na reciclagem dos fotorreceptores de membranas por fagocitose.

Existem dois tipos de fotorreceptores: bastonetes e cones

Todas as células fotorreceptoras possuem uma estrutura em comum com quatro regiões funcionais: o segmento externo, localizado na superfície distal da retina neural; o segmento interno, localizado na parte mais proximal; o corpo celular; e o terminal sináptico (**Figura 22-5A**).

A maioria dos vertebrados tem dois tipos de fotorreceptores, cones e bastonetes, que se distinguem pela sua morfologia. O bastonete tem um segmento externo cilíndrico longo dentro do qual os discos empilhados são separados da membrana plasmática, enquanto o cone frequentemente tem um segmento cônico externo menor, e os discos são contínuos com a membrana externa (**Figura 22-5B**).

Os bastonetes e os cones também diferem em sua função, sendo mais importante sua sensibilidade à luz.

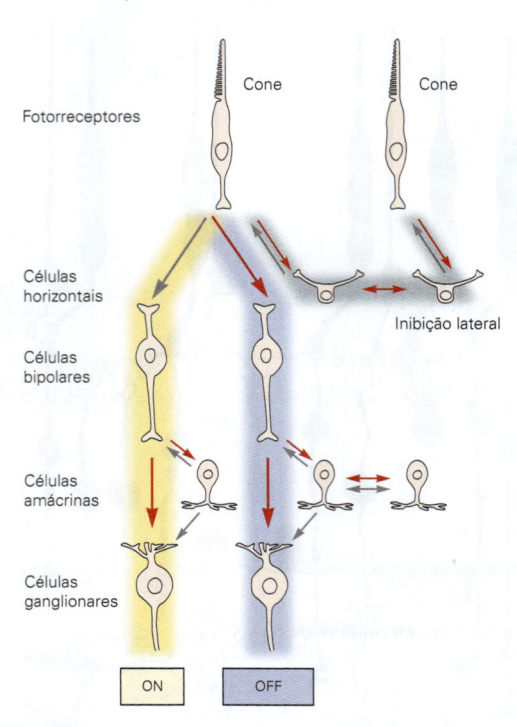

FIGURA 22-3 Circuitos da retina.
A. Os circuitos para sinais dos cones, mostrando a divisão em vias de células ON (LIGADAS) e OFF (DESLIGADAS) (ver **Figura 22-10**), bem como a via para inibição lateral na camada externa. As setas de **cor vermelha** indicam as conexões de preservação de sinal por meio de sinapses elétricas ou glutamatérgicas. As **setas de cor cinza** representam conexões de inversão de sinal por meio de sinapses GABAérgicas, glicinérgicas ou glutamatérgicas.
B. Sinais dos bastonetes alimentam o circuito do cone através das células amácrinas AII, onde as vias das células ON e OFF divergem.

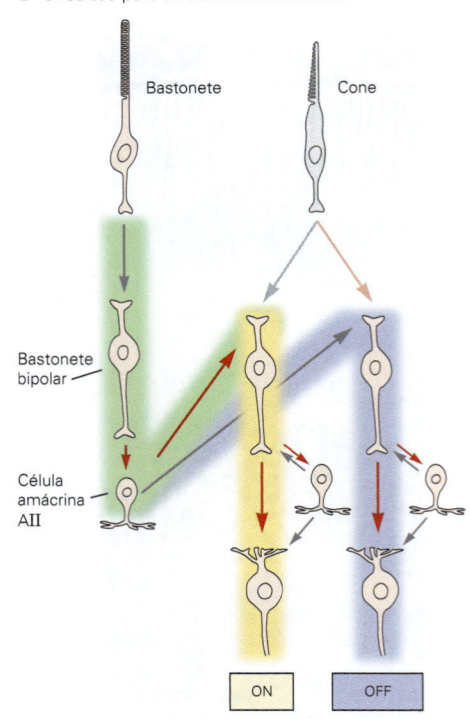

Os bastonetes podem sinalizar a absorção de um único fóton e são responsáveis pela visão sob iluminação fraca, como o luar. Contudo, à medida que o nível de luz aumenta ao amanhecer, a resposta elétrica dos bastonetes se torna saturada e as células deixam de responder a variações na intensidade. Os cones são muito menos sensíveis à luz; eles não contribuem para a visão noturna, mas são responsáveis unicamente pela visão à luz do dia. Sua resposta é consideravelmente mais rápida do que a dos bastonetes. Os primatas possuem apenas um tipo de bastonete, mas três tipos de cones fotorreceptores, distinguidos pela faixa de comprimentos de onda a que eles respondem: os cones L (onda longa), M (onda média) e S (onda curta) (**Figura 22-6**).

A retina humana contém cerca de 100 milhões de bastonetes e 5 milhões de cones, mas os dois tipos de células estão diferentemente distribuídos. A fóvea central não contém bastonetes, mas é densamente ocupada por pequenos cones. Poucos milímetros fora da fóvea, os bastonetes são muito mais numerosos do que os cones. Todos os fotorreceptores tornam-se maiores e mais espaçados em direção à periferia da retina. Os cones S representam apenas 10% de todos os cones e estão ausentes na fóvea central.

O centro do olhar da retina é claramente especializado na visão diurna. A densa concentração de cones fotorreceptores na fóvea define os limites de acuidade visual. De fato, as menores letras que podemos ler em um prontuário médico têm traços cujas imagens têm apenas 1 a 2 diâmetros de cone na retina, um ângulo visual de cerca de 1 minuto de arco (**Figura 22-1C**). Durante a noite, a fóvea central é cega devido à ausência de bastonetes. Os astrônomos sabem que

FIGURA 22-4 O ponto cego da retina humana. Localize o ponto cego em seu olho esquerdo, fechando o olho direito e fixando o olhar na cruz com o olho esquerdo. Segure o livro a cerca de 30 centímetros do seu olho e mova-o um pouco para mais perto ou mais longe até que o círculo do lado esquerdo desapareça. Agora coloque um lápis verticalmente na página e desloque-o lateralmente sobre o círculo. Note que o lápis parece intacto, mesmo que nenhuma luz atinja a retina a partir da região do círculo. Em seguida, mova o lápis longitudinalmente e observe o que acontece quando a ponta do lápis entra no círculo. (Adaptada, com autorização, de Hurvich, 1981.)

A Morfologia dos fotorreceptores

B Segmento externo dos fotorreceptores

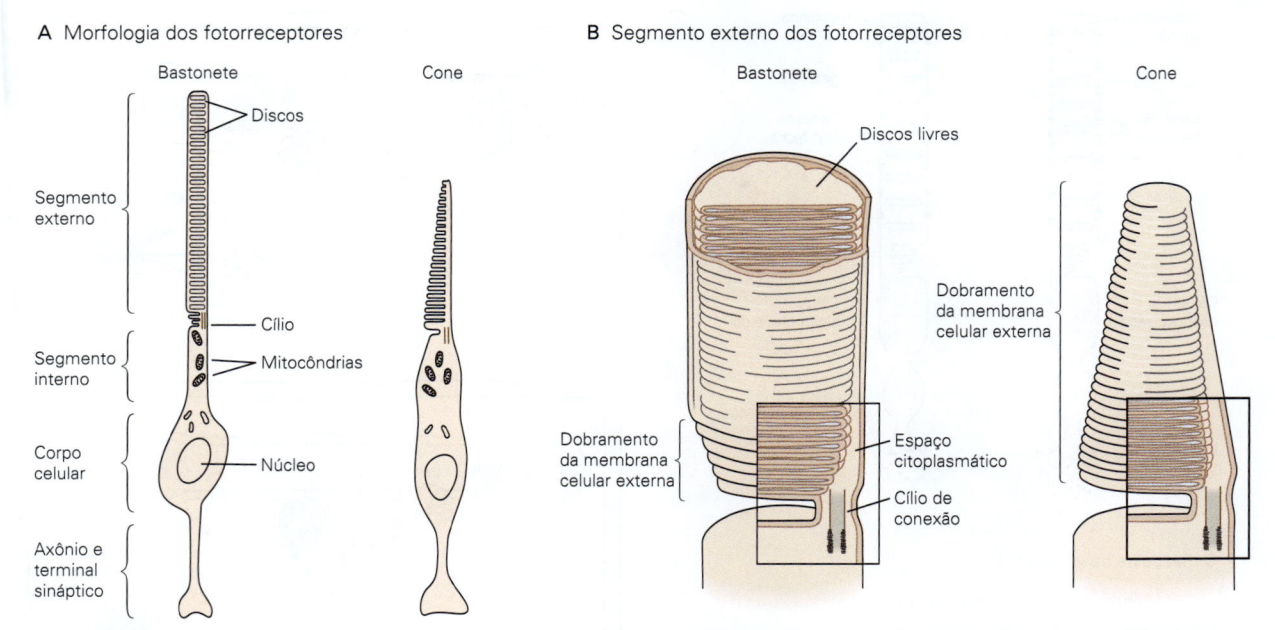

FIGURA 22-5 Bastonetes e cones apresentam estruturas semelhantes.
A. Tanto os bastonetes como os cones têm regiões especializadas, chamadas de segmentos externos e internos. O segmento externo está ligado ao segmento interno por um cílio e contém o aparato transdutor de luz. O segmento interno possui mitocôndrias e grande parte da maquinaria para a síntese proteica.

B. O segmento externo é constituído por empilhamento de discos membranosos que contêm os fotopigmentos de absorção de luz. Em ambos os tipos de células, esses discos são formados por dobramento da membrana plasmática. Nos bastonetes, no entanto, as dobras desprendem-se da membrana, de modo que os discos ficam livres, flutuando no interior do segmento externo, ao passo que os discos em cones permanecem como parte da membrana plasmática. (Adaptada, com autorização, de O'Brien, 1982. Copyright © 1982 AAAS; Young 1970.)

se deve olhar apenas para o lado de uma estrela fraca para poder vê-la. Durante as caminhadas noturnas na floresta, nós, não astrônomos, tendemos a seguir nosso reflexo diurno de olhar diretamente para a fonte de um som suspeito. Misteriosamente, o objeto desaparece, apenas para voltar ao campo periférico da visão quando se afasta o olhar.

A fototransdução vincula a absorção de um fóton a uma variação da condutância da membrana

Como em muitos outros neurônios, o potencial de membrana de um fotorreceptor é regulado pelo equilíbrio das condutâncias de membrana para íons Na^+ e K^+, cujos gradientes transmembrana são mantidos por bombas metabolicamente ativas (Capítulo 9). No escuro, há um influxo de íons Na^+ para o fotorreceptor através de canais de cátions não seletivos que são ativados pelo segundo mensageiro monofosfato de guanosina cíclico (GMPc).

A absorção de um fóton pela proteína pigmentar coloca em movimento uma cascata bioquímica que, em última análise, reduz a concentração de GMPc, fechando, assim, os canais ativados por GMPc, deslocando o potencial de membrana da célula para mais próximo do potencial de equilíbrio do K^+. Dessa forma, a luz hiperpolariza o fotorreceptor (**Figura 22-7**). Aqui, descreve-se essa sequência de eventos em detalhes. A maior parte desse conhecimento deriva dos estudos feitos em bastonetes, mas o mecanismo dos cones é muito semelhante.

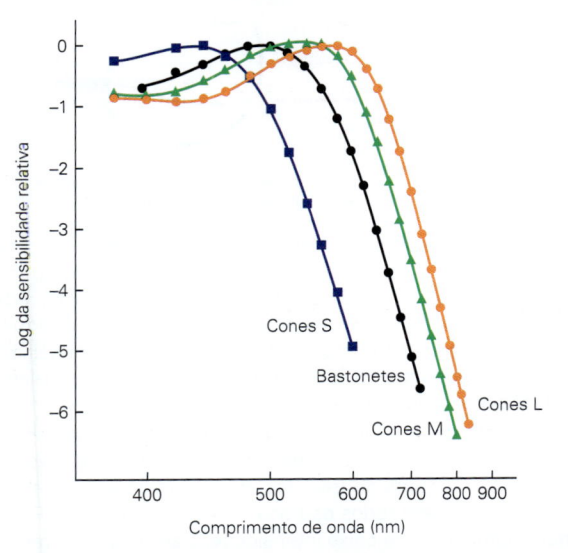

FIGURA 22-6 Espectros de sensibilidade para os três tipos de cones e o bastonete. Em cada comprimento de onda, a sensibilidade é inversamente proporcional à intensidade da luz necessária para evocar uma resposta neural. A sensibilidade varia em um intervalo muito grande e, portanto, é mostrada em uma escala logarítmica. As diferentes classes de fotorreceptores são sensíveis a faixas amplas e sobrepostas de comprimentos de onda. (Reproduzida, com autorização, de Schnapf et al., 1988.)

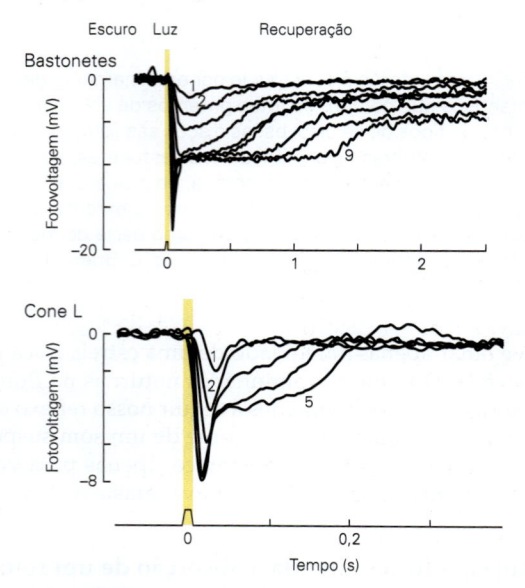

FIGURA 22-7 Fototransdução.

A. O bastonete responde à luz. As moléculas de rodopsina nos discos do segmento externo absorvem fótons, o que leva ao fechamento dos canais ativados por 3'-5'-monofosfato de guanosina cíclico (**GMPc**) na membrana plasmática. Esse fechamento do canal hiperpolariza a membrana e diminui a taxa de liberação do neurotransmissor glutamato. (Adaptada de Alberts, 2008.)

B. 1. Processos moleculares em fototransdução. O GMPc é produzido por uma guanilato-ciclase (**GC**) a partir de trifosfato de guanosina (**GTP**) e hidrolisado por uma fosfodiesterase (**PDE**). No escuro, a atividade da fosfodiesterase é baixa, a concentração de GMPc é alta, e os canais ativados por GMPc estão abertos, permitindo o influxo de Na^+ e Ca^{2+}. Na luz, a rodopsina (**R**) é excitada pela absorção de um fóton e, então, ativa a transducina (**T**), que, por sua vez, ativa a fosfodiesterase; o nível de GMPc cai, os canais da membrana fecham, e menos Na^+ e Ca^{2+} entram na célula. As enzimas de transdução estão todas localizadas nos discos membranosos internos, e o ligante solúvel GMPc serve como um mensageiro para a membrana plasmática. 2. Os íons cálcio têm um papel de retroalimentação negativa na cascata de fototransdução. A estimulação da rede pela luz conduz ao fechamento dos canais ativados por GMPc. Isso provoca uma queda da concentração intracelular de Ca^{2+}. Como o Ca^{2+} modula a função de, pelo menos, três componentes da cascata – rodopsina, GC e canais ativados por GMPc –, a queda de Ca^{2+} contrabalança a excitação provocada pela luz.

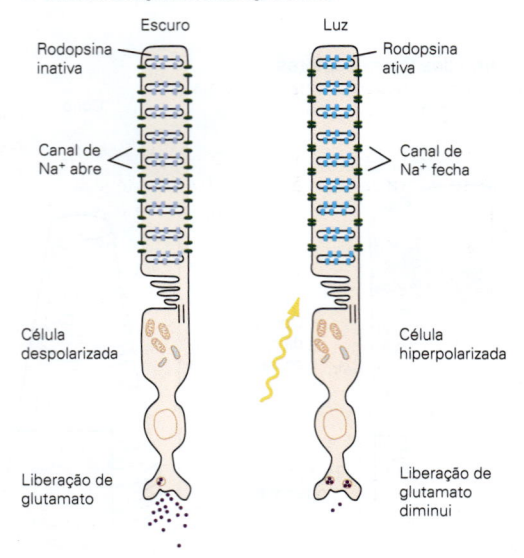

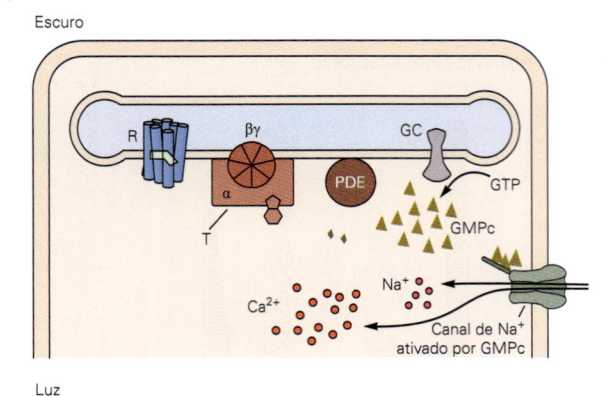

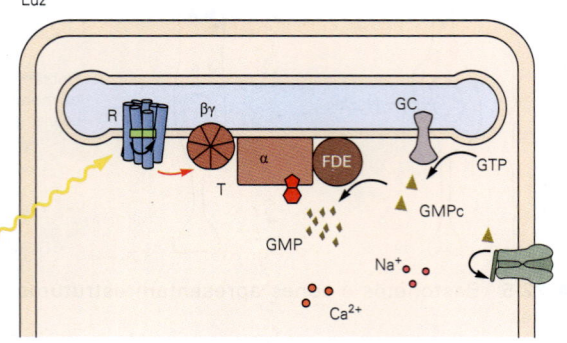

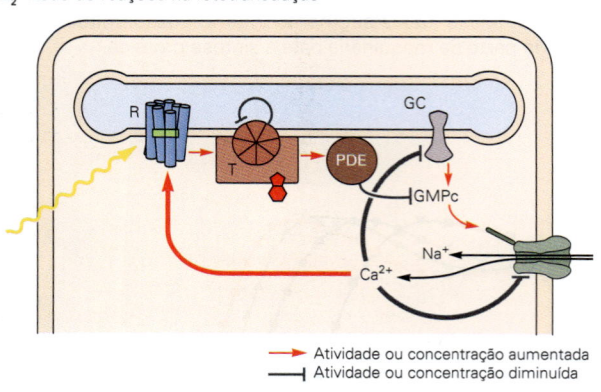

C. Resposta de voltagem de um bastonete e de um cone de primatas a breves estímulos de luz com intensidade crescente. Os maiores números de traçados indicam maiores intensidades de iluminação (nem todos os traçados estão marcados). Para estímulos luminosos de baixa intensidade, a amplitude da resposta aumenta linearmente com a intensidade. Em altas intensidades, o receptor satura e permanece hiperpolarizado constantemente por algum tempo após o estímulo luminoso; isso leva às imagens residuais que são percebidas depois de um estímulo luminoso brilhante. Nota-se que os picos de resposta para estímulos luminosos brilhantes aparecem antes e que os cones respondem mais rapidamente do que os bastonetes. (Reproduzida, com autorização, de Schneeweis e Schnapf, 1995. Copyright © 1995 AAAS.)

A luz ativa moléculas de pigmento nos fotorreceptores

A rodopsina, o pigmento visual nos bastonetes, tem dois componentes. A porção proteica, *opsina*, está inserida na membrana do disco e, por si só, não absorve a luz visível. A porção de absorção de luz, *retinal*, é uma molécula pequena, cujo isômero 11-*cis* está ligado covalentemente a um resíduo de lisina da opsina (**Figura 22-8A**). A absorção de um fóton pelo retinal provoca a mudança da configuração de 11-*cis* para a configuração todo-*trans*. Essa reação é o único passo dependente da luz na visão.

A mudança na forma da molécula retinal provoca uma alteração conformacional na opsina para um estado ativado chamado de *metarrodopsina II*, desencadeando, assim, o segundo passo da fototransdução. A metarrodopsina II é instável e se divide em poucos minutos, liberando opsina e todo-*trans* retinal livre. O isômero todo-*trans* retinal é, então, transportado dos bastonetes para células epiteliais pigmentares, onde é reduzido a todo-*trans* retinol (vitamina A), precursor de 11-*cis* retinal, o qual é subsequentemente transportado de volta aos bastonetes.

O todo-*trans* retinal é, então, um composto fundamental no sistema visual. Os seus precursores, como a vitamina A, não podem ser sintetizados por seres humanos e, por isso, precisam ser parte regular da dieta. A deficiência de vitamina A pode levar à cegueira noturna que, se não for

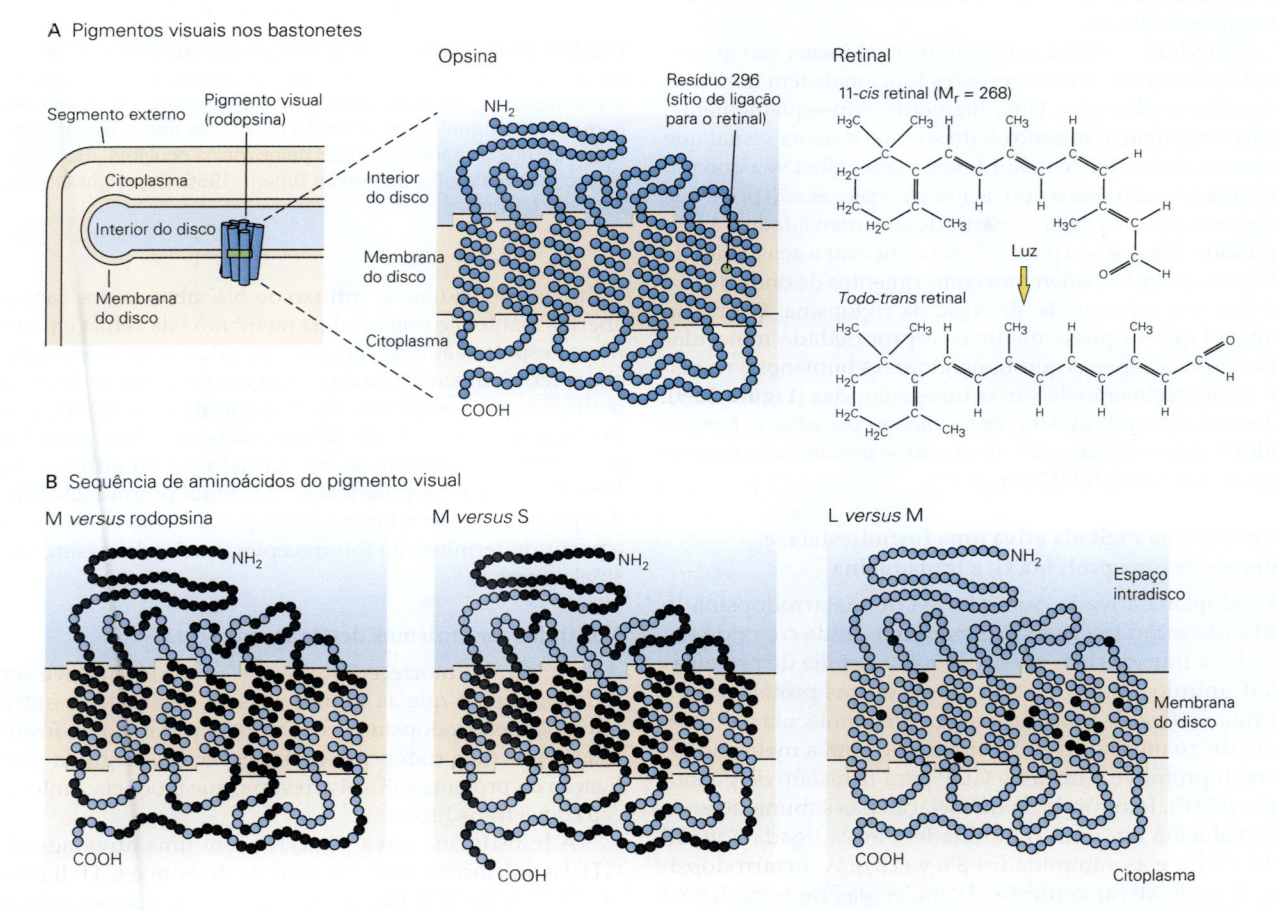

FIGURA 22-8 Estrutura dos pigmentos visuais.

A. O pigmento visual em bastonetes, rodopsina, é o complexo covalente de dois componentes. A opsina é uma proteína grande com 348 aminoácidos e uma massa molecular de aproximadamente 40.000 dáltons. Ela vai e volta sete vezes através da membrana do disco do bastonete. A retina é um pequeno composto de absorção de luz ligado covalentemente a uma cadeia lateral de lisina 296 na sétima região de abrangência da opsina na membrana. A absorção de luz pelo 11-*cis* retinal causa uma rotação em torno da ligação dupla. Como o retinal adota a configuração mais estável todo-*trans*, isso provoca uma alteração conformacional na opsina, que desencadeia os eventos subsequentes de transdução visual. (Adaptada, com autorização, de Nathans e Hogness, 1984.)

B. Os **círculos azuis** indicam aminoácidos idênticos; **círculos pretos** indicam diferenças. As formas de opsina nos três tipos de células cone (L, M e S) assemelham-se umas às outras, assim como a rodopsina nos bastonetes, sugerindo que todas as quatro evoluíram de um precursor comum por duplicação e divergência. As opsinas L e M são mais estreitamente relacionadas, com identidade de 96% nas suas sequências de aminoácidos. Acredita-se que tenham evoluído de um evento de duplicação de genes há aproximadamente 30 milhões de anos, após os macacos do Velho Mundo, que têm três pigmentos, separados dos macacos do Novo Mundo, que geralmente possuem apenas dois.

tratada, pode levar à deterioração dos segmentos externos do receptor e, por fim, à cegueira.

Cada tipo de cone na retina humana produz uma variante da proteína opsina. Esses três pigmentos do cone são distinguidos pelo seu *espectro de absorção*, isto é, a dependência da eficiência da absorção da luz em relação ao comprimento de onda (ver **Figura 22-6**). O espectro é determinado pela sequência proteica, por meio da interação entre o retinal e algumas cadeias laterais de aminoácidos próximos ao local de ligação. A luz vermelha excita os cones L mais do que os cones M, enquanto a luz verde excita mais os cones M. Por conseguinte, o grau relativo de excitação nesses tipos de cone contém informações sobre o espectro da luz, independentemente da sua intensidade. A comparação de sinais de diferentes tipos de cone pelo encéfalo é a base para a visão da cor.

Na visão noturna, somente os bastonetes são ativos, portanto todos os fotorreceptores funcionais têm o mesmo espectro de absorção. Uma luz verde, consequentemente, tem exatamente o mesmo efeito sobre o sistema visual que uma luz vermelha de maior intensidade. Uma vez que um sistema com um único tipo de fotorreceptores não pode distinguir o espectro de luz a partir de sua intensidade, "à noite, todos os gatos são pardos". Ao comparar a sensibilidade de um bastonete a diferentes comprimentos de onda de luz, obtém-se o espectro de absorção da rodopsina. É um fato notável que se possa medir essa propriedade molecular com precisão apenas questionando seres humanos a respeito do aparecimento de várias luzes coloridas (**Figura 22-9**). O estudo quantitativo da percepção, ou psicofísica, fornece informações semelhantes sobre outros mecanismos de processamento cerebral (Capítulo 17).

A rodopsina excitada ativa uma fosfodiesterase através de uma proteína G, a transducina

A rodopsina ativada, sob a forma de metarrodopsina II, difunde-se no interior da membrana do disco, onde encontra a transducina, um membro da família de proteínas G (Capítulo 14). Como no caso de outras proteínas G, a forma inativa de transducina liga uma molécula de difosfato de guanosina (GDP). A interação com a metarrodopsina II promove a troca de GDP para trifosfato de guanosina (GTP). Isso conduz à dissociação das subunidades da transducina em uma subunidade α ativa ligada ao GTP (Tα-GTP), e as subunidades β e γ (Tβγ). A metarrodopsina II pode ativar centenas de moléculas de transducina adicionais, amplificando significativamente a resposta da célula.

A subunidade ativa da transducina Tα-GTP forma um complexo com uma fosfodiesterase de nucleotídeo cíclico, outra proteína associada à membrana do disco. Essa interação aumenta enormemente a velocidade pela qual a enzima hidrolisa GMPc em 5'-GMP. Cada molécula de fosfodiesterase pode hidrolisar mais de mil moléculas de GMPc por segundo, o que aumenta o grau de amplificação.

A concentração de GMPc controla a atividade dos canais ativados por GMPc na membrana plasmática do segmento externo. No escuro, quando a concentração de GMPc

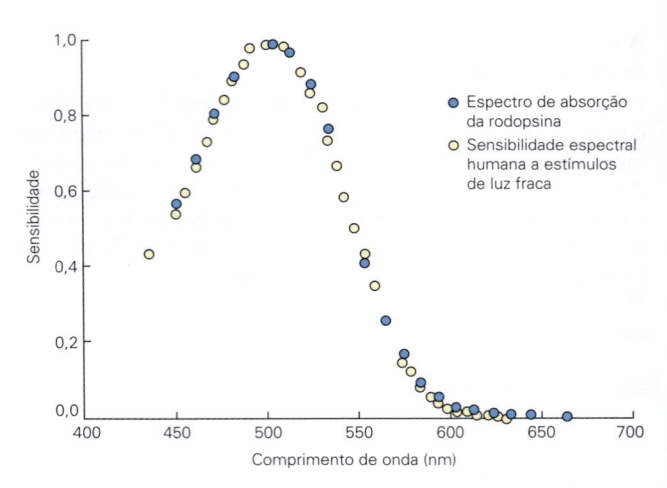

FIGURA 22-9 Espectro de absorção da rodopsina. O espectro de absorção da rodopsina humana medido em uma cubeta é comparado com a sensibilidade espectral de observadores humanos a estímulos de luz muito fracos. Os dados psicofísicos foram corrigidos para a absorção pelos meios oculares. (Reproduzida, com autorização, de Wald e Brown, 1956. Copyright © 1956 Springer Nature.)

é alta, um considerável influxo de Na^+ através dos canais abertos mantém o potencial da membrana da célula em um nível despolarizado de cerca de –40 mV. Como consequência, o terminal sináptico da célula continuamente libera o neurotransmissor glutamato. A diminuição de GMPc mediada pela luz resulta no fechamento dos canais ativados por GMPc, resultando, assim, na redução do influxo dos íons Na^+ e na hiperpolarização da célula (**Figura 22-7B1**). A hiperpolarização retarda a liberação de neurotransmissor a partir do terminal do fotorreceptor, iniciando, assim, um sinal neuronal.

Múltiplos mecanismos desligam a cascata

A resposta de fotorreceptores a um único fóton deve ser terminada para que as células possam responder a outro fóton. A metarrodopsina II é inativada por meio de fosforilação por uma rodopsina-cinase específica, seguida pela ligação da proteína solúvel arrestina, que bloqueia a interação com a transducina.

A transducina ativa (Tα-GTP) tem uma atividade de GTPase intrínseca, que converte finalmente o GTP ligado em GDP. A Tα-GDP libera a fosfodiesterase e se recombina com Tβγ, ficando novamente pronta para a excitação pela rodopsina. Uma vez que a fosfodiesterase foi inativada, a concentração de GMPc é restaurada por uma guanilato-ciclase que produz GMPc a partir de GTP. Nesse ponto, os canais de membrana se abrem, a corrente de Na^+ volta ao normal, e os fotorreceptores se despolarizam de volta ao potencial que apresentam durante o escuro.

Além desses mecanismos independentes que desligam os elementos individuais da cascata, um importante mecanismo de retroalimentação assegura que grandes respostas sejam terminadas mais rapidamente. Esse mecanismo é mediado pela mudança na concentração de Ca^{2+} na célula.

Os íons cálcio entram na célula através de canais ativados por GMPc e são expelidos da célula por permutadores catiônicos rápidos. No escuro, a concentração intracelular de Ca^{2+} é elevada, mas durante a resposta da célula à luz, quando os canais ativados por GMPc estão fechados, o nível de Ca^{2+} cai rapidamente para uma pequena porcentagem do nível no escuro.

Essa redução na concentração de Ca^{2+} modula as reações bioquímicas em três formas (**Figura 22-7B2**). A fosforilação da rodopsina é acelerada pela ação da proteína de ligação ao cálcio, a recoverina, na rodopsina-cinase, reduzindo, assim, a ativação da transducina. A atividade da guanilato-ciclase é acelerada por proteínas ativadoras de guanilato-ciclase dependentes de cálcio. Por fim, a afinidade do canal ativado por GMPc para o GMPc é aumentada pela ação de Ca^{2+}-calmodulina. Todos esses efeitos promovem o retorno do fotorreceptor ao estado no escuro.

Defeitos na fototransdução causam doenças

Como não é de se surpreender, defeitos na maquinaria da fototransdução podem ter sérias consequências. Um defeito importante é a cegueira à cor, que resulta da perda ou anomalia nos genes para os pigmentos dos cones, como discutido posteriormente.

A *cegueira estacionária noturna* ocorre quando a função dos bastonetes é perdida, mas a função dos cones permanece intacta. Essa doença é hereditária, e mutações foram identificadas em muitos componentes da cascata de fototransdução: na rodopsina, na transducina de bastonetes, na fosfodiesterase de bastonetes, na rodopsina-cinase e na arrestina. Em alguns casos, verifica-se que os bastonetes estão permanentemente ativados, como se estivessem expostos a uma luz ofuscante constante.

Infelizmente, muitos defeitos da fototransdução levam à *retinite pigmentosa*, uma degeneração progressiva da retina que acaba por resultar em cegueira. A doença tem várias formas, muitas das quais têm sido associadas a mutações que afetam a transdução de sinal nos bastonetes. Ainda não se sabe por que essas alterações na função levam à morte dos bastonetes e à subsequente degeneração dos cones.

As células ganglionares transmitem imagens neurais para o encéfalo

A camada de fotorreceptores produz uma representação neural relativamente simples da cena visual: neurônios em regiões iluminadas são hiperpolarizados, enquanto aqueles em regiões escuras são despolarizados. Uma vez que o nervo óptico tem apenas cerca de 1% de axônios comparado com o número de células receptoras, o circuito da retina deve editar a informação nos fotorreceptores antes que ela seja transportada para o encéfalo.

Esse passo constitui o *processamento visual de nível inferior*, o primeiro estágio de derivação de percepções visuais a partir do padrão de luz que incide sobre a retina. Para compreender esse processo é preciso primeiro entender a organização das eferências de retina e como as células ganglionares da retina respondem a vários padrões de luz.

Os dois tipos principais de células ganglionares são as células do tipo ON (LIGADAS) e as células do tipo OFF (DESLIGADAS)

Muitas células ganglionares da retina disparam potenciais de ação espontaneamente, mesmo na escuridão ou com iluminação constante. Se a intensidade da luz é subitamente aumentada, as chamadas células ON (LIGADAS) disparam mais rapidamente. Outras células ganglionares, as células OFF (DESLIGADAS), disparam mais lentamente ou cessam de disparar por completo. Quando a intensidade diminui novamente, as células ON disparam menos e as células OFF disparam mais. A eferência da retina inclui, então, duas representações complementares que diferem na polaridade da sua resposta à luz.

Esse arranjo serve para comunicar rapidamente tanto um aumento na luminosidade como um escurecimento na cena visual. Se a retina tivesse apenas as células ON, um objeto escuro seria codificado pela diminuição da frequência de disparos. Se as células ganglionares disparassem a uma frequência mantida de 10 potenciais de ação por segundo e, então, diminuíssem esse ritmo de disparo, levaria cerca de 100 ms para o neurônio pós-sináptico perceber a mudança na frequência de potenciais de ação. Em contrapartida, um aumento na frequência de disparos para 200 potenciais de ação por segundo é perceptível em apenas 5 ms.

Muitas células ganglionares respondem fortemente às margens da imagem

Para sondar as respostas de uma célula ganglionar com mais detalhes, pode-se testar como o disparo da célula varia com a localização e o tempo de um pequeno ponto de luz focado em diferentes porções da retina.

Uma célula ganglionar típica é sensível à luz em uma região compacta da retina perto do corpo celular chamada de *campo receptivo* da célula. Dentro dessa área, muitas vezes é possível distinguir uma região *central* e uma região *periférica* onde a luz produz respostas opostas na célula. Uma célula ON, por exemplo, dispara mais rápido quando um ponto brilhante é focado no centro do campo receptivo da célula, mas diminui o seu disparo quando o ponto está focado na periferia. Se a luz abrange tanto o centro como a periferia, a resposta é muito mais fraca do que a da iluminação somente no centro. Um ponto brilhante no centro combinado com um anel escuro cobrindo a periferia provoca disparo muito forte. Para uma célula OFF, essas relações são invertidas; a célula é fortemente excitada por um ponto escuro e um anel brilhante (**Figura 22-10**).

Os sinais de saída produzidos por uma população de células ganglionares da retina aumentam, então, as regiões de contraste espacial nos sinais de entrada, como uma margem entre duas áreas de diferentes intensidades, e dão menos ênfase a certas regiões de iluminação homogênea.

As informações eferentes das células ganglionares realçam as alterações temporais nos estímulos

Quando um estímulo eficaz de luz é apresentado, o disparo de uma célula ganglionar costuma aumentar rapidamente a partir do nível de repouso até um pico e, em seguida, relaxa a uma frequência intermédia. Quando o estímulo é desligado, a frequência de disparos decresce bruscamente e depois se recupera gradualmente, chegando ao nível de repouso.

A rapidez de declínio a partir do pico no nível de repouso varia entre os tipos de células ganglionares. *Neurônios com respostas transitórias à luz* produzem uma salva de potenciais de ação apenas no início do estímulo, enquanto os *neurônios com respostas sustentadas à luz* mantêm uma frequência de disparos quase estacionária por vários segundos durante a estimulação (**Figura 22-10**).

Em geral, contudo, a eferência das células ganglionares favorece alterações temporais em estímulos aferentes visuais durante períodos de constante intensidade de luz. De fato, quando uma imagem é estabilizada na retina com um dispositivo de rastreamento ocular, ela desaparece da visão em questão de segundos. Felizmente, isso nunca acontece na visão normal; mesmo quando se tenta fixar o olhar, pequenos movimentos oculares automáticos (sacádicos) continuamente esquadrinham a imagem através da retina e evitam que o mundo desapareça (Capítulo 25).

As informações eferentes da retina realçam os objetos em movimento

Com base nessas observações, pode-se compreender de modo mais geral a resposta das células ganglionares às informações aferentes visuais. Por exemplo, os contornos de um objeto em movimento provocam um forte disparo pela população de células ganglionares porque essas

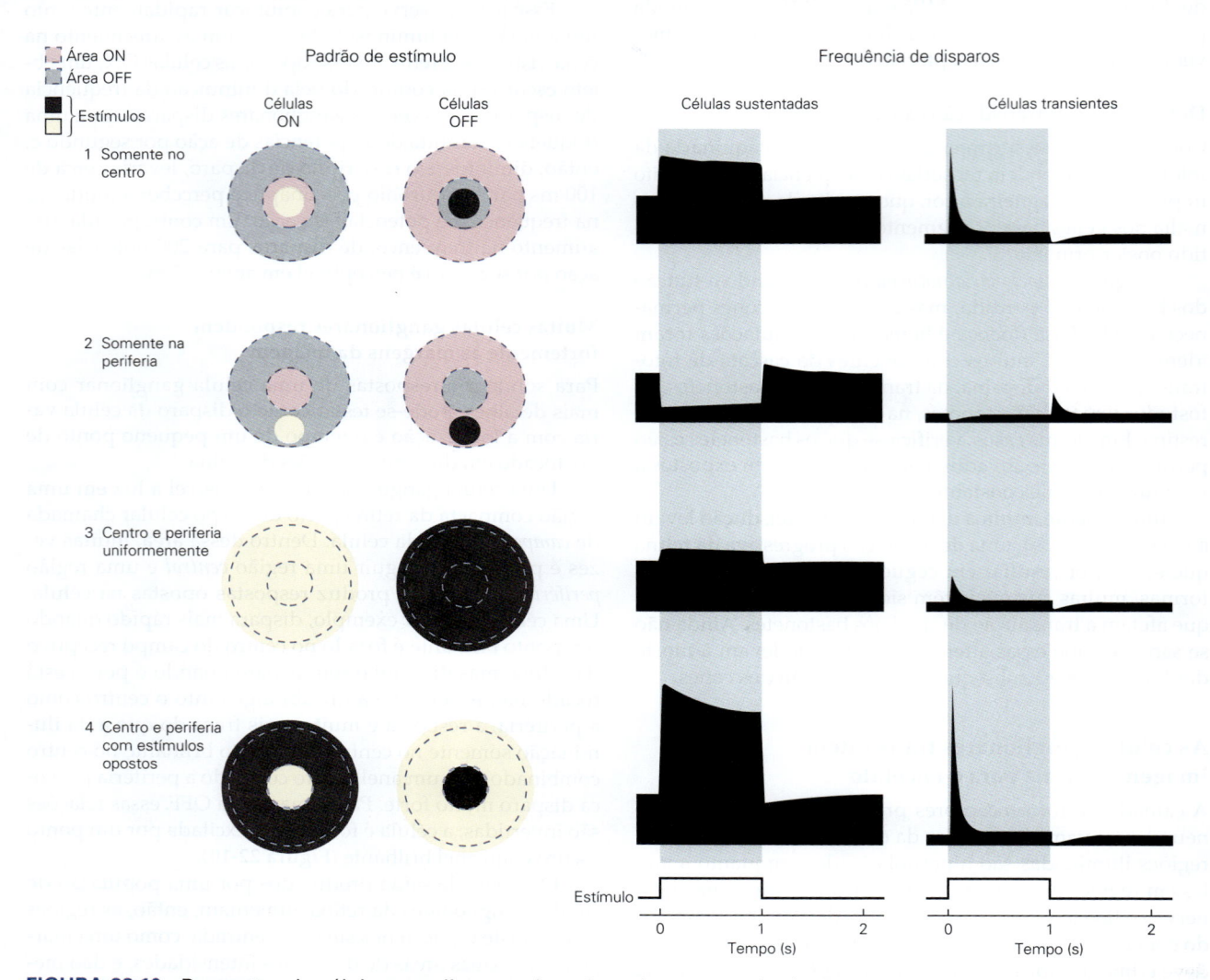

FIGURA 22-10 Respostas de células ganglionares da retina com campos receptivos centro-periféricos. Nestes experimentos idealizados, o estímulo muda de um campo uniforme cinza para o padrão de regiões clara (**amarelo**) e escura (**preto**) indicadas *à esquerda*. Isso leva às respostas da taxa de disparo mostradas *à direita*. **1.** As células ON são excitadas por um ponto brilhante no centro do campo receptivo, e as células OFF por um ponto escuro. Em *células sustentadas*, a excitação persiste durante a estimulação, ao passo que, nas *células transientes*, uma breve salva de potenciais de ação ocorre pouco após o início da estimulação. **2.** Se o mesmo estímulo que excita o centro é aplicado na periferia, o disparo é suprimido. **3.** A estimulação uniforme tanto no centro como na periferia provoca uma resposta semelhante à do centro, mas com uma amplitude muito menor. **4.** A estimulação do centro combinada com um estímulo oposto na periferia produz a resposta mais forte.

são as únicas regiões de contraste espacial e as únicas regiões onde a intensidade da luz muda ao longo do tempo (**Figura 22-11**).

Podemos facilmente apreciar por que a retina responde seletivamente a essas características. O contorno de um objeto é particularmente útil para inferir a sua forma e identidade. Da mesma forma, objetos que se movem ou mudam de repente são mais dignos de atenção imediata do que aqueles que não o fazem. O processamento de retina, então, extrai da cena características de nível inferior que são úteis para orientar o comportamento e as transmite seletivamente para o encéfalo. De fato, a rejeição de características que são constantes no espaço ou no tempo é responsável pela sensibilidade espaço-temporal da percepção humana (**Quadro 22-1**).

Vários tipos de células ganglionares projetam-se para o encéfalo através de vias paralelas

Vários tipos diferentes de células ganglionares foram identificados com base em sua morfologia e respostas à luz. As células ON e OFF são encontradas na retina de todos os vertebrados, e na retina dos primatas encontram-se duas classes principais de células, as células P e M, cada uma incluindo os tipos de célula ON e OFF (ver **Figura 22-2B**). A qualquer distância da fóvea, os campos receptivos das células M (do latim *magno*, grande) são muito maiores do que os das células P (do latim *parvo*, pequeno). As células M também têm respostas mais rápidas e mais transitórias do que as células P. Algumas células ganglionares são intrinsecamente sensíveis à luz devido à expressão do pigmento visual melanopsina.

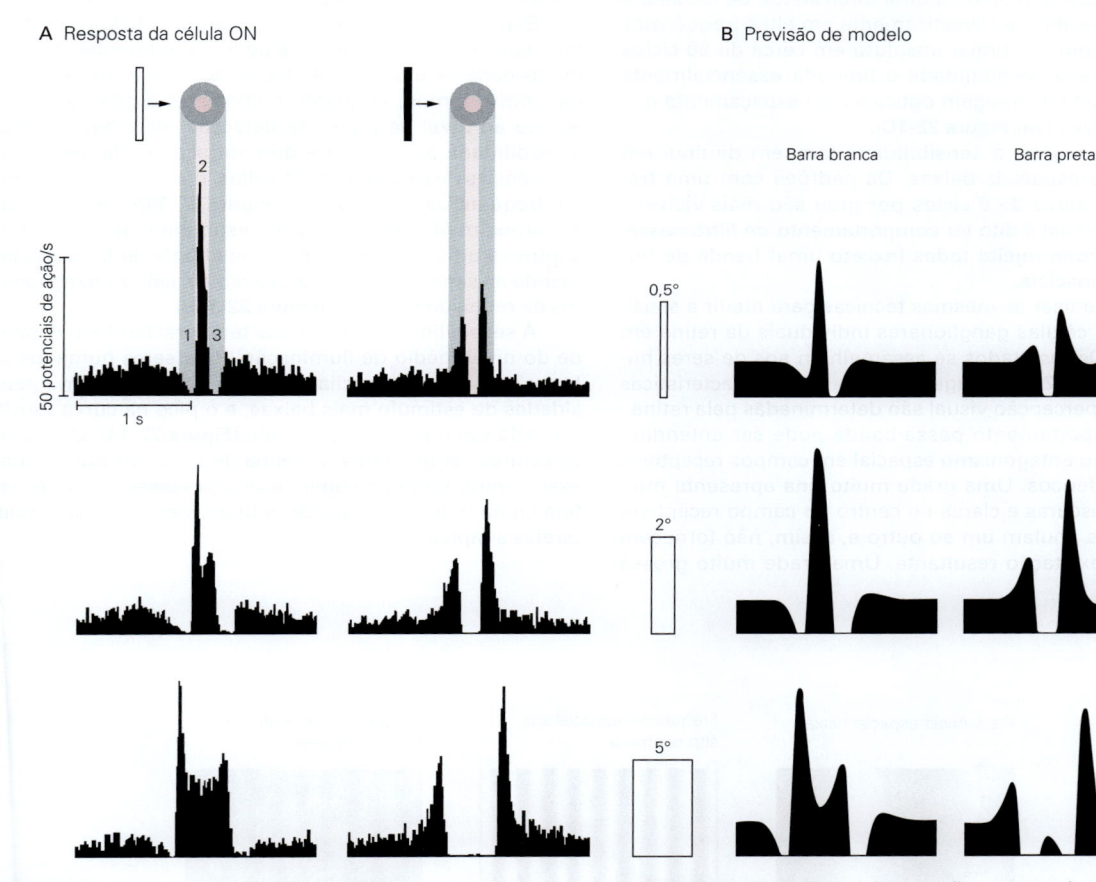

FIGURA 22-11 Respostas das células ganglionares na retina do gato a objetos em movimento.

A. A taxa de disparo de uma célula ganglionar ON em resposta a uma variedade de barras (brancas ou pretas, de várias larguras) que se movem pela retina. Cada barra se move a 10° por segundo; 1° corresponde a 180 μm na retina. Em resposta à barra branca, a frequência de disparos primeiro diminui à medida que a barra passa sobre o campo receptivo periférico (**1**), aumenta à medida que a barra entra no centro (**2**) e diminui novamente quando a barra passa através da periferia pelo lado oposto (**3**). A barra preta provoca respostas de sinal oposto. Como as células ganglionares semelhantes a esta estão distribuídas por toda a retina, pode-se também interpretar essa curva como uma fotografia instantânea da atividade em uma população de células ganglionares, onde o eixo horizontal representa a localização na retina. Na verdade, esse perfil de atividade é a representação neural da barra móvel transmitida ao encéfalo. Uma população complementar de células ganglionares OFF (não mostradas aqui) transmite outro perfil de atividade neural em paralelo. Dessa forma, bordas claras e escuras podem ser sinalizadas por um aumento acentuado no disparo de potencial de ação.

B. Um modelo simples de processamento pela retina, que incorpora o antagonismo centro-periferia e um filtro transiente temporal é utilizado para prever a frequência de disparos de células ganglionares. As previsões corroboram com as características essenciais de respostas na parte **A**. (Reproduzida, com autorização, de Rodieck, 1965. Copyright © 1965 Elsevier Ltd.)

QUADRO 22-1 A sensibilidade espaço-temporal da percepção humana

Embora pequenos pontos de luz sejam úteis para pesquisar os campos receptivos de neurônios individuais nas vias visuais, são necessários diferentes estímulos para aprender sobre a percepção visual humana. Estímulos de grade são comumente usados para investigar como nosso sistema visual lida com padrões espaciais e temporais.

O sujeito olha para um visor no qual a intensidade varia em torno da média como uma função sinusoidal de espaço (**Figura 22-12**). Em seguida, o contraste do visor – definido como a amplitude pico a pico da curva sinusoidal dividida pela média – é reduzido a um limite no qual a grade é pouco visível. Essa medida é repetida para grades de diferentes frequências espaciais.

Quando o inverso desse limiar é plotado em relação à frequência espacial, a *curva de sensibilidade ao contraste* resultante fornece uma medida de sensibilidade da percepção visual a padrões de diferentes escalas (**Figura 22-13A**). Quando medida a uma intensidade de luz alta, a sensibilidade diminui drasticamente em altas frequências espaciais, com um limiar absoluto em cerca de 50 ciclos por grau. Essa sensibilidade é limitada essencialmente pela qualidade da imagem óptica e pelo espaçamento dos cones na fóvea (ver **Figura 22-1C**).

Curiosamente, a sensibilidade também diminui em frequências espaciais baixas. Os padrões com uma frequência de cerca de 5 ciclos por grau são mais visíveis. O sistema visual é dito ter comportamento *de filtro passa-banda*, porque rejeita todas (exceto uma) banda de frequências espaciais.

Pode-se usar as mesmas técnicas para medir a sensibilidade de células ganglionares individuais da retina em primatas. Os resultados se assemelham aos de seres humanos (**Figura 22-13**), sugerindo que essas características básicas da percepção visual são determinadas pela retina.

O comportamento passa-banda pode ser entendido com base no antagonismo espacial em campos receptivos centro-periféricos. Uma grade muito fina apresenta muitas listras escuras e claras no centro do campo receptivo; seus efeitos anulam um ao outro e, assim, não fornecem nenhuma excitação resultante. Uma grade muito grossa apresenta uma única faixa tanto no centro quanto na periferia do campo receptivo, e seu antagonismo novamente fornece pouca excitação resultante à célula ganglionar. A resposta mais forte é produzida por uma grade de frequência espacial intermediária que cobre apenas o centro com uma listra e a maior parte da periferia com listras de polaridade oposta (**Figura 22-13B**).

Na luz fraca, a sensibilidade de contraste do sistema visual diminui, mas muito mais em altas do que em baixas frequências espaciais (**Figura 22-13A**). Assim, o pico de sensibilidade muda para baixas frequências espaciais, e, por fim a curva perde completamente seu pico. Nesse estado, o sistema visual é chamado de comportamento *passa-baixa*, porque ele preferencialmente codifica estímulos de baixa frequência espacial. O fato de que na penumbra os campos receptivos das células ganglionares perdem seus antagonismos periféricos explica a transição de filtro espacial de passa-banda para passa-baixa (**Figura 22-13B**).

Experimentos semelhantes podem ser feitos para testar a sensibilidade visual para padrões temporais. Aqui, a intensidade de um estímulo teste oscila de forma sinusoidal com o tempo, enquanto o contraste é gradualmente levado ao nível de limiar de detecção. Para humanos, a sensibilidade ao contraste diminui acentuadamente em frequências de cintilação muito altas, mas diminui também em frequências muito baixas (**Figura 22-14A**). A oscilação em aproximadamente 10 Hz é o estímulo mais eficaz. Encontra-se um comportamento semelhante de filtro passa-banda na sensibilidade de oscilação em células ganglionares da retina de macacos (**Figura 22-14B**).

A sensibilidade ao contraste temporal também depende do nível médio de iluminação. Para seres humanos, a frequência ideal de oscilação muda para baixo em intensidades de estímulo mais baixas, e o pico na curva torna-se cada vez menos proeminente (**Figura 22-14**). O fato de as células ganglionares da retina de primatas duplicarem esse comportamento sugere que o processamento da retina limita o desempenho de todo o sistema visual nessas tarefas simples.

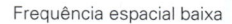

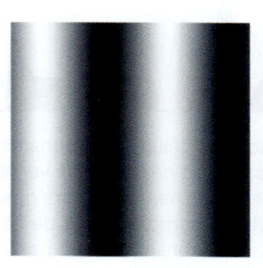

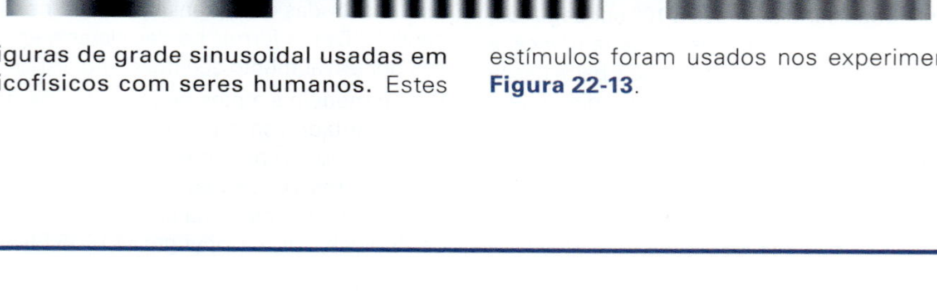

FIGURA 22-12 Figuras de grade sinusoidal usadas em experimentos psicofísicos com seres humanos. Estes estímulos foram usados nos experimentos discutidos na **Figura 22-13**.

continua

QUADRO 22-1 A sensibilidade espaço-temporal da percepção humana (*continuação*)

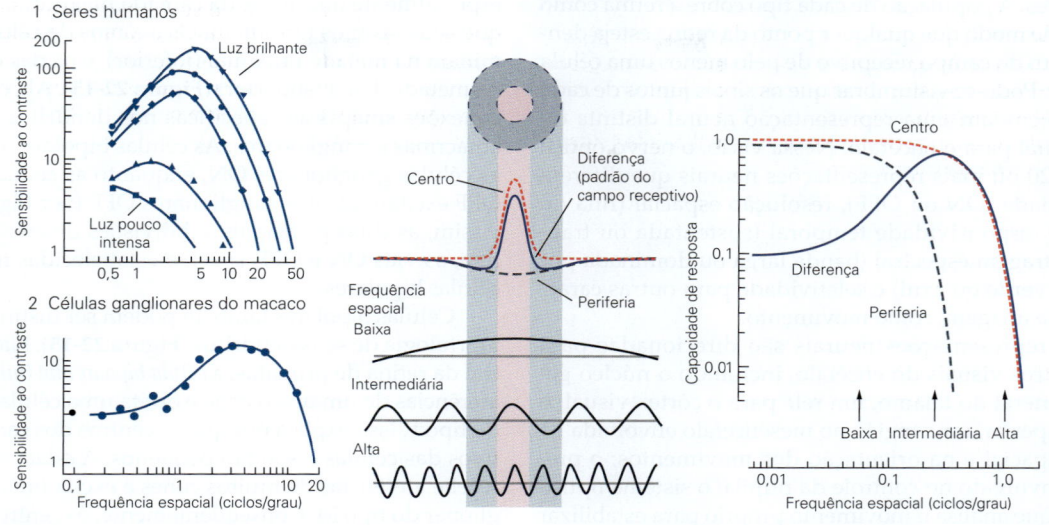

A Sensibilidade de humanos e macacos
1 Seres humanos
2 Células ganglionares do macaco

B Sensibilidade do campo receptivo das células ganglionares

FIGURA 22-13 Sensibilidade ao contraste espacial.
A. 1. A sensibilidade ao contraste de seres humanos foi medida usando grades com diferentes frequências espaciais (ver **Figura 22-12**). Em cada frequência, o contraste foi aumentado até o limiar de detecção, e o inverso desse valor de contraste foi plotado em relação à frequência espacial, conforme mostrado aqui. As curvas foram obtidas em diferentes intensidades médias, diminuindo por fatores de 10 a partir da parte superior para a parte inferior da curva. (Reproduzida, com autorização, de De Valois, Morgan e Snodderly, 1974.) **2.** A sensibilidade ao contraste de células ganglionares do tipo P na retina de macaco medida em alta intensidade. Em cada frequência espacial, o contraste foi aumentado gradualmente até produzir uma mudança detectável na taxa de disparo do neurônio. O inverso desse limiar de contraste foi plotado como na parte **A-1**. O ponto isolado à esquerda marca a sensibilidade na frequência espacial zero, um campo espacialmente uniforme. (Reproduzida, com autorização, de Derrington e Lennie, 1984.)
B. Estimulação de um campo receptivo centro-periférico com grades sinusoidais. A sensibilidade do neurônio à luz em diferentes pontos da retina é modelada como uma "diferença gaussiana" de campo receptivo, com uma estreita gaussiana positiva para o centro excitatório e uma ampla gaussiana negativa para a periferia inibitória. Multiplicando o perfil do estímulo da grade (intensidade vs. posição) com o perfil do campo receptivo (sensibilidade vs. posição) e integrando sobre todo o espaço, calcula-se a força do estímulo entregue por uma grade particular. A sensibilidade resultante do campo receptivo às grades de diferentes frequências é mostrada no gráfico à direita. Em frequências espaciais baixas, a contribuição negativa da periferia cancela a contribuição do centro, provocando uma queda da curva de diferença. (Reproduzida, com autorização, de Enroth-Cugell e Robson, 1984.)

A Seres humanos

B Células ganglionares de macaco

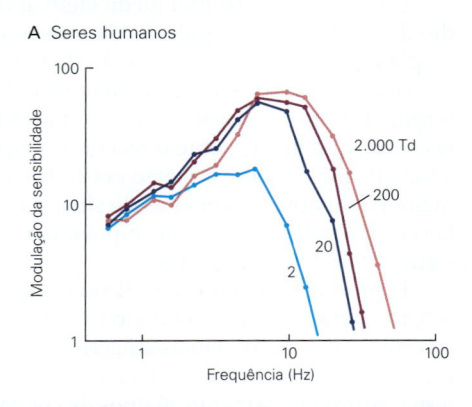

FIGURA 22-14 Sensibilidade temporal ao contraste. (Reproduzida, com autorização, de Lee et al., 1990).
A. A sensibilidade de sujeitos humanos à oscilação temporal foi medida por métodos semelhantes aos da **Figura 22-13A**, mas o estímulo foi um grande ponto cuja intensidade variou sinusoidalmente no tempo, e não no espaço. O inverso do limiar de contraste necessário para detecção é plotado em relação à frequência da oscilação senoidal. A sensibilidade declina em ambas as frequências, altas e baixas. O nível médio de luz variou, diminuindo por fatores de 10 a partir do topo para baixo no traçado.
B. A sensibilidade à oscilação das células ganglionares do tipo M na retina do macaco foi medida pelo mesmo método aplicado a seres humanos na parte A. O limiar de detecção para a resposta neural foi definido como uma variação de 20 potenciais de ação por segundo na taxa de disparo da célula em fase com a oscilação.

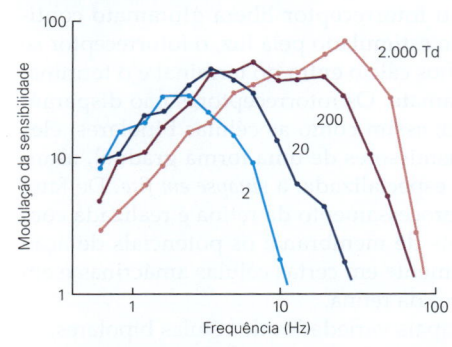

No total, foram descritos mais de 20 tipos de células ganglionares. A população de cada tipo cobre a retina como ladrilhos, de modo que qualquer ponto da retina esteja dentro do centro do campo receptivo de pelo menos uma célula ganglionar. Pode-se vislumbrar que os sinais juntos de cada população enviam uma representação neural distinta do campo visual para o encéfalo. Nessa visão, o nervo óptico transmite 20 ou mais representações neurais que diferem em polaridade (ON ou OFF), resolução espacial (fina ou grosseira), responsividade temporal (sustentada ou transitória), filtragem espectral (banda larga ou dominada por vermelho, verde ou azul) e seletividade para outras características de imagem, como movimento.

Essas representações neurais são direcionadas para vários centros visuais do encéfalo, incluindo o núcleo geniculado lateral do tálamo, um relé para o córtex visual; o colículo superior, uma região no mesencéfalo envolvida na atenção espacial e na orientação dos movimentos; o pré-tectum, envolvido no controle da pupila; o sistema óptico acessório, que analisa o movimento próprio para estabilizar o olhar; e o núcleo supraquiasmático, um relógio central que orienta o ritmo circadiano e cuja fase pode ser definida por estímulos luminosos (Capítulo 44). Em muitos casos, os axônios de um tipo de célula ganglionar estendem colaterais para múltiplas áreas do sistema nervoso central. As células M, por exemplo, projetam-se para o tálamo e para o colículo superior.

Uma rede de interneurônios modela as informações eferentes da retina

Agora será considerado com mais detalhes o circuito da retina e como ele explica as intrincadas propriedades de resposta das células ganglionares da retina.

As vias paralelas se originam nas células bipolares

O fotorreceptor faz sinapses com as células bipolares e as células horizontais (ver **Figura 22-3A**). No escuro, o terminal sináptico do fotorreceptor libera glutamato continuamente. Quando estimulado pela luz, o fotorreceptor se hiperpolariza, menos cálcio entra no terminal e o terminal libera menos glutamato. Os fotorreceptores não disparam potenciais de ação; assim como as células bipolares, eles liberam neurotransmissores de uma forma gradual, usando uma estrutura especializada, a *sinapse em fita*. De fato, a maior parte do processamento da retina é realizada com potenciais graduais de membrana: os potenciais de ação ocorrem principalmente em certas células amácrinas e em células ganglionares da retina.

As duas principais variedades de células bipolares, as células ON e OFF, respondem ao glutamato na sinapse por meio de mecanismos distintos. As células OFF usam receptores ionotrópicos, os canais de cátions ativados por glutamato, do tipo AMPA-cainato (AMPA, α-amino-3-hidróxi-5-metilisoxazol-4-propionato). O glutamato liberado no escuro despolariza essas células. As células ON usam os receptores metabotrópicos acoplados a uma proteína G, cuja ação final é fechar os canais de cátions. A ativação desses receptores pelo glutamato hiperpolariza, assim, as células no escuro.

Células bipolares ON e OFF diferem em sua forma e especialmente nos níveis da camada plexiforme interna em que seus axônios terminam. Os axônios de células ON terminam na metade proximal (inferior), e os das células OFF na metade distal (superior) (**Figura 22-15**). Ali, eles formam conexões sinápticas específicas nos dendritos das células amácrinas e ganglionares. As células bipolares ON excitam as células ganglionares ON, enquanto as células bipolares OFF excitam células ganglionares OFF (ver **Figura 22-3A**). Assim, as duas principais subdivisões de eferência da retina, as vias ON e OFF, já estão estabelecidas no nível das células bipolares.

Células bipolares também podem ser distinguidas pela morfologia de seus dendritos (**Figura 22-15**). Na região central da retina de primatas, a *célula bipolar anã* (*midget*) recebe aferências de um único cone e excita uma célula ganglionar do tipo P. Isso explica por que os centros dos campos receptivos das células P são tão pequenos. A *célula bipolar difusa* recebe aferências de muitos cones e excita uma célula ganglionar do tipo M. Consequentemente, os centros de campo receptivo das células M são muito maiores. Então, representações de estímulos na população de células ganglionares se originam em vias dedicadas de células bipolares, que são diferenciadas por suas conexões seletivas a fotorreceptores e alvos pós-sinápticos.

A filtragem espacial é realizada pela inibição lateral

Os sinais nas vias paralelas ligadas (*on*) e desligadas (*off*) são modificados por interações com células horizontais e amácrinas (ver **Figura 22-3A**). Células horizontais têm ampla arborização dendrítica que se espalha lateralmente na camada plexiforme externa. Os fotorreceptores entram em contato com as pontas dessas arborizações nos terminais glutamatérgicos compartilhados com células bipolares. Além disso, células horizontais são acopladas eletricamente entre si através de junções comunicantes.

Uma célula horizontal mede efetivamente o nível médio de excitação da população de fotorreceptores em uma ampla região. Esse sinal é enviado de volta ao terminal do fotorreceptor através de uma sinapse inibitória. Assim, o terminal do fotorreceptor está sob duas influências opostas: a luz que incide sobre o receptor o hiperpolariza, mas a luz que incide sobre a região periférica o despolariza por meio das sinapses inversoras de sinal das células horizontais. Como resultado, a célula bipolar tem uma estrutura de campo receptivo antagônica.

Esse antagonismo espacial no campo receptivo é reforçado pela inibição lateral a partir de células amácrinas na retina interna. As células amácrinas são neurônios cujos processos se ramificam apenas na camada plexiforme interna. Aproximadamente 30 tipos de células amácrinas são conhecidos, alguns com pequenas arborizações de apenas dezenas de micrômetros de diâmetro e outros com processos que se estendem por toda a retina. As células amácrinas geralmente recebem sinais excitatórios das células bipolares nas sinapses glutamatérgicas. Algumas células amácrinas retroalimentam diretamente a célula bipolar pré-sináptica em uma *sinapse recíproca inibitória*. Algumas células amácrinas estão eletricamente acopladas a outras

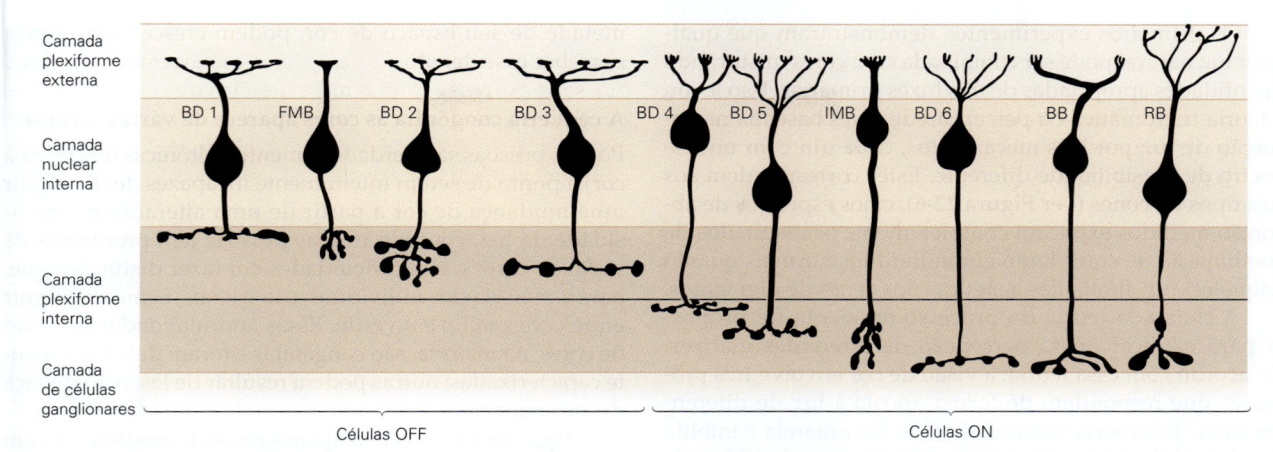

FIGURA 22-15 Células bipolares na retina de macacos. As células são dispostas de acordo com a profundidade de suas arborizações terminais na camada plexiforme interna. A linha horizontal que divide os níveis distal (**superior**) e proximal (**inferior**) dessa camada representa a fronteira entre os terminais axonais das células do tipo OFF e ON. Presume-se que os terminais da metade superior sejam os das células OFF, e os da metade inferior, das células ON. Tipos de células são: células bipolares difusas (**BD**), bipolares anãs ON e OFF (**IMB**, **FMB**), bipolar de cone S ON (**BB**), e bipolar de bastonete (**RB**). (Reproduzida, com autorização, de Boycott e Wässle, 1999.)

do mesmo tipo, formando uma rede elétrica muito parecida com as células horizontais.

Por meio dessa rede inibitória, um terminal da célula bipolar pode receber inibição de células bipolares distantes, de maneira bastante análoga à inibição lateral de terminais fotorreceptores (ver **Figura 22-3A**). Células amácrinas também inibem as células ganglionares da retina diretamente. Essas conexões laterais inibitórias contribuem substancialmente para o componente antagônico do campo receptivo das células ganglionares da retina.

A filtragem temporal ocorre nas sinapses e em circuitos de retroalimentação

Para muitas células ganglionares, uma mudança na intensidade da luz produz uma resposta transiente, um pico inicial de disparos que declina em um ritmo constante menor (ver **Figura 22-10**). Parte dessa sensibilidade se origina nos circuitos de retroalimentação negativa envolvendo células horizontais e amácrinas. Por exemplo, uma súbita diminuição na intensidade da luz despolariza o terminal do cone, que excita a célula horizontal, que, por sua vez, repolariza o terminal do cone (ver **Figura 22-3A**). Uma vez que essa alça de retroalimentação envolve um pequeno atraso, a resposta de voltagem do cone chega ao pico abruptamente e, em seguida, estabiliza em um nível constante menor. Processamento semelhante ocorre nas sinapses recíprocas entre células bipolares e amácrinas na retina interna.

Em ambos os casos, o circuito de inibição tardia favorece aferências de mudanças rápidas sobre as de mudanças lentas. Os efeitos dessa filtragem, que podem ser observados na percepção visual, são mais pronunciados para grandes estímulos que ativam de maneira mais eficaz as redes de células horizontais e amácrinas. Por exemplo, um grande ponto pode ser visto facilmente quando oscila a uma frequência de 10 Hz, mas não a uma frequência baixa (ver **Figura 22-14**).

Além dessas propriedades do circuito, certos processos celulares contribuem para a definição da resposta temporal. Por exemplo, o receptor de glutamato tipo AMPA-cainato sofre uma forte dessensibilização. Um aumento súbito na concentração de glutamato no dendrito de uma célula bipolar ou ganglionar conduz a uma abertura imediata de receptores adicionais de glutamato. Uma vez que esses receptores dessensibilizam, a condutância pós-sináptica decresce novamente. O efeito é tornar uma resposta súbita mais transiente.

Circuitos da retina parecem envidar grandes esforços no sentido de acelerar suas respostas e enfatizar mudanças temporais. Uma razão provável para isso é que a primeira célula no circuito da retina, o fotorreceptor, é excepcionalmente lenta (ver **Figura 22-7C**). Após um estímulo luminoso, um cone leva cerca de 40 ms para chegar ao pico de resposta, um atraso intolerável para a função visual adequada. Por meio dos vários mecanismos de filtragem no circuito da retina, os neurônios subsequentes respondem mais vigorosamente durante a fase ascendente da resposta do cone. Na verdade, algumas células ganglionares têm um pico de resposta em apenas 20 ms após o estímulo luminoso. O processamento temporal na retina claramente ajuda a reduzir os tempos de reação visual, uma característica que prolonga a vida – tão importante no tráfego rodoviário atual quanto nas savanas de nossos ancestrais.

A visão de cores começa nos circuitos seletivos aos cones

Ao longo da história, filósofos e cientistas ficaram fascinados pela percepção de cores. Esse interesse foi originalmente impulsionado pela relevância da cor para a arte, depois por sua relação com as propriedades físicas da luz e, finalmente, por interesses comerciais na televisão e na fotografia. No século XIX, houve uma profusão de teorias para explicar a percepção das cores, das quais duas permanecem até hoje. Elas são baseadas na psicofísica, que colocou restrições fortes sobre os mecanismos neurais subjacentes.

Os primeiros experimentos demonstraram que qualquer luz natural pode ser combinada com cores misturando quantidades apropriadas de três luzes primárias. Isso levou à teoria tricromática da percepção de cores baseada na absorção de luz por três mecanismos, cada um com um espectro de sensibilidade diferente. Estes correspondem aos três tipos de cones (ver **Figura 22-6**), cujos espectros de absorção medidos explicam completamente os resultados de combinação de cores tanto em indivíduos normais quanto naqueles com anomalias genéticas nos genes de pigmentos.

A chamada teoria do processo oponente foi proposta para explicar nossa percepção de diferentes matizes. De acordo com essa teoria, a visão de cor envolve três processos que respondem de forma oposta à luz de diferentes cores: (a-a) seria estimulada pela luz amarela e inibida pela luz azul; (v-v) estimulada pelo vermelho e inibida pelo verde; e (b-p) estimulada pelo branco e inibida pelo preto. Reconhecemos alguns desses postulados do século XIX nos circuitos pós-receptores da retina.

Nos 10° centrais da retina humana, uma única célula bipolar anã que recebe aferência de um único cone excita cada célula ganglionar do tipo P. Uma célula ganglionar L-ON, por exemplo, tem um centro de campo receptivo constituído de um único cone L e uma periferia antagonista envolvendo uma mistura de cones L e M. Quando o campo receptivo desse neurônio é estimulado com um grande ponto de luz uniforme que se estende tanto no centro quanto na periferia, esse neurônio é despolarizado pela luz vermelha e hiperpolarizado pela luz verde. Antagonismo semelhante vale para os outros três tipos de célula P: L-OFF, M-ON, e M-OFF. Essas células P enviam os seus sinais para as camadas parvocelulares do núcleo geniculado lateral.

Um tipo dedicado de célula bipolar S-ON coleta os sinais dos cones S seletivamente e os transmite para células ganglionares do tipo pequena biestratificada. Uma vez que essa célula ganglionar também recebe excitação das células bipolares L-OFF e M-OFF, ela é despolarizada pela luz azul e hiperpolarizada pela luz amarela. Outro tipo de célula ganglionar mostra a assinatura oposta: S-OFF e (L + M)-ON. Esses sinais são transmitidos para as camadas coniocelulares do núcleo geniculado lateral.

As células M são excitadas por células bipolares difusas que, por sua vez, coletam aferências de muitos cones, independentemente do tipo de pigmento. Essas células ganglionares, portanto, têm grandes campos receptivos com amplo espectro de sensibilidade. Seus axônios projetam-se para as camadas magnocelulares do núcleo geniculado lateral.

Dessa forma, os sinais cromáticos são combinados e codificados pela retina para a transmissão ao tálamo e ao córtex. Nos circuitos do córtex visual primário, esses sinais são recombinados de forma diferente, levando a uma grande variedade de esquemas de campo receptivos. Apenas cerca de 10% dos neurônios corticais são excitados preferencialmente pelo contraste de cores em vez do contraste de luminância. Isso provavelmente reflete o fato de que a visão de cor – apesar de seu grande apelo estético – contribui apenas com uma pequena parte para a aptidão em geral. Como ilustração disso, os indivíduos com cegueira para cores, daltônicos, que, de certa forma, perderam metade de seu espaço de cor, podem crescer sem nunca perceber esse defeito.

A cegueira congênita às cores aparece de várias formas

Poucas pessoas são verdadeiramente daltônicas (cegueira à cor) a ponto de serem inteiramente incapazes de distinguir uma mudança de cor a partir de uma alteração na intensidade de luz; contudo muitas pessoas têm problemas de visão de cores e têm dificuldades em fazer distinções que, para a maioria dos indivíduos, são triviais, como distinguir entre o vermelho e o verde. Essas anormalidades de visão de cores, na maioria, são congênitas e foram detalhadamente caracterizadas; outras podem resultar de lesão ou doença do sistema visual.

Algumas pessoas têm apenas duas classes de cones em vez de três. Esses dicromatas acham difícil ou impossível distinguir algumas superfícies cujas cores parecem distintas para os tricromatas. O problema do dicromata é que cada função da refletância de superfície é representada por uma descrição de apenas dois valores, em vez de três, e essa descrição reduzida faz os dicromatas confundirem muito mais as superfícies do que os tricromatas. Testes simples para cegueira a cores demonstram esse fato (**Figura 22-16**).

Embora existam três formas de dicromacia, correspondentes à perda de cada um dos três tipos de cones, dois tipos são muito mais comuns. As formas mais comuns correspondem à perda dos cones L ou cones M e são chamadas de *protanopia* e *deuteranopia* respectivamente. Protanopia e deuteranopia quase sempre ocorrem em homens, cada uma com frequência de cerca de 1%. As condições são transmitidas por mulheres que não são afetadas, e assim implicam

FIGURA 22-16 Um teste para algumas formas de cegueira a cores. Os numerais embutidos neste padrão de cores podem ser distinguidos por pessoas com visão tricromática, mas não por dicromatas com fraca discriminação entre vermelho-verde. Se você não enxergar nenhum número, faça um teste de visão. (Reproduzida, com autorização, de Ishihara, 1993.)

genes no cromossomo X. Uma terceira forma de dicromacia, *tritanopia*, envolve perda ou disfunção do cone S. Ela afeta apenas cerca de 1 em cada 10 mil pessoas, afeta mulheres e homens com igual frequência e envolve um gene no cromossomo 7.

Uma vez que os cones L e M existem em grande número, pode-se pensar que a perda de um ou de outro tipo prejudicaria a visão de forma mais ampla do que apenas o enfraquecimento da visão de cores. Na verdade, isso não acontece, porque o número total de cones L e M na retina de um dicromata não é alterado. Todas as células destinadas a serem um cone L ou M são provavelmente convertidas em cones L em deuteranopos e em cones M em protanopos.

Além das formas relativamente graves de daltonismo representadas pela dicromacia, existem formas mais leves, mais uma vez afetando principalmente os homens. Esses chamados tricromatas anômalos têm cones cujas sensibilidades espectrais diferem das dos tricromatas normais. A tricromacia anômala resulta da substituição de um dos pigmentos normais do cone por uma proteína alterada com uma sensibilidade espectral diferente. Duas formas mais comuns, protanomalia e deuteranomalia, podem afetar, juntas, cerca de 7% dos homens e representam, respectivamente, a substituição dos cones L ou M por um pigmento com alguma sensibilidade espectral intermediária.

A genética dos defeitos de visão de cores é bem compreendida. Os genes para os pigmentos L e M residem no cromossomo X em um arranjo cabeça-cauda (**Figura 22-17A**). As proteínas do pigmento possuem estruturas muito semelhantes, diferindo em apenas 4% de seus aminoácidos. As pessoas com visão normal possuem uma única cópia do gene para o pigmento L e de 1 a 3 – chegando até 5 – cópias quase idênticas do gene para o pigmento M.

A proximidade e semelhança desses genes os predispõem a variadas formas de recombinação, levando à perda de um gene ou à formação de genes híbridos que respondem pelas formas comuns de defeito de distinção entre vermelho-verde (**Figura 22-17B**). O exame desses genes em dicromatas revela uma perda do gene para o pigmento L em protanopos e uma perda de um ou mais genes para o pigmento M em deuteranopos. Tricromatas anômalos têm genes híbridos L-M ou M-L que codificam os pigmentos visuais com sensibilidade espectral desviada; a extensão do desvio depende do ponto de recombinação. Em tritanopos, a perda da função do cone S surge de mutações no gene do pigmento S.

Os circuitos de bastonetes e de cones se mesclam na retina interna

Para a visão em condições de pouca luz, a retina de mamíferos tem uma célula bipolar ON, que é exclusivamente conectada aos bastonetes (ver **Figura 22-3B**). Ao coletar aferências de até 50 bastonetes, essa célula bipolar pode reunir os efeitos das absorções dispersas de fóton único em um pequeno pedaço de retina. Não existe uma célula bipolar OFF correspondente dedicada aos bastonetes.

Ao contrário de todas as outras células bipolares, a célula bipolar de bastonetes não entra em contato diretamente com as células ganglionares, mas excita um neurônio dedicado, a célula amácrina AII. Essa célula amácrina recebe aferências de várias células bipolares de bastonetes e transmite a sua informação eferente a células bipolares de cones. Ele fornece sinais excitatórios para células bipolares ON através de junções comunicantes, bem como sinais inibitórios glicinérgicos para células bipolares OFF. Essas células bipolares de cones, por sua vez, excitam as células ganglionares ON e OFF, conforme descrito anteriormente. Assim, o sinal do bastonete é introduzido no sistema de cones após um desvio que produz as polaridades de sinal apropriadas para as vias ON e OFF. O objetivo dos interneurônios adicionados pode ser o de permitir um maior agrupamento de sinais de bastonetes do que de cones.

Sinais dos bastonetes também entram no sistema de cone através de duas outras vias. Os bastonetes podem estimular cones vizinhos diretamente através de junções comunicantes elétricas e estabelecem conexões com uma célula bipolar OFF que atende principalmente aos cones. Uma vez que o sinal do bastonete atinge as células bipolares de cones através dessas vias, ele pode aproveitar-se do mesmo circuito intrincado da retina interna. Assim, o sistema de bastonetes da retina dos mamíferos pode ter sido uma reflexão evolutiva adicionada aos circuitos dos cones.

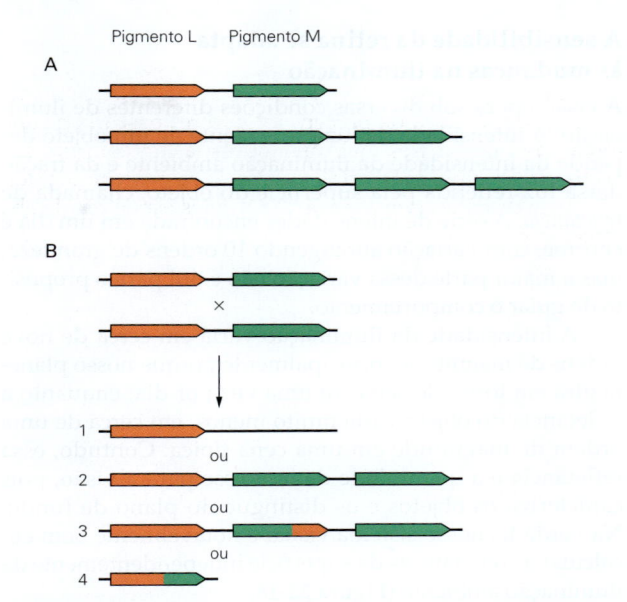

FIGURA 22-17 Genes de pigmentos L e M no cromossomo X.
A. Os genes dos pigmentos L e M normalmente ficam próximos um do outro no cromossomo. A base de cada seta corresponde à extremidade 5' do gene, e a ponta corresponde à extremidade 3'. Homens com visão de cor normal podem ter uma, duas ou três cópias do gene para o pigmento M no cromossomo X. (Adaptada, com autorização, de Nathans, Thomas e Hogness, 1986. Copyright © 1986 AAAS.)
B. As recombinações dos genes dos pigmentos L e M podem levar à geração de um gene híbrido (3 e 4) ou à perda de um gene (1), os padrões observados em homens daltônicos. Recombinação espúria pode também causar a duplicação de genes (2), um padrão observado em algumas pessoas com visão de cor normal. (Adaptada de Streyer 1988. Usada com autorização de J. Nathans.)

A sensibilidade da retina se adapta às mudanças na iluminação

A visão opera sob diversas condições diferentes de iluminação. A intensidade da luz proveniente de um objeto depende da intensidade da iluminação ambiente e da fração dessa luz refletida pela superfície do objeto, chamada de *refletância*. A série de intensidades encontrada em um dia é enorme, com variação abrangendo 10 ordens de grandeza, mas a maior parte dessa variação não é útil para o propósito de guiar o comportamento.

A intensidade da iluminação varia em cerca de nove ordens de magnitude, principalmente porque nosso planeta gira em torno de seu eixo uma vez por dia, enquanto a refletância do objeto varia muito menos, em cerca de uma ordem de magnitude em uma cena típica. Contudo, essa refletância é a quantidade de interesse para a visão, pois caracteriza os objetos e os distingue do plano de fundo. Na verdade, nosso sistema visual é notavelmente bom em calcular as refletâncias da superfície independentemente da iluminação ambiente (**Figura 22-18**).

Com um aumento geral na iluminação ambiente, todos os pontos na cena visual ficam mais claros pelo mesmo fator. Se o olho pode simplesmente reduzir a sua sensibilidade por esse mesmo fator, a representação neural da imagem permaneceria inalterada no nível das células ganglionares e poderia ser processada pelo resto do encéfalo da mesma forma que antes da mudança de iluminação. Além disso, as células ganglionares da retina precisariam codificar apenas uma faixa de 10 vezes de intensidades da imagem devido às diferentes refletâncias do objeto, em vez de uma faixa de 10 bilhões de vezes que inclui variações na iluminação ambiente. Parte desse ajuste na sensibilidade é realizado pela pupila, que se contrai sob luz forte, reduzindo a iluminação da retina em até 10 vezes. Além disso, a própria retina realiza um controle automático de ganho, chamado *adaptação à luz*, que se aproxima da normalização ideal que imaginamos aqui.

A adaptação à luz é aparente no processamento da retina e na percepção visual

Quando estímulos de luz de intensidade diferente são apresentados com uma iluminação de fundo constante, as respostas de uma célula ganglionar da retina se ajustam a uma curva sigmoidal (**Figura 22-19A**). Os estímulos luminosos mais fracos não evocam resposta, um aumento gradual na intensidade do estímulo luminoso provoca respostas graduadas, e os estímulos mais brilhantes provocam saturação. Quando a iluminação de fundo é aumentada, a curva de resposta mantém a mesma forma, mas é deslocada para intensidades de estímulos luminosos mais elevadas. Para compensar o aumento na iluminação de fundo, a célula ganglionar fica agora menos sensível às variações de luz: na presença de um fundo com iluminação elevada, uma mudança maior é necessária para causar a mesma resposta. Esse deslocamento lateral da relação estímulo-resposta é uma característica da adaptação à luz na retina.

As consequências dessa mudança de ganho para a percepção visual humana são facilmente visíveis em experimentos psicofísicos. Quando seres humanos são solicitados

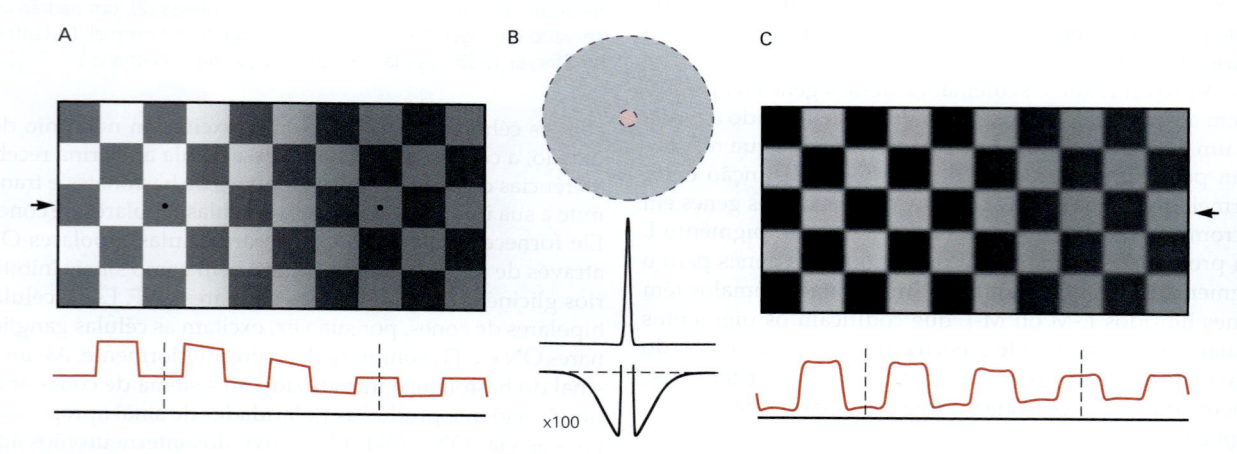

FIGURA 22-18 Uma ilusão de brilho.

A. Os dois blocos marcados com pequenos pontos parecem ter cores diferentes, mas na verdade refletem a mesma intensidade de luz. (Para ver isso, dobre a página para que eles se toquem.) O traçado embaixo do desenho mostra um perfil de intensidade de luz ao nível das **pontas de setas**. Seu sistema visual interpreta essa imagem da retina como um padrão de ladrilho regular sob iluminação espacialmente variável com uma sombra difusa na metade direita. Sob essa interpretação, o ladrilho direito deve ter uma cor mais clara que o esquerdo, que é o que você percebe. Esse processo é automático e não requer análise consciente.

B. O processamento na retina contribui para a percepção de "luminosidade" descontando da iluminação com gradientes suaves da sombra e acentuando as bordas nítidas entre os campos de xadrez. O campo receptivo para um neurônio visual com um centro excitatório e periferia inibitória é mostrado na parte superior. Como mostrado em um aumento de cem vezes na parte inferior, a periferia é fraca, mas estende-se por uma área muito maior do que o centro.

C. O resultado quando uma população de neurônios visuais com campos receptivos como em B processa a imagem em A. Essa operação – a convolução da imagem em A com o perfil em B – subtrai de cada ponto no campo visual a intensidade média em uma grande região periférica. A representação neural do objeto perdeu em grande parte os efeitos de sombreamento, e os dois ladrilhos em questão têm, de fato, valores de claridade diferentes nessa representação.

a detectar um estímulo luminoso em um campo de fundo de iluminação constante, a detecção em um fundo mais claro exige um estímulo luminoso mais claro (**Figura 22-19B**). Sob o mecanismo de controle de ganho ideal discutido anteriormente, dois estímulos produziriam a mesma resposta se causassem a mesma mudança fracionária da intensidade de fundo. Nesse caso, a intensidade limiar do estímulo luminoso deve ser proporcional à intensidade de fundo, uma relação conhecida como *lei de adaptação de Weber*, que encontramos ao considerar a sensibilidade do receptor somático (Capítulo 17). O sistema visual segue aproximadamente a lei de Weber: em toda a faixa de visão, a sensibilidade diminui um pouco menos acentuadamente com o aumento da intensidade de fundo (**Figura 22-19B**).

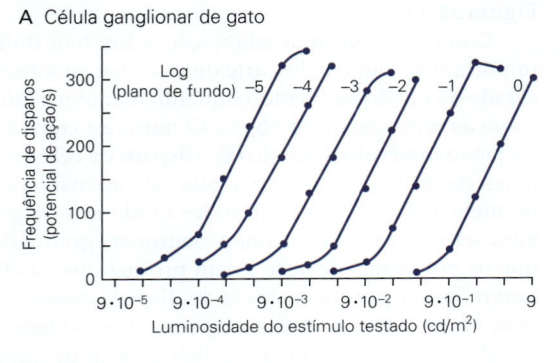

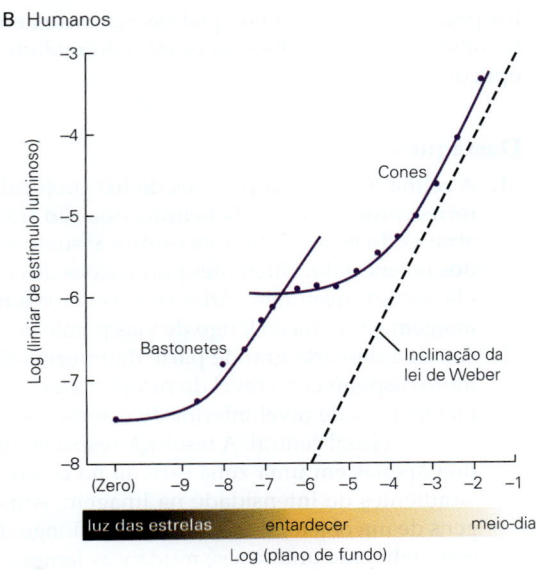

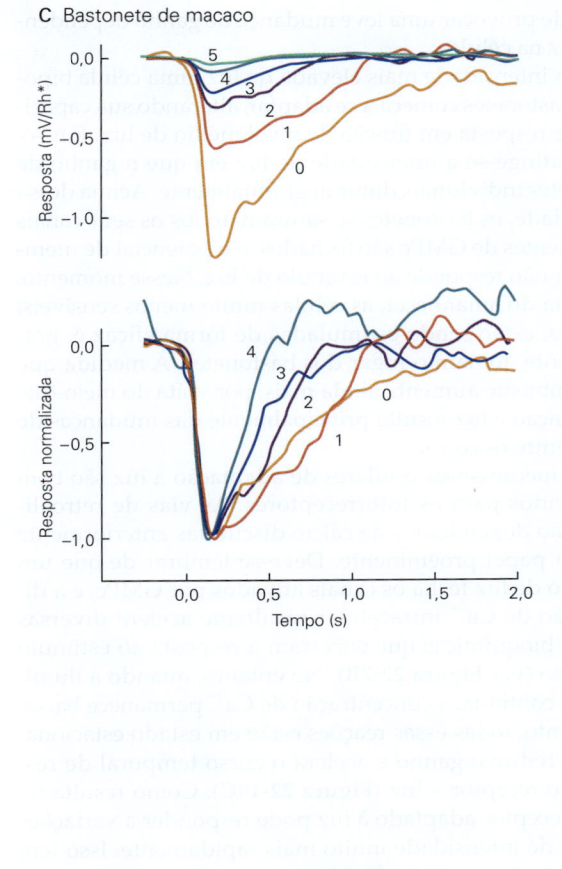

FIGURA 22-19 Adaptação à luz.

A. O campo receptivo de uma célula ganglionar da retina de gato foi iluminado uniformemente com uma intensidade de fundo constante, e um ponto de teste foi estimulado com luz brevemente no centro do campo receptivo. O pico da frequência de disparos após o estímulo luminoso foi medido e representado graficamente em função do logaritmo da intensidade do estímulo luminoso. Cada curva corresponde a uma intensidade de fundo diferente, aumentando por fatores de 10 a partir da esquerda para a direita. (Reproduzida, com autorização, de Sakmann e Creutzfeldt, 1969. Copyright © 1969 Springer.)

B. Um pequeno ponto de teste foi estimulado com luz brevemente em um fundo constantemente iluminado, e a intensidade do estímulo luminoso aumentou gradualmente até onde um sujeito humano poderia detectá-lo. O procedimento foi repetido em diferentes intensidades de fundo. Aqui, a intensidade do limiar do estímulo luminoso é plotada em relação à intensidade de fundo. A curva tem dois ramos ligados por uma torção distinta: estes correspondem aos regimes de visão de bastonetes e cones. A inclinação da lei de Weber representa a idealização em que o limiar de intensidade é proporcional à intensidade de fundo. (Adaptada de Wyszecki e Stiles, 1982.)

C. O gráfico superior mostra as respostas do bastonete de um macaco a estímulos luminosos apresentados em diferentes intensidades de fundo. A resposta da célula a um fóton único foi calculada a partir do potencial de membrana registrado dividido pelo número de rodopsinas (**R**) ativadas pelo estímulo luminoso. O ganho da resposta de fóton único diminui substancialmente com o aumento da intensidade de fundo. A intensidade de fundo, em fóton/μm^2/s, é 0 para o traçado 0, 3,1 para o traçado 1, 12 para o traçado 2, 41 para o traçado 3, 84 para o traçado 4, e 162 para o traçado 5. No gráfico de baixo, os mesmos dados (exceto para a menor resposta) são normalizados para a mesma amplitude, mostrando que o curso temporal da resposta a um único fóton acelera em alta intensidade. (Reproduzida, com autorização, de Schneeweis e Schnapf, 2000.)

Controles de ganho múltiplos ocorrem dentro da retina

A enorme mudança no ganho necessário para a adaptação à luz surge em vários locais dentro da retina. Sob a luz das estrelas, um único bastonete é estimulado por um fóton apenas a cada poucos segundos, uma taxa insuficiente para alterar o estado de adaptação da célula. No entanto, a célula ganglionar da retina combina sinais de muitos bastonetes, recebendo, assim, um fluxo contínuo de sinais de fótons que pode provocar uma leve mudança de ganho dependente da luz na célula.

Sob intensidade mais elevada de luz, uma célula bipolar de bastonetes começa a se adaptar, alterando sua capacidade de resposta em função de nível médio de luz. Em seguida, atinge-se a intensidade de luz em que o ganho de bastonetes individuais diminui gradualmente. Acima dessa intensidade, os bastonetes se saturam: todos os seus canais dependentes de GMPc são fechados, e o potencial de membrana já não responde ao estímulo de luz. Nesse momento, por volta do amanhecer, as células muito menos sensíveis, os cones, estão sendo estimuladas de forma eficaz e, gradualmente, tomam o lugar dos bastonetes. À medida que a luz ambiente aumenta ainda mais, por volta do meio-dia, a adaptação à luz resulta principalmente das mudanças de ganho entre os cones.

Os mecanismos celulares de adaptação à luz são bem esclarecidos para os fotorreceptores. As vias de retroalimentação dependentes de cálcio discutidas anteriormente têm um papel proeminente. Deve-se lembrar de que um estímulo de luz fecha os canais ativados por GMPc, e a diminuição de Ca^{2+} intracelular resultante acelera diversas reações bioquímicas que encerram a resposta ao estímulo luminoso (ver **Figura 22-7B**). No entanto, quando a iluminação é contínua, a concentração de Ca^{2+} permanece baixa, e, portanto, todas essas reações estão em estado estacionário que reduz o ganho e acelera o curso temporal de resposta do receptor a luz (**Figura 22-19C**). Como resultado, o fotorreceptor adaptado à luz pode responder a variações bruscas de intensidade muito mais rapidamente. Isso tem consequências importantes para a percepção visual humana; a sensibilidade ao contraste a estímulos luminosos de alta frequência aumenta com a intensidade, um efeito observado em células ganglionares da retina em primatas (ver **Figura 22-14**).

A adaptação à luz altera o processamento espacial

Além da sensibilidade e da velocidade de resposta da retina, a adaptação à luz também altera as regras do processamento espacial. Em ambientes claros, muitas células ganglionares têm uma estrutura centro-periférica nítida em seus campos receptivos (ver **Figura 22-10**). À medida que a luz diminui, a periferia antagônica torna-se ampla e fraca e finalmente desaparece. Sob essas condições, os circuitos da retina funcionam simplesmente para acumular os fótons raros, em vez de computar gradientes de intensidade local. Essas alterações nas propriedades do campo receptivo ocorrem devido a alterações na inibição lateral produzidas pelas redes de células horizontais e amácrinas (ver **Figura 22-3**). Um importante regulador desses processos é a dopamina, liberada de uma forma dependente da luz por células amácrinas especializadas.

Esses efeitos da retina deixam a sua assinatura na percepção humana. Em ambientes claros, o sistema visual prefere grades finas a grades grossas. Contudo, com pouca luz, os indivíduos são mais sensíveis a grades grossas: com a perda do antagonismo centro-periferia, as baixas frequências espaciais não são mais atenuadas (ver **Quadro 22-1** e **Figura 22-13**).

Como conclusão, a adaptação à luz tem dois papéis importantes. Um é o descarte de informação sobre a intensidade da luz do ambiente, enquanto mantém a informação sobre as refletâncias do objeto. O outro é a combinação do pequeno intervalo dinâmico de disparo de células ganglionares da retina com a ampla gama de intensidades de luz no meio ambiente. Essas grandes mudanças de ganho devem ser realizadas com sinais neuronais graduados antes que os potenciais de ação sejam produzidos nas fibras do nervo óptico, porque as taxas de disparo dessas fibras podem variar efetivamente em apenas duas ordens de magnitude. Na verdade, a necessidade crucial de adaptação à luz pode ser o motivo pelo qual esse circuito neural reside no olho e não no cérebro, na outra extremidade do nervo óptico.

Destaques

1. A retina transforma padrões de luz projetados em fotorreceptores em sinais neurais que são transmitidos através do nervo óptico até centros visuais especializados no encéfalo. Diferentes populações de células ganglionares transmitem várias representações neurais da imagem na retina ao longo de vias paralelas.

2. A retina descarta grande parte da informação do estímulo disponível no nível do receptor e extrai certas características de nível inferior do campo visual úteis ao sistema visual central. A resolução espacial fina é mantida apenas em uma zona estreita no centro do olhar. Gradientes de intensidade na imagem, como as margens de um objeto, são enfatizados ao longo de porções espacialmente uniformes; mudanças temporais são reforçadas sobre partes imutáveis da cena.

3. A retina se adapta de forma flexível às mudanças nas condições de visão, sobretudo às grandes alterações diurnas de iluminação. Informações sobre o nível absoluto de luz são amplamente descartadas, favorecendo a posterior análise de refletância de objetos dentro da cena.

4. A transdução de estímulos luminosos começa no segmento externo da célula fotorreceptora, quando uma molécula de pigmento absorve um fóton. Isso inicia uma cascata de amplificação mediada por proteína G que, em última análise, reduz a condutância da membrana, hiperpolariza os fotorreceptores e diminui a liberação de glutamato na sinapse. Múltiplos mecanismos de retroalimentação, em que o Ca^{2+} intracelular tem um papel importante, servem para inativar as enzimas da cascata e terminar a resposta à luz.

5. Os fotorreceptores bastonetes são eficientes coletores de luz e servem à visão noturna. Cones são muito menos sensíveis e funcionam durante o dia. Eles fazem sinapse em células bipolares que, por sua vez, excitam as células ganglionares. Os bastonetes conectam-se a células bipolares especializadas para bastonetes, cujos sinais são transmitidos através das células amácrinas às células bipolares de cones.
6. As vias excitatórias verticais são moduladas por conexões horizontais que são principalmente inibitórias. Por meio dessas redes laterais, a luz no campo receptivo periférico de uma célula ganglionar neutraliza o efeito de luz no centro. Os mesmos circuitos de retroalimentação negativa também acentuam a resposta transiente das células ganglionares.
7. A segregação de informações em vias paralelas e a modelagem das propriedades de resposta por conexões laterais inibitórias são princípios organizacionais difundidos no sistema visual.

Markus Meister
Marc Tessier-Lavigne

Leituras selecionadas

Dowling JE. 2012. *The Retina: An Approachable Part of the Brain.* Cambridge, MA: Harvard Univ. Press.
Fain GL, Matthews HR, Cornwall MC, Koutalos Y. 2001. Adaptation in vertebrate photoreceptors. Physiol Rev 81:117–151.
Field GD, Chichilnisky EJ. 2007. Information processing in the primate retina: circuitry and coding. Ann Rev Neurosci 30:1–30.
Gollisch T, Meister M. 2010. Eye smarter than scientists believed: neural computations in circuits of the retina. Neuron 65:150–164.
Lamb TD. 2016. Why rods and cones? Eye (Lond) 30:179–185.
Masland RH. 2012. The tasks of amacrine cells. Vis Neurosci 29:3–9.
Meister M, Berry MJ. 1999. The neural code of the retina. Neuron 22:435–450.
Oyster CW. 1999. *The Human Eye: Structure and Function.* Sunderland, MA: Sinauer.
Roof DJ, Makino CL. 2000. The structure and function of retinal photoreceptors. In: DM Albert, FA Jakobiec (eds). *Principles and Practice of Ophthalmology*, pp. 1624–1673. Philadelphia: Saunders.
Shapley R, Enroth-Cugell C. 1984. Visual adaptation and retinal gain controls. Prog Retin Eye Res 3:223–346.
Wandell BA. 1995. *Foundations of Vision.* Sunderland, MA: Sinauer.
Wässle H. 2004. Parallel processing in the mammalian retina. Nat Rev Neurosci 5:747–757.
Williams DR. 2011. Imaging single cells in the living retina. Vision Res 51:1379–1396.

Referências

Alberts B, Johnson A, Lewis J, Raff M, Roberts K, Walter P. 2008. *Molecular Biology of the Cell,* 5th ed. New York: Garland Science.
Boycott BB, Dowling JE. 1969. Organization of the primate retina: light microscopy. Philos Trans R Soc Lond B Biol Sci 255:109–184.
Boycott B, Wässle H. 1999. Parallel processing in the mammalian retina: the Proctor Lecture. Invest Ophthalmol Vis Sci 40:1313–1327.
Curcio CA, Hendrickson A. 1991. Organization and development of the primate photoreceptor mosaic. Prog Retinal Res 10:89–120.
Derrington AM, Lennie P. 1984. Spatial and temporal contrast sensitivities of neurones in lateral geniculate nucleus of macaque. J Physiol 357:219–240.
De Valois RL, Morgan H, Snodderly DM. 1974. Psychophysical studies of monkey vision. 3. Spatial luminance contrast sensitivity tests of macaque and human observers. Vision Res 14:75–81.
Enroth-Cugell C, Robson JG. 1984. Functional characteristics and diversity of cat retinal ganglion cells. Basic characteristics and quantitative description. Invest Ophthalmol Vis Sci 25:250–227.
Hurvich LM. 1981. *Color Vision.* Sunderland, MA: Sinauer.
Ishihara S. 1993. *Ishihara's Tests for Colour-Blindness.* Tokyo: Kanehara.
Lee BB, Pokorny J, Smith VC, Martin PR, Valberg A. 1990. Luminance and chromatic modulation sensitivity of macaque ganglion cells and human observers. J Opt Soc Am A 7:2223–2236.
Nathans J, Hogness DS. 1984. Isolation and nucleotide sequence of the gene encoding human rhodopsin. Proc Natl Acad Sci U S A 81:4851–4855.
Nathans J, Thomas D, Hogness DS. 1986. Molecular genetics of human color vision: the genes encoding blue, green, and red pigments. Science 232:193–202.
O'Brien DF. 1982. The chemistry of vision. Science 218:961–966.
Polyak SL. 1941. *The Retina.* Chicago: Univ. Chicago Press.
Rodieck RW. 1965. Quantitative analysis of cat retinal ganglion cell response to visual stimuli. Vision Res 5:583–601.
Sakmann B, Creutzfeldt OD. 1969. Scotopic and mesopic light adaptation in the cat's retina. Pflügers Arch 313:168–185.
Schnapf JL, Kraft TW, Nunn BJ, Baylor DA. 1988. Spectral sensitivity of primate photoreceptors. Vis Neurosci 1:255–221.
Schneeweis DM, Schnapf JL. 1995. Photovoltage of rods and cones in the macaque retina. Science 228:1053–1056.
Schneeweis DM, Schnapf JL. 2000. Noise and light adaptation in rods of the macaque monkey. Vis Neurosci 17:659–666.
Solomon GS, Lennie P. 2007. The machinery of color vision. Nat Rev Neurosci 8:276–286.
Stryer L. 1988. *Biochemistry,* 3rd ed. New York: Freeman.
Wade NJ. 1998. *A Natural History of Vision.* Cambridge: MIT Press.
Wald G, Brown PK. 1956. Synthesis and bleaching of rhodopsin. Nature 177:174–176.
Wyszecki G, Stiles WS. 1982. *Color Science: Concepts and Methods, Quantitative Data and Formulas,* Chapter 7 "Visual Thresholds." 2nd ed. New York: Wiley.
Young RW. 1970. Visual cells. Sci Am 223:80–91.

23
Processamento visual de nível intermediário e primitivos visuais

Os modelos internos de geometria de objetos ajudam o encéfalo a analisar formas

A percepção de profundidade auxilia a segregar os objetos do plano de fundo

Os sinais de movimento local definem a trajetória e a forma do objeto

O contexto determina a percepção dos estímulos visuais

> A percepção de brilho e cor depende do contexto
>
> As propriedades do campo receptivo dependem do contexto

As conexões corticais, a arquitetura funcional e a percepção estão intimamente relacionadas

> O aprendizado perceptivo requer plasticidade nas conexões corticais
>
> A busca visual baseia-se na representação cortical de atributos e formas visuais
>
> Os processos cognitivos influenciam a percepção visual

Destaques

Vimos, nos Capítulos 21 e 22, que o olho não é uma mera câmera, mas contém circuitos da retina sofisticados que decompõem a imagem da retina em sinais que representam contraste e movimento. Esses dados são transmitidos pelo nervo óptico até o córtex visual primário, que usa essas informações para analisar a forma dos objetos. Primeiro, ele identifica os limites dos objetos, representados por inúmeros segmentos curtos, cada um com uma orientação específica. O córtex, então, integra essa informação em uma representação de objetos específicos, um processo conhecido como *integração de contorno*.

Esses dois passos, análise local de integração e orientação de contorno, exemplificam dois estágios distintos do processamento visual. A computação da orientação local é um exemplo de processamento visual de nível inferior, o que está relacionado com a identificação de elementos locais da estrutura com a luz do campo visual. A integração de contorno é um exemplo de processamento visual de nível intermediário, o primeiro passo na geração de uma representação de um campo visual unificado. Nos estágios iniciais de análise no córtex cerebral, esses dois níveis de processamento são realizados em conjunto.

Uma cena visual compreende muitos milhares de segmentos de linha e superfícies. O processamento visual de nível intermediário está relacionado com a determinação de quais limites e superfícies pertencem a objetos específicos e quais fazem parte do plano de fundo (ver **Figura 21-4**). Esse processamento também está envolvido na distinção entre a luminosidade e a cor de uma superfície a partir da intensidade e do comprimento de onda da luz refletida por essa superfície. As características físicas da luz refletida resultam tanto da intensidade e do equilíbrio de cor da luz que ilumina a superfície como da cor da superfície. Para se determinar a cor real da superfície de um único objeto, é necessária a comparação dos comprimentos de onda da luz refletida de várias superfícies em uma cena.

O processamento visual de nível intermediário, portanto, envolve a reunião de elementos locais de uma imagem em uma percepção unificada de objetos e de plano de fundo. Embora determinar quais elementos pertencem a um único objeto seja um problema altamente complexo com um número astronômico de potenciais soluções, cada relé no circuito visual do encéfalo tem uma lógica embutida que permite fazer suposições sobre as prováveis relações espaciais entre os elementos. Em certos casos, essas regras inerentes podem levar a uma ilusão de contornos e superfícies que realmente não existem no campo visual (**Figura 23-1**).

Três características do processamento visual ajudam a superar a ambiguidade nos sinais da retina. Primeiro, a forma como uma característica visual é percebida depende de tudo que a cerca. A percepção de um ponto, linha ou superfície, por exemplo, depende da relação entre essa característica e o que mais está presente na cena. Ou seja, a resposta de um neurônio no córtex visual depende do contexto; ela depende tanto da presença de contornos e superfícies fora do campo receptivo da célula como dos atributos dentro dele. Segundo, as propriedades funcionais dos neurônios

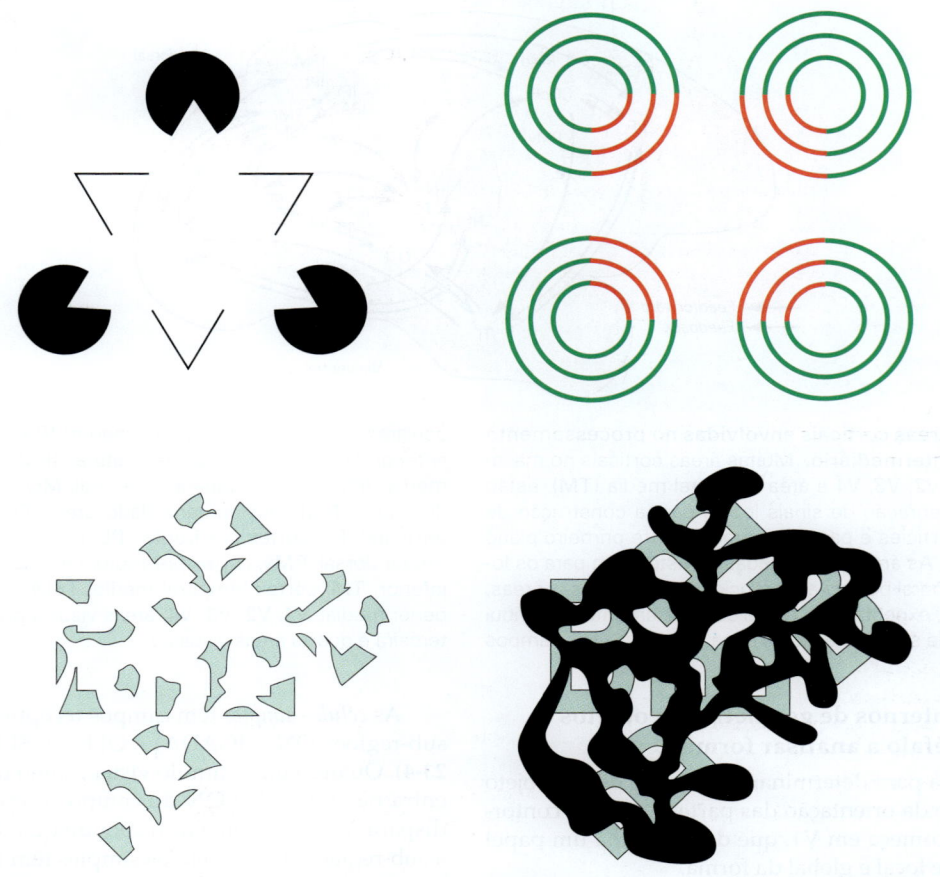

FIGURA 23-1 Contornos ilusórios e preenchimento perceptivo. O sistema visual usa informações sobre orientação local e contraste para construir os contornos e superfícies dos objetos. Esse processo construtivo pode conduzir à percepção de contornos e superfícies que não aparecem no campo visual, incluindo aqueles observados em figuras ilusórias. **Superior esquerda:** Na ilusão do triângulo Kanizsa, percebe-se contornos contínuos estendendo-se entre os ápices de um triângulo branco, embora os únicos elementos com contornos reais sejam aqueles formados pelas figuras do tipo Pac-Man e os ângulos agudos. **Superior direita:** O interior e o exterior do quadrado rosa ilusório são da mesma cor branca da página, mas percebe-se uma superfície rosa transparente contínua dentro do quadrado. **Parte inferior:** Superfícies de oclusão também podem facilitar a integração do contorno e a segmentação da superfície. As formas irregulares à esquerda parecem não estar relacionadas, mas quando são parcialmente ocluídas por formas pretas (direita), são facilmente vistas como fragmentos da letra B.

no córtex visual podem ser alteradas pela experiência visual ou pelo aprendizado perceptual. Finalmente, o processamento visual no córtex está sujeito à influência das funções cognitivas, especialmente atenção, expectativa e "tarefa perceptiva" (o engajamento ativo na discriminação ou detecção visual). A interação entre esses três fatores – o contexto ou conjunto inteiro de sinais que representam uma cena, as mudanças nos circuitos corticais dependentes da experiência e a expectativa – é vital para a análise do sistema visual de cenas complexas.

Neste capítulo, examinamos como a análise das características locais em uma cena visual – ou *primitivos visuais* – feita pelo encéfalo prossegue em paralelo com a análise de características mais globais. Os primitivos visuais incluem contraste, orientação de linhas, brilho, cor, movimento e profundidade. Cada tipo de primitivo visual está sujeito à ação integrada do processamento de nível intermediário. As linhas com orientações particulares são integradas em contornos de objetos; as informações de contraste local, em luminosidade de superfície e segmentação de superfície; a seletividade de comprimento de onda, em constância de cor; e a seletividade direcional, em movimento de objeto.

A análise dos primitivos visuais começa na retina, com a detecção de brilho e cor e continua no córtex visual primário com a análise de orientação, da direção do movimento e da profundidade estereoscópica. Propriedades relacionadas com processamento visual de nível intermediário são analisadas em conjunto com primitivos visuais no córtex visual, iniciando no córtex visual primário (V1), que desempenha um papel na integração de contorno e segmentação de superfícies. Outras áreas do córtex visual são especializadas em diferentes aspectos dessa tarefa: V2 analisa propriedades relacionadas com superfícies de objetos, V4 integra informações sobre cor com forma do objeto, e V5 – a área temporal média ou TM – integra sinais de movimento no espaço (**Figura 23-2**).

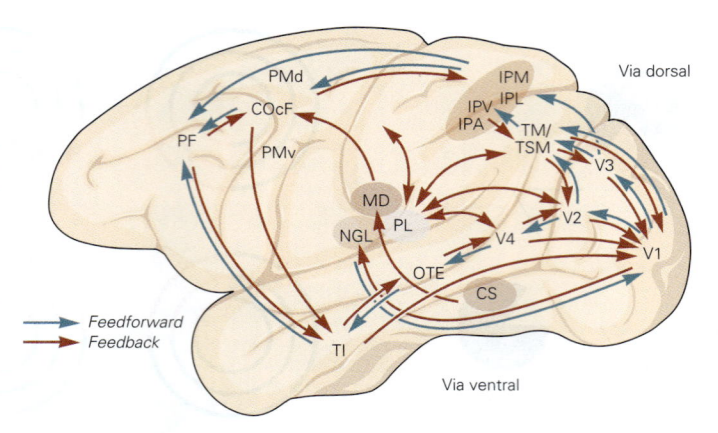

FIGURA 23-2 Áreas corticais envolvidas no processamento visual de nível intermediário. Muitas áreas corticais no macaco, incluindo V1, V2, V3, V4 e área temporal média (TM), estão envolvidas na integração de sinais locais para a construção de contornos e superfícies e para a separação entre primeiro plano e plano de fundo. As áreas sombreadas se estendem para os lobos frontal e temporal porque a eferência cognitiva dessas áreas, incluindo atenção, expectativa e tarefa comportamental, contribui para o processo de segmentação da cena. (Siglas: **COcF**, campos oculares frontais; **CS**, colículo superior; **IPA**, córtex intraparietal anterior; **IPL**, córtex intraparietal lateral; **IPM**, córtex intraparietal medial; **IPV**, córtex intraparietal ventral; **MD**, núcleo mediodorsal do tálamo; **NGL**, núcleo geniculado lateral; **OTE**, córtex occipito-temporal; **PF**, córtex pré-frontal; **PL**, pulvinar; **PMd**, córtex pré-motor dorsal; **PMv**, córtex pré-motor ventral; **TI**, córtex temporal inferior; **TM**, córtex temporal médio; **TSM**, córtex temporal superior medial; **V1, V2, V3, V4**, áreas visuais primária, secundária; terceira e quarta áreas visuais.)

Os modelos internos de geometria de objetos ajudam o encéfalo a analisar formas

A primeira etapa para determinar o contorno de um objeto é a identificação da orientação das partes locais do contorno. Essa etapa começa em V1, que desempenha um papel crítico na análise local e global da forma.

Neurônios no córtex visual respondem seletivamente a características locais específicas do campo visual, incluindo orientação, disparidade binocular ou profundidade, e direção do movimento, bem como às propriedades já analisadas na retina e no núcleo geniculado lateral, como contraste e cor. A seletividade de orientação, a primeira propriedade emergente identificada nos campos receptivos de neurônios corticais, foi descoberta por David Hubel e Torsten Wiesel, em 1959.

Neurônios tanto na retina (Capítulo 22) quanto no núcleo geniculado lateral (Capítulo 21) têm campos receptivos circulares com uma organização centro-periférica. Eles respondem aos contrastes claro-escuro de bordas ou linhas no campo visual, mas não são seletivos para as orientações dessas bordas (ver **Figura 21-9**). No córtex visual, no entanto, os neurônios respondem seletivamente a linhas com orientações específicas. Cada neurônio responde a uma estreita gama de orientações, cerca de 40°, e neurônios diferentes respondem de forma ótima a orientações distintas. Hubel e Wiesel propuseram que essa seletividade de orientação reflete o arranjo das aferências do núcleo geniculado lateral, e atualmente há muitas evidências que sustentam essa ideia. Cada neurônio de V1 recebe aferências de vários neurônios vizinhos no núcleo geniculado lateral, cujos campos receptivos centro-periféricos são alinhados de modo a representar determinado eixo de orientação (**Figura 23-3**). Dois tipos principais de neurônios seletivos à orientação, simples e complexos, foram identificados.

As *células simples* têm campos receptivos divididos nas sub-regiões ON (LIGADA) e OFF (DESLIGADA) (**Figura 23-4**). Quando um estímulo visual, como uma barra de luz, entra na sub-região ON do campo receptivo, o neurônio dispara; a célula também responde quando a barra deixa a sub-região OFF. As células simples têm uma resposta característica a uma barra em movimento; elas disparam brevemente quando uma barra de luz deixa uma região OFF e entra em uma região ON. As respostas dessas células são, portanto, altamente seletivas à posição de uma linha ou margem no espaço.

As *células complexas* são menos seletivas para a posição dos limites do objeto. Eles não possuem sub-regiões distintas de ON e OFF (**Figura 23-4**) e respondem de maneira semelhante à luz e à escuridão em todos os locais em seus campos receptivos. Elas disparam continuamente à medida que um estímulo de linha ou margem atravessa seus campos receptivos. Hubel e Wiesel propuseram que as células complexas são uma segunda etapa da elaboração dos campos receptivos após os campos receptivos simples, e são construídas pela sobreposição de campos receptivos simples.

Ao se considerar a gama de propriedades do campo receptivo que foram descritas nas áreas corticais visuais primitivas, é importante apontar as diferenças filogenéticas, com diferentes espécies diferindo no local em que essas propriedades são primeiramente expressas e nos tipos de propriedades que estão representados. No gato, a camada do córtex visual alvo para os neurônios geniculados laterais tem células orientadas simples; presumiu-se que essas células corticais representavam um primeiro estágio obrigatório no processamento cortical da informação visual, entre os campos receptivos centro-periféricos circularmente simétricos no núcleo geniculado lateral e os campos receptivos

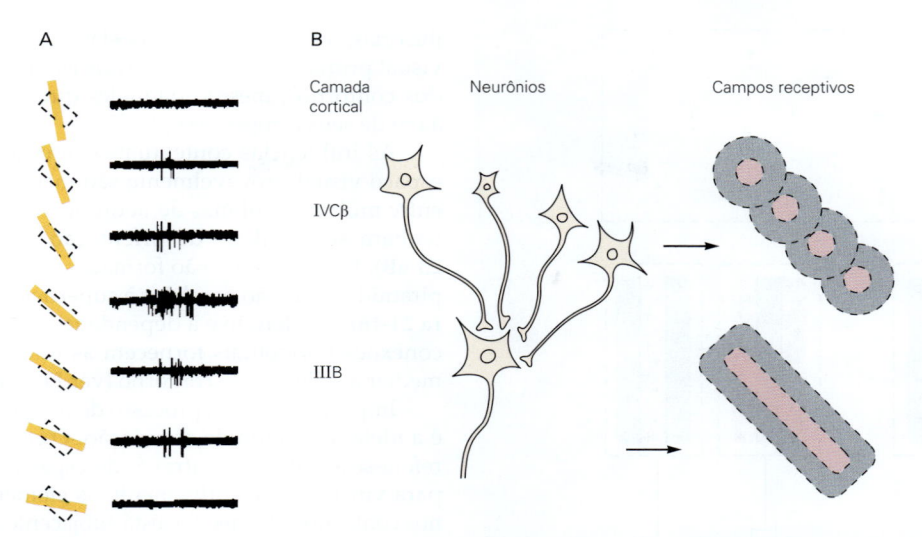

FIGURA 23-3 Seletividade de orientação e mecanismos.
A. Um neurônio do córtex visual primário responde seletivamente aos segmentos de linha cuja orientação se ajuste em seu campo receptivo. Essa seletividade é o primeiro passo na análise da forma de um objeto pelo encéfalo. (Reproduzida, com autorização, de Hubel e Wiesel, 1968. Copyright © 1968 The Physiological Society.)

B. A orientação do campo receptivo parece resultar do alinhamento dos campos receptivos circulares centro-periféricos de várias células pré-sinápticas do núcleo geniculado lateral. No macaco, neurônios individuais na camada IVCβ de V1 têm campos receptivos não orientados. No entanto, quando várias células IVCβ vizinhas se projetam para um neurônio na camada IIIB, elas criam um campo receptivo com uma orientação específica para aquela célula pós-sináptica.

de células complexas nas camadas corticais superficiais. Em primatas, no entanto, as camadas-alvo para neurônios do núcleo geniculado lateral, 4Cα e β, têm campos receptivos circularmente simétricos e não orientados. O alvo pós-sináptico das células da camada 4C, predominantemente as camadas superficiais do córtex, é povoado por células complexas, pulando, portanto, um estágio de célula simples. No camundongo, a seletividade de orientação é vista no núcleo geniculado lateral. A comparação anterior aponta algumas características da evolução do processamento visual. Uma é a encefalização da função, onde propriedades – como orientação – são deslocadas para estágios posteriores do processamento nos estágios de evolução. Outra é o desenvolvimento de novas vias. Tem sido sugerido que a via magnocelular no macaco é equivalente a toda a via geniculoestriatal no gato, enquanto a via parvocelular, que medeia a visão de alta resolução e a visão de cores, é nova para o primata.

Estímulos em movimento são frequentemente usados para estudar os campos receptivos dos neurônios do córtex visual, não apenas para simular as condições sob as quais um objeto em movimento no espaço é detectado, mas também para simular as condições produzidas pelos movimentos oculares. À medida que escaneamos o ambiente visual, os limites dos objetos estacionários se movem pela retina. De fato, a percepção visual requer o movimento dos olhos. Os neurônios do córtex visual não respondem a uma imagem estabilizada na retina. Esses neurônios requerem estimulação transitória (estímulos em movimento ou piscando) para serem ativados.

Alguns neurônios do córtex visual têm campos receptivos nos quais um centro excitatório é ladeado por regiões inibitórias. Regiões inibitórias ao longo do eixo de orientação, uma propriedade conhecida como *inibição terminal* (*end-termination*), restringem as respostas de um neurônio a linhas de um determinado comprimento (**Figura 23-5**). Neurônios com inibição terminal respondem bem a uma linha desde que a mesma não se estenda para dentro dos flancos inibitórios, ou seja, que fique inteiramente contida na porção excitatória do campo receptivo. Uma vez que as regiões inibitórias compartilham a mesma preferência de orientação da região central excitatória, células com inibição terminal são seletivas para curvaturas da linha, também respondendo bem a cantos.

Para definir a forma do objeto como um todo, o sistema visual deve integrar a informação de orientação local e de curvatura nos contornos de objetos. A maneira pela qual o sistema visual integra contornos reflete as relações geométricas presentes no mundo natural (**Figura 23-6**). Como originalmente apontado pelos psicólogos da Gestalt no início do século XX, os contornos que são imediatamente reconhecíveis tendem a seguir a regra da continuidade (linhas curvas mantêm um raio constante de curvatura, e linhas retas permanecem retas). Em uma cena visual complexa, tais contornos suaves tendem a "salientar-se", ao passo que contornos mais irregulares são mais difíceis de serem detectados.

As respostas de um neurônio do córtex visual podem ser moduladas por estímulos que não ativam a célula e, portanto, estão fora do centro do campo receptivo. Essa *modulação contextual* dota um neurônio com seletividade para estímulos mais complexos do que seria previsto pela colocação dos componentes de um estímulo em diferentes posições em torno do campo receptivo. As mesmas características visuais que facilitam a detecção de um objeto em

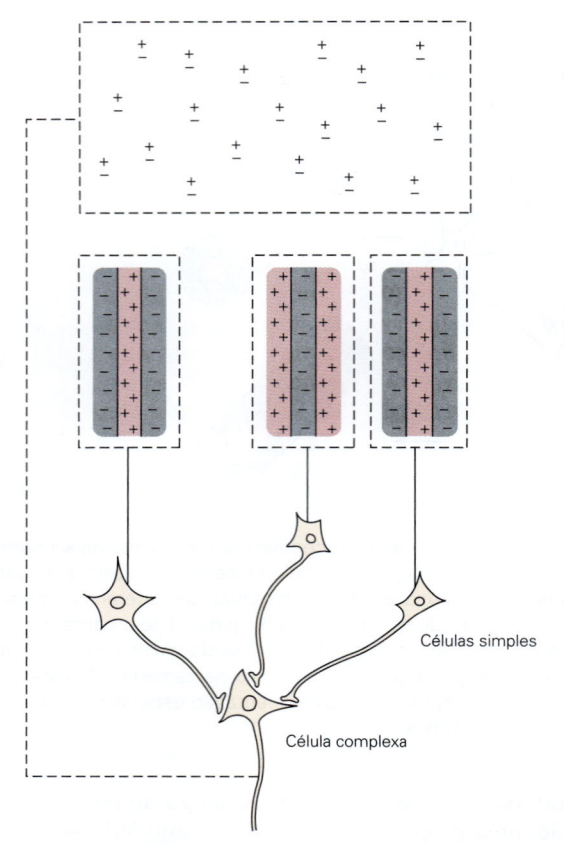

FIGURA 23-4 Células simples e complexas no córtex visual. Os campos receptivos de células simples são divididos em sub-regiões com propriedades de resposta opostas. Em uma sub-região ON (indicada por +), o início de uma luz desencadeia uma resposta no neurônio; em uma sub-região OFF (indicada por –), a extinção de uma barra de luz desencadeia uma resposta. As células complexas têm sobreposição das regiões ON e OFF e respondem continuamente quando uma linha ou margem atravessa o campo receptivo ao longo de um eixo perpendicular à orientação do campo receptivo.

uma cena complexa (**Figura 23-6A**) também se aplicam para a modulação contextual. As propriedades das características que conferem a percepção de contornos, mesmo as ilusórias, refletem-se nas respostas dos neurônios do córtex visual primário, que são sensíveis às características globais dos contornos, mesmo daqueles que se estendem muito além de seus campos receptivos.

As influências contextuais sobre grandes regiões do espaço visual provavelmente são mediadas por conexões entre múltiplas colunas de neurônios no córtex visual que tenham seletividade de orientação semelhante (**Figura 23-6B**). Essas ligações são formadas por axônios de células piramidais que são paralelos à superfície cortical (ver **Figura 21-16**). A extensão e a dependência de orientação dessas conexões horizontais fornecem as interações que podem mediar a saliência do contorno (ver **Figura 21-14**).

Importante para o processo de integração de contornos é a ideia do campo de associação. O campo de associação refere-se às interações através do espaço visual necessárias para vincular perceptivamente os elementos de contorno nos contornos globais. Ele está subjacente ao princípio Gestalt de continuidade e da saliência perceptiva de contornos suaves embutidos em cenas complexas. Fisiologicamente, está subjacente à facilitação de respostas neuronais por elementos de contorno que se estendem para fora de seus campos receptivos "clássicos". Anatomicamente, é mediado em parte pela relação entre conexões horizontais de longo alcance e a arquitetura funcional cortical. Embora tenha sido investigado mais extensivamente no córtex visual primário, devido à onipresença das conexões horizontais em todas as áreas do córtex, é provável que seja uma estratégia para associar *bits* de informação que são mapeados em cada área cortical. O papel funcional do campo de associação em áreas corticais fora de V1 depende de como a informação é mapeada na superfície cortical e de como é a relação entre esses mapas e o plexo de conexões horizontais.

A percepção de profundidade auxilia a segregar os objetos do plano de fundo

A profundidade é outra característica fundamental na determinação da forma percebida de um objeto. Uma informação importante para a percepção de profundidade é a diferença das visões do mundo entre os dois olhos, que deve ser computada e reconciliada pelo encéfalo. A integração da aferência binocular começa no córtex visual primário, o

FIGURA 23-5 Campos receptivos com inibição terminal. Alguns campos receptivos têm uma região central excitatória ladeada por regiões inibitórias com a mesma seletividade de orientação. Assim, um segmento de linha curta ou uma longa linha curva irá ativar o neurônio (**A** e **C**), mas uma longa linha reta não (**B**). Um neurônio com um campo receptivo que exibe apenas uma região inibitória além da região excitatória pode sinalizar a presença de cantos (**D**).

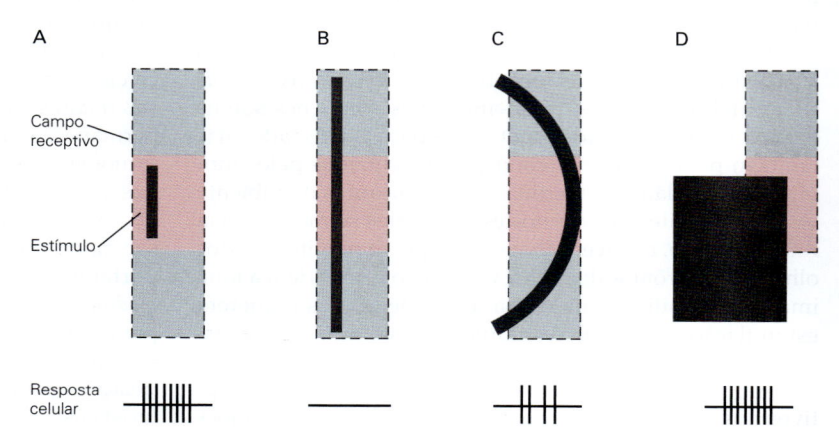

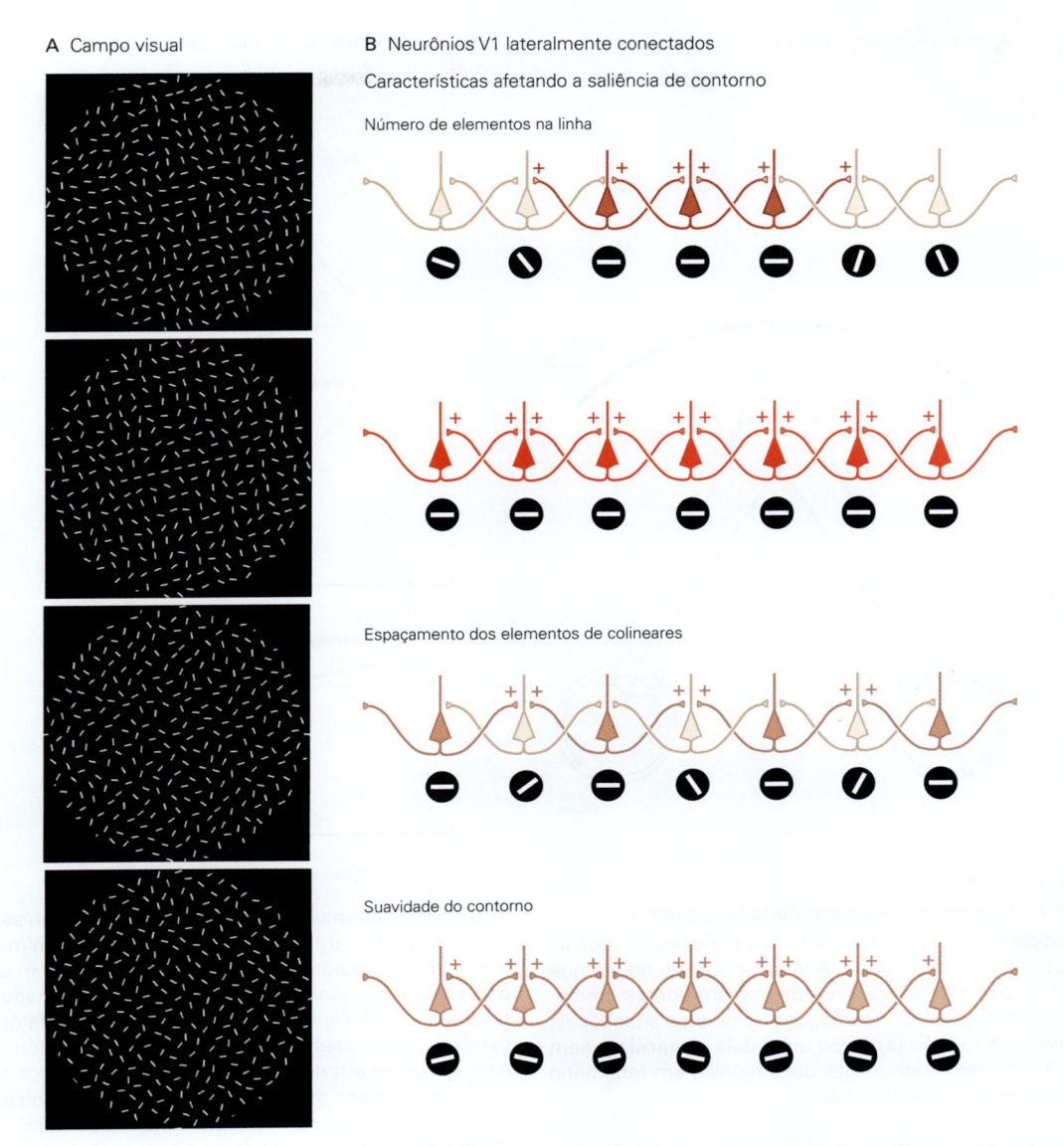

FIGURA 23-6 A integração de contorno reflete as regras perceptivas de proximidade e continuidade. (Adaptada, com autorização, de Li e Gilbert, 2002.)

A. Uma linha reta composta por um ou mais elementos de contorno com a mesma orientação oblíqua aparece no centro de cada uma das quatro imagens aqui. Em algumas imagens, a linha aparece mais ou menos imediatamente, sem procurar. Os fatores que contribuem para a saliência de contorno incluem o número de elementos de contorno (comparar o primeiro e o segundo quadros), o espaçamento dos elementos (terceiro quadro) e a suavidade do contorno (quadro inferior). Quando o espaçamento entre os elementos é muito grande ou a diferença de orientação entre eles é muito grande, deve-se examinar a imagem para encontrar o contorno.

B. Essas propriedades perceptivas são refletidas nas conexões horizontais entre colunas de neurônios V1 com seletividade de orientação semelhante. Desde que os elementos visuais estejam suficientemente próximos uns dos outros, a excitação pode se propagar de célula para célula, facilitando, assim, as respostas dos neurônios V1. Cada neurônio na rede aumenta, então, as respostas de neurônios em cada lado, e as respostas facilitadas se propagam pela rede.

primeiro nível em que neurônios individuais recebem sinais de ambos os olhos. A resultante das aferências dos dois olhos, uma propriedade conhecida como dominância ocular, varia entre as células em V1.

Os neurônios binoculares em muitas áreas corticais visuais também são seletivos para a profundidade, que é computada a partir das posições de objetos, relativas da retina, colocados a diferentes distâncias do observador. Um objeto que se situa no *plano de fixação* produz imagens nas posições correspondentes nas duas retinas (**Figura 23-7**). As imagens de objetos que estão na frente ou atrás do plano de fixação caem em locais ligeiramente diferentes nos dois olhos, uma propriedade conhecida como disparidade binocular. Neurônios individuais podem ser seletivos para

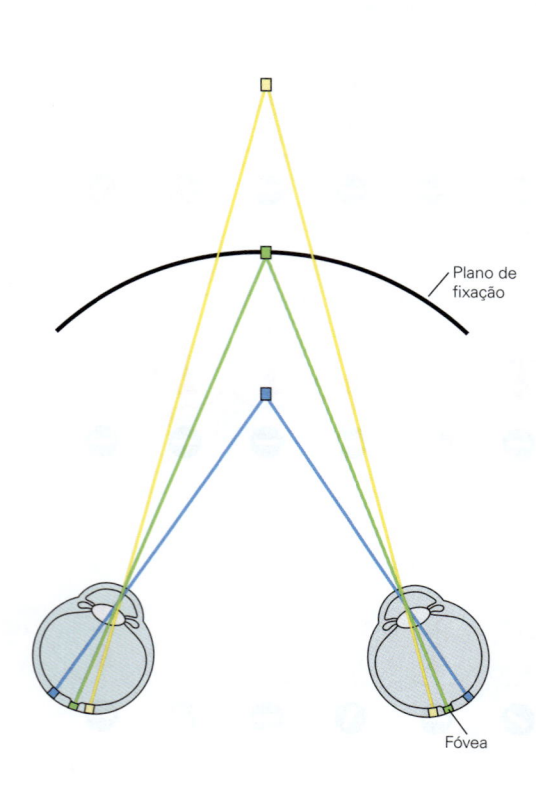

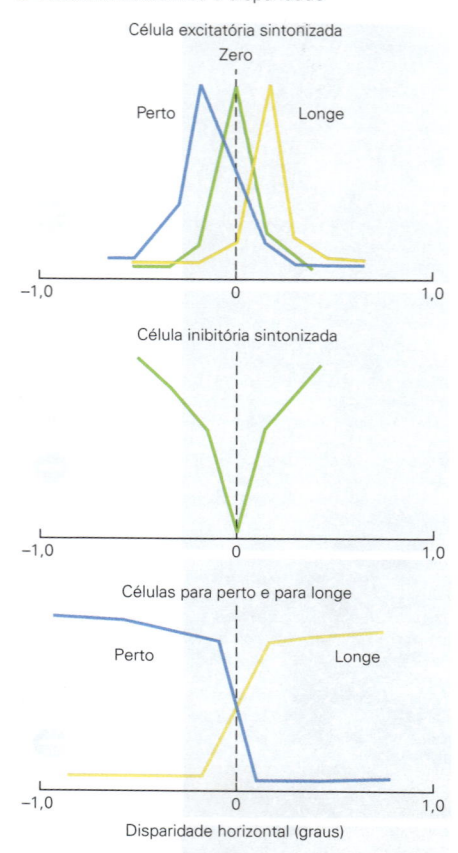

A Imagens de disparidade binocular na retina

B Neurônios seletivos à disparidade

FIGURA 23-7 **Estereopsia e disparidade binocular.**
A. A profundidade é computada a partir das posições em que as imagens ocorrem nos dois olhos. A imagem de um objeto que se encontra no plano de fixação (**verde**) cai em pontos correspondentes nas duas retinas. As imagens de objetos situados na frente do plano de fixação (**azul**) ou atrás dele (**amarelo**) caem em locais não correspondentes nas duas retinas, um fenômeno denominado de *disparidade binocular*.

B. Neurônios em muitas áreas corticais visuais são seletivos para intervalos particulares de disparidade. Cada gráfico mostra as respostas de um neurônio a estímulos binoculares com disparidades diferentes (abscissa). Alguns neurônios são ajustados para uma faixa estreita de disparidades e, portanto, têm preferências de disparidade particulares (células sintonizadas, excitatórias ou inibitórias), enquanto outros são amplamente sintonizados para objetos em frente ao plano de fixação (células para perto) ou para além do plano (células para longe). (Adaptada, com autorização, de Poggio, 1995. Copyright © 1995 Oxford University Press.)

um intervalo estreito de disparidades e, portanto, de posições em profundidade. Alguns são seletivos para os objetos que estão no plano de fixação (células sintonizadas, excitatórias ou inibitórias), enquanto outros respondem apenas quando os objetos estão à frente do plano de fixação (células para perto) ou atrás desse (células para longe).

A profundidade desempenha um papel importante na percepção da forma do objeto, na segmentação de superfícies e no estabelecimento das propriedades tridimensionais de uma cena. Objetos que são colocados perto de um observador podem obstruir parcialmente aqueles situados mais longe. A superfície de passagem por trás de um objeto é percebida como contínua, embora sua imagem bidimensional em cada retina represente duas superfícies separadas pela oclusão. Quando o encéfalo encontra uma superfície interrompida por lacunas que tenham alinhamento e contraste apropriados situados no plano próximo da profundidade, ele preenche as lacunas para criar uma superfície contínua (**Figura 23-8**).

Apesar de a profundidade de um único objeto poder ser estabelecida facilmente, determinar as profundidades de vários objetos dentro de uma cena é um problema muito mais complexo, que exige a interligação entre as imagens da retina de todos os objetos nos dois olhos. O cálculo da disparidade é, portanto, global: o cálculo de uma parte da imagem visual influencia o cálculo de outras partes. Quando a determinação da profundidade não é ambígua em uma parte da imagem, aquela informação é aplicada a outras partes da imagem nas quais existe informação insuficiente para determinar a profundidade, um fenômeno conhecido como disparidade de captura.

Os estereogramas de pontos aleatórios fornecem uma boa demonstração do escopo global de análise de disparidade. A informação visual apresentada a cada olho parece

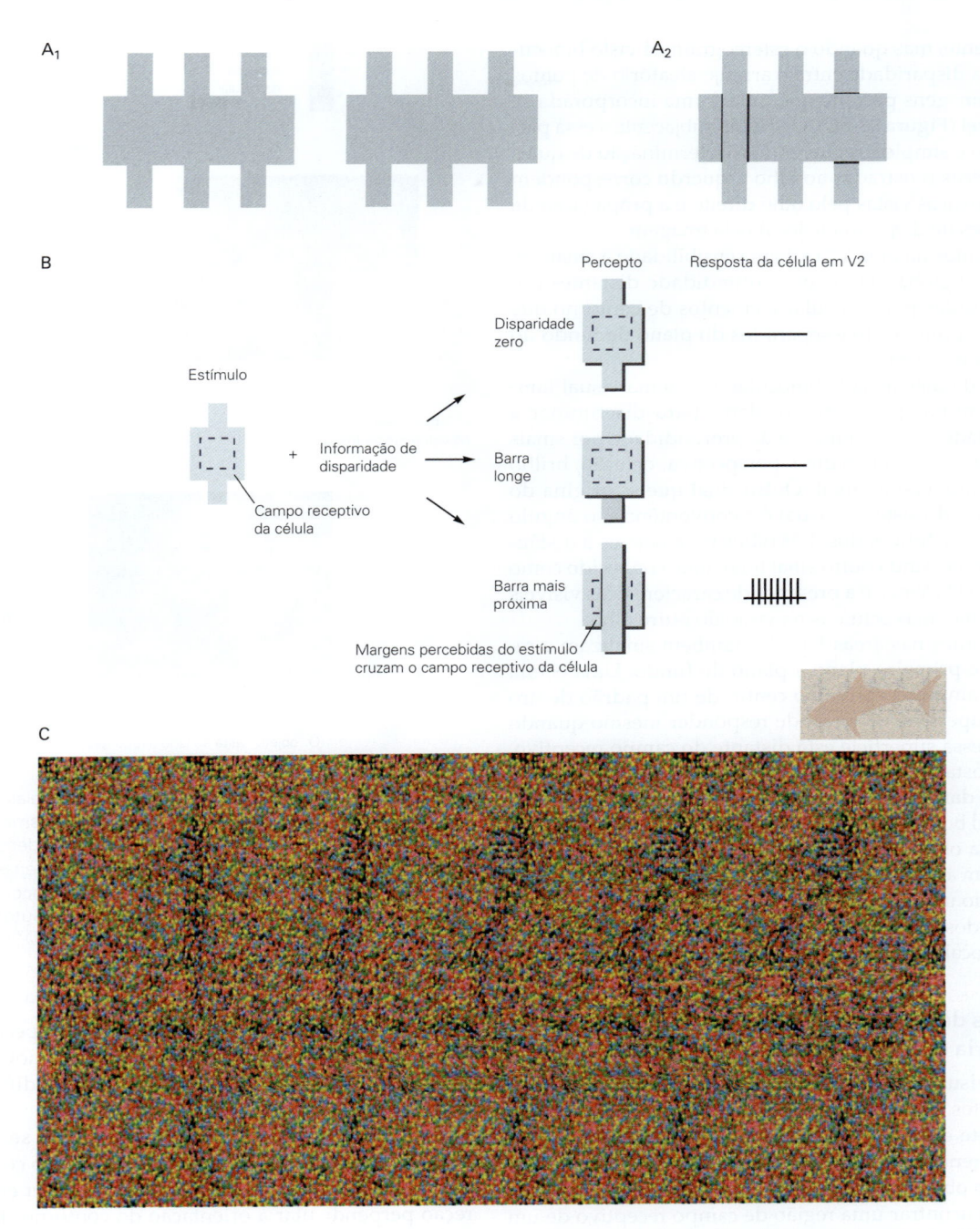

FIGURA 23-8 Análise global de disparidade binocular.

A. 1. As dicas de profundidade contribuem para a segmentação da superfície. Se você visualizar uma das imagens de três barras verticais cinzas cruzando um retângulo horizontal cinza, verá uma área cinza uniforme dentro do retângulo. **2.** No entanto, se você fundir os dois retângulos com olhos divergentes, as três barras verticais cairão nas duas retinas com disparidade próxima, zero e distante. Visto dessa forma, a barra à esquerda parece pairar na frente do retângulo com uma borda vertical ilusória cruzando esse retângulo, enquanto a barra à direita parece estar atrás das bordas do retângulo horizontal.

B. Um neurônio na área V2 responde às bordas ilusórias formadas por sinais de disparidade binocular. Quando o campo receptivo da célula está centrado no quadrado cinza, a célula não responde a uma barra vertical com disparidade para longe, ou a mesma disparidade do quadrado. Quando a barra vertical tem disparidade para perto, a célula responde à medida que a borda vertical ilusória atravessa seu campo receptivo. (Reproduzida, com autorização, de Bakin, Nakayama e Gilbert, 2000. Copyright © 2000 Society for Neuroscience.)

C. Um estereograma de pontos aleatórios é visto como uma matriz aleatória de pontos coloridos até você divergir ou convergir seus olhos para trazer ao foco as listras verticais escuras adjacentes ao foco, produzindo uma imagem tridimensional de um tubarão que emerge do fundo. Esse efeito resulta da disparidade sistemática para conjuntos selecionados de pontos. (© Fred Hsu/Wikimedia Commons/CC-BY-SA-3.0.)

ser incoerente, mas quando o estereograma é visto binocularmente, a disparidade entre o arranjo aleatório de pontos nas duas imagens permite que uma forma incorporada se torne visível (**Figura 23-8C**). O cálculo subjacente a essa percepção não é simples, requerendo a determinação de quais características mostradas ao olho esquerdo correspondem às características vistas pelo olho direito e a propagação de informações de disparidade local pela imagem.

Neurônios na área V2 exibem sensibilidade a sinais de disparidade global. Dicas de profundidade distantes podem ser usadas para vincular elementos de contorno que pertencem a um objeto e separá-los do plano de fundo do objeto (**Figura 23-8B**).

Além da disparidade binocular, o sistema visual também usa muitas pistas monoculares para discriminar a profundidade. A determinação de profundidade por sinais monoculares, como tamanho, perspectiva, oclusão, brilho e movimento, não é difícil. Outro sinal que se origina do lado de fora do sistema visual é a convergência, o ângulo entre os eixos ópticos dos dois olhos para objetos a distâncias variáveis. Ainda outro sinal binocular, conhecido como estereopsia Da Vinci, é a presença de características visíveis para um olho, mas ocluídas na visão do outro olho.

Neurônios nas áreas V1 e V2 também sinalizam a relação entre primeiro plano e plano de fundo. Uma célula com seu campo receptivo no centro de um padrão dentro de uma superfície maior pode responder mesmo quando o limite dessa superfície está distante do campo receptivo. Essa resposta ajuda a diferenciar o objeto de seu plano de fundo. Ao dar sentido a uma imagem, o encéfalo deve identificar qual borda pertence a qual objeto e diferenciar a borda de cada objeto do plano de fundo. Algumas células na área V2 têm a "propriedade das margens", disparando apenas quando uma figura, mas não o plano de fundo, está de um dos lados da margem, mesmo quando a informação de margem local é idêntica em ambos os casos (**Figura 23-9**).

Os sinais de movimento local definem a trajetória e a forma do objeto

O córtex visual primário determina o sentido do movimento de objetos. A seletividade do sentido em neurônios provavelmente envolve a ativação sequencial de regiões em lados diferentes do campo receptivo.

Se um objeto se movendo a uma velocidade adequada primeiro encontrar uma região de campo receptivo de um neurônio com latências de resposta longas e depois passar para regiões com latências cada vez mais curtas, os sinais de todo o campo receptivo chegarão à célula de modo simultâneo, e o neurônio irá disparar vigorosamente. Se o objeto se deslocar na direção oposta, os sinais de diferentes regiões não se somarão, e a célula poderá nunca atingir o limiar de disparo (**Figura 23-10**).

Nas vias primitivas da visão, a análise do movimento de um objeto é limitada pelo tamanho dos campos receptivos dos neurônios sensoriais. Mesmo nas áreas corticais iniciais V1 e V2, os campos receptivos de neurônios são pequenos e podem abranger apenas uma fração de um objeto. No final, no entanto, a informação sobre a direção e a velocidade de movimento de diferentes aspectos de um objeto deve ser integrada na computação do movimento do objeto como um todo. Esse problema é mais difícil do que se poderia esperar.

Se observarmos uma forma complexa se movendo através de uma pequena abertura, a parte do contorno do objeto no interior da abertura parece se mover em uma direção perpendicular à orientação do contorno (**Figura 23-11A**). Não se pode detectar a direção verdadeira de uma linha de movimento se os terminais da linha não forem visíveis. A imagem de uma linha parece ser a mesma se ela se move lentamente ao longo de um eixo perpendicular à sua orientação ou de forma mais rápida ao longo de um eixo oblíquo. Esse é o dilema apresentado pelo campo receptivo de um neurônio V1. A solução do sistema visual é supor que o movimento de um contorno é perpendicular à sua orientação. Assim, um objeto é primeiramente apresentado ao sistema visual como inúmeros pedaços pequenos com contornos de diferentes orientações, os quais parecem estar se movendo em diferentes direções e com diferentes velocidades (**Figura 23-11A**).

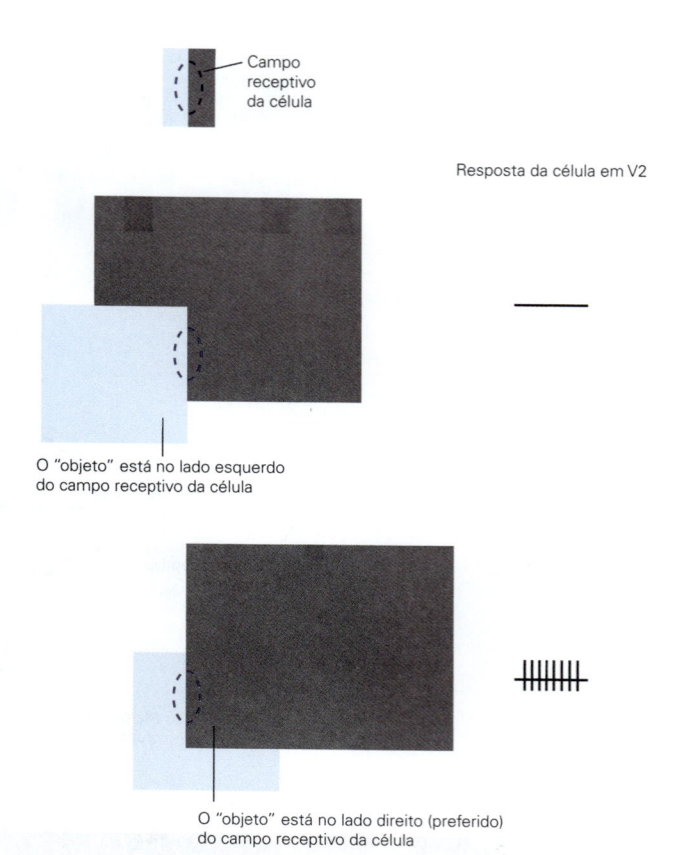

FIGURA 23-9 Propriedade das margens. Células na área V2 são sensíveis às margens dos objetos inteiros. Mesmo que o contraste local seja o mesmo para os dois retângulos dentro do campo receptivo de uma célula, a célula responde apenas quando a margem é parte do retângulo completo que se encontra no lado preferido do campo receptivo. (Adaptada, com autorização, de Zhou, Friedman e von der Heydt, 2000. Copyright © 2000 Society for Neuroscience.)

umas sobre as outras, deslocando-se nas suas direções individuais em vez de juntas na mesma direção.

Um determinante importante do sentido percebido é a segmentação da cena, a separação dos elementos móveis em primeiro plano e plano de fundo. Em uma cena com objetos em movimento, a segmentação não se baseia em dicas locais de direção; em vez disso, a percepção de direção depende da segmentação da cena. A espiral ilusória (um bastão revestido com listras na diagonal, que gira) oferece outro exemplo da predominância de relações globais sobre a percepção de atributos simples. As listras rotativas são percebidas como se movendo verticalmente ao longo do eixo longitudinal do cilindro (**Figura 23-11C**). A percepção do movimento no campo visual usa um algoritmo complexo que integra a análise ascendente de sinais de movimento local com a segmentação descendente da cena.

A integração de sinais de movimento local em macacos foi observada na área temporal média (área TM ou V5), uma área especializada em movimento. Os neurônios nessa área são seletivos para uma direção particular de movimento de um padrão geral, ao invés de componentes individuais do padrão. Essa dependência do padrão geral também é vista na correspondência de suas respostas com a direção percebida no efeito de poste de barbearia.

O contexto determina a percepção dos estímulos visuais

A percepção de brilho e cor depende do contexto

O sistema visual mede as características da superfície de objetos pela comparação da luz que chega a partir de diferentes partes do campo visual. Como resultado, a percepção de brilho e cor é altamente dependente do contexto. Na verdade, essa percepção pode ser muito diferente do esperado das propriedades físicas de um objeto. Ao mesmo tempo, constâncias perceptivas fazem objetos parecerem semelhantes, mesmo quando a distribuição da luminosidade e do comprimento de onda da luz que os ilumina muda de luz natural para artificial, da luz do sol para a sombra, ou do amanhecer para o meio-dia (**Figura 23-12A**).

À medida que uma pessoa avança ou a iluminação do ambiente muda, a imagem de um objeto na retina – forma, tamanho e brilho – também muda. No entanto, na maioria das condições, não percebemos que o próprio objeto está mudando. À medida que uma pessoa caminha de um jardim iluminado para uma sala mal iluminada, a intensidade da luz que atinge a retina pode variar mil vezes. Tanto na penumbra de uma sala quanto no brilho do sol, vemos uma camisa branca como branca e uma gravata vermelha como vermelha. Da mesma forma, quando uma amiga caminha em sua direção, ela é vista à medida que se aproxima; você não interpreta como se a pessoa estivesse crescendo, embora a imagem em sua retina se expanda. Nossa capacidade de perceber o tamanho e a cor de um objeto como constantes ilustra novamente um princípio fundamental do sistema visual: ele não grava imagens passivamente, como uma câmera, mas usa a estimulação transitória e variável da retina para a construção de representações de um mundo tridimensional estável.

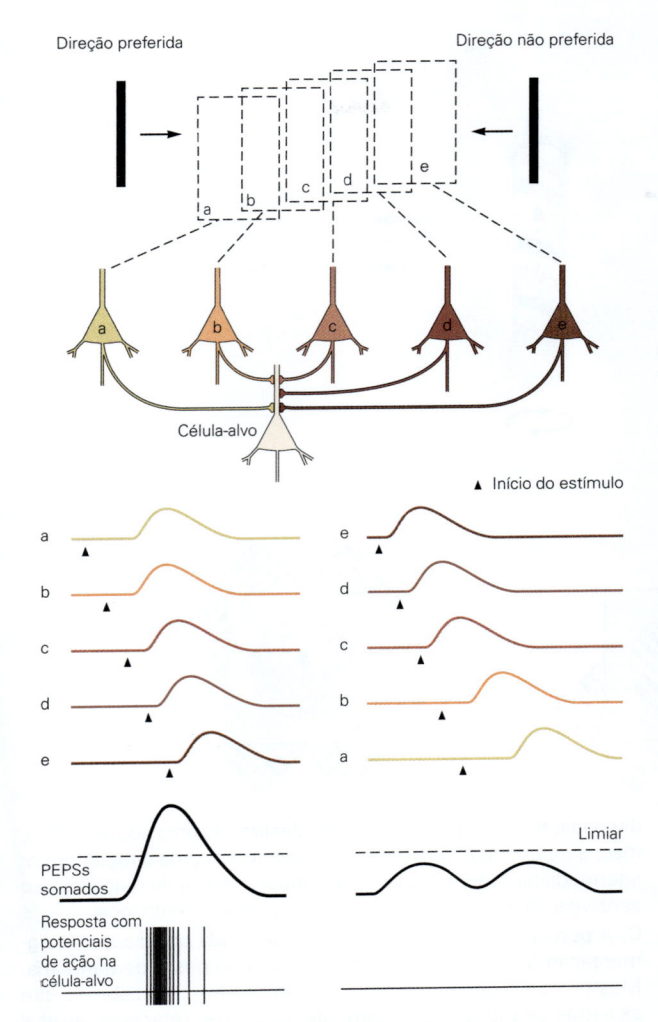

FIGURA 23-10 Seletividade direcional do movimento. A seletividade de um neurônio para a direção do movimento depende das latências de resposta dos neurônios pré-sinápticos em relação ao início de um estímulo. As latências de resposta dos neurônios pré-sinápticos *a* e *b* são um pouco mais longas do que as dos neurônios *d* e *e*. Quando um estímulo se move da esquerda para a direita, os neurônios *a* e depois os *b* são ativados primeiro, mas, como suas latências de resposta são mais longas, suas informações chegam ao neurônio-alvo sobrepostas às informações dos neurônios *d* e *e*, e as informações somadas fazem o neurônio disparar potenciais de ação. Em contraste, estímulos que se movem para a esquerda produzem sinais que chegam ao neurônio-alvo em momentos diferentes e, portanto, não atingem o limiar de disparo da célula. (Sigla: **PEPS**, potencial excitatório pós-sináptico.) (Adaptada, com autorização, de Priebe e Ferster, 2008. Copyright © 2008 Elsevier.)

Determinar a direção do movimento de um objeto exige a resolução de múltiplos sinais. Isso pode ser prontamente demonstrado colocando-se uma grade sobre outra e movendo-se as duas em direções diferentes. O padrão quadriculado resultante parece se mover em uma direção intermediária entre as trajetórias das grades individuais (**Figura 23-11B**). Essa percepção depende do contraste relativo das grades e da área de sobreposição delas. Com contrastes relativamente grandes, as grades parecem deslizar

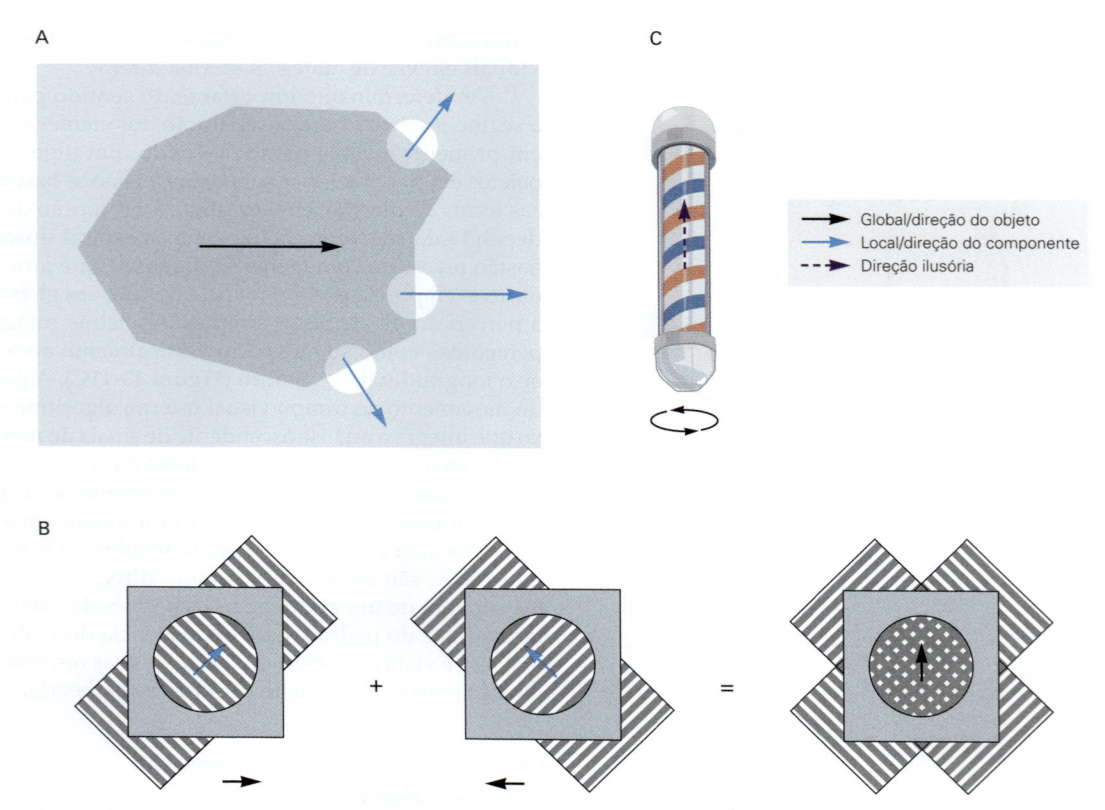

FIGURA 23-11 O problema da abertura e a espiral ilusória.
A. Embora um objeto se desloque em uma direção, cada margem componente, quando vista através de uma abertura pequena, parece mover-se em uma direção perpendicular à sua orientação. O sistema visual deve integrar tais sinais de movimento local em uma percepção unificada de um objeto em movimento.
B. Grades são utilizadas para testar se um neurônio é sensível a sinais de movimento local ou global. Quando as grades são sobrepostas e movidas de forma independente em diferentes direções, não se vê as duas grades deslizando uma sobre a outra, mas, sim, um padrão xadrez movendo-se em uma direção única, intermediária. Neurônios na área temporal média de macacos são sensíveis ao movimento global, e não ao movimento local.
C. A percepção de movimento é influenciada por dicas de segmentação de cena, como visto na ilusão do poste de barbearia. Mesmo que o poste gire em torno de seu eixo, percebe-se que as listras se movem verticalmente, devido ao retângulo vertical global ao redor do recinto do poste de barbearia.

Outro exemplo de influência contextual é a indução de cor, em que o aparecimento de uma cor em uma região se desloca para dentro de uma região contígua. A forma também desempenha um papel importante na percepção do brilho da superfície. Uma vez que o sistema visual assume que a iluminação vem de cima, manchas cinzentas em uma superfície dobrada parecem muito diferentes quando se encontram na parte superior ou na parte inferior da superfície, mesmo quando são, de fato, da mesma tonalidade de cinza (**Figura 23-12B**).

As respostas de alguns neurônios do córtex visual se correlacionam com o brilho percebido. Muitos neurônios visuais respondem a margens de superfície; a estrutura centro-periférica dos campos receptivos de células ganglionares da retina e de neurônios do núcleo geniculado lateral é adaptada à captura de margens (limites). A maioria dessas células não responde às partes interiores das superfícies, pois interiores uniformes não produzem gradientes de contraste através dos campos receptivos. No entanto, uma pequena porcentagem de neurônios responde às superfícies inferiores, sinalizando brilho, textura ou cor local, e as respostas desses neurônios são influenciadas pelo contexto. A resposta da célula muda à medida que o brilho das superfícies *fora* do campo receptivo de uma célula muda, mesmo quando o brilho da superfície dentro do campo receptivo permanece fixo.

Como a maioria dos neurônios responde aos limites da superfície e não às áreas de brilho uniforme, o sistema visual calcula o brilho das superfícies a partir de informações sobre o contraste nas bordas das superfícies. A análise de qualidades de superfície pelo encéfalo a partir de informações de contorno é conhecida como preenchimento perceptual. Se alguém fixar o contorno entre um disco escuro e uma área brilhante circundante por alguns segundos, o disco "preencherá" com o mesmo brilho da área circundante. Isso ocorre porque as células que respondem às margens apenas disparam quando o olho ou o estímulo se movem. Elas gradualmente deixam de responder a uma imagem estabilizada e não sinalizam mais a presença do limite. Os neurônios com campos receptivos dentro do disco gradualmente começam a responder de forma semelhante àqueles com campos receptivos na área periférica, o que

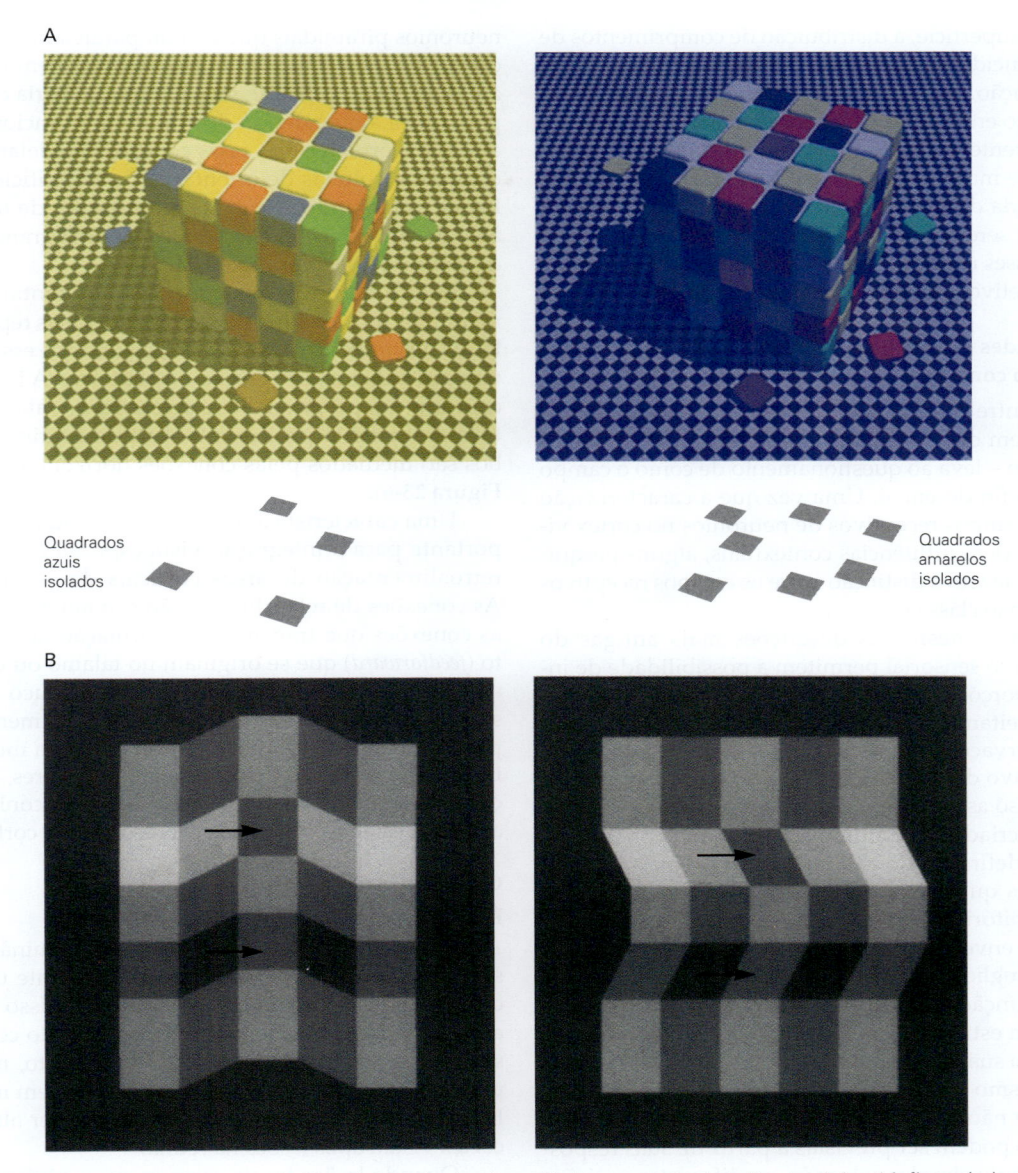

FIGURA 23-12 A percepção de cor e brilho depende de sinais contextuais.

A. As cores da superfície percebidas permanecem relativamente estáveis sob diferentes condições de iluminação e as consequentes mudanças no comprimento de onda da luz refletida da superfície. Os **quadrados amarelos** nos cubos da esquerda e da direita parecem semelhantes, apesar de os comprimentos de onda da luz proveniente dos dois conjuntos de superfícies serem muito diferentes. Na verdade, se os **quadrados azuis** na parte superior do cubo da esquerda e os **quadrados amarelos** na parte superior do cubo da direita forem isolados a partir de seus quadrados contextuais, suas cores parecerão idênticas. (Reproduzida, com autorização, de www.lottolab.org.)

B. A percepção de brilho também é influenciada pela forma tridimensional. Os quatro quadrados cinzentos indicados pelas **setas** têm a mesma luminosidade. Os brilhos aparentes são semelhantes na ilustração à esquerda, mas diferentes na ilustração à direita. Isso ocorre porque o sistema visual tem uma expectativa inerente de que a iluminação vem de cima (a posição do sol em relação a nós) e, portanto, a percepção é de que a superfície abaixo da dobra na ilustração à direita é mais brilhante que a superfície com a mesma luminosidade que se encontra acima. (Reproduzida, com autorização, de Adelson, 1993. Copyright © 1993 AAAS.)

demonstra a plasticidade a curto prazo em suas propriedades de campo receptivo.

A cor de um objeto parece ser sempre mais ou menos a mesma, apesar de, sob diferentes condições de iluminação, a distribuição dos comprimentos de onda da luz refletida por um objeto variar muito. Para identificar um objeto, devemos conhecer as propriedades de sua superfície e não as da luz refletida, que está em constante mudança. A computação da cor de um objeto é, portanto, mais complexa do que a análise do espectro da luz refletida. Para determinar a cor de uma superfície, a distribuição de comprimentos de onda da luz incidente deve ser determinada. Na ausência dessa informação, a cor pode ser estimada pela determinação do balanço entre comprimentos de onda vindos de superfícies diferentes em uma cena. Alguns neurônios de V4 respondem de maneira similar à iluminação com comprimentos de onda diferentes, se a cor percebida permanecer constante. Por serem sensíveis à luz através de uma superfície extensa, esses neurônios são seletivos à cor da superfície em vez de seletivos ao comprimento de onda.

As propriedades do campo receptivo dependem do contexto

A distinção entre os efeitos local e global – entre estímulos que ocorrem dentro de um campo receptivo e aqueles que estão além – leva ao questionamento de como o campo receptivo é definido em si. Uma vez que a caracterização original dos campos receptivos de neurônios no córtex visual não considera influências contextuais, alguns pesquisadores agora fazem a distinção entre os campos receptivos "clássico" e "não clássico".

No entanto, mesmo as descrições mais antigas do campo receptivo sensorial permitem a possibilidade de influências de porções da superfície sensorial fora do campo receptivo estreitamente definido. Em 1953, Steven Kuffler, em suas observações pioneiras sobre as propriedades de campo receptivo de células ganglionares da retina, constatou que "não só as zonas nas quais as respostas podem ser efetivamente criadas pela iluminação da retina podem ser incluídas na definição do campo receptivo, mas também todas as áreas que mostram uma ligação funcional, por um efeito inibitório ou excitatório sobre a célula ganglionar. Isso pode envolver áreas que são um tanto distantes de uma célula ganglionar e, por si só, não geram descargas".

Uma distinção mais útil contrasta a resposta de um neurônio a um estímulo simples, como um segmento de linha curta, com sua resposta a um estímulo com vários componentes. Mesmo no córtex visual primário, os neurônios são altamente não lineares; suas respostas a um estímulo complexo não podem ser previstas a partir de suas respostas a um estímulo simples colocado em diferentes posições ao redor do campo visual. Suas respostas às características locais são, ao contrário, dependentes do contexto global no qual essas características são incorporadas. As influências contextuais são difundidas no processamento visual de nível intermediário, incluindo a integração de contorno, a segmentação de cena e a determinação da forma, movimento e propriedades da superfície do objeto.

As conexões corticais, a arquitetura funcional e a percepção estão intimamente relacionadas

O processamento visual de nível intermediário requer o compartilhamento de informações de todo o campo visual. A relação das interconexões dentro do córtex visual primário com a arquitetura funcional dessa área sugere que esse circuito medeia a integração do contorno.

Os circuitos corticais incluem um plexo de conexões horizontais de longo alcance formadas pelos axônios dos neurônios piramidais que correm paralelamente à superfície cortical. As conexões horizontais existem em todas as áreas do córtex cerebral, mas sua função varia de uma área para outra, dependendo da arquitetura funcional de cada área. No córtex visual, essas conexões medeiam as interações entre colunas de orientação de especificidade semelhante, integrando, assim, as informações de uma grande área do córtex visual que representa uma grande extensão do campo visual (ver **Figura 21-16**).

O fato de que essas conexões horizontais conectam neurônios funcionalmente semelhantes, mas representando locais distantes no campo visual, sugere que essas conexões têm um papel na integração do contorno. A integração de contorno e a propriedade relacionada de saliência de contorno refletem o princípio Gestalt de continuidade. Ambos são mediados pelas conexões horizontais em V1 (ver **Figura 23-6**).

Uma característica final da conectividade cortical importante para a integração visuoespacial é a projeção de retroalimentação de áreas corticais de ordem superior. As conexões de retroalimentação são tão extensas quanto as conexões que transmitem informação de avanço direto (*feedforward*) que se originam no tálamo ou em estágios anteriores do processamento cortical. Pouco se conhece sobre a função dessas projeções de retroalimentação. Elas provavelmente desempenham um papel na mediação das influências descendentes de níveis superiores, como atenção, expectativa e tarefa perceptiva, todas conhecidas por afetarem estágios iniciais de processamento cortical.

O aprendizado perceptivo requer plasticidade nas conexões corticais

As conexões sinápticas nas colunas de dominância ocular são adaptáveis à experiência apenas durante um período crítico no desenvolvimento (Capítulo 49). Isso sugere que as propriedades funcionais de neurônios do córtex visual sejam estáveis na idade adulta. No entanto, muitas propriedades de neurônios corticais permanecem mutáveis ao longo da vida. Por exemplo, podem ocorrer alterações no córtex visual após lesões na retina.

Quando lesões focais ocorrem em posições correspondentes nas duas retinas, a parte correspondente do mapa cortical, referida como a zona de projeção da lesão, inicialmente é privada de estímulos visuais. Ao longo de um período de vários meses, no entanto, os campos receptivos de células dentro dessa região deslocam-se da parte lesionada da retina para a área funcional em torno da lesão. Como resultado, a representação cortical da parte lesionada da retina diminui, enquanto a da região periférica se expande (**Figura 23-13**).

A plasticidade dos mapas e conexões corticais não evoluiu como uma resposta a lesões, mas como um mecanismo neural para melhorar nossas habilidades perceptivas. Muitos dos atributos analisados pelo córtex visual, incluindo acuidade estereoscópica, direção de movimento e orientação, tornam-se mais nítidos com a prática. Hermann von Helmholtz preconizou, em 1866, que "o julgamento dos sentidos pode ser modificado pela experiência e pelo treinamento obtidos em várias circunstâncias, e pode ser adaptado

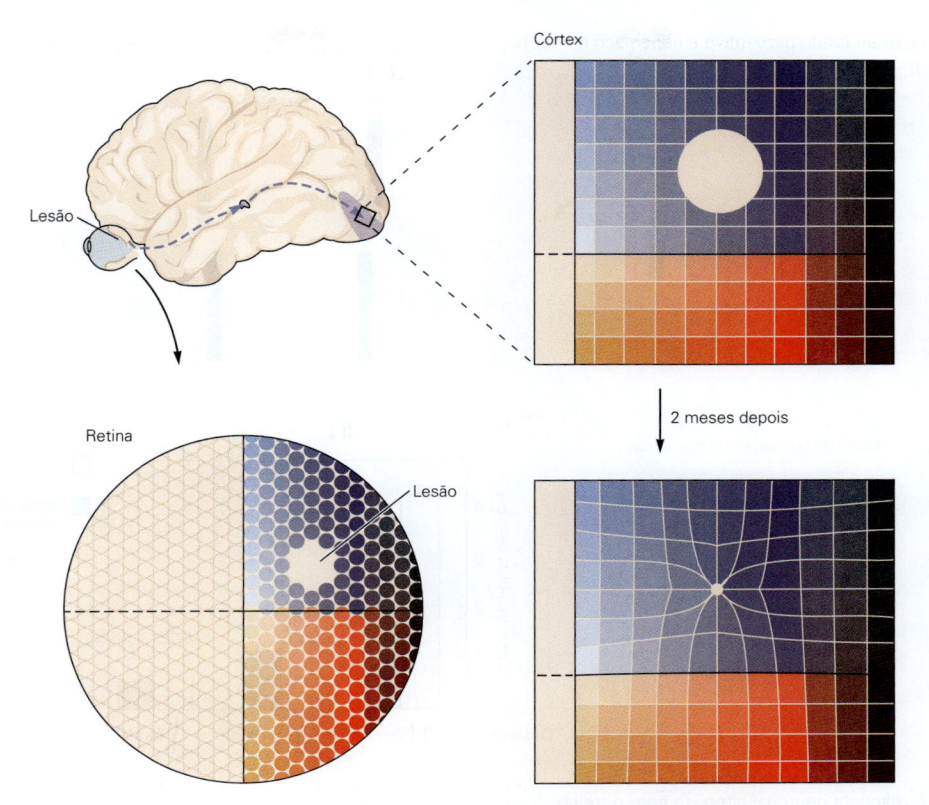

FIGURA 23-13 Plasticidade cortical no adulto. Quando posições correspondentes em ambos os olhos são lesionadas, a área cortical que recebe aferências a partir das áreas lesionadas – zona de projeção da lesão – inicialmente é silenciada. Os campos receptivos de neurônios na zona de projeção da lesão por fim deslocam-se da área da lesão para regiões vizinhas, na retina intacta. Isso ocorre porque os neurônios que cercam a zona de projeção da lesão brotam colaterais que formam sinapses com neurônios dentro da zona. Como resultado, a representação cortical da parte lesionada da retina diminui, enquanto a da retina vizinha à lesão se expande.

a novas condições. Assim, as pessoas podem aprender, em alguma medida, a utilizar detalhes da sensação que de outra forma passariam despercebidos e não contribuiriam para a obtenção de qualquer ideia do objeto". Essa aprendizagem perceptiva é uma variedade de aprendizagem implícita que não envolve processos conscientes (Capítulo 52).

O aprendizado perceptivo envolve repetir muitas vezes uma tarefa de discriminação e não necessita de retroalimentação de erros para melhorar o desempenho. A melhoria se manifesta, por exemplo, como uma diminuição do limiar para discriminar pequenas diferenças nas características de um estímulo-alvo ou na capacidade de detectar um alvo em um ambiente complexo. Várias áreas do córtex visual, incluindo o córtex visual primário, participam do aprendizado perceptivo.

Um aspecto importante do aprendizado perceptivo é sua especificidade: o treinamento em uma tarefa não se transfere para outras tarefas. Por exemplo, em uma tarefa de bissecção de três linhas, o indivíduo deve determinar se a mais central de três linhas paralelas está mais próxima da linha que está à esquerda ou à direita. A quantidade de deslocamento da posição central necessária para respostas precisas diminui substancialmente após a prática repetida.

O aprendizado dessa tarefa é específico para o local do campo visual e para a orientação das linhas. Essa especificidade sugere que os estágios iniciais do processamento visual sejam responsáveis, pois nos estágios iniciais, os campos receptivos são menores, os mapas visuotópicos são mais precisos, e o ajuste da orientação é mais nítido. O aprendizado também é específico para a configuração do estímulo. O treinamento em bissecção de três linhas não se transfere para uma tarefa de discriminação de vernier na qual o contexto é uma linha colinear com a linha-alvo (**Figura 23-14A**).

As propriedades de resposta dos neurônios no córtex visual primário mudam durante o curso do aprendizado perceptivo, acompanhando o melhoramento perceptivo. Um exemplo é visto na saliência de contorno. Com a prática, os indivíduos podem detectar mais facilmente contornos embutidos em planos de fundo complexos. A detecção melhora com o comprimento do contorno, assim como as respostas dos neurônios em V1. Com a prática, os sujeitos melhoram sua capacidade de detectar contornos mais curtos, e os neurônios em V1 tornam-se correspondentemente mais sensíveis a contornos mais curtos (**Figura 23-14B**).

A busca visual baseia-se na representação cortical de atributos e formas visuais

A detecção de características como cor, orientação e forma está relacionada com o processo de pesquisa visual.

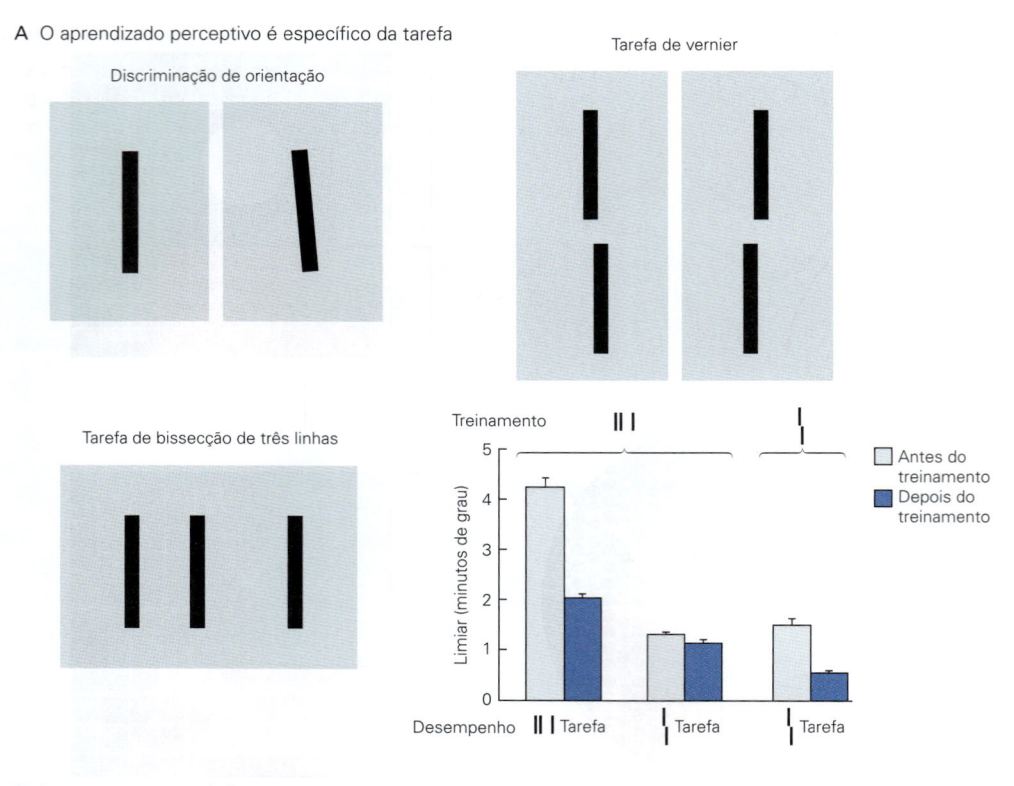

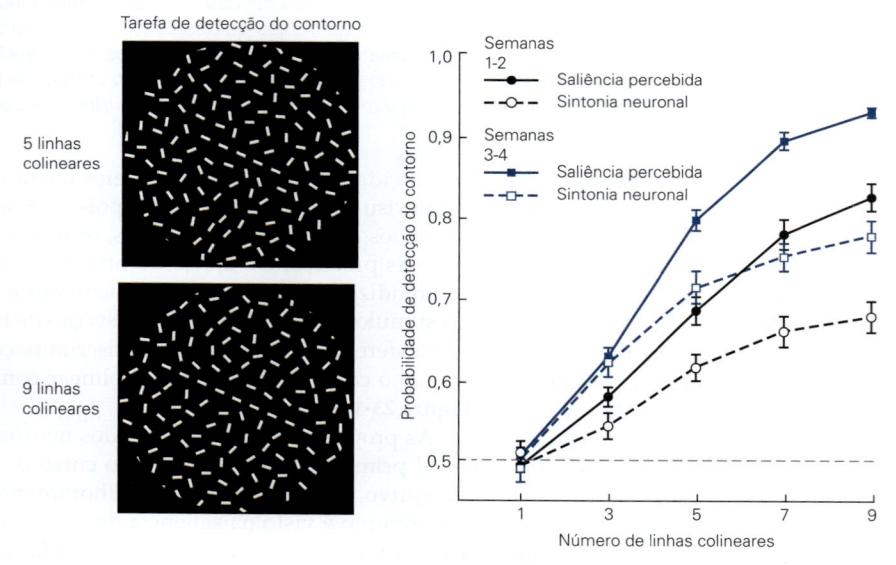

FIGURA 23-14 Aprendizado perceptivo. O aprendizado perceptivo é uma forma de aprendizado implícito. Com a prática, pode-se aprender a discriminar diferenças menores na orientação, posição, profundidade e direção de movimento de objetos.

A. O melhor desempenho é visto como uma redução na quantidade de mudança necessária para detectar de forma confiável uma linha inclinada ou uma posicionada à esquerda ou à direita de uma linha quase colinear (tarefa de vernier). O aprendizado perceptivo é altamente específico, de modo que o treinamento em uma tarefa de bissecção de três linhas conduz a um desempenho substancialmente melhor nessa tarefa (*par de barras à esquerda* no gráfico de barras), sem afetar o desempenho na tarefa de discriminação de vernier (*par de barras central*). No entanto, o treinamento específico na tarefa de discriminação de vernier melhora o desempenho nessa tarefa (*par de barras à direita*).

B. Os indivíduos podem detectar segmentos de linha colineares incorporados em um plano de fundo aleatório com mais facilidade à medida que o número de segmentos colineares aumenta. As respostas dos neurônios em V1 crescem de modo correspondente ao aumento do número de segmentos de linha. Após a prática, uma linha com menos segmentos se destaca mais facilmente, e, com essa melhoria, as respostas em V1 também aumentam. (Reproduzida, com autorização, de Crist, Li e Gilbert, 2001; Li, Piech e Gilbert, 2008.)

Em uma imagem complexa, certos objetos se destacam ou "se sobressaem", porque o sistema visual processa simultaneamente, em vias paralelas, as características do alvo e dos distratores circundantes (**Figura 23-15**). Quando as características de um alvo são complexas, o alvo pode ser identificado apenas por meio de uma inspeção cuidadosa de uma imagem ou da cena inteira.

O fenômeno de saliência (*pop-out*) pode ser influenciado pelo treinamento. Um estímulo que inicialmente não pode ser encontrado sem uma busca esforçada irá se sobressair após o treinamento. Não se conhece o correlato neuronal dessa mudança tão notável. O processamento paralelo das características de um objeto e de seu plano de fundo é possível porque a informação das características é codificada dentro de áreas retinotopicamente mapeadas em vários locais no córtex visual. É provável que a saliência ocorra precocemente no córtex visual. A saliência de formas complexas, como os números, dá suporte à ideia de que, no processamento visual precoce, os neurônios podem representar e ser seletivos para formas mais complexas que os segmentos de linha com determinada orientação.

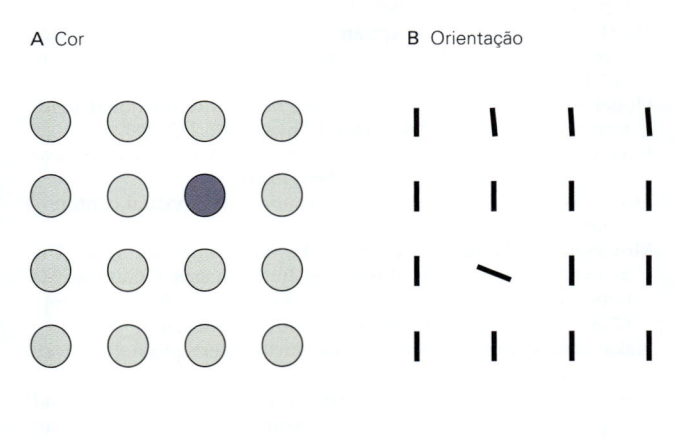

A Cor

B Orientação

C Formas familiares

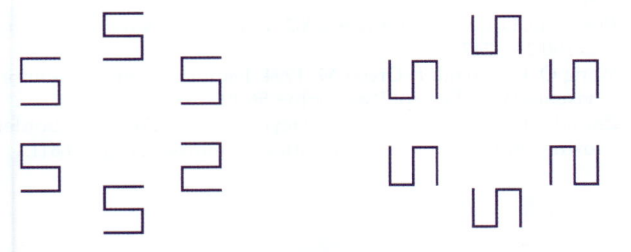

FIGURA 23-15 Um objeto em uma imagem complexa destaca-se sob certas condições.
A. Um objeto com cor diferente se salienta.
B. Uma linha com orientação diferente também se salienta.
C. As formas mais complexas podem parecer salientes quando são muito familiares, como o número 2 incorporado em um campo de números 5. A rotação da imagem em 90° torna os elementos da figura menos reconhecíveis, tornando-se mais difícil encontrar a única figura que é diferente do restante. (Reproduzida, com autorização, de Wang, Cavanagh e Green, 1994. Copyright © 1994 Springer Nature.)

Os processos cognitivos influenciam a percepção visual

A segmentação da cena – análise de uma cena em objetos diferentes – envolve uma combinação de processos ascendentes que seguem a regra da Gestalt de continuidade e de processos descendentes que criam a expectativa do objeto.

Uma forte influência descendente é a atenção espacial, que pode mudar o foco sem qualquer movimento dos olhos do observador. A atenção espacial pode ser orientada a objetos na medida em que o foco de atenção é distribuído sobre a área ocupada pelo objeto em questão, permitindo que o córtex visual analise a forma e os atributos dos objetos um de cada vez.

Os mecanismos de atenção podem resolver o problema da superposição. Antes que possamos reconhecer um objeto em uma cena que inclui muitos objetos, devemos determinar quais características correspondem a cada objeto. Nossa sensação de que identificamos todos os objetos no campo visual simultaneamente é ilusória. Em vez disso, os objetos são processados serialmente em uma sucessão rápida, deslocando-se a atenção de um objeto para o outro. Os resultados de cada análise constroem a percepção de um ambiente complexo preenchido com muitos objetos distintos. Uma demonstração notável da importância da atenção no reconhecimento de objetos é a *cegueira à mudança*. Se uma pessoa se desloca rapidamente entre dois pontos de visão ligeiramente diferentes da mesma cena, ela não é capaz de detectar a ausência de um componente importante da cena em uma visão sem realizar um escrutínio considerável (ver **Figura 25-8**).

Outra influência descendente é a tarefa perceptiva. Nos estágios iniciais do processamento visual, as propriedades do mesmo neurônio variam com o tipo de discriminação visual a ser realizada. A identificação de objetos envolve um processo de teste de hipóteses no qual as informações que chegam da retina são comparadas com representações internas de objetos. Esse processo se reflete em estudos que mostraram que os estágios iniciais do processamento, como o córtex visual primário, são ativados quando as cenas são imaginadas sem o estímulo visual.

Destaques

1. A visão requer a segregação de objetos de seus planos de fundo, um processo que envolve integração de contorno e segmentação de superfície.

2. Esse processo é simplificado por contar com as propriedades estatísticas das formas naturais. Conforme reconhecido pelos psicólogos da Gestalt no início do século XX, naturalmente conectamos os componentes da cena com base em regras de agrupamento de similaridade, proximidade e suavidade de contorno (referidas como "continuidade").

3. Neurônios em áreas corticais visuais têm propriedades consoantes com as regras de agrupamento da Gestalt. Eles realizam uma análise local e global das propriedades da cena em paralelo. As propriedades locais são os primitivos visuais, que incluem seletividade de orientação, seletividade de direção, sensibilidade ao contraste, seletividade de disparidade e seletividade de cor. As propriedades globais correspondentes incluem

integração de contorno, movimento de objeto, propriedade das margens, captura de disparidade e constância de cores.

4. A percepção de características visuais depende do contexto; da mesma forma, as respostas neuronais são dependentes do contexto. O princípio subjacente a essas interações é o campo de associação, um padrão de interações entre *bits* de informação que são mapeados em cada área cortical. O campo de associação medeia a integração do contorno no córtex visual, mas provavelmente é uma característica geral do processamento em todo o córtex cerebral. O substrato anatômico para o campo de associação inclui uma rede de conexões horizontais de longo alcance formadas pelos axônios das células piramidais corticais, que se estendem por longas distâncias paralelas à superfície cortical.

5. Diferentes áreas corticais visuais contribuem para as várias propriedades globais, e interações entre áreas, incluindo influências descendentes, são necessárias para o seu desenvolvimento. Embora tenha havido uma ênfase considerável na seletividade para aumentar a complexidade do estímulo à medida que se ascende em uma hierarquia de áreas corticais por meio de conexões que transmitem informação de avanço direto que se estendem do córtex visual primário para áreas no córtex temporal (via ventral) e parietal (via dorsal), as conexões de retroalimentação são de igual importância.

6. Estudos futuros elucidarão as contribuições relativas das conexões corticais intrínsecas, que transmitem informação de avanço direto e de retroalimentação, e as interações entre elas, no processamento cortical. Estão surgindo evidências de que, em vez de ter funções fixas, os neurônios são processadores adaptativos, assumindo diferentes papéis funcionais em diferentes contextos comportamentais. Os neurônios podem mediar essa diversidade funcional pela seleção de entrada, expressando entradas relevantes para a tarefa e suprimindo entradas irrelevantes para a tarefa. Ao operar de forma anormal, essas dinâmicas funcionais e de conectividade podem ser responsáveis por fenômenos perceptivos e comportamentais associados a transtornos como autismo e esquizofrenia.

Charles D. Gilbert

Leituras selecionadas

Albright TD, Stoner GR. 2002. Contextual influences on visual processing. Annu Rev Neurosci 25:339–379.
Gilbert CD, Sigman M. 2007. Brain states: top-down influences in sensory processing. Neuron 54:677–696.
Gilbert CD, Sigman M, Crist R. 2001. The neural basis of perceptual learning. Neuron 31:681–697.
Li W, Piech V, Gilbert CD. 2004. Perceptual learning and top-down influences in primary visual cortex. Nat Neurosci 7:651–657.
Li W, Piech V, Gilbert CD. 2006. Contour saliency in primary visual cortex. Neuron 50:951–962.
Priebe NJ, Ferster D. 2008. Inhibition, spike threshold, and stimulus selectivity in primary visual cortex. Neuron 57:482–497.

Referências

Adelson EH. 1993. Perceptual organization and the judgment of brightness. Science 262:2042–2044.
Bakin JS, Nakayama K, Gilbert CD. 2000. Visual responses in monkey areas V1 and V2 to three-dimensional surface configurations. J Neurosci 20:8188–8198.
Crist RE, Li W, Gilbert CD. 2001. Learning to see: experience and attention in primary visual cortex. Nat Neurosci 4:519–525.
Cumming BG, DeAngelis GC. 2001. The physiology of stereopsis. Annu Rev Neurosci 24:203–238.
Ferster D, Miller KD. 2000. Neural mechanisms of orientation selectivity in the visual cortex. Annu Rev Neurosci 23:441–471.
He ZJ, Nakayama K. 1994. Apparent motion determined by surface layout not by disparity or three-dimensional distance. Nature 367:173–175.
Hubel DH, Wiesel TN. 1968. Receptive fields and functional architecture of monkey striate cortex. J Physiol 195:215–243.
Li W, Gilbert CD. 2002. Global contour saliency and local colinear interations. J Neurophysiol 88:2846–2856.
Li W, Piech V, Gilbert CD. 2008. Learning to link visual contours. Neuron 57:442–451.
Movshon JA, Adelson EH, Gizzi MS, Newsome WT. 1985. The analysis of moving visual patterns. In: C Chagas, R Gattass, CG Gross (eds). *Study Group on Pattern Recognition Mechanisms*, pp. 67–86. Vatican City: Pontifica Academia Scientiarum.
Nakayama K. 1996. Binocular visual surface perception. Proc Natl Acad Sci U S A 93:634–639.
Nakayama K, Joseph JS. 2000. Attention, pattern recognition and popout in visual search. In: R Parasuraman (ed). *The Attentive Brain*. Cambridge, MA: MIT Press.
Poggio GE. 1995. Mechanisms of stereopsis in monkey visual cortex. Cereb Cortex 5:193–204.
Purves D, Lotto RB, Nundy S. 2002. Why we see what we do. Am Sci 90:236–243.
Wang Q, Cavanagh P, Green M. 1994. Familiarity and pop-out in visual search. Percept Psychophys 56:495–500.
Zhou H, Friedman HS, von der Heydt R. 2000. Coding of border ownership in monkey visual cortex. J Neurosci 20:6594–6611.

24

Processamento visual de nível superior: da visão à cognição

O processamento visual de nível superior está relacionado com a identificação de objetos

O córtex temporal inferior é o centro primário para o reconhecimento de objetos

    Evidências clínicas identificam o córtex temporal inferior como essencial para o reconhecimento de objetos

    Neurônios no córtex temporal inferior codificam estímulos visuais complexos e são organizados em colunas funcionalmente especializadas

    O cérebro de primatas contém sistemas dedicados para processamento facial

    O córtex temporal inferior faz parte de uma rede de áreas corticais envolvidas no reconhecimento de objetos

O reconhecimento de objetos depende de constância de percepção

A percepção de categorias de objetos simplifica o comportamento

A memória visual é um componente de processamento visual de nível superior

    O aprendizado visual implícito produz mudanças na seletividade de respostas neuronais

    O sistema visual interage com a memória de trabalho e com os sistemas de memória de longo prazo

A evocação associativa de memórias visuais depende da ativação de vias descendentes dos neurônios corticais que processam estímulos visuais

Destaques

COMO VIMOS, O PROCESSAMENTO VISUAL DE NÍVEL INFERIOR é responsável por detectar vários tipos de contrastes nos padrões de luz projetados na retina. O processamento de nível intermediário está relacionado com a identificação das chamadas primitivas visuais, como contornos e campos de movimento, e a segregação de superfícies. O processamento visual de nível superior integra informações de várias fontes e é o estágio final na via visual que leva à percepção visual.

O processamento visual de nível superior está relacionado com a identificação de características comportamentais significativas do ambiente e, portanto, depende de sinais descendentes que transmitem informações da memória de trabalho de curto prazo, da memória de longo prazo e das áreas executivas do córtex cerebral.

O processamento visual de nível superior está relacionado com a identificação de objetos

A experiência visual do mundo é fundamentalmente centrada no objeto. Podemos reconhecer o mesmo objeto mesmo quando os padrões de luz que ele lança na retina variam muito com as condições de visão, como iluminação, ângulo, posição e distância. E esse é o caso, mesmo para objetos visualmente complexos, aqueles que incluem um grande número de recursos visuais conjuntos.

Além disso, os objetos não são meras entidades visuais, mas estão geralmente associados a experiências específicas, com outros objetos lembrados, sensações – como o som do moedor de café ou o aroma do perfume da pessoa amada – e uma variedade de emoções. É o significado comportamental dos objetos que orienta nossa ação com base na informação visual. Em resumo, o reconhecimento de objetos estabelece um nexo entre visão e cognição (**Figura 24-1**).

O córtex temporal inferior é o centro primário para o reconhecimento de objetos

Estudos com primatas implicam as regiões neocorticais do lobo temporal, principalmente o córtex temporal inferior, na percepção de objetos. Como a hierarquia dos relés sinápticos no sistema cortical visual se estende desde o córtex visual primário até o lobo temporal, o lobo temporal é um local de convergência de diversos tipos de informação visual.

Estudos neuropsicológicos mostraram que danos ao córtex temporal inferior podem produzir falhas específicas no reconhecimento de objetos. Estudos neurofisiológicos e de imagem funcional, por sua vez, proporcionaram

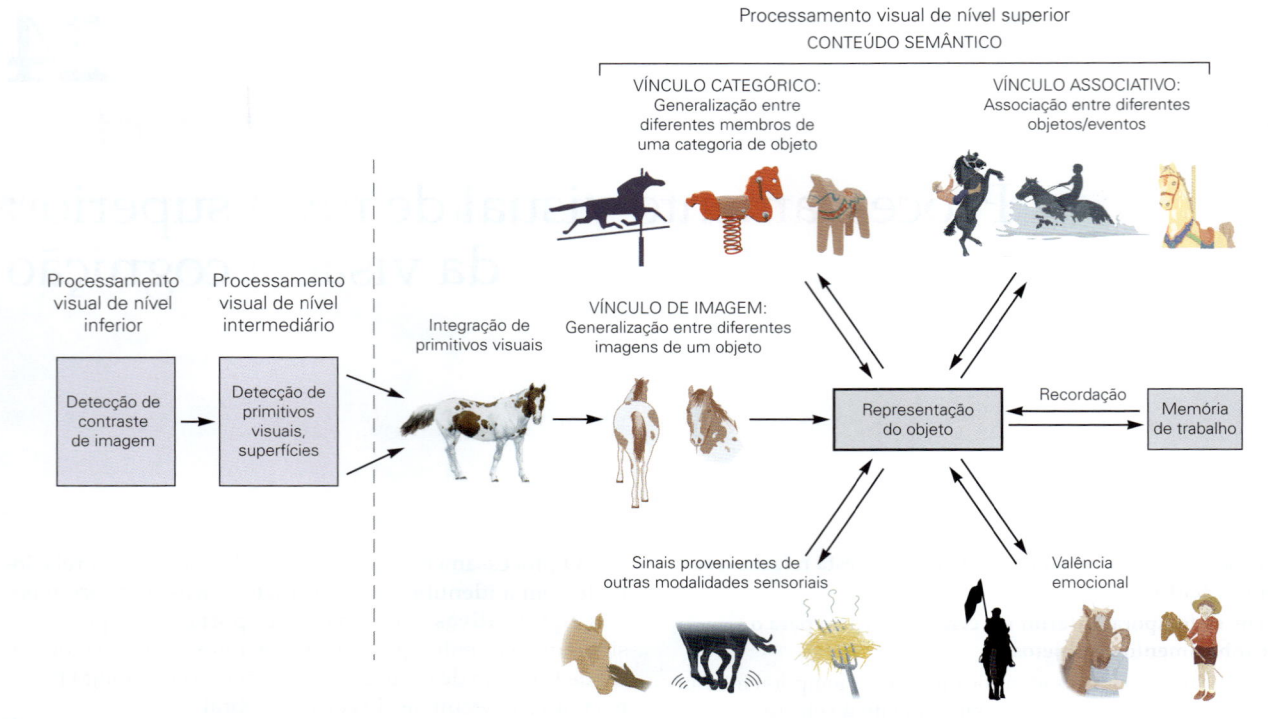

FIGURA 24-1 A representação de objetos inteiros é central para o processamento visual de nível superior. A representação de objetos como um todo envolve a integração de recursos visuais extraídos em estágios anteriores nas vias visuais. Essa integração é uma generalização das inúmeras imagens na retina geradas pelo mesmo objeto e por diferentes membros de uma categoria de objetos. A representação também incorpora informação de outras modalidades sensoriais, atribui valor emocional e associa o objeto com a memória de outros objetos ou eventos. Representações de objetos podem ser armazenadas na memória de trabalho e evocadas em associação com outras memórias.

notáveis entendimentos sobre a maneira pela qual a atividade dos neurônios do córtex temporal inferior representa objetos, como essas representações se relacionam com eventos perceptivos e cognitivos e como são modificadas pela experiência.

Sinais visuais provenientes da retina são processados no núcleo geniculado lateral do tálamo antes de chegar ao córtex visual primário (V1). As vias visuais ascendentes de V1 seguem duas vias principais paralelas e hierarquicamente organizadas: as vias ventral e dorsal (Capítulo 21). A via ventral estende-se ventralmente e anteriormente de V1 a V2, via V4, no córtex temporal inferior, que, em macacos, compreende a margem inferior do sulco temporal superior e a convexidade ventrolateral do lobo temporal (**Figura 24-2**). Os neurônios, em cada retransmissão sináptica no percurso ventral, recebem aferências convergentes do estágio anterior. No topo da hierarquia, os neurônios do córtex temporal inferior estão em condição de integrar uma grande e diversificada quantidade de informação visual em uma vasta região do espaço visual.

O córtex temporal inferior é uma grande região do cérebro. Os padrões de conexões anatômicas eferentes e aferentes para essa região indicam que ela compreende pelo menos duas subdivisões funcionais principais – área posterior do córtex occipitotemporal e área anterior do córtex temporal – e evidências funcionais sugerem outras subdivisões em múltiplas áreas funcionalmente especializadas. Como veremos, a distinção entre as partes anterior e posterior do córtex temporal inferior é apoiada por evidências neuropsicológicas e neurofisiológicas.

Evidências clínicas identificam o córtex temporal inferior como essencial para o reconhecimento de objetos

A primeira percepção clara das vias neurais que mediam o reconhecimento de objetos foi obtida no final do século XIX, quando o neurologista americano Sanger Brown e o fisiologista britânico Edward Albert Schäfer descobriram que lesões experimentais do lobo temporal em primatas aboliram a capacidade de reconhecer objetos. Ao contrário dos déficits que acompanham as lesões das áreas corticais occipitais, as lesões do lobo temporal não prejudicam a sensibilidade a atributos visuais básicos, como cor, movimento e distância. Devido ao tipo incomum de perda visual, o comprometimento era originalmente chamado de cegueira psíquica, mas esse termo foi substituído por *agnosia visual* ("sem conhecimento visual"), um termo cunhado por Sigmund Freud.

Em humanos, existem duas categorias básicas de agnosia visual, aperceptiva e associativa, cuja descrição levou a um modelo de dois estágios de reconhecimento de objetos no sistema visual. Na agnosia aperceptiva, a capacidade de combinar ou copiar formas ou objetos visuais complexos

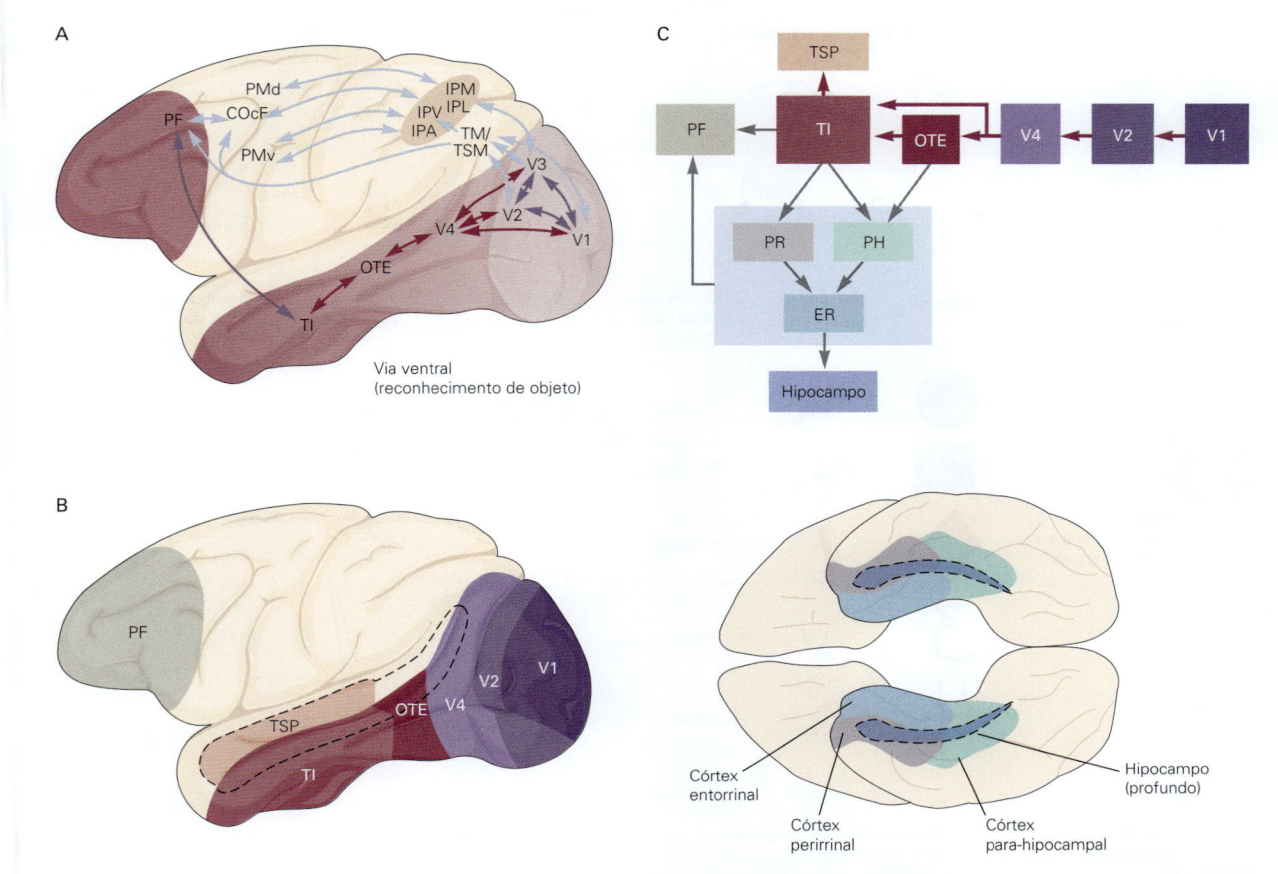

FIGURA 24-2 Via cortical para o reconhecimento de objetos.
A. Uma visão lateral do cérebro do macaco mostra as principais vias envolvidas no processamento visual, incluindo a via para reconhecimento de objetos (**vermelho**). (Siglas: COcF, campos oculares frontais; IPA, córtex intraparietal anterior; IPL, córtex intraparietal lateral; IPM, córtex intraparietal medial; IPV, córtex intraparietal ventral; OTE, córtex occipitotemporal; PF, córtex pré-frontal; PMd, córtex pré-motor dorsal; PMv, córtex pré-motor ventral; TI, córtex temporal inferior; TM, córtex temporal médio; TSM, córtex temporal superior medial.)

B. Vistas lateral e ventral do cérebro do macaco mostram as áreas corticais envolvidas no reconhecimento de objetos. (Siglas: OTE, córtex occipitotemporal; PF, córtex pré-frontal; TI, córtex temporal inferior; TSP, área temporal superior polissensorial;.)

C. O córtex temporal inferior (**TI**) é o estágio final do fluxo ventral (**setas vermelhas**) e está reciprocamente conectado às áreas vizinhas do lobo temporal medial e do córtex pré-frontal (**setas cinza**). O gráfico ilustra as principais ligações e a direção predominante do fluxo de informações. (Siglas: ER, córtex entorrinal; OTE, córtex occipitotemporal; PF, córtex pré-frontal; PH, córtex para-hipocampal; PR, córtex perirrinal; TSP, área temporal superior polissensorial.)

está prejudicada (**Figura 24-3**). Essa deficiência resulta da interrupção do primeiro estágio de reconhecimento de objetos: integração de recursos visuais em representações sensoriais de objetos inteiros. Com agnosia associativa, a capacidade de combinar ou copiar objetos complexos permanece intacta, mas a capacidade de identificar objetos é prejudicada. Esse prejuízo resulta da ruptura do segundo estágio do reconhecimento de objetos: associação da representação sensorial de um objeto com o conhecimento do significado ou da função desse objeto.

Consistente com essa hierarquia funcional, a agnosia aperceptiva é mais comum após lesão no córtex temporal inferior posterior, enquanto a agnosia associativa, um déficit perceptivo de ordem superior, é mais comum após lesão no córtex temporal inferior anterior. Neurônios na subdivisão anterior exibem uma variedade de propriedades relacionadas com a memória que não são vistas na área posterior.

Lesões mais focais no córtex temporal podem levar a déficits específicos. A lesão de uma pequena região do lobo temporal em humanos resulta na incapacidade de reconhecimento facial, uma forma de agnosia associativa conhecida como *prosopagnosia*. Pacientes com prosopagnosia podem identificar um rosto como um rosto, reconhecer as suas partes e, até mesmo, detectar emoções específicas expressas pelo rosto, mas são incapazes de identificar um rosto em particular como pertencente a uma pessoa específica.

A prosopagnosia é um exemplo *de agnosia para categoria específica*, na qual pacientes com lesão no lobo temporal não reconhecem itens específicos pertencentes a uma categoria semântica específica. Agnosias para categorias específicas com coisas vivas, frutas, vegetais, ferramentas ou animais também já foram relatadas. Devido ao significado comportamental pronunciado das faces e à capacidade normal das pessoas de reconhecer um número extraordinariamente

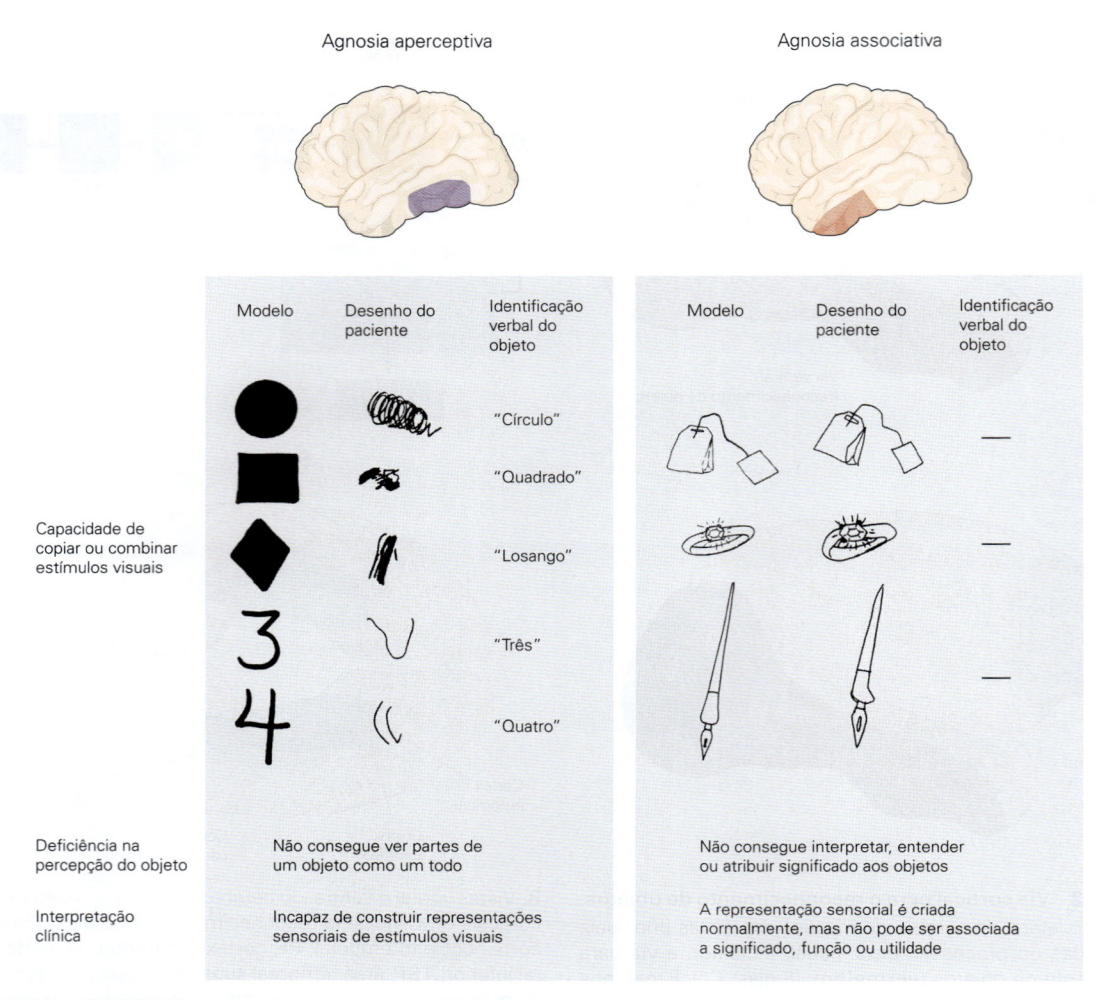

FIGURA 24-3 Neurônios no lobo temporal dos humanos estão envolvidos no reconhecimento de objetos. Danos ao córtex temporal inferior prejudicam a capacidade de reconhecer objetos visuais, uma condição conhecida como agnosia visual. Existem duas categorias principais de agnosia visual: a agnosia aperceptiva resulta de lesão na região posterior, e a agnosia associativa resulta de lesão na região anterior. (Reproduzida, com autorização, de Farah, 1990. © 1990 Massachusetts Institute of Technology.)

grande de faces, a prosopagnosia pode ser simplesmente a variedade mais comumente diagnosticada de agnosia para categoria específica.

Neurônios no córtex temporal inferior codificam estímulos visuais complexos e são organizados em colunas funcionalmente especializadas

A codificação da informação visual no lobo temporal tem sido estudada extensivamente usando-se técnicas eletrofisiológicas, tendo iniciado com o trabalho de Charles Gross e colaboradores, em 1970. Neurônios dessa região têm propriedades distintas de resposta. Eles são relativamente insensíveis a características simples de estímulo, como orientação e cor. Em vez disso, a maioria possui grandes campos receptivos de localização central e codifica características complexas de estímulo. Essa seletividade muitas vezes parece um tanto arbitrária. Um neurônio individual pode, por exemplo, responder fortemente a um padrão em forma de crescente de uma determinada cor e textura. Células com essas seletividades únicas provavelmente fornecem aferências para neurônios de ordem superior que respondem a específicos objetos significativos.

De fato, no córtex temporal inferior, várias pequenas subpopulações de neurônios são ativadas por objetos altamente significativos, como faces e mãos (**Figura 24-4**), como Charles Gross descobriu. Para as células que respondem à visão de uma mão, cada dedo é essencial. Entre as células que respondem às faces, o estímulo mais eficaz para algumas células é a visão frontal da face, enquanto para outras é a visão lateral. Embora alguns neurônios respondam preferencialmente a faces em geral, outros respondem apenas a expressões faciais específicas. Parece provável que essas células contribuam diretamente para o reconhecimento facial.

Nos relés iniciais no sistema visual cortical, os neurônios que respondem às mesmas características de estímulo, como orientação ou direção do movimento, mas provenientes de diferentes partes do campo visual, são organizados em colunas. As células no córtex temporal inferior

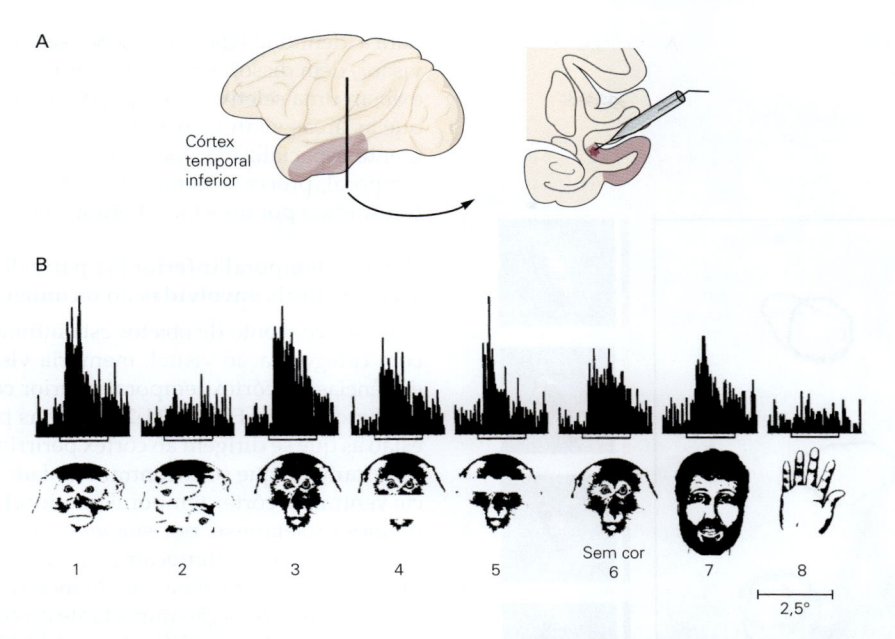

FIGURA 24-4 Neurônios no córtex temporal inferior de macacos estão envolvidos no reconhecimento de faces. (Reproduzida, com autorização, de Desimone et al., 1984. Copyright © 1984 Society for Neuroscience.)

A. A localização do córtex temporal inferior de um macaco é mostrada em uma visão lateral e em uma secção coronal. A área colorida representa a localização dos neurônios registrados.

B. Os histogramas de tempo de periestímulo ilustram a frequência dos potenciais de ação em um único neurônio em resposta a diferentes imagens (mostradas abaixo dos histogramas). Esse neurônio respondeu seletivamente aos rostos. O mascaramento de características críticas, como a boca ou os olhos (**4, 5**), conduziu a uma redução substancial, mas não completa, da resposta. O desordenamento das partes da face (**2**) quase eliminou a resposta.

são organizadas de forma semelhante. Colunas de neurônios que representam propriedades de estímulo iguais ou semelhantes, geralmente se estendem por toda a espessura cortical e em uma faixa de aproximadamente 400 μm. As colunas são organizadas de tal forma que diferentes estímulos que possuem algumas características semelhantes são representados em colunas parcialmente sobrepostas (**Figura 24-5**). Assim, um estímulo pode ativar várias colunas. As conexões horizontais podem abranger muitos milímetros e podem facilitar a formação de redes distribuídas para codificação de objetos.

O cérebro de primatas contém sistemas dedicados para processamento facial

A prosopagnosia geralmente ocorre na ausência de qualquer outra forma de agnosia. Tal déficit perceptivo altamente específico poderia ser explicado por lesões focais de neurônios seletivos para face localizados em aglomerados exclusivos. Essa ideia foi reforçada pela descoberta de regiões seletivas para face no cérebro humano por Nancy Kanwisher e colaboradores usando imageamento por ressonância magnética funcional (IRMf) e por Gregory McCarthy e colaboradores usando registros eletrofisiológicos diretos da superfície do cérebro humano. Kanwisher e colaboradores descobriram que, durante a apresentação de fotos de faces e outros objetos, uma área do lobo temporal humano, a área fusiforme, área da face, teve significativamente mais respostas durante a apresentação de faces em comparação com outros objetos.

Posteriormente, várias outras áreas seletivas para face foram encontradas, principalmente no córtex temporal, mas também no córtex pré-frontal. Os primeiros estudos dessas áreas forneceram evidências circunstanciais para o agrupamento de neurônios seletivos para face. Em estudos posteriores, Doris Tsao, Winrich Freiwald e colaboradores demonstraram diretamente tais agrupamentos e mostraram que o processamento da face pode ser realizado por uma rede dedicada para isso que abrange desde a parte posterior do córtex temporal inferior até o córtex pré-frontal. Usando IRMf, eles encontraram seis áreas no córtex temporal e três no córtex pré-frontal de macaco que responderam mais seletivamente à face do que a outros objetos. Essas áreas, chamadas manchas faciais (do inglês *face patches*), são encontradas em locais altamente consistentes entre os indivíduos e, portanto, são nomeadas com base em sua localização. Cada mancha facial tem alguns milímetros de diâmetro e, portanto, difere organizacionalmente das colunas do córtex temporal inferior. Os registros intracelulares das manchas faciais revelaram que a grande maioria das células responde seletivamente mais a faces do que a outros objetos. Assim, milhões de células da face são agrupadas em um número fixo de pequenas áreas. Essas áreas estão diretamente conectadas umas às outras, formando assim uma rede de processamento da face. Nessa rede, cada nó parece ser funcionalmente especializado. Das localizações posteriores para as anteriores no lobo temporal, as manchas faciais iniciais respondem a visões particulares da face. Em seguida, as manchas faciais tornam-se gradualmente mais seletivas para a identidade da face e menos seletivas para o ângulo de visão. Além disso, as áreas dorsais da face no lobo temporal exibem uma seletividade para o movimento facial natural, que as áreas ventrais não possuem. Assim, uma rede altamente especializada, localizada principalmente no córtex temporal, processa as múltiplas dimensões da informação transmitida por uma face (**Figura 24-6**).

O córtex temporal inferior faz parte de uma rede de áreas corticais envolvidas no reconhecimento de objetos

O reconhecimento de objetos está intimamente relacionado com categorização visual, memória visual e emoção, e as eferências do córtex temporal inferior contribuem para essas funções (ver **Figura 24-2**). Entre as projeções principais estão as que se dirigem ao córtex perirrinal e ao córtex para-hipocampal, que se encontram do lado medial da superfície ventral do córtex temporal inferior (**Figura 24-2C**). Essas regiões projetam-se, por sua vez, para o córtex entorrinal e para a formação hipocampal, ambos envolvidos no armazenamento e na evocação de memórias de longo prazo. Uma segunda projeção importante do córtex temporal inferior é para o córtex pré-frontal, um local importante para o processamento visual de nível superior. Como veremos, os neurônios pré-frontais desempenham papéis importantes na categorização de objetos, na memória de trabalho visual e na recuperação da memória.

O córtex temporal inferior também fornece aferências – direta e indiretamente através do córtex perirrinal – para a amígdala, que parece dar valência emocional a estímulos sensoriais e abranger componentes cognitivos e viscerais da emoção (Capítulo 42). Finalmente, o córtex temporal inferior é a principal fonte de eferência para áreas sensoriais multimodais do córtex, como a área temporal superior polissensorial (**Figura 24-2B**), que se encontra dorsalmente adjacente ao córtex temporal inferior.

O reconhecimento de objetos depende de constância de percepção

A capacidade de reconhecer objetos como sendo os mesmos em diferentes condições de visualização, apesar das imagens algumas vezes notavelmente diferentes na retina, é um dos requisitos funcionalmente mais importantes da experiência visual. Os atributos invariantes de um objeto – por exemplo, relações espaciais e cromáticas entre as características de imagens ou os elementos típicos, como as listras de uma zebra – são sinais da identidade e do significado dos objetos.

Para o reconhecimento de objetos, esses atributos invariantes devem ser representados de forma independente de outras propriedades da imagem. O sistema visual faz isso com competência, e sua manifestação comportamental é denominada *constância perceptiva*. A constância perceptiva tem muitas formas, que vão desde a invariância de transformações simples de um objeto, como mudanças de tamanho ou posição, até as mais difíceis, como rotação em profundidade ou mudanças na iluminação, e até a semelhança de objetos dentro de uma categoria: todas as zebras parecem iguais.

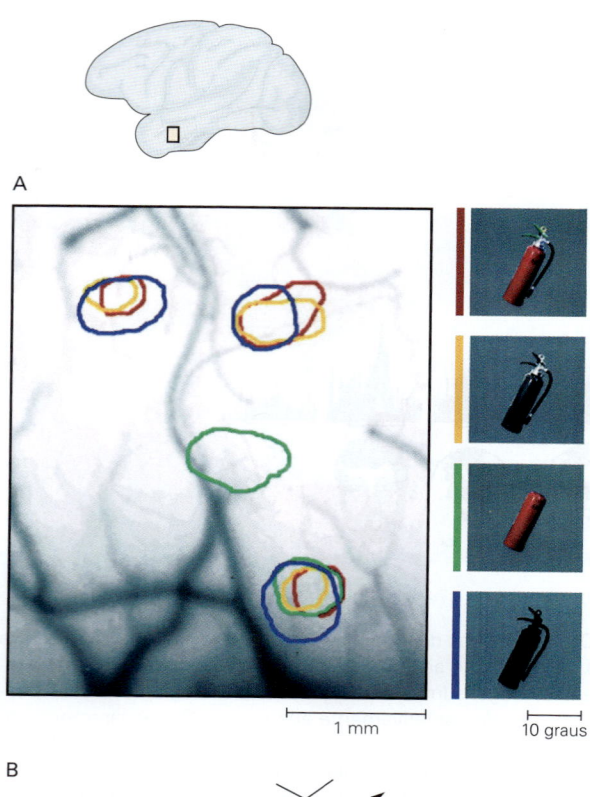

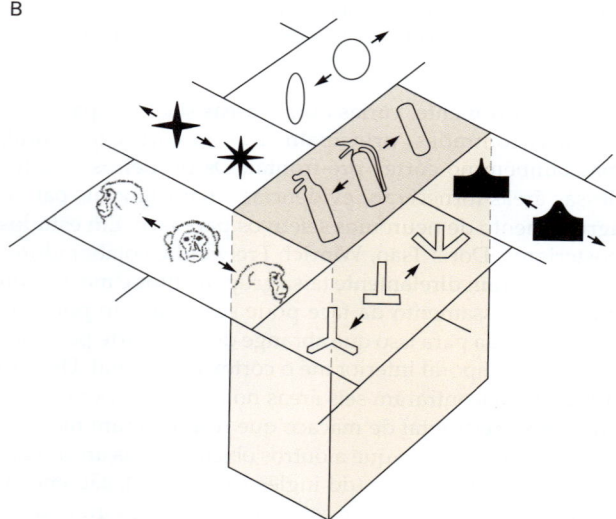

FIGURA 24-5 Os neurônios na porção anterior do córtex temporal inferior que representam estímulos visuais complexos são organizados em colunas. (Reproduzida, com autorização, de Tanaka, 2003. Copyright © 2003 Oxford University Press.)

A. Imagens ópticas da superfície do córtex temporal inferior anterior ilustram regiões seletivamente ativadas pelos objetos mostrados à direita.

B. Os neurônios do córtex temporal inferior são organizados em colunas funcionalmente especializadas que se estendem da superfície do córtex. De acordo com esse modelo, cada coluna inclui neurônios que respondem a um objeto visualmente complexo específico. Colunas de neurônios que representam variações de um objeto, como diferentes faces ou diferentes extintores de incêndio, constituem uma hipercoluna.

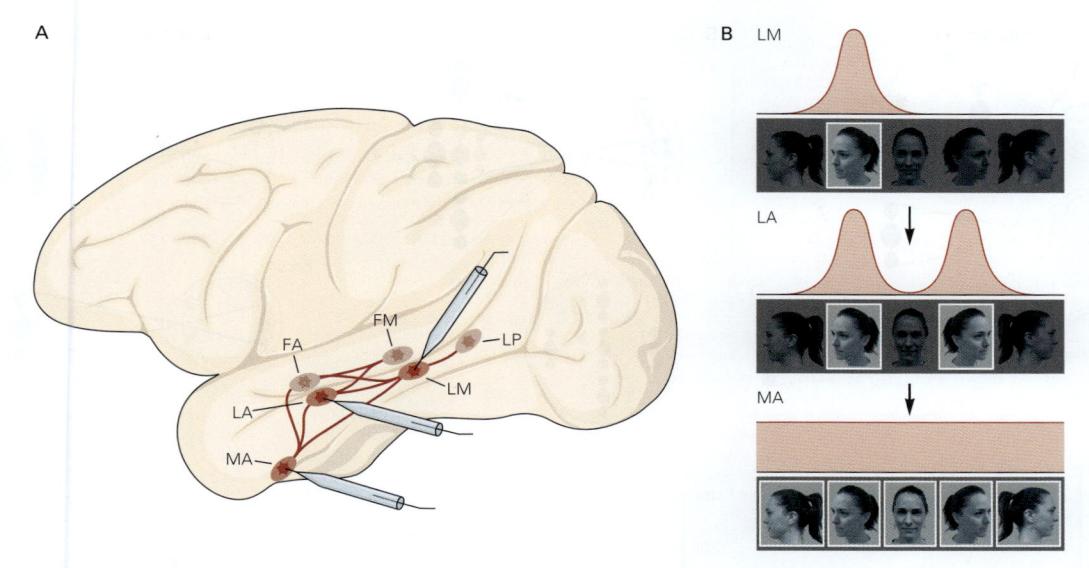

FIGURA 24-6 O lobo temporal contém uma rede de áreas seletivas à face.

A. Imagem de ressonância magnética funcional de macacos do gênero *Macaca* observando fotos de rostos e outros objetos identificou seis áreas seletivas para a face no lobo temporal, dentro e ao redor do sulco temporal superior. Essas áreas ocorrem nos mesmos locais em todos os indivíduos e receberam nomes com base em sua localização anatômica (**FA**, fundo anterior; **FM**, fundo medial do sulco temporal superior; **LA**, lateral anterior; **LM**, lateral medial; **LP**, lateral posterior; **MA**, medial anterior). Essas áreas são interconectadas para formar uma rede de processamento de face.

B. Registros de um único neurônio das áreas LM, LA e MA mostram o ajuste para a orientação da cabeça. As células LM são ajustadas para orientações específicas da cabeça, muitas células LA são ajustadas para várias orientações que são versões simétricas de espelho umas das outras, e as células MA são ajustadas de forma ampla e mais fraca para a orientação da cabeça. Essas três representações em áreas interconectadas podem ser consideradas como transformações entre as áreas (**setas**).

Um dos melhores exemplos é a *constância de tamanho*. Um objeto colocado a distâncias diferentes do observador é percebido como tendo o mesmo tamanho, mesmo que o objeto produza imagens de tamanho absoluto diferente sobre a retina. A constância de tamanho é reconhecida há séculos, mas só nas últimas décadas foi possível identificar os mecanismos neurais envolvidos. Um estudo prévio mostrou que lesões do córtex temporal inferior conduziram a falhas de constância de tamanho em macacos, sugerindo que os neurônios nessa área têm um papel crucial na constância de tamanho. De fato, uma das propriedades mais marcantes de neurônios individuais do córtex temporal inferior é a invariância de sua seletividade de forma, mesmo para mudanças muito grandes no tamanho do estímulo (**Figura 24-7A**).

Outro tipo de constância perceptiva é a *constância de posição*, na qual os objetos são reconhecidos como iguais, independentemente de sua localização no campo visual. O padrão de resposta seletiva de muitos neurônios do córtex temporal inferior não varia quando um objeto muda de posição dentro de seus grandes campos receptivos (**Figura 24-7B**). *Invariância de forma* refere-se à constância de uma forma quando os sinais que a definem mudam. A silhueta da cabeça de Abraham Lincoln, por exemplo, é facilmente identificável, seja de cor preta sobre fundo branco, branca sobre fundo preto, ou vermelha sobre fundo verde. As respostas de muitos neurônios no córtex temporal inferior não mudam com as mudanças na polaridade de contraste (**Figura 24-7C**), cor ou textura.

Invariância na perspectiva visual refere-se à constância perceptiva de objetos tridimensionais observados a partir de diferentes ângulos. Como a maioria dos objetos que vemos são tridimensionais e opacos, quando observados de diferentes pontos de vista, algumas partes se tornam invisíveis, enquanto outras são reveladas e todas as outras mudam de aparência. No entanto, apesar da gama ilimitada de imagens que podem ser projetadas por um objeto familiar sobre a retina, um observador pode reconhecer prontamente um objeto independentemente do ângulo em que ele é visto. Existem exceções notáveis a essa regra, que, em geral, ocorrem quando um objeto é visto de um ângulo que produz uma imagem incomum na retina, como um balde visto diretamente de cima.

Assim, os mecanismos de reconhecimento de objetos devem inferir a identidade dos objetos a partir de formas aparentemente complexas. Muitos neurônios no córtex temporal inferior não exibem invariância na perspectiva visual. Na verdade, muitos são sistematicamente ajustados ao ângulo de visão. No entanto, em locais mais anteriores, os neurônios não são apenas mais invariantes ao tamanho e posição, mas também exibem maior invariância na perspectiva visual. O sistema de processamento facial é um exemplo disso. Neurônios em manchas de face posterior são ajustados ao ângulo de visão, enquanto neurônios em manchas de face anterior exibem grande robustez a mudanças na perspectiva visual. Assim, as respostas da população nas áreas posteriores da face contêm mais informações sobre a orientação da cabeça do que nas áreas anteriores, enquanto

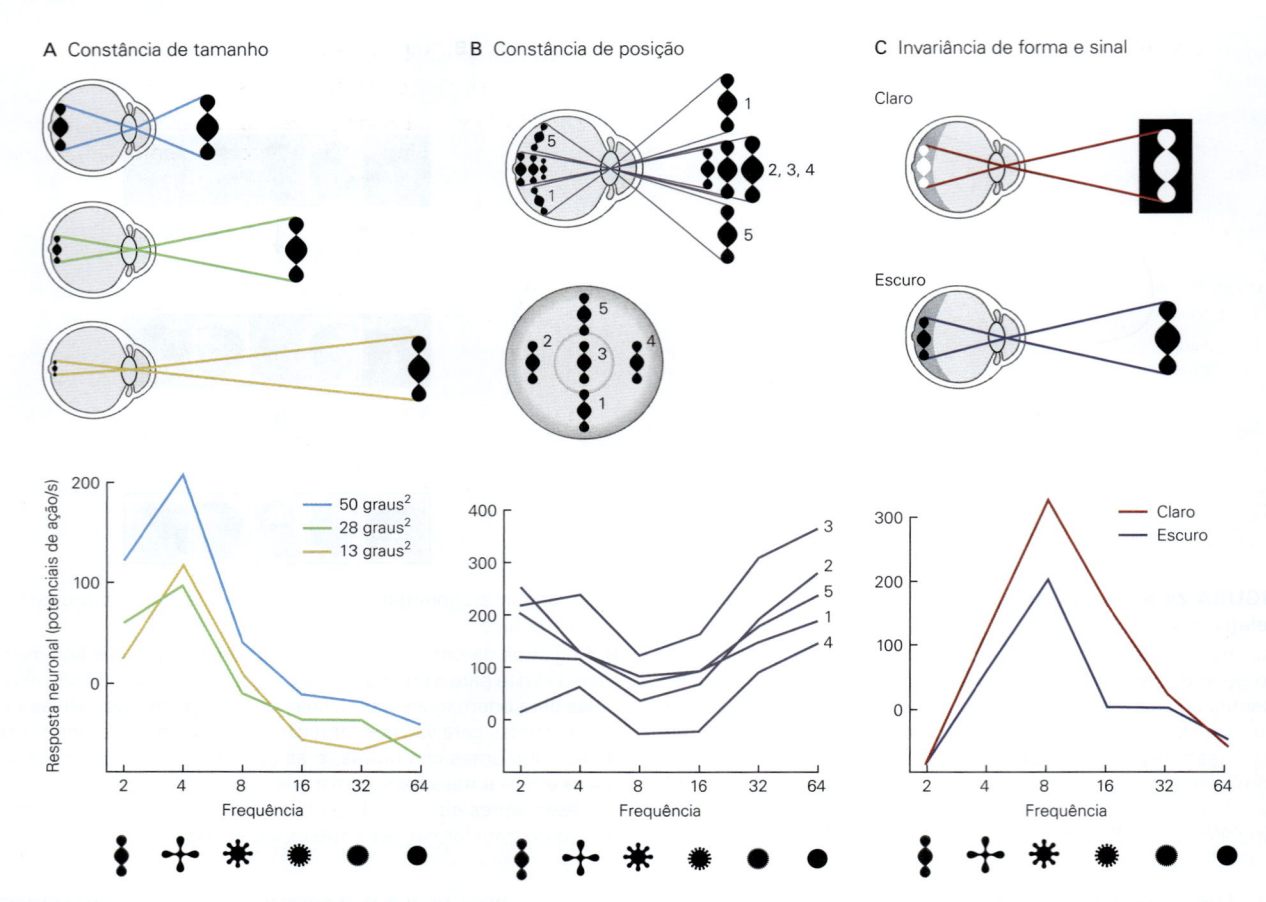

FIGURA 24-7 A constância perceptiva é refletida no comportamento dos neurônios no córtex temporal inferior. As respostas de muitos neurônios do córtex temporal inferior são seletivas para estímulos com uma determinada frequência (número) de lobos, mas invariantes ao tamanho, posição e refletância do objeto. (Reproduzida, com autorização, de Schwartz et al., 1983.)

A. *Constância de tamanho.* Um objeto é percebido como ele próprio mesmo quando o tamanho da imagem na retina diminui com a distância do objeto no campo visual. A resposta da maioria dos neurônios do córtex temporal inferior a mudanças substanciais na dimensão da imagem na retina é invariável, conforme ilustrado aqui pelo registro de uma única célula.

B. *Constância de posição.* Um objeto é percebido como ele próprio apesar das alterações na posição da imagem na retina. Quase todos os neurônios do córtex temporal inferior respondem de maneira similar a um mesmo estímulo em diferentes posições no campo visual, como ilustrado aqui pelo registro de um único neurônio.

C. *Invariância de forma e sinal.* Um objeto é percebido como ele próprio apesar das mudanças na refletância. A maioria dos neurônios do córtex temporal inferior responde de forma semelhante às duas imagens ilustradas, como mostrado no registro de um neurônio individual.

as manchas da face anterior fornecem mais informações sobre a identidade da face nas orientações da cabeça em comparação com as áreas posteriores da face. O grau de invariância ao ponto de visão alcançado no córtex temporal anterior inferior, por neurônios individuais e populações de neurônios, pode ser suficiente para explicar a invariância na perspectiva visual. Mas isso ainda não foi mostrado diretamente. Alternativamente, a invariância na perspectiva visual pode ser alcançada em um estágio mais superior do processamento cortical, como o córtex pré-frontal.

Estudos sobre as condições em que a invariância na perspectiva visual falha podem trazer informações sobre os mecanismos neurais do comportamento. Uma dessas condições é a apresentação de imagens no espelho. Embora imagens no espelho não sejam idênticas, elas muitas vezes são percebidas como tal, uma confusão que reflete uma identificação falso-positiva pelo sistema de invariância na perspectiva visual. Carl Olson e colaboradores examinaram as respostas dos neurônios em uma determinada região do córtex temporal inferior a estímulos com imagens espelhadas. Consistente com essa confusão perceptiva, muitos neurônios no córtex temporal inferior responderam de forma semelhante a ambas as imagens. Da mesma forma, em uma área da face entre as anteriores e posteriores descritas anteriormente, as células seletivas ao perfil respondem de maneira semelhante ao perfil esquerdo e direito de uma face. Esses resultados reforçam a conclusão de que a atividade no córtex temporal inferior reflete a invariância perceptiva, embora incorretamente nesse caso, em vez das características reais de um estímulo.

A percepção de categorias de objetos simplifica o comportamento

Todas as formas de constância perceptiva são o produto de tentativas do sistema visual de estabelecer uma generalização entre as diferentes imagens da retina geradas por um único objeto. Um tipo ainda mais geral de constância é a percepção de objetos individuais como pertencentes à mesma categoria semântica. As maçãs em uma cesta ou os vários aparecimentos da letra A em diferentes fontes, por exemplo, são fisicamente distintas, mas são percebidas sem esforço como *categoricamente* idênticas.

A percepção categórica é classicamente definida como a capacidade de distinguir melhor os objetos de diferentes categorias do que os objetos da mesma categoria. Por exemplo, é mais difícil discriminar entre duas luzes vermelhas que diferem em 10 nm no comprimento de onda do que discriminar entre luzes vermelha e laranja com a mesma diferença de comprimento de onda.

A percepção categórica simplifica o comportamento. Por exemplo, geralmente não importa se uma maçã é completamente esférica ou levemente manchada no lado esquerdo ou se o assento oferecido para uma pessoa é uma cadeira da marca Windsor ou Chippendale. Da mesma forma, a capacidade de leitura requer a capacidade de reconhecer o alfabeto em uma ampla variedade de estilos. Assim como as formas mais simples de constância perceptiva, a percepção categórica depende da capacidade do cérebro de extrair características invariáveis dos objetos vistos.

Existe uma população de neurônios que responde de maneira uniforme a objetos dentro de uma categoria e de modo distinto a objetos de categorias diferentes? Para testar isso, David Freedman, Earl Miller e colaboradores criaram um conjunto de imagens nas quais características de cães e gatos foram mescladas; as proporções de cão e gato nas imagens compostas variavam continuamente de um extremo ao outro. Macacos foram treinados para identificar esses estímulos de modo confiável tanto como cão quanto como gato. Miller e colaboradores registraram, então, as respostas de neurônios visualmente responsivos no córtex pré-frontal dorsolateral, uma região que recebe aferência direta do córtex temporal inferior. Esses neurônios não apenas exibiram as respostas seletivas à categoria previstas – respondendo bem ao gato, mas não ao cão, ou vice-versa –, mas o limite da categoria neuronal também correspondeu ao limite da categoria aprendido comportamentalmente (**Figura 24-8**). Em contraste, os neurônios no córtex temporal inferior representaram semelhança de características, não de categorias.

O fato de que agnosias para categorias específicas às vezes ocorrem após a lesão do lobo temporal sugere que existem neurônios no córtex temporal inferior que são seletivos para categorias semelhantes às dos neurônios do córtex pré-frontal. As células seletivas para o reconhecimento facial no córtex temporal parecem atender a esse critério, porque suas respostas a uma variedade de faces geralmente são semelhantes. No entanto, isso pode constituir um caso especial, enquanto, para a maioria das condições de estímulo, as respostas seletivas por categoria podem ser características dos neurônios no córtex pré-frontal, onde as respostas visuais são mais associadas ao significado comportamental dos estímulos.

A memória visual é um componente de processamento visual de nível superior

A experiência visual pode ser armazenada como memória, e a memória visual influencia o processamento da informação visual recebida. O reconhecimento de objetos, em particular, baseia-se em experiências anteriores do observador com esses objetos. Então, as contribuições do córtex temporal inferior para o reconhecimento de objetos devem ser mutáveis pela experiência.

Os estudos sobre o papel da experiência na percepção visual têm se concentrado em dois tipos distintos de plasticidade dependente da experiência. Um dos tipos de plasticidade decorre da exposição repetida ou prática, o que leva a melhorias na discriminação visual e na habilidade de reconhecimento de objetos. Essas mudanças dependentes da experiência constituem uma forma de aprendizagem implícita conhecida como aprendizagem perceptiva (Capítulo 23) O outro tipo ocorre em conexão com o armazenamento de aprendizado explícito, o aprendizado de fatos ou eventos que podem ser lembrados conscientemente (Capítulo 54).

O aprendizado visual implícito produz mudanças na seletividade de respostas neuronais

A capacidade de discriminar estímulos visuais complexos é altamente modificável pela experiência. Por exemplo, indivíduos atentos a diferenças sutis entre modelos de automóveis melhoram sua capacidade de reconhecer tais diferenças.

No córtex temporal inferior, a seletividade neuronal para objetos complexos pode sofrer alterações paralelas a mudanças na capacidade de distinguir objetos. Por exemplo, em um estudo realizado por Logothetis e colaboradores, macacos foram treinados para identificar novos objetos tridimensionais, como formas de arame dobradas aleatoriamente, a partir de visualizações bidimensionais dos objetos. Um treinamento extensivo levou a melhorias acentuadas na capacidade de reconhecer os objetos a partir da perspectiva bidimensional. Após o treinamento, foi encontrada uma população de neurônios que exibia marcante seletividade para as perspectivas dos objetos vistas anteriormente, mas não para outras perspectivas bidimensionais dos mesmos objetos (**Figura 24-9**).

Outros estudos com macacos mostraram que a familiarização de novos rostos altera a sintonia de neurônios seletivos ao reconhecimento da face no córtex temporal inferior. Da mesma forma, quando um animal tem experiência com novos objetos formados a partir de características simples, neurônios do córtex temporal inferior tornam-se seletivos para esses objetos. Tais alterações neuronais foram observadas como consequência do envolvimento do animal na discriminação ativa ou simplesmente na visualização passiva de estímulos visuais. Muitas vezes, essas alterações neuronais se manifestam mais como um aumento da seletividade neural do que como mudanças na taxa de disparo absoluta do neurônio. Essa sintonia é precisamente o tipo de mudança neuronal que pode estar envolvida nas melhorias na discriminação perceptiva dos estímulos visuais.

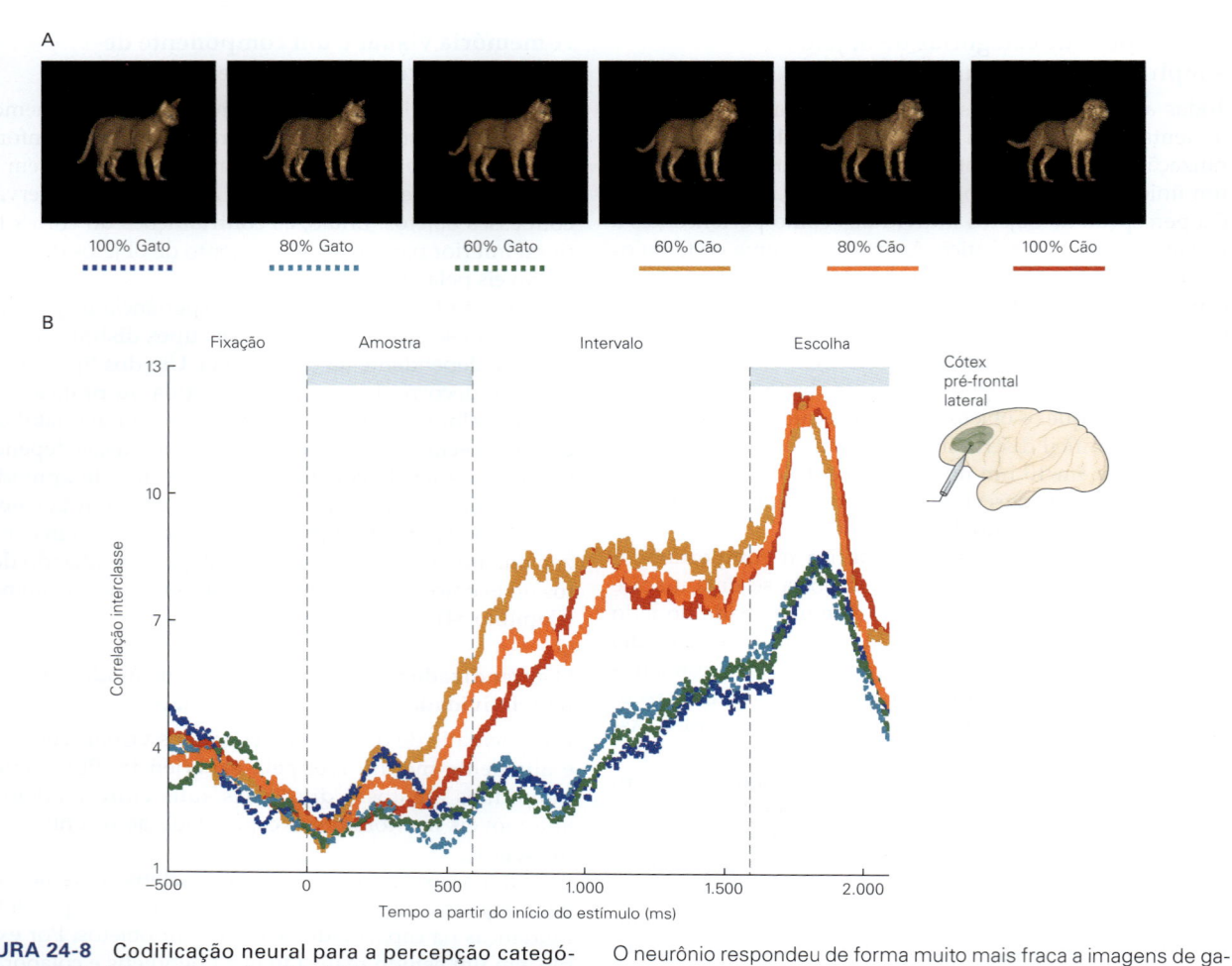

FIGURA 24-8 Codificação neural para a percepção categórica. (Reproduzida, com autorização, de Freedman et al., 2002.)
A. As imagens combinam características de gato e de cão em proporções variáveis. Macacos foram treinados para categorizar uma imagem como de gato ou de cão se ela tivesse 50% ou mais características daquele animal.
B. Histogramas de tempo de periestímulo ilustram as respostas de um neurônio do córtex pré-frontal às imagens mostradas na parte A.

O neurônio respondeu de forma muito mais fraca a imagens de gatos (100%, 80% e 60%) do que a imagens de cães (60%, 80% e 100%). As respostas às imagens da mesma categoria foram muito semelhantes, apesar das variações nas imagens da retina que foram tão grandes ou até maiores do que as diferenças nas imagens da retina entre as categorias. Assim, a célula foi específica à categoria. Tais respostas específicas à categoria foram comuns entre os neurônios visuais do córtex pré-frontal lateral.

O sistema visual interage com a memória de trabalho e com os sistemas de memória de longo prazo

O reconhecimento de objetos e o aprendizado estão intrinsecamente associados. De fato, o aprendizado pode gerar áreas inteiras de especialização funcional no córtex temporal inferior. Por exemplo, macacos que aprendem desde cedo a associar formas específicas (p. ex., um símbolo numérico) com magnitudes de recompensa específicas desenvolvem áreas cerebrais especializadas que processam essas formas específicas. Essas regiões do cérebro se desenvolvem perto das manchas faciais do lobo temporal discutidas anteriormente.

Duas questões relativas à interação entre visão e memória foram investigadas. Primeiro, como a informação visual é mantida na memória de trabalho de curto prazo? A memória de trabalho tem uma capacidade limitada, agindo como um tampão em um sistema operacional de computador, e a consolidação na memória de longo prazo é suscetível a interferências (Capítulo 54). Segundo, como as memórias visuais de longo prazo e as associações entre elas são armazenadas e evocadas?

Em uma tarefa visual de resposta tardia que requer acesso a informações do estímulo além da duração do estímulo (**Quadro 24-1**), muitos neurônios relacionados à visão nos córtices temporal inferior e pré-frontal continuam disparando durante o período tardio. Acredita-se que essa atividade de período tardio mantenha as informações na memória de trabalho de curto prazo (**Figura 24-11**). A atividade do período tardio nos córtices temporal inferior e pré-frontal difere de várias maneiras. Por um lado, a atividade no córtex temporal inferior está associada ao armazenamento a curto prazo de padrões visuais e informações de cores, enquanto a atividade no córtex pré-frontal codifica informações visuoespaciais e informações recebidas

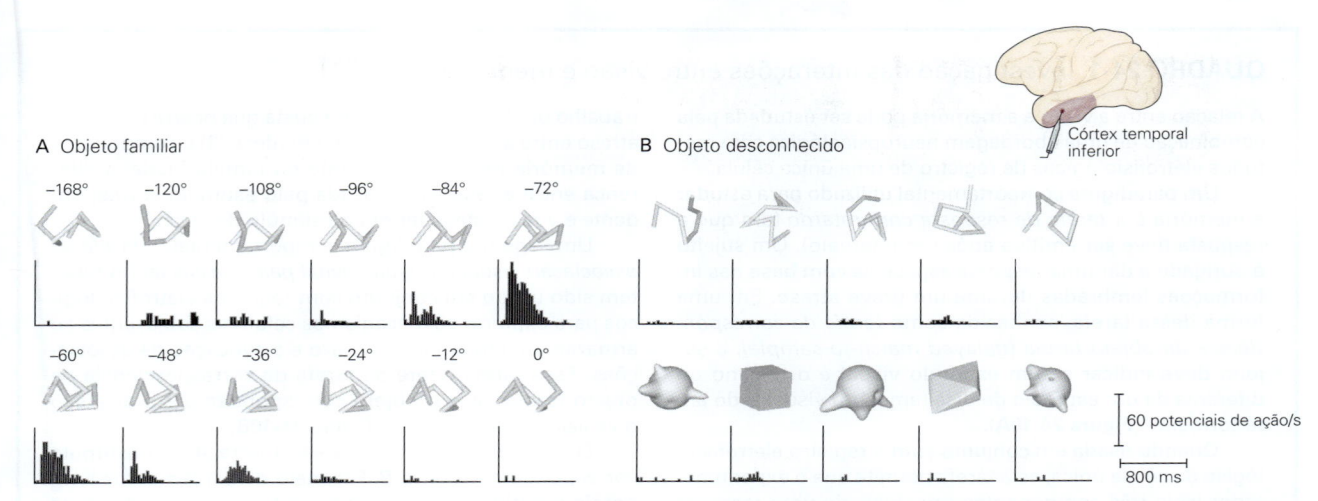

FIGURA 24-9 A familiaridade com determinados objetos complexos leva os neurônios do córtex temporal inferior a responderem seletivamente a esses objetos. (Reproduzida, com autorização, de Logothetis e Pauls, 1995. Copyright © 1995 Oxford University Press.)

A. Macacos foram treinados para reconhecer um arame dobrado de forma aleatória a partir de um conjunto de visualizações de duas dimensões do arame. A forma de arame foi girada 12° em vistas sucessivas. Uma vez que o desempenho do reconhecimento ficou estável a um nível elevado, os registros foram feitos de neurônios no córtex temporal inferior enquanto cada visualização era apresentada. Os histogramas de tempo do periestímulo mostram as respostas de um neurônio típico a cada visualização. Esse neurônio respondeu seletivamente às imagens que representavam uma pequena faixa de rotação do objeto.

B. Quando o mesmo neurônio foi testado com dois conjuntos de estímulos desconhecidos para o macaco, ele não respondeu a nenhum desses estímulos.

de outras modalidades sensoriais. A atividade do período tardio no córtex temporal inferior também parece estar intimamente sintonizada com a percepção visual, pois codifica a imagem da amostra, mas pode ser eliminada pelo aparecimento de outra imagem.

No córtex pré-frontal, por outro lado, é mais provável que a atividade de período tardio seja dependente dos requisitos da tarefa e não seja encerrada por sinais sensoriais posteriores, sugerindo que possa desempenhar um papel na recordação de memórias em longo prazo. Experimentos realizados por Earl Miller e colaboradores dão suporte a esse ponto de vista. Nesses experimentos, macacos foram treinados para associar vários pares de objetos, sendo testados em seguida. Eles foram então testados para saber se haviam aprendido essas associações pareadas, usando o seguinte procedimento. Primeiro, um único objeto (amostra) foi apresentado; então, após um breve período de atraso, um segundo objeto (teste) apareceu. O macaco foi instruído a indicar se o objeto de teste era o objeto pareado com a amostra durante o treinamento anterior.

Há dois modos possíveis de se resolver essa tarefa. Durante o período de atraso, o animal pode usar um código sensorial e manter uma representação do objeto da amostra *online* até o aparecimento do objeto de teste, ou pode se lembrar do associado objeto da amostra e manter as informações sobre o objeto associado *online* em um "código prospectivo" do que pode aparecer como o objeto de teste. Notavelmente, a atividade neuronal parece transitar de um para outro durante o intervalo. Neurônios no córtex pré-frontal inicialmente codificam as propriedades sensoriais do objeto – aquele que acabou de ser visualizado –, mas depois começam a codificar o objeto esperado (associado).

Como será visto, tal código de perspectiva no córtex pré-frontal pode ser a fonte de sinais descendentes para o córtex temporal inferior, ativando os neurônios que representam o objeto esperado e, assim, dando origem à lembrança consciente desse objeto.

A relação entre o armazenamento de memória declarativa de longa duração e o processamento visual foi explorada extensivamente no contexto das associações recordadas entre estímulos visuais. Há mais de um século, William James, um fundador da escola americana de psicologia experimental, sugeriu que o aprendizado de associações visuais fosse mediado por conectividade avançada entre os neurônios de codificação de estímulos individuais. Para testar essa hipótese, Thomas Albright e colaboradores treinaram macacos para associar objetos pareados que não tinham relação física ou semântica prévia. Os macacos foram testados mais tarde, enquanto eram realizados registros extracelulares de neurônios no córtex temporal inferior. Objetos que haviam sido pareados muitas vezes provocavam respostas neuronais semelhantes, como seria de se esperar se as conexões funcionais tivessem sido reforçadas, enquanto respostas induzidas por objetos não pareados não foram relacionadas. Registros de neurônios individuais do córtex temporal inferior, durante o período em que macacos estavam aprendendo novas associações visuais, mostraram que as respostas de uma célula a objetos pareados se tornaram mais semelhantes ao longo do treinamento (**Figura 24-12**). Mais importante ainda, as mudanças na atividade neuronal ocorreram na mesma escala de tempo que as mudanças no comportamento, e as mudanças na atividade neural dependiam do sucesso do aprendizado.

QUADRO 24-1 Investigação das interações entre visão e memória

A relação entre a visão e a memória pode ser estudada pela combinação de uma abordagem neuropsicológica com métodos eletrofisiológicos de registro de uma única célula.

Um paradigma comportamental utilizado para estudar a memória é a *tarefa de resposta com retardo* (em que a resposta deve ser emitida após um intervalo). Um sujeito é obrigado a dar uma resposta específica com base nas informações lembradas durante um breve atraso. Em uma forma dessa tarefa, conhecida como *tarefa de correspondência de objeto tardia (delayed match-to-sample)*, o sujeito deve indicar se um estímulo visual é o mesmo ou diferente de um estímulo de dica (amostra) visualizado anteriormente (**Figura 24-10A**).

Quando usada em conjunto com o registro eletrofisiológico de célula única, esta tarefa permite que o experimentador isole três componentes principais de uma resposta neuronal: (1) o componente sensorial, a resposta evocada pelo estímulo de dica; (2) o componente de memória de trabalho ou de curto prazo, a resposta que ocorre durante o atraso entre a pista e o correspondente; e (3) o componente de memória de reconhecimento ou familiaridade, a diferença entre a resposta evocada pelo estímulo correspondente e a resposta anterior ao estímulo de dica.

Um segundo paradigma comportamental, *a tarefa de associação visual pareada (visual paired-association task)*, tem sido usado em conjunto com registros eletrofisiológicos para explorar os mecanismos celulares subjacentes ao armazenamento em longo prazo e a evocação de associações. Essa tarefa difere da tarefa de correspondência de objeto tardia, pois o objeto correspondente e a dica são dois estímulos diferentes (**Figura 24-10B**).

O estímulo-modelo pode ser a letra *A*, e o estímulo correspondente, a letra *B*. Por meio de pareamentos temporais repetidos e de reforço condicional, os indivíduos aprendem que *A* e *B* são preditivos um do outro: eles estão associados.

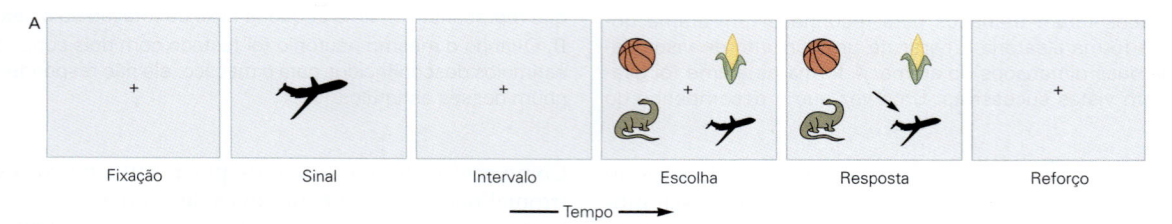

FIGURA 24-10A Tarefa de correspondência de objeto tardia. Neste paradigma, o teste inicia com o aparecimento de um ponto de fixação, que direciona a atenção e o olhar do indivíduo para o centro da tela do computador. Um estímulo de dica (a "amostra"), então, aparece brevemente, normalmente por 500 ms, seguido por um atraso no qual a tela fica em branco. O intervalo pode ser variado para se adequar às metas experimentais. Após o atraso, aparece a tela de escolha, que contém várias imagens, uma das quais é a sugestão (a "correspondência"). O sujeito deve responder escolhendo o estímulo de dica, normalmente pressionando um botão ou por uma olhada para o estímulo. Na tarefa ilustrada aqui, todas as imagens de teste aparecem de uma só vez (uma tarefa de correspondência do objeto simultânea). Elas também podem ser apresentadas sequencialmente (uma tarefa de correspondência do objeto sequencial). Embora a duração do teste possa ser mais longa para a tarefa sequencial, esse paradigma pode ser vantajoso para os estudos eletrofisiológicos, limitando os estímulos visuais presentes em qualquer momento.

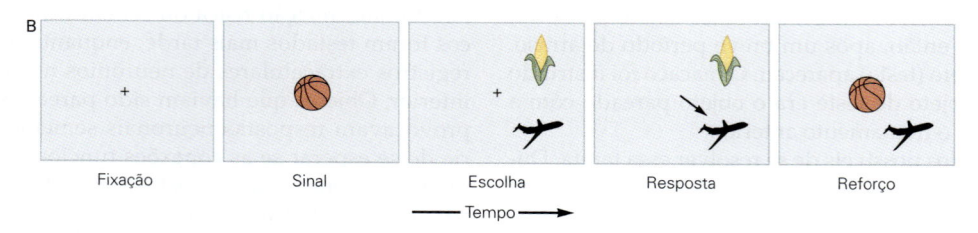

FIGURA 24-10B Tarefa de associação pareada. Este paradigma assemelha-se ao da correspondência de objeto, exceto que o modelo e os estímulos de teste não são os mesmos. No exemplo ilustrado, a bola de basquete é o estímulo de dica e o avião é o estímulo de correspondência designado pelo experimentador. Como esses estímulos não têm associação inerente, o sujeito deve descobrir a associação designada por meio do aprendizado de tentativa e erro. A tarefa é, portanto, estabelecer uma associação entre estímulos não idênticos. A tarefa de associação pareada também pode incorporar um intervalo entre a apresentação do modelo e dos estímulos de teste, e ser utilizada em ambas as formas, simultânea (como mostrado na figura) e sequencial.

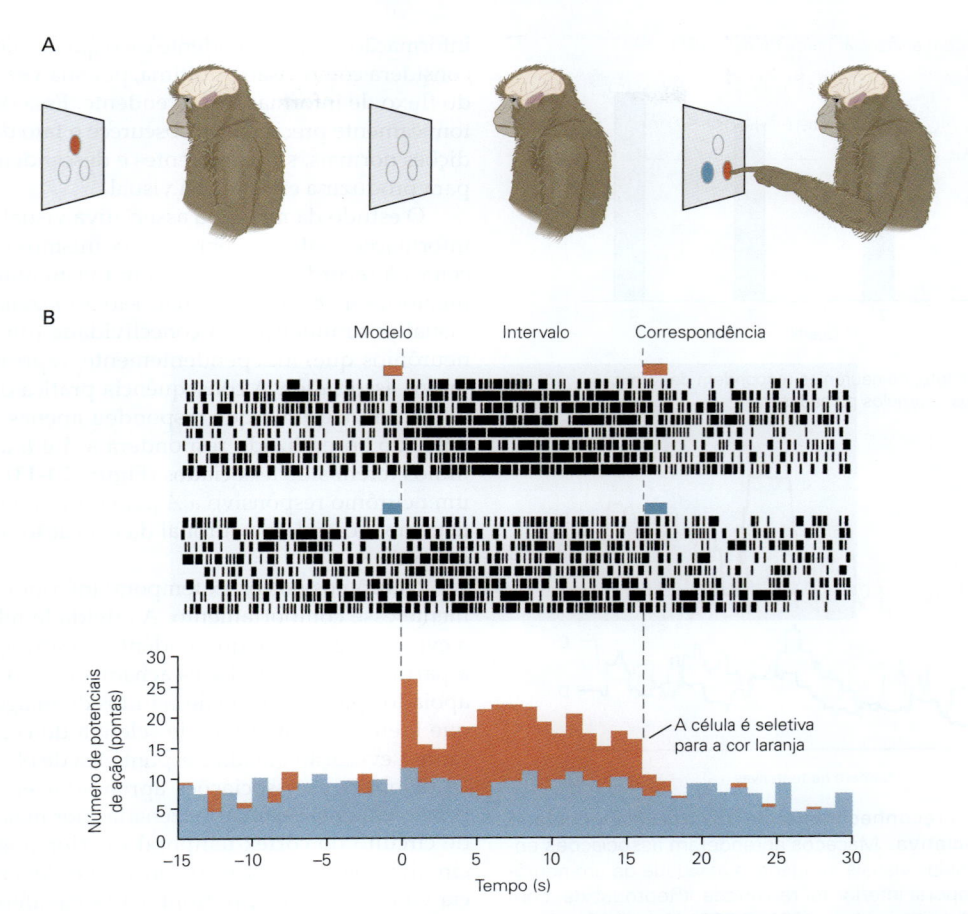

FIGURA 24-11 A atividade neural que representa um objeto é mantida enquanto o objeto é retido na memória de trabalho. (Reproduzida, com autorização, de Fuster e Jervey, 1982. Copyright © 1982 Society for Neuroscience.)

A. Macacos foram treinados para realizar uma tarefa de correspondência de objeto colorido. Por exemplo, um estímulo cor de laranja foi apresentado pela primeira vez, e, depois, o animal teve de escolher um estímulo cor de laranja entre muitos estímulos coloridos. A tarefa incorporou um pequeno intervalo (1 a 2 segundos) entre o estímulo modelo e o correspondente, durante o qual a informação sobre a cor-alvo correta foi mantida na memória de trabalho. A área **roxa** no cérebro do macaco indica o córtex temporal inferior.

B. Histogramas de tempo de periestímulo e gráficos de varredura de potenciais de ação ilustram as respostas de um único neurônio no córtex temporal inferior durante a tarefa de correspondência de objeto tardia. O registro superior é de testes em que a amostra era vermelha e o registro inferior é de testes em que era verde (mostrado aqui como **azul**). Os registros mostram que a célula responde preferencialmente aos estímulos cor de laranja. Em testes com um modelo azul, a atividade do neurônio não se altera, enquanto, em testes com um modelo cor de laranja, as células exibem uma breve salva de atividade após a apresentação do modelo e continuam disparando potenciais de ação durante todo o intervalo. Muitos neurônios visuais no córtex pré-frontal e no córtex temporal inferior apresentam esse tipo de comportamento.

Essas mudanças dependentes do aprendizado na seletividade de estímulos dos neurônios do córtex temporal inferior são duradouras, sugerindo que essa região cortical faz parte do circuito neural para memórias visuais associativas. Os resultados experimentais também apoiam a visão de que as associações aprendidas são implementadas rapidamente por mudanças na força das conexões sinápticas entre os neurônios que representam os estímulos associados.

Sabemos que o hipocampo e as áreas neocorticais do lobo temporal medial – córtex perirrinal, córtex entorrinal e córtex para-hipocampal – são essenciais tanto para a aquisição de memórias associativas visuais quanto para a plasticidade funcional do córtex temporal inferior. De fato, o trabalho de Yasushi Miyashita e colaboradores mostrou que os neurônios de associação pareada mencionados anteriormente são muito mais prevalentes no córtex perirrinal do que no córtex temporal inferior anterior. Assim, embora o aprendizado altere a seletividade de estímulos dos neurônios em ambas as áreas, a associação entre pares visualmente associados torna-se mais forte do córtex temporal inferior ao perirrinal (**Figura 24-2C**). O hipocampo e o lobo temporal medial podem facilitar a reorganização do circuito neuronal local no córtex temporal inferior, que é necessário para armazenar memórias visuais associativas. A reorganização em si pode ser uma forma de plasticidade hebbiana (Capítulo 49) iniciada pela coincidência temporal dos estímulos visuais associados.

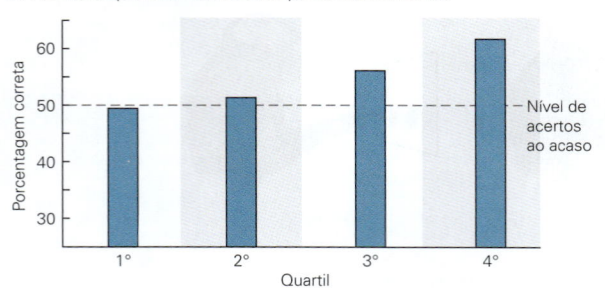

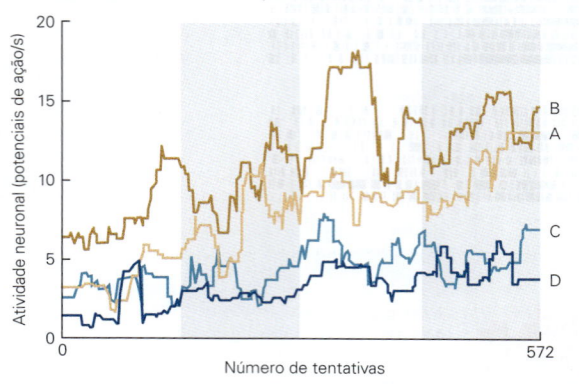

FIGURA 24-12 O reconhecimento de objetos está vinculado à memória associativa. Macacos aprenderam associações entre pares de estímulos visuais enquanto a atividade de um neurônio do córtex temporal inferior foi registrada. (Reproduzida, com autorização, de Messinger et al., 2001. © 2001 National Academy of Sciences.)

A. O desempenho em uma tarefa comportamental de associação pareada está representado no gráfico para cada quartil de uma única sessão de treinamento (572 tentativas). O animal recebeu quatro novos estímulos (A, B, C, D) e teve que aprender duas associações pareadas (A-B, C-D). Como esperado, o desempenho começou ao acaso (50% de acerto) e, gradualmente, melhorou quando o animal aprendeu as associações.

B. Média da frequência de disparos de um neurônio do córtex temporal inferior registrada durante o teste comportamental descrito na parte A. Cada traçado representa a frequência de disparos durante a apresentação de um dos quatro estímulos (A, B, C ou D). As respostas a todos os estímulos foram de magnitude semelhante no início. À medida que as associações pareadas foram aprendidas, as respostas neuronais aos estímulos pareados A e B começaram a se agrupar em um nível diferente das respostas aos estímulos pareados C e D. A atividade do neurônio, portanto, correspondia às associações aprendidas entre os dois pares.

A evocação associativa de memórias visuais depende da ativação de vias descendentes dos neurônios corticais que processam estímulos visuais

Uma das características mais intrigantes do processamento visual de nível superior é o fato de que a detecção de uma imagem em um campo visual e a lembrança da mesma imagem são subjetivamente similares. A primeira depende de informação visual ascendente e é o que tradicionalmente se considera como visão. A última, por sua vez, é um produto do fluxo de informação descendente. Essa distinção é anatomicamente precisa, mas obscurece o fato de que, em condições normais, sinais aferentes e descendentes colaboram para produzir a experiência visual.

O estudo da memória associativa visual tem fornecido informações valiosas sobre os mecanismos celulares subjacentes à recordação visual. Como visto anteriormente, as memórias associativas visuais são armazenadas no córtex visual por mudanças na conectividade funcional entre os neurônios que, independentemente, representam os estímulos associados. A consequência prática dessa mudança é que um neurônio que respondeu apenas ao estímulo A antes do aprendizado responderá a A e B após esses estímulos terem sido associados (**Figura 24-13**). A ativação de um neurônio responsivo a A pelo estímulo B pode ser vista como o correlato neuronal da evocação descendente do estímulo A.

Neurônios no córtex temporal inferior exibem precisamente esse comportamento. A atividade relacionada com a evocação guiada é quase idêntica à ativação ascendente a partir do estímulo. Esses achados neurofisiológicos são apoiados por uma série de estudos de imagens encefálicas que identificaram atividade seletiva do córtex visual durante a evocação guiada e espontânea de objetos.

Embora as associações aprendidas entre as imagens provavelmente sejam armazenadas por meio de mudanças de circuito no córtex temporal inferior, a ativação desses circuitos para a evocação consciente depende da aferência vinda do córtex pré-frontal. O sinal aferente para uma imagem entre um par de imagens poderia ser recebido pelo córtex temporal inferior e retransmitido para o córtex pré-frontal, onde a informação poderia ser mantida na memória de trabalho. Como vimos, o disparo contínuo de muitos neurônios pré-frontais durante o período tardio de uma tarefa de correspondência de objeto tardia representa inicialmente informações sobre a imagem modelo, mas muda para a imagem associada que se espera que venha a seguir. Sinais do córtex pré-frontal ao córtex temporal inferior ativariam seletivamente neurônios que representam a imagem associada, cuja ativação constituiria no correlato neural da evocação visual.

Destaques

1. Uma função chave da visão de nível superior é o reconhecimento de objetos. O reconhecimento de objetos confere significado à percepção visual. Como o eminente neuropsicólogo Hans-Lukas Teuber escreveu certa vez, a falha no reconhecimento de objetos "apareceria em sua forma mais pura como uma percepção normal que de alguma forma foi despojada de seu significado".

2. O reconhecimento de objetos é difícil, principalmente devido a mudanças na aparência com mudanças na posição, distância, orientação ou condições de iluminação, possivelmente tornando diferentes objetos de aparência semelhante. Construir modelos de computador

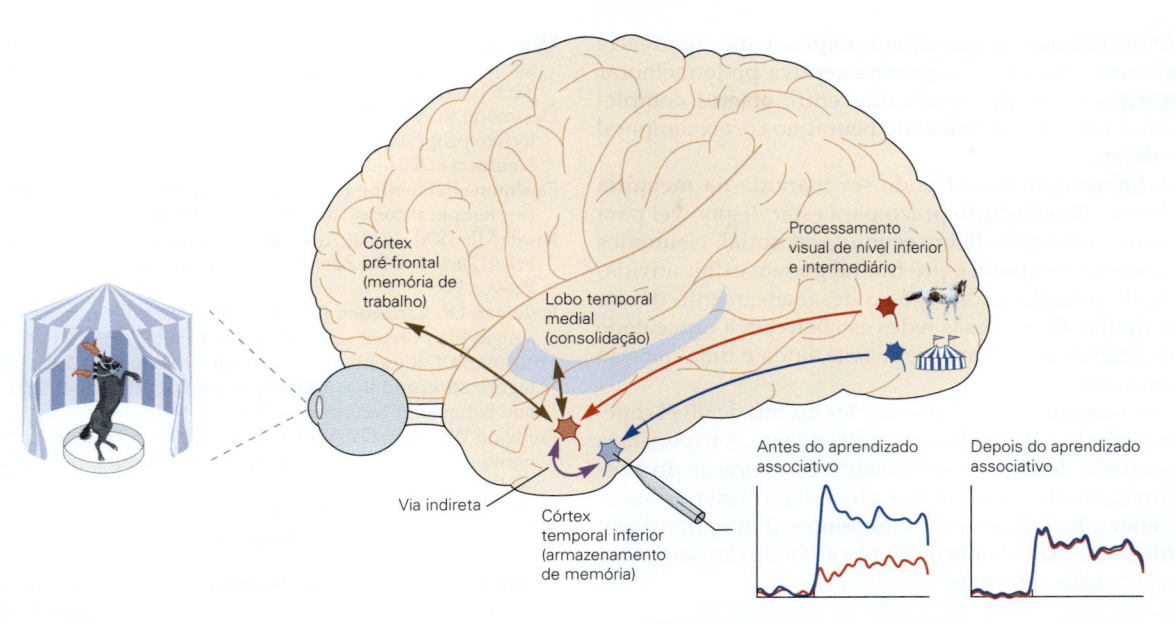

FIGURA 24-13 Circuitos para associação visual e evocação. Sinais ascendentes – sinais aferentes que transmitem informações sobre objetos no campo visual do observador – são combinados em representações de objetos no córtex temporal inferior. Antes do aprendizado associativo, um neurônio (**azul**) responde bem à tenda de circo, mas não ao cavalo. As associações aprendidas entre objetos são mediadas no córtex temporal inferior, fortalecendo as conexões entre os neurônios que representam cada um dos objetos pareados (a via indireta na figura). Assim, a evocação da tenda de circo após a apresentação do cavalo é alcançada pela ativação da via indireta. A ativação indireta também pode ser desencadeada pelo conteúdo da memória de trabalho (retroalimentação do córtex pré-frontal). Em condições normais, a percepção visual é o produto de uma combinação de aferências diretas e indiretas para neurônios do córtex temporal inferior.

que imitam as capacidades de reconhecimento de objetos de primatas é um grande desafio para pesquisas atuais e futuras.

3. O reconhecimento de objetos depende de uma região do lobo temporal chamada córtex temporal inferior. A informação visual que chega ao córtex temporal inferior já foi processada por meio de mecanismos de visão de nível inferior e intermediário.

4. Lesões no córtex temporal inferior causam agnosia visual, uma perda na capacidade de reconhecer objetos. Agnosia aperceptiva, a incapacidade de combinar ou copiar objetos complexos, distingue-se da agnosia associativa, o comprometimento da capacidade de reconhecer o significado ou função de um objeto. Prever a natureza exata de uma agnosia a partir do padrão de áreas lesionadas ou inativadas e, assim, passar da compreensão dos *correlatos* para a compreensão das *causas* das representações de objetos neurais é uma importante meta a ser alcançada no campo de reconhecimento de objetos e da neurologia.

5. Células individuais no córtex temporal inferior podem ser altamente seletivas para forma e respondem seletivamente, por exemplo, a uma mão ou a um rosto. Elas podem manter a seletividade em relação à posição, tamanho e até rotação – propriedades que podem explicar a constância perceptiva.

6. O córtex temporal inferior compreende um número ainda desconhecido de áreas com especializações funcionais muito diferentes. Embora a lógica funcional da organização geral permaneça desconhecida, sabemos que as células com seletividade semelhante se agrupam em colunas corticais e que as células de reconhecimento facial são organizadas em unidades maiores chamadas áreas de face.

7. O reconhecimento facial é provido por várias áreas de face, cada uma com uma especialização funcional exclusiva. Áreas de face são seletivamente acopladas para formar uma rede de processamento de face, que surgiu como um sistema modelo para visão de nível superior.

8. O córtex temporal inferior está interconectado com os córtices perirrinal e para-hipocampal para a formação da memória, com a amígdala para a atribuição de valência emocional aos objetos e com o córtex pré-frontal para categorização de objetos e memória de trabalho visual. Se as memórias associativas são armazenadas como padrões de conexões entre os neurônios, então quais são as contribuições específicas do hipocampo e de estruturas neocorticais do lobo temporal medial, e por quais mecanismos celulares eles exercem suas influências? A confluência das abordagens molecular, genética, celular, neurofisiológica e comportamental promete resolver esses e outros problemas.

9. Os objetos são percebidos como membros de uma categoria. Isso simplifica a seleção de comportamentos apropriados, que, muitas vezes, não dependem de detalhes do estímulo. Neurônios com seletividade categórica são encontrados no córtex pré-frontal dorsolateral, principal local de projeção do córtex temporal inferior.

10. O reconhecimento de objetos depende da experiência passada. A aprendizagem perceptiva pode melhorar a capacidade de discriminar entre objetos complexos e refinar a seletividade neural no córtex temporal inferior.
11. A informação visual pode ser mantida na memória de trabalho de curto prazo para estar disponível para além da duração de um estímulo sensorial. Neurônios no córtex temporal e pré-frontal podem exibir atividade de período tardio após o desaparecimento de um estímulo. Como essas redes estabelecem a capacidade de manter as informações *online* ainda é uma questão em aberto.
12. O processamento de informações visuais de nível superior muda com modulação descendente. A experiência sensorial de uma imagem à vista e a evocação do mesmo estímulo da memória são subjetivamente semelhantes. Neurônios no córtex temporal inferior exibem atividade semelhante durante a ativação descendente e a evocação por pistas.

Thomas D. Albright
Winrich A. Freiwald

Leituras selecionadas

Freedman DJ, Miller EK. 2008. Neural mechanisms of visual categorization: insights from neurophysiology. Neurosci Biobehav Rev 32:311–329.
Gross CG. 1999. *Brain, Vision, Memory: Tales in the History of Neuroscience*. Cambridge, MA: MIT Press.
Kanwisher N, McDermott J, Chun MM. 1997. The fusiform face area: a module in human extrastriate cortex specialized for face perception. J Neurosci 17:4302–4311.
Logothetis NK, Sheinberg DL. 1996. Visual object recognition. Annu Rev Neurosci 19:577–621.
McCarthy G, Puce A, Gore J, Allison T. 1997. Face-specific processing in the human fusiform gyrus. J Cog Neurosci 9:605–610.
Messinger A, Squire LR, Zola SM, Albright TD. 2005. Neural correlates of knowledge: stable representation of stimulus associations across variations in behavioral performance. Neuron 48:359–371.
Miller EK, Li L, Desimone R. 1991. A neural mechanism for working and recognition memory in inferior temporal cortex. Science 254:1377–1379.
Miyashita Y. 1993. Inferior temporal cortex: where visual perception meets memory. Annu Rev Neurosci 16:245–263.
Schlack A, Albright TD. 2007. Remembering visual motion: neural correlates of associative plasticity and motion recall in cortical area MT. Neuron 53:881–890.
Squire LR, Zola-Morgan S. 1991. The medial temporal lobe memory system. Science 253:1380–1386.
Ungerleider LG, Courtney SM, Haxby JV. 1998. A neural system for human visual working memory. Proc Natl Acad Sci U S A 95:883–890.

Referências

Baker CI, Behrmann M, Olson CR. 2002. Impact of learning on representation of parts and wholes in monkey inferotemporal cortex. Nat Neurosci 5:1210–1216.
Brown S, Schafer ES. 1888. An investigation into the functions of the occipital and temporal lobes of the monkey's brain. Philos Trans R Soc Lond B Biol Sci 179:303–327.
Damasio AR, Damasio H, Van Hoesen GW. 1982. Prosopagnosia: anatomic basis and behavioral mechanisms. Neurology 32:331–341.
Desimone R, Albright TD, Gross CG, Bruce CJ. 1984. Stimulus selective properties of inferior temporal neurons in the macaque. J Neurosci 8:2051–2062.
Desimone R, Fleming J, Gross CG. 1980. Prestriate afferents to inferior temporal cortex: an HRP study. Brain Res 184:41–55.
Farah MJ. 1990. *Visual Agnosia: Disorders of Object Recognition and What They Tell Us About Normal Vision*. Cambridge, MA: MIT Press.
Felleman DJ, Van Essen DC. 1991. Distributed hierarchical processing in the primate cerebral cortex. Cereb Cortex 1:1–47.
Freedman DJ, Riesenhuber M, Poggio T, Miller EK. 2002. Visual categorization and the primate prefrontal cortex: neurophysiology and behavior. J Neurophysiol 88:929–941.
Freiwald WA, Tsao DY. 2010. Functional compartmentalization and viewpoint generalization within the macaque face-processing system. Science 330:845–851.
Fujita I, Tanaka K, Ito M, Cheng K. 1992. Columns for visual features of objects in monkey inferotemporal cortex. Nature 360:343–346.
Fuster JM, Jervey JP. 1982. Neuronal firing in the inferotemporal cortex of the monkey in a visual memory task. J Neurosci 2:361–375.
Gross CG, Bender DB, Rocha-Miranda CE. 1969. Visual receptive fields of neurons in inferotemporal cortex of the monkey. Science 166:1303–1306.
Kosslyn SM. 1994. *Image and Brain*. Cambridge, MA: MIT Press.
Leibo JZ, Liao Q, Anselmi F, Freiwald WA, Poggio T. 2017. View-tolerant face recognition and Hebbian learning imply mirror-symmetric neural tuning to head orientation. Curr Biol 27:62–67.
Logothetis NK, Pauls J. 1995. Psychophysical and physiological evidence for viewer-centered object representations in the primate. Cereb Cortex 5:270–288.
Messinger A, Squire LR, Zola SM, Albright TD. 2001. Neuronal representations of stimulus associations develop in the temporal lobe during learning. Proc Natl Acad Sci U S A 98:12239–12244.
Miyashita Y, Chang HS. 1988. Neuronal correlate of pictorial short-term memory in the primate temporal cortex. Nature 331:68–70.
Rainer G, Rao SC, Miller EK. 1999. Prospective coding for objects in primate prefrontal cortex. J Neurosci 19:5493–5505.
Rollenhagen JE, Olson CR. 2000. Mirror-image confusion in single neurons of the macaque inferotemporal cortex. Science 287:1506–1508.
Sakai K, Miyashita Y. 1991. Neural organization for the long-term memory of paired associates. Nature 354:152–155.
Schwartz EL, Desimone R, Albright TD, Gross CG. 1983. Shape recognition and inferior temporal neurons. Proc Natl Acad Sci U S A 80:5776–5778.
Suzuki WA, Amaral DG. 2004. Functional neuroanatomy of the medial temporal lobe memory system. Cortex 40:220–222.
Tanaka K. 2003. Columns for complex visual object features in the inferotemporal cortex: clustering of cells with similar but slightly different stimulus selectivities. Cereb Cortex 13:90–99.
Teuber HL. 1968. Disorders of memory following penetrating missile wounds of the brain. Neurology 18:287–288.
Tomita H, Ohbayashi M, Nakahara K, Hasegawa I, Miyashita Y. 1999. Top-down signal from prefrontal cortex in executive control of memory retrieval. Nature 401:699–703.
Tsao DY, Freiwald WA, Tootell RB, Livingstone MS. 2006. A cortical region consisting entirely of face-selective cells. Science 311:670–674.
Wheeler ME, Petersen SE, Buckner RL. 2000. Memory's echo: vivid remembering reactivates sensory-specific cortex. Proc Natl Acad Sci U S A 97:11125–11129.

25

Processamento visual para atenção e ação

O encéfalo compensa os movimentos oculares para criar uma representação estável do mundo visual

    Comandos motores para os movimentos oculares sacádicos são copiados para o sistema visual

    A propriocepção oculomotora pode contribuir para a percepção e o comportamento espacialmente precisos

O escrutínio visual é conduzido por circuitos de atenção e excitação

O córtex parietal fornece informações visuais para o sistema motor

Destaques

O ENCÉFALO HUMANO TEM UMA CAPACIDADE INCRÍVEL de direcionar a ação para objetos no mundo visual – um bebê pegando um objeto, um jogador de tênis batendo uma bola, um artista olhando para uma modelo. Essa habilidade requer que o sistema visual resolva três problemas: fazer uma análise espacialmente precisa do mundo visual, escolher o objeto de interesse do turbilhão de estímulos no mundo visual e transferir informações sobre a localização e detalhes do objeto para o sistema motor.

O encéfalo compensa os movimentos oculares para criar uma representação estável do mundo visual

Embora o sistema visual produza representações vívidas de nosso mundo visual, conforme descrito nos capítulos anteriores, uma imagem visual não é como um registro fotográfico instantâneo, mas é construída dinamicamente a partir de informações transmitidas em várias vias neurais discretas dos olhos. Quando olhamos para uma pintura, por exemplo, a exploramos com uma série de movimentos rápidos dos olhos (sacadas ou movimentos oculares sacádicos) que redirecionam a fóvea para diferentes objetos de interesse no campo visual. O encéfalo deve levar em conta esses movimentos oculares ao produzir uma imagem visual interpretável a partir dos estímulos de luz na retina.

À medida que cada sacada traz um novo objeto para a fóvea, a imagem de todo o mundo visual muda na fóvea. Essas mudanças ocorrem várias vezes por segundo, de modo que, após vários minutos, o registro do movimento é uma confusão (**Figura 25-1**). Com um movimento tão constante, as imagens visuais deveriam se assemelhar a um vídeo amador, em que a imagem gira, porque o operador da câmera não é habilidoso em segurar a câmera com firmeza. Na verdade, porém, nossa visão é tão estável que normalmente não temos consciência dos efeitos visuais dos movimentos oculares sacádicos. Isso ocorre porque o encéfalo faz ajustes contínuos nas imagens que caem na retina após cada movimento ocular sacádico.

Um experimento de laboratório simples, mostrado na **Figura 25-2**, ilustra o desafio biológico para o encéfalo.

Comandos motores para os movimentos oculares sacádicos são copiados para o sistema visual

A primeira percepção sobre os mecanismos encefálicos subjacentes à estabilidade visual veio de uma observação feita por Hermann von Helmholtz no século XIX. Ele viu um paciente que não conseguia mover o olho horizontalmente em direção à orelha por causa de uma paralisia do músculo reto lateral. Sempre que o paciente tentava olhar em direção à orelha, todo o mundo visual saltava na direção oposta e depois voltava ao centro do olhar.

Helmholtz postulou que uma cópia do comando motor para cada movimento ocular sacádico era fornecida ao sistema visual para que a representação do mundo visual pudesse ser ajustada para compensar o movimento dos olhos. Esse ajuste levaria a uma imagem estável do mundo visual. No século XIX, Helmholtz chamou essa cópia de "senso de esforço" e, no século XX, foi chamada de cópia de eferência ou descarga corolária.

A descarga corolária resolve o problema dos movimentos oculares sacádicos duplos. Para que uma descarga corolária afete a percepção visual através dos movimentos oculares, a informação motora deve afetar a atividade dos neurônios visuais. Isso é precisamente o que acontece com

FIGURA 25-1 Movimentos oculares durante a visão. Um indivíduo visualizou esta pintura (*Um visitante inesperado*, de Ilya Repin) por vários minutos, fazendo movimentos oculares sacádicos dirigidos a pontos de fixação selecionados, principalmente para faces. As linhas indicam os movimentos oculares sacádicos, e os pontos indicam pontos de fixação. (Reproduzida, com autorização, de Yarbus, 1967.)

os neurônios do córtex parietal, campo ocular frontal, córtex visual pré-estriatal e colículo superior quando um macaco faz um movimento ocular sacádico. Cada movimento ocular sacádico pode ser considerado um vetor com duas dimensões – direção e amplitude. Embora a imagem na retina seja diferente após cada movimento ocular sacádico, o encéfalo pode usar o vetor de cada movimento ocular sacádico para reconstruir toda a cena visual a partir da sequência de imagens da retina.

A descarga corolária pode ser vista ao nível de uma única célula. Estudos fisiológicos no macaco Rhesus, um animal cujos sistemas oculomotor e visual se assemelham aos dos humanos, esclareceram o problema. Toda vez que um macaco faz um movimento ocular sacádico, um estímulo atualmente não no campo receptivo de um neurônio na área intraparietal lateral e, portanto, incapaz de excitar o neurônio, excitará o neurônio se o movimento ocular sacádico iminente trouxer o estímulo para o campo receptivo, mesmo antes do movimento ocular sacádico ocorrer (**Figura 25-3**). Assim, uma descarga corolária do movimento ocular sacádico iminente afeta a capacidade de resposta visual do neurônio parietal.

Esse remapeamento transitório do campo receptivo explica como os sujeitos podem realizar a tarefa de duas etapas. Considere o diagrama na **Figura 25-2A**. A tarefa começa com o macaco direcionando o olhar para o ponto de fixação (PF). Depois que o macaco faz o primeiro movimento ocular sacádico, o vetor da retina A→B' não é mais útil para fazer o movimento ocular sacádico A→B. No entanto, o movimento ocular sacádico PF→A remapeia a atividade da célula descrevendo o vetor A→B, de modo que responde ao alvo na localização na retina de B, que não estava em seu campo receptivo quando o macaco estava olhando para o PF. O remapeamento é encontrado em várias áreas corticais e subcorticais, incluindo área intraparietal lateral, campo ocular frontal, área intraparietal medial, camadas intermediárias do colículo superior e áreas pré-estriatais V4, V3a e V2. Como veremos, o remapeamento facilita tanto a percepção visual no tempo de um movimento ocular sacádico quanto a precisão do movimento guiado visualmente.

A primeira questão que isso levanta é: como o encéfalo obtém o vetor do movimento ocular sacádico que realimenta o sistema visual? Sabemos por décadas de pesquisa que o comando motor para o vetor é representado no colículo superior no teto do mesencéfalo (Capítulo 35). Cada neurônio no colículo superior é sintonizado nos movimentos oculares sacádicos de um determinado vetor, de modo que os neurônios coletivamente fornecem um mapa dos vetores de todos os movimentos oculares sacádicos possíveis. A inativação do colículo superior afeta a capacidade do macaco de fazer movimentos oculares sacádicos. A estimulação elétrica do colículo superior evoca sacadas do vetor descrito pelos neurônios no local da estimulação. Mas isso fornece os vetores que realmente dirigem o olho, não os vetores que informam a percepção sobre o vetor do movimento ocular sacádico. Como a informação vetorial usada para mover o olho se torna disponível para processos encefálicos que não movem o olho, mas requerem informações sobre como ele se moveu?

Uma vez que os vetores para mover o olho foram identificados no colículo superior, é razoável esperar que isso também possa ser a fonte de uma descarga corolária. De fato, é. O colículo superior tem vias descendentes para gerar os movimentos oculares sacádicos e vias ascendentes para o córtex cerebral que poderiam conduzir a descarga corolária do movimento iminente (**Figura 25-4**). As vias para o córtex passam pelo tálamo, assim como todas as informações internas e quase todas as externas que chegam ao córtex cerebral.

O sinal motor no tálamo não é necessariamente uma descarga corolária; também pode ser um comando de movimento que simplesmente passa pelo córtex cerebral. Não é esse o caso, no entanto, porque a inativação dessa via no tálamo não altera a amplitude e a direção dos movimentos oculares sacádicos. Não está dirigindo os movimentos oculares sacádicos. É mais provável que seja uma descarga corolária. Após a inativação da via talâmica, os macacos não conseguem realizar com precisão o segundo movimento ocular

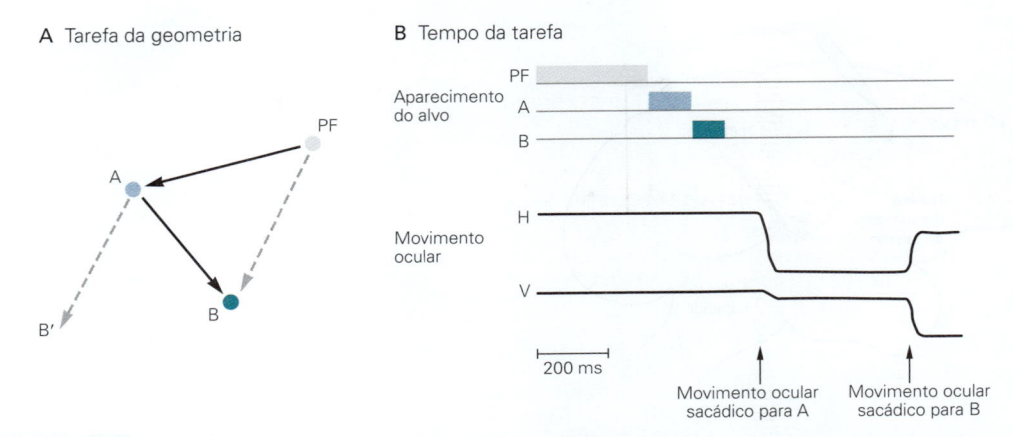

FIGURA 25-2 A tarefa de duas etapas ilustra como o encéfalo estabiliza as imagens durante os movimentos oculares sacádicos.

A. Um sujeito começa olhando para um ponto de fixação (**PF**) que desaparece, após o qual dois alvos de movimento ocular sacádico A e B aparecem e desaparecem sequencialmente antes que o sujeito possa fazer o movimento ocular sacádico. O primeiro movimento ocular sacádico (para atingir A) é simples. O vetor retinal (PF→A) e os vetores sacádicos são os mesmos. Após o primeiro movimento ocular sacádico, o sujeito está olhando para A. O vetor retiniano é A→B', mas o macaco deve fazer um movimento ocular sacádico cujo vetor é A→B. O encéfalo deve ajustar o vetor da retina para compensar o primeiro movimento ocular sacádico.

B. Cronograma. Os registros superiores mostram quando os alvos aparecem (**barras coloridas**). (Siglas: H, horizontal; V, vertical.)

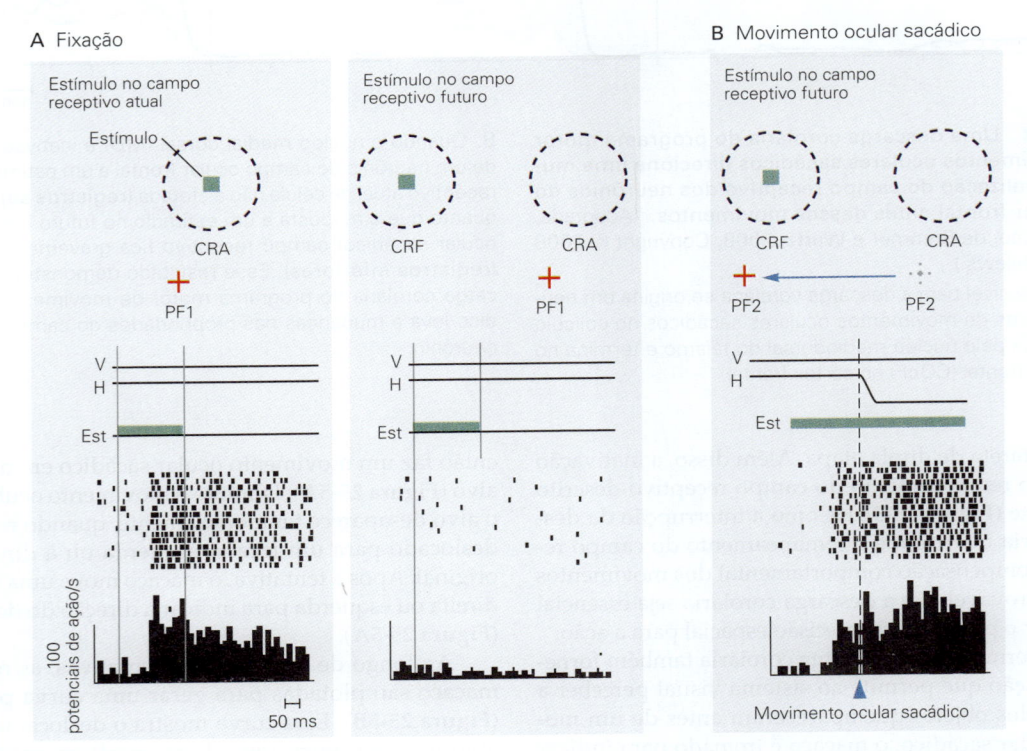

FIGURA 25-3 Remapeamento do campo receptivo de um neurônio visual no córtex parietal de um macaco em conjunto com movimentos oculares sacádicos. (A [esquerda] e B adaptadas, com autorização, de Duhamel, Colby e Goldberg, 1992. A [direita] reproduzida, com autorização, de M.E. Goldberg.)

A. *À esquerda:* O macaco olha para o ponto de fixação 1 (**PF1**), e a célula responde ao início abrupto de um estímulo irrelevante para a tarefa no campo receptivo atual (**CRA**). Tentativas sucessivas são sincronizadas na aparência do estímulo. (Siglas: H, posição horizontal dos olhos; V, posição vertical dos olhos.) *À direita:* O macaco olha para PF1, e a célula não responde a um estímulo emitido no campo receptivo futuro (**CRF**).

B. O macaco faz um movimento ocular sacádico do PF1 ao PF2, que trará o campo receptivo da célula para o estímulo no CRF. Agora a célula dispara antes mesmo do início do movimento ocular sacádico, o que significa que uma descarga corolária do movimento ocular sacádico planejado remapeou a área da retina à qual a célula responde.

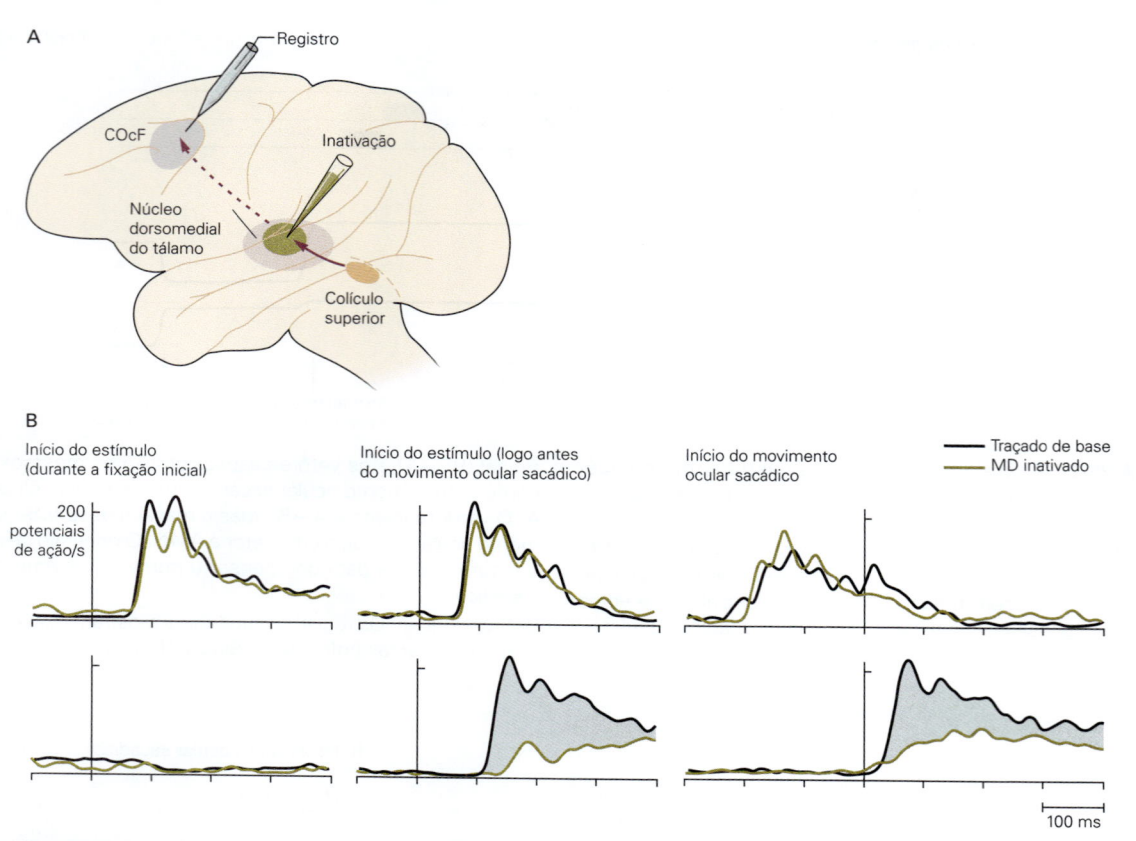

FIGURA 25-4 Uma descarga corolária do programa motor para os movimentos oculares sacádicos direciona uma mudança na localização do campo receptivo dos neurônios do campo ocular frontal antes desses movimentos. (Adaptada, com autorização, de Sommer e Wurtz, 2008. Copyright © 2008 por Annual Reviews.)

A. Uma via possível para a descarga corolária se origina em neurônios geradores de movimentos oculares sacádicos no colículo superior, passa pelo núcleo mediodorsal do tálamo e termina no campo ocular frontal (**COcF**) no córtex frontal.

B. Quando o núcleo medial dorsal (**MD**) é inativado, a resposta de um neurônio do campo ocular frontal a um estímulo no campo receptivo atual da célula não é afetada (**registros superiores**), enquanto que a resposta a um estímulo no futuro (pós-movimento ocular sacádico) campo receptivo fica gravemente prejudicada (**registros inferiores**). Esse resultado demonstra que uma descarga corolária do programa motor de movimento ocular sacádico leva a mudanças nas propriedades do campo receptivo do neurônio.

sacádico da tarefa de dupla etapa. Além disso, a inativação interrompe o remapeamento do campo receptivo descrito anteriormente (**Figura 25-3B**). Como a interrupção da descarga corolária interrompe o remapeamento do campo receptivo e a compensação comportamental dos movimentos oculares, é provável que a descarga corolária seja essencial para resolver o problema da precisão espacial para a ação.

Para determinar se a descarga corolária também fornece a informação que permite ao sistema visual perceber a localização dos objetos que apareceram antes de um movimento ocular sacádico, o macaco é treinado para indicar para onde ele pensa que seus olhos estão direcionados no final do movimento ocular sacádico. Podemos medir para onde o sistema motor moveu o olho, mas o que queremos saber é a percepção do macaco da mudança na direção do olho a cada movimento ocular sacádico. Isso pode ser determinado usando uma tarefa desenvolvida para humanos por Heiner Deubel e colaboradores e adaptada para macacos. Nessa tarefa, o macaco olha para um ponto de fixação e então faz um movimento ocular sacádico em direção a um alvo (**Figura 25-5A**). Durante o movimento ocular sacádico, o alvo desaparece temporariamente; quando reaparece, foi deslocado para um local à esquerda ou à direita do alvo original. Após a tentativa, o macaco move uma barra para a direita ou esquerda para indicar a direção do deslocamento (**Figura 25-5A**).

Ao longo de uma série de tentativas, as respostas do macaco são plotadas para gerar uma curva psicométrica (**Figura 25-5B**). Essa curva mostra o deslocamento real do alvo intrassacádico (eixo horizontal) na mesma direção (para frente) ou em direção oposta (para trás) do movimento ocular sacádico inicial e com que frequência o macaco relata que foi movido para frente (eixo vertical). O macaco respondeu que o alvo avançou 100% do tempo quando o alvo estava 3° para a direita. Quando o alvo se moveu 3° para a esquerda, o macaco respondeu que nunca havia se movido para frente. O ponto na curva psicométrica onde o macaco relatou deslocamentos para frente e para trás com

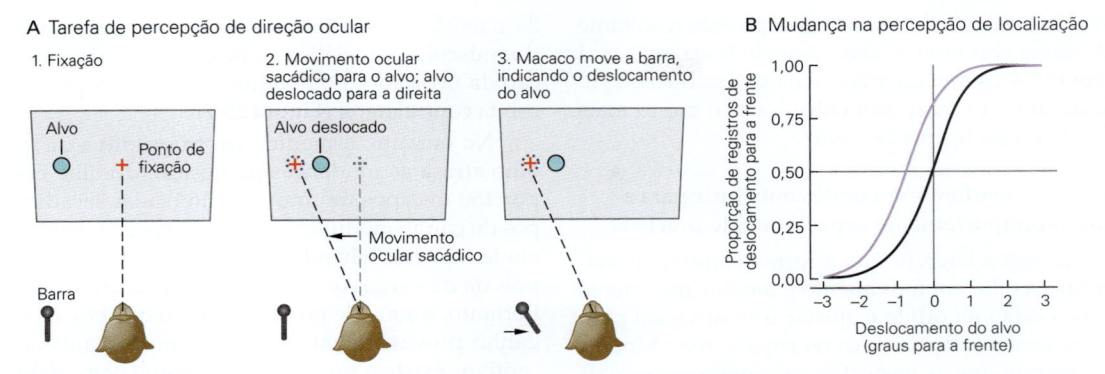

FIGURA 25-5 Mudanças percebidas na direção do movimento ocular sacádico com interrupção da descarga corolária.

A. No início de cada tentativa, o macaco fixa um alvo em uma tela (1). Quando o ponto de fixação é desligado, o macaco faz um movimento ocular sacádico ao alvo; durante o movimento ocular sacádico, o alvo é deslocado aleatoriamente (até 3°) para a esquerda ou para a direita (2). Após o movimento ocular sacádico até o alvo original, o macaco recebe uma recompensa por mover manualmente uma barra na direção do deslocamento do alvo (3).

B. Curvas psicométricas antes (**preto**) e após (**roxo**) inativação do núcleo mediodorsal do tálamo, que contém os neurônios retransmissores para a descarga corolária em sua via entre o colículo superior e o córtex frontal. A curva mostra a proporção de julgamentos para frente (na direção do movimento ocular sacádico) (eixo y) para cada deslocamento do alvo (eixo x). A localização do alvo pós-movimento ocular sacádico na qual o macaco não percebeu o deslocamento é definida como a localização perceptiva nula. (Adaptada, com autorização, de Cavanaugh et al., 2016.)

igual frequência (a linha horizontal de 50%) foi considerado o ponto nulo perceptivo. Tomamos esse ponto como a percepção do macaco da localização original do alvo. Se o alvo não for percebido em movimento, deve estar no mesmo local de antes do movimento ocular sacádico; em um macaco normal, esse ponto é próximo de zero (**Figura 25-5B**).

Agora temos uma descarga corolária que pode fornecer o vetor para cada movimento ocular sacádico e uma tarefa para um macaco que nos permite determinar onde ele percebe que o alvo está no final do movimento ocular sacádico. Se a descarga corolária contribui para a percepção do macaco, então a inativação da descarga corolária deveria mudar a percepção do local do alvo pelo animal. E ela muda. A curva roxa na **Figura 25-5B** representa a localização percebida após a inativação da descarga corolária; a curva se desloca para a esquerda após a inativação do núcleo mediodorsal do tálamo. A conclusão é que a descarga corolária fornece o vetor do movimento ocular sacádico, que é necessário para o macaco perceber que o alvo se moveu. Com cada movimento ocular sacádico, as informações de descarga corolária fornecem informações perceptivas para determinar a amplitude e a direção do movimento ocular sacádico atual, e o faz com precisão de máquina várias vezes por segundo.

A descarga corolária fornece as informações vetoriais disponíveis antes da realização do movimento ocular sacádico, mas não é a única fonte de informação. Dois outros tipos de informação devem ser avaliados após a realização do movimento ocular sacádico: pistas visuais e propriocepção do músculo ocular. É improvável que as pistas visuais interfiram no experimento perceptivo descrito (**Figura 25-5**), porque o experimento foi feito na escuridão total, exceto pela luz espalhada do ponto de fixação muito escuro e do alvo do movimento ocular sacádico. Na luz, no entanto, as pistas visuais poderiam influenciar? Na verdade, repetir o experimento na luz não melhorou o julgamento do macaco e frequentemente o piorou.

É improvável que a propriocepção oculomotora forneça as informações do vetor no final do movimento ocular sacádico porque, em média, as métricas desses movimentos antes e durante a inativação não mudam, portanto, há poucas razões para esperar que a propriocepção muscular tenha mudado. Além disso, enquanto a descarga corolária começa pelo menos 100 ms antes do movimento ocular sacádico, a atividade neuronal da propriocepção oculomotora atinge a área intraparietal lateral cerca de 150 ms após o movimento ocular sacádico. Como veremos na próxima seção, o papel da propriocepção na percepção pode ser fornecer informações muito depois do término do movimento ocular sacádico.

Finalmente, há uma segunda potencial ruptura da visão produzida pelos movimentos oculares sacádicos: uma imagem desfocada que aparece quando o movimento ocular sacádico varre a cena visual através da retina. A imagem desfocada não é vista, no entanto, porque a atividade neuronal em várias áreas visuais é suprimida no tempo de cada movimento ocular sacádico. Essa chamada supressão sacádica foi vista pela primeira vez no colículo superior e posteriormente foi vista no tálamo e em áreas do córtex visual, além do córtex visual primário.

Uma descarga corolária contribui para essa supressão da atividade neuronal porque a supressão ocorre mesmo na escuridão total (sem visão) e mesmo se o movimento dos olhos estiver bloqueado (sem propriocepção). A supressão também pode ser produzida pelo mascaramento visual, que ocorre quando um estímulo reduz a percepção de um estímulo seguinte ou anterior. Se um movimento ocular sacádico começa na escuridão total e um objeto é iluminado e apagado antes que o movimento ocular sacádico termine, um borrão pode ser visto durante o movimento ocular sacádico. Se uma máscara for exibida após o movimento ocular sacádico, a imagem desfocada será suprimida. Um correlato de tal efeito de mascaramento é visto claramente em neurônios no córtex visual primário. A supressão resultante de uma descarga corolária é relativamente fraca, mas está presente em todos os movimentos oculares sacádicos; a supressão resultante do mascaramento visual é muito mais forte, mas está presente apenas na luz.

A propriocepção oculomotora pode contribuir para a percepção e o comportamento espacialmente precisos

Charles Sherrington sugeriu que a forma como o encéfalo compensa um olho em movimento é medir diretamente onde os olhos estão na órbita e ajustar o sinal visual para mudanças de posição. Richard Andersen e Vernon Mountcastle descobriram que as respostas dos neurônios visuais parietais com campos retinotópicos receptivos são moduladas pela posição do olho na órbita de uma forma linear chamada *campo de ganho* (**Figura 25-6**). A partir dessa relação, a posição de um objeto em coordenadas centradas na cabeça (craniotópicas) pode ser facilmente calculada.

De onde vem o sinal de posição do olho que cria os campos de ganho? Pode vir de uma descarga corolária da posição dos olhos ou pode vir de um mecanismo proprioceptivo. Os músculos do olho humano têm duas estruturas que podem contribuir para a propriocepção oculomotora: fusos musculares e cilindros miotendinosos, ou terminações em paliçada, uma estrutura específica do olho. A área 3a, a região do córtex somatossensorial para a qual os fusos do músculo esquelético se projetam, tem uma representação da posição do olho, que surge de proprioceptores na órbita contralateral (**Figura 25-7**).

No entanto, a medida proprioceptiva da posição do olho atrasa as mudanças na posição do olho em 60 ms, e por 150 ms após um movimento ocular sacádico, os campos de ganho modulam a resposta visual como se o macaco ainda estivesse olhando para o alvo pré-sacádico, muito depois da descarga corolária ter remapeado a resposta visual. Portanto, o sinal de posição do olho que cria os campos de ganho provavelmente surge de um mecanismo proprioceptivo. Existe a possibilidade de que o encéfalo calcule a localização espacial de um objeto que apareceu antes de um movimento do olho usando dois mecanismos: uma descarga corolária que é rápida e um sinal proprioceptivo que é lento, mas pode ser mais preciso que a descarga corolária. O sinal proprioceptivo também pode ser usado para calibrar a descarga corolária.

O escrutínio visual é conduzido por circuitos de atenção e excitação

No século XIX, William James descreveu a atenção como "a tomada de posse pela mente, de forma clara e vívida, de um

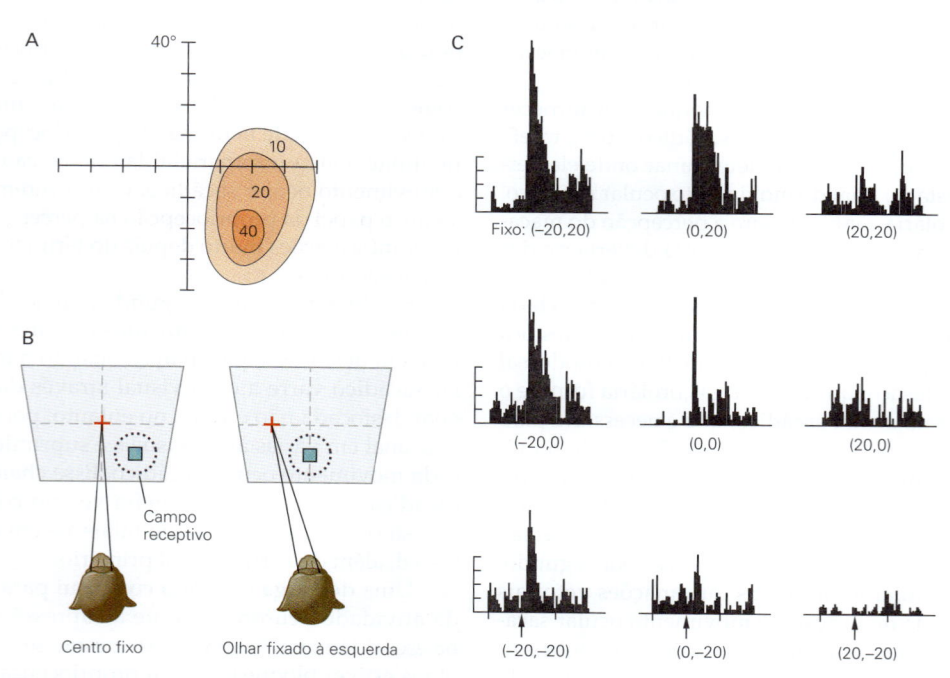

FIGURA 25-6 A posição do olho na órbita afeta as respostas dos neurônios visuais parietais com campos retinotópicos receptivos.

A. Campo receptivo em relação à fóvea. O gráfico de contorno indica taxas de disparos de potenciais de ação para diferentes localizações espaciais. Os números são potenciais de ação por segundo para cada contorno na posição máxima.

B. O campo receptivo se move no espaço com o olho. À esquerda, o macaco está fixando o centro da tela. À direita, o mesmo macaco está se fixando 20° à esquerda do centro. Para os registros em C, o estímulo (**quadrado azul**) é sempre apresentado no centro do campo receptivo.

C. As respostas a um estímulo na localização ideal no campo receptivo mudam em função da posição do olho na órbita, desde um máximo, quando o macaco fixa um ponto em –20°,20°, até um mínimo, quando o macaco fixa um ponto a 20°,–20°. As **setas** indicam o início do estímulo luminoso. Duração do teste, 1,5 s; ordenada, 25 potenciais de ação/divisão. (Adaptada, com autorização, de Andersen, Essick e Siegel, 1985. Copyright © 1985 AAAS.)

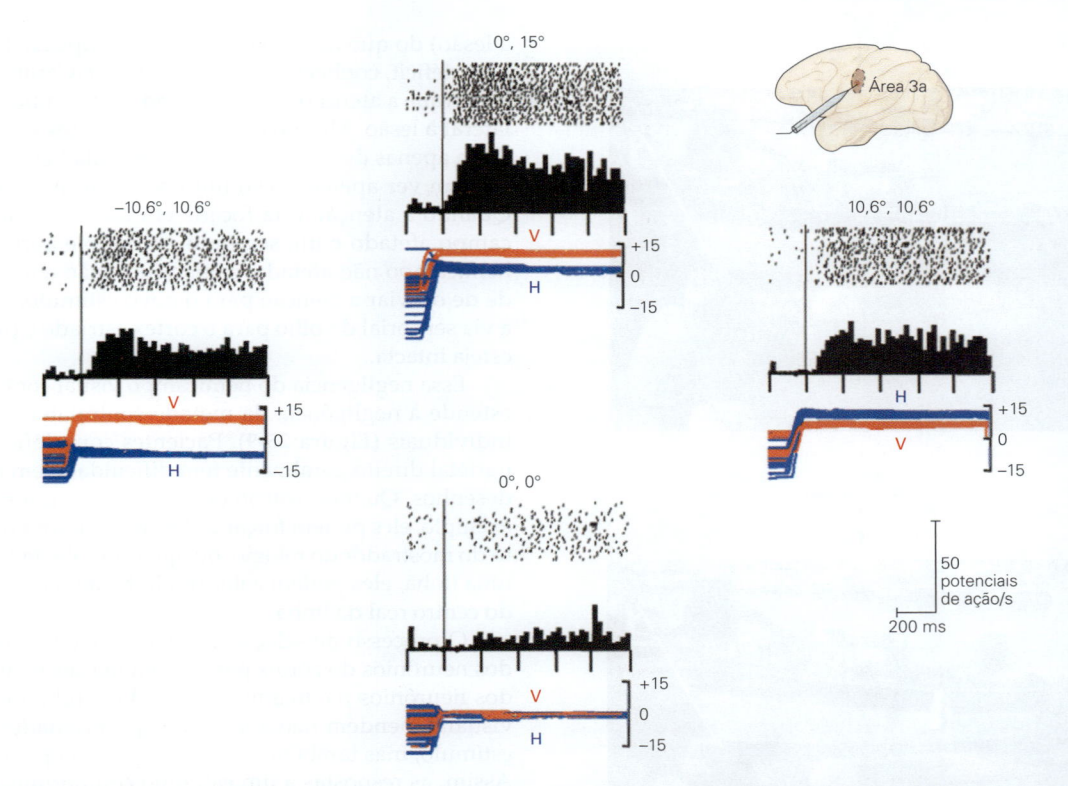

FIGURA 25-7 Neurônio da posição do olho na área do córtex somatossensorial 3a. Cada painel mostra a posição do olho horizontal (H) e vertical (V) e a atividade do neurônio depois que o macaco fez um movimento ocular sacádico para a posição do olho indicada acima de cada gráfico de identificação dos disparos do neurônio (*raster*). O neurônio responde muito mais rapidamente quando o olho está em 0°,15° do que quando está em 0°,0°. (Reproduzida, com autorização, de Wang et al., 2007.)

dentre vários objetos ou linhas de pensamento simultaneamente possíveis. Isso implica na retirada de algumas coisas a fim de lidar de modo eficaz com outras". James passou a descrever dois tipos diferentes de atenção: "É passiva, reflexa, involuntária e sem esforço, ou ativa e voluntária. Na atenção imediata passiva sensorial, o estímulo é uma impressão sensorial, podendo ser muito intenso, volumoso ou súbito... grandes coisas, coisas brilhantes, coisas em movimento... sangue".

A atenção do leitor a esta página enquanto lê é um exemplo da atenção voluntária. Se uma luz brilhante surgisse de repente, é provável que a atenção do leitor se afastasse involuntariamente da página. Grandes mudanças na cena visual que ocorrem fora do foco de atenção muitas vezes são perdidas até que o sujeito direcione a atenção para elas, um fenômeno conhecido como cegueira à mudança (**Figura 25-8**).

A atenção voluntária está intimamente ligada aos movimentos oculares sacádicos porque a fóvea tem uma matriz de cones muito mais densa do que a retina periférica (Capítulo 17) e mover a fóvea para um objeto assistido permite uma análise mais detalhada do que é possível com a visão periférica. A atenção que seleciona um ponto no espaço, acompanhada ou não de um movimento ocular sacádico, é chamada de atenção espacial. A busca por um tipo específico de objeto, por exemplo, um O vermelho entre Qs vermelhos e verdes, envolve um segundo tipo de atenção, atenção especial: em sua busca, você ignora as letras verdes e atenta apenas para as vermelhas.

A atenção, tanto voluntária quanto involuntária, diminui o tempo de reação e torna a percepção visual mais sensível. Essa sensibilidade aumentada inclui a capacidade de detectar objetos em um menor contraste e ignorar distrações próximas a um objeto assistido. O aparecimento abrupto de uma pista comportamentalmente irrelevante, como um estímulo luminoso, reduz o tempo de reação a um estímulo de teste apresentado 300 ms depois no mesmo local. Por outro lado, quando a pista aparece longe do estímulo de teste, o tempo de reação é aumentado. O *flash* de luz chama a atenção involuntária para sua localização, acelerando, assim, a resposta visual ao estímulo de teste. Da mesma forma, quando um sujeito planeja um movimento ocular sacádico para uma parte específica do campo visual, o limiar de contraste no qual qualquer objeto pode ser detectado é melhorado em 50% por uma pista.

Estudos clínicos há muito implicam o lobo parietal na atenção visual. Pacientes com lesões do lobo parietal direito apresentam campos visuais normais. Quando sua percepção visual é estudada com um único estímulo em um ambiente visual descomplicado, suas respostas são normais. No entanto, quando se deparam com um ambiente visual mais complicado, com objetos nos hemicampos visuais esquerdo e direito, esses pacientes tendem a relatar menos o que está no hemicampo esquerdo (contralateral à lesão) do que no hemicampo direito (ipsilateral à lesão). Esse déficit, conhecido como *negligência* (Capítulo 59), surge porque a atenção está focada no hemicampo visual ipsilateral à lesão. Mesmo quando os pacientes são apresentados a apenas dois estímulos, um em cada hemicampo, eles relatam ver apenas o estímulo no hemicampo ipsilateral. Quando a atenção está focada em um estímulo no hemicampo afetado e um segundo estímulo é apresentado no hemicampo não afetado, os pacientes não têm a capacidade de desviar a atenção para o novo estímulo, mesmo que a via sensorial do olho para o córtex estriado e pré-estriado esteja intacta.

Essa negligência do hemicampo visual contralateral se estende à negligência da metade contralateral de objetos individuais (**Figura 25-9**). Pacientes com déficits no lobo parietal direito geralmente têm dificuldade em reproduzir desenhos. Quando solicitados a desenhar um relógio, por exemplo, eles podem forçar todos os números no lado direito do mostrador do relógio, ou, quando solicitados a dividir uma linha, eles podem colocar a linha média bem à direita do centro real da linha.

O processo de seleção de atenção é evidente no nível dos neurônios do córtex parietal em macacos. As respostas dos neurônios na área intraparietal lateral a um estímulo visual dependem não apenas das propriedades físicas do estímulo, mas também de sua importância para o macaco. Assim, as respostas a um estímulo comportamentalmente irrelevante são muito menores do que para qualquer evento

FIGURA 25-8 Cegueira à mudança. Em um teste para cegueira à mudança, uma imagem é apresentada seguida por uma tela em branco por 80 ms, seguida pela segunda imagem, outra tela em branco e uma repetição do ciclo. O indivíduo é solicitado a relatar o que mudou na cena. Embora haja uma diferença substancial entre as duas imagens, são necessárias várias repetições para que a maioria dos observadores detecte a diferença. (Reproduzida, com autorização, de Ronald Rensink.)

FIGURA 25-9 Desenho de um castiçal por um paciente com uma lesão no lobo parietal à direita. O paciente negligencia o lado esquerdo do castiçal, desenhando apenas a metade direita. (Reproduzida, com autorização, de Halligan and Marshall, 2001. Copyright © 2001 Academic Press.)

que evoque atenção, como o início abrupto de um estímulo visual no campo receptivo ou o planejamento de um movimento ocular sacádico no campo receptivo do neurônio.

Embora os neurônios na área intraparietal lateral representem coletivamente todo o hemicampo visual, os neurônios ativos em qualquer momento representam apenas os objetos importantes no hemicampo, um mapa prioritário do campo visual. A área intraparietal lateral atua como uma junção de para vários sinais diferentes: planejamento de movimentos oculares sacádicos, início abrupto do estímulo e os aspectos cognitivos de uma característica pesquisada.

O valor absoluto da resposta neuronal evocada por um objeto não determina por si só se esse animal está atendendo a esse objeto. Quando um macaco planeja um movimento ocular sacádico dirigido a um estímulo no campo visual, a atenção está sobre o objetivo dos movimentos oculares sacádicos, e a atividade evocada pelo planejamento desse movimento está no pico do mapa de prioridades. Entretanto, se uma luz brilhante aparece em outras partes do campo visual, a atenção é involuntariamente atraída para essa luz, que evoca mais atividade neuronal do que o planejamento do movimento ocular sacádico. Assim, o *locus* de atenção pode ser determinado apenas examinando todo o mapa de prioridade e escolhendo seu pico; ele não pode ser identificado pelo monitoramento da atividade em nenhum ponto isolado (**Quadro 25-1**).

QUADRO 25-1 Mapa de prioridades no córtex parietal

Neurônios na área intraparietal lateral do macaco representam apenas aqueles objetos de potencial importância para o macaco, um mapa prioritário do campo visual. Essa seletividade para objetos de importância comportamental pode ser demonstrada pelo registro de neurônios em um macaco enquanto o animal faz movimentos oculares em uma série estável de objetos.

Objetos estáveis no mundo visual raramente são objetos de atenção. Na área intraparietal lateral, como na maioria dos outros centros visuais do encéfalo, os campos receptivos neuronais são retinotópicos; isto é, eles são definidos em relação ao centro do olhar. À medida que um macaco faz a varredura do campo visual, objetos fixos entram e saem dos campos receptivos dos neurônios a cada movimento dos olhos, sem interromper a atenção do macaco (**Figura 25-10**).

O aparecimento abrupto de um estímulo visual involuntariamente evoca a atenção. Quando uma luz irrelevante para a tarefa estimula o campo receptivo de um neurônio intraparietal lateral, essa célula responde rapidamente (**Figura 25-11A**). Em contraste, um estímulo estável e irrelevante para a tarefa evoca pouca resposta quando o movimento do olho o traz para o campo receptivo do neurônio (**Figura 25-11B**).

É possível que o movimento ocular sacádico que traz o objeto estável para o campo receptivo suprima a resposta visual. Esse não é o caso. Um segundo experimento usa uma matriz semelhante, exceto que não há estímulo no local para o qual o movimento ocular sacádico tenha trazido o campo receptivo no experimento de matriz estável. O macaco se fixa de modo que nenhum membro da matriz esteja no campo receptivo, e, então, o estímulo irrelevante para a tarefa aparece de repente no local pós-sacádico do campo receptivo. Agora o macaco faz um movimento ocular sacádico para o centro da matriz, trazendo o estímulo recém-aparecido para o campo receptivo, e a célula dispara intensamente (**Figura 25-11C**). Quando o macaco faz o movimento ocular sacádico, as duas matrizes são

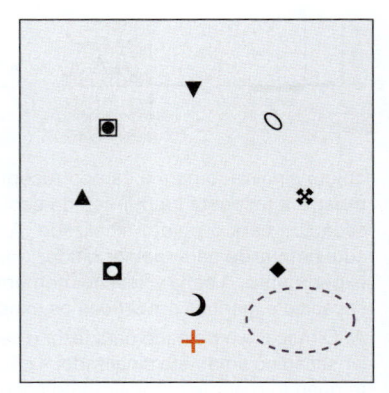

FIGURA 25-10 Exploração de uma matriz estável de objetos. O macaco vê uma tela com um número de objetos que permanecem no local durante todo o experimento. O olhar do macaco pode ser posicionado de modo que nenhum dos objetos seja incluído no campo receptivo de um neurônio (*à esquerda*), ou o macaco pode fazer movimentos oculares sacádicos conduzindo um dos objetos para dentro do campo receptivo (*à direita*). (Reproduzida, com autorização, de Kusunoki, Gottlieb e Goldberg, 2000.)

continua

QUADRO 25-1 Mapa de prioridades no córtex parietal (*continuação*)

idênticas. No entanto, o estímulo estável é presumivelmente desatendido, enquanto o estímulo recentemente emitido evoca atenção e uma resposta muito maior. Os objetos estáveis podem evocar respostas aumentadas quando se tornam relevantes para o comportamento atual do animal.

Um objeto estável também pode ser importante comportamentalmente. Nesse caso, os neurônios aumentam sua taxa de disparo quando o macaco tem que atender ao objeto estável trazido para o campo receptivo pelo movimento ocular sacádico (**Figura 25-12**).

FIGURA 25-11 Um neurônio na área intraparietal lateral dispara somente em resposta a estímulos salientes. Em cada painel, a atividade neuronal e as posições dos olhos são representadas ao longo do tempo.
A. Um estímulo de luz é aplicado no campo receptivo enquanto o macaco fixa o olhar.
B. O macaco faz movimentos oculares sacádicos que conduzem um estímulo estável, irrelevante à tarefa, para o campo receptivo.
C. O macaco faz movimentos oculares sacádicos que conduzem a localização do estímulo de luz recente para dentro do campo receptivo.

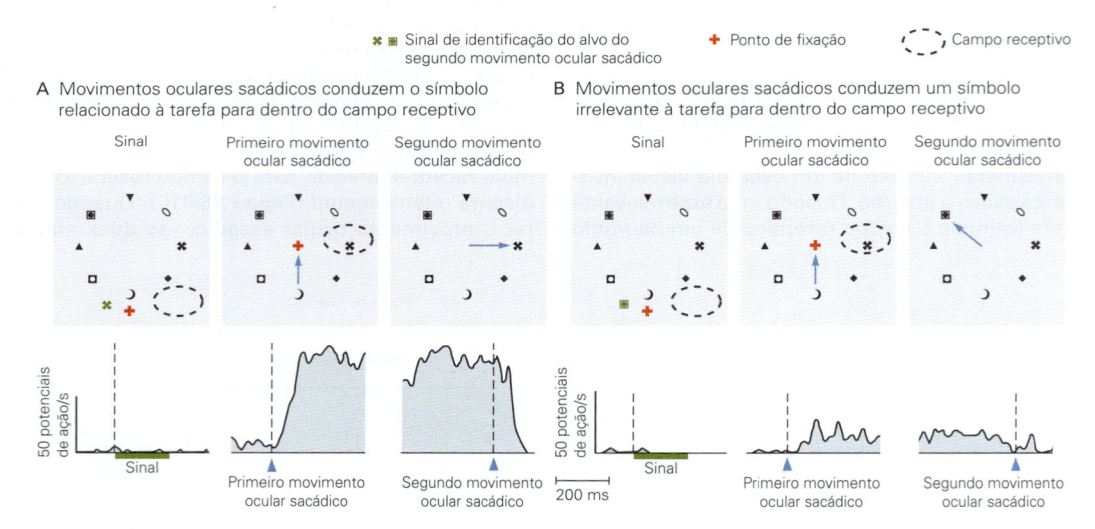

FIGURA 25-12 Um neurônio na área intraparietal lateral dispara antes da realização de movimentos oculares sacádicos a um significativo objeto estável. Em cada teste, um objeto em uma matriz estável torna-se significativo para o macaco porque ele deve fazer movimentos oculares sacádicos para o objeto. O macaco fixa um ponto fora da matriz, e uma pista que corresponde a um objeto na matriz aparece fora do campo receptivo do neurônio. O macaco deve, então, fazer um movimento ocular sacádico para o centro da matriz e um segundo movimento para o objeto que coincide com a pista. Dois experimentos são mostrados (nas partes **A** e **B**). O painel *à esquerda* mostra a resposta do neurônio ao aparecimento da pista fora do campo receptivo, o painel *central* mostra a resposta após o primeiro movimento ocular sacádico trazer o objeto sinalizado para o campo receptivo e o painel da *direita* mostra a resposta logo antes do segundo movimento ocular sacádico para o objeto sinalizado. As pistas são mostradas aqui em **verde** para melhor nitidez, mas eram de cor preta no experimento. A cena visual no momento do movimento ocular sacádico é idêntica em ambos os experimentos.
A. O macaco é treinado para fazer o segundo movimento ocular sacádico ao objeto sinalizado; a célula dispara intensamente quando o primeiro movimento conduz o objeto para dentro do campo receptivo.
B. O macaco é treinado para fazer o segundo movimento ocular sacádico a um objeto fora do campo receptivo; a célula dispara muito menos quando o movimento conduz o estímulo irrelevante à tarefa para o campo receptivo.

O córtex parietal fornece informações visuais para o sistema motor

A visão interage com os córtices suplementar e pré-motor para preparar o sistema motor para a ação. Por exemplo, ao pegar um lápis, os dedos são separados do polegar pela largura do lápis; ao pegar uma bebida, os dedos são separados do polegar pela largura do copo. O sistema visual ajuda a ajustar a largura do aperto antes de a mão chegar ao objeto. Da mesma forma, você insere uma carta na abertura da caixa de correio, sua mão está alinhada para colocar a carta na abertura. Se essa abertura é inclinada, a mão se inclina de maneira adequada.

Pacientes com lesões do córtex parietal não podem ajustar a extensão do aperto entre os dedos para a preensão ou o ângulo do punho pelo uso da informação visual, ainda que possam descrever verbalmente o tamanho do objeto ou a orientação da abertura. Por outro lado, pacientes com lobos parietais intactos e déficits na via ventral não podem descrever o tamanho de um objeto ou sua orientação, mas podem ajustar sua extensão do aperto entre os dedos e orientar suas mãos, assim como indivíduos normais. Neurônios no córtex parietal são uma fonte crítica de informações necessárias para manipular ou mover objetos. As operações neurais subjacentes aos movimentos guiados visualmente envolvem a identificação de alvos, especificando suas qualidades e, finalmente, a geração de um programa motor para realizar o movimento. Neurônios no córtex parietal fornecem a informação visual necessária para o movimento independente dos dedos.

A representação do espaço no córtex parietal não é organizada em um único mapa, como o mapa retinotópico no córtex visual primário. Em vez disso, ele é dividido em pelo menos quatro áreas (intraparietal lateral [IPL], intraparietal medial [IPM], intraparietal ventral [IPV], intraparietal anterior [IPA]), que analisam o mundo visual de maneira apropriada para sistemas motores individuais. Essas quatro áreas projetam informações visuais para as áreas do córtex pré-motor e frontal que controlam os movimentos voluntários individuais (**Figura 25-13**).

Neurônios na área intraparietal medial descrevem os alvos para os movimentos de alcance e se projetam para a área pré-motora que controla os movimentos de alcance. O córtex intraparietal anterior tem neurônios que sinalizam o tamanho, a profundidade e a orientação de objetos que podem ser apanhados. Neurônios nessa área respondem a estímulos que podem ser alvos de um movimento de agarrar, e esses neurônios também estão ativos quando o animal faz o movimento (**Figura 25-14**). Neurônios na área intraparietal lateral especificam os alvos dos movimentos oculares sacádicos e se projetam para o campo ocular frontal.

Como um macaco não pode ver sua boca, a área intraparietal ventral possui neurônios bimodais que respondem tanto a estímulos táteis na face (**Figura 25-15**) como a objetos no mundo visual que estão se aproximando do campo receptivo tátil, permitindo ao encéfalo estimar que um objeto está perto da boca. A área intraparietal ventral projeta-se para a área facial do córtex pré-motor.

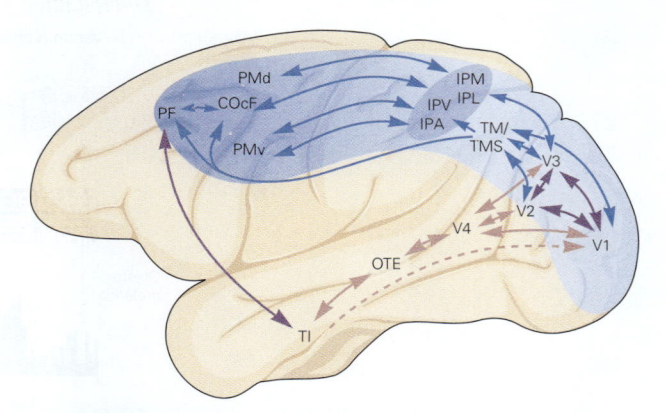

FIGURA 25-13 Vias envolvidas no processamento visual para ação. A via visual dorsal (**azul**) estende-se para o córtex parietal posterior e, em seguida, para o córtex frontal. A via visual ventral (**cor-de-rosa**) é considerada no Capítulo 24. Existem projeções bidirecionais do córtex temporal inferior para o córtex pré-frontal. (Siglas: **COcF**, campo ocular frontal; **IPA**, córtex intraparietal anterior; **IPL**, córtex intraparietal lateral; **IPM**, córtex intraparietal medial; **IPV**, córtex intraparietal ventral; **OTE**, córtex occipitotemporal; **PF**, córtex pré-frontal; **PMd**, córtex pré-motor dorsal; **PMv**, córtex pré-motor ventral; **TI**, córtex temporal inferior; **TM**, córtex temporal medial; **TMS**, córtex temporal superior medial; **V1-V4**, áreas do córtex visual.)

Destaques

1. A imagem do mundo entra no encéfalo através do olho, que está em constante movimento na cabeça. O sistema visual deve compensar as mudanças na posição do olho para calcular as localizações espaciais a partir das localizações da retina. Helmholtz postulou que o encéfalo resolve esse problema realimentando o sinal motor que leva o olho ao sistema visual, para compensar o efeito do movimento do olho. Essa retroalimentação motora para o sistema visual é chamada de descarga corolária.

2. Neurônios na área intraparietal lateral, que fornece informações visuais ao sistema oculomotor, evidenciam essa descarga corolária. Neurônios que normalmente não respondem a um estímulo particular no espaço, responderão a ele se um movimento ocular sacádico iminente trouxer aquele estímulo para seu campo receptivo.

3. Esse remapeamento do campo receptivo depende de uma via que vai das camadas intermediárias do colículo superior ao núcleo mediodorsal do tálamo até o campo ocular frontal. A inativação do núcleo mediodorsal prejudica a capacidade dos macacos de identificar onde seus olhos pousam após um movimento ocular sacádico, sugerindo que a descarga corolária tem um papel perceptivo e motor.

4. Sherrington postulou que o encéfalo usa a posição dos olhos para calcular a localização espacial dos objetos a partir da posição de suas imagens na retina. Há uma representação da posição dos olhos no córtex somatossensorial. A posição do olho modula as respostas visuais dos neurônios parietais, e a posição do alvo no espaço é simples de calcular a partir dessa modulação.

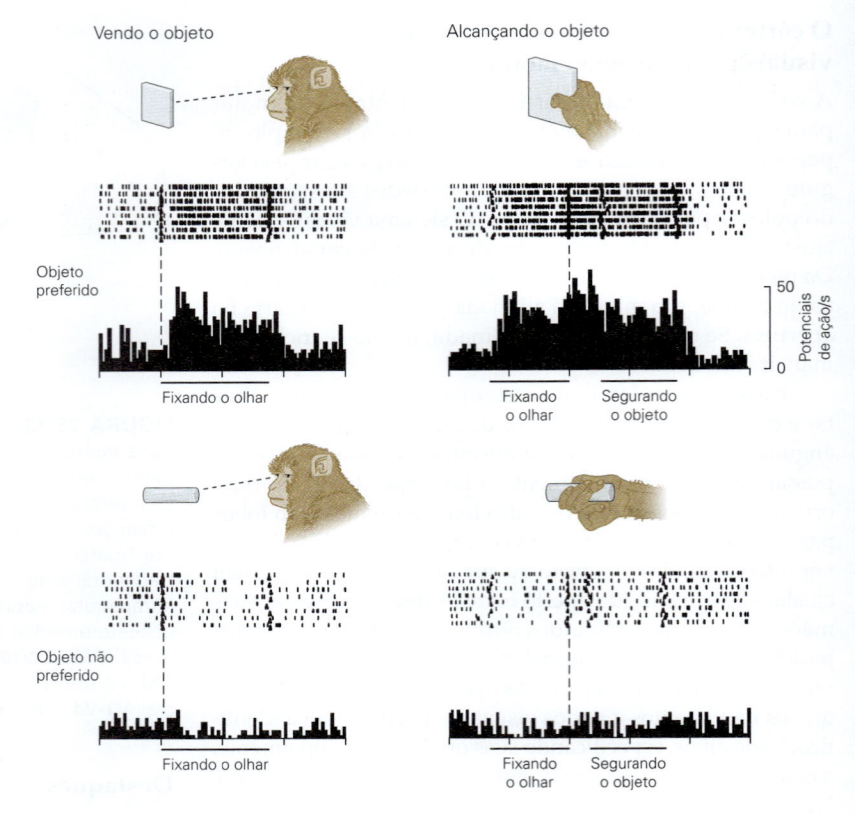

FIGURA 25-14 Os neurônios no córtex intraparietal anterior respondem seletivamente a formas específicas. O neurônio mostrado aqui é seletivo para um retângulo, tanto ao visualizar-se o objeto como ao alcançá-lo. O neurônio não responde ao cilindro em ambos os casos. (Reproduzida, com autorização, de Murata et al., 2000.)

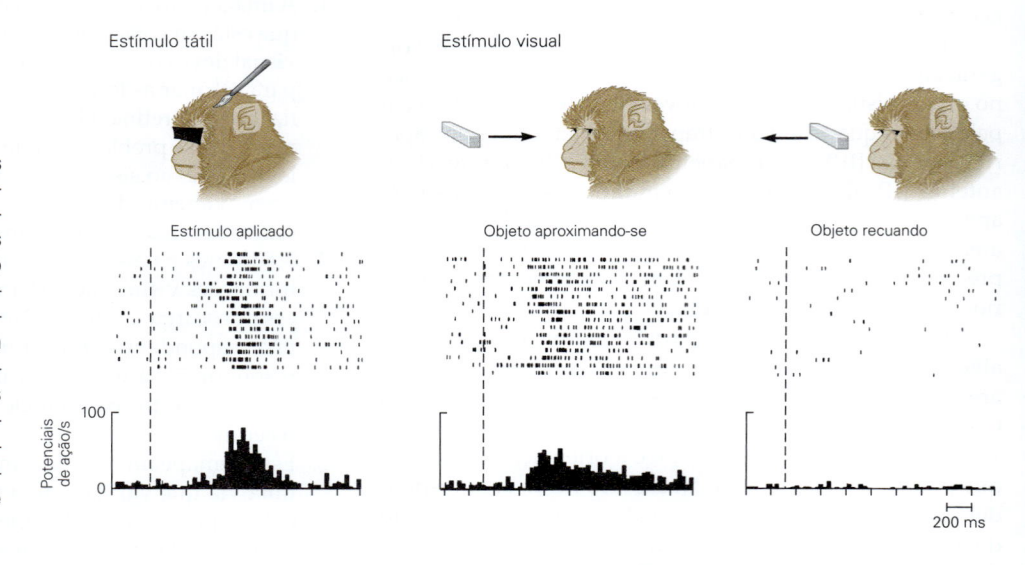

FIGURA 25-15 Neurônios bimodais no córtex intraparietal ventral de um macaco respondem a estímulos visuais e táteis. O neurônio mostrado aqui responde tanto à estimulação tátil na cabeça do macaco como a um estímulo visual aproximando-se em direção à cabeça, mas não responde ao mesmo estímulo afastando-se da cabeça. (Reproduzida, com autorização, de Duhamel, Colby e Goldberg, 1998.)

5. Uma questão ainda sem resposta é como o encéfalo escolhe entre a posição do olho e os mecanismos de descarga corolária para determinar a posição espacial. Como a descarga corolária precede a mudança na posição do olho e a propriocepção a segue, o encéfalo poderia usar ambas as posições em momentos diferentes?

6. A atenção é a capacidade do encéfalo de selecionar objetos no mundo para análise posterior. Sem atenção, a percepção espacial é severamente limitada. Por exemplo, os humanos têm grande dificuldade em perceber uma mudança no mundo visual, a menos que sua atenção seja atraída para a localização espacial de uma mudança.

7. A atividade dos neurônios no córtex parietal prevê o *locus* de atenção espacial de um macaco, conforme medido por seus limiares perceptivos. O córtex parietal soma vários sinais diferentes – motores, visuais, cognitivos – para criar um mapa prioritário do campo visual. O sistema motor usa esse mapa para escolher alvos para o movimento. O sistema visual usa o mesmo mapa para encontrar o *locus* da atenção visual.

8. Lesões no córtex parietal causam uma negligência do mundo visual contralateral.
9. A informação visual fornecida pelo córtex parietal permite que o sistema motor ajuste o aperto de mão para corresponder ao tamanho do objeto ao qual ele chega antes que a mão realmente aterrisse no alvo. Por outro lado, pacientes com déficits perceptivos causados por lesões no córtex temporal inferior ajustam perfeitamente bem o aperto para pegar o objeto, embora não possam descrever a natureza ou o tamanho do objeto ao qual alcançam perfeitamente.
10. Existem pelo menos quatro mapas visuais diferentes no sulco intraparietal, cada um dos quais corresponde a um determinado espaço de trabalho motor.
11. Neurônios na área intraparietal anterior respondem a alvos para agarrar, respondem mesmo quando macacos fazem movimentos de agarrar na escuridão total e se projetam para a região de agarrar do córtex pré-motor.
12. Neurônios na área intraparietal ventral respondem a objetos que se aproximam da boca, têm campos receptivos táteis na face e se projetam para a área bucal do córtex pré-motor.
13. Neurônios na área intraparietal medial têm uma representação da posição do braço e respondem aos alvos a serem alcançados.
14. Neurônios na área intraparietal lateral respondem a alvos para movimentos oculares e objetos de atenção visual, descarregam antes dos movimentos oculares e têm uma representação da posição do olho. A atividade desses neurônios é modulada pela posição dos olhos na órbita.
15. Neurônios na região da face da área 3a no córtex somatossensorial têm uma representação da posição do olho na órbita que surge do olho contralateral.

Michael E. Goldberg
Robert H. Wurtz

Leituras selecionadas

Bisley JW, Goldberg ME. 2010. Attention, intention, and priority in the parietal lobe. Annu Rev Neurosci 33:1–21.
Cohen YE, Andersen RA. 2002. A common reference frame for movement plans in the posterior parietal cortex. Nat Rev Neurosci 3:553–562.
Colby CL, Goldberg ME. 1999. Space and attention in parietal cortex. Annu Rev Neurosci 23:319–349.
Henderson JM, Hollingworth A. 1999. High-level scene perception. Annu Rev Psychol 50:243–271.
Milner AD, Goodale MA. 1996. *The Visual Brain in Action.* Oxford: Oxford Univ. Press.
Rensink RA. 2002. Change detection. Annu Rev Psychol 53:245–277.
Ross J, Ma-Wyatt A. 2004. Saccades actively maintain perceptual continuity. Nat Neurosci 7:65–69.
Sommer MA, Wurtz RH. 2008. Brain circuits for the internal monitoring of movements. Annu Rev Neurosci 31:317–338.
Sun LD, Goldberg ME. 2016. Corollary discharge and oculomotor proprioception: cortical mechanisms for spatially accurate vision. Annu Rev Vis Sci 2:61–84.
Wurtz RH. 2008. Neuronal mechanisms of visual stability. Vision Res 48:2070–2089.
Yarbus AL. 1967. *Eye Movements and Vision.* New York: Plenum.

Referências

Andersen RA, Essick GK, Siegel RM. 1985. Encoding of spatial location by posterior parietal neurons. Science 230:456–458.
Bisley JW, Goldberg ME. 2003. Neuronal activity in the lateral intraparietal area and spatial attention. Science 299:81–86.
Cavanaugh J, Berman RA, Joiner WM, Wurtz RH. 2016. Saccadic corollary discharge underlies stable visual perception. J Neurosci 36:31–42.
Cohen YE, Andersen RA. 2002. A common reference frame for movement plans in the posterior parietal cortex. Nat Rev Neurosci 3:553–562.
Deubel H, Schneider WX, Bridgeman B. 1996. Postsaccadic target blanking prevents saccadic suppression of image displacement. Vision Res 36:985–996.
Duhamel J-R, Colby CL, Goldberg ME. 1992. The updating of the representation of visual space in parietal cortex by intended eye movements. Science 255:90–92.
Duhamel J-R, Colby CL, Goldberg ME. 1998. Ventral intra-parietal area of the macaque: congruent visual and somatic response properties. J Neurophysiol 79:126–136.
Duhamel J-R, Goldberg ME, FitzGibbon EJ, Sirigu A, Grafman J. 1992. Saccadic dysmetria in a patient with a right frontoparietal lesion: the importance of corollary discharge for accurate spatial behavior. Brain 115:1387–1402.
Goodale MA, Meenan JP, Bulthoff HH, Nicolle DA, Murphy KJ, Racicot CI. 1994. Separate neural pathways for the visual analysis of object shape in perception and prehension. Curr Biol 4:604–610.
Hallett PE, Lightstone AD. 1976. Saccadic eye movements to flashed targets. Vision Res 16:107–114.
Halligan PW, Marshall JC. 2001. Graphic neglect—more than the sum of the parts. Neuro Image 14:S91–S97.
Henderson JM, Hollingworth A. 2003. Global transsaccadic change blindness during scene perception. Psychol Sci 14:493–497.
Kusunoki M, Gottlieb J, Goldberg ME. 2000. The lateral intraparietal motion, and task relevance. Vision Res 40:1459–1468.
Morrone MC, Ross J, Burr DC. 1997. Apparent position of visual targets during real and simulated saccadic eye movements. J Neurosci 17:7941–7953.
Murata A, Gallese V, Luppino G, Kaseda M, Sakata H. 2000. Selectivity for the shape, size, and orientation of objects for grasping in neurons of monkey parietal area AIP. J Neurophysiol 83:2580–2601.
Nakamura K, Colby CL. 2002. Updating of the visual representation in monkey striate and extrastriate cortex during saccades. Proc Natl Acad Sci U S A 99:4026–4031.
Perenin MT, Vighetto A. 1988. Optic ataxia: a specific disruption in visuomotor mechanisms. I. Different aspects of the deficit in reaching for objects. Brain 111:643–674.
Rensink RA. 2002. Change detection. Annu Rev Psychol 53:245–277.
Rizzolatti G, Luppino G, Matelli M. 1998. The organization of the cortical motor system: new concepts. Electroencephalogr Clin Neurophysiol 106:283–296.
Snyder LH, Batista AP, Andersen RA. 1997. Coding of intention in the posterior parietal cortex. Nature 386:167–170.
Thiele A, Henning P, Kubischik M, Hoffmann KP. 2002. Neural mechanisms of saccadic suppression. Science 295:2460–2462.
Umeno MM, Goldberg ME. 1997. Spatial processing in the monkey frontal eye field. I. Predictive visual responses. J Neurophysiol 78:1373–1383.
Walker MF, Fitzgibbon EJ, Goldberg ME. 1995. Neurons in the monkey superior colliculus predict the visual result of impending saccadic eye movements. J Neurophysiol 73:1988–2003.
Wang X, Zhang M, Cohen IS, Goldberg ME. 2007. The proprioceptive representation of eye position in monkey primary somatosensory cortex. Nat Neurosci 10:640–646.
Xu B, Karachi C, Goldberg M. 2012. The postsaccadic unreliability of gain fields renders it unlikely that the motor system can use them to calculate target position in space. Neuron 76:1201–1209.

26

Processamento auditivo pela cóclea

A orelha possui três partes funcionais

A audição se inicia com a captura da energia sonora pela orelha

O aparelho mecânico e hidrodinâmico da cóclea transmite os estímulos mecânicos às células receptoras

    A membrana basilar é um analisador mecânico da frequência do som

    O órgão de Corti é o local da transdução mecanoelétrica na cóclea

As células ciliadas transformam a energia mecânica em sinais nervosos

    A deflexão do feixe de estereocílios inicia a transdução mecanoelétrica

    A força mecânica abre diretamente os canais de transdução

    A transdução mecanoelétrica direta é rápida

    Os genes da surdez fornecem componentes da maquinaria de mecanotransdução

Mecanismos de retroalimentação dinâmica determinam a sensibilidade das células ciliadas

    As células ciliadas são sintonizadas para frequências específicas de estímulo

    As células ciliadas adaptam-se à estimulação sustentada

    A energia sonora é amplificada mecanicamente na cóclea

    A amplificação coclear distorce as aferências acústicas

    A bifurcação de Hopf fornece um princípio geral para detecção de som

As células ciliadas utilizam sinapses especializadas em fita

A informação auditiva segue inicialmente pelo nervo coclear

    Os neurônios bipolares no gânglio espiral inervam as células ciliadas da cóclea

    As fibras nervosas cocleares codificam a frequência e a intensidade do estímulo

A perda auditiva neurossensorial é comum, mas passível de tratamento

Destaques

A EXPERIÊNCIA HUMANA É ENRIQUECIDA pela capacidade de distinguir uma notável variedade de sons – da intimidade de um sussurro ao calor de uma conversa, da complexidade de uma sinfonia ao rugido de um estádio. A audição começa quando as células sensoriais da cóclea, o órgão receptor da orelha interna, transduzem a energia sonora em sinais elétricos e os encaminham para o encéfalo.* Nossa capacidade de reconhecer pequenas diferenças nos sons decorre da capacidade da cóclea de distinguir entre os componentes de frequência, suas amplitudes e seu tempo relativo.

A audição depende das propriedades notáveis das células ciliadas, os microfones celulares da orelha interna. As células ciliadas transformam as vibrações mecânicas provocadas pelos sons em sinais elétricos, que são, então, retransmitidos ao encéfalo para interpretação. As células ciliadas podem medir movimentos de dimensões atômicas e transduzir estímulos que variam de entradas estáticas a frequências de dezenas de quilohertz (kHz). Notavelmente, as células ciliadas também podem servir como amplificadores mecânicos que aumentam a sensibilidade auditiva. Cada uma das cócleas contém cerca de 16 mil dessas células. A deterioração das células ciliadas e sua inervação é responsável pela maior parte da perda auditiva que atinge cerca de 10% da população dos países industrializados.

A orelha possui três partes funcionais

O som consiste em compressões e rarefações alternantes propagadas por um meio elástico, o ar, a uma velocidade de cerca de 340 m/s. Essa onda de mudanças de pressão carrega energia mecânica que deriva do trabalho produzido no ar por nosso aparelho vocal ou alguma outra fonte sonora. A energia mecânica é captada e transmitida ao órgão receptor, onde é transduzida em sinais elétricos adequados para análise neural. Essas três tarefas estão associadas à orelha

---

*N. de T. "Transduzir" é um neologismo que integra os conceitos de traduzir – neste caso, um estímulo mecânico em um sinal elétrico – e transmitir uma informação.

externa, à orelha média e à cóclea da orelha interna, respectivamente (**Figura 26-1**).

O componente mais óbvio da orelha externa humana é a aurícula, uma dobra proeminente de pele com suporte de cartilagem. A aurícula atua como um refletor para capturar o som de forma eficiente e focalizá-lo no meato acústico externo, ou canal auditivo. O canal auditivo termina no tímpano, ou tímpano, um diafragma de aproximadamente 9 mm de diâmetro e 50 µm de espessura.

A orelha externa não é uniformemente eficaz para captar o som de todas as direções; a superfície corrugada da aurícula capta melhor os sons quando eles se originam de posições diferentes, mas específicas, em relação à cabeça. Nossa capacidade de localizar sons no espaço, especialmente ao longo do eixo vertical, depende criticamente dessas propriedades de coleta de som. Cada aurícula tem uma topografia única; seu efeito nas reflexões sonoras em diferentes frequências é aprendido pelo encéfalo no início da vida.

A orelha média é uma cavidade preenchida com ar, conectada à faringe pela tuba de Eustáquio. O som transmitido pelo ar atravessa a orelha média como vibrações dos ossículos auditivos, três pequenos ossos que estão ligados entre si: martelo, bigorna e estribo (**Figura 26-1**). A longa extensão do martelo é ligada à membrana do tímpano; a outra extremidade é ligada à bigorna por uma conexão de ligamentos, e a bigorna conecta-se de forma semelhante ao estribo. A base achatada do estribo, a base, está assentada em uma abertura – a janela oval – na cobertura óssea da cóclea. Os ossículos auditivos são relíquias da evolução. O estribo era originalmente um componente do suporte branquial de peixes antigos; o martelo e a bigorna eram componentes da articulação primária da mandíbula em ancestrais reptilianos.

A orelha interna inclui o órgão sensorial auditivo, a cóclea (do grego *cochlos*, caracol), uma estrutura enrolada de diâmetro progressivamente decrescente enrolada em torno de um núcleo ósseo cônico (**Figura 26-1**). Nos humanos, a cóclea tem aproximadamente 9 mm de diâmetro, o tamanho de um grão de bico, e está inserida no osso temporal. O interior da cóclea consiste em três compartimentos paralelos cheios de líquido, denominados *escalas* ou *rampas*. Em uma seção transversal da cóclea em qualquer posição ao longo de seu curso espiral, o compartimento superior é a *rampa vestibular* (**Figura 26-2**). Na extremidade ampla e basal dessa câmara, está a janela oval, a abertura que é selada pela platina do estribo. O compartimento inferior é a *escala* ou *rampa timpânica*; também tem uma abertura basal, a janela redonda, que é fechada por um diafragma fino e elástico, além do qual se encontra o ar da cavidade da orelha média. As duas câmaras são separadas ao longo da maior parte de seu comprimento pela partição coclear, mas se comunicam uma com a outra na ponta da cóclea, através do helicotrema.

A partição coclear contém a terceira cavidade cheia de líquido, a *rampa média*, e é delimitada por duas membranas. A fina membrana de Reissner, ou vestibular, divide a rampa média da rampa vestibular. A membrana basilar separa a partição coclear da rampa timpânica e sustenta a complexa estrutura sensorial envolvida na transdução auditiva, o órgão de Corti (**Figura 26-2**).

A audição se inicia com a captura da energia sonora pela orelha

Experimentos psicofísicos demonstraram que os seres humanos percebem incrementos aproximadamente iguais no volume para cada aumento de dez vezes na magnitude de um estímulo sonoro. Esse tipo de relação é característico de muitos dos sentidos humanos, constituindo a base da lei de Weber-Fechner (Capítulo 17). Uma escala logarítmica é, portanto, útil para relacionar a magnitude da pressão sonora com a intensidade percebida. A pressão sonora corresponde à modulação evocada pelo som da pressão do ar em relação à pressão atmosférica média; quanto mais alto o som, maior é a modulação. O nível de pressão sonora (L) de qualquer som pode ser expresso em decibéis (dB) como:

$$L = 20 \cdot \log_{10}(P/P_{REF}),$$

em que P, a magnitude do estímulo, é a média quadrática da pressão sonora (em unidades pascais, abreviado como Pa, ou newtons por metro quadrado). Para um estímulo senoidal, a amplitude excede o valor da média quadrática por um fator de $\sqrt{2}$. O nível de referência arbitrário nesta escala, nível de pressão sonora (NPS) de 0 dB, corresponde a uma pressão sonora quadrática média, P_{REF}, de 20 µPa. Esse nível representa aproximadamente o limiar da audição humana de 1 a 4 kHz, a faixa de frequência na qual as orelhas são mais sensíveis.

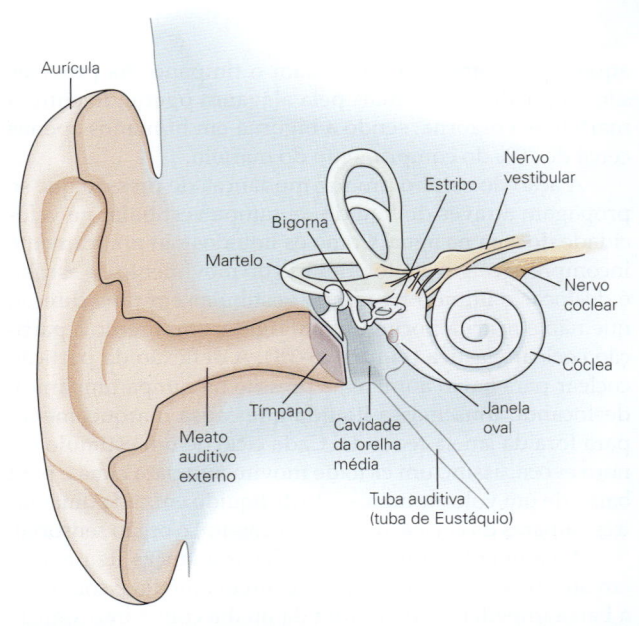

FIGURA 26-1 Estrutura da orelha humana. A orelha externa, especialmente a aurícula proeminente, focaliza o som para o meato auditivo externo. A alternância de aumentos e diminuições na pressão do ar provoca a vibração do tímpano. Essas vibrações são conduzidas através da orelha média, que é preenchida com ar, por meio de três ossículos ligados: o martelo, a bigorna e o estribo. A vibração do estribo estimula a cóclea, o órgão auditivo da orelha interna.

FIGURA 26-2 Estrutura da cóclea. Um corte transversal da cóclea mostra a disposição dos três ductos repletos de líquido, ou escalas (rampas), sendo que cada um deles possui cerca de 33 mm de comprimento. A rampa vestibular e a rampa timpânica comunicam-se por meio do helicotrema, no ápice da cóclea. Cada ducto é fechado, em sua base, por uma abertura selada. A rampa vestibular é fechada pela janela oval, que é empurrada pelo estribo em resposta a um som; a rampa timpânica é fechada pela janela redonda, uma membrana fina e flexível. Entre esses dois compartimentos, situa-se a rampa média, um tubo cheio de endolinfa cujo revestimento epitelial inclui as 16 mil células ciliadas do órgão de Corti, que recobre a membrana basilar (**azul**). As células ciliadas são cobertas pela membrana tectória (**verde**). O corte coclear mostrado no diagrama inferior foi girado, de modo que o ápice coclear está orientado para cima.

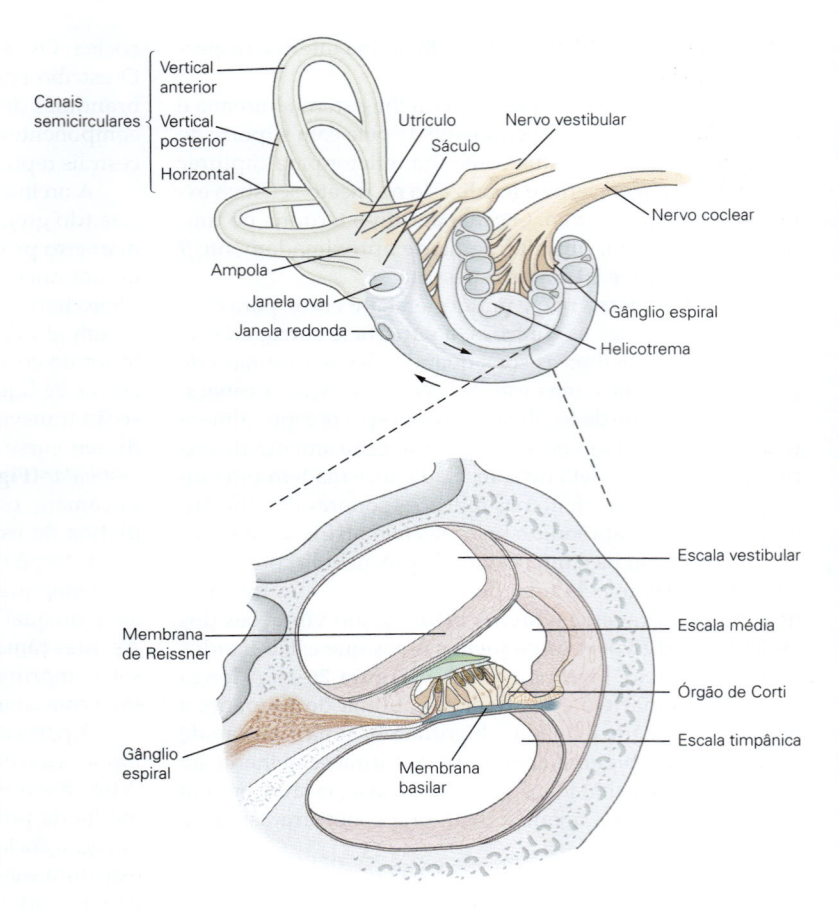

O som consiste em mudanças alternadas muito pequenas na pressão do ar local. O som mais alto tolerável para humanos, aproximadamente 120 dB de NPS, altera transitoriamente a pressão atmosférica local em apenas ±0,01%. Por outro lado, um som no limiar da audição causa uma mudança na pressão local muito menor que uma parte em 1 bilhão. Desde sons mais fracos que podem ser detectados até sons tão intensos que doem, a pressão sonora aumenta em 1 milhão de vezes, o que corresponde a uma faixa de 1 trilhão de vezes no poder do estímulo. O alcance dinâmico da audição é enorme.

Apesar de sua pequena magnitude, os aumentos e diminuições na pressão do ar induzidos pelo som movem o tímpano para dentro e para fora (**Figura 26-3A,B**). Perto do limiar, a amplitude da vibração está na faixa do picômetro, que é comparável às próprias flutuações térmicas do tímpano. Mesmo sons altos provocam vibrações do tímpano que não excedem 1 μm de amplitude. Os movimentos resultantes dos ossículos são essencialmente como os de duas alavancas interconectadas (o martelo e a bigorna) e um pistão (o estribo). A vibração da bigorna alternadamente empurra o estribo mais fundo na janela oval e o retrai, como um pistão que empurra e puxa ciclicamente o líquido na rampa vestibular. Nos humanos, a área do tímpano é cerca de 20 vezes maior do que a da platina do estribo. Como resultado, as mudanças de pressão aplicadas no líquido da rampa vestibular pela platina do estribo são maiores do que aquelas que empurram e puxam o tímpano. As pressões são ampliadas ainda mais pela alavanca operando entre o martelo e a bigorna, sendo a bigorna em humanos apenas cerca de 70% do comprimento do martelo.

A ação do estribo produz mudanças de pressão que se propagam através do líquido da rampa vestibular na velocidade do som na água. Como os líquidos são praticamente incompressíveis, o efeito primário do movimento do estribo é deslocar o líquido na rampa vestibular em uma direção que não é restrita por um limite rígido: em direção à partição coclear elástica (**Figura 26-3B**). A deflexão da partição coclear para baixo aumenta a pressão na rampa timpânica, deslocando uma massa líquida que causa o arqueamento para fora da janela redonda. Cada ciclo de um estímulo sonoro evoca, assim, um ciclo de movimento para cima e para baixo de um volume minúsculo de líquido em cada uma das três câmaras da cóclea, deslocando, assim, o órgão sensorial.

Ao aumentar a magnitude das mudanças de pressão em até 30 vezes, o efeito geral da orelha média é combinar a baixa impedância do ar fora da orelha com a impedância mais alta da partição coclear, garantindo, assim, a transferência eficiente de energia sonora do primeiro meio para o segundo. O ganho de pressão proporcionado pela orelha média depende da frequência do som, que determina a curva de afinação em forma de U do limiar auditivo.

Alterações na estrutura normal da orelha média que reduzem suas amplitudes de deslocamento podem levar à

FIGURA 26-3 Movimento da membrana basilar.

A. Uma cóclea desenrolada, com sua base deslocada para mostrar sua relação com as escalas, indicando o fluxo de energia do estímulo. O som induz a vibração do tímpano, o qual movimenta os ossículos da orelha média. O movimento tipo "pistão" do estribo, um osso parcialmente inserido na janela oval, produz diferenças de pressão oscilatórias que rapidamente se propagam ao longo da rampa vestibular e da rampa timpânica. Diferenças de pressão de baixa frequência são transferidas através do helicotrema, onde os ductos se comunicam.

B. As propriedades funcionais da cóclea podem ser simplificadas, do ponto de vista conceitual, se a cóclea for vista como uma estrutura linear, com apenas dois compartimentos cheios de líquido separados pela elástica membrana basilar.

C. A membrana basilar, aqui representada em uma vista de superfície, aumenta em largura de aproximadamente 50 μm perto da base para 500 μm perto do ápice da cóclea. As fibras radiais vão da borda neural até a borda abneural da membrana. Como resultado de seus gradientes morfológicos, as propriedades mecânicas da membrana basilar variam continuamente ao longo de seu comprimento.

D. A estimulação oscilatória de um som gera uma onda na membrana basilar, mostrada aqui no segmento de deslocamento máximo, ao longo de um ciclo completo (de compressão e rarefação). A magnitude do movimento é bastante exagerada na direção vertical; os sons mais intensos toleráveis movem a membrana somente em torno de ±150 nm, uma distância de menos de um centésimo da largura das linhas que representam a membrana basilar nestas figuras.

E. Uma ampliação da região ativa em D mostra o movimento da membrana basilar em resposta à estimulação com um som de uma frequência única. A curva contínua mostra uma onda em um instante; a escala vertical da deflexão da membrana basilar está ampliada em cerca de 1 milhão de vezes. As **curvas tracejadas** e **pontilhadas** retratam a onda em tempos sucessivos à medida que ela progride da base coclear (à esquerda) em direção ao ápice (à direita). Conforme a onda se aproxima do local característico para a frequência do estímulo, ela torna-se mais lenta e cresce em amplitude. A energia do estímulo é então transferida para as células ciliadas em posições dentro do pico da onda.

F. Cada frequência de estimulação estimula um movimento máximo em uma posição determinada ao longo da membrana basilar. Sons de baixa frequência produzem movimentos da membrana próximos ao ápice, onde ela é relativamente larga e macia. Sons de frequência média estimulam a membrana na porção média. As frequências mais altas que podemos ouvir excitam a membrana basilar em sua base estreita e rígida. O mapeamento da frequência do som ao longo da membrana basilar é aproximadamente logarítmico.

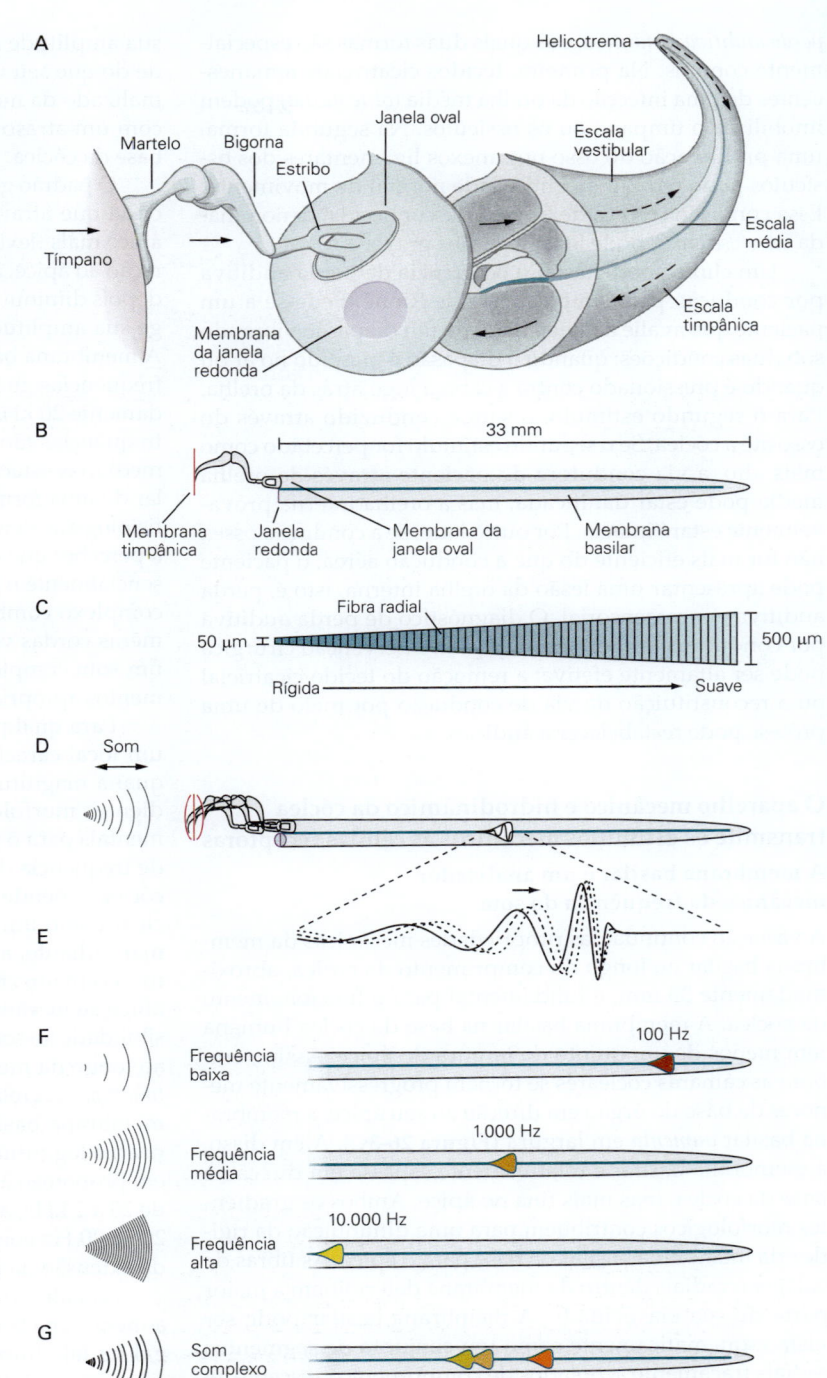

G. A membrana basilar realiza uma análise espectral de sons complexos. Neste exemplo, um som com três frequências predominantes, como três formantes de um som de vogal, desencadeia movimentos em três segmentos da membrana basilar, sendo que cada um deles representa uma determinada frequência. As células ciliadas nas posições correspondentes transduzem as oscilações da membrana basilar em potenciais de receptor, os quais, por sua vez, estimulam as fibras nervosas que inervam essas determinadas regiões.

perda auditiva condutiva, das quais duas formas são especialmente comuns. Na primeira, tecidos cicatriciais remanescentes de uma infecção da orelha média (*otite média*) podem imobilizar o tímpano ou os ossículos. Na segunda forma, uma proliferação do osso nos anexos ligamentares dos ossículos pode reduzir sua liberdade normal de movimento. Essa condição crônica de origem desconhecida, denominada de *otosclerose*, pode levar à surdez grave.

Um clínico pode testar a ocorrência de perda auditiva por condução pelo simples teste de Rinné. Pede-se a um paciente que avalie a intensidade de um diapasão vibrando sob duas condições: quando o diapasão é mantido no ar ou quando é pressionado contra a cabeça logo atrás da orelha. Para o segundo estímulo, o som é conduzido através do osso até a cóclea. Se o segundo estímulo for percebido como mais alto, a via condutora do paciente através da orelha média pode estar danificada, mas a orelha interna provavelmente estará intacta. Por outro lado, se a condução óssea não for mais eficiente do que a condução aérea, o paciente pode apresentar uma lesão da orelha interna, isto é, perda auditiva neurossensorial. O diagnóstico de perda auditiva por condução é importante porque a intervenção cirúrgica pode ser altamente efetiva: a remoção do tecido cicatricial ou a reconstituição da via de condução por meio de uma prótese pode restabelecer a audição.

O aparelho mecânico e hidrodinâmico da cóclea transmite os estímulos mecânicos às células receptoras

A membrana basilar é um analisador mecânico da frequência do som

A variação contínua das propriedades mecânicas da membrana basilar ao longo do comprimento da cóclea, aproximadamente 33 mm, é fundamental para o funcionamento da cóclea. A membrana basilar na base da cóclea humana tem menos de um quinto da largura do ápice. Assim, embora as câmaras cocleares se tornem progressivamente menores da base do órgão em direção ao seu ápice, a membrana basilar *aumenta* em largura (**Figura 26-3C**). Além disso, a membrana basilar é relativamente espessa em direção à base da cóclea, mas mais fina no ápice. Ambos os gradientes morfológicos contribuem para uma diminuição da rigidez da membrana basilar da base para o ápice. As fibras de colágeno radiais dentro da membrana determinam a maior parte de sua elasticidade. A membrana basilar pode ser vista esquematicamente como um conjunto de segmentos radiais fracamente acoplados de comprimento crescente ao longo do eixo longitudinal da cóclea, com o segmento mais curto na base e o segmento mais longo no ápice, análogo às múltiplas cordas de um piano.

A estimulação com um som puro evoca um movimento complexo e elegante da membrana basilar. Ao longo de um ciclo completo de um som, cada segmento afetado dessa membrana realiza um ciclo único de vibração (**Figura 26-3D, E**). Os vários segmentos da membrana, entretanto, não oscilam em fase uns com os outros. Conforme demonstrado pela primeira vez por Georg von Békésy usando iluminação estroboscópica, cada segmento atinge sua amplitude máxima de movimento um pouco mais tarde do que seu vizinho basal. O movimento sinusoidal normalizado da membrana basilar reproduz o do estribo, mas com um atraso de tempo que aumenta com a distância da base da cóclea.

O padrão geral de movimento da membrana é o de uma onda que atravessa a cóclea da base rígida em direção ao ápice mais flexível. À medida que cada onda avança em direção ao ápice, a amplitude da vibração cresce ao máximo e depois diminui rapidamente. A posição na qual a onda atinge sua amplitude máxima depende da frequência do som. A membrana basilar na base da cóclea responde melhor às frequências audíveis mais altas – em humanos, aproximadamente 20 kHz. No ápice coclear, a membrana responde a frequências tão baixas quanto 20 Hz. As frequências intermediárias estão representadas ao longo da membrana basilar de uma forma contínua (**Figura 26-3F**). No século XIX, o fisiologista alemão Hermann von Helmholtz foi o primeiro a perceber que o funcionamento da membrana basilar é essencialmente o inverso do piano. O piano sintetiza um som complexo combinando os tons puros produzidos por inúmeras cordas vibrantes; a cóclea, ao contrário, desconstrói um som complexo isolando os tons componentes nos segmentos apropriados da membrana basilar.

Para qualquer frequência dentro da faixa auditiva, há um local característico ao longo da membrana basilar no qual a magnitude da vibração é máxima. Embora os gradientes morfológicos da membrana basilar sejam fundamentais para o processo, a dispersão real dos componentes de frequência de um som ao longo do eixo longitudinal da cóclea depende das propriedades mecânicas da partição coclear como um todo. Em particular, como será detalhado mais adiante, as células ciliadas dentro do órgão de Corti fornecem uma retroalimentação mecânica ativa que aguça a afinação mecânica da membrana basilar e aumenta sua sensibilidade ao som. A disposição das frequências de vibração ao longo da membrana basilar é um exemplo de um *mapa tonotópico*. A relação entre frequência e posição ao longo da membrana basilar varia monotonicamente, mas não é linear; o logaritmo da frequência diminui aproximadamente em proporção à distância da base da cóclea. As frequências de 20 a 2 kHz, aquelas entre 2 kHz e 200 Hz e aquelas entre 200 e 20 Hz correspondem, cada uma, a cerca de um terço da extensão da membrana basilar.

A análise da resposta a um som complexo ilustra como a membrana basilar funciona diariamente. Um som de vogal na fala humana, por exemplo, costuma compreender três componentes dominantes de frequência, denominados formantes. Cada componente de frequência do estímulo estabelece uma onda que, em uma primeira aproximação, é independente das ondas evocadas pelas outras (**Figura 26-3G**) e atinge seu pico de excursão em um ponto da membrana basilar apropriado para aquele componente de frequência. A membrana basilar atua, assim, como um analisador mecânico de frequência, distribuindo as energias associadas aos diferentes componentes de frequência do estímulo para células ciliadas dispostas ao longo de seu comprimento. Ao fazer isso, a membrana basilar inicia a codificação das frequências de um som.

O órgão de Corti é o local da transdução mecanoelétrica na cóclea

O órgão de Corti, uma crista de epitélio que se estende ao longo da membrana basilar, é o órgão receptor da orelha interna. Cada órgão de Corti contém cerca de 16 mil células ciliadas inervadas por aproximadamente 30 mil fibras nervosas *aferentes;* essas são fibras que levam a informação auditiva ao encéfalo por meio do VIII nervo craniano. Como a própria membrana basilar, cada célula ciliada é mais sensível a uma determinada frequência, e essas frequências são logaritmicamente mapeadas em ordem decrescente da base da cóclea ao seu ápice. Assim, a informação transmitida por essas células sensoriais para suas fibras nervosas também é organizada tonotopicamente.

O órgão de Corti inclui uma variedade de células, algumas de função desconhecida, mas quatro tipos têm importância óbvia. Primeiro, existem dois tipos de células ciliadas. As *células ciliadas internas* formam uma fileira única de cerca de 3.500 células, enquanto cerca de 12 mil *células ciliadas externas* se dispõem em três filas mais afastadas do eixo central da espiral da cóclea (**Figura 26-4**). O espaço entre as células ciliadas internas e externas é delimitado e sustentado mecanicamente por células pilares. As células ciliadas externas são sustentadas em suas bases pelas células de Deiters (falângicas).

Uma segunda crista epitelial adjacente ao órgão de Corti, mas mais próxima do eixo central da cóclea, dá origem à membrana tectória, uma projeção gelatinosa que cobre o órgão de Corti (**Figura 26-4**). A membrana tectória está ancorada em sua base, e sua borda distal afilada forma uma frágil conexão com o órgão de Corti.

As células ciliadas não são neurônios; elas não possuem dendritos e axônios (**Figura 26-5A**). Uma solução salina especial, a endolinfa que preenche a rampa ou escala

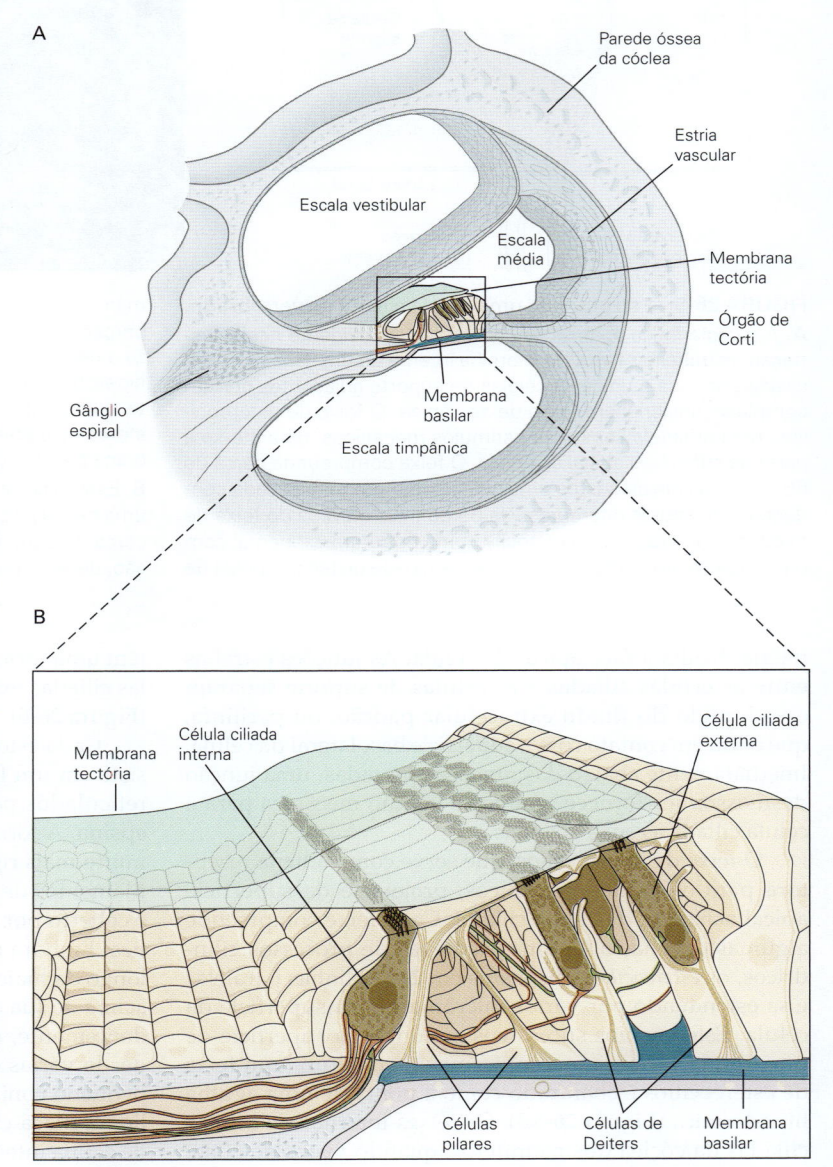

FIGURA 26-4 Arquitetura celular do órgão de Corti humano. Embora existam diferenças entre as espécies, a estrutura básica é similar entre todos os mamíferos.

A. O órgão de Corti, o órgão receptor da orelha interna, é uma camada de epitélio que recobre a membrana basilar elástica. O órgão contém em torno de 16 mil células ciliadas arranjadas em quatro linhas: uma linha única de células ciliadas internas e três linhas de células ciliadas externas. Nessas células receptoras, os feixes de estereocílios, sensíveis a estímulos mecânicos, projetam-se na endolinfa, o líquido que preenche a rampa média. A membrana de Reissner, que delimita a parte superior da rampa média, separa a endolinfa da perilinfa na rampa vestibular. Os feixes de estereocílios das células ciliadas externas estão ligados, em sua parte superior, à superfície inferior da membrana tectória, um arcabouço gelatinoso que se estende em todo o comprimento da membrana basilar.

B. As células ciliadas são separadas e apoiadas pelas células pilares e pelas células de Deiters. Uma célula ciliada foi removida da linha média de células ciliadas externas para mostrar a relação tridimensional entre as células de suporte e as células ciliadas. As terminações nervosas aferentes e eferentes estão coloridas em **vermelho** e **verde** respectivamente.

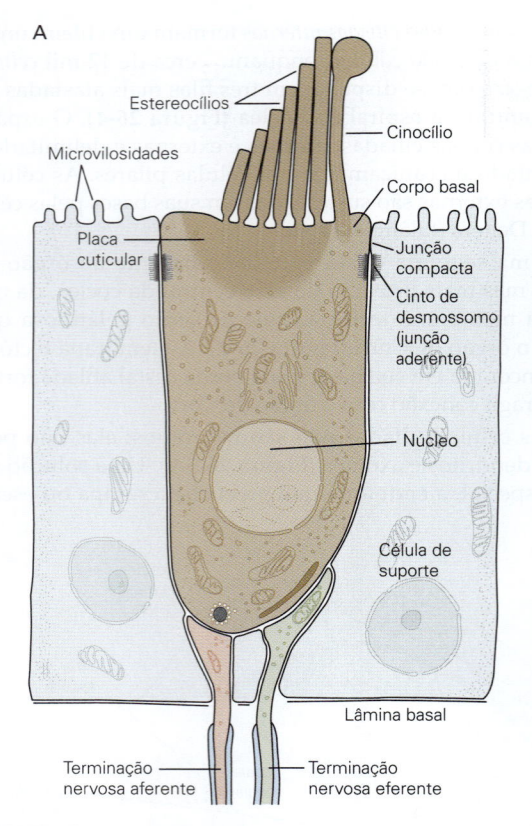

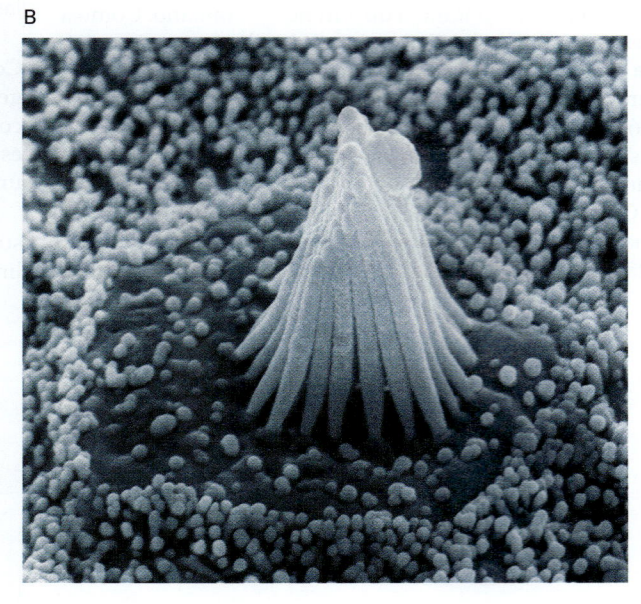

FIGURA 26-5 Estrutura de uma célula ciliada de vertebrado.
A. A característica epitelial da célula ciliada é evidente nesta ilustração do epitélio sensorial da orelha interna de um sapo. A célula ciliada cilíndrica é unida às células de suporte adjacentes por um complexo juncional em torno de seu ápice. O feixe de estereocílios, uma organela sensível a estímulos mecânicos, estende-se a partir da superfície apical da célula. O feixe compreende cerca de 60 estereocílios dispostos em linhas, como em uma escada com degraus de alturas diferentes. Na borda mais elevada do feixe de estereocílios, fica o único cinocílio, uma estrutura axonemal com um alargamento bulboso em sua extremidade distal; na cóclea de mamíferos, essa organela degenera ao nascimento. A deflexão da porção superior do feixe de estereocílios para a direita despolariza a célula ciliada; o movimento no sentido oposto desencadeia hiperpolarização. A célula ciliada é cercada de células de suporte, cujas superfícies apicais possuem microvilosidades. Sinapses aferentes e eferentes contactam a superfície basolateral da membrana plasmática.
B. Esta micrografia eletrônica de varredura da superfície apical de uma célula ciliada revela um feixe de estereocílios se projetando cerca de 8 μm na endolinfa. (Imagem reproduzida, com autorização, de A. J. Hudspeth.)

média, banha a face apical da célula. As junções estreitas entre as células ciliadas e as células de suporte separam esse líquido do fluido extracelular padrão, ou perilinfa, que entra em contato com a superfície basolateral da célula. Imediatamente abaixo das junções apertadas, uma junção desmossômica fornece uma forte ligação mecânica para a célula ciliada às suas vizinhas.

O feixe de estereocílios, que serve como antena receptora para estímulos mecânicos, projeta-se da superfície apical achatada da célula ciliada. Cada feixe compreende algumas dezenas a algumas centenas de processos cilíndricos, os *estereocílios*, dispostos em 2 a 10 linhas paralelas e se estendendo por vários micrômetros da superfície da célula. Estereocílios sucessivos ao longo da superfície de uma célula variam monotonicamente em altura; um feixe de estereocílios é chanfrado como a ponta de uma agulha hipodérmica (**Figura 26-5B**). Os feixes internos de células ciliadas da cóclea dos mamíferos, quando vistos de cima, têm uma forma aproximadamente linear. Os feixes de células ciliadas externas, em contraste, têm a forma de V ou W (**Figura 26-6**).

Cada estereocílio é um cilindro rígido cujo centro consiste em um fascículo de filamentos de actina fortemente reticulados pelas proteínas plastina (fimbrina), fascina e epsina. A formação dessa rede permite ao estereocílio ser muito mais rígido do que seria esperado para um feixe de filamentos de actina sem ligações. O centro do estereocílio é coberto por uma camada tubular de membrana plasmática. Embora um estereocílio tenha diâmetro constante ao longo da maior parte de seu comprimento, ele afunila logo acima de sua inserção basal (ver **Figura 25-5B**). Correspondentemente, o número de filamentos de actina diminui desde várias centenas até apenas algumas dezenas. Esse pequeno conjunto de microfilamentos ancora o estereocílio na placa cuticular, um agregado grosso de filamentos de actina interligados, que se localiza abaixo da membrana

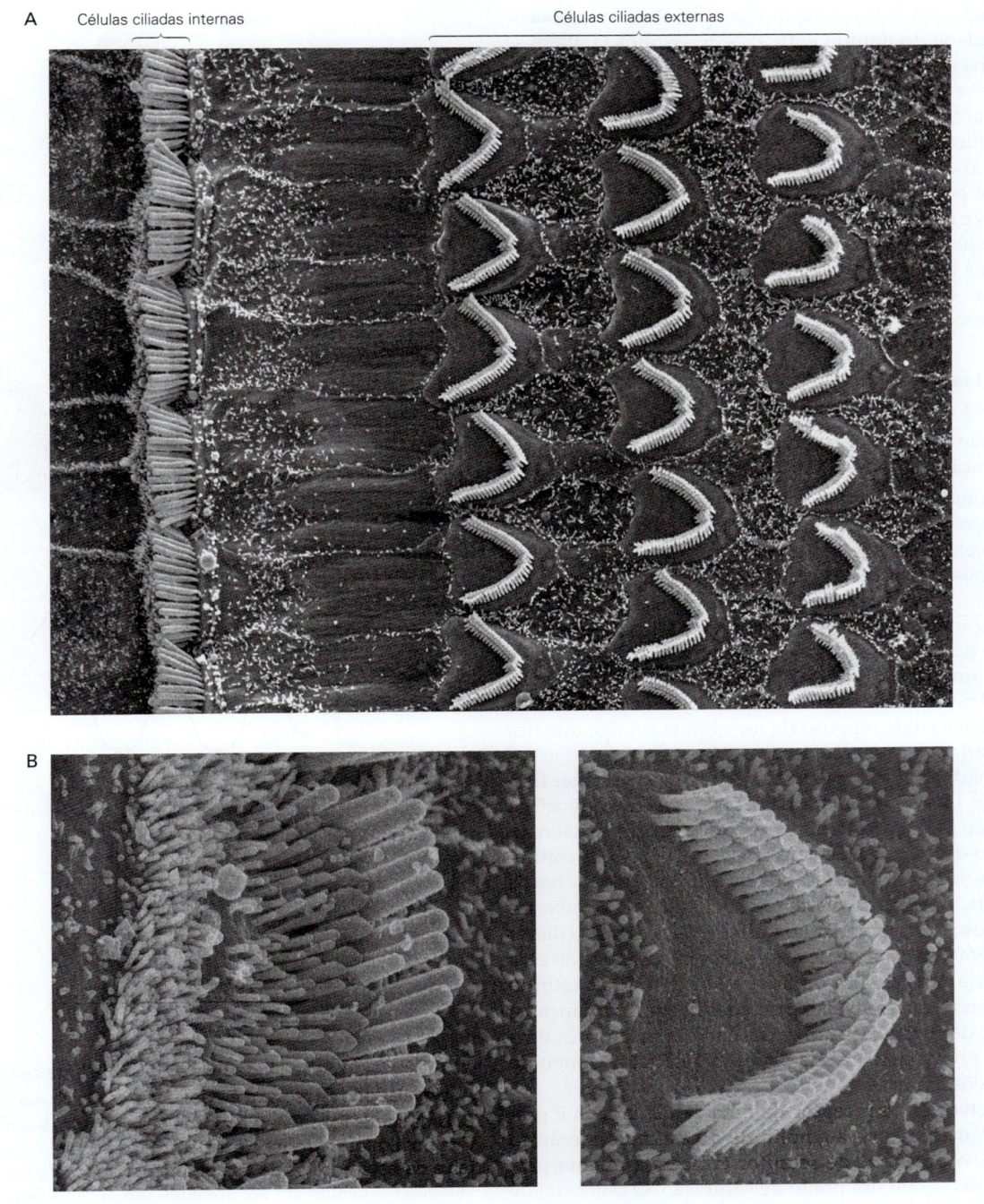

FIGURA 26-6 Disposição das células ciliadas no órgão de Corti. (Imagens reproduzidas, com autorização, de D. Furness, Keele University, Reino Unido.)

A. As células ciliadas internas formam uma linha única, e os estereocílios de cada célula são dispostos linearmente. Por outro lado, as células ciliadas externas são distribuídas em três linhas, e os estereocílios de cada célula estão dispostos em "V". As superfícies apicais de várias outras células são visíveis: da esquerda para a direita, células do sulco espiral interno, células pilares, células de Deiters e células de Hensen (ver **Figura 26-4**).

B. A ampliação da imagem mostra a configuração linear do feixe de estereocílios no topo de uma célula ciliada interna (*à esquerda*) e a configuração em V de um feixe de células ciliadas externa (*à direita*), bem como o arranjo dos estereocílios em fileiras de alturas crescentes.

celular apical. Devido a essa estrutura afunilada, uma força mecânica aplicada na ponta do estereocílio faz ele girar em torno de sua inserção basal. Conectores superiores horizontais interconectam estereocílios adjacentes perto de suas pontas. Esses filamentos extracelulares restringem o movimento do feixe como uma unidade durante a estimulação em baixas frequências. Em altas frequências, a viscosidade do líquido entre os estereocílios também se opõe à sua separação e, assim, garante o movimento unitário do feixe de estereocílios.

Durante seu desenvolvimento inicial, cada feixe de estereocílios inclui em sua borda alta um único cílio verdadeiro, o *cinocílio* (**Figura 26-5**). Como outros cílios, essa estrutura possui em seu centro um axonema, ou conjunto de nove microtúbulos pareados, e muitas vezes um par central adicional de microtúbulos. O cinocílio não é essencial para a transdução mecanoelétrica, pois nas células ciliadas da cóclea de mamíferos, ele degenera na época do nascimento.

As células ciliadas transformam a energia mecânica em sinais nervosos

A deflexão do feixe de estereocílios inicia a transdução mecanoelétrica

Assim como nos órgãos vestibulares (Capítulo 27), a deflexão mecânica do feixe de estereocílios é o estímulo que ativa as células ciliadas da cóclea. Os estímulos provocam uma resposta elétrica, o potencial do receptor, abrindo ou fechando – um processo denominado *gating* – os canais iônicos mecanicamente sensíveis. A resposta da célula ciliada depende da direção e da magnitude do estímulo.

Em uma célula não estimulada, 10 a 50% dos canais envolvidos na transdução do estímulo estão abertos. Assim, o potencial de repouso da membrana celular, que fica aproximadamente dentro de uma faixa de –70 a –30 mV, é determinado em parte pelo influxo de cátions através desses canais. Um estímulo que desloca o feixe de estereocílios em direção à sua borda mais elevada abre canais adicionais, causando despolarização celular (**Figura 26-7**). Ao contrário, um estímulo que desloca o feixe em direção à sua borda mais curta, fecha os canais de transdução que estão abertos em repouso, hiperpolarizando a célula. As células ciliares respondem principalmente aos estímulos paralelos ao eixo de simetria morfológica do feixe de estereocílios: estímulos perpendiculares ao eixo produzem pouca mudança no potencial de repouso; já um estímulo oblíquo provoca uma resposta proporcional à sua projeção vetorial ao longo do eixo de sensibilidade.

O potencial de receptor de uma célula ciliada é graduado. À medida que a amplitude do estímulo mecânico aumenta, o potencial de receptor também aumenta progressivamente, até um ponto de saturação. O potencial de receptor de uma célula ciliar interna pode ser tão elevado quanto 25 mV, considerando os picos de atividade celular. A relação entre a deflexão do feixe e a resposta elétrica resultante é sigmoidal (**Figura 26-7D**). O deslocamento de apenas ±100 nm representa cerca de 90% da faixa de resposta. Durante a estimulação normal, um feixe de estereocílios se move em um ângulo de ±1° ou mais, ou seja, muito menos do que o diâmetro de um estereocílio.

Quando observado *in vitro*, um feixe de estereocílios exibe movimento browniano de aproximadamente ±3 nm, enquanto o limiar de audição corresponde a movimentos da membrana basilar de apenas ±0,3 nm. Existem pelo

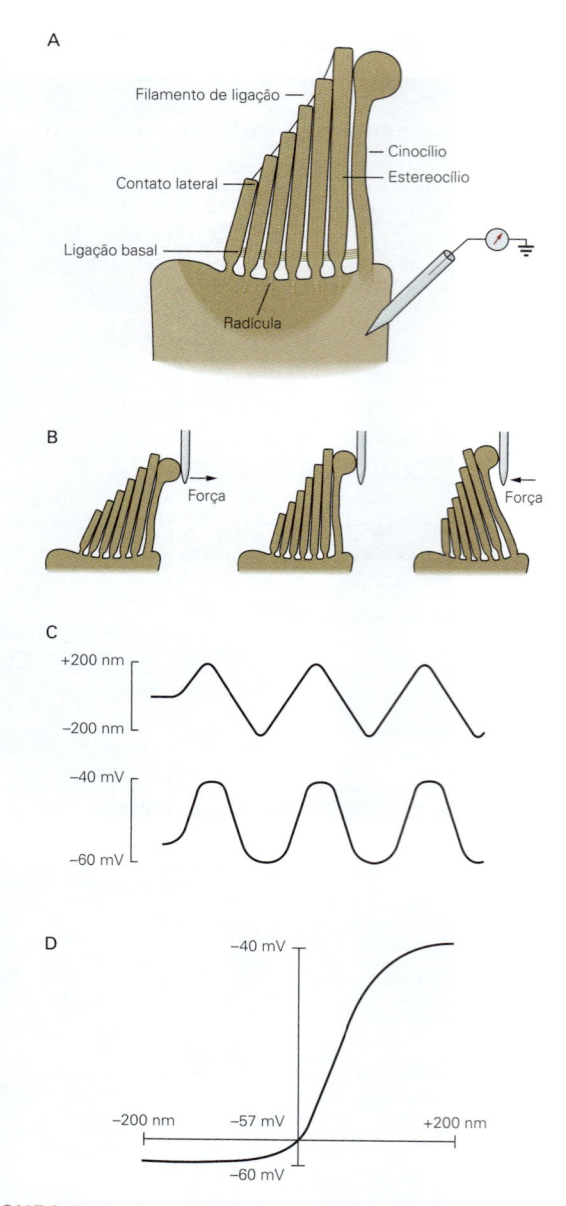

FIGURA 26-7 Sensibilidade mecânica de uma célula ciliada.
A. Um eletrodo de registro é inserido na célula ciliada.
B. Uma sonda ligada à extremidade bulbosa do estereocílio é movida por um estimulador piezoelétrico, provocando a deflexão do feixe de estereocílios de sua posição de repouso. As deflexões verdadeiras costumam ser somente um décimo daquela exemplificada na figura.
C. Quando a porção superior do feixe de estereocílios é deslocada para frente e para trás (**traçado superior**), a abertura e o fechamento de canais iônicos sensíveis a estímulos mecânicos produzem um potencial de receptor oscilante (**traçado inferior**) que pode saturar tanto no sentido da despolarização como no da hiperpolarização.
D. A relação entre a deflexão do feixe de estereocílios (abscissas) e o potencial de receptor (ordenadas) é sigmoidal. A faixa de operação total é de apenas cerca de 100 nm, menos do que o diâmetro de um único estereocílio. No repouso, o feixe de estereocílios opera dentro da região íngreme do sigmoide, o que garante potenciais receptores significativos em resposta a estímulos fracos.

menos três mecanismos que explicam como o feixe de estereocílios pode responder a um movimento menor que seu próprio ruído. Primeiro, como a partição coclear não se move como um corpo rígido, o movimento do feixe de estereocílios é maior que o da membrana basilar. Em segundo lugar, a amplificação seletiva de frequência de estímulos baixos leva ativamente o sinal para fora do ruído. Finalmente, o acoplamento mecânico a um grupo de vizinhos resulta em sincronização que reduz efetivamente o ruído. No limiar auditivo, um estímulo evoca um potencial receptor de cerca de 100 μV de amplitude.

Os canais iônicos nas células ciliadas que medeiam a transdução mecanoelétrica são poros de passagem de cátions relativamente não seletivos com uma condutância próxima de 100 pS. A partir do tamanho conhecido de pequenos cátions orgânicos e moléculas fluorescentes que podem atravessar o canal, o poro do canal de transdução deve ter cerca de 1,3 nm de diâmetro. A maior parte da corrente de transdução deve-se ao fluxo de K^+, o cátion mais abundante na endolinfa que banha o feixe de estereocílios. Embora a endolinfa seja relativamente pobre em Ca^{2+}, uma pequena fração da corrente de transdução é transportada por esse íon. Indicadores fluorescentes indicam que a entrada de Ca^{2+} e, portanto, a transdução mecanoelétrica, ocorre precisamente nas pontas estereociliares de um feixe de estereocílios defletido. Os registros de canal único, juntamente com a observação de que a magnitude da corrente de transdução é aproximadamente proporcional ao número de estereocílios funcionais restantes em um feixe microdissecado, indicam que provavelmente existem apenas dois canais de transdução ativos por estereocílio.

O grande diâmetro e a pouca seletividade do poro permitem que os canais de transdução sejam bloqueados por antibióticos aminoglicosídeos, como a estreptomicina, a gentamicina e a tobramicina. Quando usados em doses altas para tratar infecções bacterianas, esses fármacos têm um efeito tóxico sobre as células ciliadas; os antibióticos lesionam os feixes de estereocílios e, por fim, matam as células ciliadas. Esses fármacos passam pelos canais de transdução a uma taxa de fluxo baixa e, portanto, causam efeitos tóxicos em longo prazo, interferindo na síntese de proteínas nos ribossomos mitocondriais, que se assemelham aos ribossomos bacterianos. Consistente com essa hipótese, a sensibilidade humana aos aminoglicosídeos é uma herança materna, assim como as mitocôndrias, e, em muitos casos, reflete uma única mudança de base no gene 12S ribossômico do RNA da mitocôndria.

A força mecânica abre diretamente os canais de transdução

O mecanismo de abertura ou fechamento dos canais de transdução nas células ciliadas difere fundamentalmente dos mecanismos usados para os sinais elétricos nos neurônios, como o potencial de ação ou o potencial pós-sináptico. Muitos canais iônicos respondem a mudanças no potencial de membrana ou a ligantes específicos (Capítulos 8, 10, e 12 a 14). De maneira distinta, duas linhas de evidência sugerem que os canais de transdução mecanoelétricos na célula ciliada são ativados por tensão mecânica.

Primeiro, um feixe é mais rígido ao longo de seu eixo de sensibilidade mecânica do que em um ângulo reto. Essa observação sugere que parte do trabalho de defletir um feixe de estereocílios se transmita a elementos elásticos, denominados *molas do portão*, que puxam os portões moleculares dos canais de transdução. Uma vez que as molas do portão são responsáveis por mais da metade da rigidez do feixe de estereocílios, os canais de transdução capturam de forma muito eficiente a energia de deflexão dos cílios. Além disso, as propriedades mecânicas de um feixe de estereocílios variam durante a abertura ou fechamento do canal: quando os canais abrem ou fecham, a rigidez diminui e o atrito aumenta. Ambos os fenômenos são esperados se os canais forem abertos ou fechados diretamente por meio de uma ligação mecânica ao feixe de estereocílios.

Um segundo indicativo de que os canais de transdução são controlados diretamente por molas de comporta é a rapidez com que as células ciliadas respondem. A latência da resposta é tão curta (apenas alguns microssegundos) que é mais provável que o controle de abertura ou fechamento seja direto do que envolva um segundo mensageiro (Capítulo 14). Além disso, as respostas elétricas das células ciliadas a um estímulo de magnitude crescente tornam-se maiores e mais rápidas. Esse comportamento favorece um esquema cinético no qual a força mecânica controla a constante de abertura do canal.

O *filamento de ligação* é um componente provável da mola do portão. Um filamento de ligação é uma trança molecular fina que liga o terminal distal de um estereocílio ao lado do processo adjacente mais longo (**Figura 26-8A**). A deflexão do feixe de estereocílios em direção à borda mais elevada puxa o filamento de ligação e promove a abertura do canal; o movimento na posição oposta afrouxa o filamento e permite o fechamento dos canais a ele associados (**Figura 26-8B**).

Três resultados experimentais sugerem que os filamentos de ligação sejam componentes da mola do portão. Primeiro, esses filamentos de ligação são características universais dos feixes de estereocílios e estão situados no local da transdução. Os canais de transdução estão de fato localizados nas pontas estereociliares, portanto, próximos ao ponto de inserção inferior do filamento da ponta. Segundo, a orientação dos filamentos é consistente com a sensibilidade vetorial da transdução. Os filamentos invariavelmente interconectam os estereocílios em uma direção paralela ao eixo de mecanossensibilidade do feixe de estereocílios. Finalmente, quando os filamentos de ligação são rompidos pela exposição das células ciliadas a quelantes de Ca^{2+}, a transdução desaparece. À medida que os filamentos de ligação se regeneram, em cerca de 12 horas, a célula ciliar recupera a sensibilidade mecânica. Ainda não está claro se a elasticidade das molas de comporta reside primariamente nos filamentos de ligação ou nas estruturas de suas duas inserções nos estereocílios.

Na cóclea de mamíferos, os feixes de estereocílios são defletidos por meio de sua ligação com a membrana tectória. Quando a membrana basilar oscila para cima e para baixo em resposta a um som, o órgão de Corti e a membrana tectória, que o recobre, movem-se com ela. Entretanto,

FIGURA 26-8 Transdução mecanoelétrica pelas células ciliadas.

A. Um filamento de ligação conecta cada estereocílio ao lado do estereocílio adjacente mais longo, conforme mostra a micrografia eletrônica de varredura (*à esquerda*) e a micrografia eletrônica de transmissão (*à direita*) da superfície superior de um feixe de estereocílios. Cada filamento de ligação tem apenas 3 nm de diâmetro e 150 a 200 nm de comprimento. Os filamentos parecem mais grossos na ilustração à esquerda porque foi feita uma preparação da peça com metal, que recobriu os filamentos. (Reproduzidas, com autorização, de Assad, Shepherd e Corey, 1991; Hudspeth e Gillespie, 1994.)

B. Parte superior: O fluxo iônico através do canal que é responsável pela transdução mecanoelétrica nas células ciliadas é regulado por uma comporta molecular. A abertura e o fechamento do portão são controlados pela tensão em um elemento elástico, a mola do portão, que percebe a movimentação do feixe de estereocílios. (Adaptada, com autorização, de Howard e Hudspeth, 1988.)

Parte inferior: Quando o feixe de estereocílios está em repouso, cada canal de transdução oscila entre os estados fechado e aberto, permanecendo a maior parte do tempo fechado. O deslocamento do feixe na direção positiva aumenta a tensão na mola do portão aqui assumida como, em parte, um filamento de ligação ligado a cada portão molecular de canal. A tensão aumentada promove a abertura do canal e o influxo de cátions, produzindo, assim, um potencial de receptor despolarizante. (Adaptada, com autorização, de Hudspeth, 1989.)

como as membranas basilar e tectória se movimentam sobre diferentes linhas de inserção, seu movimento para cima e para baixo é acompanhado de um movimento de deslizamento para frente e para trás entre a superfície superior do órgão de Corti e a superfície inferior da membrana tectória. Esse é o movimento que é detectado pelas células ciliadas (**Figura 26-9**).

Os feixes de estereocílios das células ciliadas externas, cujas extremidades estão firmemente ligadas à membrana tectória, são defletidos diretamente por esse movimento. Os feixes de estereocílios das células ciliadas internas, as quais não têm contato com a membrana tectória, são defletidos pelo movimento do líquido abaixo da membrana. Essa forma de estimulação provê alguma magnificação mecânica dos sinais que atingem os feixes de estereocílios.

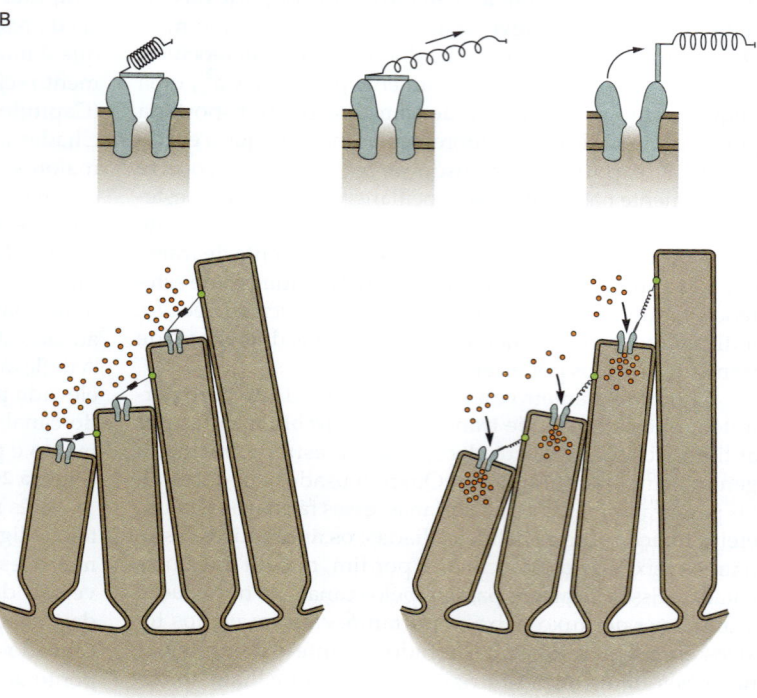

Pelo menos para os estímulos de alta frequência, acredita-se que os movimentos desses feixes sejam diversas vezes maiores do que aqueles da membrana basilar.

A transdução mecanoelétrica direta é rápida

As células ciliadas funcionam de modo muito mais rápido do que outras células receptoras sensoriais do sistema nervoso dos vertebrados e de fato, de modo mais rápido do que os próprios neurônios. Para lidar com as frequências de sons biologicamente relevantes, a transdução mediada pelas células ciliadas deve ser rápida. De acordo com o comportamento do som no ar e as dimensões dos órgãos emissores e de absorção de som, como pregas vocais e tímpanos, uma comunicação auditiva ótima ocorre na faixa de frequências entre 10 Hz e 100 kHz. Frequências muito

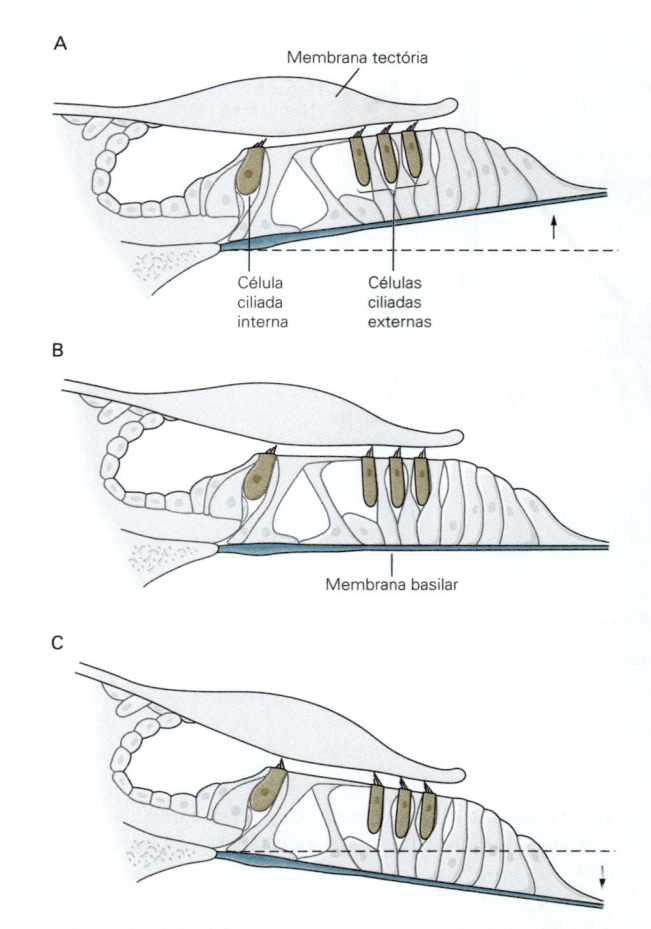

FIGURA 26-9 Forças atuando sobre as células ciliadas cocleares. As células ciliadas da cóclea são estimuladas quando a membrana basilar é deslocada para cima e para baixo por diferenças na pressão entre a rampa vestibular e a rampa timpânica. Esse movimento é acompanhado do movimento de cisalhamento entre a membrana tectória e o órgão de Corti. Esses movimentos defletem os feixes de estereocílios das células ciliadas externas, os quais estão ligados à superfície inferior da membrana tectória. Os feixes de estereocílios das células ciliadas internas, que não estão ligados à membrana tectória, são defletidos pelo movimento de líquido no espaço abaixo daquela estrutura. Em ambas as circunstâncias, a deflexão inicia a transdução mecanoelétrica do estímulo.

A. Quando a membrana basilar é deslocada para cima, o cisalhamento entre as células ciliadas e a membrana tectória inclina os feixes de estereocílios na direção excitatória, em direção à borda mais elevada.

B. No meio do caminho de uma oscilação, os feixes de estereocílios voltam à posição de repouso.

C. Quando a membrana basilar se move para baixo, os feixes de estereocílios são deslocados na direção inibitória.

mais altas se propagam mal através do ar; frequências muito mais baixas são produzidas de forma ineficiente e mal capturadas por animais de tamanho moderado. Mesmo em animais sensíveis a frequências relativamente baixas, como sapos, a corrente de transdução *in vitro* em resposta a um estímulo de intensidade moderada aumenta com uma constante de tempo de apenas 80 μs à temperatura ambiente. Para os mamíferos serem capazes de responder a frequências superiores a 100 kHz, as células ciliadas evidentemente exibem tempos de abertura ou fechamento com ordem de magnitude menor. A localização de fontes sonoras, uma das funções mais importantes da audição, estabelece limites ainda mais rigorosos para a velocidade de transdução (Capítulo 28). Um som oriundo de uma fonte direcionada a um lado de uma pessoa atinge a orelha mais próxima um pouco mais cedo do que atinge a orelha mais distante, no máximo 700 μs em humanos. Um observador pode localizar fontes sonoras com base em atrasos muito menores, cerca de 10 μs. Para que isso ocorra, as células ciliadas devem ser capazes de transduzir ondas acústicas com resolução de microssegundos.

Os genes da surdez fornecem componentes da maquinaria de mecanotransdução

Estudos genéticos de surdez em humanos e em modelos de camundongos forneceram pontos de importantes na composição molecular da maquinaria de mecanotransdução da célula ciliada. Em particular, os dois terços superiores do filamento de ligação consistem em duas moléculas paralelas de caderina 23, enquanto o terço inferior compreende duas moléculas paralelas de protocaderina 15 (**Figura 26-10**). Os dois componentes são unidos em suas pontas de maneira sensível ao Ca^{2+}; diminuindo a concentração de Ca^{2+} extracelular para níveis abaixo de aproximadamente 1 μM, interrompe sua associação. Em humanos, mutações nos genes que codificam a caderina 23 (*USH1D*) e a protocaderina 15 (*USH1F*) levam à forma mais grave da síndrome de Usher, um distúrbio autossômico recessivo que associa surdez congênita grave a profunda, disfunção vestibular constante e retinite pigmentosa de início pré-puberal. O estudo de outros genes envolvidos nesse tipo de síndrome de Usher revelou que a extremidade superior do filamento de ligação está ancorada ao centro de actina de um estereocílio por um complexo proteico que inclui as proteínas andaimes sans (*USH1G*) e harmonina (*USH1C*), bem como o motor molecular miosina 7a (*USH1B*).

O pequeno número de canais em uma célula ciliada, juntamente com a falta de ligantes de alta afinidade para marcá-los, explica por que a identidade bioquímica dos canais de transdução permaneceu incerta por muito tempo. No entanto, experimentos genéticos, bioquímicos e biofísicos recentes indicam que quatro proteínas integrais transmembrana estão intimamente relacionadas ao canal de transdução: proteínas semelhantes a canais transmembrana 1 e 2 (TMC1 e TMC2), proteína de membrana *tetraspan* em estereocílios de células ciliadas (TMHS, do inglês *tetraspan membrane protein in hair-cell stereocilia* [nomenclatura oficial LHFPL5]) e gene de expressão da proteína transmembrana da orelha interna (TMIE, do inglês *transmembrane inner-ear* [**Figura 26-10**]). A mecanotransdução é abolida em células ciliadas de camundongos sem TMIE, mesmo que todos os outros componentes conhecidos da maquinaria de transdução pareçam estar adequadamente no lugar. No entanto, como TMIE contém apenas dois domínios transmembrana previstos, parece altamente improvável que esta proteína sozinha constitua um canal iônico. Na ausência de LHFPL5, a condutância do

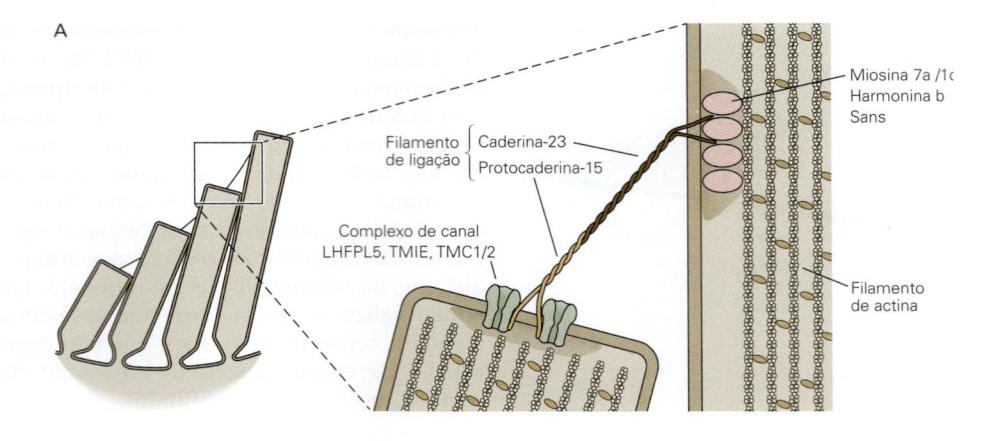

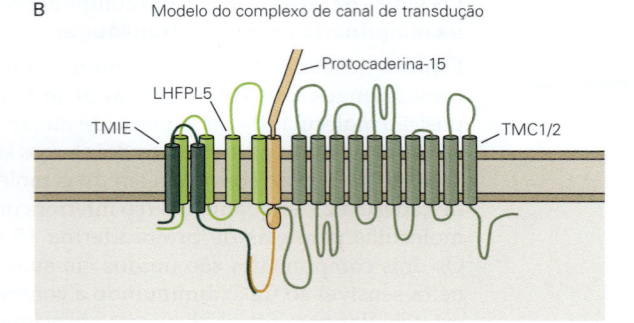

FIGURA 26-10 Composição molecular da maquinaria de transdução.

A. O filamento de ligação é composto pela associação heterofílica de protocaderina 15 e caderina 23. Dois canais de transdução estão localizados perto do ponto de inserção inferior do filamento de ligação na ponta do estereocílio mais curto. Cada canal faz parte de um complexo molecular que inclui as proteínas TMC1/2, LHFPL5 e TMIE. No ponto de inserção superior no flanco do estereocílio mais longo, a caderina 23 interage com a harmonina b e o motor molecular miosina 7a, que se ligam à actina e, assim, ancoram o filamento de ligação. A proteína sans serve como uma proteína de andaime. Nas células ciliadas vestibulares, a miosina 1c pode colocar a o filamento de ligação sob tensão, mas a presença dessa proteína motora é incerta nas células ciliadas da cóclea.

B. Modelo do complexo de canal de transdução. TMC1/2, LHFPL5 e TMIE interagem com a protocaderina 15 e, portanto, com a extremidade inferior do filamento de ligação. A TMIE também interage com o LHFPL5. O arranjo detalhado dessas proteínas dentro do aparelho de transdução ainda é desconhecida. Ao contrário do que a figura sugere, TMC1 foi proposto para montar como um dímero, com cada molécula de TMC1 contribuindo com uma via de permeação para cátions. (Adaptada, com autorização, de Wu e Müller, 2016, e Pan et al., 2018.)

canal de transdução é reduzida, mas significativas correntes de transdução ainda podem ser medidas, sugerindo que essa proteína não é uma parte essencial do poro do canal.

Várias linhas de evidência defendem TMC1 e TMC2 como componentes do canal de transdução. Ambas as proteínas estão localizadas perto do ponto de inserção inferior do filamento de ligação, onde a corrente de transdução entra na célula ciliada, interage com a protocaderina 15, constituinte do filamento de ligação, e seu início de expressão coincide com o da transdução mecanoelétrica. Além disso, os canais de transdução em um camundongo com uma mutação pontual no gene *Tmc1* mostram menor condutância e permeabilidade ao Ca^{2+}, indicando que o TMC1 está muito próximo do poro do canal. As substituições individuais de cisteína feitas em locais que se prevê estarem dentro ou perto do poro do canal confirmam que TMC1 pertence à via condutora principal. De fato, a modificação covalente dos resíduos de cisteína com um reagente carregado positivamente leva a uma redução da condutância de canal único em vários mutantes de TMC1. O reagente modificador de cisteína não tem efeito quando é aplicado após o feixe de estereocílios ter sido desviado para sua borda curta (para fechar os canais de transdução) ou quando o acesso ao poro do canal é impedido por um bloqueador de canal. Assim, é improvável que TMC1 constitua uma subunidade de canal acessória que forma um vestíbulo para a(s) proteína(s) formadora(s) de poros. Em vez disso, a evidência é forte de que TMC1 forma pelo menos parte do poro do canal de transdução. Nas células ciliadas da cóclea, TMC1 e TMC2 são coexpressos durante o desenvolvimento neonatal, mas apenas a expressão de TMC1 é mantida até a idade adulta.

Mecanismos de retroalimentação dinâmica determinam a sensibilidade das células ciliadas

As células ciliadas devem lidar com estímulos acústicos que apresentam muito pouca energia. Se o estímulo consistir em um sinal periódico, como a pressão senoidal de um som puro, o sistema de detecção pode aumentar a relação sinal-ruído, aumentando seletivamente a resposta a uma frequência relevante. As células ciliadas respondem melhor a uma frequência característica de estimulação acústica. A seletividade de frequência de uma determinada célula ciliada resulta em parte da filtragem extrínseca passiva de sua entrada mecânica, em particular como resultado do arranjo tonotópico da membrana basilar de mamífero. Além disso, quando é apropriado que sinais aferentes de baixa frequência sejam desconsiderados, as células ciliadas possuem um mecanismo único de adaptação, que atua como um filtro de banda alta. As células ciliadas também empregam amplificação mecânica, que aumenta e ajusta, ainda mais, sua sensibilidade mecânica.

As células ciliadas são sintonizadas para frequências específicas de estímulo

Cada célula ciliada da cóclea é mais sensível à estimulação em uma frequência específica, denominada de sua frequência característica, natural ou melhor. As frequências características das células ciliadas internas adjacentes diferem em cerca de 0,2%, em média; as cordas adjacentes de um piano, em comparação, são ajustadas para distarem suas frequências em torno de 6%. Como a onda evocada mesmo por um estímulo sinusoidal puro se espalha um pouco ao longo da membrana basilar, a sensibilidade de uma célula ciliada da cóclea se estende dentro de uma faixa limitada acima e abaixo de sua frequência característica, ainda mais com um nível maior de estimulação. Em níveis baixos, um tom puro recruta aproximadamente 100 células ciliadas. A sensibilidade de frequência de uma célula ciliada pode ser representada como uma curva de afinação (ou sintonia). Para construir tal curva, um experimentador estimula a orelha com sons puros em numerosas frequências abaixo e acima, assim como na frequência característica da célula. O nível da estimulação é ajustado para cada frequência, até que a resposta da célula atinja um critério de magnitude predefinido. A curva de sintonia é, assim, um gráfico de nível sonoro, apresentado logaritmicamente em decibéis de NPS, em função da frequência do estímulo.

A curva de sintonia de uma célula ciliada interna em geral apresenta formato de "V" (**Figura 26-11**). O pico da curva representa a frequência característica da célula, a frequência que produz o critério de resposta para o estímulo de menor nível. Sons de frequências maiores ou menores requerem níveis maiores para estimular a célula e produzir o critério de resposta. Como consequência do formato da onda, a inclinação da curva de sintonia é muito mais acentuada no flanco de alta frequência do que no flanco de baixa frequência.

Da mesma forma que a frequência de ressonância de um diapasão depende do tamanho de suas pontas, as alturas dos feixes de estereocílios variam sistematicamente ao longo do eixo tonotópico. As células ciliadas que respondem a estímulos de baixa frequência têm os feixes mais altos, enquanto aquelas que respondem aos sinais de alta frequência possuem os feixes mais curtos. Na cóclea humana, por exemplo, uma célula ciliada interna com uma frequência característica de 20 kHz possui um feixe de estereocílios de 4 μm de altura. No extremo oposto, uma célula

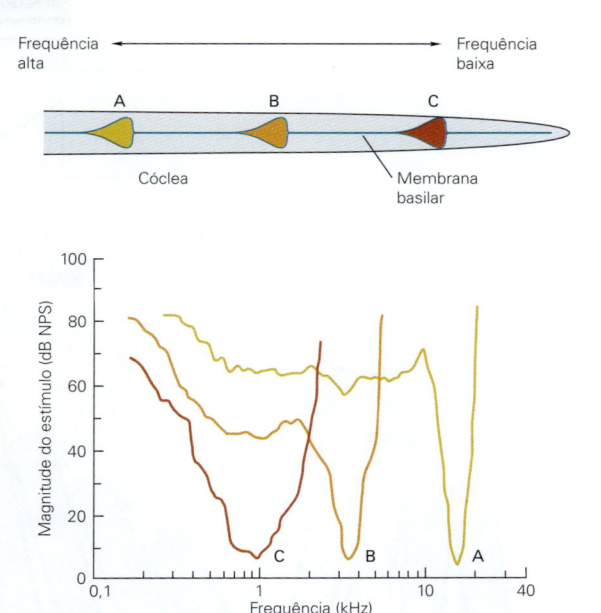

FIGURA 26-11 Curvas de sintonia de células ciliadas cocleares. Para construir uma curva, o experimentador apresenta um som em várias frequências. A cada frequência, a intensidade do estímulo é ajustada, até que a célula produza um critério de resposta, neste caso uma diferença de potencial de 1 mV. A curva reflete, assim, o limiar da célula para a estimulação em uma faixa de frequências. Cada célula é mais sensível a uma frequência específica, sua frequência característica. O limiar aumenta rapidamente – a sensibilidade cai rapidamente – à medida que a frequência do estímulo aumenta ou diminui. A frequência característica depende da posição da célula ciliada ao longo do eixo longitudinal da cóclea. (Reproduzida, com autorização, de Kiang, 1980. Copyright © 1980 Acoustical Society of America.)

sensível a estímulos de 20 Hz possui um feixe de mais de 7 μm de altura. Um gradiente morfológico semelhante é observado com células ciliadas externas, complementando o ajuste extrínseco realizado pela membrana basilar.

As células ciliadas adaptam-se à estimulação sustentada

Apesar da precisão do crescimento de um feixe de estereocílios, ele não chega a se desenvolver de modo que o aparelho de transdução fique sempre perfeitamente colocado em sua posição de maior mecanossensibilidade. Algum mecanismo deve compensar as irregularidades do desenvolvimento, assim como as alterações ambientais, pelo ajuste das molas do portão, de tal forma que os canais de transdução fiquem responsivos a estímulos fracos na posição de repouso do feixe de estereocílios. Para garantir isso, um processo de adaptação redefine continuamente a faixa de sensibilidade mecânica do feixe de estereocílios. Como resultado da adaptação, uma célula ciliada pode manter uma alta sensibilidade para estímulos transitórios, enquanto rejeita aferências estáticas 1 milhão de vezes maiores.

A adaptação manifesta-se como uma diminuição progressiva do potencial de receptor durante uma deflexão prolongada do feixe de estereocílios (**Figura 26-12**). O processo não é o da dessensibilização, visto que a responsividade do

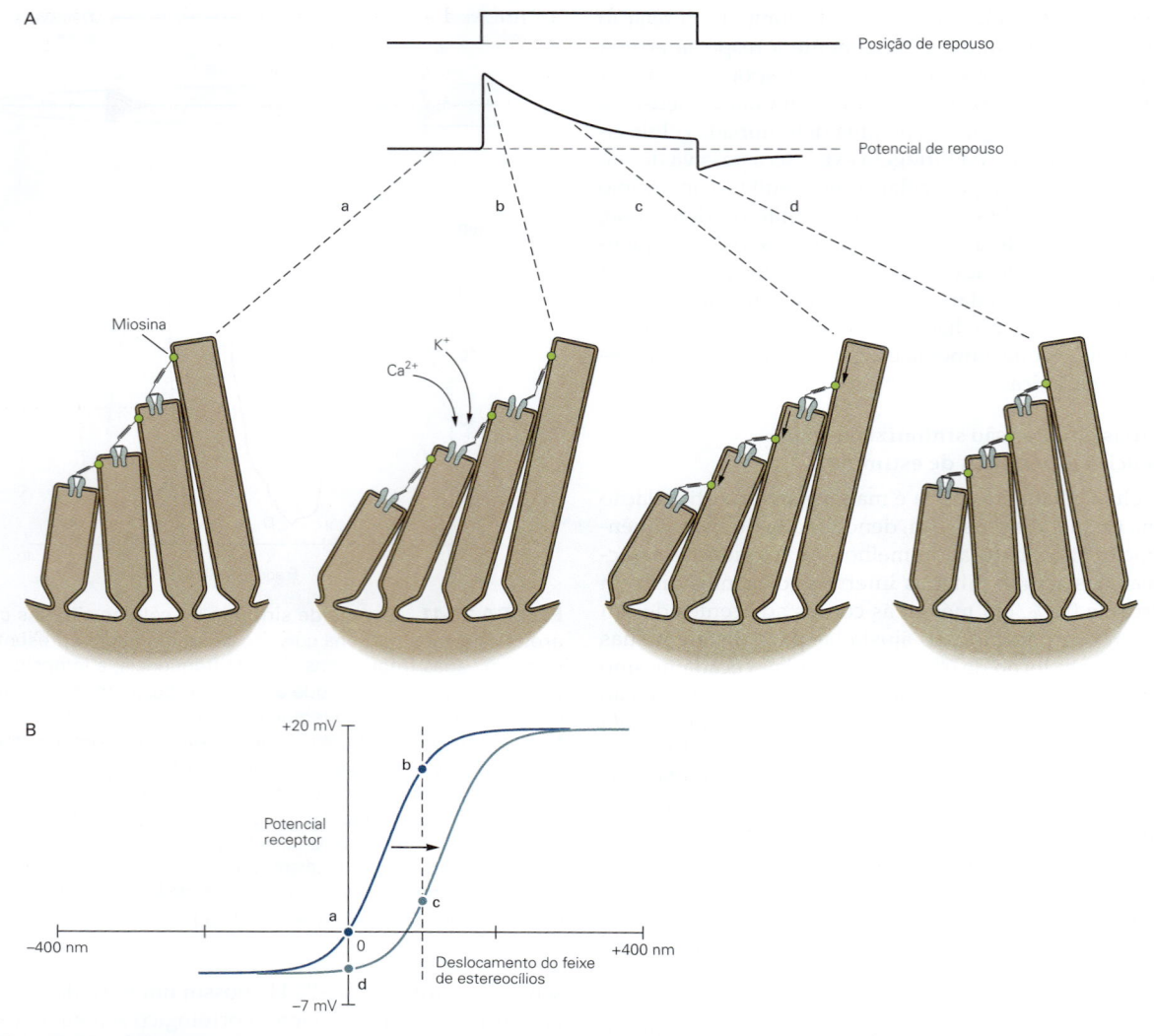

FIGURA 26-12 Adaptação da transdução mecanoelétrica nas células ciliadas.

A. A deflexão prolongada do feixe de estereocílios na direção positiva (**traçado superior**) provoca uma despolarização inicial seguida por um declínio para um platô e um *undershoot* quando o estímulo cessa (**traçado inferior**). Os quatro feixes esquemáticos de células ciliadas ilustram os estados dos canais de transdução antes (**a**) e durante as fases ilustradas da adaptação (**b-d**). Inicialmente, a estimulação aumenta a tensão no filamento de ligação (segundo feixe), abrindo canais de transdução. Entretanto, à medida que a estimulação continua, acredita-se que a fixação superior de um filamento de ligação deslize para baixo no estereocílio, permitindo que cada canal se feche durante a adaptação (terceiro feixe). A deflexão prolongada do feixe de estereocílios na direção negativa desencadeia uma resposta complementar. A célula é levemente hiperpolarizada no início, mas apresenta uma despolarização rebote ao final da estimulação; a tensão do filamento de ligação afrouxado pelo estímulo mecânico é restabelecida ao estado original pelo movimento ascendente das moléculas de miosina na parede do estereocílio, que puxam ativamente para cima a inserção do filamento.

B. À medida que a adaptação prossegue, a relação sigmoidal entre o deslocamento do feixe de estereocílios e o potencial receptor da célula ciliada se desloca para a direita ao longo da abcissa, na direção da nova posição do feixe de estereocílios (**linha tracejada**), sem alterações substanciais na forma ou na amplitude da curva. A mudança explica por que o potencial do receptor diminui ao longo do tempo, conforme mostrado em **A** entre os estados **b** e **c**, restaurando o potencial de membrana da célula ciliada para próximo de seu valor quando não há estímulo. Esse resultado implica que a adaptação restaura a sensibilidade mecânica a pequenas deflexões rápidas do feixe de estereocílios na presença de um estímulo prolongado que de outra forma saturaria a transdução mecanoelétrica. Os quatro estados dos canais de transdução mostrados em **A** são marcados (**a-d**). (Adaptada, com autorização, de Hudspeth e Gillespie, 1994.)

receptor permanece a mesma. Em vez disso, durante um estímulo prolongado, a relação sigmoidal entre o potencial do receptor inicial e a posição do feixe muda na direção do estímulo aplicado. Como resultado, o potencial de membrana da célula ciliada retorna progressivamente ao seu valor de repouso. A adaptação é incompleta, no entanto; a relação entre o potencial de membrana e a posição do feixe muda em aproximadamente 80% da posição desviada.

Como a adaptação ocorre? Uma vez que a força mecânica exercida por um feixe de estereocílios muda conforme ocorre a adaptação, o processo evidentemente envolve um ajuste na tensão suportada pelas molas de comporta. Há evidências de que a estrutura que ancora a extremidade superior de cada filamento de ligação, a *placa de inserção*, seja reposicionada durante a adaptação por um motor molecular ativo (**Figura 26-12**). Os canais de transdução são inerentemente mais estáveis em um estado fechado, pois eles fecham quando os filamentos de ligação são interrompidos. Um motor também é necessário para manter uma fração significativa (10 a 50%) dos canais de transdução abertos em repouso, puxando continuamente as molas do portão. Acredita-se que várias dezenas de moléculas de miosina associadas à extremidade superior de cada filamento de ligação mantenham a tensão, elevando o centro de actina do estereocílio e puxando a inserção do filamento de ligação com elas.

Quando um estímulo aumenta a tensão em uma mola do portão o canal de transdução associado abre, permitindo um influxo de cátions. A ativação da calmodulina, por sua vez, reduz a força de tração para cima da molécula de miosina 1c, ocasionando o encurtamento da mola do portão. Quando a mola atinge sua tensão de repouso, o fechamento do canal reduz o influxo de Ca^{2+} a seu nível original, restabelecendo o balanço entre a força de tração para cima exercida pela miosina e a força de tração para baixo produzida pela mola.

Os feixes de estereocílios contêm pelo menos cinco isoformas de miosina, a molécula motora associada à motilidade ao longo de filamentos de actina (Capítulo 31). Em células ciliadas vestibulares, estudos imuno-histoquímicos e de mutagênese sítio-dirigida implicam a miosina 1c na adaptação. Nas células ciliadas da cóclea, o papel da miosina 1c na adaptação permanece indefinido. Outra proteína motora, a miosina 7a, está presente perto do ponto de inserção superior do filamento de ligação, e mutações no gene correspondente (*USH1B*) estão associadas à surdez. Os feixes de células ciliadas defeituosos para a miosina 7a estão desorganizados, sugerindo que esse motor está envolvido pelo menos no desenvolvimento do feixe de estereocílios.

Se fosse apenas para definir o ponto de operação do aparelho de transdução, a adaptação poderia operar em escalas de tempo muito mais lentas do que o período de estímulos acústicos. Esse é o caso em resposta a grandes deflexões do feixe de estereocílios, para as quais a constante de tempo de adaptação é de aproximadamente 20 ms ou mais quando a endolinfa banha o feixe. Essa adaptação lenta é compatível com a atividade de um motor à base de miosina acionado pela hidrólise cíclica de trifosfato de adenosina (ATP). No entanto, depois de serem abertos por um estímulo excitatório de pequena magnitude, os canais de transdução religam com escalas de tempo típicas de menos de 1 ms e, portanto, curtas o suficiente para serem compatíveis com frequências auditivas. Os modelos atuais postulam que os íons Ca^{2+} que entram em uma célula ciliada através de um canal de transdução se ligam ao poro do canal ou próximo dele, favorecendo energeticamente o fechamento do canal. A cinética dessa rápida adaptação varia sistematicamente ao longo do eixo tonotópico dos órgãos auditivos, indicando que a adaptação pode ajudar a definir a frequência característica de resposta máxima da célula ciliada. Além disso, a relação recíproca entre a abertura ou fechamento do canal e a tensão do filamento de ligação significa que os rearranjos adaptativos dos canais evocam forças internas que impulsionam os movimentos ativos do feixe de estereocílios. O correlato mecânico da adaptação, portanto, fornece uma retroalimentação que pode aumentar o estímulo para a célula ciliada.

A energia sonora é amplificada mecanicamente na cóclea

A orelha interna enfrenta um importante obstáculo para operar de forma eficiente: uma grande parte da energia do estímulo acústico é consumida para superar os efeitos de amortecimento dos líquidos cocleares sobre o movimento das células ciliadas e da membrana basilar, em vez de estimular as células ciliadas. A sensibilidade da cóclea é tão grande e a seletividade para frequências auditivas é tão precisa que ela não pode ser produto somente das propriedades mecânicas passivas da orelha interna. A cóclea deve, portanto, possuir alguma forma de amplificar ativamente a energia do som.

Um indicativo de que ocorre amplificação na cóclea vem de medidas dos movimentos da membrana basilar com interferômetros a *laser* sensíveis. Em uma preparação estimulada com som de baixo nível, o movimento da membrana basilar é altamente dependente da frequência. O movimento é máximo na frequência apropriada para a posição em que a medida é feita – a frequência característica –, mas muda abruptamente em frequências mais altas ou mais baixas. À medida que o nível de som aumenta, no entanto, a seletividade de frequência da vibração torna-se menos precisa; o pico na relação entre amplitude e frequência se amplia. Além disso, a sensibilidade da membrana ao som, definida como a amplitude de vibração por unidade de pressão sonora, diminui vertiginosamente. Quando estimulada na frequência característica, a sensibilidade do movimento da membrana basilar à estimulação a 80 dB de NPS é inferior a 1% daquela para excitação de 10 dB de NPS. A membrana basilar apresenta uma não linearidade compressiva que acomoda a variação de 1 milhão de vezes da pressão sonora que caracteriza os sons audíveis (0 a 120 dB de NPS) em apenas 2 a 3 ordens de magnitude de amplitude de vibração (±0,3 a 300 nm). A sensibilidade e a seletividade de frequência preditas em estudos de modelagem de uma cóclea passiva correspondem àquelas observadas com estímulos de alto nível. Esse resultado implica que o movimento da membrana basilar é aumentado mais de 100 vezes durante a estimulação de baixo nível na frequência característica, mas que a amplificação diminui progressivamente à medida que o estímulo cresce em força. Consequentemente, a amplificação reduz o limiar de audição em mais de 40 a 50 dB de NPS.

Além dessa evidência circunstancial, observações experimentais sustentam a ideia de que a cóclea contém um amplificador mecânico. Quando uma orelha humana normal é estimulada com um "clique", essa orelha emite de um a vários pulsos de som mensuráveis em milissegundos (**Figura 26-13A**). Como podem transportar mais energia por estimulação acústica. De acordo com a não linearidade compressiva associada à amplificação coclear, o nível relativo das emissões diminui com o nível de estímulo.

Uma manifestação mais convincente da amplificação ativa da cóclea é a *emissão otoacústica espontânea*. Quando um microfone suficientemente sensível é usado para medir a pressão sonora nos canais auditivos de indivíduos em um ambiente silencioso, pelo menos 70% das orelhas de indivíduos normais emitem continuamente um ou mais sons puros (**Figura 26-13B**). Embora esses sons sejam geralmente muito fracos para serem audíveis diretamente por outras pessoas, os médicos relataram realmente ouvir sons que emanam das orelhas de recém-nascidos!

Qual é a origem das emissões otoacústicas evocadas e espontâneas e, portanto, presumivelmente também da amplificação coclear? Várias linhas de evidência têm implicado as células ciliadas externas como elementos que aumentam a sensibilidade coclear e a seletividade de frequências e, portanto, atuam como motores para a amplificação. As fibras nervosas aferentes que inervam extensivamente as células ciliadas internas fazem apenas contatos mínimos com as células ciliadas externas (**Figura 26-4**). Ao contrário, as células ciliadas externas possuem uma extensa inervação eferente que, quando ativada, diminui a sensibilidade coclear e a discriminação de frequências. Além disso, quando estimulada eletricamente, uma célula ciliada externa isolada exibe o fenômeno único de eletromotilidade: o corpo celular encurta em até vários micrômetros quando despolarizado e alonga quando hiperpolarizado (**Figura 26-14**). Essa resposta pode ocorrer em frequências que excedem 80 kHz, uma característica atraente para um processo postulado para auxiliar a audição de altas frequências.

A energia para esses movimentos é extraída do campo elétrico imposto experimentalmente, e não da hidrólise de um substrato rico em energia, como o ATP. O movimento ocorre quando mudanças no campo elétrico através da membrana reorientam, no espaço, uma proteína denominada de prestina. O movimento concertado de vários milhões dessas moléculas, que são empacotadas nas membranas celulares laterais das células ciliadas externas, altera a área da membrana e, portanto, o comprimento da célula. Quando uma célula ciliada externa transduz a estimulação mecânica de seu feixe de estereocílios em potenciais de receptor, a amplificação coclear pode, então, ocorrer quando o movimento do corpo celular induzido pela voltagem aumenta a oscilação da membrana basilar. Consistente com essa hipótese, a mutação de certos resíduos de aminoácidos, responsáveis pela sensibilidade da prestina à voltagem, abole esse processo ativo (a amplificação) em camundongos.

Como a precisa seletividade à frequência, a alta sensibilidade e as emissões otoacústicas também são observadas em espécies animais que não possuem células ciliadas externas e não possuem altas concentrações de prestina, a eletromotilidade não pode ser a única forma de amplificação mecânica pelas células ciliadas. Além de detectarem os estímulos, os feixes de estereocílios também são mecanicamente ativos e contribuem para a amplificação. Os feixes de estereocílios podem realizar movimentos espontâneos de vaivém, que foram mostrados em alguns mamíferos como

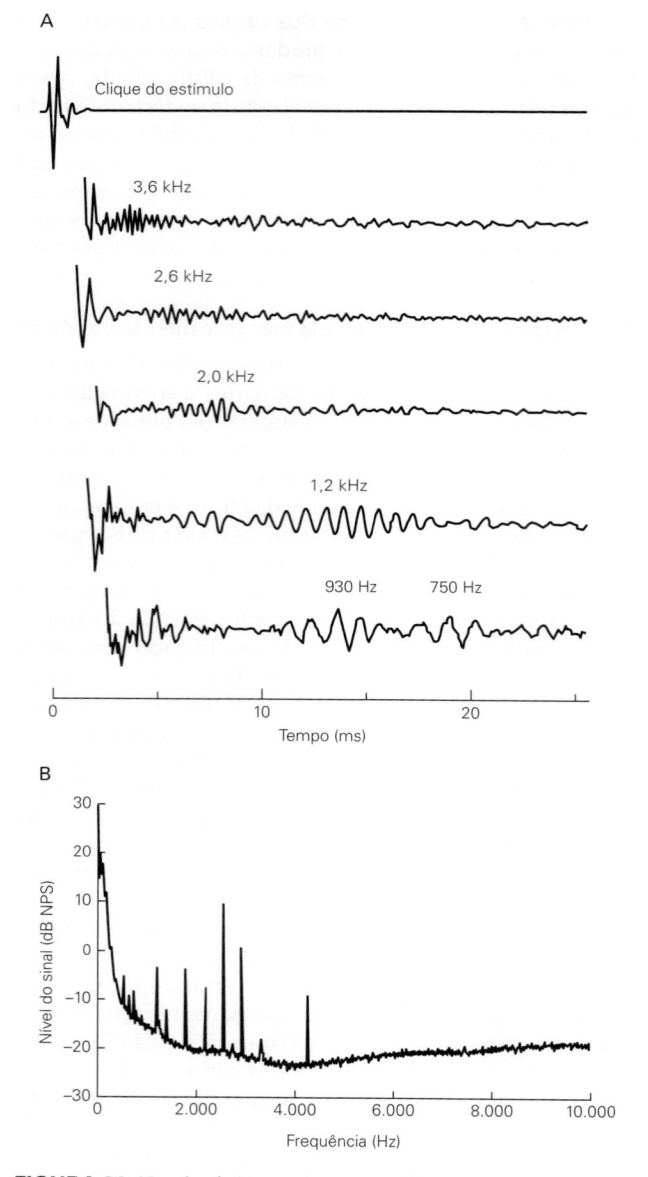

FIGURA 26-13 A cóclea emite sons ativamente.
A. Os registros mostram emissões otoacústicas evocadas das orelhas de cinco participantes humanos. Um clique breve (**traçado superior**) foi apresentado a cada orelha por meio de um alto-falante em miniatura. Poucos milissegundos depois, um pequeno microfone colocado no meato auditivo externo detectou uma ou mais salvas de emissões de som pela orelha. (Adaptada, com autorização, de Wilson, 1980. Copyright © 1980 Elsevier B.V.)
B. Em condições de silêncio adequadas, emissões otoacústicas espontâneas ocorrem na maioria das orelhas humanas normais. Este espectro exibe o poder acústico de seis emissões proeminentes e várias menores de uma orelha. (Reproduzida, com autorização, de Murphy et al., 1995. Copyright © 1995, Acoustical Society of America.)

do que o estímulo, essas denominadas *emissões otoacústicas evocadas* não podem ser simplesmente ecos; representam a emissão de energia mecânica pela cóclea, desencadeada

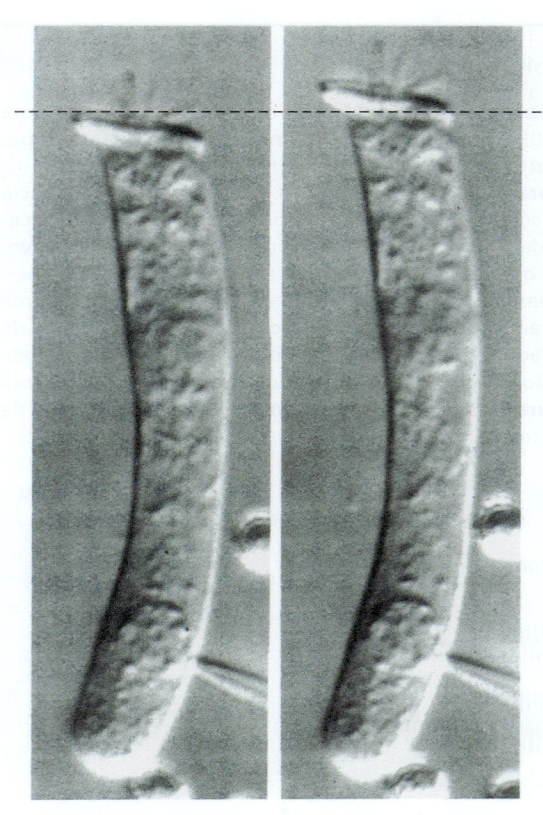

FIGURA 26-14 Movimentos induzidos por voltagem em uma célula ciliada externa. A despolarização de uma célula ciliada externa isolada, por meio de um eletrodo posicionado em sua base, causa o encurtamento do corpo celular (*à esquerda*); a hiperpolarização desencadeia seu alongamento (*à direita*). Os movimentos oscilatórios das células ciliadas externas podem prover energia mecânica que amplifica o movimento da membrana basilar, aumentando, assim, a sensibilidade da audição humana. (Reproduzida, com autorização, de Holley e Ashmore, 1988.)

os responsáveis pelas emissões otoacústicas. Em condições experimentais, os feixes exercem força contra sondas de estímulo, realizando trabalho mecânico e, por esse mecanismo, amplificando a aferência sensorial. Experimentos *in vitro* indicam que a motilidade ativa do feixe de estereocílios contribui para o processo ativo coclear, mesmo na orelha de mamíferos.

Movimentos ativos de feixes de estereocílios podem ser rápidos o suficiente para mediar emissões otoacústicas em frequências sonoras de pelo menos alguns quilohertz. No entanto, permanece incerto se os feixes podem gerar forças nas frequências muito altas em que a precisa seletividade de frequência e as emissões otoacústicas são observadas na cóclea de mamíferos. A motilidade ciliar e a eletromotilidade somática podem atuar sinergicamente, com a primeira funcionando metaforicamente como um sintonizador e pré-amplificador, e a segunda funcionando como um amplificador de potência. Como alternativa, a motilidade do feixe de estereocílios pode dominar em frequências relativamente baixas, mas ser substituída pela eletromotilidade em frequências mais altas.

A amplificação coclear distorce as aferências acústicas

Quando estimulada por dois tons em frequências próximas f_1 e f_2 ($f_1 < f_2$), a membrana basilar vibra não apenas nessas frequências, mas também em frequências adicionais – os produtos de distorção – que não estão presentes no estímulo acústico. Conforme relatado pelo violinista italiano Giuseppe Tartini no século XVIII, os produtos de distorção podem ser ouvidos como tons fantasmas na percepção auditiva. Notavelmente, o tom de diferença cúbica $2f_1 - f_2$ é ouvido mesmo em níveis de som muito baixos e sua magnitude cresce proporcionalmente ao estímulo. Correspondentemente, o nível relativo de distorção permanece praticamente constante em uma ampla faixa de níveis de som. Esse fenômeno é explicado pela forma particular da não linearidade compressiva associada à amplificação coclear. Claramente, a cóclea não funciona como um receptor de som de alta fidelidade. As vibrações cocleares distorcidas são fortes o suficiente para serem reemitidas do canal auditivo como *emissões otoacústicas por produto de distorção*. Por serem uma propriedade de orelhas saudáveis, essas emissões são amplamente utilizadas para triagem auditiva em recém-nascidos.

A bifurcação de Hopf fornece um princípio geral para detecção de som

Estudos detalhados *in vivo* e *in vitro* revelaram quatro características cardinais da capacidade de resposta auditiva. Primeiro, um processo de amplificação ativo reduz o limiar de detecção. Em segundo lugar, como a amplificação opera apenas perto de uma frequência característica, a aferência para o sistema sensorial é filtrada ativamente, o que aumenta a seletividade de frequência. Terceiro, para estimulação próxima à frequência característica, a resposta exibe uma não linearidade compressiva que representa uma ampla faixa de níveis de estímulo como uma faixa muito mais estreita de amplitudes de vibração. Por fim, mesmo na ausência de estímulo, a atividade mecânica pode produzir oscilações autossustentadas que resultam em emissões otoacústicas.

Essas características foram reconhecidas como assinaturas de um sistema dinâmico ativo – um oscilador crítico – que opera à beira de uma instabilidade oscilatória denominada bifurcação de Hopf (**Quadro 26-1**). Elas são genéricas: não dependem dos detalhes subcelulares e moleculares do mecanismo candidato que leva o sistema à beira da oscilação espontânea. O fato de que a motilidade ativa do feixe de estereocílios apresenta uma bifurcação de Hopf *in vitro* fornece evidência adicional de que esse mecanismo contribui para a amplificação coclear.

Dentro dessa estrutura, a frequência característica é definida pela do oscilador crítico. A partição coclear pode ser vista como um conjunto de módulos oscilatórios ativos que são acoplados hidrodinamicamente pelos fluidos cocleares e com frequências características tonotopicamente distribuídas ao longo do eixo longitudinal da cóclea. A hipótese de oscilação crítica facilita a modelagem da onda e a amplificação coclear. Isso ocorre porque os comportamentos genéricos de um oscilador crítico podem ser descritos por uma única equação denominada "forma normal" (**Quadro 26-1**). Um oscilador crítico é ideal para detecção auditiva, mesmo

QUADRO 26-1 Propriedades genéricas perto de uma bifurcação de Hopf

Um sistema dinâmico exibe uma bifurcação de Hopf quando transita abruptamente desde o estado de quiescência para um estado de oscilação espontânea enquanto está sujeito à variação contínua de um parâmetro de controle C. Se o sistema estiver posicionado nas proximidades do ponto crítico, no qual $C = C_C$, sua resposta de estado estacionário a forças senoidais pode ser descrita por uma única equação – a "forma normal" – de uma variável complexa Z:

$$\Lambda \frac{dZ}{dt} \cong -\Lambda(C_c - C - 2i\pi f_c)Z - B|Z|^2 Z + F \quad (26\text{-}1)$$

Aqui, a parte real de Z pode representar a posição da membrana basilar ou do feixe de estereocílios, Λ é um coeficiente de atrito e F é a força externa fornecida por um estímulo sonoro. Na ausência de uma força externa ($F = 0$), as oscilações espontâneas surgem quando o parâmetro de controle se torna maior que o valor crítico C_c (**Figura 26-15A**); o parâmetro f_c corresponde à frequência de oscilação espontânea no ponto crítico. Uma bifurcação de Hopf deve ser conduzida por um processo ativo, pelo qual o sistema mobiliza recursos internos de energia para alimentar movimentos espontâneos. Um sistema operando precisamente no ponto crítico é chamado de oscilador crítico. A resposta de um oscilador crítico a estímulos sinusoidais é dotada de propriedades genéricas (**Figura 26-15B,C**) que são características da detecção de som na orelha.

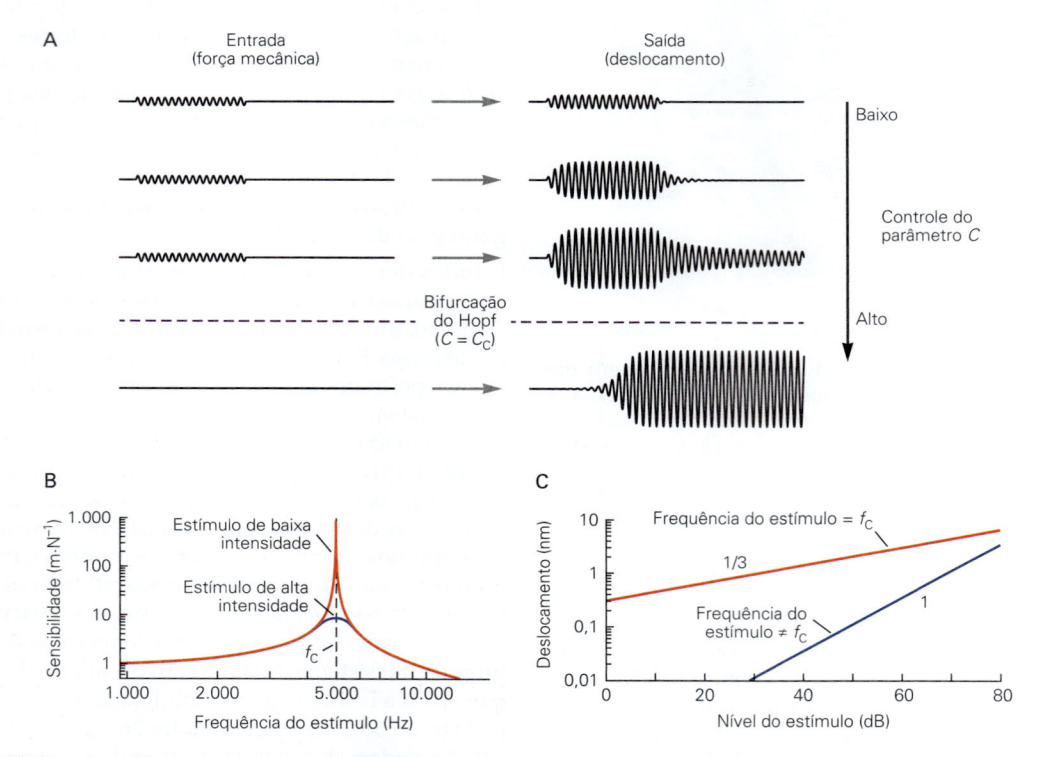

FIGURA 26-15 Amplificação seletiva de frequência perto de uma bifurcação de Hopf.

A. À medida que o parâmetro de controle C aumenta para se aproximar do valor crítico C_c, a resposta a um estímulo senoidal de amplitude constante aumenta: o sistema fica mais sensível. Para $C > C_c$, o sistema oscila espontaneamente em amplitude e frequência constantes, mesmo que nenhum estímulo seja aplicado. A bifurcação de Hopf corresponde a $C = C_c$. (Reproduzida, com autorização, de Hudspeth, 2014.)

B. Quando o sistema está posicionado na bifurcação ($C = C_c$), a sensibilidade a um estímulo de baixo nível é bastante aumentada perto da frequência característica f_c (aqui 5.000 Hz; **linha tracejada**), mas cai rapidamente se o estímulo for dessintonizado dessa frequência (**linha vermelha**). Para um estímulo 60 dB mais intenso, a sensibilidade máxima é 100 vezes menor, e o pico de sensibilidade é 100 vezes mais amplo (**linha azul**): um oscilador crítico aumenta os estímulos mais fracos, muito mais do que os mais fortes, e com seletividade de frequência muito mais precisa. (Adaptada, com autorização, de Hudspeth, Jülicher e Martin, 2010.)

C. Na frequência característica f_c, a resposta – aqui deslocamento – exibe um crescimento compressivo que corresponde a uma linha de inclinação 1/3 neste gráfico duplamente logarítmico (**linha vermelha**): uma grande faixa de níveis de estímulo é representada por uma faixa muito mais estreita de amplitudes de resposta. Em contraste, quando a frequência do estímulo se afasta significativamente da frequência característica (**linha azul**), a resposta é proporcional à informação aferente, correspondendo a uma linha de unidade de inclinação. Ao amplificar informações fracas recebidas perto de sua frequência característica, o oscilador crítico reduz o nível de estímulo necessário para eliciar um limiar de vibração, aqui em 60 dB para um limiar de 0,3 nm. (Adaptada, com autorização, de Hudspeth, Jülicher e Martin, 2010.)

que sua não linearidade inerente produza distorções pronunciadas em resposta a estímulos sonoros complexos. A interferência não linear entre os componentes de frequência de estímulos complexos, de fato, aparece como um preço que se tem a pagar pela sensibilidade requintada, pela precisa seletividade de frequência e pela ampla faixa dinâmica de detecção auditiva proporcionada por um oscilador crítico. A bifurcação de Hopf fornece propriedades genéricas que explicam inúmeras observações experimentais díspares ao nível de um único feixe de estereocílios, da membrana basilar e até mesmo em psicoacústica. Esse princípio físico de detecção auditiva simplifica muito nossa compreensão da audição. Embora este capítulo se concentre principalmente na audição de mamíferos, a necessidade comum de ouvir com alta sensibilidade e precisa seletividade de frequência impõe restrições físicas semelhantes às orelhas de todos os vertebrados terrestres. Essas restrições levaram à evolução independente de orelhas que compartilham características estruturais semelhantes e cuja operação é baseada em princípios físicos semelhantes, incluindo o uso de osciladores críticos para amplificar o som (**Quadro 26-2**).

As células ciliadas utilizam sinapses especializadas em fita

Sendo receptores sensoriais, as células ciliadas formam sinapses com o neurônio sensorial. A membrana basolateral de cada célula contém várias zonas ativas pré-sinápticas, nas quais neurotransmissores químicos são liberados. Uma zona ativa é caracterizada por quatro traços morfológicos proeminentes (**Figura 26-16**).

Um corpo pré-sináptico denso, ou fita sináptica, situa-se no citoplasma adjacente ao sítio de liberação de neurotransmissor. Essa estrutura fibrilar pode ser esférica, ovoide ou achatada, e geralmente mede algumas centenas de nanômetros de largura. O corpo denso assemelha-se à fita sináptica de uma célula fotorreceptora e representa uma elaboração especializada de densidades pré-sinápticas menores, encontradas em muitas outras sinapses do sistema nervoso central. Além dos componentes moleculares comuns às sinapses convencionais, as sinapses em fita contêm grandes quantidades da proteína "ribeye".

A fita pré-sináptica é circundada por vesículas sinápticas claras, cada uma com um diâmetro entre 35 a 40 nm, as quais estão ligadas ao corpo denso por filamentos finos. Entre o corpo denso e a membrana celular pré-sináptica repousa uma notável densidade pré-sináptica, que compreende várias pequenas linhas de material de aparência difusa. Na membrana celular, linhas de grandes partículas estão alinhadas com as tiras de densidade pré-sináptica. Essas partículas incluem os canais de Ca^{2+} envolvidos na liberação do transmissor, bem como os canais de K^+ que participam da ressonância elétrica em vertebrados não mamíferos.

Estudos de modelos experimentais não mamíferos mostram que, como na maioria das outras sinapses (Capítulo 15), a liberação do transmissor pelas células ciliadas é

QUADRO 26-2 A história evolutiva da audição resultou em semelhanças entre grupos

Os mamíferos não estão sozinhos em possuir audição sensível e seletiva de frequência. Anfíbios e répteis, incluindo aves, também o fazem. É um fato notável que esses vários grupos de vertebrados terrestres realmente adquiriram seus bons sistemas auditivos de forma bastante independente. O pequeno e dedicado órgão receptor auditivo estava presente na orelha interna do ancestral comum. Muito mais tarde, os ancestrais dos lagartos, aves e mamíferos modernos evoluíram independentemente sistemas de orelha média com tímpanos coletando sons do mundo exterior. Algumas espécies, como aves e seus parentes, desenvolveram até dois grupos de células ciliadas sensoriais que têm uma divisão de tarefas semelhante à das células ciliadas internas e externas dos mamíferos. A comparação das estruturas e funções da orelha média e da orelha interna em todos os grupos de vertebrados vivos revelou que eles compartilham muitas características comuns e que o desempenho auditivo é amplamente comparável entre eles. A amplificação sonora associada à motilidade ativa do feixe de estereocílios já estava já presente nas primeiras células ciliadas que evoluíram, mesmo antes dos primeiros peixes. Esse sistema de amplificação foi herdado por todos os grupos e, como descrito anteriormente, desempenha um papel crucial na melhoria da sensibilidade auditiva e na seletividade de frequência. A maior diferença entre os mamíferos e os outros grupos é que o limite superior de frequência auditiva é geralmente maior nos mamíferos. Orelhas de não mamíferos são limitadas em resposta a frequências inferiores de 12 a 14 kHz, enquanto alguns mamíferos podem ouvir além de 100 kHz.

Além da motilidade ativa do feixe de estereocílios, o segundo mecanismo que sintoniza as células ciliadas individuais para frequências específicas em muitas orelhas de não mamíferos é de natureza elétrica. Em muitos peixes, anfíbios e aves, o potencial de membrana de cada célula ciliada ressoa em uma frequência particular. Vários fatores, incluindo o *splicing* alternativo do mRNA que codifica os canais de K^+ da cóclea e a expressão da subunidade β auxiliar desses canais, sintonizam a frequência característica da ressonância ao longo do eixo tonotópico do órgão auditivo. Contudo, ainda permanece incerto se a ressonância elétrica contribui para a sintonia da frequência nas orelhas de mamíferos, incluindo os seres humanos. É plausível que as células ciliadas de mamíferos usem uma interação entre a eletromotilidade somática, que parece ausente em espécies de não mamíferos, e o ambiente micromecânico, incluindo a motilidade do feixe de estereocílios, para amplificar e filtrar ativamente suas aferências.

As assinaturas-chave de uma bifurcação de Hopf foram reconhecidas nas oscilações mecânicas espontâneas do feixe de estereocílios, nas oscilações elétricas do potencial de membrana e na vibração evocada pelo som da membrana basilar. É provável que a evolução paralela dos órgãos auditivos em diferentes grupos de vertebrados tenha resultado em várias maneiras de se beneficiar das propriedades genéricas da oscilação crítica.

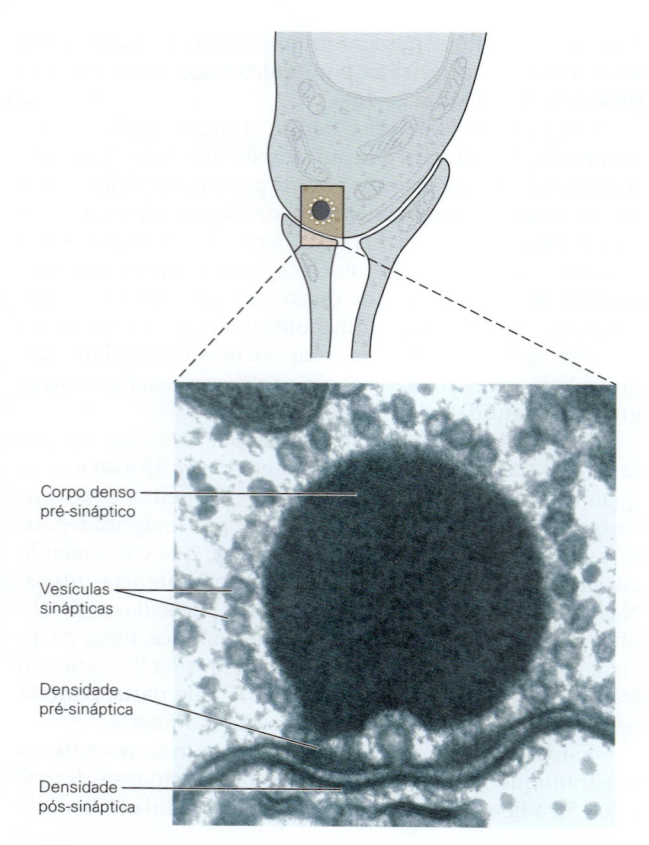

FIGURA 26-16 A zona ativa pré-sináptica de uma célula ciliada. Esta micrografia eletrônica de transmissão mostra um corpo denso pré-sináptico esférico, ou fita sináptica, que é característico da zona ativa pré-sináptica da célula ciliada. Essa fita está rodeada por vesículas sinápticas claras. Abaixo dela se localiza a densidade pré-sináptica, no meio da qual uma vesícula está em processo de exocitose. Uma densidade pós-sináptica modesta localiza-se ao longo da face interna do plasmalema do terminal aferente. (Reproduzida, com autorização, de Jacobs e Hudspeth, 1990.)

evocada pela despolarização pré-sináptica e requer o influxo de Ca^{2+} do meio extracelular. As células ciliadas não possuem as proteínas sinaptotagmina 1 e 2, contudo o papel dessas proteínas como sensores rápidos de cálcio é assumido provavelmente pela proteína otoferlina, a qual também promove o carregamento das vesículas sinápticas. Embora o glutamato seja o principal neurotransmissor aferente, outras substâncias também são liberadas.

A porção pré-sináptica das células ciliadas possui várias características incomuns que definem as capacidades de sinalização dessas células. No repouso, as células ciliadas internas liberam continuamente o transmissor sináptico. A taxa de liberação de transmissor pode ser aumentada ou diminuída, dependendo se a célula ciliada está, respectivamente, despolarizada ou hiperpolarizada. Consistente com essa observação, alguns canais de Ca^{2+} das células ciliadas são ativados no potencial de repouso, fornecendo um influxo de Ca^{2+} constante que induz a liberação de neurotransmissor em células não estimuladas. Outra característica incomum das sinapses das células ciliadas é que, como aquelas dos fotorreceptores, elas devem ser aptas a liberar o neurotransmissor de forma confiável em resposta a um limiar de potencial de receptor de apenas 100 μV, se tanto. Essa característica também depende do fato de que os canais de Ca^{2+} pré-sinápticos são ativados no potencial de repouso.

As células ciliadas externas recebem sinapses dos neurônios do tronco encefálico na forma de grandes botões em suas superfícies basolaterais (**Figura 26-4**). Esse sistema eferente dessensibiliza a cóclea hiperpolarizando as células ciliadas externas, o que desativa o processo ativo. Os terminais eferentes contêm numerosas vesículas sinápticas claras com cerca de 50 nm de diâmetro, bem como um número menor de vesículas maiores e de núcleo denso. O principal transmissor dessas sinapses é a acetilcolina (ACh); o peptídeo relacionado ao gene da calcitonina (CGRP, do inglês *calcitonin gene-related peptide*) também ocorre em terminais eferentes e pode ser coliberado com ACh. A ACh se liga a receptores ionotrópicos nicotínicos que consistem em subunidades α9 e α10 que têm uma permeabilidade substancial ao Ca^{2+}, bem como ao Na^+ e K^+. O Ca^{2+} que entra por esses canais ativa canais de K^+ sensíveis ao Ca^{2+} de baixa condutância (canais SK), cuja abertura leva a uma hiperpolarização sustentada. O citoplasma de uma célula ciliada imediatamente abaixo de cada terminal eferente possui uma única cisterna de retículo endoplasmático liso. Essa estrutura pode estar envolvida na recaptação do Ca^{2+} que entra no citoplasma em resposta à estimulação eferente, acelerando, assim, o retorno ao potencial de repouso da célula.

A informação auditiva segue inicialmente pelo nervo coclear

Os neurônios bipolares no gânglio espiral inervam as células ciliadas da cóclea

A informação flui das células ciliadas cocleares aos neurônios, cujos corpos celulares se encontram no gânglio coclear. Os processos centrais desses neurônios bipolares formam a divisão coclear do nervo vestibulococlear (VIII nervo craniano). Em função de esse gânglio seguir um curso espiral ao redor do núcleo ósseo da cóclea, ele também é chamado de *gânglio espiral*. Cerca de 30 mil células ganglionares inervam as células ciliadas de cada orelha interna.

As vias aferentes a partir da cóclea humana refletem a distinção funcional entre as células ciliadas internas e externas. Pelo menos 90% das células do gânglio espiral terminam nas células ciliadas internas (**Figura 26-17**). Cada axônio contata apenas uma única célula ciliada interna, mas cada célula direciona sua informação a muitas fibras nervosas, em média quase 10. Esse arranjo tem três consequências importantes.

Primeiro, a informação neuronal que resulta na audição se origina, quase inteiramente, nas células ciliadas internas. Segundo, uma vez que a saída de cada célula ciliada é captada por muitas fibras nervosas aferentes, a informação de um receptor é codificada independentemente em canais paralelos. Terceiro, em qualquer ponto ao longo da espiral coclear ou em qualquer posição dentro do gânglio espiral, cada célula ganglionar responde melhor à estimulação em

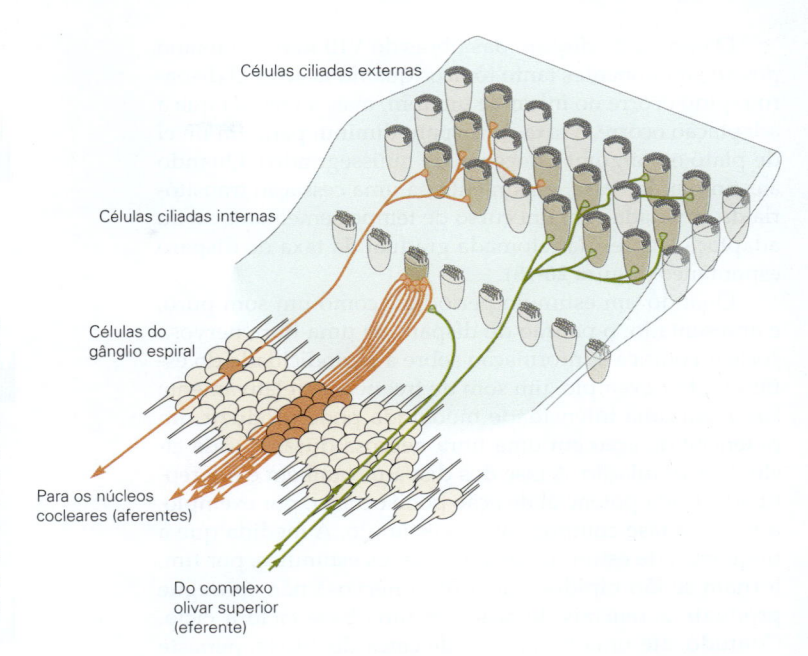

FIGURA 26-17 Inervação das células ciliadas cocleares. A maioria dos axônios sensoriais (**cor de laranja**) da cóclea leva os sinais das células ciliadas internas, sendo que cada uma das células ciliadas se constitui na única aferência de uma média de 10 axônios. Alguns poucos axônios de pequeno calibre transmitem a informação das células ciliadas externas. Axônios eferentes (**verde**) inervam principalmente as células ciliadas externas, de forma direta. Por outro lado, a inervação eferente das células ciliadas internas é esparsa e ocorre nos terminais axonais sensoriais. (Adaptada, com autorização, de Spoendlin, 1974.)

uma frequência característica da célula ciliada pré-sináptica. A organização tonotópica da via nervosa auditiva inicia, portanto, no sítio mais precoce possível, imediatamente pós-sináptico à célula ciliada interna.

Relativamente poucas células ganglionares cocleares contatam as células ciliadas externas, e cada um desses neurônios estende terminais de ramificação a um grande número de células ciliadas externas. Embora as células ganglionares que recebem conexões de células ciliadas externas sejam conhecidas por projetarem seus axônios para o sistema nervoso central, seu número é tão pequeno que não se sabe se essas projeções contribuem significativamente para a análise do som.

Os padrões das conexões aferentes e eferentes das células ciliadas cocleares são complementares. Células ciliadas internas maduras não recebem conexões eferentes; logo abaixo dessas células, entretanto, há contatos sinápticos axoaxonais em profusão entre os terminais axonais eferentes e os terminais das fibras nervosas aferentes. Por outro lado, outros nervos eferentes têm muitas conexões com células ciliadas externas em suas superfícies basolaterais. Cada célula ciliada externa recebe aferências de vários terminais eferentes grandes, que preenchem a maior parte do espaço entre a base da célula e a célula associada, deixando pouco espaço para os terminais aferentes.

As fibras nervosas cocleares codificam a frequência e a intensidade do estímulo

A sensibilidade acústica dos axônios do nervo coclear espelha o padrão de conexões das células do gânglio espiral às células ciliadas. Cada axônio é mais responsivo a uma frequência característica. Estímulos de frequências mais baixas ou mais altas também evocam respostas, mas somente quando apresentados a níveis maiores. A capacidade de resposta de um axônio pode ser caracterizada por uma seletividade de frequência, ou curva de sintonia, que é em forma de V, como as curvas para o movimento da membrana basilar e a sensibilidade das células ciliadas (**Figura 26-11**). As curvas de sintonia das fibras nervosas com diferentes frequências características são muito semelhantes entre si, mas são deslocadas ao longo do eixo da frequência.

A relação entre o nível sonoro em decibéis de NPS e a taxa de disparo em cada fibra do nervo coclear é aproximadamente linear. Em função da dependência do nível de decibéis da pressão do som, essa relação implica que a pressão do som é codificada logaritmicamente pela atividade neuronal. Na extremidade superior da faixa dinâmica de uma fibra, os sons muito altos saturam a resposta. Como um potencial de ação e o período refratário subsequente duram quase 1 ms cada, a maior taxa de disparo sustentável é de cerca de 500 potenciais de ação por segundo.

Mesmo entre fibras nervosas com frequências características iguais, o limiar de resposta varia de axônio para axônio. As fibras mais sensíveis, cujos limiares de resposta se estendem para baixo até cerca de 0 dB de NPS, caracteristicamente têm altas taxas de atividade espontânea e produzem respostas saturantes para estímulos de intensidades moderadas, de cerca de 30 dB de NPS. No extremo oposto, as fibras aferentes menos sensíveis têm muito pouca atividade espontânea e limiares muito mais altos, mas respondem de forma gradual a níveis até superiores a 100 dB de NPS. Os padrões de atividade da maior parte das fibras variam entre esses dois extremos.

Os neurônios aferentes de menor sensibilidade entram em contato com a superfície de uma célula ciliada interna próximo ao eixo da espiral coclear. Os neurônios aferentes mais sensíveis, por outro lado, entram em contato com as células ciliadas no lado oposto. A inervação múltipla de cada célula ciliada interna não é, portanto, redundante. Ao contrário, os sinais de saída de uma célula ciliada são direcionados a canais paralelos de diferentes sensibilidades e faixa dinâmica.

O padrão de disparo das fibras do VIII nervo craniano possui componentes tanto tônicos quanto fásicos. O disparo rápido ocorre no início de um tom, mas, à medida que a adaptação ocorre, a taxa de disparo diminui para um nível de platô em algumas dezenas de milissegundos. Quando a estimulação cessa, geralmente há uma cessação transitória da atividade com um curso de tempo semelhante ao da adaptação, antes da retomada gradual da taxa de disparo espontâneo (**Figura 26-18**).

Quando um estímulo periódico, como um som puro, é apresentado, o padrão de disparo de uma fibra nervosa coclear codifica a informação sobre a periodicidade do estímulo. Por exemplo, um som de frequência relativamente baixa em uma intensidade moderada pode produzir um potencial de ação em uma fibra nervosa durante cada ciclo de estimulação. A fase dos disparos também é estereotipada. Cada potencial de ação pode ocorrer, por exemplo, durante a fase compressiva do estímulo. À medida que a frequência de estimulação aumenta, os estímulos, por fim, tornam-se tão rápidos que a fibra nervosa não consegue produzir potenciais de ação em uma base ciclo a ciclo. Contudo, até uma frequência de cerca de 3 kHz, persiste a sincronia de fase; a fibra pode produzir um potencial de ação a cada poucos ciclos do estímulo, mas seus disparos continuam ocorrendo em uma determinada fase do ciclo.

A periodicidade dos disparos neuronais aumenta a informação sobre a frequência do estímulo. Qualquer tom puro de nível suficiente evoca disparos em numerosas fibras nervosas cocleares. Aquelas fibras cuja frequência característica coincide com a frequência do estímulo respondem ao nível mais baixo de estímulo, mas respondem de forma ainda mais vívida a estímulos de intensidade moderada. Outras fibras nervosas com frequências características mais distantes do estímulo também respondem, embora com menos vigor. De modo independente de suas frequências características, entretanto, todas as fibras responsivas podem apresentar sincronia de fase: cada uma tende a disparar durante um momento particular do ciclo do estímulo.

O sistema nervoso central pode, portanto, obter informação sobre a frequência do estímulo de duas formas. Primeiro, há um *código de lugar*: as fibras são dispostas em um mapa tonotópico em que a posição está relacionada à frequência característica. Segundo, há um *código de frequência*: o disparo relacionado com a fase da onda (*phase-locked firing*) da fibra fornece informações sobre a frequência do estímulo, pelo menos para frequências abaixo de 3 kHz.

A perda auditiva neurossensorial é comum, mas passível de tratamento

Sendo leve ou profunda, a maior parte das hipoacusias se enquadra na categoria de *perda auditiva neurossensorial*, em geral denominada, erroneamente, de "surdez nervosa". Embora a perda auditiva possa resultar de danos diretos ao VIII nervo craniano, por exemplo, de um neuroma do acústico, a surdez decorre principalmente da perda de células ciliadas da cóclea e suas fibras aferentes.

As 16 mil células ciliadas de cada cóclea humana não são repostas pela divisão celular, devendo durar uma vida

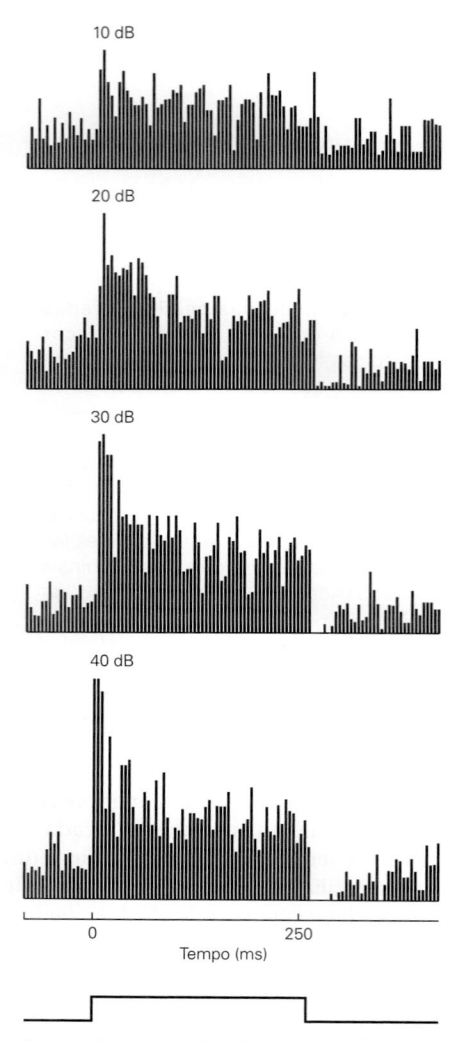

FIGURA 26-18 O padrão de disparo de uma fibra nervosa coclear. Uma fibra do nervo coclear é estimulada por pouco mais de 250 ms com uma salva de estímulos sonoros a cerca de 5 kHz, a frequência característica da célula. Após um período de silêncio, o estímulo é repetido. Os histogramas mostram os padrões médios de resposta da fibra em função da intensidade do estímulo. O período de amostragem está dividido em intervalos temporais discretos, e o número correspondente de espigas (potenciais de ação) observados em cada intervalo é mostrado. Um aumento inicial, fásico, dos disparos correlaciona-se com o início do estímulo. O disparo continua durante o restante do estímulo durante a adaptação, mas diminui após o término. Esse padrão é evidente quando o estímulo possui 20 dB ou mais acima do limiar. A atividade gradualmente retorna à linha basal durante o intervalo entre os estímulos. (Adaptada, com autorização, de Kiang, 1965.)

inteira. Entretanto, em anfíbios e aves, células de suporte podem ser induzidas a se dividir e também a dar origem a novas células ciliadas. No peixe-zebra (paulistinha) e em aves, algumas populações de células ciliadas são regeneradas continuamente pela atividade de células-tronco ou células de sustentação. Pesquisadores recentemente tiveram sucesso em repor células ciliadas de mamíferos *in vitro*. No entanto, até entendermos como as células ciliadas podem ser restauradas no órgão de Corti, devemos lidar com a perda auditiva.

As últimas décadas trouxeram avanços notáveis na capacidade de tratar a surdez. Para a maioria dos pacientes que possuem uma audição residual significativa, aparelhos auditivos podem amplificar os sons a um nível suficiente para ativar as células ciliadas remanescentes. Os aparelhos modernos são feitos sob medida para compensar a perda auditiva de cada indivíduo, de modo que o dispositivo amplifique os sons em frequências às quais o usuário é menos sensível, proporcionando pouco ou nenhum aprimoramento para aquelas frequências que ainda podem ser bem ouvidas.

Quando a maior parte das células ciliadas de um indivíduo tiver degenerado, nenhuma amplificação será capaz de melhorar a audição. Contudo, um grau de audição pode ser restaurado contornando o órgão danificado de Corti com uma prótese ou implante coclear. Um usuário usa uma unidade compacta que capta sons, separa seus componentes de frequência e encaminha sinais eletrônicos representando esses constituintes ao longo de fios separados para pequenas antenas situadas logo atrás da aurícula. Os sinais são, então, transmitidos transdermicamente para antenas receptoras implantadas no osso temporal. A partir daí, fios finos levam os sinais até eletrodos implantados como um arranjo na cóclea em várias posições ao longo da rampa timpânica. A ativação dos eletrodos evoca potenciais de ação em quaisquer axônios próximos que tenham sobrevivido à degeneração das células ciliadas (**Figura 26-19**).

A prótese coclear aproveita a representação tonotópica da frequência do estímulo ao longo da cóclea – *o código de lugar* (**Figura 26-11** e Capítulo 28). Os axônios que inervam cada segmento da cóclea estão relacionados com uma faixa de frequência específica e estreita. Cada eletrodo em uma prótese pode excitar um aglomerado de fibras nervosas que representam frequências semelhantes. Os neurônios estimulados, então, transmitem essa informação por meio do VIII nervo craniano ao sistema nervoso central, onde esses sinais são interpretados como um som da frequência representada naquela posição na membrana basilar. Um arranjo de cerca de 20 eletrodos pode mimetizar um som complexo, por estimular apropriadamente vários conjuntos de neurônios.

O número de próteses cocleares implantadas em todo o mundo está se aproximando de 350 mil. Sua eficácia, no entanto, varia muito de indivíduo para indivíduo. No melhor resultado, um indivíduo pode, em condições de silêncio, entender a fala quase tão bem quanto uma pessoa com audição normal e pode até mesmo conversar ao telefone. No outro extremo, estão os pacientes que obtêm pouco benefício das próteses, provavelmente porque tiveram degeneração extensa das fibras nervosas próximas ao arranjo de eletrodos. A maioria dos pacientes acha que suas próteses são de grande valia. Mesmo que a audição não seja plenamente restabelecida, os aparelhos auxiliam na leitura labial e alertam os pacientes sobre os ruídos do ambiente.

A perda auditiva geralmente é acompanhada por outro sintoma angustiante, o *zumbido*. Por interferir na concentração e prejudicar o sono, o zumbido pode causar irritação e depressão, podendo até mesmo enlouquecer suas vítimas. Uma vez que, em certas e raras ocasiões, o zumbido está associado a lesões das vias auditivas, como neuromas acústicos, é importante que essas causas sejam excluídas no diagnóstico neurológico. A maioria dos zumbidos, entretanto, é idiopática – sua causa é incerta. Cada vez mais estudos apontam o estresse como um fator importante. Alguns fármacos também causam zumbido; antimaláricos relacionados ao quinino e altas doses de ácido acetilsalicílico, como aquelas usadas no tratamento da artrite reumatoide, são notórios nesse aspecto. Muitas vezes, porém, o zumbido ocorre em frequências altas, às quais a orelha lesionada não é mais sensível. Nesses casos, ele pode refletir uma hipersensibilidade do sistema nervoso central em resposta à perda da aferência auditiva, um fenômeno análogo à dor do membro-fantasma (Capítulo 20).

Destaques

1. A audição começa com a captação do som pela orelha. A energia mecânica capturada pela orelha externa é transmitida pela orelha média para a cóclea, onde ela provoca a oscilação da membrana basilar.
2. A membrana basilar sustenta o órgão receptor da orelha interna – o órgão de Corti, uma faixa epitelial que contém aproximadamente 16 mil células ciliadas mecanossensoriais. As células ciliadas transduzem as vibrações da membrana basilar em potenciais receptores que fazem os neurônios sensoriais dispararem.
3. Os componentes de frequência de um estímulo sonoro são detectados em diferentes locais ao longo da membrana basilar por diferentes células ciliadas, seguindo um mapa tonotópico. Gradientes mecânicos da membrana basilar contribuem para a análise de frequência pela cóclea. Além disso, cada célula ciliada é sintonizada em uma frequência característica de acordo com suas propriedades morfológicas, mecânicas e elétricas, que variam continuamente ao longo do eixo tonotópico da cóclea.
4. As células ciliadas operam muito mais rapidamente do que outros receptores sensoriais, o que lhes permite responder a frequências sonoras além de 100 kHz em algumas espécies de mamíferos. Assim, os canais de transdução mecanoelétricos na célula ciliada são ativados diretamente por tensão mecânica.
5. Cada célula ciliada projeta de sua superfície apical um tufo de estereocílios cilíndricos – o feixe de estereocílios, que funciona como uma antena mecânica que vibra em resposta a estímulos sonoros. Os canais de transdução ocorrem nas pontas estereociliares. Sua probabilidade de abertura é modulada por mudanças de tensão em filamentos de ligação que interconectam estereocílios vizinhos.
6. Exclusivamente entre os receptores sensoriais, as células ciliadas amplificam as informações recebidas para

556 Parte IV • Percepção

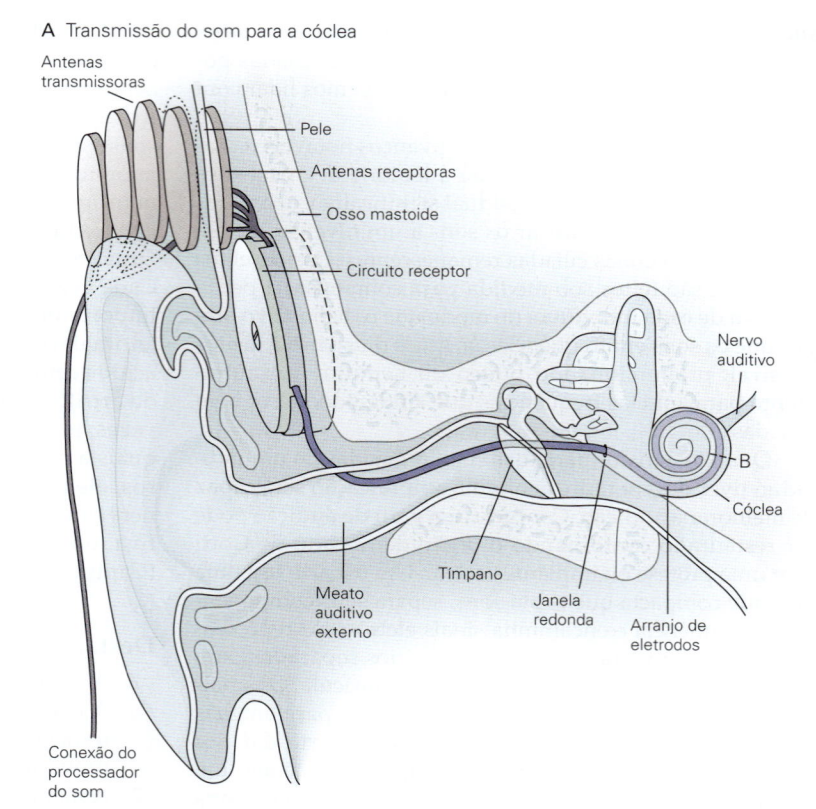

FIGURA 26-19 Uma prótese coclear. (Reproduzida, com autorização, de Loeb et al., 1983.)

A. Antenas transmissoras recebem sinais elétricos de um processador de som, localizado atrás da aurícula do sujeito ou na armação de seus óculos, e os transmitem através da pele para antenas receptoras implantadas embaixo da derme, atrás da aurícula. Os sinais são, então, transportados em um cabo fino (**roxo escuro**) para uma matriz de eletrodos na cóclea.

B. Este corte transversal da cóclea mostra a localização de pares de eletrodos na rampa timpânica. Uma parte da corrente extracelular que é transmitida entre um par de eletrodos é interceptada pelas fibras nervosas cocleares, as quais são, então, estimuladas e enviam potenciais de ação ao encéfalo.

aumentar sua sensibilidade, aguçar sua seletividade de frequência e ampliar a gama de níveis de estímulo que podem detectar. Duas formas de motilidade celular contribuem para esse processo ativo. Em primeiro lugar, os potenciais receptores evocam mudanças no comprimento da soma das células ciliadas externas, um análogo biológico da piezoeletricidade chamado eletromotilidade. Em segundo lugar, o feixe de estereocílios – a antena mecanossensorial da célula ciliada – pode vibrar de forma autônoma.

7. A orelha não apenas recebe som, mas também emite som, chamado de emissões otoacústicas. As emissões otoacústicas espontâneas e evocadas resultam dos processos ativos de amplificação da cóclea.

8. A cóclea não funciona como um receptor de som de alta fidelidade; em vez disso, introduz distorções conspícuas que contribuem para a percepção do som. A não linearidade auditiva tem origem na cóclea, que amplifica estímulos sonoros preferencialmente fracos, e constitui um marco da audição sensitiva que é utilizada para triagem de déficits auditivos em recém-nascidos.
9. Uma grande variedade de observações experimentais no nível de um único feixe de estereocílios, da membrana basilar e em psicoacústica é prontamente explicada se a cóclea contém módulos mecânicos ativos que operam à beira de uma instabilidade oscilatória – a bifurcação de Hopf. A bifurcação de Hopf fornece um princípio geral de detecção auditiva que simplifica nossa compreensão da audição.
10. A história evolutiva da audição revela que os vários grupos de vertebrados terrestres adquiriram seus sistemas auditivos de forma bastante independente, mas que sua sensibilidade e seletividade de frequência são semelhantes. Em particular, as orelhas de mamíferos e não mamíferos se beneficiam da amplificação mecânica das entradas de som e mostram emissões otoacústicas. Os mamíferos diferem notavelmente de outros grupos, pois sua faixa de audição se estende a frequências além de 12 a 14 kHz.
11. A análise das formas genéticas da surdez forneceu informações sobre dezenas de proteínas fundamentais para a função da célula ciliada, em particular as responsáveis pela transdução mecanoelétrica e pela transmissão sináptica entre as células ciliadas e as fibras do nervo auditivo. Embora esses genes possam servir como alvos potenciais para futuras terapias, a perda auditiva neurossensorial atualmente é tratada principalmente com aparelhos auditivos ou próteses cocleares. Novas estratégias, como reposição de células ciliadas via diferenciação de células-tronco ou estimulação optogenética do gânglio espiral, fornecem caminhos promissores para pesquisas sobre restauração auditiva.

Pascal Martin
Geoffrey A. Manley

Leituras selecionadas

Hudspeth AJ. 1989. How the ear's works work. Nature 341:397–404.
Hudspeth AJ. 2014. Integrating the active process of hair cells with cochlear function. Nat Rev Neurosci 15:600–614.
Hudspeth AJ, Jülicher F, Martin P. 2010. A critique of the critical cochlea: Hopf—a bifurcation—is better than none. J Neurophysiol 104:1219–1229.
Kazmierczak P, Sakaguchi H, Tokita J, et al. 2007. Cadherin 23 and protocadherin 15 interact to form tip-link filaments in sensory hair cells. Nature 449:87–91.
Loeb GE. 1985. The functional replacement of the ear. Sci Am 252:104–111.
Pickles JO. 2008. *An Introduction to the Physiology of Hearing*, 3rd ed. New York: Academic.
Robbles L. Ruggero MA. 2001. Mechanics of the mammalian cochlea. Physiol Rev 81:1305–1352.
Zheng J, Shen W, He DZZ, Long KB, Madison LD, Dallos P. 2000. Prestin is the motor protein of cochlear outer hair cells. Nature 405:149–155.

Referências

Art JJ, Crawford AC, Fettiplace R, Fuchs PA. 1985. Efferent modulation of hair cell tuning in the cochlea of the turtle. J Physiol 360:397–421.
Ashmore JF. 2008. Cochlear outer-hair-cell motility. Physiol Rev 88:173–210.
Assad JA, Shepherd GM, Corey DP. 1991. Tip-link integrity and mechanical transduction in vertebrate hair cells. Neuron 7:985–994.
Avan P, Buki B, Petit C. 2013. Auditory distortions: origins and functions. Physiol Rev 93:1563–1619.
Barral J, Dierkes K, Lindner B, Jülicher F, Martin P. 2010. Coupling a sensory hair-cell bundle to cyber clones enhances nonlinear amplification. Proc Natl Acad Sci USA 107:8079–8084.
Barral J, Martin P. 2012. Phantom tones and suppressive masking by active nonlinear oscillation of the hair-cell bundle. Proc Natl Acad Sci USA 109:E1344–E1351.
Beurg M, Fettiplace R, Nam J-H, Ricci AJ. 2009. Localization of inner hair cell mechanotransducer channels using high-speed calcium imaging. Nat Neurosci 12:553–558.
Chan DK, Hudspeth AJ. 2005. Ca^{2+} current-driven nonlinear amplification by the mammalian cochlea in vitro. Nat Neurosci 8:149–155.
Corey D, Hudspeth AJ. 1983. Kinetics of the receptor current in bullfrog saccular hair cells. J Neurosci 3:962–976.
Crawford AC, Fettiplace R. 1981. An electrical tuning mechanism in turtle cochlear hair cells. J Physiol 312:377–412.
Fettiplace R, Kim KX. 2014. The physiology of mechanoelectrical transduction channels in hearing. Physiol Rev 94:951–986.
Frolenkov GI, Atzori M, Kalinec F, Mammano F, Kachar, B. 1998. The membrane-based mechanism of cell motility in cochlear outer hair cells. Mol Biol Cell 9:1961–1968.
Glowatzki E, Fuchs PA. 2002. Transmitter release at the hair cell ribbon synapse. Nat Neurosci 5:147–154.
Helmholtz HLF. [1877] 1954. *On the Sensations of Tone as a Physiological Basis for the Theory of Music*. New York: Dover.
Holley MC, Ashmore JF. 1988. On the mechanism of a high-frequency force generator in outer hair cells isolated from the guinea pig cochlea. Proc R Soc Lond B Biol Sci 232:413–429.
Howard J, Hudspeth AJ. 1988. Compliance of the hair bundle associated with gating of mechanoelectrical transduction channels in the bullfrog's saccular hair cell. Neuron 1:189–199.
Hudspeth AJ, Gillespie PG. 1994. Pulling springs to tune transduction: adaptation by hair cells. Neuron 12:1–9.
Jacobs RA, Hudspeth AJ. 1990. Ultrastructural correlates of mechanoelectrical transduction in hair cells of the bullfrog's internal ear. Cold Spring Harbor Symp Quant Biol 55:547–561.
Johnson SL, Beurg M, Marcotti W, Fettiplace R. 2011. Prestin-driven cochlear amplification is not limited by the outer hair cell membrane time constant. Neuron 70:1143–1154.
Kemp DT. 1978. Stimulated acoustic emissions from within the human auditory system. J Acoust Soc Am 64:1386–1391.
Kiang NY-S. 1965. *Discharge Patterns of Single Fibers in the Cat's Auditory Nerve*. Cambridge, MA: MIT Press.
Kiang NY-S. 1980. Processing of speech by the auditory nervous system. J Acoust Soc Am 68:830–835.
Liberman MC. 1982. Single-neuron labeling in the cat auditory nerve. Science 216:1239–1241.
Loeb GE, Byers CL, Rebscher SJ, et al. 1983. Design and fabrication of an experimental cochlear prosthesis. Med Biol Eng Comput 21:241–254.
Manley GA. 2012. Evolutionary paths to mammalian cochleae. J Assoc Res Otolaryngol 13:733–743.

Manley GA, Köppl C. 1998. Phylogenic development of the cochlea and its innervation. Curr Opin Neurobiol 8:468–474.

Martin P, Hudspeth AJ. 1999. Active hair-bundle movements can amplify a hair cell's response to oscillatory mechanical stimuli. Proc Natl Acad Sci USA 96:14306–14311.

Michalski N, Petit C. 2015. Genetics of auditory mechano-electrical transduction. Pflugers Arch 467:49–72.

Murphy WJ, Tubis A, Talmadge CL, Long GR. 1995. Relaxation dynamics of spontaneous otoacoustic emissions perturbed by external forces. II. Suppression of interacting emissions. J Acoust Soc Am 97:3711–3720.

Oshima K, Shin K, Diensthuber M, Peng AW, Ricci AJ, Heller S. 2010. Mechanosensitive hair cell-like cells from embryonic and induced pluripotent stem cells. Cell 141:704–716.

Pan B, Akyuz N, Liu XP, et al. 2018. TMC1 forms the pore of mechanosensory transduction channels in vertebrate inner ear hair cells. Neuron 99:736–753.

Probst R, Lonsbury-Martin BL, Martin GK. 1991. A review of otoacoustic emissions. J Acoust Soc Am 89:2027–2067.

Reichenbach T, Hudspeth AJ. 2014. The physics of hearing: fluid mechanics and the active process of the inner ear. Rep Prog Phys 77:0706601.

Ricci AJ, Crawford AC, Fettiplace R. 2003. Tonotopic variation in the conductance of the hair cell mechanotransducer channel. Neuron 40:983–990.

Sotomayor M, Weihofen WA, Gaudet R, Corey DP. 2012. Structure of a force-conveying cadherin bond essential for the inner-ear mechanotransduction. Nature 492:128–132.

Spoendlin H. 1974. Neuroanatomy of the cochlea. In: E Zwicker, E Terhardt (eds). *Facts and Models in Hearing*, pp. 18–32. New York: Springer-Verlag.

Stauffer EA, Scarborough JD, Hirono M, et al. 2005. Fast adaptation in vestibular hair cells requires myosin-1c activity. Neuron 47:541–553.

Tinevez JY, Jülicher F, Martin P. 2007. Unifying the various incarnations of active hair-bundle motility by the vertebrate hair cell. Biophys J 93:4053–4067.

von Békésy G. 1960. *Experiments in Hearing*. EG Wever (ed, transl). New York: McGraw-Hill.

Wilson JP. 1980. Evidence for a cochlear origin for acoustic re--emissions, threshold fine-structure and tonal tinnitus. Hear Res 2:233–252.

Wu Z, Müller U. 2016. Molecular identity of the mechanotransduction channel in hair cells: not quiet there yet. J Neurosci 36:10927–10934.

27

Sistema vestibular

O labirinto vestibular na orelha interna contém cinco órgãos receptores

    Células capilares transduzem estímulos de aceleração em potenciais receptores

    Os canais semicirculares detectam a rotação da cabeça

    Os órgãos otolíticos detectam acelerações lineares

Núcleos vestibulares centrais integram sinais vestibulares, visuais, proprioceptivos e motores

    O sistema comissural vestibular comunica as informações bilaterais

    Sinais combinados de canal semicircular e otólito melhoram a detecção inercial e diminuem a ambiguidade da translação *versus* inclinação

    Os sinais vestibulares são cruciais para o controle do movimento da cabeça

Os reflexos vestíbulo-oculares estabilizam os olhos quando a cabeça se move

    O reflexo vestíbulo-ocular rotacional compensa a rotação da cabeça

    O reflexo vestíbulo-ocular translacional compensa o movimento linear e as inclinações da cabeça

    Os reflexos vestíbulo-oculares são suplementados por respostas optocinéticas

    O cerebelo ajusta o reflexo vestíbulo-ocular

    O tálamo e o córtex usam sinais vestibulares para memória espacial e funções cognitivas e perceptivas

    A informação vestibular está presente no tálamo

    A informação vestibular é difundida no córtex

    Sinais vestibulares são essenciais para orientação espacial e navegação espacial

As síndromes clínicas elucidam a função vestibular normal

    Irrigação calórica como ferramenta de diagnóstico vestibular

    A hipofunção vestibular bilateral interfere na visão normal

Destaques

VIAGENS DE VEÍCULOS MODERNOS NA TERRA e pelo espaço extraterrestre dependem de sofisticados sistemas de orientação que integram informações de aceleração, velocidade e posição por meio de transdutores, algoritmos computacionais e triangulação de satélites. Contudo, os princípios de orientação inercial são antigos: os vertebrados usaram sistemas análogos por 500 milhões de anos, e os invertebrados, por mais tempo ainda. Nesses animais, o sistema de orientação inercial, denominado sistema vestibular, serve para detectar e interpretar o movimento através do espaço, bem como a orientação em relação à gravidade.

Através de extensa pesquisa ao longo de muitas décadas, é evidente que a maioria, se não todos, os organismos da Terra evoluíram para sentir uma das "forças" mais prevalentes em nosso universo, a gravidade. Os mecanismos para a transdução sensorial são tão diversos quanto a natureza pode imaginar. A gravidade é mais precisamente referenciada como aceleração gravitoinercial (AGI), uma forma distinta de aceleração linear direcionada para o núcleo do nosso planeta. Na verdade, a gravidade varia sistematicamente até 0,5% entre o equador e os pólos; aumenta nas regiões com densidade mineral e diminui nas regiões com luz mineral da superfície da Terra. No entanto, cada comportamento que os animais realizam é referenciado à AGI, e todas as nossas ações e diretivas cognitivas dependem do conhecimento de nosso movimento e orientação em relação a ele. Os primeiros desenvolvimentos do que chamamos de sistema vestibular foram na verdade sensores de gravidade; à medida que o comportamento se tornou cada vez mais móvel, os órgãos sensoriais evoluíram para processar também as acelerações rotacionais.

Neste capítulo, vamos nos concentrar no sistema vestibular dos vertebrados, que permaneceu altamente conservado em muitas espécies. Os sinais vestibulares se originam nos labirintos da orelha interna (**Figura 27-1B**). O *labirinto ósseo* é uma estrutura oca dentro da porção petrosa do osso temporal. Internamente, situa-se o *labirinto membranoso*, que contém sensores tanto para o sistema vestibular como para o sistema auditivo.

Os receptores vestibulares consistem em duas partes: dois órgãos otólitos, o utrículo e o sáculo, que medem as acelerações lineares, e três canais semicirculares, que medem as acelerações angulares. O movimento rotacional (aceleração angular) é experimentado durante os giros da cabeça, enquanto a aceleração linear ocorre durante a caminhada, queda, deslocamento veicular (i.e., translações) ou inclinação da cabeça em relação à gravidade. Esses receptores enviam informações vestibulares para o encéfalo, onde são integradas em um sinal apropriado quanto à direção e velocidade do movimento, bem como a posição da cabeça em relação à AGI. Muitos dos neurônios vestibulares centrais na primeira junção com fibras aferentes receptoras também recebem sinais convergentes de outros sistemas, como proprioceptores, sinais visuais e comandos motores. O processamento central desses sinais multimodais ocorre muito rapidamente para garantir a coordenação adequada do olhar visual e das respostas posturais, respostas autonômicas e consciência da orientação espacial.

O labirinto vestibular na orelha interna contém cinco órgãos receptores

O labirinto membranoso é sustentado dentro do labirinto ósseo por uma rede filamentosa de tecido conjuntivo. A porção vestibular do labirinto membranoso situa-se lateral e posteriormente à cóclea. Os receptores vestibulares estão contidos em regiões alargadas especializadas do labirinto membranoso, denominadas ampolas para os canais semicirculares e máculas para os órgãos otolíticos (**Figura 27-1B**). Ambos os órgãos otolíticos situam-se em um compartimento central do labirinto membranoso, o vestíbulo, que é circundado pelo labirinto ósseo de mesmo nome.

O labirinto membranoso é preenchido com endolinfa, um fluido rico em K^+ (150 mM) e pobre em Na^+ (16 mM) cuja composição é mantida pela ação de bombas iônicas em células especializadas. A endolinfa banha a superfície das células receptoras vestibulares. Envolvendo o labirinto membranoso, no espaço entre esse labirinto e a parede do labirinto ósseo, fica a *perilinfa*. A perilinfa é um fluido com alto teor de Na^+ (150 mM), baixo teor de K^+ (7 mM),

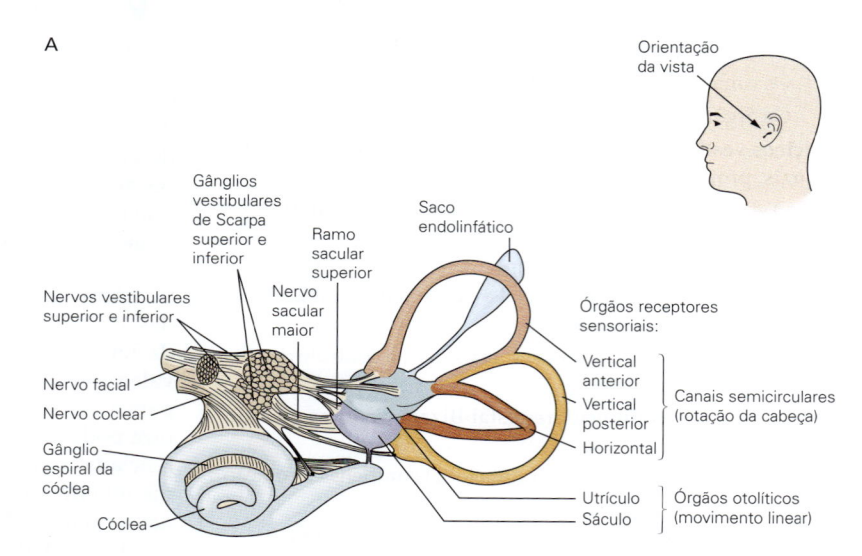

FIGURA 27-1 Labirinto vestibular da orelha interna.

A. As orientações das divisões vestibular e coclear da orelha interna são mostradas de acordo com a orientação da cabeça.

B. A orelha interna está dividida em labirinto membranoso e ósseo. O labirinto ósseo está confinado à porção petrosa do osso temporal. Dentro dessa estrutura situa-se o labirinto membranoso, que contém o órgão receptor para a audição (a cóclea) e os órgãos para o equilíbrio (utrículo, sáculo e canais semicirculares). O espaço entre o osso e a membrana está preenchido com perilinfa, enquanto o labirinto membranoso está preenchido com endolinfa. As células sensoriais do utrículo, do sáculo e da ampola dos canais semicirculares respondem ao movimento da cabeça. (Adaptada de Iurato, 1967.)

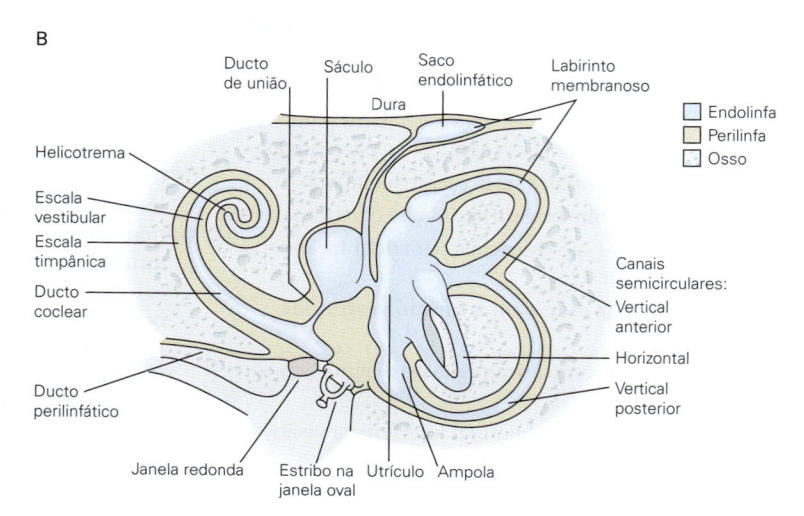

com composição semelhante ao líquido cefalorraquidiano, com o qual está em comunicação através do ducto coclear. A perilinfa banha a superfície basal do epitélio receptor e as fibras do nervo vestibular. Duas divisórias à prova de fluidos no labirinto ósseo, as janelas oval e redonda (**Figura 27-1B**), conectam o espaço perilinfático à cavidade da orelha média. A janela oval está conectada à membrana timpânica pelos ossículos da orelha média. Essas janelas são importantes para a transdução do som (Capítulo 26). A endolinfa e a perilinfa são mantidas separadas por um complexo juncional de células de sustentação que circunda o ápice de cada célula receptora. A ruptura do equilíbrio entre esses dois fluidos (por trauma ou doença) pode resultar em disfunção vestibular, levando a tontura, vertigem e desorientação espacial.

Durante o desenvolvimento, o labirinto progride de um saco simples a um complexo de órgãos sensoriais interconectados que retêm a mesma organização topológica fundamental. Cada órgão origina-se como uma bolsa, revestida por um epitélio, que surge da vesícula ótica, e os espaços endolinfáticos dentro dos vários órgãos permanecem interligados no adulto. Os espaços endolinfáticos do labirinto vestibular também estão conectados ao ducto coclear através do ducto de união (**Figura 27-1B**). Além disso, o labirinto membranoso contém um pequeno tubo, o ducto endolinfático, que se estende através de um espaço no osso sigmoide, o aqueduto vestibular, para terminar em um saco cego adjacente à dura-máter no espaço epidural da fossa posterior do crânio. Acredita-se que o saco endolinfático tenha funções absortivas e excretoras para manter a composição iônica do fluido endolinfático.

Células capilares transduzem estímulos de aceleração em potenciais receptores

Cada um dos cinco órgãos receptores possui um conjunto de células ciliadas responsáveis pela transdução dos movimentos da cabeça em sinalizações vestibulares. As células ciliadas são assim chamadas por possuírem uma série de quase 100 estereocílios de altura escalonada. Os estereocílios mais curtos estão em uma extremidade da célula, e os mais altos, na outra, terminando com o único cílio verdadeiro da célula ciliada, denominado cinocílio. O cinocílio é tipicamente o mais alto de todos os estereocílios. A aceleração angular ou linear da cabeça leva a uma deflexão dos estereocílios, que, juntos, compõem o feixe de estereocílios (**Figura 27-2**).

Canais iônicos especializados nas pontas dos estereocílios do feixe permitem que K^+ entre ou seja bloqueado de entrar na endolinfa circundante (Capítulo 26). Essa ação permite que as células ciliadas atuem como mecanorreceptores, onde a deflexão dos estereocílios produz um potencial receptor despolarizante ou hiperpolarizante, dependendo da direção em que o feixe de estereocílios se move (**Figura 27-2**). Essas despolarizações e hiperpolarizações da membrana do receptor levam à excitação e à inibição, respectivamente, na taxa de disparo de célula aferente (**Figura 27-2**). Em cada órgão receptor vestibular, as células ciliadas estão dispostas de modo que a especificidade direcional do movimento é definida pela excitação em algumas células e inibição em outras.

Os sinais vestibulares são transportados das células ciliadas para o tronco encefálico por ramos do nervo vestibulococlear (VIII nervo craniano), que entram no tronco encefálico e terminam nos núcleos vestibulares ipsilaterais, cerebelo e formação reticular. Os corpos celulares do nervo vestibular estão localizados nos gânglios de Scarpa dentro do canal auditivo interno (**Figura 27-1A**). O *nervo vestibular superior* inerva os canais horizontal e anterior e o utrículo, enquanto o *nervo vestibular inferior* inerva o canal posterior e o sáculo. O suprimento vascular do labirinto, que se origina da artéria cerebelar anteroinferior, segue com o nervo VIII. A artéria vestibular anterior supre as estruturas inervadas pelo nervo vestibular superior, e a artéria vestibular posterior supre as estruturas inervadas pelo nervo vestibular inferior.

Todas as células ciliadas receptoras de vertebrados recebem sinapses do tronco encefálico. A função da inervação eferente dos receptores vestibulares ainda é motivo de debate. A estimulação das fibras eferentes do tronco encefálico altera a sensibilidade dos axônios aferentes das células ciliadas. Aumenta a excitabilidade de alguns aferentes e de células ciliadas enquanto inibe outros, e varia entre as espécies.

Os canais semicirculares detectam a rotação da cabeça

Um objeto sofre aceleração angular quando muda sua velocidade de rotação em torno de um eixo. Portanto, a cabeça sofre aceleração angular quando gira ou inclina, quando o

FIGURA 27-2 As células ciliadas do labirinto vestibular fazem a transdução dos estímulos mecânicos em sinais neurais. No ápice de cada célula estão os estereocílios, que aumentam de comprimento em direção ao único cinocílio. O potencial de membrana da célula receptora depende da direção na qual os estereocílios são dobrados. A deflexão na direção do cinocílio despolariza a célula e, assim, aumenta a frequência de disparos da fibra axonal aferente. A inclinação no sentido contrário ao cinocílio hiperpolariza a célula, diminuindo, dessa forma, a frequência de disparos aferentes. (Adaptada, com autorização, de Flock, 1965.)

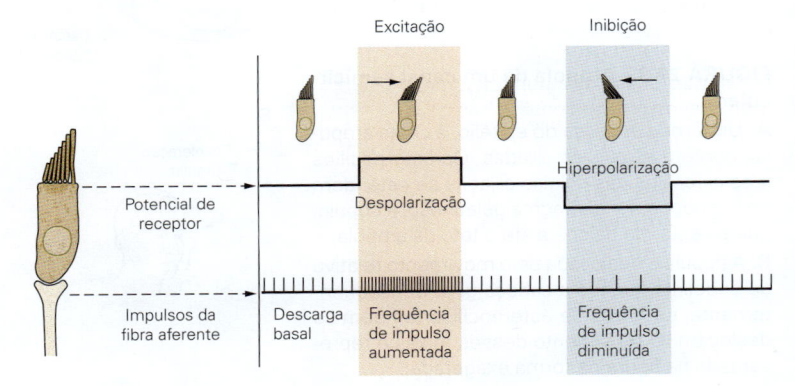

corpo gira e durante a locomoção ativa ou passiva. Os três canais semicirculares de cada labirinto vestibular detectam essas acelerações angulares e informam suas magnitudes e direções de movimento ao encéfalo.

Cada canal semicircular é um tubo semicircular de labirinto membranoso que se estende a partir do vestíbulo. Uma extremidade de cada canal é aberta para o vestíbulo, enquanto na outra extremidade, a ampola, todo o lúmen do canal é atravessado por um diafragma gelatinoso à prova de fluido, a cúpula. Os estereocílios e o cinocílio se projetam para dentro da cúpula gelatinosa, enquanto as células ciliadas estão localizadas abaixo em um epitélio receptor, a crista, juntamente com os terminais aferentes (**Figura 27-3**).

Os órgãos vestibulares detectam acelerações da cabeça porque a inércia da endolinfa e da cúpula resulta em forças que atuam sobre os estereocílios. Considerando-se uma situação simples, uma rotação no plano de um canal semicircular; quando a cabeça começa a rotar, os labirintos membranoso e ósseo movem-se junto. No entanto, devido à sua inércia, a endolinfa fica atrás do labirinto membranoso circundante, empurrando assim a cúpula na direção oposta à da cabeça (**Figura 27-3B**).

O movimento da endolinfa no canal semicircular pode ser demonstrado com uma xícara de café. Enquanto gira suavemente o copo em torno de seu eixo vertical, observe uma bolha específica perto do limite externo do fluido. À medida que a xícara começa a girar, o café tende a manter sua orientação inicial no espaço e, assim, gira em sentido contrário na xícara. Se você continuar girando a xícara na mesma velocidade, o café (e a bolha) finalmente alcança a xícara e gira com ela. Quando a xícara desacelerar e parar, o café se mantém ainda um pouco em rotação, no sentido oposto ao da xícara.

Na ampola, esse movimento relativo da endolinfa cria pressão sobre a cúpula, dobrando-a em direção ou para longe do vestíbulo adjacente, dependendo da direção do fluxo da endolinfa. A deflexão resultante dos estereocílios altera o potencial de membrana das células ciliadas, mudando, portanto, a frequência de disparos das fibras sensoriais associadas. Cada canal semicircular está sensível ao máximo para as rotações em seu plano de orientação. O canal horizontal está orientado aproximadamente 30° acima do eixo naso-occipital (aproximadamente no plano horizontal quando uma pessoa caminha e olha para o chão à frente) e, portanto, é mais sensível a rotações no plano horizontal. Os estereocílios estão dispostos de modo que o movimento rotacional para a esquerda seja excitatório para o canal horizontal esquerdo e inibitório para o canal horizontal direito. Os canais anterior e posterior são orientados mais verticalmente na cabeça, em um ângulo de aproximadamente 45 graus em relação ao plano sagital (**Figura 27-4**). O movimento rotacional para baixo semelhante no plano dos canais anteriores é excitatório para as células ciliadas do canal anterior, enquanto o movimento da cabeça para cima é excitatório para os canais posteriores.

Como existe uma simetria especular aproximada entre os labirintos direito e esquerdo, os seis canais operam de modo efetivo como três pares coplanares. Os dois canais horizontais formam um par; cada um dos outros pares consiste em um canal anterior de um lado da cabeça e o canal posterior contralateral. Além disso, os três canais semicirculares de cada lado da cabeça ficam aproximadamente ortogonais entre si (**Figura 27-4**). Quando a cabeça se move em direção às células ciliadas receptoras (p. ex., a cabeça gira para a esquerda para o canal semicircular horizontal esquerdo), os estereocílios são dobrados em direção ao cinocílio alto, excitando (despolarizando) a célula.

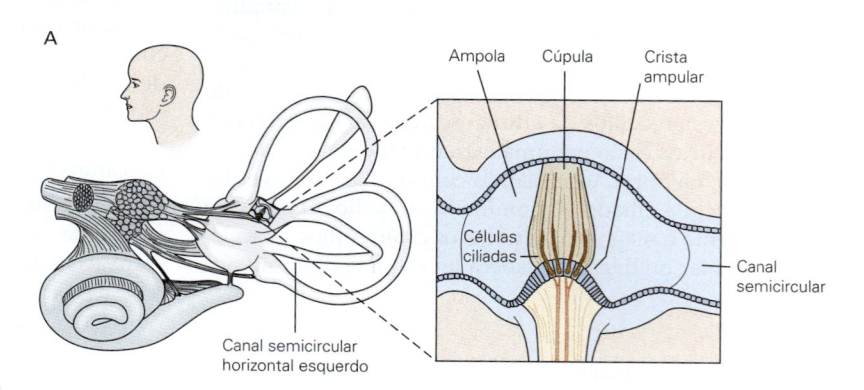

FIGURA 27-3 Ampola de um canal semicircular.

A. Uma zona espessa do epitélio, a crista ampular, contém as células ciliadas. Os estereocílios e os cinocílios das células ciliadas se estendem no interior de um diafragma gelatinoso, a cúpula, que se estende da crista até o teto da ampola.

B. A cúpula é deslocada pelo movimento relativo da endolinfa quando a cabeça gira. Consequentemente, os feixes de estereocílios também se deslocam. O movimento desses feixes é representado na figura de forma exagerada.

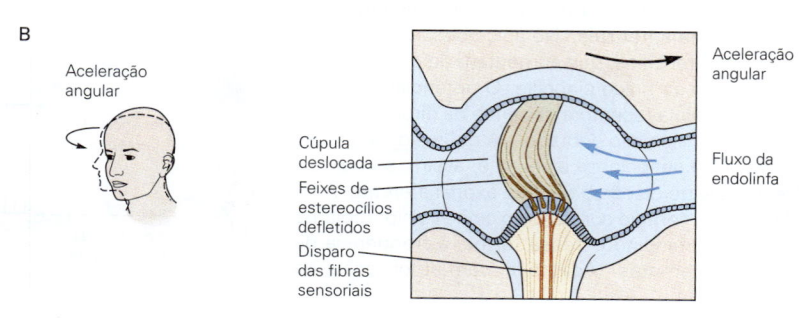

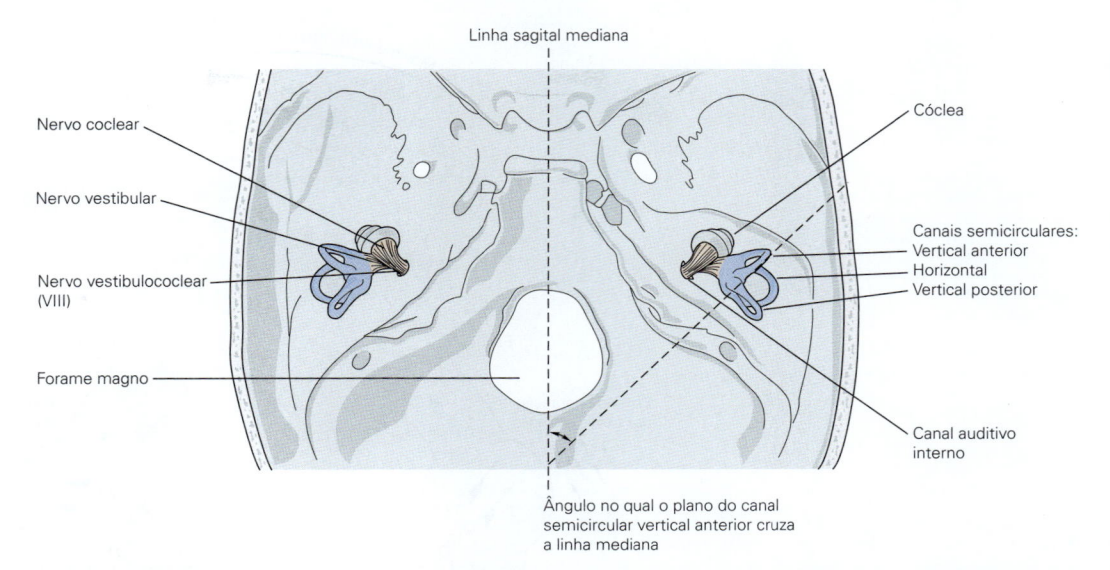

FIGURA 27-4 Simetria bilateral dos canais semicirculares. Os canais horizontais de ambos os lados situam-se aproximadamente no mesmo plano de orientação e são, portanto, pares funcionais. Os canais verticais bilaterais possuem uma relação mais complexa. O canal anterior de um lado e o canal posterior do lado oposto estão em planos paralelos e, portanto, constituem um par funcional. Os canais semicirculares verticais situam-se aproximadamente a 45° do plano sagital mediano. Cada um dos canais semicirculares de um lado da cabeça situa-se em planos aproximadamente ortogonais entre si.

O movimento da cabeça na direção oposta causa uma inclinação para longe do cinocílio e em direção aos menores estereocílios, fechando, assim, os canais e inibindo (hiperpolarizando) a célula.

Os canais semicirculares das orelhas esquerda e direita têm polaridade oposta; assim, quando você vira a cabeça para a esquerda, os receptores no canal semicircular horizontal esquerdo serão excitados (taxa de disparo aumentada), enquanto os receptores do canal horizontal direito serão inibidos (taxa de disparo diminuída; **Figura 27-5**). A mesma relação é verdadeira para os canais semicirculares verticais. Os planos do canal também estão aproximadamente alinhados aos planos de tração de músculos oculares específicos. O par de canais horizontais está no plano de contração dos músculos retos mediais e retos laterais. O par de canais anterior esquerdo e posterior direito situa-se no plano de tração dos músculos reto superior e inferior esquerdo e oblíquo superior e inferior direito. O par anterior direito e posterior esquerdo está no plano de contração dos músculos oblíquos superior e inferior esquerdos e dos retos superior e inferior direitos.

Os órgãos otolíticos detectam acelerações lineares

O sistema vestibular deve compensar não apenas as rotações, mas também os movimentos lineares da cabeça. Os dois órgãos otolíticos, o utrículo e o sáculo, detectam movimentos lineares e a orientação estática da cabeça em relação à gravidade, que também é propriamente uma forma de aceleração linear. Cada órgão consiste em uma estrutura dilatada do labirinto membranoso medindo cerca de 3 mm na maior dimensão. As células ciliadas de cada órgão estão dispostas em uma área aproximadamente elíptica, chamada de *mácula*. O utrículo humano contém cerca de 30 mil células ciliadas, enquanto o sáculo contém cerca de 16 mil células.

Os feixes de estereocílios das células ciliadas otolíticas estão envolvidos por uma lâmina gelatinosa, a *membrana otolítica*, que recobre toda a mácula (**Figura 27-6**). Embutidas na superfície dessa membrana estão partículas finas e densas de carbonato de cálcio ditas *otocônias* (do grego para "poeira da orelha"), que dão nome aos órgãos otolíticos ("pedra da orelha"). As otocônias possuem, em geral, 0,5 a 30 μm de comprimento; milhares dessas partículas estão dispostas na camada superior das membranas otolíticas do sáculo e do utrículo.

A gravidade e outras formas de acelerações lineares exercem forças de cisalhamento sobre a matriz otoconial e a membrana otolítica gelatinosa, que se move em relação ao labirinto membranoso. Isso resulta na deflexão dos feixes de estereocílios, alterando a atividade do nervo vestibular para sinalizar a aceleração linear resultante do movimento translacional ou da ação da gravidade. As orientações dos órgãos otolíticos e a sensibilidade direcional das células ciliadas individuais permitem detectar aceleração linear ao longo de qualquer eixo. Por exemplo, com a cabeça em sua posição normal, a mácula de cada utrículo é elevada acima do eixo naso-occipital em aproximadamente 30°, semelhante ao canal semicircular horizontal. Na posição normal da cabeça em repouso, o utrículo é desviado para trazer o utrículo aproximadamente igual ao plano horizontal da Terra. Qualquer aceleração no plano horizontal excita algumas células ciliadas em cada utrículo e inibe outras, de acordo com suas orientações (**Figuras 27-6** e **27-7**).

O mecanismo dos sáculos pareados lembra o dos utrículos. As células ciliadas representam todas as orientações possíveis dentro do plano de cada mácula sacular, mas as

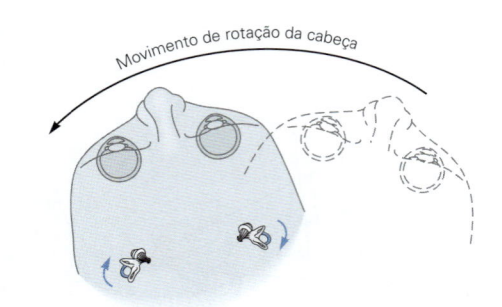

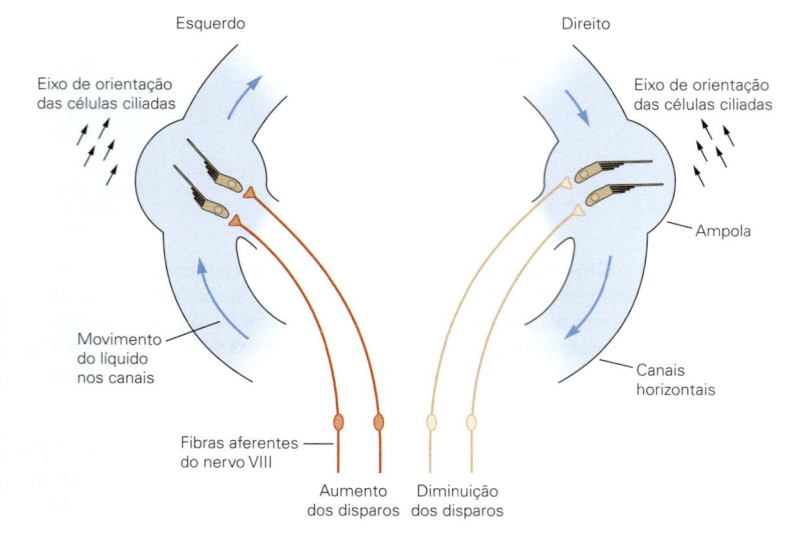

FIGURA 27-5 Os canais semicirculares horizontais esquerdo e direito trabalham conjuntamente para sinalizar os movimentos da cabeça. Devido à inércia, a rotação da cabeça no sentido anti-horário leva a endolinfa do interior dos canais a se mover no sentido horário. Isso causa a deflexão dos estereocílios do canal esquerdo no sentido excitatório, excitando, portanto, as fibras aferentes desse lado. No canal direito, as fibras aferentes são hiperpolarizadas, de modo que o disparo diminui.

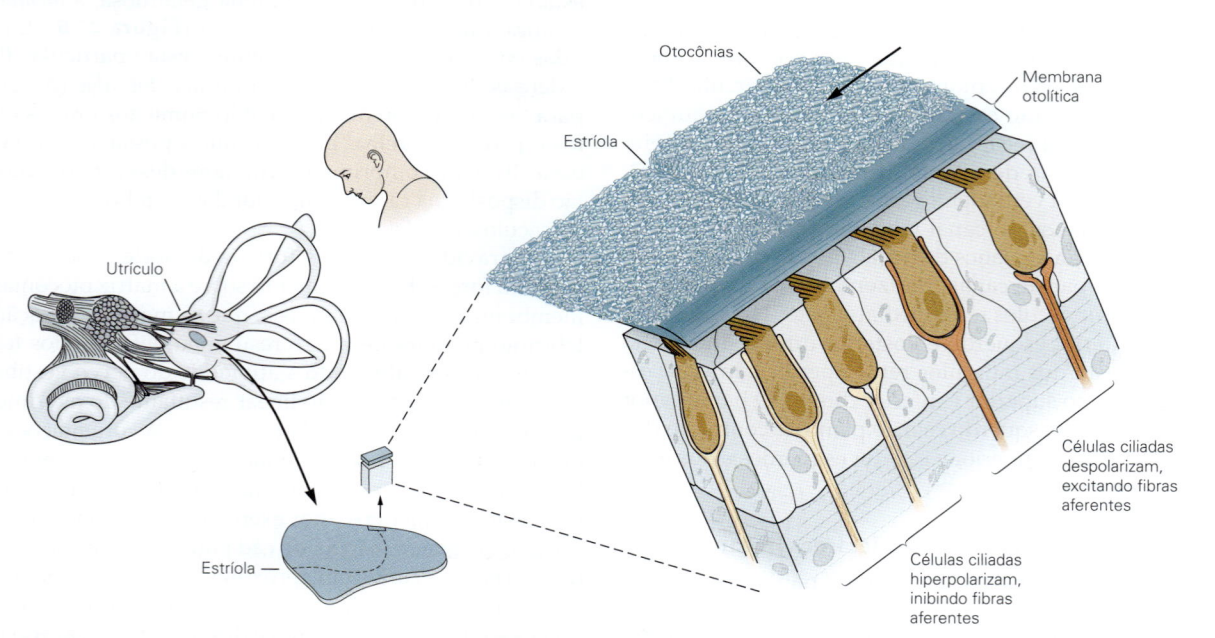

FIGURA 27-6 O utrículo detecta a inclinação da cabeça. As células do epitélio do utrículo possuem feixes de estereocílios apicais que se projetam para a membrana otolítica, um material gelatinoso que está recoberto por milhões de partículas de carbonato de cálcio (otocônias). Os feixes de estereocílios são polarizados, mas são orientados em direções diferentes. A polaridade direcional de cada célula ciliada é organizada em relação a uma região de reversão que atravessa o centro do utrículo, denominada estríola (ver **Figura 27-7**). Dessa forma, quando a cabeça se inclina, a força gravitacional sobre as otocônias deflete cada feixe de estereocílios em determinada direção. Quando a cabeça se inclina na direção do eixo de polaridade de uma célula ciliada, essa célula despolariza e excita a fibra aferente. Quando a cabeça se inclina na direção oposta, a mesma célula hiperpolariza e inibe a fibra aferente. (Adaptada de Iurato, 1967.)

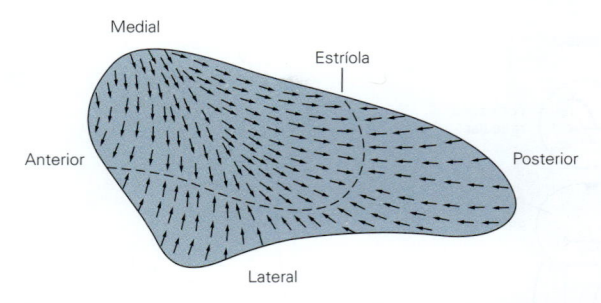

FIGURA 27-7 O eixo de sensibilidade mecânica de cada célula ciliada no utrículo é orientado para a estríola. A estríola faz uma curva ao longo da superfície da mácula que contém as células ciliadas, resultando em uma variação característica no eixo da mecanossensibilidade (**setas**) da população de células ciliadas. Devido a esse arranjo, a inclinação em qualquer direção despolariza algumas células e hiperpolariza outras, enquanto não provoca efeito sobre as demais. (Adaptada, com autorização, de Spoendlin, 1966.)

máculas são orientadas verticalmente em planos quase parassagitais. Os sáculos são, portanto, especialmente sensíveis às acelerações verticais. Certas células ciliadas saculares também respondem a acelerações no plano horizontal, em especial as que ocorrem no eixo anterior-posterior.

Núcleos vestibulares centrais integram sinais vestibulares, visuais, proprioceptivos e motores

O nervo vestibular projeta-se ipsilateralmente do gânglio vestibular principalmente para quatro núcleos vestibulares (medial, lateral, superior e descendente) na parte dorsal da ponte e do bulbo, no assoalho do quarto ventrículo. Muitas fibras do nervo vestibular também se bifurcam, enviando uma projeção direta para o núcleo fastigial, o nódulo e a úvula e a formação reticular (**Figura 27-8A**). Esses núcleos integram as sinalizações dos órgãos vestibulares com sinais da medula espinal, do cerebelo e do sistema visual.

Os núcleos vestibulares, por sua vez, projetam-se para muitos alvos centrais, incluindo os núcleos oculomotores, centros reticulares e espinais relacionados com o olhar e movimento postural, e o tálamo (**Figura 27-9**). Muitos neurônios do núcleo vestibular têm conexões recíprocas com o cerebelo, principalmente no lobo floculonodular, que formam importantes mecanismos reguladores para movimentos oculares, movimentos da cabeça e postura (**Figuras 27-8 e 27-9**). Os núcleos vestibulares recebem aferências do córtex pré-motor, do sistema óptico acessório (núcleo do trato óptico), dos núcleos integradores neurais (núcleo prepósito hipoglosso e núcleo intersticial de Cajal) e da formação reticular (**Figura 27-8**). Projeções posteriores dos núcleos vestibulares atingem os núcleos bulbares laterais rostral e caudal que estão envolvidos na regulação da pressão arterial, frequência cardíaca, respiração e remodelação óssea, bem como o núcleo parabraquial para a modulação da homeostase. Finalmente, há projeções dos núcleos vestibulares para os núcleos geniculados mediais (auditivos), bem como para o núcleo supragenual e o núcleo tegmental dorsal, que contribuem para a orientação espacial (**Figura 27-9**)

Os núcleos vestibulares superior e medial recebem fibras predominantemente dos canais semicirculares nas regiões mediais e alguma entrada de otólitos nas regiões laterais (**Figura 27-8**). Eles enviam fibras predominantemente para o cerebelo, formação reticular, tálamo, centros oculomotores e medula espinal (**Figura 27-9**). As eferências do centro oculomotor incluem os três núcleos oculomotores (abducente, oculomotor, troclear), bem como os integradores neurais para converter a velocidade da cabeça em sinais de posição da cabeça no núcleo hipoglosso (movimentos oculares horizontais) e no núcleo intersticial de Cajal (movimentos oculares verticais). Esses núcleos são descritos com algum detalhe posteriormente.

Outra via eferente importante relacionada ao controle do olhar surge do núcleo vestibular medial (assim como projeções menores dos núcleos vestibulares descendente e lateral) e projeta-se bilateralmente para a medula espinal cervical através do trato vestibuloespinal medial (**Figura 27-9**; ver Capítulo 35). Existem duas categorias de fibras vestibuloespinal mediais. Os neurônios vestibuloespinais projetam-se apenas para a medula espinal para controlar a musculatura do pescoço. Os neurônios vestíbulo-oculares projetam-se tanto para a medula espinal quanto para os núcleos oculomotores e estão envolvidos em movimentos coordenados dos olhos e da cabeça para manter a estabilidade do olhar.

O núcleo vestibular lateral (núcleo de Deiters) recebe fibras dos canais semicirculares medialmente e dos órgãos otólitos lateralmente. Há uma saída principal para todos os níveis da medula espinal ipsilateral através do trato vestibuloespinal lateral que se preocupa principalmente com os reflexos posturais através da modulação do membro e da musculatura axial (**Figura 27-9**). Os neurônios dos núcleos vestibulares laterais também se projetam fortemente para a formação reticular. O núcleo vestibular descendente recebe predominantemente aferências otolíticas, mas também recebe fibras do canal semicircular medialmente e se projeta para o cerebelo, formação reticular e medula espinal (trato vestibuloespinal medial). Os neurotransmissores primários para as projeções nucleares vestibulares excitatórias incluem o glutamato, enquanto as projeções inibitórias são a glicina ou o ácido γ-aminobutírico (GABA). As projeções vestibulares para os sistemas espinais são discutidas com mais detalhes no Capítulo 36.

O sistema comissural vestibular comunica as informações bilaterais

Muitos desses neurônios do núcleo vestibular recebem informações de movimento convergente da orelha oposta por meio de uma via comissural inibitória que usa GABA como neurotransmissor (**Figura 27-8B**). A via comissural é altamente organizada de acordo com o tipo de receptor do qual a informação é recebida. Por exemplo, células que recebem sinais do canal excitatório horizontal ipsilateral também receberão sinais do canal horizontal contralateral através de um interneurônio inibitório. Devido à seletividade direcional dos receptores em cada orelha, a entrada do canal horizontal contralateral sempre será diminuída durante uma virada de cabeça ipsilateral, de fato "desinibindo" a entrada inibitória do lado contralateral.

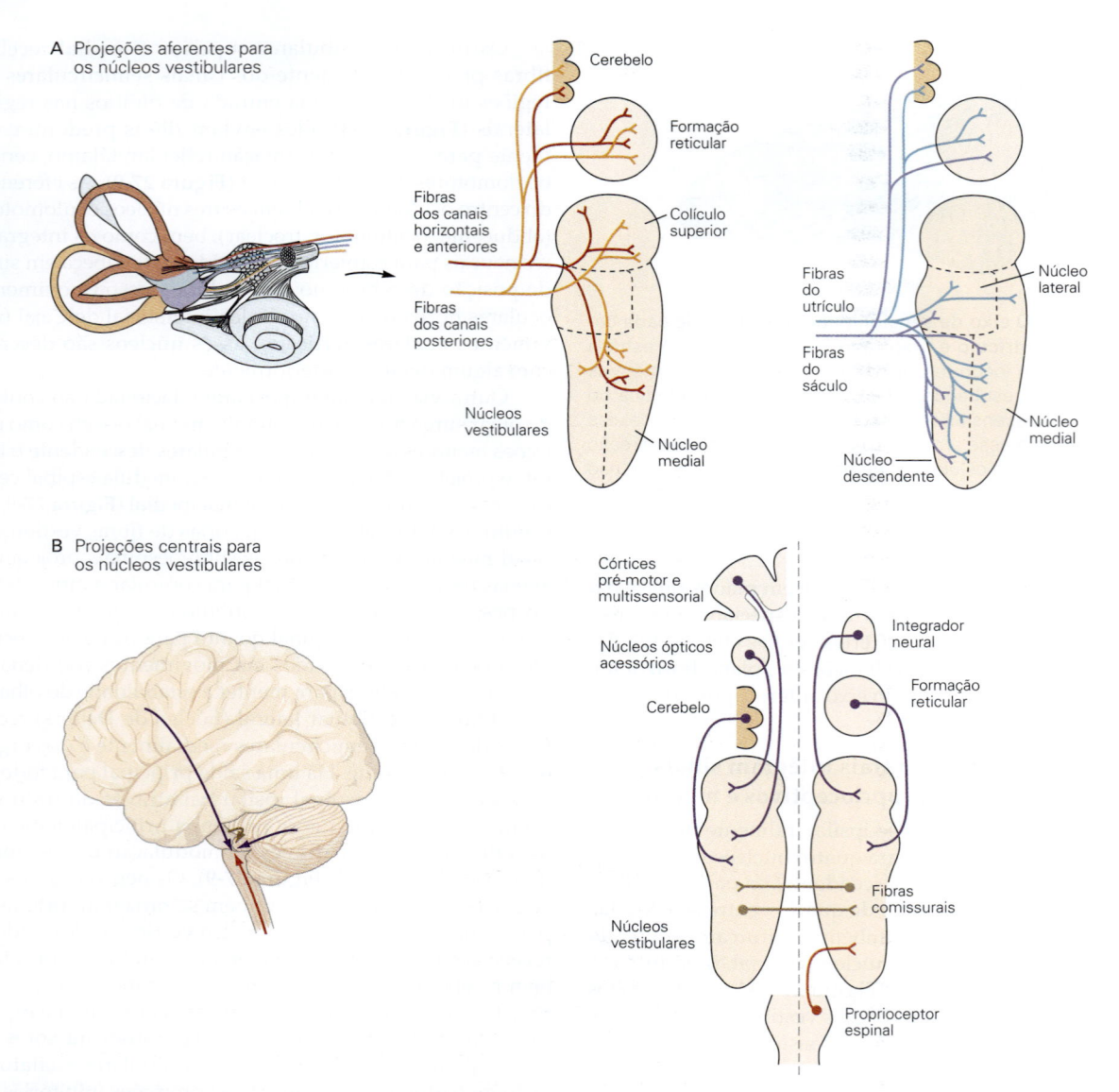

FIGURA 27-8 Fibra aferente e projeções centrais para os núcleos vestibulares.

A. As fibras aferentes dos receptores vestibulares terminam no tronco encefálico e no cerebelo. As fibras dos canais semicirculares projetam-se principalmente para as porções mediais dos núcleos vestibulares superior e medial, o núcleo vestibular descendente, o cerebelo (nódulo e úvula) e a formação reticular. As fibras dos otólitos projetam-se principalmente para as porções laterais de todos os núcleos vestibulares, o nódulo e a úvula, e a formação reticular. (Adaptada, com autorização, de Gacek e Lyon, 1974.)

B. As projeções centrais para os núcleos vestibulares surgem de várias regiões corticais, do tronco encefálico e da medula espinal. Estes incluem os córtices pré-motor e multissensorial, núcleos ópticos acessórios, cerebelo, núcleos integradores neurais, formação reticular, medula espinal e fibras comissurais dos núcleos vestibulares contralaterais.

O efeito do sistema comissural é aumentar a resposta do neurônio dos núcleos vestibulares e diminuir o ruído do sinal aferente, dando origem a uma função vestibular de "empurra-puxa". Do ponto de vista da engenharia, o ponto de ajuste de "empurra-puxa" nos neurônios do núcleo atualiza constantemente os sinais do canal da orelha oposta para atuar como uma junção comparadora e pode explicar a taxa de disparo espontâneo relativamente alta dos aferentes do canal de quase 100 potenciais de ação/s. Por exemplo, durante uma virada de cabeça para a esquerda, os neurônios do núcleo à esquerda no do tronco encefálico recebem sinais com alta taxa de disparo do canal horizontal esquerdo e sinais de baixa taxa de disparo do canal horizontal direito. A comparação da atividade é interpretada como uma virada de cabeça para a esquerda (**Figura 27-5**). Comparações semelhantes entre os sinais também ocorrem para aferências do canal semicircular anterior de um lado e do canal semicircular posterior do lado oposto da orelha. Assim, para movimento rotacional em qualquer plano da cabeça, o comparador é capaz de determinar a direção do movimento com grande especificidade.

Qualquer interrupção do equilíbrio normal entre as aferências do canal auditivo esquerdo e direito (p. ex., por trauma ou doença nos órgãos ou nervos receptores) será interpretada pelo encéfalo como uma rotação da cabeça, mesmo que a cabeça esteja estacionária. Esses efeitos geralmente levam a ilusões de giro ou rotação que podem ser bastante perturbadoras e podem produzir náuseas ou vômitos. No entanto, com o tempo, as fibras comissurais fornecem a compensação vestibular, um processo pelo qual a perda da função do receptor vestibular unilateral é parcialmente restaurada centralmente, e as respostas comportamentais, como o reflexo vestíbulo-ocular, se recuperam.

Sinais combinados de canal semicircular e otólito melhoram a detecção inercial e diminuem a ambiguidade da translação *versus* inclinação

Em alguns casos, a aferência vestibular de um único receptor pode ser ambígua. Por exemplo, Einstein (1908) mostrou que as acelerações lineares são equivalentes, quer surjam do movimento de translação ou das inclinações da cabeça em relação à gravidade. Os receptores otólitos não podem discriminar entre os dois; então, como podemos diferenciar entre transladar para a direita e inclinar para a esquerda, onde a aceleração linear sinalizada pelos aferentes otólitos é a mesma (**Figura 27-10**)?

Atualmente é bem estabelecido que os núcleos vestibulares convergentes e os neurônios cerebelares usam sinais combinados tanto dos canais semicirculares como dos receptores otólitos e alguns cálculos simples para discriminar entre inclinação e translação. Como resultado, algumas células centrais vestibulares e cerebelares codificam a inclinação da cabeça, enquanto outras células codificam o movimento translacional, que, como veremos, é extremamente importante para o controle dos movimentos da cabeça e dos olhos.

Os sinais vestibulares são cruciais para o controle do movimento da cabeça

Uma importante descoberta é a diferença de respostas em alguns neurônios do núcleo vestibular para movimentos ativos *versus* passivos da cabeça. Especificamente, em contraste com os aferentes vestibulares, alguns neurônios nos núcleos vestibulares e cerebelo, conhecidos por responder a estímulos vestibulares durante o movimento passivo, perdem ou reduzem sua sensibilidade durante o movimento autogerado. A resposta preferencial ao movimento passivo, ou aos componentes passivos do movimento ativo e passivo combinado, tem sido interpretada como sinais de erro de previsão sensorial – o encéfalo prevê como o movimento autogerado ativa os órgãos vestibulares e subtrai essas previsões dos sinais aferentes. Esses sinais de erro são importantes para o controle *online* do movimento da cabeça, bem como para a estimativa do movimento da cabeça.

Essas propriedades foram interpretadas quantitativamente por computador usando conceitos comuns a todos os sistemas sensorimotoras; ou seja, os sinais de movimento ativo e passivo são processados por modelos internos do sensor de movimento (i.e., os canais, órgãos otólitos e

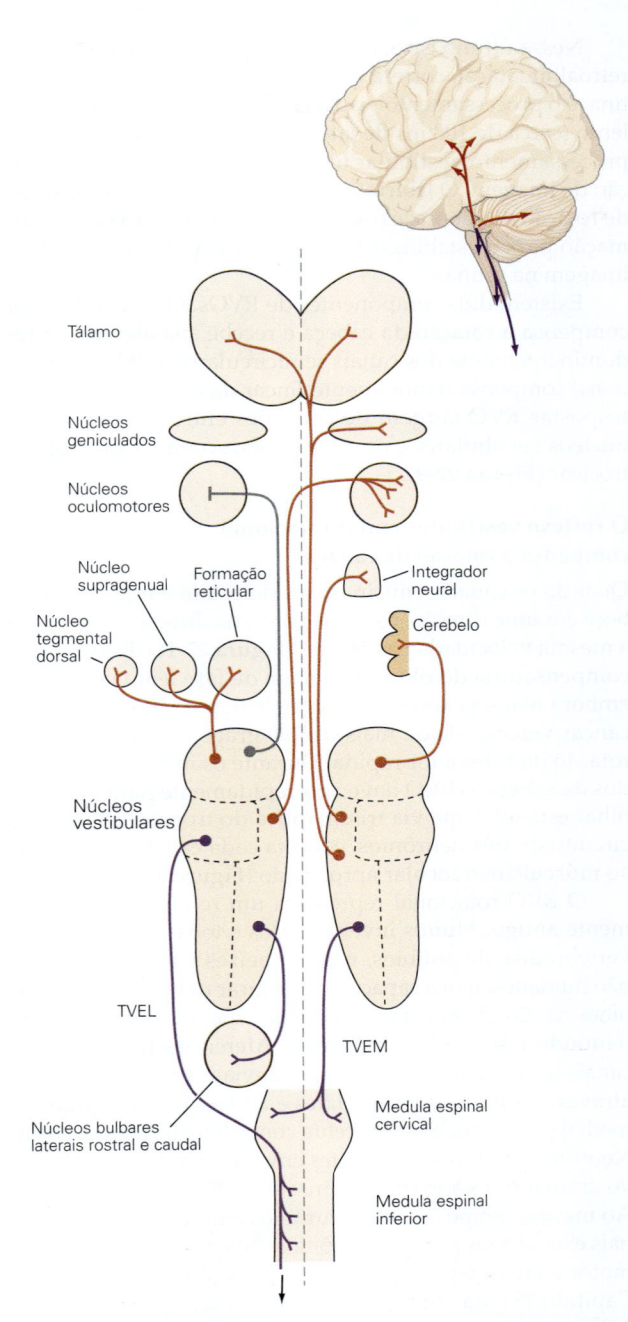

FIGURA 27-9 Projeções de saída dos núcleos vestibulares. Os núcleos vestibulares projetam-se para várias regiões encefálicas abaixo do nível cortical. Duas vias descendentes separadas projetam-se através dos tratos vestibuloespinais lateral e medial (TVEL, TVEM) para terminar na medula espinal. Os núcleos vestibulares também se projetam para a formação reticular e para os núcleos bulbares laterais no tronco encefálico. As projeções ascendentes para o núcleo supragenual, o núcleo tegmental dorsal, os núcleos oculomotores (abducente, oculomotor e troclear) e os núcleos integradores neurais são muito proeminentes (**linha vermelha**, excitatória; **linha cinza**, inibitória), assim como as projeções para o cerebelo (núcleo, nódulo e úvula). Outras projeções vestibulares proeminentes terminam nos núcleos geniculados e no tálamo (regiões talâmicas ventral lateral, posterior e intralaminar).

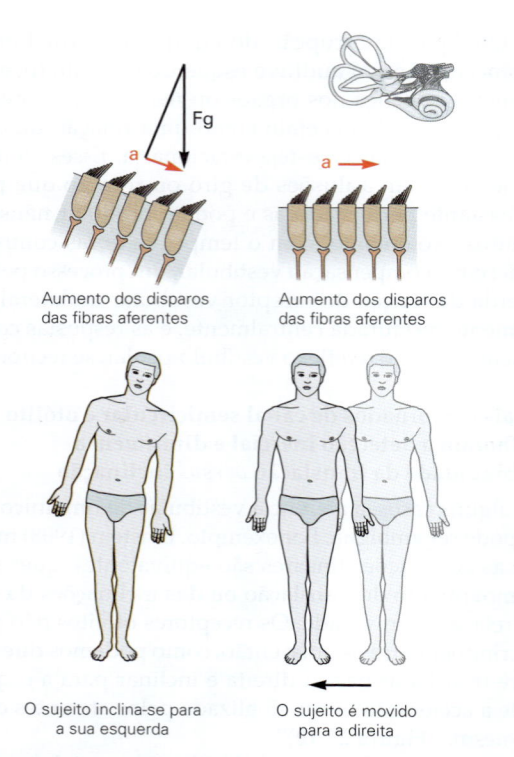

FIGURA 27-10 As aferências vestibulares que sinalizam a postura e o movimento do corpo podem ser ambíguas. O sistema postural não pode distinguir entre inclinação e aceleração linear do corpo com base apenas nas aferências otolíticas. A mesma força de cisalhamento que atua sobre as células ciliadas vestibulares pode resultar da inclinação da cabeça (*à esquerda*), a qual expõe as células ciliadas a um componente de aceleração (a) devido à força gravitacional (Fg), ou resultante da aceleração linear horizontal do corpo (*à direita*).

proprioceptores do pescoço). O encéfalo usa uma representação interna das leis da física e da dinâmica sensorial (que pode ser elegantemente modelada como modelos internos avançados dos sensores) para processar os sinais vestibulares. Sem esses sinais de erro, a estimativa precisa do movimento próprio seria seriamente comprometida. Esses conhecimentos computacionais sugerem que, ao contrário das primeiras interpretações, os sinais vestibulares permanecem criticamente importantes quando acoplados à estimativa do próprio movimento e controle do movimento da cabeça gerados ativamente.

Os reflexos vestíbulo-oculares estabilizam os olhos quando a cabeça se move

Para ver claramente e manter o foco nos objetos visuais durante o movimento da cabeça, os olhos mantêm a fixação foveal através de uma série de reflexos vestíbulo-oculares (RVOs). Se você balançar a cabeça para frente e para trás durante a leitura, ainda poderá discernir as palavras por causa dos RVOs. Se, em vez disso, você mover o livro a uma velocidade semelhante, mantendo a cabeça firme, não poderá mais ler as palavras.

Nesse último caso, a visão fornece ao encéfalo a única retroalimentação corretiva para estabilizar a imagem na retina, e o processamento visual em vertebrados é muito mais lento (cerca de 100 ms de latência) e menos eficaz do que o processamento vestibular (cerca de 10 ms) para estabilização de imagem. O labirinto vestibular sinaliza a velocidade de rotação da cabeça, e o sistema oculomotor usa essa informação para a estabilização dos olhos e a fixação visual da imagem na retina.

Existem dois componentes de RVOs. O *RVO rotacional* compensa a rotação da cabeça e recebe sua aferência predominantemente dos canais semicirculares. O *RVO translacional* compensa o movimento linear da cabeça. Essas duas respostas RVO surgem de conexões entre neurônios dos núcleos vestibulares e os núcleos abducente, oculomotor e troclear (**Figura 27-9**).

O reflexo vestíbulo-ocular rotacional compensa a rotação da cabeça

Quando os canais semicirculares detectam a rotação da cabeça em uma direção, os olhos giram na direção oposta com a mesma velocidade nas órbitas (**Figura 27-11**). Essa rotação compensatória do olho é chamada de fase lenta vestibular, embora não seja necessariamente lenta: os olhos podem alcançar velocidade de mais de 200 graus por segundo se a rotação da cabeça for rápida. Durante os movimentos rápidos da cabeça, o RVO deve agir rapidamente para manter o olhar estável. Uma via trissináptica do tronco encefálico, o circuito de três neurônios, conecta cada canal semicircular ao músculo extraocular apropriado (**Figura 27-11**).

O RVO rotacional representa um reflexo filogeneticamente antigo. Muitos invertebrados e todas as espécies de vertebrados, de anfíbios, répteis, peixes e aves a primatas não humanos, têm a capacidade de girar reflexivamente seus olhos na direção oposta à rotação da cabeça, mantendo assim o mundo visual estável na retina. Aferências primárias dos canais semicirculares horizontais enviam sinais excitatórios através dos núcleos vestibulares e do fascículo longitudinal medial para o núcleo abducente contralateral (**Figura 27-11**). Neurônios motores abducentes enviam impulsos via VI nervo craniano para excitar o músculo reto lateral ipsilateral. Ao mesmo tempo, os interneurônios abducentes enviam sinais excitatórios para os neurônios motores no núcleo oculomotor contralateral, que inerva o músculo reto medial (ver Capítulo 35 para obter detalhes sobre outras projeções).

A via de trissináptica ilustrada na **Figura 27-11** não é suficiente para provocar movimentos oculares compensatórios adequados. Isso ocorre porque o sinal aferente dos canais semicirculares é proporcional à velocidade da cabeça, enquanto o movimento compensatório do olho requer mudanças na posição do olho. Converter a velocidade em posição requer integração temporal (cálculo simples) através de redes neurais nos núcleos do tronco encefálico para a maioria das velocidades de movimento da cabeça. No entanto, em altas frequências de rotação, as propriedades viscoelásticas do globo ocular, dos músculos oculares e dos tecidos circundantes fornecem uma etapa de integração adicional. Assim, considera-se que o RVO rotacional consiste em dois processos paralelos.

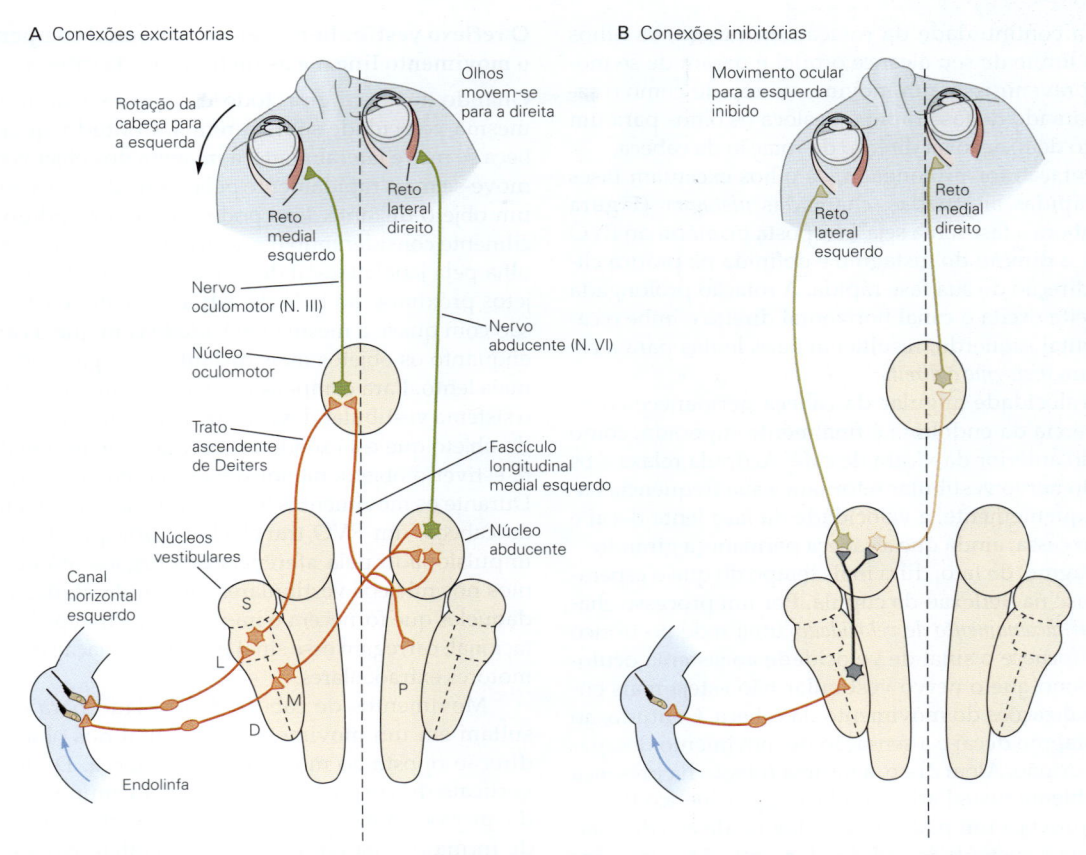

FIGURA 27-11 O reflexo vestíbulo-ocular horizontal. Vias similares conectam os canais anterior e posterior aos músculos retos verticais e oblíquos.

A. A rotação da cabeça para a esquerda excita as células ciliadas do canal horizontal esquerdo, excitando, assim, os neurônios que evocam o movimento do olho para a direita. Os núcleos vestibulares possuem duas populações de neurônios primários. Uma delas situa-se no núcleo vestibular medial (**M**); seus axônios cruzam a linha média e excitam os neurônios do núcleo abducente direito e do núcleo prepósito do hipoglosso direito (**P**). A outra população está no núcleo vestibular lateral (**L**); seus axônios ascendem ipsilateralmente pelo trato de Deiters e excitam os neurônios do núcleo oculomotor esquerdo, os quais se projetam pelo nervo oculomotor ao músculo reto medial esquerdo.

O núcleo abducente direito possui duas populações de neurônios. Um grupo de neurônios motores projeta-se através do nervo abducente e excita o músculo reto lateral direito. Os axônios de um grupo de interneurônios cruzam a linha média e ascendem pelo fascículo longitudinal medial esquerdo até o núcleo oculomotor, onde excitam os neurônios que inervam o músculo reto medial esquerdo. Essas conexões facilitam o movimento ocular horizontal para o lado direito, o que compensa o movimento da cabeça para o lado esquerdo. Os outros núcleos mostrados são os vestibulares superior (**S**) e descendente (**D**).

B. Durante o movimento anti-horário da cabeça, o movimento ocular para a esquerda está inibido por fibras sensoriais do canal horizontal esquerdo. Essas fibras aferentes excitam os neurônios do núcleo vestibular medial que inibem os neurônios motores e os interneurônios do núcleo abducente esquerdo. Essa ação reduz a excitação dos neurônios motores dos músculos reto lateral esquerdo e reto medial direito. O mesmo movimento da cabeça resulta em uma sinalização diminuída do canal horizontal direito (não mostrado), o qual tem conexões similares. O sinal enfraquecido desse canal diminui a inibição dos músculos reto lateral direito e reto medial esquerdo, diminuindo também a excitação dos músculos reto lateral esquerdo e reto medial direito. (Adaptada de Sugiuchi et al., 2005.)

O primeiro processo consiste na via neural direta conhecida como arco de três neurônios (**Figura 27-11**). O segundo processo do integrador neural consiste em vias paralelas adicionais que garantem que a proporção correta de comandos de velocidade e posição sejam levadas aos núcleos oculomotores para mover o olho adequadamente (**Figura 27-9** e ver Capítulo 35). Sem essa segunda via do integrador indireto, a resposta a uma rotação da cabeça inicialmente levaria o olho à posição correta, mas o olho se afastaria dessa posição, pois os neurônios oculomotores não teriam a entrada tônica para compensar as forças elásticas restauradoras do globo ocular (Capítulo 35). Isso é exatamente o que acontece após lesões do tronco encefálico e das estruturas cerebelares que se acredita participarem dessa integração neural (p. ex., o prepósito hipoglosso e o núcleo intersticial de Cajal; **Figura 27-9**). Geralmente, pensa-se que a via do integrador é compartilhada por todos os sistemas de movimento ocular conjugado (sacadas, perseguição suave e RVO), embora a via direta seja pelo menos parcialmente segregada para diferentes tipos de movimentos oculares (i.e., RVO, perseguição suave, sacadas).

Com a continuidade da rotação da cabeça, os olhos atingem o limite de seu alcance orbital e param de se mover. Para prevenir isso, um movimento rápido como o sacádico, chamado de fase rápida, desloca os olhos para um novo ponto de fixação na direção da rotação da cabeça.

Se a rotação for prolongada, os olhos executam fases lentas e rápidas alternadas, chamadas *nistagmo* (**Figura 27-12**). Embora a fase lenta seja a resposta primária do RVO rotacional, a direção do nistagmo é definida na prática clínica pela direção de sua fase rápida. A rotação prolongada para a direita excita o canal horizontal direito e inibe o canal horizontal esquerdo, resulta em fases lentas para a esquerda e um *nistagmo à direita*.

Se a velocidade angular da cabeça permanece constante, a inércia da endolinfa é finalmente superada, como no exemplo anterior da xícara de café. A cúpula relaxa e os disparos do nervo vestibular retornam à sua frequência basal. Consequentemente, a velocidade da fase lenta decai e o nistagmo cessa, ainda que a cabeça permaneça girando.

O nistagmo, de fato, dura mais tempo do que o esperado, com base na deflexão da cúpula. Por um processo chamado de *armazenamento de velocidade*, uma rede no tronco encefálico fornece o sinal de velocidade ao sistema oculomotor, mesmo que o nervo vestibular não esteja mais enviando sinalizações do movimento da cabeça. Contudo, ao final, o nistagmo decai e a sensação de movimento desaparece na escuridão. Além disso, a mesma rotação na presença de um ambiente visual ativa o reflexo optocinético (Capítulo 35) e provoca um padrão de nistagmo de estado estacionário que é sustentado indefinidamente. As interações entre o canal e os sinais optocinéticos durante a rotação ocorrem através da rede de armazenamento de velocidade.

Se a rotação da cabeça cessa abruptamente, a endolinfa continua a ser deslocada no mesmo sentido em que cabeça estava girando. A rotação da endolinfa para a direita inibe o canal horizontal direito e excita o canal horizontal esquerdo, resultando na sensação de rotação para a esquerda e no correspondente nistagmo para a esquerda. Entretanto, essa resposta ocorre apenas no escuro. Na luz, os reflexos optocinéticos suprimem o nistagmo pós-rotatório, uma vez que não há estímulo visual de movimento.

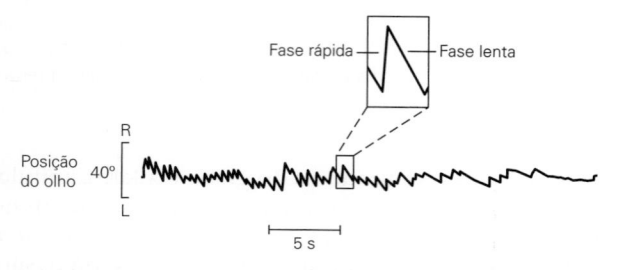

FIGURA 27-12 Nistagmo vestibular. O traçado mostra a posição do olho de um sujeito sentado em uma cadeira que gira no sentido anti-horário a uma velocidade constante no escuro. No início do traçado, o olho move-se lentamente na mesma velocidade da cadeira (fase lenta) e ocasionalmente faz movimentos rápidos de reposicionamento (fase rápida). A velocidade da fase lenta diminui de modo gradual até que o olho cessa esses movimentos. (Reproduzida, com autorização, de Leigh e Zee, 2015.)

O reflexo vestíbulo-ocular translacional compensa o movimento linear e as inclinações da cabeça

Quando a cabeça gira, todo o campo visual move-se na mesma velocidade sobre a retina. Contudo, quando a cabeça se move lateralmente, a imagem dos objetos próximos move-se mais rapidamente pela retina do que a imagem de um objeto distante. Isso pode ser compreendido mais facilmente considerando o que acontece quando uma pessoa olha pela janela lateral de um carro em movimento: os objetos próximos, ao lado da estrada, saem do campo de visão com quase a mesma velocidade com que o carro anda, enquanto os objetos mais distantes desaparecem de modo mais lento. Para compensar o movimento linear da cabeça, o sistema vestibular deve levar em consideração a distância do objeto que está sendo observado – quanto mais distante estiver o objeto, menor o movimento ocular necessário. Durante os movimentos lineares que não envolvem rotação da cabeça, um RVO translacional apropriado é evocado, impulsionado pela aferência dos órgãos otólitos. Neurônios nos núcleos vestibulares, incluindo alguns diferentes daqueles que fornecem o impulso principal para o RVO rotacional, carregam esse sinal para a população de neurônios motores extraoculares.

Movimentos de cabeça de um lado para o outro resultam em um movimento horizontal dos olhos em uma direção oposta ao movimento da cabeça. Deslocamentos verticais do corpo, como durante a caminhada ou corrida, provocam movimentos oculares verticais direcionados de forma oposta para estabilizar o olhar. No entanto, em contraste com o RVO rotacional, onde a rotação da cabeça é compensada por uma rotação do olho igual, mas oposta, o deslocamento horizontal deve ser compensado por uma rotação do olho que depende da distância do objeto visto, uma computação não trivial. Por exemplo, durante um deslocamento lateral da cabeça, os objetos próximos se movem na retina mais rapidamente do que os distantes. Assim, para estabilizar um objeto próximo na retina, os olhos precisam girar mais do que o necessário para um objeto distante. Assim, os movimentos oculares compensatórios horizontais que são induzidos durante o movimento lateral mudam com a distância do alvo; quanto mais próximo o alvo, maior é o movimento compensatório do olho. Da mesma forma, como no RVO rotacional, as respostas compensatórias à translação ocorrem com latência relativamente curta (10 a 12 ms).

As translações para frente e para trás produzem movimentos oculares convergentes e divergentes que aproximam ou afastam os olhos. A quantidade de convergência ou divergência também depende da distância do alvo visual, de modo que objetos visuais próximos produzem grandes movimentos oculares, e objetos visuais distantes produzem pequenos movimentos oculares. Além disso, a quantidade de movimento relativo dos olhos esquerdo e direito depende da excentricidade do objeto visual em relação à frente. Ao contrário do RVO rotacional, que é um reflexo de estabilização de imagem no campo completo, o objetivo do RVO translacional é estabilizar seletivamente os objetos visuais na fóvea. Em geral, os dois olhos se movem de forma dissociada, consistindo de um movimento só de vergência ou uma combinação de movimentos oculares de vergência e conjugados. Na prática, embora a direção do movimento ocular evocado seja tipicamente consistente com as previsões geométricas, o RVO translacional em primata/humano normalmente compensa pouco a visão próxima ao alvo, com ganhos de apenas cerca de 0,5.

O RVO translacional difere do RVO rotacional na capacidade de gerar movimentos oculares compensatórios durante a translação que otimizam a acuidade visual na retina central. Essas habilidades parecem ser específicas para animais com olhos frontais, como primatas. Muitas espécies com olhos laterais, como o coelho, não geram movimentos oculares que compensem as consequências visuais da translação durante o próprio movimento.

Como a gravidade exerce uma força de aceleração linear constante sobre a cabeça, os órgãos otolíticos também detectam a orientação da cabeça em relação à gravidade. Quando a cabeça se inclina para longe da vertical no plano de rotação – em torno do eixo que vai do occipital ao nariz – os olhos giram na direção oposta para reduzir a inclinação da imagem da retina. Esse reflexo contrarrolamento ocular – a capacidade de usar um mecanismo de detecção de gravidade para manter o olhar em relação ao horizonte – é de suma importância para espécies de olhos laterais, sem fóvea que normalmente não possuem um sistema sacádico bem desenvolvido. Mas essa utilidade funcional para essas respostas de inclinação perdeu sua vantagem no sistema oculomotor dos primatas, onde o contrarrolamento e contra-arremesso ocular estático em humanos tem um ganho inferior a 0,1.

Os reflexos vestíbulo-oculares são suplementados por respostas optocinéticas

Os RVOs compensam de forma imperfeita o movimento da cabeça. Eles são melhores para sentir o início ou as mudanças bruscas de movimento; seu papel é insignificante na compensação para os movimentos que se mantêm em velocidade constante durante a translação ou em velocidade angular constante durante a rotação. Além disso, eles são insensíveis a rotações muito lentas ou acelerações lineares de baixa amplitude.

Assim, as respostas vestibulares durante o movimento prolongado na luz são complementadas por reflexos de estabilização visual que mantêm o nistagmo quando a aferência vestibular cessa: nistagmo optocinético, um sistema de estabilização de campo completo, e seguimento ocular, um sistema de estabilização da fóvea. Embora as duas classes de reflexos sejam distintas, suas vias se sobrepõem.

O cerebelo ajusta o reflexo vestíbulo-ocular

Como vimos, o RVO mantém o olhar constante quando a cabeça se move. Há momentos, no entanto, em que o reflexo é inapropriado. Por exemplo, quando você vira a cabeça enquanto caminha, deseja que seu olhar o siga. O RVO rotacional, no entanto, impediria que seus olhos girassem com a cabeça. Para evitar esse tipo de resposta biologicamente inadequada, o RVO está sob o controle do cerebelo e do córtex, que suprimem o reflexo durante os movimentos volitivos da cabeça.

Além disso, o RVO deve ser continuamente calibrado para manter sua precisão diante de alterações no sistema motor (fadiga, lesão de órgãos ou vias vestibulares, fraqueza muscular ocular ou envelhecimento) e diferentes necessidades visuais (uso de lentes corretivas). De fato, o RVO é um reflexo altamente modificável. O encéfalo monitora continuamente seu desempenho avaliando a clareza da visão durante os movimentos da cabeça. Quando as viradas da cabeça são consistentemente associadas ao movimento da imagem através da retina, o RVO sofre mudanças de ganho na direção apropriada para melhorar a capacidade compensatória do reflexo. Por exemplo, ao ver o mundo através de óculos que ampliam ou miniaturizam a cena visual, o ganho de RVO rotacional (no escuro) aumenta ou diminui de forma correspondente. O comportamento reflexo pode se adaptar ao longo de vários minutos, horas e dias. Isso é realizado por retroalimentação sensorial que modifica a resposta motora. Se o reflexo não está trabalhando de modo apropriado, a imagem move-se na retina. O comando motor para os músculos oculares deve ser ajustado até que o olhar esteja novamente estável, o movimento rotacional da imagem na retina seja zero e não ocorra erro.

Quem usa óculos depende dessa plasticidade do RVO. Como as lentes para miopia encolhem a imagem visual, uma rotação ocular menor é necessária para compensar uma determinada rotação da cabeça, e o ganho do RVO deve ser reduzido. Por outro lado, os óculos para hipermetropia ampliam a imagem, de modo que o ganho de RVO deve aumentar durante o uso. Mais complicado é o caso dos óculos bifocais ou progressivos, nos quais o reflexo deve usar ganhos diferentes para as diferentes ampliações. No laboratório, o reflexo pode ser condicionado pela alteração das consequências visuais do movimento da cabeça. Por exemplo, se um sujeito for rotado por um período de tempo enquanto usa lentes de aumento, o ganho de reflexo aumenta gradualmente (**Figura 27-13A**).

Esse processo requer mudanças na transmissão sináptica tanto no cerebelo como no tronco encefálico. Se o flóculo e o paraflóculo do cerebelo forem lesionados, o ganho do RVO não poderá mais ser modulado. As fibras musgosas levam sinalização vestibular, visual e motora dos núcleos pontinos e vestibulares ao córtex cerebelar; as células granulares, com seus axônios, as fibras paralelas, retransmitem essas sinalizações às células de Purkinje (**Figura 27-13B**). A eficácia sináptica das aferência da fibra paralela para uma célula de Purkinje pode ser modificada pela ação simultânea da aferência das fibras trepadeiras. De fato, a aferência das fibras trepadeiras para o cerebelo transmite um sinal de erro na retina, que se acredita servir como um sinal de "ensino" permitindo que o cerebelo corrija o erro no RVO. Essa adaptação requer plasticidade de longa duração de múltiplos mecanismos através de múltiplos locais (Capítulo 37).

Além da célula de Purkinje, a plasticidade também é encontrada nos núcleos vestibulares, em uma classe particular de neurônios conhecidos como neurônios alvo do flóculo, que recebem aferências inibitórias GABAérgicas das células de Purkinje no flóculo, bem como aferências diretas das

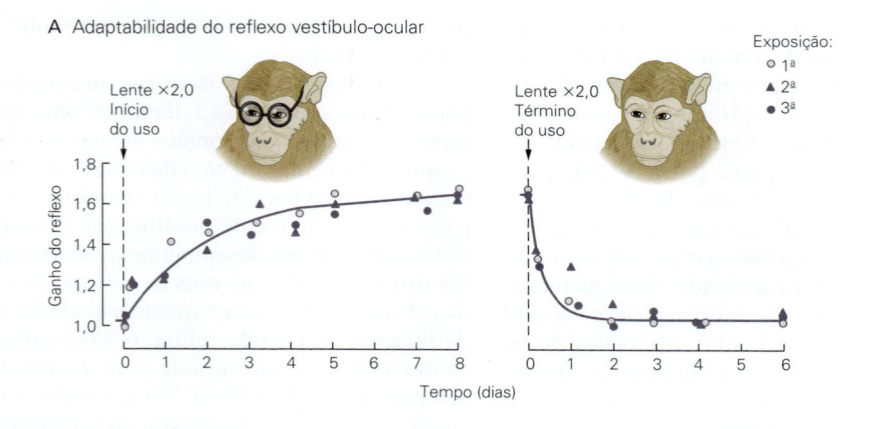

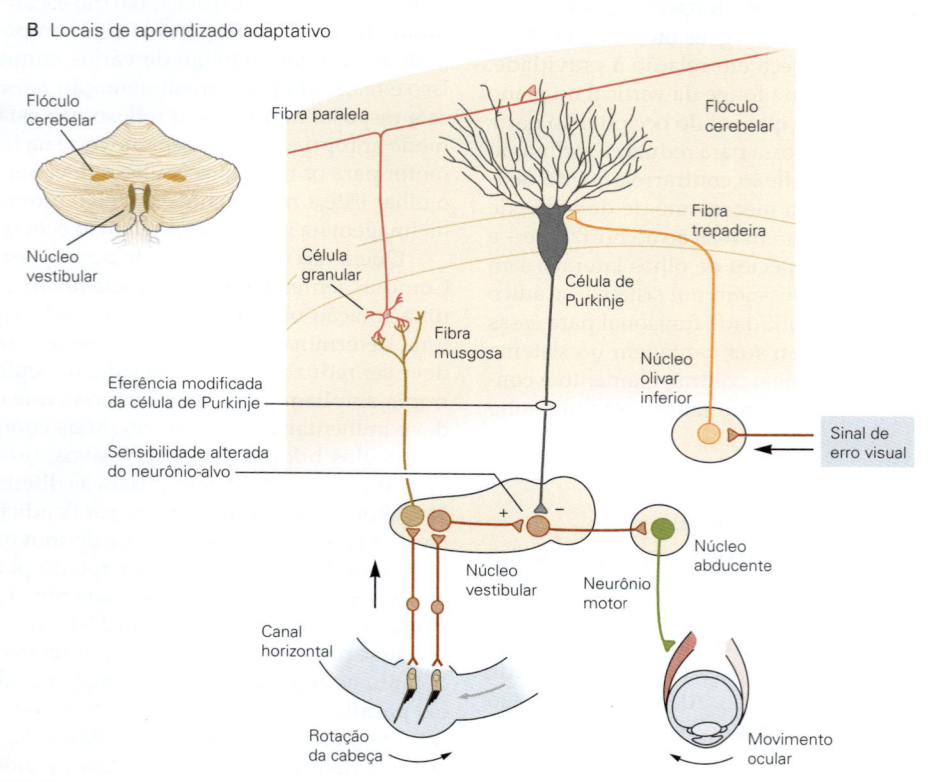

FIGURA 27-13 O reflexo vestíbulo-ocular é adaptável.

A. Durante vários dias, macacos usaram óculos hiperoculares que dobram a velocidade do movimento da imagem na retina provocado pelo movimento da cabeça. Diariamente, o ganho do reflexo vestíbulo-ocular – o quanto os olhos se movem para determinado movimento da cabeça – é testado no escuro, de maneira que o macaco não possa usar o movimento retinal como uma informação para modificar o reflexo. Por um período de 4 dias, o ganho aumenta de modo gradual (*à esquerda*). Depois, esse ganho rapidamente retorna ao normal quando as lentes são removidas (*à direita*). (Adaptada, com autorização, de Miles e Eighmy, 1980.)

B. A adaptação do reflexo vestíbulo-ocular ocorre nos circuitos cerebelares e do tronco encefálico. Um sinal de erro visual, disparado pelo movimento da imagem na retina durante o movimento da cabeça, alcança o núcleo da oliva inferior. As fibras trepadeiras transmitem esse sinal de erro à célula de Purkinje, afetando a sinapse entre a fibra paralela e a célula de Purkinje. Essa célula transmite a informação modificada à célula-alvo flocular do núcleo vestibular, alterando sua sensibilidade à aferência vestibular. Após o reflexo ter alcançado sua adaptação, a aferência da célula de Purkinje não é mais necessária.

fibras sensoriais vestibulares. Durante a adaptação do RVO, esses neurônios alteram sua sensibilidade às aferências vestibulares de maneira apropriada e, após a adaptação, podem manter essas alterações sem outras informações do cerebelo.

A importância do cerebelo na calibração dos movimentos oculares também é evidente em pacientes com doença cerebelar, que são frequentemente caracterizados por uma resposta do RVO com amplitude ou direção anormal.

O tálamo e o córtex usam sinais vestibulares para memória espacial e funções cognitivas e perceptivas

Por décadas, a função vestibular tem sido estudada principalmente em relação aos reflexos, tanto vestíbulo-oculares quanto vestibuloespinal. No entanto, na última década, tornou-se cada vez mais claro que a função do sistema vestibular é tão importante para os processos cognitivos quanto para os reflexos. A dificuldade em compreender o papel do sistema vestibular na cognição espacial decorre do fato de que essas funções são inerentemente multissensoriais, decorrentes da convergência de pistas vestibulares, visuais, somatossensoriais e motoras, seguindo princípios ainda pouco compreendidos. Algumas dessas funções perceptivas do sistema vestibular incluem percepção de inclinação, percepção visual-vertical e constância visuoespacial.

Percepção de inclinação. As informações vestibulares são críticas para a orientação espacial – a percepção de como nossa cabeça e nosso corpo estão posicionados em relação ao mundo exterior. Quase todas as espécies se orientam usando a gravidade, que fornece uma referência externa global. Assim, a consciência espacial é governada por nossa orientação em relação à gravidade, coletivamente referida como inclinação.

Percepção visual-vertical. Comumente percebemos a cena visual com relação à orientação vertical da terra, independentemente de nossa orientação espacial no mundo. Essa habilidade foi avaliada por estudos psicofísicos em humanos e macacos usando tarefas nas quais um sujeito é virado de orelha para baixo no escuro e solicitado a orientar verticalmente uma barra mal iluminada no espaço (para alinhá-la com a gravidade). Os resultados sugerem que a representação neural da cena visual é modificada por sinais vestibulares e proprioceptivos estáticos que indicam a orientação da cabeça e do corpo.

Constância visuoespacial. Os sinais vestibulares também são importantes para a percepção de um mundo visual estável, apesar das constantes mudanças nas imagens na retina causadas pelo movimento dos olhos, da cabeça e do corpo. A projeção da cena na retina muda continuamente por causa desses movimentos. Apesar da mudança da imagem na retina, a percepção da cena como um todo permanece estável; essa estabilidade é crucial não apenas para a visão, mas também para as transformações sensorimotoras (p. ex., para atualizar o objetivo motor de um movimento do olho ou do braço).

A informação vestibular está presente no tálamo

As projeções vestibulares para o tálamo são complicadas e, em geral, menos claras, em parte devido à forte natureza multissensorial das respostas nessas células e à dificuldade em comparar regiões talâmicas e nomenclatura entre estudos e espécies. Alguns neurônios em todos os núcleos vestibulares e provavelmente os núcleos cerebelares fastigiais projetam-se bilateralmente para o tálamo, mas a maioria das fibras termina nos núcleos talâmicos contralaterais (**Figura 27-9**).

Várias regiões talâmicas recebem projeções vestibulares, incluindo os núcleos talâmicos ventral posterolateral e ventral lateral e, em menor extensão, os núcleos ventral posteroinferior, o grupo posterior e o pulvinar anterior. Tradicionalmente, esses núcleos também recebem estímulos somatossensoriais e se projetam para os córtices somatossensoriais primário e secundário, bem como para o córtex parietal posterior (áreas 5 e 7) e a ínsula do córtex temporal.

A informação vestibular é difundida no córtex

Foram identificadas várias áreas corticais que recebem sinais vestibulares de curta latência de forma isolada ou, mais comumente, em conjunto com sinais proprioceptivos, táteis, oculomotores, visuais e auditivos (**Figura 27-14**). Embora os sinais vestibulares sejam amplamente distribuídos para várias regiões corticais, todas essas regiões são multimodais e nenhuma parece representar um córtex puramente vestibular, semelhante a outras modalidades, como visão, propriocepção e audição.

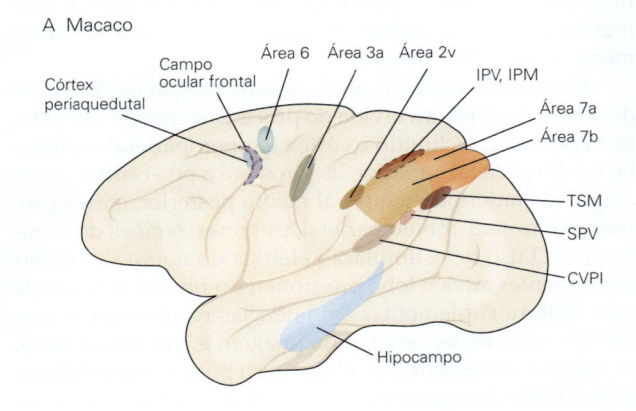

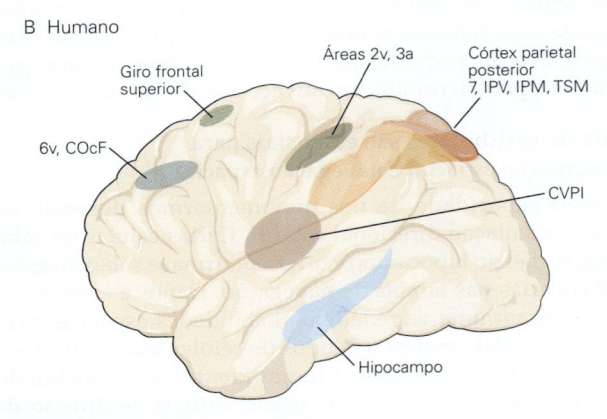

FIGURA 27-14 Córtex vestibular.

A. Esta visão lateral do cérebro de um macaco mostra as áreas do córtex cerebral em que têm sido registradas as respostas vestibulares. Áreas no córtex de macaco incluem córtex periarqueado, área 6, campos oculares frontais, áreas 3a e 2v, área intraparietal ventral (**IPV**), área intraparietal medial (**IPM**), área 7, área silviana posterior visual (**SPV**), área temporal superior medial (**TSM**), córtex vestibular parietoinsular (**CVPI**) e a formação hipocampal.

B. No córtex humano, as áreas que registram a atividade vestibular incluem 6v, campos oculares frontais (**COcF**), giro frontal superior, 2v, 3a, córtex parietal posterior, CVPI e a formação do hipocampo.

A modulação vestibular foi estabelecida no sulco lateral (córtex vestibular parietoinsular), córtex somatossensorial (áreas 3a e 2v), córtex oculomotor (campos oculares frontais e suplementares), córtex de movimento visual extraestriatal (área temporal superior mediodorsal) e córtex parietal (área intraparietal ventral e área 7a). No córtex somatossensorial primário, a área 2v situa-se na base do sulco intraparietal imediatamente posterior às áreas do giro pós-central representando a mão e a boca. A estimulação elétrica da área 2v em humanos produz sensações de movimento de todo o corpo. A área 3a fica na base do sulco central, adjacente ao córtex motor. Muitas células do córtex vestibular parietoinsular são multissensoriais, respondendo a estímulos de movimento corporal, somatossensorial, proprioceptivo e de movimento visual. Pacientes com lesões nessa região relatam episódios de vertigem, instabilidade e perda da percepção da vertical visual. Neurônios nas áreas intraparietal medial e temporal superior medial respondem a sinais visuais (fluxo óptico) e vestibulares. Essas células utilizam estruturas de integração de pistas multissensoriais (bayesianas) para auxiliar na percepção cognitiva do movimento através do espaço.

Estudos de imagem revelam uma porção ainda maior do córtex cerebral envolvida no processamento da informação vestibular, incluindo o córtex temporoparietal e a ínsula, o lobo parietal superior, os giros pré e pós-central, giros cingulado anterior e temporal médio posterior, córtex pré-motor e frontal, lóbulo parietal, putame e regiões do hipocampo. O uso de estimulação elétrica do nervo vestibular em pacientes ativa o lobo pré-frontal e a porção anterior da área motora suplementar em latências relativamente curtas. No entanto, os estudos de imagem e, em menor grau, os estudos de registro de célula única podem superestimar a variedade de representações vestibulares. Em particular, os estímulos vestibulares frequentemente ativam conjuntamente os sistemas somatossensorial e proprioceptivo, bem como evocam respostas posturais e oculomotoras, que, por sua vez, podem resultar em ativações corticais aumentadas.

Sinais vestibulares são essenciais para orientação espacial e navegação espacial

Nossa capacidade de nos movimentarmos depende de uma orientação direcional estável. Certas células do tálamo, região do hipocampo, córtex entorrinal e subículo estão envolvidas nas tarefas de navegação. Danos a essas áreas prejudicam uma variedade de habilidades espaciais e direcionais. Pelo menos seis tipos de células que contribuem para a orientação espacial foram identificados, incluindo células de lugar, células de grade, células de direção de cabeça, células de borda, células de velocidade e células conjuntivas. No hipocampo, as células de lugar disparam em relação à localização do animal no ambiente (Capítulo 54). As células de direção da cabeça localizadas no tálamo dorsal, regiões para-hipocampais e várias regiões do córtex indicam a direção da cabeça do animal como uma bússola. As células de grade no córtex entorrinal respondem a várias localizações espaciais em um padrão de grade triangular peculiar. As células de borda no córtex entorrinal sinalizam os limites ambientais, as células de velocidade disparam em proporção à velocidade de corrida do animal e as células conjuntivas exibem uma combinação de várias dessas propriedades.

Essas regiões estão intimamente conectadas e parecem trabalhar juntas em uma "rede de navegação" para fornecer orientação espacial, memória espacial e nossa capacidade de se mover pelo ambiente. Pense em andar pela sua casa, dirigir até a loja ou saber qual direção seguir em uma nova cidade. As lesões das redes vestibulares centrais interrompem as respostas das células de direção da cabeça, local e de grade. Pacientes com doença ou trauma no sistema vestibular, hipocampo e regiões anteriores do tálamo geralmente apresentam déficits graves em sua capacidade de se orientar em ambientes familiares ou mesmo encontrar o caminho de casa.

Todas essas células dependem de um sistema vestibular funcional para manter suas propriedades de orientação espacial. A via pela qual os sinais vestibulares chegam à rede de navegação e os princípios computacionais que determinam como as pistas vestibulares influenciam essas células espacialmente sintonizadas não são bem compreendidos. Sabemos que existem pelo menos três influências diferentes: os sinais do canal semicircular contribuem para a estimativa da direção da cabeça; os sinais de gravidade influenciam as propriedades tridimensionais das células de direção da cabeça; e os sinais de translação influenciam a estimativa da velocidade linear, que controla as propriedades das células da grade e a magnitude e frequência das oscilações teta na rede hipocampal. O que está claro é que não há evidências ligando as propriedades de resposta dos núcleos vestibulares diretamente à direção da cabeça ou outros tipos de células espacialmente sintonizadas. Ainda não foi identificada nenhuma projeção direta dos núcleos vestibulares para as áreas do cérebro que possuem essas células. Além disso, as respostas dos núcleos vestibulares são inadequadas para acionar essas células espacialmente sintonizadas, pois esses sinais precisam abranger o movimento total da cabeça, em vez de componentes individuais durante o movimento ativo ou passivo da cabeça.

Há muito se reconhece que as pistas proprioceptivas e motoras devem participar, juntamente com os sinais vestibulares, para rastrear a direção da cabeça ao longo do tempo. Foi proposto que as informações geradas internamente a partir de pistas de eferências vestibulares, proprioceptivas e motoras podem ser utilizadas para acompanhar as mudanças na direção da cabeça. Informações mais recentes começaram a esclarecer como cada uma dessas pistas contribui para a estimativa final de auto movimento que pode ser predita com precisão e estimada quantitativamente com base em uma estrutura bayesiana. Embora ainda difíceis de definir, os modelos internos quantitativos governam a relação de sinais de automovimentos vestibulares e outros multissensoriais para calcular as propriedades espaciais das células do circuito de navegação.

As síndromes clínicas elucidam a função vestibular normal

Como vimos, a rotação excita as células ciliadas no canal semicircular cujos feixes de estereocílios estão orientados na direção do movimento e inibe aqueles nos canais orientados para fora da direção do movimento. Esse desequilíbrio das sinalizações vestibulares é responsável pelos movimentos oculares compensatórios e pela sensação de rotação que acompanha o movimento da cabeça. Ele também pode se originar de doença de um labirinto ou do nervo vestibular, que resulta em um padrão de sinalização aferente vestibular análogo ao sinal decorrente da rotação no sentido oposto ao lado da lesão, ou seja, mais descarga do lado intacto. De modo correspondente, ocorre uma sensação de movimento giratório, chamada de vertigem.

Irrigação calórica como ferramenta de diagnóstico vestibular

O nistagmo pode ser utilizado como indicador diagnóstico da integridade do sistema vestibular. Em pacientes que se queixam de tontura ou vertigem, a função do labirinto vestibular é tipicamente avaliada por uma prova calórica (**Figura 27-15**). Água morna (44°C) ou fria (30°C) é introduzida no canal auditivo externo. Em pessoas normais, a água morna induz o nistagmo, que bate em direção à orelha na qual a água foi introduzida, enquanto a água fria induz o nistagmo que bate na direção da orelha na qual a água foi introduzida. Essa relação é encapsulada na mnemônica COWS: a água fria (*cold*) produz nistagmo para o lado **o**posto; a água morna (*warm*) produz nistagmo para o mesmo (*same*) lado. Em pessoas normais, as duas orelhas dão respostas iguais. Entretanto, se houver lesão unilateral na via vestibular, o nistagmo será induzido e direcionado para o lado oposto à lesão.

A vertigem e o nistagmo resultantes de uma lesão vestibular aguda geralmente desaparecem ao longo de vários dias, mesmo que a função periférica não se recupere. Isso ocorre porque os mecanismos compensatórios centrais restauram o equilíbrio dos sinais vestibulares no tronco encefálico, mesmo quando a aferência periférica é permanentemente perdida ou desequilibrada.

A perda da aferência de um labirinto também indica que todos os reflexos vestibulares devem estar sendo orientados por um único labirinto. Para o RVO, essa condição é bastante efetiva em baixas velocidades porque o labirinto intacto pode ser excitado e inibido. Entretanto, durante rotações rápidas, de alta frequência, a inibição não é suficiente, de modo que o ganho do reflexo fica reduzido quando a cabeça gira na direção do lado lesionado. Essa é a base de um importante teste clínico de função do canal, o teste do impulso da cabeça. Nesse teste, a cabeça é movida rapidamente uma vez ao longo do eixo de rotação de um único canal. Se houver uma diminuição significativa no ganho devido à disfunção do canal, o movimento dos olhos ficará atrasado em relação ao da cabeça e haverá um visível movimento ocular sacádico de recuperação.

A hipofunção vestibular bilateral interfere na visão normal

A função vestibular às vezes é perdida simultaneamente em ambos os lados, por exemplo, por ototoxicidade devido a antibióticos aminoglicosídeos, como gentamicina, ou

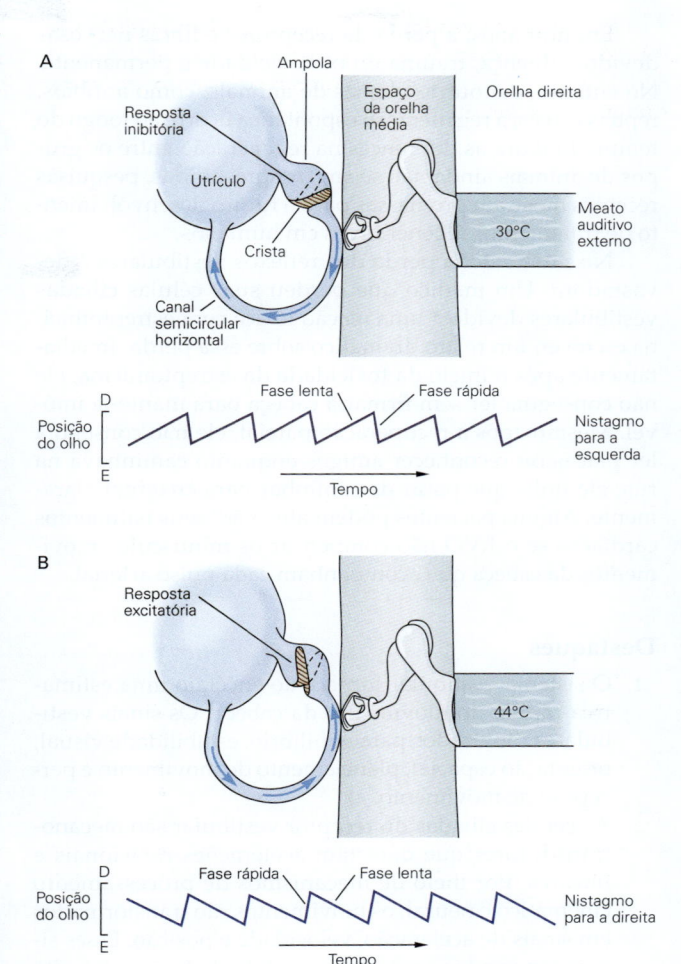

FIGURA 27-15 Teste clínico do reflexo vestíbulo-ocular. A prova calórica vestibular continua sendo o principal teste utilizado hoje em clínicas ao redor do mundo para determinar se há disfunção do sistema. A cabeça é elevada 30° para alinhar os canais semicirculares horizontais com a gravidade.

A. Água fria ou ar introduzido na orelha direita causa uma corrente de convecção descendente na endolinfa, produzindo uma resposta inibitória nas células ciliadas da orelha direita e nas fibras aferentes. O resultado é um nistagmo para a esquerda (lado oposto) (conforme determinado pela direção de fase rápida).

B. Água morna ou ar introduzido na orelha direita produz um movimento ascendente da endolinfa, produzindo uma resposta excitatória nas células ciliadas e aferentes. O resultado é um nistagmo para a direita (mesmo lado).

medicamentos para tratamento de câncer, como cisplatina. Os sintomas da hipofunção vestibular bilateral são distintos dos da perda unilateral, pois não há vertigem, já que não há desequilíbrio de sinalizações vestibulares. Primeiro, a vertigem está ausente porque não há desequilíbrio nos sinais vestibulares; a informação aferente é reduzida igualmente de ambos os lados. Pela mesma razão, não há nistagmo espontâneo. Nesses pacientes, na verdade, pode não haver sintomas enquanto estiverem em repouso e com a cabeça estabilizada.

Em humanos, a perda de receptores e fibras nervosas devido a doença, trauma ou ototoxicidade é permanente. No entanto, em outras classes de animais, como anfíbios, répteis e aves, a regeneração espontânea ocorre ao longo do tempo. Embora as diferenças na regeneração entre os grupos de animais ainda não sejam compreendidas, pesquisas recentes mostram promessas para o futuro desenvolvimento de tratamentos regenerativos em humanos.

No momento, a perda dos reflexos vestibulares é devastadora. Um médico que perdeu suas células ciliadas vestibulares devido a uma reação tóxica com estreptomicina escreveu um relato dramático sobre essa perda. Imediatamente após o início da toxicidade da estreptomicina, ele não conseguia ler sem firmar a cabeça para mantê-la imóvel. Mesmo após a recuperação parcial, ele não conseguia ler placas ou reconhecer amigos enquanto caminhava na rua; ele tinha que parar de caminhar para enxergar claramente. Alguns pacientes podem até "ver" seus batimentos cardíacos se o RVO não compensar os minúsculos movimentos da cabeça que acompanham cada pulso arterial.

Destaques

1. O sistema vestibular fornece ao encéfalo uma estimativa rápida do movimento da cabeça. Os sinais vestibulares são usados para equilíbrio, estabilidade visual, orientação espacial, planejamento de movimento e percepção de movimento.
2. As células ciliadas do receptor vestibular são mecanotransdutores que detectam acelerações rotacionais e lineares. Por meio de mecanismos de processamento cinemático e neural, os movimentos são transformados em sinais de aceleração, velocidade e posição. Esses sinais são usados em todo o encéfalo de forma eficiente e rápida para orientar o comportamento e a cognição.
3. As células receptoras são polarizadas para detectar a direção do movimento. Três canais semicirculares em cada orelha interna detectam movimento rotacional e trabalham em pares sinérgicos bilaterais através de vias comissurais convergentes nos núcleos vestibulares. Dois órgãos otólitos em cada orelha detectam translações lineares e inclinações em relação à gravidade.
4. Os neurônios dos núcleos vestibulares recebem sinais multissensoriais e motores convergentes de fontes visuais, proprioceptivas, cerebelares e corticais. A integração multissensorial permite a discriminação entre o movimento corporal ativo e passivo, bem como respostas motoras adequadas para o comportamento reativo ou volitivo.
5. As projeções dos núcleos vestibulares para o sistema oculomotor permitem que os músculos oculares compensem o movimento da cabeça por meio do reflexo vestíbulo-ocular para manter a imagem do mundo externo imóvel na retina. As projeções corticais para os núcleos vestibular e oculomotor permitem que os movimentos oculares volitivos sejam separados dos movimentos oculares reflexos, mas funcionam através de uma via final comum. O aprendizado motor por meio de redes vestibulocerebelares fornece mudanças compensatórias nas respostas do movimento dos olhos às mudanças nas condições visuais por meio do uso de óculos, doenças ou envelhecimento.
6. As projeções dos núcleos vestibulares para as áreas motoras e medula espinal facilitam a estabilidade postural. A estabilidade do olhar coordena os movimentos dos olhos e do pescoço através da via vestibuloespinal medial. O controle postural é exercido através da via vestibuloespinal lateral.
7. As projeções dos núcleos vestibulares para os núcleos rostral e caudal do bulbo estão envolvidas na regulação da pressão arterial, frequência cardíaca, respiração, remodelação óssea e homeostase.
8. As projeções dos núcleos vestibulares para o tálamo e o córtex garantem a orientação espacial e influenciam a percepção espacial de forma mais geral.
9. Os sinais vestibulares processados nas regiões do hipocampo são cruciais para a localização espacial e funções de navegação.
10. Sinais vestibulares são combinados com sinais visuais em várias regiões corticais por meio da integração de pistas bayesianas para fornecer percepção de movimento.
11. Doença ou trauma do sistema vestibular pode produzir náusea, vertigem, tontura, distúrbios do equilíbrio, instabilidade visual e confusão espacial.
12. Estamos apenas começando a apreciar o papel do sistema vestibular na cognição. No entanto, fica claro que os sinais vestibulares contribuem para a percepção de nós mesmos, concepção de presença corporal e memória.
13. Novas abordagens computacionais e teóricas prometem fornecer informações sobre pontos necessários para desvendar nossa compreensão de como os sinais vestibulares contribuem para a essência da função encefálica.

J. David Dickman
Dora Angelaki

Leituras selecionadas

Baloh RW, Honrubia V. 1990. *Clinical Neurology of the Vestibular System*, 2nd ed. Philadelphia: FA Davis.

Beitz AJ, Anderson JH. 2000. *Neurochemistry of the Vestibular System*. Boca Raton, FL: CRC Press.

Goldberg JM, Wilson VJ, Cullen KE, et al. 2012. *The Vestibular System: A Sixth Sense*. New York: Oxford Univ. Press.

Leigh RJ, Zee DS. 2015. *The Neurology of Eye Movements*, 5th ed. New York: Oxford Univ. Press.

Referências

Angelaki DE, Cullen KE. 2008. Vestibular system: the many facets of a multimodal sense. Ann Rev Neurosci 31:125–150.

Angelaki DE, Shaikh AG, Green AM, Dickman JD. 2004. Neurons compute internal models of the physical laws of motion. Nature 430:560–564.

Brandt T, Dieterich M. 1999. The vestibular cortex. Its locations, functions, and disorders. Ann N Y Acad Sci 871:293–312.

Clark BJ, Taube JS. 2012. Vestibular and attractor network basis of the head direction cell signal in subcortical circuits. Front Neural Circuits 6:1–12.

Crèmer PD, Halmagyi GM, Aw ST, et al. 1998. Semicircular canal plane head impulses detect absent function of individual semicircular canals. Brain 121:699–716.

Cullen KE, Roy JE. 2004. Signal processing in the vestibular system during active versus passive head movements. J Neurophys 91:1919–1933.

Curthoys IS, Halmagyi GM. 1992. Behavioral and neural correlates of vestibular compensation. Behav Clin Neurol 1:345–372.

Dickman JD, Angelaki DE. 2002. Vestibular convergence patterns in vestibular nuclei neurons of alert primates. J Neurophys 88:3518–3533.

Dieterich M, Brandt T. 1995. Vestibulo-ocular reflex. Curr Opin Neurol 8:83–88.

Distler C, Mustari MJ, Hoffmann KP. 2002. Cortical projections to the nucleus of the optic tract and dorsal terminal nucleus and to the dorsolateral pontine nucleus in macaques: a dual retrograde tracing study. J Comp Neurol 444:144–158.

Einstein A. 1908. Über das Relativitätsprinzip und die aus demselben gezogenen Folgerungen. Jahrbuch Radioaktiv Electronik 4:411–462.

Fernandez C, Goldberg JM. 1971. Physiology of peripheral neurons innervating semicircular canals of the squirrel monkey. II. Response to sinusoidal stimulation and dynamics of peripheral vestibular system. J Neurophysiol 34:661–675.

Fernandez C, Goldberg JM. 1976a. Physiology of peripheral neurons innervating otolith organs of the squirrel monkey. I. Response to static tilts and to long-duration centrifugal force. J Neurophysiol 39:970–984.

Fernandez C, Goldberg JM. 1976b. Physiology of peripheral neurons innervating otolith organs of the squirrel monkey. II. Directional selectivity and force-response relations. J Neurophysiol 39:985–995.

Flock Å. 1965. Transducing mechanisms in the lateral line canal organ receptors. Cold Spring Harbor Symp Quant Biol 30:133–145.

Fukushima K. 1997. Corticovestibular interactions: anatomy, electrophysiology, and functional considerations. Exp Brain Res 117:1–16.

Gacek RR, Lyon M. 1974. The localization of vestibular efferent neurons in the kitten with horseradish peroxidase. Acta Otolaryngol (Stockh) 77:92–101.

Goldberg JM, Fernández C. 1971. Physiology of peripheral neurons innervating semicircular canals of the squirrel monkey. I. Resting discharge and response to constant angular accelerations. J Neurophysiol 34:635–660.

Goldberg ME, Colby CL. 1992. Oculomotor control and spatial processing. Curr Opin Neurobiol 2:198–202.

Grüsser OJ, Pause M, Schreiter U. 1990. Localization and responses of neurons in the parieto-insular vestibular cortex of awake monkeys (*Macaca fascicularis*). J Physiol (Lond) 430:537–557.

Gu Y, Watkins PV, Angelaki DE, DeAngelis GC. 2006. Visual and nonvisual contributions to three-dimensional heading selectivity in the medial superior temporal area. J Neurosci 26:73–85.

Hillman DE, McLaren JW. 1979. Displacement configuration of semicircular canal cupulae. Neuroscience 4:1989–2000.

Hudspeth AJ, Corey DP. 1977. Sensitivity, polarity, and conductance change in the response of vertebrate hair cells to controlled mechanical stimuli. Proc Nat Acad Sci 74:2407–2411.

Iurato S. 1967. *Submicroscopic Structure of the Inner Ear*. Oxford: Pergamon Press.

Laurens J, Kim H, Dickman JD, Angelaki DE. 2016. Gravity orientation tuning in macaque anterior thalamus. Nat Neurosci 19:1566–1568.

Miles FA, Eighmy BB. 1980. Long-term adaptive changes in primate vestibuloocular reflex. I. Behavioral observations. J Neurophysiol 43:1406–1425.

Moser EI, Moser MB. 2008. A metric for space. Hippocampus 18:1142–1156.

Mustari MJ, Fuchs AF. 1990. Discharge patterns of neurons in the pretectal nucleus of the optic tract (NOT) in the behaving primate. J Neurophysiol 64:77–90.

Newlands SD, Vrabec JT, Purcell IM, Stewart CM, Zimmerman BE, Perachio AA. 2003. Central projections of the saccular and utricular nerves in macaques. J Comp Neurol 466:31–47.

O'Keefe J. 1976. Place units in the hippocampus of the freely moving rat. Exp Neurol 51:78–109.

Raymond JL, Lisberger SG. 1998. Neural learning rules for the vestibulo-ocular reflex. J Neurosci 18:9112–9129.

Spoendlin H. 1966. Ultrastructure of the vestibular sense organ. In: RJ Wolfson (ed). *The Vestibular System and Its Diseases*, pp. 39–68. Philadelphia: Univ. of Pennsylvania Press.

Sugiuchi Y, Izawa Y, Ebata S, Shinoda Y. 2005. Vestibular cortical areas in the periarcuate cortex: its afferent and efferent projections. Ann N Y Acad Sci 1039:111–123.

Taube JS. 1995. Head direction cells recorded in the anterior thalamic nuclei of freely moving rats. J Neurosci 15:70–86.

Waespe W, Henn V. 1977. Neuronal activity in the vestibular nuclei of the alert monkey during vestibular and opto-kinetic stimulation. Exp Brain Res 27:523–538.

Watanuki K, Schuknecht HF. 1976. A morphological study of human vestibular sensory epithelia. Arch Otolaryngol Head Neck Surg 102:583–588.

28

Processamento auditivo pelo sistema nervoso central

Os sons transmitem vários tipos de informações aos animais que ouvem

A representação neural do som nas vias centrais começa nos núcleos cocleares

O nervo coclear fornece informações acústicas em vias paralelas para os núcleos cocleares organizados tonotopicamente

O núcleo coclear ventral extrai informações temporais e espectrais sobre os sons

O núcleo coclear dorsal integra a informação acústica com a somatossensorial usando informações espectrais para localizar sons

O complexo olivar superior em mamíferos contém circuitos separados para detectar diferenças interauriculares de tempo e intensidade

A oliva superior medial gera um mapa de diferenças de tempo interauriculares

A oliva superior lateral detecta diferenças de intensidade interauriculares

O complexo olivar superior fornece retroalimentação para a cóclea

Os núcleos ventral e dorsal do lemnisco lateral modulam as respostas no colículo inferior com inibição

As vias auditivas aferentes convergem para o colículo inferior

A informação da localização do som oriunda do colículo inferior cria um mapa espacial do som no colículo superior

O colículo inferior transmite informação auditiva para o córtex cerebral

A seletividade do estímulo aumenta progressivamente ao longo da via ascendente

O córtex auditivo mapeia vários aspectos do som

Uma segunda via de localização do som a partir do colículo inferior envolve o córtex cerebral no controle do olhar

Os circuitos auditivos do córtex cerebral são segregados em vias separadas de processamento

O córtex cerebral modula o processamento nas áreas auditivas subcorticais

O córtex cerebral forma representações sonoras complexas

O córtex auditivo usa códigos temporais e de frequência para representar sons que variam no tempo

Os primatas têm neurônios corticais especializados que codificam tom e harmônicos

Morcegos insetívoros possuem áreas corticais especializadas para aspectos dos sons importantes do ponto de vista comportamental

O córtex auditivo está envolvido no processamento de retroalimentação vocal durante a fala

Destaques

A AUDIÇÃO É CRUCIAL PARA LOCALIZAR e identificar o som; para os humanos, é particularmente importante devido ao seu papel na compreensão e produção da fala. O sistema auditivo tem várias características dignas de nota. Sua via subcortical é mais longa do que a de outros sistemas sensoriais. Ao contrário do sistema visual, os sons podem entrar no sistema auditivo de todas as direções, dia e noite, quando estamos dormindo ou acordados. O sistema auditivo processa não apenas sons emanados de fora do corpo (sons ambientais, sons gerados por outros), mas também sons autogerados (vocalizações e sons de mastigação). A localização dos estímulos sonoros no espaço não é transmitida pelo arranjo espacial dos neurônios sensoriais aferentes, mas sim computada pelo sistema auditivo a partir de representações das pistas físicas.

Os sons transmitem vários tipos de informações aos animais que ouvem

A audição ajuda a alertar os animais para a presença de perigos ou oportunidades invisíveis e, em muitas espécies, também serve como meio de comunicação. As informações sobre de onde os sons surgem e o que eles significam devem ser extraídas das características físicas do som em cada uma das orelhas. Para entender como os animais processam o som, é útil primeiro considerar quais pistas estão disponíveis.

A maioria dos vertebrados tem a vantagem de ter duas orelhas para localizar sons no plano horizontal. As fontes sonoras em diferentes posições no plano afetam as duas orelhas de modo diferente: o som chega mais cedo e é mais intenso na orelha mais próxima da fonte (**Figura 28-1A**). Diferenças interauriculares de tempo e intensidade levam informações sobre onde os sons surgem.

O tamanho da cabeça determina como o tempo de retardo interauricular (entre as orelhas) está relacionado com a localização das fontes sonoras; os circuitos neuronais determinam a precisão de resolução temporal desses atrasos interauriculares. Como as ondas de pressão do ar viajam a aproximadamente 340 m/s no ar, o atraso interauricular máximo em humanos é de aproximadamente 600 μs; em aves pequenas, o maior atraso é de apenas 35 μs. Os seres humanos podem localizar uma fonte sonora diretamente à frente com uma resolução de cerca de 1 grau, o que corresponde a uma diferença de tempo interauricular de 10 μs. As diferenças de tempo interauricular são particularmente bem transmitidas por neurônios que codificam frequências relativamente baixas. Esses neurônios podem disparar na mesma posição em cada ciclo do som e, dessa forma,

A Localização do som usando diferença interauricular

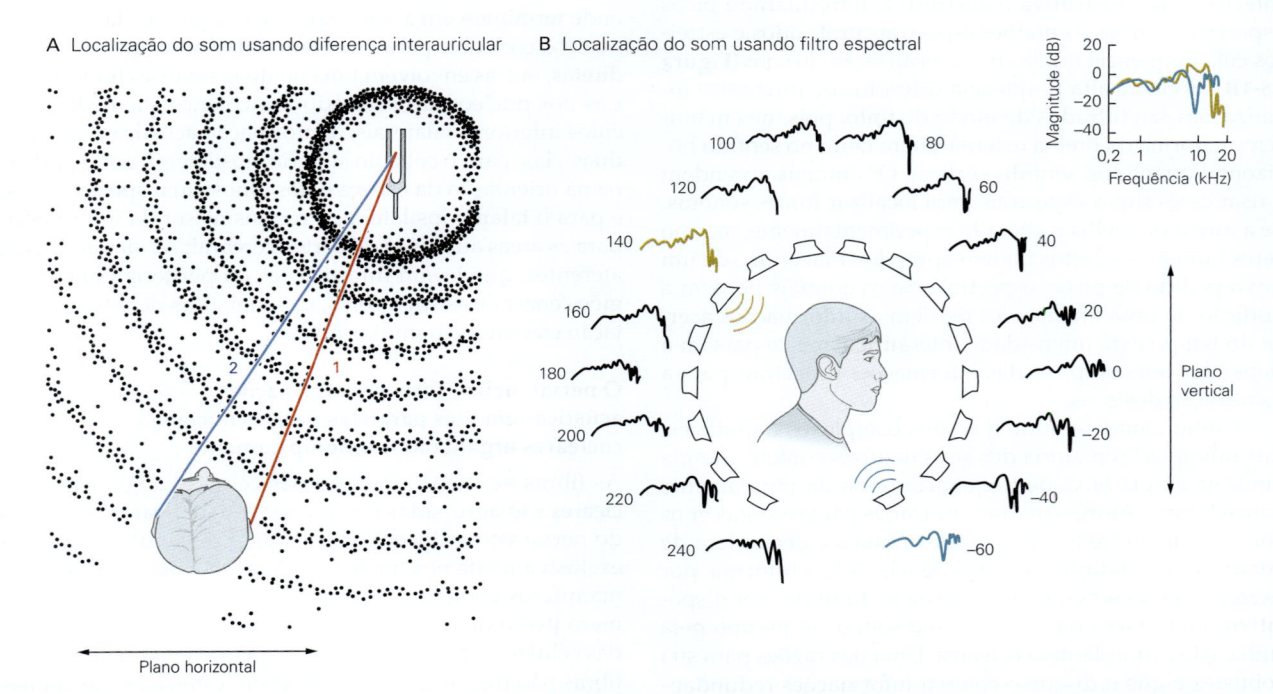

B Localização do som usando filtro espectral

FIGURA 28-1 Dicas para localizar fontes sonoras no plano horizontal.

A. As diferenças de tempo e de intensidade interauriculares são informações para localizar fontes sonoras no plano horizontal, ou azimute. Um som oriundo do plano horizontal chega de forma diferente nas duas orelhas. Os sons chegam antes e são mais altos na orelha mais próxima da fonte sonora. Um som que se posiciona diretamente na parte da frente ou de trás viaja a mesma distância para as orelhas direita e esquerda e, assim, chega simultaneamente em ambas. O tempo e a intensidade interauriculares não variam com o movimento da fonte sonora no plano vertical, de modo que é impossível localizar um tom puramente senoide nesse plano. Em seres humanos, a diferença de tempo interauricular máxima é de cerca de 600 μs. Sons de alta frequência, com comprimentos de onda curtos, são defletidos pela cabeça, produzindo uma sombra sonora no outro lado. (Adaptada, com autorização, de Geisler, 1998.)

B. Os mamíferos podem localizar sons de banda larga em ambos os planos, vertical e horizontal, com base na filtragem espectral. Quando um ruído que tem energia igual em todas as frequências na faixa de audição humana (*ruído branco*) é apresentado por um alto-falante, a orelha, a cabeça e os ombros suprimem a energia em algumas frequências e melhoram outras. O ruído branco emitido pelo alto-falante tem um espectro de potência plano, mas quando o ruído atinge o fundo do canal auditivo, seu espectro não é mais plano.

Na figura, a energia sonora em cada frequência no tímpano em relação à do ruído branco é mostrada pelos traçados ao lado de cada alto-falante; esses traçados mostram a magnitude relativa do som em decibéis em relação à frequência espectral (*função de transferência relacionada à cabeça*). O pequeno gráfico no canto superior direito compara duas funções de transferência relacionadas à cabeça: uma para um ruído que surge baixo e na frente de um ouvinte (**azul**) e outra para um ruído atrás da cabeça do ouvinte (**marrom**). As funções de transferência relacionadas à cabeça têm entalhes profundos em frequências superiores a 8 kHz, cujas frequências variam dependendo de onde os sons surgiram. Os sons que não têm energia em altas frequências e sons de banda estreita são difíceis de serem localizados no plano vertical. Como a filtragem espectral também varia no plano horizontal, ela fornece a única pista de localização para animais que perderam a audição em uma orelha.

Pode-se testar a relevância desses sinais espectrais com um experimento simples. Fecham-se os olhos, enquanto alguém sacode um molho de chaves diretamente à frente, em várias elevações. Compara-se a capacidade de localizar sons em condições normais e quando se distorce a forma de ambas as orelhas, empurrando-as com os dedos na parte de trás. (Dados de D. Kistler e F. Wightman.)

codificar a diferença de tempo interauricular como uma diferença de fase interauricular. Sons de alta frequência produzem *penumbras de som*, ou diferenças de intensidade de som, entre as duas orelhas. Para muitos mamíferos com a cabeça pequena, sons de alta frequência proporcionam a informação primária para a localização do som em um plano horizontal.

Os mamíferos podem localizar sons no plano vertical e com uma única orelha usando filtragem espectral. Sons de alta frequência, com comprimentos de onda próximos ou menores que as dimensões da cabeça, ombros e orelhas externas, interagem com essas partes do corpo para produzir interferência construtiva e destrutiva, introduzindo picos espectrais amplos e entalhes espectrais profundos e estreitos cuja frequência muda com a localização do som (**Figura 28-1B**). Sons de alta frequência oriundos de diferentes localizações são filtrados de modo distinto, pois, nos mamíferos, a forma da orelha externa difere tanto no sentido horizontal quanto no sentido vertical. Os animais aprendem a usar esses sinais espectrais para localizar fontes sonoras. Se a forma da orelha é alterada experimentalmente, mesmo seres humanos adultos podem aprender a fazer uso de um novo padrão de pistas espectrais. Se os animais perdem a audição de uma orelha, eles perdem as informações acerca do tempo e da intensidade interauriculares, e passam a depender por completo das informações espectrais para a localização dos sons.

Como damos sentido aos sons complexos e mutáveis que ouvimos? A maioria dos sons naturais contém energia em uma ampla faixa de frequências e muda rapidamente com o tempo. As informações utilizadas para reconhecer os sons variam entre as espécies de animais e dependem de condições da audição e da experiência. A fala humana, por exemplo, pode ser entendida, no meio do ruído, por dispositivos eletrônicos que distorcem o som e até mesmo pela utilização de implantes cocleares. Uma das razões para sua robustez é que o discurso contém informações redundantes: o aparelho vocal produz sons em que vários parâmetros variam mutuamente. Ao mesmo tempo, isso torna complicada a tarefa de compreender o modo pelo qual os animais reconhecem padrões. Não está claro quais pistas são usadas pelos animais sob várias condições.

A música é uma fonte de prazer para os seres humanos. Instrumentos musicais e vozes humanas produzem sons que têm energia na frequência fundamental que corresponde à sua altura percebida, bem como em múltiplos dessa frequência, dando aos sons uma qualidade que nos permite, por exemplo, distinguir uma flauta de um violino quando o tom é o mesmo. Os tons musicais estão, na maioria das vezes, na faixa de baixa frequência em que fibras nervosas auditivas disparam em fase com os sons. Na música, os sons são combinados simultaneamente para produzir acordes e sucessivamente para produzir melodias. Acordes eufônicos e agradáveis provocam disparos regulares e periódicos nas fibras nervosas cocleares. Nos sons dissonantes, há menos regularidade tanto no próprio som quanto no disparo das fibras do nervo auditivo; as frequências componentes são tão próximas que interferem umas nas outras em vez de se reforçarem periodicamente.

A representação neural do som nas vias centrais começa nos núcleos cocleares

As vias nervosas que processam a informação acústica se estendem da orelha para o tronco encefálico, e através do mesencéfalo e do tálamo até o córtex cerebral (**Figura 28-2**). A informação acústica é transmitida das células do gânglio coclear (ver **Figura 26-17**) para os núcleos cocleares no tronco encefálico. A informação é recebida por vários tipos diferentes de neurônios, a maioria dos quais está disposta tonotopicamente.

Os axônios dos diferentes tipos de neurônios seguem rotas diferentes para o tronco encefálico e o mesencéfalo, onde terminam em alvos separados. Algumas das vias dos núcleos cocleares para o colículo inferior contralateral são diretas; outras envolvem uma ou duas sinapses intermediárias nos núcleos auditivos do tronco encefálico. Dos colículos inferiores bilaterais, a informação acústica segue por duas vias: para o colículo superior ipsilateral, onde participa na orientação da cabeça e dos olhos em resposta a sons, e para o tálamo ipsilateral, o retransmissor da informação para as áreas auditivas do córtex cerebral. As vias auditivas aferentes, que levam informações da periferia para as regiões encefálicas superiores, incluem alças de retroalimentação eferentes em muitos níveis.

O nervo coclear fornece informações acústicas em vias paralelas para os núcleos cocleares organizados tonotopicamente

As fibras nervosas aferentes das células ganglionares cocleares são agrupadas no componente coclear ou auditivo do nervo vestibulococlear (VIII par craniano) e terminam exclusivamente nos núcleos cocleares. O nervo coclear em mamíferos contém dois grupos de fibras: um grande número (95%) de fibras mielinizadas que recebem estímulos das células ciliadas internas e um pequeno número (5%) de fibras não mielinizadas que recebem estímulos das células ciliadas externas.

As fibras mielinizadas, maiores e mais numerosas, são muito mais bem compreendidas do que as não mielinizadas. Cada tipo detecta energia em uma estreita faixa de frequências; o arranjo tonotópico das fibras do nervo coclear, portanto, leva informações detalhadas sobre como o conteúdo de frequência dos sons varia de momento a momento. As fibras não mielinizadas terminam nos grandes neurônios dos núcleos cocleares ventrais e também nas pequenas células granulares que circundam os núcleos cocleares ventrais. Como é difícil registrar essas minúsculas fibras, a informação que elas transmitem ao encéfalo não é bem compreendida. As fibras não mielinizadas integram informações de uma região relativamente ampla da cóclea, mas não respondem ao som. Sugere-se que essas fibras respondem ao dano coclear e contribuem para a hiperacusia – dor após exposição a sons altos que danificam a cóclea.

Duas características dos núcleos cocleares são importantes. Primeiro, esses núcleos são organizados tonotopicamente. Fibras que levam informações oriundas da porção apical da cóclea, a qual detecta frequências baixas, terminam ventralmente nos núcleos ventral e dorsal da

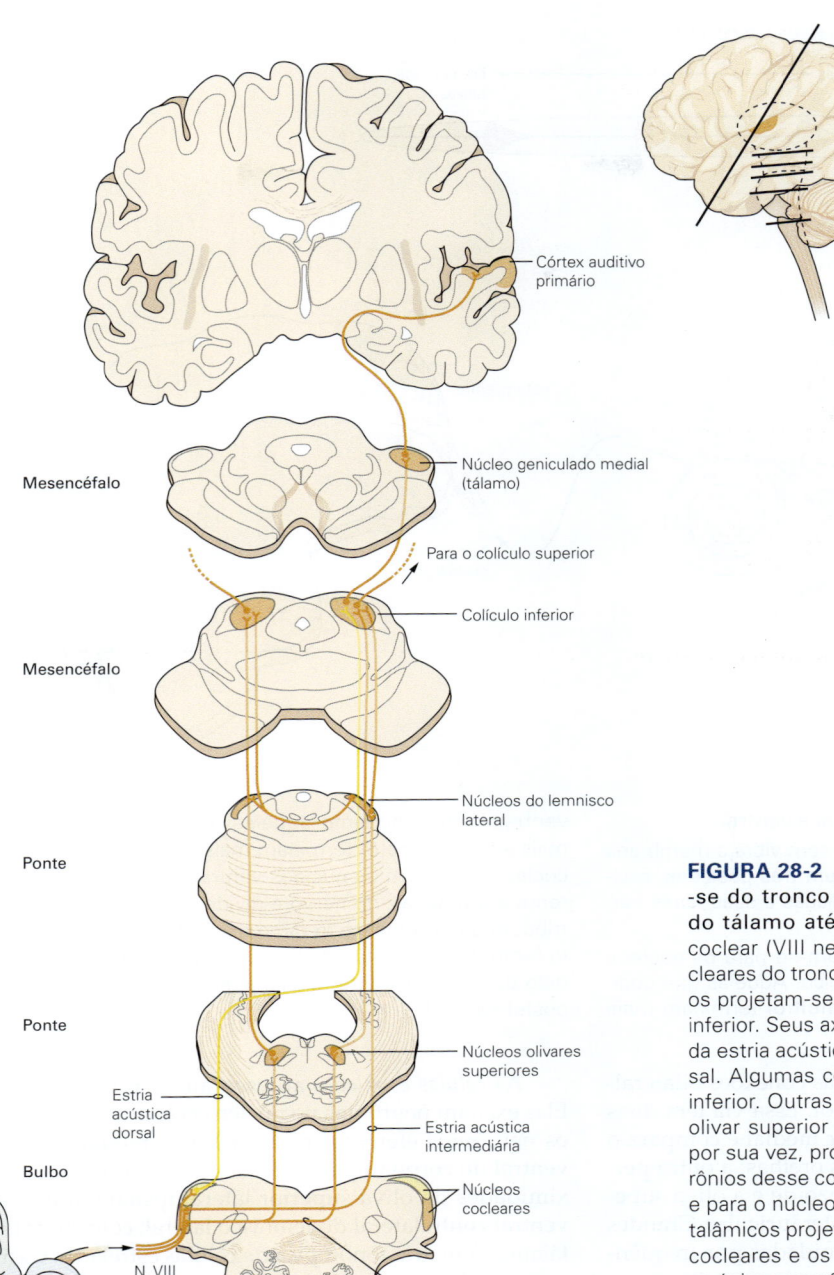

FIGURA 28-2 As vias auditivas centrais estendem-se do tronco encefálico através do mesencéfalo e do tálamo até o córtex auditivo. As fibras do nervo coclear (VIII nervo craniano) terminam nos núcleos cocleares do tronco encefálico. Os neurônios desses núcleos projetam-se, por várias vias paralelas, para o colículo inferior. Seus axônios saem através do corpo trapezoide, da estria acústica intermediária ou da estria acústica dorsal. Algumas células terminam diretamente no colículo inferior. Outras fazem sinapse com células do complexo olivar superior e dos núcleos do lemnisco lateral, que, por sua vez, projetam-se para o colículo inferior. Os neurônios desse colículo projetam-se para o colículo superior e para o núcleo geniculado medial do tálamo. Neurônios talâmicos projetam-se para o córtex auditivo. Os núcleos cocleares e os núcleos ventrais do lemnisco lateral são os únicos neurônios auditivos centrais que recebem estímulos monoauriculares. (Adaptada, com autorização, de Brodal, 1981.)

cóclea; aquelas que levam informações oriundas da porção basal da cóclea, a qual detecta frequências altas, terminam dorsalmente (**Figura 28-3**). Segundo, cada fibra nervosa coclear inerva várias áreas diferentes nos núcleos cocleares, contatando diversos tipos de neurônios, que têm padrões distintos de projeção para os centros auditivos superiores. Como resultado, a via auditiva compreende pelo menos quatro vias ascendentes paralelas que extraem simultaneamente diferentes informações acústicas dos sinais conduzidas pelas fibras do nervo coclear. Os circuitos paralelos são uma característica geral dos sistemas sensoriais dos vertebrados.

O núcleo coclear ventral extrai informações temporais e espectrais sobre os sons

As células principais do núcleo coclear ventral não estratificado processam e tornam mais nítidas as informações temporal e espectral e as transmitem aos centros superiores da via auditiva. Três tipos de neurônios se entremeiam e formam vias separadas através do tronco encefálico (**Figura 28-4**).

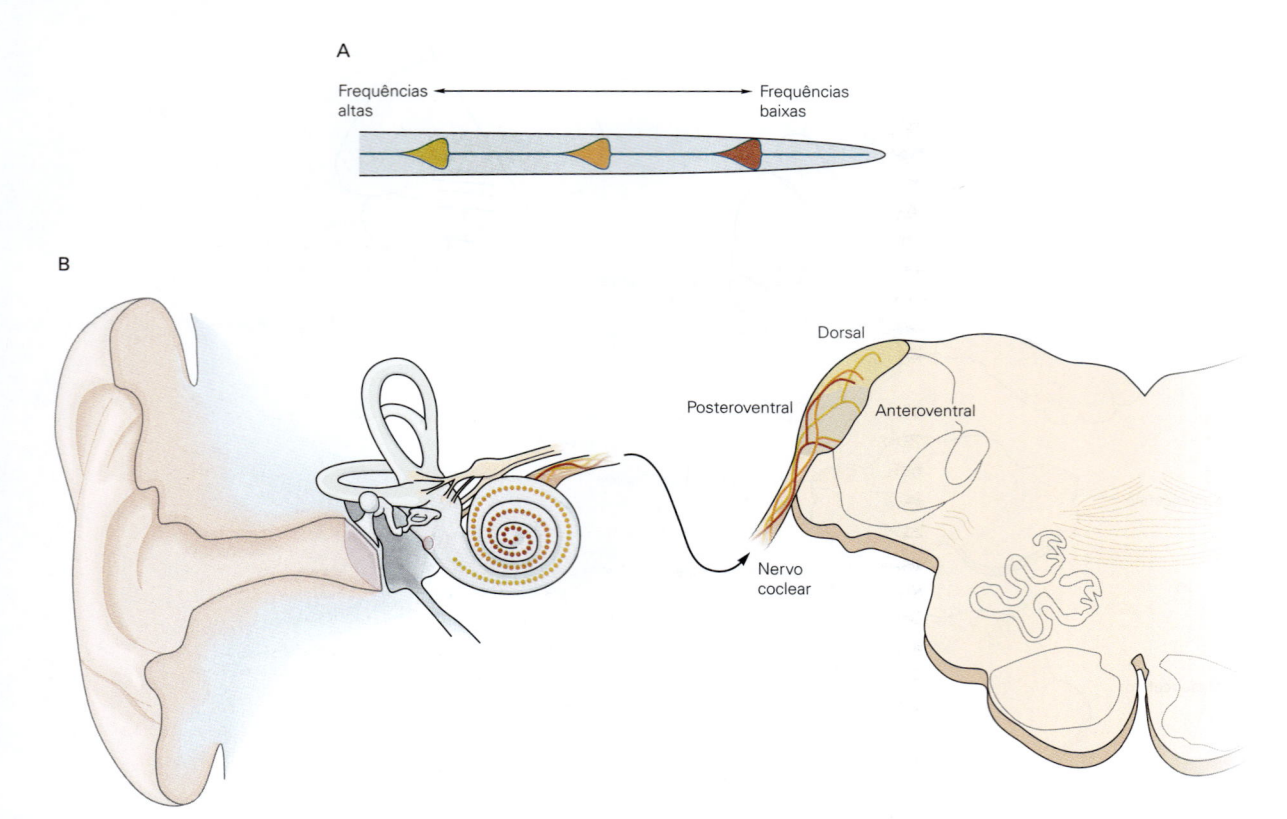

FIGURA 28-3 Núcleos cocleares dorsal e ventral.
A. Estimulação com três frequências de som vibra a membrana basilar esquematicamente desenrolada em três posições, excitando populações distintas de células ciliadas e suas fibras nervosas aferentes.
B. As fibras nervosas cocleares projetam-se para os núcleos cocleares, seguindo um padrão tonotópico. Aquelas que codificam as frequências mais baixas (**vermelho**) terminam mais ventralmente, enquanto aquelas que codificam frequências mais altas (**amarelo**) terminam mais dorsalmente. Os núcleos cocleares incluem os núcleos ventral e dorsal. Cada fibra aferente entra na raiz do nervo e divide-se em ramos que se distribuem anteriormente (o ramo ascendente) e posteriormente (o ramo descendente). Assim, o núcleo coclear ventral é dividido do ponto de vista funcional nas divisões anteroventral e posteroventral.

As *células em arbusto* projetam suas conexões bilateralmente para o complexo olivar superior. Essa via tem duas partes. Uma percorre a oliva superior medial e compara o tempo de chegada dos sons nas duas orelhas; a outra percorre o núcleo medial do corpo trapezoide e a oliva superior lateral e compara a intensidade interauricular. Grandes células em arbusto esféricas são estimuladas por frequências baixas e projetam-se bilateralmente para a oliva superior medial, formando um circuito que detecta atrasos de tempo interauricular, e contribui para a localização de sons de baixa frequência em um plano horizontal. As pequenas células em arbusto esféricas e as células em arbusto globulares detectam frequências mais altas. As pequenas células em arbusto esféricas excitam a oliva lateral superior ipsilateralmente. As células em arbusto globulares, por meio de terminações caliceais, excitam neurônios no núcleo medial contralateral do corpo trapezoide que, por sua vez, inibem as células principais da oliva superior lateral. Os neurônios na oliva superior lateral integram a excitação ipsilateral e a inibição contralateral para medir a intensidade interauricular e localizar fontes de sons de alta frequência no plano horizontal (ver **Figura 28-6**).

As *células estreladas* apresentam terminações amplas. Elas excitam neurônios no núcleo coclear dorsal ipsilateral, os neurônios eferentes olivococleares mediais no núcleo ventral do corpo trapezoide, os núcleos periolivar nas proximidades da oliva superior lateral ipsilateral e o núcleo ventral contralateral do lemnisco lateral, colículo inferior e tálamo. A matriz tonotópica de células estreladas codifica o espectro de sons.

As *células-polvo* excitam alvos no núcleo paraolivar contralateral e terminam em grandes terminações caliceais excitatórias nos neurônios do núcleo ventral do lemnisco lateral, que por sua vez fornecem inibição glicinérgica agudamente cronometrada para o colículo inferior. As células-polvo detectam inícios de sons que permitem que os animais detectem breves intervalos. Elas marcam os componentes espectrais que vêm de uma fonte que necessariamente começa junto.

As diferenças nas tarefas integrativas realizadas por essas vias através do núcleo coclear ventral são refletidas na morfologia celular. As formas de seus dendritos refletem a maneira como coletam informações das fibras nervosas cocleares. Os dendritos das células em arbusto e estreladas

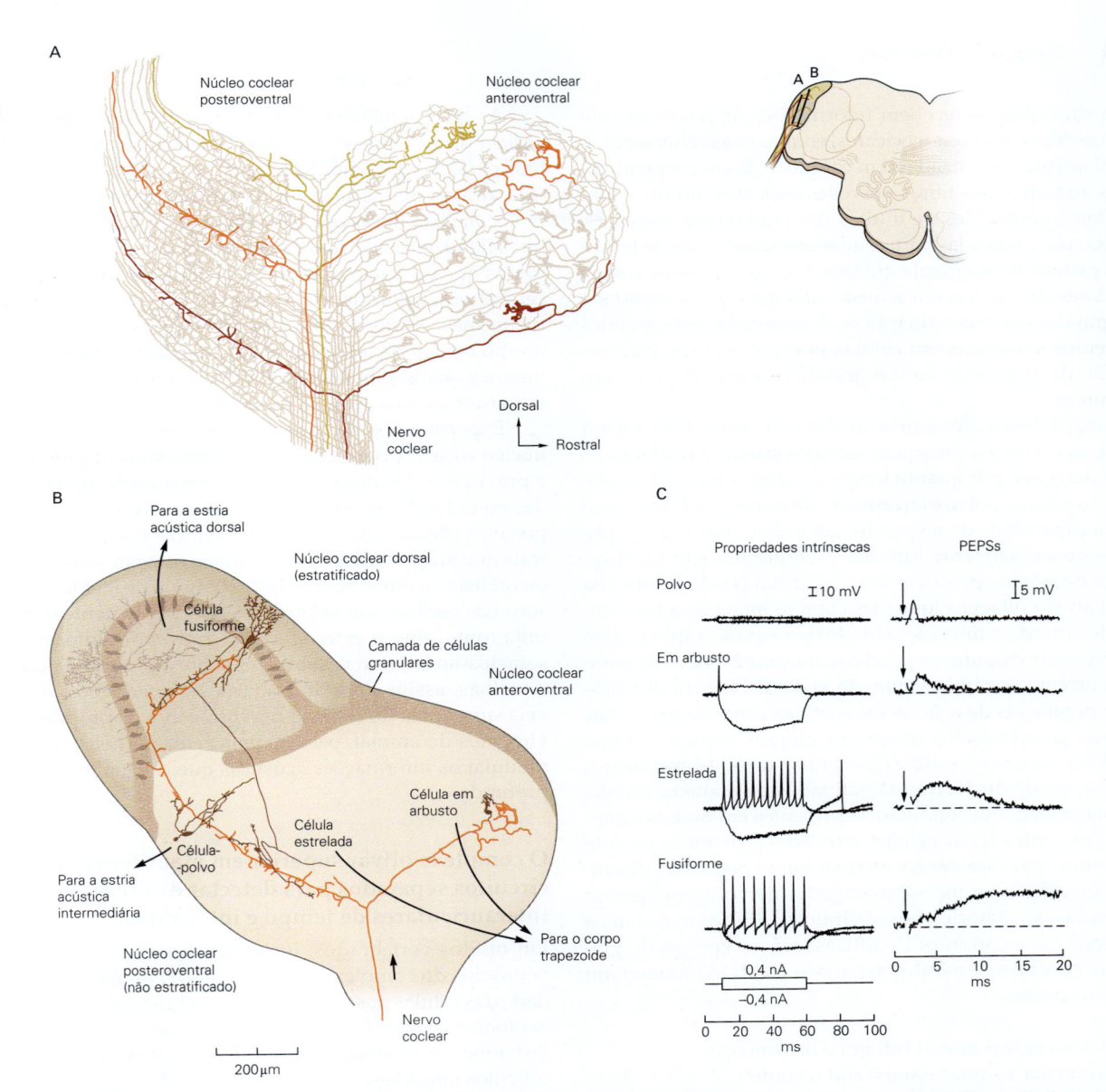

FIGURA 28-4 Diferentes tipos de células nos núcleos cocleares extraem tipos distintos de informações acústicas das fibras do nervo coclear.

A. Os diferentes tamanhos e formas dos terminais ao longo do comprimento de cada fibra do nervo coclear no núcleo coclear ventral de um cão recém-nascido refletem diferenças em seus alvos pós-sinápticos. Os grandes botões terminais formam sinapses em células em arbusto; botões menores contactam células estreladas e células-polvo. As fibras nervosas mostradas aqui são codificadas por cores como na **Figura 28-3**: a fibra **amarela** codifica as frequências mais altas e a fibra **vermelha** as mais baixas. (Adaptada, com autorização, de Cajal, 1909.)

B. Uma camada de células granulares de camundongo (**marrom-claro**) separa o núcleo coclear ventral não estratificado (**rosa**) do núcleo dorsal estratificado (**castanho e marrom-claro**). No núcleo coclear dorsal, os corpos celulares das células fusiformes e granulares estão mescladas em uma região entre a camada molecular mais externa e a camada profunda. Fibras do nervo coclear, com sua frequência codificada em cores como na **Figura 28-3**, terminam em ambos os núcleos, mas com diferentes padrões de convergência sobre as células principais. Cada célula em arbusto, estrelada e fusiforme recebe aferências de poucas fibras do nervo auditivo, sendo cada uma sintonizada com precisão a uma faixa de frequência, enquanto cada célula-polvo recebe muitas fibras do nervo auditivo, sendo sintonizadas a uma faixa mais ampla de frequências.

C. Diferenças nas propriedades elétricas intrínsecas das células principais dos núcleos cocleares de camundongo são refletidas nos padrões de variação de voltagem nas células. Quando despolarizadas de forma constante, as células estreladas e fusiformes disparam potenciais de ação repetitivos, enquanto os disparos repetitivos em células em arbusto e células-polvo são impedidos por condutâncias ativadas por baixa voltagem. A baixa resistência de membrana das células em arbusto e das células-polvo, na faixa de voltagem despolarizada, faz as mudanças despolarizantes na voltagem da membrana dessas células serem rápidas e pequenas; as variações de voltagem nas células estreladas e fusiformes são mais lentas. Os potenciais sinápticos também são diferentes. Os breves potenciais sinápticos em células em arbusto e células-polvo requerem correntes sinápticas maiores, mas codificam os aspectos temporais dos sinais aferentes do nervo auditivo com mais fidelidade do que os potenciais sinápticos mais duradouros em células estreladas ou fusiformes. (Sigla: **PEPS**, potencial excitatório pós-sináptico.) (Reproduzida, com autorização, de N. Golding.)

bem sintonizadas recebem informações de relativamente poucas fibras nervosas cocleares, enquanto as células-polvo amplamente sintonizadas, em contraste, ficam perpendiculares ao trajeto das fibras nervosas cocleares, prontas para receber informações de muitas fibras nervosas cocleares. Muitas das aferências para células em arbusto são de terminais extraordinariamente grandes que envolvem os corpos celulares das células em arbusto, atendendo à necessidade de grandes correntes sinápticas. A necessidade de grandes correntes sinápticas em células-polvo é suprida pela somação de aferências de um grande número de pequenos terminais.

As propriedades biofísicas dos neurônios determinam como as correntes sinápticas são convertidas em alterações de voltagem e por quanto tempo as aferências são integradas. As células-polvo e em arbusto do núcleo coclear ventral têm a capacidade de responder gerando potenciais sinápticos excepcionalmente rápidos e temporalmente precisos. Esses neurônios possuem uma condutância de K^+ ativada por baixas voltagens, que lhes confere uma baixa resistência de entrada e uma capacidade de resposta rápida, além de prevenir disparos repetitivos (**Figura 28-4C**). As grandes correntes sinápticas que são necessárias para desencadear potenciais de ação nessas células com vazamento de íon são geradas pelos receptores glutamatérgicos do tipo AMPA (α-amino-3-hidróxi-5-metilisoxazol-4-propionato) de alta condutância, que são ativados de maneira rápida, possuem uma alta condutância presentes em muitas sinapses. Em contraste, as células estreladas, nas quais mesmo correntes despolarizantes relativamente pequenas produzem grandes mudanças prolongadas de voltagem, geram potenciais excitatórios pós-sinápticos (PEPSs) mais lentos em resposta a correntes sinápticas, e os receptores de glutamato do tipo N-metil-D-aspartato (NMDA) aumentam essas respostas.

O núcleo coclear dorsal integra a informação acústica com a somatossensorial usando informações espectrais para localizar sons

Entre os vertebrados, apenas os mamíferos possuem núcleos cocleares dorsais. O núcleo coclear dorsal recebe informações de dois sistemas de neurônios que se projetam para diferentes camadas (**Figura 28-4A,B**). Suas células principais, as células fusiformes, integram esses dois sistemas de aferências e transmitem o resultado diretamente ao colículo inferior contralateral.

A camada molecular mais externa é o destino final de um sistema paralelo de fibras, os axônios não mielinizados das células granulares, que estão espalhadas dentro e em torno dos núcleos cocleares. Esse sistema transmite informações somatossensoriais, vestibulares e auditivas de regiões espalhadas do encéfalo à camada molecular.

A camada profunda recebe informações acústicas. Não apenas as fibras nervosas cocleares, mas também as células estreladas do núcleo coclear ventral terminam na camada profunda. As aferências acústicas são organizadas tonotopicamente em lâminas de isofrequência que correm em ângulo reto com as fibras paralelas.

As células fusiformes, as principais células do núcleo coclear dorsal, integram os dois sistemas de aferências. Fibras paralelas na camada molecular excitam células fusiformes através de espinhos em dendritos apicais na camada molecular. As fibras paralelas também terminam em espinhos dendríticos de células em forma de estrela, interneurônios que possuem uma forte semelhança com as células cerebelares de Purkinje, que, por sua vez, inibem as células fusiformes. As fibras do nervo coclear e as células estreladas no núcleo coclear ventral excitam células fusiformes e interneurônios inibitórios por meio de sinapses nos dendritos basais lisos na camada profunda.

Experimentos recentes sugerem que os circuitos do núcleo coclear dorsal distinguem entre sons imprevisíveis e previsíveis. Os próprios sons de mastigação ou lambida de um animal, por exemplo, são previsíveis e cancelados por meio desses circuitos. As mudanças nas pistas espectrais que surgem quando os animais movem suas cabeças ou orelhas ou ombros, alterando o ângulo de incidência dos sons nas orelhas, são imprevisíveis, especialmente quando uma fonte sonora externa está se movendo. Informações somatossensoriais e vestibulares sobre a posição da cabeça e orelhas, assim como informações descendentes dos níveis superiores do sistema nervoso sobre os próprios movimentos do animal, passam pela camada molecular para modular as informações acústicas que chegam na camada profunda.

O complexo olivar superior em mamíferos contém circuitos separados para detectar diferenças interauriculares de tempo e intensidade

Em muitos vertebrados, incluindo mamíferos e aves, os neurônios do complexo olivar superior comparam a atividade das células nos núcleos cocleares bilaterais para localizar fontes de som. Circuitos separados detectam diferenças de tempo e intensidade interauricular e projetam-se para os colículos inferiores.

A oliva superior medial gera um mapa de diferenças de tempo interauriculares

As diferenças nos tempos de chegada do som às orelhas não são representadas na cóclea. Em vez disso, eles são representados primeiro na oliva superior medial, onde um mapa da fase interauricular é criado por uma comparação do tempo dos potenciais de ação nas respostas aos sons das duas orelhas. Os sons chegam à orelha mais próxima antes de chegar à orelha mais distante, com diferenças de tempo interauricular diretamente relacionadas à localização das fontes sonoras no plano horizontal (**Figura 28-5A**).

As fibras do nervo coclear sintonizadas a frequências abaixo de 4 kHz e seus alvos, as células em arbusto, codificam sons ao disparar em fase com as ondas de pressão. Essa propriedade é conhecida como *sincronia de fase*. Embora neurônios individuais possam não disparar em alguns ciclos, alguns conjuntos de neurônios disparam a cada ciclo. Ao fazerem isso, esses neurônios codificam informação sobre o tempo de chegada de sinais aferentes em cada ciclo

FIGURA 28-5 As diferenças interauriculares na chegada de um som ajudam a localizar o som no plano horizontal.

A. Quando um som, como um tom puro, é emitido no lado direito, a orelha direita detecta o som antes da esquerda. A diferença no tempo de chegada do som nas duas orelhas é o tempo de retardo interauricular (**TRI**). Fibras do nervo coclear e seus alvos, as células em arbusto, disparam em fase com mudanças na pressão. Embora células em arbusto individuais possam falhar em alguns ciclos, um conjunto de células codificará o tempo de um som de baixa frequência e sua frequência a cada ciclo. A comparação do início dos potenciais de ação nas células em arbusto nos dois lados revela as TRIs (**linhas pretas inclinadas**).

B. As diferenças de tempo interauricular podem ser medidas por uma matriz de neurônios cujas aferências das duas orelhas são linhas com retardo da esquerda e da direita, conforme proposto por Lloyd Jeffress (1948). Os potenciais de ação propagam-se para alcançar os terminais mais próximos antes de chegarem aos mais distantes; assim, na linha com retardo da direita, os terminais irão gerar potenciais sinápticos sequencialmente da direita para a esquerda, e, na linha com retardo da esquerda, os terminais irão gerar potenciais sinápticos sequencialmente da esquerda para a direita. Suponha que esses neurônios pós-sinápticos sejam detectores de coincidência, disparando apenas quando recebem potenciais excitatórios pós-sinápticos (**PEPSs**) simultaneamente da direita e da esquerda. Os sons que surgem na linha média atingem as orelhas direita e esquerda simultaneamente sem disparidade de tempo interauricular (TRI = 0). O neurônio no meio da matriz que recebe aferência de axônios igualmente longos dos dois lados receberá, portanto, PEPSs simultâneos dos dois lados. Quando os sons vêm da direita, os sinais da orelha direita chegam ao sistema nervoso central mais cedo do que os da orelha esquerda (TRI > 0). O som da direita gera PEPSs síncronos no neurônio (**amarelo**) porque a chegada mais precoce do som da direita (**vermelho**) é compensada por um atraso de condução mais longo em relação ao da esquerda (**azul**). Da mesma forma, quando o som surge da esquerda, o TRI < 0 e os atrasos de condução da esquerda (**azul**) compensam a chegada antecipada à esquerda. Tal circuito neuronal produz um mapa de disparidades temporais interauriculares nos detectores de coincidência; à medida que os sons se movem da direita para a esquerda, eles ativam detectores de coincidência sequencialmente da esquerda para a direita. Tal mecanismo de linhas de retardo foi encontrado no núcleo laminar da coruja-de-igreja, o homólogo do núcleo olivar superior medial em mamíferos.

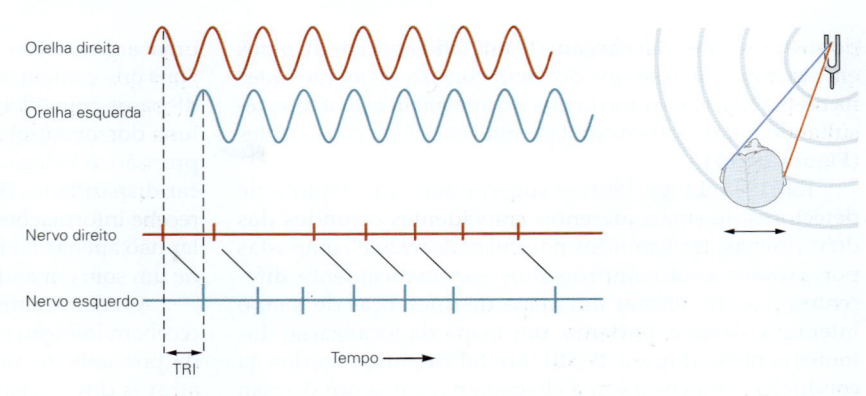

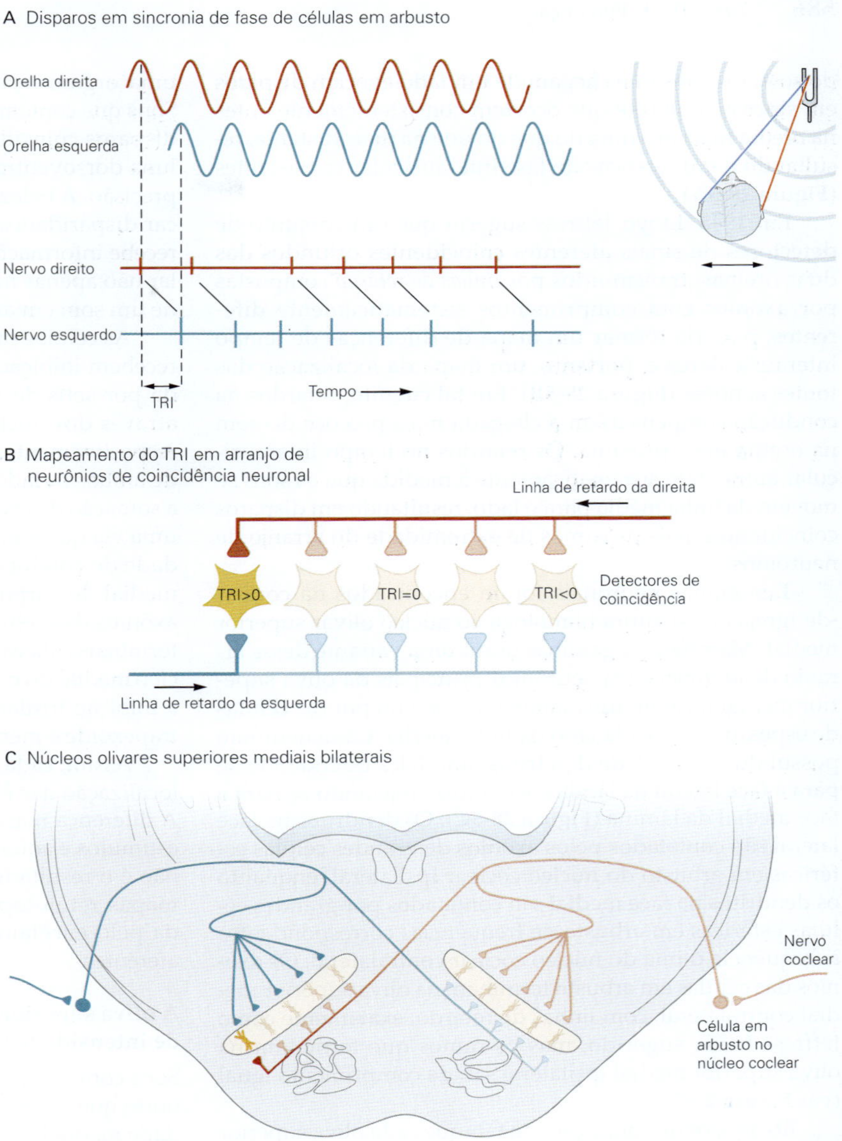

C. Mamíferos usam linhas com retardo apenas no núcleo contralateral a uma fonte sonora para formar um mapa de diferenças de tempo interauriculares. Os neurônios "de dois tufos" (*bitufted*) do núcleo olivar superior medial formam uma lâmina que está em contato na sua face lateral com células em arbusto do núcleo coclear ipsilateral e, na face medial, com células em arbusto do núcleo coclear contralateral. (Embora seja representado aqui esquematicamente uma seção coronal do tronco encefálico, a codificação das disparidades interauriculares está em uma camada de neurônios que também tem uma dimensão rostrocaudal.) No lado ipsilateral, os ramos do axônio da célula em arbusto são do mesmo comprimento e, assim, iniciam correntes sinápticas em seus alvos na oliva superior medial simultaneamente. No lado contralateral, os ramos do axônio causam correntes sinápticas sequencialmente primeiro nas regiões mais próximas da linha média e depois progressivamente nas regiões mais laterais. Os neurônios da oliva superior medial detectam a excitação síncrona das duas orelhas somente quando os sons surgem da metade contralateral do espaço. Quando os sons surgem do lado direito, sua chegada precoce à orelha direita é compensada por atrasos de condução progressivamente mais longos para ativar os neurônios cada vez mais em direção à extremidade lateral da oliva superior medial esquerda (a **célula amarela** é ativada por um som da extremidade mais distante à direita, como mostrado na parte **B**). Quando os sons são oriundos da frente, e não há diferença de tempo interauricular, os neurônios da extremidade anterior da oliva superior medial são ativados sincronicamente por ambos os lados. Cada oliva superior medial forma um mapa de onde os sons surgem no hemicampo contralateral. (Adaptada, com autorização, de Yin, 2002).

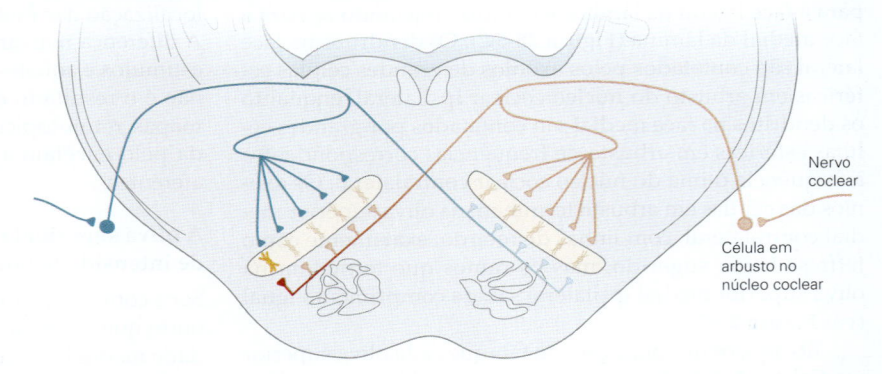

do som. Os sons que chegam de um lado evocam disparos em sincronia de fase que ocorrem consistentemente antes na orelha mais próxima do que do que na mais distante, resultando em diferenças de fase interauricular consistentes (**Figura 28-5A**).

Em 1948, Lloyd Jeffress sugeriu que um conjunto de detectores de sinais aferentes coincidentes oriundos das duas orelhas, transmitidos por *linhas de retardo* compostas por axônios com comprimentos sistematicamente diferentes, poderia formar um mapa de diferenças de tempo interauriculares e, portanto, um mapa da localização das fontes sonoras (**Figura 28-5B**). Em tal circuito, retardos na condução compensariam a chegada mais precoce do som na orelha mais próxima. Os retardos no tempo interauricular aumentam sistematicamente à medida que os sons se movem da linha média para o lado, resultando em disparos coincidentes mais próximos da extremidade do arranjo de neurônios.

Tais mapas neuronais foram encontrados na coruja-de-igreja na estrutura homóloga ao núcleo olivar superior medial. Mamíferos e galinhas usam uma variante desse arranjo de aferência. Os neurônios principais da oliva superior medial formam uma lâmina de uma ou poucas células de espessura, em cada lado da linha média. Cada neurônio possui dois "tufos" de dendritos, um deles estendendo-se para a face lateral da lâmina, e o outro projetando-se para a face medial da lâmina (**Figura 28-5C**). Os dendritos na face lateral são contatados pelos axônios de grandes células esféricas em arbusto do núcleo coclear ipsilateral, enquanto os dendritos na face medial são contatados por grandes células esféricas em arbusto de frequências correspondentes à frequência ótima do núcleo coclear contralateral. Os axônios das células em arbusto terminam na oliva superior medial contralateral, com linhas de retardo, exatamente como Jeffress havia sugerido, mas os ramos que terminam na oliva superior medial ipsilateral são de comprimento igual (ver **Figura 28-5C**).

Os atrasos de condução são tais que cada oliva superior medial recebe aferências excitatórias coincidentes das duas orelhas somente quando os sons vêm da metade contralateral do espaço. À medida que as fontes sonoras se movem da linha média para o ponto mais lateral do lado contralateral da cabeça, a chegada dos sons na orelha contralateral, que ocorre mais cedo, necessita ser compensada por linhas de retardo sucessivamente maiores. Isso resulta em aferências vindas das duas orelhas coincidindo nas regiões sucessivamente mais posteriores e laterais da oliva superior medial. A inibição sobreposta a essas aferências excitatórias desempenha um papel significativo na definição do mapa da fase interauricular.

Na codificação da fase interauricular, neurônios individuais da oliva superior medial fornecem informação ambígua sobre as diferenças de tempo interauriculares. As ambiguidades de fase são resolvidas quando os sons têm energia em múltiplas frequências, como quase sempre acontece com os sons naturais. A lâmina de neurônios da oliva superior medial forma uma representação da fase interauricular ao longo das dimensões rostrocaudal e lateromedial. A matriz de aferências de células em arbusto também impõe uma organização tonotópica na dimensão dorsoventral. Sons que contêm energia em frequências múltiplas evocam disparos coincidentes máximos de neurônios em uma coluna dorsoventral única, o que localiza fontes sonoras com precisão. A beleza de usar a fase interauricular para codificar disparidades de tempo interauricular é que o encéfalo recebe informações sobre diferenças de tempo interauricular não apenas no início e no final do som, mas a cada ciclo de um som em andamento.

As células principais da oliva superior medial também recebem inibição precisamente cronometrada impulsionada por sons de ambos os lados ipsilateral e contralateral através dos núcleos lateral e medial do corpo trapezoide, respectivamente. Notavelmente, a inibição por meio de vias de ambos os lados precede a aferência da excitação e refina a somação da excitação, embora a inibição seja mediada por uma via que tenha uma sinapse adicional. A grande velocidade de condução pela via dissináptica através do núcleo medial do corpo trapezoide é possibilitada pelos grandes axônios das células em arbusto globulares e pelos grandes terminais caliceais de Held que ativam os neurônios no núcleo medial do corpo trapezoide com retardo. A via que traz a inibição ipsilateral por meio do núcleo lateral do corpo trapezoide é menos compreendida.

Assim, cada oliva superior medial forma um mapa da localização das fontes sonoras no hemicampo contralateral. A diferença marcante entre essa representação espacial de estímulos e aqueles em outros sistemas sensoriais é que ela não é o resultado do arranjo espacial de aferências, como mapas retinotópicos ou somatossensoriais, mas é inferida pelo encéfalo a partir de computações feitas nas vias aferentes.

A oliva superior lateral detecta diferenças de intensidade interauriculares

Sons com comprimentos de onda que são similares ou menores que a cabeça são defletidos por ela, fazendo a intensidade na orelha mais próxima ser maior do que aquela que atinge a orelha mais distante. Em humanos, as intensidades interauriculares podem diferir em sons com frequências superiores a cerca de 2 kHz. As diferenças interauriculares produzidas por tal *sombra sonora* pela cabeça são detectadas por um circuito neuronal que inclui o núcleo medial do corpo trapezoide e a oliva superior lateral.

Embora a oliva superior lateral não forme um mapa da localização dos sons no plano horizontal, ela realiza o primeiro de vários passos integrativos que usam diferenças de intensidade interauriculares para localizar os sons. Neurônios nesse núcleo equilibram a excitação ipsilateral com a inibição contralateral. A excitação vem de pequenas células esféricas em arbusto e células estreladas no núcleo coclear ventral ipsilateral. A inibição vem de uma via dissináptica que inclui células em arbusto globulares no núcleo coclear ventral contralateral e neurônios principais do núcleo coclear medial ipsilateral do corpo trapezoide (**Figura 28-6A**). Os sons oriundos da região ipsilateral geram uma excitação relativamente forte e uma inibição relativamente fraca, enquanto aqueles que são oriundos da região contralateral geram maior inibição do que excitação. Os neurônios na oliva lateral superior são ativados mais fortemente por sons do hemicampo ipsilateral do que do contralateral. O disparo dos neurônios olivares laterais superiores é uma função da localização da fonte sonora e, portanto, carrega informações sobre onde os sons surgem no plano horizontal (**Figura 28-6B**).

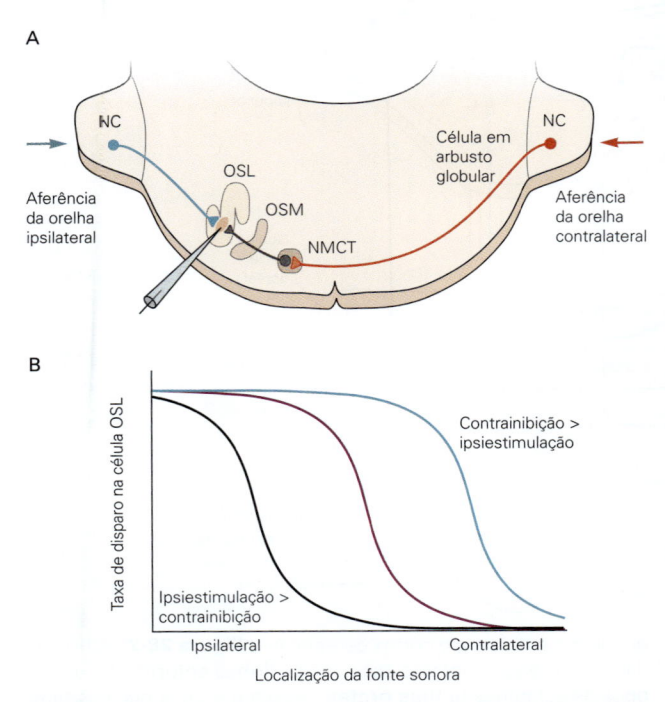

FIGURA 28-6 As diferenças interauriculares na intensidade de um som também ajudam a localizar o som no plano horizontal.

A. As células principais do núcleo olivar superior lateral (**OSL**) recebem aferências excitatórias do núcleo coclear (**NC**) ipsilateral e aferências inibitórias do NC contralateral. Um corte coronal do tronco encefálico de um gato ilustra as conexões anatômicas. Pequenas células em arbusto esféricas e células estreladas no NC ventral ipsilateral fornecem estimulação de forma direta. Células em arbusto globulares do NC ventral contralateral projetam-se através da linha média e estimulam neurônios do núcleo medial do corpo trapezoide (**NMCT**) via grandes terminais sinápticos, os cálices de Held. As células do núcleo medial do corpo trapezoide inibem neurônios, na oliva superior lateral e também na oliva superior medial (**OSM**). Para que os neurônios da oliva superior lateral comparem a intensidade do mesmo som, a chegada da aferência excitatória ipsilateral deve coincidir com a chegada da aferência inibitória contralateral, em termos temporais. Para que isso ocorra, as células em arbusto globulares possuem axônios particularmente grandes que terminam em um cálice de Held no núcleo medial do corpo trapezoide onde a transmissão sináptica é forte, e portanto, o atraso sináptico é curto e invariável do ponto de vista temporal.

B. O disparo de neurônios na oliva superior lateral reflete um equilíbrio entre estimulação ipsilateral e inibição contralateral. Quando sons surgem do lado ipsilateral, a estimulação é relativamente mais forte, e a inibição é relativamente mais fraca do que quando os sons surgem do lado contralateral. A transição entre a dominância de excitação e inibição reflete a localização da fonte sonora.

Para se equilibrar a excitação e a inibição evocadas pelo som, a excitação ipsilateral e a inibição contralateral devem chegar aos neurônios da oliva superior lateral ao mesmo tempo. Portanto, a excitação que chega por meio de uma conexão monossináptica do núcleo coclear ventral ipsilateral deve chegar ao mesmo tempo que a inibição, que chega do núcleo coclear contralateral por meio de uma via dissináptica. A inibição vem do núcleo medial do corpo trapezoide cujas aferências por meio de grandes axônios de células em arbusto globulares e grandes cálices de Held produzem respostas sinápticas com retardo curtos e consistentemente cronometrados. Os axônios de pequenas células esféricas e células estreladas conduzem a excitação ipsilateral mais lentamente do que os de células globulares em arbusto.

Os cálices de Held, terminais das células em arbusto globulares, cercam os corpos celulares dos neurônios do corpo trapezoide de modo tão significativo que chamaram a atenção dos primeiros anatomistas e dos biofísicos modernos. Um único terminal somático libera neurotransmissor em um grande número de sítios de liberação e gera grandes correntes sinápticas. A confiabilidade dos registros pré e pós-sinápticos nessa sinapse torna o local ideal para estudos detalhados dos mecanismos de transmissão sináptica (Capítulo 15).

O complexo olivar superior fornece retroalimentação para a cóclea

Embora os sistemas sensoriais sejam em grande parte aferentes, trazendo informações sensoriais para o encéfalo, estudos recentes levaram a uma apreciação da importância da sinalização eferente em muitos níveis do sistema auditivo. Neurônios olivococleares formam uma alça de retroalimentação do complexo olivar superior para as células ciliadas da cóclea. Seus corpos celulares situam-se em torno de densos agregados de corpos celulares nos núcleos olivares. Dois grupos de neurônios olivococleares funcionalmente distintos têm sido observados em mamíferos. Os axônios dos neurônios olivococleares mediais terminam nas células ciliadas externas bilateralmente; os axônios dos neurônios olivococleares laterais terminam ipsilateralmente nas fibras aferentes associadas às células ciliadas internas.

A maioria dos neurônios olivococleares mediais, com corpos celulares que se situam medial e ventralmente dentro do complexo olivar, projeta seus axônios para a cóclea contralateral (**Figura 28-7**), mas muitos também projetam para a cóclea ipsilateral. Esses neurônios colinérgicos atuam sobre as células ciliadas por meio de uma classe especial de receptores colinérgicos nicotínicos, formados por subunidades α9 e α10. O influxo de Ca^{2+} através desses canais leva à abertura de canais de K^+ que hiperpolarizam as células ciliadas externas. Esses neurônios, portanto, mediam a retroalimentação negativa sintonizada e são biauriculares, sendo conduzidos predominantemente, mas não exclusivamente, por células estreladas do núcleo coclear ventral contralateral. A atividade nessas fibras eferentes reduz a sensibilidade da cóclea e a protege de danos causados por sons altos. Ramos colaterais dos neurônios olivococleares mediais terminam nas células estreladas do núcleo coclear,

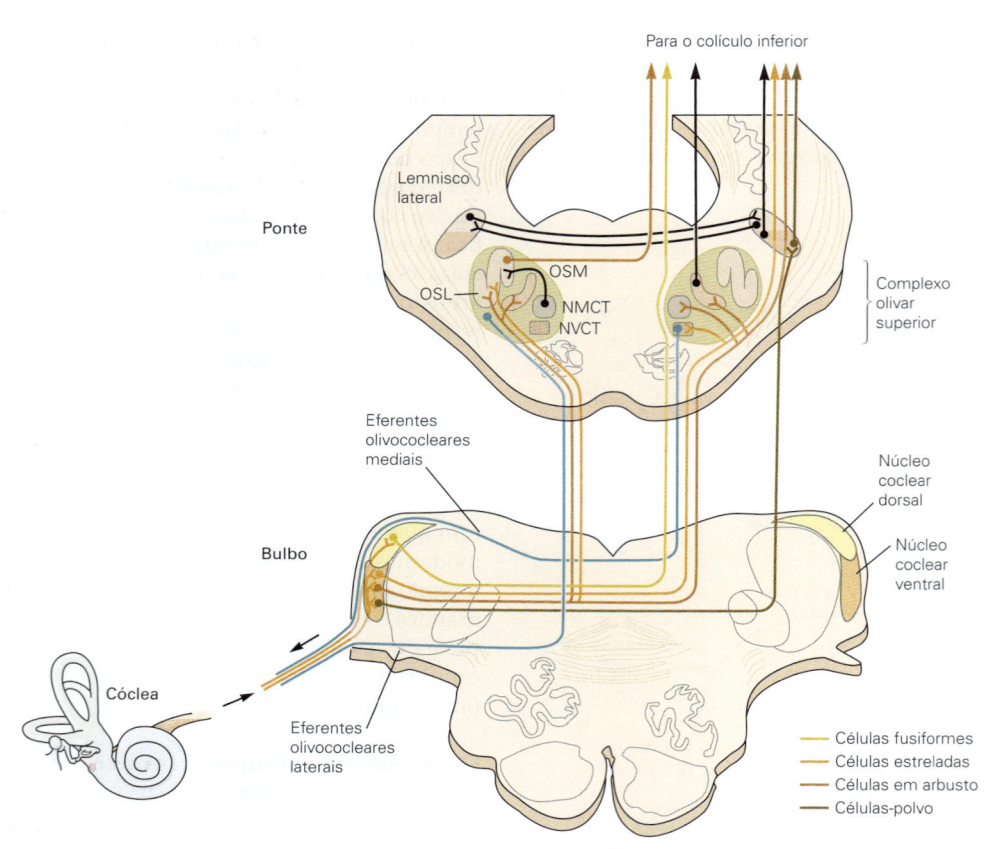

FIGURA 28-7 Componentes principais das vias auditivas ascendentes e descendentes. A via auditiva é bilateralmente simétrica; são mostradas as principais conexões entre os núcleos que formam a via auditiva inicial. A via ascendente começa na cóclea e avança por várias vias paralelas, através dos núcleos cocleares: os núcleos cocleares, o complexo olivar superior e os núcleos ventral e dorsal do lemnisco lateral. Esses sinais convergem no colículo inferior, que se projeta para o corpo geniculado medial do tálamo e daí para o córtex cerebral (ver **Figura 28-2**). Algumas das conexões são por vias excitatórias (**linhas coloridas**) e outras por vias inibitórias (**linhas pretas**). Esses mesmos núcleos também estão interconectados por vias descendentes (**linhas azuis**) e bilateralmente por projeções comissurais. (Siglas: **OSL**, oliva superior lateral; **NMCT**, núcleo medial do corpo trapezoide; **OSM**, oliva superior medial; **NVCT**, núcleo ventral do corpo trapezoide.)

atuando em receptores colinérgicos muscarínicos e nicotínicos convencionais, formando uma alça de retroalimentação excitatória.

Neurônios olivococleares laterais, com corpos celulares que se situam na oliva superior lateral ou em torno dela, enviam seus axônios exclusivamente para a cóclea ipsilateral, onde eles terminam nas fibras aferentes das células ciliadas internas. Charles Liberman e colaboradores demonstraram que esses eferentes equilibram a excitabilidade das fibras nervosas cocleares nas duas orelhas.

Os núcleos ventral e dorsal do lemnisco lateral modulam as respostas no colículo inferior com inibição

As fibras dos núcleos coclear e olivar superior se dispõem em uma faixa, ou lemnisco, ao longo da borda lateral do encéfalo à medida que ascendem do tronco encefálico ao colículo inferior. Ao longo dessa faixa de fibras estão grupos de neurônios que formam os núcleos dorsal e ventral do lemnisco lateral. Neurônios nos núcleos ventrais do lemnisco lateral recebem estímulos de todos os principais grupos de células principais dos núcleos cocleares ventrais e respondem predominantemente a estímulos monoauriculares, dirigidos pela orelha contralateral, enquanto os neurônios do núcleo dorsal recebem estímulos dos núcleos olivares superior lateral e medial e respondem aos estímulos de ambas as orelhas. Neurônios em ambas as subdivisões são inibitórios e se projetam para o colículo inferior. Seus papéis são intrigantes, mas não totalmente compreendidos.

Uma vez que a compreensão do significado dos sons não é muito comprometida pela perda de uma orelha, faria sentido que grande parte das funções monoauriculares dos núcleos ventrais do lemnisco lateral envolvessem o processamento do significado dos sons. Além disso, os mamíferos variam nas informações que extraem de seus ambientes acústicos, o que pode explicar as diferenças entre as espécies na estrutura e função dos núcleos ventrais do lemnisco lateral.

Uma fronteira, que é mais distinta em algumas espécies de mamíferos do que em outras, separa os núcleos ventral e intermediário e as subdivisões do núcleo ventral do lemnisco lateral. Os neurônios diferem em suas formas, propriedades biofísicas e padrão de convergência das aferências nucleares cocleares. Um grupo de neurônios glicinérgicos é inervado por grandes terminais caliceais das células-polvo. Eles poderiam gerar sinais de referência temporal inibitórios no colículo inferior. Alguns neurônios amplamente sintonizados disparam quase exclusivamente no início de tons com potenciais de ação cronometrados, mas transmitem periodicidade em sons complexos, levando ao questionamento sobre se esses neurônios podem ter um papel na codificação do tom na música e na fala. Outros neurônios respondem disparando potenciais de ação enquanto houver um tom; esses neurônios rastreiam as flutuações de intensidade ou os envelopes dos sons, um recurso útil para entender o significado dos sons, incluindo a fala. As curvas de sintonia dos neurônios são variáveis, com muitas sendo largas ou em forma da letra W.

Neurônios no núcleo dorsal são predominantemente biauriculares, recebendo informações da oliva superior medial ipsilateral e da oliva superior lateral, principalmente do lado contralateral. Esses neurônios são GABAérgicos, dirigindo-se aos colículos inferiores em ambos os lados e também ao núcleo dorsal contralateral do lemnisco lateral. A excitação em neurônios do núcleo dorsal é amplificada por receptores de glutamato do tipo NMDA, de modo que a inibição que eles geram em seus alvos dura mais que os estímulos sonoros por dezenas de milissegundos e, portanto, foi denominada inibição persistente. Para localizar sons com precisão, os animais devem ignorar os sons refletidos de superfícies adjacentes, que chegam após a onda sonora direta inicial. Experimentos psicofísicos mostraram que os mamíferos suprimem todos, exceto o primeiro som que chega, um fenômeno denominado *efeito de precedência*. Foi proposto que a inibição persistente no colículo inferior a partir do núcleo dorsal do lemnisco lateral serve para suprimir pistas de localização espúrias, como ecos, contribuindo, assim, para o efeito de precedência.

As vias auditivas aferentes convergem para o colículo inferior

O colículo inferior ocupa uma posição central na via auditiva de todos os animais vertebrados, pois todas as vias auditivas que ascendem pelo tronco encefálico convergem para essa estrutura (**Figura 28-7**). As fontes mais importantes de atividade excitatória são as células estreladas do núcleo coclear ventral contralateral, as células fusiformes do núcleo coclear dorsal contralateral, as células principais da oliva superior medial ipsilateral e da oliva superior lateral contralateral, as células principais dos núcleos dorsais ipsilaterais e contralaterais do lemnisco lateral, as conexões comissurais do colículo inferior contralateral e as células piramidais na camada V do córtex auditivo. Fontes importantes de inibição incluem os núcleos do lemnisco lateral, a oliva superior lateral ipsilateral, o núcleo paraolivar superior e o colículo inferior contralateral.

O colículo inferior de mamíferos é subdividido em núcleo central, córtex dorsal e córtex externo. O núcleo central é organizado tonotopicamente. As baixas frequências são representadas dorsolateralmente, e as altas frequências, ventromedialmente em lâminas que possuem frequências semelhantes. Um mapeamento fino tem mostrado que a organização tonotópica é descontínua; a separação entre as melhores frequências corresponde a faixas críticas medidas psicofisicamente de cerca de um terço de oitava. Embora o núcleo central seja organizado tonotopicamente, a amplitude espectral das aferências desses neurônios é mais ampla do que nos estágios anteriores na via auditiva. A inibição pode ser ampla estreitando as respostas dos neurônios excitatórios. Além disso, o ajuste pode ser modulado por aferências descendentes do córtex.

Muitos neurônios do núcleo central levam informação sobre a localização de fontes sonoras. A maioria dessas células é sensível a diferenças de tempo e intensidade interauricular, pistas essenciais para localizar sons no plano horizontal. Os neurônios são também sensíveis a informações espectrais que localizam sons no plano vertical. Correlatos fisiológicos desse efeito têm sido medidos no colículo inferior, onde a inibição suprime reflexões simuladas de sons.

O colículo inferior não é somente um ponto de convergência, mas um ponto de ramificação para as vias ascendentes, ou de eferência da informação auditiva. Neurônios do núcleo central projetam-se para o tálamo e também para o córtex externo do colículo inferior e para o núcleo do braço do colículo inferior, sendo que ambos se projetam para o colículo superior (ou teto óptico, em aves).

A informação da localização do som oriunda do colículo inferior cria um mapa espacial do som no colículo superior

O colículo inferior não é somente um ponto de convergência, mas um ponto de ramificação para as vias ascendentes, ou de eferência da informação auditiva. Neurônios do núcleo central projetam-se para o tálamo e também para o córtex externo do colículo inferior e para o núcleo do braço do colículo inferior, sendo que ambos se projetam para o colículo superior (ou teto óptico, em aves).

O colículo superior é crucial para orientar os movimentos reflexos da cabeça e dos olhos em direção aos sinais acústicos e visuais no espaço. Quando os sinais sonoros biauriculares e os sinais espectrais monoauriculares subjacentes à localização sonora dos mamíferos atingem o colículo superior, eles se fundem para criar um mapa espacial do som no qual os neurônios são sintonizados inequivocamente para direções sonoras específicas. Essa convergência é crítica, pois as diferenças biauriculares em nível e tempo isoladamente não podem codificar sem erro uma única posição no espaço. As pistas espectrais que fornecem informações sobre a localização vertical devem ser levadas em consideração, pois diferentes localizações no plano vertical podem dar origem a diferenças interauriculares idênticas em tempo ou intensidade. Esse mapeamento espacial inequívoco ocorre tanto em aves quanto em alguns mamíferos (**Figura 28-8**). Em furões e cobaias, ocorre no córtex externo e no núcleo do braço do colículo inferior.

Dentro do colículo superior, o mapa auditivo é alinhado com mapas do espaço visual e da superfície corporal. Ao contrário dos mapas espaciais visuais e somatossensoriais, o mapa espacial auditivo não reflete a superfície

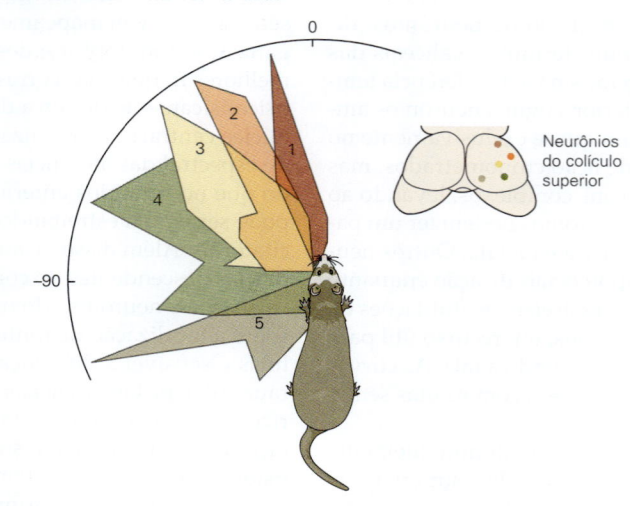

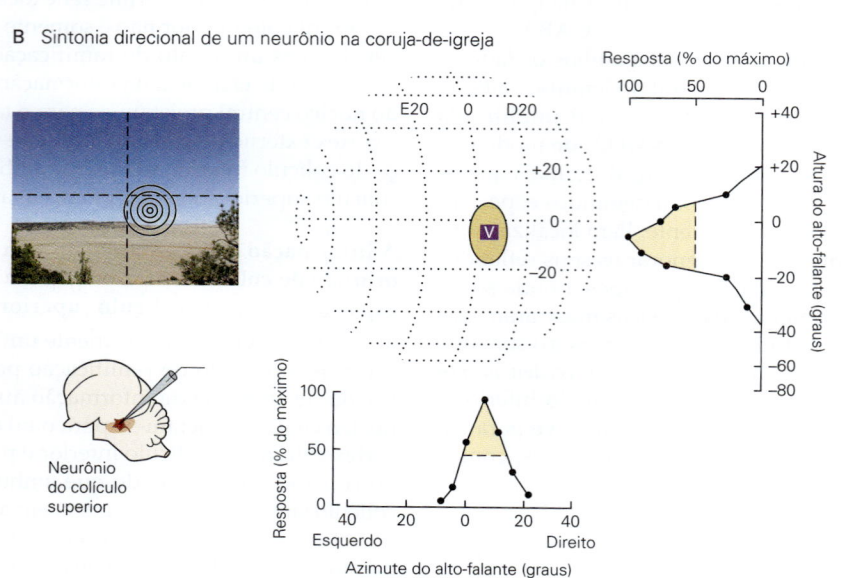

FIGURA 28-8 Um mapa espacial do som é formado no colículo superior.

A. Os neurônios do colículo superior do furão são ajustados direcionalmente ao som no plano horizontal. A ilustração mostra os padrões de taxa de disparo dos neurônios coliculares de 1 a 5 em função de onde os sons estão localizados, plotados em coordenadas polares centradas na cabeça. O desenho à direita mostra a localização dos neurônios registrados no colículo. Note que o neurônio 1 responde melhor aos sons localizados na frente do animal, enquanto os neurônios que estão localizados na região progressivamente mais caudal do colículo mudam gradualmente suas respostas aos sons que se originam mais contralateralmente. (Adaptada, com autorização, de King, 1999.)

B. As respostas normalizadas de um neurônio no colículo superior de uma coruja-de-igreja às salvas de ruído apresentadas em vários locais ao longo do horizonte são representadas abaixo (canto inferior direito). As **áreas amarelas** nessas curvas de sintonia mostram onde as respostas são maiores que 50% do máximo. A sensibilidade do neurônio a uma determinada localização ao longo do horizonte ou a uma elevação em particular (canto superior direito) cria uma área auditiva ótima no espaço para esse neurônio (centro superior), mostrada como a elipse colorida em um gráfico de localizações espaciais, tendo como referência um ponto bem em frente à coruja. O neurônio também responde a estímulos visuais da mesma área (retângulo com a letra V). A foto ilustra a melhor área do neurônio no espaço em relação à posição da cabeça (a interseção das linhas pontilhadas verticais e horizontais indica para onde a cabeça da coruja está apontando). O local de registro desse neurônio também é mostrado. (Adaptada, com autorização, de Cohen e Knudsen, 1999. Copyright © 1999 Elsevier Science.)

receptora periférica; em vez disso, é computado a partir de uma combinação de pistas que identificam a posição específica de uma fonte sonora no espaço.

Os neurônios auditivos, visuais e somatossensoriais do colículo superior convergem para vias eferentes que inervam uma mesma estrutura que controla os movimentos de orientação dos olhos, da cabeça e das orelhas. Os circuitos motores do colículo superior são mapeados com respeito a alvos motores no espaço, sendo alinhados com os mapas sensoriais. Tal correspondência motora-sensorial facilita a orientação sensorial de movimentos.

O colículo inferior transmite informação auditiva para o córtex cerebral

A informação auditiva ascende do colículo inferior para o corpo geniculado medial do tálamo e daí para o córtex auditivo. As vias que se projetam a partir do colículo inferior incluem uma via lemniscal, ou nuclear, e vias extralemniscais, ou do cinturão. As projeções descendentes do córtex auditivo para o corpo geniculado medial são proeminentes tanto do ponto de vista anatômico como do funcional.

A seletividade do estímulo aumenta progressivamente ao longo da via ascendente

Uma característica marcante dos neurônios auditivos em estruturas ao longo da via ascendente é a sua seletividade de estímulo progressivamente aumentada. Uma fibra do nervo auditivo é principalmente seletiva para uma dimensão de estímulo, que é a frequência de um tom puro. A seletividade do estímulo dos neurônios no sistema auditivo central pode ser multidimensional, como frequência, largura de banda espectral, intensidade do som, frequência de modulação e localização espacial. Nesse espaço acústico multidimensional, os neurônios se tornam mais seletivos em sucessivas áreas auditivas ao longo da via ascendente.

Muitos neurônios no córtex auditivo (especialmente aqueles nas camadas corticais superiores) são altamente seletivos a estímulos acústicos, de modo que o estímulo preferido (quase ótimo) de um neurônio ocupa apenas uma pequena região de seu campo receptivo no espaço acústico multidimensional. A região do estímulo preferido torna-se cada vez menor nas estruturas ao longo da via para o córtex auditivo (**Figura 28-9A**). Tons puros e ruídos de banda larga são dois casos extremos de uma ampla gama de estímulos acústicos que poderiam estimular preferencialmente os neurônios do córtex auditivo. A maioria dos neurônios no córtex auditivo são ativados preferencialmente por estímulos com maior complexidade espectral e temporal do que tons puros e ruídos de banda larga.

O aumento da seletividade do estímulo também é acompanhado por mudanças no padrão de disparo de um neurônio. Quando os neurônios são ativados por seus estímulos preferidos, eles respondem não apenas com taxas de disparo mais altas, mas também com disparos sustentados ao longo da duração do estímulo (**Figura 28-9B**). O campo receptivo de um neurônio cortical contém uma "região de disparo sustentado" (correspondente a estímulos preferidos) dentro de uma "região de disparo inicial" maior (correspondente a estímulos não preferidos). Isso explica por que é comum que os experimentadores observem respostas iniciais (fásicas) no córtex auditivo quando um som contínuo é reproduzido.

A descoberta de como o disparo sustentado é evocado no córtex auditivo é importante porque fornece uma ligação direta entre o padrão de disparo neural e a percepção de um evento acústico contínuo. Tal disparo sustentado pelos neurônios do córtex auditivo foi observado apenas em animais acordados. Em contraste, uma fibra do nervo auditivo normalmente mostra um disparo sustentado em resposta a uma ampla gama de sinais acústicos, desde que a energia espectral do estímulo caia dentro do campo receptivo do neurônio, sob condições de anestesia ou vigília. Quando David Hubel e colaboradores investigavam o córtex auditivo há mais de meio século, ficaram intrigados com a dificuldade de ativar neurônios no córtex auditivo de gatos acordados. Agora sabemos que foi porque eles provavelmente estavam registrando neurônios altamente seletivos e usando estímulos não preferenciais. A disponibilidade da tecnologia digital desde então tornou possível criar e testar uma grande bateria de estímulos acústicos em busca do estímulo preferido de um neurônio altamente seletivo no córtex auditivo. O quadro geral elucidado pelos pesquisadores é que, quando um som é ouvido, uma população relativamente grande de neurônios do córtex auditivo respondem primeiro com descargas transitórias (codificando o início de um som). Com o passar do tempo, a ativação fica restrita a uma população menor de neurônios que são ativados preferencialmente pelo som (**Figura 28-9C**), o que resulta em uma representação seletiva do som dentro da população neuronal e ao longo do tempo. Como cada neurônio tem seu próprio estímulo preferido que difere dos estímulos preferidos de outros neurônios, os neurônios no córtex auditivo cobrem coletivamente todo o espaço acústico com suas regiões de disparo sustentados. Portanto, qualquer som em particular pode evocar disparos sustentados ao longo de sua duração em uma determinada população de neurônios no córtex auditivo. Em outras palavras, a região do córtex auditivo ativada por estimulação acústica, vista em exames de imagem do encéfalo (p. ex., ressonância magnética funcional [IRMf], tomografia por emissão de pósitrons [PET]), contém neurônios que são preferencialmente ativados pelo estímulo acústico.

O córtex auditivo mapeia vários aspectos do som

O córtex auditivo inclui várias áreas funcionais distintas na superfície dorsal do lobo temporal. A projeção mais proeminente é a que se origina na divisão ventral do núcleo geniculado medial e se projeta para o córtex auditivo primário (A1, ou área 41 de Brodmann). Como nas estruturas subcorticais, os neurônios nessa região citoarquitetônica distinta estão dispostos tonotopicamente. Em macacos, os neurônios sintonizados em baixas frequências são encontrados na extremidade rostral de A1, enquanto os que respondem a altas frequências estão na região caudal (**Figura 28-10**). Assim, como os córtices visual e somatossensorial, A1 contém um mapa que reflete a periferia sensorial.

Entretanto, em função da cóclea codificar frequências discretas em diferentes pontos ao longo da membrana basilar, um mapa de frequência unidimensional da periferia é espalhado pela superfície bidimensional do córtex, com um leve gradiente de frequência em uma direção e contornos de isofrequências ao longo do córtex em outra direção. Em muitas espécies, as sub-regiões do córtex auditivo que

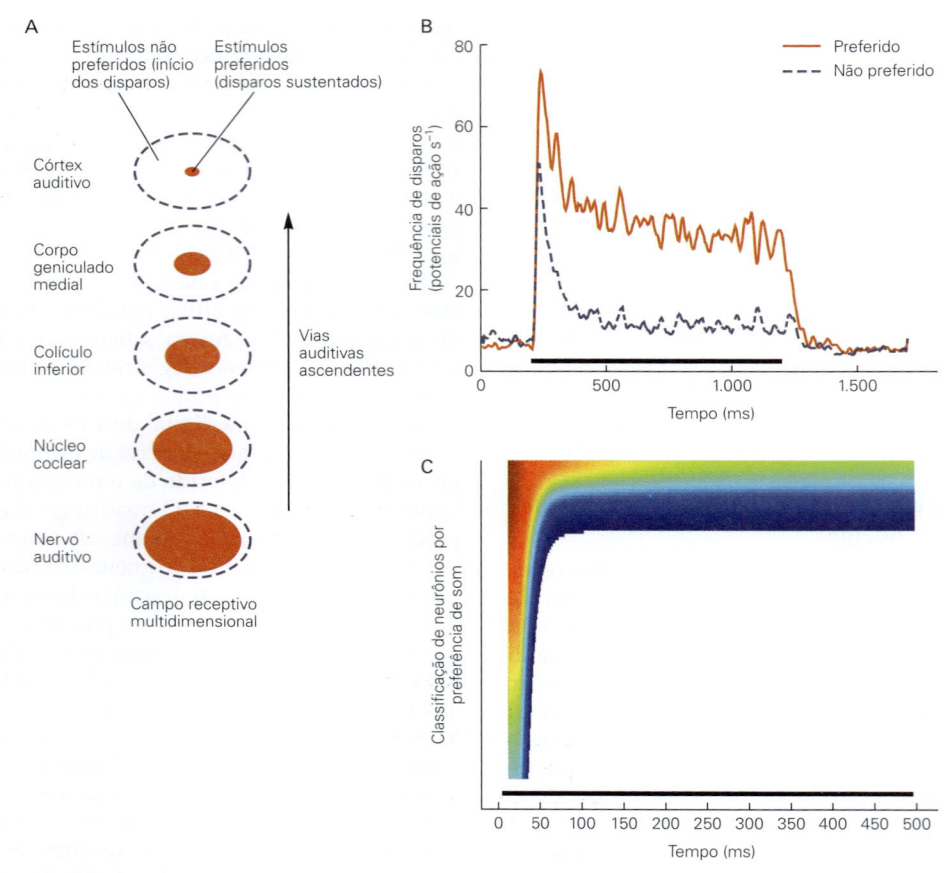

FIGURA 28-9 A seletividade do estímulo aumenta ao longo da via auditiva ascendente.

A. Seletividade do estímulo e a relação entre disparos sustentados e iniciais ao longo da via auditiva ascendente. Cada elipse aberta representa o campo receptivo (CR) multidimensional de um neurônio ilustrado em um plano bidimensional. A elipse preenchida representa a "região de disparos sustentados" (correspondente aos estímulos preferidos) do CR de um neurônio. O resto da área dentro do CR é a "região de disparo inicial" (correspondente a estímulos não preferidos). Um neurônio exibe disparos sustentados ou inicial dependendo de qual região do CR é estimulada. O neurônio não dispara se os estímulos estiverem fora do CR. (Adaptada, com autorização, de Wang 2018.)

B. Taxa de disparo média da população de neurônios em resposta aos estímulos preferidos e não preferidos de cada neurônio do córtex auditivo primário (A1). Registros extracelulares foram feitos em saguis acordados. **Barra grossa** = duração do estímulo. (Adaptada, com autorização, de Wang et al., 2005. Copyright © 2005 Springer Nature.)

C. Distribuição da atividade entre os neurônios A1 em resposta a uma salva de sons. No eixo y, todos os neurônios A1 são classificados de acordo com sua preferência por um estímulo específico. O **gradiente de cor azul para vermelho** representa o aumento da taxa de disparo. O neurônio com a maior taxa de disparo está localizado na extremidade superior do eixo y. **Barra preta** = duração do estímulo. A maioria dos neurônios mostra uma breve resposta fásica ao início do som, mas apenas aqueles particularmente sintonizados com o som mantêm sua resposta até o final do som. (Adaptada, com autorização, de Middlebrooks, 2005. Copyright © 2005 Springer Nature.)

representam frequências biologicamente significativas são maiores do que outras por causa de aferências extensas, semelhantes à grande área no córtex visual primário dedicada a aferências da fóvea.

Além da frequência, outros aspectos do estímulo auditivo são mapeados no córtex auditivo primário, embora a organização geral seja menos clara e precisa do que aquela para a visão. Neurônios auditivos da região A1 são estimulados tanto pelas aferências de ambas as orelhas (neurônios OO), com a aferência contralateral geralmente mais forte do que a contribuição ipsilateral, como por aferência unilateral (OI, orelha ipsilateral). Os neurônios OI são inibidos pela estimulação da orelha oposta.

Certos neurônios da região A1 também parecem estar organizados de acordo com uma largura da banda, isto é, de acordo com sua capacidade de responder a uma faixa de frequências mais restrita ou mais ampla. Neurônios próximos ao centro dos contornos de isofrequência são sintonizados mais estreitamente à largura de banda ou frequência do que aqueles localizados longe do centro. Sub-regiões distintas de A1 formam agregados celulares capazes de sintonizar uma banda de frequências mais restrita ou mais ampla, dentro de contornos de isofrequência individuais. Dentro dos circuitos intracorticais, os neurônios recebem aferências principalmente de neurônios com bandas de frequência semelhantes e características. Essa organização

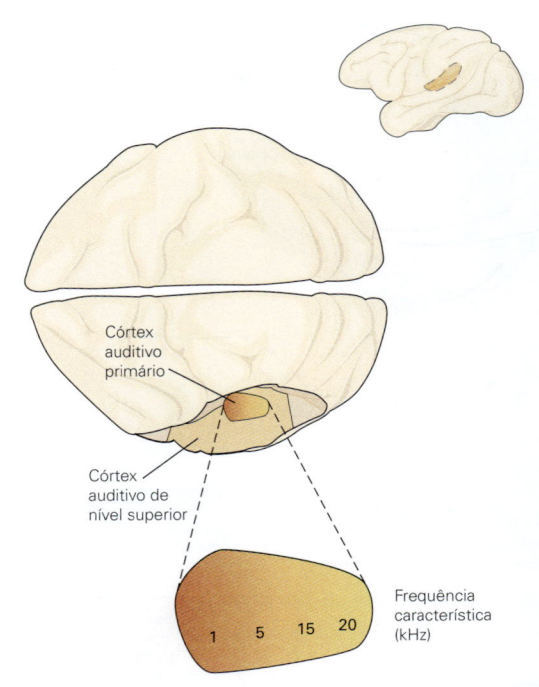

FIGURA 28-10 O córtex auditivo dos primatas contém muitas áreas primárias e secundárias. A figura expandida do córtex auditivo primário mostra sua organização tonotópica. As áreas primárias são circundadas por áreas de processamento de alta ordem (ver **Figura 28-11**).

modular de seletividade de largura de banda poderia permitir o processamento redundante de sinais aferentes por filtros neuronais de largura de banda variável, assim como frequências de centro, o que poderia ser útil para a análise de sons espectralmente complexos, como vocalizações espécie-específicas, incluindo a fala.

Vários outros parâmetros são representados em A1. Eles incluem latência de resposta neuronal, percepção do volume do som e sua modulação, e taxa e duração da modulação da frequência. Embora ainda não se saiba como esses vários mapas interagem, esse conjunto de parâmetros claramente dota cada neurônio e cada localização de A1 com a capacidade de representar muitas variáveis independentes do som e, portanto, permite uma grande diversidade de seletividade neuronal.

Do mesmo modo que nas áreas visuais e somatossensoriais do córtex, a representação sensorial em A1 pode ser modificada em resposta a alterações nas vias aferentes. Após a perda auditiva periférica, o mapeamento tonotópico em A1 pode ser alterado para que os neurônios que antes respondiam aos sons dentro da faixa de perda auditiva comecem a responder às frequências adjacentes. O trabalho de Michael Merzenich e colaboradores tem mostrado que o treinamento comportamental de animais adultos pode também resultar em uma grande reorganização do córtex auditivo, de modo que as frequências mais relevantes do ponto de vista comportamental – aquelas especificamente associadas a atenção ou reforço – passam a ser mais representadas.

As áreas auditivas de animais jovens são particularmente plásticas. Em roedores, a organização de frequências em A1 surge de modo gradual durante o desenvolvimento, a partir de um mapa de frequência precoce e rudimentar. A criação de animais em ambientes acústicos nos quais eles são expostos a pulsos de som repetidos, em uma determinada frequência, resulta na expansão persistente de áreas corticais dedicadas a tal frequência, acompanhada por uma deterioração geral e um aumento do mapa tonotópico. Esse resultado não só sugere que o desenvolvimento de A1 depende da experiência, mas também levanta a possibilidade de que a exposição precoce a ambientes com sons anormais possa levar ao prejuízo duradouro do processamento sensorial nos níveis mais altos do sistema nervoso central. Um melhor entendimento de como isso acontece, e se isso também é possível em fetos e bebês humanos, pode permitir o entendimento sobre a origem e o tratamento de doenças nas quais o processamento auditivo central é prejudicado, como em muitas formas de dislexia. Além disso, a capacidade de induzir plasticidade no córtex auditivo de adultos, atraindo atenção ou recompensa, levanta novas esperanças de recuperação do encéfalo, mesmo na idade adulta.

A área auditiva primária de mamíferos é cercada por múltiplas regiões distintas, algumas delas também tonotópicas. Campos tonotópicos adjacentes possuem uma tonotopia em imagem especular: a direção da tonotopia inverte-se nas regiões limítrofes entre os campos. Em macacos, até 7 a 10 áreas secundárias (cinturões) circundam as 3 ou 4 áreas primárias ou primárias (núcleo) (ver **Figura 28-11**). As áreas secundárias recebem aferências das áreas centrais do córtex auditivo e, em alguns casos, dos núcleos talâmicos. Estudos eletrofisiológicos e de imagem confirmaram que A1 em humanos se localiza no giro de Heschl, no lobo temporal, medial à fissura sylviana. Além disso, estudos recentes de IRMf revelaram que em humanos, assim como em macacos, os tons puros ativam principalmente áreas centrais, enquanto os neurônios das áreas do cinturão preferem sons complexos, como salvas de ruído de banda estreita.

Uma segunda via de localização do som a partir do colículo inferior envolve o córtex cerebral no controle do olhar

Muitos neurônios no córtex auditivo têm ampla sintonia espacial, mas neurônios com sintonia espacial estreita também são encontrados em estudos com animais acordados. Nos macacos, os neurônios do córtex auditivo são sintonizados tanto no espaço frontal quanto no espaço posterior (fora da cobertura da visão), bem como o espaço acima e abaixo do plano horizontal. Em contraste com o mesencéfalo auditivo, no entanto, ainda não há evidências de um mapa de som espacialmente organizado em qualquer uma das áreas corticais sensíveis à localização do som.

As vias de localização sonora no córtex se originam no núcleo central do colículo inferior e ascendem através do tálamo auditivo e das áreas corticais primária e secundária, chegando aos campos oculares frontais envolvidos no

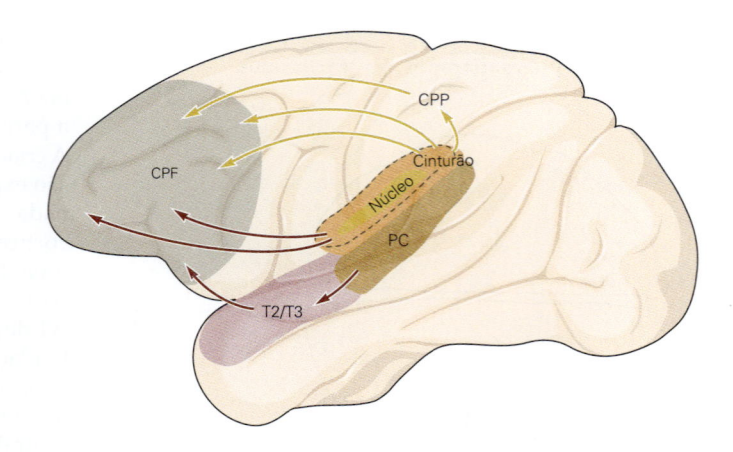

FIGURA 28-11 Vias "o quê" e "onde" do sistema cortical auditivo de primatas. As vias "o quê" ventral e "onde" dorsal se originam em diferentes partes do córtex primário e do cinturão do córtex (área secundária) e, por fim, projetam-se para diferentes regiões do córtex pré-frontal por vias independentes. (Siglas: **CGM**, corpo geniculado medial do tálamo; **PC**, paracinturão cortical; **CPF**, córtex pré-frontal; **CPP**, córtex parietal posterior; **T2/T3**, áreas do córtex temporal.) (Adaptada, com autorização, de Rauschecker e Tian, 2000. Copyright 2000 National Academy of Sciences; adaptada de Romanski e Averbeck, 2009.)

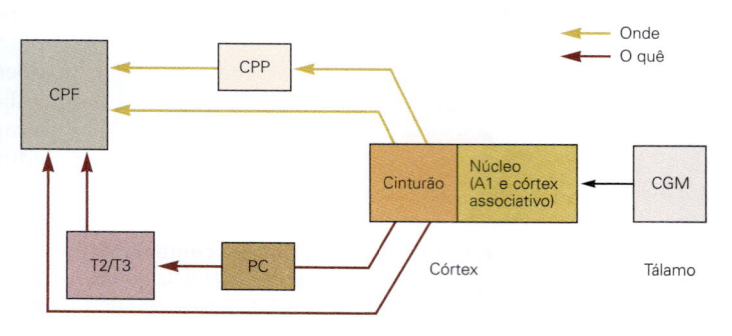

controle do olhar. Os movimentos da cabeça e dos olhos podem ser desencadeados pela estimulação dos campos visuais frontais, os quais se conectam diretamente com os núcleos pré-motores tegmentares do tronco encefálico, que medeiam mudanças na direção do olhar, assim como com o colículo superior. Mas por que deveria haver essa segunda via de localização de som conectada ao circuito de controle do olhar quando a via do mesencéfalo para o circuito de controle do olhar, com neurônios sensíveis à localização no colículo inferior ao colículo superior, controla diretamente os movimentos de orientação de cabeça, olhos e orelhas?

Experimentos comportamentais trouxeram algum esclarecimento sobre essa questão. Embora lesões da região A1 possam resultar em deficiência grave para localizar sons, nenhuma deficiência é observada quando a tarefa é simplesmente indicar o lado da fonte sonora apertando uma barra. A deficiência aparece somente quando o animal tem que se aproximar da localização de uma breve fonte sonora; ou seja, quando a tarefa requer que se forme uma imagem da fonte, lembre-se dela e mova-se em direção a ela.

Experimentos com corujas-de-igreja têm produzido evidências importantes nesse sentido. A capacidade das corujas de se orientar em relação aos sons no espaço não é afetada pela inativação das estruturas equivalentes, em aves, aos campos frontais do olho. De modo similar, quando a via mesencefálica de localização de fontes sonoras é interrompida farmacologicamente pela inativação do colículo superior, a probabilidade de que os animais respondam com uma resposta correta de orientação da cabeça em direção à origem do som diminui, mas eles ainda serão capazes de responder corretamente em mais da metade das vezes. Por outro lado, quando ambas as estruturas são inativadas, os animais perdem completamente a capacidade de se orientar (com precisão) em direção a um estímulo sonoro apresentado no lado contralateral. Portanto, as vias cortical e subcortical de localização de fontes sonoras possuem acesso paralelo aos centros de controle de orientação do olhar, provavelmente com algum grau de redundância entre elas. Além disso, quando somente os campos frontais oculares são inativados, as aves perdem sua capacidade de orientar o olhar em direção a um alvo que foi extinto e deve ser lembrado, exatamente como ocorre em mamíferos com lesão na região A1. Portanto, tanto em mamíferos como em aves, as vias corticais são necessárias para tarefas mais complexas de localização de fontes sonoras.

Essa parece ser a diferença geral entre a via cortical e a via subcortical. Os circuitos subcorticais são importantes para respostas comportamentais rápidas e confiáveis que são cruciais para a sobrevivência. Os circuitos corticais permitem a memória de trabalho, tarefas complexas de reconhecimento e a seleção de estímulos e a avaliação de sua significância, resultando em um desempenho mais lento, mas mais diferenciado. Exemplos disso também existem em vias auditivas que não estão envolvidas em localização. Respostas de medo condicionado a um estímulo auditivo simples são mediadas por vias diretas rápidas do tálamo auditivo para a amígdala, podendo ainda ser ativadas mesmo após uma inativação cortical. Contudo, as respostas de medo que necessitam de uma discriminação mais complexa do estímulo auditivo requerem vias que envolvem o córtex e que, por conseguinte, são mais lentas, mas mais específicas.

Os circuitos auditivos do córtex cerebral são segregados em vias separadas de processamento

No sistema visual, os sinais eferentes do córtex visual primário são segregados nas vias dorsal e ventral separadas, responsáveis respectivamente pela localização de objetos no espaço e pela identificação de objetos. Uma divisão similar de trabalho parece existir no córtex somatossensorial, e evidências recentes sugerem que o córtex auditivo também segue uma organização semelhante.

Estudos das três áreas mais acessíveis do cinturão em macacos usando traçadores anatômicos mostram que as áreas mais rostrais e ventrais se conectam primariamente com as áreas mais rostrais e ventrais do lobo temporal, enquanto a área mais caudal se projeta para o lobo temporal caudal e dorsal. Além disso, essas áreas do cinturão e seus alvos no lobo temporal projetam-se para áreas bastante diferentes dos lobos frontais (**Figura 28-11**).

As áreas frontais que recebem as projeções auditivas de regiões anteriores em geral estão implicadas em funções não espaciais, enquanto aquelas que são alvos de áreas auditivas posteriores estão implicadas no processamento espacial. Estudos de imagem e eletrofisiológicos têm fornecido dados que dão suporte a essas afirmações. As áreas caudais e parietais são mais ativas quando um estímulo deve ser localizado ou se movimenta, e as áreas ventrais são mais ativas durante a identificação do estímulo sonoro ou quando se analisa seu tom. Portanto, vias anteriores ventrais podem identificar objetos auditivos pela análise das características temporais e espectrais dos sons, enquanto as vias mais dorsais posteriores podem se especializar na localização, na detecção de movimento e na segregação espacial de fontes sonoras.

Embora seja atrativa a ideia de que todas as áreas sensoriais do córtex cerebral inicialmente segreguem a identificação de objetos e sua localização, é provável que essa seja uma explicação muito simplificada. Está claro que as áreas do cinturão medial do córtex auditivo se projetam tanto para o córtex frontal dorsal como para o córtex frontal ventral, e que neurônios com uma ampla capacidade de resposta espacial estão distribuídos ao longo das áreas caudal e anterior. Não obstante, embora os detalhes possam diferir entre os sistemas, o conceito básico de que os sistemas sensoriais desconstroem estímulos em determinadas características e analisam cada tipo em vias separadas se mantém.

O córtex cerebral modula o processamento nas áreas auditivas subcorticais

Uma característica intrigante de todas as áreas corticais e que também se aplica ao sistema auditivo é sua projeção maciça para áreas mais baixas. Existem quase dez vezes mais fibras corticofugais entrando no tálamo sensorial do que axônios que se projetam do tálamo para o córtex. Projeções do córtex auditivo também inervam o colículo inferior, neurônios olivococleares, algumas estruturas ganglionares basais e mesmo o núcleo coclear dorsal.

Algum esclarecimento sobre as possíveis funções dessas vias de retroalimentação tem vindo de estudos realizados no sistema auditivo de morcegos. O silenciamento de áreas corticais específicas de frequência leva a respostas diminuídas no tálamo e colículo inferior nas áreas específicas de frequência correspondentes, enquanto a ativação de projeções corticais aumenta e refina as respostas de alguns neurônios. O córtex auditivo pode, portanto, ajustar e melhorar de modo ativo o processamento do sinal auditivo nas estruturas subcorticais. Uma variedade de evidências sugere que a retroalimentação cortical também ocorre em outros mamíferos. Isso põe em dúvida a concepção das vias sensoriais ascendentes como circuitos puramente alimentadores do córtex e sugerem que o tálamo e o córtex deveriam ser considerados como circuitos altamente interconectados, nos quais o córtex exerce certo controle, de cima para baixo, da percepção.

O córtex cerebral forma representações sonoras complexas

O córtex auditivo usa códigos temporais e de frequência para representar sons que variam no tempo

Uma função importante do sistema auditivo é representar sons que variam no tempo em várias escalas de tempo, de alguns milissegundos a dezenas e centenas de milissegundos ou até mais. No nervo auditivo, os padrões de disparo dos neurônios espelham amplamente a estrutura temporal dos sons, disparando em fase com os sons até o limite da sincronia de fase. A precisão dessa representação neural baseada no tempo diminui gradualmente à medida que a informação ascende em direção ao córtex auditivo devido à integração sináptica que ocorre no soma e nos dendritos.

O limite superior da sincronia de fase para sons periódicos diminui progressivamente ao longo da via auditiva ascendente de aproximadamente 3.000 Hz no nervo auditivo para menos de aproximadamente 300 Hz no corpo geniculado medial no tálamo e menos de 100 Hz em A1. O limite superior da sincronia de fase em A1 é semelhante ao encontrado nas áreas visuais e somatossensoriais primárias do córtex. No córtex auditivo, o padrão de disparo temporal sozinho é inadequado para representar toda a gama de sons variantes no tempo que são percebidos por humanos e animais.

Os neurônios corticais usam um método alternativo para representar sons variantes no tempo que mudam mais rapidamente do que o limite superior da sincronia de fase em A1. Quando um animal ouve uma sequência de cliques periódicos, dois tipos de respostas neurais são observados em A1. Uma população de neurônios exibe disparos periódicos com sincronia de fase em resposta a salvas de cliques com longos intervalos entre cliques ou sons de variação lenta, mas não para salvas de cliques com intervalos curtos entre cliques ou sons de variação rápida (**Figura 28-12A**). A segunda população de neurônios não responde a salvas de cliques em longos intervalos entre cliques, mas dispara cada vez mais rapidamente à medida que o intervalo entre cliques se torna mais curto (**Figura 28-12B**). Essas duas populações de neurônios A1, chamadas de *sincronizadas* e *não sincronizadas*, respectivamente, têm propriedades de resposta complementares. Os neurônios da população sincronizada *explicitamente* representam eventos sonoros de

A Respostas sincronizadas (responsiva a longos intervalos)
B Respostas não sincronizadas (responsiva a curtos intervalos)
C Transformação do CGM para A1

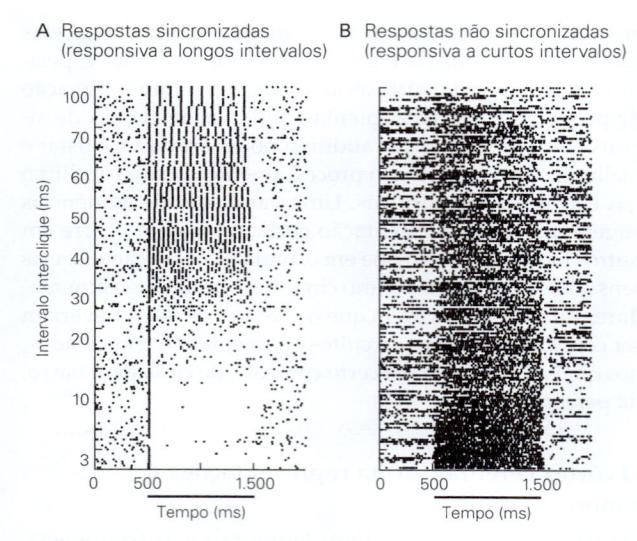

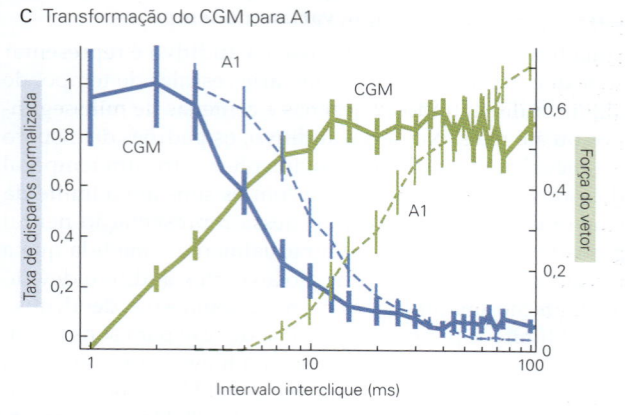

FIGURA 28-12 Codificação temporal e de frequência de sons variantes no tempo.

A. Respostas sincronizadas por estímulo de um neurônio a salvas de cliques periódicos registrados de A1 de um sagui acordado. A barra horizontal abaixo do eixo *x* indica a duração do estímulo. (Adaptada, com autorização, de Lu, Liang e Wang, 2001. Copyright © 2001 Springer Nature.)

B. Respostas não sincronizadas de um neurônio a salvas de cliques periódicos registrados de A1 em um sagui acordado. (Adaptada, com autorização, de Lu, Liang e Wang, 2001. Copyright © 2001 Springer Nature.)

C. Comparação das propriedades de resposta temporal entre o córtex auditivo primário (**A1**) e o corpo geniculado medial do tálamo (**CGM**). As respostas sincronizadas por estímulos são quantificadas pela força do vetor, uma medida da força da sincronia de fase (*phase-locking*). As respostas não sincronizadas são quantificadas pela taxa (frequência) de disparos normalizada (curvas de dados identificadas como taxas de A1 e CGM). As barras de erro representam o erro padrão da média. (Adaptada, com autorização, de Bartlett e Wang, 2007.)

ocorrência lenta por disparo neural sincronizado (um código temporal), enquanto os neurônios da população não sincronizada *implicitamente* representam eventos sonoros de rápida mudança por alterações nas frequências médias de disparo (um código de frequência).

Os neurônios não sincronizados foram observados no córtex auditivo de primatas e roedores acordados. Em A1, a representação neural muda de um código temporal para um código de frequência no intervalo entre cliques de cerca de 25 ms, correspondendo a uma taxa de repetição de aproximadamente 40 Hz (**Figura 28-12A,B**). Isso está perto do limite em que nossa percepção de uma salva de cliques periódico muda de "discreto" para "contínuo".

A combinação de códigos temporais e de frequência para representar toda a gama de sons variantes no tempo é consequência de uma transformação progressiva que se inicia no nervo auditivo, onde apenas um código temporal (sincronia de fase [*phase-locking*]) está disponível. A redução progressiva do limite superior da sincronia de fase ao longo da via auditiva ascendente é acompanhada pelo surgimento de representações baseadas na taxa de disparos. No corpo geniculado medial do tálamo, a interseção entre os códigos temporal e de frequência ocorre em um intervalo entre cliques mais curto do que em A1 (**Figura 28-12C**). Isso indica que os neurônios no corpo geniculado medial podem ter sincronia de fase de onda para sons que variam no tempo mais rapidamente do que os neurônios A1, mas ainda utilizam um código de frequência para representar sons que mudam rapidamente além do limite da sincronia de fase.

A prevalência de neurônios codificadores de frequência em A1 tem importantes implicações funcionais. Isso mostra que uma transição considerável da codificação temporal para a codificação de frequência ocorreu no momento em que os sinais auditivos atingem o córtex auditivo. A importância das respostas neurais não sincronizadas é que elas representam informações temporais transformadas em vez de preservadas. Isso sugere que o processamento cortical de fluxos de som opera na forma de segmento a segmento, e não momento a momento, como encontrado no nervo auditivo. Isso é necessário para integração complexa porque as tarefas de processamento de nível superior exigem integração temporal durante uma janela de tempo. A redução em A1 do limite superior da sincronia de fase é um pré-requisito para a integração multissensorial no córtex cerebral. A informação auditiva é codificada na periferia a uma taxa de modulação temporal muito mais rápida do que a informação visual ou tátil, mas a sincronia de fase é semelhante nas áreas sensoriais primárias do córtex. A desaceleração do limite de sincronia de fase ao longo da via auditiva ascendente e a transição concomitante de um código temporal para um código de frequência são necessárias para que a informação auditiva seja integrada no córtex cerebral com informações de outras modalidades sensoriais que são intrinsecamente mais lentas.

Os primatas têm neurônios corticais especializados que codificam tom e harmônicos

A percepção do tom é crucial para a percepção da fala e da música e para o reconhecimento de objetos auditivos em um ambiente acústico complexo. O tom é que permite que sons periódicos harmonicamente estruturados sejam percebidos e ordenados em uma escala musical. O tom traz informações linguísticas cruciais em idiomas tonais, como chinês e informações prosódicas em idiomas europeus.

Usamos o tom para identificar uma voz específica de um fundo barulhento em uma festa. Ao ouvir uma orquestra, ouvimos a melodia do solista sobre o fundo dos instrumentos de acompanhamento.

Um fenômeno importante para a compreensão do tom é a percepção da "fundamental ausente", também chamada de tom residual. Quando os harmônicos de uma frequência fundamental são tocados juntos, o tom é percebido como a frequência fundamental, mesmo que a frequência fundamental esteja ausente. Por exemplo, os harmônicos da frequência fundamental de 200 Hz estão em 400, 600, 800 Hz e assim por diante. Tocar as frequências de 400, 600 e 800 Hz juntas gerará uma percepção de tom de 200 Hz, mesmo que um componente de frequência distinto de 200 Hz não esteja fisicamente presente no som. Encontramos esse fenômeno rotineiramente quando ouvimos música em alto-falantes pequenos demais para gerar sons em baixas frequências.

Muitas combinações de frequências podem dar origem a uma frequência fundamental comum ou tom, tornando-se uma pista auditiva particularmente valiosa. Isso é especialmente útil quando o tom transmite informações comportamentais importantes, como no caso da fala humana ou vocalizações de animais. Os sons propagados pelo ambiente podem se degradar espectralmente, perdendo frequências altas ou baixas. Embora essa filtragem espectral distorça a informação espectral, a percepção da fundamental ausente é robusta, apesar da perda de alguns componentes harmônicos.

A capacidade de perceber o tom não é exclusiva dos humanos; aves, felinos e macacos também podem escolher o tom. Os macacos são capazes de discriminação de tom espectral, reconhecimento de melodia e generalização de oitava, cada um dos quais requer a percepção de tom. Os macacos saguis (*Callithrix jacchus*), uma espécie de primata do Novo Mundo altamente vocal, cujo alcance auditivo é semelhante ao dos humanos, exibem uma percepção de tom semelhante à humana. Os saguis são capazes de discriminar uma fundamental ausente em sons harmônicos com uma precisão tão pequena quanto um semitom para a periodicidade acima de 440 Hz.

Dado que tanto os humanos quanto alguns animais percebem um tom que se generaliza em uma variedade de sons com a mesma periodicidade (incluindo sons harmônicos com uma fundamental ausente), é razoável esperar que alguns neurônios extraiam o tom de sons complexos. Xiaoqin Wang e colaboradores descobriram há uma década que uma pequena região no córtex auditivo de saguis contém "neurônios seletivos de tom". Esses neurônios são sintonizados em tons puros com a frequência ótima e respondem a harmônicos complexos com uma frequência fundamental próxima de sua frequência ótima, mesmo quando os harmônicos estão fora da área de resposta de frequência excitatória do neurônio (**Figura 28-13A**).

FIGURA 28-13 O tom é codificado por neurônios especializados no córtex auditivo de primatas.

A. Um exemplo de um neurônio seletivo a tom registrado no córtex auditivo do sagui. *À esquerda*: Espectros de frequência de uma série de estímulos harmônicos que compartilham a mesma frequência fundamental (f_0). *À direita*: Histograma de tempo de periestímulo da resposta do neurônio aos estímulos (duração do estímulo indicada pela região sombreada). (Adaptada, com autorização, de Bendor e Wang, 2005. Copyright © 2005 Springer Nature.)

B. Organização anatômica do córtex auditivo do sagui e a localização do centro de um tom. **Parte superior:** Vista lateral do cérebro do sagui. **Parte inferior:** Mapa tonotópico do córtex auditivo esquerdo caracterizado em um sagui. Os neurônios seletivos a tom (**quadrados pretos**) estão agrupados perto da borda de baixa frequência entre A1 e a área R (córtex auditivo rostral). As inversões de frequência indicam as fronteiras entre A1/R e R/RT (córtex auditivo rostrotemporal). (Sigla: **FO**, frequência ótima.) (Adaptada de Bendor e Wang, 2005. Copyright © 2005 Springer Nature.)

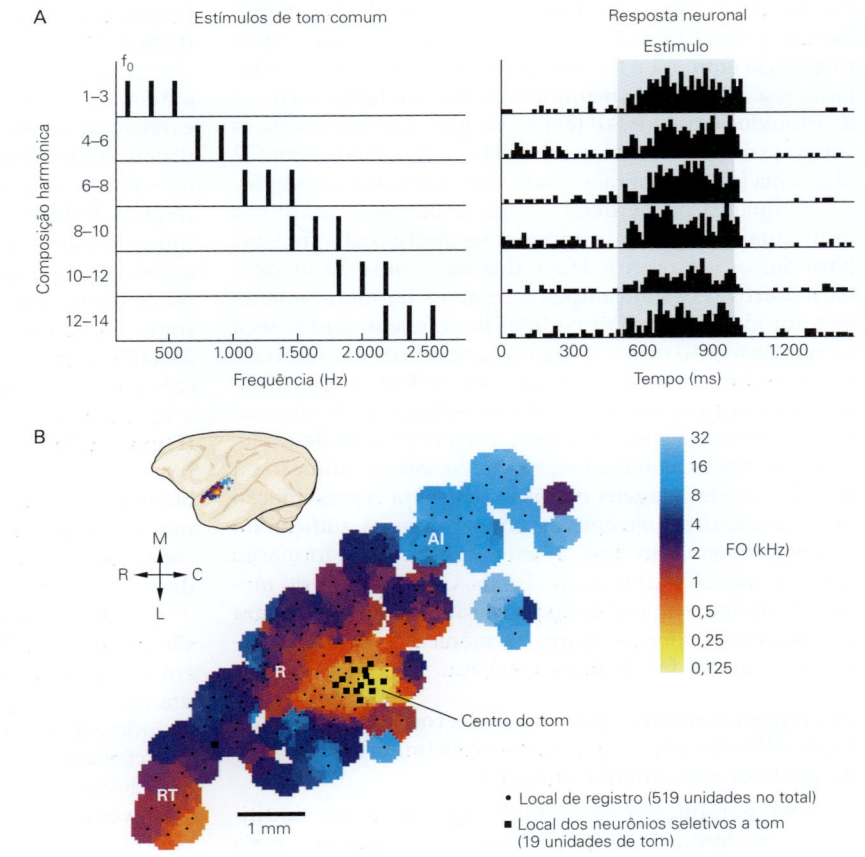

Um neurônio com seleção de tom responde a sons evocadores por tom (p. ex., sons harmônicos, salvas de cliques) quando o tom está próximo da frequência ótima preferida do neurônio. Neurônios seletivos de tom aumentam suas taxas de disparo à medida que a saliência comportamental do tom aumenta e esses neurônios preferem sons periódicos a sons aperiódicos. É importante notar que os neurônios seletivos de tom em saguis, que extraem e codificam o tom embutido em sons harmônicos (uma computação altamente não linear), são distintamente diferentes dos neurônios em áreas subcorticais ou A1 que meramente "refletem" informações sobre o tom em seus padrões de disparo.

A região que contém os neurônios seletivos ao tom em saguis está confinada às margens de frequência baixa de A1, ao córtex auditivo rostral (área R) e às áreas do cinturão lateral (**Figura 28-13B**). Estudos de neuroimagem em humanos identificaram uma região restrita na extremidade lateral do giro de Heschl, anterolateral a A1, que extrai o tom de sons complexos harmônicos e é sensível a mudanças na saliência do tom. A localização dessa região reflete a localização do centro de tom em saguis (**Figura 28-13B**).

As regiões centrais do córtex auditivo em saguis também contêm uma classe de neurônios modelo harmônicos que respondem fracamente ou nada a tons puros ou combinações de dois tons, mas respondem fortemente a combinações particulares de múltiplos harmônicos. Os neurônios do modelo harmônico mostram tanto respostas mais fortes a sons harmônicos do que sons inarmônicos como seletividade para estruturas harmônicas particulares. Em contraste com os neurônios seletivos de tom que estão localizados dentro de uma pequena região cortical lateral à margem de baixa frequência entre A1 e R e têm frequências características inferiores a 1.000 Hz, os neurônios do modelo harmônico são distribuídos em A1 e R e têm as frequências características variando de aproximadamente 1 kHz a aproximadamente 32 kHz, uma faixa que abrange toda a faixa auditiva dos saguis.

Enquanto na periferia as fibras nervosas auditivas individuais codificam componentes individuais de sons harmônicos, as propriedades dos neurônios do modelo harmônicos revelam campos receptivos harmonicamente estruturados para extrair padrões harmônicos. A mudança na representação neural dos sons harmônicos das fibras do nervo auditivo para o córtex auditivo reflete um princípio de codificação neural nos sistemas sensoriais. Neurônios em vias sensoriais transformam a representação de características físicas, como a frequência de sons na audição ou luminância de imagens na visão, em uma representação de características perceptivas, como o tom na audição ou a curvatura na visão. Tais características levam à formação das percepções auditivas ou visuais. Os neurônios do modelo harmônico no córtex auditivo são fundamentais para processar sons com estruturas harmônicas, como vocalizações de animais, fala humana e música.

Morcegos insetívoros possuem áreas corticais especializadas para aspectos dos sons importantes do ponto de vista comportamental

Embora geralmente se suponha que as áreas auditivas a montante desempenham funções cada vez mais especializadas relacionadas à audição, pouco se sabe sobre as funções dos relés seriais no sistema auditivo quando comparado com o sistema visual. Em seres humanos, um dos aspectos mais importantes da audição é seu papel no processamento da linguagem, mas sabe-se relativamente pouco sobre como os sons da fala são analisados pelos circuitos nervosos. Novas técnicas de imagem do encéfalo humano estão gradativamente provendo informações sobre a especialização funcional das áreas corticais associadas à linguagem (Capítulo 55).

Evidência para análise especializada de sinais auditivos complexos no córtex cerebral vem de estudos de morcegos insetívoros. Esses animais encontram suas presas quase totalmente por meio da *ecolocalização*, emitindo pulsos de som ultrassônicos que são refletidos pelos insetos voadores. Os morcegos analisam o tempo de chegada e a estrutura dos ecos para localizar e identificar os alvos, de modo que áreas auditivas separadas são dedicadas ao processamento de diferentes aspectos dos ecos.

Muitos morcegos, como o morcego-de-bigode, estudado por Nobuo Suga e colaboradores, emitem pulsos ecolocalizadores com dois componentes. Um componente de *frequência constante* (FC) inicial consiste em vários sons harmonicamente relacionados. Esses harmônicos são emitidos de forma estável por dezenas a centenas de milissegundos, de maneira similar aos sons das vogais humanas. O componente de frequência constante é seguido por um som que diminui acentuadamente em frequência, o componente de *frequência modulada* (FM), que se assemelha à frequência de mudanças rápidas das consoantes humanas (**Figura 28-14A**).

Os sons de FM são usados para determinar a distância até o alvo. O morcego mede o intervalo entre o som emitido e o eco que retorna, o qual corresponde a uma determinada distância, com base na velocidade relativamente constante do som. Neurônios na área de FM-FM do córtex auditivo (**Figura 28-14B**) respondem preferencialmente a pares de pulso-eco separados por um atraso específico. Além disso, esses neurônios respondem melhor a determinadas combinações de sons do que a sons individuais isolados; tais neurônios são chamados de *detectores de características* (**Figura 28-14C**). A área FM-FM contém uma série de tais detectores, com atrasos preferenciais variando sistematicamente de 0,4 a 18 ms, correspondendo a intervalos alvo de 7 a 280 cm (**Figura 28-14B**). Esses neurônios são organizados em colunas, sendo que cada uma delas responde a uma dada combinação de frequência de estímulo e atraso. Dessa forma, o morcego, tal qual a coruja-de-igreja em seu colículo inferior, consegue representar uma característica acústica que não é diretamente representada pelos receptores sensoriais.

Os componentes de FC dos chamados dos morcegos são usados para determinar a velocidade relativa do alvo em relação ao animal e a imagem acústica do alvo. Quando um morcego que usa o expediente da ecolocalização está voando em direção a um inseto, os sons refletidos pelo inseto chegam à orelha do morcego em uma frequência mais alta, devido ao efeito Doppler, uma vez que o morcego está se movendo em direção às ondas sonoras que são refletidas pelo alvo, causando uma aceleração relativa dessas ondas

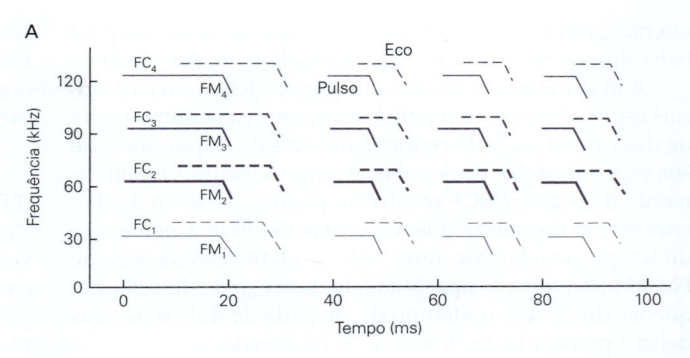

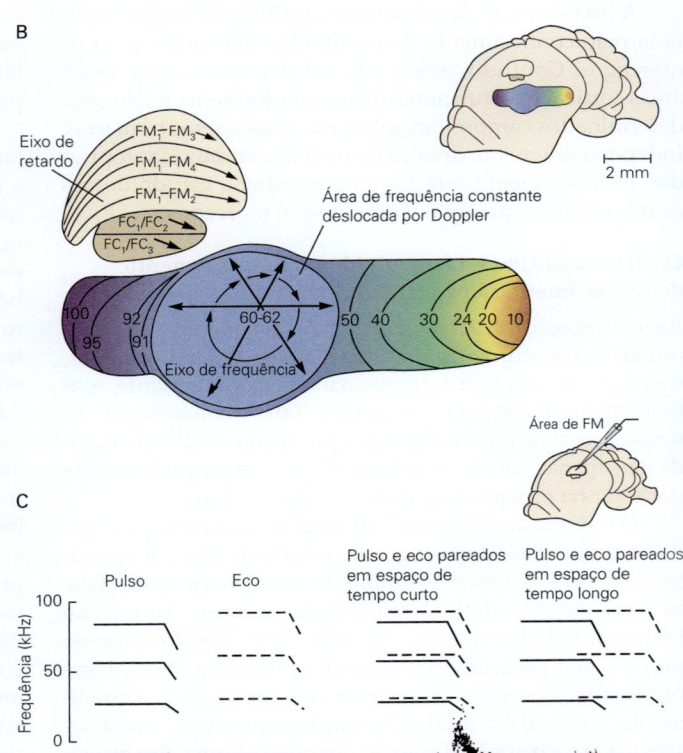

FIGURA 28-14 O sistema auditivo do morcego possui áreas especializadas para localizar sons.
A. Um sonograma dos chamados (emissões de ondas ultrassônicas) de um animal (**linhas sólidas**) e dos ecos resultantes (**linhas tracejadas**) ilustra os dois componentes do chamado: um sinal prolongado, de frequência constante (**FC**) e harmonicamente relacionado, e outro, caracterizado como um sinal breve de frequência modulada (**FM**). A duração dos chamados declina à medida que o animal se aproxima de seu alvo. (Adaptada, com autorização, de Suga, 1984.)
B. Uma visão do hemisfério cerebral do morcego-de-bigode mostra três áreas funcionais do córtex auditivo. A área de FM é onde a distância do alvo é calculada; a área de FC é onde a velocidade do alvo é calculada, e a área de deslocamento Doppler de FC é especializada na identificação de pequenos objetos voadores. A representação cortical expandida de sinais FCs deslocados por Doppler na faixa próxima ao segundo harmônico da frequência do chamado (60-62 kHz) constitui a "fóvea" acústica. (Adaptada, com autorização, de Suga, 1984.)
C. O neurônio sensível a uma combinação FM-FM mostrado não responde de forma significativa a pulsos ou ecos isolados, mas responde intensamente a um pulso-eco pareado. No entanto, o neurônio também é sensível à latência entre o pulso e o eco, como pode ser visto no registro da direita, em que o neurônio não responde a uma combinação de pulso-eco, cujo pareamento não é tão próximo. (Adaptada, com autorização, de Suga et al., 1983.)

em sua orelha. De modo semelhante, um inseto afastando-se, em fuga, causaria reflexões de frequência mais baixa na orelha do morcego. Os neurônios da área de FC-FC (**Figura 28-14B**) são altamente sintonizados a uma combinação de frequências próximas à frequência emitida ou a seus harmônicos. Cada neurônio responde melhor à combinação de um pulso de uma determinada frequência fundamental com um eco correspondente ao primeiro ou segundo harmônico do pulso, este em uma frequência um pouco mais baixa, em função do efeito Doppler. Como na área de FM-FM, os neurônios não respondem ao pulso ou ao eco sozinhos, mas à combinação de dois sinais de FC.

Os neurônios de FC-FC estão dispostos em colunas, cada uma codificando uma dada combinação de frequências. Essas colunas estão dispostas regularmente ao longo da superfície cortical, com a frequência fundamental ao longo de um eixo e os harmônicos de eco ao longo de um eixo perpendicular. Esse sistema de coordenadas de frequência dupla cria um mapa no qual uma localização específica corresponde a uma modificação na frequência por efeito Doppler e, portanto, a uma velocidade particular do alvo, que varia sistematicamente de –2 m/s a 9 m/s.

Os componentes de FC dos ecos que retornam também são usados para uma análise de frequência detalhada da imagem acústica, a qual se supõe que seja importante para sua identificação. Uma área cortical denominada área de frequência constante deslocada por Doppler (DSCF, do inglês *Doppler-shifted constant-frequency*) do morcego-de-bigode é uma expansão significativa da representação do córtex auditivo primário de frequências entre 60 kHz e 62 kHz, correspondendo bem ao conjunto de ecos que retorna do principal componente de FC do chamado do morcego (**Figura 28-14B**). Dentro da área DSCF, os neurônios individuais são extremamente sintonizados à frequência, de modo que alterações mínimas na frequência, como as causadas pelo bater de asas de uma mariposa, são facilmente detectadas.

A inativação transitória de algumas dessas áreas corticais especializadas enquanto o morcego realiza uma tarefa de discriminação fornece fortes indícios da importância de sua especialização funcional no comportamento. O silenciamento da região DSCF resulta no prejuízo seletivo da discriminação fina de frequências, mas mantém a percepção do tempo intacta. Por outro lado, a inativação da área de FM-FM prejudica a capacidade do morcego de detectar pequenas diferenças no tempo de chegada de dois ecos, mas deixa a percepção das frequências inalterada.

A investigação desse sistema auditivo foi muito facilitada pelo conhecimento dos estímulos relevantes para os morcegos. Contudo, ainda não foi determinado se essas áreas corticais são funcional ou anatomicamente análogas a determinados campos em gatos, macacos e seres humanos. Independentemente disso, a escolha de estímulos apropriados provavelmente será tão importante no estudo dessas outras espécies quanto nos estudos em morcegos.

O córtex auditivo está envolvido no processamento de retroalimentação vocal durante a fala

A comunicação vocal envolve tanto a fala quanto a audição, muitas vezes ocorrendo simultaneamente. Quando falamos, o som da nossa voz é entregue não apenas ao ouvinte, mas também às nossas próprias orelhas. Tal retroalimentação ao nosso sistema auditivo durante a produção vocal é conduzida não apenas pelo ar, mas também pelo osso e pode ser alta por estar na proximidade da boca e das orelhas.

O sistema auditivo deve distinguir uma percepção auditiva autogerada de uma gerada externamente. Para monitorar os sons externos do ambiente acústico durante a fala, os sons autogerados devem ser mascarados. Ao mesmo tempo, o sistema auditivo também deve monitorar nossa própria voz para detectar erros na produção vocal. Uma representação precisa da própria voz por meio da retroalimentação vocal é crucial para manter a produção vocal desejada e para o aprendizado de um novo idioma. Em humanos e animais, as perturbações da retroalimentação vocal podem levar a alterações na produção vocal, e as interrupções ou bloqueios da retroalimentação vocal podem resultar em degradação na aprendizagem vocal.

A evidência para o envolvimento do córtex auditivo no processamento de retroalimentação vocal vem de estudos em humanos e em animais. As respostas no córtex auditivo de humanos à sua própria voz enquanto falam são menores do que as respostas à reprodução dos mesmos sons. Essa redução pode ser observada em registros eletrocorticográficos (ECoG) (**Figura 28-15A**) ou com uma variedade de métodos de imagem (p. ex., IRMf, PET, magnetencefalografia [MEG]).

Registros de um único neurônio do córtex auditivo de macacos vocalizadores mostraram que vocalizações autoiniciadas resultam na supressão de respostas corticais tanto às vocalizações dos próprios macacos, como de sons nas orelhas durante a vocalização e também de atividade espontânea (**Figura 28-15B**). Como em muitos casos as taxas de disparo são suprimidas abaixo da atividade espontânea, a supressão é provavelmente causada pela inibição.

Neurônios suprimidos por vocalizações autoiniciadas mostram sintonia de frequência e intensidade, como é típico dos neurônios corticais auditivos, e respondem à reprodução de vocalizações.

A supressão induzida pela vocalização começa várias centenas de milissegundos antes do início da vocalização (**Figura 28-15B**), sugerindo que esses neurônios recebem sinais modulatórios originados em circuitos de produção vocal. Em humanos, a produção vocal é realizada por áreas corticais no lobo frontal, desde a área de Broca até o córtex pré-motor e motor. Em humanos e macacos, foram descritos os axônios do córtex pré-motor para as regiões auditivas do giro temporal superior e, presumivelmente, mediam a supressão induzida pela vocalização. Essa conexão modulatória não está ativa quando humanos ou macacos simplesmente ouvem sons vocais tocados para eles.

Por que suprimimos nosso córtex auditivo quando falamos? Uma resposta simples é que essa supressão ajuda a reduzir o efeito de mascaramento de nossa própria voz, que pode ser muito alta. Uma resposta mais interessante é que essa supressão resulta de uma rede de monitoramento de retroalimentação vocal no córtex auditivo. Em humanos, há menos ou nenhuma supressão do córtex auditivo se a retroalimentação vocal for experimentalmente alterada por meio de fones de ouvido, por exemplo, quando o tom da voz é alterado (**Figura 28-15A**). Em saguis, os neurônios suprimidos por vocalizações autoiniciadas podem se tornar menos suprimidos ou até mesmo excitados quando o animal ouve suas próprias vocalizações com mudança de frequência (**Figura 28-15C**). Essa sensibilidade às perturbações da retroalimentação sugere que os neurônios que exibem supressão induzida por vocalização fazem parte de uma rede responsável por monitorar os sinais de retroalimentação vocal. A presença de atividade neural relacionada à retroalimentação vocal no córtex auditivo de humanos e macacos sugere que o córtex auditivo combina tanto a modulação interna quanto as respostas de retroalimentação vocal, em vez de simplesmente responder aos sinais sensoriais vindos das orelhas.

Nem todos os neurônios no córtex auditivo são suprimidos pela fala ou vocalização. Uma proporção menor (cerca de 30%) de neurônios A1 no sagui aumenta suas respostas durante as vocalizações autoiniciadas, consistente com suas características de resposta auditiva. Em contraste com a supressão induzida pela vocalização, a excitação relacionada à vocalização começa após o início da vocalização e é provavelmente o resultado da retroalimentação através da via auditiva ascendente. A excitação relacionada à vocalização pode ajudar a manter a sensibilidade do córtex auditivo ao ambiente acústico externo durante a fala ou vocalização.

A supressão das respostas auditivas induzida pela vocalização foi observada em várias estruturas subcorticais de mamíferos, incluindo o tronco encefálico e o colículo inferior. Essa supressão começa alguns milissegundos antes ou é sincronizada com a produção vocal. Em contraste, a supressão cortical começa várias centenas de milissegundos antes do início vocal. É possível que a supressão subcortical das respostas auditivas durante a fala ou vocalização seja iniciada por comandos corticais.

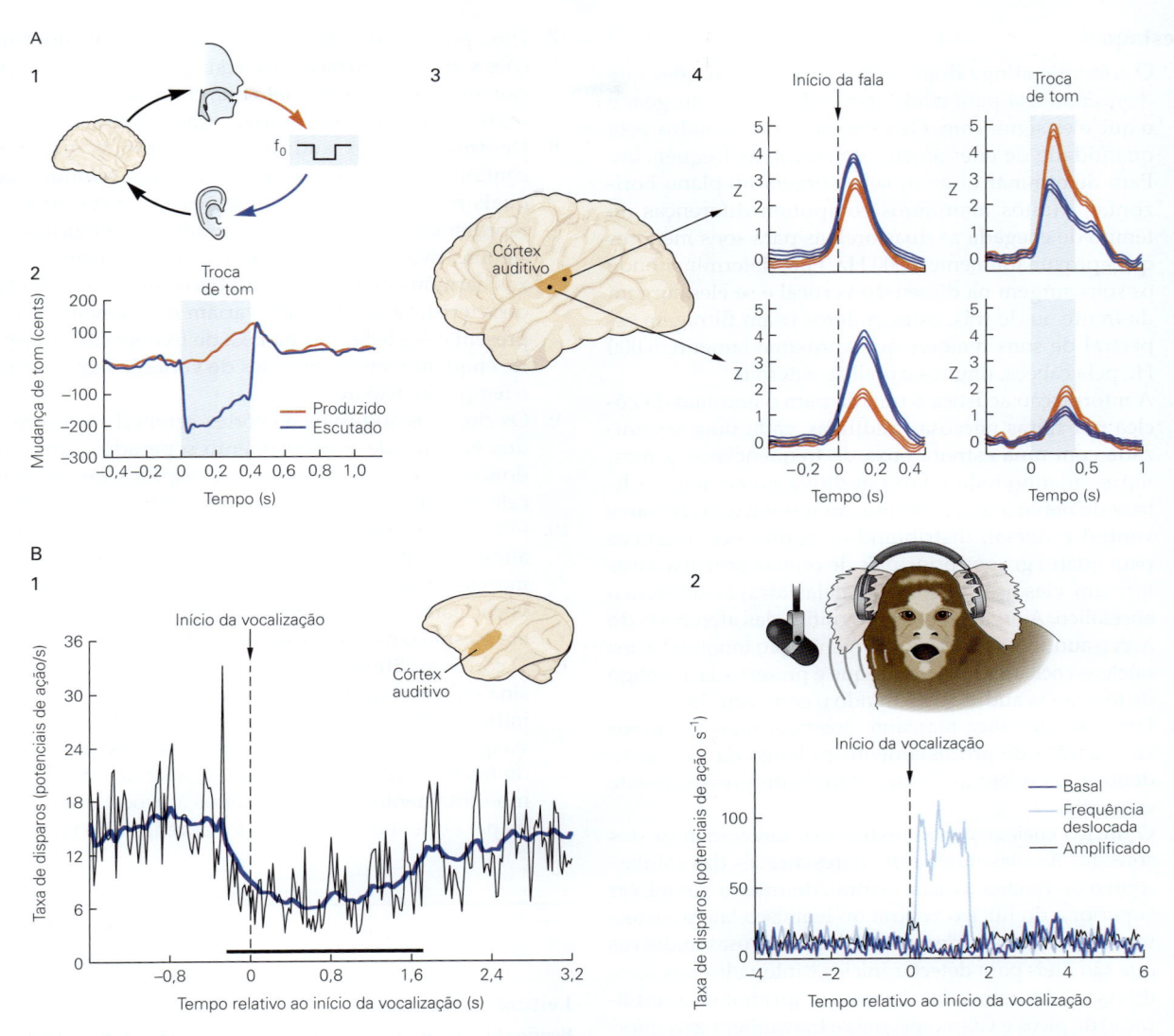

FIGURA 28-15 Processamento de retroalimentação vocal no córtex auditivo.

A. Exemplos de supressão induzida por vocalização e sensibilidade à perturbação de tom no córtex cerebral humano. **1.** As vocalizações de um sujeito (**seta vermelha**) passavam por um processador de sinal digital que mudava o tom e fornecia uma retroalimentação auditiva distorcida (**seta azul**) aos fones de ouvido do sujeito. **2.** O rastreamento do tom de um exemplo de teste mostra o tom registrado pelo microfone (produzido) e o tom transmitido aos fones de ouvido (ouvido). A região sombreada indica o intervalo de tempo em que o processador de sinal mudou o tom em −200 centavos (1 centavo = 1/1.200 oitava). **3.** As localizações dos eletrodos de registro a partir de dois locais no córtex auditivo na superfície do giro temporal superior. **4.** A variável Z representa a potência na faixa de 50 a 150 Hz (γ alto) da atividade cortical, que demonstrou estar bem correlacionada com a atividade de disparo neuronal. Isso foi extraído dos sinais registrados em cada eletrodo nas condições de fala (**vermelho**) e escuta (**azul**). As linhas verticais na coluna esquerda dos gráficos indicam o início da vocalização e as regiões sombreadas na coluna direita dos gráficos indicam o início e o deslocamento da perturbação. A resposta do córtex auditivo de um sujeito à sua própria vocalização autoproduzida é geralmente menor do que a resposta observada quando o sujeito ouve passivamente a reprodução da mesma vocalização (*coluna esquerda*). A resposta do córtex auditivo à perturbação durante a fonação ativa (fala) é aumentada (*coluna direita*). (Adaptada, com autorização, de Houde e Chang, 2015.)

B. 1. Supressão da atividade neural induzida pela vocalização no córtex auditivo do sagui. A taxa de disparo média da população de todas as respostas com supressão de vocalização são alinhadas pelo início vocal (um chamado "Phee"). A **linha azul** é uma média móvel (janela de 100 ms) e mostra que a supressão começa antes da vocalização (indicada pela **seta**). A **barra grossa** indica o período durante o qual a supressão é continuamente significativa ($P < 0,05$). (Adaptada, com autorização, de Eliades e Wang, 2003.)

2. Neurônios sujeitos à supressão induzida por vocalização são sensíveis a perturbações de retroalimentação vocal. **Parte superior:** Vocalizações autoproduzidas com ou sem alterações de retroalimentação foram fornecidas ao sagui através de um fone de ouvido personalizado. **Parte inferior:** Este neurônio cortical auditivo foi suprimido durante a vocalização normal (**azul-escuro**), mas mostrou um grande aumento na taxa de disparo quando a retroalimentação auditiva da vocalização foi deslocada no domínio da frequência (**azul-claro**). A amplificação da retroalimentação auditiva por si só não gerou alterações na taxa de disparo (**preto**). (Adaptada, com autorização, de Eliades e Wang, 2008; Crapse e Sommer, 2008.)

Destaques

1. O som que atinge duas orelhas traz informações que o encéfalo usa para computar onde os sons surgem e o que eles significam. Os sons são caracterizados pela quantidade de energia em uma ou mais frequências. Para determinar onde os sons surgem no plano horizontal, muitos mamíferos computam diferenças no tempo de chegada às duas orelhas para sons menores que aproximadamente 3.000 Hz. Para determinar onde os sons surgem na dimensão vertical e se eles surgem da frente ou de trás, os mamíferos usam filtragem espectral de sons maiores que aproximadamente 6.000 Hz pela cabeça, ombros e orelhas externas.

2. A informação acústica é trazida para o encéfalo da cóclea por fibras nervosas auditivas, cada uma sintonizada com uma estreita faixa de frequências e, juntas, representando toda a faixa auditiva do animal. As fibras do nervo auditivo terminam nos núcleos cocleares ventral e dorsal, distribuindo informações acústicas para quatro grupos principais de células principais que formam vias ascendentes paralelas através do tronco encefálico. A organização topográfica das aferências do nervo auditivo confere uma organização tonotópica aos núcleos cocleares ipsilaterais que é preservada ao longo de toda a via auditiva, incluindo o córtex auditivo.

3. Uma característica marcante dos neurônios auditivos em estações de processamento ao longo da via ascendente é sua seletividade de estímulo progressivamente crescente.

4. O núcleo coclear ventral extrai três características dos sons: (a) As vias monoauriculares através das células-polvo do núcleo coclear ventral, do núcleo paraolivar superior e do núcleo ventral do lemnisco lateral detectam disparos coincidentes de fibras nervosas auditivas que são úteis para detectar inícios e intervalos nos sons. (b) As células estreladas detectam e aprimoram a codificação de picos e vales espectrais e transmitem essa informação espectral para o núcleo coclear dorsal, neurônios olivococleares no núcleo ventral do lemnisco lateral, núcleo ventral do lemnisco lateral, colículo inferior e tálamo. A informação espectral é usada para entender o significado dos sons e para localizar suas fontes. (c) Células em arbusto refinam e transmitem informações sobre a estrutura fina dos sons, que é usada nas vias biauriculares através dos núcleos olivares superior medial e lateral para fazer as comparações interauriculares de tempo e intensidade dos sons nas duas orelhas, que são usadas para localizar fontes de som ao longo do azimute.

5. O núcleo coclear dorsal integra sinais acústicos com informações somatossensoriais em suas células principais. A informação somatossensorial ajuda a distinguir as pistas espectrais geradas pelos próprios movimentos de um animal, que são biologicamente desinteressantes, daquelas que surgem do ambiente.

6. As vias auditivas do tronco encefálico convergem no colículo inferior. O colículo inferior fornece informações acústicas através do corpo geniculado medial do tálamo para o córtex auditivo.

7. Uma projeção do colículo inferior transporta informações sobre a localização dos sons para o colículo superior, uma parte do encéfalo que controla os movimentos reflexivos de orientação da cabeça e dos olhos.

8. Dentro do córtex auditivo, os neurônios auditivos continuam a se tornar mais seletivos aos estímulos aos quais respondem. As sub-regiões do córtex auditivo representam diferentes características biologicamente significativas, como o tom de tons que formam complexos harmônicos. O córtex auditivo também transforma características de sons que variam rapidamente em representações baseadas na taxa de frequência de disparo, enquanto representa sons de variação lenta usando o tempo do disparo.

9. Os circuitos auditivos no córtex cerebral são segregados em vias de processamento separados, com vias dorsais e ventrais relacionados, respectivamente, à localização do som no espaço e à identificação do som.

10. O córtex cerebral modula o processamento em áreas auditivas subcorticais. As projeções do córtex auditivo inervam o tálamo, o colículo inferior, os neurônios olivococleares, algumas estruturas ganglionares basais e até mesmo o núcleo coclear dorsal.

11. O córtex auditivo está envolvido no processamento de sinais de retroalimentação vocal durante a fala. Falar induz a supressão da atividade neural no córtex auditivo que começa várias centenas de milissegundos antes do início vocal. Essa supressão resulta de uma rede de monitoramento de retroalimentação vocal que funciona para orientar a produção e o aprendizado vocal.

Donata Oertel
Xiaoqin Wang

Leituras selecionadas

Bendor DA, Wang X. 2005. The neuronal representation of pitch in primate auditory cortex. Nature 436:1161–1165.

Chase SM, Young ED. 2006. Spike-timing codes enhance the representation of multiple simultaneous sound-localization cues in the inferior colliculus. J Neurosci 26:3889–3898.

Eliades SJ, Wang X. 2008. Neural substrates of vocalization feedback monitoring in primate auditory cortex. Nature 453:1102–1106.

Gao E, Suga N. 2000. Experience-dependent plasticity in the auditory cortex and the inferior colliculus of bats: role of the corticofugal system. Proc Natl Acad Sci U S A 97:8081–8086.

Hofman PM, Van Riswick JG, Van Opstal AJ. 1998. Relearning sound localization with new ears. Nat Neurosci 1:417–421.

Joris PX, Smith PH, Yin TC. 1998. Coincidence detection in the auditory system: 50 years after Jeffress. Neuron 21:1235–1238.

Joris PX, Yin TCT. 2007. A matter of time: internal delays in binaural processing. Trends Neurosci 30:70–78.

Oertel D, Young ED. 2004. What's a cerebellar circuit doing in the auditory system? Trends Neurosci 27:104–110.

Schneider DM, Mooney R. 2018. How movement modulates hearing. Annu Rev Neurosci 41:553–572.

Schreiner CE, Read HL, Sutter ML. 2000. Modular organization of frequency integration in primary auditory cortex. Annu Rev Neurosci 23:501–529.

Suga N. 1990. Cortical computational maps for auditory imaging. Neural Netw 3:3–21.

Wang X. 2018. Cortical coding of auditory features. Annu Rev Neurosci 41:527–552.

Zhang LI, Bao S, Merzenich MM. 2001. Persistent and specific influences of early acoustic environments on primary auditory cortex. Nat Neurosci 4:1123–1130.

Referências

Bartlett EL, Wang X. 2007. Neural representations of temporally-modulated signals in the auditory thalamus of awake primates. J Neurophysiol 97:1005–1017.

Bendor DA, Wang X. 2006. Cortical representations of pitch in monkeys and humans. Curr Opin Neurobiol 16:391–399.

Brodal A. 1981. *Neurological Anatomy in Relation to Clinical Medicine.* New York: Oxford Univ. Press.

Cajal SR. 1909. *Histologie du Systeme Nerveux de l'Homme et des Vertebres.* Paris: A. Maloine.

Cariani PA, Delgutte B. 1996. Neural correlates of the pitch of complex tones. I. Pitch and pitch salience. J Neurophysiol 76:1698–1716.

Cohen YE, Knudsen EI. 1999. Maps versus clusters: different representations of auditory space in the midbrain and forebrain. Trends Neurosci 22:128–135.

Crapse TB, Sommer MA. 2008. Corollary discharge circuits in the primate brain. Curr Opin Neurobiol 18:552–557.

Darrow KN, Maison SF, Liberman MC. 2006. Cochlear efferent feedback balances interaural sensitivity. Nat Neurosci 9:1474–1476.

Eliades SJ, Wang X. 2003. Sensory-motor interaction in the primate auditory cortex during self-initiated vocalizations. J Neurophysiol 89:2194–2207.

Feng L, Wang X. 2017. Harmonic template neurons in primate auditory cortex underlying complex sound processing. Proc Natl Acad Sci U S A 114:E840–E848.

Gao L, Kostlan K, Wang Y, Wang X. 2016. Distinct subthreshold mechanisms underlying rate-coding principles in primate auditory cortex. Neuron 91:905–919.

Geisler CD. 1998. *From Sound to Synapse, Physiology of the Mammalian Ear.* New York: Oxford Univ. Press.

Houde JF, Chang EF 2015. The cortical computations underlying feedback control in vocal production. Curr Opin Neurobiol 33:174–181.

Hubel DH, Henson CO, Rupert A, Galambos R. 1959. Attention units in the auditory cortex. Science 129:1279–1280.

Jeffress LA. 1948. A place theory of sound localization. J Comp Physiol Psychol 41:35–39.

Kanold PO, Young ED. 2001. Proprioceptive information from the pinna provides somatosensory input to cat dorsal cochlear nucleus. J Neurosci 21:7848–7858.

King AJ. 1999. Sensory experience and the formation of a computational map of auditory space in the brain. BioEssays 21:900–911.

King AJ, Bajo VM, Bizley JK, et al. 2007. Physiological and behavioral studies of spatial coding in the auditory cortex. Hear Res 229:106–115.

Liberman MC. 1978. Auditory-nerve response from cats raised in a low-noise chamber. J Acoust Soc Am 63:442–455.

Lu T, Liang L, Wang X. 2001. Temporal and rate representations of time-varying signals in the auditory cortex of awake primates. Nature Neurosci 4:1131–1138.

Merzenich MM, Knight PL, Roth GL. 1975. Representation of cochlea within primary auditory cortex in the cat. J Neurophysiol 38:231–249.

Mesgarani N, Cheung C, Johnson K, Chang EF. 2014. Phonetic feature encoding in human superior temporal gyrus. Science 343:1006–1010.

Middlebrooks JC. 2005. Auditory cortex cheers the overture and listens through the finale. Nature Neurosci 8:851–852.

Musicant AD, Chan JCK, Hind JE. 1990. Direction-dependent spectral properties of cat external ear: new data and cross-species comparisons. J Acoust Soc Am 87:757–781.

Oertel D, Bal R, Gardner SM, Smith PH, Joris PX. 2000. Detection of synchrony in the activity of auditory nerve fibers by octopus cells of the mammalian cochlear nucleus. Proc Nat Acad Sci U S A 97:11773–11779.

Palmer AR, King AJ. 1982. The representation of auditory space in the mammalian superior colliculus. Nature 299:248–249.

Penagos H, Melcher JR, Oxenham AJ. 2004. A neural representation of pitch salience in nonprimary human auditory cortex revealed with functional magnetic resonance imaging. J Neurosci 24:6810–6815.

Raman IM, Zhang S, Trussell LO. 1994. Pathway-specific variants of AMPA receptors and their contribution to neuronal signaling. J Neurosci 14:4998–5010.

Rauschecker JP, Tian B. 2000. Mechanisms and streams for processing of "what" and "where" in auditory cortex. Proc Nat Acad Sci U S A 97:11800–11806.

Rauschecker JP, Tian B, Hauser M. 1995. Processing of complex sounds in the macaque nonprimary auditory cortex. Science 268:111–114.

Recanzone GH, Schreiner CE, Merzenich MM. 1993. Plasticity in the frequency representation of primary auditory cortex following discrimination training in adult owl monkeys. J Neurosci 13:87–103.

Remington ED, Wang X. 2019. Neural representations of the full spatial field in auditory cortex of awake marmoset (*Callithrix jacchus*). Cereb Cortex 29:1199–1216.

Riquimaroux H, Gaioni SJ, Suga N. 1991. Cortical computational maps control auditory perception. Science 251: 565–568.

Romanski LM, Averbeck BB. 2009. The primate cortical auditory system and neural representation of conspecific vocalizations. Annu Rev Neurosci 32:315–346.

Sadagopan S, Wang X. 2009. Nonlinear spectrotemporal interactions underlying selectivity for complex sounds in auditory cortex. J Neurosci 29:11192–11202.

Schreiner CE, Winer JA. 2007. Auditory cortex mapmaking: principles, projections, and plasticity. Neuron 56:356–365.

Scott LL, Mathews PJ, Golding NL. 2005. Posthearing developmental refinement of temporal processing in principal neurons of the medial superior olive. J Neurosci 25: 7887–7895.

Song X, Osmanski MS, Guo Y, Wang X. 2016. Complex pitch perception mechanisms are shared by humans and a New World monkey. Proc Natl Acad Sci U S A 113:781–786.

Spirou GA, Young ED. 1991. Organization of dorsal cochlear nucleus type IV unit response maps and their relationship to activation by bandlimited noise. J Neurophysiol 66:1750–1768.

Suga N, O'Neill WE, Kujirai K, Manabe T. 1983. Specificity of combination-sensitive neurons for processing of complex biosonar signals in auditory cortex of the mustached bat. J Neurophysiol 49:1573–626.

Suga N. 1984. Neural mechanisms of complex-sound processing for echolocation. Trends Neurosci 7:20–27.

Tollin DJ, Yin TC. 2002. The coding of spatial location by single units in the lateral superior olive of the cat. II. The determinants of spatial receptive fields in azimuth. J Neurosci 22:1468–1479.

Wang X, Lu T, Snider RK, Liang L. 2005. Sustained firing in auditory cortex evoked by preferred stimuli. Nature 435:341–346.

Warr WB. 1992. Organization of olivocochlear efferent systems in mammals. In: DB Webster, AN Popper, RR Fay (eds). *The Mammalian Auditory Pathway: Neuroanatomy*, pp. 410–448. New York: Springer.

Winer JA, Saint Marie RL, Larue DT, Oliver DL. 1996. GABAergic feedforward projections from the inferior colliculus to the medial geniculate body. Proc Natl Acad Sci U S A 93:8005–8010.

Yin TCT. 2002. Neural mechanisms of encoding binaural localization cues in the auditory brainstem. In: D Oertel, RR Fay, AN Popper (eds). *Integrative Functions in the Mammalian Auditory Pathway*, pp. 238–288. New York: Springer.

29

Olfato e paladar: os sentidos químicos

Uma grande família de receptores olfatórios inicia o sentido do olfato

  Os mamíferos compartilham uma grande família de receptores de substâncias odoríferas

  Diferentes combinações de receptores codificam diferentes odores

A informação olfatória é transformada ao longo da via para o encéfalo

  Substâncias odoríferas são codificadas no nariz por meio de neurônios dispersos

  Sinais sensoriais de entrada no bulbo olfatório estão organizados de acordo com o tipo de receptor

  O bulbo olfatório transmite informação ao córtex olfatório

  Sinais de saída do córtex olfatório alcançam áreas superiores corticais e áreas límbicas

  A acuidade olfatória é variável em humanos

Odores determinam comportamentos inatos característicos

  Feromônios são detectados por duas estruturas olfatórias

  Os sistemas olfatórios dos invertebrados podem ser utilizados para o estudo da codificação de odores e do comportamento

  Dicas olfatórias determinam comportamentos estereotipados e respostas fisiológicas nos nematelmintos

  Estratégias para o olfato evoluíram rapidamente

O sistema gustatório controla o sentido do paladar

  O sentido do paladar apresenta cinco submodalidades, que refletem necessidades dietéticas essenciais

  A detecção do sabor ocorre em botões gustatórios

  Cada modalidade gustatória é detectada por receptores e células sensoriais distintos

  A informação gustatória é retransmitida do tálamo para o córtex gustatório

  A percepção sensorial de substâncias depende de sinais gustatórios, olfatórios e somatossensoriais

  Insetos apresentam células gustatórias específicas para determinadas modalidades que determinam comportamentos inatos

Destaques

POR MEIO DOS SENTIDOS DO OLFATO e do paladar, uma pessoa é capaz de detectar um impressionante número e uma grande variedade de substâncias químicas no mundo externo. Esses sentidos químicos informam acerca da disponibilidade de alimentos e de seu potencial prazer ou perigo. O aroma e o sabor também iniciam alterações fisiológicas necessárias para a digestão e para a utilização do alimento. Em muitos animais, o sistema olfatório também é utilizado para uma importante função social, detectando feromônios que determinam respostas inatas comportamentais ou fisiológicas.

Embora a capacidade discriminativa dos humanos seja de certo modo limitada quando comparada àquela de muitos outros animais, químicos que estudam odores calculam que o sistema olfatório humano possa ser capaz de detectar mais de 10 mil substâncias químicas voláteis diferentes. Perfumistas altamente treinados para discriminar odores podem distinguir até 5 mil diferentes tipos de substâncias odoríferas, e degustadores de vinhos podem discernir mais de cem componentes do paladar com base na combinação de sabores e aromas.

Neste capítulo, considera-se de que forma estímulos de odores e sabores são detectados e como são codificados nos padrões de sinais neurais transmitidos para o encéfalo. Nos últimos anos, muito foi descoberto acerca dos mecanismos subjacentes à quimiossensação (percepção de substâncias químicas) em uma variedade de espécies animais. Certas características da quimiossensação têm sido conservadas no processo evolutivo, ao passo que outras são adaptações especializadas de determinadas espécies.

Uma grande família de receptores olfatórios inicia o sentido do olfato

Substâncias odoríferas – substâncias químicas voláteis percebidas como odores – são detectadas por neurônios sensoriais olfatórios no nariz. Os neurônios sensoriais estão embebidos em um epitélio olfatório especializado que reveste parte da cavidade nasal, com uma área de aproximadamente 5 cm^2 em humanos (**Figura 29-1**), e estão entremeados

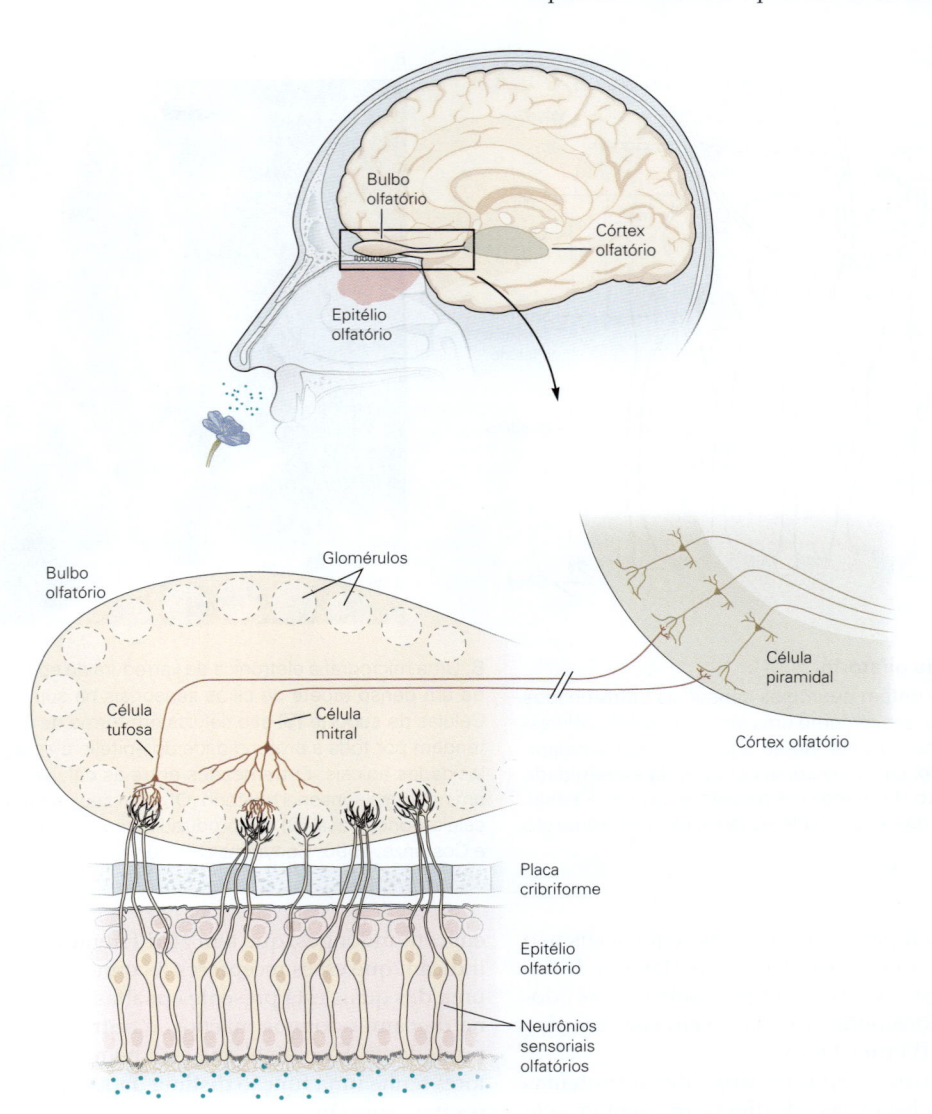

FIGURA 29-1 Sistema olfatório. Substâncias odoríferas são detectadas pelos neurônios sensoriais olfatórios no epitélio olfatório, que reveste parte da cavidade nasal. Os axônios desses neurônios projetam-se para o bulbo olfatório, onde terminam sobre dendritos de células mitrais e tufosas, que funcionam como neurônios de retransmissão dentro de glomérulos. Por sua vez, os axônios dos neurônios de retransmissão projetam-se para o córtex olfatório, onde terminam sobre os dendritos de neurônios piramidais, cujos axônios projetam-se para outras áreas encefálicas.

com células de apoio do tipo glial (**Figura 29-2**). Esses neurônios têm vida relativamente curta, com um ciclo de vida de apenas 30 a 60 dias e estão continuamente sendo substituídos a partir de uma camada de células-tronco basais no epitélio.

O neurônio sensorial olfatório é uma célula nervosa bipolar. Um único dendrito estende-se a partir da extremidade apical para a superfície do epitélio, onde origina numerosos cílios finos que se projetam para dentro do muco que reveste a cavidade nasal (**Figura 29-2**). Os cílios têm receptores que reconhecem substâncias odoríferas, assim como a maquinaria de transdução necessária para amplificar os sinais sensoriais e transformá-los em sinais elétricos no axônio do neurônio, que se projeta do polo basal do neurônio ao encéfalo. Os axônios dos neurônios sensoriais olfatórios passam através da placa cribriforme, uma região perfurada no crânio, acima da cavidade nasal, e terminam no bulbo olfatório (ver **Figura 29-1**).

Os mamíferos compartilham uma grande família de receptores de substâncias odoríferas

Receptores para substâncias odoríferas são proteínas codificadas por uma família de vários genes, evolutivamente conservada e que é encontrada em todas as espécies de vertebrados. Os humanos têm aproximadamente 350 receptores diferentes para odores, ao passo que camundongos têm cerca de mil. Embora os receptores para substâncias odoríferas pertençam à superfamília de receptores acoplados

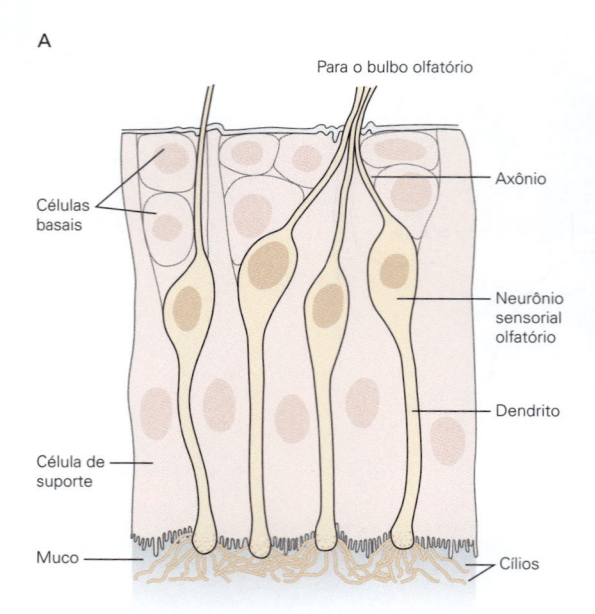

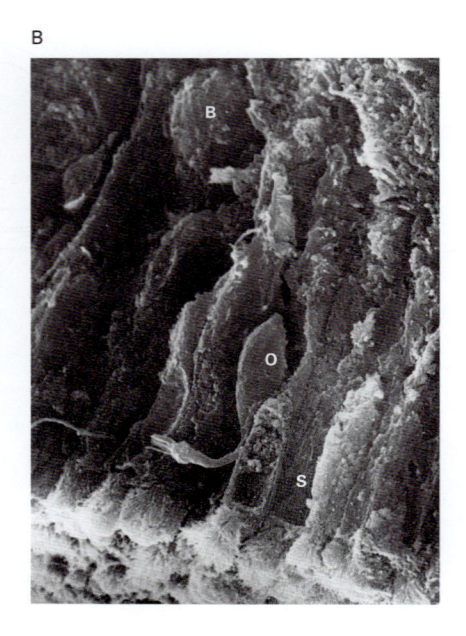

FIGURA 29-2 Epitélio olfatório.

A. O epitélio olfatório contém neurônios sensoriais entremeados com células de suporte, assim como uma lâmina basal de células--tronco. Um único dendrito estende-se a partir da extremidade apical de cada neurônio; cílios sensoriais brotam da extremidade do dendrito para dentro do muco que reveste a cavidade nasal. Um axônio se estende da extremidade basal de cada neurônio até o bulbo olfatório.

B. Uma micrografia eletrônica de varredura do epitélio olfatório mostra um denso tapete de cílios sensoriais na superfície do epitélio. Células de suporte (**S**) são células em forma de coluna, que se estendem por toda a profundidade do epitélio e apresentam microvilosidades apicais. Entremeados entre as células de suporte estão um neurônio sensorial olfatório (**O**), com seu dendrito e cílios, e uma célula-tronco basal (**B**). (Reproduzida, com autorização, de Morrison e Costanzo, 1990. Copyright © 1990 Wiley-Liss, Inc.)

a proteínas G, eles compartilham motivos sequenciais não observados em outros membros dessa superfamília. É significativo o fato de que os receptores para substâncias odoríferas apresentam considerável variação em suas sequências de aminoácidos (**Figura 29-3A**).

Assim como outros receptores acoplados a proteínas G, receptores para substâncias odoríferas apresentam sete regiões hidrofóbicas, que provavelmente funcionam como domínios transmembrana (**Figura 29-3A**). Estudos detalhados de outros receptores acoplados a proteínas G, como o receptor β-adrenérgico, sugerem que a ligação de uma substância odorífera ocorra em um bolso, na região transmembrana, formado por uma combinação dos domínios transmembrana. As sequências de aminoácidos dos receptores de substâncias odoríferas são especialmente variáveis em diversos domínios transmembrana, fornecendo uma possível base para a variabilidade no bolso de ligação da substância odorífera, que pode ser responsável pela capacidade de diferentes receptores reconhecerem ligantes estruturalmente diversos.

Uma segunda e menor família de receptores quimiossensoriais também se apresenta expressa no epitélio olfatório. Esses receptores, denominados receptores associados a aminas-traço (RAATs), são acoplados a proteínas G, mas suas sequências proteicas não estão relacionadas àquelas dos receptores para substâncias odoríferas. Eles são codificados por uma pequena família de genes, presente em humanos e em camundongos, assim como em peixes. Estudos em camundongos, que têm 14 diferentes RAATs olfatórios, indicam que esses receptores reconhecem aminas voláteis, uma das quais está presente em altas concentrações na urina de camundongos machos, e outra na urina de alguns predadores. É possível que essa pequena família de receptores tenha uma função distinta daquela de outros receptores para substâncias odoríferas, talvez associada à detecção de dicas animais. Outra família de 12 receptores, chamados MS4R, também é observada em camundongos, onde esses receptores podem estar envolvidos na detecção de feromônios e de certos odores de alimentos.

A ligação de uma substância odorífera em seu receptor induz uma cascata de eventos de sinalização intracelular que despolariza o neurônio sensorial olfatório (**Figura 29-3B**). A despolarização se espalha passivamente pelo corpo celular e, depois, para o axônio, onde potenciais de ação são gerados e conduzidos ativamente até o bulbo olfatório.

Humanos e outros animais habituam-se rapidamente a odores, como se pode observar, por exemplo, no enfraquecimento da percepção de um odor desagradável quando ele é apresentado de forma contínua. A capacidade de perceber uma substância odorífera é recuperada rapidamente quando ela é temporariamente removida. A adaptação a substâncias odoríferas é causada, em parte, pela modulação de canais iônicos ativados por nucleotídeos cíclicos nos cílios olfatórios, porém o mecanismo pelo qual a sensibilidade é rapidamente restaurada ainda não foi esclarecido.

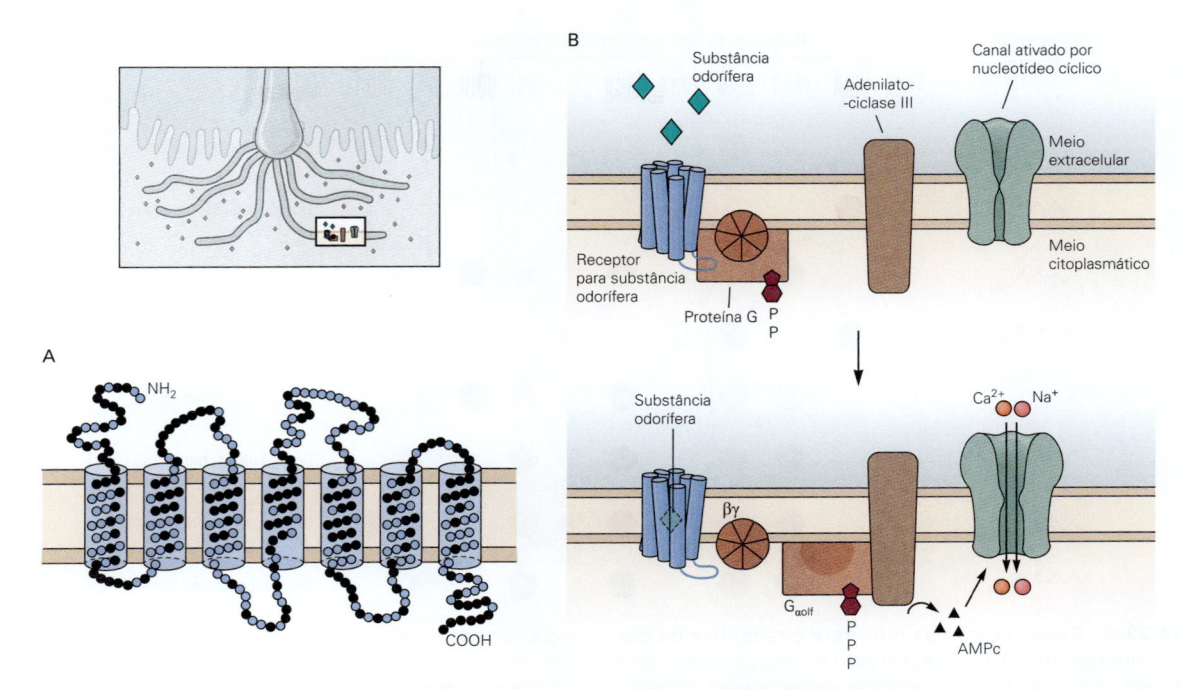

FIGURA 29-3 Receptores para substâncias odoríferas.
A. Os receptores para substâncias odoríferas apresentam os sete domínios transmembrana característicos de receptores acoplados a proteínas G. Eles estão relacionados um ao outro, mas variam em suas sequências de aminoácidos (as posições de maior variabilidade são mostradas aqui como **círculos pretos**). (Reproduzida, com autorização, de Buck e Axel, 1991.)
B. A ligação de uma substância odorífera faz o receptor para essa substância interagir com $G\alpha_{olf}$, a subunidade α de uma proteína G heterotrimérica. Isso faz ser liberada a subunidade $G\alpha_{olf}$ ligada ao trifosfato de guanosina (GTP), que estimula a adenilato-ciclase III, levando a um aumento no monofosfato de adenosina cíclico (**AMPc**). A elevação nos níveis de AMPc, por sua vez, induz a abertura de canais de cátions ativados por nucleotídeos cíclicos, causando influxo de cátions e uma alteração no potencial de membrana da membrana ciliar.

Diferentes combinações de receptores codificam diferentes odores

A fim de serem percebidos de forma distinta um do outro, os diferentes odores devem produzir diferentes sinais que serão transmitidos do nariz para o encéfalo. Isso é realizado de duas formas. Primeiro, cada neurônio sensorial olfatório expressa apenas um gene para receptor de substâncias odoríferas, ou seja, só apresentará um tipo de receptor. Segundo, cada receptor reconhece múltiplas substâncias odoríferas e, por sua vez, cada substância odorífera é detectada por múltiplos receptores diferentes (**Figura 29-4**). É importante, no entanto, observar que cada substância odorífera é detectada e, portanto, codificada, por uma combinação única de receptores e, assim, causa um distinto padrão de sinais a ser transmitido ao encéfalo.

A codificação combinatória de substâncias odoríferas expande enormemente o poder de discriminação do sistema olfatório. Se cada substância odorífera fosse detectada por apenas três receptores diferentes, essa estratégia poderia, em teoria, gerar milhões de diferentes códigos combinatórios de receptores – e um equivalente amplo número de diferentes padrões de sinalização enviados do nariz para o encéfalo. É interessante que mesmo substâncias odoríferas com estruturas quase idênticas são reconhecidas por diferentes combinações de receptores (**Figura 29-4**). O fato de que substâncias odoríferas bastante relacionadas apresentam diferentes códigos combinatórios de receptores explica porque uma ligeira mudança na estrutura de uma substância odorífera pode alterar seu odor percebido. Em alguns casos, o resultado é bem significativo – por exemplo, a mudança da percepção de uma substância química de odor de rosas para rançoso.

Uma alteração na concentração de uma substância odorífera pode também mudar o odor percebido. Por exemplo, uma baixa concentração de tioterpineol fornece um odor de fruta tropical, uma concentração maior apresenta odor de toranja, e uma concentração ainda maior confere odor fétido. À medida que a concentração de uma substância odorífera é aumentada, receptores adicionais, com menor afinidade pela substância, são recrutados nessa resposta e mudam o código combinatório de receptores, fornecendo uma explicação para os efeitos das concentrações de substâncias odoríferas sobre a percepção.

A informação olfatória é transformada ao longo da via para o encéfalo

Substâncias odoríferas são codificadas no nariz por meio de neurônios dispersos

Como são organizados no sistema nervoso os sinais de um grande conjunto de diferentes receptores de substâncias

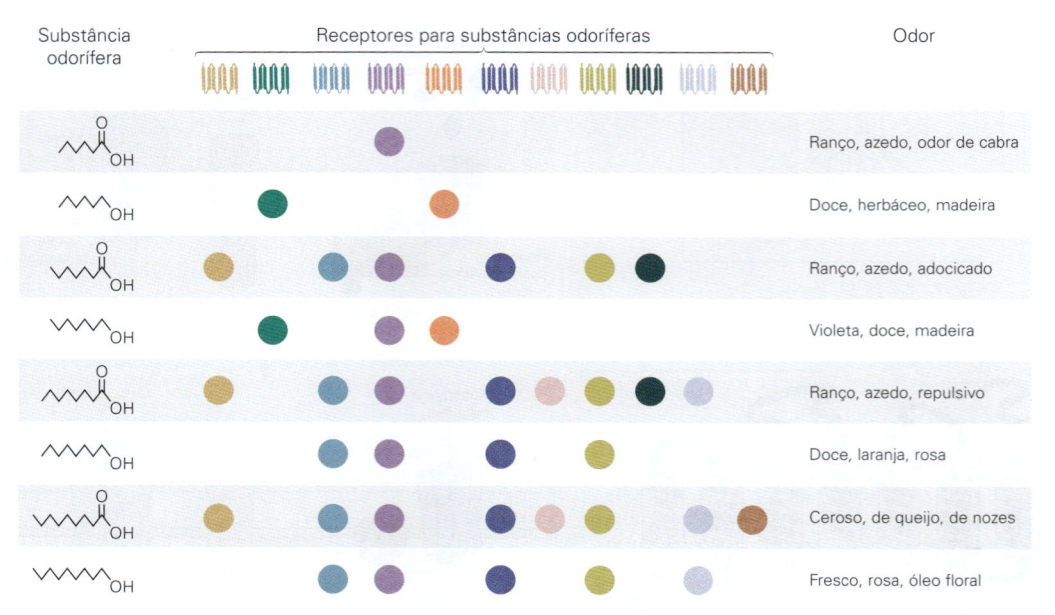

FIGURA 29-4 Cada substância odorífera é reconhecida por uma combinação única de receptores. Um único receptor para substâncias odoríferas pode reconhecer várias dessas substâncias, mas diferentes substâncias odoríferas são detectadas, e assim codificadas, por diferentes combinações de receptores. Esse código combinatório explica como os mamíferos podem distinguir substâncias odoríferas com estruturas químicas similares como tendo aromas diferentes. Os dados na figura foram obtidos testando-se neurônios sensoriais olfatórios de camundongos com diferentes substâncias odoríferas e, então, determinando-se o gene para receptores de substâncias odoríferas expresso em cada neurônio responsivo. As qualidades percebidas para essas substâncias em humanos, mostradas à direita, ilustram como substâncias odoríferas altamente relacionadas podem ter aromas distintos. (Adaptada, com autorização, de Malnic et al., 1999.)

odoríferas de modo a gerar a percepção de diversos odores? Essa questão tem sido investigada em roedores. Estudos em camundongos têm mostrado que a informação olfatória sofre uma série de transformações à medida que viaja do epitélio olfatório para o bulbo olfatório e, então, para o córtex olfatório.

O epitélio olfatório apresenta uma série de zonas espaciais que expressam diferentes receptores olfatórios. Cada tipo de receptor está expresso em aproximadamente 5 mil neurônios, confinados a uma zona (**Figura 29-5**). (Deve-se lembrar que cada neurônio expressa apenas um gene para receptor de substância odorífera.) Neurônios com o mesmo tipo de receptor estão espalhados ao acaso dentro de uma zona, de modo que neurônios com diferentes receptores se encontram intercalados. Todas as zonas contêm uma variedade de receptores, de modo que determinada substância odorífera pode ser reconhecida por receptores em diferentes zonas. Assim, a despeito de uma organização irregular de receptores para substâncias odoríferas nas zonas espaciais, a informação fornecida por uma família de tais receptores está altamente distribuída no epitélio.

Como cada substância odorífera é detectada por um conjunto de neurônios amplamente dispersos ao longo da lâmina epitelial, receptores em uma parte do epitélio serão capazes de detectar determinada substância odorífera mesmo quando receptores em outra parte encontram-se prejudicados por uma infecção respiratória.

Sinais sensoriais de entrada no bulbo olfatório estão organizados de acordo com o tipo de receptor

Os axônios dos neurônios sensoriais olfatórios projetam-se para o bulbo olfatório ipsilateral, cuja extremidade rostral situa-se logo acima do epitélio olfatório. Os axônios de neurônios sensoriais olfatórios terminam sobre os dendritos dos neurônios do bulbo olfatório, dentro de fusos de neurópilos denominados glomérulos, arranjados sobre a superfície do bulbo (**Figura 29-1**). Em cada glomérulo, os axônios sensoriais estabelecem conexões sinápticas com três tipos de neurônios: neurônios de projeção (retransmissão) mitrais e em tufos, que projetam axônios para o córtex olfatório, e interneurônios periglomerulares, que circundam o glomérulo (**Figura 29-6**).

O axônio de um neurônio sensorial olfatório, assim como o dendrito primário de cada neurônio de retransmissão mitral e em tufo, termina em um único glomérulo. Em cada glomérulo, os axônios de diversos milhares de neurônios sensoriais convergem sobre os dendritos de aproximadamente 40 a 50 neurônios de retransmissão. Essa convergência resulta em um decréscimo de cerca de cem vezes no número de neurônios transmitindo sinais olfatórios.

A organização da informação sensorial no bulbo olfatório é significativamente diferente daquela do epitélio. Ao passo que neurônios sensoriais olfatórios com o mesmo receptor para substância odorífera encontram-se dispersos ao acaso em uma zona epitelial, seus axônios geralmente convergem em dois glomérulos em locais específicos, um

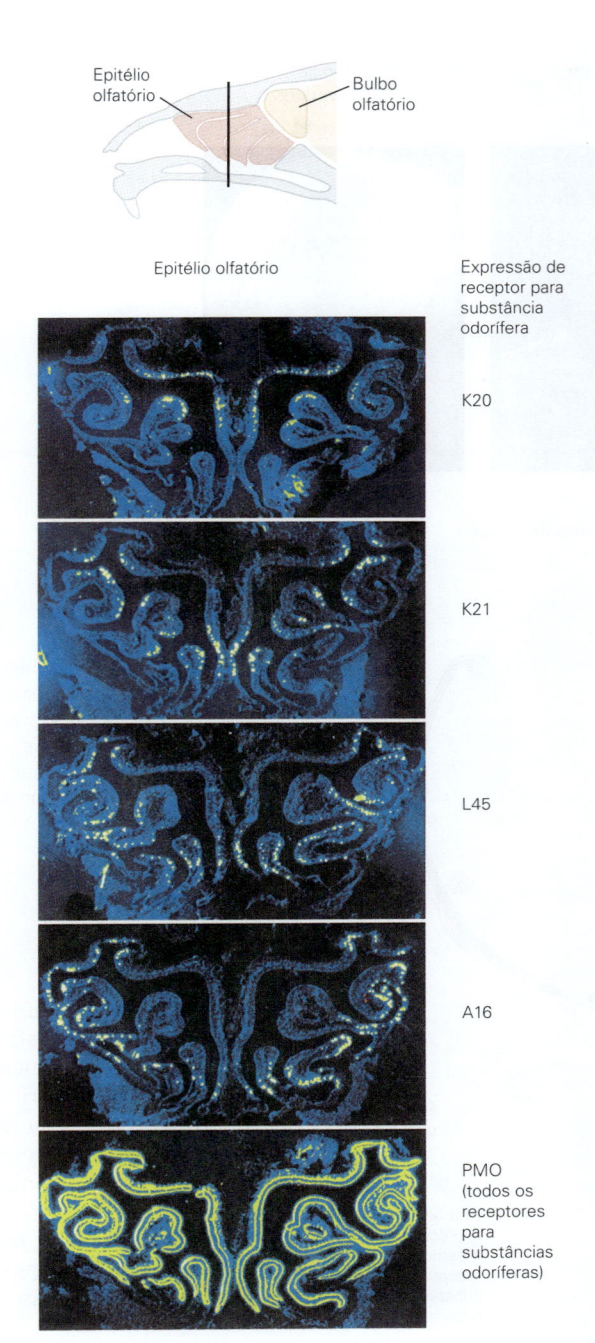

FIGURA 29-5 Organização de sinais sensoriais de entrada no epitélio olfatório. O epitélio olfatório tem diferentes zonas espaciais que expressam diferentes conjuntos de genes de receptores para substâncias odoríferas. Cada neurônio sensorial expressa apenas um gene para receptor e, assim, só apresentará um tipo de receptor. Neurônios com o mesmo tipo de receptor estão confinados a uma zona, mas espalhados ao acaso dentro dessa zona, de modo que neurônios com diferentes receptores se encontram intercalados. As micrografias mostram a distribuição de neurônios marcados por quatro sondas diferentes para receptores em secções através do nariz de camundongo. Uma sonda para proteína marcadora olfatória (**PMO**) marca todos os neurônios expressando receptores para substâncias odoríferas. (Adaptada, com autorização, de Ressler, Sullivan e Buck, 1993; Sullivan et al., 1996.)

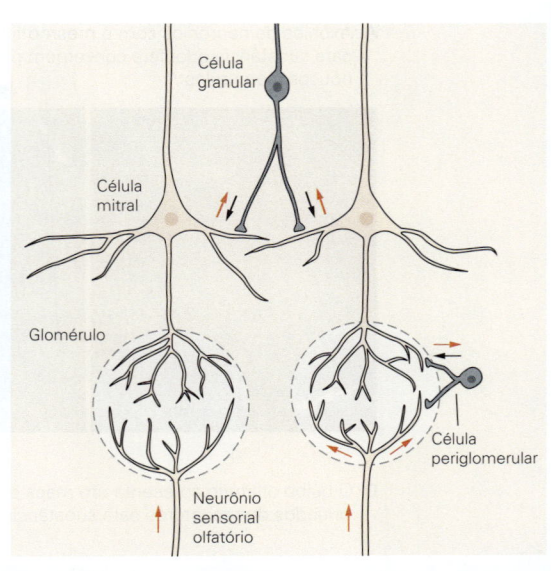

FIGURA 29-6 Interneurônios no bulbo olfatório. Além dos neurônios de retransmissão excitatórios mitrais e tufosos, o bulbo olfatório contém interneurônios inibitórios. Dentro de cada glomérulo, os dendritos de células periglomerulares GABAérgicas recebem sinais de entrada excitatórios de neurônios sensoriais olfatórios e têm sinapses recíprocas com os dendritos primários de neurônios de retransmissão mitrais e em tufo, sugerindo um possível papel na modificação de sinal. Os dendritos de células granulares GABAérgicas mais profundamente no bulbo apresentam sinapses recíprocas excitatórias-inibitórias com dendritos secundários dos neurônios de retransmissão e acredita-se que forneçam retroalimentação negativa para neurônios de retransmissão, dando forma à resposta a odores. (Adaptada, com autorização, de Shepherd e Greer, 1998.)

em cada lado do bulbo olfatório (**Figura 29-7C**). Cada glomérulo e cada neurônio de retransmissão mitral e em tufo conectados a ele recebem sinais de apenas um tipo de receptor de substância odorífera. O resultado é um arranjo preciso de sinais de entrada sensoriais originários de diferentes receptores, que é semelhante entre indivíduos.

Uma vez que cada substância é reconhecida por uma única combinação de tipos de receptores, cada substância odorífera também ativa uma determinada combinação de glomérulos no bulbo olfatório (**Figura 29-7B**). Ao mesmo tempo, assim como o receptor de uma substância odorífera reconhece múltiplas substâncias, um único glomérulo – ou uma dada célula mitral ou tufosa – é ativado por mais de uma substância. Devido ao padrão quase estereotipado dos sinais de entrada que vêm dos receptores para o bulbo olfatório, os padrões de ativação glomerular determinados por substâncias odoríferas específicas são similares em todos os indivíduos e apresentam simetria bilateral nos dois bulbos adjacentes.

Essa organização da informação sensorial no bulbo olfatório provavelmente seja vantajosa em dois aspectos. Primeiro, sinais de milhares de neurônios sensoriais com o mesmo tipo de receptor de substância odorífera sempre convergem para os mesmos poucos glomérulos, e neurônios de retransmissão no bulbo olfatório podem levar à

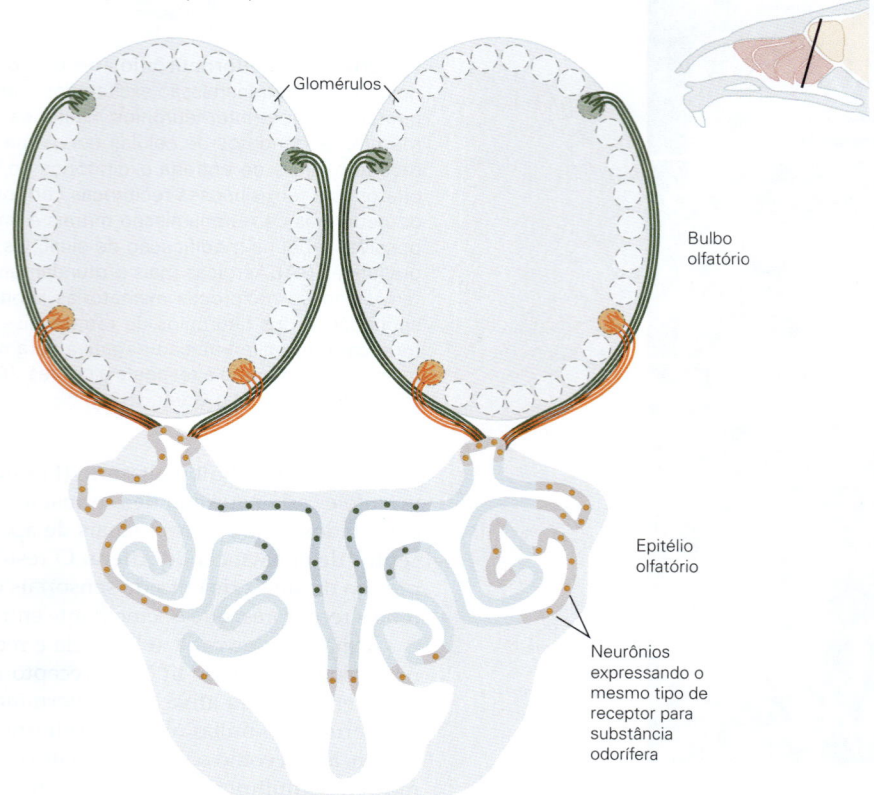

FIGURA 29-7 Respostas a odores no bulbo olfatório.

A. Os axônios de neurônios sensoriais com o mesmo tipo de receptor para substância odorífera geralmente convergem para apenas dois glomérulos, um em cada lado do bulbo olfatório. Aqui, uma sonda específica para um gene de receptor de substância odorífera marcou um glomérulo no lado medial (*à esquerda*) e no lado lateral (*à direita*) de um bulbo olfatório de camundongo. A sonda hibridiza com RNAs mensageiros do receptor, presentes nos axônios sensoriais nessas secções coronais. (Adaptada, com autorização, de Ressler, Sullivan e Buck, 1994.)

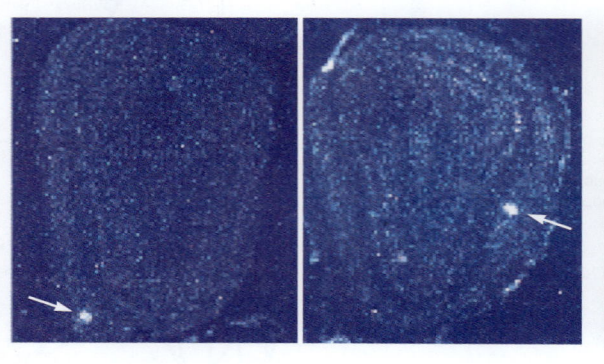

B. Uma única substância odorífera geralmente ativa múltiplos glomérulos, com sinais de entrada a partir de diferentes receptores. Essa secção de um bulbo olfatório de rato mostra a captação de 2-desoxiglicose marcada com radioatividade em múltiplos focos (em **vermelho**) após exposição do animal à substância odorífera metilbenzoato. Os focos marcados correspondem a numerosos glomérulos em diferentes localizações no bulbo olfatório. (Reproduzida, com autorização, de Johnson, Farahbod e Leon, 2005. Copyright © 2005 Wiley-Liss, Inc.)

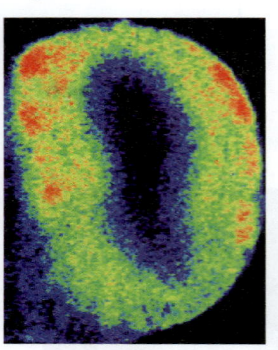

C. O bulbo olfatório possui um mapa preciso de sinais de entrada oriundos de receptores para substâncias odoríferas, pois cada glomérulo se dedica a apenas um tipo de receptor. Os mapas nos dois bulbos olfatórios são bilateralmente simétricos e aproximadamente idênticos entre indivíduos. Os mapas nos lados medial e lateral de cada bulbo são semelhantes, mas ligeiramente deslocados ao longo dos eixos dorsoventral e anteroposterior.

otimização da detecção de substâncias odoríferas presentes em baixas concentrações. Segundo, embora neurônios sensoriais olfatórios com o mesmo tipo de receptor estejam dispersos e sejam continuamente substituídos, o arranjo de sinais de entrada no bulbo olfatório permanece inalterado. Como resultado, o código neural para uma substância odorífera no encéfalo é mantido ao longo do tempo, assegurando que uma dada substância odorífera encontrada previamente possa ser reconhecida anos mais tarde.

Um mistério que permanece não solucionado é como todos os axônios dos neurônios sensoriais olfatórios com o mesmo tipo de receptor são direcionados para os mesmos glomérulos. Estudos utilizando camundongos transgênicos indicam que o próprio receptor de substâncias odoríferas determina o alvo do axônio, mas de que maneira isso é realizado ainda não foi esclarecido.

A informação sensorial é processada e possivelmente refinada no bulbo olfatório antes de ser reenviada para o córtex olfatório. Cada glomérulo é circundado por interneurônios periglomerulares, que recebem sinais de entrada excitatórios de axônios sensoriais e formam sinapses dendrodendríticas inibitórias com dendritos de células mitrais e tufosas naquele glomérulo e talvez em glomérulos adjacentes. Os interneurônios periglomerulares podem, portanto, desempenhar um papel na modulação do sinal. Além disso, interneurônios granulares no interior do bulbo fornecem retroalimentação negativa sobre células mitrais e tufosas. Os interneurônios granulares são excitados por dendritos basais de células mitrais e tufosas e inibem aqueles neurônios de retransmissão e outros com os quais estejam conectados. Acredita-se que a inibição lateral propiciada por tais conexões atenue sinais dos glomérulos e dos neurônios de retransmissão que respondem apenas fracamente a uma substância odorífera, tornando, assim, mais agudo o contraste entre a informação sensorial importante e aquela irrelevante antes de sua transmissão para o córtex.

Outras potenciais fontes de refinamento do sinal são as projeções retrógradas para o bulbo olfatório a partir do córtex olfatório, do prosencéfalo basal (porção horizontal da banda diagonal) e do mesencéfalo (*locus ceruleus* e núcleos da rafe). Essas conexões podem modular os sinais de saída do bulbo olfatório de acordo com o estado fisiológico ou comportamental do animal. Quando o animal tem fome, por exemplo, algumas projeções centrífugas podem intensificar a percepção do aroma de alimentos.

O bulbo olfatório transmite informação ao córtex olfatório

Os axônios de neurônios de retransmissão mitrais e em tufo do bulbo olfatório projetam via trato olfatório lateral para o córtex olfatório (**Figura 29-8**; ver **Figura 29-1**). O córtex olfatório, grosseiramente definido como a porção do córtex que recebe uma projeção direta do bulbo olfatório, envolve múltiplas áreas anatomicamente distintas. As seis áreas principais são o núcleo olfatório anterior, que conecta os dois bulbos olfatórios através de uma porção da comissura

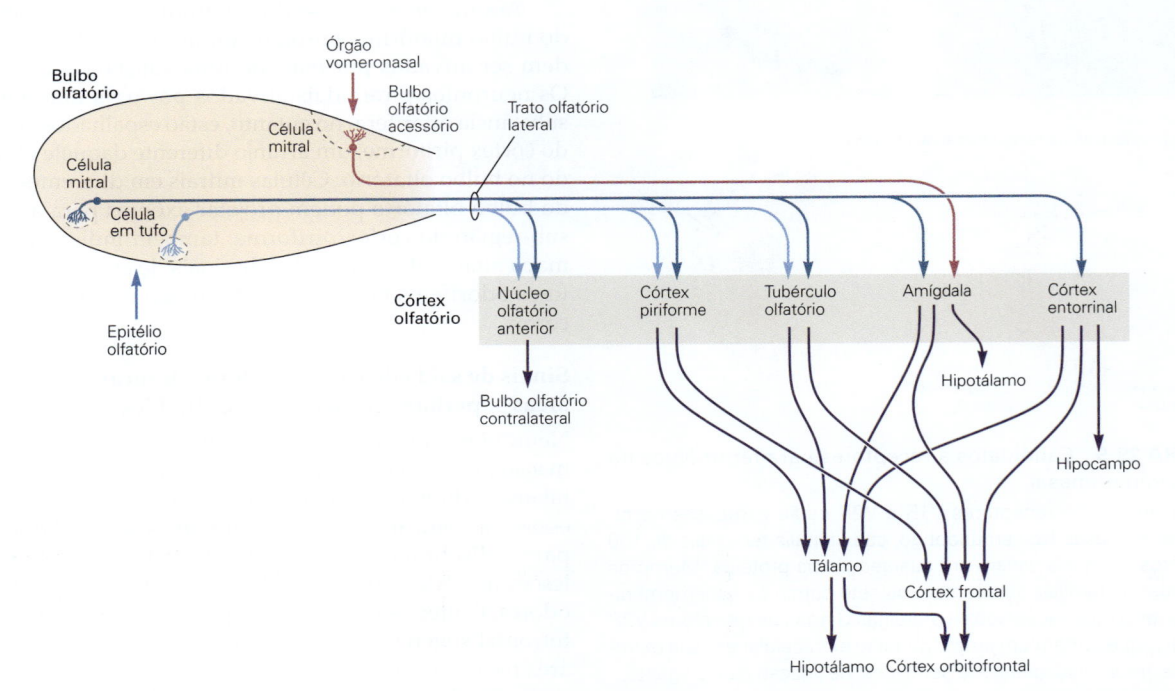

FIGURA 29-8 Vias aferentes ao córtex olfatório. Os axônios de neurônios de retransmissão mitrais e em tufo do bulbo olfatório projetam-se através do trato olfatório lateral para o córtex olfatório. O córtex olfatório consiste em diversas áreas distintas, sendo o córtex piriforme a maior delas. A partir dessas áreas, a informação olfatória é transmitida para outras áreas encefálicas, direta ou indiretamente, via tálamo. Áreas-alvo incluem áreas do neocórtex frontal e orbitofrontal, que se acredita serem importantes para a discriminação de odores, e amígdala e hipotálamo, que podem estar envolvidos nas respostas emocionais e fisiológicas a odores. Células mitrais no bulbo olfatório acessório projetam-se para áreas específicas da amígdala que transmitem sinais para o hipotálamo.

anterior; os núcleos corticais anterior e posterolateral da amígdala; o tubérculo olfatório; parte do córtex entorrinal; e o córtex piriforme, a maior e considerada a principal área cortical olfatória.

As funções das diferentes áreas corticais olfatórias são ainda bastante desconhecidas. Acredita-se, porém, que o córtex piriforme seja importante para o aprendizado olfativo. Estudos recentes indicam que a amígdala cortical posterolateral possa ter um papel em comportamentos inatos de atração e de medo e que a área de transição amígdala-córtex piriforme, uma área cortical olfatória de menor importância, tenha um papel nas respostas de hormônios do estresse a odores de predadores detectados pelo nariz.

No córtex piriforme, os axônios das células mitrais e tufosas do bulbo olfatório deixam o trato olfatório lateral para estabelecer sinapses glutamatérgicas excitatórias com neurônios piramidais, os neurônios de projeção do córtex. A atividade desses neurônios piramidais parece ser modulada por sinais de entrada inibitórios originários de interneurônios GABAérgicos locais, assim como por sinais de entrada excitatórios vindos de outros neurônios piramidais na mesma ou em outras áreas corticais olfatórias e do córtex piriforme contralateral. O córtex piriforme também recebe sinais de entrada centrífugos de áreas encefálicas modulatórias, sugerindo que sua atividade possa ser ajustada de acordo com o estado fisiológico ou comportamental. Finalmente, o córtex olfatório projeta-se ao bulbo olfatório, fornecendo ainda outro meio possível para a modulação do sinal.

Assim como no caso dos neurônios de retransmissão do bulbo olfatório, neurônios piramidais individuais podem ser ativados por mais de uma substância odorífera. Os neurônios piramidais ativados por uma determinada substância odorífera, no entanto, estão espalhados ao longo do córtex piriforme, um arranjo diferente daquele observado no bulbo olfatório. Células mitrais em diferentes partes do bulbo olfatório podem projetar axônios para a mesma sub-região do córtex piriforme, também indicando que o mapa altamente organizado de sinais de entrada de receptores odoríferos no bulbo olfatório não é recapitulado no córtex.

Sinais de saída do córtex olfatório alcançam áreas superiores corticais e áreas límbicas

Neurônios piramidais no córtex olfatório transmitem informação indiretamente para o córtex orbitofrontal, através do tálamo, e diretamente para o córtex frontal. Acredita-se que essas vias para áreas corticais superiores sejam importantes para a discriminação de odores. De fato, indivíduos com lesões no córtex orbitofrontal são incapazes de discriminar odores. É interessante observar que registros no córtex orbitofrontal sugerem que alguns neurônios individuais nessa área recebam sinais de entrada multimodais, respondendo, por exemplo, ao aroma, à visão ou ao sabor de uma banana.

Muitas áreas do córtex olfatório também retransmitem informação a áreas não olfatórias da amígdala, que está relacionada a emoções, e ao hipotálamo, que controla disposições básicas, como o apetite, além de diversos comportamentos inatos. Acredita-se que essas áreas límbicas

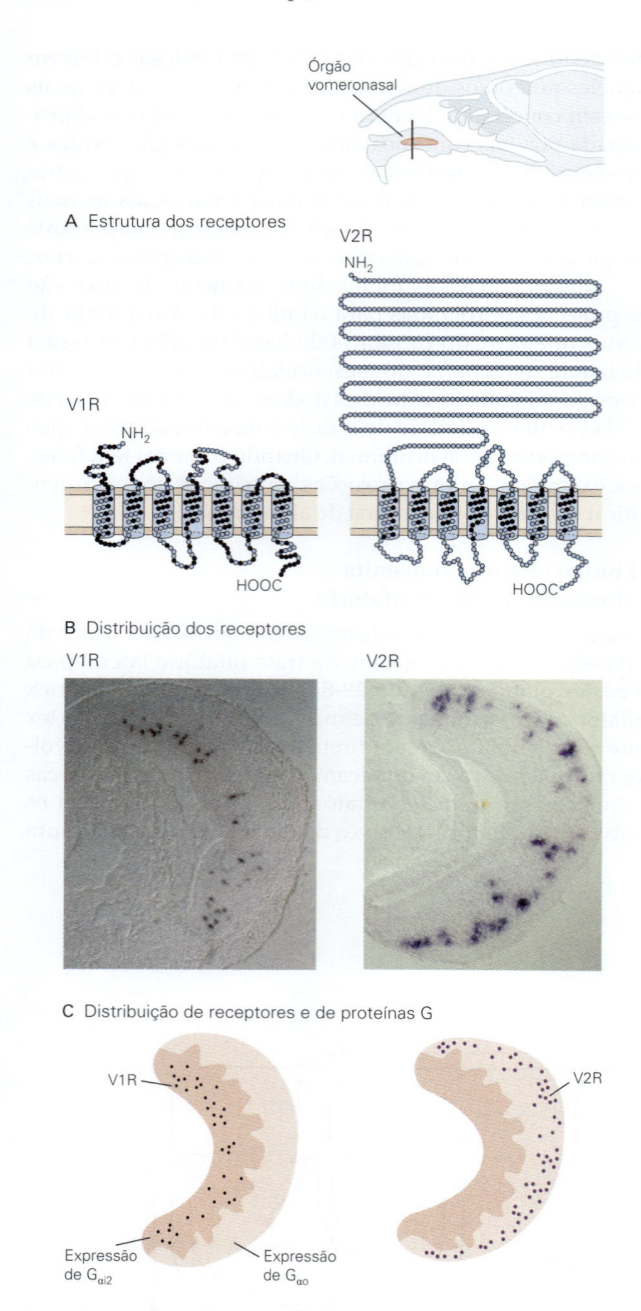

FIGURA 29-9 Candidatos a receptores para feromônios no órgão vomeronasal.

A. As famílias de receptores V1R e V2R estão expressas no órgão vomeronasal. No camundongo, cada família tem mais de 100 membros, os quais variam em sua sequência proteica. Membros de ambas as famílias apresentam os sete domínios transmembrana dos receptores acoplados a proteínas G, mas os receptores V2R também apresentam um amplo domínio extracelular em sua extremidade N-terminal, que pode ser o local de ligação para o ligante.

B. Secções através do órgão vomeronasal mostram sondas individuais para V1R e V2R hibridizadas em subconjuntos de neurônios em duas zonas distintas. (Reproduzidas, com autorização, de Dulac e Axel, 1995; Matsunami e Buck, 1997.)

C. As duas zonas expressam altos níveis de diferentes proteínas G, $G_{\alpha i2}$ e $G_{\alpha o}$.

desempenhem um papel em aspectos emocionais e motivacionais do olfato, assim como em muitos dos efeitos comportamentais e fisiológicos das substâncias odoríferas. Em animais, elas podem ser importantes para a geração de comportamentos estereotipados e respostas fisiológicas ao odor de predadores ou a feromônios detectados no epitélio olfatório.

A acuidade olfatória é variável em humanos

A acuidade olfatória pode variar em até mil vezes em humanos, mesmo entre indivíduos sem anormalidades óbvias. O distúrbio olfatório mais comum é a *anosmia específica*. Um indivíduo com tal condição apresenta menor sensibilidade a certas substâncias odoríferas, embora a sensibilidade a outras substâncias seja aparentemente normal. Anosmias específicas a algumas substâncias odoríferas são comuns, algumas poucas ocorrendo em 1 a 20% dos humanos. Por exemplo, 12% dos indivíduos testados em um estudo apresentaram uma anosmia específica para almíscar. Estudos recentes indicam que anosmias específicas podem ser causadas por mutações em determinados genes de receptores de substâncias odoríferas.

Anormalidades bem mais raras do olfato, como a *anosmia geral* (completa ausência de sensação olfatória) ou a *hiposmia* (redução no sentido do olfato), são frequentemente transitórias e podem ser resultado de infecções respiratórias. Anosmia ou hiposmia crônica pode resultar de lesão do epitélio olfatório, causada por infecções, ou também pode resultar de certas doenças, como a doença de Parkinson, ou de trauma craniano, que pode levar à lesão dos nervos olfatórios que passam através das perfurações da placa cribriforme, as quais então ficam bloqueadas por tecido de cicatrização. Alucinações olfatórias com odores repugnantes (*cacosmia*) podem ocorrer como consequência de crises epilépticas.

Odores determinam comportamentos inatos característicos

Feromônios são detectados por duas estruturas olfatórias

Em muitos animais, o sistema olfatório detecta não apenas substâncias odoríferas, mas também feromônios, substâncias químicas liberadas por animais e que influenciam o comportamento ou a fisiologia de membros da mesma espécie. Feromônios desempenham papéis importantes em vários mamíferos, embora evidências de sua função em humanos não tenham sido demonstradas. Frequentemente presentes na urina ou em secreções glandulares, alguns feromônios modulam os níveis de hormônios reprodutivos ou estimulam o comportamento sexual ou a agressividade. Os feromônios são detectados por duas estruturas separadas: o epitélio olfatório nasal, onde substâncias odoríferas são detectadas, e o órgão vomeronasal, um órgão olfatório acessório, que se acredita ser especializado na detecção de feromônios e de outras dicas animais.

O órgão vomeronasal está presente em muitos mamíferos, embora não em humanos. É uma estrutura tubular localizada no septo nasal, que tem um ducto que se abre para a cavidade nasal e uma parede interna revestida por um epitélio sensorial. Sinais gerados por neurônios sensoriais no epitélio do órgão vomeronasal seguem uma via distinta. Eles seguem pelo bulbo olfatório acessório, atingindo principalmente a amígdala medial e a amígdala cortical posteromedial, e dali para o hipotálamo.

A detecção sensorial no órgão vomeronasal difere daquela que acontece no epitélio olfatório. O órgão vomeronasal tem duas famílias diferentes de receptores quimiossensoriais, as famílias V1R e V2R. No camundongo, cada família tem mais de 100 membros. Variações nas sequências de aminoácidos entre os membros de cada família de receptores sugerem que cada família possa reconhecer vários ligantes distintos. Como os receptores para substâncias odoríferas, os receptores V1R e V2R têm sete domínios transmembrana, típicos de receptores acoplados a proteínas G. Os receptores V2R diferem tanto dos receptores V1R quanto daqueles para substâncias odoríferas pelo fato de terem um grande domínio extracelular na porção aminoterminal (**Figura 29-9A**). Em analogia a receptores com estruturas similares, ligantes podem ligar-se a V1R em um bolso na membrana, formado por uma combinação de domínios transmembrana, enquanto a ligação a V2R pode ocorrer no grande domínio extracelular. Embora se acredite que os receptores do tipo V1R reconheçam substâncias químicas voláteis, pelo menos alguns dos V2R parecem reconhecer proteínas. Essas proteínas incluem um feromônio proteico presente na lágrima, proteínas da urina de camundongo que estimulam a agressividade e proteínas de predadores como gatos e ratos, que estimulam o medo em camundongos.

As famílias V1R e V2R estão expressas em diferentes zonas espaciais no órgão vomeronasal, as quais expressam diferentes proteínas G (**Figura 29-9B, C**). Os genes *V1R* e *V2R* estão expressos, cada um, em uma pequena porcentagem de neurônios espalhados ao longo de uma zona, um arranjo semelhante àquele dos receptores para substâncias odoríferas no epitélio olfatório. De modo similar ao bulbo olfatório principal, neurônios vomeronasais com o mesmo tipo de receptor projetam-se para os mesmos glomérulos no bulbo olfatório acessório, mas os glomérulos para cada tipo de receptor são mais numerosos, e sua distribuição, menos estereotipada do que no bulbo olfatório principal. Além dos receptores V1R e V2R, o órgão vomeronasal tem uma família de cinco receptores para formilpeptídeo (FPR). Esses receptores estão relacionados aos receptores do tipo FPR do sistema imunitário, que detectam proteínas, o que levantou a especulação de que possam estar relacionados com a detecção de animais doentes da mesma espécie.

Os sistemas olfatórios dos invertebrados podem ser utilizados para o estudo da codificação de odores e do comportamento

Uma vez que os invertebrados têm sistemas nervosos simples e respondem frequentemente a estímulos olfatórios com comportamentos estereotipados, eles são úteis para a compreensão das relações entre as representações neurais de odores e o comportamento.

Certas características dos sistemas quimiossensoriais encontram-se altamente conservadas na evolução. Primeiro, todos os animais metazoários podem detectar uma variedade de moléculas orgânicas, utilizando neurônios quimiossensoriais especializados, com cílios ou microvilosidades que estabelecem contato com o ambiente externo. Segundo, os eventos iniciais na detecção de odores são mediados por famílias de receptores transmembrana com padrões específicos de expressão nos neurônios sensoriais periféricos. Outras características do sistema olfatório diferem entre espécies, refletindo pressão seletiva e as histórias evolutivas dos animais.

Os órgãos sensoriais primários dos insetos são as antenas e os apêndices, conhecidos como palpas maxilares, próximos à boca (**Figura 29-10A**). Enquanto os mamíferos têm milhões de neurônios olfatórios, os insetos apresentam um número muito menor. Há aproximadamente 2.600 neurônios olfatórios na simples mosca-da-fruta, *Drosophila*, e cerca de 60.000 na abelha.

Os receptores para substâncias odoríferas nos insetos foram descobertos quando foram encontradas famílias de receptores multigênicos no genoma da *Drosophila*, e agora esses genes já foram examinados também em genomas de outros insetos. Eles apresentam notavelmente pequena

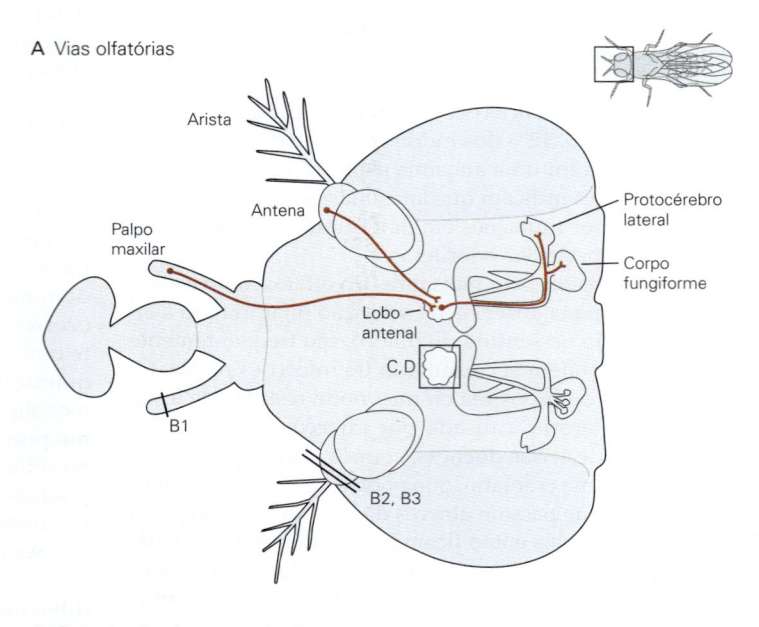

FIGURA 29-10 Vias olfatórias da antena para o encéfalo na *Drosophila*.

A. Os axônios de neurônios olfatórios com corpos celulares e dendritos na antena e no palpo maxilar projetam axônios para o lobo antenal. Neurônios de projeção no lobo antenal projetam-se, então, para duas regiões do encéfalo da mosca, o corpo fungiforme e o protocérebro lateral. (Reproduzida, com autorização, de Takaki Komiyama e Liqun Luo.)

B. Os neurônios que expressam um tipo de gene de receptor olfatório, detectado por hibridização *in situ* de RNA, estão espalhados no palpo maxilar (1) ou na antena (2, 3).

C. Todos os neurônios que expressam o gene do receptor olfatório *OR47* convergem para um glomérulo no lobo antenal. (Reproduzida, com autorização, de Vosshall et al., 1999; Vosshall, Wong e Axel, 2000.)

D. Cada substância odorífera determina uma resposta fisiológica de um subconjunto de glomérulos no lobo antenal. Imagens de cálcio por meio de excitação com dois fótons foram utilizadas para detectar sinais evocados por odores. (Reproduzida, com autorização, de Wang et al., 2003. Copyright © 2003 Elsevier.)

semelhança com os receptores de substâncias odoríferas nos mamíferos, exceto pela presença de muitos domínios transmembrana. De fato, esses receptores nos insetos parecem ter uma origem evolutiva diferente daquela dos receptores nos mamíferos e podem nem mesmo ser receptores acoplados a proteínas G – um exemplo extremo da rápida mudança evolutiva observada entre todos os sistemas de receptores olfatórios. Na *Drosophila*, a principal família de receptores para substâncias odoríferas tem apenas 60 genes, e não as centenas de genes características dos vertebrados. O mosquito da malária *Anopheles gambiae* e a abelha têm número semelhante de genes (85 a 95 genes), enquanto formigas cortadeiras têm mais de 350 genes de receptores para substâncias odoríferas, sugerindo uma ampla variação no número de receptores em insetos.

Apesar das diferenças moleculares entre os receptores, a organização anatômica do sistema olfatório da mosca é bastante semelhante à dos vertebrados. Cada neurônio olfatório expressa um ou, às vezes, dois genes funcionais de receptores para substâncias odoríferas. Os neurônios que expressam um determinado gene estão vagamente localizados em uma região da antena, mas entremeados com neurônios expressando outros genes (**Figura 29-10B**). Essa distribuição dispersa não ocorre no próximo nível de organização, o lobo antenal. Axônios de neurônios sensoriais que expressam um tipo de receptor convergem em dois glomérulos invariáveis no lobo antenal, cada um nos lados esquerdo e direito do animal (**Figura 29-10C**). Essa organização é notavelmente semelhante àquela da primeira estação de retransmissão sensorial no bulbo olfatório dos vertebrados e é também observada em mariposas, abelhas e outros insetos.

Uma vez que há apenas umas poucas dúzias de genes para receptores na *Drosophila*, é possível caracterizar todo o repertório de interações entre substâncias odoríferas e receptores, um objetivo ainda não possível de ser atingido nos mamíferos. Métodos genéticos sofisticados podem ser utilizados para marcar um neurônio de *Drosophila* expressando um único gene conhecido para receptor de substância odorífera e obter registros desse neurônio. Pela repetição desse experimento com muitos receptores e odores, foram definidos os campos receptivos para os receptores de substâncias odoríferas, e observou-se que são bastante distintos.

Em insetos, determinados receptores para substâncias odoríferas podem detectar um grande número dessas substâncias, incluindo algumas com estruturas químicas bastante diferentes. Esse amplo reconhecimento de substâncias odoríferas por receptores "generalistas" é necessário quando apenas um pequeno número de receptores está disponível para detectar todas as substâncias odoríferas biologicamente significativas. Uma única proteína receptora que detecta muitos odores nos insetos pode ser estimulada por alguns odores e inibida por outros, frequentemente com padrões temporais distintos. Um subconjunto de receptores para substâncias odoríferas nos insetos que transmite informação acerca de feromônios ou outros odores incomuns, como o dióxido de carbono, é mais seletivo quanto às substâncias que é capaz de reconhecer. Assim, o potencial de codificação de cada neurônio olfatório pode ser amplo ou restrito, e deriva de uma combinação de sinais estimulatórios e inibitórios que atingem seus receptores.

A informação dos neurônios olfatórios é retransmitida para o lobo antenal, onde neurônios sensoriais expressando o mesmo receptor para substâncias odoríferas convergem sobre um pequeno número de neurônios de projeção em um glomérulo (**Figura 29-10A**). Uma vez que os glomérulos da *Drosophila* têm posições estereotipadas e recebem aferências de um tipo de receptor de substância odorífera, pode-se descrever a transformação da informação através da sinapse. A convergência de muitos axônios sensoriais olfatórios sobre uns poucos neurônios de projeção leva a um grande aumento na razão sinal/ruído para os sinais olfatórios, de modo que os neurônios de projeção são muito mais sensíveis a odores do que os neurônios olfatórios individuais. Dentro do lobo antenal, interneurônios excitatórios distribuem sinais para neurônios de projeção em localizações distais, e interneurônios inibitórios retroalimentam neurônios sensoriais olfatórios de modo a atenuar seus sinais. Assim, enquanto a atividade de um neurônio olfatório individual segue para um glomérulo, essa informação também é distribuída ao longo de todo o lobo antenal, na medida em que ela é processada por interneurônios excitatórios e inibitórios locais que conectam muitos glomérulos.

Os neurônios de projeção do lobo antenal estendem-se para centros encefálicos superiores, denominados corpos fungiformes e protocérebro lateral (**Figura 29-10A**). Essas estruturas podem representar os equivalentes, no inseto, ao córtex olfatório. Os corpos fungiformes são regiões de aprendizado associativo olfatório e aprendizado associativo multimodal; o protocérebro lateral é importante para respostas olfatórias inatas. Nesse estágio, os neurônios de projeção formam conexões complexas com um grande número de neurônios a jusante. Neurônios em centros encefálicos superiores na *Drosophila* podem potencialmente integrar informações de muitos receptores.

Dicas olfatórias determinam comportamentos estereotipados e respostas fisiológicas nos nematelmintos

O nematelminto *Caenorhabditis elegans* tem um dos sistemas nervosos mais simples do reino animal, com apenas 302 neurônios ao todo. Desses, 32 são neurônios quimiossensoriais ciliados. Uma vez que o *C. elegans* demonstra fortes respostas comportamentais a uma ampla variedade de substâncias químicas, ele tem se constituído em um animal experimental útil para relacionar sinais olfatórios com comportamento. Cada neurônio quimiossensorial detecta um conjunto específico de substâncias químicas, e a ativação do neurônio é necessária para as respostas comportamentais a essas substâncias. O neurônio que deve ser ativado para uma determinada resposta, como a atração por um odor específico, situa-se na mesma posição em todos os indivíduos.

Os mecanismos moleculares do olfato no *C. elegans* foram elucidados por varreduras genéticas buscando vermes mutantes desprovidos da capacidade de detectar odores (anósmicos). A partir dessas varreduras, foi estudado o receptor acoplado à proteína G para a substância odorífera volátil diacetila (**Figura 29-11**). Esse receptor é um dos aproximadamente 1.700 quimiorreceptores acoplados

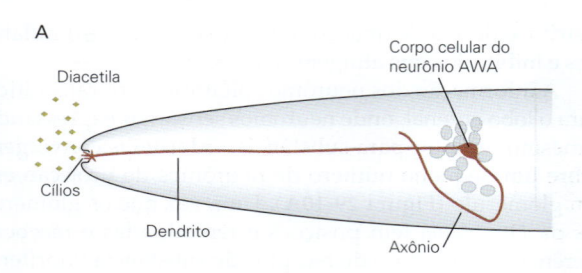

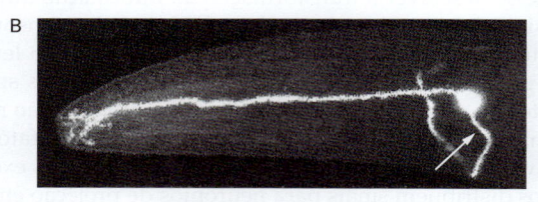

FIGURA 29-11 O receptor para diacetila no verme *Caenorhabditis elegans*.

A. Uma visão lateral da extremidade anterior desse verme mostra o corpo celular e os processos do neurônio quimiossensorial AWA. Um dendrito termina em cílios que são expostos a substâncias químicas do ambiente. O neurônio detecta a substância química volátil diacetila. Animais com uma mutação no gene *odr-10* são incapazes de perceber a diacetila.

B. O gene *odr-10* é ativo apenas em neurônios AWA. A micrografia mostra o produto gênico marcado com fusão a uma proteína repórter fluorescente; a **seta** indica o axônio do neurônio. (Reproduzida, com autorização, de Sarafi-Reinach e Sengupta, 2000.)

a proteínas G previstos a partir de genes de *C. elegans*, o maior número de quimiorreceptores entre os genomas conhecidos. Outros tipos de receptores quimiossensoriais também estão presentes; por exemplo, o *C. elegans* percebe indiretamente os níveis externos de oxigênio, detectando guanilato-ciclases solúveis, que se ligam diretamente ao oxigênio. Com tantos quimiorreceptores, os nematelmintos são capazes de reconhecer com alta sensibilidade uma grande variedade de odores. Alguns neurônios quimiossensoriais utilizam proteínas G para regular o 3',5'-monofosfato de guanosina cíclico (GMPc) e um canal ativado por GMPc, uma via de transdução de sinal semelhante àquela dos fotorreceptores dos vertebrados. Outros neurônios quimiossensoriais utilizam para a transdução de sinal canais baunilhoides (ou vaniloides; TRPV) com potencial de receptor transitório, de modo semelhante aos neurônios nociceptivos dos vertebrados.

O princípio "um neurônio, um receptor", observado nos vertebrados e nos insetos, não funciona nos nematelmintos, pois o número de neurônios é muito menor do que o número de receptores. Cada um dos genes para quimiorreceptores encontra-se expresso, geralmente, em apenas um par de neurônios quimiossensores, mas cada neurônio expressa muitos genes de receptores. O pequeno tamanho do sistema nervoso do *C. elegans* limita computações olfatórias. Por exemplo, um único neurônio responde a muitos odores, mas os odores podem ser distinguidos de maneira eficiente apenas se forem percebidos por diferentes neurônios sensoriais primários.

A relação entre a detecção de odores e o comportamento foi investigada em *C. elegans* por meio de manipulações genéticas. Por exemplo, a diacetila costuma ser um atrativo para os vermes, mas quando o receptor para diacetila é expresso experimentalmente em um neurônio olfatório que normalmente percebe odores repelentes, os animais são repelidos pela diacetila, e não atraídos. Essa observação indica que neurônios sensoriais específicos codificam os circuitos das respostas comportamentais de atração e repulsão e que uma "linha marcada" conecta odores específicos com comportamentos específicos. Ideias semelhantes surgiram de manipulações genéticas de sistemas gustatórios em camundongos e moscas, em que vias de preferência por doce e amargo são codificadas por diferentes conjuntos de células sensoriais.

Em nematelmintos, dicas olfatórias estão ligadas a respostas fisiológicas, assim como a respostas comportamentais. Sinais de alimento e feromônios que regulam o desenvolvimento são detectados por neurônios sensoriais específicos por meio de receptores acoplados a proteínas G. Quando os níveis de feromônios são baixos e há alimento em abundância, os animais desenvolvem-se chegando à idade adulta rapidamente, ao passo que, se os níveis de feromônios são altos e há pouco alimento, esses vermes entram em um estágio larval em suspensão de longa duração, denominado larva *dauer* (**Figura 29-12**). A ativação desses neurônios sensoriais regula no final a atividade de uma via de sinalização da insulina, que controla a fisiologia e o crescimento, assim como o tempo de vida do nematelminto. Ainda está para ser determinado se os sistemas quimiossensoriais e fisiológicos de outros animais estão enredados como estão nos nematelmintos.

Estratégias para o olfato evoluíram rapidamente

Por que famílias independentes de receptores para substâncias odoríferas evoluíram em mamíferos, nematelmintos e insetos? E por que essas famílias foram tão rapidamente modificadas, quando comparadas a genes envolvidos em outros processos biológicos importantes? A resposta está em uma diferença fundamental entre o olfato e os demais sentidos, como visão, tato e audição.

A maioria dos sentidos é desenhada para detectar entidades físicas com propriedades físicas confiáveis: fótons, pressão ou ondas sonoras. Em contrapartida, os sistemas olfatórios são desenhados para detectar moléculas orgânicas, que são infinitamente variáveis e não se ajustam em um simples contínuo de propriedades. Além disso, as moléculas orgânicas detectadas são produzidas por outros organismos vivos, que evoluem muito mais rapidamente do que o mundo da luz, da pressão e do som.

Um sistema olfatório primordial estava presente no ancestral comum de todos os animais que existem hoje. Tal ancestral vivia no oceano, onde originou diferentes linhagens de mamíferos, insetos e nematelmintos. Esses três filos de animais vieram do oceano para a terra centenas de milhões de anos após os filos terem divergido. Cada filo modificou de forma independente seu sistema olfatório, para detectar odores presentes no ar, levando à diversificação dos receptores.

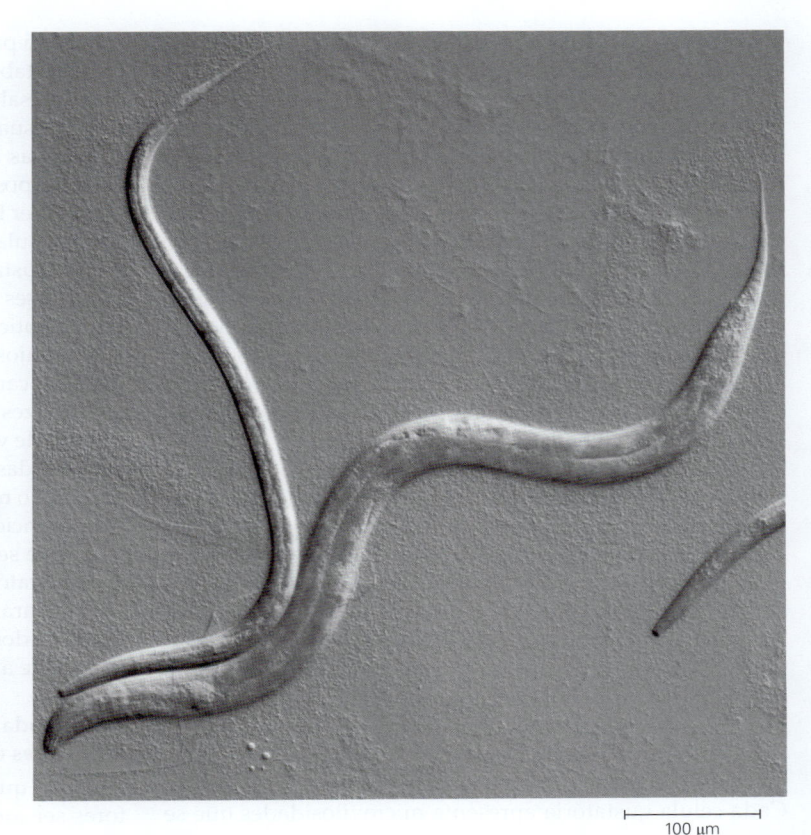

FIGURA 29-12 Dicas quimiossensoriais regulam o desenvolvimento do *C. elegans*. Quando expostas a dicas quimiossensoriais diferentes, duas larvas da mesma idade seguem distintas vias de desenvolvimento. Uma larva *dauer*, que se forma sob condições estressantes de baixa quantidade de alimento e alta densidade populacional, desenvolve-se em um adulto pequeno e delgado (*à esquerda*). É uma forma do verme resistente ao estresse, que não se alimenta e não se reproduz. Em contraste, uma larva em um ambiente rico que favoreça o crescimento e a reprodução desenvolve-se em um adulto normal (*à direita*). (Reproduzida, com autorização, de Manuel Zimmer.)

100 μm

Uma consideração da história natural de insetos dípteros e himenópteros, que evoluíram nos últimos 200 milhões de anos, ajuda a explicar a rápida diversificação dos receptores para substâncias odoríferas. Esses insetos incluem abelhas, que polinizam flores, moscas-da-fruta, que se alimentam de frutas em processo de apodrecimento, varejeiras, que surgem minutos após a morte, e mosquitos que se alimentam usando animais vivos. As substâncias odoríferas importantes para a sobrevivência desses insetos são radicalmente diferentes, de modo que os genes para receptores capazes de detectar tais substâncias evoluíram de acordo com tal necessidade.

O sistema gustatório controla o sentido do paladar

O sentido do paladar apresenta cinco submodalidades, que refletem necessidades dietéticas essenciais

O sistema gustatório é um sistema quimiossensorial especializado, dedicado à avaliação de potenciais fontes de alimento. É o único sistema sensorial que detecta açúcares e compostos danosos presentes nos alimentos e funciona como um importante condutor para as decisões alimentares. Ao contrário do sistema olfatório, que distingue milhões de odores, o sistema gustatório reconhece poucas categorias de sabores.

Humanos e outros mamíferos podem distinguir cinco qualidades gustatórias básicas: doce, amargo, salgado, azedo e *umami*, uma palavra japonesa que significa "delicioso" e está relacionada ao sabor associado com aminoácidos. Essa percepção gustatória limitada é capaz de detectar todos os componentes essenciais na dieta dos animais: sabor doce encoraja o consumo de alimentos ricos em energia; sabor amargo adverte contra a ingestão de substâncias químicas tóxicas ou nocivas; sabor salgado promove uma dieta que mantenha um equilíbrio adequado de eletrólitos; sabor azedo sinaliza alimentos ácidos, não maturados ou fermentados; e o *umami* indica alimentos ricos em proteínas.

Consistentemente com a importância nutricional de carboidratos e proteínas, as substâncias detectadas como doce e *umami* determinam sensações prazerosas inatas em humanos e são atrativas para animais em geral. Em contraste, alimentos com sabor amargo ou ácido determinam respostas aversivas inatas em humanos e em animais.

O sentido do paladar ou a gustação são frequentemente pensados como sinônimo para "sabor". No entanto, o paladar refere-se estritamente às cinco qualidades codificadas pelo sistema gustatório, ao passo que o sabor, com suas qualidades ricas e variadas, se origina de uma integração multissensorial de sinais de entrada dos sistemas gustatório, olfatório e somatossensorial (p. ex., textura e temperatura).

A detecção do sabor ocorre em botões gustatórios

Substâncias percebidas pelo paladar são detectadas por células receptoras gustatórias, agrupadas em botões gustatórios. Embora a maioria dos botões gustatórios em humanos esteja localizada na superfície da língua, alguns podem também ser encontrados no palato, na faringe, na epiglote e no terço superior do esôfago.

Os botões gustatórios na língua encontram-se em estruturas denominadas papilas, que são classificadas em três tipos, com base na sua morfologia e localização. *Papilas fungiformes*, localizadas nos dois terços anteriores da língua, são estruturas que se assemelham a cogumelos recobertos por botões gustatórios. Tanto as *papilas foliáceas*, situadas no limite posterior da língua, como as *papilas circunvaladas*, das quais há apenas umas poucas na área posterior da língua, são estruturas cercadas por sulcos revestidos com botões gustatórios (**Figura 29-13A**). Em humanos, cada papila fungiforme contém de 1 a 5 botões gustatórios, enquanto cada papila foliácea ou circunvalada pode conter centenas a milhares de botões gustatórios respectivamente.

O botão gustatório é uma estrutura embebida no epitélio e cuja forma lembra uma cabeça de alho. Uma pequena abertura na superfície do epitélio, o poro gustatório, é o ponto de contato com as substâncias que irão estimular esses receptores (**Figura 29-13B**). Cada botão gustatório contém aproximadamente cem células receptoras gustatórias (células gustatórias), células alongadas que se estendem a partir do poro gustatório para a área basal do botão. O botão gustatório também contém outras células alongadas, que se acredita servirem a uma função de apoio, assim como um pequeno número de células arredondadas na base, que se acredita funcionarem como células-tronco. Cada célula gustatória apresenta microvilosidades que se estendem para dentro do poro gustatório, permitindo que a célula estabeleça contato com substâncias químicas dissolvidas na saliva na superfície epitelial.

Em sua porção basal, a célula gustatória faz contato com fibras aferentes de neurônios sensoriais gustatórios, cujos corpos celulares residem em gânglios sensoriais específicos (ver **Figura 29-17**). Embora as células gustatórias não sejam células neurais, seus contatos com os neurônios sensoriais gustatórios apresentam características morfológicas de sinapses químicas, incluindo agrupamentos de vesículas pré-sinápticas. Células gustatórias também se assemelham a neurônios pelo fato de serem eletricamente excitáveis; elas têm canais de Na^+, K^+ e Ca^{2+} ativados por voltagem e são capazes de gerar potenciais de ação. As células gustatórias são de vida curta (dias a semanas) e são continuamente substituídas a partir de populações de células-tronco. Essa renovação requer que células gustatórias recém-produzidas se diferenciem para detectar uma das cinco qualidades gustatórias e se conectem aos terminais dos neurônios sensoriais gustatórios apropriados, de modo que uma célula gustatória para o sabor doce se conecte a neurônios sensoriais do sabor doce, e uma célula gustatória para o sabor amargo se conecte a neurônios sensoriais para o amargo.

Cada modalidade gustatória é detectada por receptores e células sensoriais distintos

As cinco qualidades gustatórias são detectadas por receptores sensoriais nas microvilosidades de distintas células

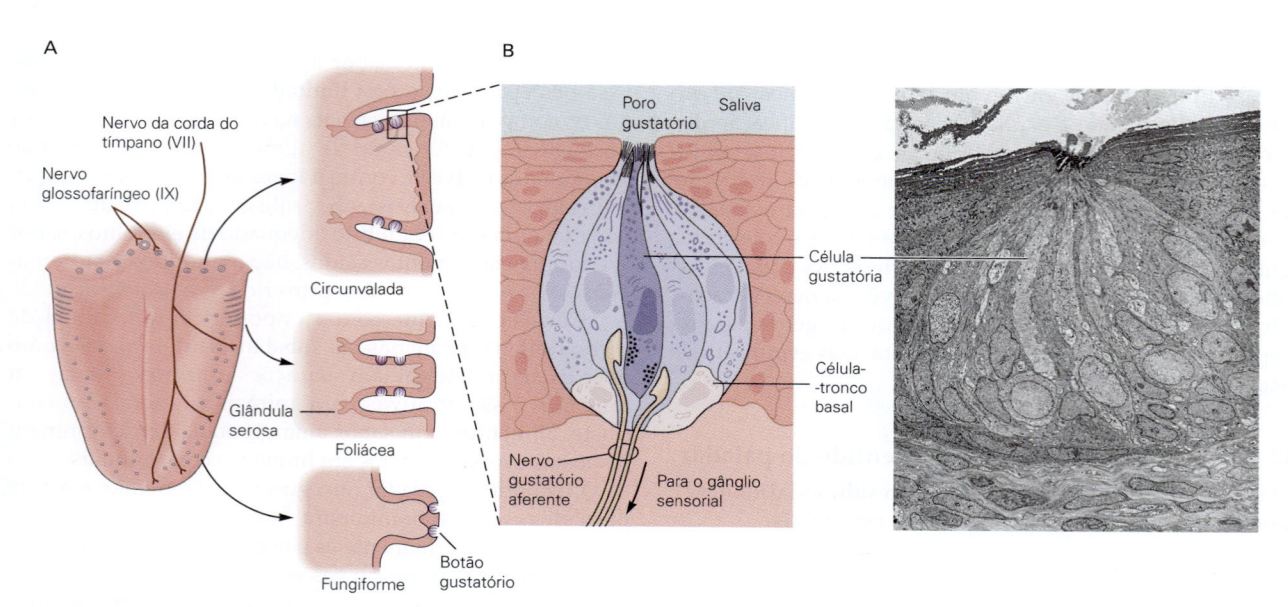

FIGURA 29-13 Os botões gustatórios estão agrupados em papilas na língua.

A. Os três tipos de papilas – circunvaladas, foliáceas e fungiformes – diferem em sua forma e localização na língua e são diferentemente inervadas pelos nervos da corda do tímpano e glossofaríngeo.

B. Cada botão gustatório contém de 50 a 150 células receptoras gustatórias alongadas, assim como células de suporte e uma pequena população de células-tronco basais. As células gustatórias estendem microvilosidades para dentro do poro gustatório, permitindo a detecção de substâncias dissolvidas na saliva capazes de estimular os receptores gustatórios. Em sua extremidade basal, a célula gustatória estabelece contato com neurônios sensoriais gustatórios, que transmitem sinais desses estímulos para o encéfalo. A micrografia eletrônica de varredura mostra um botão gustatório em uma papila foliácea em um coelho. (Reproduzida, com autorização, de Royer e Kinnamon, 1991. Copyright © 1991 Wiley-Liss, Inc.)

gustatórias. Existem dois tipos gerais de receptores: substâncias que determinam sensações de amargo, doce e *umami* interagem com receptores acoplados a proteínas G, ao passo que substâncias que determinam sensações de salgado e azedo interagem diretamente com canais iônicos específicos (**Figura 29-14**). Essas interações despolarizam a célula gustatória, levando à geração de potenciais de ação nas fibras gustatórias aferentes.

Receptor para o sabor doce

Compostos que os humanos percebem como doce incluem açúcares, adoçantes artificiais, como a sacarina e o aspartame, umas poucas proteínas, como a monelina e a taumatina, e vários D-aminoácidos. Todos esses compostos com sabor doce são detectados por um receptor heteromérico, composto por dois membros da família de receptores gustatórios T1R, T1R2 e T1R3 (**Figura 29-15**). Os receptores T1R constituem uma pequena família de três receptores relacionados acoplados a proteínas G, os quais participam da detecção dos sabores doce e *umami*.

Os receptores da família T1R apresentam um grande domínio extracelular N-terminal (**Figura 29-14**) que funciona como o principal domínio de ligação ao ligante, de modo semelhante ao receptor V2R dos neurônios vomeronasais. Esse domínio reconhece muitos açúcares diferentes, ligando com baixa afinidade na faixa do milimolar. Isso assegura que apenas altas concentrações de açúcar de valor nutritivo sejam detectadas. A mudança de um único aminoácido nesse domínio nos camundongos pode alterar a sensibilidade de um animal a compostos doces. De fato, o T1R3 foi inicialmente descoberto pelo exame de genes no *locus* de preferência à sacarina (Sac) do camundongo, uma região cromossômica que governa a sensibilidade à sacarina, à sacarose e a outros compostos doces.

Nos camundongos, as células gustatórias com receptores T1R2 são encontradas principalmente em papilas no palato e em papilas foliáceas e circunvaladas; quase invariavelmente essas células também possuem receptores T1R3 (**Figura 29-16A**). Experimentos com nocaute gênico em camundongos indicam que o complexo T1R2/T1R3 medeia a detecção de todos os compostos doces, exceto altas concentrações de açúcares, que também podem ser detectadas pelo T1R3 individualmente.

Receptor para o sabor umami

Umami é o nome dado ao sabor apetitoso do glutamato monossódico, um aminoácido amplamente utilizado para realçar o sabor. Acredita-se que a sensação prazerosa associada com o sabor *umami* encorage a ingestão de proteínas e seja, desse modo, evolutivamente importante para a nutrição.

O receptor para o sabor *umami* é um complexo de duas subunidades do receptor T1R: T1R1, específico para

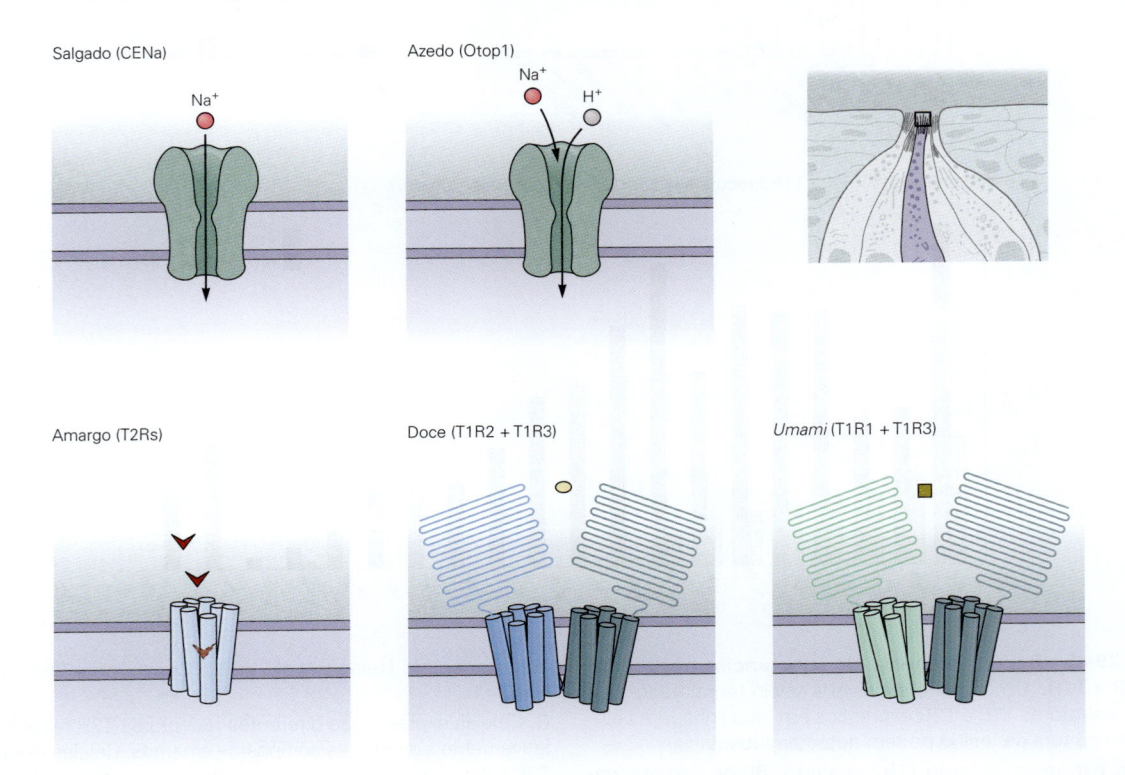

FIGURA 29-14 Transdução sensorial nas células gustatórias. Diferentes qualidades gustatórias envolvem diferentes mecanismos de detecção nas microvilosidades apicais das células gustatórias (ver **Figura 29-13B**). Substâncias com sabor salgado ou azedo ativam canais iônicos diretamente, enquanto substâncias percebidas como amargas, doces ou *umami* ativam receptores acoplados a proteínas G. O sabor amargo é detectado por receptores T2R, enquanto o sabor doce é detectado por uma combinação de T1R2 e T1R3, e o sabor *umami* por uma combinação de T1R1 e T1R3. (Siglas: **CENa**, canal epitelial de sódio; **Otop1**, otopetrina-1.)

o receptor *umami*, e T1R3, presente tanto em receptores para doce quanto para *umami* (**Figura 29-14**). Em camundongos, o complexo T1R1/T1R3 pode interagir com todos os L-aminoácidos (**Figura 29-15B**), mas em humanos ele é preferencialmente ativado por glutamato. Nucleotídeos púricos, como 5'-monofosfato de inosina (IMP), são adicionados frequentemente ao glutamato monossódico para realçar seu sabor *umami* agradável. É interessante observar que estudos *in vitro* mostram que o IMP potencializa a resposta do complexo T1R1/T1R3 a L-aminoácidos, atuando como um forte modulador alostérico positivo do receptor (**Figura 29-15B**).

Células gustatórias contendo ambos, T1R1 e T1R3, estão concentradas nas papilas fungiformes (**Figura 29-16A**).

Estudos em camundongos geneticamente modificados, nos quais apenas genes para T1R foram anulados, indicam que o complexo T1R1/T1R3 é o único responsável pelo sabor *umami*, enquanto T1R2/T1R3 é o único responsável pelo sabor doce. Como esperado, um nocaute genético de T1R1 abole seletivamente o sabor *umami*, um nocaute para T1R2 abole especificamente o sabor doce, enquanto um nocaute para T1R3 elimina os sabores doce e *umami* (exatamente como previsto, uma vez que é uma subunidade comum de ambos os receptores, para *umami* e para o sabor doce).

Receptores para doce e para *umami* diferem significativamente entre diferentes espécies. É interessante observar que diferentes subunidades T1R foram perdidas em algumas espécies, provavelmente refletindo seus nichos

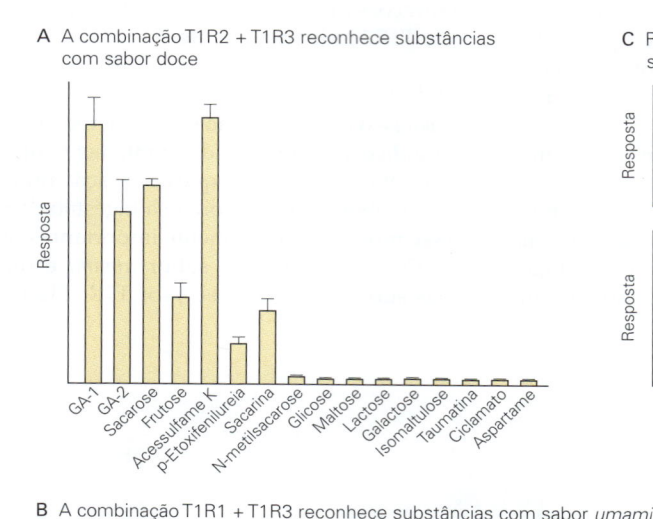

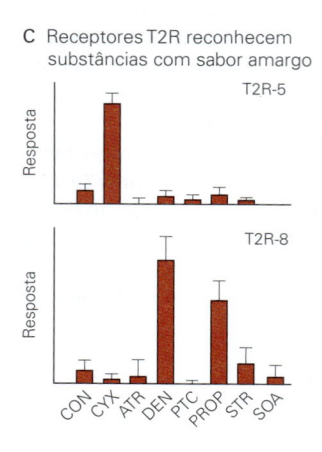

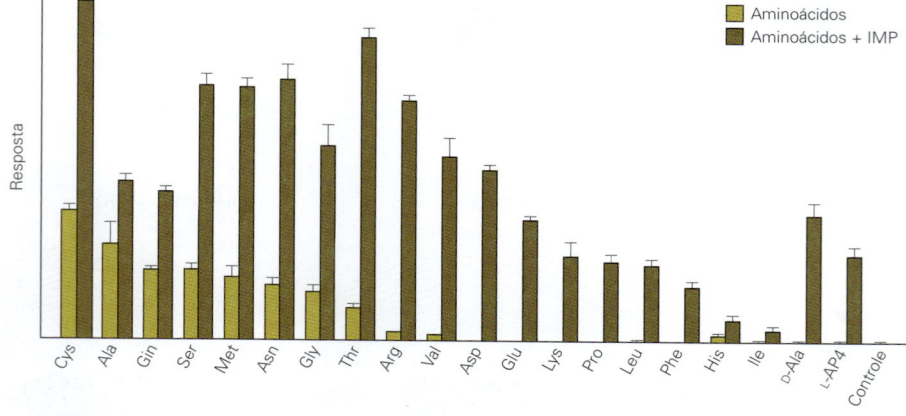

FIGURA 29-15 Reconhecimento de substâncias por receptores T1R e T2R. Um corante sensível a cálcio foi utilizado para testar se receptores T1R e T2R expressos em uma linhagem celular em uma cultura de tecido podem detectar substâncias.

A. Células expressando tanto T1R2 quanto T1R3 de rato respondem a diversos compostos doces. (Reproduzida, com autorização, de Nelson et al., 2001.)

B. Células expressando T1R1 e T1R3 de camundongo respondem a diversos L-aminoácidos (sabor *umami*). As respostas foram potenciadas por monofosfato de inosina (IMP). (Reproduzida, com autorização, de Nelson et al., 2002. Copyright © 2002 Springer Nature.)

C. Células expressando diferentes receptores T2R respondem seletivamente a diferentes compostos amargos. Células expressando T2R5 de camundongo respondem mais vigorosamente à cicloeximida (**CYX**), enquanto células expressando T2R8 de camundongo respondem preferencialmente a denatônio (**DEN**) e a 6-n-propil-2--tiouracila (**PROP**). (Siglas: **ATR**, atropina; **CON**, controle; **PTC**, feniltiocarbamida; **SOA**, octacetato de sacarose; **STR**, estricnina.) (Reproduzida, com autorização, de Chandrashekar et al., 2000.)

evolutivos e suas dietas. Por exemplo, o panda gigante, que se alimenta quase exclusivamente de uma dieta de bambu, não apresenta um receptor *umami* funcional. Por outro lado, gatos domésticos, tigres e chitas não apresentam um receptor funcional para o sabor doce, enquanto morcegos-vampiros, que têm uma dieta de sangue, apresentam mutações que resultaram na eliminação tanto de receptores funcionais para *umami* quanto para o sabor doce.

Receptor para o sabor amargo

Acredita-se que a percepção do sabor amargo tenha evoluído como um sinal aversivo de moléculas tóxicas. A sensação do sabor amargo é determinada por uma ampla variedade de compostos, incluindo cafeína, nicotina, alcaloides e denatônio, o composto químico mais amargo conhecido (esse composto é algumas vezes adicionado a produtos tóxicos que são desprovidos de odor e sabor para prevenir sua ingestão).

Substâncias que determinam sensações de amargor são detectadas por uma família de aproximadamente 30 receptores acoplados a proteínas G, os T2Rs (**Figura 29-14**). Diferentes espécies animais, contudo, apresentam diferentes números de receptores para o sabor amargo (variando de uns poucos no genoma da galinha para mais de 50 na rã *Xenopus tropicalis*; humanos têm 28 genes T2R. Esses receptores reconhecem compostos amargos que apresentam estruturas químicas diversas, estando cada T2R ajustado para detectar um pequeno número de compostos amargos (**Figura 29-15C**). Os receptores T2R reconhecem substâncias químicas com alta afinidade de ligação, na faixa do micromolar, permitindo a detecção de quantidades mínimas de compostos danosos. Uma única célula gustatória expressa muitos, e provavelmente a maioria dos tipos de receptores T2R (**Figura 29-16B**). Esse arranjo implica que a informação acerca de diferentes substâncias com sabor amargo é integrada em células gustatórias individuais. Uma vez que distintos compostos amargos são detectados pelas mesmas células, todos esses compostos determinam a mesma qualidade de percepção: amargo. O grau de amargor pode ser causado pela eficácia de um determinado composto em ativar células gustatórias para o amargo.

É interessante que diferenças genéticas na capacidade de perceber compostos amargos específicos têm sido identificadas em humanos e camundongos. Por exemplo, a substância 6-n-propiltiouracila determina sabor amargo; contudo, humanos dividem-se entre altamente sensíveis a essa substância, capazes de percebê-la, ou incapazes de percebê-la. Foi por meio do estudo de variações nesse traço e seu mapeamento em *loci* cromossômicos específicos, seguindo-se a busca por novos genes para receptores acoplados a proteínas G naquele intervalo cromossômico, que os receptores T2R foram inicialmente identificados. No caso da detecção da 6-n-propiltiouracila, foi evidenciado que o gene responsável pela diferença genética era um determinado gene T2R. Assim, alguns dos compostos amargos podem ser reconhecidos predominantemente por apenas um dos cerca de 30 tipos de receptores T2R.

Em camundongos, células gustatórias que expressam receptores T2R são encontradas tanto nas papilas foliáceas

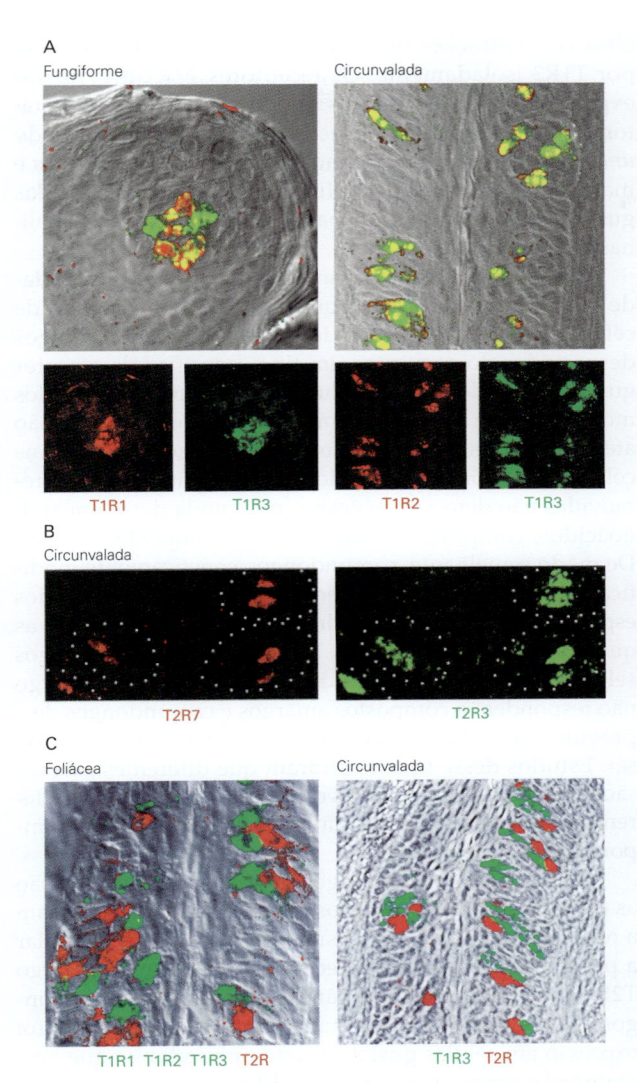

FIGURA 29-16 Expressão de receptores T1R e T2R na superfície da língua. Secções de língua de camundongo ou de rato foram hibridizadas com sondas que marcam mRNAs de T1R ou T2R, para detectar seus locais de expressão em células gustatórias.

A. O receptor T1R3 é expresso em células gustatórias de todos os três tipos de papilas. T1R1, no entanto, é encontrado principalmente em papilas fungiformes, enquanto T1R2 localiza-se predominantemente em papilas circunvaladas (e foliáceas). Sobreposições entre locais de expressão aparecem como células amarelas nas micrografias na parte superior da figura. O receptor para *umami*, T1R1-T1R3, é mais frequentemente encontrado em papilas fungiformes, enquanto o receptor para o sabor doce, T1R2-T1R3, é encontrado com mais frequência em papilas circunvaladas e foliáceas. (Reproduzida, com autorização, de Nelson et al., 2001.)

B. Uma célula gustatória que detecta substâncias com sabor amargo pode expressar diversas variantes de receptores T2R. Aqui, sondas para T2R3 e T2R7 marcaram as mesmas células gustatórias em papilas circunvaladas. (Reproduzida, com autorização, de Adler et al., 2000.)

C. Os receptores T1R e T2R são expressos em diferentes células gustatórias. Células gustatórias marcadas por uma sonda para T1R3 ou por sondas mistas para T1R (**verde**) não mostraram sobreposição com células marcadas com misturas de sondas para T2R (**vermelho**). (Reproduzida, com autorização, de Nelson et al., 2001.)

quanto nas circunvaladas (**Figura 29-16C**). Uma dada célula gustatória expressa receptores T2R ou T1R (i.e., uma célula gustatória – uma classe de receptores), mas um único botão gustatório pode conter células gustatórias de todos os tipos (p. ex., doce, *umami*, amargo). Tal mistura de células está de acordo com a observação de que um único botão gustatório pode ser ativado por distintas substâncias, capazes de estimular sensações de mais de um tipo de sabor; por exemplo, doce e amargo.

Receptor para o sabor salgado

A ingestão de sal é crítica para a manutenção do equilíbrio eletrolítico. Talvez porque eletrólitos devem ser mantidos dentro de um rigoroso intervalo, a resposta comportamental ao sal é dependente da concentração: baixas concentrações de sal são apetitivas, enquanto altas concentrações de sal são aversivas. Como a resposta ao sal muda em função de sua concentração? Ocorre que múltiplas células gustatórias detectam sal. Células receptoras essenciais para a detecção do sabor salgado utilizam o canal epitelial de sódio – CENa (ver **Figura 29-14**). Esses receptores especializados para salgado são distintos dos receptores para doce, amargo ou *umami*. Em concentrações de sal bem maiores, algumas células gustatórias para os sabores amargo e azedo também respondem ao sal, embora os detalhes moleculares da detecção não tenham sido determinados. Desse modo, concentrações apetitivas de sal levam a respostas via receptor CENa para o sabor salgado em células capazes de detectar sal, enquanto concentrações altas de sal ativam células para o amargo e o azedo, disparando, assim, o comportamento aversivo.

Receptor para o sabor azedo

O sabor azedo está associado a alimentos ou bebidas ácidos ou fermentados. Da mesma maneira que para os compostos amargos, os animais apresentam aversividade inata a substâncias azedas, sugerindo que a vantagem adaptativa do sabor azedo seria a evitação de alimentos estragados. O azedo, assim como as demais 4 qualidades gustatórias, também é detectado por seu próprio tipo de células receptoras gustatórias (**Figura 29-14**). O canal iônico otopetrina-1 (Otop1), um canal seletivo para prótons envolvido na sensação da gravidade no sistema vestibular, é o canal iônico da percepção do sabor azedo no sistema gustatório. Como seria esperado, o nocaute do Otop1 em camundongos eliminou respostas ao ácido em células receptoras para o azedo. Além disso, camundongos geneticamente modificados para expressar Otop1 em células receptoras gustatórias para o sabor doce apresentam células responsivas ao doce que também respondem a estímulos ácidos, demonstrando que esse canal é suficiente para conferir a sensibilidade ao azedo.

Estudos de genética molecular demonstraram que as diferentes modalidades gustatórias são detectadas por diferentes subconjuntos de células gustatórias. Como visto anteriormente, uma combinação de T1R1 e T1R3 é responsável por toda a percepção do sabor *umami* e uma combinação de T1R2 e T1R3 é sempre necessária para a detecção de sabor doce, exceto quando da detecção de altas concentrações de açúcares, que pode ser mediada por T1R3 isoladamente. Os receptores T1R1 e T1R2 são expressos por subconjuntos separados de células gustatórias, indicando que a detecção do doce e a detecção do *umami* são segregadas. De modo semelhante, receptores e marcadores moleculares definem de modo único células gustatórias para o amargo, para baixas concentrações salinas e para o azedo.

Uma demonstração dramática de que cada qualidade gustatória é detectada por uma diferente categoria de células gustatórias surgiu de estudos de camundongos desprovidos do gene para um tipo específico de receptor gustatório ou de um tipo celular gustatório. Esses estudos mostraram que a perda de uma modalidade gustatória não afeta as demais. Por exemplo, camundongos nos quais as células gustatórias para o doce foram geneticamente removidas não detectam açúcares, mas ainda detectam aminoácidos, compostos amargos, sais e compostos azedos. De modo semelhante, camundongos geneticamente modificados de modo a não apresentarem receptores gustatórios específicos não são capazes de detectar substâncias com as qualidades correspondentes. Por exemplo, camundongos seletivamente desprovidos de receptores para o amargo não respondem a compostos amargos e camundongos desprovidos de CENa não são capazes de detectar o sabor do sal. Estudos desse tipo mostraram que diferentes sabores são detectados por diferentes receptores, expressos em diferentes classes de células gustatórias, que determinam comportamentos específicos.

Estudos em camundongos também indicam que são as células gustatórias e não os receptores que determinam a resposta do animal a uma substância capaz de estimular a percepção de sabores. O receptor humano para amargo T2R16 reconhece uma substância amarga que camundongos são incapazes de detectar. Quando esse receptor foi expresso em células gustatórias de camundongo que normalmente expressam receptores T2R para o amargo, o ligante causou forte aversão gustatória. Contudo, quando o receptor foi expresso em células que expressam o complexo T1R2/T1R3 para o doce (i.e., células gustatórias do doce), o ligante amargo determinou forte aceitação do sabor. Esses achados mostraram que as respostas inatas dos camundongos para diferentes substâncias capazes de estimular a percepção de sabores (doces e amargas nesse exemplo) operam via linhas marcadas, que unem a ativação de diferentes subconjuntos de células gustatórias a diferentes desfechos comportamentais.

A informação gustatória é retransmitida do tálamo para o córtex gustatório

Cada célula gustatória é inervada em sua base por ramificações periféricas dos axônios de neurônios sensoriais primários (**Figura 29-13**). Cada fibra sensorial ramifica-se muitas vezes, inervando diversas células gustatórias dentro de botões gustatórios. A liberação de neurotransmissores das células gustatórias sobre as fibras sensoriais induz potenciais de ação nas fibras e a transmissão de sinais para o corpo da célula sensorial.

Os corpos celulares dos neurônios sensoriais gustatórios situam-se nos gânglios geniculado, petroso e nodoso. As ramificações periféricas desses neurônios seguem através dos nervos cranianos VII, IX e X, enquanto as ramificações centrais entram no tronco encefálico, onde terminam sobre neurônios na área gustatória do núcleo do trato solitário (**Figura 29-17**). Na maioria dos mamíferos, neurônios desse núcleo transmitem sinais para o núcleo parabraquial da ponte, que, por sua vez, envia informação gustatória para o núcleo medial ventroposterior do tálamo. Em primatas, no entanto, esses neurônios transmitem informação gustatória diretamente para a área gustatória do tálamo.

A partir do tálamo, a informação gustatória é transmitida para o córtex gustatório, uma região do córtex cerebral localizada ao longo da borda entre a ínsula anterior e o opérculo frontal (**Figura 29-17**). Acredita-se que o córtex gustatório medeie a percepção consciente e a discriminação de estímulos gustatórios. Áreas gustatórias do tálamo e do córtex também transmitem informação tanto direta quanto indiretamente para o hipotálamo, que controla o comportamento alimentar e as respostas autonômicas.

Estudos usando imageamento do cálcio de larga escala revelam que alguns neurônios no córtex gustatório respondem preferencialmente a uma modalidade gustatória, como amargo ou doce. Esses neurônios estão localizados em campos corticais segregados, ou pontos quentes. É interessante que a ativação de neurônios no ponto quente para o doce, usando canais iônicos ativados por luz, determina respostas inatas de atração. Em contraste, a ativação do ponto quente para o amargo determina supressão de lambidas e fortes respostas orofaciais aversivas, mimetizando aquelas normalmente observadas em resposta a substâncias amargas. Esses experimentos mostraram que o controle direto do córtex gustatório primário pode evocar comportamentos específicos confiáveis e robustos, que mimetizam respostas a substâncias capazes de estimular naturalmente a percepção de sabores. Eles também ilustram o fato de que a via gustatória pode ativar respostas inatas imediatas a substâncias doces e amargas. Para demonstrar que esses comportamentos disparados via córtex são inatos (i.e., independentes do aprendizado ou da experiência), experimentos com estimulações semelhantes foram realizados em camundongos mutantes que nunca haviam experimentado substâncias doces ou amargas (a mutação abolira toda transdução de sinal para doce e amargo). Mesmo nesses animais, a ativação dos campos corticais correspondentes determinou as respostas comportamentais esperadas, comprovando a natureza pré-determinada do sentido do paladar.

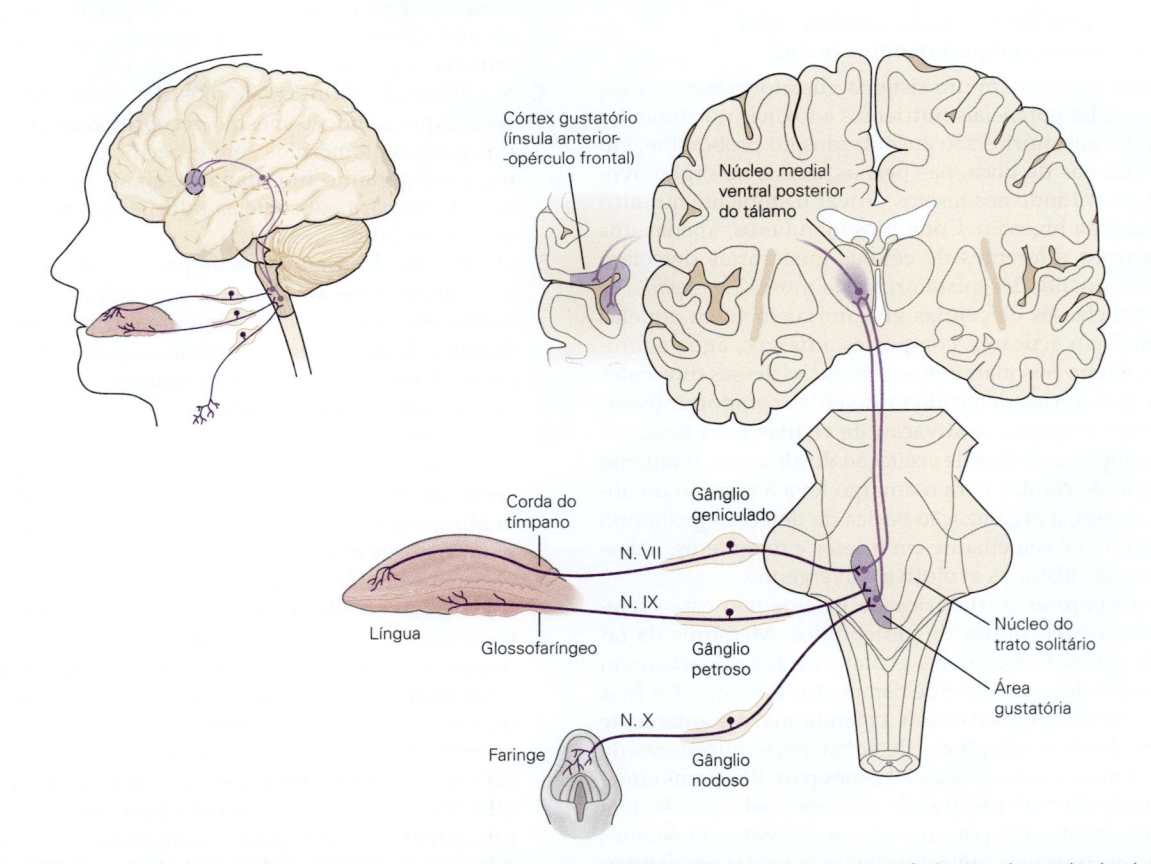

FIGURA 29-17 Sistema gustatório. Substâncias que estimulam receptores gustatórios são detectadas nos botões gustatórios na cavidade oral. Botões gustatórios na língua e na faringe são inervados por fibras periféricas de neurônios sensoriais gustatórios, que seguem nos nervos glossofaríngeo, da corda do tímpano e vago e terminam no núcleo do trato solitário no tronco encefálico. A partir daí, a informação gustatória é retransmitida através do tálamo para o córtex gustatório, assim como para o hipotálamo.

A percepção sensorial de substâncias depende de sinais gustatórios, olfatórios e somatossensoriais

Muito daquilo que se pensa como sendo o sabor de um alimento deriva de informação fornecida pela integração dos sistemas gustatório e olfatório. Moléculas voláteis liberadas na boca a partir de alimentos ou bebidas são bombeadas para a parte posterior da cavidade nasal ("passagem retronasal") por movimentos da língua, bochechas ou garganta, que acompanham a mastigação e o ato de engolir. Embora o epitélio olfatório do nariz tenha claramente uma grande contribuição para a percepção do sabor, tais sensações são localizadas na boca, e não no nariz.

Acredita-se que o sistema somatossensorial também esteja envolvido nessa localização dos sabores. Imagina-se que a coincidência entre a percepção gustatória, a estimulação somatossensorial da língua e a passagem retronasal de substâncias odoríferas para dentro do nariz faça as substâncias odoríferas serem percebidas como sabores na boca. As sensações de sabor também têm frequentemente um componente somatossensorial, que inclui a textura do alimento, assim como sensações evocadas por alimentos apimentados ou mentolados e por dióxido de carbono em água.

Insetos apresentam células gustatórias específicas para determinadas modalidades que determinam comportamentos inatos

Os insetos apresentam um sistema gustatório especializado, que avalia potenciais nutrientes e toxinas no alimento. Neurônios gustatórios são encontrados no probóscide, em partes internas da boca, nas pernas, asas e no órgão ovopositor, permitindo aos insetos provar o ambiente químico local antes da ingestão. Como nos mamíferos, apenas uns poucos tipos diferentes de células gustatórias detectam diferentes qualidades gustatórias. Na mosca *Drosophila*, as diferentes classes de células gustatórias incluem aquelas que percebem açúcares, compostos amargos, água e feromônios. Como nos mamíferos, a ativação dessas diferentes células gustatórias determina diferentes comportamentos inatos; por exemplo, a ativação de células para açúcares leva a comportamentos de aceitação do alimento, enquanto a ativação de células para o amargo leva à rejeição do alimento. Assim, a organização básica da detecção gustatória é notavelmente semelhante em insetos e mamíferos, a despeito de suas histórias evolutivas divergentes.

Os receptores gustatórios de insetos não estão relacionados aos receptores de vertebrados. Membros da família de genes de receptores gustatórios (RGs) participam na detecção de açúcares e de compostos amargos. Os RGs são receptores que atravessam a membrana, distantemente relacionados aos receptores de substâncias odoríferas da mosca. A mosca tem cerca de 70 genes para RGs, um número surpreendentemente grande, considerando que ela tem por volta de 60 genes para receptores olfatórios. Diferentes RGs são encontrados em células para o açúcar em comparação com células para o amargo, com muitos RGs presentes em um único neurônio. Além dos RGs, outras famílias de genes participam na percepção gustatória dos insetos, incluindo variantes de receptores glutamatérgicos ionotrópicos e de outras classes de canais iônicos. De modo semelhante à detecção olfatória, as famílias gênicas envolvidas no reconhecimento gustatório diferem entre os filos, demonstrando que as famílias gênicas para o reconhecimento químico evoluíram de modo independente.

Destaques

1. A detecção do odor pelo nariz é mediada por uma grande família de receptores para substâncias odoríferas, perfazendo aproximadamente 350 em humanos e 1.000 em camundongos. Esses receptores variam em sua sequência de aminoácidos, de modo consistente com sua capacidade de reconhecer compostos com diferentes estruturas químicas.

2. Receptores individuais para substâncias odoríferas podem detectar múltiplas substâncias, e diferentes substâncias ativam diferentes combinações de receptores. Essa estratégia combinatória explica como é possível discriminar uma multitude de substâncias odoríferas e como substâncias quase idênticas podem possuir diferentes aromas.

3. Cada neurônio sensorial olfatório no nariz expressa um único tipo de receptor. Milhares de neurônios com o mesmo tipo de receptor estão dispersos no epitélio olfatório e entremeados com neurônios que expressam outros receptores.

4. No bulbo olfatório, os axônios dos neurônios sensoriais expressando o mesmo receptor convergem em uns poucos glomérulos com especificidade quanto ao receptor, gerando um mapa de sinais de entrada de receptores para substâncias odoríferas, que é similar entre indivíduos.

5. Os axônios dos neurônios de projeção do bulbo olfatório projetam-se amplamente para múltiplas áreas do córtex olfatório, gerando uma organização altamente distribuída de neurônios corticais responsivos a odores particulares. O córtex olfatório transmite informação a muitas outras áreas encefálicas.

6. Em camundongos, feromônios podem ser detectados no nariz ou no órgão vomeronasal, uma estrutura ausente em humanos. Sinais originários do nariz e do órgão vomeronasal seguem através de diferentes vias neurais no encéfalo.

7. O sistema olfatório da mosca-da-fruta, *Drosophila melanogaster*, assemelha-se àquele dos mamíferos em muitos aspectos. Ele usa um grande número de diferentes receptores olfatórios, com um ou uns poucos receptores olfatórios expressos em cada neurônio sensorial olfatório. Além disso, neurônios com o mesmo tipo de receptor estabelecem sinapses em uns poucos glomérulos específicos no lobo antenal do encéfalo. Dali, sinais olfatórios são transmitidos para duas áreas principais, uma envolvida em respostas inatas a odores e outra em respostas aprendidas. A facilidade para utilizar abordagens genéticas na mosca-da-fruta tem permitido o rápido estudo de mecanismos subjacentes à codificação de odores e ao comportamento.

8. O sistema gustatório detecta cinco sabores básicos: doce, azedo, amargo, salgado e *umami* (aminoácidos). Substâncias capazes de estimular essas qualidades gustatórias são detectadas por células receptoras gustatórias localizadas principalmente em botões gustatórios na língua e no epitélio do palato. A detecção das cinco diferentes modalidades gustatórias é mediada por diferentes células receptoras gustatórias, cada qual dedicada a uma modalidade.
9. Substâncias doces são detectadas por um único tipo de receptor, composto de duas subunidades, T1R2 e T1R3. Receptores *umami* são relacionados, mas compreendem uma combinação de subunidades T1R1 e T1R3.
10. Receptores para o sabor amargo constituem uma família de aproximadamente 30 receptores relacionados, mas diferentes, que variam em sua especificidade ao ligante. Células receptoras olfatórias individuais expressam muitos ou todos os receptores para o amargo.
11. Em contraste com receptores para doce, *umami* e amargo, que são todos receptores acoplados a proteínas G, substâncias salgadas e azedas são detectadas por canais iônicos: CENa para o salgado e otopetrina-1 para o azedo.
12. Sinais gustatórios seguem dos botões gustatórios através de nervos cranianos até os somas dos neurônios sensoriais gustatórios nos gânglios geniculado, petroso e nodoso via linhas marcadas (células receptoras para o sabor doce para neurônios do sabor doce, células gustatórias do amargo para neurônios do amargo, etc.). Dali, seguem para a área gustatória do núcleo do trato solitário e núcleo parabraquial, de onde seguem para a área gustatória do tálamo e, a seguir, para o córtex gustatório. O córtex gustatório, por sua vez, projeta-se para muitas áreas encefálicas, incluindo aquelas envolvidas no controle motor, comportamento alimentar, valor hedônico, aprendizado e memória.
13. O córtex gustatório contém pontos quentes para os sabores doce e amargo, os quais, quando estimulados diretamente, podem determinar respostas comportamentais similares àquelas obtidas quando da aplicação na língua de substâncias com tais sabores.
14. A mosca-da-fruta, *Drosophila*, também apresenta um sistema gustatório especializado, que avalia potenciais nutrientes e toxinas no alimento. Diferentes classes de células gustatórias percebem açúcares, compostos amargos, feromônios ou água. A ativação desses diferentes sensores periféricos induz diferentes comportamentos inatos, como aceitação ou rejeição de alimento.

Linda Buck
Kristin Scott
Charles Zuker

Leituras selecionadas

Bargmann CI. 2006. Comparative chemosensation from receptors to ecology. Nature 444:295–301.

Giessel AJ, Datta SR. 2014. Olfactory maps, circuits and computations. Curr Opin Neurobiol 24:120–132.

Stowers L, Kuo TH. 2015. Mammalian pheromones: emerging properties and mechanisms of detection. Curr Opin Neurobiol 34:103–109.

Touhara K, Vosshall LB. 2009. Sensing odorants and pheromones with chemosensory receptors. Annu Rev Physiol 71:307–332.

Wilson DA, Sullivan RM. 2011. Cortical processing of odor objects. Neuron 72:506–519.

Yarmolinsky DA, Zuker CS, Ryba NJ. 2009. Common sense about taste: from mammals to insects. Cell 139:234–244.

Referências

Adler E, Hoon MA, Mueller KL, Chandrashekar J, Ryba NJ, Zuker CS. 2000. A novel family of mammalian taste receptors. Cell 100:693–702.

Bachmanov AA, Bosak NP, Lin C, et al. 2014. Genetics of taste receptors. Curr Pharm Des 20:2669–2683.

Buck L, Axel R. 1991. A novel multigene family may encode odorant receptors: a molecular basis for odor recognition. Cell 65:175–187.

Chandrashekar J, Kuhn C, Oka Y, et al. 2010. The cells and peripheral representation of sodium taste in mice. Nature 464:297–301.

Chandrashekar J, Mueller KL, Hoon MA, et al. 2000. T2Rs function as bitter taste receptors. Cell 100:703–711.

Chen X, Gabitto M, Peng Y, Ryba NJ, Zuker CS. 2011. A gustotopic map of taste qualities in the mammalian brain. Science 333:1262–1266.

Dulac C, Axel R. 1995. A novel family of genes encoding putative pheromone receptors in mammals. Cell 83:195–206.

Dulac C, Torello AT. 2003. Molecular detection of pheromone signals in mammals: from genes to behaviour. Nat Rev Neurosci 7:551–562.

Glusman G, Yanai I, Rubin I, Lancet D. 2001. The complete human olfactory subgenome. Genome Res 1:685–702.

Godfrey PA, Malnic B, Buck LB. 2004. The mouse olfactory receptor gene family. Proc Natl Acad Sci U S A 101:2156–2161.

Greer PL, Bear DM, Lassance JM, et al. 2016. A family of non-GPCR chemosensors defines an alternative logic for mammalian olfaction. Cell 165:1734–1748.

Hallem EA, Carlson JR. 2006. Coding of odors by a receptor repertoire. Cell 125:143–160.

Herrada G, Dulac C. 1997. A novel family of putative pheromone receptors in mammals with a topographically organized and sexually dimorphic distribution. Cell 90:763–773.

Hoon MA, Adler E, Lindemeier J, Battey JF, Ryba NJ, Zuker CS. 1999. Putative mammalian taste receptors: a class of taste-specific GPCRs with distinct topographic selectivity. Cell 96:541–551.

Johnson BA, Farahbod H, Leon M. 2005. Interactions between odorant functional group and hydrocarbon structure influence activity in glomerular response modules in the rat olfactory bulb. J Comp Neurol 483:205–216.

Keller A, Zhuang H, Chi Q, Vosshall LB, Matsunami H. 2007. Genetic variation in a human odorant receptor alters odour perception. Nature 449:468–472.

Kondoh K, Lu Z, Ye X, Olson DP, Lowell BB, Buck LB. 2016. A specific area of olfactory cortex involved in stress hormone responses to predator odours. Nature 532:103–106.

Liberles SD, Buck LB. 2006. A second class of chemosensory receptors in the olfactory epithelium. Nature 442:645–650.

Liberles SD, Horowitz LF, Kuang D, et al. 2009. Formyl peptide receptors are candidate chemosensory receptors in the vomeronasal organ. Proc Natl Acad Sci U S A 106:9842–9847.

Malnic B, Godfrey PA, Buck LB. 2004. The human olfactory receptor gene family. Proc Natl Acad Sci U S A 101:2584–2589.

Malnic B, Hirono J, Sato T, Buck LB. 1999. Combinatorial receptor codes for odors. Cell 96:713–723.

Matsunami H, Buck LB. 1997. A multigene family encoding a diverse array of putative pheromone receptors in mammals. Cell 90:775–784.

Matsunami H, Montmayeur JP, Buck LB. 2000. A family of candidate taste receptors in human and mouse. Nature 404:601–604.

Mombaerts P, Wang F, Dulac C, et al. 1996. Visualizing an olfactory sensory map. Cell 87:675–686.

Montmayeur JP, Liberles SD, Matsunami H, Buck LB. 2001. A candidate taste receptor gene near a sweet taste locus. Nat Neurosci 4:492–498.

Morrison E, Constanzo R. 1990. Morphology of the human olfactory epithelium. J Comp Neurol 297:1–13.

Mueller KL, Hoon MA, Erlenbach I, Chandrashekar J, Zuker CS, Ryba NJ. 2005. The receptors and coding logic for bitter taste. Nature 434:225–229.

Nelson G, Chandrashekar J, Hoon MA, et al. 2002. An amino-acid taste receptor. Nature 416:199–202.

Nelson G, Hoon MA, Chandrashekar J, et al. 2001. Mammalian sweet taste receptors. Cell 106:381–390.

Neville KR, Haberly LB. 2004. The olfactory cortex. In: GM Shepherd (ed). *The Synaptic Organization of the Brain*, pp. 415–454. New York: Oxford University Press.

Niimura Y, Nei M. 2005. Evolutionary changes of the number of olfactory receptor genes in the human and mouse lineages. Gene 14:23–28.

Northcutt RG. 2004. Taste buds: development and evolution. Brain Behav Evol 64:198–206.

Oka Y, Butnaru M, von Buchholtz L, Ryba NJ, Zuker CS. 2013. High salt recruits aversive taste pathways. Nature 494:472–475.

Peng Y, Gillis-Smith S, Jin H, Tränkner D, Ryba NJ, Zuker CS. 2015. Sweet and bitter taste in the brain of awake behaving animals. Nature 527:512–515.

Ressler KJ, Sullivan SL, Buck LB. 1993. A zonal organization of odorant receptor gene expression in the olfactory epithelium. Cell 73:597–609.

Ressler KJ, Sullivan SL, Buck LB. 1994. Information coding in the olfactory system: evidence for a stereotyped and highly organized epitope map in the olfactory bulb. Cell 79:1245–1255.

Riviere S, Challet L, Fluegge D, Spehr M, Rodriguez I. 2009. Formyl peptide receptor-like proteins are a novel family of vomeronasal chemosensors. Nature 459:574–577.

Root CM, Denny CA, Hen R, Axel R. 2014. The participation of cortical amygdala in innate, odour-driven behaviour. Nature 515:269–273.

Royer SM, Kinnamon JC. 1991. HVEM Serial-section analysis of rabbit foliate taste buds. I. Type III cells and their synapses. J Comp Neurol 306:49–72.

Sarafi-Reinach TR, Sengupta P. 2000. The forkhead domain gene *unc*-130 generates chemosensory neuron diversity in *C. elegans*. Genes Dev 14:2472–2485.

Shepherd GM, Chen WR, Greer CA. 2004. The olfactory bulb. In: GM Shepherd (ed). *The Synaptic Organization of the Brain*, 5th ed., pp. 164–216. New York: Oxford Univ. Press.

Shepherd GM, Greer CA. 1998. The olfactory bulb. In: GM Shepherd (ed). *The Synaptic Organization of the Brain*, 4th ed., pp. 159–203. New York: Oxford Univ. Press.

Stettler DD, Axel R. 2009. Representations of odor in the piriform cortex. Neuron 63:854–864.

Sullivan SL, Adamson MC, Ressler KJ, Kozak CA, Buck LB. 1996. The chromosomal distribution of mouse odorant receptor genes. Proc Natl Acad Sci U S A 93:884–888.

Teng B, Wilson CE, Tu YH, Joshi NR, Kinnamon SC, Liman ER. 2019. Cellular and neural responses to sour stimuli require the proton channel Otop1. Curr Biol 4:3647–3656.

Troemel ER, Kimmel BE, Bargmann CI. 1997. Reprogramming chemotaxis responses: sensory neurons define olfactory preferences in *C. elegans*. Cell 91:161–169.

Vassar R, Ngai J, Axel R. 1993. Spatial segregation of odorant receptor expression in the mammalian olfactory epithelium. Cell 74:309–318.

Vosshall L, Amrein H, Morozov PS, Rzhetsky A, Axel R. 1999. A spatial map of olfactory receptor expression in the *Drosophila* antenna. Cell 96:725–736.

Vosshall LB, Stocker RF. 2007. Molecular architecture of smell and taste in *Drosophila*. Annu Rev Neurosci 30:505–533.

Vosshall LB, Wong AM, Axel R. 2000. An olfactory sensory map in the fly brain. Cell 102:147–159.

Wang JW, Wong AM, Flores J, Vosshall LB, Axel R. 2003. Two-photon calcium imaging reveals an odor-evoked map of activity in the fly brain. Cell 112:271–282.

Wilson RI. 2013. Early olfactory processing in *Drosophila*: mechanisms and principles. Annu Rev Neurosci 36:217–241.

Zhang X, Firestein S. 2002. The olfactory receptor gene superfamily of the mouse. Nat Neurosci 5:124–133.

Zhang Y, Hoon MA, Chandrashekar J, et al. 2003. Coding of sweet, bitter, and umami tastes: different receptor cells sharing similar signaling pathways. Cell 112:293–301.

Zhang J, Jin H, Zhang W, et al. 2019. Sour Sensing from the Togue to the Brain. Cell 179:392–402.

Zhao GQ, Zhang Y, Hoon MA, et al. 2003. The receptors for mammalian sweet and umami taste. Cell 115:255–266.

Parte V

Página anterior
Afresco de mulheres peucetianas dançando, da Tumba dos Dançarinos na necrópole Corso Cotugno de Ruvo di Puglia, séculos V-IV a.C. A tumba tem um formato de semicâmara. Seus seis painéis pintados retratam 30 mulheres dançando, movendo-se da esquerda para a direita com os braços entrelaçados, como se estivessem dançando em um círculo em torno do interior da tumba. Os restos mortais na tumba claramente pertenciam a um distinto guerreiro masculino. A tumba tem o nome das mulheres dançando que aparecem nos afrescos em seu interior. Os painéis com os afrescos estão agora expostos no Museu Arqueológico Nacional de Nápoles, inv. 9353. (Fonte: https://en.wikipedia.org/wiki/Tomb_of_the_Dancers.)

Movimento V

A CAPACIDADE DE MOVIMENTO, como apresentada em muitos dicionários, é a característica definidora da vida animal. Como salientou Sherrington, o pioneiro dos estudos sobre o sistema motor, "mover coisas é tudo o que a humanidade pode fazer, e, para isso, o único executor é o músculo, seja para sussurrar uma sílaba ou para derrubar uma floresta".*

O imenso repertório de movimentos para os quais os seres humanos estão habilitados é realizado pela atividade de 640 músculos esqueléticos – todos sob o comando do sistema nervoso central. Após o processamento das informações sensoriais corporais e do meio externo, os centros motores do encéfalo e da medula espinal emitem comandos neurais que executam movimentos intencionais e coordenados.

A tarefa dos sistemas motores é o inverso da tarefa dos sistemas sensoriais. O processamento sensorial gera uma representação interna, no cérebro, do mundo exterior ou do estado corporal. O processamento motor inicia com uma representação interna: o objetivo desejado do movimento. É muito importante, entretanto, que essa representação interna seja continuamente atualizada por informações sensoriais geradas internamente (cópia da eferência) e informações sensoriais externas para manter a acurácia durante a realização do movimento.

Da mesma forma que a análise psicofísica do processamento sensorial explica as capacidades e limitações dos sistemas sensoriais, as análises psicofísicas do desempenho motor revelam as regras de controle utilizadas pelo sistema motor.

Como muitos dos atos motores do cotidiano são inconscientes, não se está atento à sua complexidade. Para simplesmente manter-se em pé, por exemplo, são necessários ajustes contínuos de numerosos músculos posturais em resposta à sinalização vestibular ocasionada por minúsculas oscilações. Caminhar, correr e outras formas de locomoção envolvem a ação combinada de geradores centrais de padrão, informação sensorial reguladora e comandos descendentes, que, juntos, geram os padrões complexos de excitação e inibição alternada para determinados conjuntos de músculos. Muitas ações, como o saque de uma bola de tênis ou a execução de um arpejo no piano, ocorrem muito rapidamente para permitirem ajustes por retroalimentação sensorial. Em vez disso, centros, como o cerebelo, usam modelos probabilísticos que simulam as consequências dos comandos eferentes e permitem correções com latências muito curtas. O aprendizado motor provê um dos assuntos mais promissores para estudos de plasticidade neural.

Os sistemas motores estão organizados em uma hierarquia funcional, com cada nível envolvendo diferentes tomadas de decisões. O nível mais superior e mais abstrato, provavelmente requerendo o córtex pré-frontal, está relacionado com o propósito de um movimento ou de séries de ações motoras. O nível seguinte está relacionado com a concepção

---

*Sherrington, CS. 1979. 1924 Linacre lecture. In: JC Eccles, WC Gibson (eds). *Sherrington: His Life and Thought*, p. 59. New York: Springer-Verlag.

de um plano motor e, para tanto, envolve interações entre a área parietal posterior e as áreas pré-motoras do córtex cerebral. O córtex pré-motor especifica as características espaciais e temporais de um movimento com base na informação sensorial fornecida pelo córtex parietal posterior sobre o ambiente e sobre a posição do corpo no espaço. O nível hierárquico mais inferior coordena os detalhes espaciais e temporais das contrações musculares necessárias para executar o movimento planejado. Essa coordenação é executada pelo córtex motor primário, pelo tronco encefálico e pela medula espinal. Essa organização em série tem um valor heurístico, mas há evidências de que muitos desses processamentos possam ocorrer em paralelo.

Algumas funções dos sistemas motores e seus distúrbios decorrentes de doenças têm sido descritos no âmbito da bioquímica dos sistemas específicos de neurotransmissão. A descoberta, por exemplo, de que neurônios dos núcleos da base de pacientes parkinsonianos têm déficit de dopamina foi a primeira pista importante de que os distúrbios neurológicos no sistema nervoso central podem resultar de uma transmissão química alterada. Estudos neurofisiológicos forneceram informações sobre como tais transmissores desempenham uma função crítica na seleção de uma ação e no reforço de movimentos bem-sucedidos.

A compreensão das propriedades funcionais do sistema motor é fundamental não apenas pelo conhecimento propriamente necessário, mas por sua importância, ajudando a desvendar os distúrbios que envolvem esse sistema e a investigar as possibilidades para tratamento e recuperação. Como seria esperado para tal mecanismo complexo, o sistema motor está sujeito a várias formas de disfunções. Perturbações nos diferentes níveis da hierarquia motora produzem sintomas distintos, incluindo a lentidão de movimentos característica de distúrbios dos núcleos da base, como a doença de Parkinson, o déficit na coordenação observado nas doenças cerebelares, e a espasticidade e a fraqueza muscular, típicas de lesões espinais. Por essa razão, o exame neurológico em um paciente inevitavelmente inclui testes de reflexos, da marcha e de destreza, cada um dos quais fornecendo informações sobre o estado do sistema nervoso. Além do uso de terapias farmacológicas, o tratamento de doenças do sistema motor tem sido incrementado por duas novas abordagens. Em primeiro lugar, a estimulação focal dos núcleos da base tem conseguido recuperar a mobilidade de certos pacientes com doença de Parkinson; estimulações cerebrais profundas como essa também têm sido realizadas no contexto de outras condições neurológicas e psiquiátricas. Em segundo lugar, os sistemas motores têm se tornado um alvo para a aplicação de próteses neurais; os sinais neurais são decodificados e utilizados para manobrar aparelhos que auxiliam os pacientes com paralisia provocada por lesão da medula espinal ou acidente vascular encefálico.

Editores desta parte: Daniel M. Wolpert e Thomas M. Jessell

Parte V

Capítulo 30	Princípios do controle sensorimotor
Capítulo 31	Unidade motora e ação muscular
Capítulo 32	Integração sensorimotora na medula espinal
Capítulo 33	Locomoção
Capítulo 34	Movimento voluntário: córtices motores
Capítulo 35	Controle do olhar
Capítulo 36	Postura
Capítulo 37	Cerebelo
Capítulo 38	Núcleos da base
Capítulo 39	Interfaces cérebro-máquina

30

Princípios do controle sensorimotor

O controle do movimento impõe desafios ao sistema nervoso

As ações podem ser controladas por comandos voluntários, rítmicos ou circuitos reflexos

Os comandos motores surgem por meio de um processamento sensorimotor hierárquico

As sinalizações motoras estão sujeitas a controle por pró-ação e por retroalimentação

    O controle por pró-ação é necessário para movimentos rápidos

    O controle por retroalimentação utiliza sinais sensoriais para corrigir os movimentos

    A estimativa do estado atual do corpo depende de sinais sensoriais e motores

    A previsão pode compensar o retardo sensorimotor

    O processamento sensorial pode diferir para a ação e para a percepção

Planos motores traduzem tarefas em movimentos propositais

    Padrões estereotipados são empregados em muitos movimentos

    O planejamento motor pode ser ótimo para reduzir custos

    Um controle por retroalimentação ótimo corrige erros de forma tarefa-dependente

Múltiplos processos contribuem para o aprendizado motor

    O aprendizado baseado no erro envolve adaptação de modelos sensorimotores internos

    O aprendizado de habilidades depende de múltiplos processos para ser bem-sucedido

    Representações sensoriais restringem o aprendizado

Destaques

O<small>S CAPÍTULOS ANTERIORES DESTE LIVRO</small> apresentaram como o cérebro constrói as representações internas do mundo exterior. Essas representações apresentam significado comportamental quando usadas para guiar o movimento. Portanto, uma função importante das representações sensoriais é orientar as ações dos sistemas motores. Este capítulo descreve os princípios que governam o controle neural do movimento, usando conceitos derivados de estudos comportamentais e de modelos computacionais do encéfalo e do sistema musculoesquelético.

Inicialmente são abordados os desafios impostos ao sistema motor para a geração de movimentos hábeis. Na sequência, são avaliados alguns dos mecanismos neurais que evoluíram para vencer esses desafios e produzir movimentos suaves, precisos e eficientes. Finalmente, é visto como o aprendizado motor melhora o desempenho e permite a adaptação a novas condições mecânicas, como utilizar uma ferramenta, ou para aprender novas correspondências entre os eventos sensoriais e motores, como ao usar um *mouse* para controlar um cursor. Este capítulo dá enfoque ao movimento voluntário; os movimentos reflexos e rítmicos são discutidos em detalhe nos Capítulos 32 e 33.

Movimentos voluntários são gerados por circuitos neurais que abrangem diferentes níveis da hierarquia sensorial e motora, incluindo regiões do córtex cerebral, áreas subcorticais, como núcleos da base e cerebelo, e as redes entre o tronco encefálico e a medula espinal. Essas diferentes estruturas possuem padrões únicos de atividade neural. Além disso, o dano focal a estruturas diferentes pode causar déficits motores distintos. Ainda que seja tentador sugerir que essas estruturas distintas apresentam funções distintas, essas áreas encefálicas e espinais normalmente trabalham juntas como uma rede, de forma que o dano a um componente provavelmente afetará a função de todos os outros. Muitos dos princípios discutidos neste capítulo não podem ser atribuídos facilmente a uma área encefálica ou espinal isolada. Ao contrário, o processamento neural distribuído é requerido para os mecanismos computacionais subjacentes ao controle sensorimotor.

O controle do movimento impõe desafios ao sistema nervoso

Os sistemas motores produzem comandos neurais que agem sobre os músculos, causando suas contrações e gerando o movimento. A facilidade com que nos movemos, em movimentos que vão de amarrar um cadarço a rebater um saque no tênis, mascara a complexidade dos processos de controle envolvidos. Muitos fatores inerentes ao controle sensorimotor são responsáveis por essa complexidade, que se torna claramente evidente quando se tenta construir máquinas para realizar movimentos similares aos humanos (Capítulo 39). Apesar de os computadores já conseguirem vencer os melhores jogadores de xadrez do mundo, nenhum robô consegue manipular uma peça de xadrez com a destreza de uma criança de 6 anos.

O ato de rebater um saque no tênis ilustra por que o controle do movimento é desafiador para o cérebro (**Figura 30-1**). Primeiro, os sistemas motores precisam lidar com diferentes formas de incerteza, como a conhecimento incompleto relacionado ao estado do mundo e às recompensas que se pode obter. No lado sensorial, apesar de a jogadora poder ver a bola, ela não consegue ter certeza de onde sua oponente está mirando ou onde a bola deve atingir a raquete. No lado motor, há incerteza quando ao provável sucesso de diferentes possíveis rebatidas. O desempenho com habilidade requer a redução de incertezas pela antecipação de eventos que podem ser enfrentados (como a trajetória do saque da oponente) e pelo planejamento motor (adotando uma posição apropriada para rebater a bola esperada).

Segundo, mesmo que a jogadora possa estimar de forma confiável a trajetória da bola, ela deve determinar, a partir dos sinais sensoriais, quais dos 600 músculos ela irá usar para mover o corpo e a raquete para interceptar a bola. Controlar tal sistema pode ser desafiador por ser difícil explorar todas as ações efetivamente possíveis em um sistema com muitos graus de liberdade (p. ex., pelo grande número de músculos individuais), tornando o aprendizado mais difícil. A forma como o sistema motor reduz esses graus de liberdade do sistema musculoesquelético por meio do controle de grupos de músculos (chamados sinérgicos) para simplificar o controle é vista adiante.

Terceiro, perturbações indesejadas, denominadas "ruídos", corrompem muitos sinais e estão presentes em todos os estágios do controle sensorimotor, desde o processamento sensorial, passando pelo planejamento até chegar nas eferências do sistema motor. Por exemplo, em um saque de tênis, tais ruídos farão a bola cair em diferentes lugares mesmo quando o jogador está tentando atingir o mesmo local da quadra. Tanto a retroalimentação sensorial, refletindo a localização da bola, quanto as eferências motoras são contaminadas pelo ruído. A variabilidade inerente a tais ruídos limita nossa habilidade de perceber acuradamente e agir precisamente. O montante de ruído em nossos comandos motores tende a aumentar com comandos que envolvem mais força. Isso limita a habilidade de se mover rápida e acuradamente ao mesmo tempo, e então leva a um necessário equilíbrio entre velocidade e acurácia. Será visto como o planejamento eficiente do movimento pode minimizar o efeito deletério dos ruídos no sucesso nas tarefas.

Quarto, o tempo de retardo está presente em todos os estágios do sistema sensorimotor, incluindo os retardos surgidos da dinâmica dos receptores, da condução ao longo das fibras nervosas e sinapses, e da contração dos músculos em resposta aos comandos motores. Juntos, esses retardos, que podem ser da ordem de 100 ms, dependem da modalidade sensorial em particular (p. ex., maiores para visão do que para propriocepção) e complexidade do processamento (p. ex., maiores para reconhecimento de faces do que para percepção de movimento). Assim, sendo, efetivamente vivemos no passado, com os sistemas de controle tendo acesso apenas a informações ultrapassadas sobre o mundo e o próprio corpo. Tais retardos podem resultar em instabilidade durante as tentativas de realizar movimentos rápidos, enquanto tenta-se corrigir erros percebidos mas que não existem mais. Será visto como o cérebro realiza predições de estados futuros do corpo e do ambiente para reduzir as consequências negativas de tais retardos.

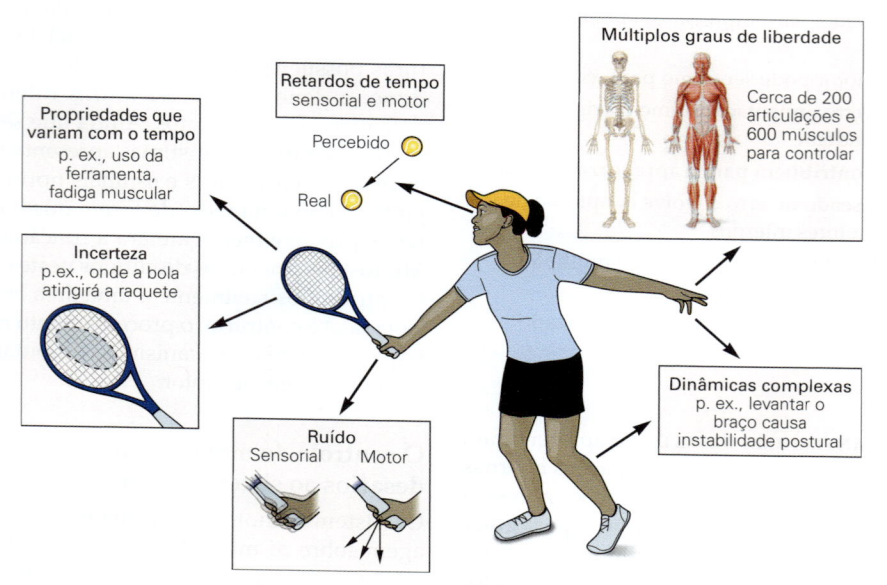

FIGURA 30-1 Desafios do controle sensorimotor.

Quinto, o corpo e o ambiente mudam em escalas temporais de curta e longa duração. Por exemplo, dentro de um período relativamente curto de um jogo, um jogador pode promover correções para os músculos enfraquecidos pela fadiga ou para as alterações na superfície da quadra quando chove. Em uma escala temporal mais longa, as propriedades do sistema motor mudam drasticamente durante o crescimento conforme os membros aumentam seu comprimento e seu peso. Como será visto, as propriedades sempre em alteração do sistema motor premiam a habilidade de usar o aprendizado motor para adaptar apropriadamente o controle do movimento.

Finalmente, a relação entre o comando motor e as ações consequentes é extremamente complexa. O movimento de cada segmento corporal produz torques e, potencialmente, movimentos em todos os outros segmentos corporais por meio de interações mecânicas. Por exemplo, quando uma jogadora levanta a raquete para acertar a bola, ela deve antecipar as forças desestabilizadoras e contrapô-las para manter o equilíbrio. Na verdade, quando se levanta os braços a frente ao ficar em pé, o primeiro músculo a ser ativado é um flexor do tornozelo, garantindo a manutenção nessa posição. Será visto como o sistema sensorimotor controla os movimentos de diferentes segmentos para manter a coordenação fina das ações.

As ações podem ser controladas por comandos voluntários, rítmicos ou circuitos reflexos

Embora os movimentos com frequência sejam classificados de acordo com sua função – como movimento dos olhos, de preensão (alcançar e agarrar), postural, locomotor, respiratório e de articulação da fala – muitas dessas funções utilizam grupos de músculos que se sobrepõem. Além disso, os mesmos grupos de músculos podem ser controlados por comandos voluntários, rítmicos ou circuitos reflexos. Por exemplo, os músculos que controlam a respiração podem ser utilizados de forma voluntária em uma inspiração profunda antes de um mergulho, na ventilação de forma automática e rítmica em um ciclo regular de inspiração e expiração ou no reflexo em resposta a um estímulo nocivo na traqueia, produzindo a tosse.

Os movimentos voluntários são aqueles que estão sob controle consciente. Os movimentos rítmicos também podem ser controlados voluntariamente, diferindo dos movimentos voluntários por sua frequência e organização espacial ser amplamente controlada de forma automática pelos circuitos espinais e do tronco encefálico. Os reflexos são respostas estereotipadas a estímulos específicos e são gerados por circuitos neurais na medula espinal ou no tronco encefálico (embora alguns reflexos envolvam vias através do córtex). Essas respostas ocorrem em uma escala temporal mais curta do que as respostas voluntárias.

Embora se possa ter a intenção consciente de realizar uma tarefa ou planejar uma certa sequência de ações e, por vezes, se esteja atento à decisão de mover-se em determinado momento, os movimentos geralmente parecem ocorrer automaticamente. Processos conscientes não são necessários para o controle do movimento a cada momento.

Executam-se os movimentos mais complicados sem se ter noção do movimento articular que está acontecendo ou das contrações musculares que estão sendo requeridas. O tenista não decide conscientemente quais músculos usará para rebater um saque com um golpe de esquerda ou quais partes do corpo deverão se movimentar para interceptar a bola. De fato, se o jogador pensasse em cada movimento antes de ele ocorrer, isso poderia comprometer seu desempenho.

Os comandos motores surgem por meio de um processamento sensorimotor hierárquico

Apesar de a eferência final para o sistema musculoesquelético ser via neurônios motores na medula espinal, o controle motor dos músculos para uma ação específica ocorre por meio de uma hierarquia de centros de controle. Esse arranjo pode simplificar o controle: os níveis superiores podem planejar objetivos mais globais, enquanto níveis inferiores se ocupam com a forma como esses objetivos são implementados.

Nos níveis mais baixos, os próprios músculos têm propriedades que podem contribuir para o controle mesmo sem qualquer alteração no comando motor. Diferentemente dos motores elétricos de um robô, os músculos apresentam propriedades passivas substanciais que dependem tanto do comando motor agindo sobre eles como também do comprimento, ou da razão de alteração no comprimento do próprio músculo (Capítulo 31). Em uma comparação simples, um músculo pode se comportar como uma mola (aumentando a tensão quando é esticado e reduzindo a tensão quando é encurtado) e como um amortecedor (aumentando a tensão conforme a taxa de estiramento aumenta). Para pequenas perturbações, essas propriedades tendem a agir para estabilizar o comprimento do músculo e, então, estabilizar as articulações sobre as quais o músculo age. Por exemplo, se uma perturbação externa estende uma articulação, os músculos flexores serão esticados, aumentando sua tensão, enquanto os músculos extensores serão encurtados, reduzindo sua tensão, e o desequilíbrio na tensão tenderá a trazer a articulação de volta a sua posição original. Uma vantagem particular de tal controle é que, diferentemente nos níveis superiores da hierarquia motora, tais alterações na força agem com retardo mínimo, uma vez que são simplesmente um efeito de propriedades passivas dos músculos.

Somando-se às propriedades musculares passivas, aferências sensoriais podem causar eferências motoras diretamente sem a intervenção de centros encefálicos superiores. Respostas sensorimotoras, como os reflexos espinais, exercem controle sobre perturbações locais ou estímulos nocivos. Os reflexos são respostas estereotipadas a estímulos específicos e são gerados por circuitos neurais simples na medula espinal ou no tronco encefálico. Por exemplo, um reflexo espinal de retirada pode remover a mão de um indivíduo de um fogão quente sem qualquer aferência descendente do encéfalo. A vantagem de tais reflexos é a de que eles são rápidos; a desvantagem é que eles são menos flexíveis que os sistemas de controle voluntário (Capítulo 32). Novamente, existe uma hierarquia nos circuitos reflexos. O mais rápido é o reflexo monossináptico de estiramento, o qual comanda a contração de um músculo estirado. Nesse circuito reflexo, neurônios sensoriais que são ativados por receptores de estiramento no músculo (o fuso muscular) realizam sinapses diretas com os neurônios motores que provocam a contração desse mesmo músculo. O tempo decorrido entre o estímulo e a resposta é de em torno de 25 ms. Esse reflexo pode ser testado clinicamente golpeando-se o tendão do músculo quadríceps imediatamente abaixo da patela.

Enquanto esse reflexo monossináptico de estiramento não é adaptável em escalas temporais curtas, reflexos multissinápticos, os quais envolvem estruturas de nível superior como o córtex motor, podem produzir respostas em tempos em torno de 70 ms. Diferentemente dos reflexos monossinápticos, os reflexos multissinápticos são adaptáveis às alterações nos objetivos comportamentais porque os circuitos conectando os neurônios sensoriais e motores podem ser modificados por propriedades tarefa-dependentes. A intensidade de um reflexo tende a aumentar com a tensão no músculo (chamada escalada de ganho), e, então, os reflexos podem ser amplificados pela cocontração de grupos de músculos em torno da articulação, de forma a responder às perturbações com uma força maior. De fato, essas cocontrações são usadas ao segurarmos a mão de uma criança rebelde ao atravessar uma rodovia. Tal estratégia pode amplificar os reflexos, reduzindo, então, os desvios do braço causados por forças externas aleatórias.

Finalmente, os movimentos voluntários são aqueles que estão sob controle consciente do córtex cerebral. Movimentos voluntários podem ser gerados na ausência de um estímulo ou usados para compensar uma perturbação. O tempo para gerar um movimento voluntário em resposta a uma perturbação física depende da natureza da perturbação (modalidade e intensidade) e de o quanto a resposta pode ser especificada antes de a perturbação ocorrer. Por exemplo, uma correção voluntária a uma pequena perturbação física pode ocorrer com uma latência de cerca de 110 ms.

Ainda que distinções claras entre os diferentes níveis da hierarquia motora tenham sido descritas, dos reflexos ao controle voluntário, na realidade tais distinções são turvas em um *continuum* de respostas abrangendo diferentes latências. O aumento do tempo de resposta permite o envolvimento de circuitos neurais adicionais ao ciclo sensorimotor e tende a aumentar a sofisticação e adaptabilidade da resposta, levando a um balanço entre a velocidade de resposta e a sofisticação do processamento conforme se acende na hierarquia motora.

As sinalizações motoras estão sujeitas a controle por pró-ação e por retroalimentação

Nesta seção, são ilustrados alguns princípios do controle que são importantes para lidar com o problema dos atrasos sensoriais, ruídos sensoriais e ruídos motores. Para simplificação, a discussão será direcionada a movimentos simples, como o movimento dos olhos em resposta à movimentação da cabeça ou o movimento da mão de uma posição para outra. Serão consideradas duas amplas classes de controle, pró-ação e retroalimentação, as quais diferem em sua dependência da retroalimentação sensorial durante o movimento.

O controle por pró-ação é necessário para movimentos rápidos

Alguns movimentos são executados sem o monitoramento da retroalimentação sensorial que decorre da ação. Nessas situações de controle por pró-ação, o comando motor é gerado sem considerar as consequências sensoriais. Tais comandos são, então, também chamados de *alça-aberta*, refletindo o fato de a alça sensorimotora não se completar por retroação sensorial (**Figura 30-2A**).

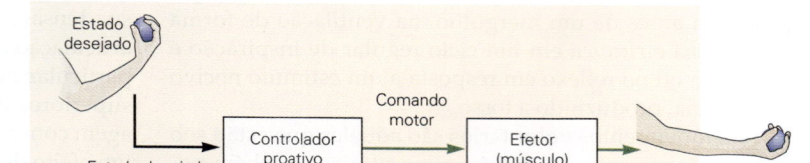

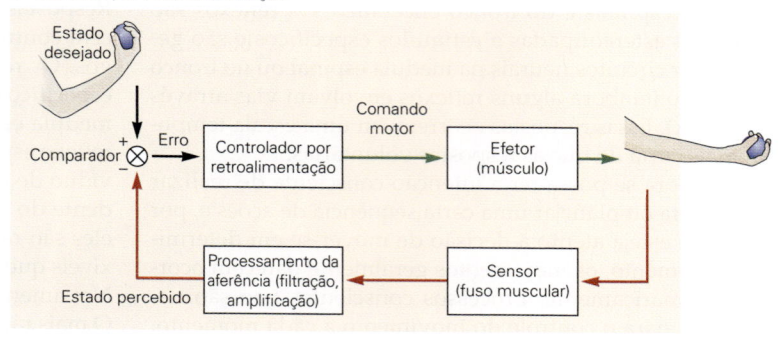

FIGURA 30-2 Controle por pró-ação e controle por retroalimentação.

A. Um comando motor com controle por pró-ação é baseado em um estado desejado. Qualquer erro que surja durante o movimento não será monitorado. Apesar de ilustrarmos os elementos do controle por pró-ação para o braço, apenas a porção inicial de qualquer movimento do braço é feita por sinais proativos e o movimento geralmente envolve controle por retroalimentação.

B. Com controle por retroalimentação, os estados desejados e percebidos são comparados (por um comparador) para gerar um sinal de erro, o qual ajuda a definir o comando motor. Pode haver considerável retardo na retroalimentação da informação sensorial para o comparador.

O controle de alça aberta requer algumas informações a respeito do corpo para que o comando apropriado seja gerado. Por exemplo, ele poderia incluir informações sobre a dinâmica do sistema motor. Aqui, o termo "dinâmica" se refere à relação entre o comando motor (ou os torques e forças) aplicado e o movimento resultante no corpo, como rotação das articulações. Para um controle de alça aberta perfeito, é necessário inverter a dinâmica de forma a calcular o comando motor que irá gerar o movimento desejado. Os mecanismos neurais que desempenham essa inversão são denominados de "modelo inverso", um tipo de modelo interno (**Quadro 30-1**). Um modelo inverso associado ao controle em alça aberta pode determinar os comandos motores requeridos para produção dos movimentos específicos necessários para alcançar um objetivo.

Ainda que o não monitoramento das consequências de uma ação possa parecer contraprodutivo, há boas razões para não realizá-lo. A principal razão, como discutido anteriormente, é que há retardos tanto na percepção quanto na ação. Ou seja, a conversão de um estímulo em sinais neurais por meio dos receptores sensoriais e a condução desses sinais aos neurônios centrais toma tempo. Por exemplo, aferências visuais podem levar cerca de 60 ms para serem processadas na retina e transmitidas ao córtex visual. Além do retardo nos sistemas sensoriais aferentes, ocorre retardo também no processamento central, na transmissão dos sinais eferentes aos neurônios motores e na resposta muscular. Juntando tudo, o retardo da alça sensorimotora é apreciável, cerca de 120 a 150 ms para a resposta motora a um estímulo visual. Esse retardo significa que movimentos como os sacádicos, os quais redirecionam o olhar dentro de 30 ms, não podem usar a retroação sensorial para guiar o movimento. Mesmo para movimentos mais lentos, como alcançar cautelosamente um objeto, que leva em torno de 500 ms, a informação sensorial não pode ser utilizada para guiar a parte inicial de um movimento, de maneira que deve ser utilizado o controle alça aberta.

O controle alça aberta também apresenta desvantagens. Qualquer erro de movimento causado por baixa acurácia no planejamento ou na execução não será corrigido, e os erros se acumularão, portanto, ao longo do tempo ou dos movimentos sucessivos. Quanto mais complexo for o sistema sob controle, mais difícil será chegar a um modelo inverso acurado por meio do aprendizado.

Um exemplo de um sistema de controle puramente alça aberta é o controle dos olhos em resposta à rotação da cabeça. O reflexo vestibuloclear (Capítulo 27) usa controle alça aberta para fixar o olhar em um objeto durante a rotação da cabeça. O labirinto vestibular percebe a rotação da cabeça e conduz os movimentos apropriados dos olhos através de um circuito com três sinapses. O reflexo não requer (ou usa) a visão durante o movimento (os olhos mantêm um olhar estável quando a cabeça é rotacionada no escuro). A informação sensorial do sistema vestibular não dirige o movimento dos olhos, mas o controle é em pró-ação (qualquer erro que surja não é corrigido durante o movimento). A precisão do controle alça aberta é possível porque as propriedades dinâmicas dos olhos são relativamente simples, a rotação da cabeça pode ser diretamente percebida pelo labirinto vestibular, e os olhos tendem a não ser substancialmente perturbados por eventos externos. Em contraste, é muito difícil otimizar um modelo inverso para um sistema musculoesquelético complexo como o braço, e, então, o controle do movimento do braço requer alguma forma de correção dos erros.

O controle por retroalimentação utiliza sinais sensoriais para corrigir os movimentos

Para a correção dos erros dos movimentos à medida que eles surgem, os movimentos devem ser monitorados. Os sistemas que executam a correção de erros são conhecidos como controle de retroalimentação ou de alça fechada, uma vez que a alça sensorimotora é completa (**Figura 30-2B**).

A forma mais simples de controle por retroalimentação é aquela na qual o sistema de controle gera uma resposta fixa quando o erro excede algum limiar. Tal sistema se encontra na maioria dos sistemas de aquecimento, nos quais um termostato é programado para uma temperatura desejada. Quando a temperatura da residência cai abaixo do nível especificado, o aquecimento liga-se e aquece até que a temperatura alcance o nível desejado. Embora tal sistema seja simples e eficiente, ele tem o inconveniente de que a quantidade de calor que está sendo fornecida à residência não se relaciona à discrepância entre a temperatura real e a desejada (o erro). Um sistema melhor é aquele em que o sinal de controle é proporcional ao erro.

Tal controle proporcional do movimento envolve a percepção do erro entre a posição real e a desejada, por exemplo, da mão. A dimensão do comando motor corretivo é proporcional à dimensão do erro e orientada para reduzir o erro. A quantidade pela qual o comando motor de correção é aumentado ou diminuído por unidade de erro de posição é chamada de ganho. Por meio da correção contínua de um movimento, o controle por retroalimentação pode ser eficiente tanto em relação ao ruído no sistema sensorimotor como às perturbações ambientais.

Enquanto o controle por retroalimentação pode atualizar comandos em resposta a desvios que surgem durante o movimento, ele é sensível aos retardos da retroalimentação. Sem nenhum retardo, o sistema rastreará a posição deseja da com fidelidade crescente conforme aumente o ganho do controle por retroalimentação (**Figura 30-4**). Contudo, conforme o retardo na retroalimentação aumenta, o sistema de controle pode começar a oscilar e por fim tornar-se instável. Isso ocorre porque com o retardo o sistema pode responder a erros que não existem mais, e podem até mesmo corrigir na direção errada.

Um movimento de perseguição ocular suave, usado para rastrear o movimento de um objeto, é um exemplo de um movimento dirigido primariamente por retroalimentação. A perseguição suave usa a retroalimentação para minimizar erros de velocidade na retina (a diferença entre as velocidades do olhar e do alvo). Pode-se comparar a eficiência dos controles por retroalimentação e pró-ação na minimização dos erros. Uma forma é comparando como é fácil fixar o olhar em um dedo estendido e parado ao girar rapidamente a cabeça para frente e para trás *versus* tentar rastrear o dedo movendo-o rapidamente

QUADRO 30-1 Modelos internos

A utilidade dos modelos numéricos nas ciências físicas tem uma longa história. Modelos numéricos são representações quantitativas abstratas de sistemas físicos complexos. Alguns modelos começam a partir de equações e parâmetros que representam as condições iniciais e *antecipam-se*, tanto no tempo como no espaço, para gerar variáveis físicas em algum estado futuro. Por exemplo, pode-se construir um modelo meteorológico que preveja a velocidade do vento e a temperatura para as próximas duas semanas.

Outros modelos iniciam com um estado, um conjunto de variáveis físicas com valores específicos, e operam na direção *inversa* para determinar quais parâmetros no sistema são responsáveis por tal estado. Quando se adapta uma reta a um conjunto de pontos, está construindo-se um modelo inverso que estima a inclinação e o intercepto com base nas equações do sistema como linear. Um modelo inverso pode, então, nos permitir saber como dispor os parâmetros do sistema para a obtenção dos resultados desejados.

Ao longo dos 50 anos anteriores, a ideia de que o sistema nervoso tem modelos preditivos similares aos do mundo físico para guiar o comportamento tem se tornado um tema importante em neurociências. Tal modelo é denominado "interno" por ser instanciado em circuitos neurais, sendo, portanto, interno ao sistema nervoso central. Essa ideia originou-se do conceito de Kenneth Craik sobre os *modelos internos* para a função cognitiva. Em seu livro de 1943, *The Nature of Explanation*, Craik provavelmente tenha sido o primeiro a sugerir que os organismos utilizam representações internas do meio externo:

Se o organismo possui em sua mente um 'modelo em pequena escala' da realidade externa e de suas próprias ações possíveis, ele será capaz de testar várias alternativas, concluir qual é a melhor delas, reagir a situações futuras antes que ocorram, usar o conhecimento dos eventos passados para lidar com o presente ou o futuro e reagir em todos os sentidos de maneira mais plena, segura e competente às emergências que enfrentar.

A partir dessa visão, um modelo interno permite que um organismo contemple as consequências das ações potenciais sem de fato comprometer-se com esses atos. No contexto do controle sensorimotor, modelos internos podem responder duas questões fundamentais. Primeiro, é possível gerar comandos motores que agem sobre os músculos de forma a controlar o comportamento corporal? Segundo, como as consequências dos comandos motores podem ser previstas?

O sistema nervoso central deve exercer tanto o controle quanto a previsão para atingir um desempenho motor que evidencie destreza. Previsão e controle são os dois lados da mesma moeda, e ambos os processos planejam os modelos antecipatórios e inversos (**Figura 30-3**). A previsão transforma os comandos motores em consequências sensoriais esperadas, enquanto o controle transforma as consequências sensoriais esperadas em comandos motores.

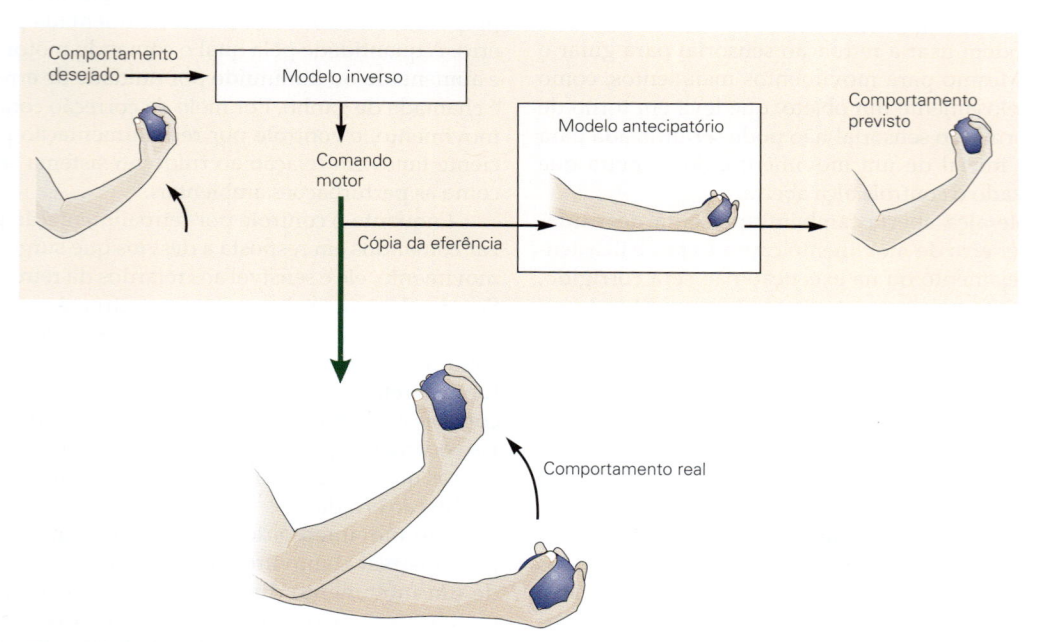

FIGURA 30-3 Os modelos sensorimotores internos representam as relações do corpo com o meio externo. O modelo inverso determina os comandos motores que produzirão uma meta comportamental, como erguer um braço enquanto se segura uma bola. Um comando motor descendente atua sobre o sistema musculoesquelético para produzir o movimento. Uma cópia do comando motor é passada ao modelo antecipatório, que simula a interação do sistema motor com o mundo e pode, assim, prever comportamentos. Se tanto o modelo antecipatório quanto o inverso forem acurados, a eferência do modelo antecipatório (comportamento previsto) será igual à aferência do modelo inverso (comportamento desejado).

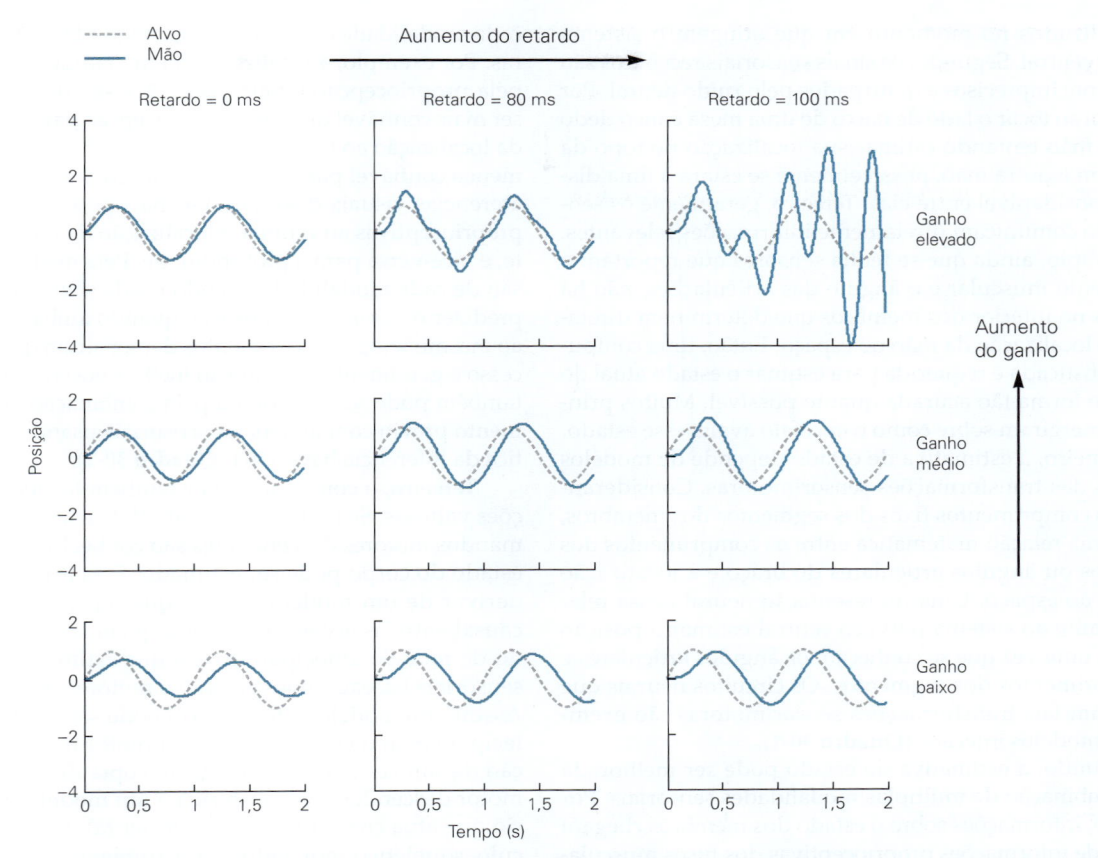

FIGURA 30-4 A interação entre ganho e retardo no controle por retroalimentação. Desempenho de um controlador por retroalimentação para rastrear um alvo que se move com trajetória sinusoidal em uma dimensão. O sinal de retroalimentação sensorial que informa o erro na posição chega após um período de tempo (o retardo). O sistema motor tenta corrigir o erro, aumentando ou diminuindo a magnitude do seu comando em relação ao erro (o ganho).

Os gráficos mostram o desempenho onde há uma retroalimentação instantânea (sem retardo) do erro (**coluna da esquerda**) ou retroalimentação com retardo de 80 ou 100 ms (**colunas do meio e da direita**). Quando o ganho é alto e o retardo é pequeno, o rastreamento é bem feito. No entanto, quando o retardo aumenta, pelo fato de o controlador estar compensando os erros que existiam entre 80 e 100 ms antes, a correção pode ser inapropriada para o erro corrente. O ganho pode ser diminuído para manter a estabilidade, mas o rastreio não será acurado, já que o controle de retroalimentação que corrige os erros é lento.

Com ganho menor (**linha inferior**), o controlador por retroalimentação corrige os erros apenas lentamente, e o rastreamento é impreciso. À medida que o ganho aumenta (**linha do meio**), o controlador por retroalimentação corrige mais rapidamente os erros e o desempenho do rastreamento melhora. Com ganho maior (**linha superior**), o controlador por retroalimentação corrige rapidamente os erros, mas está propenso a se exceder na correção, levando a uma instabilidade quando o tempo de retardo da retroalimentação for da ordem dos retardos fisiológicos (**superior à direita**). Pelo fato de o controlador estar compensando os erros que existiam 100 ms antes, a correção pode, portanto, ser inapropriada para o erro corrente. Essa correção exagerada leva a oscilações e é um mecanismo proposto como responsável por algumas formas de tremor oscilatório observadas em doenças neurológicas.

para a esquerda e para a direita com a cabeça permanecendo parada. Apesar de o movimento relativo do dedo e da cabeça ser o mesmo em ambas as condições, a primeira é precisa porque usa o reflexo vestíbulo-ocular, enquanto a segunda usa a retroalimentação (gerando um erro na velocidade para conduzir o movimento dos olhos) e é, então, menos precisa, particularmente quando a frequência do movimento aumenta.

Na maioria dos sistemas motores, o controle do movimento é obtido por uma combinação de processos de pró-ação e retroalimentação. Será visto mais adiante que esses dois componentes surgem naturalmente como um modelo unificado de produção do movimento.

A estimativa do estado atual do corpo depende de sinais sensoriais e motores

A acurácia no controle do movimento requer informações sobre o estado atual do corpo, como as posições e as velocidades dos diferentes segmentos corporais. Para alcançar um objeto, é necessário saber não apenas sua localização, forma e propriedades de sua superfície, mas também a configuração atual do braço e dedos de forma a posicionar e moldar a mão adequadamente.

Estimar o estado corporal não é um problema trivial. Primeiro, como já visto, sinais sensoriais sofrem retardos devidos à transdução sensorial e tempo de condução. Então, sinais dos músculos, articulações e visão estão todos desatualizados no momento em que atingem o sistema nervoso central. Segundo, os sinais sensoriais recebidos são geralmente imprecisos e deturpados pelo ruído neural. Por exemplo, ao tocar o lado de baixo de uma mesa com o dedo de uma mão tentando estimar sua localização no topo da mesa com a outra mão, possivelmente se estará a uma distância considerável entre elas. Terceiro, geralmente os sensores não comunicam diretamente informações relevantes. Por exemplo, ainda que se tenha sensores que reportam o estiramento muscular e o ângulo das articulações, não há sensores no interior dos membros que determinem diretamente a localização da mão no espaço. Então, uma computação sofisticada é requerida para estimar o estado atual do corpo de forma tão acurada quanto possível. Muitos princípios emergiram sobre como o encéfalo avalia esse estado.

Primeiro, a estimativa de estado depende de modelos internos das transformações sensorimotoras. Considerando-se os comprimentos fixos dos segmentos dos membros, existe uma relação matemática entre os comprimentos dos músculos ou ângulos articulares do braço e a localização da mão no espaço. Uma representação neural dessa relação permite ao sistema nervoso central estimar a posição da mão, uma vez que se conheçam os ângulos articulares e os comprimentos dos segmentos. Os circuitos neurais que processam tais transformações sensorimotoras são exemplos de modelos internos (**Quadro 30-1**).

Segundo, a estimativa de estado pode ser melhorada pela combinação de múltiplas modalidades sensoriais. Por exemplo, informações sobre o estado dos membros chegam a partir de informações proprioceptivas dos fusos musculares, do estiramento da pele e da visualização do braço. Essas modalidades têm diferentes quantidades de variabilidade (ou ruído) associadas a elas, e assim como calculamos a média de uma série de experimentos para reduzir erros de medição, essas modalidades sensoriais podem ser combinadas para reduzir a incerteza geral na estimativa do estado.

A melhor maneira de combinar essas fontes é os centros encefálicos superiores considerarem as incertezas de cada modalidade e confiarem nas modalidades mais certeiras. Por exemplo, a localização da mão pode ser percebida pela propriocepção e pela visão. A visão da mão tende a ser mais confiável do que a propriocepção para a estimativa da localização ao longo do azimute (direita-esquerda), mas menos confiável para profundidade (frente-trás). Então, as aferências visuais deveriam ter mais peso que aferências proprioceptivas ao estimar a localização da mão no azimute, e vice-versa para a profundidade. Pela medida da precisão de cada modalidade quando usada sozinha é possível predizer o aumento da precisão quando ambas são usadas ao mesmo tempo. Experimentos demonstram que esse processo é geralmente próximo ao melhor possível. A precisão também pode ser melhorada pela combinação do conhecimento prévio com aferências sensoriais usando a matemática da inferência bayesiana (**Quadro 30-2**).

Terceiro, o comando motor também fornece informações valiosas. Se tanto o estado atual do corpo como os comandos motores descendentes são conhecidos, o próximo estado do corpo pode ser estimado. Essa estimativa pode derivar de um modelo interno que representa a relação causal entre as ações e suas consequências. Isso é chamado de modelo antecipatório, porque estima os estímulos sensoriais baseado nos comandos motores (**Quadro 30-1**). Assim, um modelo antecipatório pode ser usado para antecipar como o estado do sistema motor mudará em função de um comando motor. Uma cópia de um comando motor descendente é transferida a um modelo antecipatório que atua como um simulador neural do sistema musculoesquelético movendo-se no ambiente. Essa cópia do comando motor é chamada de "cópia de eferência" (ou descarga corolária). Os modelos antecipatórios e inversos podem ser melhor compreendidos se estiverem dispostos em série. Se a estrutura e os valores de parâmetros de cada modelo estiverem corretos, a eferência do modelo antecipatório (o comportamento previsto) será igual à aferência para o modelo inverso (o comportamento desejado) (**Figura 30-3**).

QUADRO 30-2 Inferência bayesiana

Inferência bayesiana é uma estrutura matemática para a realização de estimativas sobre o mundo baseadas em informações incertas. A ideia fundamental é a de que probabilidades (entre 0 e 1) podem ser usadas para representar o grau de certeza em diferentes alternativas, como a certeza de que a chance de obter um seis ao jogar um dado é de 1 em 6.

A beleza da inferência bayesiana é que, usando regras de probabilidade, se pode especificar como as certezas deveriam ser formadas e atualizadas baseadas na própria experiência e nas novas informações a partir das aferências sensoriais. Por exemplo, durante um jogo de tênis o jogador quer estimar onde a bola irá pousar. Como a visão não fornece informações perfeitas sobre a posição da bola e velocidade de seu voo, há incerteza sobre a posição de sua aterrissagem. Contudo, se o nível de ruído no sistema sensorial for conhecido, as aferências sensoriais atuais podem ser usadas para computar a chance (ou probabilidade) da aferência sensorial em particular para diferentes posições de aterrissagem em potencial.

Pode-se aprender informações adicionais a partir das experiências repetidas do jogo: a posição onde a bola aterrissa não é igualmente provável ao longo da quadra. Por exemplo, os locais onde a bola irá quicar provavelmente estarão mais concentrados próximos às bordas da quadra, onde é mais difícil de retorná-la. Essa distribuição é denominada *distribuição de probabilidade a priori*.

A regra de Bayes define como combinar a distribuição *a priori* e a probabilidade para realizar uma estimativa ótima do local do quique da bola. Ainda que a abordagem bayesiana tenha sido originalmente desenvolvida na estatística, ela agora fornece uma estrutura unificadora para compreender como o cérebro lida com a incerteza nos domínios perceptivo, motor e cognitivo.

Usar o comando motor para estimar o estado corporal é vantajoso, já que, diferentemente das informações sensoriais que são atrasadas, o comando motor está disponível antes de agir sobre o sistema musculoesquelético e pode ser usado para antecipar alterações no estado. Contudo, essa estimativa tende a flutuar ao longo do tempo se o modelo antecipatório não for perfeitamente acurado, e, então, a retroalimentação sensorial é usada para corrigir o estado estimado, ainda que com um retardo.

Pode parecer surpreendente que o comando motor seja usado para estimativa de estado. De fato, a primeira demonstração de um modelo antecipatório usou um sistema motor que se baseia apenas no comando motor para estimar o estado, qual seja, a posição do olho dentro da órbita. O conceito de predição motora foi primeiramente considerado por Helmholtz enquanto tentava compreender como localizamos objetos visuais. Para calcular a localização de um objeto relativamente à cabeça, o sistema nervoso central sabe tanto a posição do objeto na retina quanto a direção do olhar. A sugestão engenhosa de Helmholtz foi de que o encéfalo, mais do que perceber a direção do olhar, a previa baseado em uma cópia do comando motor aos músculos oculares.

Helmholtz usou um experimento simples, nele mesmo, para demonstrar isso. Ao mover o próprio olho sem usar os músculos oculares (cobrindo um olho e pressionando gentilmente o olho aberto com o dedo através da pálpebra), a localização dos objetos na retina se altera. Como o comando motor para os músculos oculares são requeridos para atualização da estimativa do estado do olho, a posição prevista do olho não é atualizada. Contudo, como a imagem na retina foi alterada, isso leva à falsa percepção de que o mundo deve ter se movido. Um exemplo mais dramático é que se os músculos oculares são temporariamente paralisados com curare, tentar mover os olhos leva à percepção de que o mundo está se movendo. Isso ocorre porque o comando leva a uma estimativa de estado de que o olho se moveu, mas, com uma aferência fixa na retina (devido à paralisia), a única interpretação consistente é a de que o mundo se moveu.

Finalmente, a melhor estimativa de estado é alcançada pela combinação das modalidades sensoriais com os comandos motores. As desvantagens de utilizar apenas retroalimentação sensorial ou somente previsão motora podem ser melhoradas pelo monitoramento de ambas e com a utilização de um modelo de antecipação para estimar o estado atual. Um aparato neural com essa função é conhecido como *modelo observador*. Os principais objetivos do modelo observador são compensar retardos sensorimotores e reduzir incertezas nas estimativas do estado atual surgidas a partir do ruído tanto dos sinais sensoriais como dos sinais motores (**Figura 30-5**). Tal modelo tem recebido apoio de estudos empíricos sobre como o sistema nervoso estima a posição da mão, a postura e a orientação da cabeça. Será visto adiante como tais modelos são usados para decodificar sinais neurais em interfaces encéfalo-máquinas (Capítulo 39).

A estimativa de estado não é um processo passivo. Desempenhos que denotam destreza requerem a coleta e processamento efetivos e eficientes das informações sensoriais relevantes para a ação. A qualidade da informação sensorial depende das próprias ações, porque o que se vê, ouve e toca é influenciado pelos movimentos executados. Por exemplo, o sistema oculomotor controla as aferências sensoriais do olho pela orientação da fóvea a pontos de interesse dentro da cena visual. Assim, o movimento pode ser usado para reunir informações de forma eficiente, um processo denominado *percepção ativa*. A percepção ativa envolve dois processos principais: percepção, pela qual a informação sensorial é processada e gera inferências sobre o mundo, e ação, pela qual se escolhe como obter do mundo as informações sensoriais mais úteis. Os movimentos oculares podem entregar a diferença entre desempenhos amadores e realizados com destreza. Por exemplo, um batedor em um jogo de críquete fará uma sacada (visual) preditiva ao local onde ele espera que a bola arremessada atinja o solo, espera ela quicar e usa um movimento ocular persecutório para seguir a trajetória da bola após o quique. Uma latência mais curta para a primeira sacada distingue batedores especialistas de amadores. Assim, o sistema motor pode também ser usado para melhorar a percepção do mundo, de forma a coletar informações que, por sua vez, auxiliam no alcance dos objetivos motores.

A previsão pode compensar o retardo sensorimotor

Como já visto, retardos na retroalimentação podem levar a problemas durante um movimento, já que a informação com retardo não reflete o estado atual do corpo e do meio externo. Duas estratégias, intermitência e previsão, podem compensar tais retardos e, então, aumentar a acurácia da informação durante o movimento. Com a intermitência, o movimento é momentaneamente interrompido pelo repouso, como ocorre nos movimentos sacádicos e no rastreamento manual. Se o intervalo do repouso for maior que o retardo da alça sensorimotora, a intermitência permitirá retroalimentação sensorial mais acurada. A previsão é uma estratégia melhor e, como já visto, pode constituir um componente importante para a estimativa do estado.

O sistema nervoso usa várias diferentes formas de controle que dependem de previsão e retroalimentação sensorial em diferentes graus. Essas formas são bem ilustradas por diferenças na manipulação dos objetos sob diferentes condições. Quando o comportamento de um objeto é imprevisível, a retroalimentação sensorial fornece o sinal mais útil para estimar a carga. Por exemplo, ao empinar-se uma pipa, é necessário ajustar a força de preensão quase continuamente em resposta às correntes imprevisíveis de vento. Em situações de imprevisibilidade como essa, a força de preensão precisa ser alta para prevenir o deslizamento porque ajustes na preensão tendem a ficar defasados em relação à força do vento sobre a pipa (**Figura 30-6A**).

Por outro lado, ao manipular-se objetos com propriedades estáveis, mecanismos de controle preditivos podem ser eficientes. Por exemplo, quando a carga é aumentada por uma ação gerada internamente, como o movimento do braço, a força de preensão aumenta instantaneamente de acordo com a carga (**Figura 30-6B**). A detecção sensorial da carga seria muito lenta para ser responsável por esse rápido aumento na força de preensão.

Um controle preditivo como esse é essencial para os movimentos rápidos comumente observados nos comportamentos que denotam destreza. Na verdade, essa habilidade

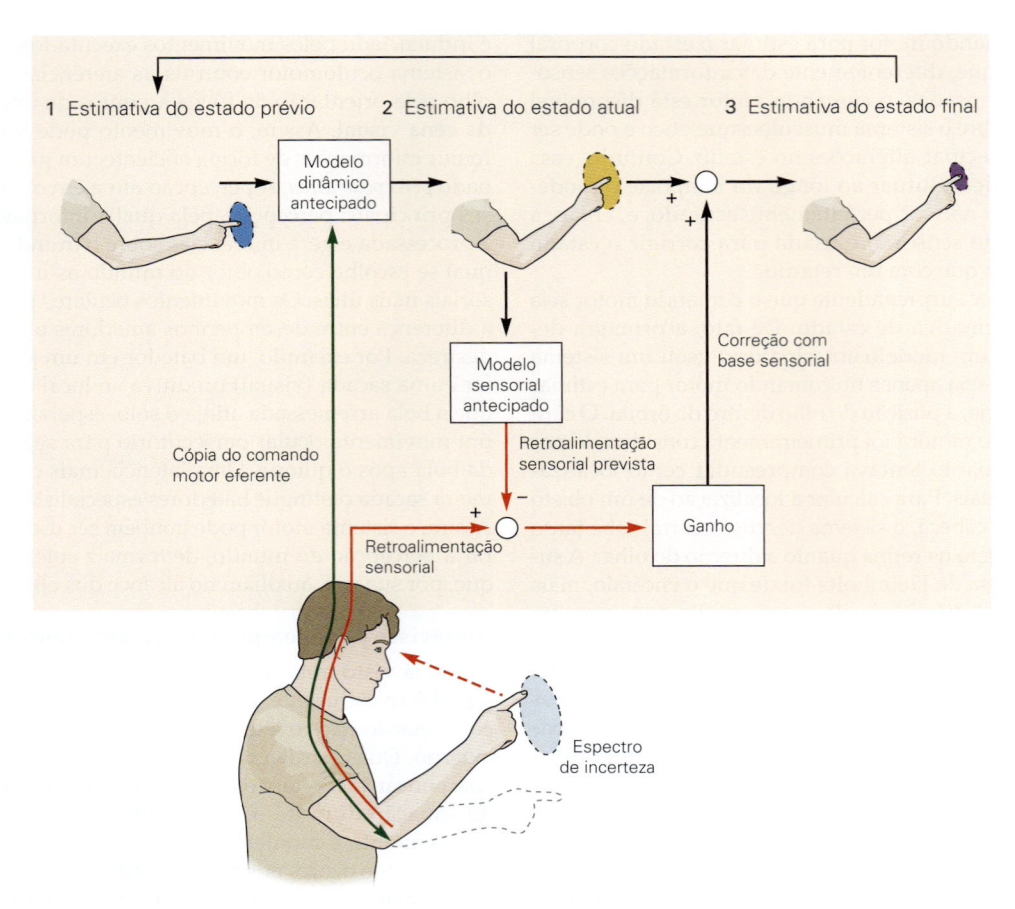

FIGURA 30-5 Um modelo observador. O modelo é usado para estimar a localização do dedo durante o movimento do braço. Uma estimativa prévia da distribuição das possíveis posições do dedo (**1, área azul**) é atualizada (**2, área amarela**) usando uma cópia eferente do comando motor e um modelo da dinâmica. A distribuição atualizada das posições do dedo é mais ampla do que a estimativa prévia. O modelo então utiliza um modelo sensorial antecipatório para prever a retroalimentação sensorial que ocorreria para essas novas posições do dedo e utiliza o erro entre a retroalimentação sensorial prevista e a real para corrigir a estimativa da posição atual do dedo. Essa correção altera o erro sensorial para erros do estado e também determina a confiança relativa na cópia eferente e na retroalimentação sensorial.

A estimativa final da posição atual do dedo (**3, nuvem roxa**) é menos incerta. Essa estimativa se tornará uma nova estimativa prévia para os movimentos subsequentes à medida que vão ocorrendo mais repetições dessa sequência. Os retardos da retroalimentação sensorial que devem ser compensados foram omitidos do diagrama para maior clareza.

preditiva pode ser facilmente demonstrada com a "tarefa do garçom". Segurando um livro pesado na palma da mão de um braço estendido. Ao usar a outra mão para remover o livro (como um garçom removendo objetos de uma bandeja) a mão que segura o livro permanecerá parada. Isso mostra a habilidade para antecipar mudanças na carga causadas pelas próprias ações do indivíduo, gerando, então, uma alteração na atividade muscular que ocorre em tempo primorosamente adequado. Em contraste, se outra pessoa remover o livro da mão de quem o segura, ainda que este esteja esperando sua retirada, é praticamente impossível manter a mão parada. Será visto posteriormente como lesões cerebelares afetam essa habilidade de previsão, levando à falta de tais respostas coordenadas (Capítulo 37).

A detecção de qualquer discrepância entre a retroalimentação sensorial real e a prevista também é essencial no controle motor. Essa discrepância, denominada erro de previsão sensorial, pode conduzir o aprendizado de modelos internos e também ser usada para controle. Por exemplo, ao apanhar-se um objeto, há uma antecipação sobre quando o objeto será erguido da superfície. O encéfalo é particularmente sensível à ocorrência de eventos inesperados ou à não ocorrência de eventos esperados (ou seja, a erros de previsão sensorial). Assim, se um objeto é mais leve ou mais pesado que o esperado e, portanto, é erguido mais rapidamente ou não pode ser erguido, respostas reativas são iniciadas.

Além de sua utilidade na compensação de retardos, a previsão é um elemento essencial no processamento sensorial. A retroalimentação sensorial pode surgir como uma consequência tanto de eventos externos quanto dos próprios movimentos. Para os receptores sensoriais, essas duas fontes de informação não são distinguíveis, uma vez que os sinais sensoriais não vêm rotulados como

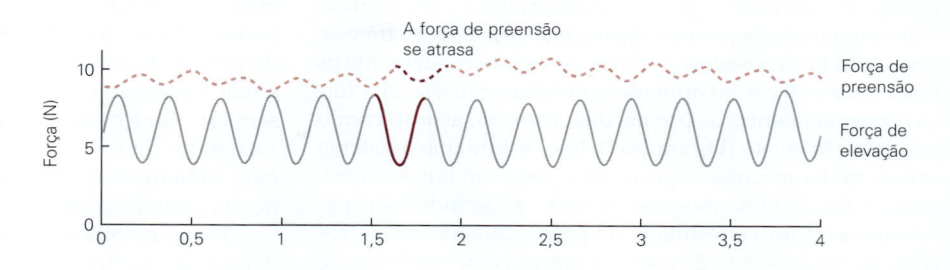

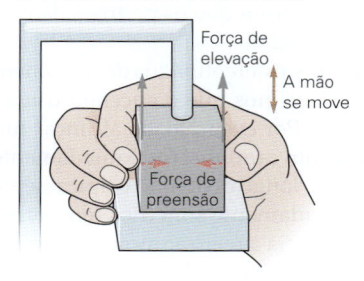

FIGURA 30-6 Controle antecipatório das ações autoiniciadas. (Adaptada, com autorização, de Blakemore, Goodbody e Wolpert, 1998. Copyright © 1998 Society for Neuroscience.)

A. Quando um indivíduo é instruído a segurar um objeto sobre o qual uma força de elevação sinusoidal é aplicada mecanicamente, a força de preensão dos dedos é alta para evitar que o objeto escorregue, e a modulação da força de preensão atrasa-se em relação à força de elevação. Isso está destacado em uma porção da modulação da força de elevação (**linha sólida vermelho escura**) que resulta em uma força de preensão correspondente (**linha tracejada vermelho escura**), que é atrasada. (Duração do teste: 4 s)

B. Quando um indivíduo produz um perfil similar de carga ao puxar o objeto fixo para baixo, a força de elevação pode ser antecipada e, assim, a força de preensão é menor e acompanha a força de elevação sem atraso.

"estímulos externos" ou "estímulos internos". A sensibilidade a eventos externos pode ser amplificada pela redução da retroalimentação originada do próprio movimento. Assim, a subtração das previsões dos sinais sensoriais (que surgem do próprio movimento) da retroalimentação sensorial total aumenta os sinais que trazem informações sobre os eventos externos. Tal mecanismo é responsável pelo fato de as cócegas provocadas pelo próprio indivíduo serem uma experiência menos intensa que aquelas provocadas por outra pessoa. Quando indivíduos são induzidos a fazer cócegas em si mesmos usando uma interface robótica, mas um tempo de retardo é introduzido entre o comando motor e estímulo tátil resultante, as cócegas aumentam. Com tal retardo no estímulo tátil, as previsões perdem acurácia e, então, falham em cancelar a retroalimentação sensorial, resultando em um aumento da sensação de cócegas. Tal modulação preditiva dos sinais sensoriais pelas ações motoras é uma propriedade fundamental de muitos sistemas sensoriais.

O processamento sensorial pode diferir para a ação e para a percepção

Um número crescente de pesquisas tem apoiado a ideia de que a informação sensorial utilizada para controlar as ações é processada por vias neurais distintas das vias aferentes que contribuem para a percepção. Foi proposto que a informação visual segue por duas vias no encéfalo (Capítulo 25). Uma via dorsal, que se projeto para o córtex parietal posterior, é particularmente envolvida no uso da visão para ação (Capítulo 34), enquanto uma via ventral, que se projeta para o córtex temporal inferior, é envolvida na percepção visual consciente.

Essa distinção entre o uso da visão para a ação e para a percepção tem como base uma dupla dissociação descrita em estudos com pacientes. Por exemplo, a paciente D.F. desenvolveu agnosia visual após lesão da via ventral. Ela é incapaz, por exemplo, de indicar a orientação de uma fenda, seja de forma verbal ou manual. Contudo, quando solicitada a realizar uma ação, como inserir um cartão pela fenda, ela não mostra dificuldade em orientar sua mão de forma apropriada para fazê-lo (Capítulo 59). Situação contrária é descrita em pacientes com lesão do feixe dorsal, os quais podem desenvolver ataxia óptica, na qual a percepção está intacta, mas o controle da ação está afetado.

Embora a distinção entre percepção e ação surja de observações clínicas, ela também pode ser observada em pessoas normais, como em ilusões de tamanho-peso. Ao erguerem dois objetos de tamanho diferente, mas com mesmo peso, as pessoas relatam que o objeto menor parece mais pesado. Essa ilusão, descrita primeiramente há mais de cem anos, é poderosa e robusta. A ilusão não diminui mesmo que a pessoa seja informada dos pesos iguais dos objetos, nem enfraquece com a repetição do levantamento do objeto.

Quando indivíduos começam a erguer objetos grandes e pequenos de mesmo peso, eles geram forças de preensão e de carga maiores para os objetos maiores, pois assume-se que sejam mais pesados. Após erguerem alternadamente os objetos, os indivíduos aprendem rapidamente a fazer a força apropriada entre as pontas dos dedos de acordo com o peso real do objeto (**Figura 30-7**). Isso mostra que o sistema sensorimotor reconhece que os dois pesos são iguais. Entretanto, a ilusão tamanho-peso persiste, sugerindo não apenas que a ilusão é o resultado do processamento de centros cognitivos superiores do córtex cerebral, como também que o sistema sensorimotor pode operar independentemente desses centros.

Planos motores traduzem tarefas em movimentos propositais

As tarefas do mundo real são expressas como objetivos: pegar um copo, dançar ou almoçar. Contudo, a ação requer uma especificação detalhada de sequência temporal de movimentos acionados pelos em torno de 600 músculos do corpo humano. Há claramente uma lacuna entre a declaração de um objetivo e o plano motor que recruta músculos específicos para perseguir aquele objetivo.

Padrões estereotipados são empregados em muitos movimentos

A habilidade dos sistemas motores de realizar a mesma tarefa de muitas maneiras diferentes é chamada de redundância. Se uma maneira de realizar uma tarefa não for exequível, em geral existe uma alternativa. Por exemplo, a tarefa mais simples de todas, alcançar um objeto, pode ser realizada de infinitas maneiras.

A duração do movimento pode ser livremente selecionada a partir de uma ampla variedade, e, dada uma escolha particular de duração, o trajeto e perfil de velocidade da mão ao longo dele (i.e., trajetória) podem assumir muitos padrões diferentes. Mesmo a seleção de uma trajetória ainda permite infinitas configurações articulares para segurar a mão em qualquer ponto do trajeto. Finalmente, pode-se segurar o braço em uma postura fixa usando uma ampla variedade de níveis de cocontrações musculares. Então, para cada movimento, uma escolha deve ser feita a partir de um grande número de alternativas.

Todos escolhem se mover de sua própria maneira? A resposta é não, claramente. Repetições de um mesmo comportamento por um indivíduo, assim como comparações entre indivíduos, demonstram que os padrões de movimentos são muito estereotipados.

A não variação em padrões estereotipados de movimento informa algo sobre os princípios que o encéfalo usa ao planejar e controlar as ações. Por exemplo, ao alcançar um objeto, a mão tende a seguir um caminho aproximadamente reto, e a velocidade da mão ao longo do tempo é tipicamente suave, unimodal, e aproximadamente simétrica (em forma de sino, **Figura 30-8**). A tendência a realizar movimentos em linha reta caracteriza uma importante classe de movimentos, o que é surpreendente, considerando-se que os músculos atuam determinando rotações nas articulações.

Alcançar tais movimentos em linha reta com a mão requer rotações complexas com as articulações. Os movimentos das articulações em série (o ombro, o cotovelo e o pulso) são complicados e variam muito com as diferentes posições iniciais e finais. Como a rotação em uma única articulação poderia produzir uma trajetória em arco da mão, as articulações do cotovelo e do ombro devem rotar cooperativamente para produzir uma trajetória retilínea. Em algumas direções o cotovelo move-se mais do que o ombro; em outras, ocorre o inverso. Quando a mão se move de um lado para o outro do corpo (**Figura 30-8**, movimento de T2

FIGURA 30-7 A ilusão tamanho-peso.
A. Em cada tentativa, os indivíduos ergueram alternadamente um objeto grande e um objeto pequeno com o mesmo peso. Os indivíduos acreditavam sentir o objeto menor mais pesado do que realmente era.
B. Na primeira tentativa, os indivíduos geraram maior força de preensão e de elevação para o objeto maior (**traçado cor mostarda**), uma vez que se esperava que este fosse mais pesado que o objeto menor. Na oitava tentativa, as forças de preensão e de elevação eram as mesmas produzidas para erguer os dois objetos, mostrando que o sistema sensorimotor nesta ação gera essas forças de forma apropriada ao peso de ambos, apesar de a percepção consciente persistente indicar uma diferença no peso. (Adaptada, com autorização, de Flanagan e Beltzner, 2000. Copyright © 2000 Springer Nature.)

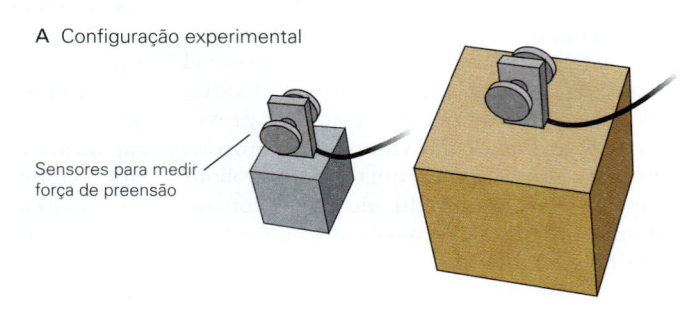

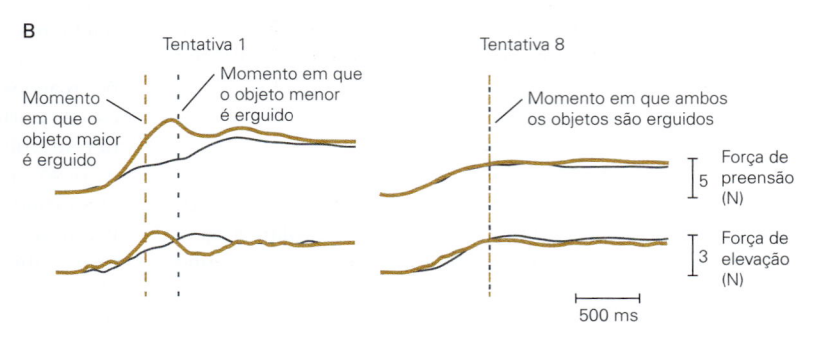

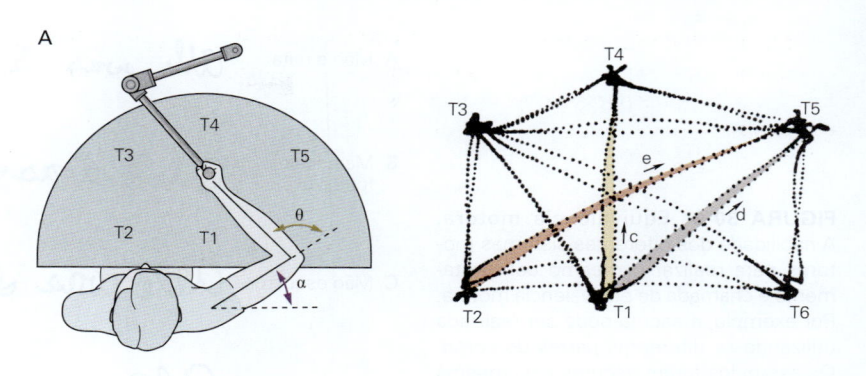

FIGURA 30-8 A trajetória da mão e sua velocidade possuem características estereotipadas. (Adaptada, com autorização, de Morasso, 1981. Copyright © 1981 Springer Nature.)

A. O indivíduo senta-se em frente a uma mesa semicircular e segura um cabo de um aparato com duas articulações que se move no plano horizontal e registra a posição da mão. O indivíduo é instruído a mover a mão entre vários alvos (**T1-T6**).

B. Os caminhos desenhados por um indivíduo enquanto move sua mão entre os alvos.

C. Dados cinemáticos para as três trajetórias das mãos (**c, d e e**) são mostrados no painel B. Todas as trajetórias foram aproximadamente retilíneas, e os perfis da velocidade da mão têm a mesma forma e escala proporcional à distância percorrida. Em contrapartida, os perfis das velocidades angulares do cotovelo e do ombro diferem para os três percursos da mão. Os traçados retilíneos da mão e os perfis similares para a velocidade sugerem que o planejamento seja feito em relação à mão, pois esses parâmetros estão em escalas lineares. O planejamento com referência às articulações necessitaria o processamento de combinações não lineares dos ângulos das articulações.

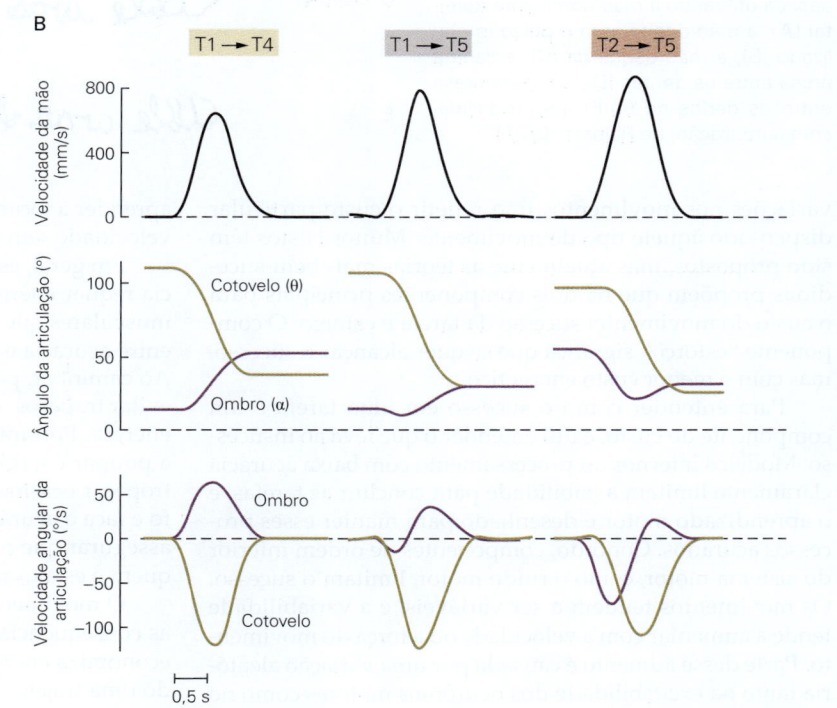

a T5), uma ou ambas as articulações podem ter que inverter a direção no meio do curso. O fato de que as trajetórias da mão são mais invariáveis que as trajetórias das articulações sugerem que o sistema motor está mais preocupado com o controle da mão, mesmo às custas da geração de padrões complexos de rotações articulares.

Tal plano motor centrado na tarefa pode contribuir para a habilidade de desempenhar uma ação específica, como a escrita, de diferentes formas com mais ou menos o mesmo resultado. A escrita manual tem uma estrutura similar independentemente do tamanho da letra ou do membro ou, ainda, da região do corpo utilizada para produzi-la (**Figura 30-9**). Esse fenômeno, denominado equivalência motora, sugere que os movimentos intencionais estão representados no encéfalo de forma abstrata, e não como grupos de informações de movimentos articulares ou de contrações musculares específicas. Tais representações abstratas de movimentos, as quais são capazes de orientar diferentes efetores, permitem um grau de flexibilidade da ação, que não seria praticável com programas motores preestabelecidos.

O planejamento motor pode ser ótimo para reduzir custos

Por que humanos escolhem uma forma particular de executar uma tarefa dentre um infinito número de possibilidades? Pesquisas extensas vêm tentando responder tal questão, e a ideia fundamental que emergiu é a de que o planejamento pode ser equiparado com a escolha da melhor forma de executar uma tarefa. Matematicamente, isso é equivalente ao processo de otimização (ou seja, minimização) do custo associado ao movimento. O custo é uma maneira de quantificar o que é bom ou mau sobre um movimento (p. ex., energia, acurácia, estabilidade) com um único número.

Diferentes formas de realizar uma tarefa levarão a diferentes custos. Isso permite ranquear todas as soluções possíveis, identificando aquela com o menor custo. Não

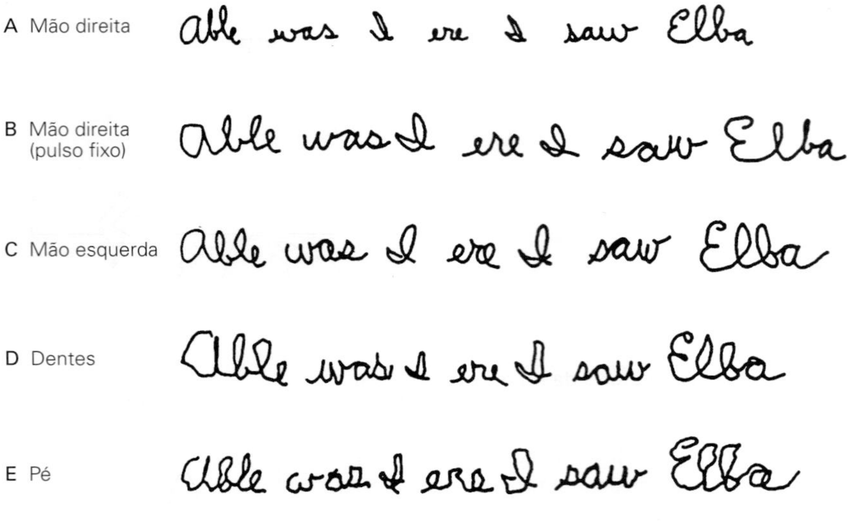

FIGURA 30-9 Equivalência motora. A habilidade dos diferentes sistemas motores para realizar o mesmo comportamento é chamada de equivalência motora. Por exemplo, a escrita pode ser realizada utilizando-se diferentes partes do corpo. Os exemplos foram escritos pela mesma pessoa utilizando a mão dominante (direita) (**A**), a mão direita com o pulso imobilizado (**B**), a mão esquerda (**C**), a caneta presa entre os dentes (**D**), a caneta presa entre os dedos do pé(**E**). (Reproduzida, com autorização, de Raibert, 1977.)

A Mão direita

B Mão direita (pulso fixo)

C Mão esquerda

D Dentes

E Pé

variações nos movimentos irão refletir o custo particular dispensado àquele tipo de movimento. Muitos custos têm sido propostos, mas atualmente as teorias mais bem-sucedidas propõem que há dois componentes principais para o custo do movimento: sucesso da tarefa e esforço. O componente "esforço" significa que se quer alcançar o sucesso, mas com o menor custo energético.

Para entender como o sucesso em uma tarefa é um componente do custo, é útil entender o que leva ao insucesso. Modelos internos ou processamento com baixa acurácia claramente limitam a habilidade para concluir as tarefas, e o aprendizado motor é desenhado para manter esses processos acurados. Contudo, componentes de ordem inferior do sistema motor, como o ruído motor, limitam o sucesso. Os movimentos tendem a ser variáveis, e a variabilidade tende a aumentar com a velocidade ou a força do movimento. Parte desse aumento é causada por uma variação aleatória tanto na excitabilidade dos neurônios motores como no recrutamento de unidades motoras adicionais necessárias para aumentar a força. Aumentos adicionais na força são produzidos por conjuntos progressivamente menores de neurônios motores, cada um produzindo aumentos de força desproporcionalmente maiores (Capítulo 31). Portanto, à medida que a força aumenta, flutuações no número de neurônios motores levam a flutuações maiores na força.

As consequências disso podem ser observadas experimentalmente solicitando-se aos indivíduos que gerem uma força constante. A variabilidade de tal produção de força aumenta com a intensidade da força. Ao longo de uma grande faixa, esse aumento na variabilidade é capturado por um coeficiente constante de variação (o desvio-padrão dividido pela força média). Essa dependência da variabilidade na força também aumenta a variabilidade de movimentos para atingir o alvo conforme a velocidade do movimento aumenta (já que maiores velocidades requerem maior força muscular) A diminuição na acurácia do movimento com o aumento da velocidade é conhecida como relação velocidade-acurácia (**Figura 30-10**). Essa relação não é fixa e parte do aprendizado de uma habilidade, como

aprender a tocar piano; envolve estar apto para aumentar a velocidade sem sacrificar a acurácia.

Em geral, esforço e acurácia estão em conflito. A acurácia requer energia, porque correções requerem atividades musculares que, então, demandam algum custo. A relação entre acurácia e energia varia para diferentes movimentos. Ao caminhar, pode-se escolher dar passos cautelosos para evitar tropeços, mas isso irá requerer um uso substancial de energia. Portanto, em geral os indivíduos estão dispostos a poupar energia, mesmo que para isso corram o risco de tropeçar ocasionalmente. Em contraste, ao comer com garfo e faca a acurácia é priorizada em relação à energia, para assegurar que o garfo não acabe espetando a bochecha de quem o está usando.

O movimento ótimo é, portanto, aquele que minimiza as consequências ruins do ruído ao mesmo tempo em que economiza energia. Uma forma de fazer isso é especificando uma trajetória de movimento desejada ou sequência de estados que podem ser considerados ótimos. Ainda que o ruído e as perturbações ambientais possam desviar o sistema motor do comportamento desejado, a função da retroalimentação é simplesmente retornar o movimento à trajetória desejada. Contudo, essa abordagem não é necessariamente computacionalmente eficiente. Mais do que especificar o estado desejado do corpo, pode-se especificar um controle por retroalimentação ótimo para gerar o movimento.

Um controle por retroalimentação ótimo corrige erros de forma tarefa-dependente

O controle por retroalimentação ótimo objetiva minimizar um custo, como a combinação de energia e falta de acurácia na tarefa (Capítulo 34). Esse tipo de controle por retroalimentação é baseado na ideia de que as pessoas não planejam uma trajetória em função de um custo em particular. Ao invés disso, o custo é usado para criar um controle por retroalimentação que especifica, por exemplo, como o ganho de retroalimentação para erros de posição (e outros erros como velocidade e força) mudam ao longo do tempo. Portanto, dado o objetivo da tarefa, o controle especifica o comando

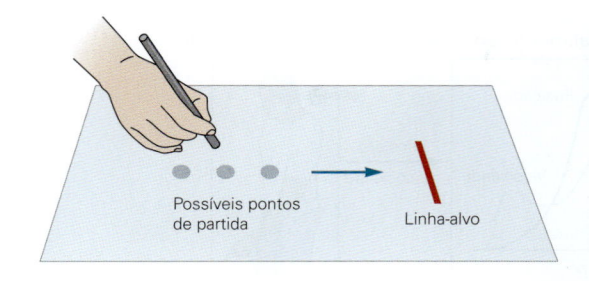

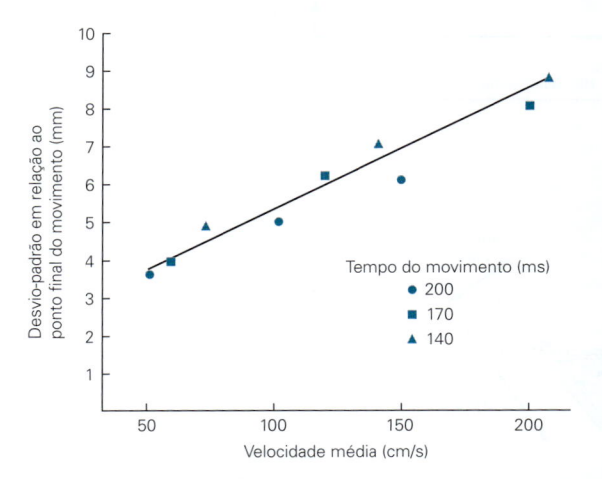

FIGURA 30-10 A acurácia do movimento varia em proporção direta com sua velocidade. Os participantes seguravam uma caneta e tinham que acertar uma linha-alvo situada perpendicularmente à direção do movimento da caneta. Os indivíduos iniciaram de uma entre três posições de partida diferentes, e foram solicitados a completar o movimento em três tempos diferentes (140, 170 ou 200 ms). Uma tentativa era bem-sucedida se o indivíduo completasse o movimento com uma diferença máxima de 10% em relação ao tempo requerido. Apenas as tentativas bem-sucedidas foram analisadas. Os indivíduos eram informados quando um teste não era bem-sucedido. A variabilidade no movimento do braço dos indivíduos é mostrada no gráfico como o desvio-padrão da extensão do movimento *versus* a velocidade média (para cada um dos três pontos de partida do movimento e cada uma das três durações de tempo dos movimentos, originando nove pontos de dados). A variabilidade do movimento aumenta em proporção à velocidade e, portanto, à força que produz o movimento. (Adaptada, com autorização, de Schmidt et al., 1979.)

motor adequado para possíveis diferentes estados do corpo. Então, a trajetória é simplesmente uma consequência da aplicação da regra do controle de retroalimentação ao estimado estado atual do corpo (**Figura 30-11**). O controle por retroalimentação é ótimo quando ele minimiza o custo mesmo na presença de perturbações em potencial.

O controle por retroalimentação ótimo, portanto, não faz uma distinção estrita entre controle por pró-ação e por retroalimentação. Ao invés disso, durante uma tarefa, o equilíbrio entre controle por pró-ação e por retroalimentação varia ao longo de um *continuum* que depende da extensão com a qual o estado atual estimado do corpo é influenciado pelas previsões (pró-ação) ou aferências sensoriais (retroalimentação).

Uma característica importante do controle por retroalimentação ótimo é que ele será corrigido apenas para desvios relevantes para a tarefa, e permite variações em desvios irrelevantes a ela. Por exemplo, ao alcançar uma porta de saída com uma maçaneta horizontal longa, será de pouca importância a posição exata em que a mão irá tocá-la para abri-la, e, então, desvios na direção horizontal podem ser ignorados. Tais considerações levam, naturalmente, ao princípio da intervenção mínima, em que as intervenções em uma tarefa em execução devem ocorrer somente se os desvios forem afetar o sucesso na tarefa.

Intervenções irão geralmente adicionar um ruído ao sistema (requerendo um esforço aumentado), então intervenções desnecessárias levarão a uma diminuição no desempenho. O objetivo do controle por retroalimentação ótimo não é eliminar todas as variabilidades, mas permitir que elas se acumulem em dimensões que não interfiram na tarefa enquanto as minimiza nas dimensões relevantes para a conclusão da tarefa. O princípio da intervenção mínima é apoiado por estudos que mostram que a retroalimentação nem sempre retorna o sistema para uma trajetória não alterada, mas geralmente age de maneira a reduzir o efeito da perturbação sobre o cumprimento do objetivo da tarefa e a permitir que as correções ocorram de forma tarefa-dependente.

O controle por retroalimentação ótimo enfatiza o cenário de ganhos de retroalimentação, os quais podem ser parcialmente instanciados por reflexos que geram respostas motoras rápidas. O controle por retroalimentação ótimo propõe que essas respostas rápidas poderiam ser altamente sintonizadas à tarefa em execução. Apesar de o reflexo de estiramento de latência curta (monossináptico) responder apenas ao estiramento do músculo, a resposta de latência longa há muito é conhecida por responder a fatores dependentes das tarefas (Capítulo 32). O controle por retroalimentação ótimo é importante porque combina a geração da trajetória, o ruído e o custo motor para fornecer uma comparação clara para os resultados do trabalho experimental.

Múltiplos processos contribuem para o aprendizado motor

Os animais possuem uma capacidade notável de aprendizado de novas habilidades motoras simplesmente a partir da interação diária com o seu ambiente. Embora a evolução possa programar alguns comportamentos inatos, como a habilidade de um potro de erguer-se ou a de uma aranha tecer uma teia, o aprendizado motor é requerido para adaptar-se a ambientes novos e variados.

Novas habilidades motoras não podem ser adquiridas por sistemas neurais fixos. Os sistemas sensorimotores devem adaptar-se constantemente ao longo da vida à medida que o tamanho e as proporções corporais mudam, mantendo, assim, uma relação apropriada entre os comandos motores e a mecânica corporal. Além disso, o aprendizado é a única maneira de adquirir habilidades motoras que sejam definidas por convenções sociais, como escrever ou dançar.

A maioria das formas de aprendizado motor envolve o aprendizado *de procedimentos* ou *implícito*, assim denominado porque as pessoas em geral têm dificuldade em

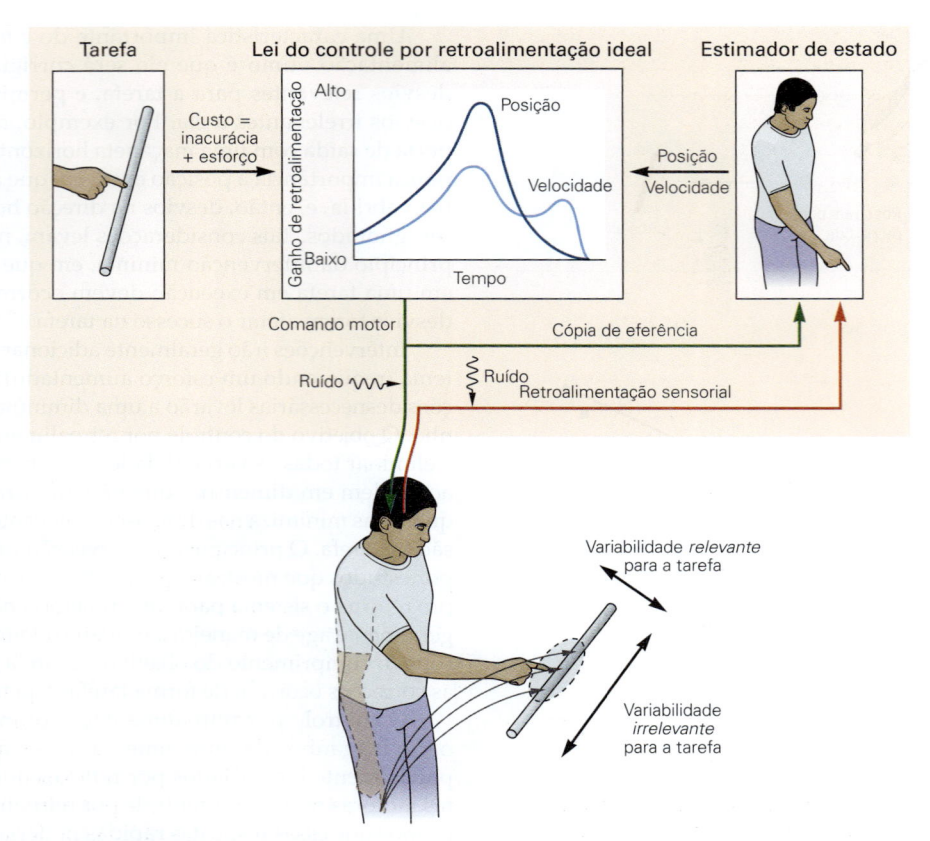

FIGURA 30-11 Controle por retroalimentação ideal. A fim de gerar movimento para uma determinada tarefa, como tocar em uma barra horizontal, o sistema sensorimotor especifica um custo que é uma combinação de acurácia (p. ex., a distância entre o dedo e a barra) e esforço. Para gerar um movimento que minimiza esse custo, o sistema sensorimotor estabelece uma regra de controle por retroalimentação ideal que especifica os ganhos de variação de tempo. Esses ganhos especificam como o comando motor deve depender de estados como erro posicional e velocidade da mão. A maneira dessa lei de controle por retroalimentação garante que o movimento é o melhor possível na presença de ruído interno e perturbações externas. O comportamento ideal tende a deixar a variabilidade (elipsoide azul, mostrando as possíveis posições finais da mão) acumular em dimensões que não afetam o sucesso da tarefa (variabilidade irrelevante para a tarefa), como ao longo do eixo da barra, enquanto controla a variabilidade que pode resultar na mão errando a barra (variabilidade relevante para a tarefa). Três caminhos para alcançar do mesmo ponto de partida são mostrados; correções são feitas apenas na dimensão relevante para a tarefa.

expressar verbalmente o que foi aprendido. O aprendizado implícito com frequência ocorre sem o pensamento consciente sobre ele, e pode ser mantido por longos períodos, mesmo sem ser praticado (Capítulo 52). Exemplos típicos de aprendizado de procedimentos (habilidades motoras) são andar de bicicleta ou tocar piano. Por outro lado, o aprendizado *declarativo* ou *explícito* refere-se ao conhecimento que pode ser expresso em declarações acerca do mundo e que está disponível à introspecção (Capítulo 52). A memorização dos nomes dos nervos cranianos ou do endereço do hospital local é um exemplo de aprendizado explícito. A memória declarativa tende a ser facilmente esquecida, embora a exposição repetida possa levar à memória de longo prazo. Estratégias de memória explícita são usadas ao iniciar o aprendizado de algumas tarefas motoras, como dirigir um carro, mas a habilidade se torna automática com o tempo e a prática.

O aprendizado motor pode ocorrer de forma quase imediata ou ao longo do tempo. Aprende-se a agarrar um objeto de peso desconhecido quase imediatamente e a andar de bicicleta após algumas semanas de prática, mas dominar a habilidade de tocar piano requer anos. Essas diferentes escalas de tempo refletem a dificuldade intrínseca das tarefas, além das limitações evolutivas que devem ser desaprendidas para que a tarefa seja realizada. Por exemplo, tocar piano requer o aprendizado do controle preciso e individual dos dedos, enquanto para movimentos mais comuns, como alcançar e agarrar, movimentos individuais dos dedos são raros. O aprendizado sensorimotor pode ser dividido em duas amplas, mas sobrepostas, classes: adaptações a alterações nas propriedades dos sistemas sensorimotores e aprendizado de novas habilidades. Elas serão abordadas separadamente.

O aprendizado baseado no erro envolve adaptação de modelos sensorimotores internos

O aprendizado baseado no erro é a força motriz por trás de muitos paradigmas de adaptação sensorimotora bem estudados. Por exemplo, a relação entre as localizações visuais e proprioceptivas de um membro pode ser alterada pelo uso de óculos prismáticos (ou mesmo de óculos). Isso altera a aferência visual, de forma que o movimento para alcançar um objeto se torna mal direcionado. Após tentativas repetidas, as trajetórias para alcançá-lo são ajustadas para considerar a discrepância entre a visão e a propriocepção, um processo denominado aprendizado visuomotor. De forma similar, para controlar um *mouse* de computador, deve-se aprender a relação cinemática entre o movimento com o *mouse* e o cursor no monitor. Adicionalmente, as propriedades dos membros mudam tanto com o crescimento quando com o uso de ferramentas. O encéfalo se adapta a tais alterações por meio da reorganização ou ajuste dos comandos motores.

No aprendizado baseado no erro, o sistema sensorimotor percebe o resultado de cada movimento e o compara ao resultado desejado e ao previsto. Por exemplo, ao lançar uma bola de basquete o resultado desejado é que a bola passe pelo aro. Contudo, uma vez que a bola é lançada é possível prever que ela não irá alcançá-lo. A diferença entre a previsão e o resultado real, denominada erro de previsão sensorial, pode ser usada para atualizar os modelos internos de como a bola responde às ações de quem a está lançando. A diferença entre o resultado real e o desejado, denominada erro alvo, pode ser usada para ajustar o plano motor (i.e., a direção do objetivo) para reduzir o erro. Tanto os erros de previsão sensorial e erros alvo são importantes para conduzir o aprendizado.

Pode ser necessário aplicar transformações adicionais ao sinal de erro antes deste ser usado para treinar um modelo interno. Por exemplo, ao se lançar um dardo, os erros são percebidos em coordenadas visuais. Esse erro sensorial deve ser convertido em um comando motor adequado para a atualização do processo de controle, como um modelo inverso. O aprendizado baseado no erro tende a levar à redução no erro tentativa após tentativa, conforme o sistema motor aprende as novas propriedades sensorimotoras.

Um exemplo desse tipo de aprendizado ocorre quando a dinâmica do braço durante o alcance de um objeto é inesperadamente alterada. Como visto antes, normalmente a mão é movida por um caminho retilíneo para que se possa alcançar um objeto. Interações dinâmicas inesperadas podem produzir trajetórias curvas, mas as pessoas aprendem a antecipar e compensar esses efeitos. Esse aprendizado é convenientemente estudado em indivíduos realizando movimentos para alcançar um objeto enquanto seguram a terminação de um aparelho robótico que pode introduzir forças novas sobre o braço (**Figura 30-12A-C**). A aplicação de uma força que seja proporcional à velocidade da mão, mas que atue em ângulo reto em relação à direção do movimento, irá produzir movimento em curva antes de a mão finalmente alcançar o alvo. Ao longo do tempo, o indivíduo se adapta a essa perturbação e é capaz de manter o movimento em linha reta (**Figura 30-12D**).

Os indivíduos podem se adaptar a essa situação de duas maneiras. Eles podem cocontrair os músculos do braço, endurecendo, então, o braço e reduzindo o impacto da perturbação, ou eles podem aprender um modelo interno de compensação para a força antecipada. Examinando-se os efeitos pós-experimento (movimento dos indivíduos após desligamento do robô), pode-se distinguir entre essas duas formas de aprendizado. Se o braço simplesmente for enrijecido, deverá continuar a se mover em uma trajetória retilínea. Se um novo modelo interno for aprendido, este poderá seguir compensando a força que não mais existe, levando a uma trajetória do braço na direção oposta àquela antes da perturbação. A cocontração é usada para reduzir erros precocemente no aprendizado, antes de um modelo interno ser aprendido, mas diminui conforme o modelo interno se torna apto a compensar as perturbações. Portanto, quando a força cessa após o aprendizado, os indivíduos normalmente mostram um grande desvio na direção oposta, demonstrando que eles compensaram a perturbação (**Figura 30-12D**).

Tais processos baseados no erro parecem ser subjacentes à adaptação em uma série de diferentes tipos de movimentos e efetores, desde o movimento dos olhos a movimentos do corpo inteiro. Por exemplo, o padrão simétrico da marcha parece depender de um aprendizado baseado em erro. Quando o padrão de marcha dos indivíduos é perturbado pela caminhada em uma esteira com duas faixas, em que uma faixa se move mais rápido que a outra, eles inicialmente irão mancar. Contudo, passo a passo o padrão de marcha naturalmente recupera sua simetria (**Figura 30-13**), demonstrando que o aprendizado baseado no erro pode conduzir complexos movimentos coordenados do corpo inteiro. Há extensas evidências de que o rápido aprendizado baseado em erro, adquirido tentativa após tentativa, depende do cerebelo (Capítulo 37).

A adaptação motora pode não ser um processo unitário isolado. Evidências recentes sugerem que a adaptação é conduzida por processos interativos cujos resultados são combinados. Esses processos interativos podem apresentar diferentes propriedades temporais: um processo pode se adaptar rapidamente a perturbações, mas também esquecer rapidamente o que foi aprendido, e o outro pode requerer um aprendizado mais lento, porém mantido por um longo período (**Figura 30-13B**). A vantagem de tal mecanismo é que o processo de aprendizado pode ser associado às propriedades temporais das perturbações, o que pode variar de períodos curtos (fadiga) até longo prazo (crescimento).

Embora o aprendizado motor frequentemente necessite de muito treino, uma vez que a tarefa não seja mais realizada, a desadaptação costuma ser rápida. Contudo, as aferências sensoriais associadas com uma ação em particular podem ser suficientes para mudar o comportamento. Quando indivíduos usam óculos prismáticos que deslocam o espaço visual, por exemplo, inicialmente não acertam os alvos, mas logo aprendem a acertá-los. Após várias tentativas, a simples sensação de uso de óculos, mesmo sem os prismas, é suficiente para evocar um comportamento adaptativo apropriado para os prismas.

Em geral, se pode quantificar o desempenho com duas medidas, acurácia e precisão. Acurácia é uma medida de erros ou preconcepções sistemáticos, como o quão longe do alvo, em média, está uma série de dardos lançados. Em contraste, precisão é uma medida de erros aleatórios,

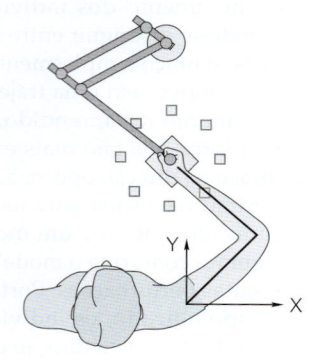

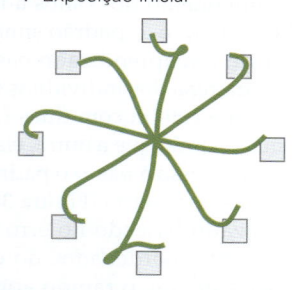

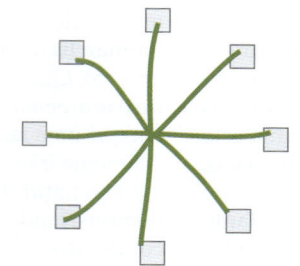

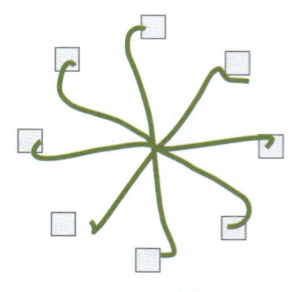

FIGURA 30-12 O aprendizado melhora a acurácia do alcance em um ambiente dinâmico diferente. (Adaptada, com autorização, de Brashers-Krug, Shadmehr e Bizzi, 1996. Copyright © 1996 Springer Nature.)

A. Um indivíduo segura um aparelho robótico que mede a posição e a velocidade da mão e aplica força a ela.

B. Quando os motores estão desligados (campo sem interferência), o indivíduo faz movimentos aproximadamente retilíneos do centro do campo de ação aos alvos situados em um círculo.

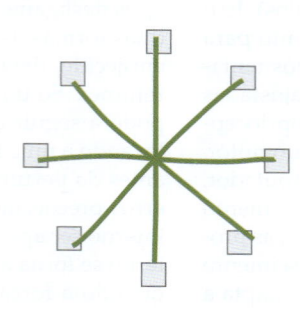

C. Uma força no sentido horário é aplicada, então, à mão, representada em relação à velocidade da mão. Esse campo produz uma força proporcional à velocidade da mão que sempre atua em ângulos retos em relação à direção do movimento.

D. No início, as trajetórias da mão ficam gravemente prejudicadas em resposta à força que provoca a perturbação (**1**). Após um tempo, o indivíduo adapta-se e readquire uma trajetória retilínea durante todo o movimento (**2**). Quando os motores são, então, desligados, o movimento fica novamente perturbado, mas na direção oposta à perturbação anterior (**3**).

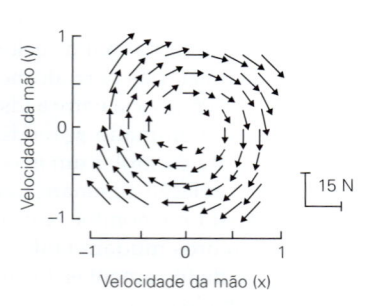

ou variabilidade estatística, em nossas ações. Tanto a acurácia quanto a precisão contribuem para o desempenho. Em geral, acurácia pode ser melhorada pela adaptação ou calibragem dos comandos motores, de forma a reduzir erros sistemáticos. Ainda que sempre haja alguma variabilidade nos movimentos gerados a partir de ruídos sensoriais e motores irredutíveis, a variabilidade, como já visto, pode ser reduzida por meio de planejamento, de forma a gerar impacto mínimo sobre o sucesso na tarefa. A maior parte do aprendizado motor tende a se tornar automática (ou seja, implícita) com o tempo, mas o aprendizado precoce de algumas tarefas pode ser auxiliado pelo aprendizado explícito (i.e., estratégia), como uma instrução verbal ou como abordar melhor a tarefa.

Nem todas as modalidades sensoriais são igualmente importantes no aprendizado de todas as tarefas motoras. Nas tarefas de aprendizado dinâmico, a propriocepção e as aferências de tato são mais importantes do que a visão. Normalmente, tarefas dinâmicas são aprendidas igualmente bem com ou sem a visão. Contudo, indivíduos que perderam a propriocepção e as aferências táteis têm dificuldades específicas para controlar as propriedades dinâmicas dos seus membros ou para aprender novas tarefas dinâmicas sem a visão (**Quadro 30-3**).

O aprendizado de habilidades depende de múltiplos processos para ser bem-sucedido

Ao contrário do aprendizado baseado no erro, no qual o sistema sensorimotor se adapta às perturbações para retornar ao desempenho anterior a elas, o aprendizado de habilidades, como amarrar os cadarços, fazer malabarismos, digitar ou tocar piano, envolve melhora do desempenho na ausência de perturbações. Tal aprendizado tende a melhorar a relação velocidade-acurácia. Inicialmente, se é capaz de acertar as teclas corretas no teclado em um ritmo de 1 tecla por segundo, mas com a prática, a mesma acurácia pode ser atingida em um ritmo crescentemente mais rápido.

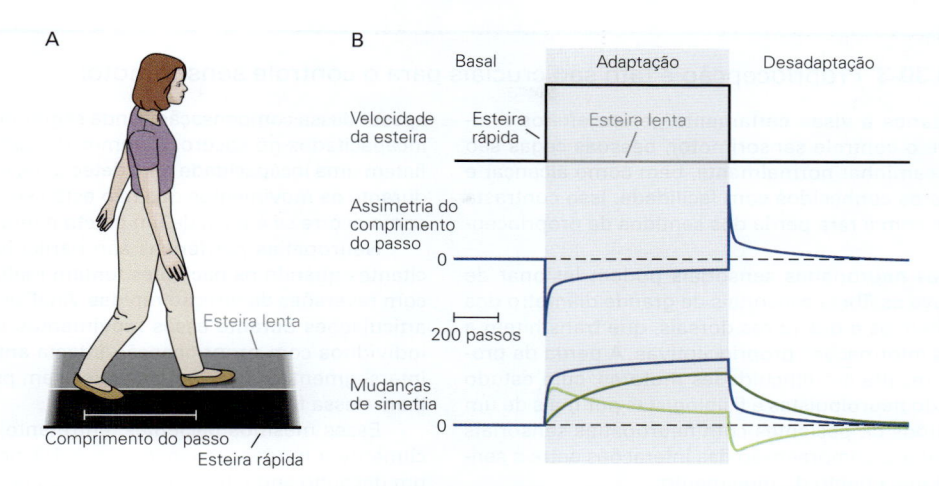

FIGURA 30-13 Aprendendo novos padrões de coordenação de marcha.

A. Um indivíduo caminha sobre uma esteira dividida. Quando as duas esteiras se movem na mesma velocidade, o indivíduo tem um padrão de marcha com passadas de mesmo comprimento.

B. Em um estudo de adaptação, a velocidade das esteiras inicialmente é a mesma, depois são divididas de modo que a esteira direita se move mais rapidamente que a esquerda, e no final retornam a mesma velocidade (linha de cima). A simetria no comprimento das passadas é perdida no início, quando as esteiras se movem em velocidades diferentes, fazendo o indivíduo mancar. Com o tempo, a simetria é restaurada e não o indivíduo para de mancar. Quando as esteiras voltam a se mover na mesma velocidade, um efeito posterior é observado (linha do meio).

Maurice Smith e seus colegas demonstraram que esse tipo de adaptação é constituído de múltiplos processos subjacentes que se adaptam em diferentes escaldas de tempo (linha de baixo). A mudança no comprimento das passadas é composta de dois processos: um processo rápido (**linha verde-clara**) que se adapta rapidamente, mas logo se esquece do que aprendeu, e de um processo lento (**linha verde-escura**) que aprende mais devagar, porém retém melhor o aprendizado. Ambos os processos se adaptam para aprender com os erros, e a soma desses processos é a adaptação final (**linha azul**). O sistema de aprendizado em dois ritmos resulta em curvas de aprendizados duplas típicas, observadas em muitas formas de adaptação nas quais ela inicialmente é rápida, mas vai se tornando mais lenta conforme avança o aprendizado. (Adaptada, com autorização, de Roemmich, Long, e Bastian 2016.)

Para algumas habilidades, pode haver uma relação complexa entre as ações desempenhadas e o sucesso ou falha na tarefa. Por exemplo, quando as crianças sentam em um balanço pela primeira vez elas tem que aprender a sequência complexa de movimentos das pernas e do corpo requeridos para o balanço subir mais alto. Ao contrário do aprendizado baseado no erro, não há sinal de erro disponível para leitura que possa ser usado para ajustar as ações atuais, porque a altura do balanço não é determinada diretamente pela ação atual, mas por uma longa história de movimentos das pernas e do corpo. O aprendizado em tais cenários complexos pode ser atingido usando um reforço, em que o sistema sensorimotor ajusta seus comandos em um esforço para maximizar a recompensa, isto é, o sucesso na tarefa. De forma geral, a medida de desempenho que o aprendizado por reforço tenta maximizar é a soma de todas as futuras recompensas. Contudo, como os indivíduos tendem a favorecer uma recompensa imediata em detrimento de uma recompensa tardia, a soma é tipicamente pesada para refletir isso por meio do desconto progressivo das futuras recompensas.

O aprendizado por reforço é mais geral que o aprendizado baseado no erro, em que o sinal de treino é sucesso ou falha, e não um erro em cada ponto no tempo. Outra propriedade que distingue o aprendizado por reforço é que o sucesso ou falha que o sistema de aprendizado recebe pode depender de formas não triviais da história das ações realizadas. Para tarefas que requerem a execução de uma sequência complexa de ações para alcançar um objetivo, como amarrar os cadarços, e o resultado ou recompensa é removido no momento da ação, o aprendizado baseado no erro não pode ser facilmente aplicado. Um problema-chave que o reforço resolve é o da atribuição de crédito: Qual ação dentro de uma sequência deve ser creditada ou culpada quando se tem sucesso ou falha na execução? Esse é o tipo de problema que os algoritmos de aprendizado por reforço são bons em resolver.

Há duas classes principais de aprendizado por reforço: as que dependem e as que não dependem de um modelo interno. O reforço baseado em um modelo constrói um modelo da tarefa (p. ex., a estrutura de um labirinto). Com tal modelo, o aprendiz pode planejar eficientemente de maneira direcionada ao alvo. Ao contrário, com o aprendizado por reforço sem modelo, o aprendiz simplesmente associa movimentos com sucesso ou falha; aqueles que levam ao sucesso são mais facilmente executados novamente. Tal aprendizado pode levar a hábitos motores. Ao evitar o fardo computacional de construir um modelo, o aprendizado sem modelo é também menos apto a generalizar para novas situações. Esses dois tipos de aprendizado por reforço podem até mesmo agir juntos, e diferentes tarefas podem depender deles em diferentes extensões. O sistema dopaminérgico nos núcleos da base tem sido associado a sinais esperados no aprendizado por reforço, como uma recompensa esperada. Além disso, a disfunção nesse sistema está relacionada à transtornos do movimento, adição, e a outros problemas que podem estar relacionados a sinais de reforço (Capítulo 38).

QUADRO 30-3 Propriocepção e tato são cruciais para o controle sensorimotor

Enquanto danos à visão certamente geram efeitos limitantes sobre o controle sensorimotor, pessoas cegas são capazes de caminhar normalmente, bem como alcançar e apertar objetos conhecidos com facilidade. Isso contrasta rigidamente com a rara perda dos sentidos de propriocepção e tato.

Algumas neuropatias sensoriais podem lesionar de forma seletiva as fibras sensoriais de grande diâmetro dos nervos periféricos e das raízes dorsais, que transmitem a maioria das informações proprioceptivas. A perda da propriocepção resulta em dificuldades motoras, cujo estudo tem fascinado neurologistas e fisiologistas por mais de um século. Estudos de pacientes com neuropatias sensoriais fornecem valiosa compreensão das interações entre a sensação e o planejamento do movimento.

Como esperado, tais pacientes perdem a noção da posição das articulações, percepção de vibração e discriminação do tato fino (assim como os reflexos tendinosos), mas apresentam preservação total da sensação de dor e de temperatura. Pacientes com neuropatias periféricas são incapazes de manter uma postura estável enquanto, por exemplo, seguram uma xícara ou permanecem em pé com os olhos fechados. Os movimentos também se tornam desajeitados, descoordenados e têm baixa acurácia.

Alguma recuperação das funções pode ocorrer ao longo de muitos meses, à medida que os pacientes aprendem a utilizar a visão como um substituto à propriocepção, mas, apesar dessa compensação, ainda seguirão completamente incapacitados no escuro. Algumas dessas dificuldades refletem uma incapacidade para detectar os erros que surgem durante os movimentos que não estão sendo vistos, assim como ocorre se o peso de um objeto difere da expectativa.

Neuropatias periféricas são particularmente incapacitantes quando os pacientes tentam realizar movimentos com reversões de direção rápidas. Análise dos torques das articulações durante esses movimentos mostram que os indivíduos com propriocepção intacta antecipam torques intersegmentais, enquanto aqueles sem propriocepção falham nessa função (**Figura 30-14**).

Esses mesmos pacientes, entretanto, se adaptam facilmente a mudanças cinemáticas drásticas, como traçar um desenho enquanto olham sua mão no espelho. Na verdade, eles desempenham melhor que os indivíduos normais, talvez pelo fato de terem aprendido a guiar seus movimentos visualmente e, devido à falta da propriocepção, não experimentarem qualquer conflito entre a visão e a propriocepção.

Mesmo em indivíduos normais, a importância relativa das aferências táteis em tarefas de manipulação pode ser facilmente demonstrada. É relativamente fácil acender um fósforo com um olho fechado. Contudo, se as pontas dos dedos estiverem dormentes pela ação de um anestésico local, mesmo com a visão intacta a tarefa é notavelmente difícil, porque o fósforo tende a escorregar dos dedos.

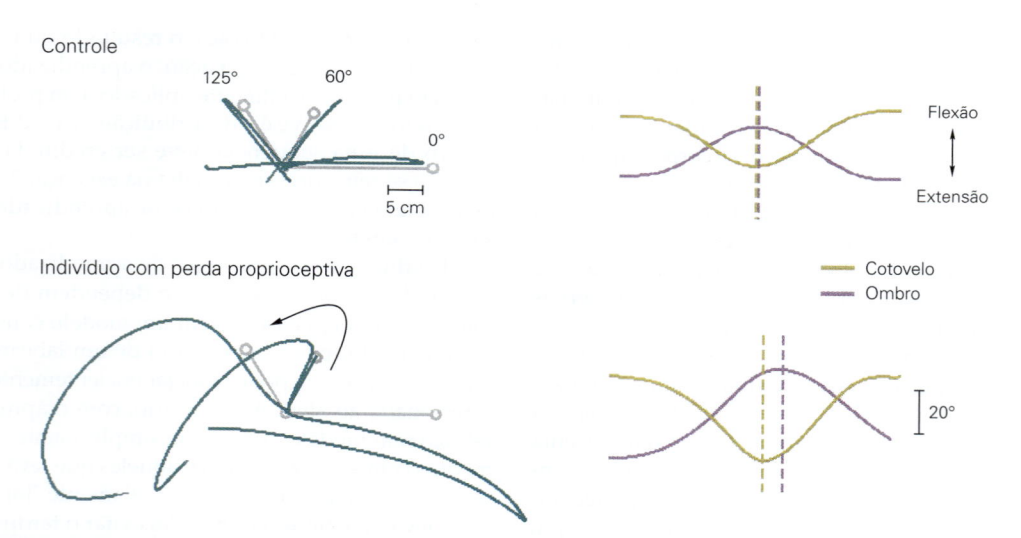

FIGURA 30-14 Pacientes sem propriocepção não podem realizar movimentos acurados que requeiram rápidas inversões de direção. (*À esquerda*) O indivíduo tenta desenhar um modelo (**linha cinza**) enquanto sua mão não está visível. Os ângulos das juntas do cotovelo e ombro de um indivíduo normal mostram um bom alinhamento (*superior direito*), resultando em uma reversão acurada (*superior esquerdo*). Por outro lado, o tempo da reversão dos ângulos é ruim em indivíduos sem propriocepção (*inferior direito*), resultando em mais erros no percurso (*inferior esquerdo*). Esses pacientes não podem antecipar e corrigir a dinâmica intersegmentar que ocorre no momento da inversão da trajetória. (Adaptada, com autorização, de Sainburg et al., 1995.)

Finalmente, o desenvolvimento de estratégias eficientes desempenha uma parte chave na aquisição de habilidades motoras. O aprendizado de habilidades para tarefas do mundo real envolve tipicamente uma sequência de processos de tomada de decisão em escalas espaço-temporais diferentes. A habilidade de uma jogadora de tênis, por exemplo, não é determinada apenas pela precisão com a qual ela consegue rebater a bola, mas também pela velocidade com a qual ela consegue fazer a decisão correta quanto para onde lançá-la e o quão bem ela usa seus sentidos para extrair informações relevantes para a tarefa.

Representações sensoriais restringem o aprendizado

A informação obtida durante um movimento isolado é geralmente muito escassa ou ruidosa para determinar a fonte do erro de forma não ambígua. Se uma jogadora de tênis acerta um saque na rede, por exemplo, isso pode ter sido provocado porque a bola não foi lançada alta o suficiente, ou foi acertada muito precocemente, ou a corda da raquete estava solta, ou houve uma rajada de vento, ou a jogadora estava fadigada. Se a dinâmica da raquete tiver mudado, a jogadora deverá fazer o melhor para se adaptar para o próximo lance. Se o problema for uma rajada temporária de vento, nenhum ajuste é necessário. Para resolver essa questão, o sistema de aprendizado sensorimotor restringe a forma com a qual o sistema é atualizado em reposta aos erros. Essas restrições refletem as suposições internas sobre a estrutura da tarefa e a fonte dos erros, e determina como o sistema representa a tarefa. Ainda, em uma escala temporal mais lenta, o aprendizado em si pode alterar a representação.

A eferência final do sistema motor é a contração de seus em torno de 600 músculos, e o encéfalo não controla cada um deles de forma independente. Nos modelos atuais de controle sensorimotor, os comandos motores são gerados por múltiplos módulos que podem ser seletivamente engajados dependendo das necessidades da tarefa. Exemplos das arquiteturas modulares incluem os múltiplos modelos internos, primitivos motores e sinergias motoras (Capítulo 36).

Primitivos motores podem ser vistos como módulos de controle neural que podem ser flexivelmente cominados para gerar um grande repertório de comportamentos. Um primitivo deve representar o perfil temporal da atividade de um músculo em particular ou de um conjunto de músculos que são ativados juntos, o que é denominado sinergia. A eferência motora geral será a soma de todos os primitivos, dosados pelo nível de ativação de cada módulo. A composição da população de tais primitivos determina, então, quais restrições estruturais são impostas ao aprendizado. Por exemplo, um comportamento para o qual o sistema motor tem muitos primitivos será mais fácil de aprender, enquanto um comportamento que não pode ser aproximado por nenhum dos primitivos existentes seria impossível de aprender.

Destaques

1. O propósito fundamental do elaborado processamento e do armazenamento de informação que ocorre no encéfalo é permitir a interação com o meio ambiente por meio do sistema motor.

2. Os comportamentos motores infinitamente variados e dotados de propósito são conduzidos pelas ações integradas dos sistemas motores, incluindo o córtex motor, medula espinal, cerebelo e núcleos da base.

3. O controle das ações do sistema nervoso central utiliza uma hierarquia de transformações sensorimotoras que convertem a informação sensorial aferente em respostas motoras.

4. Há uma relação velocidade *versus* sofisticação dos diferentes níveis de resposta sensorimotora, de reflexos rápidos ao lento movimento voluntário.

5. Os sistemas motores geram comandos que usam circuitos de pró-ação ou circuitos de retroalimentação para a correção de erros; a maioria dos movimentos envolve ambos os tipos de controle.

6. O encéfalo usa modelos internos do sistema sensorimotor para facilitar o controle.

7. O estado do corpo é estimado usando sinais sensoriais e motores, junto com um modo de previsão antecipatória para reduzir os efeitos adversos dos retardos na retroalimentação.

8. A variabilidade nas aferências sensoriais e nas eferências motoras, junto às imprecisões nas transformações sensorimotoras, são subjacentes aos erros e à variabilidade do movimento, levando à interação entre velocidade e acurácia.

9. O planejamento motor pode usar a redundância do sistema motor para o movimento, de forma a reduzir as consequências negativas do ruído motor enquanto reduz o esforço.

10. Os circuitos de controle motor não são estáticos, mas sofrem modificações e recalibrações contínuas por toda a vida.

11. O aprendizado motor melhora o controle motor em situações inusitadas, e formas diferentes de informação sensorial são vitais ao aprendizado. O aprendizado baseado no erro é particularmente importante para adaptação a perturbações sensorimotoras simples. O aprendizado por reforço é particularmente importante para o aprendizado de habilidades mais complexas, e pode depender de um modelo (baseado em modelo) ou diretamente no simples reforço das ações motoras (sem modelo).

12. As representações motoras usadas pelo encéfalo restringem a forma que o sistema sensorimotor se atualiza durante o aprendizado.

13. Estudos sobre o controle sensorimotor tem focado no desenvolvimento de uma compreensão detalhada de tarefas relativamente simples, como alcançar e caminhar. Apesar de essas tarefas serem acessíveis à análise e modelagem, elas não capturam a complexidade total do controle motor do mundo real. O desafio será determinar se esses princípios podem ser generalizados para tarefas como amarrar os cadarços ou aprender a andar de *skate*.

Daniel M. Wolpert
Amy J. Bastian

Leituras selecionadas

Diedrichsen J, Shadmehr R, Ivry RB. 2010. The coordination of movement: optimal feedback control and beyond. Trends Cogn Sci 14:31–39.

Roemmich RT, Bastian AJ. 2018. Closing the loop: From motor neuroscience to neurorehabilitation. Annu Rev Neurosci 41:415–429.

Scott SH. 2016. A functional taxonomy of bottom-up sensory feedback processing for motor actions. Trends Neurosci 39:512–526.

Shadmehr R, Smith MA, Krakauer JW. 2010. Error correction, sensory prediction, and adaptation in motor control. Annu Rev Neurosci 33:89–108.

Wolpert DM, Diedrichsen J, Flanagan JR. 2011. Principles of sensorimotor learning. Nat Rev Neurosci 12:739–751.

Wolpert DM, Flanagan JR. 2016. Computations underlying sensorimotor learning. Curr Opin Neurobiol 37:7–11.

Referências

Blakemore SJ, Frith CD, Wolpert DM. 1999. Spatio-temporal prediction modulates the perception of self-produced stimuli. J Cogn Neurosci 11:551–559.

Blakemore SJ, Goodbody S, Wolpert DM. 1998. Predicting the consequences of our own actions: the role of sensorimotor context estimation. J Neurosci 18:7511–7518.

Brashers-Krug T, Shadmehr R, Bizzi E. 1996. Consolidation in human motor memory. Nature 382:252–255.

Burdet E, Osu R, Franklin DW, Milner TE, Kawato M. 2001. The central nervous system stabilizes unstable dynamics by learning optimal impedance. Nature 414:446–449.

Craik KJW. 1943. *The Nature of Explanation*. Cambridge: Cambridge Univ. Press.

Crapse TB, Sommer MA. 2008. Corollary discharge across the animal kingdom. Nature Rev Neurosci 9:587.

Crevecoeur F, Scott SH. 2013. Priors engaged in long-latency responses to mechanical perturbations suggest a rapid update in state estimation. PLoS Comput Biol 9:e1003177.

Crevecoeur F, Scott SH. 2014. Beyond muscles stiffness: importance of state-estimation to account for very fast motor corrections. PLoS Comput Biol 10:e1003869.

Diedrichsen J, Kornysheva K. 2015. Motor skill learning between selection and execution. Trends Cogn Sci 19:227–233.

Ernst MO, Bulthoff HH. 2004. Merging the senses into a robust percept. Trends Cogn Sci 8:162–169.

Faisal AA, Selen LP, Wolpert DM. 2008. Noise in the nervous system. Nat Rev Neurosci 9:292–303.

Flanagan JR, Beltzner MA. 2000. Independence of perceptual and sensorimotor predictions in the size-weight illusion. Nat Neurosci 3:737–741.

Goodale MA, Milner AD. 1992. Separate visual pathways for perception and action. Trends Neurosci 15:20–25.

Harris CM, Wolpert DM. 1998. Signal-dependent noise determines motor planning. Nature 394:780–784.

Huberdeau DM, Krakauer JW, Haith AM. 2015. Dual-process decomposition in human sensorimotor adaptation. Curr Opin Neurobiol 33:71–77.

Krakauer JW, Mazzoni P. 2011. Human sensorimotor learning: adaptation, skill, and beyond. Curr Opin Neurobiol 21:636–644.

Land MF, McLeod P. 2000. From eye movements to actions: how batsmen hit the ball. Nat Neurosci 3:1340–1345.

McDougle SD, Ivry RB, Taylor JA. 2016. Taking aim at the cognitive side of learning in sensorimotor adaptation tasks. Trends Cogn Sci 20:535–544.

Morasso P. 1981. Spatial control of arm movements. Exp Brain Res 42:223–227.

Muller H, Sternad D. 2004. Decomposition of variability in the execution of goal-oriented tasks: three components of skill improvement. J Exp Psychol Hum Percept Perform 30:212–233.

O'Doherty JP, Lee SW, McNamee D. 2015. The structure of reinforcement-learning mechanisms in the human brain. Curr Opin Behav Sci 1:94–100.

Pruszynski JA, Scott SH. 2012. Optimal feedback control and the long-latency stretch response. Exp Brain Res 218:341–359.

Raibert MH. 1977. Motor control and learning by the state space model. Ph.D. Dissertation. Cambridge, MA: Artificial Intelligence Laboratory, MIT.

Reisman DS, Block HJ, Bastian AJ. 2005. Interlimb coordination during locomotion: what can be adapted and stored? J Neurophysiol 94:2403–2415.

Roemmich RT, Long AW, Bastian AJ. 2016. Seeing the errors you feel enhances locomotor performance but not learning. Curr Biol 26:1–10.

Rothwell JC, Traub MM, Day BL, Obeso JA, Thomas PK, Marsden CD. 1982. Manual motor performance in a deafferented man. Brain 105:515–542.

Sainburg RL, Ghilardi MF, Poizner H, Ghez C. 1995. Control of limb dynamics in normal subjects and patients without proprioception. J Neurophysiol 73:820–835.

Schmidt RA, Zelaznik H, Hawkins B, Frank JS, Quinn JT. 1979. Motor-output variability: a theory for the accuracy of rapid motor acts. Psychol Rev 47:415–451.

Scott SH, Cluff T, Lowrey CR, Takei T. 2015. Feedback control during voluntary motor actions. Curr Opin Neurobiol 33:85–94.

Sing GC, Joiner WM, Nanayakkara T, Brayanov JB, Smith MA. 2009. Primitives for motor adaptation reflect correlated neural tuning to position and velocity. Neuron 64:575–589.

Smith MA, Ghazizadeh A, Shadmehr R. 2006. Interacting adaptive processes with different timescales underlie short-term motor learning. PLoS Biol 4:e179.

Todorov E, Jordan MI. 2002. Optimal feedback control as a theory of motor coordination. Nat Neurosci 5:1226–1235.

Torres-Oviedo G, Macpherson JM, Ting LH. 2006. Muscle synergy organization is robust across a variety of postural perturbations. J Neurophysiol 96:1530–1546.

Valero-Cuevas FJ, Venkadesan M, Todorov E. 2009. Structured variability of muscle activations supports the minimal intervention principle of motor control. J Neurophysiol 102:59–68.

van Beers RJ, Sittig AC, Gon JJ. 1999. Integration of proprioceptive and visual position-information: an experimentally supported model. J Neurophysiol 81:1355–1364.

Wolpert DM, Flanagan JR. 2001. Motor prediction. Curr Biol 11:R729–732.

Yang SC-H, Wolpert DM, Lengyel M. 2016. Theoretical perspectives on active sensing. Curr Opin Behav Sci 11:100–108.

31

Unidade motora e ação muscular

A unidade motora é a unidade elementar do controle motor

    A unidade motora consiste em um neurônio motor e todas as fibras musculares que ele inerva

    As propriedades das unidades motoras variam

    A atividade física pode alterar as propriedades das unidades motoras

    A força muscular é controlada pelo recrutamento e pela frequência de descarga das unidades motoras

    As propriedades das aferências e eferências dos neurônios motores são modificadas pelas vias descendentes do tronco encefálico

A força muscular depende da estrutura do músculo

    O sarcômero é a unidade funcional básica das proteínas contráteis

    Os elementos não contráteis fornecem o suporte estrutural essencial

    A força contrátil depende da ativação, do comprimento e da velocidade de contração da fibra muscular

    O torque muscular depende da geometria do músculo esquelético

Diferentes movimentos requerem estratégias de ativação distintas

    A velocidade de contração pode variar em magnitude e direção

    Os movimentos envolvem a coordenação de muitos músculos

    O trabalho muscular depende do padrão de ativação

Destaques

Q UALQUER AÇÃO – SUBIR UM LANCE de escadas, digitar em um teclado ou mesmo manter uma pose – necessita da coordenação do movimento das partes do corpo. Isso acontece pela interação do sistema nervoso com o músculo. O papel do sistema nervoso é ativar os músculos que fornecem a força necessária para um movimento de forma específica. Não é uma tarefa simples. O sistema nervoso deve não apenas decidir quais músculos ativar, o quanto ativá-los e a sequência com a qual eles devem ser ativados para mover determinada parte do corpo, mas também deve controlar a influência das forças musculares resultantes sobre as outras partes do corpo para manter a postura requerida.

Neste capítulo, examinam-se como o sistema nervoso controla a força muscular e como a força exercida por um membro depende da estrutura muscular. Descreve-se, também, como a ativação muscular é alterada para executar diferentes tipos de movimento.

A unidade motora é a unidade elementar do controle motor

A unidade motora consiste em um neurônio motor e todas as fibras musculares que ele inerva

O sistema nervoso controla a força muscular com sinais enviados dos neurônios motores da medula espinal ou tronco encefálico às fibras musculares. Um neurônio motor e as fibras musculares por ele inervadas são conhecidos como uma unidade motora, a unidade funcional básica pela qual o sistema nervoso controla o movimento, conceito proposto por Charles Sherrington em 1925.

Um músculo costuma ser controlado por poucas centenas de neurônios motores cujos corpos celulares estão agrupados em um núcleo motor no tronco encefálico ou na medula espinal. O axônio de cada neurônio motor sai da medula espinal por meio de uma raiz ventral ou por um nervo craniano do tronco encefálico e segue em um nervo periférico até o músculo. Quando alcança o músculo, o axônio ramifica-se e inerva desde poucas até milhares de fibras musculares (**Figura 31-1**).

Depois que um sinal de entrada despolariza o potencial de membrana de um neurônio motor acima do limiar, o neurônio gera um potencial de ação que se propaga ao longo do axônio até suas terminações no músculo. O potencial de ação libera acetilcolina na sinapse neuromuscular, deflagrando um potencial de ação no sarcolema da fibra muscular (Capítulo 12). Uma fibra muscular possui propriedades

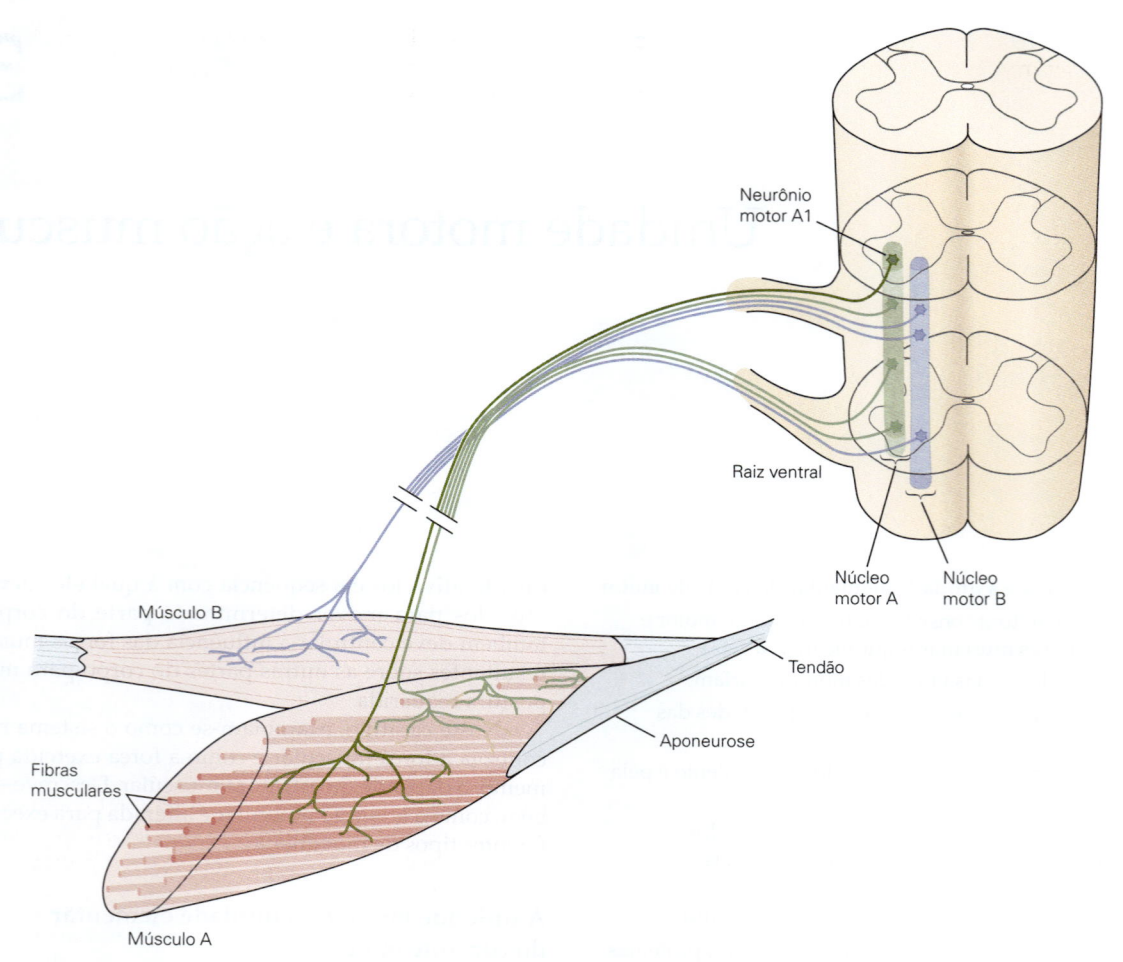

FIGURA 31-1 Um músculo típico consiste em milhares de fibras musculares que trabalham em paralelo e se organizam em números menores de unidades motoras. Uma unidade motora compreende um neurônio motor e as fibras musculares que ele inerva, ilustrada aqui pelo neurônio motor A1. Os neurônios motores que inervam um músculo costumam estar agrupados em um núcleo motor alongado que pode se estender ao longo de 1 a 4 segmentos na medula espinal anterior ou ventral. Os axônios de um núcleo motor projetam-se da medula espinal em várias raízes ventrais e nervos periféricos, mas são reunidos em um feixe nervoso próximo ao músculo-alvo. Na figura, o núcleo motor A inclui todos os neurônios motores que inervam o músculo A; da mesma forma, o núcleo motor B inclui todos os neurônios motores que inervam o músculo B. Os dendritos bastante ramificados de cada neurônio motor (não mostrados na figura) tendem a se misturar com os dos neurônios motores de outros núcleos.

elétricas similares a de um axônio não mielinizado de grande diâmetro, e, assim, os potenciais de ação se propagam ao longo do sarcolema, embora mais lentamente devido à maior capacitância resultante dos túbulos transversos das fibras musculares (ver **Figura 31-9**). Como ocorrem quase ao mesmo tempo, os potenciais de ação em todas as fibras musculares de uma unidade motora contribuem para as correntes extracelulares somadas gerarem um potencial elétrico de campo próximo às fibras musculares ativas.

A maioria das contrações musculares envolve a ativação de muitas unidades motoras, cujas correntes se somam para produzir sinais (*potenciais de ação compostos*) detectáveis por eletromiografia (EMG). A EMG é tipicamente grande e pode ser facilmente registrada com eletrodos colocados na pele sobre o músculo. O ritmo e a amplitude da atividade da EMG refletem, portanto, a ativação das fibras musculares pelos neurônios motores. Os sinais da EMG são úteis para o estudo do controle neural do movimento e para o diagnóstico de patologias (Capítulo 57).

Cada fibra na maioria dos músculos de vertebrados maduros é inervada por um neurônio motor unitário. O número de fibras musculares inervadas por um neurônio motor, o *número de inervação*, varia de acordo com o músculo. Nos músculos esqueléticos humanos, o número de inervação varia de 5 para um músculo ocular até 1.800 em um músculo da perna (**Tabela 31-1**). Como o número de inervação indica o número de fibras musculares em uma unidade motora, as diferenças no número de inervação determinam as diferenças no aumento da força produzida pela ativação de diferentes unidades motoras em um mesmo músculo. Assim, o número de inervação também indica o grau de precisão do controle muscular em forças baixas;

TABELA 31-1 Número de inervações em músculos esqueléticos humanos

Músculo	Axônios motores α	Fibras musculares	Número médio de inervações
Bíceps braquial	774	580.000	750
Braquiorradial	333	129.200	410
Cricotireóideo	112	18.550	155
Gastrocnêmio (medial)	579	1.042.000	1.800
Interósseos dorsais (1)	119	40.500	340
Lumbricais (1)	96	10.269	107
Masseter	1.452	929.000	640
Oponente do polegar	133	79.000	595
Platisma	1.096	27.100	25
Cricoaritenoide posterior	140	16.200	116
Reto lateral	4.150	22.000	5
Temporal	1.331	1.247.000	936
Tensor do tímpano	146	1.100	8
Tibial anterior	445	272.850	613
Aritenoide transverso	139	34.470	247

Fonte: Adaptada, com autorização, de Enoka, 2015. © Human Kinetics, Inc.

quanto menor o número de inervação, mais especializado é o controle alcançado pela variação do número de unidades motoras ativadas.

As diferenças nos números de inervação entre unidades motoras de um mesmo músculo podem ser substanciais. Por exemplo, as unidades motoras do primeiro músculo interósseo dorsal da mão possuem números de inervação que variam aproximadamente de 21 a 1.770. A unidade motora mais forte do primeiro músculo interósseo dorsal da mão pode exercer aproximadamente a mesma força que a média das unidades motoras do músculo gastrocnêmio medial da perna, devido às diferentes variações nos números de inervação dos dois músculos.

As fibras musculares de uma única unidade motora estão distribuídas por todo o músculo e misturadas com fibras inervadas por outros neurônios motores. As fibras musculares inervadas por uma unidade motora unitária podem ser distribuídas através de 8 a 75% do volume de um músculo dos membros, com 2 a 5 fibras musculares (entre 100 fibras musculares) pertencendo à mesma unidade motora. Então, as fibras musculares em uma secção transversal através do meio de um músculo inteiro estão associadas com 20 a 50 unidades motoras diferentes. Essa distribuição, e mesmo o número de unidades motoras, mudam com a idade e com algumas doenças neuromusculares (Capítulo 57). Por exemplo, as fibras musculares que perdem sua inervação após a morte de um neurônio motor podem ser reinervadas pelo crescimento de colaterais dos axônios vizinhos.

Alguns músculos compreendem compartimentos distintos que são inervados cada um por um ramo primário diferentes do nervo muscular. Ramos dos nervos mediano e ulnar do antebraço, por exemplo, inervam distintas porções nos três músculos extrínsecos da mão que possibilitam aos dedos a movimentação de forma relativamente independente. As fibras musculares pertencentes a cada unidade motora em tais músculos tendem a ser confinadas em um compartimento. Portanto, um músculo pode ser composto por várias regiões funcionalmente distintas.

As propriedades das unidades motoras variam

A força exercida por um músculo depende não apenas do número de unidades motoras que são ativadas durante uma contração, mas também das três propriedades das unidades motoras: velocidade de contração, força máxima e resistência à fadiga. Essas propriedades são verificadas examinando-se as forças exercidas por unidades motoras individuais em resposta às variações no número e na frequência de potenciais de ação evocados.

A resposta mecânica a um único potencial de ação é conhecida como *abalo contrátil*. O tempo que o abalo leva para alcançar sua força máxima, o *tempo de contração*, é uma medida da velocidade de contração das fibras musculares que compõem uma unidade motora. A unidade motora de um músculo exibe tipicamente uma variedade de tempos de contração, que vão do lento ao rápido. A resposta mecânica a uma série de potenciais de ação que produzem abalos que se sobrepõem é conhecida como *contração tetânica* ou *tétano*.

A força exercida durante uma contração tetânica depende da extensão com a qual os abalos se sobrepõem e se somam (ou seja, a força varia com o tempo de contração da unidade motora e com a frequência com a qual os potenciais de ação são evocados). Em frequências de estimulação mais baixas, o aspecto serrilhado do tétano revela os picos de abalos individuais (**Figura 31-2A**). A força máxima alcançada por uma contração tetânica varia como uma função sigmoidal de frequência de potenciais de ação, e o formato da curva depende do tempo de contração da unidade motora (**Figura 31-2B**). A força máxima para unidades motoras de contração lenta é alcançada em com frequências de potenciais de ação mais baixas do que as necessárias para alcançar a força máxima nas unidades de contração rápida.

As propriedades funcionais das unidades motoras variam na população e entre os músculos. Em um extremo, as unidades motoras possuem tempos de contração de abalo longos e produzem forças pequenas, mas são menos fadigáveis. No outro, as unidades motoras têm tempos de contração curtos, produzem grandes forças e são mais fadigáveis. A ordem em que as unidades motoras são recrutadas durante a contração voluntária inicia com as unidades de força baixa e contração lenta e prossegue para as unidades de contração rápida e força alta. Como observado por Jacques Duchateau e colaboradores, a maioria das unidades motoras em humanos produz força baixa e possui tempos de contração intermediários (**Figura 31-3**).

FIGURA 31-2 A força exercida por uma unidade motora varia conforme a frequência com a qual seus neurônios geram potenciais de ação.

A. Os traçados mostram as forças exercidas por unidades motoras de contração rápida e lenta em resposta a um único potencial de ação (**gráficos superiores**) e a uma série de potenciais de ação (conjunto de **quatro traçados abaixo**). O tempo para se atingir o pico da força de abalo, ou tempo de contração, é mais breve na unidade mais rápida. As frequências de potenciais de ação usadas para evocar contrações tetânicas variam de 17 a 100 Hz na unidade de contração lenta e de 46 a 100 Hz na unidade de contração rápida. A força tetânica de pico evocada por uma estimulação de 100 Hz é maior para a unidade de contração rápida. Observar as diferentes escalas de força dos dois conjuntos de gráficos. (Adaptada, com autorização, de Botterman, Iwamoto e Gonyea, 1986; adaptada de Fuglevand, Macefield e Bigland-Ritchie, 1999; e Macefield, Fuglevand, e Bigland-Ritchie, 1996).

B. Relação entre a força máxima e a frequência de potenciais de ação de unidades motoras de contração rápida e lenta. A força absoluta (*gráfico da esquerda*) é maior para a unidade motora de contração rápida em todas as frequências. Nas frequências mais baixas de estímulo (*gráfico da direita*), a força causada pela unidade motora de contração lenta se soma a uma força relativa maior (porcentagem da força de pico) do que na unidade motora rápida (tempo de contração menor).

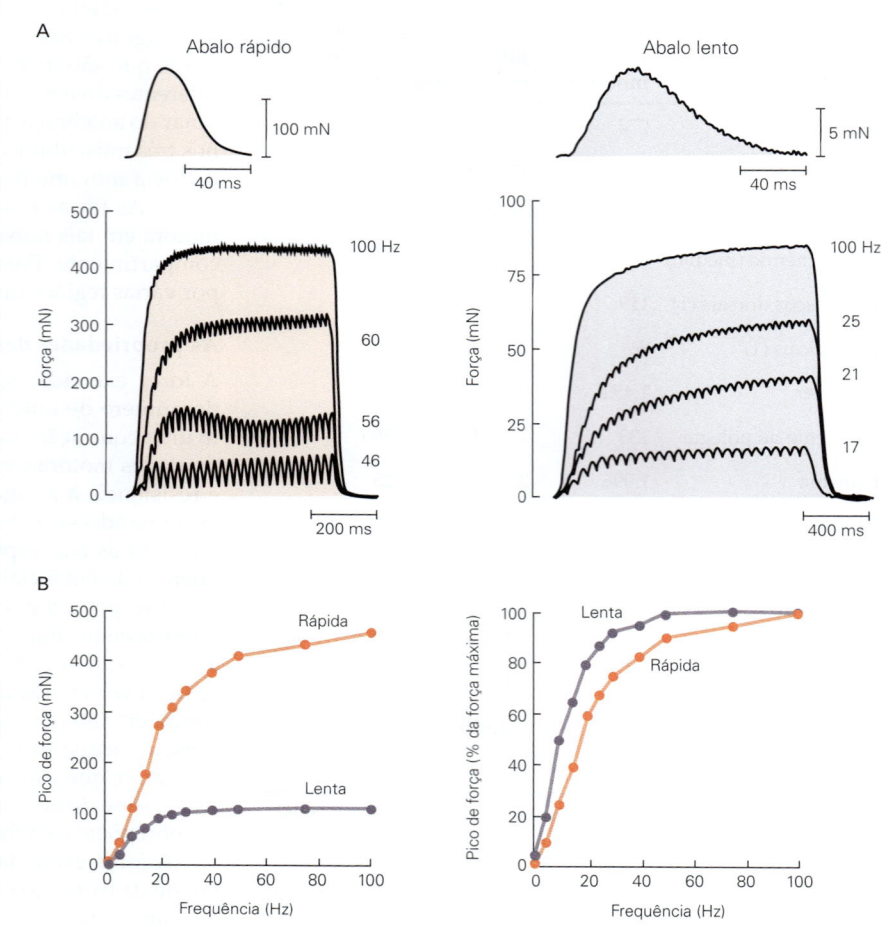

A variedade das propriedades contráteis exibidas pelas unidades motoras é parcialmente atribuível a diferenças nas especializações estruturais e propriedades metabólicas das fibras musculares. Um esquema bastante utilizado para caracterizar as fibras musculares é baseado em sua reatividade em ensaios histoquímicos para detecção da enzima adenosina-trifosfatase (ATPase) da miosina, a qual é utilizada como um índice de velocidade contrátil. Marcações histoquímicas para ATPase podem identificar dois tipos de fibras musculares: tipo I (baixos níveis de ATPase da miosina) e tipo II (altos níveis de ATPase da miosina). As unidades motoras de contração lenta contêm fibras musculares do tipo I, e as unidades de contração rápida, fibras do tipo II. As fibras do tipo II podem ser ainda classificadas como menos fadigáveis (tipo IIa) ou mais fadigáveis (tipos IIb, IIx ou IId), devido à associação entre o conteúdo de ATPase da miosia e abundância relativa de enzimas oxidativas. Outro esquema de uso comum distingue fibras musculares com base em isoformas geneticamente definidas de cadeias pesadas de miosina (CPM). Fibras musculares em unidades motoras de contração lenta expressam a CPM-I, nas unidades de contração rápida menos fadigáveis há a expressão da CPM-IIA, e as fibras das unidades de contração rápida mais fadigáveis expressam a CPM-IIX.

Na verdade, as propriedades contráteis de fibras musculares isoladas são menos distintas do que os dois esquemas de classificação sugerem (**Figura 31-4**). Adicionalmente à variabilidade nas propriedades contráteis de cada tipo de fibra muscular (CPM-I, IIA ou IIX), algumas fibras musculares coexpressam mais de uma isoforma de CPM. Tais fibras musculares híbridas exibem propriedades contráteis que são intermediárias entre as fibras musculares que compõem uma única isoforma. A proporção relativa de fibras híbridas em um músculo aumenta com a idade. Tal como a distribuição das propriedades contráteis através das unidades motoras (**Figura 31-3**), a distribuição através de fibras musculares individuais também é contínua, de contração lenta à rápida e de menor à maior potência (**Figura 31-4**).

A atividade física pode alterar as propriedades das unidades motoras

Alterações dos níveis habituais de atividade física podem influenciar as três propriedades contráteis das unidades motoras (velocidade de contração, força máxima e

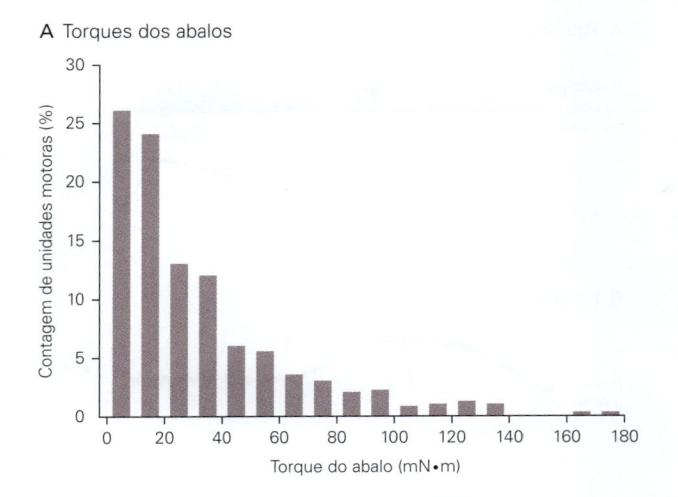

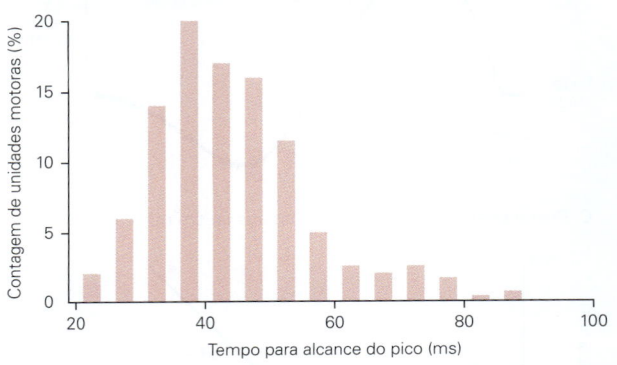

FIGURA 31-3 A maioria das unidades motoras em humanos produzem forças baixas e tem tempos de contração intermediários. (Reproduzida, com autorização, de Van Cutsem et al., 1997. © Canadian Science Publishing.)
A. Distribuição dos torques dos abalos para 528 unidades motoras do músculo tibial anterior obtidas de 10 indivíduos.
B. Distribuição dos tempos de contração dos abalos para 528 unidades motoras do músculo tibial anterior.

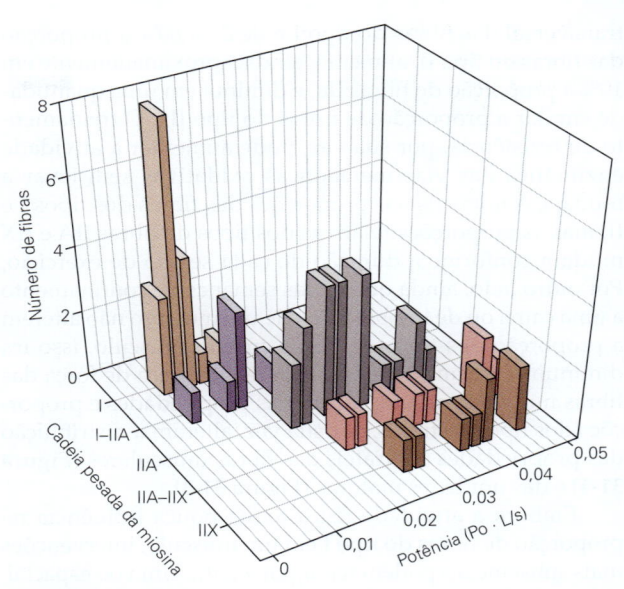

FIGURA 31-4 As propriedades contráteis dos tipos de fibras musculares são distribuídas continuamente. O pico de potência produzido por segmentos de fibras musculares isoladas do músculo vasto lateral com diferentes tipos de isoformas das cadeias pesadas de miosina (CPM). Dois tipos de fibras híbridas (I-IIA e IIA-IIX) contêm isoformas de ambos os tipos de CPMs. A potência é calculada como o produto da força tetânica de pico (P_o) e a velocidade máxima de encurtamento (comprimento do segmento por segundo [L/s]). (Adaptada, com autorização, de Bottinelli et al., 1996. Copyright © 1996 The Physiological Society.)

fatigabilidade). Uma diminuição da atividade muscular, como a que ocorre com o envelhecimento, um período de confinamento à cama, a imobilização de membro ou em voo espacial, reduz a capacidade máxima das três propriedades. Os efeitos das atividades físicas aumentadas variam com a intensidade e duração da atividade. Conjuntos breves de contrações intensas executadas algumas vezes por semana podem aumentar a força da unidade motora (treinamento de força); conjuntos breves de contrações rápidas realizadas algumas vezes por semana podem aumentar a frequência de disparos da unidade motora (treinamento de potência); e períodos prolongados de contrações mais fracas podem reduzir a fatigabilidade da unidade motora (treinamento de resistência).

Mudanças nas propriedades contráteis das unidades motoras envolvem adaptações nas especializações estruturais e nas propriedades bioquímicas das fibras musculares. A melhora da velocidade de contração causada pelo treinamento de potência, por exemplo, está associada ao aumento da velocidade máxima de encurtamento de uma fibra muscular causada pelo aumento na quantidade de ATPase de miosina nessa fibra. De forma similar, o aumento da força máxima está associado ao tamanho aumentado e à capacidade de força intrínseca das fibras musculares, produzidos por um aumento do número e da densidade das proteínas contráteis.

Em contrapartida, a diminuição da fatigabilidade de uma fibra muscular pode ser causada por muitas adaptações diferentes, como aumento na densidade de capilares, no número de mitocôndrias, na eficiência dos processos envolvidos na ativação de proteínas contráteis (acoplamento excitação-contração), e na capacidade oxidativa das fibras musculares. Embora as capacidades adaptativas das fibras musculares declinem com a idade, os músculos permanecem responsivos ao exercício mesmo aos 90 anos de idade.

Apesar da eficácia do treinamento de força, de potência e de resistência em alterar as propriedades contráteis das fibras musculares, esses programas de treinamento têm pouco efeito sobre a composição das fibras de um músculo. Embora várias semanas de exercício possam mudar a proporção relativa de fibras dos tipos IIA e IIX, isso não produz alteração na proporção de fibras do tipo I. Todos os tipos de fibras se adaptam em resposta ao exercício, embora sob graus variados, dependendo do tipo de exercício. Por exemplo, o treinamento de força dos músculos da perna por 2 a 3 meses pode aumentar de 0 a 20% a área de secção transversal das fibras do tipo I e de 20 a 60% a proporção das fibras do tipo II; aumenta, ainda, aproximadamente em 10% a proporção de fibras IIa, e diminui em uma quantidade similar a proporção de fibras do tipo IIx. O treinamento de resistência, por sua vez, pode aumentar a atividade enzimática das vias metabólicas oxidativas sem levar a mudanças notáveis nas proporções das fibras dos tipos I e II, mas as proporções relativas dos tipos de fibras IIA e IIX mudam conforme a duração de cada sessão de exercício. Por outro lado, ainda que várias semanas de confinamento a uma cama ou de imobilização de um membro não alterem a proporção dos tipos de fibras em um músculo, isso irá diminuir o tamanho e a capacidade intrínseca de força das fibras musculares. Adaptações nas propriedades e proporções dos tipos de fibras, por sua vez, alteram a distribuição das propriedades contráteis das fibras musculares (**Figura 31-4**) e das unidades motoras (**Figura 31-3**).

Embora a atividade física tenha pouca influência na proporção de fibras do tipo I em um músculo, intervenções mais substanciais podem ter algum efeito. Um voo espacial, por exemplo, expõe os músculos a uma diminuição de gravidade prolongada, o que reduz a proporção de fibras do tipo I em alguns músculos da perna e diminui suas propriedades contráteis. De maneira similar, a alteração cirúrgica de um nervo que inerva um músculo altera o padrão de ativação e, por fim, faz esse músculo passar a exibir propriedades similares ao músculo que era originalmente inervado pelo nervo transplantado. A conexão de um nervo que originalmente inervava um músculo da perna de contração rápida com um músculo da perna de contração lenta, por exemplo, fará o músculo lento ficar mais similar a um músculo rápido. Em contraste, um histórico de desempenho de contrações potentes com os músculos da perna é associado com uma redução modesta na proporção de fibras do tipo I, um aumento marcante na proporção de fibras do tipo IIx, e um grande aumento na potência que pode ser produzida pelas fibras do tipo IIA e IIx.

A força muscular é controlada pelo recrutamento e pela frequência de descarga das unidades motoras

A força exercida por um músculo durante uma contração depende do número de unidades motoras ativadas e da frequência de disparo de potenciais de ação dos neurônios motores ativos. A força é aumentada durante a contração muscular pela ativação de unidades motoras adicionais, as quais são recrutadas progressivamente da unidade de menor força para a de maior força (**Figura 31-5**). O limiar de recrutamento de uma unidade motora é a força durante a contração em que a unidade motora está ativada. A força muscular diminui gradualmente com o término da atividade das unidades motoras na ordem inversa, a partir da de maior para a de menor força.

A ordem na qual as unidades motoras são recrutadas está muito correlacionada com os diferentes índices de tamanho das unidades motoras, que inclui o tamanho do corpo celular do neurônio motor, o diâmetro e a velocidade de condução dos axônios e a quantidade de força que as fibras musculares podem exercer. Como as fontes individuais das aferências sinápticas estão amplamente distribuídas

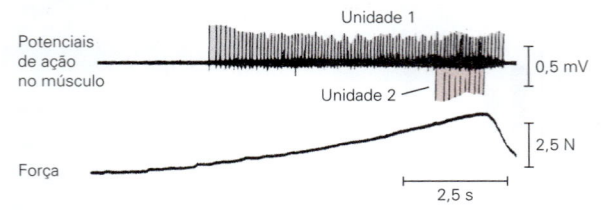

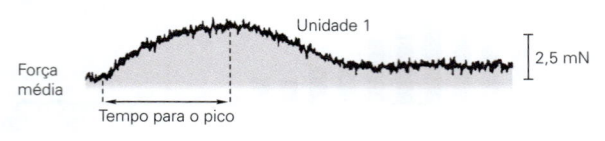

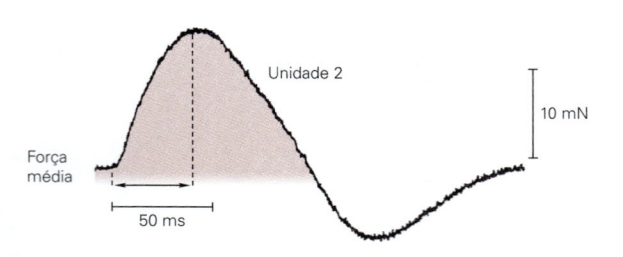

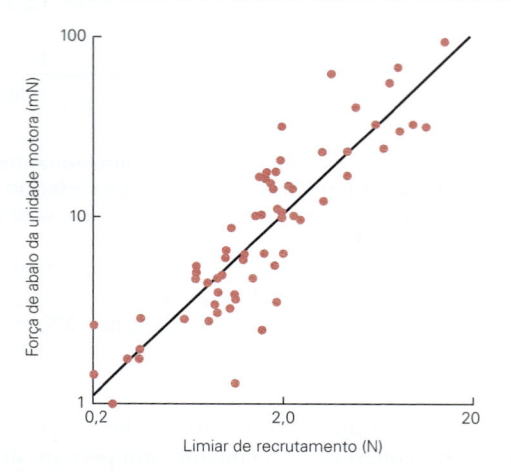

FIGURA 31-5 As unidades motoras que exercem menos força são recrutadas antes das que exercem mais força. (Adaptada, com autorização, de Desmedt e Godaux, 1977; Milner-Brown, Stein e Yemm, 1973. Copyright © 1973 The Physiological Society.)

A. Potenciais de ação em duas unidades motoras foram registrados simultaneamente com um único eletrodo intramuscular enquanto o sujeito aumentou de modo gradual a força muscular. A unidade motora 1 começou os disparos de potenciais de ação próximo ao início da contração voluntária, e sua frequência de disparos aumentou durante a contração. A unidade motora 2 iniciou os disparos de potenciais de ação próximo ao final da contração.

B. A força de abalo média das unidades motoras 1 e 2 é obtida pela taxa de variação média durante a contração voluntária.

C. O gráfico mostra as forças musculares líquidas com as quais 64 unidades motoras no músculo da mão de um indivíduo são recrutadas (limiar de recrutamento) durante uma contração voluntária em relação às forças de abalo das unidades motoras individuais.

através da maior parte dos neurônios em um núcleo motor, o recrutamento ordenado de neurônios motores não é realizado pela ativação sequencial de diferentes grupos de aferências sinápticas que tenham neurônios motores específicos como alvo. Em vez disso, a ordem de recrutamento é determinada por diferenças intrínsecas na responsividade de neurônios motores individuais à aferências sinápticas relativamente uniformes.

Um desses fatores é o tamanho anatômico do corpo e dos dendritos de um neurônio. Neurônios menores tem uma alta resistência a corrente de entrada (R_{alta}) e, devido à lei de Ohm ($\Delta V_m = I_{sin} \times R$), sofrem alterações maiores no potencial de membrana (ΔV_m) em resposta a uma dada corrente sináptica (I_{sin}). Em consequência, aumentos nas aferências excitatórias de um núcleo de neurônios motores induzem níveis de despolarização maiores até se alcançar o limiar na ordem crescente do tamanho do neurônio motor: a força de contração é aumentada inicialmente pelo recrutamento de neurônios motores menores, e por último pelos neurônios motores maiores (**Figura 31-6**). Esse efeito é conhecido como o princípio do tamanho para o recrutamento do neurônio motor, um conceito enunciado por Elwood Henneman em 1957.

O princípio do tamanho tem duas importantes consequências para o controle do movimento pelo sistema nervoso. Primeiro, a sequência de recrutamento dos neurônios motores é determinada pelas propriedades dos neurônios espinais, e não por regiões supra espinais do sistema nervoso. Isso significa que o encéfalo não pode ativar seletivamente unidades motoras específicas. Segundo, os axônios provenientes de pequenos neurônios motores são mais finos que aqueles associados com neurônios motores grandes, e inervam menos fibras musculares. Como o número de fibras musculares inervadas por um neurônio motor é um determinante-chave da força da unidade motora, as unidades motoras são ativadas em uma ordem de força crescente, de modo que as primeiras unidades motoras recrutadas são as mais fracas.

Como foi sugerido por Edgar Adrian em 1920, a força muscular na qual última unidade motora de um núcleo motor é recrutada varia entre os músculos. Em alguns músculos da mão, todas as unidades motoras terão sido recrutadas quando a força alcançar aproximadamente 60% do máximo durante uma contração muscular lenta. No bíceps braquial, deltoide e tibial anterior, o recrutamento continua até aproximadamente 85% da força máxima. Além do limite superior do recrutamento das unidades motoras, alterações na força muscular dependem somente das variações na frequência com a qual neurônios motores geram potenciais de ação. Na maior parte das faixas de atuação de um músculo, a força que ele exerce depende de alterações simultâneas nas frequências de disparo e no número de unidades motoras ativadas (**Figura 31-7**). Contudo, excetuando nas forças baixas, variações nas frequências de disparo geram uma influência maior na força muscular do que o fazem as alterações no número de unidades motoras ativas.

A ordem na qual as unidades motoras são recrutadas não altera a velocidade de contração. Devido ao tempo envolvido no acoplamento excitação-contração, contrações mais rápidas requerem que o potencial de ação para cada

FIGURA 31-6 O princípio do tamanho no recrutamento do neurônio motor. Dois neurônios motores de diferentes tamanhos possuem o mesmo potencial de membrana de repouso (V_r) e recebem a mesma corrente sináptica excitatória (I_{sin}) de um interneurônio espinal. Como tem uma área de superfície menor, o neurônio motor pequeno possui um número menor de canais iônicos e, portanto, maior resistência de entrada (R_{alta}). De acordo com a Lei de Ohm ($V=RI$), a I_{sin} no neurônio pequeno produz um potencial excitatório pós-sináptico (**PEPS**) grande que alcança o limiar, resultando no disparo de um potencial de ação. Contudo, o axônio do neurônio motor pequeno possui diâmetro pequeno e, então, conduz o potencial de ação a uma velocidade relativamente baixa (V_{lenta}) e para poucas fibras musculares. Ao contrário, o neurônio motor grande possui uma área de superfície maior, que resulta em uma baixa resistência transmembrana (R_{baixa}) e um PEPS menor que não alcança o limiar em resposta à I_{sin}; contudo, quando o estímulo sináptico atinge o limiar, o potencial de ação é conduz do de forma relativamente rápida ($V_{rápida}$) (Capítulo 9).

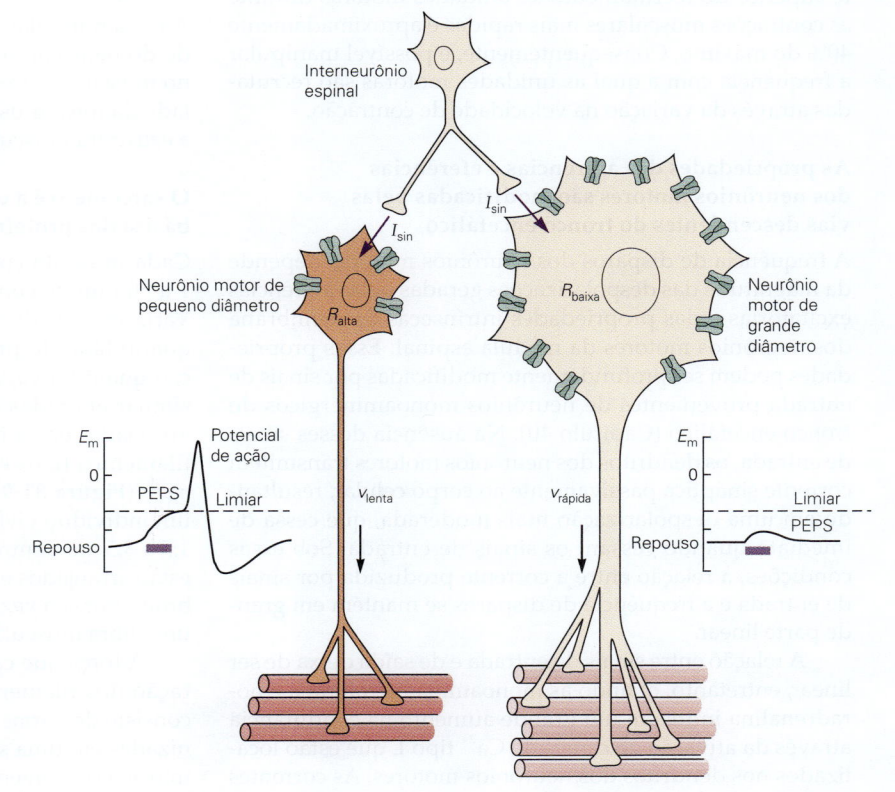

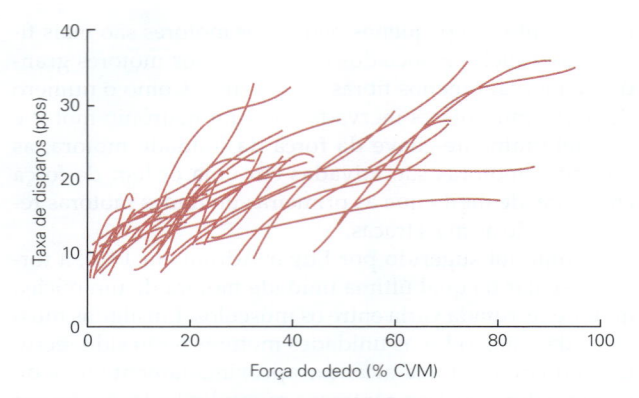

FIGURA 31-7 A força muscular pode ser ajustada pela variação do número de unidades motoras ativas e de suas frequências de disparos. Cada linha mostra a frequência de disparos (pulsos por segundo [pps]) para uma unidade motora isolada em um músculo da mão sobre uma variação de forças dos dedos (contração voluntária máxima [**CVM**]). A força dos dedos foi produzida pela ação de um único músculo da mão. O ponto mais à esquerda de cada linha indica as forças limiares nas quais a unidade motora é recrutada, enquanto o ponto mais à direita corresponde à força de pico na qual a unidade motora poderia ser identificada. A variação das taxas de disparo foi geralmente menor para unidades motoras com menores limiares de recrutamento. Aumentos na força dos dedos foram produzidos por aumentos concomitantes na taxa de disparos e no número de unidades motoras ativadas. (Adaptada, com autorização, de Moritz et al., 2005.)

unidade motora seja gerado mais precocemente do que durante a contração lenta. Como resultado desse ajuste, o limite superior do recrutamento de unidades motoras durante as contrações musculares mais rápidas é aproximadamente 40% do máximo. Consequentemente, é possível manipular a frequência com a qual as unidades motoras são recrutadas através da variação na velocidade de contração.

As propriedades das aferências e eferências dos neurônios motores são modificadas pelas vias descendentes do tronco encefálico

A frequência de disparos dos neurônios motores depende da magnitude das despolarizações geradas pelas aferências excitatórias e das propriedades intrínsecas da membrana dos neurônios motores da medula espinal. Essas propriedades podem ser profundamente modificadas por sinais de entrada provenientes de neurônios monoaminérgicos do tronco encefálico (Capítulo 40). Na ausência desses sinais de entrada, os dendritos dos neurônios motores transmitem corrente sináptica passivamente ao corpo celular, resultando em uma despolarização mais moderada, que cessa de imediato quando cessam os sinais de entrada. Sob essas condições, a relação entre a corrente produzida por sinais de entrada e a frequência de disparos se mantém em grande parte linear.

A relação entre sinais de entrada e de saída deixa de ser linear, entretanto, quando as monoaminas serotonina e noradrenalina induzem um grande aumento na condutância através da ativação de canais de Ca^{2+} tipo L que estão localizados nos dendritos dos neurônios motores. As correntes de entrada de Ca^{2+} resultantes podem aumentar de 3 a 5 vezes as correntes sinápticas (**Figura 31-8**). Em um neurônio motor ativo, essa corrente aumentada pode manter uma frequência de disparos elevada após uma breve aferência despolarizante ser encerrada, um comportamento conhecido como *disparos autossustentados*. Um breve sinal de entrada inibitório subsequente, como o oriundo de uma via de reflexo espinal, pode terminar tal disparo autossustentado.

Como as propriedades dos neurônios motores são bastante influenciadas por monoaminas, a excitabilidade do grupo de neurônios motores que inerva um único músculo está sob o controle parcial do tronco encefálico. No estado acordado, níveis moderados de aferências monoaminérgicas aos neurônios motores das unidades motoras de contração lenta promovem disparos autossustentados. Provavelmente, essa é a fonte da força sustentada exercida por unidades motoras lentas para a manutenção da postura (Capítulo 36). Por outro lado, a retirada do impulso monoaminérgico durante o sono diminui a excitabilidade e contribui para garantir o estado de relaxamento motor. Assim, as aferências monoaminérgicas vindas do tronco encefálico podem ajustar o ganho do grupo de unidades motoras para atender as demandas das diferentes tarefas. Essa flexibilidade não compromete o princípio do tamanho do recrutamento ordenado, porque o limiar para ativação das correntes persistentes de entrada é mais baixo nos neurônios motores das unidades motoras de contração mais lentas, as quais são as primeiras a serem recrutadas mesmo na ausência de monoaminas.

A força muscular depende da estrutura do músculo

A força muscular depende não apenas do nível de atividade do neurônio motor, mas também do arranjo das fibras no músculo. Como o movimento envolve variação controlada da força muscular, o sistema nervoso deve considerar a estrutura muscular para realizar movimentos específicos.

O sarcômero é a unidade funcional básica das proteínas contráteis

Cada músculo contém milhares de fibras que variam de 1 a 50 mm de comprimento e de 10 a 60 μm de diâmetro. Variações nas dimensões das fibras refletem diferenças na quantidade de proteínas contráteis. Apesar dessa variação quantitativa, a organização das proteínas contráteis é similar em todas as fibras musculares. As proteínas estão arranjadas em conjuntos repetitivos dispostos em série de filamentos finos e grossos; cada conjunto é dito um *sarcômero* (**Figura 31-9**). O comprimento de um sarcômero em um indivíduo vivo, que é delimitado por discos Z, varia de 1,5 a 3,5 μm dentro e através dos músculos. Os sarcômeros estão arranjados em séries para formar uma *miofibrila*; as fibrilas, por sua vez, estão alinhadas em paralelo para formar uma fibra muscular (miócito).

A força que cada sarcômero pode gerar surge da interação dos filamentos grossos e finos. O filamento grosso consiste de várias centenas de moléculas de miosina organizadas em uma sequência estruturada. Cada molécula de miosina compreende domínios pareados torcidos um sobre

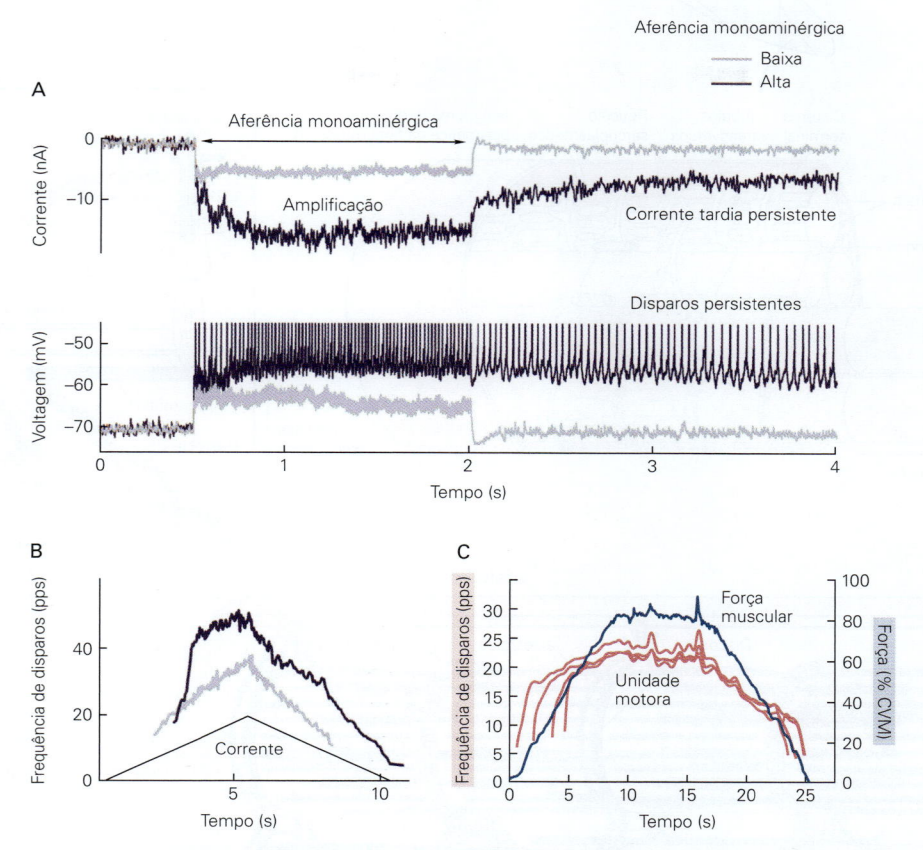

FIGURA 31-8 Aferências monoaminérgicas aumentam a excitabilidade de neurônios motores. (Parte A, adaptada, com autorização, de Heckman et al., 2009. Copyright © 2009 International Federation of Clinical Neurophysiology; Parte B, obtida de CJ Heckman; Parte C, adaptada, com autorização, de Erim et al., 1996. Copyright © 1996 John Wiley & Sons, Inc.)

A. Correntes e potenciais de membrana nos neurônios motores espinais de gatos adultos profundamente anestesiados (nível baixo de impulsos monoaminérgicos) ou descerebrados (nível moderado de impulsos monoaminérgicos). Quando a aferência monoaminérgica está ausente ou baixa, uma aferência excitatória breve produz uma corrente sináptica igualmente breve durante a fixação de voltagem (**registro superior**). Essa corrente não é suficiente para levar o potencial de membrana do neurônio ao limiar de disparo de potenciais de ação na condição não clampeada (**registro inferior**). O mesmo estímulo de entrada excitatória breve durante níveis moderados de aferências monoaminérgicas ativa uma corrente para dentro persistente nos dendritos, o que amplifica a corrente sináptica excitatória e decai lentamente após a cessação do estímulo sináptico (**registro superior**). Essa corrente de entrada persistente causa uma frequência de disparos alta enquanto ocorrem os sinais de entrada, e sustenta uma frequência de disparos menor após esses sinais cessarem (**registro inferior**). Um breve sinal de entrada inibitório retornará o neurônio ao seu estado de repouso.

B. Altos níveis de aferências monoaminérgicas aos neurônios motores dão origem a uma corrente de entrada persistente em resposta à corrente injetada, resultando em uma frequência de disparos muito maior para uma dada quantidade de corrente.

C. O traço **azul** representa a força exercida pelo músculo dorsoflexor durante uma contração gradualmente aumentada até 80% da força de contração isométrica voluntária máxima (**CVM**) em um indivíduo humano. Cada um dos quatro traços **cor-de-rosa** indica a alteração na frequência com a qual uma unidade motora isolada dispara potenciais de ação durante a contração. O ponto mais à esquerda (início) de cada um desses quatro traços mostra o tempo em que a unidade motora foi recrutada, e os pontos mais à direita (fim) denotam o tempo em que o neurônio motor parou de disparar potenciais de ação. O aumento rápido na frequência dos disparos durante o aumento na força muscular é similar à alteração na frequência observada na presença de níveis moderados de aferências monoaminérgicas (ver parte B).

o outro que terminam em um par de cabeças globulares. As moléculas de miosina das duas metades de um filamento grosso apontam para direções opostas e são progressivamente deslocadas de maneira que as cabeças, que se estendem para fora do filamento, se projetem em torno do filamento grosso (**Figura 31-9C**). O filamento grosso é ancorado no meio do sarcômero pela proteína titina, a qual conecta cada terminação do filamento grosso aos filamentos de actina dos filamentos finos no entorno e aos discos Z. Para maximizar a interação entre as cabeças globulares de miosina e os filamentos finos, seis filamentos finos circundam cada filamento grosso.

Os componentes primários dos filamentos finos são duas cadeias helicoidais de actina F fibrosa, cada uma contendo cerca de 200 monômeros de actinas. Sobrepostas sobre a actina F estão a tropomiosina e a troponina, proteínas

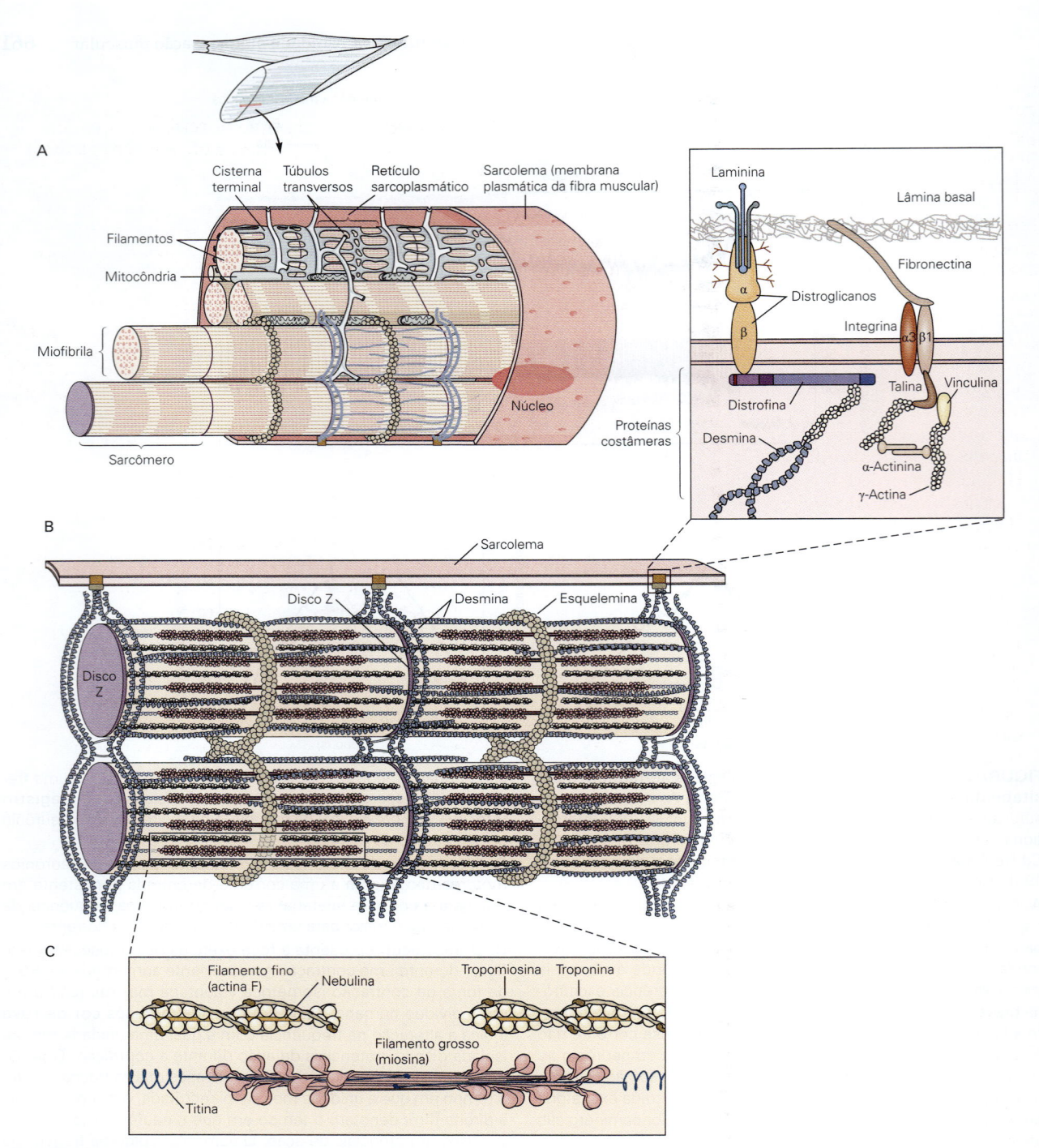

FIGURA 31-9 O sarcômero é a unidade funcional básica do músculo. (Adaptada de Bloom e Fawcett, 1975.)

A. Esta secção de uma fibra muscular mostra sua organização anatômica. Várias miofibrilas se dispõem reunidas em paralelo em uma fibra, e cada miofibrila está constituída de sarcômeros alinhados em série, em contato por suas extremidades e separados por discos Z (ver parte **B**). As miofibrilas estão circundadas por um sistema de ativação (os túbulos transversos, a cisterna terminal e o retículo sarcoplasmático) que iniciam a contração muscular.

B. Os sarcômeros estão conectados entre si e à membrana da fibra muscular por uma rede de citoesqueleto. O citoesqueleto influencia o comprimento dos elementos contráteis, os filamentos grossos e finos (ver parte **C**). Ele mantém o alinhamento desses filamentos dentro de um sarcômero, conecta miofibrilas adjacentes e transmite a força para a matriz extracelular de tecido conectivo por meio das proteínas costâmeras. Em consequência dessa organização, a força gerada pelos elementos contráteis em um sarcômero pode ser transmitida ao longo e através dos sarcômeros (por meio da desmina e de esqueleminas), dentro e entre os sarcômeros (por meio da nebulina e da titina) e ao sarcolema por meio das costâmeras. O disco Z é o ponto central para muitas dessas conexões.

C. Os filamentos grossos e finos compreendem diferentes proteínas contráteis. O filamento fino inclui um polímero de actina e, ao longo deste, as proteínas reguladoras tropomiosina e troponina. O filamento grosso é um arranjo de moléculas de miosina; cada molécula inclui um ramo que termina em um par de cabeças globulares. A proteína titina mantém a posição de cada filamento grosso no meio do sarcômero.

que controlam a interação entre a actina e a miosina. A tropomiosina consiste em dois filamentos torcidos que se dispõem no sulco da hélice de actina F; a troponina é um pequeno complexo molecular acoplado à tropomiosina em espaçamentos regulares (**Figura 31-9C**).

Os filamentos finos estão ancorados nos discos Z em cada extremidade do sarcômero, enquanto os filamentos grossos ocupam a porção média do sarcômero (**Figura 31-9B**). Essa organização resulta no aspecto de bandas claras e escuras do músculo estriado. A banda clara contém apenas filamentos finos, enquanto a banda escura contém os filamentos finos e os grossos. Quando um músculo está ativado, a largura da banda clara diminui, mas a largura da banda escura não muda, sugerindo que os filamentos finos e grossos deslizam um em relação ao outro durante uma contração. Isso resultou na *hipótese do deslizamento dos filamentos* da contração muscular proposta por A. F. Huxley e H. E. Huxley na década de 1950.

O deslizamento dos filamentos grossos e finos é disparado pela liberação de Ca^{2+} dentro do sarcoplasma de uma fibra muscular em resposta a um potencial de ação que trafega ao longo da membrana da fibra, o sarcolema. A variação da concentração de Ca^{2+} no sarcoplasma controla a interação entre os filamentos grossos e finos. A concentração de Ca^{2+} no sarcoplasma em condições de repouso é mantida baixa pelo bombeamento ativo de Ca^{2+} para o retículo sarcoplasmático, que consiste em uma rede de túbulos longitudinais e cisternas de retículo endoplasmático liso. O cálcio é estocado nas cisternas terminais, localizadas junto às invaginações intracelulares do sarcolema, conhecidas como túbulos transversos (túbulos T). Os túbulos transversos, a cisterna terminal e o retículo sarcoplasmático constituem um sistema de ativação que transforma um potencial de ação em deslizamento dos filamentos finos e grossos (**Figura 31-9A**).

Um potencial de ação se propaga ao longo do sarcolema, invade os túbulos transversos e causa a rápida liberação de Ca^{2+} da cisterna terminal para o sarcoplasma. Uma vez no sarcoplasma, o Ca^{2+} difunde-se entre os filamentos e liga-se de forma reversível à troponina, o que resulta no deslocamento do complexo troponina-tropomiosina e ativa o deslizamento dos filamentos grossos e finos. Como um único potencial de ação não libera Ca^{2+} em quantidade suficiente para se ligar a todos os sítios disponíveis de troponina no músculo esquelético, a força de contração aumenta de acordo com a frequência de potenciais de ação.

O deslizamento dos filamentos depende do trabalho mecânico realizado pelas cabeças globulares de miosina, que utiliza energia química contida no trifosfato de adenosina (ATP). As ações das cabeças de miosina são reguladas pelo *ciclo das pontes transversas*, uma sucessão de eventos que envolvem desacoplamento, ativação e acoplamento (**Figura 31-10**). Em cada ciclo, uma cabeça globular sofre um deslocamento de 5 a 10 nm. A atividade contrátil continua enquanto o Ca^{2+} e o ATP estiverem presentes no citoplasma em concentrações suficientes.

Uma vez que as proteínas contráteis tenham sido ativadas pela liberação de Ca^{2+}, o comprimento do sarcômero pode aumentar, manter-se o mesmo, ou diminuir, dependendo da magnitude da carga contra a qual o músculo está atuando. A força gerada por um sarcômero ativado quando ocorre a diminuição de seu comprimento ou quando ele não é alterado pode ser explicada pelos ciclos das pontes transversas envolvendo os filamentos finos e grossos. Quando o comprimento de um sarcômero ativado aumenta, contudo, a força desenvolvida pela extensão da titina adiciona-se significativamente à força do sarcômero. A força produzida pela titina durante o estiramento de um sarcômero ativado é ampliada por sua habilidade em aumentar a rigidez, o que ocorre quando a titina se liga ao Ca^{2+} e, então, se acopla a regiões específicas na actina, reduzindo o cumprimento até o qual ele pode ser estirado. A força produzida pelos sarcômeros ativados depende, então, das interações entre os três filamentos (actina, miosina e titina).

Os elementos não contráteis fornecem o suporte estrutural essencial

Os elementos estruturais da fibra muscular mantêm o alinhamento das proteínas contráteis dentro da fibra e facilitam a transmissão de força dos sarcômeros ao esqueleto. Um conjunto de proteínas (nebulina, titina) mantém a orientação dos filamentos finos e grossos dentro do sarcômero, enquanto outras proteínas (desmina e esqueleminas) mantêm o alinhamento lateral das miofibrilas (**Figura 31-9B**). Essas proteínas contribuem para a elasticidade do músculo e mantêm o alinhamento apropriado das estruturas celulares quando o músculo age contra uma carga externa.

Embora alguma força gerada pelas pontes transversas seja transmitida ao longo dos sarcômeros em série, a maior parte se transmite lateralmente dos filamentos finos para uma matriz extracelular que circunda cada fibra muscular, por meio de um grupo de proteínas transmembrana e associadas à membrana chamadas *proteínas costâmeras* (**Figura 31-9B**). A transmissão lateral de força segue dois caminhos por meio das costâmeras, um pelo complexo de glicoproteína associada à distrofina e outro pela vinculina e por membros da família das integrinas. Mutações de genes que codificam os componentes do complexo distrofina-glicoproteína causam distrofias musculares em humanos, as quais são associadas a diminuições substanciais na força muscular.

A força contrátil depende da ativação, do comprimento e da velocidade de contração da fibra muscular

A força que uma fibra muscular pode exercer depende do número de pontes transversas formadas e da força produzida por cada uma dessas pontes. Os dois fatores são influenciados pela concentração de Ca^{2+} no sarcoplasma, pela extensão de sobreposição entre os filamentos grossos e finos e pela velocidade com a qual os filamentos grossos e finos deslizam um sobre o outro.

O influxo de Ca^{2+} que ativa a formação das pontes transversas é transitório por causa da atividade de bombeamento contínuo que determina o retorno rápido de Ca^{2+} ao retículo sarcoplasmático. A liberação e a recaptação de Ca^{2+} em resposta a um único potencial de ação ocorre tão rapidamente que apenas algumas das pontes transversas possíveis são formadas. Isso explica por que a pico de força de um abalo é menor do que a força máxima possível da fibra

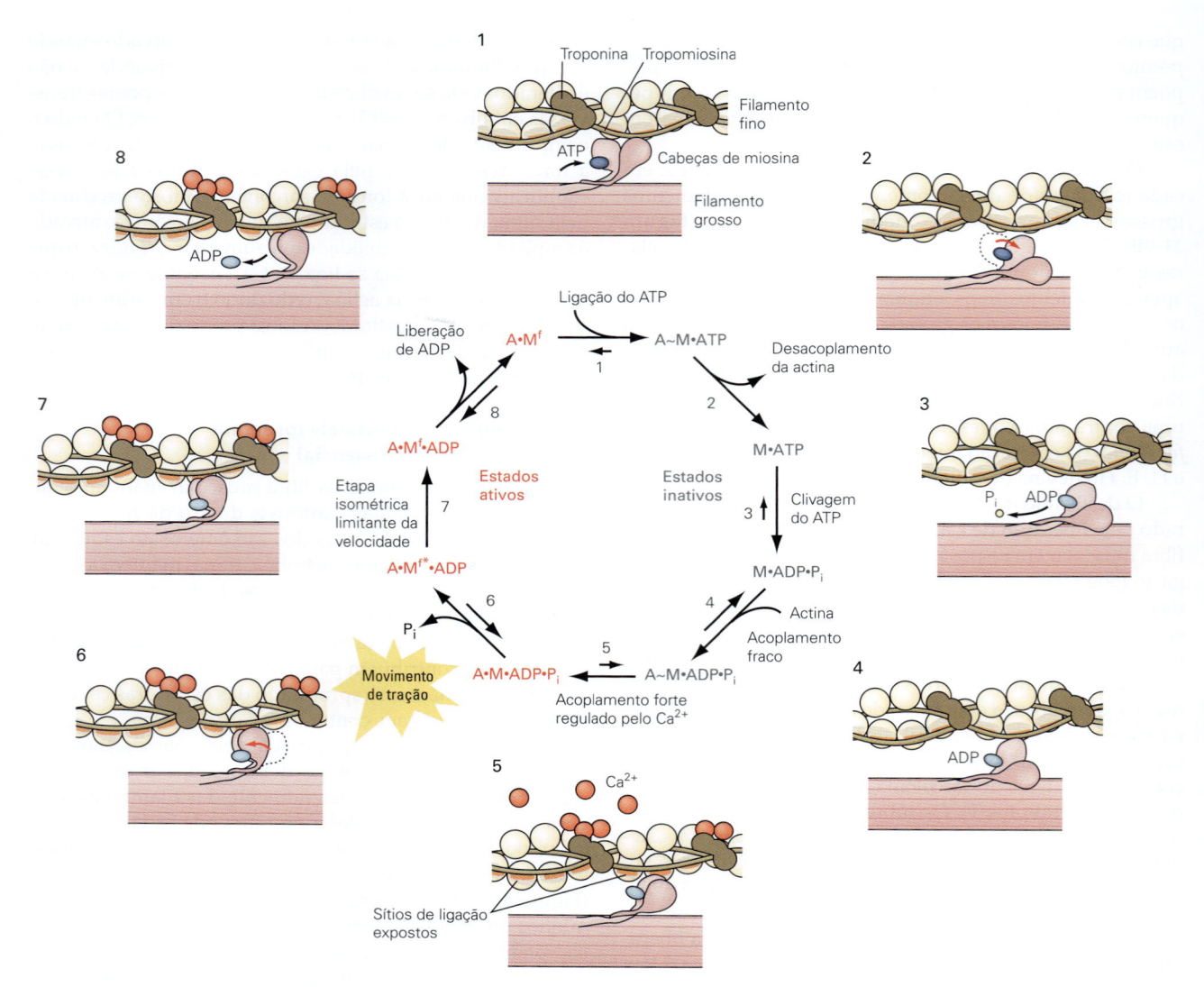

FIGURA 31-10 O ciclo das pontes transversas. Vários estados inativos são sucedidos por vários estados ativos disparados por Ca^{2+}. O ciclo inicia na parte superior (**etapa 1**) com a ligação do trifosfato de adenosina (**ATP**) à cabeça da miosina. A cabeça de miosina desconecta-se da actina (**etapa 2**); o ATP é hidrolisado a fosfato (P_i) e difosfato de adenosina (**ADP**) (**etapa 3**), e a miosina liga-se fracamente à actina (**etapa 4**). A ligação de Ca^{2+} à troponina faz a tropomiosina se deslocar sobre a actina e permitir que as duas cabeças de miosina se aproximem (**etapa 5**). Isso resulta na liberação de P_i e na extensão do pescoço da miosina, a fase de deslocamento da miosina sobre a actina no ciclo das pontes transversas (**etapa 6**). Cada ponte transversa exerce uma força de aproximadamente 2 pN durante uma mudança estrutural (**etapa 7**) e a liberação do ADP (**etapa 8**). (•, ligação forte; ~ ligação fraca; M^f, força da ponte transversa da miosina; M^{f*}, estado ativado da miosina.) (Adaptada, com autorização, de Gordon, Regnier e Homsher, 2001.)

muscular (ver **Figura 31-2A**). A força máxima pode ser alcançada somente com uma série de potenciais de ação que mantêm a concentração de Ca^{2+} no sarcoplasma, maximizando, assim, a formação das pontes transversas.

Embora o Ca^{2+} ative a formação de pontes transversas, elas podem ser formadas apenas quando os filamentos grossos e finos estiverem sobrepostos. A sobreposição varia de acordo com o deslizamento dos filamentos um sobre o outro (**Figura 31-11A**). O montante de sobreposição entre actina e miosina é o ideal em um comprimento intermediário (L_o) do sarcômero, e a força relativa é máxima. Com comprimentos maiores do sarcômero, a sobreposição entre actina e miosina fica reduzida e, com isso, a força que pode ser desenvolvida. Diminuições no comprimento do sarcômero ocasionam a sobreposição dos filamentos finos, reduzindo o número de sítios disponíveis para o acoplamento com as cabeças da miosina. Ainda que muitos músculos operem sob uma faixa limitada de comprimentos dos sarcômeros (aproximadamente 94 ± 13% L_o, média ± desvio-padrão), existe, entre os músculos, considerável variabilidade no comprimento dos sarcômeros durante o movimento.

Como as estruturas que conectam as proteínas contráteis ao esqueleto também influenciam a força que um músculo pode exercer, a força muscular aumenta com o comprimento

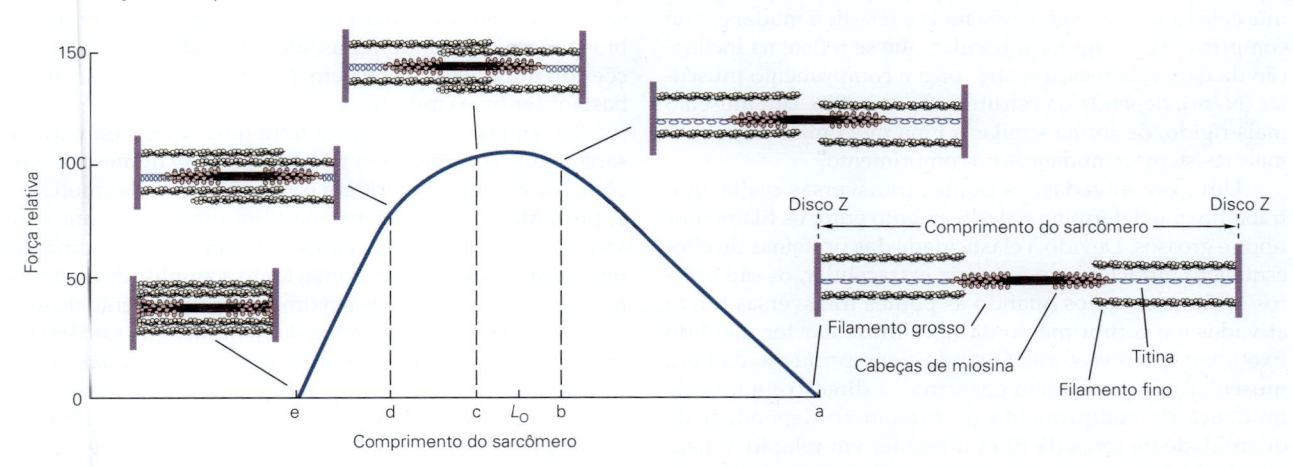

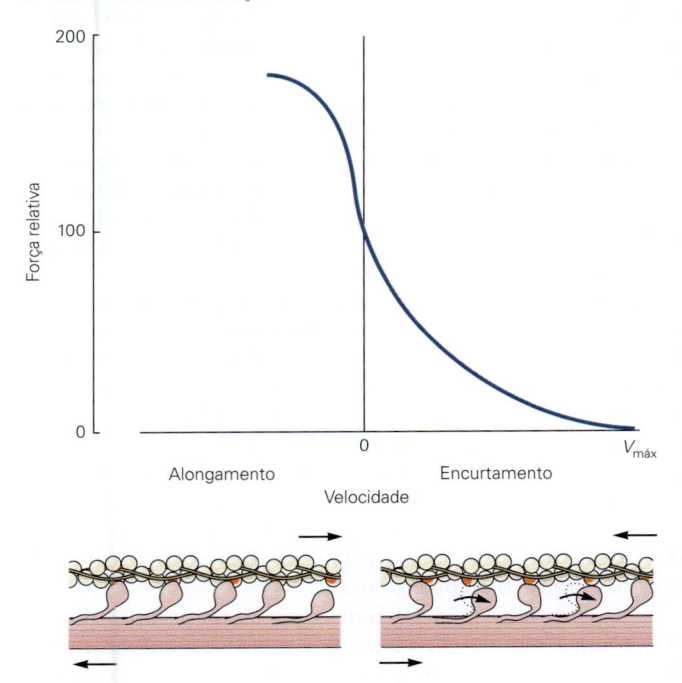

FIGURA 31-11 A força contrátil varia com a mudança do comprimento do sarcômero e com a velocidade.

A. Com um comprimento intermediário do sarcômero (L_o) a sobreposição entre actina e miosina é ótima, e a força relativa, máxima. Quando o sarcômero está estirado além do comprimento no qual os filamentos grossos e finos se sobrepõem (comprimento a), as pontes transversas não podem se formar e, com isso, nenhuma força é exercida. À medida que o comprimento do sarcômero diminui e aumenta a sobreposição dos filamentos grossos e finos (entre os comprimentos a e b), a força aumenta porque aumenta o número de pontes transversas. Com reduções ainda maiores no comprimento (entre os comprimentos c e e), a extrema sobreposição entre os filamentos finos oculta os possíveis sítios de acoplamento, e a força diminui.

B. A força contrátil varia conforme a taxa de variação do comprimento do sarcômero. Com relação à força que um sarcômero pode exercer durante uma contração isométrica (velocidade zero), o pico de força declina à medida que a velocidade de encurtamento aumenta. A força muscular atinge seu valor mínimo na velocidade máxima de encurtamento ($V_{máx}$). Ao contrário, quando o sarcômero é alongado enquanto está sendo ativado, o pico de força aumenta a valores mais altos do que durante uma contração isométrica. Em virtude do encurtamento, as cabeças de miosina gastam mais tempo próximas ao final de seu movimento de tração, quando produzem menos força contrátil, e levam mais tempo no desacoplamento, reposicionamento e reacoplamento, em cujas fases do ciclo não há produção de força. Quando o músculo é ativamente alongado, as cabeças de miosina gastam mais tempo estiradas, fora do seu ângulo de acoplamento e ficam menos tempo desacopladas porque as cabeças não necessitam ser reposicionadas após terem sido separadas da actina nessa situação. A titina também contribui significativamente para a força do sarcômero durante as contrações excêntricas.

dentro de uma faixa operacional. Tal propriedade permite ao músculo funcionar como uma mola e resistir a mudanças no comprimento. A rigidez muscular, que se reflete na inclinação da curva da relação entre força e comprimento muscular (N/m), depende da estrutura do músculo. Um músculo mais rígido, de forma similar a uma mola mais forte, será mais resistente a mudanças no comprimento.

Uma vez ativadas, as pontes transversas realizam o trabalho que determina o deslizamento entre os filamentos finos e grossos. Devido à elasticidade das proteínas do citoesqueleto intracelular e à matriz extracelular, os sarcômeros serão encurtados quando as pontes transversas forem ativadas e o comprimento da fibra muscular for mantido fixo (*contração isométrica*). Quando o comprimento da fibra muscular não se mantém constante, a direção e a taxa de mudança do comprimento do sarcômero dependem da quantidade de força da fibra muscular em relação à magnitude da carga contra a qual a fibra atua. O comprimento do sarcômero diminui quando a força da fibra muscular excede a carga (*contração com encurtamento muscular* ou *contração concêntrica*), mas aumenta quando a força é menor do que a carga (*contração com alongamento muscular* ou *contração excêntrica*). A força máxima que uma fibra muscular pode exercer diminui à medida que a velocidade de encurtamento aumenta, mas é incrementada com o aumento da velocidade de alongamento (**Figura 31-11B**).

A taxa máxima de encurtamento de uma fibra muscular é limitada pela taxa máxima de formação de pontes transversas da fibra. A variação na força da fibra à medida que a velocidade de contração muda é causada em grande parte pelas diferenças na força média exercida por cada ponte transversa. Por exemplo, a diminuição da força durante uma contração concêntrica é atribuível à redução do deslocamento da ponte transversa em cada movimento de tração das pontes e, também, à falha no encaixe de algumas cabeças de miosina nos sítios de acoplamento. No entanto, o aumento da força durante uma contração excêntrica reflete o estiramento de sarcômeros que não estão completamente ativados, de um reacoplamento mais rápido das pontes transversas logo após elas terem sido desacopladas, e ao acoplamento do Ca^{2+} à titina.

A taxa de ciclos das pontes transversas depende não somente da velocidade de contração, mas também da atividade muscular prévia. Por exemplo, a taxa de ciclos das pontes transversas aumenta após uma breve contração isométrica. Quando um músculo é estirado durante uma contração isométrica, assim como ocorre durante um distúrbio postural, a rigidez muscular aumenta e, com isso, o músculo fica mais eficiente em resistir à mudança de comprimento. Essa propriedade é conhecida como *rigidez de curto alcance*. Ao contrário, a taxa de ciclos das pontes transversas diminui após contrações concêntricas, e o músculo não exibe rigidez de curto alcance.

O torque muscular depende da geometria do músculo esquelético

A anatomia de um músculo tem efeito preponderante sobre sua capacidade de força, de extensão do movimento e de velocidade de encurtamento. As características anatômicas que influenciam a função muscular incluem o arranjo dos sarcômeros em cada fibra muscular, a organização das fibras musculares em um músculo e a localização das inserções do músculo no esqueleto. Essas características variam bastante entre os músculos.

No âmbito de uma única fibra muscular, o número de sarcômeros em série e em paralelo varia. O número de sarcômeros em série determina o comprimento da miofibrila e, portanto, o comprimento da fibra muscular. Como um sarcômero pode encurtar certo comprimento com uma determinada velocidade máxima, tanto a amplitude do movimento como a velocidade máxima de encurtamento de uma fibra muscular são proporcionais ao número de sarcômeros em série. A força que uma miofibrila exerce é igual à força média do sarcômero e não é influenciada pelo número de sarcômeros em série. Ao contrário, a capacidade de força de uma fibra depende do número de sarcômeros em paralelo e, consequentemente, do diâmetro ou da área de secção transversal da fibra. No âmbito do músculo, os atributos funcionais das fibras são modificados pela orientação dos fascículos (feixes de fibras musculares) em relação ao eixo longitudinal (linha de tração) do músculo e pelo comprimento da fibra em relação ao comprimento do músculo. Na maioria dos músculos, os fascículos não estão em paralelo à linha de tração, mas se posicionam em leque ou num arranjo como o de penas (peniforme) (**Figura 31-12**).

A orientação relativa, ou ângulo do arranjo oblíquo das fibras, varia de próximo a 0° (bíceps braquial, sartório) a aproximadamente 30° (sóleo). Conforme o ângulo oblíquo das fibras aumenta, cabem mais fibras por volume, os músculos com maiores ângulos de fibras peniformes tipicamente possuem mais fascículos em paralelo e, assim, maior área de secção transversal quando avaliada perpendicularmente ao eixo longo das fibras musculares individuais. Considerando a relação linear entre a secção transversal e a força máxima (~0,25 N × mm^{-2}), esses músculos são capazes de gerar maior força máxima. Entretanto, as fibras dos músculos peniformes geralmente são curtas e possuem menor velocidade máxima de encurtamento do que as dos músculos fusiformes (não peniformes).

As consequências funcionais de tal organização anatômica podem ser vistas por meio da comparação das propriedades contráteis de dois músculos com diferentes quantidades de fibras e de comprimento das fibras. Se os dois músculos possuem comprimentos idênticos de fibras, mas um possui o dobro de fibras, a amplitude do movimento dos dois músculos será similar, porque essa função depende do comprimento da fibra, mas a capacidade de força máxima variará em proporção direta ao número de fibras musculares. Se os dois músculos tiverem o mesmo número de fibras, mas as fibras de um músculo tiverem o dobro do comprimento, os músculos com fibras mais longas terão maior amplitude de movimento e maior velocidade máxima de encurtamento, mesmo que os dois músculos possuam capacidades de forças similares. Por esse efeito, o músculo com fibras mais compridas é capaz de exercer mais força e gerar maior potência (o produto de força e velocidade) a uma determinada velocidade absoluta de encurtamento (**Figura 31-13**).

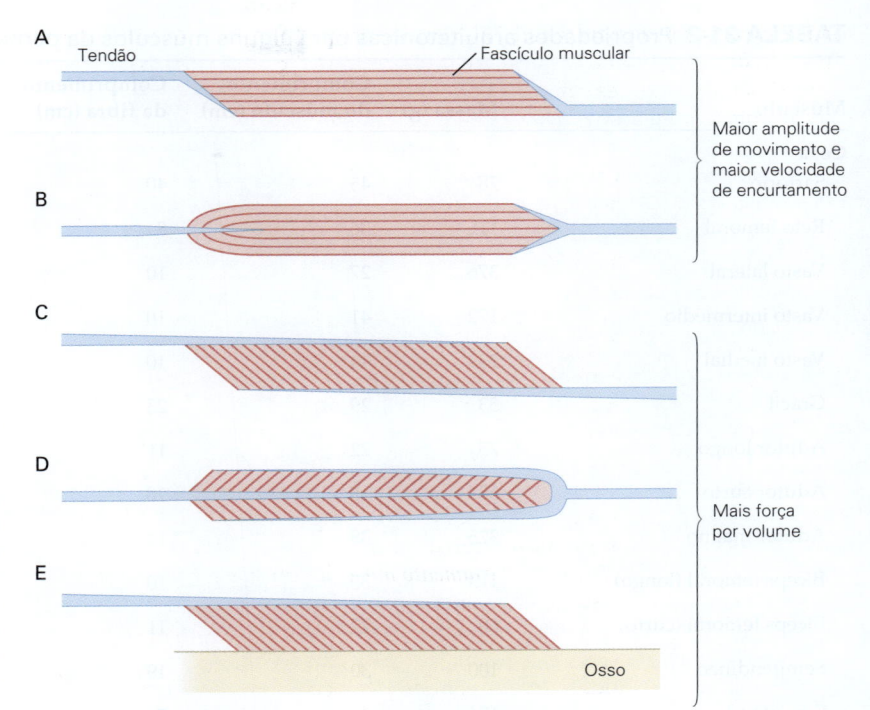

FIGURA 31-12 Cinco arranjos comuns de tendões e músculos. A distinção fundamental entre esses arranjos é se os fascículos musculares estão alinhados ou não com a linha de tração dos músculos. Os fascículos nos músculos A e B estão paralelos à linha de tração (eixo longitudinal do músculo), enquanto os fascículos nos músculos C, D e E estão rotacionados para longe da linha de tração. A magnitude dessa rotação é expressa como um ângulo peniforme (Reproduzida, com autorização, de Alexander e Ker, 1990.)

Os comprimentos das fibras musculares e as áreas de secção transversal variam substancialmente por todo o corpo humano, o que sugere que as propriedades contráteis diferem notavelmente entre os músculos (**Tabela 31-2**). Na perna, por exemplo, o ângulo do arranjo oblíquo das fibras varia de 1° (sartório) a 30° (vasto medial), o comprimento das fibras varia de 4 mm (sóleo) a 40 mm (sartório), e a área de secção transversal, de 2 cm² (sartório) a 52 cm² (sóleo). Adicionalmente, o fato de o comprimento das fibras musculares ser geralmente menor do que o comprimento dos músculos indica que as fibras musculares são conectadas serialmente dentro do músculo. Músculos acoplados funcionalmente tendem a ter combinações complementares dessas propriedades. Por exemplo, os três músculos vastos têm comprimentos de fibras musculares similares (10 cm), mas diferem na angulação peniforme (o intermédio é o menor) e na área de secção transversa (o lateral é o maior). Uma relação

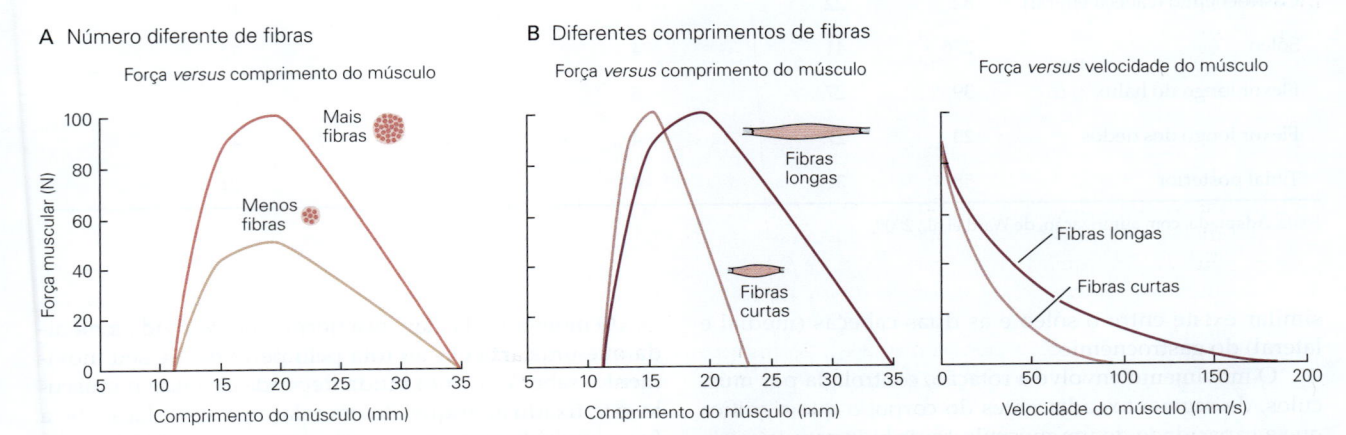

FIGURA 31-13 As dimensões do músculo influenciam o pico de força e a velocidade máxima de encurtamento. (Reproduzida, com autorização, de Lieber e Fridén, 2000. Copyright © 2000 John Wiley & Sons, Inc.)
A. A força muscular em vários comprimentos de músculos para dois músculos com comprimentos de fibras similares, mas número diferente de fibras musculares (área de secção transversa diferente) O músculo com o dobro de fibras exerce maior força.
B. Força muscular em vários comprimentos musculares, considerando dois músculos com a mesma área de secção transversal, mas com diferentes comprimentos de fibras. O músculo com fibras mais longas (o dobro em relação às do outro músculo) tem uma amplitude de movimento maior (gráfico da esquerda). Esse também possui uma velocidade máxima de encurtamento maior e exerce maior força para cada velocidade absoluta (gráfico da direita).

TABELA 31-2 Propriedades arquitetônicas para alguns músculos da perna humana

Músculo	Massa (g)	Comprimento do músculo (cm)	Comprimento da fibra (cm)	Ângulo de arranjo oblíquo (°)	Área de secção transversal (cm^2)
Coxa					
Sartório	78	45	40	1	2
Reto femoral	111	36	8	14	14
Vasto lateral	376	27	10	18	35
Vasto intermédio	172	41	10	5	17
Vasto medial	239	44	10	30	21
Grácil	53	29	23	8	2
Adutor longo	75	22	11	7	7
Adutor curto	55	15	10	6	5
Adutor magno	325	38	14	16	21
Bíceps femoral (longo)	113	35	10	12	11
Bíceps femoral (curto)	60	22	11	12	5
Semitendíneo	100	30	19	13	5
Semimembranáceo	134	29	7	15	18
Perna					
Tibial anterior	80	26	7	10	11
Extensor longo do hálux	21	24	7	9	3
Extensor longo dos dedos	41	29	7	11	6
Fibular longo	58	27	5	14	10
Fibular curto	24	24	5	11	5
Gastrocnêmio (cabeça medial)	113	27	5	10	21
Gastrocnêmio (cabeça lateral)	62	22	6	12	10
Sóleo	276	41	4	28	52
Flexor longo do hálux	39	27	5	17	7
Flexor longo dos dedos	20	27	4	14	4
Tibial posterior	58	31	4	14	14

Fonte: Adaptada, com autorização, de Ward et al., 2009.

similar existe entre o sóleo e as duas cabeças (medial e lateral) do gastrocnêmio.

O movimento envolve a rotação, controlada por músculos, de segmentos adjacentes do corpo, o que significa que a capacidade de um músculo contribuir para um movimento também depende da localização do músculo em relação à articulação em que está inserido. A força rotatória exercida por um músculo sobre uma articulação é referida como *torque do músculo*, calculado como o produto da força muscular e do *momento de alavanca*, a distância perpendicular mais curta da linha de tração do músculo ao centro da articulação (**Figura 31-14**).

O momento da alavanca normalmente muda à medida que uma articulação rota pelo percurso de seu movimento; saber o quanto muda depende de onde o músculo está fixado ao esqueleto em relação à articulação. Se a força exercida por um músculo permanece relativamente constante por todo o percurso do movimento da articulação, o torque muscular variará em proporção direta à mudança do momento de alavanca. Para muitos músculos, o momento de alavanca é máximo na metade do percurso de movimento, que normalmente corresponde à posição da força muscular máxima e, em consequência, do torque muscular maior.

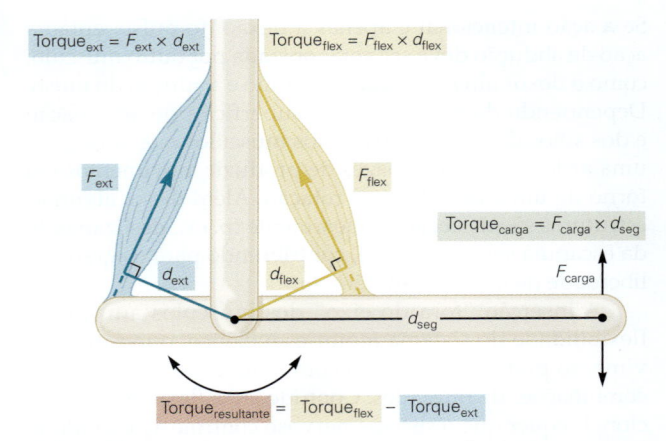

FIGURA 31-14 O torque do músculo varia durante o percurso do movimento da articulação. O torque de um músculo sobre uma articulação é o produto de sua força contrátil (F) e de seu momento de alavanca (d) relativo à articulação. O momento da alavanca é a distância perpendicular mais curta da linha de tração do músculo ao centro de rotação da articulação. Como o momento de alavanca muda quando a articulação rota, o torque do músculo varia com o deslocamento angular em torno da articulação. O torque resultante sobre uma articulação, o qual determina a ação mecânica, é a diferença nos torques exercidos pelos músculos antagonistas, extensores (ext) e flexores (flex). De forma similar, uma força aplicada sobre o membro (F_{carga}) irá exercer um torque sobre a articulação que depende da F_{carga} e sua distância da articulação ($d_{segmento}$).

Diferentes movimentos requerem estratégias de ativação distintas

O corpo humano possui aproximadamente 600 músculos, cada qual com um perfil de torque distinto em uma ou mais articulações. Para realizar um movimento desejado, o sistema nervoso deve ativar uma combinação apropriada de músculos com intensidade e ritmo adequados de atividade. A ativação deve ser apropriada às propriedades contráteis, à geometria muscular esquelética de muitos músculos e, também, às interações mecânicas entre os segmentos corporais. Em função dessas demandas, as estratégias de ativação diferem de acordo com os detalhes do movimento.

A velocidade de contração pode variar em magnitude e direção

A taxa de movimento depende da velocidade de contração de um músculo. A única maneira de variar a velocidade de contração consiste em alterar o número de unidades motoras recrutadas ou a frequência de disparos das unidades. A velocidade de contração pode variar tanto na magnitude como na direção (ver **Figura 31-11B**). Para controlar a velocidade de uma contração, o sistema nervoso deve dimensionar a magnitude do torque muscular resultante em relação ao torque da carga (**Figura 31-4**), o que inclui tanto o peso da parte do corpo como de qualquer carga externa aplicada sobre ele.

Quando o torque do músculo excede o torque da carga, o músculo encurta enquanto realiza uma contração concêntrica. Quando o torque do músculo for menor que o torque da carga, o músculo se alonga enquanto realiza uma contração excêntrica. No exemplo mostrado na **Figura 31-14**, a carga é erguida com uma contração concêntrica do flexor e é abaixada com uma contração excêntrica do flexor. Ambos os tipos de contrações são comuns nas atividades diárias.

Contrações concêntricas e excêntricas não resultam simplesmente de ajuste da atividade da unidade motora, de forma que o torque resultante do músculo é maior ou menor do que o torque da carga. Quando a tarefa envolve o levantamento de uma carga com uma trajetória prevista, a ativação das unidades motoras deve estar organizada de maneira que a soma dos tempos de aumento da força produza o torque apropriado que corresponda à trajetória desejada durante o levantamento (contração concêntrica), ao passo que durante a redução da carga (contração excêntrica), a soma dos tempos de decaimentos deve ser similarmente controlada. O sistema nervoso realiza isso com diferentes comandos descendentes e retroalimentações sensoriais durante as duas contrações. Em função dessas diferenças na atividade das unidades motoras requeridas, o controle dos dois tipos de contração responde diferentemente aos estresses impostos sobre o sistema. Declínios na capacidade para controlar a atividade de uma unidade motora, como os observados em adultos mais velhos e em pessoas executando exercícios de reabilitação após um procedimento ortopédico, são associados a dificuldades maiores em desempenhar contrações excêntricas.

A quantidade de atividade da unidade motora em relação à carga também influencia a velocidade de contração. Esse efeito depende tanto do número de unidades motoras recrutadas como da frequência máxima de disparo de potenciais de ação das unidades motoras. Como descrito anteriormente, o treinamento físico com contrações rápidas, como o treino de potência, aumenta a frequência com a qual as unidades motoras podem disparar trens de potenciais de ação, o que pode ser mimetizado por injeções seriadas de corrente em um neurônio motor. Alterações na velocidade máxima de encurtamento de um músculo após uma mudança no nível habitual de atividade física resultam, ao menos em parte, de fatores que influenciam a capacidade de disparo de potenciais de ação em alta frequência pelas unidades motoras.

Os movimentos envolvem a coordenação de muitos músculos

Na situação mais simples, os músculos abrangem uma única articulação e fazem os segmentos corporais acelerarem em torno de um único eixo de rotação. Como os músculos podem apenas exercer uma força de tração, o movimento em um único eixo de rotação requer, ao menos, dois músculos ou grupos de músculos quando a ação envolve contrações concêntricas (**Figura 31-15A**).

Como a maioria dos músculos conecta-se ao esqueleto deforma levemente descentralizada do eixo de rotação, eles podem causar movimentos em mais de um eixo de rotação. Se um desses movimentos não for necessário, o sistema nervoso deve ativar outros músculos para controlar a ação indesejada. Por exemplo, a ativação do músculo flexor radial do pulso pode causar a flexão e a abdução do pulso.

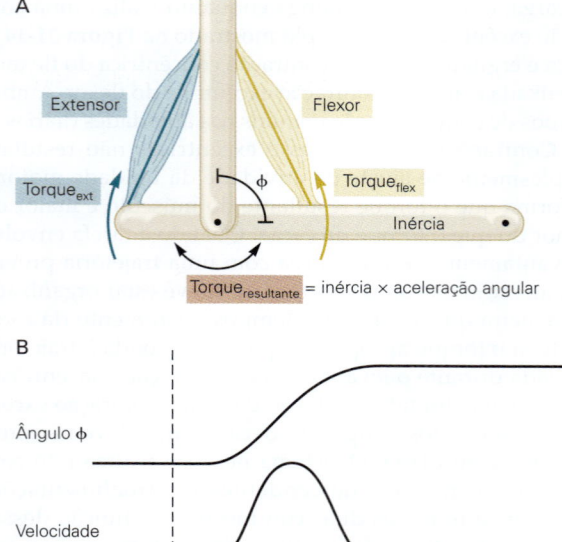

FIGURA 31-15 Músculos antagonistas abrangendo uma única articulação controlam o movimento de um membro sobre um único eixo de rotação.

A. De acordo com a lei do movimento de Newton (força = massa × aceleração), a força é necessária para mudar a velocidade de uma massa. O músculo exerce um torque a fim de acelerar a massa inercial do segmento esquelético em torno de uma articulação. Para um movimento angular, a lei de Newton determina que torque = inércia rotacional × aceleração angular.

B. A velocidade angular do movimento de um membro de uma posição a outra tem um perfil de curva com formato de sino. A aceleração em uma direção é seguida de aceleração na direção oposta – os músculos flexores e extensores são ativados em sequência. Os registros mostram os perfis de ativação e os torques musculares associados a um movimento rápido de flexão do cotovelo. Como a força contrátil decai de forma relativamente lenta, o músculo flexor é ativado uma segunda vez para se opor à aceleração prolongada gerada pelo músculo extensor e parar o membro no ângulo articular pretendido.

Se a ação intencional é apenas a flexão do pulso, então a ação de abdução deve ser antagonizada por outro músculo, como o flexor ulnar, que causa a flexão e a adução do pulso. Dependendo da geometria das superfícies de articulação e dos sítios de inserção, os vários músculos que abrangem uma articulação são capazes de produzir movimentos em torno de um a três eixos de rotação. Além disso, algumas estruturas são deslocadas linearmente (p. ex., deslizamento da escápula sobre o tronco), contribuindo para os graus de liberdade de uma articulação.

A inserção "fora do eixo" dos músculos aumenta a flexibilidade do sistema motor esquelético; o mesmo movimento pode ser realizado com a ativação de diferentes combinações de músculos. Contudo, essa flexibilidade adicional requer que o sistema nervoso controle ações indesejadas. A solução utilizada pelo sistema nervoso é organizar relações entre os músculos selecionados a fim de produzir ações específicas. Uma sequência particular de ativações musculares é conhecida como *sinergismo muscular*, e o movimento é produzido por meio da ativação coordenada dessas sinergias. Por exemplo, os registros eletromiográficos de humanos sugerem variações de movimentos com um mesmo propósito, como segurar vários objetos com a mão, alcançar e apontar em diferentes direções, caminhar e correr com diferentes acelerações, são todos controlados por aproximadamente cinco sinergias musculares.

O número de músculos que participam de um movimento também varia com a velocidade do movimento. Por exemplo, o levantamento lento de uma carga requer apenas que o torque do músculo exceda levemente o torque da carga (ver **Figura 31-14**) e, dessa forma, apenas o músculo flexor é ativado. Utiliza-se tal estratégia para levantar um haltere de mão com os músculos flexores do cotovelo. Por outro lado, para realizar esse movimento com rapidez e parar de forma abrupta em um ângulo articular intencional, tanto os músculos flexores como os extensores devem ser ativados. O músculo flexor é ativado primeiro para acelerar o membro na direção da flexão, seguido da ativação do músculo extensor para acelerar o membro na direção da extensão e, finalmente, uma atividade intensa e rápida do músculo flexor para aumentar o momento angular do membro e do peso do haltere na direção da flexão, de maneira que o movimento chegue ao ângulo de articulação desejado (**Figura 31-15B**). A quantidade de atividade do músculo extensor aumenta com a velocidade do movimento.

Aumentos da velocidade do movimento introduzem outro fator que o sistema nervoso deve controlar: acelerações indesejadas em outros segmentos corporais. Como as partes do corpo são ligadas umas às outras, o movimento de uma parte pode induzir movimento em outra. O movimento induzido é geralmente controlado com contrações excêntricas, como aquelas experienciadas pelos músculos da coxa durante a fase de impulso da corrida (**Figura 31-16A**).

Os músculos que abrangem mais de uma articulação podem ser utilizados para controlar essas interações decorrentes do movimento entre as partes do corpo. No final da fase de impulso na corrida, a ativação dos isquiotibiais (flexores do joelho) causa a aceleração da coxa e da perna para trás (**Figura 31-16B**). Se um músculo extensor do quadril é

FIGURA 31-16 Um único músculo pode influenciar o movimento que envolve muitas articulações.

A. Músculos que cruzam uma articulação podem acelerar um segmento corporal adjacente. Por exemplo, no início da fase de impulso durante a corrida, os músculos flexores do quadril são ativados a fim de movimentarem a coxa para a frente (**seta vermelha**). Tal ação causa a rotação da perna para trás (**seta azul**) e a flexão da articulação do joelho. Com vistas ao controle da flexão do joelho durante a primeira parte da fase de impulso, os músculos extensores do joelho estão ativados e sofrem uma contração excêntrica a fim de acelerarem a perna para a frente (**seta vermelha**) enquanto ela continua a rotar para trás (**seta azul**).

B. Muitos músculos cruzam mais de uma articulação a fim de exercerem efeito em mais de um segmento corporal. Por exemplo, os músculos isquiotibiais aceleram o quadril na direção da extensão e o joelho na direção da flexão (**setas vermelhas**). Durante a corrida, ao final da fase de impulso, os músculos isquiotibiais são ativados e sofrem contrações excêntricas a fim de controlarem a rotação da perna para a frente (flexão do quadril e extensão do joelho). Tal estratégia é mais econômica do que ativar isoladamente músculos das articulações do quadril e do joelho a fim de controlar a rotação da perna para a frente.

→ Direção da força exercida pelo músculo
→ Direção da rotação do segmento do membro

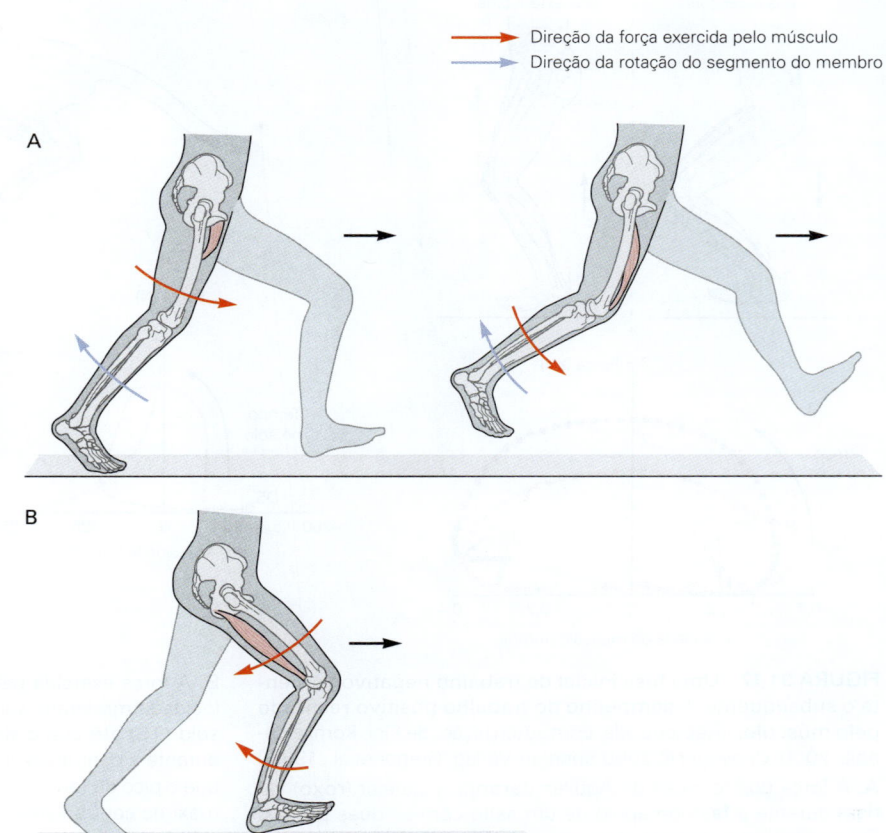

usado para aceleração da coxa para trás em vez dos músculos isquiotibiais, a perna seria projetada para frente, requerendo a ativação de um músculo flexor do joelho a fim de controlar o movimento indesejado para que o pé possa tocar o chão. O uso de músculos isquiotibiais de duas articulações é uma estratégia mais econômica, mas que pode expor tais músculos a grande estresse durante movimentos rápidos, como na corrida de velocidade. O controle das interações dependentes do movimento com frequência envolve contrações excêntricas, as quais maximizam a rigidez muscular e a habilidade do músculo em resistir a mudanças de comprimento.

Para a maioria dos movimentos, o sistema nervoso deve estabelecer conexões rígidas entre algumas partes do corpo por duas razões. Primeiro, obedecendo à lei de Newton da ação e reação, uma força de reação deve fornecer a base para a aceleração de uma parte do corpo. Por exemplo, no movimento de alcance realizado por uma pessoa em pé, a base de sustentação deve prover uma força de reação contra os pés. As ações musculares que produzem o movimento do braço exercem forças transmitidas através do corpo aos pés e opostas à base de sustentação. Diferentes substratos provêm intensidades diferentes de força de reação, o que explica porque o gelo e a areia podem influenciar as capacidades de movimento.

Segundo, condições incertas são muitas vezes ajustadas pela rigidez das articulações por meio da ativação simultânea dos músculos que produzem força em direções opostas. A coativação de músculos antagonistas ocorre com frequência quando uma superfície de apoio está instável, quando o corpo sofre um desequilíbrio inesperado ou, ainda, quando se ergue uma carga pesada. Como a coativação aumenta o custo energético da realização de uma tarefa, uma característica dos movimentos que requerem habilidade é a capacidade de realizar uma tarefa com ativação mínima de músculos que produzem ações opostas.

O trabalho muscular depende do padrão de ativação

Os músculos dos membros de adultos jovens e saudáveis estão ativados 10 a 20% do tempo durante as horas da vigília. Durante grande parte desse período, os músculos realizam contrações com manutenção do comprimento (*isométricas*) para manter várias posturas corporais estáticas. Durante o movimento, ao contrário, o comprimento muscular tem que variar para que o músculo possa realizar trabalhos e mover partes do corpo. Um músculo realiza trabalho positivo e gera potência durante uma contração concêntrica, enquanto realiza trabalho negativo e absorve potência durante uma contração excêntrica. A capacidade do músculo de realizar trabalho positivo determina o

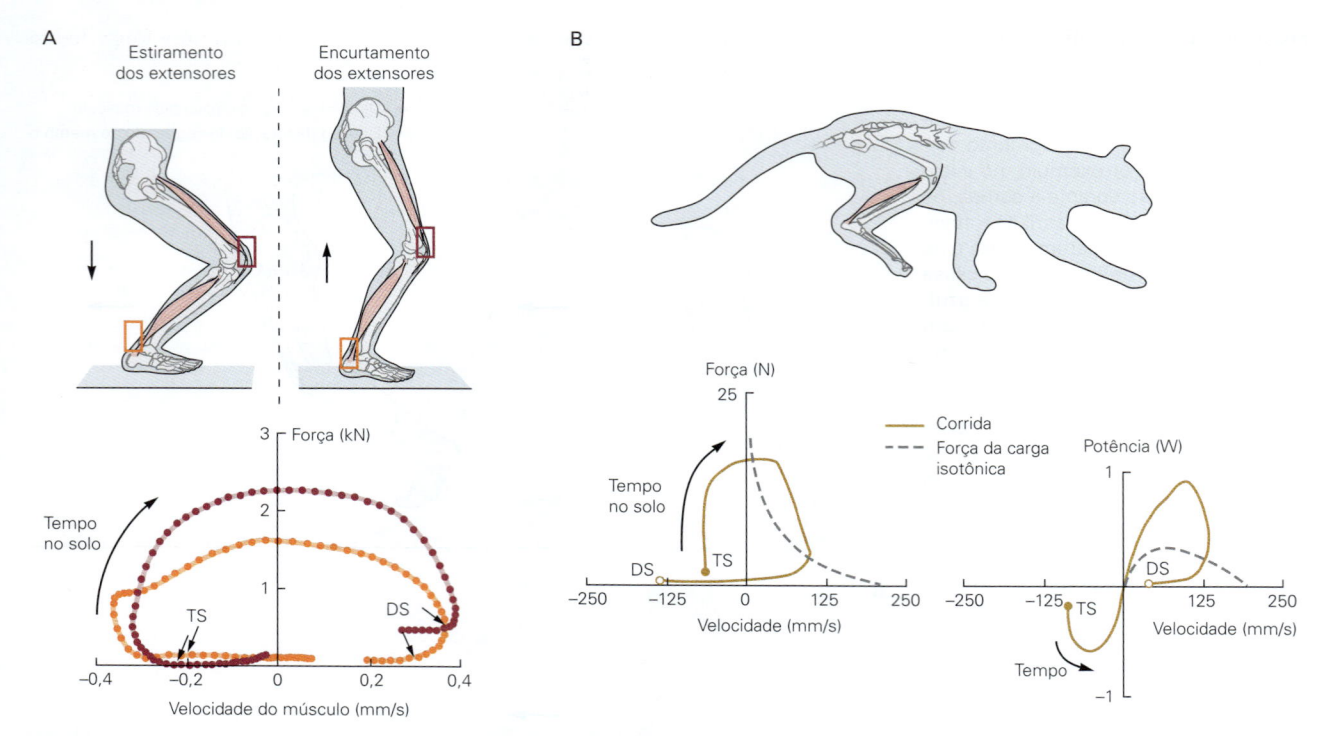

FIGURA 31-17 Uma fase inicial de trabalho negativo aumenta o subsequente desempenho do trabalho positivo realizado pelo músculo. (Reproduzida, com autorização, de Fini, Komi e Lepola, 2000. Copyright © 2000 Springer-Verlag; Gregor et al., 1988.)

A. A força dos tendões de Aquiles (**laranja**) e patelar (**roxo**) variam durante a fase de apoio de um salto com as duas pernas. Os pés tocam o solo na aterrissagem (**TS**) e o deixam no salto (**DS**). Na primeira metade do movimento, aproximadamente, os músculos quadríceps e tríceps sural alongam-se, realizando um trabalho negativo (velocidade negativa). Os músculos realizam trabalho positivo quando encurtam (velocidade positiva). Os sítios de medida da transdução de força são indicados por retângulos.

B. A força exercida pelo músculo sóleo do gato que corre à velocidade moderada varia desde o instante em que a pata toca o solo (**TS**) até que o deixe (**DS**). A força exercida pelo músculo durante a contração concêntrica (velocidade positiva) é maior do que o pico de força medido quando o músculo se contrai de forma máxima contra várias cargas constantes (força da carga isotônica). A velocidade negativa reflete uma contração excêntrica do músculo sóleo. A potência produzida pelo músculo sóleo do gato durante a corrida é maior do que a produzida em um experimento do músculo isolado (**linha tracejada**). A fase de potência negativa corresponde à contração excêntrica exatamente após a pata tocar o solo (TS), quando o músculo realiza trabalho negativo.

desempenho, como a altura máxima que pode ser alcançada em um salto.

O sistema nervoso pode aumentar a capacidade de trabalho positivo do músculo determinando um período breve de trabalho negativo antes de desempenhar o trabalho positivo. Essa sequência de ativação, o *ciclo encurtamento-estiramento*, ocorre em muitos movimentos. Quando uma pessoa salta com os dois pés, por exemplo, a fase de apoio envolve um estiramento inicial (excêntrico), seguido de encurtamento dos músculos extensores do tornozelo e do joelho (**Figura 31-17A**). As forças exercidas sobre o tendão de Aquiles e o tendão patelar aumentam durante o estiramento das contrações excêntricas e alcançam um máximo no começo da fase de encurtamento. Em consequência, os músculos podem realizar mais trabalho positivo e produzir mais potência durante a contração concêntrica (**Figura 31-17B**).

Embora o trabalho negativo envolva o aumento do comprimento muscular, o comprimento dos fascículos musculares permanece, em geral, relativamente constante, o que indica que as estruturas do tecido conectivo sofrem estiramento antes da contração concêntrica. Assim, a capacidade do músculo de realizar mais trabalho positivo provém da energia da tensão, que pode ser estocada nos elementos elásticos do músculo e no tendão durante a fase de estiramento, e liberada na fase subsequente de encurtamento. A energia da tensão pode ser mais armazenada em tendões longos, mas tendões curtos são mais vantajosos quando o movimento requer a liberação rápida da energia da tensão.

Destaques

1. A unidade funcional básica do controle do movimento pelo sistema nervoso é a unidade motora, que compreende um neurônio motor e as fibras musculares que ele inerva.

2. A força exercida pelo músculo depende em parte do número e das propriedades das unidades motoras ativadas e das taxas com as quais elas disparam potenciais de ação. As propriedades-chave das unidades motoras incluem velocidade de contração, força máxima

e resistência à fadiga, que podem ser alteradas, todas, pela atividade física. As propriedades na unidade motora variam continuamente através da população que inerva cada músculo; ou seja, não há tipos distintos de unidades motoras. Devido a avanços tecnológicos, vem se tornando possível caracterizar as adaptações exibidas por populações de unidades motoras em resposta a diferentes tipos de mudanças na atividade física.
3. As unidades motoras ficam ativadas seguindo uma ordem estereotipada correlacionada com o tamanho do neurônio motor. A frequência com a qual as unidades motoras são recrutadas durante a contração voluntária aumenta com a velocidade de contração.
4. A frequência com a qual uma unidade motora dispara potenciais de ação em resposta a uma dada aferência sináptica pode ser modulada por aferências descendentes do tronco encefálico. As aferências modulatórias são provavelmente críticas para o estabelecimento no nível de excitação nas vias espinais, mas a demonstração disso em humanos é difícil.
5. Exceto em forças musculares baixas, variações na frequência de disparos têm influência maior sobre a força muscular do que o número de unidades motoras ativadas. Além disso, a variabilidade na frequência de disparos da população de unidades motoras influencia o nível do controle motor fino.
6. O sarcômero é o menor elemento do músculo que possui um conjunto completo de proteínas contráteis. Um acoplamento transitório entre as proteínas contráteis miosina e actina, conhecido como ciclo das pontes transversas, permite que o músculo exerça força. A organização dos sarcômeros no músculo varia consideravelmente e, em adição à atividade da unidade motora, tem um importante efeito nas propriedades contráteis do músculo.
7. Para um dado arranjo de sarcômeros, a força que um músculo pode exercer depende da ativação das pontes transversas pelo Ca^{2+}, do grau de sobreposição entre os filamentos finos e grossos e da velocidade de deslizamento dos filamentos. A força do sarcômero durante as contrações concêntricas é ampliada por um aumento na rigidez da titina mediado pelo Ca^{2+}. A força produzida por sarcômeros ativados depende das interações de três filamentos: actina, miosina e titina.
8. A maior parte da força gerada por sarcômeros ativados é transmitida lateralmente através de uma rede de proteínas não contráteis que mantém o alinhamento dos filamentos finos e grossos.
9. A capacidade funcional de um músculo depende do torque que ele pode exercer, o que sofre influência tanto das propriedades contráteis como da localização das inserções musculares no esqueleto em relação à articulação controlada pelo músculo.
10. Para realizar um movimento, o sistema nervoso ativa diversos músculos e controla o torque exercido sobre as articulações envolvidas. O sistema nervoso varia a magnitude e a direção de um movimento alterando o nível de atividade da unidade motora e, portanto, o torque muscular em relação à carga que atua sobre o corpo.
11. Apesar de o músculo exercer apenas uma força de tração sobre o esqueleto, ele pode fazer isso se o músculo ativado encurta ou é alongado por um torque de carga que exceda o torque muscular. A capacidade de força de um músculo é maior durante as contrações excêntricas. A atividade da unidade motora difere durante as contrações concêntricas e excêntricas, mas se sabe pouco sobre como as aferências sinápticas aos neurônios motores diferem durante esses dois tipos de contrações.
12. Movimentos mais rápidos provocam interações dependentes de movimento entre partes do corpo que resultam em acelerações indesejadas. Essas ações devem ser controladas pelo sistema nervoso para produzir um movimento intencional.
13. O sistema nervoso deve coordenar a atividade de múltiplos músculos para prover uma conexão mecânica entre as partes do corpo em movimento e a informação necessária proveniente do meio externo. Os músculos engajados para cada ação, como agarrar, alcançar, correr e caminhar, são organizados em pequenos conjuntos que exibem um padrão estereotipado de ativação, mas não se sabe por que padrões particulares são preferidos.
14. Os padrões de atividade muscular variam consideravelmente entre os movimentos e via de regra incluem estratégias que aumentam a capacidade de trabalho dos músculos. Os padrões podem ser modificados pela experiência, mas se sabe pouco sobre o local das adaptações para além das vias espinais e supraespinais envolvidas.

Roger M. Enoka

Leituras selecionadas

Booth FW. 2015. Muscle adaptation to exercise: new Saltin's paradigms. Scand J Med Sci Sports Suppl 4:49–52.

Duchateau J, Enoka RM. 2011. Human motor unit recordings: origins and insights into the integrated motor system. Brain Res 1409:42–62.

Enoka RM. 2015. *Neuromechanics of Human Movement*. 5th ed. Champaign, IL: Human Kinetics.

Farina D, Negro F, Muceli S, Enoka RM. 2016. Principles of motor unit physiology evolve with advances in technology. Physiology 31:83–94.

Gordon AM, Regnier M, Homsher E. 2001. Skeletal and cardiac muscle contractile activation: tropomyosin "rocks and rolls." News Physiol Sci 16:49–55.

Heckman CJ, Enoka RM. 2012. Motor unit. Compr Physiol 2:2629–2682.

Herzog W, Schappacher G, DuVall M, Leonard TR, Herzog JA. 2016. Residual force enhancement following eccentric contractions: a new mechanism involving titin. Physiology 31:300–312.

Hunter SK, Pereira HM, Keenan KG. 2016. The aging neuromuscular system and motor performance. J Appl Physiol 121:982–995.

Huxley AF. 2000. Mechanics and models of the myosin motor. Philos Trans R Soc Lond B Biol Sci 355:433–440.

Lieber RL, Ward SR. 2011. Skeletal muscle design to meet functional demands. Philos Trans R Soc Lond B Biol Sci 366:1466–1476.

Merletti R, Muceli S. 2020. Tutorial. Surface EMG detection in space and time: best practices. J Electromyogr Kinesiol 49:102363.

Narici M, Franchi M, Maganaris C. 2016. Muscle structural assembly and functional consequences. J Exp Biol 219:276–284.

Referências

Alexander RM, Ker RF. 1990. The architecture of leg muscles. In: JM Winters, SL-Y Woo (eds). *Multiple Muscle Systems: Biomechanics and Movement Organization*, pp. 568–577. New York: Springer-Verlag.

Azizi E, Roberts TJ. 2012. Geared up to stretch: pennate muscle behavior during active lengthening. J Exp Biol 217:376–381.

Bloom W, Fawcett DW. 1975. *A Textbook of Histology*. 10th ed. Philadelphia, PA: Saunders.

Botterman BR, Iwamoto GA, Gonyea WJ. 1986. Gradation of isometric tension by different activation rates in motor units of cat flexor carpi radialis muscle. J Neurophysiol 56:494–506.

Bottinelli R, Canepari M, Pellegrino MA, Reggiani C. 1996. Force-velocity properties of human skeletal muscle fibres: myosin heavy chain isoform and temperature dependence. J Physiol 495:573–586.

Del Vecchio A, Negro F, Felici F, Farina D. 2017. Associations between motor unit action potential parameters and surface EMG features. J Appl Physiol 123:835–843.

Desmedt JE, Godaux E. 1977. Ballistic contractions in man: characteristic recruitment pattern of single motor units of the tibialis anterior muscle. J Physiol 264:673–693.

Duchateau J, Enoka RM. 2016. Neural control of lengthening contractions. J Exp Biol 219:197–204.

Enoka RM, Duchateau J. 2016. Translating muscle fatigue to human performance. Med Sci Sport Exerc 48:2228–2238.

Enoka RM, Duchateau J. 2017. Rate coding and the control of muscle force. Cold Spring Harb Perspect Med 27:1–12.

Enoka RM, Fuglevand AJ. 2001. Motor unit physiology: some unresolved issues. Muscle Nerve 24:4–17.

Erim Z, De Luca CJ, Mineo K, Aoki T. 1996. Rank-ordered regulation of motor units. Muscle Nerve 19:563–573.

Farina D, Merletti R, Enoka RM. 2014. The extraction of neural strategies from the surface EMG: an update. J Appl Physiol 117:1215–1230.

Finni T, Komi PV, Lepola V. 2000. In vivo human triceps surae and quadriceps muscle function in a squat jump and counter movement jump. Eur J Appl Physiol 83:416–426.

Fuglevand AJ, Macefield VG, Bigland-Ritchie B. 1999. Force-frequency and fatigue properties of motor units in muscles that control digits of the human hand. J Neurophysiol 81:1718–1729.

Gordon AM, Regnier M, Homsher R. 2001. Skeletal and cardiac muscle contractile activation: tropomyosin "rocks and rolls." News Physiol Sci 16:49–55.

Gregor RJ, Roy RR, Whiting WC, Lovely RG, Hodgson JA, Edgerton VR. 1988. Mechanical output of the cat soleus during treadmill locomotion: in vivo vs in situ characteristics. J Biomech 21:721–732.

Heckman CJ, Mottram C, Quinlan K, Theiss R, Schuster J. 2009. Motoneuron excitability: the importance of neuromodulatory inputs. Clin Neurophysiol. 120:2040–2054.

Henneman E, Somjen G, Carpenter DO. 1965. Functional significance of cell size in spinal motoneurons. J Neurophysiol 28:560–580.

Hepple RT, Rice CL. 2016. Innervation and neuromuscular control in ageing skeletal muscle. J Physiol 594:1965–1978.

Huxley AF, Simmons RM. 1971. Proposed mechanism of force generation in striated muscle. Nature 233:533–538.

Kubo K, Miyazaki D, Shimoju S, Tsunoda N. 2015. Relationship between elastic properties of tendon structures and performance in long distance runners. Eur J Appl Physiol 115:1725–1733.

Lai A, Schache AG, Lin YC, Pandy MG. 2014. Tendon elastic strain energy in the human ankle plantar-flexors and its role with increased running speed. J Exp Biol 217:3159–3168.

Lieber RL, Fridén J. 2000. Functional and clinical significance of skeletal muscle architecture. Muscle Nerve 23:1647–1666.

Lieber RL, Ward SR. 2011. Skeletal muscle design to meet functional demands. Philos Trans R Soc Lond B Biol Sci 366:1466–1476.

Liddell EGT, Sherrington CS. 1925. Recruitment and some other factors of reflex inhibition. Proc R Soc Lond B Biol Sci 97:488–518.

Maas H, Finni T. 2018. Mechanical coupling between muscle-tendon units reduces peak stresses. Exerc Sport Sci Rev 46:26–33.

Macefield VG, Fuglevand AJ, Bigland-Ritchie B. 1996. Contractile properties of single motor units in human toe extensors assessed by intraneural motor axon stimulation. J Neurophysiol 75:2509–2519.

Milner-Brown HS, Stein RB, Yemm R. 1973. The orderly recruitment of human motor units during voluntary isometric contraction. J Physiol 230:359–370.

Moritz CT, Barry BK, Pascoe MA, Enoka RM. 2005. Discharge rate variability influences the variation in force fluctuations across the working range of a hand muscle. J Neurophysiol 93:2449–2459.

O'Connor SM, Cheng EJ, Young KW, Ward SR, Lieber RL. 2016. Quantification of sarcomere length distribution in whole muscle frozen sections. J Exp Biol 219:1432–1436.

Overduin SA, d'Avella A, Roh J, Carmena JM, Bizzi E. 2015. Representation of muscle synergies in the primate brain. J Neurosci 35:12615–12624.

Palmisano MG, Bremner SN, Homberger TA, et al. 2015. Skeletal muscle intermediate filaments form a stress-transmitting and stress-signalling network. J Cell Sci 128: 219–224.

Person RS, Kudina LP. 1972. Discharge frequency and discharge pattern of human motor units during voluntary contraction of muscle. Electroencephalogr Clin Neurophysiol 32:471–483.

Sawicki GS, Robertson BD, Azizi E, Roberts TJ. 2015. Timing matters: tuning the mechanics of a muscle-tendon unit by adjusting stimulation phase during cyclic contractions. J Exp Biol 218:3150–3159.

Schache AG, Dorn TW, Williams GP, Brown NA, Pandy MG. 2014. Lower-limb muscular strategies for increasing running speed. J Orthop Sports Phys Ther 44:813–824.

Sherrington CS. 1925. Remarks on some aspects of reflex inhibition. Proc R Soc Lond B Biol Sci 97:519–545.

Trappe S, Costill D, Gallagher P, et al. 2009. Exercise in space: human skeletal muscle after 6 months aboard the International Space Station. J Appl Physiol 106:1159–1168.

Trappe S, Luden N, Minchev K, Raue U, Jemiolo B, Trappe TA. 2015. Skeletal muscle signature of a champion sprint runner. J Appl Physiol 118:1460–1466.

Van Cutsem M, Duchateau J, Hainaut K. 1998. Changes in single motor unit behaviour contribute to the increase in contraction speed after dynamic training in humans. J Physiol 513:295–305.

Van Cutsem M, Feiereisen P, Duchateau J, Hainaut K. 1997. Mechanical properties and behaviour of motor units in the tibialis anterior during voluntary contractions. Can J Appl Physiol 22:585–597.

Ward SR, Eng CM Smallwood LH, Lieber RL. 2009. Are current measurements of lower extremity muscle architecture accurate? Clin Orthop Rel Res 467:1074–1082.

32

Integração sensorimotora na medula espinal

As vias reflexas na medula espinal produzem padrões coordenados de contração muscular
  O reflexo de estiramento atua para resistir ao alongamento do músculo
Circuitos neuronais na medula espinal contribuem para a coordenação das respostas reflexas
  O reflexo de estiramento envolve uma via monossináptica
  Os neurônios motores gama ajustam a sensibilidade dos fusos musculares
  O reflexo de estiramento também envolve vias polissinápticas
  Os órgãos tendinosos de Golgi fornecem para a medula espinal retroalimentação sensível à força
  Os reflexos cutâneos produzem movimentos complexos que exercem funções posturais e de proteção
  A convergência de entradas sensoriais sobre os interneurônios aumenta a flexibilidade das contribuições dos reflexos para o movimento
Retroalimentação sensorial e comandos motores descendentes interagem em neurônios espinais comuns para produzir movimentos voluntários
  A atividade sensorial aferente do fuso muscular reforça os comandos centrais para movimentos através da via reflexa monossináptica Ia
  A modulação de interneurônios inibitórios Ia e de células de Renshaw por vias descendentes coordenam a atividade muscular nas articulações
  A transmissão em vias reflexas pode ser facilitada ou inibida por comandos motores descendentes
  Vias descendentes modulam a entrada sensorial para a medula espinal alterando a eficiência sináptica das fibras sensoriais primárias
Parte do comando descendente para movimentos voluntários é transmitido através de interneurônios espinais
  Neurônios propriospinais nos segmentos C3-C4 medeiam parte do comando corticospinal para o movimento do membro superior
  Neurônios nas vias reflexas espinais são ativados antes do movimento

Os reflexos proprioceptivos assumem uma função importante na regulação dos movimentos voluntários e automáticos
As vias do reflexo espinal sofrem mudanças de longo prazo
Lesões no sistema nervoso central produzem alterações características nas respostas reflexas
  A interrupção das vias descendentes para a medula espinal frequentemente produz espasticidade
  Lesão da medula espinal em humanos leva a um período de choque espinal seguido de hiper-reflexia
Destaques

DURANTE OS MOVIMENTOS COM UM OBJETIVO DETERMINADO, o sistema nervoso central utiliza informação de diversos receptores sensoriais para assegurar que o padrão de atividade motora cumpra o propósito. Sem essas informações sensoriais, os movimentos tendem a ser imprecisos, e as tarefas que requerem coordenação minuciosa das mãos, como abotoar uma camisa, tornam-se difíceis. A integração sensorimotora capaz possibilitar a regulação contínua do movimento ocorre em muitos níveis do sistema nervoso, mas a medula espinal tem um papel especial devido ao estreito acoplamento na medula entre a entrada sensorial e a saída motora em direção aos músculos.

Charles Sherrington foi um dos primeiros a reconhecer a importância da informação sensorial na regulação dos movimentos. Em 1906, ele propôs que os reflexos simples – movimentos estereotipados causados pela ativação dos receptores da pele ou do músculo – são as unidades básicas do movimento. Ele também enfatizou que todas as partes do sistema nervoso estão conectadas e que nenhuma delas é capaz de ser ativada sem afetar ou ser afetada por outras. Em suas palavras, o reflexo simples é uma ficção, se não provável, conveniente.

Estudos laboratoriais sobre reflexos em animais a partir da década de 1950 demonstraram que as vias motoras descendentes e as vias aferentes sensoriais convergem para interneurônios comuns na medula espinal. Pesquisas posteriores em humanos e em animais intactos realizando comportamentos normais confirmaram que os circuitos neurais na medula espinal participam da transmissão e modelagem do comando motor para os músculos, integrando comandos motores descendentes e sinais de retroalimentação sensorial. No entanto, a ideia de reflexos simples é conveniente para a compreensão dos princípios de organização da integração sensorimotora na medula espinal e de como a entrada sensorial para diferentes circuitos espinais contribui para o controle do movimento.

Neste capítulo, explicamos os princípios subjacentes à integração sensorimotora na medula espinal e descrevemos como essa integração regula o movimento. Para isso, devemos primeiro ter um conhecimento minucioso de como as vias reflexas na medula espinal são organizadas.

As vias reflexas na medula espinal produzem padrões coordenados de contração muscular

Ao ativar as vias reflexas espinais, os estímulos sensoriais atuam fora da medula espinal, em receptores nos músculos, articulações e pele. Em contraste, o circuito neural responsável pela resposta motora está inteiramente contido na medula espinal. Os interneurônios nas vias reflexas e os reflexos resultantes têm sido tradicionalmente classificados com base na modalidade sensorial e no tipo de fibra sensorial que ativa os interneurônios. Como veremos, essa classificação é inconsistente com a significativa convergência de múltiplas modalidades em interneurônios comuns. Mas como ponto de partida, ainda é útil distinguir as vias reflexas com base no fato de a principal entrada sensorial se originar do músculo ou da pele.

O reflexo de estiramento atua para resistir ao alongamento do músculo

O reflexo espinal mais simples e certamente mais estudado é o *reflexo de estiramento*, uma contração muscular reflexa provocada pelo alongamento do músculo. Os reflexos de estiramento eram originalmente considerados uma propriedade intrínseca dos músculos. No início do século XX, no entanto, Liddell e Sherrington mostraram que o reflexo de estiramento poderia ser abolido ao seccionar-se a raiz dorsal ou ventral, demonstrando, assim, a necessidade de uma aferência sensorial do músculo para a medula espinal e uma via de retorno ao músculo (**Figura 32-1A**).

Sabe-se atualmente que o receptor capaz de detectar a mudança de comprimento é o fuso muscular (**Quadro 32-1**) e que o axônio sensorial do tipo Ia desse receptor faz conexões excitatórias diretas com os neurônios motores. (A classificação das fibras sensoriais do músculo é discutida no **Quadro 32-2**.) O axônio aferente também se conecta a interneurônios que inibem os neurônios motores, os quais inervam os músculos antagonistas, um arranjo chamado de inervação recíproca. Essa inibição evita contrações musculares que poderiam impor resistência aos movimentos decorrentes dos reflexos de estiramento.

Sherrington desenvolveu um modelo experimental para investigar os circuitos espinais de grande validade para o estudo dos reflexos de estiramento. Ele realizou seus experimentos em gatos cujos troncos encefálicos foram cirurgicamente transeccionados no mesencéfalo, entre os colículos superiores e inferiores. Esse procedimento é referido como *preparação de descerebração*. O efeito desse procedimento é desconectar o prosencéfalo da medula espinal, bloqueando, assim, a sensação de dor e interrompendo, também, a modulação dos reflexos pelos centros superiores encefálicos. Um animal descerebrado apresenta reflexos de estiramento estereotipados e geralmente mais evidentes, o que torna mais fácil examinar os fatores que controlam sua expressão.

Sem o controle dos centros encefálicos superiores, as vias descendentes do tronco encefálico facilitam fortemente os circuitos neuronais envolvidos nos reflexos de estiramento dos músculos extensores. Isso resulta em um aumento dramático no tônus do músculo extensor, que às vezes pode ser suficiente para sustentar o animal em pé. Devido ao balanço existente entre facilitação e inibição, o reflexo de estiramento em animais e humanos normais é mais fraco e de intensidade consideravelmente mais variável comparada aos animais descerebrados.

Circuitos neuronais na medula espinal contribuem para a coordenação das respostas reflexas

O reflexo de estiramento envolve uma via monossináptica

O circuito neural responsável pelo reflexo de estiramento foi uma das primeiras vias reflexas a serem examinadas em detalhe. A base fisiológica desse reflexo foi estabelecida por meio de medidas da latência das respostas nas raízes ventrais à estimulação elétrica das raízes dorsais. Quando os axônios sensoriais Ia que inervam as fibras intrafusais foram seletivamente ativados, a latência do reflexo através da medula espinal foi menor que 1 ms. Isso demonstrou que as fibras Ia fazem conexões sinápticas diretas com os neurônios motores alfa, pois o retardo de tempo em uma única sinapse é tipicamente de 0,5 a 0,9 ms (**Figura 32-3B**). Em humanos, o reflexo de Hoffmann, um análogo do reflexo de estiramento monossináptico, pode ser desencadeado pela estimulação elétrica de nervos periféricos (**Quadro 32-3**).

O padrão de conexões sinápticas das fibras Ia com os neurônios motores pode ser mostrado diretamente por registro intracelular. As fibras Ia de um determinado músculo excitam não apenas os neurônios motores que inervam esse mesmo músculo (*homônimo*), mas também os neurônios motores que inervam outros músculos (*heterônimos*) com uma ação mecânica semelhante.

Lorne Mendell e Elwood Henneman utilizaram uma técnica computacional para obter uma estimativa da média dos estímulos que disparam potenciais de ação (*spike-triggered averaging*) para determinar a extensão pela qual os potenciais de ação de fibras Ia isoladas são transmitidos a uma população de neurônios espinais. Eles observaram que axônios Ia individualmente fazem sinapses excitatórias com todos os neurônios motores homônimos que inervam o músculo gastrocnêmio medial do gato. Essa ampla divergência amplifica de forma eficiente a sinalização de cada fibra Ia, levando a uma intensa atividade excitatória no músculo do qual esses estímulos se originaram (*excitação autógena*).

Os axônios Ia das vias reflexas também fornecem aferências excitatórias a muitos dos neurônios motores que

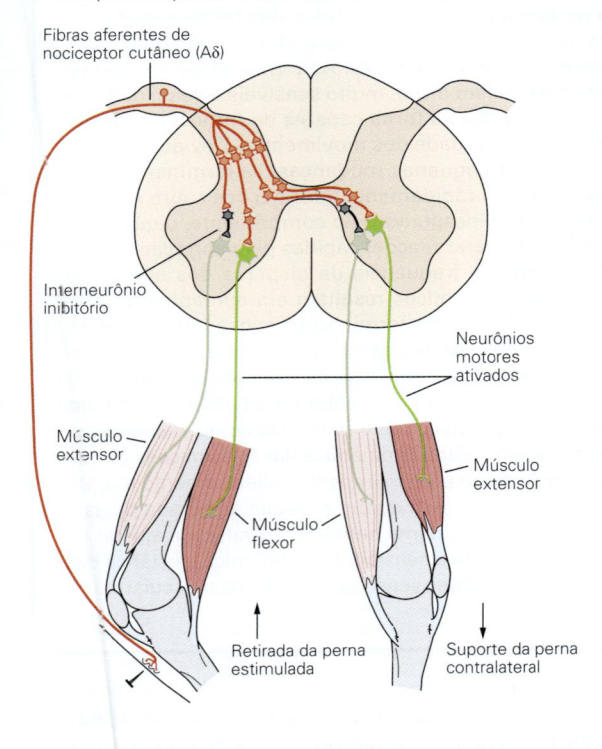

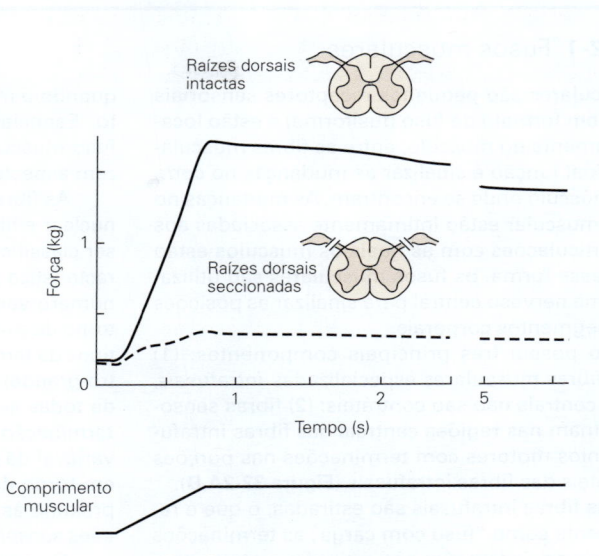

A Vias monossinápticas (reflexo de estiramento)

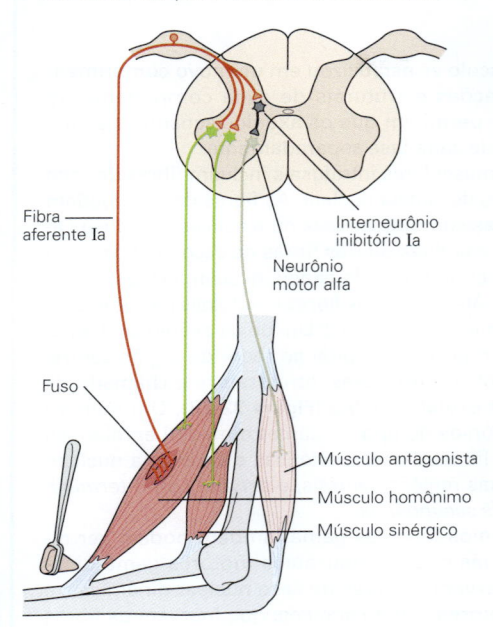

B Vias polissinápticas (reflexo flexor de retirada)

FIGURA 32-1 Os reflexos espinais envolvem contrações coordenadas de vários músculos dos membros.

A. Nas vias monossinápticas, os axônios sensoriais Ia dos fusos musculares fazem conexões excitatórias em dois conjuntos de neurônios motores: neurônios motores alfa que inervam o mesmo músculo (homônimo) de onde surgem as vias sensoriais e neurônios motores que inervam os músculos sinérgicos. Eles também agem através de interneurônios para inibir os neurônios motores que inervam os músculos antagonistas. Quando um músculo é estirado por uma percussão no tendão com um martelo de reflexos, a frequência de disparo na fibra sensorial do fuso aumenta. Isso leva à contração do mesmo músculo e seus sinergistas e o relaxamento do antagonista. O reflexo, portanto, tende a contrapor o alongamento, aumentando as propriedades de mola dos músculos.

Os registros à direita demonstram a natureza reflexa das contrações produzidas pelo estiramento muscular em um gato descerebrado. Quando um músculo extensor é estirado, ele normalmente produz uma grande força. Mas, após a secção das aferências sensoriais nas raízes dorsais, a força produzida é muito pequena (**linha tracejada**) (Adaptada, com autorização, de Liddell e Sherrington, 1924.)

B. Nas vias polissinápticas, uma via excitatória ativa neurônios motores que inervam os músculos flexores ipsilaterais, os quais afastam o membro de estímulos nocivos, enquanto outra via excita simultaneamente os neurônios motores que inervam os músculos extensores contralaterais, fornecendo suporte durante a retirada do membro. Interneurônios inibitórios asseguram que os neurônios motores que suprem os músculos antagonistas estejam inativos durante a resposta reflexa. (Adaptada, com autorização, de Schmidt, 1983.)

inervam músculos sinérgicos (até 60% dos neurônios motores de alguns músculos sinérgicos) (**Figura 32-1A**). Apesar de extensamente espalhadas, essas conexões sinápticas não são tão fortes quanto as conexões com os neurônios motores homônimos.

As fibras Ia também enviam sinais inibitórios através dos *interneurônios inibitórios Ia* para os neurônios motores alfa que inervam os músculos antagonistas. Essa via inibitória bissináptica é a base para a inervação recíproca: quando um músculo é estirado, seu antagonista deve relaxar.

Os neurônios motores gama ajustam a sensibilidade dos fusos musculares

A atividade dos fusos musculares pode ser modulada pela variação do nível de atividade dos neurônios motores gama, que inervam as fibras musculares intrafusais dos fusos

> **QUADRO 32-1** Fusos musculares
>
> Os fusos musculares são pequenos receptores sensoriais encapsulados em formato de fuso (fusiforme) e estão localizados internamente no músculo, entre as fibras musculares. Sua principal função é sinalizar as mudanças no comprimento do músculo onde se encontram. As mudanças no comprimento muscular estão intimamente associadas aos ângulos das articulações com as quais os músculos estão envolvidos. Dessa forma, os fusos musculares são utilizados pelo sistema nervoso central para sinalizar as posições relativas dos segmentos corporais.
>
> Cada fuso possui três principais componentes: (1) um grupo de fibras musculares especializadas *intrafusais*, cujas porções centrais não são contráteis; (2) fibras sensoriais que terminam nas regiões centrais das fibras intrafusais; e (3) axônios motores com terminações nas porções polares contráteis das fibras intrafusais (**Figura 32-2A,B**).
>
> Quando as fibras intrafusais são estiradas, o que é referido comumente como "fuso com carga", as terminações dos axônios sensoriais também são estiradas e aumentam sua frequência de disparos. Devido aos fusos musculares estarem dispostos em paralelo às fibras musculares *extrafusais*, as quais constituem o músculo propriamente dito, as fibras intrafusais mudam seu comprimento conforme as mudanças de todo o músculo. Então, quando um músculo sofre um estiramento, a atividade dos axônios sensoriais dos fusos musculares aumenta. Quando o músculo encurta, o fuso fica sem carga e sua atividade diminui.
>
> As fibras musculares intrafusais são inervadas por neurônios motores *gama*, cujos axônios são mielinizados e de pequeno diâmetro, diferente das fibras musculares extrafusais inervadas por neurônios motores *alfa*, cujos axônios são mielinizados e de grande diâmetro. A ativação dos neurônios motores gama causa encurtamento das regiões polares das fibras intrafusais, o que resulta no estiramento da região central dessas fibras. Isso, por sua vez, alonga a região central de ambas as extremidades, levando a um aumento na frequência de disparo dos axônios sensoriais ou a uma maior probabilidade de que os axônios disparem em resposta ao estiramento do músculo. Dessa forma, os neurônios motores gama ajustam a sensibilidade dos fusos musculares. A contração das fibras musculares intrafusais não contribui significativamente para a força da contração muscular.
>
> A estrutura e o comportamento funcional dos fusos musculares são consideravelmente mais complexos do que esta simples descrição retrata. À medida que um músculo é estirado, a mudança no comprimento tem duas fases: uma fase dinâmica, período em que o comprimento está variando, e uma fase estática, ou estado estável, quando o músculo se estabilizou em um novo comprimento. Especializações estruturais de cada componente do fuso muscular permitem que os axônios sensoriais sinalizem aspectos de cada fase separadamente.
>
> As fibras musculares intrafusais incluem fibras de saco nuclear e fibras de cadeia nuclear. As fibras de saco podem ser classificadas como dinâmicas ou estáticas. Um fuso característico possui duas ou três fibras de saco nuclear e um número variável de fibras de cadeia nuclear, em geral, em torno de cinco. Além disso, as fibras intrafusais recebem dois tipos de terminações sensoriais. Um único axônio Ia (diâmetro grande) enrola-se em espiral ao redor da região central de todas as fibras musculares intrafusais, e é chamado de *terminação sensorial primária* (**Figura 32-2B**). Um número variável de axônios do tipo II (diâmetro médio) enrolam-se em torno das fibras de saco estáticas e de cadeia nuclear, próximo às suas regiões centrais, e servem como *terminações sensoriais secundárias*.
>
> Os neurônios motores gama também podem ser divididos em duas classes: neurônios motores gama dinâmicos, que inervam as fibras de saco nuclear dinâmicas, e neurônios motores gama estáticos, que inervam as fibras de saco nuclear estáticas e as fibras de cadeia nuclear.
>
> Esse dualismo de estruturas se reflete em um dualismo de função. A descarga tônica das terminações sensoriais, tanto primárias como secundárias, sinaliza o comprimento estável do músculo. As terminações sensoriais primárias são, além disso, muito sensíveis à velocidade de estiramento, o que as torna capazes de fornecer informações sobre a velocidade dos movimentos. Devido à grande sensibilidade a pequenas mudanças, as terminações primárias fornecem rapidamente informações sobre mudanças repentinas e inesperadas no comprimento, o que pode ser usado para gerar reações rápidas para correção.
>
> Aumentos da frequência de disparos dos neurônios motores gama dinâmicos resultam em aumentos da sensibilidade dinâmica das terminações sensoriais primárias, mas não têm efeito sobre as terminações sensoriais secundárias. Aumentos da frequência de disparos dos neurônios motores gama estáticos aumentam a atividade tônica das terminações sensoriais, tanto primárias como secundárias, diminuem a sensibilidade dinâmica das terminações primárias (**Figura 32-2C**) e podem impedir o silenciamento das terminações primárias quando um músculo é liberado do estiramento. Assim, o sistema nervoso central pode ajustar de forma independente a sensibilidade dinâmica e estática das diferentes terminações sensoriais dos fusos musculares.
>
> *continua*

musculares (**Quadro 32-1**). Essa função dos neurônios motores gama, geralmente referida como sistema fusimotor, pode ser demonstrada por estimulação seletiva dos neurônios motores alfa ou gama sob condições experimentais.

Quando apenas neurônios motores alfa são estimulados, os disparos da fibra Ia do fuso muscular fazem uma pausa durante a contração do músculo, pois o músculo está encurtado fazendo com que o fuso fique sem carga (relaxado). Contudo, se os neurônios motores gama e os neurônios motores alfa são ativados ao mesmo tempo, não ocorre a pausa nos impulsos da fibra Ia. A contração das fibras intrafusais pelos neurônios motores gama mantém o fuso sob tensão e a frequência de disparos das fibras Ia dentro de uma faixa ideal para a sinalização de mudanças no comprimento muscular, não importando o comprimento vigente do músculo (**Figura 32-5**). Essa *coativação alfa-gama* é recrutada para muitos movimentos voluntários, pois estabiliza a sensibilidade dos fusos musculares.

Além dos axônios de neurônios motores gama, colaterais dos axônios do neurônio motor alfa, por vezes, inervam

QUADRO 32-1 Fusos musculares (*continuação*)

A Fuso muscular

B Fibras intrafusais do fuso muscular

C Resposta da fibra sensorial Ia à ativação seletiva dos neurônios motores gama

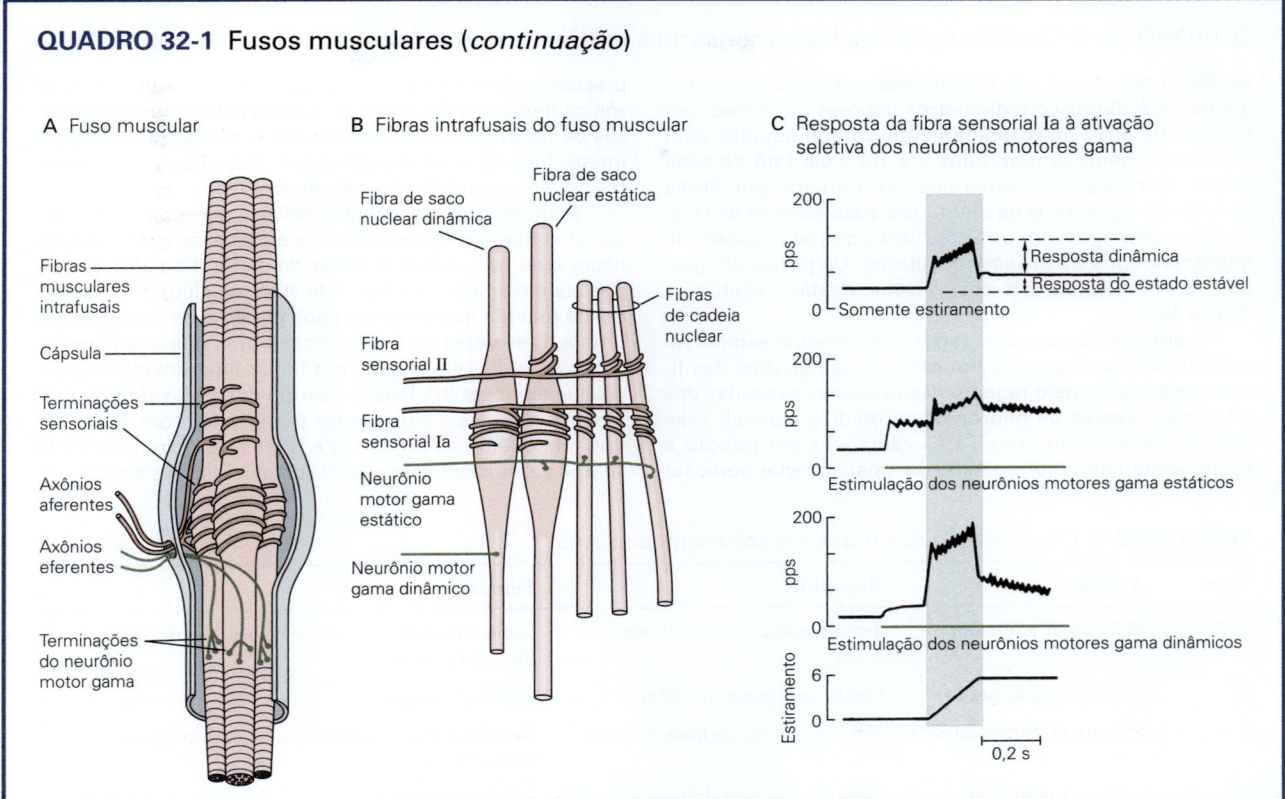

FIGURA 32-2 O fuso muscular detecta mudanças no comprimento muscular.

A. Os principais componentes do fuso muscular são fibras musculares intrafusais, terminações axonais sensoriais e terminações axonais motoras. As fibras intrafusais são fibras musculares especializadas com regiões centrais não contráteis. Os neurônios motores gama inervam as extremidades contráteis das fibras intrafusais. A contração de ambas as extremidades estira as regiões centrais da fibra intrafusal. As terminações sensoriais envolvem em espiral a região central das fibras intrafusais e respondem ao estiramento dessas fibras. (Adaptada, com autorização, de Hulliger, 1984. Copyright © Springer-Verlag 1984.)

B. O fuso muscular contém três tipos de fibras intrafusais: de saco nuclear dinâmica, de saco nuclear estática e de cadeia nuclear. Um único axônio sensorial Ia inerva os três tipos de fibras, constituindo as terminações sensoriais primárias. Os axônios sensoriais do tipo II inervam as fibras de cadeia nuclear e de saco nuclear estática, constituindo uma terminação sensorial secundária. Dois tipos de neurônios motores inervam as diferentes fibras intrafusais. Os neurônios motores gama dinâmicos inervam apenas as fibras de saco nuclear dinâmicas; os neurônios motores gama estáticos inervam várias combinações de fibras de cadeia e de saco nuclear estáticas. (Adaptada, com autorização, de Boyd, 1980. Copyright © 1980. Publicada por Elsevier Ltda.)

C. A estimulação seletiva dos dois tipos de neurônios motores gama possui efeitos distintos sobre o disparo das fibras sensoriais Ia do fuso. Sem a estimulação gama, a fibra Ia mostra uma resposta dinâmica pequena ao estiramento muscular e um aumento modesto de disparos no estado estável. Quando um neurônio motor gama estático é estimulado, a resposta do estado estável da fibra Ia aumenta, mas a resposta dinâmica diminui. Quando um neurônio motor gama dinâmico é estimulado, a resposta dinâmica da fibra Ia é marcadamente aumentada, mas a resposta do estado estável retorna gradualmente a seu nível original. (Adaptada, com autorização, de Brown e Matthews, 1966.)

as fibras intrafusais. Os axônios que inervam ambas as fibras intrafusais e extrafusais são referidos como axônios *beta*. Os colaterais dos axônios beta fornecem o equivalente a uma coativação alfa-gama. A inervação beta nos fusos existe tanto em gatos como em humanos, embora não tenha sido quantificada para a maioria dos músculos.

O vínculo obrigatório da contração extrafusal e intrafusal pelo sistema fusimotor beta destaca a importância do sistema fusimotor independente (os neurônios motores gama). De fato, nos vertebrados inferiores, como os anfíbios, as eferências beta são a única fonte de inervação intrafusal. Os mamíferos evoluíram para um mecanismo que libera os fusos musculares da dependência completa do comportamento de seus músculos de origem. Em princípio, essa independência permite maior flexibilidade no controle da sensibilidade do fuso para os diferentes tipos de tarefas motoras.

Essa conclusão se apoia em registros dos axônios sensoriais dos fusos durante vários movimentos naturais dos gatos. A quantidade e o tipo de atividade dos neurônios motores gama são ajustados para níveis estáveis, os quais variam

QUADRO 32-2 Classificação das fibras sensoriais originadas no músculo

As fibras sensoriais são classificadas conforme com seu diâmetro. Axônios com diâmetros maiores conduzem potenciais de ação mais rapidamente do que aqueles com diâmetros menores (Capítulos 9 e 18). Pelo fato de cada classe de receptores sensoriais ser inervada por fibras com faixas específicas de diâmetros, esse método de classificação distingue, em parte, as fibras que se originam de diferentes tipos de órgãos receptores. Os principais grupos de fibras sensoriais dos músculos estão listados na Tabela 32-1.

A organização das vias reflexas da medula espinal foi estabelecida basicamente por estimulação elétrica das fibras sensoriais e pelo registro das respostas evocadas das diferentes classes de neurônios da medula espinal. Esse método de ativação possui três vantagens em relação à estimulação natural. A duração do sinal aferente pode ser precisamente estabelecida; as respostas evocadas dos neurônios motores e de outros neurônios pelas diferentes classes de fibras sensoriais podem ser avaliadas graduando a intensidade do estímulo elétrico; e certos tipos de receptores podem ser seletivamente ativados.

A intensidade do estímulo elétrico necessária para ativar uma fibra sensorial é medida em relação à intensidade necessária para ativar as fibras de maior diâmetro, já que possuem o limiar mais baixo de ativação elétrica. Os limiares da maioria das fibras do tipo I geralmente variam entre uma a duas vezes os limiares das fibras maiores (com as fibras Ia tendo, em média, um limiar ligeiramente menor do que as fibras Ib). Para a maioria das fibras do tipo II, o limiar é de duas a cinco vezes maior que o das fibras do tipo I, enquanto as do tipo III e IV possuem limiares entre 10 e 50 vezes maiores que os das maiores fibras sensoriais.

TABELA 32-1 Classificação das fibras sensoriais musculares

Tipo	Axônio	Receptor	Sensível a
Ia	12-20 μm mielinizado	Terminação primária do fuso	Comprimento muscular e velocidade de variação do comprimento
Ib	12-20 μm mielinizado	Órgão tendinoso de Golgi	Tensão muscular
II	6-12 μm mielinizado	Terminação secundária do fuso	Comprimento muscular (baixa sensibilidade à velocidade)
II	6-12 μm mielinizado	Terminações fora do fuso muscular	Pressão profunda
III	2-6 μm mielinizado	Terminações nervosas livres	Dor, estímulos químicos e temperatura (importante para as respostas fisiológicas ao exercício)
IV	0,5-2 μm não mielinizado	Terminações nervosas livres	Dor, estímulos químicos e temperatura

FIGURA 32-3 O número de sinapses em uma via reflexa pode ser inferido a partir de registros intracelulares.

A. Um eletrodo de registro intracelular é inserido no corpo celular de um neurônio motor espinal que inerva um músculo extensor. A estimulação das fibras sensoriais Ia de músculos flexores ou extensores produz uma descarga de potenciais de ação na raiz dorsal.

B. *À esquerda:* Quando as fibras Ia de um músculo extensor são estimuladas, a latência entre o registro da descarga aferente e o potencial excitatório pós-sináptico (PEPS) no neurônio motor é de apenas 0,7 ms, aproximadamente igual à duração da transmissão do sinal através de uma única sinapse. Assim, pode-se inferir que a ação excitatória da via do reflexo de estiramento é monossináptica. *À direita:* Quando as fibras Ia de um músculo flexor antagonista são estimuladas, a latência entre o registro da descarga aferente e o potencial inibitório pós-sináptico no neurônio motor é de 1,6 ms, aproximadamente duas vezes a duração da transmissão do sinal através de uma única sinapse. Assim, pode-se inferir que a ação inibitória da via do reflexo de estiramento é bissináptica.

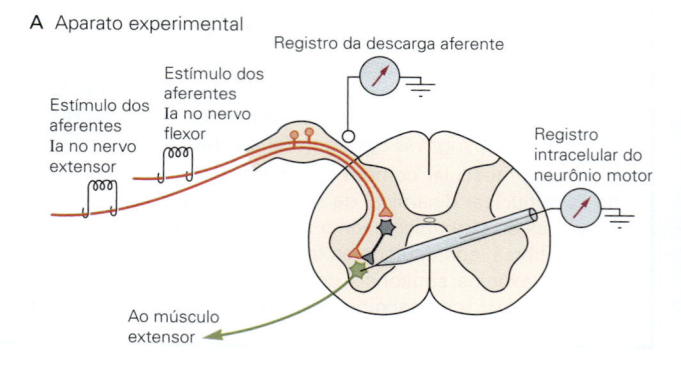

QUADRO 32-3 Reflexo de Hoffmann

As características das conexões monossinápticas das fibras sensoriais Ia com os neurônios motores espinais em humanos podem ser estudadas por meio de uma técnica importante, introduzida na década de 1950 e com base nos primeiros trabalhos de Paul Hoffmann. Essa técnica envolve estimular eletricamente as fibras sensoriais Ia em um nervo periférico e registrar a resposta reflexa do eletromiograma (EMG) no músculo homônimo. A resposta é conhecida como *reflexo de Hoffmann* ou reflexo H.

O reflexo H é facilmente obtido no músculo sóleo, um extensor do tornozelo. As fibras Ia do sóleo e de seus músculos sinérgicos são estimuladas por um eletrodo colocado sobre o nervo tibial atrás do joelho (**Figura 32-4A**). A resposta registrada do músculo sóleo depende da intensidade do estímulo. Sob estímulos de baixa intensidade, um reflexo H puro é evocado, pois o limiar de ativação das fibras Ia está abaixo do limiar dos axônios motores. O aumento da intensidade do estímulo excita os axônios motores que inervam o sóleo, produzindo duas respostas sucessivas.

A primeira resulta da ativação direta dos axônios motores, e a segunda é o reflexo H evocado pela estimulação das fibras Ia (**Figura 32-4B**). Esses dois componentes do EMG evocado são chamados de onda M e onda H. A onda H ocorre mais tarde, pois resulta de sinalização que segue para a medula espinal, passa por uma sinapse, e então segue de volta para o músculo. A onda M, ao contrário, resulta da estimulação direta do axônio motor que inerva o músculo.

Se a intensidade do estímulo for aumentada ainda mais, a onda M ficará maior e a onda H diminuirá progressivamente (**Figura 32-4C**). O declínio na amplitude da onda H ocorre porque os potenciais de ação dos axônios motores se propagam em direção ao corpo celular (condução antidrômica) e cancelam os potenciais de ação reflexamente evocados dos mesmos axônios motores. Sob intensidades de estímulo muito altas, apenas a onda M persiste.

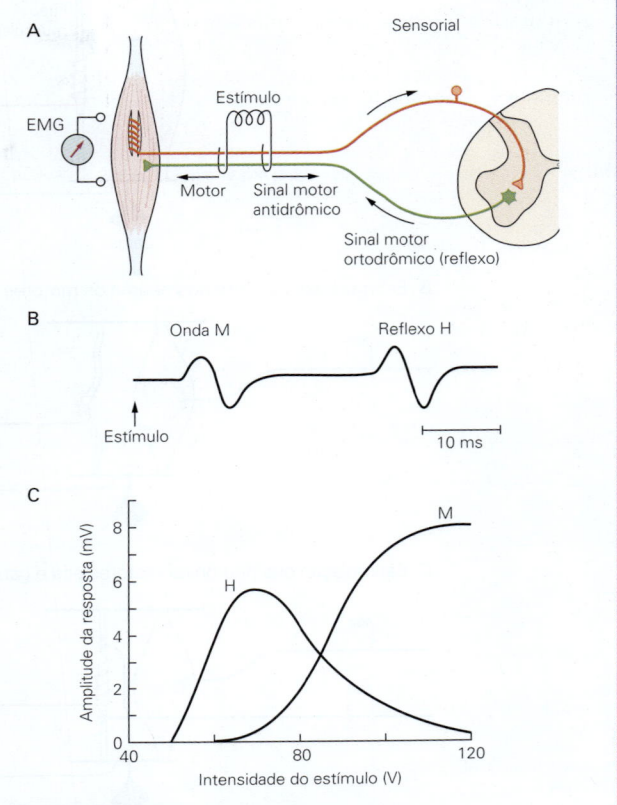

FIGURA 32-4 Reflexo de Hoffmann.

A. O reflexo de Hoffmann (reflexo H) é evocado por estimulação elétrica das fibras sensoriais Ia dos fusos musculares. As fibras sensoriais excitam neurônios motores alfa que, por sua vez, ativam o músculo. Quando um nervo misto é usado, os axônios dos neurônios motores também podem ser ativados diretamente.

B. Em intensidades de estímulo intermediárias, uma onda M precede a onda H (reflexo H) no eletromiograma (**EMG**).

C. À medida que a intensidade do estímulo aumenta, os picos ortodrômicos de neurônios motores gerados reflexamente pelas fibras sensoriais do fuso são obliterados por picos antidrômicos iniciados pelo estímulo elétrico nos mesmos axônios motores. (Adaptada, com autorização, de Schieppati, 1987.) Copyright © 1987. Publicada por Elsevier Ltd.)

---

de acordo com tarefas ou contextos específicos. Em geral, os níveis de atividade de ambos neurônios motores gama estáticos e dinâmicos (**Figura 32-2B**) são estabelecidos em níveis progressivamente superiores à medida que aumentam a velocidade e as dificuldades dos movimentos. Condições imprevisíveis, como o gato ser agarrado ou manipulado, levam a aumentos acentuados da atividade dos neurônios motores gama dinâmicos e, portanto, à resposta aumentada do fuso durante o estiramento muscular. Quando um animal está realizando uma tarefa difícil, como caminhar ao longo de uma viga estreita, tanto a ativação gama estática como a dinâmica se encontram em níveis elevados (**Figura 32-6**).

O sistema nervoso utiliza, então, o sistema fusimotor para o ajuste fino dos fusos musculares, de modo que os sinais conjuntos dos fusos forneçam as informações mais apropriadas para uma tarefa. As condições das tarefas nas quais ocorre o controle independente dos neurônios motores alfa e gama em humanos ainda não estão claramente elucidadas.

O reflexo de estiramento também envolve vias polissinápticas

A via monossináptica Ia não é a única via reflexa espinal ativada quando um músculo é alongado. As fibras sensoriais do tipo II dos fusos musculares também são ativadas.

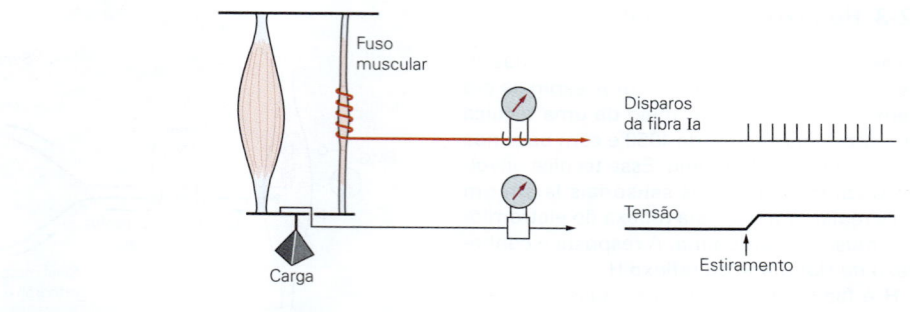

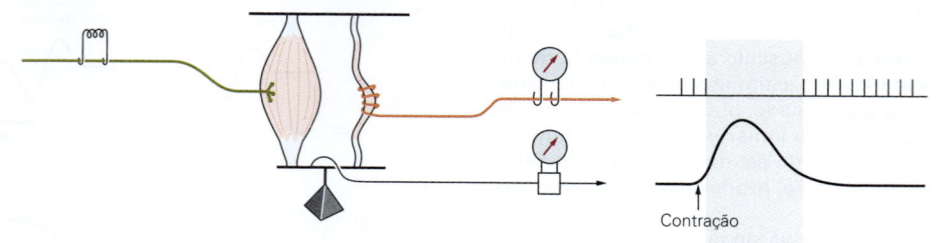

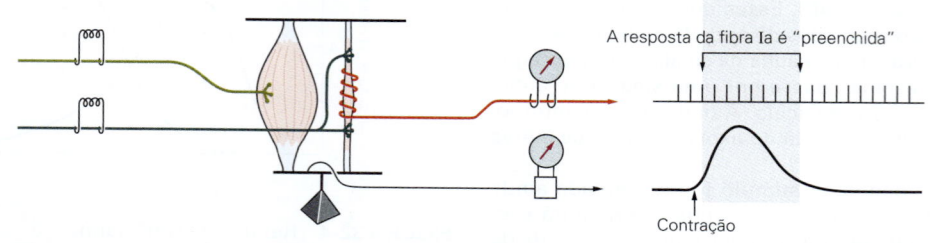

FIGURA 32-5 A ativação dos neurônios motores gama durante a contração muscular ativa mantém a sensibilidade do fuso muscular à variação de comprimento muscular. (Adaptada, com autorização, de Hunt e Kuffler, 1951.)

A. A tensão sustentada causa disparos estáveis na fibra sensorial Ia do fuso muscular (as duas fibras musculares são mostradas separadamente apenas para fins ilustrativos).

B. Uma pausa característica nos disparos da fibra Ia ocorre quando o neurônio motor alfa é estimulado, causando uma breve contração do músculo. A fibra Ia para de disparar porque o fuso fica sem carga (relaxado) durante a contração.

C. Os neurônios motores gama inervam as extremidades contráteis das fibras intrafusais dos fusos musculares (ver **Figura 32-2A**). Se um neurônio motor gama for estimulado simultaneamente ao neurônio motor alfa, o fuso não fica sem carga durante a contração. Como resultado, a pausa na descarga da fibra sensorial Ia que ocorre quando apenas o neurônio motor alfa é estimulado é "preenchida" pela resposta da fibra à estimulação do neurônio motor gama.

Estas disparam tonicamente, dependendo do comprimento do músculo e da atividade do neurônio motor gama (**Quadro 32-1**), e se conectam a diferentes populações de interneurônios excitatórios e inibitórios na medula espinal.

Alguns dos interneurônios se projetam diretamente para os neurônios motores espinais, enquanto outros apresentam conexões mais indiretas. Devido à velocidade de condução mais lenta das fibras sensoriais do tipo II e da retransmissão do sinal através dos interneurônios, as respostas musculares provocadas pelas fibras do grupo II são menores, mais variáveis e com atraso em comparação ao reflexo de estiramento monossináptico. Alguns dos interneurônios ativados pelas fibras do grupo II enviam axônios através da linha média da medula espinal e dão origem a reflexos cruzados. Tais conexões que cruzam a linha média são importantes para a coordenação da atividade muscular bilateral em tarefas motoras funcionais.

Os órgãos tendinosos de Golgi fornecem para a medula espinal retroalimentação sensível à força

A estimulação dos órgãos tendinosos de Golgi ou de suas fibras sensoriais Ib em animais não ativos produz inibição bissináptica de neurônios motores homônimos (inibição *autogênica*) e excitação de neurônios motores antagonistas (excitação recíproca). Assim, esses efeitos são exatamente o oposto das respostas evocadas pelo estiramento muscular ou pela estimulação dos axônios sensoriais Ia.

Essa inibição autogênica é mediada por *interneurônios inibitórios Ib*. Esses interneurônios inibidores recebem sua principal entrada dos órgãos tendinosos de Golgi, receptores sensoriais que sinalizam a tensão em um músculo (**Quadro 32-4**) e fazem conexões inibitórias com neurônios motores homônimos. No entanto, a estimulação das fibras sensoriais Ib dos órgãos tendinosos em animais ativos nem

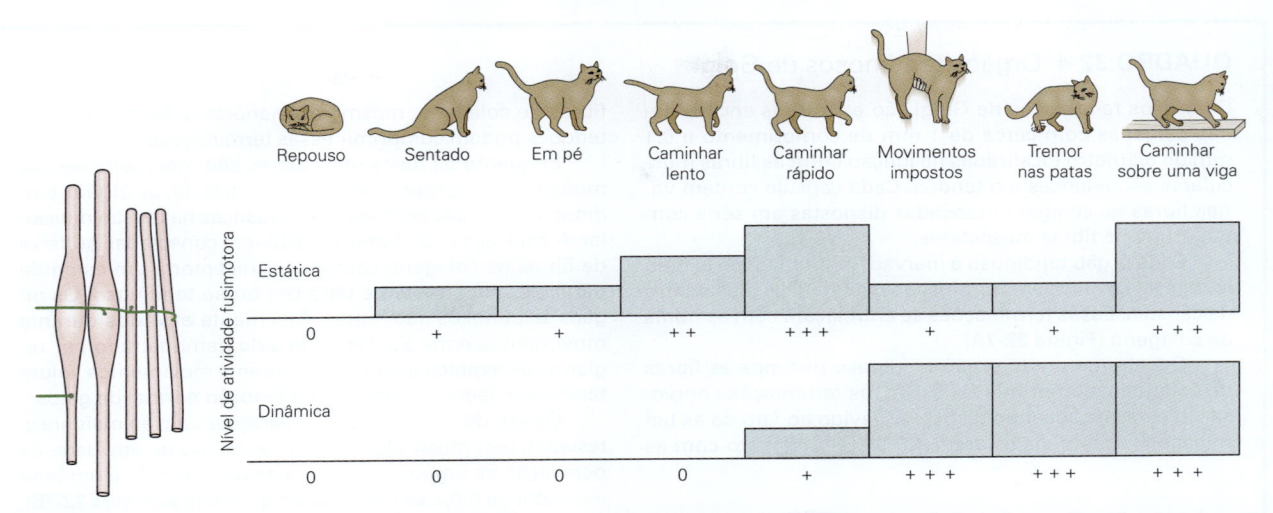

FIGURA 32-6 O nível de atividade do sistema fusimotor varia de acordo com o tipo de comportamento. Apenas os neurônios motores gama estáticos estão ativos durante atividades em que o comprimento muscular muda lenta e previsivelmente. Os neurônios motores gama dinâmicos são ativados durante comportamentos nos quais o comprimento muscular muda rápida e imprevisivelmente. (Adaptada, com autorização, de Prochazka et al., 1988.)

sempre inibe os neurônios motores homônimos. De fato, como veremos mais adiante, a estimulação dos órgãos tendinosos pode, em certas condições, excitar neurônios motores homônimos.

Um motivo para que as ações reflexas dos axônios sensoriais dos órgãos tendinosos sejam complexas em situações naturais é que os interneurônios inibitórios Ib também recebem aferências dos fusos musculares, dos receptores cutâneos e das articulações (**Figura 32-8A**). Eles recebem, ainda, aferências tanto excitatórias como inibitórias de várias vias descendentes.

Inicialmente, pensava-se que os órgãos tendinosos de Golgi serviam para uma função protetora, prevenindo danos aos músculos. Supunha-se que eles sempre inibiam neurônios motores homônimos, e que disparavam apenas quando a tensão no músculo era alta. Atualmente, sabe-se que esses receptores sinalizam mudanças mínimas na tensão muscular, fornecendo, assim, informações precisas ao sistema nervoso sobre o estado de uma contração muscular.

A aferência sensorial convergente dos órgãos tendinosos, dos receptores cutâneos e dos receptores das articulações sobre os interneurônios inibitórios Ib (**Figura 32-8A**) pode permitir um controle espinal preciso da força muscular em atividades como apanhar um objeto delicado. Uma aferência adicional dos receptores cutâneos pode facilitar a atividade dos interneurônios inibitórios Ib quando a mão alcança um objeto, o que reduz o nível de contração muscular e permite um movimento suave para preensão.

Assim como as fibras Ia dos fusos musculares, as fibras Ib dos órgãos tendinosos formam amplas conexões com os neurônios motores que inervam os músculos os quais atuam em diferentes articulações. Portanto, as conexões das fibras sensoriais dos órgãos tendinosos com os interneurônios inibitórios Ib integram redes espinais que regulam os movimentos dos membros como um todo.

Os reflexos cutâneos produzem movimentos complexos que exercem funções posturais e de proteção

A maioria das vias reflexas envolve interneurônios. Uma dessas vias reflexas é a do reflexo flexor de retirada, no qual um membro se afasta rapidamente de um estímulo doloroso. O reflexo flexor de retirada é um reflexo de proteção no qual um estímulo circunscrito a uma área delimitada provoca a contração de todos os músculos flexores daquele membro de forma coordenada. Sabe-se que é um reflexo espinal porque persiste após a completa transecção da medula espinal.

O sinal sensorial do reflexo flexor de retirada ativa vias reflexas polissinápticas divergentes. Uma via excita os neurônios motores que inervam os músculos flexores do membro estimulado, enquanto outra inibe os neurônios motores que inervam os músculos extensores do membro (**Figura 32-1B**). Esse reflexo pode produzir um efeito oposto no membro contralateral, ou seja, excitação dos neurônios motores extensores e inibição dos neurônios motores flexores. Esse *reflexo de extensão cruzada* serve para reforçar a sustentação postural durante a retirada de um pé do estímulo doloroso. A ativação dos músculos extensores na perna contralateral se opõe à carga aumentada causada pelo levantamento do membro estimulado. O reflexo flexor de retirada é, portanto, um ato motor completo, ainda que simples.

Embora os reflexos de flexão sejam relativamente estereotipados, tanto a extensão da resposta como a força da contração muscular dependem da intensidade do estímulo. Tocar em um fogão levemente quente pode produzir uma resposta de retirada moderadamente rápida, envolvendo apenas o punho e o cotovelo, ao passo que tocar em um fogão muito quente invariavelmente levará a uma contração mais enérgica, envolvendo todas as articulações, o que leva à rápida retirada de todo o membro. A duração do reflexo normalmente aumenta com a intensidade do estímulo, e as contrações produzidas em um reflexo flexor de retirada sempre perduram mais que o estímulo.

QUADRO 32-4 Órgãos tendinosos de Golgi

Os órgãos tendinosos de Golgi são estruturas encapsuladas delgadas com cerca de 1 mm de comprimento e 0,1 mm de diâmetro localizadas na junção entre as fibras musculares esqueléticas e o tendão. Cada cápsula contém várias fibras de colágeno trançadas dispostas em série com um grupo de fibras musculares.

Cada órgão tendinoso é inervado por um único axônio Ib, que se ramifica em terminações muito delicadas dentro da cápsula. Essas terminações se entrelaçam com as fibras de colágeno (Figura 32-7A).

O estiramento do órgão tendinoso distende as fibras de colágeno, comprimindo, assim, as terminações nervosas Ib e desencadeando disparos. Devido ao fato de as terminações sensoriais estarem em estreito contato com as fibras de colágeno, mesmo os menores estiramentos dos tendões podem comprimir essas terminações.

Enquanto os fusos musculares são mais sensíveis às mudanças no comprimento de um músculo, os órgãos tendinosos são mais sensíveis às mudanças na tensão muscular. A contração das fibras musculares conectadas ao feixe de fibras de colágeno contendo o receptor é um estímulo particularmente potente para um órgão tendinoso. Os órgãos tendinosos são, então, facilmente ativados durante movimentos normais. Isso tem sido demonstrado por registros de axônios Ib humanos durante movimentos voluntários dos dedos e durante a locomoção normal de gatos.

Os estudos que utilizam preparações com animais anestesiados têm mostrado que o nível médio de atividade da população de órgãos tendinosos de um músculo é um bom indicador da força de um músculo que contrai (Figura 32-7B). Essa relação direta entre a frequência de disparos e a força é consistente com a evidência de que os órgãos tendinosos medem continuamente a força durante uma contração muscular.

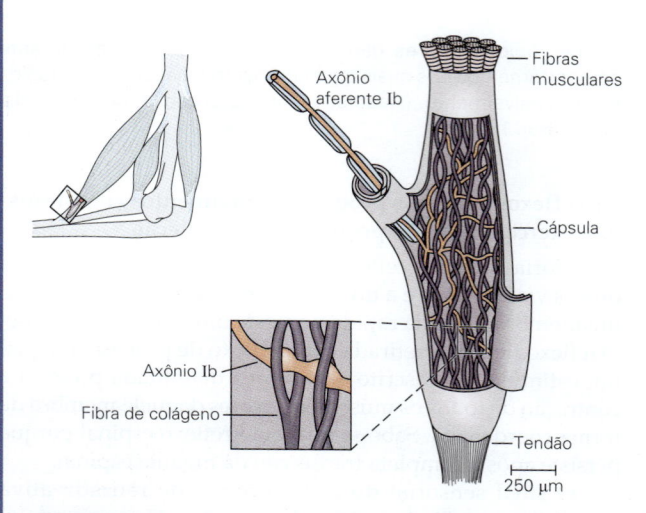

FIGURA 32-7A Quando o órgão tendinoso de Golgi é estirado (normalmente devido à contração do músculo), o axônio aferente Ib é comprimido pelas fibras de colágeno (ver ampliação), o que aumenta sua frequência de disparos. (Adaptada, com autorização, de Schmidt, 1983; figura do detalhe adaptada, com autorização, de Swett e Schoultz, 1975.)

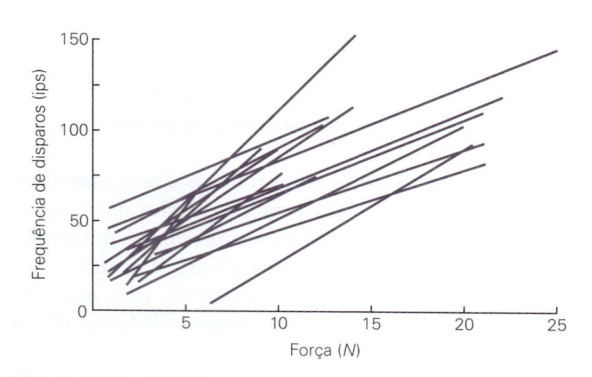

FIGURA 32–7B A frequência de disparos de uma população de órgãos tendinosos de Golgi sinaliza a força de um músculo. As linhas de regressão linear mostram a relação entre a frequência de disparos dos órgãos de Golgi e a força do músculo sóleo do gato. (Adaptada, com autorização, de Crago, Houk e Rymer, 1982.)

Devido à similaridade com o passo na marcha, o reflexo flexor de retirada era considerado importante na geração das contrações dos músculos flexores durante a caminhada. Sabe-se, atualmente, que um componente fundamental para o sistema de controle neural da locomoção é um conjunto de circuitos espinais intrínsecos os quais não requerem estímulos sensoriais (Capítulo 33). De qualquer forma, nos mamíferos, os circuitos espinais intrínsecos para o controle da locomoção compartilham muitos dos interneurônios envolvidos nos reflexos de flexão.

A convergência de entradas sensoriais sobre os interneurônios aumenta a flexibilidade das contribuições dos reflexos para o movimento

O interneurônio inibitório Ib não é o único interneurônio que recebe informações convergentes de várias modalidades sensoriais diferentes. Uma enorme diversidade de informações sensoriais converge para os interneurônios na medula espinal, permitindo que integrem informações provenientes dos músculos, das articulações e da pele.

Interneurônios ativados por fibras sensoriais dos grupos I e II têm recebido atenção especial. Pensou-se por algum tempo que os interneurônios excitatórios e inibitórios ativados por fibras do grupo II poderiam ser distinguidos daqueles ativados por aferentes do grupo Ib. Mas agora acredita-se que essa distinção deve ser abandonada. As fibras dos grupos I e II convergem para populações comuns de interneurônios às quais integram informações de força e comprimento do músculo ativo, auxiliando a coordenar a atividade muscular de acordo com o comprimento do músculo, seu nível de atividade e a carga externa.

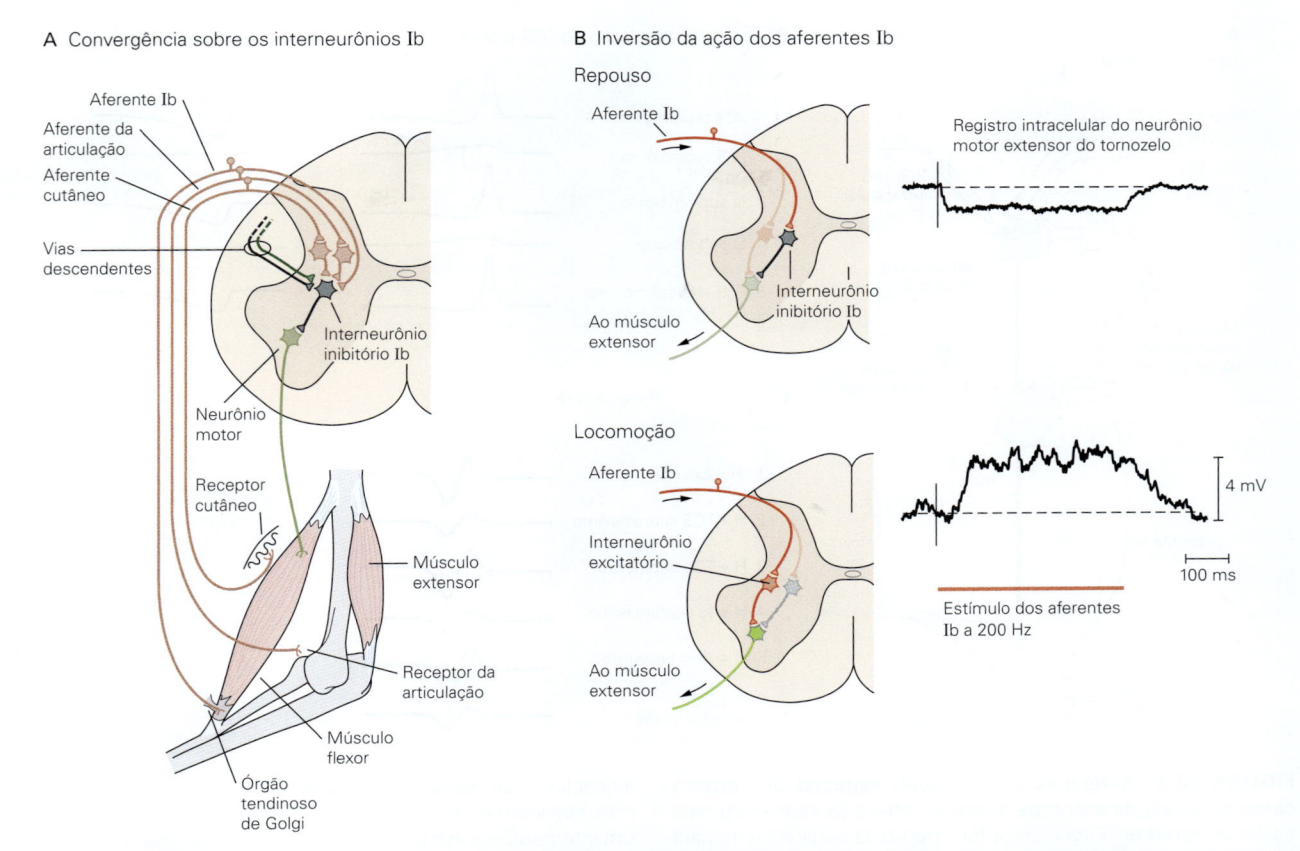

FIGURA 32-8 As ações reflexas das fibras sensoriais Ib dos órgãos tendinosos de Golgi são moduladas durante a locomoção.
A. O interneurônio inibitório Ib recebe aferência dos órgãos tendinosos de Golgi, dos fusos musculares (não mostrado), de receptores cutâneos e das articulações e de vias descendentes.
B. A ação das fibras sensoriais Ib sobre os neurônios motores extensores inverte de inibição para excitação quando a locomoção é iniciada. Quando o animal está em repouso, a estimulação das fibras Ib do músculo extensor do tornozelo inibe os neurônios motores desse músculo pelos interneurônios inibitórios Ib, como mostrado pela hiperpolarização no registro. Durante a marcha, os interneurônios inibitórios Ib estão inibidos, enquanto os interneurônios excitatórios que recebem aferência das fibras sensoriais Ib estão facilitados pelos sistemas de comando da locomoção, liberando, assim, uma via excitatória Ib dos órgãos tendinosos de Golgi para os neurônios motores.

Retroalimentação sensorial e comandos motores descendentes interagem em neurônios espinais comuns para produzir movimentos voluntários

Como apontado por Michael Foster em seu livro de fisiologia de 1879, por certo é "econômico para o corpo" que o sistema voluntário faça uso das redes na medula espinal para gerar movimentos coordenados "em vez de recorrer a um aparato próprio de mecanismo similar." Pesquisas nos 140 anos subsequentes têm confirmado essa hipótese.

A primeira evidência veio de registros intracelulares de potenciais sinápticos provocados em neurônios motores espinais de gatos por estimulação combinada e individual de fibras sensoriais e vias descendentes. Quando a intensidade dos estímulos individuais para evocar um potencial sináptico é reduzida para logo abaixo do limiar, a combinação dos estímulos em intervalos apropriados faz com que o potencial sináptico reapareça. Isso fornece evidências de convergência das fibras sensoriais e das vias descendentes em interneurônios comuns na via reflexa (ver **Figura 13-14**). Registros diretos em interneurônios espinais confirmaram esse fato, assim como testes não invasivos do reflexo de Hoffmann em humanos (**Figura 32-9**).

A evidência direta de que a retroalimentação sensorial ajuda a moldar comandos motores voluntários por meio de redes reflexas espinais em humanos vem de experimentos nos quais a atividade sensorial em aferências sensíveis ao comprimento e à força foi subitamente reduzida ou abolida. Isso pode ser feito pela remoção súbita do peso sustentado pelo músculo ou pelo encurtamento de um músculo durante uma contração voluntária. A curta latência da consequente redução da atividade muscular só pode ser explicada pela atividade sensorial através de uma via reflexa que contribui diretamente para a atividade muscular.

A atividade sensorial aferente do fuso muscular reforça os comandos centrais para movimentos através da via reflexa monossináptica Ia

As vias do reflexo de estiramento podem contribuir para a regulação dos neurônios motores durante os movimentos voluntários e a manutenção da postura, pois formam alças

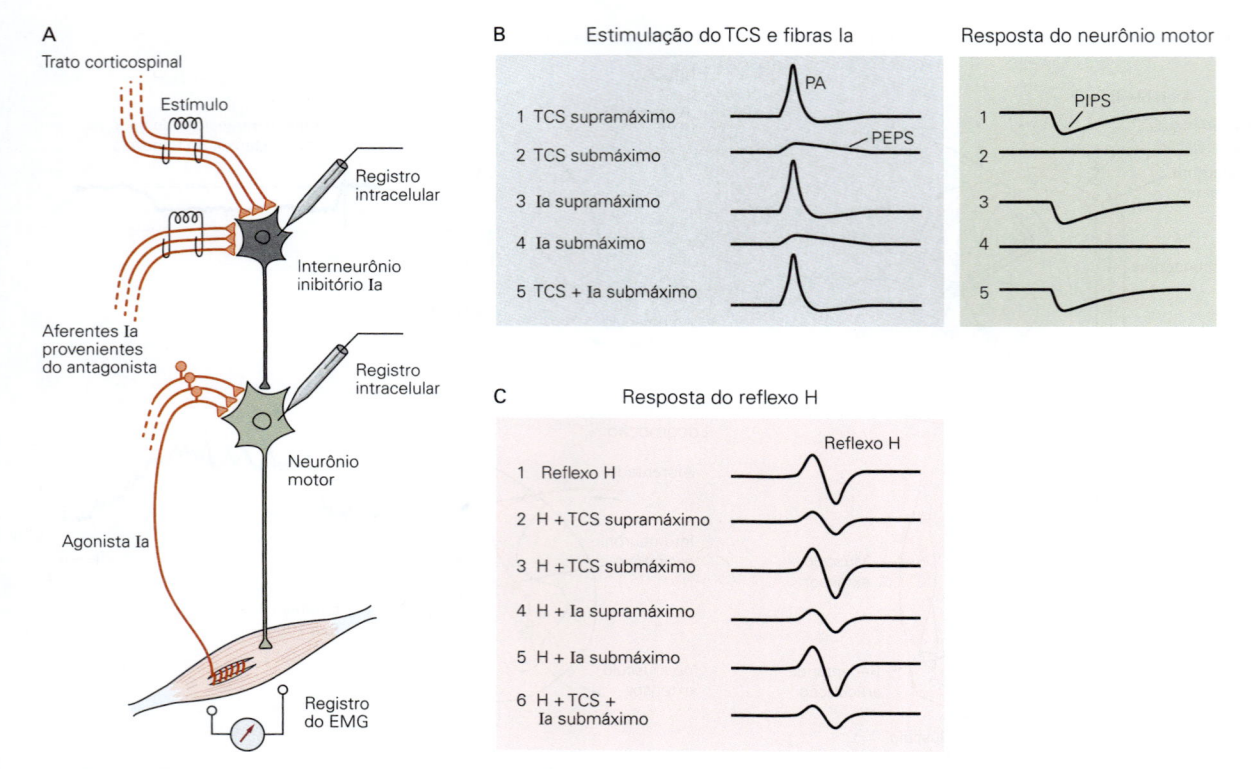

FIGURA 32-9 A técnica de somação espacial demonstra como os sinais de entradas descendentes e as redes espinais estão integrados. Esta técnica foi introduzida originalmente para investigação de circuitos espinais no gato na década de 1950, mas também é a base de investigações posteriores dos mecanismos espinais humanos de controle motor. A técnica se baseia na somação espacial de entradas sinápticas (ver **Figura 13-14**), conforme ilustrado aqui usando a via inibitória Ia recíproca e o trato corticospinal (**TCS**).

A. O diagrama mostra as configurações experimentais para testar a convergência de vias excitatórias recíprocas Ia e corticospinais sobre interneurônios inibitórios Ia na medula espinal.

B. Em refinados experimentos na medula espinal de gato, estímulos supramáximos foram aplicados separadamente aos tratos de fibra corticospinal (**1**) e axônios Ia (**3**). Cada estímulo desencadeou um potencial inibitório pós-sináptico (**PIPS**) no neurônio motor. Em seguida, as intensidades dos dois estímulos foram reduzidas apenas a níveis submáximos, momento em que cada via falhou em desencadear um PIPS no neurônio motor (**2, 4**). Então, quando os dois conjuntos de estímulos submáximos foram pareados, eles provocaram um PIPS no neurônio motor (**5**), levando à conclusão de que as duas vias de entrada convergem sobre os mesmos interneurônios. Isso foi confirmado por registro direto de um interneurônio inibitório Ia. (**PA**, potencial de ação.)

C. Em humanos, o registro intracelular direto de interneurônios e neurônios motores não é possível, mas o registro de reflexos H (**Quadro 32-4, Figura 32-4**) e a estimulação transcutânea do trato corticospinal têm fornecido evidências indiretas de convergência semelhante àquela demonstrada em gatos (ver parte **B**). O registro do eletromiograma (**EMG**) do reflexo H fornece uma medida da excitabilidade dos neurônios motores espinais (**1**). Quando as fibras TCS e antagonistas Ia foram estimuladas separadamente em níveis supramáximos, a amplitude do reflexo H foi diminuída devido ao conjunto de PIPSs induzidos nos neurônios motores (**2, 4**). Em seguida, os estímulos a essas duas vias excitatórias para os interneurônios inibitórios foram reduzidos até que nenhum estímulo sozinho provocasse uma redução na amplitude do reflexo H (**3, 5**). Logo após, os dois estímulos submáximos foram cronometrados para produzir potenciais excitatórios pós-sinápticos (**PEPSs**) sublimiares síncronos nos interneurônios inibitórios (**6**). Pelo fato desse protocolo ter causado a supressão do reflexo H, pode-se concluir que os TCS e as aferências Ia convergem para os mesmos interneurônios inibitórios Ia.

---

fechadas de retroalimentação. Por exemplo, o estiramento de um músculo aumenta a atividade das aferências sensoriais do fuso, levando à contração muscular e ao encurtamento do músculo. O encurtamento muscular, por sua vez, leva à diminuição da atividade das fibras aferentes do fuso, à redução da contração muscular e ao alongamento do músculo.

O circuito do reflexo de estiramento atua, portanto, continuamente – a resposta reflexa, ou seja, a mudança de comprimento muscular, se torna o sinal de entrada – para manter o músculo sempre próximo a um comprimento de referência ou a um comprimento desejado. A via do reflexo de estiramento é um sistema de retroalimentação negativa, ou um *servomecanismo*, pois busca compensar ou reduzir desvios do valor de referência da variável a ser regulada.

Em 1963, Ragnar Granit propôs que o valor de referência nos movimentos voluntários é estabelecido por sinalização descendente, atuando tanto sobre neurônios motores alfa como gama. A frequência de disparos dos neurônios motores alfa é determinada para produzir o encurtamento muscular desejado, e a frequência de disparos dos neurônios motores gama é estabelecida para produzir um encurtamento equivalente das fibras intrafusais do fuso muscular. Se o encurtamento de todo o músculo for menor que o necessário para uma tarefa, como no caso de a carga ser maior do que o previsto, as fibras sensoriais aumentam sua frequência de disparo, pois as fibras contráteis intrafusais passam a ser estiradas (mais carga) em função do comprimento relativamente maior do músculo. Se o encurtamento for maior que o necessário, as fibras sensoriais diminuem sua frequência de disparo, pois as fibras intrafusais (descarregadas) estão relativamente frouxas (Figura 32-10A).

Em teoria, esse mecanismo poderia permitir ao sistema nervoso produzir movimentos de uma determinada distância sem precisar saber antecipadamente a carga real ou o peso a ser movimentado. Na prática, entretanto, as vias do reflexo de estiramento não possuem controle suficiente sobre os neurônios motores para superar cargas grandes inesperadas. Isso fica evidente considerando-se o que acontece ao se tentar erguer uma mala pesada que se acreditava estar vazia. A compensação automática para a carga maior que a prevista não ocorre. Em vez disso, devemos fazer uma pausa breve para planejar um novo movimento com uma ativação muscular muito maior.

Fortes evidências de que os neurônios motores alfa e gama são coativados durante o movimento humano voluntário vêm de medidas diretas da atividade das fibras sensoriais dos fusos musculares. No final da década de 1960, Åke Vallbo e Karl-Erik Hagbarth desenvolveram a microneurografia, uma técnica de registro das fibras aferentes mais calibrosas nos nervos periféricos. Mais tarde, Vallbo descobriu que, durante movimentos lentos dos dedos, as fibras Ia de grande diâmetro dos fusos aumentam seus disparos durante a contração muscular, mesmo quando há encurtamento durante a contração (Figura 32-10B). Isso ocorre porque os neurônios motores gama, que possuem conexão excitatória direta com as fibras intrafusais, são coativados com os neurônios motores alfa.

Além disso, quando os sujeitos tentam fazer movimentos lentos com velocidade constante, os disparos das fibras Ia refletem pequenos desvios na velocidade da trajetória dos movimentos (em algumas vezes, o músculo encurta rapidamente e, em outras, mais lentamente). Quando a velocidade de flexão aumenta de modo transitório, a frequência de disparo das fibras diminui, pois o músculo está encurtando mais rapidamente e, portanto, exerce menos tensão sobre as fibras intrafusais. Quando a velocidade diminui, o disparo aumenta, pois o músculo encurta mais lentamente e, portanto, a tensão relativa das fibras intrafusais aumenta. Essa informação pode ser usada pelo sistema nervoso para compensar irregularidades na trajetória do movimento, estimulando os neurônios motores alfa.

A modulação de interneurônios inibitórios Ia e de células de Renshaw por vias descendentes coordenam a atividade muscular nas articulações

A inervação recíproca é útil não apenas para os reflexos de estiramento como também para os movimentos voluntários. O relaxamento dos músculos antagonistas durante um movimento aumenta a velocidade e a eficiência, pois os músculos que atuam como movimentadores principais (agonistas) não precisam trabalhar contra uma contração de músculos antagonistas.

Os interneurônios inibitórios Ia recebem entradas de colaterais dos axônios de neurônios do córtex motor que fazem conexões excitatórias diretas com neurônios motores espinais. Esse aspecto organizacional simplifica o controle dos movimentos voluntários para que os centros superiores não tenham de enviar comandos separados aos músculos antagonistas.

A A coativação alfa-gama reforça a atividade motora alfa

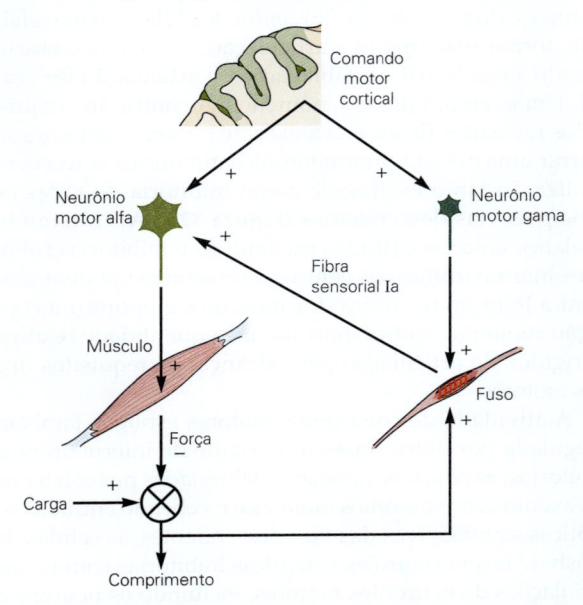

B A atividade do fuso aumenta durante o encurtamento muscular

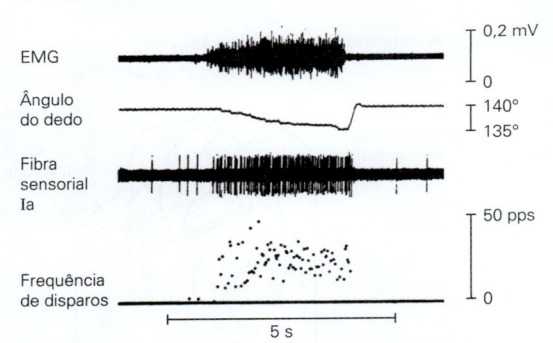

FIGURA 32–10 Coativação de neurônios motores alfa e gama.
A. A coativação de neurônios motores alfa e gama por um comando motor cortical permite que os fusos musculares deem um retorno de informação para reforçar a ativação dos neurônios motores alfa. Qualquer distúrbio durante um movimento altera o comprimento do músculo e, portanto, altera a atividade nas fibras sensoriais dos fusos. A modificação das entradas provenientes do fuso para o neurônio motor alfa compensa a perturbação.
B. A frequência de disparo da fibra sensorial Ia originada de um fuso aumenta durante a flexão lenta de um dedo. Esse aumento depende da coativação alfa-gama. Se os neurônios motores gama não estivessem ativos, os fusos ficariam frouxos e sua frequência de disparos diminuiria durante o encurtamento do músculo. (Siglas: **EMG**, eletromiografia; **pps**, pulsos/s) (Adaptada, com autorização, de Vallbo, 1981.)

Algumas vezes, é vantajosa a contração simultânea do agonista e do antagonista. Tal *contração conjunta* tem o efeito de tornar mais rígida a articulação, o que é necessário quando a precisão e a estabilização da articulação for crucial. Um exemplo desse fenômeno é a contração conjunta dos músculos flexor e extensor do cotovelo antes de se agarrar uma bola. Os interneurônios inibitórios Ia recebem sinalização tanto excitatória como inibitória de todas as principais vias descendentes (**Figura 32-11A**). Alterando o balanço entre as entradas excitatórias e inibitórias sobre esses interneurônios, os centros supraspinais podem modular a inibição recíproca dos músculos e permitir a contração conjunta, controlando, assim, a quantidade relativa de rigidez da articulação para alcançar os requisitos dos atos motores.

A atividade dos neurônios motores espinais também é regulada por outra classe importante de interneurônios inibitórios, as *células de Renshaw*. Estimuladas por colaterais dos axônios dos neurônios motores e recebendo entradas sinápticas significativas das vias descendentes, as células de Renshaw fazem conexões sinápticas inibitórias com várias populações de neurônios motores, incluindo os neurônios motores que as excitam, bem como os interneurônios inibitórios Ia (**Figura 32-11B**). As conexões com os neurônios motores constituem um sistema de retroalimentação negativa que regula a frequência de disparos dos neurônios motores, enquanto as conexões com os interneurônios inibitórios Ia regulam a intensidade da inibição dos neurônios motores antagonistas, por exemplo, em relação à contração conjunta de antagonistas. A distribuição das projeções das células de Renshaw para os diferentes núcleos motores também facilita a coordenação da atividade muscular em sinergias funcionais durante o movimento.

A transmissão em vias reflexas pode ser facilitada ou inibida por comandos motores descendentes

Como vimos, em um animal em repouso, as fibras sensoriais Ib dos músculos extensores possuem um efeito inibitório sobre os neurônios motores homônimos. Durante a locomoção, produzem um efeito excitatório nesses mesmos neurônios motores, pois a transmissão na via inibitória bissináptica é deprimida (**Figura 32-8B**), enquanto que, ao mesmo tempo, a transmissão através dos interneurônios excitatórios é facilitada.

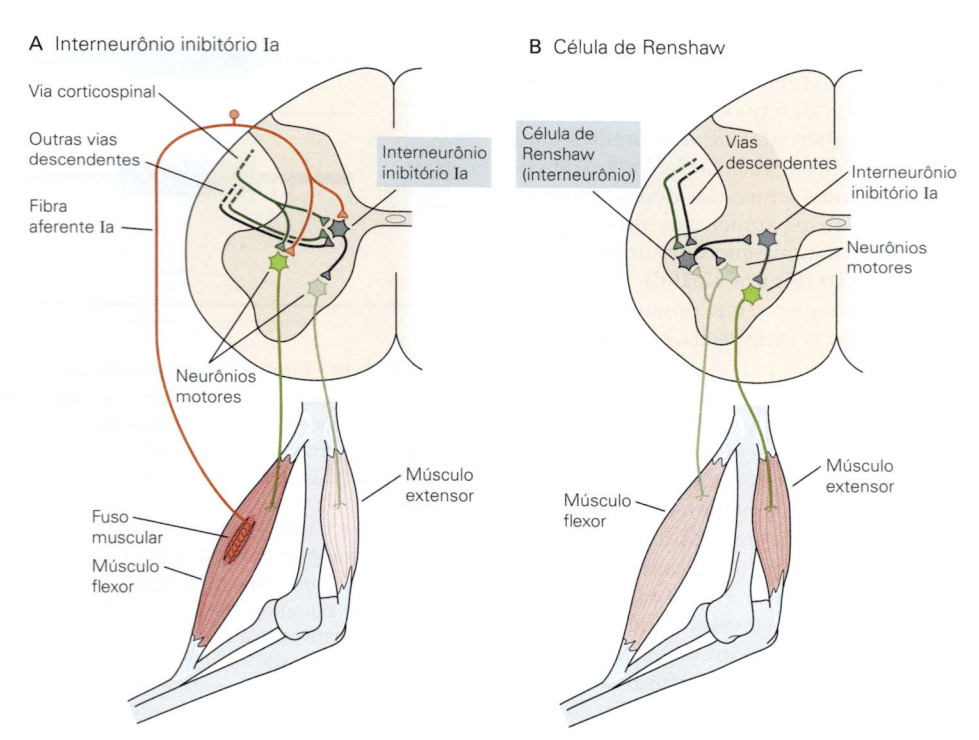

FIGURA 32–11 Os interneurônios espinais inibitórios coordenam as ações reflexas.

A. O interneurônio inibitório Ia regula a contração dos músculos antagonistas, integrando os circuitos do reflexo de estiramento por meio de contatos divergentes com neurônios motores. Além disso, o interneurônio recebe aferências excitatórias e inibitórias de vias corticospinais e de outras vias descendentes. Uma mudança no balanço dessas sinalizações supraspinais permite que o interneurônio coordene as contrações conjuntas com os músculos antagonistas em uma articulação.

B. A célula de Renshaw causa uma inibição recorrente de neurônios motores. Esses interneurônios são excitados por colaterais dos neurônios motores, inibindo esses mesmos neurônios. Esse sistema de retroalimentação negativa regula a excitabilidade do neurônio motor e estabiliza as frequências de disparos. As células de Renshaw também enviam colaterais aos neurônios motores sinérgicos (não mostrados) e aos interneurônios inibitórios Ia que fazem sinapse com neurônios motores antagonistas. Dessa forma, os sinais descendentes que modulam a excitabilidade das células de Renshaw ajustam a excitabilidade de todos os neurônios motores responsáveis pelo controle do movimento ao redor de uma articulação.

Esse fenômeno, chamado de *reflexo inverso dependente de estado*, ilustra como a transmissão no circuito espinal é regulada por comandos motores descendentes para atender às exigências em constante variação durante o movimento. Ao favorecer a transmissão através das vias excitatórias dos órgãos tendinosos de Golgi sensíveis à carga, os comandos motores descendentes garantem que a retroalimentação dos músculos ativos facilite automaticamente a ativação dos músculos, simplificando muito a tarefa dos centros supraspinais.

O reflexo inverso dependente de estado também foi demonstrado em humanos. A estimulação das aferências da pele e dos músculos do pé produz facilitação dos músculos que o levantam no início da fase de balanço, mas suprime a atividade dos mesmos músculos na fase final do balanço. Ambos os efeitos fazem sentido funcionalmente. No início da fase de balanço, a retroalimentação positiva do pé ajudará a levantar o pé por cima de um obstáculo, enquanto a supressão dos mesmos músculos na fase final do balanço ajudará a abaixar o pé rapidamente até o chão, de modo que o obstáculo possa ser ultrapassado usando a perna oposta primeiro.

Vias descendentes modulam a entrada sensorial para a medula espinal alterando a eficiência sináptica das fibras sensoriais primárias

Na década de 1950 e início da década de 1960, John C. Eccles e seus colaboradores demonstraram que os potenciais excitatórios pós-sinápticos (PEPS), decorrentes de conexões monossinápticas, induzidos em neurônios motores espinais de gatos pela estimulação de fibras sensoriais Ia tornam-se mais fracos quando outras fibras Ia são estimuladas. Isso levou à descoberta de vários grupos de interneurônios inibitórios GABAérgicos na medula espinal que exercem inibição pré-sináptica de neurônios sensoriais primários (Figura 32-12). Alguns interneurônios inibem principalmente axônios sensoriais Ia, enquanto outros inibem principalmente axônios Ib ou fibras sensoriais provenientes da pele.

O principal mecanismo responsável pela inibição sensorial é a despolarização do terminal primário causada por uma corrente de entrada de Cl^- ao ativar os receptores GABAérgicos no terminal. Essa despolarização inativa alguns dos canais de Na^+ no terminal, de modo que os potenciais de ação que chegam à sinapse são reduzidos em tamanho. O efeito disso é que a liberação do neurotransmissor da aferência sensorial é diminuída.

Quando testada pela estimulação de aferentes periféricos, a inibição pré-sináptica se mostra distribuída pela medula espinal e afeta aferências primárias de todos os músculos de um membro. No entanto, assim como outros interneurônios, aqueles responsáveis pela inibição pré-sináptica também são controlados por vias descendentes, modulando, de maneira bem mais direcionada, a inibição pré-sináptica associada ao movimento. No início do movimento, há uma redução da inibição pré-sináptica dos axônios Ia conectados com os neurônios motores dos músculos ativados como parte desse movimento. Em contraste, há um aumento desta inibição pré-sináptica de axônios Ia conectados a neurônios motores de músculos inativos. Um exemplo dessa modulação seletiva é o

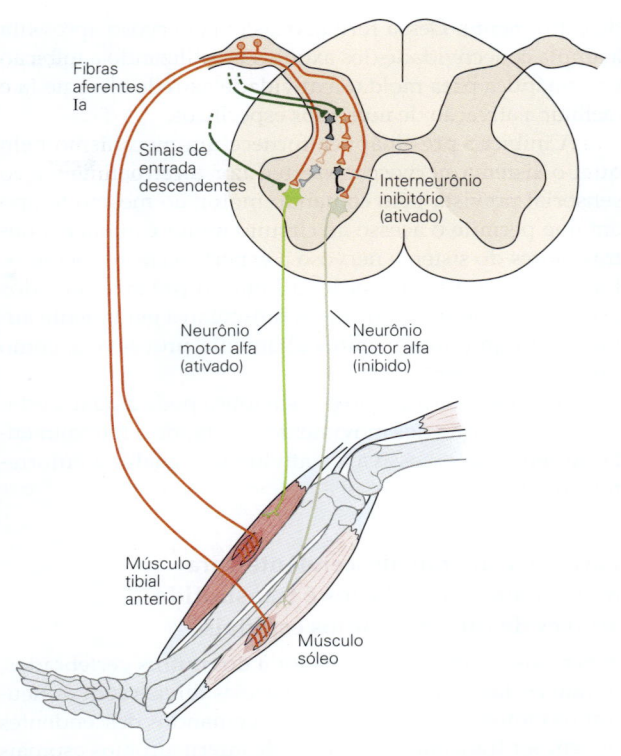

FIGURA 32-12 A modulação seletiva dos terminais axonais sensoriais primários por entradas inibitórias pré-sinápticas descendentes contribui para a geração de movimentos coordenados dos membros. Interneurônios inibitórios (**azul**) ativados por sinais de entrada descendentes podem ter efeitos pré- ou pós-sinápticos. Alguns interneurônios que liberam o neurotransmissor inibitório ácido γ-aminobutírico (GABA) formam sinapses axo-axônicas com as fibras sensoriais primárias. O principal mecanismo inibitório envolve a ativação de receptores GABAérgicos nos terminais dos axônios sensoriais Ia pré-sinápticos, resultando em despolarização dos terminais e liberação reduzida do transmissor. Essa inibição pré-sináptica é amplamente distribuída na medula espinal. A estimulação das fibras sensoriais Ia de um músculo flexor é capaz de provocar inibição pré-sináptica dos terminais axônicos Ia flexores e extensores nos neurônios motores que inervam os músculos em todo o membro. No entanto, existem várias populações diferentes de interneurônios que medeia a inibição pré-sináptica, o que permite uma regulação muito específica dessa inibição associada aos movimentos voluntários. A interação de aferências sensoriais com comandos motores descendentes do trato corticospinal pode, assim, *diminuir* a inibição pré-sináptica de terminais axonais Ia em neurônios motores agonistas (por exemplo, neurônios motores tibiais anteriores) e, ao mesmo tempo, *aumentar* a inibição pré-sináptica de terminais Ia em neurônios motores antagonistas (por exemplo, neurônios motores do sóleo). A regulação da inibição pré-sináptica é, portanto, capaz de facilitar a retroalimentação sensorial para a ativação dos neurônios motores agonistas e, ao mesmo tempo, diminuir o risco de o alongamento dos músculos antagonistas desencadear um reflexo de estiramento que neutralizaria o movimento.

aumento da inibição pré-sináptica dos axônios Ia em sua sinapse com os neurônios motores antagonistas, o que explica parte da redução da resposta dos músculos antagonistas ao início da contração do agonista durante os reflexos de estiramento. Dessa forma, o sistema nervoso aproveita a ampla conectividade dos axônios Ia, utilizando a inibição pré-sináptica para moldar a atividade na rede aferente Ia e facilitar a ativação de músculos específicos.

A inibição pré-sináptica fornece um mecanismo pelo qual o sistema nervoso pode reduzir a retroalimentação sensorial prevista pelo comando motor, ao mesmo tempo em que permite o acesso ao circuito motor espinal e a outras partes do sistema nervoso a experiências inesperadas. Em coerência a essa função, a inibição pré-sináptica dos axônios sensoriais Ia dos fusos musculares geralmente aumenta durante movimentos altamente previsíveis, como caminhar e correr.

Finalmente, a inibição pré-sináptica pode ajudar a estabilizar a execução dos movimentos, evitando a retroalimentação sensorial excessiva e a atividade oscilatória autorreforçadora associada.

Parte do comando descendente para movimentos voluntários é transmitido através de interneurônios espinais

Nos gatos, assim como na maioria dos outros vertebrados, o trato corticospinal não tem conexões diretas com os neurônios motores espinais. Todos os comandos descendentes devem ser transmitidos através de interneurônios espinais os quais também fazem parte das vias reflexas. Humanos e macacos do Velho Mundo são as únicas espécies em que os neurônios corticospinais fazem conexões diretas com os neurônios motores espinais no corno ventral da medula espinal. Mesmo nessas espécies, uma fração considerável das fibras do trato corticospinal termina no núcleo intermediário dos interneurônios espinais, e as fibras corticospinais que terminam nos neurônios motores também possuem colaterais com conexão nos interneurônios. Uma parte considerável de cada comando descendente para o movimento no trato corticospinal, portanto, deve ser transmitida através dos interneurônios espinais – e integrada à atividade sensorial – antes de atingir os neurônios motores.

Neurônios propriospinais nos segmentos C3-C4 medeiam parte do comando corticospinal para o movimento do membro superior

Na década de 1970, Anders Lundberg e seus colaboradores demonstraram que um grupo de neurônios nos segmentos espinais C3-C4 da medula espinal do gato envia seus axônios em direção a neurônios motores localizados em segmentos cervicais mais caudais (**Figura 32-13**). Pelo fato de os neurônios nos segmentos C3-C4 se projetarem para neurônios motores de uma série de músculos do membro anterior, controlando diferentes articulações, além de receberem informações da pele e dos músculos de todo o membro anterior, eles são chamados de *neurônios propriospinais*. Além da entrada sensorial das aferências da pele e dos músculos, os neurônios propriospinais C3-C4 são ativados por colaterais do trato corticospinal e, assim, retransmitem a excitação bissináptica do córtex motor para os neurônios motores espinais.

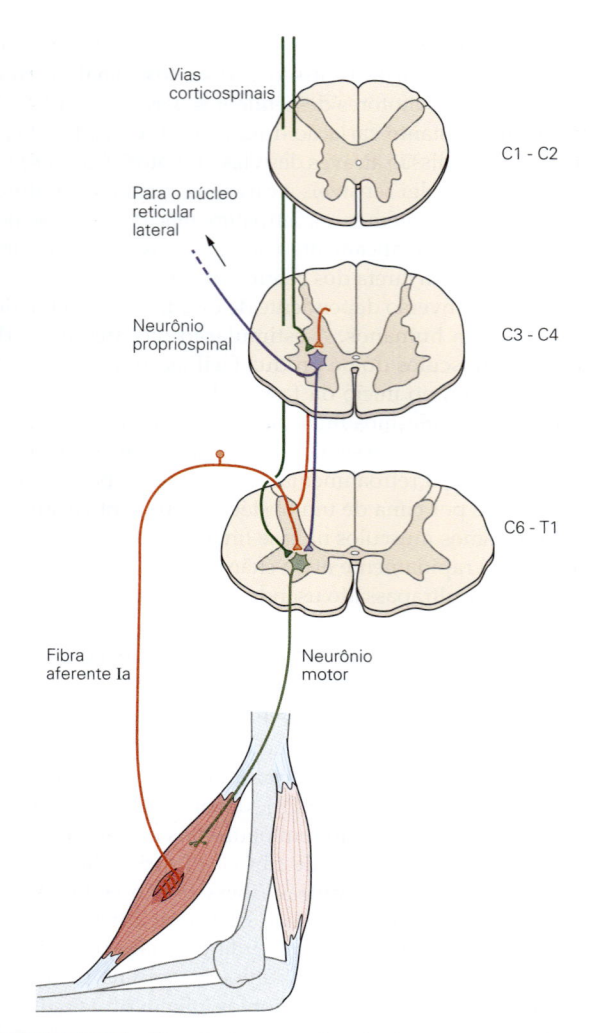

FIGURA 32-13 Neurônios propriospinais nos segmentos espinais C3-C4 medeiam parte do comando motor descendente aos neurônios motores cervicais. Algumas fibras corticospinais (**verde**) enviam colaterais para neurônios propriospinais nos segmentos C3-C4 (**azul**). Esses neurônios propriospinais C3-C4 se projetam para neurônios motores localizados em segmentos cervicais mais caudais. Eles também recebem estímulos excitatórios de aferências musculares e enviam colaterais para o núcleo reticular lateral.

Experimentos subsequentes de Bror Alstermark, na Suécia, e Tadashi Isa, no Japão, confirmaram que neurônios propriospinais semelhantes também existem nos segmentos C3-C4 da medula espinal do macaco e estão envolvidos na mediação pelo menos parte do comando motor para o movimento de alcançar. Experimentos não invasivos também forneceram evidências indiretas para a existência de neurônios propriospinais C3-C4 na medula espinal humana. Com a evolução das conexões corticomotoras monossinápticas diretas em macacos e humanos, a transmissão corticospinal por essa via bissináptica pode ter se tornado menos importante.

Os interneurônios lombares que recebem entradas dos axônios sensoriais dos grupos I e II do músculo também recebem entradas significativas dos tratos motores descendentes e fornecem projeções excitatórias para os neurônios motores espinais. Esses interneurônios, portanto, transmitem parte do comando motor indireto para movimentos voluntários aos neurônios motores espinais que controlam os músculos da perna e podem ser um equivalente lombar dos neurônios propriospinais C3-C4 da medula espinal cervical.

Neurônios nas vias reflexas espinais são ativados antes do movimento

A transmissão sináptica nas vias reflexas espinais pode se alterar em resposta à intenção de se mover, independentemente do movimento. Registros intracelulares de macacos ativos demonstraram que a intenção de fazer um movimento modifica a atividade nos interneurônios na medula espinal e altera a transmissão nas vias reflexas espinais. Da mesma forma, em humanos impedidos de contrair um músculo por injeção de lidocaína no nervo periférico que o inerva, o esforço voluntário para contrair o músculo ainda altera a transmissão nas vias reflexas como se o movimento tivesse realmente ocorrido.

Tanto em humanos quanto em macacos, os interneurônios espinais também mudam sua atividade bem antes do movimento real. Por exemplo, em humanos, os reflexos de Hoffmann induzidos em um músculo prestes a ser ativado são totalmente facilitados 50 ms antes do início da contração e assim permanecem durante todo o movimento. Por outro lado, os reflexos nos músculos antagonistas são suprimidos. A supressão dos reflexos de estiramento no músculo antagonista antes do início do movimento é uma maneira eficiente de evitar que o este músculo seja ativado reflexamente quando alongado no início da contração do agonista.

A transmissão das vias reflexas espinais também pode ser modificada em conformidade com as funções cognitivas superiores. Dois exemplos são (1) um aumento no reflexo tendinoso no músculo sóleo de um indivíduo humano imaginando pressionar um pedal e (2) a modulação do reflexo de Hoffmann nos músculos do braço e da perna enquanto um sujeito observa movimentos de preensão e de caminhada, respectivamente.

Os reflexos proprioceptivos assumem uma função importante na regulação dos movimentos voluntários e automáticos

Todos os movimentos ativam receptores nos músculos, nas articulações e na pele. Os sinais sensoriais gerados pelos próprios movimentos corporais foram denominados *proprioceptivos* por Sherrington, que propôs que essa sinalização controla aspectos importantes dos movimentos normais. Um bom exemplo é o reflexo de Hering-Breuer, ao regular a amplitude da inspiração. Os receptores de estiramento nos pulmões são ativados durante a inspiração e, por meio do reflexo de Hering-Breuer, esse sinal dispara a transição da inspiração para a expiração quando os pulmões estão expandidos.

Uma situação similar ocorre nos sistemas locomotores dos animais. Os sinais sensoriais gerados próximo ao final da fase de apoio desencadeiam o início da fase de balanço (Capítulo 33). Os sinais proprioceptivos também podem contribuir para a regulação da atividade motora durante os movimentos voluntários, como demonstrado em estudos com indivíduos com neuropatia sensorial dos braços. Esses pacientes apresentam movimentos de alcance anormais, dificuldade no posicionamento preciso dos membros e, por consequência da ausência de propriocepção, mostram falhas para compensar as propriedades inerciais complexas do braço humano.

Portanto, uma função básica dos reflexos proprioceptivos na regulação dos movimentos voluntários é ajustar a resposta motora de acordo com o estado biomecânico, em constante variação, do corpo e dos membros. Esse ajuste garante um padrão coordenado de atividade motora no transcorrer de um movimento e compensa a variabilidade intrínseca da eferência motora.

As vias do reflexo espinal sofrem mudanças de longo prazo

A transmissão nas vias reflexas espinais é modulada não apenas para atender às necessidades imediatas do movimento, mas também para adaptar o comando motor à experiência motora do indivíduo. Por exemplo, a transmissão na via inibitória Ia da inervação recíproca mostra uma mudança gradual quando os indivíduos melhoram sua habilidade em coordenar a contração do agonista e do antagonista. A inatividade após longos períodos de repouso ou imobilização também resulta em alterações nos reflexos de estiramento e nos reflexos H. Por outro lado, o reflexo de estiramento do sóleo é baixo em bailarinos altamente treinados e varia entre os diferentes tipos de atleta.

Inúmeros estudos em humanos, macacos e ratos, realizados por Jonathan Wolpaw e seus colaboradores, demonstraram que os reflexos de estiramento podem ser condicionados operativamente para aumentar ou diminuir. Os mecanismos subjacentes a essas alterações são complexos e envolvem alterações em múltiplos locais, incluindo alterações nas propriedades dos neurônios motores. Um pré-requisito geral para essas mudanças é que o controle corticospinal dos circuitos motores espinais deve estar intacto.

Lesões no sistema nervoso central produzem alterações características nas respostas reflexas

Os reflexos de estiramento são usados rotineiramente em exames clínicos de pacientes com distúrbios neurológicos. Eles são tipicamente provocados por uma breve percussão no tendão de um músculo com um martelo de reflexos. Embora as respostas sejam frequentemente chamadas de reflexos tendinosos, o receptor estimulado, o fuso muscular, na verdade se encontra no músculo, e não no tendão. Apenas as fibras sensoriais primárias do fuso participam do reflexo de estiramento, pois são seletivamente ativadas por um rápido estiramento do músculo produzido pela percussão no tendão.

Medir as alterações na força do reflexo de estiramento pode auxiliar no diagnóstico de certas condições e na localização de lesões ou doenças no sistema nervoso central. Reflexos de estiramento ausentes ou hipoativos geralmente indicam um distúrbio de um ou mais componentes da via reflexa periférica: axônios sensoriais ou motores, corpos celulares de neurônios motores ou o próprio músculo (Capítulo 57). No entanto, pelo fato de a excitabilidade dos neurônios motores ser dependente de sinais excitatórios e inibitórios descendentes, reflexos de estiramento ausentes ou hipoativos também podem resultar de lesões do sistema nervoso central. Reflexos de estiramento hiperativos, por outro lado, sempre indicam que a lesão está no sistema nervoso central.

A interrupção das vias descendentes para a medula espinal frequentemente produz espasticidade

A força com que um músculo resiste ao alongamento depende da elasticidade ou rigidez intrínseca do músculo. Por possuir elementos elásticos paralelos e em série que resistem ao alongamento, o músculo se comporta como uma mola (Capítulo 31). Além disso, o tecido conjuntivo dentro e ao redor do músculo também pode contribuir para sua rigidez. Esses elementos elásticos podem ser patologicamente alterados após lesão encefálica e medular e, assim, causar contraturas e posições articulares anormais. No entanto, há também uma contribuição neural para a resistência de um músculo ao alongamento. A alça de retroalimentação inerente à via do reflexo de estiramento atua para resistir ao alongamento do músculo.

A *espasticidade* é caracterizada por hiperatividade dos reflexos de estiramento e por um aumento na resistência ao alongamento rápido do músculo. O movimento lento de uma articulação provoca apenas resistência passiva, causada pelas propriedades elásticas da articulação, do tendão, do músculo e dos tecidos conjuntivos. À medida que a velocidade do alongamento aumenta, a resistência ao alongamento aumenta progressivamente. Essa relação fásica é o que caracteriza a espasticidade. Uma contração reflexa ativa ocorre apenas durante um alongamento rápido, e quando o músculo é mantido em uma posição alongada, a contração reflexa diminui.

A espasticidade é observada após lesão das vias motoras descendentes causadas por acidente vascular encefálico, lesões encefálicas ou da medula espinal e doenças degenerativas como a esclerose múltipla. Também é observada em indivíduos com *paralisia cerebral* decorrente de danos encefálicos ocorridos antes, durante ou logo após o nascimento.

A espasticidade não é observada imediatamente após as lesões das vias descendentes, mas se desenvolve ao longo de dias, semanas e até meses, em paralelo a mudanças plásticas em múltiplos locais nos circuitos do reflexo de estiramento. Quando ativos, o grupo de axônios sensoriais Ia liberam mais neurotransmissor, e os neurônios motores alfa alteram suas propriedades intrínsecas e sua morfologia (brotamento dendrítico e hipersensibilidade à desnervação), tornando-se, dessa forma, mais excitáveis. Também ocorrem alterações nos interneurônios excitatórios e inibitórios que se projetam para os neurônios motores, o que provavelmente contribui para o aumento da excitabilidade.

Quaisquer que sejam os mecanismos precisos que produzem a espasticidade, o efeito é uma forte facilitação da transmissão na via reflexa monossináptica. Não é a única via reflexa afetada por lesões das vias motoras descendentes. As vias que envolvem os interneurônios do grupo I/II e as fibras sensoriais provenientes da pele também são afetadas e apresentam a sintomatologia observada em pacientes com lesões motoras centrais. Na clínica, a espasticidade é, portanto, compreendida em um sentido mais amplo, e não se refere apenas à hiperexcitabilidade do reflexo de estiramento. Ainda é debatido se a hiperexcitabilidade reflexa contribui para o distúrbio do movimento após lesão das vias descendentes ou se pode ser uma adaptação pertinente para auxiliar a ativação dos músculos quando o *input* descendente está diminuído.

Lesão da medula espinal em humanos leva a um período de choque espinal seguido de hiper-reflexia

Lesões da medula espinal podem causar grandes mudanças na intensidade dos reflexos espinais. A cada ano, aproximadamente 11 mil estadunidenses sofrem lesões na medula espinal, e um número muito maior, acidentes vasculares encefálicos. Mais da metade dessas lesões produzem incapacitação permanente, incluindo déficits das funções sensoriais e motoras e perda do controle voluntário da função vesical e intestinal. Atualmente, cerca de 250 mil pessoas nos Estados Unidos possuem alguma incapacidade permanente por lesão da medula espinal.

Quando a medula espinal é seccionada por completo, ocorre normalmente, no período imediatamente após a lesão, uma redução ou supressão completa de todos os reflexos espinais abaixo do nível da transecção, uma condição conhecida como *choque espinal*. No decorrer das semanas e dos meses, os reflexos espinais retornam gradualmente e, no geral, de forma exacerbada. Por exemplo, um leve toque na pele do pé pode provocar uma intensa flexão de retirada da perna.

Destaques

1. Os reflexos são respostas motoras coordenadas e involuntárias e desencadeadas por um estímulo aplicado a receptores periféricos.
2. Muitos grupos de interneurônios nas vias reflexas espinais também estão envolvidos na produção de movimentos complexos, como a locomoção, e na transmissão de comandos voluntários do encéfalo.
3. Alguns componentes das respostas reflexas, em especial as que envolvem os membros, são mediados por centros supraspinais, como os núcleos do tronco encefálico, o cerebelo e o córtex motor.
4. Os reflexos são finamente integrados a comandos motores centrais pela convergência da sinalização sensorial sobre sistemas interneuronais espinais e supraspinais envolvidos na iniciação dos movimentos. Estabelecer os detalhes desses eventos integrativos é um dos grandes desafios da pesquisa contemporânea sobre integração sensorimotora na medula espinal.

5. Devido ao papel essencial dos centros supraspinais nas vias reflexas espinais, lesões ou doenças do sistema nervoso central comumente resultam em alterações significativas na intensidade dos reflexos espinais. O padrão das alterações fornece um auxílio importante no diagnóstico de pacientes com distúrbios neurológicos.

Jens Bo Nielsen
Thomas M. Jessell

Leituras selecionadas

Alstermark B, Isa T. 2012. Circuits for skilled reaching and grasping. Annu Rev Neurosci 35:559–578.

Baldissera F, Hultborn H, Illert M. 1981. Integration in spinal neuronal systems. In: JM Brookhart, VB Mountcastle, VB Brooks, SR Geiger (eds). *Handbook of Physiology: The Nervous System*, pp. 509–595. Bethesda, MD: American Physiological Society.

Boyd IA. 1980. The isolated mammalian muscle spindle. Trends Neurosci 3:258–265.

Fetz EE, Perlmutter SI, Orut Y. 2000. Functions of spinal interneurons during movement. Curr Opin Neurobiol 10:699–707.

Jankowska E. 1992. Interneuronal relay in spinal pathways from proprioceptors. Prog Neurobiol 38:335–378.

Nielsen JB. 2016. Human spinal motor control. Annu Rev Neurosci 39:81–101.

Pierrot-Deseilligny E, Burke D. 2005. *The Circuitry of the Human Spinal Cord. Its Role in Motor Control and Movement Disorders*. Cambridge: Cambridge Univ. Press.

Prochazka A. 1996. Proprioceptive feedback and movement regulation. In: L Rowell, JT Sheperd (eds). *Handbook of Physiology: Regulation and Integration of Multiple Systems*, pp. 89–127. New York: American Physiological Society.

Windhorst U. 2007. Muscle proprioceptive feedback and spinal networks. Brain Res Bull 73:155–202.

Wolpaw JR. 2007. Spinal cord plasticity in acquisition and maintenance of motor skills. Acta Physiol (Oxf) 189:155–169.

Referências

Appenteng K, Prochazka A. 1984. Tendon organ firing during active muscle lengthening in normal cats. J Physiol (Lond) 353:81–92.

Brown MC, Matthews PBC. 1966. On the sub-division of the efferent fibres to muscle spindles into static and dynamic fusimotor fibres. In: BL Andrew (ed). *Control and Innervation of Skeletal Muscle*, pp. 18–31. Dundee, Scotland: University of St. Andrews.

Crago A, Houk JC, Rymer WZ. 1982. Sampling of total muscle force by tendon organs. J Neurophysiol 47:1069–1083.

Gossard JP, Brownstone RM, Barajon I, Hultborn H. 1994. Transmission in a locomotor-related group Ib pathway from hind limb extensor muscles in the cat. Exp Brain Res 98:213–228.

Granit R. 1970. *Basis of Motor Control*. London: Academic.

Hagbarth KE, Kunesch EJ, Nordin M, Schmidt R, Wallin EU. 1986. Gamma loop contributing to maximal voluntary contractions in man. J Physiol (Lond) 380:575–591.

Hoffmann P. 1922. *Untersuchungen über die Eigenreflexe (Sehnenreflexe) menschlicher Muskeln*. Berlin: Springer.

Hulliger M. 1984. The mammalian muscle spindle and its central control. Rev Physiol Biochem Pharmacol 101:1–110.

Hunt CC, Kuffler SW. 1951. Stretch receptor discharges during muscle contraction. J Physiol (Lond) 113:298–315.

Liddell EGT, Sherrington C. 1924. Reflexes in response to stretch (myotatic reflexes). Proc R Soc Lond B Biol Sci 96:212–242.

Marsden CD, Merton PA, Morton HB. 1981. Human postural responses. Brain 104:513–534.

Matthews PBC. 1972. *Muscle Receptors*. London: Edward Arnold.

Mendell LM, Henneman E. 1971. Terminals of single Ia fibers: location, density, and distribution within a pool of 300 homonymous motoneurons. J Neurophysiol 34:171–187.

Pearson KG, Collins DF. 1993. Reversal of the influence of group Ib afferents from plantaris on activity in model gastrocnemius activity during locomotor activity. J Neurophysiol 70:1009–1017.

Prochazka A, Hulliger M, Trend P, Dürmüller N. 1988. Dynamic and static fusimotor set in various behavioural contexts. In: P Hnik, T Soukup, R Vejsada, J Zelena (eds). *Mechanoreceptors: Development, Structure and Function*, pp. 417–430. New York: Plenum.

Schieppati M. 1987. The Hoffmann reflex: a means of assessing spinal reflex excitability and its descending control in man. Prog Neurobiol 28:345–376.

Schmidt RF. 1983. Motor systems. In: RF Schmidt, G Thews (eds), MA Biederman-Thorson (transl). *Human Physiology*, pp. 81–110. Berlin: Springer.

Sherrington CS. 1906. *Integrative Actions of the Nervous System*. New Haven, CT: Yale Univ. Press.

Swett JE, Schoultz TW. 1975. Mechanical transduction in the Golgi tendon organ: a hypothesis. Arch Ital Biol 113:374–382.

Vallbo ÅB. 1981. Basic patterns of muscle spindle discharge in man. In: A Taylor, A Prochazka (eds). *Muscle Receptors and Movement*, pp. 263–275. London: Macmillan.

Vallbo ÅB, Hagbarth KE, Torebjörk HE, Wallin BG. 1979. Somatosensory, proprioceptive, and sympathetic activity in human peripheral nerves. Physiol Rev 59:919–957.

Wickens DD. 1938. The transference of conditioned excitation and conditioned inhibition form one muscle group to the antagonist muscle group. J Exp Psychol 22:101–123.

33

Locomoção

A locomoção requer a produção de um padrão preciso e coordenado de ativação muscular

O padrão motor da passada é organizado a nível da medula espinal

    Os circuitos espinais responsáveis pela locomoção podem ser modificados pela experiência

    As redes locomotoras espinais são organizadas em circuitos de geração de ritmo e padrão

Aferências somatossensoriais de membros em movimento modulam a locomoção

    A propriocepção regula o tempo e a amplitude da passada

    Mecanorreceptores na pele permitem que os passos se ajustem a obstáculos inesperados

As estruturas supraespinais são responsáveis pela iniciação e pelo controle adaptativo da passada

    Núcleos do mesencéfalo iniciam e mantêm a locomoção e controlam a velocidade

    Núcleos do mesencéfalo que iniciam a locomoção se projetam para neurônios do tronco encefálico

    Núcleos do tronco encefálico regulam a postura durante a locomoção

A locomoção guiada visualmente envolve o córtex motor

O planejamento da locomoção envolve o córtex parietal posterior

O cerebelo regula o tempo e a intensidade dos sinais descendentes

Os núcleos da base modificam os circuitos corticais e do tronco encefálico

A neurociência computacional fornece informações sobre os circuitos locomotores

O controle neuronal da locomoção humana é semelhante ao dos quadrúpedes

Destaques

A LOCOMOÇÃO É UM DOS MAIS FUNDAMENTAIS comportamentos animais e é comum a todos os membros do reino animal. Como se poderia esperar de um comportamento tão essencial, os mecanismos neurais responsáveis pela ritmicidade alternada básica subjacente à locomoção são altamente conservados em todo o reino animal, dos invertebrados aos vertebrados e dos primeiros vertebrados aos primatas. No entanto, embora os circuitos geradores locomotores básicos tenham sido conservados, a evolução dos membros e, em seguida, de padrões de comportamento cada vez mais complexos, resultou no desenvolvimento de circuitos espinais e supraespinais progressivamente mais complexos (**Figura 33-1**).

Os cientistas ficaram intrigados com os mecanismos neurais da locomoção desde o início do século XX, quando trabalhos pioneiros de Charles Sherrington e Thomas Graham Brown mostraram que a medula espinal isolada do gato é capaz de gerar os aspectos básicos da atividade locomotora e, posteriormente, que essa capacidade era intrínseca à medula espinal. Ao longo do século XX, grandes avanços foram feitos no detalhamento das capacidades de produção de ritmo e padrão da medula espinal, levando, em última análise, ao conceito inovador de um gerador de padrão central para a locomoção na medula espinal. Esse conceito único, mais do que qualquer outro, tem impulsionado a pesquisa sobre os mecanismos subjacentes ao controle locomotor desde a década de 1970, permitindo um exame eletrofisiológico detalhado dos mecanismos neuronais envolvidos no controle da locomoção que não é possível para a maioria dos outros atos motores.

A maioria das pesquisas ao longo do século XX sobre os mecanismos espinais mediadores da locomoção foi realizada em gatos, que continua sendo um modelo importante para estudar muitos aspectos do controle locomotor. No entanto, a complexidade dos circuitos espinais nos mamíferos levou à busca de preparações mais simples que permitissem uma melhor compreensão da conectividade sináptica e das propriedades neuronais responsáveis pela geração da locomoção. Essa busca levou ao desenvolvimento dos modelos da lampreia e do girino (**Quadro 33-1; Figuras 33-2 e 33-3**). Experimentos com essas espécies levaram a uma compreensão detalhada dos circuitos neuronais responsáveis por gerar a natação. Trabalhos influentes na

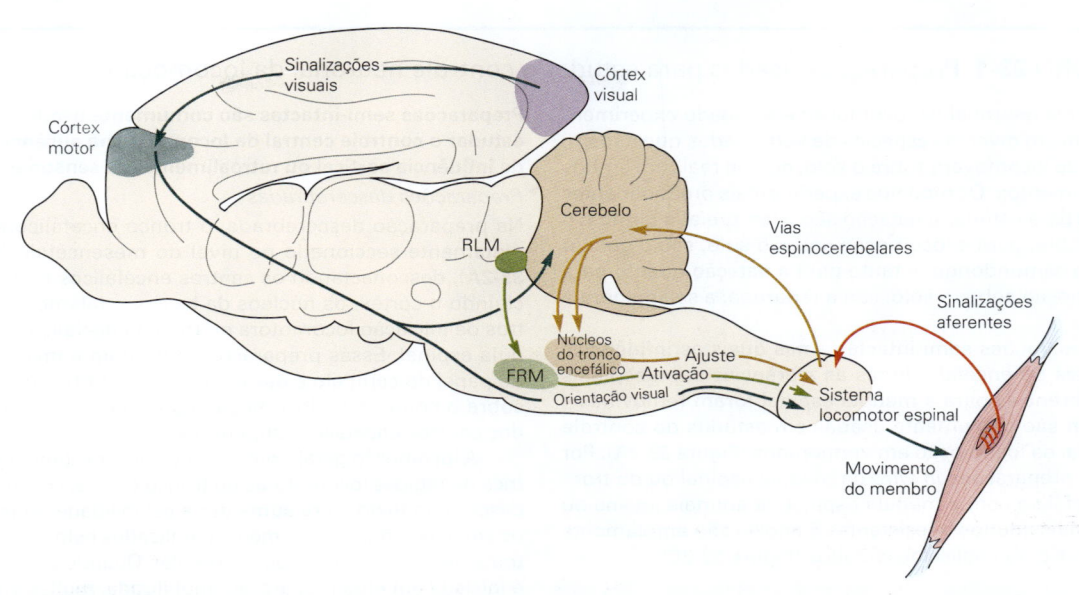

FIGURA 33-1 Sistema locomotor. Múltiplas regiões do sistema nervoso central interagem para iniciar e regular a locomoção. As redes locomotoras na medula espinal – os geradores de padrão central (GPCs) – geram o tempo e o padrão precisos da locomoção. A retroalimentação sensorial proprioceptiva modula a atividade do GPC locomotor. O início da locomoção é mediado por neurônios na região locomotora mesencefálica (**RLM**) que se projetam para neurônios na formação reticular medial (**FRM**) no tronco encefálico inferior, que, por sua vez, se projetam para a medula espinal. As fibras descendentes dos núcleos vestibulares, da formação reticular pontomedular e do núcleo rubro (**núcleos do tronco encefálico**) mantêm o equilíbrio e modulam a atividade locomotora em curso. A atividade cortical do córtex parietal posterior (não ilustrado) e do córtex motor está envolvida no planejamento e na execução da locomoção guiada visualmente, enquanto os núcleos da base (não ilustrado) e o cerebelo são importantes para a seleção e coordenação da atividade locomotora.

compreensão dos processos subjacentes à locomoção também vieram de outros modelos experimentais, incluindo do camundongo, do rato, da tartaruga, da salamandra e do peixe-zebra.

Mais recentemente, o desenvolvimento de técnicas de genética molecular forneceu uma ferramenta poderosa para sondar os circuitos espinais responsáveis pela locomoção em preparações tão diversas quanto o peixe-zebra e o camundongo. Essas técnicas permitiram aos pesquisadores explorar mais profundamente tanto os circuitos neuronais da medula espinal dos mamíferos responsáveis pelos padrões rítmicos e alternados de atividade que definem a locomoção sobre o solo quanto os responsáveis pela natação.

O padrão rítmico de atividade é apenas um elemento do complexo comportamento locomotor observado na maioria dos vertebrados (especialmente nos mamíferos), que evoluiu para permitir que eles se movessem com rapidez e elegância. Essa flexibilidade é fornecida por meio de retroalimentação e modificação de pró-ação dos padrões locomotores gerados pelas redes espinais.

As informações de retroalimentação do corpo e dos membros na forma de estímulos cutâneos e proprioceptivos são importantes para regular aspectos do ciclo locomotor, incluindo a flexão do corpo, o comprimento da passada e a força produzida durante a propulsão. Essa informação é igualmente crítica para garantir que os animais possam reagir rápida e eficientemente a perturbações inesperadas no ambiente, como ao bater em um galho durante a caminhada ou pisar em uma superfície instável.

As informações de pró-ação dos sistemas supraespinais modificam a atividade de acordo com os objetivos do animal e o ambiente em que ele se move. As informações de estruturas definidas no tronco encefálico são importantes tanto para o início da locomoção quanto para a regulação dos aspectos gerais da atividade locomotora, incluindo a velocidade de locomoção, o nível de atividade muscular e o acoplamento entre membros em animais que tenham membros. As informações das estruturas corticais contribuem principalmente para o planejamento e execução da locomoção em situações em que a visão é usada para fazer modificações antecipatórias da marcha. Finalmente, duas estruturas sem conexões espinais diretas, os núcleos da base e o cerebelo, contribuem para a seleção da atividade locomotora e para a sua coordenação (**Figura 33-1**).

A forma pela qual todas essas estruturas interagem e permitem diversos modos de locomoção é o assunto deste capítulo.

A locomoção requer a produção de um padrão preciso e coordenado de ativação muscular

A locomoção requer a produção de atividade em muitos músculos, que precisam ser coordenados em ritmo e padrão precisos. O ritmo define a frequência da atividade cíclica, enquanto o padrão define a ativação espaço-temporal dos grupos musculares dentro de um ciclo. Em animais nadadores, como a lampreia e o girino, a locomoção é expressa como uma onda viajante de atividade (**Figura 33-3A**) que se

QUADRO 33-1 Preparações usadas para estudar o controle neuronal da locomoção

O controle neuronal da locomoção é estudado experimentalmente em diversas espécies de vertebrados que nadam, ou que se locomovem sobre o solo, ou que realizam ambos os movimentos. Os modelos experimentais predominantes usados para estudar a natação são a lampreia, o girino e o peixe-zebra; para a locomoção sobre o solo, são o gato, o rato e o camundongo; e tanto para a natação quanto para a locomoção sobre o solo, são a tartaruga, a salamandra e o sapo.

Preparações semi-intactas – nas quais as influências de partes do encéfalo, todas as aferências supraespinais e/ou aferências para a medula espinal foram removidas – também são comumente usadas em estudos do controle neuronal da locomoção em vertebrados (**Figura 33-2A**). Por último, preparações *in vitro* da medula espinal ou do tronco encefálico com a medula espinal de animais jovens ou de animais adultos e resistentes à anoxia são amplamente utilizadas para análise de circuitos (**Figura 33-2C**).

Preparações intactas são usadas para estudar a eferência comportamental

Em preparações intactas, a locomoção é estudada durante a caminhada no solo ou em uma esteira motorizada. Registros eletromiográficos (EMG) crônicos dos músculos dos membros, juntamente com registros em vídeo do movimento, revelam detalhes do ritmo de locomoção, do padrão de ativação muscular ou articular e da coordenação entre os membros (**Figura 33-2B**). Tais estudos permitem aos pesquisadores entender como o comportamento normal de locomoção é expresso.

Esses estudos comportamentais são frequentemente combinados com manipulações experimentais que modificam o controle supraespinal ou aferente da locomoção. Tais experimentos podem usar estimulação elétrica ou ablação cirúrgica de áreas circunscritas no sistema nervoso central, inativação genética ou ativação de populações definidas de células nervosas, ou ainda perturbação das aferências para a medula espinal usando técnicas genéticas ou estimulação elétrica. Finalmente, a atividade de uma única célula no encéfalo pode ser registrada a partir de populações identificadas de neurônios e correlacionada com aspectos específicos do comportamento locomotor (p. ex., velocidade, ajustes posturais, modificações da marcha, atividade dos músculos flexores-extensores). As células são identificadas por sua localização anatômica, seu padrão de projeção, seu conteúdo de transmissores e seus marcadores moleculares.

Preparações semi-intactas são comumente usadas para estudar o controle central da locomoção na ausência de influência cortical ou retroalimentação sensorial

Preparações descerebradas

Na preparação descerebrada, o tronco encefálico é completamente seccionado no nível do mesencéfalo (**Figura 33-2A**), desconectando os centros encefálicos rostrais, incluindo o córtex, os núcleos da base e o tálamo, dos centros de iniciação locomotora no tronco encefálico e na medula espinal. Essas preparações permitem a investigação do papel do cerebelo e das estruturas do tronco encefálico sobre o controle da locomoção na ausência de influência dos centros encefálicos superiores.

A locomoção geralmente é evocada por estimulação elétrica de regiões locomotoras no tronco encefálico, conforme descrito no texto. Para aumentar a estabilidade do registro, os animais são frequentemente paralisados pelo bloqueio da transmissão na junção neuromuscular. Quando a locomoção é iniciada em uma preparação imobilizada, muitas vezes referida como *locomoção fictícia*, os nervos motores para os músculos flexores e extensores disparam (registrado com eletroneuromiografia), mas nenhum movimento ocorre.

Preparações espinais

Nas preparações espinais, a medula espinal é completamente seccionada, geralmente no nível torácico inferior, isolando, assim, os segmentos espinais que controlam a musculatura dos membros posteriores do resto do sistema nervoso central (**Figura 33-2A**). Esse procedimento permite investigações dos circuitos locomotores espinais sem qualquer influência das estruturas supraespinais.

Dois tipos de preparação espinal são usados: preparações espinais agudas, nas quais os estudos são realizados imediatamente após a intervenção, e preparações espinais crônicas, nas quais os animais podem se recuperar da cirurgia e são, então, estudados por um certo período.

Em preparações espinais agudas, a locomoção é frequentemente induzida quimicamente, seja por administração intravenosa de fármacos que estimulam receptores monoaminérgicos ou serotoninérgicos ou por aplicação local de agonistas de receptores glutamatérgicos. Esses fármacos aumentam a excitabilidade nos circuitos locomotores espinais, mimetizando o impulso de iniciação locomotora do tronco encefálico. Alternativamente, a locomoção é induzida eletricamente, por estimulação das raízes dorsais ou das colunas dorsais. As preparações espinais

continua

---

propaga do segmento rostral para o caudal do corpo durante a progressão para frente. Esse padrão pode ser registrado com um eletromiograma (EMG) durante a locomoção no animal intacto (**Figura 33-3B**) e com um eletroneurograma na medula espinal isolada (**Figura 33-3C**). A atividade nas raízes mais caudais ocorre depois da atividade nas raízes mais rostrais, sendo recíproca nos dois lados do corpo.

Em animais com membros, o padrão de atividade muscular é mais complexo e serve para sustentar o corpo e transportá-lo para frente. A unidade geral de medida de locomoção em vertebrados com membros é o *ciclo de passos*, que é definido como o tempo entre dois eventos sucessivos quaisquer (p. ex., contato do pé ou da pata de um determinado membro). O ciclo de passos é dividido em fase *de balanço*, quando o pé está fora do chão e sendo transferido para frente, e fase *de apoio*, quando o pé está em contato com o solo e impulsiona o corpo para frente. Com base nas medidas das mudanças no ângulo articular, cada uma dessas fases pode ser dividida em um período de flexão (F) seguido por um período inicial de extensão (E_1) durante o

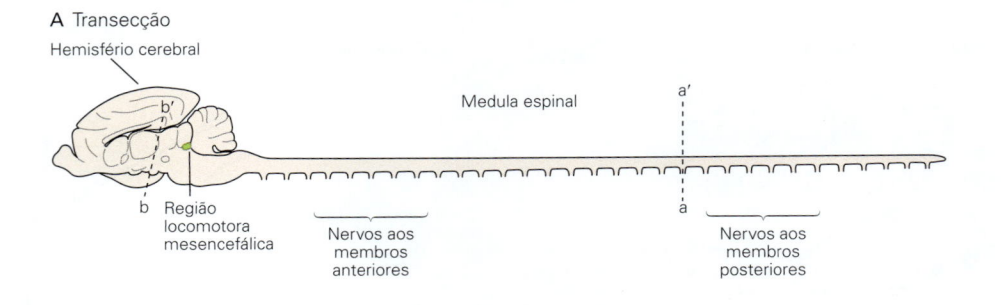

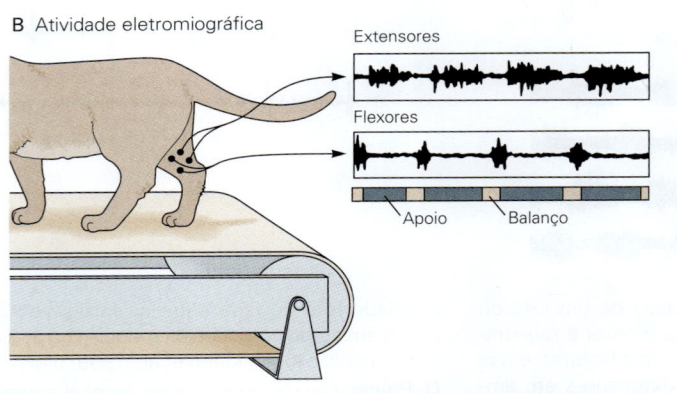

> **QUADRO 33-1** Preparações usadas para estudar o controle neuronal da locomoção (*continuação*)
>
> agudas são frequentemente paralisadas para aumentar a estabilidade no registro de neurônios motores e interneurônios na medula espinal, bem como para diferenciar efeitos centrais de efeitos periféricos.
>
> Em preparações espinais crônicas, os animais são estudados por semanas ou meses após a transecção, muitas vezes com o objetivo de encontrar formas mais eficientes de melhorar a capacidade locomotora após lesão na medula espinal. Em gatos jovens e adultos e em roedores jovens, a capacidade locomotora dos membros posteriores pode muitas vezes retornar após o treinamento, mas sem tratamento adicional. Em todos os animais, a capacidade locomotora é melhorada dramaticamente por tratamentos com fármacos que ativam o gerador de padrão central espinal. A atividade eletromiográfica, juntamente com medidas comportamentais, pode ser registrada antes e depois da transecção (**Figura 33-2B**).
>
> **Preparações *in vitro* são usadas para estudar a organização central de redes**
>
> Com as preparações *in vitro*, a medula espinal ou tronco encefálico é removido do animal e colocado em um banho
>
> **FIGURA 33-2** Modelos animais usados para estudar sistemas de controle locomotor.
> **A.** Esquema dos hemisférios cerebrais, do tronco encefálico e da medula espinal do gato mostrando o nível de transecção para espinalização (a'-a) e descerebração (b'-b). A descerebração isola o tronco encefálico e a medula espinal dos hemisférios cerebrais. A transecção em a'-a isola a medula espinal lombar de todas as aferências descendentes.
> **B.** O eletromiograma pode ser usado para registrar a atividade locomotora durante o movimento em animais intactos, descerebrados ou com lesão medular.
>
> *continua*

balanço e dois períodos adicionais de extensão (E_2 e E_3) durante o apoio (**Figura 33-4A**; ver a seguir).

Os músculos de um membro devem ser ativados e coordenados em um padrão espaço-temporal preciso (**Figura 33-4B**), de modo que o tempo relativo de ativação de diferentes músculos, a duração de sua atividade e a magnitude dessa atividade sejam coordenados para atender às demandas do ambiente (*coordenação intramembros*).

No membro posterior, o balanço é iniciado pela flexão do joelho produzida pela ativação de músculos como o semitendinoso, seguida prontamente pela ativação dos flexores do quadril e do tornozelo (fase F). Os flexores do quadril continuam a se contrair durante o balanço, mas a atividade nos flexores do joelho e do tornozelo é interrompida à medida que a perna se estende em preparação para o contato com a superfície de apoio (fase E_1). A atividade na maioria dos músculos extensores começa neste estágio, antes que o pé entre em contato com o solo. Essa fase preparatória significa que a atividade do músculo extensor é programada centralmente e não é apenas o resultado

> **QUADRO 33-1** Preparações usadas para estudar o controle neuronal da locomoção (*continuação*)
>
> perfundido com líquido cefalorraquidiano artificial (roedor, lampreia e tartaruga) (**Figura 33-2C**). Alternativamente, o tronco encefálico e a medula espinal são deixados *in situ* no animal paralisado ou imobilizado mantido *in vitro* (girino e peixe-zebra) (**Figura 33-2D**).
>
> Em todos os casos, nenhuma aferência rítmica ocorre na medula, e a atividade motora é registrada nos nervos periféricos ou, mais frequentemente, nas raízes ventrais, onde os neurônios motores têm seus axônios saindo da medula espinal.
>
> A locomoção é induzida quimicamente, pela aplicação de agonistas de receptores glutamatérgicos ou serotoninérgicos ou de uma combinação de ambos; ou eletricamente, pela estimulação do tronco encefálico ou dos aferentes periféricos. Geração de ritmo e padrão, conectividade de circuitos, propriedades celulares de interneurônios e neurônios motores e neuromodulação de circuitos são estudados com métodos eletrofisiológicos convencionais, imagens e rastreamento anatômico, ou com métodos genéticos moleculares que permitem a manipulação e o registro de populações identificadas de neurônios.
>
> **C.** A medula espinal lombar (L1-L6) isolada de um rato ou camundongo recém-nascido. A atividade motora é registrada nas raízes ventrais de L2 relacionadas aos flexores e nas raízes ventrais de L5 relacionadas aos extensores em ambos os lados da medula. A atividade locomotora é induzida pela aplicação de *N*-metil-D-aspartato (NMDA) e serotonina (5-hidroxitriptamina, 5-HT) à solução de banho. A alternância flexor-extensor é vista como atividade fora de fase entre as raízes ventrais de L2 e L5 no mesmo lado da medula (**1** e **4**; **2** e **3**), e as alternâncias esquerda-direita são vistas como atividade fora de fase entre as raízes ventrais de L2-L2 e L5-L5 em ambos os lados da medula (**1** e **2**; **3** e **4**). (Adaptada, com autorização, de Kiehn et al., 1999; dados de O. Kiehn.)
>
> **D.** Preparação de girino *in vitro*, na qual a medula espinal permanece *in situ*, mostrando registros da raiz ventral no lado direito (**1**) e no lado esquerdo (**2** e **3**) da medula espinal. O ritmo de natação no sistema nervoso do animal paralisado foi induzido por uma breve estimulação da pele na cabeça. (Dados de L. Picton e K. T. Silar.)

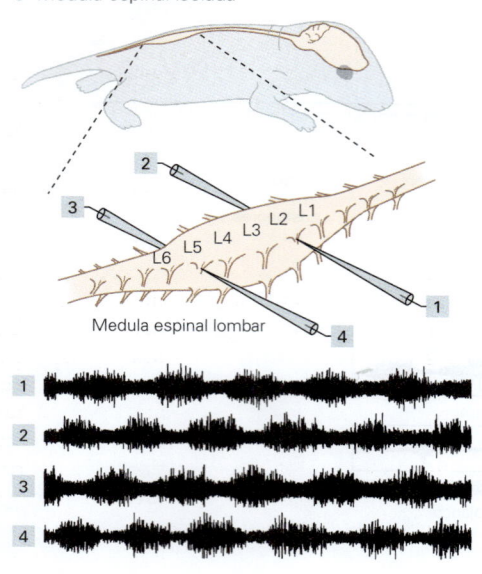

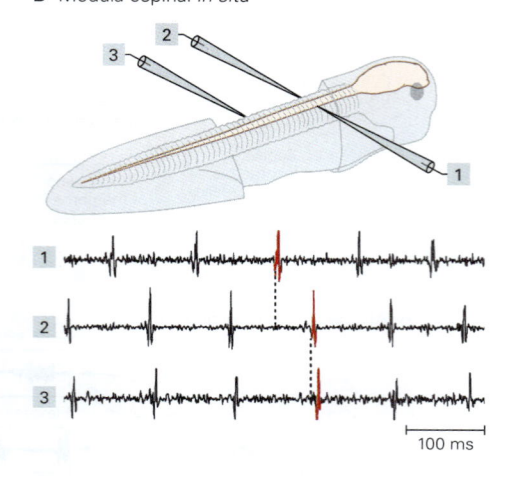

da retroalimentação aferente decorrente do contato do pé com o solo.

O apoio começa com o contato do pé ou pata com o solo. Durante o apoio inicial (fase E_2), as articulações do joelho e do tornozelo se flexionam devido à aceitação do peso do corpo, fazendo com que os músculos extensores se alonguem ao mesmo tempo em que se contraem fortemente (contração excêntrica). A flexibilidade desses músculos à medida que o peso é aceito permite que o corpo se mova suavemente sobre o pé e é essencial para estabelecer uma marcha eficiente. Durante o apoio tardio (fase E_3), o quadril, o joelho e o tornozelo se estendem à medida que os músculos extensores fornecem uma força propulsora para mover o corpo para frente.

Há também um requisito para a *coordenação entre os membros*, o acoplamento preciso entre os diferentes membros. O acoplamento entre as quatro patas nos quadrúpedes, por exemplo, pode variar bastante, dependendo tanto da velocidade de locomoção quanto da marcha adotada (caminhada lenta, caminhada rápida, trote, galope ou salto). Isso

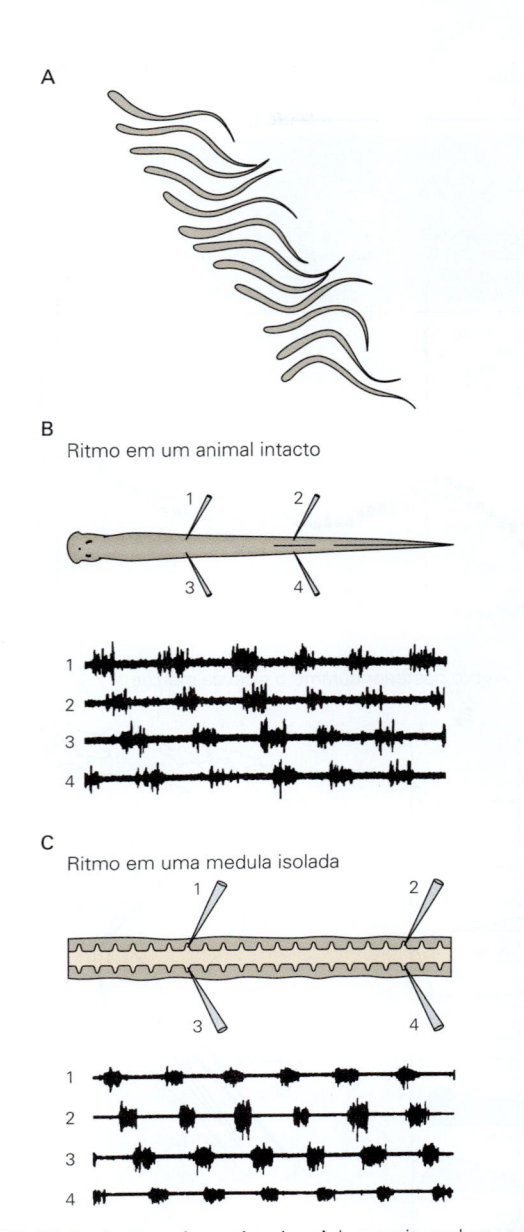

FIGURA 33-3 Lampreia nadando. A lampreia nada por meio de uma onda de contrações musculares que percorre um lado do corpo 180° fora de fase com uma onda semelhante no lado oposto (A). Esse padrão é evidente em registros de eletromiograma de quatro locais ao longo do animal durante a natação normal (B). Um padrão semelhante é registrado a partir de quatro raízes ventrais em uma medula isolada (C). (Dados de S. Grillner.)

diagonais (p. ex., o membro posterior esquerdo e o membro anterior direito) estão em fase, e a diferença de fase entre os membros homolaterais é de 0,5. As relações de fase entre os membros da mesma cintura (ou seja, os membros anteriores ou os membros posteriores) são mais estáveis durante as marchas produzidas pela ativação de membros alternados, como uma caminhada ou trote (geralmente fora de fase em 0,5 por ciclo), em comparação com a locomoção síncrona, como um galope ou salto (geralmente em fase).

A geração adequada de coordenação de atividade intramembros e entre os membros e a adaptação desses padrões de atividade de acordo com as circunstâncias são umas das principais funções do sistema nervoso central durante a locomoção.

O padrão motor da passada é organizado a nível da medula espinal

Embora todo o sistema nervoso seja necessário para que um animal produza um rico repertório comportamental, a medula espinal é suficiente para gerar tanto o ritmo subjacente à locomoção quanto boa parte do padrão específico de atividade muscular necessário para as coordenações intramembros e entre os membros.

No início do século XX, Graham Brown mostrou que a medula espinal isolada tinha a capacidade intrínseca de gerar um padrão locomotor alternado rudimentar ao redor da articulação do tornozelo na ausência de estímulos sensoriais para a medula espinal (**Figura 33-5**). Ele propôs que as redes locomotoras que controlam as atividades flexora e extensora na medula espinal estariam organizadas como semicentros, de modo que, quando metade do circuito estivesse ativo, a outra metade seria inibida. O centro seria, então, liberado da inibição por meio de algum tipo de fadiga sináptica ou neuronal.

Essa observação inovadora foi praticamente ignorada até meados da década de 1960 e início da década de 1970, quando começou um período de intenso estudo dos mecanismos pelos quais a medula espinal poderia gerar um padrão rítmico de atividade. Estudos iniciais mostraram que a estimulação de fibras sensoriais em gatos com isolamento espinal tratados com L-DOPA (um precursor dos transmissores monoamina dopamina e norepinefrina) e nialamida (um fármaco que prolonga a ação da L-DOPA) poderia produzir sequências curtas de atividade rítmica em neurônios motores flexores e extensores. Verificou-se ainda que grupos de interneurônios na medula espinal eram ativados em um padrão recíproco flexor e extensor. Essa característica organizacional era consistente com a teoria de Graham Brown de que a inibição mútua de semicentros produzia a atividade de explosão alternada nos neurônios motores flexores e extensores.

No modelo semicentro, a medula espinal produz apenas o ritmo locomotor, enquanto o padrão é esculpido pela retroalimentação aferente causada pelo movimento. No entanto, essa visão foi alterada por experimentos que demonstraram que um padrão locomotor bem organizado pode ser observado em gatos descerebrados e com isolamento espinal andando em uma esteira após a secção das

é particularmente verdadeiro para o padrão de acoplamento entre os músculos dos membros do mesmo lado (membros homolaterais) e entre os músculos dos membros diagonais. A relação entre os membros pode ser caracterizada pela diferença de fase: com 0 refletindo membros que se movem juntos em fase; e 0,5, membros que se movem totalmente fora de fase (ou seja, em direções opostas). Durante uma caminhada, a atividade entre os membros homolaterais varia em um valor de fase de 0,25, e três patas estão sempre em contato com o solo. Durante um trote, os membros

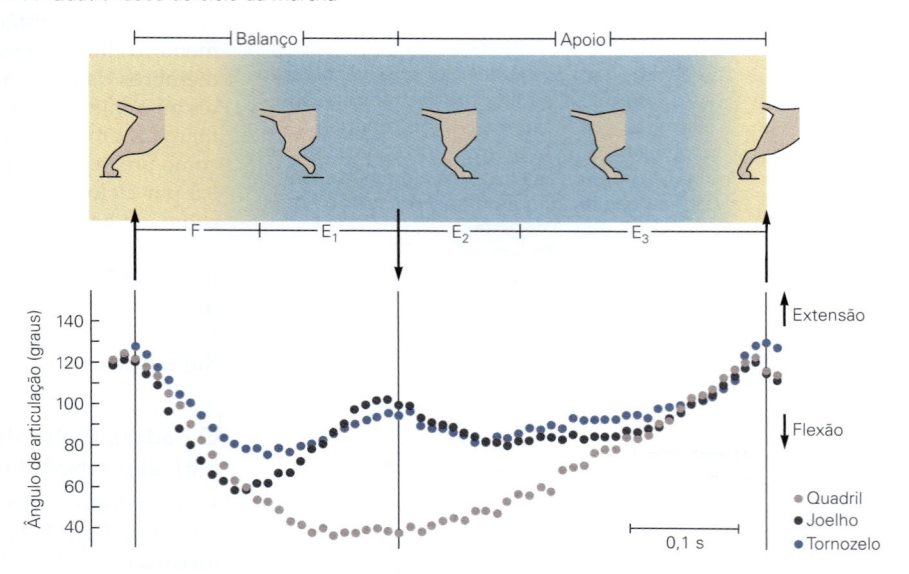

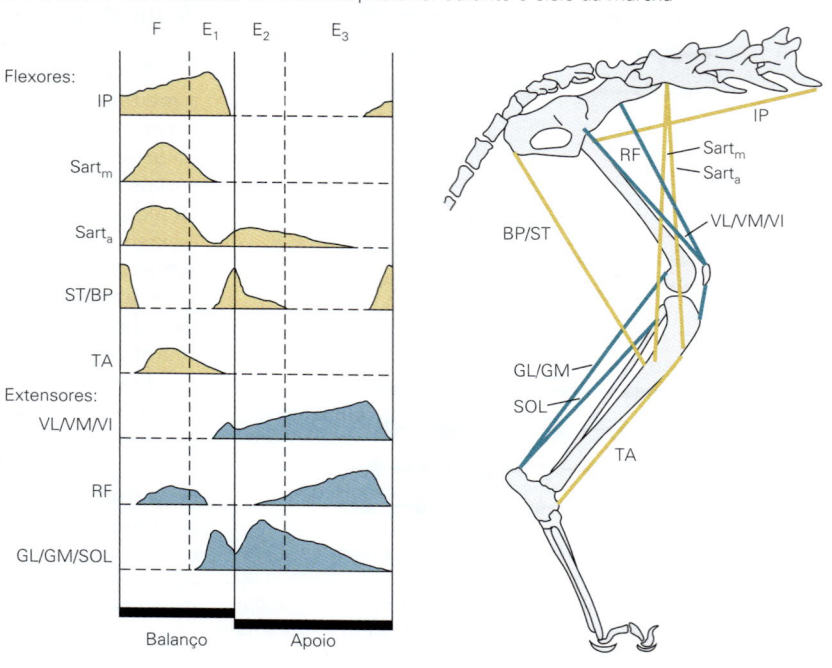

FIGURA 33-4 A passada é produzida por padrões complexos de contrações nos músculos dos membros inferiores.

A. O ciclo da passada é dividido em quatro fases. As fases de flexão (F) e primeira extensão (E_1) ocorrem durante a fase de balanço, quando o pé não está em contato com o solo, enquanto a segunda extensão (E_2) e a terceira extensão (E_3) ocorrem durante a fase de apoio, quando o pé está em contato com o solo. A fase E_2 é caracterizada pela flexão do joelho e do tornozelo quando a perna começa a suportar o peso. Os músculos extensores do joelho e do tornozelo em contração se alongam durante essa fase. (Adaptada, com autorização, de Engberg e Lundberg, 1969.)

B. Perfis de atividade elétrica em alguns dos músculos flexores (**amarelo**) e extensores (**azul**) da pata traseira do gato durante a passada. Embora os músculos flexores e extensores geralmente estejam ativos durante as fases de balanço e apoio, respectivamente, o padrão geral de atividade é complexo tanto em tempo quanto em amplitude. (Músculos: **IP**, iliopsoas; **GL** e **GM**, gastrocnêmio lateral e medial; **BP**, bíceps posterior; **RF**, reto femoral; **Sart$_m$** e **Sart$_a$**, sartório medial e anterior; **SOL**, sóleo; **ST**, semitendinoso; **TA**, tibial anterior; **VL**, **VM** e **VI**, vasto lateral, medial e intermédio.)

raízes dorsais, removendo assim a retroalimentação aferente (**Figura 33-6A,B**). Experimentos posteriores em gatos com isolamento espinal crônico, nos quais a retroalimentação aferente rítmica foi abolida pela prevenção do movimento (**Figura 33-6C**), mostraram que os circuitos espinais não só eram capazes de produzir intrinsecamente um ritmo locomotor, mas também podiam produzir alguns dos detalhes espaço-temporais do padrão de atividade observado no gato intacto (**Figura 33-6C**).

Essas observações levaram ao importante conceito de um *gerador de padrão central* (GPC) que pode gerar tanto o ritmo quanto o padrão, independentemente das aferências sensoriais. Experimentos subsequentes levaram à ideia de que componentes separados do GPC são responsáveis por gerar o ritmo subjacente de locomoção em um membro e o padrão espaço-temporal da ação muscular no membro (**Figura 33-6D**). Essa noção foi baseada na observação de que mudanças no ritmo e no padrão podem ser influenciadas de forma independente. Outros estudos levaram ao conceito de que o GPC é modular, permitindo o controle independente de atividade em torno de diferentes articulações.

Experimentos em diversas espécies sugeriram que provavelmente existem GPC separados para cada membro. Por

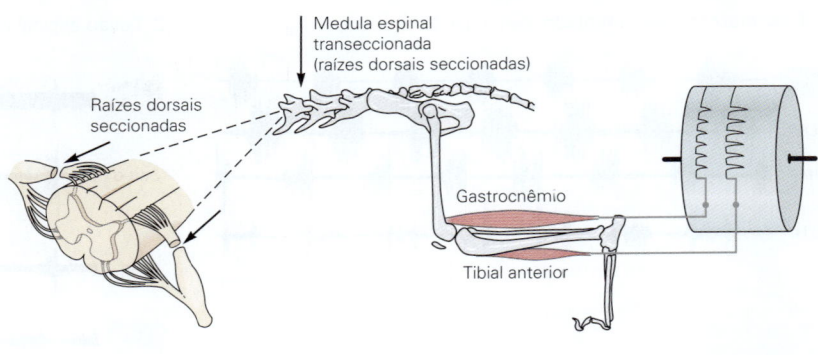

FIGURA 33-5 A passada rítmica é gerada por redes espinais. A existência de redes espinais intrínsecas foi demonstrada pela primeira vez em 1911 por Thomas Graham Brown, que desenvolveu uma preparação experimental na qual as raízes dorsais eram cortadas para que a informação sensorial do membro não pudesse chegar à medula espinal. A figura inferior mostra um registro original do estudo de Graham Brown. Contrações rítmicas alternadas de um flexor do tornozelo (tibial anterior) e de um extensor do tornozelo (gastrocnêmio) são geradas pela medula espinal isolada e persistem por algum tempo após a transecção.

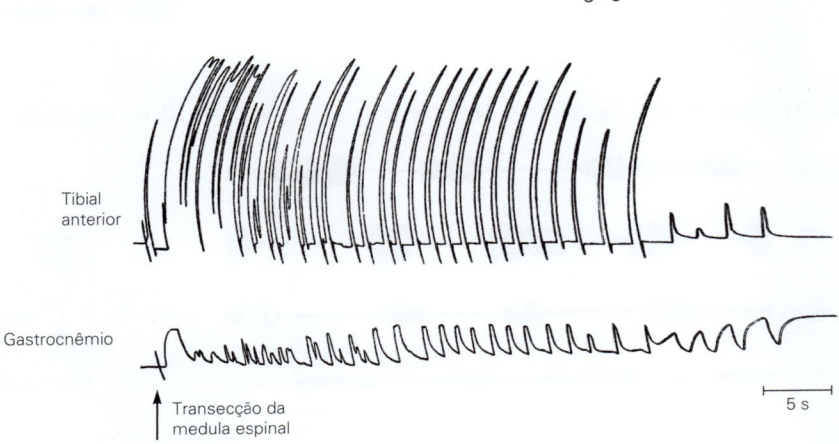

exemplo, experimentos usando cintos divididos, nos quais os membros anteriores e posteriores ou o membro esquerdo e o direito andam em esteiras diferentes, mostram que os animais podem modificar independentemente a duração do ciclo de passos em cada par de membros. Essa organização permitiria que comandos descendentes relativamente simples modificassem o acoplamento entre cada GPC e, assim, alterassem o padrão da marcha.

Os GPC já foram identificados e analisados em muitos sistemas motores rítmicos, incluindo aqueles que controlam a locomoção sobre o solo, a natação, o voo, a respiração e a deglutição, tanto em invertebrados quanto em vertebrados. Em todos os vertebrados, exceto primatas superiores e seres humanos, um padrão locomotor proeminente pode ser observado imediatamente após a transecção espinal quando a medula espinal abaixo da transecção é ativada com fármacos neuroativos que funcionam como um substituto para o impulso descendente que normalmente ativa as redes locomotoras espinais (**Quadro 33-1**).

Os circuitos espinais responsáveis pela locomoção podem ser modificados pela experiência

A lesão da medula espinal em mamíferos adultos anteriormente intactos leva à paralisia. Na ausência de qualquer intervenção adicional, esses animais recuperarão apenas uma locomoção mínima. No entanto, quando animais quadrúpedes com lesões completas da medula espinal torácica são treinados diariamente, eles recuperam uma notável capacidade de usar seus membros posteriores para andar em uma esteira.

Uma melhora semelhante na locomoção também pode ser obtida com a aplicação de agonistas noradrenérgicos. De fato, os registros dos ângulos das articulações dos membros posteriores e da atividade EMG desses animais mostram que a medula espinal isolada de todos os sistemas descendentes pode gerar a maioria das características de coordenação nos membros posteriores observadas em animais intactos. Acredita-se que esse efeito de treinamento ocorra por causa de uma reorganização dependente de atividade de ambos os circuitos espinais internos e da modificação de aferências sinápticas de aferentes periféricos que é específica ao regime de treinamento. De fato, gatos podem ser treinados especificamente para suportar seu peso ou para andar, sem transferência de habilidades motoras entre esses dois comportamentos.

As redes locomotoras espinais são organizadas em circuitos de geração de ritmo e padrão

A questão de como a medula espinal gera a complexa atividade subjacente à locomoção tem sido de intenso estudo, que seguiu três caminhos complementares. Os primeiros experimentos direcionados a essa questão foram realizados em gatos e forneceram informações importantes sobre as características funcionais de diferentes populações de interneurônios. No entanto, a natureza complexa da medula espinal dos mamíferos levou os pesquisadores a identificar modelos com menos neurônios na medula espinal, como a tartaruga e duas preparações aquáticas: o girino e a lampreia (**Quadro 33-1**). Esses dois últimos modelos forneceram uma excelente perspectiva de como funciona a

A Descerebrado, deaferentado, caminhando

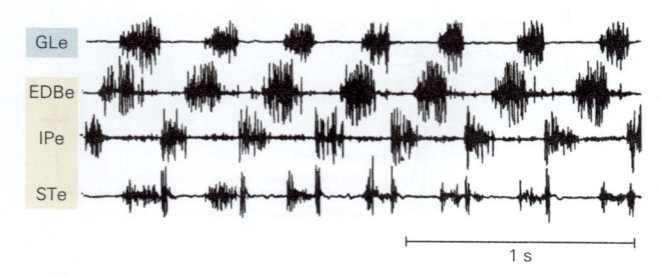

GLe
EDBe
IPe
STe

1 s

B Com lesão medular, deaferentado, caminhando

Qe
STe
Qd
STd

1 s

C Lesão espinal crônica, paralisado

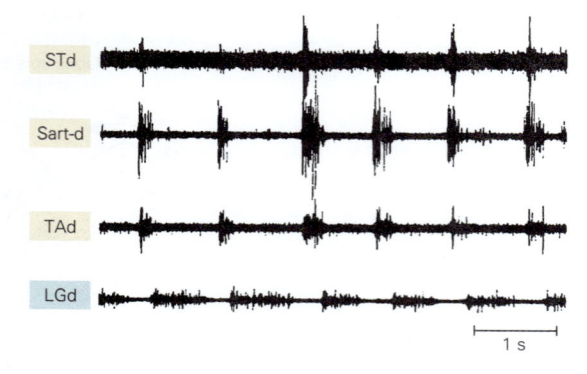

STd
Sart-d
TAd
LGd

1 s

D Gerador do padrão locomotor

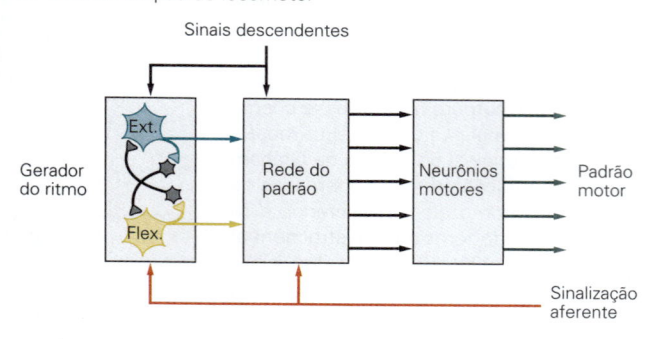

Sinais descendentes

Gerador do ritmo (Ext., Flex.) → Rede do padrão → Neurônios motores → Padrão motor

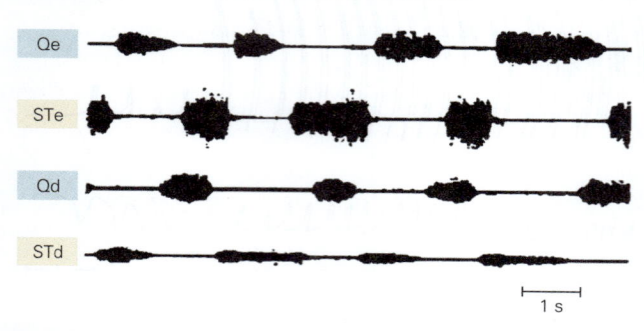

Sinalização aferente

FIGURA 33-6 Os circuitos espinais geram tanto um ritmo quanto um padrão.

A. Mesmo após a remoção de todos os estímulos sensoriais para a medula espinal por meio do corte das raízes dorsais, um gato descerebrado andando em uma esteira exibe um padrão motor complexo que não é apenas uma simples alternância de atividade flexora e extensora. (Siglas: **e**, esquerda; **EDB**, extensor curto dos dedos; **GL**, gastrocnêmio lateral; **IP**, iliopsoas; **ST**, semitendinoso.) (Adaptada, com autorização, de Grillner e Zangger, 1984.)

B. A injeção intravenosa de L-DOPA e nialamida produz um padrão locomotor bem organizado em um gato com lesão medular aguda com as raízes dorsais cortadas. (Siglas: **e**, esquerda; **Q**, quadríceps; **d**, direita.) (Adaptada, com autorização, de Grillner e Zangger, 1979. Copyright © 1979 Springer Nature.)

C. Locomoção fictícia em um gato com paralisia espinal crônica demonstrando o padrão típico de atividade nos músculos semitendinoso (**ST**), tibial anterior (**TA**), gastrocnêmio lateral (**GL**) e sartório (**Sart**) de gatos intactos. (Siglas: **e**, esquerda; **d**, direita.) (Adaptada de Pearson e Rossignol, 1991.)

D. Modelo conceitual de um gerador de padrão central (GPC) locomotor espinal baseado em estudos em gatos descerebrados. O modelo GPC é formado por camadas separadas de geração de ritmo e padrão. Cada uma dessas camadas pode ser modificada por aferências descendentes e informações aferentes periféricas. (Adaptada de Rybak et al., 2006.)

organização dos circuitos espinais envolvidos na natação e uma base para estudar o ritmo e a geração de padrões em animais com membros. Por último, o desenvolvimento de importantes modelos genéticos e moleculares em camundongos e em peixes-zebra forneceu informações adicionais não disponíveis por métodos mais tradicionais.

O gerador de padrão central de natação

A lampreia – um peixe sem mandíbula – nada como uma enguia, com uma onda de flexão esquerda-direita viajando de frente para trás (**Figura 33-3A**). A medula espinal é composta por cerca de 100 segmentos espinais, cada um contendo neurônios que podem gerar o ritmo e produzir alternância entre os dois lados do corpo. O ritmo é gerado por neurônios excitatórios glutamatérgicos interconectados dotados de propriedades ativas de membrana que suportam a geração do ritmo. Esses neurônios glutamatérgicos, que são o núcleo da rede natatória, excitam neurônios inibitórios comissurais, neurônios inibitórios locais e neurônios motores do mesmo lado da medula (**Figura 33-7A**).

Os interneurônios comissurais, cujos axônios cruzam a linha média, inibem os interneurônios contralaterais envolvidos na geração do ritmo alternado, bem como os neurônios motores contralaterais (**Figura 33-7A**). Mecanismos celulares contribuem para a comutação de fase na rede (**Quadro 33-2**). Por exemplo, a entrada de Ca^{2+} desencadeada pelo disparo em neurônios glutamatérgicos ativa seus canais de K^+ ativados por cálcio. A abertura desses canais hiperpolariza as células e permite o término do disparo. O término do disparo em um lado ativa o outro lado pelos interneurônios comissurais, permitindo, assim, que os interneurônios contralaterais geradores de ritmo e os neurônios motores se tornem ativos. Para permitir a coordenação ao longo do corpo, as redes segmentares são conectadas por meio de projeções descendentes de longa distância de neurônios excitatórios e inibitórios. Essa organização básica de neurônios comissurais inibitórios e neurônios excitatórios interconectados, bem como de um gradiente de conectividade rostrocaudal para coordenação intersegmentar, também é encontrada no girino e possivelmente é comum a outras espécies nadadoras.

As abordagens moleculares e genéticas expandiram nossa compreensão da organização funcional dos GPC em peixes e identificaram dois grupos de interneurônios glutamatérgicos – um grupo de neurônios comissurais e um grupo de neurônios de projeção ipsilateral –envolvidos na geração de ritmo, mas em diferentes velocidades de locomoção. No peixe-zebra adulto, o circuito gerador de ritmo é composto por três classes funcionais de neurônios excitatórios, que conduzem grupos lentos, intermediários e rápidos de neurônios motores, recrutados seletivamente à medida que a velocidade da natação aumenta.

O gerador de padrão central quadrúpede

O GPC que controla a locomoção quadrúpede adicionou complexidade organizacional em relação ao GPC de natação, uma vez que deve gerar tanto o ritmo quanto o padrão que envolve a alternância sequencial flexor-extensor dos músculos ao redor de diferentes articulações dentro de um membro (**Figura 33-4B**), bem como a coordenação esquerda-direita e a coordenação entre os membros anteriores e posteriores. Os circuitos que controlam os membros anteriores estão localizados na intumescência cervical, enquanto os circuitos que controlam os membros posteriores estão localizados na medula espinal torácica inferior e lombar.

Assim como no GPC que gera a atividade rítmica de natação, os interneurônios excitatórios glutamatérgicos estão envolvidos na geração do ritmo quadrúpede. Usando genética avançada em camundongos juntamente com um código molecular que se baseia na expressão de fatores de transcrição reguladores de genes que diferenciam os neurônios espinais em classes com fenótipos específicos de projeção e transmissão (**Quadro 33-3**), foi demonstrado que o núcleo dos circuitos geradores de ritmo nos roedores inclui dois grupos não sobrepostos de neurônios glutamatérgicos molecularmente distintos (Shox2^{ON} e Hb9; **Figura 33-7B1**).

Os circuitos geradores de ritmo (R) flexor (f) e extensor (e), que são conectados por inibição recíproca (**Figura 33-7B**), conduzem outros neurônios na rede locomotora à ritmicidade e fornecem a excitação rítmica para os neurônios motores (**Figura 33-7B**). Como foi observado no GPC de natação, os canais iônicos provavelmente também contribuem para a geração de ritmo e mudança de fase no GPC quadrúpede.

O circuito de coordenação de flexores e extensores

As atividades flexora e extensora devem ser coordenadas em torno das articulações (p. ex., quadril-joelho-tornozelo-dedo do pé no membro posterior) para controlar o movimento do membro de maneira precisa. Assim, a alternância flexor-extensor em torno das diferentes articulações não é simultânea, mas tem um padrão sequencial, o que sugere que vários circuitos alternados flexor-extensor são necessários para cronometrar as ações musculares em um membro. Os circuitos básicos de alternância flexor-extensor são organizados em módulos flexores e extensores compostos de interneurônios inibitórios e excitatórios que estão a uma sinapse dos neurônios motores flexores e extensores que eles controlam (**Figura 33-7B,B1**).

Os neurônios inibitórios e excitatórios no módulo fornecem inibição e excitação alternadas aos neurônios motores. Os interneurônios inibitórios Ia conectados reciprocamente (Capítulo 32) fazem parte dos módulos flexores e extensores que fornecem a inibição direta do neurônio motor de maneira recíproca (rIa na **Figura 33-7B1**). Os rIa pertencem aos neurônios inibitórios V1 e V2b molecularmente definidos (**Figura 33-7B1**). Os neurônios excitatórios que excitam diretamente os neurônios motores durante a locomoção provavelmente pertencem a várias classes de neurônios na medula espinal, incluindo os neurônios V2a-Shox2^{ON} e dI3 (**Figura 33-7B1**).

Nesse esquema básico, os módulos flexor-extensor são acionados por circuitos geradores de ritmo flexor (fR na **Figura 33-7B1**) e extensor (eR na **Figura 33-7B1**), que são reciprocamente conectados por meio de neurônios inibitórios (**Figura 33-7B**), resultando em sua atividade fora de fase.

Coordenação esquerda-direita

A alternância esquerda-direita, tanto para natação quanto para locomoção sobre o solo, depende da inibição cruzada produzida de duas maneiras: diretamente por neurônios comissurais inibitórios ou indiretamente por neurônios comissurais excitatórios, cada um deles atuando nos neurônios inibitórios pré-motores (**Figura 33-7B2**). Esse sistema inibitório duplo tem uma contrapartida em uma população neuronal específica, os neurônios comissurais V0 (**Figura 33-7B2**). A ablação dos neurônios V0 resulta na perda da alternância esquerda-direita em todas as velocidades de locomoção. A classe dorsal inibitória de neurônios V0 (V0$_D$), que compõe cerca de metade da população V0, controla a locomoção alternada durante a caminhada, enquanto a classe ventral excitatória de neurônios V0 (V0$_V$), que compõe a metade restante dos neurônios V0, controla a locomoção alternada durante o trote. Portanto, o sistema duplo desempenha um papel dependente da velocidade na coordenação de marchas alternadas (caminhada e trote). Outros neurônios comissurais excitatórios não V0 – possivelmente os neurônios V3 ventrais (**Quadro 33-3**) – são responsáveis pela sincronia em marchas como o salto e o galope (**Figura 33-7B2**).

As vias de alternância esquerda-direita de modo duplo são acionadas diretamente pelos neurônios geradores de ritmo ou indiretamente por outros neurônios excitatórios não geradores de ritmo, incluindo os neurônios V2a-Shox2^{Off} que são recrutados em altas velocidades de locomoção e se conectam sinapticamente aos neurônios V0$_V$. As vias síncronas esquerda-direita são ativas em velocidades mais altas de locomoção quando o sistema alternado é suprimido ou menos ativo.

As mudanças dependentes de velocidade nos circuitos de alternância esquerda-direita nos roedores são um exemplo de reorganização funcional da rede locomotora dos vertebrados necessária para produzir diversas eferências motoras. Também foi demonstrada uma reorganização semelhante de circuitos dinâmicos em peixes-zebra e em estudos de redes rítmicas em invertebrados, como o gânglio estomatogástrico que controla os movimentos intestinais em crustáceos, onde diferentes redes funcionais emergem de uma rede GPC comum.

Coordenação entre os membros

A organização das redes que acoplam membros anteriores e posteriores não é conhecida em detalhes, mas experimentos usando lesão e ablação genética sugerem que essas vias envolvem conexões intersegmentares inibitórias e excitatórias.

Aferências somatossensoriais de membros em movimento modulam a locomoção

Embora o GPC possa produzir com precisão o tempo e a fase da atividade muscular necessários para caminhar, esse padrão central normalmente é modulado por sinais sensoriais dos membros em movimento. Dois tipos de aferência sensorial modulam a atividade do GPC: a informação proprioceptiva gerada pelo movimento ativo do membro e a informação tátil gerada quando o membro em movimento encontra um obstáculo no ambiente.

A GPC no nado: Ritmo e circuitos de coordenação direita-esquerda

B GPC em quadrúpedes

1 Coordenação flexor e extensor

2 Coordenação direita-esquerda

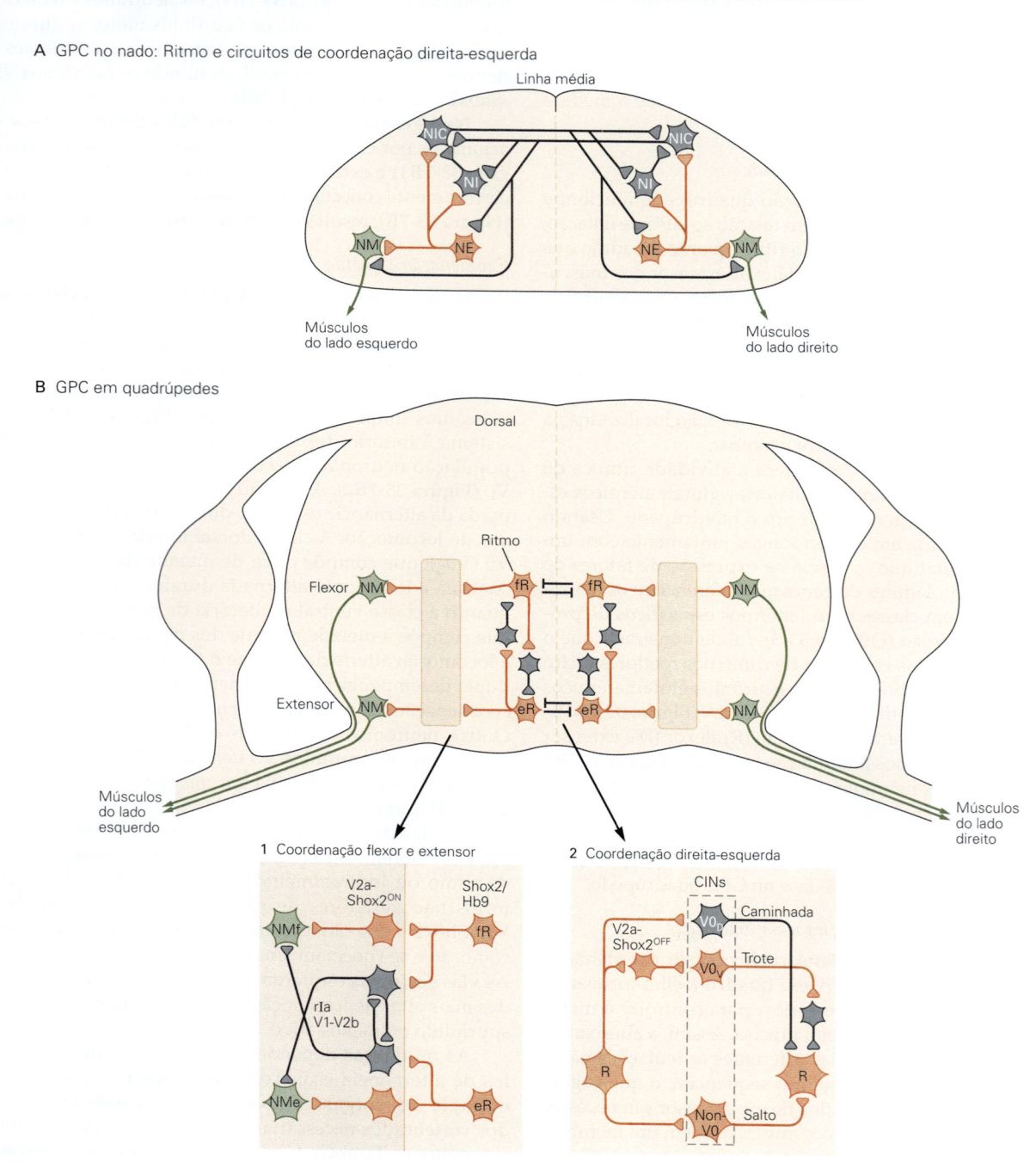

FIGURA 33-7 (Ver legenda na próxima página.)

A propriocepção regula o tempo e a amplitude da passada

Uma das indicações mais claras de que os sinais somatossensoriais dos membros em movimento regulam o ciclo locomotor é que a taxa de locomoção em gatos com lesão espinal e descerebrados corresponde à velocidade da esteira motorizada sobre as quais eles andam. À medida que a taxa de passada aumenta, a fase de apoio se torna mais curta, enquanto a fase de balanço permanece relativamente constante.

Essa observação sugere que alguma forma de aferência sensorial do membro em movimento sinaliza o final da fase de apoio e, portanto, leva ao início da fase de balanço. A informação sensorial do membro em movimento é gerada por proprioceptores nos músculos e nas articulações. Esses proprioceptores incluem fusos musculares sensíveis ao estiramento no quadril e órgãos tendinosos de Golgi sensíveis à força no tornozelo, que são particularmente importantes para facilitar a transição de fase locomotora.

A influência do quadril já foi percebida por Sherrington, que mostrou que a extensão rápida na articulação do quadril leva a contrações nos músculos flexores do quadril de cães e gatos com lesão crônica da medula espinal. Estudos mais recentes descobriram que impedir a extensão do quadril em um membro suprime o passo nesse membro, enquanto que o movimento rítmico do quadril em um gato imobilizado pode arrastar o ritmo locomotor; isto é, o alongamento dos músculos do quadril faz com que o tempo da saída motora corresponda ao ritmo dos movimentos impostos externamente (**Figura 33-8A**). O alongamento também ativa os fusos musculares flexores e imita o alongamento que ocorre no final da fase de apoio, inibindo assim a atividade extensora e facilitando a ativação dos circuitos geradores de ritmo flexor na medula espinal (**Figura 33-8B**).

A ativação de fibras sensoriais dos órgãos tendinosos de Golgi e fusos musculares nos músculos extensores do tornozelo prolonga a fase de apoio, muitas vezes atrasando o início da fase de balanço até que o estímulo termine (**Figura 33-9A**). As fibras sensoriais de ambos os tipos de receptores estão ativas durante o apoio, com a intensidade do sinal dos órgãos tendinosos de Golgi fortemente relacionada à carga transportada pela perna. Os órgãos tendinosos de Golgi têm ações inibitórias sobre os neurônios motores extensores do tornozelo quando o corpo está em repouso (Capítulo 32), mas uma ação excitatória durante a caminhada. Essa reversão do sinal do reflexo é causada pela inibição das vias interneurais inibitórias juntamente com a liberação das vias excitatórias durante a locomoção. A consequência funcional dessa reversão do reflexo durante a locomoção é que a fase de balanço não é iniciada até que os músculos extensores estejam descarregados e as forças exercidas por esses músculos sejam baixas, o que é sinalizado por uma diminuição da atividade dos órgãos tendinosos de Golgi próximo ao final do apoio.

Em conclusão, os sinais proprioceptivos dos músculos extensores do tornozelo e flexores do quadril trabalham sinergicamente para facilitar a transição da fase de apoio para a de balanço. Na fase de apoio tardio, quando o membro é descarregado, à medida que os sinais inibitórios dos órgãos tendinosos de Golgi se atenuam, seus efeitos na geração do ritmo extensor diminuem, ao mesmo tempo em que a atividade nos aferentes musculares ao redor da articulação do quadril aumenta, facilitando a atividade no gerador de ritmo flexor.

Pelo menos três vias excitatórias transmitem informações sensoriais dos músculos extensores para os neurônios motores extensores durante a caminhada: uma via monossináptica dos fusos musculares primários (aferentes do grupo Ia), uma

FIGURA 33-7 As redes locomotoras espinais são organizadas em circuitos de geração de ritmo e padrão com identidades celulares distintas.

A. Diagrama de circuito do gerador de padrão central (**GPC**) de natação na lampreia. Os circuitos geradores de ritmo incluem interneurônios excitatórios (**NE**), que acionam os neurônios motores (**NM**); interneurônios comissurais inibitórios (**NIC**), cujos axônios se projetam para a outra metade da medula; e interneurônios inibitórios locais (**NI**), com axônios se projetando no mesmo lado da medula. Um único neurônio no diagrama representa vários neurônios no animal. **Neurônios cinzentos**, inibitórios; **neurônios vermelhos**, excitatórios. A **linha tracejada** vertical indica a linha média. (Dados de Grillner, 2006.)

B. Diagrama geral do circuito para locomoção com membros. Circuitos geradores de ritmo (**fR e eR**) compostos por neurônios excitatórios em ambos os lados da medula espinal conduzem os músculos flexores e extensores do mesmo lado através de uma camada geradora de padrões (caixa vazia). Os neurônios flexores (**fR**) e extensores (**eR**) geradores de ritmo são conectados reciprocamente por meio de neurônios inibitórios e são conectados através da linha média por meio de interneurônios comissurais (não mostrados) que medeiam a coordenação esquerda-direita. O diagrama mostra um segmento espinal. (Sigla: **NM**, neurônios motores.) (Dados de Kiehn, 2016.)

B1. A alternância de flexores e extensores é controlada em vários níveis na rede locomotora. A uma sinapse dos neurônios motores (**NM**) flexores (**f**) e extensores (**e**) estão os interneurônios inibidores de Ia, que inervam reciprocamente os neurônios motores antagonistas e uns aos outros (Capítulo 32). Os neurônios rIa pertencem a dois grupos principais de neurônios inibitórios definidos molecularmente, V1 e V2b, na medula espinal ventral. Neurônios excitatórios com diferentes marcadores moleculares (incluindo V2a-Shox2^{ON}) fornecem a excitação rítmica pré-motora dos neurônios motores. Neurônios Shox2^{ON} ou Hb9 geradores de ritmo (**fR e eR**) acionam neurônios pré-motores inibitórios e excitatórios. (Dados de Kiehn, 2016.)

B2. Os circuitos geradores de ritmo acionam os circuitos de coordenação esquerda-direita compostos por uma via inibitória dupla envolvida na alternância e uma via excitatória única envolvida na sincronia. A via inibitória dupla é composta por neurônios comissurais $V0_D$ inibitórios que inibem diretamente a geração de ritmo no outro lado e neurônios comissurais $V0_V$ excitatórios que inibem indiretamente as redes locomotoras do outro lado. A via inibitória do neurônio comissural $V0_D$ controla a marcha alternada. Uma população de neurônios excitatórios V2a faz parte do circuito alternado esquerda-direita e se conecta aos neurônios comissurais $V0_V$. Essa via controla o trote de marcha alternada. Os circuitos de geração de ritmo também acionam um circuito de sincronização esquerda-direita possivelmente envolvido no salto, composto por neurônios não V0. Apenas as projeções da esquerda para a direita são mostradas. (Dados de Kiehn, 2016.)

QUADRO 33-2 Os canais iônicos contribuem para a função do gerador de padrão central

As propriedades da membrana neuronal fazem uma importante contribuição para a função do gerador de padrão central (GPC). Os neurônios têm diversos canais de K^+, Na^+ e Ca^{2+} que determinam sua atividade e resposta às aferências sinápticas. Estudos de GPC em diversos modelos experimentais mostraram que os canais iônicos podem ser importantes para promover a ritmicidade – por meio de propriedades de ativação – ou a padronização – por meio de canais iônicos que afetam as transições de fase ou a taxa de descarga neuronal.

As propriedades de disparo e platô amplificam as respostas celulares

As propriedades de membrana que produzem disparo permitem que as células produzam oscilações sustentadas na ausência de aferências sinápticas. Essas propriedades podem ser intrínsecas, como nas células do nó sinusoidal no coração, ou condicionais, dependentes da presença de certos neurotransmissores. Em alguns pequenos GPC motores (como a rede pilórica no gânglio estomatogástrico, que controla os movimentos rítmicos no intestino dos crustáceos), as propriedades intrínsecas de disparo são essenciais para gerar o ritmo.

O disparo condicional desencadeado pela ativação glutaminérgica de receptores N-metil-D-aspartato (NMDA) foi descrito em interneurônios da medula espinal e em neurônios motores em lampreias, roedores e anfíbios. Nas lampreias, o disparo causado pela ativação do receptor NMDA desempenha um papel na geração da natação. Nos mamíferos, ainda é incerto se a ativação induzida pelo receptor NMDA é essencial para a geração de ritmo, embora possa facilitar aferências sinápticas excitatórias no circuito.

O potencial de platô é outra propriedade de membrana que pode fazer com que o potencial de membrana de um neurônio salte para um estado despolarizado que suportará o disparo do potencial de ação sem aumentar ainda mais o impulso excitatório. As propriedades de platô amplificam e prolongam o efeito das aferências excitatórias sinápticas e podem promover a geração de ritmo e a eferência motora. As propriedades de platô são geradas pela ativação de canais de Ca^{2+} do tipo L de inativação lenta ou canais de Na^+ de inativação lenta. Esses canais foram encontrados em neurônios motores e interneurônios de vertebrados. A expressão de propriedades de platô mediadas por canais de Ca^{2+} do tipo L em neurônios motores é controlada por neurotransmissores neuromoduladores, como a serotonina e a noradrenalina. Os canais de Na^+ de inativação lenta geralmente não são regulados por neurotransmissores. O bloqueio desses canais diminui a geração de ritmo.

As transições de fase podem ser reguladas pela ativação de canais iônicos dependentes de voltagem

A inibição recíproca entre neurônios é uma característica comum em circuitos locomotores; os canais iônicos ativados na faixa de pico subliminar podem acelerar ou atrasar as transições de fase por esse tipo de inibição. Três tipos de canais dependentes de voltagem estão envolvidos: um canal transitório de Ca^{2+} de baixo limiar; canais para cátions ativados por hiperpolarização e nucleotídeo cíclico (HCN); e canais transitórios de K^+.

Os canais transitórios de Ca^{2+} de baixo limiar são inativados nos potenciais de membrana em torno do repouso. As aferências sinápticas inibitórias transitórias removem a inativação. Após a liberação da inibição sináptica, a ativação dos canais de Ca^{2+} de baixo limiar causará uma excitação de rebote de curta duração antes que os canais sejam novamente inativados. Na lampreia, a ativação dos receptores $GABA_B$ metabotrópicos pela medula espinal deprime os canais de Ca^{2+} de baixo limiar envolvidos na produção do padrão motor de natação. A supressão leva a uma fase hiperpolarizada mais longa e, portanto, a uma alternância mais lenta entre os músculos antagonistas, um possível mecanismo para a desaceleração da natação observada após a ativação do receptor $GABA_B$.

Os canais HCN são encontrados em muitos neurônios GPC e neurônios motores e podem ajudar os neurônios a escapar da inibição. Eles são ativados por hiperpolarização, como ocorre durante a inibição sináptica. Sua ativação despolariza a célula, neutralizando a hiperpolarização. Finalmente, a cinética de sua ativação e desativação é lenta, então eles permanecem abertos por algum tempo após a liberação da hiperpolarização. A cinética do canal afeta as propriedades integrativas da célula de duas maneiras importantes. Em primeiro lugar, a despolarização causada pela abertura do canal limita o efeito das aferências inibitórias sustentadas e ajuda a célula a escapar da inibição. Em segundo lugar, o fechamento lento após a inibição sináptica leva a uma excitação de rebote que promove o próximo disparo.

Os canais transitórios de K^+ do tipo A dependentes de voltagem geralmente são inativados no potencial de membrana em repouso. A hiperpolarização remove a inativação em repouso, e a despolarização subsequente causará uma ativação transitória do canal. Sua ativação, portanto, atrasará o início do próximo disparo.

A regulação do pico controla a quantidade de células que são ativadas

Variados tipos de canais iônicos participam na regulação da taxa de disparo de uma célula. A cinética de ativação e inativação dos canais de Na^+ são fatores. Outros canais importantes são os canais de K^+ ativados por sódio e os canais de K^+ ativados por cálcio. O efeito da ativação desses canais de K^+ é frequentemente visto como uma lenta pós-hiperpolarização após um potencial de ação ou uma sequência de potenciais de ação. Consequentemente, a ativação desses canais causa adaptação do trem de picos e inibição pós-ativação, contribuindo para a terminação do disparo.

via dissináptica dos fusos musculares primários e dos órgãos tendinosos de Golgi (aferentes dos grupos Ia e Ib) e uma via polissináptica dos fusos musculares primários e dos órgãos tendinosos de Golgi que inclui interneurônios no gerador de ritmo extensor (**Figura 33-9B**). Todas essas vias contribuem para a transição da fase de apoio para a de balanço quando o tornozelo é descarregado e mantêm os extensores na fase de apoio quando o tornozelo é carregado.

QUADRO 33-3 A genética molecular combinada com análises anatômicas, eletrofisiológicas e comportamentais é usada para desvendar a organização da rede locomotora

Para desvendar a organização funcional das grandes redes neuronais na medula espinal, os pesquisadores usaram a análise de rede baseada na genética molecular para tirar proveito de um código molecular que determina a disposição espacial das redes locomotoras espinais.

Está bem documentado que os neurônios motores se desenvolvem e se diferenciam de acordo com um código genético expresso na medula espinal embrionária (Capítulo 45). Essa característica se estende também ao desenvolvimento de interneurônios espinais, que podem ser identificados por diferentes fatores de transcrição (Tabela 33-1). As principais classes de tipos de interneurônios pertencem a interneurônios localizados dorsalmente (dl1-dl6) e ventralmente (V0-V3), com subdivisões adicionais dentro dessas categorias (p. ex., $V0_D$ e $V0_V$, V2a-Shox2^{Off}, V2a-Shox2^{On}), onde uma combinação de fatores de transcrição define esses subtipos (Tabela 33-1). Cada grupo de interneurônios possui conteúdo transmissor específico e padrões característicos de projeção axonal.

A capacidade de manipular esses tipos específicos de interneurônios oferece uma oportunidade incomparável de examinar a contribuição funcional de subconjuntos específicos de interneurônios em camundongos e em peixes-zebra, o que não é possível em espécies como o gato. O código molecular dos neurônios da medula espinal é usado para marcar células com uma proteína marcadora, como a proteína fluorescente verde, ou para a expressão de proteínas que permitem ablação específica do tipo de célula ou ativação/inativação de tipos de células. Esses estudos atribuíram funções locomotoras específicas às células dl3, V0-V3 e Hb9, todas classes molecularmente diferenciadas de neurônios (Tabela 33-1).

TABELA 33-1 Códigos moleculares de desenvolvimento especificam a identidade dos neurônios espinais na medula espinal

Fatores de transcrição pós-mitóticos	Tipo neuronal	Neurotransmissores
Islt1/Tlx3	dI3	Glutamato
Pax2/7	$V0_D$	GABA/glicina
Evx1	$V0_V$	Glutamato
Evx1/Pitx2	$V0_C$	Acetilcolina
Evx1/Pitx2	$V0_D$	Glutamato
En1	V1	GABA/glicina
Chx10	V2a-Shox2^{Off}	Glutamato
Chx10/Shox2	V2a-Shox2^{ON}	Glutamato
GATA2/3	V2b	GABA/glicina
Sox1	V2c	GABA/glicina
Shox2	V2d	Glutamato
Hb9/Islt1-2	NM	Acetilcolina
Hb9	Hb9	Glutamato
Sim1	$V3_D$	Glutamato
Sim1	$V3_V$	Glutamato

Chx10, homólogo contendo homeodomínio Ceh-10; Evx1, homólogo do homeobox 1; En1, enraizado 1; GABA, ácido γ-aminobutírico; GATA2/3, proteína gata; Hb9, homeobox 9; Islt1-2, fator de transcrição ISL1-2; Pax, gene de caixa pareada; Pitx2, fator de transcrição 2 de homeodomínio pareado; Sim1, homólogo obstinado 1; NM, neurônio motor; Shox2, homeobox 2 de baixa estatura; Sox1, gene 1 contendo caixa SRY; Tlx1/3, leucemia de células T, homeobox 1/3.
Fonte: Adaptada de Jessell, 2000; Goulding, 2009; Dougherty et al., 2013.

Além de regular a transição da postura da fase de apoio para a de balanço, as informações proprioceptivas dos fusos musculares e dos órgãos tendinosos de Golgi contribuem significativamente para a geração da atividade de disparo nos neurônios motores extensores. A redução dessa aferência sensorial em gatos diminui o nível de atividade extensora em mais de 50%; em seres humanos, estima-se que até 30% da atividade dos neurônios motores extensores do tornozelo é causada pela retroalimentação dos músculos extensores.

Mecanorreceptores na pele permitem que os passos se ajustem a obstáculos inesperados

Os mecanorreceptores na pele, incluindo alguns nociceptores, têm uma influência poderosa no GPC para a caminhada. Uma função importante desses receptores é detectar obstáculos e ajustar os movimentos de passo para evitá-los. Um exemplo bem estudado é a reação corretiva ao tropeço em gatos.

Um leve estímulo mecânico aplicado na parte dorsal da pata durante a fase de balanço produz excitação dos neurônios motores flexores e inibição dos neurônios motores extensores, levando a uma rápida flexão da pata para longe do estímulo e à elevação da perna na tentativa de dar o passo sobre o objeto. Acredita-se que essa resposta corretiva seja produzida em grande parte por circuitos inteiramente contidos na medula espinal.

Uma das características interessantes da reação corretiva é que os movimentos corretivos de flexão são produzidos apenas se a pata for estimulada durante a fase de balanço. Um estímulo idêntico aplicado durante a fase de apoio produz a resposta oposta – excitação dos músculos extensores que reforça a atividade extensora em curso. Essa ação extensora é apropriada; se um reflexo de flexão fosse produzido durante a fase de apoio, o animal poderia cair porque estava sendo apoiado pelo membro. Este é um exemplo de inversão do reflexo dependente de fase. O mesmo estímulo pode excitar um grupo de neurônios motores durante uma fase da locomoção enquanto ativa os neurônios motores antagonistas durante a outra fase.

As estruturas supraespinais são responsáveis pela iniciação e pelo controle adaptativo da passada

Embora os padrões motores básicos para a locomoção sejam gerados na medula espinal, o início, a seleção e o planejamento da locomoção requerem a ativação de estruturas supraespinais, incluindo o tronco encefálico, os núcleos da base, o cerebelo e o córtex cerebral. A regulação supraespinal da passada fornece uma série de modificações comportamentais que não podem ser mediadas apenas pelos circuitos espinais. Estas incluem a iniciação voluntária da locomoção e a regulação da velocidade; a regulação postural, incluindo o suporte de peso, o equilíbrio e a coordenação entre membros; e o planejamento e execução de modificações antecipatórias da marcha, particularmente modificações guiadas visualmente.

Núcleos do mesencéfalo iniciam e mantêm a locomoção e controlam a velocidade

As redes locomotoras na medula espinal requerem um comando ou sinal de início das regiões supraespinais para iniciar e manter sua atividade. A principal estrutura neuronal envolvida na iniciação em vertebrados é uma região no mesencéfalo chamada região locomotora mesencefálica (RLM). A RLM foi identificada pela primeira vez em gatos como uma região unitária localizada dentro ou ao redor do núcleo cuneiforme, logo abaixo do colículo inferior. A estimulação elétrica tônica nessa área no animal em repouso aumentou o tônus postural para que o animal se levantasse

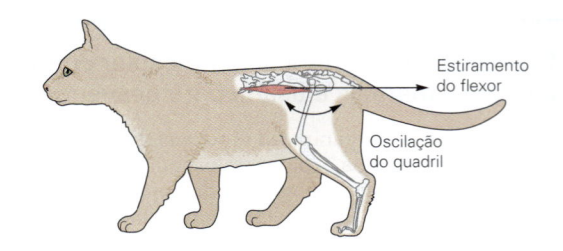

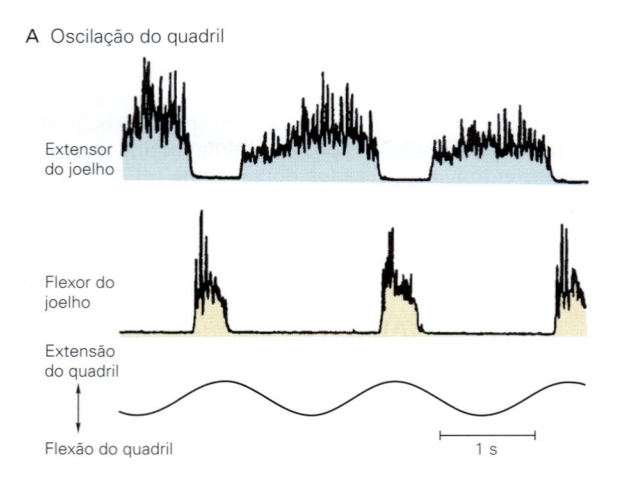

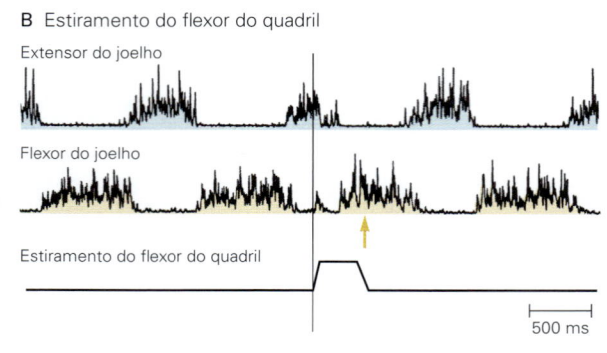

FIGURA 33-8 A extensão do quadril inicia a transição da fase de apoio para a fase de balanço da caminhada.

A. Em um gato imobilizado descerebrado, o movimento oscilante passivo ao redor da articulação do quadril inicia e dispara o padrão locomotor fictício nos neurônios motores extensores e flexores do joelho. Os picos no eletromiograma flexor (EMG) correspondem à fase de balanço e são gerados quando o quadril é estendido. (Adaptada, com autorização, de Kriellaars et al., 1994.)

B. Em um gato descerebrado caminhando, o alongamento do músculo flexor do quadril (iliopsoas) inibe a atividade EMG do extensor do joelho, permitindo que a atividade flexora do joelho comece mais cedo. A **seta** no registro flexor do joelho indica quando a atividade no músculo teria começado se o músculo flexor do quadril não tivesse sido alongado. A ativação das fibras sensoriais dos fusos musculares no músculo flexor do quadril é responsável por esse efeito. (Adaptada, com autorização, de Hiebert et al., 1996.)

e, então, começasse a andar. À medida que a intensidade da estimulação aumentava, a velocidade de locomoção se elevava e as marchas alternadas mudavam para marchas síncronas, como o galope ou o salto (**Figura 33-10**).

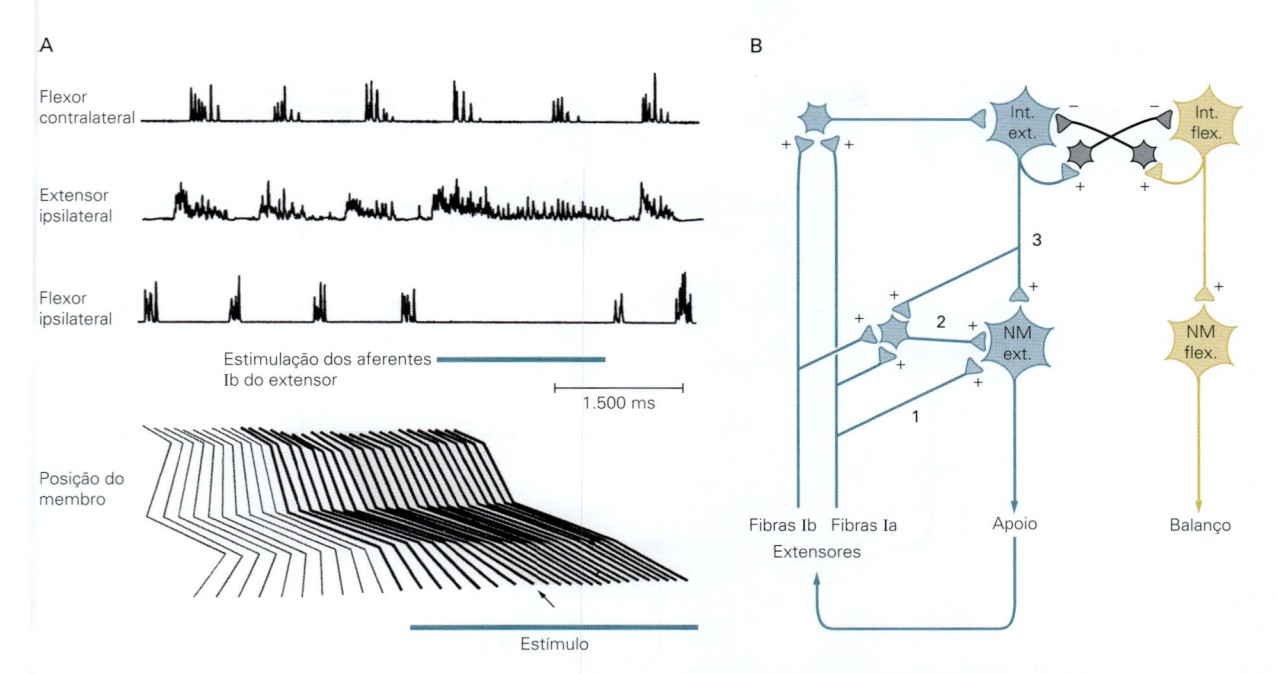

FIGURA 33-9 A fase de balanço da caminhada é iniciada pela retroalimentação sensorial dos músculos extensores.

A. Em um gato descerebrado, a estimulação elétrica das fibras sensoriais do grupo I dos músculos extensores do tornozelo inibe o pico do eletromiograma nos flexores ipsilaterais e prolonga o pico nos extensores ipsilaterais durante a caminhada. O tempo da atividade flexora contralateral não é alterado. A estimulação das fibras do grupo I dos extensores do tornozelo impede o início da fase de balanço, como pode ser observado pela posição da perna durante o período em que as fibras foram estimuladas. A **seta** mostra o ponto em que a fase de balanço normalmente teria ocorrido se os aferentes extensores do tornozelo não tivessem sido estimulados. (Adaptada, com autorização, de Whelan, Hiebert e Pearson, 1995. Copyright © Springer-Verlag, 1995.)

B. Grupos mutuamente inibidores de interneurônios (**Int**) extensores (**Ext**) e flexores (**Flex**) constituem um gerador de ritmo na via aferente que regula a fase de apoio. A retroalimentação dos músculos extensores aumenta o nível de atividade nos neurônios motores (**NM**) extensores durante a fase de apoio e mantém a atividade extensora quando os músculos extensores são carregados. A retroalimentação é retransmitida por meio de três vias excitatórias (**+**): (**1**) conexões monossinápticas de fibras Ia para os neurônios motores extensores; (**2**) conexões dissinápticas das fibras Ia e Ib para os neurônios motores extensores; e (**3**) vias excitatórias polissinápticas que atuam por meio do gerador de ritmo extensor para manter os neurônios motores extensores ativos na fase de apoio.

Estudos posteriores com estimulação elétrica confirmaram a presença da RLM em todos os vertebrados, sugerindo que ela é conservada evolutivamente desde os vertebrados mais antigos até os seres humanos. Esses estudos apontaram para duas estruturas do mesencéfalo como parte da RLM (**Figura 33-11A**): o núcleo cuneiforme (CNF) e o núcleo pedunculopontino (NPP), localizado mais ventralmente (**Figura 33-11A**). Esses dois núcleos diferem nos tipos de neurônios que contêm.

Os neurônios de projeção de longo alcance no CNF são excitatórios e usam o glutamato como seu neurotransmissor, enquanto os do NPP são glutamatérgicos e colinérgicos. Em ambos os núcleos, os neurônios excitatórios estão misturados com interneurônios GABAérgicos locais. A estimulação elétrica, no entanto, não foi capaz de determinar quais núcleos ou quais tipos de neurônios estão envolvidos no início da locomoção e no controle de velocidade. No entanto, o uso de ativação e inativação seletiva de neurônios CNF e NPP específicos de neurotransmissores sugere que os dois núcleos desempenham papéis específicos no controle da velocidade e na seleção da marcha de locomoção (**Figura 33-11B**). Neurônios glutamatérgicos tanto no NPP quanto no CNF são suficientes para suportar a locomoção alternada em velocidades mais lentas, como a caminhada e o trote, enquanto os neurônios glutamatérgicos no CNF são necessários para a locomoção de alta velocidade, como o galope e o salto, característica da locomoção de fuga. A expressão desses diferentes tipos de locomoção é dependente da frequência de estimulação, possivelmente refletindo o efeito da frequência de disparo no animal intacto.

O papel dos neurônios colinérgicos do NPP para a locomoção é menos compreendido. Nos mamíferos, eles não parecem ter um papel importante na manutenção da locomoção.

Esses papéis dos neurônios glutamatérgicos do CNF e do NPP no controle locomotor também podem ser refletidos nas diferentes aferências. Os neurônios do NPP recebem fortes impulsos dos núcleos da base, especificamente do núcleo subtalâmico, da parte reticulada da substância negra e da parte interna do globo pálido, bem como do córtex sensorimotor e do córtex frontal. Além disso, o NPP recebe informações sensorimotoras de muitos núcleos no mesencéfalo e no tronco encefálico. O núcleo pode, portanto,

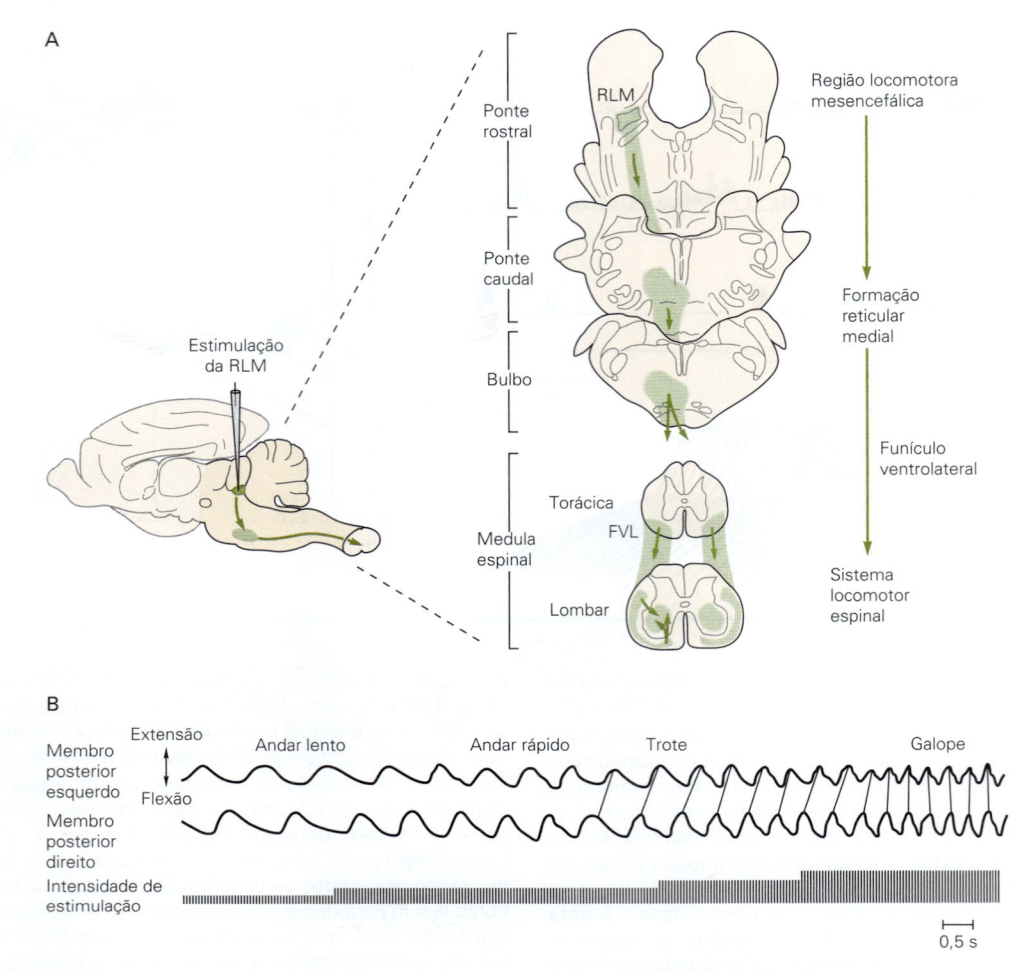

FIGURA 33-10 A região locomotora mesencefálica inicia a locomoção.

A. A estimulação elétrica da região locomotora mesencefálica (**RLM**) no gato inicia a locomoção por meio da ativação de neurônios na formação reticular medial cujos axônios descem no funículo ventrolateral (**FVL**) em direção ao sistema locomotor espinal.

B. Quando a intensidade da estimulação elétrica da RLM em um gato descerebrado andando sobre uma esteira é gradualmente aumentada, a marcha e a velocidade da passada mudam de marcha lenta, para trote e, finalmente, para galope. À medida que o gato progride de trote para galope, os membros posteriores mudam de atividade alternada para atividade em fase. (Adaptada de Shik et al., 1966.)

servir como um *hub* para integrar informações de muitas estruturas encefálicas, possivelmente levando à liberação de locomoção exploratória mais lenta. Em contraste, a aferência para os neurônios no CNF é muito mais restrita e surge principalmente de estruturas que podem estar envolvidas nas respostas de fuga. A RLM é, portanto, composta por duas regiões que atuam em conjunto para selecionar o comportamento locomotor dependente do contexto.

Outra área do encéfalo que evoca a locomoção quando estimulada é a região locomotora subtalâmica (ou diencefálica) (a ser distinguida do núcleo subtalâmico). Essa região inclui núcleos no hipotálamo dorsal e lateral envolvidos em várias características homeostáticas, como a regulação da alimentação. Neurônios nessas áreas se projetam para neurônios na formação reticular e contornam o NPP e o CNF, sugerindo uma via paralela para iniciar a locomoção, possivelmente impulsionada pela necessidade de encontrar comida.

Núcleos do mesencéfalo que iniciam a locomoção se projetam para neurônios do tronco encefálico

Os sinais excitatórios do CNF e do NPP são retransmitidos indiretamente para a medula espinal por meio de neurônios na formação reticular do tronco encefálico, que fornecem o sinal de comando final para as redes locomotoras na medula espinal. A identidade desses neurônios é apenas parcialmente conhecida. Em termos gerais, duas vias de neurotransmissores estão envolvidas: glutamatérgica e serotoninérgica.

As vias locomotoras glutamatérgicas provavelmente têm múltiplas origens na formação reticular do tronco encefálico, formando vias descendentes paralelas. Elas se projetam direta ou indiretamente por meio de uma cadeia de interneurônios glutamatérgicos intersegmentares (propriospinais) para os neurônios locomotores na medula espinal (**Figura 33-10A**). Os neurônios reticulospinais também participam da regulação da atividade postural necessária para a locomoção do animal (ver discussão adiante).

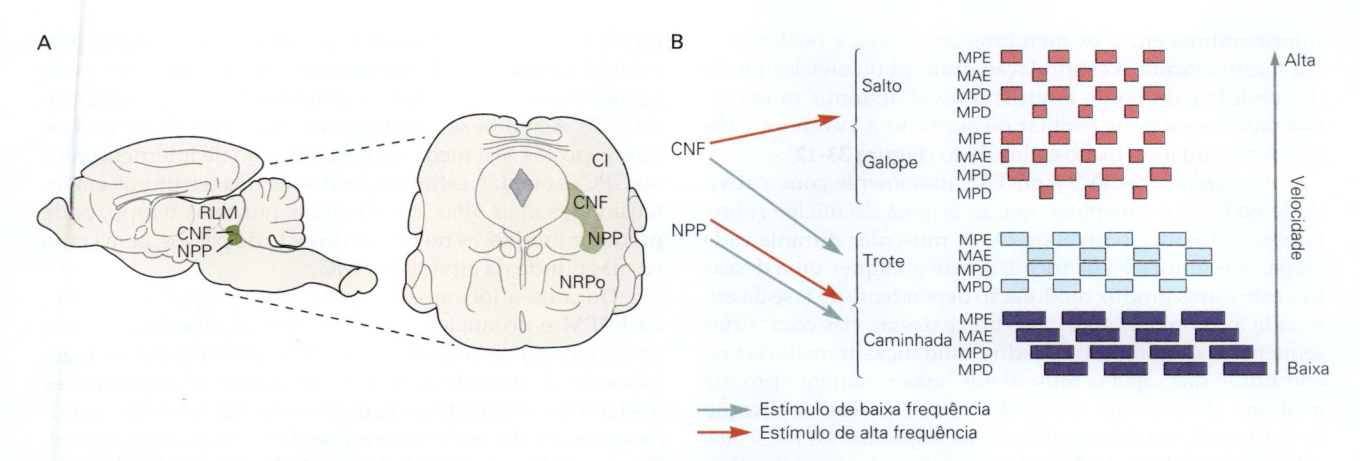

FIGURA 33-11 A região locomotora mesencefálica é composta por dois núcleos glutamatérgicos do mesencéfalo que controlam o início da locomoção, a velocidade e a regulação da marcha e a seleção de locomoção dependente do contexto.
A. *À esquerda:* local da localização da região locomotora mesencefálica (**RLM**) no mesencéfalo do camundongo. *À direita:* corte transversal mostrando que a RLM é composta pelo núcleo cuneiforme (**CNF**) e pelo núcleo pedunculopontino (**NPP**) no mesencéfalo, lateral ao aqueduto cerebral e dorsal ao núcleo reticular pontino oral (**NRPo**). Neurônios glutamatérgicos, GABAérgicos e colinérgicos estão misturados no CNF e no NPP. (Sigla: **CI**, colículo inferior.)
B. Efeito em camundongos da estimulação óptica de células glutamatérgicas no CNF ou no NPP que foram transfectadas com o canal sensível à luz, o canal rodopsina 2. A estimulação em baixas e altas frequências no NPP leva apenas a marchas alternadas – caminhada e trote. Da mesma forma, a estimulação de baixa frequência no CNF resulta apenas em locomoção exploratória lenta, enquanto a estimulação de alta frequência evoca as marchas síncronas galope e salto, correspondentes à locomoção de fuga.

Os diferentes tipos de marcha são mostrados como diagramas idealizados de baixas a altas velocidades de locomoção. As caixas preenchidas representam a fase de apoio; os espaços abertos, a fase de balanço. A caminhada é caracterizada por períodos de apoio de três ou quatro pés simultaneamente. O trote é caracterizado pela atividade simultânea nas diagonais anteriores e posteriores. O galope é caracterizado pelos membros anteriores se movendo ligeiramente fora de fase e os membros posteriores, quase em fase. O salto é caracterizado por membros posteriores e membros anteriores se movendo simultaneamente, enquanto os membros anteriores estão fora de fase em relação aos posteriores. (Siglas: **MAE**, membro anterior esquerdo; **MPE**, membro posterior esquerdo; **MAD**, membro anterior direito; **MPD**, membro posterior direito.) (Adaptada de dados em Caggiano et al., 2018.)

As evidências da existência de uma via locomotora serotoninérgica em mamíferos são restritas a experimentos em ratos que demonstraram o envolvimento de neurônios serotoninérgicos no tronco encefálico caudal. Os mecanismos pelos quais os sinais de comando final do tronco para a medula ativam as redes locomotoras espinais, mantêm sua atividade e permitem a expressão de diferentes marchas são desconhecidos.

A natureza episódica da locomoção indica que os sinais de iniciação podem ser complementados por comandos que venham a permitir uma parada locomotora repentina. Tais sinais foram encontrados no girino de *Xenopus*, no qual o contato da cabeça com obstáculos ativa vias descendentes GABAérgicas que encerram imediatamente a natação. Da mesma forma, em gatos descerebrados, a estimulação elétrica tônica da formação reticular leva a uma inibição motora geral. Estudos em camundongos identificaram um contingente restrito de neurônios V2a na formação reticular que mediam uma parada imediata da atividade locomotora em andamento. Esses "neurônios de parada V2a" enviam um sinal de parada relevante do ponto de vista comportamental por meio de projeções descendentes para interneurônios inibitórios na medula espinal lombar ventral que inibe a geração de ritmo. Um sinal de parada semelhante cessa o nado na lampreia.

Núcleos do tronco encefálico regulam a postura durante a locomoção

Um aspecto importante do controle locomotor é a regulação da postura. Este termo geral abrange vários tipos de comportamento, incluindo a produção do suporte postural sobre o qual a locomoção se sobrepõe, o controle do equilíbrio, a regulação da coordenação intermembro em quadrúpedes e a modificação do tônus muscular necessária para se adaptar à locomoção em declives ou durante um desvio. Além disso, mudanças antecipatórias na postura precedem mudanças nas modificações voluntárias da marcha, e mudanças compensatórias na postura seguem perturbações inesperadas. Essas funções são amplamente suportadas por dois sistemas descendentes originários do tronco encefálico: o trato vestibulospinal (TVS), com origem no núcleo vestibular lateral (NVL), e o trato reticulospinal (TRS), com origem na formação reticular pontomedular (FRPM). Ambas as vias são filogeneticamente antigas e encontradas em todos os vertebrados.

As lesões do NVL, da FRPM ou de seus axônios descendentes na medula espinal levam a uma perda do suporte do peso e do controle do equilíbrio, expressa como uma marcha agachada e uma oscilação dos membros posteriores para um lado ou para o outro. Lesões desses núcleos também são seguidas por grandes mudanças na coordenação intermembros entre os membros anteriores e posteriores. Da mesma forma, a estimulação química ou elétrica tônica da medula e da ponte modula o nível de tônus muscular nos membros e pode facilitar ou suprimir a locomoção, dependendo do local exato estimulado (**Figura 33-12**).

A atividade no TVS e no TRS, juntamente com a atividade no trato rubrospinal, que se origina do núcleo rubro, também modifica o nível de tônus muscular durante cada etapa. A estimulação elétrica fraca de qualquer uma dessas três estruturas produz modulação dependente de fase da atividade locomotora. A ativação breve dessas vias com curtas sequências de estímulos produz mudanças transitórias na amplitude das rajadas musculares, mas raramente produz qualquer alteração no tempo do ciclo de passos. A ativação do NVL aumenta principalmente as respostas nos músculos extensores ipsilaterais durante seu período natural de atividade na fase de apoio. Em contraste, a estimulação do núcleo rubro geralmente produz aumentos transitórios na atividade dos músculos flexores contralaterais, novamente durante seu período natural de atividade na fase de balanço.

A estimulação da FRPM produz respostas mais complexas e generalizadas que podem modificar a atividade nos músculos flexores durante a fase de balanço e nos músculos extensores durante a fase de apoio em todos os quatro membros em um padrão coordenado (**Figura 33-13**). Nos músculos flexores, a atividade geralmente é facilitada pela estimulação da FRPM, mas nos músculos extensores, pode ser facilitada ou suprimida dependendo do exato local estimulado. Acredita-se que essa natureza dependente de fase das respostas seja mediada pela ativação de interneurônios no GPC espinal. A estimulação dessas três estruturas em intensidades mais altas, ou mantidas por mais tempo, pode produzir mudanças no tempo do ciclo de passos, bem como na magnitude da atividade EMG.

Durante a locomoção, os neurônios dentro do NVL, da FRPM e do núcleo rubro são modulados fasicamente na frequência do ciclo de passos. Os neurônios no NVL geralmente são ativados em fase com os músculos extensores ipsilaterais, enquanto os neurônios no núcleo rubro geralmente estão ativos durante a fase de balanço contralateral. Os neurônios na FRPM têm períodos de atividade mais complicados e podem disparar em relação aos músculos flexores ou extensores ipsilaterais ou contralaterais.

As estruturas do tronco encefálico também contribuem para atividades mais complexas durante a locomoção. Por exemplo, o núcleo rubro contribui para as modificações complexas na atividade muscular necessárias para modificações precisas da marcha (ver a seguir). De forma complementar, os efeitos generalizados da FRPM em múltiplos membros permitem que ela produza as mudanças

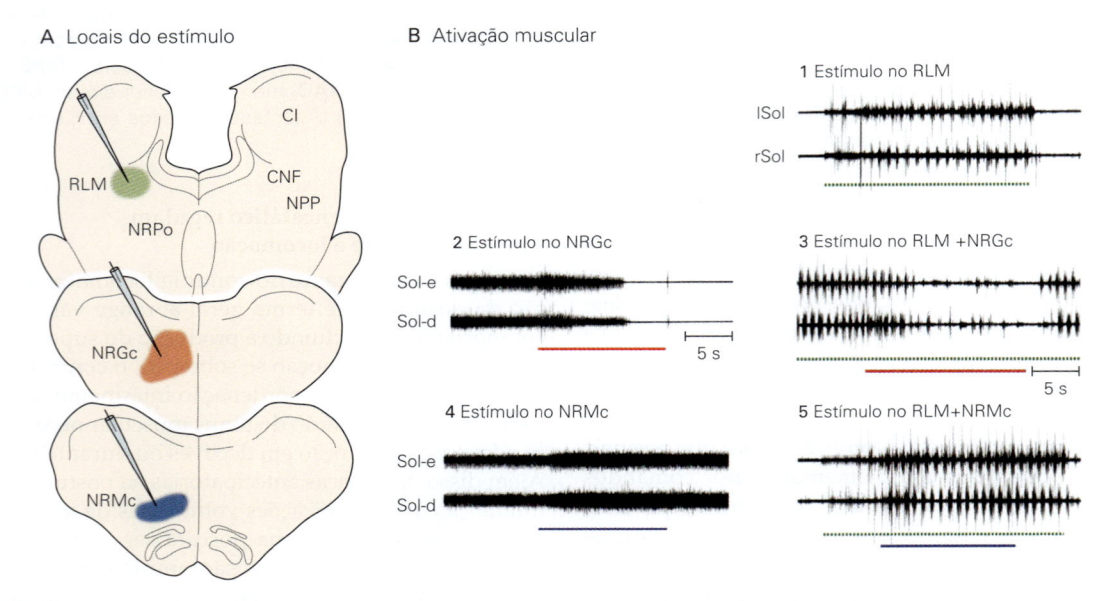

FIGURA 33-12 A atividade locomotora é modificada pelo nível de tônus postural. (Adaptada, com autorização, de Takakusaki et al., 2016.)

A. Secções transversais do tronco encefálico do gato em três níveis rostrocaudais diferentes. As áreas coloridas indicam as regiões estimuladas durante os testes mostrados na parte **B**. (Siglas: **CNF**, núcleo cuneiforme; **CI**, colículo inferior; **RLM**, região locomotora mesencefálica; **NRPo**, núcleo reticular pontino oral; **NRGc**, núcleo reticular gigantocelular; **NRMc**, núcleo reticular magnocelular; **NPP**, núcleo pedunculopontino.)

B. Efeitos da estimulação das diferentes regiões do tronco encefálico do gato descerebrado indicadas na parte **A**.

1. A estimulação da RLM (CNF/NPP) (**barra verde**) produz ativação rítmica nos músculos extensores sóleos (**Sol**) dos membros posteriores esquerdo e direito.

2. A estimulação tônica do NRGc (**barra vermelha**) no bulbo resulta em perda de tônus muscular nos músculos extensores.

3. A estimulação do NRGc durante a locomoção induzida pelo CNF reduz o tônus muscular e, assim, inibe a locomoção.

4. A estimulação tônica do NRMc (**barra azul**) no bulbo ventral produz um aumento do tônus muscular.

5. A estimulação do NRMc durante a estimulação da RLM resulta em aumento do vigor da locomoção.

FIGURA 33-13 A microestimulação da formação reticular pontomedular (FRPM) produz respostas dependentes de fase nos músculos flexores e extensores. (Dados de T. Drew.)

A. A estimulação da FRPM esquerda durante a fase de balanço do membro esquerdo produz um aumento transitório na atividade eletromiográfica dos músculos flexores esquerdos (**Fe**) e uma diminuição simultânea da atividade nos músculos extensores direitos (**Ed**) (setas vermelhas). Há pouca atividade evocada por estímulo nos músculos extensores esquerdos (**Ee**) e nos flexores direitos (**Fd**), que estão inativos nesta fase do ciclo de passos.

B. A estimulação no mesmo local da FRPM durante a fase de balanço do membro direito produz as respostas inversas.

C. A natureza dependente de fase das respostas é provavelmente determinada pela natureza cíclica do nível de excitabilidade dos interneurônios que fazem parte do gerador de padrão central (**GPC**) locomotor. As respostas são controladas pela atividade nas partes flexora (**F**) e extensora (**E**) do GPC locomotor. Quando a primeira estimulação chega, os interneurônios flexores no GPC esquerdo (**Fe**) estão ativos, enquanto os do GPC direito (**Fd**) estão inativos. Portanto, a estimulação produz uma resposta apenas nos neurônios motores flexores esquerdos (**nmFe**). Quando a segunda estimulação chega, os interneurônios flexores no GPC direito (**Fd**) estão ativos, enquanto os do lado esquerdo estão inativos, e, portanto, a estimulação provoca uma resposta apenas nos neurônios motores flexores à direita (**nmFd**).

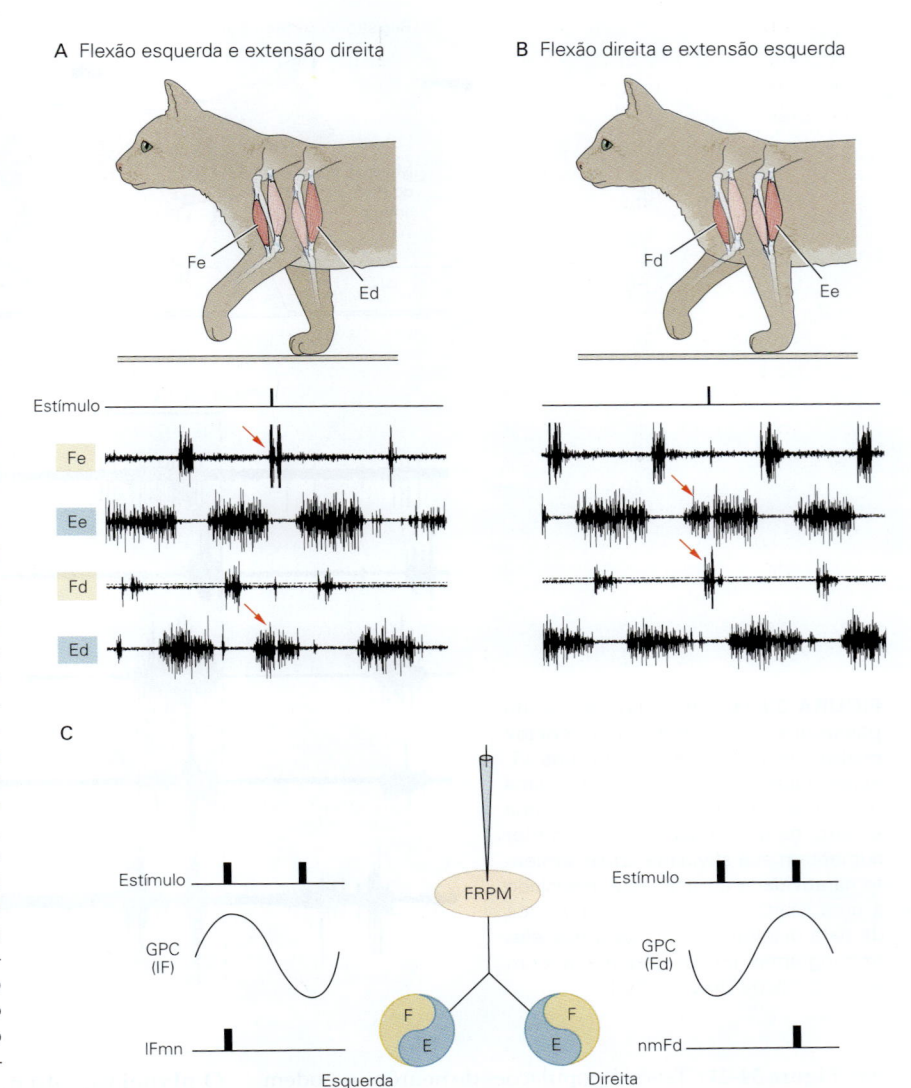

coordenadas na atividade postural que acompanham as modificações da marcha. A coordenação entre as modificações da marcha e a atividade postural é assegurada pelas fortes conexões do córtex motor à FRPM da mesma maneira que para movimentos voluntários discretos (Capítulo 34). A FRPM também contribui para as mudanças compensatórias na postura que ocorrem como consequência das perturbações. Nessa situação, faz parte de um reflexo espino-bulbospinal que contribui para as respostas posturais amplas que seguem os reflexos espinais imediatos ativados por uma perturbação súbita.

A locomoção guiada visualmente envolve o córtex motor

A caminhada é mais frequentemente guiada pela visão, e o córtex motor é essencial para o movimento guiado visualmente, especialmente quando a marcha deve ser modificada para garantir um controle preciso sobre a trajetória do membro e a colocação do pé. Nos mamíferos, as lesões do córtex motor não impedem os animais de andar sobre um piso liso, mas prejudicam gravemente a "locomoção de precisão", que exige um alto grau de coordenação visomotora, como andar sobre os degraus de uma escada colocada na posição horizontal, passar por cima uma série de barreiras e passar por cima de objetos isolados colocados sobre uma esteira rolante.

Experimentos em gatos intactos treinados para passar por cima de obstáculos presos a uma esteira móvel mostram que a locomoção de precisão está associada a uma considerável modulação da atividade de numerosos neurônios no córtex motor (**Figura 33-14**). Outros neurônios no córtex motor mostram um padrão de atividade mais discreto e são ativados sequencialmente durante diferentes partes da fase de balanço. A atividade desses neurônios corticais se correlaciona com os períodos de atividade muscular modificada necessários para produzir as modificações da marcha de maneira semelhante ao que ocorre durante o alcance

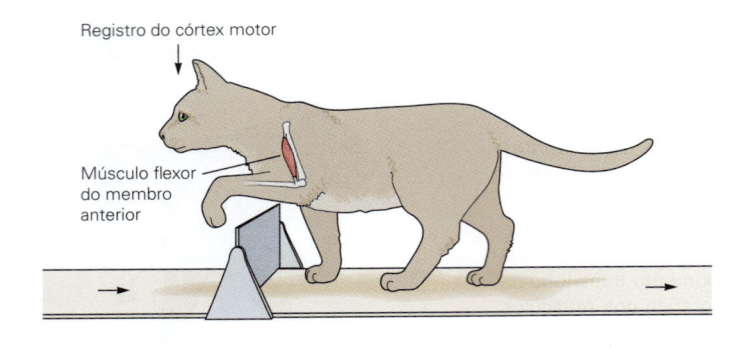

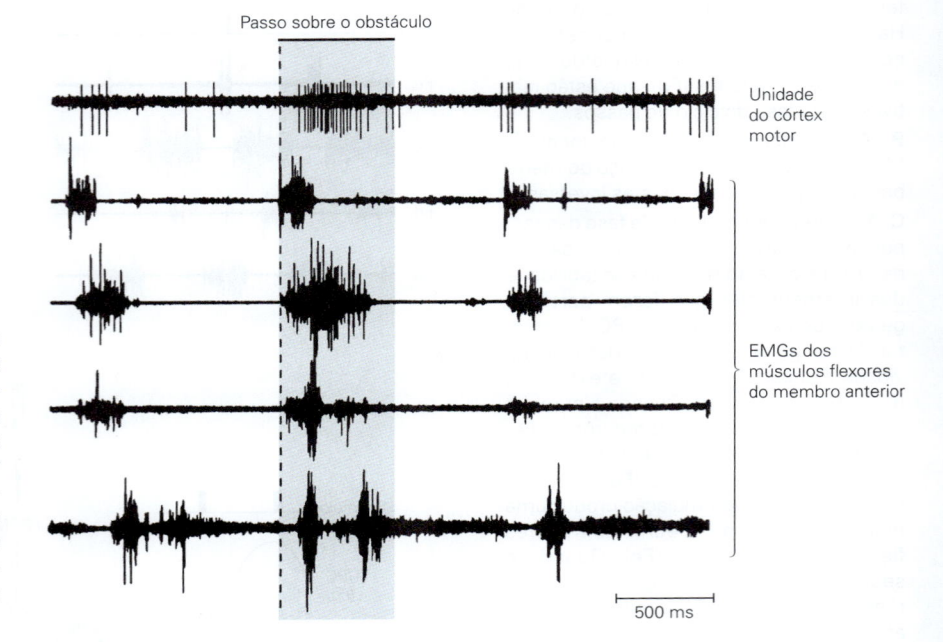

FIGURA 33-14 Os movimentos da passada são adaptados pelo córtex motor em resposta a estímulos visuais. Quando um gato passa por cima de um objeto visível fixado em uma esteira, os neurônios do córtex motor aumentam sua atividade. Esse aumento na atividade cortical está associado a uma maior atividade nos músculos da pata dianteira, como visto nos eletromiogramas (**EMG**). (Adaptada, com autorização, de Drew, 1988.)

(ver **Figura 34-21**). Tais subpopulações de neurônios podem servir para modificar a atividade dos grupos de músculos sinérgicos necessários para produzir mudanças flexíveis na trajetória dos membros.

Muitos desses neurônios corticais se projetam diretamente para a medula espinal (neurônios corticospinais) e, portanto, podem regular a atividade dos interneurônios espinais, incluindo aqueles dentro do GPC, adaptando, assim, o tempo e a magnitude da atividade motora a uma tarefa locomotora específica. Trens breves de estimulação elétrica aplicados ao córtex motor ou ao trato corticospinal em gatos que caminham de forma normal produzem respostas transitórias no membro contralateral de maneira dependente da fase, semelhante àquela produzida pela atividade em várias estruturas do tronco encefálico. No entanto, em contraste com a situação observada com as estruturas do tronco encefálico, o aumento da duração do trem de estimulação aplicado ao córtex motor frequentemente resulta em uma redefinição do ritmo locomotor, caracterizada como uma interrupção do ciclo de passos em andamento e o início de um novo ciclo de passos. Isso sugere que, nos mamíferos, o trato corticospinal tem acesso privilegiado ao gerador de ritmo do GPC.

O planejamento da locomoção envolve o córtex parietal posterior

Quando seres humanos e animais se aproximam de um obstáculo em seu caminho, eles devem ajustar seu padrão de caminhada para contornar o obstáculo ou passar por cima dele. O planejamento desses ajustes começa duas ou três etapas antes que o obstáculo seja alcançado. Experimentos recentes sugerem que o córtex parietal posterior (CPP) esteja particularmente envolvido no planejamento de modificações da marcha. Lesões nessa região fazem com que os gatos ao caminhar percam o posicionamento de suas patas ao se aproximarem de um obstáculo e aumentam a probabilidade de uma ou mais patas entrarem em contato com o obstáculo ao passar por cima dele.

Ao contrário do que se observa no córtex motor, os registros do CPP mostram que muitos neurônios aumentam sua atividade antes do passo sobre o obstáculo. Além disso, muitas células no CPP disparam de forma semelhante, independentemente de qual membro é o primeiro a passar por cima do obstáculo (**Figura 33-15A,B**). Essas células podem fornecer uma estimativa da posição do corpo em

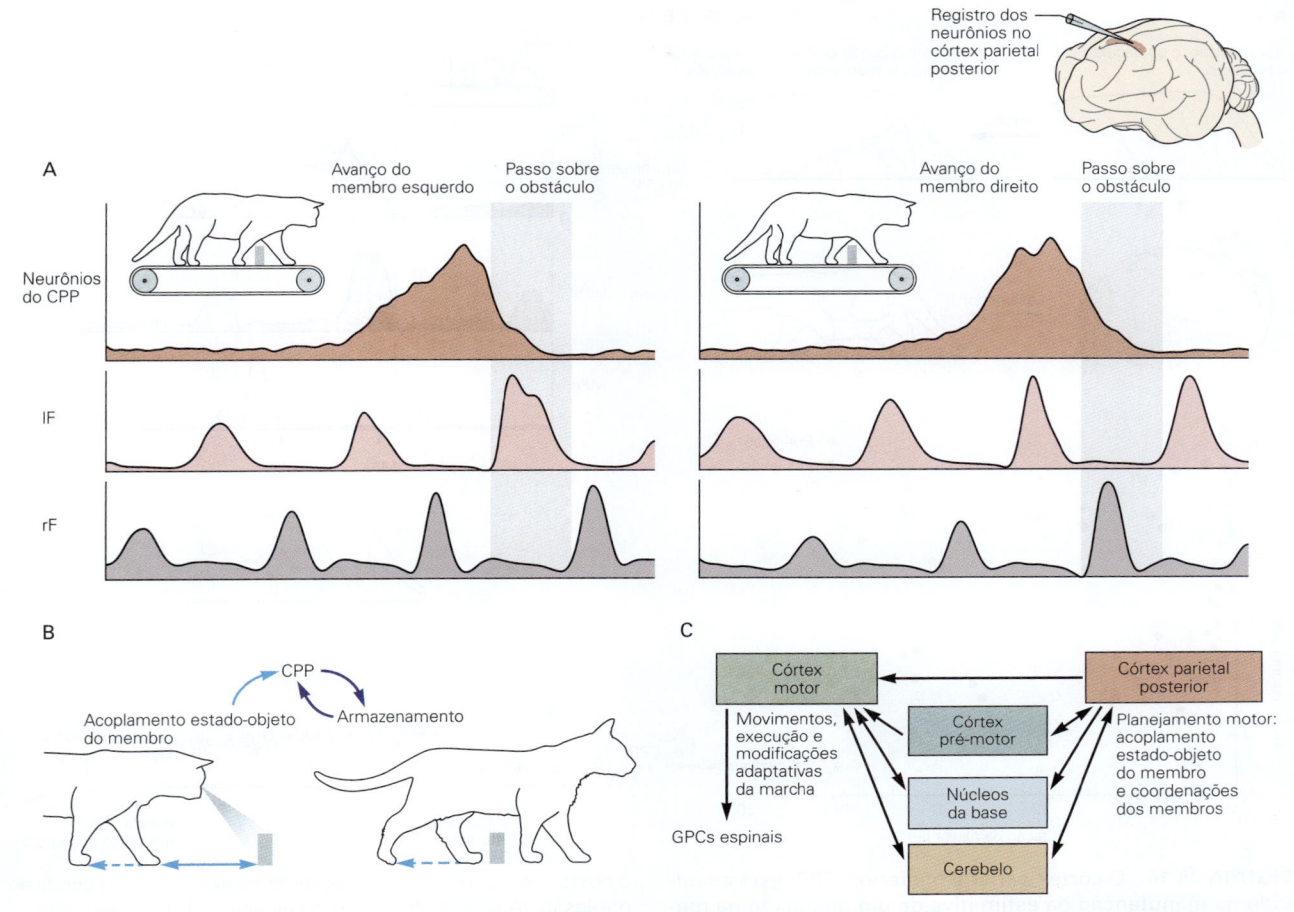

FIGURA 33-15 Neurônios no córtex parietal posterior (CPP) estão envolvidos no planejamento de modificações voluntárias da marcha.

A. Atividade de um neurônio do CPP no córtex direito durante um passo sobre o obstáculo quando o membro anterior esquerdo ou direito é o primeiro a passar por cima do obstáculo. Em cada situação, a célula no CPP dispara dois a três passos antes da passada sobre o obstáculo.

B. A observação de que os neurônios do CPP disparam independentemente de qual membro é o primeiro a ultrapassar o obstáculo sugere uma função global do CPP no planejamento da locomoção.

Em um esquema geral, os neurônios CPP estão envolvidos na estimativa da localização relativa de um objeto em relação ao corpo (acoplamento estado-objeto do membro [seta dupla]) e no armazenamento de informações no CPP para recuperação posterior.

C. O CPP não atua sozinho no planejamento das modificações da marcha. Ele faz parte de uma rede cortical e subcortical que inclui, entre outras estruturas, o córtex pré-motor, os núcleos da base e o cerebelo. Existem conexões entre cada uma dessas estruturas, bem como entre cada uma delas e o córtex motor, responsável pela execução da modificação da marcha. (Sigla: **GPC**, gerador de padrão central.) (Adaptada, com autorização, de Drew e Marigold, 2015.)

relação aos objetos no ambiente (**Figura 33-15B**), permitindo que os animais modifiquem a marcha à medida que se aproximam do obstáculo. A maneira pela qual o CPP interage com outras estruturas corticais e subcorticais geralmente consideradas envolvidas no planejamento motor é desconhecida. No entanto, trabalhos recentes mostram que o córtex pré-motor também tem uma importante contribuição para o planejamento de modificações da marcha guiadas visualmente (**Figura 33-15C**) e pode estar implicado na transformação de um sinal global que fornece informações sobre a localização do obstáculo para o sinal muscular necessário para a execução do passo sobre o obstáculo.

As informações visuais sobre o tamanho e a localização de um obstáculo também são armazenadas na memória de trabalho, uma forma de memória de curto prazo (Capítulo 52). Essa informação é usada para garantir que as modificações da marcha no membro posterior sejam coordenadas com as do membro anterior e é necessária porque o obstáculo não está mais dentro do campo visual no momento em que os membros posteriores estão passando por cima dele. Os mecanismos neurobiológicos subjacentes a essa forma de memória de trabalho ainda não foram estabelecidos, mas a persistência da memória parece depender, pelo menos em parte, dos sistemas neuronais no CPP. Com lesões bilaterais ou resfriamento do CPP medial, a memória é completamente abolida (**Figura 33-16A**). Complementando essa observação está a constatação de que a atividade de alguns neurônios no CPP é elevada durante o passo sobre um obstáculo, bem como ao longo do tempo em que o animal atravessa o obstáculo (**Figura 33-16B**). Essa atividade pode

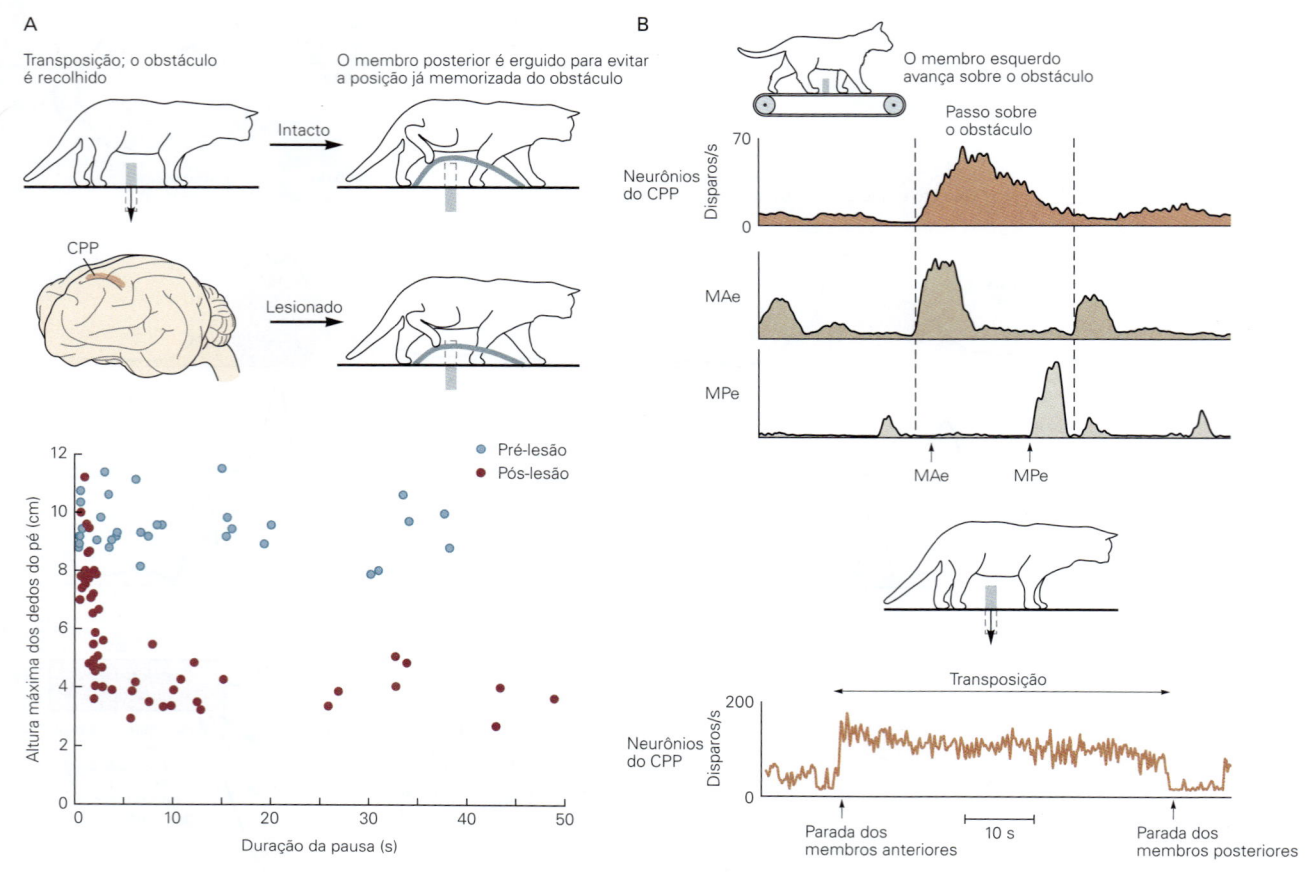

FIGURA 33-16 O córtex parietal posterior (CPP) está envolvido na manutenção da estimativa de um obstáculo na memória de trabalho durante a locomoção.
A. Figura superior: animais normais foram treinados para andar para frente, passar por cima de um obstáculo e, então, fazer uma pausa. Enquanto o animal estava parado, o obstáculo foi removido. Quando a caminhada recomeçou, as patas traseiras subiram para evitar o obstáculo lembrado. Essa memória durou mais de 30 segundos. A trajetória dos membros posteriores foi dimensionada adequadamente para a altura do obstáculo e para a posição relativa das patas posteriores. Lesões bilaterais do CPP levaram a um comprometimento da memória, impossibilitando o animal de passar o obstáculo sem atingi-lo. **Figura inferior:** após a lesão, os animais armazenaram a memória por apenas 1 a 2 segundos, e a altura máxima do dedo do pé foi insuficiente para ultrapassar o obstáculo, sendo significativamente menor do que na condição pré-lesão. (Adaptada de McVea e Pearson, 2009.)
B. Figura superior: neurônios registrados em um animal intacto no CPP do lado direito disparam no período entre a passagem do membro anterior esquerdo (**MAe**) e do membro posterior esquerdo (**MPe**) sobre um obstáculo (representado pela atividade eletromiográfica de músculos flexores representativos em cada membro). Esse disparo pode ser usado para coordenar o movimento do membro posterior com o do membro anterior durante a modificação da marcha guiada visualmente. **Figura inferior:** quando o gato passa por cima de um obstáculo e faz uma pausa, como na parte **A**, as células do CPP mostram um disparo mantido que poderia fornecer a representação neural da memória de trabalho. (Adaptada, com autorização, de Lajoie et al., 2010.)

representar a memória de trabalho das principais características do obstáculo, como a altura.

O cerebelo regula o tempo e a intensidade dos sinais descendentes

Danos ao cerebelo resultam em anormalidades marcantes nos movimentos locomotores, incluindo a necessidade de uma base de apoio mais larga, a coordenação prejudicada das articulações e o acoplamento anormal entre os membros durante o passo. Esses sintomas, que são característicos da *ataxia* (Capítulo 37), indicam que o cerebelo contribui de maneira importante para a regulação da locomoção.

Uma função importante do cerebelo é corrigir o movimento com base na comparação dos sinais motores enviados à medula espinal com o movimento produzido por esse comando motor (Capítulo 37). No contexto da locomoção, o sinal motor é gerado por neurônios no córtex motor e nos núcleos do tronco encefálico. As informações sobre o movimento vêm das vias espinocerebelares ascendentes. Para as patas traseiras do gato, estes são os tratos espinocerebelares dorsal e ventral. Os neurônios no trato espinocerebelar dorsal (neurônios TSCD) são fortemente ativados por numerosos proprioceptores das pernas e, assim, fornecem ao cerebelo informações detalhadas sobre o estado mecânico dos membros posteriores. Em contraste, os neurônios do trato ventral (neurônios TSCV) são ativados principalmente por interneurônios no GPC, fornecendo, assim, ao cerebelo informações sobre o estado da rede locomotora espinal.

Durante a locomoção, o comando motor (a cópia de eferência central), o movimento (a cópia de aferência, via TSCD) e o estado das redes espinais (a cópia de eferência espinal, via TSCV) são integrados no cerebelo e expressos como alterações no padrão de disparo rítmico das células de Purkinje no córtex cerebelar e dos neurônios nos núcleos cerebelares profundos. Esses sinais dos núcleos cerebelares profundos são, então, enviados para o córtex motor e para os vários núcleos do tronco encefálico, onde modulam os sinais descendentes para a medula espinal para corrigir quaisquer erros motores.

Experimentos comportamentais mostram que o cerebelo também desempenha um papel importante na adaptação da marcha. Por exemplo, quando sujeitos andam em uma esteira dividida, de modo que cada perna anda em uma velocidade diferente, eles inicialmente mostram uma marcha muito assimétrica antes de se adaptar ao longo do tempo para uma mais ssimétrica. Quando as duas esteiras são reajustadas para a mesma velocidade, os indivíduos mostram novamente uma marcha assimétrica, demonstrando que a condição experimental produziu adaptação (ver **Figura 30-13**). Pacientes com danos cerebelares não são capazes de se adaptar a essa condição.

Os núcleos da base modificam os circuitos corticais e do tronco encefálico

Os núcleos da base são encontrados em todos os vertebrados, desde os vertebrados mais antigos até os primatas, e provavelmente contribuem para a seleção de diferentes padrões motores. A importância dos núcleos da base para o controle da locomoção é claramente demonstrada pelos déficits na locomoção observados em pacientes com doença de Parkinson, que interrompe o funcionamento normal dos núcleos da base devido à degradação de suas aferências dopaminérgicas da substância negra (Capítulo 38).

Esses pacientes apresentam uma marcha lenta e arrastada característica e, em estágios mais avançados da doença, também podem apresentar "congelamento" da marcha. Pacientes com doença de Parkinson também apresentam problemas de equilíbrio durante a locomoção e com os ajustes posturais antecipatórios que ocorrem no início de um padrão de marcha. Esses déficits sugerem que os núcleos da base contribuem para a iniciação, regulação e modificação dos padrões de marcha. Essa regulação é mediada pelas duas principais projeções dos núcleos da base para as vias do tronco encefálico e para as estruturas corticais.

Os núcleos da base influenciam a atividade do tronco encefálico através de suas projeções para o NPP. O NPP recebe aferências inibitórias de neurônios inibitórios GABAérgicos na parte reticulada da substância negra (SNr), bem como da parte interna do globo pálido (GPi); ele também recebe aferências glutamatérgicas dos neurônios do núcleo subtalâmico (NST). Acredita-se que a aferência inibitória diminuída e a aferência glutamatérgica aumentada para o NPP dos núcleos da base promovem a atividade no NPP e favorecem a locomoção exploratória. O NST e a GPi são os principais alvos da estimulação cerebral profunda para melhora de sintomas motores como a rigidez e a mobilidade reduzida em pacientes com doença de Parkinson.

Os núcleos da base influenciam a atividade cortical por meio de suas conexões via tálamo para diferentes partes do córtex frontal, incluindo as regiões motoras suplementares. Essas conexões permitem que os núcleos da base exerçam um efeito modulador na locomoção guiada visualmente, possivelmente selecionando os padrões motores apropriados exigidos em diferentes situações comportamentais.

A neurociência computacional fornece informações sobre os circuitos locomotores

Embora os estudos funcionais tenham revelado muito sobre a organização das redes locomotoras, sua complexidade geral dificulta a captura da função integradora das propriedades sinápticas e celulares do circuito. A modelagem computacional de redes, no entanto, permite simular a atividade do circuito e investigar as interações dinâmicas entre os elementos do circuito. Modelos computacionais podem ser desenvolvidos em vários níveis: para estudar a base iônica da atividade neural dentro de um determinado circuito, para estudar a conectividade entre diferentes grupos de neurônios em um determinado circuito ou para entender melhor as interações entre diferentes estruturas na rede locomotora. Modelos computacionais em cada um desses níveis foram desenvolvidos para estudar o ritmo e a geração de padrões tanto em invertebrados como em vertebrados, e neste último, desde a lampreia até os mamíferos. Como em outras áreas, as abordagens combinando manipulação experimental e modelagem computacional provavelmente aumentarão nos próximos anos e têm o potencial de avançar nossa compreensão dos sistemas complexos e das interconexões entre estruturas que são necessárias para produzir o repertório locomotor completo.

O controle neuronal da locomoção humana é semelhante ao dos quadrúpedes

A maior parte de nossa compreensão dos mecanismos neurais subjacentes ao controle da locomoção vem de experimentos em animais quadrúpedes. No entanto, as evidências disponíveis sugerem que todos os princípios fundamentais relativos à origem e à regulação da caminhada em quadrúpedes também se referem à locomoção em seres humanos. Embora a questão da existência de GPC em seres humanos permaneça controversa, várias observações são compatíveis com a visão de que os GPC são importantes para a locomoção humana.

Por exemplo, observações de alguns pacientes com lesão medular se comparam às descobertas de estudos com gatos com lesão espinal. Casos marcantes de pacientes com transecção quase completa da medula espinal mostraram movimentos incontroláveis, espontâneos e rítmicos das pernas quando os quadris eram estendidos. Esse comportamento se assemelha aos movimentos rítmicos de passos em gatos com lesão espinal crônica. Além disso, a estimulação elétrica tônica da medula espinal abaixo da lesão pode evocar atividade locomotora, como em outros mamíferos.

Comparações entre a caminhada humana e a quadrúpede também foram encontradas em pacientes treinados após lesão medular. O treinamento diário combinado com tratamentos medicamentosos restaura a passada em gatos e melhora a caminhada em pacientes com lesões crônicas na medula. Pessoas com lesão medular grave que foram expostas tanto à caminhada em esteira quanto a tratamentos medicamentosos, semelhantes àqueles que demonstraram ativar o GPC em gatos, demonstraram melhoras dramáticas na capacidade de produzir locomoção (**Quadro 33-4**).

QUADRO 33-4 Treinamento de reabilitação melhora a caminhada após lesão na medula espinal em seres humanos

De acordo com a Organização Mundial da Saúde, entre 250.000 e 500.000 pessoas em todo o mundo sofrem lesões na medula espinal anualmente. Para muitos, isso resulta em perda permanente de sensibilidade, movimento e função autonômica. A perda devastadora de habilidades funcionais, juntamente com o enorme custo de tratamento e cuidados, cria uma necessidade urgente de métodos eficazes para reparar a medula espinal lesionada e facilitar a recuperação funcional.

Nas últimas décadas, o progresso tem sido feito a partir de pesquisas com animais com o objetivo de prevenir danos secundários após a lesão, reparar os axônios de neurônios lesionados na medula espinal e promover a regeneração de axônios lesionados através e além do local da lesão. Em muitos casos, a regeneração de axônios tem sido associada a uma modesta recuperação da função locomotora. No entanto, nenhuma das estratégias de regeneração atingiu o ponto em que podem ser usadas com confiança em seres humanos com lesão medular.

Assim, o treinamento de reabilitação é o tratamento preferido para pessoas com lesão medular. Uma técnica especialmente bem-sucedida para melhorar a caminhada em pacientes com lesão parcial da medula espinal é a caminhada com peso em esteira (**Figura 33-17**). Essa técnica é baseada na observação de que gatos e roedores com lesão medular podem ser treinados para andar com as patas traseiras em uma esteira em movimento.

Para os seres humanos, o suporte parcial do peso corporal por meio de um sistema de cintos de suporte é fundamental para o sucesso do treinamento; presumivelmente, isso facilita o treinamento dos circuitos da medula espinal, reduzindo os requisitos para o controle supraespinal da postura e do equilíbrio.

Embora a base neural para a melhora da função locomotora com o treinamento em esteira não tenha sido estabelecida, acredita-se que ela dependa da plasticidade sináptica nos circuitos espinais locais, bem como da transmissão bem-sucedida de pelo menos alguns sinais de comando do encéfalo por meio de vias descendentes preservadas, caso a lesão medular seja parcial.

O treinamento locomotor às vezes é combinado com outros tratamentos. Estes incluem diferentes tipos de medicamentos destinados a reduzir a espasticidade, vista como contrações musculares involuntárias, e facilitação da atividade em circuitos espinais por ativação elétrica transcutânea de circuitos espinais e/ou ativação de vias corticospinais por estimulação magnética transcraniana.

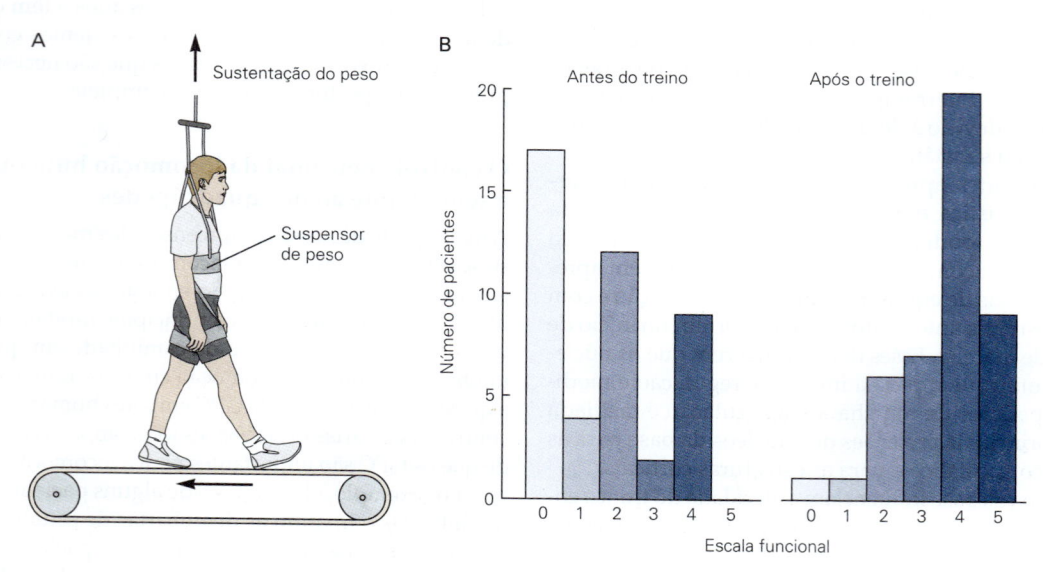

FIGURA 33-17 O treinamento em esteira melhora a função locomotora em pacientes com lesão medular parcial.
A. O paciente é parcialmente sustentado sobre uma esteira móvel por um cinto, e os movimentos de passo são assistidos por terapeutas.
B. Melhora da função locomotora em 44 pacientes com lesão medular crônica após treinamento diário com duração de 3 a 20 semanas. A classificação funcional varia de 0 (incapaz de ficar em pé ou andar) a 5 (andar sem dispositivos por mais de cinco passos). (Adaptada, com autorização, de Wernig et al., 1995. Copyright © 2006, John Wiley and Sons.)

Esses resultados sugerem que os GPC estão presentes nos seres humanos e compartilham semelhanças funcionais com os GPC encontrados em outros vertebrados.

Uma evidência convincente da existência de GPC espinais em seres humanos também vem de estudos em bebês humanos, que fazem movimentos rítmicos de passos imediatamente após o nascimento se mantidos na posição vertical e movidos sobre uma superfície horizontal. Isso sugere fortemente que alguns dos circuitos neuronais básicos para a locomoção são inatos e estão presentes no nascimento, quando os sistemas de controle descendentes não estão bem desenvolvidos. Como a passada também pode ocorrer em bebês que não possuem hemisférios cerebrais (*anencefalia*), esses circuitos devem estar localizados no tronco encefálico ou abaixo dele, talvez inteiramente dentro da medula espinal.

Durante o primeiro ano de vida, à medida que a passada automática se transforma em marcha funcional, pensa-se que esses circuitos básicos são colocados sob controle supraespinal. Em particular, o padrão de passada gradualmente se desenvolve a partir de um padrão de flexo-extensão mais primitivo que gera pouco movimento efetivo para frente para o padrão maduro de movimentos complexos. É plausível, com base em estudos em gatos, que essa adaptação reflita a maturação de sistemas descendentes que se originam no córtex motor e nos núcleos do tronco encefálico e são modulados pelo cerebelo.

Ao nível cortical, o acidente vascular encefálico envolvendo o córtex motor ou danos nos tratos corticospinais leva a déficits na locomoção, como em gatos. No entanto, os déficits em seres humanos são muito mais fortes do que em gatos ou mesmo em primatas não humanos, sugerindo que o córtex motor nos seres humanos desempenha um papel mais importante na locomoção do que em outros mamíferos. Estudos utilizando estimulação magnética transcraniana (EMT) para modular a atividade cortical motora também mostram que o córtex motor contribui de forma importante para o controle da locomoção humana. Parâmetros de EMT que resultam em inativação cortical, por exemplo, produzem uma diminuição no nível de atividade muscular durante a locomoção. Em contraste, os parâmetros de EMT que ativam o córtex motor melhoram a recuperação da locomoção após lesão medular incompleta.

Estudos de imagem, juntamente com registros de eletrencefalograma de alta resolução, mostram mudanças na atividade de várias regiões corticais, incluindo o córtex motor, o córtex pré-motor e o CPP, durante a locomoção e particularmente durante a locomoção imaginada sobre obstáculos. Estudos de imagem também mostraram aumento da atividade durante a locomoção nas partes do mesencéfalo que se mostraram importantes para o início da locomoção e para o controle da sua velocidade em animais. De forma similar, os neurônios do núcleo pedunculopontino podem ser afetados na doença de Parkinson, contribuindo para os graves distúrbios da marcha observados na fase tardia da doença.

Destaques

1. A locomoção é um comportamento altamente conservado e essencial para a sobrevivência da espécie. Nossa compreensão sobre os mecanismos neuronais envolvidos na geração e no controle da locomoção veio inicialmente do estudo de animais filogeneticamente mais velhos, como a lampreia e o girino. Mais recentemente, em mamíferos, com seus sistemas nervosos mais complexos, a organização das diferentes vias neurais envolvidas na geração e na regulação da locomoção também foi determinada em detalhes significativos.
2. A medula espinal, isolada das aferências periféricas descendentes e rítmicas, pode gerar um padrão locomotor complexo que contém elementos dos ritmos e padrões observados em animais intactos. Os circuitos responsáveis por produzir essa atividade são chamados de geradores de padrão central (GPC). A atividade nos circuitos espinais pode ser modificada pela experiência.
3. Os componentes básicos dos GPC que controlam a natação são neurônios geradores de ritmo excitatório juntamente com neurônios inibitórios comissurais responsáveis pela alternância esquerda-direita. Esse princípio organizacional também é encontrado nos GPC que controlam os movimentos dos membros com a adição de circuitos geradores de padrões flexores-extensores e redes neuronais comissurais adicionais. Os circuitos nas redes locomotoras têm uma organização modular com transmissores e códigos moleculares distintos para os neurônios constituintes. Os sinais de comando descendentes atuam nesses elementos do circuito para produzir os diversos aspectos do comportamento locomotor.
4. As propriedades da membrana em interneurônios e neurônios motores contribuem para a geração de ritmo e padrão. A manipulação celular dessas propriedades permitirá uma compreensão precisa de suas contribuições relativas à produção locomotora.
5. As aferências periféricas modulam a função dos circuitos locomotores espinais. Os sensores proprioceptivos são usados para estabilizar as transições de fase entre o apoio e o balanço (e vice-versa), enquanto a aferência dos exteroceptores é usada para modificar a atividade do membro em resposta a perturbações inesperadas.
6. Os circuitos envolvidos no início da locomoção, no controle da velocidade da locomoção e na seleção da marcha estão localizados no mesencéfalo e englobam neurônios excitatórios nos núcleos pedunculopontino e cuneiforme. Esses núcleos excitatórios desempenham diversos papéis no controle da locomoção exploratória lenta ou de toda a gama de velocidades e marchas, incluindo a locomoção de fuga rápida. As abordagens celulares molecular e geneticamente orientadas permitem acesso incomparável à organização dessas vias no tronco encefálico e como elas se integram às redes locomotoras espinais.
7. A atividade nas três principais estruturas do tronco encefálico com axônios que descem para a medula espinal (a formação reticular pontomedular, o núcleo vestibular lateral e o núcleo rubro) contribui para o controle da postura e para a coordenação entre os membros. Os sinais dessas estruturas modificam o nível de atividade muscular de forma relacionada à estrutura.

8. O córtex motor fornece controle preciso dos padrões de atividade muscular para permitir que os animais façam ajustes antecipatórios guiados visualmente em sua marcha. O sinal do córtex motor é integrado ao ritmo em curso.
9. O córtex parietal posterior (CPP) faz parte de uma rede que contribui para o planejamento avançado da marcha com base em informações visuais. Os neurônios do CPP estimam a localização relativa dos objetos em relação ao corpo e retêm informações na memória de trabalho para facilitar a coordenação dos membros. A contribuição de outras áreas corticais e subcorticais para o planejamento locomotor permanece pouco estudada.
10. Aferências do cerebelo e dos núcleos da base são usadas para corrigir erros motores e selecionar os padrões apropriados de atividade motora. A contribuição dos núcleos da base para o controle da locomoção é complexa e só mais recentemente vem sendo determinada.
11. As evidências disponíveis sugerem que os mecanismos de controle neural determinados a partir de experimentos em animais também são usados para controlar a locomoção em seres humanos, incluindo a existência de um GPC. Grandes avanços ainda precisam ser feitos na compreensão dos mecanismos das influências espinais e supraespinais no controle locomotor humano.
12. Os recentes avanços tecnológicos nos proporcionam uma oportunidade inigualável de investigar os mecanismos de controle envolvidos na locomoção. Os avanços moleculares e genéticos fornecem a capacidade de manipular o comportamento tanto no nível celular quanto no de sistemas e permitem o estudo detalhado das contribuições do tronco encefálico e dos circuitos espinais para o início da locomoção e para a sua regulação. Os avanços nas técnicas de registro multineuronal em animais, juntamente com o desenvolvimento de registros de alta resolução da atividade cerebral humana, facilitará nossa compreensão sobre a contribuição das estruturas corticais para o controle da locomoção.

Trevor Drew
Ole Kiehn

Leituras sugeridas

Armstrong DM. 1988. The supraspinal control of mammalian locomotion. J Physiol 405:1–37.
Brown T. 1911. The intrinsic factors in the act of progression in mammals. Proc R Soc B 84:308–319.
Drew T, Andujar JE, Lajoie K, Yakovenko S. 2008. Cortical mechanisms involved in visuomotor coordination during precision walking. Brain Res Rev 57:199–211.
Grillner S. 2006. Biological pattern generation: the cellular and computational logic of networks in motion. Neuron 52:751–766.
Jankowska E. 2008. Spinal interneuronal networks in the cat: elementary components. Brain Res Rev 57:46–55.
Kiehn O. 2016. Decoding the organization of spinal circuits that control locomotion. Nat Rev Neurosci 17:224–238.
Orlovsky G, Deliagina TG, Grillner S. 1999. *Neuronal Control of Locomotion: From Mollusc to Man*. Oxford: Oxford Univ. Press.
Pearson KG. 2008. Role of sensory feedback in the control of stance duration in walking cats. Brain Res Rev 57:222–227.
Rossignol S. 1996. Neural control of stereotypic limb movements. Supplement 29. In: *Handbook of Physiology, Exercise: Regulation and Integration of Multiple Systems*. New York: Wiley-Blackwell.
Sherrington CS. 1913. Further observations on the production of reflex stepping by combination of reflex excitation with reflex inhibition. J Physiol 47:196–214.
Takakusaki K, Chiba R, Nozu T, Okumura T. 2016. Brainstem control of locomotion and muscle tone with special reference to the role of the mesopontine tegmentum and medullary reticulospinal systems. J Neural Transm (Vienna) 123:695–729.

Referências

Ampatzis K, Song J, Ausborn J, El Manira A. 2014. Separate microcircuit modules of distinct v2a interneurons and motoneurons control the speed of locomotion. Neuron 83:934–943.
Bouvier J, Caggiano V, Leiras R, et al. 2015. Descending command neurons in the brain stem that halt locomotion. Cell 163:1191–1203.
Brocard F, Tazerart S, Vinay L. 2010. Do pacemakers drive the central pattern generator for locomotion in mammals? Neuroscientist 16:139–155.
Buchanan JT, Grillner S. 1987. Newly identified "glutamate interneurons" and their role in locomotion in the lamprey spinal cord. Science 236:312–314.
Butt SJ, Kiehn O. 2003. Functional identification of interneurons responsible for left-right coordination of hindlimbs in mammals. Neuron 38:953–963.
Caggiano V, Leiras R, Goni-Erro H, et al. 2018. Midbrain circuits that set locomotor speed and gait selection. Nature 553:455–460.
Capelli P, Pivetta C, Soledad Esposito M, Arber S. 2017. Locomotor speed control circuits in the caudal brainstem. Nature 551:373–377.
Choi JT, Bouyer LJ, Nielsen JB. 2015. Disruption of locomotor adaptation with repetitive transcranial magnetic stimulation over the motor cortex. Cereb Cortex 25:1981–1986.
Conway BA, Hultborn H, Kiehn O. 1987. Proprioceptive input resets central locomotor rhythm in the spinal cat. Exp Brain Res 68:643–656.
Crone SA, Quinlan KA, Zagoraiou L, et al. 2008. Genetic ablation of V2a ipsilateral interneurons disrupts left-right locomotor coordination in mammalian spinal cord. Neuron 60:70–83.
Dougherty KJ, Zagoraiou L, Satoh D, et al. 2013. Locomotor rhythm generation linked to the output of spinal shox2 excitatory interneurons. Neuron 80:920–933.
Drew T. 1988. Motor cortical cell discharge during voluntary gait modification. Brain Res 457:181–187.
Drew T. 1991. Functional organization within the medullary reticular formation of the intact unanesthetized cat. III. Microstimulation during locomotion. J Neurophysiol 66:919–938.
Drew T, Dubuc R, Rossignol S. 1986. Discharge patterns of reticulospinal and other reticular neurons in chronic, unrestrained cats walking on a treadmill. J Neurophysiol 55:375–401.
Drew T, Marigold DS. 2015. Taking the next step: cortical contributions to the control of locomotion. Curr Opin Neurobiol 33C:25–33.
Dubuc R, Brocard F, Antri M, et al. 2008. Initiation of locomotion in lampreys. Brain Res Rev 57:172–182.
Edgerton VR, Leon RD, Harkema SJ, et al. 2001. Retraining the injured spinal cord. J Physiol 533:15–22.
Engberg I, Lundberg A. 1969. An electromyographic analysis of muscular activity in the hindlimb of the cat during unrestrained locomotion. Acta Physiol Scand 75:614–630.
Forssberg H. 1985. Ontogeny of human locomotor control. I. Infant stepping, supported locomotion and transition to independent locomotion. Exp Brain Res 57:480–493.
Goulding M. 2009. Circuits controlling vertebrate locomotion: moving in a new direction. Nat Rev Neurosci 10:507–518.

Grillner S. 2006. Biological pattern generation: the cellular and computational logic of networks in motion. Neuron 52:751–766.

Grillner S. 1981. Control of locomotion in bipeds, tetrapods, and fish. In: V Brooks (ed). *Handbook of Physiology.* Rockville, MD: American Physiological Society.

Grillner S, Jessell TM. 2009. Measured motion: searching for simplicity in spinal locomotor networks. Curr Opin Neurobiol 19:572–586.

Grillner S, Rossignol S. 1978. On the initiation of the swing phase of locomotion in chronic spinal cats. Brain Res 146:269–277.

Grillner S, Zangger P. 1979. On the central generation of locomotion in the low spinal cat. Exp Brain Res 34:241–261.

Grillner S, Zangger P. 1984. The effect of dorsal root transection on the efferent motor pattern in the cat's hindlimb during locomotion. Acta Physiol Scand 120:393–405.

Hagglund M, Borgius L, Dougherty KJ, Kiehn O. 2010. Activation of groups of excitatory neurons in the mammalian spinal cord or hindbrain evokes locomotion. Nat Neurosci 13:246–252.

Harris-Warrick RM. 2011. Neuromodulation and flexibility in central pattern generator networks. Curr Opin Neurobiol 21:685–692.

Hiebert GW, Whelan PJ, Prochazka A, Pearson KG. 1996. Contribution of hind limb flexor muscle afferents to the timing of phase transitions in the cat step cycle. J Neurophysiol 75:1126–1137.

Hounsgaard J, Hultborn H, Kiehn O. 1986. Transmitter-controlled properties of alpha-motoneurones causing long-lasting motor discharge to brief excitatory inputs. Prog Brain Res 64:39–49.

Hultborn H, Nielsen JB. 2007. Spinal control of locomotion—from cat to man. Acta Physiol (Oxf) 189:111–121.

Jessell TM. 2000. Neuronal specification in the spinal cord: inductive signals and transcriptional codes. Nat Rev Genet 1:20–29.

Jordan LM, Liu J, Hedlund PB, Akay T, Pearson KG. 2008. Descending command systems for the initiation of locomotion in mammals. Brain Res Rev 57:183–191.

Juvin L, Gratsch S, Trillaud-Doppia E, Gariepy JF, Buschges A, Dubuc R. 2016. A specific population of reticulospinal neurons controls the termination of locomotion. Cell Rep 15:2377–2386.

Kiehn O. 2006. Locomotor circuits in the mammalian spinal cord. Annu Rev Neurosci 29:279–306.

Kiehn O, Sillar KT, Kjaerulff O, McDearmid JR. 1999. Effects of noradrenaline on locomotor rhythm-generating networks in the isolated neonatal rat spinal cord. J Neurophysiol 82:741–746.

Kriellaars DJ, Brownstone RM, Noga BR, Jordan LM. 1994. Mechanical entrainment of fictive locomotion in the decerebrate cat. J Neurophysiol 71:2074–2086.

Lajoie K, Andujar JE, Pearson K, Drew T. 2010. Neurons in area 5 of the posterior parietal cortex in the cat contribute to interlimb coordination during visually guided locomotion: a role in working memory. J Neurophysiol 103:2234–2254.

Lanuza GM, Gosgnach S, Pierani A, Jessell TM, Goulding M. 2004. Genetic identification of spinal interneurons that coordinate left-right locomotor activity necessary for walking movements. Neuron 42:375–386.

McCrea DA, Rybak IA. 2007. Modeling the mammalian locomotor CPG: insights from mistakes and perturbations. Prog Brain Res 165:235–253.

McLean DL, Masino MA, Koh IY, Lindquist WB, Fetcho JR. 2008. Continuous shifts in the active set of spinal interneurons during changes in locomotor speed. Nat Neurosci 11:1419–1429.

McVea DA, Pearson KG. 2009. Object avoidance during locomotion. Adv Exp Med Biol 629:293–315.

Pearson KG, Rossignol S. 1991. Fictive motor patterns in chronic spinal cats. J Neurophysiol 66:1874–1887.

Picton LD, Sillar KT. 2016. Mechanisms underlying the endogenous dopaminergic inhibition of spinal locomotor circuit function in Xenopus tadpoles. Sci Rep 6:35749.

Rossignol S, Frigon A. 2011. Recovery of locomotion after spinal cord injury: some facts and mechanisms. Annu Rev Neurosci 34:413–440.

Rybak IA, Stecina K, Shevtsova NA, McCrea DA. 2006. Modelling spinal circuitry involved in locomotor pattern generation: insights from the effects of afferent stimulation. J Physiol 577:641–658.

Ryczko D, Dubuc R. 2013. The multifunctional mesencephalic locomotor region. Curr Pharm Des 19:4448–4470.

Shik M, Severin F, Orlovskii G. 1966. [Control of walking and running by means of electric stimulation of the midbrain]. Biofizika 11:659–666. [article in Russian]

Soffe SR, Roberts A, Li WC. 2009. Defining the excitatory neurons that drive the locomotor rhythm in a simple vertebrate: insights into the origin of reticulospinal control. J Physiol 587:4829–4844.

Talpalar AE, Bouvier J, Borgius L, Fortin G, Pierani A, Kiehn O. 2013. Dual-mode operation of neuronal networks involved in left-right alternation. Nature 500:85–88.

Talpalar AE, Endo T, Low P, et al. 2011. Identification of minimal neuronal networks involved in flexor-extensor alternation in the mammalian spinal cord. Neuron 71:1071–1084.

Wernig A, Muller S, Nanassy A, Cagol E. 1995. Laufband therapy based on 'rules of spinal locomotion' is effective in spinal cord injured persons. Eur J Neurosci 7:823–829.

Whelan PJ, Hiebert GW, Pearson KG. 1995. Stimulation of the group I extensor afferents prolongs the stance phase in walking cats. Exp Brain Res 103:20–30.

Yang JF, Mitton M, Musselman KE, Patrick SK, Tajino J. 2015. Characteristics of the developing human locomotor system: similarities to other mammals. Dev Psychobiol 57:397–408.

Zagoraiou L, Akay T, Martin JF, Brownstone RM, Jessell TM, Miles GB. 2009. A cluster of cholinergic premotor interneurons modulates mouse locomotor activity. Neuron 64:645–662.

Zhang J, Lanuza GM, Britz O, et al. 2014. V1 and v2b interneurons secure the alternating flexor-extensor motor activity mice require for limbed locomotion. Neuron 82:138–150.

Zhang Y, Narayan S, Geiman E, et al. 2008. V3 spinal neurons establish a robust and balanced locomotor rhythm during walking. Neuron 60:84–96.

34

Movimento voluntário: córtices motores

O movimento voluntário é a manifestação física de uma intenção de agir

    Enquadramentos teóricos ajudam a interpretar o comportamento e as bases neurais do controle voluntário

    Muitas regiões corticais frontais e parietais estão envolvidas no controle voluntário

    Comandos motores descendentes são transmitidos principalmente pelo trato corticospinal

    A imposição de um período de retardo antes do início de um movimento isola a atividade neuronal associada ao planejamento da atividade associada com a execução da ação

O córtex parietal fornece informações sobre o mundo e o corpo para uma estimativa de estado para planejar e executar as ações motoras

    O córtex parietal liga informações sensoriais a ações motoras

    A posição e movimento do corpo são representadas em muitas áreas do córtex parietal posterior

    Objetivos espaciais são representados em muitas áreas do córtex parietal posterior

    A retroação gerada internamente pode influenciar na atividade do córtex parietal

O córtex pré-motor auxilia na seleção e no planejamento motores

    O córtex pré-motor medial é envolvido no controle contextual de ações voluntárias

    O córtex pré-motor dorsal está envolvido no planejamento de movimentos sensorialmente orientados dos braços

    O córtex pré-motor dorsal está envolvido na aplicação de regras (associações) que determinam o comportamento

    O córtex pré-motor ventral está envolvido no planejamento das ações motoras da mão

    O córtex pré-motor pode contribuir para as decisões perceptivas que orientam as ações motoras

    Muitas áreas motoras corticais estão ativas quando as ações motoras de outros indivíduos estão sendo observadas

    Muitos aspectos do controle voluntário estão distribuídos através dos córtices pré-motor e parietal

O córtex motor primário assume um papel importante na execução motora

    O córtex motor primário inclui um mapa detalhado da periferia motora

    Alguns neurônios do córtex motor primário projetam-se diretamente aos neurônios motores espinais

    A atividade no córtex motor primário reflete muitas características espaciais e temporais da eferência motora

    A atividade do córtex motor primário também reflete características de ordem superior do movimento

    A retroação sensorial é transmitida rapidamente ao córtex motor primário e a outras áreas corticais

    O córtex motor primário é dinâmico e adaptável

Destaques

NESTE CAPÍTULO SERÁ DESCRITO COMO o córtex cerebral usa as informações sensoriais do mundo externo para guiar as ações motoras que permitem ao indivíduo interagir com o ambiente que o cerca. O ponto de partida será uma descrição geral do significado do termo movimento voluntário e alguns referenciais teóricos para a compreensão de seu controle, seguidos pela anatomia básica dos circuitos corticais envolvidos no comportamento motor voluntário. Após, será abordado como as informações relativas ao corpo, ao espaço externo e aos objetivos comportamentais são combinadas e processadas nas regiões do córtex parietal. Isso será seguido pela discussão sobre a função das regiões corticais pré-motoras na seleção e no planejamento das ações motoras. Finalmente, o papel desempenhado pelo córtex motor primário na execução motora será examinado.

O movimento voluntário é a manifestação física de uma intenção de agir

Animais, incluindo os humanos, têm um sistema nervoso não apenas para perceber o mundo ou pensar sobre ele, mas primariamente para interagir com ele para sobreviver e se reproduzir. Compreender como ações propositais são alcançadas é um dos grandes desafios das neurociências. Aqui, o foco estará direcionado ao controle do comportamento motor voluntário pelo córtex cerebral, em especial, os movimentos voluntários dos braços e mãos em primatas.

Diferentemente das respostas reflexas estereotipadas de latência fixa que são automaticamente deflagradas pelos estímulos sensoriais (Capítulo 32), o movimento voluntário é proposital, intencional e dependente do contexto, e geralmente é acompanhado, ao menos em humanos, de um senso de "propriedade" das ações, o senso de que as ações foram deliberadamente causadas pelo indivíduo. As decisões de agir são geralmente tomadas sem um estímulo desencadeador externo. Além disso, o fluxo contínuo de eventos e condições do mundo apresenta oportunidades de mudança para as ações, e assim a ação voluntária envolve escolhas entre alternativas, inclusive a escolha de não agir. Finalmente, o mesmo objeto ou evento pode evocar ações diferentes em momentos diferentes, dependendo do contexto em questão.

Ao longo da evolução, essas características do comportamento voluntário se tornaram cada vez mais proeminentes em primatas superiores, especialmente os humanos, o que indica que os circuitos neurais que controlam o comportamento voluntário em primatas é adaptativo. Em particular, a evolução resultou em um grau aumentado de dissociação entre as propriedades físicas das aferências sensoriais e a saliência comportamental para o indivíduo. A adaptação dos circuitos de controle também aumenta o repertório de ações motoras voluntárias disponíveis a uma espécie, por permitir aos indivíduos lembrar e aprender com as experiências prévias, bem como prever os futuros resultados das diferentes ações escolhidas, adotar novas estratégias e encontrar soluções novas para atingir os objetivos desejados. O autocontrole voluntário sobre como, quando, ou mesmo *se* agir confere ao comportamento voluntário de primatas muito de sua riqueza e flexibilidade, e previne que os comportamentos se tornem impulsivos, compulsivos, ou mesmo prejudiciais.

O comportamento voluntário é a manifestação física de uma intenção individual de agir sobre o meio, geralmente para atingir um objetivo imediatamente ou em algum momento do futuro. Isso pode requerer movimentos isolados não estereotipados ou sequências de ações adaptadas às condições em questão e aos objetivos de longo prazo do indivíduo. A capacidade de utilizar os dedos, as mãos e os braços de forma independente da locomoção conferiu ainda mais vantagens aos primatas e, especialmente, aos humanos, na exploração de seu ambiente. A maioria dos animais precisa procurar por alimentos em seu hábitat quando sentem fome. Os humanos, em comparação, podem realizar o "forrageio", usando suas mãos para cozinhar uma refeição ou simplesmente digitando alguns números no celular para pedir um delivery de comida. Tendo em vista que grandes áreas do córtex cerebral estão envolvidas em vários aspectos do controle motor voluntário, o estudo do controle cortical do movimento voluntário fornece uma compreensão importante sobre a organização funcional intencional do córtex cerebral como um todo.

Enquadramentos teóricos ajudam a interpretar o comportamento e as bases neurais do controle voluntário

Os processos neurais pelos quais os indivíduos adquirem informação sobre seu ambiente e as relações deste com próprio corpo decidem como se deve interagir com o ambiente para alcançar objetivos de curto ou longo prazo, e organizam e executam os movimentos voluntários que irão deliberadamente levar a eles. Esses processos estão tradicionalmente divididos em três componentes analíticos: mecanismos perceptivos geram um representação interna do mundo externo e do indivíduo com relação à ele, processos cognitivos usam esse modelo interno do mundo para selecionar um curso de ação para interagir com esse ambiente, e o plano de ação escolhido é então retransmitido ao sistema motor para implementação. Essa visão seriada da organização funcional geral do encéfalo há tempos domina as neurociências; este livro, por exemplo, traz seções separadas dedicadas à percepção, cognição e movimento.

O encéfalo deve transformar um objetivo em um comando motor, a fim de realizá-lo. Por exemplo, tomar uma dose de café requer que o encéfalo converta a informação visual sobre a xícara de café e a informação somática sobre a postura atual e o movimento do braço e da mão em um padrão de contrações musculares que movam a mão até a xícara, levantem-na e levem-na até a boca. Muitos estudos comportamentais e de modelagem sugerem que isso poderia ser realizado por uma série de transformações sensorimotoras coordenadas que convertem a imagem da xícara na retina em comandos motores (**Figura 34-1A**).

Variações desse modelo de transformação sensorimotora têm guiado o desenho e a interpretação de muitos estudos sobre o controle voluntário dos movimentos dos braços. Estudos de registros neurais, incluindo muitos que serão descritos adiante, encontraram possíveis correlatos neurais dos parâmetros motores e das transformações sensorimotoras que presume-se que sejam subjacentes ao planejamento e à execução dos movimentos. Essa estrutura conceitual é um exemplo de um *modelo representacional* da função encefálica. Assim como a atividade dos neurônios nas áreas sensoriais primárias parece codificar propriedades físicas específicas dos estímulos, o modelo de transformações sensorimotoras assume que a atividade de neurônios no sistema motor codifica explicitamente ou representa propriedades e parâmetros específicos do movimento pretendido.

Contudo, o modelo de transformação sensorimotora tem limitações importantes. Entre elas, os parâmetros e sistemas coordenados tipicamente usados em tais modelos foram importados da física e da engenharia, e não derivados das propriedades fisiológicas de sensores e efetores biológicos. Além disso, os modelos colocam toda a ênfase em computações estritamente de pró-ação serial, e relegam os circuitos de retroação primariamente à detecção e correção de erros de desempenho após eles serem cometidos. O modelo também requer que todos os detalhes temporais de um movimento sejam explicitamente calculados antes do sistema motor poder gerar qualquer comando motor. Outra limitação é sua rigidez; ele assume que a mesma sequência

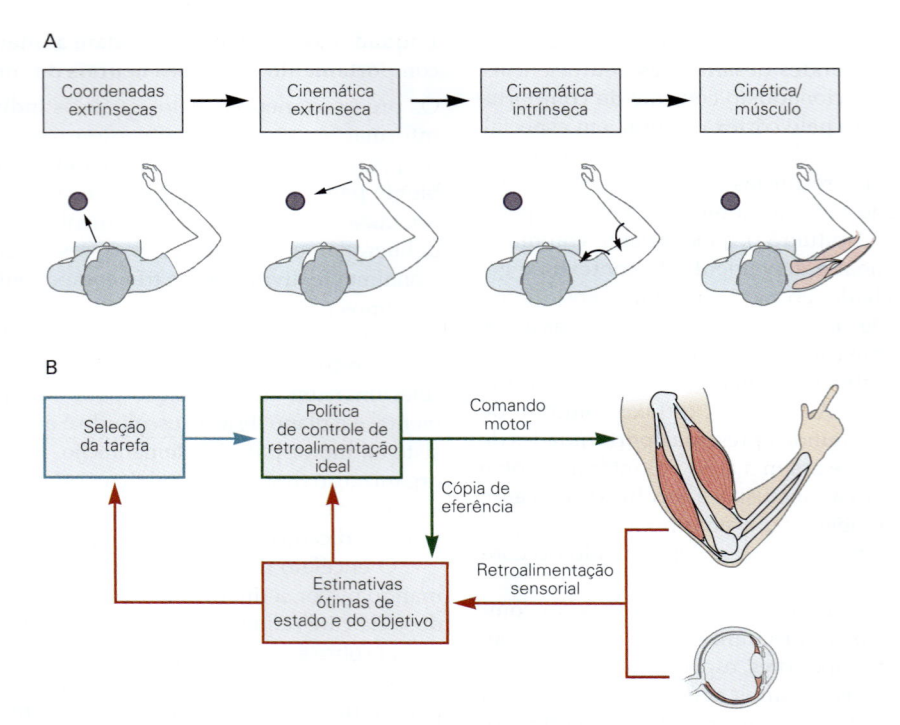

FIGURA 34-1 Enquadramentos teóricas para a interpretação do processamento neural durante ações motoras voluntárias

A. O conceito de transformações sensorimotoras diz respeito ao problema básico em relação ao fato de que tarefas como alcançar um alvo visual requerem que o encéfalo e a medula espinal convertam as informações sobre a localização espacial do alvo, inicialmente representadas em coordenadas na retina, em padrões de atividade muscular para mover o membro até objeto alvo. Assume-se que essa transformação sensorimotora envolve o uso de representações intermediárias – representação do local do objeto alvo relativo ao corpo, trajetória espaçotemporal da mão (cinemática extrínseca) e movimento das articulações (cinemática intrínseca) necessários para alcançar e agarrar o objeto – antes de gerar os padrões de atividade neural que especificam as forças causais (cinética) ou a atividade muscular.

B. O controle por retroação ótimo reconhece três processos-chave para o controle. Estimativas ótimas de estado e do objetivo (**quadro vermelho**) integram a retroação sensorial de várias modalidades junto de uma cópia de eferência dos comandos motores para estimar a posição atual e o movimento do corpo e dos objetos no mundo. A seleção de tarefa (**quadro azul**) envolve processos que identificam objetivos comportamentais baseados nos desejos internos e nas informações sobre o estado do corpo e do mundo. A política de controle (**quadro verde**) determina os ganhos de retroação, as operações e os processos necessários para gerar comandos motores que controlam os movimentos.

de computações controla qualquer movimento em qualquer contexto. Finalmente, essa abordagem não explica como as transformações sensorimotoras propostas podem ser implementadas pelos neurônios.

Nos últimos anos, estudos teóricos do sistema motor se afastaram de modelos estritamente representacionais, em direção a modelos causais mais dinâmicos. Essa abordagem inicia pela premissa de que a arquitetura funcional dos circuitos de controle motor evoluiu para gerar movimentos, e não para representar seus parâmetros. As propriedades desses circuitos foram adquiridas pelas alterações evolutivas nos circuitos neurais e pelos processos adaptativos dependentes da experiência durante o desenvolvimento pós-natal, os quais produzem padrões de conectividade sináptica dentro dos circuitos neurais que são necessários para gerar os movimentos desejados. Os circuitos motores espinais e supra-espinais asseguram que os neurônios motores espinais gerem os sinais para as contrações musculares apropriadas às condições da tarefa sem depender de formalismos computacionais como os das transformações coordenadas.

Uma estrutura teórica para tal é o controle por retroação ótimo (**Figura 34-1B**; e ver Capítulo 30). Há muitas formas diferentes de controle ótimo, e cada uma delas captura importantes aspectos do controle. O controle por retroação ótimo, como o nome implica, enfatiza a importância dos sinais de retroação para o planejamento e controle dos movimentos. Ele é ótimo no sentido em que enfatiza a importância do objetivo comportamental e do contexto atual na determinação de como planejar e controlar melhor os movimentos. Essa flexibilidade pode explicar como o desempenho motor humano pode ser altamente variável e ainda assim bem-sucedido.

A estrutura do controle por retroação ótimo também divide o controle dos movimentos voluntários em três processos chave: estimativa de estado, seleção de tarefa e política de controle (**Figura 34-1B**). Estimativas de estado envolvem modelos internos avançados que usam cópias de eferências de comandos motores e retroação sensorial externa para fornecer a melhor estimativa do estado atual do corpo e do ambiente (Capítulo 30). A seleção de tarefa envolve os processos neurais pelos quais o encéfalo escolhe um objetivo comportamental no contexto em questão e quais as ações motoras que podem melhor atingir aquele objetivo. Essa seleção pode ser baseada nas evidências sensoriais que suportam ações alternativas e opções alternadas para atingir o objetivo, e em outros fatores que influenciam a resposta ótima, como o estado motivacional, a urgência da tarefa, as preferências, benefícios *versus* riscos relativos, as propriedades mecânicas do corpo e do ambiente e até mesmo os custos biomecânicos das diferentes opções de ação. Finalmente, a política de controle fornece o conjunto de regras e computações que estabelecem como gerar o comando motor para atingir o objetivo comportamental dado e estado atual do corpo e do ambiente. Nota-se que o processo da política de controle, em um controle por retroação ótimo, não equivale apenas a uma série de computações antecipatórias para calcular cada detalhe instantâneo da trajetória de um movimento desejado e os padrões de atividade muscular associados, antes de o movimento iniciar; ao invés disso, ele envolve ajustes dependentes do tempo e do contexto aplicadosaos ganhos dos circuitos de retroação para permitir que uma forma espaçotemporal de atividade muscular emerja dinamicamente, em tempo real, como parte do processo de controle subjacente à geração do movimento.

As transformações sensorimotoras e os modelos de controle por retroação ótimo não são hipóteses mutuamente incompatíveis. O controle por retroação ótimo explica algumas características do comportamento motor, mas é amplamente agnóstico quanto à implementação neural para o controle. Ele assume que os circuitos motores são sistemas dinâmicos que atingem os objetivos desejados sob várias restrições de tarefa. Como resultado, um dado neurônio pode contribuir para o controle sensorimotor em diferentes condições de tarefa, mas sua atividade pode não corresponder a um parâmetro específico de movimento em uma estrutura de coordenadas definível. Ao contrário, modelos de transformação sensorimotora não explicam completamente como o controle do movimento em tempo real é implementado pelos circuitos motores, mas enfatiza a necessidade de conversão da informação de sinais sensoriais para comandos motores.

Mesmo que o sistema de controle seja dinâmico, o sistema que ele controla – o plano musculoesquelético – é um objeto físico que deve obedecer as leis físicas universais do movimento. Assim, a atividade neural deveria mostrar correlações com os parâmetros físicos e leis que irão ajudar a inferir como os neurônios estão contribuindo para o controle motor voluntário, mesmo se eles não estão tentando codificar esses termos. Na verdade, tarefas experimentais que dissociam diferentes tipos de informações relacionadas ao movimento revelaram diferenças importantes sobre como a atividade neural em diferentes regiões motoras corticais correlaciona-se com as diferentes propriedades dos movimentos e os diferentes aspectos de seu planejamento e execução. Por fim, é possível que se imponha controle voluntário arbitrário sobre como um movimento é realizado. Por exemplo, pode-se optar por fazer um movimento de alcance desobstruído de forma eficiente ao longo de um caminho reto para o alvo, ou caprichosamente ao longo de um caminho curvo complexo, embora não haja obstáculos a serem evitados e o movimento seja energeticamente caro. O desafio experimental é revelar como o encéfalo pode implementar esse controle voluntário com neurônios e circuitos neurais.

Muitas regiões corticais frontais e parietais estão envolvidas no controle voluntário

Aqui serão descritas as regiões dos córtices frontal e parietal que convertem as aferências sensoriais em comandos motores para produzir o movimento voluntário. Serão então examinados os circuitos neurais envolvidos no controle voluntário dos movimentos do braço e da mão que são componentes proeminentes do repertório motor de primatas. O foco será dado em estudos com macacos-rhesus (*Macaca mulatta*), uma vez que muito do conhecimento do controle cortical do braço e da mão vem dessa espécie, e o circuito neural subjacente ao controle voluntário de humanos parece apresentar uma organização similar. Muitas outras estruturas neurais, incluindo o córtex pré-frontal, os núcleos da base e o cerebelo, também desempenham um papel crítico na organização global do comportamento voluntário direcionado a um objetivo (Capítulos 37 e 38).

Muitas nomenclaturas diferentes têm sido usadas na divisão dos córtices pré-central, pós-central e parietal, com base em diferenças regionais nos detalhes citoarquitetônicos e mieloarquitetônicos, na conectividade córtico-cortical, na distribuição de diferentes marcadores moleculares e nas diferenças regionais nas propriedades de resposta neuronal. Aqui serão usadas algumas das terminologias mais amplamente aceitas, sem a descrição das homologias aproximadas dentre as várias nomenclaturas.

Com base nos estudos citoarquitetônicos pioneiros em humanos, conduzidos por Brodmann, os diferentes lobos do córtex cerebral de macacos foram divididos em regiões menores, incluindo duas no córtex pré-central (áreas 4 e 6), quatro no córtex pós-central (áreas 1, 2, 3a e 3b) e ao menos duas no córtex parietal superior e inferior (áreas 5 e 7). Embora essas divisões citoarquitetônicas persistam na literatura, estudos anatômicos e funcionais subsequentes alteraram radicalmente o entendimento de como os córtices pré-central e parietal são organizados (**Figura 34-2**).

Os mapas atuais geralmente posicionam o *córtex motor primário* (M1), a região cortical mais diretamente envolvida na execução motora em primatas, na área de Brodmann número 4. A área 6 de Brodmann é tipicamente dividida em cinco ou seis áreas funcionais, que estão envolvidas principalmente em diferentes aspectos do planejamento e controle das ações motoras de diferentes partes do corpo. As regiões de controle do braço incluem o *córtex pré-motor dorsal* (PMd) e o *córtex pré-motor pré-dorsal* (pré-PMd), nas porções caudal e rostral, respectivamente, da convexidade dorsal da área 6 lateral. As regiões de controle da mão incluem o *córtex pré-motor ventral* (PMv), encontrado na convexidade ventral da área 6, o qual tem sido ainda dividido em duas ou três sub-regiões menores. Uma variedade de funções relacionadas à seleção, sequenciamento e iniciação motora tem sido encontrada nas regiões corticais

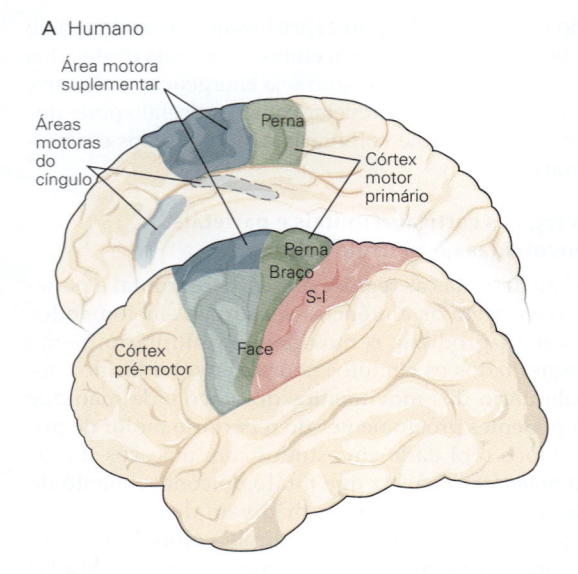

FIGURA 34-2 Áreas motoras parietais e frontais que coordenam o controle voluntário. Para fins de ilustração, o sulco intraparietal está aberto no painel inferior. As áreas parietais são designadas na terminologia de Constantin von Economo pela letra **P** (parietal), seguida por letras, em vez de números, para indicar as áreas com diferenças citoarquitetônicas. As áreas PF e PFG correspondem, aproximadamente, à área 7b de Brodmann, e às áreas PG e OPT, à área 7a de Brodmann. As áreas no interior do sulco intraparietal incluem as áreas intraparietal anterior, lateral, medial e ventral (**IPA, IPL, IPM, IPV**, respectivamente), bem como a área intraparietal PE (**IPPE**) e a área visual 6A (**V6A**). As setas indicam os padrões das principais conexões recíprocas entre as áreas motoras frontal e parietal funcionalmente relacionadas. (Siglas: **AMCr**, área motora cingulada rostral; **AMCv**, área motora cingulada ventral; **AMCd**, área motora cingulada dorsal; **F**, frontal; **M1**, córtex motor primário; **OPT**, occipito-parieto-temporal; **P**, parietal; **PE, PF** e **PFG** são áreas parietais, de acordo com a nomenclatura de von Economo; **PMd**, córtex pré-motor dorsal; **PMv**, córtex pré-motor ventral; **Pré-PMd**, córtex pré-motor pré-dorsal; **S-1**, córtex somatossensorial primário; **AMS**, área motora suplementar).

pré-motoras mediais. Estas incluem uma região na superfície medial dos hemisférios corticais, que foram originalmente denominadas por Woolsey e colaboradores (os quais a descobriram) como córtex motor secundário, mas que agora é denominada *área motora suplementar*. Esta região, por sua vez, é dividida em duas regiões, a *área motora suplementar* propriamente dita (AMS), na porção caudal, e a *área motora pré-suplementar* (pré-AMS) na porção rostral. Fora da área 6 de Brodmann, três áreas motoras adicionais, as áreas motoras dorsal, ventral e rostral do cíngulo (AMCd, AMCv e AMCr, respectivamente) também estão envolvidas na seleção motora, mas não foram tão bem estudadas quanto as áreas pré-motoras mais laterais.

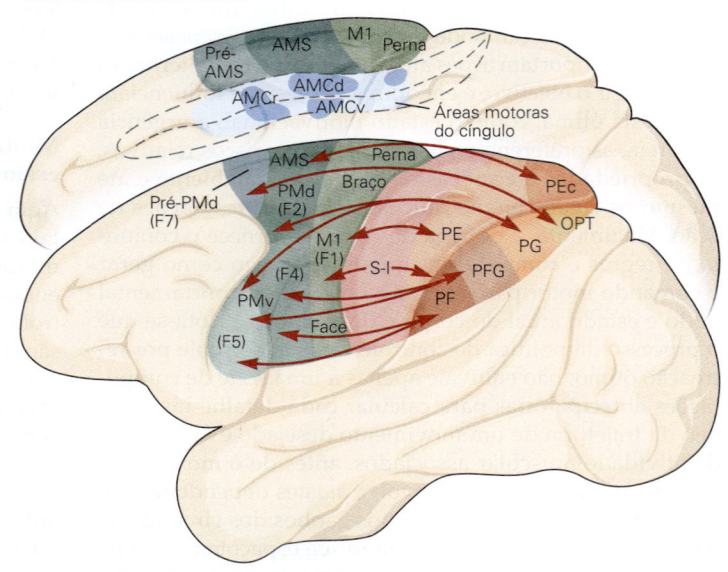

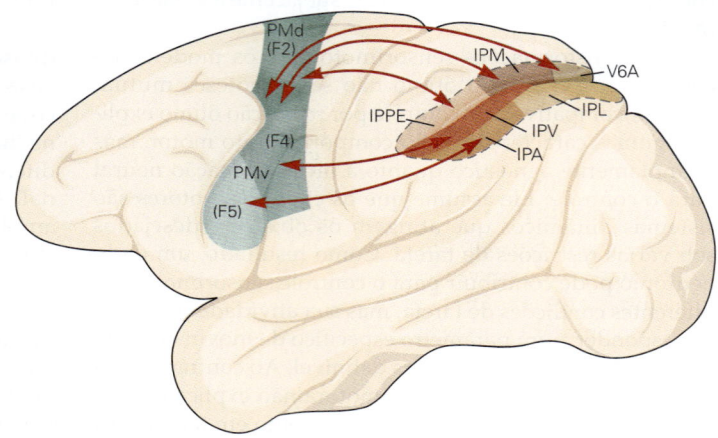

O *córtex somatossensorial primário* (S-I; incluindo as áreas 1, 2, 3a e 3b) localiza-se no giro pós-central anterior. Ele processa sinais de mecanorreceptores cutâneos e musculares da periferia e transmite a informação a outras regiões corticais parietais e pré-centrais (Capítulo 19). Como a área 6, as áreas parietais 5 e 7 de Brodmann são agora divididas em muitas regiões internas e adjacentes ao sulco intraparietal (SIP), cada uma delas integrando vários tipos de informação sensorial sobre o corpo ou objetivos espaciais para o controle motor voluntário. Essas regiões incluem as áreas do lobo parietal PE e Pec, na margem rostral ou superior, bem como as áreas PF, PFG, PG e OPT na margem caudal inferior. As áreas no interior do SIP incluem as áreas intraparietal anterior, lateral, medial e ventral (IPA, IPL, IPM e IPV, respectivamente), bem como a área intraparietal PE (IPPE) e a área visual superior 6A (V6A).

As regiões corticais pré-central, pós-central e parietal são interconectadas por padrões complexos de projeções recíprocas, convergentes e divergentes. A AMS, o PMd e o

PMv têm conexões recíprocas somatotopicamente organizadas não apenas em relação à área M1, mas também umas com as outras. Tanto a AMS quanto o M1 recebem sinais de entrada organizados somatotopicamente do S-I e do córtex parietal dorso-rostral, enquanto as áreas PMd e PMv estão conectadas reciprocamente com regiões progressivamente mais caudais, mediais e laterais do córtex parietal. Esses sinais de entrada somatossensorial e parietal fornecem às regiões motora primária e pré-motora caudal informações sensoriais relacionadas a objetivos comportamentais, objetos alvo e posição e movimento do corpo, que são usadas para planejar e guiar ações motoras.

Por sua vez, as áreas pré-AMS e pré-PMd projetam-se para a AMS e PMd, mas para a área M1, e estão apenas fracamente conectadas ao lobo parietal. Ao invés disso, elas apresentam conexões recíprocas com o córtex pré-frontal e podem, dessa maneira, estabelecer um controle mais arbitrário, dependente de contexto, sobre o comportamento voluntário. O córtex pré-frontal também é conectado com outras regiões corticais pré-motoras.

O controle das ações motoras da mão e do braço é implementado por circuitos paralelos parcialmente segregados, distribuídos através de muitas áreas motoras parietais e pré-centrais. A função motora da mão é geralmente conduzida por circuitos frontoparietais que estão localizados mais lateralmente, notavelmente na IPA e no PMv. Por sua vez, a função motora do braço proximal é controlada por circuitos de localização mais medial, notavelmente as áreas PE e IPM e as áreas pré-centrais PMd, AMS e pré-AMS.

Comandos motores descendentes são transmitidos principalmente pelo trato corticospinal

Livros mais antigos geralmente se referem ao córtex motor primário (M1) como a "via final comum". Acreditava-se que outras áreas motoras corticais influenciavam os movimentos voluntários através de suas projeções para o M1, o qual formava então o comando motor descendente que era transmitido à medula espinal. Isso não está correto.

Muitas regiões corticais motoras fora do M1 se projetam para áreas subcorticais do encéfalo, assim como à medula espinal, em paralelo com as projeções decendentes de M1. A via descendente chave para o controle voluntário é o *trato piramidal*, que se origina na camada cortical V de várias áreas pré-centrais e parietais. O trato piramidal contem axônios que terminam em estruturas do tronco encefálico (o *trato corticobulbar*) e axônios que se projetam para a medula espinal (*trato corticospinal*). As áreas pré-centrais incluem não apenas o M1, mas também a AMS, o PMd, o PMv e as áreas motoras do cíngulo (**Figura 34-3**). Fibras descendentes da área S-I e áreas parietais, incluindo PE e PFG, também trafegam pelo trato piramidal. A pré-AMS e o pré-PMd não enviam axônios diretamente à medula espinal; ao invés disso, suas eferências descendentes alcançam a medula espinal indiretamente por projeções a outras estruturas subcorticais.

A maior parte dos axônios do trato corticospinal que têm origem em um hemisfério cruzam para o outro lado da linha média (decussam) na pirâmide do bulbo caudal, e dali se projetam para a medula espinal propriamente, formando o trato corticospinal lateral. Uma pequena porção não decussa e forma o trato corticospinal ventral. Muitos axônios corticospinais em primatas, e virtualmente todos os axônios corticospinais em outros mamíferos, terminam apenas em interneurônios espinais, e exercem sua influência sobre o movimento voluntário indiretamente através de interneurônios espinais e vias reflexas. Em macacos, todos os axônios corticospinais das áreas corticais pré-motoras, e muitos da área M1, terminam em interneurônios na zona intermédia da medula espinal, onde áreas pós-centrais e parietais visam interneurônios no corno dorsal. As terminações de uma porção considerável dos axônios corticospinais que se originam do M1 em primatas, mas não em outros mamíferos, arborizam-se em seus alvos e estabelecem sinapses diretamente nos neurônios motores espinais alfa que, por sua vez, inervam os músculos; esses neurônios com projeções monossinápticas diretas aos neurônios motores espinais são denominados *neurônios corticomotores*.

Qualquer movimento voluntário do braço pode ter efeitos desestabilizadores sobre o resto do corpo devido às interações mecânicas entre os segmentos do corpo. Assim, o controle dos movimentos voluntários do braço requer a coordenação com circuitos neuronais responsáveis pelo controle da postura e do equilíbrio. Isso é mediado por projeções descendentes das áreas motoras corticais à formação reticular, a qual, por sua vez, se projeta para a medula espinal através do trato reticulospinal (Capítulos 33 e 36).

A imposição de um período de retardo antes do início de um movimento isola a atividade neuronal associada ao planejamento da atividade associada com a execução da ação

O movimento voluntário requer a intervenção de uma série de processos neurais entre a chegada das aferências sensoriais salientes e a iniciação de uma resposta motora apropriada. Com o desenvolvimento, nos anos 1960, dos registros de células unitárias no córtex cerebral de animais acordados, tarefas que manipulam experimentalmente diferentes atributos dos movimentos têm sido utilizadas para o estudo de muitas áreas corticais envolvidas no controle dos movimentos dos braços e mãos, a fim de identificarem-se correlatos neurais dos processos de controle presumidos em cada área.

Em tarefas de "tempo de reação", os animais executam uma resposta pré-especificada quando detectam um dado estímulo, como alcançar um alvo quando este aparece (**Figura 34-4A**). O estímulo informa ao animal tanto o movimento a ser feito como quando fazê-lo. Contudo, os tempos de reação em tais tarefas são tipicamente curtos, geralmente menores que 300 ms, e a maioria ou todos os supostos estágios de planejamento que levam à iniciação do movimento são realizados dentro deste breve espaço de tempo. Isso torna muito difícil discernir quais tipos de informação são representados na atividade dos neurônios a cada momento e, então, para qual processo eles estão contribuindo (**Figura 34-4B**).

Contudo, um aspecto crítico do comportamento voluntário é que a iniciação do movimento não ocorre obrigatoriamente no instante em que a intenção de agir é formada.

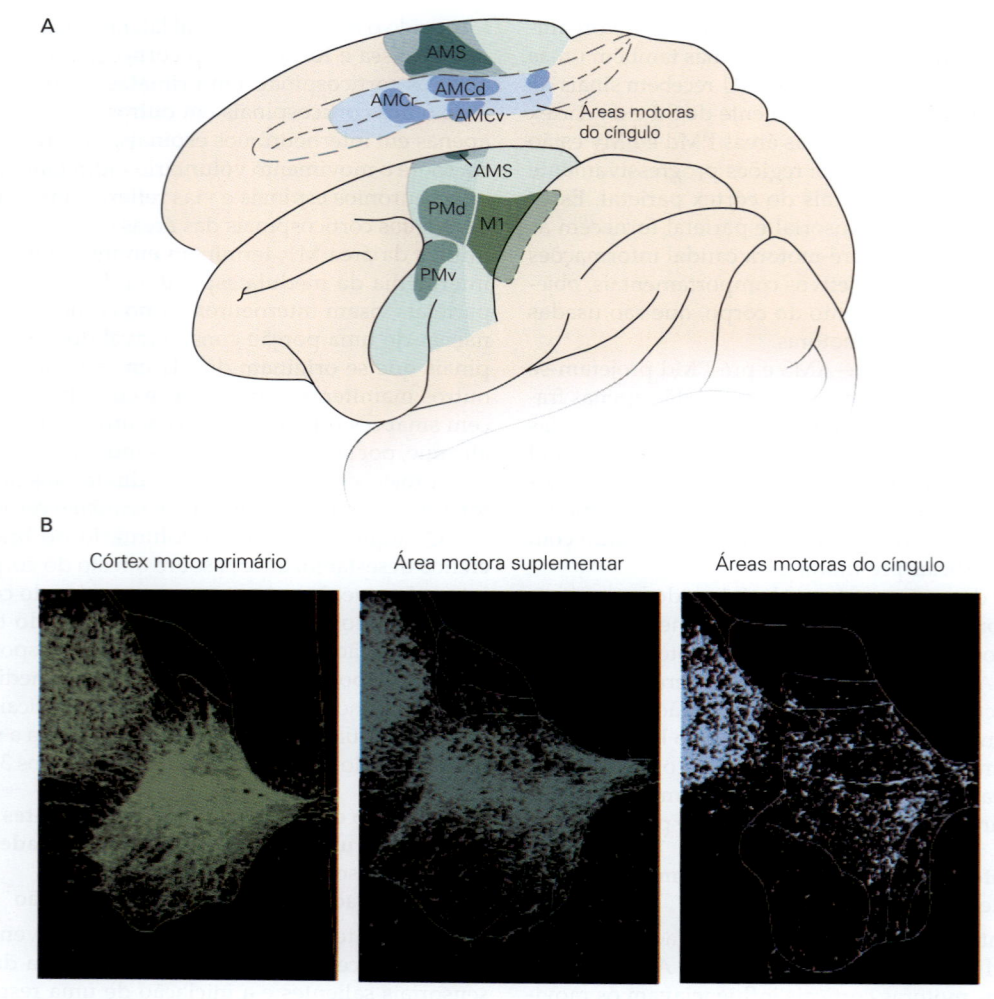

FIGURA 34-3 Origens corticais do trato corticospinal. (Reproduzida, com autorização, de Dum e Strick, 2002. Copyright © 2002 Elsevier Science Inc.)

A. Neurônios corticospinais que modulam a atividade muscular do braço e da mão contralaterais se originam nas partes do mapa motor do córtex motor primário (**M1**) e de muitas subdivisões do córtex pré-motor (**PMd, PMv, AMS**) que estão relacionadas aos movimentos da mão e do braço (indicadas pelas zonas mais escuras). Os axônios dessas áreas projetam-se para a intumescência cervical da medula espinal (ver parte **B**). As fibras corticospinais que se projetam à perna, ao tronco e a outras partes somatotópicas do tronco encefálico e do sistema motor espinal originam-se de outras partes do córtex pré-motor e motor, indicadas pelas zonas mais claras. (Siglas: **AMCd**, área motora cingulada dorsal; **AMCr**, área motora cingulada rostral; **AMCv**, área motora cingulada ventral; **M1**, córtex motor primário; **PMd**, córtex pré-motor dorsal; **PMv**, córtex pré-motor ventral; **AMS**, área motora suplementar).

B. Secções transversas da medula espinal no nível da intumescência cervical em macacos após a injeção do traçador anterógrado peroxidase, do rabanete, em diferentes regiões motoras corticais relacionadas ao braço, para marcar a distribuição dos axônios corticospinais que se originam de cada região cortical. Os axônios corticospinais oriundos do córtex motor primário (*à esquerda*), da área motora suplementar (*no meio*) e das áreas motoras do cíngulo (*à direita*) terminam todos na rede interneuronal das lâminas intermédias (V-VIII) da medula espinal. Apenas o córtex motor primário contém neurônios corticospinais (células corticomotoneuronais) cujos axônios terminam diretamente em neurônios motores espinais nas porções mais ventrais e laterais do corno ventral espinal (lâmina de Rexed IX). As lâminas de Rexed de I a IX dos cornos dorsais e ventrais são mostradas em cada secção com linhas finas. O grupo mais denso de axônios marcados adjacentes ao corno dorsal de cada secção (*superior à esquerda*) representa axônios corticospinais que descem pelo funículo dorsolateral antes de entrarem nas lâminas intermédias e ventrais espinais.

O controle voluntário sobre a temporização do movimento vem sendo explorado pelas denominadas tarefas motoras de "instrução com retardo" (**Figura 34-4A**), nas quais uma pista instrucional informa o animal sobre um aspecto específico de um movimento iminente, como a localização de um alvo, mas o animal deve reter a resposta até que um estímulo com retardo sinalize quando o movimento pode ser realizado. Esse protocolo permite aos pesquisadores dissociar no tempo os processos neurais associados aos estágio iniciais do planejamento do ato pretendido daqueles que estão diretamente associados, em tempo real, à iniciação e controle do movimento.

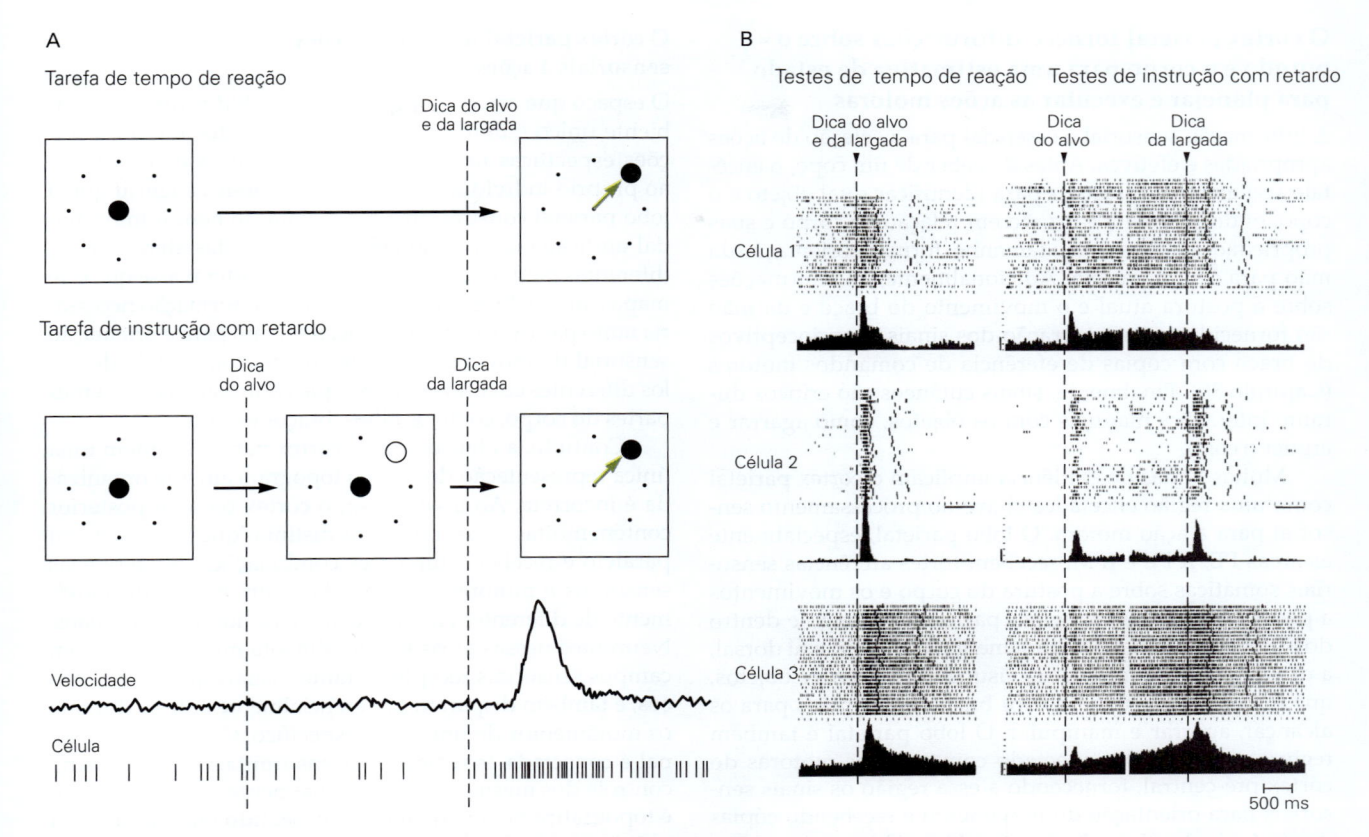

FIGURA 34-4 Os processos neurais relacionados ao planejamento e à execução do movimento podem estar dissociados temporalmente. (Reproduzida, com autorização, de Crammond e Kalaska, 2000.)

A. Em uma *tarefa de tempo de reação*, uma dica sensorial instrui o sujeito quanto a onde mover (dica do alvo) e quando mover (dica da largada). Todas as operações neurais necessárias para planejar e iniciar a execução do movimento são realizadas no breve período entre o aparecimento da dica e o início do movimento. Em uma *tarefa de instrução com retardo*, uma dica inicial informa o sujeito sobre a direçãoo movimento, e somente mais tarde é dada a dica de largada. O conhecimento fornecido pela primeira dica permite ao sujeito planejar o movimento futuro. Presume-se que quaisquer mudanças na atividade que ocorram após a primeira dica, mas antes da segunda, sejam correlatos neurais do estágio de planejamento.

B. O planejamento e a execução do movimento não estão completamente segregados a nível de neurônios individuais ou de populações neurais em determinadas áreas corticais. Os gráficos rasterizados e os histogramas acumulados mostram as respostas de três neurônios do córtex pré-motor a movimentos na direção preferida de cada célula durante os testes de tempo de reação e de instrução com retardo. No gráfico rasterizado, cada linha representa a atividade em uma única tentativa. Os traços finos em cada linha rasterizada representam potenciais de ação, e os dois traços mais grossos mostram o início e o fim do movimento. Nos testes de tempo de reação, o macaco não sabe para qual direção se mover até que apareça o alvo. Por outro lado, no teste de instrução com retardo, uma dica inicial informa ao macaco a localização do alvo muito antes do aparecimento de um segundo sinal para iniciar o movimento. Durante o período de retardo, a atividade em várias células pré-motoras mostra mudanças com sintonia direcional que sinalizam a direção do movimento com retardo iminente. A atividade da célula 1 parece estar estritamente relacionada à fase de planejamento, pois não demonstra atividade associada à execução após o sinal de largada na tarefa de instrução com retardo. As outras duas células demonstram diferentes níveis de atividade, relacionados tanto ao planejamento quanto à execução.

Como esperado, os neurônios de todas as áreas corticais relacionadas ao movimento disparam antes e durante a execução do movimento em tarefas de tempo de reação (**Figura 34-4B**), e suas atividades se correlacionam sistematicamente às diferentes propriedades dos movimentos, como suas direções, velocidades, trajetória espacial, forças causais e atividades musculares. Criticamente, contudo, muitos neurônios nas mesmas áreas também sinalizam informações sobre um ato motor pretendido durante um período de retardo na instrução, muito antes de sua iniciação (**Figura 34-4B**). Assim, ainda que o planejamento e a execução sejam estágios seriais distintos no controle motor voluntário, eles não são implementados por populações neurais distintas em áreas corticais diferentes. Além disso, mesmo um macaco bem treinado irá, ocasionalmente, realizar o movimento errado em resposta a uma pista instrucional. Nessas tentativas, a atividade durante o período de retardo geralmente prediz a resposta motora errônea que o macaco por fim irá realizar. Essa é uma forte evidência de que a atividade é um correlato neural da intenção motora do macaco, e não uma resposta sensorial passiva às dicas instrucionais.

O córtex parietal fornece informações sobre o mundo e o corpo para uma estimativa de estado para planejar e executar as ações motoras

A informação sensorial é essencial para a seleção de ações apropriadas e efetivas. Antes de beber de um copo, o encéfalo usa aferências visuais para identificar qual objeto é o copo, onde ele está localizado em relação ao corpo e suas propriedades físicas, como tamanho, forma, e orientação da mão para seu manuseio. Adicionalmente, as informações sobre a postura atual e o movimento do braço e da mão são fornecidas pela integração dos sinais proprioceptivos do braço com cópias de eferência de comandos motores (Capítulo 30). Finalmente, sinais cutâneos são críticos durante interações manuais com os objetos, como agarrar e erguer o copo.

Muitas linhas de evidência implicam o córtex parietal como uma região encefálica chave no processamento sensorial para a ação motora. O lobo parietal, especialmente as áreas PE, IPPE e IPM, recebem fortes aferências sensoriais somáticas sobre a postura do corpo e os movimentos a partir do S-I. Muitas regiões parietais ao longo e dentro do SIP são componentes fundamentais da via visual dorsal, a qual processa informações visuoespaciais sobre objetos, que guiam os movimentos dos braços e das mãos para os alcançar, agarrar e manipular. O lobo parietal é também reciprocamente interconectado com as áreas motoras do córtex pré-central, fornecendo a essa região os sinais sensoriais para orientação do movimento e recebendo cópias de eferência de comandos motores daquelas mesmas áreas pré-centrais. Finalmente, humanos com lesões no córtex parietal posterior geralmente demonstram prejuízos específicos no uso de informações sensoriais para orientar as ações motoras (**Quadro 34-1**).

O córtex parietal liga informações sensoriais a ações motoras

O espaço que cerca o indivíduo é percebido como um ambiente único e unificado, no qual os objetos têm localizações específicas uns em relação aos outros e em relação ao próprio indivíduo. A neurologia clássica sugeriu que o lobo parietal constrói uma representação neural multimodal unificada do mundo pela integração das aferências de diferentes modalidades sensoriais. Considerava-se que este mapa isolado do espaço fornece toda a informação necessária tanto para a percepção espacial quanto para a orientação sensorial do movimento, e que então é compartilhado pelos diferentes circuitos motores que controlam as diferentes partes do corpo, como os olhos, braços e mãos.

Contudo, a ideia de que o córtex parietal contém uma única representação do espaço topograficamente organizada é incorreta. Ao invés disso, o córtex parietal posterior contém muitas áreas funcionais distintas que trabalham em paralelo e recebem diferentes combinações de aferências sensoriais e motoras relacionadas à orientação do movimento de diferentes efetores, como os olhos, braços e mãos. Neurônios nessas áreas são geralmente multimodais, com campos sensoriais receptivos tanto visuais quanto somáticos, e também disparam preferencialmente antes e durante os movimentos de um efetor específico. Cada área funcional é conectada às regiões motoras frontais envolvidas no controle dos mesmos efetores. Finalmente, cada região não é topograficamente organizada no sentido familiar de uma representação fiel ponto a ponto do espaço circundante, mas compreende uma mistura complexa de neurônios com diferentes aferências sensoriais que podem contribuir para a integração multissensorial necessária para orientar ações motoras com o ambiente.

QUADRO 34-1 Estudos sobre lesões do córtex parietal posterior levam a déficits no uso das informações sensoriais para guiar ações

Tanto as lesões que ocorrem naturalmente quanto aquelas que são induzidas por experimentos têm sido utilizadas para inferir as funções das diferentes estruturas neurais. Entretanto, os efeitos das lesões sempre devem ser interpretados com cuidado. É comum concluir-se, de forma incorreta, que a função alterada por um lesão em uma parte do sistema motor envolve unicamente a estrutura lesionada, ou que os neurônios danificados realizam explicitamente aquela função que se mostra alterada. Além disso, os efeitos adversos das lesões também podem ser mascarados ou alterados por mecanismos compensatórios das demais estruturas intactas. Ainda assim, experimentos com lesões têm sido fundamentais para a diferenciação dos papéis funcionais de regiões encefálicas.

Estudos comportamentais desenvolvidos por Goodale, Milner, Rossetti e outros, em pacientes com danos no córtex parietal, levaram à conclusão de que a função primária do lobo parietal é extrair informações sensoriais sobre o mundo externo e sobre o próprio corpo para o planejamento e orientação dos movimentos. Tais estudos mostraram que pacientes com lesões em certas partes do lobo parietal sofrem de déficits específicos na habilidade de direcionar seus braços e mãos de forma precisa à localização espacial de objetos e de moldar a orientação e a força de preensão da mão sobre o objeto antes de segurá-lo.

Eles também demonstraram um tipo particularmente severo de déficit na habilidade de realizar ajustes rápidos durante a execução de movimentos de alcançar e agarrar em resposta a alterações inesperadas na localização e orientação dos objetos alvo. A orientação visual da ação é fornecida pelos sinais visuais que são conduzidos através do feixe visual dorsal, e podem operar paralelamente e independentemente dos processos perceptivos evocados pelas aferências visuais que são conduzidas simultaneamente através do feixe visual ventral no lobo temporal. Por exemplo, enquanto a percepção visual sobre o tamanho e a orientação dos objetos pode ser enganada por certas ilusões perceptivas, o sistema motor em geral se comporta como se não fosse ludibriado, realizando movimentos precisos.

A posição e movimento do corpo são representadas em muitas áreas do córtex parietal posterior

A área S-I e as regiões adjacentes do córtex parietal superior, PE, IPM e IPPE são as fontes principais de informações sensoriais proprioceptivas e táteis sobre a posição e movimento das partes do corpo. Os neurônios das áreas S-I-1 e 2 geralmente respondem às aferências táteis de uma parte limitada do corpo contralateral ou a movimentos de uma ou poucas articulações adjacentes em direções específicas.

Em contraste, muitos neurônios das áreas PE e IPM disparam durante movimentos passivos e ativos de múltiplas articulações. Algumas células também respondem durante movimentos combinados de múltiplas partes do corpo, incluindo movimentos bilaterais de ambos os braços. Muitos neurônios das áreas PE e IPM também apresentam grandes campos receptivos, cujas respostas são moduladas pelo contexto durante o movimento dos membros ou pela postura. Por exemplo, um neurônio com um campo receptivo tátil que cobre a superfície glabra (palmar) da mão inteira pode responder apenas ao contato físico com um objeto quando a mão está próxima ao corpo, e não quando ela toca o objeto com o braço completamente estendido.

Esses achados indicam que enquanto os neurônios das áreas 1 e 2 codificam as posições e os movimentos de partes específicas do corpo, os neurônios do lobo parietal superior integram informação das posições de cada articulação, como também das posições de segmentos dos membros em relação ao corpo. Essa integração cria um "esquema corporal" neural que fornece informações sobre onde o braço está localizado em relação ao corpo e como diferentes segmentos do braço estão posicionados com relação uns aos outros. Esse esquema corporal é essencial para selecionar como atingir objetivos comportamentais e para o controle contínuo do movimento.

Por exemplo, um requisito básico para uma ação de alcançar eficiente é o conhecimento sobre onde o braço se encontra antes e durante a ação. Macacos com lesões experimentais na área 2 de Brodmann e no lobo parietal superior adjacente (área 5, ou PE) mostram déficits no movimento de alcançar e na manipulação de objetos sob orientação proprioceptiva e tátil sem a visão. Pacientes humanos com lesões similares mostram o mesmo déficit, sem a negligência espacial que é uma consequência comum de lesões mais laterais no lobo parietal inferior.

Objetivos espaciais são representados em muitas áreas do córtex parietal posterior

Áreas funcionais dentro do SIP estão fortemente implicadas no processamento de informações espaciais relevantes para a ação, em especial as informações visuais. Cada uma dessas áreas tem formas únicas de representar objetos e objetivos espaciais em relação ao corpo, e contribuem para o controle das ações motoras de diferentes partes do corpo. Por exemplo, muitos neurônios na área intraparietal lateral (IPL) recebem aferências visuais de áreas corticais extra-estriadas. Seus campos receptivos são fixados em coordenadas na retina, e mudam para novas localizações espaciais sempre que o macaco altera a direção do olhar. As respostas neurais também costumam aumentar quando o animal atende a um estímulo dentro do campo receptivo, mesmo que ele não esteja olhando para esse estímulo, e os neurônios geralmente disparam antes de um movimento sacádico direcionado ao estímulo visual em seu campo receptivo (Figura 34-5A; e ver Capítulo 35).

Muitas regiões parietais são preferencialmente implicadas no controle dos movimentos dos braços e das mãos. Por exemplo, as regiões mais mediais do córtex parietal superior, as áreas V6A e PEc, recebem aferências das áreas visuais extra-estriadas V2 e V3. Muitos neurônios das áreas V6A e PEc têm campos visuais receptivos em coordenadas na retina, mas suas atividades são também frequentemente moduladas pela direção do olhar, pela postura atual do braço e pela direção dos movimentos de alcance.

A área intraparietal ventral (IPV) no fundo do SIP recebe aferências de dois componentes do feixe visual dorsal, o córtex temporal medial e o córtex temporal superior medial, os quais estão envolvidos na análise do fluxo óptico e do movimento visual. Muitos neurônios da IPV respondem a estímulos visuais e somatossensoriais com campos receptivos na face ou na cabeça e, em alguns casos, nos braços e tronco. A atividade neural ocorre em coordenadas centradas na cabeça, uma vez que as informações visuais e somatossensoriais permanecem sendo registradas, mesmo se os olhos se moverem para se fixar em diferentes localizações espaciais (Figura 34-5B). Alguns neurônios da área IPV respondem tanto a estímulos visuais como táteis que se movem na mesma direção, enquanto outros são intensamente ativados por estímulos visuais que se movem na direção do campo receptivo desses neurônios, mas somente se a trajetória do movimento eventualmente cruzar com o campo receptivo tátil. Esses neurônios podem permitir que os macacos liguem a localização e o movimento de um objeto em seu espaço peripessoal imediato com diferentes partes de seu corpo.

Outra área do córtex parietal relacionada ao ato de alcançar é a área parietal do alcance (APA). A APA provavelmente corresponde ao córtex intraparietal medial (IPM) e a porções adjacentes de controle dos braços no córtex parietal inferior e superior. A atividade de muitos neurônios na APA varia com a localização do alvo a ser alcançado em relação à mão. Contudo, a sinalização não é fixada à localização vigente da mão ou do alvo, mas sim à direção do olhar (Figura 34-5C). Cada vez que o macaco olha em uma direção diferente, a atividade relacionada ao alcance dos neurônios da APA muda, mesmo se a localização do alvo e da mão e a trajetória necessária para alcançar o objeto não se alteram. Por outro lado, a atividade de muitos neurônios da área PE e PEip relacionados ao alcance tem menos relação, estando mais fortemente relacionada à posição vigente da mão e à postura do braço. Os neurônios das regiões PE e PEip fornecem, então, um sinal mais estável quanto à localização do alvo a ser alcançado em relação à posição vigente da mão quando comparados aos neurônios da APA.

Finalmente, os neurônios da área intraparietal anterior (IPA) são primariamente implicados no agarre e na manipulação dos objetos pelos movimentos da mão. Muitos neurônios dessa região estão ativos preferencialmente durante o ato de alcançar e agarrar objetos de tamanhos,

732 Parte V • Movimento

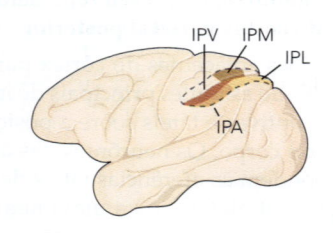

A Áreas intraparietal lateral (IPL)

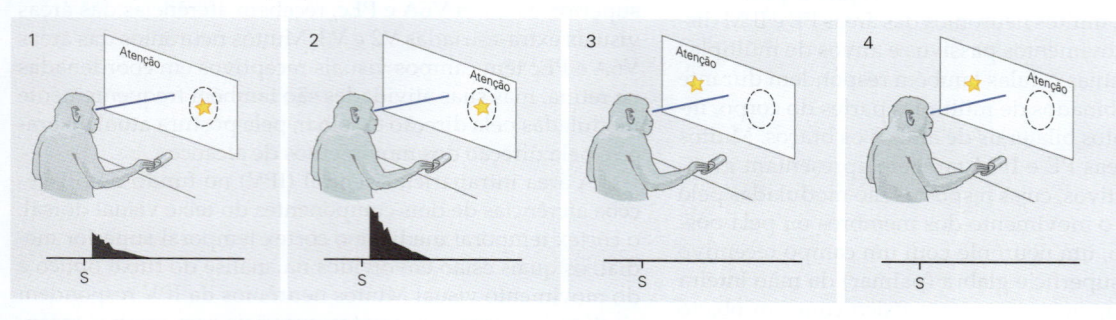

Características do campo receptivo

Retina centralizada, atenção sensitiva

B Áreas intraparietal ventral (IPV)

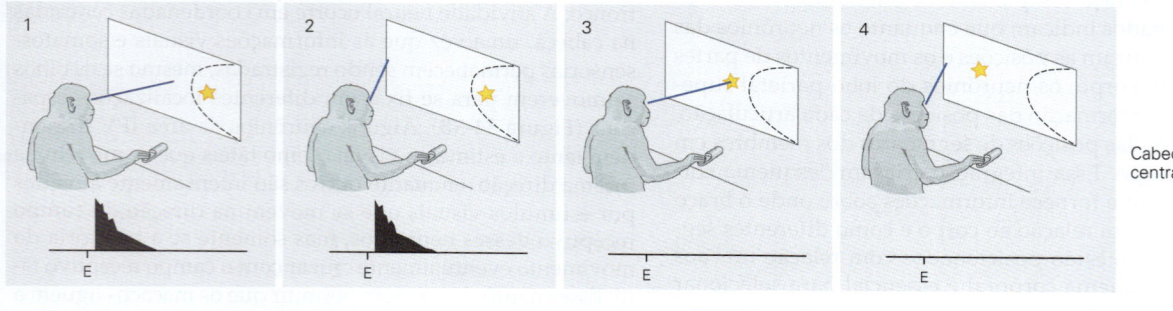

Cabeça centralizada

C Áreas intraparietal medal (IPM)

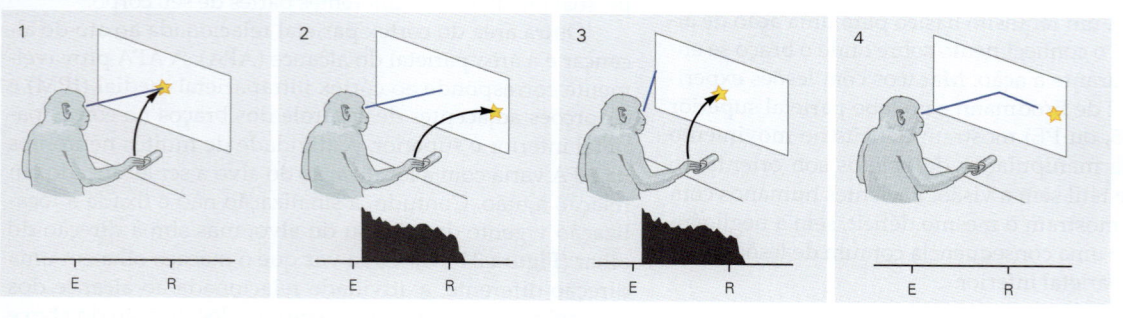

Retina centralizada, direção para alcançar, preparação para alcançar

D Áreas intraparietal anterior (IPA)

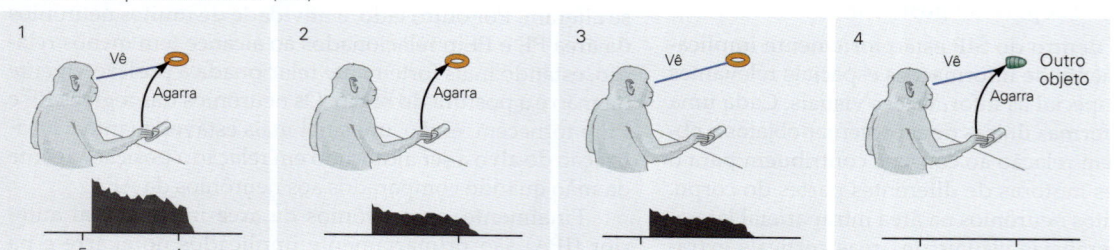

Retina centralizada, visão específica ao objeto, agarrando

FIGURA 34-5 (Ver legenda na próxima página.)

formas e orientação espaciais particulares, sendo geralmente ativados até mesmo enquanto esses objetos são vistos antes de serem pegos (**Figura 34-5D**). Há uma ampla gama de propriedades de respostas neurais, de neurônios que respondem quase exclusivamente a aferências visuais sobre os objetos mas não às ações para segurá-los, até neurônios que disparam apenas durante o próprio movimento das mãos, mesmo no escuro. Isso sugere que a IPA contém circuitos neurais que começam por transformar a informação visual sobre as propriedades físicas de um objeto que são relevantes para a forma de manipulá-lo – o que James Gibson chamou de "oferecibilidades" do objeto – em ações apropriadas das mãos (Capítulo 56).

Uma descoberta fascinante sobre o córtex parietal é que os campos receptivos dos neurônios podem se alterados pela experiência individual, como com o uso de uma ferramenta. Macacos foram treinados para recuperar porções de comida que estavam fora do alcance normal do braço e da mão usando uma ferramenta em forma de ancinho. Muitos neurônios da IPV normalmente respondem a objetos visuais quando eles estão localizados tanto próximos à posição atual da mão quanto em qualquer local ao alcance do braço. Após o treinamento, seus campos receptivos visuais se expandiram transitoriamente para incorporar a ferramenta quando o macaco a segurava, como se a terminação distal da ferramenta tivesse se tornado uma extensão funcional da mão e do braço do macaco (**Figura 34-6**).

A retroação gerada internamente pode influenciar na atividade do córtex parietal

Os retardos envolvidos na transmissão da retroação visual e somática sobre o movimento dos braços, da periferia aos circuitos corticais, pode levar a oscilações ou mesmo instabilidades no controle sensorimotor em tempo real. Uma solução teórica para esse problema é usar um modelo antecipatório interno para realizar estimativas preditivas do movimento corporal baseadas nas cópias de eferências internas dos comandos motores de saída, assim como dos sinais de retroação periférica mais lentos (Capítulo 30).

Muitas linhas de evidência sugerem que os circuitos do córtex parietal, juntamente com o cerebelo (Capítulo 37), podem implementar uma solução similar. Muitos neurônios relacionados ao movimento de alcançar nas áreas PE, IPM e APA estão ativos não somente em resposta a aferências sensoriais passivas, mas também antes do início do movimento e durante o período de instrução com retardo nas tarefas de alcance com retardo. Essas respostas sugerem que esses processos neuronais gerados centralmente sinalizam sobre as intenções motoras previamente ao início do movimento. Essa atividade pré-movimento é geralmente interpretada como uma evidência de que o córtex parietal gera sinais de pró-ação que contribuem para o planejamento precoce dos movimentos. Contudo, uma interpretação alternativa é que a atividade pré-movimento é conduzida por uma cópia de eferência do comando motor para o movimento desejado, que é transmitida para o córtex parietal através de suas conexões recíprocas com as áreas motoras pré-centrais. Essa combinação de aferências sensoriais periféricas e cópias de eferência centrais poderia permitir a alguns circuitos parietais relacionados ao movimento de alcance computar uma estimativa continuamente atualizada do estado atual do braço e sua posição relativa ao objetivo comportamental. Essa estimativa poderia ser usada para efetuar correções rápidas para erros nos movimentos contínuos dos braços.

Se os circuitos parietais estão primariamente envolvidos na formação da intenção motora de um indivíduo ou na estimativa de estado, irá depender da origem de sua atividade pré-movimento. Se eles são gerados principalmente dentro do córtex parietal, isso implicará fortemente o córtex parietal no planejamento dos movimentos almejados. Ao contrário, se eles são primariamente dirigidos por uma cópia de eferência retransmitida de áreas motoras

FIGURA 34-5 Neurônios no córtex parietal do macaco são seletivos para a localização de objetos no campo visual em relação a determinadas partes do corpo. Cada histograma representa a taxa de disparos de um neurônio representativo, em função do tempo, após a apresentação de um estímulo. Em cada diagrama, a linha que parte dos olhos indica para onde o macaco está olhando.
A. Neurônios na área intraparietal lateral têm campos receptivos *centrados na retina*. A intensidade da resposta visual depende da atenção que o macaco está dando ao estímulo (**E**). O neurônio dispara quando uma luz pisca dentro de seu campo receptivo (*círculo pontilhado*) (1). A resposta é mais robusta se o macaco é treinado para prestar atenção à localização do estímulo (2). O neurônio não dispara se o estímulo for apresentado fora do campo receptivo, independentemente de para onde estiver dirigida a atenção (3, 4).
B. Na área intraparietal ventral, alguns neurônios têm campos receptivos *centrados na cabeça*. Isso é determinado mantendo-se a cabeça em uma posição fixa enquanto o macaco é instruído a deslocar o olhar entre vários locais. Esse neurônio dispara quando um ponto luminoso aparece à direita da linha média da cabeça (1, 2). Ele não dispara quando a luz aparece em outra localização em relação à cabeça, como, por exemplo, sobre a linha média ou à esquerda. (3, 4) O contraste crítico aparece entre as situações 1 e 4. A localização da luz na retina é a mesma em ambas as situações (ligeiramente à direita do ponto de fixação), e, ainda assim, o neurônio dispara em 1, quando o estímulo está à direita da cabeça, mas não em 4, quando o estímulo está à esquerda da cabeça.
C. Na área intraparietal medial, os neurônios são seletivos para direção do movimento de alcançar no centro da retina (**R**), e disparam quando os macacos estão se preparando para alcançar um alvo visual. Esse neurônio dispara quando o macaco busca alcançar um alvo à direita do ponto para onde esteja olhando (2, 3), mas não dispara se o macaco tenta alcançar um alvo para o qual esteja olhando (1) ou quando apenas move os olhos para o alvo à direita (4). A direção física do movimento não é um fator nesses disparos neuronais: a direção é a mesma em 1 e 3, e, ainda assim, o neurônio dispara apenas em 3.
D. Na área intraparietal anterior, os neurônios são seletivos para objetos de formas particulares, e disparam quando o macaco está olhando ou se preparando para agarrar (**A**) um objeto. Esse neurônio dispara quando o macaco está vendo um anel (3) ou fazendo uma tentativa (guiada pela memória) de pegá-lo no escuro (2). Ele dispara com especial intensidade quando o macaco pega o anel usando orientação visual (1), e não dispara quando o animal olha ou pega outros objetos (4).

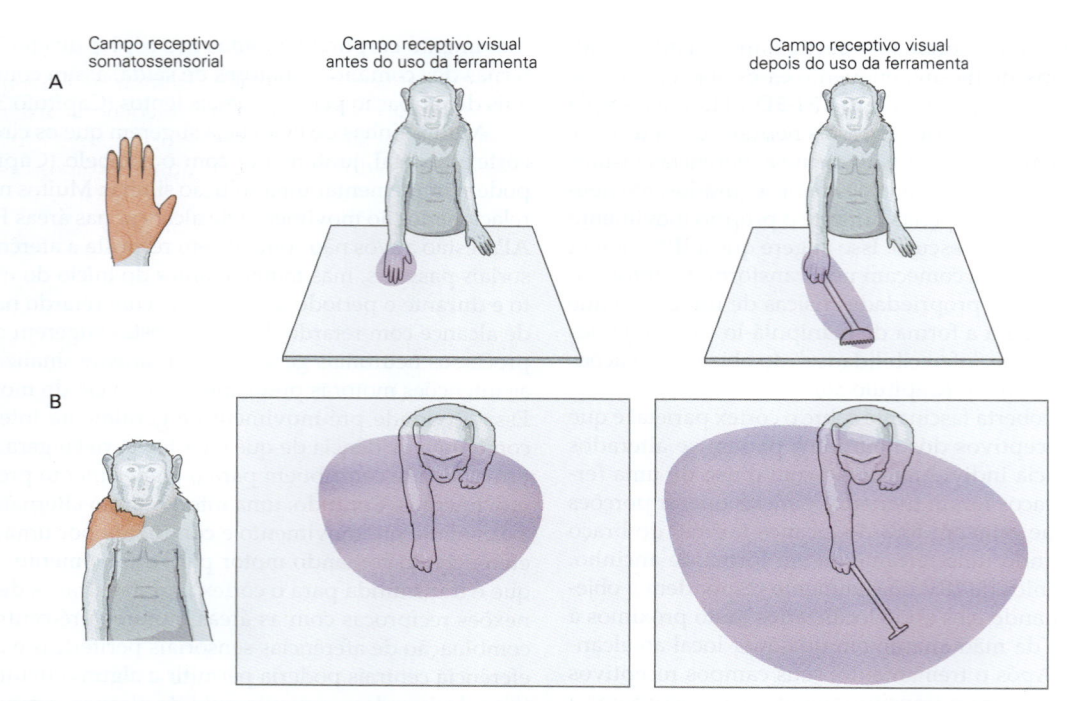

FIGURA 34-6 Alguns neurônios no córtex parietal do macaco têm campos receptivos que se expandem dinamicamente quando uma ferramenta é pega. (Adaptada de Maravita e Iriki, 2004. Copyright © 2003 Publicado por Elsevier Ltd.)

A. A área **laranja** na mão (*à esquerda*) indica o campo receptivo somatossensorial para um nerônio. A área **roxa** (*no meio*) indica a região do campo receptivo visual (CRv) em torno da mão. O CRv é ancorado à mão e muda a localização espacial sempre que o macaco move seu braço. O CRv expande quando o macaco segura um ancinho após ter aprendido a usá-lo para alcançar objetos na área de trabalho (*à direita*).

B. A imagem ilustra um neurônio individual que tem um campo bimodal somatossensorial (**laranja**) e visual (**roxo**) centrados no ombro. O CRv para esse neurônio (*no meio*) é maior do que aquele mostrado na parte **A**, refletindo, possivelmente, o espaço de trabalho em potencial relacionado à função de todo o braço. O CRv também se expande para incorporar o espaço de trabalho estendido proporcionado pelo uso do ancinho (*à direita*).

pré-centrais, isso iria implicar fortemente os circuitos parietais na estimativa de estado, incluindo a previsão de como o braço deveria se mover em resposta ao comando motor.

O córtex pré-motor auxilia na seleção e no planejamento motores

Conforme descrito no início deste capítulo, a decisão quanto a agir de uma determinada forma em uma dada situação é moldada por muitos fatores, incluindo informações sensoriais sobre os objetos, eventos e oportunidades para ação a partir do ambiente, posição e movimento do corpo, estados motivacionais internos, experiências prévias, preferências por recompensas, e estratégias e regras arbitrárias aprendidas que ligam as aferências sensoriais às ações motoras. É possível haver muitas razões pelas quais alguém queira beber um café, e esse desejo pode ser satisfeito por ações que vão desde o simples ato de pegar uma xícara cheia de café, até fazer o café em casa ou ir até uma cafeteria.

Regiões corticais frontais pré-motoras imediatamente rostrais ao M1 desempenham um papel importante no panejamento precoce do movimento ou em processos de seleção de tarefas. Muitos neurônios nessas áreas, como os neurônios da PMd mostrados na **Figura 34-4**, geram atividade durante tarefas de instrução com retardo que refletem as intenções motoras do macaco e até mesmo os fatores que influenciam aquelas ações escolhidas. Presume-se que áreas corticais pré-motoras distintas efetuam contribuições diferentes, porém sobrepostas, à seleção motora e ao planejamento. Por exemplo, o córtex pré-motor lateral, incluindo as áreas PMd e PMv, tradicionalmente tem sido implicado nas ações iniciadas e orientadas por estímulos sensoriais externos. Em contraste, as áreas pré-motoras mediais, incluindo AMS, pré-AMS e AMC, têm sido implicadas no controle de movimentos autoiniciados, assim como na supressão de ações. Contudo, a distinção entre suas respectivas contribuições não é absoluta.

O córtex pré-motor medial é envolvido no controle contextual de ações voluntárias

Os estudos pioneiros com estimulação elétrica de Clinton Woolsey mostraram que, adicionalmente ao mapa motor no M1, a parede medial do córtex frontal contém um arranjo de neurônios que também regulam os movimentos do corpo. Esse mapa motor medial, agora chamado de área motora suplementar (AMS), inclui todo o corpo contralateral, mas é mais grosseiro que o mapa detalhado do M1, conforme descrito a seguir. São necessárias correntes estimuladoras fortes para evocar movimentos, os quais, em geral, são ações complexas, como ajustes posturais ou caminhar e escalar, e podem envolver ambos os lados do corpo. Atualmente há um consenso quanto a essa região conter duas áreas com características citoarquitetônicas, conexões axonais e propriedades funcionais distintas: uma área mais caudal – a área motora suplementar propriamente dita (AMS) – e uma área mais rostral – a área motora pré-suplementar (pré-AMS) – as quais serão aqui coletivamente chamadas de complexo motor suplementar (CMS).

O CMS tem sido implicado em muitos aspectos do comportamento voluntário, embora sua contribuição permaneça controversa. Um grande corpo de evidências indica uma função no comportamento autoiniciado. Em humanos, a estimulação elétrica do CMS abaixo do limiar para iniciação do movimento pode evocar um senso introspectivo de urgência para se mover, que não surge durante a estimulação do M1. Lesões no CMS produzem problemas na iniciação de movimentos desejados ou na supressão de movimentos indesejáveis (**Quadro 34-2**). Além disso, registros de potenciais corticais lentos na superfície do crânio durante a execução de movimentos autocoordenados mostram que o potencial inicial surge no córtex frontal 0,8 a 1,0 segundo antes do início do movimento. Esse sinal, chamado de *potencial de prontidão*, tem seu pico no córtex centrado no CMS. Como esse pico ocorre bem antes do movimento, o potencial de prontidão tem sido interpretado como uma evidência de que a atividade neural nessa região esteja envolvida na formação da intenção de se mover, e não exatamente na execução do movimento.

Tanto neurônios da AMS como da pré-AMS disparam antes e durante os movimentos voluntários. Diferentemente dos neurônios do M1, a atividade da maioria dos neurônios da AMS é acoplada de forma menos rígida a ações específicas de partes do corpo, parecendo estar mais associada a ações motoras mais complexas e coordenadas da mão, do braço, da cabeça ou do tronco. Em comparação aos neurônios a AMS, os neurônios da pré-AMS geralmente começam a disparar muito antes do início do movimento, e são menos fortemente acoplados à execução dos movimentos.

O CMS tem sido relacionado ao chamado *controle executivo* do comportamento, como nas operações necessárias para as mudanças entre diferentes ações, planos e estratégias. Por exemplo, em macacos, alguns neurônios do CMS disparam intensamente quando um indivíduo é apresentado a uma dica que o instrui a mudar os alvos do movimento ou a inibir um movimento previamente planejado. O CMS pode então conter um sistema que consegue se sobrepor aos planos motores quando eles não são mais apropriados.

O CMS também vem sendo associado a funções de organização e execução de sequências de movimentos. Alguns neurônios do CMS disparam antes do início de uma sequência específica de três movimentos, mas não antes de uma sequência diferente dos mesmos movimentos (**Figura 34-7**). Outros neurônios disparam somente quando determinado movimento ocorre em uma posição específica de uma sequência, ou quando um par de movimentos consecutivos específicos ocorre, independentemente da sua

---

QUADRO 34-2 Lesões no córtex pré-motor levam a prejuízos na seleção, iniciação e supressão do comportamento voluntário

Lesões da área motora suplementar (AMS) e da área motora pré-suplementar (pré-AMS), bem como das áreas pré-frontais conectadas a elas, produzem déficits na iniciação e na supressão dos movimentos. Os déficits de iniciação manifestam-se como perda dos movimentos espontâneos dos braços, mesmo que o paciente possa se mover quando solicitado. Esse déficit pode afetar o movimento de partes do corpo contralaterais à região (*acinesia*), podendo também afetar a fala (*mutismo*).

Déficits na supressão do movimento, ao contrário, incluem a inabilidade de suprimir comportamentos que são socialmente inapropriados. Eles incluem o ato compulsivo de agarrar, desencadeado por um estímulo na mão ao tocar um objeto (*preensão forçada*), movimentos irreprimíveis de alcançar e de buscar direcionados a um objeto apresentado visualmente (*movimento de perseguição*), e movimentos impulsivos das mãos e dos braços para pegar objetos próximos e até pessoas sem a percepção consciente da intenção de fazê-los (*síndromes da mão alheia ou síndroma da mão anárquica*).

Outra síndrome impressionante é o *comportamento de utilização*, na qual um paciente pega e utiliza objetos de modo compulsivo sem considerar a necessidade de fazê-lo ou o contexto social. Entre os exemplos estão pegar e colocar vários óculos, sobrepondo-os, ou alcançar e comer alimentos sem que esteja com fome ou quando a comida faz parte da refeição de outro indivíduo.

Esses déficits da iniciação e da supressão de ações podem representar facetas opostas da mesma atribuição funcional da AMS e, especialmente, da área pré-AMS no controle condicional ou dependente de contexto do comportamento voluntário.

Lesões que afetam o córtex pré-motor também levam a prejuízos na seleção das ações motoras. Por exemplo, quando um macaco normal enxerga um alimento atraente atrás de uma pequena barreira transparente, ele logo faz um movimento de alcance que circunda a barreira para pegar o alimento. Contudo, após uma lesão ampla no córtex pré-motor, o macaco pode, de maneira persistente, tentar alcançar o alimento diretamente, chocando a mão repetidamente na barreira, ao invés de circundá-la para alcançá-lo.

Lesões mais focais ou a inativação do córtex pré-motor ventral dificultam a capacidade de utilizar informação visual sobre um objeto para moldar o formato apropriado da mão ao tamanho, à forma e à orientação do objeto antes de pegá-lo. Lesões focais do córtex pré-motor dorsal afetam a habilidade de aprender e evocar arbitrariamente mapeamentos sensorimotores ou associações estímulo-resposta condicionadas, enquanto lesões no córtex motor suplementar impedem a habilidade de aprender e evocar sequências temporais de movimento.

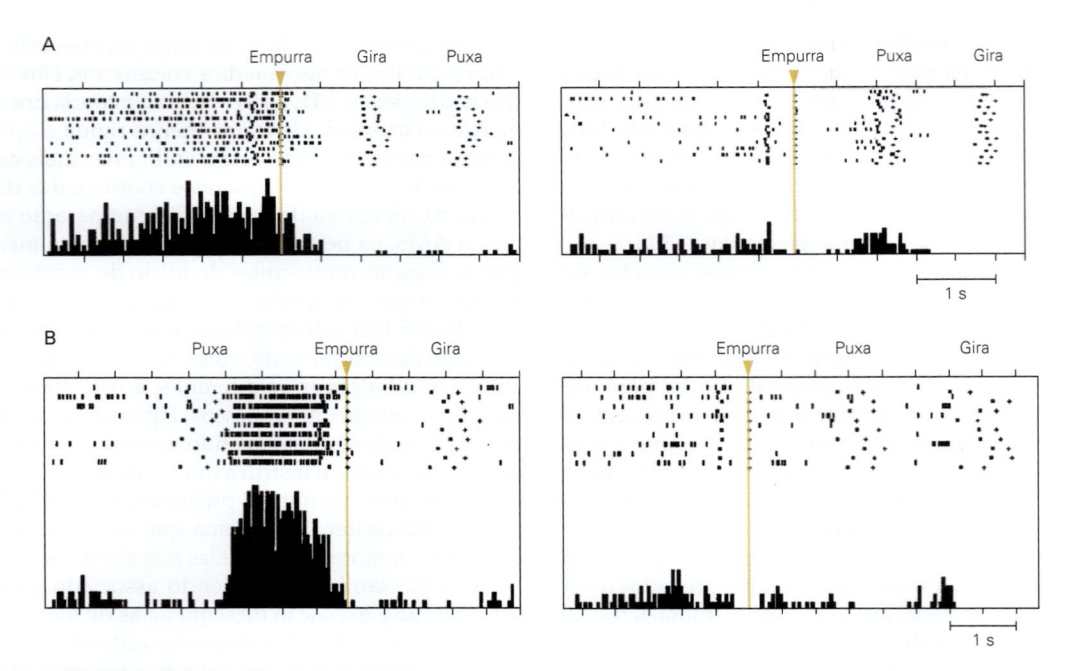

FIGURA 34-7 Alguns neurônios do complexo motor suplementar codificam uma sequência específica de atos motores. (Adaptada, com autorização, de Tanji, 2001. Copyright © 2001 por Annual Reviews.)

A. Um neurônio dispara seletivamente durante um período de espera antes do primeiro movimento da sequência memorizada de empurra-gira-puxa (*à esquerda*). Quando a sequência é empurra--puxa-gira (*à direita*), a célula se mantém relativamente silenciosa, apesar de o primeiro movimento em ambas as sequências ser o mesmo (empurrar). Os triângulos na parte superior de cada gráfico rasterizado indicam o início do primeiro movimento.

B. Registros de um neurônio cuja atividade aumenta seletivamente durante o intervalo entre o término de um ato motor, de puxar, e o início de outro ato, de empurrar. A célula não está ativa quando o ato de empurrar é o primeiro movimento da sequência ou quando o ato de puxar é sucedido pelo de girar.

posição na sequência. Ao contrário, alguns neurônios na CMS disparam apenas quando o macaco faz o movimento que ocorre em uma posição ordinal específica de uma sequência (por exemplo, apenas a terceira), independente de sua natureza ou de quantos movimentos restam a serem executados na sequência.

Essas funções aparentemente discrepantes podem refletir uma função mais geral do CMS no *controle contextual* do comportamento voluntário. O controle contextual envolve a seleção e a execução de ações que consideradas apropriadas com base nas diferentes combinações de dicas internas e externas, bem como com a supressão de ações inapropriadas em ambientes ou contextos sociais específicos. Ele também pode envolver a organização da sequência de ações necessárias para alcançar um objetivo específico. O controle contextual provavelmente envolve também contribuições de outros circuitos neurais, como as regiões do córtex pré-frontal e dos núcleos da base.

As áreas motoras do cíngulo (AMC) também podem contribuir para o controle contextual do comportamento. A AMC parece estar envolvida na seleção de ações alternativas após erros motores em resposta a contingências que alterem as recompensas. Como exemplo, macacos foram treinados para apertar ou virar uma alavanca em resposta a um sinal deflagrador não instrutivo. Inicialmente, os macacos recebiam uma grande recompensa quando realizavam o mesmo movimento (empurrar ou virar a alavanca) em tentativas sequenciais. Após muitas tentativas, o tamanho da recompensa começou a diminuir. Se os macacos então alternassem para o outro movimento, o tamanho da recompensa retornava ao máximo se o movimento fosse repetido por muitas tentativas. A melhor estratégia para os macacos, então, era alternar entre repetições de empurrar ou virar a alavanca assim que fosse detectada a redução no tamanho da recompensa.

Nessa tarefa, alguns neurônios na AMC rostral responderam durante o intervalo entre o recebimento da recompensa e o início da próxima tentativa. Nas tentativas com a recompensa reduzida, a atividade desses neurônios não se alterou quando os macacos fizeram o mesmo movimento na tentativa seguinte; sua atividade mudou apenas quando, na tentativa seguinte, os macacos alteraram para o outro movimento. É importante destacar que esses mesmos neurônios não mostraram a mesma mudança na resposta quando uma pista visual instruiu os macacos a mudar o movimento na tentativa seguinte. Isso sugere que os neurônios da AMC rostral estavam preferencialmente envolvidos na decisão voluntária de mudar e mover para o alvo alternativo com base nos resultados da ação (tamanho da recompensa), mas não por instruções visuais para alternar.

O córtex pré-motor dorsal está envolvido no planejamento de movimentos sensorialmente orientados dos braços

Algumas das primeiras evidências neurais de que o córtex pré-motor lateral, incluindo o PMd e o PMv, desempenham um papel crucial na seleção e planejamento de ações motoras sensorialmente orientadas veio de registros de estudos por Ed Evarts, Steven Wise e colegas nos anos 1980. Esses estudos mostraram que muitos neurônios pré-motores emitiam breves descargas de curta latência em resposta a pistas instrucionais que sinalizavam movimentos específicos ou sustentavam a atividade durante o período de instrução com retardo entre o aparecimento da pista instrucional e uma segunda pista que permitia o movimento instruído (**Figura 34-4**).

Essa atividade reflete a informação sobre o ato pretendido, incluindo a localização espacial do alvo, a direção do movimento do braço e outros atributos do movimento. Além disso, o período de retardo na atividade da PMd pode refletir uma intenção de alcançar uma região particular tanto com o braço contralateral quanto com o ipsilateral, apesar de os detalhes biomecânicos dos movimentos dos dois braços serem muito diferentes. Isso sugere que a atividade da PMd pode sinalizar a intenção de gerar uma ação motora independentemente do efetor usado para gerar a ação, em uma estrutura de coordenadas espaciais extrínsecas consistente com a previsão do modelo de transformação de coordenadas sensorimotoras do planejamento motor. Estudos de imageamento têm, da mesma forma, encontrado evidências para uma representação espacial extrínseca das sequências de batidas dos dedos feitas com ambas as mãos no córtex pré-motor de humanos.

A seleção de uma ação apropriada dentre múltiplas alternativas é um aspecto crítico do controle voluntário. A atividade do PMd no período de retardo pode refletir esse processo. Por exemplo, em um experimento, registros de neurônios do PMd foram feitos em macacos durante uma tarefa na qual os animais primeiro recebiam duas dicas espaciais coloridas que identificavam dois alvos potenciais para serem alcançados em direções opostas. Após um período de retardo memorizado, uma nova dica colorida, centralmente localizada, informava os macacos qual das dicas espaciais era o alvo correto. Seguindo a primeira instrução, a atividade neural da PMd sinalizou dois movimentos de alcance potenciais, mas imediatamente após a segunda instrução, a atividade na PMd sinalizou apenas a escolha de movimento de alcance feita pelos macacos (**Figura 34-8A**). Isso mostrou que a PMd pode preparar múltiplas ações motoras em potencial antes da decisão final sobre qual ação tomar. Estudos subsequentes sugerem que isso pode ser limitado a não mais do que três ou quatro ações potenciais simultâneas. Neurônios relacionados ao movimento de alcançar nas áreas parietais APA também contribuem para a preparação para duas ações motoras em potencial antes da decisão sobre a ação final ser tomada (**Figura 34-8B**), revelando como esse processo é distribuído através de múltiplas populações de neurônios corticais relacionados aos movimentos dos braços.

Os neurônios PMd também podem sinalizar uma decisão deliberada de não se mover. Muitos neurônios PMd geram atividade em sintonia direcional durante um período de instrução com retardo quando uma pista visual colorida na localização de um alvo instrui um macaco a alcançar o alvo, mas diminuem sua atividade quando uma pista colorida diferente, na mesma localização, o instrui a evitar alcançá-lo. Essa atividade diferencial é um sinal inequívoco, segundos antes de a ação ser executada, sobre a intenção do macaco de alcançar um alvo em uma direção específica ou de não se mover em resposta a uma dica de instrução (**Figura 34-9**). Curiosamente, muitos neurônios nas áreas parietais PE/PIM, estudados na mesma, continuam a gerar atividade em sintonia direcional durante o período de retardo, mesmo após a dica instrucional para interrupção do movimento de alcançar, sugerindo que o córtex parietal retém a representação de potenciais de ação que, em última instância, não são executados.

Muitos neurônios no córtex pré-motor também disparam durante a execução do movimento. Considerando a estreita proximidade entre a atividade relacionada ao planejamento e a atividade relacionada à execução, mesmo no âmbito de neurônios individuais, uma importante questão é por que a atividade neural relacionada com o planejamento não inicia imediatamente um movimento. O que previne que o movimento seja executado prematuramente? Não parece que a atividade relacionada ao planejamento simplesmente falhe em ultrapassar um limiar mínimo necessário para iniciar o movimento, ou que haja um evidente mecanismo de frenagem separado que deva ser liberado para permitir que o movimento inicie.

Uma forma diferente de interpretar o processamento neural durante o planejamento e execução do movimento de alcance, que pode fornecer algumas respostas a tais questões, vem de uma perspectiva de sistemas dinâmicos. A ideia é que os circuitos corticais motores formam um sistema dinâmico cujos padrões distribuídos de atividade evoluíram no tempo como uma função de seu estado inicial, de seus sinais de entrada, e da variabilidade de resposta neuronal estocástica (ruído). Os padrões de atividade durante os diferentes estágios do planejamento e execução refletem, então, estados diferenciais da rede, incluindo um estado específico durante o período de retardo que pode preparar o movimento mas não ativar os músculos (**Figura 34-10**). A similaridade geral entre os padrões atividade no nível populacional durante repetições de um mesmo movimento mostra que a população inteira sofre um padrão coordenado de comodulação de atividade durante o planejamento e execução do movimento, determinado pela conectividade sináptica dentro do circuito neural.

O córtex pré-motor dorsal está envolvido na aplicação de regras (associações) que determinam o comportamento

O comportamento normalmente é orientado por regras arbitrárias que associam informações simbólicas específicas a determinadas ações. Ao dirigir um carro, um indivíduo deve realizar diferentes ações, dependendo da luz do semáforo estar verde, amarela ou vermelha. Nos macacos que aprenderam a associar informações arbitrárias a movimentos específicos, muitas células em áreas pré-motoras respondem seletivamente a informações específicas. Por exemplo, com o objetivo de selecionar o alvo correto, no estudo com dois alvos na **Figura 34-8**, os macacos tinham que aplicar uma regra que mapeava a cor à localização fornecida do alvo pelas duas dicas de instrução sequenciais.

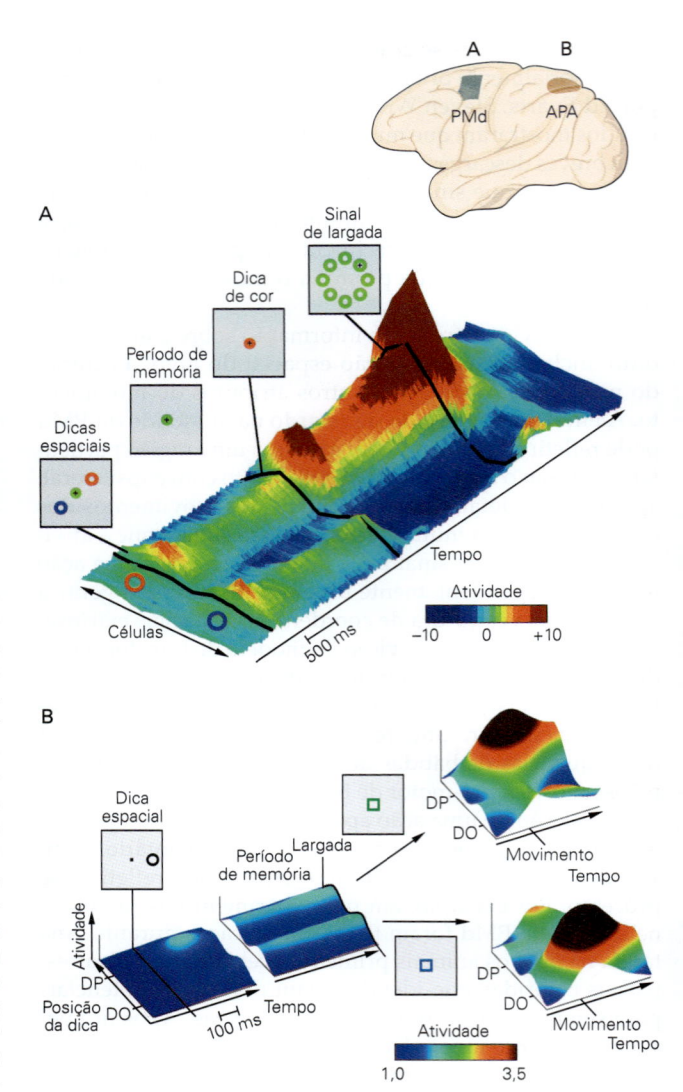

FIGURA 34-8 A atividade de neurônios relacionados ao ato de alcançar em macacos durante uma tarefa de seleção de alvo reflete os movimentos potenciais para diferentes alvos, assim como a direção escolhida para o movimento.

A. A superfície colorida tridimensional representa o nível médio de atividade de uma população de neurônios do córtex pré-motor dorsal (**PMd**) em relação à linha de base, em uma tarefa na qual o macaco deveria escolher um de dois alvos codificados por cores para alcançar em cada tentativa. As células foram distribuídas ao longo de um eixo ("células" marcadas), com base em suas direções preferidas de movimento (neurônios localizados nos **círculos azuis** e **vermelhos** preferem movimentos a 45° e 215°, respectivamente). Os diagramas ao lado do perfil de resposta neural mostram o estímulo apresentado ao macaco em diferentes momentos durante a tentativa. As dicas **vermelhas** e **azuis** fornecem informação sobre as ações em potencial; as dicas **verdes** orientam o macaco através de diferentes estágios de cada tentativa, mas não fornecem informações sobre qual movimento de alcance deve ser feito. Logo após o início de cada tentativa, dois alvos de alcance em potencial (dicas espaciais **azul** e **vermelha**) aparecem em posições opostas, relativas à posição inicial do braço (**círculo verde**) por 500 ms, desaparecendo após esse tempo. Após um período de retardo memorizado, a cor do círculo de início muda para vermelho ou azul (dica colorida), indicando ao macaco qual o alvo correto, neste caso, a 45°. Após um período adicional de retardo, o sinal para iniciar (círculos verdes em todas as oito possíveis localizações alvo) instrui o macaco a iniciar o movimento de alcançar em direção ao alvo escolhido. Durante o período de incerteza com relação ao alvo, entre o aparecimento das duas dicas espaciais e da dica colorida central, os neurônios da PMd que preferem os dois movimentos de alcance potenciais (**círculos vermelhos e azuis**) são simultaneamente ativados, enquanto os neurônios que preferem outros movimentos estão inativos ou suprimidos, de forma que toda a população PMd codifica as duas potenciais ações de alcance. Tão logo a dica de cor aparece para identificar o alvo correto, a atividade neural da PMd muda rapidamente para sinalizar o movimento de alcance escolhido pelo macaco. Se a dica colorida tivesse designado o alvo a 215°, os neurônios que preferem esse alvo (**círculo azul**) aumentariam suas atividades, e os neurônios que preferem o alvo a 45° (**círculo vermelho**) iriam diminuir suas atividades (não mostrado), (Reproduzida, com autorização, de Cisek e Kalaska, 2010. Copyright © 2010 por Annual Reviews.)

B. Em um segundo estudo de atividade neural na área parietal relacionada ao movimento de alcance (**APA**), o formato dos dados é o mesmo que o observado na parte **A**. Neste estudo, o macaco é apresentado a uma dica espacial individual que o instrui a se preparar para alcançar tanto o local indicado (**DP**) quanto a direção oposta (**DO**). Após um período memorizado e aleatório de retardo, uma dica colorida especifica se o movimento de alcançar deve ser para o local da dica espacial memorizada previamente (**verde**; DP) ou para a DO (**azul**). A atividade dos neurônios da APA é distribuída de acordo com a direção de movimento preferida de cada neurônio, como na parte **A**. A atividade populacional especifica inicialmente a localização espacial da dica, mas então reflete ambas as direções potenciais dos movimentos durante o restante do período de retardo memorizado. Logo após a dica colorida aparecer, a atividade rapidamente muda para refletir a direção escolhida para a realização do movimento de alcançar, seja ela a DP ou a DO. (Reproduzida, com autorização, de Klaes et al., 2011. Copyright © 2011 Elsevier Inc.)

O PMd é implicado na aquisição de novas associações ou regras relacionadas ao movimento. Em um experimento, foram realizados registros dos neurônios da PMd enquanto os macacos aprendiam a associação entre quatro dicas visuais não familiares e quatro direções de movimento diferentes. Embora as escolhas dos macacos fossem inicialmente ao acaso, eles aprenderam as regras após algumas dezenas de tentativas. Os macacos faziam um movimento com o braço em resposta a cada dica; durante a fase inicial de aprendizado, a "adivinhação", a atividade de muitos neurônio da PMd foi fraca, mas aumentava gradualmente em força e em sintonia direcional conforme os macacos aprendiam qual pista sinalizava qual movimento. Outros neurônios mostraram um declínio recíproco na atividade à medida que a regra foi sendo aprendida. Essas mudanças na atividade durante o aprendizado refletiram tanto as escolhas dos movimentos quanto o nível ascendente de conhecimento das regras que associavam as informações às ações.

A natureza da regra também tem um forte efeito sobre as respostas neuronais. Em macacos treinados para escolher

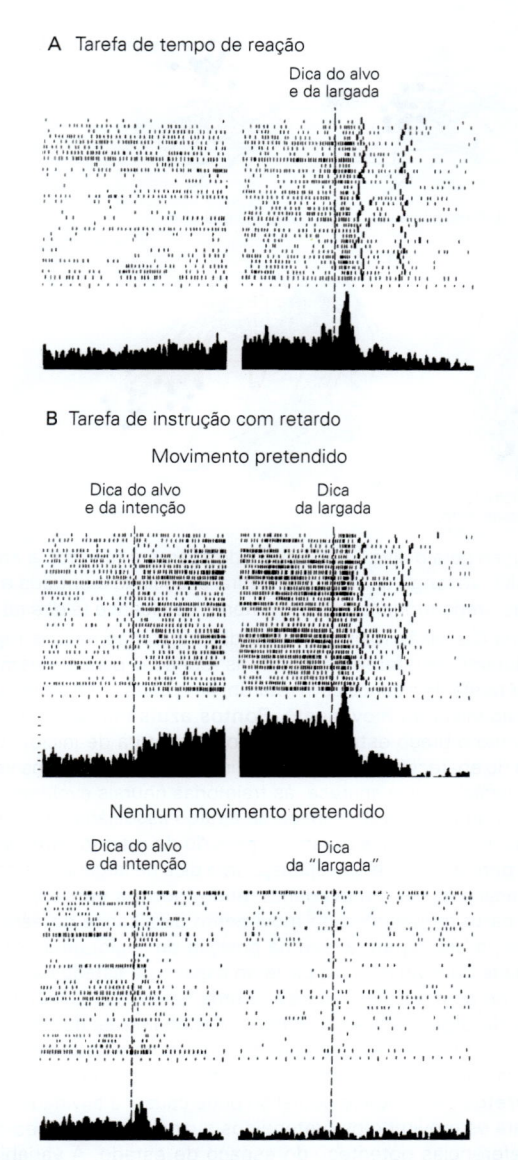

FIGURA 34-9 As decisões sobre as escolhas das respostas ficam evidentes na atividade dos neurônios do córtex pré-motor no macaco. (Reproduzida, com autorização, de Crammond e Kalaska, 2000.)

A. Na tarefa de tempo de reação (ato de alcançar), uma célula exibe um aumento gradual do disparo tônico durante a espera pelo aparecimento de um alvo. Quando o alvo aparece (dica da largada), a célula gera uma resposta com sintonia direcional.

B. Na tarefa de instrução com retardo, quando o alvo lhe é mostrado e o macaco é instruído a se mover apenas quando a dica da largada aparecer, a célula gera um sinal intenso e com sintonia direcional que perdura pelo período de retardo antes da dica da largada (**parte superior**). Quando o alvo lhe é mostrado e o macaco é instruído a não se mover ao aparecer a dica da largada, a atividade da célula diminui (**parte inferior**).

entre vários movimentos possíveis com base em uma regra espacial (localização de uma pista visual) ou em uma regra semântica (um significado arbitrariamente designado a uma pista independente de sua localização), muitos neurônios pré-frontais e da PMd estão preferencialmente ativos quando o animal escolhe um movimento utilizando uma regra, mas não a outra. Isso mostra que a atividade neural se relaciona não apenas a uma dica ou ação em particular, mas também à associação entre elas.

As áreas pré-motoras estão envolvidas na implementação até mesmo de regras abstratas. Por exemplo, macacos foram treinados em uma tarefa que requeria duas decisões, uma perceptiva e outra comportamental, que não apresentavam associação prévia. Em cada tentativa, os macacos primeiro tinham que decidir se duas imagens visuais apresentadas sequencialmente eram iguais ou diferentes (uma *decisão perceptiva de coincidência/não coincidência*). Em algumas tentativas, uma *dica da regra* apresentada ao mesmo tempo em que a imagem visual instruía o macaco a mover sua mão se as duas imagens fossem idênticas e a evitar o movimento se elas fossem diferentes (uma *decisão motora do tipo vai/não vai*); em outras tentativas, a regra era invertida – mover se as imagens fossem diferentes e não mover se elas coincidissem. A atividade neural na PMd após as imagens visuais do teste terem sido apresentadas foi mais fortemente correlacionada à decisão motora que à decisão perceptiva em cada tentativa, mas ambas as decisões foram expressas na área PMd. Mais surpreendentemente, a atividade do PMd foi também correlacionada com a *regra comportamental* de coincidência/não coincidência durante o período de retardo entre as duas imagens visuais que orientaram a decisão motora após a imagem-teste aparecer (**Figura 34-11**). Esses resultados sugerem que o PMd tem como principal função aplicar regras que regulem a adequação de um comportamento e a tomada decisões de acordo com as regras prevalentes. Registros neurais no córtex pré-frontal durante a mesma tarefa (não mostrados) evidenciaram uma forte representação da identidade física das imagens visuais, mas a correlação com a regra comportamental foi mais fraca e tardia do que a observada na PMd.

O córtex pré-motor ventral está envolvido no planejamento das ações motoras da mão

A porção mais lateral do córtex pré-motor, a área PMv, é reciprocamente conectada com as áreas corticais parietais IPA, PF e PFG, e a área somatossensorial secundária. A estimulação elétrica mostra que o PMv contém circuitos extensivamente sobrepostos que controlam os movimentos das mãos e da boca.

Como os neurônios da IPA, muitos neurônios do PMv parecem contribuir para o controle das ações das mãos com base nas propriedades físicas oferecidas pelos objetos-alvo. Esses neurônios tendem a disparar preferencialmente durante certas ações estereotipadas das mãos, como agarrar, segurar, rasgar e manipular objetos. Muitos neurônios disparam apenas se o macaco usar um tipo específico de preensão, como a preensão de precisão, preensão com toda a mão ou preensão com os dedos (**Figura 34-12**). A preensão de precisão é o tipo de movimento mais frequentemente representado. Alguns neurônios do PMv disparam durante toda a ação, enquanto outros disparam seletivamente em momentos particulares de um tipo de preensão, como durante a abertura ou o fechamento dos dedos.

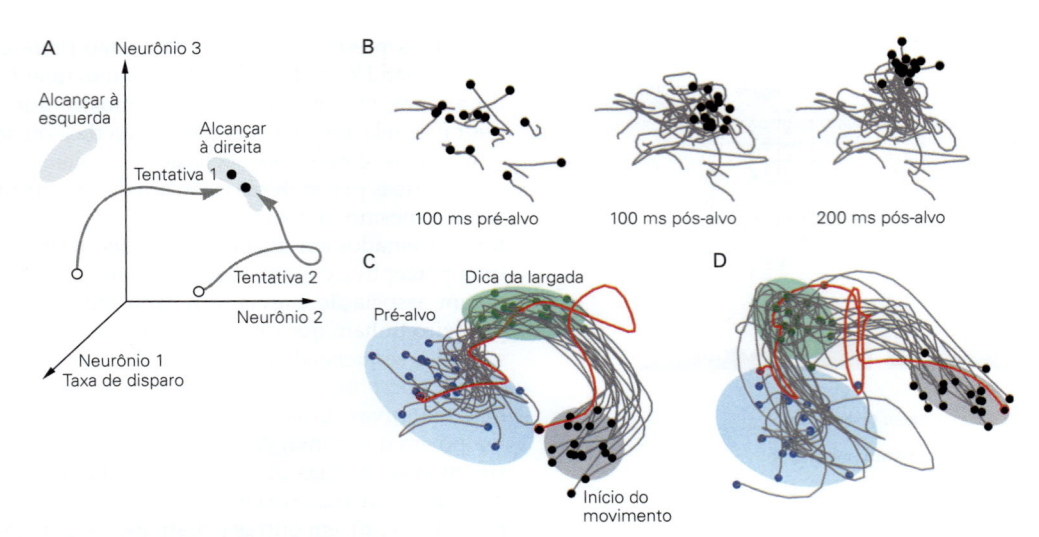

FIGURA 34-10 A atividade neural variável no tempo no córtex pré-motor de macacos durante diferentes estágios do planejamento e execução de um movimento pode ser vista como transições entre diferentes estágios de ativação. (Adaptada, com autorização, de Churchlan MM et al., 2010. Stimulus onset quenches neural variability: a widespread cortical phenomenon. Nat Neurosci 13:369-378 Copyright © Springer Nature.)

A. Uma ilustração esquemática de como a atividade simultânea de neurônios pode ser vista como uma trajetória através de um "espaço de estados" de atividade multineuronal. O nível de atividade variável no tempo de três neurônios registrados simultaneamente é representado ao longo de três eixos, os quais definem um espaço de estado de três neurônios. Um plano específico (alcançar à direita ou alcançar à esquerda) requer combinações diferentes de taxas de disparo preparatórias para os três neurônios (**zonas cinzas**). Anterior à formação da intenção de se mover à direita ou à esquerda, a atividade basal dos três neurônios ocupa uma região do espaço de estado que é associada a segurar o braço em sua posição atual (**círculos abertos**, para duas tentativas diferentes). Quando uma instrução aparece para indicar o movimento à direita, a ação combinada dos três neurônios muda de uma forma coordenada, criando ua "trajetórias neurais" variáveis no tempo (**setas cinzas**) que convergem para a região do espaço de estado que está associada à geração de um movimento para a direita (**círculos preenchidos** dentro da zona cinza de "alcance à direita").

B. Projeção da atividade simultânea de uma grande população de neurônios do córtex pré-motor dorsal (PMd) em um espaço de estado bidimensional imediatamente antes (pré-alvo) e após (pós-alvo) o aparecimento de uma dica do alvo a ser alcançado em uma tarefa na qual o movimento de alcance deve ser retardado até uma dica de largada subsequente ser apresentada. As **linhas cinzas** mostram a evolução temporal das trajetórias neurais durante a parte mais precoce da preparação do movimento, de 200 ms antes da dica do alvo até o tempo pré ou pós- alvo especificado (**pontos pretos**) em 15 tentativas diferentes para a mesma localização do alvo. A atividade neural inicialmente serpenteia aleatoriamente dentro da região do espaço de estado associada à postura inicial do braço (*à esquerda*). Ela então inicia a conversão em uma região menor do espaço de estado pouco tempo após a instrução para o alvo a ser alcançado aparecer (*centro*), e começa a evoluir ao longo da trajetória neural associada à entrada em um estado preparatório para o movimento de alcance (*à direita*).

C. Uma ilustração mais completa das trajetórias neurais registradas durante 18 diferentes tentativas repetidas para o mesmo alvo nessa tarefa de alcance com retardo, do estado postural inicial pré-alvo ao início do movimento. **Pontos azuis** indicam a atividade enquanto o braço está posicionado na postura de início, 100 ms antes do aparecimento do início da instrução do alvo. Uma vez que a instrução do alvo aparece, as trajetórias neurais evoluem em direção a uma região do espaço de estado associada ao estado de atividade preparatória durante o período de retardo (**zona verde**), onde permanece até que apareça uma dica de largada que permita ao macaco iniciar o movimento retido (**pontos verdes**). Durante essa parte preparatória do movimento de alcance do espaço de estado, o braço permanece na posição de início, uma vez que a atividade do PMd naquela parte do espaço de estado não é capaz de ativar os músculos (ou seja, é uma "eferência nula"). Quando a dica de largada aparece, as trajetórias neurais se desdobram em direção a uma região diferente do espaço de estado associada à iniciação do movimento de alcance pretendido (**zona cinza e pontos pretos**). A atividade neural só pode causar a atividade muscular para os movimentos pretendidos quando ela entra nessa zona de "eferências potentes" do espaço de estado. A variabilidade das trajetórias neurais tentativa a tentativa pode contabilizar para a variabilidade entre as tentativas na cinemática dos movimentos e nos tempos de reação. Uma tentativa atípica (**vermelho**) teve um tempo longo de reação e seguiu uma trajetória neural mais complexa e demorada da zona **verde** para a zona **cinza**. A zona preparatória de eferência nula (**verde**) e de eferência potente para iniciação do movimento de alcance (**cinza**) dos diferentes alvos ocupam regiões diferentes na população total do espaço de estado, distintas daquelas associadas a esse alvo para alcance.

D. Os dados são da mesma localização de alvo da parte **C**, mas foram registrado em um dia diferente. A estrutura da trajetória neural é fundamentalmente similar para os mesmos movimentos entre as sessões de registro. As diferenças no padrão geral de atividade podem ser explicadas pelas diferenças entre dias – em relação à atividade de neurônios individuais – e pelas diferenças na composição das populações de neurônios registradas entre as sessões.

Outra propriedade impactante dos neurônios do PMv é que seus disparos geralmente se correlacionam com o objetivo de um ato motor e não com os movimentos individuais que o constituem. Assim, muitos neurônios da F5 disparam quando o ato de agarrar é executado por efetores tão variados quanto a mão direita, a mão esquerda e até mesmo a

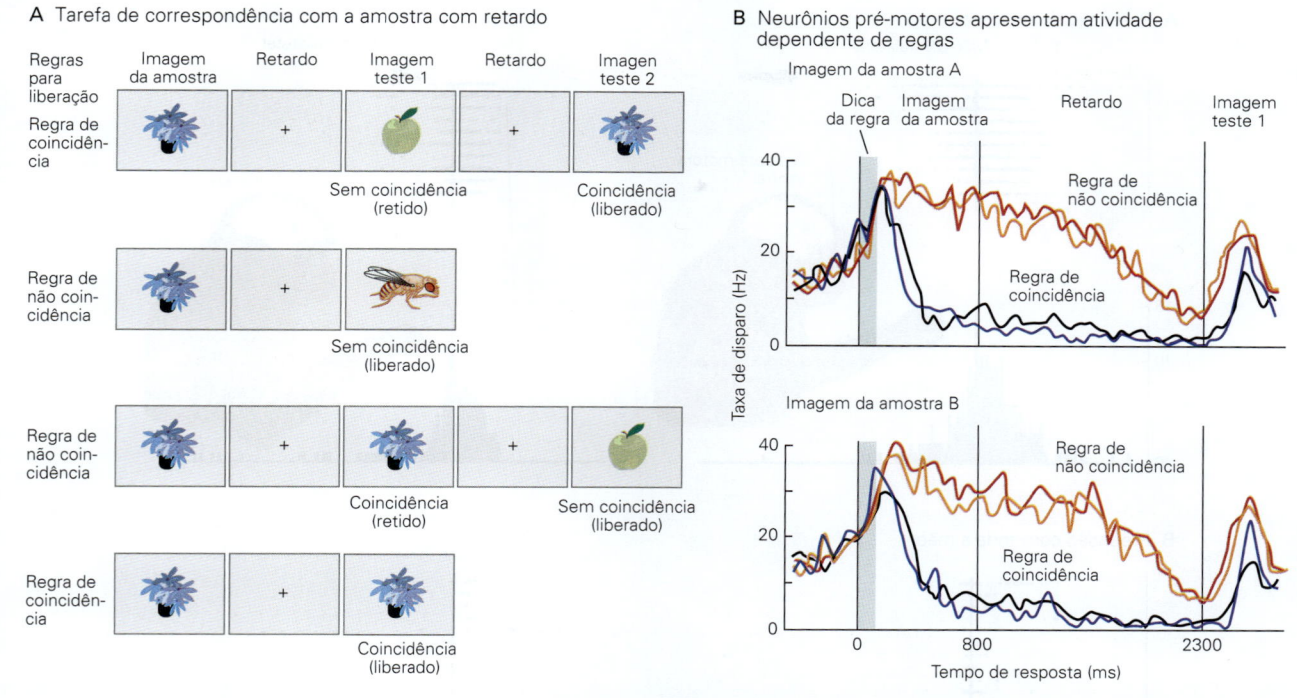

FIGURA 34-11 Os neurônios do córtex pré-motor selecionam comportamentos voluntários específicos com base em regras de decisão. (Reproduzida, com autorização, de Wallis e Miller, 2003.)

A. Um macaco deve tomar uma decisão sobre soltar uma alavanca ou permanecer segurando-a com base em duas decisões anteriores: uma escolha perceptiva, se a imagem do teste for igual ou diferente da imagem da amostra, apresentada anteriormente; e uma escolha comportamental, se a regra vigente é soltar a alavanca quando a imagem do teste for igual à da amostra (regra igual: no teste de amostragem coincidente com retardo as imagens devem coincidir) ou quando as imagens forem diferentes (regra diferente: no teste de amostragem não coincidente com retardo, as imagens devem ser distintas). O macaco é informado sobre a regra comportamental que se aplica a cada teste por meio de uma dica, como um tom auditivo ou gotas de suco, as quais são apresentadas por 100 ms e ao mesmo tempo que a imagem da amostra no início do teste.

B. Um neurônio do córtex pré-motor dorsal tem uma frequência de disparos maior quando a regra diferente está em efeito durante o intervalo entre a apresentação das imagens da amostra e do teste. As respostas a duas imagens diferentes da amostra (parte superior e inferior) foram registradas em uma mesma célula, indicando que a atividade dependente da regra não é alterada pela alteração das imagens. Da mesma forma, como mostrado pelos pares de curvas de taxas de disparo associadas a cada regra, a atividade também não depende do tipo de dica (tom auditivo ou gotas de suco). (Testes com tom como dica: **curvas laranja e azul**; testes com suco como dica: **curvas preta e vermelha**). Outras células do córtex pré-motor dorsal (não mostrado) respondem preferencialmente à regra igual. A atividade diferencial do neurônio até a apresentação da imagem-teste reflete a regra que orientará a resposta motora do animal à imagem, e não as propriedades físicas dos estímulos visuais ou a resposta motora.

boca. Por sua vez, um neurônio da área PMv pode ficar ativado quando o dedo indicador é flexionado para pegar um objeto, mas não quando o animal flexiona o mesmo dedo para se coçar.

O córtex pré-motor pode contribuir para as decisões perceptivas que orientam as ações motoras

Uma série de estudos fornece evidência de que as áreas motoras corticais não apenas representam as informações sensoriais que orientam os movimentos voluntários, mas também expressam as operações neurais necessárias para realizar e agir sobre decisões perceptivas. Macacos foram treinados para discriminar a diferença de frequência entre dois estímulos vibratórios breves aplicados em um dedo e separados por uma diferença de tempo de alguns segundos. Os animais deviam decidir se a frequência do segundo estímulo era maior ou menor que a do primeiro estímulo e relatar suas decisões perceptivas estendendo a outra mão para pressionar um ou dois botões.

O processo de tomada de decisão nessa tarefa pode ser concebido como uma cadeia de operações neurais: (1) codificar a frequência do primeiro estímulo (f1) quando ele for apresentado; (2) manter uma representação de f1 na memória de trabalho durante o intervalo entre os dois estímulos; (3) codificar a frequência do segundo estímulo (f2) quando ele for apresentado; (4) comparar f2 com o traço de memória de f1; (5) decidir se a frequência de f2 é maior ou menor que a de f1 e, finalmente, (6) utilizar essa decisão para escolher o movimento apropriado da outra mão. Todas as fases antes da última etapa poderiam estar inteiramente no domínio do processamento sensorial discriminativo.

Enquanto os macacos realizavam a tarefa, os neurônios dos córtices somatossensoriais primário (S-I) e secundário (S-II) codificavam as frequências dos estímulos à medida

A Preensão de precisão

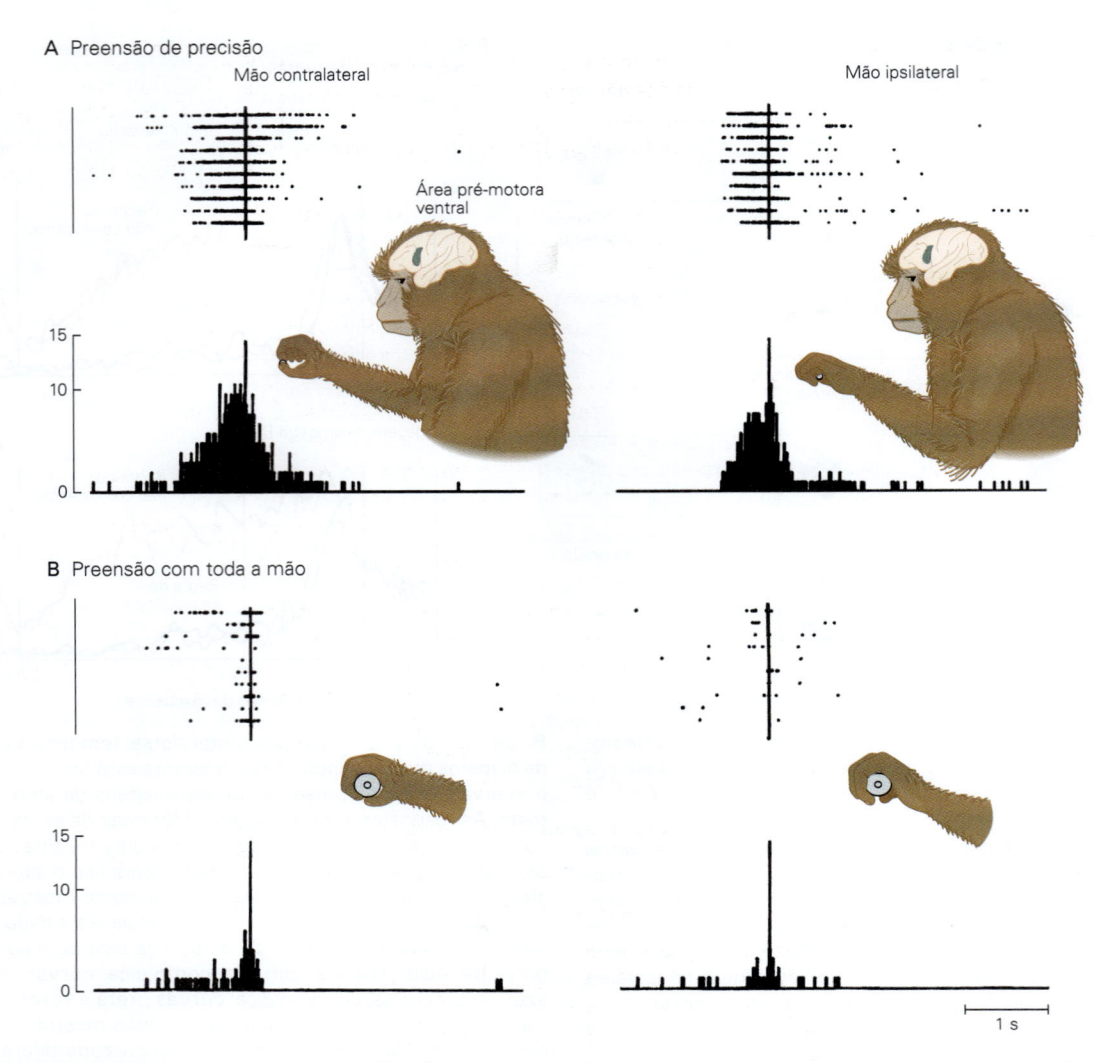

Mão contralateral

Área pré-motora ventral

Mão ipsilateral

B Preensão com toda a mão

1 s

FIGURA 34-12 Alguns neurônios do córtex pré-motor ventral de um macaco disparam seletivamente durante um tipo de ato de preensão. Este neurônio dispara de intensamente durante o movimento de preensão com precisão que utiliza o polegar e o indicador, tanto com a mão direita como com a esquerda, mas dispara muito fracamente durante um ato de preensão usando toda a mão, seja a direita ou a esquerda. Os gráficos rasterizados e de histogramas estão alinhados (**linha vertical**) com o momento em que o macaco toca o alimento (**A**) ou agarra a alavanca (**B**). (Reproduzida, com permissão, de Rizzolatti et al., 1988. Copyright © Springer-Verlag 1988.)

em que eram apresentados. Durante o intervalo entre f1 e f2, não houve atividade sustentada em S-I que pudesse representar o f1 memorizado, e houve apenas uma representação transitória em S-II, a qual se esvaneceu antes que o f2 fosse apresentado.

Surpreendentemente, contudo, a atividade de muitos neurônios no córtex pré-frontal, CMS e PMv aumentaram com as frequências de f1 e f2 enquanto elas estavam sendo aplicadas. Além disso, alguns neurônios pré-frontais e pré-motores mostraram atividade sustentada proporcional à frequência de f1 durante o período de retardo entre f1 e f2. Ainda mais notável, muitos neurônios daquelas áreas, em especial do PMv, codificaram a *diferença* de frequência entre f2 e f1 independentemente de suas frequências atuais quando f2 foi aplicado (**Figura 34-13**). Esse sinal gerado centralmente é apropriado para mediar a discriminação perceptiva que determina qual botão apertar. Os neurônios que codificaram a diferença entre f2 e f1 não foram encontrados em S-I, e foram mais comumente localizados em CMS e PMv do que em S-II.

Muitas áreas motoras corticais estão ativas quando as ações motoras de outros indivíduos estão sendo observadas

Algumas áreas pré-motoras e parietais podem ser ativadas quando nenhuma ação evidente é pretendida, como, por exemplo, quando se solicita a um sujeito que imagine a realização de determinado ato motor. Esse fenômeno, denominado *imaginário motor*, tem sido demonstrado em humanos por imageamento encefálico funcional. A atividade neural evocada pelos circuitos do imaginário motor reflete os mecanismos encefálicos associados ao planejamento motor e à preparação que tenha sido dissociada do início de sua execução evidente.

Uma segunda condição na qual os circuitos motores corticais são ativados sem a intenção evidente de realizar uma ação é quando um indivíduo observa outro indivíduo realizando atos motores que são parte de seu próprio repertório motor. O controle do comportamento e da interação social depende muito da capacidade de reconhecer e compreender o que os outros estão fazendo e por que estão fazendo. Tal entendimento poderia resultar de uma análise visual perceptiva de alta ordem da natureza do comportamento observado, bem como de inferências sobre a motivação e o propósito do comportamento com base na própria experiência. Uma explicação alternativa é a *hipótese da coincidência direta*, a ideia de que a observação das ações de outros motiva os circuitos motores que controlam ações motoras similares no observador. De acordo com essa hipótese, a ativação dos circuitos motores por empatia poderia fornecer uma conexão entre as ações observadas e a memória do observador sobre a natureza, os motivos e as consequências de ações similares que ele tenha efetuado no passado.

Evidências surpreendentes que corroboram a hipótese de coincidência direta foram fornecidas pela descoberta de uma expressiva população de neurônios denominados neurônios-espelho, primeiramente na PMv e, posteriormente,

FIGURA 34-13 A atividade neural no cortex pré-motor ventral em macacos expressa as operações necessárias para escolher uma resposta motora baseada em informações sensoriais. (Adaptada, com autorização, de Romo, Hernandez e Zainos, 2004. Copyright © 2004 Cell Press).

A. Estes registros de três neurônios do córtex pré-motor ventral de um macaco foram feitos enquanto o animal realizava uma tarefa em que tinha que decidir, entre dois estímulos vibratórios (**f1** e **f2**, aplicados no dedo indicador de uma das mãos), se o segundo estímulo tinha frequência maior ou menor que o primeiro. A escolha era sinalizada pelo acionamento de um de dois botões com a mão não estimulada. As frequências do f1 e do f2 estão indicadas pelos números à esquerda de cada conjunto de gráficos rasterizados. A célula 1 codificou as frequências do f1 e do f2 enquanto os estímulos estavam sendo apresentados, mas não mostrou atividade em qualquer outro momento. Esse perfil de resposta lembra as respostas de diversos neurônios do córtex somatossensorial primário. A célula 2 codificou a frequência do f1 e sustentou sua resposta durante o período de retardo. Durante a apresentação do f2, a resposta do neurônio aumentou quando f1 foi maior que f2, e foi suprimida quando f2 excedeu f1. A célula 3 respondeu ao f1 durante a estimulação e mostrou menos atividade durante o período de retardo. Porém, durante a exposição ao f2, a atividade da célula sinalizou de forma robusta a diferença f2-f1, independentemente das frequências específicas de f1 e f2.

B. Os histogramas mostram a porcentagem de neurônios de diferentes áreas corticais cujas atividades estavam correlacionadas a cada instante com diferentes parâmetros durante a tarefa de discriminação tátil. A cor **verde** mostra a correlação com f1; **vermelho**, a correlação com f2; **preto**, a interação entre f1 e f2; e **azul**, a correlação com a diferença entre f2 e f1. (Siglas: **M1**, córtex motor primário; **PMv**, córtex pré-motor ventral; **S-I**, córtex somatossensorial; **S-II**, córtex somatossensorial secundário; **AMS**, área motora suplementar.)

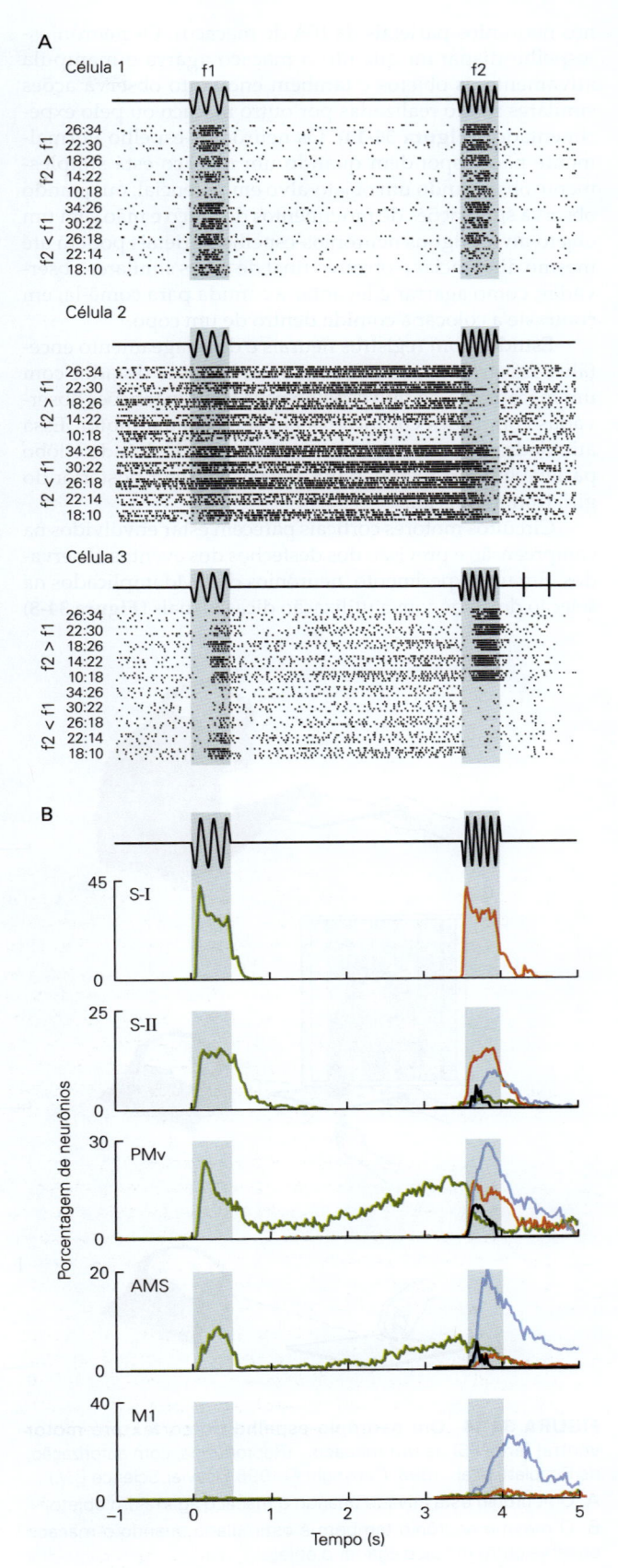

nos neurônios parietais da IPA de macacos. Os neurônios-espelho disparam quando o macaco agarra e manipula ativamente os objetos e também enquanto observa ações similares sendo realizadas por outro macaco ou pelo experimentador (**Figura 34-14**). Os neurônios-espelho normalmente não respondem quando um macaco está simplesmente observando um objeto-alvo em potencial, ou quando observa simulações de movimentos de braço e mão sem um objeto-alvo. Alguns neurônios-espelho parietais podem até mesmo diferenciar o objetivo final de ações similares observadas, como agarrar e levantar a comida para comê-la, em contraste a colocar a comida dentro de um copo.

Estudos com registros neurais e de imageamento encefálico mostram que os humanos também são dotados com um mecanismo do tipo espelho para combinar ações observadas com ações codificadas em seu sistema motor. Essa atividade surge em várias áreas do córtex, incluindo o lobo parietal inferior rostral, o IPS, o PMv e o setor posterior do giro frontal inferior.

Circuitos motores corticais parecem estar envolvidos na compreensão e previsão dos desfechos dos eventos observados. Em um experimento, neurônios do PMd implicados na seleção de alvos com a utilização dicas visuais (**Figura 34-8**) também disparavam quando os macacos simplesmente assistiam as mesmas dicas e movimentos do cursor no monitor enquanto um operador invisível executava a tarefa. Os macacos recebiam um suco como recompensa sempre que o cursor se aproximava do alvo correto, mas não se ele se movesse na direção errada. Os macacos começavam a lamber o tubo com suco logo após o cursor começar a se mover para o alvo correto, bem antes de o suco ser de fato liberado, mas rapidamente afastavam suas bocas do tubo quando o cursor se movia em direção ao alvo errado. Esse comportamento mostrou que os macacos interpretaram corretamente o que viram e previram as consequências com precisão.

Nota-se que a atividade da maioria dos neurônios relacionados a tarefas no PMd era muito similar, tanto se os macacos utilizassem as informações visuais para planejar e fazer os movimentos do braço quanto simplesmente para observar os eventos visuais e prever as consequências. Esses neurônios paravam de responder durante as observações se nenhuma recompensa fosse oferecida após as tentativas corretas, ou se o animal ficasse saciado e desinteressado de beber o suco. Isso mostrou que os neurônios não estavam simplesmente respondendo às aferências sensoriais, mas, em vez disso, estavam processando os eventos

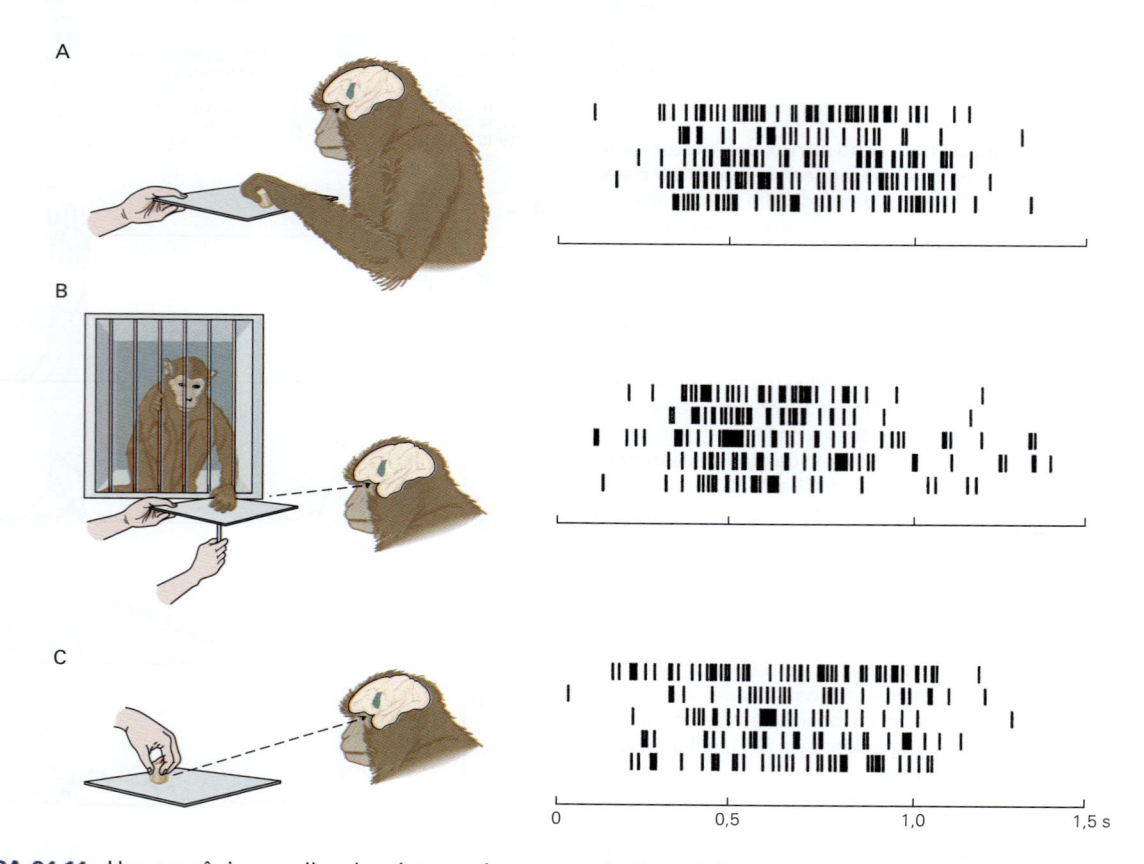

FIGURA 34-14 Um neurônio-espelho do córtex pré-motor ventral (área F5) de um macaco. (Reproduzida, com autorização, de Rizzolatti et al., 1996. Copyright © 1996 Elsevier Science B.V.)

A. O neurônio está ativado quando o macaco agarra um objeto.

B. O mesmo neurônio também é estimulado quando o macaco observa outro macaco agarrar o objeto.

C. O neurônio é ativado da mesma forma quando o macaco observa o experimentador humano agarrar o objeto.

O tempo zero nos gráficos rasterizados de atividade celular corresponde aproximadamente ao tempo de apresentação do objeto a ser agarrado (painel A) ou ao tempo de início das ações de agarre observadas (painéis B e C).

sensoriais observados para prever a consequência resultante para o macaco, ou seja, a probabilidade da obtenção do suco como recompensa.

Essa ativação, em conexão com observação passiva, corrobora a ideia de que a ativação de circuitos pré-motores em contextos não motores pode contribuir para a o entendimento da natureza e das consequências dos eventos observados no ambiente. Isso tem sido também implicado na habilidade de humanos de aprender novas habilidades motoras simplesmente observando uma pessoa habilidosa desempenhar as mesmas ações. Além disso, disfunções no sistema de neurônios-espelho em crianças jovens pode contribuir para alguns dos sintomas do autismo.

Muitos aspectos do controle voluntário estão distribuídos através dos córtices pré-motor e parietal

Embora a descrição das funções das áreas pré-motoras dos córtices pré-central e parietal tenha sido efetuada separadamente, deve ser enfatizado que o principal processo de controle sensorimotor é compartilhado através de múltiplas regiões corticais através de suas interconexões recíprocas.

Por exemplo, os processos neurais que ligam propriedades físicas dos objetos-alvo a ações apropriadas com as mãos são distribuídos através da área parietal IPA, da área pré-motora PMv, e M1, com aspectos visuoespaciais do processo mais proeminentes na IPA e com componentes motores mais prevalentes no córtex pré-central (**Figura 34-15**). Da mesma forma, como já observado, os correlatos neurais da seleção do alvo a ser alcançado na APA (**Figura 34-8B**) assemelham-se surpreendentemente àqueles reportados na PMd (**Figura 34-8A**).

O córtex motor primário assume um papel importante na execução motora

Uma vez que um indivíduo tenha se decidido por um objetivo comportamental, os comandos motores devem então ser comunicados aos músculos para mover o corpo.

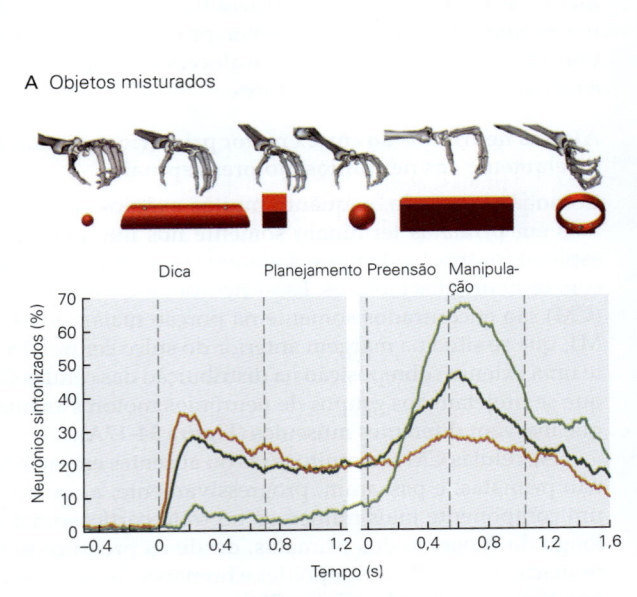

FIGURA 34-15 O processamento visuomotor da forma dos objetos é distribuído através de muitas áreas córticais do macaco. (Reproduzida, com autorização, de Schaffelhofer e Scherberger, 2016.)

A. Um conjunto de objetos "misturados" provoca diferentes respostas visuais, e é necessária uma resposta motora diferente para agarrar tais objetos. Os gráficos mostram a porcentagem de neurônios nas áreas intraparietal anterior (**IPA**, **laranja**), córtex pré-motor ventral (**PMv**, F5, **verde-escuro**) e córtex motor primário (**M1**, **verde-claro**), que modularam significativamente suas respostas em função da identidade do objeto ao longo do tempo. Inicialmente, os objetos a serem pegos foram mostrados aos macacos (períodos de sinalização e planejamento), e então lhes foi permitido alcançar, agarrar e manipular os objetos (períodos de preensão e manipulação). A proporção de neurônios que variaram suas atividades de acordo com os tipos de objetos (neurônios sintonizados) durante a período de sinalização e planejamento foi maior na IPA e menor no M1, indicando que a sensibilidade à forma visual do objeto era mais proeminente na IPA. Durante a ação motora (períodos de preensão e manipulação), foi observado o padrão reverso, com muitos neurônios no PMv e, especialmente, no M1, exibindo uma forte dependência das diferentes ações de agarrar necessárias para segurar os diferentes objetos.

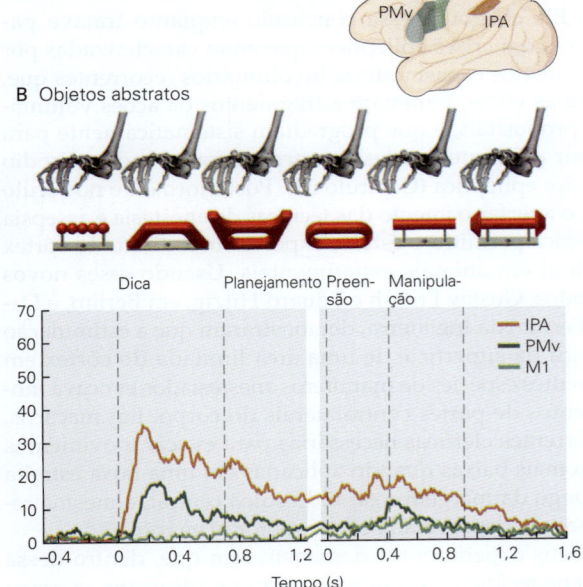

B. Um conjunto de objetos "abstratos" promovem diferentes respostas visuais, e são necessárias resposta motoras similares para agarrá-los. Assim como no conjunto de objetos "misto", muitos neurônios na IPA variaram suas atividades em função da forma do objeto durante o período de sinalização e planejamento, mas poucos neurônios da PMv, e praticamente nenhum neurônio do M1, mostraram sensibilidade à forma do objeto observado. Durante a ação motora (períodos de preensão e manipulação), poucos neurônios da PMv e do M1 mostraram alguma diferença na atividade em função da forma dos diferentes objetos, e todos eles requereram a mesma ação de preensão.

A complexidade desse problema não pode ser subestimada, uma vez que isso requer o controle preciso de padrões espaçotemporais da atividade de um grande número de músculos que agem através de muitas articulações para atingir um objetivo comportamental, levando em consideração as propriedades mecânicas não lineares e complexas do sistema musculoesquelético e as forças e cargas impostas pelo ambiente. Esses padrões detalhados de atividade muscular são coordenados por neurônios da medula espinal e circuitos interneuronais (Capítulo 32). Contudo, o córtex motor primário (M1) desempenha um papel importante na geração dos comandos motores que controlam a atividade espinal, incluindo as informações essenciais necessárias para selecionar e controlar o tempo e a magnitude da atividade muscular.

O córtex motor primário inclui um mapa detalhado da periferia motora

A ideia de que uma região localizada do córtex cerebral contém um mapa motor do corpo dedicado ao controle motor voluntário é oriunda dos trabalhos do neurologista Inglês John Hughlings Jackson, em meados do século XIX. Ele chegou a essa conclusão enquanto tratava pacientes com crises epilépticas que eram caracterizadas por movimentos espasmódicos involuntários recorrentes que, algumas vezes, remetiam a fragmentos de ações voluntárias propositais, e que progrediam sistematicamente para incluir diferentes partes do corpo durante cada episódio de crise epiléptica (Capítulo 58). Posteriormente no século XIX, o aperfeiçoamento das técnicas de anestesia e assepsia cirúrgica permitiu o estudo experimental direto do córtex cerebral em animais experimentais. Usando esses novos métodos, Gustav Fritsch e Eduard Hitzig, em Berlim, e David Ferrier, da Inglaterra, demonstraram que a estimulação elétrica da superfície de uma área limitada do córtex em diferentes espécies de mamíferos anestesiados evocava movimentos de partes contralaterais do corpo. Em macacos, as correntes elétricas necessárias para evocar movimentos eram mais baixas quando aplicadas em uma faixa estreita ao longo da margem rostral do sulco central, a mesma região agora denominada córtex motor primário.

Seus experimentos demonstraram que, dentro dessa faixa de tecido, a estimulação de locais adjacentes evocava movimentos de partes adjacentes do corpo, iniciando pelo pé, pela perna e a pela cauda, medialmente, e seguindo por tronco, braço, mão, face, boca e língua, mais lateralmente. Ao lesionarem uma área cortical cuja estimulação havia evocado movimentos de uma dada parte do corpo, o movimento dessa parte ficou prejudicado ou foi perdido após o animal se recuperar da cirurgia. Esses primeiros experimentos mostraram que o córtex motor contém um mapa motor ordenado das porções principais do lado contralateral do corpo, e que a integridade desse mapa é necessária para o controle voluntário das partes correspondentes do corpo. Estudos com muitas espécies, realizados na primeira metade do século XX por Clinton Woosley, bem como em humanos submetidos a cirurgias por Wilder Penfield, demonstraram que a organização topográfica geral da margem rostral do sulco central é conservada ao longo de muitas espécies (Figura 34-16). Uma observação importante foi a de que o mapa motor não equivale a uma reprodução ponto-a-ponto exata da forma anatômica do corpo. Em vez disso, as partes corporais que recebem controle mais preciso, como os dedos, a face e a boca, estão representadas por áreas desproporcionalmente grandes, que refletem a necessidade de um número maior de neurônios para um controle motor refinado.

Hoje as regiões mais bem estudadas do mapa são partes que controlam o braço e a mão, que revelam muito mais complexidade do que o transmitido nos diagramas clássicos mostrados na Figura 34-16A,B. Primeiro, os neurônios que controlam os músculos dos dígitos, das mãos e do antebraço estão mais concentrados em uma zona central, enquanto os neurônios que controlam os músculos mais proximais do braço estão localizados ao redor dessa zona central, formando uma área em forma de ferradura (Figura 34-16C). Segundo, os sítios de estimulação se sobrepõem extensivamente, permitindo o controle da ação muscular através de diferentes articulações; por outro lado, cada músculo pode ser ativado pela estimulação de muitos sítios espalhados ao longo do mapa motor do braço/mão. Finalmente, as conexões axonais horizontais locais ligam diferentes sítios através do mapa motor, provavelmente permitindo a coordenação da atividade através do mapa durante a formação dos comandos motores.

Alguns neurônios do córtex motor primário projetam-se diretamente aos neurônios motores espinais

Como já observado, enquanto muitos axônios corticospinais em primatas terminam somente nos interneurônios espinais, outros também estabelecem sinapses diretamente com os neurônios motores. Esses neurônios corticomotores (CM) são encontrados somente na porção mais caudal do M1, que se situa na margem anterior do sulco central. Existe uma extensa sobreposição na distribuição das células CM que se projetam aos grupos de neurônios motores espinais que inervam diferentes músculos (Figura 34-17A).

As células CM são muito raras ou ausentes em espécies não primatas, e passaram, progressivamente, a constituir um componente mais numeroso no trato corticospinal ao longo da filogenia dos primatas, desde os prossímios até os macacos, grandes antropóides e humanos. Nos macacos, um número maior de células CM se projeta aos grupos de neurônios motores que inervam os músculos dos dedos, da mão e do punho, em relação aos que inervam as partes proximais do braço. O terminal de um único axônio de uma célula CM, em geral, ramifica-se e forma terminações sinápticas sobre neurônios motores espinais de diversos músculos agonistas, podendo ainda influenciar na atividade contrátil de outros músculos por meio de sinapses com interneurônios espinais (Figura 34-17B, C). Esse padrão de terminações está organizado de modo a produzir padrões coordenados de atividade em um *campo muscular* de músculos agonistas e antagonistas. Muito comumente, um axônio de célula CM excita diretamente os neurônios motores espinais que inervam vários músculos agonistas, suprimindo indiretamente a atividade de alguns músculos antagonistas por interneurônios inibitórios locais (Figura 34-17C). O fato

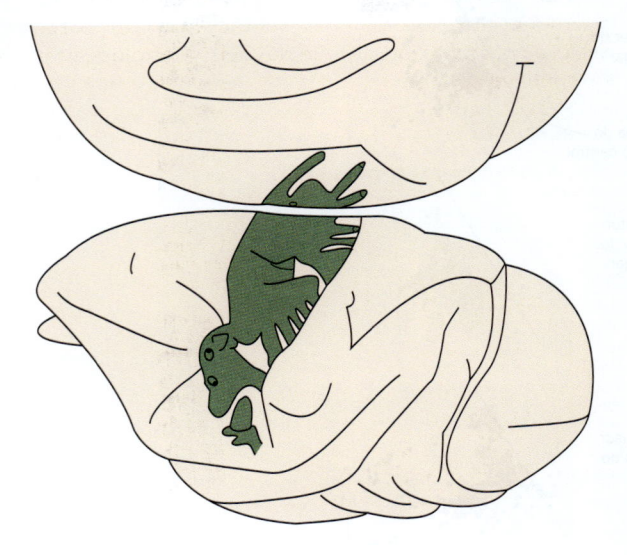

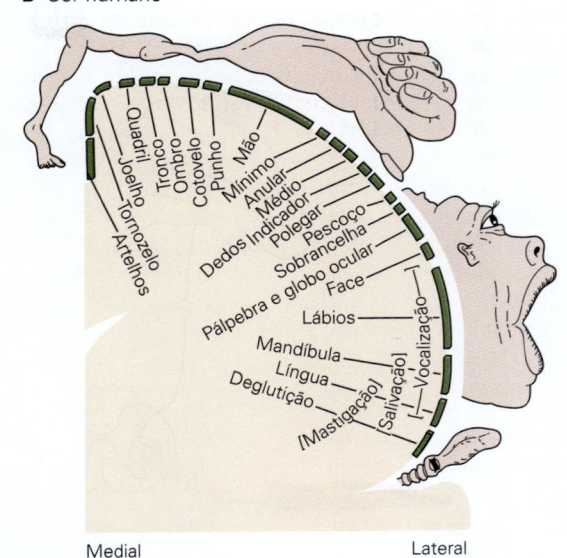

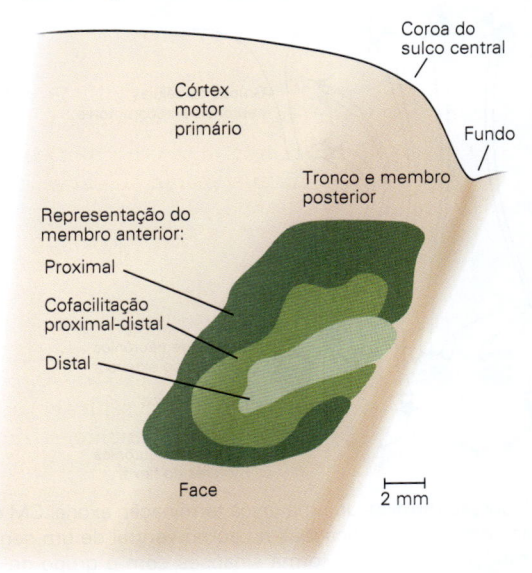

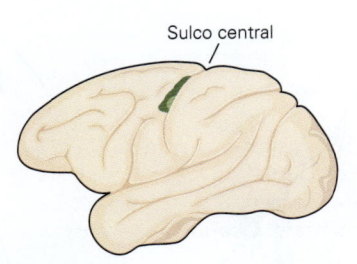

FIGURA 34-16 O córtex motor possui um mapa topográfico das eferências motoras às diferentes partes do corpo.

A. Estudos de Clinton Woolsey e colaboradores confirmaram que a representação das diferentes partes do corpo nos macacos segue um plano ordenado: a eferência motora para o pé e a perna é medial, enquanto para o braço, a face e a boca, a eferência é mais lateral. As áreas do córtex que controlam o pé, a mão e a boca são muito maiores do que as regiões que controlam as outras partes do corpo.

B. Wilder Penfield e colaboradores demonstraram que o mapa do córtex motor humano possui a mesma organização geral mediolateral que o do macaco. Entretanto, as áreas que controlam a mão e a boca são ainda maiores que nos macacos, enquanto a área que controla o pé é muito menor. Penfield enfatizou que este desenho ilustra o tamanho relativo da representação de cada parte do corpo no mapa motor; ele não pretendia, com isso, afirmar que cada parte do corpo é controlada por uma única parte exclusiva do mapa motor.

C. O mapa motor do braço nos macacos tem uma organização concêntrica, em formato de ferradura. Os neurônios que controlam o braço distal (dedos e punho) estão concentrados em uma área central (**verde pálido**) circundada por neurônios que controlam o braço proximal (cotovelo e ombro, em **verde escuro**). As populações de neurônios que controlam as partes distais e proximais do braço se sobrepõem extensamente em uma zona de cofacilitação proximal-distal (**verde intermediário**). (Reproduzida, com autorização, de Park et al., 2001. Copyright © 2001 Society for Neuroscience.)

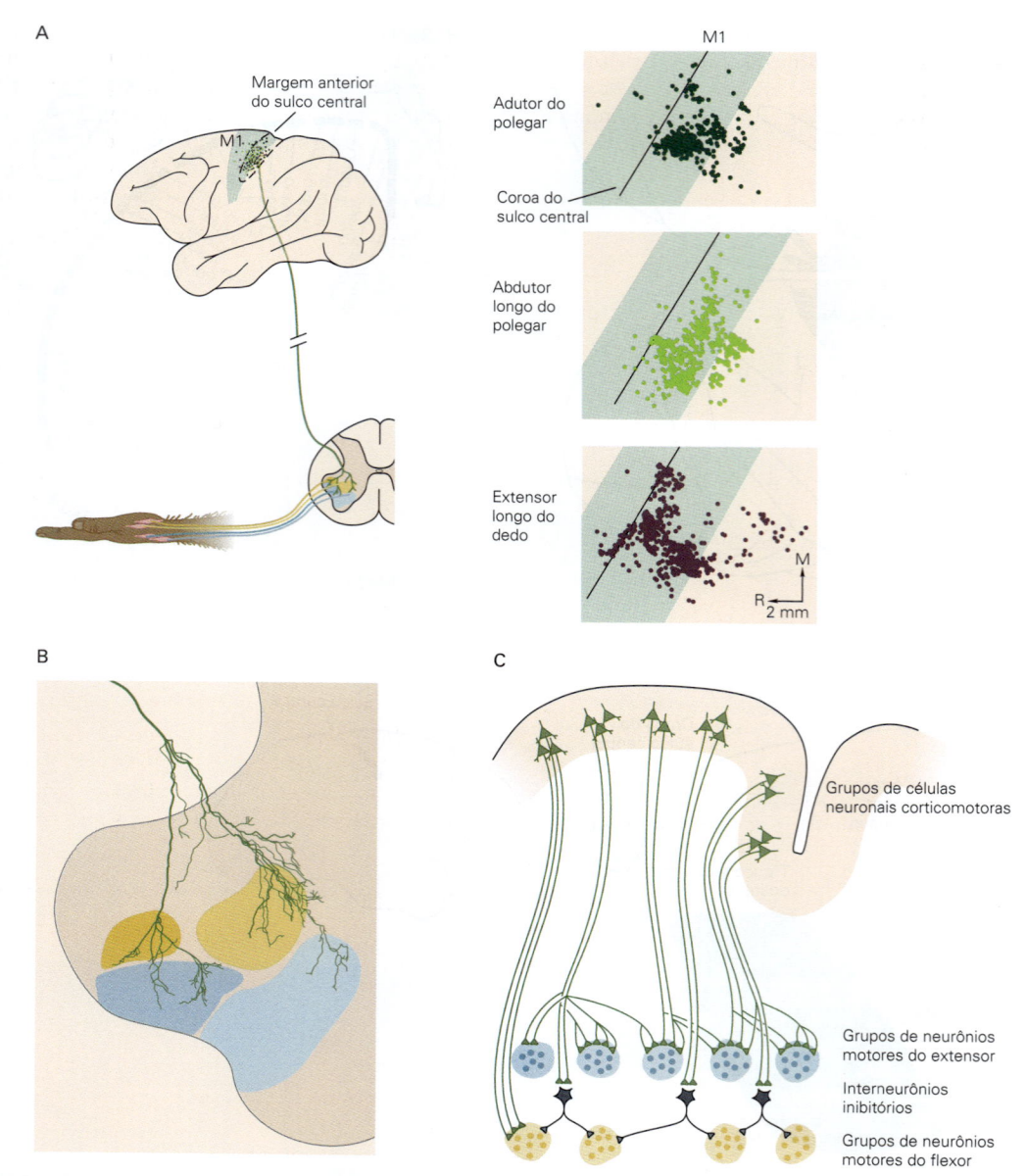

FIGURA 34-17 Células corticomotoneuronais ativam padrões musculares complexos por meio de conexões divergentes com neurônios motores espinais que inervam diferentes músculos do braço.

A. Células corticomotoneuronais (CM), as quais se projetam monossinapticamente aos neurônios motores espinais, estão localizadas quase exclusivamente dentro da margem anterior do sulco central, na porção caudal do córtex motor primário (**M1**). As células CM que controlam um único músculo da mão estão amplamente distribuídas por todo o mapa motor do braço, e há uma grande sobreposição na distribuição dos neurônios que se projetam aos diferentes músculos da mão. As localizações dos corpos celulares das células CM as quais se projetam aos grupos de neurônios motores espinais que inervam o adutor do polegar, o abdutor longo do polegar e o extensor dos dedos (mostrados à direita) ilustram esse padrão de ampla distribuição e extensiva sobreposição de células CM que se projetam para diferentes músculos. (Siglas: **M**, medial; **R**, rostral) (Reproduzida, com autorização, de Rathelot e Strick, 2006.)

B. A porção terminal de uma única terminação axonal CM é mostrada com suas ramificações no corno ventral de um segmento da medula espinal. Ela forma sinapses com o grupo de neurônios motores espinais que inervam quatro diferentes músculos intrínsecos da mão (zonas **amarelas** e **azuis**), bem como com redes circunvizinhas de interneurônios. Cada axônio possui várias ramificações terminais distribuídas ao longo de muitos segmentos espinais. (Reproduzida, com autorização, de Shinoda, Yokota e Futami, 1981.)

C. Diferentes grupos de células CM do córtex motor primário terminam em diferentes combinações de redes de interneurônios espinais e de grupos motores espinais, ativando, assim, diferentes combinações de músculos agonistas e antagonistas. Muitos outros axônios corticospinais terminam somente em interneurônios espinais (não mostrado). A figura mostra projeções de células CM terminando em grupos de neurônios motores do extensor. Grupos de motores do flexor recebem projeções complexas similares (não mostrado). (Adaptada, com autorização, de Cheney, Fetz e Palmer, 1985.)

de as células CM serem mais proeminentes em humanos que em outras espécies pode ser uma das razões pelas quais as lesões do M1 resultam em um efeito mais profundo sobre o controle motor voluntário nos humanos em comparação aoutros mamíferos (**Quadro 34-3**).

A complexidade do mapa motor em M1 – como revelado por pulsos curtos de estimulação elétrica e por estudos anatômicos e neurofisiológicos de eferências descendentes diretas ou indiretas partindo do M1 e mirando músculos isolados e pequenos grupos musculares – mostra como os comandos motores do M1 para o aparato motor medular são capazes de controlar os movimentos de cada parte do corpo, com foco especial nos dedos, mão, braço, face, e boca, em primatas.

A atividade no córtex motor primário reflete muitas características espaciais e temporais da eferência motora

Como já observado, uma ação específica como alcançar um objeto pode ser descrita em muitos níveis, variando desde a trajetória espacial e a velocidade da mão às forças causais centradas nas articulação e na atividade muscular (**Figura 34-1A**). Modelos representacionais assumem que o sistema motor planeja e controla diretamente parâmetros específicos do movimento. Eles preveem que diferentes populações neuronais codificam o movimento pretendido em um espaço parâmetro (ou seja, movimento da mão ou articulação, ou torque músculo-articular) e executam as transformações entre eles. Modelos dinâmicos preveem que os circuitos neurais controlam os movimentos através de alterações em seu estado de ativação, do estado atual ao estado final desejado. Conforme suas atividades mudam ao longo do tempo, correlatos de vários parâmetros e propriedades do movimento pretendido podem ser observados na atividade de neurônios isolados e populações neurais. Contudo, a atividade da maioria dos neurônios reflete uma combinação de parâmetros que não corresponde a nenhum parâmetro identificável em qualquer estrutura de coordenadas específicas.

Apesar das diferentes suposições, ambas as perspectivas sugerem que alguém pode inferir a possível contribuição de diferentes neurônios em diferentes estruturas neurais para o controle motor pelo estudo de como suas atividades se correlacionam com os diferentes parâmetros de movimentos. A atividade dos neurônios do M1 tem sido estudada intensamente desde os anos 1960, tentando revelar, por exemplo, se o M1 gera um sinal de nível superior sobre o movimento da mão ou um sinal cinético de nível baixo, mais relacionado às forças causais e atividade muscular.

O conhecimento sobre a natureza dos sinais de controle gerados pelo M1 também ajuda a esclarecer a função de outras estruturas motoras, em especial a medula espinal. Se o M1 codifica informações específicas sobre os padrões de atividade muscular, é necessário menos processamento computacional no nível espinal. Ao contrário, se M1 codifica principalmente informações de nível superior sobre o movimento pretendido, a medula espinal poderá ter que realizar os processos que convertem esse sinal global em padrões detalhados de atividade muscular.

QUADRO 34-3 Lesões no córtex motor primário levam a prejuízos na execução motora

Os efeitos das lesões do córtex motor primário (M1) diferem entre as diferentes espécies. Grandes lesões não causam paralisia em gatos; esses animais podem se mover e caminhar sobre superfícies abertas planas. Eles terão, entretanto, dificuldades graves em utilizar a informação visual para se orientar em um ambiente complexo, evitar obstáculos ou subir os degraus de uma escada. Em gatos, os neurônios do trato piramidal do M1 são ativados muito mais intensamente quando o animal precisa modificar seu passo normal para passar por um obstáculo com orientação visual do que durante a locomoção normal, desimpedida, em uma superfície horizontal e sem saliências (Capítulo 33).

Lesões grandes no M1 em macacos resultam em consequências mais drásticas, incluindo a paralisia inicial e geralmente a perda permanente dos movimentos independentes do polegar e dos demais dedos (como o movimento de pinçar). Entretanto, os macacos recuperam certa capacidade de fazer movimentos desajeitados das mãos e dos braços, bem como de caminhar e escalar.

Lesões mais focais do M1 em geral resultam em fraqueza muscular, lentidão e imprecisão dos movimentos, além de descoordenação dos movimentos que envolvem múltiplas articulações, talvez como resultado de perturbações seletivas dos circuitos de controle para músculos específicos ou grupos musculares. Lesões limitadas à parte do mapa motor, como o braço, perna ou face contralateral, levam à paralisia daquela parte do corpo. Ocorre o uso diminuído da parte afetada do corpo, e os movimentos das extremidades distais são muito mais afetados do que o braço proximal e o tronco.

A gravidade do déficit também depende do nível da habilidade requerida. O controle de habilidades motoras de precisão, como os movimentos independentes dos dedos e da mão e a preensão de precisão, fica abolido. Qualquer controle residual dos dedos e da mão fica, em geral, reduzido a movimentos desajeitados, como garras, movimentos de flexão e extensão simultâneos de todos os dedos, lembrando os movimentos de agarrar inábeis dos bebês. As funções motoras que permanecem, como atividades posturais, locomoção, movimentos de alcançar e agarrar objetos com toda a mão, costumam ser descoordenadas.

Em humanos, grandes lesões do córtex motor são particularmente devastadoras, resultando em déficits motores severos ou na completa paralisia da parte do corpo afetada, geralmente com potencial limitado de recuperação. Isso presumivelmente reflete a importância aumentada, em humanos, dos sinais descendentes do M1 para os circuitos interneuronais espinais e para os neurônios motores espinais, assim como uma capacidade diminuída de compensação da perda dos sinais dessas vias descendentes por outras estruturas motoras corticais e sub-corticais.

Contudo, um dos maiores desafios experimentais na identificação de como o M1 controla o movimento é o fato de que virtualmente todos os parâmetros relacionados ao movimento estão intercorrelacionados através das leis do movimento. Como consequência, uma força muscular (cinética) em particular irá causar um movimento (cinemático) específico dada uma condição inicial (postura, movimento) do corpo. Como resultado, se fosse registrada a atividade neural de um macaco enquanto ele realiza movimentos de alcance em diferentes direções, um neurônio que teoricamente sinaliza a direção espacial do movimento iria também, inevitavelmente, mostrar uma correlação com a direção das forças causais. Da mesma forma, a atividade contrátil de um músculo irá covariar sistematicamente de acordo com a direção espacial do movimento, mesmo que este esteja claramente gerando as forças causais. A não ser que o desenho da tarefa dissocie adequadamente essas diferentes classes de parâmetros, ele irá gerar informações ambíguas sobre o papel funcional de cada neurônio.

Edward Evarts foi o primeiro a examinar essa questão nos anos 1960, em um estudo pioneiro com registros de neurônios individuais em macacos enquanto eles realizavam um movimento simples de flexão e extensão do punho. Utilizando um sistema de polias e pesos, Evarts aplicou uma carga ao punho do macaco, que o puxava tanto na direção de sua flexão ou de sua extensão, nas diferentes tentativas. Isso exigia que o macaco alterasse o nível de atividade muscular do punho para compensar a carga enquanto realizava o movimento. Em função disso, a cinemática (direção e amplitude) dos movimentos do punho permaneceu constante, mas a cinética (força e atividade muscular) mudou com a carga.

Usando um microeletrodo, ele localizou neurônios individuais no mapa motor no M1 que modulavam sua atividade quando o macaco fazia movimentos do punho sem a carga externa. Em alguns neurônios, as descargas aumentavam durante a flexão do punho (direção preferida de movimento) e era suprimida durante a extensão, enquanto outros neurônios apresentaram o padrão oposto. Essa atividade relacionada ao movimento inicia tipicamente 50 a 150ms antes do início da atividade do músculo agonista, confirmando uma ligação causal entre a atividade neural em M1 e o movimento. Quando uma carga era aplicada, muitos neurônios do M1 aumentavam suas atividades quando a carga provocava resistência ao movimento na direção preferida e diminuíam a atividade quando a carga auxiliava o movimento (**Figura 34-18**). Essas alterações na atividade neural são paralelas às mudanças na atividade muscular necessárias para compensar a carga externa.

Estudos subsequentes confirmaram que a atividade de muitos neurônios do M1 varia sistematicamente com a magnitude da eferência geradora da força muscular. Isso é melhor ilustrado em tarefas nas quais os macacos geram forças isométricas contra objetos imóveis que impedem o movimento. A atividade de muitos neurônios do M1, incluindo as células CM, varia de acordo com a direção e o nível das forças de respostas isométricas estáticas geradas em uma única articulação, como o punho ou o cotovelo, mas também durante os movimentos de pinça precisos, que usam o polegar e o indicador (**Figura 34-19A**). Ao menos parte das respostas testadas varia linearmente com o nível de força estática.

A maior parte dos comportamentos naturais envolve ações multiarticulares e multimusculares. Por exemplo, movimentos de alcançar com o braço em diferentes direções requerem padrões diferentes de movimentos coordenados de ombro e cotovelo. A atividade proximal dos membros durante esses movimentos mostra um padrão aproximadamente cosseno de atividade, com atividade máxima em direções específicas do movimento – sua direção preferida –, que gradualmente diminui conforme o ângulo entre a direção desejada de alcance e a direção preferida do músculo aumenta (**Figura 34-20A**). Assim como os músculos proximais dos braços, os neurônios individuais relacionados ao ombro e ao cotovelo respondem de uma forma continuamente graduada durante movimentos de alcance em diferentes direções centrados em uma direção preferida de atividade máxima (**Figura 34-20B**). Diferentes neurônios têm diferentes direções preferidas que cobrem todo o *continuum* direcional em torno do círculo, e, durante um movimento específico, neurônios com uma ampla gama de direções preferidas disparam a diferentes taxas.

Como mostrado por Edward Evarts nas tarefas de articulação unitária, muito da atividade do M1 durante os movimentos de alcance está intimamente relacionado à cinética causal. Por exemplo, em macacos treinados para realizar movimentos de alcance em oito direções enquanto compensavam cargas externas que puxavam seus braços em diferentes direções, a atividade relacionada ao alcance tanto dos músculos proximais ao braço quanto de muitos neurônios do M1 mudava sistematicamente com a direção das cargas externas e as forças corretivas correspondentes que os macacos tinham que gerar para cada direção a ser alcançada. Tanto a atividade muscular quanto a neural aumentavam quando a carga provocava resistência aos movimentos nas direções preferidas, e diminuíam quando as cargas auxiliavam na execução dos movimentos. Adicionalmente, quando um macaco utiliza todo o braço para exercer níveis constantes de força isométrica em direções diferentes da mão, a atividade de muitos neurônios do M1 varia sistematicamente com a direção da força, e as curvas de sintonia direcional para força isométrica lembram as curvas de atividade nos movimentos de alcance (**Figura 34-19B**).

As propriedades complexas e não lineares dos membros multissegmentados representam um grande problema de controle para o sistema motor. Por exemplo, alguém pode efetuar movimentos de alcance com trajetórias similares das mãos, mas com diferentes arranjos geométricos dos braços, o que requer mudanças tanto nos torques causais centrados nas articulações quanto na atividade muscular. Em um experimento, quando os macacos faziam movimentos de alcance horizontais ao longo das mesmas trajetórias espaciais planas das mãos ao mesmo tempo em que mantinham os braços em uma orientação espacial diferente (isto é, cotovelo levantado *versus* abaixado), a atividade nos músculos proximais do braço e de muitos neurônios do M1 mostravam mudanças correspondentes na força e na sintonia direcional das atividades relacionadas ao alcance. Isso indica que os neurônios do M1 geram sinais que levam em

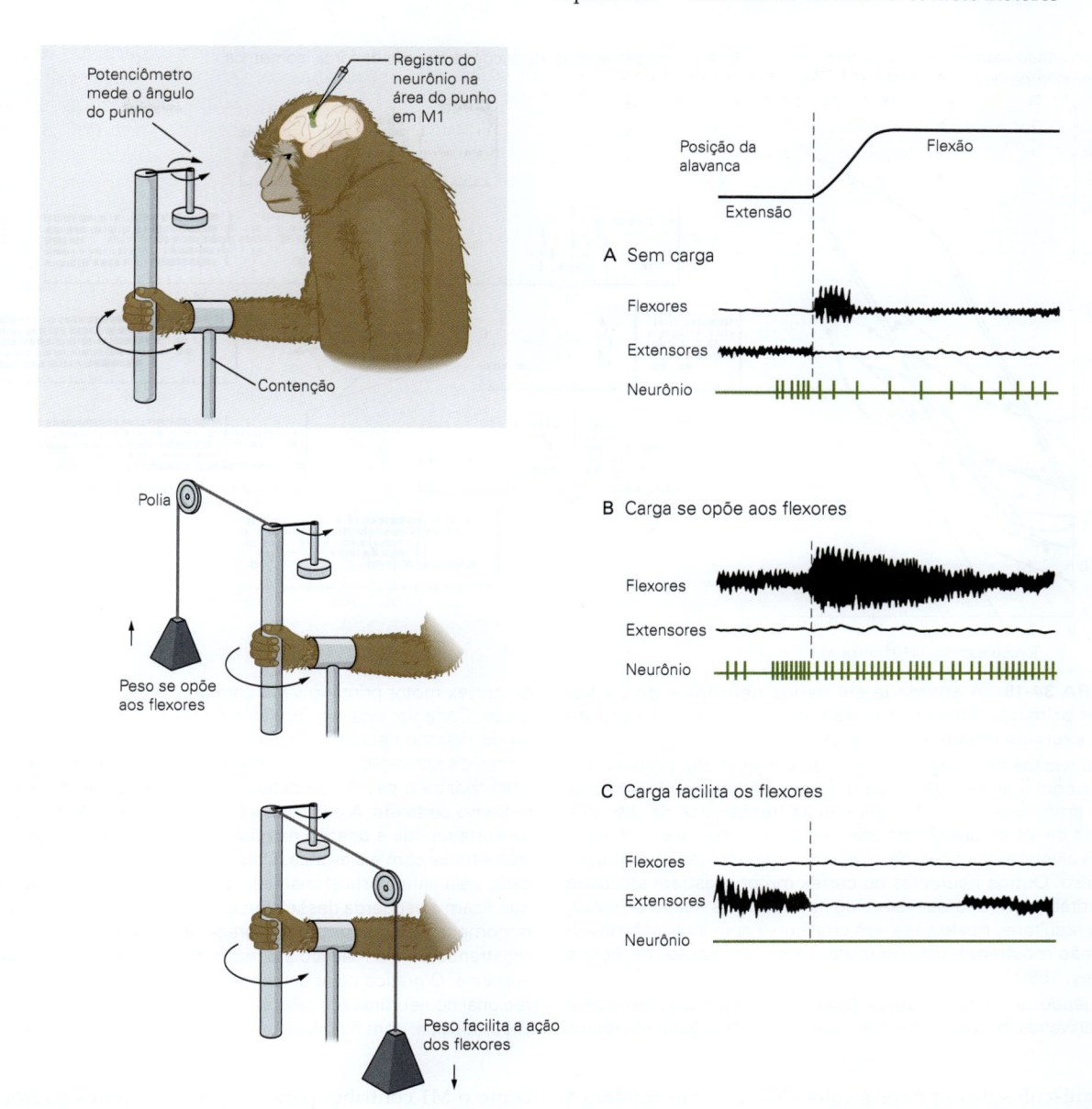

FIGURA 34-18 A atividade de um neurônio do córtex motor correlaciona-se com mudanças na direção e na amplitude das forças musculares durante os movimentos do punho. Os registros são de um neurônio do M1 cujo axônio se projeta pelo trato piramidal. O macaco flexiona seu punho sob três condições de carga. Quando nenhuma carga é aplicada ao punho, o neurônio dispara antes e durante a flexão (**A**). Quando é aplicada uma carga que se opõe à flexão, a atividade dos músculos flexores e do neurônio aumenta (**B**). Quando uma carga facilita a flexão do punho (imposta à extensão), o neurônio e os músculos flexores silenciam (**C**). Nas três condições, o deslocamento do punho é igual, mas a atividade neural muda à medida que as cargas e a atividade muscular compensatória mudam. Assim, a atividade desse neurônio motor cortical está mais relacionada à direção e ao nível de forças, e à atividade muscular exercida durante o movimento, do que à direção do deslocamento do punho. (Adaptada de Evarts, 1968.)

conta as mudanças intrínsecas da biomecânica dos membros durante os movimentos de alcance.

De forma similar, os movimentos dos braços em direção ao corpo ou para longe dele requerem movimentos angulares das articulações do ombro e do cotovelo muito maiores, quando comparados aos movimentos de direita para esquerda. Ao contrário, os torques musculares tendem a ser maiores nos movimentos da direita para a esquerda. Ambos os fatores influenciam o montante de atividade muscular requerida para mover o membro, o que pode ser quantificado por um termo simples, força músculo-articular (velocidade angular da articulação multiplicada pelo torque muscular líquido sobre a articulação). Com o membro no plano horizontal, o poder da articulação é maior nos movimentos para longe do corpo e levemente para a esquerda, bem como em direção ao corpo e para a direita (**Figura 34-20C, D**). A tendência na física dos movimentos dos membros leva a uma tendência nas direções preferidas

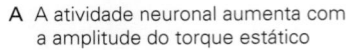

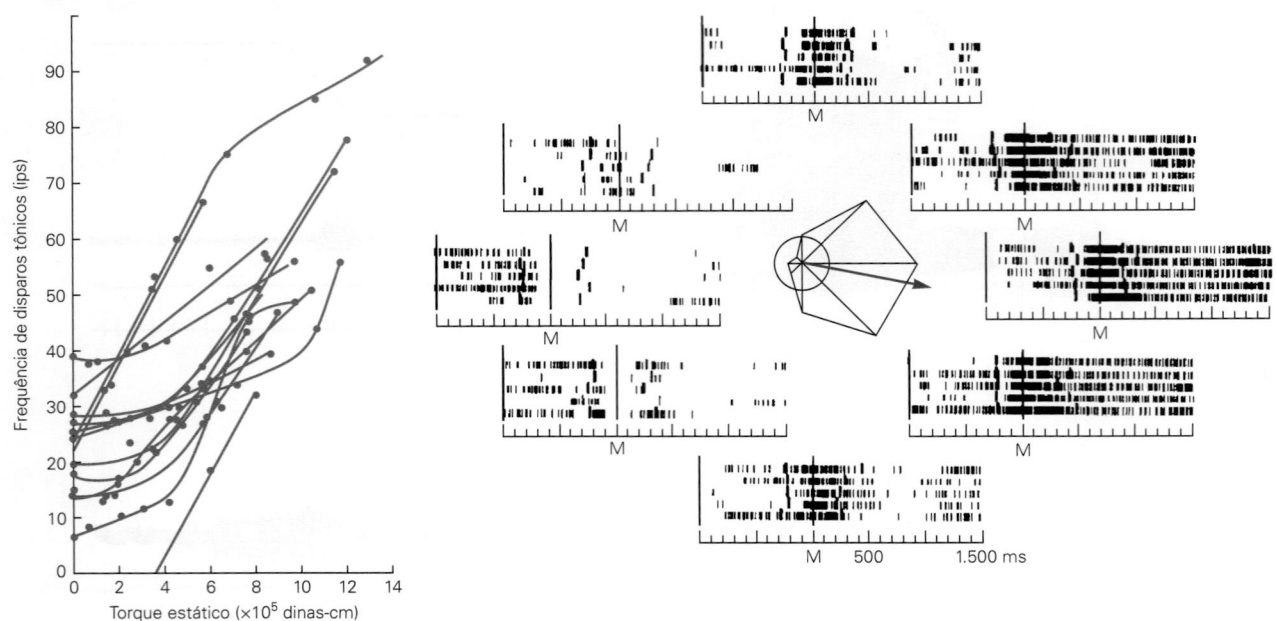

FIGURA 34-19 A atividade em vários neurônios do córtex motor primário correlaciona-se com o nível e a direção da força exercida em uma tarefa isométrica.

A. A atividade de vários neurônios do córtex motor primário aumenta com a amplitude de um torque estático gerado em uma única articulação. O gráfico mostra as frequências de disparos tônicos de vários neurônios corticomotores distintos, sob diferentes níveis de torque estático exercidos na direção da extensão do pulso. Outros neurônios do córtex motor mostram atividade aumentada com o torque exercido na direção da flexão do pulso, o que resultaria, neste caso, em uma curva com inclinação invertida (não mostrado). (Reproduzida, com autorização, de Fetz e Cheney, 1980.)

B. Quando um macaco utiliza todo o seu braço para empurrar uma alavanca imóvel com a mão, a atividade de alguns neurônios do córtex motor primário varia com a direção das forças isométricas. Cada um dos oito gráficos rasterizados mostra a atividade do mesmo neurônio do córtex motor primário durante cinco testes de aplicação de força repetidos na mesma direção. Cada linha mostra o padrão de potenciais de ação durante uma única tentativa da tarefa. A posição na figura de cada gráfico da atividade corresponde à direção na qual o macaco está gerando forças isométricas com a alavanca. O início da escala de força está indicado pela linha vertical marcada com **M**. Os traçados grossos que ficam à esquerda desse marco vertical em cada linha indicam o momento em que um alvo aparece no monitor do computador, mostrando para o macaco a direção na qual ele deve empurrar a alavanca. O gráfico polar do centro ilustra a função de sintonia direcional do neurônio em relação à direção das forças isométricas. (Reproduzida, com autorização, de Sergio e Kalaska, 2003.)

dos músculos dos ombros e cotovelos, os quais tendem a estar em atividade máxima nessas mesmas direções (**Figura 34-20E**). Reciprocamente, a distribuição das direções preferidas dos neurônios no M1 também acompanha essa tendência, já que os neurônios tendem a ter direções preferidas tanto para longe e levemente para a esquerda quanto na aproximação e para a direita (**Figura 34-20F**). Assim, a física dos membros dita o padrão de atividade muscular necessária para gerar movimentos, e isso, por sua vez, é refletido no padrão de atividade neural no M1.

O impacto da física dos membros sobre a atividade do M1 estende-se ao nível dos sinais relacionados aos músculos. A atividade de alguns neurônios individuais do M1, incluindo as células CM, pode estar correlacionada a componentes específicos dos padrões de contração de diferentes músculos durante tarefas tão diversas como gerar força isométrica, pinçar objetos com precisão objetos usando o polegar e o indicador, e realizar ações complexas de alcançar e apanhar objetos (**Figura 34-21**). Esses achados ilustram como o M1 contribui para a especificação dos padrões de atividade muscular para as ações motoras, incluindo seus tempos de início e magnitudes. Ainda assim, o padrão final de atividade muscular será gerado apenas pelos neurônios motores espinais, uma vez que eles sozinhos levam em conta a influência adicional de outras aferências supraespinais descendentes e de processos interneuronais espinais locais.

Todos os estudos descritos até agora relacionaram a atividade de neurônios do M1 individuais às eferências motoras. Contudo, o controle motor voluntário é implementado pela atividade coordenada e simultânea de muitos neurônios ao longo do sistema motor. Suas atividades são muito ruidosas, variando estocasticamente entre as repetições de um mesmo movimento. Além disso, suas amplas curvas de ajuste relacionadas ao movimento simétrico introduzem um alto nível de incerteza sobre o que o membro deve fazer em resposta ao sinal ambíguo gerado por cada neurônio.

Uma abordagem computacional simples foi desenvolvida para extrair um sinal único sobre cada movimento de

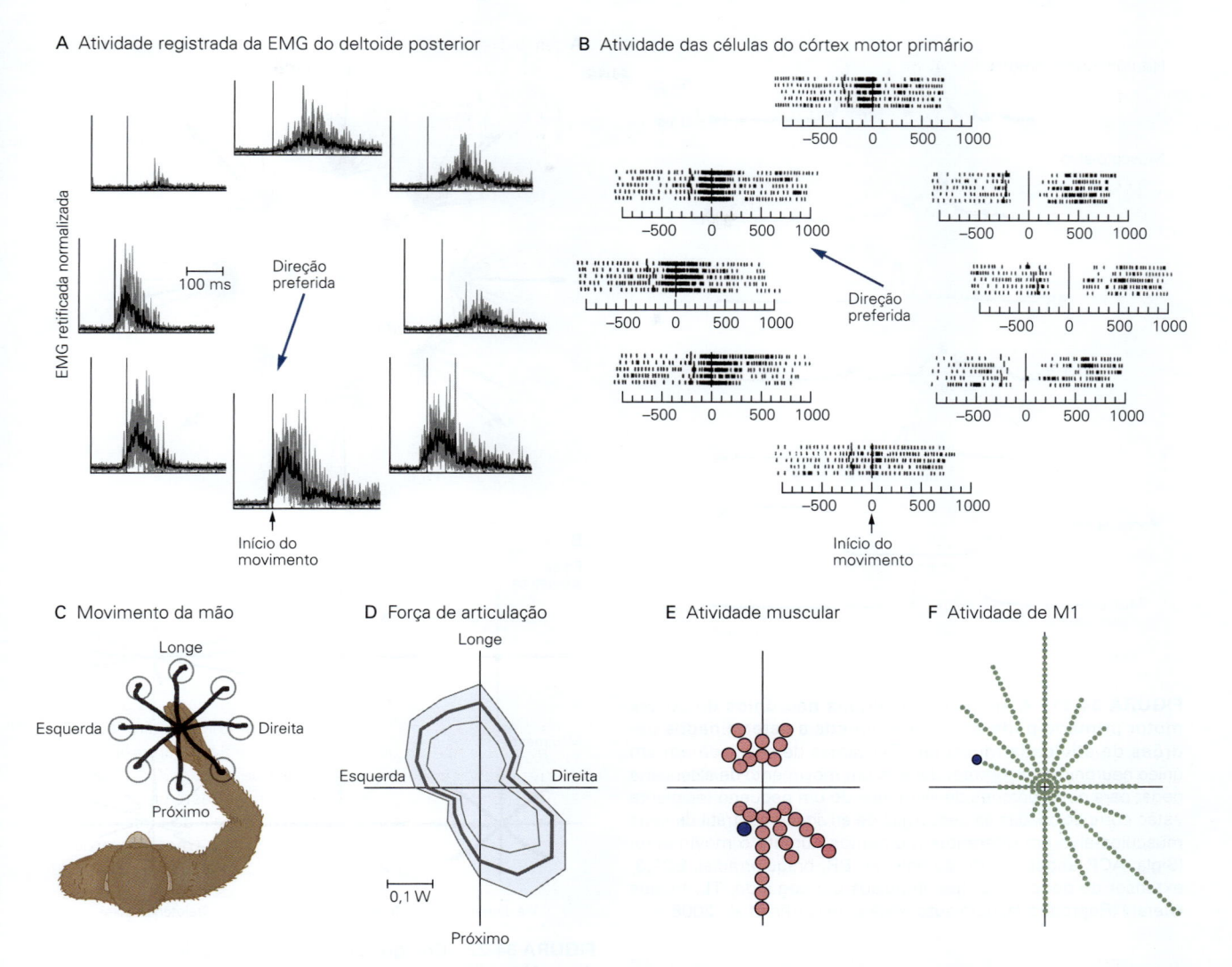

FIGURA 34-20 Músculos dos membros e neurônios do córtex motor primário estão amplamente sintonizados na direção do movimento de alcançar.

A. Os gráficos mostram a atividade do deltoide posterior do braço direito, um extensor do ombro, durante movimentos do braço em oito direções (ver painel C) (o painel central exibe as trajetórias médias das mãos). Em princípio, o músculo é maximamente ativo para movimentos a 270° (em direção ao corpo, direção preferida = 250°), e diminui sua atividade nos movimentos em outras direções. As **linhas pretas** denotam a atividade média do músculo através de múltiplas tentativas, e os dados são alinhados no início do movimento (**linha vertical fina**). (Sigla: **EMG**, eletromiografia.)

B. Os gráficos rasterizados mostram o padrão de disparos de um único neurônio do córtex motor primário durante movimentos do braço inteiro em oito direções. Os neurônios disparam em frequência máxima para os movimentos entre 135° e 180°, e em frequências menores para movimentos em outras direções. A taxa de disparo mais baixa é para os movimentos opostos à direção preferida da célula. Cada fileira de **traços finos** nos gráficos rasterizado corresponde à atividade durante uma única tentativa, transcorrida em torno do momento do início do movimento (tempo 0); **traços grossos**: tempo de aparecimento do alvo. (Reproduzida, com autorização, de Georgopoulos et al., 1982. Copyright © 1982 Society for Neuroscience.)

C. Trajetórias da mão durante o movimento de alcance a partir de uma posição central no plano horizontal.

D. Pico de força da articulação (torques musculares da articulação multiplicados pela velocidade da articulação) para movimentos executados em diferentes direções espaciais (força do ombro e cotovelo ilustradas conjuntamente). Uma grande quantidade de força é necessária para alcançar locais longe do corpo no canto superior esquerdo e para alcançar locais próximos ao corpo no canto inferior direito. (Eixo X direito está a 0°.)

E. As direções preferidas dos músculos proximais do membro tendem a ser para movimentos que exigem as maiores força muscular, refletindo a ligação óbvia entre o uso muscular e as necessidades físicas da tarefa motora. Cada **ponto** representa um músculo individual dividido em setores de 22,5°, o **ponto azul** representa a direção preferida do músculo, exibida no painel A.

F. Distribuição das direções preferidas de neurônios no córtex motor primário (M1). Cada **ponto** representa um neurônio individual, e o **ponto azul** representa a direção preferida do neurônio exibido no painel B. (Adaptada, com autorização, de Scott et al., 2001.)

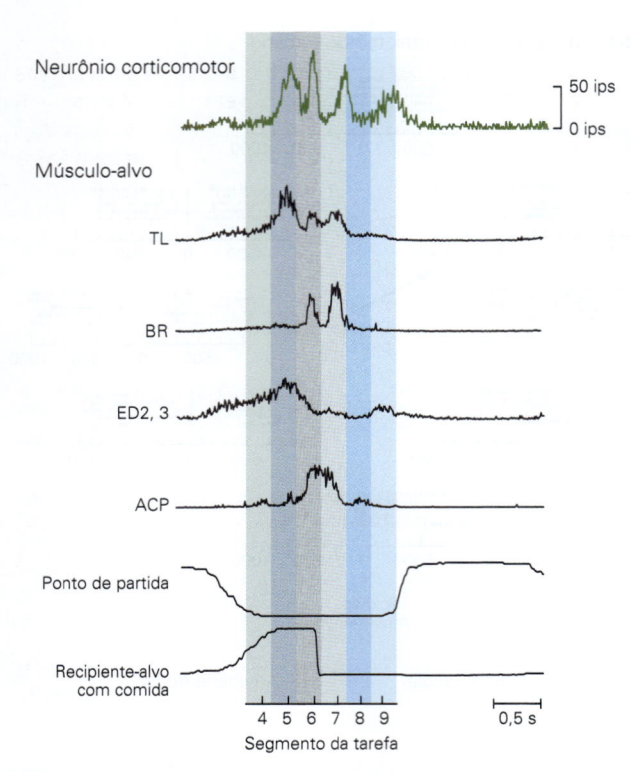

FIGURA 34-21 A atividade de alguns neurônios do córtex motor primário pode ser correlacionada a determinados padrões de atividade muscular. Descargas de atividade em um único neurônio corticomotor durante um movimento de alcançar e pegar para obter porções de alimentos de um pequeno recipiente estão correlacionadas às descargas de atividade contrátil de seus músculos-alvo em diferentes momentos durante o movimento. (Sigla: ACP, abdutor curto do polegar; BR, braquiorradial; ED2,3, extensor do dedo 2 e 3; ips, impulsos por segundo; TL, tríceps lateral.) (Reproduzida, com autorização, de Griffin et al., 2008.)

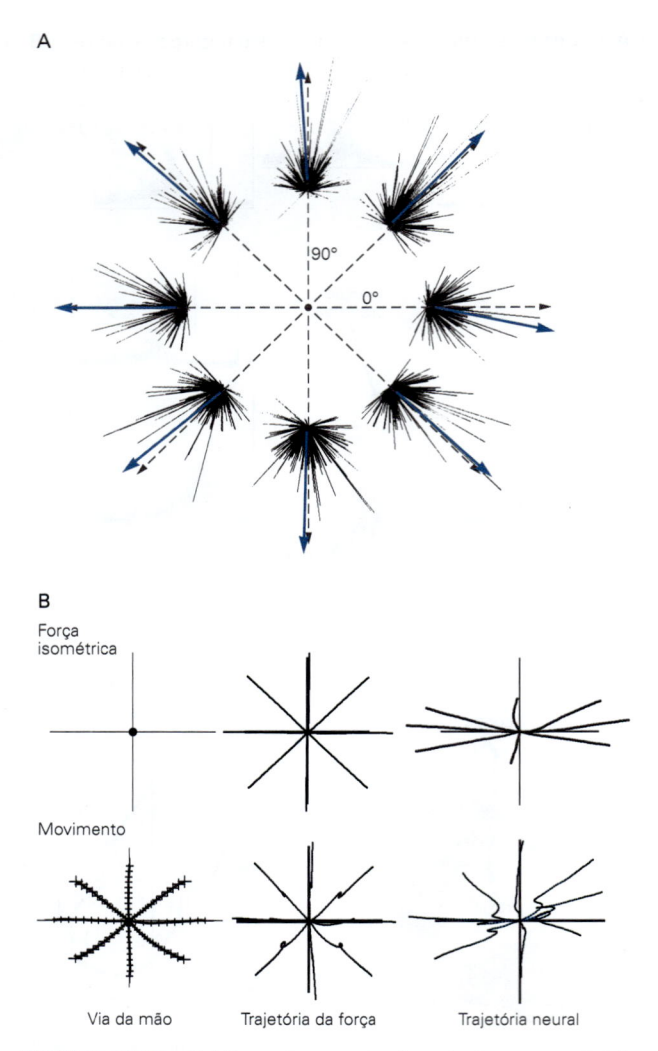

FIGURA 34-22 Códigos de população relacionam a atividade do M1 a diferentes propriedades do movimento.

A. Os oito conjuntos de vetores obtidos de registros unitários de neurônios (**linhas pretas finas**) e os vetores de população (**setas azuis**) representam a atividade da mesma população de células durante os movimentos de alcance nas oito direções diferentes. Cada vetor de neurônios individual aponta na direção preferida de movimento do neurônio, e seu comprimento é proporcional à descarga do neurônio durante o movimento. Os vetores de população foram calculados por adição vetorial de todos os vetores de células unitárias em cada grupo de neurônios; as **setas tracejadas** representam a direção do movimento do braço. (Reproduzida, com autorização, de Georgopoulos et al., 1983.)

B. Comparação da cinemática e cinética da mão e da atividade da população neural em uma tarefa isométrica e durante o movimento de uma grande massa com a mão. As trajetórias neurais e de força foram geradas ligando-se sequências de vetores de força de eferência de 20 ms, ou vetores de população neural de "ponta a cauda", para cada direção de eferência de força ou movimento. (Reproduzida, com autorização, de Sergio et al., 2005.)

alcance, reunindo a atividade heterogênea de um único neurônio da população do M1 sob registro. A atividade de cada neurônio é representada por um vetor que aponta em sua direção preferida; a extensão do vetor varia como função de sua taxa média de disparos durante os movimentos de alcance em cada direção. A notação desse vetor implica que um aumento na atividade de um neurônio M1 específico evoca alterações na atividade dos neurônios espinais e dos músculos que causam o movimento do braço ao longo de uma trajetória correspondente à direção preferida do neurônio relacionado àquela tarefa; a força da influência desse neurônio único varia sistematicamente de acordo com a diferença entre a direção preferida do neurônio e o movimento desejado (Capítulo 39, **Figura 39-6**). Quando a atividade relacionada ao alcance de cerca de 250 neurônios do M1 foi representada por vetores de extensão variável para cada uma das oito direções de alcance, – as quais foram então somadas –, a direção da *população de vetores* resultante variou sistematicamente de acordo com as direções de alcance reais. (**Figura 34-22A**).

As novas descobertas dessas análises foram que o controle de um movimento de alcance envolve alterações coordenadas na atividade de neurônios do M1 distribuídos através do mapa motor do braço na área M1, e que sua atividade agrupada distingue claramente a identidade única de cada uma das ações de alcance geradas pelos oito diferentes padrões de atividade populacional distribuídos. Estudos subsequentes demonstraram que vetores populacionais "instantâneos", extraídos da atividade agrupada de grandes populações de neurônios do M1 durante intervalos de tempo sequenciais de 20 ms do início ao fim do movimento previam a trajetória futura e continuamente alterada dos movimentos realizados pelo braço nos 100 a 150 ms seguintes, enquanto os macacos faziam movimentos de alcance ou traçavam espirais em um monitor de computador. Isso mostrou que a notação vetorial simples poderia ser usada para extrair, a partir da atividade da população de neurônios, um sinal sobre a eferência motora pretendida, mesmo em uma base momento a momento. Essas descobertas foram antecipadas por Donald Humphrey e colegas em um estudo em 1970, o qual demonstrou que a soma apropriada das atividades de três a cinco neurônios do M1 estava melhor correlacionada aos padrões temporais de eferências motoras durante movimentos de articulações únicas do que o estavam os sinais de qualquer um desses neurônios isolados.

Estudos subsequentes usaram o decodificador do algorítimo de vetor populacional para fornecer dados adicionais sobre o processamento neural em M1. Em um estudo, a atividade dos neurônios do M1 relacionados à região proximal do braço foi registrada enquanto os macacos executavam duas tarefas (Figura 34-22B). Na primeira tarefa, eles geraram escalas de força isométrica em oito direções espaciais diferentes, uniformemente distribuídas em intervalos de 45° em um plano horizontal contra uma alça rígida que seguravam na mão, sem movimentos do braço. Um decodificador de vetor populacional de 20 ms foi usado para extrair o viés direcional líquido da atividade agrupada de muitos neurônios do M1, e o resultado mostrou que esses sinais agrupados variavam sistematicamente de acordo com a direção das forças de saída ao longo da duração da geração da escala de força, embora não houvesse movimentos. Contudo, diferentemente das direções uniformemente distribuídas das forças geradas pelo macaco com a mão, os sinais do vetor populacional decodificados foram entortados em direção ao eixo x. Isso mostrou que a atividade no M1 refletiu a relação não linear entre os torques causais da musculatura do ombro e a força isométrica medida na mão resultante das propriedades biomecânicas complexas do braço (ver Figura 34-20).

Na segunda tarefa, os macacos fizeram movimentos de alcançar com braço nas mesmas oito direções para mover uma alavanca pesada. Isso exigia uma força de aceleração inicial na direção do movimento, seguida por uma inversão transitória da direção da força para desacelerar o movimento do seu braço e da massa à medida que se aproximava do alvo. Os sinais dos vetores populacionais do M1 decodificados nessa tarefa variaram dramaticamente ao longo do tempo. Eles foram inicialmente direcionados ao alvo, e então transitoriamente revertidos imediatamente antes do pico de velocidade da mão. Isso mostrou mais uma vez que a atividade do M1 estava mais intimamente relacionada ao curso temporal das forças causais geradoras do movimento de alcançar, incluindo sua inversão direcional transitória, do que ao movimento ininterrupto da mão em direção ao alvo. Eles também demonstraram que as forças relativas para gerar o movimento de alcançar eram mais fortes em M1, mais fracas em PMd, e amplamente ausentes em PE/IPM. Isso indicou que, diferentemente do M1, os neurônios relacionados ao alcance na área PE/IPM geram um sinal confiável sobre a postura estável do braço e a cinemática de seus movimentos, independentemente das forças causais subjacentes e da atividade muscular.

Finalmente, um estudo mostrou que sinais confiáveis sobre a variação temporal da atividade dos músculos proximais do braço durante os movimentos de alcançar pode ser extraída do registro simultâneo da atividade de uma população de neurônios do M1. Outro estudo observou que a atividade agrupada de neurônios do M1 que disparam seletivamente em conexão tanto com os movimentos do ombro quanto do cotovelo pode predizer as mudanças nos tempos de início e nos níveis de atividade contrátil dos músculos dessas regiões durante movimentos de alcançar em diferentes direções.

Esses estudos mostraram que a atividade agrupada de muitos neurônios do M1 é uma fonte de sinais rica e confiável quanto aos diferentes atributos de variação temporal dos movimentos de braço inteiro. Isso forneceu uma base conceitual importante para o desenvolvimento de decodificadores de algoritmos mais sofisticados nas interfaces cérebro-máquina, que fazem uso das informações relacionadas ao movimento disponíveis na atividade simultânea de muitos neurônios do M1 para permitir que os indivíduos controlem as ações de dispositivos neuroprotéticos por modulações encobertas da atividade dos neurônios de M1 sem movimentos evidentes dos membros (Capítulo 39).

A atividade do córtex motor primário também reflete características de ordem superior do movimento

A atividade no M1 não está relacionada apenas a forças causais e à atividade muscular. Muitos estudos, começando pelos de Edward Evarts, que tentaram dissociar as propriedades cinemáticas das propriedades cinéticas de eferências motoras, observaram que a atividade de alguns neurônios do M1 varia com a direção do movimento, mas não é influenciada, ou é influenciada apenas sutilmente pelas mudanças nas forças de eferência. Tais neurônios parecem sinalizar preferencialmente os aspectos cinemáticos do movimento dos membros.

Alterações nas tarefas comportamentais podem influenciar a relação entre a atividade no M1 e as eferências motoras. Um estudo destacou como as mudanças contextuais na força isométrica em uma tarefa alteraram a codificação da magnitude da força por neurônios do M1. Tanto a ordem das forças quanto a gama de forças esperadas resultou em alterações na atividade no M1. Foi sugerido que os neurônios do M1 poderiam ajustar dinamicamente suas relações com as forças de eferência para otimizar a precisão do controle como uma função da gama de forças que seriam encontradas em um contexto específico. Outro estudo observou que muitos neurônios CM podem disparar intensivamente quando macacos desempenham tarefas de força controladas com precisão utilizando baixos níveis de força, mas são relativamente inativos quando os macacos geram contrações intensas dos mesmos músculos para fazer movimentos rápidos para frente e para trás com a manivela. Da mesma forma, um estudo demonstrou que as células CM no M1 poderiam estar muito ativas quando os macacos geravam um movimento de pinça preciso com os dedos indicador e polegar com força de eferência relativamente baixa, mas as mesmas células estavam muito menos ativas, ou praticamente inativas, quando os animais geravam forças de preensão muito maiores envolvendo toda a mão.

Ainda, outro estudo mostrou que alguns neurônios do M1 que respondem a cargas aplicadas aos membros durante o controle postural podem perder sua sensibilidade à carga assim que o macaco faz um movimento de alcance para outro alvo espacial, e vice-versa. Ou seja, tais neurônios podem refletir as forças de eferência durante o controle postural, mas refletem somente a cinemática durante o movimento. Essa mudança nas respostas celulares ocorre de forma abrupta, cerca de 150 ms antes do início do movimento. É importante destacar que quaisquer neurônios sensíveis a cargas durante o movimento ou à manutenção da postura irão reter o mesmo campo motor através dos comportamentos; ou seja, se o neurônio responde somente a cargas do flexor do ombro durante o controle postural, ele irá responder somente a essas mesmas cargas durante o movimento de alcançar.

Mesmo uma alteração simples na métrica do movimento dos membros pode ter grande influência na atividade do M1. Em um estudo em que macacos faziam movimentos de alcançar lentos ou rápidos em diferentes direções partindo de um alvo central para alvos periféricos, os músculos proximais dos membros mostraram um escalonamento relativamente simples de seus padrões de atividade, refletindo forças aumentadas para movimentos mais rápidos ou mais longos. Em contraste, os neurônios do M1 demonstraram uma ampla gama de mudanças em seus padrões de atividade que raramente acompanhavam o padrão de mudanças observadas nos músculos.

A atividade em neurônios também pode estar correlacionada a características de ordem superior dos movimentos, como a natureza de ação motora que se aproxima. Isso foi demonstrado em um estudo em que macacos foram treinados para fazer movimentos com o punho para três alvos em uma fileira, começando em uma extremidade, parando em uma posição central, e então terminando na outra extremidade. Dicas visuais instruíam os macacos quanto a quando fazer cada movimento. Como a tarefa usava uma sequência previsível de movimentos do punho, os macacos sabiam qual seria a próxima direção do movimento antes da pista visual aparecer. Enquanto muitos neurônios do M1 sinalizavam a postura atual do punho ou a direção de cada movimento enquanto estes estavam sendo executados, alguns neurônios do M1 sinalizavam fidedignamente o próximo movimento da sequência antes de a dica visual aparecer. Muitos estudos subsequentes confirmaram que os neurônios do M1 podem sinalizar movimentos pretendidos iminentes, ainda que esses sinais de planejamento não sejam tão proeminentes no M1 quanto o são nas áreas corticais pré-motoras.

Resumindo, estudos de registros neurais revelaram uma gama diversa de propriedades de resposta dentro e através das áreas corticais relacionadas ao movimento, com correlações mais fortes do M1 com a cinética causal do movimento e dos córtices parietal e pré-motor com os parâmetros motores de ordem superior. Contudo, esses dados experimentais ainda não levaram a uma hipótese unificada sobre como os circuitos motores corticais controlam os movimentos voluntários. Parte dessa incerteza resulta das inadequações dos desenhos experimentais das tarefas aplicadas.

Modelos representativos de controle motor têm interpretado esses resultados complexos como evidências das transformações entre os diferentes níveis de representação dos movimentos pretendidos desempenhados por populações neurais distribuídas através de diferentes áreas corticais motoras. Em contraste, modelos não representacionais de controle motor, como o controle por retroação ótimo, inferem que esses mesmos resultados podem ser interpretados apenas como evidência de quando e onde os correlatos neurais de diferentes parâmetros de eferências motoras emergem na atividade dinâmica distribuída através das áreas corticais motoras, mas não contribui muito para a compreensão das computações neurais subjacentes. Isso ilustra os desafios experimentais ainda confrontados por pesquisadores que tentam fazer engenharia reversa dos circuitos motores corticais para revelar sua organização computacional interna.

A retroação sensorial é transmitida rapidamente ao córtex motor primário e a outras áreas corticais

Os córtices pós-central e parietal posterior fornecem muitas das informações sensoriais relacionadas à posição e ao movimento do corpo e à localização espacial de alvos que são importantes no controle motor voluntário, apesar de o cerebelo ser outra fonte provável de informações (Capítulo 37).

O tipo de informação aferente transmitida ao M1 difere entre as porções proximais e distais dos membros. Sinais de entrada aferentes originados nos neurônios sensoriais cutâneos e musculares são igualmente prevalentes para os neurônios relacionados às mãos, refletindo a importância de ambas as fontes de retroação sensorial durante o agarre e a manipulação de objetos com as mãos. As aferências musculares fornecem a principal fonte de retração da porção proximal dos membros. Informações dos músculos são mais prevalentes na área rostral do M1, enquanto os sinais de entrada de origem cutânea são mais comuns no M1 caudal. A retroação muscular aferente ao M1 é surpreendentemente rápida, uma vez que leva cerca de 20 ms para os neurônios do M1 responderem após uma perturbação mecânica ao membro. De forma análoga ao movimento de alcançar, a atividade neural é amplamente sintonizada na direção da perturbação mecânica.

A retroação sensorial sustenta a habilidade de realizar correções rápidas direcionadas a alvos para erros motores que surgem durante o planejamento e a execução do movimento, ou que são causadas por perturbações inesperadas do membro. Quando uma perturbação por carga mecânica é aplicada ao membro, o sistema motor gera uma resposta eletromiográfica compensatória com múltiplos picos, iniciando com uma resposta de estiramento de latência curta (20-40 ms após a perturbação), seguida por uma resposta de latência longa (50-100 ms) e então pela chamada resposta "voluntária" (≥100 ms). A latência curta da resposta inicial indica que ela é gerada a nível espinal. A resposta é relativamente pequena e estereotipada, e sua intensidade aumenta com a magnitude da carga aplicada. Em contraste, as correções motoras iniciadas no período de latência longa (50-100 ms) são moduladas por uma ampla gama de fatores necessários para se atingir um objetivo comportamental, incluindo a física do membro e do ambiente, a presença de obstáculos no ambiente, a urgência do objetivo e as propriedades do alvo, incluindo metas alternativas. Essas características dependentes de contexto sugerem que o período de retroação de latência longa é um processo adaptativo no qual a política de controle (ou seja, os ganhos de retroação) é ajustada com base no objetivo comportamental, como previsto pelo modelo de controle por retroação ótimo.

A habilidade do sistema motor de gerar rapidamente essas respostas motoras de latência longa direcionadas ao objetivo é apoiada por uma via de retroação transcortical. A atividade neural através dos circuitos frontoparietais responde rapidamente a perturbações mecânicas a um membro, e o padrão de atividade através do córtex depende do contexto comportamental. A atividade relacionada à perturbação é observada em todas as regiões corticais, começando aproximadamente 20 ms após a perturbação, mesmo se o macaco estiver distraído assistindo a um filme e não precisar responder a ela (**Figura 34-23A, B**). Se o macaco está ativamente mantendo sua mão em um alvo espacial, há um aumento imediato na resposta neural da área parietal PE logo após a perturbação, que é imediatamente seguido por alterações na atividade de outras regiões corticais (**Figura 34-23A, B**). Se a perturbação é uma pista que instrui o macaco a prosseguir para outro alvo espacial, a atividade no M1 reflete a necessidade de uma resposta mais vigorosa no caso de a perturbação empurrar a mão para longe do alvo, em comparada ao que se observa quando a mão é empurrada em direção ao alvo (**Figura 34-23C**). Em contraste, atividades na PE relacionadas à perturbação permanecem similares a despeito da localização do alvo.

O córtex motor primário é dinâmico e adaptável

Uma das propriedades mais notáveis do encéfalo é a capacidade de adaptação de seus circuitos frente a mudanças do meio, ou seja, a capacidade de aprender a partir da experiência e estocar o conhecimento adquirido como memórias. Quando os humanos praticam uma habilidade motora, o desempenho melhora.

A experiência motora também pode modificar o mapa motor. Em macacos treinados para usar movimentos precisos do polegar, do indicador e do punho para extrair recompensas de um pequeno recipiente, a área do mapa motor na qual a microestimulação intracortical (MSIC) conseguia evocar movimentos nessas articulações era maior do que antes no treino (**Figura 34-24**). Se o macaco não praticava a tarefa por um período prolongado, seu nível de habilidade diminuía, assim como a área cortical da qual os movimentos treinados podiam ser evocados por MSIC. Modificações similares na representação cortical de ações treinadas em humanos têm sido demonstradas por imageamento funcional e estimulação magnética transcraniana.

Ao menos alguns dos processos que contribuem para essas alterações no mapa motor são localizadas na própria área M1. Um dos mecanismos que contribuiem para a reorganização cortical subjacente à melhora no desempenho em tarefas de alcançar e agarrar em roedores envolve alterações na força das sinapses similares à potenciação ou depressão de longa duração dentro das conexões horizontais que ligam diferentes partes do mapa motor do braço. Já foi demonstrado que a MSIC deflagrada por picos poderia causar alterações específicas no mapa de eferências motoras em M1 mesmo sem um treinamento específico. Por exemplo, um estudo identificou inicialmente dois sítios corticais diferentes (A e B) que causaram contrações de diferentes músculos (músculo A e músculo B, respectivamente) quando estimulados eletricamente. Eles então registraram a atividade do neurônio no sítio A; sempre que esse neurônio disparava, eles estimulavam o sítio B. Dentro de um ou dois dias desse condicionamento por MSIC no sítio B, a estimulação elétrica do sítio A era capaz de causar a contração simultânea de ambos os músculos A e B. A alteração provavelmente resultou de um aumento dependente do tempo de pico na força da sinapse, o qual foi limitado às projeções corticais horizontais do sítio A ao sítio B. Respostas eletromiográficas induzidas por MSIC em um terceiro sítio que não recebeu um condicionamento similar não se alteraram, confirmando que o efeito não era generalizado.

A adaptação motora a perturbações mecânicas ou visuais foi testada extensivamente em humanos (Capítulo 30). Estudos de registros neurais demonstraram que essas alterações levam a mudanças na atividade dos neurônios do M1 em macacos conforme eles se adaptam às perturbações. Por exemplo, quando os macacos realizam movimentos de alcançar dentro de um campo de força externa previsível que empurra o braço em direção perpendicular à direção do movimento, suas trajetórias de alcance inicialmente curvas se tornam mas retas. Conforme essa adaptação evolui, grandes aumentos surgem gradualmente na atividade das células do M1, cuja sintonia direcional preferida é oposta ao campo de força aplicado. A magnitude dessas alterações de atividade dependentes de adaptação diminui progressivamente conforme o ângulo entre a direção da força e a direção preferida das células aumenta, seguindo uma função do tipo cosseno. Isso mostra que as alterações adaptativas foram específicas ra aqueles neurônios que fariam a maior contribuição para compensar o campo de força externo.

Outro exemplo de alterações seletivas na atividade do M1 durante o aprendizado motor vem de um estudo com aprendizado visuomotor, no qual uma retroação motora de um monitor de computador é girada em 90° em sentido horário, de forma que o movimento do braço do macaco para a direita resulta em um movimento do cursor para baixo, no monitor. Inicialmente, os macacos faziam movimentos com os braços na direção original desejada de acordo com a localização visual do alvo, com correções feitas em tempo real após o início do movimento. Contudo, com a prática, os macacos passam a mover em uma nova direção, girada

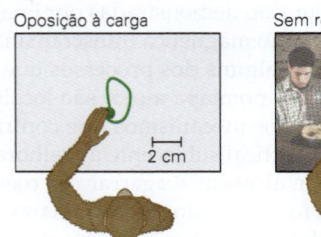

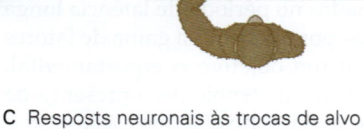

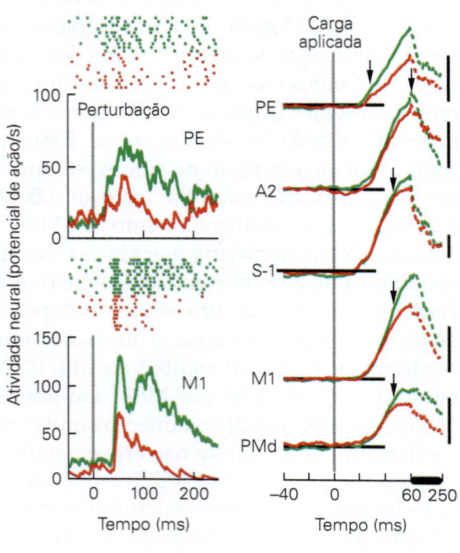

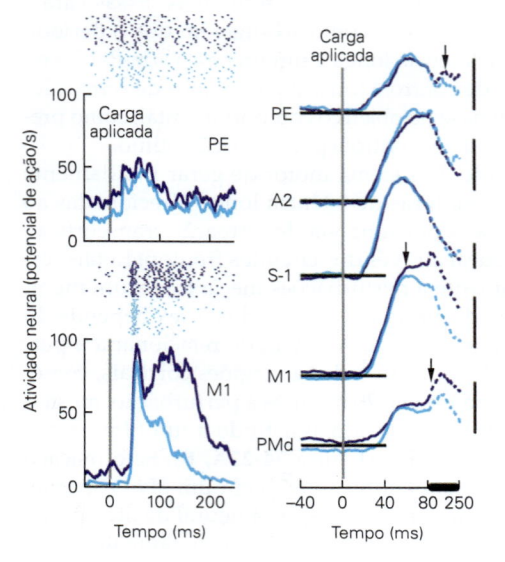

FIGURA 34-23 Mudanças nos objetivos comportamentais alteram a retroação sensorial rápida aos córtices motores frontal e parietal. (Reproduzida, com autorização, de Omrani et al., 2016. A foto da parte A é do filme "American Pie", e é reproduzida, com autorização, de Universal Studios. © 1999 Universal Pictures, Todos os Direitos Reservados.)

A. No experimento aqui descrito, as respostas das regiões corticais às cargas mecânicas aplicadas randomicamente ao braço são comparadas. No painel *à esquerda*, as correções motoras retornam a mão para o objetivo comportamental após a perturbação (**trajetória da mão em verde**). No painel *do meio*, o macaco assiste a um filme e não tem que responder à perturbação, levando a mão remanescente para a direita em resposta à perturbação (**trajetória da mão em vermelho**). No painel *à direita*, o macaco coloca sua mão em um alvo de largada central, e um, de dois outros alvos, é também apresentado. A perturbação aplicada ao membro é uma dica para que o macaco o mova ao segundo alvo, sendo este posicionado tanto na direção da perturbação (**em ciano**, trajetória em direção ao alvo) quanto para longe da perturbação (**em azul**, trajetória fora do alvo).

B. *À esquerda*: Resposta de um neurônio na PE e no M1 quando uma carga mecânica foi aplicada ao membro e o macaco precisou se opor à carga e retornar a mão ao alvo espacial (**verde**) ou não houve demanda para responder à perturbação (**vermelho**). *À direita*: Sinais de população de neurônios em cada região cortical em resposta às perturbações. Note como todas as áreas corticais mostram um aumento na atividade aproximadamente 20 ms após a carga ser aplicada. As **setas** denotam situações em que a atividade foi diferente quando o macaco teve que responder à perturbação (**curva verde**) se comparado a quando não foi necessário responder à perturbação (**curva vermelha**). Note que a PE é a primeira a mostrar diferença na atividade entre as duas condições. Outras áreas corticais mostram mudanças em 40 ms ou mais. A2 é uma sub-região de S-I. (Para B e C: barras de escala verticais, 20/picos/s; atividade entre 60 e 250 ms (**linha horizontal grossa**), comprimida para melhor visualização.)

C. *À esquerda*: Respostas de neurônios individuais no PE e no M1 quando uma carga mecânica atuou como dica e instruiu o macaco a trocar de alvo. A perturbação empurrou a mão em direção ao alvo (**ciano**) ou para longe dele (**azul**). *À direita*: Sinais de populações de neurônios baseados na atividade relacionada à perturbação em cada região cortical para as condições "em direção ao alvo" e "fora do alvo". As respostas iniciais são similares tanto para as perturbações em direção ao alvo quanto para fora do alvo através de todas as áreas corticais, e as setas denotam quando há diferença na atividade entre as condições. O M1 é o primeiro a mostrar aumento na atividade para a perturbação "fora do alvo", imediatamente antes das alterações na atividade muscular que movem a mão para o alvo espacial.

no sentido anti-horário em direção ao alvo visual, de forma que o cursor se movia diretamente para o alvo. Quando o treino ocorre para apenas uma direção, o aprendizado é apenas pobremente generalizado para outras direções, sugerindo que as mudanças adaptativas ocorrem apenas em neurônios que evocam o movimento adaptado. As curvas

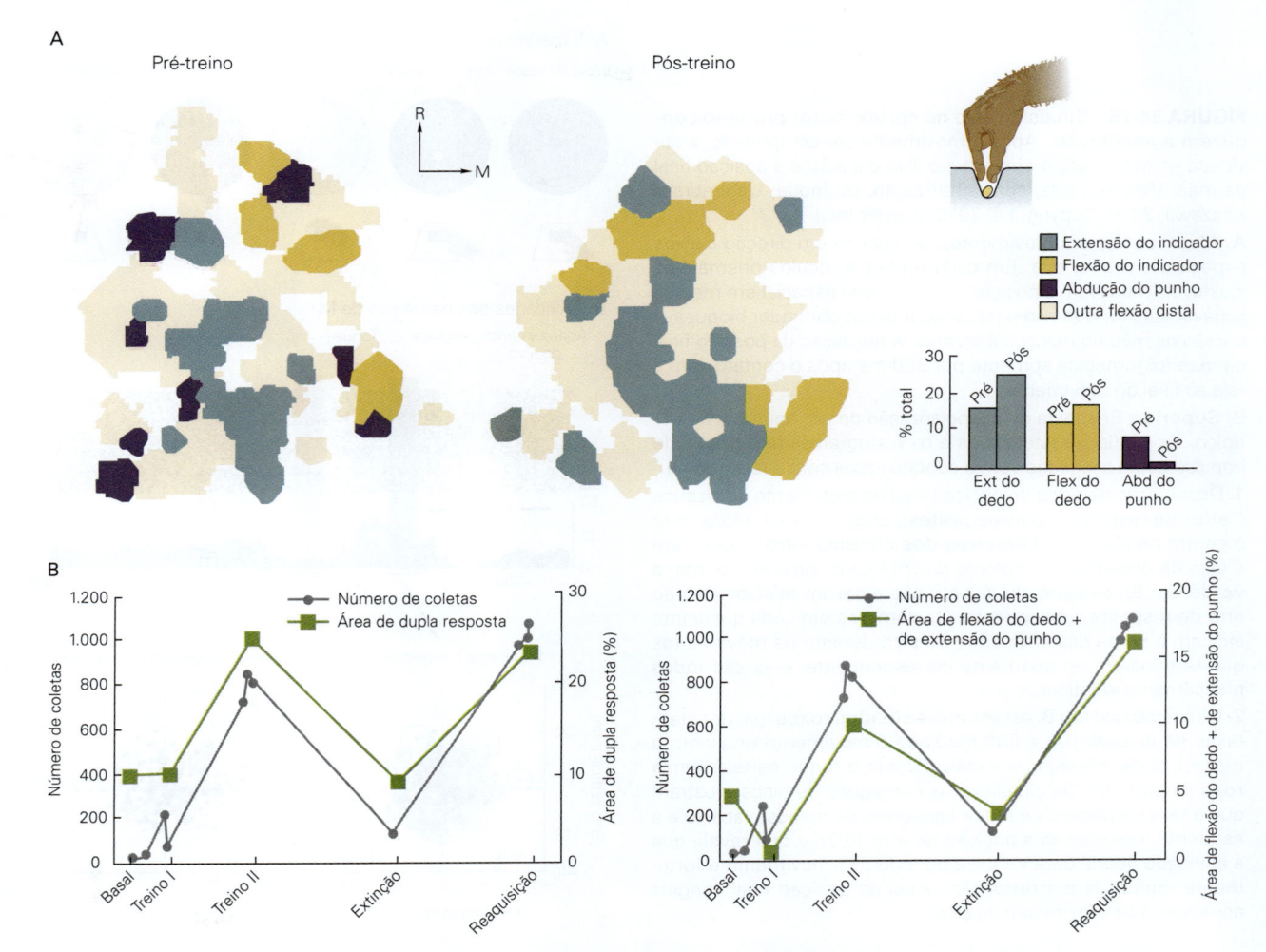

FIGURA 34-24 O aprendizado de uma habilidade motora altera a organização do mapa motor do M1. (Reproduzida, com autorização, de Nudo et al., 1996. Copyright © 1996 Society for Neuroscience.)

A. Mapas motores da mão de um macaco antes e após o treinamento para apanhar guloseimas de um pequeno recipiente. Antes do treinamento, áreas do mapa motor que geram movimentos do dedo indicador e do punho ocupavam menos da metade do mapa motor do macaco. Após o treinamento, a área do mapa cuja microestimulação intracortical pode evocar os movimentos treinados se expandiu consideravelmente. A área do mapa de onde se podem determinar movimentos individualizados, como extensão e flexão dos dedos, expandiu, enquanto as áreas que controlam a abdução (Abd) do punho, as quais o macaco passa a utilizar menos na nova habilidade motora, tornaram-se menos proeminentes. (Siglas: **M**, medial; **R**, rostral.)

B. As áreas do mapa eferente motor se equiparam quanto ao nível do desempenho (número de coletas bem-sucedidas de guloseimas) durante a aquisição da habilidade motora e sua extinção (devido à falta da prática). Duas áreas foram testadas: uma área de "dupla resposta" (*gráfico à esquerda*), a partir da qual qualquer combinação de movimentos do indicador e do punho poderia ser evocada, e uma área da qual poderiam ser evocadas combinações específicas de flexão do indicador e de extensão do punho (*gráfico à direita*). Ambas as áreas aumentaram à medida que as habilidades do macaco melhoraram com a prática, e diminuíram à medida que a habilidade do macaco se extinguiu por falta de prática. Esses dados são de um macaco diferente daquele cujos dados estão representados no item **A**, embora também tenha sido treinado para a mesma tarefa.

sintonizadas de neurônios com direções preferidas próximas à direção aprendida eram alteradas durante o treino, enquanto neurônios com outras direções preferidas não eran afetados pelo treino. Isso confirmou que a adaptação foi local, corroborando as observações do estudo de adaptação de campo de força, e explicou por que adaptações à rotação visuomotora em uma direção são generalizadas pobremente para outras direções.

Sinais de erro motor no córtex pré-central também desempenham um papel importante na adaptação motora tentativa a tentativa baseada no aprendizado por retroação. Em um estudo com macacos, um prisma ajustável foi usado para posicionar a posição aparente do alvo a ser alcançado no ambiente. A retroação visual do alvo e do braço foram bloqueadas durante os movimentos de alcance, levando a erros sistemáticos nas tentativas de tocar o alvo.

FIGURA 34-25 Sinais de erro no córtex motor primário conduzem a adaptação. Após o movimento ser completado, a atividade no M1 reflete o erro entre o alvo espacial e a posição final da mão. (Reproduzida, com autorização, de Inoue, Uchimura e Kitazawa, 2016. Copyright © 2016 Elsevier Inc.)

A. Macacos fizeram movimentos de alcance em direção a alvos espaciais em uma tela. Em cada tentativa, óculos prismáticos ajustáveis mudavam a posição visual do alvo espacial em medida variável durante o movimento, enquanto um obturador bloqueava a visão da mão do macaco e do alvo. A retroação da posição final da mão foi fornecida somente por 300 ms após o contato com a tela ao final do movimento.

B. Superior: Resposta de despolarização de um neurônio do M1 típico. Os gráficos rasterizados e os histogramas de tempos de impulso estão alinhados com o contato inicial com a tela (toque).

1. Distribuição de erros de posição final do movimento de alcance ("erros de resposta"; **pontos pretos**), onde a origem representa o centro do alvo. Os **diâmetros dos círculos verdes** denotam a taxa de disparos do neurônio durante cada movimento (**barra verde em B**); as taxas de disparo não estavam relacionadas ao erro de resposta subsequente. Os números em cada quadrante indicam a soma das atividades de pico durante os movimentos que terminaram no quadrante correspondente; eles são todos praticamente idênticos.

2. O mesmo que em B, exceto pelos **círculos roxos** que denotam taxas de disparo 100 a 200 ms após o movimento enquanto o macaco pode enxergar sua mão durante o toque na tela (**barra roxa na parte B**). Os círculos e as contagens de picos mostram que a taxa de disparos é maior para erros de resposta abaixo e à esquerda, em relação à posição do alvo (0,0), o que revela que a atividade neural durante esse período pós-movimento é fortemente modulada por retroação visual da posição final atingida após o erro no movimento de alcance.

Os macacos recebiam uma retroação visual da posição da mão relativa ao alvo por um período breve de tempo ao final do movimento (**Figura 34-25**). A atividade em M1 e PMd durante o período breve de retroação visual após o movimento refletia a direção dos erros de finalização do movimento de alcance, e poderia estar envolvida na adaptação dos movimentos para corrigir esses erros. Para testar esta hipótese, foi aplicada uma MSIC em M1 e em PMd, para estimular esses erros de resposta, o que mostrou que os macacos começaram a fazer mudanças adaptativas em seus movimentos de alcance para compensar os erros simulados, ainda que nenhum erro de alcance tivesse sido realizado atualmente.

Algumas habilidades motoras são relativamente fáceis de aprender, como a compensação para uma rotação visuomotora. Outras, contudo, são muito difíceis. Estudos recentes examinaram essa discrepância medindo, inicialmente, a atividade da população de neurônios do M1 conforme o macaco movia o cursor em uma tela de computador usando uma interface cérebro-máquina e um decodificador de atividade neural. Essa mapeamento de nível populacional entre a atividade do M1 e o movimento do cursor foi então alterado pela mudança da associação entre a sintonia direcional de cada neurônio e o movimento do cursor no decodificador. Quando o mapeamento decodificado alterado retinha a estrutura de comodulação normal da atividade neural, como seria o caso, por exemplo, se o mapeamento entre a atividade de todos os neurônios e os movimentos do cursor fossem girados em 45° no sentido horário, os macacos mostravam adaptações significativas à perturbação dentro de poucas centenas de tentativas durantes uma única sessão de registro. Em contraste, quando a perturbação exigia que os macacos aprendessem um remapeamento mais complexo e pouco natural, como em rotações em sentido horário e anti-horário da sintonia direcional aparente de neurônios de diferentes quantidades, os macacos demonstraram pouca habilidade em recuperar o controle proficiente do cursor, mesmo após muitas centenas de tentativas em uma única sessão de registro. É importante destacar outro estudo, que observa que os macacos poderiam por fim dominar uma mudança "não natural" em um mapeamento do decodificador de atividade neural do M1 caso pudessem praticar com o mesmo decodificador alterado por vários dias, indicando que eles poderiam aprender uma nova estrutura de comodulação neural se tivesses experiência suficiente com ela. Esses estudos reforçam como os circuitos neurais nessas regiões corticais motoras são críticos para o aprendizado de habilidades motoras.

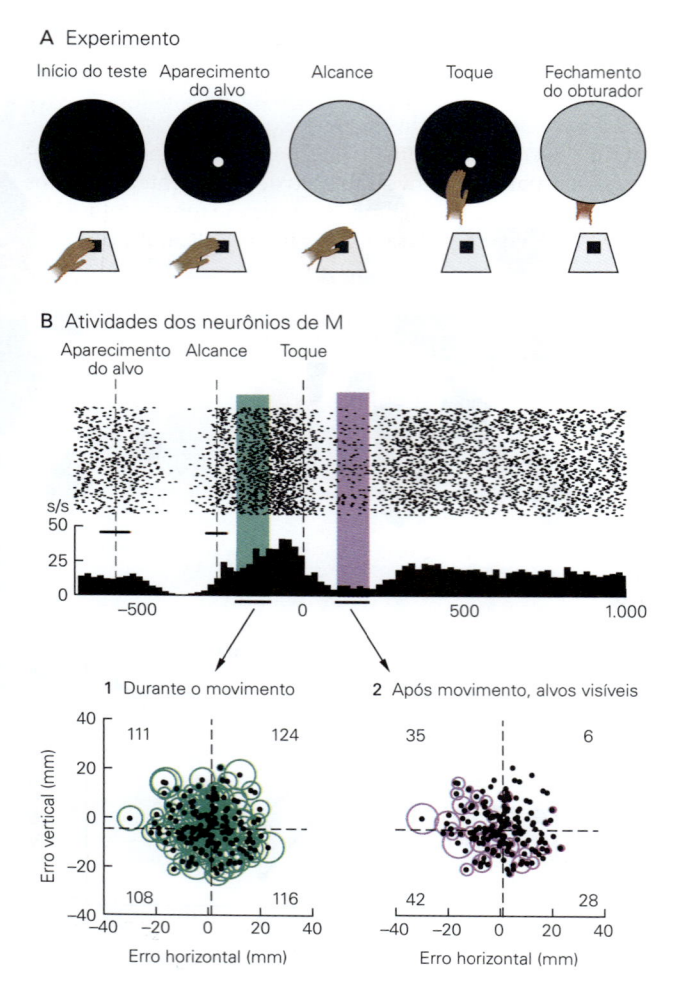

Os recém descritos utilizaram as interfaces cérebro-máquina e decodificadores neurais para explorar como neurônios isolados e populações de neurônios contribuem para o aprendizado de habilidades motoras. Essa tecnologia promete ser uma ferramenta de pesquisa de crescente importância para o desenvolvimento de novos entendimentos sobre os mecanismos neurais do controle motor voluntário e do aprendizado de habilidades motoras (Capítulo 39).

Destaques

1. O comportamento motor voluntário implementa uma escolha ou decisão intencional de um indivíduo de se mover no ambiente e interagir fisicamente com objetos nele presentes. Uma marca importante das ações motoras humanas é sua ampla gama de habilidades e o quanto a prática torna essas ações mais fáceis e automáticas.
2. O controle motor voluntário, há muito tempo, é separado em dois estágios – planejamento e execução – que podem ser dissociados temporalmente. Estudos com registros neurais descobriram correlatos entre esses dois estágios diferentemente distribuídos através de muita áreas corticais relacionadas ao movimento.
3. O problema computacional geral que o sistema motor deve resolver para o controle voluntário do movimento é converter a informação sensorial sobre o estado corrente do mundo e do corpo em planos para ações e, em última instância, em padrões de atividade muscular que gerem as forças causais necessárias para executar o movimento desejado, evitando e corrigindo erros ao mesmo tempo.
4. Modelos representacionais do controle motor voluntário, como a hipótese de transformação de coordenadas sensorimotoras, assumem que o sistema motor planeja e controla diretamente características e parâmetros dos movimentos pretendidos. Neurônios isolados e populações de neurônios expressam esses parâmetros em suas atividades e executam computações definíveis para efetivar as transformações entre os parâmetros de movimento controlados em estruturas de coordenadas correspondentes.
5. Modelos de sistemas dinâmicos do controle motor voluntário, por outro lado, assumem que os circuitos motores encontram soluções empíricas para as computações subjacentes ao planejamento e à execução de movimentos através de processos adaptativos evolutivos e individuais. Uma teoria recente, a do controle por retroação ótimo, propõe que o planejamento e a execução dos movimentos voluntários envolve três processos funcionais, a estimativa de estado, a seleção de tarefa e a política de controle. Neurônios isolados e populações de neurônios contribuem para o controle motor voluntário através da participação nas computações subjacentes a esses três processos.
6. Circuitos frontoparietais distribuídos no córtex cerebral desempenham um papel fundamental no controle voluntário. Há interconexões axonais recíprocas substanciais entre as regiões corticais frontal e parietal, parcialmente segregadas de acordo com a parte do corpo (p. ex., mão, braço, olho). As regiões corticais motora frontal e parietal influenciam diretamente o processamento espinal através do trato corticospinal e indiretamente através das vias descendentes do tronco encefálico.
7. O córtex parietal posterior desempenha um papel importante na identificação de objetos e objetivos potenciais no ambiente, na estimativa de estado corporal e no direcionamento sensorial das ações motoras. Fontes importantes de sinais sensoriais são transmitidas do córtex visual através da via visual dorsal e a partir do córtex somatossensorial primário. Objetivos comportamentais e objetos são representados em muitas subregiões parietais, mas o modo como elas são representadas (em relação à orientação dos olhos, cabeça ou braços) varia através das subregiões. A presença de múltiplas representações fornece uma base enriquecida para a definição das propriedades relevantes do movimento e a localização de objetos no mundo e em relação ao corpo, uma vez que podem ser usadas para selecionar e direcionar o movimento.
8. Os córtices pré-motor e pré-frontal desempenham um papel importante na seleção de tarefas e no planejamento motor. As regiões pré-motoras dorsal e ventral são geralmente implicadas quando uma informação sensorial externa desempenha um papel dominante na seleção das ações motoras. Por outro lado, regiões pré-motoras mais mediais, como as áreas motoras cingulada e suplementar, podem desempenhar um papel mais dominante quando desejos internos são mais críticos na seleção e iniciação da ação motora. Contudo, essa dicotomia não é absoluta, e múltiplas áreas corticais pré-motoras e pré-frontais contribuem para o controle do comportamento voluntário em uma ampla gama de contextos e condições.
9. O córtex motor primário em primatas tem uma representação do todo o corpo ao longo de seu eixo mediolateral, com territórios corticais maiores associados à mão e à face em relação a outras partes do corpo. Essa região cortical também fornece um grande componente do trato corticospinal, e tem projeções tanto para interneurônios quanto para neurônios motores alfa na medula espinal.
10. A atividade neural que reflete as forças causais e as características espaçotemporais da atividade muscular necessárias para o movimento dos membros é particularmente proeminente no córtex motor primário, e pode ser rapidamente alterada para corrigir erros nos movimentos ou para compensar o posicionamento dos membros para longe do movimento desejado quando esse movimento é perturbado. Contudo, a atividade neural do córtex motor primário também pode exibir propriedades mais complexas, refletindo alterações baseadas no contesto comportamental, nos objetivos comportamentais e restrições, e em características como a cinemática do movimento. Essas propriedades do córtex motor primário podem refletir a formação de uma política de controle específica para dadas tarefas dentro do sistema motor.

11. Apesar de as regiões corticais parietal, pré-motora e do córtex motor primário desempenharem papéis proeminentes na estimativa de estado, no planejamento motor e na execução do movimento, respectivamente, elas não são as únicas responsáveis por nenhum desses aspectos; ao invés disso, eles estão distribuídos em algum grau através da maioria, ou de todas, essas regiões corticais.
12. O sistema motor cortical é adaptativo e pode sofrer alterações em sua arquitetura funcional para se adaptar às mudanças de longo prazo nas propriedades físicas do mundo e do corpo, assim como para adquirir, reter e se lembrar de novas habilidades motoras.
13. Novas tecnologias, como o registro multineuronal em grande escala e métodos de imagem, algoritmos de decodificação de atividade aumentada multineuronal e o controle optogenético da atividade de populações neurais específicas levarão a entendimentos mais profundos sobre a arquitetura funcional dos circuitos motores corticais.

Stephen H. Scott
John F. Kalaska

Leituras selecionadas

Battaglia-Mayer A, Babicola L, Satta E. 2016. Parieto-frontal gradients and domains underlying eye and hand operations in the action space. Neuroscience 334:76–92.
Cisek P, Kalaska JF. 2010. Neural mechanisms for interacting with a world full of action choices. Annu Rev Neurosci 33:269–298.
Dum RP, Strick PL. 2002. Motor areas in the frontal lobe of the primate. Physiol Behav 77:677–682.
Hikosaka O, Isoda M. 2010. Switching from automatic to controlled behaviour: cortico-basal ganglia mechanism. Trends Cogn Sci 14:154–161.
Lemon RN. 2008 Descending pathways in motor control. Ann Rev Neurosci 31:195–218.
Passingham RE, Bengtsson SL, Lau HC. 2010. Medial frontal cortex: from self-generated action to reflection on one's own performance. Trends Cogn Sci 14:16–21.
Scott SH. 2004. Optimal feedback control and the neural basis of volitional motor control. Nat Rev Neurosci 5:532–546.

Referências

Batista AP, Buneo CA, Snyder LH, Andersen RA. 1999. Reach plans in eye-centered coordinates. Science 285:257–260.
Cheney PD, Fetz EE, Palmer SS. 1985. Patterns of facilitation and suppression of antagonist forelimb muscles from motor cortex sites in the awake monkey. J Neurophysiol 53:805–820.
Cherian A, Krucoff MO, Miller LE. 2011. Motor cortical prediction of EMG: evidence that a kinetic brain-machine interface may be robust across altered movement dynamics. J Neurophysiol 106:564–575.
Churchland MM, Shenoy KV. 2006. Temporal complexity and heterogeneity of single-neuron activity in premotor and motor cortex. J Neurophysiol 97:4235–4257.
Cisek P, Crammond DJ, Kalaska JF. 2003. Neural activity in primary motor and dorsal premotor cortex in reaching tasks with the contralateral versus ipsilateral arm. J Neurophysiol 89:922–942.
Cisek P, Kalaska JF. 2004. Neural correlates of mental rehearsal in dorsal premotor cortex. Nature 431:993–996.
Crammond DJ, Kalaska JF. 2000. Prior information in motor and premotor cortex: activity in the delay period and effect on pre--movement activity. J Neurophysiol 84:986–1005.
Duhamel JR, Colby CL, Goldberg ME. 1998. Ventral intraparietal area of the macaque: congruent visual and somatic response properties. J Neurophysiol 79:126–136.
Evarts EV. 1968. Relation of pyramidal tract activity to force exerted during voluntary movement. J Neurophysiol 31:14–27.
Evarts E, Tanji J. 1976. Reflex and intended responses in motor cortex pyramidal tract neurons of monkey. J Neurophysiol 39:1069–1080.
Fetz EE, Cheney PD. 1980. Postspike facilitation of forelimb muscle activity by primate corticomotoneuronal cells. J Neurophysiol 44:751–772.
Ganguly K, Carmena JM. 2009. Emergence of a stable cortical map for neuroprosthetic control. PLoS Biol. 7:e1000153.
Georgopoulos AP, Caminiti R, Kalaska JF, Massey JT. 1983. Spatial coding of movement: a hypothesis concerning the coding of movement direction by motor cortical populations. Exp Brain Res 49(Suppl 7):327–336.
Georgopoulos AP, Kalaska, JF, Caminiti R, Massey JT. 1982. On the relations between the direction of two-dimensional arm movements and cell discharge in primate motor cortex. J Neurosci 2:1527–1537.
Georgopoulos AP, Kettner RE, Schwartz AB. 1988. Primate motor cortex and free arm movements to visual targets in three-dimensional space. II. Coding of the direction of movement by a neuronal population. J Neurosci 8:2928–2937.
Goodale MA, Milner AD. 1992. Separate visual pathways for perception and action. Trends Neurosci 15:20–25.
Griffin DM, Hudson HM, Belhaj-Saïf A, McKiernan BJ, Cheney PD. 2008. Do corticomotoneuronal cells predict target muscle EMG activity? J Neurophysiol 99:1169–1186.
Heming EA, Lillicrap TP, Omrani M, Herter TM, Pruszynski JA, Scott SH. 2016. Primary motor cortex neurons classified in a postural task predict muscle activation patterns in a reaching task. J Neurophysiol 115:2021–2032.
Hepp-Reymond MC, Kirkpatrick-Tanner M, Gabernet L, Qi Hx, Weber B. 1999. Context-dependent force coding in motor and premotor cortical areas. Exp Brain Res 128:123–133.
Humphrey DR, Tanji J. 1991. What features of voluntary motor control are encoded in the neuronal discharge of different cortical areas? In: DR Humphrey, H-J Freund (eds). *Motor Control: Concepts and Issues*, pp 413–443. New York: Wiley.
Hwang EJ, Bailey PM, Andersen RA. 2013. Volitional control of neural activity relies on the natural motor repertoire. Curr Biol 23:353–361.
Inoue M, Uchimura M, Kitazawa S. 2016. Error signals in motor cortices drive adaptation in reaching. Neuron 90:1114–1126.
Kalaska JF, Cohen DA, Hyde ML, Prud'Homme M. 1989. A comparison of movement direction-related versus load direction-related activity in primate motor cortex, using a two-dimensional reaching task. J Neurosci 9:2080–2102.
Kaufman MT, Churchland MM, Ryu SI, Shenoy KV. 2014. Cortical activity in the null space: permitting preparation without movement. Nat Neurosci 17:440–448.
Klaes C, Westendorff S, Chakrabarti S, Gail A. 2011. Choosing goals, not rules: deciding among rule-based action plans. Neuron 70:536–548.
Kurtzer I, Herter TM, Scott SH. 2005. Random change in cortical load representation suggests distinct control of posture and movement. Nat Neurosci 8:498–504.
Maravita A, Iriki A. 2004. Tools for the body (schema). Trends Cogn Sci 8:79–86.
Moritz CT, Perlmutter SI, Fetz EE. 2008. Direct control of paralysed muscles by cortical neurons. Nature 456:639–642.
Muir RB, Lemon RN. 1983. Corticospinal neurons with a special role in precision grip. Brain Res 261:312–316.

Murata A, Wen W, Asama H. 2016. The body and objects represented in the ventral stream of the parieto-premotor network. Neurosci Res 104:4–15.

Nachev P, Kennard C, Husain M. 2008. Functional role of the supplementary and pre-supplementary motor areas. Nat Rev Neurosci 9:856–869.

Nudo RJ, Milliken GW, Jenkins WM, Merzenich MM. 1996. Use-dependent alterations of movement representations in primary motor cortex of adult squirrel monkeys. J Neurosci 16:785–807.

Omrani M, Murnaghan CD, Pruszynski JA, Scott SH. 2016. Distributed task-specific processing of somatosensory feedback for voluntary motor control. eLife 5:e13141.

Park MC, Belhaj-Saïf A, Gordon M, Cheney PD. 2001. Consistent features in the forelimb representation of primary motor cortex in rhesus macaques. J Neurosci 21:2784–2792.

Paz R, Vaadia E. 2004. Learning-induced improvement in encoding and decoding of specific movement directions by neurons in the primary motor cortex. PLoS Biol 2:E45.

Pruszynski JA, Kurtzer I, Nashed JY, Omrani M, Brouwer B, Scott SH. 2011. Primary motor cortex underlies multi-joint integration for fast feedback control. Nature 478: 387–390.

Rathelot JA, Strick PL. 2006. Muscle representation in the macaque motor cortex: an anatomical perspective. Proc Natl Acad Sci U S A 103:8257–8262.

Rizzolatti G, Camarda R, Fogassi L, Gentilucci M, Luppino G, Matelli M. 1988. Functional organization of inferior area 6 in the macaque monkey. II. Area F5 and the control of distal movement. Exp Brain Res 71:491–507.

Rizzolatti G, Fadiga L, Gallese V, Fogassi L. 1996. Premotor cortex and the recognition of motor actions. Cogn Brain Res 3:131–141.

Romo R, Hernández A, Zainos A. 2004. Neuronal correlates of a perceptual decision in ventral premotor cortex. Neuron 41:165–173.

Rozzi S, Calzavara R, Belmalih A, et al. 2006. Cortical connections of the inferior parietal cortical convexity of the macaque monkey. Cereb Cortex 16:1389–1417.

Sadtler PT, Quick KM, Golub MD, et al. 2014. Neural constraints on learning. Nature 512:423–426.

Schaffelhofer S, Scherberger H. 2016. Object vision to hand action in macaque parietal, premotor, and motor cortices. eLife 5:e15278.

Schwartz AB. 1994. Direct cortical representation of drawing. Science 265:540–542.

Scott SH, Cluff T, Lowrey CR, Takei T. 2015. Feedback control during voluntary motor actions. Curr Opin Neurobiol 33:85–94.

Scott SH, Gribble P, Graham K, Cabel DW. 2001. Dissociation between hand motion and population vectors from neural activity in motor cortex. Nature 413:161–165.

Sergio LE, Hamel-Pâquet C, Kalaska JF. 2005. Motor cortex neural correlates of output kinematics and kinetics during isometric-force and arm-reaching tasks. J Neurophysiol 94:2353–2378.

Sergio LE, Kalaska JF. 2003. Systematic changes in motor cortex cell activity with arm posture during directional isometric force generation. J Neurophysiol 89:212–228.

Shenoy KV, Sahani M, Churchland M. 2013. Cortical control of arm movements: a dynamical systems perspective. Annu Rev Neurosci 36:337–359.

Shima K, Tanji J. 1998. Role of cingulate motor area cells in voluntary movement selection based on reward. Science 282:1335–1338.

Shinoda Y, Yokota J, Futami T. 1981. Divergent projections of individual corticospinal axons to motoneurons of multiple muscles in the monkey. Neurosci Lett 23:7–12.

Sommer MA, Wurtz RH. 2008. Brain circuits for the internal monitoring of movements. Ann Rev Neurosci 31:317–338.

Strick PL. 1983. The influence of motor preparation on the response of cerebellar neurons to limb displacements. J Neurosci 3:2007–2020.

Tanji J. 2001. Sequential organization of multiple movements: involvement of cortical motor areas. Ann Rev Neurosci 24:631–651.

Thach WT. 1978. Correlation of neural discharge with pattern and force of muscular activity, joint position, and direction of intended next arm movement in motor cortex and cerebellum. J Neurophysiol 41:654–676.

Wallis JD, Miller EK. 2003. From rule to response: neuronal processes in the premotor and prefrontal cortex. J Neurophysiol 90:1790–1806.

35

Controle do olhar

O olho é movido pelos seis músculos extraoculares
- Os movimentos oculares giram o olho na órbita
- Os seis músculos extraoculares formam três pares agonista-antagonista
- Os movimentos dos dois olhos são coordenados
- Os músculos extraoculares são controlados por três nervos cranianos

Seis sistemas de controle neuronal mantêm os olhos no alvo
- Um sistema de fixação ativo mantém a fóvea em um alvo fixo
- O sistema sacádico dirige a fóvea para objetos de interesse

Os circuitos motores para os movimentos sacádicos se encontram no tronco encefálico
- Os movimentos sacádicos horizontais são gerados na formação reticular pontina
- Os movimentos sacádicos verticais são gerados na formação reticular mesencefálica
- Lesões do tronco encefálico resultam em déficits característicos nos movimentos oculares

Os movimentos sacádicos são controlados pelo córtex cerebral através do colículo superior
- O colículo superior integra informações visuais e motoras, transformando em sinais oculomotores para o tronco encefálico
- O colículo rostral superior facilita a fixação visual
- Os núcleos da base e duas regiões do córtex cerebral controlam o colículo superior
- O controle dos movimentos sacádicos pode ser modificado pela experiência
- Algumas mudanças rápidas no olhar requerem movimentos coordenados da cabeça e dos olhos

O sistema de seguimento lento mantém os alvos em movimento na fóvea

O sistema de vergência alinha os olhos para olharem alvos em diferentes profundidades

Destaques

NOS CAPÍTULOS ANTERIORES, APRENDEMOS sobre os sistemas motores que controlam os movimentos do corpo no espaço. Neste e no próximo capítulo, consideramos os sistemas motores que controlam nosso olhar, equilíbrio e postura à medida que nos movemos pelo mundo ao nosso redor. Ao examinar esses sistemas motores, vamos nos concentrar em três desafios biológicos que esses sistemas resolvem: como podemos explorar visualmente nosso ambiente de forma rápida e eficiente? Como compensamos os movimentos planejados e não planejados da cabeça? Como nos mantemos de pé?

Neste capítulo, descrevemos o sistema oculomotor e como utiliza a informação visual para guiar os movimentos dos olhos. É um dos sistemas motores mais simples, exigindo a coordenação de apenas 12 músculos evolutivamente antigos que movem os dois olhos. Em humanos e em outros primatas, o principal objetivo do sistema oculomotor é controlar a posição da fóvea, o ponto central da retina, a qual possui a maior densidade de fotorreceptores e, portanto, a visão mais nítida. A fóvea tem menos de 1 mm de diâmetro e cobre menos de 1% do campo visual. Quando queremos examinar um objeto, devemos mover sua imagem para a fóvea (Capítulo 22).

O olho é movido pelos seis músculos extraoculares

Os movimentos oculares giram o olho na órbita

Tomando como uma boa comparação, o olho é uma esfera dentro de uma cavidade, a órbita. Os movimentos oculares são simplesmente rotações do olho dentro da órbita. A orientação do olho pode ser definida por três eixos de rotação – horizontal, vertical e torcional – que se cruzam no centro do globo ocular, sendo que os movimentos oculares são descritos como rotações em torno desses eixos. Movimentos oculares horizontais e verticais alteram a linha de visão redirecionando a fóvea; movimentos oculares de torção giram o olho ao redor da linha de visão, mas não mudam para onde os olhos estão olhando.

A rotação horizontal do olho para longe do nariz é chamada de *abdução*, e a rotação em direção ao nariz, *adução* (**Figura 35-1A**). Os movimentos verticais são chamados de *elevação* (rotação para cima) e *abaixamento* (rotação para baixo). Por fim, os movimentos de torção incluem *torção interna* (rotação da parte superior da córnea em direção ao nariz) e *torção externa* (rotação para longe do nariz).

A maioria dos movimentos oculares são conjugados, isto é, ambos os olhos se movem na mesma direção. Esses movimentos oculares são chamados de movimentos de *versão*. Por exemplo, durante o olhar para a direita, o olho direito abduz e o olho esquerdo aduz. Da mesma forma, se o olho direito faz torção externa, o olho esquerdo faz torção interna. Quando você muda seu olhar de um ponto distante para perto, os olhos se movem em direções opostas – ambos os olhos aduzem. Esses movimentos são chamados de movimentos de *vergência*.

Os seis músculos extraoculares formam três pares agonista-antagonista

Cada olho é rotado por seis músculos extraoculares dispostos em três pares agonista-antagonista (**Figura 35-1B**).

Os quatro músculos retos (lateral, medial, superior e inferior) compartilham uma origem comum, o anel de Zinn, no ápice da órbita. Eles se inserem na superfície do olho, ou esclera, anterior ao centro do olho, de modo que o reto superior eleva o olho e o reto inferior o abaixa. A origem do músculo oblíquo inferior está na parede medial da órbita; o tendão do músculo oblíquo superior passa pela tróclea, ou polia, antes de se inserir no globo, de modo que sua origem efetiva também é na parede anteromedial da órbita. Os músculos oblíquos se inserem posteriormente ao centro do olho, de modo que o oblíquo superior abaixa o olho e o oblíquo inferior o eleva.

Cada músculo tem uma inserção dupla. A parte do músculo mais distante do olho se insere em uma polia de tecido mole através da qual o resto do músculo passa em direção ao olho. Quando se contraem, os músculos extraoculares não apenas giram o olho, mas também mudam suas direções de tração como resultado dessas polias.

As ações dos músculos extraoculares são determinadas por sua geometria e pela posição do olho na órbita. Os retos medial e lateral giram o olho horizontalmente; o reto medial aduz, enquanto o reto lateral abduz. Os retos superior

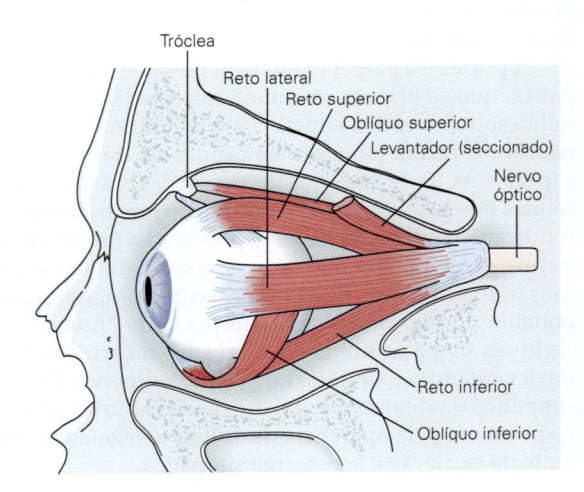

FIGURA 35-1 As diferentes ações dos movimentos oculares e os músculos que os controlam.

A. Visão do olho esquerdo e as três dimensões do movimento ocular.

B. 1. Visão lateral do olho esquerdo com a parede orbital retirada. Cada músculo reto se insere na frente do equador do globo ocular, de forma que a contração gire a córnea em direção ao músculo. Por outro lado, os músculos oblíquos se inserem atrás do equador e a contração gira a córnea para longe da inserção. O tendão oblíquo superior passa pela tróclea, uma polia óssea no lado nasal da órbita, antes de se inserir no globo ocular. O músculo levantador da pálpebra superior eleva a pálpebra. **2.** Visão superior do olho esquerdo com o teto da órbita e o músculo levantador retirados. O músculo reto superior sobrepassa o músculo oblíquo superior e se insere à sua frente, no globo ocular.

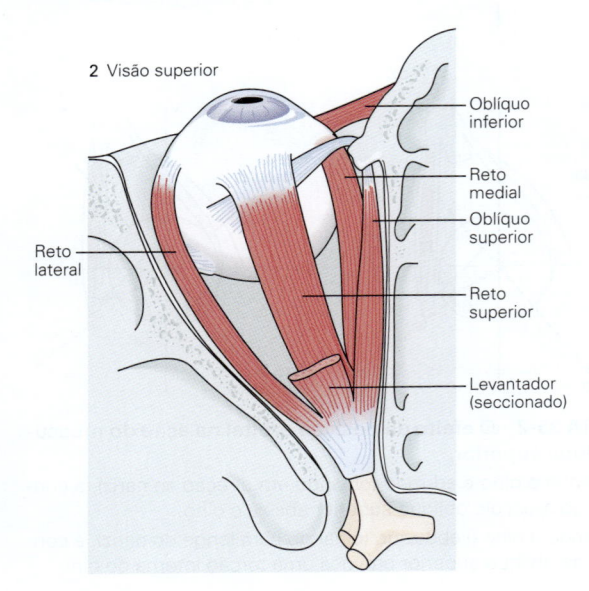

e inferior e os oblíquos giram o olho tanto vertical quanto causam sua torção. O reto superior e o oblíquo inferior elevam o olho, e o reto inferior e o oblíquo superior o abaixam. O reto superior e o oblíquo superior fazem uma torção interna do olho, enquanto o reto inferior e o oblíquo inferior fazem uma torção externa.

Os retos superior e inferior e os oblíquos são frequentemente chamados de músculos cicloverticais porque produzem rotação ocular tanto vertical quanto torcional. A extensão relativa de cada rotação depende da posição do olho. Os retos superior e inferior exercem sua ação vertical máxima quando o olho é abduzido, ou seja, quando a linha de visão é paralela às direções de tração dos músculos, enquanto os músculos oblíquos exercem sua ação vertical máxima quando o olho é aduzido (Figura 35-2).

Os movimentos dos dois olhos são coordenados

Humanos e outros animais com olhos frontais possuem visão binocular – os campos de visão dos dois olhos se sobrepõem. Isso facilita a estereopsia, a capacidade de perceber uma cena visual em três dimensões, bem como a percepção de profundidade. Ao mesmo tempo, a visão binocular requer uma coordenação precisa dos movimentos dos dois olhos para que ambas as fóveas estejam sempre direcionadas para o alvo de interesse. Para a maioria dos movimentos oculares, ambos os olhos devem se mover na mesma medida e na mesma direção. Isso é realizado, em grande parte, pelo pareamento dos músculos oculares nos dois olhos.

Assim como cada músculo do olho é pareado com seu antagonista na mesma órbita (p. ex., os retos medial e lateral), há também o pareamento com o músculo que move o olho oposto na mesma direção. Por exemplo, o acoplamento do reto lateral esquerdo e do reto medial direito move ambos os olhos para a esquerda durante o movimento sacádico para a esquerda. As orientações dos músculos verticais são tais que cada par consiste em um músculo reto e um músculo oblíquo. Por exemplo, o reto superior esquerdo e o oblíquo inferior direito movem os olhos para cima no movimento ocular esquerdo, enquanto o reto inferior direito e o oblíquo superior esquerdo movem os olhos para baixo no movimento ocular direito (Tabela 35-1).

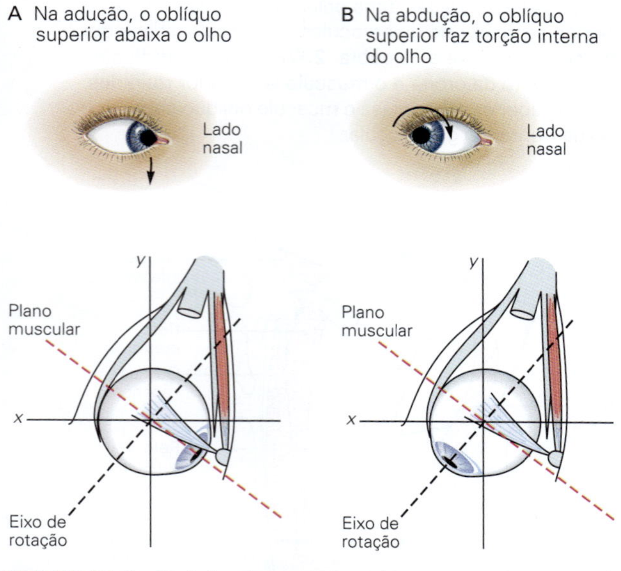

Os músculos extraoculares são controlados por três nervos cranianos

Os músculos extraoculares são inervados por grupos de neurônios motores cujos corpos celulares estão agrupados nos três núcleos oculomotores do tronco encefálico (Figura 35-3). O reto lateral é inervado pelo nervo abducente (VI nervo craniano), cujo núcleo se encontra na ponte, no assoalho do quarto ventrículo. O músculo oblíquo superior é inervado pelo nervo troclear (IV par craniano), cujo núcleo está localizado no mesencéfalo contralateral ao nível do colículo inferior. (O nervo troclear recebe seu nome a partir da tróclea, a polia óssea por onde passa o músculo oblíquo superior.)

Todos os outros músculos extraoculares –os retos medial, inferior e superior e o oblíquo inferior –são inervados pelo nervo oculomotor (III nervo craniano), cujo núcleo se encontra no mesencéfalo, na altura do colículo superior. Os axônios que inervam o reto superior cruzam a linha média e unem-se ao nervo oculomotor contralateral. Assim, tanto os neurônios motores do reto superior quanto do oblíquo superior inervam seus respectivos músculos no lado oposto. O nervo oculomotor também contém fibras que inervam o músculo levantador da pálpebra superior. Os corpos celulares dos axônios que inervam ambas as pálpebras estão localizados no núcleo caudal central, uma única estrutura da linha média dentro do complexo oculomotor. Finalmente, ao longo do nervo oculomotor estão as fibras parassimpáticas que inervam o músculo esfíncter da íris para a contração da pupila e os músculos ciliares para o ajuste da curvatura da lente ao focar o olho durante os movimentos de vergência de longe para perto, o processo de acomodação.

A pupila e a pálpebra também possuem inervação simpática, que se origina na coluna intermediolateral da medula espinal torácica superior ipsilateral. As fibras desses neurônios fazem sinapse nas células do gânglio cervical superior na parte superior do pescoço. Os axônios dessas células pós-ganglionares percorrem ao longo da artéria carótida até o seio cavernoso e depois para a órbita. As fibras pupilares simpáticas inervam o músculo dilatador da íris, causando a dilatação da pupila e, assim, fornecendo o componente pupilar da chamada resposta de "luta ou fuga". As fibras simpáticas também inervam o músculo de Müller, um levantador secundário da pálpebra superior. O controle simpático da dilatação pupilar e da elevação da pálpebra é responsável pela aparência de "olhos arregalados" decorrente da excitação e sobrecarga simpática.

FIGURA 35-2 O efeito da posição orbital na ação do músculo oblíquo superior.

A. Quando o olho é aduzido (olhando em direção ao nariz), a contração do músculo oblíquo superior abaixa o olho.

B. Quando o olho é abduzido (olhando para longe do nariz), a contração do oblíquo superior provoca uma torção interna do olho.

TABELA 35-1 Ação dos músculos verticais na adução e na abdução

Músculo	Ação na adução	Ação na abdução
Reto superior	Torção interna	Elevação
Reto inferior	Torção externa	Abaixamento
Oblíquo superior	Abaixamento	Torção interna
Oblíquo inferior	Elevação	Torção externa

A melhor maneira de compreender as ações dos músculos extraoculares é perceber os movimentos oculares que permanecem após a lesão de um nervo específico (**Quadro 35-1**).

A força gerada por um músculo extraocular é determinada tanto pela taxa de disparo dos neurônios motores quanto pelo número de unidades motoras recrutadas. Assim como as unidades motoras do músculo esquelético (Capítulo 31), as unidades motoras oculares são recrutadas em uma sequência fixa. Por exemplo, à medida que o olho se move lateralmente, o número de neurônios abducentes ativos e as frequências de disparo de cada uma aumentam, aumentando, assim, a força da contração lateral do reto.

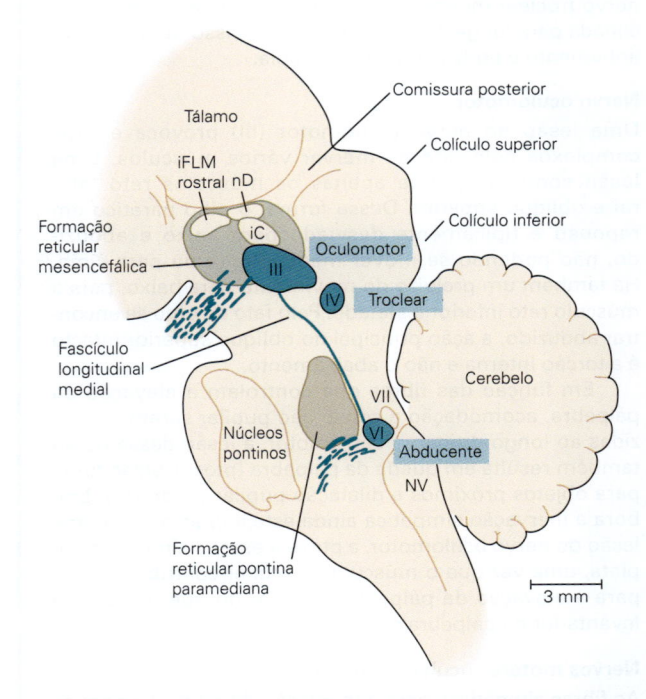

FIGURA 35-3 Os núcleos motores oculares no tronco encefálico. Os núcleos são mostrados em um corte parassagital através do tálamo, ponte, mesencéfalo e cerebelo de um macaco rhesus. O núcleo oculomotor (nervo craniano III) situa-se no mesencéfalo no nível da formação reticular mesencefálica; o núcleo troclear (nervo IV) é levemente caudal; e o núcleo abducente (nervo VI) situa-se na ponte no nível da formação reticular pontina paramediana, adjacente ao fascículo do nervo facial (VII). Compare com a **Figura 40-5**. (Siglas: **iC**, núcleo intersticial de Cajal; **iFLM**, núcleo intersticial do fascículo longitudinal medial; **nD**, núcleo de Darkshevich; **NV**, núcleos vestibulares.) (Adaptada de Henn, Hepp e Büttner-Ennever, 1982.)

Seis sistemas de controle neuronal mantêm os olhos no alvo

Os núcleos oculomotores são os alvos finais comuns para todos os tipos de movimentos oculares gerados por redes encefálicas superiores. Hermann Helmholtz e outros psicofísicos do século XIX constataram que a análise dos movimentos oculares era essencial para a compreensão da percepção visual, mas supunham que todos os movimentos oculares eram lentos. Em 1890, Edwin Landott descobriu que, durante a leitura, os olhos não se movem lentamente ao longo de uma linha de texto, mas fazem movimentos intermitentes rápidos chamados de movimentos sacádicos (em francês, movimentos rápidos e bruscos), cada um seguido por uma pequena pausa.

Em 1902, Raymond Dodge delineou cinco tipos distintos de movimento dos olhos que direcionam a fóvea para um alvo visual e a mantém lá. Todos esses movimentos oculares compartilham uma via efetora originada nos três núcleos oculomotores do tronco encefálico.

- Movimentos oculares sacádicos deslocam a fóvea rapidamente para um novo alvo visual.
- Movimentos de seguimento lento mantêm a imagem de um alvo em movimento na fóvea.
- Movimentos de vergência movem os olhos em direções opostas para que a imagem de um objeto de interesse seja posicionada em ambas as fóveas independente de sua distância.
- Os reflexos vestíbulo-oculares estabilizam as imagens na retina durante movimentos breves da cabeça.
- Os movimentos optocinéticos estabilizam as imagens durante a rotação ou translação sustentada da cabeça.

Um sexto sistema, o sistema de fixação, mantém o olho fixo durante o olhar atento quando a cabeça não está se movendo, suprimindo ativamente o movimento dos olhos. Os sistemas optocinético e vestibular são discutidos no Capítulo 27. Consideramos os outros quatro sistemas aqui.

Um sistema de fixação ativo mantém a fóvea em um alvo fixo

A visão é mais precisa quando os olhos estão parados. O sistema dos movimentos oculares ativamente impede que os olhos se movam quando examinamos um objeto de interesse. Não é tão ativo na supressão do movimento quando estamos fazendo algo que não requer visão, como aritmética mental. Pacientes com distúrbios do sistema de fixação – por exemplo, pacientes com movimentos oculares sacádicos irrefreáveis (*opsoclonia*) – têm visão prejudicada não porque sua acuidade visual seja deficiente, mas por não conseguir manter os olhos imóveis o suficiente de forma que o sistema visual exerça corretamente sua função.

O sistema sacádico dirige a fóvea para objetos de interesse

Nossos olhos exploram o mundo em uma série de movimentos sacádicos muito rápidos, movendo a fóvea de um ponto de fixação para outro (Capítulo 25) (**Figura 35-5**). Os movimentos sacádicos nos permitem escanear o ambiente rapidamente e ler. Altamente estereotipados, eles têm uma forma de onda padrão com um único aumento e uma diminuição suave da velocidade do olho. Os movimentos sacádicos também são extremamente rápidos, ocorrendo em uma fração de segundo em velocidades angulares de até 900° por segundo (**Figura 35-6A**). A velocidade de um movimento sacádico é determinada apenas pelo seu tamanho. Podemos mudar voluntariamente sua amplitude e direção, mas não sua velocidade, embora fadiga, drogas ou estados patológicos possam retardar tais movimentos.

Normalmente, não há tempo para que uma retroalimentação visual modifique o curso de um movimento sacádico enquanto está sendo realizado. Em vez disso, correções na direção e/ou amplitude do movimento são feitas ao longo de sucessivos movimentos sacádicos. Movimentos sacádicos precisos podem ser realizados não apenas para alvos visuais, mas também para sons, estímulos táteis, memórias de locais no espaço e até comandos verbais (p. ex., "olhe para a esquerda").

Quando um movimento sacádico é realizado, a atividade dos neurônios nas regiões encefálicas superiores para o controle do olhar especifica apenas uma alteração desejada na posição dos olhos (p. ex., 20° à direita da posição ocular de um dado momento, geralmente baseado em um alvo no campo visual). Para que o movimento do olho ocorra, esse sinal de localização deve ser transformado em sinais para os músculos oculares executarem o movimento na velocidade desejada e mudarem a posição do olho. Podemos ilustrar como o sistema de controle do olhar gera movimentos oculares ao considerarmos a atividade de um neurônio motor ocular durante um movimento sacádico (**Figura 35-7A**). Para mover o olho rapidamente para uma nova posição na órbita e mantê-lo lá, duas forças passivas devem ser superadas: a força elástica dos tecidos da órbita, que tende a recolocar o olho em sua posição central, e uma força viscosa dependente da velocidade que se opõe ao movimento rápido. Assim, o sinal motor para um movimento do olho deve

---

QUADRO 35-1 Lesões nervosas ou musculares extraoculares

Pacientes com lesões dos músculos extraoculares ou de seus nervos queixam-se de visão dupla (diplopia), pois as imagens do objeto de fixação do olhar não mais acertam os locais correspondentes da retina de ambos os olhos. Lesões dos diferentes nervos produzem sintomas característicos, dependendo de quais músculos extraoculares são afetados. Em geral, a visão dupla aumenta quando o paciente tenta olhar para o mesmo lado do músculo fraco.

Nervo abducente
Uma lesão do nervo abducente (VI) causa fraqueza do reto lateral. Quando a lesão é completa, o olho não pode abduzir além da linha média, de modo que a diplopia horizontal aumenta quando o sujeito olha para o mesmo lado do olho afetado.

Nervo troclear
Uma lesão do nervo troclear esquerdo (IV) afeta os movimentos oculares vertical e de torção ao enfraquecer o músculo oblíquo superior (**Figura 35-4**). O desalinhamento vertical na paresia do oblíquo superior também é afetado pela posição da cabeça. A inclinação para um lado, de modo que a orelha se direcione para o ombro, induz a uma pequena torção do olho na direção oposta, conhecida como contrarrotação ocular. Por exemplo, quando a cabeça se inclina para a esquerda, normalmente ocorre uma torção interna do olho esquerdo pelo reto superior esquerdo e oblíquo superior esquerdo, enquanto o olho direito sofre uma torção externa pelo reto inferior direito e oblíquo inferior direito. No olho esquerdo, a ação de elevação do olho pelo reto superior é cancelada pela ação de abaixamento do oblíquo superior, de modo que o olho gira apenas em torno da linha de visão. Quando a cabeça se inclina para a direita, o oblíquo inferior e o reto inferior causam uma torção externa do olho esquerdo ao mesmo tempo em que o oblíquo superior e o reto superior relaxam.

Com paresia do oblíquo superior esquerdo, a ação de elevação do reto superior se encontra sem oposição ao inclinar a cabeça para a esquerda de tal forma que o olho esquerdo se move mais para cima. Em contraste, inclinar a cabeça para a direita relaxa o reto superior e o oblíquo superior (**Figura 35-4D**). Assim, pacientes com lesões do nervo troclear muitas vezes preferem manter a cabeça inclinada para longe do olho afetado, pois isso reduz o desalinhamento e pode eliminar a diplopia.

Nervo oculomotor
Uma lesão do nervo oculomotor (III) provoca efeitos complexos pelo fato de inervar vários músculos. Uma lesão completa poupa apenas os músculos reto lateral e oblíquo superior. Dessa forma, o olho parético em repouso é tipicamente desviado para baixo e abduzido, não podendo se mover medialmente ou para cima. Há também um prejuízo do movimento para baixo, pois o músculo reto inferior é afetado. Pelo fato do olho se encontrar abduzido, a ação principal do oblíquo superior intacto é a torção interna e não o abaixamento.

Em função das fibras que controlam a elevação da pálpebra, acomodação e constrição pupilar serem conduzidas ao longo do nervo oculomotor, a lesão desse nervo também resulta em queda da pálpebra (ptose), visão turva para objetos próximos e dilatação pupilar (midríase). Embora a inervação simpática ainda esteja intacta, com uma lesão do nervo oculomotor, a ptose é essencialmente completa, uma vez que o músculo de Müller contribui menos para a elevação da pálpebra superior do que o músculo levantador da pálpebra superior.

Nervos motores oculares simpáticos
As fibras simpáticas para a inervação do olho originam-se da medula espinal torácica, atravessam o ápice do pulmão e ascendem para o olho pela parte externa da artéria carótida. A interrupção dessas vias leva à síndrome de Horner, que inclui uma ptose ipsilateral parcial devido à fraqueza do músculo de Müller e uma relativa constrição (miose) da pupila ipsilateral. A assimetria pupilar é mais pronunciada com pouca luz. A pupila normal é capaz de dilatar, mas a pupila afetada pela síndrome de Horner não.

continua

QUADRO 35-1 Lesões nervosas ou musculares extraoculares (*continuação*)

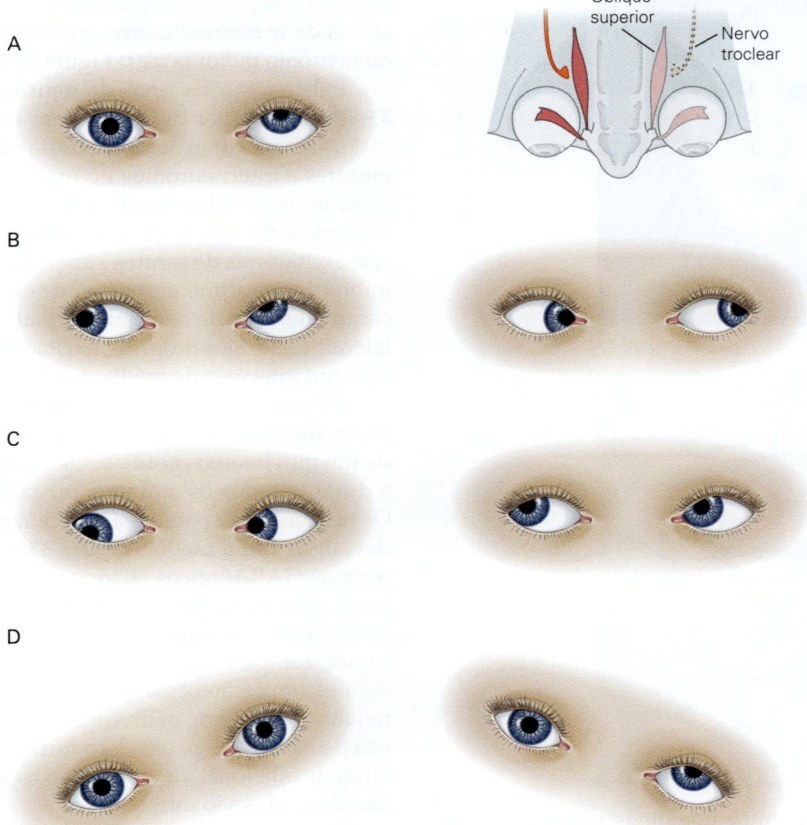

FIGURA 35-4 Efeito de uma paralisia do nervo troclear esquerdo. O nervo troclear inerva o músculo oblíquo superior, que se insere atrás do equador do olho. Ele abaixa o olho na adução e provoca torção interna do olho na abdução.

A. A hipertropia, um desvio permanente do olho para cima, pode ser observada quando o paciente está olhando para frente. O olho direito está no centro da órbita, mas o olho esquerdo afetado está levemente acima do olho direito.

B. A hipertropia piora quando o olho é aduzido, pois o músculo oblíquo inferior sem oposição empurra o olho mais para cima (*esquerda*). A condição melhora quando o olho é abduzido (*direita*), pois o músculo oblíquo superior contribui menos para o abaixamento do que para sua torção interna.

C. Quando o paciente olha para a direita, a hipertropia piora no momento em que o olhar é direcionado para baixo (*esquerda*) comparado a quando o olhar é direcionado para cima (*direita*).

D. A hipertropia melhora pela inclinação da cabeça para a direita (*esquerda*) e é agravada pela inclinação da cabeça para a esquerda (*direita*). O reflexo de contrarrotação ocular induz à torção interna do olho esquerdo quando a cabeça inclina para a esquerda e à torção externa do olho quando a cabeça inclina para a direita (Capítulo 27). Com a inclinação da cabeça para a esquerda, a torção interna requer maior atividade do músculo reto superior, cuja ação de elevação se encontra sem a oposição do músculo oblíquo superior enfraquecido, aumentando a hipertropia. Com a inclinação da cabeça para a direita e a torção externa do olho esquerdo, o músculo reto superior sem oposição é menos ativo, e a hipertropia diminui.

---

incluir tanto um componente de posição para combater a força elástica quanto um componente de velocidade para superar a viscosidade orbital e mover o olho rapidamente para a nova posição.

Essas informações de posição e velocidade do olho são codificadas pelas frequências de disparo dos neurônios motores oculares. Quando um movimento sacádico é realizado, a frequência de disparo de um neurônio se eleva rapidamente à medida que a velocidade do olho aumenta; isso é chamado de *pulso sacádico* (**Figura 35-7B**). A frequência desse pulso determina a velocidade do movimento sacádico, enquanto a duração do pulso controla a duração do movimento sacádico e, portanto, sua amplitude. Quando o movimento sacádico é concluído e o olho atingiu seu objetivo, é necessário um novo nível de entrada tônica para os músculos oculares apropriado para a força elástica

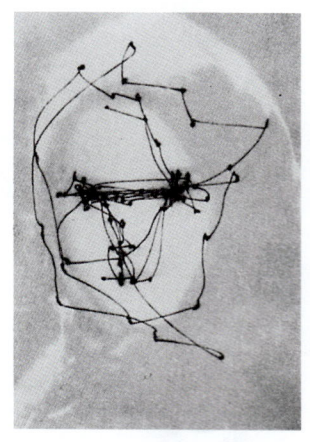

FIGURA 35-5 Os movimentos dos olhos rastreiam o contorno de um objeto de atenção. Um observador olha para uma fotografia de uma mulher por 1 minuto. As posições dos olhos resultantes são então sobrepostas à fotografia. Como mostrado aqui, o observador concentrou-se em certas características do rosto, detendo-se nos olhos e na boca da mulher (*fixações*) e dedicando menos tempo a outras partes do rosto. Os movimentos rápidos entre pontos de fixação são os *movimentos sacádicos*. (Reproduzida, com autorização, de Yarbus, 1967.)

restauradora naquela posição orbital. Essa diferença na frequência de disparo tônico entre antes e depois do movimento sacádico é chamada de *nível sacádico* (**Figura 35-7B**). Se a magnitude do nível não corresponder adequadamente ao pulso, o olho se afasta do alvo após o movimento sacádico. Conforme descrito posteriormente, o pulso e o nível são gerados por diferentes estruturas do tronco encefálico.

Os circuitos motores para os movimentos sacádicos se encontram no tronco encefálico

Os movimentos sacádicos horizontais são gerados na formação reticular pontina

O sinal neural para os movimentos sacádicos horizontais origina-se na formação reticular pontina paramediana, adjacente ao núcleo abducente para o qual se projeta (**Figura 35-8A**). A formação reticular pontina paramediana contém uma família de *neurônios de salvas* que dá surgimento ao pulso sacádico. Essas células disparam em alta frequência imediatamente antes e durante os movimentos sacádicos ipsilaterais (em direção ao mesmo lado dos neurônios ativos), e sua atividade se assemelha ao componente de pulso da descarga do neurônio motor ocular (**Figura 35-7B**).

Existem vários tipos de neurônios de salvas (**Figura 35-8B**). Neurônios de salvas com intervalo de média duração* fazem conexões excitatórias diretas com neurônios motores e interneurônios no núcleo abducente ipsilateral. Neurônios de salvas com intervalo de longa duração estimulam os de salvas de média duração e recebem aferências excitatórias de centros superiores. Neurônios de salvas inibitórios suprimem a atividade de neurônios abducentes contralaterais e de neurônios de salvas excitatórios contralaterais e são, eles próprios, excitados por neurônios de salvas com intervalo de média duração.

Uma segunda classe de células pontinas, *os neurônios de pausa*, dispara continuamente, exceto em torno do período de um movimento sacádico. Os disparos cessam logo antes e durante todos os movimentos sacádicos (**Figura 35-8B**). Os neurônios de pausa estão localizados no núcleo da rafe dorsal, na linha média (**Figura 35-8A**). São neurônios inibitórios GABAérgicos (ácido γ-aminobutírico) que se projetam para neurônios de salvas pontinos e mesencefálicos contralaterais. A estimulação elétrica dos neurônios de pausa interrompe um movimento sacádico, que retorna quando a estimulação cessa. Realizar um movimento sacádico requer excitação de neurônios de salvas e inibição simultânea de células de pausa. Isso fornece ao sistema uma estabilidade adicional, de modo que os movimentos sacádicos não desejados são infrequentes.

Se os neurônios motores recebessem apenas os sinais das células de salvas, os olhos voltariam à posição inicial após um movimento sacádico, pois não haveria um novo sinal de posição para mantê-los contrapondo-se às forças elásticas restauradoras. A inervação tônica apropriada é necessária para manter o olho na nova posição orbital. Esse sinal de posição tônico, o nível sacádico, pode ser gerado a partir do sinal de salvas de velocidade através do equivalente neural do processo matemático de integração. A velocidade pode ser computada diferenciando posição em relação ao tempo. Por sua vez, a posição pode ser computada integrando velocidade em relação ao tempo.

Para movimentos oculares horizontais, a integração neural do sinal de velocidade é realizada pelo núcleo vestibular medial e pelo núcleo prepósito do hipoglosso (**Figura 35-8A**) em conjunto com o flóculo do cerebelo. Como esperado, animais com lesões nessas áreas fazem movimentos sacádicos horizontais normais, mas, após o movimento, os olhos voltam à posição média. Além disso, a integração da atividade em salvas do movimento sacádico horizontal requer a coordenação dos núcleos prepósitos e vestibulares

---

*N. de R.T. Esses neurônios de salvas dividem-se quanto ao intervalo entre seu disparo e o início do movimento sacádico, em neurônios com intervalo de média duração (*medium-lead*), geralmente até 15 ms, ou de longa duração (*long-lead*), com mais de 15 ms até o início do movimento.

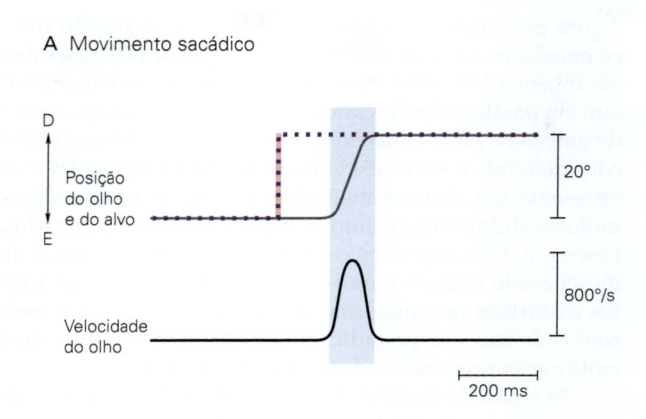

FIGURA 35-6 Movimentos oculares sacádicos e de seguimento lento. A posição do olho, a posição do alvo e a velocidade do olho são plotadas em relação ao tempo.

A. *Movimento sacádico humano.* No início do gráfico, o olho mira no alvo (os traços que representam as posições do olho e do alvo estão sobrepostos). De repente, o alvo salta para a direita e, em 200 ms, o olho se move para trazer o alvo de volta à fóvea. Observe o perfil de velocidade suave e simétrico. Pelo fato de os movimentos oculares serem rotações do olho na órbita, eles são descritos pelo ângulo de rotação. Da mesma forma, os objetos no campo visual são descritos pelo ângulo do arco referente à órbita do olho. Visto à distância de um braço, um polegar compreende um ângulo de cerca de 1°. Um movimento sacádico de uma extremidade do polegar à outra, portanto, percorre 1° de arco. (Siglas: **E**, esquerda; **D**, direita.)

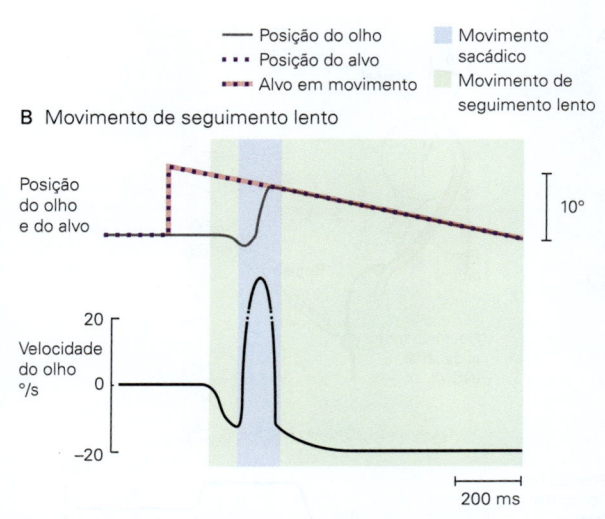

B. *Movimento de seguimento lento humano.* Neste exemplo, solicita-se que o sujeito realize um movimento sacádico até um alvo que salta para longe do centro do olhar e, depois, lentamente, retorna ao centro. O primeiro movimento observado nos traçados de posição e velocidade é um movimento de seguimento lento na mesma direção do movimento do alvo. O olho *afasta-se* brevemente do alvo antes do movimento sacádico iniciar, pois a latência do sistema de seguimento lento é menor que a do movimento sacádico. O sistema de seguimento lento é ativado pelo alvo movendo-se de volta para o centro do olhar, o movimento sacádico ajusta a posição do olho para capturar o alvo e, daí para diante, o seguimento lento mantém o olhar no alvo. O registro da velocidade do movimento sacádico é fixado na escala do movimento de seguimento lento, uma ordem de magnitude mais lenta que o movimento sacádico.

mediais bilaterais por meio de conexões comissurais. Assim, uma lesão na linha média dessas conexões também leva a uma falha do integrador neural.

Neurônios de salvas com intervalo de média duração na formação reticular pontina paramediana e neurônios do núcleo vestibular medial e do núcleo prepósito do hipoglosso projetam-se para o núcleo abducente ipsilateral e conduzem, respectivamente, os componentes de pulso e nível do sinal motor. Duas populações de neurônios no núcleo abducente recebem esse sinal. Um deles é um grupo de neurônios motores que inervam o músculo reto lateral ipsilateral. O segundo grupo consiste em interneurônios cujos axônios cruzam a linha média e ascendem pelo fascículo longitudinal medial até os neurônios motores do reto medial contralateral, situados no núcleo oculomotor (**Figura 35-8A**).

Assim, os neurônios motores do reto medial não recebem os sinais de pulso e nível diretamente. Esse arranjo permite a coordenação precisa dos movimentos correspondentes de ambos os olhos durante os movimentos sacádicos horizontais e outros movimentos oculares conjugados. A suscetibilidade do fascículo longitudinal medial a acidentes vasculares encefálicos e esclerose múltipla o torna clinicamente relevante.

Várias estruturas cerebelares desempenham um papel importante na calibração do sinal motor sacádico. Primeiro, a porção oculomotora do verme dorsal, atuando através do núcleo fastigial caudal, controla a duração do pulso e, portanto, a precisão do movimento sacádico. O núcleo fastigial aumenta a velocidade dos movimentos sacádicos no início dos movimentos sacádicos contralaterais e contribui para frear os movimentos sacádicos ipsilaterais para finalizar o movimento sacádico. Em segundo lugar, o flóculo e o paraflóculo do vestibulocerebelo calibram o integrador neural para assegurar que o nível esteja adequadamente ajustado ao pulso, a fim de manter os olhos na nova posição após cada movimento sacádico.

Os movimentos sacádicos verticais são gerados na formação reticular mesencefálica

Os neurônios de salvas responsáveis pelos movimentos sacádicos verticais se encontram no núcleo intersticial rostral do fascículo longitudinal medial na formação reticular mesencefálica (**Figura 35-3**). A integração neural vertical e de torção ocorre nas proximidades do núcleo intersticial de Cajal. Ambos os sistemas, pontino e mesencefálico, participam na geração de movimentos sacádicos oblíquos, os quais possuem componentes horizontais e verticais.

Movimentos sacádicos puramente verticais requerem atividade em ambos os lados da formação reticular mesencefálica, e a comunicação entre os dois lados ocorre através da comissura posterior. Não há neurônios de pausa diferentes para movimentos sacádicos horizontais e verticais. Células de pausa pontinas inibem tanto os neurônios de salvas pontinos quanto os mesencefálicos.

Lesões do tronco encefálico resultam em déficits característicos nos movimentos oculares

Agora podemos entender como diferentes lesões do tronco encefálico causam síndromes características. Lesões que abrangem a formação reticular pontina paramediana resultam em paralisia do movimento ocular horizontal ipsilateral de ambos os olhos, mas poupam os movimentos sacádicos contralaterais e verticais. Uma lesão do núcleo abducente apresenta um efeito semelhante, pois tanto os neurônios motores abducentes quanto os interneurônios são afetados. Lesões que abrangem os centros do movimento ocular do mesencéfalo causam paralisia do movimento vertical. Certos distúrbios neurológicos causam degeneração dos neurônios de salvas e prejudicam sua função, levando a uma lentificação progressiva dos movimentos sacádicos.

As lesões do fascículo longitudinal medial desconectam os neurônios motores do reto medial dos interneurônios abducentes (**Figura 35-8A**). Assim, durante os movimentos oculares horizontais conjugados, como movimentos sacádicos e de seguimento, o olho abdutor se move normalmente, mas a adução do outro olho é impedida. Apesar dessa paralisia de movimentos de versão, o reto medial normalmente atua nos movimentos de vergência, já que os neurônios motores para vergência estão no mesencéfalo, como será discutido mais adiante. Essa síndrome, chamada de *oftalmoplegia internuclear*, é consequência de um acidente vascular no tronco encefálico ou de doenças desmielinizantes, como a esclerose múltipla.

Uma lesão do núcleo fastigial cerebelar faz os movimentos sacádicos ipsilaterais ultrapassarem seus alvos (movimentos sacádicos *hipermétricos*), devido à falha na terminação normal da descarga neuronal sacádica. Movimentos sacádicos contralaterais não atingem seus alvos (movimentos sacádicos *hipométricos*). Da mesma forma, o dano ao verme oculomotor desinibe o núcleo fastigial e causa movimentos sacádicos ipsilaterais hipométricos. Isso pode ser devido a uma falha adicional para compensar as forças passivas dependentes da posição dos tecidos orbitais.

Os movimentos sacádicos são controlados pelo córtex cerebral através do colículo superior

Os circuitos de salvas pontino e mesencéfalico fornecem os sinais motores necessários para conduzir os músculos extraoculares para movimentos sacádicos. No entanto, entre os mamíferos superiores, os movimentos oculares são, em última análise, direcionados pelo comportamento cognitivo. A decisão de quando e onde executar um movimento sacádico de relevância comportamental se dá geralmente no córtex cerebral. Uma rede de áreas corticais e subcorticais controla o sistema sacádico através do colículo superior (**Figura 35-9**).

O colículo superior integra informações visuais e motoras, transformando em sinais oculomotores para o tronco encefálico

O colículo superior no mesencéfalo é uma importante região de integração visuomotora, o homólogo mamífero do teto óptico em vertebrados não mamíferos. Pode ser dividido em duas regiões funcionais: as camadas superficiais e as camadas intermediárias e profundas.

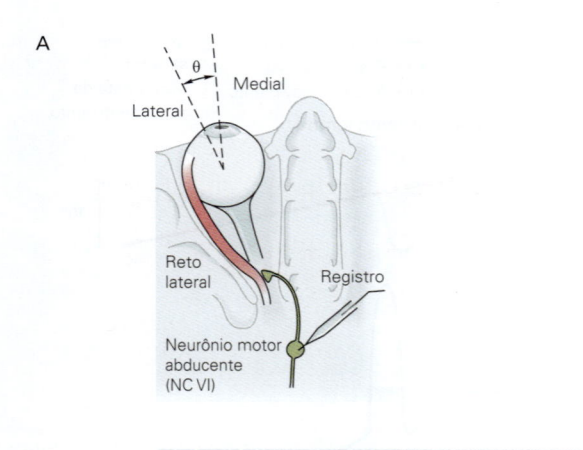

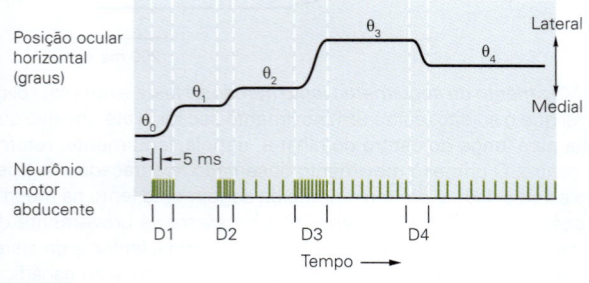

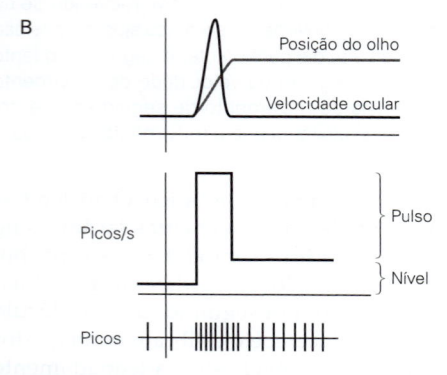

FIGURA 35-7 Os neurônios motores oculares sinalizam a posição e a velocidade dos olhos.

A. O registro é de um neurônio abducente de um macaco. Quando o olho está posicionado no lado medial da órbita, a célula está silente (**posição θ_0**). Quando o macaco faz um movimento sacádico lateral, ocorre uma salva de disparo (**D1**), mas, na nova posição (θ_1), o olho ainda se encontra muito medial para a célula manter continuamente a descarga. Durante o próximo movimento sacádico, há um disparo em salvas (**D2**) e, na nova posição (θ_2), há uma descarga tônica relacionada à posição. Antes e durante o próximo movimento sacádico (**D3**), ocorre novamente um pulso de atividade e uma descarga tônica maior quando o olho está na nova posição (θ_3). Quando o olho faz um movimento medial, há um período silente durante o movimento sacádico (**D4**), apesar do olho finalizar em uma posição associada a uma descarga tônica ($\theta4$). (Adaptada de Fuchs e Luschei, 1970.)

B. Os movimentos sacádicos estão associados a um nível de atividade que sinaliza a mudança da posição do olho e a um pulso de atividade que sinaliza a velocidade do olho. A atividade neural correspondente à posição e velocidade do olho é ilustrada como um trem de disparos individuais e como uma estimativa da frequência de disparo instantâneo (picos por segundo).

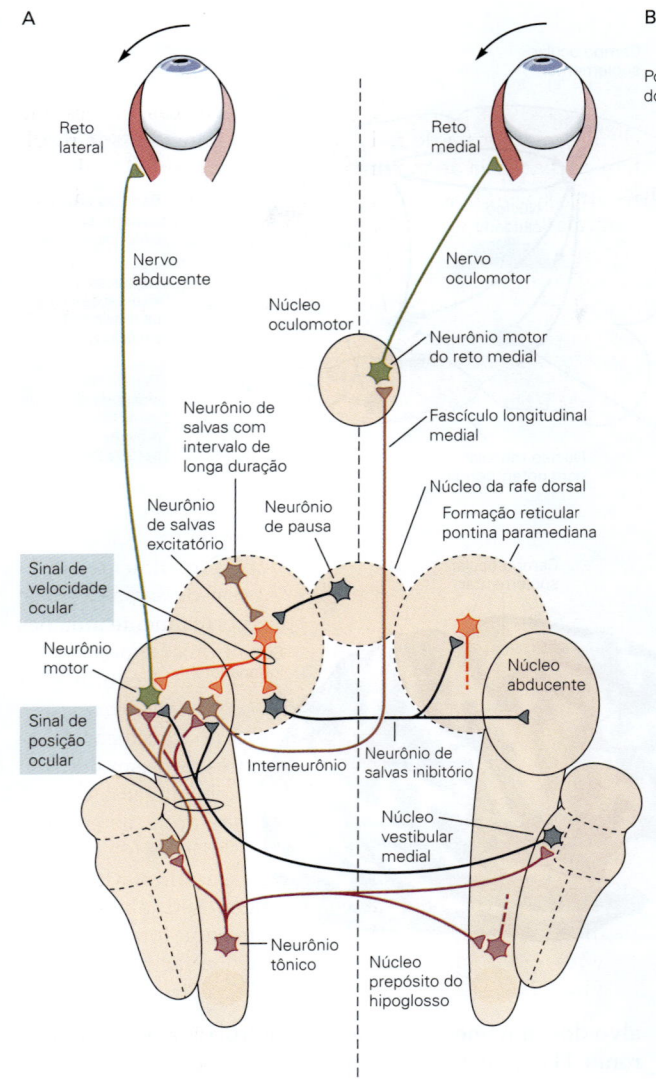

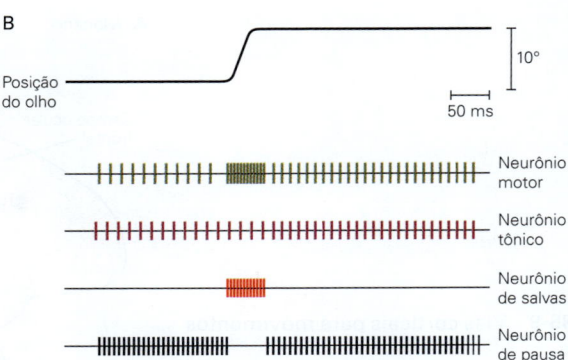

FIGURA 35-8 O circuito motor do tronco encefálico para movimentos sacádicos horizontais.

A. *Componente da velocidade ocular.* Neurônios de salvas com intervalo de longa duração retransmitem sinais de centros superiores para os neurônios excitatórios de salvas. O componente de velocidade ocular surge de neurônios excitatórios na formação reticular pontina paramediana que fazem sinapse com neurônios motores e interneurônios do núcleo abducente. Os neurônios motores abducentes projetam-se para os músculos retos laterais ipsilaterais, enquanto os interneurônios projetam-se para os neurônios motores do reto medial contralateral por axônios que cruzam a linha média e ascendem pelo fascículo longitudinal medial. Os neurônios de salvas excitatórios também acionam os neurônios inibitórios de salvas ipsilaterais que inibem os neurônios motores abducentes e os neurônios excitatórios de salvas contralaterais.

Componente de posição ocular. Este componente surge de um integrador neural que compreende neurônios distribuídos pelos núcleos vestibulares mediais e núcleo prepósito do hipoglosso em ambos os lados do tronco encefálico. Esses neurônios recebem sinais de velocidade de neurônios excitatórios de salvas, integrando esse sinal de velocidade a um sinal de posição. O sinal de posição excita os neurônios abducentes ipsilaterais e inibe os neurônios abducentes contralaterais. (Os neurônios **cinzas** são inibitórios; todos os outros neurônios são excitatórios. A **linha tracejada** vertical indica a linha média do tronco encefálico.)

B. Diferentes neurônios fornecem informações diferentes para um movimento sacádico horizontal. O neurônio motor fornece sinais de posição e velocidade. O neurônio tônico (núcleo prepósito do hipoglosso) sinaliza apenas a posição ocular. O neurônio excitatório de salvas (formação reticular pontina paramediana) sinaliza apenas a velocidade dos olhos. O neurônio de pausa dispara em alta frequência, exceto imediatamente antes, durante e logo após o movimento sacádico.

As três camadas superficiais recebem tanto uma aferência direta da retina quanto uma projeção do córtex estriado representando todo o hemicampo visual contralateral. Neurônios nas camadas superficiais respondem a estímulos visuais. Em macacos, as respostas de metade desses neurônios referentes à visão aumentam quantitativamente quando um animal se prepara para realizar um movimento sacádico a um estímulo no campo receptivo da célula. Esse aprimoramento é específico para movimentos sacádicos. Se o macaco atende ao estímulo sem fazer um movimento sacádico – por exemplo, fazendo um movimento da mão em resposta a uma mudança de claridade –, não há aumento da resposta do neurônio. Os neurônios nas camadas superficiais do colículo superior estão funcionalmente organizados em um mapa retinotópico do campo visual no qual a representação do campo visual mais próximo da fóvea ocupa a maior área (**Figura 35-10**).

A atividade neuronal nas duas camadas intermediária e profunda está relacionada principalmente às ações oculomotoras. Os neurônios relacionados ao movimento nessas camadas recebem informações visuais dos córtices pré-estriado, temporal médio e parietal, além de informações motoras do campo ocular frontal. As camadas intermediária e profunda também contêm mapas somatotópicos, tonotópicos e retinotópicos de aferências sensoriais, todos conectados entre si. Por exemplo, a imagem de um pássaro excitará um neurônio relacionado à visão, enquanto o chilrear do pássaro excitará um neurônio relacionado à audição adjacente, e ambos excitarão um neurônio bimodal. Os mapas espaciais polimodais nos permitem desviar nossos olhos para estímulos auditivos ou somatossensoriais, bem como para os visuais.

FIGURA 35-9 Vias corticais para movimentos sacádicos.

A. No macaco, o gerador de movimentos sacádicos no tronco encefálico recebe um comando do colículo superior. Esse comando é retransmitido através dos circuitos de salvas pontinos e mesencefálicos, fornecendo os sinais motores que impulsionam os músculos extraoculares para movimentos sacádicos. O colículo recebe projeções excitatórias diretas dos campos oculares frontais e da área intraparietal lateral (**IPL**) e uma projeção inibitória da substância negra. A substância negra é suprimida pelo núcleo caudado que, por sua vez, é excitado pelos campos oculares frontais. Assim, os campos oculares frontais excitam diretamente o colículo e indiretamente o liberam da supressão pela substância negra, excitando o núcleo caudado, que a inibe. O verme oculomotor (**VOM**) do cerebelo, atuando através do núcleo fastigial (**NF**), calibra os disparos em salvas para manter precisos os movimentos sacádicos.

B. Este escaneamento lateral de um cérebro humano mostra áreas do córtex ativadas durante os movimentos sacádicos. (Adaptada de Curtis e Connolly, 2008.)

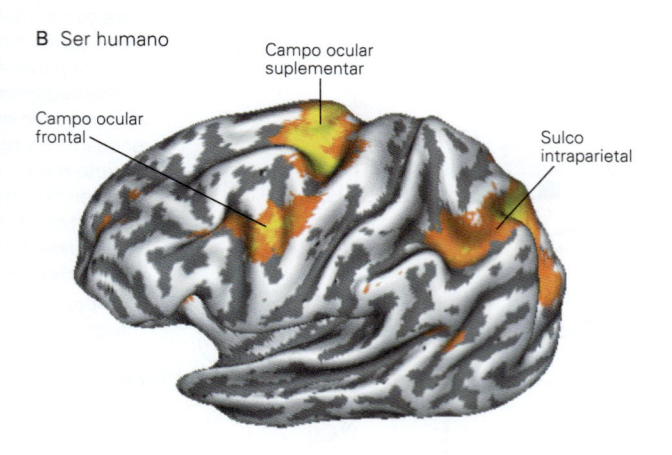

Grande parte das primeiras pesquisas que descrevem a capacidade de resposta sensorial dos neurônios na camada intermediária foi feita em animais anestesiados. No entanto, para entender como o cérebro gera movimento, a atividade dos neurônios precisa ser estudada em animais alertas e ativos. Edward Evarts foi pioneiro nessa abordagem em estudos do sistema motor esquelético, após a qual foi estendida ao sistema oculomotor.

Um dos primeiros estudos a nível celular em animais ativos revelou que cada neurônio associado ao movimento no colículo superior dispara seletivamente antes de movimentos sacádicos de amplitudes e direções específicas, assim como cada neurônio relacionado à visão no colículo superior responde a estímulos em distâncias e direções específicas da fóvea (**Figura 35-11A**). Os neurônios associados ao movimento formam um mapa de movimentos oculares potenciais em consonância com as matrizes visuotópicas e tonotópicas das aferências sensoriais, de modo que os neurônios que controlam os movimentos oculares para um alvo específico são encontrados na mesma região que as células excitadas pelos sons e imagem desse alvo. Cada neurônio no colículo superior relacionado ao movimento possui um *campo motor*, uma região do campo visual que é alvo dos movimentos sacádicos controlados por esse neurônio. Há um mapa de campos motores nas camadas intermediárias em consonância com o mapa de campos receptivos visuais nas camadas superficiais sobrejacentes. Cada neurônio do movimento dispara antes de um movimento sacádico ao centro do campo receptivo visual sobrejacente. Um mapa de movimentos sacádicos evocados por estimulação elétrica das camadas intermediárias assemelha-se ao mapa visual.

Os campos motores são grandes, de modo que cada célula do colículo superior dispara antes de uma ampla gama de movimentos sacádicos, embora cada célula dispare mais intensamente antes de movimentos sacádicos de uma direção e amplitude específicas. Uma grande população de células é, portanto, ativa antes de cada movimento sacádico, e o movimento dos olhos é codificado por todo o conjunto dessas células amplamente sintonizadas. Pelo fato de cada célula dar apenas uma pequena contribuição para a direção e amplitude do movimento, qualquer variabilidade ou ruído na descarga de uma determinada célula é minimizado. Codificações semelhantes de populações neuronais são encontradas em muitos sistemas sensoriais (Capítulo 17) e no sistema motor esquelético (Capítulo 34).

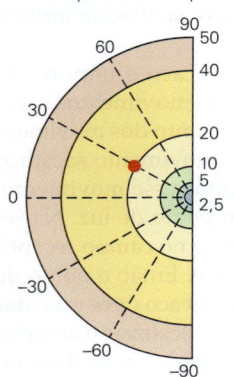

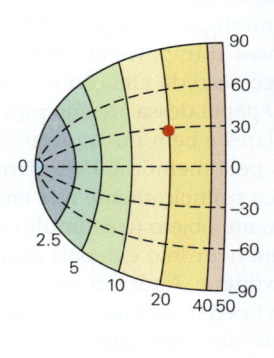

FIGURA 35-10 Neurônios no colículo superior são organizados em um mapa retinotópico.

A. Mapa do campo visual esquerdo em coordenadas polares. As **linhas tracejadas** representam o ângulo, e as **linhas sólidas**, as áreas mais excêntricas.

B. Mapa espacial dos neurônios do colículo superior representados em coordenadas polares do campo visual. No núcleo, um maior número de neurônios representa a parte do campo visual próxima à fóvea e um menor número, representa a periferia. Por exemplo, um estímulo que aparece a 20° de excentricidade e 30° de elevação no campo visual (**ponto vermelho**) excitará os neurônios localizados no ponto vermelho no mapa colicular. (Reproduzida, com autorização, de Quaia et al., 1998.)

A atividade nas camadas superficial e intermediária do colículo superior pode ocorrer independentemente: a atividade sensorial nas camadas superficiais nem sempre leva à resposta motora, e a resposta motora pode ocorrer sem atividade sensorial nas camadas superficiais. De fato, os neurônios das camadas superficiais não fornecem uma grande projeção diretamente para as camadas intermediárias. Em vez disso, seus axônios terminam em neurônios nos núcleos pulvinar e lateral posterior do tálamo, os quais retransmitem os sinais das camadas superficiais do colículo superior para as regiões corticais que, por sua vez, se projetam de volta para as camadas intermediárias.

Lesões de uma pequena parte do colículo afetam a latência, a precisão e a velocidade dos movimentos sacádicos. A destruição de todo o colículo torna o macaco incapaz de fazer qualquer movimento sacádico contralateral, embora com o tempo essa capacidade seja recuperada.

O colículo rostral superior facilita a fixação visual

A porção mais rostral do colículo superior recebe informações da fóvea e da representação foveal no córtex visual primário (V1). Neurônios nas camadas intermediárias dessa região disparam fortemente durante a fixação visual ativa e antes de pequenos movimentos sacádicos direcionados ao campo visual contralateral. Pelo fato de os neurônios estarem ativos durante a fixação visual, essa área do colículo superior é muitas vezes chamada de zona de fixação.

Aqui, células neuronais inibem os neurônios associados ao movimento nas porções mais caudais do colículo e também se projetam diretamente para o núcleo da rafe

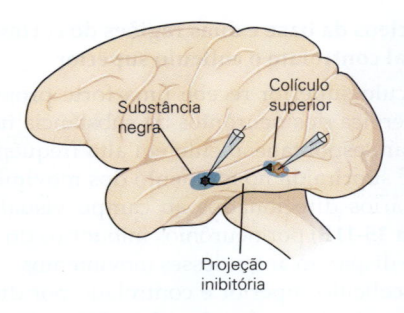

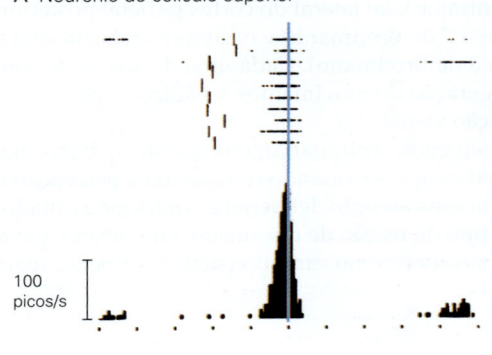

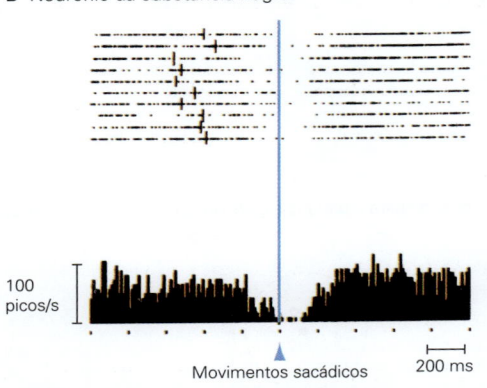

FIGURA 35-11 Neurônios no colículo superior e na substância negra estão ativos durante o tempo de um movimento sacádico. (Reproduzida, com autorização, de Hikosaka e Wurtz, 1989.)

A. Um neurônio na região do colículo superior da qual o neurônio em B poderia ser excitado antidromicamente dispara em salvas imediatamente antes do movimento sacádico. Gráficos raster de atividade em tentativas sucessivas da mesma tarefa são somados para formar o histograma abaixo. As pequenas linhas verticais no raster indicam o aparecimento do alvo. As tentativas são alinhadas no momento do início do movimento sacádico (**linha azul**).

B. Um neurônio na parte reticulada da substância negra é tonicamente ativo, tornando-se silencioso logo antes do movimento sacádico e reiniciando essa atividade após esse movimento. Este tipo de neurônio possui ação inibitória sobre neurônios nas camadas intermediárias do colículo superior.

dorsal, onde inibem a geração de movimentos sacádicos por estimularem os neurônios de pausa. Com lesões na zona de fixação, é mais provável que um animal faça movimentos sacádicos a estímulos de distração.

Os núcleos da base e duas regiões do córtex cerebral controlam o colículo superior

O colículo superior recebe uma forte projeção inibitória GABAérgica dos neurônios da substância negra, os quais disparam espontaneamente em alta frequência. Essa descarga é suprimida no momento dos movimentos oculares voluntários direcionados ao campo visual contralateral (**Figura 35-11B**) por neurônios inibitórios do núcleo caudado que disparam antes desses movimentos.

O colículo superior é controlado por duas regiões do córtex cerebral cujas funções são sobrepostas, mas distintas: a área intraparietal lateral do córtex parietal posterior (parte da área 7 de Brodmann) e o campo ocular frontal (parte da área 8 de Brodmann). Cada uma dessas áreas contribui para a geração de movimentos sacádicos e para o controle da atenção visual.

A percepção voluntariamente atenta a objetos no campo visual é superior quando comparada à percepção de objetos sem uma atenção deliberada, conforme avaliado, quer pelo tempo de reação de um sujeito a um objeto que repentinamente aparece no campo visual, quer pela capacidade do sujeito em notar um estímulo quase imperceptível. Movimentos oculares sacádicos e atenção visual estão intimamente interligados (**Figura 35-5**).

A área intraparietal lateral no macaco é importante para a geração da atenção visual e dos movimentos sacádicos. O papel dessa área no processamento dos movimentos oculares é bem ilustrado por um movimento sacádico ativado pela memória. Para demonstrar esse movimento, o macaco primeiramente fixa em um ponto de luz. Na sequência, um objeto (o estímulo) aparece no campo receptivo de um neurônio e depois desaparece. Então o ponto de luz se extingue. Após um intervalo, o macaco deve executar um movimento sacádico direcionado à localização anterior do objeto desaparecido da tela. Os neurônios na área intraparietal lateral respondem a partir do momento em que o objeto aparece e continuam a disparar após o objeto ter desaparecido e durante todo o intervalo, até o movimento sacádico dar início (**Figura 35-12A**). No entanto, sua atividade também pode ser dissociada do planejamento do movimento sacádico. Se o macaco estiver planejando um movimento sacádico para um alvo fora do campo receptivo do alvo (**1**) e continua a disparar após o alvo desaparecer, até o momento anterior ao sinal para executar o movimento sacádico, parando de disparar após o início desse movimento (**2**).

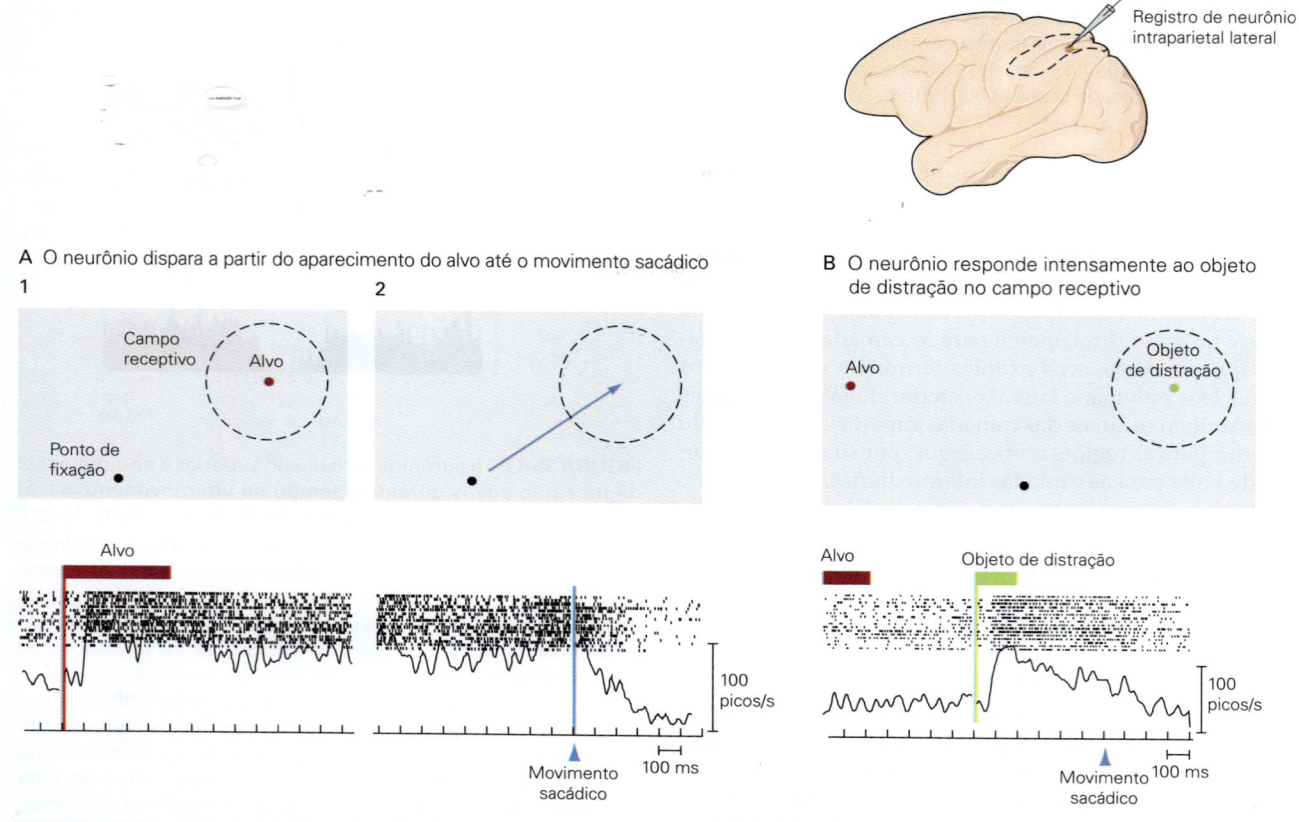

FIGURA 35-12 Um neurônio parietal está ativo antes de movimentos sacádicos guiados pela memória. Os traços estão alinhados aos eventos indicados pelas linhas verticais. (Adaptada, com autorização, de Powell e Goldberg, 2000.)

A. O macaco planeja um movimento sacádico a partir de um ponto de fixação até um alvo no campo receptivo de um neurônio no córtex intraparietal lateral. O neurônio responde ao aparecimento

B. O macaco planeja um movimento sacádico em direção a um alvo fora do campo receptivo. O neurônio responde inicialmente a um objeto de distração no campo receptivo tão intensamente quanto para o alvo de um movimento sacádico.

de um neurônio e um objeto de distração aparece no campo durante o período de intervalo, o neurônio responde tão vigorosamente ao objeto de distração quanto ao alvo do movimento sacádico (**Figura 35-12B**).

A lesão do córtex parietal posterior de um macaco, o qual inclui a área intraparietal lateral, aumenta a latência dos movimentos sacádicos e reduz sua precisão. Esse tipo de lesão também produz negligência seletiva: um macaco com lesão parietal unilateral atende preferencialmente a estímulos no hemicampo visual ipsilateral. Em humanos também, lesões parietais – especialmente lesões parietais direitas – inicialmente causam déficits dramáticos de atenção. Os pacientes agem como se os objetos no campo negligenciado não existissem e têm dificuldade em fazer movimentos oculares para este campo (Capítulo 59).

Pacientes com síndrome de Balint, a qual geralmente resulta de lesões bilaterais do córtex parietal posterior e do córtex pré-estriado, tendem a ver e descrever apenas um objeto por vez em seu ambiente visual. Esses pacientes realizam poucos movimentos sacádicos, como se fossem incapazes de desviar o foco de sua atenção da fóvea. Por conseguinte, conseguem descrever apenas um alvo na fóvea. Mesmo após se recuperarem da maior parte de seus déficits, seus movimentos sacádicos são atrasados e imprecisos.

Comparados aos neurônios do córtex parietal, os neurônios do campo ocular frontal estão mais intimamente associados aos movimentos sacádicos. Três tipos diferentes de neurônios no campo ocular frontal disparam previamente aos movimentos sacádicos.

Os *neurônios visuais* respondem a estímulos visuais, e metade deles responde mais vigorosamente a estímulos que são alvos de movimentos sacádicos (**Figura 35-13A**). Não há aumento da atividade nessas células quando o animal responde ao estímulo, mas sem realizar um movimento sacádico em sua direção. Da mesma forma, essas células não são ativadas antes dos movimentos sacádicos sem alvos visuais. Macacos podem ser treinados a fazer movimentos sacádicos com direção e amplitude específicas na escuridão total.

Os *neurônios relacionados ao movimento* disparam antes e durante os movimentos sacádicos para seus campos de movimento. Ao contrário das células relacionadas ao movimento no colículo superior, as quais disparam antes de todos os movimentos sacádicos, os neurônios relacionados ao movimento do campo ocular frontal disparam apenas antes dos movimentos sacádicos relevantes para o comportamento do macaco (**Figura 35-13B**). Esses neurônios, especialmente aqueles cujos campos receptivos estão na periferia visual, projetam-se mais fortemente para o colículo superior, quando comparados aos neurônios visuais.

Os *neurônios visuais e de movimento* possuem atividade relacionada ao movimento e à visão e disparam mais fortemente antes dos movimentos sacádicos visualmente guiados. A estimulação elétrica do campo ocular frontal evoca movimentos sacádicos para os campos de movimento das células estimuladas. A estimulação bilateral do campo ocular frontal evoca movimentos sacádicos verticais.

Neurônios relacionados ao movimento no campo ocular frontal controlam o colículo superior por meio de duas vias. Eles estimulam o colículo superior diretamente e o liberam da influência inibitória da substância negra, excitando o núcleo caudado, que, por sua vez, inibe a substância negra (**Figura 35-9A**). O campo ocular frontal também se projeta para as formações reticulares pontina e mesencefálica, embora não diretamente para as células de salvas.

Duas outras regiões corticais, além da intraparietal lateral, com aferências para o campo ocular frontal, são consideradas importantes quanto aos aspectos cognitivos dos movimentos sacádicos. O campo ocular suplementar na parte mais rostral da área motora suplementar contém neurônios que codificam informações espaciais diferentes daquelas relativas à direção do movimento ocular desejado. Por exemplo, um neurônio no campo ocular suplementar esquerdo que normalmente dispara antes dos movimentos oculares para a direita disparará antes de um movimento sacádico para a esquerda caso seja direcionado para o lado direito do alvo. O córtex pré-frontal dorsolateral possui neurônios que disparam quando um macaco faz um movimento sacádico a um alvo lembrado. A atividade inicia com o aparecimento do estímulo e continua ao longo de todo o intervalo durante o qual o macaco deve lembrar a localização do alvo.

Agora podemos entender os efeitos das lesões dessas regiões na geração dos movimentos sacádicos. Lesões do colículo superior em macacos produzem apenas danos transitórios ao sistema sacádico, pois a projeção do campo ocular frontal para o tronco encefálico permanece intacta. Os animais também podem se recuperar de lesões corticais se o colículo superior estiver intacto. No entanto, quando o campo ocular frontal e o colículo são danificados, a capacidade de executar movimentos sacádicos fica permanentemente comprometida. O efeito predominante de uma lesão parietal é um déficit de atenção. Após a recuperação, no entanto, o sistema pode funcionar normalmente, já que os sinais do campo ocular frontal são suficientes para suprimir a substância negra e estimular o colículo.

Danos apenas no campo ocular frontal causam déficits mais sutis. Lesões do campo ocular frontal em macacos causam negligência contralateral transitória e paresia do olhar contralateral, um quadro rapidamente reversível. O último caso pode refletir a perda do controle do campo ocular frontal sobre a substância negra. Essa perda de controle significa que a entrada inibitória constante da substância negra para o colículo não é suprimida, tornando-se incapaz de gerar quaisquer movimentos sacádicos. Por fim, o sistema se adapta e o colículo responde ao sinal parietal remanescente. Após a recuperação, os animais não apresentam dificuldade em produzir movimentos sacádicos para alvos no campo visual, mas têm grande dificuldade com movimentos sacádicos ativados pela memória. Lesões bilaterais dos campos oculares frontais e do colículo superior tornam os macacos incapazes de realizar movimentos sacádicos.

Humanos com lesões do córtex frontal têm dificuldade em suprimir movimentos sacádicos indesejados a estímulos que recebem atenção. Isso é facilmente demonstrado solicitando aos sujeitos que façam um movimento ocular para longe do estímulo, a "tarefa antimovimentos sacádicos". Por exemplo, se o estímulo aparecer à esquerda, o sujeito

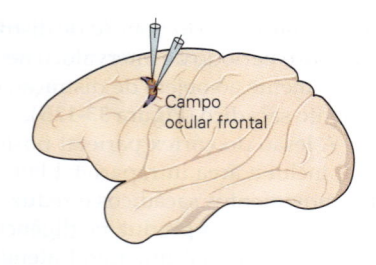

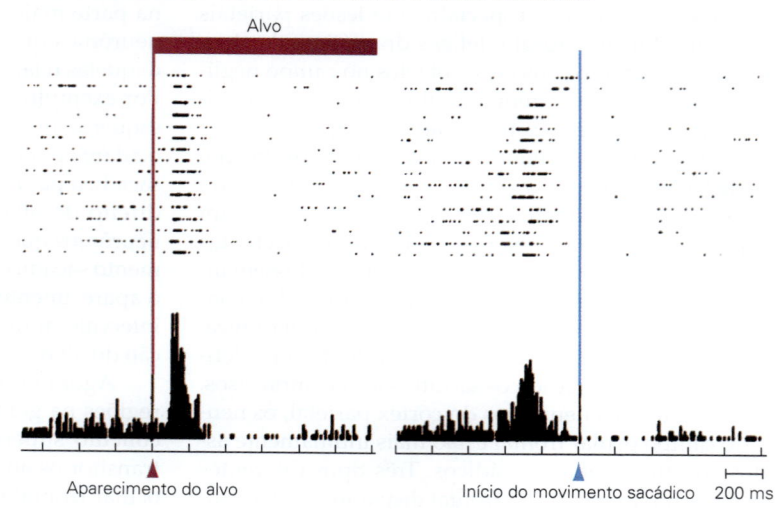

FIGURA 35-13 Neurônios relacionados à visão e ao movimento no campo ocular frontal. (Reproduzida, com autorização, de Bruce e Goldberg, 1985.)

A. Atividade de um neurônio visual no campo visual frontal quando um macaco faz um movimento sacádico em direção a um alvo em seu campo visual. Gráficos raster de atividade em tentativas sucessivas da mesma tarefa são somados para formar o histograma abaixo. No registro à esquerda, cada tentativa está alinhada ao momento em que surge o estímulo. Uma salva de disparos está intimamente ligada à duração do estímulo. No registro à direita, as tentativas estão alinhadas ao início do movimento sacádico. A atividade não está bem alinhada com o início do movimento sacádico e cessa antes que esse movimento inicie.

B. Atividade de um neurônio relacionado ao movimento no campo ocular frontal. Os registros de cada tentativa estão alinhados como na parte **A**. A célula não responde ao aparecimento do alvo do movimento sacádico (à esquerda). Entretanto, está ativa no momento do movimento sacádico (à direita).

A O neurônio visual responde ao estímulo e não ao movimento

B O neurônio relacionado ao movimento responde antes do movimento, mas não ao estímulo

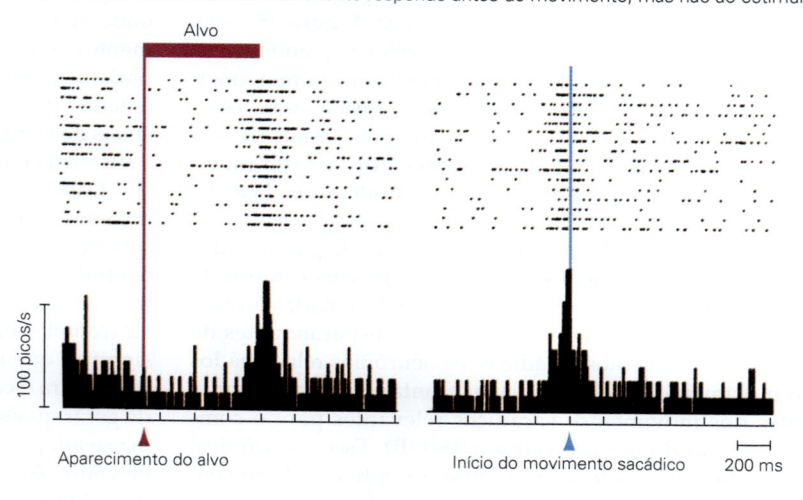

deve fazer um movimento sacádico da mesma magnitude para a direita. Para isso, o sujeito deve dar atenção ao estímulo, sem voltar os olhos para ele, e usar sua localização para calcular o movimento sacádico desejado para a direção oposta. Pacientes com lesões frontais têm grande dificuldade em suprimir o movimento sacádico indesejado ao estímulo.

Como vimos, os neurônios na área intraparietal lateral dos macacos estão ativos quando o animal atende a um estímulo visual, quer o animal faça ou não um movimento sacádico ao estímulo. Na ausência de sinais do campo ocular frontal, esse sinal indiferenciado é o único a atingir o colículo superior. Em humanos, a falha em suprimir um movimento sacádico é, portanto, esperada caso o colículo superior responda a um sinal parietal para dar atenção ao estímulo, mas sem o controle fronto-nigral o qual normalmente impede os movimentos sacádicos em resposta a sinais parietais.

O controle dos movimentos sacádicos pode ser modificado pela experiência

O estudo quantitativo do controle neural do movimento torna-se possível pelo fato de a frequência de disparo de um neurônio motor ter um efeito previsível sobre um movimento. Por exemplo, uma certa frequência de disparo no neurônio motor abducente tem um efeito previsível na posição e velocidade do movimento do olho.

Essa relação pode mudar se uma doença danificar um nervo motor ocular ou causar enfraquecimento de um músculo do olho, embora o encéfalo possa compensar até certo ponto essas alterações. Guntram Kommerell descreveu um caso que ilustra dramaticamente essa situação. Um paciente diabético teve uma lesão parcial aguda do nervo abducente, afetando um olho, e uma hemorragia retiniana no outro. Com a visão deficiente no olho cujo nervo abducente era normal, ele passou a usar o olho cujo músculo reto lateral estava enfraquecido. Depois de alguns dias, o olho recuperou razoavelmente bem sua capacidade para realizar movimentos oculares precisos. Quando o olho com o músculo fraco foi tapado e o sujeito tentou fazer um movimento sacádico com o olho visualmente deficiente, o movimento ultrapassou o alvo. Isso implica que, para compensar a fraqueza do olho visualmente normal, o encéfalo aumentou o sinal neural para ambos os olhos, resultando em um sinal excessivo para o olho com controle motor normal. Essa mudança na resposta motora depende do núcleo fastigial e do verme do cerebelo (**Figura 35-9A**) e resulta da sinalização do sistema visual de que o movimento ocular anterior foi impreciso.

Algumas mudanças rápidas no olhar requerem movimentos coordenados da cabeça e dos olhos

Até agora, descrevemos como os olhos se movem quando a cabeça está parada. Quando olhamos ao redor, no entanto, nossa cabeça também está se movendo. Os movimentos da cabeça e dos olhos devem ser coordenados para direcionar a fóvea para um alvo.

Pelo fato de a cabeça ter uma inércia muito maior do que os olhos, uma pequena mudança no olhar direciona a fóvea para o alvo antes que a cabeça comece a se mover. Um pequeno desvio do olhar geralmente consiste em um movimento sacádico seguido de um pequeno movimento da cabeça durante o qual o reflexo vestíbulo-ocular move os olhos de volta ao centro da órbita na nova posição da cabeça (**Figura 35-14**). Para maiores mudanças de movimento ocular, os olhos e a cabeça se movem simultaneamente na mesma direção. Pelo fato de o reflexo vestíbulo-ocular normalmente mover os olhos na direção oposta à da cabeça, o reflexo deve ser temporariamente suprimido.

O sistema de seguimento lento mantém os alvos em movimento na fóvea

O sistema de seguimento lento mantém na fóvea a imagem de um alvo em movimento, pois calcula a rapidez com que o alvo se movimenta, movendo então os olhos na mesma velocidade. Movimentos de seguimento lento possuem uma velocidade angular máxima de aproximadamente 100 graus por segundo, muito mais lenta que os movimentos sacádicos. Drogas, fadiga, álcool e até distração prejudicam a qualidade desses movimentos.

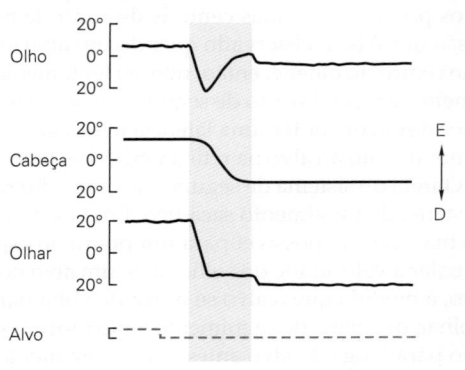

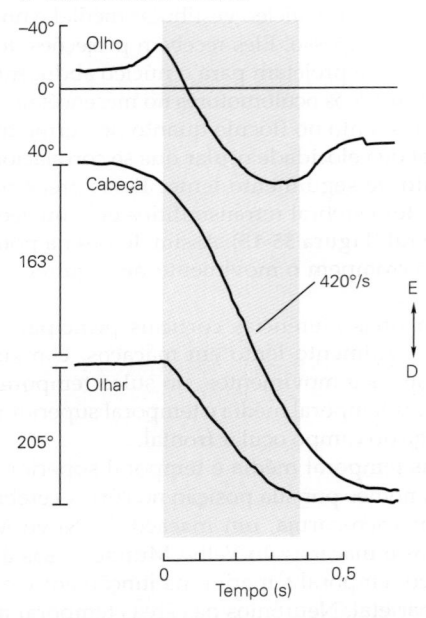

FIGURA 35-14 O direcionamento da fóvea a um objeto quando a cabeça está se movimentando requer movimentos coordenados dos olhos e da cabeça.
A. Para um pequeno desvio do olhar, os olhos e a cabeça movem-se em sequência. O olho começa a se mover 300 ms depois de o alvo aparecer. Próximo ao final do movimento dos olhos, a cabeça também começa a se mover. Nesse momento, o olho faz uma rotação de volta ao centro da órbita para compensar o movimento da cabeça. O registro do movimento ocular é a soma dos movimentos dos olhos e da cabeça. (Siglas: E, esquerda; D, direita.) (Reproduzida, com autorização, de Zee, 1977.)
B. Para um maior desvio do olhar, os olhos e a cabeça movem-se na mesma direção simultaneamente. Próximo ao final do desvio do olhar, o reflexo vestíbulo-ocular retorna, o olho começa a compensar o movimento da cabeça como em **A**, e o olhar torna-se fixo. (Reproduzida, com autorização, de Laurutis e Robinson, 1986.)

Os movimentos de seguimento lento e os movimentos sacádicos possuem sistemas centrais de controle muito diferentes, o que é bem observado quando um alvo salta para longe do centro do olhar e, então, retorna lentamente. Inicia-se primeiro um movimento de seguimento lento (que ocorre de modo suave) por ter uma latência mais curta e responder ao movimento do alvo na retina periférica, bem como na fóvea. A tarefa do sistema de seguimento lento difere daquela do sistema de movimento sacádico. Em vez de dirigir os olhos o mais rápido possível para um ponto no espaço, ele deve igualar a velocidade dos olhos à de um alvo no espaço. Portanto, à medida que o alvo se move de volta para o centro do olhar, o sistema de seguimento lento move brevemente o olho para longe do alvo antes que o movimento sacádico inicie (**Figura 35-6B**). O movimento sacádico subsequente traz, então, o olho para o alvo. Neurônios que sinalizam a velocidade do olho para um movimento de seguimento lento são encontrados no núcleo vestibular medial e no núcleo prepósito do hipoglosso. Eles recebem projeções do flóculo do cerebelo e se projetam para o núcleo abducente, bem como para os núcleos oculomotores no mesencéfalo.

Neurônios tanto no flóculo quanto no verme transmitem um sinal de velocidade ocular que se correlaciona com o movimento de seguimento lento. Essas áreas recebem sinais do córtex cerebral retransmitidos pelo núcleo pontino dorsolateral (**Figura 35-15**). Assim, lesões na ponte dorsolateral interrompem o movimento de seguimento lento ipsilateral.

Existem duas aferências corticais principais para o sistema de seguimento lento em macacos. Um surge de regiões sensíveis a movimentos, no sulco temporal superior e nas áreas temporal média e temporal superior medial. O outro surge do campo ocular frontal.

As áreas temporal média e temporal superior medial levam esses nomes por sua posição no córtex cerebral sem sulcos do macaco-coruja, um macaco do Novo Mundo. Em humanos e macacos do Velho Mundo, essas áreas ficam no sulco temporal superior, na junção entre os lobos occipital e parietal. Neurônios nas áreas temporal média e temporal superior medial calculam a velocidade do alvo. Quando o olho acelera para corresponder à velocidade do alvo, a frequência de movimento do alvo na retina diminui.

À medida que a velocidade da imagem da retina diminui, os neurônios na área temporal média, cuja atividade sinaliza o movimento da imagem da retina, param de disparar, mesmo que o alvo continue a se mover no espaço. Neurônios na área temporal superior medial continuam a disparar mesmo que o alvo desapareça brevemente. Esses neurônios têm acesso a um processo que soma as velocidades do olho em movimento e do alvo em movimento na retina para calcular a velocidade do alvo no espaço.

Lesões das áreas temporal média ou temporal superior medial interrompem a capacidade de um sujeito responder a alvos que se movem em regiões do campo visual representadas na área cortical danificada. Lesões da área temporal superior medial também diminuem os movimentos de seguimento lento em direção ao lado da lesão, não importando onde o alvo esteja na retina.

As duas áreas seletivas para movimento fornecem as informações sensoriais para orientar os movimentos de seguimento, mas podem não ser capazes de iniciá-los. A estimulação elétrica de qualquer uma dessas áreas não inicia o movimento de seguimento lento, mas pode afetar o movimento, acelerando o movimento de seguimento ipsilateral e retardando o de seguimento contralateral. O campo ocular frontal pode ser mais importante para iniciar o seguimento. Essa área possui neurônios que disparam em associação com o movimento de seguimento ipsilateral. A estimulação elétrica do campo ocular frontal inicia o movimento de seguimento ipsilateral, enquanto as lesões dessa área diminuem, mas não o eliminam.

Em humanos, a interrupção da via de controle dos movimentos de seguimento lento, em qualquer ponto ao longo de seu curso, incluindo lesões em áreas corticais, cerebelares e do tronco encefálico, impede a ocorrência de movimentos oculares de seguimento lento adequados. Os alvos em movimento passam a ser rastreados usando uma combinação de movimentos de seguimento lento defeituosos (a velocidade é menor que a do alvo) e pequenos movimentos sacádicos. Pacientes com lesões de tronco encefálico e cerebelares não podem rastrear alvos que se movem em direção ao lado da lesão.

Pacientes com lesões parietais em áreas sensíveis a movimento têm dois tipos diferentes de déficit. O primeiro é

FIGURA 35-15 Vias corticais para movimentos oculares de seguimento lento no macaco. O córtex cerebral processa informações sobre movimento no campo visual e as envia para os neurônios motores oculares através dos núcleos pontinos dorsolaterais, do verme e do flóculo do cerebelo e dos núcleos vestibulares. O sinal de iniciação para um movimento de seguimento lento pode originar-se, em parte, no campo ocular frontal.

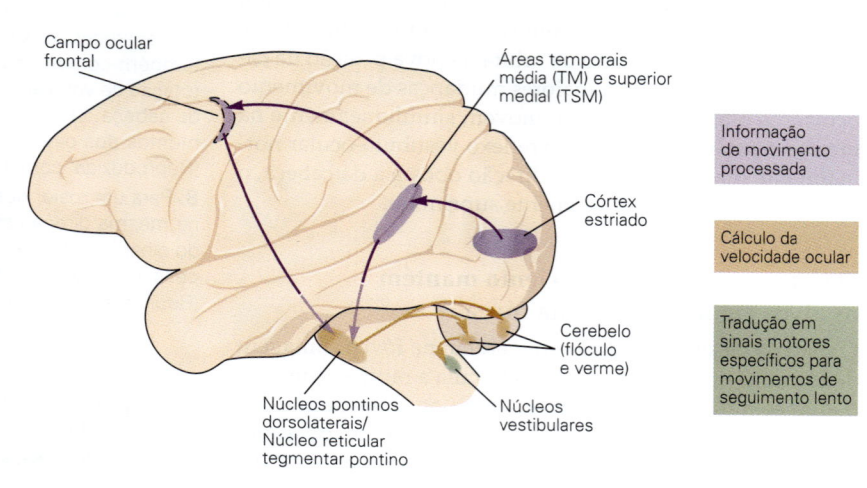

o déficit direcional, que se assemelha ao de macacos com lesões da área temporal superior medial: alvos que se movem para o lado da lesão não podem ser seguidos. O segundo é um déficit retinotópico, que se assemelha ao déficit de macacos com lesões da área temporal média: há um comprometimento do movimento de seguimento lento de um estímulo limitado ao hemicampo visual oposto à lesão, independentemente da direção do movimento.

O sistema de vergência alinha os olhos para olharem alvos em diferentes profundidades

Os sistemas de movimentos de seguimento lento e sacádicos produzem movimentos conjugados dos olhos: ambos se movem na mesma direção e na mesma velocidade. Em contrapartida, o sistema de vergência produz movimentos disjuntivos dos olhos. Quando olhamos para um objeto próximo, nossos olhos *convergem* ou giram um em direção ao outro. Quando olhamos para um objeto mais distante, eles *divergem* ou giram para longe um do outro (**Figura 35-16**). Esses movimentos disjuntivos asseguram que a imagem do objeto caia nas fóveas de ambas as retinas. Enquanto o sistema visual usa pequenas diferenças nas posições retinianas esquerda e direita, ou *disparidade retinal*, para criar uma sensação de profundidade, os movimentos de vergência eliminam a disparidade da retina na fóvea.

A vergência é uma função apenas dos músculos retos horizontais, já que os dois olhos estão deslocados horizontalmente, não verticalmente. A convergência dos olhos para visão de campo próximo é conseguida aumentando simultaneamente o tônus dos músculos retos mediais e diminuindo o tônus dos músculos retos laterais para convergir os olhos. Por outro lado, a visão à distância é obtida reduzindo o tônus do reto medial e aumentando o tônus do reto lateral.

Não há como todo o campo visual estar no foco da retina em um mesmo momento. Quando olhamos para algo próximo, objetos distantes ficam borrados. Quando olhamos para algo distante, os objetos próximos ficam borrados. Quando desejamos focar um objeto em um plano mais próximo no campo visual, o sistema oculomotor contrai o músculo ciliar, alterando, assim, o raio de curvatura da lente. Esse processo é chamado de *acomodação*. Com a idade, a acomodação diminui devido ao aumento da rigidez da lente. Óculos de leitura são, então, necessários para focar imagens em curtas distâncias.

A acomodação e a vergência estão ligadas. A acomodação ocorre em função do embaçamento de uma imagem e, sempre que ela ocorre, os olhos também convergem. Por sua vez, a disparidade da retina induz a vergência e, sempre que os olhos convergem, também ocorre a acomodação. Ao mesmo tempo, as pupilas constringem-se de modo transitório para aumentar a profundidade de campo do foco. Os fenômenos relacionados de acomodação, vergência e constrição pupilar, compreendem a *resposta para visão de perto*. A acomodação e a vergência são controladas pelos neurônios do mesencéfalo na região do núcleo oculomotor. Neurônios nessa região disparam durante a vergência, a acomodação ou ambas.

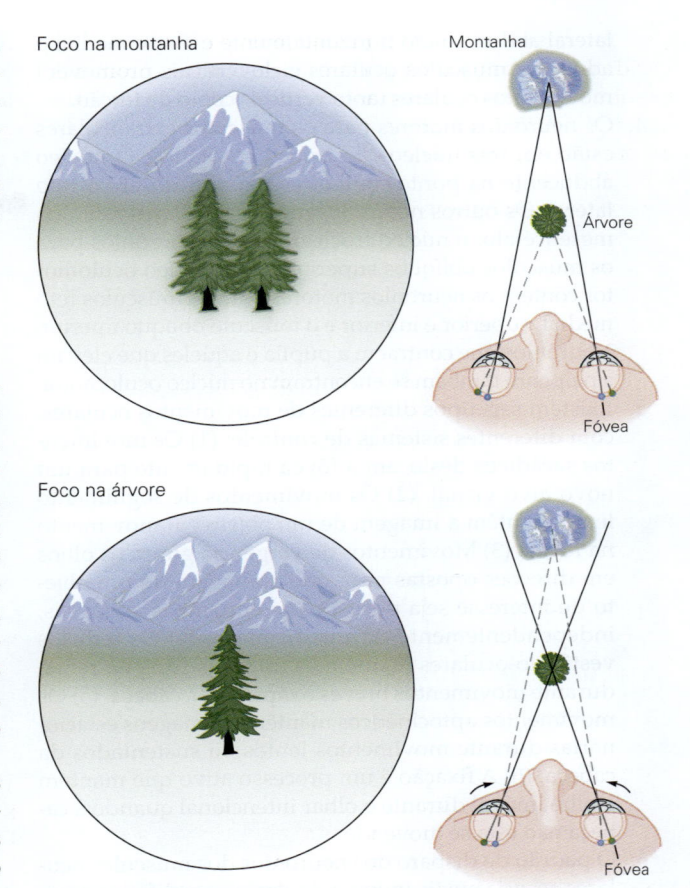

FIGURA 35-16 Movimentos de vergência. Quando os olhos focam em uma montanha distante, as imagens da montanha caem na fóvea, enquanto as da árvore na frente ocupam diferentes posições retinianas, produzindo a percepção de uma imagem dupla. Ao contrário, quando o espectador olha para a árvore, o sistema de vergência deve girar cada olho para dentro. Agora a imagem da árvore ocupa posições semelhantes nas duas fóveas e é vista como um objeto. Já as imagens da montanha ocupam locais diferentes nas retinas e aparecem duplas. (Reproduzida, com autorização, de F.A. Miles.)

Destaques

1. O sistema oculomotor fornece uma valiosa janela para o sistema nervoso, tanto para o clínico quanto para o cientista. Pacientes com déficits oculomotores podem apresentar sintomas alarmantes, como visão dupla, que os leva rapidamente a procurar ajuda médica. Um médico com profundo conhecimento do sistema oculomotor pode descrever e diagnosticar a maioria dos déficits oculomotores à beira do leito e localizar o local da lesão no cérebro com base na neuroanatomia e neurofisiologia dos movimentos oculares.

2. O objetivo dos movimentos oculares é girar o olho na órbita para direcionar a fóvea, a área da retina com melhor acuidade, para o ponto de maior interesse na cena visual e, então, manter a imagem estável.

3. Seis músculos trabalham juntos para mover cada olho. Esses músculos oculares são unidos em três pares. O reto

lateral abduz o olho horizontalmente e o reto medial o aduz. Os músculos oculares cicloverticais promovem movimentos oculares tanto verticais como de torção.

4. Os neurônios motores para os músculos extraoculares estão em três núcleos do tronco encefálico. O núcleo abducente na ponte contém os neurônios para o reto lateral. Os outros neurônios motores oculares estão no mesencéfalo: o núcleo troclear contém neurônios para os músculos oblíquos superiores, e o núcleo oculomotor contém os neurônios motores para os músculos reto medial, superior e inferior e o músculo oblíquo inferior. Neurônios que contraem a pupila e aqueles que elevam a pálpebra também se encontram no núcleo oculomotor.

5. Existem seis tipos diferentes de movimentos oculares, com diferentes sistemas de controle: (1) Os movimentos sacádicos deslocam a fóvea rapidamente para um novo alvo visual. (2) Os movimentos de seguimento lento mantêm a imagem de um objeto em movimento na fóvea. (3) Movimentos de vergência giram os olhos em direções opostas para que a imagem de um objeto de interesse seja posicionada em ambas as fóveas, independentemente de sua distância. (4) Os reflexos vestíbulo-oculares mantêm as imagens fixas na retina durante movimentos breves e rápidos da cabeça. (5) Os movimentos optocinéticos mantêm as imagens estacionárias durante movimentos lentos ou sustentados da cabeça. (6) A fixação é um processo ativo que mantém o olho imóvel durante o olhar intencional quando a cabeça não está se movendo.

6. O padrão de disparo dos neurônios dos músculos oculares associa sinais independentes que codificam a posição e a velocidade do olho. Os neurônios que geram o sinal de velocidade para os movimentos sacádicos horizontais situam-se na formação reticular pontina paramediana, o qual é integrado no núcleo vestibular medial e no núcleo prepósito do hipoglosso para fornecer o sinal de posição.

7. A formação reticular mesencefálica fornece os sinais de posição e velocidade para movimentos oculares verticais e de torção, bem como movimentos oculares de vergência.

8. Neurônios de salvas pré-sacádicos localizados no colículo superior projetam um sinal de deslocamento desejado para a formação reticular. Esses neurônios são inibidos por uma projeção GABAérgica da substância negra e excitados por projeções do campo ocular frontal e do córtex parietal posterior. Um sinal motor do campo ocular frontal excita o núcleo caudado, que, então, inibe a substância negra, permitindo a ocorrência de um movimento sacádico.

9. O córtex parietal posterior projeta um sinal de atenção para o colículo superior que não faz distinção entre atenção e movimento.

10. A maioria das grandes mudanças de olhar envolve movimentos da cabeça, bem como movimentos dos olhos. Como o olho se move mais rápido que a cabeça, normalmente atinge o alvo primeiro. O reflexo vestíbulo-ocular mantém o olho no alvo, dirigindo o olho com uma velocidade oposta à do movimento da cabeça.

11. O cerebelo calibra os movimentos dos olhos com base na informação visual, mediando o processo de aprendizagem que os mantém precisos ao longo do tempo.

12. O movimento de seguimento lento é conduzido por uma rede que inclui o núcleo vestibular medial, o flóculo do cerebelo, o núcleo pontino dorsolateral e duas áreas seletivas para movimento encontradas no sulco temporal superior de alguns macacos – áreas temporal média e temporal superior medial. Áreas homólogas no cérebro humano estão localizadas na junção parieto-occipital. A área para o movimento de seguimento nos campos oculares frontais dá início aos movimentos de seguimento lento.

13. Embora a programação motora dos movimentos oculares seja bem compreendida, a maior parte da pesquisa fisiológica nesse campo foi feita com macaco realizando um movimento sacádico direcionado a um ponto de luz. Os mecanismos neurais subjacentes à livre escolha de alvos sacádicos à medida que exploramos o mundo visual são pouco compreendidos. Essa questão, posta na intersecção da cognição e do controle motor, é uma das grandes incógnitas da neurociência e estará no centro da pesquisa sobre o movimento ocular no futuro.

Michael E. Goldberg
Mark F. Walker

Leituras selecionadas

Bisley JW, Goldberg ME. 2010. Attention, intention, and priority in the parietal lobe. Annu Rev Neurosci 33:1–21.
Krauzlis RJ, Goffart L, Hafed ZM. 2017. Neuronal control of fixation and fixational eye movements. Philos Trans R Soc Lond B Biol Sci 372:20160205.
Leigh RJ, Zee DS. 2015. *The Neurology of Eye Movements,* 6th ed. Philadelphia: FA Davis.
Lisberger SG. Visual guidance of smooth-pursuit eye movements: sensation, action, and what happens in between. Neuron 2010:477–491.
Sparks D. 2002. The brainstem control of saccadic eye movements. Nat Rev Neurosci 3:952–964.
Wurtz RH, Joiner WM, Berman RA. 2011. Neuronal mechanisms for visual stability: progress and problems. Philos Trans R Soc Lond B Biol Sci 366:492–503.
Yarbus AL. 1967. *Eye Movements and Vision.* New York: Plenum.

Referências

Andersen RA, Asanuma C, Essick G, Siegel RM. 1990. Corticocortical connections of anatomically and physiologically defined subdivisions within the inferior parietal lobule. J Comp Neurol 296:65–113.
Andersen RA, Cui H. 2009. Intention, action planning, and decision making in parietal-frontal circuits. Neuron 63:568–583.
Barnes GR. 2008. Cognitive processes involved in smooth pursuit eye movements. Brain Cogn 68:309–326.
Bisley JW, Goldberg ME. 2006. Neural correlates of attention and distractibility in the lateral intraparietal area. J Neurophysiol 95:1696–1717.
Bruce CJ, Goldberg ME. 1985. Primate frontal eye fields. I. Single neurons discharging before saccades. J Neurophysiol 53:603–635.
Büttner-Ennever JA, Büttner U, Cohen B, Baumgartner G. 1982. Vertical gaze paralysis and the rostral interstitial nucleus of the medial longitudinal fasciculus. Brain 105:125–149.

Büttner-Ennever JA, Cohen B, Pause M, Fries W. 1988. Raphe nucleus of the pons containing omnipause neurons of the oculomotor system in the monkey, and its homologue in man. J Comp Neurol 267:307–321.

Cannon SC, Robinson DA. 1987. Loss of the neural integrator of the oculomotor system from brain stem lesions in monkey. J Neurophysiol 57:1383–1409.

Cohen B, Henn V. 1972. Unit activity in the pontine reticular formation associated with eye movements. Brain Res 46:403–410.

Colby CL, Duhamel J-R, Goldberg ME. 1996. Visual, presaccadic and cognitive activation of single neurons in monkey lateral intraparietal area. J Neurophysiol 76:2841–2852.

Cumming BG, Judge SJ. 1986. Disparity-induced and blur-induced convergence eye movement and accommodation in the monkey. J Neurophysiol 55:896–914.

Curtis CE, Connolly JD. 2008. Saccade preparation signals in the human frontal and parietal cortices. J Neurophysiol 99:133–145.

Dash S, Thier P. 2014. Cerebellum-dependent motor learning: lessons from adaptation of eye movements in primates. Prog Brain Res 210:121–155.

Demer JL, Miller JM, Poukens V, Vinters HV, Glasgow BJ. 1995. Evidence for fibromuscular pulleys of the recti extraocular muscles. Invest Ophthalmol Vis Sci 36:1125–1136.

Duhamel J-R, Colby CL, Goldberg ME. 1992. The updating of the representation of visual space in parietal cortex by intended eye movements. Science 255:90–92.

Dürsteler MR, Wurtz RH, Newsome WT. 1987. Directional pursuit deficits following lesions of the foveal representation within the superior temporal sulcus of the macaque monkey. J Neurophysiol 57:1262–1287.

Fuchs AF, Luschei ES. 1970. Firing patterns of abducens neurons of alert monkeys in relationship to horizontal eye movement. J Neurophysiol 33:382–392.

Funahashi S, Bruce CJ, Goldman-Rakic PS. 1989. Mnemonic coding of visual space in the monkey's dorsolateral prefrontal cortex. J Neurophysiol 61:331–349.

Gottlieb JP, MacAvoy MG, Bruce CJ. 1994. Neural responses related to smooth-pursuit eye movements and their correspondence with electrically elicited smooth eye movements in the primate frontal eye field. J Neurophysiol 74:1634–1653.

Hécaen J, de Ajuriaguerra J. 1954. Balint's syndrome (psychic paralysis of visual fixation). Brain 77:373–400.

Henn V, Hepp K, Büttner-Ennever JA. 1982. The primate oculomotor system. II. Premotor system. A synthesis of anatomical, physiological, and clinical data. Hum Neurobiol 12:87–95.

Highstein SM, Baker R. 1978. Excitatory termination of abducens internuclear neurons on medial rectus motoneurons: relationship to syndrome of internuclear ophthalmoplegia. J Neurophysiol 41:1647–1661.

Hikosaka O, Wurtz RH. 1983. Visual and oculomotor functions of monkey substantia nigra pars reticulata. IV. Relation of substantia nigra to superior colliculus. J Neurophysiol 49:1285–1301.

Hikosaka O, Sakamoto M, Usui S. 1989. Functional properties of monkey caudate neurons. I. Activities related to saccadic eye movements. J Neurophysiol 61:780–798.

Hikosaka O, Wurtz RH. 1989. The basal ganglia. Rev Oculomotor Res 3: 257–281.

Huk A, Dougherty R, Heeger D. 2002. Retinotopy and functional subdivision of human areas MT and MST. J Neurosci 22:7195–7205.

Keller EL. 1974. Participation of medial pontine reticular formation in eye movement generation in monkey. J Neurophysiol 37:316–332.

Laurutis VP, Robinson DA. 1986. The vestibular reflex during human saccadic eye movements. J Physiol (Lond) 373: 209–233.

Luschei ES, Fuchs AF. 1972. Activity of brain stem neurons during eye movements of alert monkeys. J Neurophysiol 35:445–461.

Lynch JC, Graybiel AM, Lobeck LJ. 1985. The differential projection of two cytoarchitectonic subregions of the inferior parietal lobule of macaque upon the deep layers of the superior colliculus. J Comp Neurol 235:241–254.

McFarland JL, Fuchs AF. 1992. Discharge patterns in nucleus prepositus hypoglossi and adjacent medial vestibular nucleus during horizontal eye movement in behaving macaques. J Neurophysiol 68:319–332.

Munoz DP, Wurtz RH. 1993. Fixation cells in monkey superior colliculus. I. Characteristics of cell discharge. J Neurophysiol 70:559–575.

Mustari MJ, Fuchs AF, Wallman J. 1988. Response properties of dorsolateral pontine units during smooth pursuit in the rhesus macaque. J Neurophysiol 60:664–686.

Newsome WT, Wurtz RH, Komatsu H. 1988. Relation of cortical areas MT and MST to pursuit eye movements. II. Differentiation of retinal from extraretinal inputs. J Neurophysiol 60:604–620.

Olson CR, Gettner SN. 1995. Object-centered direction selectivity in the macaque supplementary eye field. Science 269:985–988.

Powell KD, Goldberg ME. 2000. Response of neurons in the lateral intraparietal area to a distractor flashed during the delay period of a memory-guided saccade. J Neurophysiol 84:301–310.

Quaia C, Aizawa H, Optican LM, Wurtz RH. 1998. Reversible inactivation of monkey superior colliculus. II. Maps of saccadic deficits. J Neurophysiol 79:2097–2110.

Quaia C, Lefevre P, Optican LM. 1999. Model of the control of saccades by superior colliculus and cerebellum. J Neurophysiol 82:999–1018.

Ramat S, Leigh RJ, Zee DS, Optican LM. 2007. What clinical disorders tell us about the neural control of saccadic eye movements. Brain 130:10–35.

Rao HM, Mayo JP, Sommer MA. 2016. Circuits for presaccadic visual remapping. J Neurophysiol 116:2624–2636.

Raybourn MS, Keller EL. 1977. Colliculo-reticular organization in primate oculomotor system. J Neurophysiol 269:985–988.

Robinson DA. 1970. Oculomotor unit behavior in the monkey. J Neurophysiol 33:393–404.

Schall JD. 1995. Neural basis of saccade target selection. Rev Neurosci 6:63–85.

Schiller PH, Koerner F. 1971. Discharge characteristics of single units in superior colliculus of the alert rhesus monkey. J Neurophysiol 34:920–936.

Schiller PH, True SD, Conway JL. 1980. Deficits in eye movements following frontal eye field and superior colliculus ablations. J Neurophysiol 44:1175–1189.

Scudder C, Kaneko C, Fuchs A. 2002. The brainstem burst generator for saccadic eye movements—a modern synthesis. Exp Brain Res 142:439–462.

Segraves MA, Goldberg ME. 1987. Functional properties of corticotectal neurons in the monkey's frontal eye field. J Neurophysiol 58:1387–1419.

Silver MA, Kastner S. 2009. Topographic maps in human frontal and parietal cortex. Trends Cogn Sci (Regul Ed) 13:488–495.

Strupp M, Kremmyda O, Adamczyk C, et al. 2014. Central ocular motor disorders, including gaze palsy and nystagmus. J Neurol 261:S542–S558.

Stuphorn V, Brown JW, Schall JD. 2010. Role of supplementary eye field in saccade initiation: executive, not direct, control. J Neurophysiol 103:801–816.

Takagi M, Zee DS, Tamargo RJ. 1998. Effects of lesions of the oculomotor vermis on eye movements in primate: saccades. J Neurophysiol 80:1911–1931.

von Noorden GK, Campos EC. 2002. *Binocular Vision and Ocular Motility: Theory and Management of Strabismus*, 6th ed. St. Louis, MO: Mosby.

Wurtz RH, Goldberg ME. 1972. Activity of superior colliculus in behaving monkey. III. Cells discharging before eye movements. J Neurophysiol 35:575–586.

Xu-Wilson M, Chen-Harris H, Zee DS, Shadmehr R. 2009. Cerebellar contributions to adaptive control of saccades in humans. J Neurosci 29:12930–12939.

Zee DS. 1977. Disorders of eye-head coordination. In B Brooks, FJ Bajandas (Eds.), *Eye Movements*, Plenum Press, New York, 1977, pp. 9–40.

36

Postura

Equilíbrio e orientação são subjacentes ao controle postural
    O equilíbrio postural controla o centro de massa corporal
    A orientação postural antecipa distúrbios do equilíbrio

Respostas posturais e ajustes posturais antecipatórios usam estratégias e sinergias estereotipadas
    Respostas posturais automáticas compensam perturbações súbitas
    Ajustes posturais antecipatórios compensam o movimento voluntário
    O controle postural é integrado com a locomoção

As informações somatossensoriais, vestibulares e visuais devem ser integradas e interpretadas para manter a postura
    As aferências somatossensoriais são importantes para a precisão temporal e a direção das respostas posturais automáticas
    A informação vestibular é importante para o equilíbrio em superfícies instáveis e durante os movimentos da cabeça
    As aferências visuais fornecem ao sistema postural informações de orientação e movimento
    A informação a partir de uma única modalidade sensorial pode ser ambígua
    O sistema de controle postural usa um esquema corporal que incorpora modelos internos para o equilíbrio

O controle da postura é tarefa-dependente
    Requisitos da tarefa determinam o papel de cada sistema sensorial no equilíbrio postural e orientação

O controle da postura está distribuído no sistema nervoso
    Os circuitos da medula espinal são suficientes para a manutenção da sustentação antigravitacional, mas não do equilíbrio
    O tronco encefálico e o cerebelo integram as sinalizações sensoriais para a postura
    O espinocerebelo e os núcleos da base são importantes na adaptação da postura
    Os centros do córtex cerebral contribuem para o controle postural

Destaques

O CONTROLE DA POSTURA ENVOLVE DOIS OBJETIVOS INTER-RELACIONADOS, equilíbrio e orientação, cruciais para a maioria das tarefas da vida diária. O primeiro mantém o corpo em equilíbrio estável para evitar quedas. O segundo alinha os segmentos do corpo em relação uns aos outros e ao mundo, como manter a cabeça na posição vertical. Tanto o equilíbrio quanto a orientação utilizam vários tipos diferentes de controle: respostas posturais automáticas, ajustes posturais antecipatórios, oscilação postural, integração sensorial para um esquema corporal, orientação vertical e estabilidade dinâmica durante a marcha.

Para reconhecer a complexidade da manutenção do equilíbrio e da orientação, pode-se imaginar um indivíduo que esteja servindo mesas em um passeio de barco. Ele carrega uma bandeja cheia de bebidas para serem entregues nas mesas do outro lado do convés. Mesmo que a mente dele esteja ocupada lembrando dos pedidos dos clientes, processos sensorimotores inconscientes, mas complexos, para controlar a orientação postural e o equilíbrio, permitem que ele se mova de maneira eficiente e coordenada sem cair. À medida que o indivíduo atravessa o convés, seu encéfalo rapidamente integra e interpreta a informação sensorial e ajusta as respostas motoras para manter seu equilíbrio, a orientação ereta de sua cabeça e tronco e os braços estabilizados para sustentar a bandeja repleta de copos. Movimentos repentinos e inesperados do barco provocam respostas posturais automáticas para prevenir quedas. Antes que ele chegue a colocar um copo sobre a mesa, o sistema nervoso faz ajustes posturais antecipatórios para manter seu equilíbrio.

As informações somatossensoriais, vestibulares e visuais são integradas para fornecer um quadro coerente da posição e da velocidade do corpo no espaço em relação à superfície de apoio, gravidade e ambiente visual. Como a superfície é instável e a visão não fornece informações estáveis, a dependência das informações vestibulares é maior do que o normal. A cabeça é mantida estável enquanto os movimentos do tronco e o padrão de caminhada se ajustam ao desequilíbrio causado pela superfície em movimento.

O indivíduo, então, percebe que tanto as tarefas voluntárias quanto seu controle de equilíbrio se deterioram ao tentar atender a ambos os objetivos.

Equilíbrio e orientação são subjacentes ao controle postural

O equilíbrio postural refere-se à capacidade de estabilizar ativamente a parte superior do corpo, resistindo às forças externas que atuam sobre o corpo. Embora a força externa dominante que afeta o equilíbrio na Terra seja a gravidade, outras forças inerciais e perturbações externas também devem ser resistidas. Dependendo da atividade ou do comportamento específico, diferentes conjuntos de músculos são ativados em resposta ou em antecipação à perturbação do equilíbrio.

A orientação postural refere-se à capacidade de alinhar ativamente segmentos corporais, como o tronco e a cabeça, um em relação ao outro e em relação ao ambiente. Dependendo da atividade ou comportamento específico, os segmentos corporais podem estar alinhados com relação à vertical gravitacional, à vertical visual ou à superfície de apoio. Por exemplo, ao esquiar em declive, a cabeça pode ser orientada para a vertical gravitacional e inercial, mas não para as referências visuais ou de superfície de suporte que são inclinadas.

As demandas biomecânicas do controle postural dependem da anatomia e da orientação postural e, portanto, variam conforme a espécie. Entretanto, em várias espécies, os mecanismos de controle para o equilíbrio e a orientação postural podem ter muitos aspectos em comum. Os mecanismos sensorimotores para o controle postural em seres humanos são similares aos de mamíferos quadrúpedes, mesmo que sua forma habitual de apoio seja diferente.

O equilíbrio postural controla o centro de massa corporal

Devido aos muitos segmentos ligados por articulações, o corpo é mecanicamente instável. Para manter o equilíbrio, o sistema nervoso deve controlar a posição e o movimento do *centro de massa* corporal, bem como a rotação do corpo em torno de seu centro de massa. Esse centro é um ponto que representa a posição média da massa total do corpo. No adulto em posição bípede, por exemplo, o centro de massa localiza-se cerca de 2 cm à frente da segunda vértebra lombar; em uma criança pequena, essa distância é maior. A localização do centro de massa no corpo não é fixa, mas depende da orientação postural. Por exemplo, quando você flexiona os quadris em pé, o centro de massa se move de um local dentro do corpo para uma posição fora dele.

Embora a gravidade atraia todos os segmentos corporais, o efeito resultante sobre o equilíbrio atua por meio do centro de massa corporal. A força da gravidade é oposta pelas forças entre os pés e o solo. Cada ponto na superfície irá gerar uma força sobre o pé. E todas as forças que atuam entre o pé e o solo podem ser somadas para produzir um único vetor de força denominado *força de reação do solo*. Essa origem do vetor da força de reação do solo sobre a superfície é o ponto em que o efeito rotacional de todas as forças nos pés é equilibrado e é denominado *centro de pressão* (**Quadro 36-1**).

A manutenção do equilíbrio durante a posição ereta requer a manutenção da projeção para baixo do centro de massa dentro da base de sustentação, uma área imaginária definida por aquelas partes do corpo em contato com o ambiente externo. Por exemplo, os dois pés ou um pé de uma pessoa em pé definem uma *base de apoio* (**Quadro 36-1**). Quando uma pessoa em pé se inclina contra uma parede ou é suportada por muletas, a base de sustentação estende-se do solo sob os pés até o ponto de contato entre o corpo e a parede ou as muletas. Como o corpo está sempre em movimento, mesmo com o apoio estável, o centro de massa corporal move-se continuamente em relação à base de sustentação. A instabilidade postural é determinada pela rapidez com que o centro de massa está acelerando em direção à margem da base de sustentação e depende de quão próxima a esse limite está a projeção para baixo do centro de massa corporal.

A postura ereta requer duas ações: (1) a manutenção da sustentação contra a gravidade (mantendo o centro de massa a determinada altura e articulações estáveis) e (2) a manutenção do equilíbrio (pelo controle da trajetória do centro de massa no plano horizontal). O equilíbrio e a sustentação antigravitacional são controlados separadamente pelo sistema nervoso e podem ser afetados de modo diferente sob certas condições patológicas. Por exemplo, o suporte antigravitacional pode ser excessivo quando a espasticidade está presente após um acidente vascular encefálico ou insuficiente na hipotonia da paralisia cerebral, embora o controle do equilíbrio possa ser preservado. Alternativamente, nos distúrbios vestibulares, o suporte antigravitacional pode ser normal, embora o controle do equilíbrio seja desordenado.

A sustentação antigravitacional, ou "tônus postural", é fornecido pela ativação tônica dos músculos que geram a força contra a base de sustentação para manter o tronco e os membros estendidos e o centro de massa a uma altura apropriada. Nos seres humanos, grande parte da sustentação contra a gravidade é provida por forças passivas "osso sobre osso" nas articulações, como os joelhos, os quais podem estar totalmente estendidos durante a postura ereta, e nos ligamentos reforçados, como os anteriores dos quadris. Entretanto, a sustentação antigravitacional nos seres humanos também requer contração muscular tônica ativa, por exemplo, do tornozelo, do tronco e dos extensores do pescoço. O tônus postural, no entanto, não deve ser considerado um estado estático de ativação muscular, como pode ser visto em patologias como a rigidez descerebrada ou a rigidez do parkinsonismo. O tônus postural normal muda constantemente, como uma "onda" ou "junco ao vento", para acomodar mudanças no alinhamento postural, movimentos voluntários e exigências relacionadas a tarefas.

O tônus postural não é suficiente, no entanto, para manter o equilíbrio. Tanto bípedes como quadrúpedes são inerentemente instáveis e seus corpos oscilam durante a posição ereta estável. Músculos contraídos ativamente exibem firmeza como uma mola que auxilia na resistência do corpo a oscilações, mas somente a rigidez muscular não é suficiente para a manutenção do equilíbrio. Mesmo o enrijecimento dos membros por meio da cocontração muscular não é suficiente para o controle do equilíbrio. Em vez disso, padrões complexos de ativação muscular produzem forças

QUADRO 36-1 Centro de pressão

O centro de pressão (CP) é definido como a origem do vetor da *força de reação do solo* sobre a superfície de sustentação. Para o corpo permanecer em equilíbrio estático, isto é, permanecer imóvel, a força causada pela gravidade e a força de reação do solo devem ser iguais e opostas, e o CP deve estar diretamente abaixo do centro de massa (CM) (**Figura 36-1A**). O desalinhamento do CM e do CP causa o movimento do CM. Por exemplo, se a projeção do CM na base do suporte estiver à direita do CP, o corpo oscilará para a direita até que o CP se mova para a direita para mover o CM de volta sobre a base do suporte.

No entanto, permanecer ereto nunca é realmente estático. Enquanto o corpo está em movimento (oscilação postural), o CM e o CP não estão alinhados e o equilíbrio dinâmico deve manter o equilíbrio (**Figura 36-1B**). De fato, quando o corpo está sem suporte, o CM e o CP estão continuamente em movimento e raramente estão alinhados, contudo, considerando a média de posicionamento ao longo do tempo durante a postura ereta com o indivíduo parado, os centros são coincidentes. A oscilação do corpo durante a postura estática pode ser descrita pela trajetória de CM ou CP ao longo do tempo, como trajetória de oscilação, área, velocidade e frequência.

Em situações mais dinâmicas, como caminhar, correr, girar e pular, a estabilidade pode ser alcançada mesmo quando o CM sai brevemente da base de suporte. Por exemplo, ao ficar em sobre uma única perna ou em uma barra estreita, o impulso da rotação dos quadris, braços e outras partes do corpo ou movimento do CP pode ser usado para mudar a direção da força de reação do solo para retornar o CM do corpo sobre sua base de apoio para manter a estabilidade (**Figura 36-1B**). Se o CM estiver fora da base de apoio e se afastar dela, os sujeitos podem precisar dar um passo ou agarrar um objeto estável para mudar a base de apoio e evitar uma queda.

FIGURA 36-1 O centro de massa é controlado movendo o centro de pressão.

A. A força ocasionada pela gravidade passa através do centro de massa (**CM**) no tronco. A superfície exerce uma força para cima e contrária a cada pé, de modo que o vetor da força de reação do solo se origina no centro de pressão (**CP**) da superfície de sustentação. **Painel inferior:** Mesmo quando os pés permanecem no lugar, o CP (**deslocamento azul**) e o CM (**deslocamento dourado**) estão sempre em movimento enquanto balançamos. Durante a posição normal bípede, a projeção do CM do corpo permanece dentro da base de apoio (**retângulo azul-claro** ao redor dos pés em contato com o solo) para o equilíbrio. A base de sustentação de um indivíduo de pé é definida pelos pontos de contato dos pés sobre a superfície de apoio.

B. Em uma situação dinâmica, como ficar em uma perna só em uma viga estreita, o equilíbrio pode ser mantido mesmo quando os deslocamentos do CM corporal (**deslocamentos dourados**) saem da base de suporte por breves períodos. Estratégias como a contrarrotação da parte inferior e superior do corpo podem inclinar a força de reação do solo para que ela acelere o CM corporal de volta sobre sua base de suporte. (Adaptada, com autorização, de Otten, 1999.) Autorização obtida pelo Copyright Clearance Center, Inc.)

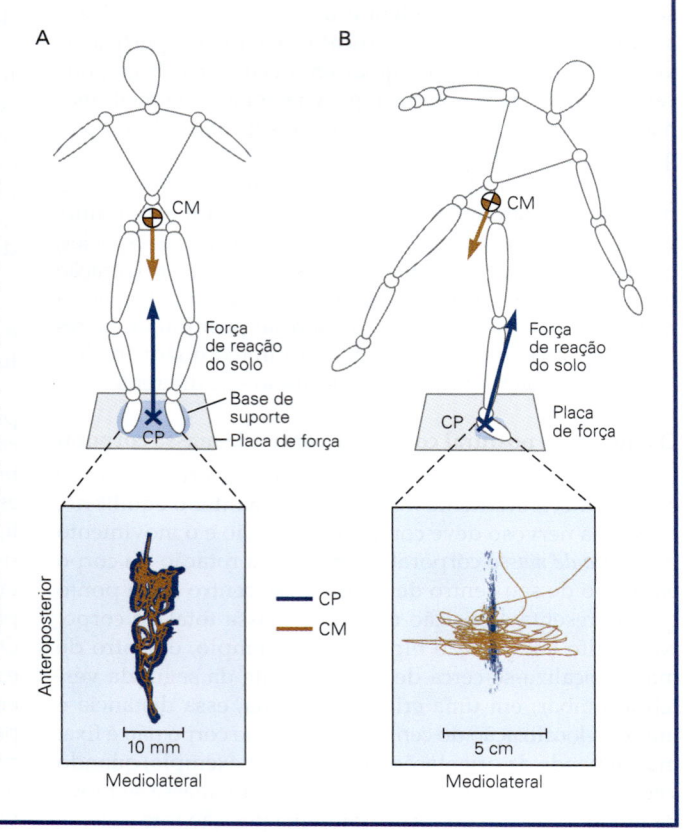

---

com direções específicas para controlar o centro de massa corporal. A oscilação do corpo causada por movimentos sutis, como o movimento do tórax durante a respiração, é ativamente compensada por alterações no tônus postural.

A orientação postural antecipa distúrbios do equilíbrio

A orientação postural é a maneira pela qual as partes do corpo estão alinhadas umas em relação às outras e ao meio ambiente. Os animais orientam seus corpos para realizar tarefas específicas de forma eficiente. Embora essa orientação postural interaja com o controle do equilíbrio, os dois sistemas podem agir de modo independente. Por exemplo, goleiros de futebol podem orientar seus corpos para interceptar uma bola, sacrificando o objetivo de manter o equilíbrio. Em contraste, um paciente com doença de Parkinson ou cifose torácica pode usar um alinhamento postural ineficiente e flexionado para manter o controle efetivo do equilíbrio na posição bípede.

A energia necessária para manter a posição corporal por um período pode influenciar a orientação postural. Nos seres humanos, por exemplo, a orientação ereta do tronco em relação à gravidade minimiza as forças e, portanto, a energia necessária para manter o centro de massa corporal sobre a base de sustentação. As necessidades de uma determinada tarefa também afetam a orientação postural. Para algumas tarefas, é importante estabilizar a posição do corpo no espaço, enquanto, para outras, é necessário estabilizar uma parte em relação à outra. Quando um indivíduo caminha carregando um copo cheio de líquido, por exemplo, é importante que estabilize a mão contra a gravidade para evitar que o líquido derrame. Em contraste, quando caminha lendo algo no celular, a mão deve estar estabilizada em relação à cabeça e aos olhos para manter a acuidade visual.

As pessoas podem adotar uma determinada orientação postural para otimizar a acurácia das sinalizações sensoriais relacionadas com o movimento do corpo. Por exemplo, ao ficar em pé e andando dentro de um navio, no qual a superfície e as referências visuais podem ser instáveis, as informações sobre a vertical da terra são derivadas principalmente de aferências vestibulares. Uma pessoa muitas vezes alinha sua cabeça em relação à vertical gravitacional quando se equilibra em uma superfície instável, porque a percepção da vertical é mais precisa quando a cabeça está ereta e estável.

As alterações antecipatórias da orientação habitual do corpo podem minimizar o efeito de uma possível perturbação. Por exemplo, as pessoas, em geral, tendem a se inclinar na direção de uma força externa antecipada ou flexionam seus joelhos, ampliando a base de sua postura ereta, e estendem seus braços quando antecipam que a estabilidade estará comprometida.

Respostas posturais e ajustes posturais antecipatórios usam estratégias e sinergias estereotipadas

Quando uma perturbação repentina levar o corpo a oscilar, várias estratégias motoras posturais serão utilizadas para manter o centro de massa dentro da base de sustentação. Em uma estratégia, a base de sustentação permanece fixa em relação à superfície de apoio: enquanto os pés permanecem no lugar, o corpo gira sobre os tornozelos de volta para a posição ereta (**Figura 36-2A**). Em outras estratégias, a base de sustentação é movida ou ampliada – por exemplo, dando-se um passo ou agarrando-se um suporte com a mão (**Figura 36-2B**).

Visões mais antigas sobre o controle motor detinham-se nos músculos do tronco e dos membros proximais como os principais efetores posturais. Estudos comportamentais recentes mostram que qualquer grupo muscular do pescoço e do tronco, das pernas e dos braços, ou dos pés e das mãos pode atuar como músculos posturais, dependendo das partes do corpo em contato com o ambiente e das necessidades biomecânicas de equilíbrio.

Para estudar o sistema de controle postural, os cientistas perturbam o equilíbrio de maneira controlada para determinar a resposta postural automática do sujeito. Essa

FIGURA 36-2 As respostas posturais automáticas mantêm o centro de massa dentro da base de suporte.

A. Uma estratégia postural para readquirir o equilíbrio é levar o centro de massa de volta à sua origem na base de sustentação. Quando a plataforma sobre a qual um sujeito está em pé é movida para trás de modo repentino, o corpo desloca-se para a frente e a projeção do centro de massa move-se em direção aos artelhos. Durante a recuperação, o corpo exerce uma força ativamente na superfície ao redor dos tornozelos, trazendo o centro de massa de volta à posição original sobre os pés.

B. Uma estratégia postural alternativa é aumentar a base de sustentação para manter o centro de massa dentro da base. Uma perturbação faz o sujeito se inclinar para a frente e o centro de massa se deslocar para o limite da base de sustentação (**área azul** no solo). A base pode ser aumentada de duas maneiras: dando-se um passo e posicionando-se o pé na frente do centro de massa para desacelerar o movimento do corpo, ou agarrando-se um suporte e, dessa forma, estendendo-se a base para incluir o ponto de contato entre a mão e o suporte.

A Trazendo o centro de massa de volta para a base de sustentação

1 A superfície é movida para trás
2 O corpo inclina-se para a frente
3 Recuperação

B Estendendo a base de sustentação para recuperar o centro de massa

1 Perturbação — Inclinação
2 Respostas — Dar um passo / Usar o braço para apoio com suporte

resposta é descrita pelo vetor da força de reação do solo, pelo deslocamento do centro de pressão e pelos movimentos dos segmentos corporais. A atividade elétrica de muitos músculos é registrada por eletromiografia (EMG), que reflete o disparo dos neurônios motores α que inervam os músculos esqueléticos e fornece, assim, uma janela na eferência do sistema nervoso para o controle do equilíbrio. A combinação de todas essas medidas permite aos investigadores inferir sobre os processos neurais ativos subjacentes ao controle do equilíbrio.

Respostas posturais automáticas compensam perturbações súbitas

Uma resposta postural automática a uma perturbação repentina não é um simples reflexo de estiramento, mas sim a ativação sinérgica de um grupo de músculos em uma sequência característica com o objetivo de manutenção do equilíbrio. Ou seja, o recrutamento de um músculo para uma resposta postural atende aos requisitos de equilíbrio e não é uma mudança reflexiva no comprimento do músculo causada pela perturbação. Por exemplo, quando a superfície sob uma pessoa gira no sentido da elevação dos artelhos, o extensor do tornozelo (gastrocnêmio) é alongado e um pequeno reflexo de estiramento pode ocorrer. No entanto, a resposta postural para manter o equilíbrio recruta o antagonista, o flexor do tornozelo (tibial anterior), que está encurtado com a rotação da superfície, enquanto inibe a resposta extensora do gastrocnêmio. Ao contrário, quando a plataforma se move para trás, o gastrocnêmio é novamente alongado, mas agora ele é recrutado pela resposta postural, como evidenciado por um segundo episódio de atividade da EMG após o reflexo de estiramento. Assim, a alteração inicial no comprimento de um músculo induzida pela perturbação não é o que determina se o músculo será recrutado para o controle postural, e os reflexos de estiramento não são a base para esse controle. De fato, os reflexos de estiramento monossinápticos são muito fracos para mover o centro de massa do corpo de forma eficaz e, muitas vezes, os músculos posturais ativados para recuperar o equilíbrio não foram alongados.

As respostas posturais automáticas às perturbações repentinas têm aspectos temporais e espaciais característicos. Uma resposta postural nos músculos deve ser recrutada rapidamente após a perturbação iniciar. O movimento repentino da superfície de sustentação sob um gato em pé evoca a atividade da EMG em 40 a 60 ms (**Figura 36-3**). Os seres humanos mostram latências maiores de respostas posturais (90 a 120 ms); o retardo de tempo maior é atribuído ao tamanho corporal maior dos seres humanos e, portanto, às distâncias maiores para a condução do sinal do receptor sensorial ao sistema nervoso central e deste aos músculos da perna. A latência das respostas posturais automáticas é menor do que o tempo de reação voluntário, mas é maior do que o reflexo de estiramento monossináptico.

As respostas posturais que envolvem uma mudança na base de sustentação, como dar um passo, têm latências maiores do que as que ocorrem quando os pés permanecem no lugar. O tempo maior presumivelmente proporciona maior flexibilidade nos comandos transmitidos por longas

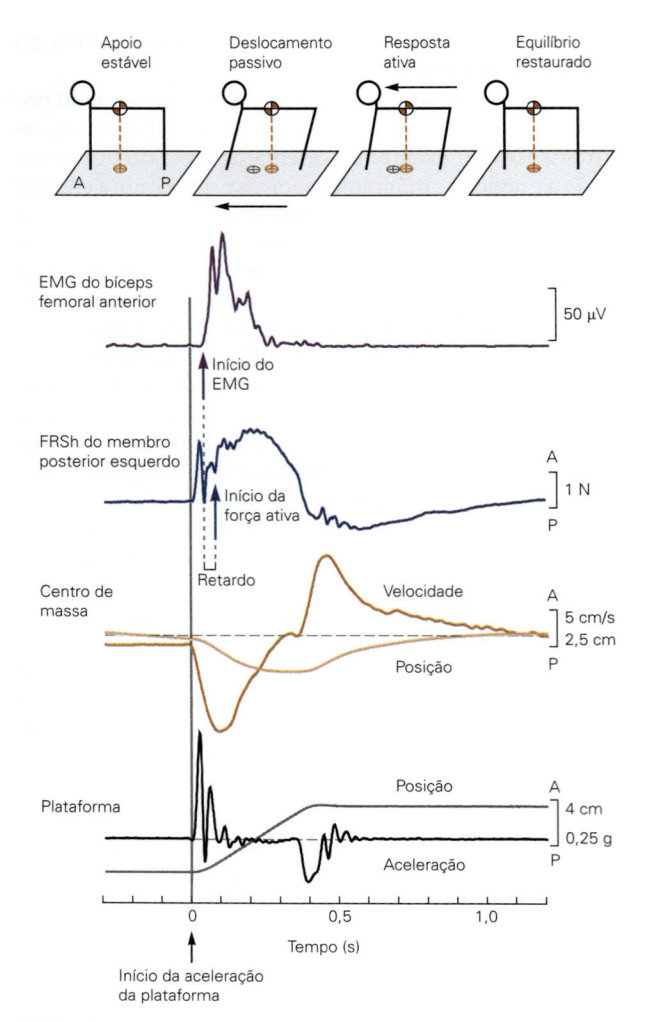

FIGURA 36-3 As respostas posturais automáticas têm características temporais estereotipadas. A atividade eletromiográfica possui uma latência característica. O movimento para a frente da plataforma evoca uma resposta eletromiográfica (**EMG**) no músculo extensor do quadril (bíceps femoral anterior) de um gato cerca de 40 ms após o início da aceleração da plataforma (100 ms em humanos). Essa latência é estereotipada, repete-se em diferentes indivíduos e é cerca de quatro vezes mais longa que a do reflexo de estiramento monossináptico. À medida que a plataforma se move, as patas são levadas para a frente e o tronco permanece atrás devido à inércia, ocasionando um movimento para trás do centro de massa com velocidade crescente em relação à plataforma. A velocidade do deslocamento do centro de massa mostra um pico e depois decresce à medida que aumenta o componente horizontal da força de reação do solo (**FRSh**) decorrente da ativação muscular. O retardo de cerca de 30 ms entre o início da atividade no EMG e o início da resposta ativa reflete o acoplamento excitação-contração e a complacência musculoesquelética. A resposta postural automática envolve a extensão do membro posterior, a propulsão do tronco para a frente e a restauração da posição do centro de massa em relação às patas. (Siglas: **A**, anterior; **P**, posterior.) (Dados de J. Macpherson.)

alças através do córtex; por exemplo, a escolha do pé para iniciar o passo, a direção do passo e a trajetória da passada ao redor dos obstáculos.

A ativação dos músculos posturais resulta na contração e no desenvolvimento de força muscular, levando ao torque (força rotacional) nas articulações. O efeito resultante é uma resposta ativa, a força de reação do solo (**Quadro 36-1**), que restaura o centro de massa à sua posição original sobre a base de sustentação (**Figura 36-3**). O retardo entre a ativação da EMG e a resposta ativa, de cerca de 30 ms no gato e 50 ms em humanos, reflete o tempo do acoplamento excitação-contração de cada músculo, assim como a complacência do sistema musculoesquelético.

A amplitude da atividade da EMG de determinado músculo depende da velocidade e da direção de uma perturbação postural. A amplitude aumenta de acordo com o aumento da velocidade de uma plataforma móvel sob um ser humano ou gato em pé, variando de forma monotônica de acordo com a variação sistemática da direção do movimento da plataforma. Cada músculo responde a um conjunto limitado de direções de perturbações com uma curva de sintonia característica (**Figura 36-4**).

Embora cada músculo mostre curvas de sintonia direcional únicas, os músculos não são ativados de modo independente, mas, em vez disso, são coativados em *sinergia*, com atrasos característicos. Os músculos em sinergia recebem um sinal de comando comum durante as respostas posturais. Dessa maneira, os diversos músculos do corpo são controlados precisamente por uns poucos sinais, reduzindo o tempo necessário para processar a resposta postural apropriada (**Quadro 36-2**).

O conjunto de músculos recrutados em uma resposta postural a uma perturbação depende da posição inicial do corpo. A mesma perturbação causa respostas posturais muito diferentes em alguém que esteja em pé sem auxílio, em pé e agarrando-se em um suporte estável, ou agachado apoiando os quatro membros. Por exemplo, a inclinação para a frente ativa os músculos da parte posterior das pernas e do tronco durante a postura ereta livre. Quando o sujeito está apoiado em um suporte estável, os músculos dos braços são ativados mais que os das pernas. Quando o sujeito está agachado se apoiando com os dedos e os artelhos, como um gato, os músculos anteriores das pernas e dos braços é que são ativados (**Figura 36-6A**).

Como as respostas posturais são influenciadas pela experiência recente, elas se adaptam apenas gradualmente a novas condições biomecânicas. Quando a inclinação para a frente for induzida pelo movimento para trás de uma plataforma sobre a qual um sujeito está em pé, os músculos posteriores dos tornozelos, dos joelhos e do quadril são ativados em sequência, começando 90 ms após o início do movimento da plataforma. Essa resposta postural, a *estratégia do tornozelo*, restaura o equilíbrio principalmente pela

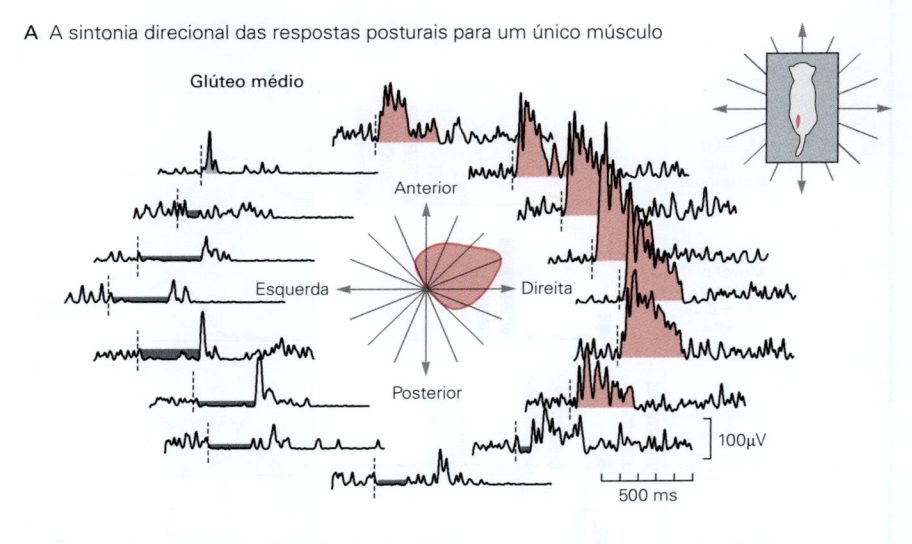

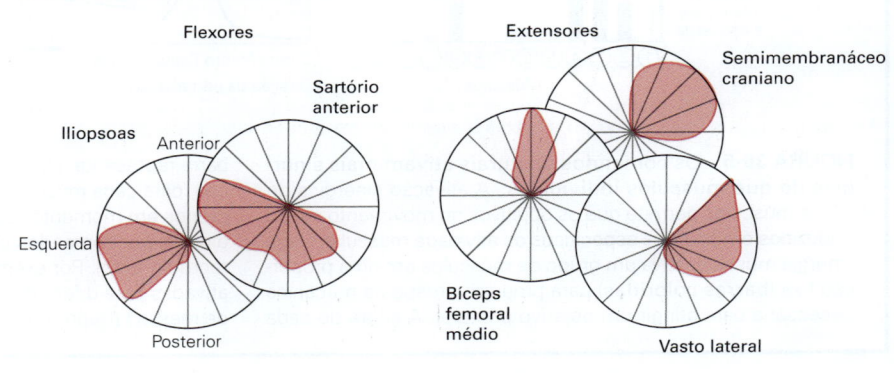

FIGURA 36-4 As respostas posturais automáticas têm características direcionais estereotipadas. (Adaptada de Macpherson, 1988.)

A. O músculo glúteo médio do gato, um extensor e abdutor do quadril, responde a uma faixa de direções de movimento no plano horizontal. Os registros eletromiográficos mostrados aqui são de um gato em pé sobre uma plataforma que se move no plano horizontal em cada uma das 16 direções uniformemente espaçadas. O músculo glúteo médio do membro posterior esquerdo foi ativado pelo movimento em várias direções (**cor-de-rosa**) e inibido nas demais direções (**cinza**). As **linhas verticais tracejadas** indicam o início da aceleração da plataforma. No centro há um gráfico polar da amplitude da atividade eletromiográfica *versus* a direção do movimento durante a resposta postural automática; o gráfico representa uma curva de sintonia direcional para o músculo. A amplitude da EMG foi computada a partir da área sob a curva durante os primeiros 80 ms da resposta.

B. Cada músculo tem uma curva de sintonia direcional característica que difere daquelas dos demais músculos, mesmo que estes tenham ações similares. O bíceps femoral médio e o semimembranáceo cranial, por exemplo, são ambos extensores do quadril.

A A sintonia direcional das respostas posturais para um único músculo

B Cada músculo tem uma sintonia direcional única

QUADRO 36-2 Ativação sinérgica dos músculos

Os movimentos coordenados requerem o controle preciso dos diversos músculos e articulações do corpo. A manutenção do controle é biomecanicamente complexa, em parte devido às diferentes combinações de rotações das articulações e ativações musculares que podem alcançar o mesmo objetivo. Tal redundância confere grande flexibilidade, por exemplo, na modificação dos padrões de passos para contornar obstáculos no caminho, mas à custa da complexidade aumentada no processamento pelo encéfalo das trajetórias dos movimentos e das forças.

Muitos fatores devem ser incluídos no processamento dos comandos dos movimentos, incluindo o efeito de forças externas, como a gravidade e as forças que um segmento corporal exerce sobre outro durante o movimento. Todos esses fatores entram em ação quando o encéfalo processa as respostas posturais mediante perturbações repentinas, mas com a restrição adicional de um limite de tempo para o processamento: as respostas devem ocorrer dentro de determinado período ou o equilíbrio será perdido.

Durante muito tempo, acreditava-se que o encéfalo simplificasse o controle do movimento por controle agrupado, por exemplo, na ativação conjunta de vários músculos. Usando técnicas matemáticas que analisam dados complexos em um pequeno número de componentes, pode-se determinar que apenas quatro sinergias são necessárias para explicar a grande maioria dos padrões de ativação de 13 músculos da perna e do tronco humanos durante respostas posturais automáticas às muitas direções de movimento da plataforma (**Figura 36-5**). A ativação de cada sinergia produz uma direção única de força contra o solo, sugerindo que o controle postural seja fundamentado nas variáveis relacionadas às tarefas, como a força entre o pé e o solo, e não a força de contração de cada músculo.

Assim como o arranjo das notas em um acorde musical, cada sinergia muscular especifica o momento e a amplitude da ativação de um músculo em particular junto com outros. Exatamente como uma nota pertence a vários acordes diferentes, cada músculo participa de mais de uma sinergia. Quando vários acordes são tocados de modo simultâneo, a estrutura do acorde não é mais evidente no conjunto maior das notas. Da mesma forma, quando várias sinergias são ativadas simultaneamente, o padrão muscular observado dá a aparência de complexidade não estruturada, mas a ativação de um determinado músculo é o resultado da adição sistemática de comandos de sinergia. A ativação simultânea de sinergias simplifica os sinais de comando neural para o movimento, pois apenas alguns comandos centrais são necessários em vez de um comando separado para cada músculo, permitindo flexibilidade e adaptabilidade ao controle postural.

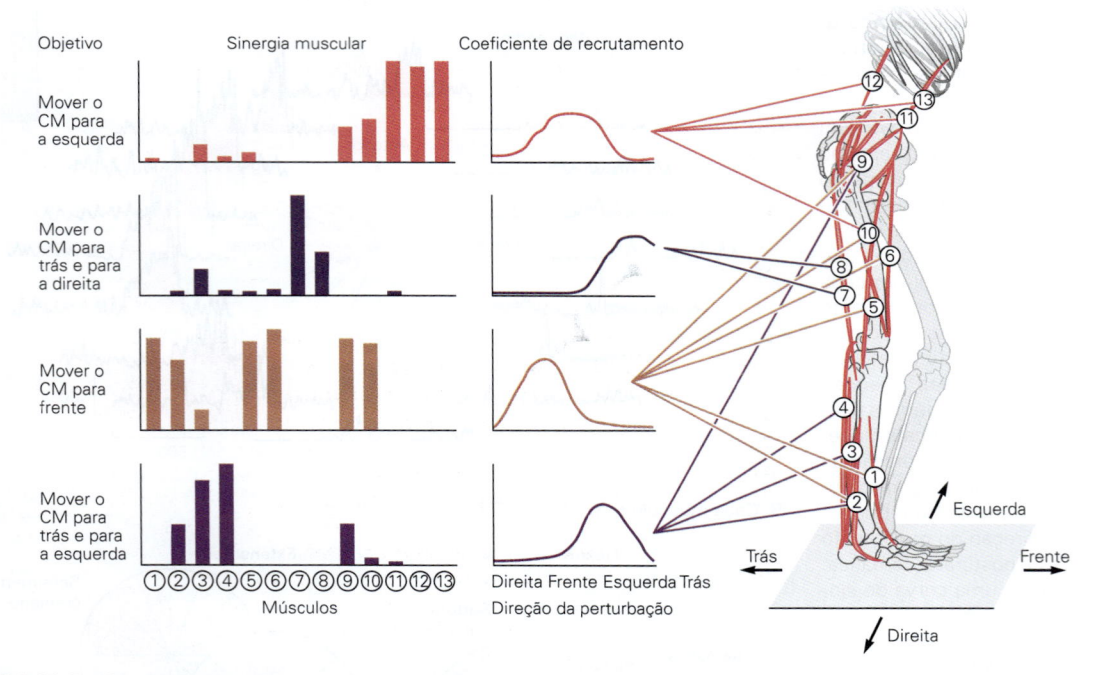

FIGURA 36-5 Os comandos posturais ativam mais sinergias do que músculos individuais. A ativação sinérgica de vários músculos permite que os objetivos do movimento sejam traduzidos em padrões específicos de atividade muscular. Cada sinergia muscular ativa um grupo de músculos em uma proporção fixa (**barras coloridas**) para produzir a resposta mecânica necessária para atingir um objetivo postural. A altura de cada barra representa a quantidade relativa de ativação, ou ponderação, para cada músculo (1-13). Cada sinergia é ativada mais ou menos em momentos específicos durante um comportamento dirigido por comandos centrais e impulso sensorial (função de recrutamento). Por exemplo, diferentes sinergias posturais são ativadas para diferentes direções de queda. (Sigla: **CM**, centro de massa.) (Reproduzida, com autorização, de L. Ting.)

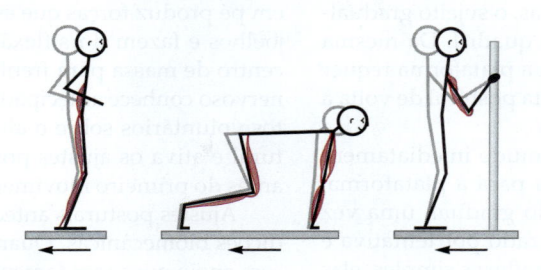

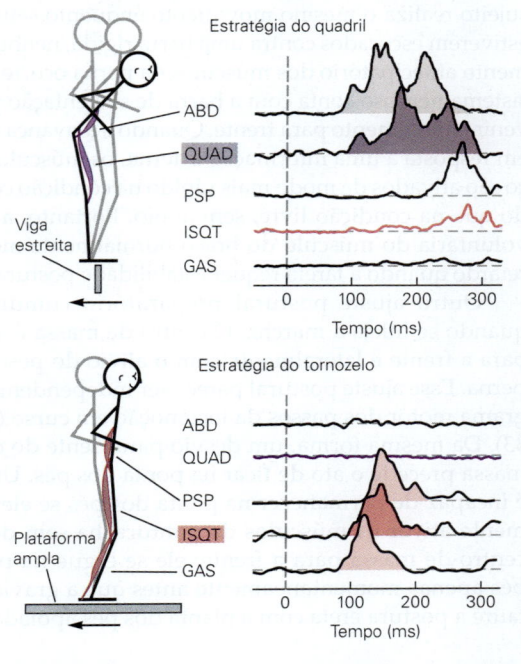

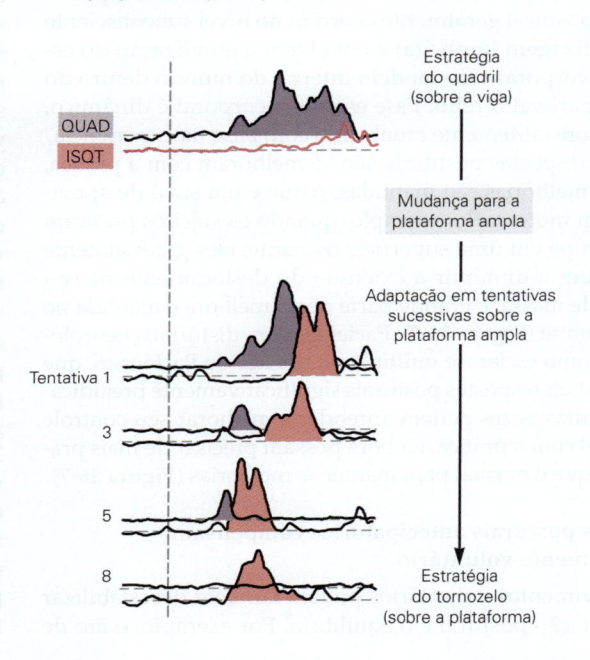

FIGURA 36-6 As respostas posturais automáticas mudam com as condições biomecânicas.

A. O movimento de uma plataforma para trás ativa diferentes grupos de músculos dependendo da postura inicial. Os **bonecos palitos em cinza** mostram as posições iniciais (ereta sem apoio, quadrúpede, ereta com apoio). Os músculos ativados em cada resposta postural são mostrados em **vermelho**. (Adaptada, com autorização, de Dunbar et al., 1986.)

B. Quando um sujeito está em pé sobre uma viga estreita que é movida para trás abruptamente, os músculos anteriores – abdominais (**ABD**) e quadríceps (**QUAD**) – são recrutados para flexionar o tronco e estender os tornozelos, movendo o quadril para trás (estratégia do quadril). Quando o sujeito está em pé sobre uma plataforma ampla que se move para trás, seus músculos posteriores – paraespinais (**PSP**), isquiotibiais (**ISQT**) e gastrocnêmio (**GAS**) – são ativados para levar o corpo de volta à posição ereta com a rotação nos tornozelos (estratégia do tornozelo). Os músculos representativos das diferentes respostas posturais estão salientados com cores. As **linhas verticais tracejadas** nos gráficos indicam o início da aceleração da plataforma (ou da viga).

C. A estratégia postural adapta-se após o sujeito se mover da viga estreita para a plataforma ampla. Sobre a viga, os quadríceps são ativados e os isquiotibiais estão silenciosos; após a adaptação para a plataforma ampla, observa-se o inverso. A transição da ativação do quadríceps para a ativação dos isquiotibiais ocorre em uma série de tentativas; a atividade do quadríceps gradualmente diminui em amplitude, enquanto os isquiotibiais são ativados cada vez mais cedo, até que, em torno da oitava tentativa, desaparece por completo. Os músculos do tornozelo e do tronco mostram padrões similares de adaptação. (B e C adaptadas, com autorização, de Horak e Nashner, 1986.)

rotação do corpo em torno das articulações dos tornozelos. Entretanto, quando a oscilação para frente for induzida pelo movimento para trás de uma viga estreita, é impossível usar apenas o torque de superfície para recuperar o equilíbrio e os músculos anteriores do quadril e do tronco são ativados. Essa resposta postural, a *estratégia do quadril*, restaura o centro de massa corporal com o dobramento para frente das articulações do quadril e com a rotação contrária dos tornozelos (**Figura 36-6B**).

Quando um sujeito se move de uma plataforma larga para uma viga estreita, ele persiste em usar a estratégia do tornozelo nas primeiras tentativas. Essa estratégia não funciona quando o sujeito está em pé sobre uma viga, então ele cai. Ao longo de várias tentativas, o sujeito gradualmente passará a usar a estratégia do quadril. Da mesma forma, mover-se da viga de volta para a plataforma requer várias tentativas para adaptar a resposta postural de volta à estratégia do tornozelo (**Figura 36-6C**).

Embora a estimulação sensorial mude imediatamente após os sujeitos mudarem da viga para a plataforma, a resposta postural ajusta-se de modo gradual, uma vez que o comportamento ideal é sintonizado por tentativa e erro. Se as respostas posturais fossem reflexos simples, elas mudariam imediatamente após uma mudança no impulso sensorial. Mudanças de tentativa a tentativa no comportamento postural geralmente ocorrem no nível subconsciente (aprendizagem implícita) e envolvem a atualização do esquema corporal e do modelo interno do mundo dentro do córtex parietal direito. Esse esquema corporal é dinâmico, pois é constantemente atualizado com base na experiência.

As respostas posturais não só melhoram com a prática, mas as melhorias são mantidas, o que é um sinal de aprendizagem motora. Por exemplo, quando os sujeitos praticam ficar em pé em uma superfície oscilante, eles gradualmente aprendem a diminuir a extensão do deslocamento de seu centro de massa, e grande parte dessa melhora é mantida no dia seguinte (**Figura 36-7**). Pacientes com distúrbios neurológicos, como esclerose múltipla ou doença de Parkinson, que apresentam respostas posturais significativamente prejudicadas, muitas vezes podem aprender a melhorar seu controle postural com a prática, embora possam precisar de mais prática do que o normal para manter as melhorias (**Figura 36-7**).

Ajustes posturais antecipatórios compensam o movimento voluntário

Os movimentos voluntários podem também desestabilizar a orientação postural e o equilíbrio. Por exemplo, o ato de erguer os braços para frente rapidamente enquanto se está em pé produz forças que estendem o quadril, flexionam os joelhos e fazem dorsiflexão dos tornozelos, deslocando o centro de massa para frente em relação aos pés. O sistema nervoso conhece antecipadamente os efeitos dos movimentos voluntários sobre o alinhamento e a estabilidade postural e ativa os ajustes posturais antecipatórios, em geral antes do primeiro movimento (**Figura 36-8A**).

Ajustes posturais antecipatórios são específicos às condições biomecânicas. Quando um sujeito em posição ereta sem apoio puxa rapidamente uma alavanca fixa à parede, os músculos da perna (gastrocnêmio e isquiotibiais) são ativados antes dos músculos do braço (**Figura 36-8B**). Quando o sujeito realiza o mesmo movimento enquanto seus ombros estiverem escorados contra uma barra rígida, nenhum movimento antecipatório dos músculos da perna ocorrerá, pois o sistema nervoso conta com a barra de sustentação para prevenir o movimento para frente. Quando a alavanca é puxada em resposta a uma informação externa, os músculos do braço são ativados de modo mais rápido na condição com apoio do que na condição livre, sem apoio. Portanto, a ativação voluntária do músculo do braço normalmente mostra um retardo quando a tarefa requer estabilidade postural ativa.

Outro ajuste postural preparatório comum ocorre quando se inicia a marcha. O centro de massa é acelerado para a frente e lateralmente com o alívio do peso de uma perna. Esse ajuste postural parece ser independente do programa motor dos passos da locomoção em curso (Capítulo 33). Da mesma forma, um desvio para frente do centro de massa precede o ato de ficar na ponta dos pés. Um sujeito é incapaz de permanecer na ponta dos pés se ele simplesmente ativar os músculos da panturrilha sem deslocar o centro de massa para a frente; ele se ergue na ponta dos pés apenas momentaneamente antes que a gravidade restaure a postura ereta com a planta dos pés apoiada no solo.

FIGURA 36-7 As respostas posturais podem ser aprimoradas e aprendidas com a prática.

A. O deslocamento do centro de massa do corpo (**CM, oscilação dourada**) em resposta a oscilações da plataforma para frente e para trás de amplitudes variadas (**cinza**) à medida que um sujeito saudável aprende a reduzir a instabilidade postural.

B. O deslocamento do CM do corpo por oscilações da superfície para frente e para trás é reduzido nas sessões de treinamento no dia 1, e essa melhora é mantida no dia 2 em indivíduos controle saudáveis. Pessoas com esclerose múltipla também aprendem a reduzir os deslocamentos do CM, mas não mantêm essa melhora no dia seguinte. A média e o erro padrão das mudanças de grupo no ganho (CM/deslocamento de superfície) são comparados. (Adaptada, com autorização, de Gera et al., 2016.)

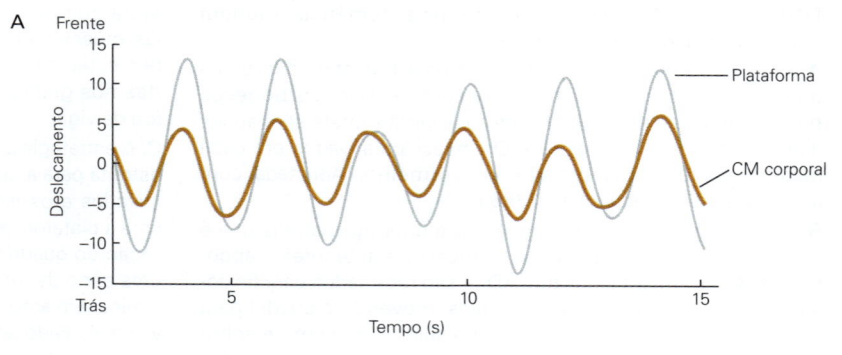

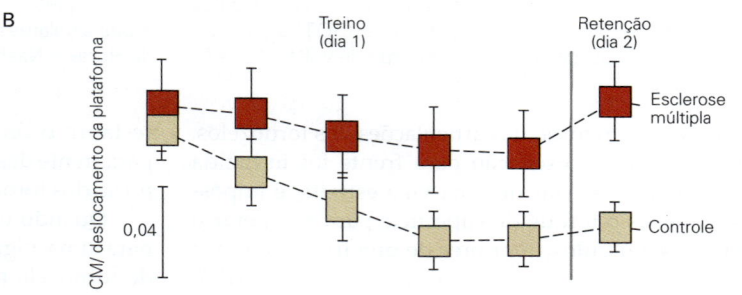

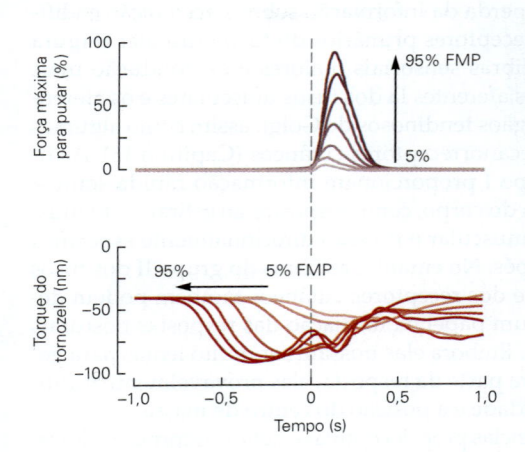

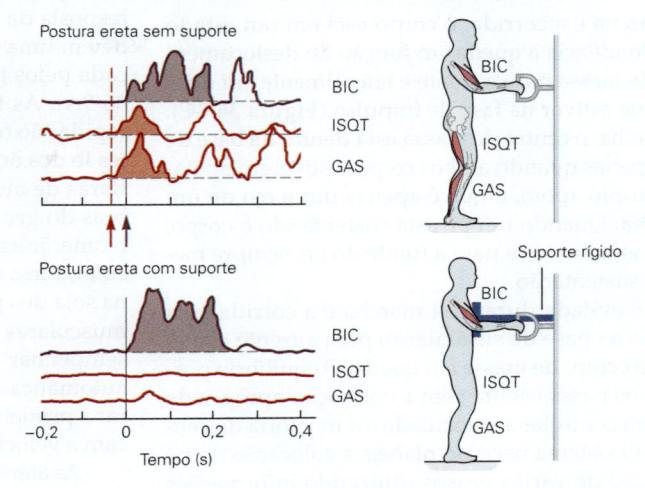

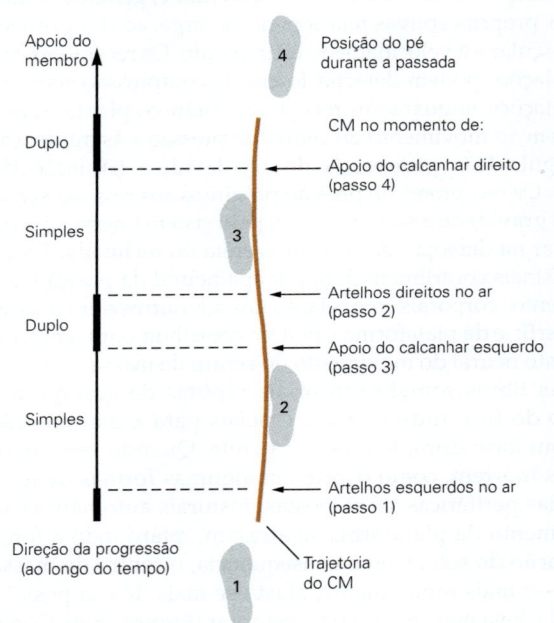

O deslocamento do centro de massa sobre os artelhos antes da ativação dos músculos da panturrilha o alinha sobre a base de sustentação antecipada e, assim, estabiliza a postura na ponta dos pés.

O equilíbrio postural durante o movimento voluntário requer o controle não apenas da posição e do deslocamento do centro de massa corporal, mas também do momento angular sobre o centro de massa. Um mergulhador pode realizar torções e giros do corpo em torno do eixo que passe pelo centro de massa enquanto estiver no ar, embora a trajetória de seu centro de massa fique fixa uma vez que ele deixe a borda. Durante os movimentos voluntários, os ajustes posturais controlam o momento angular do corpo pela antecipação das forças rotacionais.

FIGURA 36-8 Ajustes posturais antecipatórios precedem o movimento voluntário.

A. O componente postural de um ato voluntário para puxar com o braço aumenta em amplitude e ocorre mais cedo à medida que aumenta a força necessária para puxar. Neste experimento, os sujeitos foram solicitados a puxar uma alça fixa na parede por um cabo. Eles ficavam em pé sobre uma plataforma de força e, após um sinal, puxavam rapidamente a alça até alcançarem um pico de força específico, que variava entre 5 e 95% de força máxima para puxar. Cada puxão foi precedido pela ativação do músculo da perna que produziu uma força rotacional, ou torque, sobre as articulações dos tornozelos. Quanto maior a força necessária para puxar, maior e mais rápido foi o torque do tornozelo. Os traçados estão alinhados com o início do ato de puxar a alça no tempo zero. (**FMP**, força máxima para puxar.) (Adaptada, com autorização, de Lee, Michaels e Pai, 1990.)

B. Ajustes posturais acompanham o movimento voluntário apenas quando necessário. Como na parte **A**, os sujeitos foram solicitados a puxar a alça fixa na parede. Os traçados do eletromiograma (EMG) estão alinhados no tempo zero, o início da atividade do músculo do braço, o bíceps braquial (**BIC**). Durante a postura ereta sem apoio, os músculos da perna – isquiotibiais (**ISQT**) e gastrocnêmio (**GAS**) – são ativados antes do músculo do braço para prevenir a rotação do corpo para a frente durante o ato de puxar com o braço. A seta vermelha mostra o início da ativação do gastrocnêmio; a seta cinza mostra o início da ativação do bíceps braquial. Quando o sujeito foi sustentado por uma barra rígida na altura dos ombros, a atividade antecipatória do músculo da perna não foi necessária porque o corpo não poderia girar para a frente. A ativação do braço ocorreu mais cedo quando a atividade muscular postural antecipatória não foi necessária. As áreas sombreadas indicam as respostas posturais antecipatórias e a ativação inicial do músculo do braço (**marrom**) (Adaptada, com autorização, de Cordo e Nashner, 1982.)

C. Durante a marcha, a trajetória do centro de massa (CM) é controlada pela posição do pé. O centro de massa do corpo está entre os pés, movendo-se para a frente e de um lado a outro à medida que o sujeito caminha para a frente. Quando o corpo está apoiado em apenas uma perna (fase de único suporte), o CM está fora da base de sustentação e se move na direção do membro que está erguido. As pessoas não caem enquanto caminham porque o deslocamento do pé no próximo passo desacelera o CM e o propele em direção à linha média. (Adaptada de MacKinnon e Winter, 1993.)

O controle postural é integrado com a locomoção

Durante a marcha e a corrida, o corpo está em um estado constante de tendência à queda em função do deslocamento do centro de massa para a frente e lateralmente em direção à perna que estiver na fase de impulso (**Figura 36-8C**). Durante a marcha, o centro de massa está dentro da base de sustentação apenas quando ambos os pés estiverem apoiados, fase de duplo apoio, o que é apenas um terço de um ciclo de marcha. Quando um pé está sustentando o corpo, o centro de massa move-se para a frente do pé, sempre medial à base de sustentação.

A queda é evitada durante a marcha e a corrida pela movimentação da base de sustentação para a frente e lateralmente sob o centro de massa em queda. O equilíbrio postural durante os passos conta com a colocação apropriada de cada pé para controlar a velocidade e a trajetória do centro de massa. O sistema nervoso planeja a colocação do pé com antecipação de vários passos utilizando informações visuais sobre o terreno e o ambiente circundante.

O principal desafio postural durante a caminhada é controlar o centro de massa da parte superior do corpo sobre as pernas em movimento, especialmente na direção lateral. O deslocamento lateral excessivo do tronco e a variabilidade excessiva de posicionamento lateral do pé são sinais de instabilidade postural durante a locomoção. Pacientes com estabilidade postural anormal durante a marcha podem, no entanto, apresentar ajustes posturais automáticos e antecipatórios normais, oscilação postural na postura sob diferentes condições sensoriais e orientação vertical, sugerindo que o controle postural e a marcha possuem circuitos do sistema nervoso diferentes.

As informações somatossensoriais, vestibulares e visuais devem ser integradas e interpretadas para manter a postura

Como as informações sobre o movimento de qualquer sistema sensorial podem ser ambíguas, várias modalidades devem ser integradas nos centros posturais para determinar qual orientação e movimento do corpo são apropriados. A influência de alguma modalidade sobre o sistema de controle postural varia conforme a tarefa e as condições biomecânicas.

De acordo com a teoria predominante, as modalidades sensoriais estão integradas para formar uma representação interna do corpo, alojada no córtex parietal, a qual o sistema nervoso utiliza para planejar e executar os comportamentos motores. Essa representação interna deve se adaptar a mudanças associadas ao início do desenvolvimento, ao envelhecimento e a lesões.

As aferências somatossensoriais são importantes para a precisão temporal e a direção das respostas posturais automáticas

Muitos tipos de fibras somatossensoriais desencadeiam e moldam a resposta postural automática. As fibras maiores, do grupo I (12 a 20 μm de diâmetro), parecem ser essenciais para latências normais de respostas. A latência mais longa, o tempo de contração mais lento e a amplitude menor da resposta da EMG após destruição das fibras do grupo I refletem uma perda da informação sobre a aceleração codificada pelos receptores primários do fuso muscular (**Figura 36-9A**). As fibras sensoriais maiores e de condução mais rápida são os aferentes Ia dos fusos musculares e os aferentes Ib dos órgãos tendinosos de Golgi, assim como algumas fibras de mecanorreceptores cutâneos (Capítulo 18). As fibras do grupo I proporcionam informação rápida sobre a biomecânica do corpo, como respostas ao estiramento muscular, força muscular e pressão direcionalmente específica na sola dos pés. No entanto, as fibras do grupo II dos fusos musculares e dos receptores cutâneos também podem desempenhar um papel na formação das respostas posturais automáticas. Embora elas possam ser muito lentas para gerar a primeira parte da resposta, elas provavelmente codificam a velocidade e a posição do centro de massa.

As aferências proprioceptivas e cutâneas fornecem informações sobre a orientação postural. Durante a postura ereta, por exemplo, os músculos alongam-se e encurtam-se sempre que o corpo oscila sob a força da gravidade, gerando sinalizações proprioceptivas relacionadas à carga, ao comprimento muscular e à velocidade do estiramento. Os receptores das articulações podem detectar forças de compressão sobre as articulações, enquanto os receptores cutâneos plantares respondem ao movimento do centro de pressão e às mudanças no ângulo da força de reação do solo devido às oscilações do corpo. Os receptores de pressão próximos aos rins são sensíveis à gravidade e são utilizados pelo sistema nervoso para auxiliar na detecção das posturas ereta ou inclinada. Todos esses sinais contribuem para o mapa neural da posição dos segmentos corporais com relação uns aos outros e em relação à superfície da plataforma e podem contribuir para o processamento neural do movimento do centro de massa.

As fibras somatossensoriais rápidas de grande diâmetro do fuso muscular são cruciais para a manutenção do equilíbrio durante a postura ereta. Quando esses neurônios morrem, como ocorre em algumas formas de neuropatias periféricas, as respostas posturais automáticas ao movimento da plataforma se atrasam, retardando a força de reação do solo. Como consequência, o centro de massa move-se mais rapidamente, afasta-se mais de sua posição inicial e leva mais tempo para retornar (**Figura 36-9**). Como é mais provável que o centro de massa se desloque para fora da base de sustentação, o equilíbrio é precário e pode ocorrer uma queda. Da mesma forma, os indivíduos com neuropatia periférica das fibras calibrosas das pernas possuem ataxia e dificuldades de equilíbrio.

A informação vestibular é importante para o equilíbrio em superfícies instáveis e durante os movimentos da cabeça

Os órgãos otolíticos do labirinto vestibular fornecem informação sobre a direção da gravidade, enquanto os canais semicirculares medem a velocidade de rotação da cabeça (Capítulo 27). A aferência vestibular informa o sistema nervoso sobre quanto o corpo está inclinado em relação à gravidade, assim como se o corpo está oscilando para a frente, para trás ou para os lados.

A informação somatossensorial e vestibular sobre o ângulo gravitacional do corpo é combinada para orientar o corpo em relação à gravidade e a outras forças inerciais. Para manter o equilíbrio, por exemplo, enquanto se anda de bicicleta em uma pista circular em alta velocidade, o corpo e a bicicleta devem estar orientados em relação a uma combinação de forças gravitacionais e centrípetas (**Figura 36-10A**).

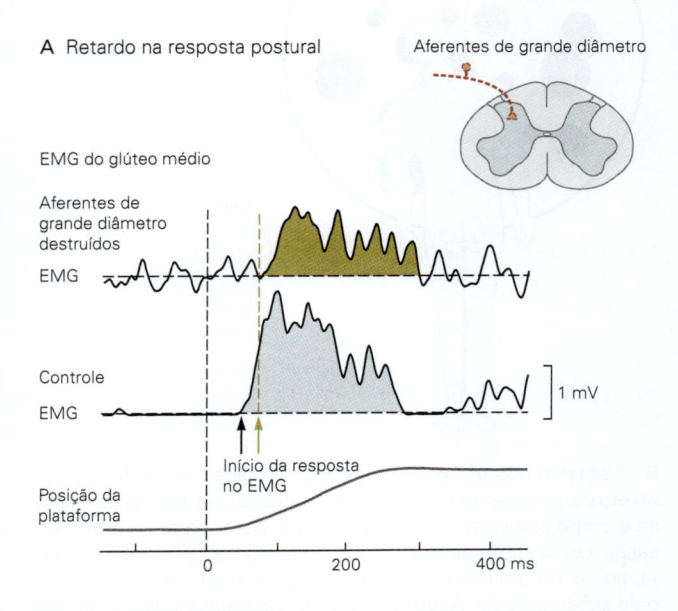

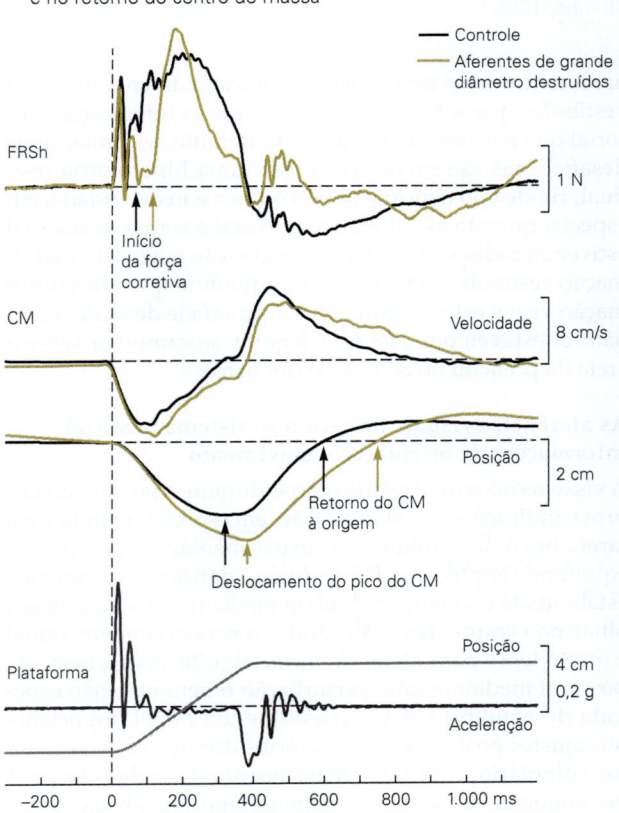

Diferentemente das demais aferências sensoriais, as sinalizações vestibulares não são essenciais para o perfil temporal normal das reações de equilíbrio. Em vez disso, elas influenciam a sintonia direcional de uma resposta postural por meio de informação sobre a orientação do corpo em relação à gravidade. Nos seres humanos e nos animais experimentais sem sinalizações vestibulares funcionais, a resposta postural ao movimento *angular* ou à inclinação da superfície de sustentação é oposta à resposta normal. Em vez de resistir à inclinação, os indivíduos sem sinais vestibulares fazem o oposto e acentuam a inclinação por meio de sua própria atividade muscular. Em contraste, a resposta ao movimento de translação horizontal de uma plataforma tem sintonia direcional e latência apropriadas, mesmo na fase aguda, antes da compensação vestibular.

Por que a ausência de sinalização vestibular causa dificuldade na resposta à inclinação, mas não à movimentação linear? A solução dessa pergunta está em como o sistema nervoso determina a direção da vertical. A gravidade é a principal força que faz o corpo cair. À medida que a superfície de sustentação se inclina, os sujeitos saudáveis orientam-se à gravidade usando a informação vestibular para permanecerem eretos. Ao contrário, os sujeitos sem função vestibular usam as aferências somatossensoriais para se orientarem na superfície de sustentação e, consequentemente, caem com a inclinação da superfície. Durante o movimento linear, contudo, a vertical gravitacional e a vertical da superfície são colineares, e as sinalizações somatossensoriais são suficientes para processar a resposta postural correta. Embora as aferências visuais também forneçam uma referência vertical, o processamento visual é muito lento para participar da resposta automática postural a uma rápida inclinação, em especial logo após a perda da função vestibular.

Sem informação vestibular, a resposta à movimentação linear da superfície de sustentação é maior do que o normal (*hipermetria*), levando ao desequilíbrio e à instabilidade. A hipermetria é a principal causa de ataxia quando se perde

FIGURA 36-9 **A perda das fibras somatossensoriais de grande diâmetro retarda as respostas posturais automáticas.** Eletromiografias (**EMGs**) das respostas posturais ao movimento horizontal de uma plataforma móvel foram registrados em um gato antes e após a destruição das fibras somatossensoriais de grande diâmetro (grupo I) de todo o corpo por intoxicação por vitamina B_6. Os neurônios motores e a força muscular não são afetados pela perda das fibras somatossensoriais, mas as informações aferentes sobre o comprimento e a força muscular estão diminuídas. (Reproduzida, com autorização, de J. Macpherson.)

A. A resposta postural no glúteo médio evocada pelo movimento horizontal da plataforma de sustentação está significativamente mais lenta após a destruição das fibras do grupo I. Esse retardo de cerca de 20 ms induz ataxia e dificuldade em manter o equilíbrio.

B. A destruição das fibras do grupo I retarda a ativação do membro posterior. Esse retardo deixa mais lenta a restauração do centro de massa (**CM**) e a recuperação do equilíbrio em resposta ao deslocamento da plataforma. O retardo no início do componente horizontal da força de reação do solo (**FRSh**) resulta em um pico maior na curva do deslocamento do CM e em um retardo no retorno do CM a sua origem em relação às patas.

FIGURA 36-10 O sistema postural orienta o corpo conforme os vários planos de referência externa.

A. Quando um ciclista percorre em alta velocidade uma pista em curva, ele orienta-se em relação à força gravitacional-inercial (ângulo A), a soma vetorial da força causada pela gravidade e pela força centrípeta determinada pela aceleração ao longo da curva. (Usada, com autorização, de Joseph Daniel, Story Arts Media, LLC. Previamente publicada em McMahon e Bonner, 1983.)

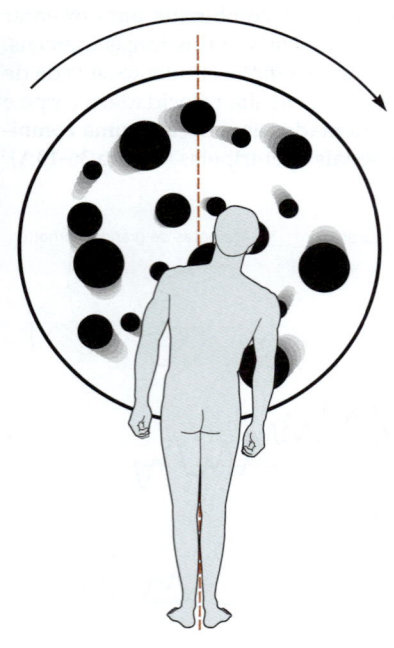

B. O sistema postural pode interpretar a rotação para a direita dos objetos presentes em uma grande região do campo visual como se o corpo estivesse se inclinando para a esquerda. Na compensação a essa ilusão de movimento, o sujeito inclina-se para a direita, adotando uma nova orientação vertical postural determinada pelo sistema visual. A **linha tracejada vermelha** indica a vertical gravitacional. (Adaptada, com autorização, de Brandt, Paulus e Straube, 1986.)

a sinalização vestibular. A hipermetria vestibular pode resultar de inibição cerebelar reduzida sobre o sistema motor, pois a perda de aferências vestibulares reduz os impulsos às células de Purkinje inibitórias.

Os seres humanos e os gatos ficam completamente atáxicos logo após a perda do labirinto vestibular. A cabeça e o tronco mostram acentuada instabilidade, a postura ereta e os passos são realizados com base ampla, e a marcha segue um percurso em zigue-zague com quedas frequentes. A instabilidade é especialmente grande ao girar a cabeça, provavelmente porque o movimento do tronco não pode ser distinguido do movimento da cabeça utilizando apenas a informação somatossensorial. Gatos e humanos privados de aferências vestibulares produzem eferências motoras que resultam em eles se empurrando ativamente para o lado de uma virada voluntária da cabeça, provavelmente porque as entradas somatossensoriais que codificam o movimento do tronco e da cabeça são mal interpretadas na ausência de entradas vestibulares. O sistema postural erroneamente detecta que o corpo está caindo para o lado oposto ao da rotação da cabeça e gera uma resposta na direção oposta, resultando no desequilíbrio.

Logo após a perda vestibular, os músculos do pescoço estão anormalmente ativados durante os movimentos habituais e, em geral, a cabeça e o tronco são movidos juntos, como uma unidade. Após vários meses, o movimento habitual torna-se mais normal por meio da compensação vestibular, que se baseia principalmente na informação sensorial que permanece funcional. Entretanto, as tarefas mais desafiadoras são prejudicadas por uma hipermetria residual, rigidez no controle cabeça-tronco e instabilidade, em especial quando as informações visual e somatossensorial estiverem indisponíveis para a orientação postural. A informação vestibular é crucial para o equilíbrio quando a informação visual estiver reduzida e a superfície de sustentação não for estável; por exemplo, à noite, ao caminhar sobre a areia da praia ou no convés de um barco.

As aferências visuais fornecem ao sistema postural informações de orientação e movimento

A visão reduz a oscilação do corpo durante a postura ereta e provê indicações de estabilização, em especial quando uma tarefa nova de equilíbrio for experimentada ou quando o equilíbrio for precário. Patinadores e dançarinos mantêm a estabilidade enquanto rodopiam mediante a fixação de seu olhar no campo visual. Contudo, o processamento visual é muito lento para afetar de forma significativa a resposta postural mediante uma perturbação repentina e não esperada do equilíbrio. A visão assume um papel importante nos ajustes posturais antecipatórios durante os movimentos voluntários, como no planejamento de onde colocar os pés enquanto se caminha em um terreno com obstáculos.

A visão pode ter uma influência poderosa sobre a orientação postural, o que pode ser observado ao se assistir a cena de um filme feito a partir da perspectiva de um observador em movimento e projetado em uma tela grande. Passeios simulados em uma montanha-russa ou em um avião podem induzir fortes sensações de movimento, com ativação dos músculos posturais. Uma ilusão de movimento é induzida quando regiões suficientemente grandes do campo visual são estimuladas, como um grande disco girando em frente a um sujeito em pé. O sujeito responde a essa ilusão com uma inclinação de seu corpo; uma rotação do campo visual no sentido horário é interpretada pelo sistema postural como se o corpo estivesse caindo para a esquerda, o que leva o sujeito a compensar com uma inclinação para a direita (**Figura 36-10B**). A velocidade e a direção do fluxo óptico – o fluxo da imagem ao longo da retina à medida que as pessoas se movem – fornecem indicações sobre a orientação do corpo e o movimento.

A informação a partir de uma única modalidade sensorial pode ser ambígua

Qualquer modalidade sensorial sozinha pode fornecer informação ambígua sobre a orientação postural e o movimento do corpo. O sistema visual, por exemplo, não pode distinguir entre o movimento do próprio corpo e o de um objeto. Todos já experimentaram a sensação momentânea de estar sentado em um veículo parado e não saber se o próprio corpo é que está em movimento ou o veículo ao lado.

A informação vestibular também pode ser ambígua por duas razões. Primeira, os receptores vestibulares estão localizados na cabeça e, portanto, fornecem informação sobre a aceleração da cabeça, mas não sobre o restante do corpo. O sistema de controle postural não pode utilizar apenas a informação vestibular para distinguir entre a inclinação da cabeça em relação ao tronco imóvel e a inclinação de todo o corpo pela rotação nos tornozelos, pois ambas podem ativar os canais semicirculares e os órgãos otolíticos. Informação adicional dos receptores somatossensoriais se faz necessária para resolver essa ambiguidade. Os órgãos otolíticos também não podem distinguir entre a aceleração produzida pela gravidade e a aceleração linear da cabeça. A inclinação para a esquerda, por exemplo, pode produzir a mesma estimulação otolítica que a aceleração do corpo para a direita (**Figura 36-11**).

Estudos sugerem que existem circuitos neurais que podem diferenciar a inclinação da cabeça de uma aceleração linear utilizando uma combinação das aferências dos canais e dos órgãos otolíticos. A eferência desse circuito pode permitir que o sistema postural determine a orientação da gravidade em relação à cabeça, independentemente da posição e do movimento da cabeça. A distinção entre a inclinação e o movimento linear é especialmente importante durante a postura ereta sobre uma superfície instável ou que se inclina.

Aferências somatossensoriais também podem fornecer informação ambígua sobre a orientação e o movimento do corpo. Quando um indivíduo está em pé, os mecanorreceptores plantares e os proprioceptores dos músculos e das articulações sinalizam o movimento do corpo em relação à superfície de sustentação. Contudo, apenas as aferências

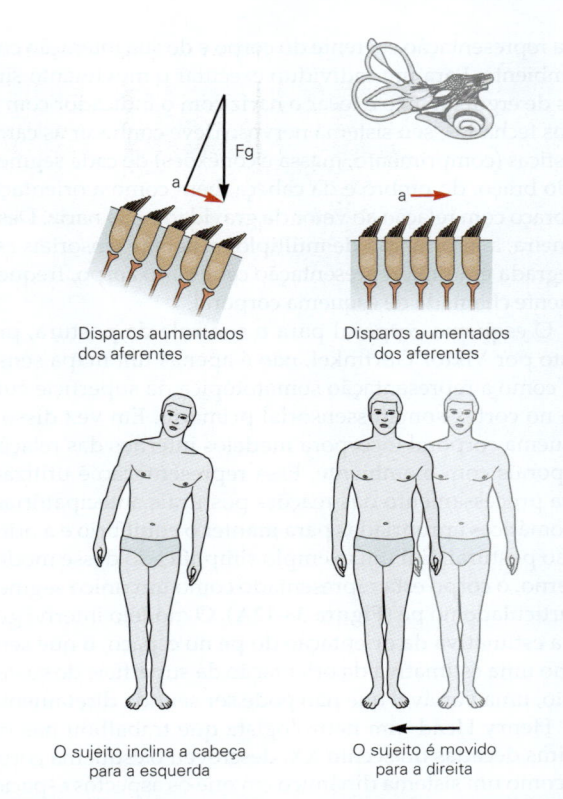

FIGURA 36-11 As aferências vestibulares em relação à postura e ao movimento corporal podem ser ambíguas. O sistema postural não pode distinguir entre inclinação e aceleração linear do corpo com base apenas nas aferências otolíticas. Os mecanorreceptores do sistema vestibular possuem feixes de estereocílios que são deslocados por forças de cisalhamento, alterando, dessa forma, as frequências de disparos dos aferentes sensoriais que são tonicamente ativos. A mesma força de cisalhamento pode resultar de uma inclinação da cabeça (*esquerda*), que expõe as células ciliadas à parte da aceleração (**a**) devido à gravidade (**Fg**) ou à aceleração linear horizontal do corpo (*direita*).

somatossensoriais não podem distinguir entre o movimento do corpo e da superfície de apoio; por exemplo, se a flexão do tornozelo deriva de uma inclinação do corpo para a frente ou de uma inclinação da superfície. Pela experiência comum, sabe-se que a superfície sob o indivíduo em geral é estável e que as aferências somatossensoriais refletem deslocamentos do centro de massa corporal quando o corpo oscila. No entanto, as superfícies podem se mover em relação à superfície da terra, como o convés de um barco, ou podem ser maleáveis sob o peso do corpo, como uma superfície macia ou elástica. Portanto, a informação somatossensorial deve ser integrada com aferências vestibulares e visuais para dar ao sistema nervoso um panorama da estabilidade e da inclinação da superfície de apoio e da relação do corpo com a vertical em relação à terra.

O sistema de controle postural usa um esquema corporal que incorpora modelos internos para o equilíbrio

Devido à complexidade mecânica do corpo, com seus muitos segmentos e músculos esqueléticos, o sistema nervoso requer uma representação coerente do corpo e de sua interação com o ambiente. Para um indivíduo executar o movimento simples de erguer a mão e tocar o nariz com o indicador com os olhos fechados, seu sistema nervoso deve conhecer as características (comprimento, massa e conexões) de cada segmento do braço, do ombro e da cabeça, bem como a orientação do braço com relação ao vetor da gravidade e ao nariz. Dessa maneira, a informação de múltiplos sistemas sensoriais está integrada em uma representação central do corpo, frequentemente chamada de esquema corporal.

O esquema corporal para o controle da postura, proposto por Viktor Gurfinkel, não é apenas um mapa sensorial como a representação somatotópica da superfície cutânea no córtex somatossensorial primário. Em vez disso, o esquema corporal incorpora modelos internos das relações corporais com o ambiente. Essa representação é utilizada para processamento das reações posturais antecipatórias e automáticas apropriadas para manter o equilíbrio e a orientação postural. Em um exemplo simplificado desse modelo interno, o corpo está representado como um único segmento articulado no pé (**Figura 36-12A**). O modelo interno gera uma estimativa da orientação do pé no espaço, o que serve como uma estimativa da orientação da superfície de sustentação, uma variável que não pode ser sentida diretamente.

Henry Head, um neurologista que trabalhou nas primeiras décadas do século XX, descreveu o esquema corporal como um sistema dinâmico em que os aspectos espaciais e temporais são continuamente atualizados, um conceito que permanece atual. Para permitir o planejamento adequado das estratégias de movimento, esse esquema deve incorporar a relação dos segmentos corporais entre si e em relação ao espaço, assim como a massa e a inércia de cada segmento, e estimar as forças externas que atuam sobre o corpo, incluindo a gravidade.

O esquema corporal integra informações sensoriais dos sistemas somatossensorial, vestibular e visual para orientar o corpo na vertical. Mesmo no escuro, as pessoas podem reorientar com precisão uma linha projetada para uma posição vertical (vertical visual) e podem reorientar-se para a vertical quando estão sentadas em um balanço inclinado (vertical gravitacional). A vertical visual e a vertical gravitacional são independentes uma da outra. Pacientes com função vestibular assimétrica apresentam vertical visual anormal, mas vertical gravitacional normal, enquanto pacientes com heminegligência por acidente vascular encefálico apresentam vertical gravitacional anormal, mas vertical visual normal.

Outro componente do esquema corporal é um modelo da informação sensorial esperada como consequência de um movimento. Quando a informação sensorial real recebida pelo sistema nervoso não se equipara com a informação sensorial esperada, isso pode resultar em desorientação ou doença do movimento, como em ambiente com microgravidade em voo espacial. Com a continuidade da exposição ao novo ambiente, entretanto, o modelo vai sendo atualizado de modo gradual até que a informação sensorial esperada e a real coincidam e a pessoa não fique mais desorientada espacialmente.

O modelo interno para o controle do equilíbrio deve ser continuamente atualizado, tanto a curto prazo, à medida que a experiência é utilizada para melhorar as estratégias de equilíbrio, como a longo prazo, à medida que se envelhece e o corpo muda em forma e tamanho. Uma maneira de atualizar o esquema corporal é alterando a sensibilidade relativa ou o peso de cada sistema sensorial.

O controle da postura é tarefa-dependente

Os sentidos e os músculos usados para controlar a postura variam, dependendo das restrições e requisitos da tarefa. Por exemplo, quando a informação vestibular e somatossensorial é alterada durante o trabalho em uma estação espacial, a visão é usada para orientar o corpo para as tarefas, e o objetivo do equilíbrio postural muda de prevenir quedas devido à gravidade para evitar colisões não intencionais com objetos devido à inércia. Um sistema nervoso saudável adapta-se muito rapidamente a tarefas, objetivos e ambientes em mudança, modificando sua dependência relativa de diferentes informações sensoriais e usando diferentes conjuntos de músculos para otimizar o alcance dos objetivos de controle postural e movimentos voluntários.

Requisitos da tarefa determinam o papel de cada sistema sensorial no equilíbrio postural e orientação

O sistema de controle postural deve ser capaz de modificar a ponderação das diferentes modalidades sensoriais para acomodar as variações no ambiente e nos objetivos dos movimentos. Sujeitos de pé sobre uma superfície firme e estável dependem primariamente da informação somatossensorial para a orientação postural. Quando a superfície de sustentação é instável, os sujeitos dependem mais das informações vestibulares e visuais. Entretanto, mesmo quando a superfície de sustentação não é estável, um leve toque com a ponta do dedo em um objeto estável é mais efetivo do que a visão na manutenção da orientação postural e do equilíbrio. A informação vestibular é especialmente crucial quando as informações visual e somatossensorial são ambíguas ou estão ausentes, como quando se pratica esqui alpino ou se caminha abaixo do convés de um barco.

A ponderação variável de modalidades sensoriais individuais foi demonstrada em um experimento no qual os sujeitos foram vendados e solicitados a permanecerem quietos em uma superfície com uma inclinação que oscilava lentamente em quantidades variadas, até 8° em magnitude. Para inclinações de menos de 2°, todos os sujeitos inclinam com a plataforma, sugerindo que eles usam informação somatossensorial para orientar seu corpo em relação à superfície de sustentação (**Figura 36-12B**). Para inclinações maiores, os sujeitos saudáveis atenuam sua oscilação e orientam sua postura mais em relação à vertical gravitacional do que à superfície, à medida que confiam mais nas informações vestibulares, param de aumentar a oscilação do corpo. Assim, o peso sensorial relativo muda em indivíduos controle, de modo que o peso somatossensorial é maior com uma plataforma estável e o peso vestibular é maior quando em pé em uma superfície instável, como com grandes inclinações de superfície (**Figura 36-12B2**). Em contraste, os pacientes que perderam a função vestibular persistem oscilando com a plataforma e, posteriormente, caem durante

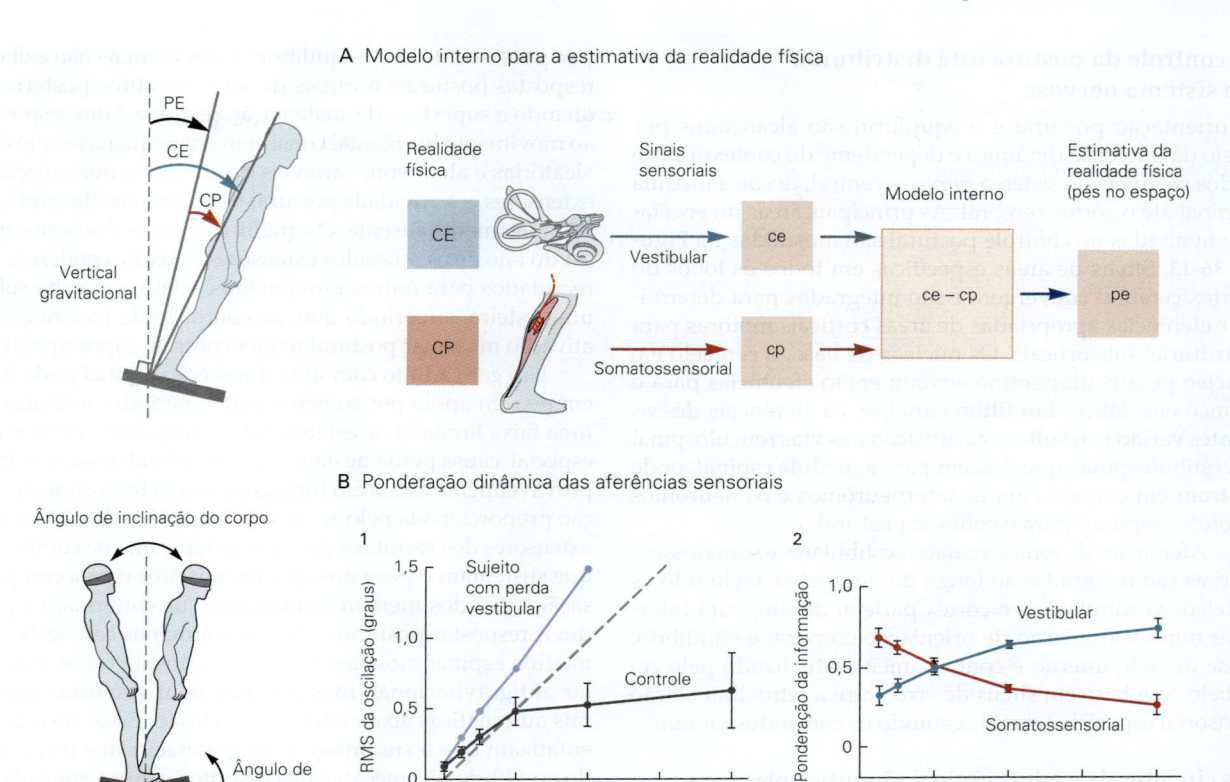

FIGURA 36-12 Diversos tipos de sinalizações sensoriais são integrados e ponderados em um modelo interno que otimiza o equilíbrio e a orientação. (Adaptada de Peterka, 2002.)

A. O exemplo simples de uma pessoa em pé sobre uma superfície inclinada ilustra como o sistema nervoso deve estimar as variáveis físicas que não são sentidas diretamente. As variáveis físicas são a inclinação do corpo com relação à vertical do terreno ou ao espaço (**CE**) e o ângulo do corpo em relação ao pé (**CP**). O ângulo do pé no espaço (**PE**) é simplesmente a diferença CE – CP. A estimativa neural do corpo no espaço (**ce**) vem dos receptores vestibulares, entre outros, que detectam a inclinação do corpo em relação à gravidade. A estimativa neural do ângulo do corpo em relação ao pé (**cp**) vem das sinalizações somatossensoriais relacionadas ao ângulo de articulação do tornozelo. O modelo interno para estimar a realidade física, ce – cp, produz uma estimativa neural do pé no espaço (**pe**). Tais estimativas do mundo físico são continuamente atualizadas com base na experiência.

B. A informação sensorial é ponderada de forma dinâmica para manter o equilíbrio e a orientação sob condições variadas. A figura ilustra resultados de um experimento no qual seres humanos ficaram em pé com os olhos vendados sobre uma plataforma que girava de modo lento e contínuo na direção do movimento para cima ou para baixo (considerando a ponta dos pés), com amplitudes de até 8° (de um extremo ao outro). **1.** Comparação da oscilação corporal durante oscilações superficiais em um sujeito com perda da função vestibular e um grupo de sujeitos controle. O ângulo de oscilação do corpo é medido em relação à vertical gravitacional durante a inclinação da plataforma e expresso como valor quadrático médio (**RMS**; do inglês *root mean square*) da oscilação em graus. A **linha tracejada** representa a posição em que a inclinação da plataforma e a do corpo são iguais; por exemplo, para uma inclinação de 4° da plataforma, um valor igual de inclinação do corpo é 1° RMS. Em indivíduos controle, a oscilação do corpo e da plataforma são iguais para pequenas inclinações da plataforma de até 2°, sugerindo que as pessoas normalmente usam sinais somatossensoriais para permanecerem perpendiculares à plataforma (minimizando as mudanças no ângulo do tornozelo). Com inclinações maiores da plataforma, a inclinação do corpo não aumenta muito além de 0,5° RMS. Em contraste, os sujeitos com perda vestibular oscilam até mais do que a plataforma (inclinação do corpo de 1,5° RMS para 4° de inclinação da plataforma) e não conseguem permanecer em pé na plataforma com inclinações acima de 4°. Assim, quando os sinais vestibulares e visuais estão ausentes, uma pessoa tenta manter sua posição apenas em relação à superfície de apoio e tem dificuldade em manter o equilíbrio à medida que essa superfície se move. **2.** Nos sujeitos-controle, à medida que a inclinação da plataforma aumenta, a influência das aferências somatossensoriais diminui, enquanto a influência da aferência vestibular aumenta. Com ângulos maiores, uma influência maior da aferência vestibular minimiza o grau de oscilação do corpo em relação à vertical gravitacional.

grandes inclinações de superfície. Esse comportamento é consistente com a resposta postural automática inadequada dos pacientes mediante às inclinações da plataforma.

Estudos como esses sugerem que, quando as pessoas estão em pé sobre superfícies em movimento ou instáveis, a ponderação das informações vestibular e visual aumenta enquanto a da informação somatossensorial diminui. Qualquer modalidade sensorial pode dominar em determinado momento, dependendo das condições do apoio postural e do comportamento motor específico a ser realizado.

O controle da postura está distribuído no sistema nervoso

A orientação postural e o equilíbrio são alcançados por meio da interação dinâmica e dependente do contexto entre todos os níveis do sistema nervoso central, desde a medula espinal até o córtex cerebral. As principais áreas do encéfalo envolvidas no controle postural são mostradas na **Figura 36-13**. Sinais de áreas específicas em todos os lobos do córtex cerebral convergem e são integrados para determinar eferências apropriadas de áreas corticais motoras para estruturas subcorticais. Os núcleos da base, o cerebelo e o núcleo pedunculopontino enviam então eferências para o tronco encefálico. Em última análise, as aferências dessas fontes variadas resultam na ativação das vias reticulospinal e vestibulospinal, que descem para a medula espinal, onde entram em contato com os interneurônios e os neurônios motores espinais para o controle postural.

Aferências de fontes visuais, vestibulares e somatossensoriais são integradas ao longo do neuroeixo, incluindo os núcleos vestibulares e o córtex parietal direito, para informar o modelo interno de orientação corporal e equilíbrio. Esse modelo interno é continuamente atualizado pelo cerebelo com base em sinais de erro entre a retroalimentação sensorial esperada e a real seguindo os comandos motores.

Os circuitos da medula espinal são suficientes para a manutenção da sustentação antigravitacional, mas não do equilíbrio

Gatos adultos com transecção espinal completa no nível torácico podem ser treinados para sustentarem o peso de seus quartos traseiros com a orientação postural relativamente normal dos membros posteriores e do tronco, mas eles têm pouco controle do equilíbrio. Esses animais não exibem respostas posturais normais de seus membros posteriores quando a superfície de sustentação se move. Suas respostas ao movimento horizontal consistem em pequenas explosões aleatórias e altamente variáveis de atividade nos músculos extensores, e a atividade postural nos músculos flexores está completamente ausente. O equilíbrio ativo está ausente apesar do fato de os músculos extensores e flexores poderem ser recrutados para outros movimentos, como a marcha sobre uma esteira, sugerindo que, ao contrário da locomoção, a ativação muscular postural requer controle supraespinal.

Um gato adulto com uma transecção espinal pode ficar em pé sem apoio por somente curtos períodos e dentro de uma faixa limitada de estabilidade; a rotação da cabeça, em especial, causa perda de equilíbrio do animal. A estabilidade provavelmente exista em função da ampla base de sustentação proporcionada pelo apoio quadrúpede, pela rigidez dos extensores dos membros posteriores tonicamente contraídos que sustentam o peso dos quartos traseiros e pela compensação ativa dos membros anteriores que continuam a produzir respostas posturais. Os seres humanos com lesões da medula espinal mostram níveis variados de tônus muscular antigravitacional, mas não possuem respostas posturais automáticas abaixo do nível da lesão. Esses resultados enfatizam que a sustentação antigravitacional e o controle do equilíbrio são mecanismos distintos e que o controle do equilíbrio requer o envolvimento de circuitos supraespinais.

O tronco encefálico e o cerebelo integram as sinalizações sensoriais para a postura

Se os circuitos espinais sozinhos não são capazes de produzir respostas posturais automáticas, quais são os centros

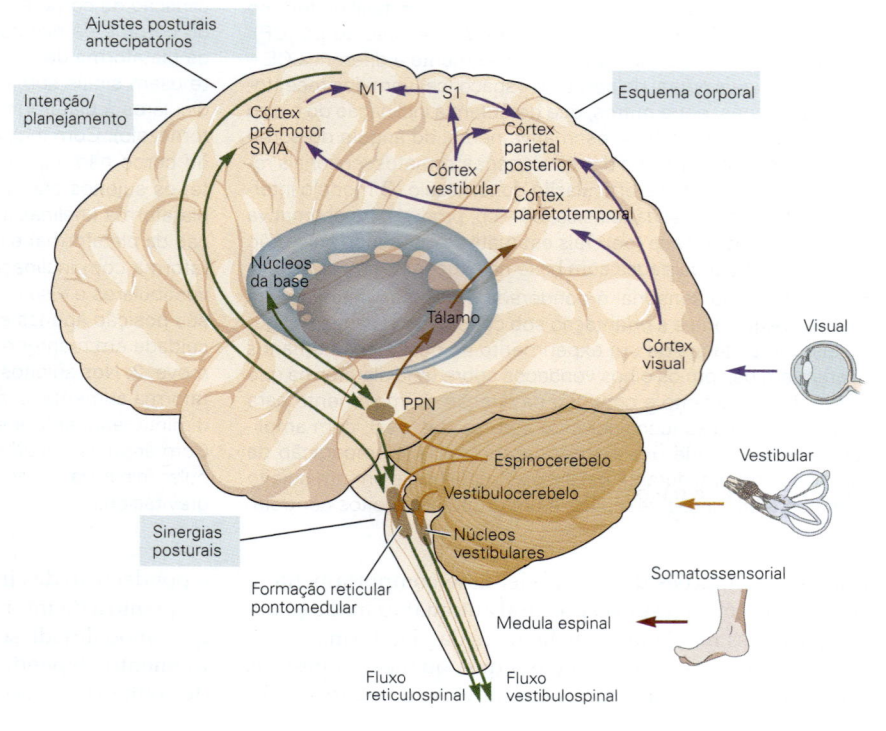

FIGURA 36-13 Muitas partes do sistema nervoso controlam a postura. Áreas do córtex frontal, parietal, temporal e occipital, bem como os núcleos da base, cerebelo e núcleo pendunculopontino (**NPP**), fornecem aferências para as vias reticulospinal e vestibulospinal que descem para os neurônios motores espinais. Aferências dos sistemas visual, vestibular e somatossensorial são integradas no tronco encefálico e no córtex para atualizar o esquema corporal e informar futuros comandos posturais. (Siglas: **M1**, córtex motor primário; **S1**, córtex somatossensorial primário; **SMA**, área motora suplementar [do inglês *supplementary motor area*].) (Adaptada de Beristain, 2016.)

supraespinais responsáveis por essas respostas? Embora a solução dessa questão permaneça desconhecida, há bons candidatos que incluem o tronco encefálico e o cerebelo, os quais estão muito interconectados e operam em conjunto para modular os comandos descendentes aos centros motores espinais dos membros e do tronco. Essas regiões possuem os sinais de aferência e de eferência que se esperaria de centros para controle postural.

As sinergias musculares para as respostas posturais automáticas podem estar organizadas no tronco encefálico, possivelmente na formação reticular. Entretanto, a adaptação das sinergias posturais às mudanças no ambiente e às demandas das tarefas pode requerer a influência cerebelar.

Duas regiões do cerebelo influenciam a orientação e o equilíbrio: o vestibulocerebelo (nódulo, úvula e núcleo fastigial) e o espinocerebelo (lobo anterior e núcleo interpósito). Essas regiões estão interconectadas com os núcleos vestibulares e a formação reticular da ponte e do bulbo (ver **Figura 37-4**). As lesões do tronco encefálico e do vestibulocerebelo produzem uma variedade de déficits no controle dos movimentos da cabeça e do tronco incluindo uma tendência para inclinação em relação à vertical, mesmo com os olhos abertos, sugerindo um déficit na representação interna da orientação postural. As lesões do espinocerebelo resultam em excessiva oscilação postural, que piora com os olhos fechados, ataxia durante a marcha e respostas posturais hipermétricas, sugerindo déficits nas correções de equilíbrio. Certas regiões da ponte e do bulbo facilitam ou deprimem o tônus extensor e podem estar envolvidas na sustentação antigravitacional.

O tronco encefálico e o cerebelo são locais de integração das aferências sensoriais, talvez gerando o modelo interno de orientação e equilíbrio do corpo. As aferências vestibulares e visuais são distribuídas aos centros do tronco encefálico (Capítulos 25 e 27) e ao vestibulocerebelo. O espinocerebelo recebe sinalizações das fibras proprioceptivas de rápida condução e das fibras cutâneas. As fibras somatossensoriais de condução mais lenta projetam-se aos núcleos vestibulares e à formação reticular.

Os dois sistemas descendentes principais levam sinais do tronco encefálico e do cerebelo à medula espinal e podem disparar respostas posturais automáticas para o equilíbrio e a orientação. Os tratos vestibulospinais medial e lateral originam-se dos núcleos vestibulares, e os tratos reticulospinais medial e lateral originam-se da formação reticular da ponte e do bulbo (ver **Figura 37-5**). Lesões desses tratos resultam em ataxia profunda e instabilidade postural. Ao contrário, lesões dos tratos corticospinais e rubrospinais resultam em efeitos mínimos sobre o equilíbrio, embora essas lesões produzam profundos distúrbios dos movimentos voluntários dos membros.

O espinocerebelo e os núcleos da base são importantes na adaptação da postura

Os pacientes com distúrbios do espinocerebelo, como a síndrome alcoólica do lobo anterior, e com déficits dos núcleos da base, como a doença de Parkinson, mostram dificuldades posturais. Estudos sugerem que o espinocerebelo e os núcleos da base assumem funções complementares na adaptação das respostas posturais a condições variáveis.

O espinocerebelo permite que a amplitude das respostas posturais se adapte com base na experiência. Os núcleos da base são importantes para o ajuste rápido da postura corporal quando as condições mudam de modo repentino. Tanto o espinocerebelo como os núcleos da base regulam o tônus muscular e a força para os ajustes posturais voluntários. Eles não são necessários, contudo, para disparar ou estabelecer os padrões posturais básicos.

Os pacientes com distúrbios do espinocerebelo têm dificuldade para modificar a magnitude das correções para o equilíbrio com a prática, no decorrer das repetidas tentativas, mas podem adaptar facilmente as respostas posturais logo após uma mudança das condições, baseado na retroalimentação sensorial. Por exemplo, um paciente em pé em uma plataforma móvel dimensiona o tamanho das respostas posturais apropriadamente quando a velocidade da plataforma é aumentada a cada tentativa. Esses ajustes posturais dependem da informação sobre a velocidade, que é codificada pelas aferências somatossensoriais no início do movimento da plataforma.

Em contraste, pacientes com distúrbios cerebelares não podem dimensionar o tamanho das respostas posturais com base no controle pró-ação usando a amplitude antecipada dos deslocamentos posturais. Como a amplitude do movimento da plataforma não é conhecida até que a plataforma pare de se mover, muito depois que a resposta postural inicial estiver completa, um sujeito não pode usar a retroalimentação da tentativa para orientar a resposta, mas deve usar sua experiência de tentativas anteriores para informar sua resposta em uma tentativa subsequente da mesma amplitude. Enquanto um sujeito saudável faz isso muito facilmente, um paciente com distúrbio espinocerebelar é incapaz de adaptar sua resposta postural de forma eficiente com base na experiência anterior (**Figura 36-14A**).

Um sujeito saudável de pé em uma plataforma móvel é capaz de escalar a atividade muscular durante o movimento súbito para trás da plataforma para neutralizar a oscilação para frente induzida pela perturbação. Um sujeito com doença espinocerebelar sempre responde de forma exagerada, embora a duração da ativação muscular seja normal (**Figura 36-14B**). Como consequência, ao tentar retornar, o indivíduo passa da posição ereta e oscila para trás e para a frente. Similar à hipermetria observada logo após a labirintectomia, a hipermetria cerebelar também pode resultar da perda da inibição pelas células de Purkinje sobre os centros motores espinais.

Um paciente com doença de Parkinson, com prática suficiente, pode modificar gradualmente suas respostas posturais, mas mostra dificuldade em modificar suas respostas quando as condições mudam de forma repentina. Tal inflexibilidade postural é observada nas mudanças posturais iniciais. Por exemplo, quando um sujeito normal muda da posição ereta para sentado em um banquinho em uma plataforma móvel, o padrão de sua resposta postural automática ao movimento para trás da plataforma muda imediatamente. Como a atividade do músculo da perna não é mais necessária após a troca da posição ereta para a sentada, esse componente não é mais recrutado.

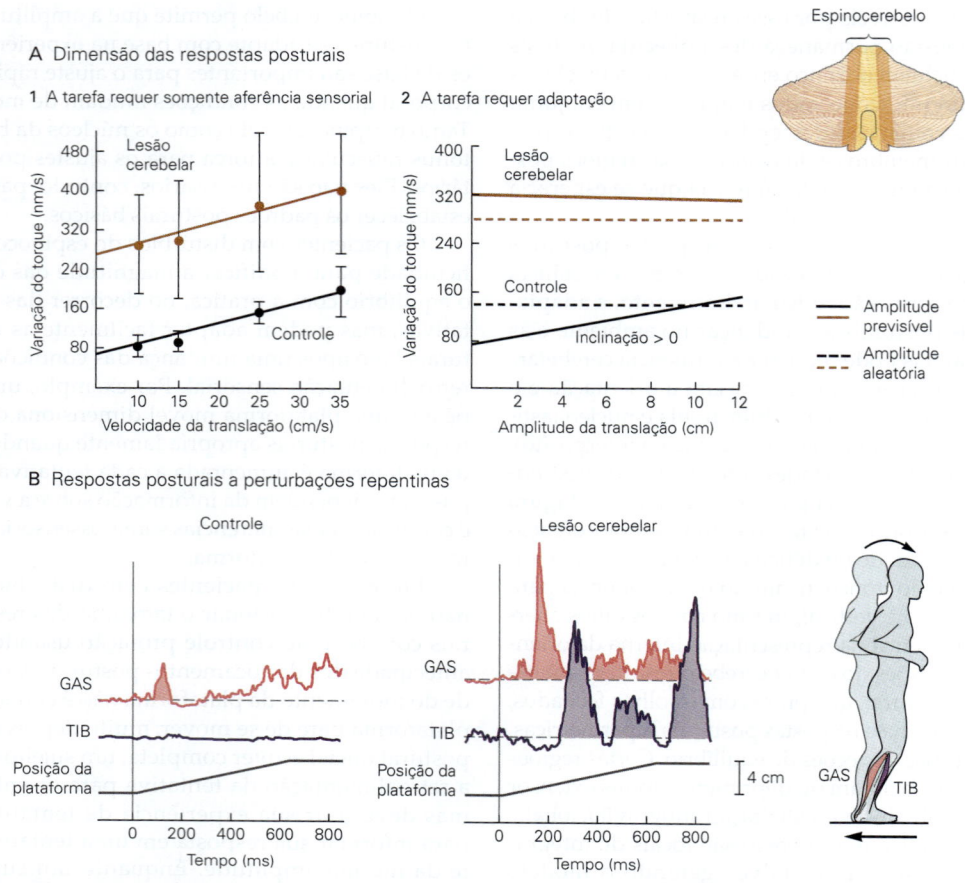

FIGURA 36-14 O espinocerebelo tem um papel nas respostas posturais de adaptação às mudanças de condições e na escala das respostas posturais aos distúrbios posturais antecipatórios. O espinocerebelo é importante para a adaptação postural com base na experiência. Os pacientes com um distúrbio espinocerebelar são capazes de utilizar informação sensorial imediata, mas não a experiência para ajustar as respostas posturais automáticas. (Adaptada, com autorização, de Horak e Diener, 1994.)

A. 1. Neste experimento, indivíduos estão de pé sobre uma plataforma que se move horizontalmente; a velocidade é aumentada a cada tentativa. A manutenção do equilíbrio requer respostas dimensionadas à velocidade da plataforma, utilizando retroalimentação sensorial. Os ajustes em um sujeito com um distúrbio espinocerebelar têm o mesmo coeficiente de regressão (inclinação) que os em um sujeito-controle, mesmo que em cada tentativa as respostas sejam maiores e mais variadas que as no sujeito-controle.
2. Quando os sujeitos são solicitados a se anteciparem e se adaptarem ao deslocamento da plataforma, os ajustes posturais do sujeito com distúrbio espinocerebelar estão comprometidos. Quando a amplitude da translação tem uma variação aleatória, as respostas são maiores, como se o sujeito esperasse uma grande translação. Quando tentativas com a mesma amplitude se repetem, um sujeito-controle aprende a prever a amplitude da perturbação e ajusta sua resposta. Ao contrário, um sujeito com lesão espinocerebelar não mostra melhora no desempenho; ele não consegue usar sua experiência adquirida em uma tentativa para ajustar suas respostas nas tentativas subsequentes. Todas as respostas são exageradas, como se o sujeito sempre esperasse grandes deslocamentos.

B. Neste experimento, os sujeitos mantêm-se em pé sobre uma plataforma que se move para trás (6 cm de amplitude a 10 cm/s). Em um sujeito-controle, o início do movimento causa uma pequena salva de atividade no gastrocnêmio (**GAS**), um extensor do tornozelo. Em um sujeito com lesão no lobo anterior do cerebelo, as respostas musculares estão supradimensionadas, com alternância das salvas de atividade entre o gastrocnêmio e seu antagonista, o tibial anterior (**TIB**).

Ao contrário, um paciente com doença de Parkinson emprega o mesmo padrão de ativação muscular, tanto sentado como em pé (**Figura 36-15**). A terapêutica de substituição com L-DOPA não melhora a habilidade do paciente na mudança do esquema postural. Contudo, com a repetição das tentativas de mudança para a posição sentada, a atividade dos músculos da perna desaparece, mostrando que, com experiência suficiente, é possível a adaptação às respostas posturais. Um paciente com doença de Parkinson também tem dificuldade, sob instrução, em aumentar ou diminuir a magnitude de uma resposta postural, uma dificuldade que é consistente com a incapacidade de variar as representações cognitivas rapidamente.

Um paciente com doença de Parkinson tem problemas com o tônus postural e a geração da força, além de uma incapacidade de se adaptar a condições variáveis. A bradicinesia (lentidão do movimento) reflete-se no desenvolvimento lento da força nas respostas posturais e na rigidez que se manifesta pela cocontração muscular. A administração de L-DOPA melhora de modo considerável a habilidade

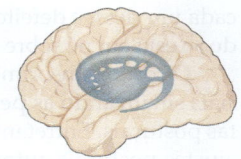

FIGURA 36-15 Os núcleos da base são importantes para a adaptação das respostas posturais mediante mudanças repentinas das condições iniciais. (Adaptada, com autorização, de Horak, Nutt e Nashner, 1992.)

A. Quando um sujeito normal muda da posição em pé para a sentada, ele modifica imediatamente sua resposta ao movimento de recuo da plataforma de sustentação. A resposta postural ao movimento enquanto permanece sentado não envolve os músculos do membro inferior – o gastrocnêmio (**GAS**) e os isquiotibiais (**ISQT**) – mas ativa os músculos paravertebrais (**PV**) e com latência menor que na resposta ao movimento enquanto estava em pé. (Siglas: **ABD**, abdominais; **QUAD**, quadríceps; **TIB**, tibial anterior.)

B. Um paciente com doença de Parkinson não suprime a resposta do músculo da perna na primeira tentativa após a troca da posição ereta para a sentada. A resposta postural desse indivíduo é similar para ambas as posições iniciais. Os músculos antagonistas (**roxo**) são ativados juntamente com os agonistas (**rosa**).

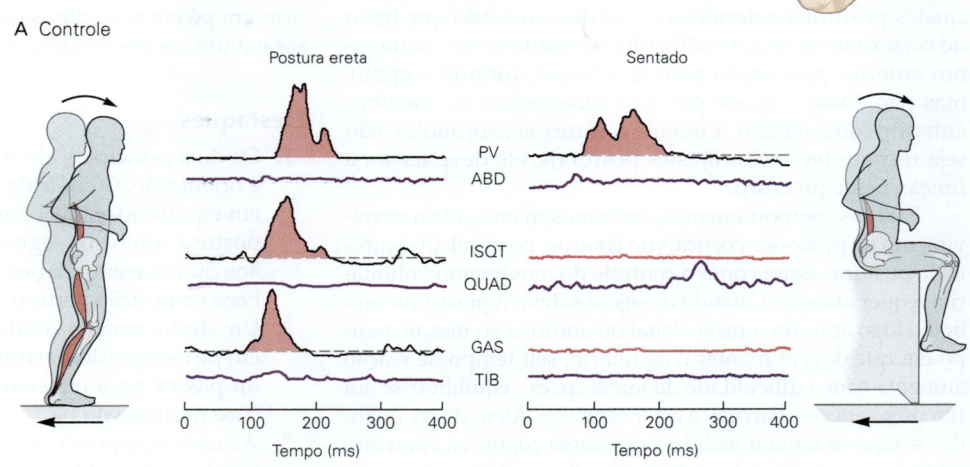

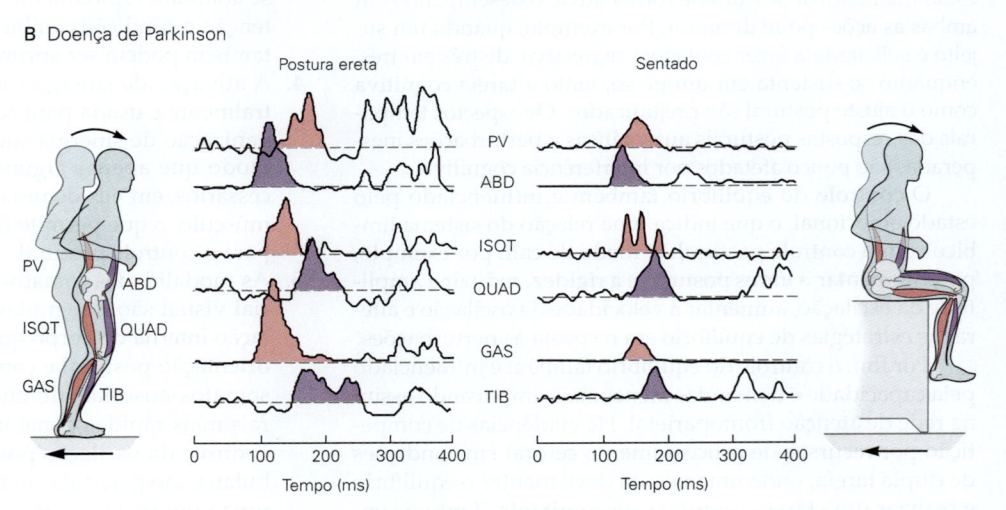

do paciente para gerar movimentos voluntários eficazes, assim como os ajustes posturais relacionados, como erguer-se na ponta dos pés e executar a marcha. Entretanto, nem a resposta postural automática a uma perturbação inesperada, nem a adaptação postural melhora com L-DOPA, sugerindo que essas funções envolvam vias não dopaminérgicas que são afetadas pela doença de Parkinson.

Os centros do córtex cerebral contribuem para o controle postural

Inúmeras áreas do córtex cerebral influenciam a orientação postural e o equilíbrio, o que inclui tanto as respostas posturais automáticas como as antecipatórias. A maioria dos movimentos voluntários, os quais iniciam no córtex cerebral, requer ajustes posturais que devem ser integrados com o objetivo primário do movimento quanto à duração e à amplitude. Onde essa integração ocorre não está esclarecido.

O córtex cerebral está mais envolvido nos ajustes posturais antecipatórios do que nas reações posturais automáticas. Contudo, estudos recentes usando eletrencefalograma mostram que áreas do córtex cerebral são ativadas pela antecipação de uma perturbação postural antes que uma resposta postural automática seja iniciada. Esse achado é consistente com a ideia de que o córtex otimiza o controle do equilíbrio como parte do planejamento motor.

A área motora suplementar e o córtex parietotemporal têm sido relacionados com o controle postural. A área motora suplementar, anterior ao córtex motor, está, provavelmente, envolvida nos ajustes posturais antecipatórios que acompanham os movimentos voluntários. O córtex parietotemporal parece integrar a informação sensorial e pode compreender modelos internos para a percepção da verticalidade do corpo. Lesões do córtex insular podem dificultar a percepção da vertical visual, enquanto lesões do córtex parietal superior dificultam a percepção da vertical postural, e cada um desses defeitos pode prejudicar o equilíbrio quando se está em pé sobre uma base de sustentação instável.

O córtex sensorimotor recebe aferências somatossensoriais sinalizando as perturbações do equilíbrio e as respostas posturais. Entretanto, essa região não é essencial para os ajustes posturais automáticos. Foi demonstrado que lesão do córtex motor de gatos dificulta o levantamento do membro anterior provocado pelo leve toque durante o apoio, mas não abole o ajuste postural relacionado no membro anterior contralateral. Embora o córtex sensorimotor não seja responsável pelos ajustes posturais, ele deve ter uma função nesse processo.

Estudos comportamentais também têm indicado o envolvimento de processos corticais no controle postural. O controle da postura, assim como o controle do movimento voluntário, requer atenção. Quando os sujeitos devem pressionar um botão logo após uma pista visual ou auditiva ao mesmo tempo em que devem manter o equilíbrio, seu tempo de reação aumenta com a dificuldade da tarefa (p. ex., equilibrar-se em um pé só em comparação a estar sentado). Além disso, quando os sujeitos tentam realizar uma tarefa cognitiva enquanto estão mantendo a postura de forma ativa, o desempenho em ambas as ações pode diminuir. Por exemplo, quando um sujeito é solicitado a fazer contagem regressiva, de três em três, enquanto se sustenta em um pé só, tanto a tarefa cognitiva como o ajuste postural são prejudicados. Os aspectos temporais das respostas posturais automáticas a perturbações inesperadas são pouco afetados por interferência cognitiva.

O controle do equilíbrio também é influenciado pelo estado emocional, o que indica uma relação do sistema límbico com o controle postural. O medo de cair, por exemplo, pode aumentar o tônus postural e a rigidez, reduzir a amplitude da oscilação, aumentar a velocidade da oscilação e alterar as estratégias de equilíbrio em resposta às perturbações.

Por fim, o controle do equilíbrio também é influenciado pela capacidade e demandas atencionais, implicando assim na rede de atenção frontoparietal. Há evidências de competição por recursos de processamento central em condições de dupla tarefa, onde uma pessoa deve manter o equilíbrio e realizar uma tarefa cognitiva concomitante. Tanto o controle postural quanto o desempenho cognitivo podem ser prejudicados em condições de tarefa dupla, em comparação com condições de tarefa única, avaliando o desempenho postural ou cognitivo isoladamente. À medida que as demandas cognitivas aumentam, as respostas às perturbações posturais são menores em amplitude e ocorrem em latência mais longa. No entanto, quando necessário, indivíduos saudáveis priorizam o controle postural sobre a tarefa cognitiva e demonstram diminuição do desempenho cognitivo à medida que as demandas posturais aumentam. Em contraste, indivíduos com distúrbios do sistema nervoso, como a doença de Parkinson, podem não priorizar o controle postural em situações de dupla tarefa e podem ter risco aumentado de quedas em situações de dupla tarefa.

Ainda que as funções de áreas específicas do córtex cerebral no controle postural estejam muito indefinidas, não há dúvida de que o córtex seja importante para se aprender estratégias posturais novas e complexas. O córtex deve estar envolvido na evolução impressionante do equilíbrio e da orientação postural de atletas e dançarinos que utilizam a informação cognitiva e a orientação dos treinadores. De fato, o córtex cerebral está envolvido no controle postural sempre que o indivíduo mantém conscientemente o equilíbrio enquanto caminha em um chão escorregadio, ao ficar em pé em um ônibus em movimento ou ao servir mesas em um convés durante o balanço do navio.

Destaques

1. Os dois principais alvos da postura são o equilíbrio e a orientação. O controle do equilíbrio mantém o corpo em equilíbrio estável para evitar quedas. A orientação postural alinha os segmentos do corpo uns em relação aos outros e em relação ao mundo, como manter a cabeça na posição vertical.
2. Um deslocamento súbito do centro de massa do corpo em pé desencadeia estratégias de tornozelo, quadril e/ou passos para retornar o centro de massa dentro da base de apoio do pé.
3. As respostas posturais são rápidas e automáticas, mas se adaptam rapidamente às mudanças no contexto, intenção e condições ambientais. As respostas posturais também podem ser aprimoradas com a prática.
4. A ativação de sinergias musculares organizadas centralmente é usada para controlar o equilíbrio. Essa organização de sinergia simplifica o controle neural, de modo que apenas alguns comandos centrais são necessários, em vez de um comando separado para cada músculo, o que permite flexibilidade e adaptabilidade para o controle postural.
5. As modalidades somatossensorial, vestibular e sensorial visual são integradas para formar uma representação interna do corpo que o sistema nervoso usa para orientação postural e controle do equilíbrio. Os sinais somatossensoriais desencadeiam as respostas posturais mais rápidas e maiores e são mais críticos para o controle da oscilação postural em pé. Os sinais vestibulares são particularmente críticos quando se está em uma superfície instável, quando é difícil usar informações somatossensoriais para orientação postural. As aferências visuais fornecem orientação espacial e informações de movimento.
6. O centro de massa do corpo geralmente fica fora da base de apoio do pé durante a caminhada e a corrida, de modo que o equilíbrio é fornecido ajustando a posição do pé e a estabilidade lateral do tronco para controlar o centro de massa em relação à mudança da base de apoio.
7. O vestibulocerebelo e o espinocerebelo estão interligados com os núcleos vestibulares e a formação reticular do tronco encefálico para controle do equilíbrio e orientação postural.
8. Os núcleos da base são importantes para o controle do tônus postural axial, adaptando estratégias de resposta postural com base nas condições iniciais e controle postural antecipatório. O cerebelo é importante para adaptar a magnitude das respostas de equilíbrio com a prática, ao longo de tentativas repetidas e para dimensionar o tamanho das respostas posturais.

9. O controle postural envolve muitas áreas encefálicas, desde o tronco encefálico até o córtex frontal, mas os circuitos específicos envolvidos em diferentes tipos de controle postural (respostas posturais automáticas, ajustes posturais antecipatórios, oscilação corporal na postura, integração sensorial para um esquema corporal e verticalidade) ainda não foram determinados.

Fay B. Horak
Gammon M. Earhart

Leituras sugeridas

Chiba R, Takakusaki K, Ota J, Yozu A, Haga N. 2016. Human upright posture control models based on multisensory inputs; in fast and slow dynamics. Neurosci Res 104:96–104.

Cullen KE. 2016. Physiology of central pathways. In: JM Furman, T Lempert (eds). *Handbook of Clinical Neurology*, vol 137, pp 17–40. New York: Elsevier.

Dietz V. 1992. Human neuronal control of automatic functional movements—interaction between central programs and afferent input. Physiol Rev 72:33–69.

Horak FB. 2006. Postural orientation and equilibrium: what do we need to know about neural control of balance to prevent falls? Age Ageing 35(Suppl 2):ii7–ii11.

Horak FB, Macpherson JM. 1996. Postural orientation and equilibrium. In: LB Rowell, JT Shepherd (eds). *Handbook of Physiology, Section 12, Exercise: Regulation and Integration of Multiple Systems*, pp. 255–292. New York: Oxford Univ. Press.

Macpherson JM, Deliagina TG, Orlovsky GN. 1997. Control of body orientation and equilibrium in vertebrates. In: PSG Stein, S Grillner, AI Selverston, DG Stuart (eds). *Neurons Networks and Motor Behavior*, pp. 257–267. Cambridge, MA: MIT Press.

Massion J. 1994. Postural control system. Curr Opin Neurobiol 4:877–887.

Woollacott M, Shumway-Cook A. 2002. Attention and the control of posture and gait: a review of an emerging area of research. Gait Posture 16:1–14.

Referências

Beristain X. 2016. Gait. In: Salardini A, Biller J (eds). *The Hospital Neurology Book*. Beijing, China: McGraw-Hill Education.

Brandt T, Paulus W, Straube A. 1986. Vision and posture. In: W Bles, T Brandt (eds). *Disorders of Posture and Gait*, pp. 157–175. Amsterdam: Elsevier.

Cavallari P, Bolzoni F, Burttinit C, Esposti R. 2016. The organization and control of intra-limb anticipatory postural adjustments and their role in movement performance. Front Hum Neurosci 10:525.

Cordo PJ, Nashner LM. 1982. Properties of postural adjustments associated with rapid arm movements. J Neurophysiol 47:287–302.

Darriot J, Mohsen J, Cullen K. 2015. Rapid adaptation of multisensory integration in vestibular pathways. Front Syst Neurosci 16:1–5.

De Havas J, Gomi H, Haggard P. 2017. Experimental investigations of control principles of involuntary movement: a comprehensive review of the Kohnstamm phenomenon. Exp Brain Res 235:1953–1997.

Dunbar DC, Horak FB, Macpherson JM, Rushmer DS. 1986. Neural control of quadrupedal and bipedal stance: implications for the evolution of erect posture. Am J Phys Anthropol 69:93–105.

Gera G, Fling BW, Van Ooteghem K, Cameron M, Frank JS, Horak FB. 2016. Postural motor learning deficits in people with MS in spatial but not temporal control of center of mass. Neurorehabil Neural Repair 30:722–730.

Gurfinkel VS, Levick YS. 1991. Perceptual and automatic aspects of the postural body scheme. In: J Paillard (ed). *Brain and Space*, pp. 147–162. Oxford: Oxford Univ. Press.

Hof AL, Curtze C. 2016. A stricter condition for standing balance after unexpected perturbations. J Biomech 49:580–585.

Horak FB, Diener HC. 1994. Cerebellar control of postural scaling and central set in stance. J Neurophysiol 72:479–493.

Horak FB, Nashner LM. 1986. Central programming of postural movements: adaptation to altered support-surface configurations. J Neurophysiol 55:1369–1381.

Horak FB, Nutt J, Nashner LM. 1992. Postural inflexibility in parkinsonian subjects. J Neurol Sci 111:46–58.

Inglis JT, Horak FB, Shupert CL, Jones-Rycewicz C. 1994. The importance of somatosensory information in triggering and scaling automatic postural responses in humans. Exp Brain Res 101:159–164.

Jacobs JV, Horak FB. 2007. Cortical control of postural responses. J Neural Transm 114:1339–1348.

Jahn K, Deutschländer A, Stephan T, Strupp M, Wiesmann M, Brandt T. 2004. Brain activation patterns during imagined stance and locomotion in functional magnetic resonance imaging. Neuroimage 22:1722–1731.

Lee WA, Michaels CF, Pai YC. 1990. The organization of torque and EMG activity during bilateral handle pulls by standing humans. Exp Brain Res 82:304–314.

MacKinnon CD, Winter DA. 1993. Control of whole body balance in the frontal plane during human walking. J Biomech 26:633–644.

Macpherson JM. 1988. Strategies that simplify the control of quadrupedal stance. 2. Electromyographic activity. J Neurophysiol 60:218–231.

Macpherson JM, Everaert DG, Stapley PJ, Ting LH. 2007. Bilateral vestibular loss in cats leads to active destabilization of balance during pitch and roll rotations of the support surface. J Neurophysiol 97:4357–4367.

Macpherson JM, Fung J. 1999. Weight support and balance during perturbed stance in the chronic spinal cat. J Neurophysiol 82:3066–3081.

Maki BE, McIlroy WE. 1997. The role of limb movements in maintaining upright stance: the "change-in-support" strategy. Phys Ther 77:488–507.

Maurer C, Mergner T, Peterka RJ. 2006. Multisensory control of human upright stance. Exp Brain Res 171:231–250.

McMahon TA, Bonner JT. 1983. *On Size and Life*. New York: W.H. Freeman.

Mittelstaedt H. 1998. Origin and processing of postural information. Neurosci Biobehav Rev 22:473–478.

Otten W. 1999. Balancing on a narrow ridge: biomechanics and control. Phil Trans R Soc Lond B 354:869–875.

Peterka RJ. 2002. Sensorimotor integration in human postural control. J Neurophysiol 88:1097–1118.

Peterson DS, Horak FB. 2016. Neural control of walking in people with Parkinsonism. Physiology 3:95–107.

Rousseaux M, Honore J, Saj A. 2014. Body representations and brain damage. Neurophysiol Clin 44:59–67.

Stapley PJ, Ting LH, Kuifu C, Everaert DG, Macpherson JM. 2006. Bilateral vestibular loss leads to active destabilization of balance during voluntary head turns in the standing cat. J Neurophysiol 95:3783–3797.

Takakusaki K. 2017. Functional neuroanatomy for posture and gait control. J Mov Disord 10:1–17.

Ting LH, Chiel HJ, Trumbower RD, et al. 2015. Neuromechanical principles underlying movement modularity and their implications for rehabilitation. Neuron 86:38–54.

37

Cerebelo

Danos no cerebelo causam sinais e sintomas distintos
    Os danos resultam em anormalidades características do movimento e da postura
    O dano afeta habilidades sensoriais e cognitivas específicas

O cerebelo controla indiretamente o movimento por meio de outras estruturas encefálicas
    O cerebelo é uma grande estrutura encefálica subcortical
    O cerebelo se conecta com o córtex cerebral por meio de alças recorrentes
    Diferentes movimentos são controlados por zonas longitudinais funcionais

O córtex cerebelar compreende unidades funcionais repetidas com o mesmo microcircuito básico
    O córtex cerebelar é organizado em três camadas funcionalmente especializadas
    Os sistemas aferentes de fibras trepadeiras e de fibras musgosas codificam e processam informações de maneira diferente
    A arquitetura do microcircuito cerebelar sugere uma sinalização canônica

Existem hipóteses de que o cerebelo realize diversas funções computacionais gerais
    O cerebelo contribui para o controle sensorimotor pró-ação
    O cerebelo incorpora um modelo interno do aparelho motor
    O cerebelo integra aferências sensoriais e a descarga corolária
    O cerebelo contribui para o controle do tempo de resposta

O cerebelo participa do aprendizado das habilidades motoras
    A atividade das fibras altera a eficiência sináptica das fibras paralelas
    O cerebelo é necessário para o aprendizado motor em vários sistemas de movimento diferentes
    O aprendizado ocorre em diversos locais no cerebelo

Destaques

O CEREBELO CONSTITUI SOMENTE 10% do volume total do encéfalo, mas possui mais da metade dos neurônios encefálicos. O córtex cerebelar compreende uma série de unidades repetidas, muito regulares, cada uma contendo o mesmo microcircuito básico. Diferentes regiões do cerebelo recebem projeções de estruturas distintas do encéfalo e da medula espinal e depois se projetam de volta ao encéfalo. A similaridade da citoarquitetura e da fisiologia em todas as regiões do cerebelo indica que as diferentes regiões cerebelares realizam processamentos similares em aferências distintas.

Os sintomas das lesões cerebelares em seres humanos e em animais experimentais fornecem evidências convincentes de que o cerebelo participa do controle do movimento. Os sintomas, além de serem diagnósticos para os profissionais de saúde, ajudam a definir os possíveis papéis do cerebelo no controle do comportamento.

Vários princípios fundamentais definem nossa compreensão da função fisiológica do cerebelo. Primeiro, o cerebelo age antes da retroalimentação sensorial decorrente do movimento, fornecendo, assim, controle antecipado das contrações musculares. Em segundo lugar, para alcançar tal controle, o cerebelo depende de modelos internos do corpo para processar e comparar as aferências sensoriais com cópias de comandos motores. Terceiro, o cerebelo desempenha um papel especial no tempo motor e perceptivo. Quarto, o cerebelo é fundamental para adaptar e aprender habilidades motoras. Finalmente, o cerebelo primata possui extensa conectividade com áreas não motoras do córtex cerebral, sugerindo que exerce funções semelhantes no desempenho e aprendizado de comportamentos motores e não motores.

Danos no cerebelo causam sinais e sintomas distintos

Os danos resultam em anormalidades características do movimento e da postura

Os distúrbios que envolvem o cerebelo geralmente interrompem os padrões normais de movimento, demonstrando o papel crítico do cerebelo sobre essa função. Os pacientes descrevem uma perda da natureza automática e inconsciente da maioria dos movimentos. No início do século XX, Gordon Holmes registrou o autorrelato de um homem com uma lesão no hemisfério cerebelar direito: "os movimentos do meu braço esquerdo são feitos subsconscientemente, mas tenho que pensar em cada movimento do braço direito. Eu faço uma parada brusca para me virar e tenho que pensar antes de começar novamente".

Isso foi interpretado como uma interrupção no nível automático de processamento pelas aferências e eferências cerebelares. Com uma disfunção cerebelar, parece que o córtex cerebral precisa desempenhar um papel mais ativo na programação dos detalhes das ações motoras. É importante ressaltar que indivíduos com dano cerebelar não experimentam a paralisia que pode estar associada ao dano cortical cerebral. Em vez disso, eles exibem anormalidades características no movimento voluntário, caminhada e postura que forneceram pistas importantes sobre a função cerebelar.

O sintoma mais proeminente dos distúrbios cerebelares é a *ataxia*, ou falta de coordenação do movimento. Ataxia é um termo genérico usado para descrever as características motoras coletivas associadas ao dano cerebelar. Pessoas com distúrbios cerebelares fazem movimentos que parecem qualitativamente espasmódicos, irregulares e altamente variáveis. *A ataxia dos membros* durante o alcance é caracterizada por caminhos curvos da mão que são *dismétricos* na medida em que ultrapassam ou diminuem o alvo pretendido e oscilam (**Figura 37-1A**). Os pacientes geralmente dividem um movimento em componentes, presumivelmente em um esforço para simplificar o controle de movimentos multiarticulares (*decomposição do movimento*). No entanto, isso pode não ser eficaz. Por exemplo, os pacientes muitas vezes têm dificuldade em manter o ombro firme enquanto movem o cotovelo, um déficit que se acredita ser devido às más previsões de como o movimento do cotovelo afeta mecanicamente o ombro (**Figura 37-1B**). Se a previsão falhar, os pacientes são forçados a tentar estabilizar o ombro usando uma retroalimentação retardada, que é menos eficaz.

Ao final dos movimentos de alcance, pode haver uma oscilação acentuada à medida que a mão se aproxima do alvo. Esse *tremor de ação (ou intenção)* é o resultado de uma série de tentativas errôneas e exageradas de corrigir o movimento. Ele desaparece em grande parte quando os olhos estão fechados, sugerindo que é impulsionado pela retroalimentação visual retardada do movimento. Finalmente, os pacientes apresentam anormalidades na taxa e regularidade de movimentos repetidos, um sinal chamado de *disdiadococinesia* (do grego, "movimento alternado prejudicado") que pode ser prontamente demonstrado quando um paciente tenta realizar movimentos alternados rápidos (**Figura 37-1C**).

Pessoas com danos cerebelares também apresentam *ataxia de marcha* e equilíbrio deficiente. Ao caminhar, eles dão passos irregularmente cronometrados e colocados. Eles têm dificuldade em transferir o peso de um pé para o outro, o que pode levar à queda. O tronco oscila quando eles não estão apoiados na posição sentada, em pé e durante a caminhada, principalmente quando começam, param ou giram. Um padrão de passos largos com os pés afastados é comum e acredita-se que seja uma medida compensatória para melhorar a estabilidade.

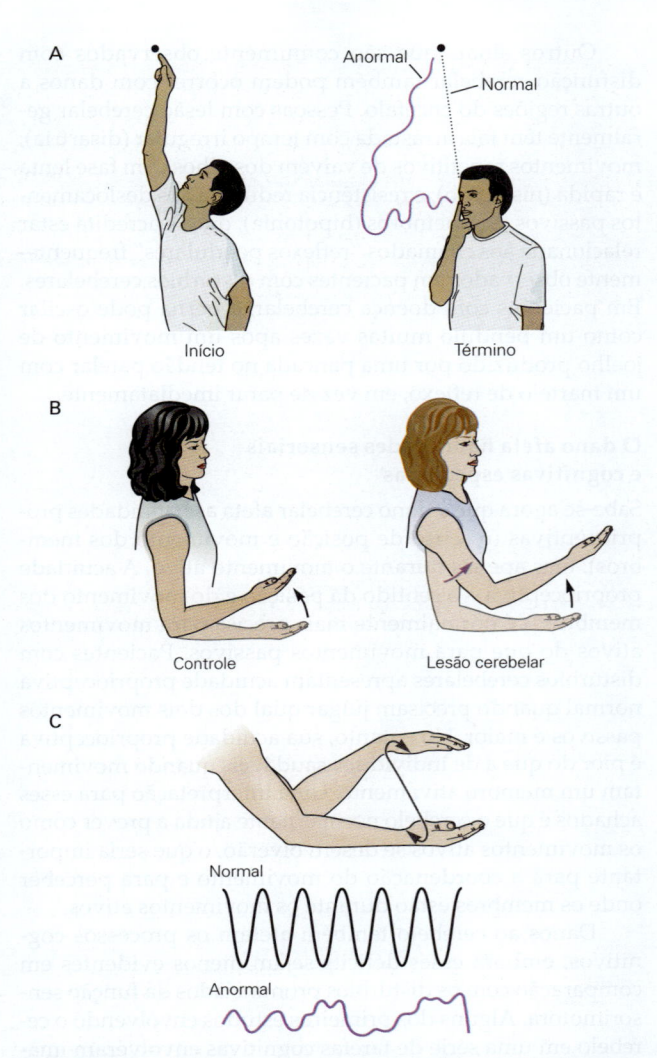

FIGURA 37-1 Defeitos típicos observados em doenças cerebelares.

A. Um indivíduo com distúrbio cerebelar que move o braço da posição inicialmente erguida para tocar a ponta do nariz mostra falta de precisão no alcance e na direção (dismetria) e também move o ombro e o cotovelo de forma desconexa (decomposição do movimento). O tremor aumenta à medida que o dedo se aproxima do nariz.

B. Falha de compensação para torques de interação pode ser responsável pela ataxia cerebelar. Os sujeitos flexionam os cotovelos enquanto mantêm os ombros estáveis. Tanto no controle como na paciente com lesão cerebelar, o torque resultante do cotovelo é grande, pois o cotovelo está em movimento. No sujeito-controle, ocorre relativamente pouco torque resultante no ombro, pois os torques de interação são automaticamente cancelados pelos torques musculares. Na paciente com lesão cerebelar, essa compensação falha; os torques musculares estão presentes, mas são inapropriados para cancelar os torques de interação. Como consequência, a paciente não pode flexionar o cotovelo sem causar uma grande perturbação na posição do ombro. (Adaptada, com autorização, de Bastian, Zackowski e Thach, 2000.)

C. Um sujeito é solicitado a fazer pronação e supinação do antebraço de modo alternado, enquanto flexiona e estende o cotovelo da forma mais rápida possível. Os traçados da posição da mão e do antebraço mostram o padrão normal dos movimentos alternados e o padrão irregular (disdiadococinesia) típico de distúrbio cerebelar.

Outros sinais que são comumente observados com disfunção cerebelar também podem ocorrer com danos a outras regiões do encéfalo. Pessoas com lesão cerebelar geralmente têm fala arrastada com tempo irregular (disartria); movimentos repetitivos de vaivém dos olhos com fase lenta e rápida (nistagmo); e resistência reduzida aos deslocamentos passivos dos membros (hipotonia), que se acredita estar relacionada aos chamados "reflexos pendulares" frequentemente observados em pacientes com distúrbios cerebelares. Em pacientes com doença cerebelar, a perna pode oscilar como um pêndulo muitas vezes após um movimento de joelho produzido por uma pancada no tendão patelar com um martelo de reflexo, em vez de parar imediatamente.

O dano afeta habilidades sensoriais e cognitivas específicas

Sabe-se agora que o dano cerebelar afeta as habilidades proprioceptivas (o senso de posição e movimento dos membros), mas apenas durante o movimento ativo. A acuidade proprioceptiva – o sentido da posição e do movimento dos membros – é normalmente mais precisa para movimentos ativos do que para movimentos passivos. Pacientes com distúrbios cerebelares apresentam acuidade proprioceptiva normal quando precisam julgar qual dos dois movimentos passivos é maior. No entanto, sua acuidade proprioceptiva é pior do que a de indivíduos saudáveis quando movimentam um membro ativamente. Uma interpretação para esses achados é que o cerebelo normalmente ajuda a prever como os movimentos ativos se desenvolverão, o que seria importante para a coordenação do movimento e para perceber onde os membros estão durante os movimentos ativos.

Danos ao cerebelo também afetam os processos cognitivos, embora esses déficits sejam menos evidentes em comparação com os distúrbios pronunciados da função sensorimotora. Alguns dos primeiros estudos envolvendo o cerebelo em uma série de tarefas cognitivas envolveram imagens funcionais para estudar a atividade encefálica durante o comportamento em indivíduos saudáveis. Por exemplo, em um estudo usando tomografia por emissão de pósitrons para visualizar a atividade encefálica de indivíduos durante a leitura silenciosa, leitura em voz alta e fala, as áreas do cerebelo envolvidas no controle dos movimentos da boca foram mais ativas quando os indivíduos liam em voz alta do que quando liam silenciosamente. Surpreendentemente, porém, a ativação cerebelar foi mais pronunciada em uma tarefa com maior carga cognitiva, quando os sujeitos foram solicitados a nomear um verbo associado a um substantivo; um sujeito pode responder com "latir" se ele ou ela viu a palavra "cachorro". Comparada com a leitura simples em voz alta, a tarefa produziu um aumento considerável da atividade no cerebelo lateral direito. Em concordância com esse estudo, um paciente com lesão do cerebelo direito não pode aprender uma tarefa de associação de palavras.

Até o momento, muitos estudos revelaram déficits claros na função executiva, cognição espacial visual, linguagem e processamento emocional após lesão cerebelar. Parece haver alguma especificidade regional dentro do cerebelo para diferentes tipos de função cognitiva. Danos ao cerebelo mediano ou *verme* parecem estar relacionados à desregulação emocional ou afetiva, provavelmente devido à sua interconectividade com estruturas límbicas. A lesão do hemisfério cerebelar direito está relacionada à linguagem e à disfunção verbal, presumivelmente porque esse hemisfério está interconectado com o hemisfério cortical cerebral esquerdo. Nesse sentido, a lesão do hemisfério cerebelar esquerdo está relacionada à disfunção visuoespacial, provavelmente porque esse hemisfério está interligado com o hemisfério cortical cerebral direito. Além disso, estudos que examinam a disfunção cognitiva produzem resultados variáveis; os pacientes apresentam desempenho normal em um estudo, mas não em outro. Alguns estudos mostram que os déficits cognitivos são mais pronunciados quando os pacientes são testados logo após a lesão do cerebelo e que as compensações no nível do córtex cerebral podem compensar gradualmente a perda da função cerebelar. No entanto, déficits cognitivos podem ser mais robustos e duradouros quando o dano cerebelar é adquirido na infância.

Então, déficits cognitivos decorrentes de danos cerebelares às vezes podem ser difíceis de caracterizar. O que fica claro é que a disfunção motora após a perda cerebelar é mais óbvia do que a disfunção cognitiva. Pode ser que as regiões corticais do controle motor sejam menos capazes de compensar as perdas do controle motor cerebelar em comparação com a compensação cortical para o comprometimento das funções cerebelares envolvidas nos processos cognitivos.

O cerebelo controla indiretamente o movimento por meio de outras estruturas encefálicas

Compreender a anatomia do cerebelo e como ele interage com diferentes estruturas encefálicas é crucial para entender sua função. Nesta seção, consideramos a anatomia geral do cerebelo, bem como suas aferências e eferências.

O cerebelo é uma grande estrutura encefálica subcortical

O cerebelo ocupa a maior parte da fossa craniana posterior. Ele é constituído de um manto externo de substância cinzenta (o córtex cerebelar), pela substância branca interna e três pares de núcleos profundos: o núcleo fastigial, o núcleo interposto (que se subdivide nos núcleos globoso e emboliforme) e o núcleo denteado (**Figura 37-2A**). A superfície do cerebelo é muito pregueada, e as pregas dispostas em paralelo são chamadas de folhas (em latim, "folia").

Duas fissuras mais profundas transversais dividem o cerebelo em três lobos. A fissura primária na superfície dorsal separa o lobo anterior do posterior, que, juntos, formam o corpo do cerebelo (**Figura 37-2A**). A fissura posterolateral na superfície ventral separa o corpo do cerebelo do lobo floculonodular, menor que os demais (**Figura 37-2B**). Cada lobo se estende ao longo do cerebelo, desde a linha média até a extremidade mais lateral. Na direção ortogonal, anterior-posterior, dois sulcos longitudinais delimitam três regiões do cerebelo: o verme na linha média e os hemisférios cerebelares, cada qual dividido nas regiões intermédia e lateral (**Figura 37-2D**).

O cerebelo está conectado com a face dorsal do tronco encefálico por três pares simétricos de pedúnculos: o

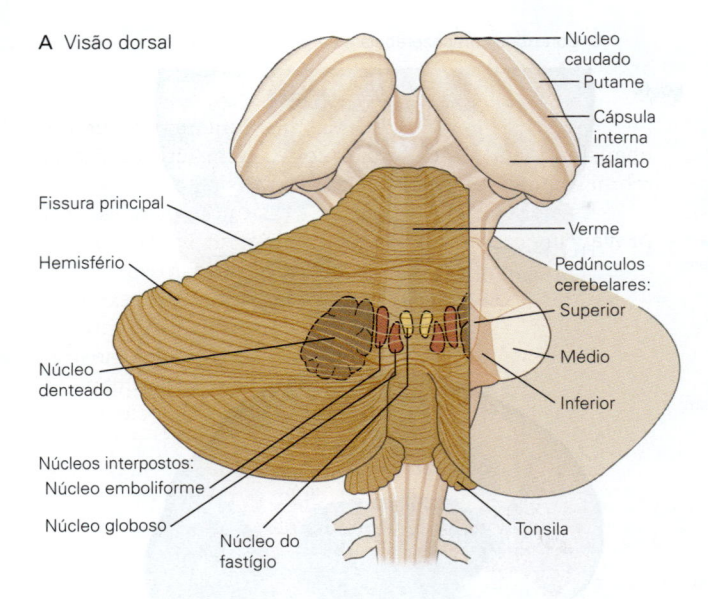

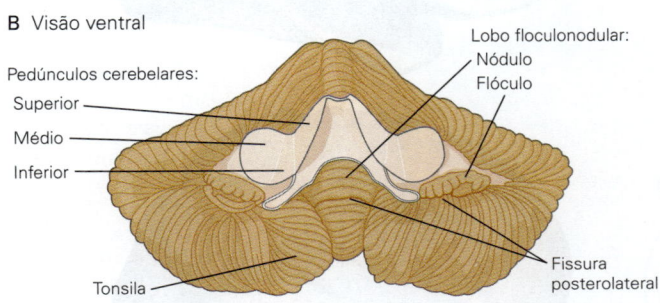

FIGURA 37-2 Características gerais do cerebelo. (Adaptada, com autorização, de Nieuwenhuys, Voogd e van Huijzen, 1988.)
A. Parte do hemisfério direito foi retirada para a visualização dos pedúnculos cerebelares subjacentes.
B. O cerebelo é mostrado separado do tronco encefálico.
C. Uma secção sagital mediana através do tronco encefálico e do cerebelo mostra a estrutura ramificada do cerebelo. Os lóbulos cerebelares são reconhecidos com seus nomes latinos e as designações numerais romanas de Larsell. (Reproduzida, com autorização, de Larsell e Jansen, 1972.)
D. Regiões funcionais do cerebelo.

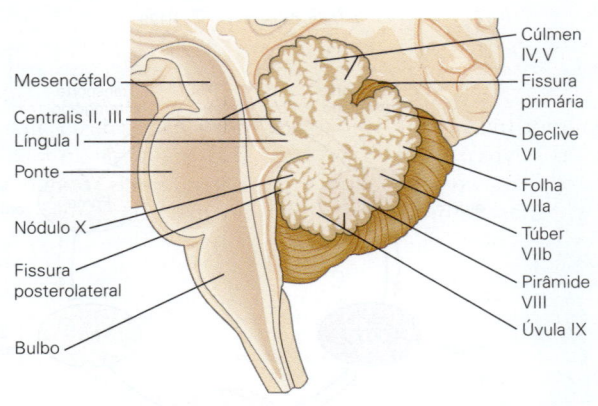

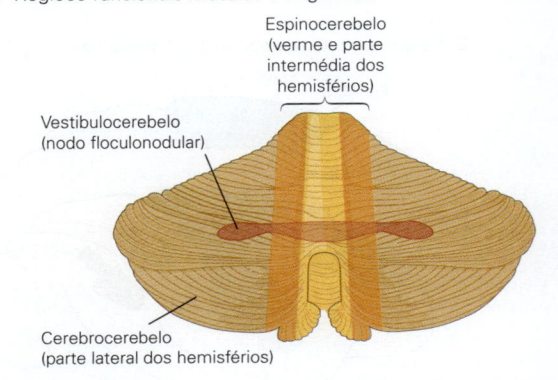

pedúnculo cerebelar inferior (também chamado de corpo restiforme), o pedúnculo cerebelar médio (*brachium pontis*) e o pedúnculo cerebelar superior (*brachium conjunctivum*). A maioria dos axônios eferentes do cerebelo surge dos núcleos cerebelares e projeta-se pelo pedúnculo cerebelar superior para outras áreas encefálicas. A principal exceção é um grupo de células de Purkinje do lobo floculonodular que se projeta aos núcleos vestibulares do tronco encefálico.

O cerebelo se conecta com o córtex cerebral por meio de alças recorrentes

Muitas partes do cerebelo formam circuitos ou alças recorrentes com o córtex cerebral, o qual se projeta ao cerebelo lateral através dos núcleos de retransmissão pontinos. O cerebelo lateral, por sua vez, projeta-se de volta ao córtex cerebral através de núcleos de retransmissão do tálamo. Peter Strick e seus colaboradores usaram vírus para rastreamento transneuronal em primatas não humanos para mostrar que esse circuito recorrente é organizado como uma série de circuitos fechados paralelos, onde uma determinada parte do cerebelo se conecta reciprocamente com uma parte específica do córtex cerebral (**Figura 37-3A**). Por meio dessas conexões recíprocas, o cerebelo interage com muitas regiões do neocórtex, incluindo conexões substanciais com as regiões motora, pré-frontal e parietal posterior. Mais recentemente, o grupo de Strick também demonstrou conexões dissinápticas entre o cerebelo e os núcleos da base em primatas não humanos.

A conectividade do estado de repouso entre o cerebelo e o córtex cerebral em humanos foi estudada usando varreduras de ressonância magnética funcional (RMf) de 1.000 indivíduos. Correlações na atividade em diferentes regiões do encéfalo foram avaliadas em baixas frequências, medidas pelo fluxo sanguíneo enquanto os indivíduos estavam em repouso. Eles descobriram que diferentes regiões do cerebelo estão funcionalmente conectadas com regiões corticais cerebrais em todo o córtex cerebral (**Figura 37-3C**). Em conjunto, esses estudos demonstram o vasto impacto que o cerebelo pode ter em muitos aspectos da função cerebral.

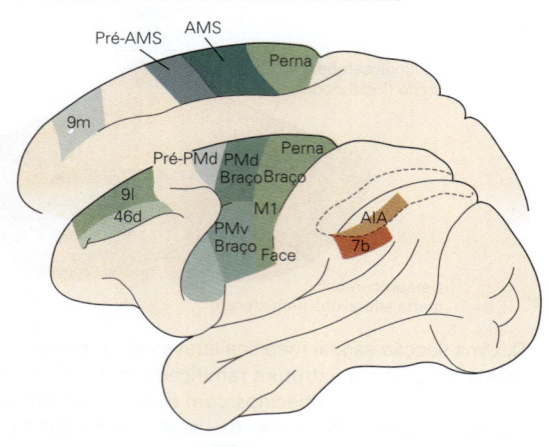

FIGURA 37-3 O cerebelo se conecta a muitas áreas do córtex cerebral. (Partes A e B adaptadas, com autorização, de Bostan, Dum e Strick 2013. Copyright © 2013 Elsevier Ltd. Parte C adaptada, com autorização, de Buckner et al., 2011. Copyright © 2011 American Physiological Society.)

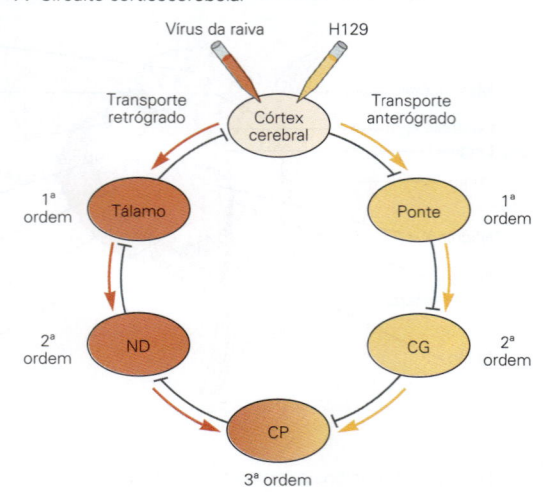

A. O circuito corticocerebelar em macacos foi rastreado com vírus transinápticos marcados com fluorescência que podem se mover em uma direção anterógrada ou retrógrada. A injeção no córtex cerebral de um vírus retrógrado, como o vírus da raiva, marcará neurônios que se projetam para ele e, cruzando sinapses, pode marcar neurônios de segunda ordem e possivelmente de ordem superior em uma via. Eles são mostrados aqui em **vermelho** como neurônios de primeira ordem (tálamo), de segunda ordem (núcleo profundo) e de terceira ordem (células de Purkinje). A injeção no córtex cerebral de um vírus anterógrado, como a cepa H129 do vírus herpes simplex, marcará os neurônios que são alvos do córtex cerebral. Eles são mostrados aqui em **amarelo** como neurônios de primeira ordem (ponte), de segunda ordem (células granulares) e de terceira ordem (células de Purkinje). (Siglas: **ND**, núcleos dentados; **CG**, célula granular; **H129**, cepa do vírus herpes simplex; **CP**, vírus da raiva de células de Purkinje.)

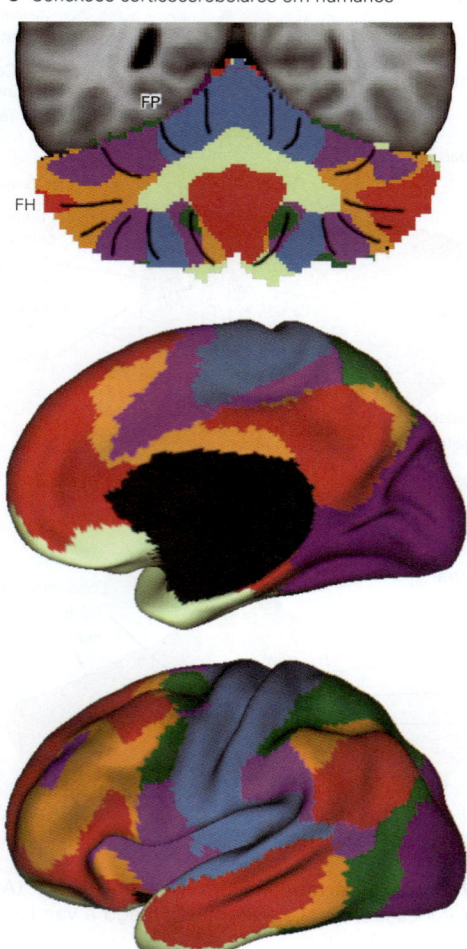

B. Áreas do córtex cerebral conectadas ao cerebelo. Os números referem-se a áreas citoarquitetônicas. (Siglas: **AIA**, área intraparietal anterior; **M1**, áreas da face, braços e pernas do córtex motor primário; **braço PMd**, área do braço da área pré-motora dorsal; **braço PMv**, área do braço da área pré-motora ventral; **Pré-PMd**, área pré-motora pré-dorsal; **Pré-AMS**, área motora pré-suplementar; **braço AMS**, área do braço da área motora suplementar.)

C. Seção coronal codificada por cores do cerebelo humano (**superior**) e vistas lateral e medial do córtex cerebral humano (**inferior**) criadas a partir de mapas de conectividade funcional em estado de repouso (com base em exames de ressonância magnética funcional de 1.000 indivíduos). As cores correspondem a áreas cerebelares e cerebrais que estão conectadas. Observe que o cerebelo está funcionalmente conectado com quase todas as áreas cerebrais. (Siglas: **FH**, fissura horizontal; **FP**, fissura primária.)

Diferentes movimentos são controlados por zonas longitudinais funcionais

O cerebelo também se divide em três áreas que possuem funções distintas nos diferentes tipos de movimentos: vestibulocerebelo, espinocerebelo e cerebrocerebelo (**Figura 37-4**).

O *vestibulocerebelo* consiste no lobo floculonodular e é considerado a parte mais primitiva do cerebelo. Essa área recebe aferências vestibulares e visuais, projeta-se aos núcleos vestibulares no tronco encefálico e participa no equilíbrio, em outros reflexos vestibulares e nos movimentos

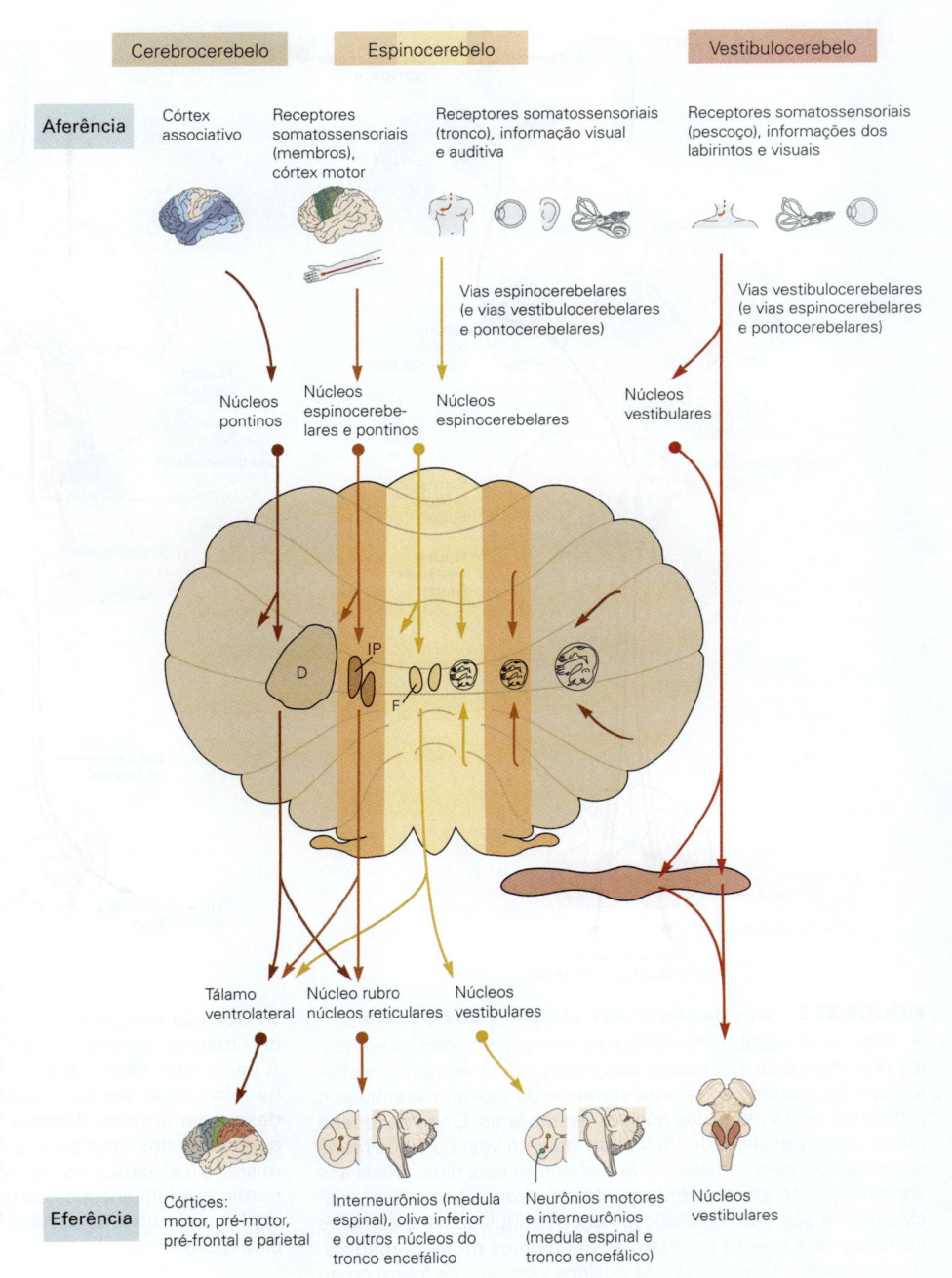

FIGURA 37-4 As três regiões funcionais do cerebelo têm diferentes aferências e diferentes alvos eferentes. O cerebelo é mostrado desdobrado e **setas** indicam as aferências e eferências das diferentes áreas funcionais. Os mapas corporais nos núcleos cerebelares baseiam-se em estudos com traçadores anatômicos e em registros unitários de primatas não humanos. (Siglas: **D**, núcleo denteado; **F**, núcleo fastigial; **IP**, núcleo interpósito.) (Adaptada, com autorização, de Brooks e Thach, 1981.)

oculares. O vestibulocerebelo, ou lobo floculonodular, recebe informação dos canais semicirculares e dos órgãos otolíticos, os quais detectam o movimento da cabeça e sua posição em relação à gravidade. A maior parte dessa aferência vestibular origina-se dos núcleos vestibulares do tronco encefálico. O vestibulocerebelo também recebe aferência visual tanto dos núcleos pré-tectais, localizados no mesencéfalo, abaixo do colículo superior, quanto dos córtices visuais primário e secundário através dos núcleos pontinos e dos núcleos pré-tectais.

O vestibulocerebelo é a única divisão do cerebelo cuja eferência não passa pelos núcleos cerebelares e segue diretamente aos núcleos vestibulares no tronco encefálico. As células de Purkinje das porções mediais do vestibulocerebelo projetam-se ao núcleo vestibular lateral para modular os tratos vestibulospinais lateral e medial, os quais predominantemente controlam os músculos axiais e os extensores dos membros, para assegurar o equilíbrio durante o apoio e a marcha (**Figura 37-5A**). Distúrbios dessas vias, seja por lesões ou doenças, prejudicam o equilíbrio.

Os déficits mais evidentes após lesões do vestibulocerebelo lateral estão no movimento de seguimento lento do olho para o mesmo lado da lesão. Um paciente com uma lesão no vestibulocerebelo lateral esquerdo pode seguir

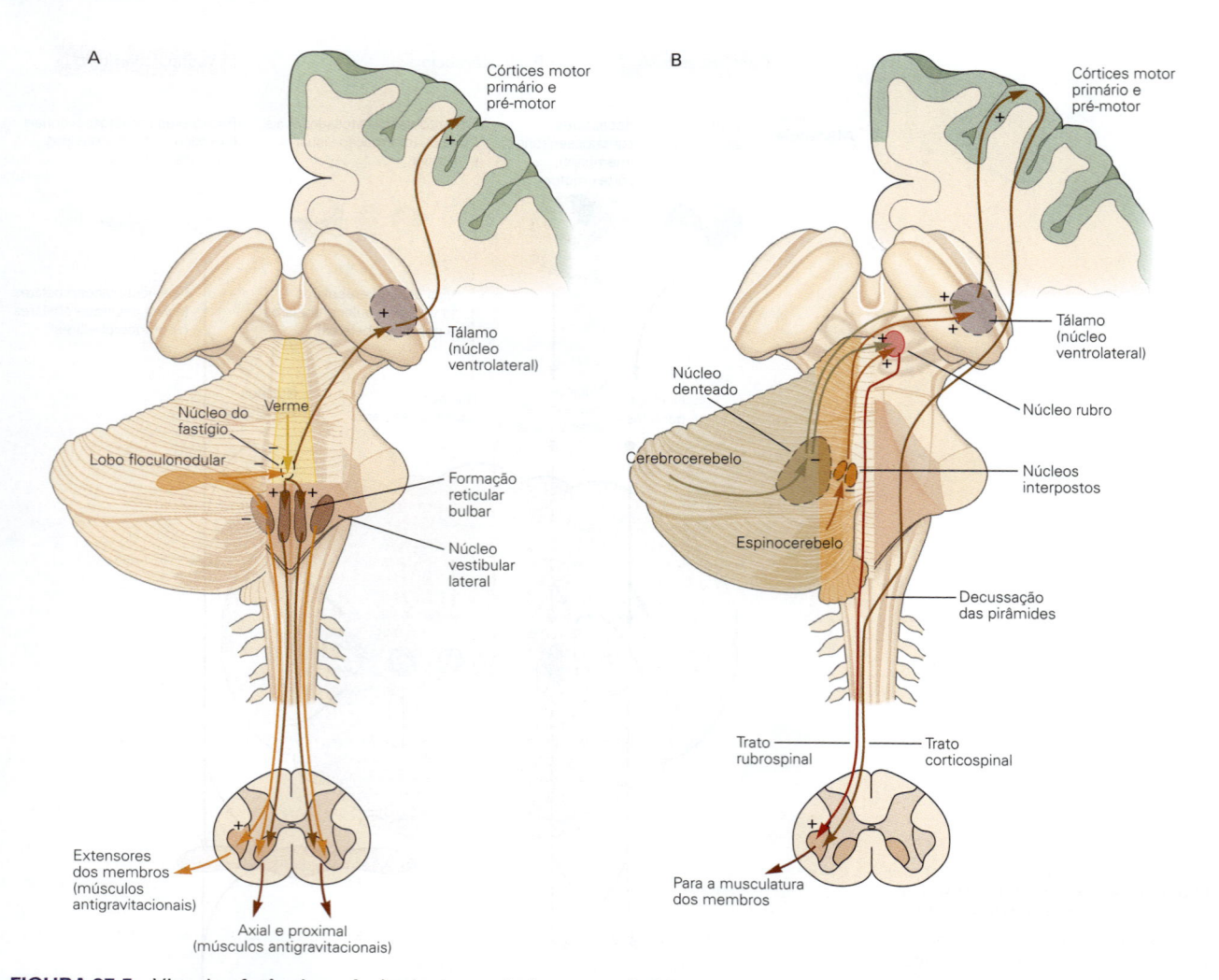

FIGURA 37-5 Vias de aferência e eferência do cerebelo.
A. Núcleos no vestibulocerebelo e no verme controlam os músculos proximais e os extensores dos membros. O vestibulocerebelo (lobo floculonodular) recebe aferência do labirinto vestibular e projeta-se diretamente aos núcleos vestibulares. O verme recebe aferência do pescoço, do tronco, do labirinto vestibular, da retina e dos músculos extraoculares. Sua eferência está direcionada aos sistemas descendentes ventromediais do tronco encefálico, principalmente aos tratos reticulospinal e vestibulospinal e às fibras corticospinais que se projetam aos neurônios motores mediais. As conexões oculomotoras dos núcleos vestibulares foram omitidas para maior clareza do esquema.

B. Núcleos nas partes intermediária e lateral dos hemisférios cerebelares controlam os músculos axiais e dos membros. A parte intermédia de cada hemisfério (espinocerebelo) recebe informação sensorial dos membros e controla os sistemas descendentes dorsolaterais (tratos rubrospinal e corticospinal) que atuam nos membros ipsilaterais. A área lateral de cada hemisfério (cerebrocerebelo) recebe aferência cortical via núcleos pontinos e influencia os córtices motor primário e pré-motor via núcleo ventrolateral do tálamo, e diretamente influencia o núcleo rubro.

suavemente um alvo que esteja se movimentando para a direita, mas o movimento de seguimento para a esquerda é pobremente executado, utilizando movimentos sacádicos predominantemente (**Figura 37-6A**). Esses pacientes podem ter respostas reflexas vestíbulo-oculares normais às rotações da cabeça, mas não podem suprimir o reflexo fixando um objeto que gira com a cabeça (**Figura 37-6B**). Esse déficit em geral ocorre quando o vestibulocerebelo lateral é comprimido por um neuroma acústico, um tumor benigno que se desenvolve no oitavo (VIII) nervo craniano, ao longo de seu percurso diretamente sob o vestibulocerebelo lateral.

O *espinocerebelo* compreende o verme e as partes intermediárias dos hemisférios cerebelares (**Figura 37-4**). É assim chamado porque recebe extensos estímulos da medula espinal através dos tratos espinocerebelares dorsal e ventral. Essas vias transmitem informações sobre toque, pressão e posição dos membros, bem como a atividade de pico dos interneurônios espinais. Assim, essas aferências fornecem ao cerebelo informações variadas sobre o estado de mudança do organismo e seu ambiente.

O verme recebe aferência visual, auditiva e vestibular, além de aferência somatossensorial da cabeça e das partes

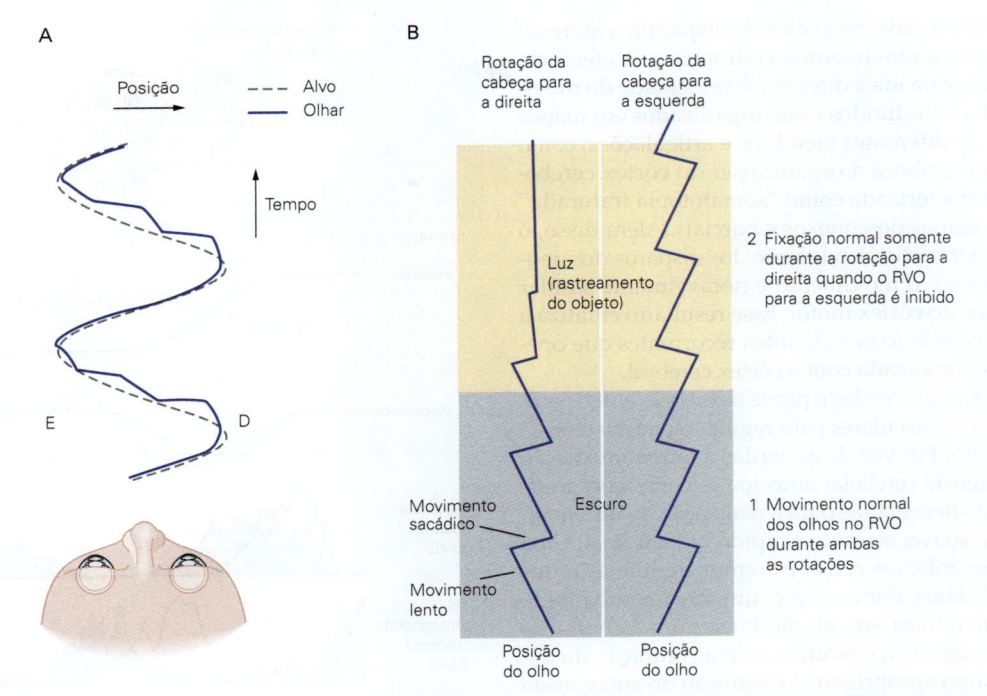

FIGURA 37-6 As lesões do vestibulocerebelo afetam muito os movimentos de seguimento lento dos olhos.

A. O movimento sinusoidal de um alvo é rastreado com movimentos de seguimento lento dos olhos à medida que o alvo se move da esquerda (**E**) para a direita (**D**). Com uma lesão do vestibulocerebelo esquerdo, o seguimento lento é intercalado por movimentos sacádicos quando o alvo se move da direita para a esquerda.

B. As respostas do mesmo paciente à estimulação vestibular são normais, mas a fixação do olhar em objetos está prejudicada durante as rotações para a esquerda. Os traços à esquerda e à direita mostram os movimentos oculares evocados pela rotação da cabeça para a direita e para a esquerda experimentados em sessões separadas. Em cada sessão, o paciente sentava-se em uma cadeira que girava continuamente em uma direção, primeiro no escuro, depois na luz, enquanto se fixava em um alvo que se movia junto com ele. (**1**) No escuro, os olhos mostram um reflexo vestíbulo-ocular (**RVO**) normal durante a rotação em ambos os sentidos: os olhos movem-se lentamente no sentido oposto ao da rotação da cabeça, sendo então reposicionados por movimentos sacádicos no mesmo sentido da rotação da cabeça. (**2**) Com luz, a posição dos olhos durante a rotação da cabeça para a direita é normal: a fixação no alvo é excelente, e o RVO fica inibido. Durante a rotação da cabeça para a esquerda, entretanto, o sujeito é incapaz de fixar o olhar no objeto, e o RVO não pode ser inibido.

proximais do corpo. Ele se projeta por meio do núcleo do fastígio às regiões corticais e do tronco encefálico das quais se originam os sistemas descendentes mediais, que controlam os músculos proximais do corpo e dos membros (**Figura 37-5A**). O verme regula a postura e a locomoção, além do movimento dos olhos. Por exemplo, lesões da região oculomotora do verme causam movimentos oculares sacádicos que ultrapassam seu alvo, assim como pacientes com lesão cerebelar fazem movimentos de braço que ultrapassam seu alvo.

As partes intermédias dos hemisférios cerebelares também recebem aferência somatossensorial dos membros. Os neurônios dessa parte se projetam ao núcleo interposto, o qual provê aferências aos sistemas corticospinais e rubrospinais no lado contralateral do encéfalo, as quais controlam os músculos mais distais dos membros e dos dígitos (**Figura 37-5B**). Como os sistemas corticospinal e rubrospinal cruzam a linha média à medida que descem para a medula espinal, as lesões cerebelares interrompem os movimentos dos membros ipsilaterais.

O *cerebrocerebelo* compreende as partes laterais dos hemisférios (**Figura 37-4**). Essas áreas são filogeneticamente as mais recentes e são muito maiores em relação ao resto do cerebelo em humanos e macacos do que em macacos e gatos. Quase todas as aferências e eferências dessa região envolvem conexões com o córtex cerebral. A eferência é transmitida através do núcleo denteado, o qual se projeta via tálamo aos córtices motor, pré-motor e pré-frontal contralateral. O núcleo denteado também se projeta para o núcleo rubro contralateral. Os hemisférios laterais possuem muitas funções, mas parecem ter participação mais importante no planejamento e na execução do movimento. Eles também têm um papel nas funções cognitivas não relacionadas com o planejamento motor, como processos visuoespaciais e linguagem. Existem, atualmente, algumas evidências de correlações implicando os hemisférios cerebelares com alguns aspectos da esquizofrenia (Capítulo 60), distonia (Capítulo 38) e com o autismo (Capítulo 62).

Dois princípios importantes da função cerebelar surgiram a partir de registros dos potenciais de ação de neurônios individuais no córtex cerebelar e núcleos cerebelares profundos durante os movimentos do braço, juntamente com a inativação controlada e temporária de regiões cerebelares específicas.

Primeiro, neurônios nessas áreas disparam vigorosamente em relação a movimentos voluntários. A eferência cerebelar está relacionada à direção e à velocidade do movimento. Os núcleos profundos estão organizados em mapas somatotópicos de diferentes membros e articulações, como no córtex motor, embora a organização do córtex cerebelar tenha sido caracterizada como "somatotopia fraturada" com múltiplos mapas desconexos e parciais. Além disso, o intervalo entre o início da modulação dos disparos dos neurônios cerebelares e o movimento é notavelmente similar ao dos neurônios do córtex motor. Esse resultado enfatiza a participação do cerebelo nos circuitos recorrentes que operam de forma sincronizada com o córtex cerebral.

A segunda é que o cerebelo provê o controle antecipatório das contrações musculares para regular o padrão temporal do movimento. Em vez de aguardar a retroalimentação sensorial, a eferência cerebelar antecipa as contrações musculares que serão necessárias para a realização de um movimento de modo suave, acurado e rápido até seu final. Uma falha nesses mecanismos causa o tremor de intenção dos distúrbios cerebelares. Por exemplo, um movimento rápido que envolve uma única articulação inicia com a contração de um músculo agonista e termina com a contração do antagonista no tempo apropriado. A contração do antagonista começa na fase inicial do movimento, muito antes do tempo que levaria para uma retroalimentação sensorial alcançar o encéfalo e, portanto, ela deve ser programada como parte do movimento. Contudo, quando os núcleos denteado e interpósito são inativados de modo experimental, a contração do músculo antagonista sofre um retardo até que o membro tenha ultrapassado seu alvo. A contração antecipada programada do antagonista em movimentos normais é substituída por uma correção impulsionada por retroalimentação sensorial. Essa correção, por si só, é dismétrica e resulta em outro erro, o qual necessita de um novo ajuste (**Figura 37-7**).

O córtex cerebelar compreende unidades funcionais repetidas com o mesmo microcircuito básico

A organização celular do microcircuito no córtex cerebelar é notável, e uma das premissas das pesquisas do cerebelo é que os detalhes do microcircuito são indicações importantes sobre como o cerebelo funciona. Nesta seção, descrevemos três características principais do microcircuito.

O córtex cerebelar é organizado em três camadas funcionalmente especializadas

As três camadas do córtex cerebelar possuem tipos distintos de neurônios e são funcionalmente especializadas (**Figura 37-8**).

A camada mais profunda, ou *camada granular*, é a camada das aferências. Ela possui um número enorme de células granulares, estimado em 100 bilhões, que aparecem em secções histológicas densamente agrupadas, com núcleos pequenos e intensamente corados. A camada granular também contém uns poucos neurônios de Golgi, maiores, e outros neurônios menos conhecidos, localizados em algumas regiões cerebelares, como as células de Lugaro, as células unipolares em escova e as células em candelabro. As fibras

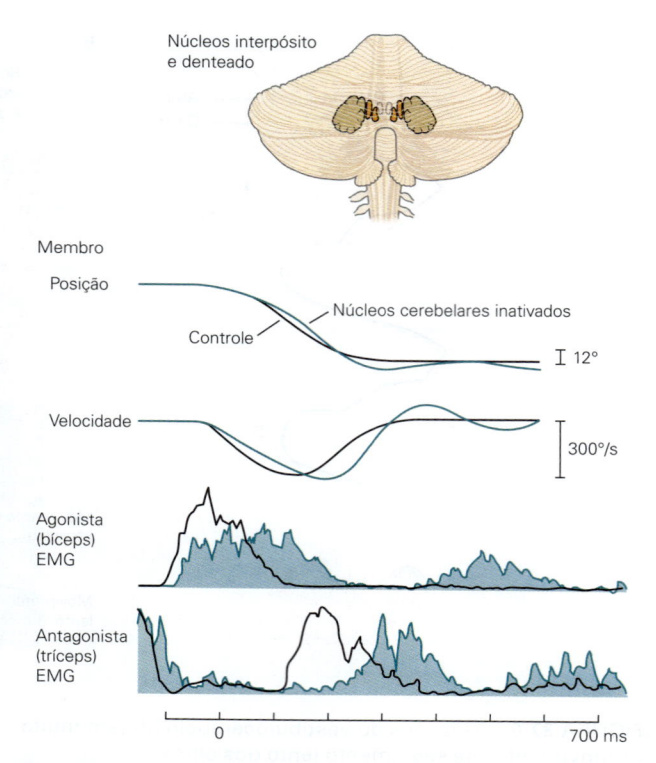

FIGURA 37-7 Os núcleos interpósito e denteados estão envolvidos no ajuste temporal preciso da ativação do agonista e do antagonista durante os movimentos rápidos. Os núcleos interpósito (medial) e denteado (lateral) são destacados no desenho do cerebelo. Os registros do movimento dos membros mostram como um macaco normalmente faz um movimento rápido de flexão do cotovelo e tenta fazer o mesmo movimento quando os núcleos interpósito e denteado são inativados por resfriamento. Os traçados eletromiográficos (**EMG**) mostram a posição e velocidade do membro e as respostas EMG dos músculos bíceps e tríceps. Quando os núcleos profundos são inativados, a ativação do agonista (bíceps) torna-se mais lenta e prolongada. A ativação do antagonista (tríceps), que é necessária para terminar o movimento na posição correta, também fica atrasada e é prolongada, de modo que o movimento inicial ultrapassa a extensão apropriada. Retardos em fases sucessivas do movimento produzem oscilações similares ao tremor terminal observado em pacientes com lesão cerebelar.

musgosas, uma das duas principais aferências ao cerebelo, terminam nessa camada. As terminações em forma de bulbo das fibras musgosas excitam as células granulares e os neurônios de Golgi nos complexos sinápticos chamados de *glomérulos cerebelares* (**Figura 37-8**). Como será visto adiante na discussão sobre os circuitos recorrentes do cerebelo, as células de Golgi inibem as células granulares.

A camada média, ou *camada das células de Purkinje*, é a camada das eferências do córtex cerebelar. Essa camada consiste em uma única lâmina de corpos celulares de Purkinje, que possuem de 50 a 80 μm de diâmetro. A árvore dendrítica em formato de leque das células de Purkinje estendem-se em direção à camada molecular, onde recebem aferências do segundo maior tipo de fibras aferentes do cerebelo, as fibras trepadeiras, das células granulares, além de interneurônios inibitórios. Os axônios das células

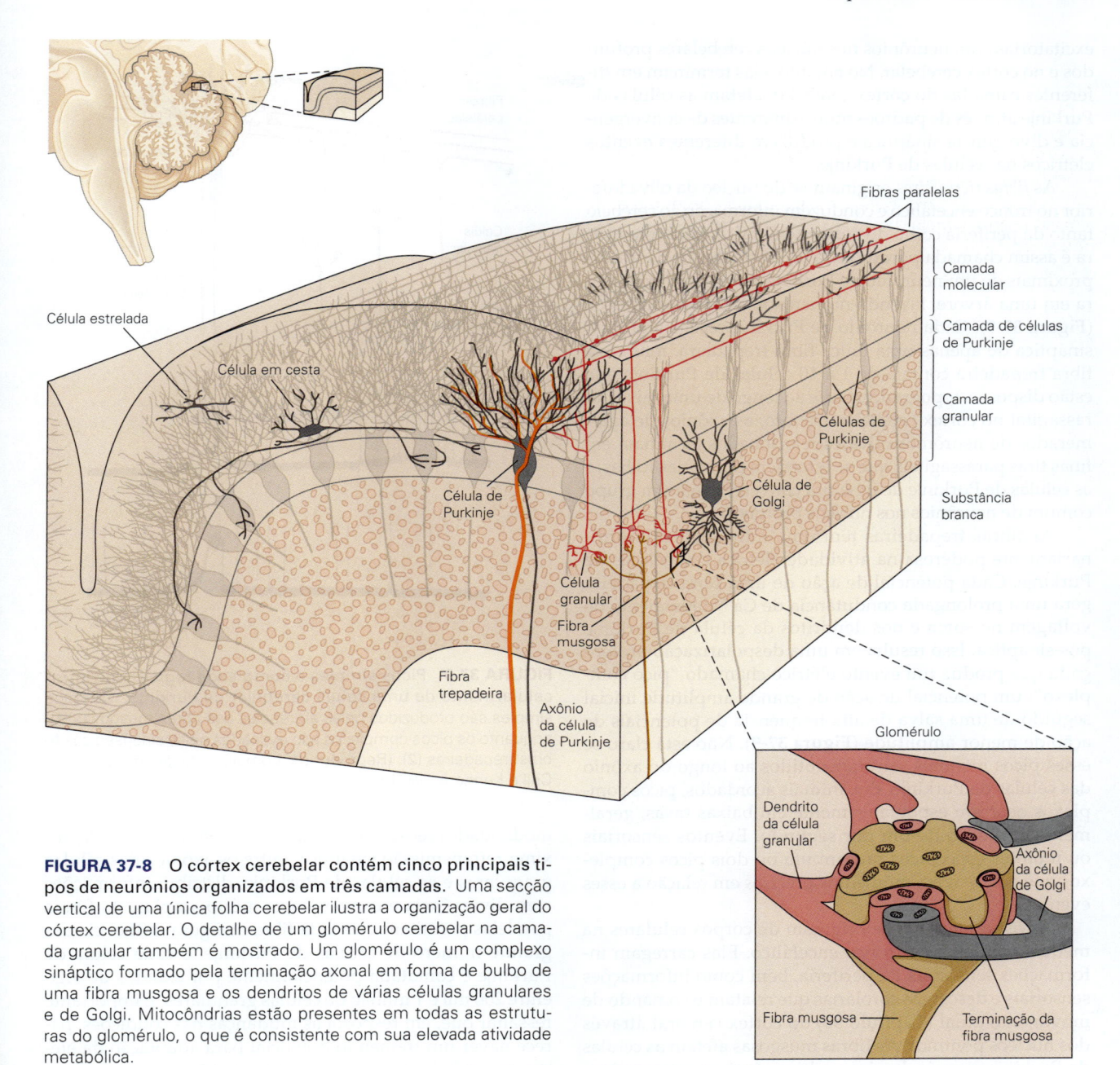

FIGURA 37-8 O córtex cerebelar contém cinco principais tipos de neurônios organizados em três camadas. Uma secção vertical de uma única folha cerebelar ilustra a organização geral do córtex cerebelar. O detalhe de um glomérulo cerebelar na camada granular também é mostrado. Um glomérulo é um complexo sináptico formado pela terminação axonal em forma de bulbo de uma fibra musgosa e os dendritos de várias células granulares e de Golgi. Mitocôndrias estão presentes em todas as estruturas do glomérulo, o que é consistente com sua elevada atividade metabólica.

de Purkinje conduzem toda a eferência do córtex cerebelar, projetando-se para os núcleos profundos da substância branca subjacente ou para os núcleos vestibulares no tronco encefálico, onde liberam o transmissor inibitório ácido γ-aminobutírico (GABA).

A camada mais externa ou molecular contém os dendritos espacialmente polarizados das células de Purkinje, que se estendem aproximadamente 1 a 3 mm na direção anteroposterior, mas ocupam apenas um território muito estreito na direção mediolateral. A camada molecular contém os corpos celulares e dendritos de dois tipos de "interneurônios da camada molecular", as células estreladas e em cesta, ambas inibindo as células de Purkinje. Essa camada também contém os axônios das células granulares, chamados de *fibras paralelas*, pois correm paralelos ao eixo longitudinal das folhas (**Figura 37-8**). As fibras paralelas correm perpendicularmente às árvores dendríticas das células de Purkinje e, portanto, têm o potencial de formar algumas sinapses com um grande número de células de Purkinje.

Os sistemas aferentes de fibras trepadeiras e de fibras musgosas codificam e processam informações de maneira diferente

Os dois principais tipos de fibras aferentes no cerebelo, as fibras musgosas e as fibras trepadeiras, provavelmente mediam funções diferentes. Ambas formam sinapses excitatórias com neurônios nos núcleos cerebelares profundos e no córtex cerebelar. No entanto, elas terminam em diferentes camadas do córtex cerebelar, afetam as células de Purkinje através de padrões muito diferentes de convergência e divergência sináptica e produzem diferentes eventos elétricos nas células de Purkinje.

As *fibras trepadeiras* originam-se do núcleo da oliva inferior no tronco encefálico e conduzem informação ao cerebelo tanto da periferia como do córtex cerebral. A fibra trepadeira é assim chamada porque cada uma envolve os dendritos proximais de um neurônio de Purkinje como uma trepadeira em uma árvore, fazendo numerosos contatos sinápticos (**Figura 37-9**). Cada neurônio de Purkinje recebe aferência sináptica de apenas uma única fibra trepadeira, mas cada fibra trepadeira contata de 1 a 10 células de Purkinje que estão dispostas topograficamente ao longo de uma faixa parassagital no córtex cerebelar. De fato, os axônios de aglomerados de neurônios olivares relacionados terminam em finas tiras parassagitais que se estendem por várias folhas, e as células de Purkinje de uma tira convergem em um grupo comum de neurônios nos núcleos profundos.

As fibras trepadeiras têm uma influência extraordinariamente poderosa na atividade elétrica das células de Purkinje. Cada potencial de ação de uma fibra trepadeira gera uma prolongada condutância de Ca^{2+} dependente de voltagem no soma e nos dendritos da célula de Purkinje pós-sináptica. Isso resulta em uma despolarização prolongada que produz um evento elétrico chamado "pico complexo": um potencial de ação de grande amplitude inicial seguido de uma salva de alta frequência de potenciais de ação de menor amplitude (**Figura 37-9**). Não está claro se esses picos menores são transmitidos ao longo do axônio das células de Purkinje. Em animais acordados, picos complexos ocorrem espontaneamente em baixas taxas, geralmente em torno de um por segundo. Eventos sensoriais ou motores específicos causam um ou dois picos complexos que ocorrem em momentos precisos em relação a esses eventos.

As *fibras musgosas* se originam de corpos celulares na medula espinal e no tronco encefálico. Elas carregam informações sensoriais da periferia, bem como informações sensoriais e descargas corolárias que relatam o comando de movimento atual (Capítulo 30) do córtex cerebral através dos núcleos pontinos. As fibras musgosas afetam as células de Purkinje através de vias multissinápticas que apresentam padrões intrigantes de convergência e divergência. Fibras musgosas individualmente, agindo através de células granulares e fibras paralelas, têm uma pequena influência na eferência das células de Purkinje, mas coletivamente, toda a população de fibras musgosas tem efeitos maciços sobre a eferência cerebelar.

Elas formam sinapses excitatórias nos dendritos das células granulares na camada granular (**Figura 37-8**). Cada célula granular tem de três a cinco dendritos curtos, e cada dendrito recebe contatos de uma única fibra musgosa. Devido a essa escassez de aferências, a integração espacial por uma célula granular de suas diferentes sinapses de fibras musgosas não é extensa; entretanto, a célula pode ser o local de convergência de fibras musgosas de múltiplas

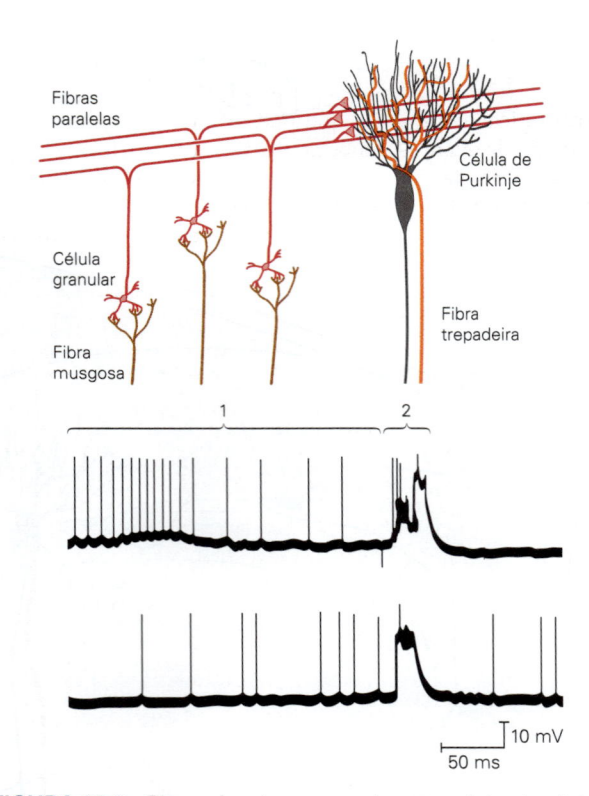

FIGURA 37-9 Picos simples e complexos registrados intracelularmente de uma célula cerebelar de Purkinje. Os picos simples são produzidos pelas aferências das fibras musgosas (**1**), enquanto os picos complexos são evocados pelas sinapses das fibras trepadeiras (**2**). (Reproduzida, com autorização, de Martinez, Crill e Kennedy, 1971.)

modalidades sensoriais e descarga corolária motora. A próxima retransmissão sináptica, entre os axônios das células granulares e as células de Purkinje, distribui informações com divergência e convergência muito amplas. As fibras paralelas permitem que cada fibra musgosa influencie um grande número de células de Purkinje, e cada célula de Purkinje é contatada potencialmente por axônios de algo entre 200 mil e 1 milhão de células granulares. É importante ressaltar que, em resposta às mudanças nas condições, parece haver um tremendo potencial para adaptação da eferência cerebelar nas sinapses entre as fibras paralelas e as células de Purkinje. Parece que apenas uma pequena fração dessas sinapses está ativa a qualquer momento.

As fibras paralelas produzem breves e pequenos potenciais excitatórios nas células de Purkinje (**Figura 37-9**). Esses potenciais convergem no corpo celular e se espalham para o segmento inicial do axônio, onde geram potenciais de ação convencionais chamados "espículas simples" que se propagam ao longo do axônio. As células de Purkinje dos animais em vigília emitem um fluxo constante de espículas simples, com frequências altas de disparos espontâneos como 100 por segundo, mesmo que o animal esteja calmamente sentado. As células de Purkinje disparam em taxas tão altas quanto várias centenas de picos por segundo durante os movimentos ativos dos olhos, dos braços e da face.

Os sistemas de fibras trepadeiras e de fibras musgosas/fibras paralelas parecem ser especializados para transmissão de diferentes tipos de informação. As fibras trepadeiras geram picos complexos que parecem especializados para detecção de eventos. Embora picos complexos não ocorram frequentemente, o disparo sincronizado de diversas fibras trepadeiras as torna capazes de sinalizar eventos importantes. A sincronia parece surgir em parte porque a sinalização entre muitos neurônios no núcleo olivar inferior ocorre eletrotonicamente (nos canais de junções comunicantes). Em contraste, as altas taxas de disparo dos picos simples nas células de Purkinje podem ser moduladas para cima ou para baixo de maneira gradual por aferências de fibras musgosas e, assim, codificam a magnitude e a duração dos estímulos periféricos ou comportamentos gerados centralmente.

A arquitetura do microcircuito cerebelar sugere uma sinalização canônica

O microcircuito cerebelar é replicado muitas vezes na superfície do córtex cerebelar. Essa arquitetura repetitiva e padrão de convergência e divergência levou à sugestão de que, uma vez que cada módulo tem a mesma arquitetura e padrão de convergência e divergência, o córtex cerebelar realiza a mesma sinalização "canônica" básica em todas as suas aferências, e que ele potencialmente transforma as aferências do cerebelo de maneira semelhante para todos os sistemas de eferência do cerebelo. A inspeção de um diagrama do microcircuito cerebelar (**Figura 37-10**) revela vários componentes funcionais diferentes. Uma característica geral é a existência de vias excitatórias e inibitórias paralelas às células de Purkinje ou núcleos cerebelares profundos. A outra característica geral é a prevalência de circuitos recorrentes.

Vias excitatórias e inibitórias de pró-ação paralela

As aferências excitatórias retransmitidas das fibras musgosas para as células granulares e as células de Purkinje funcionam em paralelo com as aferências inibitórias de pró-ação através dos dois interneurônios da camada molecular, as células estreladas e em cesta. Ambos os interneurônios recebem estímulos de fibras paralelas e inibem as células de Purkinje, mas possuem arquiteturas bastante diferentes.

Os axônios curtos das células estreladas entram em contato com os dendritos próximos das células de Purkinje. Assim, uma célula estrelada atua localmente no sentido de que ela e a célula de Purkinje que ela inibe são excitadas pelas mesmas fibras paralelas. Em contraste, uma célula em cesta atua mais amplamente. Seu axônio corre perpendicularmente às fibras paralelas (**Figura 37-8**) e cria flancos de inibição nas células de Purkinje que recebem estímulos de fibras paralelas que não aquelas que excitam a célula em cesta. As células estreladas afetam as células de Purkinje por meio de sinapses que estão nos dendritos distais, enquanto as células em cesta fazem fortes sinapses no corpo celular das células de Purkinje e parecem estar posicionadas para uma influência poderosa no pico simples das células de Purkinje. Notavelmente, mesmo 60 anos após a descrição da arquitetura do microcircuito cerebelar, o papel funcional dos interneurônios da camada molecular permanece um mistério.

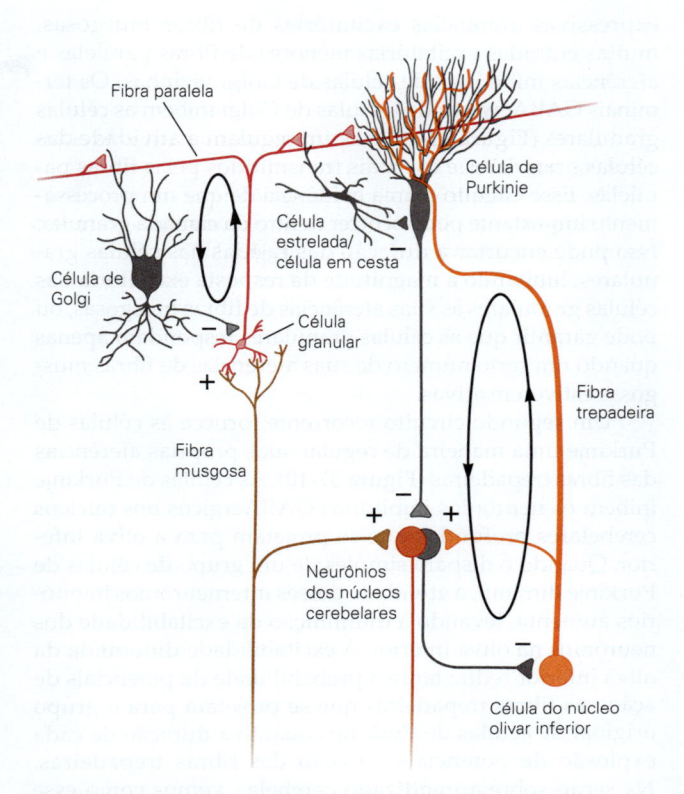

FIGURA 37-10 Organização sináptica do microcircuito cerebelar. Excitação e inibição convergem no córtex cerebelar e nos núcleos cerebelares. Circuitos recorrentes envolvem as células de Golgi do córtex cerebelar e o núcleo da oliva inferior, externo ao cerebelo. (Adaptada, com autorização, de Raymond, Lisberger e Mauk, 1996. Copyright © 1996 AAAS.)

A convergência das vias excitatórias e inibitórias é uma característica predominante também nos núcleos cerebelares profundos. Neles, as aferências inibitórias das células de Purkinje convergem com aferências excitatórias dos axônios colaterais das fibras musgosas e trepadeiras (**Figura 37-10**). Assim, uma fibra musgosa afeta os neurônios-alvo nos núcleos profundos de duas maneiras: diretamente por sinapses excitatórias e indiretamente por vias através do córtex cerebelar e das células inibitórias de Purkinje. Os neurônios dos núcleos cerebelares profundos são ativos espontaneamente mesmo na ausência de aferências sinápticas, de modo que a saída inibitória das células de Purkinje modula essa atividade intrínseca e regula os sinais excitatórios transmitidos das fibras musgosas para os núcleos profundos. Em quase todas as partes do cerebelo, colaterais das fibras trepadeiras para os núcleos cerebelares profundos criam a oportunidade para uma interação semelhante de estímulos excitatórios e inibitórios.

Circuitos recorrentes

Um importante circuito recorrente está contido inteiramente no córtex cerebelar e emprega células de Golgi para regular a atividade das células granulares, os elementos aferentes no córtex cerebelar. As células de Golgi recebem expressivas aferências excitatórias de fibras musgosas, muitas entradas excitatórias menores de fibras paralelas e aferências inibitórias de células de Golgi vizinhas. Os terminais GABAérgicos das células de Golgi inibem as células granulares (**Figura 37-10**) e assim regulam a atividade das células granulares e os sinais transmitidos pelas fibras paralelas. Esse circuito é uma evidência de que um processamento importante pode ocorrer dentro da camada granular. Isso pode encurtar a duração das rajadas nas células granulares, limitando a magnitude da resposta excitatória das células granulares às suas aferências de fibras musgosas, ou pode garantir que as células granulares respondam apenas quando um certo número de suas aferências de fibras musgosas estiverem ativas.

Um segundo circuito recorrente fornece às células de Purkinje uma maneira de regular suas próprias aferências das fibras trepadeiras (**Figura 37-10**). As células de Purkinje inibem os neurônios inibitórios GABAérgicos nos núcleos cerebelares profundos que se projetam para a oliva inferior. Quando o disparo simples de um grupo de células de Purkinje diminui, a atividade desses interneurônios inibitórios aumenta, levando à diminuição da excitabilidade dos neurônios na oliva inferior. A excitabilidade diminuída da oliva inferior reduz tanto a probabilidade de potenciais de ação nas fibras trepadeiras que se projetam para o grupo original de células de Purkinje, quanto a duração de cada explosão de potenciais de ação das fibras trepadeiras. Na seção sobre aprendizado cerebelar, vemos como esse circuito recorrente pode permitir que o córtex cerebelar controle as aferências que causam mudanças adaptativas nas sinapses de suas células de Purkinje.

Existem hipóteses de que o cerebelo realize diversas funções computacionais gerais

Sabemos que o cerebelo é importante para o controle motor e algumas funções não motoras. Embora ainda não saibamos como o circuito cerebelar controla essas funções, somos capazes de identificar aspectos do controle que parecem ser particularmente "cerebelares". Isso inclui um controle pró-ação confiável, um controle interno de temporização, a integração de aferências sensoriais com descarga corolária e estimativa de estado por meio de modelos internos.

O cerebelo contribui para o controle sensorimotor pró-ação

A retroalimentação sensorial é, por natureza, atrasada. Portanto, quando um movimento é iniciado, há um período de tempo antes que qualquer retroalimentação sensorial útil seja recebida sobre o movimento. Vimos anteriormente que o dano cerebelar causa distúrbios do movimento que parecem resultar de retroalimentação sensorial desatualizada. Nesse caso, é razoável supor que o cerebelo regula e coordena o movimento por meio da pré-programação e coordenação de comandos para a contração muscular antes da chegada da retroalimentação sensorial útil. A eferência cerebelar antecipa as contrações musculares que serão necessárias para realizar um movimento de forma suave, precisa e rápida ao ponto final desejado, e usa a retroalimentação sensorial principalmente para monitorar e melhorar seu próprio desempenho.

Como os neurônios no córtex motor, os neurônios cerebelares são ativados antes do movimento. Ainda assim, estudos de lesões e os sintomas em distúrbios motores humanos indicam que o cerebelo e o córtex motor desempenham papéis muito diferentes sobre o movimento. As lesões do cerebelo interrompem a precisão e a coordenação do movimento voluntário, enquanto as lesões do córtex cerebral impedem amplamente o movimento.

Além disso, o padrão de atividade cerebelar, não apenas a taxa de atividade, transmite informações para o controle do movimento. Isso é ilustrado em modelos de camundongos de doença cerebelar. A deleção de certos canais iônicos produz variabilidade excessiva dos padrões de disparo de pico simples das células de Purkinje, o que parece levar à ataxia. Isso sugere que a regularidade da atividade cerebelar deve ser rigorosamente regulada para alcançar o movimento normal.

O cerebelo incorpora um modelo interno do aparelho motor

Para programar as contrações musculares corretas para um movimento suave e preciso do braço, o cerebelo precisa ter algumas informações sobre a configuração física do braço. Assim, precisa criar e manter os chamados "modelos internos" do aparato motor (Capítulo 30). Modelos internos permitem que o cerebelo realize um cálculo que ajuda o encéfalo a fazer boas estimativas das forças musculares exatas necessárias para mover um braço da maneira desejada.

Um modelo *dinâmico inverso* preciso do braço, por exemplo, pode processar dados sensoriais sobre a postura atual do braço e gerar automaticamente uma sequência de comandos cronometrados e dimensionados adequadamente para mover a mão para uma nova posição desejada. Um modelo *dinâmico de avanço* preciso faz o oposto: ele processa uma cópia de um comando motor e faz uma previsão sobre a cinemática futura (ou seja, posição e velocidade) do movimento do braço. Os registros das eferências do cerebelo forneceram evidências compatíveis com a ideia de que o cerebelo contém os dois tipos de modelos e que eles são usados para programar os movimentos dos braços e dos olhos.

Uma razão pela qual o cerebelo pode precisar desses tipos de modelos para controle motor é por causa das complexidades associadas ao movimento de segmentos vinculados do corpo. Considere a mecânica de fazer um movimento simples do braço. Por causa da mecânica do braço e do impulso que ele desenvolve ao se mover, o movimento do antebraço sozinho causa forças inerciais que movem passivamente o braço. Se um sujeito quiser flexionar ou estender o cotovelo sem mover o ombro, então os músculos que atuam sobre o ombro devem se contrair para prevenir seu movimento. Essas contrações estabilizadoras da articulação do ombro ocorrem quase perfeitamente em indivíduos saudáveis, mas não em pacientes com lesão cerebelar, que apresentam dificuldade em controlar as interações inerciais entre vários segmentos de um membro (**Figura 37-1B**). Como resultado, os pacientes apresentam maior imprecisão de movimentos multiarticulares em comparação com movimentos uniarticulares.

Em conclusão, o cerebelo usa modelos internos para permitir que ele pré-programe uma sequência de contrações musculares que gerarão movimentos suaves e precisos. Ele também antecipa as forças que resultam das propriedades mecânicas de um membro em movimento. Ainda não sabemos como são esses modelos internos em termos da atividade dos neurônios cerebelares, os circuitos que funcionam como modelos internos ou como a eferência cerebelar é transformada em forças musculares. No entanto, dado que as propriedades dos membros mudam ao longo da vida, podemos ter certeza de que as capacidades de aprendizado do cerebelo estão envolvidas na adaptação desses modelos internos para ajudar a gerar os movimentos mais proficientes.

O cerebelo integra aferências sensoriais e a descarga corolária

Sinais sensoriais convergem no cerebelo com sinais motores que são chamados de descarga corolária (ou cópia de eferência) porque relatam comandos que estão sendo enviados aos nervos motores ao mesmo tempo. Por exemplo, alguns neurônios no trato espinocerebelar dorsal retransmitem aferências sensoriais na medula espinal e transmitem sinais sensoriais para o cerebelo. Em contraste, os neurônios da medula espinal que dão origem aos axônios no trato espinocerebelar ventral recebem as mesmas aferências e estímulos descendentes que os neurônios motores espinais e transmitem o comando motor final de volta ao cerebelo. A interação de sinais sensoriais e descarga corolária permite a comparação dos planos para um movimento com as consequências sensoriais. Essa comparação ocorre em algum grau nas células de Purkinje, mas agora sabemos que pelo menos algumas células granulares recebem aferências de descarga sensorial e corolária convergentes e podem realizar a comparação.

Os modelos internos e a descarga corolária juntos fornecem uma possível explicação do papel do cerebelo no movimento. Para poder programar movimentos precisos, o cerebelo deve ser capaz de estimar o estado do sistema motor por meio de retroalimentação sensorial e conhecimento da atividade motora anterior. Em seguida, deve combinar informações sobre o estado do sistema motor com os objetivos do próximo movimento e usar modelos internos do efetor para ajudar a criar comandos para forças musculares que irão gerar um movimento preciso e eficiente. Durante o movimento, o cerebelo deve monitorar o desempenho do movimento por meio de retroalimentação sensorial. O pensamento atual é que muito disso é feito por um modelo interno que converte a descarga corolária em previsões da retroalimentação sensorial. O cerebelo então compara a retroalimentação sensorial real e prevista para determinar um erro de previsão sensorial e usa o erro de previsão sensorial para orientar os movimentos corretivos e o aprendizado.

Usando um paradigma que exigia que os macacos ignorassem os sinais sensoriais causados por seu próprio movimento, Kathy Cullen e colaboradores identificaram um correlato neural de um erro de previsão sensorial nos núcleos cerebelares profundos. Especificamente, eles estudaram os sinais sensoriais vestibulares que resultam dos movimentos ativos da cabeça de um animal. Eles mostraram que o encéfalo atenua ou mesmo elimina os sinais sensoriais vestibulares causados pelo próprio movimento ativo da cabeça para detectar melhor os sinais vestibulares imprevisíveis devido ao ambiente. No entanto, quando a cabeça é efetivamente tornada mais pesada pela adição de resistência por meio de um dispositivo mecânico, os sinais sensoriais vestibulares não correspondem mais aos sinais sensoriais previstos que normalmente atenuariam a aferência vestibular. Eles mostraram que o cerebelo ajusta suas previsões da aferência vestibular para levar em conta as mudanças no movimento da cabeça causadas pela resistência devido ao dispositivo mecânico. Depois de alguma prática, as aferências sensoriais autogeradas previstas e reais novamente coincidem, e os neurônios no núcleo cerebelar profundo voltam a não responder às aferências vestibulares. O aprendizado dependente do cerebelo é descrito em detalhes mais adiante neste capítulo.

O cerebelo contribui para o controle do tempo de resposta

O cerebelo parece ter um papel no tempo do movimento que vai muito além de seu papel na regulação do tempo das contrações em diferentes músculos (**Figura 37-7**). Quando os pacientes com lesões cerebelares tentam fazer movimentos regulares de bater de leve com as mãos ou os dedos, o ritmo é irregular e os movimentos variam quanto à força e à duração.

Com base em um modelo teórico sobre como são gerados os movimentos de bater de leve, Richard Ivry e Steven Keele inferiram que as lesões cerebelares mediais interferem somente com a execução acurada da resposta, enquanto as lesões cerebelares laterais interferem com a precisão temporal dos eventos seriados. Esses déficits na precisão temporal não estão limitados aos eventos motores, afetando também a capacidade de julgar o tempo decorrido em tarefas puramente mentais ou cognitivas, como a capacidade de distinguir se um tom é mais curto ou mais longo que outro, ou se a velocidade de um objeto em movimento é maior ou menor que a de outro. Veremos em nossa discussão sobre aprendizagem motora que o cerebelo é fundamental para aprender o momento dos atos motores.

O cerebelo participa do aprendizado das habilidades motoras

No início da década de 1970, com base na modelagem matemática da função cerebelar e do microcircuito cerebelar, David Marr e James Albus sugeriram que o cerebelo poderia estar envolvido no aprendizado de habilidades motoras. Junto com Masao Ito, eles propuseram que a aferência de fibras trepadeiras para as células de Purkinje causa mudanças nas sinapses que retransmitem sinais de aferência de fibras musgosas das fibras paralelas para as células de Purkinje. De acordo com essa teoria, a plasticidade sináptica levaria a mudanças no disparo de picos simples, e essas mudanças causariam aprendizado comportamental. Evidências experimentais subsequentes apoiaram e estenderam essa teoria do aprendizado motor cerebelar.

A atividade das fibras altera a eficiência sináptica das fibras paralelas

As fibras trepadeiras podem induzir, de modo seletivo, *depressão de longa duração* nas sinapses entre as fibras paralelas e as células de Purkinje que ficam ativadas ao mesmo tempo que as fibras trepadeiras. Muitos estudos em fatias de encéfalo e cultura de células de Purkinje descobriram que a estimulação simultânea de fibras trepadeiras e de fibras paralelas deprime as respostas das células de Purkinje à estimulação subsequente das mesmas fibras paralelas. A depressão é seletiva para as fibras paralelas que foram ativadas em conjunto com a aferência da fibra trepadeira e não aparece nas sinapses das fibras paralelas que não foram estimuladas junto com as fibras trepadeiras (**Figura 37-11A**). A depressão resultante pode durar minutos a horas.

Muitos estudos em uma variedade de sistemas de aprendizado motor registraram atividade nas células de Purkinje, que é consistente com as previsões da teoria do aprendizado cerebelar. Por exemplo, se uma resistência inesperada for aplicada a um movimento de braço bem praticado, será necessária uma tensão muscular extra para se mover. A atividade das fibras trepadeiras pode sinalizar um erro até que a resistência inesperada seja aprendida. Presumivelmente, elas deprimem a força sináptica das fibras paralelas envolvidas na geração desses erros, ou seja, aquelas que levaram ao disparo de pico simples da célula de Purkinje no momento da atividade da fibra trepadeira (**Figura 37-11B**). Com movimentos sucessivos, as aferências das fibras paralelas que transmitem o comando central falho são cada vez mais suprimidas, surge um padrão mais apropriado de atividade de pico simples e, por fim, os erros de movimento desaparecem, juntamente com o sinal de erro da fibra trepadeira. Embora esse tipo de resultado seja consistente com a teoria do aprendizado cerebelar, não

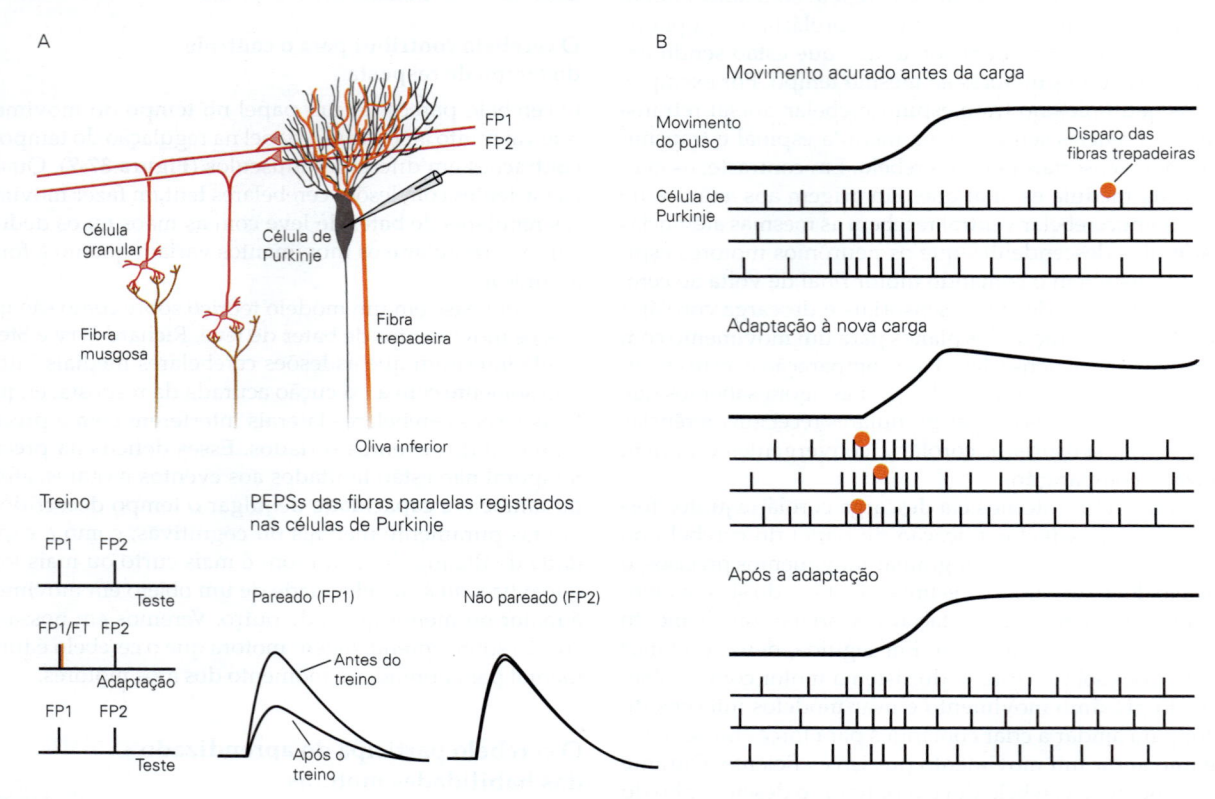

FIGURA 37-11 A depressão de longa duração da aferência sináptica das fibras paralelas para as células de Purkinje é considerada um mecanismo para o aprendizado cerebelar.
A. Dois grupos diferentes de fibras paralelas e de fibras trepadeiras pré-sinápticas são estimulados eletricamente *in vitro*. A estimulação repetida de um grupo de fibras paralelas (**FP1**), no mesmo momento das fibras trepadeiras, produz uma redução de longa duração das respostas daquelas fibras paralelas à estimulação posterior. As respostas de um segundo grupo de fibras paralelas (**FP2**) não são deprimidas, pois elas não são estimuladas simultaneamente com as fibras trepadeiras pré-sinápticas. (Siglas: **FT**, fibra trepadeira; **PEPS**, potencial excitatório pós-sináptico.) (Adaptada de Ito et al., 1982.)
B. Superior: Um movimento acurado do pulso de um macaco é acompanhado por uma salva de picos simples em uma célula de Purkinje, seguido de disparos de uma única fibra trepadeira em uma tentativa. **Parte do meio:** Quando o macaco deve realizar o mesmo movimento contra uma resistência distinta (adaptação), a atividade das fibras trepadeiras ocorre durante o movimento em cada tentativa, e o próprio movimento ultrapassa o alvo. **Parte inferior:** Após a adaptação, a frequência dos picos simples durante o movimento fica muito atenuada, e a fibra trepadeira não continuará ativa durante ou após o movimento. Essa é a sequência de eventos esperada se a depressão de longa duração do córtex cerebelar assumir uma função no aprendizado. A atividade da fibra trepadeira costuma ser baixa (1/s), mas aumenta durante a adaptação a uma nova carga. (Adaptada, com autorização, de Gilbert e Thach, 1977.)

chega a provar que o aprendizado neural e comportamental foi causado pela depressão de longo prazo das sinapses das fibras paralelas para as células de Purkinje.

O cerebelo é necessário para o aprendizado motor em vários sistemas de movimento diferentes

O cerebelo está envolvido no aprendizado de uma ampla variedade de movimentos, desde movimentos dos membros e dos olhos, até a caminhada. Em cada sistema de movimento, o aprendizado motor opera para melhorar o controle antecipado do movimento. Os erros tornam o controle motor transitoriamente dependente da retroalimentação sensorial, e o aprendizado motor restaura a situação ideal onde o desempenho é preciso sem depender da retroalimentação sensorial.

A adaptação dos movimentos dos membros que dependem da coordenação olho-mão pode ser demonstrada fazendo as pessoas usarem prismas que desviam o caminho da luz lateralmente. Quando uma pessoa arremessa dardos enquanto está utilizando prismas, que deslocam todo o campo visual para a esquerda, os lançamentos iniciais de dardos caem à esquerda do alvo, a uma distância proporcional ao grau do prisma. O sujeito gradualmente adapta a distorção com a prática; dentro de 10 a 30 lançamentos, os dardos chegam no alvo (**Figura 37-12**). Quando os prismas são removidos, a adaptação a eles persiste e os dardos caem à direita do alvo, aproximadamente na mesma distância que o erro inicial induzido pelo prisma. Os pacientes com lesão do córtex cerebelar ou da oliva inferior mostram um déficit grave ou são simplesmente incapazes de se adaptar nessa tarefa.

O condicionamento clássico da resposta de piscar o olho também depende de um cerebelo intacto. Nessa forma de aprendizado associativo, uma lufada de ar é direcionada para a córnea, fazendo o olho piscar ao final de um estímulo neutro, como um tom. Se o tom e o sopro são pareados repetidamente com uma duração fixa do tom, o encéfalo aprende o poder preditivo do tom e o tom sozinho é suficiente para causar um piscar. Michael Mauk e colaboradores mostraram que o encéfalo também pode aprender sobre o padrão temporal do estímulo, de modo que o piscar dos olhos ocorra no tempo certo. É possível, ainda, aprender a piscar em diferentes tempos em resposta a tons de diferentes frequências.

Todas as formas de movimento ocular conjugado requerem o cerebelo para um desempenho correto, e cada forma está sujeita ao aprendizado motor que envolve o

FIGURA 37-12 Ajuste da coordenação olho-mão a uma mudança nas condições ópticas. O sujeito usa lentes que dobram o caminho óptico para a direita. Ela deve olhar para a esquerda acompanhando o desvio do trajeto da luz para ver o alvo diretamente à frente. (Adaptada, com autorização, de Martin et al., 1996.)

A. Sem as lentes prismáticas, a pessoa arremessa com boa acurácia (I). No primeiro arremesso no início da utilização da lente, o dardo é arremessado à esquerda do centro, pois a mão arremessa para onde estão direcionados os olhos. Com a prática, os arremessos tendem a se direcionar para a direita, afastando-se da posição para onde os olhos estão mirando (II). Após a remoção das lentes, a pessoa fixa o olhar no centro do alvo; o primeiro arremesso põe o dardo à direita do centro, afastado da posição para onde os olhos estão mirando. Depois disso, direciona seu olhar para o alvo (III). Imediatamente após a remoção das lentes prismáticas, ela direciona seu olhar exatamente ao alvo; seu arremesso adaptado está à direita da direção da mirada e à direita do alvo (IV). Após se recuperar da adaptação, a pessoa novamente passa a mirar e a arremessar na direção do alvo (V). Os dados durante e após o uso das lentes prismáticas foram representados em curvas exponenciais. As direções da mirada e dos arremessos estão indicadas pelas **setas azuis** e **marrons**, respectivamente, *à direita*. A direção do olhar representada assume que a pessoa esteja com o olhar fixo no alvo.

B. A adaptação falha em um paciente com infarto unilateral no território da artéria cerebelar inferior posterior que irriga o pedúnculo cerebelar inferior e a porção lateral inferior do córtex cerebelar posterior.

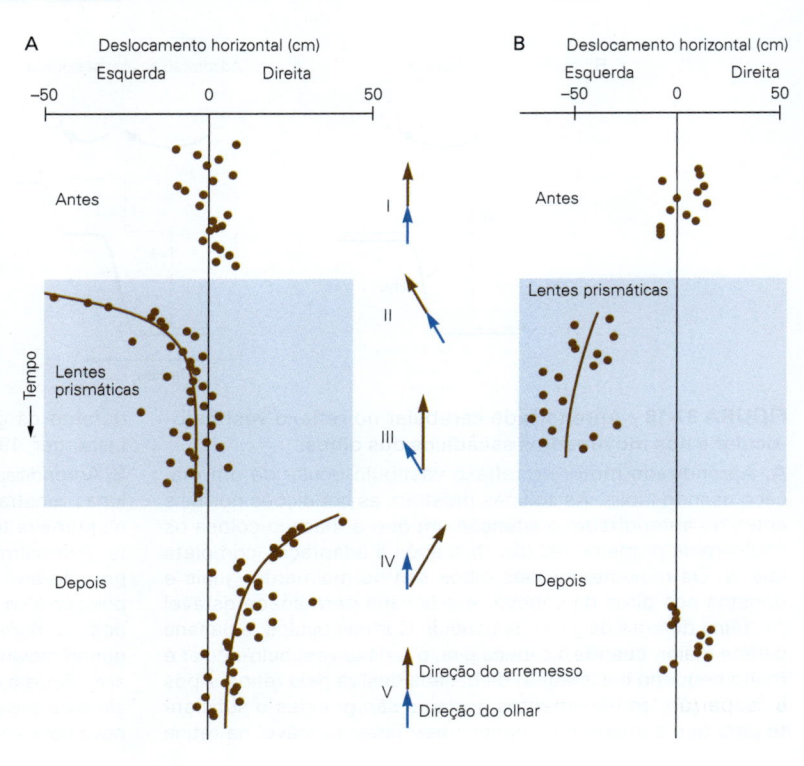

cerebelo. Por exemplo, o reflexo vestíbulo-ocular normalmente mantém os olhos fixos em um alvo quando a cabeça é girada (Capítulo 27). O movimento da cabeça em uma direção é detectado pelo labirinto vestibular, que inicia os movimentos oculares na direção oposta para evitar que as imagens visuais deslizem pela retina. Quando seres humanos e animais experimentais usam lentes que mudam a dimensão da cena visual, o reflexo vestíbulo-ocular inicialmente falha em manter as imagens estáveis na retina, devido ao fato de a amplitude do reflexo ser inapropriada às novas condições. Contudo, após as lentes terem sido usadas por alguns dias, a amplitude do reflexo tornar-se-á progressivamente reduzida (quando os óculos diminuem a imagem) ou aumentada (para óculos que aumentam a imagem) (**Figura 37-13A**). Essas alterações são necessárias para evitar que as imagens deslizem pela retina porque as imagens ampliadas (ou miniaturizadas) também se movem mais rápido (ou mais devagar). A atuação do reflexo

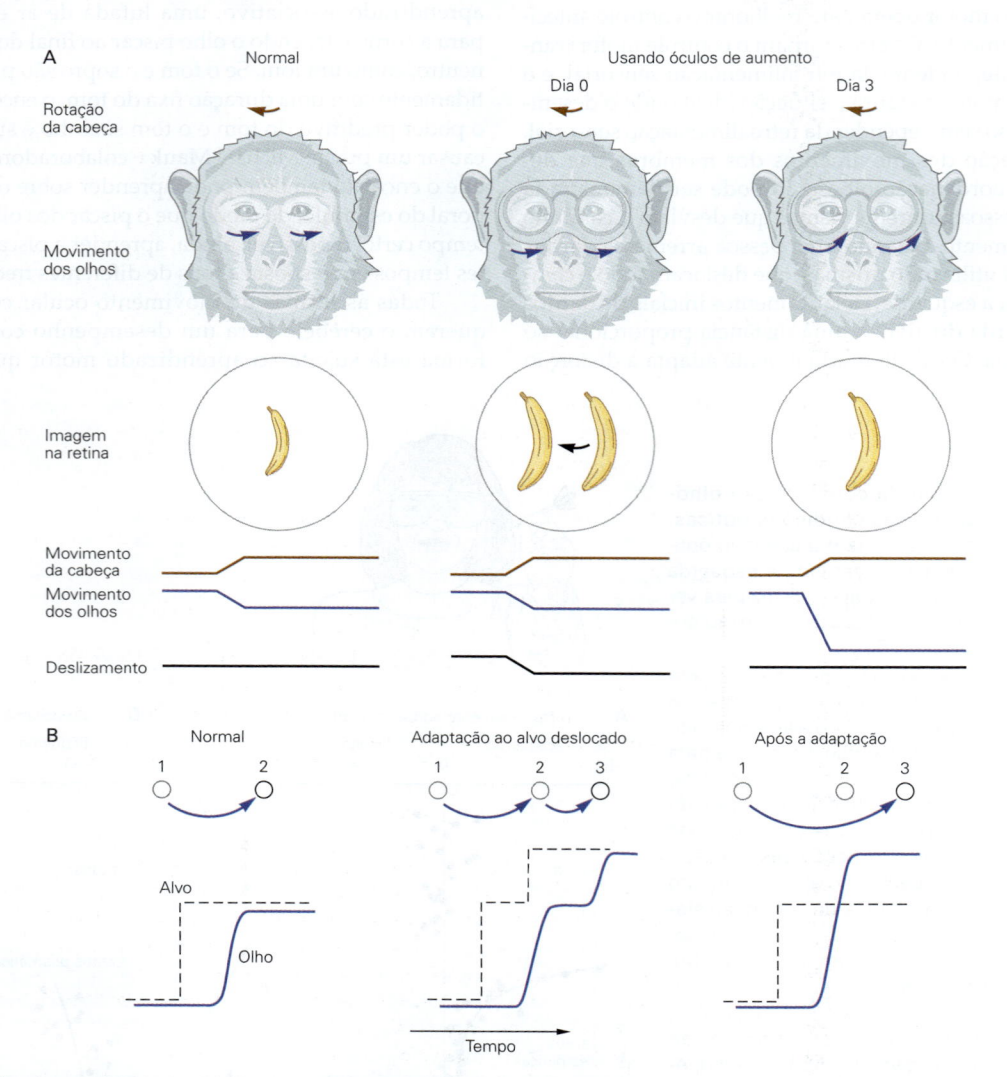

FIGURA 37-13 Aprendizado cerebelar no reflexo vestíbulo-ocular e nos movimentos sacádicos dos olhos.

A. Aprendizado motor no reflexo vestíbulo-ocular de um macaco usando lupas. As colunas mostram as condições normais antes do aprendizado, a situação em que o macaco coloca os óculos pela primeira vez (dia 0) e após a adaptação completa (dia 3). Os movimentos dos olhos são normalmente iguais e opostos aos giros da cabeça, e a banana permanece estável na retina durante os giros da cabeça. Com os óculos, a banana parece maior; quando a cabeça gira, o reflexo vestíbulo-ocular é muito pequeno e a imagem da banana desliza pela retina. Após a adaptação, os movimentos oculares são grandes o suficiente para que a imagem da banana permaneça estável na retina durante os giros da cabeça. (Adaptada, com autorização, de Lisberger, 1988.)

B. Aprendizado motor em movimentos oculares sacádicos. As colunas mostram movimentos sacádicos em condições normais, na primeira tentativa de adaptação e após a adaptação completa. Normalmente, o movimento responde a uma mudança na posição-alvo trazendo o olho quase perfeitamente para a nova posição-alvo. Durante a adaptação, o alvo se move para uma nova posição durante o movimento sacádico inicial, exigindo um segundo movimento para trazer o olho para a nova posição final do alvo. Após a adaptação, a posição do alvo original evoca um movimento sacádico maior que é apropriado para trazer o olho para a nova posição do alvo, mesmo que o alvo não se mova.

vestíbulo-ocular basal não depende muito do cerebelo, mas sua adaptação depende e pode ser bloqueada em animais experimentais por lesões da parte lateral do vestibulocerebelo denominada complexo flocular.

Os movimentos oculares sacádicos também dependem da integridade das células de Purkinje no verme oculomotor nos lóbulos V, VI e VII do verme (**Figura 37-2C**). Essas células descarregam antes e durante os movimentos sacádicos, e as lesões do verme fazem eles se tornarem hipermétricos, assim como vemos nos movimentos do braço de pacientes com distúrbios cerebelares. As eferências dos neurônios do verme relacionadas com os movimentos sacádicos são transmitidas através de uma região muito pequena caudal do núcleo do fastígio para o gerador dos movimentos sacádicos na formação reticular.

As mesmas células de Purkinje participam de uma forma de aprendizado motor chamado adaptação sacádica. Essa adaptação é demonstrada fazendo um macaco se fixar em um alvo logo à frente e, em seguida, exibir um novo alvo em um local excêntrico. Durante o movimento para o novo alvo, o experimentador move o novo alvo para um local mais excêntrico. Inicialmente, o sujeito precisa fazer um segundo movimento sacádico para se fixar no alvo. Gradualmente, ao longo de várias centenas de tentativas, o primeiro movimento cresce em amplitude de modo que leva o olho diretamente para a localização final do alvo (**Figura 37-13B**). Registros durante a adaptação sacádica revelaram que as aferências de fibras trepadeiras para as células de Purkinje no verme oculomotor sinalizam erros sacádicos durante o aprendizado, e a taxa de disparo de pico simples das mesmas células se adapta gradualmente junto com os movimentos oculares do macaco. Assim, o verme oculomotor é um local provável para o aprendizado motor da amplitude dos movimentos oculares sacádicos. A história é muito semelhante para movimentos oculares de perseguição suave, exceto que a parte relevante do cerebelo é o complexo flocular, usando as mesmas células de Purkinje que participam da adaptação do reflexo vestíbulo-ocular.

Finalmente, o aprendizado de novos padrões de caminhada foi estudado em pacientes com distúrbios cerebelares usando uma esteira de cinto dividido que exige que uma perna se mova mais rápido que a outra. O dano cerebelar não prejudica a capacidade de usar retroalimentação para alterar imediatamente o padrão de caminhada quando as duas velocidades da correia diferem: os pacientes podem aumentar o tempo em que permanecem na esteira mais lenta e encurtar o tempo em que ficam na esteira mais rápida. No entanto, os pacientes com distúrbios cerebelares não podem aprender ao longo de centenas de passos para tornar seu padrão de caminhada simétrico, enquanto indivíduos saudáveis podem (ver **Figura 30-14**).

O aprendizado ocorre em diversos locais no cerebelo

Sabemos agora que existem muitos locais de plasticidade sináptica e celular no microcircuito cerebelar. Quase todas as sinapses estudadas sofrem potencialização ou depressão, e a teoria do aprendizado cerebelar foi ampliada de acordo. Análises detalhadas do papel dos circuitos cerebelares no

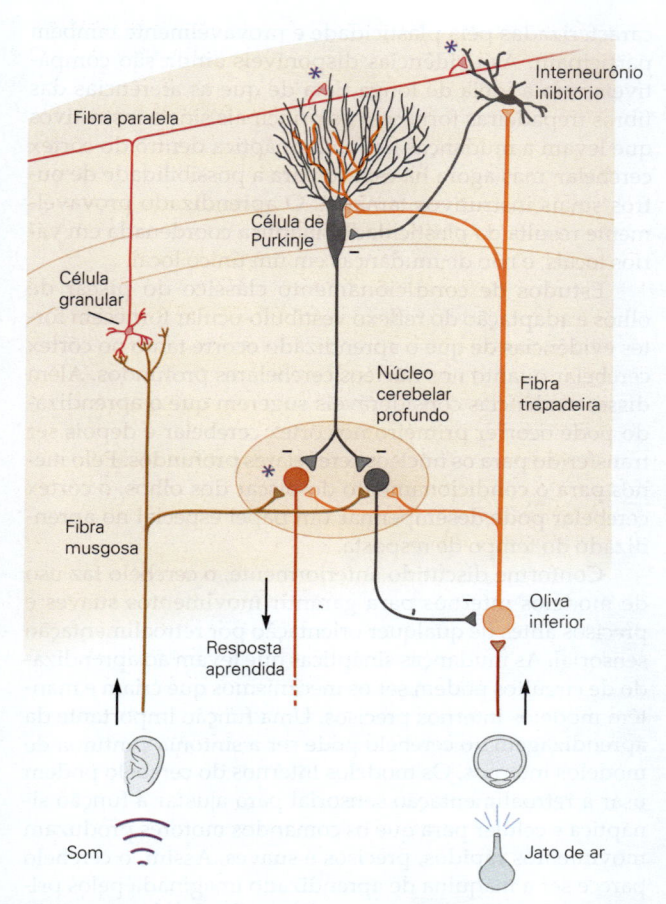

FIGURA 37-14 O aprendizado no microcircuito cerebelar pode ocorrer no córtex cerebelar e nos núcleos cerebelares profundos. O diagrama é baseado no condicionamento clássico de piscar, que é conduzido pelo pareamento de um som (o chamado estímulo condicionado transportado por fibras musgosas) e um sopro de ar (o estímulo incondicionado mediado por fibras trepadeiras). O aprendizado ocorre nas sinapses da fibra paralela-célula de Purkinje quando as fibras trepadeiras e as fibras paralelas estão ativas juntas. O aprendizado também ocorre na sinapse da fibra musgosa nos núcleos cerebelares profundos. (Os sítios de aprendizado estão assinalados com **asteriscos**.) Embora esse diagrama represente um paradigma de condicionamento clássico, a plasticidade ocorre nos mesmos locais durante a adaptação do reflexo vestíbulo-ocular quando os giros da cabeça estão associados ao movimento da imagem na retina (Capítulo 27). (Adaptada, com autorização, de Carey e Lisberger, 2002.)

aprendizado motor foram realizadas em vários sistemas motores: adaptação de vários tipos de movimentos oculares, condicionamento clássico do piscar de olhos e aprendizado motor nos movimentos do braço.

Na teoria ampliada do aprendizado cerebelar atual, a aprendizagem ocorre não apenas no córtex cerebelar, como postulado por Marr, Albus e Ito, mas também nos núcleos cerebelares profundos (**Figura 37-14**). Nossa compreensão do aprendizado no córtex cerebelar baseia-se em parte na depressão de longo prazo das sinapses das fibras paralelas para as células de Purkinje, mas muitas outras sinapses são caracterizadas pela plasticidade e provavelmente também participam. As evidências disponíveis ainda são compatíveis com a ideia de longa data de que as aferências das fibras trepadeiras fornecem os principais sinais instrutivos que levam a mudanças na força sináptica dentro do córtex cerebelar, mas agora há espaço para a possibilidade de outros sinais instrutivos também. O aprendizado provavelmente resulta da plasticidade sináptica coordenada em vários locais, e não de mudanças em um único local.

Estudos de condicionamento clássico do piscar de olhos e adaptação do reflexo vestíbulo-ocular fornecem fortes evidências de que o aprendizado ocorre tanto no córtex cerebelar quanto nos núcleos cerebelares profundos. Além disso, evidências consideráveis sugerem que o aprendizado pode ocorrer primeiro no córtex cerebelar e depois ser transferido para os núcleos cerebelares profundos. Pelo menos para o condicionamento do piscar dos olhos, o córtex cerebelar pode desempenhar um papel especial no aprendizado do tempo de resposta.

Conforme discutido anteriormente, o cerebelo faz uso de modelos internos para garantir movimentos suaves e precisos antes de qualquer orientação por retroalimentação sensorial. As mudanças sinápticas que levam ao aprendizado de circuitos podem ser os mecanismos que criam e mantêm modelos internos precisos. Uma função importante da aprendizagem no cerebelo pode ser a sintonia contínua de modelos internos. Os modelos internos do cerebelo podem usar a retroalimentação sensorial para ajustar a função sináptica e celular para que os comandos motores produzam movimentos rápidos, precisos e suaves. Assim, o cerebelo parece ser a máquina de aprendizado imaginada pelos primeiros investigadores, mas suas capacidades de aprendizado podem ser maiores e mais amplamente dispersas do que originalmente imaginado e podem afetar todas as contribuições cerebelares para o comportamento.

Destaques

1. O cerebelo desempenha um importante papel no movimento. Danos ao cerebelo levam a uma profunda descoordenação do movimento chamada ataxia, que afeta todos os movimentos, desde os movimentos dos olhos e dos membros até o equilíbrio e a caminhada. A lesão cerebelar também leva a alguns déficits sensoriais, mas apenas durante o movimento ativo.

2. O cerebelo também desempenha um papel no comportamento cognitivo e emocional. Déficits nesses domínios são menos óbvios imediatamente após lesão cerebelar, mas aparecem com testes formalizados. Provavelmente existe um mecanismo comum para déficits nos domínios motor e não motor, mas o mecanismo ainda não é compreendido.

3. O cerebelo atua por meio de suas conexões com outras estruturas encefálicas. Suas aferências vêm indiretamente de amplas regiões do córtex cerebral, bem como do tronco encefálico e da medula espinal. As eferências cerebelares se projetam para os núcleos vestibulares, a formação reticular do tronco encefálico e o núcleo rubro e, via tálamo, para amplas regiões do córtex cerebral.

4. As conexões recíprocas entre o cerebelo e o córtex cerebral incluem os córtices sensitivo e motor, bem como amplas regiões dos córtices parietal e pré-frontal. As conexões cerebrocerebelares são organizadas como uma série de circuitos paralelos, fechados e recorrentes, onde uma determinada região do córtex cerebral faz conexões eferentes e aferentes com uma determinada parte do cerebelo.

5. O circuito do córtex cerebelar é altamente estereotipado, sugerindo um mecanismo comum para suas interações com outras regiões do encéfalo. Inclui uma camada granular (aferente) onde as fibras musgosas fazem sinapse nas células granulares e as células de Golgi fornecem retroalimentação inibitória; uma camada inibitória de células de Purkinje, com os únicos neurônios eferentes do córtex cerebelar; e uma camada molecular onde os dendritos das células de Purkinje e os interneurônios inibitórios recebem aportes das fibras paralelas que emergem dos axônios das células granulares.

6. As aferências das fibras trepadeiras e das fibras musgosas para o cerebelo são muito diferentes anatomicamente. Cada célula de Purkinje recebe muitos contatos sinápticos de uma única fibra trepadeira, mas pode ser influenciada via células granulares por um grande número de fibras musgosas. As fibras trepadeiras disparam em frequências muito baixas e causam "picos complexos" unitários nas células de Purkinje. As fibras musgosas causam "picos simples" que podem disparar em taxas muito altas. Acredita-se que a interação entre essas aferências é essencial para o aprendizado.

7. As teorias do controle motor cerebelar enfatizam vários princípios gerais. O cerebelo é importante para gerar uma ação de pró-ação confiável antes que haja tempo para que ocorra uma retroalimentação sensorial útil. Desempenha um papel fundamental no controle interno do tempo de resposta. O cerebelo depende de uma sinalização que combina aferências sensoriais com descarga corolária relatando o movimento que foi comandado. Modelos internos dos órgãos efetores motores e do mundo permitem que o cerebelo estime o estado do sistema motor e guie ações de pró-ação precisas.

8. O aprendizado e a adaptação do movimento são funções fundamentais do cerebelo. O aprendizado cerebelar requer retroalimentação sobre erros de movimento e atualiza o movimento em uma base de tentativa por tentativa. Existem muitos locais de plasticidade sináptica no cerebelo, e as evidências atuais de sistemas de aprendizado motor suportam pelo menos dois locais de aprendizado no cerebelo. Um local envolve a depressão de longo prazo das sinapses das fibras paralelas para as células de Purkinje, guiada por erros sinalizados por fibras trepadeiras. O outro local está nos núcleos cerebelares profundos. É provável que o mesmo mecanismo de aprendizagem seja usado para processamento cognitivo e emocional.

Amy J. Bastian
Stephen G. Lisberger

Leituras selecionadas

Bodranghien F, Bastian A, Casali C, et al. 2016. Consensus paper: revisiting the symptoms and signs of cerebellar syndrome. Cerebellum 15:369–391.

Bostan AC, Dum RP, Strick PL. 2013. Cerebellar networks with the cerebral cortex and basal ganglia. Trends Cogn Sci 17:241–254.

Boyden ES, Katoh A, Raymond JL. 2004. Cerebellum-dependent learning: the role of multiple plasticity mechanisms. Annu Rev Neurosci 27:581–609.

Ito M. 1984. *The Cerebellum and Neural Control*. New York: Raven.

Raymond JL, Lisberger SG, Mauk MD. 1996. The cerebellum: a neuronal learning machine? Science 272:1126–1131.

Stoodley CJ, Schmahmann JD. 2010. Evidence for topographic organization in the cerebellum of motor control versus cognitive and affective processing. Cortex 46:831–844.

Referências

Adamaszek M, D'Agata F, Ferrucci R, et al. 2017. Consensus paper: cerebellum and emotion. Cerebellum 16:552–576.

Adrian ED. 1943. Afferent areas in the cerebellum connected with the limbs. Brain 66:289–315.

Albus JS. 1971. A theory of cerebellar function. Math Biosci 10:25–61.

Arshavsky YI, Berkenblit MB, Fukson OI, Gelfand IM, Orlovsky GN. 1972. Recordings of neurones of the dorsal spinocerebellar tract during evoked locomotion. Brain Res 43:272–275.

Arshavsky YI, Berkenblit MB, Fukson OI, Gelfand IM, Orlovsky GN. 1972. Origin of modulation in neurones of the ventral spinocerebellar tract during locomotion. Brain Res 43:276–279.

Bastian AJ, Martin TA, Keating JG, Thach WT. 1996. Cerebellar ataxia: abnormal control of interaction torques across multiple joints. J Neurophysiol 176:492–509.

Bastian AJ, Zackowski KM, Thach WT. 2000. Cerebellar ataxia: torque deficiency or torque mismatch between joints? J Neurophys 83:3019–3030.

Bhanpuri NH, Okamura AM, Bastian AJ. 2013. Predictive modeling by the cerebellum improves proprioception. J Neurosci 33:14301–14306.

Brooks VB, Thach WT. 1981. Cerebellar control of posture and movement. In *Handbook of Physiology, The Nervous System*, Sect. I, Vol. 2, ed. V. B. Brooks, pp. 877–46. Bethesda: Am Physiol Soc.

Brooks JX, Carriot J, Cullen KE. 2015. Learning to expect the unexpected: rapid updating in primate cerebellum during voluntary self-motion. Nat Neurosci 18:1310–1317.

Buckner RL, Krienen FM, Castellanos A, Diaz JC, Yeo BT. 2011 The organization of the human cerebellum estimated by intrinsic functional connectivity. J Neurophysiol 106:2322–2345.

Courchesne E, Yeung-Courchesne R, Press GA, Hesselink JR, Jernigan TL. 1988. Hypoplasia of cerebellar vermal lobules VI and VII in autism. N Engl J Med 318:1349–1354.

Carey MR, Lisberger SG. 2002. Embarrassed but not depressed: some eye opening lessons for cerebellar learning. Neuron 35: 223–226.

Eccles JC, Ito M, Szentagothai J. 1967. *The Cerebellum as a Neuronal Machine*. New York: Springer.

Fiez JA, Petersen SE, Cheney MK, Raichle ME. 1992. Impaired non--motor learning and error detection associated with cerebellar damage. Brain 115:155–178.

Flament D, Hore J. 1986. Movement and electromyographic disorders associated with cerebellar dysmetria. J Neurophysiol 55:1221–1233.

Gao Z, van Beugen BJ, De Zeeuw CI. 2012. Distributed synergistic plasticity and cerebellar learning. Nat Rev Neurosci 13:619–635.

Ghasia FF, Meng H, Angelaki DE. 2008. Neural correlates of forward and inverse models for eye movements: evidence from three-dimensional kinematics. J Neurosci 28:5082–5087.

Gilbert PFC, Thach WT. 1977. Purkinje cell activity during motor learning. Brain Res 128:309–328.

Groenewegen HJ, Voogd J. 1977. The parasagittal zonation within the olivocerebellar projection. I. Climbing fiber distribution in the vermis of cat cerebellum. J Comp Neurol 174:417–488.

Heck DH, Thach WT, Keating JG. 2007. On-beam synchrony in the cerebellum as the mechanism for the timing and coordination of movement. Proc Natl Acad Sci U S A 104:7658–7663.

Hore J, Flament D. 1986. Evidence that a disordered servo-like mechanism contributes to tremor in movements during cerebellar dysfunction. J Neurophysiol 56:123–136.

Ito M, Sakurai M, Tongroach P. 1982. Climbing fibre induced depression of both mossy fibre responsiveness and glutamate sensitivity of cerebellar Purkinje cells. J Physiol Lond 324:113–134.

Ivry RB, Keele SW. 1989. Timing functions of the cerebellum. J Cogn Neurosci 1:136–152.

Jansen J, Brodal A (eds). 1954. *Aspects of Cerebellar Anatomy*. Oslo: Grundt Tanum.

Kelly RM, Strick PL. 2003. Cerebellar loops with motor cortex and prefrontal cortex of a nonhuman primate. J Neurosci 23:8432–8444.

Kim SG, Ugurbil K, Strick PL. 1994. Activation of a cerebellar output nucleus during cognitive processing. Science 265:949–951.

Larsell O, Jansen J. 1972. *The Comparative Anatomy and Histology of the Cerebellum: The Human Cerebellum, Cerebellar Connection and Cerebellar Cortex*, pp. 111–119. Minneapolis, MN: Univ. of Minnesota Press.

Lisberger SG. 1988. The neural basis for motor learning in the vestibulo-ocular reflex in monkeys. Trends in Neurosci 11:147–152.

Lisberger SG. 1994. Neural basis for motor learning in the vestibulo-ocular reflex of primates. III. Computational and behavioral analysis of the sites of learning. J Neurophysiol 72:974–998.

Lisberger SG, Fuchs AF. 1978. Role of primate flocculus during rapid behavioral modification of vestibulo-ocular reflex. I. Purkinje cell activity during visually guided horizontal smooth-pursuit eye movements and passive head rotation. J Neurophysiol 41:733–763.

Marr D. 1969. A theory of cerebellar cortex. J Physiol 202:437–470.

Martin TA, Keating JG, Goodkin HP, Bastian AJ, Thach WT. 1996. Throwing while looking through prisms. I. Focal olivocerebellar lesions impair adaptation. Brain 119:1183–1198.

Martinez FE, Crill WE, Kennedy TT. 1971. Electrogenesis of cerebellar Purkinje cell responses in cats. J Neurophysiol 34:348–356.

McCormick DA, Thompson RF. 1984. Cerebellum: essential involvement in the classically conditioned eyelid response. Science 223:296–299.

Medina JF, Lisberger SG. 2008. Links from complex spikes to local plasticity and motor learning in the cerebellum of awake-behaving monkeys. Nat Neurosci 11:1185–1192.

Nieuwenhuys R, Voogd J, van Huijzen C. 1981. The human central nervous system: a synopsis and atlas. Springer.

Nieuwenhuys R, Voogd J, van Huijzen Chr. 1988. The Human Central Nervous System: A Synopsis and Atlas, 3rd rev. ed. Berlin: Springer.

Ohyama T, Nores WL, Medina JF, Riusech FA, Mauk MD. 2006. Learning-induced plasticity in deep cerebellar nucleus. J Neurosci 26:12656–12663.

Pasalar S, Roitman AV, Durfee WK, Ebner TJ. 2006. Force field effects on cerebellar Purkinje cell discharge with implications for internal models. Nat Neurosci 9:1404–1411.

Robinson DA. 1976. Adaptive gain control of vestibuloocular reflex by the cerebellum. J Neurophysiol 39:954–969.

Strata P, Montarolo PG. 1982. Functional aspects of the inferior olive. Arch Ital Biol 120:321–329.

Strick PL, Dum RP, Fiez JA. 2009. Cerebellum and nonmotor function. Annu Rev Neurosci 32:413–434.

Thach WT. 1968. Discharge of Purkinje and cerebellar nuclear neurons during rapidly alternating arm movements in the monkey. J Neurophysiol 31:785–797.

Tseng YW, Diedrichsen J, Krakauer JW, Shadmehr R, Bastian AJ. 2007. Sensory prediction errors drive cerebellum-dependent adaptation of reaching. J Neurophysiol 98:54–62.

Yeo CH, Hardiman MJ, Glickstein M. 1984. Discrete lesions of the cerebellar cortex abolish the classically conditioned nictitating membrane response of the rabbit. Behav Brain Res 13:261–266.

38

Núcleos da base

A rede dos núcleos da base consiste em três principais núcleos aferentes, dois principais núcleos eferentes e um núcleo intrínseco

O estriado, o núcleo subtalâmico e a área tegmentar ventral/compacta da substância negra são os três principais centros aferentes dos núcleos da base

A parte reticulada da substância negra e o globo pálido interno são os dois principais centros eferentes dos núcleos da base

O globo pálido externo é principalmente uma estrutura intrínseca dos núcleos da base

Os circuitos internos dos núcleos da base regulam como os componentes interagem

O tradicional modelo dos núcleos da base enfatiza vias diretas e indiretas

Uma análise anatômica detalhada revela uma organização mais complexa

As conexões dos núcleos da base com estruturas externas são caracterizadas por ciclos reentrantes

As aferências definem territórios funcionais nos núcleos da base

Neurônios eferentes projetam-se para estruturas externas que fornecem aferências

Ciclos reentrantes são um princípio cardinal dos circuitos dos núcleos da base

Sinais fisiológicos fornecem pistas adicionais para a função dos núcleos da base

O estriado e o núcleo subtalâmico recebem sinais principalmente do córtex cerebral, do tálamo e do mesencéfalo ventral

Neurônios dopaminérgicos do mesencéfalo ventral recebem aferências de estruturas externas e de outras regiões dos núcleos da base

A desinibição é a expressão final das eferências dos núcleos da base

Ao longo da evolução dos vertebrados, os núcleos da base permaneceram altamente conservados

A seleção de ações é um tema recorrente na pesquisa sobre os núcleos da base

Todos os vertebrados enfrentam o desafio de escolher um comportamento entre várias opções concorrentes

A seleção é necessária para o processamento motivacional, afetivo, cognitivo e sensorimotor

A arquitetura neural dos núcleos da base é configurada para fazer seleções

Mecanismos intrínsecos nos núcleos da base promovem a seleção

A função de seleção dos núcleos da base é questionada

Aprendizado por reforço é uma propriedade inerente de uma arquitetura de seleção

O reforço intrínseco é mediado pela sinalização dopaminérgica fásica nos núcleos da base

O reforço extrínseco pode influenciar a seleção ao atuar em estruturas aferentes

A seleção comportamental nos núcleos da base está sob controle habitual e direcionada a objetivos

Doenças dos núcleos da base podem envolver distúrbios de seleção

É provável que um mecanismo de seleção seja vulnerável a várias falhas potenciais

A doença de Parkinson pode ser vista em parte como uma falha na seleção de opções sensorimotoras

A doença de Huntington pode refletir um desequilíbrio funcional entre as vias direta e indireta

A esquizofrenia pode estar associada a uma falha geral em suprimir opções não selecionadas

O transtorno do déficit de atenção e hiperatividade e a síndrome de Tourette também podem ser caracterizados por intrusões de opções não selecionadas

O transtorno obsessivo-compulsivo reflete a presença de opções patologicamente dominantes

Os comportamentos aditivos estão associados a distúrbios dos mecanismos de reforço e objetivos habituais

Destaques

A TRADICIONAL VISÃO DE QUE OS NÚCLEOS da base desempenham um papel sobre o movimento, surge principalmente porque as doenças dos núcleos da base, como a doença de Parkinson e a doença de Huntington, são associadas a proeminentes distúrbios do movimento, e também por se acreditar que os neurônios dessa área enviam suas projeções exclusivamente para o córtex motor por meio do tálamo. No entanto, sabemos que os núcleos da base também emitem projeções para diferentes áreas do tronco encefálico e, via tálamo, para áreas não motoras do córtex cerebral e sistema límbico, fornecendo, assim, um mecanismo pelo qual eles contribuem para uma ampla variedade de funções cognitivas, motivacionais e afetivas. Essa compreensão também justifica por que as doenças dos núcleos da base são frequentemente associadas a disfunções cognitivas, motivacionais e afetivas complexas, além dos bem conhecidos distúrbios motores.

Este capítulo traz uma perspectiva sobre a contribuição fundamental dos núcleos da base (**Figura 38-1**) para as funções encefálicas. Avanços recentes no campo de redes neurais artificiais e robótica enfatizam que a função comportamental é uma propriedade emergente do processamento de sinal em redes fisicamente conectadas (Capítulo 5). Então, consideram-se restrições importantes nas respostas comportamentais finais o fato de como os componentes dessas redes são conectados e como seus sinais são transformados em eferências. Nós primeiramente descrevemos as principais características anatômicas e fisiológicas da rede dos núcleos da base e consideramos as restrições que estes podem impor à sua função. Consideramos também a extensão na qual os núcleos da base têm sido conservados durante a evolução do encéfalo de vertebrados e, baseados nessa compreensão, revisamos evidências sugerindo que as funções normais dos núcleos da base são selecionar entre comportamentos incompatíveis e mediar o aprendizado por reforço. Concluímos considerando importantes conhecimentos sobre como o sistema pode ser disfuncional em algumas das principais doenças envolvendo os núcleos da base.

A rede dos núcleos da base consiste em três principais núcleos aferentes, dois principais núcleos eferentes e um núcleo intrínseco

O estriado (o termo coletivo para o conjunto dos núcleos caudado e putame; ver **Figura 38-1**), o núcleo subtalâmico e a área tegmentar ventral/compacta da substância negra são os três maiores núcleos aferentes dos núcleos da base, recebendo sinais diretamente e indiretamente de estruturas distribuídas ao longo do neuroeixo (**Figura 38-2**).

O estriado, o núcleo subtalâmico e a área tegmentar ventral/compacta da substância negra são os três principais centros aferentes dos núcleos da base

O estriado é o maior dentre os núcleos da base. Ele recebe aferências diretas da maioria das regiões do córtex cerebral e estruturas límbicas, incluindo a amígdala e o hipocampo. Importantes aferências de regiões sensorimotoras e motivacionais do tronco encefálico são retransmitidas indiretamente via tálamo. Em roedores, o número de contatos recebidos no estriado a partir do córtex cerebral e tálamo são aproximadamente equivalentes. E, por último, importantes aferências modulatórias do estriado chegam da parte compacta da

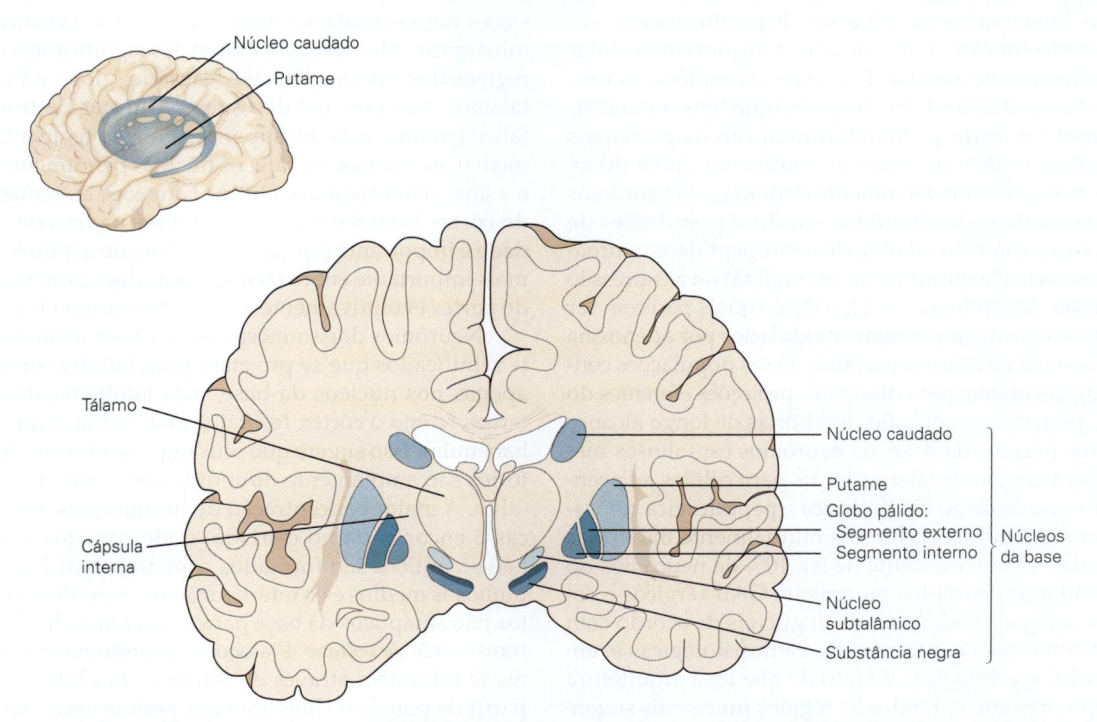

FIGURA 38-1 Os núcleos da base e estruturas circundantes. Os núcleos da base são identificados à direita nesta secção coronal de um encéfalo humano. (Adaptada de Nieuwenhuys, Voogd e van Huijzen, 1981.)

FIGURA 38-2 As principais conexões de aferência, intrínseca e de eferência dos núcleos da base de mamíferos. Os principais núcleos aferentes são o corpo estriado (**EST**), o núcleo subtalâmico (**NST**) e a parte compacta da substância nigra (não mostrada). Eles recebem informações diretamente do tálamo, córtex cerebral e estruturas límbicas (amígdala e hipocampo). Os principais núcleos eferentes são a parte reticulada da substância nigra (**SNr**) e o globo pálido interno/núcleo entopeduncular (não mostrado). O globo pálido externo (**GP**) é classificado como um núcleo intrínseco, pois a maioria de suas conexões são com outros núcleos da base. As estruturas são mostradas em um esquema sagital do encéfalo do roedor. As setas **vermelhas** e **cinza-escuro** indicam conexões excitatórias e inibitórias respectivamente.

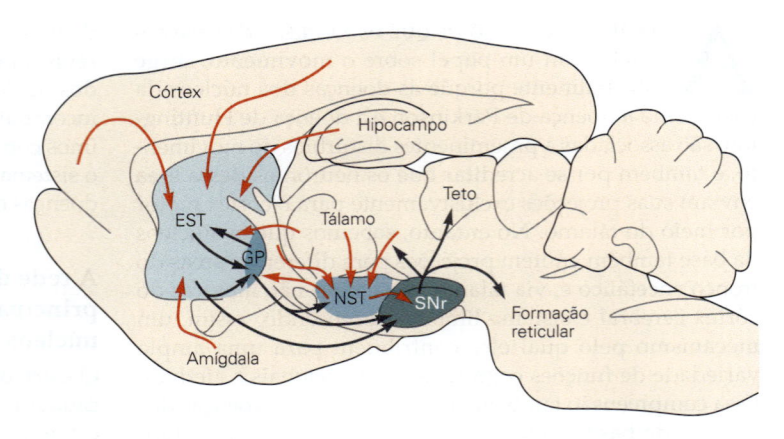

substância negra (dopamina), da rafe mesencefálica (serotonina) e do núcleo pedunculopontino (acetilcolina).

O estriado é subdivido funcionalmente com base na organização das conexões aferentes, principalmente as aferências organizadas topograficamente do córtex cerebral. Os territórios límbicos, associativos e sensorimotores são normalmente reconhecidos junto a um contínuo ventromedial-dorsolateral. Essa diversidade de aferências mostra que os núcleos da base recebem sinais de regiões encefálicas envolvidas em diferentes processos motivacionais, emocionais, cognitivos e sensorimotores, sendo que, independentemente do que os núcleos da base estejam fazendo, eles estão fazendo isso para uma ampla gama de processos encefálicos.

Uma característica estrutural adicional do estriado sugere que os núcleos da base estão executando mais ou menos as mesmas operações em suas aferências vindas de estruturas funcionalmente diversas. Especificamente, em cada território funcional do estriado, a arquitetura celular é significativamente similar. Em todas as regiões, neurônios espinhosos médios GABAérgicos (que têm como neurotransmissor o ácido γ-aminobutírico) são os principais tipos celulares (> 90% de todos os neurônios). Além disso, em todas as regiões funcionalmente definidas, os neurônios espinhosos médios são divididos em duas populações de acordo com a expressão relativa de neuropeptídeos neuroativos (substância P e dinorfina vs. encefalina) ou a expressão de receptores dopaminérgicos D_1 e D_2, os quais parecem ser positivamente ou negativamente modulados por adenosina monofosfato cíclico nesses neurônios. Essas populações contribuem diversamente para diferentes projeções eferentes do estriado. Além dessas conexões inibitórias de longo alcance para outros núcleos da base, os neurônios espinhosos médios também enviam colaterais locais para células adjacentes. A neurotransmissão GABAérgica e peptidérgica colocalizada promove influências locais mutuamente inibitórias e excitatórias. O remanescente de 5 a 10% de neurônios do estriado são interneurônios puramente GABAérgicos e colinérgicos, os quais podem ser distinguíveis de acordo com suas características neuroquímicas, eletrofisiológicas e, em alguns casos, morfológicas. O fato de que essa arquitetura celular está presente em todas as regiões funcionais sugere que neurônios do estriado possuem maquinarias iguais ou semelhantes em vias aferentes funcionalmente diversas.

O núcleo subtalâmico tem sido tradicionalmente considerado um importante retransmissor interno na "via de eferência indireta" do estriado aos centros eferentes dos núcleos da base (ver a seguir). Este é também reconhecido como um segundo importante núcleo aferente dos núcleos da base. Aferências organizadas topograficamente derivam não apenas de grandes partes do córtex frontal, mas também de várias estruturas talâmicas e do tronco encefálico. O núcleo subtalâmico é o único componente dos núcleos da base que tem conexões eferentes excitatórias (glutamatérgicas). Essas projeções seguem para ambos núcleos eferentes e intrínseco externo do globo pálido.

A área tegmentar ventral/parte compacta da substância negra contém uma importante população de neurônios dopaminérgicos. Esses neurônios representam a terceira maior aferência dos núcleos da base e dão origem às projeções nigroestriatais e mesolímbicas/mesocorticais dopaminérgicas. Elas recebem aferências significativas de outras regiões dos núcleos da base (estriado, globo pálido e subtálamo), mas também de várias estruturas do tronco encefálico (como o colículo superior, a região tegmentar rostromedial, os núcleos da rafe, os núcleos pendunculopontinos e a área parabraquial). Outras conexões aferentes chegam do córtex frontal e da amígdala. Esse padrão de conectividade é importante porque ele sugere que a influência direta mais importante sobre os neurônios dopaminérgicos surge de partes evolutivamente antigas do encéfalo (ver abaixo).

Neurônios dopaminérgicos possuem axônios altamente ramificados que se projetam para inúmeras regiões não apenas nos núcleos da base, mas também estruturas externas (como o córtex frontal, a área septal, a amígdala e a habênula). Isso sugere que seus importantes sinais modulatórios são amplamente difundidos em todas as estruturas-alvo. A maior concentração de terminações dopaminérgicas é encontrada no estriado, onde contatos sinápticos e não sinápticos são formados com ambos os neurônios espinhosos médios e os interneurônios. A existência de contatos não sinápticos dá base para o que tem sido chamado de *transmissão de volume*. Ela ocorre quando neurotransmissores se difundem através do fluido extracelular encefálico a partir de pontos de liberação que podem estar distantes das células-alvo. Consequentemente, a transmissão de volume tipicamente tem um curso de tempo mais longo do que a neurotransmissão sináptica. A implantação da transmissão de volume em estruturas-alvo é mais uma evidência para a ideia de que os efeitos da dopamina em seus alvos são amplamente difundidos e espacialmente imprecisos. Proporções variáveis de neurônios GABAérgicos (substância negra e área tegmentar ventral) e neurônios glutamatérgicos (área tegmentar ventral) contribuem para o processamento local nessas estruturas.

A parte reticulada da substância negra e o globo pálido interno são os dois principais centros eferentes dos núcleos da base

O globo pálido interno/núcleo entopeduncular é um dos dois principais núcleos eferentes. Ele recebe aferências de outras regiões dos núcleos da base e projeta-se para alvos externos no tálamo e no tronco encefálico. Aferências GABAérgicas do estriado e globo pálido externo são inibitórias, enquanto as aferências do núcleo subtalâmico são glutamatérgicas e excitatórias. Os neurônios do globo pálido interno são GABAérgicos e têm altos níveis de atividade tônica. Em circunstâncias normais, isso impõe potentes efeitos inibitórios em alvos no tálamo, habênula lateral e tronco encefálico.

A parte reticulada da substância negra é o segundo principal núcleo eferente. Ela recebe aferências de outras regiões dos núcleos da base e envia eferências para o tálamo e para o tronco encefálico. Aferências inibitórias (GABAérgicas) provêm do estriado e do globo pálido (externo) e excitatórias a partir do subtálamo. Os neurônios da parte reticulada também são GABAérgicos e exercem forte controle inibitório sobre partes do tálamo e tronco encefálico, incluindo o colículo superior, o núcleo pedunculopontino e parte do mesencéfalo e formação reticular.

O globo pálido externo é principalmente uma estrutura intrínseca dos núcleos da base

A maior parte das conexões do globo pálido ocorrem com outras regiões dos núcleos da base, incluindo aferências inibitórias (GABAérgicas) do estriado e excitatórias (glutamatérgicas) do subtálamo, e o globo pálido fornece conexões eferentes para todos os núcleos aferentes e eferentes dos núcleos da base.

Tendo descrito os componentes centrais dos núcleos da base, agora consideraremos mais detalhadamente como eles são conectados, primeiramente uns com os outros e, então, com estruturas externas no encéfalo.

Os circuitos internos dos núcleos da base regulam como os componentes interagem

O tradicional modelo dos núcleos da base enfatiza vias diretas e indiretas

Uma influente interpretação dos circuitos dos núcleos da base foi proposta no final da década de 1980 por Roger Albin e sua equipe (**Figura 38-3A**). Nesse esquema, sinais vindos do córtex cerebral são distribuídos para duas populações de neurônios eferentes espinhosos médios no estriado.

Neurônios contendo substância P e uma preponderância de receptores dopaminérgicos D_1 exercem contatos com os centros eferentes dos núcleos da base – a via direta. Em contraste, neurônios estriatais contendo encefalina e expressando principalmente receptores dopaminérgicos D_2 fazem contato excitatório com os núcleos eferentes via retransmissão no globo pálido e subtálamo – a via indireta. Considera-se que eferências dos núcleos da base refletem um balanço determinado corticalmente entre essas projeções inibitórias e excitatórias vindas das duas eferências (o globo pálido interno e a parte reticulada da substância negra). Nesse modelo, um comportamento seria promovido quando a via direta for dominante e inibido quando a via indireta for dominante.

Uma análise anatômica detalhada revela uma organização mais complexa

Recentes observações anatômicas mostram que os circuitos internos dos núcleos da base é mais complexa do que anteriormente se considerava (**Figura 38-3B**). Os principais achados indicaram que: (1) neurônios espinhosos médios da via direta também fornecem aferências colaterais ao globo pálido; (2) os neurônios do globo pálido também fazem contato direto com os núcleos eferentes além das tradicionais conexões indiretas com o subtálamo – frequentemente com ramos colaterais para estas estruturas; (3) o globo pálido também possui projeções ao estriado e para estruturas externas aos núcleos da base; (4) o núcleo subtalâmico também se projeta para o globo pálido externo, além de conexões excitatórias aos núcleos eferentes dos núcleos da base; e (5) as principais aferências ao núcleo subtalâmico originam-se de ambas as estruturas externas corticais e subcorticais aos núcleos da base. Consequentemente, o subtálamo é agora considerado uma estrutura aferente central dos núcleos da base (ver a seguir), mais que um simples retransmissor de projeções indiretas intrínsecas. Uma moderna avaliação desta organização complexa dos núcleos da base sugere que não é possível deduzir como uma aferência particular pode ser transformar pelos núcleos da base para gerar uma resposta específica. Por essa razão, a modelagem computacional dos circuitos internos dos núcleos da base tem se tornado cada vez mais importante.

Embora o padrão geral dos circuitos seja complexo (**Figura 38-3B**), conexões entre os componentes dos núcleos da base são topograficamente ordenadas. Algumas dessas projeções são comparativamente focadas (p. ex., a projeção estriatonigral), enquanto outras são mais difusas (p. ex., a projeção subtalamonigral). Reduções significancis no número comparativo de neurônios nas estruturas aferentes, o estriado, e os núcleos eferentes, sugerem uma compressão dramática da informação conforme ela é processada dentro dos núcleos da base.

As conexões dos núcleos da base com estruturas externas são caracterizadas por ciclos reentrantes

As aferências definem territórios funcionais nos núcleos da base

O estado funcional das aferências ao estriado vindas do córtex cerebral, de estruturas límbicas e do tálamo fornece uma

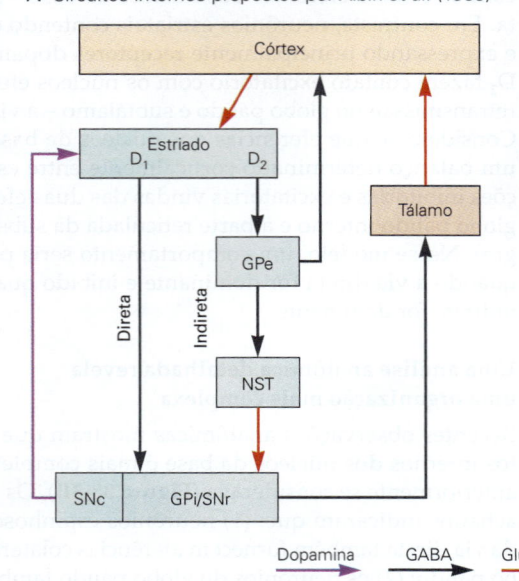

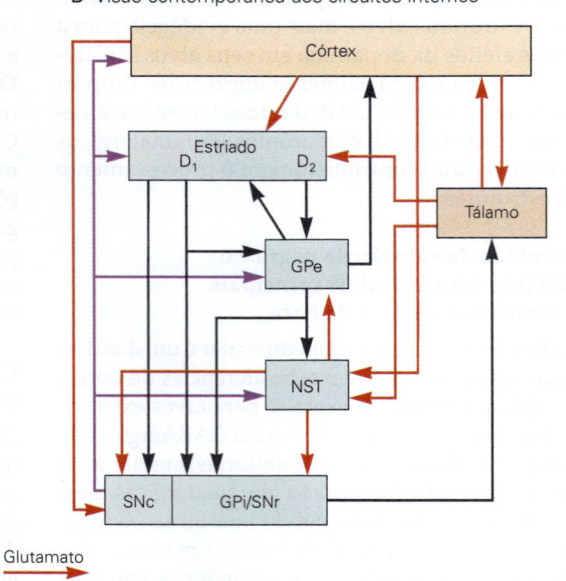

FIGURA 38-3 Conexões intrínsecas dentro dos gânglios da base.

A. A proposta influente de Roger Albin e colaboradores (1989) é apresentada; nela, a eferência dos núcleos da base é determinada pelo equilíbrio entre uma *via direta* do estriado para os núcleos eferentes (globo pálido interno [**GPi**] e parte reticulada da substância negra [**SNr**]), que promove o comportamento, e uma *via indireta* do estriado para os núcleos eferentes por meio de retransmissão no globo pálido externo (**GPe**) e no núcleo subtalâmico (**NST**), que suprime o comportamento. Pensava-se que o equilíbrio entre as projeções diretas e indiretas era regulado por sinais dopaminérgicos aferentes da parte compacta da substância negra (**SNc**) atuando nos receptores de dopamina D_1 e D_2 diferencialmente distribuídos.

B. Investigações anatômicas mais recentes revelaram uma organização mais complexa, onde as transformações das aferências dos núcleos da base que geram as eferências são menos fáceis de prever.

base de conhecimento para a classificação dos territórios funcionais nos núcleos da base (límbico, associativo e sensório-motor). Porém, a forma com a qual as projeções aferentes fazem contato com os neurônios dos núcleos da base sugere importantes diferenças funcionais. Por exemplo, axônios que chegam ao estriado vindos do córtex cerebral e núcleo talâmico lateral central parecem fazer poucos contatos com neurônios estriatais. Em contraste, as aferências de outras regiões, principalmente do núcleo talâmico parafascicular, têm axônios que fazem muitos contatos com menos neurônios estriatais individuais. As conexões aferentes do núcleo subtalâmico, vindas do córtex cerebral, são também topograficamente organizadas de acordo com a classificação como límbicas, associativas ou sensorimotoras. No entanto, existem evidências do mesmo tipo de aferência topográfica precisa das estruturas externas aos neurônios dopaminérgicos (SNc e ATV) no mesencéfalo ventral.

Neurônios eferentes projetam-se para estruturas externas que fornecem aferências

Os neurônios eferentes dos núcleos da base projetam-se para regiões do tálamo (os núcleos intralaminar e ventromedial) que se projetam de volta aos centros aferentes dos núcleos da base, assim como para regiões do córtex que fornecem as aferências originais ao estriado. Da mesma forma, eferências dos núcleos da base para o tronco encefálico tendem a ter como alvo aquelas regiões que enviam aferências ao estriado via núcleos talâmicos mediano e intralaminar. Cabe ressaltar que projeções dos centros eferentes dos núcleos da base ao tálamo e tronco encefálico são também topograficamente ordenadas.

Por último, algumas projeções eferentes dos núcleos da base possuem muitos ramos colaterais, contatando simultaneamente alvos no tálamo, mesencéfalo e encéfalo posterior. Um exemplo das consequências funcionais desta organização é que um subgrupo de neurônios da parte reticulada da substância negra, associado com comportamento oral, pode, simultaneamente, influenciar a atividade de regiões específicas do tálamo/córtex, mesencéfalo e encéfalo posterior, as quais interagem durante a produção do comportamento oral.

Ciclos reentrantes são um princípio cardinal dos circuitos dos núcleos da base

Topografias espaciais associadas a projeções aferentes, com conexões intrínsecas e com eferências dos núcleos da base fornecem a base para o princípio organizacional sugerido por Garrett Alexander e colaboradores em 1989. As conexões entre o córtex cerebral e os núcleos da base podem ser vistas como uma série de alças ou canais córtico-estriado-negro-tálamo-corticais que se projetam paralelamente, parcialmente segregados (**Figura 38-4**). Então, um importante componente das projeções de diferentes áreas funcionais do córtex cerebral (p. ex., límbica, associativa ou

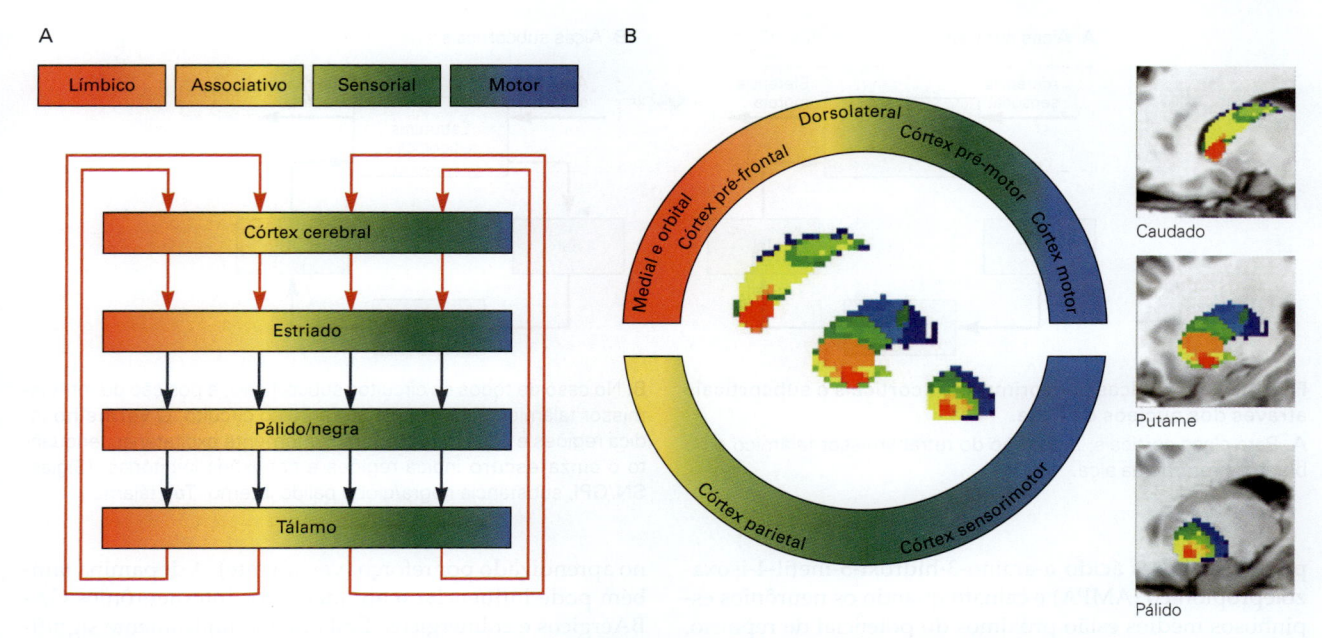

FIGURA 38-4 Conexões entre os núcleos da base e o córtex cerebral.
A. As conexões entre o córtex cerebral e os núcleos da base podem ser vistas como uma série de alças ou canais de projeção paralela e amplamente segregados. Os territórios funcionais representados ao nível do córtex cerebral são mantidos ao longo dos núcleos da base e dos retransmissores talâmicos. No entanto, para cada alça, os pontos de retransmissão no córtex, núcleos da base e tálamo oferecem oportunidades para que a atividade dentro da alça seja modificada por sinais de fora dela. As **setas vermelhas** e **cinza-escuro** representam conexões excitatórias e inibitórias respectivamente.
B. Gradiente rostrocaudal espacialmente segregado da conectividade cortical frontal humana no caudado, putame e pálido. O anel codificado por cores indica regiões do córtex cerebral no plano sagital. (Reproduzida, com autorização, de Draganski et al. 2008. Copyright © 2008 Society for Neuroscience).

sensorimotora) faz contatos exclusivos com regiões específicas dos centros aferentes dos núcleos da base. Esta separação regional é mantida em projeções pró-ação por meio dos circuitos internos. Os sinais eferentes focados dos territórios funcionais representados nos centros eferentes dos núcleos da base retornam, através de retransmissores talâmicos apropriados, para as regiões corticais que fornecem os sinais aferentes originais.

O conceito de ciclos reentrantes de projeções paralelas através dos núcleos da base tem sido estendido para suas conexões com estruturas sensorimotoras e motivacionais do tronco encefálico, incluindo os núcleos colículo superior, substância periaquedutal, pedunculopontino e parabraquial. Isso implica no fato de que a arquitetura dos circuitos reentrante através dos núcleos da base devem ter sido anterior à expansão evolutiva do córtex cerebral. Uma importante diferença é que para circuitos corticais, o retransmissor talâmico está na parte eferente do circuito, enquanto para os circuitos subcorticais, o retransmissor talâmico está no lado aferente (**Figura 38-5**). Estudos adicionais serão necessários para testar se projeções de diferentes estruturas do tronco encefálico, que passam através dos retransmissores talâmicos e dos núcleos da base, são canais funcionalmente distintos.

Em resumo, a organização do circuito reentrante parcialmente segregado é uma das características dominantes das conexões entre os núcleos da base e as estruturas externas. Esse padrão de conexões fornece pistas importantes sobre o papel desempenhado pelos núcleos da base sobre a função encefálica geral. No entanto, nesse ponto, é importante não pensar na arquitetura de circuito reentrante como uma série de canais funcionais independentes e isolados. Em cada nó ou ponto de retransmissão no circuito (p. ex., no córtex, os núcleos aferentes, os núcleos de saída e o tálamo), há a oportunidade de o fluxo de informações dentro do circuito ser modificado por informações eferentes do circuito (ver seção sobre aprendizado por reforço a seguir).

No início deste capítulo, afirmamos que o comportamento é uma propriedade emergente do processamento de sinais dentro de uma rede neural. Tendo especificado a rede em nível de sistemas dos núcleos da base, agora consideraremos os sinais que estão sendo processados dentro desse sistema.

Sinais fisiológicos fornecem pistas adicionais para a função dos núcleos da base

O estriado e o núcleo subtalâmico recebem sinais principalmente do córtex cerebral, do tálamo e do mesencéfalo ventral

Os sinais recebidos pelo estriado a partir do córtex cerebral e do tálamo são transmitidos pela neurotransmissão glutamatérgica excitatória. Essas aferências excitatórias rápidas e fasicamente ativas são mediadas predominantemente por

FIGURA 38-5 Alças sensorimotoras corticais e subcorticais através dos núcleos da base.
A. Para alças corticais, a posição do retransmissor talâmico é no braço de retorno da alça.

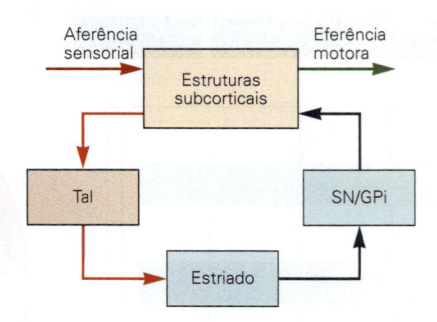

B. No caso de todos os circuitos subcorticais, a posição do retransmissor talâmico está no lado aferente do circuito. O **vermelho** indica regiões e conexões predominantemente excitatórias, enquanto o **cinza-escuro** indica regiões e conexões inibitórias. (Siglas: **SN/GPi**, substância negra/globo pálido interno; **Tal**, tálamo.)

pelos receptores ácido α-amino-3-hidroxi-5-metil-4-isoxazolepropiônico (AMPA) e cainato quando os neurônios espinhosos médios estão próximos do potencial de repouso; os receptores N-metil-D-aspartato (NMDA) desempenham uma maior importância quando os neurônios são despolarizados. As aferências glutamatérgicas do córtex cerebral e do tálamo também afetam os interneurônios estriatais.

É importante perceber que esses sinais vêm de estruturas externas que estão gerando simultaneamente uma ampla gama de opções comportamentais. Como essas opções não podem ser expressas todas ao mesmo tempo, acredita-se que essas aferências para os núcleos da base estejam em competição umas com as outras. Outro sinal importante para o estriado é uma cópia de eferência da atividade de saída das estruturas externas que geram respostas comportamentais. Por exemplo, os territórios sensorimotores do estriado dorsolateral recebem fibras colaterais dos axônios do córtex motor que enviam sinais para a medula espinal.

Os efeitos das aferências dopaminérgicas vindas do mesencéfalo ventral sobre a atividade neuronal estriatal são complicados, com muitos resultados conflitantes. Em parte, isso se deve ao problema de evocar padrões normais de atividade de entrada em fatias e preparações anestesiadas. No entanto, o desenvolvimento recente na tecnologia optogenética em animais ativos e alertas permitiram aos investigadores gravar e manipular sinais dopaminérgicos para o estriado de maneira temporalmente controlada. Consequentemente, as evidências atuais sugerem que a dopamina pode aumentar as relações sinal-ruído no estriado, aumentando os efeitos de aferências externas fortes e suprimindo as fracas. Há ainda evidências de que a dopamina pode aumentar a excitabilidade de neurônios espinhosos médios nas vias diretas e, ao mesmo tempo, diminuir a excitabilidade daqueles na via indireta.

Por fim, a aferência dopaminérgica é necessária tanto para a potenciação de longa duração quanto para a depressão de longa duração das aferências glutamatérgicas para os neurônios espinhosos médios do estriado vindas do córtex e do tálamo. Esse último ponto é de grande importância para o papel desempenhado pelos núcleos da base no aprendizado por reforço (ver adiante). A dopamina também pode influenciar a atividade dos interneurônios GABAérgicos e colinérgicos. Embora anatomicamente significativo, muito menos se sabe sobre as funções das aferências serotoninérgicas nos núcleos da base.

As principais origens externas de aferências para o estriado também fornecem aferências paralelas para o núcleo subtalâmico. O subtálamo, portanto, recebe sinais excitatórios fásicos (glutamatérgicos) do córtex cerebral, tálamo e tronco encefálico. Após a ativação cortical, acredita-se que os efeitos excitatórios de curta latência no subtálamo sejam mediados por essas conexões "hiperdiretas", enquanto os efeitos supressores de latência mais longa são mais provavelmente vindos de aferências inibitórias indiretas de outros núcleos da base, principalmente o globo pálido externo. O subtálamo recebe estímulos sensoriais excitatórios de curta latência do tronco encefálico (p. ex., o colículo superior); e também é influenciado por aferências moduladoras dopaminérgicas, serotoninérgicas e colinérgicas.

Neurônios dopaminérgicos do mesencéfalo ventral recebem aferências de estruturas externas e de outras regiões dos núcleos da base

Sinais aferentes para os neurônios dopaminérgicos no mesencéfalo ventral vêm de uma ampla variedade de áreas autonômicas, sensoriais e motoras e operam em uma variedade de escalas de tempo. Por exemplo, neurônios localizados lateralmente na substância negra recebem aferências excitatórias de curta latência das regiões sensorimotoras corticais e subcorticais, enquanto neurônios mais posicionados medialmente recebem tanto sinais sensoriais de curta latência quanto aferências neurovegetativas do hipotálamo em escalas de tempo mais longas.

Importante controle inibitório sobre neurônios dopaminérgicos é exercido por neurônios GABAérgicos, tanto locais quanto distantes de áreas como o tegmento rostromedial. No entanto, as aferências mais substanciais para os neurônios dopaminérgicos são inibitórias vindas do estriado e globo pálido e sinais excitatórios vindos do núcleo subtalâmico. Os núcleos da rafe mesencefálica fornecem importantes aferências serotoninérgicas modulatórias, enquanto tanto o núcleo pedunculopontino quanto o núcleo tegmentar dorsal lateral fornecem aferências colinérgicas e glutamatérgicas. Uma importante questão funcional relativa à ampla gama de sinais aferentes aos neurônios dopaminérgicos é se a dopamina desempenha um papel altamente integrador ou desempenha uma função essencial que é acessada por vários sistemas diferentes em momentos diferentes.

A desinibição é a expressão final das eferências dos núcleos da base

Os núcleos da base exercem influência sobre estruturas externas pelos processos fundamentais de inibição e desinibição (**Figura 38-6**). Neurônios GABAérgicos nos centros eferentes dos núcleos da base normalmente têm altas taxas de disparo tônico (40 a 80 Hz). Essa atividade garante que as regiões-alvo do tálamo e do tronco encefálico sejam mantidas sob um controle inibitório rígido e constante.

Aferências excitatórias focadas de estruturas externas para o estriado podem impor supressão focada (mediada através de conexões inibitórias GABAérgicas de via direta) em subpopulações de neurônios eferentes. Essa redução focada da produção inibitória efetivamente libera ou desinibe regiões-alvo no tálamo (p. ex., núcleo ventromedial) e tronco encefálico (p. ex., colículo superior) do controle inibitório normal. Essa liberação repentina da inibição tônica permite que a atividade na região-alvo influencie a resposta comportamental, que, no caso do colículo superior do mesencéfalo, é provocar movimentos oculares sacádicos.

Os padrões de sinalização dentro da arquitetura dos núcleos da base fornecem informações importantes sobre quais podem ser as propriedades funcionais gerais dessas redes (ver adiante). Outras restrições sobre as prováveis funções centrais dos núcleos da base também se tornam aparentes quando se considera a história evolutiva do encéfalo dos vertebrados.

Ao longo da evolução dos vertebrados, os núcleos da base permaneceram altamente conservados

Comparações detalhadas entre os núcleos da base de mamíferos e aqueles encontrados em vertebrados filogeneticamente antigos (p. ex., a lampreia) encontraram semelhanças impressionantes em seus componentes individuais, organização interna, aferências de estruturas externas (córtex/pálio e tálamo) e as projeções de seus núcleos eferentes. Por exemplo, ambas as vias diretas e indiretas dos neurônios espinhosos médios do estriado foram observadas na lampreia. Da mesma forma, neurônios eferentes GABAérgicos tonicamente ativos estão presentes no globo pálido interno da lampreia e na parte reticulada da substância negra. Os neurotransmissores e as propriedades da membrana dos neurônios dos núcleos da base também são também notavelmente semelhantes em espécies evolutivamente antigas e modernas.

Esse alto grau de conservação morfológica e neuroquímica indica que a arquitetura e o funcionamento dos circuitos dos núcleos da base foram mantidos por mais de 500 milhões de anos. Os núcleos da base são, portanto, um componente essencial da arquitetura encefálica que é compartilhado por todas as espécies de vertebrados. Tendo em mente que uma função emerge de padrões específicos de sinais sendo processados em redes neurais específicas, a conservação da arquitetura dos núcleos da base em diferentes espécies de vertebrados coloca uma restrição adicional importante em sua função geral. Quaisquer que sejam os problemas que os núcleos da base evoluíram para resolver em espécies evolutivamente antigas, é provável que os mesmos problemas tenham permanecido inalterados e sejam enfrentados por todas as espécies de vertebrados, incluindo os humanos.

Até este momento, identificamos características da morfologia dos núcleos da base, sua arquitetura conexional, processamento de sinal e evolução que fornecem informações potenciais sobre o papel dos núcleos da base na

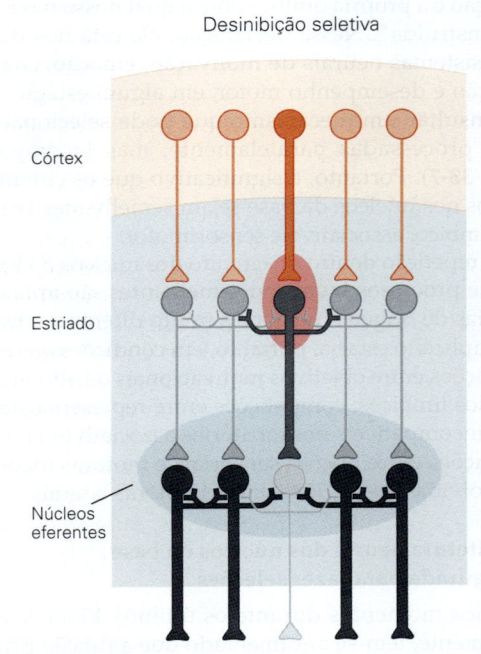

FIGURA 38-6 O diagrama ilustra o princípio de seleção operando no nível das eferências dos núcleos da base. Ao longo da figura, os níveis relativos de atividade dentro dos canais concorrentes são representados pela espessura das projeções e, para maior clareza, o caminho indireto e as conexões de retorno dos circuitos através do tálamo foram omitidos. Uma das entradas concorrentes para o estriado (a do meio) é mais ativa do que seus concorrentes. Atividades relativas nas vias inibitórias diretas (mostradas aqui) suprimem diferencialmente a atividade nos diferentes canais dentro dos núcleos de saída. Como os neurônios dos núcleos de saída também são inibitórios e tonicamente ativos, o canal selecionado será aquele com a entrada inibitória mais forte do corpo estriado. A saída inibitória tônica é mantida nos canais não selecionados. Esse mecanismo desinibidor seletivo operando no nível dos núcleos eferentes significa que a seleção será uma propriedade emergente de toda a rede reentrante. A desinibição de alvos externos selecionados permitirá que eles direcionem o movimento, enquanto alvos não selecionados permanecem inibidos e incapazes de influenciar o comportamento. **Vermelho**, excitatório; **cinza**, inibitório.

função encefálica geral. Assim, as funções propostas devem ser consistentes com o circuito predominante que conecta as estruturas externas com os núcleos da base e com um circuito interno que é compartilhado pelos territórios límbico, associativo e sensorimotor dos núcleos da base, e devem ser compartilhados por todas as espécies de vertebrados. Com essas restrições em mente, agora consideraremos as propriedades funcionais que podem ser desempenhadas pelos núcleos da base.

A seleção de ações é um tema recorrente na pesquisa sobre os núcleos da base

Apesar de inúmeras sugestões de que os núcleos da base estão envolvidos em uma ampla gama de funções, incluindo percepção, aprendizado, memória, atenção, muitos aspectos da função motora e até analgesia e supressão de convulsões, há evidências de que esses núcleos têm um papel subjacente em uma variedade de processos seletivos. Assim, em toda a prodigiosa literatura sobre os núcleos da base, há referências recorrentes indicativas do envolvimento desses núcleos nas funções cerebrais essenciais de seleção de ações e aprendizado por reforço. Nesta e na próxima seção, avaliaremos até que ponto esses processos centrais são consistentes com as restrições funcionais identificadas anteriormente.

Todos os vertebrados enfrentam o desafio de escolher um comportamento entre várias opções concorrentes

Os vertebrados são organismos multifuncionais: eles precisam manter o equilíbrio de energia e fluidos, defender-se contra danos e se envolver em atividades reprodutivas. Diferentes áreas do encéfalo operam em paralelo para fornecer essas funções essenciais, mas devem compartilhar recursos motores limitados. O "caminho motor comum final" de Sherrington significa que é impossível falar e beber ao mesmo tempo. Assim, um problema de seleção fundamental, continuamente enfrentado por todos os vertebrados, é determinar qual sistema funcional deve ter permissão para direcionar a expressão comportamental em qualquer situação. Esse é um problema que não mudou substancialmente ao longo de 500 milhões de anos de história evolutiva. O que mudou ao longo desse tempo são as opções comportamentais que evoluíram em diferentes espécies para implementar as funções centrais de sobrevivência e reprodução. Consequentemente, deve haver um dispositivo no encéfalo dos vertebrados que possa decidir entre os sistemas motivacionais que competem simultaneamente pela expressão comportamental.

Um problema de seleção semelhante também surge nos sistemas sensoriais multimodais dos vertebrados. Os sistemas visual, auditivo, olfatório e tátil são continuamente confrontados com múltiplos estímulos externos, cada um dos quais poderia conduzir um movimento incompatível com um especificado por outros (p. ex., orientação/aproximação, evitação/fuga). Portanto, é imprescindível selecionar um estímulo que se torne o foco da atenção e do movimento direto. O problema é qual estímulo deve ter acesso aos sistemas motores em um determinado momento. A atenção seletiva fornece uma solução eficaz para esse problema, tornando-se uma característica essencial da função cerebral dos vertebrados.

Em resumo, apesar das grandes mudanças evolutivas ao alcance, poder e sofisticação dos sistemas sensoriais, motivacionais, cognitivos e motores que competem pela expressão comportamental em diferentes espécies, os problemas fundamentais da seleção permaneceram inalterados. E, se os núcleos da base fornecem uma solução genérica para os problemas de seleção, seria esperado um alto grau de conservação estrutural e funcional dentro da evolução do encéfalo dos vertebrados.

A seleção é necessária para o processamento motivacional, afetivo, cognitivo e sensorimotor

Em *Princípios de psicologia* (1890), William James observou: "A seleção é a própria quilha sobre a qual nosso navio mental é construída". Nessa declaração, ele está nos dizendo que os sistemas neurais de motivação, emoção, cognição, percepção e desempenho motor, em algum estágio, precisam consultar um mecanismo que pode selecionar entre opções processadas paralelamente, mas incompatíveis (**Figura 38-7**). Portanto, é significativo que os circuitos intrínsecos nos núcleos da base sejam semelhantes nos territórios límbico, associativo e sensorimotor.

Tal repetição dentro do circuito dos núcleos da base sugere que processos iguais ou semelhantes são aplicados a aferências de origens funcionais muito diferentes. Esse circuito duplicado estaria, portanto, em condições de resolver competições entre objetivos motivacionais de alto nível nos territórios límbicos; competições entre representações cognitivas incompatíveis nos territórios associativos centrais; e competições entre opções sensoriais e motoras incompatíveis resolvidas nas regiões sensorimotoras laterais.

A arquitetura neural dos núcleos da base é configurada para fazer seleções

Em vários momentos durante os últimos 40 anos, e mais recentemente, tem-se argumentado que a função principal dos núcleos da base é selecionar entre opções comportamentais concorrentes e incompatíveis. Já foi reconhecido que muitos aspectos da arquitetura dos núcleos da base são consistentes com essa visão (**Figura 38-6**). As alças paralelas que se originam e retornam a diversos sistemas funcionais corticais e subcorticais podem ser vistas como o substrato básico para a seleção.

As aferências excitatórias fásicas do córtex cerebral e do tálamo para os diferentes territórios funcionais do estriado podem ser vistas como portadoras de sinais que representam as opções comportamentais que competem pela expressão. Para garantir que todas as opções possam, em princípio, ser avaliadas em relação a todas as outras, é preciso haver uma "moeda comum". Esse termo refere-se ao parâmetro segundo o qual opções funcionais qualitativamente diferentes podem ser comparadas para fins de seleção. Esse parâmetro seria representado pelas magnitudes relativas dos sinais aferentes para o estriado, fornecendo,

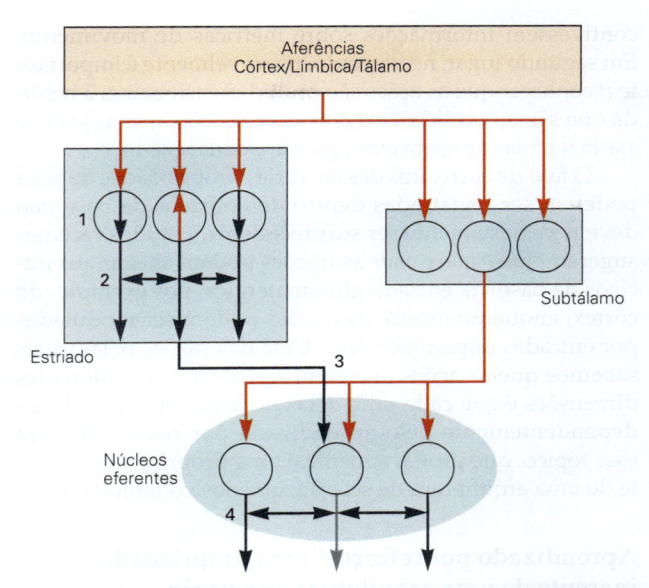

FIGURA 38-7 Mecanismos cooperativos nos núcleos da base que promoveriam a seleção.

1. Como as aferências corticais e talâmicas fazem comparativamente poucos contatos com neurônios estriatais individuais, é necessária uma grande população de aferências excitatórias suficientemente sincronizadas para despolarizar a membrana de um neurônio espinhoso médio para um estado "para cima" suficiente para disparar potenciais de ação. Esse mecanismo pode ser visto como um filtro de entrada para excluir concorrentes fracos ou menos biologicamente significativos. As **setas internas** nos neurônios estriatais denotam os estados "para cima" (**vermelho**) e "para baixo" (**cinza**).
2. Colaterais inibitórios GABAérgicos e peptidérgicos locais entre os neurônios espinhosos estriatais e os efeitos inibitórios de longo alcance dos interneurônios devem fazer os elementos estriatais altamente ativados suprimirem a atividade nos canais adjacentes mais fracamente ativados.
3. A combinação da inibição focalizada do estriado com a excitação mais difusa do subtálamo diminuiria a atividade em canais selecionados e aumentaria a atividade em canais não selecionados nos centros eferentes dos núcleos da base. A eferência de apenas um dos neurônios estriatais e subtalâmicos foi ilustrada para mostrar esse ponto.
4. Colaterais inibitórios locais entre os neurônios do núcleo eferente devem aumentar ainda mais a diferença entre os canais inibidos e não inibidos.

---

assim, a cada competidor uma medida de importância biológica relativa, ou saliência. Em princípio, deve ser necessário apenas que os núcleos da base apreciem qual opção é mais saliente em termos de moeda comum.

O processamento dentro da arquitetura interna de projeção paralela (**Figura 38-6**) garantiria que os canais associados à atividade aferente mais saliente causariam inibição focada ao nível dos núcleos eferentes (as opções vencedoras), enquanto ao mesmo tempo manteria ou aumentaria a atividade inibitória tônica nos canais eferentes retornando às regiões especificando opções mais fracas (perdedoras). Experimentos que registraram atividade neural nos centros eferentes dos núcleos da base em animais ativos descrevem populações de neurônios sensíveis à tarefa cuja atividade é reduzida ou pausada antes do movimento (a opção vencedora). Por outro lado, há uma população separada, muitas vezes maior, cujo alto nível de atividade tônica é aumentado ou pelo menos mantido (as opções perdedoras). Os sinais de retorno dentro dos canais desinibidos são necessários para permitir que as estruturas que fornecem as aferências motivacionais, cognitivas ou sensorimotoras mais fortes acessem os recursos motores compartilhados. É importante ressaltar que os níveis mantidos ou aumentados de sinais eferentes inibitórios dentro de canais não selecionados impediriam que a saída de estruturas-alvo não selecionadas distorcesse a entrada da opção selecionada para o sistema motor. Assim, esse modelo dos núcleos da base funciona mantendo todas as opções comportamentais potenciais sob rígido controle inibitório e removendo seletivamente a inibição da opção que prova a entrada mais saliente.

Uma arquitetura de controle de seleção central, semelhante à arquitetura de nível de sistema dos núcleos da base que acabamos de descrever, foi usada com sucesso para selecionar ações para um robô móvel autônomo. Posteriormente, foi confirmado que uma simulação de computador biologicamente restrita da arquitetura dos núcleos da base poderia fazer o mesmo. Esse trabalho com agentes artificiais é importante porque confirma que a seleção é de fato uma propriedade emergente dos circuitos dos núcleos basais em nível de sistema. A próxima pergunta é: se a arquitetura geral pode selecionar, existem mecanismos dentro dos núcleos da base que apoiariam ou facilitariam essa função?

Mecanismos intrínsecos nos núcleos da base promovem a seleção

Em cada um dos principais pontos de retransmissão dentro de cada um dos circuitos reentrantes que passam pelos núcleos da base (estruturas externas, núcleos aferentes, núcleos intrínsecos, núcleos eferentes e tálamo), os sinais que fluem dentro dos canais paralelos podem ser submetidos a influências originadas fora do ciclo. O modelo de seleção descrito anteriormente requer características dentro do circuito interno dos núcleos da base que permitem que diferentes canais interajam competitivamente entre si. Vários deles podem ser identificados (**Figura 38-7**). Juntos, esses mecanismos podem ser vistos como uma sequência cooperativa de processos, cada um dos quais facilitaria o objetivo geral da seleção. Além disso, há evidências substanciais de que a atividade relativa das vias de projeção estriatal direta e indireta é crítica para a seleção de ação. A visão tradicional e amplamente aceita é que a atividade relativa nas vias diretas e indiretas determina se um animal realizará ou não um determinado movimento. Por exemplo, a recente estimulação optogenética de neurônios da via direta leva a mais movimento, enquanto a estimulação optogenética de neurônios da via indireta leva a menos movimento. No entanto, uma visão alternativa para a qual há evidências crescentes é que a atividade simultânea em ambas as vias é fundamental para o processo de seleção do que fazer. Aqui, a ideia é que a via direta transmite sinais que representam as opções mais salientes, enquanto a via indireta é importante para inibir as opções concorrentes mais fracas. A última ideia é consistente com as observações agora repetidas de que ambas as vias de projeção são simultaneamente ativas durante a iniciação do movimento e que padrões específicos de atividade em cada via estão associados a diferentes movimentos.

A função de seleção dos núcleos da base é questionada

Apesar do amplo apelo da hipótese de seleção da função dos núcleos da base, ela não é universalmente aceita. De fato, argumentos contrários têm sido formulados com base em diferentes estudos, cujos resultados são considerados incompatíveis com o modelo de seleção. Por exemplo, foi relatado que lesões ou supressão da atividade neural em territórios motores do globo pálido interno não conseguiram alterar o tempo de reação entre uma pista sensorial e o movimento desencadeado.

Esses resultados podem indicar que os núcleos da base estão envolvidos principalmente na seleção e execução de ações que são autorritmadas, ou orientadas pela memória, em vez de orientadas por pistas. No entanto, uma possibilidade não considerada por esses estudos é que, para tarefas bem praticadas, é provável que as regiões sensoriais dos núcleos da base sejam as mais importantes. Isso porque tais tarefas podem ser realizadas sob controle habitual estímulo-resposta, onde a seleção do estímulo que desencadeia a resposta seria a seleção crítica. Assim, uma falha em interromper a seleção de pistas sensoriais em tais tarefas após a interrupção experimental da região sensorial relevante dos núcleos da base, seria uma evidência muito mais forte contra o modelo de seleção.

Outro estudo recente afirma que, em algumas tarefas, a escolha da ação já é clara na atividade cortical antes mesmo de atingir os núcleos da base e que a atividade destes está relacionada principalmente ao reforço do compromisso de realizar a ação. Esse estudo e muitos outros semelhantes baseiam suas alegações em registros de estruturas aferentes mostrando que os neurônios estão codificando o estímulo/ação/programa motor selecionado antes de respostas neurais relevantes registradas dentro dos núcleos da base. Uma interpretação alternativa desses dados seria que os registros de todas as estruturas aferentes que fornecem entradas concorrentes aos núcleos da base terão latências mais curtas do que os sinais relacionados registrados de dentro dos núcleos da base. Se, nesses experimentos, os registros aferentes forem da estrutura que se mostra a mais saliente das entradas concorrentes, então ela codificará a opção selecionada *antes* que ela tenha sido selecionada pelos núcleos da base.

Outros achados são que os registros nos núcleos da base se correlacionam com as métricas de movimento (p. ex., velocidade) e que os sinais de dopamina no estriado podem afetar a probabilidade e também o vigor do movimento. Às vezes, argumenta-se que esses resultados são mais indicativos de que os núcleos da base ajudam a se comprometer com o movimento e determinam os parâmetros do movimento, em vez de simplesmente selecionar o que fazer. Pelo menos duas visões alternativas podem explicar por que a atividade registrada nos núcleos da base se correlaciona com as métricas de movimento. Primeiro, como mencionado anteriormente, uma das aferências significativas para o estriado é uma cópia de eferência dos sinais retransmitidos para a planta motora. Seria estranho se esses sinais não contivessem informações sobre métricas de movimento. Em segundo lugar, nesse ponto, provavelmente é importante reconhecer que as ações são multidimensionais e, à medida que são aprendidas, exigem seleções não apenas sobre *o que* fazer, mas também *onde, quando* e *como* fazê-lo.

O fato de correlatos dessas várias propriedades de ação poderem ser registradas dentro dos núcleos da base não deve necessariamente ser surpreendente. Estudos recentes sugerem que *o que* e *onde* as opções podem chegar aos núcleos da base via entrada glutamatérgica, por exemplo, do córtex, enquanto *quando* as opções podem ser moduladas por entradas dopaminérgicas. Uma das razões pelas quais sabemos que as ações que compreendem essas diferentes dimensões é que cada uma delas pode ser manipulada independentemente pelo aprendizado por reforço. É para esse tópico, que provavelmente é uma propriedade inerente de uma arquitetura de seleção, que nos voltamos agora.

Aprendizado por reforço é uma propriedade inerente de uma arquitetura de seleção

Os núcleos da base têm sido associados a processos fundamentais de aprendizado por reforço. Em sua famosa Lei do Efeito, publicada pela primeira vez em seu livro *Inteligência animal* (1911), Edward Lee Thorndike propôs que "qualquer ato que em uma determinada situação produza satisfação, torna-se associado a essa situação, de modo que, quando a situação se repete, o ato é mais provável do que antes de se repetir também". Usando uma linguagem contemporânea, Thorndike está afirmando que, em um determinado contexto, uma ação que foi associada à recompensa é mais provável de ser selecionada no futuro quando contextos iguais ou semelhantes são encontrados.

Assim, o aprendizado por reforço pode ser visto como um processo para influenciar a seleção de ações; consequentemente, seria esperado que operasse modulando a atividade no(s) mecanismo(s) responsável(is) pela seleção. Como um reforçador (recompensa ou punição) influenciaria a seleção na arquitetura dos núcleos da base descrita anteriormente? Teoricamente, a competição entre as opções representadas nas alças reentrantes poderia ser influenciada pela sensibilização de um circuito relacionado à recompensa em qualquer um de seus pontos de retransmissão (córtex, núcleos aferentes, globo pálido, núcleos eferentes e tálamo). Aqui, apresentamos apenas dois exemplos em que há boas evidências de que a recompensa operando em diferentes nós dentro do circuito de reentrada dos núcleos da base pode influenciar a seleção (**Figura 38-8**).

O reforço intrínseco é mediado pela sinalização dopaminérgica fásica nos núcleos da base

A visão popular de reforço nos núcleos da base é que a seleção de ação é influenciada por um sinal dopaminérgico que ajusta a sensibilidade do circuito intrínseco para que as respostas às aferências associadas a recompensas imprevistas sejam aprimoradas (**Figura 38-8A**). Nesse modelo, portanto, o processo de aprendizado por reforço é intrínseco aos núcleos da base. No entanto, como vimos anteriormente, os neurônios dopaminérgicos têm axônios altamente divergentes

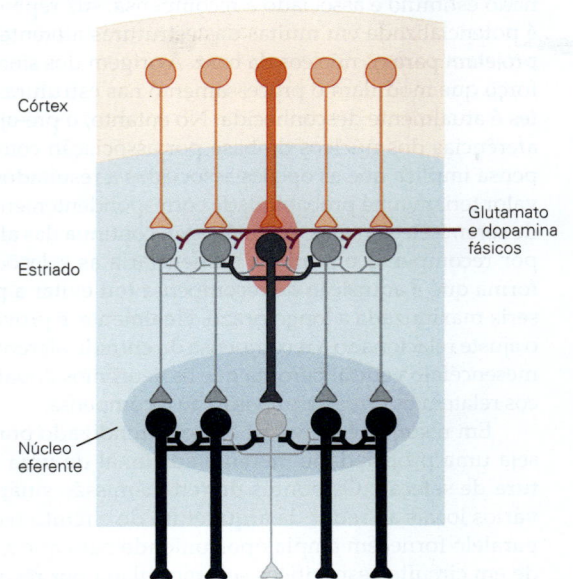

FIGURA 38-8 Dois mecanismos de reforço separados podem influenciar a seleção dentro da arquitetura de circuito paralelo reentrante dos núcleos da base. (As conexões de retorno das alças através do tálamo foram omitidas para maior clareza.)

A. O reforço intrínseco (**oval vermelho**) envolve a sensibilização seletiva da neurotransmissão corticoestriatal (indicada pela espessura relativa dos neurônios de projeção estriatal em diferentes canais). A transmissão em canais recentemente ativos (selecionados) é reforçada pela liberação fásica combinada de dopamina e glutamato evocada por um evento sensorial biologicamente saliente imprevisto (p. ex., recompensa). Canais não ativos não possuem o traço de elegibilidade necessário para o reforço de dopamina na sinapse. A plasticidade seletiva resultante faria versões reforçadas de resultados comportamentais recentes serem preferencialmente selecionadas, estabelecendo, assim, uma associação entre ação e resultado.

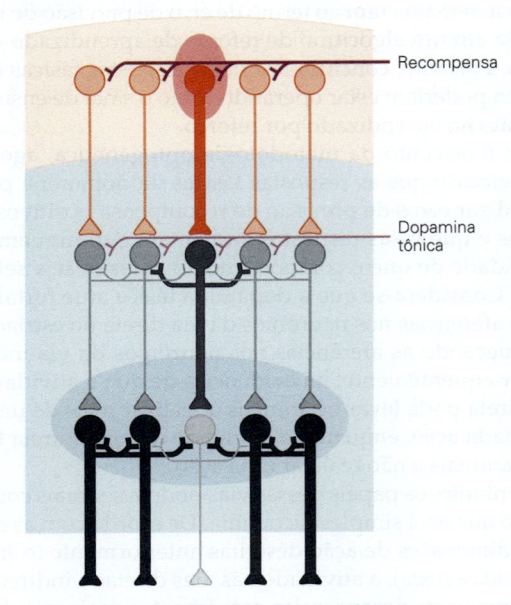

B. Investigações recentes demonstram que uma associação com recompensa (**oval vermelho**) pode potencializar o processamento em estruturas que fornecem sinais aferentes ao corpo estriado. Na medida em que a seleção pelos núcleos da base é determinada em parte pela força relativa das aferências para o estriado (a moeda comum), a modulação de sinais aferentes relacionada à recompensa influenciaria efetivamente a seleção para favorecer as entradas relacionadas à recompensa. Novamente, a espessura das projeções na figura denota níveis relativos de ativação.

que terminam em amplas áreas de núcleos-alvo. Acrescente a isso o problema da transmissão de volume e o fato de que os neurônios dopaminérgicos geralmente respondem juntos como uma população a eventos relevantes e o problema de como reforçar apenas os elementos associados à recompensa ou punição imediatamente se torna aparente.

Considera-se que essa questão é abordada invocando-se o conceito de um traço de elegibilidade decadente. Ou seja, acredita-se que a atividade de pico na população de neurônios associada a uma ação que leva à recompensa altera o estado especificamente desses neurônios, tornando-os receptivos a sinais de reforço relacionados à recompensa amplamente divulgados posteriormente. Há evidências de que esse processo opera dentro dos núcleos da base. Assim, na maioria dos modelos contemporâneos, opções comportamentais concorrentes são representadas por neurônios específicos, cuja atividade pode ser reforçada por aumentos ou diminuições fásicas nos sinais aferentes de dopamina.

Como os experimentos comportamentais estabeleceram que a recompensa imprevista, mais que a recompensa *per se*, é fundamental para o aprendizado, as propriedades de resposta fásica dos neurônios dopaminérgicos capturaram a imaginação das comunidades de neurociência biológica e computacional. A poderosa combinação de experimentação biológica e análises computacionais agora indica claramente que a atividade fásica dos neurônios dopaminérgicos do mesencéfalo fornece um sinal de ensino para o aprendizado por reforço.

Registrando neurônios dopaminérgicos no mesencéfalo ventral, a maioria dos estudos apresentou indivíduos (geralmente macacos) com recompensas ou estímulos neutros que previam recompensas. Os resultados desses experimentos mostraram que as respostas fásicas de dopamina evocadas por recompensas inesperadas, ou o início de estímulos que as predizem, tiveram latências de resposta curtas (cerca de 100 ms do início do estímulo) e durações curtas (novamente cerca de 100 ms). A magnitude dessas respostas mostrou ser influenciada por uma série de fatores, incluindo o tamanho, a confiabilidade e a extensão em que a recompensa seria adiada. É importante ressaltar que, quando um estímulo neutro previu recompensa (como no condicionamento pavloviano tradicional), a resposta fásica da dopamina foi transferida da recompensa para o estímulo preditivo. Alternativamente, se uma recompensa foi prevista, mas não entregue, os neurônios dopaminérgicos pararam quando a recompensa teria sido entregue. Uma descoberta particularmente empolgante foi que essas respostas se assemelhavam ao termo de erro de previsão de recompensa em um algoritmo de reforço de aprendizado de máquina. Portanto, concluiu-se que as respostas fásicas da dopamina poderiam estar operando como o sinal de ensino do encéfalo no aprendizado por reforço.

Com o advento da metodologia optogenética, agora foi estabelecido que as respostas fásicas da dopamina podem sinalizar erros de previsão de recompensa positivos e negativos e que essas respostas aumentam e diminuem a probabilidade de que o comportamento anterior seja selecionado. Considera-se que a dopamina fásica atue fortalecendo as aferências nos neurônios da via direta no estriado e enfraquecendo as aferências nos neurônios da via indireta. Consequentemente, há evidências de que a atividade da via direta pode levar os animais a realizar mais de uma determinada ação, enquanto a atividade da via indireta levaria os animais a não realizar uma ação.

No entanto, os papéis dessas vias podem ser mais complexos do que essa simples dicotomia. De acordo com as diferentes dimensões de ação descritas anteriormente (*o que, onde, quando* e *como*), a atividade nas vias diretas e indiretas pode reforçar ou desencorajar movimentos mais rápidos ou mais lentos, dependendo de quais movimentos levam à recompensa naquele contexto. Além disso, os efeitos da autoestimulação optogenética dessas vias no reforço da ação parecem ser diferentes entre os domínios associativo (dorsomedial) e sensorimotor (dorsolateral) do estriado. Isso pode ser consistente com diferentes sinais de dopamina observados na área tegmentar ventral, que se projeta mais medialmente no estriado, em comparação com os da parte compacta da substância negra, que se projetam mais lateralmente. Esse último tem uma proporção maior de neurônios dopaminérgicos que respondem à saliência do estímulo e respondem preferencialmente quando o animal inicia movimentos autocompassados (p. ex., pressionando uma alavanca para obter comida sempre que quiser, em vez de quando uma pista sensorial é apresentada).

No entanto, os dados experimentais indicam que a plasticidade neural fásica evocada pela dopamina nos núcleos da base pode influenciar futuras seleções comportamentais de acordo com o valor do resultado previsto. Essa conclusão é consistente com a visão de que os núcleos da base operam como um mecanismo de seleção genérico que pode apoiar o aprendizado por reforço.

O reforço extrínseco pode influenciar a seleção ao atuar em estruturas aferentes

Um segundo mecanismo, menos reconhecido para a seleção de viés dentro da arquitetura de circuito reentrante, é a modulação da saliência de aferências de opções comportamentais concorrentes que anteriormente foram associadas a um reforçador – recompensa ou punição (**Figura 38-8B**). Uma vez que as magnitudes relativas das saliências de entrada em canais concorrentes são a moeda comum pela qual as opções concorrentes são julgadas, o aumento induzido por reforço aferente de um determinado canal para um mecanismo de seleção aumentaria a probabilidade de essa opção ser selecionada no futuro.

Evidências na literatura indicam que quando determinado estímulo é associado à recompensa, sua representação é potencializada em muitas das estruturas aferentes que se projetam para os núcleos da base. A origem dos sinais de reforço que modulam o processamento nas estruturas aferentes é atualmente desconhecida. No entanto, o pré-ajuste das aferências dos núcleos da base por associação com recompensa implica que as opções associadas a resultados de alto valor teriam uma probabilidade correspondentemente maior de serem selecionadas. A atualização contínua das aferências por recompensa e punição influenciaria as seleções de tal forma que a aquisição de recompensa (ou evitar a punição) seria maximizada a longo prazo. Finalmente, é provável que o ajuste relacionado à recompensa da entrada aferente para o mesencéfalo ventral permita que os neurônios dopaminérgicos relatem os erros de previsão de recompensa.

Em resumo, é provável que o aprendizado por reforço seja uma propriedade inerente adicional de uma arquitetura de seleção. Os pontos de retransmissão sináptica em vários locais ao redor da arquitetura de circuito reentrante paralelo fornecem ampla oportunidade para que a atividade em circuitos específicos seja modulada por recompensa e punição. Existem consideráveis evidências de que o viés de seleção pode ser alcançado por recompensa por meio de um mecanismo envolvendo a liberação generalizada de dopamina dentro dos núcleos da base. A seletividade do reforço provavelmente será alcançada por meio de alguma forma de mecanismo de elegibilidade. Uma segunda possibilidade é que a relevância relativa das opções comportamentais pode ser modulada por recompensa e punição agindo diretamente dentro das estruturas que fornecem aferências para os núcleos da base.

A seleção comportamental nos núcleos da base está sob controle habitual e direcionada a objetivos

Nas últimas décadas, tornou-se evidente que as ações podem ser aprendidas e, em seguida, selecionadas com base no controle habitual ou direcionadas a objetivos. Inicialmente, à medida que aprendemos a realizar ações específicas para obter resultados específicos, essas ações são direcionadas a objetivos, e seu desempenho é altamente sensível a mudanças no valor esperado do resultado ou a mudanças na contingência entre a ação e o resultado. Com repetição e consolidação, as ações podem se tornar não apenas mais eficientes, mas também mais automáticas, controladas por um circuito do tipo estímulo-resposta.

No caso de hábitos, o desempenho torna-se menos sensível a mudanças no valor do resultado ou mudanças na contingência entre a ação e o resultado, mas é controlado pela saliência de estímulos ou contextos antecedentes. Curiosamente, mudanças de comportamentos direcionados a objetivos para comportamentos habituais podem ser produzidos não apenas por treinamento prolongado, mas também por diferentes esquemas de reforço. Assim, a formação de hábitos é favorecida quando as recompensas são efetuadas de acordo com intervalos de tempo aleatórios, enquanto o controle direcionado a objetivos é favorecido quando as recompensas são entregues após um número aleatório de ações.

Diferentes circuitos de núcleos corticobasais parecem apoiar o aprendizado e o desempenho de ações direcionadas a objetivos *versus* hábitos. A aquisição de ações direcionadas a objetivos parece depender do circuito associativo dos núcleos corticobasais envolvendo o estriado dorsomedial ou associativo, o córtex pré-límbico, o tálamo mediodorsal, o córtex orbitofrontal e a amígdala. Por outro lado, a formação de hábitos depende de circuitos que percorrem o estriado dorsolateral ou sensorimotor, o córtex infralímbico e a amígdala central.

Foi demonstrado que, uma vez que esses dois modos fundamentais de controle comportamental operam através de diferentes circuitos reentrantes, foi possível causar mudanças entre eles por meio de manipulações específicas dentro dos núcleos da base. Assim, o dano ou a inativação dos territórios associativos bloqueia efetivamente o controle direcionado a objetivos, deixando o controle habitual automático relativamente intacto. Por outro lado, distúrbios na porção sensorimotora nos núcleos da base sensorimotores faz o desempenho habitual voltar ao controle direcionado a metas.

Por último, hábitos eficientes, em que estímulos ou circunstâncias conhecidos desencadeiam uma resposta específica, são muito úteis na vida cotidiana, como amarrar os cadarços ou trancar a porta da frente. No entanto, também encontramos circunstâncias que nos levam a reavaliar nossas ações. Alternar entre ações e hábitos direcionados a objetivos nos permite agir com flexibilidade no ambiente, e a incapacidade de fazê-lo pode estar subjacente a comportamentos distorcidos observados na adicção (vícios) e em outros distúrbios comportamentais e neurológicos dos núcleos da base. É para esse tópico que nos voltamos agora.

Doenças dos núcleos da base podem envolver distúrbios de seleção

O foco deste capítulo é como a arquitetura funcional dos núcleos da base e sua história evolutiva determinaram seu papel na função encefálica geral. Uma das motivações para esse exercício que todos nós temos é um interesse científico intrínseco em tentar entender algo que atualmente não entendemos. No entanto, há outra razão importante para entender melhor como os núcleos da base funcionam. Em humanos, a disfunção dos núcleos está associada a inúmeras condições debilitantes, incluindo doença de Parkinson, doença de Huntington, síndrome de Tourette, esquizofrenia, transtorno de déficit de atenção, transtorno obsessivo-compulsivo e muitas condições de adicção. Numerosos estudos tentaram esclarecer como a disfunção dos núcleos da base leva aos sintomas que caracterizam esses distúrbios. Esse esforço só pode ser suportado se tivermos uma melhor compreensão do que um sistema complicado como os núcleos da base está tentando fazer quando está operando normalmente.

É provável que um mecanismo de seleção seja vulnerável a várias falhas potenciais

Até agora, consideramos as evidências teóricas e empíricas que apoiam a ideia de que o circuito em alça dos núcleos da base atua como um mecanismo de seleção genérico dentro do qual o aprendizado por reforço opera para maximizar a recompensa e minimizar a punição. Se a seleção de ação e o aprendizado por reforço são as funções normais dos núcleos da base, deve ser possível interpretar muitos dos distúrbios relacionados aos núcleos da base humanos em termos de mau funcionamento da seleção ou do reforço.

A seleção normal requer que a opção selecionada seja desinibida no nível das eferências dos núcleos da base, enquanto a inibição de opções não selecionadas ou perdidas é mantida ou aumentada (**Figura 38-9A**). Uma falha óbvia em tal sistema seria se nenhuma das opções fosse capaz de alcançar desinibição suficiente para atingir um limiar crítico de seleção (**Figura 38-9B**). No entanto, um outro ponto importante ao pensar sobre o mau funcionamento da seleção é perceber que a inibição e a desinibição de eferência provavelmente serão continuamente variáveis, em vez de estados discretos de ligar/desligar. Nesse caso, a diferença entre os canais desinibidos e inibidos determinaria quão "forte" ou "suave" seria a seleção. Quando a diferença é grande (**Figura 38-9D**), as opções concorrentes provavelmente descobrirão que a seleção atual é resistente à interrupção – uma saliência de entrada maior que o normal seria necessária para fazer o sistema trocar de seleção. Por outro lado, quando a diferença é pequena (**Figura 38-9C**), seria comparativamente fácil para uma opção concorrente iniciar uma troca de seleção.

O suporte para essas ideias vem de observações comportamentais que mostram que, no início do aprendizado de tarefas, frequentemente é fácil alternar entre as estratégias. No entanto, à medida que a tarefa se torna bem aprendida, o sistema se torna cada vez mais resistente a estratégias alternativas. A apreciação dos conceitos de seleção forte e suave pode, portanto, desempenhar um papel importante quando se pensa em como um mecanismo de seleção pode se tornar disfuncional no contexto de doenças dos núcleos da base.

A doença de Parkinson pode ser vista em parte como uma falha na seleção de opções sensorimotoras

Os sintomas cardinais da doença de Parkinson são acinesia (dificuldades em iniciar o movimento), bradicinesia (movimentos iniciados são lentos) e rigidez (rigidez e resistência ao movimento passivo). O tremor é frequente, mas nem sempre presente. Acredita-se que o principal déficit neurológico responsável pelos sintomas motores da doença de Parkinson seja a degeneração progressiva da neurotransmissão dopaminérgica nos núcleos da base.

Uma consequência dessa perda de dopamina é o aumento da atividade tônica e oscilatória nos registros dos centros eferentes dos núcleos da base. Como a eferência dos núcleos da base é GABAérgica e inibitória, na doença de Parkinson, as estruturas-alvo estão recebendo níveis altos e desiguais de aferência inibitória. Essa condição prejudica a função seletiva (desinibitória) normal dos núcleos da base; os movimentos são difíceis de selecionar e, quando possível, são lentos para executar.

A doença de Parkinson é, no entanto, mais sutil do que isso. Em grande parte dessa condição progressiva, a perda da transmissão dopaminérgica afeta diferencialmente os territórios sensorimotores dos núcleos da base, deixando os territórios límbico e associativo relativamente inalterados.

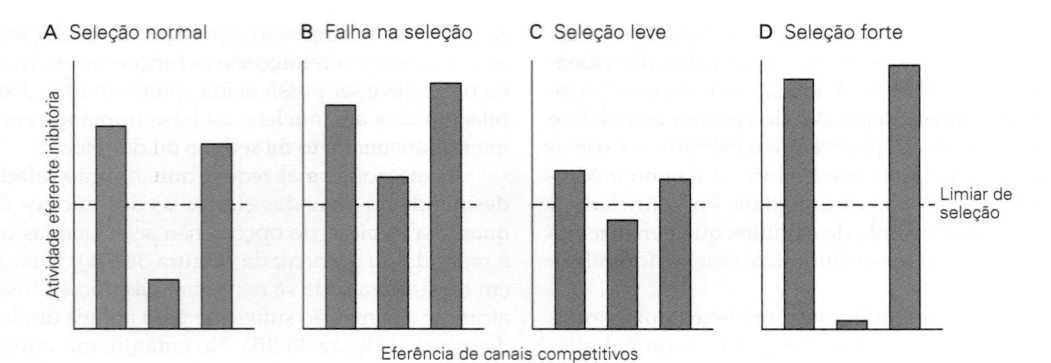

FIGURA 38-9 Distúrbios potenciais da seleção de comportamento.
A. A seleção normal dentro dos núcleos da base é caracterizada por uma redução na inibição de canais selecionados abaixo de um limiar de seleção proposto (canal central), mantendo ou aumentando a inibição de canais não selecionados (canais esquerdo e direito). Consequentemente, a estrutura-alvo desinibida é capaz de iniciar a ação que ela controla, enquanto os alvos não selecionados são mantidos sob controle inibitório.
B. A redução insuficiente na inibição tônica de todos os canais significa que nenhuma estrutura-alvo seria suficientemente desinibida. Essa circunstância poderia explicar a acinesia na doença de Parkinson.
C. Uma falha em desinibir adequadamente o canal selecionado ou suprimir a atividade desinibitória em canais concorrentes faria as seleções atuais serem vulneráveis à interrupção. Esse transtorno pode ser responsável pela incapacidade de manter uma linha de pensamento e fácil distração por eventos não atendidos na esquizofrenia e no transtorno de déficit de atenção e hiperatividade.
D. Um canal pode se tornar patologicamente dominante por desinibição anormal do canal selecionado ou inibição tônica excessiva de canais concorrentes. Isso tornaria a opção relevante fácil de selecionar e altamente resistente à interrupção. Seleções difíceis podem explicar o transtorno obsessivo-compulsivo e comportamentos aditivos.

Conforme discutido na seção sobre controle habitual e dirigido a objetivos, os territórios sensorimotores dos núcleos da base desempenham um papel essencial na seleção de ações habituais. Talvez, portanto, não seja surpreendente que muitas das características motoras da doença de Parkinson possam ser interpretadas em termos de perda de hábitos automáticos. Enquanto os pacientes podem fazer coisas, eles estão presos no modo mais lento, serial e voluntário do controle direcionado a metas. No futuro, será interessante ver se perdas sutis de controle habitual podem ser detectadas antes que os sintomas clínicos apareçam, agindo, assim, como um marcador precoce da condição.

A doença de Huntington pode refletir um desequilíbrio funcional entre as vias direta e indireta

A doença de Huntington é um distúrbio geneticamente transmitido, cujos sintomas iniciais são mudanças sutis no humor, personalidade, cognição e habilidades físicas. Os movimentos anormais são caracterizados por movimentos bruscos, aleatórios e incontroláveis chamados coreia. A doença está associada à degeneração neuronal. Os danos no estágio inicial são mais evidentes nos neurônios espinhosos médios do estriado, mas posteriormente se espalham para outras regiões do sistema nervoso.

Observações de que a degeneração neuronal é evidente nos territórios límbico, associativo e sensorimotor do estriado explicariam por que a doença é caracterizada por distúrbios do afeto, da cognição e da função sensorimotora. Também digno de nota é que os neurônios mais vulneráveis são aqueles no estriado que se projetam para o globo pálido externo (a via indireta), em comparação com neurônios que se projetam diretamente para os centros eferentes dos núcleos da base. Ao nível dos núcleos eferentes, esta perturbação faria pender a balança a favor da projeção estriatal responsável pela desinibição. Consequentemente, os sintomas da doença de Huntington podem refletir a interferência na expressão dos comportamentos afetivos, cognitivos e sensorimotores selecionados pelos competidores não sendo suficientemente suprimidos.

A esquizofrenia pode estar associada a uma falha geral em suprimir opções não selecionadas

A psicose esquizofrênica é uma condição na qual também há distúrbios do afeto, da cognição e da função sensorimotora. Os sintomas típicos incluem delírios (crenças falsas não baseadas na realidade), alucinações (ouvir ou ver coisas que não existem), pensamento desorganizado (inferido a partir da fala desorganizada) e comportamento motor anormal (agitação imprevisível, estereotipia e incapacidade de se concentrar no assunto em mãos). A doença é progressiva e, em estágios avançados, sintomas negativos caracterizados por afeto embotado, retraimento social, ausência de pensamento e comportamento motor reduzido tornam-se evidentes (Capítulo 60).

Compreender a base neurobiológica da esquizofrenia tem sido complicado por muitos procedimentos experimentais inconsistentes, alta variabilidade nos sintomas, efeitos colaterais dos medicamentos, abuso de substâncias e variabilidade na resposta aos tratamentos. Há, no entanto, uma ligação consistente entre a esquizofrenia e os núcleos da base, na medida em que uma classe importante de fármacos antipsicóticos atua para suprimir a neurotransmissão dopaminérgica. Considerando a densidade regional simples de terminais axonais e receptores pós-sinápticos de dopamina, é provável que a transmissão dopaminérgica nos núcleos da base seja influenciada mais profundamente por terapias farmacológicas relacionadas à dopamina. Além disso, há evidências de que a desregulação da dopamina nos núcleos da base é intrínseca à patologia da esquizofrenia, e não um efeito colateral da medicação; antecede a psicose; e é um fator de risco para a doença. A implicação aqui é que a esquizofrenia está associada a um excesso na transmissão dopaminérgica nos núcleos da base.

Então, como a desregulação dessa forma pode distorcer as funções normais de seleção e reforço? Primeiro, a observação de que a esquizofrenia é caracterizada por distúrbios de afeto, cognição e comportamento sensorimotor novamente sugere que o substrato neurobiológico estará presente em cada um dos territórios funcionais dos núcleos da base. Em segundo lugar, um tema recorrente é que, com os sintomas positivos, parece haver muito de tudo – intrusões emocionais intensas, muitas ideias fora de controle, experiências sensoriais espontâneas, muitos estímulos de distração e agitação motora imprevisível. Uma maneira de unificar esse conjunto confuso de sintomas é assumir que eles representam uma falha básica semelhante ocorrendo em diferentes territórios funcionais dos núcleos da base. Aqui, a falha básica pode ser uma falha por parte do mecanismo responsável por suprimir o impacto de opções concorrentes, mas não selecionadas. Consequentemente, em todos os territórios funcionais, a opção atualmente selecionada seria patologicamente vulnerável à interrupção (**Figura 38-9C**).

O transtorno do déficit de atenção e hiperatividade e a síndrome de Tourette também podem ser caracterizados por intrusões de opções não selecionadas

Outros exemplos de condições hiperativas que foram associadas à disfunção dos núcleos da base também podem ser devidos a falhas no mecanismo de seleção, onde o sistema em cada caso é vulnerável a intrusões. O transtorno do déficit de atenção e hiperatividade (TDAH), assim como a esquizofrenia, pode ser em parte o resultado de uma falha no mecanismo responsável por suprimir opções sensoriais não selecionadas, dificultando, assim, a manutenção do foco de atenção. Alternativamente, os aspectos impulsivos da condição podem refletir um mau funcionamento nos sistemas neurais que geram opções comportamentais com base no valor das consequências prováveis. Nessa situação, as opções direcionadas por eventos sensoriais imediatamente desejados teriam precedência sobre representações concorrentes de consequências desvantajosas em longo prazo.

No caso da síndrome de Tourette, evidências convergentes indicam que as intrusões comportamentais involuntárias (tiques verbais e motores) estão associadas à atividade aberrante nos circuitos dos gânglios córtico-basais-talâmicos. Em modelos animais, tiques motores semelhantes podem ser evocados bloqueando-se a neurotransmissão inibitória em áreas locais do estriado sensório-motor. Se o estado da doença também causar uma falha similar de inibição ou excitação inadequada em partes do estriado não envolvidas pela seleção atual, podem ser esperadas intrusões motoras disruptivas. Além disso, se o *locus* da excitação excessiva permanecesse constante e as características motoras da intrusão fossem repetidas, seria provável que o mecanismo de estabelecimento de hábitos automáticos fosse acionado, reforçando ainda mais a natureza involuntária automática da intrusão.

O transtorno obsessivo-compulsivo reflete a presença de opções patologicamente dominantes

Pessoas com transtorno obsessivo-compulsivo repetem compulsivamente ações específicas (lavar as mãos, contar coisas, verificar coisas) ou têm pensamentos específicos os quais repetidamente vêm à mente sem serem convidados (obsessões). Estudos usando neuroimagem funcional quando os sintomas estão presentes relatam consistentemente ativação anormal em vários locais dentro das alças cortical-estriado-tálamo-cortical.

Em termos de uma disfunção do mecanismo de seleção, os sintomas do transtorno obsessivo-compulsivo seriam esperados quando, por qualquer motivo, a saliência de entrada de canais funcionais relevantes fosse anormalmente dominante, tornando difícil para opções concorrentes interromper ou causar adaptações comportamentais ou atencionais (seleção difícil). O fato de as opções obsessiva e compulsiva serem comportamentos dominantes que foram aprendidos sugere que o responsável pelo transtorno obsessivo-compulsivo pode estar no mecanismo de reforço capaz de ajustar a saliência de aferência. É claro que tal falha pode ser de origem genética e/ou ambiental.

Os comportamentos aditivos estão associados a distúrbios dos mecanismos de reforço e objetivos habituais

A adicção a drogas e outros comportamentos (p. ex., jogos de azar, sexo, alimentação) representa uma dramática desregulação das seleções motivacionais. Isso é causado por uma saliência exagerada de estímulos relacionados à adicção, indulgência compulsiva e ansiedade relacionada à abstinência. Quando uma adicção está sendo adquirida, foram relatadas alterações na transmissão dopaminérgica e de opioides nos núcleos da base.

Na medida em que esses sistemas de transmissão estão ligados a mecanismos fundamentais de reforço, pode-se esperar que o reforço seletivo de estímulos relacionados à adicção levaria a aumentos observados na capacidade desses estímulos de capturar o comportamento. Alternativamente, os aumentos nos estados emocionais negativos e respostas semelhantes ao estresse experimentados durante a retirada foram associados a reduções na função da dopamina. Nos territórios límbicos dos núcleos da base, essas reduções são tipicamente associadas ao reforço negativo.

Um ponto final a ser observado é que, se os estímulos associados à adicção podem desencadear automaticamente a motivação/objetivo para satisfazer (i.e., uma associação automática de estímulo-objetivo), um tipo de mecanismo semelhante pode estar operando nos territórios límbicos, como ocorre nos hábitos reposta-estímulo nos territórios sensorimotores. Assim, se no caso da dependência de drogas o objetivo da aquisição da droga pode ser corretamente descrito como um hábito impulsionado por estímulos, os aspectos práticos de se obter a droga podem ser altamente direcionados a objetivos (p. ex., roubar uma loja de conveniência, telefonar para o traficante), e não nada habitual.

A partir das seções anteriores, pode-se verificar que distúrbios dos núcleos da base em termos de desregulações de seleção e reforço não requerem contorções intelectuais implausíveis. De fato, isso pode ser considerado como um suporte adicional para a visão de que a função dos núcleos da base em nível sistêmico é operar como um mecanismo de seleção genérico. Além disso, ter uma estrutura conceitual primordial baseada em possíveis distúrbios da função normal tem uma vantagem importante para orientar pesquisas futuras. Em vez de pescar nos encéfalos de pacientes e modelos animais por pistas do que poderia ter dado errado, está-se caçando dentro de uma rede específica por um mau funcionamento que se espera que produza o distúrbio observado.

Destaques

1. Os núcleos da base são um grupo interconectado de núcleos localizados na base do prosencéfalo e do mesencéfalo. Existem três estruturas principais aferentes (o estriado, o núcleo subtalâmico e as células dopaminérgicas da substância negra) e duas estruturas principais eferentes (o globo pálido interno e a parte reticulada da substância negra).
2. As estruturas aferentes recebem projeções da maioria das regiões do córtex cerebral, sistema límbico e tronco encefálico, muitas por meio de retransmissores no tálamo. As aferências para o estriado e subtálamo são topograficamente organizadas.
3. A topografia espacial é mantida ao longo das conexões intrínsecas dos núcleos da base, bem como nas projeções de volta ao córtex, sistema límbico e estruturas do tronco encefálico. Assim, uma característica essencial da arquitetura dos gânglios basais em nível de sistema pode ser vista como uma série de circuitos reentrantes.
4. Acreditava-se que o estriado estaria conectado aos núcleos eferentes por meio de vias diretas e indiretas. No entanto, evidências anatômicas recentes sugerem uma arquitetura interna mais complexa.
5. O fluxo de entrada excitatória fásica para os núcleos da base é mediado pelo neurotransmissor glutamato. A saída inibitória tônica dos núcleos da base é mediada pelo neurotransmissor ácido γ-aminobutírico (GABA). As alças reentrantes mantêm as estruturas aferentes sob forte controle inibitório. Para qualquer tarefa, o disparo inibitório tônico de alguns neurônios de saída é interrompido, enquanto, para outros, é mantido ou aumentado.
6. A arquitetura dos núcleos basais apareceu no início da evolução dos vertebrados e foi altamente conservada. Isso sugere que os problemas que eles resolvem provavelmente serão problemas enfrentados por todas as espécies de vertebrados.
7. A microarquitetura interna dos núcleos intrínsecos dos núcleos da base é basicamente a mesma em todos os seus territórios motivacionais, afetivos, cognitivos e sensorimotores. Isso sugere que o mesmo algoritmo dos núcleos da base é aplicado a todas as classes gerais de função cerebral.
8. Um tema recorrente na literatura dos núcleos da base é seu envolvimento na seleção de ações e no aprendizado por reforço.
9. A hipótese de seleção é apoiada pelo seguinte: (1) a seleção é um problema genérico enfrentado por todos os vertebrados; (2) um algoritmo de seleção comum a todos os territórios dos núcleos da base poderia resolver competições entre opções motivacionais, afetivas, cognitivas e sensorimotoras incompatíveis; (3) muitos processos intrínsecos podem suportar uma função de seleção; (4) a remoção seletiva da inibição de eferência dentro de uma arquitetura em circuito reentrante múltiplo é necessariamente um processo de seleção; (5) modelos computacionais da arquitetura dos gânglios da base selecionam efetivamente as ações de robôs multifuncionais.
10. Evidências abundantes indicam que os núcleos da base são um substrato essencial para o aprendizado por reforço, onde as seleções são influenciadas pela valência/valor dos resultados passados.
11. Os aspectos multidimensionais da ação (o que, onde, quando e como fazer algo) podem ser modificados independentemente pelo aprendizado por reforço. Será importante determinar se esses diferentes aspectos da ação são aprendidos dentro do mesmo ou de diferentes territórios funcionais dos núcleos da base.
12. Investigações optogenéticas recentes confirmaram que a sinalização fásica da dopamina pode atuar como um sinal de treinamento para o aprendizado por reforço.
13. Dentro da arquitetura em circuitos reentrantes, seleções futuras podem ser influenciadas não apenas dentro dos núcleos da base pela dopamina, mas também nas sinapses em estruturas aferentes externas e nos retransmissores talâmicos.
14. O aprendizado por reforço pode influenciar as seleções com base no valor do resultado (direcionado a metas) ou operando em uma associação automática de estímulo-resposta adquirida (hábito). As seleções direcionadas a objetivos e habituais são feitas em diferentes territórios funcionais dos núcleos da base.
15. Na medida em que as doenças dos gânglios da base em humanos podem ser interpretadas como disfunções de seleção, um suporte adicional é dado para a ideia de que os núcleos da base funcionam como um módulo de seleção genérico.

Peter Redgrave
Rui M. Costa

Leituras sugeridas

Cui G, Jun SB, Jin X, et al. 2013. Concurrent activation of striatal direct and indirect pathways during action initiation. Nature 494:238–242.

da Silva JA, Tecuapetla F, Paixão V, Costa RM. 2018. Dopamine neuron activity before action initiation gates and invigorates future movements. Nature 554:244–248.

Grillner S, Robertson B, Stephenson-Jones M. 2013. The evolutionary origin of the vertebrate basal ganglia and its role in action selection. J Physiol 591:5425–5431.

Hikosaka O, Ghazizadeh A, Griggs W, Amita H. 2018. Parallel basal ganglia circuits for decision making. J Neural Transm (Vienna) 125:515–529.
Kravitz AV, Freeze BS, Parker PR, et al. 2010. Regulation of parkinsonian motor behaviours by optogenetic control of basal ganglia circuitry. Nature 466:622–626.
Redgrave P, Prescott T, Gurney KN. 1999. The basal ganglia: a vertebrate solution to the selection problem? Neuroscience 89:1009–1023.
Redgrave P, Rodriguez M, Smith Y, et al. 2010. Goal-directed and habitual control in the basal ganglia: implications for Parkinson's disease. Nat Rev Neurosci 11:760–772.
Saunders A, Oldenburg IA, Berezovskii VK, et al. 2015. A direct GABAergic output from the basal ganglia to frontal cortex. Nature 521:85–89.
Yin HH, Knowlton BJ. 2006. The role of the basal ganglia in habit formation. Nat Rev Neurosci 7:464–476.
Yttri EA, Dudman JT. 2016. Opponent and bidirectional control of movement velocity in the basal ganglia. Nature 533:402–406.

Referências

Albin RL, Mink JW. 2006. Recent advances in Tourette syndrome research. Trends Neurosci 29:175–182.
Albin RL, Young AB, Penney JB. 1989. The functional anatomy of basal ganglia disorders. Trends Neurosci 12:366–375.
Alexander GE, Crutcher MD, Delong MR. 1990. Functional architecture of basal ganglia circuits: neural substrates of parallel processing. Trends Neurosci 13:226–271.
Arbuthnott GW, Wickens J. 2007. Space, time and dopamine. Trends Neurosci 30:62–69.
Carmona S, Proal E, Hoekzema EA, et al. 2009. Ventro-striatal reductions underpin symptoms of hyperactivity and impulsivity in attention-deficit/hyperactivity disorder. Biol Psychiatry 66:972–977.
Chevalier G, Deniau JM. 1990. Disinhibition as a basic process in the expression of striatal functions. Trends Neurosci 13:277–281.
DeLong MR, Wichmann T. 2007. Circuits and circuit disorders of the basal ganglia. Arch Neurol 64:20–24.
Deniau JM, Mailly P, Maurice N, Charpier S. 2007. The pars reticulata of the substantia nigra: a window to basal ganglia output. In: JM Tepper. ED Abercrombie, JP Bolam (eds). *Gaba and the Basal Ganglia: From Molecules to Systems*. Prog Brain Res 160:151–172.
Desmurget M, Turner RS. 2010. Motor sequences and the basal ganglia: kinematics, not habits. J Neurosci 30:7685–7690.
Draganski B, Kherif F, Klöppel S, et al. 2008. Evidence for segregated and integrative connectivity patterns in the human basal ganglia. J Neurosci 28:7138–7152.
Fan D, Rossi MA, Yin HH. 2012. Mechanisms of action selection and timing in substantia nigra neurons. J Neurosci 32:5534–5548.
Gerfen CR, Surmeier DJ. 2011. Modulation of striatal projection systems by dopamine. Ann Rev Neurosci 34:441–466.
Gerfen CR, Wilson CJ. 1996. The basal ganglia. In: LW Swanson, A Bjorklund, T Hokfelt (eds). *Handbook of Chemical Neuroanatomy, Vol 12: Integrated Systems of the CNS, Part III*, pp. 371–468. Amsterdam: Elsevier.
Graybiel AM. 2008. Habits, rituals, and the evaluative brain. Ann Rev Neurosci 31:359–387.
Hikosaka O. 2007. Basal ganglia mechanisms of reward-oriented eye movement. Ann NY Acad Sci 1104:229–249.
Howes OD, Kapur S. 2009. The dopamine hypothesis of schizophrenia: version III—the final common pathway. Schizophr Bull 353:549–562.
Humphries MD, Stewart RD, Gurney KN. 2006. A physiologically plausible model of action selection and oscillatory activity in the basal ganglia. J Neurosci 26:12921–12942.
Kelly RM, Strick PL. 2004. Macro-architecture of basal ganglia loops with the cerebral cortex: use of rabies virus to reveal multisynaptic circuits. Prog Brain Res 143:449–459.
Klaus A, Martins GJ, Paixao VB, Zhou P, Paninski L, Costa RM. 2017. The spatiotemporal organization of the striatum encodes action space. Neuron 95:1171–1180.
Koob GF, Volkow ND. 2016. Neurobiology of addiction: a neurocircuitry analysis. Lancet Psychiatry 38:760–773.
MacDonald AW, Schulz SC. 2009. What we know: findings that every theory of schizophrenia should explain. Schizophr Bull 3:493–508.
Matsuda W, Furuta T, Nakamura KC, et al. 2009. Single nigrostriatal dopaminergic neurons form widely spread and highly dense axonal arborizations in the neostriatum. J Neurosci 29:444–453.
Matsumoto M, Takada M. 2013. Distinct representations of cognitive and motivational signals in midbrain dopamine neurons. Neuron 79:1–14.
McHaffie JG, Stanford TR, Stein BE, Coizet V, Redgrave P. 2005. Subcortical loops through the basal ganglia. Trends Neurosci 28:401–407.
Mink JW. 1996. The basal ganglia: focused selection and inhibition of competing motor programs. Prog Neurobiol 50:381–425.
Minski M. 1986. *The Society of Mind*. London: Heinemann Ltd.
Nambu A. 2011. Somatotopic organization of the primate basal ganglia. Front Neuroanat 5:26.
Nambu A, Tokuno H, Takada M. 2002. Functional significance of the cortico-subthalamo-pallidal 'hyperdirect' pathway. Neurosci Res 43:111–117.
Nasser HM, Calu DJ, Schoenbaum G, Sharpe MJ. 2017. The dopamine prediction error: contributions to associative models of reward learning. Front Psychol 8:244.
Nieuwenhuys R, Voogd J, van Huijzen C. 1981. *The Human Central Nervous System: A Synopsis and Atlas,* 2nd ed. Berlin: Springer.
Piron C, Kase D, Topalidou M, et al. 2016. The globus pallidus pars interna in goal-oriented and routine behaviors: resolving a long-standing paradox. Mov Disord 31:1146–1154.
Plotkin JL, Surmeier DJ. 2015. Corticostriatal synaptic adaptations in Huntington's disease. Curr Opin Neurobiol 33:53–62.
Redgrave P, Gurney KN. 2006. The short-latency dopamine signal: a role in discovering novel actions? Nat Rev Neurosci 7:967–975.
Reiner AJ. 2010. The conservative evolution of the vertebrate basal ganglia. In: H Steiner, KY Tseng (eds). *Handbook of Basal Ganglia Structure and Function*, pp. 29–62. Burlington, MA: Academic Press
Reiner A, Jiao Y, DelMar N, Laverghetta AV, Lei WL. 2003. Differential morphology of pyramidal tract-type and intratelencephalically projecting-type corticostriatal neurons and their intrastriatal terminals in rats. J Comp Neurol 457:420–440.
Schultz W. 2007. Multiple dopamine functions at different time courses. Annu Rev Neurosci 30:259–288.
Silberberg G, Bolam JP. 2015. Local and afferent synaptic pathways in the striatal microcircuitry. Curr Opin Neurobiol 33:182–187.
Smith Y, Galvan A, Ellender TJ, et al. 2014. The thalamostriatal system in normal and diseased states. Front Syst Neurosci 8:5.
Surmeier DJ, Plotkin J, Shen W. 2009. Dopamine and synaptic plasticity in dorsal striatal circuits controlling action selection. Curr Opin Neurobiol 19:621–628.
Tecuapetla F, Jin X, Lima SQ, Costa RM. 2016. Complementary contributions of striatal projection pathways to action initiation and execution. Cell 166:703–715.
Thorndike EL. 1911. *Animal Intelligence*. New York: Macmillan.
van den Heuvel OA, van Wingen G, Soriano-Mas C, et al. 2016. Brain circuitry of compulsivity. Eur Neuropsychopharmacol 26:810–827.
Watabe-Uchida M, Zhu LS, Ogawa SK, Vamanrao A, Uchida N. 2012. Whole-brain mapping of direct inputs to midbrain dopamine neurons. Neuron 74:858–873.
Yael D, Vinner E, Bar-Gad I. 2015. Pathophysiology of tic disorders. Mov Disord 30:1171–1178.
Yin HH, Knowlton BJ. 2006. The role of the basal ganglia in habit formation. Nat Rev Neurosci 7:464–476.

39

Interfaces cérebro-máquina

ICMs medem e modulam a atividade neural para ajudar a restaurar capacidades perdidas
- Implantes cocleares e próteses retinianas podem restaurar capacidades sensoriais perdidas
- ICMs motoras e de comunicação permitem restaurar capacidades motoras perdidas
- A atividade neural patológica pode ser regulada empregando-se estimulação cerebral profunda e ICMs anticonvulsivantes
- ICMs "de reposição" podem restaurar capacidades perdidas de processamento cerebral
- Medição e modulação da atividade neural dependem de neurotecnologias avançadas

ICMs extraem dados da atividade de muitos neurônios para decodificar movimentos
- Algoritmos de decodificação estimam os movimentos pretendidos a partir da atividade neural
- Decodificadores discretos fazem estimativas acerca das metas dos movimentos
- Decodificadores contínuos estimam detalhes dos movimentos a cada instante

Aumentos no desempenho e nas capacidades das ICMs motoras e de comunicação permitem a tradução a situações clínicas
- Pacientes podem digitar mensagens utilizando ICMs de comunicação
- Pacientes podem alcançar e agarrar objetos usando braços protéticos controlados por ICMs
- Pacientes podem alcançar e agarrar objetos estimulando braços paralisados sob comando de uma ICM

Pacientes podem utilizar a retroalimentação sensorial fornecida pela estimulação cortical durante o controle da ICM

As ICMs podem ser utilizados para avançar a neurociência básica

As ICMs trazem novas implicações neuroéticas

Destaques

COMPREENDER A FUNÇÃO NORMAL do sistema nervoso é fundamental para compreendermos disfunções resultantes de doença ou lesão, e, assim, desenvolvermos novas terapias. Esses tratamentos podem envolver agentes farmacológicos, intervenções cirúrgicas, e, como é cada vez mais frequente, equipamentos eletrônicos de uso médico. Tais equipamentos preenchem uma lacuna entre o uso de medicamentos sistêmicos, que agem no nível molecular, e lesões cirúrgicas focais, que atuam em nível anatômico.

Neste capítulo, enfocaremos aparelhos médicos que medem ou alteram a atividade eletrofisiológica no nível de populações neuronais. Tais equipamentos são denominados interfaces cérebro-máquina (ICM*), interfaces cérebro-computador ou próteses neurais. Uma vez que não existe uma terminologia padronizada, utilizaremos a expressão ICM para nos referirmos a todos esses equipamentos, indistintamente. ICMs podem ser classificadas em quatro categorias bastante abrangentes: aquelas que restauram capacidades sensoriais perdidas, aquelas que restauram capacidades motoras perdidas, aquelas que regulam alguma atividade neural patológica e aquelas que restauram capacidades de processamento cerebral perdidas.

ICMs podem ajudar pessoas a executar atividades diárias tão essenciais quanto se alimentar, se vestir ou se arrumar, manter a continência e caminhar. Um tipo de ICM que discutiremos mais detalhadamente neste capítulo é capaz de converter a atividade elétrica de neurônios encefálicos em sinais que controlam próteses, auxiliando, assim, pacientes vítimas de paralisia. Entender como as neurociências e a neuroengenharia trabalham juntas para criar as

---

*N. de T. Uma vez que a grande maioria das ICMs é implantada na superfície do córtex ou próximo dela até porque é ali que se localizam as áreas de controle motor voluntário ou de uso e compreensão da linguagem – a terminologia "cerebral" se aplica sem restrições. Quando próteses mais profundas passarem a ser mais comuns, a terminologia mais correta em português seria *interfaces encéfalo-máquina* (IEM). Em inglês a palavra "brain" é ambígua, e não faz essa distinção importante, e a tradução correta, na maioria das vezes, refere-se ao encéfalo inteiro, e não apenas ao neocórtex, i.e., o cérebro.

ICMs hoje existentes permite-nos antecipar como muitas enfermidades neurológicas e lesões traumáticas poderão vir a ser tratadas com o dispositivo medicinal adequado.

ICMs medem e modulam a atividade neural para ajudar a restaurar capacidades perdidas

Implantes cocleares e próteses retinianas podem restaurar capacidades sensoriais perdidas

Entre as primeiras ICMs, temos os implantes cocleares, que também estão entre as mais amplamente utilizadas. Pessoas com surdez profunda podem se beneficiar da restauração, ainda que parcial, de algum grau de audição. Desde os anos 1970, centenas de milhares de pessoas com surdez de causa periférica, ou seja, aquelas cujos nervos cocleares, bem como vias auditórias centrais, estão intactas, têm recebido implantes cocleares. Tais sistemas conseguem restaurar consideravelmente a audição e a fala, mesmo em crianças com surdez congênita, pois os pacientes aprendem a compreender a fala utilizando implantes cocleares.

Os implantes cocleares operam capturando sons através de um microfone localizado fora da pele, que envia esses sinais para um receptor implantado cirurgicamente sob a pele, perto da orelha. Após a conversão (ou codificação) na forma de padrões de sinais espaciais-temporais apropriados, esses sinais estimulam eletricamente as células ganglionares espirais no modíolo coclear (Capítulo 26). Por sua vez, os sinais das células cocleares ativadas são transmitidos pelo nervo auditivo ao tronco encefálico e a áreas auditivas superiores onde, idealmente, os sinais neurais são interpretados como sons captados pelo microfone.

Um outro exemplo de ICM é a prótese retiniana. A cegueira pode ser causada por enfermidades como a retinite pigmentosa, uma doença hereditária degenerativa da retina. No momento, não há cura nem terapia médica aprovada capaz de retardar ou reverter essa enfermidade. Próteses retinianas permitem, porém, que os pacientes reconheçam letras grandes e localizem a posição de objetos. Elas operam capturando imagens com uma câmera e enviando esses sinais a um receptor posicionado dentro do olho. Após a conversão para padrões espaciais-temporais apropriados, esses sinais elétricos estimulam as células ganglionares da retina mediante uma rede com dezenas de eletrodos. Essas células, por sua vez, enviam seus sinais através do nervo óptico rumo ao tálamo e áreas visuais superiores, onde, idealmente, os sinais aferentes são interpretados como a imagem capturada pela câmera.

ICMs motoras e de comunicação permitem restaurar capacidades motoras perdidas

ICMs também vêm sendo desenvolvidas para ajudar pessoas paralisadas e amputadas, restaurando a função motora e de comunicação perdida. Esse é o tema central deste capítulo. Primeiramente, a atividade elétrica neural é medida em uma ou mais áreas cerebrais (ou seja, principalmente na superfície do córtex) utilizando redes de multieletrodos, os quais são inseridos no tecido e posicionados, por exemplo, nas regiões correspondentes ao braço e à mão no córtex motor primário, córtex pré-motor dorsal e ventral e/ou córtex intraparietal (em particular, na chamada área parietal de apanhadura e na área intraparietal medial) (**Figura 39-1**).

A seguir, tenta-se executar movimentos do braço, que, no entanto, não são possíveis no caso de pessoas com paralisia. Mas os potenciais de ação, bem como os *potenciais de campo local,* são devidamente registrados durante essas tentativas. Utilizando-se 100 eletrodos posicionados no córtex motor primário e outros 100 no córtex pré-motor dorsal, por exemplo, é possível registrar os potenciais de ação de aproximadamente 200 neurônios, e os potenciais de campo local de 200 eletrodos são medidos. Potenciais de campo locais são sinais de baixa frequência registrados nos mesmos eletrodos que os potenciais de ação, e acredita-se serem oriundos de correntes sinápticas locais de muitos neurônios próximos à ponta desses eletrodos. Juntos, esses sinais neurais contêm informações consideráveis sobre como a pessoa deseja mover o braço.

Terceiro, caracteriza-se a relação entre a atividade neural e os movimentos tentados. Essa relação permite prever o movimento desejado a partir de uma nova atividade neural, um procedimento estatístico que chamamos de *decodificação neural.* Quarto, a ICM é então operada em seu modo normal, no qual a atividade neural é medida em tempo real e os movimentos desejados decodificados, com ajuda de um computador, a partir da atividade neural. Os movimentos decodificados podem ser usados para guiar dispositivos protéticos, como um cursor em uma tela de computador ou um braço robótico. Também é possível estimular eletricamente os músculos de um membro paralisado para realizar os movimentos decodificados, um procedimento conhecido como *estimulação elétrica funcional.* Muitos outros dispositivos protéticos podem ser concebidos, à medida que interagimos cada vez mais de forma eletrônica com o mundo ao nosso redor (por exemplo, celulares, automóveis e objetos do cotidiano que possuem eletrônica embarcada que permita o envio e recebimento de dados – aquilo que vem sendo chamado de "internet das coisas").

Finalmente, na medida em que a pessoa pode ver o dispositivo protético funcionando, ela pode alterar sua atividade neural mudando seus pensamentos de momento a momento, de modo a guiar o dispositivo protético com mais precisão. Esse sistema de controle por retroalimentação em circuito fechado também pode empregar modalidades sensoriais não visuais, inclusive a partir de informações de sensores eletrônicos de pressão e posição incorporados a um braço protético. Essas informações sensoriais substitutas podem ser transformadas em padrões de estimulação elétrica, que são enviados aos córtices proprioceptivo e somatossensorial.

As ICMs acima descritas incluem dispositivos motores e de comunicação. ICMs motoras visam prover controle natural de um membro robótico ou mesmo de um membro paralisado. No caso de próteses de membros superiores, isso envolve o movimento preciso do braço ao longo de um percurso desejado e com um perfil desejado de velocidade. Esse controle é de fato um objetivo final ambicioso, mas mesmo passos intermediários em direção a esse objetivo podem melhorar a qualidade de vida, restaurando algumas funções motoras perdidas e melhorando a capacidade do

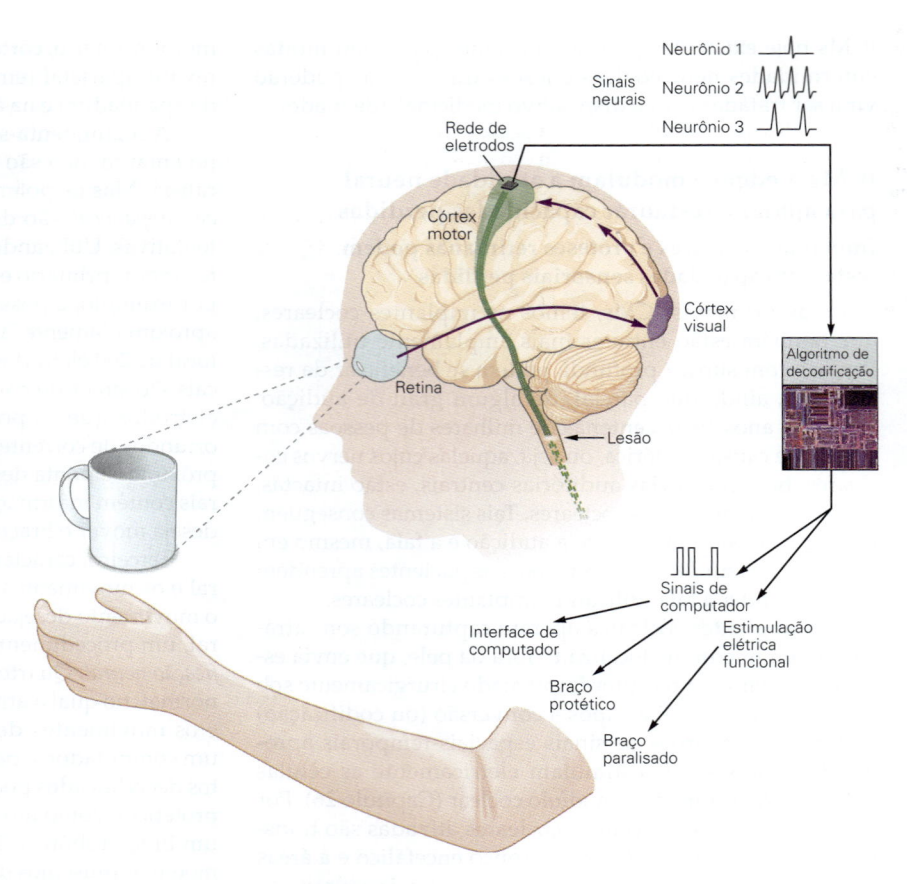

FIGURA 39-1 Conceito das interfaces cérebro-máquina (ICM) motora e de comunicação. Uma ou mais redes (*arrays*) de eletrodos são implantadas em regiões do cérebro como o córtex motor primário, córtex pré-motor dorsal e ventral ou córtex intraparietal. Elas registram os disparos de dezenas a centenas de neurônios além dos potenciais de campo locais. A atividade neural registrada é então convertida por um algoritmo de decodificação em (1) comandos de computador para controlar uma interface de computador ou um braço protético (robótico), ou (2) padrões de estimulação para estimulação elétrica funcional de músculos em um braço paralisado.

paciente de realizar "atividades da vida diária". Por exemplo, muitas pessoas com tetraplegia podem se beneficiar de poderem se alimentar sozinhas.

As ICMs de comunicação são projetadas para prover uma interface rápida e precisa com uma infinidade de dispositivos eletrônicos. A capacidade de mover um cursor de computador sobre um teclado na tela permite que um paciente digite comandos para computadores, *smartphones*, sintetizadores de voz, casas inteligentes e a "internet das coisas". Idealmente, as ICMs de comunicação permitiriam uma taxa de comunicação na qual a maioria das pessoas fala ou digita. Essas ICMs beneficiariam pessoas com esclerose lateral amiotrófica (ELA), que muitas vezes ficam "enclausuradas" e incapazes de se comunicar com o mundo exterior por meio de qualquer movimento. As ICMs de comunicação também beneficiariam pessoas com outras doenças neurodegenerativas que comprometem gravemente a qualidade do movimento e da fala, bem como aquelas com lesão na medula espinal superior. A capacidade de digitar várias palavras por minuto de forma confiável representa uma melhoria significativa na qualidade de vida de muitos pacientes.

As ICMs motoras e de comunicação baseiam-se em estudos neurocientíficos básicos sobre movimentos voluntários (Capítulo 34). O projeto e o desenvolvimento de ICMs, até agora, dependeu de estudos com animais de laboratório, principalmente primatas não humanos; recentemente, contudo, iniciaram-se ensaios-pilotos clínicos com humanos vítimas de paralisia.

A atividade neural patológica pode ser regulada empregando-se estimulação cerebral profunda e ICMs anticonvulsivantes

Também foram desenvolvidas ICMs para ajudar pessoas com enfermidades envolvendo atividade neural patológica no encéfalo – principalmente na região do cérebro (neocórtex) –, como a doença de Parkinson e a epilepsia. Indivíduos com doença de Parkinson se beneficiam com a redução do tremor nas mãos e nos braços. Atualmente, não existe cura para a doença de Parkinson, e muitas pessoas desenvolvem resistência aos tratamentos farmacológicos. Um estimulador cerebral profundo (ECP) pode ajudar essas pessoas, emitindo pulsos elétricos para áreas-alvo específicas do encéfalo e interrompendo a atividade neural aberrante.

O ECP é controlado por um neuroestimulador implantado no tórax do paciente, com fios que se conectam a eletrodos de estimulação posicionados em núcleos cerebrais profundos (p. ex., o núcleo subtalâmico). Esses núcleos podem ser continuamente estimulados através desses eletrodos para alterar a atividade neural aberrante. Esse método costuma conseguir reduzir significativamente o tremor relacionado à doença de Parkinson, funcionando durante anos. Um ECP aplicado a diferentes áreas do encéfalo também pode ajudar pessoas com tremor essencial, distonia, dor crônica, depressão maior e transtorno obsessivo-compulsivo.

Milhões de pessoas que sofrem de crises epilépticas são atualmente tratadas com medicamentos anticonvulsivantes ou neurocirurgia, procedimentos que muitas vezes resultam em redução incompleta ou impermanente das crises. As ICMs anticonvulsivantes mostraram-se consideravelmente promissoras para melhorar ainda mais a qualidade de vida dos pacientes. Essas ICMs de implante completo operam monitorando continuamente a atividade neural em uma região do encéfalo que foi determinada como estando envolvida com convulsões. Elas identificam atividades incomuns capazes de prever o início de convulsões e, então, respondem em milissegundos, interrompendo essa atividade mediante estímulo elétrico da mesma região ou de outra região do encéfalo. Essa resposta em circuito fechado pode ser rápida o suficiente para que os sintomas da convulsão não sejam percebidos e as convulsões não ocorram.

ICMs "de reposição" podem restaurar capacidades perdidas de processamento cerebral

As ICMs são capazes de restaurar mais do que meras capacidades sensoriais ou motoras perdidas. Podem, em princípio, restaurar até mesmo partes do processamento cerebral interno. Das quatro classes de ICMs, essa é a mais futurista. Um exemplo é a ICM conhecida como "peça de reposição". A ideia central de uma ICM "de reposição" é que, se soubermos o suficiente acerca da função de uma região do encéfalo/cérebro, caso essa região seja danificada por doença ou lesão, talvez seja possível substituí-la.

Uma vez que a atividade de entrada (*input*) normal para uma região do cérebro é medida (veja a próxima seção), a função perdida desta região poderia então ser modelizada em um circuito eletrônico e um programa operacional (*software*), e a saída (*output*) desse centro de processamento substituto, isto é, "de reposição", seria então transmitida à próxima região encefálica como se nenhuma lesão tivesse ocorrido. Isso envolveria, por exemplo, registrarmos a atividade neural com eletrodos, mimetizar as funções computacionais da região encefálica com circuitos microeletrônicos de baixa potência e, em seguida, produzir atividade elétrica neural mediante eletrodos de estímulo.

Esse procedimento também poderia ser utilizado para iniciar e orientar processos como a própria plasticidade neural. Uma ICM de reposição hoje em estudo visa restaurar a memória substituindo partes do hipocampo danificadas devido a lesões ou doenças. Outra aplicação potencial seria restaurar a funcionalidade perdida de uma região do cérebro danificada por acidente vascular encefálico.

Esses sistemas representam a evolução natural do conceito de ICMs, a chamada "tecnologia de plataforma", porque um grande número de sistemas pode ser concebido apenas misturando-se e combinando-se vários componentes de saída estimulatória, de computação e de registro neural. O número de doenças neurológicas e lesões que as ICMs poderiam ser capazes de ajudar a resolver deve aumentar à medida que continuarem a crescer nossa compreensão das funções do sistema nervoso e a sofisticação das tecnologias disponíveis.

Medição e modulação da atividade neural depende de neurotecnologias avançadas

Medir e modular a atividade neural envolve quatro grandes áreas das tecnologias eletrônicas aplicadas ao sistema nervoso (a chamada neurotecnologia). A primeira área é o tipo de sensor neural; sensores neurais artificiais podem ser projetados com diferentes níveis de invasividade e resolução espacial (**Figura 39-2**). Sensores externos ao corpo, como as chamadas "tampas" de *eletrencefalografia* (EEG), têm sido amplamente usados nas últimas décadas. O EEG mede os sinais de vários pequenos discos de metal (os eletrodos) aplicados sobre a superfície do couro cabeludo por toda a cabeça. Cada eletrodo detecta a atividade média de

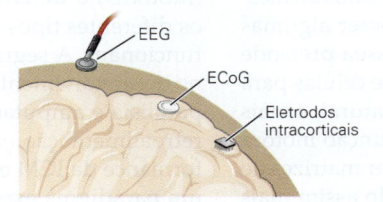

FIGURA 39-2 As interfaces cérebro-máquina usam diferentes tipos de sensores neurais. Os sinais elétricos neurais podem ser medidos por várias técnicas, desde a eletrencefalografia (EEG) com eletrodos na superfície da pele a eletrodos de eletrocorticografia (ECoG) posicionados na superfície do cérebro e eletrodos intracorticais implantados nos primeiros 1 a 2 mm da superfície do córtex. Os sinais que podem ser medidos variam desde a média de muitos neurônios até médias correspondentes a menos neurônios e, finalmente, potenciais de ação de neurônios individuais. (Adaptada, com autorização, de Blabe et al., 2015.)

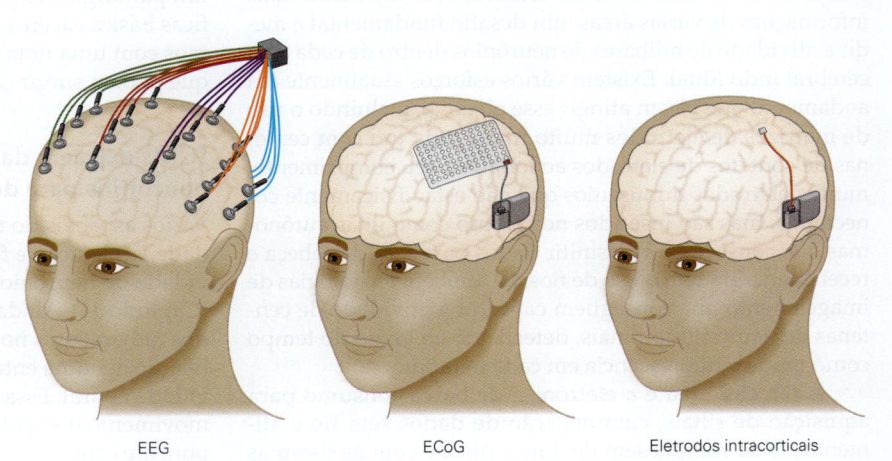

um grande número de neurônios localizados abaixo dele (dentro da caixa craniana).

Mais recentemente, têm sido utilizadas técnicas de matrizes de eletrodos implantáveis, como eletrodos subdurais *de eletrocorticografia* (ECoG) e eletrodos micro-ECoG finamente espaçados. Como os eletrodos de ECoG estão posicionados diretamente na superfície do cérebro (já que estamos falando do córtex) e, portanto, estão muito mais próximos dos neurônios ativos que os eletrodos de EEG, o ECoG tem maior resolução espacial e temporal e, portanto, fornece mais informações com as quais se podem controlar as ICMs.

Mais recentemente ainda, foram usados redes de *eletrodos intracorticais penetrantes*, os quais são o foco deste capítulo. As matrizes de eletrodos intracorticais são feitas de silício ou outros materiais e revestidas com materiais biocompatíveis. (As matrizes são implantadas diretamente na superfície do cérebro, com as pontas dos eletrodos penetrando de 1 a 2 mm no córtex. Eles têm a capacidade de registrar potenciais de ação de neurônios individuais, bem como potenciais de campo locais de pequenos grupos de neurônios próximos a cada ponta de eletrodo. Os eletrodos são capazes de registrar sinais com alta fidelidade, uma vez que estão inseridos no cérebro, posicionando as pontas dos eletrodos a distâncias micrométricas das células neurais. Isso favorece o desempenho da ICM, já que os neurônios individuais são efetivamente as unidades fundamentais de codificação de informações no sistema nervoso e os potenciais de ação são as unidades fundamentais do código digital que transporta informações da entrada para a região de saída de um neurônio. Além disso, eletrodos intracorticais podem também prover microestimulação elétrica local para interromper a atividade neural (p. ex., mediante ECP) ou injetar informações "substitutas" (p. ex., informações proprioceptivas ou somatossensoriais).

A segunda área da neurotecnologia consiste em aumentar em escala a quantidade de neurônios registrados ao mesmo tempo. Apesar de um neurônio poder conter algumas informações sobre o movimento que uma pessoa pretende executar, são necessárias dezenas a centenas de células para que uma ICM se movimente de forma mais natural, e mais neurônios ainda para nos aproximarmos da função motora em níveis realistas. Embora seja possível colocar matrizes de eletrodos em muitas áreas do cérebro, obtendo assim mais informações de várias áreas, um desafio fundamental é medir a atividade de milhares de neurônios dentro de cada área cerebral individual. Existem vários esforços atualmente em andamento que visam atingir esse objetivo, incluindo o uso de matrizes de eletrodos muito finos, cada um com centenas de contatos de eletrodos ao longo de seu comprimento; muitos eletrodos minúsculos que não estão fisicamente conectados, mas são inseridos no cérebro como ilhas autônomas que conseguem transmitir dados para fora da cabeça e receber energia sem o uso de fios; há também tecnologias de imageamento que conseguem capturar a atividade de centenas de neurônios ou mais, detectando ao longo do tempo como muda a fluorescência em cada neurônio.

A terceira área é a eletrônica de baixo consumo para aquisição de sinais, comunicação de dados sem fio e alimentação de energia sem fio. Em contraste com os sistemas de ICM descritos acima, que implantam um conjunto de eletrodos passivos em que cada eletrodo é conectado ao mundo exterior por um conector que passa pela pele, as ICMs futuras serão totalmente implantadas como sistemas de ECP. Circuitos eletrônicos são necessários para amplificar os sinais neurais, digitalizá-los, processá-los (por exemplo, para detectar quando ocorreu um potencial de ação ou para estimar o potencial de campo local) e transmitir essas informações para um receptor próximo incorporado a um braço protético, por exemplo. O consumo de energia deve ser minimizado por dois motivos. Primeiro, quanto mais energia for consumida, mais energia uma bateria ou um sistema de carregamento sem fio precisaria fornecer. As baterias, portanto, precisariam ser maiores e substituídas com mais frequência, além disso, fornecer energia sem fio é um desafio. Em segundo lugar, o uso de energia gera calor, e o cérebro só pode tolerar um pequeno aumento de temperatura antes que efeitos deletérios ocorram. Esse tipo de solução de compromisso é similar à dos *smartphones*, que representam a melhor tecnologia disponível atualmente em termos de aparelhos eletrônicos de baixo consumo.

A última área inclui os chamados sistemas supervisores. O programa (*software*) executado no equipamento eletrônico está no coração das ICMs. Alguns programas implementam operações matemáticas como as que estão por trás da decodificação neural, enquanto outros atendem aspectos relacionados ao próprio funcionamento da ICM. Por exemplo, o software de supervisão deve monitorar se uma pessoa deseja ou não usar a prótese (por exemplo, quando ela estiver dormindo), ou se os sinais neurais mudaram exigindo a recalibração do decodificador, ou ainda monitorar o desempenho e a segurança geral da ICM.

Após essa breve discussão cerca da variedade de ICMs existentes e das neurotecnologias em desenvolvimento, o restante deste capítulo enfocará as ICMs de movimento (motoras) e de comunicação. Começamos por descrever os diferentes tipos de algoritmos de decodificação, e como funcionam. A seguir, descrevemos os progressos recentes no desenvolvimento da ICM que auxilia pessoas vítimas de paralisia e amputação. O próximo ponto discutirá como a retroalimentação (*feedback*) sensorial pode aumentar a performance da ICM e como ICMs podem ser utilizadas como um paradigma experimental para abordar questões científicas básicas acerca das funções cerebrais. Por fim, concluímos com uma nota de advertência sobre as questões éticas que podem surgir com a utilização de ICMs.

ICMs extraem dados da atividade de muitos neurônios para decodificar movimentos

Vários aspectos do movimento – incluindo posição, velocidade, aceleração e força – encontram-se codificados na atividade de neurônios espalhados por todo o sistema motor (Capítulo 34). Ainda que nossa compreensão da codificação dos movimentos no sistema motor seja incompleta, há uma relação genuína entre certos aspectos do movimento e a atividade neural. Essa relação confiável nos permite estimar o movimento desejado a partir da atividade neural, um componente central de uma ICM.

Para estudar a codificação do movimento, normalmente leva-se em conta a atividade de um neurônio individual registrado em sucessivas repetições (ou "tentativas") de movimento para o mesmo alvo. Pode-se calcular a média da atividade de um neurônio ao longo das várias tentativas para criar um histograma de pico de potencial para cada um desses alvos (**Figura 39-3A**). Comparando os histogramas pode-se compreender como varia a atividade do neurônio conforme o movimento produzido. Com eles, também podemos saber se o neurônio está mais envolvido com a preparação ou a execução do movimento.

Por outro lado, estimar o movimento que um sujeito pretende realizar a partir da atividade neural (a chamada *decodificação* de movimento) é algo que precisa ser realizado em uma única tentativa enquanto a atividade neural está sendo registrada. A atividade de um único neurônio não pode fornecer tal informação de forma inequívoca. Assim, a ICM precisa monitorar, não a atividade de um neurônio ao longo de muitas tentativas, mas a atividade de muitos em uma única tentativa (**Figura 39-3B**). Um movimento que se pretenda fazer pode ser decodificado seja a partir da atividade neural associada a sua preparação, seja àquela associada a sua execução. Enquanto a atividade de preparação se relaciona com a meta do movimento, a atividade de execução compreende os detalhes do movimento em si, de momento a momento (Capítulo 34).

Milhões de neurônios em várias áreas do cérebro trabalham juntos para produzir até mesmo movimentos simples como o de pegar uma xícara. No entanto, em muitas ICMs, os movimentos pretendidos podem ser decodificados com razoável precisão a partir da atividade de apenas algumas dezenas de neurônios registrados em uma única área encefálica. Embora isso possa parecer surpreendente, o fato é que o sistema motor possui muita redundância – muitos neurônios carregam informações semelhantes sobre um determinado movimento (Capítulo 34). Isso é razoável na medida que há milhões de neurônios envolvidos no controle das contrações de um número bem menor – da ordem de dezenas – de músculos. Desse modo, a maioria dos neurônios nas regiões do córtex pré-motor dorsal e córtex motor primário envolvidos no controle de um movimento do braço possui informação sobre a maioria dos movimentos desse membro.

Ao decodificar um movimento, a atividade de um neurônio fornece apenas informações incompletas sobre o movimento, enquanto a atividade de muitos neurônios pode fornecer informações substancialmente mais precisas acerca do mesmo movimento. Isso vale tanto para a atividade associada com a preparação quanto com a execução do movimento. Há duas razões para que o uso de múltiplos neurônios seja útil para a decodificação. Primeiro, um neurônio típico não pode, sozinho, determinar inequivocamente a direção pretendida de movimento. Considere um neurônio cuja atividade (seja durante a preparação, seja na execução) está relacionada com a direção do movimento por meio de uma função cosseno, conhecida como *curva de ajuste* (**Figura 39-4A**). Se esse neurônio estiver disparando 30 impulsos por segundo, a direção pretendida do movimento poderia ser de 120° ou 240°. No entanto, ao se registrar a partir de um segundo neurônio cuja curva de ajuste é diferente da do primeiro neurônio, a direção do movimento pode ser determinada com mais precisão. Se este neurônio estiver disparando cinco impulsos por segundo, correspondendo a um movimento na direção de 60° ou 120°, a única direção de movimento consistente entre os dois neurônios é a de 120° (**Figura 39-4B**). Assim, ao se registrarem esses dois neurônios simultaneamente, a direção de alcance pretendida pode ser determinada com mais certeza do que registrando-se em apenas um neurônio. (Mesmo assim, dois neurônios não necessariamente fornecem uma estimativa perfeita da direção de alcance pretendida devido ao ruído, como explicaremos a seguir.)

A segunda razão pela qual decodificar um movimento a partir da atividade de vários neurônios dá maior precisão é que o nível de atividade de um neurônio geralmente varia entre movimentos repetidos na mesma direção. Essa variabilidade é normalmente chamada de "ruído" dos potenciais de ação. Digamos que, devido ao ruído dos potenciais, o primeiro neurônio dispara um pouco menos de 30 impulsos por segundo e o segundo neurônio dispara pouco mais de cinco impulsos por segundo (**Figura 39-4C**). Sob tais condições, nenhuma direção única de movimento é consistente com o nível de atividade de ambos neurônios. Em vez disso, um compromisso deve ser estabelecido entre os dois neurônios para determinar uma direção de movimento que seja o mais consistente possível com suas atividades. Ao se estender esse conceito para mais de dois neurônios, a direção do movimento pode ser decodificada com precisão ainda maior à medida que o número de neurônios aumenta.

Algoritmos de decodificação estimam os movimentos pretendidos a partir da atividade neural

Decodificadores de movimento são um componente central das ICMs. Existem dois tipos de ICMs decodificadoras: discretas e contínuas (**Figura 39-3C**). Uma *decodificadora discreta* estima uma das várias metas possíveis para um movimento. Cada uma dessas metas de movimento poderia corresponder a uma letra em um teclado. Uma decodificadora discreta resolve um problema de classificação em estatística e pode ser aplicada tanto à atividade de preparação quanto à atividade de execução motora. Uma *decodificadora contínua* estima os detalhes momento a momento de uma trajetória de movimento. Isso é importante, por exemplo, quando se contornam obstáculos ou se gira um volante. Uma decodificadora contínua resolve um problema estatístico de regressão, e geralmente é aplicada à atividade de execução ao invés da atividade de preparação uma vez que os detalhes de um movimento momento a momento podem ser estimados com mais precisão a partir da atividade de execução (Capítulo 34).

ICMs motoras devem produzir trajetórias de movimento com a maior precisão possível de modo a produzir o movimento desejado e, para tanto, normalmente utilizam decodificadoras contínuas. Em contraste, ICMs de comunicação ocupam-se em fazer com que o indivíduo transmita informações o mais rápido possível. Assim, a velocidade e a precisão com que as metas de movimento (ou teclas de um teclado) podem ser selecionadas são de importância fundamental. ICMs de comunicação podem empregar

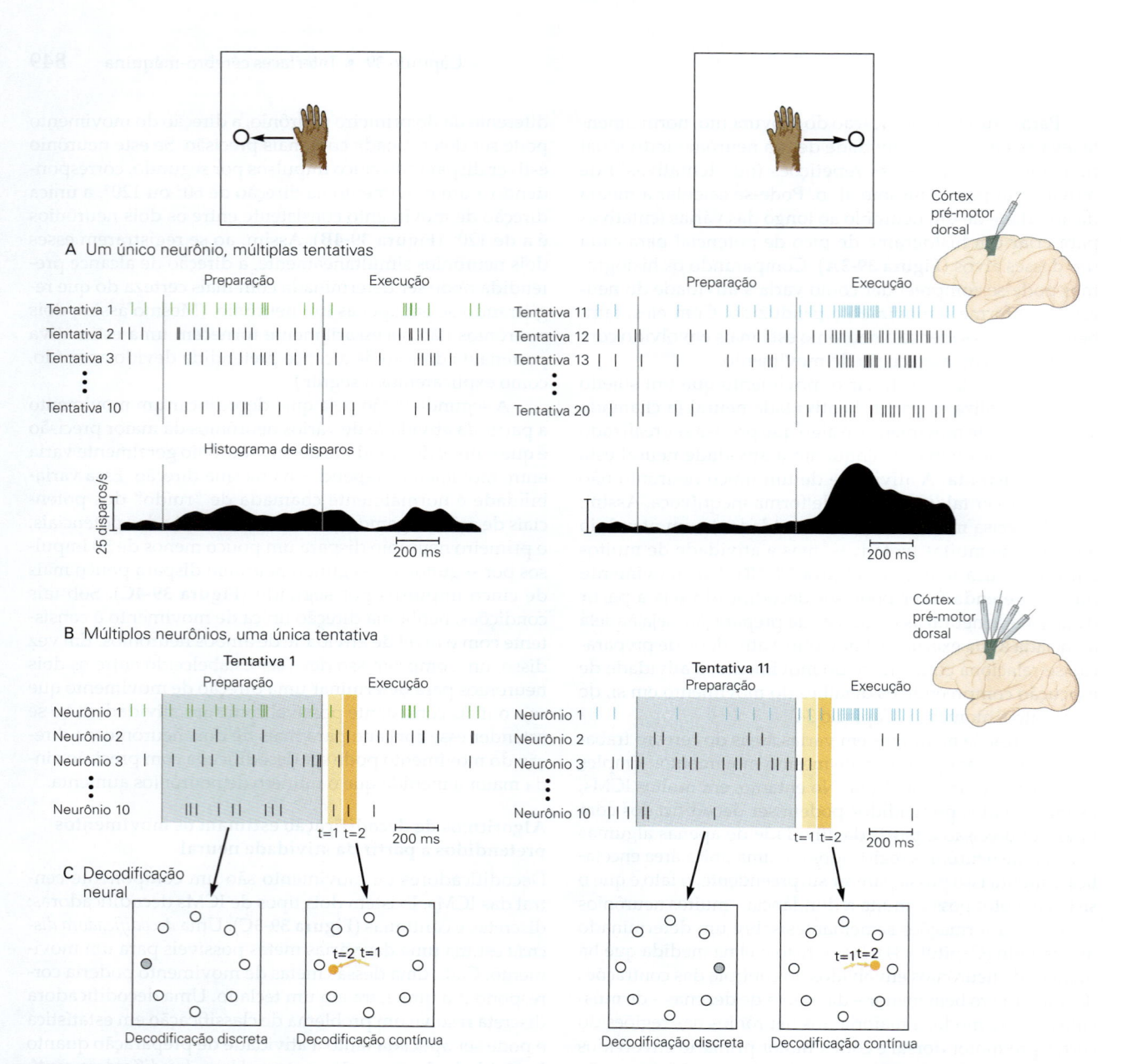

FIGURA 39-3 A codificação do movimento usa a média da atividade de neurônios individuais obtida ao longo de várias sessões experimentais, enquanto sua decodificação usa a atividade de muitos neurônios em uma única sessão experimental.

A. Atividade de um neurônio registrada no córtex pré-motor dorsal de um macaco preparando e executando movimentos do braço para a esquerda (*coluna da esquerda*) e para a direita (*coluna da direita*). Caracterizar a codificação do movimento de um neurônio envolve determinar como sua atividade em movimentos repetidos para a esquerda ou para a direita (cada fileira de trens de disparos) se relaciona com certos aspectos do movimento do braço. **Abaixo** aparece o histograma de pico deste neurônio para movimentos à esquerda e à direita, obtido pela média da atividade neural em todas as tentativas. Esse neurônio apresenta um maior nível de atividade de preparação para movimentos à esquerda e um maior nível de atividade de execução para movimentos à direita. Muitos neurônios no córtex pré-motor dorsal e no córtex motor primário mostram atividade relacionada com o movimento nas etapas (épocas) de preparação e execução, como o neurônio mostrado.

B. Atividade neural de muitos neurônios registrados no córtex pré-motor dorsal para um movimento à esquerda (*coluna da esquerda*) e um movimento à direita (*coluna da direita*). Os trens de disparos para o neurônio 1 correspondem aos mostrados na parte **A**. Durante a época de preparação, a contagem de disparos é normalmente realizada ao longo de um grande intervalo de tempo, da ordem dos 100 ms ou mais, para, assim, permitir estimar a meta do movimento. Em contraste, na época de execução, a contagem de disparos é feita tipicamente em muitos intervalos de tempo menores, cada um com duração de dezenas de milissegundos. O uso de intervalos de tempo tão curtos fornece a resolução temporal necessária para estimar os detalhes do movimento momento a momento.

C. A decodificação neural envolve a extração de informações de movimento de muitos neurônios em uma única sessão de teste experimental. Na área de trabalho do indivíduo, existem oito alvos possíveis (**círculos**). A decodificação discreta (consulte a Figura 39–5) extrai o local de destino; a meta estimada está pintada de **cinza**. Em contraste, a decodificação contínua (consulte a Figura 39-6) extrai os detalhes do movimento momento a momento; o **ponto de cor laranja** representa a posição estimada em um dado momento.

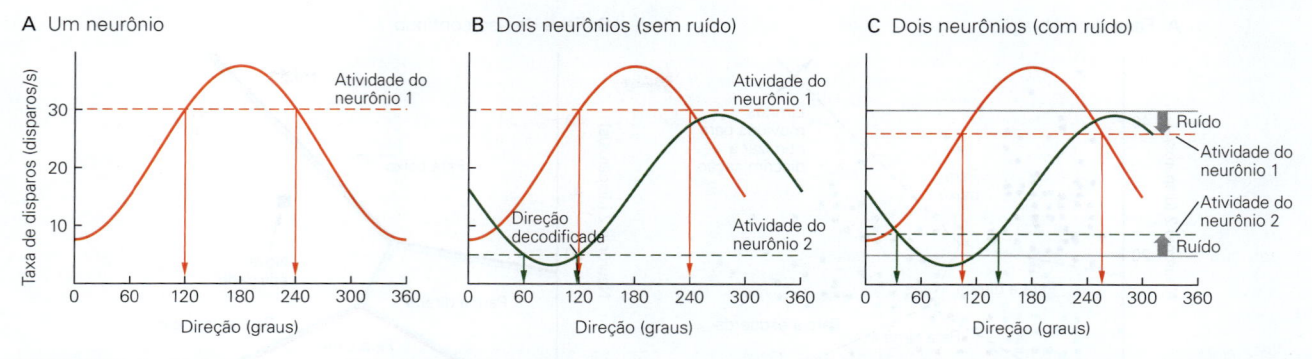

FIGURA 39-4 Mais de um neurônio é necessário para a decodificação precisa de um movimento.

A. A curva de ajuste de um neurônio define como a atividade do neurônio varia com a direção do movimento. Se este neurônio exibe atividade de 30 disparos/s, isso poderia corresponder a um movimento na direção de 120° ou 240°.

B. Um segundo neurônio (**verde**) com uma curva de ajuste diferente mostra atividade de 5 disparos/s, o que pode corresponder ao movimento na direção de 60° ou 120°. A única direção de movimento consistente com a atividade de ambos neurônios, porém, é a de 120°, determinada como sendo a direção decodificada.

C. Uma vez que a atividade neural é "ruidosa" (representada como um deslocamento vertical das linhas tracejadas), geralmente não é possível determinar de forma conclusiva a direção do movimento a partir da atividade de dois neurônios. Aqui, nenhuma direção de movimento é consistente com a atividade de ambos os neurônios.

a decodificação discreta para selecionar diretamente uma tecla desejada em um teclado ou a decodificação contínua para guiar o cursor à tecla desejada, onde somente a tecla por fim pressionada contribui de fato para a transmissão de informações. Essa distinção aparentemente sutil tem implicações que influenciam o tipo de atividade neural necessária e, logo, a área encefálica recrutada, bem como o tipo de decodificador utilizado.

A decodificação neural envolve duas fases: calibração e uso contínuo. Na fase de calibração, a relação entre a atividade neural e o movimento é caracterizada por um modelo estatístico. Isso pode ser realizado registrando-se a atividade neural enquanto uma pessoa vítima de paralisia tenta mover-se, imagina um movimento ou observa passivamente os movimentos de um cursor em uma tela ou de um braço robótico. Uma vez que a relação é definida, o modelo estatístico pode então ser utilizado para decodificar a nova atividade neural observada (fase de uso contínuo). O objetivo durante a fase de uso contínuo é selecionar o movimento que seja mais consistente com a atividade neural observada (**Figura 39-4B,C**).

Decodificadores discretos fazem estimativas acerca das metas dos movimentos

Primeiramente, definamos um espaço de atividade da população neural no qual cada eixo representa a taxa de disparo de um neurônio. A cada tentativa (isto é, a cada repetição de um movimento), podemos medir a taxa de disparos de cada neurônio durante um determinado período, e tais dados, juntos, determinam um ponto no espaço de atividade da população. Realizando um grande número de testes envolvendo múltiplas metas de movimento, obtemos uma mancha dispersa de pontos no espaço de atividade da população. Se a atividade neural estiver relacionada ao objetivo do movimento, os pontos serão separados no espaço de atividade da população de acordo com o tipo de objetivo motor (**Figura 39-5A**). Durante a fase de calibração, um modelo estatístico determina quais serão os *limites de decisão* dividindo o espaço de atividade da população em diferentes regiões. Cada região corresponde a um objetivo de movimento.

Durante a fase de uso contínuo, medimos a nova atividade neural da qual não sabemos o objetivo do movimento (**Figura 39-5B**). O objetivo do movimento decodificado é determinado pela região na qual a atividade neural se encontra. Por exemplo, se a atividade neural se der na região correspondente ao alvo da esquerda, então o decodificador discreto concluiria que o sujeito, naquela tentativa, pretendia mover-se rumo ao alvo da esquerda. É possível, porém, que o sujeito pretendesse se mover para o alvo da direita, mesmo que a atividade registrada estivesse contida na região correspondente ao alvo da esquerda. Nesse caso, o decodificador discreto estimaria incorretamente o objetivo de movimento pretendido do sujeito. A precisão da decodificação geralmente aumenta quanto maior for o número de neurônios registrados simultaneamente.

Decodificadores contínuos estimam detalhes dos movimentos a cada instante

Posição do braço, velocidade, aceleração, força e outros aspectos do movimento do braço podem ser decodificados usando os métodos aqui descritos com vários níveis de precisão. Como exemplo concreto, discutiremos a decodificação da velocidade do movimento porque é uma das quantidades que mais fortemente se refletem na atividade dos neurônios corticais motores, sendo o ponto de partida para o projeto da maioria dos sistemas de ICM.

Consideremos uma população de neurônios cujo nível de atividade indica a velocidade do movimento (ou seja, velocidade e direção). Durante a fase de calibração, um "vetor de impulso" é determinado para cada neurônio (**Figura 39-6A**). Um vetor de impulso indica como a atividade de um neurônio influencia a velocidade do movimento. Vários algoritmos de decodificação contínua distinguem-se quanto à forma como determinam os vetores de impulso.

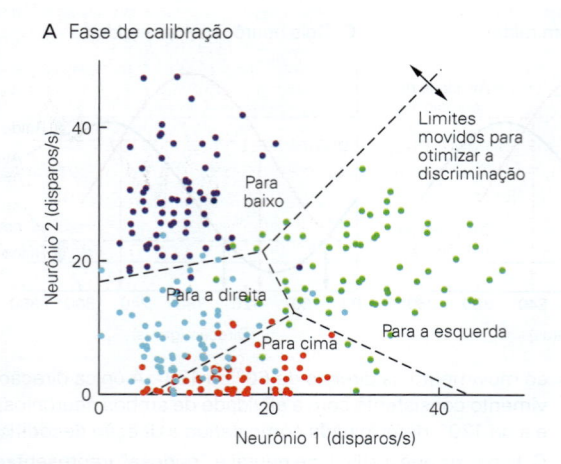

FIGURA 39-5 Decodificação discreta.
A. Fase de calibração. O espaço de atividade de uma população é mostrado para dois neurônios, onde cada eixo representa a taxa de disparo de um neurônio. Em cada tentativa (ou seja, repetição de movimento), a atividade simultânea dos dois neurônios define um ponto no espaço de atividade da população. Cada ponto é colorido de acordo com o objetivo do movimento, que é conhecido durante a fase de calibração. Os limites de decisão (**linhas tracejadas**) são determinados por um modelo estatístico para otimizar a discriminação entre os objetivos do movimento. Os limites de decisão definem uma região no espaço de atividade da população para cada meta de movimento.
B. Fase de uso contínuo. Durante essa fase, os limites de decisão são fixos. Se registrarmos uma nova atividade neural (**quadrado**) para a qual o objetivo do movimento é desconhecido, o objetivo do movimento será determinado pela região em que se encontra a atividade neural. Nesse caso, a atividade neural está na região correspondente ao alvo à esquerda, de modo que o decodificador adivinharia que o sujeito pretendia se mover em direção ao alvo da esquerda.

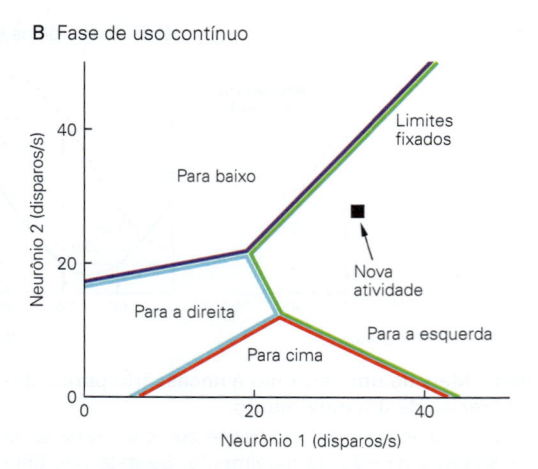

Um dos primeiros algoritmos de decodificação, o algoritmo de vetor populacional (AVP), atribui o vetor de impulso de cada neurônio de forma que aponte na direção preferida pelo neurônio (consulte a **Figura 34-22A**). A direção preferida de um neurônio é definida como aquela direção do movimento para a qual o neurônio mostra o nível mais alto de atividade (ou seja, o pico das curvas na **Figura 39-4**). Grande parte dos trabalhos pioneiros com ICMs foi realizado empregando-se o AVP. No entanto, o AVP não leva em consideração as propriedades de ruído dos disparos (ou seja, sua variação e covariância entre os neurônios), o que influencia a precisão dos movimentos decodificados. Um decodificador mais preciso, o estimador linear óptimo (ELO), incorpora as propriedades de ruído dos disparos para determinar os vetores de impulso.

Durante a fase de uso contínuo, os vetores de impulso têm, cada um, sua escala ou dimensão definida pelo número de disparos emitidos pelo neurônio correspondente em cada passo de tempo (**Figura 39-6B**). A cada instante, o movimento decodificado é a soma vetorial dos vetores de impulso dimensionados para o conjunto de todos os neurônios. O movimento decodificado representa uma mudança de posição durante um passo de tempo (ou seja, representa a velocidade). A posição do cursor (ou membro) da ICM (**Figura 39-6C**) é, então, atualizada de acordo com o movimento decodificado.

Para melhorar ainda mais a precisão da decodificação, a estimativa da velocidade em cada etapa de tempo deve levar em consideração não apenas a atividade neural atual (conforme ilustrado na **Figura 39-6**), mas também a atividade neural no passado recente. A lógica disso é que a velocidade do movimento (bem como outras variáveis cinemáticas) muda gradualmente ao longo do tempo, e assim a atividade neural no passado recente deve conter alguma informação relevante sobre a velocidade do movimento. Isso pode ser alcançado mediante a "suavização" temporal da atividade neural antes de aplicação de um AVP ou ELO, ou usando um filtro de Kalman para definir um modelo estatístico que descreva como a velocidade do movimento (ou outras variáveis cinemáticas) muda suavemente ao longo do tempo. Com um filtro de Kalman, a velocidade estimada é uma combinação dos vetores de impulso dimensionados no atual passo de tempo (como na **Figura 39-6B**) e a velocidade estimada no passo de tempo anterior. De fato, algoritmos de decodificação contínua que levam em conta a atividade neural pregressa recente mostraram-se capazes de uma decodificação mais acurada que aqueles que não a consideram. O filtro de Kalman e suas extensões são amplamente utilizados em ICMs, e estão entre os algoritmos de decodificação contínua mais precisos disponíveis.

Aumentos no desempenho e nas capacidades das ICMs motoras e de comunicação permitem a tradução a situações clínicas

Pacientes paralisados desejam realizar atividades típicas da vida comum. Para pessoas com ELA ou lesão na medula espinal superior, que são incapazes de falar ou mover os braços, as tarefas mais desejadas geralmente são poder comunicar-se, mover um braço protético (robótico) ou mover o braço paralisado estimulando a musculatura. Tendo descrito como os sinais neurais podem ser registrados em áreas motoras do cérebro e como esses sinais elétricos podem ser decodificados para chegar aos sinais de controle da ICM,

FIGURA 39-6 Decodificação contínua.

A. Durante a fase de calibração, um vetor de impulso é determinado para cada um dos 97 neurônios. Cada vetor representa um neurônio e indica como um disparo desse neurônio leva a uma mudança de posição a cada passo de tempo (ou seja, de velocidade). Assim, as unidades do gráfico são milímetros por disparo durante um intervalo de tempo. Diferentes neurônios podem ter vetores de impulso de diferentes magnitudes e direções.

B. Durante o uso contínuo, os disparos são registrados nos mesmos neurônios do painel **A** durante a execução do movimento. A cada intervalo de tempo, o novo comprimento de uma seta é obtido ao começar-se por seu comprimento anterior no painel **A** e dimensioná-lo de acordo com o número de disparos produzidos pelo neurônio de mesma cor durante esse passo de tempo. Se um neurônio não disparar, não aparecerá uma seta para ele durante esse intervalo de tempo. O movimento decodificado (**seta preta**) é a soma vetorial dos vetores de impulso devidamente dimensionados, representando uma mudança de posição durante um intervalo de tempo (ou seja, a velocidade). Para um determinado neurônio, a direção de seus vetores de impulsos dimensionados é a mesma em todas as etapas de tempo. No entanto, as magnitudes dos vetores de impulso dimensionados podem mudar de uma passo de tempo ao seguinte, dependendo do nível de atividade desse neurônio.

C. Os movimentos decodificados do painel **B** são usados para atualizar a posição de um cursor de computador (**ponto laranja**), membro robótico ou braço paralisado a cada instante.

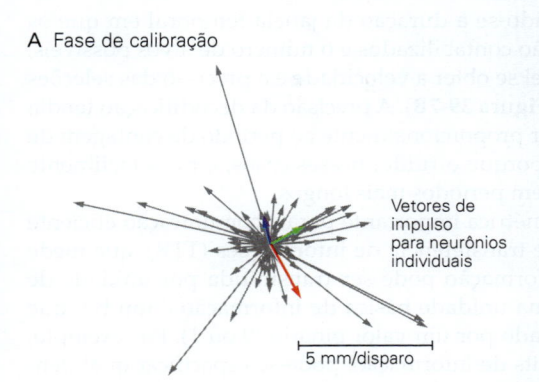

A Fase de calibração

B Fase de uso contínuo

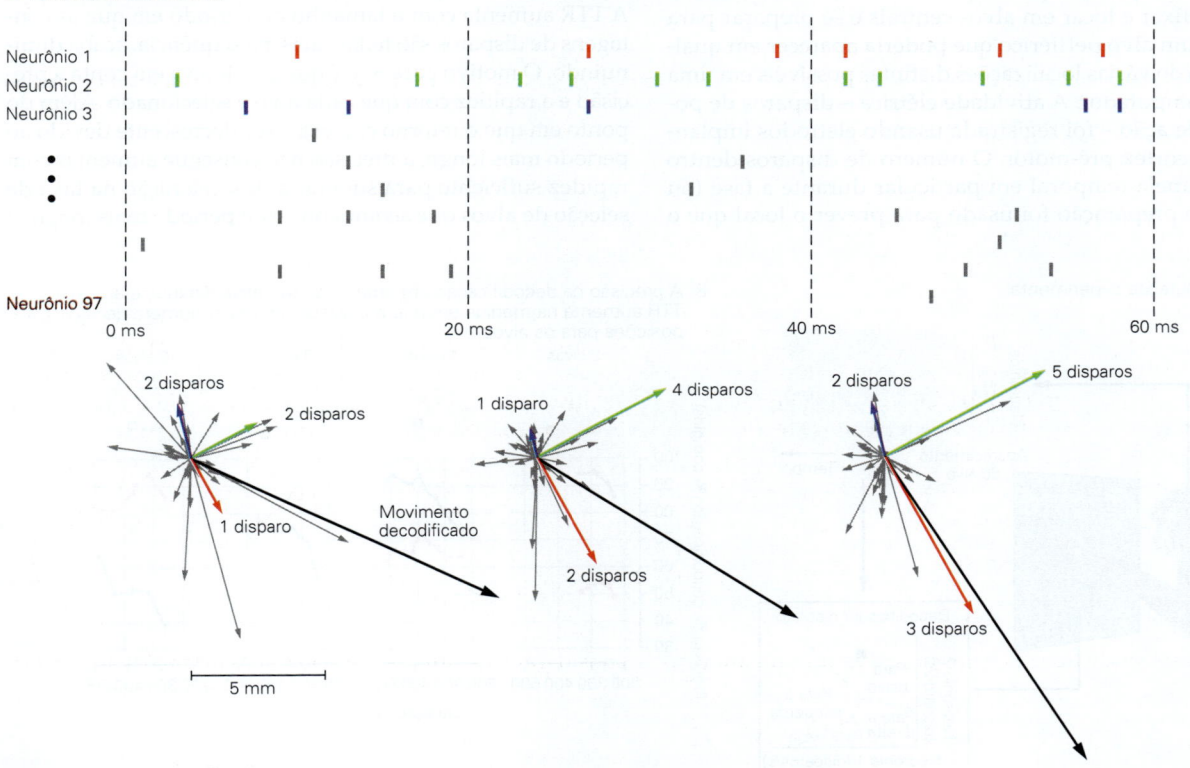

C Movimentos decodificados para o cursor

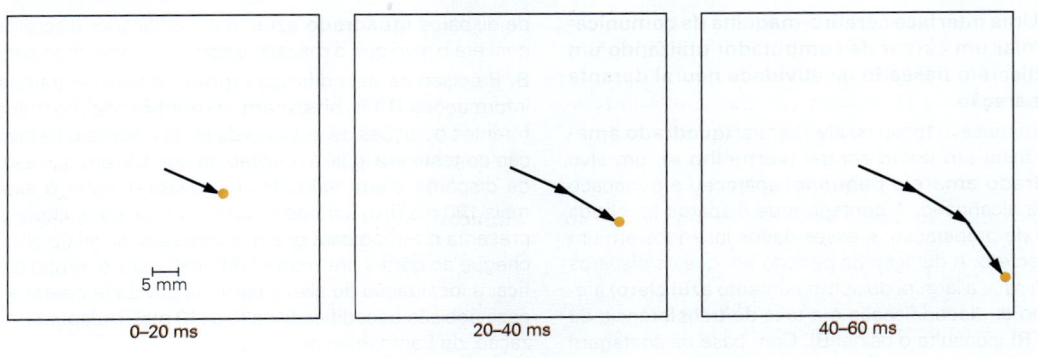

passamos agora a descrever os progressos recentes no que se refere à restauração dessas habilidades.

A maioria dos estudos de laboratório é realizada em primatas não humanos fisicamente aptos, embora se possa induzir paralisia transitoriamente em importantes experimentos de controle. Três tipos de paradigmas experimentais são amplamente utilizados, diferindo essencialmente na maneira como o comportamento do braço é instruído e em como é provida a retroalimentação visual durante a calibração e o uso contínuo da ICM. Mas deixemos estas diferenças de lado enquanto enfocamos o modo de funcionamento e o desempenho das ICMs. Destacamos também ensaios clínicos pilotos recentes com pessoas vítimas de paralisia.

Pacientes podem digitar mensagens utilizando ICMs de comunicação

Para investigar com que rapidez e precisão uma ICM de comunicação que emprega um decodificador discreto e atividade de preparação pode operar, macacos foram treinados para fixar e tocar em alvos centrais e se preparar para alcançar um alvo periférico que poderia aparecer em qualquer uma de várias localizações distintas possíveis em uma tela de computador. A atividade elétrica – disparos de potenciais de ação – foi registrada usando eletrodos implantados no córtex pré-motor. O número de disparos dentro de uma janela temporal em particular durante a fase (ou época) de preparação foi usado para prever o local que o macaco estava se preparando para alcançar (**Figura 39-7A**). Se o alvo decodificado correspondesse ao alvo periférico, o animal recebia uma recompensa (líquida) para indicar o sucesso no teste.

Variando-se a duração da janela temporal em que os disparos são contabilizados e o número de alvos possíveis, era possível se obter a velocidade e a precisão das seleções de alvos (**Figura 39-7B**). A precisão da decodificação tendia a aumentar proporcionalmente ao período de contagem de disparos, porque o ruído, nesses casos, é mais facilmente calculado em períodos mais longos.

Uma métrica importante para a comunicação eficiente é a taxa de transferência de informações (TTR), que mede quanta informação pode ser transmitida por unidade de tempo. Uma unidade básica de informação é um bit, que é especificado por um valor binário (0 ou 1). Por exemplo, com três bits de informação, pode-se especificar qual dentre $2^3 = 8$ possíveis alvos ou teclas deve-se pressionar. Desse modo, a métrica para a TTR é de bits por segundo (bps). A TTR aumenta com o tamanho do período em que as contagens de disparos são feitas, mas, na sequência, acaba diminuindo. O motivo para isso é que a TTR leva em conta a precisão e a rapidez com que cada alvo é selecionado. Além do ponto em que o retorno começa a ser decrescente devido ao período mais longo, a precisão não consegue aumentar com rapidez suficiente para superar a desaceleração na taxa de seleção de alvos que acompanha esse período mais longo.

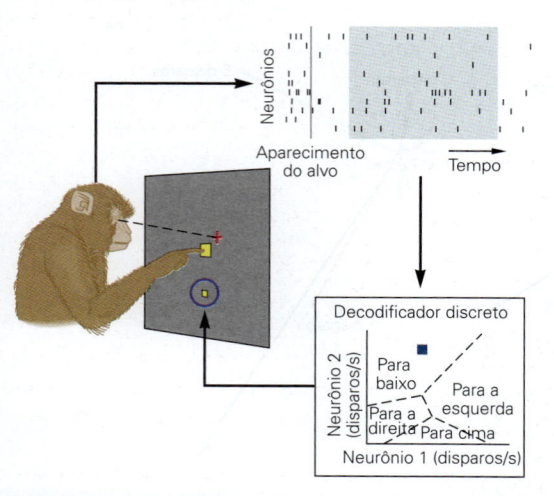

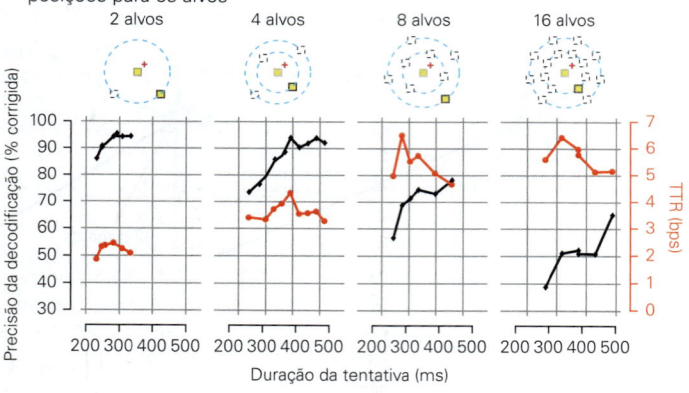

FIGURA 39-7 Uma interface cérebro-máquina de comunicação pode controlar um cursor de computador utilizando um decodificador discreto baseado na atividade neural durante a época de preparação.

A. Depois que um macaco tocou no alvo central (**quadrado amarelo grande**) e fixou um ponto central (**vermelho +**), um alvo periférico (**quadrado amarelo pequeno**) apareceu e o macaco se preparou para alcançá-lo. A contagem de disparos foi obtida durante a época de preparação, e esses dados inseridos em um decodificador discreto. A duração do período em que os disparos são contados (ou seja, a largura do sombreamento **azul claro**) afeta o desempenho da decodificação e a taxa de transferência de informações (**TTR**) (consulte o painel B). Com base na contagem de disparos (**quadrado azul**), o decodificador discreto adivinhou qual era o alvo que o macaco estava se preparando para alcançar.

B. Precisão de decodificação (**preto**) e taxa de transferência de informações (**TTR, bits/s; em vermelho**) são mostradas para diferentes durações de sessões de teste e número de alvos. A duração do teste era igual à duração do período em que as contagens de disparos eram realizadas (variavam durante o experimento) mais 190 ms (fixo durante o experimento). Este último período representa o tempo para que a informação visual do alvo periférico chegue ao córtex pré-motor (150 ms), mais o tempo para decodificar a localização do alvo a partir da atividade neural e renderizar essa posição decodificada na tela (40 ms). (Adaptada, com autorização, de Santhanam et al., 2006.)

O desempenho geral (TTR) aumenta com o número de alvos possíveis, apesar de uma diminuição na precisão da decodificação, porque cada seleção de alvo correta transmite mais informações. A comunicação rápida e precisa foi demonstrada em ICMs cujo projeto era baseado em um decodificador discreto aplicado à atividade preparatória. A TTR dessa ICM é de aproximadamente 6,5 bps, o que corresponde a aproximadamente dois a três alvos por segundo com precisão superior a 90%.

Estudos recentes também investigaram com que rapidez e precisão pode operar uma ICM de comunicação que emprega um decodificador contínuo e uma atividade de execução. Dois tipos diferentes de decodificadores contínuos foram avaliados: um filtro de Kalman padrão decodificando a velocidade de movimento (V-KF) e a reatroalimentação recalibrada de um filtro de Kalman treinado para reconhecer intenção (ReFIT-KF). O V-KF foi calibrado usando a atividade neural registrada durante os movimentos reais do braço (ou seja, controle de alça aberta). O ReFIT-KF incorporou a natureza de circuito fechado das ICMs na calibração do decodificador, assumindo que o usuário desejava mover o cursor diretamente para o alvo a cada passo de tempo.

Para avaliar o desempenho, ambos os tipos de decodificadores foram usados no controle de alça fechada da ICM (**Figura 39-8A**). Os macacos foram treinados a mover o cursor do computador de uma posição central para oito localizações periféricas e depois retornar. Um padrão de ouro para avaliação de desempenho foi estabelecido fazendo com que os macacos também executassem a mesma tarefa usando movimentos do braço. O ReFIT-KF superou o V-KF de várias maneiras: os movimentos do cursor usando o ReFIT-KF foram mais retos, produzindo menos movimentos que desviassem de uma linha reta rumo ao alvo; os movimentos do cursor foram mais rápidos, aproximando-se da velocidade dos movimentos do braço (**Figura 39-8B**); também foram necessárias menos tentativas prolongadas (e potencialmente frustrantes).

Devido aos benefícios advindos de seu desempenho, o ReFIT-KF está sendo utilizado em ensaios clínicos por pessoas vítimas de paralisia (**Figura 39-8C**). A atividade elétrica foi registrada usando uma rede de eletrodos de 96 canais implantada na área de controle da mão no córtex motor esquerdo. Os sinais foram filtrados para extrair potenciais de ação e potenciais de campo local de alta frequência, que foram decodificados para fornecer um nível de controle do tipo "apontar e clicar" ao cursor controlado pela ICM. O paciente ficava sentado diante de um monitor de computador e lhe perguntavam: "Como você incentivou seus filhos a praticar música?" Ao tentar mover sua mão direita, o cursor do computador se movia pela tela parando sobre a letra desejada. Ao tentar apertar sua mão esquerda, a letra sob o cursor era selecionada, mais ou menos como quem clica num botão do mouse.

O desempenho da ICM nos ensaios clínicos era avaliado medindo-se o número de caracteres desejados que os sujeitos foram capazes de digitar (**Figura 39-8D**). Os pacientes eram capazes de demonstrar que as letras digitadas eram intencionais pois podiam usar a tecla delete para apagar erros ocasionais. Esses testes clínicos mostraram que é possível digitar a uma taxa de muitas palavras por minuto usando uma ICM.

Pacientes podem alcançar e agarrar objetos usando braços protéticos controlados por ICMs

Os pacientes vítimas de paralisia gostariam de pegar objetos, alimentar-se e, de um modo geral, interagir fisicamente com o mundo. As ICMs motoras com membros protéticos visam restaurar tal funcionalidade perdida. Como antes, a atividade neural é decodificada a partir do cérebro, mas é agora direcionada a um braço robótico no qual o pulso é movimentado em três dimensões (x, y e z), e a mão pode mover-se em uma dimensão adicional (o ângulo de preensão, que vai da mão aberta até a mesma fechada).

Em um teste utilizando um braço robótico, uma paciente com paralisia foi capaz de usar sua atividade neural para direcionar o braço robótico de forma a estender a mão, pegar uma garrafa com um líquido e levá-la à boca (**Figura 39-9**). A extensão e a preensão tridimensionais foram mais lentas e menos precisas que movimentos naturais de braço e mão. Mesmo assim, é um achado importante, pois demonstrou que o mesmo paradigma para uma ICM originalmente desenvolvida com animais, incluindo o registro e a decodificação de sinais do córtex motor, funciona em seres humanos mesmo após anos do começo da degeneração neural ou do momento da lesão neural.

Os dispositivos de ICM que controlam braços e mãos protéticos são hoje capazes de fazer mais do que apenas controlar movimentos tridimensionais ou abrir e fechar a mão. Eles também podem orientar a mão para agarrar, manipular e transportar objetos. Um indivíduo paralisado foi capaz de mover um membro protético com 10 graus de liberdade, podendo agarrar objetos de diferentes formas e tamanhos e movê-los de um lugar a outro (**Figura 39-10**). Os tempos de conclusão da tarefa de agarrar e mover objetos eram consideravelmente mais lentos que os movimentos naturais do braço, mas os resultados são animadores. Esses estudos ilustram a capacidade dos braços protéticos, e também o potencial para aumentar ainda mais suas habilidades no futuro.

Pacientes podem alcançar e agarrar objetos estimulando braços paralisados sob comando de uma ICM

Uma alternativa ao uso de um braço robótico é restaurar a função motora perdida no braço biológico. A paralisia do braço resulta da perda de sinalização neural da medula espinal e do cérebro, mas os próprios músculos muitas vezes ainda estão intactos e podem ser contraídos por estimulação elétrica. Essa capacidade é a base da estimulação elétrica funcional (EEF), que envia sinais elétricos por meio de eletrodos internos ou externos a um conjunto de grupos musculares. Ao dar forma e sincronizar os sinais elétricos enviados aos diferentes grupos musculares, a EEF é capaz de mover o braço e a mão de forma coordenada para pegar objetos.

Estudos de laboratório utilizando macacos demonstraram que esta abordagem básica é viável em princípio. Ela é implementada calibrando-se um decodificador contínuo para prever a atividade pretendida de cada um dos vários músculos, transitoriamente paralisados mediante um

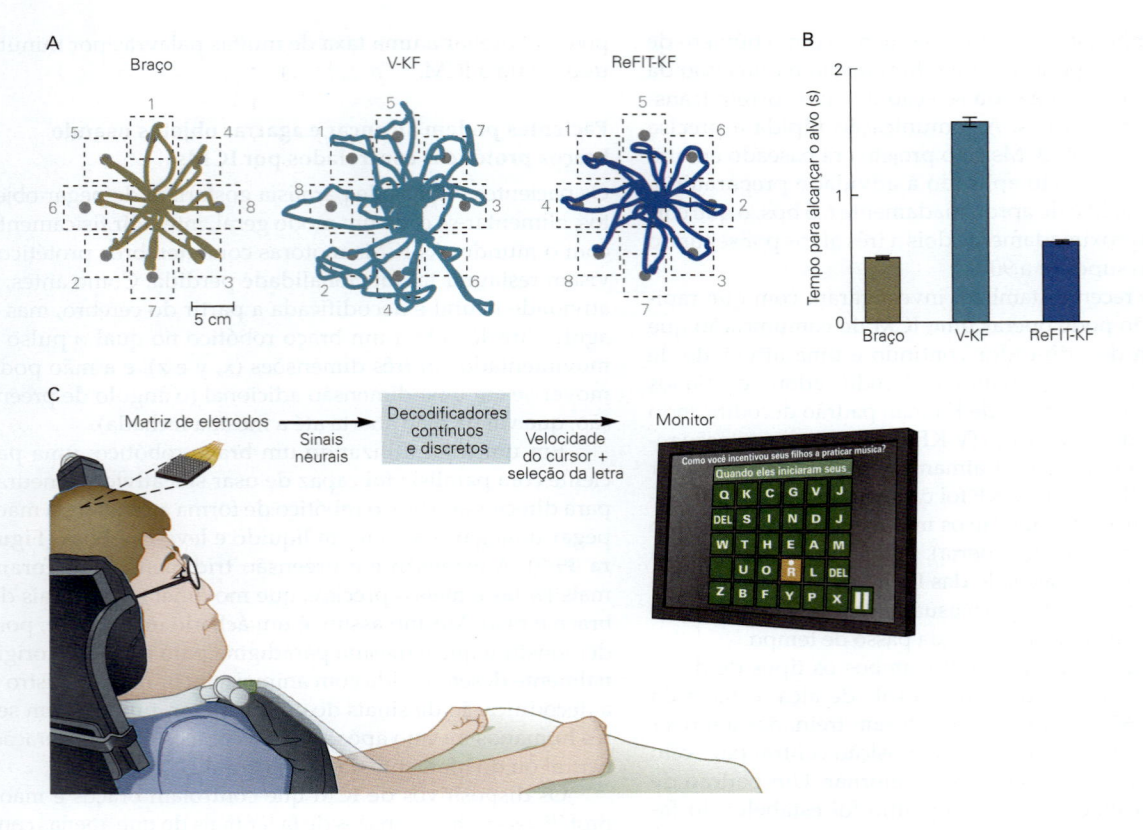

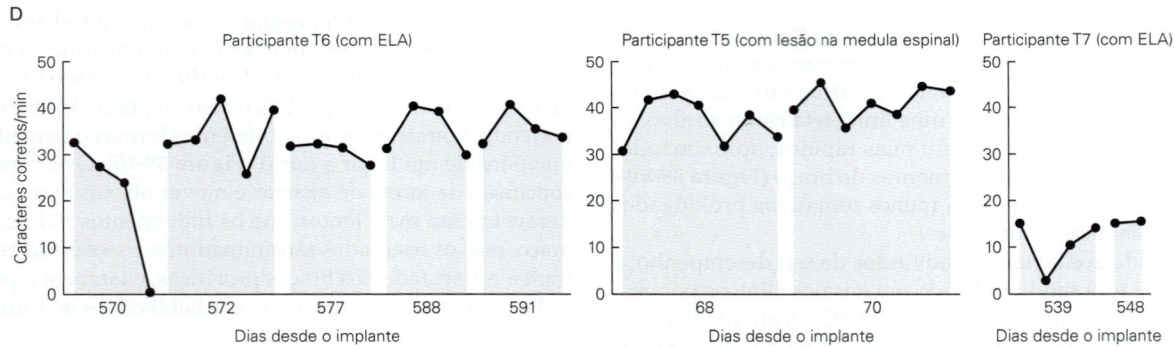

FIGURA 39-8 Uma interface cérebro-máquina (ICM) de comunicação pode controlar um cursor de computador usando um decodificador contínuo baseado na atividade neural registrada durante a época de execução.

A. Comparação do controle do cursor por um macaco usando seu braço, um decodificador padrão que estima a velocidade (ICM com filtro de Kalman para decodificar a velocidade do movimento [V-KF]) e um decodificador treinado para reconhecer intenção com retroalimentação (ICM com filtro de Kalman treinado para reconhecer intenção recalibrado por retroalimentação [ReFIT-KF]). Os traços mostram os movimentos do cursor rumo a e vindos de alvos, alternando-se na sequência indicada pelos números mostrados. Os traços são contínuos enquanto duram as tentativas de alcance. (Adaptada, com autorização, de Gilja et al., 2012.)

B. Tempo necessário para mover o cursor entre a localização central e uma localização periférica em tentativas bem-sucedidas (média ± erro padrão da média). (Adaptada, com autorização, de Gilja et al., 2012.)

C. Participante do ensaio clínico piloto T6 (mulher de 53 anos com esclerose lateral amiotrófica [ELA]) usando uma ICM para digitar a resposta a uma pergunta. (Adaptada, com autorização, de Pandarinath et al., 2017.)

D. Desempenho em uma tarefa de digitação para três participantes de ensaio clínico. O desempenho pode ser sustentado por dias ou até anos após a implantação da matriz de eletrodos. (Adaptada, com autorização, de Pandarinath et al., 2017.)

bloqueio nervoso. Essas previsões são então usadas para controlar a intensidade da estimulação dos mesmos músculos paralisados, que, por sua vez, controlam as saídas motoras, como o ângulo de preensão e a força. Esse processo, na verdade, permite contornar a medula espinal, e restaura alguma aparência de controle voluntário do braço

FIGURA 39-9 Paciente vítima de paralisia bebe de uma garrafa empregando um braço robótico controlado por uma interface cérebro-máquina motora que usa um decodificador contínuo. Três imagens sequenciais do primeiro teste bem-sucedido mostram a paciente usando o braço robótico para agarrar a garrafa, levá-la à boca e tomar o café através de um canudo, colocando, mais tarde, a garrafa de volta sobre a mesa. (Adaptada de Hochberg et al., 2012.)

e da mão paralisados. Resultados semelhantes foram recentemente demonstrados em pacientes vítimas de paralisia usando eletrodos EEF de última geração posicionados externamente ou totalmente implantados. Sinais intracorticais registrados no córtex motor foram decodificados para restaurar o movimento via EEF em um paciente com lesão na medula espinal superior (**Figura 39-11**). Este indivíduo conseguia controlar diferentes movimentos do pulso e da mão, incluindo movimentos dos dedos, assim realizando várias atividades da vida diária.

Pacientes podem utilizar a retroalimentação sensorial fornecida pela estimulação cortical durante o controle da ICM

Durante os movimentos do braço, contamos com múltiplas fontes de retroalimentação sensorial para guiar o braço ao longo de um caminho desejado ou até um objetivo desejado. Essas fontes incluem retroalimentação visual, proprioceptiva e somatossensorial. No entanto, na maioria dos sistemas de ICM atuais, o usuário recebe apenas retroalimentação visual sobre os movimentos do cursor do computador ou membro robótico. Em pacientes com vias de saída motora normais, mas sem propriocepção, os movimentos do braço são substancialmente menos precisos do que em indivíduos saudáveis, tanto em termos de direção quanto de extensão do movimento. Além disso, em testes de controle do cursor da ICM em primatas não humanos saudáveis, o braço continua a fornecer retroalimentação proprioceptiva, mesmo que os movimentos do braço não sejam necessários para mover o cursor. O controle do cursor da ICM é mais preciso quando o braço é movido passivamente junto com o cursor da ICM ao longo do mesmo caminho, em vez de ao longo de um caminho diferente. Isso demonstra a importância da retroalimentação proprioceptiva "correta". Com base nessas duas linhas de evidência, talvez não seja surpreendente que os movimentos direcionados à ICM, baseados apenas na retroalimentação visual, sejam mais lentos e menos precisos que os movimentos normais de um braço. Isso motivou tentativas recentes de demonstrar como fornecer retroalimentação proprioceptiva ou somatossensorial substituta (ou seja, artificial) pode melhorar o desempenho da ICM.

Vários estudos tentaram sinalizar informações sensoriais estimulando o cérebro pelo uso de microestimulação elétrica cortical. Animais de laboratório podem discriminar pulsos de corrente de diferentes frequências e amplitudes, e essa habilidade pode ser utilizada para fornecer informações proprioceptivas ou somatossensoriais em ICMs utilizando diferentes frequências de pulso para codificar diferentes locais físicos (semelhante à propriocepção) ou texturas diferentes (semelhante à sensação somática). A microestimulação elétrica no córtex somatossensorial primário pode ser usada por primatas não humanos para controlar um cursor momento a momento sem visão. Nesses indivíduos, o uso conjunto de microestimulação elétrica e retroalimentação visual permitiu movimentos mais precisos do que qualquer tipo de retroalimentação sensorial isolada.

Além disso, a microestimulação elétrica no córtex somatossensorial primário também pode ser usada para fornecer informações táteis. Primatas não humanos puderam mover um cursor controlado por ICM sob retroalimentação visual visando atingir diferentes alvos visuais, cada um dos quais suscitando uma frequência de estimulação diferente. Os participantes aprenderam a utilizar as diferenças de estimulação na retroalimentação para distinguir o alvo recompensado dos alvos não recompensados. Isso demonstra que a microestimulação elétrica também pode ser usada para fornecer retroalimentação somatossensorial durante o controle pela ICM.

Finalmente, a informação somatossensorial substituta foi feita por meio de microestimulação elétrica a uma

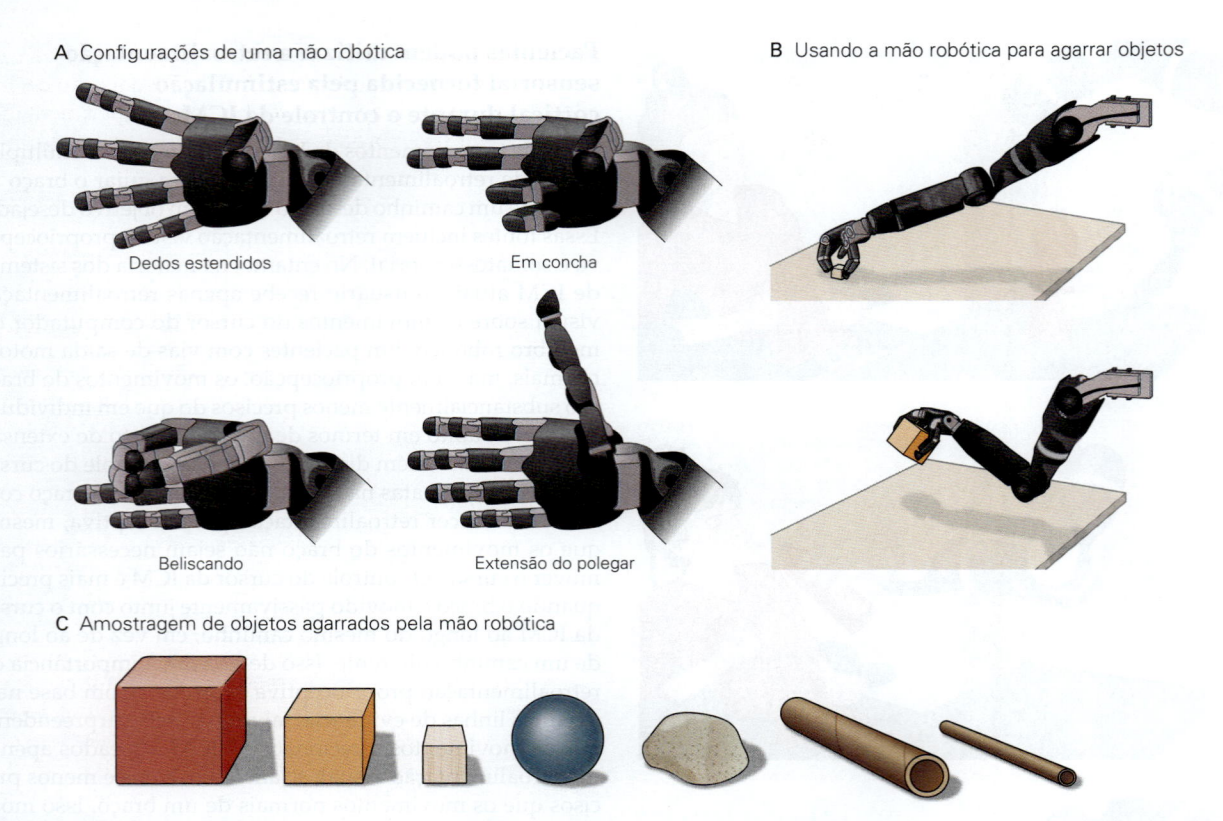

FIGURA 39-10 Uma interface cérebro-máquina (ICM) motora pode controlar um braço protético com 10 graus de liberdade.
A. Exemplos de diferentes configurações de mão controladas pela ICM. Os 10 graus de liberdade incluem as translações tridimensionais do braço, a orientação tridimensional do pulso e a modelagem quadridimensional da mão.

B. Um paciente utiliza o braço protético para pegar um objeto e movê-lo.
C. Objetos de diferentes formas e tamanhos são usados para testar a generalização das habilidades controladas pela ICM. (Adaptada de Wodlinger et al. 2015.)

pessoa com paralisia e aferências sensoriais comprometidas. A pessoa relatou sensações naturalistas em diferentes locais de sua mão e dedos correspondendo a diferentes locais de estimulação no córtex somatossensorial primário.

As ICMs podem ser utilizadas para avançar a neurociência básica

As ICMs estão se tornando uma ferramenta experimental cada vez mais importante para abordar questões científicas básicas sobre a função cerebral. Por exemplo, os implantes cocleares forneceram informações sobre como o cérebro processa sons e a fala, como o desenvolvimento desses mecanismos é moldado pela aquisição da linguagem e como a plasticidade neural permite que o cérebro interprete alguns canais de estimulação que transportam informações auditivas empobrecidas. Da mesma forma, as ICMs motoras e de comunicação estão ajudando a elucidar os mecanismos neurais subjacentes ao controle sensorimotor. Tais descobertas científicas podem então ser usadas para refinar o design das ICMs.

O principal benefício das ICMs para a ciência básica é que elas podem simplificar a interface de entrada e saída do cérebro com o mundo exterior, sem simplificar as complexidades do processamento cerebral que se deseja estudar. Para ilustrar esse ponto, considere a interface de saída do cérebro para controlar os movimentos do braço. Milhares de neurônios do córtex motor e de outras áreas do cérebro enviam sinais à medula espinal e ao braço, onde ativam os músculos que movem o braço. Compreender como o cérebro controla o movimento do braço é um desafio, porque normalmente apenas uma pequena fração dos neurônios de saída que enviam sinais pela medula espinal pode ser registrada, a relação entre a atividade desses neurônios e os movimentos do braço é desconhecida, e o próprio braço tem dinâmicas não lineares que são difíceis de quantificar. Além disso, geralmente é difícil distinguir quais entre os neurônios registrados são efetivamente neurônios de saída.

Uma forma de reduzir essa dificuldade é utilizar uma ICM. Devido à forma como as ICMs são construídas, apenas os neurônios registrados podem afetar diretamente o movimento do cursor ou membro robótico. Claro que neurônios de todo o encéfalo ainda estão envolvidos, mas a influência destes sobre os movimentos do cursor se dão apenas indiretamente, através dos neurônios registrados. Assim, em contraste com os estudos de movimentos do braço e do olho, pode-se registrar todo o conjunto de neurônios de saída em uma ICM, e os movimentos que ela controla podem ser

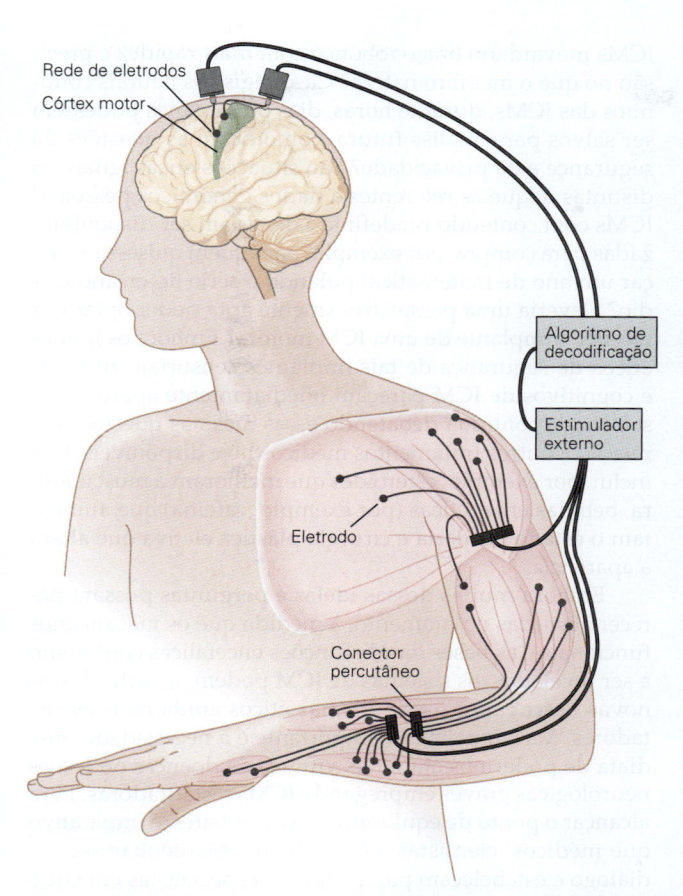

FIGURA 39-11 Uma interface cérebro-máquina (ICM) motora pode controlar os músculos de um braço paralisado usando um decodificador contínuo e estimulação elétrica funcional. A atividade neural registrada no córtex motor é decodificada em sinais de comando que controlam a estimulação dos músculos deltoide, peitoral maior, bíceps, tríceps, antebraço e mão. Isso permite o controle cortical dos movimentos do braço inteiro e preensão. A estimulação muscular é realizada por meio de eletrodos intramusculares percutâneos que consistem em fios muito finos. (Adaptada, com autorização, de Ajiboye et al., 2017. Copyright © 2017 Elsevier Ltd.)

atribuídos causalmente a mudanças específicas na atividade dos neurônios registrados. Além disso, o mapeamento entre a atividade dos neurônios registrados e o movimento do cursor é definido pelo experimentador, sendo portanto totalmente conhecido. Esse tipo de mapeamento pode ser definido para ser algo simples e pode ser facilmente alterado pelo experimentador durante um experimento. Em essência, uma ICM define uma alça sensorimotora simplificada cujos componentes são especificados de forma mais concreta e são mais facilmente manipuláveis do que os movimentos de braços ou olhos.

Tais vantagens das ICMs permitem estudos da função cerebral que atualmente são difíceis de se realizarem apenas usando movimentos de braços ou olhos. Por exemplo, uma classe de estudos envolve o uso de ICMs para investigar como se dá o aprendizado no cérebro . O mapeamento da ICM define quais padrões de atividade da população permitirão que o sujeito mova com sucesso o cursor controlado pela ICM visando atingir alvos visuais. Ao definir adequadamente o mapeamento da ICM, o experimentador pode desafiar o cérebro do sujeito para que produza novos padrões de atividade neural.

Um estudo recente explorou quais tipos de padrões de atividade são mais fáceis e mais difíceis para o cérebro gerar. Descobriram ser mais fácil que o sujeito aprenda novas associações entre os padrões de atividade existentes e os movimentos do cursor do que gerar novos padrões de atividade. Essa descoberta tem implicações com relação a nossa capacidade de aprendizado de habilidades cotidianas. Uma segunda classe de estudos envolve perguntar como a atividade dos neurônios que controlam diretamente o movimento difere daquela dos que não o controlam diretamente. Em uma ICM, pode-se optar por usar apenas um subconjunto dos neurônios registrados (os neurônios de saída) para controlar os movimentos. Ao mesmo tempo, outros neurônios (os neurônios sem saída) podem ser monitorados passivamente sem serem usados para controlar os movimentos. Comparar a atividade de neurônios de saída com os de não saída pode ajudar-nos a compreender como uma rede neuronal processa internamente as informações e retransmite apenas algumas delas a outras redes.

Utilizando esse paradigma, um estudo recente registrou simultaneamente a atividade neural no córtex primário e no corpo estriado, e determinou um subconjunto dos neurônios M1 como sendo os neurônios de saída que controlariam a ICM. Eles descobriram que, durante o aprendizado da ICM, os neurônios M1 mais relevantes para a execução do comportamento (os neurônios de saída) aumentavam preferencialmente sua coordenação com o corpo estriado, área conhecida por desempenhar um papel importante durante o comportamento motor natural (Capítulo 38). A identificação de quais neurônios são de saída, e quais não o são, utilizando movimentos dos braços ou olhos não é um estudo muito fácil de ser feito na prática.

As ICMs trazem novas implicações neuroéticas

Um número crescente de considerações biomédicas de cunho ético centradas no encéfalo emergiu a partir da dramática expansão de nossa compreensão das neurociências e de nossa capacidade em termos de neurotecnologia. Esses avanços são impulsionados pela curiosidade da sociedade acerca do funcionamento do encéfalo, o órgão menos compreendido do corpo, bem como o desejo de suprir a enorme demanda por tratamentos efetivos por parte das vítimas de doenças e lesões neurológicas. O uso de ICMs traz novas implicações neuroéticas por quatro razões principais.

Primeiro, o registro de sinais de alta fidelidade (ou seja, trens de disparos) envolve riscos, incluindo os riscos associados à implantação inicial dos eletrodos, bem como possíveis respostas biológicas (imunológicas ou infecciosas) durante sua vida útil e a dos componentes eletrônicos associados que forem implantados. Eletrodos implantados por longos períodos têm, atualmente, uma vida útil que pode ir de muitos meses a alguns anos, período no qual o tecido cicatricial glial pode se formar ao redor dos eletrodos e os materiais que os compõem podem falhar. Os esforços para aumentar a vida útil funcional dos eletrodos vão desde eletrodos minúsculos (em nanoescala) e flexíveis fabricados com novos materiais até a mitigação controlada das respostas imunológicas, como se faz nos pacientes com stents cardíacos.

Por essas razões, os pacientes que consideram se submeter ao implante dessas tecnologias de registro deverão levar em conta os riscos e benefícios de uma ICM, como sempre se faz com relação a qualquer intervenção médica. É importante que os pacientes tenham opções, pois cada pessoa tem preferências pessoais que vão desde a vontade de se submeter à cirurgia, o desejo de restauração e o resultado funcional obtido, até a cosmese (correção estética, por exemplo, via revestimento da prótese) – seja ao deliberar sobre um tratamento de câncer, seja de um implante de ICM. ICMs baseadas em diferentes sensores neurais (**Figura 39-2**) trazem diferentes riscos e benefícios.

Em segundo lugar, como as ICMs são capazes de registrar, no cérebro, informações referentes aos movimentos com boa resolução temporal, é plausível supor que elas também sejam capazes de registrar informações de cunho mais pessoal e privado. Futuras questões neuroéticas que podem emergir à medida que a tecnologia se torna mais sofisticada incluem saber se é aceitável, mesmo com o consentimento do paciente, registrar memórias que de outra forma seriam perdidas devido à doença de Alzheimer; promover a consolidação da memória de longo prazo gravando memórias de curto prazo fugazes e reproduzindo-as diretamente no cérebro; registrar medos subconscientes ou estados emocionais para auxiliar em tratamentos psicoterápicos como o da dessensibilização; ou registrar movimentos intencionais em potencial, incluindo os da fala, mesmo que nunca fossem expressos em condições naturais.

Em terceiro lugar, as ICMs capazes de "gravar" o equivalente a registros intracorticais, semelhante ao que fazem os sistemas de estimulação cerebral profunda (ECP) hoje em dia empregados para reduzir tremores, poderão um dia evocar padrões de atividade espaço-temporal naturalísticos em grandes populações de neurônios. No limite, o indivíduo com essa tecnologia poderá não ser capaz de distinguir padrões de atividade neural autoproduzidos e volitivos de padrões artificiais ou substitutos. Embora haja inúmeras razões terapêuticas e benefícios evidentes para adotar essa tecnologia, como reduzir tremores ou evitar ataques epilépticos, usos mais duvidosos passam a ser igualmente possíveis, como por exemplo assumir o controle dos circuitos motores, sensoriais, de tomada de decisão ou de percepção de valência emocional de uma pessoa.

Por fim, tais questões éticas definem os limites dentro dos quais as ICMs deveriam operar. A maioria das ICMs atuais dedica-se à restauração de uma função perdida, mas é possível que as ICMs sejam feitas visando o ganho de função, isto é, para melhorar uma função além dos níveis naturais. Isso é tão familiar quanto prescrever um par de óculos que confere uma visão melhor do que a normal, ou a superprescrição de um analgésico, por exemplo, que pode causar euforia e por vezes levar ao vício ou dependência. Caso fosse tecnicamente possível, deveríamos permitir que ICMs movam um braço robótico com mais rapidez e precisão do que o membro nativo? Caso registros neurais contínuos das ICMs, durante horas, dias ou semanas pudessem ser salvos para análise futura, como ficam as questões da segurança e da privacidade? São situações éticas iguais ou distintas daquelas referentes a dados genômicos pessoais? ICMs com conteúdo predefinido deveriam ser disponibilizadas para compra, por exemplo, para quem quisesse avançar um ano de matemática, pulando a série do ensino médio? Deveria uma pessoa fisicamente apta poder optar por receber o implante de uma ICM motora? Embora os limites éticos de segurança de tais implantes sensoriais, motores e cognitivos de ICM pareçam imediatamente aparentes, a sociedade continua debatendo essas mesmas questões em relação a outros tratamentos médicos hoje disponíveis. Isso inclui, por exemplo, esteroides que melhoram a musculatura, bebidas energéticas (por exemplo, cafeína) que aumentam o estado de alerta e cirurgia plástica eletiva que altera a aparência.

Embora muitas dessas ideias e perguntas possam parecer absurdas no momento, à medida que os mecanismos funcionais e as bases das disfunções encefálicas continuam a ser revelados, os sistemas de ICM podem, a partir dessas novas descobertas, criar dilemas éticos ainda mais assustadores. Mas, igualmente importante é a necessidade imediata de podermos ajudar as vítimas de doenças ou lesões neurológicas graves empregando ICMs restauradoras. Para alcançar o ponto de equilíbrio nesses embates, é imperativo que médicos, cientistas e engenheiros mantenham-se em diálogo e estabeleçam parcerias com especialistas em ética, agências de supervisão do governo e grupos de defesa de pacientes.

Destaques

1. Interfaces cérebro-máquina (ICMs) são dispositivos médicos que leem e/ou alteram a atividade eletrofisiológica no nível de populações de neurônios. As ICMs podem ajudar a restaurar as capacidades de processamento sensorial, motor ou cerebral perdidas, bem como regular a atividade neural patológica.

2. ICMs podem ajudar a restaurar as capacidades sensoriais perdidas, estimulando neurônios a transmitir informações sensoriais ao cérebro. Exemplos incluem implantes cocleares para restaurar a audição e próteses retinianas para resgatar a visão.

3. As ICMs podem ajudar a restaurar capacidades motoras perdidas medindo a atividade de muitos neurônios individuais, convertendo tais informações neurais em sinais de controle e, assim, controlando um braço paralisado, um membro robótico ou um cursor de computador.

4. Enquanto ICMs motoras visam fornecer controle de um membro robótico ou paralisado, ICMs de comunicação facilitam a interação rápida e precisa com um computador ou outros dispositivos eletrônicos.

5. ICMs podem ajudar a regular a atividade neural patológica medindo-a, processando-a e, posteriormente, estimulando neurônios. Exemplos disso são os estimuladores cerebrais profundos e os sistemas anticonvulsivantes.

6. Sinais neurais podem ser medidos usando diferentes tecnologias, incluindo eletrencefalografia, eletrocorticografia e eletrodos intracorticais. Os eletrodos intracorticais registram a atividade dos neurônios próximos à ponta do eletrodo, podendo também ser usados para produzir estimulação elétrica.
7. Para estudar a codificação do movimento, geralmente considera-se a atividade de um neurônio individual ao longo de muitas sessões experimentais. Em contraste, para a decodificação do movimento, é preciso considerar a atividade de muitos neurônios ao longo de uma única sessão experimental.
8. Um decodificador discreto estima um entre vários objetivos de movimento possíveis a partir da atividade da população neuronal. Em contraste, um decodificador contínuo estima os detalhes momento a momento de um movimento examinando a atividade de toda a população neuronal.
9. Progressos substanciais em termos de aumento do desempenho das ICMs têm ocorrido neste campo, o que pode ser medido em termos de velocidade e precisão dos movimentos estimados. Hoje é possível mover um cursor de computador de uma maneira que se aproxima da velocidade e precisão dos movimentos de um braço real.
10. Além de controlar cursores de computador, as ICMs também podem controlar um braço robótico ou membro paralisado utilizando estimulação elétrica funcional. Desenvolvimentos a partir de experimentos pré-clínicos com primatas não humanos saudáveis foram posteriormente aplicados em ensaios clínicos com vítimas de paralisia.
11. Os avanços futuros das ICMs dependerão, em parte, da evolução da neurotecnologia. Isso inclui avanços em *hardware* (p. ex., sensores neurais e eletrônica de baixa potência), *software* (p. ex., sistemas de supervisão) e também métodos estatísticos (p. ex., algoritmos de decodificação).
12. Uma direção importante para melhorar o desempenho da ICM é fornecer ao usuário formas adicionais de retroalimentação sensorial além daquela visual. Uma área de investigação recente emprega a estimulação de neurônios para fornecer uma retroalimentação sensorial substituta, representando a percepção somatossensorial e a propriocepção durante o uso contínuo.
13. Além de ajudar pacientes amputados e vítimas de paralisia, as ICMs estão sendo cada vez mais usadas como ferramentas para a investigação das funções encefálicas. As ICMs simplificam as interfaces de entrada e saída encefálicas, permitindo que o experimentador determine uma relação causal entre atividade neural e movimento.
14. Por fim, as ICMs trazem novas implicações neuroéticas que precisam ser consideradas juntamente aos benefícios que tais dispositivos proporcionam às pessoas com lesões ou doenças neurológicas.

Krishna V. Shenoy
Byron M. Yu

Leituras selecionadas

Andersen RA, Hwang EJ, Mulliken GH. 2010. Cognitive neural prosthetics. Annu Rev Psychol 61:169–190.
Donoghue JP, Nurmikko A, Black M, Hochberg LR. 2007. Assistive technology and robotic control using motor cortex ensemble-based neural interface systems in humans with tetraplegia. J Physiol 579:603–611.
Fetz EE. 2007. Volitional control of neural activity: implications for brain-computer interfaces. J Physiol 579:571–579.
Green AM, Kalaska JF. 2011. Learning to move machines with the mind. Trends Neurosci 34:61–75.
Hatsopoulos NG, Donoghue JP. 2009. The science of neural interface systems. Annu Rev Neurosci 32:249–266.
Kao JC, Stavisky SD, Sussillo D, Nuyujukian P, Shenoy KV. 2014. Information systems opportunities in brain-machine interface decoders. Proc IEEE 102:666–682.
Nicolelis MAL, Lebedev MA. 2009. Principles of neural ensemble physiology underlying the operation of brain-machine interfaces. Nat Rev Neurosci 10:530–540.
Schwartz AB. 2016. Movement: how the brain communicates with the world. Cell 164:1122–1135.
Shenoy KV, Carmena JM. 2014. Combining decoder design and neural adaptation in brain-machine interfaces. Neuron 84:665–680.

Referências

Aflalo T, Kellis S, Klaes C, et al. 2015. Decoding motor imagery from the posterior parietal cortex of a tetraplegic human. Science 348:906–910.
Ajiboye AB, Willett FR, Young DR, et al. 2017. Restoration of reaching and grasping movements through brain-controlled muscle stimulation in a person with tetraplegia: a proof-of-concept demonstration. Lancet 389:1821–1830.
Anumanchipalli GK, Chartier J, Chang EF. 2019. Speech synthesis from neural decoding of spoken sentences. Nature 568:493–498.
Blabe CH, Gilja V, Chestek CA, Shenoy KV, Anderson KD, Henderson JM. 2015. Assessment of brain-machine interfaces from the perspective of people with paralysis. J Neural Eng 12:043002.
Bouton CE, Shaikhouni A, Annetta NV, et al. 2016. Restoring cortical control of functional movement in a human with quadriplegia. Nature 533:247–250.
Carmena JM, Lebedev MA, Crist RE, et al. 2003. Learning to control a brain-machine interface for reaching and grasping by primates. PLoS Biol 1:E42.
Chapin JK, Moxon KA, Markowitz RS, Nicolelis MA. 1999. Real-time control of a robot arm using simultaneously recorded neurons in the motor cortex. Nat Neurosci 2:664–670.
Collinger JL, Wodlinger B, Downey JE, et al. 2013. High-performance neuroprosthetic control by an individual with tetraplegia. Lancet 381:557–564.
Dadarlat MC, O'Dohert JE, Sabes PN. 2015. A learning-based approach to artificial sensory feedback leads to optimal integration. Nat Neurosci 18:138–144.
Ethier C, Oby ER, Bauman MJ, Miller LE. 2012. Restoration of grasp following paralysis through brain-controlled stimulation of muscles. Nature 485:368–371.
Fetz EE. 1969. Operant conditioning of cortical unit activity. Science 163:955–958.
Flesher SN, Collinger JL, Foldes ST, et al. 2016. Intracortical microstimulation of human somatosensory cortex. Sci Transl Med 8:361ra141.
Ganguly K, Carmena JM. 2009. Emergence of a stable cortical map for neuroprosthetic control. PLoS Biol 7:e1000153.
Gilja V, Nuyujukian P, Chestek CA, et al. 2012. A high-performance neural prosthesis enabled by control algorithm design. Nat Neurosci 15:1752–1757.
Gilja V, Pandarinath C, Blabe CH, et al. 2015. Clinical translation of a high-performance neural prosthesis. Nat Med 21:1142–1145.

Golub MD, Chase SM, Batista AP, Yu BM. 2016. Brain-computer interfaces for dissecting cognitive processes underlying sensorimotor control. Curr Opin Neurobiol 37:53–58.

Hochberg LR, Bacher D, Jarosiewicz B, et al. 2012. Reach and grasp by people with tetraplegia using a neurally controlled robotic arm. Nature 485:372–375.

Hochberg LR, Serruya MD, Friehs GM, et al. 2006. Neuronal ensemble control of prosthetic devices by a human with tetraplegia. Nature 442:164–171.

Humphrey DR, Schmidt EM, Thompson WD. 1970. Predicting measures of motor performance from multiple cortical spike trains. Science 170:758–762.

Jackson A, Mavoori J, Fetz EE. 2006. Long-term motor cortex plasticity induced by an electronic neural implant. Nature 444:56–60.

Jarosiewicz B, Sarma AA, Bacher D, et al. 2015. Virtual typing by people with tetraplegia using a self-calibrating intracortical brain-computer interface. Sci Transl Med 7:313ra179.

Kennedy PR, Bakay RA. 1998. Restoration of neural output from a paralyzed patient by a direct brain connection. Neuroreport 9:1707–1711.

Kim SP, Simeral JD, Hochberg LR, Donoghue JP, Black MJ. 2008. Neural control of computer cursor velocity by decoding motor cortical spiking activity in humans with tetraplegia. J Neural Eng 5:455–476.

Koralek AC, Costa RM, Carmena JM. 2013. Temporally precise cell-specific coherence develops in corticostriatal networks during learning. Neuron 79:865–872.

McFarland DJ, Sarnacki WA, Wolpaw JR. 2010. Electroencephalographic (EEG) control of three-dimensional movement. J Neural Eng 7:036007.

Moritz CT, Perlmutter SI, Fetz EE. 2008. Direct control of paralysed muscles by cortical neurons. Nature 456:639–642.

Musallam S, Corneil BD, Greger B, Scherberger H, Andersen RA. 2004. Cognitive control signals for neural prosthetics. Science 305:258–262.

O'Doherty JE, Lebedev MA, Ifft PJ, et al. 2011. Active tactile exploration using a brain-machine-brain interface. Nature 479:228–231.

Pandarinath C, Nuyujukian P, Blabe CH, et al. 2017. High performance communication by people with paralysis using an intracortical brain-computer interface. eLife 6:e18554.

Sadtler PT, Quick KM, Golub MD, et al. 2014. Neural constraints on learning. Nature 512:423–426.

Santhanam G, Ryu SI, Yu BM, Afshar A, Shenoy KV. 2006. A high-performance brain-computer interface. Nature 442:195–198.

Schalk G, Miller KJ, Anderson NR, et al. 2008. Two-dimensional movement control using electrocorticographic signals in humans. J Neural Eng 5:75–84.

Serruya MD, Hatsopoulos NG, Paninski L, Fellows MR, Donoghue JP. 2002. Instant neural control of a movement signal. Nature 416:141–142.

Shenoy KV, Meeker D, Cao S, et al. 2003. Neural prosthetic control signals from plan activity. Neuroreport 14:591–596.

Stavisky SD, Willett FR, Wilson GH, Murphy BA, Rezaii P, Avansino DT, et al. 2019. Neural ensemble dynamics in dorsal motor cortex during speech in people with paralysis. eLife;8:e46015.

Suminski AJ, Tkach DC, Fagg AH, Hatsopoulos NG. 2010. Incorporating feedback from multiple sensory modalities enhances brain-machine interface control. J Neurosci 30:16777–16787.

Taylor DM, Tillery SIH, Schwartz AB. 2002. Direct cortical control of 3d neuroprosthetic devices. Science 296:1829–1832.

Velliste M, Perel S, Spalding MC, Whitford AS, Schwartz AB. 2008. Cortical control of a prosthetic arm for self-feeding. Nature 453:1098–1101.

Wessberg J, Stambaugh CR, Kralik JD, et al. 2000. Real-time prediction of hand trajectory by ensembles of cortical neurons in primates. Nature 408:361–365.

Wodlinger B, Downey JE, Tyler-Kabara EC, Schwartz AB, Boninger ML, Collinger JL. 2015. Ten-dimensional anthropomorphic arm control in a human brain-machine interface: difficulties, solutions, and limitations. J Neural Eng 12:016011.

Parte VI

Página anterior
Casal abraçado lamentando a morte de alguém, talvez enterrado em uma urna funerária próxima. (Mali, estilo Djenné. Delta interior do Rio Níger, séculos XIII-XV a. C. Stanley Museum of Art, Universidade de Iowa, Coleção Stanley de Arte Africana. X1986.451.)

Biologia da emoção, da motivação e da homeostase

VI

TODOS OS COMPORTAMENTOS HOMEOSTÁTICOS E EMOCIONAIS ENVOLVEM a coordenação de um ou mais processos somáticos, autonômicos, hormonais ou cognitivos. Regiões encefálicas subcorticais envolvidas em uma série de funções – incluindo alimentação, ingestão de líquidos, frequência cardíaca, respiração, regulação da temperatura, do sono, de atividades sexuais e de expressões faciais – desempenham um papel crucial nessa coordenação. Regiões encefálicas subcorticais estão conectadas de modo bidirecional com áreas encefálicas corticais, fornecendo uma possibilidade de representações de variáveis do estado interno (p. ex., informação visceral) influenciarem operações cognitivas, como sentimentos subjetivos, tomada de decisão e atenção e funções cognitivas, de modo a regular ou extinguir representações neurais em áreas encefálicas subcorticais que ajudam a coordenar o comportamento, refletindo estados emocionais.

As considerações desses sistemas iniciam com o tronco encefálico – uma estrutura importante para a vigília e a atenção consciente, de um lado, e o sono, de outro. O significado dessa pequena região do encéfalo, localizada entre a medula espinal e o diencéfalo, é desproporcional em relação a seu tamanho. Um dano ao tronco encefálico é capaz de afetar profundamente os processos sensoriais e motores, pois aí estão todos os tratos ascendentes que levam informações sensoriais da superfície do corpo até o córtex cerebral e os tratos descendentes do córtex cerebral que levam comandos motores à medula espinal. Finalmente, o tronco encefálico contém neurônios que controlam a respiração e os batimentos cardíacos, bem como os núcleos que dão origem à maioria dos nervos cranianos que inervam a cabeça e o pescoço.

Seis sistemas moduladores neuroquímicos no tronco encefálico regulam os sistemas sensoriais, motores e de alerta. As vias dopaminérgicas que conectam o mesencéfalo ao sistema límbico e ao córtex são particularmente importantes, pois estão envolvidas no processamento de estímulos e de eventos em relação a expectativas de reforço e, portanto, contribuem para o estado motivacional e o aprendizado. Acredita-se que drogas que causam adicção, como a nicotina, o álcool, os opiáceos e a cocaína, ajam cooptando as mesmas vias neurais que reforçam positivamente comportamentos essenciais para a sobrevivência. Outros transmissores moduladores regulam o sono e a vigília, em parte controlando o fluxo de informações entre o tálamo e o córtex. Distúrbios de excitação elétrica nos circuitos corticotalâmicos podem resultar em convulsões e epilepsia.

Rostral ao tronco encefálico encontra-se o hipotálamo, que funciona na manutenção da estabilidade do ambiente interno, mantendo as variáveis fisiológicas dentro dos limites favoráveis aos processos corporais vitais. Os processos homeostáticos no sistema nervoso trazem profundas consequências para o comportamento e intrigaram muitos dos fundadores da fisiologia moderna, incluindo Claude Bernard, Walter B. Cannon e Walter Hess. Neurônios que controlam o ambiente interno concentram-se no hipotálamo, uma pequena área do diencéfalo que compreende menos de 1% do volume total do encéfalo. O hipotálamo, juntamente com estruturas do tronco encefálico e do sistema límbico às quais está intimamente ligado, age diretamente no ambiente interno por seu controle sobre o sistema endócrino e o sistema nervoso autônomo de modo a estimular comportamentos direcionados a objetivos. Essa estrutura também age indiretamente, por meio de suas conexões com regiões superiores do encéfalo, modulando estados emocionais e motivacionais. Além de influenciar comportamentos motivados, o hipotálamo, junto com o tronco encefálico abaixo dele e o córtex cerebral acima, mantém um estado geral de alerta, que varia de excitação e vigilância a sonolência e torpor.

A investigação neurobiológica da emoção tem se baseado em experimentos que definem emoções em termos de medidas específicas, que vão de relatos subjetivos de sentimentos em humanos a comportamentos defensivos ou de aproximação e a respostas fisiológicas, como a reatividade autonômica. Charles Darwin, em seu livro seminal *A expressão das emoções no homem e nos animais*, observou que muitas emoções são conservadas entre as espécies, tornando clara a relevância do estudo das emoções utilizando modelos animais para a sondagem de mecanismos neurais. Em paradigmas experimentais, estados emocionais são, portanto, considerados estados encefálicos centrais que podem causar respostas comportamentais, fisiológicas e cognitivas coordenadas em distintas espécies.

Em anos recentes, muitos estudos acerca da emoção têm enfocado a amígdala, que pode orquestrar diferentes respostas por meio de suas conexões com o córtex, o hipotálamo e o tronco encefálico. Lesões da amígdala em humanos prejudicam o aprendizado e a expressão do medo, assim como o reconhecimento do medo em outros indivíduos, devido à menor alocação de atenção a características da face que comunicam medo. Sintomas em vários transtornos psiquiátricos – de dependência química a ansiedade e deficiências sociais – envolvem provavelmente distúrbios no funcionamento da amígdala. Essa estrutura, no entanto, é apenas um componente em um grupo maior de regiões encefálicas que inclui partes do hipotálamo, do tronco encefálico e de áreas corticais também responsáveis pela coordenação das respostas emocionais. Em especial, o córtex pré-frontal medial e ventral e a amígdala estão intimamente interconectados. O processamento dinâmico nessas estruturas e entre elas provavelmente serve a muitas funções além da coordenação do comportamento emocional, incluindo extinção, regulação coordenada de estados emocionais, interações entre domínios sociais e emocionais e influência de representações da amígdala na tomada de decisão e em sentimentos subjetivos.

Editores desta parte: C. Daniel Salzman e John D. Koester

Parte VI

Capítulo 40	Tronco encefálico
Capítulo 41	Hipotálamo: controle autonômico, hormonal e comportamental da sobrevivência
Capítulo 42	Emoção
Capítulo 43	Motivação, recompensa e estados de adicção
Capítulo 44	Sono e vigília

40

Tronco encefálico

Os nervos cranianos são homólogos aos nervos espinais

Os nervos cranianos medeiam as funções sensoriais e motoras da face e da cabeça e as funções autonômicas do corpo

Os nervos cranianos deixam o crânio em grupos e com frequência são lesionados em conjunto

A organização dos núcleos dos nervos cranianos segue o mesmo plano básico que as áreas sensoriais e motoras da medula espinal

Os núcleos dos nervos cranianos embrionários têm uma organização segmentar

Os núcleos dos nervos cranianos adultos têm uma organização colunar

A organização do tronco encefálico difere daquela da medula espinal em três modos importantes

Conjuntos de neurônios na formação reticular do tronco encefálico coordenam reflexos e comportamentos simples necessários para a homeostase e a sobrevivência

Reflexos dos nervos cranianos envolvem núcleos de retransmissão mono e polissinápticos do tronco encefálico

Geradores de padrão coordenam comportamentos estereotipados mais complexos

O controle da respiração fornece um exemplo de como geradores de padrão são integrados em comportamentos mais complexos

Neurônios monoaminérgicos no tronco encefálico modulam funções sensoriais, motoras, autonômicas e comportamentais

Muitos sistemas modulatórios utilizam monoaminas como neurotransmissores

Neurônios monoaminérgicos compartilham muitas propriedades celulares

A regulação autonômica e a respiração são moduladas por vias monoaminérgicas

A percepção da dor é modulada por vias monoaminérgicas antinociceptivas

A atividade motora é facilitada por vias monoaminérgicas

Projeções ascendentes monoaminérgicas modulam sistemas prosencefálicos para a motivação e a recompensa

Neurônios monoaminérgicos e colinérgicos mantêm o estado de alerta pela modulação de neurônios do prosencéfalo

Destaques

EM VERTEBRADOS PRIMITIVOS – RÉPTEIS, anfíbios e peixes – o prosencéfalo é apenas uma pequena parte do encéfalo e é responsável principalmente pelo processamento olfatório e pela integração das funções autonômica e endócrina com comportamentos básicos necessários à sobrevivência. Esses comportamentos básicos incluem o comer, o beber, a reprodução sexual, o sono e as respostas de emergência. Embora seja costume pensar que o prosencéfalo seja o responsável pela maior parte dos comportamentos humanos, muitas respostas complexas, como comer – a coordenação para mastigar, lamber e engolir –, são, de fato, geradas a partir de respostas motoras estereotipadas relativamente simples, governadas por conjuntos de neurônios no tronco encefálico.

A importância desse padrão de organização no comportamento humano fica clara a partir da observação de crianças nascidas sem prosencéfalo (hidranencefalia). Essas crianças são surpreendentemente difíceis de serem distinguidas das normais. Elas choram, sorriem, mamam e movimentam os olhos, o rosto, os braços e as pernas. Como esses tristes casos ilustram, o tronco encefálico pode organizar praticamente todos os comportamentos do recém-nascido.

Neste capítulo, também é descrita a anatomia funcional do tronco encefálico, em especial dos nervos cranianos, bem como os conjuntos de neurônios de circuito local que organizam os comportamentos simples da face e da cabeça. Finalmente, são consideradas as funções modulatórias dos núcleos do tronco encefálico, que ajustam a sensibilidade de sistemas sensoriais, motores e de alerta.

O tronco encefálico é a continuação rostral da medula espinal, e seus componentes sensoriais e motores são semelhantes em estrutura àqueles da medula espinal. Contudo, as porções do tronco encefálico que controlam os nervos cranianos são muito mais complexas do que as partes correspondentes da medula espinal que controlam os nervos espinais, pois os nervos cranianos medeiam comportamentos mais complexos. A região central do tronco encefálico, a *formação reticular*, é homóloga à substância cinzenta intermediária da medula espinal, mas é também mais complexa. Como a medula espinal, a formação reticular contém conjuntos de interneurônios de circuito local que geram padrões motores e autonômicos e coordenam reflexos e comportamentos simples. Além disso, o tronco encefálico contém circuitos glutamatérgicos e GABAérgicos que regulam o alerta, os ciclos de sono-vigília, a respiração e outras funções vitais, assim como neurônios modulatórios monoaminérgicos que atuam na otimização das funções do sistema nervoso.

Os nervos cranianos são homólogos aos nervos espinais

Pelo fato de os nervos espinais alcançarem apenas a primeira vértebra cervical, os nervos cranianos fornecem a inervação somática e visceral, sensorial e motora para a cabeça. Dois nervos cranianos, o glossofaríngeo e o vago, também fornecem inervação sensorial e motora visceral para o pescoço, o tronco e a maioria dos órgãos abdominais, com exceção da pelve. Além disso, alguns nervos cranianos estão associados a funções especializadas, como a visão ou a audição, que vão além do plano sensorial e motor da medula espinal.

A avaliação dos nervos cranianos é uma parte importante do exame neurológico, pois anormalidades na função podem apontar um local danificado no tronco encefálico. Por isso, é importante conhecer as origens dos nervos cranianos, seu percurso intracraniano e por onde eles deixam o crânio.

Os nervos cranianos são tradicionalmente numerados de I a XII na sequência rostrocaudal. Os nervos cranianos I e II entram na base do prosencéfalo. Os outros nervos cranianos originam-se no tronco encefálico em locais característicos (**Figura 40-1**). Todos, com exceção de um, saem da superfície ventral do tronco encefálico (**Figura 40-2**). A exceção é o nervo troclear (IV), que emerge da superfície dorsal do mesencéfalo, logo abaixo do colículo inferior, e, contornando a superfície lateral do tronco encefálico, une-se aos outros nervos cranianos responsáveis pelos movimentos dos olhos. Os nervos cranianos com funções sensoriais (V, VII, VIII, IX e X) estão associados a gânglios sensoriais que operam como os gânglios da raiz dorsal dos nervos espinais. Esses gânglios estão localizados ao longo do curso de cada nervo, à medida que entram no crânio.

O nervo olfatório (I), que está associado ao prosencéfalo, é descrito em detalhes no Capítulo 29; o nervo óptico (II), que está associado ao diencéfalo, é descrito nos Capítulos 21 e 22. O nervo acessório espinal (XI) pode ser considerado um nervo craniano anatomicamente, mas, na verdade, é um nervo espinal que se origina das raízes motoras cervicais mais altas. Esse nervo ascende penetrando no crânio antes de sair pelo forame jugular, para inervar os músculos trapézio e esternocleidomastóideo no pescoço.

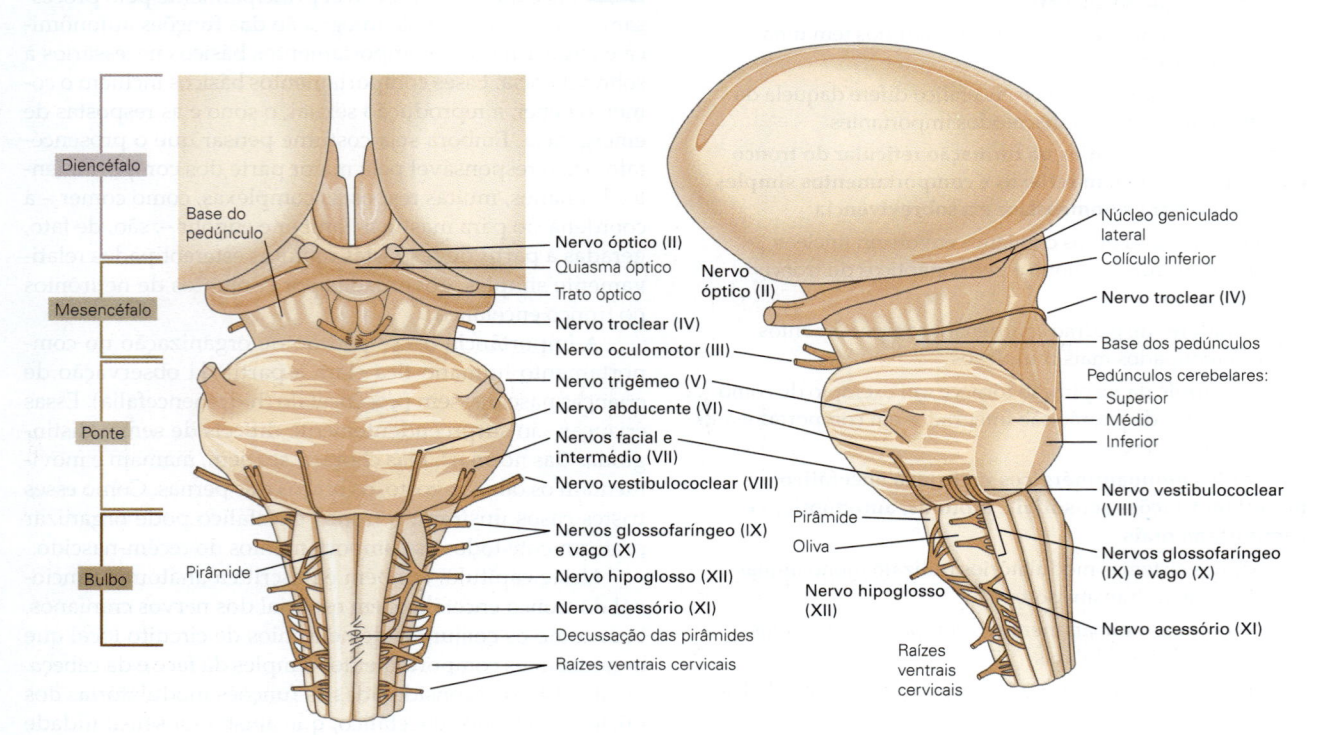

FIGURA 40-1 Origens dos nervos cranianos no tronco encefálico (visão ventral e lateral). O nervo olfatório (I) não é apresentado porque termina no bulbo olfatório, no prosencéfalo. Todos os nervos cranianos, exceto um, emergem da superfície ventral do encéfalo; o nervo troclear (IV) origina-se da superfície dorsal do mesencéfalo.

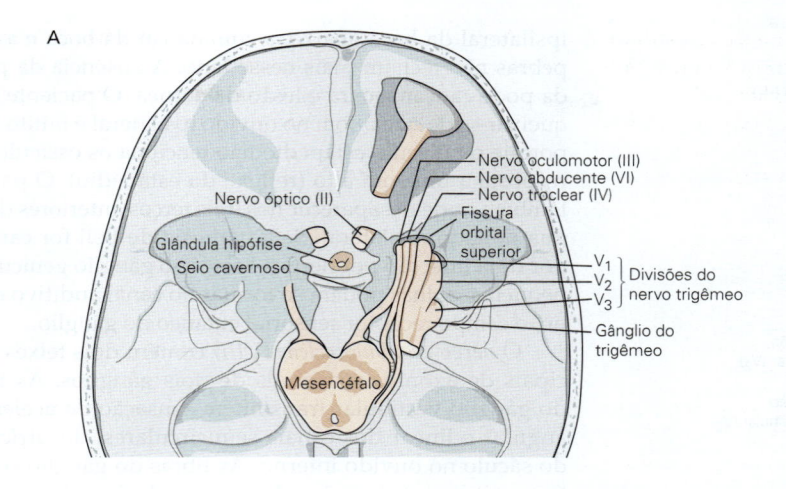

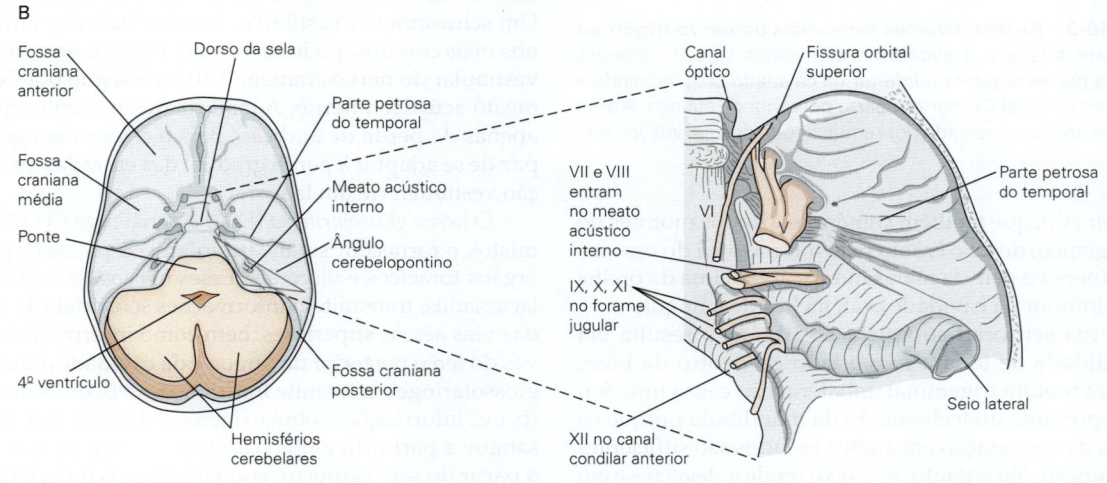

FIGURA 40-2 Os nervos cranianos deixam o crânio em grupos.

A. Os nervos cranianos II, III, IV, V e VI saem do crânio próximo à fossa hipofisária. O nervo óptico (II) entra no forame óptico, mas os nervos oculomotor (III), troclear (IV) e abducente (VI) e a primeira divisão do nervo trigêmeo (V) saem pela fissura orbital superior. A segunda e a terceira divisão do nervo trigêmeo saem pelos forames redondo e oval, respectivamente.

B. Na fossa posterior, os nervos facial (VII) e vestibulococlear (VIII) saem pelo meato acústico interno, enquanto os nervos glossofaríngeo (IX), vago (X) e acessório (XI) saem pelo forame jugular. O nervo hipoglosso (XII) tem seu próprio forame.

Os nervos cranianos medeiam as funções sensoriais e motoras da face e da cabeça e as funções autonômicas do corpo

Três nervos oculares motores controlam os movimentos dos olhos. O *nervo abducente (VI)* tem a ação mais simples; ele contrai o músculo reto lateral para movimentar o globo lateralmente. O *nervo troclear (IV)* também inerva um único músculo, o oblíquo superior, mas sua ação tanto abaixa quanto gira o olho para dentro, dependendo da posição ocular. O *nervo oculomotor (III)* inerva todos os outros músculos da órbita, inclusive o levantador da pálpebra. Também fornece a inervação parassimpática responsável pela constrição da pupila em resposta à luz e pela acomodação do cristalino para a visão para perto. O sistema motor ocular é tratado detalhadamente no Capítulo 35.

O *nervo trigêmeo (V)* é um nervo misto (contendo axônios tanto sensoriais quanto motores) que deixa o tronco encefálico em duas raízes. A raiz motora inerva os músculos da mastigação (o masseter, o temporal e os pterigoides) e alguns músculos do palato (músculo tensor do véu palatino), do ouvido médio (tensor do tímpano) e da parte superior do pescoço (milo-hióideo e ventre anterior do músculo digástrico). As fibras sensoriais surgem de neurônios no gânglio do trigêmeo, localizado no assoalho do crânio, na fossa craniana média.

Três ramos emergem do gânglio do trigêmeo. A *divisão oftálmica* (V_1) segue, com os nervos motores oculares, a fissura orbital superior (**Figura 40-2A**) para inervar a órbita, o nariz e a fronte, além do escalpo até o vértice do crânio (**Figura 40-3**). Algumas fibras dessa divisão também inervam as meninges e os vasos sanguíneos das fossas intracranianas anterior e média. A *divisão maxilar* (V_2) atravessa o forame redondo do osso esfenoide para inervar a pele da bochecha e a porção superior da cavidade oral. A *divisão*

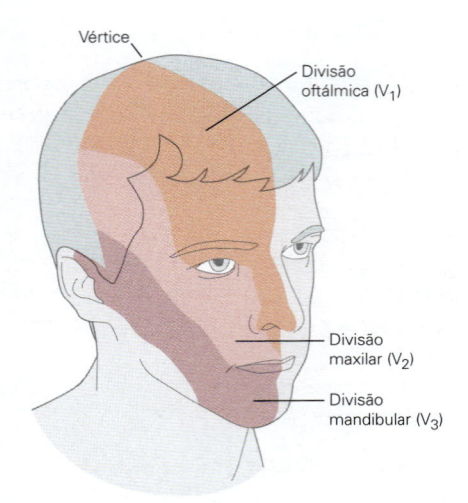

FIGURA 40-3 As três divisões sensoriais do nervo trigêmeo (V) inervam a face e o escalpo. As divisões V_2 e V_3 também inervam as partes superior e inferior da cavidade oral, incluindo a língua. A raiz cervical C2 inerva a parte posterior da cabeça. A área ao redor da orelha é inervada por ramificações dos nervos VII e X.

mandibular (V_3), que também contém os axônios motores do nervo trigêmeo, deixa o crânio pelo forame oval do osso esfenoide. Inerva a pele da mandíbula, a área acima da orelha e a parte inferior da cavidade oral, incluindo a língua.

A perda sensorial completa do trigêmeo resulta em insensibilidade de toda a face e lado de dentro da boca. A fraqueza motora trigeminal unilateral não causa uma fraqueza importante do fechamento da mandíbula porque os músculos da mastigação em ambos os lados são suficientes para tal função. No entanto, o queixo tende a desviar-se em direção ao lado da lesão quando a boca é aberta, pois, não havendo oposição, o músculo pterigoide interno contralateral puxa o queixo em direção ao lado fraco.

O *nervo facial (VII)* também é um nervo misto. Sua raiz motora inerva os músculos da expressão facial, bem como o músculo estapédio no ouvido interno, o músculo estilo-hióideo e o ventre posterior do músculo digástrico na parte superior do pescoço. A raiz sensorial segue como um feixe separado, o nervo intermédio, que atravessa o canal auditivo interno, surgindo de neurônios no gânglio geniculado, localizado próximo ao ouvido médio. Distais ao gânglio geniculado, as fibras sensoriais separam-se do ramo motor. Algumas inervam a pele do canal auditivo externo, enquanto outras formam a corda do tímpano, que se junta ao nervo lingual e transmite a sensação gustativa dos dois terços anteriores da língua. O *componente autonômico* do nervo facial inclui fibras parassimpáticas que passam pela raiz motora até os gânglios esfenopalatino e submandibular, para inervarem as glândulas lacrimais e salivares (exceto a glândula parótida) e os vasos cerebrais.

O nervo facial pode sofrer lesão isolada na paralisia de Bell, uma complicação comum de certas infecções virais. No início, o paciente pode queixar-se principalmente do rosto puxando para o lado não afetado devido à fraqueza dos músculos no lado da lesão. Mais tarde, o canto ipsilateral da boca abaixa, a comida cai da boca e as pálpebras não fecham mais nesse lado. A ausência da piscada pode causar secura e lesão da córnea. O paciente pode queixar-se de que o som no ouvido ipsilateral é muito forte, porque o músculo estapédio não tenciona os ossículos em resposta a um som alto (reflexo do estapédio). O paladar também pode desaparecer nos dois terços anteriores da língua no lado ipsilateral. Se a paralisia de Bell for causada por uma infecção por herpes-zóster no gânglio geniculado, pequenas bolhas podem se formar no canal auditivo externo, o campo receptor sensorial cutâneo do gânglio.

O *nervo vestibulococlear (VIII)* contém dois feixes principais de axônios sensoriais de dois gânglios. As fibras do gânglio vestibular transmitem sensação de aceleração angular e linear dos canais semicirculares, do utrículo e do sáculo no ouvido interno. As fibras do gânglio coclear transmitem informações da cóclea relacionadas ao som. Um schwannoma vestibular, um dos tumores intracranianos mais comuns, pode se formar ao longo do componente vestibular do nervo craniano VIII, que segue por dentro do meato acústico interno. A maioria dos pacientes queixa-se apenas de perda de audição, pois o cérebro em geral é capaz de se adaptar à perda gradual das entradas de informação vestibular de um lado.

O *nervo glossofaríngeo (IX)* e o *nervo vago (X)* são nervos mistos e fornecem sinais autonômicos parassimpáticos a órgãos torácicos e viscerais. Esses nervos, intimamente relacionados, transmitem informações sensoriais da faringe e das vias aéreas superiores, bem como informações gustativas do terço posterior da língua e da cavidade oral. O nervo glossofaríngeo transmite informações viscerais do pescoço (p. ex., informações sobre oxigênio e dióxido de carbono no sangue a partir do glomo carótico, e sobre pressão arterial a partir do seio carótico), enquanto o nervo vago transmite informações viscerais dos órgãos torácicos e abdominais, exceto o cólon distal e os órgãos pélvicos. Ambos os nervos incluem fibras motoras parassimpáticas. O nervo glossofaríngeo fornece o controle parassimpático da glândula salivar parótida, enquanto o nervo vago inerva os outros órgãos internos do pescoço, do tórax e do abdome. O nervo glossofaríngeo inerva apenas um músculo do palato, o estilofaríngeo, que levanta e dilata a faringe. Os músculos estriados restantes da laringe e da faringe ficam sob controle do nervo vago.

Os neurônios sensoriais do vago inervam todo o trato gastrintestinal e, desse modo, são capazes de regular múltiplas funções pós-prandiais. Um ótimo exemplo é o papel dos aferentes do vago na regulação da ingestão de alimento após uma refeição. A colecistocinina (CCK) é um peptídeo endógeno, secretado por células enteroendócrinas duodenais durante refeições, o qual ajuda a induzir saciedade. A CCK atua (ao menos em parte) via ação sobre aferentes vagais no intestino, estimulando a sensação de saciedade. A estimulação elétrica exógena do nervo vago é atualmente utilizada clinicamente para tratar uma ampla variedade de condições, incluindo obesidade, epilepsia intratável e mesmo depressão. A neuroanatomia e os mecanismos moleculares subjacentes a esses efeitos, no entanto, ainda não foram bem estabelecidos. De modo semelhante, a cirurgia bariátrica continua sendo uma das estratégias mais amplamente utilizadas e efetivas para combater a obesidade. Alguns estudos sugeriram que alterações cirúrgicas na responsividade de aferentes vagais a sinais intestinais podem contribuir para a perda de peso efetiva após tais cirurgias.

Pelo fato de muitas das funções dos nervos IX e X serem bilaterais e parcialmente sobrepostas, a lesão unilateral do nervo IX pode ser difícil de se detectar. Os pacientes com lesão unilateral do nervo craniano X são roucos porque uma prega vocal está paralisada e podem ter um pouco de dificuldade para engolir. O exame da orofaringe mostra fraqueza e dormência do palato de um lado.

O *nervo acessório espinal (XI)* é puramente motor e origina-se dos neurônios motores na porção cervical superior da medula espinal. Ele inerva os músculos trapézio e esternocleidomastóideo do mesmo lado do corpo. Como o efeito mecânico do esternocleidomastóideo é virar a cabeça para o lado oposto, uma lesão do nervo esquerdo causa uma fraqueza para virar a cabeça para a direita. Uma lesão do córtex cerebral no lado esquerdo provocará fraqueza dos músculos voluntários de todo o lado direito do corpo, exceto o esternocleidomastóideo; ao contrário, o esternocleidomastóideo ipsilateral ficará fraco (porque o córtex cerebral esquerdo é responsável pelas interações com o lado direito do mundo exterior, e o esternocleidomastóideo esquerdo vira a cabeça para a direita).

O *nervo hipoglosso (XII)* também é unicamente motor e inerva os músculos da língua. Quando o nervo é lesionado, por exemplo, durante uma cirurgia de câncer de cabeça ou pescoço, a língua atrofia naquele lado. As fibras musculares exibem espasmos de fascículos musculares (fasciculações), claramente observados através da fina mucosa da língua.

Os nervos cranianos deixam o crânio em grupos e com frequência são lesionados em conjunto

Ao avaliar disfunções de nervos cranianos, é importante determinar se a lesão está dentro do encéfalo ou ao longo do percurso do nervo. Como os nervos cranianos deixam o crânio em grupos por forames específicos, um dano nesses locais pode afetar vários nervos.

Os nervos cranianos relacionados a sensações da órbita e movimento dos olhos – os nervos oculomotor, troclear e abducente, assim como a divisão oftálmica do nervo trigêmeo – reúnem-se no *seio cavernoso*, ao longo da margem lateral da sela túrcica, e, então, deixam o crânio pela *fissura orbital superior*, adjacente ao forame óptico (Figura 40-2A). Tumores nessa região, como os que surgem da hipófise, com frequência têm sua presença inicialmente reconhecida pela pressão nesses nervos ou no quiasma óptico adjacente.

Os nervos cranianos VII e VIII saem do tronco encefálico no *ângulo cerebelopontino*, o canto lateral do tronco encefálico, na junção da ponte, do bulbo e do cerebelo (Figura 40-2B), e depois deixam o crânio pelo meato acústico interno. Um tumor comum do ângulo cerebelopontino é o schwannoma vestibular (algumas vezes erroneamente chamado de "neuroma acústico"), originado de células de Schwann, no componente vestibular do nervo VIII. Um tumor grande do ângulo cerebelopontino pode não apenas prejudicar as funções dos nervos VII e VIII, mas também pressionar o nervo V, próximo a seu sítio de emergência do pedúnculo cerebelar médio, causando entorpecimento facial, ou comprimir o cerebelo ou seus pedúnculos no mesmo sítio, causando prejuízos motores ipsilaterais.

Os nervos cranianos inferiores (IX, X e XI) saem pelo *forame jugular* (Figura 40-2B) e são vulneráveis à compressão por tumores nesse local. O nervo XII deixa o crânio por meio de seu próprio forame (hipoglosso) e, geralmente, não é afetado por tumores localizados no forame jugular adjacente, a não ser que o tumor cresça muito. Se um tumor envolver os nervos IX e X, mas o nervo XI for preservado, esse tumor geralmente encontrar-se-á dentro ou próximo ao tronco encefálico e não próximo ao forame jugular.

A organização dos núcleos dos nervos cranianos segue o mesmo plano básico que as áreas sensoriais e motoras da medula espinal

Os núcleos dos nervos cranianos são organizados em colunas rostrocaudais homólogas às lâminas sensoriais e motoras da medula espinal (Capítulos 18 e 31). Esse padrão é mais bem compreendido a partir do plano de desenvolvimento do tubo neural caudal que dá surgimento ao tronco encefálico e à medula espinal.

O eixo transversal do tubo neural caudal embrionário é subdividido nas placas alar (dorsal) e basal (ventral) pelo sulco limitante, um sulco longitudinal ao longo das paredes laterais do canal central, do quarto ventrículo e do aqueduto cerebral (Figura 40-4). A placa alar forma os componentes sensoriais do corno dorsal da medula espinal, enquanto a placa basal forma os componentes motores do corno ventral. A substância cinzenta intermédia é formada principalmente pelos interneurônios que coordenam os reflexos espinais e as respostas motoras.

O tronco encefálico compartilha esse plano básico. Quando o canal central da medula espinal se abre no quarto ventrículo, as paredes do tubo neural alargam-se para fora, de modo que as estruturas sensoriais dorsais (originadas da placa alar) são deslocadas lateralmente, enquanto as estruturas motoras ventrais (originadas da placa basal) permanecem mais mediais. Os núcleos do tronco encefálico são divididos em *núcleos gerais*, com funções semelhantes àquelas das lâminas da medula espinal, e *núcleos especiais*, servindo a funções unicamente da cabeça, como audição, equilíbrio, paladar e controle da musculatura relacionada à mandíbula, face, orofaringe e laringe.

Os núcleos dos nervos cranianos embrionários têm uma organização segmentar

Embora as colunas de núcleos motores e sensoriais no rombencéfalo em adultos sejam organizados rostrocaudalmente, a disposição dos neurônios em cada nível origina-se de um padrão visivelmente segmentar de etapas embrionárias precoces. Antes de os neurônios aparecerem, a futura região do rombencéfalo na placa neural subdivide-se em uma série de oito segmentos com tamanhos aproximadamente iguais, conhecidos como *rombômeros* (Figura 40-5A).

Nesse estágio de desenvolvimento, cada um desses núcleos é composto de neurônios homólogos que se originam de dois segmentos adjacentes. Essa organização segmentar transversal inicial modifica-se posteriormente no desenvolvimento, quando as bordas dos rombômeros desaparecem e a migração dorsolateral dos corpos celulares alinha as células em colunas rostrocaudais. Ao final, alguns neurônios motores somáticos e parassimpáticos migram para o tegmento ventrolateral; por exemplo, a migração dos neurônios motores faciais do rombômero 4 ao redor do núcleo abducente gera o joelho interno do nervo facial (**Figura 40-5A**). Além disso, as células da crista neural de cada rombômero migram para os arcos branquiais correspondentes, onde fornecem as células ganglionares sensoriais e autonômicas, além de pistas posicionais para o desenvolvimento dos músculos do arco.

Os núcleos dos nervos cranianos adultos têm uma organização colunar

No conjunto, os núcleos em cada lado do tronco encefálico são organizados em seis colunas rostrocaudais, três de núcleos sensoriais e três de núcleos motores (**Figura 40-6**), e são consideradas a seguir, em uma sequência dorsolateral a ventromedial. Embora as colunas sejam descontínuas ao longo do eixo rostrocaudal do tronco encefálico, núcleos com funções semelhantes (sensoriais ou motores, somáticos ou viscerais) têm posições dorsolaterais-ventromediais semelhantes em cada nível do tronco encefálico.

Dentro de cada núcleo motor, os neurônios motores para cada músculo também são dispostos em uma coluna longitudinal em forma de charuto. Portanto, cada núcleo motor em corte transversal forma um mapa em mosaico do território inervado. Por exemplo, em um corte transversal do núcleo facial, os conjuntos de neurônios que inervam os diversos músculos faciais formam um mapa topográfico da face.

Coluna somatossensorial geral

A coluna somatossensorial geral ocupa a região mais lateral da placa alar e inclui os núcleos sensoriais do trigêmeo (N. V). O *núcleo espinal do trigêmeo* é uma continuação das lâminas mais dorsais do corno dorsal da medula espinal (**Figura 40-5A**) e algumas vezes é chamado de corno dorsal bulbar. Em sua superfície externa situa-se o trato espinal do trigêmeo, uma continuação direta do trato de Lissauer da medula espinal (Capítulo 20), permitindo, portanto, que algumas fibras sensoriais cervicais atinjam os núcleos do trigêmeo e que alguns dos axônios sensoriais do trigêmeo alcancem o corno dorsal, nos segmentos cervicais superiores. Essa disposição permite que os neurônios sensoriais do corno dorsal tenham uma variedade de entradas bem mais ampla do que a dos segmentos trigeminais ou espinais individuais, assegurando a integração dos mapas sensoriais cervicais superiores e trigeminais.

O núcleo espinal do trigêmeo recebe axônios sensoriais do gânglio do trigêmeo (N. V) e de todos os gânglios sensoriais dos nervos cranianos envolvidos com dor e temperatura da cabeça, incluindo os neurônios do gânglio geniculado (N. VII) que transmitem informações do meato

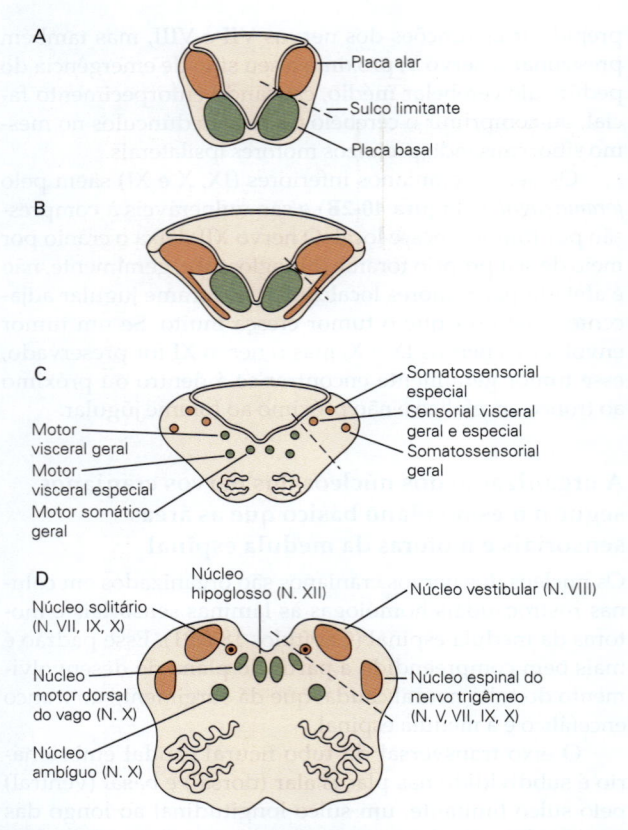

FIGURA 40-4 O plano de desenvolvimento do tronco encefálico é o mesmo plano geral da medula espinal.

A. O tubo neural é dividido em uma porção sensorial dorsal (a placa alar) e uma porção motora ventral (a placa basal) por um sulco longitudinal, o sulco limitante.

B-D. Durante o desenvolvimento, os grupos de células sensoriais e motoras migram para suas posições definitivas, mas preservam, em grande parte, seus locais relativos. Na maturidade (parte **D**), o sulco limitante (**linha tracejada**) ainda é reconhecível nas paredes do quarto ventrículo e do aqueduto do mesencéfalo, demarcando o limite entre as estruturas sensoriais dorsais (em **cor de laranja**) e motoras ventrais (em **verde**). A secção na parte D é do bulbo rostral.

Cada rombômero desenvolve um conjunto semelhante de neurônios diferenciados, como se o rombencéfalo em desenvolvimento fosse formado por uma série de módulos. Pares de rombômeros estão associados a conjuntos específicos de músculos derivados de áreas branquiais embrionárias (p. ex., rombômeros 2 e 3 com os músculos da mastigação e rombômeros 4 e 5 com os músculos da expressão facial) (**Figura 40-5A**). Os rombômeros de números pares diferenciam-se antes dos de números ímpares. Os rombômeros 2, 4 e 6 formam os núcleos motores branquiais dos nervos trigêmeo, facial e glossofaríngeo respectivamente. Posteriormente, os rombômeros 3, 5 e 7 contribuem com neurônios motores a esses núcleos respectivamente; em cada caso, os axônios de neurônios motores individuais de rombômeros de número ímpar estendem-se rostralmente à medida que se unem a seus vizinhos de números pares.

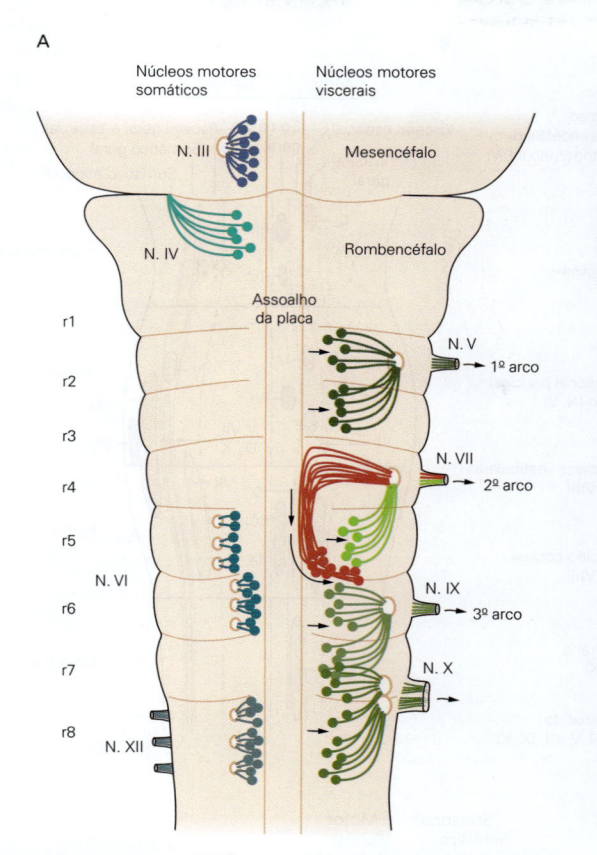

FIGURA 40-5 Os núcleos dos nervos cranianos embrionários são organizados em segmentos.

A. No rombencéfalo em desenvolvimento (visto aqui do lado ventral), neurônios motores viscerais especiais e gerais (representados no lado direito do tronco encefálico) formam-se em cada segmento do rombencéfalo (rombômero), exceto no rombômero 1 (r1). Cada núcleo motor visceral especial é formado por neurônios de dois rombômeros: o núcleo motor do trigêmeo é formado por neurônios em r2 e r3, o núcleo do facial por neurônios em r4 e r5, o núcleo do glossofaríngeo por neurônios em r6 e r7, e os núcleos motores do vago por neurônios em r7 e r8. Axônios dos neurônios em cada um desses núcleos fazem um percurso lateral, no interior do encéfalo, daí saindo pelo neuroepitélio lateral (de r2, r4, r6 e r7) e seguindo juntos, fora do rombencéfalo, para formar os respectivos nervos cranianos motores (V, VII, IX, X). O nervo trigêmeo (**V**) inerva músculos no 1º arco branquial, o nervo facial (**VII**) inerva músculos no 2º arco branquial, e o nervo glossofaríngeo (**IX**) inerva músculos no 3º arco branquial.

Todos os neurônios motores viscerais (vários tons de **verde**, representados no lado direito do tronco encefálico) desenvolvem-se inicialmente próximos à placa do assoalho, na linha média ventral; após estenderem seus axônios em direção a seus respectivos pontos de saída, os corpos celulares migram lateralmente (**setas**). Exceções são os neurônios motores do facial, formados no r4 (em **vermelho**); após estenderem seus axônios em direção ao ponto de saída, os corpos celulares migram caudalmente para o nível axial de r6, antes de migrarem lateralmente. Neurônios motores viscerais gerais (parassimpáticos) associam-se ao nervo VII (**verde-claro**) e seguem um curso mais convencional (ver painel **B**).

Núcleos motores somáticos gerais (**vários tons de azul**, representados no lado esquerdo do tronco encefálico) são formados em r1 (núcleo do troclear), r5 e r6 (núcleo do abducente), e r8 (núcleo do hipoglosso). Os corpos celulares desses neurônios permanecem próximo ao local de seu nascimento, perto do assoalho da placa. Os axônios dos neurônios abducente e hipoglosso deixam o encéfalo diretamente em sua parte ventral, sem seguir lateralmente. Os axônios dos neurônios trocleares (em **azul-claro**) estendem-se lateral e dorsalmente no interior do encéfalo, até que, em posição caudal ao colículo inferior, giram medialmente, decussam logo atrás do colículo inferior e saem próximo à linha média do lado oposto.

B. Tronco encefálico de um embrião de camundongo onde corantes fluorescentes marcam diferentes populações de neurônios motores do nervo craniano VII. Uma coloração vermelho fluorescente preenche os corpos celulares dos neurônios motores faciais por transporte retrógrado, desde a raiz motora do nervo facial. Esses neurônios desenvolvem-se inicialmente em r4, depois migram em direção posterior, ao longo do assoalho da placa, para r6 (ver neurônios **vermelhos** na Parte A). Uma coloração verde fluorescente preenche os corpos celulares dos neurônios motores viscerais gerais em r5 (ver neurônios **verde-claros** na Parte A) por transporte retrógrado, desde a raiz do nervo intermediário (axônios motores viscerais gerais sensoriais e pré-ganglionares). (Micrografia reproduzida, com autorização, do Dr. Ian McKay.)

acústico externo, as células do gânglio petroso (N. IX) que transportam informações da parte posterior do palato e da fossa tonsilar, e os axônios do gânglio nodoso (N. X) que transmitem informações da parede posterior da faringe. O núcleo espinal do trigêmeo representa, portanto, toda a cavidade oral, assim como a superfície da face.

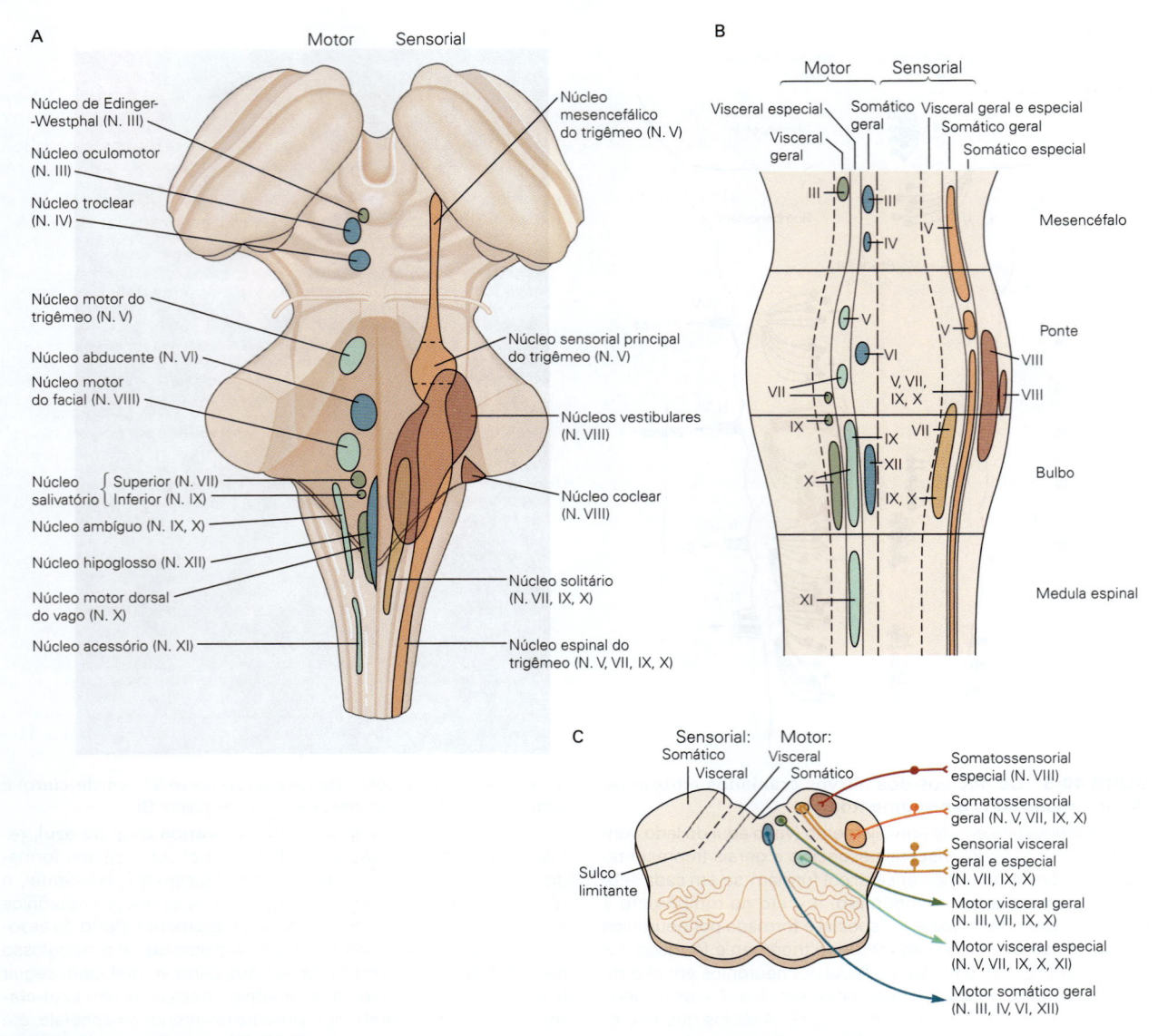

FIGURA 40-6 Núcleos dos nervos cranianos no adulto são organizados em seis colunas funcionais no eixo rostrocaudal do tronco encefálico.

A. Esta visão dorsal do tronco encefálico humano mostra o local dos núcleos sensoriais (*à direita*) e motores (*à esquerda*) dos nervos cranianos.

B. Uma visão esquemática da organização funcional dos núcleos dos nervos cranianos torna claro que eles formam colunas motoras e sensoriais.

C. O arranjo medial-lateral dos núcleos dos nervos cranianos é mostrado em secção transversa no nível do bulbo (comparar com **Figura 40-4D**).

A organização somatotópica das fibras aferentes no núcleo espinal do trigêmeo é invertida: a testa é representada ventralmente e a região oral dorsalmente, com a língua estendendo-se medialmente no sentido da região gustativa do núcleo do trato solitário, com o qual são compartilhadas algumas informações aferentes relacionadas à textura e à temperatura dos alimentos. Os axônios do núcleo espinal do trigêmeo descem pelo mesmo lado do tronco encefálico para a medula espinal cervical, onde atravessam a linha média, na comissura anterior, junto a axônios espinotalâmicos, unindo-se ao trato espinotalâmico do lado oposto. (Por essa razão, a lesão da medula espinal cervical superior pode causar dormência facial.) Os axônios trigeminotalâmicos, então, ascendem de volta para o tronco encefálico, em íntima associação com o trato espinotalâmico, provendo sinais de entrada para núcleos do tronco encefálico importantes para respostas reflexas motoras e autonômicas, além de levarem informações de dor e temperatura para o tálamo.

O *núcleo sensorial principal do trigêmeo* encontra-se na porção média da ponte, lateralmente ao núcleo motor do trigêmeo. Ele recebe axônios de neurônios do gânglio do trigêmeo envolvidos com o sentido de posicionamento e discriminação de tato fino, os mesmos tipos de informações sensoriais trazidos do restante do corpo pelas colunas dorsais.

Os axônios desse núcleo estão unidos em feixes medialmente àqueles dos núcleos da coluna dorsal no lemnisco medial, por onde ascendem ao tálamo medial ventroposterior.

O *núcleo mesencefálico do trigêmeo*, localizado no mesencéfalo, na superfície lateral da substância cinzenta periaquedutal, transmite informações mecanossensoriais originadas nos músculos da mastigação e nos ligamentos periodontais. As grandes células desse núcleo não são neurônios centrais, mas neurônios de primeira ordem do gânglio sensorial que se originam da crista neural e, diferentemente de seus correspondentes do gânglio do trigêmeo, migram para o encéfalo durante o desenvolvimento. Os ramos centrais dos axônios dessas células pseudounipolares conectam-se com os neurônios motores do núcleo motor do trigêmeo, fornecendo retroalimentação monossináptica aos músculos da mandíbula, importante para o controle rápido e preciso dos movimentos da mastigação.

Coluna somatossensorial especial

A coluna somatossensorial especial recebe sinais de entrada provenientes dos nervos auditivo e vestibular e desenvolve-se a partir da região intermediária da placa alar. Os *núcleos cocleares* (N. VIII), situados na margem lateral do tronco encefálico, na junção bulbopontina, recebem fibras aferentes do gânglio espiral da cóclea. Os sinais de saída dos núcleos cocleares são retransmitidos através da ponte para os núcleos olivar superior e trapezoide e, bilateralmente, ao colículo inferior (Capítulo 28). Os *núcleos vestibulares* (N. VIII) são mais complexos. Eles incluem quatro grupos distintos de células que transmitem informações do gânglio vestibular para vários sítios motores no tronco encefálico, no cerebelo e na medula espinal responsáveis pela manutenção do equilíbrio e pela coordenação dos movimentos dos olhos e da cabeça (Capítulo 27).

Coluna sensorial visceral

A coluna sensorial visceral dedica-se às informações viscerais especiais (paladar) e às informações viscerais gerais dos nervos facial (VII), glossofaríngeo (IX) e vago (X). Ela origina-se da camada mais medial de neurônios na placa alar. Todos os axônios aferentes dessas fontes terminam no *núcleo do trato solitário*. O trato solitário é análogo ao trato espinal do trigêmeo ou trato de Lissauer, reunindo aferências de diferentes nervos cranianos que seguem em direção rostrocaudal, ao longo da extensão do núcleo. Como resultado, informações sensoriais de diferentes regiões viscerais criam um mapa unificado do interior do corpo no núcleo.

Aferências viscerais especiais dos dois terços anteriores da língua alcançam o núcleo do trato solitário pela corda do tímpano, ramo do nervo facial, enquanto aquelas da região posterior da língua e da cavidade oral chegam pelos nervos glossofaríngeo e vago. Essas aferências terminam de modo quase somatotópico no terço anterior do núcleo do trato solitário (ou núcleo solitário). As aferências viscerais gerais são retransmitidas através dos nervos vago e glossofaríngeo; as do restante do trato gastrintestinal (até o cólon transverso) terminam na porção média do núcleo solitário em ordem topográfica, enquanto aquelas dos sistemas cardiovascular e respiratório terminam nas porções caudal e lateral.

O núcleo solitário projeta-se diretamente para os neurônios motores pré-ganglionares parassimpáticos e simpáticos no bulbo e na medula espinal, os quais mediam vários reflexos autonômicos, bem como para regiões da formação reticular que coordenam respostas autonômicas e respiratórias. A maioria das projeções ascendentes do núcleo solitário que carrega informações originadas nas vísceras até o prosencéfalo faz sinapse no núcleo parabraquial na ponte, embora algumas sigam diretamente para o prosencéfalo. Juntos, os núcleos solitário e parabraquial fornecem informações sensoriais viscerais ao hipotálamo, ao prosencéfalo basal, à amígdala, ao tálamo e ao córtex cerebral.

Coluna motora visceral geral

Todos os neurônios motores desenvolvem-se inicialmente na adjacência do assoalho da placa, uma faixa longitudinal de células não neuronais, na linha média ventral do tubo neural (Capítulo 45). Neurônios destinados a se tornarem os três tipos de neurônios motores do tronco encefálico migram dorsolateralmente, estabelecendo-se em três colunas rostrocaudais distintas. Os neurônios que formam a coluna motora visceral geral assumem uma posição ao longo da região mais lateral da placa basal, medialmente ao sulco limitante. Durante o desenvolvimento, neurônios motores parassimpáticos destinados a se juntarem ao núcleo salivar superior (parte do nervo facial) e ao núcleo ambíguo (parte do nervo vago) migram ventrolateralmente, deixando para trás axônios que ascendem medialmente antes de se desviarem lateralmente para deixar o tronco encefálico, em um curso similar aos neurônios motores faciais.

O *núcleo de Edinger-Westphal* (N. III) encontra-se na linha média que separa os neurônios oculomotores somáticos, abaixo do assoalho do aqueduto do mesencéfalo. Ele contém neurônios pré-ganglionares que controlam, pelo gânglio ciliar, a constrição pupilar e a acomodação do cristalino.

O *núcleo salivar superior* (N. VII) encontra-se em posição dorsal ao núcleo motor do facial e é formado por neurônios pré-ganglionares parassimpáticos que inervam as glândulas salivares submandibulares e sublinguais, as glândulas lacrimais e a circulação intracraniana, por meio dos gânglios parassimpáticos esfenopalatino e submandibular.

Os neurônios pré-ganglionares parassimpáticos associados ao trato gastrintestinal formam uma coluna em nível bulbar, dorsal ao núcleo do hipoglosso e ventral ao núcleo do trato solitário. Na extremidade mais rostral dessa coluna, encontra-se o *núcleo salivar inferior* (N. IX), que compreende os neurônios pré-ganglionares que inervam a glândula parótida através do gânglio óptico. O restante dessa coluna constitui o *núcleo motor dorsal do* vago (N. X). A maioria dos neurônios pré-ganglionares desse núcleo inerva o trato gastrintestinal abaixo do diafragma; uns poucos são neurônios cardiomotores.

O *núcleo ambíguo* (N. X) é um grupo de neurônios que percorre a extensão rostrocaudal do bulbo ventrolateral e contém neurônios pré-ganglionares parassimpáticos que inervam órgãos torácicos, incluindo o esôfago, o coração e o sistema respiratório, bem como neurônios motores viscerais especiais que inervam os músculos estriados da laringe e da faringe e neurônios geradores de padrões motores respiratórios (ver mais adiante, neste capítulo). Os neurônios pré-ganglionares parassimpáticos são organizados topograficamente, com o esôfago representado mais rostral e dorsalmente.

Coluna motora visceral especial

A coluna motora visceral especial inclui os núcleos motores que inervam músculos originários dos arcos faríngeos (branquiais). Pelo fato de esses arcos serem homólogos às guelras nos peixes, os músculos são considerados músculos viscerais especiais, embora sejam estriados. Durante o desenvolvimento, esses grupos de células migram para uma posição intermediária na placa basal e acabam se localizando ventrolateralmente no tegmento.

O *núcleo motor do trigêmeo* (N. V) encontra-se na altura mediopontina e inerva os músculos da mastigação. Em grupos separados próximos estão os *núcleos acessórios do* trigêmeo, que inervam os músculos tensor do tímpano, tensor do véu palatino e milo-hióideo, além do ventre anterior do músculo digástrico.

O *núcleo motor do facial* (N. VII) encontra-se em posição caudal ao núcleo motor do trigêmeo, na região inferior da ponte, e inerva os músculos da expressão facial. Durante o desenvolvimento, os neurônios motores faciais migram medial e rostralmente, ao redor da margem medial do núcleo abducente, antes de se direcionarem lateral, ventral e caudalmente em direção a sua posição definitiva, na junção bulbopontina (**Figura 40-5A**). Esse curso sinuoso dos axônios forma o *joelho interno do nervo facial*. Os *núcleos motores acessórios do facial* adjacentes inervam os músculos estilo-hióideo e estapédio e o ventre posterior do músculo digástrico.

O núcleo ambíguo contém neurônios motores branquiais com axônios que seguem com os nervos glossofaríngeo e vago. Esses neurônios inervam os músculos estriados da laringe e da faringe. Durante o desenvolvimento, esses neurônios motores migram para o bulbo ventrolateral e, em consequência, seus axônios seguem dorsomedialmente em direção ao núcleo motor dorsal do vago e, então, mudam dorsalmente de direção dentro do bulbo e saem lateralmente, de modo semelhante ao curso dos axônios motores do facial.

Coluna motora somática geral

Os neurônios da coluna motora somática migram pouco durante o desenvolvimento, permanecendo próximos à linha média ventral. O *núcleo oculomotor* (N. III) encontra-se na altura do mesencéfalo e consiste em cinco colunas rostrocaudais de neurônios motores inervando os músculos retos medial, superior e inferior, o oblíquo inferior e o levantador da pálpebra. Os neurônios motores para os músculos retos medial e inferior e oblíquo inferior estão do mesmo lado do tronco encefálico em relação à saída do nervo, enquanto aqueles para o reto superior se encontram do lado oposto. Os neurônios motores para os levantadores das pálpebras são bilaterais.

O *núcleo troclear* (N. IV), que inerva o músculo troclear, fica no nível do mesencéfalo e da ponte rostral, no lado oposto do tronco encefálico em relação à saída do nervo.

O *núcleo abducente* (N. VI), que inerva o músculo reto lateral, está localizado na altura média da ponte. O *núcleo do hipoglosso* (N. XII), no bulbo, consiste em várias colunas de neurônios, cada uma inervando um único músculo da língua.

A organização do tronco encefálico difere daquela da medula espinal em três modos importantes

Uma diferença fundamental entre a organização do tronco encefálico e a da medula espinal é que muitos tratos sensoriais ascendentes e descendentes que percorrem a região mais externa da medula espinal se reúnem na região mais interna do tronco encefálico. Portanto, os tratos ascendentes sensoriais (lemnisco medial e espinotalâmico) percorrem a formação reticular do tronco encefálico, assim como as vias sensoriais auditivas, vestibulares e viscerais.

Uma segunda diferença importante é que, no tronco encefálico, o cerebelo e as vias relacionadas formam estruturas adicionais sobrepostas ao plano básico da medula espinal. As fibras dos tratos e dos núcleos cerebelares são agrupadas àquelas dos sistemas motores piramidais e extrapiramidais para formar uma grande porção ventral do tronco encefálico. Portanto, do mesencéfalo ao bulbo, o tronco encefálico divide-se em uma porção dorsal, o tegmento, que segue o plano segmentar básico da medula espinal, e uma porção ventral, que contém estruturas associadas ao cerebelo e às vias motoras descendentes. No nível do mesencéfalo, a porção ventral (motora) inclui os pedúnculos cerebrais, a substância negra e os núcleos rubros. A base da ponte inclui os núcleos pontinos, o trato corticospinal e o pedúnculo cerebelar médio. No bulbo, as estruturas motoras ventrais incluem os tratos piramidais e os núcleos olivares inferiores.

Uma terceira diferença importante é que, embora o rombencéfalo seja segmentado em rombômeros durante o desenvolvimento, não há um padrão de repetição evidente no encéfalo adulto. Em contraste, a medula espinal não é segmentada durante o desenvolvimento, mas o padrão final consiste em segmentos repetidos. Os arranjos proeminentes em forma de escada dos axônios das raízes ventrais e dos gânglios das raízes dorsais sugerem que a segmentação é imposta por um efeito de polarização dos segmentos corporais adjacentes, ou somitos, para os quais eles migram – em cada somito, a parte rostral atrai os cones de crescimento axonais e as células da crista neural, enquanto a parte caudal os repele. Na cabeça, tal padronização não existe, já que o mesoderma craniano não é segmentado em somitos, mas se desenvolve sob a influência dos rombômeros.

Conjuntos de neurônios na formação reticular do tronco encefálico coordenam reflexos e comportamentos simples necessários para a homeostase e a sobrevivência

No século XIX, Charles Darwin considerou, em seu livro *A expressão das emoções no homem e nos animais*, que os músculos de expressões faciais são ativados em padrões semelhantes em todos os mamíferos durante situações emocionais similares (medo, raiva, desgosto, felicidade). Ele hipotetizou que os padrões de expressão facial devem estar profundamente embutidos na organização do tronco encefálico. Sabemos agora que uma ampla variedade de reflexos e comportamentos coordenados simples e repetitivos, como a expressão facial de emoções, a respiração e o comportamento alimentar, são controlados por neurônios chamados *geradores de padrão* na formação reticular do tronco encefálico, os quais produzem respostas inatas estereotipadas. O prejuízo nos reflexos e nos padrões motores dos nervos cranianos em pacientes com doença neurológica pode indicar o local preciso do dano no tronco encefálico.

Reflexos dos nervos cranianos envolvem núcleos de retransmissão mono e polissinápticos do tronco encefálico

As respostas das pupilas à luz (*reflexos pupilares à luz*) são determinadas pelo equilíbrio entre o tônus simpático nos músculos pupilodilatadores e o tônus parassimpático nos músculos pupiloconstritores da íris. O tônus simpático é mantido pelos neurônios pós-ganglionares do gânglio cervical superior, que, por sua vez, são inervados pelos neurônios pré-ganglionares localizados nos primeiros dois segmentos espinais torácicos. O tônus parassimpático é suprido pelas células pós-ganglionares do gânglio ciliar, sob o controle dos neurônios pré-ganglionares no núcleo de Edinger-Westphal e nas áreas adjacentes do mesencéfalo.

A luz que atinge a retina ativa uma classe especial de células ganglionares da retina que agem como detectores de luminescência. Essas células recebem sinais de entrada de bastonetes e cones que contêm fotopigmento, mas elas também têm seu próprio fotopigmento, a melanopsina, que permite que respondam à luz mesmo em pacientes com degeneração dos cones e dos bastonetes. Essas células enviam seus axônios pelo nervo óptico, pelo quiasma óptico e pelo trato óptico até o núcleo olivar pré-tectal, onde fazem sinapse em neurônios cujos axônios projetam para neurônios pré-ganglionares no núcleo de Edinger-Westphal (**Figura 40-7**). Portanto, a lesão no mesencéfalo dorsal, na região da comissura posterior, pode impedir as respostas pupilares à luz (pupilas fixas na posição média), enquanto a lesão no nervo oculomotor elimina o tônus parassimpático a essa pupila (pupila dilatada e fixa). As células ganglionares da retina que contêm melanopsina também se projetam para o núcleo supraquiasmático do hipotálamo, ajustando os ritmos circadianos ao ciclo dia-noite (Capítulo 44).

Os *reflexos vestíbulo-oculares* estabilizam a imagem na retina durante o movimento da cabeça, girando os globos oculares em direção contrária à rotação da cabeça. Esses reflexos são ativados por vias desde o gânglio e o nervo vestibular até os núcleos vestibulares medial, superior e lateral e, dali, para os neurônios na formação reticular e os núcleos motores oculares que coordenam os movimentos dos olhos. Os movimentos reflexos são mais evidentes em pacientes comatosos, nos quais a rotação da cabeça induzirá movimentos contrarrotacionais dos olhos (conhecidos como movimentos de olhos de boneca). O dano a essas vias na ponte prejudica esses movimentos.

O *reflexo corneano* envolve o fechamento de ambas as pálpebras e a rotação dos olhos para cima (fenômeno de

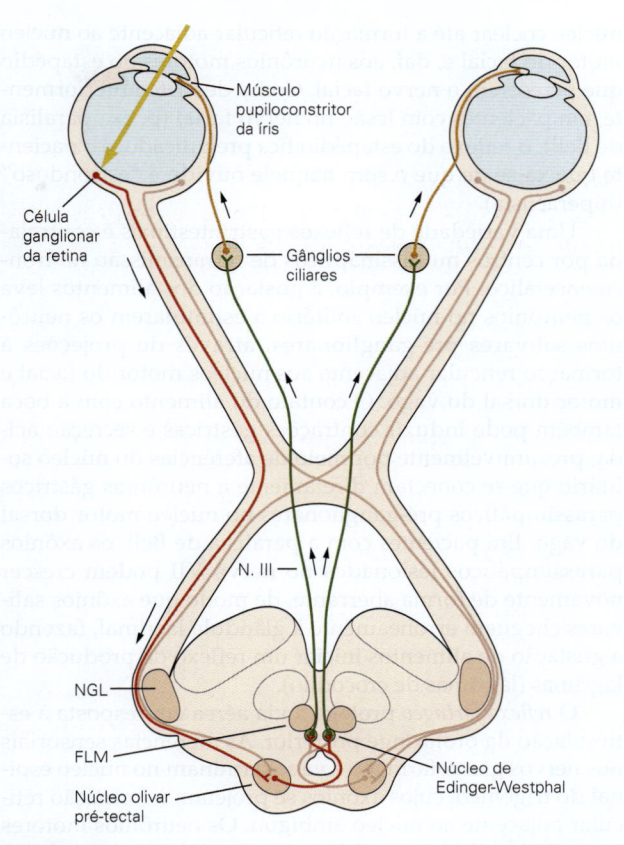

FIGURA 40-7 A resposta pupilar à luz é mediada pela inervação parassimpática da íris. Células ganglionares da retina que contêm o fotopigmento melanopsina agem como detectores de luminescência e enviam seus axônios por meio do trato óptico até o núcleo olivar pré-tectal, na junção do mesencéfalo com o tálamo. Neurônios desse núcleo projetam-se através da comissura posterior até os neurônios pré-ganglionares parassimpáticos, no núcleo de Edinger-Westphal e ao seu redor. Os axônios das células pré-ganglionares saem junto com o nervo oculomotor (III) e contatam células do gânglio ciliar, que controlam o músculo pupiloconstritor na íris. (Siglas: **FLM**, fascículo longitudinal medial; **NGL**, núcleo geniculado lateral.)

Bell) quando a córnea é levemente estimulada (p. ex., com um tufo de algodão). Os axônios sensoriais da primeira divisão do nervo trigêmeo terminam no núcleo espinal do trigêmeo, que transmite os sinais sensoriais para neurônios geradores de padrão na formação reticular adjacente ao núcleo motor do facial. Os neurônios geradores de padrão fornecem sinais de entrada bilaterais aos neurônios motores que protegem a córnea de dano ao estimularem o músculo orbicular do olho a fechar a pálpebra e os núcleos oculomotores a determinarem a rotação dos olhos para cima e para baixo na órbita. Pelo fato de as eferências do gerador de padrão serem bilaterais, o dano às vias sensoriais impede o reflexo nos dois olhos, enquanto o dano ao nervo facial impede o fechamento do olho apenas do mesmo lado.

O *reflexo do estapédio* contrai o músculo do estapédio em resposta a um som alto, amortecendo, assim, o movimento dos ossículos. A via sensorial estende-se do nervo e do núcleo coclear até a formação reticular adjacente ao núcleo motor do facial e, daí, aos neurônios motores do estapédio que percorrem o nervo facial. Como descrito anteriormente, em pacientes com lesão no nervo facial (p. ex., paralisia de Bell), o reflexo do estapédio fica prejudicado, e o paciente queixa-se de que o som naquele ouvido é "estrondoso" (hiperacusia).

Uma variedade de reflexos gastrintestinais é controlada por centros multissinápticos de retransmissão no tronco encefálico. Por exemplo, a gustação dos alimentos leva os neurônios no núcleo solitário a estimularem os neurônios salivares pré-ganglionares, através de projeções à formação reticular adjacente aos núcleos motor do facial e motor dorsal do vago. O contato do alimento com a boca também pode induzir contrações gástricas e secreção ácida, presumivelmente por meio de aferências do núcleo solitário que se conectam diretamente a neurônios gástricos parassimpáticos pré-ganglionares no núcleo motor dorsal do vago. Em pacientes com a paralisia de Bell, os axônios parassimpáticos lesionados no nervo VII podem crescer novamente de forma aberrante, de modo que axônios salivares cheguem erroneamente à glândula lacrimal, fazendo a gustação de alimentos iniciar um reflexo de produção de lágrimas (lágrimas de crocodilo).

O *reflexo faríngeo* protege a via aérea em resposta à estimulação da orofaringe posterior. As aferências sensoriais nos nervos glossofaríngeo e vago terminam no núcleo espinal do trigêmeo, cujos axônios se projetam à formação reticular adjacente ao núcleo ambíguo. Os neurônios motores branquiais no núcleo ambíguo inervam os músculos faríngeos posteriores, resultando em elevação do palato, constrição dos músculos faríngeos (para expelir o agente agressor) e fechamento da via aérea. A perda do reflexo faríngeo em um lado da garganta indica lesão ao bulbo ou ao nervo craniano X naquele lado (o nervo craniano IX possui um território de inervação sensorial e motora tão pequeno na faringe que sua transecção não causa qualquer deficiência notável).

Geradores de padrão coordenam comportamentos estereotipados mais complexos

Como proposto por Darwin, grupos de neurônios geradores de padrão na formação reticular adjacente ao núcleo do facial controlam expressões faciais emocionais por meio de padrões estereotipados de contração de músculos faciais, simultaneamente, nos dois lados da face. Os neurônios geradores de padrão em cada lado do tronco encefálico se projetam até os neurônios motores faciais nos dois lados do encéfalo, de modo que as expressões faciais espontâneas quase sempre são simétricas. Mesmo pacientes que tenham tido acidentes vasculares importantes nos hemisférios cerebrais e estejam impedidos de movimentar voluntariamente os músculos orofaciais contralaterais ainda tendem a sorrir simetricamente quando escutam uma piada, podendo também erguer simetricamente as sobrancelhas, ambas as expressões iniciadas por geradores de padrão.

De modo semelhante, movimentos orofaciais envolvidos no ato de comer são produzidos por neurônios geradores de padrão na formação reticular próxima aos núcleos motores cranianos que medeiam os comportamentos. Os movimentos de lamber são organizados na formação reticular próximo ao núcleo do nervo hipoglosso, os movimentos da mastigação, próximo ao núcleo motor do trigêmeo, os movimentos de sucção, próximo aos núcleos do facial e ambíguo, e os movimentos de deglutição, próximo ao núcleo ambíguo. Os neurônios nessas áreas reticulares, sem surpresa, estão intimamente interconectados entre si e recebem sinais de entrada da parte do núcleo do trato solitário envolvida com o paladar e da parte do núcleo espinal do trigêmeo envolvida com a sensação oral e da língua, assim como de neurônios na formação reticular adjacente, que respondem a combinações mais complexas de informações gustativas, de textura e de temperatura do alimento. Como resultado, mesmo um rato descerebrado é capaz de realizar escolhas apropriadas com relação a quais alimentos deglutir e quais rejeitar.

O *vômito* é outro exemplo de resposta coordenada mediada pelos neurônios geradores de padrão. As substâncias tóxicas na corrente sanguínea podem ser detectadas por células nervosas na área postrema, uma pequena região adjacente ao núcleo do trato solitário ao longo do assoalho do quarto ventrículo. Diferentemente da maior parte do encéfalo, que é protegido por uma barreira hematencefálica, a área postrema contém capilares fenestrados que disponibilizam a seus neurônios amostras dos conteúdos da corrente sanguínea. Quando esses neurônios detectam uma toxina, eles ativam um grupo de neurônios no bulbo ventrolateral que controla um padrão de respostas para limpar o trato digestório de quaisquer substâncias tóxicas. Essas respostas incluem reversão da peristalse no estômago e no esôfago, contração aumentada dos músculos abdominais e ativação dos mesmos padrões motores usados no reflexo faríngeo para limpar a orofaringe de material indesejado.

Uma variedade de respostas organizadas pelo tronco encefálico requer a coordenação de padrões motores cranianos com respostas autonômicas e, algumas vezes, endócrinas. Um bom exemplo é o *reflexo barorreceptor*, que assegura um fluxo sanguíneo adequado para o encéfalo (Capítulo 41). O núcleo do trato solitário recebe informação, pelo nervo vago (X), sobre a distensão do arco da aorta e, pelo nervo glossofaríngeo (IX), sobre a distensão do seio carótico. Essas informações são transmitidas a neurônios das áreas ventrolaterais do bulbo que produzem uma resposta coordenada, protegendo o encéfalo contra uma queda na pressão sanguínea.

Uma menor distensão do arco da aorta e do seio carótico diminui o número de impulsos aos neurônios parassimpáticos pré-ganglionares do núcleo ambíguo que seguem no nervo vago até o coração, resultando em tônus vagal reduzido e frequência cardíaca aumentada. Simultaneamente, o aumento no disparo de neurônios no bulbo ventrolateral rostral ativa neurônios simpáticos pré-ganglionares com ação vasoconstritora e cardioaceleradora. Essa combinação de aumento do débito cardíaco com aumento da resistência vascular eleva a pressão sanguínea. Ao mesmo tempo, outros neurônios no bulbo ventrolateral ativam neurônios hipotalâmicos que secretam vasopressina em seus terminais na neuro-hipófise. A vasopressina também tem um efeito vasoconstritor direto e mantém o volume sanguíneo reduzindo a excreção de água pelo rim.

O controle da respiração fornece um exemplo de como geradores de padrão são integrados em comportamentos mais complexos

Uma das funções mais importantes do tronco encefálico é o controle da respiração. O tronco encefálico gera automaticamente movimentos respiratórios que iniciam no período intrauterino entre a 11ª e a 13ª semana de gestação em seres humanos, continuando sem parar do nascimento até a morte. Esse comportamento não requer qualquer esforço consciente e, de fato, é raro sequer se pensar sobre a necessidade de respirar. O principal propósito da respiração é ventilar os pulmões para controlar os níveis de oxigênio, dióxido de carbono e íons hidrogênio (pH) no sangue. (Na clínica, com frequência, CO_2 e O_2 são medidos juntos e chamados de "gases sanguíneos".) Os movimentos respiratórios envolvem a contração do diafragma, ativada pelo nervo frênico. O diafragma é auxiliado, quando necessário, por músculos acessórios da respiração, incluindo os músculos intercostais, os músculos faríngeos (para modificar o diâmetro das vias aéreas), alguns músculos do pescoço (que ajudam a expandir o peito), os músculos protrusores da língua (para abrir as vias aéreas) e até alguns músculos faciais (que alargam as narinas).

A atividade respiratória pode ser gerada pelo bulbo, mesmo quando isolado do resto do sistema nervoso. Muitos neurônios bulbares apresentam padrões de disparo que se correlacionam com a inspiração ou a expiração (Figura 40-8A). Alguns neurônios têm padrões mais refinados – por exemplo, disparando apenas durante o início ou no fim da inspiração. Esses neurônios respiratórios estão concentrados em duas regiões, os grupos respiratórios dorsal e ventral.

O *grupo respiratório dorsal* está localizado bilateralmente na parte ventrolateral do núcleo do trato solitário e ao seu redor. Neurônios nesse grupo recebem sinais de entrada sensoriais respiratórios, incluindo aferentes de receptores de estiramento nos pulmões e de quimiorreceptores periféricos, participam em ações reflexas como a limitação da insuflação do pulmão a um volume excessivo (o reflexo de Hering-Breuer) e da resposta ventilatória à baixa pressão de oxigênio (*hipoxia*). O *grupo respiratório ventral*, uma coluna de neurônios no núcleo ambíguo e ao seu redor, coordena a eferência motora respiratória. Alguns desses neurônios são neurônios motores, com axônios que deixam o encéfalo no nervo vago e inervam músculos acessórios da respiração, ou neurônios pré-motores que inervam o núcleo motor do frênico, enquanto outros formam um gerador de padrão, o *complexo pré-Bötzinger*, que gera o ritmo respiratório.

A ritmicidade intrínseca do complexo pré-Bötzinzger é tão resiliente que, mesmo em uma preparação de fatias transversais de encéfalo no nível do bulbo rostral, neurônios no complexo pré-Bötzinger são capazes, de forma independente, de gerar um ritmo respiratório que pode ser registrado nas raízes do hipoglosso (nervo craniano XII), que emergem da superfície ventral das fatias (**Figura 40-8B**). A destruição aguda desse grupo celular em um animal intacto resulta na incapacidade da manutenção de um ritmo respiratório normal.

As aferências mais importantes para o gerador de padrão respiratório vêm de quimiorreceptores que percebem o oxigênio (O_2) e o dióxido de carbono (CO_2). Em condições normais, a ventilação é regulada principalmente pelos níveis de CO_2 em vez de O_2 (**Figura 40-9A**). Entretanto, a respiração é fortemente estimulada se o O_2 se tornar suficientemente baixo, como em grandes altitudes ou em pessoas com doença pulmonar. Os quimiorreceptores periféricos localizados nos corpos carotídeos e aórtico em geral

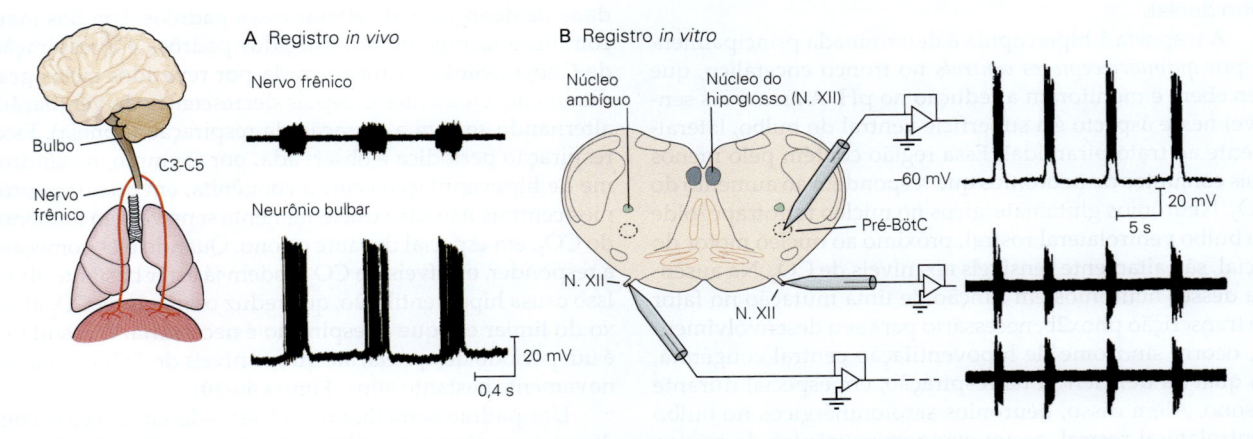

FIGURA 40-8 A respiração rítmica é gerada no interior do bulbo.

A. A atividade rítmica no nervo motor frênico de um porquinho-da-índia causa contração do diafragma. Os disparos no nervo frênico estão em sincronia com salvas de disparos de neurônios no bulbo. É mostrada a atividade registrada intracelularmente em um único neurônio bulbar. (Reproduzida, com autorização, de Richerson e Getting, 1987. Copyright © 1987. Publicada por Elsevier B.V.)

B. Disparos rítmicos similares podem ser registrados *in vitro* em nervos respiratórios acessórios, como o nervo hipoglosso (**XII**). A porção mínima necessária de tecido para promover esse ritmo é uma fatia de cerca de 0,5 mm de espessura, no nível do bulbo rostral. Neurônios no complexo pré-Bötzinger (**pré-BötC**), próximo ao núcleo ambíguo, disparam salvas de potenciais de ação em sincronia com o ritmo motor. (Reproduzida, com autorização, de Smith et al., 1991. Copyright © 1991 AAAS.)

FIGURA 40-9 As eferências motoras respiratórias são reguladas pelo dióxido de carbono no sangue.

A. A ventilação pulmonar (determinada pela frequência e pela profundidade da respiração) em seres humanos é extremamente dependente da pressão parcial de dióxido de carbono (**PCO₂**), em níveis normais de pressão parcial de oxigênio (**PO₂**) (> 100 mmHg). Quando a **PO₂** cai para valores muito baixos (< 50 mmHg), a respiração é estimulada diretamente e também se torna mais sensível a um aumento da PCO₂ (observado aqui como um aumento na inclinação das curvas para PO₂ alveolar de 37 e 47 mmHg). (Reproduzida, com autorização, de Nielsen e Smith, 1952.)

B. Os quimiorreceptores centrais no bulbo controlam as eferências motoras ventilatórias para manter o CO₂ normal no sangue. A frequência de disparos de neurônios serotoninérgicos dentro dos núcleos da rafe no bulbo aumenta quando a PCO₂ elevada causa uma redução no pH. Os registros apresentados aqui foram obtidos *in vitro* de um neurônio nos núcleos da rafe de um rato, em dois níveis diferentes de pH (7,4, controle, e 7,2, acidose). (Reproduzida, com autorização, de Wang et al., 2002.)

C. Neurônios serotoninérgicos estão intimamente associados a grandes artérias no bulbo ventral, onde podem monitorar mudanças locais da PCO₂. Duas imagens de um mesmo corte transversal do bulbo de um rato mostram vasos sanguíneos após injeção de um corante fluorescente vermelho no sistema arterial (*à esquerda*) e de anticorpo (verde) para triptofano-hidroxilase, a enzima que sintetiza serotonina (*à direita*). A artéria basilar (**B**) está sobre a superfície ventral do bulbo, entre os tratos piramidais (**P**). (Reproduzida, com autorização, de Bradley et al., 2002. Copyright © 2002 Springer Nature.)

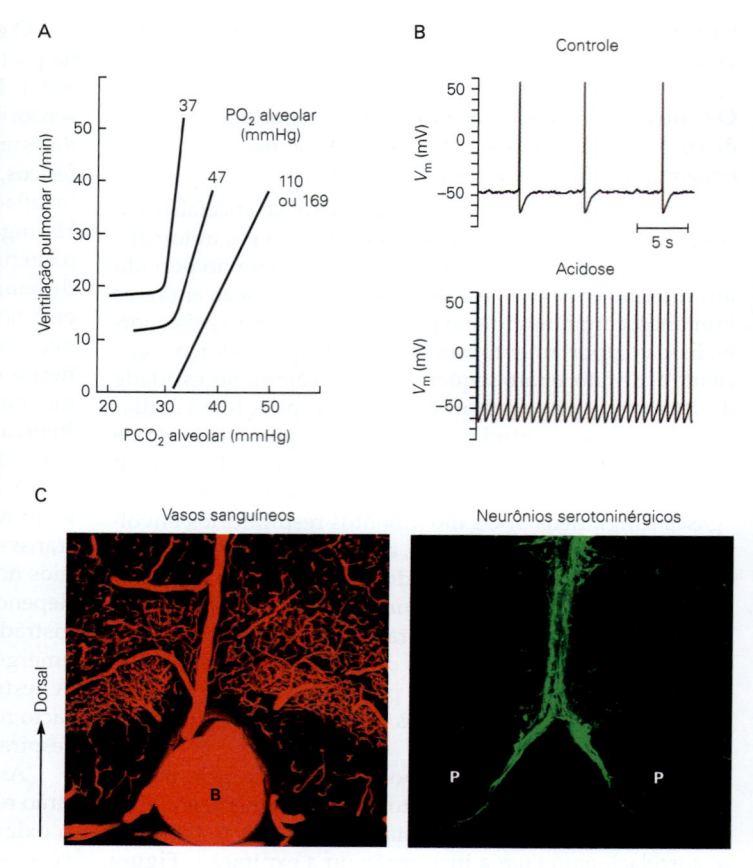

respondem principalmente a uma diminuição no oxigênio sanguíneo. Contudo, durante a hipoxia, eles também se tornam mais sensíveis aos níveis elevados de CO₂ (*hipercapnia*). Fibras aferentes do nervo do seio carotídeo seguem no nervo glossofaríngeo e ativam neurônios no grupo respiratório dorsal.

A resposta à hipercapnia é determinada principalmente por *quimiorreceptores centrais* no tronco encefálico, que percebem e monitoram a redução no pH. A área mais sensível nesse aspecto é a superfície ventral do bulbo, lateralmente ao trato piramidal. Essa região contém pelo menos dois conjuntos de neurônios que respondem ao aumento do CO₂. Neurônios glutamatérgicos no núcleo retrotrapezoide no bulbo ventrolateral rostral, próximo ao núcleo motor do facial, são altamente sensíveis aos níveis de CO₂. Na ausência desses neurônios em função de uma mutação no fator de transcrição phox2b, necessário para seu desenvolvimento, ocorre síndrome de hipoventilação central congênita, na qual há deficiência na respiração, em especial durante o sono. Além disso, neurônios serotoninérgicos no bulbo ventrolateral rostral, assim como os neurônios do núcleo retrotrapezoide, situam-se ao longo de artérias penetrantes e são sensíveis à acidose (**Figura 40-9B, C**). A deleção genética desses neurônios reduz a resposta de ventilação à hipercapnia, especialmente durante o sono. Estudos recentes demonstram que agonistas 5-HT$_{2A}$ serotoninérgicos podem restaurar respostas de alerta ao CO₂, sugerindo que neurônios serotoninérgicos desempenhem um papel modulatório, aumentando a sensibilidade de reflexos ao CO₂ durante a hipercapnia, e que isso pode ser especialmente importante durante o sono.

O padrão motor gerado pelos centros respiratórios é marcadamente estável em pessoas normais, mas uma variedade de doenças pode alterar esses padrões. Um dos mais comuns e facilmente reconhecidos padrões é a respiração de Cheyne-Stokes, caracterizada por repetidos ciclos gradualmente crescentes e depois decrescentes de ventilação, alternando-se com a cessação da respiração (apneia). Essa respiração periódica é observada, por exemplo, na síndrome de hipoventilação central congênita, em que os neurônios centrais não são suficientemente sensíveis ao aumento do CO₂, em especial durante o sono. Quando eles começam a responder, os níveis de CO₂ podem já estar bastante altos. Isso causa hiperventilação, que reduz os níveis de CO₂ abaixo do limiar em que a respiração é necessária. O resultado é um período de apneia, até que os níveis de CO₂ tornem-se novamente bastante altos (**Figura 40-10**).

Um padrão semelhante é observado em pessoas com doenças cardíacas ou pulmonares que aumentem o tempo necessário para a mudança no CO₂ alveolar ser registrado no bulbo. A respiração de Cheyne-Stokes ocorre frequentemente em pacientes hospitalizados com reserva cardíaca ou respiratória marginal quando adormecem, reduzindo, assim, outros controles comportamentais para a respiração. Embora não seja perigosa em si, indica que existe um sério problema cardiorrespiratório subjacente a ser corrigido.

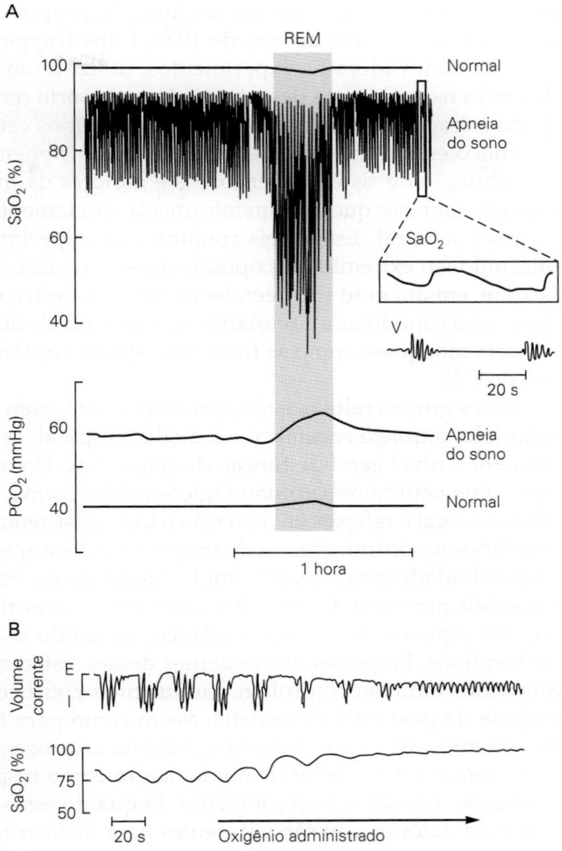

FIGURA 40-10 Padrões motores respiratórios podem se tornar instáveis durante o sono.

A. A apneia do sono (cessação da respiração) é um problema comum que costuma passar despercebido. Estes registros mostram saturação de oxigênio no sangue (**SaO₂**) e pressão parcial de CO_2 (**PCO₂**) durante o sono, em uma pessoa saudável e em um paciente com apneia obstrutiva do sono. Na pessoa saudável, a SaO₂ permanece próxima a 100%, e a PCO₂ permanece próxima a 40 mmHg, tanto durante o sono de movimentos rápidos dos olhos (sono **REM**) quanto durante o sono não REM. No paciente com apneia do sono, o tônus muscular reduzido (hipotonia) durante o sono acarreta o colapso das vias aéreas superiores, resultando em obstrução e apneia. Os ataques repetidos de apneia, a uma frequência de cerca de 1 por minuto, fazem a SaO₂ cair repetida e notavelmente. (A inserção mostra um período de cerca de 80 segundos em uma escala aumentada. A ventilação [V] inicia no nadir da SaO₂ e cessa novamente quando o oxigênio no sangue aumenta.) Durante o sono não REM, a PCO₂ do paciente aumenta para cerca de 60 mmHg. Durante o sono REM, a SaO₂ e a PCO₂ tornam-se bem mais alteradas, pois a piora da hipotonia das vias aéreas ocasiona uma maior obstrução. Muitas pessoas com apneia do sono acordam repetidamente durante a noite em função da apneia, mas os períodos em que estão despertos são muito rápidos para que tenham consciência da interrupção de seu sono. (Adaptada, com autorização, de Grunstein e Sullivan, 1990.)

B. A respiração durante o sono se torna instável na maior parte dos indivíduos normais em altas altitudes. O traçado superior apresenta um exemplo do padrão de respiração de Cheyne-Stokes em uma pessoa saudável, durante a primeira noite após a chegada a uma altitude de 5.400 m, onde a baixa pressão parcial de oxigênio no ar reduz a SaO₂ do sangue para cerca de 75 a 80%. Ciclos repetidos de aumento e diminuição da ventilação são separados por períodos de apneia. A administração de oxigênio suplementar resulta em rápido retorno a um padrão respiratório normal. Esse padrão anormal desaparece, na maioria das pessoas, após terem se aclimatado à altitude. (Reproduzida, com autorização, de Lahiri et al., 1984.)

Outros sinais de entrada para o gerador de padrão respiratório vêm de circuitos que medeiam determinados comportamentos, uma vez que a respiração deve estar coordenada com muitas ações motoras que compartilham os mesmos músculos. Para ocorrer essa coordenação, os neurônios respiratórios do bulbo recebem sinais de entrada de redes neuronais envolvidas na vocalização, na deglutição, no fungamento, no vômito e na dor. Por exemplo, o grupo respiratório ventral está conectado com uma parte do complexo parabraquial na ponte denominada *grupo respiratório pontino* ou *centro pneumotáxico*. Esses neurônios pontinos coordenam a respiração com comportamentos como a mastigação e a deglutição. Eles podem segurar a respiração na inspiração completa (chamada de *apneuse*), o que é necessário no momento de comer e beber. A reserva de ar nos pulmões permite a tosse, se necessário, para expelir qualquer alimento ou bebida que possa entrar nas vias aéreas. Outros neurônios na zona intertrigeminal, entre os núcleos sensorial principal e motor do trigêmeo, recebem sinais de entrada sensoriais faciais e das vias aéreas superiores e se projetam até o bulbo ventrolateral para, temporariamente, interromper a respiração, protegendo contra a inspiração acidental de poeira ou água.

Vias motoras voluntárias podem assumir o controle da respiração do indivíduo ao falar, comer, cantar, nadar ou tocar um instrumento musical de sopro. Vias descendentes desencadeiam uma hiperventilação no início do exercício, em antecipação a um aumento na demanda de oxigênio. De fato, isso leva a uma queda sustentada no CO_2 do sangue durante o exercício – o oposto do que seria esperado para um sistema de controle de retroalimentação negativa. Outras vias descendentes oriundas do sistema límbico produzem hiperventilação em função de dor ou ansiedade e, em algumas pessoas, podem ser responsáveis por ocasionar ataques espontâneos de pânico, caracterizados por hiperventilação e sensação de sufocação. Esses vários sinais provenientes de vias descendentes permitem uma integração eficiente da respiração com outros comportamentos, mas devem se subordinar à necessidade de manter a homeostase dos gases no sangue, pois até mesmo um pequeno aumento no CO_2 produz uma intensa necessidade de ar ou *dispneia*. Portanto, o sistema de controle respiratório é um exemplo fascinante de um gerador de padrão do tronco encefálico que deve ser suficientemente estável para assegurar a sobrevivência, porém suficientemente flexível para assegurar uma ampla variedade de comportamentos.

Neurônios monoaminérgicos no tronco encefálico modulam funções sensoriais, motoras, autonômicas e comportamentais

Além dos núcleos sensoriais e motores primários dos nervos cranianos e de mecanismos geradores de padrão e de reflexos, que controlam comportamentos básicos, o tronco encefálico também contém um conjunto de grupos celulares modulatórios. Na década de 1970, Hans Kuypers, em uma série inovadora de experimentos, utilizou um método então recentemente descoberto de transporte retrógrado de traçadores axonais para identificar grupos celulares no tronco encefálico e no diencéfalo que contribuem para a modulação de sistemas sensoriais e motores da medula espinal, e aqueles que enviam informação diretamente para o córtex cerebral. Esses dois conjuntos de experimentos, iniciando em extremidades opostas do eixo neural, identificaram, em um grau surpreendente, um substrato comum, cujo papel é modular a circuitaria em outros níveis do sistema nervoso, quase como se fosse um "sistema autônomo" do encéfalo.

Esses grupos celulares têm conexões diretas com o prosencéfalo, o tronco encefálico e a medula espinal, as quais regulam o nível geral de função de seus alvos. Do mesmo modo que neurônios serotoninérgicos estabelecem a sensibilidade geral a reflexos envolvendo o CO_2, os sistemas modulatórios monoaminérgicos do tronco encefálico ajustam a responsividade geral de uma ampla variedade de sistemas sensoriais por meio de projeções a neurônios sensoriais na medula espinal e no tronco encefálico, incluindo sistemas nociceptivos. Projeções descendentes desses sistemas modulatórios também controlam o tônus motor, crítico para o ajuste da postura e da marcha, assim como para iniciar movimentos mais finos. Sinais ascendentes ao prosencéfalo controlam o estado geral de alerta, assim como respostas a situações envolvendo recompensa. Enquanto esses sistemas modulatórios não são suficientes para realizar tarefas motoras, sensoriais ou cognitivas *per se*, sua capacidade de ajustar a resposta desses sistemas desempenha uma enorme influência no comportamento em geral.

Muitos sistemas modulatórios utilizam monoaminas como neurotransmissores

Os sistemas monoaminérgicos utilizam derivados descarboxilados dos aminoácidos cíclicos tirosina, triptofano e histidina como neurotransmissores. Esses neurotransmissores estão entre os primeiros a serem identificados e mapeados no encéfalo, devido à fluorescência que alguns deles possuem quando expostos ao formaldeído. Na década de 1960, Dahlstrom e Fuxe utilizaram essa propriedade para identificar grupos celulares serotoninérgicos, noradrenérgicos e dopaminérgicos no tronco encefálico. Na década de 1970, com o desenvolvimento de métodos imunoistoquímicos capazes de mapear as enzimas que sintetizam monoaminas, outros investigadores mapearam neurônios contendo adrenalina e histamina.

Os grupos celulares desses sistemas modulatórios eram, em geral, distintos de outros núcleos identificados anteriormente no encéfalo. Ao invés de formarem agrupamentos compactos de corpos celulares, os grupos celulares monoaminérgicos tendiam a formar colunas que se estendiam longitudinalmente através do tronco encefálico e do hipotálamo (ver **Figura 40-6**). Os sistemas monoaminérgicos foram então designados com letras e números, para evitar confusão com outros sistemas de nomenclatura para o encéfalo (**Figura 40-11**).

Os primeiros grupos celulares identificados por Dahlstrom e Fuxe foram simplesmente identificados alfabeticamente como grupos celulares "A" e, a seguir, numerados sequencialmente da posição mais caudal para rostral. Foi descoberto posteriormente que os grupos celulares A1-A7 produzem noradrenalina e os grupos A8-A14 produzem dopamina. As designações A1, A3 e A5 foram aplicadas a neurônios localizados na porção ventrolateral do tegmento bulbar e pontino (o grupo A3 era bastante pequeno e o termo não é mais utilizado), enquanto os nomes A2, A4, A6 e A7 foram aplicados a grupos celulares localizados mais dorsalmente, de modo semelhante às colunas de neurônios motores no tronco encefálico (**Figura 40-11A**). Os grupos A1 e A2, localizados entre os neurônios do núcleo ambíguo e do núcleo do trato solitário (respectivamente), estão principalmente relacionados com funções autonômicas. Juntos, eles modulam sistemas hipotalâmicos e do tronco encefálico que regulam o sistema nervoso autônomo. Os grupos celulares A4-A7 apresentam ampla influência sobre sistemas sensoriais e motores, indo do córtex cerebral à medula espinal, e fornecem importante modulação do alerta e da vigília.

Os sistemas dopaminérgicos (**Figura 40-11E**) incluem os grupos celulares A8-A10, localizados no mesencéfalo, na substância negra e próximos a ela, os quais modulam sistemas motores, bem como mecanismos prosencefálicos de recompensa e motivação. Os neurônios dopaminérgicos em A11 e A13, no hipotálamo dorsal, fornecem sinais para sistemas sensoriais, motores e autonômicos no tronco encefálico e na medula espinal. Os neurônios em A12, A14 e A15 têm papel neuroendócrino, incluindo a liberação de dopamina como um hormônio inibidor da secreção de prolactina pela hipófise. O grupo celular A16 modula sinais de entrada olfativos, e o grupo de neurônios A17 na retina modula a visão.

Observou-se que os grupos celulares B, que apresentam uma fluorescência ligeiramente diferente, produzem serotonina. Eles estão associados com grupos celulares da rafe na linha média na ponte e no bulbo (**Figura 40-11C**). Os grupos B1-B4 no bulbo fornecem modulação descendente principalmente a neurônios sensoriais, motores e autonômicos no tronco encefálico e medula espinal. Os neurônios B5-B7 na ponte fornecem inervação serotoninérgica principalmente ao tálamo, hipotálamo e córtex cerebral. A decifração das funções da serotonina na modulação desses alvos pode ser bastante complexa, principalmente pelo fato de haver pelo menos 14 diferentes receptores serotoninérgicos, sendo que receptores diferentes podem ser expressos por diferentes tipos celulares em uma área-alvo.

Uns poucos anos após os grupos celulares A e B terem sido designados, estudos imunoistoquímicos demonstraram que alguns neurônios bulbares têm as enzimas que sintetizam dopamina e noradrenalina, mas não apresentam fluorescência. Descobriu-se, então, que esses neurônios, designados grupos celulares C1-C3, processam essas catecolaminas até adrenalina (ou epinefrina). Eles estão bastante relacionados aos grupos celulares A1-A3 no bulbo (**Figura 40-11A**).

Os grupos celulares histaminérgicos são encontrados principalmente no núcleo tuberomamilar e em áreas adjacentes do hipotálamo posterior (próximos ao corpo

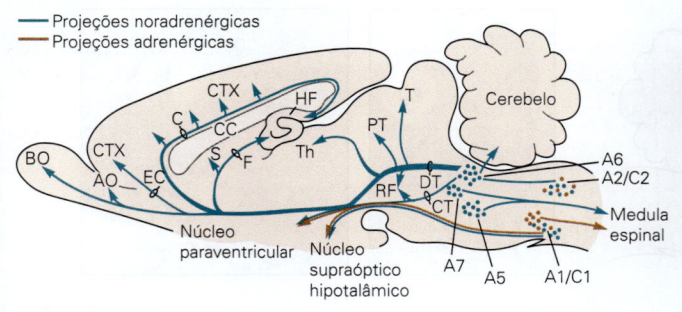

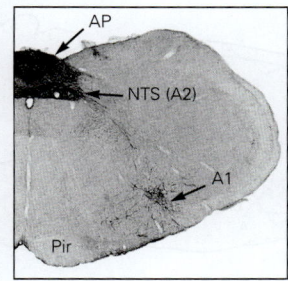

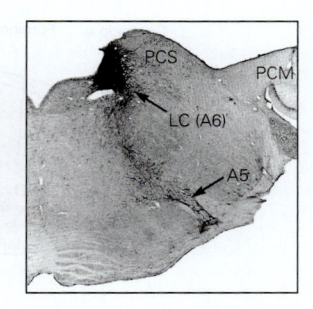

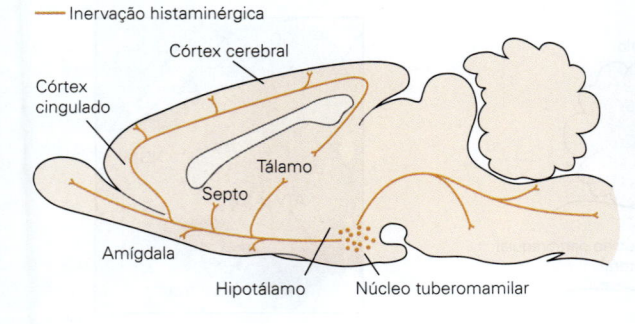

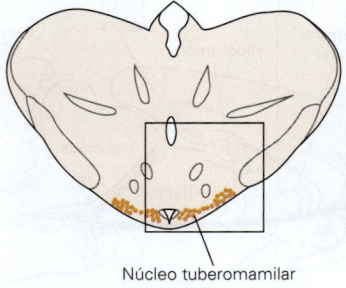

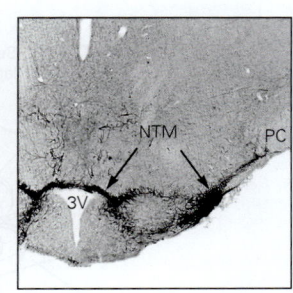

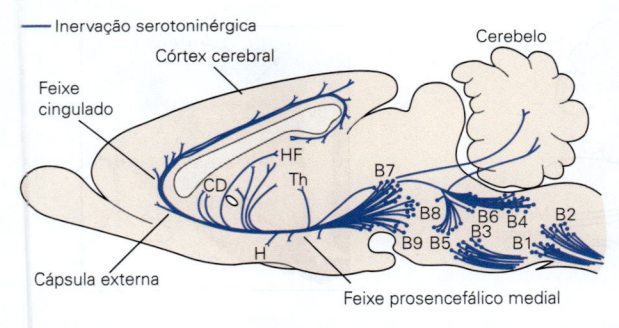

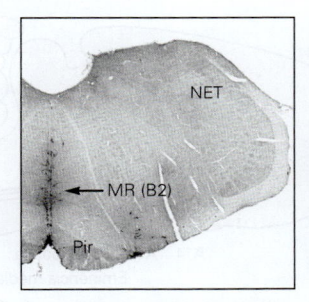

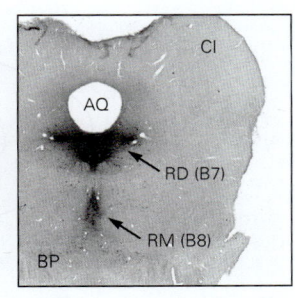

FIGURA 40-11 Localizações e projeções dos neurônios monoaminérgicos e colinérgicos no encéfalo do rato. (Siglas: **3V**, terceiro ventrículo; **AP**, área postrema; **AQ**, aqueduto de Sylvius; **ARQ**, núcleo arqueado; **ATV**, área tegmentar ventral; **BDh**, porção horizontal da banda diagonal; **BM**, núcleo basal de Meynert; **CA**, comissura anterior; **CD**, caudado; **CI**, colículo inferior; **CS**, colículo superior; **FC**, fórnice; **LC**, locus ceruleus; **MR**, núcleo magno da rafe; **NET**, núcleo espinal do trigêmeo; **NGM**, núcleo geniculado medial; **NTM**, núcleo tuberomamilar; **NTS**, núcleo do trato solitário; **PB**, ponte braquial; **PC**, pedúnculo cerebral; **PCM**, pedúnculo cerebelar médio; **PCS**, pedúnculo cerebelar superior; **Pir**, trato piramidal; **PUT**, putame; **QO**, quiasma óptico; **RD**, rafe dorsal; **RM**, rafe mediana; **SM**, septo medial; **SN**, substância negra; **TLD**, núcleo tegmentar laterodorsal; **TMT**, trato mamilotalâmico; **TPP**, núcleo tegmentar pedunculopontino.)

A. Os neurônios noradrenérgicos (grupo A) e adrenérgicos (grupo C) estão localizados no bulbo e na ponte. Os grupos A2 e C2 no bulbo dorsal são parte do núcleo do trato solitário. Os grupos A1 e C1 no bulbo ventral estão localizados próximo ao núcleo ambíguo. Ambos os grupos projetam-se para o hipotálamo; alguns neurônios C1 se projetam para neurônios pré-ganglionares simpáticos da medula espinal e controlam funções cardiovasculares e endócrinas. As células dos grupos pontinos A5, A6 (locus ceruleus) e A7 projetam-se para a medula espinal e modulam reflexos autonômicos e percepção de dor. O locus ceruleus também se projeta rostralmente para o prosencéfalo e desempenha uma função importante na atenção e no alerta.

B. Todos os neurônios histaminérgicos estão localizados no hipotálamo lateral posterior, principalmente no núcleo tuberomamilar. Esses neurônios projetam-se para praticamente todas as partes do neuroeixo e desempenham um importante papel no alerta.

C. Os neurônios serotoninérgicos (grupo B) são encontrados no bulbo, na ponte e no mesencéfalo, em geral próximo à linha média, nos núcleos da rafe. Aqueles dentro do bulbo (grupos B1 a B4, correspondendo ao núcleo magno da rafe, ao núcleo obscuro da rafe e ao núcleo pálido da rafe) projetam-se através do bulbo e da medula espinal e modulam sinais aferentes de dor, termorregulação, controle cardiovascular e respiração. Aqueles dentro da ponte e do mesencéfalo (grupos B5 a B9 – núcleo pontino da rafe, núcleo mediano da rafe e núcleo dorsal da rafe) projetam-se para todo o prosencéfalo e contribuem para o alerta, o humor e a cognição.

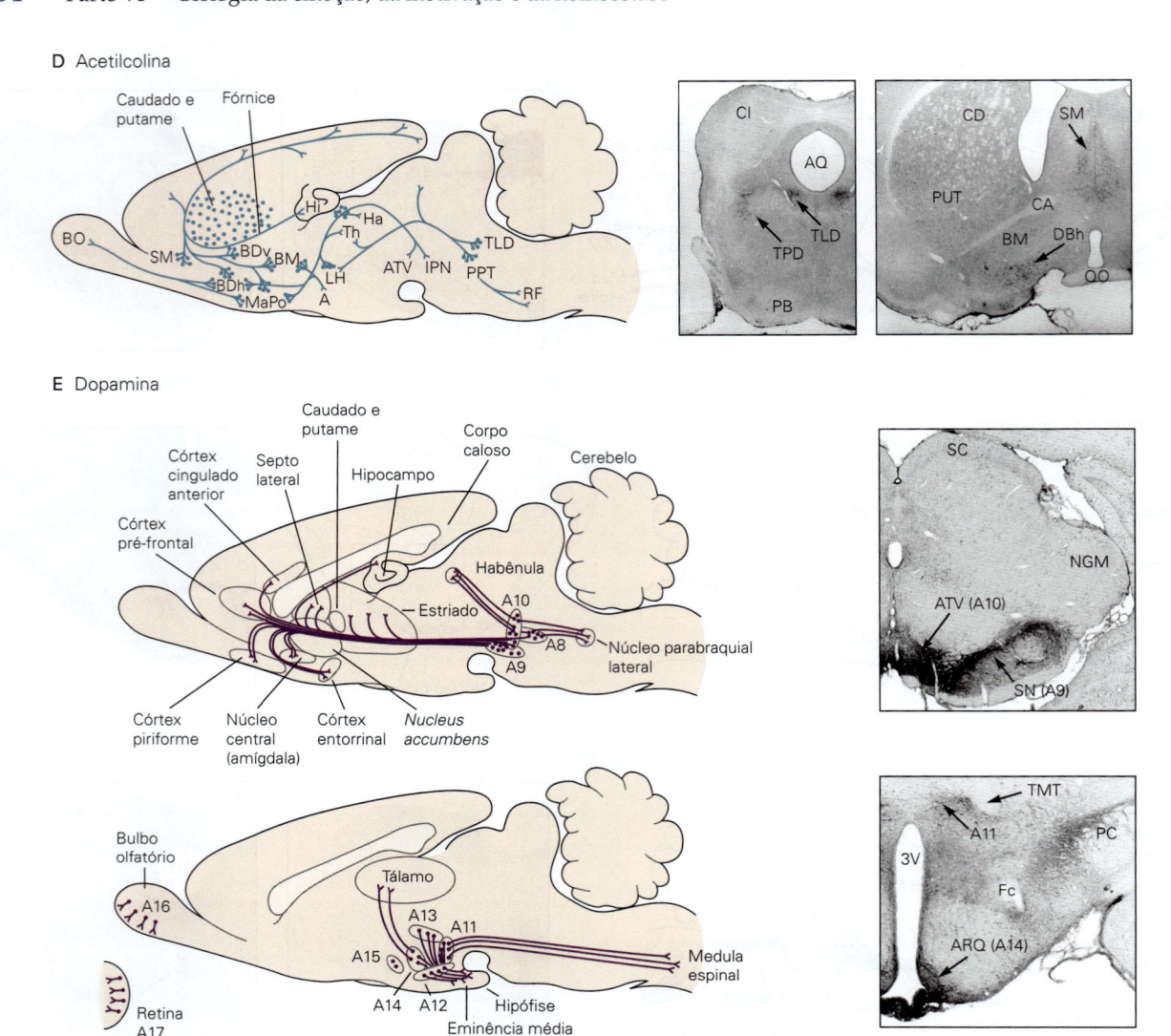

FIGURA 40-11 (*Continuação*) **D.** Os neurônios colinérgicos (às vezes chamados grupos Ch) estão localizados na ponte, no mesencéfalo e no prosencéfalo basal. Aqueles da ponte e do mesencéfalo (grupos mesopontinos) são divididos em um grupo ventrolateral (núcleo pedunculopontino) e outro dorsomedial (núcleo tegmentar laterodorsal). Os neurônios colinérgicos mesopontinos projetam-se para a formação reticular do tronco encefálico e para o tálamo. Aqueles do prosencéfalo basal são divididos entre o septo medial, as porções vertical e horizontal da banda diagonal e o núcleo basal de Meynert. Esses neurônios projetam-se para todo o córtex cerebral, o hipocampo e a amígdala. Ambos os grupos desempenham uma função importante no alerta, e os grupos do prosencéfalo basal também estão envolvidos na atenção mais seletiva.

E. Os neurônios dopaminérgicos estão localizados no mesencéfalo e no hipotálamo. Os grupos de células dopaminérgicas foram originalmente incluídos com os grupos celulares noradrenérgicos e ainda são identificados como grupos A (A8-A17). O grupo A8 está no mesencéfalo, dorsalmente adjacente à substância negra. O grupo celular A9 constitui a parte compacta da substância negra. Esses dois grupos de neurônios projetam-se ao estriado e exercem uma importante função na iniciação do movimento. O grupo A10 está localizado na área tegmentar ventral, medialmente à substância negra. Essas células se projetam para o córtex cerebral frontal e temporal, bem como para estruturas límbicas do prosencéfalo basal, e influenciam a emoção e a memória. Os grupos A11 e A13, localizados na zona incerta do hipotálamo, projetam-se para o tronco encefálico caudal e a medula espinal, regulando neurônios simpáticos pré-ganglionares. Os grupos celulares A12, A14 e A15 são componentes do sistema neuroendócrino. Alguns deles inibem a liberação de prolactina na circulação portal hipofisária, e outros controlam a secreção de gonadotropinas. Neurônios dopaminérgicos também são encontrados no bulbo olfatório (A16) e na retina (A17).

mamilar) e são designados E1-E5 (**Figura 40-11B**). Eles são a única fonte para as ações da histamina em todo o encéfalo, do córtex cerebral à medula espinal, e estão envolvidos em uma variedade de respostas de alerta.

Embora os neurônios colinérgicos não sejam, estritamente falando, monoaminérgicos, alguns deles também participam de sistemas modulatórios, e foram numerados Ch1-Ch6 (**Figura 40-11D**). Esse sistema de classificação não inclui os muitos outros neurônios colinérgicos no sistema nervoso, como os neurônios motores ou os interneurônios estriatais, e não é mais muito utilizado. Em vez disso, os cientistas referem-se aos neurônios colinérgicos por sua localização. Por exemplo, os neurônios pedunculopontinos (Ch6) e os neurônios da área tegmentar laterodorsal (Ch5) na ponte, que se projetam amplamente, do córtex cerebral ao bulbo, e os grupos de neurônios no prosencéfalo basal (Ch1-Ch4), que se projetam ao córtex cerebral, hipocampo e amígdala.

Neurônios monoaminérgicos compartilham muitas propriedades celulares

Neurônios que usam monoaminas como neurotransmissores apresentam muitas propriedades eletrofisiológicas semelhantes. Por exemplo, em sua maioria, eles permanecem disparando potenciais de ação espontâneos em um padrão extremamente regular, mesmo quando isolados de suas aferências sinápticas em preparações de fatias cerebrais. Seus potenciais de ação geralmente são seguidos de uma despolarização lenta da membrana, o que leva ao novo potencial em ponta (**Figura 40-12**). O padrão de disparos regulares e espontâneos dos neurônios monoaminérgicos é regulado por correntes intrínsecas de marca-passo (Capítulo 10). Os disparos tônicos podem ser importantes *in vivo* para assegurar a liberação contínua das aminas aos seus alvos. Por exemplo, os núcleos da base dependem da exposição contínua à dopamina oriunda de neurônios da substância negra para facilitar as respostas motoras.

As propriedades dos neurônios monoaminérgicos são adequadas para a execução de suas funções moduladoras, difundidas e únicas para a função cerebral. De fato, alguns terminais axonais de células monoaminérgicas nem mesmo estabelecem conexões sinápticas convencionais, liberando neurotransmissores difusamente para muitos alvos de modo simultâneo. A maior parte da neurotransmissão monoaminérgica ocorre por meio de ações sinápticas metabotrópicas por receptores acoplados a proteínas G. Muitos neurônios monoaminérgicos liberam também neuropeptídeos, os quais têm efeitos lentos pela ligação a outros receptores acoplados a proteínas G. Assim sendo, apesar de algumas ações sinápticas monoaminérgicas envolverem mecanismos sinápticos rápidos (Capítulo 13), muitas envolvem também vias metabotrópicas e neuromoduladoras mais lentas (Capítulo 14).

A regulação autonômica e a respiração são moduladas por vias monoaminérgicas

Os neurônios do grupo adrenérgico C1, no bulbo ventrolateral rostral, exercem um papel crucial na manutenção do tônus vascular no repouso, bem como no ajuste do tônus vasomotor necessário para vários comportamentos. Por exemplo, uma postura vertical desinibe os neurônios do bulbo ventrolateral rostral que inervam diretamente os neurônios simpáticos pré-ganglionares vasomotores, aumentando, então, o tônus vasomotor para impedir a queda da pressão arterial (o reflexo barorreceptor). Os neurônios do grupo noradrenérgico A5 na ponte inibem os neurônios simpáticos pré-ganglionares e desempenham um papel nos

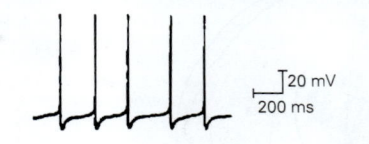

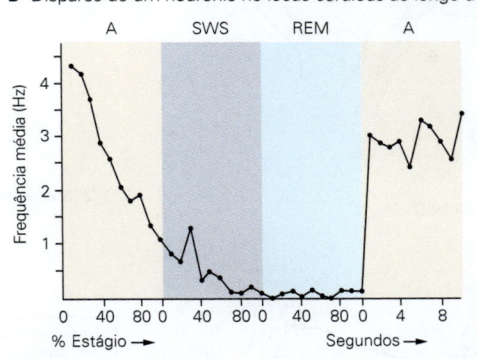

FIGURA 40-12 Neurônios monoaminérgicos têm padrões semelhantes de disparo ao longo do ciclo sono-vigília.

A. Quando neurônios monoaminérgicos são isolados de suas aferências sinápticas, eles disparam espontaneamente em uma frequência regular. Aqui é mostrado o registro de um neurônio noradrenérgico no *locus ceruleus*. Potenciais de ação são seguidos por uma pós-hiperpolarização característica, seguindo-se uma lenta despolarização até o próximo potencial em ponta, produzindo uma atividade semelhante a um marca-passo (Capítulo 10). Os neurônios serotoninérgicos e histaminérgicos apresentam atividade espontânea similar.

B. Todos os três tipos celulares monoaminérgicos apresentam padrões similares de disparos ao longo do ciclo sono-vigília. O gráfico mostra que um neurônio do *locus ceruleus* de um rato dispara mais rápido quando o animal está acordado (**A**), diminuindo à medida que a vigília dá lugar à sonolência e durante o sono de ondas lentas (**SWS**), cessando quase completamente seus disparos durante o sono de movimentos rápidos dos olhos (sono **REM**). (Adaptada, com autorização, de Aston-Jones e Bloom, 1981. © Society for Neuroscience.)

reflexos depressores (p. ex., a queda da pressão arterial em resposta à dor profunda).

A serotonina regula muitas funções autonômicas diferentes, incluindo peristalse gastrintestinal, termorregulação, controle cardiovascular e respiração. A estimulação elétrica de neurônios serotoninérgicos dos núcleos bulbares da rafe aumenta a frequência cardíaca e a pressão arterial. Neurônios serotoninérgicos no bulbo também projetam para neurônios no bulbo e na medula espinal que regulam a respiração, como descrito anteriormente.

A função dos neurônios serotoninérgicos como receptores de CO_2 pode explicar por que defeitos no sistema serotoninérgico têm sido associados à síndrome da morte súbita do lactente (SMSL) (**Figura 40-13A**). A SMSL é a principal causa de morte pós-natal no período neonatal no mundo ocidental, sendo responsável pela morte de seis bebês por dia nos Estados Unidos. Uma teoria amplamente aceita sugere que alguns casos de SMSL sejam devidos a

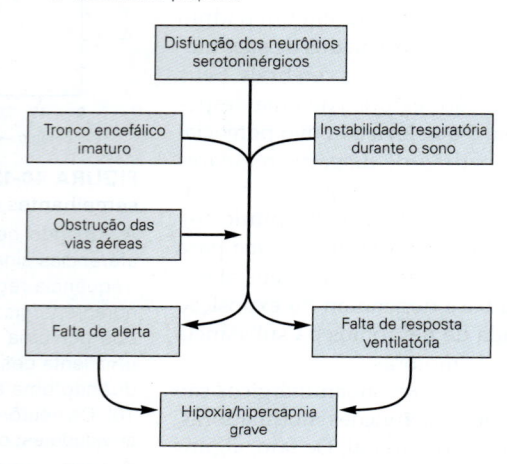

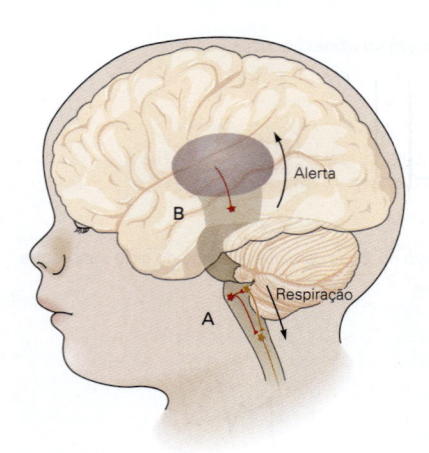

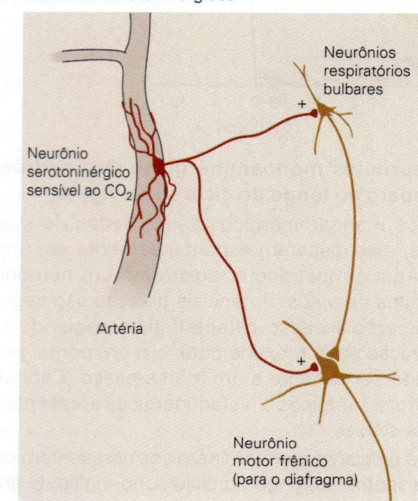

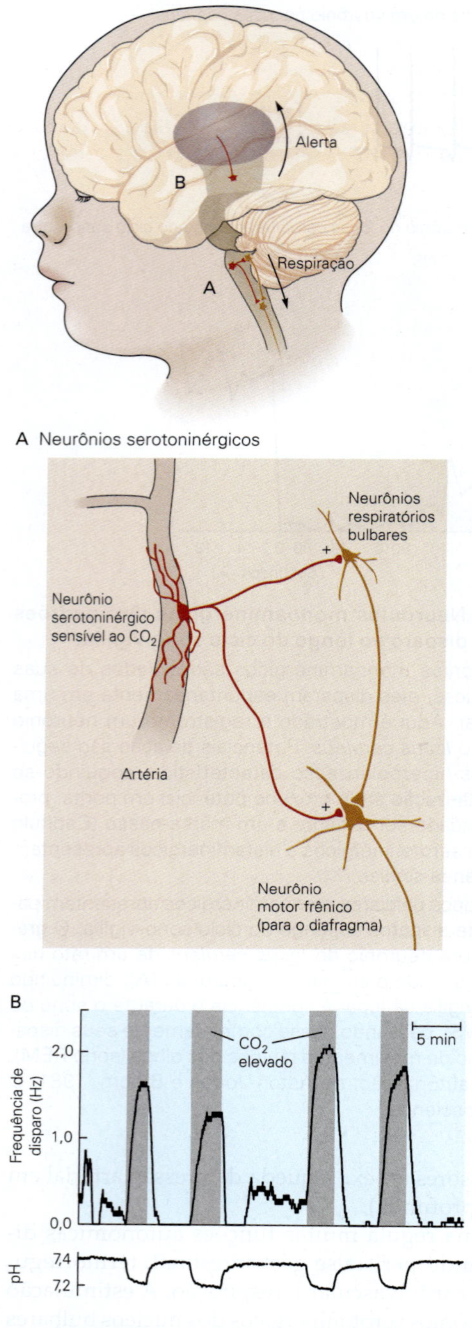

FIGURA 40-13 Os neurônios serotoninérgicos desempenham uma função na resposta ao aumento dos níveis de CO_2, bem como na síndrome da morte súbita do lactente.

A. Os neurônios serotoninérgicos do bulbo são quimiorreceptores respiratórios centrais, e acredita-se que estimulem a respiração em resposta ao aumento na pressão arterial de CO_2 no sangue (pressão parcial de CO_2). Os dendritos desses neurônios envolvem grandes artérias e são estimulados pelo aumento na PCO_2 (ver **Figura 40-9C**). Eles se projetam para neurônios motores bulbares e da medula espinal que controlam a respiração, estimulando sua função.

B. Neurônios serotoninérgicos no mesencéfalo também são sensores da PCO_2. Aqui é mostrado o aumento na frequência de disparos de um neurônio serotoninérgico do núcleo dorsal da rafe em resposta ao aumento na PCO_2 (monitorado pelo decréscimo resultante no pH externo). Esse aumento na frequência de disparos pode sensibilizar vias ativadoras ascendentes do núcleo parabraquial, que também recebe sinais de entrada de outras vias sensoriais capazes de perceber o CO_2. Essa importante resposta impede o sufocamento quando as vias aéreas forem obstruídas durante o sono. (Reproduzida, com autorização, de Richerson, 2004. Copyright © 2004 Springer Nature.)

C. Síndrome da morte súbita do lactente (**SMSL**).

1. *Hipótese do risco triplo para a SMSL*. Bebês apresentam risco de morrer por SMSL quando há a coincidência de três condições. Primeiro, o bebê deve ser vulnerável por conta de uma anormalidade subjacente no tronco encefálico, como uma predisposição genética ou uma agressão do ambiente (p. ex., exposição à fumaça de cigarro). Segundo, o bebê deve estar em um estágio do desenvolvimento (em geral entre 2 e 6 meses de idade) no qual seja difícil mudar de posição para evitar sufocamento. Terceiro, deve haver também um estressor exógeno (p. ex., estar deitado com a face voltada para o travesseiro). (Reproduzida, com autorização, de Filiano e Kinney, 1994. © 1994 S. Karger AG.)

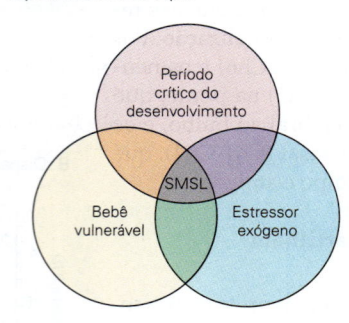

2. *Mecanismo proposto para a SMSL*. A combinação de neurônios serotoninérgicos anormais (p. ex., em resultado da exposição à fumaça de cigarros) e imaturidade pós-natal de neurônios envolvidos no controle respiratório leva à incapacidade de responder efetivamente à obstrução das vias aéreas (p. ex., ao estar deitado com a face para baixo em um berço). O bebê não acorda para mover a cabeça ou respirar mais rapidamente, situações que poderiam corrigir o problema. Como resultado, a oxigenação do sangue diminui gravemente (hipoxia) e o CO_2 sanguíneo aumenta (hipercapnia).

anormalidades na quimiorrecepção ao CO_2, na respiração e no alerta. Um número relativamente alto de neurônios serotoninérgicos são encontrados nos núcleos da rafe de bebês que morrem de SMSL, mas esses neurônios apresentam uma morfologia imatura e essa condição está associada a níveis relativamente baixos de serotonina e baixa densidade de receptores serotoninérgicos.

Um mecanismo neurobiológico plausível para a SMSL é que um defeito no desenvolvimento de neurônios serotoninérgicos leva a uma capacidade reduzida de detectar o aumento na pressão parcial de CO_2 quando o fluxo de ar é obstruído durante o sono, embotando, assim, a resposta protetora normal que inclui aumento da ventilação e despertar (**Figura 40-13C**). Bebês dormindo de bruços poderiam ser incapazes de despertar o suficiente para mudar de posição quando a roupa de cama bloqueasse o fluxo de ar. A campanha "De costas para dormir", que encoraja os pais a colocarem seus bebês para dormir de barriga para cima, reduziu a incidência de SMSL em 50%.

A percepção da dor é modulada por vias monoaminérgicas antinociceptivas

Apesar de a dor ser necessária para um animal minimizar lesões, a dor contínua após uma lesão pode ser mal-adaptativa (p. ex., se não permite uma fuga eficaz de um predador). O sistema monoaminérgico apresenta importantes projeções descendentes para o corno dorsal da medula espinal, as quais modulam a percepção da dor (ver Capítulo 20).

Os sinais noradrenérgicos para a medula espinal originam-se dos grupos celulares A5-A7 na ponte, com o *locus ceruleus* (A6) fornecendo a maior parte desses sinais para o corno dorsal. Da mesma forma, os núcleos serotoninérgicos da rafe no bulbo, particularmente o núcleo magno da rafe, projetam-se para o corno dorsal, onde modulam o processamento de informações sobre estímulos nocivos. A aplicação direta de serotonina nos neurônios do corno dorsal inibe a resposta desses neurônios a estímulos nocivos, e a administração intratecal de serotonina atenua a retirada defensiva da pata evocada por um estímulo nocivo. Adicionalmente, a administração intratecal de antagonistas dos receptores de serotonina bloqueia a inibição da dor evocada pela estimulação dos núcleos da rafe.

O entendimento das funções da serotonina no processamento da dor tem sido aplicado no tratamento da enxaqueca. Em particular, as triptanas, agonistas dos receptores 5-HT_{1D}, têm-se mostrado efetivas terapeuticamente. Um dos possíveis mecanismos de ação da família das triptanas inclui a inibição pré-sináptica das aferências de dor oriundas das meninges, prevenindo a sensibilização dos neurônios centrais. Fármacos que bloqueiam a recaptação de monoaminas, incluindo os antidepressivos tradicionais e os inibidores seletivos da recaptação de serotonina, são eficazes para limitar a dor em pacientes com dor crônica e enxaqueca.

A atividade motora é facilitada por vias monoaminérgicas

O sistema dopaminérgico apresenta uma função crítica para o desempenho motor normal. Uma projeção maciça ascende da parte compacta (*pars compacta*) da substância negra para o estriado, onde fibras dopaminérgicas atuam sobre receptores em neurônios estriatais, liberando a inibição de respostas motoras (Capítulo 38).

Pacientes com doença de Parkinson, nos quais os neurônios dopaminérgicos mesencefálicos degeneraram, apresentam problemas na iniciação e dificuldades na sustentação de movimentos. Esses pacientes falam baixo, escrevem com letras pequenas e dão passos curtos. Por sua vez, fármacos que facilitam a transmissão dopaminérgica no estriado podem resultar em comportamentos não intencionais, que vão de tiques motores (pequenas contrações musculares) a coreia (movimentos amplos e irregulares dos membros) e a comportamentos cognitivos complexos (como compulsão por jogos e atividade sexual).

Como mostrado inicialmente por Sten Grillner, os neurônios serotoninérgicos desempenham uma função importante na modulação de programas motores. Fármacos que ativam receptores serotoninérgicos podem induzir hiperatividade, mioclonia, tremores e rigidez, todos sintomas que fazem parte da "síndrome serotoninérgica". Aumentos dos disparos dos neurônios da rafe têm sido observados em animais durante a execução de atividades motoras repetitivas, como durante a alimentação, a autolimpeza, a locomoção e a respiração profunda. Por sua vez, os disparos de neurônios serotoninérgicos da rafe e noradrenérgicos do *locus ceruleus* praticamente cessam durante a atonia e a falta de movimentos que ocorrem durante o sono com movimentos rápidos dos olhos (REM, do inglês *rapid eye movement*).

Os grupos celulares noradrenérgicos na ponte também enviam projeções maciças para grupos celulares motores. Essa aferência modulatória atua em receptores pré-sinápticos adrenérgicos dos tipos β e $α_1$, facilitando sinais de entrada excitatórios para neurônios motores (Capítulo 31). A soma desses efeitos é facilitar as respostas dos neurônios motores em comportamentos repetitivos e estereotipados, como a mastigação rítmica, a natação ou a locomoção. De forma recíproca, o aumento da ativação β-adrenérgica durante o estresse pode exagerar as respostas motoras e produzir tremores. Fármacos que bloqueiam os receptores β-adrenérgicos são utilizados clinicamente para reduzir certos tipos de tremor, sendo utilizados com frequência por músicos antes das apresentações para minimizar os tremores.

Projeções ascendentes monoaminérgicas modulam sistemas prosencefálicos para a motivação e a recompensa

O prosencéfalo é bombardeado continuamente com informação sensorial e deve determinar quais estímulos merecem maior atenção. Ele também deve decidir quais dos muitos comportamentos disponíveis devem ser priorizados, em parte com base na experiência – quais comportamentos resultaram em desfechos recompensadores no passado. Os sistemas monoaminérgicos ascendentes desempenham papéis-chave na modulação de todas essas escolhas.

Como observado anteriormente, sinais de entrada dopaminérgicos para o estriado ajustam a probabilidade da expressão de um padrão motor específico ou mesmo de um padrão cognitivo. Níveis baixos de dopamina reduzem os sinais oriundos de neurônios estriatais na via direta (que liberam comportamentos) e aumentam a atividade de neurônios estriatais da via indireta (que inibem o comportamento). A dopamina também tem sido relacionada ao aprendizado com base em recompensa. Recompensas são objetos ou eventos pelos quais um animal irá trabalhar (Capítulo 42), sendo úteis como reforçadores positivos de comportamentos. A atividade de neurônios dopaminérgicos aumenta quando uma recompensa (como um alimento ou suco) é dada de maneira inesperada. Contudo, após os animais serem treinados a receber uma recompensa após um estímulo condicionado, a atividade dos neurônios aumentará mais no período imediatamente após o estímulo condicionado do que após a recompensa. Esse padrão de atividade indica que os neurônios dopaminérgicos fornecem um sinal preditivo de recompensa, um importante elemento no aprendizado utilizando reforço. A importância da dopamina no aprendizado também é confirmada pelas observações de que lesões no sistema dopaminérgico impedem o aprendizado com base em recompensa. As mesmas vias dopaminérgicas que são importantes para a recompensa e o aprendizado estão envolvidas na adição a muitas drogas de abuso (Capítulo 43).

Neurônios noradrenérgicos do *locus ceruleus* desempenham uma função importante na atenção. Esses neurônios apresentam um baixo nível de atividade basal em macacos sonolentos. Em macacos alertas e atentos, as células apresentam dois padrões de disparos. No *modo fásico*, a atividade basal desses neurônios é baixa a moderada, mas há rajadas de disparos logo antes de o macaco responder a estímulos aos quais estava atento. Acredita-se que esse padrão de atividade facilite a atenção seletiva a um estímulo logo antes de ser iniciado um comportamento em resposta a esse estímulo. Em contrapartida, no *modo tônico*, o nível basal de atividade é elevado e não muda em resposta a estímulos externos. Esse modo de disparo pode promover busca de uma nova meta de comportamento e atenção quando a tarefa em execução deixa de ser recompensadora (**Figura 40-14**).

Muitos neurônios monoaminérgicos também participam na regulação do alerta geral (**Figura 40-15**). O *locus ceruleus* noradrenérgico, os núcleos serotoninérgicos dorsal e mediano da rafe, os neurônios dopaminérgicos A10 e os neurônios tuberomamilares histaminérgicos inervam o tálamo, o hipotálamo, o prosencéfalo basal e o córtex cerebral. Todos esses sistemas têm a propriedade de disparar mais rapidamente durante a vigília, diminuindo seus disparos durante o sono de ondas lentas (não REM) e reduzindo até uma parada durante o sono REM.

A estimulação de neurônios noradrenérgicos do *locus ceruleus* ou de células histaminérgicas no núcleo tuberomamilar tornam o eletrencefalograma (EEG) mais semelhante ao de alerta, o que indica que esses sistemas exercem uma função importante no alerta cortical e comportamental. Contudo, lesões restritas a um ou mesmo a uma combinação de grupos celulares monoaminérgicos não causam perdas significativas na vigília, sugerindo que vários grupos celulares provavelmente apresentem funções sobrepostas ou ao menos parcialmente redundantes na regulação do sono e da vigília. As vias monoaminérgicas modulam propriedades celulares específicas de neurônios pós-sinápticos talâmicos e corticais, melhorando o estado de alerta e a interação com estímulos ambientais.

FIGURA 40-14 Neurônios do *locus ceruleus* (LC) exibem diferentes padrões de atividade nos diferentes níveis de atenção e desempenho em tarefas. A curva em "U" invertido mostra a relação entre o desempenho de um macaco em uma tarefa de detecção de um alvo e o nível de atividade do LC. Os histogramas mostram a resposta dos neurônios do LC à apresentação do alvo durante diferentes níveis de desempenho na tarefa. O desempenho é pobre quando o nível de atividade do LC é baixo, pois os animais não estão em estado de alerta. O desempenho é ótimo quando a atividade basal é moderada e a ativação fásica segue a apresentação do alvo. O desempenho também é baixo quando a atividade basal é alta, pois ela é incompatível com a focalização na tarefa atribuída. O modo tônico com alta atividade basal pode ser ótimo para tarefas (ou contextos) que requeiram flexibilidade comportamental ao invés de atenção focalizada. Se assim for, o LC poderia regular o equilíbrio entre os comportamentos focalizado e flexível. (Adaptada, com autorização, de Aston-Jones, Rajkowski e Cohen, 1999. Copyright © 1999 Society of Biological Psychiatry. Publicada por Elsevier Inc.)

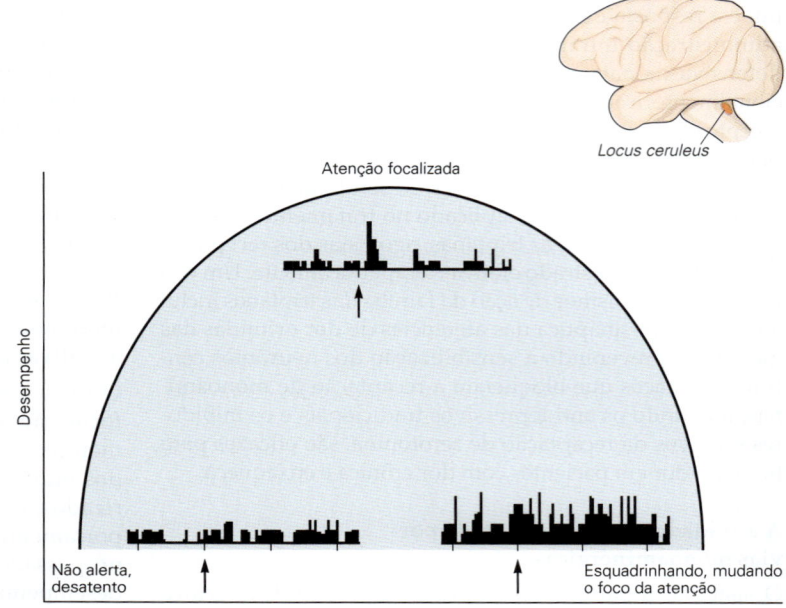

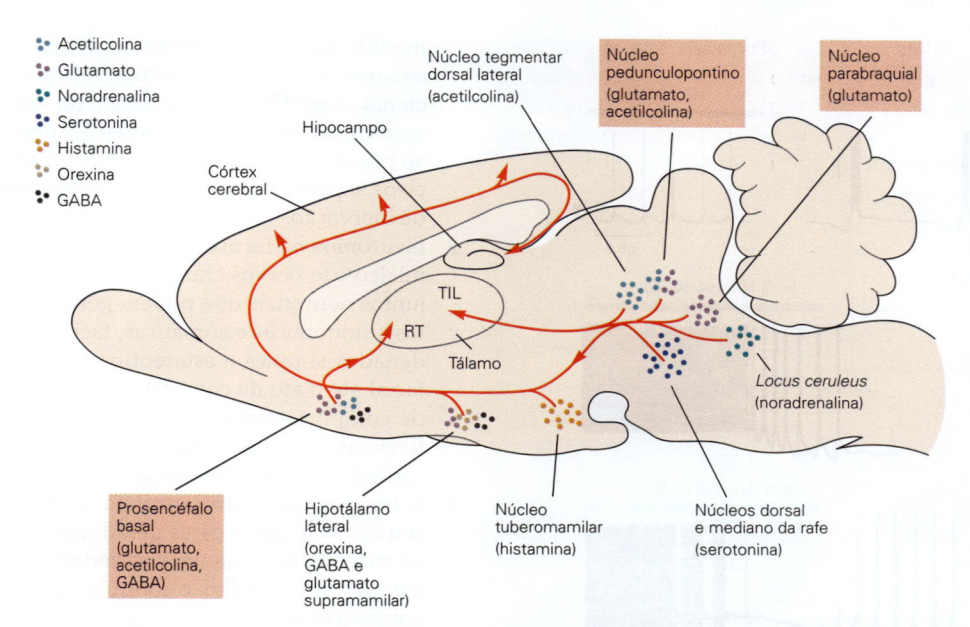

FIGURA 40-15 Principais grupos celulares no sistema ativador ascendente. Neurônios que utilizam os neurotransmissores noradrenalina, serotonina, dopamina, histamina e acetilcolina apresentam projeções amplas ao prosencéfalo. Embora todos eles contribuam para o alerta pela modulação de várias funções encefálicas, a ablação de qualquer desses grupos celulares tem pouco efeito no estado de vigília, sugerindo que nenhum deles é essencial para a manutenção desse estado. Por outro lado, uma extensa lesão de neurônios glutamatérgicos nos núcleos parabraquial e pedunculopontino ou de neurônios GABAérgicos, glutamatérgicos e colinérgicos no prosencéfalo basal (**quadros em salmão**) pode causar um coma profundo e prolongado. Desse modo, a via parabraquial-pedunculopotina-prosencéfalo basal-cortical parece ser a única essencial para a manutenção do estado de vigília. (Siglas: **GABA**, ácido γ-aminobutírico; **TIL**, núcleos talâmicos intralaminares; **LC**, *locus ceruleus*; **RT**, núcleo reticular do tálamo.)

Neurônios monoaminérgicos e colinérgicos mantêm o estado de alerta pela modulação de neurônios do prosencéfalo

Os neurônios monoaminérgicos e colinérgicos induzem o alerta pela ativação de neurônios corticais por vias tanto diretas quanto indiretas. Eles fazem isso, em parte, pela modulação da atividade de neurônios no tronco encefálico, no hipotálamo, no prosencéfalo basal e no tálamo, que, por sua vez, ativam o córtex cerebral.

Tanto neurônios noradrenérgicos quanto serotoninérgicos inervam o complexo parabraquial, um grupo celular glutamatérgico que é crucial para a manutenção de um prosencéfalo em vigília. Sinais de entrada noradrenérgicos também ativam neurônios histaminérgicos e orexinérgicos no hipotálamo lateral, assim como neurônios colinérgicos e GABAérgicos no prosencéfalo basal, todos eles projetando-se diretamente para o córtex cerebral. Os neurônios parabraquiais, histaminérgicos, orexinérgicos e do prosencéfalo basal, todos eles excitam células corticais piramidais, enquanto neurônios GABAérgicos do prosencéfalo basal inibem interneurônios corticais inibitórios, desinibindo, assim, as células piramidais corticais. O efeito líquido desses sinais é tornar os neurônios piramidais corticais mais responsivos a sinais de entrada sensoriais e cognitivos.

Sinais parabraquiais, noradrenérgicos, serotoninérgicos, histaminérgicos e colinérgicos também chegam ao tálamo e modulam sua capacidade de transmitir informação sensorial ao córtex cerebral. Neurônios talâmicos de retransmissão disparam em salvas rítmicas durante o sono (Capítulo 44), mas, na vigília, disparam em espigas únicas relacionadas à chegada de estímulos sensoriais. O padrão de disparo dos neurônios talâmicos e corticais muda do modo em salvas para o modo de potenciais em ponta isolados quando as células são despolarizadas após a aplicação de acetilcolina, noradrenalina, serotonina ou histamina (**Figura 40-16**). Sendo assim, os neurônios monoaminérgicos que participam do sistema de ativação ascendente regulam a atividade cortical, em parte, por alterarem os disparos dos neurônios talâmicos.

Muitos fármacos que têm como alvo os sistemas monoaminérgicos e colinérgico influenciam o estado de alerta. Por exemplo, anti-histamínicos causam sonolência, bloqueadores da recaptação de serotonina diminuem o tempo de sono REM, e a nicotina é um potente psicoestimulante. Além disso, o alerta é induzido por anfetaminas, cocaína e outras drogas que bloqueiam a recaptação de dopamina, e camundongos que não expressam transportadores de dopamina são insensíveis a essas drogas.

Pacientes com doença de Parkinson, que apresentam perda de neurônios dopaminérgicos da substância negra, também apresentam perda de neurônios noradrenérgicos do *locus ceruleus* e tendem a ser anormalmente sonolentos durante o dia. Alguns fármacos usados para tratar a doença de Parkinson ativam os receptores dopaminérgicos D_2 presentes nos terminais pré-sinápticos dos neurônios dopaminérgicos remanescentes, o que resulta em inibição pré-sináptica e diminuição da liberação de dopamina.

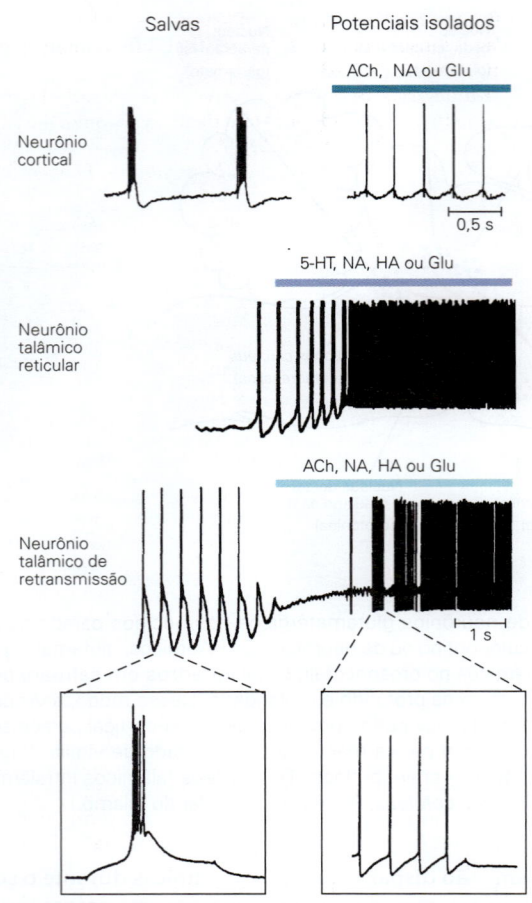

FIGURA 40-16 Os sistemas monoaminérgicos e colinérgico modulam a atividade de neurônios talâmicos e corticais na manutenção do estado de alerta. A ação da acetilcolina e das monoaminas converte o padrão de disparo dos neurônios corticais e talâmicos do modo de salvas de disparos para o modo de disparos em ponta isolados. Os registros são de neurônios em fatias encefálicas. Neurônios talâmicos e corticais possuem limitada capacidade de transmitir informação quando disparando em salvas rítmicas. Contudo, quando no modo de potenciais em ponta isolados, seus disparos refletem os sinais de entrada que recebem. Assim, os sistemas de alerta monoaminérgicos e colinérgico mantêm abertas as linhas de comunicação necessárias para o processamento cortical da informação. (Siglas: **5-HT**, serotonina; **Glu**, glutamato; **HA**, histamina; **NA**, noradrenalina.) (Reproduzida, com autorização, de Steriade, McCormick e Sejnowski, 1993. Copyright © 1993 AAAS.)

Como resultado, apesar de esses fármacos melhorarem os distúrbios do movimento (por meio de seus efeitos sobre os receptores D_2 pós-sinápticos no estriado), o efeito inibitório sobre os neurônios dopaminérgicos remanescentes presentes no sistema de ativação ascendente pode exacerbar a sonolência diurna.

Destaques

1. O plano do tronco encefálico e dos nervos cranianos manifesta-se logo no início do desenvolvimento, à medida que os neurônios vão se reunindo em grupos, os quais, a seu tempo, assumem sua organização funcional. A partir do plano básico da medula espinal, os neurônios sensoriais e motores ligados à face, à cabeça, ao pescoço e às vísceras internas organizam-se em núcleos separados, com funções e territórios específicos de inervação.

2. Neurônios na formação reticular que circundam esses núcleos de nervos cranianos se desenvolvem em conjuntos neuronais que podem gerar padrões de respostas autonômicas e somáticas, facilitando funções coordenadas simples e estereotipadas, desde a expressão facial até o ato de comer e a respiração. Esses padrões de comportamento são suficientemente complexos e flexíveis para dar conta de todo o repertório comportamental de um recém-nascido.

3. À medida que o prosencéfalo se desenvolve e exerce seu controle sobre esses geradores de padrão do tronco encefálico, surge uma variedade de respostas mais complexas e, por fim, o controle volicional do comportamento evolui.

4. Até mesmo um grande ator, porém, considera difícil produzir as expressões faciais associadas a emoções específicas, a não ser recriando internamente os estados emocionais e acionando, assim, as expressões faciais pré-padronizadas, associadas àqueles estados afetivos. Portanto, alguns dos comportamentos e emoções humanos mais complexos são desencadeados inconscientemente por meio de padrões estereotipados de respostas autonômicas e motoras no tronco encefálico.

5. O tronco encefálico também contém uma série de grupos celulares que apresentam projeções difusas e de longo alcance. Seus alvos vão dos sistemas cognitivos e comportamentais no córtex cerebral a áreas de controle autonômico no hipotálamo e no tronco encefálico e a sistemas de controle sensoriais e motores na medula espinal. Muitos dos neurônios que participam desses sistemas modulatórios, que ajustam o tom para desfechos sensoriais, motores, comportamentais e autonômicos mais complexos, utilizam monoaminas como neuromoduladores.

6. Como resultado da alta difusibilidade dessas vias modulatórias e da multiplicidade de receptores que empregam, uma grande parte de todos os fármacos que atuam no sistema nervoso central agem sobre essas vias. Infelizmente, muitos dos efeitos colaterais dessas substâncias devem-se à difusibilidade dessas vias e seu emprego dos mesmos neurotransmissores e receptores em múltiplas localizações. Um desafio para o futuro da farmacologia do sistema nervoso central será o desenvolvimento de fármacos mais altamente seletivos para as funções de interesse que requeiram modulação.

Clifford B. Saper
Joel K. Elmquist

Leituras selecionadas

Feldman JL, Del Negro CA, Gray PA. 2013. Understanding the rhythm of breathing: so near and yet so far. Ann Rev Physiol 75:423–452.

Gautron L, Elmquist JK, Williams KW. 2015. Neural control of energy balance: translating circuits to therapies. Cell 161:133–145.

Guyenet PG, Bayliss DA. 2015. Control of breathing and CO_2 homeostasis. Neuron 87:94–961.

Hodges MR, Richerson GB. 2010. Medullary serotonin neurons and their roles in central respiratory chemoreception. Respir Physiol Neurobiol 173:256–263.

Llorca-Torralba M, Borges G, Neto F, Mico JA, Berrocoso E. 2016. Noradrenergic locus coeruleus pathways in pain modulation. Neuroscience 338:93–113.

Plum F, Posner JB, Saper CB, Schiff ND. 2007. *Plum and Posner's Diagnosis of Stupor and Coma*, 4th ed. Philadelphia: Davis.

Saper CB. 2002. The central autonomic nervous system: conscious visceral perception and autonomic pattern generation. Annu Rev Neurosci 25:433–469.

Saper CB, Stornetta RL. 2014. Central autonomic system. In: G Paxinos (ed). *The Rat Nervous System*, 4th ed., pp. 627–671. San Diego: Elsevier.

Schultz W. 2016. Dopamine reward prediction-error signalling: a two-component response. Nat Rev Neurosci 17:183–195.

Sohn JW, Elmquist JK, Williams KW. 2013. Neuronal circuits that regulate feeding behaviour and metabolism. Trends Neurosci 36:504–512.

Referências

Aston-Jones G, Cohen JD. 2005. An integrative theory of locus coeruleus-norepinephrine function: adaptive gain and optimal performance. Annu Rev Neurosci 28:403–450.

Aston-Jones G, Rajkowski J, Cohen J. 1999. Role of locus coeruleus in attention and behavioral flexibility. Biol Psychiatry 46:1309–1320.

Aston-Jones G, Bloom FE. 1981. Activity of norepinephrine-containing locus ceruleus neurons in behaving rats anticipates fluctuations in the sleep-wake cycle. J Neurosci 1:876–886.

Bieger D, Hopkins DA. 1987. Viscerotropic representation of the upper alimentary tract in the medulla oblongata in the rat: the nucleus ambiguus. J Comp Neurol 262:546–562.

Blessing WW, Li Y-W. 1989. Inhibitory vasomotor neurons in the caudal ventrolateral region of the medulla oblongata. Prog Brain Res 81:83–97.

Bouret S, Richmond BJ. 2015. Sensitivity of locus coeruleus neurons to reward value for goal-directed attention. J Neurosci 35:4005–4014.

Bradley SR, Pieribone VA, Wang W, Severson CA, Jacobs RA, Richerson GB. 2002. Chemosensitive serotonergic neurons are closely associated with large medullary arteries. Nat Neurosci 5:401–402.

Bruinstroop E, Cano G, Vanderhorst VG, et al. 2012. Spinal projections of the A5, A6 (locus coeruleus), and A7 noradrenergic cell groups in rats. J Comp Neurol 520:1985–2001.

Chang RB, Strochlic DE, Williams EK, Umans BD, Liberles SD. 2015. Vagal sensory neuron subtypes that differentially control breathing. Cell 161:622–633.

Filiano JJ, Kinney HC. 1994. A perspective on neuropathologic findings in victims of the sudden infant death syndrome: the triple-risk model. Biol Neonate 65:194–197.

Gray PA, Janczewski WA, Mellen N, McCrimmon DR, Feldman JL. 2001. Normal breathing requires pre-Bötzinger complex neurokinin-1 receptor-expressing neurons. Nat Neurosci 4:927–930.

Grunstein RR, Sullivan CE. 1990. Neural control of respiration during sleep. In: MJ Thorpy (ed). *Handbook of Sleep Disorders*. New York: Marcel Dekker.

Jenny AB, Saper CB. 1987. Organization of the facial nucleus and cortico-facial projection in the monkey: a reconsideration of the upper motor neuron facial palsy. Neurol 37:930–939.

Lahiri S, Maret K, Sherpa M, Peters R Jr. 1984. Sleep and periodic breathing at high altitude: Sherpa natives vs. sojourners. In: J West, S lahiri (eds). *High Altitude and Man*, pp. 73–90. Bethesda: American Physiological Society.

Morecraft RJ, Louie JL, Herrick JL, Stilwell-Morecraft KS. 2001. Cortical innervation of the facial nucleus in the non-human primate: a new interpretation of the effects of stroke and related subtotal brain trauma on the muscles of facial expression. Brain 124(Pt 1):176–208.

Mulkey DK, Stornetta RL, Weston MC, et al. 2004. Respiratory control by ventral surface chemoreceptor neurons in rats. Nat Neurosci 7:1360–1369.

Nielson M, Smith H. 1952. Studies on the regulation of respiration in acute hypoxia; with an appendix on respiratory control during prolonged hypoxia. Acta Physiol Scan 24:293–313.

Richerson GB. 2004. Serotonergic neurons as carbon dioxide sensors that maintain pH homeostasis. Nat Rev Neurosci 5:449–461.

Richerson GB, Getting PA. 1987. Maintenance of complex neural function during perfusion of the mammalian brain. Brain Res 409:128–132.

Rinaman L, Card JP, Schwaber JS, Miselis RR. 1989. Ultrastructural demonstration of a gastric monosynaptic vagal circuit in the nucleus of the solitary tract in rat. J Neurosci 9:1985–1996.

Smith JC, Ellenberger HH, Ballanyi K, Richter DW, Feldman JL. 1991. Pre-Bötzinger complex: a brain stem region that may generate respiratory rhythm in mammals. Science 254:726–729.

Steriade M, McCormick DA, Sejnowski TJ. 1993. Thalamocortical oscillations in the sleeping and aroused brain. Science 262:679–685.

Wang W, Bradley SR, Richerson GB. 2002. Quantification of the response of rat medullary raphe neurons to independent change in pH and PCO_2. J Physiol 540:951–970.

Williams EK, Chang RB, Strochlic DE, Umans BE, Lowell BB, Liberles SD. 2016. Sensory neurons that detect stretch and nutrients in the digestive system. Cell 166:209–221.

41

Hipotálamo: controle autonômico, hormonal e comportamental da sobrevivência

A homeostase mantém parâmetros fisiológicos dentro de limites estreitos e é essencial para a sobrevivência

O hipotálamo coordena a regulação homeostática

    O hipotálamo é geralmente dividido em três regiões rostrocaudais

    Neurônios hipotalâmicos modalidade-específicos ligam a retroalimentação sensorial interoceptiva com eferências que controlam comportamentos adaptativos e respostas fisiológicas

    Neurônios hipotalâmicos modalidade-específicos também recebem aferências descendentes proativas referentes a desafios homeostáticos antecipados

O sistema autônomo liga o encéfalo a respostas fisiológicas

    Neurônios motores viscerais no sistema autônomo estão organizados em gânglios

    Neurônios pré-ganglionares estão localizados em três regiões ao longo do tronco encefálico e da medula espinal

    Gânglios simpáticos projetam-se para diversos alvos em todo o corpo

    Gânglios parassimpáticos inervam órgãos de forma específica

    Os gânglios entéricos regulam o trato gastrintestinal

    Acetilcolina e noradrenalina são os principais transmissores dos neurônios motores autonômicos

    As respostas autonômicas envolvem cooperação entre as divisões autonômicas

A informação sensorial visceral é retransmitida para o tronco encefálico e para estruturas encefálicas superiores

O controle central da função autonômica pode envolver a substância cinzenta periaquedutal, o córtex pré-frontal medial e a amígdala

O sistema neuroendócrino liga o encéfalo a respostas fisiológicas por meio da liberação de hormônios

    Terminais de axônios hipotalâmicos na hipófise posterior liberam ocitocina e vasopressina diretamente no sangue

    Células endócrinas na hipófise anterior secretam hormônios em resposta a fatores específicos liberados por neurônios hipotalâmicos

Sistemas hipotalâmicos dedicados controlam parâmetros homeostáticos específicos

    A temperatura corporal é controlada por neurônios no núcleo pré-óptico mediano

    O balanço hídrico e a sede a ele relacionada são controlados por neurônios no órgão vascular da lâmina terminal, no núcleo pré-óptico mediano e no órgão subfornicial

    O equilíbrio energético e a fome relacionada são controlados por neurônios no núcleo arqueado

Regiões sexualmente dimórficas no hipotálamo controlam comportamentos relacionados a sexo, agressividade e funções parentais

    O comportamento sexual e a agressividade são controlados pela área pré-óptica hipotalâmica e por uma subárea do núcleo ventromedial do hipotálamo

    O comportamento parental é controlado pela área pré-óptica hipotalâmica

Destaques

A SOBREVIVÊNCIA DE UM INDIVÍDUO requer o controle rígido da temperatura corporal, do equilíbrio hídrico e da pressão sanguínea, juntamente com ingestão de alimento suficiente e regulação adequada dos ciclos sono-vigília. A sobrevivência de uma espécie requer que os indivíduos sejam férteis, acasalem e nutram seus filhotes, e que a agressividade dirigida a outros indivíduos seja apropriada e adaptativa. Os neurônios no hipotálamo controlam todas essas atividades primordiais para a sobrevivência.

Como será visto adiante neste capítulo, o hipotálamo, juntamente com áreas do encéfalo a ele interconectadas, responde a desafios emocionais e somáticos recrutando respostas comportamentais e fisiológicas apropriadas. A coordenação dessas atividades assegura um ambiente interno constante em um processo conhecido como homeostase. O hipotálamo atua sobre três sistemas principais: o sistema motor autônomo, o sistema neuroendócrino e as vias neurais que medeiam o comportamento motivado.

O sistema nervoso autônomo é distinto do sistema motor somático, o qual controla a musculatura esquelética. Enquanto alguns neurônios motores somáticos regulam contrações dos músculos estriados (Capítulo 31), neurônios motores autonômicos regulam os vasos sanguíneos, o coração, a pele e os órgãos viscerais por meio de sinapses estabelecidas sobre células musculares lisas e cardíacas, células glandulares endócrinas e exócrinas e alvos metabólicos, como os adipócitos. O sistema neuroendócrino atua de modo diferente, secretando diversos hormônios peptídicos a partir da hipófise, a "glândula-mestra", localizada logo abaixo do hipotálamo. Esses hormônios hipofisários controlam a retenção de água pelo rim, o parto, a lactação, o crescimento somático, o desenvolvimento de gametas e a liberação de hormônios não peptídicos a partir de três glândulas a jusante – as gônadas, o córtex adrenal e a tireoide.

As respostas autonômicas e neuroendócrinas, embora basicamente involuntárias, estão firmemente integradas com o comportamento voluntário executado pelo sistema motor somático. Correr, escalar e levantar pesos são exemplos de ações voluntárias que têm consequências metabólicas, cardiovasculares e termorregulatórias. Essas necessidades são atendidas automaticamente pelos sistemas autônomo e neuroendócrino, por meio de mudanças na função cardiorrespiratória, no débito cardíaco, no fluxo sanguíneo regional, na dissipação de calor e na mobilização de combustíveis. Tais mudanças compensatórias são implementadas principalmente por comandos centrais proativos, suplementados por reflexos ativados por retroalimentação sensorial. De modo semelhante, estados emocionais evocam respostas autonômicas e neuroendócrinas. Sentimentos de medo, raiva, felicidade e tristeza têm manifestações autonômicas e hormonais características.

Neste capítulo, inicialmente é considerado o conceito de homeostase e os meios gerais pelos quais ela é obtida. É, então, discutida a organização anatômica e funcional do hipotálamo e seus dois braços motores "involuntários" – os sistemas autônomo e neuroendócrino. A seguir, são analisados em maior profundidade três exemplos clássicos do controle homeostático hipotalâmico – a regulação da temperatura corporal, do equilíbrio hídrico e a avidez relacionada à sua deficiência, a sede, e do equilíbrio de energia e sua motivação, a fome. Por fim, serão examinadas regiões sexualmente dimórficas do hipotálamo e seus papéis na regulação do comportamento sexual, da agressividade e do comportamento parental. Uma discussão adicional acerca dos ciclos de sono e da regulação dos ritmos circadianos pode ser encontrada no Capítulo 44.

A homeostase mantém parâmetros fisiológicos dentro de limites estreitos e é essencial para a sobrevivência

Em meados do século XIX, o fisiólogo francês Claude Bernard, fundador da medicina experimental, chamou a atenção para a estabilidade do ambiente interno do organismo ao longo de uma grande variedade de estados comportamentais e condições externas. "O meio interno (*le milieu intérieur*)", ele escreveu, "é uma condição necessária para uma vida livre". Com base nessa ideia, na década de 1930, o fisiólogo norte-americano Walter B. Cannon introduziu o conceito de homeostase para descrever os mecanismos que mantêm a constância da composição dos fluidos corporais, temperatura corporal e pressão sanguínea, entre outras variáveis fisiológicas – todas necessárias para a sobrevivência.

Mecanismos homeostáticos são altamente adaptativos, pois ampliam consideravelmente a amplitude das condições que podem ser toleradas. Por exemplo, durante o exercício, muitos parâmetros biológicos podem aumentar drasticamente – o débito cardíaco em 4 a 5 vezes, o consumo de oxigênio e de combustíveis em 5 a 10 vezes e a produção de calor em um grau semelhante. Na ausência de respostas compensatórias, a pressão sanguínea aumentaria em proporção ao aumento no débito cardíaco, rompendo vasos sanguíneos; níveis de moléculas combustíveis circulantes cairiam a níveis críticos, privando as células de energia; e a hipertermia desnaturaria as proteínas celulares. A capacidade de homeostase é, de fato, notável, tornando possível a sobrevivência dos animais em altas latitudes, onde a temperatura pode variar com as estações em 70°C, e ainda tornando possível aos humanos correr 251 km nas areias extremamente quentes do Deserto do Sahara (*Marathon des Sables*). Mecanismos homeostáticos aumentam enormemente o espectro de hábitats, atividades e traumas aos quais se pode sobreviver.

A homeostase requer retroalimentação sensorial somática negativa. O conceito das alças de retroalimentação evoluiu a partir da descoberta de sensores que detectam variáveis fisiológicas críticas e as acoplam a respostas motoras comportamentais, autonômicas e neuroendócrinas. Com base no princípio da engenharia do controle por retroalimentação negativa, isso levou ao conceito de que "pontos fixos" fisiológicos ajudam a controlar parâmetros-chave, como temperatura corporal, osmolaridade sanguínea, pressão sanguínea e conteúdo de gordura corporal.

Modelos de pontos fixos são atraentes, pois termostatos são muito eficientes na manutenção da temperatura de ambientes internos em determinados valores pré-selecionados e, por analogia, variáveis fisiológicas como a temperatura corporal são, do mesmo modo, firmemente controladas. Em tais modelos, um "ponto fixo" existe para determinado parâmetro, 37°C no caso da temperatura corporal, e, a cada dado momento, o nível real do parâmetro é avaliado e comparado com o ponto fixo desejado por meio de retroalimentação e detecção de erro (**Figura 41-1A**). Qualquer desvio para cima ou para baixo dispara respostas contrarregulatórias corretivas – se está muito quente, vasodilatação cutânea, sudorese e um mergulho na piscina; se muito frio, vasoconstrição, termogênese, tremor e vestir um suéter. Para a regulação da temperatura corporal, o ponto fixo e a detecção de erro foram considerados historicamente como propriedades emergentes dos neurônios na área pré-óptica (POA) do hipotálamo.

Com o tempo, o modelo do ponto fixo necessitou de revisão, pois intensas investigações não encontraram qualquer base molecular ou neuronal para a codificação desses pontos e a realização da detecção de erro. Ademais, uma regulação "como a do ponto fixo" pode, em princípio, ser alcançada sem um ponto fixo, retroalimentação ou detecção de erro – o modelo do assim chamado "ponto de ajuste" (**Figura 41-1B**). Considere o nível variável de água em um lago. Quando as chuvas são excessivas, o nível aumenta; o fluxo dos rios que drenam o lago aumenta. A recíproca é verdadeira na situação em que o nível de chuvas é baixo. A variação do fluxo dos rios que drenam o lago mantém, assim, seu nível próximo a um ponto de ajuste sem a necessidade de um ponto fixo idealizado, de retroalimentação ou detecção de erro. Se, por um lado, aspectos do modelo do ponto de ajuste são atraentes, por outro, o modelo também é incompleto, pois processos homeostáticos claramente recebem importante retroalimentação com relação a perturbações, e essa retroalimentação produz respostas vitais que aceleram a recuperação. Como veremos, temperatura, osmolaridade e gordura corporal são, direta ou indiretamente, "percebidas", e afetam a atividade de neurônios no hipotálamo, que gera respostas compensatórias.

A maior parte dos fisiólogos tem adotado um modelo de "ponto de ajuste distribuído", que incorpora forte controle por retroalimentação de múltiplas alças sensoriais/efetoras (**Figura 41-1C**). Com relação à temperatura corporal, por exemplo, não há um ponto fixo específico único ou uma localização no encéfalo onde um único ponto fixo seja codificado e ocorra a detecção de erro; em suma, não há um termostato. O que existe são múltiplos detectores de temperatura localizados em diferentes sítios (na pele, no interior do organismo e no encéfalo), cada um deles acoplado por vias neuronais que atravessam a área pré-óptica em seu caminho a distintos efetores para a temperatura corporal (vasos sanguíneos cutâneos, glândulas sudoríparas, metabolismo da gordura marrom, tremor e vias comportamentais). Quando acionado, cada um desses efetores causa impacto sobre a temperatura corporal. O ponto fixo aparente para a temperatura corporal é na realidade o ponto de ajuste que emerge das atividades combinadas de múltiplas alças de retroalimentação aferentes/eferentes. Como veremos adiante, esse modelo sutil também se aplica à regulação da pressão sanguínea, à osmolaridade sanguínea e à gordura corporal.

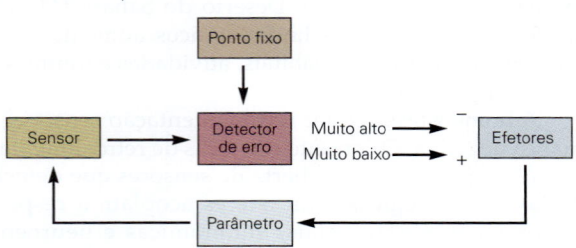

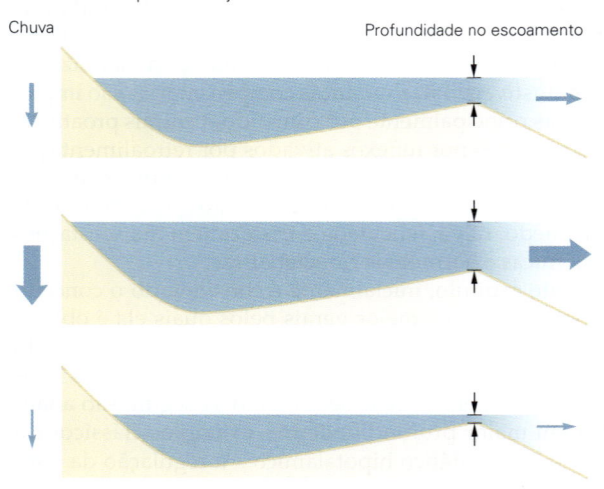

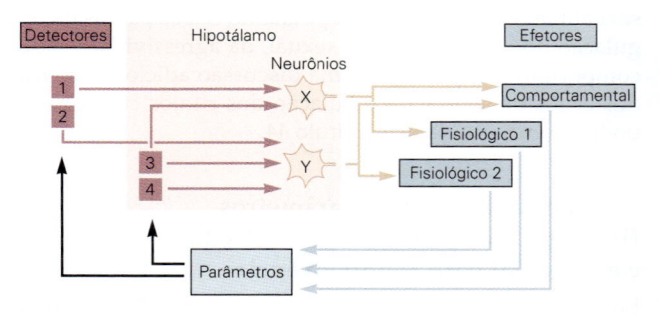

FIGURA 41-1 Pontos fixos, pontos de ajuste e homeostase.
A. A visão de um ponto fixo foi inspirada por princípios da engenharia. Como no caso de um termostato, a constância é obtida fornecendo retroalimentação para os níveis existentes de certo parâmetro, determinando como ele se compara a um ponto fixo ideal, e então acionando medidas de correção para o retorno do parâmetro ao ponto fixo. Embora tenha sido popular por muitos anos, essa visão ficou desacreditada na medida em que anos de pesquisa não conseguiram descobrir bases moleculares e neurais para a codificação de pontos fixos e para a detecção de erros.
B. O modelo do ponto de ajuste foi inspirado por observações de que muitos sistemas alcançam constância na ausência de qualquer sinal de retroalimentação ou de detecção de erro. Nesse exemplo, o fluxo de água para fora de um lago é proporcional à profundidade do lago. De acordo com as chuvas, o aumento ou a diminuição no nível do lago determina que mais ou menos água flua para fora do lago. O nível do lago permanece relativamente constante, sem um ponto fixo ou um detector de erro. Um exemplo relacionado é a regulação da massa corporal. O aumento da ingestão de alimento tende a aumentar a massa corporal. À medida que ela aumenta, o custo energético de carregar e sustentar essa massa também aumenta. Em função disso, a massa corporal deve ter seu ponto de ajuste. (Reproduzida, com autorização, de Speakman et al., 2011.)
C. Neste modelo, os conceitos de retroalimentação na parte **A** e de ajuste na **B** estão combinados. O ponto fixo aparente é na verdade um ponto de ajuste, uma propriedade emergente de múltiplas alças aferentes/eferentes com informação por retroalimentação.

O hipotálamo coordena a regulação homeostática

O hipotálamo integra o estado dos parâmetros fisiológicos com eferentes para sistemas motores comportamentais, autonômicos e neuroendócrinos, regulando, assim, seis funções fisiológicas vitais (Tabela 41-1). O hipotálamo situa-se na base do encéfalo, logo acima da glândula hipófise (Figura 41-2). Limita-se anteriormente (rostralmente) pela banda diagonal de Broca; dorsalmente pela comissura anterior, pelo núcleo leito da estria terminal, pela zona incerta e pelo tálamo; e posteriormente (caudalmente) pela área tegmentar ventral e pelo núcleo interpeduncular.

O hipotálamo é geralmente dividido em três regiões rostrocaudais

As regiões do hipotálamo são designadas de acordo com sua localização e com sua aparência em secções usando coloração de Nissl. O hipotálamo é dividido, de rostral para caudal, em três regiões. (1) O *hipotálamo pré-óptico* situa-se acima do quiasma óptico e contém neurônios que controlam o equilíbrio hídrico e a sede, a temperatura, o sono, o comportamento sexual e os ritmos circadianos. (2) O *hipotálamo tuberal* situa-se acima da hipófise e contém neurônios que controlam a secreção de hormônios hipofisários, eferências autonômicas e vários comportamentos, incluindo fome, comportamento sexual e agressividade. (3) O *hipotálamo posterior* inclui os núcleos posterior e mamilares, assim como neurônios histaminérgicos no núcleo tuberomamilar que afetam o estado de alerta. As funções de outros neurônios em áreas do hipotálamo posterior são menos bem definidas.

A *área hipotalâmica lateral* (AHL) abrange porções médias a caudais do hipotálamo. Ela é mais proximamente relacionada a vias de recompensa e ao alerta do que à manutenção da homeostase e de comportamentos específicos de sobrevivência. De fato, essa área está intensamente conectada ao *nucleus accumbens* e à área tegmentar ventral, duas áreas envolvidas na recompensa (Capítulo 43), e contém neurônios que projetam substancialmente a todo o córtex. Por fim, neurônios na AHL expressando o neuropeptídeo orexina (hipocretina) desempenham um papel crítico na estabilização da vigília (Capítulo 44).

Neurônios hipotalâmicos modalidade-específicos ligam a retroalimentação sensorial interoceptiva com eferências que controlam comportamentos adaptativos e respostas fisiológicas

Os princípios gerais da função hipotalâmica emergiram ao longo de diversas décadas. Neurônios na periferia e no encéfalo respondem quando parâmetros sob controle homeostático são perturbados. Tais neurônios podem responder diretamente ao estímulo, ou indiretamente a mudanças em hormônios e outros fatores que monitoram o parâmetro regulado. Essa informação sensorial é então retransmitida a neurônios regulatórios apropriados para a função em questão em determinado sítio (ou sítios) dentro do hipotálamo. Uma vez que a informação seja integrada pelos neurônios hipotalâmicos, os resultados são transmitidos a circuitos motores a jusante, que controlam comportamentos e respostas fisiológicas específicos. O resultado é uma resposta compensadora coordenada (p. ex., buscar calor mais produção e retenção de calor; sede mais retenção de água pelo rim; ou fome mais redução do gasto energético).

Nossa compreensão das funções dos neurônios hipotalâmicos foi recentemente refinada com a utilização de técnicas optogenéticas e quimiogenéticas em animais ativos. Pela ativação seletiva de subconjuntos de neurônios hipotalâmicos, pode-se evocar respostas fisiológicas e comportamentos específicos, mesmo quando a necessidade estiver completamente ausente. Neurônios regulatórios-chave para a temperatura corporal estão localizados no núcleo pré-óptico mediano (POMn). O equilíbrio hídrico é regulado por neurônios em três sítios – o POMn, o órgão vascular da lâmina terminal (OVLT), o órgão subfornicial (SFO) – e o equilíbrio energético por neurônios no núcleo arqueado (Figura 41-2A).

Neurônios hipotalâmicos modalidade-específicos também recebem aferências descendentes proativas referentes a desafios homeostáticos antecipados

Além de receberem aferências de sinais sensoriais que fornecem importante retroalimentação com relação ao estado do organismo, neurônios regulatórios-chave no hipotálamo recebem aferências descendentes proativas a partir de neurônios que antecipam futuros desafios homeostáticos. Por exemplo, quando animais privados de alimento detectam

---

TABELA 41-1 O hipotálamo integra respostas comportamentais (motoras somáticas), autonômicas e neuroendócrinas envolvidas em seis funções vitais

1. *Pressão sanguínea e composição eletrolítica.* O hipotálamo regula a sede, o apetite por sal e a ingestão hídrica, o controle autonômico do tônus vasomotor e a liberação de hormônios, como a vasopressina (via núcleo paraventricular).
2. *Metabolismo energético.* O hipotálamo regula a fome e o comportamento alimentar, o controle autonômico da digestão e a liberação de hormônios, como glicocorticoides, hormônio do crescimento e o hormônio estimulador da tireoide (via núcleos arqueado e paraventricular).
3. *Comportamentos reprodutivos (sexual e parental).* O hipotálamo controla a modulação autonômica dos órgãos reprodutivos e a regulação endócrina das gônadas (via núcleos pré-óptico medial, ventromedial e pré-mamilar ventral).
4. *Temperatura corporal.* O hipotálamo influencia o comportamento termorregulatório (busca por ambiente mais quente ou mais frio), controla os mecanismos autonômicos de conservação ou perda de calor do corpo e controla a secreção de hormônios que influenciam a taxa metabólica (via região pré-óptica).
5. *Comportamentos defensivos.* O hipotálamo regula a resposta ao estresse e a resposta de "luta ou fuga" frente a ameaças ambientais, como predadores (via núcleos paraventricular, anterior hipotalâmico e pré-mamilar dorsal e área hipotalâmica lateral).
6. *Ciclo sono-vigília.* O hipotálamo regula o ciclo sono-vigília (via um relógio circadiano no núcleo supraquiasmático) e os níveis de alerta na vigília (via área hipotalâmica lateral e núcleo tuberomamilar).

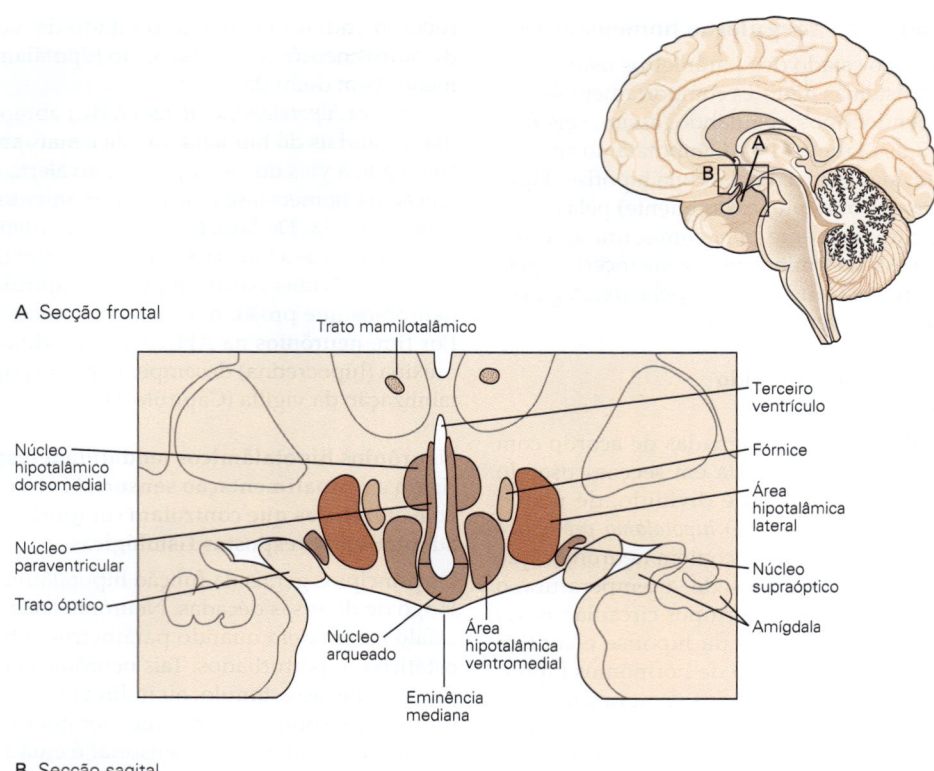

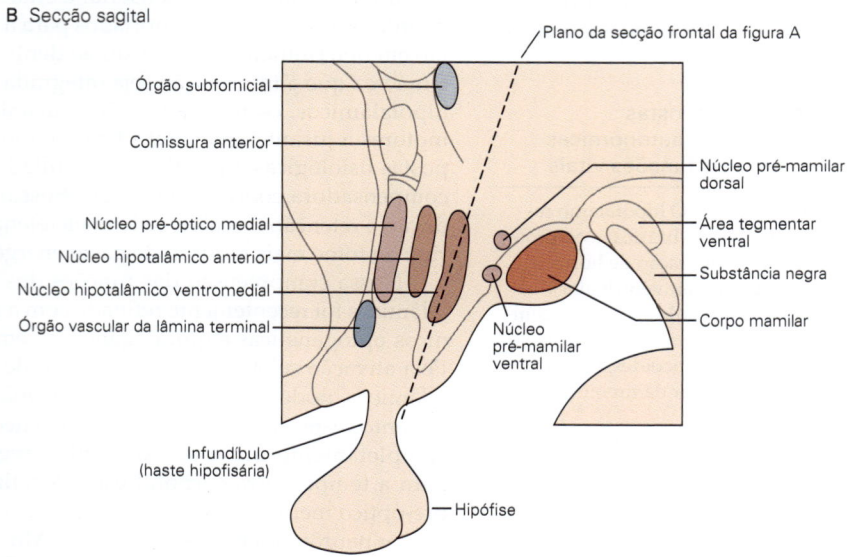

FIGURA 41-2 Estrutura do hipotálamo.
A. Visão frontal do hipotálamo (secção no plano A mostrada na visão sagital do encéfalo, no canto superior direito). O terceiro ventrículo está na linha média; os núcleos paraventricular, dorsomedial e arqueado são adjacentes ao ventrículo e formam a zona motora neuroendócrina e região periventricular desse nível de secção. O núcleo ventromedial é parte da coluna medial dos núcleos hipotalâmicos, e a área hipotalâmica lateral é o componente lateral, representado na parte do hipotálamo mostrada aqui. B. Visão sagital (rostrocaudal) da coluna medial dos núcleos hipotalâmicos, mostrando a área tegmentar ventral e a substância negra adjacentes (caudais) no mesencéfalo. A função dos núcleos-chave hipotalâmicos está resumida na **Tabela 41-1**.

dicas que predizem disponibilidade de alimento, há uma rápida queda nos disparos de neurônios que promovem a fome no núcleo arqueado, mesmo antes de o alimento ser ingerido. Tal controle descendente proativo prepara o organismo para desafios homeostáticos antecipados. Ademais, essa rápida regulação, por se contrapor a um estado aversivo representado pela alta atividade de neurônios estimulados por situações de carência, pode ser importante para comportamentos motivacionais baseados em carências, como sede e fome (discutidos adiante).

A seguir, serão examinados dois braços efetores do hipotálamo – o sistema motor autônomo e o sistema neuroendócrino.

O sistema autônomo liga o encéfalo a respostas fisiológicas

Embora o sistema motor autônomo implemente muitas das respostas fisiológicas iniciadas pelo hipotálamo, o sistema autônomo é também regulado por circuitos no tronco encefálico e na medula espinal (Capítulo 40). Como consequência, as funções autônomicas apresentam diferentes graus de dependência em relação ao hipotálamo. Por exemplo, a micção é bastante independente do hipotálamo, enquanto a regulação da pressão sanguínea depende fortemente de circuitos no tronco encefálico, mas também pode ser modulada pelo hipotálamo. A termogênese no tecido adiposo marrom, por outro lado, é bastante subordinada ao hipotálamo.

Neurônios motores viscerais no sistema autônomo estão organizados em gânglios

Enquanto os neurônios motores do sistema motor somático estão localizados na medula espinal ventral e no tronco encefálico, os corpos celulares dos neurônios motores autonômicos estão localizados em alargamentos dos nervos periféricos denominados gânglios.[1] Os neurônios motores autonômicos inervam células epiteliais secretórias em glândulas, músculos cardíaco e liso e tecido adiposo.

Os esforços para compreender os princípios da organização dos gânglios autonômicos iniciaram em 1880, na Inglaterra, com o trabalho de Walter Gaskell, e depois seguiram com John N. Langley. Eles estimularam nervos do sistema nervoso autônomo e observaram as respostas dos órgãos-alvo (p. ex., vasoconstrição, piloereção, sudorese, constrição pupilar). Eles utilizaram nicotina para bloquear sinais de cada gânglio e testar interações entre os gânglios. Langley propôs que substâncias químicas específicas devem ser liberadas pelos neurônios pré-ganglionares dos gânglios autonômicos e que essas substâncias atuam por meio de sua ligação a receptores nos neurônios pós-ganglionares, que inervam as células-alvo. Essas ideias estabeleceram um patamar para as investigações que se seguiram sobre a transmissão sináptica química. Langley também distinguiu os sistemas motores somático e autônomo (ou visceral) e, dessa forma, criou grande parte da nomenclatura corrente.

No sistema nervoso autônomo, distinguem-se três divisões: simpático, parassimpático e entérico. Todos os neurônios dos gânglios simpáticos e parassimpáticos são controlados por *neurônios pré-ganglionares*, cujos corpos celulares situam-se na medula espinal e no tronco encefálico. Os neurônios pré-ganglionares sintetizam e liberam o neurotransmissor acetilcolina (ACh), que atua em receptores colinérgicos nicotínicos dos *neurônios pós-ganglionares*, produzindo potenciais pós-sinápticos excitatórios rápidos e desencadeando potenciais de ação que se propagam até as sinapses com as células efetoras dos *órgãos-alvo* (**Figura 41-3**). Os sistemas simpático e parassimpático distinguem-se por cinco critérios:

1. Organização segmentar dos neurônios pré-ganglionares na medula espinal e no tronco encefálico
2. A localização periférica dos seus gânglios
3. Os tipos e a localização dos órgãos-alvo que eles inervam
4. Os efeitos que eles produzem sobre os órgãos-alvo
5. Os neurotransmissores empregados por seus neurônios pós-ganglionares

Neurônios pré-ganglionares estão localizados em três regiões ao longo do tronco encefálico e da medula espinal

As vias parassimpáticas surgem de uma área nervosa cranial no tronco encefálico e de uma segunda área nos segmentos sacrais da medula espinal (**Figura 41-4**). Essas regiões parassimpáticas flanqueiam uma região simpática que se estende desde a região torácica até a lombar da medula espinal.

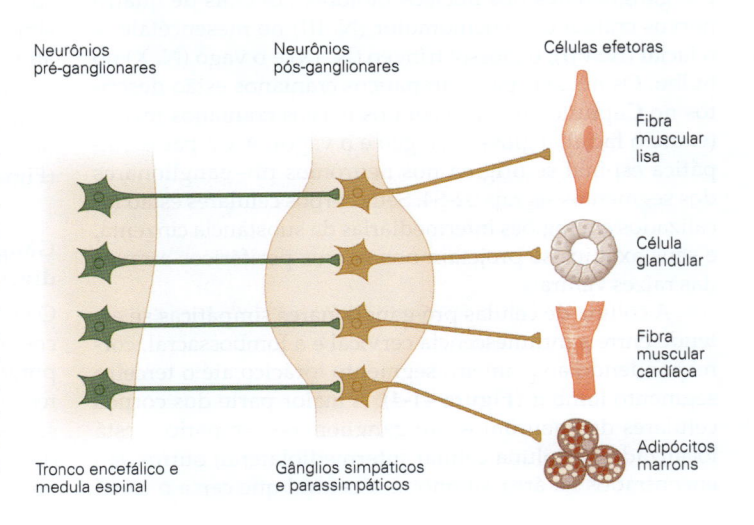

---

[1]Os nervos periféricos também possuem gânglios sensoriais, localizados nas raízes dorsais da medula espinal e em cinco dos nervos cranianos: trigeminal (V), facial (VII), vestibulococlear (VIII), glossofaríngeo (IX) e vago (X) (ver Capítulo 40).

FIGURA 41-3 Distintos tipos celulares nas vias autonômicas periféricas controlam seletivamente células-alvo com diferentes fenótipos. Neurônios motores autonômicos, ou viscerais, situam-se externamente ao sistema nervoso central em agrupamentos ou gânglios e são controlados por neurônios pré-ganglionares da medula espinal e do tronco encefálico. Esses neurônios a jusante dentro de gânglios parassimpáticos e simpáticos regulam três tipos de células efetoras: de músculo liso, glandulares e cardíacas. Além disso, neurônios a jusante encontrados apenas em gânglios simpáticos controlam seletivamente adipócitos do tecido adiposo marrom e células imunológicas, no tecido linfoide. Essa figura ilustra três tipos celulares básicos – neurônios pré-ganglionares, neurônios ganglionares a jusante e diferentes células-alvo efetoras – que controlam a função.

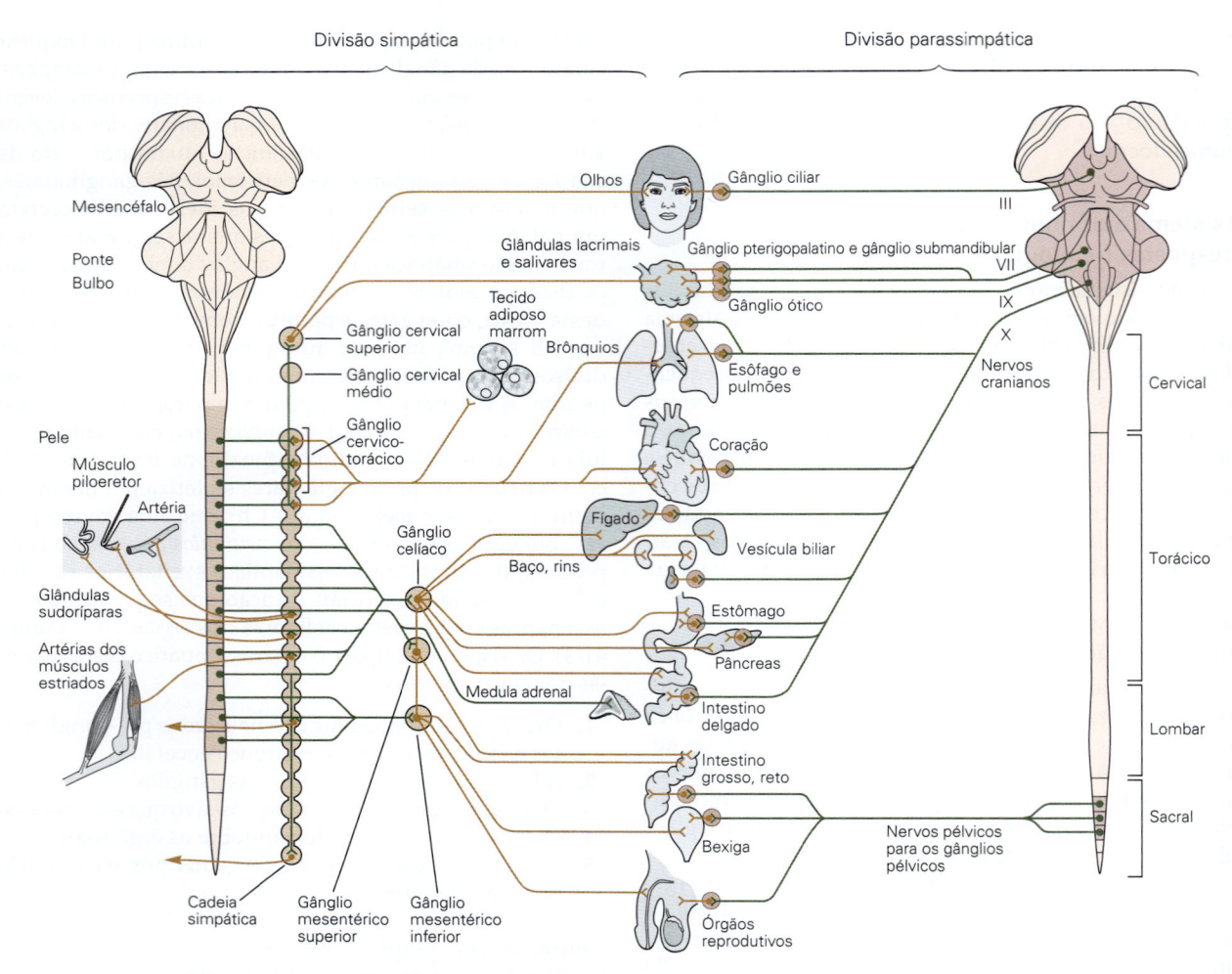

FIGURA 41-4 Divisões simpática e parassimpática do sistema motor visceral. Os gânglios simpáticos localizam-se próximo à coluna espinal e inervam praticamente todos os tecidos do corpo. Alguns tecidos, como os músculos esqueléticos, são regulados apenas indiretamente por meio da irrigação sanguínea. Os gânglios parassimpáticos são encontrados em estreita aposição a seus alvos, entre os quais não estão incluídos a pele ou os músculos esqueléticos.

As vias parassimpáticas craniais surgem de neurônios pré-ganglionares nos núcleos motores viscerais de quatro nervos cranianos: o oculomotor (N. III) no mesencéfalo, e o facial (N. VII), o glossofaríngeo (N. IX) e o vago (N. X) no bulbo. Os núcleos parassimpáticos cranianos estão descritos no Capítulo 40, junto com os nervos cranianos mistos (como o facial, o glossofaríngeo e o vago). A via parassimpática espinal se origina nos neurônios pré-ganglionares dos segmentos sacrais S2-S4. Seus corpos celulares estão localizados em regiões intermediárias da substância cinzenta, e seus axônios se projetam nos nervos periféricos através das raízes ventrais.

A coluna de células pré-ganglionares simpáticas se estende entre a intumescência cervical e a lombossacral, correspondendo ao primeiro segmento torácico até o terceiro segmento lombar (**Figura 41-4**). A maior parte dos corpos celulares dos neurônios pré-ganglionares simpáticos está localizada na coluna celular intermediolateral; outros são encontrados na área autonômica central que cerca o canal central e em uma banda que conecta a área central com a coluna celular intermediolateral. Os axônios dos neurônios simpáticos pré-ganglionares projetam-se da medula espinal através da raiz ventral mais próxima e seguem com pequenos nervos de conexão, conhecidos como ramos comunicantes, antes de terminarem sobre células pós-ganglionares na cadeia de gânglios do tronco simpático (paravertebral) (**Figura 41-5**).

Gânglios simpáticos projetam-se para diversos alvos em todo o corpo

O sistema motor simpático regula os parâmetros fisiológicos sistêmicos, como pressão sanguínea e temperatura corporal, influenciando células-alvo em praticamente todos os tecidos do corpo (**Figura 41-4**). Essa regulação depende de sinais de entrada sinápticos originados da medula espinal e de estruturas supraespinais que controlam a atividade dos neurônios pré-ganglionares.

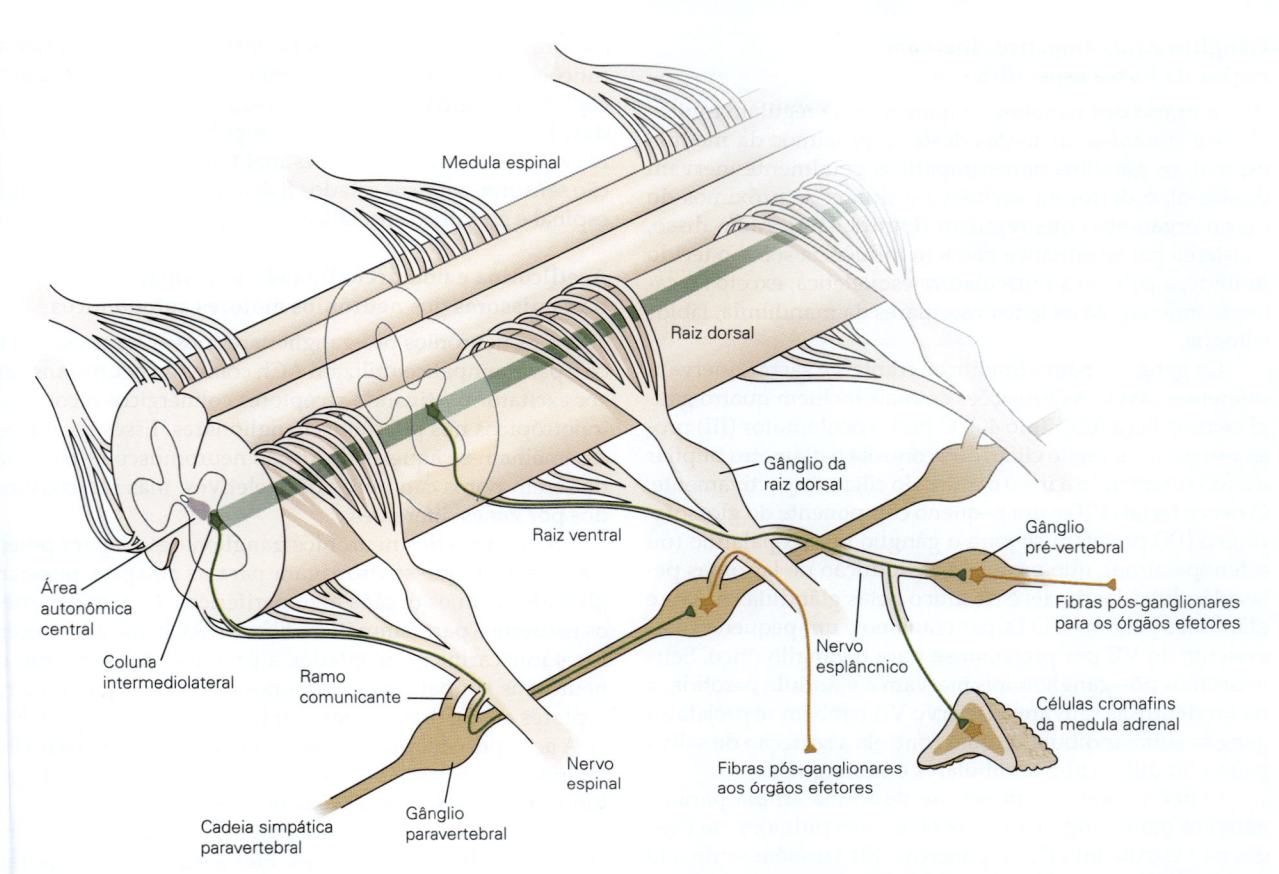

FIGURA 41-5 A via simpática está organizada em grupos de gânglios paravertebrais e pré-vertebrais. Os axônios das células pré-ganglionares da medula espinal alcançam os neurônios pós-ganglionares pelas raízes ventrais e pela cadeia simpática paravertebral. Os axônios fazem sinapses com neurônios pós-ganglionares nos gânglios paravertebrais ou projetam-se para fora da cadeia pelos nervos esplâncnicos. Os axônios pré-ganglionares dos nervos esplâncnicos fazem sinapse com neurônios pós-ganglionares nos gânglios pré-vertebrais e com as células cromafins da medula adrenal.

Grupos importantes de neurônios supraespinais que estimulam a atividade simpática pré-ganglionar estão localizados no bulbo ventrolateral rostral, no núcleo pálido da rafe no tronco encefálico e no núcleo paraventricular no hipotálamo. Neurônios pré-ganglionares integram essas vias descendentes, juntamente com sinais de entrada sensoriais segmentares locais e formam sinapses com neurônios nos gânglios simpáticos paravertebrais e pré-vertebrais (**Figura 41-5**).

Os neurônios ganglionares, por sua vez, estabelecem sinapses com diversos órgãos-alvo, incluindo vasos sanguíneos, coração, vias aéreas brônquicas, músculos piloeretores, gordura marrom e glândulas salivares e sudoríparas. Neurônios simpáticos também regulam a função imunitária por meio de projeções a tecidos linfoides primários na medula óssea e no timo, e a células linfoides secundárias no baço. Um subconjunto de neurônios pré-ganglionares faz sinapse com as células cromafins da medula da glândula adrenal (**Figura 41-5**), que secreta adrenalina (epinefrina) e noradrenalina (norepinefrina) na circulação, que são hormônios que agem em alvos distantes.

Os gânglios simpáticos paravertebrais e pré-vertebrais diferem tanto em localização como em organização.

Os gânglios paravertebrais estão distribuídos de forma segmentar, estendendo-se bilateralmente como um par de cadeias ganglionares (também chamadas de troncos simpáticos), desde o primeiro segmento cervical até o último segmento sacral. As cadeias situam-se laterais à coluna vertebral na sua margem ventral e geralmente contêm um gânglio por segmento (**Figuras 41-4** e **41-5**). Duas importantes exceções são o gânglio cervical superior e o cervicotorácico (ou gânglio estrelado). O gânglio cervical superior é uma coalescência de vários gânglios cervicais e fornece a inervação simpática para a cabeça, incluindo a vasculatura cerebral. O gânglio cervicotorácico, que inerva o coração e os pulmões, é uma coalescência dos segmentos cervicais inferiores e do primeiro segmento torácico. Essas vias simpáticas possuem uma relação somatotópica ordenada entre si, desde sua origem segmentar nos neurônios pré-ganglionares até o seu final nos alvos periféricos.

Os gânglios pré-vertebrais são estruturas situadas no meio do trajeto aos alvos e junto às artérias das quais esses recebem seus nomes (**Figuras 41-4** e **41-5**). Além de enviarem sinais simpáticos aos órgãos viscerais no abdome e na pelve, esses gânglios também recebem retroalimentação sensorial de seus órgãos-alvo.

Gânglios parassimpáticos inervam órgãos de forma específica

Ao contrário dos gânglios simpáticos, que regulam muitos alvos e situam-se distantes destes e próximos da medula espinal, os gânglios parassimpáticos geralmente inervam órgãos-alvo de forma exclusiva e situam-se próximos do ou no órgão-alvo que regulam (**Figura 41-4**). Além disso, o sistema parassimpático não tem influência sobre o tecido linfoide, a pele ou a musculatura esquelética, exceto na cabeça, onde regula os leitos vasculares da mandíbula, lábios e língua.

Os gânglios parassimpáticos craniais e sacrais inervam diferentes alvos. As projeções craniais incluem quatro gânglios na cabeça (Capítulo 40). O nervo oculomotor (III) projeta-se para o gânglio ciliar, que controla o diâmetro pupilar e o foco inervando a íris e o músculo ciliar, respectivamente. O nervo facial (VII) e um pequeno componente do glossofaríngeo (IX) projetam-se para o gânglio pterigopalatino (ou esfenopalatino), que promove a produção de lágrimas pelas glândulas lacrimais e de muco pelas glândulas nasais e glândulas palatinas. O IX par craniano e um pequeno componente do VII par projetam-se para o gânglio ótico. Seus neurônios pós-ganglionares inervam a glândula parótida, a maior dentre as salivares. O nervo VII também se projeta ao gânglio submandibular, o qual controla a secreção de saliva pelas glândulas submandibulares e sublinguais.

O nervo vago (X) projeta-se de forma ampla para os gânglios parassimpáticos no coração, nos pulmões, no fígado, na vesícula biliar e no pâncreas. Ele também se projeta para o estômago, o intestino delgado e para os segmentos mais rostrais do trato gastrintestinal. As projeções parassimpáticas sacrais suprem o intestino grosso, o reto, a bexiga e os órgãos reprodutivos.

Os gânglios entéricos regulam o trato gastrintestinal

O trato gastrintestinal, desde o esôfago ao reto, incluindo o pâncreas e a vesícula biliar, é controlado pelo sistema de gânglios entéricos. Esse sistema, que é sem dúvida a maior e mais complexa divisão do sistema nervoso autônomo, chega a conter 100 milhões de neurônios.

O sistema entérico foi mais bem estudado no intestino delgado do porquinho-da-índia. Sua atividade é coordenada por dois plexos interconectados, pequenas ilhas de neurônios interconectados. O plexo mioentérico controla os movimentos da musculatura lisa do trato gastrintestinal; o plexo submucoso controla as funções da mucosa (**Figura 41-6**). Em conjunto, essa extensa rede de gânglios coordena a propulsão peristáltica dos conteúdos gastrintestinais de forma ordenada e controla as secreções do estômago e intestino, e outros componentes da digestão. Além disso, o sistema entérico regula o fluxo sanguíneo local e a função imunitária nas placas de Peyer. O sistema entérico é modulado por sinalizações extrínsecas dos gânglios pré-vertebrais simpáticos e dos componentes parassimpáticos do nervo vago.

De modo diferente das divisões simpática e parassimpática do sistema autônomo, o plexo entérico possui interneurônios e neurônios sensoriais, além dos neurônios motores. Essa circuitaria neural intrínseca pode manter as funções básicas do intestino mesmo após as vias simpáticas esplâncnicas e parassimpáticas vagais terem sido seccionadas. Pelos nervos esplâncnicos e pela porção aferente do nervo vago, o trato gastrintestinal também envia informação sensorial sobre os estados fisiológicos do trato à medula espinal e ao tronco encefálico.

Acetilcolina e noradrenalina são os principais transmissores dos neurônios motores autonômicos

Todos os neurônios pré-ganglionares nos sistemas simpático e parassimpático utilizam ACh como seu neurotransmissor excitatório, ativando receptores colinérgicos nicotínicos ionotrópicos nos neurônios ganglionares. Esses receptores assemelham-se àqueles da junção neuromuscular pelo fato de serem poros catiônicos não seletivos, mas são codificados por genes diferentes.

A ativação dos neurônios ganglionares dispara potenciais de ação que se propagam para as sinapses pós-ganglionares com os órgãos-alvo periféricos. Nessas sinapses, os neurônios parassimpáticos liberam ACh que ativa receptores muscarínicos acoplados a proteínas G, enquanto os neurônios simpáticos liberam noradrenalina que ativa receptores α e β-adrenérgicos, também acoplados a proteínas G. A ação pós-sináptica pode ser tanto excitatória como inibitória, dependendo do tipo de célula-alvo e de seus receptores (**Tabela 41-2**). Exceções notáveis a essa organização são os neurônios pós-ganglionares simpáticos que controlam as glândulas sudoríparas. Eles assumem um fenótipo colinérgico após o nascimento.

Além de atuar sobre diferentes receptores em diferentes células pós-sinápticas, um transmissor pode ativar diferentes tipos de receptores na mesma célula pós-sináptica. Esse princípio foi descoberto primeiramente nos gânglios simpáticos, nos quais a ACh ativa tanto receptores pós-sinápticos nicotínicos como muscarínicos para produzir simultaneamente um potencial excitatório pós-sináptico rápido e outro lento (**Figura 41-7A** e Capítulo 14). Em alguns casos, um transmissor pode ativar tanto um receptor pós-sináptico como um receptor nas terminações pré-sinápticas das quais aquele transmissor foi liberado. Suas respostas pré-sinápticas podem causar inibição ou facilitação pré-sináptica (**Figura 41-7B** e Capítulo 15). Essa especialização da transmissão sináptica nos neurônios simpáticos e parassimpáticos proporciona diversidade funcional na regulação dos órgãos-alvo.

As transmissões sinápticas colinérgica e adrenérgica no sistema motor autônomo periférico são frequentemente moduladas pela coliberação de vários neuropeptídeos, óxido nítrico ou trifosfato de adenosina, os quais, pela ativação de múltiplos tipos de receptores, também contribuem para a diversidade funcional (**Tabela 41-2** e **Figura 41-7C**). As respostas motoras determinadas em órgãos-alvo dependem da identidade dos neurotransmissores pós-ganglionares e dos receptores pré e pós-sinápticos na sinapse pós-ganglionar. Por exemplo, a ACh e o peptídeo intestinal vasoativo (VIP, do inglês *vasoactive intestinal peptide*) são frequentemente coliberados de neurônios que controlam a

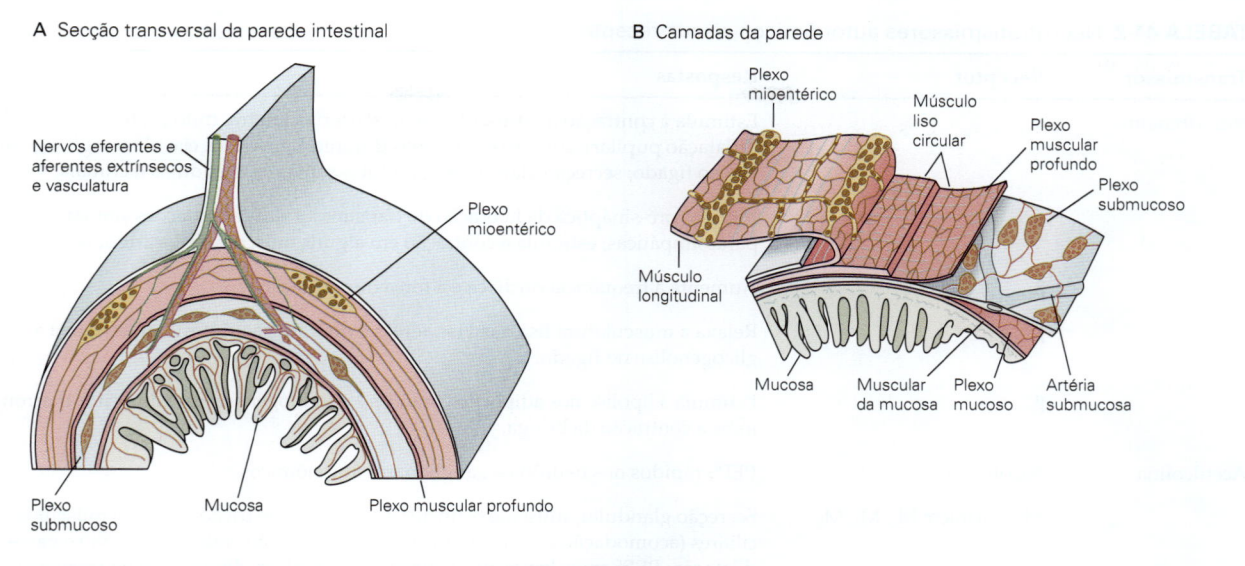

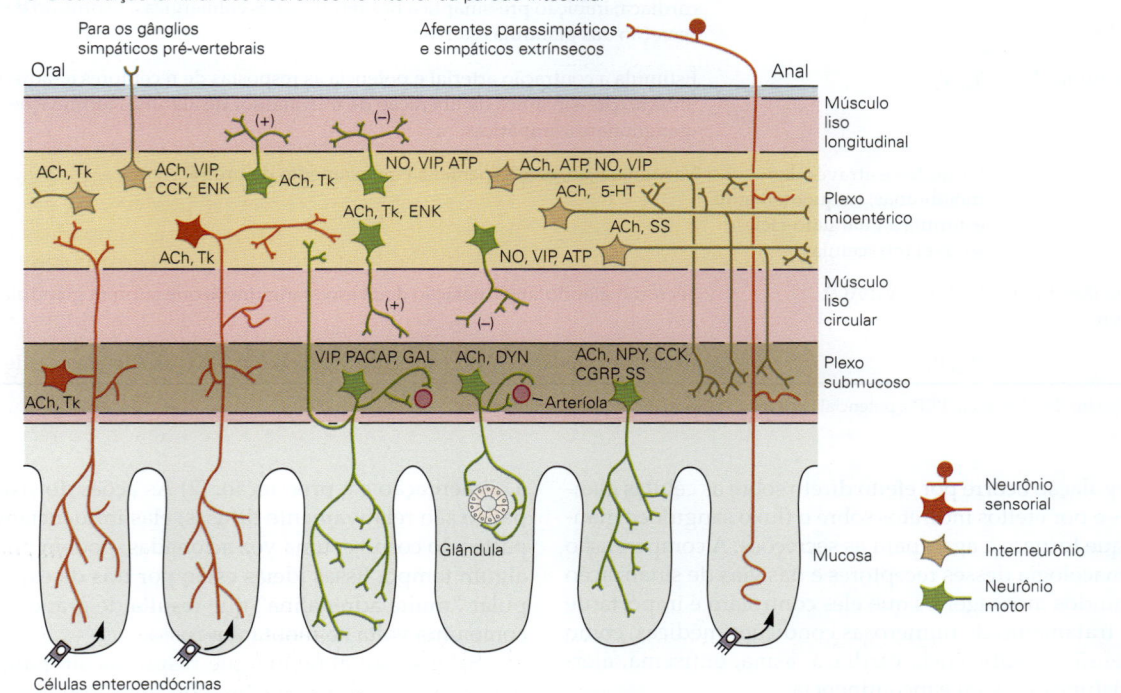

FIGURA 41-6 Organização dos plexos entéricos no porquinho-da-índia. Os plexos mioentérico e submucoso estão entre as camadas da parede intestinal (A e B). Pelo menos 14 tipos de neurônios já foram identificados no sistema entérico com base na morfologia, no código químico e nas propriedades funcionais (C). Quatro conjuntos de neurônios motores fornecem aferências excitatórias (+) e inibitórias (-) às duas camadas de músculo liso. Outros três grupos de neurônios motores controlam as secreções da mucosa e estimulam a vasodilatação. A rede também inclui duas importantes classes de neurônios sensoriais intrínsecos. (Siglas: **5-HT**, serotonina; **ACh**, acetilcolina; **ATP**, trifosfato de adenosina; **CCK**, colecistocinina; **CGRP**, polipeptídeo relacionado ao gene da calcitonina; **DYN**, dinorfina; **ENK**, encefalina; **GAL**, galanina; **NO**, óxido nítrico; **NPY**, neuropeptídeo Y; **PACAP**, peptídeo hipofisário ativador da adenilato-ciclase; **SOM**, somatostatina; **Tk**, taquicinina; **VIP**, peptídeo intestinal vasoativo.) (Partes A e B adaptadas, com autorização, de Furness e Costa, 1980; parte C reproduzida, com autorização, de Furness et al., 2004. Copyright © 2004 Elsevier Ltd.)

secreção glandular (**Figura 41-7C**). Nas glândulas salivares, os dois transmissores atuam diretamente para estimular a secreção. O VIP também causa dilatação dos vasos sanguíneos que suprem a glândula. Como os cotransmissores podem ser liberados em proporções variadas que dependem da frequência dos disparos pré-sinápticos, diferentes padrões de atividade podem regular o volume das secreções, seu conteúdo proteico e hídrico e sua viscosidade.

TABELA 41-2 Neurotransmissores autonômicos e seus receptores

Transmissor	Receptor	Respostas
Noradrenalina	α_1	Estimula a contração do músculo liso das artérias, uretra, trato gastrintestinal, íris (dilatação pupilar), contrações uterinas durante a gravidez, ejaculação; glicogenólise no fígado; secreção glandular (glândulas salivares, glândulas lacrimais).
	α_2	Inibição pré-sináptica da liberação de transmissor das terminações simpáticas e parassimpáticas; estimula a contração em alguns músculos lisos arteriais.
	β_1	Aumenta a frequência cardíaca e a força de contração.
	β_2	Relaxa a musculatura lisa das vias aéreas e do trato gastrintestinal; estimula a glicogenólise no fígado.
	β_3	Estimula a lipólise nos adipócitos brancos e a termogênese nos adipócitos marrons; inibe a contração da bexiga.
Acetilcolina	Nicotínico	PEPS rápidos nos neurônios ganglionares autonômicos.
	Muscarínico: M_1, M_2, M_3	Secreção glandular; músculo esfíncter da pupila (constrição pupilar); músculos ciliares (acomodação do cristalino); estimula produção endotelial de NO e vasodilatação; PEPS mais lentos nos neurônios simpáticos; diminuição da frequência cardíaca; inibição pré-sináptica nas terminações colinérgicas; contração da bexiga; secreção das glândulas salivares.
Neuropeptídeo Y	Y_1, Y_2	Estimula a contração arterial e potencia as respostas de receptores α_1-adrenérgicos; inibição pré-sináptica da liberação de transmissor de algumas terminações pós-ganglionares simpáticas.
NO	Difunde-se através das membranas; frequentemente estimula a guanilato-ciclase solúvel intracelular	Vasodilatação, ereção peniana e relaxamento da uretra.
Peptídeo intestinal vasoativo	VIPAC1, VIPAC2	Secreção glandular e dilatação dos vasos sanguíneos que suprem glândulas.
ATP	P_{2X}, P_{2Y}	Excitação rápida e lenta do músculo liso da bexiga, do vaso deferente e de artérias.

ATP, trifosfato de adenosina; PEPS, potencial excitatório pós-sináptico; NO, óxido nítrico.

Essa regulação ocorre por efeito direto sobre as células glandulares e por efeitos indiretos sobre o fluxo sanguíneo glandular que fornece a água para as secreções. A compreensão da farmacologia desses receptores e das vias de sinalização de segundos mensageiros que eles controlam é importante para o tratamento de numerosas condições médicas, como hipertensão, insuficiência cardíaca, asma, enfisema, alergias, disfunção sexual e incontinência.

As respostas autonômicas envolvem cooperação entre as divisões autonômicas

Para sobreviver, os animais, inclusive humanos, devem ter respostas do tipo "luta ou fuga", a fim de enfrentar um predador ou fugir para viver outro dia. Walter Cannon, além de introduzir o conceito de homeostase, também considerou a resposta de "luta ou fuga" como uma função simpática essencial.

Duas importantes ideias fundamentam essa visão. (1) O sistema simpático e o parassimpático assumem papéis complementares, até antagonistas; o sistema simpático promove as respostas de alerta, defesa e fuga, enquanto o sistema parassimpático promove comportamentos relacionados à alimentação e à procriação. (2) As ações do sistema simpático são relativamente difusas; elas influenciam todas as partes do corpo e, uma vez acionadas, podem persistir por algum tempo. Essas ideias estão por trás da expressão popular "muita adrenalina" que resulta de grande excitação, como uma volta na montanha-russa.

Sabe-se, atualmente, que respostas simpáticas extremas, como a resposta de "luta ou fuga", podem ter consequências patológicas de longa duração, quando resultam na síndrome conhecida como transtorno do estresse pós-traumático (Capítulo 61). Esse transtorno foi primeiramente reconhecido em soldados durante a Primeira Guerra Mundial, quando foi referido como "neurose de guerra" (*shell shock*, termo substituído por "estresse pós-guerra"). Diversas experiências que colocam em risco a vida, desde abuso sexual e violência doméstica até acidentes aéreos, também podem induzir o transtorno do estresse pós-traumático, um transtorno que, só nos Estados Unidos, afeta milhões de pessoas.

Devido ao fato de o modelo de "luta ou fuga" presumir papéis antagônicos aos sistemas simpático e parassimpático, o modelo de Cannon levou a uma ênfase exagerada

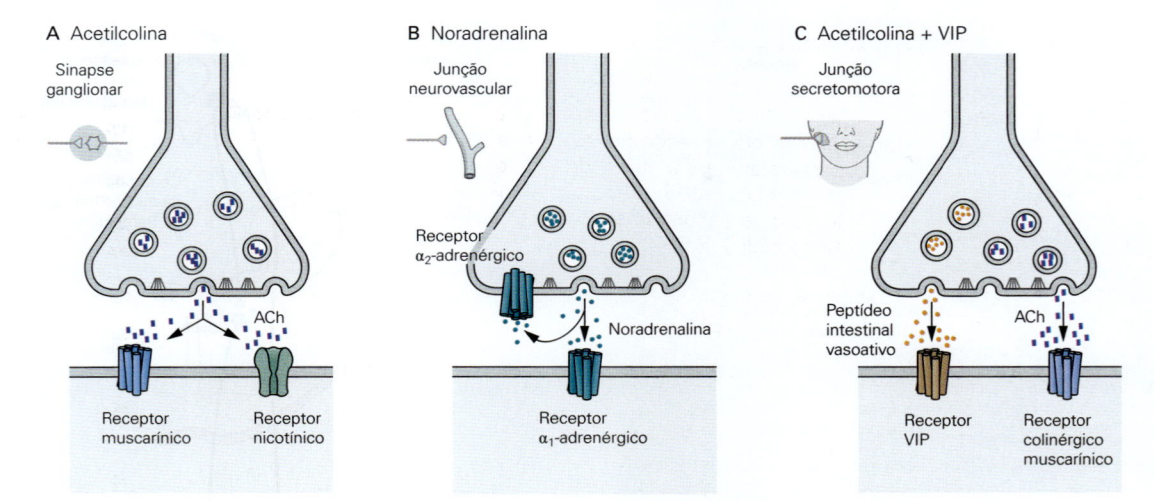

FIGURA 41-7 Transmissão sináptica no sistema nervoso autônomo periférico.

A. Nos gânglios simpáticos, a acetilcolina (**ACh**) pode ativar tanto receptores nicotínicos como muscarínicos para gerar potenciais pós-sinápticos rápidos e lentos, respectivamente.

B. Nas junções neurovasculares, a noradrenalina pode ativar simultaneamente receptores pós-sinápticos α_1-adrenérgicos para produzir vasoconstrição e receptores pré-sinápticos α_2-adrenérgicos para inibir liberação adicional de neurotransmissor.

C. Cotransmissão envolve a coativação de mais de um tipo de receptor por mais de um transmissor. Terminações nervosas pós-ganglionares parassimpáticas nas glândulas salivares liberam tanto ACh como peptídeo intestinal vasoativo (**VIP**) para controlar a secreção. Em algumas sinapses autonômicas em órgãos-alvo, três ou mais tipos de receptores são ativados.

sobre os extremos das respostas viscerais. Na verdade, em situações cotidianas, as diferentes divisões do sistema nervoso autônomo estão intimamente integradas. Além disso, sabe-se hoje que o sistema simpático está organizado de forma menos difusa do que primeiramente previsto por Cannon. Mesmo dentro da divisão simpática, subgrupos de neurônios controlam alvos específicos e essas vias podem ser ativadas de forma independente.

Assim como no sistema motor somático, os reflexos no sistema nervoso autônomo são desencadeados por vias sensoriais e estão hierarquicamente organizados. Um importante aspecto dessa organização é que ela permite coordenação entre as diferentes divisões do sistema nervoso autônomo. A interação entre os diferentes sistemas na resposta autônomica simples é análoga ao papel dos músculos antagonistas na locomoção. Para caminhar, deve-se contrair alternadamente músculos antagonistas que flexionam e estendem uma articulação. De forma similar, os sistemas simpático e parassimpático são frequentemente parceiros na regulação dos órgãos-alvo. Na maioria das situações, desde as ações reflexas mais simples até os comportamentos complexos, as três divisões periféricas do sistema nervoso autônomo trabalham juntas. Essa organização é ilustrada com dois exemplos: controle da bexiga (reflexo de micção) e regulação da pressão sanguínea.

Controle da bexiga

O reflexo de micção é um exemplo de um ciclo fisiológico que resulta da coordenação entre os sistemas simpático e parassimpático. Nesse ciclo, a bexiga é esvaziada pela via parassimpática, que contrai a bexiga e relaxa a uretra. O sistema simpático permite que a bexiga se encha, estimulando a contração da uretra e inibindo a via parassimpática, inibindo, assim, o reflexo de esvaziamento da bexiga. A informação sensorial necessária para esse comportamento é integrada com a eferência motora tanto em nível espinal como supraespinal (**Figura 41-8**).

Os componentes espinais do circuito reflexo exercem maior influência durante a fase de enchimento do ciclo da micção, quando predominam os efeitos simpático e motor somático. Quando a bexiga está cheia, sua distensão dispara um sinal sensorial suficiente para ativar o centro pontino da micção (CPM). Sinais descendentes do CPM aumentam, então, o fluxo parassimpático. O controle somático do esfincter externo da uretra, que consiste em músculo estriado, contribui em ambas as fases do ciclo da micção e é um comportamento voluntário que se origina de mecanismos prosencefálicos (**Figura 41-8**). Os pacientes com lesão na medula espinal cervical ou torácica mantêm o reflexo, mas não o controle voluntário da micção, pois as conexões entre a ponte e a bexiga foram danificadas.

Regulação da pressão sanguínea

O reflexo barorreceptor é um dos mecanismos mais simples para regulação da pressão sanguínea e outro exemplo de controle homeostático coordenado pelas vias antagônicas simpáticas e parassimpáticas. Esse reflexo previne a hipotensão ortostática e o desmaio por ações que compensam os rápidos efeitos hidrostáticos produzidos por mudanças posturais. Quando uma pessoa que está deitada se levanta, a repentina elevação da cabeça acima do nível do coração causa uma diminuição transitória da pressão sanguínea

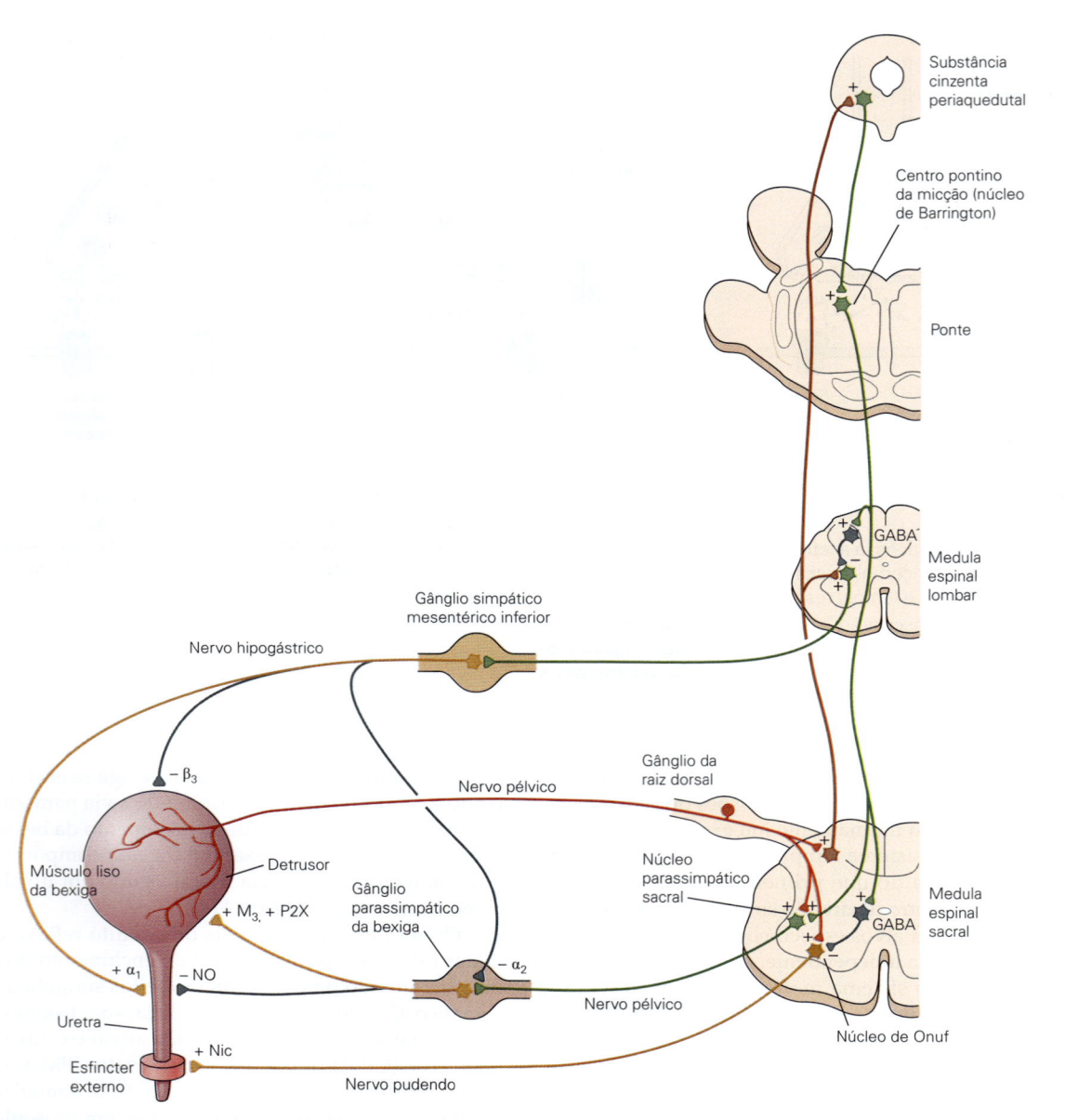

FIGURA 41-8 O reflexo de micção necessita da interação entre as divisões simpática e parassimpática do sistema nervoso autônomo. (Adaptada de DeGroat, Booth e Yoshimura, 1993.)

Quando o volume da bexiga está baixo, o esvaziamento de urina está inibido, porque a atividade da via simpática é maior do que a atividade da via parassimpática. A distensão moderada do músculo detrusor (porção da bexiga que estoca urina) inicia um nível baixo de atividade sensorial, que ativa reflexamente os neurônios pré-ganglionares espinais. O baixo nível da atividade pré-ganglionar resultante é transmitido de maneira eficiente e amplificado pelo gânglio simpático mesentérico inferior, mas filtrado pelo gânglio parassimpático da bexiga devido a diferenças nos padrões de convergência sináptica entre os dois gânglios. A predominância resultante do tônus simpático mantém o detrusor relaxado e a uretra constrita. As fibras pós-ganglionares simpáticas também reduzem a atividade parassimpática inibindo a liberação pré-ganglionar de acetilcolina. Além de seus efeitos sobre a resposta autonômica, os sinais sensoriais são suficientes para manter fechado o esfincter externo da uretra.

Quando o enchimento da bexiga atinge um volume crítico, o aumento associado na atividade sensorial alcança um limiar que permite aos impulsos ascenderem ao centro pontino da micção (núcleo de Barrington). A atividade descendente desse núcleo excita ainda mais a resposta parassimpática. O aumento resultante dos disparos pré-ganglionares parassimpáticos promove a somação dos potenciais pós-sinápticos excitatórios rápidos e o início dos potenciais de ação pós-sinápticos no gânglio da bexiga, desencadeando o estado "ativado" deste. Durante a fase de esvaziamento, vias descendentes também inibem a resposta simpática e a somática por meio de interneurônios espinais inibitórios. A inibição desses neurônios motores somáticos do núcleo de Onuf provoca o relaxamento e a abertura do esfincter externo. Nesta figura, a medula espinal sacral está aumentada em relação aos outros segmentos.

(Siglas: α_1, receptor adrenérgico alfa-1, α_2, receptor adrenérgico alfa-2, β_3, receptor adrenérgico beta-3, **GABA**, ácido γ-aminobutírico; M_3, receptor colinérgico muscarínico 3; **Nic**, receptor nicotínico; **NO**, óxido nítrico; **P2X**, receptor purinérgico.)

encefálica, que é rapidamente sentida por barorreceptores do seio carotídeo no pescoço (**Figura 41-9**). Outros sensores de pressão importantes estão localizados no arco da aorta e na circulação pulmonar.

Quando os neurônios no bulbo ventrolateral detectam diminuição da atividade aferente barorreceptora decorrente da pressão sanguínea baixa, esses neurônios produzem supressão reflexa da atividade parassimpática sobre o coração e estimulação da atividade simpática sobre o coração e o sistema vascular. Essas mudanças no tônus autonômico restauram a pressão sanguínea com aumento da frequência cardíaca, da força de contração do miocárdio e da resistência vascular periférica ao fluxo sanguíneo, por meio de vasoconstrição arterial.

Na condição oposta de pressão arterial elevada, o aumento na atividade dos barorreceptores reforça a ação parassimpática inibitória sobre o coração e diminui a ação estimulatória simpática da função cardíaca e da resistência vascular periférica. Em geral, o componente parassimpático do reflexo barorreceptor tem um início mais rápido e ação mais breve do que o componente simpático. Por consequência, a atividade parassimpática é crucial para a resposta rápida dos reflexos barorreceptores, mas menos importante do que a atividade simpática para a regulação da pressão sanguínea a longo prazo.

A informação sensorial visceral é retransmitida para o tronco encefálico e para estruturas encefálicas superiores

A informação sensorial visceral alcança o encéfalo principalmente por meio de dois nervos cranianos (IX e X), que terminam em segmentos caudais do núcleo do trato solitário (NTS), e pelos nervos esplâncnicos abdominais, que terminam na medula espinal (Capítulo 40). A informação esplâncnica é transmitida ao encéfalo pelo trato espinotalâmico (Capítulo 4), que se ramifica em seu percurso e também envia aferentes ao NTS e ao núcleo parabraquial lateral.

O NTS retransmite informação sensorial em duas direções diferentes. Primeira, ele projeta-se para circuitos no tronco encefálico e na medula espinal que controlam e coordenam os reflexos autonômicos (como visto para o reflexo

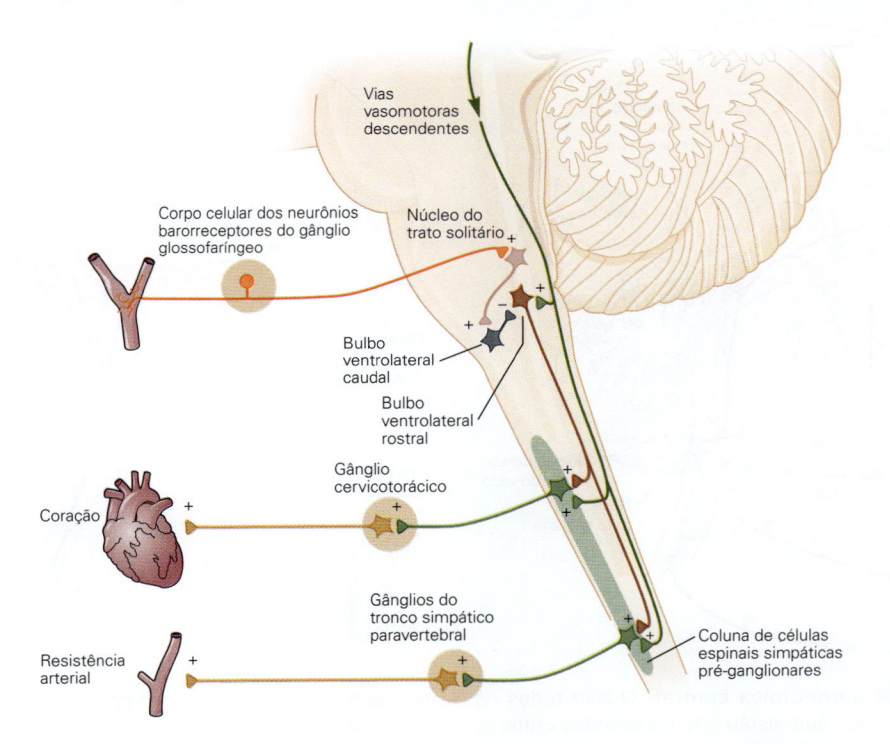

FIGURA 41-9 O reflexo barorreceptor opera como uma alça de retroalimentação negativa com ganho na resposta. A pressão arterial é sentida pelos barorreceptores, um tipo de neurônio mecanossensível que detecta estiramento, no seio carotídeo, na artéria carótida interna. Após a integração no bulbo, essa informação provê controle por retroalimentação negativa do sistema cardiovascular. O componente simpático do circuito inclui respostas que estimulam a capacidade de bombeamento do coração (débito cardíaco), aumentando a frequência cardíaca e a força das contrações. O sistema simpático também estimula a contração das artérias periféricas, o que eleva a resistência hidráulica ao fluxo sanguíneo. Em conjunto, os efeitos do aumento do débito cardíaco e da resistência vascular periférica elevam a pressão arterial média. As projeções inibitórias da porção caudal à rostral do bulbo ventrolateral criam uma retroalimentação negativa de forma que um aumento na pressão sanguínea inibe a atividade simpática, e a sua diminuição aumenta a atividade simpática. Apesar de terem sido omitidos, para simplificação da figura, os neurônios parassimpáticos do gânglio cardíaco também contribuem para o reflexo, criando uma aferência inibitória ao coração, funcionalmente antagônica à via simpática (**Figura 41-10**). Durante os reflexos barorreceptores, a atividade parassimpática sobre o coração é aumentada em resposta à hipertensão e diminuída por hipotensão.

barorreceptor). Desse modo, a sinalização sensorial visceral retransmitida pelo NTS regula o controle motor vagal do coração e do trato gastrintestinal diretamente. Alguns neurônios do NTS projetam-se aos neurônios da formação reticular ventrolateral bulbar que controlam a pressão sanguínea por meio da regulação do fluxo sanguíneo de leitos vasculares específicos de forma diferenciada (**Figura 41-9**). Segunda, o NTS envia projeções ascendentes ao prosencéfalo, retransmitindo informação visceral a estruturas superiores (**Figura 41-10A**). Essas estruturas superiores, incluindo o hipotálamo, usam essa informação para coordenar respostas autonômicas, neuroendócrinas e comportamentais.

A informação sensorial visceral é retransmitida do NTS para o prosencéfalo via projeções diretas e indiretas (**Figura 41-10A**). A principal via indireta envolve o núcleo parabraquial lateral, que recebe aferentes do NTS e envia eferentes a estruturas superiores, incluindo a amígdala, o hipotálamo, o núcleo leito da estria terminal e os córtices insular e infralímbico/pré-límbico. As projeções diretas do NTS direcionam-se a muitos desses mesmos sítios no prosencéfalo. O NTS rostral é uma parte importante da via aferente gustativa (Capítulo 29). A informação nessa via é retransmitida via núcleo parabraquial medial para a área gustativa do córtex insular.

O controle central da função autonômica pode envolver a substância cinzenta periaquedutal, o córtex pré-frontal medial e a amígdala

A substância cinzenta periaquedutal, que circunda o aqueduto cerebral no mesencéfalo, recebe aferências da maioria das partes da rede autonômica central e projeta-se à formação reticular bulbar para desencadear respostas comportamentais e autonômicas integradas. Por exemplo, na resposta defensiva de "luta ou fuga", a substância cinzenta periaquedutal ajuda a redirecionar o fluxo sanguíneo do sistema digestório para os membros posteriores, facilitando, assim, a fuga (**Figura 41-10B**).

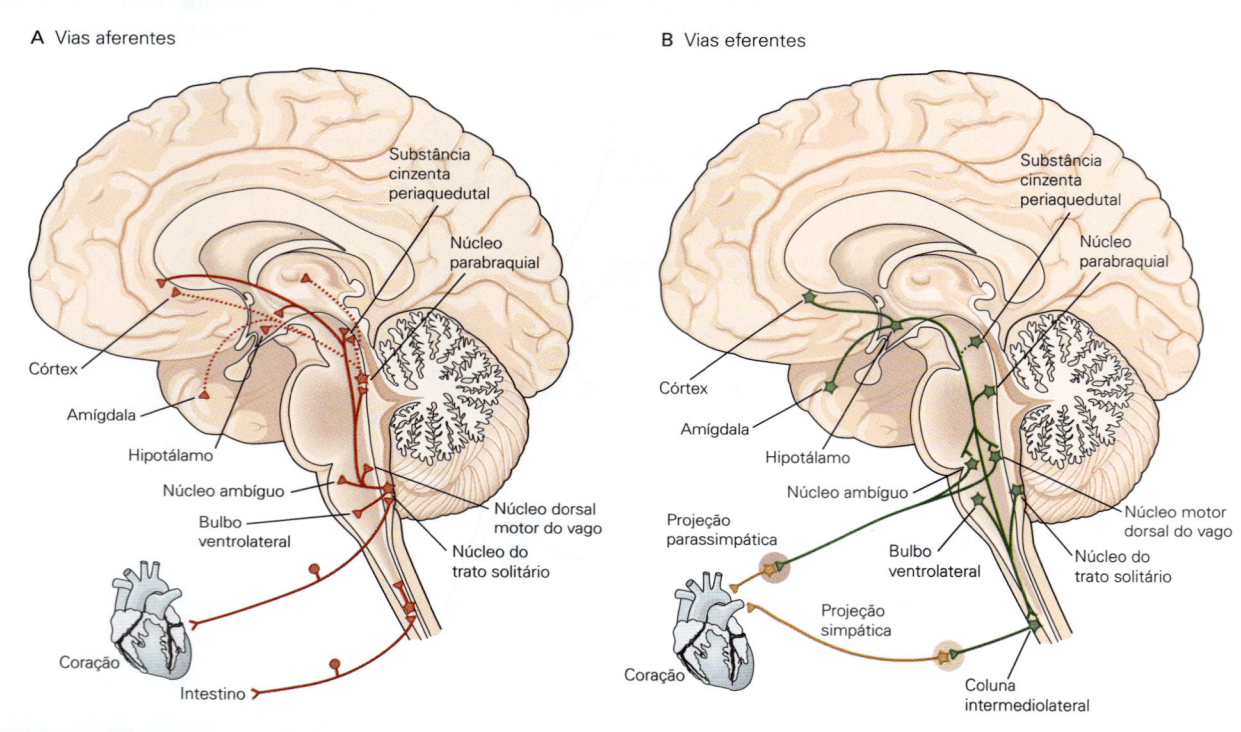

FIGURA 41-10 Rede autonômica central. Quase todos os grupos celulares ilustrados aqui estão interconectados entre si, formando a rede autonômica central.

A. A informação visceral (**linhas sólidas**) distribui-se no encéfalo partindo do núcleo do trato solitário e das vias espinais ascendentes ativadas pelos nervos esplâncnicos (p. ex., do intestino). O núcleo do trato solitário distribui essa informação aos neurônios pré-ganglionares parassimpáticos (núcleo dorsal motor do vago e núcleo ambíguo), às regiões do bulbo ventrolateral que coordenam os reflexos autonômicos e respiratórios e às partes mais rostrais da rede autonômica central na ponte (núcleo parabraquial), no mesencéfalo (substância cinzenta periaquedutal) e no prosencéfalo. O núcleo parabraquial também se projeta para muitos dos componentes mais rostrais da rede autonômica central, incluindo os núcleos visceral e gustatório do tálamo (**linhas pontilhadas**). Outras vias da medula espinal (não mostradas) também transmitem informação visceral para muitas partes da rede autonômica central, incluindo o núcleo do trato solitário, o núcleo parabraquial, a substância cinzenta periaquedutal, o hipotálamo, a amígdala e o córtex cerebral. Vias da medula espinal projetam-se, ainda, ao núcleo somatossensorial principal do tálamo (núcleo ventral posterolateral).

B. Todas as vias eferentes mostradas aqui (exceto talvez para a substância cinzenta periaquedutal) projetam-se diretamente aos neurônios pré-ganglionares autonômicos. No hipotálamo, a divisão descendente do núcleo paraventricular e três grupos celulares da área lateral projetam-se densamente a neurônios pré-ganglionares simpáticos e parassimpáticos. Outras vias (não mostradas) surgem de certos grupos celulares monoaminérgicos do tronco encefálico, como os neurônios noradrenérgicos no grupo A5 e os serotoninérgicos dos núcleos da rafe.

O córtex cerebral pré-frontal medial é uma região sensorimotora visceral. Inclui duas áreas funcionais que interagem entre si: o córtex insular rostral e a extremidade rostromedial do giro do cíngulo (também referidas como áreas infralímbicas e pré-límbicas). A estimulação dessas áreas pode produzir uma variedade de efeitos autonômicos, como contrações do estômago e mudanças na pressão sanguínea. Essas áreas sensoriais e motoras viscerais do córtex cerebral enviam projeções descendentes às regiões da rede autonômica central no tronco encefálico, já discutidas.

Por fim, regiões viscerais do córtex cerebral, junto com muitas regiões subcorticais da rede autonômica central, também interagem com a amígdala. Vias complexas envolvendo determinados grupos de células da amígdala são responsáveis por certas respostas emocionais condicionadas – aprendizado associativo entre estímulos e comportamentos específicos, acompanhados de respostas autonômicas relacionadas. Após um rato aprender que um choque elétrico moderado ocorre logo após um sinal auditivo, esse sinal isolado produzirá aumento da frequência cardíaca e reação de congelamento que, originalmente, eram evocados apenas pelo choque (Capítulos 42 e 53). Tais respostas aprendidas são suprimidas por lesões seletivas da região da amígdala que se projeta ao hipotálamo e às porções da rede autonômica central na parte inferior do tronco encefálico.

O sistema neuroendócrino liga o encéfalo a respostas fisiológicas por meio da liberação de hormônios

Outro braço efetor do hipotálamo é o sistema neuroendócrino, que controla a secreção de hormônios pela glândula hipófise. A hipófise tem duas subdivisões, que são funcional e anatomicamente distintas: a hipófise anterior e a hipófise posterior. A hipófise posterior é uma extensão do encéfalo e contém terminais axonais de neurônios hipotalâmicos que secretam hormônios. Esses terminais secretam vasopressina ou ocitocina diretamente na circulação sistêmica. A hipófise anterior, por outro lado, é completamente não neural e é composta por cinco tipos de células endócrinas. A secreção de hormônios por essas células é controlada por fatores estimulatórios e inibitórios liberados por neurônios hipotalâmicos em um sistema circulatório especializado que leva o sangue desde a base do encéfalo (eminência mediana) até a hipófise anterior.

Terminais de axônios hipotalâmicos na hipófise posterior liberam ocitocina e vasopressina diretamente no sangue

Grandes neurônios nos núcleos paraventricular e supraóptico formam o componente magnocelular do sistema motor neuroendócrino do hipotálamo (**Figura 41-11**). Os neurônios

FIGURA 41-11 O núcleo paraventricular do hipotálamo é um microcosmo de integração neuroendócrina, autonômica e sensorimotora. São mostradas as três divisões morfofuncionais do núcleo paraventricular. A *divisão neuroendócrina magnocelular* compreende dois conjuntos de neurônios distintos, embora parcialmente intercalados, que normalmente liberam vasopressina (**VAS**) ou ocitocina (**OCI**). Seus axônios cruzam pela zona interna da eminência mediana e terminam na hipófise posterior. Duas outras populações de neurônios magnocelulares que liberam vasopressina e ocitocina estão no núcleo supraóptico, na base do encéfalo.

A *divisão neuroendócrina parvocelular* inclui três grupos principais e separados de neurônios (embora parcialmente intercalados), que controlam a secreção de hormônios pela adeno-hipófise. Seus axônios terminam na zona externa da eminência mediana, onde liberam seus neurotransmissores peptídicos – somatostatina (**SS**), hormônio inibidor do hormônio do crescimento (GIH), hormônio liberador de tireotropina (**TRH**) ou hormônio liberador de corticotropina (**CRH**) – nas veias portais hipofisárias.

A *divisão descendente* possui três partes – dorsal (**d**), lateral (**l**) e ventral (**v**) – cada uma compreendendo neurônios convencionais topograficamente organizados, que projetam para o tronco encefálico e a medula espinal. Seus axônios terminam em muitas partes da rede autonômica central no tronco encefálico (Figura 41-10), na zona marginal (lâmina I) do corno dorsal da medula espinal, no núcleo espinal trigeminal e em diversas regiões da formação reticular do tronco encefálico e na substância cinzenta periaquedutal. A divisão descendente modula as eferências (e aferências) autonômicas, as aferências nociceptivas e os comportamentos alimentar e de ingestão hídrica. A integração apropriada das respostas neuroendócrinas magnocelulares, neuroendócrinas parvocelulares, autonômicas e comportamentais é basicamente mediada mais por aferências externas do que por interneurônios ou pelos extensos colaterais recorrentes dos axônios de neurônios de projeção. Os hormônios esteroides e da tireoide na circulação também produzem efeitos seletivos sobre tipos específicos de neurônios do núcleo paraventricular.

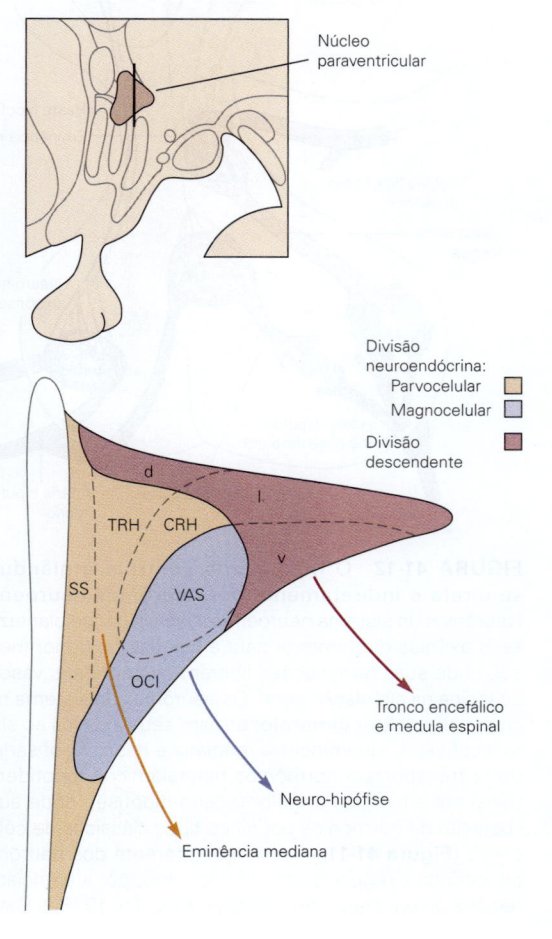

magnocelulares enviam seus axônios através do trato hipotálamo-hipofisário à hipófise posterior, ou *neuro-hipófise* (**Figura 41-12**). Cerca de metade desses neurônios sintetiza e secreta vasopressina (o hormônio antidiurético) na circulação geral, enquanto a outra metade sintetiza e secreta o hormônio ocitocina, estruturalmente similar à vasopressina. Ambos circulam até órgãos-alvo, onde a vasopressina controla a pressão sanguínea e a reabsorção de água pelo rim e a ocitocina controla a musculatura lisa do útero e a ejeção de leite.

A vasopressina e a ocitocina são hormônios peptídicos com nove aminoácidos. Esses peptídeos, assim como outros hormônios peptídicos, são sintetizados no corpo celular como moléculas maiores de pró-hormônios (Capítulo 16) e, então, clivados nas vesículas transportadoras derivadas do complexo de Golgi, antes de serem transportados ao longo do axônio para serem liberados na neuro-hipófise. Os genes para esses peptídeos têm sequências similares e provavelmente surgiram por duplicação.

Células endócrinas na hipófise anterior secretam hormônios em resposta a fatores específicos liberados por neurônios hipotalâmicos

Na década de 1950, Geoffrey Harris propôs que a hipófise anterior, ou *adeno-hipófise*, é regulada indiretamente pelo hipotálamo. Ele mostrou que as veias porta-hipofisárias, que levam o sangue da eminência mediana do hipotálamo à adeno-hipófise, transportam fatores liberados dos neurônios hipotalâmicos que controlam a secreção dos hormônios da adeno-hipófise (**Figura 41-12**). Na década de 1970, Andrew Schally, Roger Guillemin e Wylie Vale determinaram a estrutura de um grupo de hormônios peptídicos hipotalâmicos que controlam a secreção de hormônios dos cinco tipos clássicos de células endócrinas da adeno-hipófise. Esses hormônios, que são liberados na eminência mediana por neurônios hipotalâmicos, dividem-se em duas classes: hormônios que ativam a liberação e hormônios que inibem a liberação. Apenas um hormônio da adeno-hipófise, a prolactina, está sob controle predominantemente inibitório (mediado pela dopamina).

A *zona motora neuroendócrina parvocelular* do hipotálamo está centralizada ao longo da parede do terceiro ventrículo (**Figura 41-2A**) e contém neurônios que projetam para a eminência mediana, liberando aí seus hormônios. Os neurônios parvocelulares que liberam o *hormônio liberador de gonadotropinas* (GnRH, do inglês *gonadotropin-releasing hormone*) são atípicos, pois estão espalhados em um contínuo que se estende a partir do septo medial através do hipotálamo mediobasal. Eles são controlados por neurônios a montante, que liberam *kisspeptina*. Os demais neurônios neuroendócrinos parvocelulares situam-se nos núcleos paraventricular e arqueado e em uma pequena região periventricular entre esses núcleos (**Figuras 41-2** e **41-11**).

Conjuntos distintos de neurônios liberam o *hormônio liberador de corticotropina* (CRH, do inglês *corticotropin-releasing hormone*), o *hormônio liberador da tireotropina* (TRH, do inglês *thyrotropin-releasing hormone*) ou *somatostatina* (ou hormônio inibidor da liberação do hormônio do crescimento) (**Figura 41-11**). Os neurônios CRH controlam a liberação do hormônio adrenocorticotrópico (ACTH, do inglês *adrenocorticotropic hormone*) da hipófise anterior, o qual, por sua vez, controla a liberação de glicocorticoides (p.ex., cortisol) do córtex adrenal. Desse modo, esse grupo de neurônios CRH é a "via final comum" para todas as respostas de glicocorticoides ao estresse mediadas centralmente. O núcleo arqueado contém dois grupos de neurônios neuroendócrinos parvocelulares. Um grupo libera o *hormônio liberador do hormônio do crescimento* (GHRH, do inglês *growth hormone-releasing hormone*) e o outro libera dopamina, que inibe a secreção de prolactina. Alguns dos neurônios dopaminérgicos estão distribuídos dorsalmente até o núcleo paraventricular.

Os axônios de todos esses neurônios neuroendócrinos parvocelulares seguem pelo trato hipotálamo-hipofisário e terminam em uma parte especializada do infundíbulo da hipófise, a eminência mediana (**Figura 41-12**). Ali, os terminais axonais liberam vários fatores hipofiseotrópicos, em uma região de alças de capilares na zona externa da

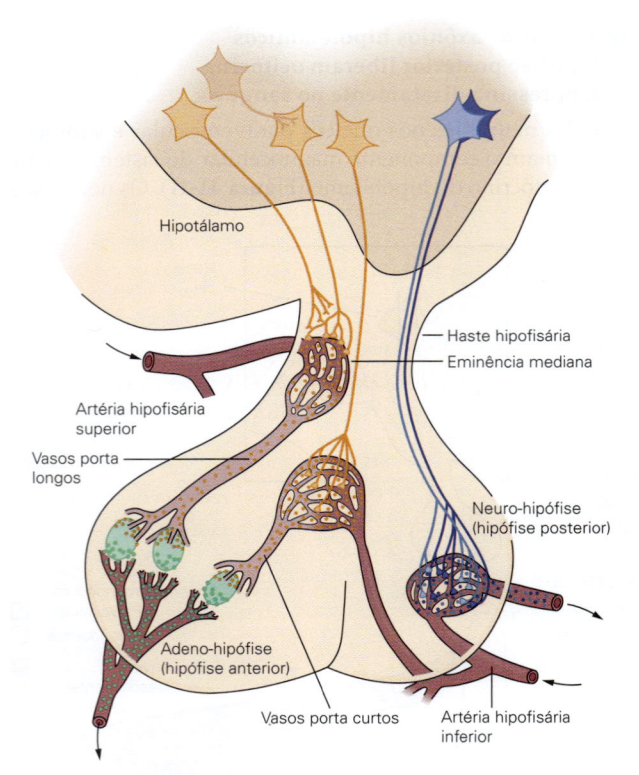

FIGURA 41-12 O hipotálamo controla a glândula hipófise direta e indiretamente por neurônios neuroendócrinos. Neurônios do sistema neuroendócrino magnocelular (**azul**) enviam seus axônios diretamente para a hipófise posterior (neuro-hipófise), onde suas terminações liberam os peptídeos vasopressina e ocitocina na circulação geral. Os neurônios do sistema neuroendócrino parvocelular (**amarelo**) enviam seus axônios ao sistema porta hipofisário, na eminência mediana e haste hipofisária. As veias porta transportam hormônios hipotalâmicos (peptídeos e dopamina) até a hipófise anterior (adeno-hipófise), onde aumentam a liberação de hormônios por cinco tipos clássicos de células endócrinas (**Figura 41-11**). A atividade eferente dos neurônios neuroendócrinos é regulada, em grande parte, por aferências de outras regiões do encéfalo. (Adaptada de Reichlin, 1978, e Gay, 1972.)

eminência mediana. Enquanto a eminência mediana está dentro do encéfalo, considera-se que esteja fora da barreira hematencefálica. Isso ocorre em função da natureza fenestrada dos capilares na eminência mediana, que permite a difusão dos fatores hipofiseotrópicos para a circulação porta. As alças capilares na eminência mediana estão na extremidade proximal do sistema porta hipotalâmico-hipofisário de veias que levam esses neuro-hormônios à adeno-hipófise, onde se ligam a receptores cognatos de cinco tipos diferentes de células endócrinas (**Figura 41-12** e **Tabela 41-3**).

TABELA 41-3 Substâncias hipotalâmicas que estimulam ou inibem a liberação dos hormônios da adeno-hipófise

Substância hipotalâmica	Hormônio da adeno-hipófise
Liberadores:	
Hormônio liberador de tireotropina (TRH)	Tireotropina (TSH), prolactina (PRL)
Hormônio liberador de corticotropina (CRH)	Hormônio adrenocorticotrópico (ACTH), β-lipotropina
Hormônio liberador de gonadotropinas (GnRH)	Hormônio luteinizante (LH), hormônio folículo-estimulante (FSH)
Hormônio liberador do hormônio do crescimento (GHRH ou GRH)	Hormônio do crescimento (GH)
Inibidores:	
Hormônio inibidor da prolactina (PIH), dopamina	Prolactina
Hormônio inibidor da liberação do hormônio do crescimento (GIH ou GHRIH; somatostatina)	Hormônio do crescimento, tireotropina

Sistemas hipotalâmicos dedicados controlam parâmetros homeostáticos específicos

A temperatura corporal é controlada por neurônios no núcleo pré-óptico mediano

A temperatura corporal reflete o equilíbrio entre produção e perda de calor

O corpo gera calor por meio de todas as suas reações bioquímicas e fluxos iônicos exotérmicos. Esses processos podem ser aumentados significativamente acima do nível basal, a taxa metabólica de repouso, pelo exercício e pelo tremor (ambos aumentam a produção de calor no músculo esquelético), pela digestão e absorção de alimento (o chamado efeito térmico do alimento) e pela estimulação simpática da atividade termogênica no tecido adiposo marrom (**Quadro 41-1**).

O corpo perde calor por radiação, convecção, condução (se imerso em água fresca) e evaporação endotérmica do suor (a partir da pele) ou da umidade do trato respiratório (um processo aumentado em algumas espécies pelo ofegar). A reação defensiva ao frio, além de produzir calor, envolve vasoconstrição cutânea e piloereção ("pele de galinha", ou arrepio) mediada pelo simpático. Enviando menos sangue para a pele, a vasoconstrição conserva a temperatura interna. A piloereção ajuda o isolamento da pele ao criar uma camada de ar estacionário próximo à superfície da pele. Em contrapartida, defesas contra o sobreaquecimento incluem inibição de vias simpáticas que ativam a vasodilatação cutânea e o tecido adiposo marrom. Respostas comportamentais voluntárias, como um mergulho na piscina ou vestir um casaco têm especial importância na termorregulação. Elas muitas vezes começam antes do início de respostas fisiológicas. Assim como beber quando se está com sede ou comer quando se tem fome, atividades geradas em resposta a desafios como frio ou calor são comportamentos motivados.

A temperatura corporal é detectada em múltiplos sítios

A temperatura interna é mantida relativamente constante. Na região mais próxima da superfície, por outro lado, a temperatura flutua bastante, pois a superfície é adjacente

---

QUADRO 41-1 Tecido adiposo marrom, bioenergética e termogênese estimulada pelo simpático

O tecido adiposo marrom é um notável tecido especializado na produção de calor, especialmente abundante em recém-nascidos e mamíferos pequenos, mas também presente em humanos adultos. Ele possui um rico suprimento sanguíneo para o suprimento de combustível e oxigênio e para a dispersão do calor e é densamente inervado por nervos simpáticos pós-ganglionares. Adipócitos do tecido adiposo marrom, os produtores de calor, são encontrados concentrados em depósitos e também como células isoladas dentro de depósitos maiores de tecido adiposo branco.

A estimulação simpática de receptores β-adrenérgicos ativa a proteína desacopladora 1 (UCP1), uma proteína mitocondrial de transporte de prótons, característica de adipócitos marrons. Quando ativada, a UCP1 deixa "vazar" prótons através da membrana mitocondrial interna para dentro da matriz, a favor do gradiente eletroquímico de prótons. Isso desacopla a respiração mitocondrial da disponibilidade de difosfato de adenosina (ADP), aumentando enormemente a oxidação de combustível e, o que é importante, a produção de calor.

O exercício e o tremor, por outro lado, aumentam a produção de calor utilizando trifosfato de adenosina (ATP) para realizar trabalho. O aumento resultante no ADP ativa o transporte de prótons para a mitocôndria via ATP-sintase, ao mesmo tempo que aumenta a respiração mitocondrial, a oxidação de combustível e, por fim, a produção de calor.

ao ambiente externo, o organismo tem uma alta razão superfície/massa (no caso dos membros, essa razão favorece a perda de calor sobre sua produção) e desafios térmicos afetam drasticamente seu suprimento de sangue quente (que diminui quando o calor deve ser conservado e é aumentado quando o organismo precisa perder calor).

A maior parte dos aferentes primários que detectam temperatura tem seus corpos celulares nos gânglios das raízes dorsais da medula espinal. Os neurônios que detectam temperaturas nocivas são parte da via da dor (Capítulo 20). Sua função é limitar o dano tecidual local, promovendo retirada da região afetada em relação ao estímulo, e não a regulação da temperatura corporal. Neurônios que respondem a temperaturas inócuas são frequentemente denominados termorreceptores. Alguns neurônios termorreceptores têm suas terminações na pele, logo abaixo da epiderme, e respondem à temperatura na superfície. São predominantemente, mas não inteiramente, responsivos a baixas temperaturas. Outros neurônios termorreceptores têm suas terminações nos grandes órgãos e ao redor deles e respondem à temperatura interna. São também predominantemente, mas não inteiramente, responsivos a baixas temperaturas. As fibras desses neurônios termorreceptores de tecidos profundos seguem nos nervos esplâncnicos e, como os neurônios termorreceptores da superfície, têm seus corpos celulares nos gânglios das raízes dorsais. Além disso, alguns seguem nos aferentes do nervo vago. Por fim, há neurônios sensíveis a aumentos da temperatura na área pré-óptica medial do hipotálamo.

Os sensores moleculares utilizados por neurônios termorreceptores para a detecção de mudanças na temperatura são um subconjunto de canais de potencial transitório de receptor (TRP). Diferentes canais TRP respondem a diferentes faixas de temperaturas (Capítulo 20). Estudos recentes têm implicado tipos específicos de canais TRP em várias formas de percepção de temperaturas inócuas nos três sítios mencionados anteriormente. Os canais TRPM8 mediam a percepção de frio por neurônios termorreceptores próximos à superfície, e os canais TRPM2 mediam percepção de calor por neurônios termorreceptores somatossensoriais e por neurônios na área pré-óptica do hipotálamo.

Múltiplas alças termorreceptoras/ termoefetoras controlam a temperatura

A regulação térmica involuntária é controlada por um sistema termorregulatório multissensor e multiefetor. A informação térmica originada na superfície e nas vísceras ascende via aferentes primários, cujos corpos celulares estão nos gânglios das raízes dorsais. Esses neurônios se projetam para neurônios de segunda ordem no corno dorsal da medula espinal. Esses, por sua vez, projetam-se via trato espinotalâmico para o núcleo parabraquial lateral, onde neurônios retransmitem a informação de frio ou de calor para o POMn hipotalâmico. A ativação de vias aferentes ativadas pelo frio ou pelo calor induz respostas fisiológicas apropriadas, com o objetivo de aumentar ou diminuir a temperatura corporal.

Os neurônios no POMn que respondem indiretamente ao frio ou ao calor enviam sinais eferentes via estações de retransmissão através da área pré-óptica medial, do hipotálamo dorsomedial e do pálido da rafe no bulbo ventral, seguindo dali para neurônios pré-ganglionares simpáticos no núcleo intermediolateral da medula espinal. Esses últimos neurônios excitam neurônios pós-ganglionares simpáticos, que se projetam para vasos sanguíneos, glândulas sudoríparas e músculos eretores dos pelos, de modo a controlar o fluxo sanguíneo cutâneo, a sudorese e a piloereção, respectivamente, assim como para o tecido adiposo marrom para controlar a termogênese. Além disso, o frio causa tremor quando neurônios motores gama no corno ventral da medula espinal são ativados por neurônios excitatórios no núcleo pálido da rafe (Capítulo 32). A contração resultante das fibras musculares intrafusais, dentro dos fusos musculares, ativa aferentes IA dos fusos para neurônios motores alfa. Essa retroalimentação proprioceptiva aumenta a atividade de neurônios motores alfa, assim como sua propensão a apresentarem rajadas rítmicas de atividade, causando aumentos no tônus muscular e tremores evidentes.

As vias neurais que controlam comportamentos termorregulatórios voluntários envolvem as mesmas vias termorreceptoras. O estímulo de neurônios sensíveis ao calor no POMn e ao seu redor evoca comportamentos drásticos de busca de frescor, diminui a produção de calor e aumenta a perda de calor. A percepção consciente da temperatura corporal baseia-se nos mesmos neurônios termorreceptores de primeira ordem, mas a via aferente diverge, ativando neurônios de segunda ordem no corno dorsal, que se projetam direta ou indiretamente para neurônios no núcleo ventromedial do tálamo. Esses neurônios talâmicos projetam-se para o córtex insular.

A partir da discussão acima, torna-se claro que não há um ponto fixo para a temperatura corporal, nem um "termostato", que mantenha essa temperatura em 37°C. Ao invés disso, como mencionado anteriormente, um ponto fixo aparente para a temperatura corporal surge como um ponto de ajuste, controlado por múltiplas alças de retroalimentação sensorimotoras contendo termorreceptores e termoefetores. A alta eficiência desse sistema de aferentes e eferentes com múltiplos componentes na manutenção da temperatura corporal interna é uma grande conquista da evolução.

A desregulação de circuitos que controlam a temperatura causa febre

No passado, quando a visão dominante era de um ponto fixo para a temperatura, acreditava-se que a febre seria causada pelo aumento do ponto fixo para a temperatura corporal – uma visão que ainda persiste em importantes livros-texto médicos. Com base nos avanços descritos anteriormente, agora acredita-se que a febre surja pela modulação de alças aferentes/eferentes, particularmente enquanto passam pela área pré-óptica hipotalâmica. A prostaglandina E2, gerada pela ação de citocinas inflamatórias sobre células endoteliais na área pré-óptica, inibe neurônios GABAérgicos ativados pelo calor no POMn, desinibindo, assim, as vias efetoras que promovem vasoconstrição cutânea, a termogênese no tecido adiposo marrom e o tremor. Fármacos anti-inflamatórios não esteroides, como ácido acetilsalicílico, ibuprofeno e paracetamol, reduzem a febre pela inibição da produção de prostaglandina E2 no hipotálamo.

O balanço hídrico e a sede a ele relacionada são controlados por neurônios no órgão vascular da lâmina terminal, no núcleo pré-óptico mediano e no órgão subfornicial

Mudanças na osmolaridade sanguínea causam crenação ou turgescência celular

Impelida pela osmose, a água move-se livremente através das membranas celulares. Isso tem diversas consequências importantes. Primeiro, em função de seu grande tamanho, o compartimento intracelular contém dois terços da água corporal. Segundo, se a osmolaridade sanguínea muda de seu valor normal (cerca de 290 mOsm/kg) – por ganho de água pela ingestão ou perda por excreção renal e sudorese, ou porque solutos foram adicionados pela ingestão de alimento (ou de líquidos, p. ex., água do mar, com 1.000 mOsm/kg) –, a água se move e a osmolaridade de todos os compartimentos, incluindo o compartimento intracelular, anda no sentido do equilíbrio.

Uma vez que o conteúdo intracelular de moléculas osmoticamente ativas é relativamente fixo no curto prazo, aumento na osmolaridade sanguínea causa crenação das células e, em contrapartida, diminuição na osmolaridade causa turgescência celular. Isso é especialmente perigoso para o encéfalo, que está envolvido pelo crânio, muito rígido. Com extrema osmolaridade (muito pouca água), o encéfalo sofre crenação ("murcha"), afastando-se do crânio e rompendo vasos sanguíneos. Com hipo-osmolaridade (muita água), o encéfalo torna-se túrgido ("incha"), causando edema cerebral, convulsões e coma. Para prevenir tais incidentes, o encéfalo atua no sentido de manter normal a osmolaridade. Isso ocorre pela detecção de mudanças na osmolaridade e, então, pela regulação da motivação para beber (sede) e da capacidade do rim de excretar água.

A osmolaridade muda quando o organismo perde ou ganha água e quando alimento é ingerido

O organismo ganha água pela ingestão e, em menor grau, pela oxidação de combustíveis (combustível + $O_2 \rightarrow CO_2$ + H_2O). A água pode ser perdida de diferentes maneiras – pela respiração (entrada de ar seco e saída de ar umidificado), pelo trato gastrintestinal (especialmente na diarreia), pela sudorese e pela urina. A ingestão de alimento também aumenta a osmolaridade sanguínea, ao mover água do sangue para o intestino para ajudar na digestão e pela adição de solutos, resultantes da quebra e absorção do alimento, à corrente sanguínea.

Devido a esses efeitos, há considerável interação entre sistemas neurais que controlam a fome e a sede. Por exemplo, a ingestão de alimento é um desafio osmótico tão significativo que a desidratação e a hiperosmolaridade associada suprimem intensamente a fome (anorexia induzida pela desidratação). Em contrapartida, o próprio ato de comer, mesmo em um indivíduo com conteúdo normal de água, rapidamente estimula a sede, de modo a mitigar antecipadamente o aumento da osmolaridade induzida pela ingestão de alimento.

A vasopressina liberada da hipófise posterior regula a excreção renal de água

A capacidade do rim de eliminar água é precisamente controlada pela vasopressina. Quando esse hormônio está ausente, humanos podem excretar até aproximadamente 900 mL/h de urina e, quando em seus níveis máximos, humanos excretam quantidades mínimas de aproximadamente 15 mL/h. A vasopressina diminui a excreção de água aumentando sua reabsorção renal a partir da urina.

A osmolaridade é detectada por neurônios osmorreceptores

O encéfalo mantém o equilíbrio hídrico pelo monitoramento de sinais sensoriais oriundos de osmorreceptores – neurônios sensoriais que respondem à osmolaridade –, que refletem o estado de hidratação do organismo. Os neurônios osmorreceptores são encontrados na periferia e em neurônios no hipotálamo e vizinhos a ele. Os osmorreceptores centrais monitoram a osmolaridade sistêmica, enquanto os osmorreceptores periféricos monitoram a osmolaridade no intestino e próximo a ele, assim como em estruturas relacionadas.

Os osmorreceptores periféricos permitem a antecipação de mudanças na osmolaridade sistêmica

A informação sensorial sobre a osmolaridade periférica permite ao encéfalo fazer mudanças preventivas na sede e na secreção de vasopressina, que antecipam e mitigam futuros desvios na osmolaridade sistêmica, como a diminuição da osmolaridade que ocorre com a ingestão de água ou o aumento que ocorre com a alimentação. Essa regulação previne ultrapassagens da osmolaridade normal que poderiam ocorrer pela lenta absorção pelo intestino da água previamente ingerida. De fato, quando um indivíduo desidratado, com hiperosmolaridade, bebe água, a sede e a secreção de vasopressina diminuem rapidamente, bem antes da queda da osmolaridade sistêmica. A identidade de osmorreceptores periféricos é desconhecida.

Os osmorreceptores centrais e os circuitos aferentes/ eferentes que controlam o equilíbrio hídrico

Três núcleos na lâmina terminal, que forma a parede anterior do terceiro ventrículo, desempenham um papel-chave na detecção e na resposta a perturbações da osmolaridade sistêmica (**Figura 41-13**). No sentido ventral a dorsal, são o OVLT, o POMn e o SFO. O OVLT e o SFO são órgãos circunventriculares e, como a eminência mediana discutida acima, situam-se fora da barreira hematencefálica. Desse modo, neurônios nesses dois núcleos podem detectar rapidamente mudanças na osmolaridade sanguínea, assim como fatores circulantes sanguíneos incapazes de cruzar a barreira hematencefálica (um exemplo importante é a angiotensina II).

De modo consistente com esse arranjo, neurônios osmorreceptores no OVLT e no SFO estabelecem muitas conexões com neurônios no POMn. Enquanto os neurônios do POMn não detectam diretamente a osmolaridade, eles respondem indiretamente via retransmissores no OVLT e no SFO. Todos os neurônios no OVLT e no SFO parecem

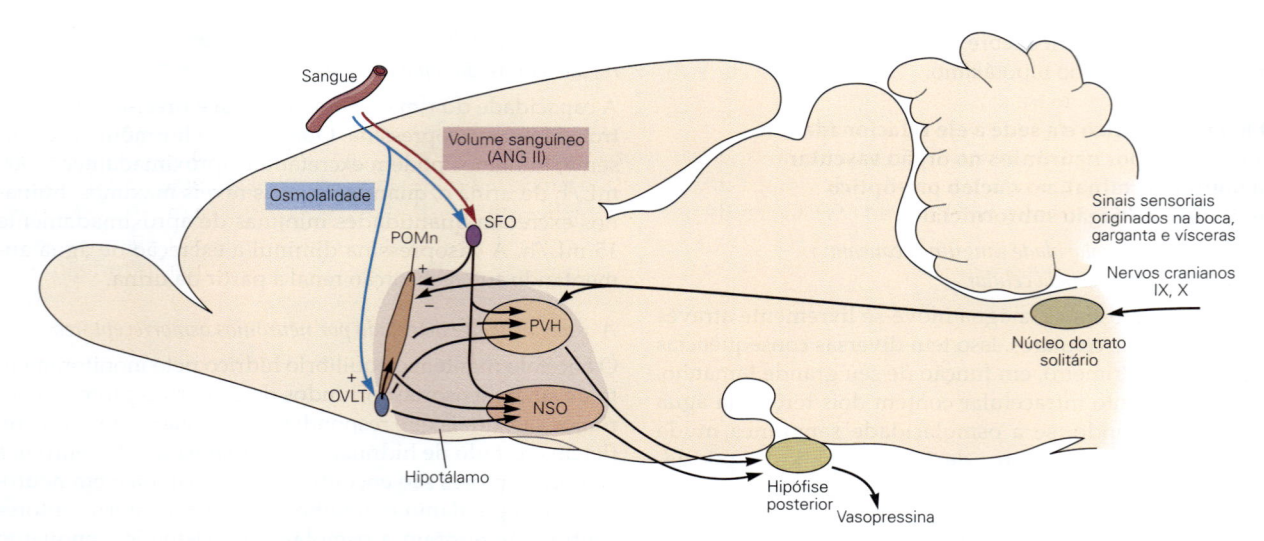

FIGURA 41-13 Componentes neurais e endócrinos combinam-se para regular o equilíbrio hídrico. O circuito é mostrado em uma secção sagital de encéfalo de rato. Informações de barorreceptores no sistema circulatório e de receptores sensoriais na boca, na garganta e nas vísceras são transmitidas ao núcleo do trato solitário e a estruturas vizinhas no tronco encefálico caudal via nervos glossofaríngeo (**IX**) e vago (**X**). O hormônio angiotensina II (**ANG II**) fornece ao encéfalo uma sinalização adicional referente à baixa volemia. A angiotensina II circulante é percebida por receptores no órgão subfornicial (**SFO**); neurônios no SFO projetam para o núcleo pré-óptico mediano (**POMn**), o núcleo paraventricular do hipotálamo (**PVH**), o núcleo supraóptico (**NSO**) e o órgão vascular da lâmina terminal (**OVLT**). A osmolalidade do sangue é percebida por receptores no OVLT e próximos a ele, que se projetam para o POMn, o PVH e o NSO. Células neurossecretoras nos núcleos PVH e NSO disparam a liberação de vasopressina a partir da hipófise posterior, diminuindo assim a excreção de água pelos rins. (Adaptada, com autorização, de Swanson, 2000.)

estar envolvidos na regulação do equilíbrio hídrico, mas alguns neurônios no POMn estão envolvidos na regulação da temperatura corporal (como observado anteriormente), da função cardiovascular e do sono. A regulação do equilíbrio hídrico ou da temperatura corporal é executada por subconjuntos de neurônios no POMn, com especificidade quanto à modalidade.

Os neurônios de todos os três núcleos da lâmina terminal enviam densas projeções excitatórias para neurônios secretores de vasopressina no núcleo paraventricular do hipotálamo (PVH) e no núcleo supraóptico. Como descrito adiante, esses três núcleos da lâmina terminal também são capazes de induzir a sede.

Osmorreceptores centrais, e provavelmente também os osmorreceptores periféricos, detectam mudanças na osmolaridade respondendo a mudanças no volume celular. A crenação ou a intumescência, que aumentam ou diminuem, respectivamente, sua permeabilidade a cátions, causam aumentos ou reduções da taxa de disparos.

A diminuição do volume intravascular – por exemplo, aquele induzido por hemorragia aguda – também estimula fortemente a sede e a secreção de vasopressina. A redução no volume sanguíneo é detectada pelo rim, que aumenta sua secreção de renina. A renina é uma protease que converte angiotensinogênio circulante em *angiotensina I* (ANG I). A ANG I é então clivada pela enzima conversora de angiotensina no pulmão, gerando *angiotensina II* (ANG II). A ANG II estimula neurônios no SFO, os quais, por via direta e também por uma retransmissão no POMn, excitam neurônios vasopressinérgicos e, presumivelmente, neurônios que induzam sede.

A sede é controlada por neurônios no OVLT, no POMn e no SFO

Assim como no caso da secreção de vasopressina, todas as três estruturas da lâmina terminal participam na geração de estado motivacional de sede, o desejo de buscar e ingerir água. Lesões de todas essas três estruturas bloqueiam completamente a sede induzida por desidratação e por ANG II, assim como a secreção de vasopressina. A estimulação elétrica dessas estruturas, por outro lado, estimula a ingestão de água. A ativação de neurônios excitatórios glutamatérgicos no SFO e no POMn induz, em segundos, intensa ingestão de líquido em um camundongo que, de outro modo, estaria saciado em termos de ingestão de água.

Assim, neurônios excitatórios no SFO e no POMn, e provavelmente também no OVLT, têm uma extraordinária capacidade de induzir sede. É importante observar que o comportamento induzido é específico: ocorre apenas ingestão de água. De modo notável, os neurônios excitatórios no SFO que estimulam esse comportamento são o mesmo subconjunto de neurônios SFO ativados pela desidratação e que expressam receptores de ANG II. A via a jusante pela qual esses neurônios estimulam a sede ainda não é conhecida.

A atividade de ambos os conjuntos de neurônios, os neurônios da sede no SFO e os neurônios da vasopressina no núcleo supraóptico (NSO) e no PVH, diminui ou aumenta rapidamente em resposta a dicas sensoriais, como a ingestão de líquido ou de alimento, respectivamente, que antecipam futuras perturbações homeostáticas. Essa regulação rápida ocorre independentemente de quaisquer mudanças na osmolaridade sistêmica e é, portanto, independente de retroalimentação, sendo, assim, um exemplo de controle por pró-ação. A função provável dessa regulação proativa é antecipar perturbações e instituir ações corretivas de prevenção, de modo a reduzir bastante ou eliminar o impacto dessas mudanças.

Em resumo, anos de pesquisa levaram a um modelo bastante claro. A desidratação (deficiência de água) aumenta a atividade de neurônios no SFO e no OVLT, e ainda no POMn via retransmissão no SFO e no OVLT, e esse aumento na atividade aumenta a sede e a secreção de vasopressina. Como será visto, um sistema geral semelhante, mas com estruturas neurais diferentes, controla a regulação da fome e do metabolismo energético com base na deficiência calórica.

O equilíbrio energético e a fome relacionada são controlados por neurônios no núcleo arqueado

Assim como para os equilíbrios hídrico e de temperatura, o equilíbrio energético é regulado por sinais de retroalimentação originários do corpo que modulam a atividade de neurônios-chave hipotalâmicos, os quais então iniciam mudanças adaptativas na fisiologia e no comportamento. A regulação do equilíbrio energético difere, contudo, em alguns pontos importantes.

Em primeiro lugar, os sinais de retroalimentação monitorados são numerosos e, em muitos casos, relacionados apenas indiretamente com o parâmetro-chave, o equilíbrio energético. Exemplos dessa retroalimentação incluem sinais neurais e hormonais originários do intestino, a leptina dos adipócitos, a insulina das células beta pancreáticas e os níveis de metabólitos no sangue. Isso está em notável contraste com os sinais únicos e diretamente percebidos e monitorados para a termorregulação e o equilíbrio hídrico. Em segundo lugar, a energia pode ser armazenada como gordura. A quantidade de energia que pode ser acumulada é notavelmente alta, tanto que as necessidades energéticas de uma pessoa em jejum podem ser atendidas por mais de um mês. Em contrapartida, calor e água não podem ser armazenados. Assim, os organismos têm um "tampão energético", que lhes permite a sobrevivência durante uma prolongada deficiência de ingestão de alimento.

Em terceiro lugar, como o armazenamento apresenta benefícios, a regulação do equilíbrio energético, em contraposição à regulação da temperatura e do equilíbrio hídrico, é assimétrica: o organismo se defende contra baixos estoques de energia de modo muito intenso, enquanto respostas contrárias a altos estoques de energia ocorrem de modo muito fraco. Daí a alta prevalência de obesidade em sociedades com acesso a alimentos palatáveis e com alta densidade calórica. Em quarto lugar, o armazenamento de energia pode ser uma desvantagem quando excessivo, promovendo distúrbios como obesidade, diabetes, doenças cardíacas e câncer. Por fim, em circuitos que regulam o equilíbrio energético, neuropeptídeos desempenham um papel de notável importância.

Gordura é armazenada quando a ingestão de energia excede seu gasto

De modo consistente com a primeira lei da termodinâmica, as calorias que são armazenadas como gordura são aquelas dadas pela diferença entre calorias ingeridas e calorias gastas. Enquanto há apenas um modo de ganhar energia (pela ingestão de alimento), há muitos modos de se gastar energia.

A maior parte da energia é gasta por reações bioquímicas necessárias para atender funções vitais básicas. Como esses processos estão operando constantemente, tal "gasto energético obrigatório" é fixo e não é regulado. Dois outros tipos de gasto de energia, contudo, são drasticamente diferentes; um é a atividade física voluntária, enquanto o outro é involuntário, resultando da estimulação simpática do tecido adiposo marrom e do tremor. O gasto de energia com controle simpático, muitas vezes denominado termogênese adaptativa, é controlado pelo encéfalo. Sua função é responder a distúrbios na temperatura e nos depósitos de energia.

A ingestão e o gasto de energia são geralmente equilibrados

Para a maioria dos indivíduos, os depósitos de gordura no organismo são relativamente constantes ao longo do tempo. Assim, as calorias ingeridas são aproximadamente iguais àquelas gastas. Um cálculo simples demonstra esse ponto. Uma pessoa de meia-idade gasta em média 3.392 kcal por dia (kcal corresponde ao termo comum "caloria"). Ao longo de 1 ano, essa pessoa típica ganha 350 g de gordura (que equivale a 9 kcal de gordura por dia). Assim, em média, 9 kcal extras consumidas por dia são responsáveis por esse ganho. Essa é a quantidade de energia em parte (4%) de uma barra de chocolate típica ou então a quantidade gasta ao caminhar cerca de 150 metros. Assim, o desequilíbrio entre a ingestão e o gasto (9 kcal) é muito pequeno – apenas 0,27% do total do gasto energético.

Esse equilíbrio bem ajustado é o resultado de poderosos mecanismos homeostáticos que utilizam sinais de retroalimentação originados no corpo para regular a ingestão e o gasto. Assim como é verdade para a regulação da temperatura e da osmolaridade, a constância da massa corporal, obtida com o equilíbrio entre ingestão e gasto de energia, não está relacionada a qualquer "ponto fixo" específico. Ao invés disso, esse notável controle é o ponto de ajuste que emerge de múltiplas alças de retroalimentação aferentes/eferentes.

A obesidade é causada por mecanismos genéticos e por recentes mudanças no estilo de vida

A desregulação das alças de retroalimentação aferentes/eferentes mencionadas acima resulta em obesidade. Enquanto alguns casos de obesidade são devidos a mutações conhecidas em genes necessários para a regulação homeostática, a maior parte dos casos deve-se a causas indeterminadas. Dessas, muitas são provavelmente devidas a mutações múltiplas, muitas delas ainda não caracterizadas. Uma vez que a incidência de obesidade nas sociedades ocidentais tem crescimento muito nos últimos anos, e esse crescimento tem sido rápido demais para ser explicado por novas mutações, mudanças na dieta e na atividade física devem ter um papel importante. Sistemas homeostáticos que evoluíram para alcançar equilíbrio energético em caçadores/coletores estão provavelmente sobrecarregados pela abundância de alimento palatável e de alto conteúdo energético.

Contudo, mesmo no ambiente obesogênico das sociedades modernas, ainda há grandes variações nos depósitos de gordura. Apenas 41 a 70% da variação interindividual em depósitos de gordura pode ser atribuída a fatores genéticos. Assim, a predisposição genética juntamente com o ambiente causam a obesidade. É interessante observar que muitos dos *loci* genéticos relacionados a essa predisposição identificados até agora envolvem genes que afetam funções encefálicas.

Múltiplos sinais aferentes controlam o apetite

Os principais sinais aferentes que afetam o equilíbrio energético podem ser divididos em duas categorias principais. (1) Sinais de curto prazo originados de células que revestem o trato gastrintestinal relatam a presença de alimento no intestino. Todos esses sinais (com exceção de um) aumentam com a ingestão e funcionam no sentido de encerrar as refeições; a exceção é a grelina, que aumenta com o jejum e estimula a fome. (2) Sinais de longo prazo relatam as condições das reservas de energia (i.e., depósitos de gordura). Esses sinais incluem o hormônio pancreático insulina e o hormônio leptina produzido pelos adipócitos, ambos liberados em proporção aos depósitos de gordura. Seus níveis, especialmente os da leptina, informam o encéfalo sobre a adequabilidade dos depósitos de gordura (**Figura 41-14A**).

Sinais do intestino induzem o encerramento da refeição. Durante a alimentação, na medida em que o alimento entra no estômago e no intestino, a distensão física aumenta os disparos de aferentes vagais sensíveis ao estiramento. Além disso, a quimiodetecção do alimento por células endócrinas intestinais estimula a secreção de hormônios como a colecistocinina (CCK), o peptídeo 1 semelhante ao glucagon (GLP-1) e o peptídeo YY (PYY). Essas respostas têm três funções primárias.

Primeiro, causam contração do esfíncter pilórico, uma válvula entre o estômago e o intestino. Isso limita a passagem de mais alimento, prevenindo uma sobrecarga do intestino delgado. Segundo, os hormônios intestinais estimulam a secreção de bile e de enzimas no lúmen intestinal, ajudando na digestão. Terceiro, os aferentes vagais e os hormônios intestinais diminuem o consumo adicional de alimento, determinando o encerramento da refeição (saciedade). Os hormônios intestinais realizam essa terceira função principalmente pela estimulação de terminais aferentes vagais locais, os quais, por sua vez, excitam neurônios na região caudal do NTS.

Dois desses hormônios, GLP-1 e PYY, podem também estimular neurônios encefálicos diretamente. Os neurônios ativados no NTS projetam-se diretamente, ou via uma retransmissão no núcleo parabraquial lateral, para neurônios no prosencéfalo, incluindo amígdala e hipotálamo. Neurônios no núcleo parabraquial lateral que expressam o polipeptídeo relacionado om o gene da calcitonina (CGRP) representam uma importante estação de retransmissão envolvida na saciedade. Esses circuitos induzem, então, o encerramento da refeição.

Quando o alimento é absorvido, o aumento na glicose sanguínea estimula as células β a liberarem insulina e o hormônio amilina. A amilina, então, estimula neurônios na área postrema (um órgão circunventricular fora da barreira hematencefálica, logo acima do NTS). A amilina circulante aumenta dentro de minutos após uma refeição, causando uma diminuição na ingestão subsequente de alimento.

A grelina é liberada por células endócrinas no estômago. Ao contrário dos fatores descritos anteriormente, sua secreção é alta antes da alimentação e cai durante a refeição. A grelina possivelmente tenha um papel em iniciar a refeição. De fato, a grelina é o único fator sistêmico conhecido que aumenta a fome e, portanto, a ingestão de alimento. Ela estimula neurônios em diversos sítios, incluindo neurônios no núcleo arqueado que expressam o peptídeo relacionado ao agouti (cutia; AgRP) (ver adiante). A significância fisiológica da grelina não está clara, pois a deleção de seu gene não parece afetar a fome.

A glicose sanguínea e a insulina afetam o apetite. A glicose é percebida por neurônios na periferia, no rombencéfalo e no hipotálamo. Embora os sensores de glicose não pareçam desempenhar um papel na regulação diária do equilíbrio energético, a detecção de níveis perigosamente baixos de glicose sanguínea (*glicopenia*) e a resposta a essa situação é uma função importante do encéfalo. Duas respostas adaptativas são iniciadas: (1) intensa fome em resultado da privação de glicose, que se deve, ao menos em parte, à ativação indireta de neurônios AgRP, e (2) secreção de glucagon, adrenalina e corticosteroides, que estimulam a produção hepática de glicose. As respostas hormonais são causadas por aumento na estimulação simpática, assim como pela ativação da via do CRH, associada ao estresse (Capítulo 61). Os aminoácidos também podem ser percebidos e, consequentemente, regular o equilíbrio energético e a escolha dietética – essa última para assegurar ingestão de proteína em suficiente qualidade e quantidade.

Acredita-se que a insulina, por sua vez, sinalize um aumento nos depósitos de gordura. A função primária da insulina é o controle da glicose sanguínea, que serve como estímulo para sua secreção. A insulina diminui a glicose sanguínea por aumentar sua captação por células musculares e do tecido adiposo e por diminuir sua produção pelo fígado. À medida que os depósitos de gordura aumentam, a capacidade da insulina em ter esses efeitos diminui (um fenômeno conhecido como resistência à insulina). Assim, maiores depósitos de gordura causam aumento na secreção de insulina, tanto basal quanto após uma refeição, em um esforço para sobrepujar a resistência e normalizar a glicemia. O aumento nos níveis de insulina mediado pelos depósitos de gordura inibe neurônios hipotalâmicos, especialmente no núcleo arqueado, o qual se acredita estar relacionado à diminuição da fome.

Leptina, o hormônio produzido pelos adipócitos, informa o encéfalo acerca dos depósitos de gordura e afeta a fome e o gasto energético. Em 1949, cientistas no Laboratório Jackson, no Maine, observaram o aparecimento de "alguns camundongos jovens muito gordos". Essa obesidade se devia a uma mutação genética, que eles designaram *obese (ob)*. Dezesseis anos depois, eles identificaram outra mutação que causava obesidade, e chamaram de *diabetes (db)*. A obesidade

A Manutenção do equilíbrio energético

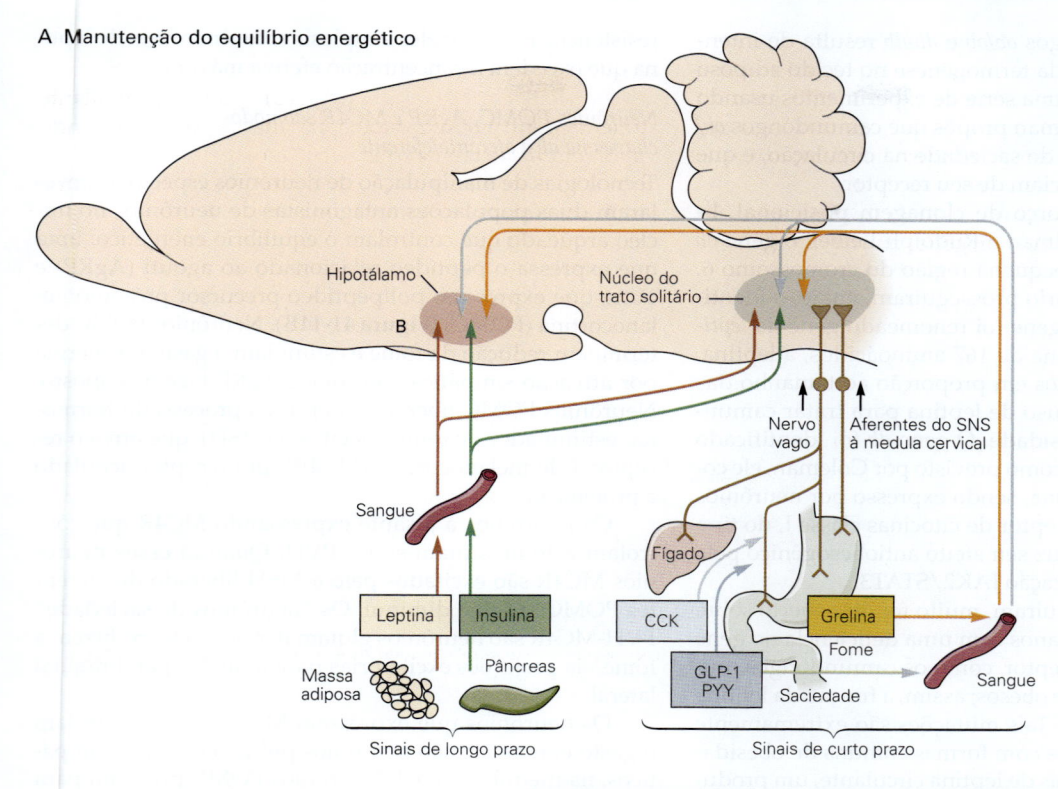

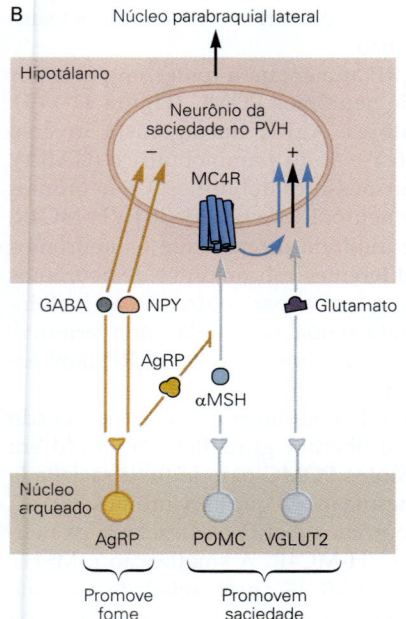

FIGURA 41-14 Componentes neurais e endócrinos combinam-se para regular o equilíbrio energético.

A. *Sinais de curto prazo.* Durante as refeições, a colecistocinina (**CCK**) liberada pelo intestino estimula fibras sensoriais do nervo vago, promovendo saciedade (encerrando a refeição). O peptídeo-1 semelhante ao glucagon (**GLP-1**) e o peptídeo YY (**PYY**), também liberados pelo trato intestinal, parecem agir tanto nas fibras sensoriais do vago quanto em neurônios no encéfalo. Fibras sensoriais do vago, juntamente com fibras simpáticas do intestino e informação orossensorial, convergem no núcleo do trato solitário (NTS). Pouco antes do horário da refeição, a liberação de grelina pelo estômago atinge um pico, fornecendo um sinal que chega do sangue para os neurônios no encéfalo. Enquanto a CCK promove a saciedade, a grelina promove o comportamento alimentar.

Sinais de longo prazo. Leptina e insulina estão entre os sinais humorais que informam o encéfalo acerca do estado dos depósitos de gordura. A leptina é produzida em células que armazenam gordura, enquanto a insulina é produzida pelo pâncreas. Ambos os hormônios agem em receptores no núcleo arqueado do hipotálamo, assim como em receptores no NTS. Leptina e insulina reduzem a ingestão de alimento e aumentam o gasto energético. (Sigla: **SNS**, sistema nervoso simpático.)

B. No núcleo arqueado, neurônios que sintetizam peptídeo relacionado a agouti (cutia; **AgRP**), proopiomelanocortina (**POMC**) e o transportador-2 vesicular de glutamato (**VGLUT2**) projetam para o núcleo paraventricular do hipotálamo (**PVH**), onde controlam a fome e a saciedade. Neurônios POMC promotores de saciedade liberam o peptídeo processado a partir da POMC, o hormônio estimulador de α-melanócitos (α-**MSH**), que se liga a receptores da melanocortina-4 (**MC4R**) em neurônios do PVH. A ativação desses neurônios causa saciedade. Em contraste, neurônios AgRP promotores de fome, liberam dois transmissores inibitórios, ácido γ-aminobutírico (**GABA**) e neuropeptídeo Y (**NPY**), e o antagonista de MC4R, o AgRP. Seus efeitos combinados resultam na inibição de neurônios que expressam MC4R, causando fome. Os neurônios que expressam MC4R também recebem aferências excitatórias diretas de outra população de neurônios do arqueado, neurônios VGLUT2, que também promovem saciedade. A ligação de α-MSH a MC4R causa saciedade por dois mecanismos: pela ativação direta de neurônios PVH-MC4R e pela sensibilização desses neurônios aos sinais excitatórios dos neurônios VGLUT2 do arqueado (**setas azuis**). Finalmente, neurônios PVH-MC4R projetam para o núcleo parabraquial lateral, onde promovem a saciedade.

extrema dos camundongos *ob/ob* e *db/db* resulta de intensa hiperfagia e redução da termogênese no tecido adiposo marrom. Com base em uma série de experimentos usando parabiose, Douglas Coleman propôs que camundongos *ob/ob* careciam de um fator de saciedade na circulação, e que camundongos *db/db* careciam de seu receptor.

Em um grande esforço de clonagem posicional, liderado por Jeffrey Friedman e Rudolph Leibel, o gene *ob* foi localizado em uma pequena região do cromossomo 6. Friedman e seu laboratório prosseguiram, então, e identificaram o gene *ob*. Esse gene foi renomeado gene da *leptina* e codifica uma proteína de 167 aminoácidos, a leptina, secretada pelos adipócitos em proporção ao tamanho das reservas de gordura. O uso de leptina para tratar camundongos *ob/ob* cura a obesidade. O gene *db* foi identificado uns poucos anos após e, como previsto por Coleman, ele codifica o receptor da leptina, sendo expresso por neurônios no hipotálamo. É um receptor de citocinas classe I, do tipo interleucina-6, que produz seu efeito antiobesogênico pela ativação da via de sinalização JAK2/STAT3.

Nos anos que se seguiram, muito foi descoberto sobre a leptina. Primeiro, humanos com uma deficiência no gene da leptina ou de seu receptor, como os camundongos mutantes, são extremamente obesos; assim, a função da leptina é altamente conservada. Tais mutações são extremamente raras. Segundo, humanos com formas comuns de obesidade apresentam altos níveis de leptina circulante, um produto colateral de seus depósitos aumentados de gordura. Esse achado inicialmente levou à consideração, posteriormente questionada, de que a forma mais comum de obesidade seria causada por resistência à ação da leptina. Terceiro, a inanição, que reduz os depósitos de gordura, reduz drasticamente os níveis de leptina. Essa redução é de interesse pois o jejum determina muitas respostas adaptativas, também observadas em camundongos e humanos com deficiência de leptina: fome, baixo gasto energético, redução na fertilidade e outras respostas neuroendócrinas. De fato, a restauração de níveis normais de leptina em indivíduos em jejum reverte ou melhora muitos dos efeitos do jejum. Assim, a principal função da leptina é sinalizar, quando seus níveis estiverem baixos, que os depósitos de gordura não estão adequados.

Esses níveis baixos de leptina então resultam em respostas adaptativas essenciais, como aumento da fome, redução da termogênese mediada pelo sistema simpático (de modo a conservar os estoques limitados de combustível), redução na fertilidade (para prevenir a gestação quando suas demandas não podem ser atendidas) e outras. De acordo com essa visão, a amplitude da dinâmica da sinalização da leptina estende-se desde níveis muito baixos (observados no jejum), sinalizando que os depósitos de gordura estão se esgotando, até os níveis observados em indivíduos bem alimentados não obesos, sinalizando que os depósitos de gordura são suficientes. Níveis acima desses podem produzir algum efeito no sentido de restringir a obesidade, mas tal efeito, se presente, é notavelmente fraco. Assim, a defesa do equilíbrio energético é assimétrica – forte para combater baixos estoques e fraca contra estoques altos. Um corolário desse fato é que indivíduos obesos não apresentam resistência à leptina; eles simplesmente têm níveis de leptina que excedem a concentração efetiva máxima.

Neurônios POMC, AgRP e MC4R são nodos-chaves na alça aferente/eferente

Tecnologias de manipulação de neurônios específicos revelaram duas populações antagonistas de neurônios no núcleo arqueado que controlam o equilíbrio energético: uma que expressa o peptídeo relacionado ao agouti (AgRP) e outra que expressa o polipeptídeo precursor pró-opiomelanocortina (POMC) (**Figura 41-14B**). Neurônios POMC determinam redução da fome e estimulam o gasto de energia por ativação simpática; neurônios AgRP fazem o oposto. Neurônios POMC liberam o peptídeo processado hormônio estimulador de α-melanócitos (α-MSH), que ativa o receptor 4 de melanocortina (MC4R), um receptor acoplado a proteína G.

Os neurônios a jusante expressando MC4R que controlam a fome situam-se no PVH. Quando esses neurônios MC4R são excitados pelo α-MSH liberado de aferentes POMC, a fome diminui. Os "neurônios de saciedade" PVH-MC4R são neurônios glutamatérgicos; eles reduzem a fome via projeções excitatórias para o núcleo parabraquial lateral.

Os neurônios que expressam MC4R e que controlam o gasto energético são neurônios pré-ganglionares simpáticos, na medula espinal. Neurônios POMC projetam para esses sítios, além do PVH, aumentando a estimulação simpática do gasto energético.

Os neurônios AgRP aumentam a fome, em parte por oporem-se às ações de neurônios POMC (**Figura 41-14B**). Eles liberam três fatores: AgRP, um agonista inverso MC4R, neuropeptídeo Y e ácido γ-aminobutírico (GABA), estes últimos dois transmissores inibitórios. Os neurônios AgRP projetam-se aos neurônios da saciedade PVH-MC4R, inibindo-os, além de inibirem diretamente os neurônios POMC. Além disso, diferentes subconjuntos de neurônios AgRP no arqueado projetam-se para outros sítios, incluindo o hipotálamo lateral e o núcleo leito da estria terminal. Esses sítios, quando inibidos por sinais do AgRP, também podem estimular a fome.

Um terceiro grupo de neurônios no núcleo arqueado expressam VGLUT2 e liberam glutamato, atuando em paralelo com os neurônios POMC para induzir saciedade (**Figura 41-14B**). Do mesmo modo que os neurônios POMC, e ao contrário dos neurônios AgRP, eles excitam os neurônios da saciedade PVH-MC4R. A sinalização α-MSH/MC4R em neurônios PVH-MC4R causa saciedade por meio de dois mecanismos: por ativação direta dos neurônios da saciedade PVH-MC4R e por aumentarem a transmissão excitatória dos neurônios VGLUT2 sobre neurônios PVH-MC4R, via facilitação pós-sináptica.

A importância dos neurônios POMC, AgRP e dos neurônios de saciedade PVH-MC4R na regulação da ingestão de alimento é sustentada por diversos achados convincentes. Primeiro, o jejum ativa neurônios AgRP e inibe neurônios POMC, enquanto a alimentação ou o tratamento com leptina fazem o oposto. Os neurônios de saciedade PVH-MC4R a jusante são inibidos pelo jejum e estimulados pela alimentação. Segundo, deficiência genética das proteínas POMC ou MC4R causa intensa obesidade. Terceiro, a ablação genética de neurônios AgRP em camundongos causa inanição, enquanto a estimulação de neurônios AgRP determina extrema hiperfagia, mesmo em camundongos caloricamente repletos, que estariam saciados. Finalmente, diversos achados implicam os neurônios da saciedade PVH-MC4R como um importante alvo a jusante dos neurônios AgRP e POMC. Especialmente notável é o desenvolvimento de hiperfagia e obesidade marcante em camundongos geneticamente modificados de modo a carecerem de neurônios MC4R no PVH, assim como a indução de intensa ingestão de alimento após a estimulação optogenética de terminais AgRP no PVH, que inibem neurônios da saciedade.

Surpreendentemente, dicas ambientais que predizem ingestão futura de alimento induzem inibição de neurônios AgRP. De fato, em camundongos em jejum, que apresentam alta atividade de neurônios AgRP, a apresentação de alimento unicamente, sem haver ingestão, diminui os disparos de neurônios AgRP. Isso é, *grosso modo*, análogo à rápida inibição por pró-ação da secreção de vasopressina e da atividade de neurônios da sede (mencionada anteriormente). Assim, os neurônios AgRP promotores de fome, além de receberem fortes sinais de retroalimentação ascendentes, originados do corpo, também recebem informação proativa descendente, a partir de sinais do ambiente. A função desses sinais atuando sobre tais neurônios ainda não foi esclarecida, mas poderia servir como um sinal antecipatório para limitar ingestão futura de excesso de calorias ou, como discutido adiante, poderia servir como um sinal relacionado a recompensa para motivar a alimentação.

Finalmente, a via completa responsável pela regulação da fome, neurônios AgRP e POMC → PVH, ainda não é completamente conhecida. É provável que, via retransmissão através de diversas sinapses, ela afete a atividade neuronal em vias controlando recompensa, bem como a percepção. Esse é o caso pois, no estado de jejum, alimento e dicas que predizem alimento são ambos mais recompensadores e têm bem maior probabilidade de se tornarem o foco da atenção. A maneira como a especificidade por dado objetivo – nesse caso o alimento – é retida na medida em que a informação neural flui de neurônios homeostáticos situados no hipotálamo, regulados de modo altamente específico por uma carência (p. ex., de alimentos), para vias "não específicas" de recompensa e percepção no *accumbens* e no córtex é um dos grandes mistérios dos comportamentos motivados, como fome e sede. Sua solução pode fornecer vislumbres sobre mecanismos de transtornos do comportamento motivado, como a adição a drogas.

Conceitos psicológicos são utilizados para explicar compulsões motivacionais como a fome

Em uma visão simplificada do tipo estímulo-resposta para o comportamento, se poderia assumir que a detecção neural de uma deficiência de água ou de energia (o estímulo) estaria conectada a uma via motora para beber ou comer (a resposta), de modo análogo ao reflexo patelar (Capítulo 3). Contudo, esse não pode ser o caso, pois as respostas que podem ser empregadas para obter alimento, todas motivadas pelo mesmo estímulo (a deficiência), são notavelmente variadas e complexas – em tal grau que não podem ser determinadas por um circuito direto. De fato, animais podem completar um número infinito de tarefas complexas de aprendizado operante para obter recompensas como água ou alimento.

O desafio para se compreender o estímulo motivacional é estabelecer um modelo que explique a capacidade de estados de privação induzirem comportamentos notavelmente variados e complexos, ao mesmo tempo em que se mantêm completamente específicos para um objetivo. Duas atraentes teorias são relevantes. De acordo com a *teoria do incentivo por motivação*, a deficiência aumenta o valor de recompensa do alimento e da água. A *teoria da redução da compulsão* propõe que a deficiência gera um estado aversivo, e acredita-se que a retificação desse estado motive o comportamento. De modo notável, essas duas visões não são mutuamente excludentes e podem, de certo modo, serem dois lados da mesma moeda.

Incentivo por motivação: o jejum aumenta o valor de recompensa do alimento. A teoria do incentivo por motivação representa o trabalho de teóricos ao longo de muitos anos, tendo sido refinada mais recentemente por Frederick Toates e Kent Berridge. Considere a compulsão por comer e beber. Resumidamente, o alimento é considerado como inerentemente recompensador. Por meio de associações aprendidas, dicas e tarefas relacionadas à obtenção de alimento também se tornam recompensadoras: desse modo, respostas comportamentais variadas e complexas são aprendidas (**Figura 41-15A**).

A teoria propõe que o estado de privação aumente o valor de recompensa do alimento e de dicas e tarefas relacionadas (i.e., sua saliência como incentivo). Assim, durante o jejum, o valor de recompensa é aumentado e todo alimento, assim como dicas e tarefas relacionadas a alimentos, são extremamente recompensadores. Após uma refeição, o valor de recompensa diminui, e apenas os alimentos mais inerentemente palatáveis, como sorvete, por exemplo, ainda são suficientemente recompensadores para serem ingeridos. A tarefa dos neurocientistas é determinar como a privação aumenta o valor de recompensa. A ativação experimental de neurônios AgRP em um camundongo saciado aumenta drasticamente o valor de recompensa de alimentos. De modo notável, o valor de recompensa do alimento aumenta para os mesmos níveis extremamente altos observados com o jejum.

Redução da compulsão: a atividade de neurônios AgRP da fome pode ser aversiva. Como sabemos a partir da experiência pessoal, estados comportamentais criados pela desidratação e pela deficiência calórica, ou seja, sede e fome, são desagradáveis. Foi originalmente proposto, muitos anos atrás, que a redução desses estados, que alivia esse desconforto, é recompensadora e, assim, motiva os comportamentos de ingestão de líquidos e de alimentos. Recentemente, o grupo de Scott Sternson forneceu novas e convincentes evidências apoiando uma versão modificada desse modelo (**Figura 41-15B**). Usando um paradigma de condicionamento

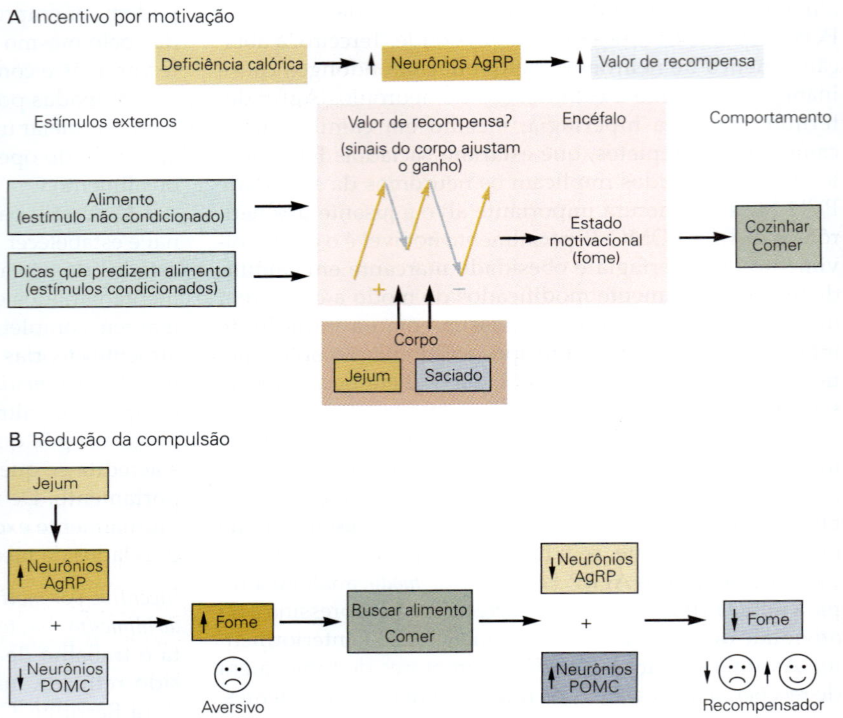

FIGURA 41-15 Duas teorias de como o jejum promove a ingestão de alimento.

A. *Incentivo por motivação.* O alimento é inerentemente recompensador, e diferentes alimentos apresentam diferentes valores como recompensa (alface/baixo, sorvete/alto). Por meio de associações aprendidas, dicas que predizem alimento tornam-se recompensadoras. O estado alimentado (saciado), em comparação ao estado de jejum, determina quão recompensadores são o alimento e as dicas a ele relacionadas. O valor do alimento como recompensa aumenta substancialmente com o jejum, e diminui no estado saciado.

B. *Redução da compulsão.* O sentimento de fome é aversivo. A ingestão reduz esse estado aversivo. De modo consistente com essa teoria, a estimulação experimental de neurônios que expressam o peptídeo relacionado ao agouti (**AgRP**) e promovem a fome é aversiva, enquanto a estimulação, em um camundongo faminto, de neurônios que expressam receptores de melanocortina-4 (**MC4R**) no núcleo paraventricular do hipotálamo, que promovem saciedade (e estão a jusante dos neurônios AgRP e **POMC**), cria um sentimento prazeroso.

comportamental, como o teste de preferência de lugar, eles descobriram que a ativação optogenética de neurônios AgRP em camundongos saciados era aversiva. Quando os mesmos camundongos foram estudados em estado de privação de alimento (que está associado a aumento da atividade de neurônios AgRP), eles realizavam comportamentos que, na condição anterior, haviam diminuído a atividade dos neurônios AgRP – em suma, agiam como se motivados para reduzir o estado aversivo induzido pelos neurônios AgRP. Resultados similares foram obtidos com neurônios da sede no SFO.

Ainda em suporte dessa visão, a ativação optogenética de neurônios da saciedade PVH-MC4R a jusante em camundongos privados de calorias, mas não em camundongos saciados, é emocionalmente positiva (i.e., os camundongos gostam disso). Assim, o estímulo da saciedade, mesmo em animais famintos, é prazeroso. No conjunto, esses achados fornecem fortes evidências para a visão de que a deficiência homeostática é desagradável, que o estado aversivo é causado pela ativação de neurônios homeostáticos responsivos à deficiência e que, quando afligidos pelo estado aversivo induzido pela deficiência, os animais acionam comportamentos associados com seu alívio.

Esse modelo fornece uma explicação para o fato de ser tão difícil fazer uma dieta restritiva. Ela gera um estado aversivo, desagradável, que pode apenas ser aliviado pela ingestão. Finalmente, a rápida redução da atividade de neurônios AgRP em resposta a dicas sensoriais que preveem alimento e o alívio do estado aversivo que essa redução deve causar poderiam funcionar como "sinal de ensino" recompensador, que motiva a busca pelo objetivo (o alimento).

Regiões sexualmente dimórficas no hipotálamo controlam comportamentos relacionados a sexo, agressividade e funções parentais

Serão discutidos agora comportamentos que não são homeostáticos, mas são controlados pelo hipotálamo, envolvendo a integração entre dicas sensoriais e sinais originados do corpo (i.e., esteroides gonadais), e que são críticos para a sobrevivência da espécie.

Machos e fêmeas diferem em seus comportamentos sexuais, agressivos e parentais. Essas diferenças são especialmente notáveis em animais como camundongos, por exemplo, onde são claramente determinadas por circuitos existentes (i.e., não requerem treinamento prévio). Tais diferenças incluem a monta e a lordose executadas por machos e fêmeas, respectivamente; comportamentos territoriais, como marcação de território e agressão, por machos; e, ao lidar com juvenis, a tendência no sentido de cuidar e nutrir, em fêmeas, em oposição ao comportamento agressivo, em machos. A capacidade latente para esses comportamentos sexualmente dimórficos é produto da ação de hormônios gonadais esteroides sobre o encéfalo, durante a embriogênese (Capítulo 51). A obtenção do repertório completo dos comportamentos sexo-específicos no adulto também requer níveis adultos de esteroides gonadais. Genes específicos dos cromossomos sexuais, além do *Sry*, que determina o sexo masculino, assim como genes expressos de modo sexualmente dimórfico, também modulam sutilmente comportamentos sexo-específicos independentemente dos esteroides gonadais. Finalmente, os próprios comportamentos são disparados por estímulos do ambiente, como os feromônios.

Duas regiões do hipotálamo são envolvidas de modo crítico no controle desses comportamentos, a área pré-óptica (POA) e o aspecto ventrolateral do núcleo ventromedial hipotalâmico (vlVMH). Ambos os sítios são sexualmente dimórficos: a POA contém mais neurônios em machos, e o vlVMH contém mais neurônios que expressam progesterona em fêmeas. Esses sítios estão intensamente interconectados, e recebem fortes aferências de duas outras áreas sexualmente dimórficas fora do hipotálamo: a divisão medial da porção posteromedial do núcleo leito da estria terminal (BNSTmpm) e a amígdala medial (MeA).

O comportamento sexual e a agressividade são controlados pela área pré-óptica hipotalâmica e por uma subárea do núcleo ventromedial do hipotálamo

Estudos com lesões encefálicas têm demonstrado que regiões encefálicas sexualmente dimórficas – bulbo olfatório acessório, BNSTmpm, MeA e, especialmente, POA e vlVMH – desempenham papéis importantes em comportamentos sexualmente específicos. Neurônios nessas regiões são altamente interconectados, localizam-se a jusante de vias envolvidas na detecção e na resposta a feromônios (BNSTmpm e MeA), expressam receptores para hormônios gonadais e, com exceção dos neurônios no vlVMH, também expressam a aromatase (Figura 41-16). Neurônios tanto na POA quanto no vlVMH enviam fortes projeções à área cinzenta periaquedutal lateral, que, acredita-se, medeie e coordene os aspectos motor e autonômico dos comportamentos sexual e agressivo.

O vlVMH desempenha um papel crítico no controle de comportamentos sexualmente dimórficos. As taxas de disparo de neurônios vlVMH em camundongos machos aumentam durante o acasalamento ou em períodos de agressão contra um macho intruso. Estimulação desses neurônios dispara intenso comportamento de ataque contra machos intrusos e mesmo contra alvos atípicos para a agressividade de machos, como machos castrados, fêmeas ou mesmo luvas de borracha! O silenciamento desses neurônios elimina o comportamento agressivo contra machos intrusos. Além disso, o estímulo de um subconjunto de neurônios vlVMH que expressam receptor para estrógeno evoca comportamento sexual (monta) ou agressivo, dependendo do número de neurônios ativados e de seu grau de ativação: níveis mais baixos de ativação induzem comportamento de monta, enquanto níveis mais altos induzem agressividade. De modo consistente com esses resultados, a ablação genética de neurônios relacionados no vlVMH que expressam o receptor de progesterona causa a perda de comportamentos tanto sexual quanto agressivo em machos, e perda do comportamento sexual em fêmeas. Assim, está claro que neurônios no vlVMH que expressam receptores para esteroides gonadais desempenham um papel crítico na estimulação de comportamento sexual em machos e fêmeas e de agressividade em machos.

O comportamento parental é controlado pela área pré-óptica hipotalâmica

O comportamento parental de cuidar e nutrir seus filhotes é essencial para a sobrevivência da prole. Roedores machos demonstram padrões de comportamento notavelmente diferentes. Machos podem apresentar comportamento de cuidar ou serem hostis em relação aos filhotes, mesmo ao ponto de infanticídio, dependendo de perceberem os filhotes como deles próprios ou de outro macho. Camundongos fêmeas, por outro lado, geralmente cuidam dos filhotes.

A interação social entre filhotes de camundongos e fêmeas ou machos adequadamente receptivos, mas não machos adultos hostis, induz atividade em subconjuntos de neurônios que expressam galanina na POA. Esses neurônios ativados pela prole são bastante distintos dos neurônios da POA ativados no acasalamento. A ablação genética de neurônios da POA que expressam galanina impede o

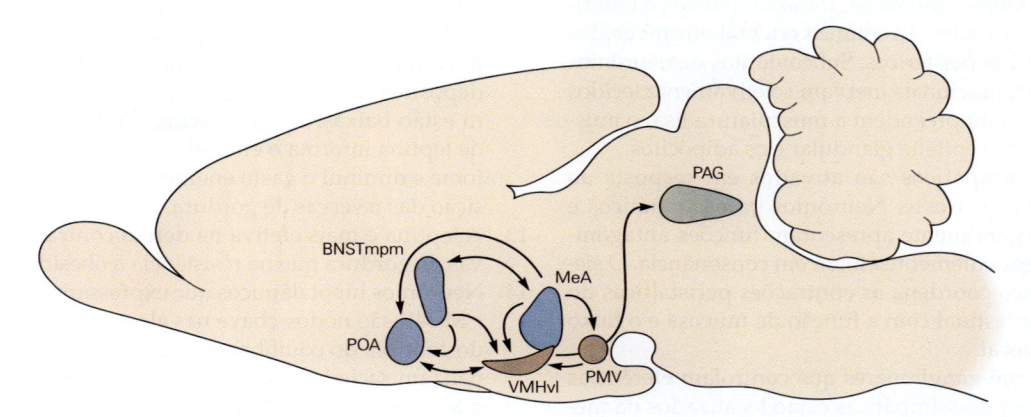

FIGURA 41-16 Estruturas neurais sexualmente dimórficas incluem circuitos comportamentais altamente interconectados. Núcleos hipotalâmicos e amigdalinos que regulam comportamentos sexualmente dimórficos são intensamente interconectados. Essas áreas processam informação de feromônios, e subconjuntos de neurônios no adulto, dentro de cada uma dessas regiões, expressam receptores para hormônios gonadais; neurônios em algumas dessas regiões (em azul) também expressam aromatase. (Siglas: **BNSTmpm**, divisão medial da porção posteromedial do núcleo leito da estrial terminal; **MeA**, amígdala medial; **PAG**, substância cinzenta periaquedutal; **PMV**, núcleo pré-mamilar ventral; **POA**, área pré-óptica do hipotálamo; **VMHvl**, componente ventrolateral do hipotálamo ventromedial.) (Reproduzida, com autorização, de Yang e Shah, 2014. Copyright © 2014 Elsevier Inc.)

comportamento de cuidado parental, ao ponto de induzir comportamento não característico de agressividade de fêmeas contra sua prole. Por outro lado, a estimulação desses neurônios positivos para galanina em machos, que são extremamente hostis em relação a filhotes que não sejam seus, diminui a agressividade e induz comportamento de cuidado e limpeza dos filhotes. Assim, neurônios na POA, além de controlarem o próprio comportamento sexual, também desempenham um papel em assegurar a sobrevivência dos frutos do comportamento sexual.

Destaques

1. O hipotálamo e os sistemas motores autonômico e neuroendócrino coordenam e controlam a homeostase corporal, induzindo comportamentos adaptativos, controlando glândulas, musculatura lisa e cardíaca e adipócitos, e determinando a liberação de hormônios pela glândula hipófise.
2. O controle homeostático da temperatura corporal, do equilíbrio hídrico e de eletrólitos e da pressão sanguínea permite ao organismo funcionar sob condições ambientais rigorosas.
3. Alças de retroalimentação que percebem a temperatura, a osmolaridade, a pressão sanguínea e a gordura corporal são essenciais para o controle homeostático. A ação combinada de múltiplas alças de controle com informação por retroalimentação sensoriais-aferentes/eferentes-efetores resulta em pontos de ajuste emergentes.
4. Neurônios hipotalâmicos modalidade-específicos ligam a retroalimentação sensorial interoceptiva específica com eferências que controlam comportamentos adaptativos e respostas fisiológicas. Além da retroalimentação, esses neurônios modalidade-específicos também recebem informação proativa com relação a desafios homeostáticos antecipados.
5. O sistema motor autônomo contém neurônios localizados em gânglios simpáticos, parassimpáticos e entéricos, situados próximos à coluna vertebral ou embebidos dentro de alvos periféricos. Subconjuntos de neurônios autonômicos funcionais inervam seletivamente tecidos efetores, que compreendem a musculatura lisa, o músculo cardíaco, o epitélio glandular e os adipócitos.
6. Neurônios simpáticos são ativados em resposta ao exercício e ao estresse. Neurônios parassimpáticos e simpáticos geralmente apresentam funções antagônicas, mas frequentemente atuam em consonância. O sistema entérico coordena as contrações peristálticas do trato gastrintestinal com a função da mucosa e o fluxo sanguíneo local.
7. Neurônios pré-ganglionares que controlam eferências simpáticas e parassimpáticas estão localizados na medula espinal e no tronco encefálico.
8. Acetilcolina, noradrenalina e neuropeptídeos que atuam como cotransmissores agem como moléculas sinápticas sinalizadoras no sistema motor autônomo. A transmissão sináptica excitatória rápida nos gânglios autonômicos é mediada pela acetilcolina atuando em receptores nicotínicos. Receptores acoplados a proteínas G nos gânglios mediam efeitos excitatórios e inibitórios adicionais pré e pós-sinápticos. Receptores acoplados a proteínas G mediam ações de transmissores em junções autonômicas entre o sistema nervoso e o órgão efetor.
9. O sistema neuroendócrino liga o hipotálamo, via hipófise, a várias respostas fisiológicas no corpo. A hipófise posterior contém terminais axonais hipotalâmicos que liberam dois neurormônios no sangue: a vasopressina estimula a reabsorção de água pelo rim, enquanto a ocitocina controla as contrações uterinas e a ejeção de leite. A hipófise anterior contém células neuroendócrinas que secretam hormônios em resposta a fatores liberados por neurônios hipotalâmicos. Esses hormônios da adeno-hipófise controlam a glândula tireoide, a secreção de glicocorticoides pelo córtex adrenal, a secreção de hormônios esteroides gonadais, a lactação e o crescimento linear.
10. A temperatura corporal é detectada por múltiplos sítios, incluindo sítios periféricos em importantes órgãos e ao redor deles e sítios no encéfalo. A constância da temperatura corporal é mantida por múltiplas alças de controle termorreceptor-aferente/termoefetor-eferente.
11. Alguns neurônios na lâmina terminal são ativados por desidratação e por perda do volume intravascular. Parâmetros-chave percebidos por esses estados deficientes incluem osmolaridade e níveis de angiotensina II, respectivamente. Quando esses neurônios são ativados, causam sede e liberação de vasopressina a partir da hipófise posterior. A liberação de vasopressina é também rapidamente regulada de modo pró-ativo por dicas que antecipam futuras perturbações na osmolaridade.
12. O equilíbrio energético envolve sinais de retroalimentação de curto e longo prazo. Sinais de curto prazo originados do intestino mediam a saciedade, que encerra as refeições. A CCK, liberada por células endócrinas do intestino, desempenha um papel importante na saciedade. Um sinal de longo prazo é a leptina, secretada por adipócitos proporcionalmente à quantidade de depósitos de gordura. Quando as reservas de gordura estão baixas, a consequente diminuição nos níveis de leptina informa o encéfalo, que induz um estado de fome e diminui o gasto energético, resultando na reposição das reservas de gordura.
13. A leptina é mais efetiva na defesa contra baixas reservas de gordura que na resistência à obesidade.
14. Neurônios hipotalâmicos que expressam POMC, AgRP e MC4R são nodos-chave nas alças aferentes/eferentes do controle do equilíbrio energético. Neurônios que sinalizam saciedade são ativados por neurônios POMC que promovem saciedade e inibidos por neurônios AgRP, que promovem fome.
15. Um dos grandes mistérios dos comportamentos motivados, como fome e sede, é a forma como a especificidade por dado objetivo (p. ex., o alimento) é retida na medida em que a informação neural flui de neurônios homeostáticos hipotalâmicos regulados de modo altamente específico por uma deficiência para vias "não

específicas" de recompensa e percepção no *accumbens* e no córtex. A solução pode fornecer vislumbres sobre mecanismos de transtornos do comportamento motivado, como a dependência química.

16. A leptina regula a fome e o gasto energético, em parte ativando neurônios POMC e inibindo neurônios AgRP. Neurônios AgRP, promotores de fome, são também rapidamente regulados de modo proativo por dicas que antecipam futuros desafios no equilíbrio energético.

17. Compulsões motivadas como a fome têm sido explicadas por dois mecanismos: o estado de deficiência (falta de alimento) aumenta o valor de recompensa do alimento ou sua deficiência gera um estado aversivo cuja resolução motiva o comportamento.

18. Regiões sexualmente dimórficas no hipotálamo controlam comportamentos sexuais e agressivos. A atividade neural na área pré-óptica, que é sexualmente dimórfica, controla o comportamento parental. A obtenção do repertório completo dos comportamentos sexo-específicos no adulto também requer níveis adultos de esteroides gonadais.

Bradford B. Lowell
Larry W. Swanson
John P. Horn

Leituras selecionadas

Andermann ML, Lowell BB. 2017. Towards a wiring diagram understanding of appetite control. Neuron 95:757–778.
Berridge KC. 2004. Motivation concepts in behavioral neuroscience. Physiol Behav 81:179–209.
Bourque CW. 2008. Central mechanisms of osmosensation and systemic osmoregulation. Nat Rev Neurosci 9:519–531.
Clarke IJ. 2015. Hypothalamus as an endocrine organ. Compr Physiol 5:217–253.
Dulac C, O'Connell LA, Wu Z. 2014. Neural control of maternal and paternal behaviors. Science 345:765–770.
Guyenet PG. 2006. The sympathetic control of blood pressure. Nat Rev Neurosci 7:335–346.
Jænig, W. 2006. *The Integrative Action of the Autonomic Nervous System*. Cambridge, England: Cambridge Univ. Press.
Leib DE, Zimmerman CA, Knight ZA. 2016. Thirst. Curr Biol 26:R1260–R1265.
Morrison SF. 2016. Central control of body temperature. F1000Res 5:F1000.
Morton GJ, Meek TH, Schwartz MW. 2014. Neurobiology of food intake in health and disease. Nat Rev Neurosci 15:367–378.
Romanovsky AA. 2007. Thermoregulation: some concepts have changed. Functional architecture of the thermoregulatory system. Am J Physiol Regul Integr Comp Physiol 292:R37–R46.
Rosenbaum M, Leibel RL. 2014. 20 years of leptin: role of leptin in energy homeostasis in humans. J Endocrinol 223:T83–T96.
Yang CF, Shah NM. 2014. Representing sex in the brain, one module at a time. Neuron 82:261–278.

Referências

Ahima RS, Prabakaran D, Mantzoros C, et al. 1996. Role of leptin in the neuroendocrine response to fasting. Nature 382:250–252.
Aponte Y, Atasoy D, Sternson SM. 2011. AGRP neurons are sufficient to orchestrate feeding behavior rapidly and without training. Nat Neurosci 14:351–355.
Balthasar N, Dalgaard LT, Lee CE, et al. 2005. Divergence of melanocortin pathways in the control of food intake and energy expenditure. Cell 123:493–505.
Berthoud HR, Neuhuber WL. 2000. Functional and chemical anatomy of the afferent vagal system. Auton Neurosci 85:1-17.
Betley JN, Xu S, Cao ZF, et al. 2015. Neurons for hunger and thirst transmit a negative-valence teaching signal. Nature 521:180–185.
Brookes SJ, Spencer NJ, Costa M, Zagorodnyuk VP. 2013. Extrinsic primary afferent signalling in the gut. Nat Rev Gastroenterol Hepatol 10:286–296.
Burnstock G. 2013. Cotransmission in the autonomic nervous system. Handb Clin Neurol 117:23–35.
Campos CA, Bowen AJ, Schwartz MW, Palmiter RD. 2016. Parabrachial CGRP neurons control meal termination. Cell Metab 23:811–820.
Chambers AP, Sandoval DA, Seeley RJ. 2013. Integration of satiety signals by the central nervous system. Curr Biol 23:R379–R388.
Chen Y, Lin YC, Kuo TW, Knight ZA. 2015. Sensory detection of food rapidly modulates arcuate feeding circuits. Cell 160:829–841.
Coleman DL. 2010. A historical perspective on leptin. Nat Med 16:1097–1099.
DeGroat WC, Booth AM, Yoshimura N. 1993. Neurophysiology of micturition and its modification in animal models of human disease. In: CA Maggi (ed). *Nervous Control of the Urogenital System*, pp. 227–348. Chur, Switzerland: Harwood Academic Publishers.
Fenselau H, Campbell JN, Verstegen AM, et al. 2017. A rapidly acting glutamatergic ARC→PVH satiety circuit postsynaptically regulated by α-MSH. Nat Neurosci 20:42–51.
Furness JB. 2012. The enteric nervous system and neurogastroenterology. Nat Rev Gastroenterol Hepatol 9:286–294.
Furness JB, Costa M. 1980. Types of nerves in the enteric nervous system. Neurosci 5:1–20.
Furness JB, Jones C, Nurgali K, Clerc N. 2004. Intrinsic primary afferent neurons and nerve circuits within the intestine. Prog Neurobiol 72:143–164.
Garfield AS, Li C, Madara JC, et al. 2015. A neural basis for melanocortin-4 receptor-regulated appetite. Nat Neurosci 18:863–871.
Gay VL. 1972. The hypothalamus: physiology and clinical use of releasing factors. Fertil Steril 23:50–63.
Gibbins IL. 1995. Chemical neuroanatomy of sympathetic ganglia. In: E McLachlan (ed). *Autonomic Ganglia*, pp. 73–122. Luxembourg: Harwood Academic Publishers.
Huszar D, Lynch CA, Fairchild-Huntress V, et al. 1997. Targeted disruption of the melanocortin-4 receptor results in obesity in mice. Cell 88:131–141.
Ingalls AM, Dickie MM, Snell GD. 1950. Obese, a new mutation in the house mouse. J Hered 41:317–318.
Krashes MJ, Koda S, Ye C, et al. 2011. Rapid, reversible activation of AgRP neurons drives feeding behavior in mice. J Clin Invest 121:1424–1428.
Krashes MJ, Lowell BB, Garfield AS. 2016. Melanocortin-4 receptor-regulated energy homeostasis. Nat Neurosci 19:206–219.
Lechner SG, Markworth S, Poole K, et al. 2011. The molecular and cellular identity of peripheral osmoreceptors. Neuron 69:332–344.
Lee H, Kim DW, Remedios R, et al. 2014. Scalable control of mounting and attack by Esr1+ neurons in the ventromedial hypothalamus. Nature 509:627–632.
Lin D, Boyle MP, Dollar P, et al. 2011. Functional identification of an aggression locus in the mouse hypothalamus. Nature 470:221–226.
Locke AE, Kahali B, Berndt SI, et al. 2015. Genetic studies of body mass index yield new insights for obesity biology. Nature 518:197–206.
Lowell BB, Spiegelman BM. 2000. Towards a molecular understanding of adaptive thermogenesis. Nature 404:652–660.
Luquet S, Perez FA, Hnasko TS, Palmiter RD. 2005. NPY/AgRP neurons are essential for feeding in adult mice but can be ablated in neonates. Science 310:683–685.

Mandelblat-Cerf Y, Kim A, Burgess CR, et al. 2017. Bidirectional anticipation of future osmotic challenges by vasopressin neurons. Neuron 93:57–65.

Mandelblat-Cerf Y, Ramesh RN, Burgess CR, et al. 2015. Arcuate hypothalamic AgRP and putative POMC neurons show opposite changes in spiking across multiple timescales. Elife 4:e07122.

McKinley MJ, Yao ST, Uschakov A, McAllen RM, Rundgren M, Martelli D. 2015. The median preoptic nucleus: front and centre for the regulation of body fluid, sodium, temperature, sleep and cardiovascular homeostasis. Acta Physiol (Oxf) 214:8–32.

Mountjoy KG, Robbins LS, Mortrud MT, Cone RD. 1992. The cloning of a family of genes that encode the melanocortin receptors. Science 257:1248–1251.

Myers MG Jr, Leibel RL, Seeley RJ, Schwartz MW. 2010. Obesity and leptin resistance: distinguishing cause from effect. Trends Endocrinol Metab 21:643–651.

Nakamura K, Morrison SF. 2011. Central efferent pathways for cold-defensive and febrile shivering. J Physiol 589:3641–3658.

Oka Y, Ye M, Zuker CS. 2015. Thirst driving and suppressing signals encoded by distinct neural populations in the brain. Nature 520:349–352.

Powley TL, Phillips RJ. 2004. Gastric satiation is volumetric, intestinal satiation is nutritive. Physiol Behav 82:69–74.

Reichlin S. 1978. The hypothalamus: introduction. Res Publ Assoc Res Nerv Ment Dis 56:1–14.

Romanovsky AA. 2014. Skin temperature: its role in thermoregulation. Acta Physiol (Oxf) 210:498–507.

Rossi J, Balthasar N, Olson D, et al. 2011. Melanocortin-4 receptors expressed by cholinergic neurons regulate energy balance and glucose homeostasis. Cell Metab 13:195–204.

Saper CB. 2002. The central autonomic nervous system: conscious visceral perception and autonomic pattern generation. Annu Rev Neurosci 25:433–469.

Saper CB, Romanovsky AA, Scammell TE. 2012. Neural circuitry engaged by prostaglandins during the sickness syndrome. Nat Neurosci 15:1088–1095.

Shah BP, Vong L, Olson DP, et al. 2014. MC4R-expressing glutamatergic neurons in the paraventricular hypothalamus regulate feeding and are synaptically connected to the parabrachial nucleus. Proc Natl Acad Sci U S A 111:13193–13198.

Song K, Wang H, Kamm GB, et al. 2016. The TRPM2 channel is a hypothalamic heat sensor that limits fever and can drive hypothermia. Science 353:1393–1398.

Speakman JR, Levitsky DA, Allison DB, et al. 2011. Set points, settling points and some alternative models: theoretical options to understand how genes and environments combine to regulate body adiposity. Dis Model Mech 4:733–745.

Stricker EM, Hoffmann ML. 2007. Presystemic signals in the control of thirst, salt appetite, and vasopressin secretion. Physiol Behav 91:404–412.

Swanson LW. 2000. Cerebral hemisphere regulation of motivated behavior. Brain Res 886:113–164.

Tan CH, McNaughton PA. 2016. The TRPM2 ion channel is required for sensitivity to warmth. Nature 536:460–463.

Tan CL, Cooke EK, Leib DE, et al. 2016. Warm-sensitive neurons that control body temperature. Cell 167:47–59 e15.

Tanaka M, Owens NC, Nagashima K, Kanosue K, McAllen RM. 2006. Reflex activation of rat fusimotor neurons by body surface cooling, and its dependence on the medullary raphe. J Physiol 572:569–583.

Toates F 1986. *Motivational Systems*. New York: Cambridge University Press.

Williams EK, Chang RB, Strochlic DE, Umans BD, Lowell BB, Liberles SD. 2016. Sensory neurons that detect stretch and nutrients in the digestive system. Cell 166:209–221.

Wong LC, Wang L, D'Amour JA, et al. 2016. Effective modulation of male aggression through lateral septum to medial hypothalamus projection. Curr Biol 26:593–604.

Wu Z, Autry AE, Bergan JF, Watabe-Uchida M, Dulac CG. 2014. Galanin neurons in the medial preoptic area govern parental behaviour. Nature 509:325–330.

Yang CF, Chiang MC, Gray DC, et al. 2013. Sexually dimorphic neurons in the ventromedial hypothalamus govern mating in both sexes and aggression in males. Cell 153:896–909.

Zhang Y, Proenca R, Maffei M, Barone M, Leopold L, Friedman JM. 1994. Positional cloning of the mouse obese gene and its human homologue. Nature 372:425–432.

Zimmerman CA, Lin YC, Leib DE, et al. 2016. Thirst neurons anticipate the homeostatic consequences of eating and drinking. Nature 537:680–684.

42

Emoção

A busca moderna pelos circuitos neurais das emoções teve início no final do século XIX

A amígdala foi implicada tanto no medo aprendido quanto no medo inato

    A amígdala foi implicada no medo inato em animais

    A amígdala é importante para o medo nos humanos

    O papel da amígdala estende-se para emoções positivas

As respostas emocionais podem ser atualizadas por extinção ou por regulação

A emoção pode influenciar processos cognitivos

Muitas outras áreas encefálicas contribuem para o processamento emocional

O neuroimageamento funcional está contribuindo para a nossa compreensão da emoção em humanos

    O imageamento funcional tem identificado correlatos neurais dos sentimentos

    Emoções estão relacionadas à homeostase

Destaques

JÚBILO, COMPAIXÃO, TRISTEZA, MEDO e raiva são geralmente considerados exemplos de emoções. Esses estados têm um enorme impacto no comportamento e no bem-estar. Mas o que é, exatamente, uma emoção? Distinguir entre diferentes estados emocionais é difícil e requer que se leve em conta os desafios ambientais ou os desafios gerados internamente e que são enfrentados pelo organismo, assim como suas respostas fisiológicas. Por exemplo, antes de concluirmos que um rato está amedrontado, precisamos saber que esse rato está avaliando um estímulo ameaçador específico (um predador em seu ambiente) e seu organismo está ativando uma resposta adaptativa, que pode incluir alto estado de alerta e congelamento.

Emoções são frequentemente representadas considerando-se duas dimensões: valência (i.e., o grau de prazer ou desagrado envolvido) e intensidade (alto ou baixo estado de ativação), chamadas "afeto básico" em muitas teorias psicológicas. No entanto, as emoções também podem ser agrupadas em categorias, como categorias de emoções básicas (felicidade, medo, raiva, desgosto, tristeza) e categorias de emoções mais complexas, que ajudam a regular comportamentos sociais ou morais (p. ex., vergonha, culpa, constrangimento, orgulho, inveja). Se as categorias geralmente usadas (como essas mencionadas) corresponderiam a categorias cientificamente úteis em uma futura disciplina de neurociências das emoções é um tópico de considerável debate.

Dentro de contextos experimentais, o termo *emoção* é usado em diferentes formas, frequentemente relacionadas à maneira pela qual a emoção é mensurada (**Quadro 42-1**). Em conversas cotidianas, a maioria das pessoas usa o termo "emoção" como sinônimo de "experiência consciente da emoção", ou "sentimento", e a maior parte dos estudos psicológicos em humanos também tem focado nesse sentido da "emoção". Por outro lado, a maior parte da pesquisa usando modelos animais aborda respostas comportamentais ou fisiológicas específicas, em boa parte em razão de não ser possível obter relatos verbais nesses estudos. Contudo, as emoções foram conservadas ao longo da evolução das espécies, como foi inicialmente observado por Charles Darwin em seu livro seminal intitulado *A expressão das emoções no homem e nos animais*. Desse modo, a abordagem empírica descrita neste capítulo considera emoções como estados encefálicos centrais que podem ser estudados em humanos e em muitos outros animais, desde que se distinga emoções e sentimentos.

Estados emocionais causam tipicamente um amplo espectro de respostas fisiológicas que ocorrem quando o encéfalo detecta certas situações ambientais. Essas respostas fisiológicas são relativamente automáticas, mas ainda assim dependem do contexto e ocorrem dentro do encéfalo, assim como no organismo todo. No encéfalo, envolvem mudanças nos níveis de alerta e nas funções cognitivas, como atenção, processamento da memória e tomadas de decisão. Respostas somáticas envolvem sistemas endócrinos, autonômicos e musculoesqueléticos (Capítulo 41). Em suma, emoções são estados neurobiológicos que

> **QUADRO 42-1** Maneiras de medir emoções
>
> **Medidas comumente usadas em humanos**
> *Psicofisiologia*. A psicofisiologia utiliza diversas medidas para avaliar parâmetros fisiológicos associados a estados emocionais. Essas medidas incluem respostas autonômicas (Capítulo 41), assim como algumas respostas somáticas. A medida mais comum utilizada é a resposta galvânica da pele (também conhecida como resposta de condutância da pele), uma medida derivada da sudorese nas palmas das mãos, em função da ativação simpática autonômica. Outras medidas incluem frequência cardíaca, variabilidade da frequência cardíaca, pressão sanguínea, respiração, dilatação da pupila, eletromiografia (EMG) facial e resposta de sobressalto (ver adiante). Algumas dessas medidas correlacionam-se bastante com dimensões básicas da emoção, como a valência (p. ex., a magnitude da resposta de sobressalto) ou o alerta (p. ex., a resposta galvânica da pele), enquanto outras (p. ex., EMG facial) podem fornecer informação mais refinada sobre emoções. A expressão facial tem sido bastante usada, mas não tem uma relação simples com emoções específicas.
>
> **TABELA 42-1** Questionários comuns utilizados para avaliar o medo em estudos de emoções em humanos
>
> | Questionário | Tipo de questões para o medo |
> |---|---|
> | Questionário para o medo – Inventário II | Sonda o nível de medo de um indivíduo ao longo de um espectro de diferentes objetos e situações que normalmente evocam medo |
> | Escala de medo de avaliações negativas | Mede o medo de ser avaliado negativamente por outros |
> | Escala de evitação social e angústia | Mede o medo de situações sociais |
> | Índice de sensibilidade à ansiedade | Mede o medo de experimentar diferentes sensações corporais e sentimentos |
> | Inventários de ansiedade de Beck | Mede sintomas relacionados a medo e pânico experimentados na semana prévia |
> | Questionário sobre pânico e fobias de Albany | Faz o participante estimar o grau de medo que experimentaria em diferentes situações |
> | Questionário de medo | Mede o grau de evitação devido ao medo |
> | PANAS-X para o medo (geral) | Mede quanto, em geral, um indivíduo passa por estados afetivos relacionados ao medo |
> | PANAS-X para o medo (momento) | Mede quanto, no presente momento, um indivíduo está em estados afetivos relacionados ao medo |
>
> **PANAS**, *Positive and Negative Affect Schedule* (inventário de afeto positivo e negativo).
>
> *continua*

causam respostas comportamentais e cognitivas coordenadas, disparadas pelo encéfalo. Isso pode ocorrer quando um indivíduo detecta um estímulo significativo (com carga positiva ou negativa) ou tem um pensamento específico ou memória que leva a um estado emocional gerado endogenamente.

Alguns estímulos – objetos, animais ou situações – disparam emoções sem que o organismo tenha aprendido qualquer coisa prévia sobre tal estímulo. Esses estímulos têm qualidades inerentemente reforçadoras e são chamados estímulos não condicionados; exemplos são um choque doloroso ou um sabor desagradável. A grande maioria dos estímulos, contudo, adquire sua significância emocional por meio de aprendizado associativo.

Quando um indivíduo detecta um estímulo emocionalmente significativo, três sistemas fisiológicos são acionados: as glândulas endócrinas, o sistema motor autônomo e o sistema musculoesquelético (**Figura 42-1**). O sistema endócrino é responsável pela secreção de hormônios na corrente sanguínea e por sua regulação, hormônios esses que afetam tecidos do organismo e também o encéfalo. O sistema nervoso autônomo medeia alterações nos vários sistemas de controle fisiológico do organismo: o sistema cardiovascular e tecidos e órgãos viscerais na cavidade abdominal (ver Capítulo 41). O sistema motor esquelético medeia a manifestação de comportamentos, como congelamento, fuga ou luta e certas expressões faciais. Juntos, esses três sistemas controlam a expressão fisiológica dos estados emocionais no organismo.

Este capítulo inicia com uma discussão dos antecedentes históricos da moderna pesquisa acerca das neurociências da emoção. Após, são descritos os circuitos neurais e os mecanismos celulares que são subjacentes à emoção mais bem estudada, o medo. Ao fazê-lo, focamos nossa atenção na amígdala. É importante observar, contudo, que não parece haver uma estrutura encefálica única que participe apenas em uma emoção. Por exemplo, a amígdala, que, como se sabe, participa em emoções com valência negativa,

> **QUADRO 42-1** Maneiras de medir emoções (*continuação*)
>
> *Avaliações subjetivas.* Avaliações subjetivas são muitas vezes usadas em estudos em humanos e incluem avaliações categóricas e contínuas (**Tabela 42-1**). Essas avaliações podem variar ao longo de dimensões emocionais, como a valência (prazeroso/desagradável) ou a intensidade de emoções específicas. Avaliações subjetivas dependem necessariamente de palavras e conceitos com especificidade cultural para as emoções.
>
> *Amostragem de experiências.* Psicólogos usam amostragem de experiências para quantificar as emoções que as pessoas experimentam na verdade na vida diária. Os participantes podem ter seus celulares programados para soar um alarme a cada poucas horas e então devem cessar qualquer atividade que estejam realizando e preencher um breve questionário sobre o que estão sentindo naquele momento. Desse modo, um gráfico dos dados pode caracterizar como as emoções de um indivíduo mudam ao longo do dia ou ao longo de períodos mais longos. Resulta que, a partir do conhecimento de como as pessoas se sentem, somos na verdade bastante bons em prever que emoções elas experimentarão a seguir.
>
> *Medidas hormonais.* Respostas hormonais a estados emocionais são tipicamente mais lentas que medidas psicofisiológicas. Pesquisadores do campo das emoções medem uma variedade de hormônios para averiguar estados emocionais ao longo de períodos de grande duração. Respostas de alerta relativamente não diferenciadas são usadas para avaliar o estresse. O hormônio do estresse, cortisol (Capítulo 61), é medido facilmente a partir da saliva dos participantes.
>
> *Sondas experimentais específicas.* Diversos testes comportamentais e fisiológicos específicos são usados para sondar as emoções, com o uso de estímulos específicos. Esses testes geralmente são do campo da psicofisiologia. Uma medida comum é a amplitude do piscar de olhos que um participante apresente (ou outros reflexos de sobressalto) quando um som de volume alto é apresentado. Isso é potencializado quando o participante está em um estado emocional de valência negativa. A potenciação do reflexo de sobressalto é frequentemente utilizada para testar o nível de ansiedade nas pessoas e a mesma medida também foi validada em animais.
>
> **Medidas comumente usadas em animais não humanos**
>
> *Respostas comportamentais inatas.* Animais frequentemente apresentam comportamento estereotipado como consequência de certos estados emocionais. A observação e a pontuação do comportamento consistem em um método de se medir comportamentos emocionais. Tais comportamentos podem incluir aproximar-se de um estímulo recompensador ou que promete recompensa no futuro (um estado emocional com valência positiva) ou evitar ou se defender contra estímulos ameaçadores (um estado emocional com valência negativa). Além disso, a análise das expressões faciais pode ser utilizada em muitos sistemas de modelos animais e tem sido usada para camundongos.
>
> *Sondas psicofisiológicas e experimentais específicas.* Como no caso dos humanos, estudos animais podem utilizar diversas medidas psicofisiológicas (p. ex., frequência cardíaca, frequência respiratória, resposta galvânica da pele, diâmetro da pupila, sobressalto). Além disso, ensaios comportamentais específicos foram desenvolvidos em animais, muitas vezes derivados de observações iniciais de suas respostas comportamentais inatas. Pode-se medir comportamentos, como congelamento, ataque, exploração, aproximação, esconder-se, em resposta a estímulos experimentais bem controlados, desenhados para induzir certos estados emocionais. A correspondência entre comportamentos humanos e de outros animais, que Charles Darwin originalmente observou em seu livro *A expressão das emoções no homem e nos animais*, de 1872, fornece modelos animais poderosos para a investigação das emoções humanas e de suas patologias.

também desempenha um papel central em emoções com valência positiva – populações distintas de neurônios dentro da amígdala processam estímulos de valência positiva em relação a estímulos de valência negativa. É brevemente revisto como os estados emocionais podem mudar por meio de extinção e regulação e como emoções interagem com outros processos cognitivos. O capítulo é concluído com um exame da relevância da pesquisa sobre as emoções para compreender transtornos psiquiátricos.

A busca moderna pelos circuitos neurais das emoções teve início no final do século XIX

As modernas tentativas de se compreender as emoções iniciaram em 1890, quando William James, o fundador da psicologia norte-americana, perguntou: Qual a natureza do medo? Uma pessoa corre do urso porque tem medo ou tem medo porque corre? James propôs que o sentimento consciente de medo é uma consequência das alterações que ocorrem no organismo durante o ato de fugir – sentimos medo porque corremos. A *teoria da retroalimentação periférica* de James derivou do conhecimento do encéfalo na época, que estabelecia que o córtex tinha áreas devotadas ao movimento e às sensações (**Figura 42-2**). Pouco se sabia na época acerca de áreas específicas do encéfalo, responsáveis por emoções e sentimentos, mas a visão de James é ainda debatida hoje em dia.

Na virada do século XX, pesquisadores descobriram que os animais ainda eram capazes de respostas emocionais após a total remoção dos hemisférios cerebrais, demonstrando que alguns aspectos das emoções são mediados por regiões subcorticais. O fato de que a estimulação elétrica do hipotálamo podia determinar respostas autonômicas similares àquelas que ocorrem como respostas emocionais no animal intacto sugeriu a Walter B. Cannon que o hipotálamo poderia ser uma região-chave no controle das respostas de luta ou fuga e de outras emoções.

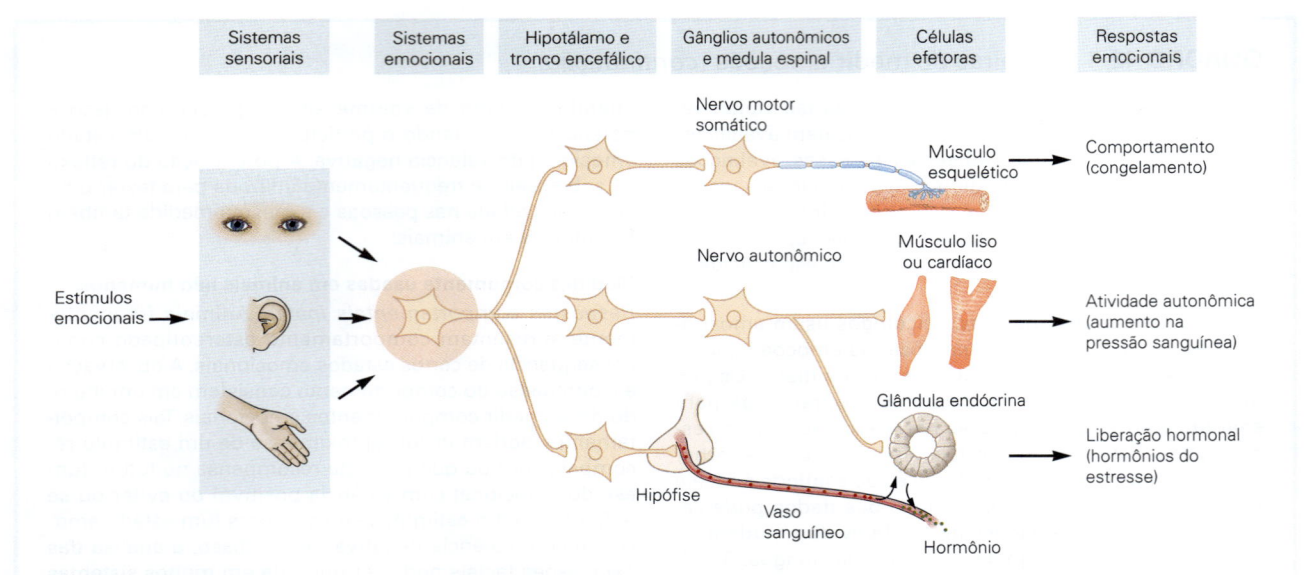

FIGURA 42-1 Controle neural das respostas emocionais a estímulos externos. Estímulos externos processados pelos sistemas sensoriais convergem em "sistemas emocionais" (p. ex., a amígdala). Se os estímulos são emocionalmente salientes, os sistemas emocionais são ativados e suas eferências são retransmitidas a regiões hipotalâmicas e do tronco encefálico que controlam respostas fisiológicas, incluindo a ação musculoesquelética, a atividade do sistema nervoso autônomo e a liberação hormonal. A figura mostra algumas respostas associadas ao medo. Ela omite muitas das complexidades da emoção (p. ex., os efeitos dos estados emocionais sobre a cognição.)

Na década de 1920, Cannon demonstrou que a transecção do encéfalo acima do nível do hipotálamo (por meio de um corte que separa o córtex, o tálamo e o hipotálamo anterior do hipotálamo posterior e de outras áreas mais abaixo, no encéfalo) produzia um animal que ainda era capaz de expressar raiva. Em contrapartida, uma transecção abaixo do hipotálamo, o que deixava apenas o tronco encefálico e a medula espinal, eliminava reações coordenadas de raiva natural. Isso implicava claramente o hipotálamo na organização das reações emocionais. Cannon denominou tais reações mediadas pelo hipotálamo "raiva simulada" (*sham*), pois, nesse caso, não eram recebidos sinais de entrada de áreas corticais, que ele considerava cruciais para a experiência emocional de raiva "real" (**Figura 42-3**).

Cannon e seu aluno Phillip Bard propuseram uma teoria bastante influente da emoção, centrada no hipotálamo e no tálamo. De acordo com essa teoria, a informação sensorial processada no tálamo seria enviada tanto ao hipotálamo quanto ao córtex cerebral. Acreditava-se que as projeções para o hipotálamo produziriam respostas emocionais (via conexões com o tronco encefálico e a medula espinal), enquanto as projeções para o córtex cerebral produziriam os sentimentos conscientes (**Figura 42-2**). Essa teoria implicava ser o hipotálamo o responsável pela avaliação do encéfalo quanto ao significado emocional dos estímulos externos e que as reações emocionais dependeriam de sua estimativa.

Em 1937, James Papez ampliou a teoria de Cannon-Bard. Como Cannon e Bard, Papez propôs que a informação sensorial do tálamo seria enviada para o hipotálamo e para o córtex cerebral. As conexões descendentes para o tronco encefálico e a medula espinal originariam as respostas emocionais, e as conexões ascendentes para o córtex cerebral originariam os sentimentos. No entanto, Papez prosseguiu ampliando os circuitos neurais dos sentimentos consideravelmente além da teoria de Cannon-Bard, interpondo um novo conjunto de estruturas entre o hipotálamo e o córtex cerebral. Ele argumentou que sinais do hipotálamo seguem primeiro para o tálamo anterior e, então, para o córtex cingulado, onde convergem sinais do hipotálamo e do córtex sensorial. Essa convergência é responsável pela experiência consciente do sentimento na teoria de Papez. O córtex sensorial se projetaria, então, tanto ao córtex cingulado quanto ao hipocampo, que, por sua vez, estabelece conexões com os corpos mamilares do hipotálamo, completando, assim, a alça (**Figura 42-2**).

Atualmente, o hipotálamo recebe grande interesse em estudos da emoção em animais, especialmente em experimentos utilizando optogenética para manipular a atividade de populações celulares precisas. Esses estudos mostraram que populações específicas no hipotálamo ventromedial de camundongo são necessárias e suficientes para estados emocionais defensivos. Assim, o hipotálamo não apenas orquestra os comportamentos emocionais, mas é parte do circuito neural que constitui o próprio estado emocional. O papel do hipotálamo nas emoções é menos estudado em humanos, em parte porque o imageamento por ressonância magnética funcional (IRMf) não tem a resolução espacial para investigar núcleos hipotalâmicos específicos, menos ainda as subpopulações dentro deles.

No final da década de 1930, Henrich Klüver e Paul Bucy removeram bilateralmente os lobos temporais de macacos, lesionando todo o córtex temporal e estruturas subcorticais como amígdala e hipotálamo, e observaram

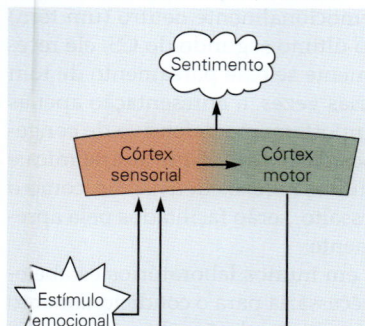

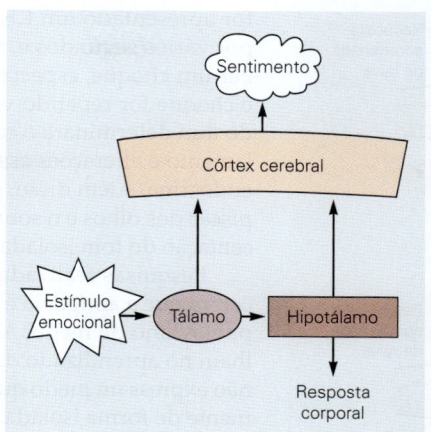

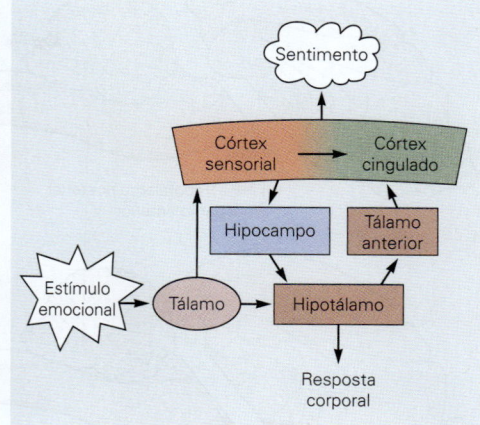

FIGURA 42-2 Primeiras teorias acerca do cérebro emocional. (Adaptada, com autorização, de LeDoux 1996.)

Teoria da retroalimentação periférica de William James. James propôs que a informação acerca de estímulos emocionalmente competentes é processada nos sistemas sensoriais e transmitida ao córtex motor, produzindo respostas no organismo. O córtex seria retroalimentado com sinais que transmitiriam informação sensorial a respeito das respostas do organismo. O processamento cortical dessa retroalimentação sensorial seria o "sentimento", de acordo com James.

A teoria central de Cannon-Bard. Walter Cannon e Philip Bard propuseram que as emoções poderiam ser explicadas via processos que ocorrem dentro do sistema nervoso central. Em seu modelo, a informação sensorial seria transmitida ao tálamo, onde seria, então, retransmitida para o hipotálamo e para o córtex cerebral. O hipotálamo avaliaria as qualidades emocionais do estímulo, e suas conexões descendentes para o tronco encefálico e para a medula espinal originariam as respostas somáticas, enquanto as vias talamocorticais originariam os sentimentos conscientes.

Circuito de Papez. James Papez refinou a teoria de Cannon-Bard, adicionando especificidade anatômica. Ele propôs que o córtex cingulado seria a região cortical a receber informações do hipotálamo na criação dos sentimentos. Os sinais de saída do hipotálamo alcançariam o cingulado via tálamo anterior, e as eferências do cingulado alcançariam o hipotálamo via hipocampo.

uma variedade de distúrbios psicológicos, incluindo alterações nos hábitos de alimentação (os macacos colocavam na boca objetos não comestíveis) e no comportamento sexual (tentavam fazer sexo com parceiros inapropriados, como membros de outras espécies). Além disso, esses animais apresentavam uma espantosa falta de cuidado com objetos antes temidos (p. ex., humanos e serpentes). Esse notável conjunto de achados veio a ser conhecido como síndrome de Klüver-Bucy e já sugeria que a amígdala poderia ser importante para a emoção (embora não tivesse sido a única estrutura lesionada naqueles experimentos).

A partir dos modelos de Cannon-Bard e Papez e dos achados de Klüver e Bucy, Paul MacLean sugeriu, em 1950, que a emoção seria produto do "encéfalo visceral". De acordo com MacLean, o encéfalo visceral incluía as várias áreas corticais que há muito vinham sendo chamadas de lobo límbico, assim designadas por Paul Broca, por formarem uma borda (*limbus*, no latim) na parede medial dos hemisférios. Posteriormente, o encéfalo visceral foi renomeado *sistema límbico*. O sistema límbico inclui as várias áreas corticais que constituíam o lobo límbico de Broca (especialmente as áreas mediais dos lobos temporal e frontal) e as regiões subcorticais conectadas com essas áreas corticais, como a amígdala e o hipotálamo (**Figura 42-4**).

MacLean pretendia que sua teoria fosse uma elaboração das ideias de Papez. De fato, muitas áreas do sistema límbico de MacLean são partes do circuito de Papez. No entanto, MacLean não compartilhava a ideia de Papez de que o córtex cingulado seria a sede dos sentimentos. Em vez disso, ele acreditava que o hipocampo fosse a parte do encéfalo onde o mundo externo (representado nas regiões sensoriais do córtex lateral) encontra-se com o mundo interno (representado pelo córtex medial e pelo hipotálamo), permitindo que sinais internos confiram peso emocional a estímulos externos, originando, assim, os sentimentos conscientes. Para MacLean, o hipocampo estava envolvido tanto na expressão de respostas emocionais no organismo quanto na experiência consciente dos sentimentos.

Achados subsequentes levantaram problemas para a teoria do sistema límbico de MacLean. Em 1957, foi descoberto que uma lesão no hipocampo, a viga mestra do sistema límbico, levava a deficiências na conversão da memória de curta para a de longa duração, uma função não emocional. Além disso, animais com lesões hipocampais são capazes de expressar emoções, e humanos com lesões hipocampais parecem expressar e sentir emoções normalmente. Em geral, lesões em áreas do sistema límbico não têm os efeitos esperados sobre o comportamento emocional.

A despeito disso, várias das demais ideias de MacLean acerca da emoção são ainda relevantes. MacLean acreditava que as respostas emocionais seriam essenciais para a sobrevivência e, portanto, envolveriam circuitos relativamente primitivos, que teriam sido conservados durante a evolução, uma ideia já proposta por Charles Darwin quase um século antes. Essa noção é chave para uma perspectiva evolutiva da emoção. Atualmente, está claro que emoções

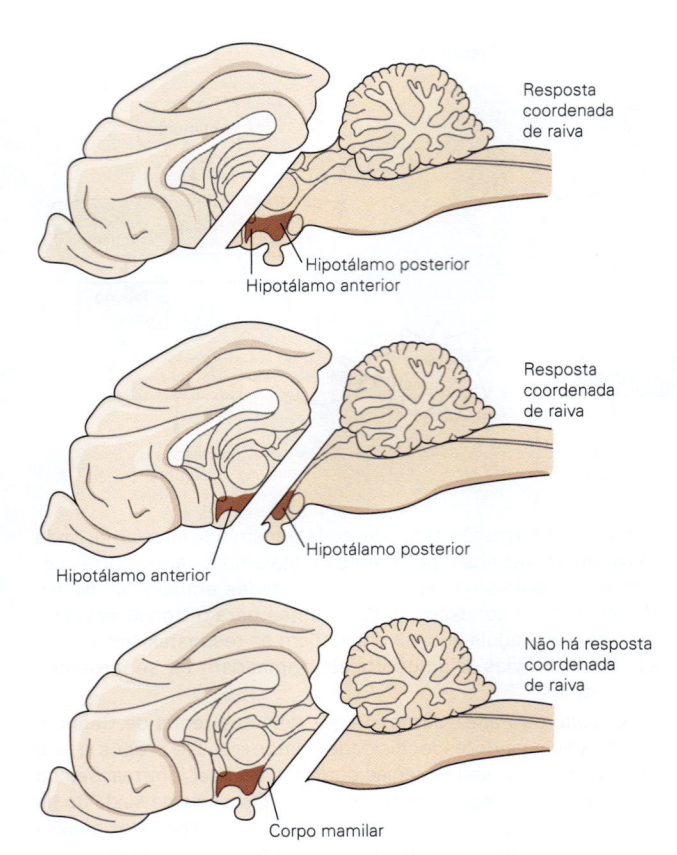

FIGURA 42-3 Raiva simulada. Um animal exibe raiva simulada após a transecção do prosencéfalo e desconexão de todas as estruturas acima da transecção (**parte superior da figura**) ou transecção no nível do hipotálamo anterior, com desconexão de todas as estruturas acima dele (**parte do meio**). Apenas elementos isolados da raiva podem ser acionados se o hipotálamo posterior também for desconectado (**parte inferior da figura**). Esse trabalho deriva de estudos históricos de lesões em animais. Trabalhos mais recentes sugerem uma figura mais complexa, na qual o hipotálamo está intimamente envolvido na criação do próprio estado emocional, e não simplesmente em sua expressão comportamental.

são processadas por muitas regiões subcorticais e corticais e que o sistema límbico não é, de forma alguma, o sistema primário para a emoção. Ainda assim, um componente do sistema límbico original, a amígdala, tem recebido grande atenção em estudos, tanto em humanos quanto em animais. Hoje, o papel da amígdala no medo aprendido é provavelmente o melhor exemplo já resolvido do processamento para a emoção em uma estrutura específica do encéfalo e, assim, é considerado a seguir.

A amígdala foi implicada tanto no medo aprendido quanto no medo inato

No condicionamento pavloviano de medo, uma associação é aprendida entre o estímulo não condicionado (US, de *unconditioned stimulus*) (p. ex., um choque elétrico) e um estímulo condicionado (CS, de *conditioned stimulus*) (p. ex., um tom), que prediz o US. Por exemplo, se a um animal for apresentado um CS emocionalmente neutro (um tom) por vários segundos e, no último segundo do CS, ele receber um choque, especialmente se esse pareamento de tom e choque for repetido várias vezes, a apresentação apenas do tom determinará o comportamento defensivo de congelamento e alterações associadas na atividade autonômica e endócrina. Além disso, muitos reflexos defensivos, como o piscar dos olhos e o sobressalto, serão facilitados pela apresentação do tom isoladamente.

Pesquisas realizadas em muitos laboratórios estabeleceram que a amígdala é necessária para o condicionamento pavloviano de medo. Animais com lesões da amígdala falham no aprendizado da associação entre CS e US e, assim, não expressam medo quando o CS é apresentado posteriormente de forma isolada.

A amígdala consiste em aproximadamente 12 núcleos, mas os núcleos lateral e central são especialmente importantes para o medo condicionado (**Figura 42-5**). Uma lesão em qualquer desses núcleos, mas não em outras regiões, impede o surgimento de medo condicionado. O núcleo lateral da amígdala recebe a maior parte das aferências sensoriais (mas o núcleo medial recebe aferências olfatórias), incluindo informação sensorial acerca do CS (p. ex., um tom) tanto do tálamo quanto do córtex. Os mecanismos celulares e moleculares dentro da amígdala subjacentes ao medo aprendido, sobretudo no núcleo lateral, têm sido elucidados em detalhes. Os achados apoiam a visão de que o núcleo lateral é um local do armazenamento da memória de medo condicionado. Neurônios no núcleo central, em contraste, mediam os sinais de saída para áreas do tronco encefálico envolvidas no controle dos comportamentos defensivos e das respostas autonômicas e humorais associadas (Capítulo 41). Os núcleos lateral e central estão conectados por meio de diversos circuitos locais intra-amigdalinos, incluindo conexões nos núcleos basal e intercalado. Assim, o circuito de fato para o aprendizado pavloviano é consideravelmente mais complexo que aquele indicado na **Figura 42-5**, envolvendo múltiplas retransmissões entre regiões amigdalinas.

Sinais de entrada sensoriais alcançam o núcleo lateral a partir do tálamo, tanto direta quanto indiretamente. Conforme predito pela hipótese de Cannon-Bard, sinais sensoriais vindos dos núcleos de estações talâmicas são retransmitidos para áreas sensoriais do córtex cerebral. Como resultado, amígdala e córtex são ativados simultaneamente. A amígdala, no entanto, é capaz de responder a um sinal auditivo de perigo antes que o córtex possa processar completamente a informação referente ao estímulo. Esse esquema está bem estabelecido apenas para o condicionamento auditivo de medo em roedores e ainda não está esclarecido como ele pode ser aplicado a outros casos, como o medo evocado por estímulos visuais em humanos.

Acredita-se que o núcleo lateral seja um local de alterações sinápticas durante o condicionamento de medo. Sinais de CS e US convergem em neurônios do núcleo lateral; quando CS e US são pareados, a efetividade do CS em provocar potenciais de ação é aumentada. Esse mecanismo básico para uma forma de aprendizado associativo é também similar a mecanismos celulares subjacentes à memória

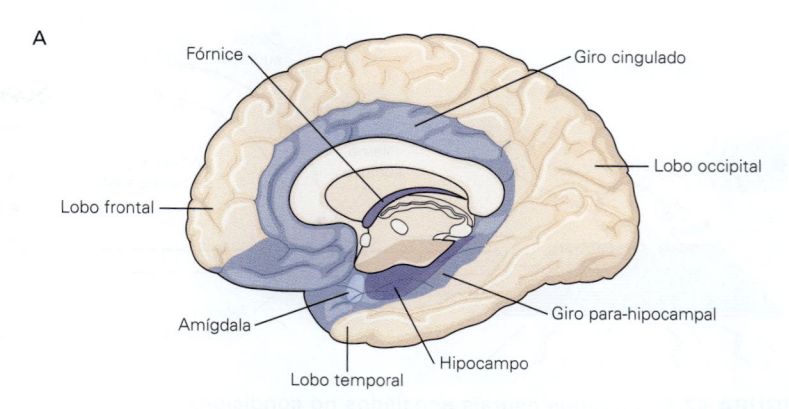

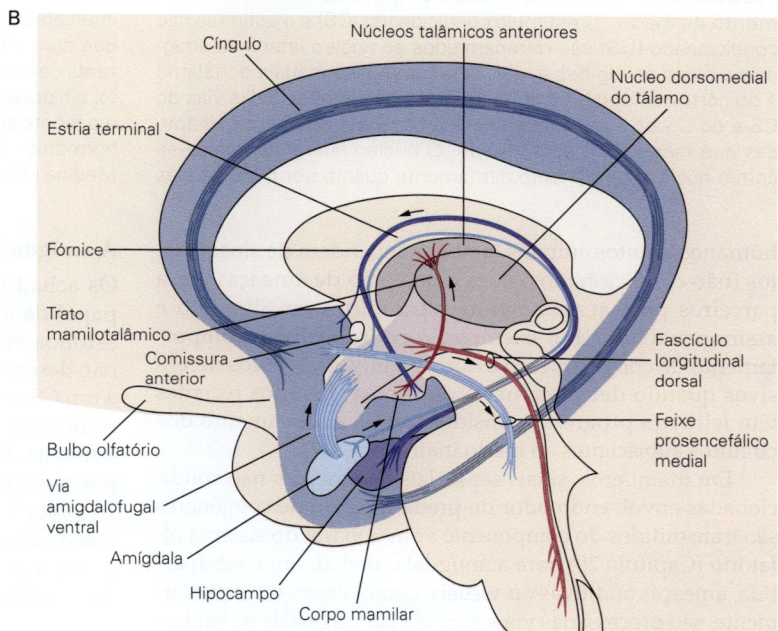

FIGURA 42-4 O sistema límbico consiste no lobo límbico e em estruturas localizadas mais profundamente. (Adaptada, com autorização, de Nieuwenhuys et al., 1988.)

A. Esta visão medial do encéfalo mostra o córtex límbico pré-frontal e o lobo límbico. O lobo límbico consiste em tecido cortical primitivo (**azul**) que circunda a parte superior do tronco encefálico, assim como estruturas corticais mais profundas (hipocampo e amígdala).

B. Interconexões de estruturas situadas profundamente no encéfalo incluídas no sistema límbico. As **setas** indicam o sentido predominante da atividade neural em cada trato, embora esses tratos sejam tipicamente bidirecionais.

declarativa no hipocampo (Capítulo 54). Em especial, a plasticidade sináptica observada no hipocampo também foi demonstrada em circuitos específicos da amígdala central. Desse modo, a amígdala central não apenas origina sinais de saída motores, mas também é parte dos circuitos por meio dos quais associações de medo são formadas e armazenadas, provavelmente pela transmissão de informações que chegam do núcleo lateral acerca do CS e do US. Plasticidade neural provavelmente também ocorre nos núcleos basal e basal acessório durante o aprendizado de medo. Como no caso do hipotálamo, trabalhos recentes em roedores utilizando ferramentas sofisticadas, como optogenética, para manipular subpopulações específicas de neurônios na amígdala iniciaram a dissecar em detalhes essa circuitaria.

A carga emocional de um estímulo é avaliada pela amígdala, juntamente com outras estruturas encefálicas, como o córtex pré-frontal. Se esse sistema detecta perigo, ele orquestra a expressão de respostas comportamentais e fisiológicas por meio de conexões da amígdala central e de partes do córtex pré-frontal com o hipotálamo e com o tronco encefálico. Por exemplo, o comportamento de congelamento é mediado por conexões do núcleo central com a região da substância cinzenta periaquedutal ventral. Além disso, os núcleos basal e basal acessório da amígdala enviam projeções para muitas partes do córtex cerebral, incluindo os córtices pré-frontal, rinal e sensorial; essas vias fornecem meios para representações neurais na amígdala influenciarem funções cognitivas. Por exemplo, através de suas amplas projeções para áreas corticais, a amígdala pode modular a atenção, a percepção, a memória e a tomada de decisão. Suas conexões com núcleos modulatórios dopaminérgicos, noradrenérgicos, serotoninérgicos e colinérgicos que se projetam para áreas corticais também influenciam o processamento cognitivo (Capítulo 40). Dadas essas amplas conexões e efeitos funcionais, a amígdala está bem situada para implementar uma das principais características de uma emoção: suas respostas coordenadas e com muitos componentes.

A amígdala foi implicada no medo inato em animais

Embora a maioria dos estímulos adquiram sua significância emocional por meio do aprendizado, especialmente em

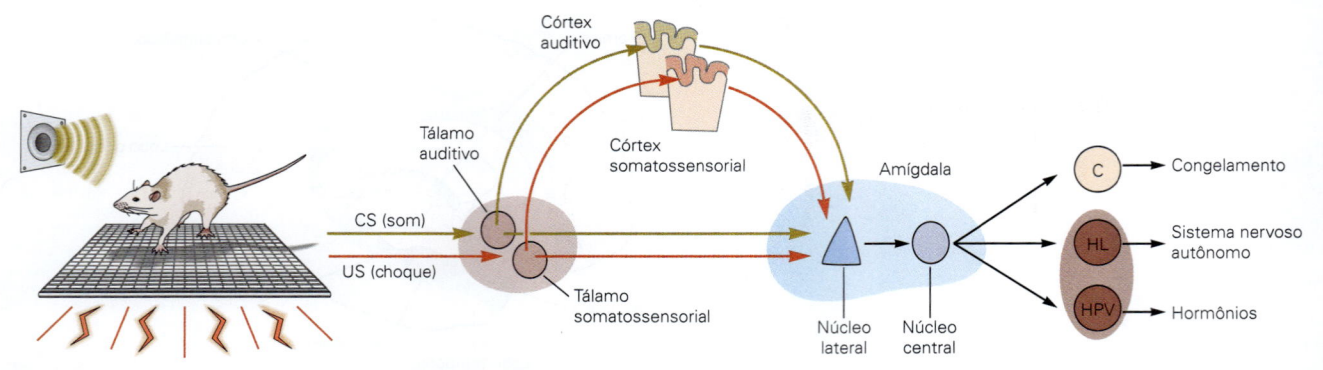

FIGURA 42-5 Circuitos neurais engajados no condicionamento de medo. O estímulo condicionado (**CS**) e o estímulo não condicionado (**US**) são retransmitidos ao núcleo lateral da amígdala a partir de regiões auditivas e somatossensoriais do tálamo e do córtex cerebral. Acredita-se que a convergência das vias do CS e do US no núcleo lateral seja a base das mudanças sinápticas que medeiam o aprendizado. O núcleo lateral comunica-se com o núcleo central tanto diretamente quanto por meio de vias intra-amigdalinas (não mostradas) envolvendo os núcleos basal e intercalado. O núcleo central retransmite esses sinais a regiões que controlam várias respostas motoras, incluindo a região cinzenta central (**C**), que controla o comportamento de congelamento, o hipotálamo lateral (**HL**), que controla respostas autonômicas, e o hipotálamo paraventricular (**HPV**), que controla a secreção de hormônios do estresse pelo eixo hipófise-adrenal. (Adaptada de Medina et al., 2002.)

humanos, muitos animais também dependem de sinais inatos (não condicionados) para a detecção de ameaças, para parceiros para acasalamento, para encontrar alimento e assim por diante. Por exemplo, roedores exibem comportamento de congelamento e outros comportamentos defensivos quando detectam urina de raposa. Estudos recentes têm feito um progresso considerável no delineamento dos circuitos subjacentes ao medo inato.

Em mamíferos, sinais sensoriais de ameaças não condicionadas envolvendo odor de predadores ou de congêneres são transmitidos do componente vomeronasal do sistema olfatório (Capítulo 29) para a amígdala medial. Em contrapartida, ameaças auditivas ou visuais, como observado anteriormente, são processadas via amígdala lateral. Sinais de saída a partir da amígdala medial alcançam o hipotálamo ventromedial, que se conecta com o núcleo hipotalâmico pré-mamilar. Em contrapartida ao medo aprendido, que depende da região ventral da substância cinzenta periaquedutal, as respostas de medo não condicionado dependem de conexões que vêm do hipotálamo para a região dorsal da substância cinzenta periaquedutal. Há outros sistemas subcorticais especializados no processamento de ameaças inatas específicas; por exemplo, no camundongo, o colículo superior está envolvido na detecção de predadores aéreos, como um falcão sobrevoando.

O estudo de respostas emocionais não condicionadas em humanos é difícil, pois a possibilidade do aprendizado inicia ao nascimento e não pode ser controlada experimentalmente, além de haver, aparentemente, grandes diferenças individuais. Por exemplo, acredita-se que estímulos relacionados a ameaças como serpentes e aranhas possam ser estímulos de indução de medo inato para algumas pessoas com fobias específicas para tais animais, mas não o são para pessoas que os mantêm como animais de estimação. Essas grandes diferenças individuais e os papéis relativos do medo inato e do medo aprendido são importantes tópicos para a compreensão de doenças psiquiátricas, como os transtornos de ansiedade.

A amígdala é importante para o medo nos humanos

Os achados básicos em estudos animais, com relação ao papel da amígdala na emoção, têm sido confirmados em estudos em humanos. Pacientes com lesões na amígdala não desenvolvem medo condicionado quando são expostos a um CS neutro pareado com um US (choque elétrico ou barulho alto). Em humanos normais, a atividade da amígdala aumenta durante o pareamento CS-US, como demonstrado por medidas de IRMf.

Estudos dos raros pacientes humanos com lesões bilaterais da amígdala levaram ao surpreendente achado de uma dissociação nas reações de medo a estímulos exteroceptivos e interoceptivos (**Figura 42-6**). Esses pacientes não apenas deixam de apresentar quaisquer reações autonômicas de medo a estímulos exteroceptivos, seja ao CS ou ao US, mas também parecem não experimentar qualquer medo consciente, como evidenciado a partir de observação comportamental ou por meio de relato verbal subjetivo em um questionário. Em um estudo, um desses pacientes foi confrontado com serpentes e aranhas em uma loja de animais exóticos de estimação, com monstros em uma casa mal-assombrada e com lembranças de eventos pessoais altamente traumáticos (p. ex., ser ameaçado de morte por outra pessoa). Em nenhum desses casos, o paciente demonstrou qualquer evidência de medo, e relatou não sentir medo de forma alguma (embora fosse capaz de sentir outras emoções). Esses achados argumentam a favor da necessidade da presença da amígdala para a indução e a experiência do medo em humanos.

Em um contraste notável, os mesmos pacientes com lesões na amígdala relataram intensa sensação de pânico quando expostos a situações em que sentem que estão sufocando (uma informação interoceptiva para desencadear medo, disparada pela inalação de dióxido de carbono, que diminui o pH sanguíneo). A dissociação das reações de medo a estímulos exteroceptivos e interoceptivos apoia a ideia de que há múltiplos sistemas de medo no encéfalo humano e que a amígdala não pode ser a única estrutura essencial para

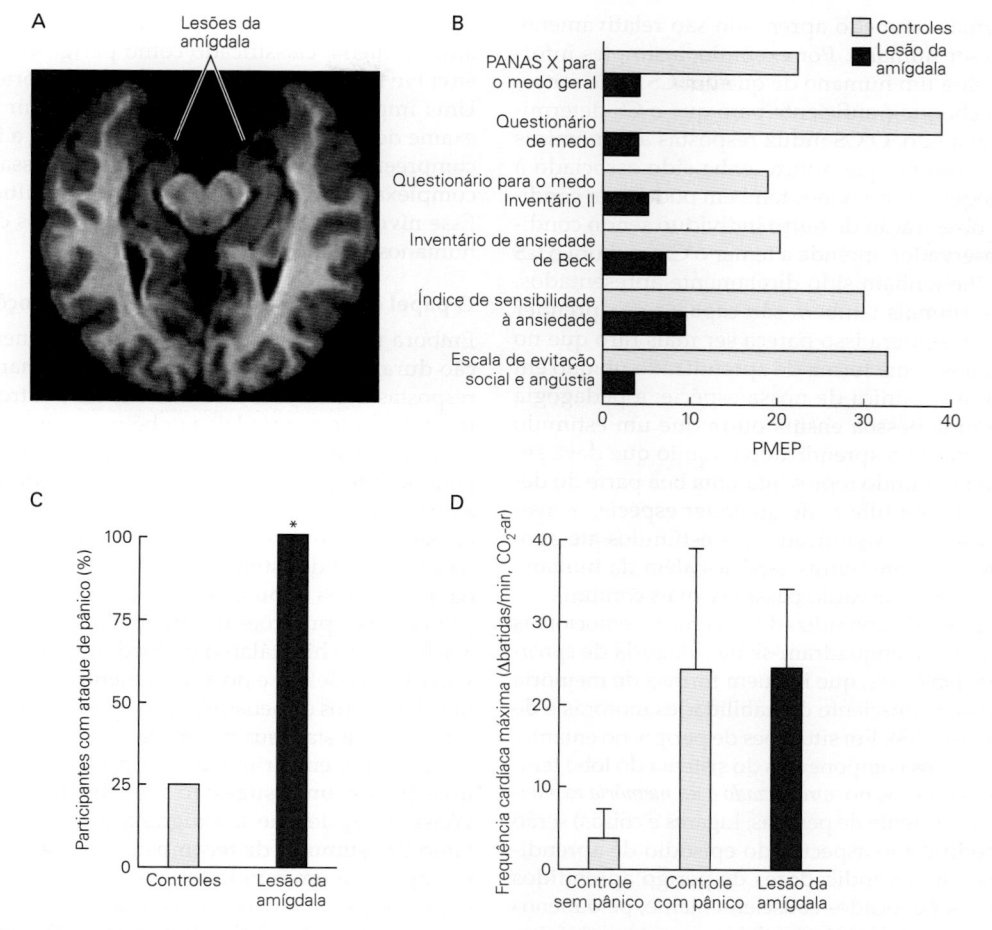

FIGURA 42-6 Em humanos, a amígdala é necessária para respostas de medo a estímulos externos, mas não internos.

A. Ressonância magnética do encéfalo de uma paciente com lesões bilaterais da amígdala. As lesões eram relativamente restritas e incluíam toda a amígdala, uma lesão muito rara em humanos.

B. A paciente com lesões bilaterais da amígdala, S.M., não relatou sentimento de medo para qualquer das medidas no questionário normalmente usado para avaliar medo e ansiedade (porcentagem do máximo escore possível [**PMEP**]). Isso foi consistente com outros achados: ela não apresentava medo ao assistir filmes de terror, ao ser confrontada com grandes aranhas e serpentes ou ao visitar uma casa mal-assombrada no dia das bruxas. Esses achados mostram que a amígdala humana é necessária para a indução de medo em resposta a estímulos externos. (Sigla: **PANAS**, inventário de afeto positivo e negativo; do inglês, *Positive and Negative Affect Schedule*.)

C. Em contrapartida, um estudo sobre S.M. e dois outros pacientes com lesões bilaterais da amígdala descobriu que eles apresentavam fortes sinais de pânico quando recebiam um estímulo interno. Foi solicitado a eles que inalassem dióxido de carbono (CO_2), que produz sensação de sufocamento. Isso fez todos os três pacientes com lesões da amígdala e 3 de 12 participantes do grupo-controle, com amígdalas intactas, experimentarem ataques de pânico.

D. Variação a partir da linha de base na frequência cardíaca máxima durante inalação de CO_2, em comparação com inalações de ar. Tanto os pacientes com lesões da amígdala (n = 2) quanto os controles que apresentaram ataques de pânico (n = 3) mostraram maiores aumentos na frequência cardíaca que os controles que não apresentaram pânico (n = 9). (Média ± erro-padrão da média.) (Adaptada, com autorização, de Feinstein et al., 2011, 2013.)

todas as formas de medo. Trabalhos em andamento fornecem mais informações, como o mapeamento de núcleos específicos da amígdala que foram lesionados nesses pacientes e quais núcleos são responsáveis por quais tipos de deficiências. Esse nível de resolução é padrão em estudos com lesões da amígdala em animais, mas é difícil de se obter em humanos, uma vez que lesões da amígdala não podem ser feitas experimentalmente, dependendo de acidentes da natureza, que ocorrem em raros pacientes. Igualmente importante é o fato de que há arcabouços teóricos para subdividir os diferentes tipos de medo. Por exemplo, o medo pode ser mapeado sobre uma dimensão de ameaça iminente, que engloba variadas ameaças, desde aquelas muito distantes (talvez evocando ansiedade moderada e acionando monitoramento e atenção) àquelas mais próximas (evocando medo e acionando respostas como o congelamento), a ameaças de morte iminente (evocando pânico e acionando comportamentos defensivos). Ao final, precisaremos de um mapeamento mais refinado entre sistemas encefálicos e variedades de emoções, capaz de incorporar todos esses detalhes.

Certas formas de medo aprendido são relativamente específicas do ser humano. Por exemplo, a simples informação verbal para um humano de que um CS pode ser seguido por um choque é suficiente para que o CS determine respostas de medo. O CS induz respostas autonômicas características, mesmo que nunca tenha sido associado à emissão do choque. Os humanos também podem ser condicionados pela observação de outro indivíduo sendo condicionado – o observador aprende a temer o CS, embora o CS e o US nunca lhe tenham sido diretamente apresentados. Alguns outros animais também são capazes de aprender pela observação, embora isso pareça ser mais raro que no caso dos humanos. Uma forma de aprendizado ubíquo em humanos parece ser única de nossa espécie: a pedagogia ativa, em que uma pessoa ensina outra que um estímulo é perigoso. Enquanto o aprendizado daquilo que deve ser evitado ou não no mundo representa uma boa parte do desenvolvimento de um filhote de qualquer espécie, o ensinamento ativo sobre o significado dos estímulos até agora não foi observado em outras espécies além da humana (o aprendizado por observação passiva é mais comum).

As capacidades de aprendizado e memória emocionais da amígdala humana enquadram-se na categoria de *aprendizado e memória implícitos*, que incluem formas de memória como a evocação inconsciente de habilidades motoras e de percepção (Capítulo 53). Em situações de perigo, no entanto, o hipocampo e outros componentes do sistema do lobo temporal medial envolvidos no *aprendizado e na memória explícitos* (a evocação consciente de pessoas, lugares e coisas) serão recrutados e codificarão aspectos do episódio de aprendizado. Como resultado, indicadores de perigo aprendidos podem também ser evocados conscientemente, pelo menos em humanos e, provavelmente, também em outras espécies.

Estudos de pacientes com lesão bilateral da amígdala ou do hipocampo ilustram as contribuições individuais dessas estruturas para a memória implícita e explícita, respectivamente, de eventos emocionais. Pacientes com lesão da amígdala não apresentam respostas condicionadas na condutância da pele a um CS (sugerindo ausência de aprendizado emocional implícito), mas têm uma memória declarativa normal para a experiência de condicionamento (indicando aprendizado explícito intacto). Em contrapartida, pacientes com lesão hipocampal apresentam respostas condicionadas normais na condutância da pele a um CS (sugerindo aprendizado emocional implícito intacto), mas não têm uma memória consciente da experiência de condicionamento (indicando aprendizado explícito prejudicado).

A função da amígdala encontra-se alterada em diversos transtornos psiquiátricos em humanos, sobretudo transtornos de medo e ansiedade (Capítulo 61). Além disso, a amígdala desempenha um papel importante no processamento de dicas relacionadas a drogas capazes de desencadear dependência (Capítulo 43). Em todos esses casos, a amígdala é apenas um componente de uma rede neural distribuída, que inclui outras regiões, corticais e subcorticais. Por exemplo, a memória declarativa para eventos altamente emocionais envolve interações entre a amígdala e o hipocampo; consequências motivacionais do condicionamento pavloviano envolvem interações entre a amígdala e o estriado ventral; e o aprendizado de que um estímulo anteriormente classificado como perigoso agora é seguro envolve interações entre a amígdala e o córtex pré-frontal. Uma importante direção futura será seguir para além do exame de cada componente isoladamente, a fim de melhor compreender como as emoções são processadas por redes complexas de regiões encefálicas com multicomponentes. Esse nível de análise é comum em estudos da emoção em humanos usando IRMf (ver a seguir).

O papel da amígdala estende-se para emoções positivas

Embora muitos estudos acerca das bases neurais da emoção durante as últimas cinco décadas tenham enfocado as respostas aversivas, sobretudo o medo, outros estudos têm mostrado que a amígdala também está envolvida em emoções positivas, em particular no processamento de recompensas. Em macacos e roedores, a amígdala participa da associação de estímulos neutros com recompensas (condicionamento pavloviano apetitivo), assim como ela participa da associação de estímulos neutros com punições, e parece haver distintas populações de neurônios que codificam recompensas e punições na amígdala. Isso é bastante similar a achados no hipotálamo de roedores, onde neurônios envolvidos na defesa e no acasalamento estão bem próximos uns dos outros e apenas técnicas moleculares modernas são capazes de testar seus papéis de modo independente.

Estudos em primatas não humanos e roedores têm investigado uma sugestão feita inicialmente por Larry Weiskrantz, de que a amígdala tem uma representação tanto de estímulos de recompensa quanto de punição. Por exemplo, em um estudo recente, macacos foram treinados para associar imagens visuais abstratas com US de recompensa ou punição. O significado era então invertido (p. ex., pareando um desfecho aversivo com uma imagem visual previamente associada a uma recompensa). Desse modo, foi possível distinguir o papel da amígdala na representação da informação visual de seu papel na representação do reforço (um estímulo recompensador ou aversivo) previsto por uma imagem visual. Mudanças no tipo de reforço associado a uma imagem modulavam a atividade neural da amígdala, e a modulação ocorria com suficiente rapidez para ser responsável pelo aprendizado comportamental.

Estudos subsequentes usando técnicas moleculares e genéticas modernas demonstraram que uma circuitaria distinta dentro da amígdala media uma representação neural de US recompensador, assim como de experiências recompensadoras. A ativação de uma representação neural de um US apetitivo na amígdala é suficiente para induzir respostas fisiológicas com valências inatas, assim como aprendizado apetitivo. Além disso, a reativação de neurônios ativados anteriormente por uma experiência agradável parece ser suficiente para induzir emoções positivas. Esses achados são consistentes com um crescente número de estudos utilizando imageamento funcional em humanos, que têm mostrado que a amígdala está envolvida nas emoções de modo bastante amplo. Por exemplo, a amígdala humana é ativada quando os indivíduos observam fotografias de estímulos associados a alimento, sexo e dinheiro, ou quando as pessoas tomam decisões com base no valor de recompensa dos estímulos.

As respostas emocionais podem ser atualizadas por extinção ou por regulação

Uma vez que o medo condicionado tenha sido aprendido, ele pode ser extinto por experiências posteriores que mostrem que o CS é agora seguro – por exemplo, pela apresentação repetida do CS sem pareamento com qualquer US. O circuito subjacente à extinção do medo tem sido estudado em detalhes, pois é altamente relevante para doenças psiquiátricas, como o transtorno de estresse pós-traumático (TEPT). Projeções do córtex pré-frontal para a amígdala são necessárias para essa nova informação se sobrepor à ativação induzida pelo medo condicionado na amígdala. Enquanto respostas de medo condicionado diminuem durante a extinção, elas não são completamente apagadas, como demonstrado pelo fenômeno de reinstalação, em que o medo pode reaparecer subitamente.

Terapias cognitivas no sentido de mudar estados emocionais também têm sido estudadas, principalmente em humanos. Por exemplo, um esforço enfocado no sentido de aumentar ou diminuir a intensidade de uma emoção como o medo tem certo efeito no estado emocional. De fato, estudos de neuroimageamento mostraram que as pessoas podem, em certo grau, mudar a ativação de suas amígdalas em resposta a estímulos que induzem medo simplesmente pelo modo como pensam acerca daqueles estímulos. A regulação da emoção é um fenômeno complexo, uma vez que há múltiplas estratégias para mudar a emoção, da supressão de comportamentos motores a um melhor controle da avaliação da situação. Essas múltiplas fontes da regulação da emoção, especialmente em humanos, enfatizam o fato que as emoções devem ser frequentemente ajustadas, para estarem de acordo com normas sociais complexas.

A emoção pode influenciar processos cognitivos

Como evidenciado nos exemplos citados, a emoção interage com muitos outros aspectos da cognição, incluindo a memória, a tomada de decisão e a atenção. Discutimos anteriormente um exemplo de memória emocional não declarativa, o condicionamento pavloviano de medo, mas as emoções também podem influenciar a memória declarativa. Projeções da amígdala para o hipocampo podem influenciar como o aprendizado é codificado e consolidado na memória declarativa de longa duração. Isso explica por que lembramos melhor aqueles eventos mais emocionais em nossas vidas, como casamentos e funerais.

A emoção tem efeitos complexos sobre a tomada de decisão, como se poderia esperar, uma vez que a avaliação subjetiva de variáveis como risco, esforço e valor é modulada pela emoção. Por exemplo, diferentes escolhas com o mesmo risco objetivo podem determinar diferentes decisões comportamentais, dependendo de elas serem enquadradas como ganhos ou perdas. Por exemplo, as pessoas tipicamente preferem um ganho certo de R$ 25 a uma chance de 50% de ganhar R$ 50, mas preferem uma chance de 50% de perder R$ 50 a uma perda certa de R$ 25. De modo interessante, estudos de IRMf revelaram que tal enquadramento modula a ativação da amígdala. Há uma maior ativação da amígdala no enquadramento "ganho" quando os participantes escolhem uma quantidade segura sobre uma aposta de risco, e maior ativação da amígdala no enquadramento "perda" quando os participantes escolhem o risco em detrimento da quantidade segura. Assim, representações de valor na amígdala não estão rigidamente associadas com estímulos, mas são moduladas por avaliações dependentes do contexto.

Uma vez que estímulos emocionalmente relevantes são altamente salientes para o próprio interesse de um organismo, eles tipicamente capturam a atenção. Por exemplo, pessoas tendem a se orientar em direção a, e olhar para, estímulos visuais emocionalmente relevantes, mesmo que tais estímulos sejam apresentados em condições em que não possam ser conscientemente percebidos. Um achado intrigante é que pacientes com lesões bilaterais da amígdala apresentam prejuízo não apenas para experimentarem e expressarem medo, como descrito anteriormente, mas também para reconhecerem o medo em outras pessoas. Um desses pacientes, uma mulher chamada S.M., apresentou prejuízo seletivo no reconhecimento de medo a partir de expressões faciais. Esse prejuízo, por sua vez, parece resultar de um prejuízo mais básico na alocação da atenção visual àquelas regiões da face que normalmente sinalizam medo. S.M. não fixa espontaneamente o olhar na região dos olhos da face quando olha para expressões faciais e, assim, não processa informação visual detalhada de olhos arregalados que normalmente contribuiria para o reconhecimento de medo quando se está olhando para uma face amedrontada (**Figura 42-7**).

Esses achados sugerem um papel importante para a amígdala na atenção e enfatizam a possibilidade de que deficiências aparentemente específicas para certas emoções (como o medo) possam surgir de efeitos atencionais ou motivacionais mais básicos. Há debates em curso acerca do papel preciso da amígdala humana nos aspectos atencionais do processamento da emoção. Alguns estudos argumentam que ela tenha um papel mesmo no caso de estímulos não conscientes relacionados a ameaças e de modo bastante automático; outros estudos argumentam que a amígdala necessita processamento mais elaborado e consciente uma vez que a atenção já tenha sido alocada ao estímulo. Registros de neurônios individuais da amígdala humana apoiam o último argumento, enquanto alguns estudos de IRMf apoiam o primeiro. Todos os achados de estudos com lesões em humanos precisarão ser dissecados com maior fineza; alguns trabalhos recentes com pacientes que apresentam lesão apenas em subnúcleos específicos da amígdala estão fornecendo novas informações.

Muitas outras áreas encefálicas contribuem para o processamento emocional

Como visto no caso do medo condicionado e do não condicionado, a amígdala contribui para o processamento emocional como parte de um amplo circuito, ou conjunto de circuitos, que inclui regiões do hipotálamo e do tronco encefálico, como a substância cinzenta periaquedutal no tronco encefálico. Áreas corticais também são componentes importantes desse circuito.

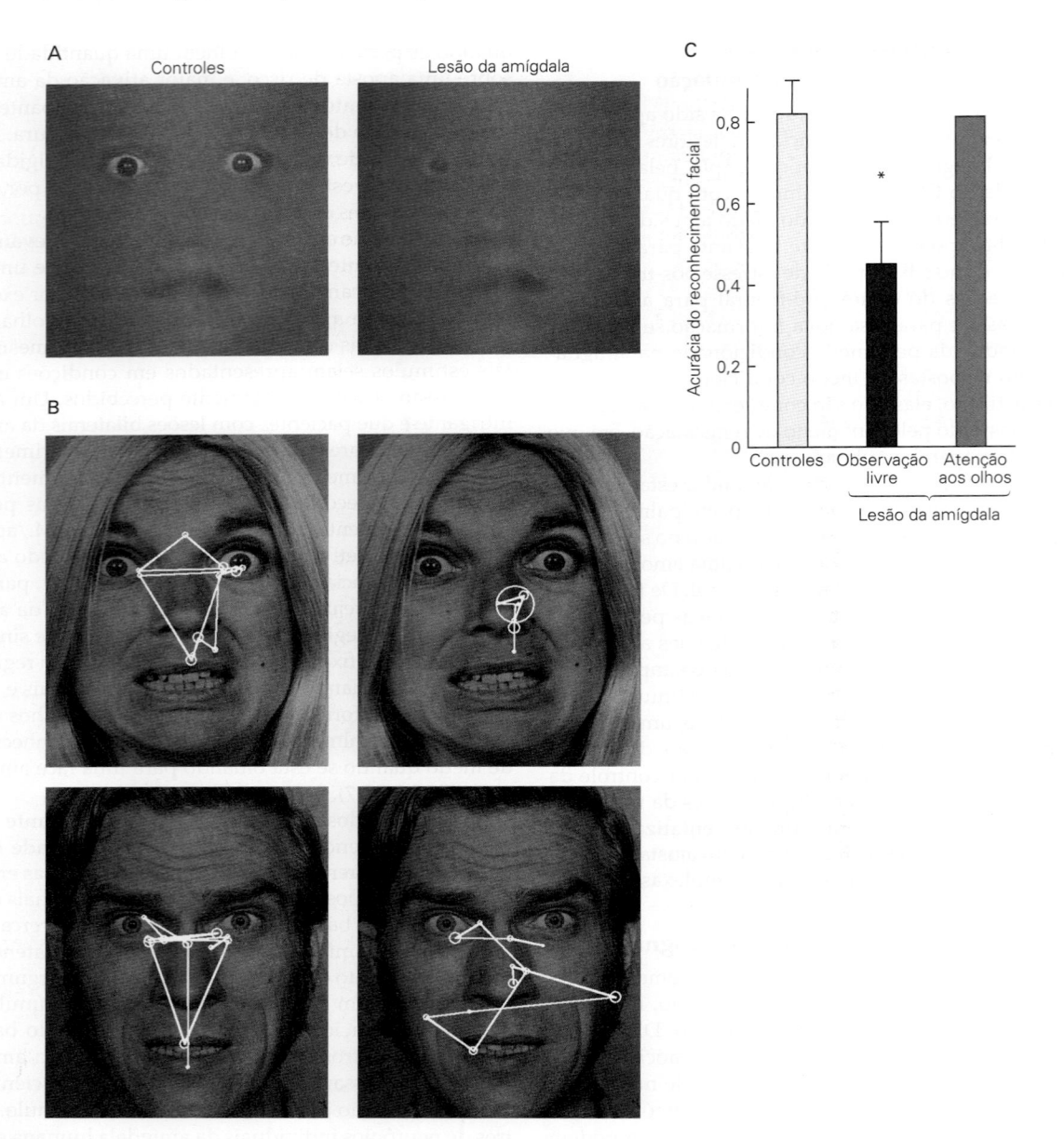

FIGURA 42-7 Lesões bilaterais da amígdala prejudicam o reconhecimento do medo nas expressões faciais de outros. Esse prejuízo pode dever-se ao processamento anormal da informação da face. (Reproduzida, com autorização, de Adolphs et al., 2005.)

A. Ao julgar emoção, S.M. fazia significativamente menos uso da informação da região dos olhos na face. Essas imagens mostram as regiões da face a partir das quais participantes do grupo-controle (à esquerda) ou S.M. (à direita) eram capazes de reconhecer o medo. Os resultados foram obtidos com muitas tentativas, mostrando-se aos participantes pequenas partes da face apenas. Todas as tentativas nas quais os participantes eram capazes de reconhecer o medo podiam então ser somadas para produzir uma imagem como essa, que mostra a região da face que os participantes utilizavam a fim de discriminar faces felizes de faces amedrontadas (essas partes das faces em especial permitem aos observadores a separação entre faces amedrontadas e felizes, enquanto outras partes não ajudam nessa discriminação).

B. Enquanto observava faces inteiras, S.M. (à direita) fixava seu olhar nas faces de modo anormal (indicado pelas **linhas brancas**), fixando muito menos a região dos olhos quando comparada com controles (à esquerda). Isso mostra que S.M. falhava em prestar atenção na região dos olhos e, assim, em processar informação visual dessa região. Essa deficiência foi observada para todas as emoções, mas era mais importante para o reconhecimento de medo, pois olhos arregalados normalmente indicam medo.

C. S.M. mostrou prejuízo na capacidade de reconhecer medo ao observar livremente faces inteiras (**observação livre**), mas seu desempenho melhorava notavelmente quando instruída a olhar para os olhos (**prestar atenção nos olhos**). Esse resultado mostra que o papel da amígdala no processamento de expressões amedrontadas envolve direcionar a atenção para características particularmente significativas (os olhos), e não o processamento a jusante para a interpretação dos sinais de entrada sensoriais.

Diversos estudos em humanos têm implicado a região ventral do córtex cingulado anterior, o córtex insular e o córtex pré-frontal ventromedial em vários aspectos do processamento emocional. O córtex pré-frontal medial e a amígdala estão bastante interconectados e neurônios nessas regiões encefálicas mostram respostas complexas que codificam informação acerca de muitas variáveis emocionais e cognitivas. Esses achados contribuem para um panorama que emerge de um substrato neural dinâmico para estados emocionais: estados individuais não são resultado de uma única estrutura ou de neurônios específicos, mas são organizados de modo mais flexível ao longo de uma população distribuída de neurônios multifuncionais.

Algumas emoções estão associadas à interação social e vão de empatia e orgulho a embaraço e culpa. Assim como no caso de emoções primárias, como o medo, o prazer ou a tristeza, essas emoções sociais produzem várias alterações corporais e comportamentos e podem ser experimentadas conscientemente como sentimentos distintos. Essa classe de emoções pode depender especialmente de regiões corticais no córtex pré-frontal.

Estudos de pacientes com distúrbios neurológicos e lesões focais no encéfalo têm aumentado o entendimento dos circuitos neurais das emoções (**Quadro 42-2**). Por exemplo, lesões em alguns setores do córtex pré-frontal prejudicam notavelmente emoções sociais e sentimentos relacionados. Além disso, esses pacientes apresentam claras mudanças no comportamento social, semelhantes ao comportamento de pacientes com personalidades sociopáticas ao longo do desenvolvimento. Pacientes com lesões em algumas regiões do córtex pré-frontal são incapazes de se manterem em empregos, não podem manter relações sociais estáveis, são propensos a violar convenções sociais e não conseguem manter independência financeira. É comum a ruptura de laços familiares e de amizades após o desencadeamento dessa condição. Estudos recentes revelam que, em condições experimentais controladas, os julgamentos morais desses pacientes podem também apresentar falhas.

Pacientes com lesões na porção ventral do lobo frontal, ao contrário de pacientes com lesões em porções mais dorsais ou laterais do lobo frontal, não apresentam déficits motores, como paralisia de membros e defeitos na fala e, desse modo, podem parecer, a princípio, neurologicamente normais. Suas capacidades de percepção, atenção, aprendizado, evocação, linguagem e habilidades motoras frequentemente não apresentam sinais de prejuízo. Alguns pacientes

---

QUADRO 42-2 Estudos das emoções na presença de lesões

O exame de pacientes com lesões focais complementa estudos dos correlatos neurais das emoções utilizando neuroimageamento. Além de estudos da amígdala, estudos com lesão têm fornecido informações acerca do papel de diversas outras regiões encefálicas no processamento das emoções.

Um dos mais famosos conjuntos de estudos remonta ao acidente de Phineas Gage, que, em 1848, sofreu uma lesão em seu córtex pré-frontal ventromedial. Gage estava trabalhando na construção de uma ferrovia em Vermont e estava socando pólvora em um buraco com um longo bastão de metal, chamado ferro de socar. Por acidente, ele produziu uma faísca na rocha e a pólvora explodiu, impulsionando o bastão de metal diretamente através de sua cabeça.

Surpreendentemente, Gage viveu por muitos anos após esse horrível acidente, mas tornou-se uma pessoa diferente em seu comportamento social e emocional. Essa foi a primeira evidência de que partes do córtex pré-frontal desempenham um papel nas emoções. Desde Gage, diversos pacientes com lesões centradas no córtex pré-frontal ventromedial têm sido descritos. Esses pacientes apresentam baixa percepção e pouca capacidade de tomada de decisão, e tendem a apresentar respostas emocionais embotadas ou incomuns, especialmente para emoções sociais.

Ao contrário de indivíduos normais, pacientes com essas lesões frontais não apresentam alterações na frequência cardíaca ou no grau de sudorese nas palmas das mãos quando lhes são apresentadas fotografias com conteúdo emocional, embora eles possam descrever as fotografias com perfeição. Da mesma forma, pacientes com lesões frontais não apresentam alterações na condutância da pele, um sinal de ativação simpática, durante o período que precede a tomada de decisões arriscadas e desvantajosas, sugerindo que sua memória emocional não está engajada durante esse período crítico. Também ao contrário de indivíduos normais, esses pacientes não mostram bom desempenho em tarefas nas quais precisam tomar uma decisão sob condições de incerteza e nas quais recompensa e punição são fatores importantes.

Diversas lesões encefálicas estão também mais especificamente envolvidas em sentimentos. Lesão no córtex somatossensorial direito (córtices somatossensoriais primário e secundário e ínsula) leva a prejuízos em sentimentos sociais, como a empatia. Consistente com esse achado, pacientes com lesões no córtex somatossensorial direito falham em adivinhar com precisão os sentimentos por trás de expressões faciais de outros indivíduos. Essa capacidade de ler faces não está prejudicada em pacientes com lesões comparáveis no córtex somatossensorial *esquerdo*, indicando que o hemisfério cerebral direito é dominante, pelo menos no processamento de alguns sentimentos. Sensações corporais, como dor e prurido, permanecem intactos, assim como sentimentos de emoções básicas, como medo, alegria e tristeza.

Por outro lado, uma lesão no córtex insular humano, especialmente no esquerdo, pode interromper comportamentos de dependência, como o fumo. Isso sugere que os córtices insulares desempenham um papel na associação de dicas externas com estados internos, como prazer e desejo. É interessante que uma lesão bilateral completa dos córtices insulares humanos, como a causada por encefalite por herpes simples, não elimina sentimentos emocionais ou sensações corporais, sugerindo que os córtices somatossensoriais e os núcleos subcorticais no hipotálamo e no tronco encefálico também estejam envolvidos na geração de estados de sentimentos.

têm quociente de inteligência (QI) na faixa superior. Por essa razão, eles às vezes tentam retornar a seus trabalhos e atividades sociais após a recuperação inicial da lesão encefálica. Apenas ao começarem a interagir com outros é que seus déficits são notados.

No córtex pré-frontal, o setor ventromedial apresenta particular importância para essas interações. Na maioria dos pacientes com prejuízo nas emoções sociais, esse setor apresenta lesão bilateral, embora uma lesão restrita ao lado direito seja suficiente para causar prejuízos. A região crítica engloba as áreas 12, 11, 10, 25 e 32 de Brodmann, que recebem muitas projeções dos setores dorsolateral e dorsomedial do córtex pré-frontal. Algumas dessas áreas projetam-se extensivamente para áreas subcorticais relacionadas às emoções: amígdala, hipotálamo e substância cinzenta periaquedutal no tronco encefálico.

É interessante observar que, quando perguntados acerca de punição, recompensa ou responsabilidade, pacientes adultos com lesão no córtex pré-frontal ventromedial respondem frequentemente como se ainda tivessem o conhecimento básico das regras, mas suas ações indicam que não as usam adequadamente em situações da vida real. Essa dissociação sugere que suas deficiências comportamentais não são causadas por perda de conhecimento factual, mas sim por prejuízo da atribuição de valor motivacional pelo encéfalo a fatores que normalmente exercem controle sobre o comportamento. Em alguns aspectos, essa dissociação é similar à dissociação entre aprendizados emocionais explícitos e implícitos, comparando-se o hipocampo e a amígdala. Uma hipótese interessante que surge dessas dissociações é que se poderia encontrar maiores deficiências após lesões em estruturas relacionadas a emoções, como a amígdala ou o córtex pré-frontal ventromedial, em outras espécies, ou em crianças, nas quais o controle comportamental explícito ainda não evoluiu ou se desenvolveu ao grau observado nos adultos. Há alguns achados que apoiam essa ideia: lesões nessas estruturas no início da vida podem resultar em deficiências mais graves em comportamentos sociais e emocionais que lesões que ocorrem na idade adulta (um padrão oposto ao da maior parte de outras lesões, em que a recuperação funcional é melhor quanto mais cedo ocorrerem). Esses achados também sugerem hipóteses para explicar disfunções neurais que podem contribuir para as dificuldades emocionais observadas em transtornos do desenvolvimento, como o autismo.

Os estudos de lesões citados foram complementados por estudos experimentais controlados usando IRMf, que fornecem conhecimentos adicionais sobre seus mecanismos. O imageamento funcional para tomada de decisões baseada em valores em humanos normais mostra que o córtex pré-frontal ventromedial é ativado durante o período que precede uma escolha. A mesma região é também ativada simplesmente pela administração de punição e recompensa, apoiando a noção de que o significado emocional da antecipação de punições e recompensas é computado como parte do mecanismo que orienta esse tipo de tomada de decisão. Punições e recompensas são frequentemente caracterizadas em experimentos envolvendo decisões econômicas e morais, e tal tomada de decisão envolve em grande extensão muitas das mesmas estruturas também envolvidas no processamento de emoções.

O córtex pré-frontal, sobretudo no setor ventromedial, opera em paralelo com a amígdala. Durante uma resposta emocional, áreas ventromediais governam a atenção conferida a certos estímulos, influenciam o conteúdo evocado da memória e ajudam a elaborar planos mentais para responder a um estímulo desencadeador. Uma vez que influenciam a atenção, tanto a amígdala quanto o córtex pré-frontal ventromedial provavelmente também alterem processos cognitivos – por exemplo, acelerando ou retardando o fluxo de representações sensoriais (Capítulo 17).

O neuroimageamento funcional está contribuindo para a nossa compreensão da emoção em humanos

Estudos com neuroimageamento das emoções utilizam tipicamente a IRMf. Esses estudos estão contribuindo para a nossa compreensão da emoção de três maneiras muito importantes. Primeiro, tais estudos começaram a dissociar e manipular experimentalmente aspectos específicos da emoção, como sentimentos, valor ou conceitos de emoções. Eles estão começando a mostrar como todos esses diferentes aspectos podem ser coordenados pela atividade em diferentes regiões encefálicas.

Segundo, estudos com IRMf sobre emoções têm aumentado cada vez mais, e muitos de seus dados estão amplamente disponíveis. Isso fornece oportunidades para metanálises de muitos estudos, evitando as limitações que poderiam ser inerentes a qualquer estudo isoladamente. Por exemplo, algumas metanálises confirmaram o papel do córtex pré-frontal ventromedial na representação de valor para muitos diferentes tipos de estímulos, incluindo alimento e dinheiro. Outras metanálises têm sugerido que emoções básicas específicas (p. ex., medo, raiva ou felicidade) ativam um conjunto amplamente distribuído e sobreponente de regiões encefálicas, confirmando a ideia que estruturas isoladas não são responsáveis por uma única emoção.

Por fim, estudos usando IRMf começaram a utilizar novos métodos em suas análises. Por exemplo, o padrão de ativação observado entre muitos *voxels* em uma região encefálica, e não o nível médio de ativação daquela região, é usado para treinar poderosos algoritmos de aprendizado de máquina para classificar estados emocionais. Essa abordagem está demonstrando que é possível decodificar estados emocionais específicos a partir de padrões distribuídos de ativação encefálica.

O imageamento funcional tem identificado correlatos neurais dos sentimentos

As experiências conscientes de uma emoção são geralmente chamadas de sentimentos. Evidências para os correlatos neurais dos sentimentos originam-se sobretudo de estudos de imageamento funcional em humanos e de testes neuropsicológicos de pacientes com lesões encefálicas específicas. Um desafio importante para esses estudos é a dissociação entre a experiência consciente da emoção e outros aspectos da emoção, como a indução de respostas fisiológicas, uma vez que ambas tendem a ocorrer simultaneamente. Outro desafio é a conexão entre tais estudos e os estudos da emoção em animais, nos quais não temos uma pré-convenção de medidas dependentes para avaliar o que eles experimentam conscientemente.

Um dos estudos iniciais de imageamento funcional utilizou tomografia por emissão de pósitrons para testar a ideia de que os sentimentos estão correlacionados com a atividade naquelas regiões somatossensorias corticais e subcorticais que recebem aferências relacionadas especificamente ao ambiente interno – vísceras, glândulas endócrinas e sistema musculoesquelético. Pediu-se a indivíduos saudáveis que recordassem episódios pessoais e tentassem experimentar de novo, tão proximamente quanto fosse possível, as emoções que acompanhavam aqueles eventos. A atividade mudou em muitas regiões conhecidas por representar e regular estados corporais, como o córtex insular, o córtex somatossensorial secundário (S-II), o córtex cingulado, o hipotálamo e a parte superior do tronco encefálico. Esses resultados apoiam a ideia de que pelo menos uma parte do substrato neural para os sentimentos envolva regiões encefálicas que regulam e representam estados corporais, um achado que, de certo modo, se assemelha à hipótese de William James, mencionada anteriormente, de que os sentimentos são baseados na percepção de reações corporais.

A importância de estruturas tanto corticais quanto subcorticais no processamento dos sentimentos também é corroborada por estudos mais recentes de IRMf. Um desses estudos examinou o sentimento de medo induzido pela antecipação de um choque elétrico (**Figura 42-8**). Nesse estudo, os participantes ficavam deitados em um aparelho enquanto assistiam um jogo em um vídeo, no qual um predador virtual (um ponto vermelho) aproxima-se do participante. Quando o predador os alcançava, eles podiam receber um choque elétrico dolorido na mão. A ansiedade produzida quando o predador estava a certa distância estava associada à ativação do córtex pré-frontal medial; à medida que o predador se aproximava cada vez mais, a substância cinzenta periaquedutal torna-se ativada, e isso estava correlacionado com relatos de sentimentos de pavor pelo participante. Esse achado dá suporte a um papel para o córtex pré-frontal medial no planejamento e na antecipação relacionados a uma ameaça distante e a um papel para a substância cinzenta periaquedutal na instalação da resposta defensiva necessária para lidar com uma ameaça imediata.

Outra região encefálica de interesse no que concerne a sentimentos é o setor subgenual do córtex cingulado anterior (área 25 de Brodmann), que está ativado em estudos de neuroimageamento quando os participantes experimentam tristeza. Essa região é de especial interesse, pois é também ativada de modo diferente em pacientes com depressão bipolar, e parece ser mais fina em varreduras de IRM estrutural de pacientes com depressão crônica. A estimulação elétrica direta dessa região encefálica (estimulação encefálica profunda) pode melhorar drasticamente o humor de alguns pacientes com depressão grave.

Emoções estão relacionadas à homeostase

Enquanto parece claro não haver regiões encefálicas especializadas para qualquer emoção específica, é também duvidoso que haja quaisquer regiões encefálicas especializadas para emoções em geral. É possível que todas as regiões encefálicas envolvidas com emoções também desempenham outras funções. Essas funções não emocionais podem nos dar informações acerca de como evoluíram as emoções e, de fato, podem ser os blocos constitutivos por meio dos quais são montados os estados emocionais.

Por exemplo, setores do córtex insular humano que são ativados durante a evocação de sentimentos também são ativados durante a sensação consciente de dor e temperatura. O córtex insular recebe informação homeostática (sobre temperatura e dor, alterações no pH sanguíneo, nas concentrações de dióxido de carbono e oxigênio no sangue) através de vias que se originam nas fibras nervosas periféricas. Essas fibras aferentes incluem, por exemplo, fibras C e Aδ, que estabelecem sinapses com neurônios na lâmina I do corno posterior da medula espinal ou na parte caudal (*pars caudalis*) do núcleo do nervo trigêmeo no tronco encefálico. As vias a partir da lâmina I e do núcleo do trigêmeo se projetam para núcleos do tronco encefálico (núcleo do trato solitário e núcleo parabraquial); daí para o tálamo e, então, para o córtex insular. A identificação desse sistema funcional é outra evidência para a ideia de que sinais nas vias aferentes somatossensoriais desempenham um papel no processamento dos sentimentos.

Além disso, em pacientes com comprometimento autonômico puro, uma doença na qual a informação aferente visceral está gravemente comprometida, estudos de imageamento funcional revelam um embotamento dos processos emocionais *e* atenuação da atividade das áreas somatossensoriais que contribuem para os sentimentos. Como outros sentimentos, os sentimentos sociais acionam os córtices insular e somatossensoriais primário e secundário (S-I e S-II), como demonstrado por achados em experimentos de neuroimageamento funcional avaliando empatia para a dor e, separadamente, admiração e compaixão.

A partir desses dados, algumas teorias modernas influentes construídas sobre a hipótese original de William James propõem que o sentimento de todas as emoções tenha como base representações encefálicas da homeostase corporal. Como no caso do papel da amígdala em emoções tanto positivas quanto negativas, o papel da ínsula no processamento da informação tanto interoceptiva quanto emocional ainda é compatível com a possibilidade de que esses processos sejam distintos. Ou seja, diferentes populações de neurônios dentro dessas estruturas podem estar envolvidas no processamento de diferentes emoções. Portanto, o IRMf talvez não forneça o nível de resolução necessário para detectar distintas, porém anatomicamente entremeadas, populações neuronais, e técnicas celulares em modelos animais podem ser necessárias.

Embora a maior parte da pesquisa em neurociências até aqui tenha enfocado emoções com valência negativa, a circuitaria neural para emoções com valência positiva

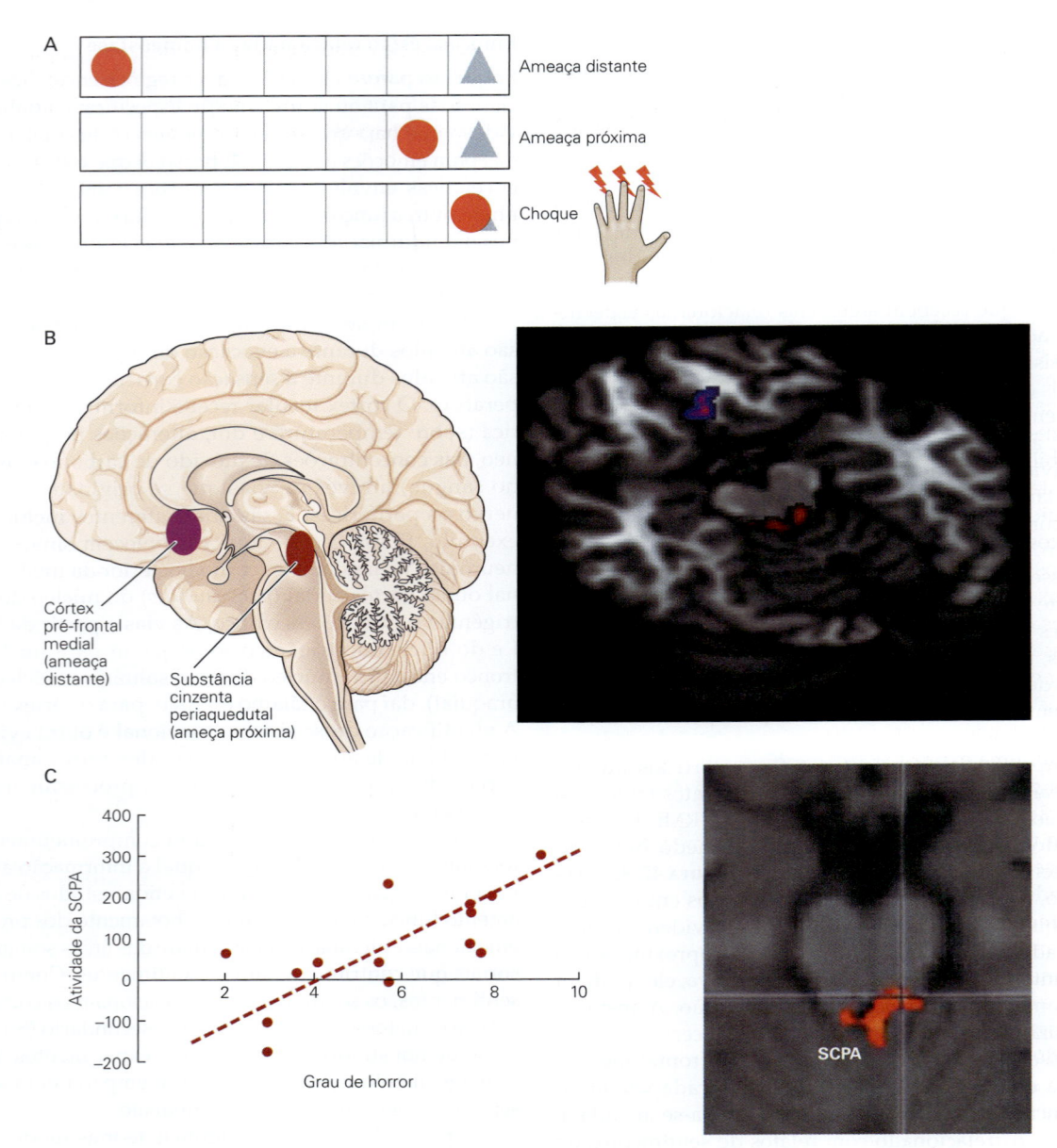

FIGURA 42-8 Regiões corticais e subcorticais atuam durante estados emocionais. Esses resultados vêm de um estudo de imageamento por ressonância magnética funcional, no qual um participante deitado no aparelho assiste um predador virtual (**ponto vermelho**) mover-se pelo monitor, aproximando-se de um indivíduo (**triângulo azul**, representando o próprio participante da pesquisa). (Reproduzida, com autorização, de Mobbs et al., 2007. Copyright © 2007 AAAS.)

A. Uma vez que o predador alcance o indivíduo, há uma chance de que um choque elétrico real e doloroso seja emitido na mão.

B. Quando o predador se aproxima do sujeito, aumentam as atividades no córtex pré-frontal e na substância cinzenta periaquedutal. De modo notável, esse padrão de ativação neural se desloca, de modo que um predador distante causa maior ativação do córtex pré-frontal medial, enquanto um predador próximo determina maior atividade na substância cinzenta periaquedutal.

C. A ativação da substância cinzenta periaquedutal (**SCPA**) correlaciona-se com o sentido subjetivo de horror medido por avaliações feitas pelos participantes enquanto estavam no aparelho.

está agora sendo elucidada, em estudos tanto em humanos quanto em animais. Esses estudos implicam consistentemente o córtex pré-frontal medial na computação do valor subjetivo de recompensas, assim como o *nucleus accumbens* e outros núcleos do prosencéfalo basal estão implicados no processamento do componente hedônico (ou prazer) das emoções positivas. Um número crescente de estudos de imageamento funcional em humanos – especialmente nos campos da neuroeconomia e das neurociências sociais – relaciona o papel dessas estruturas no processamento das emoções a seus papéis na tomada de decisões baseada em valores e no comportamento social.

Destaques

1. Na fisiologia geral de regulação do corpo e do comportamento dos organismos, os estados emocionais desempenham funções intermediárias entre aquelas dos processos de reflexos mais simples e regulação homeostática, por um lado, e aquelas de processos cognitivos e comportamento deliberado, por outro. Em comparação com os reflexos simples, as emoções são mais flexíveis, dependentes do contexto e controladas. Contudo, são menos flexíveis, dependentes do contexto e controladas que o comportamento deliberado. As emoções evoluíram para produzir comportamentos em resposta a desafios ambientais e internos recorrentes, os quais são muito variáveis para os reflexos, mas suficientemente estereotipados para não requerer a total flexibilidade das capacidades cognitivas.

2. Os estados emocionais devem ser cuidadosamente distinguidos da experiência consciente da emoção (sentimentos) e também dos conceitos e palavras que empregamos na linguagem diária para descrever emoções. Por exemplo, o comportamento de um gato que sibila é causado por um estado emocional, mas não está claro se esse gato sente medo de forma consciente. O gato provavelmente não tem o conceito, e certamente não tem as palavras, para pensar acerca da emoção. Indivíduos humanos que reconhecem o medo enquanto observam uma expressão facial estão atribuindo medo a outra pessoa e estão pensando acerca de determinada emoção, mas não estão eles próprios necessariamente em um estado de medo ou experimentando medo. O desenho de experimentos para controlar e manipular independentemente esses diferentes componentes da emoção é um grande desafio, especialmente em humanos.

3. As emoções coordenam alterações integradas em muitos parâmetros do organismo, incluindo efeitos no comportamento somático, em respostas autonômicas e endócrinas e na cognição. Ainda não entendemos como surge essa coordenação, embora ela provavelmente seja alcançada por uma combinação de controle hierárquico (por meio de regiões encefálicas que funcionam como uma espécie de "centros de comando") e dinâmica distribuída. Compreender como isso é obtido em organismos biológicos também informará como se poderia planejar robôs que apresentassem comportamentos emocionais no futuro.

4. Pode-se pensar em diferentes emoções específicas como categorias (p. ex., felicidade, medo, raiva) ou dimensões (em termos de alerta e valência ou de outro arcabouço dimensional). É provável que muitas das categorias para as quais temos palavras em determinada língua (como os exemplos anteriores) necessitem ser revisadas ao se alcançar uma compreensão mais científica delas. Novos métodos analíticos aplicados a dados adquiridos usando IRMf, inclusive métodos que levam em conta padrões espaciais e temporais da atividade encefálica e utilizam poderosos algoritmos de aprendizado de máquina, podem fornecer novas informações acerca de como o encéfalo medeia um amplo espectro de emoções.

5. Em humanos, as emoções podem ser reguladas por diversos mecanismos. Assim, temos certo controle sobre como sentimos e certo controle sobre como expressamos comportamentos emocionais, por exemplo, por meio de expressões faciais. Animais não humanos não têm esse mesmo nível de controle, de modo que seus comportamentos emocionais serão, geralmente, sinais honestos de seu estado emocional, enquanto os humanos frequentemente acionam estratégias para esconder suas emoções.

6. O medo é provavelmente a emoção cuja neurobiologia é melhor compreendida. Ele depende da amígdala, tanto em animais como em humanos. Contudo, alguns dados sugerem que certos tipos de medo, como o pânico do sufocamento induzido ao se inalar dióxido de carbono, sejam independentes da amígdala. De fato, sabemos agora que a amígdala é parte de um sistema encefálico distribuído e, assim, muitas outras regiões encefálicas também participam do processamento do medo. Estudos modernos utilizam cada vez mais técnicas genéticas e celulares sofisticadas para o imageamento e para a manipulação causal da função encefálica, permitindo a compreensão dos papéis necessários e suficientes de múltiplas estruturas encefálicas na mediação de diferentes comportamentos emocionais.

7. O córtex pré-frontal em suas porções ventral e medial está intimamente envolvido na emoção e conectado com a amígdala. Emoções sociais, representações de recompensas e regulação e extinção de emoções, todas envolvem setores específicos do córtex pré-frontal. Essa região do encéfalo, juntamente com a ínsula, podem também ser as mais importantes para a experiência consciente de emoções, um aspecto da emoção que continua a ser o mais desafiador para ser estudado.

C. Daniel Salzman
Ralph Adolphs

Leituras selecionadas

Amaral DG and Adolphs R (eds). 2016. *Living Without an Amygdala*. New York: Guilford Press.

Anderson, DJ, Adolphs R. 2018. *The Neuroscience of Emotion in People and Animals: A New Synthesis*. Princeton University Press.

Bechara A, Tranel D, Damasio H, Adolphs R, Rockland C, Damasio AR. 1995. A double dissociation of conditioning and declarative knowledge relative to the amygdala and hippocampus in humans. Science 269:1115–1118.

Craig AD. 2002. How do you feel? Interoception: the sense of the physiological condition of the body. Nat Rev Neurosci 3:655–666.

Damasio AR. 1994. *Descartes's Error: Emotion, Reason, and the Human Brain*. New York: Penguin Books.

Darwin, C. 1872/1965. *The Expression of the Emotions in Man and Animals*. Chicago: Univ of Chicago Press.

Dolan RJ. 2002. Emotion, cognition, and behavior. Science 298: 1191–1194.

Feinstein JS, Adolphs R, Damasio A, Tranel D. 2011. The human amygdala and the induction and experience of fear. Curr Biol 21:34–38.

Feinstein JS, Buzza C, Hurlemann R, et al. 2013. Fear and panic in humans with bilateral amygdala damage. Nat Neurosci 16:270–272.

Feldman Barrett L, Adolphs R, Marsella S, Martinez AM, Pollack SD. 2019. Emotional expressions reconsidered: challenges to inferring emotion from human facial movements. Psychol Sci Public Interest 20:1–68.

McGaugh JL. 2003. *Memory and Emotions: The Making of Lasting Memories*. New York: Columbia Univ Press.

Salzman CD, Fusi S. 2010. Emotion, cognition, and mental state representation in amygdala and prefrontal cortex. Ann Rev Neurosci 33:173–202.

Thornton MA, Tamir DI. 2017. Mental models accurately predict emotion transitions. Proc Natl Acad Sci U S A 114:5982–5987.

Whalen PJ, Phelps EA. 2009. *The Human Amygdala*. New York: Guilford Press.

Referências

Adolphs R, Gosselin F, Buchanan T, Tranel D, Schyns P, Damasio A. 2005. A mechanism for impaired fear recognition in amygdala damage. Nature 433:68–72.

Anderson SW, Bechara A, Damasio H, Tranel D, Damasio AR. 1999. Impairment of social and moral behavior related to early damage in human prefrontal cortex. Nat Neurosci 2:1032–1037.

Berridge KC, Kringelbach ML. 2013. Neuroscience of affect: brain mechanisms of pleasure and displeasure. Curr Opin Neurobiol 23:294–303.

Cahill L, McGaugh JL. 1998. Mechanisms of emotional arousal and lasting declarative memory. Trends Neurosci 21:294–299.

Clithero JA, Rangel A. 2014. Informatic parcellation of the network involved in the computation of subjective value. Soc Cogn and Affect Neurosci 9:1289–1302.

Damasio AR, Grabowski TJ, Bechara A, et al. 2000. Feeling emotions: subcortical and cortical brain activity during the experience of self-generated emotions. Nat Neurosci 3:1049–1056.

Damasio H, Grabowski T, Frank R, Galaburda AM, Damasio AR. 1994. The return of Phineas Gage: clues about the brain from the skull of a famous patient. Science 264:1102–1105.

De Martino B, Kumaran D, Seymour B, Dolan RJ. 2006. Frames, biases, and rational decision-making in the human brain. Science 313:684-687.

Gore F, Schwartz EC, Brangers BC, et al. 2015. Neural representations of unconditioned stimuli in basolateral amygdala mediate innate and learned responses. Cell 162:132–145.

Holland PC, Gallagher M. 2004. Amygdala-frontal interactions and reward expectancy. Curr Opin Neurobiol 14:148–155.

Jin J, Gottfried JA, Mohanty A. 2015. Human amygdala represents the complete spectrum of subjective valence. J Neurosci 35:15145–15156.

LeDoux, JE. 1996. *The Emotional Brain*. 1996. New York: Simon & Schuster.

LeDoux JE. 2000. Emotion circuits in the brain. Annu Rev Neurosci 23:155–184.

Lin D, Boyle MP, Dollar P, Lee H, Perona P, Anderson DJ. 2011. Functional identification of an aggression locus in the mouse hypothalamus. Nature 470:221–226.

MacLean PD. 1990. *The Triune Brain in Evolution*. New York: Plenum.

Mayberg HS, Lozano AM, Voon V, et al. 2005. Deep brain stimulation for treatment-resistant depression. Neuron 45:651–660.

Medina JF, Repa CJ, Mauk MD, LeDoux JE. 2002. Parallels between cerebellum- and amygdala-dependent conditioning. Nat Rev Neurosci 3:122–131.

Mobbs D, Petrovic P, Marchant JL, et al. 2007. When fear is near: threat imminence elicits prefrontal-periaqueductal gray shifts in humans. Science 317:1079–1083.

Nieuwenhuys R, Voogd J, van Huijzen Chr. 1988. *The Human Central Nervous System: A Synopsis and Atlas*, 3rd ed. Berlin: Springer-Verlag.

Ochsner KN, Gross JJ. 2005. The cognitive control of emotions. Trends Cogn Sci 9:242–249.

Paton JJ, Belova MA, Morrison SE, Salzman CD. 2006. The primate amygdala represents the positive and negative value of visual stimuli during learning. Nature 439:865–870.

Pessoa L, Adolphs R. 2010. Emotion processing and the amygdala: from a "low road" to "many roads" of evaluating biological significance. Nat Neurosci 11:773–782.

Phelps EA. 2006. Emotion and cognition: insights from studies of the human amygdala. Annu Rev Psychol 57:27–53.

Rauch SL, Shin LM, Phelps EA. 2006. Neurocircuitry models of posttraumatic stress disorder and extinction: human neuroimaging research—past, present, and future. Biol Psychiat 60:376–382.

Redondo RL, Kim J, Arons AL, Ramirez S, Liu X, Tonegawa S. 2014. Bidirectional switch of the valence associated with a hippocampal contextual memory engram. Nature 513:426–430.

Saez A, Rigotti M, Ostojic S, Fusi S, Salzman CD. 2015 Abstract context representations in primate amygdala and prefrontal cortex. Neuron 87:869–881.

Weiskrantz L. 1956. Behavioral changes associated with ablation of the amygdaloid complex in monkeys. J Comp Physiol Psychol 49:381–391.

43

Motivação, recompensa e estados de adicção

Estados motivacionais influenciam o comportamento direcionado a um objetivo

    Estímulos internos e externos contribuem para os estados motivacionais

    Recompensas podem satisfazer necessidades regulatórias e não regulatórias em escalas de tempo curtas e longas

    O circuito de recompensa do encéfalo fornece um substrato biológico para a seleção de objetivos

    A dopamina pode atuar como um sinal de aprendizado

A adicção a drogas é um estado de recompensa patológico

    Todas as drogas de abuso têm como alvo receptores de neurotransmissores, transportadores ou canais iônicos

    A exposição repetida a uma droga de abuso induz adaptações comportamentais duradouras

    Adaptações moleculares duradouras são induzidas pela exposição repetida a drogas em regiões encefálicas relacionadas com a recompensa

    Adaptações duradouras em células e circuitos mediam aspectos do estado de adicção a drogas

    Adicções naturais compartilham mecanismos biológicos com adicção a drogas

Destaques

Estados motivacionais influenciam o comportamento direcionado a um objetivo

UM DIA, UMA CHITA QUE SE REFUGIA do sol do meio-dia à sombra de uma árvore vê um antílope distante com aparente indiferença. Depois, durante a tarde, a visão do antílope provoca imediata orientação e comportamento de perseguição. O estímulo é o mesmo, mas as respostas comportamentais são muito diferentes. O que mudou foi o estado motivacional do animal.

    Os estados motivacionais influenciam a atenção, a seleção de objetivos, o ato de envidar esforços na busca por tais objetivos e a resposta a estímulos. Eles determinam, portanto, aproximação ou evitação, e seleção de ações. Este capítulo enfoca as bases neurobiológicas dos estados motivacionais relacionados a recompensas e à maneira pela qual circuitos encefálicos relacionados à recompensa estão implicados em mecanismos subjacentes à adicção a substâncias químicas.

Estímulos internos e externos contribuem para os estados motivacionais

Os estados motivacionais refletem os desejos do indivíduo, e desejos podem ser influenciados pelo estado fisiológico, assim como por estímulos que preveem futuras recompensas ou punições. Os estados motivacionais, portanto, dependem de variáveis tanto internas quanto externas. As variáveis internas incluem sinais fisiológicos que refletem fome ou sede, assim como variáveis relacionadas ao ritmo circadiano. Por exemplo, a frequência e a duração da busca por alimento variam com a hora do dia, o período desde a última refeição e se, no caso de uma fêmea, ela está ou não em fase de lactação.

    Outras variáveis internas relacionam-se a processos cognitivos. No jogo do vinte-e-um, por exemplo, receber a mesma carta em diferentes jogadas pode fazer o jogador perder ou somar 21, levando a respostas emocionais muito diferentes e a ajustes em subsequentes tomadas de decisão e seleção de ações. O significado diferente do mesmo estímulo (uma determinada carta) é possível pelo entendimento cognitivo das regras do jogo de vinte-e-um. O entendimento cognitivo de uma regra é uma variável interna. De modo semelhante, diferentes situações sociais frequentemente produzem respostas comportamentais distintas ao mesmo estímulo, como quando alguém bebe vinho em uma festa da faculdade ou o prova em um jantar formal.

    Variáveis externas também influenciam os estados motivacionais. Essas variáveis incluem *estímulos recompensadores de incentivo*. Por exemplo, quando uma chita desidratada encontra uma fonte de água durante a busca por antílopes, a visão da água pode servir como um estímulo de incentivo, deslocando o equilíbrio entre fome e sede e levando o animal a interromper sua busca por alimento para poder beber. Contudo, uma variável interna – o estado de hidratação da chita – pode também levar à atribuição de um valor diferente de recompensa ao mesmo estímulo sensorial, a fonte de água. Mesmo estímulos inatamente recompensadores, como um sabor doce que normalmente induz prazer, podem, em alguns casos, tornarem-se desagradáveis. Uma torta de chocolate pode ter valor inato de recompensa para quem gosta de chocolate, mas a saciedade em relação ao chocolate, que envolve a modulação de uma variável interna, pode diminuir o valor de recompensa desse estímulo e, assim, afetar o estado motivacional.

Recompensas podem satisfazer necessidades regulatórias e não regulatórias em escalas de tempo curtas e longas

Os comportamentos de alimentar-se, de beber e de termorregulação e seus estados motivacionais subjacentes surgem em resposta ou em antecipação a um desequilíbrio fisiológico. Nesses casos, ações resultam em recompensas em uma escala de tempo relativamente curta. Em contraste, alguns estados motivacionais surgem em função de imperativos biológicos diferentes da homeostase fisiológica de curto prazo. Objetivos mais complexos de longo prazo, como encontrar um parceiro amoroso e manter um relacionamento ou alcançar um objetivo educacional ou profissional, requerem ações direcionadas ao objetivo em escalas de tempo mais longas. Estados motivacionais não regulatórios podem assemelhar-se àqueles que surgem de sinais fisiológicos, mas os comportamentos motivados frequentemente envolvem sequências de ações nas quais nem todas as ações são recompensadas imediatamente (exceto pela sensação de se estar progredindo na direção de um objetivo de longo prazo).

Em geral, estímulos de incentivo, mesmo estímulos que apenas sinalizam progresso na direção de um objetivo de longo prazo, podem influenciar estados motivacionais de modo que sequências comportamentais complexas são finalizadas. Um exemplo simples desse conceito: a chita deve aproximar-se sorrateiramente da presa, caçar, atacar e matar um antílope e, então, remover a carcaça para um refúgio antes de começar a alimentar-se. Obviamente, mesmo a complexidade das ações envolvidas na busca de alimento e no ato de alimentar-se em seu conjunto é bem mais simples que os passos necessários para um estudante motivado a obter um grau acadêmico e desenvolver uma carreira profissional. Estados motivacionais devem ser mantidos ao longo de circunstâncias desafiadoras, a fim de que tais objetivos sejam alcançados.

O circuito de recompensa do encéfalo fornece um substrato biológico para a seleção de objetivos

Recompensas são objetos, estímulos ou atividades que têm valor positivo. Recompensas podem estimular um animal a mudar de um comportamento para outro ou a resistir a interrupções de uma ação em andamento. Por exemplo, um rato que encontra uma semente enquanto faz o reconhecimento de um ambiente pode cessar a exploração para comer o alimento ou carregá-lo a um lugar seguro; enquanto mordiscando a semente, o rato resistirá ao esforço de outro rato que tente roubar o alimento de suas patas. Se as sementes são encontradas apenas em certa localização e em determinado tempo, o rato irá para tal lugar quando se aproximar o momento em que aparecerá a recompensa esperada.

Muito do trabalho atual em neurociências está direcionado à elucidação dos sistemas neurais que processam diferentes tipos de recompensas. Esses sistemas devem conectar a representação sensorial inicial de uma recompensa a diferentes comportamentos para responder às necessidades fisiológicas e aos desafios e oportunidades ambientais. Patologias como a dependência de substâncias podem sequestrar esses sistemas de recompensa, resultando em comportamentos mal-adaptativos (discutidos na última parte deste capítulo).

Comportamentos direcionados a objetivos englobam avaliações de riscos, de custos e de benefícios. Afastar-se do rebanho pode oferecer a um antílope melhores oportunidades de buscar alimento, mas há o risco de tornar-se um alvo mais fácil para uma chita que está à espreita. Atacar esse antílope aventureiro oferece à chita a promessa de uma refeição fácil, mas com o risco de grande desgaste de recursos hidrominerais e de energia, que terá sido em vão caso o antílope consiga escapar. Assim sendo, os mecanismos neurais responsáveis pela seleção de objetivos devem pesar os custos e os benefícios dos comportamentos que poderiam obter um determinado objetivo.

Em 1954, James Olds e Peter Milner relataram seu estudo acerca das vias neurais responsáveis por comportamentos relacionados a recompensas. Esses estudos clássicos empregaram estimulação elétrica encefálica como um objetivo. Ratos e outros vertebrados, de peixes dourados a humanos, são capazes de trabalhar pela estimulação elétrica de certas regiões encefálicas. A avidez e a persistência desse comportamento de autoestimulação são notáveis. Ratos cruzarão grades elétricas, correrão morro acima saltando barreiras ou pressionarão alavancas por horas sem fim com a finalidade de disparar a estimulação elétrica. O fenômeno que leva o animal a trabalhar pela autoestimulação é denominado *recompensa por estimulação encefálica* (**Figura 43-1A**). A estimulação encefálica, portanto, aciona um estado motivacional, um forte impulso de realizar uma ação (p. ex., pressionar uma alavanca) que possibilitará estimulação adicional.

Embora a recompensa induzida pela estimulação encefálica seja um objetivo artificial, ela mimetiza algumas das propriedades de objetos que são metas naturais. Por exemplo, a estimulação encefálica pode competir com, somar-se a ou substituir outros estímulos preditores de recompensa no sentido de induzir estados motivacionais que acionam comportamentos dirigidos a objetivos. Os circuitos que medeiam a sensação de recompensa obtida pela estimulação encefálica estão amplamente distribuídos. Efeitos recompensadores podem ser produzidos pela estimulação elétrica de regiões em todos os níveis do encéfalo, do bulbo olfatório ao núcleo do trato solitário.

Locais especialmente efetivos situam-se ao longo do curso do feixe prosencefálico medial e ao longo dos feixes de fibras longitudinalmente orientadas que cruzam próximo à linha média do tronco encefálico. A estimulação de qualquer dessas vias resulta na ativação de neurônios

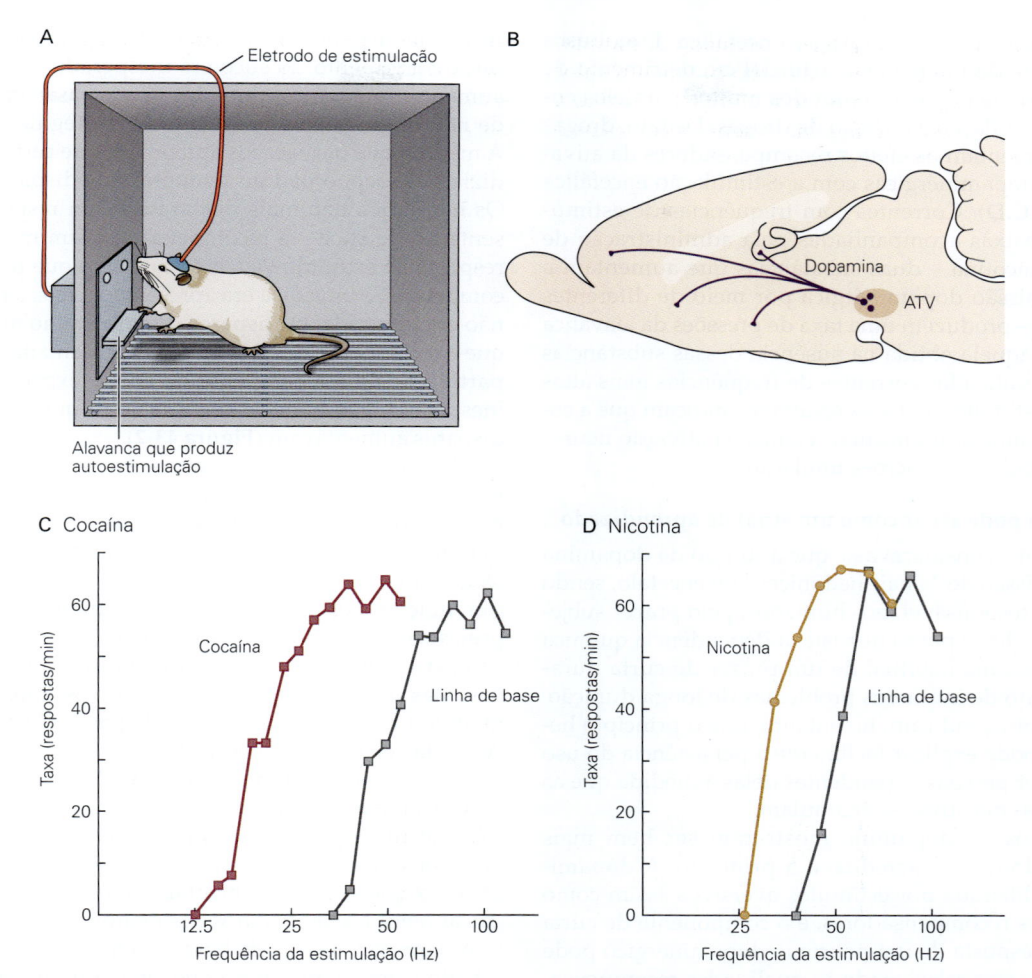

FIGURA 43-1 A autoestimulação intracraniana recruta circuitos de recompensa e vias neurais dopaminérgicas.
A. Aparelhagem clássica de teste para experimentos de autoestimulação. Neste exemplo, um eletrodo é implantado em determinada região encefálica de um roedor. A pressão da alavanca pelo roedor dispara uma estimulação elétrica naquela área encefálica.
B. Estruturas encefálicas que resultam em comportamento de autoestimulação normalmente ativam vias dopaminérgicas oriundas da área tegmentar ventral (**ATV**), entre outras vias.

C-D. Cocaína e nicotina afetam a taxa de autoestimulação elétrica. A taxa com que o animal pressiona a alavanca de estimulação aumenta com aumentos na frequência da corrente de autoestimulação. Na presença dessas drogas, os animais pressionam a alavanca em frequências mais baixas, indicando que as drogas aumentam os efeitos da autoestimulação.

dopaminérgicos da área tegmentar ventral do mesencéfalo. Esses neurônios projetam-se para várias áreas do encéfalo, incluindo o *nucleus accumbens* (principal componente do estriado ventral), a porção ventromedial da cabeça do núcleo caudado (no estriado dorsal), o prosencéfalo basal e regiões do córtex pré-frontal (**Figura 43-1B**).

A ativação de neurônios dopaminérgicos na área tegmentar ventral desempenha um papel crucial na recompensa induzida pela estimulação encefálica. Os efeitos dessa ativação são reforçados por aumento da transmissão sináptica dopaminérgica e enfraquecidos pela redução dessa transmissão. Esses neurônios dopaminérgicos são excitados por células glutamatérgicas no córtex pré-frontal e na amígdala, assim como por células colinérgicas nos núcleos tegmentar laterodorsal e pedunculopontino no rombencéfalo,
e são inibidos por células GABAérgicas locais dentro da área tegmentar ventral ou em localização imediatamente caudal a ela. Acredita-se que a estimulação encefálica ative neurônios dopaminérgicos na área tegmentar ventral em parte pela ativação desses neurônios colinérgicos no rombencéfalo. O bloqueio desses sinais de entrada colinérgicos reduz os efeitos recompensadores da estimulação elétrica. Enquanto boa parte da atenção tem sido focada nas vias dopaminérgicas como mediadoras da recompensa induzida pela estimulação encefálica, é importante enfatizar o envolvimento adicional de vias não dopaminérgicas.

A robustez da recompensa induzida pela estimulação encefálica é indicada pelo achado de que camundongos em jejum que recebem apenas breve acesso diário a alimento deixarão de comer para pressionar uma alavanca que lhes permita receber uma estimulação encefálica. Essa busca inconsequente de um objetivo artificial em detrimento de uma necessidade biológica é um dos muitos paralelos entre a autoestimulação e o abuso de drogas. De fato, drogas de abuso aumentam os efeitos recompensadores da ativação de vias dopaminérgicas com a estimulação encefálica (**Figura 43-1C,D**). Correntes com frequências de estimulação mais baixas acompanhadas pela administração de cocaína ou nicotina – duas substâncias que aumentam a neurotransmissão dopaminérgica por meio de diferentes mecanismos – produzem uma taxa de pressões da alavanca equivalente àquela obtida na ausência dessas substâncias quando são utilizadas correntes de frequências mais altas para a autoestimulação. Esses resultados indicam que a cocaína e a nicotina amplificam os efeitos da ativação neuronal determinada pela microestimulação.

A dopamina pode atuar como um sinal de aprendizado

Anteriormente, considerava-se que a função da dopamina era a transmissão de "sinais hedônicos" no encéfalo, sendo diretamente responsável, nos humanos, pelo prazer subjetivo. A partir desse ponto de vista, a dependência química refletiria a escolha habitual de um prazer de curta duração, a despeito de inúmeros problemas de longa duração. Novas pesquisas indicam, no entanto, que o princípio hedônico não pode explicar facilmente a persistência do uso de drogas por pessoas dependentes delas à medida que as consequências negativas se acumulam.

Os efeitos da dopamina mostraram ser bem mais complexos do que se acreditava a princípio. A dopamina pode ser liberada por estímulos aversivos assim como por estímulos recompensadores, e o componente de curta latência da resposta de um neurônio dopaminérgico pode mesmo nem estar relacionado às qualidades recompensadoras ou aversivas de um estímulo. Além disso, roedores que não têm dopamina – ratos nos quais a dopamina não mais é produzida devido a lesões com 6-hidroxidopamina e camundongos geneticamente modificados de modo a não produzirem dopamina – continuam a mostrar respostas hedônicas à sacarose. A própria administração de dopamina não é considerada atualmente como um fator capaz de produzir qualidades hedônicas. Ao invés disso, acredita-se que o grau com que determinado estímulo sensorial é recompensador seja processado por uma ampla rede de áreas encefálicas, abrangendo córtices sensoriais de diferentes modalidades, córtex associativo, córtex pré-frontal (em especial, regiões orbitofrontais) e muitas áreas subcorticais, como amígdala, hipocampo, *nucleus accumbens* e pálido ventral.

Muitas das áreas encefálicas cuja atividade é modulada pela antecipação de uma recompensa ou por receber uma recompensa têm aferências dopaminérgicas. Qual informação os neurônios dopaminérgicos transmitem para essas áreas encefálicas? Wolfram Schultz e colaboradores descobriram que neurônios dopaminérgicos frequentemente apresentam um padrão complexo e mutável de respostas a recompensas durante o aprendizado. Em um experimento, Schultz treinou macacos para esperar um suco a intervalos fixos de tempo após um estímulo (dica) visual ou auditivo. Antes que os animais aprendessem o significado das dicas, o surgimento do suco era inesperado e produzia um aumento transitório acima dos níveis basais nos disparos de neurônios dopaminérgicos da área tegmentar ventral. À medida que os macacos aprendiam que certas dicas prediziam o suco, o padrão temporal dos disparos mudava. Os neurônios não mais disparavam em resposta à apresentação do suco – a recompensa –, e sim mais cedo, em resposta ao estímulo visual ou auditivo que predizia a recompensa. Se uma dica era apresentada, mas a recompensa não era oferecida, os disparos diminuíam no momento em que a recompensa deveria ter sido apresentada. Em contrapartida, se uma recompensa excedia a expectativa ou era inesperada, por aparecer sem uma dica que a indicasse, os disparos aumentavam (**Figura 43-2**).

Essas observações sugerem que a liberação de dopamina no prosencéfalo funciona não como um sinal de prazer, mas como um sinal de *erro de previsão*. Uma salva de dopamina significaria uma recompensa ou um estímulo relacionado à recompensa que não fora previsto; pausas ou diminuições nos disparos significariam que a recompensa prevista era menor que o esperado, ou ausente. Se uma recompensa fosse exatamente aquilo que era esperado com base nas dicas ambientais, os neurônios dopaminérgicos manteriam sua taxa tônica de disparos (linha de base). Acredita-se que alterações na liberação de dopamina modifiquem respostas futuras a estímulos, de modo a maximizar a probabilidade de obter recompensas e minimizar tentativas infrutíferas. Para recompensas naturais, como o suco doce consumido pelos macacos no experimento de Schultz, uma vez que as dicas ambientais para uma recompensa sejam aprendidas, os disparos dos neurônios dopaminérgicos retornam para os níveis basais. Schultz interpretou esse achado como significando que, enquanto nada mudar no ambiente, nada mais há a aprender e, portanto, não há a necessidade de mudar respostas comportamentais.

Experimentos usando imageamento por ressonância magnética funcional em humanos têm fornecido evidências adicionais de que agonistas e antagonistas dopaminérgicos modulam o aprendizado de recompensa e o sinal dependente do nível de oxigênio sanguíneo (BOLD, do inglês *blood oxygen level-dependent*) no *nucleus accumbens*. Por outro lado, em alguns experimentos, camundongos desprovidos de um gene envolvido na síntese de dopamina ainda são capazes de aprender onde encontrar uma recompensa contendo açúcar ou cocaína, sugerindo que a dopamina não é necessária para todas as formas de aprendizado envolvendo recompensa. Além disso, roedores que recebem anfetaminas para aumentar os níveis pré-sinápticos de dopamina ao longo de um período de tempo maior apresentam aumento no comportamento de "querer" (i.e., aumento nas respostas quando na presença de um estímulo pavloviano que preveja uma recompensa contendo sacarose).

Essas considerações levaram alguns investigadores a sugerir que a dopamina teria um papel mais amplo que simplesmente o fornecimento de sinais de erro de previsão para possibilitar o aprendizado de reforço. De fato, diversos estudos recentes têm demonstrado consideráveis variações nas propriedades de resposta de diferentes subpopulações de neurônios dopaminérgicos mesencefálicos. Alguns neurônios são ativados por estímulos recompensadores e aversivos, enquanto outros são ativados preferencialmente por um dos dois tipos de estímulos, e outros ainda mostram respostas opostas (ativados por recompensas e inibidos por estímulos aversivos). Há certa evidência de que essas diferenças neuronais estão relacionadas a diferenças em projeções aferentes e eferentes entre subpopulações de neurônios dopaminérgicos. A compreensão do papel preciso dessa mistura complexa de sinais dopaminérgicos – no aprendizado, no estímulo de comportamento direcionado a objetivo e, especialmente, em formas mais complexas de aprendizado que envolvem sequências de ações em escalas de tempo mais longas, com a finalidade de atingir recompensas distantes – continua uma área ativa de investigação.

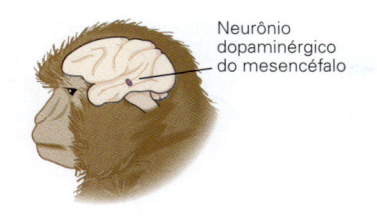

De modo diferente das recompensas naturais, drogas capazes de causar adicção causam liberação de dopamina no circuito de recompensa independentemente da frequência com que são consumidos, e a magnitude dessa liberação frequentemente é maior que aquela observada com recompensas naturais – a dopamina é liberada mesmo quando a droga não mais produza prazer subjetivo. Para o encéfalo, o consumo de drogas aditivas poderia sempre sinalizar "melhor que o esperado", de modo a continuar a influenciar o comportamento, maximizando a busca e o uso da droga. Se essa ideia for correta, ela poderia explicar por que a busca por uma droga e seu consumo se tornam compulsivos e por que a vida de um indivíduo adicto passa a ter como foco, cada vez mais, o consumo da droga, à custa de todos os seus outros objetivos.

A adicção a drogas é um estado de recompensa patológico

A adicção a drogas é uma síndrome crônica e às vezes fatal, caracterizada por busca compulsiva e consumo da droga, a despeito de sérias consequências negativas, como doenças e incapacidade de atuar adequadamente na família, no trabalho ou na sociedade. Muitos indivíduos adictos estão conscientes da natureza destrutiva de sua adicção, mas são incapazes de alterar seu comportamento em relação à droga, apesar de numerosas tentativas de tratamento.

Uma característica interessante da adicção a drogas é que apenas uma fração minúscula de todas as substâncias químicas pode causar essa síndrome. Essas assim chamadas drogas de abuso não compartilham uma estrutura química em comum e produzem seus efeitos ligando-se a diferentes alvos proteicos no encéfalo. Essas substâncias diversas podem, cada uma delas, causar uma síndrome comportamental de adicção similar, pois suas ações convergem nos circuitos encefálicos que controlam recompensa e motivação (**Figura 43-3**).

Progressos na compreensão dessas ações têm ocorrido em grande parte com base em estudos em animais de laboratório que se autoadministram as mesmas drogas que causam dependência em humanos. De fato, quando os animais têm acesso livre e ilimitado a essas drogas, alguns deles perderão o controle sobre o consumo da droga – que se torna cada vez mais involuntário – em detrimento da

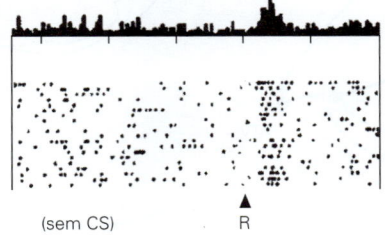

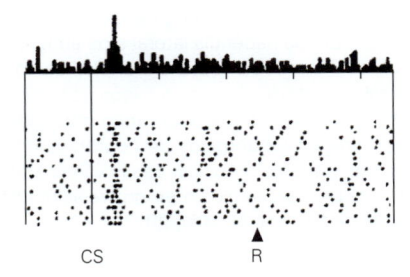

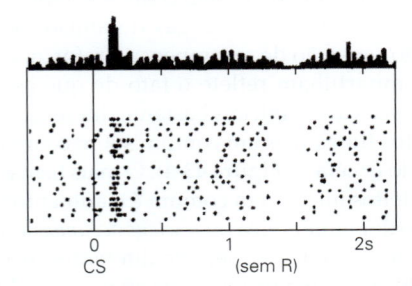

FIGURA 43-2 Neurônios dopaminérgicos relatam um erro na predição da recompensa. Os gráficos mostram taxas de disparo registradas em neurônios dopaminérgicos do mesencéfalo em macacos acordados e ativos. **Parte superior:** Uma gota de um líquido doce é dada, sem aviso prévio, a um macaco. A inesperada recompensa (**R**) determina uma resposta nos neurônios. A recompensa pode, assim, ser interpretada como um erro positivo na previsão da recompensa. **Parte do meio:** O macaco foi treinado de modo que um estímulo condicionado (**CS**) prevê uma recompensa. Nesse registro, a recompensa ocorre de acordo com o previsto e não determina uma resposta nos neurônios, pois não há erro na previsibilidade da recompensa. Os neurônios são ativados logo que surge o estímulo que prevê a recompensa, mas não pela recompensa em si. **Parte inferior:** Um estímulo condicionado prevê uma recompensa que não aparece. Os neurônios dopaminérgicos mostram uma redução nos disparos no momento em que a recompensa deveria ter ocorrido. (Reproduzida, com autorização, de Schultz, Dayan e Montague, 1997. Copyright © 1997 AAAS.)

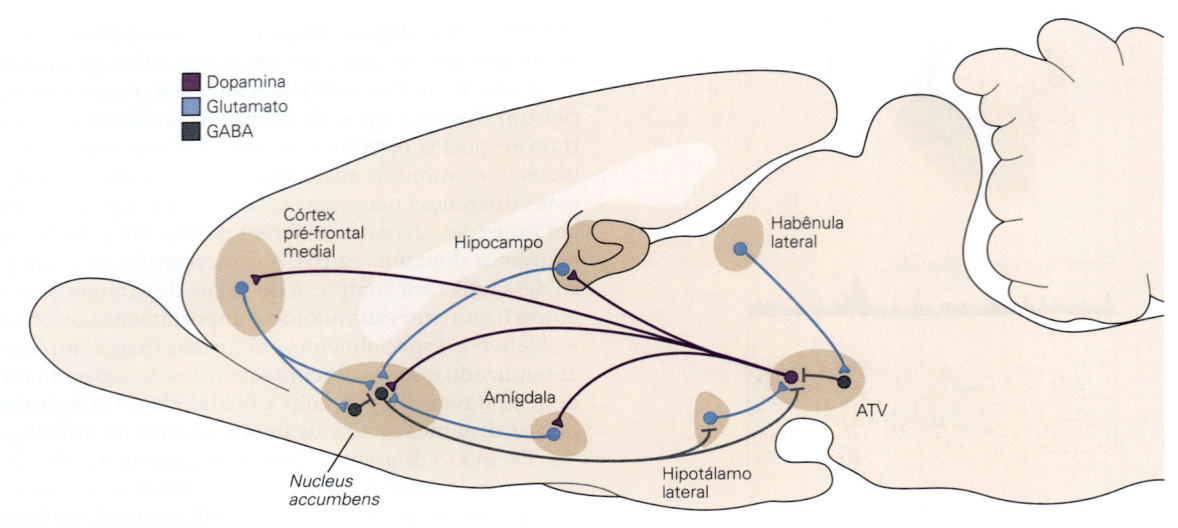

FIGURA 43-3 Circuitos de recompensa do encéfalo. Um desenho esquemático das principais conexões dopaminérgicas, glutamatérgicas e GABAérgicas (do ácido γ-aminobutírico) que chegam e saem da área tegmentar ventral (**ATV**) e do *nucleus accumbens* (NAc) no encéfalo de roedor. O principal circuito de recompensa inclui projeções dopaminérgicas da ATV para o NAc. As projeções da ATV liberam dopamina em resposta a estímulos relacionados a recompensa (e, em alguns casos, estímulos relacionados a situações aversivas). Há também projeções GABAérgicas do NAc para a ATV, algumas em uma via direta para a ATV e algumas em uma via indireta, inervando a ATV via neurônios intermediários GABAérgicos no pálido ventral (não mostrado). O NAc também contém numerosos tipos de interneurônios. O NAc recebe densa inervação de circuitos monossinápticos glutamatérgicos originados do córtex pré-frontal medial, do hipocampo, da habênula lateral e da amígdala, entre outras regiões. Já a ATV recebe essas aferências da amígdala e do córtex pré-frontal, e ainda de diversos núcleos no tronco encefálico, que usam acetilcolina como transmissor (não mostradas). Ela também recebe terminais peptidérgicos de neurônios do hipotálamo lateral, assim como outras aferências. Essas várias aferências controlam aspectos da percepção e da memória relacionadas à recompensa. (Adaptada de Russo e Nestler, 2013.)

ingestão de alimento ou do sono, e alguns poderão mesmo morrer de sobredose. A autoadministração de drogas e outros modelos animais de adicção (**Quadro 43-1**) tornaram possível o estudo tanto da circuitaria neural por meio da qual as drogas de abuso atuam para produzir seus efeitos iniciais de recompensa quanto das adaptações moleculares e celulares que as drogas induzem nesse circuito após as exposições repetidas causarem uma síndrome semelhante à adicção. Ao longo da última década, esses estudos em animais, juntamente com estudos de imageamento encefálico em humanos adictos, têm criado um panorama cada vez mais completo do processo de adicção.

Todas as drogas de abuso têm como alvo receptores de neurotransmissores, transportadores ou canais iônicos

Muito se sabe sobre as interações iniciais de drogas de adicção com o sistema nervoso. Praticamente todas as proteínas com as quais tais drogas interagem foram clonadas e caracterizadas (**Tabela 43-1**).

Cada classe de droga de abuso produz um espectro distinto de efeitos comportamentais agudos, consistente com o fato de que cada classe atua em diferentes alvos e que esses alvos têm distintos padrões de expressão em estruturas do sistema nervoso e em tecidos periféricos. Cocaína e outros psicoestimulantes são ativadores e podem causar efeitos colaterais cardíacos, pois seus alvos (transportadores de monoaminas) são expressos nos nervos periféricos que inervam o coração. Em contrapartida, opiáceos são sedativos e analgésicos potentes, pois seus alvos (receptores opioides) são expressos em centros do sono e da dor.

Ainda assim, todas as drogas de abuso induzem de modo agudo sensação de recompensa e reforço, e essa ação que elas compartilham reflete o fato de que as drogas, a despeito de seus alvos iniciais bastante diferentes, induzem alguns efeitos funcionais em comum sobre o circuito de recompensa do encéfalo (**Figura 43-4**). O mais bem estabelecido desses efeitos iniciais em comum é o aumento da neurotransmissão dopaminérgica no *nucleus accumbens*, apesar de esse aumento ocorrer por meio de diferentes mecanismos. Por exemplo, a cocaína produz esse efeito pelo bloqueio de transportadores que fazem a recaptação da dopamina, localizados nos terminais dos neurônios da área tegmentar ventral, enquanto opiáceos ativam os corpos celulares dos neurônios dopaminérgicos da área tegmentar ventral, via inibição de interneurônios GABAérgicos próximos.

Opiáceos também produzem sensação de recompensa por meio de ações independentes da dopamina (p. ex., pela ativação de receptores opioides nos próprios neurônios do *nucleus accumbens*). Todas as outras drogas de abuso atuam por meio de uma combinação de mecanismos dependentes e independentes de dopamina (p. ex., ativação das sinalizações opioide e canabinoide endógenas), produzindo alguns dos mesmos efeitos funcionais nos neurônios do *nucleus accumbens*. É importante considerar que, ao aumentar a neurotransmissão dopaminérgica, todas essas drogas também produzem alguns dos mesmos efeitos funcionais mediados pela ativação de receptores dopaminérgicos nos

QUADRO 43-1 Modelos animais de adicção a drogas

Diversos modelos animais têm desempenhado um papel importante no entendimento de como drogas aditivas produzem recompensa de modo agudo e uma síndrome semelhante à adicção após repetidas exposições.

Autoadministração de drogas

Os efeitos reforçadores de uma droga podem ser demonstrados em experimentos nos quais os animais realizam uma tarefa (p. ex., pressionar uma alavanca) para receber uma injeção intravenosa de uma droga. Além de estudar a aquisição desse comportamento, os cientistas verificam qual o grau de trabalho que o animal está disposto a executar para receber a droga por meio da utilização de procedimentos de razão progressiva, em que cada dose da droga requer um aumento no número de vezes em que o animal precisa pressionar a alavanca.

Os animais atingem o chamado ponto de ruptura quando param de se autoadministrar a droga. Após semanas ou meses de retirada da droga ou de extinção da autoadministração, os animais apresentam um comportamento semelhante ao relapso: eles pressionarão a alavanca de estimulação, que não mais libera a droga, em resposta a um teste com uma dose da droga, a dicas associadas previamente com a droga (uma luz ou um tom), ou ao estresse. Esses vários comportamentos de autoadministração são considerados os modelos melhor validados para a adição em humanos.

Preferência condicionada de lugar

Animais podem aprender a associar um determinado ambiente com a exposição passiva a drogas. Por exemplo, um roedor passará mais tempo no lado de uma caixa onde recebe cocaína do que no lado em que ele recebe salina. Esse paradigma oferece uma medida indireta da potência com que uma droga pode atuar como recompensa e demonstra os fortes efeitos condicionantes a dicas induzidos por drogas que causam adicção.

Sensibilização locomotora

Todas as drogas de abuso estimulam a locomoção em roedores na exposição inicial à droga, sendo observado aumento na ativação locomotora após doses repetidas da droga. Uma vez que os circuitos neurais que medeiam as respostas locomotoras a drogas de abuso se sobrepõem parcialmente aos circuitos que medeiam recompensa e adicção, a sensibilização locomotora fornece um modelo para o estudo da plasticidade nesses circuitos durante a exposição crônica a uma droga.

Autoestimulação craniana

Animais trabalharão (p. ex., pressionando uma alavanca) para receber uma corrente elétrica em partes do circuito de recompensa do encéfalo (ver **Figura 43-1**). Nesse modelo, drogas de abuso reduzem o limiar para a estimulação, significando que, na presença da droga, os animais trabalharão por frequências de estimulação que não têm efeito em condições-controle.

---

muitos outros alvos da projeção dos neurônios dopaminérgicos da área tegmentar ventral (**Figura 43-3**), ações essas que também são fundamentais na recompensa e no desencadeamento de algumas das ações deletérias da exposição repetida a essas drogas.

A exposição repetida a uma droga de abuso induz adaptações comportamentais duradouras

As ações recompensadoras agudas das drogas de abuso não explicam a adicção. Em vez disso, a adicção é mediada por adaptações encefálicas que resultam da exposição repetida a essas ações agudas. Nesse campo, permanecem duas questões principais: quais adaptações específicas medeiam a síndrome comportamental da adicção e por que alguns indivíduos são mais suscetíveis a se tornarem adictos?

Sabemos que, tanto em animais quanto em humanos, aproximadamente 50% do risco para a adicção para todas as drogas de abuso é genético, mas os genes específicos que conferem risco continuam bastante desconhecidos. Assim como para a maioria das outras condições crônicas comuns, o risco genético para a adicção é altamente complexo, refletindo ações combinadas de centenas de variações genéticas, cada uma das quais, isoladamente, tem um efeito muito pequeno. Os outros 50% do risco, embora ainda não completamente esclarecidos, envolvem um conjunto de fatores ambientais que incluem estresse precoce, estresse ao longo da vida e pressão dos pares.

Historicamente, as adaptações induzidas pela exposição repetida a drogas têm sido descritas por uma série de termos farmacológicos. A *tolerância* refere-se à diminuição dos efeitos de uma droga após a administração repetida da mesma dose da droga ou à necessidade de aumentar a dose para produzir o mesmo efeito. A *sensibilização*, também conhecida como tolerância reversa, ocorre quando a administração repetida da mesma droga determina intensificação dos efeitos. A *dependência* é definida como um estado adaptativo que se desenvolve em resposta à administração repetida da droga, que é percebida durante a *abstinência*, que ocorre quando a administração cessa. Os sintomas da abstinência (síndrome de abstinência) variam entre as drogas e incluem efeitos opostos às ações agudas da droga. A tolerância, a sensibilização e a dependência/síndrome de abstinência são observadas com muitas substâncias que não causam adicção. Por exemplo, dois fármacos usados para tratar a hipertensão, o antagonista β-adrenérgico propranolol e o agonista α_2-adrenérgico clonidina, produzem forte dependência, como evidenciado por grave hipertensão quando são subitamente retirados.

As drogas de abuso são singulares pelo fato de causarem tolerância, sensibilização e dependência/síndrome de abstinência em comportamentos relacionados à recompensa e à motivação, e esses comportamentos contribuem para a síndrome de adicção. A tolerância à recompensa, que pode ser considerada como a supressão homeostática dos mecanismos de recompensa endógenos em resposta à exposição repetida à droga, é um dos fatores que levam a padrões de intensificação do uso da droga. A dependência motivacional, que se manifesta como sintomas emocionais negativos (p. ex., do tipo depressivo ou ansioso) que ocorrem durante

TABELA 43-1 Principais classes de drogas capazes de causar adicção

Classe	Fonte	Alvo molecular	Exemplos
Opiáceos	Papoula do ópio	Receptor opioide μ (agonista)[1]	Morfina, metadona, oxicodona, heroína, muitos outros
Estimulantes psicomotores	Folha da coca Sintéticos[2] Sintéticos	Transportador da dopamina (antagonista)[3]	Cocaína Anfetaminas Metanfetamina
Canabinoides	*Cannabis*	Receptor canabinoide CB1 (agonista)	Maconha
Nicotina	Tabaco	Receptor colinérgico nicotínico (agonista)	Tabaco
Álcool etílico	Fermentação	Receptor $GABA_A$ (agonista), receptor glutamatérgico do tipo NMDA (antagonista) e múltiplos outros alvos	Várias bebidas
Drogas semelhantes à fenciclidina	Sintéticos	Receptor glutamatérgico do tipo NMDA (antagonista)	Fenciclidina (PCP, "pó de anjo" ou "poeira da lua")
Sedativos/hipnóticos	Sintéticos	Receptor $GABA_A$ (modulador alostérico positivo)	Barbitúricos, benzodiazepínicos
Inalantes	Variadas	Desconhecido	Colas, gasolina, óxido nitroso, outros

[1]As vias de sinalização induzidas pela ativação de receptores μ diferem entre os opioides, diferenças essas que podem estar relacionadas com distintas capacidades de causar adicção. Além disso, muitos opioides ativam o receptor δ opioide, embora a ação sobre receptores μ seja mais importante para a recompensa e a adicção.
[2]Originalmente, a síntese de anfetamina era baseada no produto vegetal natural efedrina.
[3]Enquanto a cocaína é um antagonista do transportador, anfetamina e metanfetamina atuam de modo diferente: elas são substratos para o transportador e, uma vez no citoplasma do terminal nervoso, atuam de modo a estimular a liberação de dopamina.
GABA, ácido γ-aminobutírico; **NMDA**, *N*-metil-D-aspartato.
Nota: A cafeína pode produzir moderada dependência física, mas não resulta em uso compulsivo. Algumas drogas ilegais podem ser prejudiciais, mas, em geral, sem produzir adicção; elas incluem os alucinógenos dietilamida do ácido lisérgico (LSD), mescalina, psilocibina e 3,4-metilenodioximetanfetamina (MDMA), popularmente conhecida como *ecstasy*.

o período inicial da abstinência da droga e são também mediados pela supressão de mecanismos de recompensa endógenos, é um fator central para a indução do retorno ao uso da droga, ou *relapso*. A sensibilização à recompensa, que tipicamente ocorre após longos períodos de abstinência, pode disparar o relapso em resposta à exposição à própria droga ou a dicas associadas à droga (p. ex., estar com pessoas ou em um lugar onde a droga era previamente utilizada).

De modo interessante, uma dada droga pode produzir todas essas adaptações – tolerância, sensibilização e dependência – simultaneamente, devido aos diferentes efeitos agudos da droga; esse fenômeno enfatiza o envolvimento de múltiplos tipos celulares e circuitos na mediação das ações globais da droga. O desafio principal para os neurocientistas é a identificação das mudanças em tipos específicos de neurônios e de células gliais – e suas consequentes contribuições à função do circuito – que são induzidas pela exposição repetida à droga e que medeiam as características comportamentais que definem um estado de adicção.

Adaptações moleculares duradouras são induzidas pela exposição repetida a drogas em regiões encefálicas relacionadas com a recompensa

Uma extensa literatura mostra que a exposição repetida a uma droga de abuso em modelos animais altera os níveis de muitos neurotransmissores e fatores neurotróficos, seus receptores e vias de sinalização intracelular, assim como de fatores de transcrição em todo o circuito de recompensa encefálico. A maioria dessas mudanças não pode ser estudada em pacientes vivos – apenas um pequeno número de neurotransmissores e de receptores pode ser avaliado em pacientes por meio de imageamento encefálico –, embora estudos *post-mortem* de tecido encefálico humano estejam sendo cada vez mais usados para validar achados em modelos animais. A maior parte das pesquisas relatadas tem se concentrado na área tegmentar ventral e no *nucleus accumbens*, embora um crescente número de estudos examine outras partes do circuito de recompensa.

Os achados experimentais mais robustos se referem a psicoestimulantes e opiáceos, provavelmente porque as mudanças induzidas por essas drogas são maiores em magnitude que aquelas de outras drogas de abuso. Isso provavelmente reflita a maior capacidade inerente de adicção apresentada por psicoestimulantes e opiáceos: com exposições equivalentes, uma fração maior de pessoas se tornará adicta a essas drogas, quando comparadas com outras classes de substâncias de abuso. Ainda assim, dadas as grandes consequências para a saúde pública da adicção a álcool, nicotina e maconha, mais atenção deve ser dada a essas drogas.

A seguir, resumimos essa ampla literatura, enfocando um pequeno número de adaptações induzidas por drogas que têm sido ligadas de forma causal a características comportamentais específicas da adicção em modelos animais. Como ficará claro na próxima seção, o foco das pesquisas atuais está na relação entre estas e muitas outras alterações moleculares e adaptações sinápticas e de circuitos que também estão implicadas na adicção.

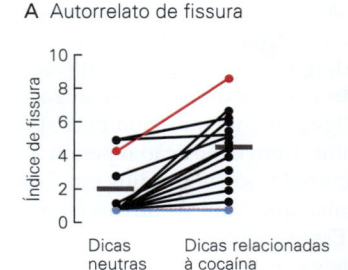

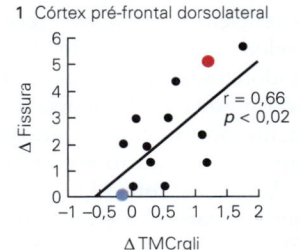

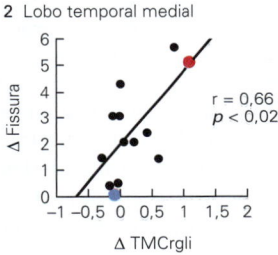

FIGURA 43-4 Imageamento utilizando tomografia por emissão de pósitrons (PET) revela correlatos neurais de fissura por cocaína induzida por dicas. (Adaptada, com autorização, de Grant et al., 1996.)

A. Foram mostradas aos participantes dicas neutras ou relacionadas à cocaína e lhes foi perguntado "Que grau, em uma escala de 1-10, você atribuiria para sua fissura ou necessidade de utilizar cocaína?" A média do escore de fissura (**barra horizontal**) é significativamente maior quando os participantes são expostos a dicas relacionadas à cocaína em relação aos estímulos neutros, embora a magnitude das respostas varie consideravelmente entre indivíduos. Dois participantes, indicados pelos **pontos vermelho** e **azul**, representam níveis de fissura alto e baixo respectivamente.

B. Mudanças autorrelatadas no grau de fissura correlacionam-se com mudanças na taxa metabólica no córtex pré-frontal dorsolateral e no lobo temporal medial durante a exposição a dicas relacionadas à cocaína. As abcissas representam a diferença na taxa metabólica entre as duas sessões (atividade na sessão usando dicas relacionadas à cocaína menos atividade com dicas neutras). A taxa metabólica é medida como taxa metabólica cerebral regional para a glicose (**TMCrglc**). As ordenadas representam a diferença entre as médias das respostas à questão "Que grau você atribuiria para sua fissura ou necessidade de utilizar cocaína?" em sessões separadas, com dicas neutras e relacionadas à cocaína. (Cada sessão durava 30 minutos e, em cada sessão, a questão era formulada três vezes.)

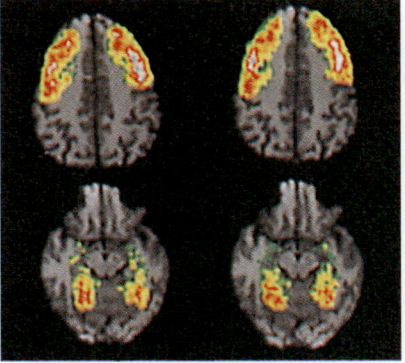

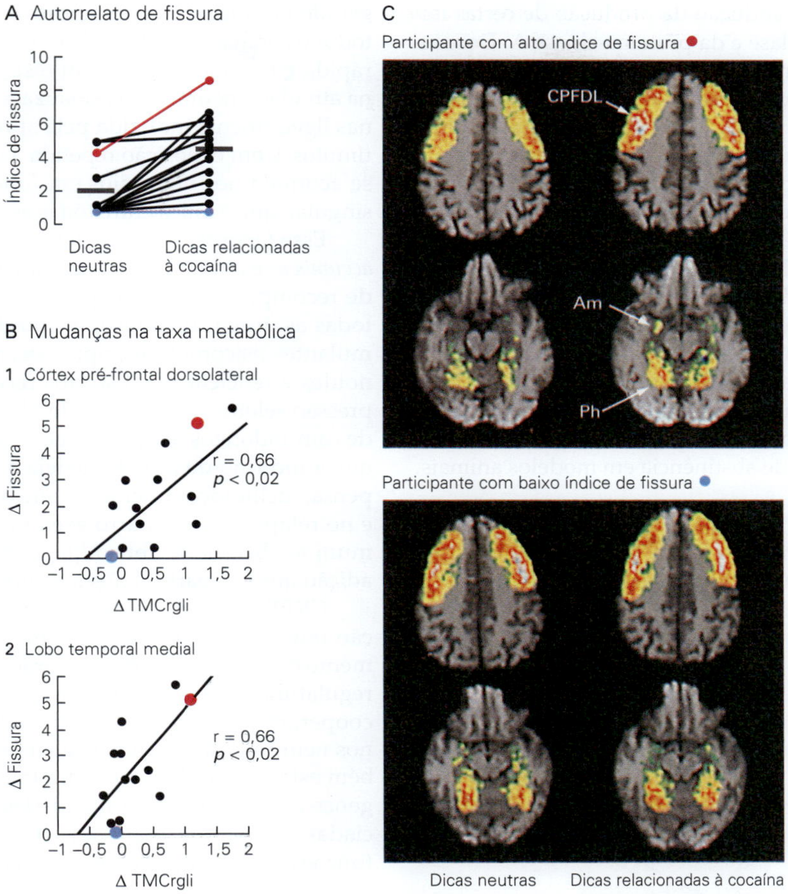

C. Quando os participantes relatam uma fissura por cocaína, a atividade metabólica aumenta no córtex pré-frontal dorsolateral (**CPFDL**) e em duas estruturas do lobo temporal medial, a amígdala (**Am**) e o giro para-hipocampal (**Ph**). Imagens por PET pseudocolorizadas da atividade metabólica estão alinhadas espacialmente com imagens obtidas por ressonância magnética estrutural de alta resolução. A taxa metabólica aumentou marcantemente na amígdala e no giro para-hipocampal em um participante que relatou um grande aumento na fissura durante a apresentação de dicas relacionadas à cocaína (**pontos vermelhos** nas partes **A** e **B**). Esse efeito não é evidenciado em um participante que não relatou aumento na fissura quando exposto a dicas relacionadas à cocaína (**pontos azuis** nas partes **A** e **B**). A atividade metabólica fora do córtex pré-frontal dorsolateral e do lobo temporal medial não é mostrada.

Sensibilização da via AMPc-CREB

Diversas drogas de abuso ativam receptores ligados a proteínas G_i, como o receptor D_2 da dopamina, os receptores opioides μ, δ e κ, e o receptor canabinoide CB1. Isso significa que, até certo grau, muitas drogas de abuso ativarão vias de sinalização ligadas à proteína G_i, com efeitos como a inibição da adenilato-ciclase (Capítulo 14) no *nucleus accumbens* e em outros neurônios que recebem esses sinais.

Trabalhos ao longo das duas últimas décadas estabeleceram que, após exposição repetida, os neurônios afetados se adaptam a essa supressão sustentada da via do monofosfato de adenosina cíclico (AMPc) aumentando a ativação dessa via, inclusive por indução da produção de certas isoformas da adenilato-ciclase e da proteína-cinase A. Do mesmo modo, a exposição repetida a drogas induz aumento da expressão do fator de transcrição da proteína de ligação ao elemento responsivo ao AMPc (CREB, do inglês *cyclic AMP-responsive element binding protein*), que é normalmente ativado pela via do AMPc. Esse aumento da via AMPc-CREB pode ser considerado como um mecanismo molecular para a tolerância e a dependência: ela restaura a atividade normal dessas vias, a despeito da presença de uma droga (tolerância e dependência), e quando a droga é removida, a via sensibilizada não tem oposição, de modo que isso resulta em uma atividade anormalmente alta da via (síndrome de abstinência) (**Figura 43-5**). De fato, foi demonstrado que esse aumento da via AMPc-CREB nos neurônios do *nucleus accumbens* medeia tanto a tolerância à recompensa quanto a dependência motivacional e a síndrome de abstinência em modelos animais.

Indução de ΔFosB

A proteína ΔFosB é um membro da família Fos de fatores de transcrição. Ela é um produto truncado do gene *FosB*, gerado por meio de corte-junção alternativo. Em contraste a todos os demais membros da família Fos, que são induzidos rápida e transitoriamente em resposta a muitos distúrbios na atividade neural ou na sinalização celular, a ΔFosB é apenas ligeiramente induzida pela apresentação inicial dos estímulos. Com exposição repetida à droga, contudo, a ΔFosB se acumula nos neurônios em função de sua estabilidade singular, que é única entre todas as proteínas da família Fos.

Esse fenômeno ocorre dentro dos neurônios do *nucleus accumbens* e em diversas outras áreas encefálicas do circuito de recompensa após a exposição repetida a praticamente todas as drogas de abuso, incluindo cocaína e outros estimulantes psicomotores, opiáceos, nicotina, etanol, canabinoides e fenciclidina. Estudos recentes envolvendo a expressão seletiva ou nocaute de ΔFosB no *nucleus accumbens* de camundongos adultos forneceram evidências diretas de que a indução de ΔFosB medeia a sensibilização à recompensa, incluindo aumento na autoadministração de drogas e no relapso. Esse é outro exemplo de uma adaptação comum às drogas de abuso que contribui para aspectos de adição que são partilhados por numerosas dessas drogas.

CREB e ΔFosB são dois dos muitos fatores de transcrição implicados na adicção a drogas. Pesquisas em andamento estão centralizadas na caracterização de mecanismos regulatórios na cromatina, por meio dos quais esses fatores cooperam para regular a expressão de genes específicos nos neurônios e nas células gliais afetadas. Trabalhos também estão em andamento para tentar entender como esses genes-alvo levam a anormalidades comportamentais associadas via expressão alterada de proteínas envolvidas em funções sinápticas, celulares e de circuitos (**Figura 43-6**).

Adaptações duradouras em células e circuitos medeiam aspectos do estado de adicção a drogas

A exposição repetida a uma droga de abuso pode alterar um circuito neural de dois modos principais. Um mecanismo, denominado plasticidade de célula inteira ou plasticidade homeostática, envolve a alteração da excitabilidade intrínseca de uma célula neural, o que irá, ao final, alterar o funcionamento de um circuito maior do qual ela faz parte. É fácil imaginar como a plasticidade de célula inteira em neurônios nos circuitos encefálicos de recompensa poderia mediar aspectos da tolerância à recompensa, sensibilização e dependência e síndrome de abstinência.

O outro mecanismo é a plasticidade sináptica, em que conexões entre determinados neurônios são reforçadas ou enfraquecidas. Essas adaptações específicas de sinapses poderiam mediar as características aditivas que envolvem memórias mal-adaptativas, como memórias de associações entre exposição a drogas e uma constelação de dicas ambientais. Esse aprendizado e memória patológicos podem tornar o indivíduo crescentemente focado na droga, às custas de recompensas naturais. Uma grande atenção nesse campo tem se concentrado até agora na plasticidade sináptica.

Plasticidade sináptica

Como discutido em outro capítulo deste livro, duas importantes formas de plasticidade sináptica foram descritas nas sinapses glutamatérgicas: *depressão de longa duração* (LTD) e

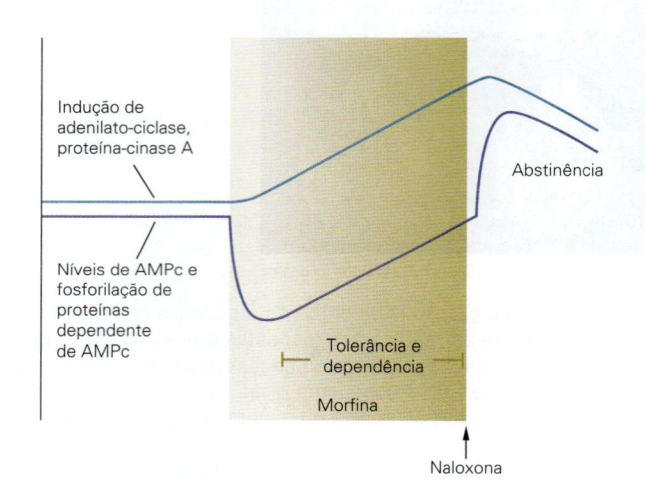

FIGURA 43-5 O aumento da via AMPc-CREB é um mecanismo molecular subjacente aos fenômenos de tolerância e dependência a drogas. A morfina ou outros agonistas do receptor opioide μ inibem de modo agudo a atividade da via do monofosfato de adenosina cíclico (AMPc) em neurônios de regiões encefálicas da recompensa, como indicado, por exemplo, pelos níveis celulares de AMPc ou pela fosforilação dependente de proteína-cinase A (PKA) de substratos, como a CREB. Com a exposição continuada à droga (**região sombreada**), a atividade da via AMPc-CREB aumenta gradualmente e, com a retirada da droga (p. ex., pela administração de naloxona, um antagonista do receptor opioide μ), essa atividade fica bastante acima dos níveis do controle. Essas mudanças no estado funcional da via AMPc-CREB são mediadas pela indução da adenilato-ciclase e da PKA, e consequente ativação de substratos da PKA, como a CREB, em resposta à administração repetida da droga. A indução dessas proteínas explica a recuperação gradual na funcionalidade da via AMPc-CREB observada durante a exposição crônica a drogas (tolerância e dependência) e pela atividade elevada da via AMPc-CREB com a retirada da droga (abstinência). Primeiramente observada para opiáceos, uma regulação similar é observada em resposta a vários outros tipos de drogas de abuso. (Reproduzida, com autorização, de Nestler et al., 2020.)

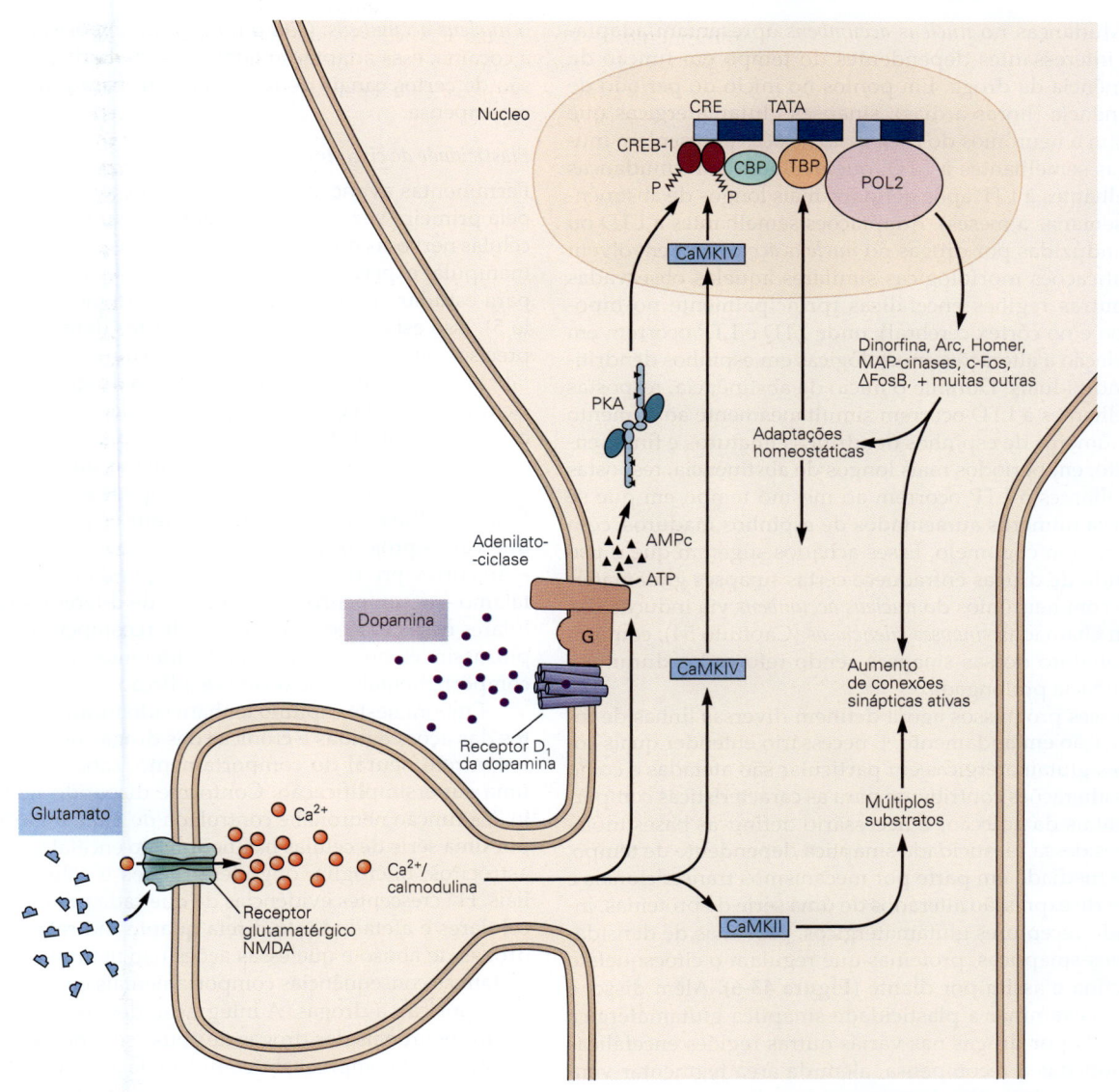

FIGURA 43-6 Vias de sinalização intracelular ativadas por dopamina e glutamato, implicadas na adicção a drogas. Receptores glutamatérgicos do tipo NMDA permitem a entrada de Ca^{2+}, que se liga à calmodulina. O complexo Ca^{2+}/calmodulina ativa dois tipos de proteínas-cinases dependentes de Ca^{2+}/calmodulina, CaMKII no citoplasma e CaMKIV no núcleo da célula. Certos receptores dopaminérgicos ativam uma proteína G estimulatória que, por sua vez, ativa a adenilato-ciclase, produzindo monofosfato de adenosina cíclico (**AMPc**). A subunidade catalítica da proteína-cinase dependente de AMPc (proteína-cinase A ou **PKA**) pode entrar no núcleo. Uma vez ativadas, no núcleo, PKA e CaMKIV fosforilam a proteína de ligação ao elemento responsivo ao AMP cíclico (**CREB**) de modo a ativá-la. A CREB recruta a proteína de ligação ao CREB (**CBP**) e muitas outras proteínas reguladoras da cromatina, ativando, assim, a transcrição dependente de RNA-polimerase II de muitos genes, originando proteínas que podem alterar a função celular. Arc e Homer estão localizadas em regiões sinápticas; proteínas-cinases ativadas por mitógenos (**MAP**) são proteínas-cinases que controlam numerosos processos celulares; Fos e ΔFosB são fatores de transcrição; e dinorfina é um tipo de peptídeo opioide endógeno. Acredita-se que essas proteínas contribuam para respostas homeostáticas ao excesso de estimulação por dopamina e para as mudanças morfológicas e funcionais em sinapses associadas com a formação da memória. (Siglas: **ATP**, trifosfato de adenosina; **NMDA**, N-metil-D-aspartato; **POL 2**, RNA-polimerase 2; **TBP**, proteína ligadora de TATA.)

potenciação de longa duração (LTP). Ao longo das duas últimas décadas, as bases moleculares de ambas as adaptações têm sido estabelecidas, com mecanismos distintos subjacentes a cada um dos vários diferentes tipos de LTD e LTP que ocorrem no sistema nervoso. Sabe-se agora que diversos tipos de drogas de abuso, em especial estimulantes psicomotores e opiáceos, causam alterações semelhantes a LTD e LTP em certas classes de sinapses glutamatérgicas no circuito encefálico de recompensa, com a maior parte dos trabalhos enfocando a área tegmentar ventral e o *nucleus accumbens*.

Mudanças no *nucleus accumbens* apresentam adaptações interessantes dependentes do tempo em função da abstinência da droga. Em pontos no início do período de abstinência (horas a dias), sinapses glutamatérgicas que chegam a neurônios do *nucleus accumbens* apresentam mudanças semelhantes à LTD, que evoluem para mudanças semelhantes à LTP após períodos mais longos de abstinência (semanas a meses). Adaptações semelhantes a LTD ou LTP induzidas por drogas no *nucleus accumbens* envolvem modificações morfológicas similares àquelas observadas em outras regiões encefálicas (principalmente no hipocampo e no córtex cerebral), onde LTD e LTP ocorrem em associação a alterações morfológicas em espinhos dendríticos individuais. Durante o início da abstinência, respostas semelhantes à LTD ocorrem simultaneamente ao aumento nos números de espinhos dendríticos imaturos e finos, enquanto, em períodos mais longos de abstinência, respostas semelhantes à LTP ocorrem ao mesmo tempo em que se observa números aumentados de espinhos maduros, com formato em cogumelo. Esses achados sugerem que o uso repetido de drogas enfraquece certas sinapses glutamatérgicas com neurônios do *nucleus accumbens* via indução das assim chamadas *sinapses silenciosas* (Capítulo 54), com um subconjunto dessas sinapses sendo reforçadas durante a abstinência prolongada.

Esses progressos agora definem diversas linhas de investigação em andamento. É necessário entender quais conexões glutamatérgicas em particular são afetadas e como essas alterações contribuem para as características comportamentais da adicção. É necessário definir as bases moleculares dessa plasticidade sináptica dependente de tempo, que é mediada em parte por mecanismos transcricionais e níveis de expressão alterados de uma série de proteínas, incluindo receptores glutamatérgicos, proteínas de densidades pós-sinápticas, proteínas que regulam o citoesqueleto de actina e assim por diante (**Figura 43-6**). Além disso, é preciso examinar a plasticidade sináptica glutamatérgica induzida por drogas nas várias outras regiões encefálicas relacionadas à recompensa, além da área tegmentar ventral e do *nucleus accumbens*, que se tornam corrompidas em um estado aditivo. Por fim, é necessário entender como a exposição repetida a drogas de abuso também corrompe a transmissão sináptica GABAérgica inibitória nesse circuito.

Plasticidade de célula inteira

Como no caso da plasticidade sináptica, a maioria dos exemplos de plasticidade de célula inteira induzida por drogas envolve a área tegmentar ventral e o *nucleus accumbens*. Por exemplo, a exposição repetida à cocaína aumenta a excitabilidade intrínseca dos neurônios do *nucleus accumbens*, o que contribui para a tolerância à recompensa. Essa adaptação deve-se em parte a uma diminuição mediada pela CREB na expressão de tipos específicos de canais de K^+, ligando assim adaptações moleculares-transcricionais a alterações na atividade neural e a uma anormalidade comportamental relacionada com a adicção. Exposição repetida a opiáceos também aumenta a excitabilidade intrínseca de neurônios dopaminérgicos na área tegmentar ventral, mas de maneira que impede a transmissão dopaminérgica para o *nucleus accumbens*. Como no caso da exposição repetida à cocaína, essa adaptação também é mediada pela supressão de certos canais de K^+ e contribui para a tolerância à recompensa.

Plasticidade de circuitos

Ferramentas avançadas também estão tornando possível pela primeira vez traçar a atividade de tipos específicos de células nervosas no encéfalo de animais vigilantes e ativos e manipular experimentalmente a atividade daquelas células para estudar as consequências comportamentais (Capítulo 5). Isso está permitindo aos cientistas definir os grupos precisos de neurônios dentro de determinada região encefálica que são afetados pela exposição a drogas ao longo do ciclo vital da adicção – da exposição inicial a drogas a seu consumo compulsivo e a abstinência e relapso – e fornecer evidências causais para o envolvimento daqueles neurônios e os microcircuitos dentro dos quais eles funcionam. Esse trabalho está começando a definir os papéis distintos que várias projeções glutamatérgicas ao *nucleus accumbens* – do córtex pré-frontal, do hipocampo, da amígdala e do tálamo – desempenham no controle de diferentes tipos celulares nesse núcleo e no circuito de recompensa mais amplo, assim como na produção de diferentes anormalidades comportamentais relacionadas à adicção.

Embora neste capítulo tenham sido focalizados os efeitos das ações agudas e crônicas das drogas de abuso sobre o controle neural do comportamento, sabe-se que isso é uma supersimplificação. Conforme discutido no Capítulo 7, a função neuronal é controlada de maneira intrincada por uma série de células não neurais no encéfalo, incluindo astrócitos, micróglia, oligodendrócitos e células endoteliais. Há crescentes evidências de que cada um desses tipos celulares é afetado tanto direta quanto indiretamente por drogas de abuso e que essas ações não neuronais também afetam as consequências comportamentais em longo prazo da exposição a drogas. A integração dessas ações com os efeitos neuronais das drogas de abuso será necessária para se obter uma compreensão completa da adicção.

Adicções naturais compartilham mecanismos biológicos com adicção a drogas

Como indicado previamente, o circuito de recompensa do encéfalo evoluiu para motivar os indivíduos a buscar recompensas naturais, como alimento, sexo e interações sociais. Do mesmo modo que indivíduos adictos a drogas apresentam consumo compulsivo de drogas de abuso, algumas pessoas apresentam comportamento compulsivo em relação a recompensas que não são drogas (p. ex., comer, comprar, jogar, usar jogos de vídeo e sexo de modo compulsivo), com consequências comportamentais muito similares àquelas observadas na adicção a drogas. Uma questão interessante para essa área de estudo é se essas assim chamadas "adicções naturais" são mediadas por algumas das mesmas adaptações moleculares, celulares e de circuitos que estão envolvidas na adicção a drogas.

É possível que esses comportamentos normalmente agradáveis ativem de modo excessivo mecanismos de recompensa em certos indivíduos particularmente suscetíveis, em função de fatores genéticos e não genéticos. Do mesmo modo que com drogas, tal ativação pode resultar em alterações profundas na motivação, que promovem a repetição do comportamento inicialmente recompensador, a despeito do impacto das consequências negativas associadas ao comportamento compulsivo resultante. É muito mais difícil estudar as bases neurobiológicas de adicções naturais, devido a limitações nos modelos animais (imagine um modelo em camundongos de comprar compulsivamente!), embora avanços estejam sendo feitos para o desenvolvimento desses paradigmas. Em todo caso, estudos de imageamento encefálico em humanos dão suporte à noção de que adicções a drogas e a comportamentos recompensadores estão ambos associados a alterações similares na regulação do circuito de recompensa do encéfalo (**Figura 43-3**).

Destaques

1. Estados motivacionais acionam comportamentos que buscam recompensa ou defendem o organismo contra (ou evitam) estímulos aversivos. Estados motivacionais são eles próprios determinados por diversas variáveis internas e externas. Variáveis internas incluem tanto estados fisiológicos quanto estados cognitivos. Variáveis externas incluem estímulos que possuem propriedades inatas de recompensa ou propriedades inatas aversivas, embora o significado motivacional dessas propriedades possa ser modificado por variáveis internas.
2. Recompensas são objetos, estímulos ou ações desejados. Recompensas tendem a determinar estados motivacionais que acionam comportamentos de aproximação. Recompensas podem atender necessidades regulatórias em uma curta escala de tempo, mas também podem resultar de sequências complexas de comportamentos para alcançar um objetivo de longo prazo.
3. Componentes-chave desse circuito relacionado a recompensa no encéfalo incluem neurônios dopaminérgicos e áreas encefálicas que são alvos desses neurônios, como o *nucleus accumbens*, o pálido ventral, a amígdala, o hipocampo e partes do córtex pré-frontal. A dopamina *per se*, contudo, não explica as experiências hedônicas.
4. Muitos neurônios dopaminérgicos apresentam propriedades de resposta fisiológica que sugerem que eles comunicam um sinal de erro de predição, com verificação de maior atividade quando ocorre algo melhor que o esperado. Esse tipo de sinal poderia desempenhar um papel crítico em diferentes formas de aprendizado de reforço, o aprendizado que liga estímulos ou ações a recompensas. Estudos recentes, contudo, têm revelado maior heterogeneidade de respostas nos neurônios dopaminérgicos que anteriormente considerado, incluindo respostas a estímulos aversivos. Essa heterogeneidade e seus efeitos complexos sobre o funcionamento de circuitos neurais continuam sendo áreas ativamente pesquisadas.
5. A adicção a drogas pode ser definida como a busca e a ingestão compulsivas de uma droga, a despeito das consequências negativas à saúde física do indivíduo ou a seu funcionamento ocupacional e social. Aproximadamente 50% do risco para a adicção é genético, com muitas centenas de genes, cada qual contribuindo com um efeito muito pequeno a essa hereditariedade. Importantes fatores não genéticos de risco incluem uma história de eventos adversos.
6. Drogas de abuso compõem apenas uma fração muito pequena dos compostos químicos conhecidos. Essas drogas são quimicamente variadas, com cada tipo atuando inicialmente em um diferente alvo proteico. Ainda assim, as drogas podem induzir uma síndrome comportamental em comum, pois suas ações nesses alvos convergem na produção de efeitos funcionais similares em neurônios dopaminérgicos do mesencéfalo ou em suas regiões de projeção, como o *nucleus accumbens*.
7. A adicção requer exposição repetida a uma droga de abuso. Essa exposição repetida é frequentemente acompanhada por tolerância, sensibilização e dependência/síndrome de abstinência. Enquanto muitas substâncias que não são drogas de abuso podem produzir dependência/síndrome de abstinência, as drogas de abuso são únicas em sua capacidade de produzir essas adaptações, assim como sensibilização em estados motivacionais e de recompensa.
8. As adaptações subjacentes à adicção a drogas são mediadas em parte por alterações duradouras na expressão gênica, que resultam em mudanças na atividade intrínseca de neurônios, assim como em alterações estruturais e funcionais em seus contatos sinápticos dentro do circuito de recompensa do encéfalo.
9. Um objetivo importante das pesquisas atuais é compreender como uma miríade de alterações moleculares se somam para formar a base de mudanças específicas nas funções neurais e sinápticas. Do mesmo modo, será importante entender como essas mudanças neurais e sinápticas se combinam para alterar o funcionamento do circuito encefálico mais amplo relacionado à recompensa, de modo a mediar anormalidades comportamentais específicas que definem o estado de adicção.
10. Esse delineamento dos mecanismos moleculares, celulares e de circuitos para a adicção necessitará crescente atenção aos tipos celulares específicos (neuronais e não neuronais) nos quais ocorrem certas adaptações induzidas por drogas e a microcircuitos específicos dentro das vias de recompensa afetadas por essas adaptações.
11. Um subconjunto de indivíduos apresenta anormalidades comportamentais do tipo aditivas em relação a recompensas que não são drogas, como alimento, jogo e sexo. Evidências sugerem que essas assim chamadas adicções naturais são mediadas pela mesma circuitaria encefálica envolvida na adicção a drogas, com algumas anormalidades moleculares e celulares em comum também implicadas.
12. Essas considerações ressaltam a necessidade de se aprender mais acerca das precisas bases moleculares e celulares e dos circuitos da adicção a drogas. Apesar disso, nossa compreensão crescente do circuito de recompensa do encéfalo e de como sinapses e células

individuais nesse circuito são alteradas pela exposição a drogas de modo a corromper o funcionamento do circuito e usurpar sistemas normais de recompensa e memórias associativas já está permitindo uma noção cativante daquilo que acontece no encéfalo do adicto.

Eric J. Nestler
C. Daniel Salzman

Leituras selecionadas

Berridge KC, Robinson TE. 2016. Liking, wanting, incentive-sensitization theory of addiction. Am Psychologist 71: 670–679.

Di Chiara G. 1998. A motivational learning hypothesis of the role of mesolimbic dopamine in compulsive drug use. J Psychopharmacol 12:54–67.

Hyman SE, Malenka RC, Nestler EJ. 2006. Neural mechanisms of addiction: the role of reward-related learning and memory. Annu Rev Neurosci 29:565–598.

Olds J, Milner PM. 1954. Positive reinforcement produced by electrical stimulation of septal area and other regions of rat brain. J Comp Physiol Psych 47:419–427.

Schultz W. 2015. Neuronal reward and decision signals: from theories to data. Physiol Rev 95:853–951.

Wise RA, Koob GF. 2014. The development and maintenance of drug addiction. Neuropsychopharmacology 39:254–262.

Referências

Bevilacqua L, Goldman D. 2013. Genetics of impulsive behavior. Philos Trans R Soc Lond B Biol Sci 368:20120380.

Calipari ES, Bagot RC, Purushothaman I, et al. 2016. In vivo imaging identifies temporal signature of D1 and D2 medium spiny neurons in cocaine reward. Proc Natl Acad Sci U S A 113:2726–2731.

Carlezon WA Jr, Chartoff EH. 2007. Intracranial self-stimulation (ICSS) in rodents to study the neurobiology of motivation. Nat Protoc 2:2987–2995.

Dong Y. 2016. Silent synapse-based circuitry remodeling in drug addiction. Int J Neuropsychopharmacol 19:pyv136.

Everitt BJ, Belin D, Economidou D, Pelloux Y, Dalley JW, Robbins TW. 2008. Review. Neural mechanisms underlying the vulnerability to develop compulsive drug-seeking habits and addiction. Philos Trans R Soc Lond B Biol Sci 363:3125–3135.

Gipson CD, Kupchik YM, Kalivas PW. 2014. Rapid, transient synaptic plasticity in addiction. Neuropharmacology 76 Pt B:276–286.

Goldstein RZ, Volkow ND. 2011. Dysfunction of the prefrontal cortex in addiction: neuroimaging findings and clinical implications. Nat Rev Neurosci 12:652–669.

Grant S, London ED, Newlin DB, et al. 1996. Activation of memory circuits during cue-elicited cocaine cravings. Proc Natl Acad Sci U S A 93:12040–12045.

Loweth JA, Tseng KY, Wolf ME. 2014. Adaptations in AMPA receptor transmission in the nucleus accumbens contributing to incubation of cocaine craving. Neuropharmacology 76 Pt B:287–300.

Lüscher C, Malenka RC. 2011. Drug-evoked synaptic plasticity in addiction: from molecular changes to circuit remodeling. Neuron 69:650–663.

Matsumoto M, Hikosaka O. 2009. Two types of dopamine neuron distinctly convey positive and negative motivational signals. Nature 459:837–841.

Nestler EJ, Kenny PJ, Russo SJ, Schaefer A. 2020. *Molecular Neuropharmacology: A Foundation for Clinical Neuroscience*, 4th ed. New York: McGraw-Hill.

Pessiglione M, Seymour B, Flandin G, Dolan RJ, Frith CD. 2006. Dopamine-dependent prediction errors underpin reward-seeking behavior in humans. Nature 442: 1042–1045.

Polter AM, Kauer JA. 2014. Stress and VTA synapses: implications for addiction and depression. Eur J Neurosci 39:1179–1188.

Robbins TW, Clark L. 2015. Behavioral addictions. Curr Opin Neurobiol 30:66–72.

Robinson TE, Kolb B. 2004. Structural plasticity associated with exposure to drugs of abuse. Neuropharmacology 47(Suppl 1):33–46.

Robison AJ, Nestler EJ. 2011. Transcriptional and epigenetic mechanisms of addiction. Nat Rev Neurosci 12:623–637.

Russo SJ, Nestler EJ. 2013. The brain reward circuitry in mood disorders. Nat Rev Neurosci 14:609–625.

Schmidt HD, McGinty JF, West AE, Sadri-Vakili G. 2013. Epigenetics and psychostimulant addiction. Cold Spring Harb Perspect Med 3:a012047.

Schultz W, Dayan P, Montague PR. 1997. A neural substrate of prediction and reward. Science 275:1593–1599.

Scofield MD, Kalivas PW. 2014. Astrocytic dysfunction and addiction: consequences of impaired glutamate homeostasis. Neuroscientist 20:610–622.

Stuber GD, Britt JP, Bonci A. 2012. Optogenetic modulation of neural circuits that underlie reward seeking. Biol Psychiatry 71:1061–1067.

Volkow ND, Morales M. 2015. The brain on drugs: from reward to addiction. Cell 162:712–725.

44

Sono e vigília

O sono consiste em períodos alternados de sono REM e sono não REM

O sistema ativador ascendente induz a vigília

    O sistema ativador ascendente no tronco encefálico e no hipotálamo inerva o prosencéfalo

    Danos no sistema ativador ascendente causam coma

    Circuitos compostos de neurônios mutuamente inibitórios controlam as transições do estado de vigília para o sono e do sono não REM para o sono REM

O sono é regulado por impulsos homeostáticos e circadianos

    A pressão homeostática para o sono depende de fatores humorais

    Os ritmos circadianos são controlados por um relógio biológico no núcleo supraquiasmático

    O controle circadiano do sono depende de relés hipotalâmicos

    A perda de sono prejudica a cognição e a memória

O sono sofre alterações com a idade

Interrupções nos circuitos do sono contribuem para muitos distúrbios do sono

    A insônia pode ser causada pela inibição incompleta do sistema ativador

    Apneia do sono fragmenta o sono e prejudica a cognição

    A narcolepsia é causada por uma perda de neurônios orexinérgicos

    O transtorno do comportamento do sono REM é causado pela falha dos circuitos de paralisia do sono REM

    A síndrome das pernas inquietas e distúrbio dos movimentos periódicos dos membros perturbam o sono

    Parassonias não REM incluem sonambulismo, falar durante o sono e terrores noturnos

O sono tem muitas funções

Destaques

O SONO É UM ESTADO IMPRESSIONANTE. Ele consome um terço de nossas vidas – aproximadamente 25 anos do tempo médio de vida –, mas pouco sabemos sobre o que acontece no encéfalo durante essa excursão diária. Talvez o que seja ainda mais surpreendente é que as funções exatas do sono e do sonho, um dos componentes mais notáveis do sono, ainda são desconhecidas.

Embora o conteúdo psicológico dos sonhos tenha sido um assunto intenso de especulação desde Platão e Aristóteles até Sigmund Freud, ainda não entendemos se os sonhos carregam um significado pessoal profundo, como supôs Freud, ou representam o cérebro "jogando fora seu lixo", os pedaços de experiência diária que não valem a pena reter, como foi especulado por Francis Crick. Uma função do sono pode ser a de permitir a remodelação sináptica e a consolidação de traços de memória refletindo as experiências do dia, mas o papel do sonho nesse processo continua sendo assunto de intenso debate.

Ao estudar o sono e a vigília, os pesquisadores geralmente usam o exame de polissonografia, que consiste em três medidas fisiológicas: atividade cerebral medida por um eletrencefalograma (EEG) (ver **Figura 58-1**), movimentos oculares registrados por um eletro-oculograma (EOG) e tônus muscular medido por uma eletromiografia (EMG) (**Figura 44-1B**). Em polissonografias clínicas, a respiração também é medida, pois, durante o sono, a respiração pode ser interrompida em muitos pacientes com distúrbios do sono.

Durante a vigília, o EEG é caracterizado principalmente por atividade de alta frequência e baixa voltagem, indicativa da atividade característica de neurônios corticais individuais; o EOG mostra movimentos oculares frequentes; e a EMG mostra tônus muscular moderado e variável. Durante a vigília no estado de tranquilidade, com os olhos fechados, ondas rítmicas no EEG na faixa alfa (8 a 13 Hz) são comuns, particularmente na região occipital. Durante a maior parte do período de sono, o EEG mostra atividade mais lenta, mas periodicamente durante a noite, há mudanças para um estado de sono com uma atividade no EEG mais rápida e

FIGURA 44-1 Padrões eletrofisiológicos de vigília e sono.

A. Um hipnograma ou gráfico que mostra a progressão dos estágios do sono em uma noite típica em um jovem saudável. Períodos de sono de movimento rápido dos olhos (**REM**) alternam com sono não REM a cada 90 minutos. Um indivíduo normalmente progride do estado de vigília para o sono não REM leve (N1) e depois para o sono não REM progressivamente mais profundo (N2, N3), depois volta para o sono não REM mais leve antes que ocorra o primeiro período de sono REM (**barras em azul-claro**). À medida que a noite avança, o indivíduo passa menos tempo no estágio mais profundo do sono não REM, e a duração dos períodos de sono REM aumenta.

B. Os registros mostram os componentes da polissonografia usada para distinguir os estágios do sono. O eletro-oculograma (**EOG**) registra os movimentos oculares de eletrodos em ambos os olhos. O eletrencefalograma (**EEG**) registra os potenciais de campo cortical no couro cabeludo; a eletromiografia (**EMG**) registra o disparo das fibras musculares através da pele. Durante o estado de vigília, o EOG mostra movimentos oculares voluntários, o EEG mostra atividade rápida de baixa amplitude e a EMG mostra tônus muscular variável. O sono do estágio N1 é caracterizado por uma leve desaceleração das frequências do EEG e movimentos oculares lentos, com menor atividade na EMG; o estágio N2 é caracterizado por salvas de atividade de 12 a 14 Hz chamadas fusos do sono e ondas lentas de alta voltagem chamadas complexos K; o estágio N3 é dominado por ondas lentas de alta voltagem. Durante o sono REM, o EEG é semelhante ao do estado de vigília. Movimentos oculares rápidos podem ser vistos no EOG, mas a EMG é tão silenciosa que a contaminação por pequenos sinais de eletrocardiograma às vezes pode ser vista (como no caso ilustrado).

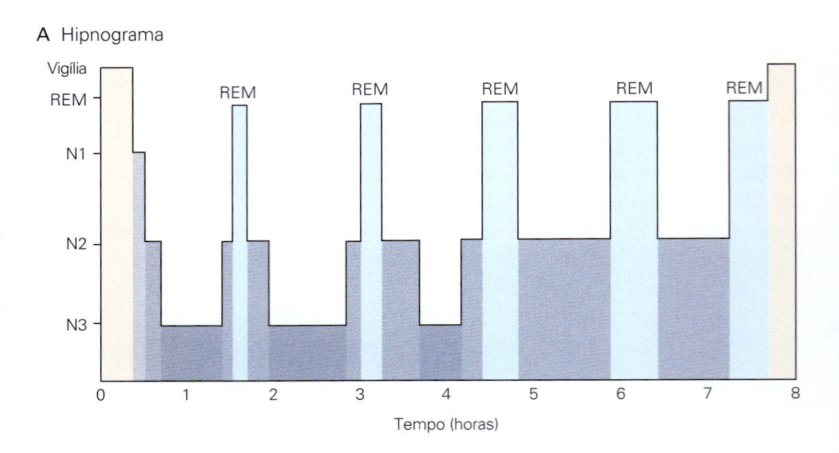

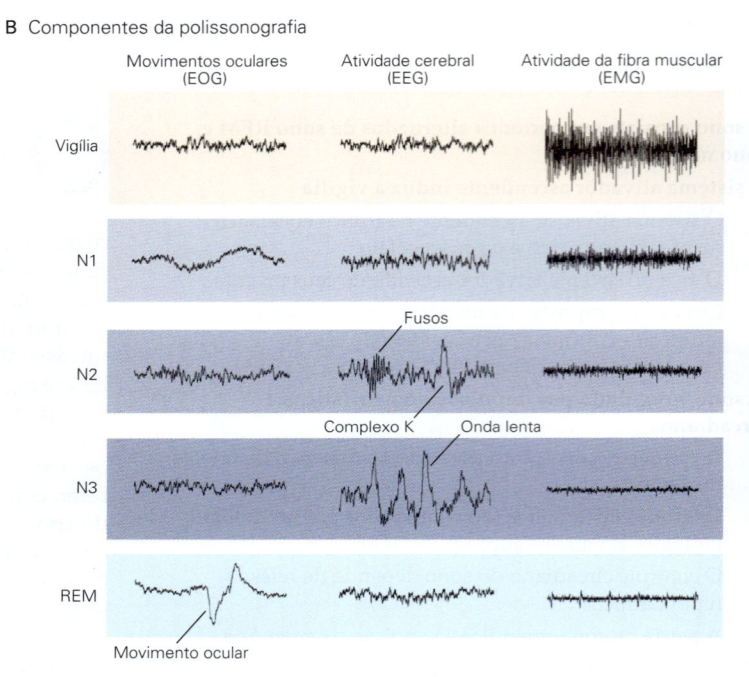

de baixa voltagem, com perda de tônus muscular e movimentos oculares rápidos, chamado de sono REM (do inglês *rapid eye movement*). Todo o período de atividade lenta do EEG, desde a sonolência leve até o sono profundo, é denominado sono não REM e é dividido em três estágios, de N1 a N3 (**Figura 44-1**).

O sono consiste em períodos alternados de sono REM e sono não REM

À medida que um indivíduo fica sonolento e transita para o sono não REM leve (estágio N1), o EEG registra ondas mais lentas na faixa teta (4 a 7 Hz) (**Figura 44-1B**). O nível de consciência começa a diminuir durante o estágio N1, mas o indivíduo ainda pode ser despertado por estimulação mínima. O estágio N2 geralmente contém alguma atividade no EEG lenta na faixa teta e delta (0,5 a 4 Hz), bem como *fusos do sono*, que são oscilações crescentes e decrescentes no EEG de 10 a 16 Hz com duração de 1 a 2 segundos, geralmente com início e término graduais, sendo que as ondas no EEG se assemelham a um fuso afilado em ambas as extremidades (*sleep splindles*). O EEG também pode mostrar ondas lentas de alta amplitude isoladas chamadas *complexos K* (**Figura 44-1B**). Durante o estágio N3, o EEG mostra atividade delta abundante e muito lenta. Durante os estágios N2 e N3, as pessoas geralmente estão inconscientes do mundo ao seu redor, pois a atividade cortical lenta interrompe o processamento de informações. Em todos os estágios do sono não REM, os movimentos oculares estão ausentes, o tônus muscular é baixo, a respiração é lenta e regular e a temperatura corporal cai.

A atividade lenta no EEG e os fusos do sono surgem, respectivamente, de interações eletrofisiológicas cortico-corticais e corticotalâmicas. Durante o sono não REM, o potencial de membrana dos neurônios piramidais corticais flutua entre estados despolarizados (quando são despolarizados e disparam) e estados hiperpolarizados (quando estão hiperpolarizados e silenciosos). Essas oscilações lentas no potencial de membrana, que ocorrem mesmo em um pedaço de córtex isolado, correlacionam-se com ondas lentas no EEG. Durante o estágio N2 do sono, os fusos surgem de uma interação de neurônios no núcleo reticular do tálamo e neurônios de relé talamocorticais. Os neurônios talamocorticais geralmente são hiperpolarizados e inativos durante o sono não REM, mas a inibição dos neurônios talâmicos reticulares pode resultar na abertura de canais de Ca^{2+} de baixo limiar, que conduzem a uma salva de potenciais de ação mediada por Na^+ nos neurônios talamocorticais. Os neurônios talamocorticais então excitam e recrutam mais neurônios reticulares, iniciando o próximo ciclo do fuso do sono. Esse padrão de inibição e excitação se repete a cada 100 ms e, após vários ciclos, a atividade do fuso diminui à medida que os neurônios reticulares se tornam menos responsivos (**Figura 44-2**).

Após cerca de 90 minutos de sono, as pessoas geralmente entram no estágio conhecido como sono REM, um período em que os sonhos costumam ser vívidos e, às vezes, bizarros. O sono REM foi descoberto em 1953, quando Eugene Aserinsky e Nathaniel Kleitman observaram que durante uma noite de sono, os adultos tinham vários episódios de movimentos oculares conjugados clônicos e, quando despertados desse estado, cerca de três quartos dos indivíduos relataram sonhos com imagens visuais.

O tônus muscular é extremamente baixo durante o sono REM, devido à inibição dos neurônios motores pelas vias descendentes do tronco encefálico. Essa paralisia afeta quase todos os neurônios motores, exceto aqueles que suportam a respiração, os movimentos oculares e algumas outras funções, como o controle dos esfíncteres. Conforme será discutido mais adiante neste capítulo, essa inibição dos neurônios motores é crucial, pois impede a representação física dos sonhos.

Durante o sono REM, o corpo sofre muitas mudanças fisiológicas adicionais. A temperatura corporal cai durante o sono não REM e pode cair ainda mais durante o sono REM, pois a geração e a retenção de calor são mínimas. A regulação simpática e parassimpática é alterada de tal forma que a frequência cardíaca e a pressão sanguínea podem variar muito. Além disso, os homens experimentam ereções penianas e as mulheres experimentam sinais fisiológicos de excitação sexual durante o sono REM.

Ao longo da noite, episódios de sono não REM alternam com sono REM, e cada um desses ciclos de sono leva cerca de 90 minutos. O sono em um adulto jovem saudável geralmente começa com uma rápida descida para o estágio N3 do sono não REM, seguido por um sono não REM mais leve e depois um pouco de sono REM, e, a cada ciclo, o sono não REM se torna mais leve e os períodos de sono REM tornam-se mais longos (**Figura 44-1A**). No final do período de sono, as pessoas geralmente acordam espontaneamente de um episódio de sono REM.

O sistema ativador ascendente induz a vigília

As perspectivas modernas das bases neurais do sono e da vigília se remetem a conceitos de cerca de 100 anos, derivados do neurologista e neuropatologista Barão Constantin von Economo. Por volta da Primeira Guerra Mundial, ele observou um tipo incomum de encefalite, que se acredita ser uma infecção viral do cérebro que afetava especificamente o circuito de controle do ciclo sono-vigília. Na maioria dos casos, os pacientes apresentavam "encefalite letárgica", dormindo 20 ou mais horas por dia. Quando acordavam, geralmente eram coerentes e estavam conscientes, mas ficavam acordados apenas o tempo suficiente para comer e depois voltavam a dormir. Essa sonolência intensa persistiria por muitos meses antes de voltarem ao normal. Mas em pacientes que morreram durante esse intervalo, von Economo encontrou danos focais no encéfalo, na junção entre mesencéfalo e diencéfalo, levando-o a supor que a parte superior do tronco encefálico e o hipotálamo posterior continham circuitos críticos que ativavam o prosencéfalo, produzindo um estado de vigília normal.

Outros pacientes afetados na mesma epidemia tiveram exatamente o problema oposto: uma insônia severa implacável. Ficavam inquietos e, apesar de sonolentos, não conseguiam adormecer. Finalmente, eles caíam em um sono irregular por apenas algumas horas por dia, mas acordavam sem se sentir revigorados. Nos exames *post mortem* desses pacientes, von Economo encontrou lesões no hipotálamo anterior. Ele propôs que os neurônios dessa área são importantes para inibir o sistema ativador do tronco encefálico para permitir o sono. Estudos modernos mostraram um sistema de circuitos sono-vigília no encéfalo que é notavelmente próximo do modelo de von Economo.

O sistema ativador ascendente no tronco encefálico e no hipotálamo inerva o prosencéfalo

A composição do sistema ativador ascendente tem sido debatida desde a época de von Economo. No final da década de 1940 e início da década de 1950, estudos com lesões experimentais confirmaram que danos na formação reticular do mesencéfalo superior poderiam causar coma, enquanto a estimulação elétrica dessa região poderia despertar os animais. A localização e a natureza dos neurônios que induzem a vigília eram desconhecidas.

Nas décadas seguintes, ficou claro que essas lesões danificaram os axônios dos neurônios da porção superior do tronco encefálico que se projetam para o prosencéfalo, incluindo neurônios noradrenérgicos no *locus ceruleus*, neurônios serotoninérgicos na rafe dorsal e mediana e neurônios dopaminérgicos do mesencéfalo (Capítulo 40). Os axônios de outros neurônios no hipotálamo posterior, incluindo aqueles que produzem histamina e orexina, também se unem a essa via, que se divide em dois feixes, com algumas projeções inervando o tálamo, e outras, o hipotálamo, o prosencéfalo basal e o córtex cerebral (**Figura 44-3**).

Neurônios que contribuem para todas essas vias ascendentes disparam mais rapidamente durante o estado de vigília, mas muito mais lentamente durante o sono, sugerindo que eles estão induzindo a vigília. No entanto, embora muitos antagonistas de monoamina causem sonolência e lesões dos grupos de células monoaminérgicas prejudiquem a capacidade de permanecer acordado sob condições adversas, tais lesões têm pouco efeito duradouro sobre a quantidade ou o tempo de vigília ou sono.

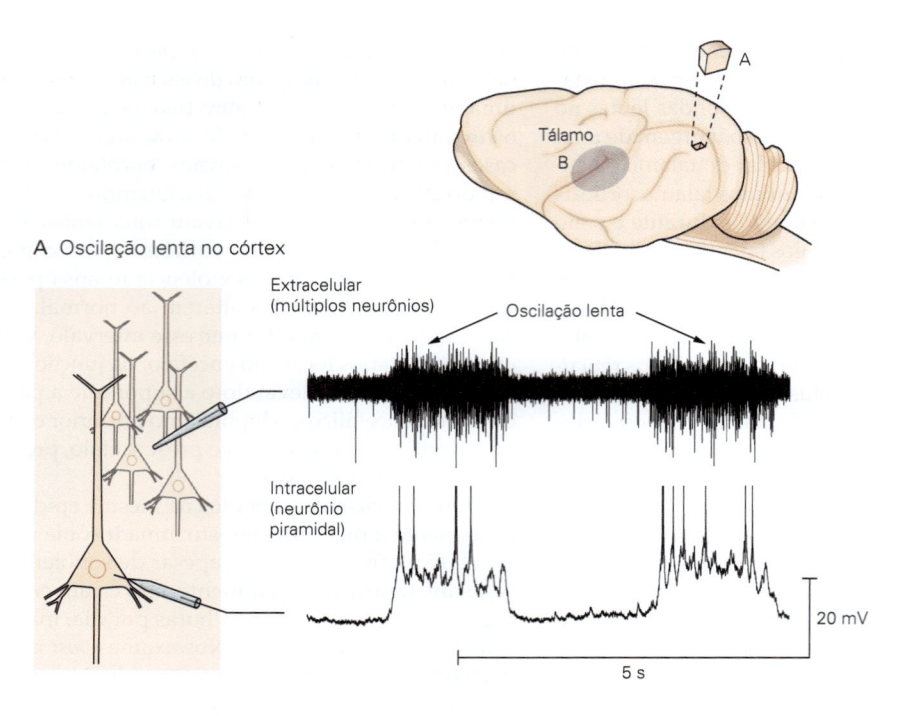

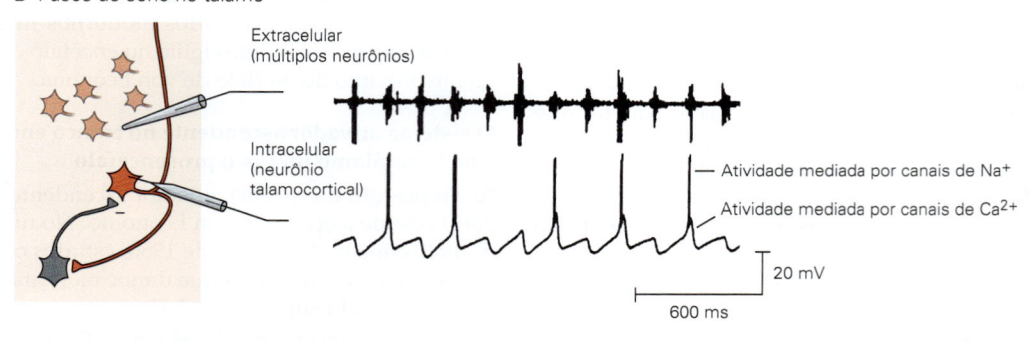

FIGURA 44-2 Mecanismos celulares dos ritmos eletrencefalograma durante o sono.

A. A oscilação lenta subjacente às ondas lentas do EEG durante o sono não REM é gerada no córtex cerebral por conexões excitatórias e inibitórias intrínsecas recorrentes. Ondas lentas continuarão mesmo em um pedaço de córtex isolado. Registros intracelulares de tais neurônios durante oscilações lentas mostram estados rítmicos descendentes quando os neurônios individuais estão hiperpolarizados e não disparam, alternando com estados ascendentes quando o potencial de membrana é mais despolarizado e os neurônios disparam múltiplos potenciais de ação. Esse disparo síncrono produz ondas de potenciais dendríticos, que aparecem como ondas lentas no EEG. (Dados do Dr. David McCormick.)

B. Da mesma forma, em uma fatia talâmica, os circuitos recorrentes geram os fusos no EEG. Uma salva de potenciais de ação nos neurônios do núcleo reticular (**cinza**) hiperpolariza os neurônios de relé talamocortical (**vermelho**) o suficiente para desativar os canais de Ca^{2+} de baixo limiar (tipo T). À medida que a hiperpolarização diminui, esses canais de Ca^{2+} se abrem e a corrente de Ca^{2+} resultante despolariza o neurônio de relé, produzindo uma breve salva de potenciais de ação no topo de um platô de despolarização mediada pelos de canais de Ca^{2+}. Enquanto isso, à medida que a salva de potenciais de ação na célula de relé continua, sua eferência excitatória gera uma despolarização mediada por canal de Ca^{2+} tipo T no neurônio reticular, que aciona outra de potenciais de ação mediada por Na^+. A descarga resultante da retroalimentação inibitória nas células do relé inicia um novo ciclo de salvas de potenciais de ação. Esse padrão de disparo ocorre de 12 a 14 vezes por segundo, e as ondas resultantes de potenciais de ação talamocorticais que chegam ao córtex produzem fusos do sono no EEG. O traçado superior mostra potenciais de ação de uma população local de células de relé. O traçado inferior mostra potenciais pós-sinápticos inibitórios e pontas de uma célula de relé individual; nessa base de tempo lenta, cada movimento ascendente no registro intracelular representa uma salva de até seis potenciais de ação. Como o traçado mostra, os neurônios de relé individuais não atingem o limiar de potencial de ação durante todo e cada ciclo da onda do fuso. Como resultado, a amplitude da atividade da ponta extracelular varia de ciclo para ciclo, dependendo de quais neurônios disparam e suas distâncias da ponta do eletrodo extracelular. No entanto, cada salva de potenciais e ação talâmico produziria uma salva de potenciais pós-sinápticos excitatórios no córtex, resultando em uma onda de eletrencefalograma, temporizada ao disparo talâmico. (Reproduzida, com autorização, de Bal, von Krosigk e McCormick, 1995. Copyright @ 1995 The Physiological Society.)

Lesões dos neurônios orexinérgicos no hipotálamo lateral causam narcolepsia, uma condição na qual os estados de sono-vigília estão presentes em quantidades normais, mas são instáveis, como será discutido mais adiante. De fato, de todos os grupos de células monoaminérgicas que contribuem para o despertar, apenas as lesões dos neurônios dopaminérgicos próximos ao núcleo dorsal da rafe causam pequenas, mas duradouras reduções no despertar, resultando em um aumento de cerca de 20% no tempo total de sono. Curiosamente, a capacidade de fármacos, como anfetamina ou modafinila, de induzir a vigília parece depender de sua capacidade de bloquear a recaptação de dopamina, pois camundongos com deleções do transportador de dopamina não respondem a esses fármacos.

Como as lesões das vias monoaminérgicas e orexinérgicas ascendentes têm pouco ou nenhum efeito sobre a quantidade total de vigília, trabalhos recentes enfatizaram o papel dos neurônios glutamatérgicos, colinérgicos e GABAérgicos na manutenção da vigília. Lesões de neurônios glutamatérgicos na ponte rostral dorsolateral, incluindo o núcleo parabraquial e o núcleo tegmentar pedunculopontino adjacente, causam um estado comatoso do qual os animais não podem ser despertados. As lesões confinadas ao tálamo prejudicam o conteúdo da consciência, mas têm relativamente pouco efeito sobre os ciclos sono-vigília. Por outro lado, lesões do hipotálamo lateral posterior causam sonolência profunda, que não pode ser explicada por danos aos neurônios orexinérgicos ou histaminérgicos dessa região. Neurônios glutamatérgicos na região supramamilar, que ativam o córtex, e neurônios GABAérgicos no hipotálamo lateral, que inibem os circuitos indutores do sono, podem ser responsáveis por esse efeito de despertar. Finalmente, grandes lesões bilaterais do prosencéfalo basal também podem produzir coma, semelhantes às lesões da ponte dorsolateral. A ativação optogenética ou quimiogenética de neurônios colinérgicos, GABAérgicos ou glutamatérgicos no prosencéfalo basal indica que neurônios de todos os três tipos podem induzir o despertar.

Assim, a visão atual do sistema ativador ascendente é que os componentes cruciais são os neurônios glutamatérgicos na ponte dorsolateral, hipotálamo supramamilar e prosencéfalo basal; neurônios colinérgicos na ponte dorsolateral e prosencéfalo basal; e neurônios GABAérgicos no hipotálamo lateral e prosencéfalo basal. A excitação desses neurônios provavelmente será aumentada por vias modulatórias contendo orexina e monoaminas, necessárias para permitir a vigília plena e sustentada, particularmente sob condições adversas (**Figura 44-3**).

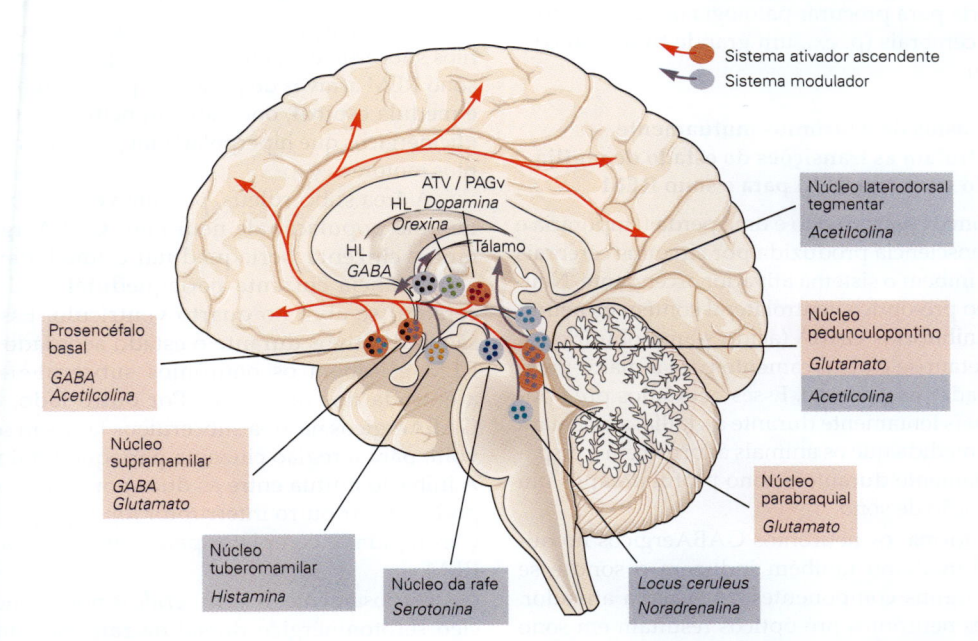

FIGURA 44-3 **Sistema ativador ascendente.** O sistema ativador ascendente compreende principalmente axônios de neurônios glutamatérgicos nos núcleos tegmentares parabraquial e pedunculopontino e neurônios colinérgicos e GABAérgicos (cinza-escuro) no prosencéfalo basal. Lesões dos núcleos parabraquial e pedunculopontino ou do prosencéfalo basal causam coma. De importância menor são os neurônios dopaminérgicos na área tegmentar ventral (**ATV**) e matéria cinzenta periaquedutal ventral (**PAGv**) e os neurônios glutamatérgicos e GABAérgicos no núcleo supramamilar, onde as lesões podem aumentar o sono em cerca de 20%. Além disso, populações de neurônios moduladores podem induzir fortemente a vigília quando estimuladas, mas quando danificadas causam alterações mínimas nas quantidades sono-vigília. Estes incluem os neurônios monoaminérgicos no *locus ceruleus* noradrenérgico, os núcleos serotoninérgicos dorsal e mediano da rafe e o núcleo histaminérgico tuberomamilar; os neurônios colinérgicos nos núcleos pedunculopontino e tegmentar dorsal lateral; e os neurônios orexinérgicos no hipotálamo lateral (**HL**). Todos esses neurônios enviam seus axônios através do hipotálamo e do prosencéfalo basal diretamente para o córtex cerebral, onde seu efeito final é aumentar a excitação cortical. Muitas das vias modulatórias também ativam o tálamo, permitindo a transmissão talâmica de informações sensoriais para o córtex cerebral. Os neurônios GABAérgicos no hipotálamo lateral também induzem a vigília ao inibir os neurônios na área pré-óptica ventrolateral e no núcleo reticular do tálamo que se opõem à vigília.

Danos no sistema ativador ascendente causam coma

A consciência depende da atividade dos hemisférios cerebrais durante o estado de vigília. Assim, a perda de consciência ocorre quando há lesão do sistema ativador ascendente ou de ambos os hemisférios cerebrais, ou ainda se há um distúrbio metabólico grave (p. ex., baixo nível de açúcar no sangue, oxigenação inadequada, várias formas de intoxicação por drogas) que afeta tanto o sistema ativador quanto seus alvos corticais. Considera-se que um paciente que não pode ser acordado, mesmo por estimulação vigorosa, está em coma. Aqueles que podem ser parcialmente despertados por tais estímulos são considerados como em estado de estupor ou obnubilado.

A abordagem clínica de um paciente comatoso ou obnubilado é primeiro determinar se há lesão no sistema ativador ascendente. Devido à proximidade das vias de ativação àquelas que controlam o movimento dos olhos e as respostas pupilares, bem como a respiração e algumas respostas motoras (Capítulo 40), os médicos examinam cuidadosamente essas funções do tronco encefálico. Se essas funções estiverem intactas, é provável que o problema seja devido a uma condição metabólica, que pode ser avaliada por vários exames de sangue e líquido cefalorraquidiano. Além disso, uma tomografia computadorizada (TC) do cérebro é necessária para procurar patologia que afete ambos os hemisférios cerebrais (p. ex., um grande tumor ou coágulo sanguíneo).

Circuitos compostos de neurônios mutuamente inibitórios controlam as transições do estado de vigília para o sono e do sono não REM para o sono REM

Em contraste com o coma, o sono é uma perda temporária e reversível da consciência produzida por circuitos cerebrais específicos que inibem o sistema ativador ascendente. Neurônios no núcleo pré-óptico ventrolateral contém os neurotransmissores inibitórios GABA (ácido γ-aminobutírico) e galanina e projetam-se extensivamente para a maior parte do sistema ativador ascendente. Esses neurônios pré-ópticos disparam mais lentamente durante a vigília, aumentam seus disparos à medida que os animais adormecem e disparam mais rapidamente durante o sono profundo após um período de privação de sono.

Da mesma forma, os neurônios GABAérgicos no núcleo pré-óptico mediano também induzem o sono e se projetam para alguns componentes do sistema ativador. As lesões desses neurônios pré-ópticos resultam em sono fragmentado e fazem os animais perderem até metade do tempo total de seu sono. É clinicamente relevante que os idosos geralmente têm sono fragmentado, e exames post-mortem daqueles com sono mais fragmentado mostram a maior perda dos neurônios pré-ópticos ventrolaterais indutores do sono. Além disso, uma população de neurônios GABAérgicos na zona parafacial, uma região próxima ao nervo facial que percorre o tronco encefálico, inibe o núcleo parabraquial. Lesões da zona parafacial também resultam em perda de até metade do tempo total de sono.

Curiosamente, os neurônios pré-ópticos ventrolaterais recebem aferências inibitórias de neurônios em todo o sistema ativador. Conexões mutuamente inibitórias entre os neurônios pré-ópticos ventrolaterais e o sistema ativador resultam em um circuito neural com propriedades semelhantes a um interruptor *flip-flop* elétrico, no qual cada lado do circuito desliga o outro. Tal circuito produz transições rápidas e completas entre dois estados. Embora às vezes possa parecer que leva muito tempo para adormecer, as transições reais da vigília para o sono, ou vice-versa, geralmente são rápidas, levando apenas de alguns segundos a alguns minutos. Na verdade, a maioria dos animais passa quase o dia inteiro claramente acordado ou dormindo, com muito pouco tempo gasto em transições. Essas transições rápidas são comportamentalmente adaptativas, pois um animal seria vulnerável em um estado intermediário de sonolência. Um interruptor *flip-flop* neural evita essa situação porque quando um lado do interruptor ganha vantagem sobre o outro, o circuito produz uma transição de estado rápida e completa (**Figura 44-4**).

O sono REM é gerado por uma rede de neurônios do tronco encefálico centrados na ponte. Acredita-se que os ritmos rápidos no EEG e a atividade do sono REM sejam impulsionados pela atividade coordenada de neurônios glutamatérgicos na região subceruleus (ventral ao *locus ceruleus* na ponte), e os neurônios colinérgicos e glutamatérgicos no núcleo tegmentar parabraquial e pedunculopontino que inervam o prosencéfalo basal e o tálamo. Outros neurônios subceruleus glutamatérgicos produzem a paralisia do sono REM através de projeções para o bulbo ventromedial e medula espinal, onde ativam neurônios GABAérgicos e glicinérgicos que hiperpolarizam profundamente os neurônios motores.

A área subceruleus, por sua vez, recebe informações de uma população de neurônios GABAérgicos na substância cinzenta periaquedutal e imediatamente lateral à substância cinzenta periaquedutal, onde o aqueduto cerebral se abre no quarto ventrículo. Esses neurônios são mais ativos durante o estado acordado e o sono não REM e inibem os neurônios subceruleus, impedindo a entrada no sono REM. Por outro lado, os neurônios GABAérgicos na área subceruleus também se projetam de volta para a região cinzenta periaquedutal ventrolateral. A inibição mútua entre as duas populações de neurônios pode formar outro interruptor *flip-flop*, que induz transições rápidas e completas para dentro e para fora do sono REM.

Curiosamente, o *locus ceruleus* noradrenérgico e o núcleo serotoninérgico dorsal da rafe inervam e inibem a região subceruleus. Assim, o sono REM frequentemente é reduzido quando as pessoas tomam antidepressivos que aumentam os níveis cerebrais de serotonina ou noradrenalina. Além disso, como esses neurônios monoaminérgicos estão ativos durante a vigília, eles impedem as transições diretas da vigília para o sono REM (**Figura 44-5**).

O sono é regulado por impulsos homeostáticos e circadianos

A regulação circadiana do sono obedece a um relógio biológico de 24 horas (descrito posteriormente), enquanto o

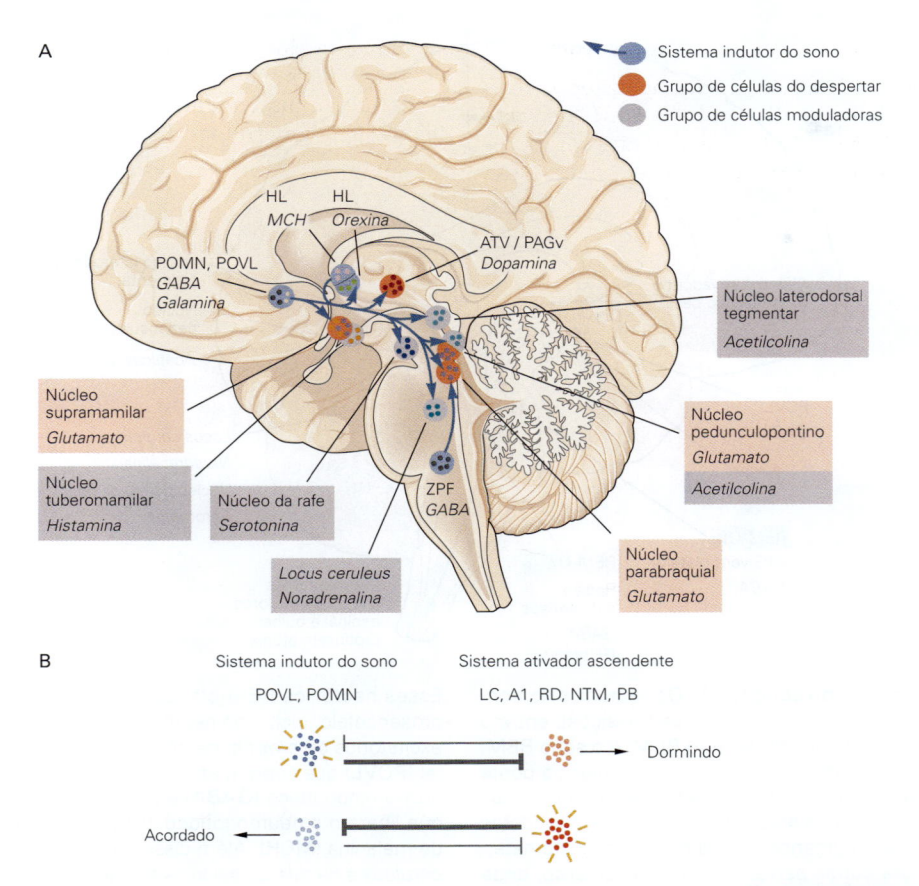

FIGURA 44-4 Vias indutoras do sono.
A. Os componentes do sistema ativador ascendente (Figura 44-3) recebem aferências inibitórias, em grande parte GABAérgicas, de neurônios indutores do sono. Neurônios nos núcleos pré-ópticos ventrolateral e mediano (**POVL**, **POMN**) inervam todo o sistema indutor do despertar, enquanto aqueles na zona parafacial (**ZPF**) inervam principalmente a área parabraquial. Muitos dos neurônios POVL também contêm galanina (GAL), um peptídeo inibitório. Neurônios no hipotálamo lateral (**HL**) que liberam o hormônio concentrador de melanina (**MCH**) podem induzir o sono REM inibindo os neurônios orexinérgicos próximos, bem como os neurônios na substância cinzenta periaquedutal que impedem o sono REM (ver **Figura 44-5**). (Siglas: **ATV**, área tegmentar ventral; **PAGv**, cinza periaquedutal ventral.)
B. A relação do interruptor *flip-flop* dos núcleos pré-ópticos ventrolateral e mediano e os componentes mutuamente inibitórios do sistema ativador ascendente (**LC**, *locus ceruleus*; **A1**, neurônios noradrenérgicos; **RD**, rafe dorsal; **NTM**, núcleo tuberomamilar; **PB**, núcleo parabraquial). Quando ativados, os neurônios indutores do sono inibem os componentes do sistema ativador ascendente. No entanto, os grupos de células indutoras do sono também são inibidos pelo sistema ativador. O efeito líquido é que o indivíduo passa a maior parte do tempo totalmente acordado ou dormindo, minimizando o tempo em estados de transição.

impulso homeostático para o sono se acumula gradualmente durante o estado de vigília. Após um período de privação de sono, grande parte do sono perdido é recuperado nas próximas noites, o que, em pessoas mais jovens, pode envolver períodos mais profundos e mais longos de estágio N3 do sono não REM.

O sono REM também é recuperado após a privação REM; o sono REM de rebote pode incluir sonhos especialmente intensos, períodos longos de sono REM e ocasionais episódios de sono REM durante a vigília, como alucinações semelhantes a sonhos ou breve paralisia ao adormecer ou ao acordar. O sono rebote em um fim de semana é geralmente enriquecido em sono REM de pessoas que acordam cedo com despertador nos dias de trabalho e perdem a última parte do sono, que é principalmente o sono REM.

A pressão homeostática para o sono depende de fatores humorais

Fatores humorais que circulam no encéfalo sinalizam a pressão homeostática para o sono não REM. O encéfalo é metabolicamente bastante ativo durante a vigília e usa ATP, mas com períodos prolongados de vigília, o ATP é desfosforilado em adenosina, que atua como um neuromodulador local no ambiente extracelular. Os receptores de adenosina tipo 1 são receptores inibitórios são expressos em neurônios indutores de vigília e em muitas outras partes do cérebro, portanto, níveis mais altos de adenosina podem produzir sonolência ao inibir esses neurônios. Além disso, a adenosina pode excitar neurônios por meio de receptores de adenosina tipo 2a; esses receptores são comuns no córtex do *nucleus accumbens* e podem causar sonolência por meio de projeções para o hipotálamo que ativam os neurônios pré-ópticos ventrolaterais.

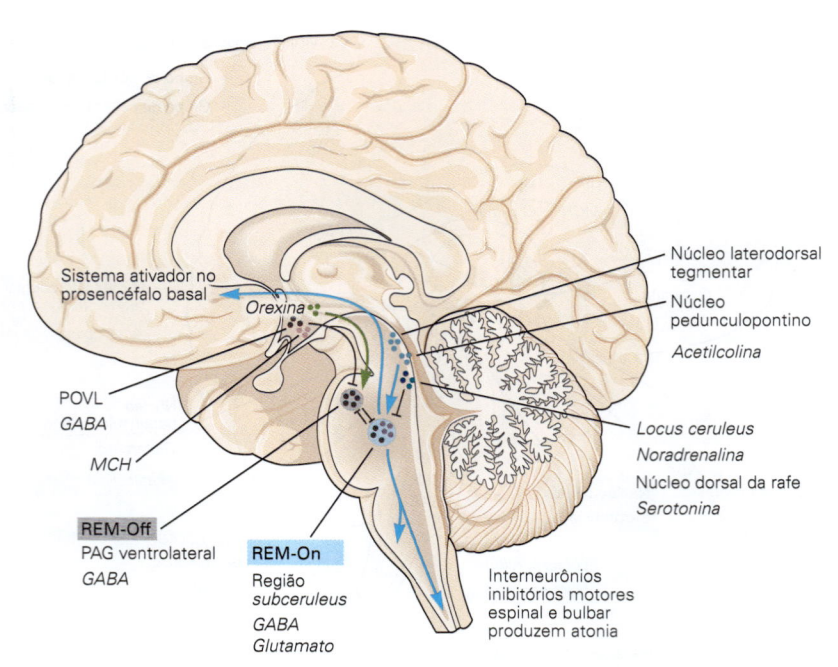

FIGURA 44-5 Interruptor do sono REM. Os neurônios do tronco encefálico são essenciais para controlar as transições entre o sono sem movimento rápido dos olhos (não REM) e o sono REM. O sono REM é gerado por uma população de neurônios na ponte rostral, logo ventral ao núcleo tegmentar laterodorsal e ao *locus ceruleus*, no que é chamado de área sublaterodorsal em roedores e região subceruleus em humanos. Esses neurônios glutamatérgicos se projetam para outras partes do tronco encefálico, onde iniciam as manifestações motoras e autonômicas do sono REM, e para o prosencéfalo, onde medeiam os componentes comportamentais e eletrencefalográficos do sono REM. A projeção descendente ativa interneurônios inibitórios no bulbo e na medula espinal que hiperpolarizam profundamente os neurônios motores e impedem o indivíduo de realizar seus sonhos. Esses neurônios REM-on são inibidos por neurônios GABAérgicos na substância cinzenta periaquedutal ventrolateral e na formação reticular pontina adjacente, enquanto os últimos são inibidos por neurônios na região REM-on, formando assim um interruptor *flip-flop* (ver **Figura 44-4B**).

Esses neurônios REM-off estão sob o controle de neurônios do prosencéfalo, incluindo neurônios que liberam os neuropeptídeos excitatórios de orexina, neurônios no núcleo pré-óptico ventrolateral (**POVL**) que liberam as moléculas de sinalização inibitórias ácido γ-aminobutírico (**GABA**) e galanina, e neurônios hipotalâmicos que liberam o neuropeptídeo inibitório, o hormônio concentrador de melanina (**MCH**). Além disso, neurônios moduladores no *locus ceruleus* e na rafe dorsal inibem o gerador REM, enquanto os neurônios colinérgicos nos núcleos pedunculopontino e tegmentar laterodorsal induzem o sono REM. Esse modelo explica muitas observações clínicas, como o fato de que fármacos agonistas colinérgicos induzem o sono REM, enquanto outros, como antidepressivos que aumentam os níveis de monoamina, suprimem o sono REM. A perda de neurônios orexinérgicos pode causar início abrupto do sono REM, enquanto a perda de neurônios REM-on na área sublaterodorsal elimina a atonia durante o sono REM. Assim, indivíduos com essa condição representam ativamente seus sonhos (*distúrbio comportamental do sono REM*).

A pressão para dormir pode ser medida pelo tempo que um indivíduo leva para adormecer se tiver a oportunidade, estando em um ambiente confortável. Essa abordagem é usada por médicos especialistas em sono aplicando o Teste de Latência Múltipla do Sono, no qual é dado a um indivíduo 5 oportunidades de 20 minutos para tentar adormecer em uma cama confortável e em ambiente silencioso a cada 2 horas, começando às 9 horas da manhã. Um indivíduo que está bem descansado geralmente leva pelo menos 15 a 20 minutos para adormecer, mas uma pessoa muito sonolenta pode facilmente adormecer em poucos minutos em cada cochilo. Outro teste de pressão do sono é a Tarefa de Vigilância Psicomotora. O sujeito é instruído a observar uma pequena lâmpada e pressionar um botão assim que vir a luz acesa. A luz então acende em momentos aleatórios durante um período de teste de 5 a 10 minutos; os indivíduos sonolentos são desatentos e intermitentemente lentos ou não respondem completamente ao estímulo luminoso.

Os ritmos circadianos são controlados por um relógio biológico no núcleo supraquiasmático

Os ritmos circadianos são ritmos fisiológicos de aproximadamente 24 horas que sincronizam o estado interno de um animal com o ambiente externo diário e antecipam várias demandas fisiológicas que ocorrem diariamente. Em humanos, os sinais circadianos que induzem a vigília durante o dia contrabalançam o aumento da pressão homeostática do sono. O sinal circadiano de indução do despertar diminui ligeiramente no meio da tarde, quando muitas pessoas tiram uma soneca ou sesta. Perto da hora habitual de dormir, essa influência circadiana da vigília colapsa rapidamente, o impulso homeostático para o sono não tem oposição e o sono segue. Uma ou duas horas antes do horário habitual de acordar, o sinal circadiano de indução do sono ocorre para garantir uma quantidade adequada de sono, uma vez que a pressão homeostática do sono é baixa no final do período de sono (**Figura 44-6A**).

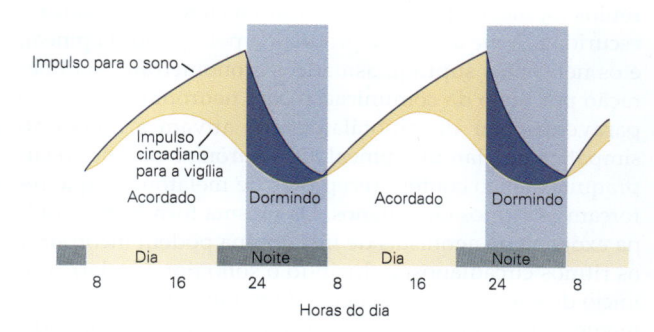

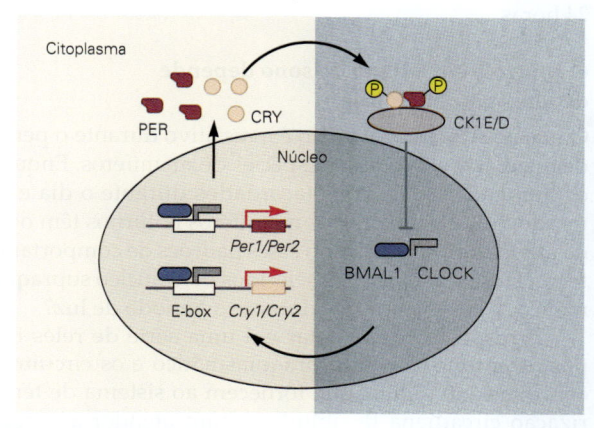

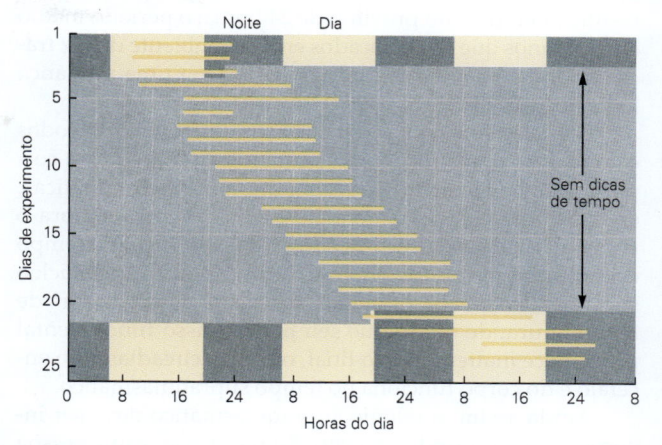

A Ciclo vigília-sono com dicas de luz

B Relógio genético para o ciclo sono-vigília

C Ciclo vigília-sono sem dicas de luz

FIGURA 44-6 O impulso circadiano para a vigília interage com o impulso homeostático para o sono moldando os ciclos sono-vigília.

A. O impulso do sono aumenta gradualmente durante um longo período de vigília, enquanto o impulso circadiano para a vigília varia em um ciclo de 24 horas, independentemente do sono anterior. O pico desse ciclo circadiano de vigília ocorre nas horas antes de dormir, à medida que o impulso homeostático do sono está aumentando, enquanto o ponto baixo ocorre nas horas imediatamente anteriores ao horário habitual do despertar, quando o impulso homeostático do sono está diminuindo.

B. O ritmo de 24 horas em células de mamíferos é regulado por um conjunto de proteínas que formam um ciclo transcricional-traducional. BMAL1 e CLOCK formam um dímero que se liga ao motivo E-box encontrado em muitos genes que têm ritmos circadianos de transcrição. Entre eles estão os genes *Período 1* e *2* (*Per1*, *Per2*) e os genes do *Criptocromo 1* e *2* (*Cry1*, *Cry2*). Seus produtos dimerizam e formam um complexo com caseína-cinase 1 épsilon ou delta (**CK1E/D**). O complexo se transloca para o núcleo, onde inibe a dimerização de BMAL1 e CLOCK, levando à queda de E-box. Isso reduz a transcrição dos genes *Período* e *Criptocromo*; à medida que as proteínas PER e CRY são degradadas, BMAL1 e CLOCK dimerizam mais uma vez e o ciclo se repete.

C. Os ritmos circadianos regulam o tempo de sono e de vigília. O gráfico mostra os ciclos de vigília (**barras amarelas**) de um indivíduo que inicialmente vive sob condições de iluminação regulares por 3 dias e, em seguida, vive em um ambiente pouco iluminado sem sinais de tempo por 18 dias. O indivíduo mantém ciclos diários de cerca de 25,2 horas, flutuando um dia inteiro nesse período. Pessoas cegas que não podem transmitir sinais de luz para o núcleo supraquiasmático (ver **Figura 44-7**) geralmente vivem continuamente assim, uma condição chamada distúrbio do ritmo sono-vigília sem padrão de 24 horas.

Os ritmos circadianos são conduzidos por um pequeno grupo de neurônios GABAérgicos no núcleo supraquiasmático localizado no hipotálamo logo acima do quiasma óptico. O ritmo de atividade de 24 horas nesse relógio biológico é impulsionado por um conjunto de "genes do relógio", que passam por um ciclo transcricional-traducional com um período de aproximadamente 24 horas. O componente positivo da alça é composto por duas proteínas, BMAL1 e CLOCK, que dimerizam e formam um fator de transcrição que se liga ao motivo E-box, encontrado na região indutora de centenas de genes que passam por ciclos diários de expressão. Entre os genes cuja expressão é aumentada por BMAL1 e CLOCK, estão os genes *Período* e *Criptocromo*. Seus produtos proteicos também dimerizam, formam um complexo com caseína-cinase 1 delta ou épsilon, e são translocados para o núcleo da célula, onde fazem BMAL1 e CLOCK se dissociarem do motivo E-box, reduzindo a transcrição de muitos genes, incluindo eles mesmos. Isso resulta em uma queda nas proteínas Período e Criptocromo até que BMAL1 e CLOCK possam mais uma vez dimerizar, reiniciando o ciclo. Além dessa alça central, alças laterais genéticas adicionais modulam o período do relógio circadiano (**Figura 44-6B**).

Esse ciclo gênico diário funciona em quase todas as células do corpo, incluindo as do encéfalo, e é essencial para conduzir uma ampla gama de ritmos circadianos, desde a secreção de hormônios e enzimas digestivas até a preparação do fígado para o processamento metabólico de alimentos e sistema cardiovascular durante o período ativo do dia. A maioria das células do corpo, quando removidas do corpo e colocadas em uma placa de cultura, rapidamente perde a sincronia, pois os ciclos do relógio celular individual entre as células variam em até 1 ou 2 horas na média de 24 horas. No entanto, quando os neurônios do núcleo supraquiasmático são cultivados, eles continuam a se comunicar uns com os outros e, assim, sincronizam seus ritmos celulares. Essa atividade coordenada pelos neurônios supraquiasmáticos resulta em um ritmo próximo de 24 horas; o período médio em humanos que são colocados em um ambiente de luz fraca contínua é de 24,1 horas, resultando em uma mudança lenta nos ritmos circadianos (**Figura 44-6C**).

O núcleo supraquiasmático exerce controle sobre todos os outros relógios corporais regulando a temperatura corporal, bem como as funções simpáticas e parassimpáticas, endócrinas e comportamentais. Curiosamente, embora o ritmo diário da temperatura corporal possa ajustar o tempo dos ritmos em muitos órgãos, o ritmo do próprio núcleo supraquiasmático é altamente resistente às mudanças de temperatura, de modo que seu marca-passo fundamental permanece inalterado. No final, o tempo circadiano do encéfalo e do corpo funciona no tempo supraquiasmático.

Ainda assim, o relógio supraquiasmático deve ser incorporado ao mundo externo. Se não fosse, cada pessoa com um ciclo de 24,1 horas acordaria progressivamente 6 minutos mais tarde a cada dia em relação ao dia anterior e seria incapaz de se ajustar às variações sazonais do nascer e do pôr do sol. Para evitar essa situação, o núcleo supraquiasmático recebe aferências diretas de uma classe especial de células ganglionares da retina que sinalizam os níveis de luz, em vez da formação da imagem. Como todas as células ganglionares da retina, esses neurônios recebem estímulos de bastonetes e cones, mas também contêm melanopsina, um fotopigmento que os torna intrinsecamente fotossensíveis e, portanto, funcionam como detectores de luminância. Além de incorporar os ritmos circadianos internos ao ciclo de luz ambiente, essas células também regulam outras funções visuais não formadoras de imagem, como o reflexo pupilar à luz e a sensação de dor que pode ocorrer quando se olha para luzes brilhantes.

Alguns indivíduos têm períodos circadianos incomumente curtos devido a mutações nos genes do relógio ou em seus elementos reguladores. Por exemplo, indivíduos com *síndrome familiar da fase avançada do sono* preferem ir para a cama no início da noite e não conseguem dormir depois das 3 ou 4 da manhã. Em famílias com esse distúrbio, mutações nos genes que codificam para Período ou Caseína-cinase-1 delta resultam em ciclos mais rápidos do relógio.

As pessoas cegas nas quais os neurônios contendo melanopsina são danificados não têm entrada visual para seu núcleo supraquiasmático, geralmente resultando em *distúrbio do ritmo sono-vigília sem padrão de 24 horas*. Como a maioria das pessoas tem um ciclo intrínseco maior que 24 horas, os ritmos circadianos nesses indivíduos variam, tornando-se alguns minutos mais tarde a cada dia, de modo que, na maioria das vezes, eles estão fora de sincronia com o resto do mundo. Eles não têm a capacidade de se alinhar às condições externas de claro-escuro porque o núcleo supraquiasmático não possui o sinal crucial de redefinição da retina. Esse problema é mais comum em pessoas que perderam os olhos (p. ex., devido a trauma ou infecção), mas não é observado em pessoas cegas nas quais os neurônios contendo melanopsina estão intactos (p. ex., cegueira devido à degeneração de bastonetes e cones, ou problemas com a córnea ou a lente) e que também retêm seus reflexos pupilares à luz.

Em contraste com a luz, que é sinalizada pelos neurônios da melanopsina, o hormônio melatonina sinaliza a escuridão. A melatonina é produzida pela glândula pineal, e os neurônios supraquiasmáticos cronometram sua liberação por meio da comunicação com neurônios no núcleo paraventricular do hipotálamo que ativam a inervação simpática da glândula pineal. Os neurônios no núcleo supraquiasmático contêm receptores de melatonina, que reforçam os ritmos circadianos. Da mesma forma, melatonina exógena ou agonistas de melatonina podem incorporar os ritmos circadianos, induzindo o sono por regularizar o início do sono. Essa abordagem de tratamento é particularmente útil para incorporar os ritmos circadianos em indivíduos com distúrbio do ritmo sono-vigília sem padrão de 24 horas.

O controle circadiano do sono depende de relés hipotalâmicos

O núcleo supraquiasmático é mais ativo durante o período de luz diária em todas as espécies de mamíferos. Enquanto os humanos são diurnos (acordados durante o dia e dormindo durante a noite), os mamíferos noturnos têm o ciclo de atividade oposto. Como esses padrões de comportamento opostos podem ser estabelecidos pelo núcleo supraquiasmático se ele é mais ativo durante o período de luz?

A resposta parece estar em uma série de relés interpostos entre o núcleo supraquiasmático e os circuitos de controle sono-vigília, que fornecem ao sistema de temporização circadiana flexibilidade para atender às necessidades do indivíduo. Os neurônios supraquiasmáticos são GABAérgicos e enviam a maior parte de sua eferência para uma região adjacente chamada zona subparaventricular. Essa área no hipotálamo anterior contém principalmente neurônios GABAérgicos que disparam em antifase para o núcleo supraquiasmático, ou seja, são mais ativos à noite. Os alvos da zona subparaventricular se sobrepõem amplamente aos do núcleo supraquiasmático, incluindo partes do hipotálamo paraventricular, dorsomedial, ventromedial e lateral, que regulam vários sistemas fisiológicos e comportamentais. Presumivelmente, então, o tempo de uma determinada função fisiológica ou comportamental dependeria das relações dessas duas aferências circadianas antifásicas com seus neurônios-alvo.

Um alvo crucial da zona subparaventricular é o núcleo dorsomedial do hipotálamo, que regula vários comportamentos circadianos, incluindo o ciclo sono-vigília. As lesões do núcleo dorsomedial interrompem gravemente os ritmos circadianos do sono, a alimentação, a atividade locomotora e a secreção de corticosteroides. Acredita-se que o núcleo dorsomedial induza a vigília por meio de projeções GABAérgicas para o núcleo pré-óptico ventrolateral e projeções glutamatérgicas para o hipotálamo lateral (**Figura 44-7**).

A perda de sono prejudica a cognição e a memória

Quando as pessoas estão com sono, muitas vezes têm a vigilância, a memória de trabalho, o julgamento e a percepção prejudicados. Alguns dos problemas de atenção podem ser causados por *microssonos*, breves períodos de atividade

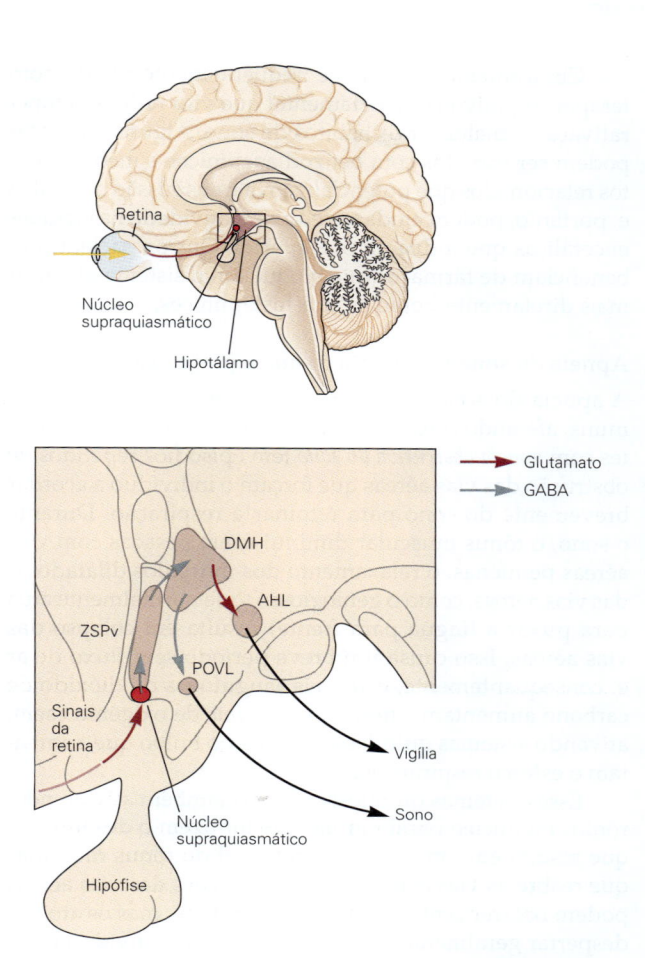

FIGURA 44-7 Neurônios no núcleo supraquiasmático fornecem um relógio mestre para sono-vigília. As aferências na retina que sinalizam a luz ativam o núcleo supraquiasmático (**figura superior**), que, então, conduz o ciclo sono-vigília através de uma série de relés no hipotálamo (**figura inferior**). O corte sagital através do hipotálamo mostra o núcleo supraquiasmático projetando-se para os neurônios da zona subparaventricular ventral (**ZSPv**), que, por sua vez, projetam-se para o núcleo dorsomedial do hipotálamo (**DMH**). O DMH contém neurônios glutamatérgicos que excitam neurônios orexinérgicos e glutamatérgicos na área hipotalâmica lateral (**AHL**), causando vigília. Neurônios GABAérgicos no DMH inibem o núcleo pré-óptico ventrolateral (**POVL**), desligando o sistema indutor do sono. Animais com lesões no DMH não apresentam ritmos circadianos de sono-vigília e dormem cerca de 1 hora a mais por dia.

cortical mais lenta. Por exemplo, indivíduos que raramente perdem estímulos na Tarefa de Vigilância Psicomotora quando bem descansados podem perder mais de 20% dos estímulos visuais quando estão sonolentos. Além desses lapsos globais na função cortical, a sonolência também pode produzir *sono local* com ondas lentas no EEG em áreas corticais focais. A função executiva é muitas vezes a primeira coisa a falhar com a sonolência, e as pessoas privadas de sono mostram metabolismo reduzido e EEGs com ondas focais mais lentas no córtex frontal.

Enquanto a sonolência prejudica a cognição, o próprio sono ajuda a consolidar as memórias. Quando os sujeitos aprendem uma tarefa motora simples, como pressionar botões em uma sequência predeterminada, eles se tornam mais eficientes com a prática. Robert Stickgold e colaboradores descobriram que, se o treinamento for pela manhã e os sujeitos forem testados 12 horas mais tarde à noite (sem sono intermediário), eles terão um desempenho aproximadamente no mesmo nível de quando pararam o treinamento. No entanto, se forem testados na manhã seguinte após uma noite de sono, geralmente apresentam um desempenho melhor do que no dia do treinamento. Indivíduos treinados à noite ainda apresentam melhor desempenho 12 horas depois se tiveram a chance de dormir durante a noite, mas não se permaneceram acordados. A melhora de certos tipos de consolidação da memória (p. ex., memória para uma tarefa de percepção visual) está correlacionada com a quantidade de sono REM, enquanto outros tipos (p. ex., memória para uma tarefa de sequência de toque de dedos) correlacionam-se com o estágio N2 do sono não REM.

Esses estudos sugerem que em cada estágio do sono o córtex cerebral sofre reorganização sináptica para consolidar a memória de tipos específicos de informações salientes. Por outro lado, essa consolidação da memória é perdida quando os sujeitos são privados de sono ou têm sono fragmentado. Uma teoria relacionada, proposta por Giulio Tononi e Chiara Cirelli, é que o reequilíbrio das forças sinápticas com base na experiência recente (homeostase sináptica) ocorre durante o sono. O tamanho de muitas sinapses excitatórias aumenta durante o aprendizado, exigindo que algumas aferências excitatórias sejam reduzidas para evitar a excitação extrema do neurônio-alvo. Tononi e Cirelli descobriram que o tamanho das sinapses menores no córtex motor e sensorial é reduzido durante o sono, resultando em estímulos fortes sendo reforçados, enquanto os mais fracos concorrentes são removidos.

Doenças que causam perda de sono ou que despertam as pessoas do sono podem prejudicar a cognição. Por exemplo, *apneia obstrutiva do sono* pode fragmentar gravemente o sono, resultando em sonolência diurna, desatenção e outras deficiências cognitivas. O sono fragmentado também é comum na doença de Alzheimer. Pacientes com doença de Alzheimer tendem a ter menos neurônios no núcleo pré-óptico ventrolateral, e a extensão da perda neuronal se correlaciona com o grau de fragmentação do sono. Ainda não se sabe se o tratamento da fragmentação do sono pode melhorar a cognição em pacientes com doença de Alzheimer.

O sono sofre alterações com a idade

O sono muda com a idade de forma marcante e característica. Como todos os pais pela primeira vez aprendem rapidamente, o tempo de sono de um recém-nascido é distribuído quase aleatoriamente ao longo do dia. Embora os ritmos no EEG em recém-nascidos não sejam tão bem formados quanto os de crianças mais velhas ou de adultos, mais de 50% (8 a 9 horas por dia) desse sono é gasto em um estado muito parecido com o sono REM.

Os registros de sono de um bebê prematuro apresentam uma porcentagem ainda maior de sono REM, o que indica que, ainda no útero, o feto passa uma grande parte do dia em um estado em que o encéfalo está ativo, mas os movimentos estão inibidos. Como a atividade neuronal influencia o desenvolvimento de circuitos funcionais no encéfalo (Capítulos 48 e 49), é razoável pensar que a atividade espontânea do encéfalo imaturo durante o sono facilite o desenvolvimento de circuitos neurais.

Aos 4 meses de idade aproximadamente, o bebê começa a mostrar ritmos diários que são sincronizados com o dia e a noite, para o alívio dos pais cansados. A duração total do sono diminui gradualmente e, aos 5 anos de idade, a criança pode dormir 11 horas por noite mais um cochilo, e 10 horas de sono é típico por volta dos 10 anos. Nessas idades, o sono é profundo; o estágio N3 é proeminente, com abundância de ondas delta no EEG. Como resultado, as crianças não são facilmente despertadas por estímulos ambientais.

Com a idade, o sono torna-se mais leve e mais fragmentado. A porcentagem de tempo gasto no estágio N3 do sono cai na idade adulta e, entre os 50 e os 60 anos, não é incomum que o N3 desapareça completamente, especialmente nos homens. Essa mudança para estágios mais leves do sono não REM resulta em 2 a 3 vezes mais despertares espontâneos e em mais facilidade de interrupção do sono. Muitos distúrbios do sono, incluindo insônia e apneia do sono, tornam-se mais prevalentes com a idade. A insônia é comum, muitas vezes devido ao despertar em resposta a sinais neurais para esvaziar a bexiga ou devido ao desconforto dos sintomas da menopausa ou de artrite e outras doenças. Não está claro por que essa mudança ocorre com a idade. A pressão homeostática do sono parece normal, mas os mecanismos neurais para produzir sono profundo não REM podem ser menos eficazes.

Interrupções nos circuitos do sono contribuem para muitos distúrbios do sono

A insônia pode ser causada pela inibição incompleta do sistema ativador

A insônia é um dos problemas mais comuns em toda a medicina, mas seus mecanismos neurobiológicos permanece um mistério. A insônia é definida como dificuldade em adormecer ou dificuldade em manter o sono, de modo que a função no dia seguinte é prejudicada. Estudos de tomografia por emissão de pósitrons em pacientes com insônia crônica demonstram ativação incomum dos sistemas de despertar encefálico durante o sono, e o EEG geralmente mostra a persistência da atividade de alta frequência (15 a 30 Hz) que geralmente é vista apenas durante a vigília.

Além disso, ratos expostos ao estresse agudo apresentam atividade no EEG de alta frequência durante o sono, bem como atividade simultânea em neurônios do núcleo pré-óptico ventrolateral e componentes do sistema de despertar, como o *locus ceruleus* e os neurônios histamina. Essa ativação simultânea pode produzir um estado único no qual o EEG mostra ondas lentas consistentes com o sono, juntamente com atividade de alta frequência consistente com o estado de vigília; isso pode explicar por que alguns pacientes parecem adormecidos no registro de polissonografia, mas podem sentir como se estivessem acordados.

Clinicamente, a insônia é frequentemente tratada com terapia cognitivo-comportamental que visa reduzir a hiperativação e melhorar os hábitos de sono. Alguns pacientes podem ser tratados com benzodiazepínicos e medicamentos relacionados que potencializam a transmissão de GABA e, portanto, podem ajudar a reduzir a atividade nas regiões encefálicas que induzem o despertar. Outros pacientes se beneficiam de fármacos que bloqueiam o sistema ativador mais diretamente, como os anti-histamínicos.

Apneia do sono fragmenta o sono e prejudica a cognição

A apneia do sono é um dos distúrbios do sono mais comuns, afetando cerca de 5% dos adultos e crianças. Pacientes com *apneia obstrutiva do sono* têm episódios repetidos de obstrução das vias aéreas que forçam o indivíduo a acordar brevemente do sono para retomar a respiração. Durante o sono, o tônus muscular diminui e, em pessoas com vias aéreas pequenas, o relaxamento dos músculos dilatadores das vias aéreas, como o genioglosso (que normalmente atua para puxar a língua para frente) resulta em colapso das vias aéreas. Isso causa um breve período sem fluxo de ar e, consequentemente, os níveis sanguíneos de dióxido de carbono aumentam, enquanto os níveis de oxigênio caem, ativando sistemas quimiossensoriais no bulbo que aumentam o esforço respiratório.

Esses sistemas quimiossensoriais também ativam neurônios no núcleo parabraquial que induzem o despertar, o que resulta em um aumento adicional do tônus muscular que reabre as vias aéreas. Essas obstruções das vias aéreas podem ocorrer centenas de vezes por noite, mas os atos de despertar geralmente são tão breves que o indivíduo pode não se lembrar deles pela manhã. Muitas pessoas com apneia obstrutiva do sono não se sentem descansadas pela manhã; sentem-se sonolentas o dia todo e têm dificuldade com uma ampla variedade de tarefas cognitivas, especialmente aquelas que exigem vigilância ou aprendizado.

Os médicos geralmente tratam a apneia do sono com um *dispositivo de pressão positiva contínua nas vias aéreas* (CPAP, do inglês *continuous positive airway pressure*) que fornece ar levemente pressurizado pelo nariz para inflar e abrir as vias aéreas durante o sono. A apneia do sono também pode ser tratada com cirurgia das vias aéreas superiores para remover as obstruções, como grandes amígdalas, com um dispositivo dentário para mover a língua para frente ou com perda de peso para reduzir o tecido adiposo no pescoço. Os pacientes tratados geralmente se sentem mais alertas e têm melhor função cognitiva, embora possa haver algum comprometimento cognitivo residual, possivelmente devido a lesão neuronal de episódios repetidos de baixa saturação de oxigênio ou hipoxia (**Figura 44-8**).

A narcolepsia é causada por uma perda de neurônios orexinérgicos

A narcolepsia foi descrita pela primeira vez no final de 1800, mas a causa subjacente, uma deficiência em um único neurotransmissor, tornou-se clara apenas nas últimas duas décadas. A narcolepsia geralmente começa na adolescência como sonolência moderada a grave todos os dias, mesmo

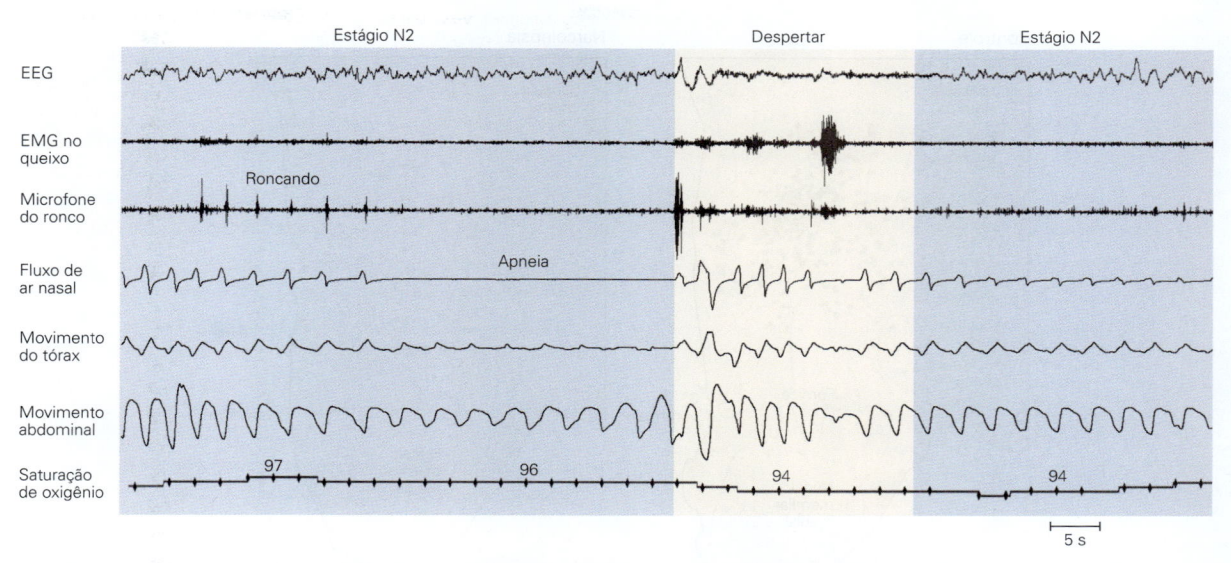

FIGURA 44-8 Um episódio de apneia do sono. No início desta polissonografia, um indivíduo está no estágio N2 do sono. Algum ronco é detectado, mas o fluxo de ar nasal é bom e a saturação de oxigênio é normal. O indivíduo apresenta, então, uma apneia obstrutiva sem fluxo de ar nasal; no entanto, o esforço respiratório persiste (mostrado pelo movimento abdominal). A apneia é encerrada por um breve despertar (eletrencefalograma [EEG] com sinal rápido de baixa voltagem), acompanhado por um ronco alto, aumento da atividade eletromiográfica, intensificação do esforço respiratório e abertura das vias aéreas. A saturação de oxigênio cai cerca de 3%, atingindo seu ponto mais baixo cerca de 15 segundos após o término da apneia, pois leva tempo para o sangue chegar dos pulmões à ponta do dedo onde a saturação de oxigênio é medida.

com amplo período de sono à noite. Pessoas com narcolepsia podem facilmente adormecer na aula, enquanto dirigem ou durante outras atividades, quando o sono pode ser embaraçoso ou perigoso. Ao contrário da apneia do sono, o sono é restaurador e, muitas vezes, eles se sentem muito mais alertas após um cochilo de 15 a 20 minutos.

Além disso, em pessoas com narcolepsia, os elementos do sono REM geralmente ocorrem durante a vigília. Por exemplo, à noite, enquanto adormece ou acorda, um indivíduo com narcolepsia pode ser incapaz de se mover (*paralisia do sono*) ou pode ter alucinações vívidas semelhantes a sonhos (*alucinações hipnagógicas ou hipnopômpicas*) sobrepostas à vigília. Ainda mais misteriosamente, durante o dia, quando surpreendido com uma boa piada ou ao ver um amigo inesperadamente, um indivíduo com narcolepsia pode desenvolver *cataplexia*, que é a fraqueza muscular desencadeada emocionalmente e é semelhante à paralisia do sono REM. A cataplexia leve pode causar fraqueza na face e no pescoço, mas quando grave, o indivíduo pode perder todo o controle muscular, cair no chão e ficar incapaz de se mover por 1 a 2 minutos.

A narcolepsia permaneceu misteriosa até o final da década de 1990, quando uma nova família de neurotransmissores peptídicos, as orexinas (também conhecidas como hipocretinas), foi descoberta. Existem dois peptídeos de orexina, derivados do mesmo precursor de mRNA, e são encontrados apenas em células do hipotálamo lateral posterior. Logo se descobriu que a perda da sinalização de orexina em animais ou humanos poderia reproduzir todo o fenótipo da narcolepsia. Pessoas com narcolepsia apresentam uma perda altamente seletiva de mais de 90% de seus neurônios orexinérgicos, enquanto outros tipos de neurônios hipotalâmicos são poupados. Essa perda de células provavelmente se deve a um processo autoimune, pois está ligada a genes que afetam a função imunológica e foi desencadeada por epidemias de gripe sazonal e uso de uma determinada vacina contra a gripe. Recentemente, pesquisadores descobriram que pessoas com narcolepsia têm células imunes (linfócitos T), que têm como alvo os neuropeptídeos orexina (**Figura 44-9**).

Os neurônios orexinérgicos induzem a vigília e suprimem o sono REM, em parte ativando neurônios monoaminérgicos no *locus ceruleus* e rafe dorsal, bem como neurônios GABAérgicos REM-off na substância cinzenta periaquedutal, todos os quais inibem os neurônios geradores do sono REM na ponte. Assim, pessoas e animais com perda de neurônios orexinérgicos têm grande dificuldade em permanecer acordados por longos períodos, e o sono REM é desinibido, de modo que o sono REM (ou componentes do sono REM, como atonia motora durante a vigília ou cataplexia) acontece em horários inapropriados durante o dia.

Em termos de circuitos do sono, a perda de neurônios orexinérgicos pode ser considerada como desestabilizadora tanto do sono-vigília quanto dos interruptores REM/não REM no encéfalo. Assim, os pacientes com narcolepsia podem facilmente cochilar durante o dia, mas também acordar espontaneamente do sono com mais frequência à noite. A desregulação do sono REM também é aparente no Teste de Latência Múltipla do Sono; indivíduos saudáveis quase nunca apresentam sono REM durante o dia, pois estão sob rígido controle circadiano, mas pacientes com narcolepsia geralmente apresentam sono REM durante os cochilos diurnos.

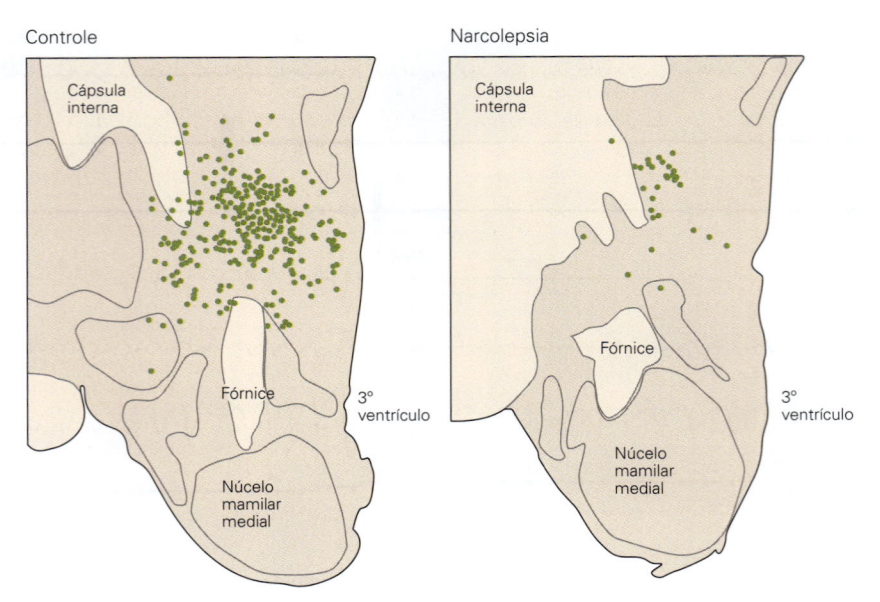

FIGURA 44-9 A narcolepsia está associada à perda de neurônios hipotalâmicos que produzem o neuropeptídeo orexina. Uma perda drástica de neurônios orexinérgicos (**pontos verdes**) é evidente nestes desenhos de seções do encéfalo ao nível dos corpos mamilares em um indivíduo com narcolepsia (*à direita*) em comparação com um encéfalo normal (*à esquerda*). (Reproduzida, com autorização, de Crocker et al., 2005. Copyright @ 2005 American Academy of Neurology.)

A ausência de sinalização de orexina também explica o misterioso sintoma de cataplexia. Evidências de estudos em camundongos sem orexinas sugerem que experiências agradáveis ativam neurônios no córtex pré-frontal e amígdala que podem ativar as vias do tronco encefálico que desencadeiam a paralisia do sono REM. Essa influência normalmente é combatida pelo sistema de orexina, de modo que a pessoa pode se sentir levemente "fraca de tanto rir". Quando a sinalização de orexina está ausente, pode ocorrer paralisia total.

A narcolepsia é tratada com medicamentos e abordagens comportamentais. A sonolência pode ser substancialmente atenuada com medicamentos que induzem a vigília, como anfetaminas e modafinila. Um a dois cochilos estrategicamente cronometrados durante o dia geralmente são úteis e podem melhorar o estado de alerta por algumas horas. A cataplexia geralmente responde bem a antidepressivos, como inibidores de recaptação de serotonina ou noradrenalina, pois esses medicamentos suprimem fortemente o sono REM. O oxibato de sódio tomado durante a noite melhora o sono profundo e, por meio de um mecanismo desconhecido, ajuda a consolidar a vigília e reduzir a cataplexia durante o dia.

O transtorno do comportamento do sono REM é causado pela falha dos circuitos de paralisia do sono REM

O distúrbio comportamental do sono REM – a perda da paralisia durante o sono REM em alguns adultos mais velhos – é o oposto da cataplexia. A falta de inibição paralítica permite que os pacientes representem ativamente seus sonhos. O indivíduo muitas vezes grita e pode agarrar ou socar ou chutar violentamente; lesões por bater em móveis próximos ou no parceiro de cama não são incomuns. Esses movimentos dramáticos geralmente despertam o paciente, que pode, então, se lembrar de um sonho sobre lutar contra um agressor de uma maneira que corresponda aos movimentos reais.

O distúrbio comportamental do sono REM foi identificado pela primeira vez em 1986 por Mahowald e Schenck. Dez anos depois, eles relataram que 40% de sua coorte original de 19 pacientes desenvolveram doença de Parkinson ou um distúrbio neurodegenerativo relacionado com deposição de alfa-sinucleína, como demência de corpos de Lewy ou atrofia de múltiplos sistemas. Estudos subsequentes mostraram que cerca de metade dos pacientes com distúrbio comportamental do sono REM desenvolve uma sinucleinopatia em 12 a 14 anos após o início, e quase todos em 25 anos. Pensa-se agora que a sinucleinopatia começa no tronco encefálico e logo danifica os neurônios subceruleus que normalmente conduzem à paralisia do sono REM. Se essa relação for confirmada, o diagnóstico de distúrbio comportamental do sono REM pode identificar indivíduos com sinucleinopatias nos estágios iniciais, que poderiam ser tratados com medicamentos, ainda não desenvolvidos, que retardam a neurodegeneração.

A síndrome das pernas inquietas e distúrbio dos movimentos periódicos dos membros perturbam o sono

A síndrome das pernas inquietas ocorre em cerca de 10% da população e é caracterizada por um desejo irresistível de mover as pernas, geralmente acompanhado por um desconforto interno irritante como "formigas nas calças". Essa sensação de inquietação geralmente ocorre à noite e na primeira metade da noite e, muitas vezes, torna difícil adormecer. A sensação é muito pior com o repouso e melhora movendo as pernas na cama ou andando.

Muitas pessoas que sofrem de síndrome das pernas inquietas também apresentam *distúrbio de movimento periódico dos membros*, no qual as pernas e, às vezes, os braços flexionam de maneira estereotipada a cada 20 a 40 segundos durante o sono não REM. Esses movimentos das pernas fragmentam o sono e podem produzir sonolência diurna. A deficiência de ferro é uma causa comum de pernas inquietas, e o tratamento com ferro pode ser muito útil. Estudos de associação de todo o genoma encontraram genes comuns a ambas as condições, mas a fisiopatologia subjacente ainda não é compreendida. Pacientes com ambos os distúrbios geralmente melhoram com baixas doses de um agonista de dopamina D_2, o medicamento antiepiléptico pregabalina ou um medicamento opiáceo.

Parassonias não REM incluem sonambulismo, falar durante o sono e terrores noturnos

Parassonias são comportamentos incomuns que ocorrem durante o sono REM ou não REM. As parassonias não REM são comuns em crianças e incluem sonambulismo, fala durante o sono, despertares confusionais, enurese noturna e terror noturno. Cerca de 15% dos adolescentes têm algum sonambulismo, mas isso geralmente desaparece com o tempo, então apenas cerca de 1% dos adultos regularmente tem sonambulismo.

As parassonias não REM geralmente começam com um despertar súbito no estágio N3 do sono, que pode ocorrer espontaneamente ou ser desencadeado por um ruído ou obstrução das vias aéreas por apneia do sono. Esses não são despertares completos, pois, no primeiro minuto ou dois, o EEG ainda mostra as ondas delta lentas típicas do estágio N3 do sono, mesmo quando a criança anda, se veste ou come. Com o tempo, o EEG muda para o padrão típico de vigília e, então, o indivíduo acorda. Os sonâmbulos ou falantes durante o sono muitas vezes não têm memória desses eventos, de modo que os relatos da família são necessários para fazer o diagnóstico. Urinar na cama (enurese) também pode ocorrer durante o sono profundo não REM em algumas crianças.

Terrores noturnos também ocorrem no estágio N3 do sono e são comuns em crianças de 2 a 5 anos. A criança muitas vezes se senta e chora como se estivesse com muito medo, às vezes com pupilas dilatadas e batimentos cardíacos acelerados. Durante o episódio, a criança fica inconsolável; tentativas de acalmar ou acordar a criança só podem piorar os gritos e o comportamento de medo. Como o sonambulismo, mas em contraste com os pesadelos comuns, a criança geralmente não se lembra do terror noturno, e os eventos são tipicamente muito mais difíceis para os pais do que para a criança.

A causa subjacente das parassonias não REM é desconhecida. Elas geralmente são gerenciadas garantindo um sono adequado para reduzir a pressão para o sono profundo não REM, reduzindo o estresse e tratando distúrbios do sono subjacentes, como apneia do sono, que podem desencadear despertares do sono. A restrição de líquidos à noite pode ajudar na enurese. A maioria das crianças supera as parassonias não REM à medida que seu sono N3 diminui no final da adolescência. Medicamentos que reduzem a quantidade de sono N3, como antidepressivos tricíclicos, às vezes também são usados. Tal como acontece com o distúrbio comportamental do sono REM, as pessoas podem ser gravemente feridas durante o sonambulismo se caírem de escadas ou tropeçarem em móveis, e é importante tornar o ambiente do quarto seguro. A quantidade de tempo gasto no estágio N3 do sono é alta em indivíduos com alta pressão homeostática do sono, portanto, dormir adequadamente também é útil.

O sono tem muitas funções

Embora tenha havido um progresso notável em nossa compreensão dos circuitos encefálicos que regulam o sono e a vigília, ainda entendemos relativamente pouco sobre as funções reais do sono. Para uma atividade que ocupa um terço da vida dos humanos, e muito mais em algumas outras espécies, temos muito pouca compreensão dos propósitos do sono. Allan Rechtschaffen, que primeiro sistematizou os estágios do sono (e foi autor deste capítulo em edições anteriores deste livro), disse certa vez que se o sono não tivesse uma função vital, seria o maior erro que a evolução já cometeu. Ele descobriu que os ratos morreriam de infecção avassaladora e hipotermia se fossem cronicamente privados de sono. No entanto, os métodos para manter os animais continuamente acordados eram estressantes, e não está claro se as consequências observadas foram devido à perda de sono ou estresse contínuo. De fato, não está claro se a perda prolongada de sono e o estresse podem ser dissociados.

Uma função proposta do sono sugere que um período de inatividade encefálica é necessário para permitir a recuperação metabólica do encéfalo. O papel da adenosina como um fator humoral indutor do sono é baseado na redução dos estoques de trifosfato de adenosina (ATP) para produzir adenosina durante o período acordado. Outra ideia é que o sono pode permitir que o corpo reconstitua o tecido lesionado e reabasteça os estoques de energia, mas há poucas evidências de que a privação do sono prejudique qualquer um desses processos.

Uma hipótese recente foi levantada pela observação de que durante o sono o espaço extracelular no encéfalo se expande, permitindo assim que o líquido cefalorraquidiano "limpe" moléculas indesejáveis que não deveriam se acumular no espaço extracelular. O encéfalo "acordado" tem muito pouco espaço extracelular, em grande parte devido aos influxos e efluxos de íons nos neurônios durante a comunicação sináptica. Esses fluxos estabelecem um gradiente osmótico que conduz a maior parte do fluido do encéfalo para dentro das células. Durante o sono, os neurônios e a glia podem encolher à medida que esse fluido se move de volta para o espaço extracelular. Entre as moléculas que podem ser eliminadas do espaço extracelular durante o sono estão os peptídeos beta-amiloides. Em camundongos modificados por engenharia genética para produzir altos níveis de beta-amiloide humano, a privação do sono reduz a depuração de beta-amiloide do espaço extracelular no cérebro, acelerando assim sua deposição nas placas características da doença de Alzheimer (Capítulo 64). Como o acúmulo de peptídeo beta-amiloide no cérebro é considerado um passo inicial na doença de Alzheimer, o trabalho está em andamento para determinar se a falta de sono pode predispor as pessoas a essa doença.

Além dessas funções bioquímicas, o sono também induz a formação da memória. Conforme descrito anteriormente, o modelo de homeostase sináptica sugere que as sinapses são reequilibradas durante o sono, embora não esteja claro por que esse processo exigiria o sono. Uma necessidade mais básica pode ser fornecer um tempo para as sinapses consolidarem novos traços de memória. Durante o estado de vigília, a experiência pode modificar a força sináptica em tempo real por processos como fosforilação de proteínas, inserção de receptores pré-fabricados na membrana pós-sináptica ou tradução de mRNA nos dendritos em nova proteína. Mas alguma parte da remodelação sináptica subjacente à formação da memória requer a transcrição dependente do núcleo de novo mRNA. Como os sítios sinápticos nos dendritos podem estar a 1 milímetro do núcleo ou até mais em alguns neurônios, é necessário tempo para que as moléculas mensageiras que são produzidas na sinapse alcancem o núcleo e alterem a transcrição e, em seguida, para que o mRNA resultante seja transportado de volta ao dendrito, onde pode resultar em nova síntese de proteínas. Esse processo pode exigir um tempo em que esses mensageiros não estejam competindo com novos sinais de entrada para completar seu trabalho de estabilização de memórias.

Uma coisa sobre o sono é certa: é necessário para a função cerebral normal, e o sono inadequado, definido por uma tendência aumentada de adormecer durante o dia, está associado a uma função cognitiva prejudicada. Os programas de treinamento médico estão agora sendo redesenhados para reduzir o risco de estagiários e residentes tomarem decisões médicas críticas enquanto estão privados de sono. Abordagens semelhantes em relação aos horários de início das aulas, condutores sonolentos, e outros aspectos da nossa sociedade podem melhorar a produtividade e salvar muitas vidas.

Destaques

1. O sono envolve alterações distintas no eletrencefalograma (EEG), eletromiografia (EMG) e eletro-oculograma (EOG) que são registrados durante uma polissonografia. Essas mudanças podem ser usadas para dividir o sono em sono de movimento rápido dos olhos (REM) – durante o qual o EEG é semelhante à vigília, mas o corpo tem um tônus muscular tão baixo que fica essencialmente paralisado – e três estágios de sono não REM (N1 a N3), com baixas a altas quantidades de ondas lentas no EEG.
2. Durante a noite, o sono alterna entre períodos de sono não REM seguidos por períodos de sono REM, com todo o ciclo levando cerca de 90 minutos. Ao longo de uma noite, o sono não REM torna-se progressivamente mais leve, enquanto os períodos de sono REM tornam-se mais longos.
3. O estado de vigília é produzido ativamente por uma rede ativadora ascendente. Os neurônios-chave necessários para conduzir a vigília são os neurônios glutamatérgicos nos núcleos parabraquial e tegmentar pedunculopontino, neurônios dopaminérgicos no mesencéfalo, neurônios glutamatérgicos no núcleo supramamilar e neurônios GABAérgicos e colinérgicos no prosencéfalo basal que inervam diretamente o córtex cerebral. Grupos de células moduladoras, usando principalmente monoaminas, como noradrenalina, serotonina e histamina como neurotransmissores, podem estimular o despertar sob condições apropriadas, mas, ao contrário das vias principais, as lesões desses grupos de células não prejudicam a vigília basal.
4. Durante o sono, o sistema ativador ascendente é inibido por neurônios GABAérgicos nos núcleos pré-ópticos ventrolaterais e na zona parafacial. Por outro lado, durante a vigília, os neurônios pré-ópticos ventrolaterais são inibidos por neurônios no sistema ativador ascendente. Essas vias mutuamente antagônicas produzem um circuito neural semelhante a um interruptor elétrico tipo *flip-flop*, que favorece transições rápidas e completas entre o sono e a vigília. Da mesma forma, populações de neurônios mutuamente inibitórios no mesencéfalo caudal e na ponte governam as transições entre o sono REM e o não REM. Neurotransmissores do tipo monoaminas, como serotonina e noradrenalina, também atuam nesses neurônios e impedem as transições para o sono REM durante a vigília. Os neurônios de orexina no hipotálamo lateral ativam os neurônios supressores do sono REM, impedindo as transições de vigília para o sono REM.
5. O sono é regulado por um impulso homeostático para o sono, de modo que quanto mais tempo se está acordado, mais intenso é o impulso e mais sono é necessário para satisfazer a necessidade de dormir. Há também uma influência circadiana no sono que o inibe durante o dia, mas o induz durante a noite, especialmente na última parte da noite, quando o impulso homeostático do sono diminui. O ciclo circadiano é sincronizado com o mundo exterior por sinais de luz que chegam na retina e dirigem-se ao relógio circadiano mestre do encéfalo no núcleo supraquiasmático. O núcleo supraquiasmático, então, ativa as vias hipotalâmicas que regulam os estados de sono-vigília, bem como muitos outros comportamentos, ciclos hormonais e ajustes fisiológicos.
6. As necessidades de sono mudam ao longo do desenvolvimento, de cerca de 16 horas por dia em um recém-nascido a cerca de 8 horas por dia em um adulto jovem saudável. No entanto, os mecanismos indutores do sono enfraquecem com o envelhecimento e, portanto, os indivíduos com mais de 70 anos têm sono mais fragmentado e dormem cerca de 1 hora a menos por dia.
7. A apneia do sono é uma condição na qual as vias aéreas colapsam devido à redução do tônus muscular durante o sono. Essa respiração prejudicada causa despertares frequentes e pode prejudicar a cognição. Restaurar a permeabilidade das vias aéreas com pressão positiva contínua (CPAP) pode superar esse problema.
8. A insônia pode ser causada por hiperativação do sistema ativador ascendente, e o melhor tratamento é feito com terapia cognitivo-comportamental.

9. A narcolepsia é causada pela perda seletiva dos neurônios orexina (também chamados de hipocretina) no hipotálamo. Os neuropeptídeos de orexina normalmente induzem a vigília e regulam o sono REM, e a perda da sinalização da orexina resulta em sonolência diurna crônica e controle deficiente do sono REM. Especificamente, as pessoas com narcolepsia podem fazer a transição rápida para o sono REM depois de cochilar e podem ter fragmentos de sono REM, como cataplexia e alucinações hipnagógicas, durante a vigília. A narcolepsia geralmente é tratada com medicamentos que induzem a vigília e suprimem o sono REM.
10. O distúrbio comportamental do sono REM é devido à perda de atonia durante o sono REM, fazendo os pacientes representarem ativamente seus sonhos como se fossem realidade. O distúrbio comportamental do sono REM geralmente é uma manifestação precoce da doença de Parkinson ou da demência de corpos de Lewy.
11. A síndrome das pernas inquietas é um distúrbio com influência genética no qual as pessoas sentem que precisam mover as pernas. Isso os deixa muito desconfortáveis quando estão acordados, e podem ter movimentos periódicos das pernas enquanto dormem que atrapalham o sono.
12. O sonambulismo e as parassonias relacionadas geralmente ocorrem em crianças pequenas durante o sono profundo (estágio N3) não REM. O manejo desses distúrbios é feito garantindo um sono adequado e de boa qualidade.
13. A perda de sono prejudica a capacidade de manter a atenção sustentada e atrapalha o julgamento. As razões para isso não são compreendidas. Tem-se dirigido atenção para teorias sobre o encéfalo exigindo tempo de inatividade para recarregar seu estado metabólico ou para permitir que ele elimine produtos indesejados do espaço extracelular. Entretanto, não está claro se isso explica o preço a pagar pela falta de sono. Uma teoria atraente para a função do sono é que ele pode ser necessário para a remodelação sináptica requerida para certos tipos de aprendizado.

Clifford B. Saper
Thomas E. Scammell

Leituras selecionadas

Buhr ED, Takahashi JS. 2013. Molecular components of the mammalian circadian clock. Handb Exp Pharmacol 217:3–27.
Kryger MH, Roth T, Dement WC. 2017. *Principles and Practice of Sleep Medicine*, 6th ed. Philadelphia: Elsevier.
Saper CB. 2013. The central circadian timing system. Curr Opin Neurobiol 23:747–751.
Saper CB, Fuller PM, Pedersen NP, Lu J, Scammell TE. 2010. Sleep state switches. Neuron 68:1023–1042.
Scammell TE, Arrigoni E, Lipton JO. 2017. Neural circuitry of wakefulness and sleep. Neuron 93:747–765.

Referências

Achermann P, Borbely AA. 2003. Mathematical models of sleep regulation. Front Biosci 8:683–693.
Anaclet C, Pedersen NP, Ferrari LL, et al. 2015. Basal forebrain control of wakefulness and cortical rhythms. Nat Commun 6:8744.
Aschoff J. 1965. Circadian rhythms in man. Science 148: 1427–1432.
Aserinsky E, Kleitman N. 1953. Regularly occurring periods of eye motility and concomitant phenomena during sleep. Science 118:273–274.
Bal T, von Krosigk M, McCormick DA. 1995. Synaptic and membrane mechanisms underlying synchronized oscillations in the ferret lateral geniculate nucleus *in vitro*. J Physiol 483:641–663.
Boeve BF. 2013. Idiopathic REM sleep behaviour disorder in the development of Parkinson's disease. Lancet Neurol 12:469–482.
Buyssee DJ, Germain A, Hall M, Monk TH, Nofzinger EA. 2011. A neurobiological model of insomnia. Drug Discov Today Dis Models 8:124–137.
Chemelli RM, Willie JT, Sinton CM, et al. 1999. Narcolepsy in orexin knockout mice: molecular genetics of sleep regulation. Cell 98:437–451.
Crocker A, Espana RA, Papadopoulou M, et al. 2005. Concomitant loss of dynorphin, NARP, and orexin in narcolepsy. Neurology 65:1184–1188.
Dement W, Kleitman N. 1957. Cyclic variations in EEG during sleep and their relation to eye movements, body motility, and dreaming. Electroencephalogr Clin Neurophysiol Suppl 9:673–690.
de Vivo L, Bellesi M, Marshall W, et al. 2017. Ultrastructural evidence for synaptic scaling across the wake/sleep cycle. Science 355:507–510.
Dijk DJ, Czeisler CA. 1995. Contribution of circadian pacemaker and sleep homeostat to sleep propensity, sleep structure, electroencephalographic slow waves, and sleep spindle activity in humans. J Neurosci 15:3526–3538.
Fuller PM, Sherman D, Pedersen NP, Saper CB, Lu J. 2011. Reassessment of the structural basis of the ascending arousal system. J Comp Neurol 519:933–956.
Lim AS, Ellison BA, Wang JL, et al. 2014. Sleep is related to neuron numbers in the ventrolateral preoptic/intermediate nucleus in older adults with and without Alzheimer's disease. Brain 137:2847–2861.
Lin L, Faraco J, Li R, et al. 1999. The sleep disorder canine narcolepsy is caused by a mutation in the hypocretin (orexin) receptor 2 gene. Cell 98:365–376.
Lu J, Sherman D, Devor M, Saper CB. 2006. A putative flip-flop switch for control of REM sleep. Nature 41:589–594.
Mahowald MW, Schenck CH. 2005. Insights from studying human sleep disorders. Nature 437:1279–1285.
McCormick DA, Bal T. 1997. Sleep and arousal: thalamocortical mechanisms. Annu Rev Neurosci 20:185–215.
Moruzzi G, Magoun HW. 1949. Brain stem reticular formation and activation of the EEG. Electroencephalogr Clin Neurophysiol Suppl 1:455–473.
Peyron C, Faraco J, Rogers W, et al. 2000. A mutation in a case of early onset narcolepsy and a generalized absence of hypocretin peptides in human narcoleptic brains. Nat Med 6:991–997.
Saper CB, Scammell TE, Lu J. 2005. Hypothalamic regulation of sleep and circadian rhythms. Nature 437:1257–1263.
Stickgold R. 2005. Sleep-dependent memory consolidation. Nature 437:1272–1278.
Tononi G, Cirelli C. 2014. Sleep and the price of plasticity: from synaptic and cellular homeostasis to memory consolidation and integration. Neuron 81:12–34.
Xie L, Kang H, Xu Q, et al. 2013. Sleep drives metabolite clearance from the adult brain. Science 342:373–377.
Xu M, Chung S, Zhang S, et al. 2015 Basal forebrain circuit for sleep-wake control. Nat Neurosci 18:1641–1647.

Parte VII

Página anterior
Marcação transgênica de um único tipo de célula ganglionar retiniana (CGR) na retina de camundongo. As cores representam profundidade ao longo da retina, com axônios na superfície em azul e os dendritos mais profundos, em vermelho. Mecanismos de orientação não totalmente compreendidos resultam em dendritos dessas células (J-CGR) "apontando" ventralmente, resultando em sua resposta preferencial ao movimento no sentido ventral. Axônios J-CGR são orientados para o nervo óptico, através do qual eles seguem até atingir o encéfalo. (Reproduzida, com autorização, de Jinyue Liu e Joshua Sanes. Reproduzida, com autorização, do Journal of Neuroscience. Capa do número 37(50), de 13 de dezembro de 2017; de Liu J., Sanes JR. 2017. Cellular and molecular analysis of dendritic morphogenesis in a retinal cell type that senses color contrast and ventral motion. J Neurosci 37:12247–12262.)

Desenvolvimento e o surgimento do comportamento

VII

Os INÚMEROS COMPORTAMENTOS controlados pelo sistema nervoso maduro – pensamentos, percepções, decisões, emoções e ações – dependem de padrões precisos de conexões sinápticas entre os bilhões de neurônios no encéfalo e na medula espinal. Essas conexões se formam durante a vida fetal e o início da vida pós-natal, mas podem ser remodeladas ao longo de toda a vida. Nessa seção, será descrito como o sistema nervoso se desenvolve e se torna maduro.

A história da neurobiologia do desenvolvimento é longa e ilustre. Há quase 150 anos, Santiago Ramón y Cajal realizou uma série abrangente de estudos anatômicos acerca da estrutura e da organização do sistema nervoso, iniciando, então, a investigação de seu desenvolvimento. O único método de que dispunha era a análise de tecido fixado usando microscópio óptico, mas, a partir de suas observações, ele deduziu muitos dos princípios do desenvolvimento ainda hoje reconhecidos como corretos. Durante a primeira metade do século XX, outros anatomistas seguiram seus passos. Avanços foram acelerando na medida em que novos métodos tornaram-se disponíveis – primeiro, a eletrofisiologia e a microscopia eletrônica e, mais recentemente, a biologia molecular, a genética e o imageamento do encéfalo vivo. Hoje, sabe-se muito acerca de moléculas que determinam como as células nervosas adquirem suas identidades, como estendem seus axônios até células-alvo e como esses axônios escolhem parceiros sinápticos adequados ao chegarem a seus destinos.

É útil que se dividam as numerosas etapas que compõem o desenvolvimento neural em três épocas conceitualmente distintas, embora de certo modo temporalmente sobrepostas. A primeira, começando no início da embriogênese, leva à geração e diferenciação de neurônios e de glia. Pode-se pensar nessa época como devotada a produzir os componentes a partir dos quais os circuitos neurais serão constituídos: a parafernália (*hardware*). Essas etapas dependem da expressão de determinados genes em momentos e lugares específicos. Algumas das moléculas que controlam esses padrões espaciais e temporais são fatores de transcrição que atuam no DNA para regular a expressão gênica. Eles atuam dentro de células em diferenciação e são, portanto, chamados de fatores autônomos celulares. Outros fatores, chamados de fatores celulares não autônomos, incluem moléculas de superfície celular e moléculas secretadas, que provêm de outras células. Eles atuam ligando-se a receptores na superfície da célula em diferenciação e gerando sinais que regulam a atividade dos programas transcricionais autônomos da célula. A interação desses fatores intrínsecos e extrínsecos é crítica para a diferenciação adequada de cada célula nervosa.

Uma segunda época engloba as etapas pelas quais os neurônios se conectam: a migração de seus soma para os lugares adequados, a orientação dos axônios para seus alvos e a formação das conexões sinápticas. A complexidade do problema dessa conectividade é assombrosa – axônios de muitos tipos neuronais devem navegar, muitas vezes ao longo de grandes distâncias, e então escolher entre uma centena ou mais de parceiros sinápticos em potencial. Ainda assim, avanços nessa questão têm sido encorajadores. Um fator importante para a abordagem desse problema tem sido a análise de organismos simples e geneticamente acessíveis, como a mosca-da-fruta *Drosophila* e o verme nematódeo *Caenorhabditis elegans*. Descobriu-se que muitas das moléculas-chave que controlam a formação do sistema nervoso são conservadas em organismos separados por milhões de anos de evolução. Assim, a despeito da grande diversidade das formas dos animais, os programas de desenvolvimento que governam a planificação do organismo e a conectividade neural são conservados ao longo da filogenia.

Na terceira época, os padrões de conectividade geneticamente determinados (o *hardware*) são moldados pela atividade e pela experiência (o *software*). Infelizmente para os pesquisadores, essas etapas nos mamíferos são partilhadas em um grau muito limitado com os invertebrados e com vertebrados inferiores. Uma ave ou uma mosca que acabaram de eclodir do ovo não são notavelmente diferentes dos indivíduos adultos em seus repertórios comportamentais, mas ninguém poderia dizer o mesmo a respeito de um humano. Isso ocorre principalmente porque nosso sistema nervoso é, no nascimento, uma espécie de esboço. Os circuitos que organizam seu plano básico são, ao longo de um prolongado período pós-natal, modificados pela experiência, que atua via atividade neural. Desse modo, a experiência de cada indivíduo pode deixar marcas indeléveis em seu sistema nervoso, e as capacidades cognitivas do encéfalo podem ser reforçadas pelo aprendizado. Esses processos atuam em todos os mamíferos – e os neurocientistas agora utilizam camundongos para sondar os mecanismos subjacentes – mas são especialmente proeminentes e prolongados nos seres humanos. Pode ocorrer que o prolongado período durante o qual a experiência consegue esculpir o sistema nervoso humano seja o fator isolado mais importante no estabelecimento de sua capacidade única entre todas as espécies.

Na medida em que nossa compreensão acerca do desenvolvimento cresce, ela traz, cada vez mais, novas informações para a neurologia e a psiquiatria. Muitos genes que regulam as duas primeiras épocas têm agora sido implicados como fatores de susceptibilidade, ou mesmo causais, para distúrbios neurodegenerativos ou comportamentais. Assim, estudos do desenvolvimento neural estão começando a fornecer informações acerca da etiologia de doenças neurológicas e a sugerir estratégias racionais para a restauração de conexões neurais e de funções após doenças ou danos causados por traumas. Mais recentemente, na medida em que cresce nosso conhecimento acerca das alterações celulares e moleculares subjacentes ao remodelamento dependente da experiência, pode-se esperar que passemos a entender, por exemplo, como a plasticidade que é tão evidente durante a vida precoce pode ser recrutada nos adultos para facilitar terapias de reabilitação após lesões, acidentes vasculares encefálicos ou doenças neurodegenerativas. Além disso, há razões crescentes para se acreditar que alguns distúrbios comportamentais, como o autismo ou a esquizofrenia, possam resultar, em parte, de defeitos no ajuste dependente da experiência dos circuitos neurais durante o início da vida pós-natal.

A Parte VII resume essas épocas de modo sequencial. Iniciando com os primeiros estágios desse desenvolvimento, serão apresentados os fatores que controlam a diversidade e a sobrevivência das células nervosas, guiam axônios e regulam a formação de sinapses. Será explicado, então, como interações com o ambiente, tanto sociais quanto físicas, modificam ou consolidam as conexões neurais formadas durante o início do desenvolvimento. Finalmente, serão examinadas as formas pelas quais os processos do desenvolvimento podem ser aproveitados em adultos e como fatores, tais como hormônios esteroides, moldam o encéfalo, afetando a identidade sexual e de gênero. As últimas etapas – as mudanças que ocorrem na medida em que o encéfalo envelhece – são consideradas na Seção IX (Capítulo 64).

Editor desta parte: Joshua R. Sanes

Parte VII

Capítulo 45	Estruturação do sistema nervoso
Capítulo 46	Diferenciação e sobrevivência de células nervosas
Capítulo 47	Crescimento e direcionamento de axônios
Capítulo 48	Formação e eliminação de sinapses
Capítulo 49	Experiência e o refinamento de conexões sinápticas
Capítulo 50	Restauração do encéfalo lesionado
Capítulo 51	Diferenciação sexual do sistema nervoso

45

Estruturação do sistema nervoso

O tubo neural origina-se do ectoderma
Sinais secretados determinam o destino da célula neural
    O desenvolvimento da placa neural é induzido por sinais da região organizadora
    A indução neural é mediada por fatores de crescimento peptídicos e seus inibidores
A estruturação rostrocaudal do tubo neural envolve gradientes de sinalização e centros organizadores secundários
    O tubo neural divide-se em regiões no início do desenvolvimento
    Sinais do mesoderma e do endoderma definem a organização rostrocaudal da placa neural
    Sinais dos centros organizadores dentro do tubo neural estruturam o prosencéfalo, o mesencéfalo e o rombencéfalo
    Interações repressoras dividem o rombencéfalo em segmentos
A estruturação dorsoventral do tubo neural envolve mecanismos semelhantes em diferentes níveis rostrocaudais
    O tubo neural ventral é estruturado pela proteína Sonic Hedgehog, secretada pela notocorda e pelo assoalho da placa
    Proteínas morfogenéticas do osso induzem a estruturação do tubo neural dorsal
    Os mecanismos de estruturação dorsoventral são conservados ao longo da extensão rostrocaudal do tubo neural
Sinais locais determinam subclasses funcionais de neurônios
    A posição rostrocaudal é um importante determinante do subtipo de neurônio motor
    Sinais locais e circuitos transcricionais ampliam a diversificação de subtipos de neurônios motores
O prosencéfalo em desenvolvimento é estruturado por influências intrínsecas e extrínsecas
    Sinais indutores e gradientes de fatores de transcrição estabelecem a diferenciação regional
    Sinais aferentes também contribuem para a regionalização
Destaques

UM GRANDE CONJUNTO DE NEURÔNIOS E CÉLULAS GLIAIS é produzido durante o desenvolvimento do sistema nervoso nos vertebrados. Diferentes tipos de neurônios desenvolvem-se em posições anatômicas determinadas, adquirem formas variadas e estabelecem conexões com populações específicas de células-alvo. Sua diversidade é muito maior que aquela de células em qualquer outro órgão do corpo. A retina, por exemplo, tem dúzias de tipos de interneurônios, e a medula espinal tem mais de uma centena de tipos de neurônios motores. Atualmente, o número real de tipos neuronais no sistema nervoso central de mamíferos ainda não foi bem determinado, mas é certamente superior a um milhar. O número de tipos de células gliais é ainda menos claro; uma heterogeneidade inesperada está sendo descoberta naquilo que, até pouco tempo, se pensava serem classes bastante homogêneas de astrócitos e oligodendrócitos.

    A diversidade de tipos neuronais está na base das impressionantes propriedades computacionais do sistema nervoso dos mamíferos. Apesar disso, como descrito neste capítulo e naqueles que seguem, os princípios do desenvolvimento, que impulsionam a diferenciação do sistema nervoso, são emprestados daqueles usados para orientar o desenvolvimento em outros tecidos. Em certo sentido, o desenvolvimento do sistema nervoso representa meramente um exemplo elaborado dos desafios básicos que permeiam toda a biologia do desenvolvimento: como converter uma única célula, o ovo fertilizado, nos tipos celulares altamente diferenciados que caracterizam o organismo maduro. Apenas em estágios mais tardios, na medida em que os neurônios formam circuitos complexos e a experiência modifica suas conexões, é que os princípios do desenvolvimento neural divergem daqueles dos outros órgãos.

    Os princípios do desenvolvimento precoce são conservados, não apenas entre tecidos, mas também entre espécies e filos. De fato, muito daquilo que se sabe acerca das bases celulares e moleculares do desenvolvimento neural em vertebrados vem de estudos genéticos de organismos considerados simples, principalmente a mosca-da-fruta *Drosophila melanogaster* e o verme *Caenorhabditis elegans*. Ainda assim, uma vez que um dos principais objetivos dos estudos do desenvolvimento neural é explicar como o conjunto de células no sistema nervoso embasa tanto o comportamento humano como doenças relacionadas ao encéfalo, a descrição das regras e dos princípios do desenvolvimento do sistema nervoso terá como foco principal os organismos vertebrados.

O tubo neural origina-se do ectoderma

O embrião dos vertebrados se origina do ovo fertilizado. Divisões celulares inicialmente formam uma esfera de células chamada mórula, que então forma uma cavidade interna, resultando na blástula. A seguir, dobramentos e crescimento geram a gástrula, uma estrutura com polaridade (dorsal-ventral e anterior-posterior) e três camadas celulares – o endoderma, o mesoderma e o ectoderma (**Figura 45-1A**).

O *endoderma* é a camada germinativa mais interna, que posteriormente dará origem ao tubo intestinal, assim como aos pulmões, ao pâncreas e ao fígado. O *mesoderma* é a camada germinativa intermediária, que originará os músculos, os tecidos conectivos e boa parte do sistema vascular. O *ectoderma* é a camada mais externa. A maior parte do ectoderma dá origem à pele, mas uma estreita faixa central se achata se e torna a *placa neural* (**Figura 45-1B**). É da placa neural que se originarão os sistemas nervosos central e periférico.

Logo após sua formação, a placa neural começa a se invaginar, formando o *sulco neural*. As dobras então se aprofundam e por fim se separam do resto do ectoderma para formar o *tubo neural*, por meio de um processo chamado neurulação (**Figura 45-1C,D**). A região caudal do tubo neural origina a medula espinal, enquanto a região rostral se torna o encéfalo. Na medida em que o tubo neural se fecha, células em sua junção com o ectoderma sobrejacente são colocadas à parte e se tornam a crista neural, que por fim origina os sistemas nervosos autônomo e sensorial, assim como diversos tipos celulares não neurais (**Figura 45-1E**).

Sinais secretados determinam o destino da célula neural

Assim como no caso de outros órgãos, o surgimento do sistema nervoso é o ponto culminante de um programa molecular complexo, que envolve a expressão fortemente orquestrada de genes específicos. No caso do sistema nervoso, a primeira etapa é a formação da placa neural a partir de uma região restrita do ectoderma. Essa etapa reflete o desfecho de uma escolha inicial que as células do ectoderma precisam fazer: tornarem-se células neurais ou epidérmicas. Os fatores que levam a essa decisão foram tema de intenso estudo por quase 100 anos.

Muito desse trabalho tem tido como foco a busca pelos sinais que controlam o destino das células ectodérmicas. Sabe-se agora que duas classes principais de proteínas trabalham em conjunto para promover a diferenciação de uma célula ectodérmica em uma célula neural. A primeira é constituída pelos *fatores indutores*, moléculas sinalizadoras secretadas por células próximas. Alguns desses fatores difundem-se livremente e exercem suas ações a certa distância, mas outros estão ligados à superfície celular e agem localmente. Esse segundo grupo é constituído por receptores de superfície, que permitem à célula responder aos fatores indutores. A ativação desses receptores dispara a expressão de genes que codificam proteínas intracelulares – fatores de transcrição, enzimas e proteínas do citoesqueleto – que impulsionam as células ectodérmicas ao longo da via que as leva a se tornarem células neurais.

A capacidade de uma célula de responder a sinais indutores, o que se denomina *competência*, depende do repertório exato de receptores, de moléculas de transdução e dos fatores de transcrição que ela expressa. Desse modo, o destino de uma célula é determinado não apenas pelos sinais aos quais ela está exposta – uma consequência de quando e onde ela se encontra no embrião – mas também pelo perfil de genes que ela expressa em consequência de sua história prévia de desenvolvimento. Será visto nos capítulos subsequentes que a interação entre sinais indutores localizados e a responsividade celular intrínseca é evidenciada em praticamente todos os passos durante o desenvolvimento neural.

O desenvolvimento da placa neural é induzido por sinais da região organizadora

A descoberta de que sinais específicos são responsáveis por disparar a formação da placa neural foi o primeiro grande avanço para a compreensão dos mecanismos de estruturação do sistema nervoso. Em 1924, Hans Spemann e Hilde Mangold fizeram a notável observação de que a diferenciação da placa neural a partir de ectoderma ainda não comprometido com tal destino depende de sinais secretados por um grupo especializado de células, a que denominaram *região organizadora*.

Seus experimentos envolviam o transplante de pequenos pedaços de tecido de um embrião de anfíbio a outro. Os mais reveladores experimentos envolviam transplantes do lábio dorsal do blastóporo, que destina-se a formar o mesoderma dorsal, de sua posição dorsal normal para o lado ventral de um embrião hospedeiro. O lábio dorsal situa-se sob o ectoderma dorsal, uma região que normalmente origina a epiderme dorsal, incluindo a placa neural (**Figura 45-2**). Eles transplantaram tecido de um embrião pigmentado para um hospedeiro não pigmentado, o que lhes permitiu distinguir a posição e o destino das células do doador e do hospedeiro.

Spemann e Mangold descobriram que as células transplantadas do lábio dorsal do blastóporo seguem seu programa de desenvolvimento normal, gerando tecido mesodérmico da linha média, como os somitos e a notocorda. Contudo, as células transplantadas também causaram uma impressionante mudança no destino das células vizinhas no ectoderma ventral do embrião hospedeiro. Células ectodérmicas do hospedeiro foram induzidas a formar uma cópia praticamente completa do sistema nervoso (**Figura 45-2**). Eles então denominaram o tecido doado *organizador*. Spemann e Mangold seguiram em suas investigações, mostrando que o lábio dorsal do blastóporo é o único tecido que possui esse efeito "organizador".

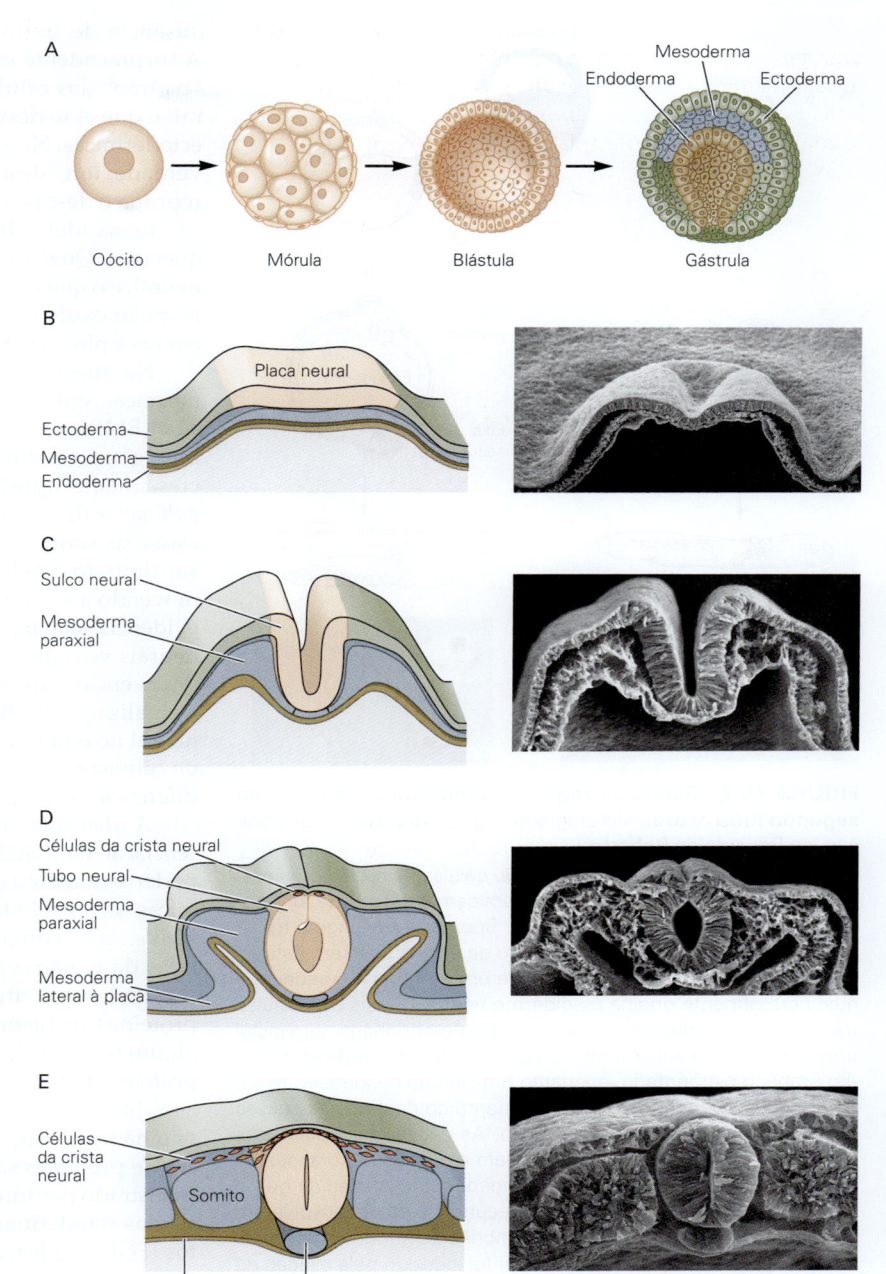

FIGURA 45-1 A placa neural dobra-se, formando o tubo neural. (Varreduras de micrografias eletrônicas do tubo neural de um pinto, reproduzidas, com autorização, de G. Schoenwolf.)

A. Após a fertilização do óvulo pelo espermatozoide, divisões celulares originam, sucessivamente, a mórula, a blástula e a gástrula. Três camadas celulares germinativas – o ectoderma, o mesoderma e o endoderma – formam-se durante a gastrulação.

B. Uma faixa de ectoderma origina a placa neural, precursora dos sistemas nervosos central e periférico.

C. A placa neural dobra-se em sua linha medial, formando o sulco neural.

D. O fechamento das pregas neurais dorsais forma o tubo neural.

E. O tubo neural situa-se sobre a notocorda e é flanqueado por somitos, grupos ovoides de células mesodérmicas que originam músculos e cartilagens. Células na junção entre o tubo neural e o ectoderma sobre ele são separadas e se tornam a crista neural.

Esses estudos pioneiros também demonstraram que a "indução" desempenha um papel crítico no desenvolvimento neural. A indução é um processo pelo qual células de um tecido dirigem o desenvolvimento de células vizinhas, em uma região onde estão próximas uma da outra. Isso é importante pois fornece um mecanismo pelo qual sinais de um tecido podem levar à subdivisão de um segundo tecido. Nesse caso, o mesoderma induz uma parte do ectoderma a se tornar a placa neural, e, finalmente, o sistema nervoso, enquanto o restante segue o destino de tornar-se epitélio e, por fim, a pele. A nova justaposição poderia, em princípio, preparar o palco para uma cascata de induções e subdivisões subsequentes. De fato, será visto que agora se sabe que muitos aspectos da estruturação do tubo neural dependem de sinais secretados por centros organizadores locais via ações em princípio similares àquelas da região organizadora clássica.

A indução neural é mediada por fatores de crescimento peptídicos e seus inibidores

Por décadas após os estudos pioneiros de Spemann e Mangold, a identificação dos indutores neurais constituiu o

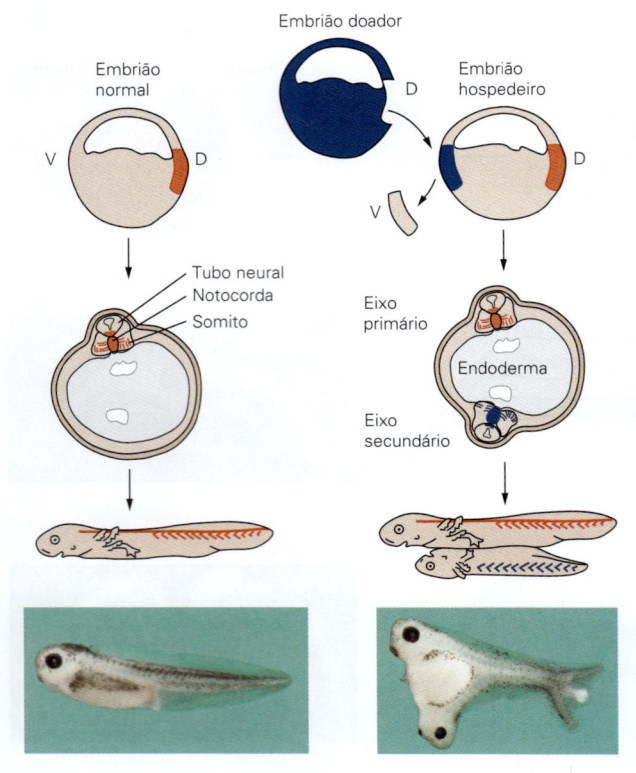

FIGURA 45-2 Sinais da região organizadora induzem um segundo tubo neural. (Micrografias reproduzidas, com autorização, de Eduardo de Robertis.)

À esquerda: No embrião normal de rã, células da região organizadora (no lábio dorsal do blastóporo) povoam a notocorda, o assoalho da placa e os somitos. *À direita:* Spemann e Mangold transplantaram o lábio dorsal do blastóporo de um embrião em estágio inicial de gástrula para uma região de um embrião hospedeiro, a qual normalmente origina a epiderme ventral. Sinais das células transplantadas induzem um segundo eixo embrionário, que inclui um tubo neural praticamente completo. O tecido do doador é de um embrião pigmentado, enquanto o tecido do hospedeiro não é pigmentado, permitindo o monitoramento do destino das células transplantadas por sua pigmentação. As células transplantadas contribuem, elas próprias, apenas para a notocorda, o assoalho da placa e os somitos do embrião hospedeiro. À medida que o embrião amadurece, o tubo neural secundário se desenvolve em um sistema nervoso completo. No embrião de *Xenopus* mostrado na micrografia, o segundo eixo neural foi induzido pela injeção de um antagonista de proteína morfogenética do osso (BMP), que substituiu efetivamente o sinal organizador (**Figura 45-3**). O eixo neural primário também aparece. (Siglas: D, dorsal; V, ventral.)

Santo Graal da biologia do desenvolvimento. Essa busca foi marcada por pouco sucesso até a década de 1980, quando o advento da biologia molecular e a disponibilidade de melhores marcadores de tecido neural no início do desenvolvimento levaram a importantes avanços na compreensão da indução neural e de seus mediadores químicos.

O primeiro avanço veio de um achado simples: quando o ectoderma inicial é dissociado em células isoladas de modo a impedir efetivamente a sinalização célula-célula, as células facilmente adquirem propriedades neurais, na ausência de outros fatores adicionados (**Figura 45-3A**). A surpreendente implicação desse achado é que o destino "padrão" das células ectodérmicas é a diferenciação neural, e que esse destino é impedido por sinais entre células ectodérmicas. Nesse modelo, o tão buscado "indutor" é, na verdade, um "desrepressor": ele impede que o ectoderma reprima o destino neural.

Essas ideias imediatamente levantaram duas outras questões. Qual sinal ectodérmico reprime a diferenciação neural, e o que é fornecido pelo tecido organizador para sobrepujar os efeitos do repressor? Estudos da indução neural em rãs e pintos trouxeram respostas a essas questões.

Na ausência de sinais do organizador, células ectodérmicas sintetizam e secretam *proteínas morfogenéticas do osso* (BMPs, de *bone morphogenetic proteins*), membros de uma grande família de proteínas relacionadas ao fator de crescimento transformador β (TGFβ, de *transforming growth factor β*). As BMPs atuam por meio de receptores da classe da serina/treonina-cinase nas células ectodérmicas, suprimindo o potencial para a diferenciação neural e promovendo a diferenciação epidérmica (**Figura 43-3B**). Uma evidência-chave para o papel das BMPs como repressoras neurais veio de experimentos nos quais se descobriu que uma versão truncada de um receptor de BMP, que bloqueia a sinalização de BMPs, dispara a diferenciação de tecido neural no embrião da rã *Xenopus*. Por sua vez, a exposição de células ectodérmicas à sinalização de BMPs promove a diferenciação em células epidérmicas (**Figura 45-3C**).

A identificação das BMPs como supressoras da diferenciação neuronal, por sua vez, sugeriu que o organizador poderia induzir a diferenciação neural em células ectodérmicas secretando fatores que antagonizam a sinalização de BMPs. Apoio direto a essa ideia veio do achado de que células da região organizadora expressam muitas proteínas secretadas que atuam como antagonistas de BMP. Essas proteínas incluem noguina, cordina, folistatina e mesmo algumas variantes de proteínas BMP. Cada uma dessas proteínas tem a capacidade de induzir células ectodérmicas a se diferenciarem em tecido neural (**Figura 45-3B**). Assim, não há um indutor neural único. De fato, múltiplas classes de proteínas são necessárias para a indução, como demonstrado por um achado posterior, de que a exposição de células ectodérmicas a fatores de crescimento de fibroblastos (FGFs, de *fibroblast growth factors*) também é um passo necessário na diferenciação neural.

Juntos, esses estudos fornecem uma explicação molecular para o fenômeno celular da indução neural. Embora muitos detalhes da via ainda não tenham sido esclarecidos e algumas diferenças de mecanismos entre espécies continuem desconcertantes, um capítulo-chave do desenvolvimento neural chegou a uma conclusão satisfatória quase um século após a descoberta do organizador por Spemann e Mangold.

A estruturação rostrocaudal do tubo neural envolve gradientes de sinalização e centros organizadores secundários

Tão logo células da placa neural tenham sido induzidas, elas começam a adquirir características regionais, que

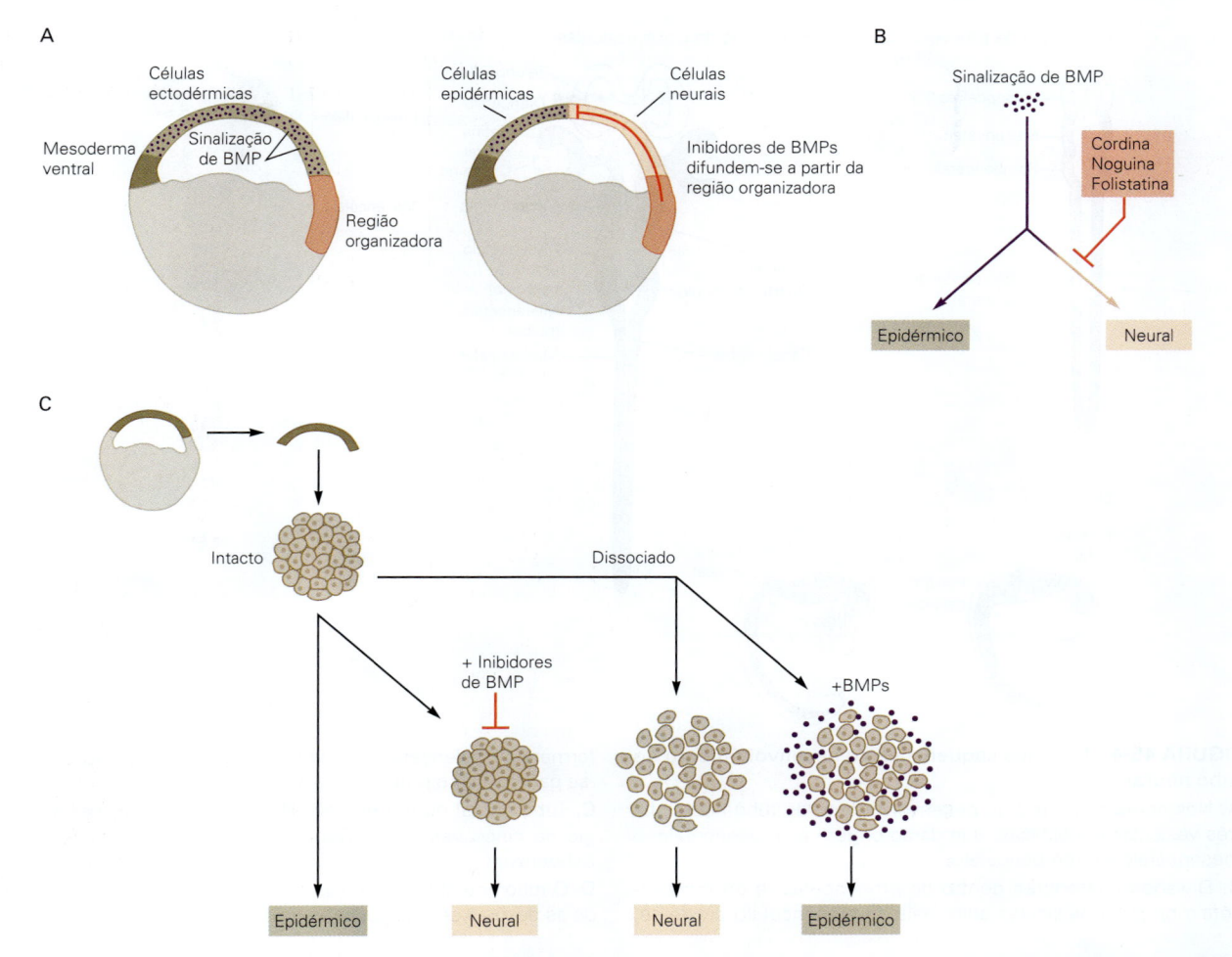

FIGURA 45-3 A inibição da sinalização da proteína morfogenética do osso (BMP) inicia a indução neural.

A. Em embriões de rã *Xenopus*, sinais da região organizadora (linha vermelha) difundem-se através do ectoderma para induzir o tecido neural. O tecido ectodérmico que está além do alcance dos sinais organizadores origina a epiderme.

B. Inibidores de BMP secretados pela região organizadora (incluindo noguina, folistatina e cordina) ligam-se às BMPs e bloqueiam a capacidade das células ectodérmicas de adquirir um destino epidérmico, promovendo, assim, seu caráter neural.

C. Células ectodérmicas adquirem caráter neural ou epidérmico dependendo da presença ou da ausência de sinalização de BMPs. Quando agregados de células ectodérmicas são expostos à sinalização de BMPs, eles se diferenciam em tecido epidérmico. Quando a sinalização de BMPs é bloqueada, seja pela dissociação do tecido ectodérmico em células isoladas ou pela adição de inibidores de BMPs aos agregados de células ectodérmicas, as células se diferenciam em tecido neural.

marcam as primeiras etapas da divisão do sistema nervoso, em regiões como o prosencéfalo, o mesencéfalo, o rombencéfalo e a medula espinal. A subdivisão é dirigida por uma série de fatores indutores secretados e segue os mesmos princípios básicos da indução neural. Células da placa neural em diferentes regiões do tubo neural respondem a esses sinais indutores expressando diferentes fatores de transcrição, que gradualmente restringem o potencial de desenvolvimento das células em cada domínio local. Desse modo, neurônios em diferentes posições adquirem diferenças funcionais. A sinalização ocorre nos eixos rostrocaudal e dorsoventral do tubo neural. A descrição iniciará com a organização rostrocaudal, seguida da organização dorsoventral.

O tubo neural divide-se em regiões no início do desenvolvimento

Após a formação do tubo neural, as células se dividem rapidamente, mas as taxas de proliferação não são uniformes. Regiões individuais do epitélio neural expandem-se em velocidades diferentes e iniciam a formação das várias regiões especializadas do sistema nervoso central maduro. Diferenças na velocidade de proliferação celular nas regiões rostrais do tubo neural resultam na formação de três vesículas encefálicas: o prosencéfalo (ou vesícula prosencefálica), o mesencéfalo (ou vesícula mesencefálica) e o rombencéfalo (ou vesícula rombencefálica) (**Figura 45-4A**).

Nesse estágio inicial de três vesículas, o tubo neural curva-se duas vezes: uma vez na *flexura cervical*, na junção

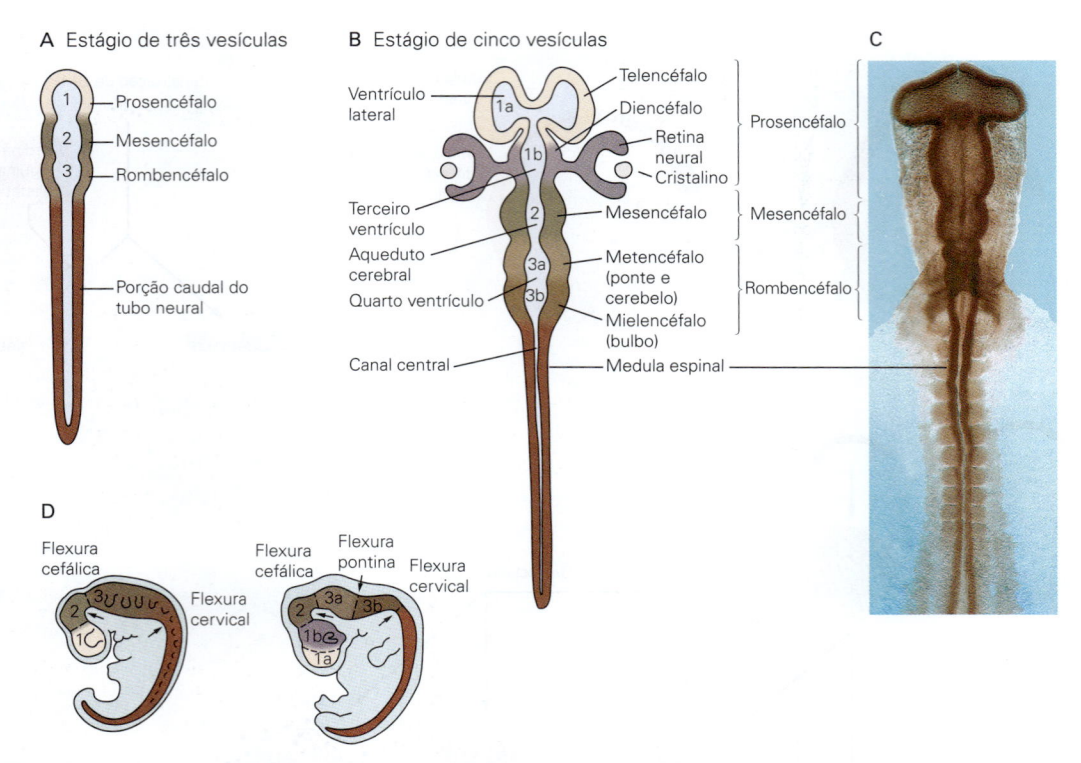

FIGURA 45-4 Estágios sequenciais no desenvolvimento do tubo neural.

A. Nos estágios iniciais do desenvolvimento do tubo neural, há três vesículas encefálicas, que darão origem ao prosencéfalo, o mesencéfalo e o rombencéfalo.

B. Divisões posteriores dentro do prosencéfalo e do rombencéfalo originam vesículas adicionais. O prosencéfalo divide-se, formando o telencéfalo e o diencéfalo, e o rombencéfalo divide-se para formar o metencéfalo e o mielencéfalo.

C. Tubo neural de um embrião de pinto visto de cima, no estágio de cinco vesículas. (Reproduzida, com autorização, de G. Schoenwolf.)

D. O tubo neural dobra-se nas bordas entre as vesículas, formando as flexuras cefálica, pontina e cervical.

---

da medula espinal com o rombencéfalo, e uma vez na *flexura cefálica*, na junção do rombencéfalo com o mesencéfalo. Uma terceira flexura, a *flexura pontina*, forma-se mais tarde; posteriormente, a flexura cervical se endireita e se torna indistinguível (**Figura 45-4D**). A flexura cefálica continua proeminente durante todo o desenvolvimento, e sua persistência é a razão pela qual a orientação do eixo longitudinal do prosencéfalo se desvia daquela do tronco encefálico e da medula espinal.

À medida que o tubo neural se desenvolve, duas das vesículas embrionárias primárias se dividem, formando assim cinco vesículas (**Figura 45-4B, C**). A vesícula prosencefálica divide-se formando o telencéfalo, que originará o córtex, o hipocampo e os núcleos da base, e o diencéfalo, que originará o tálamo, o hipotálamo e a retina. O mesencéfalo, que não se divide mais, originará os colículos superiores e inferiores e outras estruturas mesencefálicas. A vesícula rombencefálica divide-se para formar o metencéfalo, que originará a ponte e o cerebelo, e o mielencéfalo, que originará o bulbo. Com a medula espinal, essas divisões constituem as principais regiões funcionais do sistema nervoso central maduro (ver Capítulo 4). As progressivas subdivisões do tubo neural, que geram esses domínios funcionais, são reguladas por uma variedade de sinais secretados.

Sinais do mesoderma e do endoderma definem a organização rostrocaudal da placa neural

No início, se acreditava que o organizador, como definido por Spemann e Mangold, era de caráter uniforme, induzindo assim uma placa neural inicialmente uniforme. Estudos posteriores, contudo, mostraram que o organizador é regionalmente especializado e secreta fatores que iniciam a organização rostrocaudal da placa neural quase tão logo inicie a indução. Uma classe importante de fatores compreende as proteínas Wnt (um acrônimo com base nos membros fundadores da família, a proteína *Wingless* da *Drosophila* e a proteína proto-oncogene Int-1, dos mamíferos). Outros fatores incluem o ácido retinoico e os FGFs. Eles são produzidos por células mesodérmicas do organizador, assim como pelo mesoderma paraxial próximo.

O nível líquido de atividade sinalizadora de Wnt é baixo nos níveis rostrais da placa neural e aumenta progressivamente no sentido caudal. Esse gradiente de atividade surge porque o mesoderma adjacente à região caudal da placa neural expressa altos níveis de Wnt. Tornando mais agudo esse gradiente, o tecido sob a região rostral da placa neural é uma fonte de proteínas secretadas que inibem a sinalização Wnt, do mesmo modo que inibidores de BMP atenuam a sinalização das BMPs em um estágio anterior. Assim, células em posições progressivamente mais caudais, ao longo da placa neural, são expostas a níveis crescentes de atividade de Wnt e adquirem um caráter regional mais caudal, abrangendo desde o prosencéfalo até o mesencéfalo, o rombencéfalo e, finalmente, a medula espinal (Figura 45-5A). Esses resultados sugerem que um caráter anterior seja o estado "padrão" para o tecido neural, com sinais como o Wnt impondo um caráter posterior. De fato, quando células do ectoderma são induzidas a se tornarem células neurais pela aplicação de inibidores de BMP, elas se diferenciam em células características de estruturas anteriores.

Sinais dos centros organizadores dentro do tubo neural estruturam o prosencéfalo, o mesencéfalo e o rombencéfalo

A influência inicial dos tecidos mesodérmico e endodérmico sobre o padrão neural rostrocaudal é posteriormente refinada por sinais de grupos de células especializadas no próprio tubo neural. Um grupo, em especial, que tem sido estudado em detalhes, é chamado *organizador ístmico* e forma-se nos limites entre o rombencéfalo e o mesencéfalo (Figura 45-5B). O organizador ístmico tem um papel-chave na estruturação desses dois domínios do tubo neural, assim como na especificação dos tipos neuronais dentro deles. Neurônios dopaminérgicos da substância negra e da área tegmentar ventral são gerados no mesencéfalo, em posição imediatamente rostral ao organizador ístmico, enquanto neurônios serotoninérgicos dos núcleos da rafe são gerados em posição imediatamente caudal ao organizador ístmico, dentro do rombencéfalo. Para ilustrar como esses centros sinalizadores neurais secundários impõem um padrão neural, serão descritas as origens e as atividades sinalizadoras do organizador ístmico.

O caráter relativo às posições rostrocaudais da placa neural provém da expressão de fatores de transcrição contendo homeodomínio, o homeodomínio sendo uma região da proteína que se liga a uma sequência específica de DNA em regiões regulatórias de genes, levando a alterações na transcrição gênica. Células nos domínios prosencéfalo e mesencéfalo da placa neural expressam Otx2, enquanto células no domínio rombencéfalo expressam Gbx2, ambos fatores de transcrição contendo homeodomínios. O ponto de transição entre as expressões de Otx2 e de Gbx2 está localizado na borda entre o mesencéfalo e o rombencéfalo (Figura 45-5B) e marca a posição onde irá emergir o organizador ístmico após o fechamento do tubo neural. Nessa borda, outros fatores de transcrição são expressos, em especial o En1 (um fator de transcrição da classe *Engrailed*).

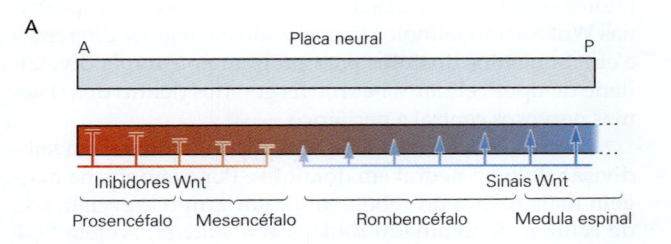

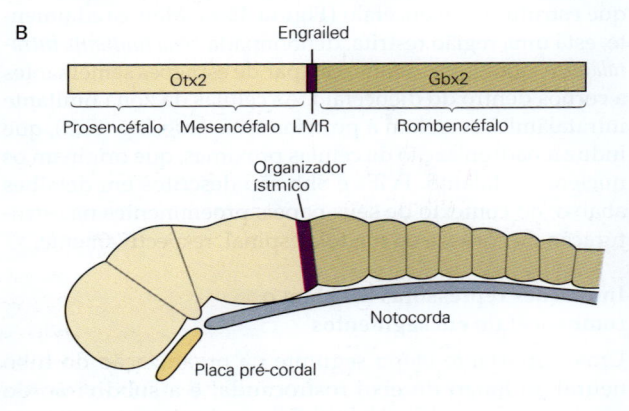

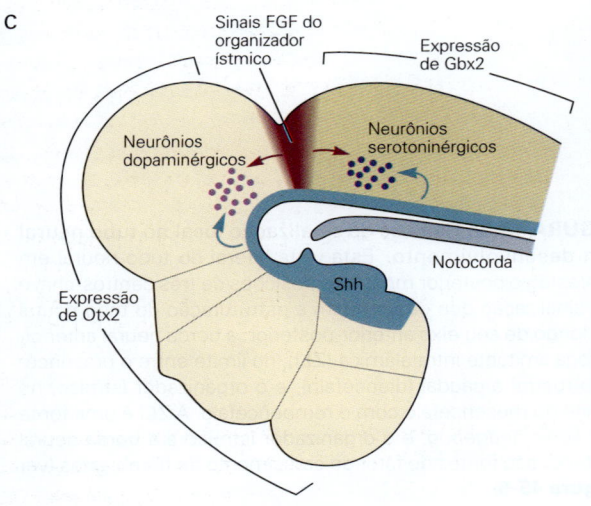

FIGURA 45-5 Sinais iniciais de estruturação anteroposterior estabelecem domínios distintos de fatores de transcrição e definem a posição da região do limite entre mesencéfalo e rombencéfalo.

A. O padrão anteroposterior da placa neural é estabelecido pela exposição das células neurais a um gradiente de sinais de Wnt. Regiões anteriores (**A**) da placa neural são expostas a inibidores de Wnt secretados pelo endoderma e, assim, percebem apenas níveis baixos de atividade de Wnt. Regiões progressivamente mais posteriores (**P**) da placa neural são expostas a altos níveis de sinalização de Wnt a partir do mesoderma paraxial e a baixos níveis de inibidores de Wnt.

B. Em resposta a esse gradiente de sinalização de Wnt e a outros sinais, células nas regiões anteriores e posteriores da placa neural começam a expressar diferentes fatores de transcrição: Otx2 nos níveis anteriores e Gbx2 nos níveis mais posteriores. A intersecção desses dois domínios de fatores de transcrição marca a região do limite entre mesencéfalo e rombencéfalo (**LMR**), onde são expressos fatores de transcrição *Engrailed*. O tubo neural forma então os segmentos anterior e posterior ao LMR.

C. Sinais do fator de crescimento de fibroblastos (**FGF**) do organizador ístmico atuam em conjunto com sinais de *sonic hedgehog* (**Shh**) da linha média ventral para especificar a identidade e a posição de neurônios dopaminérgicos e serotoninérgicos. Os destinos distintos dessas duas classes de neurônios resultam da expressão de Otx2 no mesencéfalo e de Gbx2 no rombencéfalo.

(Adaptada, com autorização, de Wurst e Bally-Cuif, 2001. Copyright © 2001 Springer Nature.)

Esses fatores de transcrição, por sua vez, controlam a expressão de dois fatores sinalizadores, Wnt1 e FGF8, pelas células do organizador ístmico. O Wnt1 está envolvido na proliferação celular no domínio mesencéfalo-rombencéfalo e na manutenção da expressão de FGF8. A difusão de FGF8 do organizador ístmico para o domínio mesencéfalo, marcado pela expressão de Otx2, induz a diferenciação de neurônios dopaminérgicos, enquanto sua difusão para o domínio rombencéfalo, marcado pela expressão de Gbx2, dispara a diferenciação de neurônios serotoninérgicos (**Figura 45-5C**).

Os papéis de FGF8 e Wnt1 na sinalização pelo *organizador ístmico* ilustram uma economia importante na estruturação neural inicial. As primeiras ações dos sinais indutores impõem domínios delimitados de expressão de fatores de transcrição, e tais domínios transcricionais permitem que as células interpretem as ações do mesmo fator secretado de diferentes formas, produzindo diferentes subtipos neuronais. Desse modo, um número relativamente pequeno de fatores secretados – FGFs, BMPs, proteínas *hedgehog*, proteínas Wnt e ácido retinoico – é utilizado em regiões diferentes e em momentos distintos para programar a ampla diversidade de tipos celulares neuronais gerados dentro dos sistemas nervosos central e periférico.

Outros grupos celulares têm papéis similares na subdivisão do tubo neural em domínios. Por exemplo, na margem mais rostral do tubo neural, um grupo especializado de células, denominado *borda neural anterior*, secreta FGF que estrutura o telencéfalo (**Figura 45-6**). Mais caudalmente, está uma região restrita, denominada *zona limitante intratalâmica*, que aparece como um par de espigões semelhantes a cornos dentro do diencéfalo. As células da zona limitante intratalâmica secretam a proteína *sonic hedgehog* (Shh), que induz a padronização de células próximas, que originam os núcleos do tálamo. FGFs e Shh são descritos em detalhes abaixo, no contexto de seus papéis proeminentes na estruturação do córtex e da medula espinal, respectivamente.

Interações repressoras dividem o rombencéfalo em segmentos

Uma importante etapa seguinte na organização do tubo neural ao longo do eixo rostrocaudal é a subdivisão do prosencéfalo e do rombencéfalo em segmentos, unidades compartimentadas arranjadas ao longo do eixo rostrocaudal. Essas unidades são denominadas *prosômeros* no prosencéfalo e *rombômeros* no rombencéfalo.

A fim de ilustrar os mecanismos que levam à segmentação (**Figura 45-7**), serão ilustradas as formações dos rombômeros 3 e 4 (de um total de 7). Um gradiente morfogênico inicial leva à expressão de dois diferentes fatores de transcrição nessa região – *krox20*, na porção que se tornará o rombômero 3, conferindo a essas células uma identidade de rombômero 3, e *hoxb1*, na porção que se tornará o rombômero 4, conferindo a essas células uma identidade de rombômero 4. Células próximas à borda expressam ambos os fatores e assim apresentam uma identidade incerta. Esses dois fatores, contudo, inibem a expressão um do outro, de modo que ao final a identidade de cada célula é fixada.

O problema é que algumas células ficam presas no rombômero errado. Esse problema é retificado de várias maneiras, uma delas sendo uma segunda interação inibitória, esta de um tipo notavelmente diferente. Krox20 e Hoxb1 induzem a expressão de moléculas de superfície celular de reconhecimento e de sinalização chamadas EphA4 e ephrinB3, respectivamente. Essas duas proteínas ligam-se uma à outra, levando à transmissão de um sinal de repulsão que separa as células. Será visto adiante que essa repulsão é também importante para decisões posteriores feitas pelos axônios na medida em que crescem em direção a seus alvos. No rombencéfalo, antes da formação dos neurônios, ela torna mais agudas as bordas entre os rombômeros. De maneira mais ampla, a segregação dos rombômeros fornece outro exemplo de um tema geral no desenvolvimento neural: interações indutoras ou adesivas se combinam com interações repressivas ou inibitórias para estruturar o sistema nervoso.

A estruturação dorsoventral do tubo neural envolve mecanismos semelhantes em diferentes níveis rostrocaudais

Tão logo o epitélio neural assume seu caráter rostrocaudal, células localizadas em diferentes posições ao longo do eixo dorsoventral começam a adquirir identidades distintas.

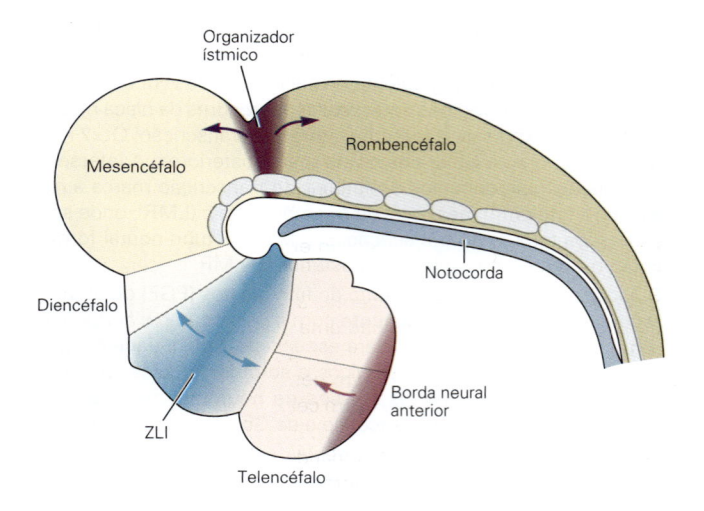

FIGURA 45-6 Centros de sinalização local no tubo neural em desenvolvimento. Esta vista lateral do tubo neural em um estágio posterior mostra as posições de três centros-chave de sinalização que determinam a estruturação do tubo neural ao longo de seu eixo anterior-posterior: a borda neural anterior, a zona limitante intratalâmica (**ZLI**), no limite entre o prosencéfalo rostral e caudal (diencéfalo), e o organizador ístmico, no limite do mesencéfalo com o rombencéfalo. A ZLI é uma fonte de *sonic hedgehog*, e o organizador ístmico e a borda neural anterior são fontes do fator de crescimento de fibroblastos (ver **Figura 45-5**).

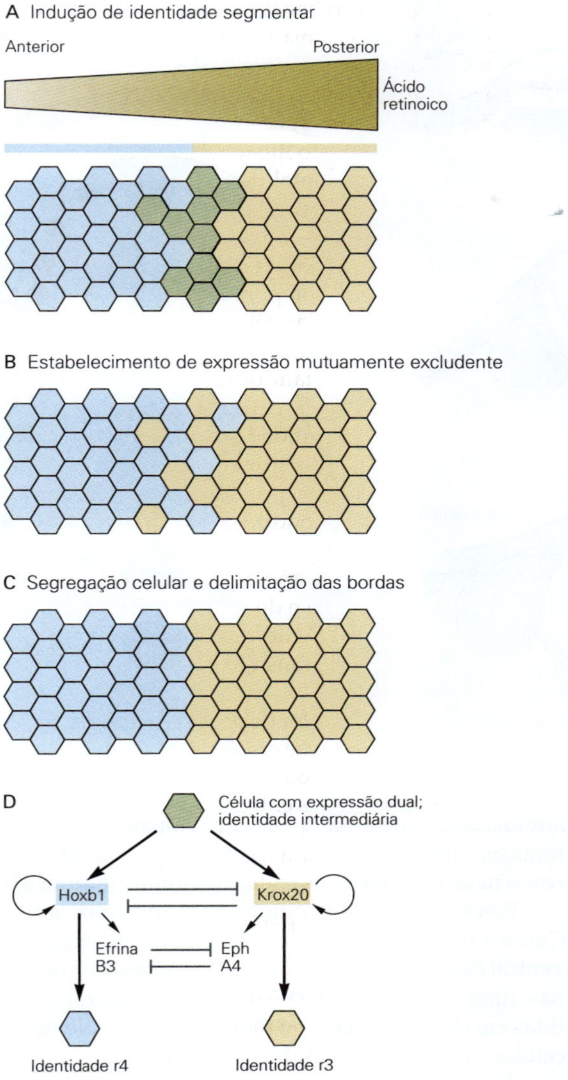

Juntas, as estruturações ao longo dos eixos rostrocaudal e dorsoventral dividem o tubo neural em uma grade tridimensional de tipos celulares com diferentes identidades moleculares, levando por fim à geração dos vários tipos celulares neuronais e gliais que distinguem as partes do sistema nervoso.

Em contrapartida à diversidade de sinais e centros organizadores responsáveis pela estruturação rostrocaudal dos neurônios em desenvolvimento, há uma consistência notável nas estratégias e nos princípios que estabelecem o padrão dorsoventral. O foco inicialmente serão os mecanismos da estruturação dorsoventral nos níveis caudais do tubo neural, que originam a medula espinal, a seguir, será descrito como estratégias similares são utilizadas para a estruturação do prosencéfalo.

Neurônios na medula espinal têm duas funções principais. Eles retransmitem sinais sensoriais cutâneos para centros superiores no encéfalo e transformam sinais de entrada sensoriais em sinais de saída motores. Os circuitos neuronais que mediam essas funções estão anatomicamente segregados. Os circuitos envolvidos no processamento da informação sensorial cutânea estão localizados na metade dorsal da medula espinal, enquanto aqueles envolvidos no controle de sinais de saída motores estão localizados principalmente na metade ventral da medula espinal.

Os neurônios que formam esses circuitos são gerados em diferentes posições ao longo do eixo dorsoventral da medula espinal, em um processo de estruturação que inicia com o estabelecimento de tipos distintos de células progenitoras. Neurônios motores são gerados em local próximo à linha média ventral, e a maioria das classes de interneurônios que controlam os sinais de saída motores é gerada em local imediatamente dorsal à posição onde aparecem os neurônios motores (**Figura 45-8**). A metade dorsal do tubo neural gera neurônios de projeção e interneurônios de circuitos locais que processam a informação sensorial que ali chega.

Como são estabelecidas as posições e a identidade dos neurônios espinais? A estruturação dorsoventral do tubo neural é iniciada por sinais de células mesodérmicas e ectodérmicas que se situam próximas aos polos ventral e dorsal do tubo neural e é perpetuada por sinais de dois centros organizadores neurais da linha média. Sinais para a estruturação ventral são fornecidos inicialmente pela notocorda, um grupo de células mesodérmicas que se situa imediatamente sob o tubo neural ventral (**Figura 45-1**). Essa atividade de sinalização é transferida para o assoalho da placa, um grupo de células gliais especializadas que se situa na linha média ventral do próprio tubo neural. De modo similar, a sinalização dorsal é fornecida inicialmente por células do ectoderma epidérmico, que abarca a linha média dorsal do tubo neural, e, após, pelo teto da placa, um grupo de células gliais embutido na linha média dorsal do tubo neural (**Figura 45-8**).

Desse modo, a estruturação neural é iniciada por um processo de indução *homogenética*, no qual semelhante gera semelhante: sinais da notocorda induzem o assoalho da placa, que induz neurônios ventrais, e sinais do ectoderma induzem o teto da placa, que induz neurônios dorsais. Essa estratégia assegura que sinais indutores estejam posicionados de modo apropriado para controlar o destino das

FIGURA 45-7 Interações repressoras dividem o rombencéfalo em rombômeros. A borda bem delimitada entre os rombômeros 3 e 4 do rombencéfalo se forma em diversas etapas. (Adaptada, com autorização, de Addison e Wilkinson 2016. Copyright © 2016 Elsevier Inc.)

A. Um gradiente de ácido retinoico aumenta a expressão de *hoxb1* em células anteriores (**azul**) e de *krox20* em células posteriores (**amarelo**), com algumas células na futura borda expressando ambos os genes (**verde**).

B. As expressões de Hoxb1 e de Krox20 tornam-se mutuamente excludentes, conferindo a cada célula uma identidade molecular única.

C. Células aprisionadas no domínio errado migram para tornar a borda mais aguda.

D. Interações inibitórias subjacentes à formação da borda. Hoxb1 e Krox20 reprimem a expressão uma da outra em células individuais, de modo que um pequeno desequilíbrio em seus níveis leva à expressão exclusiva de um desses fatores. Krox20 então aumenta a expressão de EphA4 em células r3, enquanto a expressão de efrinaB3 é aumentada em células r4. EphA4 e efrinaB3 repelem-se uma a outra, impulsionando a migração de células isoladas e tornando mais aguda a borda do segmento.

FIGURA 45-8 Populações precursoras distintas se formam ao longo do eixo dorsoventral da medula espinal em desenvolvimento.

A. A placa neural é gerada a partir de células do ectoderma situadas sobre a notocorda (**N**) e os futuros somitos (**S**). Ela é flanqueada por ectoderma epidérmico. (Ver também **Figura 45-1**.)

B. A placa neural dobra-se dorsalmente em sua linha média para formar pregas neurais. Células do assoalho da placa (**azul**) se diferenciam na linha média ventral do tubo neural.

C. O tubo neural forma-se por fusão das porções mais dorsais das pregas neurais. Células do teto da placa se formam na linha medial dorsal do tubo neural. Células das cristas neurais migram do tubo neural para dentro dos somitos e para além deles, antes de povoarem gânglios sensoriais e simpáticos.

D. Classes distintas de neurônios são geradas em diferentes posições dorsoventrais na medula espinal embrionária. Interneurônios ventrais (**V0** a **V3**) e neurônios motores (**NM**) diferenciam-se a partir de domínios progenitores na medula espinal ventral. Seis classes de interneurônios dorsais iniciais (**D1** a **D6**) se desenvolvem na metade dorsal da medula espinal. (Adaptada de Goulding et al., 2002.)

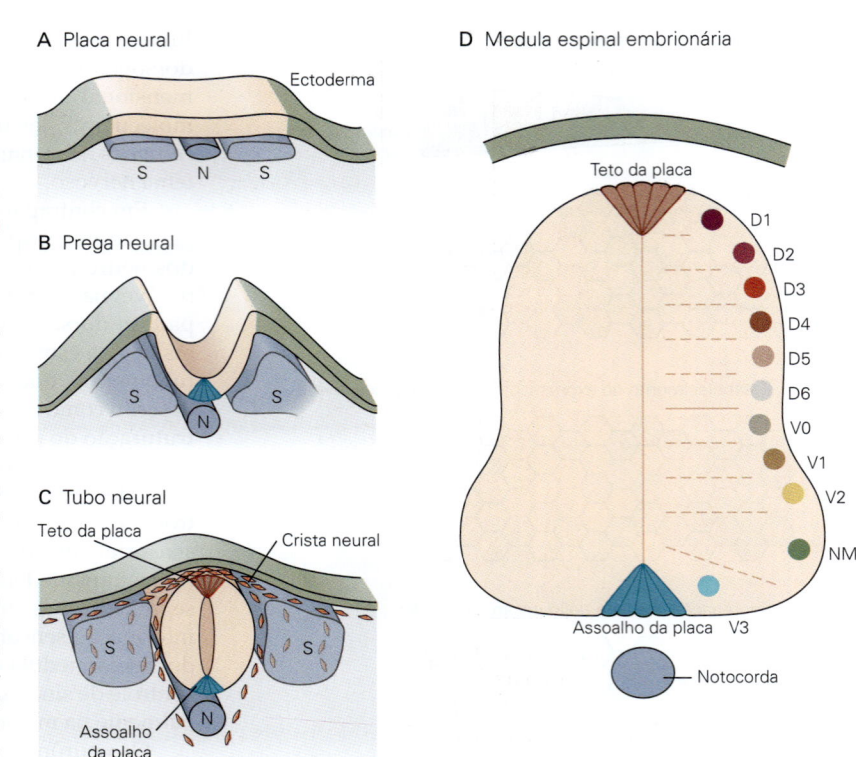

células neurais e a estruturação ao longo de um período prolongado do desenvolvimento, à medida que os tecidos crescem e as células se movem.

O tubo neural ventral é estruturado pela proteína Sonic Hedgehog, secretada pela notocorda e pelo assoalho da placa

Dentro da metade ventral do tubo neural, a identidade e a posição dos neurônios motores e dos interneurônios locais em desenvolvimento dependem da atividade indutora da proteína Shh, que é secretada pela notocorda e, subsequentemente, pelo assoalho da placa. A Shh é membro de uma família de proteínas secretadas relacionadas à proteína *hedgehog*, da *Drosophila*, que fora descoberta anteriormente, tendo-se demonstrado que controla muitos aspectos do desenvolvimento embrionário.

A sinalização de Shh é necessária para a indução de cada uma das classes neuronais geradas na metade ventral da medula espinal. Como pode um único sinal indutor especificar o destino de pelo menos meia dúzia de classes neuronais? A resposta está na capacidade de Shh de atuar como um morfógeno – um sinal que pode direcionar destinos celulares diferentes em limiares de concentração distintos. A secreção de Shh a partir da notocorda e do assoalho da placa estabelece um gradiente de atividade da proteína Shh da porção ventral para a dorsal no tubo neural ventral, de modo que células progenitoras que ocupam diferentes posições dorsoventrais dentro do epitélio neural são expostas a pequenas (duas a três vezes) diferenças na atividade sinalizadora de Shh no ambiente. Diferentes níveis de atividade sinalizadora de Shh direcionam células progenitoras em domínios ventrais distintos para a diferenciação, como neurônios motores e interneurônios (**Figura 45-9A**).

Esses achados levantam duas questões adicionais. Como a difusão da proteína Shh dentro do epitélio neural ventral é controlada de maneira tão precisa? E como pequenas diferenças na atividade sinalizadora de Shh são convertidas em decisões "tudo ou nada" acerca da identidade das células progenitoras no tubo neural ventral?

A proteína Shh ativa é sintetizada a partir de uma proteína precursora maior, que é clivada via um processo autocatalítico incomum, que envolve uma atividade do tipo serina protease residente na extremidade carboxila da proteína precursora. A clivagem gera um fragmento proteico aminoterminal que possui toda a atividade sinalizadora de Shh. Durante a clivagem, o fragmento aminoterminal ativo é modificado covalentemente pela adição de uma molécula de colesterol. Após a secreção de Shh, essa âncora lipofílica "amarra" a maior parte dessa proteína à superfície das células da notocorda e do assoalho da placa. Ainda assim, uma pequena fração da proteína ancorada é liberada da superfície celular e transferida de célula a célula, dentro do epitélio neural ventral. Na realidade, a maquinaria molecular que assegura a formação de um gradiente de longa distância de proteína Shh extracelular é mais complexa, envolvendo proteínas transmembrana especializadas, que promovem a liberação de Shh do assoalho da placa, assim como proteínas que regulam a transferência da proteína Shh entre células.

Como o gradiente da proteína Shh dentro do tubo neural ventral induz as células progenitoras a tomarem vias de

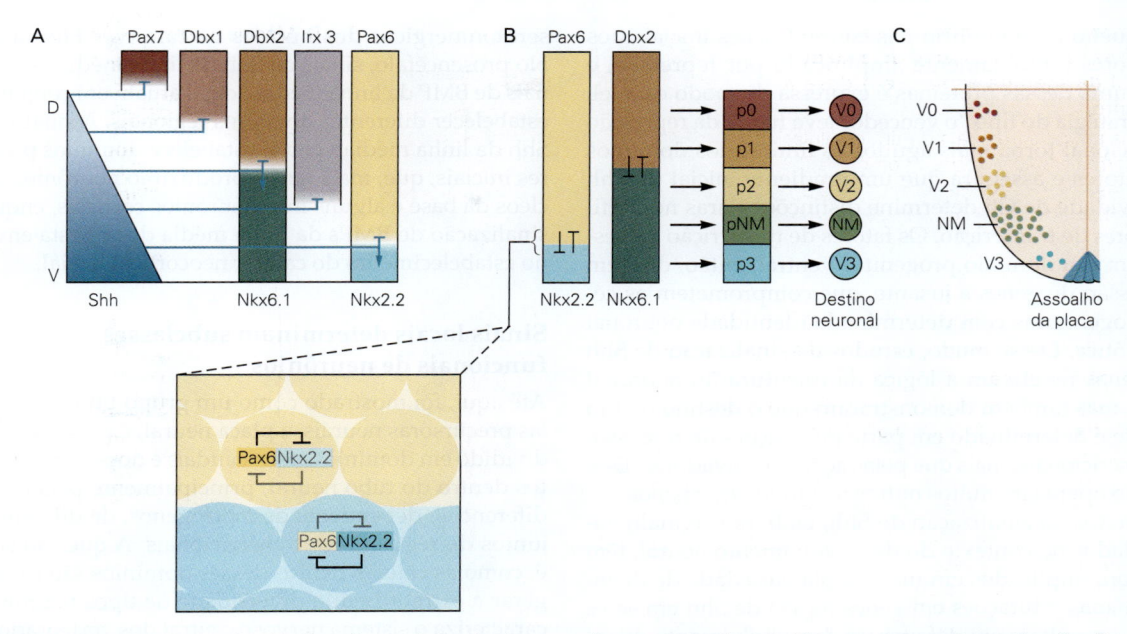

FIGURA 45-9 Um gradiente de sinalização sonic hedgehog controla a identidade e o padrão neuronal na medula espinal ventral.
A. Um gradiente de sinalização sonic hedgehog (**Shh**) no sentido ventral-dorsal (**V-D**) estabelece domínios dorsoventrais de expressão de proteínas contendo homeodomínios nas células progenitoras dentro da metade ventral do tubo neural. Em cada concentração, um fator de transcrição distinto contendo um homeodomínio (Pax7, Dbx1, Dbx2, Irx3 ou Pax6) é reprimido, sendo Pax7 o mais sensível e Pax6 o menos sensível à repressão. Outros fatores de transcrição contendo homeodomínios (Nkx6.1 e Nkx2.2) são induzidos em diferentes níveis de Shh. As proteínas contendo homeodomínios que estão contidas nos limites de domínio de um progenitor comum apresentam limiares semelhantes de concentrações de Shh para repressão e ativação. O gradiente de sinalização de Shh gera um gradiente correspondente de atividade do fator de transcrição Gli (não mostrado).
B. Repressão cruzada entre fatores de transcrição induzidos ou reprimidos pela sinalização Shh/Gli especifica diferentes classes neuronais. Por exemplo, Pax6 e Nkx2.2, Dbx2 e Nkx6.1 atuam de forma autônoma na célula, para reprimir a expressão um do outro (inserto), conferindo identidade celular às células progenitoras de modo não ambíguo. A influência sequencial da graduação da sinalização de Shh e Gli, junto à repressão transcricional cruzada dos homeodomínios, estabelece cinco domínios progenitores principais.
C. Os neurônios pós-mitóticos que emergem desses domínios originam as cinco principais classes de neurônios ventrais: os interneurônios V0 a V3 e os neurônios motores (**NM**).

diferenciação distintas? A sinalização de Shh é iniciada por sua interação com um receptor transmembrana complexo, que consiste em uma subunidade de ligação à Shh denominada *patched* e uma subunidade de transdução de sinal denominada *smoothened* (designadas a partir dos genes correspondentes na *Drosophila*). A ligação de Shh à subunidade *patched* diminui sua inibição sobre a *smoothened* e, assim, ativa uma via de sinalização intracelular que envolve diversas proteínas-cinases, proteínas de transporte e, mais importante, proteínas Gli, uma classe de fatores de transcrição contendo dedos de zinco.

Na ausência de Shh, as proteínas Gli são proteoliticamente processadas em repressores transcricionais que impedem a ativação de genes-alvo de Shh. A ativação da via de sinalização de Shh inibe esse processamento proteolítico, de maneira que predominam formas de Gli que são ativadores transcricionais, promovendo, assim, a expressão de genes-alvo de Shh. Desse modo, um gradiente extracelular da proteína Shh é convertido em um gradiente nuclear de proteínas Gli ativadoras. A razão entre proteínas Gli repressoras e Gli ativadoras em diferentes posições dorsoventrais determina quais genes-alvo são ativados.

Quais genes são ativados pela sinalização de Shh-Gli e como eles participam na especificação dos subtipos neuronais ventrais? Os principais alvos da Gli são genes que codificam ainda outros fatores de transcrição. Uma importante classe de alvos da Gli codifica proteínas contendo homeodomínios, as quais são fatores de transcrição que contêm um motivo conservado de ligação ao DNA, denominado *homeobox*. Uma segunda e importante classe de genes-alvo codifica proteínas com um motivo de ligação ao DNA do tipo hélice-alça-hélice básico. Algumas proteínas contendo homeodomínios e domínios hélice-alça-hélice básicos são reprimidas e outras são ativadas pela sinalização de Shh, cada uma a um dado limiar de concentração. Desse modo, células no tubo neural ventral são alocadas a um dos cinco domínios progenitores principais, cada qual marcado por seu próprio perfil de fatores de transcrição (**Figura 45-9B,C**).

Os fatores de transcrição que definem os domínios de progenitores adjacentes reprimem a expressão uns dos outros. Assim, embora uma célula possa inicialmente expressar diversos fatores de transcrição que poderiam dirigir a célula ao longo de distintas vias de diferenciação, um pequeno desequilíbrio nas concentrações iniciais dos dois fatores é rapidamente amplificado por repressão, e apenas uma dessas proteínas é expressa de modo estável. Essa estratégia do tipo "o vencedor leva tudo" da repressão transcricional torna mais agudos os limites dos domínios progenitores e assegura que um gradiente inicial de Shh e de atividade de Gli determine distinções claras no perfil dos fatores de transcrição. Os fatores de transcrição que especificam um domínio progenitor ventral, então, dirigem a expressão de genes a jusante, que comprometem as células progenitoras com determinada identidade neuronal pós-mitótica. Desse modo, estudos da sinalização de Shh não apenas revelaram a lógica da estruturação neuronal ventral, mas também demonstraram que o destino de um neurônio é determinado em parte pelas ações de repressores transcricionais, mais que pelas ações de ativadores. Esse princípio opera em muitos outros tecidos e organismos.

Defeitos na sinalização de Shh, embora originalmente estudados no contexto do desenvolvimento neural, têm sido agora implicados em uma ampla variedade de doenças humanas. Mutações em genes da via de Shh em seres humanos resultam em defeitos no desenvolvimento de estruturas do prosencéfalo ventral (holoprosencefalia), assim como em defeitos neurológicos, como espinha bífida, deformidades dos membros e certos tipos de câncer.

Proteínas morfogenéticas do osso induzem a estruturação do tubo neural dorsal

Uma estratégia de sinalização com base em níveis graduados de morfógenos que ativam conjuntos de programas transcricionais também foi observada na determinação da estruturação de tipos celulares na medula espinal dorsal. A diferenciação das células do teto da placa na linha média dorsal do tubo neural é disparada por sinais de BMPs de células epidérmicas, que inicialmente estão na borda da placa neural e, mais tarde, flanqueiam o tubo neural dorsal.

Após o fechamento do tubo neural, as próprias células do teto da placa começam a expressar proteínas BMP e Wnt. As proteínas Wnt promovem a proliferação de células progenitoras no tubo neural dorsal. As proteínas BMP induzem a diferenciação de células da crista neural na margem mais dorsal do tubo neural e, posteriormente, a geração de diversas populações de neurônios de retransmissão sensorial que se estabelecem na medula espinal dorsal.

Os mecanismos de estruturação dorsoventral são conservados ao longo da extensão rostrocaudal do tubo neural

As estratégias utilizadas para estabelecer o padrão dorsoventral na medula espinal também controlam a identidade celular e o padrão ao longo do eixo dorsoventral do rombencéfalo e do mesencéfalo, assim como de boa parte do prosencéfalo.

Na região mesencefálica do tubo neural, os sinais de Shh do assoalho da placa atuam em concerto com os sinais de estruturação rostrocaudal discutidos anteriormente para especificar neurônios dopaminérgicos da substância negra e da área tegmentar ventral, assim como neurônios serotoninérgicos dos núcleos da rafe (ver **Figura 45-5C**). No prosencéfalo, sinais de Shh da linha média ventral e sinais de BMP da linha média dorsal atuam em conjunto para estabelecer diferentes domínios regionais. A sinalização de Shh da linha média ventral estabelece domínios progenitores iniciais, que, mais tarde, produzirão neurônios dos núcleos da base e alguns interneurônios corticais, enquanto a sinalização de BMPs da linha média dorsal está envolvida no estabelecimento do caráter neocortical inicial.

Sinais locais determinam subclasses funcionais de neurônios

Até aqui, foi mostrado como um grupo uniforme de células precursoras neurais, a placa neural, é progressivamente dividido em domínios rostrocaudais e dorsoventrais discretos dentro do tubo neural, principalmente pela expressão diferencial, dependente de morfógenos, de diferentes conjuntos de reguladores transcricionais. A questão seguinte é: como as células dentro desses domínios são capazes de gerar a extraordinária diversidade de tipos neuronais que caracteriza o sistema nervoso central dos vertebrados? Essa questão será abordada considerando-se o desenvolvimento do neurônio motor.

Neurônios motores podem ser distinguidos de todas as outras classes de neurônios no sistema nervoso central pelo simples fato de terem axônios que se estendem para a periferia. Sob esse ponto de vista, os neurônios motores representam uma classe coerente e distinta. Contudo, os tipos de neurônios motores podem ser distinguidos por sua posição dentro do sistema nervoso central, assim como pelas células-alvo que inervam. A função primária da maioria dos neurônios motores é a inervação de músculos esqueléticos, dos quais há cerca de 600 em um mamífero típico. Daí, se deduz que deva haver um número igual de tipos de neurônios motores.

Nesta seção, serão discutidos os mecanismos do desenvolvimento que dirigem a diferenciação dessas diferentes subclasses funcionais. Os detalhes do desenvolvimento dos neurônios motores também são importantes para a compreensão das bases das doenças neurológicas que afetam esses neurônios, incluindo a atrofia muscular espinal e a esclerose lateral amiotrófica (doença de Lou Gehrig). Em ambas as doenças, alguns tipos de neurônios motores são altamente vulneráveis, enquanto outros são relativamente resilientes. Princípios semelhantes impulsionam a diversificação de outras classes neuronais em tipos distintos.

A posição rostrocaudal é um importante determinante do subtipo de neurônio motor

Neurônios motores são gerados ao longo da maior parte do eixo rostrocaudal do tubo neural, do mesencéfalo até a medula espinal. Tipos distintos de neurônios motores se desenvolvem em cada nível rostrocaudal (**Figura 45-10**), sugerindo que um dos objetivos dos sinais de estruturação, que estabelecem a identidade de posição rostrocaudal dentro do tubo neural, seja tornar diferentes os neurônios motores.

Uma das principais classes de genes envolvidas na especificação dos tipos de neurônios motores é a família de

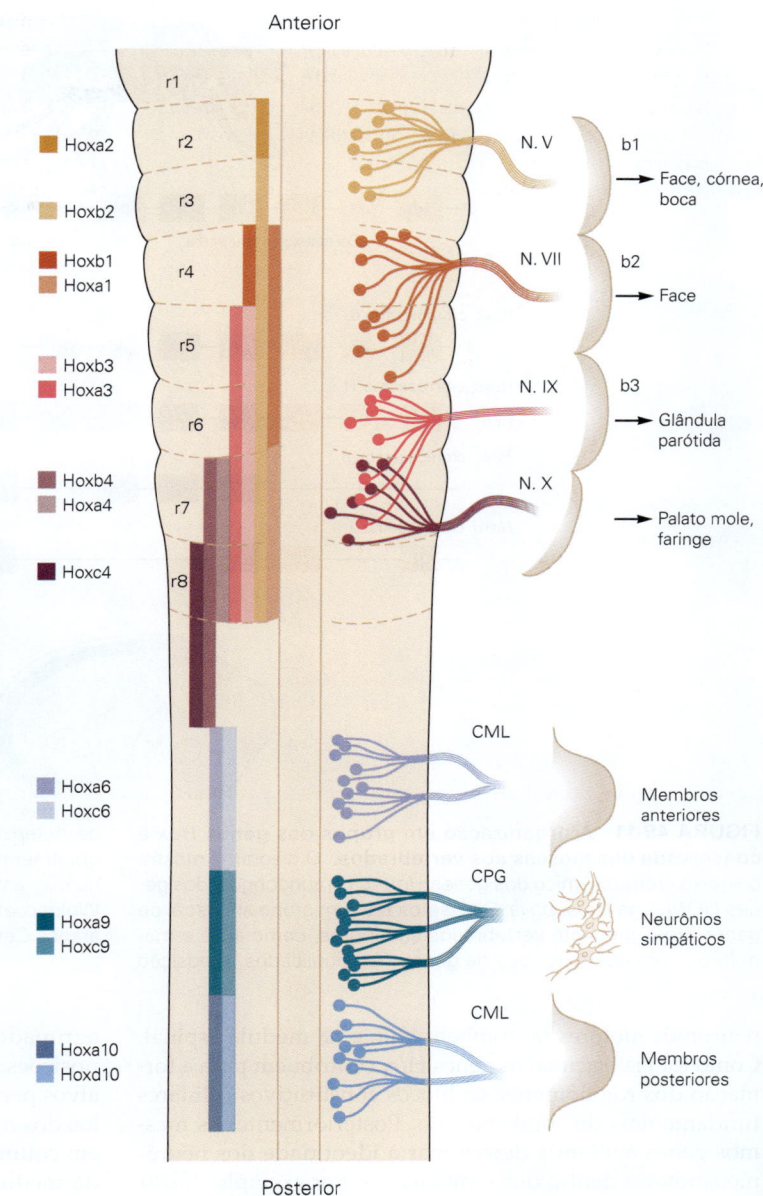

FIGURA 45-10 O perfil anteroposterior de expressão de genes *Hox* determina os subtipos de neurônios motores no rombencéfalo e na medula espinal. Diferentes proteínas Hox são expressas em domínios rostrocaudais discretos, mas parcialmente sobrepostos, do rombencéfalo e da medula espinal. A posição dos genes *Hox* nos quatro grupos cromossômicos de mamíferos corresponde grosseiramente a seus domínios de expressão ao longo do eixo anteroposterior do tubo neural.

Nos níveis encontrados no rombencéfalo, neurônios motores que enviam axônios aos nervos cranianos V (trigêmeo), VII (facial), IX (glossofaríngeo) e X (vago) estão representados. Esses nervos cranianos motores projetam-se para alvos periféricos nos arcos faríngeos (branquiais) **b1** a **b3**. Os rombômeros (**r1** a **r8**) e os perfis de Hox no rombencéfalo são mostrados à esquerda.

Nos níveis espinais, neurônios motores que enviam axônios para os membros anteriores e posteriores estão contidos nas colunas motoras laterais (**CML**), localizadas nos níveis braquial e lombar da medula espinal, respectivamente. Neurônios motores autonômicos pré-ganglionares (**CPG**), destinados a inervar alvos ganglionares simpáticos, são gerados nos níveis torácicos. (Adaptada, com autorização, de Kiecker e Lumsden, 2005. Copyright © 2005 Springer Nature.)

genes *Hox*. Esse nome reflete o fato de que eles foram os primeiros fatores de transcrição descobertos que contêm um homeodomínio, um domínio de ligação ao DNA que sabe-se agora estar presente em muitos fatores de transcrição que regulam processos ao longo do desenvolvimento em organismos tão diversos quanto leveduras, plantas e mamíferos. Por exemplo, os genes *Otx* e *Gbs*, discutidos acima, contêm homeodomínios. A família de genes *Hox* dos mamíferos é especialmente grande, contendo 39 genes, organizados em quatro grupos cromossomais. Esses genes derivam de um complexo *Hox* ancestral, que também originou o complexo gênico *HOM-C* na *Drosophila*, organismo onde foram inicialmente descobertos e analisados (**Figura 45-11**).

Membros da família de genes *Hox* dos vertebrados são expressos em domínios que se sobrepõem ao longo do eixo rostrocaudal do mesencéfalo, do rombencéfalo e da medula espinal em desenvolvimento. Como na *Drosophila*, a posição de um gene *Hox* individual dentro de seu grupo prediz seu domínio de expressão rostrocaudal dentro do tubo neural. Em muitos casos, mas não em todos, genes *Hox* localizados em posições mais próximas à extremidade 3' no grupo cromossômico são expressos em domínios mais rostrais dentro do mesencéfalo e do rombencéfalo, enquanto genes em posições mais próximas à extremidade 5' são expressos em posições progressivamente mais caudais dentro da medula espinal (**Figuras 45-10** e **45-11**). Esse arranjo espacial da expressão de genes *Hox* determina muitos aspectos da diversidade neuronal.

Estudos genéticos, principalmente em camundongos, revelaram como os genes *Hox* controlam a identidade de

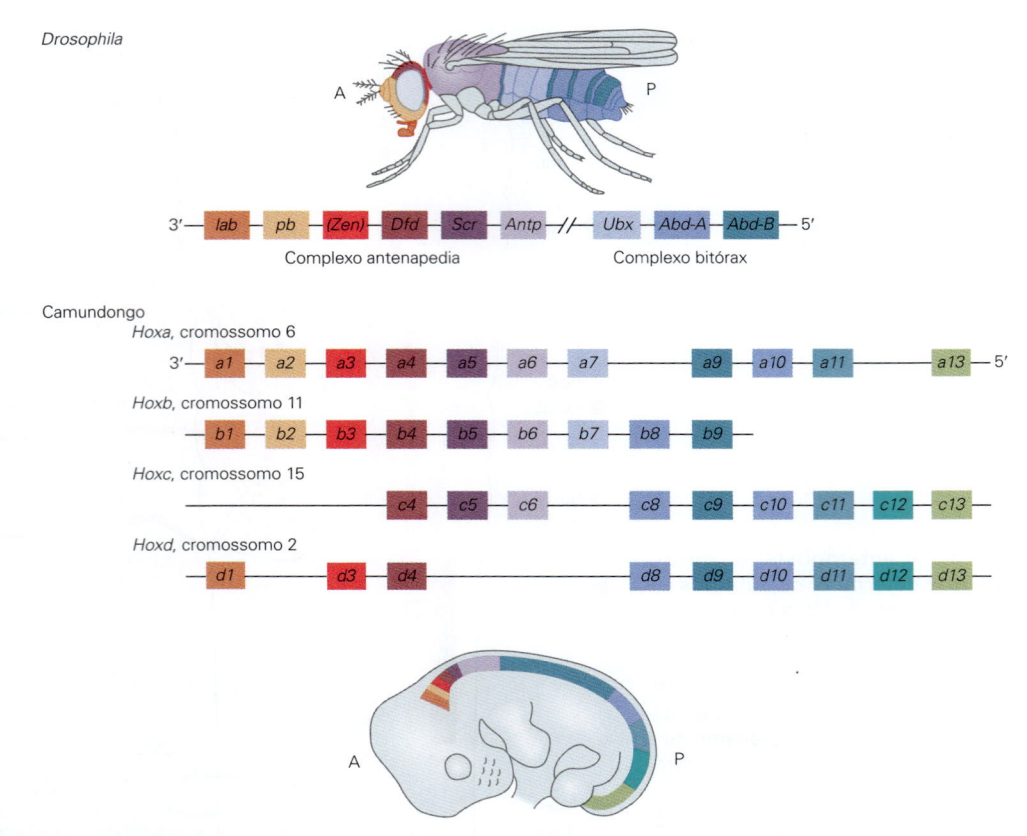

FIGURA 45-11 A organização em grupos dos genes *Hox* é conservada das moscas aos vertebrados. O diagrama mostra o arranjo cromossômico dos genes *Hox* no camundongo e dos genes *HOM-C* na *Drosophila*. Os insetos têm um grupo ancestral de genes *Hox*, enquanto vertebrados superiores, como aves e mamíferos, têm quatro grupos de genes *Hox* duplicados. A posição de determinado gene *Hox* ou *HOM-C* no grupo cromossômico geralmente está relacionada à posição onde o gene é expresso no eixo anteroposterior do corpo. (Adaptada, com autorização, de Wolpert et al., 1998. Autorização transmitida pelo Copyright Clearance Center, Inc.)

neurônios motores no rombencéfalo e na medula espinal. Como foi visto acima, os genes Hox contribuem para a formação dos rombômeros, os blocos constitutivos celulares fundamentais do rombencéfalo. Posteriormente, os mesmos genes ajudam a determinar a identidade dos neurônios motores dentro dos rombômeros. Por exemplo, *Hoxb1* é expresso em altos níveis no rombômero 4, o domínio que origina os neurônios motores faciais, mas está ausente no rombômero 2, o domínio que origina os neurônios motores do trigêmeo (**Figura 45-10**).

No camundongo, mutações que eliminam a atividade de *Hoxb1* mudam o destino das células no rombômero 4; existe uma troca na identidade e na conectividade dos neurônios motores que emergem desse domínio. Na ausência de função de *Hoxb1*, células no rombômero 4 geram neurônios motores que inervam alvos do trigêmeo, e não os alvos do nervo facial, ou seja, o subtipo de neurônio motor normalmente gerado no rombômero 2 (**Figura 45-12**). Muitos estudos adicionais confirmaram o princípio geral de que a identidade de neurônios motores no rombencéfalo é controlada pela distribuição espacial da expressão do gene *Hox*.

O controle da identidade de neurônios motores espinais é mais complicado. Neurônios motores espinais são agrupados dentro de colunas longitudinais que ocupam posições segmentares delimitadas, de acordo com seus alvos periféricos. Neurônios motores que inervam músculos dos membros anteriores e posteriores são encontrados em colunas motoras laterais, nos níveis cervical e lombar da medula espinal, respectivamente. Em contraste, neurônios motores que inervam alvos do sistema simpático são encontrados dentro da coluna motora pré-ganglionar em níveis torácicos da medula espinal. Dentro de colunas motoras laterais, neurônios motores que inervam um único músculo de um membro estão reunidos em grupos delimitados, denominados *conjuntos motores*. Uma vez que, nos vertebrados superiores, cada membro contém mais de 50 diferentes grupos musculares, um número correspondente de conjuntos motores é necessário.

A identidade dos neurônios motores na medula espinal é controlada pela atividade coordenada de genes *Hox*, encontrados em posições mais 5' dentro do grupo de genes *Hox* no cromossomo. Por exemplo, os domínios espaciais de expressão e atividade de proteínas Hox6 e Hox9 estabelecem as identidades de neurônios motores na coluna motora lateral braquial e na coluna motora pré-ganglionar. Proteínas Hox6 especificam a identidade da coluna motora

FIGURA 45-12 O gene *Hoxb1* do camundongo controla a identidade e a projeção dos neurônios motores do rombencéfalo. *Hoxb1* normalmente é expresso em níveis mais altos por células no rombômero r4. Em camundongos do tipo selvagem, neurônios motores do trigêmeo são gerados no rombômero r2, e seus corpos celulares migram lateralmente antes de projetarem seus axônios para fora do rombencéfalo no nível de r2. Em contraste, os corpos celulares dos neurônios motores do nervo facial, gerados no rombômero r4, migram caudalmente, mas ainda projetam seus axônios para fora do rombencéfalo no nível de r4. Em camundongos mutantes *Hoxb1*, os neurônios motores gerados no rombômero r4 migram lateralmente, em vez de caudalmente, adquirindo características dos neurônios motores do trigêmeo do nível de r2. **Elipses** indicam pontos de saída de axônios. (Adaptada, com autorização, de Struder et al., 1996. Copyright © 1996 Springer Nature.)

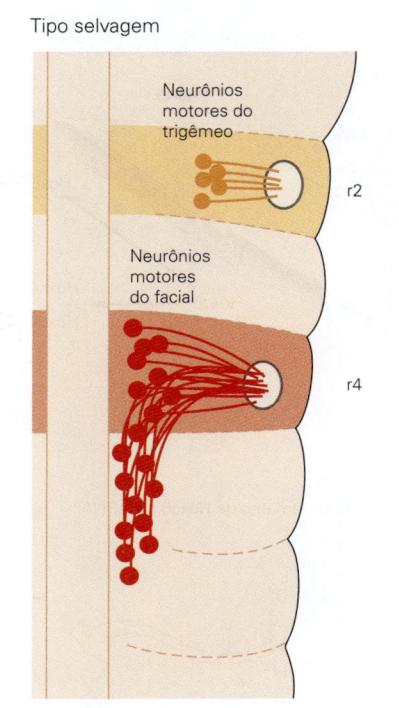

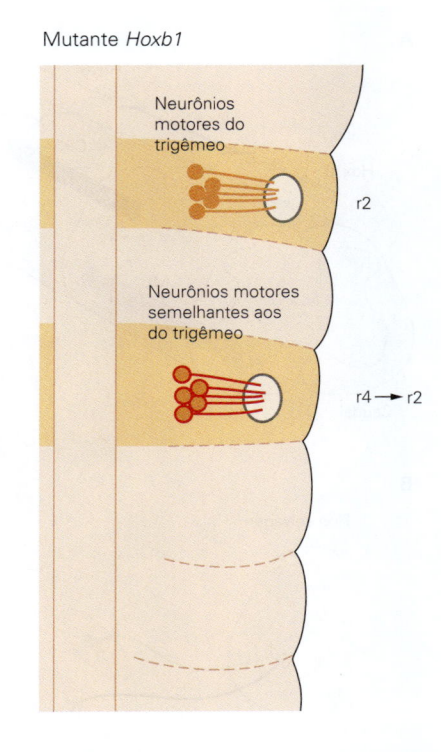

lateral braquial, enquanto proteínas Hox9 especificam a identidade da coluna motora pré-ganglionar. Neurônios motores nos limites das regiões dos membros anteriores e torácica adquirem uma identidade colunar não ambígua, pois as proteínas Hox6 e Hox9 são mutuamente repressoras (**Figura 45-13A**), de modo similar à repressão transcricional cruzada que ocorre na estruturação dorsoventral da medula espinal.

Sinais locais e circuitos transcricionais ampliam a diversificação de subtipos de neurônios motores

Como os neurônios motores dentro das colunas motoras laterais desenvolvem identidades mais refinadas, dirigindo seus axônios para músculos específicos dos membros? Mais uma vez, genes *Hox* controlam esse estágio da diversificação dos neurônios motores. Essa função das proteínas Hox será ilustrada considerando-se a via que gera as distintas identidades de divisão e de conjunto de neurônios dentro da coluna motora lateral braquial, que inerva os músculos dos membros anteriores (**Figura 45-13A**).

Interações repressoras entre proteínas Hox expressas por neurônios em diferentes colunas motoras laterais asseguram que os neurônios que constituem diferentes conjuntos motores expressem perfis distintos de expressão de proteínas Hox. Esses perfis Hox dirigem a expressão de fatores de transcrição a jusante, assim como de receptores da superfície axonal, que permitem que axônios motores respondam a dicas locais dentro do membro, o que os guia a alvos musculares específicos. Por exemplo, a expressão de proteínas Hox6 ativa uma via de sinalização do ácido retinoico, que induz a expressão de dois fatores de transcrição contendo homeodomínios, Isl1 e Lhx1. Esses fatores, por sua vez, estabelecem que os neurônios motores se dividam em duas classes e determinam o padrão de expressão de receptores de efrina, que guiam os axônios motores no membro. Os axônios dos neurônios motores nessas duas divisões projetam-se para as metades ventral e dorsal do mesênquima do membro, sob o controle da sinalização pela efrina (**Figura 45-14**).

Contudo, nem todas as colunas de neurônios motores são determinadas pela atividade de proteínas Hox. A coluna motora mediana é gerada em todos os níveis segmentares da medula espinal, em consonância com os músculos axiais. O desenvolvimento das células da coluna motora mediana é controlado por sinais de Wnt4/5, secretados na linha média ventral da medula espinal, e pela expressão das proteínas contendo homeodomínios Lhx3 e Lhx4, que tornam os neurônios nessa coluna imunes às ações de estruturação segmentar das proteínas Hox.

Desse modo, tanto no rombencéfalo quanto na medula espinal, a conectividade ponto a ponto dos neurônios motores com músculos específicos surge de programas firmemente orquestrados de expressão e atividade de proteínas contendo homeodomínios. Nos vertebrados, esses genes evoluíram para dirigir os subtipos neuronais e sua conectividade, assim como o plano básico do organismo.

O prosencéfalo em desenvolvimento é estruturado por influências intrínsecas e extrínsecas

Neurônios no prosencéfalo dos mamíferos formam circuitos que medeiam comportamentos emocionais, percepção e cognição, e participam no armazenamento e na evocação de memórias. De modo bastante semelhante ao rombencéfalo, o prosencéfalo embrionário é inicialmente dividido ao

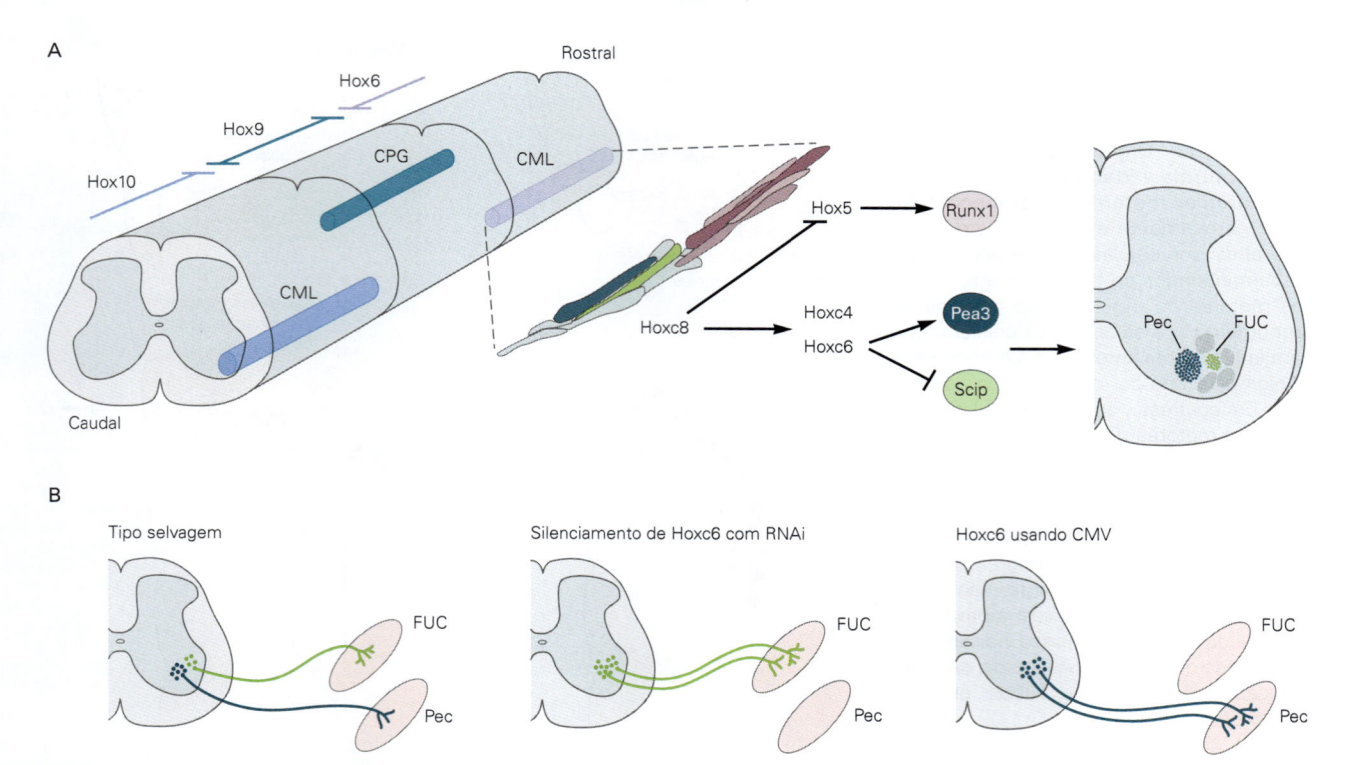

FIGURA 45-13 Proteínas Hox controlam a identidade de neurônios nas colunas motoras e em conjuntos motores. (Adaptada, com autorização, de Dasen et al., 2005.)

A. As proteínas Hox6, Hox9 e Hox10 são expressas nos neurônios motores em distintos níveis rostrocaudais da medula espinal e direcionam o estabelecimento da identidade de neurônios motores e sua conectividade com alvos periféricos. Atividades de Hox6 controlam a identidade de células na coluna motora lateral (**CML**) braquial, Hox9 controla a identidade de células na coluna pré-ganglionar (**CPG**) e Hox10 controla a identidade de células na coluna lombar (**CML**, em azul-claro). Interações com repressões cruzadas entre as proteínas Hox6, Hox9 e Hox10 tornam mais refinados os perfis de Hox, e funções de ativador de Hox definem as identidades da CML e da CPG. Uma rede transcricional de Hox mais complexa controla a identidade de conjuntos motores e sua conectividade. Genes Hox determinam a posição rostrocaudal dos conjuntos motores dentro da CML. Hoxc8 é necessária para os neurônios da CML caudal gerarem os conjuntos motores para os músculos peitoral maior (**Pec**) e flexor ulnar do carpo (**FUC**); esses neurônios expressam os fatores de transcrição Pea3 e Scip, respectivamente. Os padrões de expressão de Hox nos conjuntos Pec e FUC são estabelecidos por meio de uma rede transcricional, que parece ser estimulada principalmente por interações de repressões cruzadas de Hox.

B. A mudança do código Hox dentro dos conjuntos motores altera o padrão de conectividade muscular. Alterações no perfil da expressão de Hoxc6 determinam a expressão de Pea3 e Scip e controlam projeções de axônios motores para músculos Pec ou FUC. O nocaute gênico de Hox6 utilizando RNA de interferência (**RNAi**) suprime a inervação do músculo Pec, de modo que axônios motores inervam apenas o músculo FUC. A expressão ectópica de Hoxc6, possibilitada por um promotor de citomegalovírus (**CMV**), reprime a conectividade com o FUC, de modo que axônios motores inervam apenas o músculo Pec.

longo de seu eixo rostrocaudal em domínios organizados transversalmente, denominados *prosômeros*. Os prosômeros 1 a 3 desenvolvem-se na parte caudal do diencéfalo, da qual emerge o tálamo. Os prosômeros 4 a 6 originam o diencéfalo rostral e o telencéfalo. A região ventral do diencéfalo rostral origina o hipotálamo e os núcleos da base, enquanto o telencéfalo origina o neocórtex e o hipocampo.

Sinais indutores e gradientes de fatores de transcrição estabelecem a diferenciação regional

Finalmente, será vista a estruturação do próprio neocórtex, questionando se os mecanismos do desenvolvimento e os princípios que governam o desenvolvimento de outras regiões do sistema nervoso central também controlam o surgimento de áreas corticais especializadas em determinadas funções sensoriais, motoras e cognitivas.

Sabe-se, desde a época da descrição anatômica clássica de Brodmann, no início do século XX, que o córtex cerebral é subdividido em muitas áreas distintas. Estudos recentes do desenvolvimento cortical começaram a fornecer vislumbres dos mecanismos de sinalização que estabelecem áreas somatossensoriais, auditivas e visuais.

Há agora evidências da existência de um "protomapa" cortical, um plano básico no qual áreas corticais diferentes são estabelecidas no início do desenvolvimento, antes que sinais de outras regiões encefálicas possam influenciar o desenvolvimento. Essa ideia é apoiada por estudos da expressão de fatores de transcrição no neocórtex em desenvolvimento. Dois fatores de transcrição que contêm homeodomínios, Pax6 e Emx2, são expressos em gradientes complementares anteroposteriores na zona ventricular do neocórtex em desenvolvimento – altos níveis de Pax6

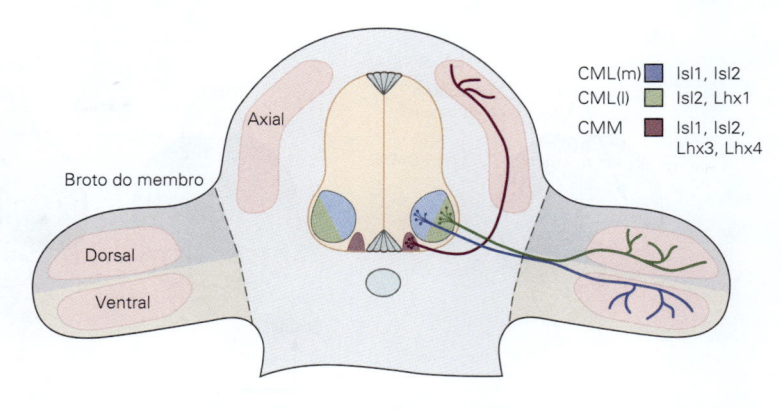

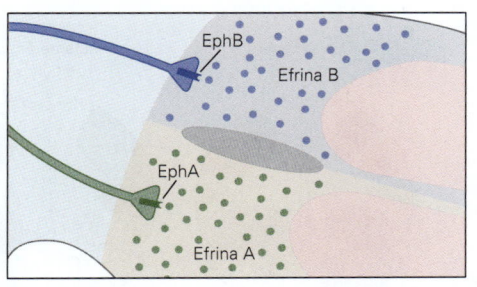

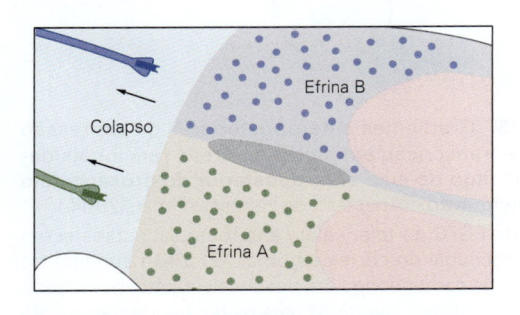

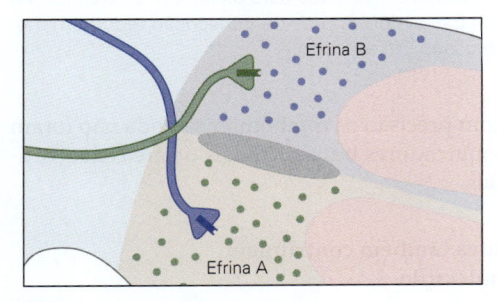

FIGURA 45-14 Os axônios dos neurônios da coluna motora lateral são guiados para os membros por receptores do tipo tirosina-cinase, da classe das efrinas. Neurônios motores nas divisões medial e lateral da coluna motora lateral (**CML**) projetam axônios para as metades ventral e dorsal, respectivamente, do mesênquima do membro. O perfil de expressão de proteínas da classe LIM contendo homeodomínios regula essa projeção dorsoventral. A proteína LIM Isl1, contendo homeodomínio, expressa por neurônios da CML medial, determina um alto nível de expressão de receptores EphB, de modo que, conforme os axônios dessas células entram no membro, são impedidos de se projetarem dorsalmente pelo alto nível de ligantes de efrina, que são repulsores, e são expressos por células do mesênquima da porção dorsal do membro. Esses axônios, portanto, se projetam para o mesênquima da porção ventral do membro. Por sua vez, a proteína LIM contendo homeodomínio Lhx1, expressa por neurônios da CML lateral, determina um alto nível de expressão de receptores EphA, de modo que, conforme os axônios dessas células entram no membro, são impedidos de se projetar ventralmente pelo alto nível de ligantes de efrina A repulsores expressos pelas células do mesênquima da porção ventral do membro. Esses axônios, portanto, se projetam para o mesênquima dorsal do membro. A sinalização por Eph e efrina é discutida em maiores detalhes no Capítulo 47. (Sigla: **CMM**, coluna motora medial.)

nas porções anteriores e altos níveis de Emx2 nas porções posteriores. Esses padrões iniciais são estabelecidos, em parte, por uma fonte rostral local de sinais de FGFs, que promovem a expressão de Pax6 e reprimem a expressão de Emx2 (**Figura 45-15A**). Como no caso do rombencéfalo, os distintos domínios espaciais da expressão de Pax6 e Emx2 são aguçados por interações repressoras cruzadas entre os dois fatores de transcrição.

A distribuição espacial de Pax6 e Emx2 ajuda a estabelecer o padrão regional inicial do neocórtex. Em camundongos que não apresentam atividade de Emx2, há uma expansão do neocórtex rostral – as áreas motoras e somatossensoriais – à custa das áreas auditivas e visuais, mais caudais. Por sua vez, em camundongos que não apresentam atividade de Pax6, as áreas auditivas e visuais estão expandidas, à custa das áreas motoras e somatossensoriais (**Figura 45-15B**).

Assim, como na medula espinal, no rombencéfalo e no mesencéfalo, padrões neocorticais iniciais são estabelecidos por meio de interações entre sinais indutores locais e expressão de gradientes de fatores de transcrição. Ainda não está bem esclarecido como esses gradientes especificam áreas funcionais discretas no neocórtex. Diferentemente da segmentação no rombencéfalo, onde fatores de transcrição

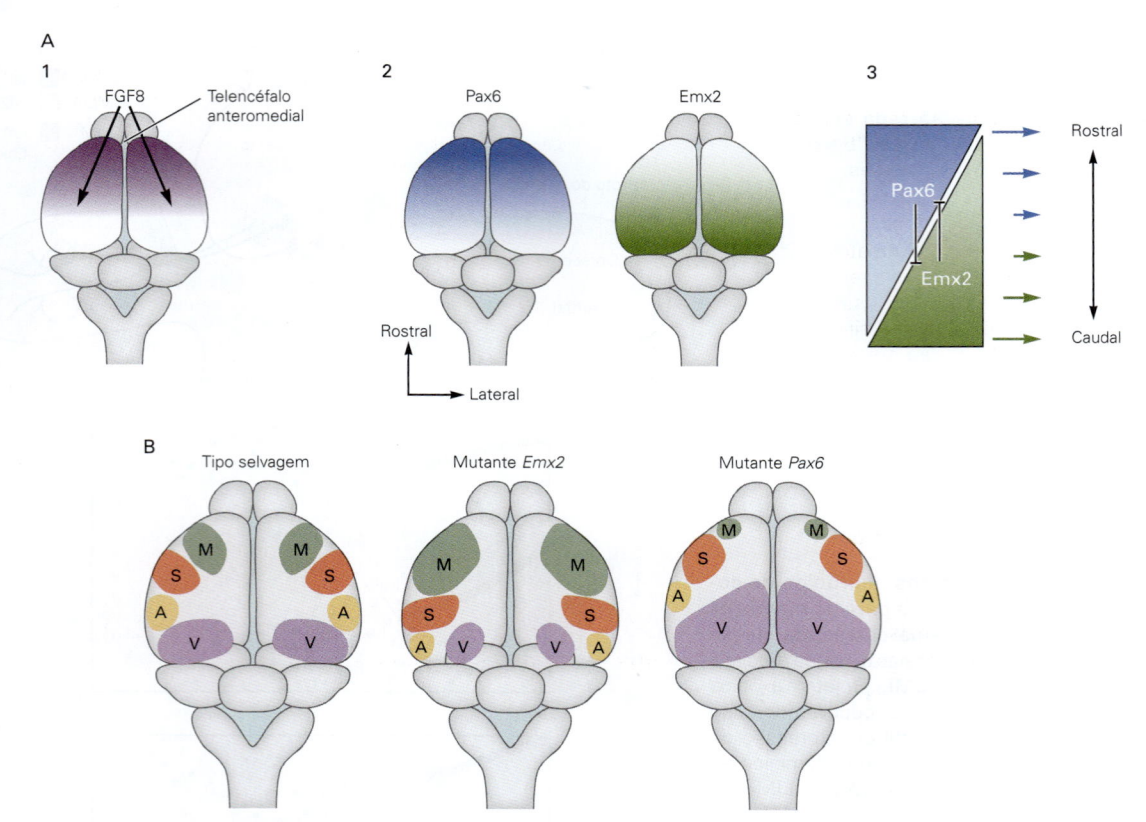

FIGURA 45-15 Gradientes anteroposteriores de expressão de fatores de transcrição estabelecem áreas funcionais delimitadas ao longo do eixo anteroposterior do prosencéfalo em desenvolvimento. (Adaptada de Hamasaki et al., 2004.)
A. (1) Sinais de FGF8 do telencéfalo anteromedial estabelecem o padrão rostrocaudal do córtex cerebral. **(2)** Visão superior do córtex cerebral de camundongo em desenvolvimento, mostrando gradientes rostrocaudais invertidos para os fatores de transcrição Pax6 e Emx2. **(3)** Esses dois fatores de transcrição reprimem mutuamente a expressão um do outro.

B. Diferentes áreas funcionais desenvolvem-se em diferentes posições rostrocaudais. Áreas motoras (**M**) desenvolvem-se na região anterior e áreas visuais (**V**) se desenvolvem nas regiões mais posteriores. A eliminação genética da função de Emx2 resulta na expansão das áreas motoras e na contração das áreas auditivas (**A**) e visuais. Por sua vez, a eliminação da função de Pax6 resulta na expansão das áreas visuais e na contração das áreas motoras e auditivas. (Sigla: **S**, áreas somatossensoriais.)

especificam com precisão os rombômeros, ainda não foram identificados marcadores transcricionais de áreas neocorticais individuais.

Sinais aferentes também contribuem para a regionalização

No neocórtex adulto, áreas funcionalmente diferentes podem ser distinguidas pelas diferenças no padrão de camadas dos neurônios – a citoarquitetura das áreas – e por suas conexões neuronais. Um exemplo notável da distinção regional no padrão celular é o arranjo semelhante a um retículo dos neurônios e das células gliais, denominado "barril", no córtex somatossensorial primário de roedores. Cada barril cortical recebe informação somatossensorial de uma única vibrissa no focinho do animal, e o arranjo regular de barris corticais reflete a organização somatotópica da informação aferente que chega da superfície corporal, culminando na projeção de eferentes talâmicos para barris corticais específicos (**Figura 45-16A**).

Barris corticais são evidenciados logo após o nascimento, e seu desenvolvimento depende de um período crítico de chegada de sinais aferentes desde a periferia; sua formação é perturbada se o campo das vibrissas na superfície corporal for eliminado durante esse período crítico. De modo notável, se o tecido que originará o córtex visual for transplantado para o córtex somatossensorial no momento do nascimento, formam-se barris no tecido transplantado, com um padrão que se assemelha bastante àquele do campo normal dos barris somatossensoriais (**Figura 45-16B**). Juntos, esses achados demonstram que sinais aferentes se sobrepõem a aspectos de estruturação neocortical nas características básicas do protomapa.

A natureza dos sinais aferentes para diferentes áreas corticais influencia a função neural, assim como sua citoarquitetura. Isso pode ser demonstrado pelo monitoramento de respostas fisiológicas e comportamentais após a mudança de circuitos de vias aferentes de uma modalidade sensorial, redirecionando-as para uma região do neocórtex que normalmente processa uma modalidade diferente.

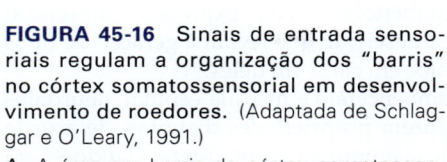

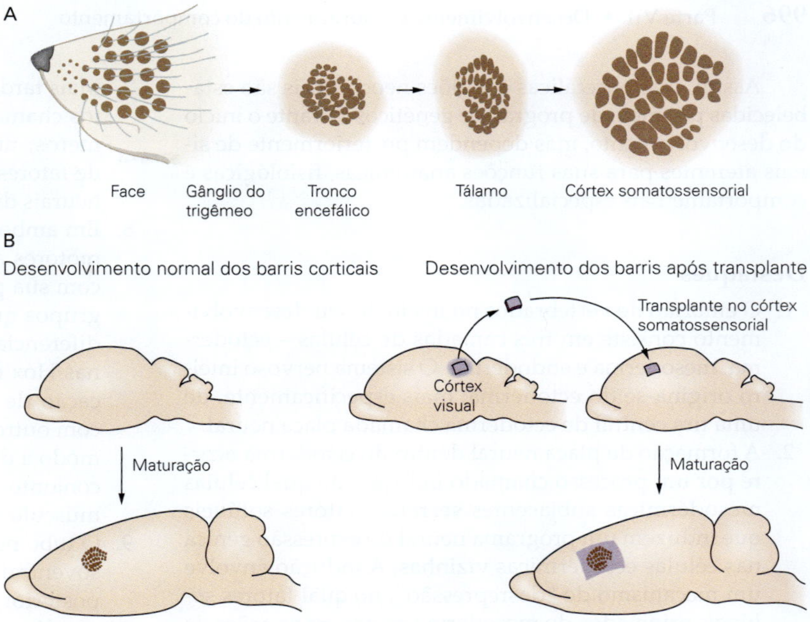

FIGURA 45-16 Sinais de entrada sensoriais regulam a organização dos "barris" no córtex somatossensorial em desenvolvimento de roedores. (Adaptada de Schlaggar e O'Leary, 1991.)

A. A área em barris do córtex somatossensorial de roedores forma uma representação somatotópica das colunas de vibrissas no focinho do animal. Representações similares dos campos das vibrissas estão presentes a montante – no tronco encefálico e nos núcleos talâmicos que retransmitem sinais somatossensoriais da face para o córtex.

B. Uma organização celular semelhante a barris é induzida no tecido do córtex visual em desenvolvimento que foi transplantado em um estágio pós-natal inicial para o córtex somatossensorial.

Em animais nos quais os sinais aferentes vindos da retina são redirecionados para a via auditiva, o córtex auditivo primário contém uma representação sistemática do espaço visual, e não da frequência do som (**Figura 45-17**). Quando esses animais são treinados para distinguir uma dica visual de uma dica auditiva, eles percebem a dica como visual quando o córtex auditivo primário que sofreu alteração em seus circuitos é ativado pela visão.

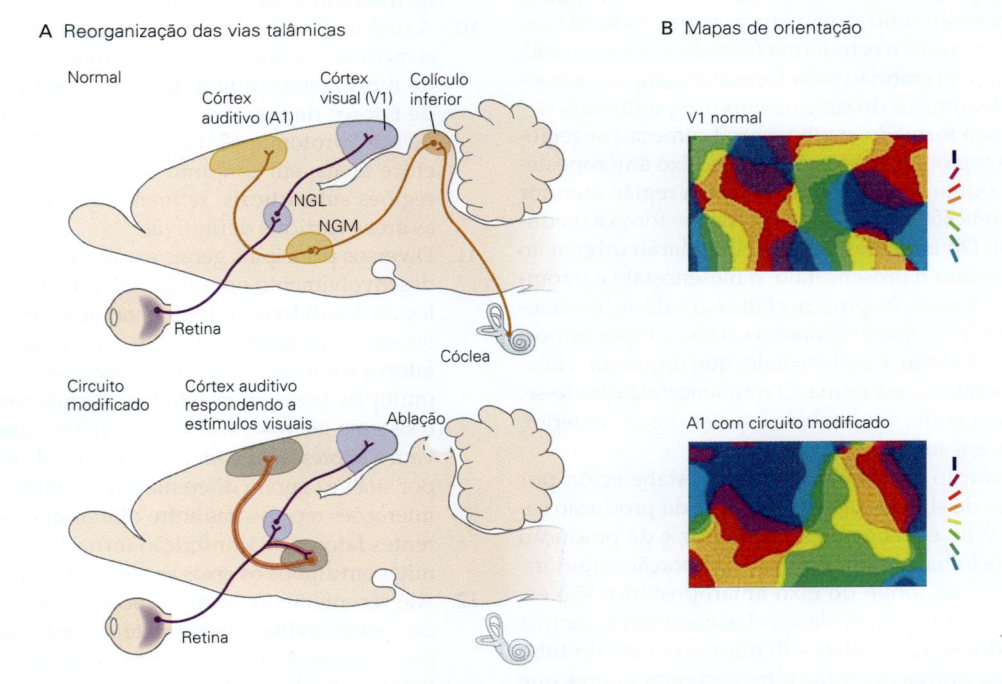

FIGURA 45-17 O redirecionamento de sinais talamocorticais pode recrutar áreas corticais para novas funções sensoriais. (Adaptada, com autorização, de Sharma, Angelucci e Sur, 2000. Copyright © 2000 Springer Nature.)

A. A via visual consiste em fibras aferentes provenientes da retina, que inervam o núcleo geniculado lateral (**NGL**) e o colículo superior. Axônios do NGL projetam-se para o córtex visual primário (**V1**). A via auditiva projeta-se do núcleo coclear (não mostrado) para o colículo inferior e então para o núcleo geniculado medial (**NGM**), seguindo para o córtex auditivo primário (**A1**). A ablação do colículo inferior em furões no período neonatal faz os aferentes da retina inervarem o NGM. Como consequência, o córtex auditivo é reprogramado para processar informação visual.

B. Mapas de orientação visual similares àqueles observados utilizando-se imageamento óptico de sinais intrínsecos no córtex V1 normal são encontrados no córtex auditivo A1 de furões que tiveram seus circuitos alterados. As diferentes cores representam diferentes orientações de campos de receptores (ver barras à direita). O padrão de atividade no A1 que teve seus circuitos alterados se assemelha àquele do V1 normal.

Assim, vias encefálicas e regiões neocorticais são estabelecidas por meio de programas genéticos durante o início do desenvolvimento, mas dependem posteriormente de sinais aferentes para suas funções anatômicas, fisiológicas e comportamentais especializadas.

Destaques

1. O embrião de vertebrados no início de seu desenvolvimento consiste em três camadas de células – ectoderma, mesoderma e endoderma. O sistema nervoso inteiro origina-se do ectoderma, mais especificamente, de uma tira central de ectoderma chamada placa neural.
2. A formação da placa neural dentro do ectoderma ocorre por um processo chamado indução, no qual células mesodérmicas subjacentes secretam fatores solúveis que induzem um programa neural de expressão gênica nas células ectodérmicas vizinhas. A indução envolve um mecanismo de "desrepressão", no qual fatores solúveis originados do mesoderma previnem as ações de supressão do destino neural produzidas por proteínas derivadas do ectoderma, as proteínas morfogenéticas do osso (BMP, membros da família do fator de crescimento transformador β).
3. Após a indução, a placa neural se invagina a partir do ectoderma para formar o tubo neural. O tubo origina o sistema nervoso central, enquanto células na borda entre o tubo neural e o ectoderma formam a crista neural, que migra pelo embrião para formar os gânglios sensoriais e autonômicos do sistema nervoso periférico.
4. Tão logo seja formado, o tubo neural começa a se regionalizar. A regionalização ao longo do eixo anteroposterior leva a uma série de subdivisões. A região anterior se torna o encéfalo e a região posterior se torna a medula espinal. Divisões dessa região que darão origem ao encéfalo geram o prosencéfalo, o mesencéfalo e o rombencéfalo. A vesícula prosencefálica divide-se, formando o telencéfalo, que originará o córtex, o hipocampo e os núcleos da base, e o diencéfalo, que originará o tálamo, o hipotálamo e a retina. O rombencéfalo divide-se, formando a ponte e o cerebelo em sua porção anterior, e o bulbo, em sua porção posterior.
5. A estruturação anterior-posterior é estabelecida por gradientes de sinalização Wnt a partir da produção seletiva de Wnt, em sua porção posterior, e da produção seletiva de inibidores de Wnt, em sua porção anterior.
6. Subdivisões ao longo do eixo anteroposterior são estabelecidas por grupos de células chamados centros organizadores, em posições definidas dentro do tubo neural. Os centros organizadores secretam fatores que induzem a estruturação de regiões vizinhas no tubo neural e especificam os tipos neuronais dentro delas. Por exemplo, o organizador ístmico, no limite entre o rombencéfalo e o mesencéfalo secreta Wnts e fatores de crescimento de fibroblastos (FGF). Esses peptídeos secretados atuam de modo diferente em regiões anteriores e posteriores, pois os eventos de estruturação prévios levaram à expressão de diferentes fatores de transcrição pelas células nessas regiões.
7. Mais tarde ainda, novas subdivisões formam segmentos chamados prosômeros, no prosencéfalo, e rombômeros, no rombencéfalo, com expressão diferencial de fatores de transcrição que levam à geração de tipos neurais distintos em cada um deles.
8. Em ambos rombencéfalo e medula espinal, neurônios motores adquirem propriedades distintas, de acordo com sua posição anteroposterior, diferenciando-se em grupos que inervam músculos distintos. A expressão diferencial de fatores de transcrição chamados proteínas Hox é especialmente importante para a diversificação de neurônios motores. Essas proteínas atuam com outros fatores de transcrição e fatores solúveis, de modo a dividir os neurônios motores em colunas e em conjuntos, cada conjunto sendo destinado a inervar um músculo específico.
9. O tubo neural é também estruturado em seu eixo dorsoventral. De modo similar à regionalização anteriorposterior, essa estruturação resulta de gradientes de morfógenos. Os mais importantes são *sonic hedgehog* (Shh), que forma um gradiente de ventral (mais alto) para dorsal (mais baixo) e BMPs, que formam um gradiente de dorsal (mais alto) para ventral (mais baixo). Diferentes níveis de Shh e BMPs induzem diferentes fatores de transcrição, que por sua vez levam à produção de diferentes tipos celulares.
10. A regionalização do córtex cerebral em áreas motoras, sensoriais e associativas também inicia com gradientes de morfógenos, que induzem a expressão diferencial de fatores de transcrição, levando ao estabelecimento de um "protomapa" de identidade de área. Interações entre áreas, em conjunto com aferências oriundas de regiões subcorticais, refinam o protomapa, formando as áreas corticais definitivas.
11. Diversos princípios gerais explicam muitos aspectos do desenvolvimento neural inicial: (a) interações indutoras levam à subdivisão de um conjunto uniforme de células em áreas delimitadas; (b) um pequeno conjunto de fatores solúveis, como FGFs, BMPs e Wnts, são usados múltiplas vezes em múltiplos estágios para regionalizar o sistema nervoso; (c) níveis variáveis desses fatores levam à expressão de diferentes fatores de transcrição, que por sua vez geram diferentes tipos celulares neurais; (d) interações repressoras entre células que expressam diferentes fatores de transcrição tornam mais agudos os limites em ambos os eixos anteroposterior e dorsoventral.
12. Até recentemente, estudos acerca dos estágios iniciais do desenvolvimento neural eram restritos a animais experimentais. Avanços recentes permitem aos neurocientistas rever alguns desses processos usando células humanas em cultura. Assim, em breve, deverá ser possível entender se há diferenças iniciais críticas entre humanos e outras espécies que contribuem para a complexidade do encéfalo humano e para distúrbios desse órgão.

Joshua R. Sanes
Thomas M. Jessell

Leituras selecionadas

Anderson C, Stern CD. 2016. Organizers in development. Curr Top Dev Biol 117:435–454.

Catela C, Shin MM, Dasen JS. 2015. Assembly and function of spinal circuits for motor control. Annu Rev Cell Dev Biol 31:669–698.

Dessaud E, McMahon AP, Briscoe J. 2008. Pattern formation in the vertebrate neural tube: a sonic hedgehog morphogen-regulated transcriptional network. Development 135: 2489–2503.

Goulding M. 2009. Circuits controlling vertebrate locomotion: moving in a new direction. Nat Rev Neurosci 10:507–518.

Hamburger V. 1988. *The Heritage of Experimental Embryology. Hans Spemann and the Organizer.* New York: Oxford Univ. Press.

Kiecker C, Lumsden A. 2012. The role of organizers in patterning the nervous system. Annu Rev Neurosci 35:347–367.

Ozair MZ, Kintner C, Brivanlou AH. 2013. Neural induction and early patterning in vertebrates. Wiley Interdiscip Rev Dev Biol 2:479–498.

Rakic P. 2002. Evolving concepts of cortical radial and areal specification. Prog Brain Res 136:265–280.

Sur M, Rubenstein JL. 2005. Patterning and plasticity of the cerebral cortex. Science 310:805–810.

Referências

Addison M, Wilkinson DG. 2016. Segment identity and cell segregation in the vertebrate hindbrain. Curr Top Dev Biol 117:581–596.

Bell E, Wingate RJ, Lumsden A. 1999. Homeotic transformation of rhombomere identity after localized Hoxb1 misexpression. Science 284:2168–2171.

Cholfin JA, Rubenstein JL. 2007. Patterning of frontal cortex subdivisions by Fgf17. Proc Natl Acad Sci U S A 104:7652–7657.

Dasen JS. 2017. Master or servant? Emerging roles for motor neuron subtypes in the construction and evolution of locomotor circuits. Curr Opin Neurobiol 42:25–32.

Dasen JS, Tice BC, Brenner-Morton S, Jessell TM. 2005. A Hox regulatory network establishes motor neuron pool identity and target-muscle connectivity. Cell 123:477–491.

Goulding M, Lanuza G, Sapir T, Narayan S. 2002. The formation of sensorimotor circuits. Curr Opin Neurobiol 12:505–515.

Hamasaki T, Leingartner A, Ringstedt T, O'Leary DD. 2004. EMX2 regulates sizes and positioning of the primary sensory and motor areas in neocortex by direct specification of cortical progenitors. Neuron 43:359–372.

Horng S, Sur M. 2006. Visual activity and cortical rewiring: activity-dependent plasticity of cortical networks. Prog Brain Res 157:3–11.

Ille F, Atanasoski S, Falkm S, et al. 2007. Wnt/BMP signal integration regulates the balance between proliferation and differentiation of neuroepithelial cells in the dorsal spinal cord. Dev Biol 304:394–408.

Kiecker C, Lumsden A. 2005. Compartments and their boundaries in vertebrate brain development. Nat Rev Neurosci 6:553–564.

Levine AJ, Brivanlou AH. 2007. Proposal of a model of mammalian neural induction. Dev Biol 308:247–256.

Lim Y, Golden JA. 2007. Patterning the developing diencephalon. Brain Res Rev 53:17–26.

Liu A, Niswander LA. 2005. Bone morphogenetic protein signalling and vertebrate nervous system development. Nat Rev Neurosci 6:945–954.

Lupo G, Harris WA, Lewis KE. 2006. Mechanisms of ventral patterning in the vertebrate nervous system. Nat Rev Neurosci 7:103–114.

Mallamaci A, Stoykova A. 2006. Gene networks controlling early cerebral cortex arealization. Eur J Neurosci 23:847–856.

Nordstrom U, Maier E, Jessell TM, Edlund T. 2006. An early role for WNT signaling in specifying neural patterns of Cdx and Hox gene expression and motor neuron subtype identity. PLoS Biol 4:1438–1452.

Rash BG, Grove EA. 2006. Area and layer patterning in the developing cerebral cortex. Curr Opin Neurobiol 16:25–34.

Schlaggar BL, O'Leary DDM. 1991. Potential of visual cortex to develop an array of functional units unique to somatosensory cortex. Science 252:1556–1560.

Sharma J, Angelucci A, Sur M. 2000. Induction of visual orientation modules in auditory cortex. Nature 404:841–847.

Song MR, Pfaff SL. 2005. Hox genes: the instructors working at motor pools. Cell 123:363–365.

Stamataki D, Ulloa F, Tsoni SV, Mynett A, Briscoe J. 2005. A gradient of Gli activity mediates graded Sonic Hedgehog signaling in the neural tube. Genes Dev 19:626–641.

Struder M, Lumsden A, Ariza-McNaughton L, Bradley A, Krumlauf R. 1996. Altered segmental identity and abnormal migration of motor neurons in mice lacking *Hoxb-1*. Nature 384:630–634.

von Melchner L, Pallas SL, Sur M. 2000. Visual behaviour mediated by retinal projections directed to the auditory pathway. Nature 404:871–876.

Wolpert L, Beddington R, Brockes J, Jessell TM, Lawrence PA, Meyerowitz E. 1998. *Principles of Development*. New York: Oxford Univ Press.

Wolpert L, Smith J, Jessell T, Lawrence P, Robertson E, Meyerowitz E. 2006. *Principles of Development*, 3rd ed. New York: Oxford Univ. Press.

Wurst W, Bally-Cuif L. 2001. Neural plate patterning: upstream and downstream of the isthmic organizer. Nat Rev Neurosci 2:99–108.

46

Diferenciação e sobrevivência de células nervosas

A proliferação de células progenitoras neurais envolve divisões celulares simétricas e assimétricas

As células gliais radiais servem como progenitores neurais e suporte estrutural

A geração de neurônios e de células gliais é regulada por sinais Delta-Notch e por fatores de transcrição básicos hélice-alça-hélice

As camadas do córtex cerebral são estabelecidas pela adição sequencial de novos neurônios

Neurônios migram longas distâncias entre seu sítio de origem e sua posição final

    Neurônios excitatórios corticais migram radialmente ao longo de guias gliais

    Interneurônios corticais surgem em posição subcortical e migram tangencialmente ao córtex

    A migração de células da crista neural no sistema nervoso periférico não depende de plataformas

Inovações estruturais e moleculares subjazem a expansão do córtex cerebral humano

Programas intrínsecos e fatores extrínsecos determinam o fenótipo de neurotransmissores dos neurônios

    A escolha do neurotransmissor é um componente central dos programas transcricionais da diferenciação neuronal

    Sinais de aferências sinápticas e de alvos podem influenciar os fenótipos neurotransmissores dos neurônios

A sobrevivência de um neurônio é regulada por sinais neurotróficos originados do alvo desse neurônio

    A hipótese do fator neurotrófico foi confirmada pela descoberta do fator de crescimento neural

    As neurotrofinas são os fatores neurotróficos mais bem estudados

    Fatores neurotróficos suprimem um programa latente de morte celular

Destaques

No capítulo anterior, foi descrito como sinais locais indutivos modelam o tubo neural e estabelecem as primeiras subdivisões regionais do sistema nervoso – medula espinal, rombencéfalo, mesencéfalo e prosencéfalo. Aqui é retomado o tema de como células progenitoras, dentro dessas regiões, se diferenciam em neurônios e células gliais, os dois principais tipos celulares do sistema nervoso. O encéfalo maduro é composto por bilhões de células nervosas e um número similar de células gliais arranjadas em padrões complexos, e, ainda assim, seu precursor, a placa neural, inicialmente contém apenas umas poucas centenas de células, arranjadas em um único epitélio colunar. A partir unicamente dessa observação, já deve ser evidente que a geração de células neurais e sua migração para locais adequados devem ser cuidadosamente reguladas.

Este capítulo inicia discutindo algumas das moléculas que especificam os destinos das células neuronais e gliais. Os mecanismos básicos de neurogênese dotam as células de propriedades neuronais comuns, características que são basicamente independentes da região do sistema nervoso em que são geradas ou das funções específicas que desempenham. Também serão descritos os mecanismos pelos quais os neurônios em desenvolvimento tornam-se especializados, por exemplo, pela aquisição da maquinaria de síntese de neurotransmissores específicos.

A seguir, será discutido como os neurônios migram de seus sítios de origem para seus destinos finais. Um tema comum é que neurônios frequentemente "nascem" – isto é, tornam-se pós-mitóticos – em sítios distantes de seus locais finais de atuação, por exemplo, nas camadas do córtex cerebral ou nos gânglios do sistema nervoso periférico. Tais distâncias requerem mecanismos elaborados de migração, que diferem entre tipos neuronais.

Após os neurônios adquirirem identidade e propriedades funcionais, outros processos relacionados ao desenvolvimento determinarão sua sobrevivência ou morte. Um aspecto notável é que cerca da metade dos neurônios gerados no sistema nervoso de mamíferos é perdida por morte celular programada. Serão examinados os fatores que regulam a sobrevivência dos neurônios e os possíveis benefícios da perda neuronal generalizada. Por fim, será descrita uma via bioquímica central em células nervosas destinadas a serem eliminadas.

A proliferação de células progenitoras neurais envolve divisões celulares simétricas e assimétricas

No final do século XIX, histologistas demonstraram que células epiteliais neurais próximas ao lúmen ventricular do encéfalo embrionário apresentam características de células mitóticas. Sabe-se agora que as zonas proliferativas que cercam a área ventricular são os principais sítios para a produção de células neurais no sistema nervoso central. Além disso, células recém-geradas nas zonas proliferativas muitas vezes tornam-se comprometidas com destinos neuronais ou gliais antes de migrarem para fora daquelas zonas.

Em estágios iniciais do desenvolvimento embrionário, a maioria das células progenitoras na zona ventricular do tubo neural se prolifera rapidamente. Muitos desses primeiros progenitores neurais têm propriedades de células-tronco. Eles podem gerar cópias de si mesmos, um processo chamado de *autorrenovação*, e também dar origem a células neuronais e gliais diferenciadas. Em um capítulo posterior, será descrita uma descoberta mais recente, de que células-tronco que se assemelham àquelas dos embriões também ocorrem no encéfalo adulto e podem ser aproveitadas para propósitos terapêuticos (Capítulo 50).

Assim como outros tipos de células-tronco, as células progenitoras neurais sofrem programas estereotipados de divisão celular. Um modo de divisão celular é simétrico: as células-tronco neurais dividem-se para produzir duas células-tronco e, dessa maneira, propiciam a expansão da população de células progenitoras com potencial proliferativo. Esse modo predomina nos primeiros estágios, na medida em que o neuroepitélio se expande. Um segundo modo é assimétrico: o progenitor produz uma célula-filha diferenciada e outra que mantém suas propriedades de célula-tronco. Esse modo mantém a população de células-tronco, mas não permite sua ampliação. Um terceiro modo leva à produção de duas células-filhas diferenciadas. Nesse modo simétrico, a população de células-tronco vai se esgotando. Todos esses três modos têm sido observados no córtex cerebral embrionário *in vivo* e em células corticais crescendo em cultura de tecidos (**Figura 46-1**).

A incidência de divisão celular simétrica e assimétrica é influenciada pelos sinais que surgem no ambiente local das células em divisão, o que torna possível controlar a possibilidade de autorrenovação ou diferenciação. Esses fatores ambientais podem influenciar o desfecho da divisão das células progenitoras de duas maneiras fundamentais. Eles podem agir de modo "instrutivo", influenciando o resultado do processo de divisão e fazendo com que a célula-tronco adote um destino em detrimento de outros. Alternativamente, esses fatores podem agir de modo "seletivo", permitindo a sobrevivência e a maturação de apenas determinadas células descendentes.

As células gliais radiais servem como progenitores neurais e suporte estrutural

As células gliais radiais são os primeiros tipos celulares com distinção morfológica que surgem dentro do epitélio neural primitivo. Seus corpos celulares estão localizados na zona ventricular, e seus longos processos se estendem até a superfície pial. Mesmo com o espessamento do encéfalo, os processos das células gliais radiais permanecem associados às superfícies ventricular e pial. Após a geração de neurônios se completar, muitas células gliais radiais se diferenciam em astrócitos. O formato alongado coloca as células gliais radiais em uma condição favorável para que sirva como uma plataforma para a migração dos neurônios que surgem a partir da zona ventricular (**Figura 46-2**).

No passado, foi postulado que a zona ventricular conteria dois tipos celulares principais: células gliais radiais e um grupo de progenitores neuroepiteliais, que serviria como fonte primária de neurônios. Mais recentemente, essa visão clássica mudou drasticamente. Uma vez que divisões simétricas de células-tronco tenham expandido o neuroepitélio, essas células originam as células gliais radiais. As células gliais radiais, além de seu papel na migração neuronal, são células progenitoras que podem gerar neurônios e astrócitos (**Figura 46-2**). A marcação de células gliais radiais com corantes fluorescentes ou com vírus mostra que sua descendência inclui tanto células neuronais quanto células gliais radiais. Essas observações indicam que essas células poderiam sofrer divisão celular assimétrica, bem como autorrenovação, servindo como uma importante fonte de neurônios pós-mitóticos e de astrócitos.

A geração de neurônios e de células gliais é regulada por sinais Delta-Notch e por fatores de transcrição básicos hélice-alça-hélice

Como as células gliais radiais decidem pela autorrenovação, pela geração de neurônios ou pelo surgimento de astrócitos maduros? A resposta para essa questão envolve um sistema de sinalização conservado, em termos evolutivos.

Em moscas e vertebrados, o destino neural é regulado por um sistema de sinalização da superfície celular, que compreende o ligante transmembrana Delta e seu receptor Notch. Esse sistema de sinalização foi descoberto em estudos genéticos em *Drosophila*. Neurônios emergem do interior de um grande agrupamento de células ectodérmicas, o que é chamado uma *região pró-neural*, cujas células têm o potencial de gerar neurônios. Ainda assim, dentro da região pró-neural, somente certas células geram neurônios; outras, se tornam células epidérmicas de suporte.

Delta e Notch são inicialmente expressos por todas as células pró-neurais em níveis semelhantes (**Figura 46-3A**). Entretanto, com o decorrer do tempo, a atividade Notch é aumentada em uma célula e suprimida em sua vizinha. A célula com atividade Notch mais alta perde o potencial para formar neurônios e toma um destino alternativo. A ligação da Delta à Notch resulta em clivagem proteolítica do domínio citoplasmático da Notch, o qual então entra no núcleo. Ali, ele funciona como um fator de transcrição, regulando a atividade de uma cascata de outros fatores de transcrição da família de fatores básicos hélice-alça-hélice (bHLH). Os fatores de transcrição bHLH suprimem a capacidade da célula de se tornar um neurônio e reduzem o nível de expressão do ligante Delta (**Figura 46-3B,C**).

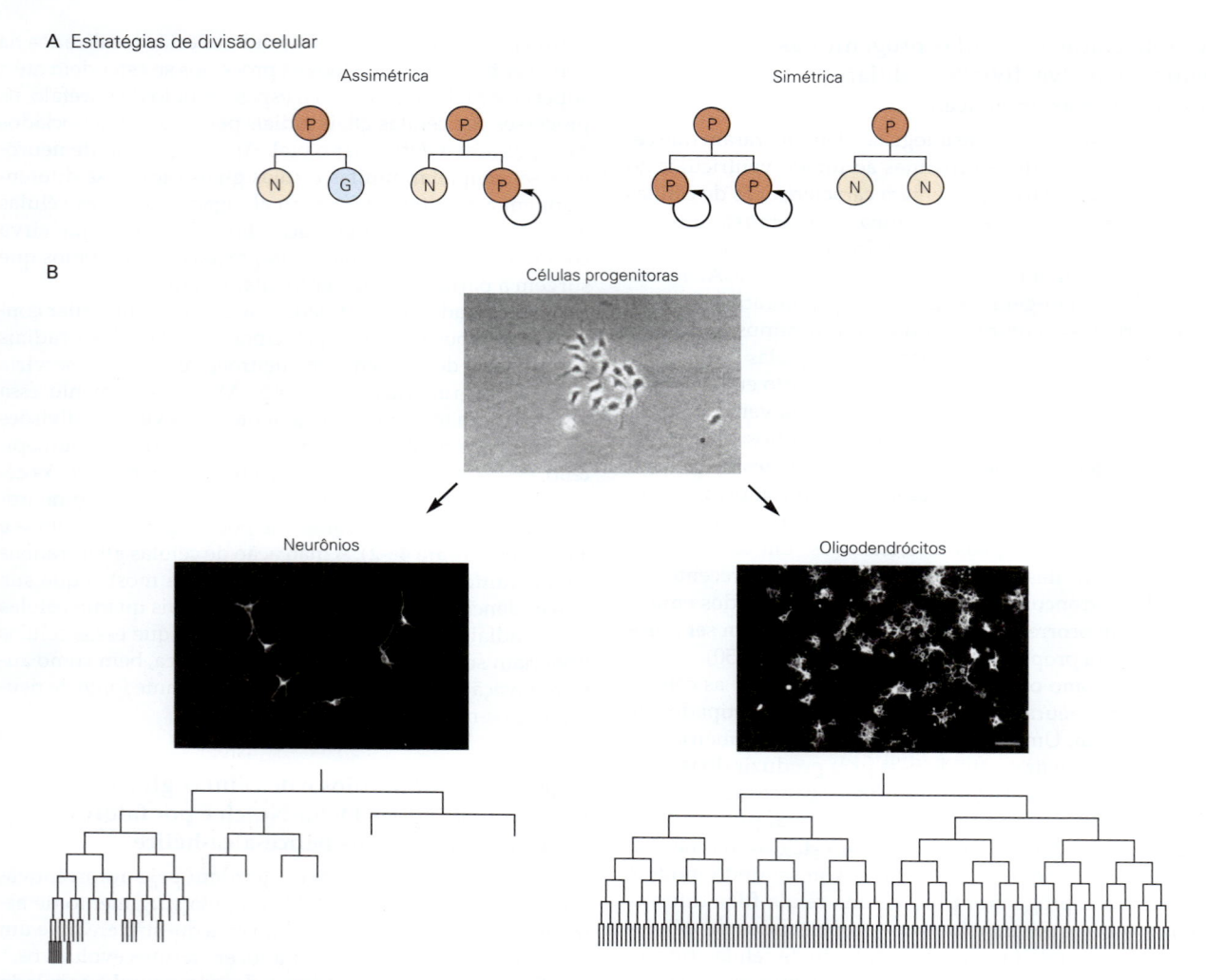

FIGURA 46-1 Células progenitoras neurais têm diferentes modos de divisão.

A. Modos de divisão celular assimétrico e simétrico. Uma célula progenitora (P) pode sofrer divisão assimétrica para gerar um neurônio (N) e uma célula glial (G), ou um neurônio e outra célula progenitora. Esse modo de divisão contribui para a geração de neurônios nos estágios iniciais do desenvolvimento e de células gliais em fases posteriores, típicas de várias regiões do sistema nervoso central. Células progenitoras podem também sofrer divisão simétrica para gerar duas células progenitoras adicionais ou dois neurônios pós-mitóticos.

B. Cinematografia com lapso de tempo capta as divisões e a diferenciação de células progenitoras corticais isoladas de roedor. Os diagramas das linhagens ilustram as células que sofrem divisão predominantemente assimétrica, dando origem a neurônios, ou simétrica, dando origem a oligodendrócitos. (Adaptada, com autorização, de Qian et al., 1998. Autorização transmitida pelo Copyright Clearance Center, Inc.)

A diferença inicial nos níveis de Notch entre células pode ser pequena e, em alguns casos, estocástica (ao acaso). Por essa via de retroalimentação, contudo, essas pequenas diferenças iniciais são amplificadas, gerando uma diferença "tudo ou nada" no estado de ativação da Notch e, consequentemente, no destino das duas células. Essa lógica básica de sinalização Delta-Notch e bHLH se apresenta conservada no tecido neural de vertebrados e invertebrados.

Como a sinalização Notch regula a produção neuronal e glial nos mamíferos? Nos estágios iniciais do desenvolvimento cortical de mamíferos, a sinalização Notch promove a geração de células gliais radiais pela ativação de membros da família Hes de repressores transcricionais bHLH. Duas dessas proteínas, Hes1 e Hes5, parecem manter o caráter de células gliais radiais ativando a expressão de ErbB, uma classe de receptor tirosina-cinase para a neurregulina, um sinal secretado que promove a identidade das células gliais radiais. O ligante de Notch, Delta1, bem como a neurregulina, é expresso pelos neurônios corticais recém-gerados; dessa forma, as células gliais radiais dependem de sinais de retroalimentação da progênie neuronal para sua produção continuada.

Em estágios posteriores do desenvolvimento cortical, a sinalização Notch continua a ativar proteínas Hes, mas uma modificação das vias de resposta intracelular resulta na diferenciação em astrócitos. Nesse estágio, as proteínas Hes promovem a ativação de um fator de transcrição, STAT3, que

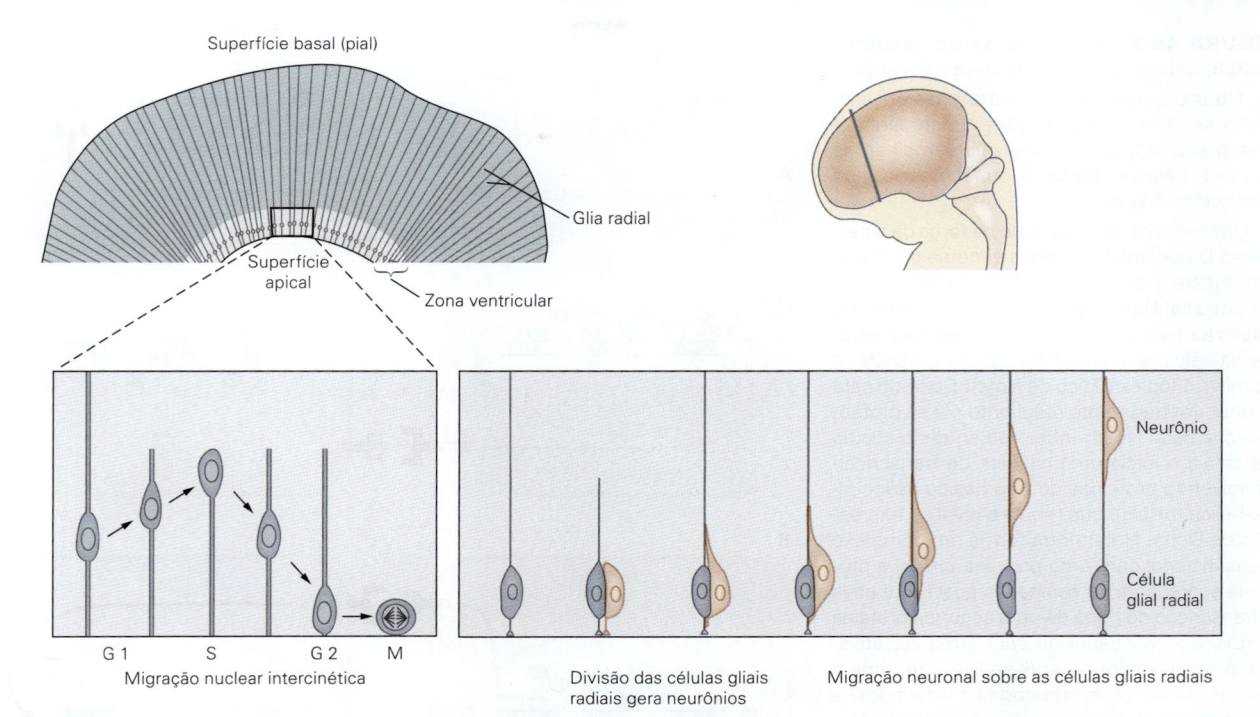

FIGURA 46-2 Células gliais radiais servem como precursores de neurônios no sistema nervoso central e também fornecem um arcabouço para a migração neuronal radial. Os núcleos de células progenitoras na zona ventricular do córtex cerebral em desenvolvimento migram ao longo do eixo apical-basal conforme progridem pelo ciclo celular. *À esquerda:* durante a fase G1, os núcleos ascendem da superfície interna (apical) da zona ventricular. Durante a fase S, eles se localizam no terço externo (basal) da zona ventricular. Durante a fase G2, eles migram apicalmente, e ocorre mitose (**M**) quando os núcleos atingem a superfície ventricular. *À direita:* durante a divisão celular, as células gliais radiais dão origem a neurônios pós-mitóticos, que migram para longe da zona ventricular usando as células gliais radiais como guia.

recruta a serina-treonina-cinase JAK2, um potente indutor da diferenciação de astrócitos. STAT3 também ativa a expressão de genes específicos de astrócitos, como o da proteína glial fibrilar ácida (GFAP, de *glial-fibrillary acidic protein*).

A geração de oligodendrócitos, a segunda principal classe de células gliais do sistema nervoso central, segue, em grande parte, os princípios que regulam a produção de neurônios e astrócitos (**Figura 46-4**). Sinais Notch regulam a expressão de dois fatores de transcrição bHLH, Olig1 e Olig2, os quais têm papel essencial na produção de oligodendrócitos nos períodos embrionário e pós-natal.

Mecanismos adicionais asseguram que os efeitos da sinalização Notch sejam evitados em células destinadas a se tornarem neurônios. Um desses mecanismos envolve uma proteína citoplasmática chamada Numb. O papel-chave da Numb na neurogênese foi demonstrado pela primeira vez na *Drosophila*, onde determina a diferenciação neuronal de células-filhas de progenitores que sofreram divisão assimétrica. No córtex de mamíferos, a Numb está preferencialmente localizada em células neuronais filhas e antagoniza a sinalização Notch. Perda da atividade da Numb causa uma extensa proliferação das células progenitoras. A inibição da sinalização Notch resulta na expressão de vários fatores de transcrição bHLH pró-neurais, notavelmente Mash1, neurogenina-1 e neurogenina-2. As neurogeninas promovem a produção neuronal ao ativarem, a jusante, proteínas bHLH, como a neuroD, e bloqueiam a formação de astrócitos via inibição da sinalização JAK e STAT.

Apesar da sinalização Delta-Notch e dos ativadores de fatores de transcrição bHLH estarem no cerne da decisão quanto a produzir neurônios ou células gliais, várias outras vias transcricionais corroboram com esse programa molecular central. Um importante fator de transcrição, REST/NRSF, reprime a expressão de genes neuronais nas células neurais progenitoras e nas células gliais. REST/NRSF é rapidamente degradado assim que os neurônios se diferenciam, permitindo a expressão de fatores neurogênicos bHLH e de outros genes neuronais. Fatores de transcrição com homeodomínios da classe SoxB também desempenham um importante papel na manutenção de progenitores neurais por bloquearem a atividade de proteínas neurogênicas bHLH. Portanto, a diferenciação de neurônios requer um escape da atividade de proteínas REST/NRSF e SoxB.

As camadas do córtex cerebral são estabelecidas pela adição sequencial de novos neurônios

A zona ventricular na porção mais anterior do tubo neural de mamíferos origina o córtex cerebral por uma série de etapas. Células da zona ventricular, localizada na borda apical do neuroepitélio, migram basalmente, no início, para formar uma zona subventricular que abriga um conjunto de

FIGURA 46-3 Delta liga-se ao receptor Notch, determinando o destino neuronal.

A. No início da interação entre duas células, Delta se conecta ao receptor Notch. Delta e Notch são expressos em níveis semelhantes em cada célula e, portanto, sua força inicial de sinalização é igual.

B. Um pequeno desequilíbrio na força da sinalização Delta-Notch quebra a simetria da interação. Neste exemplo, a célula à esquerda fornece um sinal Delta ligeiramente maior, ativando assim a sinalização Notch com maior intensidade na célula à direita. Pela ligação de Delta, o domínio citoplasmático de Notch é clivado para formar um fragmento resultante dessa proteólise chamado Notch-Intra, que entra no núcleo da célula e inicia uma cascata de transcrição envolvendo proteínas do tipo básico hélice-alça-hélice (bHLH), que regula o nível de expressão de Delta. Notch-Intra forma um complexo transcricional com uma proteína bHLH, a proteína supressora de *hairless*, o qual liga e ativa a transcrição do gene de uma segunda proteína bHLH, o amplificador de *split*. Uma vez ativado, o amplificador de *split* se liga e reprime a expressão do gene que codifica uma terceira proteína bHLH, *achaete-scute*. A atividade dessa proteína promove a expressão de Delta. Então, pela repressão de *achaete-scute*, o amplificador de *split* diminui a ativação transcricional do gene Delta e a produção da proteína Delta. Isso diminui a capacidade da célula à direita de ativar a sinalização Notch da célula à esquerda.

C. Uma vez que tenha sido reduzido o nível de sinalização Notch na célula à esquerda, o supressor de *hairless* não mais ativa o amplificador de *split*, e o nível de expressão de *achaete-scute* aumenta, resultando no incremento da expressão de Delta e na maior ativação da sinalização Notch na célula à direita. Dessa forma, uma pequena desigualdade inicial na sinalização Delta-Notch é rapidamente amplificada até atingir uma marcada assimetria no nível de ativação de Notch nas duas células. No sistema nervoso central de mamíferos, as células com elevado nível de ativação Notch são impedidas de se tornarem neurônios e dirigidas a outros destinos, enquanto as células com baixo nível de ativação Notch se tornam neurônios.

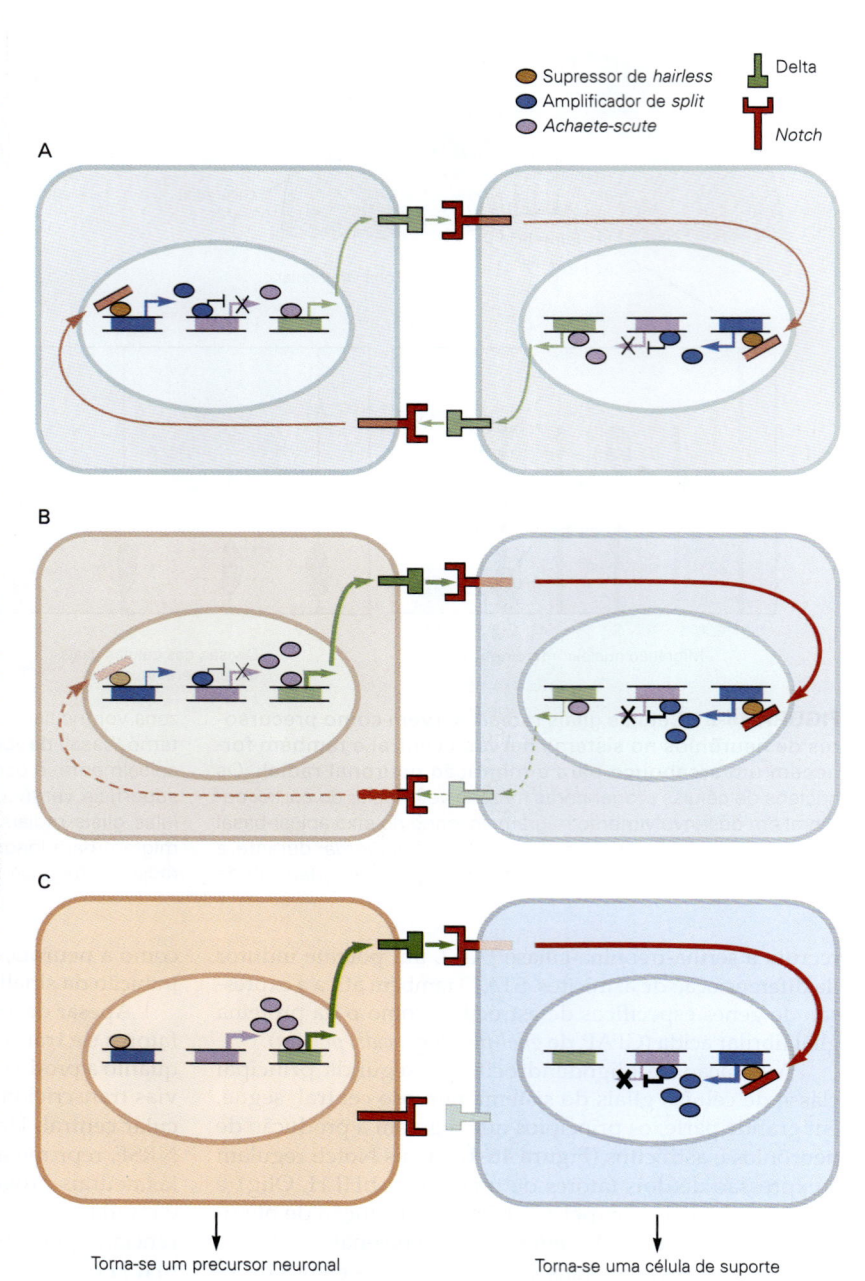

células progenitoras com um leque mais restrito de possibilidades de destino. A próxima zona a ser formada é a zona intermediária, através da qual migram neurônios recém-formados, e uma pré-placa, que abriga os neurônios recém-produzidos. Neurônios adicionais migram para formar uma camada chamada placa cortical, que se situa dentro da pré-placa. A placa cortical então divide a pré-placa em uma subplaca apical e uma zona marginal basal (**Figura 46-5A**).

Uma vez dentro da placa cortical, os neurônios se tornam organizados em camadas bem definidas. A camada na qual um neurônio se estabelece está precisamente correlacionada com o *dia do nascimento* do neurônio, ou seja, o período no qual uma célula precursora sofre seu ciclo final de divisões e origina um neurônio pós-mitótico. Células que migram das zonas ventricular e sub-ventricular e deixam de realizar o ciclo celular em estágios anteriores originam neurônios que se estabelecem nas camadas mais profundas do córtex. Células que deixam de realizar o ciclo celular em estágios progressivamente posteriores migram por distâncias maiores, ultrapassando os neurônios nascidos anteriormente, até se estabelecerem em camadas mais superficiais do córtex. Dessa forma, o estabelecimento de camadas de neurônios no córtex cerebral segue uma regra: primeiro, o interior e, por último, a porção exterior (**Figura 46-5B**).

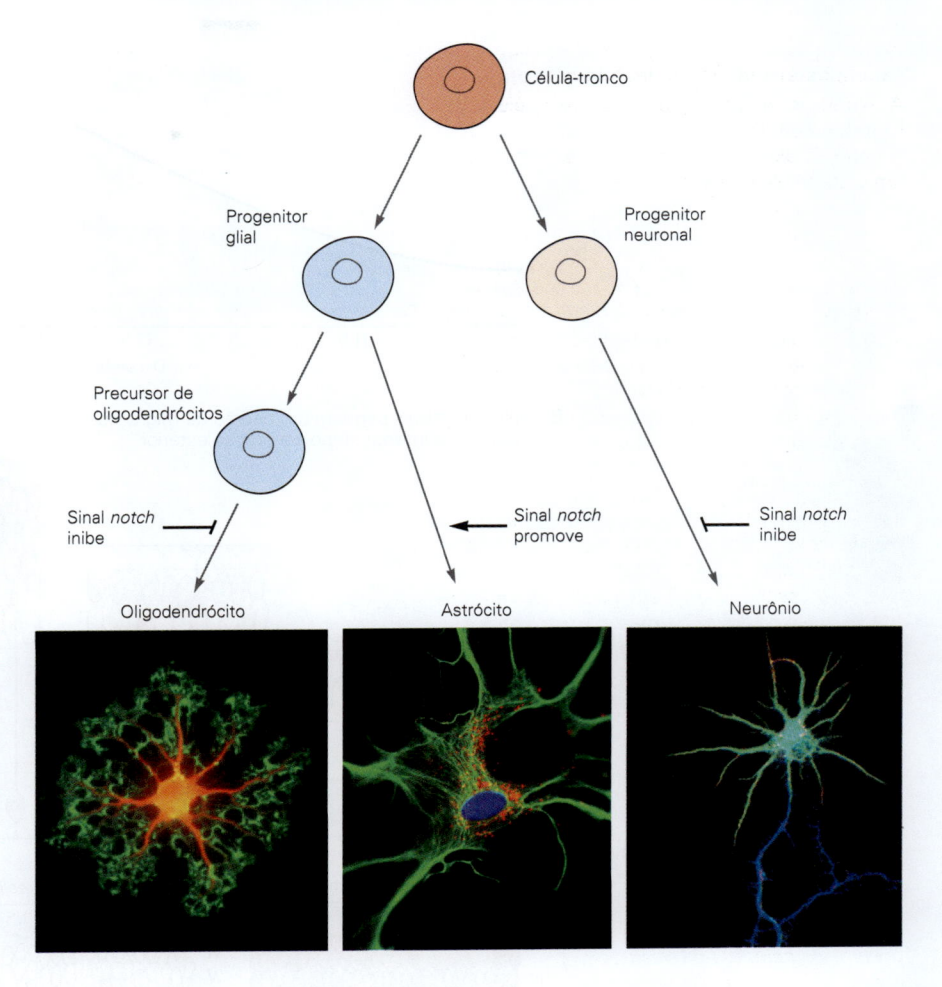

FIGURA 46-4 A sinalização Notch regula o destino das células no córtex cerebral em desenvolvimento. A sinalização Notch tem diversos papéis na diferenciação celular no córtex cerebral em desenvolvimento. A ativação da sinalização Notch em células progenitoras gliais resulta na diferenciação das células em astrócitos e na inibição da diferenciação para oligodendrócitos (via à esquerda). A sinalização Notch também inibe a diferenciação de células progenitoras em neurônios (via à direita). (Foto do oligodendrócito reproduzida, com autorização, de David H. Rowitch; foto do astrócito reproduzida, com autorização, de SAASTA, em nome dos fotógrafos Edward Nyatia e Dirk Michael Lang; foto do neurônio reproduzida, com autorização, de Masatoshi Takeichi.)

Neurônios migram longas distâncias entre seu sítio de origem e sua posição final

A migração de neurônios da zona ventricular cortical para a placa cortical segue um processo chamado *migração radial*. Desse modo, os neurônios movem-se ao longo dos longos processos não ramificados das células da glia radial para chegar a seus destinos. Em contraste, interneurônios penetram no córtex a partir de sítios subcorticais por um processo chamado *migração tangencial*. Esses modelos serão discutidos, sendo posteriormente descrita uma terceira estratégia de migração, a *migração livre*, que predomina no sistema nervoso periférico.

Neurônios excitatórios corticais migram radialmente ao longo de guias gliais

Estudos anatômicos clássicos do desenvolvimento cortical na década de 1970 evidenciaram que neurônios gerados na zona ventricular migram para as posições onde irão se estabelecer ao longo de uma via composta por fibras gliais radiais. Células gliais radiais servem como a plataforma primária para a migração neuronal radial. Seus corpos celulares estão localizados próximos à superfície ventricular e originam fibras alongadas que atravessam a parede do cérebro em desenvolvimento. Cada célula glial radial apresenta um terminal basal na superfície apical da zona ventricular e processos que terminam em múltiplos terminais na superfície pial do encéfalo (**Figura 46-6**). A plataforma glial radial é especialmente importante no desenvolvimento do córtex de primatas, onde neurônios precisam migrar longas distâncias à medida que o córtex se expande. Uma única plataforma de células gliais radiais pode dar suporte à migração de até 30 gerações de neurônios corticais antes de finalmente se diferenciar como um astrócito.

Quais forças e moléculas impulsionam a migração neuronal nas células gliais radiais? Após um neurônio concluir o ciclo celular, seu processo principal se envolve ao redor do eixo da célula glial radial e seu núcleo se transloca dentro do citoplasma do processo principal. Apesar do processo principal do neurônio em migração se estender lenta e constantemente, o núcleo se move de maneira intermitente, passo a passo, em função de rearranjos complexos do citoesqueleto. Uma rede microtubular forma um invólucro em torno do núcleo; o movimento do núcleo depende de uma estrutura similar ao centrossomo, chamada de *corpo basal*, a partir da qual um sistema de microtúbulos se projeta dentro do processo principal, fornecendo o conduto para o movimento nuclear (**Figura 46-7A**).

A migração neuronal junto à glia radial também envolve interações de adesão entre as células. Receptores para

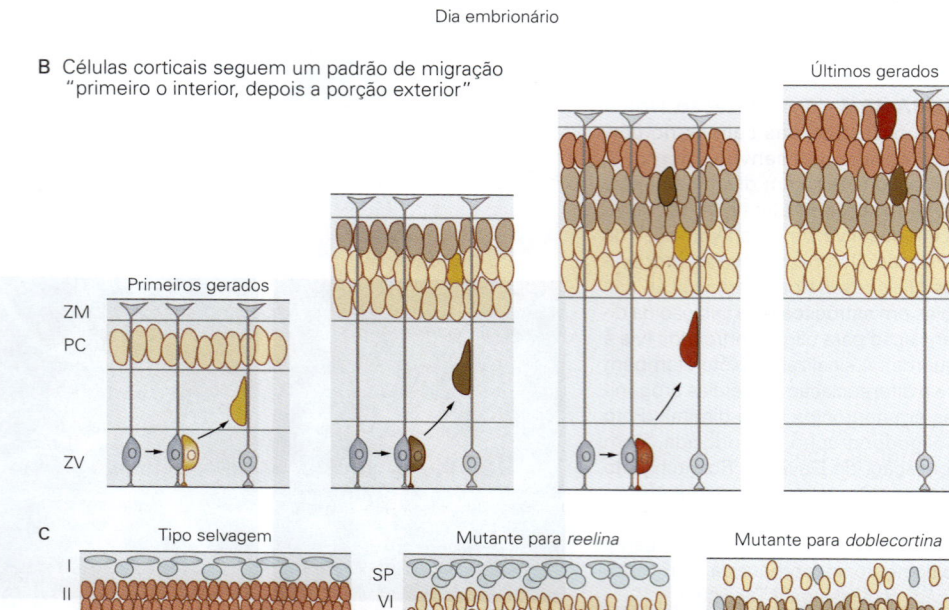

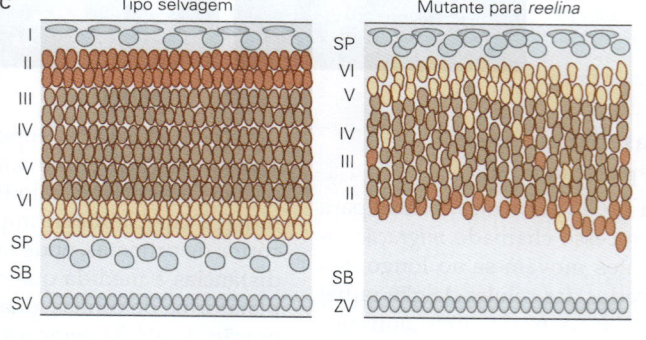

FIGURA 46-5 A migração de neurônios dentro do córtex cerebral embrionário leva à organização cortical em camadas. (Adaptada de Olsen e Walsh, 2002.)

A. Essa sequência temporal da neurogênese refere-se ao córtex cerebral de camundongos. Neurônios começam a se acumular na placa cortical durante os últimos cinco dias do desenvolvimento embrionário. Dentro da placa cortical, os neurônios povoam as camadas mais profundas antes de se estabelecerem nas camadas superficiais. (Siglas: **ZI**, zona intermediária; **ZM**, zona marginal; **PP**, pré-placa; **SP**, subplaca; **ZSV**, zona subventricular; **ZV**, zona ventricular; **SB**, substância branca.)

B. Durante o desenvolvimento cortical normal, os neurônios utilizam as células gliais radiais como plataforma migratória para entrarem na placa cortical. Ao se aproximarem da superfície pial, os neurônios interrompem a migração e se desprendem das células gliais radiais. Esse padrão de ordenação da migração neuronal de dentro para fora resulta na formação de seis camadas neuronais no córtex cerebral maduro, arranjadas sobre a substância branca e a subplaca. (Sigla: **PC**, placa cortical.)

C. No camundongo mutante *reeler*, desprovido de proteína reelina funcional, a distribuição das camadas de neurônios na placa cortical é gravemente perturbada e parcialmente invertida. Além disso, a placa cortical inteira se desenvolve abaixo da subplaca. Nos mutantes de *doblecortina*, o córtex fica mais espesso, os neurônios perdem o característico aspecto de camadas, e algumas camadas contêm menos neurônios. Uma perturbação similar é observada em mutantes *Lis1*, que causa certas formas de lisencefalia em seres humanos.

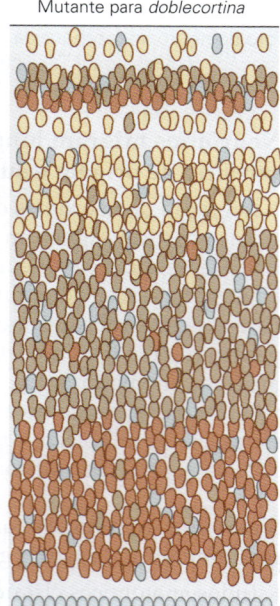

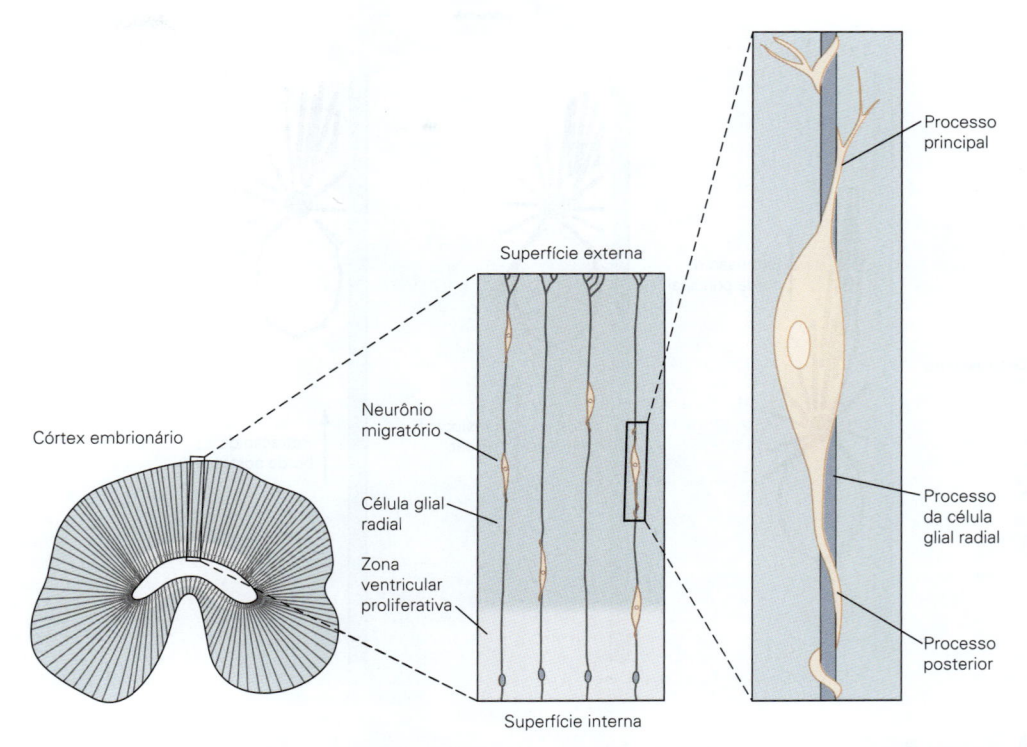

FIGURA 46-6 Os neurônios migram ao longo das células gliais radiais. Após sua geração a partir de células gliais radiais, os neurônios recém-gerados no córtex cerebral embrionário estendem um processo principal que envolve o eixo da célula glial radial, usando assim a célula glial radial como um arcabouço (uma plataforma para sua migração) durante sua migração da zona ventricular até a superfície pial do córtex.

adesão, como integrinas, promovem a extensão neuronal sobre as células gliais radiais. A migração de neurônios ao longo das fibras gliais é, contudo, diferente da extensão axonal dirigida pelos cones de crescimento (Capítulo 47). Na migração neuronal, o processo principal é desprovido dos filamentos de actina estruturados que caracterizam os cones de crescimento e se parece mais com um dendrito em extensão, uma inferência feita primeiro por Santiago Ramón y Cajal.

A ruptura dos programas de migração e de estabelecimento dos neurônios corticais responde por muitas das patologias corticais humanas (**Figura 46-5C**). Por exemplo, na lisencefalia (do grego para encéfalo liso, referindo-se ao aspecto liso característico da superfície cortical em pacientes com esse distúrbio), neurônios deixam a zona ventricular, mas falham em completar sua migração para dentro da placa cortical. Como resultado, o córtex maduro em geral é reduzido de seis para quatro camadas neuronais; além disso, o arranjo dos neurônios dentro de cada camada remanescente é desordenado. Ocasionalmente, a lisencefalia é acompanhada pela presença de um grupo adicional de neurônios na substância branca subcortical. Pacientes com lisencefalia devida a mutações nos genes *Lis1* e *doblecortina* com frequência sofrem de deficiência mental grave e epilepsia intratável. As proteínas Lis1 e doblecortina localizam-se nos microtúbulos, o que sugere que estejam envolvidas no movimento nuclear dependente de microtúbulos; entretanto, sua função precisa na migração neuronal ainda necessita ser esclarecida.

Mutações que desregulam a via de sinalização da reelina perturbam os estágios finais da migração neuronal através da subplaca cortical. A reelina é uma proteína secretada a partir das células de Cajal-Retzius, uma classe de neurônios encontrada na pré-placa e na zona marginal. Sinais a partir dessas células são cruciais para a migração de neurônios corticais. Em camundongos, a falta de reelina funcional ocasiona uma falha no desprendimento dos neurônios da plataforma glial radial, estacionando abaixo da placa cortical, o que desobedece a regra da migração celular de seguir do interior para fora. Como consequência, a distribuição normal das células em camadas é parcialmente invertida, e a zona marginal é perdida. A reelina age por meio de receptores localizados na superfície celular, incluindo os receptores 2 de ApoE e os receptores de lipoproteína de densidade muito baixa. A ligação da reelina a esses receptores ativa uma proteína intracelular, a Dab1, que realiza a transdução de sinal da reelina. Não é surpreendente que a perda de proteínas da via de transdução de sinal da reelina produza fenótipos migratórios similares.

Interneurônios corticais surgem em posição subcortical e migram tangencialmente ao córtex

Inicialmente, se acreditava que células progenitoras na zona ventricular cortical originariam todos os neurônios corticais. Contudo, na medida em que melhores marcadores moleculares para diferentes tipos neuronais se tornaram disponíveis, se descobriu que os interneurônios

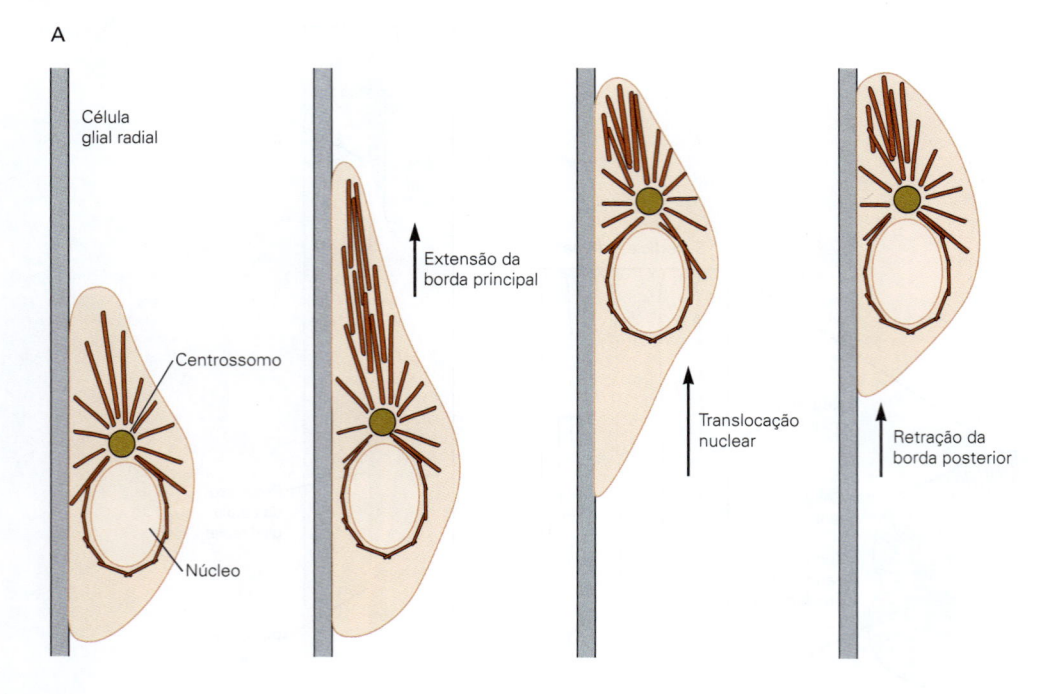

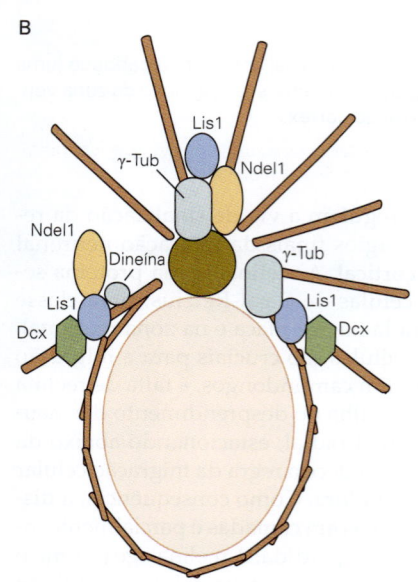

FIGURA 46-7 Proteínas do citoesqueleto provêm condições para a migração dos neurônios ao longo da glia radial.

A. O citoesqueleto microtubular tem um importante papel na migração neuronal. Os microtúbulos circundam o núcleo em uma estrutura similar a uma gaiola. A migração ao longo das células radiais envolve o alongamento do processo principal do neurônio na direção do movimento, sob o controle de sinais extracelulares de atração e repulsão, que guiam esse processo. Esses sinais regulam o estado de fosforilação das proteínas associadas a microtúbulos Ndel1 e Lis1 (dois componentes do complexo motor dineína) e de doblecortina (**Dcx**), que juntas estabilizam os microtúbulos do citoesqueleto. (Adaptada de Gleeson e Walsh, 2000.)

B. Microtúbulos estão conectados ao centrossomo por uma série de proteínas que são alvo de alterações em distúrbios da migração neuronal.

originam-se na zona ventricular de estruturas subcorticais. A maioria deles origina-se em regiões do telencéfalo ventral, chamadas eminências ganglionares (**Figura 46-8**).

As eminências medial e central geram a maioria dos interneurônios corticais, que então migram dorsalmente a partir de seus sítios de origem, penetrando no córtex. Alguns entram através da zona intermediária, enquanto outros entram através da zona marginal (**Figura 46-5A**). Uma vez que alcancem determinadas posições anteroposteriores e mediolaterais, eles mudam para um modo radial de migração, para sua rota final até atingir as camadas apropriadas. Distintas populações de neurônios geradas nas eminências ganglionares migram em momentos distintos e através de diferentes rotas, contribuindo para a diversidade da população de interneurônios. As precisas relações entre tempo e local de origem, rota migratória e destino final ainda precisam ser determinadas. Ainda assim, hoje está claro que neurônios corticais se originam de duas fontes: neurônios excitatórios, da zona ventricular cortical, e interneurônios, das eminências ganglionares.

Interneurônios de outras estruturas prosencefálicas também surgem das eminências ganglionares, assim como de uns poucos outros sítios subcorticais, como a área pré-óptica. Células que migram caudalmente a partir das eminências medial e caudal povoam o hipocampo, enquanto células que migram ventrolateralmente a partir dessas regiões

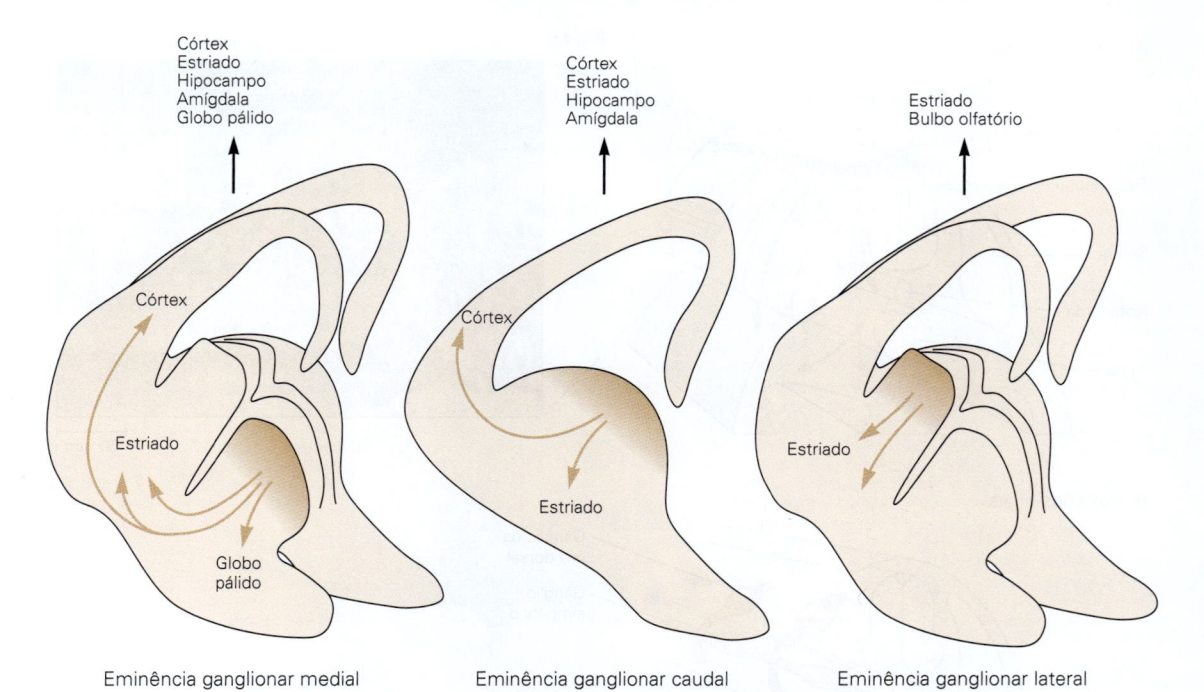

FIGURA 46-8 Os interneurônios prosencefálicos são gerados no telencéfalo ventral e migram tangencialmente para o córtex cerebral. Neurônios gerados nas eminências ganglionares migram para muitas regiões do prosencéfalo e se estabelecem nelas, onde se diferenciam em interneurônios. Interneurônios corticais surgem das eminências ganglionares medial e caudal. Outras células geradas nessas regiões migram em outras direções, povoando com interneurônios o hipocampo, o estriado, o globo pálido e a amígdala. A eminência ganglionar lateral gera células que migram para o estriado e para o bulbo olfatório. Células que migram para o bulbo olfatório utilizam células migratórias vizinhas como substratos para a migração, um processo chamado de migração em cadeia. (Adaptada, com autorização, de Bandler, Mayer e Fishell, 2017. Copyright © 2017 Elsevier Ltd.)

povoam os núcleos da base. Em contraste, neurônios gerados na eminência ganglionar lateral migram rostralmente e fornecem os interneurônios granulares e periglomerulares do bulbo olfatório. Nessa corrente migratória rostral, neurônios utilizam neurônios vizinhos como substratos para a migração (cadeia de migração). Por sua vez, no encéfalo adulto, os neurônios que seguem a corrente migratória rostral se originam na zona subventricular do estriado.

Fatores de transcrição controlam as características dos neurônios da eminência ganglionar. As proteínas homeodomínio Dlx1 e Dlx2 são expressas pelas células das eminências ganglionares. Em camundongos sem a atividade Dlx1 e Dlx2, a perturbação da migração neuronal resultante leva a uma profunda redução no número de interneurônios GABAérgicos no córtex. Outros fatores de transcrição são responsáveis por diferenças entre eminências ganglionares. Por exemplo, Nkx2.1 é expresso seletivamente por células na eminência ganglionar medial. Em sua ausência, os interneurônios gerados nessa região assumem características daqueles gerados normalmente pelas eminências ganglionares lateral e caudal. Além dele, outros fatores de transcrição especificam as diferentes características das subpopulações de neurônios dentro de cada eminência ganglionar.

Uma das principais características especificadas por esses fatores de transcrição é a via migratória tomada pelo novo interneurônio. Uma constelação de fatores solúveis e de superfície celular, produzidos por células dentro ou próximas às eminências ganglionares fornecem dicas de repulsão, que levam à expulsão de células da zona ventricular, dicas essas chamadas de motogênicas (que promovem movimento) e que aceleram a migração, além de dicas de atração, que direcionam os neurônios a seus alvos. Esses fatores incluem *slits*, semaforinas e efrinas, todos os quais serão estudados no Capítulo 47, como moléculas que orientam os axônios a seus alvos.

A migração de células da crista neural no sistema nervoso periférico não depende de plataformas

O sistema nervoso periférico origina-se de células-tronco da crista neural, um pequeno grupo de células neuroepiteliais na periferia do tubo neural e do ectoderma epidérmico. Logo após sua indução, células da crista neural são transformadas de células epiteliais em células mesenquimais e começam a se dissociar do tubo neural. Elas então migram para diversos locais ao longo do corpo (**Figura 46-9**). A migração das células da crista neural não depende de plataformas (p. ex., células gliais radiais ou tratos axonais preexistentes), sendo então chamada de migração livre. Essa forma de migração neuronal requer significativas modificações citoarquitetônicas e de adesão celular, diferindo da maioria dos eventos migratórios no sistema nervoso central.

A migração de células da crista neural é promovida e orientada por diversas famílias de fatores secretados. Por exemplo, proteínas morfogenéticas do osso (BMPs), que

A Vias migratórias

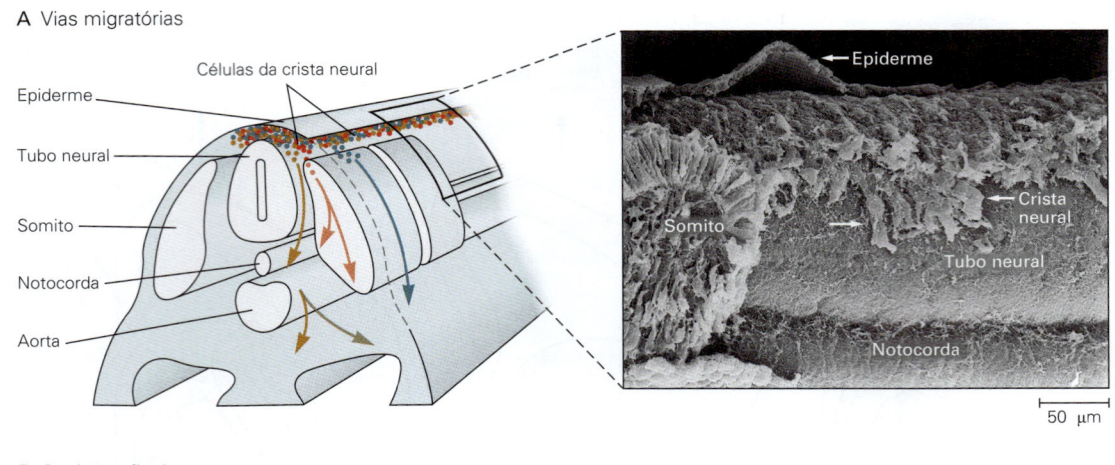

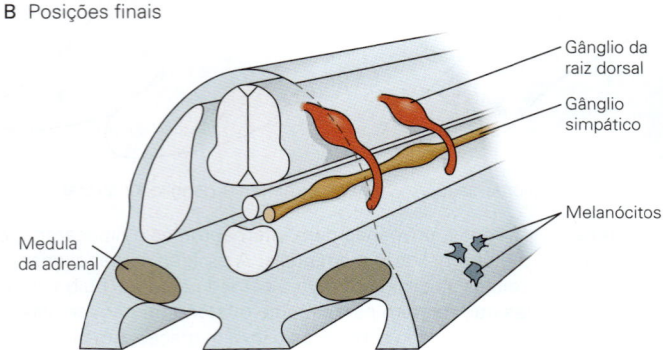

B Posições finais

FIGURA 46-9 Migração de células da crista neural no sistema nervoso periférico.
A. Uma secção transversal através da parte média do tronco de um embrião de pinto mostra as principais vias das células da crista neural. Algumas células migram ao longo de uma via superficial, logo abaixo do ectoderma, e se diferenciam em células pigmentares da pele. Outras migram ao longo de uma via mais profunda, que as leva através dos somitos, onde se juntam para formar os gânglios sensoriais das raízes dorsais. Ainda outras, migram entre o tubo neural e os somitos, passando pela aorta dorsal. Essas células se diferenciam em gânglios simpáticos e na medula da adrenal. A micrografia eletrônica de varredura mostra células da crista neural migrando para longe da superfície dorsal do tubo neural do embrião de pinto. (Micrografia reproduzida, com autorização, de K. Tosney.)
B. Células da crista neural alcançam suas posições finais, onde se estabelecem e completam a diferenciação.

são críticas para a indução da crista neural em um estágio anterior (Capítulo 45), são necessárias para a migração de células da crista neural em estágios posteriores. A exposição de células epiteliais neurais às BMPs desencadeia modificações moleculares que convertem células epiteliais a um estado mesenquimal, causando um desprendimento dessas células a partir do tubo neural e a migração para a periferia. As BMPs desencadeiam modificações nas células da crista neural pela indução da expressão de fatores de transcrição, em especial as proteínas dedos de zinco *snail*, *slug* e *twist*, as quais têm um papel conservado na promoção da transição de epitelial para mesenquimal. Esses fatores de transcrição dirigem a expressão de proteínas que regulam as propriedades do citoesqueleto, bem como de enzimas que degradam proteínas da matriz extracelular. Essas enzimas habilitam as células da crista neural a quebrar a membrana basal que circunda o epitélio do tubo neural, permitindo que elas ingressem em sua jornada migratória até a periferia.

Assim que as células da crista neural começam a se dissociar, a expressão de moléculas de adesão celular modifica-se. Alterações na expressão de proteínas de adesão, em especial caderinas, permitem que as células da crista neural percam seus contatos de adesão com células do tubo neural e comecem então o processo de dissociação. Células da crista neural também começam a expressar integrinas, receptores para proteínas de matriz extracelular, como lamininas e colágenos, que são observados ao longo das vias periféricas de migração.

As primeiras estruturas encontradas pelas células migratórias da crista neural são os somitos, células epiteliais que posteriormente dão origem a músculo e cartilagem. Células da crista neural atravessam a metade anterior de cada somito, mas evitam a metade posterior (**Figura 46-9A**). A canalização rostral da migração das células da crista neural é imposta pelas proteínas efrina B, que estão concentradas na metade posterior de cada somito. As efrinas funcionam como um sinal repelente que interage com os receptores tirosina-cinase da classe EphB nas células da crista neural para prevenir sua invasão. As células da crista neural que permanecem dentro do esclerótomo anterior dos somitos se diferenciam na forma de neurônios sensoriais dos gânglios da raiz dorsal; aquelas que migram em torno da região dorsal do somito se aproximam da pele e dão origem aos melanócitos.

A diferenciação da crista neural em seus vários derivados depende de interações complexas entre as diferentes dicas que as células recebem ao longo de sua jornada e de predisposições intrínsecas que variam ao longo do eixo rostrocaudal. O desenvolvimento de neurônios sensoriais é iniciado no momento em que as células migram do tubo neural. As células são expostas a sinais do tubo neural dorsal e dos somitos que induzem a expressão de neurogenina, um fator de transcrição da família bHLH, que por sua vez promove um destino sensorial. Influências subsequentes diversificam os neurônios em múltiplos tipos sensoriais, como neurônios nociceptivos e proprioceptivos (**Figura 46-10**). Em contrapartida, aquelas células da crista neural que seguem uma via migratória mais medial e ventral são expostas às BMPs secretadas a partir da aorta dorsal. Elas expressam o fator bHLH Mash1, que leva à sua diferenciação em neurônios simpáticos.

Inovações estruturais e moleculares subjazem a expansão do córtex cerebral humano

Não há camundongos ou macacos lendo este livro. Isso ocorre em grande parte pois o encéfalo humano é diferente mesmo dos nossos parentes mais próximos, tanto qualitativa quanto quantitativamente. Ainda assim, a maioria dos estudos a respeito do desenvolvimento neural de mamíferos tem sido realizada em camundongos, cujos encéfalos contêm aproximadamente 1.000 vezes menos neurônios que o encéfalo humano e 100 vezes menos que o primata não humano mais estudado, o macaco rhesus. Recentemente, no entanto, novos métodos estão possibilitando elucidar algumas das características estruturais e moleculares que levam à expansão do encéfalo humano e, particularmente, do córtex cerebral humano.

Estudos anatômicos clássicos deixaram claro que o córtex dos primatas não apenas tem tamanho e espessura bem maiores que o de roedores, mas também áreas mais delimitadas e um número maior de camadas (**Figura 46-11A**). Além disso, a densidade de empacotamento de neurônios é maior em primatas que em camundongos, de modo que a diferença no número de neurônios é maior do que se esperaria apenas a partir do tamanho. Uma explicação importante para a expansão em primatas é o maior conjunto de progenitores neuronais. Muitos desses progenitores são um segundo tipo de célula glial radial, chamado célula glial radial externa, para distinguí-la da glia radial canônica ou interna, descrita acima. Ao contrário da glia radial interna, a glia radial externa não apresenta contato com a superfície ventricular, e ambas apresentam diferenças moleculares. Contudo, essas células são capazes de gerar neurônios e de servir como um guia migratório. O grande aumento em seu número em primatas, especialmente em humanos, fornece uma explicação parcial para o aumento no número de neurônios no córtex cerebral humano.

Como se podem analisar experimentalmente as características específicas do desenvolvimento humano? Novos métodos de análise molecular estão tornando possível comparar proteínas, transcritos e genes de humanos com aqueles de nossos parentes próximos, resultando na descoberta de intrigantes especializações. No entanto, as hipóteses derivadas desses achados são difíceis de serem testadas. A maioria dos estudos do desenvolvimento descritos nesses capítulos não pode ser realizada em humanos, e análises do desenvolvimento são difíceis mesmo em primatas não humanos. Uma possível solução é o sistema de cultura de "organoides", recentemente desenvolvido.

Células de pele adultas podem ser reprogramadas para se tornarem progenitoras multipotentes, chamadas células-tronco pluripotentes induzidas (iPSC), por meio de métodos que serão discutidos no Capítulo 50. Quando

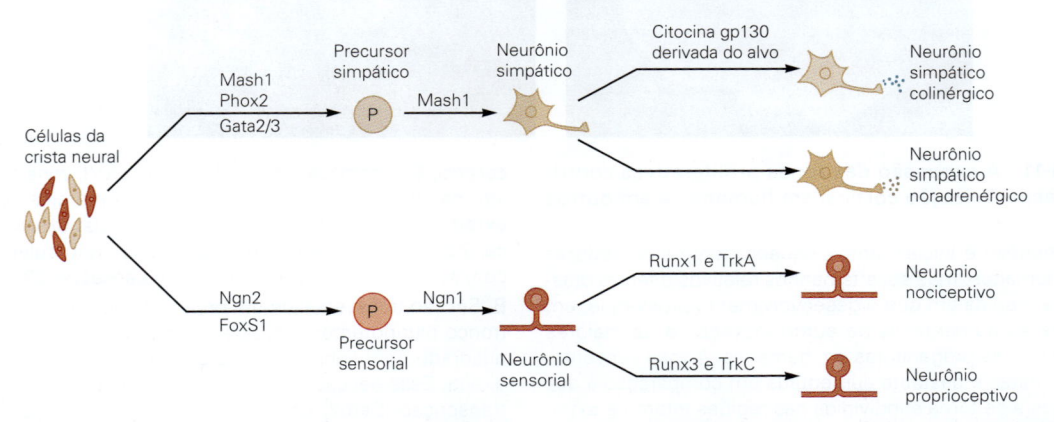

FIGURA 46-10 Células da crista neural se diferenciam em neurônios simpáticos e sensoriais. Os destinos neuronais das células da crista neural do tronco são controlados pela expressão de fatores de transcrição. A expressão da proteína Mash1, do tipo hélice-alça-hélice básico (bHLH), direciona as células da crista neural ao longo de uma via neuronal simpática. Neurônios simpáticos podem adquirir fenótipos de transmissor noradrenérgico ou colinérgico, dependendo das células-alvo que inervam e do nível de sinalização da citocina gp130 (ver **Figura 46-13**). Duas proteínas bHLH, neurogenina-1 e 2, direcionam as células da crista neural ao longo de uma via neuronal sensorial. Neurônios sensoriais que expressam o fator de transcrição Runx1 e o receptor tirosina-cinase TrkA se tornam nociceptores, enquanto aqueles que expressam Runx3 e TrkC se tornam proprioceptores. (Siglas: **Ngn-1**, neurogenina-1; **Ngn-2**, neurogenina-2.)

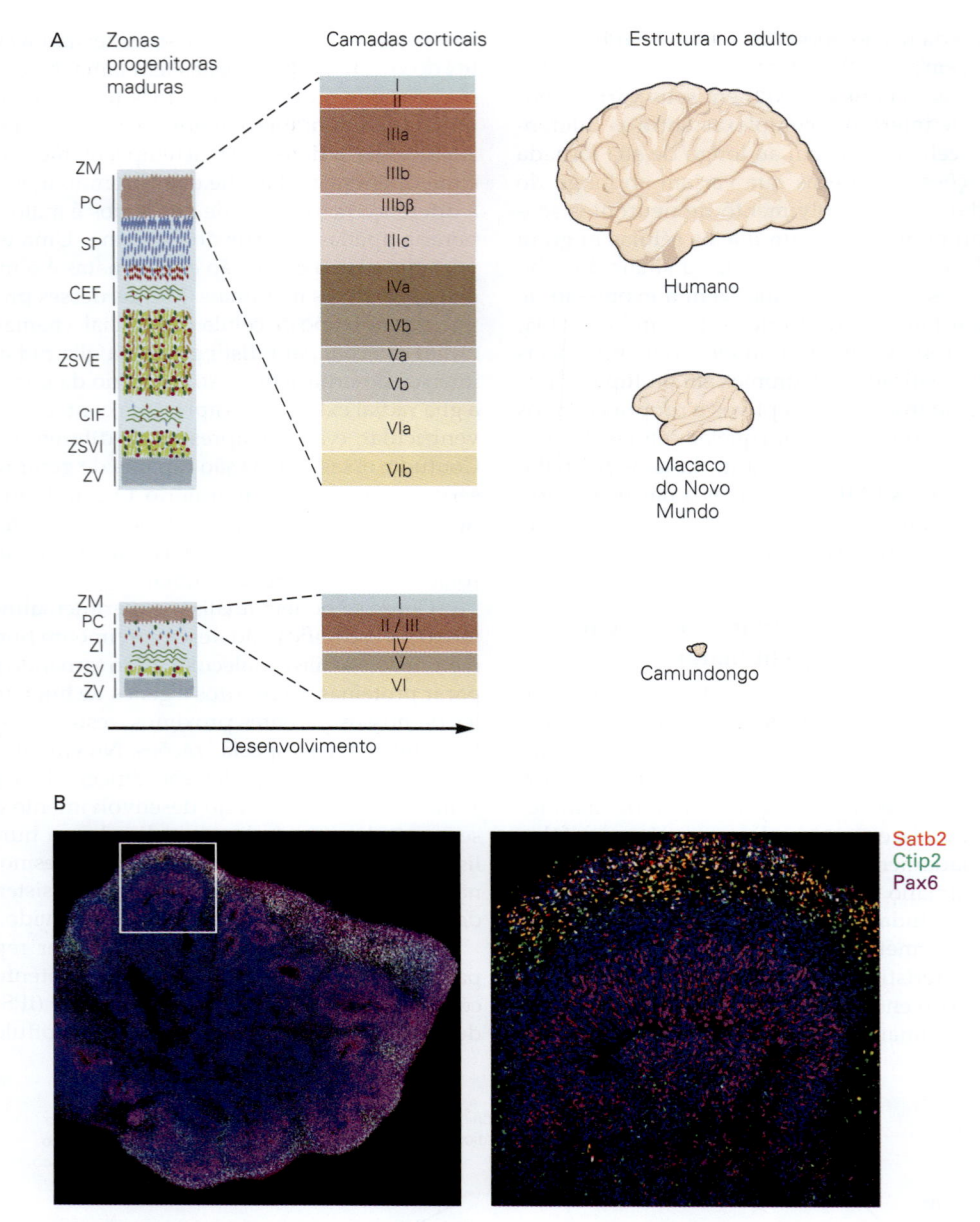

FIGURA 46-11 A expansão das zonas proliferativas contribui para a especialização cortical em humanos e em outros primatas.

A. O neuroepitélio é inicialmente pequeno, tanto em roedores quanto em humanos, mas seus tamanhos relativos diferem drasticamente na medida em que o desenvolvimento prossegue, em função de taxas aumentadas de autorrenovação e de maiores números de células progenitoras em humanos. A zona subventricular dos primatas é bastante aumentada em comparação à dos camundongos e se torna subdividida nas regiões interna e externa, que contêm grandes populações de células gliais radiais e são ambas capazes de gerar neurônios. Em camundongos, quase todas as células gliais radiais são do tipo interno. (Siglas: **PC**, placa cortical; **CIF**, camada interna de fibras; **ZSVI**, zona subventricular interna; **ZI**, zona intermediária; **ZM**, zona marginal; **CEF**, camada externa de fibras; **ZSVE**, zona subventricular exerna; **SP**, subplaca; **ZSV**, zona subventricular; **ZV**, zona ventricular.) (Adaptada, com autorização, de Giandomenico e Lancaster 2017.)

B. Secção transversal de um organoide gerado a partir de células tronco pluripotentes induzidas humanas. A área delimitada pelo quadrado com linhas brancas está aumentada na micrografia à direita. Essa secção foi marcada com anticorpos para fatores de transcrição (Satb2, Ctip2 e Pax6) expressos seletivamente em camadas específicas do córtex humano, demonstrando que uma estrutura cortical em camadas se desenvolve no organoide. (Micrografia reproduzida, com autorização, de P. Arlotta.)

colocadas em cultura sob condições cuidadosamente controladas, sendo-lhes permitido expandir em três dimensões (bastante diferente das culturas bidimensionais convencionais), elas se proliferam e se auto-organizam em estruturas que se assemelham ao prosencéfalo em desenvolvimento, apresentando características específicas à espécie (**Figura 46-11B**). É especialmente notável que organoides de células humanas contêm uma zona subventricular grande com duas camadas e com numerosas células gliais radiais externas, enquanto organoides de células de camundongo apresentam uma zona subventricular menor, contendo predominantemente glia radial interna ou convencional. Esses organoides podem ser usados para elucidar ao menos alguns aspectos iniciais do desenvolvimento cortical humano.

Há ainda a possibilidade de muitas outras aplicações. Uma delas é a obtenção de iPSC de pacientes com distúrbios encefálicos. Organoides obtidos de tais pacientes apresentam características que podem levar a malformações corticais, como a lisencefalia (ver **Figura 46-5**). A esperança é que possam ser utilizados para elucidar mecanismos de doenças e para teste de terapias. Uma segunda aplicação é a comparação de organoides derivados de iPSC de chimpanzés e de humanos. Essa comparação fornece uma possibilidade de investigação das inovações evolutivas mais recentes, que nos separam de nossos mais próximos parentes vivos.

Programas intrínsecos e fatores extrínsecos determinam o fenótipo de neurotransmissores dos neurônios

Os neurônios continuam seu desenvolvimento após terem migrado para suas posições finais, e nenhum aspecto de sua diferenciação é mais importante do que a escolha do neurotransmissor químico. Os neurônios situados no encéfalo usam dois neurotransmissores principais. O aminoácido L-glutamato é o principal transmissor excitatório, enquanto o ácido γ-aminobutírico (GABA) é o principal transmissor inibitório. Alguns neurônios da medula espinal usam outro aminoácido, a glicina, como seu transmissor inibitório. No sistema nervoso periférico, neurônios sensoriais usam glutamato, neurônios motores usam acetilcolina e neurônios autonômicos usam acetilcolina ou noradrenalina. Outros transmissores são usados por menos neurônios, como a serotonina e a dopamina. A escolha do neurotransmissor determina com quais células pós-sinápticas um neurônio pode falar e o que ele pode dizer.

A escolha do neurotransmissor é um componente central dos programas transcricionais da diferenciação neuronal

Programas moleculares distintos são usados para estabelecer o fenótipo do neurotransmissor em diferentes regiões do encéfalo e classes neuronais. Será ilustrada a estratégia geral utilizada para determinar o fenótipo do aminoácido neurotransmissor, com foco nos neurônios do córtex cerebral e do cerebelo.

O córtex cerebral contém neurônios piramidais glutamatérgicos que são gerados dentro da placa cortical e dependem dos fatores bHLH neurogenina-1 e neurogenina-2 para sua diferenciação. Em contraste, como discutido anteriormente neste capítulo (ver **Figura 46-8**), a maioria dos interneurônios inibitórios GABAérgicos migra para o córtex a partir das eminências ganglionares, e seu caráter de conter o transmissor inibitório é especificado pela proteína bHLH Mash1 (**Figura 46-12A**), assim como pelas proteínas Dlx1 e Dlx2.

De forma similar, o cerebelo contém diversas classes de neurônios inibitórios (neurônios de Purkinje, Golgi, células em cesta e estrelares) e duas classes principais de neurônios excitatórios (neurônios granulares e grandes neurônios nucleares cerebelares). Esses neurônios inibitórios e excitatórios têm diferentes origens; neurônios GABAérgicos derivam da zona ventricular, enquanto neurônios glutamatérgicos migram para o cerebelo a partir do lábio rômbico. A geração de neurônios GABAérgicos e glutamatérgicos é controlada por dois diferentes fatores de transcrição bHLH, Ptf1a para neurônios inibitórios e Math-1 para neurônios excitatórios (**Figura 46-12B**). Esses fatores bHLH são expressos por células neuroepiteliais, mas não por neurônios maduros, sugerindo que a diferenciação em neurônios glutamatérgicos e GABAérgicos seja iniciada antes da geração neuronal.

Programas transcricionais também determinam o fenótipo neurotransmissor no sistema nervoso periférico. Por exemplo, as BMPs promovem a diferenciação de neurônios noradrenérgicos por induzirem a expressão de uma variedade de fatores de transcrição que incluem a proteína bHLH Mash1, a proteína homeodomínio Phox2 e a proteína dedos de zinco Gata2. Em contrapartida, as proteínas Runx são determinantes do fenótipo glutamatérgico dos neurônios sensoriais (**Figura 46-10**).

Sinais de aferências sinápticas e de alvos podem influenciar os fenótipos neurotransmissores dos neurônios

Uma vez que o fenótipo neurotransmissor é uma propriedade neuronal fundamental, por muito tempo se acreditou que as propriedades em termos de neurotransmissores fossem determinadas no estágio mais inicial da diferenciação neuronal. Essa visão foi desafiada por estudos que mostraram que a via migratória de uma célula da crista neural expõe a célula a sinais ambientais que têm um papel crítico na determinação de seu fenótipo neurotransmissor.

A maioria dos neurônios simpáticos usa noradrenalina como seu transmissor primário. Entretanto, aqueles que inervam glândulas sudoríparas exócrinas na planta do pé usam acetilcolina; ainda assim, esses neurônios expressam noradrenalina quando primeiro inervam as glândulas sudoríparas da pele. Somente após seus axônios terem contatado a glândula sudorípara é que eles param de sintetizar noradrenalina e começam a produzir acetilcolina.

Quando as glândulas da planta da pata de um rato recém-nascido são transplantadas para uma região que normalmente é inervada por neurônios simpáticos noradrenérgicos, o neurônio que faz sinapse com tais glândulas adquire propriedades de transmissor colinérgico, indicando que as células da glândula sudorípara secretam fatores que induzem propriedades colinérgicas em neurônios simpáticos.

Vários fatores secretados acionam a alteração do fenótipo noradrenérgico para o colinérgico em neurônios simpáticos. As glândulas sudoríparas secretam um coquetel de citocinas similares à interleucina-6, em especial

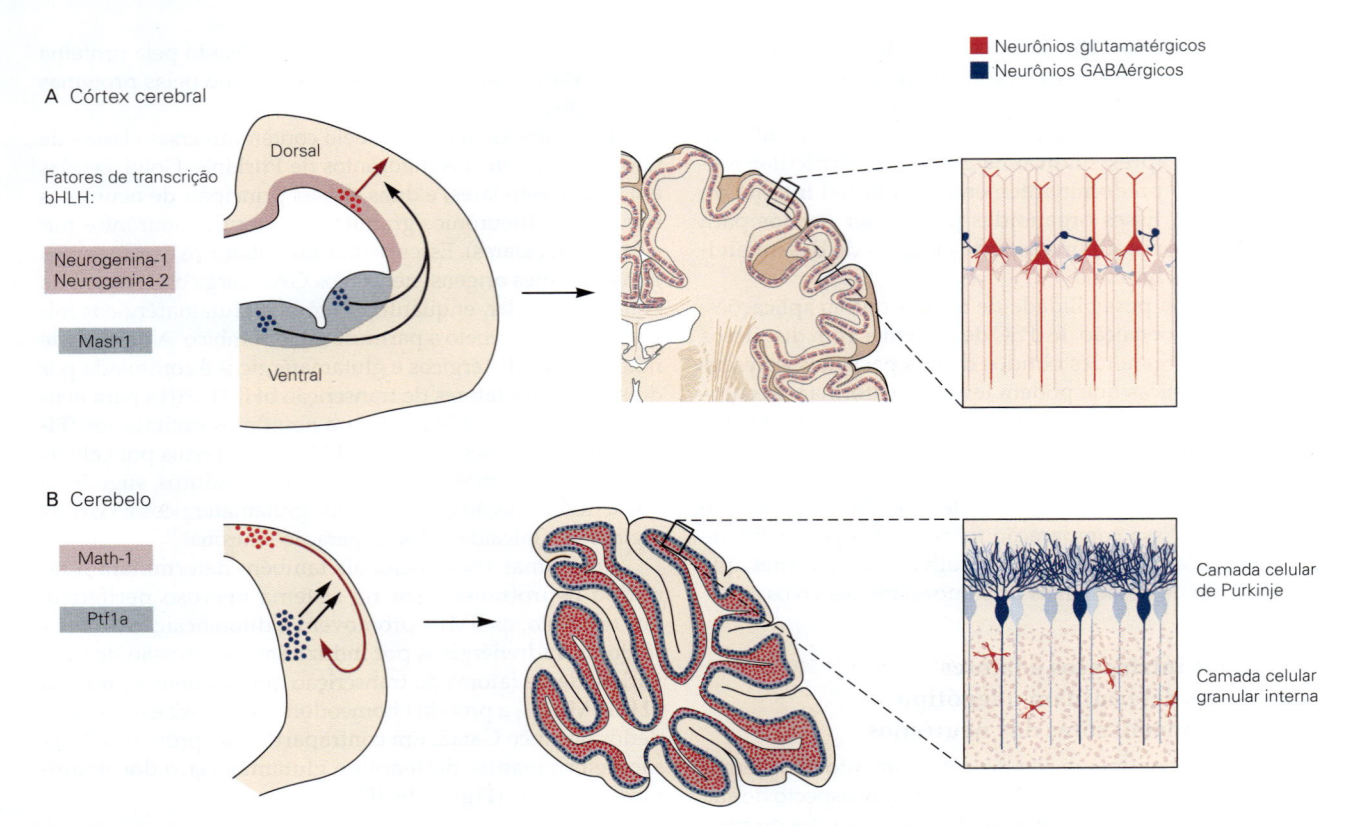

FIGURA 46-12 O fenótipo neurotransmissor de neurônios centrais é controlado por fatores de transcrição hélice-alça-hélice básicos.

A. No córtex cerebral, neurônios GABAérgicos e glutamatérgicos derivam de diferentes zonas proliferativas, e seu fenótipo é especificado por distintos fatores de transcrição hélice-alça-hélice básicos (bHLH). Neurônios piramidais glutamatérgicos derivam da zona ventricular cortical, e a sua diferenciação depende das atividades das neurogeninas-1 e 2. A diferenciação dos interneurônios GABAérgicos nas eminências ganglionares do telencéfalo ventral depende da proteína bHLH Mash1. Esses neurônios migram dorsalmente para suprir o córtex cerebral com a maioria dos seus interneurônios inibitórios.

B. No cerebelo em desenvolvimento, neurônios GABAérgicos e glutamatérgicos também derivam de diferentes zonas proliferativas e são especificados por diferentes fatores de transcrição bHLH. Células granulares glutamatérgicas migram para dentro do cerebelo a partir do lábio rômbico, se estabelecem na camada granular interna (IGL, de *inner granular layer*) e são especificadas pela proteína bHLH Math-1. Neurônios GABAérgicos de Purkinje migram da zona proliferativa cerebelar profunda, se estabelecem na camada celular de Purkinje e são diferenciados pela proteína bHLH Ptf1a.

cardiotrofina-1, fator inibitório de leucemia e fator neurotrófico ciliar. Vários aspectos do metabolismo neuronal que estão ligados à síntese e à liberação de transmissores são controlados por esses fatores. Os neurônios param de produzir os grânulos grandes e eletrodensos, característicos de neurônios noradrenérgicos, e começam a produzir as vesículas pequenas eletrotranslúcidas, típicas de neurônios colinérgicos (**Figura 46-13**).

Mais recentemente, muitas evidências têm indicado que o fenótipo transmissor dos neurônios centrais também pode ser influenciado por sinais que incluem hormônios e atividade elétrica. Quando a atividade espontânea de neurônios embrionários de anfíbios é aumentada, alguns neurônios motores podem ser redirecionados para sintetizar e usar o neurotransmissor inibitório GABA, ao invés de acetilcolina, ou em adição a ela. Por sua vez, quando a atividade é diminuída, alguns neurônios inibitórios mudam, passando a usar o neurotransmissor excitatório glutamato, juntamente com o GABA ou no lugar dele. Parceiros pós-sinápticos tipicamente expressam novos receptores, que correspondem ao transmissor sendo liberado em suas membranas. Essas mudanças ocorrem sem uma nova especificação geral do neurônio e podem ser vistas mais como respostas homeostáticas, que objetivam manter a atividade geral do sistema em limites estreitos.

Embora tais trocas de transmissores nos neurônios centrais provavelmente ocorram raramente sob condições naturais, a plasticidade de neurotransmissores dependente de atividade pode ser um fenômeno mais comum no sistema nervoso adulto. Por exemplo, mudanças no ciclo claro-escuro em que os roedores são criados podem levar a mudanças recíprocas nos números de neurônios que utilizam dopamina e somastotatina como substâncias neuromoduladoras em áreas do encéfalo responsáveis pela manutenção do ritmo circadiano. Neste e em outros casos, as trocas de neurotransmissores têm consequências mensuráveis no comportamento do animal, sugerindo que esse processo, juntamente com alterações sinápticas menos dramáticas,

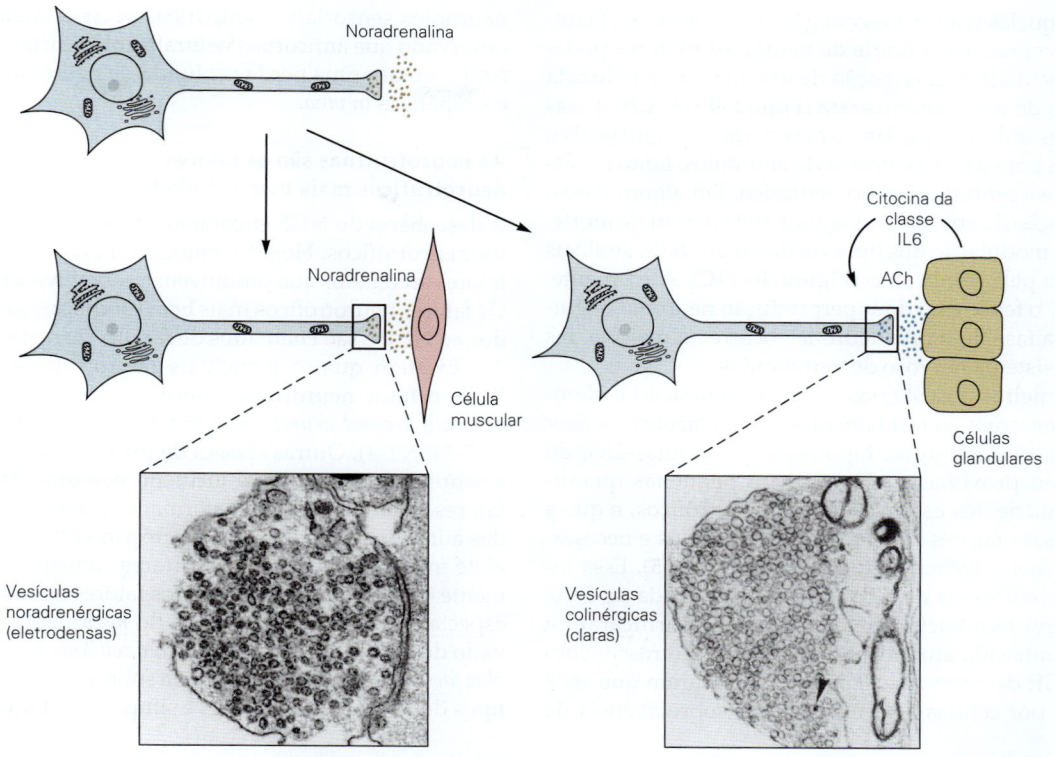

FIGURA 46-13 O alvo dos neurônios simpáticos determina o fenótipo neurotransmissor. Neurônios simpáticos são inicialmente especificados com um fenótipo transmissor noradrenérgico. A maioria dos neurônios simpáticos, incluindo aqueles que inervam as células do músculo cardíaco, retém esse fenótipo transmissor, e os seus terminais estão preenchidos com vesículas densas, nas quais a noradrenalina é armazenada. Contudo, neurônios simpáticos que inervam alvos como glândulas sudoríparas são induzidos a mudar para um fenótipo de transmissor colinérgico; seus terminais ficam preenchidos com pequenas vesículas claras, nas quais a acetilcolina (ACh) é armazenada. Glândulas sudoríparas direcionam a mudança no fenótipo transmissor pela secreção de membros da família interleucina de citocinas. Muitos membros dessa família, incluindo o fator inibidor de leucemia e o fator neurotrófico ciliar, são indutores potentes do fenótipo colinérgico em neurônios simpáticos crescidos em cultura celular. (Siglas: IL6, interleucina-6.) (Micrografias reproduzidas, com autorização, de S. Landis.)

discutidas no Capítulo 49, é empregado pelo encéfalo para respostas a mudanças ambientais.

A sobrevivência de um neurônio é regulada por sinais neurotróficos originados do alvo desse neurônio

Um dos achados mais surpreendentes nas neurociências do desenvolvimento é que uma grande fração de neurônios gerados no sistema nervoso embrionário acaba morrendo posteriormente, durante o desenvolvimento embrionário. Igualmente surpreendente, se sabe agora que o potencial para morte celular é pré-programado na maioria das células animais, incluindo os neurônios. Assim, decisões acerca da vida ou da morte são aspectos do destino de um neurônio.

A hipótese do fator neurotrófico foi confirmada pela descoberta do fator de crescimento neural

O alvo de um neurônio é uma fonte chave de fatores essenciais para sua sobrevivência. O papel crítico das células-alvo na sobrevivência neuronal foi descoberto em estudos do gânglio da raiz dorsal.

Na década de 1930, Samuel Detwiler e Viktor Hamburger descobriram que o número de neurônios sensoriais em embriões é aumentado se um membro em crescimento adicional for transplantado no campo-alvo e diminuído se o membro-alvo for removido. Na época, foi postulado que essas observações refletiam uma influência do membro sobre a proliferação e subsequente diferenciação dos precursores de neurônios sensoriais. Entretanto, na década de 1940, Rita Levi-Montalcini fez a surpreendente observação de que a morte neuronal não é simplesmente uma consequência de patologias ou manipulações experimentais, mas ocorre durante o programa normal de desenvolvimento embrionário. Levi-Montalcini e Hamburger mostraram que a remoção de um membro leva a uma morte excessiva de neurônios sensoriais, em vez de um decréscimo de sua produção.

Essas primeiras descobertas sobre a vida e a morte de neurônios sensoriais foram rapidamente estendidas para neurônios do sistema nervoso central. Hamburger observou que aproximadamente metade de todos os neurônios motores gerados na medula espinal morre durante o desenvolvimento embrionário. Além disso, em experimentos similares àqueles realizados com gânglios sensoriais, Hamburger descobriu que a morte de neurônios motores poderia ser aumentada pela remoção de um membro e reduzida pela adição de um membro extra (**Figura 46-14 A,B**). Essas observações indicam que sinais originados de células-alvo são cruciais para a sobrevivência de neurônios, tanto no sistema nervoso central como no periférico. Em alguns casos, a manipulação da atividade sináptica afeta o grau de morte, talvez pela modulação dos tipos ou da quantidade de sinais produzidos pela célula alvo (**Figura 46-14C**). Atualmente, sabe-se que o fenômeno de superprodução neuronal, seguido por uma fase de morte neuronal, ocorre na maioria das regiões do sistema nervoso de vertebrados.

As primeiras descobertas de Levi-Montalcini e Hamburger forneceram os fundamentos para a *hipótese do fator neurotrófico*. O cerne dessa hipótese é que células-alvo do neurônio ou próximas a ele secretam pequenas quantidades de nutrientes essenciais ou fatores tróficos, e que a captura desses fatores pelos terminais nervosos é necessária para a sobrevivência neuronal (**Figura 46-15**). Essa hipótese foi confirmada de modo notável na década de 1970, quando Levi-Montalcini e Stanley Cohen purificaram a proteína conhecida atualmente como fator de crescimento neural (NGF, de *nerve growth factor*) e mostraram que ela é produzida por células-alvo e sustenta a sobrevivência de neurônios sensoriais e simpáticos *in vitro*. Além disso, foi observado que anticorpos neutralizantes, dirigidos contra o NGF, causam uma perda profunda de neurônios sensoriais e simpáticos *in vivo*.

As neurotrofinas são os fatores neurotróficos mais bem estudados

A descoberta do NGF encorajou a procura por outros fatores neurotróficos. Hoje é conhecida mais de uma dúzia de fatores secretados que promovem a sobrevivência neuronal. Os fatores neurotróficos mais bem estudados são relacionados ao NGF e são chamados de família de neurotrofinas.

Existem quatro principais neurotrofinas: o próprio NGF, o fator neurotrófico derivado do encéfalo (BDNF, de *brain derived neurotrophic factor*) e as neurotrofinas 3 e 4 (NT-3 e NT-4). Outras classes de proteínas que promovem a sobrevivência neuronal incluem membros da família de fatores de crescimento transformador β, citocinas relacionadas à interleucina-6, fatores de crescimento de fibroblastos e até mesmo certos sinais indutores comentados anteriormente (BMPs e *hedgehogs*). Outros fatores neurotróficos, em especial os membros da família do fator neurotrófico derivado de célula glial (GDNF, de *glial cell line-derived neurotrophic factor*), são responsáveis pela sobrevivência de diversos tipos de neurônios sensoriais e simpáticos (**Figura 46-16**).

FIGURA 46-14 A sobrevivência de neurônios motores depende de sinais fornecidos por seus alvos musculares. O papel do alvo muscular na sobrevivência dos neurônios motores foi demonstrado por Viktor Hamburger em uma clássica série de experimentos realizados em embrião de pinto. (Adaptada de Purves e Lichtman, 1985.)

A. Um brotamento do membro foi removido de um embrião de pinto com 2,5 dias de idade, logo após a chegada dos nervos motores. Uma secção da medula espinal lombar, avaliada uma semana mais tarde, revelou que poucos neurônios motores sobreviveram no lado da medula espinal destituído do membro. O número de neurônios motores no lado contralateral (com o membro intacto) era normal.

B. Um broto extra de membro foi enxertado no lado de um membro preexistente antes do período normal de morte dos neurônios motores. Uma secção da medula espinal lombar, avaliada duas semanas mais tarde, mostra um aumento do número de neurônios motores no lado com o membro adicional.

C. O bloqueio da atividade neuromuscular com a toxina curare, que bloqueia os receptores de acetilcolina, resgata muitos neurônios motores que, de outra forma, morreriam. O curare pode agir pelo aumento da liberação de fatores tróficos a partir do músculo inativo.

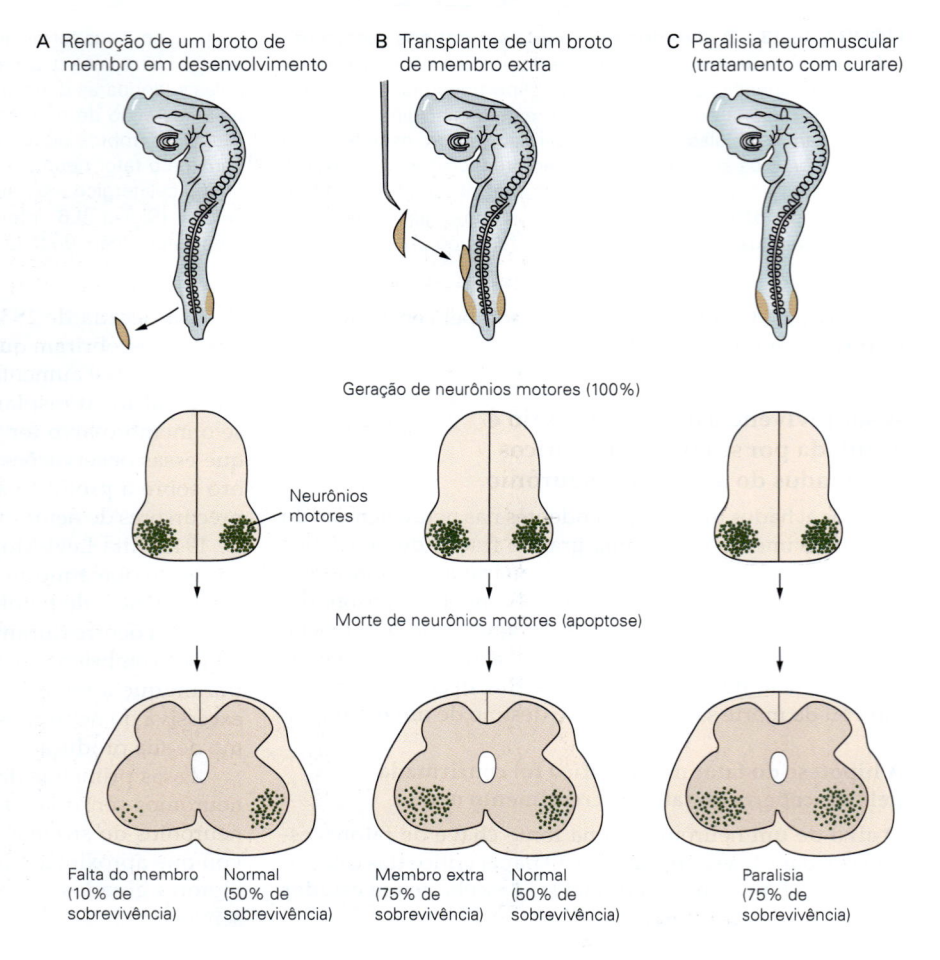

A Remoção de um broto de membro em desenvolvimento

B Transplante de um broto de membro extra

C Paralisia neuromuscular (tratamento com curare)

Geração de neurônios motores (100%)

Neurônios motores

Morte de neurônios motores (apoptose)

Falta do membro (10% de sobrevivência)

Normal (50% de sobrevivência)

Membro extra (75% de sobrevivência)

Normal (50% de sobrevivência)

Paralisia (75% de sobrevivência)

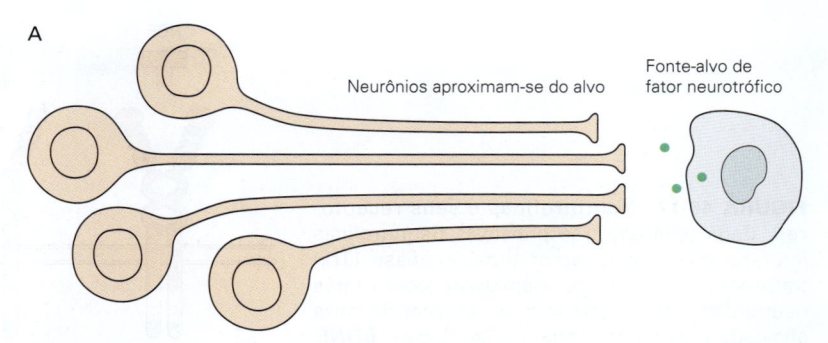

FIGURA 46-15 Hipótese do fator neurotrófico.
A. Os neurônios estendem seus axônios até as células-alvo, as quais secretam baixos níveis de fatores neurotróficos. (Por questões de simplicidade, apenas uma célula-alvo é mostrada.) O fator neurotrófico liga-se a receptores específicos e é internalizado e transportado para o corpo da célula, onde promove a sobrevivência neuronal.
B. Os neurônios que não conseguem receber quantidades suficientes de fator neurotrófico morrem por meio de um programa de morte celular denominado apoptose.

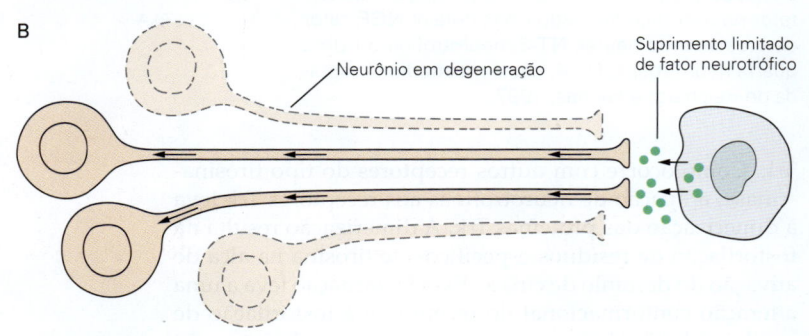

As neurotrofinas interagem com duas categorias principais de receptores, os receptores Trk e p75. Neurotrofinas promovem a sobrevivência celular pela ativação de receptores Trk. A família Trk compreende três tirosinas-cinases transmembrana, chamadas TrkA, TrkB e TrkC, cada uma ocorrendo como um dímero (**Figura 46-17**).

Muito já se sabe sobre as vias de sinalização intracelulares ativadas pela ligação de neurotrofinas aos receptores

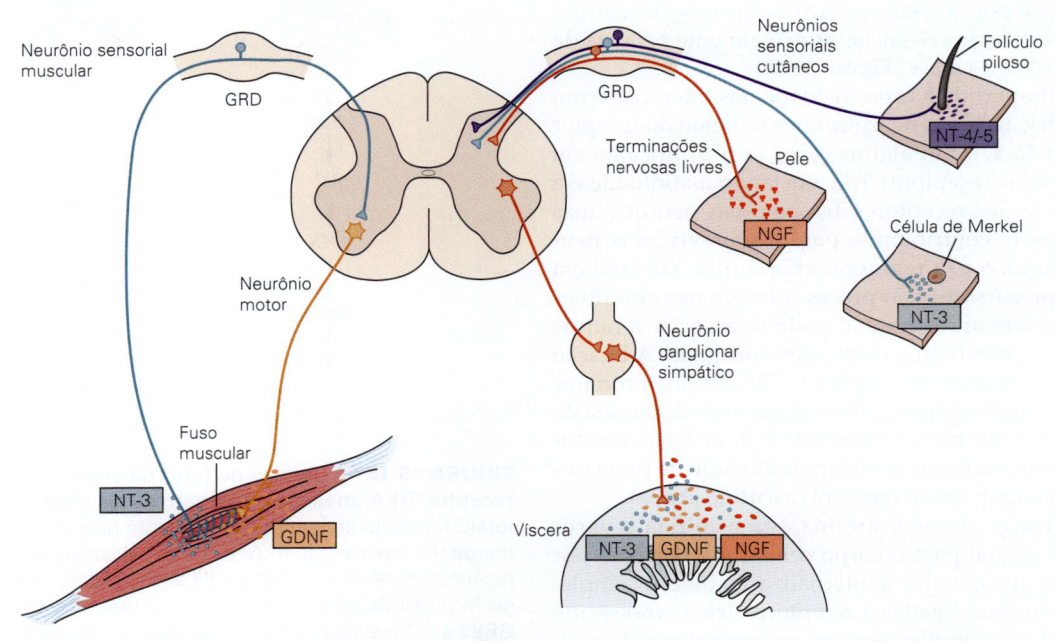

FIGURA 46-16 Determinados fatores neurotróficos promovem a sobrevivência de populações distintas de neurônios do gânglio da raiz dorsal. Os neurônios sensoriais proprioceptivos que inervam os fusos musculares dependem da neurotrofina-3 (**NT-3**); os neurônios nociceptivos que inervam a pele dependem do fator de crescimento neural (**NGF**) e de neurturina; os neurônios mecanoceptivos que inervam as células de Merkel dependem da NT-3, e aqueles que inervam os folículos pilosos dependem das neurotrofinas-4 e 5 (**NT-4/-5**) e do fator neurotrófico derivado do encéfalo. Os neurônios motores dependem do fator neurotrófico derivado de células da linhagem glial (**GDNF**) e de outros fatores. Os neurônios simpáticos dependem de NGF, NT-3 e GDNF. (Adaptada de Reichardt e Fariñas, 1997.)

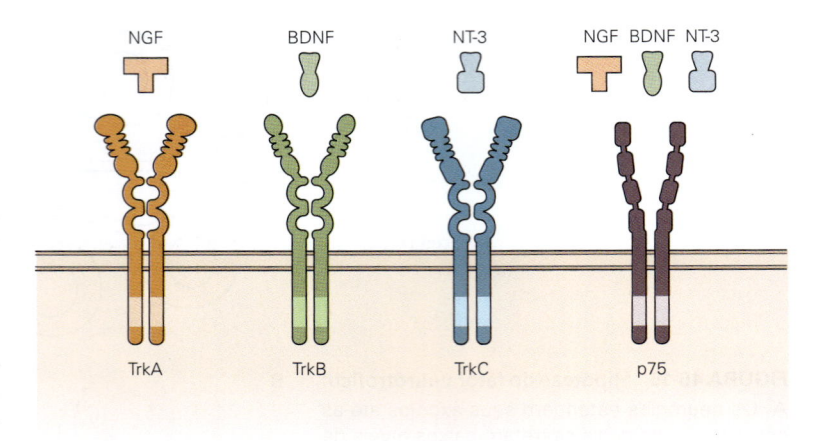

FIGURA 46-17 Neurotrofinas e seus receptores. Cada uma das três principais neurotrofinas interage com um receptor tirosina-cinase (**Trk**) transmembrana diferente. Além disso, todas as três neurotrofinas podem se ligar ao receptor de baixa afinidade para neurotrofina, o p75. (Siglas: **BDNF**, fator neurotrófico derivado do encéfalo; **NGF**, fator de crescimento neural; **NT-3**, neurotrofina-3.) Uma quarta neurotrofina, NT-4, não é mostrada. (Adaptada de Reichardt e Fariñas, 1997.)

Trk. Como ocorre com outros receptores do tipo tirosina-cinase, a ligação de neurotrofinas aos receptores Trk leva à dimerização das proteínas Trk. A dimerização resulta na fosforilação de resíduos específicos de tirosina na alça de ativação do domínio de cinase. Essa fosforilação leva a uma alteração conformacional do receptor, e à fosforilação de resíduos de tirosina que servem como sítios de interação com proteínas adaptadoras. Essas proteínas adaptadoras então disparam a produção de segundos mensageiros, que promovem a sobrevivência de neurônios e disparam sua maturação. Essas respostas biológicas divergentes envolvem diferentes vias de sinalização intracelular: diferenciação neuronal, principalmente pela via da enzima proteína-cinase ativada por mitógenos (MAPK, de *mitogen-activated protein kinase*), e sobrevivência, principalmente pela via da fosfatidilinositol-3-cinase (**Figura 46-18**).

Em contrapartida à especificidade das interações com receptores Trk, todas as neurotrofinas se ligam ao receptor p75 (**Figura 46-17**). Em alguns casos, o p75 funciona em conjunto com os receptores Trk, ajustando a afinidade e a especificidade dos receptores Trk por suas neurotrofinas ligantes e assim contribuindo para a sobrevivência neuronal. Contudo, o p75 tem uma vida dupla. Ele também pode ligar precursores não processados de neurotrofinas, chamados pró-neurotrofinas, e pode se associar a outros receptores de membrana, chamados sortilinas. A ligação das pró-neurotrofinas ao complexo p75/sortilina promove morte neuronal. O receptor p75 é um membro da família do receptor do fator de necrose tumoral (TNF, de *tumor necrosis factor*) e promove a morte celular pela ativação de proteases da família das caspases, o que será discutido abaixo.

A sinalização da neurotrofina é transmitida a partir do terminal axonal para o corpo celular do neurônio por um processo que envolve a internalização de um complexo de neurotrofinas ligadas a receptores Trk. O transporte retrógrado desse complexo ocorre em uma classe de vesículas endocíticas chamadas de endossomos sinalizadores. O transporte dessas vesículas dirige receptores Trk ativados para dentro de compartimentos celulares capazes de ativar vias de sinalização e programas transcricionais, essenciais para a sobrevivência e maturação neuronais e para a diferenciação sináptica.

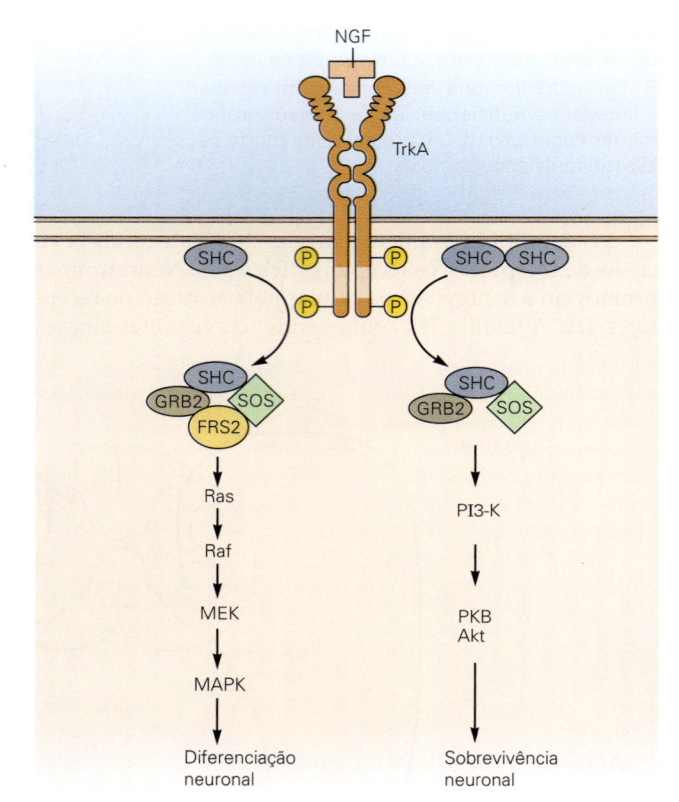

FIGURA 46-18 A ligação do fator de crescimento neural ao receptor TrkA ativa vias alternativas de sinalização intracelular. A ligação do fator de crescimento neural (**NGF**) induz a dimerização do receptor TrkA, o que desencadeia a fosforilação do receptor em diversos resíduos de aminoácidos. Essa fosforilação de TrkA resulta no recrutamento das proteínas adaptadoras SHC, GRB2 e SOS. O recrutamento adicional de FRS2 a esse complexo (*à esquerda*) ativa uma via de sinalização da Ras que resulta na ativação de uma série de cinases que promovem a diferenciação neuronal. Na ausência de FRS2 (*à direita*), o complexo ativa uma via de fosfatidilinositol-3-cinase (**PI3-K**) que promove a sobrevivência neuronal. (Siglas: **Akt/PKB**, proteína-cinase B; **MAPK**, proteína-cinase ativada por mitógenos; **MEK**, ERK-cinase ativada por mitógeno; **P**, fosfato.)

O quadro é mais complexo para neurônios do sistema nervoso central. A sobrevivência de neurônios motores, por exemplo, não é dependente de um único fator neurotrófico. Ao invés disso, diferentes classes de neurônios motores necessitam de neurotrofinas, GDNF e de proteínas similares à interleucina-6, expressas por músculos ou células gliais periféricas. A sobrevivência dessas classes neuronais depende da exposição dos axônios a fatores neurotróficos locais.

Fatores neurotróficos suprimem um programa latente de morte celular

Acreditava-se que os fatores neurotróficos promoviam a sobrevivência das células neurais por estimularem seu metabolismo de forma benéfica, justificando seu nome. Entretanto, agora é evidente que esses fatores suprimem um programa de morte latente presente em todas as células do corpo, incluindo os neurônios.

Essa via bioquímica pode ser considerada um programa suicida. Uma vez ativado, as células morrem por apoptose (palavra de origem grega que significa o ato de cair): as células ficam arredondadas, aparecem bolhas e ocorre a condensação da cromatina e a fragmentação do núcleo. A morte celular do tipo apoptótica é distinta da necrose, que costuma resultar de dano traumático agudo e envolve rápida lise das membranas celulares sem ativação do programa de morte celular programada.

A primeira evidência de que a privação de fatores neurotróficos mate neurônios, desencadeando um programa bioquímico ativo, surgiu de estudos que avaliavam a sobrevivência neuronal após a inibição da síntese de RNA e de proteínas. Foi observado que a exposição de neurônios simpáticos a inibidores da síntese proteica previne sua morte desencadeada pela remoção de NGF. Esses resultados sugeriram que neurônios são capazes de sintetizar proteínas letais, e que o NGF previne a síntese dessas proteínas, assim suprimindo assim um programa endógeno de morte celular.

Informações importantes sobre a natureza bioquímica do programa endógeno de morte celular emergiram de estudos genéticos do nematódeo *Caenorhabditis elegans*. Durante o desenvolvimento do *C. elegans*, um número preciso de células é gerado e um número fixo dessas células morre – esse número é similar de embrião para embrião. Essa observação incentivou uma varredura dos genes que bloqueiam ou aumentam a morte celular, levando à identificação dos genes de morte celular (*ced*, de *cell death*). Dois desses genes, *ced-3* e *ced-4*, são necessários para a morte de neurônios; na ausência deles, todas as células destinadas a morrer, em vez disso, sobrevivem. Um terceiro gene, *ced-9*, é necessário para a sobrevivência e funciona antagonizando a atividade de *ced-3* e de *ced-4* (**Figura 46-19**). Então, na ausência de *ced-9*, ocorre morte celular extra de forma ainda dependente da atividade de *ced-3* e *ced-4*.

A via de morte celular do *C. elegans* é conservada nos mamíferos. Proteínas e vias similares controlam a morte apoptótica de neurônios centrais e periféricos, e mesmo de todas as células em desenvolvimento. O gene *ced-9* do verme codifica uma proteína que é relacionada aos membros da família Bcl-2 de mamíferos, a qual protege linfócitos e outras células da morte apoptótica. O gene *ced-3* do verme codifica uma proteína que é intimamente relacionada a uma classe de cisteína-proteases de mamíferos, chamadas caspases. O gene *ced-4* do verme codifica uma proteína que é funcionalmente relacionada a uma proteína de mamíferos, chamada fator-1 ativador da apoptose (Apaf-1, de *apoptosis activating factor-1*).

A via da morte celular apoptótica de mamíferos funciona de uma forma que lembra a via que se processa no verme (**Figura 46-20**). As modificações morfológicas e histológicas que acompanham a apoptose de células de mamíferos resultam da ativação de caspases, que clivam proteínas celulares em resíduos específicos de ácido aspártico no seu interior. Duas classes de caspases regulam a morte celular apoptótica: iniciadoras e efetoras. As caspases iniciadoras (caspase-8, 9 e 10) clivam e ativam as efetoras. As caspases efetoras (caspase-3 e 7) clivam outros substratos proteicos, acionando então o processo apoptótico. Talvez 1% de todas as proteínas na célula sirva como substrato para

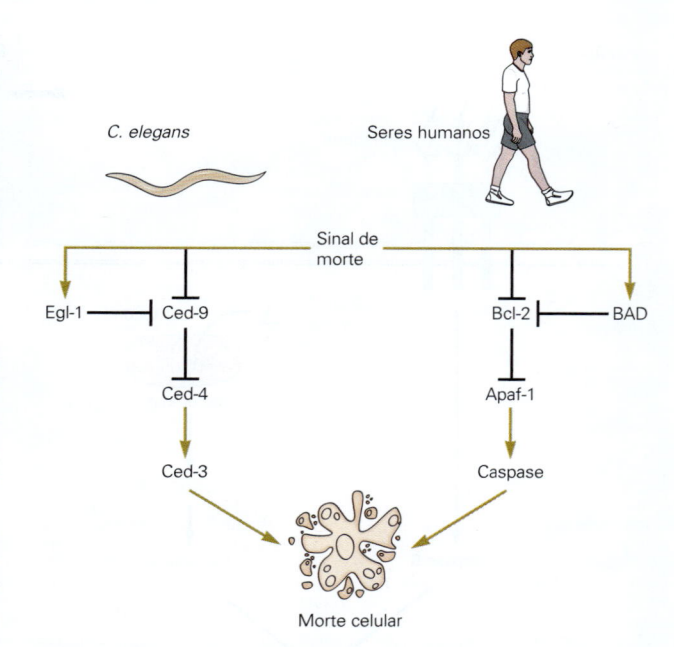

FIGURA 46-19 Neurônios e outras células expressam um programa de morte conservado. Diferentes danos celulares desencadeiam uma cascata genética que envolve uma série de genes efetores de morte. Esses genes e as vias de morte têm sido conservados na evolução das espécies desde vermes até seres humanos. O alvo central da via de morte é a ativação de um conjunto de enzimas proteolíticas, as caspases. Essas enzimas clivam muitos substratos proteicos essenciais a jusante (ver Figura 46-20), resultando na morte de células por um processo denominado apoptose. A análise genética do verme *Caenorhabditis elegans* indica que a proteína Ced-9 atua a montante na via e inibe a atividade de Ced-4 e Ced-3, duas proteínas que promovem a morte celular. Muitos homólogos de Ced-9 em vertebrados, da família de proteínas Bcl-2, foram identificados. Algumas dessas proteínas, como a própria Bcl-2, inibem a morte celular, enquanto outras promovem a morte celular, antagonizando as ações da Bcl-2. As proteínas da classe Bcl-2 atuam a montante de Apaf-1 (um homólogo de Ced-4 em vertebrados) e das caspases (homólogos de Ced-3 em vertebrados).

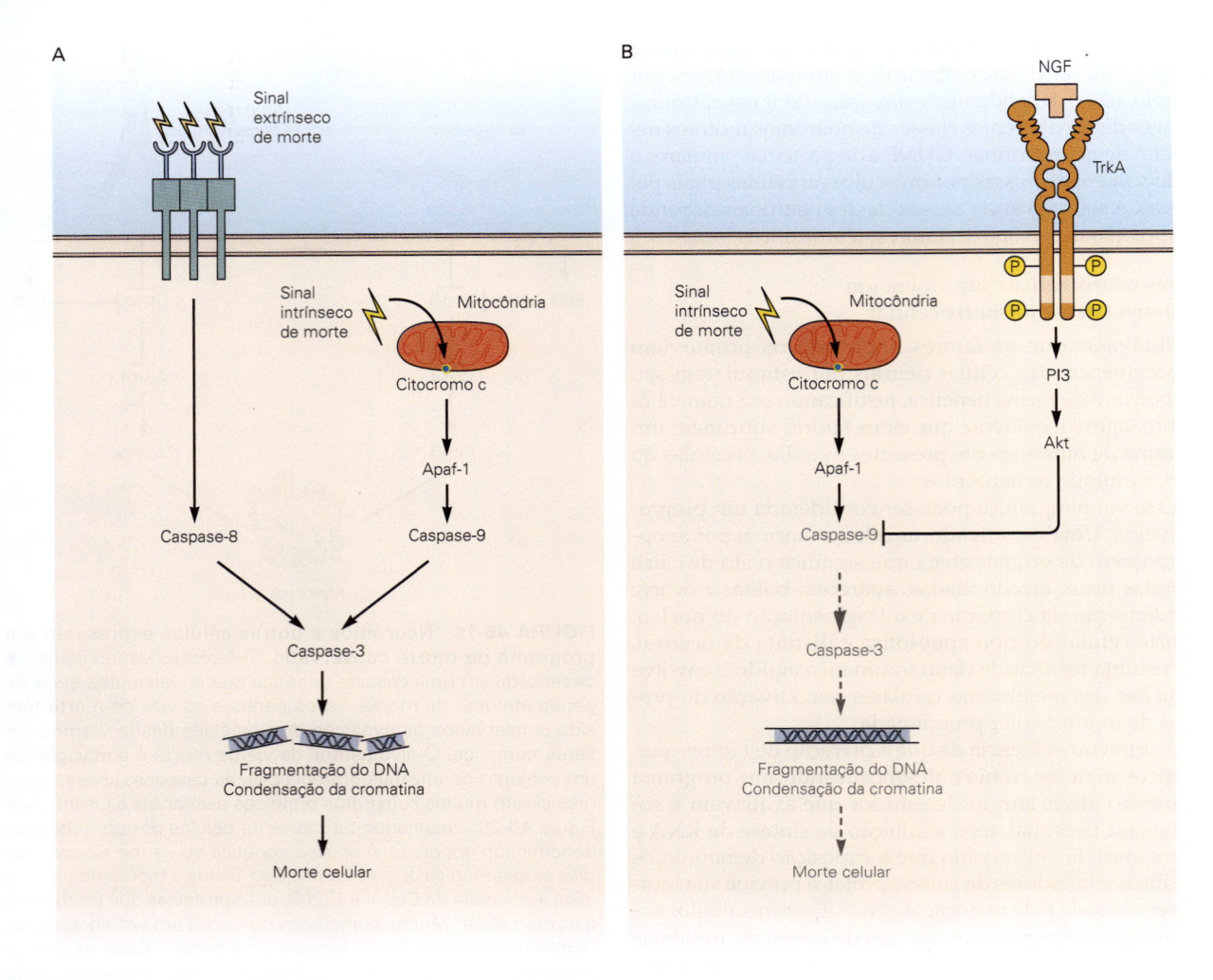

FIGURA 46-20 Fatores neurotróficos suprimem a atividade das caspases e a morte celular. (Adaptada de Jesenberger e Jentsch, 2002.)
A. Dois tipos de vias desencadeiam a morte celular: ativação extrínseca de receptores de morte na membrana celular e ativação intrínseca de uma via mitocondrial. Ambas as vias resultam na ativação de caspases, como a caspase-8 e a caspase-9, que iniciam uma cascata de clivagens proteolíticas que convergem na ativação da caspase-3. A clivagem do precursor da caspase remove o pró-domínio da caspase e produz uma conformação enzimática proteoliticamente ativa.

A via extrínseca envolve a ativação de receptores de morte por ligantes como o receptor 1 do fator de necrose tumoral ou o Fas/CD95. A via intrínseca envolve sinais induzidos por estresse, como lesões no DNA que iniciam a liberação de citocromo c do espaço intermembranas da mitocôndria. O citocromo c liga-se a Apaf-1 e recruta e ativa a caspase-9.
B. A ligação de neurotrofinas a receptores Trk recruta a via da PI3-cinase e a Akt, suprimindo a via de morte celular por inibir a caspase-9. Essa via é inibida em neurônios em desenvolvimento por fatores neurotróficos, o que explica por que sua remoção leva à apoptose. (Siglas: **NGF**, fator de crescimento neural; **P**, fosfato.)

as caspases efetoras. A clivagem dessas proteínas contribui para a apoptose neuronal por meio de várias vias: por ativação de cascatas proteolíticas, inativação de sistemas de reparo, clivagem do DNA, permeabilização mitocondrial e iniciação da fagocitose.

A sobrevivência de neurônios em mamíferos depende do balanço entre proteínas antiapoptóticas e pró-apoptóticas membros da família Bcl-2. Algumas proteínas da família Bcl-2, como BAX e BAK, aumentam a permeabilidade das membranas mitocondriais externas, causando a liberação de proteínas pró-apoptóticas, como citocromo *c*, no citosol. A liberação do citocromo *c* faz o Apaf-1 se ligar e ativar a caspase-9, levando à clivagem e à ativação de caspases efetoras. A ligação de fatores neurotróficos a seus receptores tirosina-cinase parece levar à fosforilação de substratos proteicos, promovendo a atividade de proteínas do tipo Bcl-2 (**Figura 46-20B**). Dessa forma, a carência de fatores neurotróficos nos neurônios modifica o balanço entre os membros da família Bcl-2 antiapoptóticos e pró-apoptóticos em favor do último, o que determina a destruição do neurônio.

O programa de morte celular dependente de caspases também pode ser ativado por diversos danos celulares, incluindo dano ao DNA e anoxia. A ativação de receptores de morte celular na superfície celular, como Fas, por ligantes extracelulares, resulta na ativação de caspase-8 ou 10, bem como no recrutamento de proteínas efetoras de morte celular, como FADD. O recrutamento de uma caspase iniciadora para o complexo Fas-FADD leva, então, à ativação de caspases efetoras. Em razão de muitos processos neurodegenerativos resultarem em morte apoptótica, estratégias farmacológicas para inibir as caspases estão sendo investigadas.

Destaques

1. Células tronco próximas à superfície ventricular do tubo neural se dividem de modo a expandir o neuroepitélio. Divisões subsequentes geram então as células neuronais e gliais do sistema nervoso central, assim como a glia radial.
2. Processos da glia radial estendem-se da superfície ventricular para a pial. Células gliais radiais continuam a se dividir, formando neurônios e astrócitos. No córtex, elas também servem como uma plataforma sobre a qual neurônios excitatórios recém-nascidos migram para as camadas adequadas.
3. A escolha entre os destinos neuronal e glial é determinada por sinais de ligantes da família Delta que atuam em receptores da família Notch em células vizinhas. Inicialmente, as células expressam tanto Notch quanto Delta. A ativação de Notch leva a um destino glial, com redução da expressão de Delta, que por sua vez atenua a atividade de Notch em células vizinhas, promovendo sua diferenciação em neurônios.
4. Na medida em que os neurônios corticais principais (excitatórios) migram ao longo da glia radial, eles formam camadas corticais em uma sequência que inicia no interior, seguindo para a porção exterior (a camada 6 forma-se antes da camada 5, e assim por diante). Perturbações da migração estão entre as causas de prejuízo intelectual e epilepsia.
5. Diferentemente dos neurônios excitatórios, interneurônios do prosencéfalo surgem subcorticalmente, nas eminências ganglionares, e então migram tangencialmente para o córtex, para os núcleos da base e para outras estruturas prosencefálicas.
6. Células da crista neural migram de sua origem na porção mais dorsal do tubo neural através dos somitos e do mesênquima para formar neurônios sensoriais e autonômicos e células gliais, assim como diversos tipos celulares não neurais.
7. Para neurônios principais, interneurônios e neurônios periféricos, diferenças intrínsecas e sinais encontrados ao longo da via migratória interagem para induzir a expressão de distintas combinações de fatores de transcrição. Os programas transcricionais então levam à diversificação dos neurônios em desenvolvimento em múltiplas classes e tipos.
8. A grande complexidade do encéfalo de primatas e, em especial, do encéfalo humano, em comparação àquele de mamíferos inferiores, deve-se em parte a um maior conjunto de progenitores neuronais, incluindo um segundo tipo de célula glial radial.
9. Um avanço recente na capacidade de estudar o encéfalo humano é a descoberta de que agrupamentos neuronais complexos chamados organoides cerebrais podem ser gerados a partir de células tronco. Embora não cheguem a adquirir características do córtex maduro, permitem a análise de alguns aspectos do desenvolvimento inicial do encéfalo e seus distúrbios e podem ser úteis no teste de possíveis abordagens terapêuticas.
10. Os neurotransmissores utilizados por neurônios são determinados como parte do programa transcricional que confere a cada tipo neuronal as características que os definem. Contudo, fatores extrínsecos, incluindo padrões de atividade elétrica e o meio hormonal, podem levar, em alguns casos, à troca de transmissores.
11. O sistema nervoso gera até duas vezes mais neurônios do que aqueles que sobrevivem à idade adulta. O excesso é eliminado por um programa de morte celular, conservado desde invertebrados até os humanos.
12. Fatores tróficos desempenham um papel crucial na determinação de quais neurônios dentro de uma população devem viver ou morrer. Esses fatores controlam a sobrevivência, mantendo em cheque o programa de morte celular. Em alguns casos, os neurônios parecem competir por um suprimento limitado de fatores neurotróficos; o programa de morte celular é ativado naqueles que perdem a competição.
13. Múltiplos fatores tróficos são produzidos no organismo, cada um controlando o destino de apenas alguns tipos neuronais. Os melhor estudados, chamados neurotrofinas (fator de crescimento do nervo, fator neurotrófico derivado do encéfalo, neurotrofina-3 e neurotrofina-4) se ligam e ativam cinases chamadas receptores Trk.

Joshua R. Sanes
Thomas M. Jessell

Leituras selecionadas

Di Lullo E, Kriegstein AR. 2017. The use of brain organoids to investigate neural development and disease. Nat Rev Neurosci 18:573–584.
Gleeson JG, Walsh CA. 2000. Neuronal migration disorders: from genetic diseases to developmental mechanisms. Trends Neurosci 23:352–359.
Lodato S, Arlotta P. 2015. Generating neuronal diversity in the mammalian cerebral cortex. Annu Rev Cell Dev Biol 31:699–720.
Spitzer NC. 2017. Neurotransmitter switching in the developing and adult brain. Annu Rev Neurosci 40:1–19.
Wamsley B, Fishell G. 2017. Genetic and activity-dependent mechanisms underlying interneuron diversity. Nat Rev Neurosci 18:299–309.
Wilsch-Bräuninger M, Florio M, Huttner WB. 2016. Neocortex expansion in development and evolution—from cell biology to single genes. Curr Opin Neurobiol 39:122–132.

Referências

Anderson DJ. 1997. Cellular and molecular biology of neural crest cell lineage determination. Trends Genet 13:276–280.
Bandler RC, Mayer C, Fishell G. 2017. Cortical interneuron specification: the juncture of genes, time and geometry. Curr Opin Neurobiol 42:17–24.

Bershteyn M, Nowakowski TJ, Pollen AA, et al. 2017. Human iPSC-derived cerebral organoids model cellular features of lissencephaly and reveal prolonged mitosis of outer radial glia. Cell Stem Cell 20:435–449.

Costa RO, Perestrelo T, Almeida RD. 2018. PROneurotrophins and CONSequences. Mol Neurobiol 55:2934–2951.

Detwiler SR. 1936. *Neuroembryology: An Experimental Study.* New York: Macmillan.

Doupe AJ, Landis SC, Patterson PH. 1985. Environmental influences in the development of neural crest derivatives: glucocorticoids, growth factors, and chromaffin cell plasticity. J Neurosci 5:2119–2142.

Duband JL. 2006. Neural crest delamination and migration: integrating regulations of cell interactions, locomotion, survival and fate. Adv Exp Med Biol 589:45–77.

Florio M, Borrell V, Huttner WB. 2017. Human-specific genomic signatures of neocortical expansion. Curr Opin Neurobiol 42:33–44.

Furshpan EJ, Potter DD, Landis SC. 1982. On the transmitter repertoire of sympathetic neurons in culture. Harvey Lect 76:149–191.

Giandomenico SL, Lancaster MA. 2017. Probing human brain evolution and development in organoids. Curr Opin Cell Biol 44:36–43.

Gray GE, Sanes JR. 1992. Lineage of radial glia in the chicken optic tectum. Development 114:271–283.

Guo J, Anton ES. 2014. Decision making during interneuron migration in the developing cerebral cortex. Trends Cell Biol 24:342–351.

Hamburger V. 1975. Cell death in the development of the lateral motor column of the chick embryo. J Comp Neurol 160:535–546.

Hamburger V, Levi-Montalcini R. 1949. Proliferation differentiation and degeneration in the spinal ganglia of the chick embryo under normal and experimental conditions. J Exp Zool 111:457–501.

Hoshino M. 2006. Molecular machinery governing GABAergic neuron specification in the cerebellum. Cerebellum 5: 193–198.

Howard MJ. 2005. Mechanisms and perspectives on differentiation of autonomic neurons. Dev Biol 277:271–286.

Jesenberger V, Jentsch S. 2002. Deadly encounter: ubiquitin meets apoptosis. Nat Rev Mol Cell Biol 3:112–121.

Lancaster MA, Renner M, Martin CA, et al. 2013. Cerebral organoids model human brain development and microcephaly. Nature 501:373–379.

Landis SC. 1980. Developmental changes in the neurotransmitter properties of dissociated sympathetic neurons: a cytochemical study of the effects of medium. Dev Biol 77:349–361.

Le Douarin NM. 1998. Cell line segregation during peripheral nervous system ontogeny. Science 231:1515–1522.

Nowakowski TJ, Pollen AA, Sandoval-Espinosa C, Kriegstein AR. 2016. Transformation of the radial glia scaffold demarcates two stages of human cerebral cortex development. Neuron 91:1219–1227.

Olson EC, Walsh CA. 2002. Smooth, rough and upside-down neocortical development. Curr Opin Genet Dev 12:320–327.

Oppenheim RW. 1981. Neuronal cell death and some related regressive phenomena during neurogenesis: a selective historical review and progress report. In: WM Cowan (ed). *Studies in Developmental Neurobiology: Essays in Honor of Viktor Hamburger,* pp. 74–133. New York: Oxford Univ. Press.

Purves D, Lichtman JW. 1985. *Principles of Neural Development.* Sunderland, MA: Sinauer.

Qian X, Goderie SK, Shen Q, Stern JH, Temple S. 1998. Intrinsic programs of patterned cell lineages in isolated vertebrate CNS ventricular zone cells. Development 125:3143–3152.

Reichardt LF. 2006. Neurotrophin-regulated signaling pathways. Philos Trans R Soc Lond B Biol Sci 361:1545–1564.

Reichardt LF, Fariñas I. 1997. Neurotrophic factors and their receptors: roles in neuronal development and function. In: MW Cowan, TM Jessell, L Zipursky (eds). *Molecular Approaches to Neural Development,* pp. 220–263. New York: Oxford Univ. Press.

Sánchez-Alcañiz JA, Haege S, Mueller W. 2011. Cxcr7 controls neuronal migration by regulating chemokine responsiveness. Neuron 69:77–90.

Shah NM, Groves AK, Anderson DJ. 1996. Alternative neural crest cell fates are instructively promoted by TGF beta superfamily members. Cell 85:331–343.

Sun Y, Nadal-Vicens M, Misono S, et al. 2001. Neurogenin promotes neurogenesis and inhibits glial differentiation by independent mechanisms. Cell 104:365–376.

Wang Y, Li G, Stanco A, et al. 2011. CXCR4 and CXCR7 have distinct functions in regulating interneuron migration. Neuron 69:61–76.

Zeng H, Sanes JR. 2017. Neuronal cell-type classification: challenges, opportunities and the path forward. Nat Rev Neurosci 18:530–546.

47

Crescimento e direcionamento de axônios

As diferenças entre axônios e dendritos emergem precocemente no desenvolvimento

Os dendritos são padronizados por fatores intrínsecos e extrínsecos

O cone de crescimento é um transdutor sensorial e uma estrutura motora

Sinais moleculares direcionam os axônios a seus alvos

O crescimento dos axônios ganglionares da retina é orientado por uma série de etapas distintas

    Os cones de crescimento divergem no quiasma óptico

    Gradientes de efrinas fornecem sinais inibitórios no encéfalo

Os axônios de alguns neurônios espinais são guiados através da linha média

    As netrinas direcionam os axônios comissurais em desenvolvimento para cruzarem a linha média

    Fatores quimioatratores e quimiorrepelentes organizam a linha média

Destaques

Nos dois capítulos anteriores, foi examinado como os neurônios são gerados em números apropriados, nos momentos e locais corretos. Essas etapas precoces ao longo do desenvolvimento criam as condições para os eventos mais tardios que direcionam os neurônios para formarem conexões funcionais com células-alvo. Para formarem conexões, os neurônios estendem longos processos – axônios e dendritos –, os quais permitem que se conectem com células pós-sinápticas e recebam conexões sinápticas de outros neurônios. Neste capítulo, será examinado como os neurônios formam axônios e dendritos, e como os axônios são direcionados até seus alvos.

Este capítulo tem início com a discussão de como certos processos neuronais se tornam axônios enquanto outros se tornam dendritos. A seguir, será descrito o axônio em crescimento, que pode precisar viajar por longas distâncias e ignorar muitos parceiros neuronais inadequados antes de chegar exatamente à região correta e reconhecer seus alvos sinápticos corretos. Serão consideradas as estratégias pelas quais o axônio sobrepuja tais desafios. Finalmente, serão ilustradas as características gerais do direcionamento axonal, descrevendo-se o desenvolvimento de duas vias axonais bem estudadas: uma que carrega informação visual da retina para o encéfalo e outra que carrega informação sensorial cutânea da medula espinal para o encéfalo.

As diferenças entre axônios e dendritos emergem precocemente no desenvolvimento

Os processos dos neurônios variam bastante em comprimento, espessura, padrão de ramificação e arquitetura molecular. Ainda assim, a maioria dos processos neuronais se enquadra em duas categorias funcionais: axônios e dendritos. Há mais de um século, Santiago Ramón y Cajal postulou a hipótese de que essa distinção estaria subjacente à capacidade dos neurônios de transmitir informação em determinado sentido, uma ideia que ele formalizou como a lei da polarização dinâmica dos neurônios. Cajal escreveu que "a transmissão do impulso nervoso ocorre sempre das ramificações dendríticas e do corpo celular para o axônio". Nas décadas que antecederam os métodos eletrofisiológicos, essa lei forneceu uma forma de analisar histologicamente os circuitos neurais. Embora tenham sido encontradas exceções à lei de Ramón y Cajal, ela permanece sendo um princípio básico que relaciona estrutura e função no sistema nervoso e destaca a importância do conhecimento de como os neurônios adquirem sua forma polarizada.

Avanços no entendimento o de como ocorre a polarização neuronal são provenientes em grande parte de estudos de neurônios retirados do encéfalo de roedores e mantidos em cultura de tecidos. Neurônios hipocampais em cultura desenvolvem processos que lembram aqueles vistos *in vivo*: um único axônio, longo e cilíndrico, e vários dendritos mais curtos e cônicos (**Figura 47-1A**). Como proteínas do citoesqueleto e sinápticas são direcionadas de modo distinto para esses componentes, axônios e dendritos adquirem perfis moleculares diferentes. Por exemplo, uma forma particular de proteína Tau está localizada nos axônios, e a proteína MAP2 está localizada nos dendritos (**Figura 47-1B**).

Neurônios em cultura são especialmente úteis para estudos do desenvolvimento, uma vez que inicialmente não mostram sinais claros de polarização e adquirem suas características especializadas gradualmente, em uma sequência estereotipada de passos celulares. Essa sequência começa com a extensão de vários processos curtos, cada um equivalente aos demais. Logo após, um processo se estabelece como um axônio, e os processos remanescentes adquirem características dendríticas (**Figura 47-1A**).

Como isso ocorre? Proteínas do citoesqueleto que mantêm processos alongados e direcionam o crescimento são centrais nesse processo. Se os filamentos de actina em um neurito precoce são desestabilizados, o citoesqueleto é reconfigurado, comprometendo o neurito a se tornar um axônio; após, os neuritos remanescentes reagem de modo a se tornarem dendritos. Se o axônio nascente for removido, um dos neuritos remanescentes rapidamente assume uma característica axonal. Essa sequência sugere que a especificação axonal é um evento primordial na polarização neuronal, e que sinais dos axônios recém-formados tanto suprimem a formação de axônios adicionais quanto promovem a formação dendrítica.

A natureza da sinalização derivada dos axônios que reprime outros axônios não é conhecida. Entretanto, algumas pistas sobre os sinais que controlam os arranjos do citoesqueleto são provenientes do estudo de um grupo de proteínas codificadas pelos genes do complexo *Par*. Como mostrado inicialmente no nematódeo *Caenorhabditis elegans*, as proteínas Par estão envolvidas em vários aspectos da reorganização do citoesqueleto, incluindo a polarização de processos neuronais. Neurônios do prosencéfalo de mamíferos que não apresentam *Par3*, *Par4*, *Par6* ou membros da família *Par1* desenvolvem múltiplos processos que apresentam comprimento intermediário entre axônios e dendritos e ostentam marcadores de ambos os processos (**Figura 47-1B**).

Embora os neurônios que crescem em cultura sejam similares aos neurônios do encéfalo, eles são destituídos de pistas e sinais extrínsecos essenciais. Neurônios em cultura tornam-se randomicamente dispostos um em relação ao outro, enquanto em muitas regiões do encéfalo em desenvolvimento os neurônios se alinham em filas, com seus dendritos apontando na mesma direção (**Figura 47-2A**). Na medida em que os neurônios migram para seus destinos (Capítulo 46), dendritos e axônios frequentemente crescem como extensões de seus processos caudais e frontais, respectivamente. Essa diferença *in vivo* e *in vitro* indica que sinais extrínsecos regulam a maquinaria de polarização. No encéfalo em desenvolvimento, a liberação local de semaforinas e de outros fatores de direcionamento axonal, discutidos mais adiante neste capítulo, pode ajudar a orientar os dendritos (**Figura 47-2C**). O papel do complexo proteico Par é ligar esses sinais extracelulares à maquinaria celular que rearranja o citoesqueleto, um processo alcançado em parte pela regulação de proteínas que modificam a função da actina ou da tubulina. De fato, tanto a proteína Tau nos axônios como a proteína MAP2 nos dendritos se associam aos microtúbulos e afetam sua função. Diferenças no citoesqueleto também contribuem para outros mecanismos que amplificam distinções entre axônios e dendritos, como o tráfego polarizado de moléculas e a geração de um segmento inicial especializado nos axônios.

Se sinais locais são necessários para polarizar os neurônios encefálicos, como a polaridade é estabelecida no ambiente uniforme de uma cultura de tecidos? Uma possível explicação é que pequenas variações na intensidade da sinalização dentro de um neurônio, ou de sinais das imediações, irão ativar as proteínas Par em um pequeno domínio do neurônio, fazendo com que um processo mais próximo se torne um axônio. Por exemplo, se um processo cresce ligeiramente mais rápido que seus vizinhos ou encontra um ambiente que acelere a extensão neurítica (**Figura 47-2B**), suas chances de se tornar um axônio aumentam notavelmente. Presumivelmente, esse processo protoaxonal emite sinais que diminuem a probabilidade de outros processos de seguir esse caminho, forçando-os a se tornarem dendritos.

Os dendritos são padronizados por fatores intrínsecos e extrínsecos

Uma vez que ocorre a polarização, os dendritos crescem e amadurecem, adquirindo as características estruturais que os distinguem dos axônios. Dendritos nascentes formam arborizações, com ramificações geralmente mais numerosas e mais próximas do corpo celular do que aquelas dos axônios. Além disso, pequenas protrusões chamadas de espinhos se estendem a partir das ramificações distais de muitos dendritos. Finalmente, algumas ramificações dendríticas são retraídas ou "podadas" para dar à arborização sua forma final e definitiva (**Figura 47-3**).

Embora as características básicas da formação dendrítica sejam comuns a muitos neurônios, há variação marcante em seu número, forma e padrão de ramificação entre os tipos neuronais. Na verdade, a forma das árvores dendríticas é uma das principais maneiras pelas quais os neurônios podem ser classificados. As células cerebelares de Purkinje podem ser distinguidas das células granulares, dos neurônios motores espinais e dos neurônios piramidais do hipocampo simplesmente analisando-se a estrutura de seus dendritos. Essas variações são críticas para as distintas funções dos diferentes tipos de neurônios. Por exemplo, o tamanho de uma arborização dendrítica e a densidade de seus ramos são os principais determinantes do número de sinapses que ela recebe.

Como o padrão dendrítico é estabelecido? Os neurônios devem possuir informação intrínseca sobre sua forma, visto que os padrões em cultura de tecido são marcadamente similares aos padrões *in vivo* (**Figura 47-4**). Os programas transcricionais que especificam subtipos neuronais (Capítulo 46) presumivelmente também codificam informações sobre a forma neuronal. Tanto em invertebrados quanto em vertebrados, alguns fatores de transcrição são expressos seletivamente por tipos neuronais específicos, e parecem ser devotados ao controle do tamanho, morfologia e complexidade de suas arborizações dendríticas. Eles o fazem pela

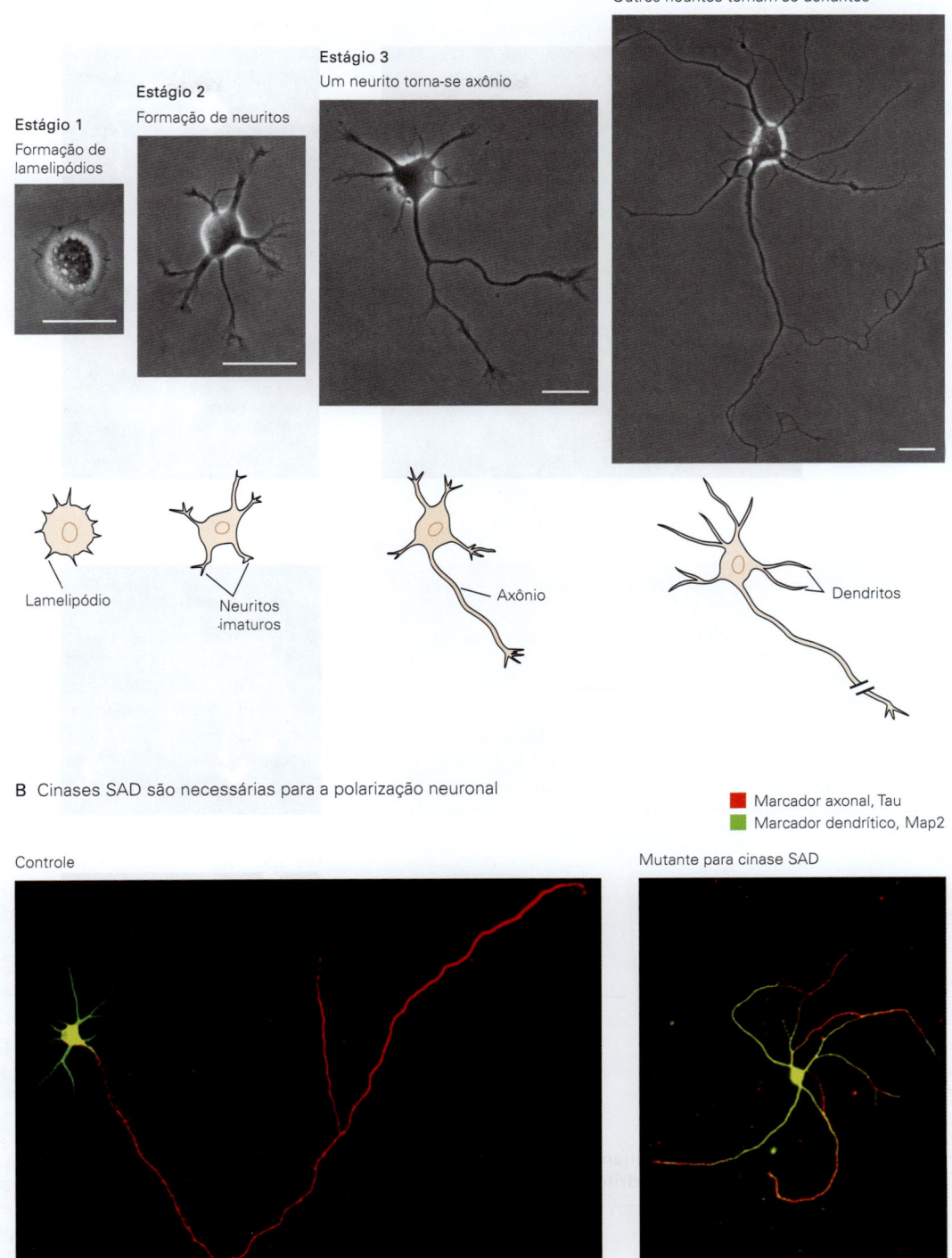

FIGURA 47-1 A diferenciação de axônios e dendritos marca a emergência da polaridade neuronal.

A. Quatro estágios da polarização de um neurônio hipocampal crescido em cultura. (Adaptada, com autorização, de Kaech e Banker, 2006. Copyright © 2007 Springer Nature.)

B. Neurônios hipocampais crescidos em cultura possuem múltiplos dendritos curtos e espessos que são enriquecidos em proteína associada aos microtúbulos, MAP2. Eles também possuem um único e longo axônio, que é marcado pela forma desfosforilada da proteína Tau associada aos microtúbulos (à esquerda). Um neurônio em cultura isolado de um camundongo mutante possui uma expressão deficiente em um gene da família *Par* (cinase SAD). O neurônio gera neuritos que coexpressam Tau e MAP2, marcadores de axônios e dendritos, respectivamente. Os comprimentos e os diâmetros desses neuritos são intermediários em tamanho em relação àquele dos axônios e dos dendritos (à direita). (Reproduzida, com autorização, de Kishi et al., 2005.)

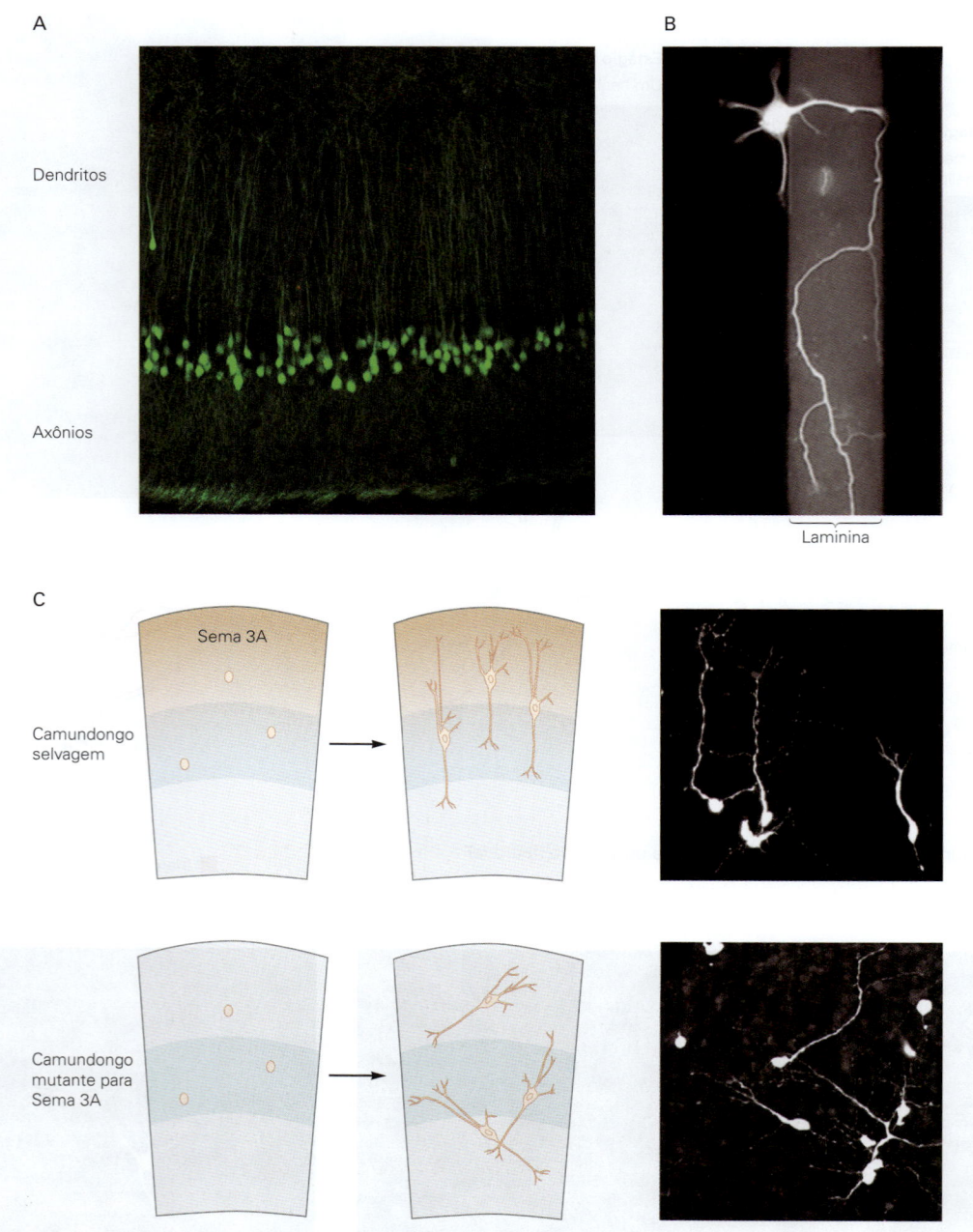

FIGURA 47-2 Fatores extracelulares determinam se os processos neuronais se tornarão axônios ou dendritos.

A. Neurônios piramidais corticais *in vivo* apresentam uma orientação comum axonal e dendrítica.

B. Neurônios em crescimento sobre laminina adquirem polaridade. Quando um neurônio cortical estende um processo de um substrato menos atrativo para a laminina, o processo cresce mais rapidamente e, em geral, se torna um axônio. (Imagem reproduzida, com autorização, de Paul Letourneau.)

C. No neocórtex em desenvolvimento, semaforina-3A (Sema 3A) é secretada por células próximas à superfície pial. A semaforina-3A atrai dendritos em crescimento, ajudando-os a estabelecer a polaridade e a orientação neuronal. A orientação paralela dos neurônios piramidais corticais é comprometida em camundongos mutantes desprovidos de semaforina-3A funcional. (Reproduzida, com autorização, de Polleux, Morrow e Ghosh, 2000. Copyright © 2000 Springer Nature.)

coordenação da expressão de genes a jusante, incluindo aqueles que codificam componentes do aparato de citoesqueleto e de proteínas de membrana que mediam interações com células vizinhas.

Um segundo mecanismo para o estabelecimento do padrão de arborização dendrítica é o reconhecimento de um dendrito por outros da mesma célula. Em alguns neurônios, os dendritos são uniformemente espaçados entre eles,

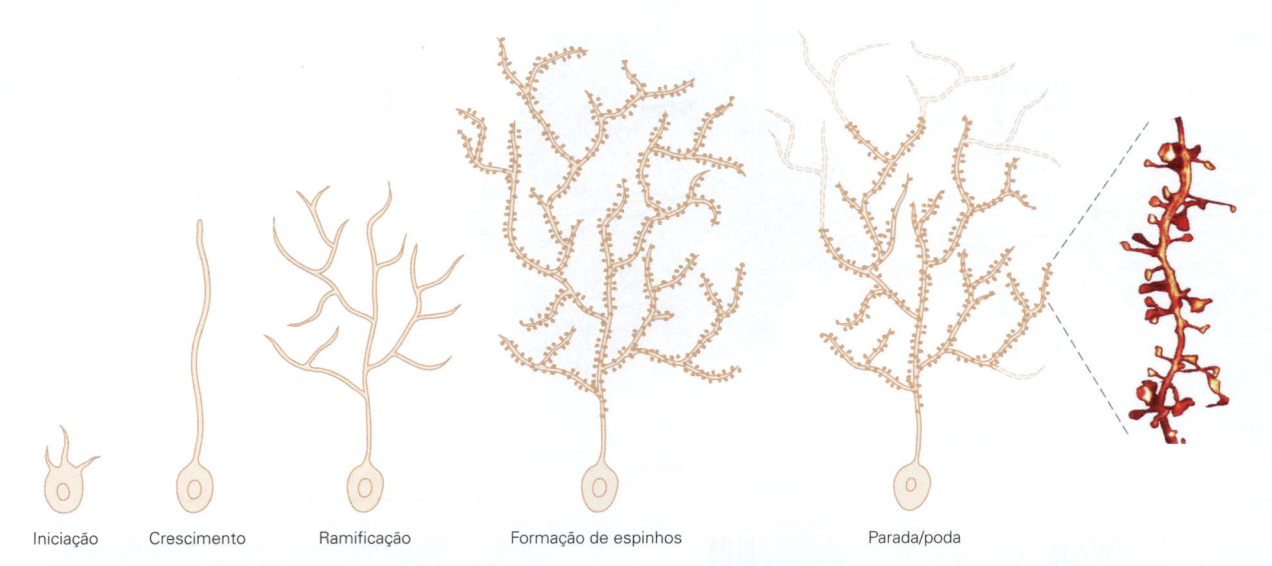

FIGURA 47-3 A ramificação dendrítica desenvolve-se em uma série de etapas. O crescimento de dendritos envolve a formação de ramificações elaboradas, a partir das quais os espinhos se desenvolvem. Certas ramificações e espinhos são mais tarde podados para atingir o padrão maduro de arborização dendrítica. (Imagem dos espinhos à direita reproduzida, com autorização, de Stefan W. Hell.)

um arranjo que lhes permite fazerem amostragem de sinais de entrada eficientemente, sem maiores lacunas ou aglomerados (**Figura 47-5A**). Em muitos casos, esse processo, chamado autoevitação, ocorre por meio de um mecanismo no qual as ramificações pertencentes ao mesmo neurônio se repelem mutuamente. Foram descobertas diversas moléculas de adesão na superfície celular que mediam a autoevitação ao interagirem de um modo que resulta em repulsão

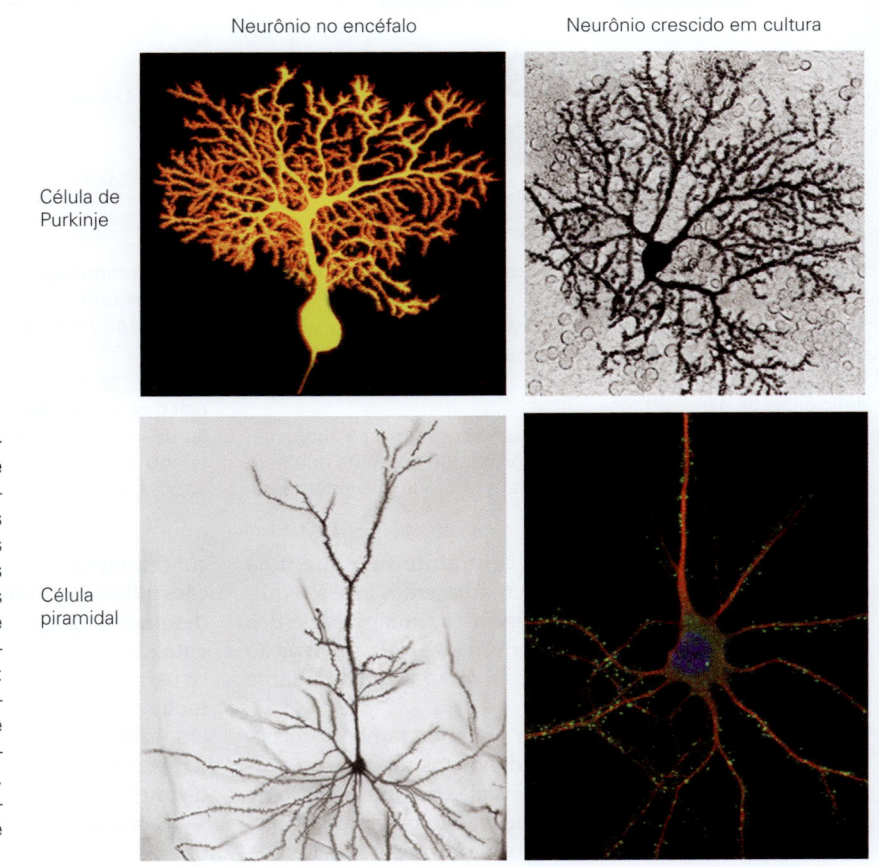

FIGURA 47-4 As morfologias dos neurônios são preservadas em culturas de células dissociadas. Os neurônios cerebelares de Purkinje e os neurônios piramidais do hipocampo possuem padrões distintos de ramificações dendríticas. Esses padrões básicos são recapitulados quando essas duas classes de neurônios são isoladas e crescem em cultura de células dissociadas. (Imagem na parte superior esquerda: Dr. David Becker; imagem na parte superior direita reproduzida, com autorização de Yoshio Hirabayashi; imagem na parte inferior esquerda reproduzida, com autorização, de Terry E. Robinson; imagem na parte inferior direita reproduzida, com autorização, de Kelsey Martin.)

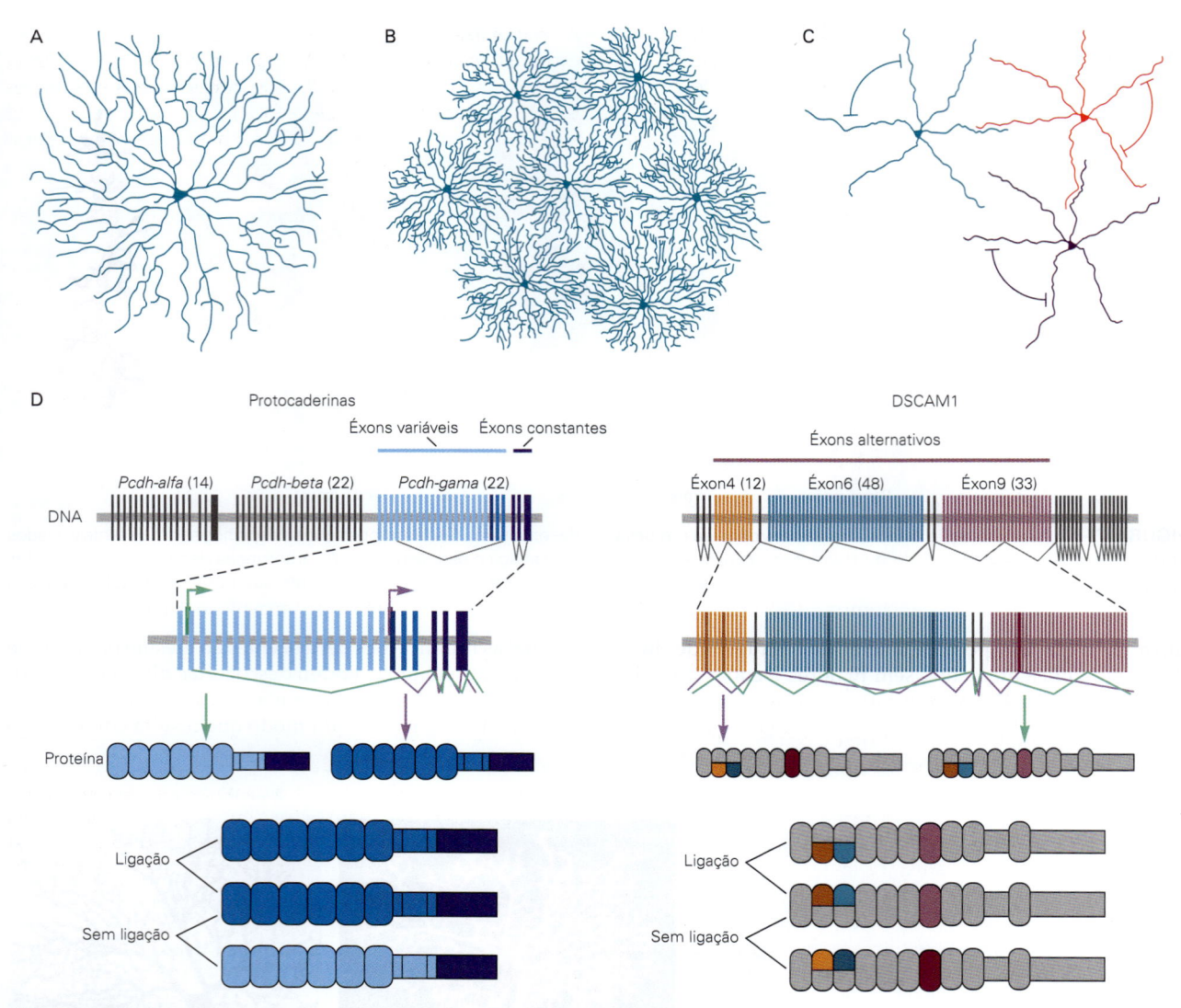

FIGURA 47-5 Interações entre ramificações dendríticas estruturam a arborização dendrítica.

A. Autoevitação entre dendritos irmãos leva a um espaçamento homogêneo das ramificações, minimizando falhas e aglutinações. Nas células amácrinas estelares da retina, a autoevitação falha na deficiência de gama-protocaderinas.

B. O mosaico de dendritos é conceitualmente similar à autoevitação, mas se aplica a grupos de neurônios. Ele assegura que neurônios vizinhos de um único tipo cubram território eficientemente.

C. A discriminação próprio/não próprio permite que dendritos irmãos evitem-se mutuamente, ao mesmo tempo em que interagem livremente com dendritos de outros neurônios do mesmo tipo.

D. Geração de numerosas moléculas de adesão a partir de um único complexo genômico por escolha do promotor no *locus* com agrupamento de protocaderinas (**Pcdh**, *à esquerda*) em camundongo e por corte-junção alternativo no *locus* DSCAM1 da *Drosophila* (*à direita*).

(**Figura 47-5D**). Embora pareça contraintuitivo que uma interação adesiva entre membranas adjacentes leve à repulsão e não à ligação, as consequências da maior parte das interações intercelulares são determinadas pela sinalização que iniciam, e não pela adesão em si, como veremos adiante neste capítulo.

Os dendritos dos neurônios vizinhos também fornecem pistas. Em muitos casos, os dendritos de um tipo particular de neurônio cobrem a superfície com um mínimo de sobreposição, um padrão de espaçamento chamado de *mosaico* (**Figura 47-5B**). O mosaico dos dendritos é relacionado conceitualmente à autoevitação, mas, no mosaico, as interações inibitórias entre os dendritos são entre neurônios de um determinado tipo, enquanto na autoevitação elas ocorrem entre dendritos "irmãos" de um único neurônio. Esse mosaico permite que cada classe de neurônio receba informação de toda a superfície ou área que inerva. A formação do mosaico em uma região pelos dendritos de uma classe de neurônios também evita a confusão que poderia surgir se os dendritos de muitos neurônios diferentes ocupassem a mesma área.

Uma situação especialmente interessante é aquela em que os dendritos realizam autoevitação, mas estabelecem sinapses nos dendritos de outras células do mesmo tipo. Nessa situação, os dendritos enfrentam a desafiante tarefa de distinguir dendritos nominalmente idênticos de dendritos de células nominalmente idênticas (**Figura 47-5C**). Foram identificados dois grupos de moléculas que medeiam essa capacidade de discriminação própria/não própria. Embora não sejam relacionados estruturalmente, eles compartilham diversas características (**Figura 47-5D**).

Primeiro, ambos são codificados por genes grandes e complexos, que geram grande número de isoformas. O Dscam1, da *Drosophila*, codifica cerca de 38.000 proteínas diferentes por meio de corte-junção alternativo, e as protocaderinas em grupo codificam cerca de 60 proteínas, que podem se reunir em milhares de multímeros distintos. Segundo, quase todas as isoformas ligam-se homofilicamente; por exemplo, a protocaderina γa1 na superfície de um dendrito se liga bem à protocaderina γa1 em uma membrana vizinha, mas se liga fracamente (ou não se liga) a todas as outras isoformas. Terceiro, de modo ainda não bem compreendido, cada neurônio dentro de uma população expressa um subconjunto ao acaso de todas as possíveis isoformas de Dscam1 ou de protocaderinas. Dado o grande número de isoformas, é improvável que neurônios individuais exprimam conjuntos idênticos de isoformas em suas superfícies celulares. O resultado é que dendritos de cada neurônio em uma população ligam-se homofilicamente a dendritos "irmãos", levando à repulsão e autoevitação, enquanto se ligam fracamente a dendritos de neurônios vizinhos, permitindo que outros sistemas de reconhecimento adotem a sinaptogênese.

Juntos, esses mecanismos descritos e muitos outros estabelecem um padrão geral de arborização por meio de uma combinação de mecanismos intrínsecos e extracelulares. Para os dendritos, esses sinais extrínsecos de padronização determinam a morfologia neuronal. Para os axônios, que serão considerados a seguir, os sinais os direcionam a seus alvos.

O cone de crescimento é um transdutor sensorial e uma estrutura motora

Quando o axônio é formado, ele começa a crescer em direção a seu alvo sináptico. O elemento neuronal primordial responsável pelo crescimento axonal é uma estrutura especializada localizada na ponta do axônio, chamada de *cone de crescimento*. Tanto os axônios como os dendritos usam os cones de crescimento para se alongar, sendo que os cones ligados aos axônios têm sido estudados mais intensamente.

Ramón y Cajal descobriu o cone de crescimento e sugeriu que ele fosse responsável pelo direcionamento axonal. Com base apenas em imagens estáticas (**Figura 47-6A**), ele propôs que o cone de crescimento seria "dotado de extraordinária sensibilidade química, movimentos ameboides rápidos e certa força motriz, graças aos quais é capaz de prosseguir e ultrapassar os obstáculos encontrados no caminho [...] até alcançar seu destino".

Muitos estudos realizados no último século demonstraram que Ramón y Cajal estava certo. Sabe-se agora que o cone de crescimento é tanto uma estrutura sensorial que recebe pistas direcionais do ambiente como uma estrutura motora cuja atividade leva ao alongamento axonal. Ramón y Cajal também ponderou "quais forças misteriosas precedem o aparecimento desses processos [...] promovem seu crescimento e ramificação [...] e finalmente estabelecem aqueles beijos protoplasmáticos [...] que parecem constituir o êxtase final de uma épica história de amor". Em termos mais modernos e prosaicos, se sabe agora que os cones de crescimento orientam o axônio por meio da transdução de sinais positivos e negativos em sinais que regulam o citoesqueleto, determinando assim o curso e a velocidade do crescimento axonal em direção a seus alvos, onde estabelecerá sinapses.

Os cones de crescimento são constituídos por três regiões principais. Sua *porção central* é rica em microtúbulos, mitocôndrias e outras organelas. Projetando-se do corpo do cone de crescimento, há extensões finas e longas chamadas *filopódios*. Entre os filopódios estão os *lamelipódios*, que também são móveis e conferem aos cones de crescimento sua aparência ondulada característica (**Figura 47-6C,D**).

Os cones de crescimento percebem sinais do ambiente por meio de seus filopódios, estruturas parecidas com bastões, ricas em actina e delimitadas por membranas, que são altamente móveis. Suas membranas contêm receptores para as moléculas que servem como sinais direcionais para o axônio. O comprimento dos filopódios (dezenas de micrômetros, em alguns casos) permite que eles explorem o ambiente que se encontra à frente da porção central do cone. Seus movimentos rápidos permitem que eles façam um levantamento detalhado do ambiente, e sua flexibilidade permite que naveguem entre células e outros obstáculos.

Quando os filopódios encontram sinais do ambiente, o cone de crescimento é estimulado a avançar, retrair ou mudar de direção. Vários componentes motores são responsáveis por esses comportamentos de orientação. Um deles é o movimento da actina sobre a miosina, semelhante à contração das fibras musculares esqueléticas, embora a actina e a miosina dos neurônios sejam diferentes daquelas do músculo. O arranjo de monômeros de actina em filamentos poliméricos também contribui com uma força propulsora para a extensão dos filopódios. Como os filamentos de actina são constantemente despolimerizados na base dos filopódios, o equilíbrio entre polimerização e despolimerização permite aos filopódios moverem-se em frente sem se tornarem mais longos. A despolimerização fica mais lenta nos períodos de avanço do cone de crescimento, levando a uma maior força propulsora. O movimento de membranas ao longo do substrato fornece ainda outra força motora de avanço.

A contribuição de cada tipo de motor molecular para o avanço do cone de crescimento parece variar de situação para situação. Ainda assim, a etapa final envolve o fluxo de microtúbulos da parte central do cone para a protrusão recém-estendida, movendo, dessa forma, o cone de crescimento para a frente, deixando para trás um novo segmento do axônio. Novos lamelipódios e filopódios formam-se no cone que está avançando, e o ciclo se repete (**Figura 47-7**).

O direcionamento axonal preciso só pode ocorrer se a ação motora do cone de crescimento for dependente de sua função sensorial. Dessa forma, é crucial que as proteínas de

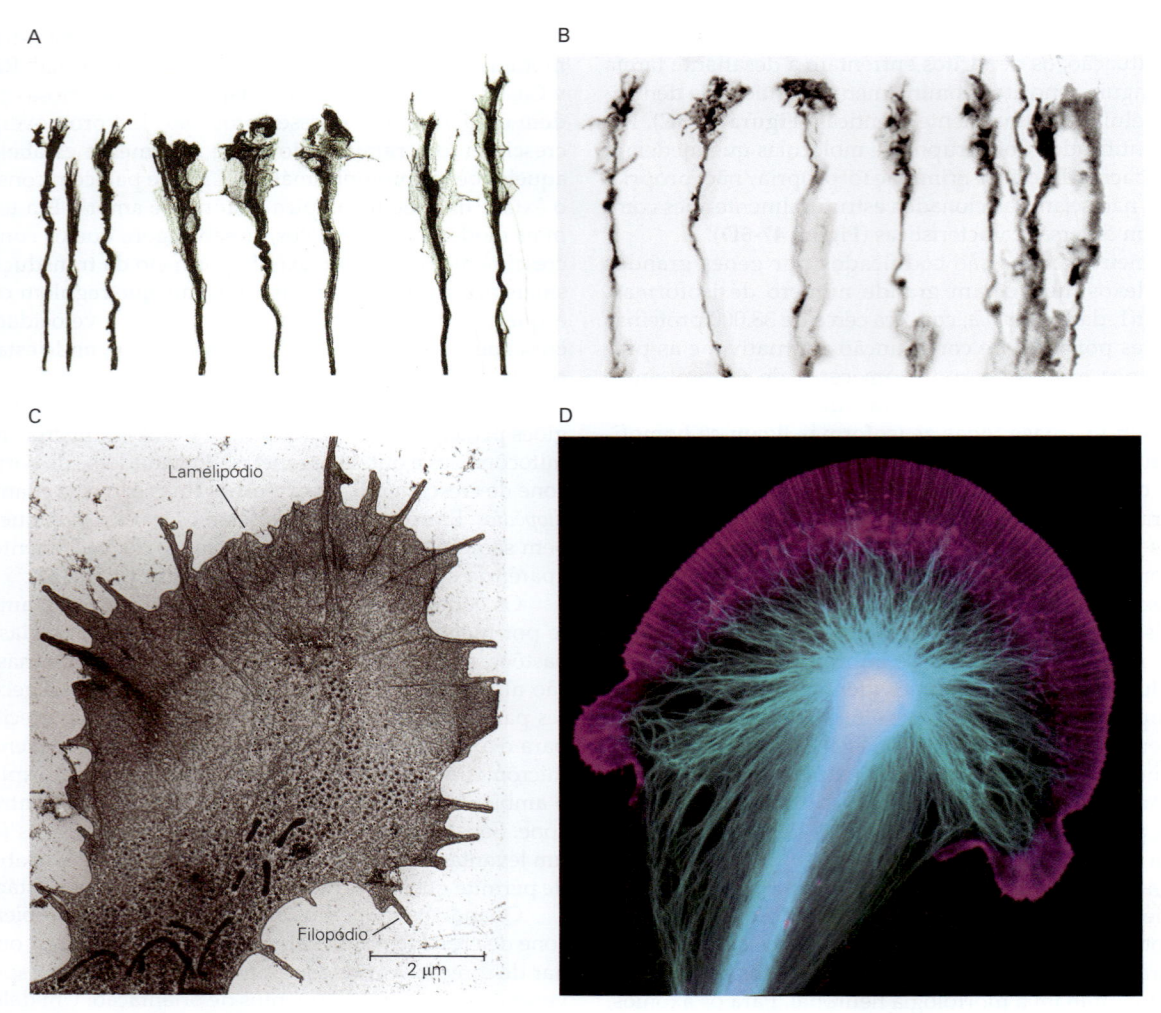

FIGURA 47-6 Cones de crescimento neuronais.
A. Desenhos de cones de crescimento por Santiago Ramón y Cajal, que descobriu essas estruturas celulares e inferiu suas funções.
B. Cones de crescimento visualizados em neurônios ganglionares da retina de camundongo, marcados com corante. Observe as semelhanças com os desenhos de Cajal. (Reproduzida, com autorização, de Carol Mason e Pierre Godement.)
C. Os três principais domínios do cone de crescimento – filopódios, lamelipódios e uma região central – são mostradas por microscopia eletrônica de varredura. (Reproduzida, com autorização, de Bridgman e Dailey, 1989. Autorização transmitida pelo Copyright Clearance Center, Inc.)
D. Cone de crescimento de um neurônio de *Aplysia*, no qual a actina e a tubulina são visualizadas. A actina (**roxo**) está concentrada nos lamelipódios e filopódios, enquanto a tubulina e os microtúbulos (**azul**) se concentram no eixo central. (Reproduzida, com autorização, de Paul Forscher e Dylan Burnette.)

reconhecimento nos filopódios sejam receptores transdutores de sinais, e não apenas pontos de ligação que medeiam a adesão. A união de um ligante a seu receptor afeta o crescimento de várias formas. Em alguns casos, ela aciona diretamente o citoesqueleto, por meio do domínio intracelular de receptores (**Figura 47-7**). Receptores de integrinas acoplam-se à actina nos cones de crescimento quando a eles se ligam moléculas associadas à superfície das células contíguas ou à matriz extracelular, influenciando, assim, a mobilidade.

De igual ou maior importância é a capacidade da ligação do ligante de estimular a formação, o acúmulo e mesmo a degradação de moléculas solúveis intracelulares que funcionam como segundos mensageiros. Esses segundos mensageiros afetam a organização do citoesqueleto e, dessa forma, regulam a direção e a velocidade de movimento dos cones de crescimento.

Um segundo mensageiro importante é o cálcio. A concentração desse íon nos cones de crescimento é regulada pela ativação de receptores nos filopódios, a qual afeta a organização do citoesqueleto, que, por sua vez, modula a motilidade. A motilidade do cone de crescimento é ótima em uma estreita faixa de concentração de cálcio, chamada de *ponto fixo*. A ativação de filopódios em um lado do cone de crescimento causa um gradiente de concentração de cálcio através do cone, fornecendo uma possível justificativa para as alterações na direção do crescimento.

Outros segundos mensageiros que unem receptores e motores moleculares incluem nucleotídeos cíclicos, os quais

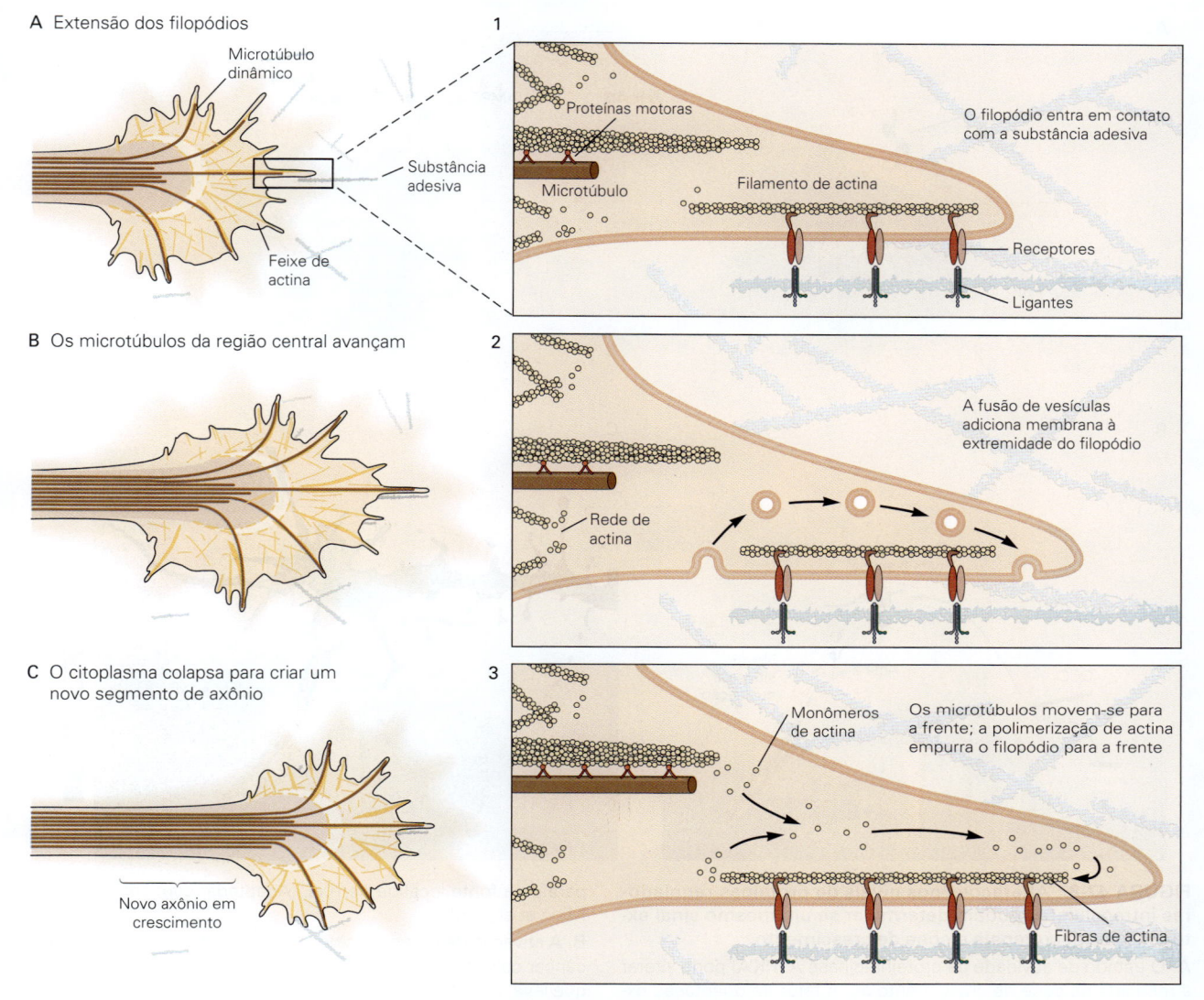

FIGURA 47-7 O cone de crescimento avança, sob o controle de motores celulares. (Adaptada, com autorização, de Heidemann, 1996. Copyright © 1996 Academic Press Inc.)
A. Um filopódio faz contato com um sinal adesivo e se contrai, puxando o cone de crescimento para a frente (**1**). Os filamentos de actina agrupam-se na extremidade frontal de um filopódio e se desagrupam na extremidade caudal, interagindo com a miosina ao longo do caminho (**2**). A polimerização de actina empurra o filopódio para a frente (**3**). As forças geradas pelo fluxo retrógrado de actina empurram o filopódio para a frente. A exocitose adiciona membrana à extremidade do filopódio que segue à frente e fornece novos receptores de adesão para manter a tração. A membrana é recuperada na parte de trás do filopódio. O polímero de actina está ligado a moléculas de adesão na membrana plasmática.
B. A ação combinada desses motores cria um espaço pobre em actina no qual os microtúbulos do eixo central avançam.
C. Os microtúbulos individuais condensam-se, formando um feixe, e o citoplasma colapsa ao redor deles para criar um novo segmento do axônio.

modulam a atividade de enzimas como proteínas-cinases, proteínas-fosfatases e guanosinas-trifosfatases (GTPases) da família rô. Por sua vez, esses mensageiros e enzimas regulam a atividade de proteínas que modulam a polimerização e a despolimerização de filamentos de actina, promovendo ou inibindo a extensão axonal.

O papel crítico dos sinais intracelulares na motilidade e na orientação do cone de crescimento pode ser demonstrado utilizando-se cultura de neurônios embrionários. A aplicação de fatores de crescimento de um lado do cone ativa receptores locais e leva à extensão e ao posicionamento do cone de crescimento em direção ao sinal. Essencialmente, o fator atrai o cone de crescimento. Contudo, quando os níveis de monofosfato de adenosina cíclico (AMPc) do neurônio diminuem, o mesmo estímulo age como um sinal repelente, e o cone de crescimento desvia do sinal (**Figura 47-8A**). Outros fatores repelentes podem se tornar atratores quando os níveis do segundo mensageiro 3'5'-monofosfato de guanosina cíclico (GMPc) aumentam.

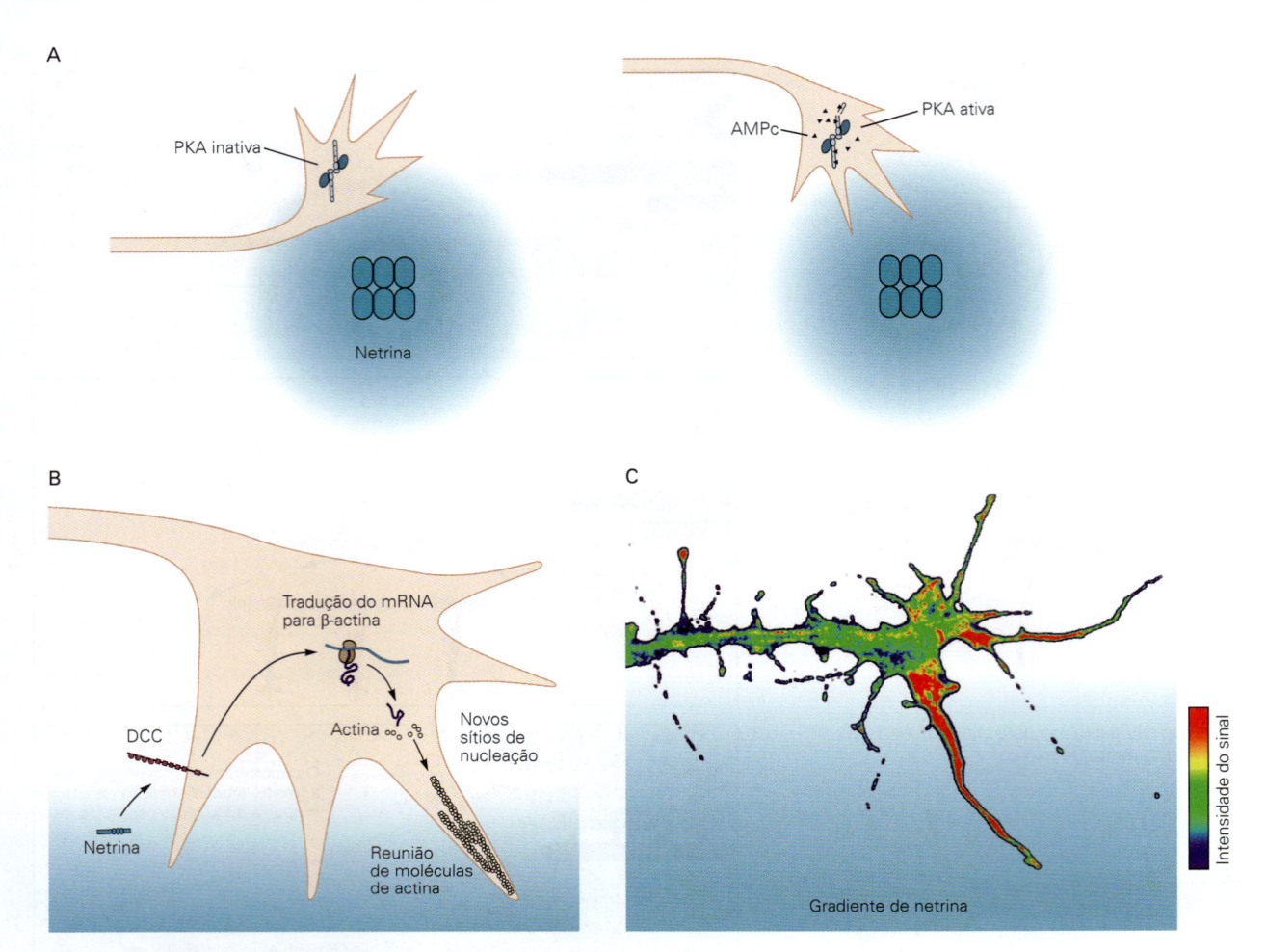

FIGURA 47-8 Alterações nos níveis de proteínas reguladoras intracelulares podem determinar se um mesmo sinal extrínseco atrai ou repele o cone de crescimento.

A. O estado de atividade da proteína-cinase A (**PKA**) pode alterar a resposta do cone de crescimento a um fator de orientação extracelular, neste exemplo, a proteína netrina. Quando a atividade da PKA e os níveis intracelulares de monofosfato de adenosina cíclico (**AMPc**) estão baixos, o cone de crescimento é repelido pela netrina. Quando a atividade da PKA está alta, a elevação nos níveis intracelulares de AMPc faz o cone de crescimento ser atraído para uma fonte local de netrina. (Adaptada, com autorização, de Ming et al., 1997.)

B. A ativação de receptores do cone de crescimento (deletado no câncer colorretal, **DCC**) pela netrina leva à síntese local de actina, que leva a um desvio.

C. A análise imunoistoquímica de um cone de crescimento que apresenta síntese local de actina em resposta à aplicação local de netrina. (Reproduzida, com autorização, de Christine Holt. Adaptada, com autorização, de Leung et al., 2006.)

Recentemente, ainda outro mecanismo para o acoplamento de moléculas de orientação com o comportamento do cone de crescimento tem sido considerado. Há muito se pensava que toda a síntese proteica neuronal ocorresse no corpo celular, mas agora se sabe que os cones de crescimento (assim como alguns dendritos) contêm a maquinaria para a síntese proteica, incluindo um subconjunto de RNA mensageiros. Evidências iniciais de que essas moléculas desempenhem um papel importante vieram de experimentos nos quais axônios eram separados do corpo celular. Os cones de crescimento continuavam a avançar por umas poucas horas; eles podiam ser estimulados para se voltarem no sentido de depósitos locais de moléculas de orientação ou para longe deles, e esses comportamentos foram abolidos por inibidores da síntese proteica. A síntese proteica local é regulada por segundos mensageiros que são produzidos em resposta à ativação de receptores de moléculas de orientação nos cones de crescimento (**Figura 47-8**). Esse mecanismo leva à síntese de novas proteínas motoras precisamente quando e onde elas são necessárias. Dessa forma, o cone de crescimento possui muitas estratégias e mecanismos para integrar os sinais moleculares de modo que guiem o axônio em direções específicas.

Sinais moleculares direcionam os axônios a seus alvos

Grande parte do século XX foi marcada por um intenso debate entre defensores de dois pontos de vista muito diferentes a respeito de como os cones de crescimento se movimentam no embrião até atingirem seus alvos. O ponto de vista molecular do direcionamento axonal foi primeiro articulado no início do século XX pelo fisiologista J. N. Langley. Contudo, pelos anos de 1930, muitos biólogos eminentes, incluindo Paul Weiss, acreditavam que o crescimento axonal era essencialmente aleatório, e que as conexões apropriadas persistiam principalmente devido a padrões de pareamento de atividade elétrica adequados e produtivos entre o axônio e seu alvo.

Na era molecular atual, as ideias de Weiss podem parecer simplistas, mas eram razoáveis na época. Em culturas de tecidos, os axônios crescem preferencialmente ao longo de descontinuidades mecânicas (ao longo de riscos feitos na placa de cultura), e eixos nervosos embrionários com frequência se alinham ao longo de suportes sólidos (vasos sanguíneos ou cartilagens). Parecia lógico para Weiss que o direcionamento mecânico, chamado de *estereotropismo*, poderia ser responsável pela estruturação axonal. Hoje se pode afirmar com certa tranquilidade que sinais elétricos podem ser usados para modificar a direção de fluxos de correntes em um computador sem a necessidade de se refazerem conexões. De forma similar, padrões de atividade e a experiência podem fortalecer ou enfraquecer conexões neurais sem a necessidade de formação de novas vias axonais. Por que, então, não considerar que a atividade congruente, chamada de *ressonância*, por Weiss, é capaz de estabelecer conexões apropriadas?

Hoje, poucos cientistas acreditam que a estereotaxia ou ressonância seja uma força crucial para a estruturação inicial dos circuitos neuronais. O ponto-chave que mudou a opinião em favor da visão molecular foi um experimento realizado com rãs e outros anfíbios na década de 1940 por Roger Sperry (que ironicamente era um estudante de Weiss). Sperry manipulou a informação transmitida do olho para o encéfalo pelos axônios das células ganglionares da retina. Esses axônios terminam em suas áreas-alvo, o corpo geniculado lateral, no tálamo, e o colículo superior (chamado teto óptico, nos vertebrados inferiores), no mesencéfalo, de modo a criar um mapa ordenado retinotópico do campo visual.

Devido à óptica do olho, a imagem visual na retina é uma inversão do campo visual. As células ganglionares da retina reinvertem a imagem pelo padrão com que seus axônios terminam no teto óptico, o principal centro visual no encéfalo de rãs (**Figura 47-9A**). Se o nervo óptico é seccionado, o animal fica cego. Nos vertebrados inferiores, os axônios retinianos seccionados podem restabelecer projeções para o teto, e, assim, a visão é recuperada. Isso não ocorre em mamíferos, como será discutido no Capítulo 50.

O experimento central de Sperry foi seccionar o nervo óptico de uma rã e rotacionar o olho na cavidade ocular em 180° antes da regeneração do nervo. Notavelmente, a rã exibiu respostas ordenadas ao estímulo visual, mas o comportamento era errado. Quando se oferecia à rã uma mosca no chão, ela pulava para cima e, quando a mosca era oferecida acima de sua cabeça, ela se arremessava para baixo (**Figura 47-9B**). É importante observar que o animal nunca aprendia a corrigir seus erros. Sperry sugeriu, e depois comprovou, usando métodos anatômicos e fisiológicos, que os axônios retinianos tinham reinervado seus alvos tectais originais, apesar de essas conexões fornecerem ao encéfalo uma informação espacial errada que levava a um comportamento anormal. Esses experimentos permitem inferir que o reconhecimento entre os axônios e seus alvos se deve a uma afinidade molecular exata, em vez de uma validação e refinamento funcional de conexões formadas ao acaso.

Entretanto, é importante notar que as ideias de Weiss não são, de forma alguma, obsoletas. Na verdade, agora se reconhece que a atividade de circuitos neurais pode desempenhar um papel crucial no estabelecimento da conectividade. De acordo com o ponto de vista atual, o reconhecimento molecular predomina durante o desenvolvimento embrionário, e a atividade e a experiência modificam os circuitos após eles terem sido estabelecidos. Neste capítulo e no próximo, serão descritas as dicas moleculares que orientam a formação de conexões neurais e, no Capítulo 49, será examinado o papel da atividade e da experiência no refinamento das conexões sinápticas.

A ideia de Sperry, frequentemente chamada de *hipótese da quimioespecificidade*, motivou os neurobiólogos do desenvolvimento a iniciar uma busca por "moléculas de reconhecimento" axonais e sinápticas. O sucesso foi limitado nas primeiras décadas dessa busca, em parte devido ao fato de essas moléculas estarem presentes em pequenas quantidades e em subpopulações específicas de neurônios, e de não haver métodos efetivos para se isolarem moléculas raras a partir de tecidos complexos. Finalmente, avanços em métodos bioquímicos e de biologia molecular tornaram essa tarefa mais plausível, e muitas proteínas envolvidas no direcionamento dos axônioss a seus alvos foram então descobertas. Essas proteínas geralmente consistem em pares de ligantes e receptores: os ligantes estão presentes em células ao longo da via percorrida pelo axônio, e os receptores estão presentes no próprio cone de crescimento.

Em termos mais gerais, os sinais de direcionamento dos axônios podem estar presentes nas superfícies celulares, na matriz extracelular ou em forma solúvel. Como descrito acima (**Figura 47-8**), eles interagem com receptores situados na membrana do cone de crescimento, promovendo ou inibindo o crescimento do axônio. A maior parte dos receptores possui um domínio extracelular que seletivamente se une ao ligante e um domínio intracelular que se acopla ao citoesqueleto, seja diretamente ou por intermediários, como os segundos mensageiros. Os ligantes podem acelerar ou retardar o crescimento. Ligantes presentes de um lado do cone de crescimento podem resultar em ativação ou inibição local, levando a seu redirecionamento. Dessa forma, a distribuição local de sinais ambientais determina a via por onde avança o cone de crescimento.

A partir dessas descobertas recentes, o direcionamento axonal, um processo que há alguns anos parecia misterioso, pode agora ser visto como uma consequência ordenada de interações proteína-proteína que fornecem instruções para o cone de crescimento crescer, se ramificar ou parar (**Figuras 47-10, 11**). Esse limitado conjunto de instruções, quando apresentado com precisão espacial, é suficiente para coreografar os comportamentos do cone de crescimento com uma sutileza impressionante. O direcionamento axonal pode, dessa forma, ser explicado pela descrição de como

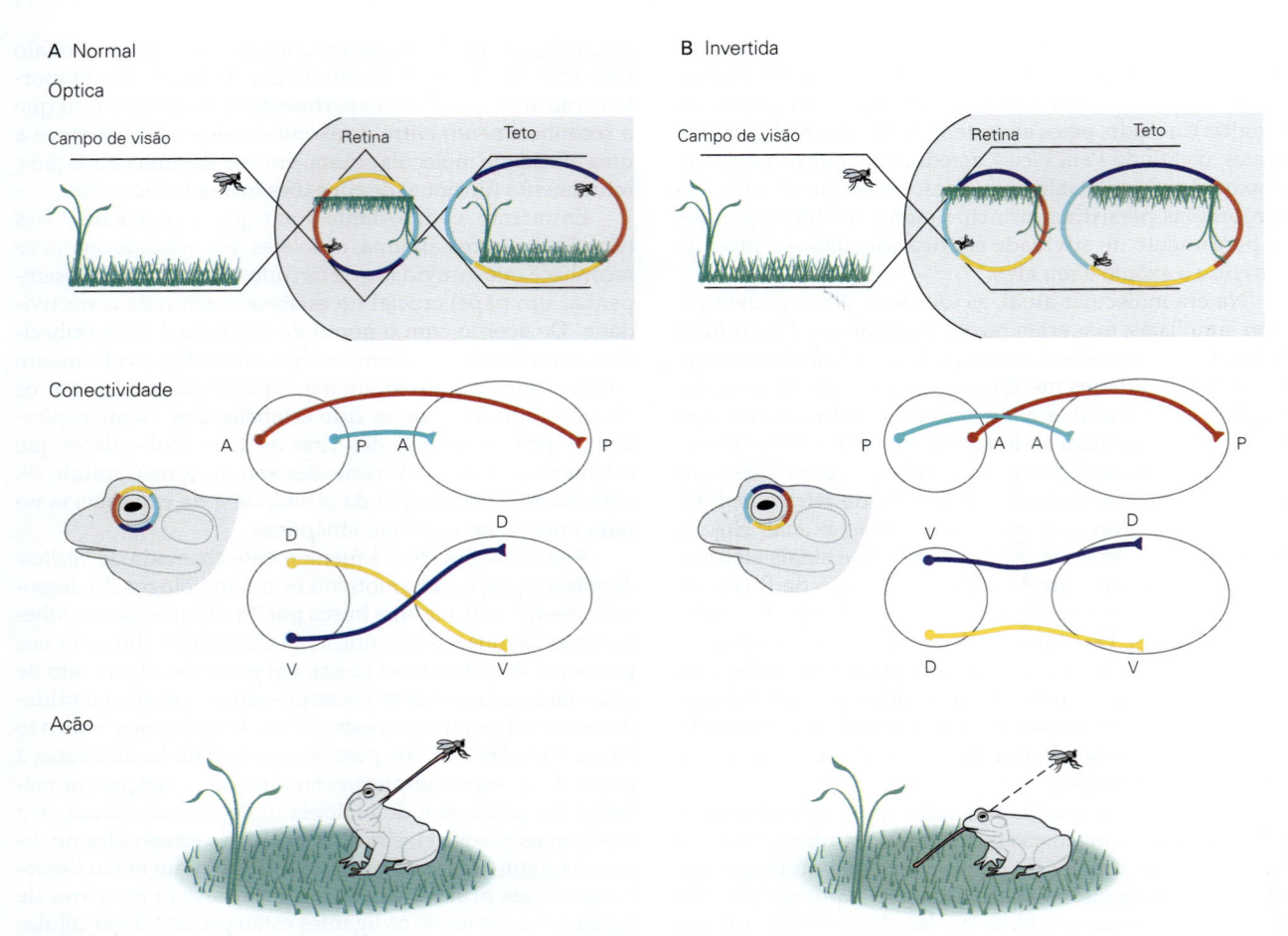

FIGURA 47-9 Os experimentos clássicos de Roger Sperry sobre regeneração no sistema visual fornecem evidências para a quimioafinidade na rede de conexões.

A. No sistema visual da rã, o cristalino projeta uma imagem visual invertida na retina, e o nervo óptico transfere a imagem, com outra inversão, para o teto óptico. O arranjo espacial de aferências retinianas ao teto é responsável pela transferência da imagem. Neurônios da retina anterior projetam seus axônios para o teto posterior, enquanto neurônios da retina posterior projetam seus axônios para o teto anterior. De forma similar, os neurônios da retina dorsal se projetam para o teto ventral e os neurônios da retina ventral se projetam para o teto dorsal. Como resultado, o animal é capaz de realizar um comportamento guiado visualmente (neste caso, apanhando uma mosca) de maneira precisa. (Siglas: **A**, anterior; **D**, dorsal; **P**, posterior; **V**, ventral.)

B. Se o nervo óptico é cortado e o olho sofre uma rotação cirúrgica na cavidade ocular antes da regeneração do nervo, o comportamento visualmente guiado se torna anormal. Quando uma mosca é apresentada acima de sua cabeça, a rã a percebe como se ela estivesse abaixo e vice-versa. A inversão dos reflexos comportamentais resulta da conexão de axônios retinianos em regeneração a seus alvos originais, embora essas conexões agora transfiram ao encéfalo um mapa invertido e inadequado do mundo.

e onde os ligantes estão presentes e como o cone de crescimento integra essas informações para gerar uma resposta ordenada. No restante do capítulo, são ilustradas lições aprendidas a partir da jornada de dois tipos de axônios: os axônios dos neurônios ganglionares da retina e os axônios de uma classe particular de neurônios sensoriais de retransmissão na medula espinal.

O crescimento dos axônios ganglionares da retina é orientado por uma série de etapas distintas

O experimento de Sperry implicava a existência de sinais de orientação para os axônios, mas não revelou onde estavam ou como atuam. Por um tempo, o ponto de vista prevalente era de que o reconhecimento ocorria principalmente no alvo ou perto dele, e que forças mecânicas ou fatores quimiotáticos de longo alcance seriam suficientes para que os axônios atingissem as imediações do alvo.

Sabe-se agora que os axônios atingem alvos distantes por meio de uma série de etapas distintas, tomando decisões frequentes em intervalos espaciais pequenos ao longo de sua trajetória. Para ilustrar esse evento, será analisada com mais detalhe a via que Sperry tentava entender, ou seja, a via de um axônio retiniano até atingir o teto óptico.

Os cones de crescimento divergem no quiasma óptico

A primeira tarefa do axônio de uma célula ganglionar da retina é sair da retina. Para isso, ele entra na camada de fibras

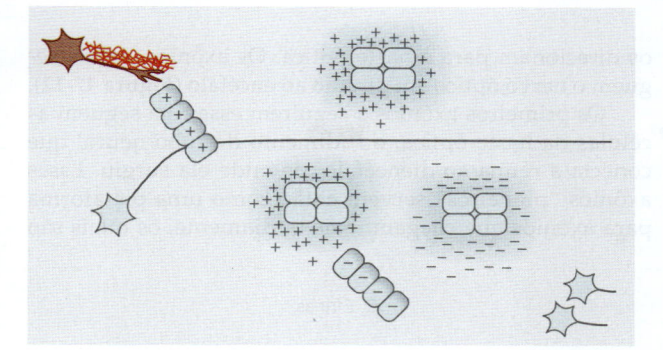

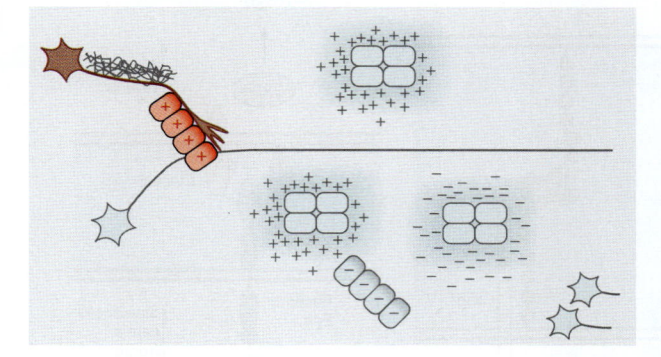

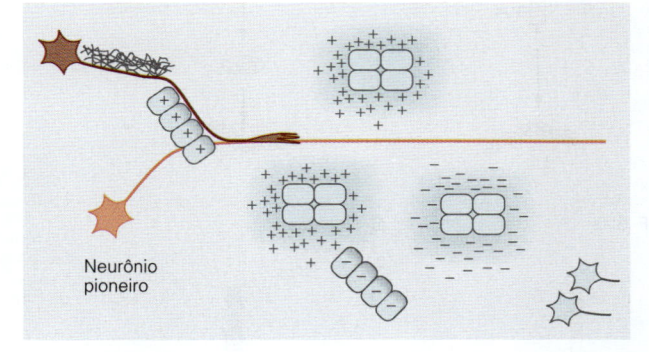

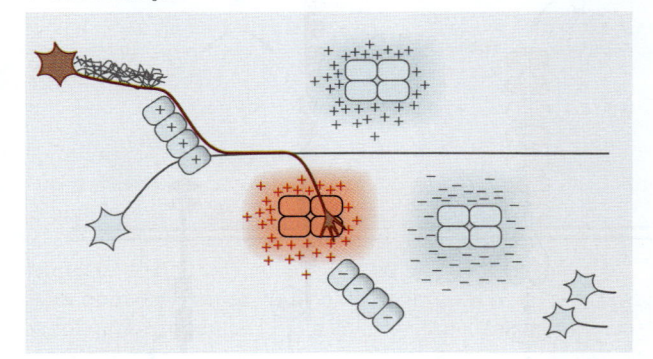

FIGURA 47-10 Os sinais extracelulares usam vários mecanismos para direcionar os cones de crescimento. O axônio pode interagir com moléculas promotoras do crescimento na matriz extracelular (1). Ele pode interagir com moléculas de adesão na superfície celular de células neurais (2). O axônio em crescimento pode encontrar outro axônio de um neurônio "pioneiro" e seguir por ele, um processo chamado de *fasciculação* (3). Sinais químicos solúveis podem atrair o axônio em crescimento à sua fonte celular (4). Alvos celulares intermediários que expressam sinais repelentes na superfície celular podem desviar a trajetória do axônio (5). Sinais químicos solúveis podem repelir o crescimento axonal (6). Sinais extracelulares também levam à formação de colaterais axonais (7) ou ramificações do axônio em crescimento (8).

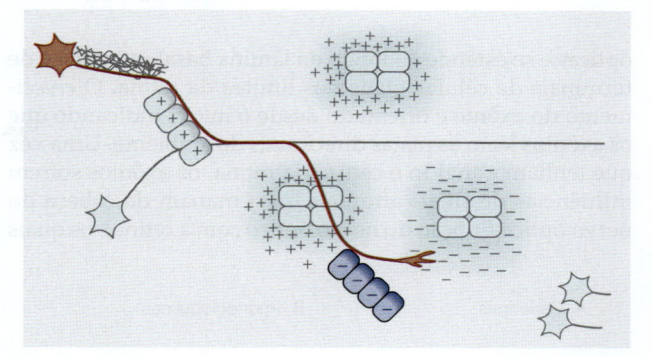

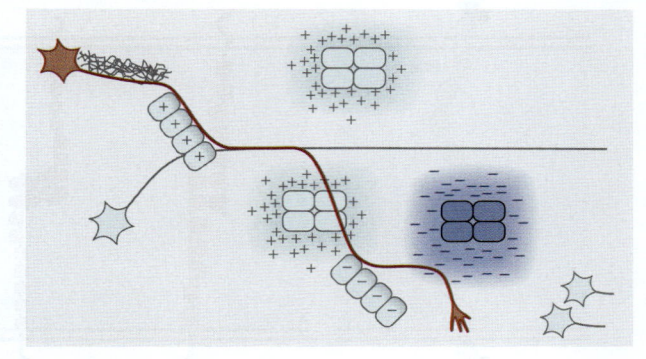

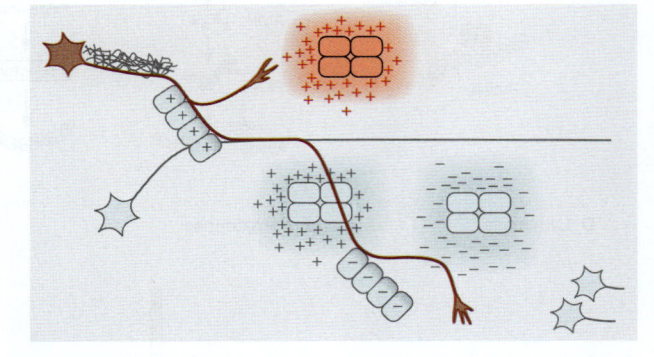

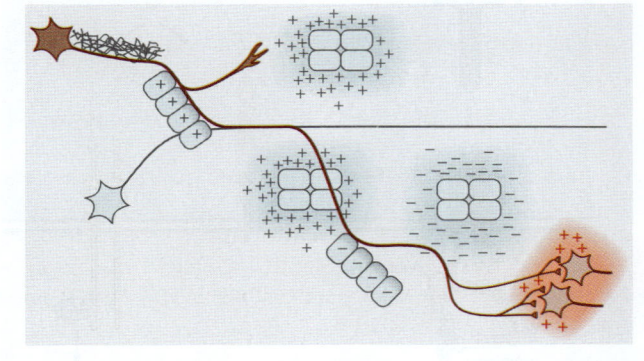

ópticas e se estende ao longo da lâmina basal retiniana e de terminais de células gliais nos limites da retina. O crescimento do axônio é orientado desde o início, indicando que os axônios lêem as pistas direcionais do ambiente. Uma vez que tenham atingido o centro da retina, os axônios sofrem influências de sinais atratores que emanam da cabeça do nervo óptico (junção do nervo óptico com a retina), os quais os direcionam para a haste óptica. Os axônios, então, seguem o nervo óptico em direção ao encéfalo (**Figura 47-12**).

Os primeiros axônios a seguirem essa rota seguem as células da haste óptica, o rudimento do tubo neural que conecta a retina ao diencéfalo, de onde ela surgiu. Esses axônios "pioneiros" servem então como uma plataforma para axônios que chegam mais tardiamente, os quais são

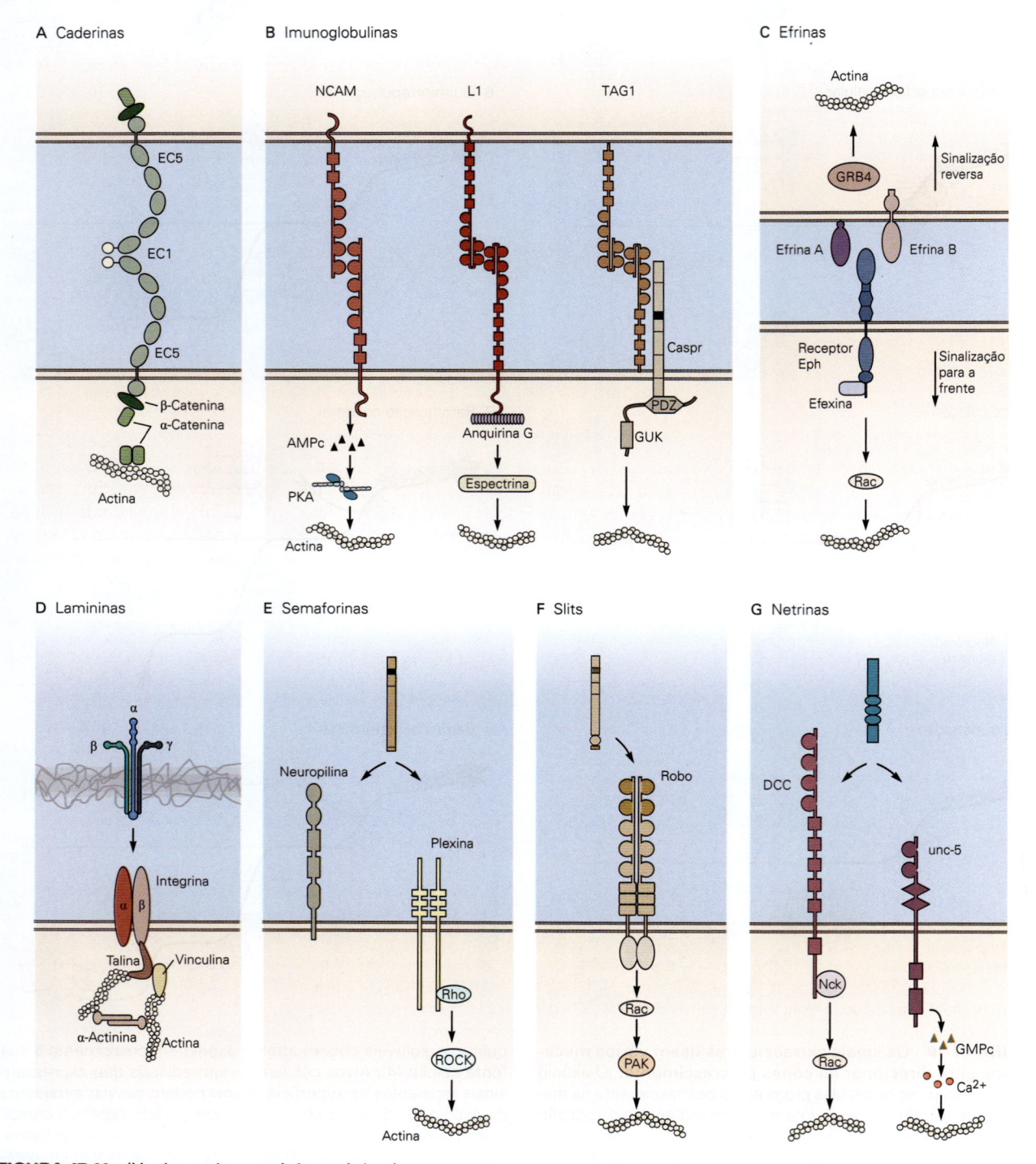

FIGURA 47-11 (Ver legenda na próxima página.)

capazes de estenderem-se com precisão simplesmente seguindo seus predecessores (ver "fasciculação" na **Figura 47-10**). Uma vez que atinjam o quiasma óptico, contudo, os axônios retinianos devem fazer uma escolha. Os axônios que surgem de neurônios na hemi-retina nasal de cada olho cruzam o quiasma e seguem para o lado oposto do encéfalo, enquanto aqueles da metade temporal são desviados quando alcançam o quiasma, de modo a permanecerem no mesmo lado do encéfalo (**Figura 47-13A**).

Essa divergência na trajetória reflete as respostas diferenciais dos axônios das hemi-retinas nasal e temporal aos sinais de orientação apresentados por células do quiasma na linha média. Alguns axônios retinianos contactam as células do quiasma e atravessam entre elas, enquanto outros são inibidos por tais células e desviados para longe, assim permanecendo no lado ipsilateral. Uma das moléculas fundamentais presentes nas células do quiasma é uma molécula repelente ligada à membrana, da família da efrina-B (**Figura 47-13B**), que participa também de etapas mais tardias do direcionamento axonal das células ganglionares da retina.

A fração de axônios da retina temporal que se projetam ipsilateralmente varia entre as espécies: poucos em vertebrados inferiores, alguns em roedores e muitos em seres humanos. Essas diferenças refletem a posição dos olhos. Em muitos animais, os olhos apontam para os lados e monitoram diferentes partes do mundo visual, de modo que a informação dos dois olhos não precisa estar combinada. Em seres humanos, ambos os olhos apontam para a frente e amostram regiões bastante sobrepostas do mundo visual, de modo que a coordenação do estímulo visual é essencial.

Após cruzarem o quiasma óptico, os axônios retinianos se juntam novamente no trato óptico ao longo da superfície ventral do diencéfalo. Os axônios, então, saem do trato em pontos diferentes. Na maioria das espécies de vertebrados, o teto do mesencéfalo (chamado de colículo superior, em mamíferos) é o principal alvo dos axônios da retina, mas um pequeno número de axônios se projeta para o núcleo geniculado lateral do tálamo. Nos seres humanos, contudo, a maioria dos axônios se projeta para o núcleo geniculado lateral, um número considerável também atinge o colículo superior, enquanto um pequeno número se projeta para os núcleos pulvinar, supraquiasmático e pré-tectais. Nesses alvos, diferentes axônios retinianos se projetam para diferentes regiões. Como Sperry mostrou, os axônios retinianos formam um mapa topográfico preciso da retina na superfície tectal. Mapas semelhantes formam-se em outras áreas inervadas pelos axônios retinianos, como no núcleo geniculado lateral.

Tendo atingido um local topograficamente apropriado dentro do teto, os axônios retinianos precisam encontrar um parceiro sináptico apropriado. Para realizar essa última etapa de sua jornada, os axônios retinianos se curvam e mergulham no neuropilo do teto (**Figura 47-12**), descendendo (ou, em mamíferos, ascendendo) ao longo da superfície das células gliais radiais, que fornecem uma plataforma para o crescimento axonal radial. Embora as células gliais radiais atravessem todo o neuroepitélio, cada axônio retiniano confina seus terminais sinápticos em uma única camada. Os dendritos de muitas células pós-sinápticas estendem-se através de múltiplas camadas e formam sinapses ao longo de todo o seu comprimento, mas as conexões retinianas são restritas a uma pequena fração da árvore dendrítica do neurônio-alvo. Essas características organizacionais indicam que sinais específicos de cada camada indicam o cessamento do alongamento axonal e desencadeiam a arborização.

FIGURA 47-11 Diversas famílias moleculares controlam o crescimento e o direcionamento dos axônios em desenvolvimento.

A. Uma grande família de clássicas caderinas promove a adesão celular e axonal, principalmente por interações homofílicas entre moléculas de caderina em neurônios adjacentes. As interações adesivas são mediadas por interações dos domínios extracelulares EC1. As caderinas transduzem interações adesivas por suas interações citoplasmáticas com as cateninas, as quais conectam as caderinas ao citoesqueleto de actina.

B. Diversas proteínas da superfamília das imunoglobulinas são expressas no sistema nervoso e mediam interações adesivas. Os três exemplos mostrados aqui, NCAM, L1 e TAG1, podem se ligar homofílica e heterofilicamente para promover o crescimento e a adesão axonal. Essas proteínas contêm tanto domínios de imunoglobulina (**círculos**) como domínios fibronectina tipo III (**quadrados**). As interações homofílicas geralmente envolvem domínios aminoterminais de imunoglobulinas. Diferentes moléculas de imunoglobulinas de adesão interagem com o citoesqueleto por meio de diversos mediadores citoplasmáticos, apenas alguns dos quais são mostrados nesta figura.

C. Diferentes proteínas efrina ligam-se a receptores Eph da classe tirosina-cinase. As efrinas da classe A estão ligadas à superfície da membrana por uma âncora glicosilfosfatidilinositol, enquanto as efrinas da classe B são proteínas transmembrana. Geralmente, as efrinas da classe A ligam-se a cinases Eph da classe A e as efrinas da classe B ligam-se a cinases Eph da classe B. A sinalização adiante, mediada por Eph, normalmente produz respostas repelentes ou inibitórias em células receptoras, enquanto a sinalização reversa, mediada por efrina, pode produzir respostas adesivas ou inibitórias. A sinalização mediada por efrina e Eph envolve muitos mediadores citoplasmáticos diferentes.

D. As proteínas laminina são componentes da matriz extracelular e promovem a adesão celular e a extensão axonal por meio de interações com os receptores de integrina. As integrinas mediam a adesão e o crescimento axonal por interações com o citoesqueleto mediadas por muitas proteínas intermediárias.

E. As proteínas semaforinas podem promover ou inibir o crescimento axonal por meio de interações com um conjunto diversificado de receptores de plexina e neuropilina, que transduzem sinais através de GTPases da classe rho e cinases localizadas a jusante na via de sinalização.

F. As proteínas Slit geralmente mediam respostas repelentes por meio de interações com receptores da classe Robo, que influenciam o crescimento axonal por GTPases intermediárias, como Rac.

G. As proteínas netrina secretadas ou associadas à matriz extracelular mediam tanto respostas quimioatratoras como quimiorrepelentes. As atratoras são mediadas por interações com receptores DCC (deletado no câncer colorretal, de *deleted in colorectal cancer*), enquanto as repelentes envolvem interações com DCC e correceptores unc-5. A sinalização por receptores de netrina ocorre por cascatas que envolvem GTPases e monofosfato de guanosina cíclico (**GMPc**).

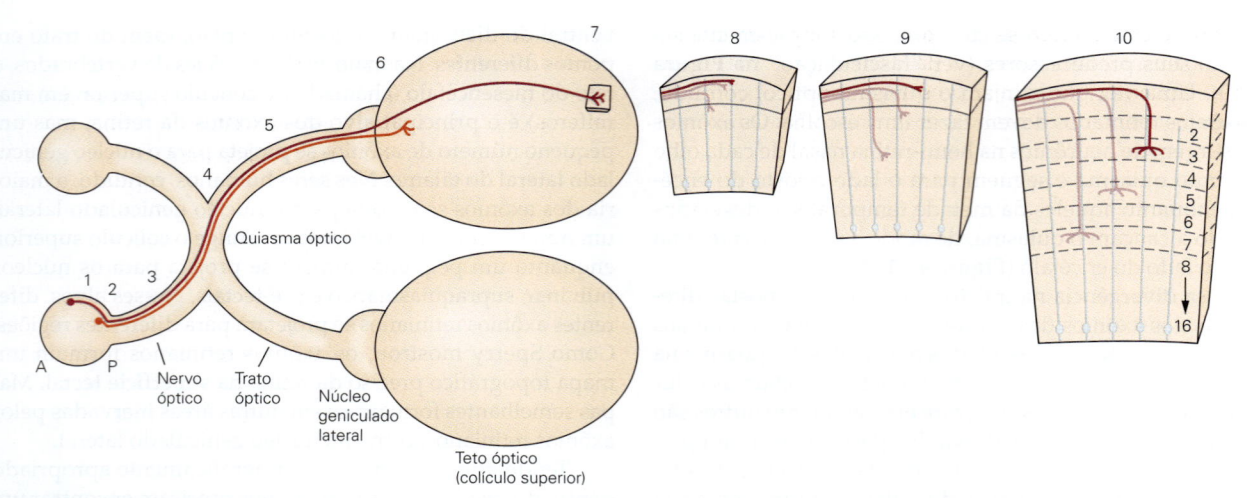

FIGURA 47-12 Os axônios das células ganglionares da retina crescem em direção ao teto óptico em etapas distintas. Dois neurônios que carregam a informação da metade nasal da retina são mostrados. O axônio de um deles cruza o quiasma óptico e atinge o teto óptico contralateral. O axônio do outro neurônio também cruza o quiasma óptico, mas se projeta para o núcleo geniculado lateral. Os números indicam importantes etapas da jornada do axônio. O axônio em crescimento direciona-se ao ponto de saída do nervo óptico (a junção do nervo com a retina) (**1**), entra no nervo óptico (**2**), estende-se através do nervo óptico (**3**), desvia para permanecer ipsilateral (não mostrado) ou cruza para o lado contralateral no quiasma óptico (**4**), estende-se através do trato óptico (**5**), entra no teto óptico ou no núcleo geniculado lateral (não mostrado) (**6**), navega para uma posição rostrocaudal e dorsoventral apropriada no teto (**7**), curva-se para entrar no neuropilo (projeta-se de modo descendente em pintos, como mostrado aqui, e de modo ascendente em mamíferos) (**8**), chegando a uma camada apropriada, onde uma arborização terminal rudimentar é formada (**9**) e, finalmente, sofre remodelamento (**10**). (Siglas: **A**, anterior; **P**, posterior.)

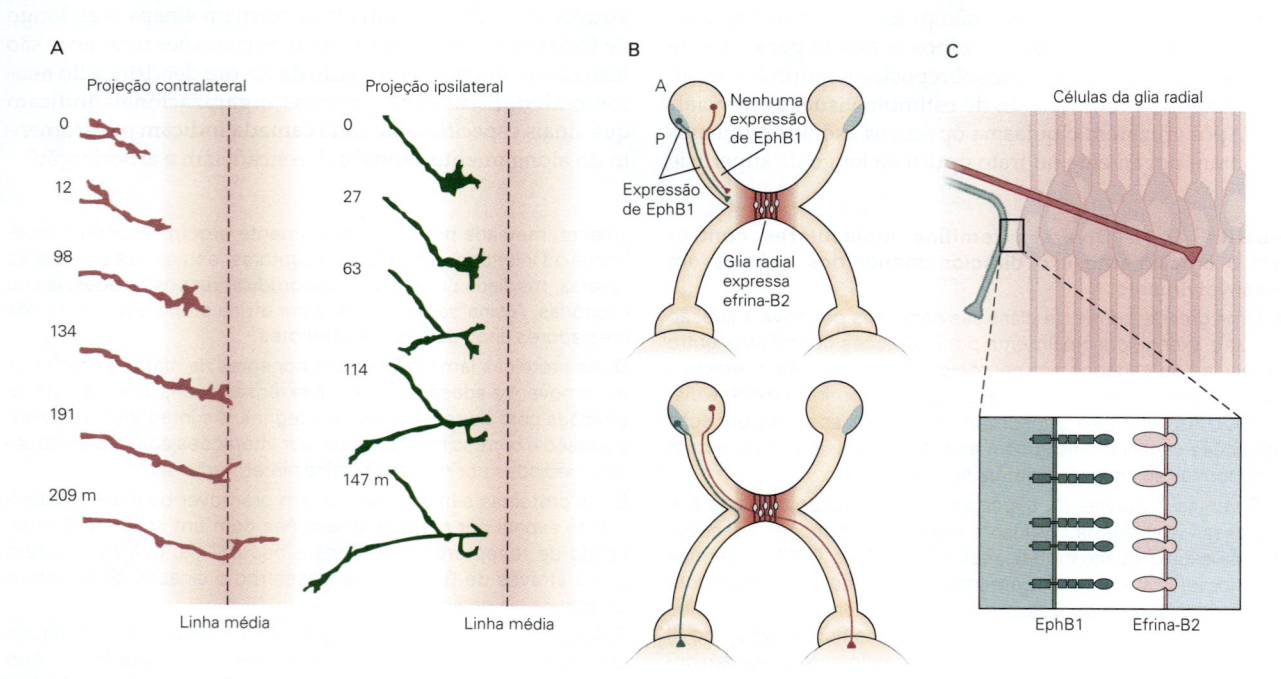

FIGURA 47-13 Os axônios dos neurônios ganglionares da retina divergem quando atingem o quiasma óptico.
A. Uma série de intervalos de tempo mostra os axônios aproximando-se da linha média. Os axônios que têm origem na hemirretina nasal cruzam o quiasma óptico e se projetam para o teto contralateral (*à esquerda*). Por outro lado, os axônios da hemirretina temporal atingem o quiasma, mas não o cruzam, se projetando em direção ao teto ipsilateral (*à direita*). (Reproduzida, com autorização, de Godement, Wang e Mason, 1994.)
B. Os axônios dos neurônios da hemirretina temporal, que expressam o receptor tirosina-cinase EphB1, encontram efrina-B2 expressa pelas células da glia radial da linha média no quiasma óptico, de modo que são impedidos de cruzar a linha média. Os axônios dos neurônios da hemirretina nasal, que não têm receptores EphB1, não são afetados pela presença de efrina-B2 e cruzam para o lado contralateral. (Siglas: **A**, anterior; **P**, posterior.)
C. Visão ampliada ilustrando as trajetórias dos axônios das células ganglionares da retina no quiasma.

O problema da navegação axonal em longas distâncias é, dessa forma, solucionado pela divisão da jornada em curtos segmentos, nos quais alvos intermediários guiam os axônios ao longo do caminho até seus alvos finais. Alguns alvos intermediários, como o quiasma óptico, são regiões de "decisão" onde os axônios divergem.

A dependência de alvos intermediários é uma solução efetiva ao problema da longa distância de navegação axonal, mas não é a única. Em alguns casos, os primeiros axônios atingem seus alvos quando o embrião ainda é pequeno e a distância a ser percorrida é curta. Esses axônios "pioneiros" respondem a sinais moleculares embebidos em células ou na matriz extracelular ao longo do caminho. Os primeiros axônios a sair da retina são dessa classe. Os axônios que aparecem mais tarde, quando as distâncias são mais longas e os obstáculos são mais numerosos, conseguem atingir seus alvos seguindo os pioneiros. Ainda, outro mecanismo de orientação tem como base um gradiente molecular. Na verdade, como será visto, gradientes de moléculas da superfície celular no teto informam os axônios sobre sua zona de terminação adequada.

Gradientes de efrinas fornecem sinais inibitórios no encéfalo

Até agora, foi visto como os axônios retinianos atingem o teto respondendo a uma série de distintos sinais direcionais. Contudo, essas escolhas no decorrer do crescimento não respondem pelas conexões graduais implicadas na análise de Sperry do mapa retinotópico do teto. A busca pelo hipotético "mapa de gradiente de moléculas" tornou-se um importante foco dos neurobiólogos do desenvolvimento, sendo descrito aqui em certo detalhe.

Um avanço fundamental na busca por essas moléculas surgiu com o desenvolvimento de ensaios com explantes de porções definidas da retina, os quais foram retirados e colocados em cultura sobre um substrato de fragmentos de membrana tectal. Os fragmentos de membrana foram retirados de porções anteroposteriores bem definidas do teto e foram colocados em faixas alternadas. Axônios da hemirretina temporal (posterior) cresciam preferencialmente sobre membranas do teto anterior, uma preferência similar àquela exibida *in vivo* (**Figura 47-14**). Foi mostrado que essa preferência se deve à presença de fatores inibitórios nas membranas

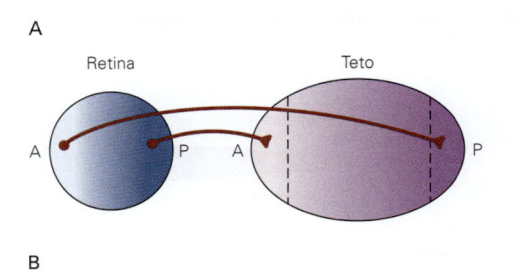

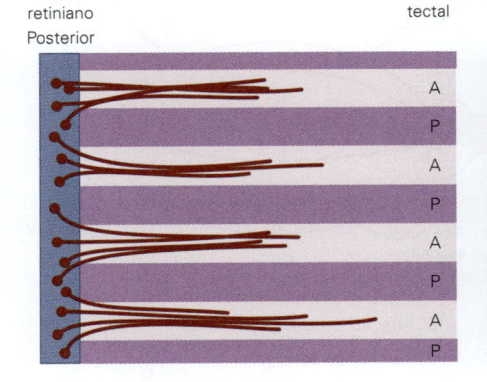

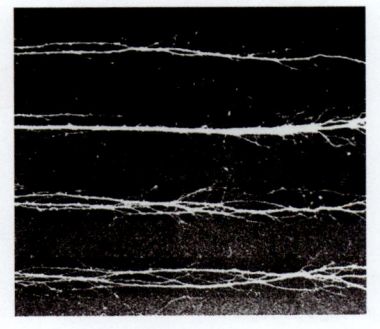

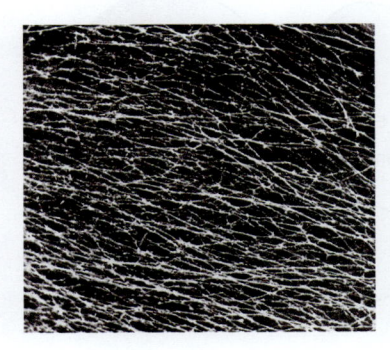

FIGURA 47-14 Sinais repelentes direcionam os axônios retinianos em desenvolvimento *in vitro*.

A. Os axônios ganglionares da hemirretina posterior (temporal) projetam-se para o teto anterior em desenvolvimento. Por outro lado, os axônios da hemirretina anterior (nasal) se projetam para o teto posterior.

B. Fragmentos da membrana foram retirados de porções anteroposteriores específicas do teto e colocados em faixas alternadas. Os axônios de explantes da retina posterior crescem seletivamente sobre os fragmentos do teto anterior. O crescimento preferencial dos axônios sobre a membrana anterior é devido a um sinal inibitório na membrana posterior. Por outro lado, os axônios da retina anterior crescem sobre fragmentos de membranas tectais anteriores e posteriores. (Siglas: **A**, anterior; **P**, posterior.) (Adaptada, com autorização, de Walter, Henke-Fahle e Bonhoeffer, 1987.)

posteriores, e não à presença de moléculas atratoras ou de substâncias adesivas nas membranas anteriores. Essa observação foi uma das primeiras a demonstrar o papel de substâncias inibitórias ou repelentes no direcionamento axonal.

Esse ensaio de faixas permitiu a caracterização de um sinal inibitório presente em membranas do teto posterior, mas não do teto anterior. Independentemente, os biólogos moleculares identificaram uma família de receptores do tipo tirosina-cinase, chamados de cinases Eph, e uma grande família de ligantes associados à membrana, chamados de efrinas. Tanto os receptores como os ligantes são divididos em subfamílias A e B. As proteínas efrina-A ligam-se e ativam cinases EphA. Por outro lado, as proteínas efrina-B se ligam e ativam cinases EphB (**Figura 47-11C**).

As duas linhas de pesquisa convergiram quando o sinal inibitório tectal foi identificado como efrina-A5. Sabe-se agora que as cinases Eph e as efrinas desempenham muitas funções em tecidos neurais e não neurais, e que cada classe de proteínas pode atuar como ligantes ou como receptores, dependendo do contexto celular. No sistema nervoso em desenvolvimento, essas proteínas constituem um importante grupo de sinais repelentes.

As interações efrina-Eph respondem em grande parte pela formação do mapa retinotópico no teto. Os níveis de efrina-A2 e efrina-A5 no teto, assim como os níveis de receptores Eph na retina, apresentam graduação ao longo do eixo anteroposterior. Esses gradientes aumentam no mesmo sentido. As concentrações de efrina-A são maiores na porção posterior e diminuem gradualmente no sentido anterior no teto, enquanto as concentrações de Eph-A são maiores na parte posterior da retina e diminuem no sentido anterior (**Figura 47-15A**). Tais contragradientes respondem, pelo menos em parte, pelo mapeamento topográfico. Os axônios das células ganglionares posteriores da retina com altos níveis de receptores EphA são repelidos fortemente pelo alto nível de efrina-A no teto posterior e, dessa forma, são confinados ao teto anterior. Os axônios menos sensíveis da retina anterior são capazes de penetrar no domínio posterior do teto. A efrina-A2 e a efrina-A5 são, portanto, fortes candidatos a serem os fatores de quimioespecificidade postulados por Sperry.

O papel fundamental da interação de efrinas e das cinases Eph na formação dos mapas retinotópicos vem sendo o confirmado *in vivo*. A superexpressão da efrina-A2 no teto óptico em desenvolvimento de embriões de pintos gera pequenos retalhos de células no teto rostral que são anormalmente ricos em efrina-A2. Os axônios da retina temporal, que normalmente evitam a região caudal do teto, rica

FIGURA 47-15 A formação de mapas retinotópicos *in vivo* depende da sinalização mediada por efrina/cinases Eph.

A. Na retina, os receptores EphA são expressos em um gradiente anteroposterior (**A-P**) e a efrina-B é expressa em um gradiente dorsoventral (**D-V**). No teto, os níveis de efrina-A estão distribuídos em um gradiente anteroposterior, e receptores EphB, em um gradiente dorsoventral.

B. A expressão de EphA nos axônios da retina que se originam de neurônios da retina posterior (temporal) direciona o crescimento axonal para o teto anterior, esquivando-se das proteínas efrina-A. No camundongo mutante para EphA, os axônios da retina posterior são capazes de se projetar para um domínio mais posterior no teto.

C. A sinalização mediada por EphB direciona a projeção de axônios da retina dorsal para o teto ventral. O bloqueio da sinalização mediada por efrina B pela proteína EphB solúvel faz os axônios dorsais se projetarem para um domínio anormalmente dorsal no teto.

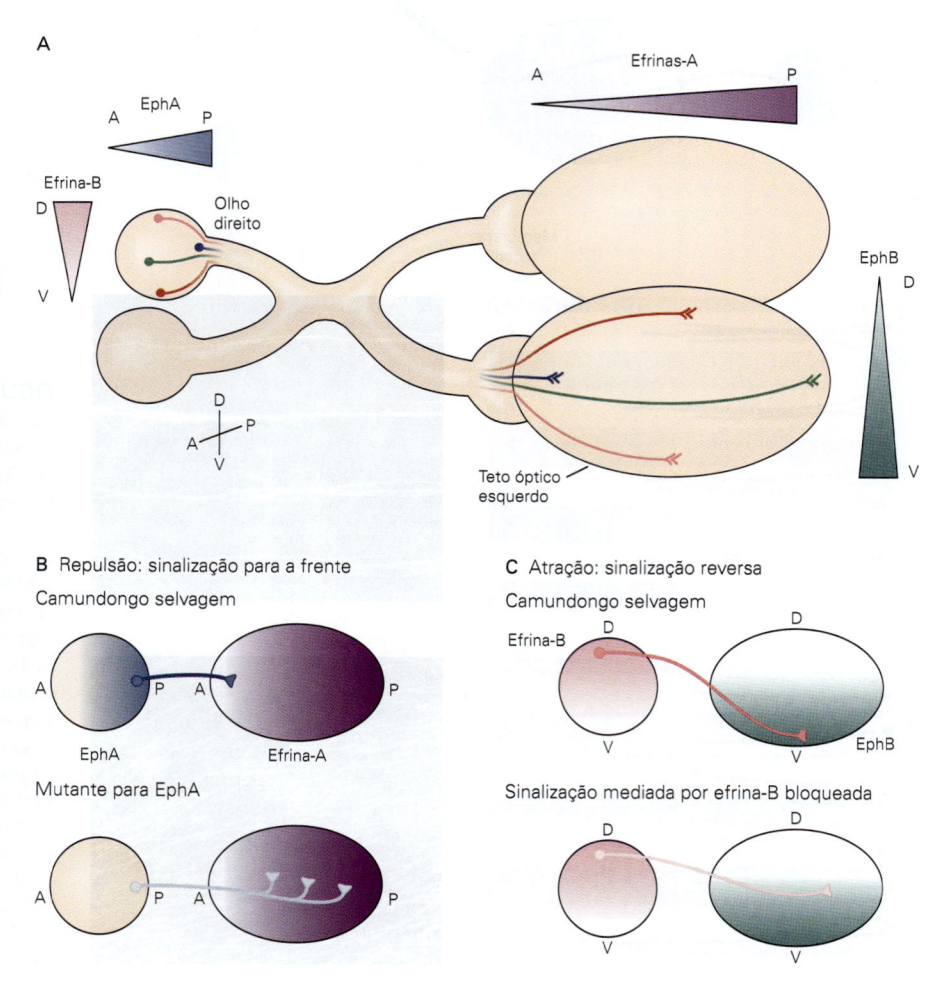

em efrinas, também evitam esses pedaços do teto rostral e terminam em posições anormais. Em contrapartida, os axônios da retina nasal, que normalmente crescem em direção ao teto caudal, não são perturbados ao encontrarem um excesso de efrina-A.

Por outro lado, em camundongos com mutações provocadas de modo a não expressarem os genes relevantes *ephA* ou *efrina-A*, alguns axônios retinianos posteriores terminam em regiões inapropriadas do teto posterior (**Figura 47-15B**). Os axônios retinianos anteriores, que normalmente expressam baixos níveis de proteínas EphA, se projetam normalmente nesses camundongos mutantes. Em camundongos que não têm ambas as proteínas efrina-A, essas deficiências são mais graves, em comparação a um camundongo mutante para uma única efrina. Dessa forma, a interação da efrina-A com os receptores EphA é essencial para direcionar os axônios retinianos no teto. Esses pares de efrina/EphA possuem propriedades de moléculas de reconhecimento, tal como Sperry postulou que seria necessário para formar o mapa topográfico ao longo do eixo anteroposterior do teto.

É claro, o mapa da retina também tem um eixo dorsoventral. Os pares efrina/EphB estão envolvidos no estabelecimento da ordenação ao longo desse eixo. Assim como efrina-A e EphA são expressos de modo gradual ao longo do eixo anteroposterior, efrina-B e EphB estão expressos em um gradiente ao longo do eixo dorsoventral, sendo que manipulações dos níveis de efrina-B e EphB afetam o mapeamento dorsoventral (**Figura 47-15C**). Dessa forma, em um único nível, o mapa retinotópico está disposto ao longo de coordenadas retangulares, com efrina-A/EphA e efrinaB/EphB marcando os eixos anteroposterior e dorsoventral, respectivamente.

Embora essa visão simples seja satisfatória, a realidade é mais complexa. Em primeiro lugar, as cinases EphB são expressas tanto no teto como na retina, e as efrinas-A são expressas na retina, assim como no teto. Dessa forma, tanto interações chamadas "*cis*" (Eph e efrina na mesma célula), assim como as interações "*trans*" (Eph no cone de crescimento e efrina na célula-alvo) podem estar envolvidas. Em segundo lugar, tanto os ligantes como os receptores estão presentes em múltiplos pontos ao longo da via óptica e desempenham múltiplos papéis. Como visto anteriormente, as interações efrina-B/EphB afetam não apenas o mapeamento dorsoventral, mas também a decisão do axônio de cruzar para o lado contralateral no quiasma óptico. Finalmente, nos circuitos visuais em desenvolvimento, um mapeamento espacial mais preciso de sinais de entrada retinianos é regulado por padrões de atividade neural, como será discutido nos próximos dois capítulos. Entretanto, se tem agora o esboço de uma estratégia molecular para a formação inicial de projeções topográficas específicas do olho para o encéfalo.

Os axônios de alguns neurônios espinais são guiados através da linha média

Uma das características fundamentais do sistema nervoso central é a necessidade de coordenar atividades de ambos os lados do corpo. Para conseguir realizar essa tarefa, certos axônios precisam se projetar para o lado oposto.

Um exemplo de cruzamento axonal no quiasma óptico foi visto anteriormente. Outro exemplo que tem sido estudado em detalhe é o cruzamento axonal de *neurônios comissurais*, que carregam informações sensoriais da medula espinal para o encéfalo na linha média ventral da medula espinal, através do assoalho da placa. Após cruzarem a linha média, os axônios se voltam abruptamente e ascendem em direção ao encéfalo. Essa trajetória simples levanta várias questões. Como os axônios atingem a linha média ventral? Como eles cruzam a linha média e, após cruzarem, como eles *ignoram* as pistas que os axônios do outro lado estão usando para chegar à linha média? Em outras palavras, por que os axônios ascendem em direção ao encéfalo em vez de cruzarem de volta?

As netrinas direcionam os axônios comissurais em desenvolvimento para cruzarem a linha média

Muitos dos neurônios que enviam axônios através da linha média ventral são gerados na metade dorsal da medula espinal. A primeira tarefa para esses axônios é atingir a linha média ventral. Ramón y Cajal considerou a possibilidade de que fatores quimiotáticos emitidos por alvos podem atrair os axônios, mas essa ideia permaneceu dormente por quase um século. Sabe-se agora que tais fatores de fato existem, e um deles, a proteína netrina-1, é expresso por células no assoalho da placa, assim como por progenitores ao longo da linha média ventral. Quando presente em cultura, a netrina atrai axônios comissurais; quando camundongos são privados da função da netrina-1, os axônios não conseguem atingir o assoalho da placa (**Figura 47-16**). A netrina pode atuar tanto como um fator secretado (quimiotaxia) quanto como uma molécula de orientação na membrana (haptotaxia) para dirigir os axônios dos neurônios comissurais para o assoalho da placa.

A proteína netrina é estruturalmente relacionada ao produto proteico de *unc-6*, um gene já conhecido por regular a orientação dos axônios no nematódeo *Clostridia elegans*. Dois outros genes do *C. elegans*, o *unc-5* e o *unc-40*, codificam receptores para a proteína unc-6. Os receptores de netrina em vertebrados são relacionados aos receptores unc-5 e unc-40. As proteínas unc-5H são homólogas a unc-5, e DCC (de deletado no câncer colorretal) está relacionado a unc-40 (ver **Figura 47-11G**). Esses receptores são membros da superfamília das imunoglobulinas, e suas funções têm sido consideravelmente conservadas durante a evolução dos animais (**Figura 47-17**). Essa conservação dá suporte ao uso de invertebrados simples e acessíveis geneticamente para se investigarem as complexidades do desenvolvimento. Em nenhuma outra área, essa abordagem tem sido mais frutífera do que na análise do direcionamento axonal. Dezenas de genes que afetam esse processo foram primeiramente identificados e clonados em *Drosophila* e *C. elegans* e desempenham papéis importantes e relacionados em mamíferos.

Fatores quimioatratores e quimiorrepelentes organizam a linha média

Outros sistemas de sinalização funcionam em conjunto com as netrinas para guiar os axônios comissurais. Um grupo consiste nas proteínas morfogenéticas do osso, que são

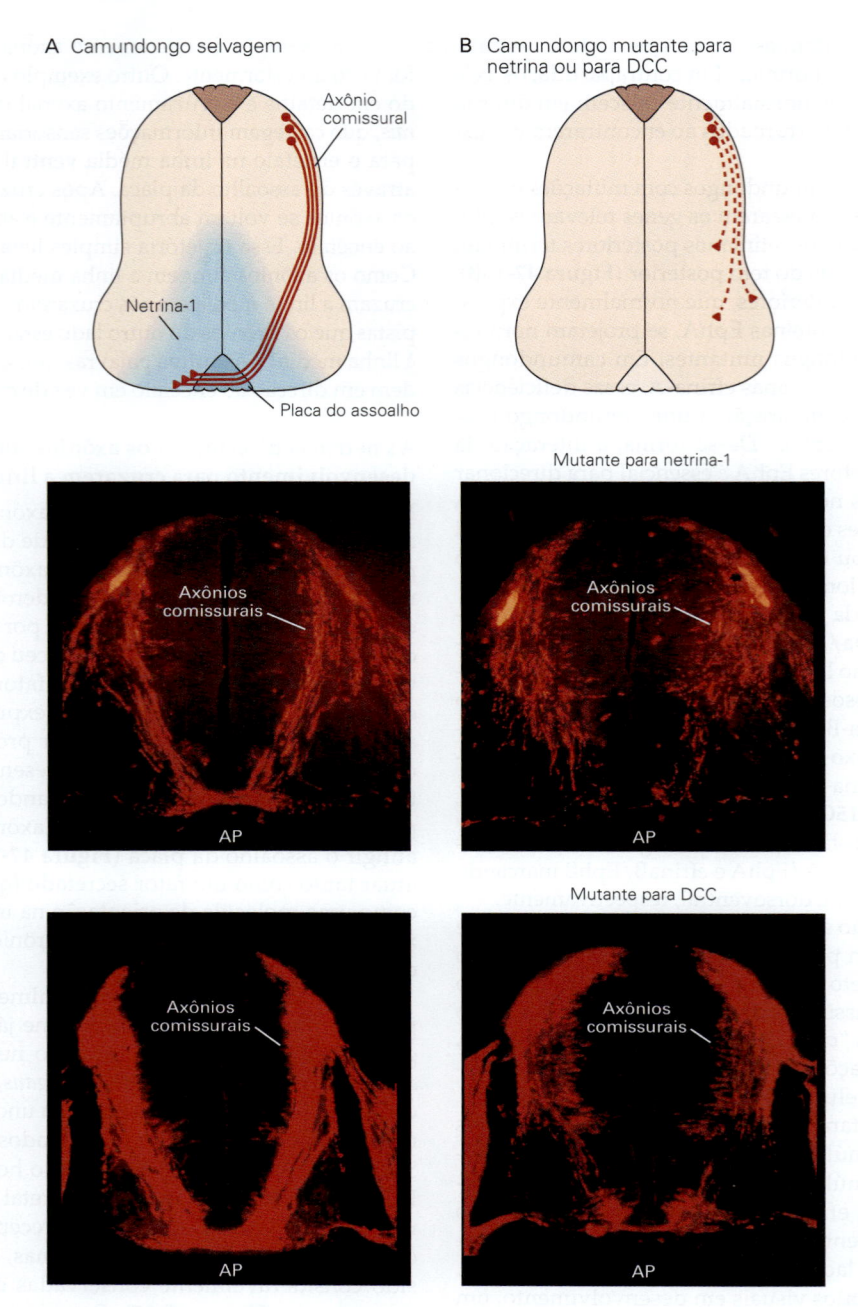

FIGURA 47-16 A sinalização mediada pela netrina atrai os axônios dos neurônios comissurais espinais para o assoalho da placa. (Micrografias reproduzidas, com autorização, de Marc Tessier-Lavigne.)

A. A netrina-1 é gerada por células do assoalho da placa e progenitores neurais ventrais. Ela atrai os axônios dos neurônios comissurais para o assoalho da placa (**AP**) na linha média ventral da medula espinal.

B. A maior parte dos axônios comissurais não alcança o assoalho da placa quando netrina ou proteínas DCC são eliminadas.

secretadas pelo teto da placa. Essas proteínas atuam como fatores repelentes, direcionando os axônios comissurais ventralmente quando eles iniciam sua jornada. Fatores adicionais do assoalho da placa, como as proteínas *hedgehog*, inicialmente envolvidas na estruturação da medula espinal (Capítulo 45), podem colaborar com as netrinas em um estágio mais tardio, servindo como atratores axonais.

Uma vez que os axônios comissurais atingem a linha média, eles são expostos aos maiores níveis disponíveis de netrina-1 e de *sonic hedgehog*. Contudo, esse ambiente rico em netrina não mantém os axônios na linha média indefinidamente. Eles cruzam para o outro lado da medula espinal, mesmo enquanto seus parceiros contralaterais estão navegando em direção ao gradiente quimioatrator de netrina.

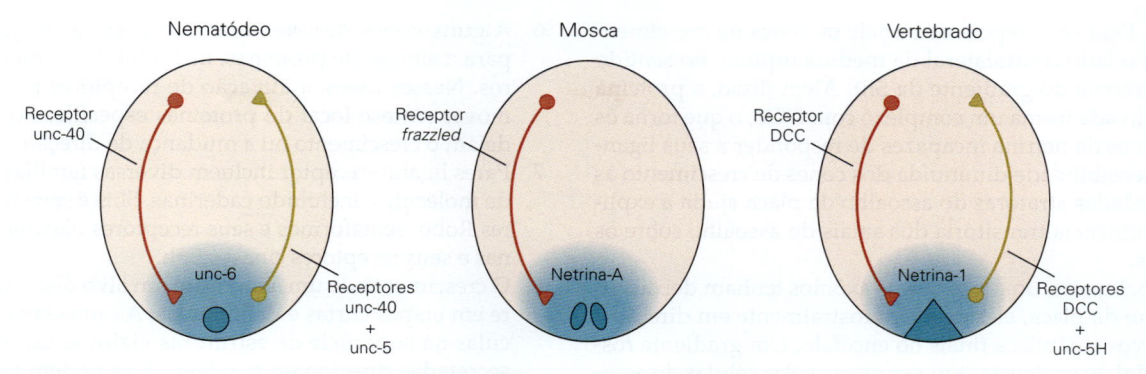

FIGURA 47-17 A expressão e a atividade das netrinas têm sido conservadas ao longo da evolução. As netrinas são secretadas pelas células da linha média ventral em nematódeos, moscas e vertebrados, e interagem com receptores nas células ou em axônios que migram ou se estendem ao longo do eixo dorsoventral. Os receptores de netrina unc-40 (nematódeos), *frazzled* (moscas) e DCC (deletado no câncer colorretal; vertebrados) medeiam a atividade atratora da netrina, enquanto os receptores da classe unc-5 medeiam sua atividade repelente.

Esse comportamento curioso se explica pelo fato de que os cones de crescimento mudam suas respostas aos sinais atratores e repelentes como consequência da exposição aos sinais do assoalho da placa. Essa mudança ilustra uma importante propriedade de alvos intermediários envolvidos no direcionamento axonal. Fatores apresentados por alvos intermediários não somente guiam o crescimento dos axônios, mas também alteram a sensibilidade do cone de crescimento, preparando-o para a próxima etapa de sua jornada.

Uma vez que os axônios chegam ao assoalho da placa, eles se tornam sensíveis aos sinais quimiorrepelentes de Slit, a qual é secretada pelas células do assoalho da placa (**Figura 47-18**). Antes de os axônios comissurais atingirem o assoalho da placa, as proteínas Robo, que atuam como receptores da Slit, são mantidas inativas pela expressão de uma proteína relacionada, a Rig-1. Quando os axônios atingem o assoalho da placa, os níveis de Rig-1 em sua superfície são reduzidos, liberando a atividade da Robo e fazendo com que os axônios respondam aos sinais repelentes

A. A sinalização mediada por BMP direciona os axônios ventralmente, para longe do teto da placa.

B. A sinalização mediada por netrina-DCC atrai os axônios para o assoalho da placa.

C. A Slit interage com os receptores Robo nos axônios para evitar que eles recruzem a linha média.

D. Os axônios desviam e direcionam-se rostralmente, guiados pelas Wnts.

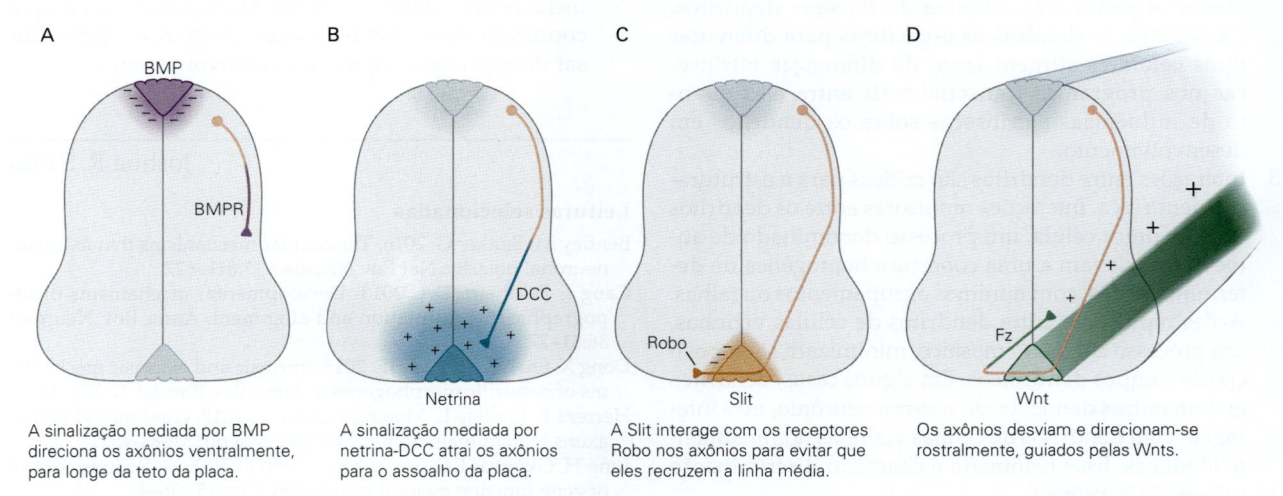

FIGURA 47-18 Sinais de direcionamento expressos pelas células do teto e do assoalho da placa direcionam os axônios comissurais na medula espinal em desenvolvimento.

A. As proteínas morfogenéticas ósseas (**BMPs**) secretadas pelas células do teto da placa interagem com receptores BMP (**BMPR**) nos axônios comissurais para direcionar os axônios para longe do teto da placa.

B. A netrina expressa pelas células do assoalho da placa atrai axônios comissurais que expressam DCC (deletado no câncer colorretal) para a linha média ventral da medula espinal. A proteína *sonic hedgehog* também tem sido implicada no direcionamento ventral de axônios comissurais.

C. As proteínas Slit secretadas pelas células do assoalho da placa interagem com os receptores Robo nos axônios comissurais para evitar que esses axônios cruzem novamente a linha média. Antes do cruzamento, mas não depois, os axônios comissurais expressam robo3 (Rig-1), além de robo1 e robo2. A proteína Rig-1 inativa os receptores Robo, evitando que os axônios respondam aos efeitos repelentes das Slits quando eles se aproximam da linha média ventral.

D. Após os axônios comissurais cruzarem a linha média, proteínas Wnt secretadas pelas células do assoalho da placa e distribuídas em um gradiente rostrocaudal interagem com as proteínas *frizzled* (**Fz**) nos axônios comissurais, guiando-os em direção ao encéfalo.

da Slit. Essa ação repelente impele os cones de crescimento para o lado contralateral da medula espinal, no sentido do *decréscimo* do gradiente da Slit. Além disso, a proteína Robo ativada forma um complexo com DCC, o que torna os receptores da netrina incapazes de responder a seus ligantes. A sensibilidade diminuída dos cones de crescimento às propriedades atratoras do assoalho da placa ajuda a explicar a influência transitória dos sinais do assoalho sobre os axônios.

Finalmente, uma vez que os axônios tenham deixado o assoalho da placa, eles desviam rostralmente em direção a seus alvos sinápticos finais no encéfalo. Um gradiente rostrocaudal de proteínas Wnt expressas pelas células do assoalho da placa parece direcionar o crescimento dos axônios rostralmente na linha média ventral (**Figura 47-18D**). Dessa forma, diferentes pistas guiam os axônios comissurais durante fases distintas de sua trajetória. Esse mesmo processo é presumivelmente protagonizado por centenas ou mesmo milhares de classes de neurônios para estabelecer o padrão encefálico maduro de conexões neurais.

Destaques

1. Na medida em que os neurônios estendem processos, um desses processos geralmente se torna um axônio e os demais se tornam dendritos. Esse fenômeno é chamado de polarização. Os dois tipos de processos diferem em estrutura e em arquitetura molecular, assim como em função.
2. Tipos celulares diferem marcantemente em forma, tamanho e padrão de arborização de seus dendritos. Características dendríticas específicas para diferentes tipos celulares surgem tanto de diferenças intrínsecas nos programas transcricionais entre eles quanto de influências extrínsecas sobre os dendritos em desenvolvimento.
3. Interações entre dendritos são críticas para a estruturação dendrítica. Interações repulsoras entre os dendritos de uma única célula, um processo denominado de autoevitação, levam a uma cobertura homogênea de determinada área, com mínimos agrupamentos ou falhas. Ações repulsoras entre dendritos de células vizinhas, um processo chamado mosaico, minimizam sobreposição de campos dendríticos. Em alguns casos, dendritos evitam outros dendritos do mesmo neurônio, mas interagem com dendritos de células vizinhas nominalmente idênticas. Esse fenômeno é chamado discriminação próprio/não próprio.
4. Cones de crescimento nas extremidades dos axônios servem tanto como elementos sensoriais como motores, guiando os axônios a seus destinos. Elementos do citoesqueleto do cone de crescimento, incluindo actina e miosina, impelem o crescimento.
5. Receptores no cone de crescimento reconhecem e ligam ligantes no ambiente pelo qual o axônio está se estendendo, orientando o crescimento. Essas interações levam à produção de seus segundos-mensageiros, que medeiam o crescimento, a mudança de curso e a parada do cone de crescimento, e a ramificação do axônio.
6. Alguns cones de crescimento contêm a maquinaria para a síntese de proteínas, incluindo RNA mensageiros. Nesses casos, a ativação de receptores pode promover síntese local de proteínas específicas que medeiam o crescimento ou a mudança de direção.
7. Pares ligante-receptor incluem diversas famílias-chave de moléculas, incluindo caderinas, Slits e seus receptores Robo, semaforinas e seus receptores plexina, e efrinas e seus receptores cinases Eph.
8. O crescimento de um axônio até um alvo distante ocorre em etapas curtas e delimitadas. A cada etapa, moléculas na superfície de estruturas vizinhas ou por elas secretadas direcionam o axônio. Elas podem também levar a alterações no complemento de receptores do cone de crescimento, de modo a permitir que ele responda a diferentes sinais na etapa subsequente.
9. Roger Sperry propôs uma hipótese de quimioespecificidade para explicar o crescimento específico de axônios oriundos de diferentes partes da retina em direção a diferentes partes do teto óptico (colículo superior), formando um mapa retinotópico ordenado. As efrinas e seus receptores, cinases Eph, são moléculas-chave que orientam a formação do mapa. Sua expressão varia gradualmente ao longo da retina e do teto, e atuam em grande parte repelindo os axônios para que não tomem posições incorretas, ao invés de atraí-los para posições corretas.
10. Moléculas atratoras e repulsoras guiam os axônios através de estruturas da linha média, um processo chamado decussação. Sinais evolutivamente conservados incluem Slits, netrinas e Wnts. Mutações em genes que codificam esses ligantes e seus receptores podem causar doenças neurológicas do desenvolvimento.

Joshua R. Sanes

Leituras selecionadas

Bentley M, Banker G. 2016. The cellular mechanisms that maintain neuronal polarity. Nat Rev Neurosci 17:611–622.

Cang J, Feldheim DA. 2013. Developmental mechanisms of topographic map formation and alignment. Annu Rev Neurosci 36:51–77.

Dong X, Shen K, Bülow HE. 2015. Intrinsic and extrinsic mechanisms of dendritic morphogenesis. Annu Rev Physiol 77:271–300.

Herrera E, Erskine L, Morenilla-Palao C. 2017. Guidance of retinal axons in mammals. Semin Cell Dev Biol pii: S1084-9521.

Jung H, Gkogkas CG, Sonenberg N, Holt CE. 2014. Remote control of gene function by local translation. Cell 157:26–40.

Lai Wing Sun K, Correia JP, Kennedy TE. 2011. Netrins: versatile extracellular cues with diverse functions. Development 138:2153–2169.

Lefebvre JL, Sanes JR, Kay JN. 2015. Development of dendritic form and function. Annu Rev Cell Dev Biol 31:741–777.

Tojima T, Hines JH, Henley JR, Kamiguchi H. 2011. Second messengers and membrane trafficking direct and organize growth cone steering. Nat Rev Neurosci 12:191–203.

Zhang C, Kolodkin AL, Wong RO, James RE. 2017. Establishing wiring specificity in visual system circuits: from the retina to the brain. Annu Rev Neurosci 40:395–424.

Zipursky SL, Grueber WB. 2013. The molecular basis of self-avoidance. Annu Rev Neurosci 36:547–568.

Referências

Barnes AP, Lilley BN, Pan YA, et al. 2007. LKB1 and SAD kinases define a pathway required for the polarization of cortical neurons. Cell 129:549–563.

Bridgman PC, Dailey ME. 1989. The organization of myosin and actin in rapid frozen nerve growth cones. J Cell Biol 108:95–109.

Campbell DS, Holt CE. 2001. Chemotropic responses of retinal growth cones mediated by rapid local protein synthesis and degradation. Neuron 32:1013–1026.

Fazeli A, Dickinson SL, Hermiston ML, et al. 1997. Phenotype of mice lacking functional Deleted in colorectal cancer (Dcc) gene. Nature 386:796–804.

Forscher P, Smith SJ. 1988. Actions of cytochalasins on the organization of actin filaments and microtubules in a neuronal growth cone. J Cell Biol 107:1505–1516.

Frisen J, Yates PA, McLaughlin T, Friedman GC, O'Leary DD, Barbacid M. 1998. Ephrin-A5 (AL-1/RAGS) is essential for proper retinal axon guidance and topographic mapping in the mammalian visual system. Neuron 20:235–243.

Godement P, Wang LC, Mason CA. 1994. Retinal axon divergence in the optic chiasm: dynamics of growth cone behavior at the midline. J Neurosci 14:7024–7039.

Grueber WB, Jan LY, Jan YN. 2003. Different levels of the homeodomain protein cut regulate distinct dendrite branching patterns of *Drosophila* multidendritic neurons. Cell 112:805–818.

Harrison RG. 1959. The outgrowth of the nerve fiber as a mode of protoplasmic movement. J Exp Zool 142:5–73.

Heidemann SR. 1996. Cytoplasmic mechanisms of axonal and dendritic growth in neurons. Int Rev Cytol 165:235–296.

Kaech S, Banker G. 2006. Culturing hippocampal neurons. Nat Protoc 1:2406–2415.

Kalil K, Dent EW. 2014. Branch management: mechanisms of axon branching in the developing vertebrate CNS. Nat Rev Neurosci 15:7–18.

Kapfhammer JP, Grunewald BE, Raper JA. 1986. The selective inhibition of growth cone extension by specific neurites in culture. J Neurosci 6:2527–2534.

Keino-Masu K, Hinck L, Leonardo ED, Chan SS, Culotti JG, Tessier-Lavigne M. 1996. Deleted in colorectal cancer (DCC) encodes a netrin receptor. Cell 87:75–85.

Kidd T, Brose K, Mitchell KJ, et al. 1998. Roundabout controls axon crossing of the CNS midline and defines a novel subfamily of evolutionarily conserved guidance receptors. Cell 92:205–215.

Kishi M, Pan YA, Crump JG, Sanes JR. 2005. Mammalian SAD kinases are required for neuronal polarization. Science 307:929–932.

Lefebvre JL, Kostadinov D, Chen WV, Maniatis T, Sanes JR. 2012. Protocadherins mediate dendritic self-avoidance in the mammalian nervous system. Nature 488:517–521.

Letourneau PC. 1979. Cell-substratum adhesion of neurite growth cones, and its role in neurite elongation. Exp Cell Res 124:127–138.

Leung K-M, van Horck FPG, Lin AC, Allison R, Standart N, Holt CE. 2006. Asymmetrical beta-actin mRNA translation in growth cones mediates attractive turning to netrin-1. Nat Neurosci 9:1247–1256.

Ming GL, Song HJ, Berninger B, Holt CE, Tessier-Lavigne M, Poo MM. 1997. cAMP-dependent growth cone guidance by netrin-1. Neuron 19:1225–1235.

Polleux F, Morrow T, Ghosh A. 2000. Semaphorin 3A is a chemoattractant for cortical apical dendrites. Nature 404:567–573.

Serafini T, Colamarino SA, Leonardo ED, et al. 1996. Netrin-1 is required for commissural axon guidance in the developing vertebrate nervous system. Cell 87:1001–1014.

Shigeoka T, Jung H, Jung J, et al. 2016. Dynamic axonal translation in developing and mature visual circuits. Cell 166:181–192.

Sperry RW. 1943. Visuomotor coordination in the newt (*Triturus viridescens*) after regeneration of the optic nerve. J Compar Neurol 79:33–55.

Sperry RW. 1945. Restoration of vision after crossing of optic nerves and after contralateral transplantation of eye. J Neurophysiol 8:17–28.

Thu CA, Chen WV, Rubinstein R, et al. 2014. Single-cell identity generated by combinatorial homophilic interactions between α, β, and γ protocadherins. Cell 158:1045–1059.

Walter J, Henke-Fahle S, Bonhoeffer F. 1987. Avoidance of posterior tectal membranes by temporal retinal axons. Development 101:909–913.

Wang L, Marquardt T. 2013. What axons tell each other: axon-axon signaling in nerve and circuit assembly. Curr Opin Neurobiol 23:974–982.

Weiss P. 1941. Nerve patterns: the mechanics of nerve growth. Growth 5:163–203. Suppl.

Zhang XH, Poo MM. 2002. Localized synaptic potentiation by BDNF requires local protein synthesis in the developing axon. Neuron 36:675–688.

48

Formação e eliminação de sinapses

Os neurônios reconhecem alvos sinápticos específicos
  Moléculas de reconhecimento promovem a formação seletiva de sinapses no sistema visual
  Receptores sensoriais promovem o direcionamento dos neurônios olfatórios
  Diferentes sinais sinápticos são direcionados a domínios distintos da célula pós-sináptica
  A atividade neural refina a especificidade sináptica

Os princípios da diferenciação sináptica foram descritos a partir da junção neuromuscular
  A diferenciação dos terminais nervosos motores é organizada por fibras musculares
  A diferenciação da membrana muscular pós-sináptica é organizada pelo nervo motor
  O nervo regula a transcrição dos genes de receptores colinérgicos
  A junção neuromuscular amadurece em uma série de etapas

Sinapses centrais e junções neuromusculares desenvolvem-se de maneiras semelhantes
  Os receptores de neurotransmissores tornam-se localizados nas sinapses centrais
  Moléculas sinápticas organizadoras moldam terminais nervosos centrais

Algumas sinapses são eliminadas depois do nascimento

Células gliais regulam tanto a formação quanto a eliminação de sinapses

Destaques

A TÉ AGORA, FORAM EXAMINADOS TRÊS ESTÁGIOS no desenvolvimento do sistema nervoso de mamíferos: a formação e a modelagem do tubo neural, a geração e a diferenciação de neurônios e células gliais e o crescimento e a orientação de axônios. Uma outra etapa deve ocorrer antes de o sistema nervoso central (SNC) tornar-se funcional: a formação das sinapses. Apenas quando as sinapses estiverem formadas e em funcionamento, o encéfalo pode começar a atividade de processamento de informação.

Três processos essenciais orientam a formação das sinapses. Primeiro, os axônios escolhem os parceiros pós-sinápticos entre muitos parceiros possíveis. Por meio da formação de conexões sinápticas apenas com determinados alvos celulares, os neurônios montam circuitos funcionais que podem processar informações. Em muitos casos, as sinapses devem ser formadas em sítios específicos das células pós-sinápticas; alguns axônios formam sinapses com dendritos, outros, com o corpo celular, e ainda outros, com outros axônios ou terminais nervosos. Embora especificidades celulares e subcelulares sejam evidentes por todo o encéfalo, as características gerais da formação de sinapses podem ser ilustradas com alguns poucos exemplos bem estudados.

Segundo, depois de o contato entre células ter sido formado, a porção do axônio que contata a célula-alvo se diferencia no terminal nervoso pré-sináptico, e o domínio da célula-alvo contatado se diferencia na forma de um dispositivo pós-sináptico especializado. A coordenação precisa da diferenciação pré e pós-sináptica depende das interações entre o axônio e a célula-alvo. Muito do que se conhece sobre essas interações vem dos estudos da junção neuromuscular, a sinapse entre os neurônios motores e as fibras musculares esqueléticas. A simplicidade dessa sinapse a tornou um modelo viável para se sondarem os princípios estruturais e eletrofisiológicos das sinapses químicas (Capítulo 12), e essa simplicidade também tem ajudado na análise do desenvolvimento das sinapses. Será usada a sinapse neuromuscular para ilustrar os aspectos essenciais do desenvolvimento sináptico, sendo utilizados os conhecimentos obtidos dessas sinapses periféricas para examinar as sinapses que formam o sistema nervoso.

Finalmente, uma vez formadas, as sinapses amadurecem, frequentemente sofrendo grandes mudanças. Um aspecto marcante do rearranjo é que, enquanto algumas sinapses crescem e são reforçadas, muitas outras são eliminadas. Como a morte neuronal (Capítulo 46), a eliminação sináptica é, à primeira vista, um passo intrigante e aparentemente de desperdício do desenvolvimento neuronal. Entretanto, está cada vez mais claro que esse passo é essencial no refinamento inicial dos padrões de conectividade. Serão discutidos os principais aspectos da eliminação sináptica na junção neuromuscular, onde tem sido intensamente estudada, bem como em sinapses entre neurônios, onde também é proeminente.

A formação da sinapse situa-se em um interessante cruzamento na sequência de eventos que organizam o sistema nervoso. Os passos iniciais desse processo parecem ser principalmente "conectados" por programas moleculares. Entretanto, assim que as sinapses se formam, o sistema nervoso começa a funcionar, e a atividade dos circuitos neurais exerce um papel crítico no desenvolvimento subsequente. De fato, a capacidade de processamento da informação do sistema nervoso é refinada pelo uso, de modo mais notável no início da vida pós-natal, mas também na vida adulta. Nesse sentido, o sistema nervoso continua a se desenvolver ao longo da vida. Na medida em que são descritos a formação e o rearranjo de sinapses, será considerada essa inter-relação de programas moleculares com a atividade neural. Essa discussão será uma introdução útil ao Capítulo 49, onde será discutido como os genes e o ambiente – características inatas e adquiridas (*nature and nurture*) – interagem para personalizar o sistema nervoso desde cedo na vida pós-natal.

Os neurônios reconhecem alvos sinápticos específicos

Uma vez que os axônios tenham atingido suas áreas-alvo, eles devem escolher seus parceiros sinápticos entre muitos alvos potenciais acessíveis. Embora a formação de sinapses seja um processo altamente seletivo no nível celular e subcelular, poucas das moléculas que conferem especificidade sináptica já foram identificadas.

A especificidade das conexões sinápticas é particularmente evidente quando axônios entrelaçados selecionam subconjuntos de células-alvo. Nesses casos, o direcionamento dos axônios e a formação sináptica seletiva podem ser distinguidos. A primeira descrição de tal seletividade foi feita há mais de cem anos, quando J. N. Langley, estudando o sistema nervoso autônomo, propôs a primeira versão da hipótese da quimioespecificidade (ver Capítulo 46). Langley observou que neurônios pré-ganglionares autonômicos são gerados em diferentes níveis rostrocaudais da medula espinal. Seus axônios entram juntos nos gânglios simpáticos, mas formam sinapses com diferentes neurônios pós-sinápticos que inervam alvos distintos. Usando ensaios comportamentais como orientação, Langley inferiu que os axônios dos neurônios pré-ganglionares localizados na medula espinal rostral formam sinapses com neurônios ganglionares que projetam seus axônios para alvos relativamente rostrais, como o olho, enquanto neurônios derivados de regiões mais caudais da medula espinal estabelecem sinapses com neurônios ganglionares que se projetam para alvos caudais, como o ouvido (**Figura 48-1A**). Langley mostrou então que padrões similares foram restabelecidos depois que axônios pré-ganglionares eram seccionados e se regeneravam, o que o levou a postular algum tipo de reconhecimento molecular como responsável (**Figura 48-1B**).

Estudos eletrofisiológicos posteriores confirmaram a intuição de Langley sobre a especificidade das conexões sinápticas nesses gânglios. Além disso, essa seletividade é observada desde os estágios iniciais da inervação, mesmo que tipos específicos de neurônios pós-sinápticos estejam espalhados por dentro do gânglio. O restabelecimento da seletividade nos adultos depois de uma lesão nervosa mostra que a especificidade não resulta de sua ocorrência em um momento específico na fase embrionária ou do posicionamento neuronal.

Moléculas de reconhecimento promovem a formação seletiva de sinapses no sistema visual

Para ilustrar a ideia da especificidade de alvo com mais detalhe, serão consideradas inicialmente as células ganglionares da retina. Esses neurônios diferem em suas propriedades de resposta – alguns neurônios ganglionares respondem ao aumento do nível de luminosidade (células ON), outros respondem à redução desse nível (células OFF), outros respondem ao movimento de objetos, e outros respondem à luz de uma determinada cor. Os axônios de todas as células ganglionares seguem através do nervo óptico, formando trajetos axonais paralelos da retina ao encéfalo.

As propriedades de resposta de cada classe de neurônios ganglionares dependem de sinais sinápticos de entrada que recebem de interneurônios amácrinos e bipolares, os quais, por sua vez, recebem sinapses de fotorreceptores (sensíveis à luz). Todas as sinapses de células bipolares e amácrinas nos dendritos de células ganglionares ocorrem em uma zona estreita da retina denominada camada plexiforme interna. Axônios e dendritos têm, portanto, a formidável tarefa de reconhecer seus parceiros corretamente em uma multidão de transeuntes inapropriados.

Um contribuidor importante para a formação de parceiros sinápticos na camada plexiforme interna é sua subdivisão em subcamadas. Os processos de cada tipo celular amácrino e bipolar, assim como os dendritos de cada tipo distinto de célula ganglionar, ramificam-se e estabelecem sinapses em apenas uma, ou em poucas, de aproximadamente 10 subcamadas. Por exemplo, os dendritos das células ON e OFF são restritos às porções interna e externa da camada plexiforme, respectivamente, e, portanto, fazem sinapses com diferentes interneurônios; tipos determinados de células ON e OFF têm restrições adicionais dentro dessas zonas (**Figura 48-2**). Essa arborização específica dos processos pré e pós-sinápticos em camadas restringe a escolha de parceiros sinápticos aos quais eles têm acesso. Conexões específicas similares de subcamadas ou lâminas são encontradas em muitas outras regiões do encéfalo e da medula espinal. Por exemplo, no córtex cerebral, populações distintas de axônios restringem suas árvores dendríticas e sinapses a somente uma ou duas das seis camadas principais.

A especificidade laminar, contudo, não responde por toda a especificidade de conexões da retina. Como o número de tipos celulares da retina – atualmente estimado em cerca de 130, no camundongo – excede em muito o número de subcamadas plexiformes, os processos de muitos tipos celulares distintos arborizam dentro de cada subcamada. Estudos anatômicos e fisiológicos têm mostrado que a conectividade

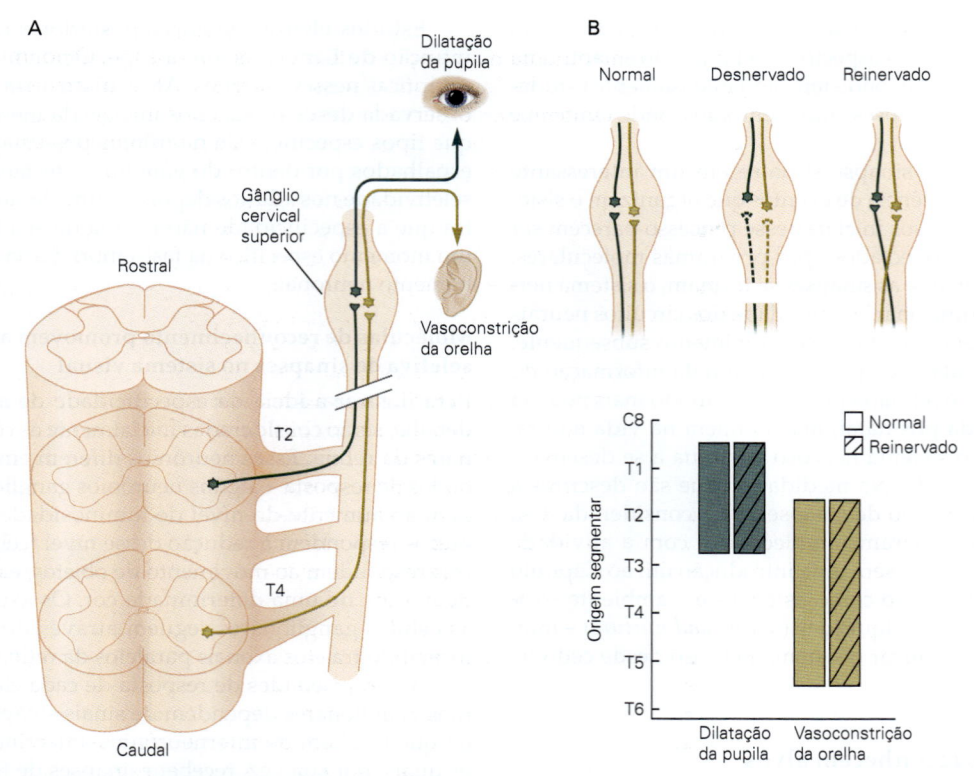

FIGURA 48-1 Neurônios motores pré-ganglionares regeneram conexões seletivamente com seus alvos neuronais simpáticos.

A. Neurônios motores pré-ganglionares chegam de diferentes níveis da medula espinal torácica. Axônios que chegam de neurônios torácicos mais rostrais inervam os neurônios ganglionares cervicais superiores que se projetam para alvos rostrais, incluindo a musculatura intrínseca ocular. Axônios que chegam de neurônios mais caudais na medula espinal torácica inervam os neurônios ganglionares que se projetam para alvos mais caudais, como os vasos sanguíneos do ouvido. Essas duas classes de neurônios ganglionares estão entremeadas no gânglio, o que J. N. Langley viu como uma sugestão de que axônios pré-ganglionares de diferentes níveis torácicos formam sinapses seletivamente com neurônios ganglionares que contatam alvos periféricos específicos.

B. Depois de uma lesão do nervo em adultos, padrões similares de conectividade específicos por segmento são estabelecidos pela reinervação, apoiando o conceito da formação seletiva de sinapses. (Adaptada de Njå e Purves, 1977.)

é específica até mesmo dentro de subcamadas individuais. Além disso, padrões de conectividade parecem estabelecer-se, em grande parte, embora não completamente, antes da experiência visual ter uma chance de afetar a circuitaria. Desse modo, deve haver moléculas que restrinjam axônios e dendritos a subcamadas específicas, assim como moléculas que distingam parceiros sinápticos dentro de uma subcamada.

Uma informação para explicar a base da especificidade sináptica laminar e intralaminar na retina vem da descoberta de que tipos específicos de interneurônios e neurônios ganglionares expressam diferentes classes de moléculas de reconhecimento das famílias das imunoglobulinas e caderinas (Capítulo 47). Desse modo, os processos das células que expressam uma determinada molécula de reconhecimento são confinados a uma ou a umas poucas subcamadas plexiformes (**Figura 48-2B**). Muitas dessas proteínas promovem interações homofílicas, ou seja, moléculas ligam-se a outras da mesma proteína, localizadas na superfície das outras células. Os papéis de diversas moléculas de reconhecimento foram investigados em retina de pintos e de camundongos, por sua remoção durante o desenvolvimento ou por sua implantação em neurônios que normalmente não as expressam. Os resultados desses experimentos chamados de "perda de função" ou "ganho de função" apontam para a existência de um código complexo de moléculas de reconhecimento, que promove a conectividade específica dentro da região-alvo. Em camundongos, por exemplo, duas caderinas direcionam interneurônios bipolares a suas subcamadas apropriadas, enquanto Sidekick 2, um membro da superfamília das imunoglobulinas, é necessário para os interneurônios escolherem entre células ganglionares com dentritos em determinada subcamada.

Receptores sensoriais promovem o direcionamento dos neurônios olfatórios

Um tipo diferente de especificidade é evidente no sistema olfatório. Cada neurônio sensorial olfatório no epitélio nasal expressa apenas um, de aproximadamente 1000 tipos de receptores odoríferos. Os neurônios expressando um receptor são distribuídos aleatoriamente por um grande setor do epitélio, mas todos os seus axônios convergem aos dendritos de alguns poucos alvos neuronais no bulbo olfatório,

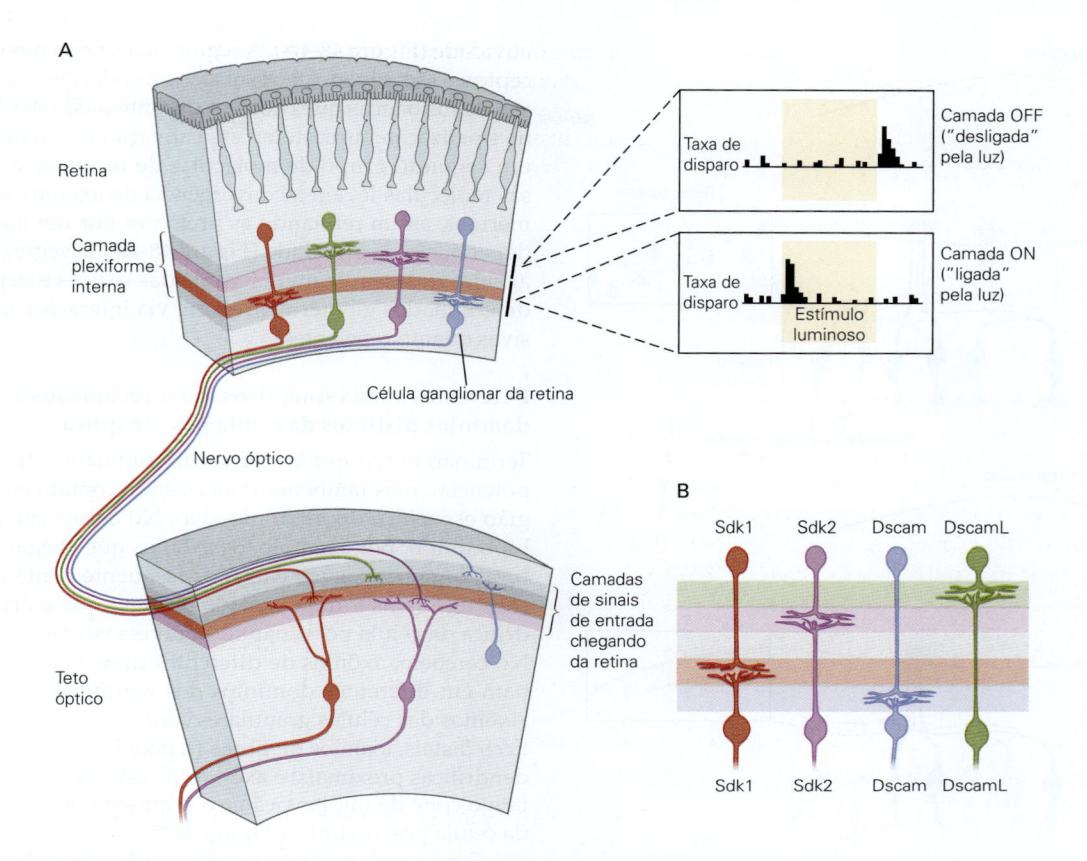

FIGURA 48-2 Neurônios ganglionares da retina estabelecem sinapses em camadas específicas. (Reproduzida, com autorização, de Sanes e Yamagata, 2009.)
A. Os dendritos dos neurônios ganglionares na retina recebem sinais dos processos dos interneurônios (células amácrinas e bipolares) na camada plexiforme interna, a qual é subdividida em pelo menos 10 sublâminas. Subconjuntos específicos de interneurônios e células ganglionares com frequência ramificam-se e formam sinapses uma única camada. Essas conexões específicas em lâminas determinam quais aspectos dos estímulos visuais (seu início – ON – ou desaparecimento – OFF) ativam cada tipo de neurônio ganglionar na retina. As respostas das células ganglionares dos tipos ON e OFF são mostradas à direita.
B. As moléculas de adesão da superfamília de imunoglobulinas (Sdk1, Sdk2, Dscam e DscamL) são expressas por diferentes subconjuntos de células amácrinas e neurônios ganglionares da retina durante o desenvolvimento embrionário de um pinto. Neurônios amácrinos que expressam uma dessas quatro proteínas formam sinapses com células ganglionares que expressam a mesma proteína. A manipulação da expressão de Sdk ou Dscam altera esses padrões de ramificação específica em lâminas.

formando um glomérulo rico em sinapses (**Figura 48-3A**). Quando determinado receptor olfatório é removido, os axônios que normalmente expressam o receptor atingem o bulbo olfatório, mas falham em convergir a glomérulos específicos ou em terminar sobre células pós-sinápticas apropriadas (**Figura 48-3B**). Reciprocamente, quando neurônios são forçados a expressar diferentes receptores de substâncias odoríferas, seus axônios formam glomérulos em posições distintas dentro do bulbo olfatório (**Figura 48-3C**).

Juntos, esses experimentos sugerem que os receptores olfatórios não apenas determinam a responsividade neuronal a substâncias odoríferas específicas, mas também contribuem para que o axônio forme sinapses apropriadas nos alvos neuronais. Inicialmente, se suspeitava que receptores olfatórios específicos serviam não apenas como detectores de odores, mas também como moléculas de reconhecimento. Estudos mais recentes, contudo, fornecem evidências de um mecanismo diferente: a produção de segundos mensageiros a partir da ativação de receptores olfatórios influencia a expressão de moléculas de reconhecimento que permitem a associação entre axônios olfatórios e seus alvos apropriados no bulbo olfatório.

O estabelecimento desse pareamento ocorre em duas etapas. Na primeira, diferenças intrínsecas na capacidade dos receptores olfatórios em estimular a formação do segundo mensageiro monofosfato de adenosina cíclico levam à expressão diferencial de moléculas de orientação em embriões, gerando um pareamento grosseiro dos neurônios olfatórios e dos alvos no bulbo olfatório ao longo do eixo anteroposterior. Na segunda, a expressão seletiva de moléculas de reconhecimento pelos quatro grupos de neurônios sensoriais olfatórios os direciona a domínios correspondentes ao longo do eixo dorsoventral do bulbo olfatório.

Desse modo, uma fase inicial de moléculas de reconhecimento gera um mapa grosseiro da conectividade nariz-encéfalo por meio de mecanismos independentes da atividade (**Figura 48-4A**). A seguir, no período pós-natal, receptores são ativados por substâncias odoríferas e, em função de mudanças que ocorrem durante o desenvolvimento na sinalização intracelular, essa ativação leva à indução de um segundo grupo de moléculas de reconhecimento. Essas moléculas levam à convergência de axônios sobre glomérulos, assim refinando as projeções por um mecanismo dependente da atividade (**Figura 48-4B**). A segregação dos axônios, primeiro para determinadas regiões e depois para determinados glomérulos, ocorre via interações tanto adesivas quanto repelentes.

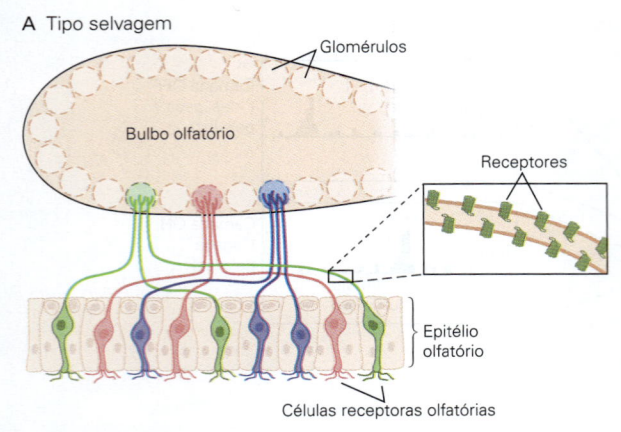

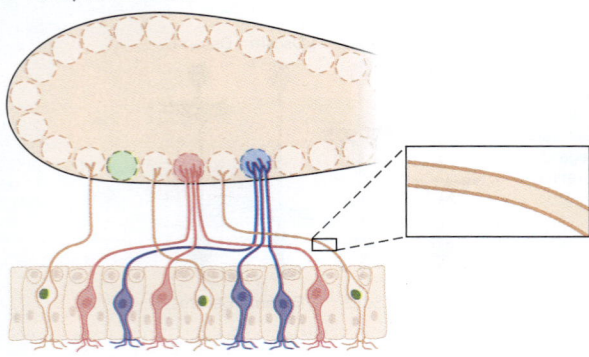

Diferentes sinais sinápticos são direcionados a domínios distintos da célula pós-sináptica

Terminais nervosos não apenas discriminam entre alvos em potencial, mas também estabelecem o contato em uma região específica do neurônio-alvo. No córtex cerebral e no hipocampo, por exemplo, os axônios que chegam a estruturas organizadas em camadas frequentemente confinam seus terminais a uma camada, mesmo que a árvore dendrítica da célula pós-sináptica atravesse diversas camadas. No cerebelo, axônios de diferentes tipos neuronais terminam em diferentes domínios dos neurônios de Purkinje. Axônios das células granulares contatam espinhos dendríticos distais, axônios de fibras trepadeiras contatam hastes dendríticas proximais, e axônios de células em cesto contatam o cone de implantação e o segmento inicial do axônio da célula pós-sináptica (**Figura 48-5**).

É possível que tal especificidade dependa de sinais moleculares na superfície da célula pós-sináptica. Para os neurônios de Purkinje no cerebelo, um desses sinais é a neurofascina, uma molécula de adesão da superfamília das imunoglobulinas. Altos níveis dessa proteína estão presentes no segmento axonal inicial, de modo a direcionar células em cesto a formar terminais sobre esse domínio axonal. Moléculas de adesão, portanto, podem servir como moléculas de reconhecimento em determinados domínios de um neurônio. Visto que neurônios podem individualmente formar sinapses com várias classes de células pré e pós-sinápticas, pode-se deduzir que cada subtipo neuronal expressa uma variedade de moléculas de reconhecimento sináptico.

A atividade neural refina a especificidade sináptica

Até agora, foi enfatizado o papel das moléculas de reconhecimento na formação inicial das sinapses. Contudo, uma vez formadas as sinapses, a atividade neural em um circuito exerce um papel crítico no refinamento de padrões sinápticos. Por exemplo, como descrito acima, o direcionamento de neurônios olfatórios para o bulbo olfatório inclui um mapeamento grosseiro inicial que é independente de atividade, seguido por uma fase dependente de atividade na qual as projeções são refinadas.

Um padrão bifásico similar tem sido estudado em detalhe no sistema visual. Células ganglionares da retina projetam para o teto óptico (colículo superior), onde interações entre efrinas e Eph-cinases resultam na formação de um mapa retinotópico grosseiro dos axônios da retina sobre a superfície tectal (Capítulo 47). Processos dependentes

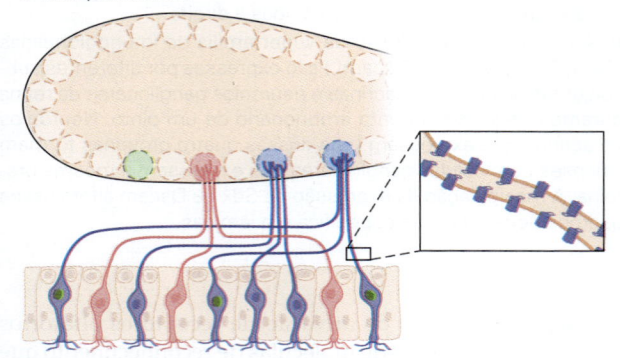

FIGURA 48-3 Receptores olfatórios influenciam a destinação de axônios sensoriais para glomérulos distintos no bulbo olfatório. (Adaptada, com autorização, de Sanes e Yamagata, 2009.)

A. Cada neurônio receptor olfatório expressa um dos aproximadamente 1.000 receptores possíveis para substâncias odoríferas. Neurônios que expressam o mesmo receptor são distribuídos esparsamente pelo epitélio olfatório do nariz. Os axônios desses neurônios formam sinapses com neurônios-alvo em um único glomérulo no bulbo olfatório.

B. Em camundongos mutantes nos quais o gene de um receptor olfatório foi removido, os neurônios olfatórios que expressariam tal gene enviam seus axônios para outros glomérulos, em parte porque esses neurônios agora expressam outros receptores.

C. Quando o gene de um receptor para substância odorífera substitui outro em um conjunto de neurônios sensoriais olfatórios, seus axônios se projetam de modo inapropriado.

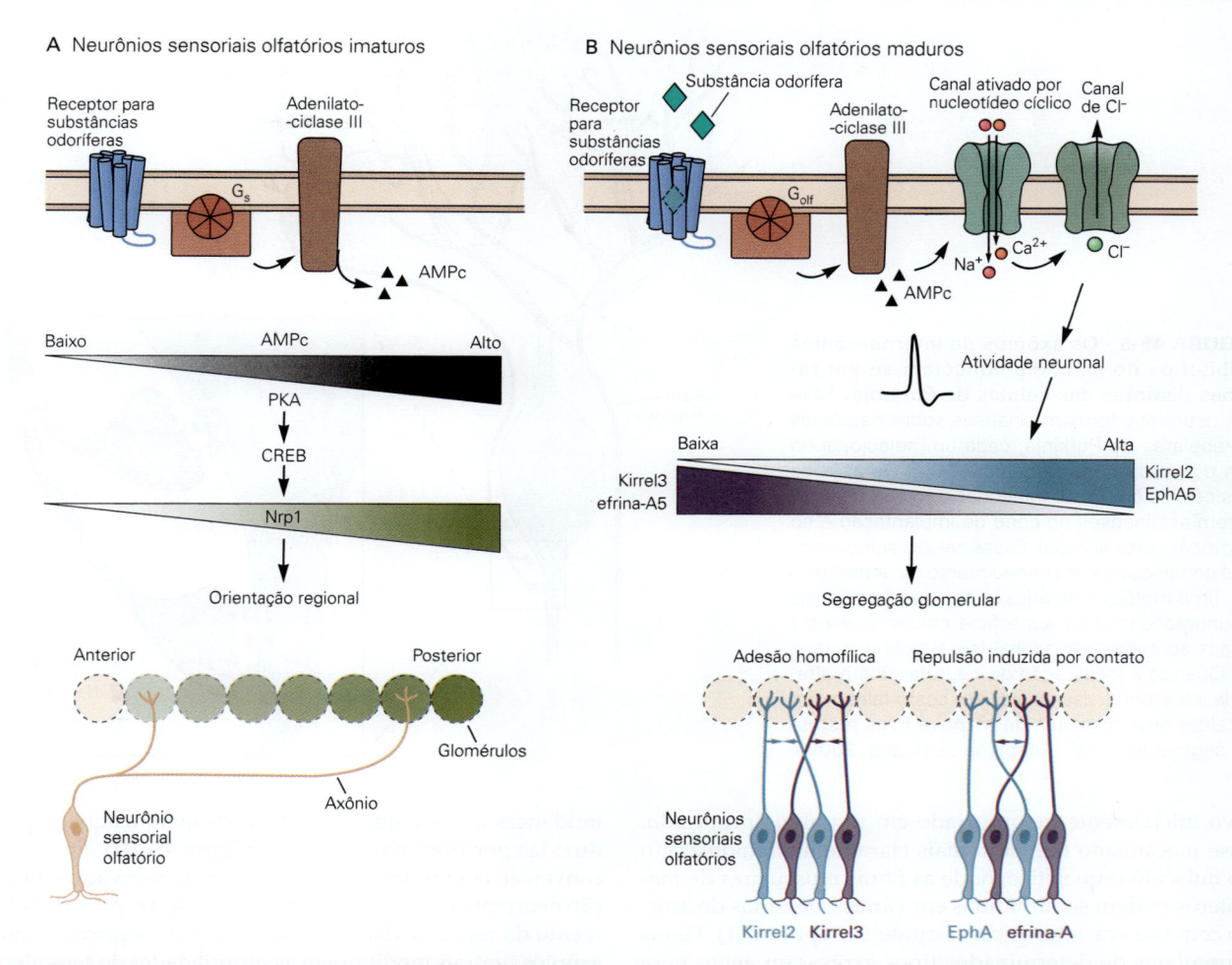

FIGURA 48-4 Receptores para substâncias odoríferas promovem conexões específicas no bulbo olfatório, controlando a expressão de moléculas de orientação e de reconhecimento. A ativação de receptores olfatórios nos neurônios sensoriais olfatórios leva à ativação da adenilato ciclase e à produção do segundo mensageiro monofosfato de adenosina cíclico (**AMPc**).

A. No período pré-natal, antes de iniciar a olfação, os receptores são espontaneamente ativos. Diferentes tipos de receptores apresentam diferentes níveis de atividade espontânea e, assim sendo, geram diferentes níveis de AMPc, que, por sua vez, induz níveis distintos, graduados, de moléculas de orientação axonal, como neuropilinas e semaforinas. Essas moléculas de orientação mediam interações entre axônios, que os orientam a regiões apropriadas do bulbo olfatório. (Siglas: **CREB**, proteína de ligação ao elemento responsivo ao AMPc; **NRP1**, neuropilina1; **PKA**, proteína-cinase A.)

B. No período pós-natal, receptores olfatórios são ativados por moléculas odoríferas. Essa atividade olfatória também gera níveis distintos de AMPc em cada tipo de neurônio com receptores para substâncias odoríferas, mas agora o segundo mensageiro atua por meio de canais iônicos para induzir novos conjuntos de moléculas de orientação, como membros da família das nefrinas e efrinas. Essas moléculas mediam interações que segregam terminais axonais em glomérulos. Assim, fases sucessivas de atividade dos receptores, a primeira espontânea e a segunda ativada por substâncias odoríferas, atuam em conjunto para mapear os axônios sensoriais olfatórios de diferentes tipos em diferentes glomérulos.

de atividade esculpem então as arborizações axonais das células ganglionares da retina. Os axônios inicialmente formam arborizações amplas e difusas, as quais gradualmente se tornam mais densas e mais focadas, refinando o mapa tectal (**Figura 48-6**). Esse refinamento é inibido quando a atividade das sinapses é bloqueada. Os mecanismos moleculares desse refinamento dependente de atividade são em grande parte desconhecidos. Como no caso do sistema olfatório, uma ideia atraente é a de que o nível e o padrão de atividade neuronal regulam a expressão de moléculas de reconhecimento.

Esses exemplos dos sistemas olfatório e visual ilustram um fenômeno amplamente utilizado: sinais moleculares controlam a especificidade sináptica, mas, uma vez que o circuito começa a funcionar, a especificidade é refinada por meio da atividade neuronal. No sistema visual, o refinamento envolve perda de sinapses. Esse processo de eliminação de sinapses será retomado no final deste capítulo, e suas consequências para o comportamento serão consideradas no próximo capítulo.

Em alguns poucos casos, a atividade neural promove a especificidade de modo diferente, transformando um

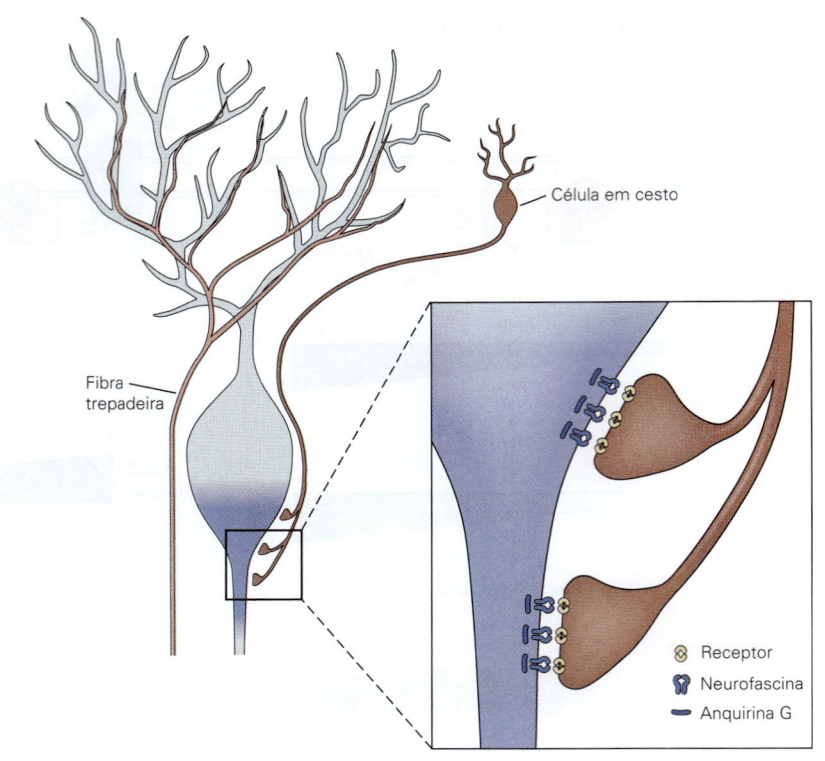

FIGURA 48-5 Os axônios de interneurônios inibitórios no cerebelo conectam-se em regiões distintas das células de Purkinje. Muitos neurônios formam sinapses sobre neurônios cerebelares de Purkinje, cada um selecionando um domínio diferente nessa célula. Os axônios das células em cesto inibitórias, em sua maioria, fazem as sinapses no cone de implantação e no segmento axonal inicial. Essas células selecionam tais domínios pelo reconhecimento da neurofascina, uma molécula de adesão da superfamília das imunoglobulinas na superfície celular que está fixada ao segmento axonal inicial pela anquirina G. Quando a localização da neurofascina é alterada, os axônios das células em cesto falham em localizar suas sinapses de maneira mais restrita no segmento inicial. (Adaptada de Huang, 2006.)

alvo inicialmente inapropriado em um alvo apropriado. Esse mecanismo tem sido mais claramente demonstrado no músculo esquelético, onde as fibras musculares de mamíferos podem ser divididas em várias categorias de acordo com suas características contráteis (Capítulo 31). Fibras musculares de determinados tipos expressam genes para isoformas diferentes das principais proteínas contráteis, como miosinas e troponinas.

Alguns poucos músculos são compostos exclusivamente por um único tipo de fibra; a maioria tem fibras de todos os tipos. Ainda assim, os ramos de um dado axônio motor inervam fibras musculares de um único tipo, mesmo em músculos "mistos", nos quais fibras de diferentes tipos estão entremeadas (**Figura 48-7A**). Esse padrão implica um grau notável de especificidade sináptica. Entretanto, a correspondência não se deve sempre ao reconhecimento, pelo axônio motor, do tipo apropriado de fibra muscular. O axônio motor pode também converter a fibra muscular alvo no tipo apropriado. Quando um músculo é desnervado ao nascimento, antes que as propriedades de suas fibras estejam estabelecidas, um nervo que normalmente contata um músculo de atividade lenta pode ser redirecionado para inervar um músculo destinado a ser de atividade rápida e vice-versa. Sob tais condições, as propriedades contráteis do músculo são parcialmente transformadas, em uma direção imposta pelas propriedades de disparo do nervo motor (**Figura 48-7B, C**).

Padrões distintos de atividade neural em neurônios motores rápidos e lentos são responsáveis pela mudança nas propriedades musculares. Surpreendentemente, a estimulação elétrica direta de um músculo com padrões normalmente evocados por nervos lentos ou rápidos leva a mudanças que são quase tão notáveis quanto aquelas produzidas por troca da inervação (**Figura 48-7D**). Embora a conversão com base na atividade, como observado na junção neuromuscular, provavelmente não seja o principal elemento da especificidade sináptica no SNC, é provável que axônios centrais modifiquem as propriedades de seus alvos sinápticos, contribuindo para a diversificação dos subtipos neuronais e refinando a conectividade imposta pelas moléculas de reconhecimento.

Os princípios da diferenciação sináptica foram descritos a partir da junção neuromuscular

A junção neuromuscular compreende três tipos celulares: o neurônio motor, a fibra muscular e a célula de Schwann. Todos os três tipos são altamente diferenciados na região da sinapse.

O processo de formação da sinapse é iniciado quando o axônio motor, orientado por múltiplos fatores, descritos no Capítulo 47, atinge um músculo esquelético em desenvolvimento e se aproxima de uma fibra muscular imatura. O contato é feito, e inicia-se o processo de diferenciação sináptica. Assim que o cone de crescimento começa a se transformar em um terminal nervoso, a porção superficial do músculo contatada desenvolve suas próprias especializações. Na medida em que o desenvolvimento prossegue, os componentes sinápticos são adicionados e os sinais estruturais de diferenciação sináptica tornam-se aparentes nas células pré e pós-sinápticas, bem como na fenda sináptica. Finalmente, a junção neuromuscular adquire sua forma madura e complexa (**Figura 48-8**).

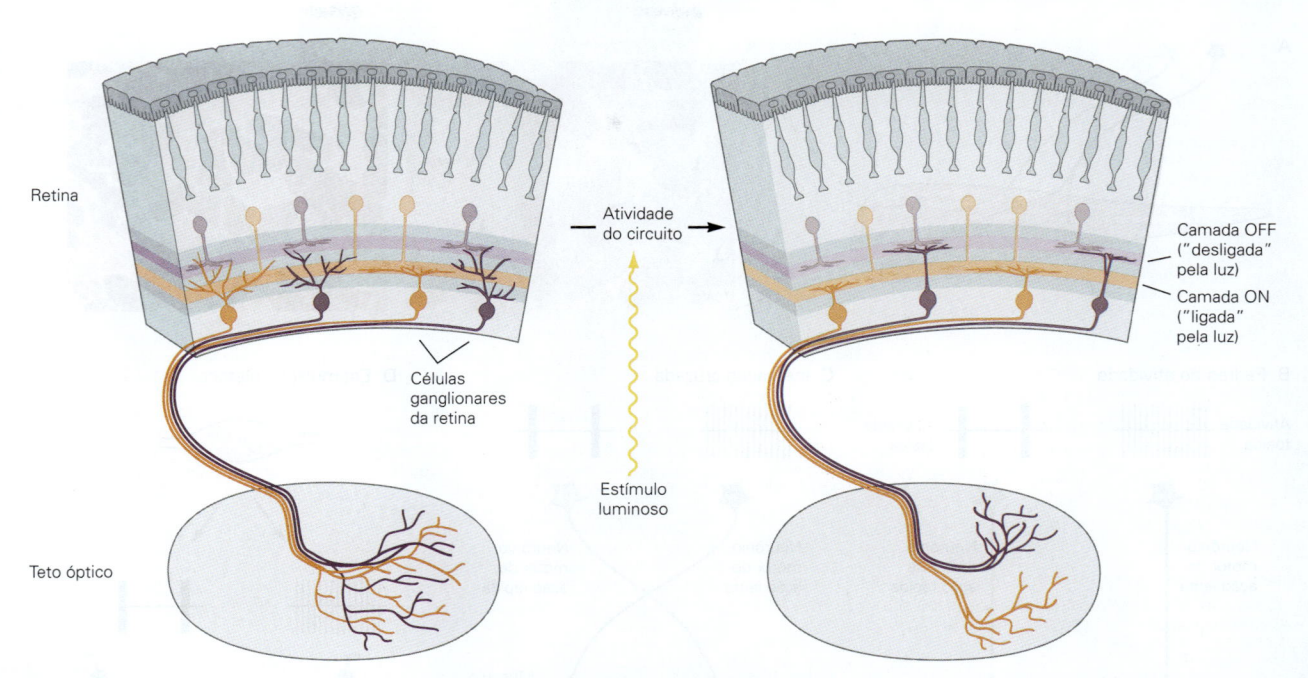

FIGURA 48-6 A atividade elétrica refina a especificidade das conexões sinápticas nas células ganglionares da retina. Algumas células ganglionares da retina inicialmente formam árvores dendríticas que são limitadas a sublâminas específicas da camada plexiforme interna da retina, enquanto outras formam arborizações difusas que mais tarde são podadas para formar grandes padrões específicos. De modo similar, a árvore axonal de células ganglionares da retina inerva inicialmente uma grande região do campo de seus alvos no colículo superior. Essa árvore axonal expandida é então refinada, e muitos ramos se concentram em uma pequena região. Com a abolição da atividade elétrica nas células ganglionares da retina, há um decréscimo no remodelamento das árvores dendrítica e axonal.

Três aspectos gerais do desenvolvimento da junção neuromuscular têm fornecido as pistas sobre os mecanismos moleculares que embasam a formação sináptica. Primeiro, nervo e músculo organizam a diferenciação um do outro. Em princípio, a localização frente a frente das especializações pré e pós-sinápticas poderia ser explicada pela programação independente das propriedades do nervo e do músculo. Entretanto, em células musculares cultivadas isoladamente, os receptores de acetilcolina (ACh) costumam ser distribuídos de modo uniforme na superfície, embora alguns estejam agrupados como em membranas pós-sinápticas maduras. Ainda assim, quando neurônios motores são adicionados à cultura, eles estendem neuritos que contatam as células musculares de modo mais ou menos aleatório, em vez de buscarem receptores colinérgicos agrupados. Novos agrupamentos de receptores aparecem precisamente nos pontos de contato com os neuritos pré-sinápticos, enquanto os agrupamentos preexistentes não inervados, ao final, se dispersam (**Figura 48-9**). Portanto, fatores ligados a axônios motores ou deles liberados exercem uma influência profunda na organização sináptica da célula muscular.

De maneira similar, sinais musculares atuam retrogradamente nos terminais nervosos motores. Quando neurônios motores em cultura estendem neuritos, eles reúnem e transportam vesículas sinápticas, algumas das quais formam agregados similares aos encontrados nos terminais nervosos. Quando os neuritos contatam células musculares, novos agregados de vesículas formam-se próximo à membrana de contato, e muitos dos agregados preexistentes se dispersam.

Esses estudos também mostraram uma segunda característica do desenvolvimento neuromuscular: neurônios motores e células musculares podem sintetizar e arranjar a maioria dos componentes sinápticos de modo independente um do outro. Miotubos não inervados podem sintetizar receptores de acetilcolina funcionais e reuni-los em agregados de alta densidade. De maneira similar, axônios motores podem formar vesículas sinápticas e agrupá-las em varicosidades na ausência de células musculares. Na verdade, vesículas em cones de crescimento podem sintetizar e liberar acetilcolina em resposta à estimulação elétrica antes do cone atingir sua célula-alvo. Portanto, os sinais de desenvolvimento que se passam entre neurônios e células musculares não induzem inteiramente as mudanças nas propriedades celulares; ao contrário, eles garantem que as maquinarias pré e pós-sinápticas sejam organizadas no tempo e nos locais corretos. Sendo assim, é útil pensar que sinais intercelulares controlam a sinaptogênese como organizadores, mais que como indutores.

O terceiro aspecto essencial do desenvolvimento da junção neuromuscular é que novos componentes sinápticos são adicionados em várias etapas distintas. Uma sinapse recentemente formada não é apenas um protótipo de uma sinapse desenvolvida por completo. Embora membranas musculares e nervosas formem contatos nos estágios iniciais da sinaptogênese, apenas mais tarde a fenda sináptica se alarga e a lâmina basal aparece. Similarmente, os receptores colinérgicos acumulam-se na membrana pós-sináptica antes que a acetilcolinesterase se acumule na fenda

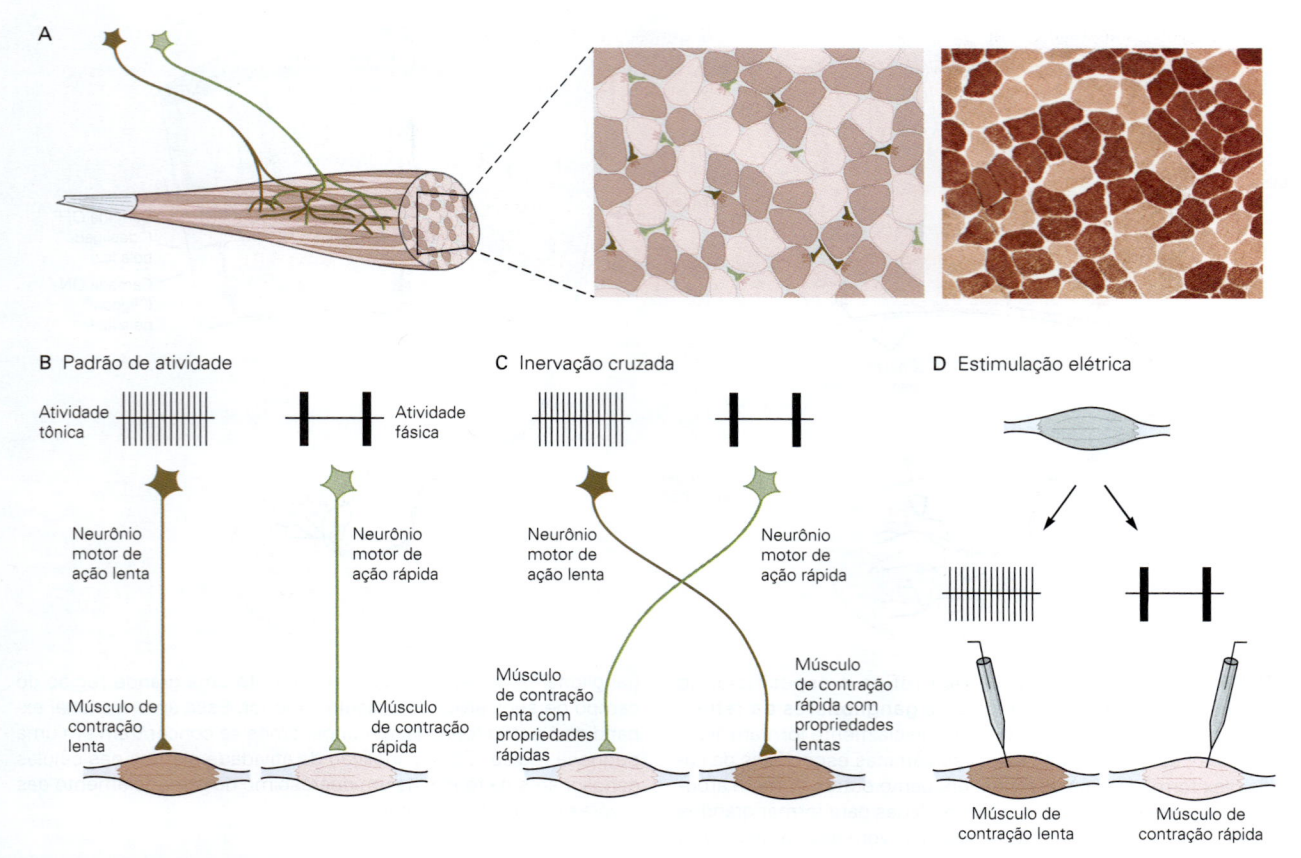

FIGURA 48-7 O padrão de atividade do neurônio motor pode mudar as propriedades bioquímicas e funcionais das células musculares esqueléticas.

A. As fibras musculares têm características metabólicas e moleculares, além de propriedades elétricas, as quais as classificam em dois tipos: fibras "lentas" (ou tônicas) e "rápidas" (ou fásicas). A micrografia à direita mostra uma secção do tecido muscular com coloração histoquímica para ATPase de miosina. O desenho central mostra uma secção muscular na qual os neurônios motores (**verdes** e **marrons**) formam sinapses com um único tipo de fibra muscular. (Foto à direita reproduzida, com autorização, de Arthur P. Hays.)

B. Os neurônios motores que se conectam a fibras musculares de contração rápida e de contração lenta (neurônios motores rápidos e lentos) exibem padrões distintos de atividade elétrica: disparos regulares de baixa frequência (tônica) para fibras de contração lenta e intermitentes de alta frequência e de modo explosivo (fásica) para fibras de contração rápida.

C. Experimentos invertendo a inervação mostraram que algumas propriedades do neurônio motor contribuem para determinar se as fibras musculares são rápidas ou lentas. A inversão da inervação foi feita redestinando-se cirurgicamente axônios rápidos para fibras de contração lenta e vice-versa. Embora as propriedades dos neurônios motores tenham mudado muito pouco, as propriedades dos músculos foram profundamente afetadas. Por exemplo, neurônios motores rápidos induziram propriedades musculares rápidas em músculos de contração lenta. (Adaptada, com autorização, de Salmons e Sreter, 1976.)

D. Os efeitos da inervação por neurônios motores rápidos e lentos no músculo são mediados, em parte, por seus padrões de atividade distintos. A estimulação de um músculo de contração rápida em um padrão lento tônico converte o músculo em um músculo de tipo lento. Reciprocamente, a estimulação fásica rápida de um músculo de contração lenta pode convertê-lo em um músculo de contração rápida.

---

sináptica, e a membrana pós-sináptica adquire dobras juncionais somente depois que o terminal nervoso amadurece. Vários axônios diferentes inervam cada miotubo por volta do nascimento, mas, durante o início da fase pós-natal, apenas um permanece e os demais se retiram.

Essa sequência elaborada não é orquestrada simplesmente pelo contato entre nervo e músculo. Sinais múltiplos passam entre as células – o nervo envia um sinal para o músculo que provoca os primeiros passos da diferenciação pós-sináptica, e então o músculo envia um sinal para provocar os passos iniciais da diferenciação do terminal nervoso. O nervo então envia outros sinais para o músculo, e a interação continua.

Serão considerados agora os sinais organizadores retrógrados (do músculo para o nervo) e anterógrados (do nervo para o músculo) de modo mais detalhado.

A diferenciação dos terminais nervosos motores é organizada por fibras musculares

Assim que o cone de crescimento de um axônio motor contata um miotubo em desenvolvimento, uma forma rudimentar de neurotransmissão começa. O axônio libera ACh em pacotes vesiculares, o neurotransmissor liga-se a receptores, e o miotubo responde com despolarização e uma contração fraca.

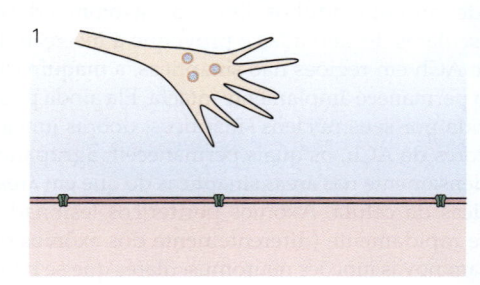

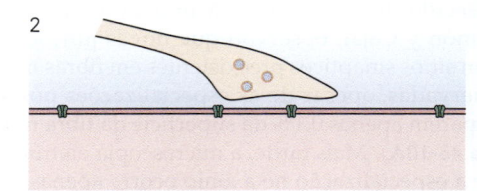

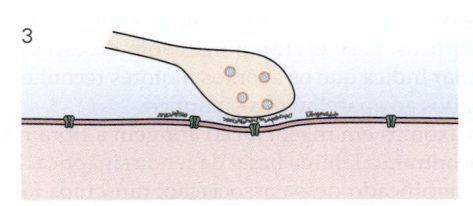

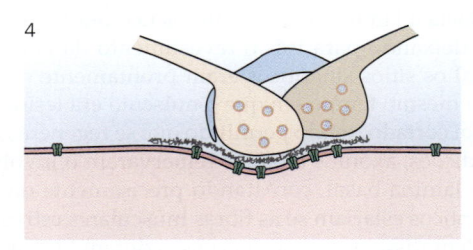

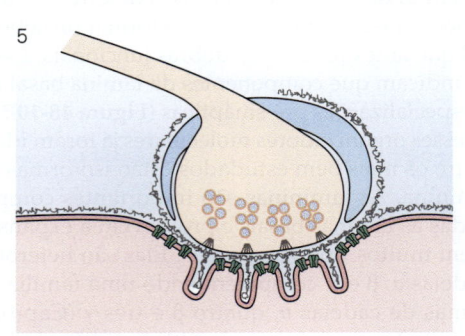

FIGURA 48-8 A junção neuromuscular desenvolve-se em estágios sequenciais.

A. Um cone de crescimento aproxima-se de um miotubo recentemente fundido (**1**) e estabelece um contato morfologicamente não especializado, mas funcional (**2**). O terminal nervoso acumula vesículas sinápticas, e uma lâmina basal se forma na fenda sináptica (**3**). À medida que o músculo amadurece, múltiplos axônios convergem em um único local (**4**). Por fim, os axônios são eliminados, exceto um, que adquire características de um terminal maduro (**5**). Na medida em que a sinapse amadurece, os receptores de acetilcolina (**ACh**) concentram-se na membrana pós-sináptica e reduzem-se na membrana extra-sináptica. (Adaptada, com autorização, de Hall e Sanes, 1993.)

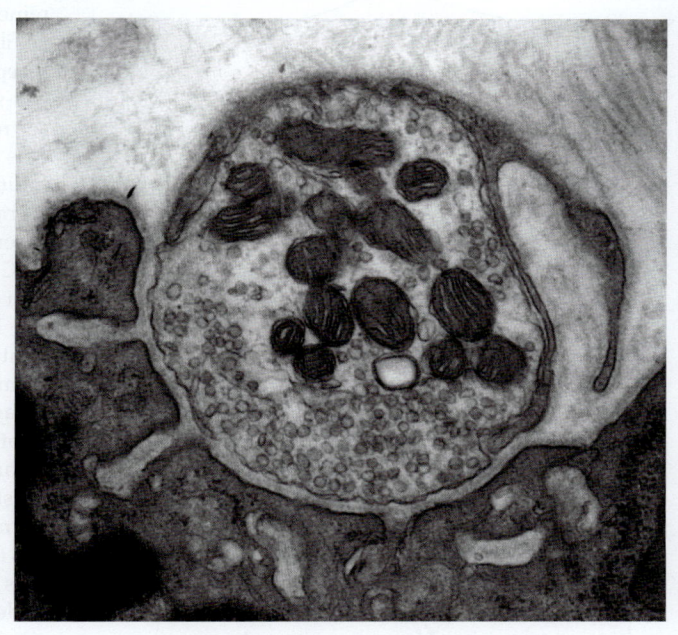

B. Na junção neuromuscular madura, membranas pré e pós-sinápticas são separadas por uma fenda sináptica que contém lâmina basal e proteínas da matriz extracelular. Vesículas são agrupadas nos locais pré-sinápticos de liberação, receptores de neurotransmissores são agrupados na membrana pós-sináptica, e terminais nervosos são cobertos pelos processos das células de Schwann. (Micrografia reproduzida, com autorização, de T. Gillingwater.)

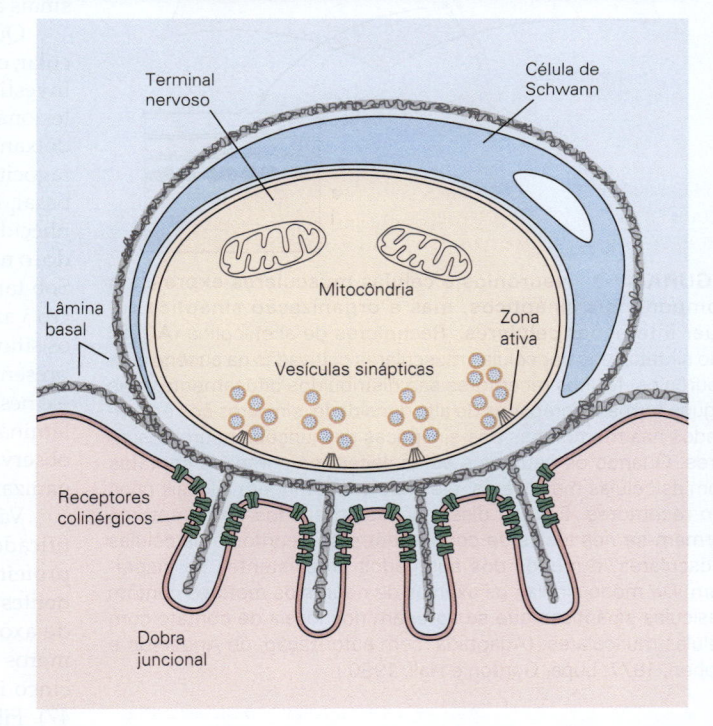

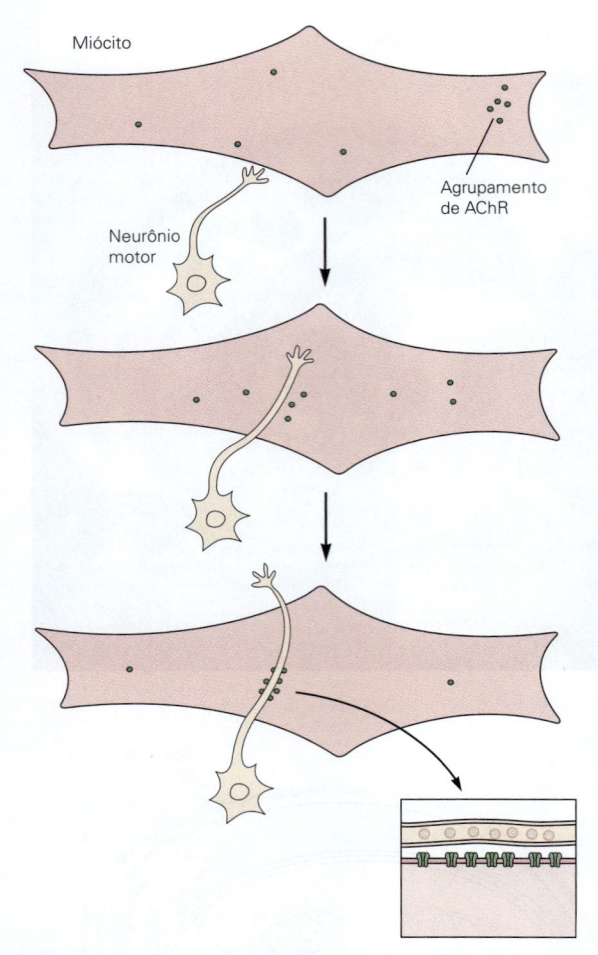

FIGURA 48-9 Neurônios e células musculares expressam componentes sinápticos, mas a organização sináptica requer interações celulares. Receptores de acetilcolina (AChR) são sintetizados por células musculares cultivadas na ausência de neurônios. Muitos receptores são distribuídos difusamente, mas alguns formam agregados de alta densidade, similares aos encontrados nas membranas pós-sinápticas das junções neuromusculares. Quando os neurônios estabelecem os primeiros contatos com as células musculares, eles não se restringem a locais ricos em receptores. Em vez disso, novos agregados de receptores formam-se nos locais de contato entre os neuritos e as células musculares, e muitos dos agregados preexistentes se dispersam. De modo similar, os axônios de neurônios motores contêm vesículas sinápticas que se agrupam nos locais de contato com células musculares. (Adaptada, com autorização, de Anderson e Cohen, 1977; Lupa, Gordon e Hall, 1990.)

O início da transmissão na nova sinapse reflete as capacidades intrínsecas de cada elemento sináptico. Mesmo assim, essas capacidades intrínsecas não podem explicar prontamente o aumento notável na taxa de liberação de neurotransmissores que ocorre depois que o contato neuromuscular se estabelece, nem podem explicar a acumulação de vesículas sinápticas ou a formação de zonas ativas na pequena porção do axônio motor que contata a superfície muscular. Esses passos do desenvolvimento requerem sinais do músculo para o nervo.

Uma pista da fonte desses sinais vem de estudos sobre a reinervação de músculos adultos. Embora a axotomia deixe as fibras musculares desnervadas e provoque a inserção de receptores de ACh em regiões não sinápticas, a maquinaria pós-sináptica permanece amplamente intacta. Ela ainda pode ser reconhecida por seus núcleos sinápticos, dobras juncionais e receptores de ACh, os quais permanecem agrupados muito mais densamente nas áreas sinápticas do que em áreas extrassinápticas da célula. Axônios periféricos lesionados regeneram-se rapidamente (diferentemente dos axônios do SNC) e formam novas junções neuromusculares que se parecem com e funcionam como as junções preexistentes.

Há um século, Fernando Tello-Muñóz, um aluno de Santiago Ramón y Cajal, observou que novas junções se formavam em sítios sinápticos preexistentes em fibras musculares desnervadas, apesar de as especializações pós-sinápticas ocuparem apenas 0,1% da superfície da fibra muscular (**Figura 48-10A**). Mais tarde, a microscopia eletrônica mostrou que a especialização no axônio ocorre apenas nos terminais que contatam o músculo. Por exemplo, zonas ativas formam-se em oposição às aberturas das dobras juncionais pós-sinápticas. Esse exemplo marcante da especificidade subcelular indica que os axônios motores reconhecem sinais associados ao aparelho pós-sináptico.

Quando axônios em regeneração atingem a fibra muscular, eles encontram a lâmina basal da fenda sináptica. Para investigar o significado dessa associação, músculos foram lesionados *in vivo*, de modo a matar a fibra muscular, mas deixando intacta a lâmina basal. As fibras necróticas foram fagocitadas, deixando para trás o revestimento da lâmina basal, no qual os sítios sinápticos eram prontamente reconhecidos. Ao mesmo tempo em que o músculo era lesionado, o nervo foi cortado, sendo permitido que se regenerasse. Sob tais condições, axônios motores reinervaram o invólucro vazio de lâmina basal, contatando precisamente onde os sítios sinápticos estariam se as fibras musculares estivessem presentes. Além disso, terminais nervosos desenvolveram-se nesses sítios, e mesmo zonas ativas se formaram sobre a lâmina basal que antes revestia as dobras juncionais. Essas observações indicam que componentes da lâmina basal organizam as especializações pré-sinápticas (**Figura 48-10B**).

Vários desses organizadores moleculares já foram identificados. Entre os mais bem estudados estão isoformas da proteína laminina. As lamininas são importantes componentes de todas as lâminas basais e promovem a expansão de axônios em muitos tipos neuronais. Elas são heterotrímeros de cadeias α, β e γ, compreendendo uma família de cinco isoformas de cadeias α, quatro β e três γ (Capítulo 47). Fibras musculares sintetizam múltiplas isoformas de laminina que são incorporadas à lâmina basal. A laminina-211, um heterotrímero composto pelas cadeias α2, β1 e γ1, é a principal laminina na lâmina basal, e sua ausência leva a uma distrofia muscular grave. Na fenda sináptica, contudo, predominam isoformas contendo a cadeia β2 (**Figura 48-11A**) e os terminais nervosos não se diferenciam completamente em camundongos mutantes que não produzem a laminina β2 (**Figura 48-11B**). As lamininas β2 parecem agir ligando-se a canais de cálcio dependentes de voltagem na membrana do terminal axonal, onde acoplam a

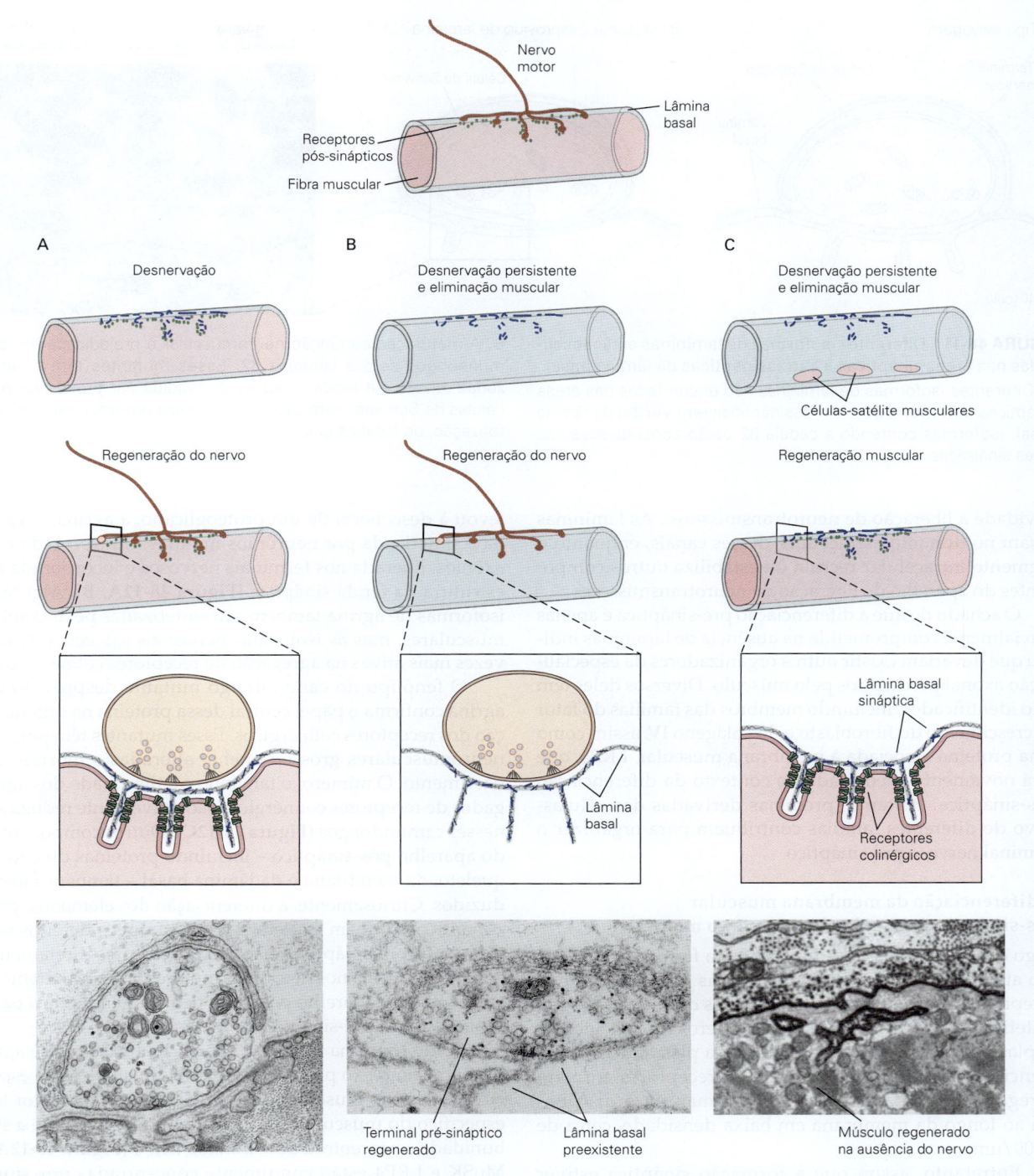

FIGURA 48-10 Porções sinápticas da lâmina basal contêm proteínas que organizam o desenvolvimento e a regeneração de terminais nervosos.

A. Axônios motores lesionados regeneram-se e formam novas junções neuromusculares. Quase todas as novas sinapses se formam nos locais sinápticos originais. (Micrografia reproduzida, com autorização, de Glicksman e Sanes, 1983.)

B. Uma forte preferência pela inervação nos locais sinápticos originais persiste mesmo depois que a fibra muscular foi removida, deixando para trás "fantasmas" revestidos com lâmina basal. Axônios regenerados desenvolvem especializações sinápticas quando contatam os locais sinápticos originais sobre a lâmina basal. (Micrografia reproduzida, com autorização, de Glicksman e Sanes, 1983.)

C. Após a desnervação de uma fibra muscular esquelética e a eliminação de fibras musculares maduras, as células-satélite musculares proliferam-se e diferenciam-se para formar novas miofibras. A expressão de receptores colinérgicos na superfície das miofibras regeneradas concentra-se nas áreas sinápticas da lâmina basal, mesmo quando a reinervação foi bloqueada. (Micrografia reproduzida, com autorização, de Burden, Sargent e McMahan, 1979. © The Rockefeller University Press. Autorização transmitida por meio de Copyright Clearance Center, Inc.)

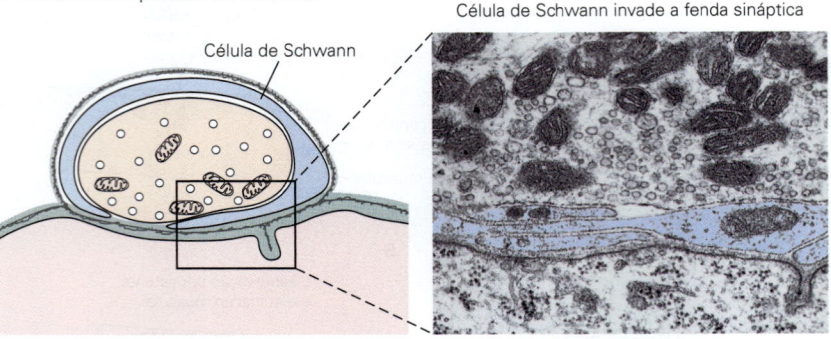

FIGURA 48-11 Diferentes isoformas de lamininas estão localizadas nas áreas sinápticas e extrassinápticas da lâmina basal.
A. Diferentes isoformas de lamininas são encontradas nas áreas sinápticas (**em marrom**) e extrassinápticas (**em verde**) da lâmina basal. Isoformas contendo a cadeia β2 estão concentradas nas áreas sinápticas.

B. A maturação da junção neuromuscular é prejudicada em camundongos sem a laminina β2. Esses mutantes têm poucas zonas ativas, e a fenda sináptica é invadida por processos das células de Schwann (**em azul**). (Micrografia reproduzida, com autorização, de Noakes et al., 1995.)

atividade à liberação de neurotransmissores. As lamininas atuam no domínio extracelular desses canais, enquanto o segmento intracelular recruta ou estabiliza outros componentes do aparelho de liberação de neurotransmissores.

O achado de que a diferenciação pré-sináptica é apenas parcialmente comprometida na ausência de lamininas indicou que deveriam existir outros organizadores da especialização axonal produzidos pelo músculo. Diversos deles têm sido identificados, incluindo membros das famílias do fator de crescimento do fibroblasto e do colágeno IV, assim como uma proteína associada à membrana muscular, LRP4, que será novamente encontrada no contexto da diferenciação pós-sináptica. Portanto, proteínas derivadas das células-alvo de diferentes famílias contribuem para organizar o terminal nervoso pré-sináptico.

A diferenciação da membrana muscular pós-sináptica é organizada pelo nervo motor

Logo que os mioblastos se fundem para formar o miotubo, são ativados os genes que codificam as subunidades dos receptores colinérgicos. As subunidades dos receptores são sintetizadas, organizadas em pentâmeros no retículo endoplasmático e inseridas na membrana plasmática. Como mencionado anteriormente, alguns receptores formam agregados espontaneamente, mas a maioria é distribuída ao longo da membrana em baixa densidade, cerca de $1.000/\mu m^2$.

Entretanto, assim que a formação sináptica estiver completa, a distribuição de receptores muda drasticamente. Os receptores passam a concentrar-se em sítios sinápticos da membrana (com densidade de até $10.000/\mu m^2$) e diminuem bastante na membrana não sináptica ($10/\mu m^2$ ou menos). Essa diferença de mil vezes na densidade de receptores colinérgicos ocorre dentro de poucas dezenas de micrômetros da borda do terminal nervoso.

A avaliação do papel crítico dos nervos na redistribuição dos receptores colinérgicos motivou a busca por fatores que poderiam promover seu agrupamento. Essa questão levou à descoberta de um proteoglicano, a agrina. A agrina é sintetizada por neurônios motores, transportada nos axônios, liberada nos terminais nervosos e incorporada na estrutura da fenda sináptica (**Figura 48-12A, B**). Algumas isoformas de agrina também são sintetizadas pelas células musculares, mas as isoformas neuronais são cerca de mil vezes mais ativas na agregação de receptores colinérgicos.

O fenótipo do camundongo mutante desprovido de agrina confirma o papel central dessa proteína na organização dos receptores colinérgicos. Esses mutantes têm junções neuromusculares grosseiramente alteradas e morrem ao nascimento. O número, o tamanho e a densidade dos agregados de receptores colinérgicos são gravemente reduzidos nesses camundongos (**Figura 48-12C**). Outros componentes do aparelho pós-sináptico – incluindo proteínas do citoesqueleto, da membrana e da lâmina basal – também são reduzidos. Curiosamente, a diferenciação dos elementos pré-sinápticos também é alterada. Entretanto, os defeitos nos elementos pré-sinápticos não são decorrentes diretamente da falta de agrina nos neurônios motores, mas indiretamente da falha do aparelho pós-sináptico em gerar sinais para especialização pré-sináptica.

Como funciona a agrina? O principal receptor de agrina é um complexo proteico entre uma tirosina-cinase específica do tecido muscular denominada MuSK (receptor trk específico do músculo com um domínio "kringle") e a subunidade correceptora denominada LRP4 (**Figura 48-12A**). MuSK e LRP4 estão comumente concentradas nos sítios sinápticos da membrana muscular, e camundongos mutantes desprovidos de MuSK ou de LRP4 não apresentam agrupamentos de receptores colinérgicos (**Figura 48-12C**). Miotubos gerados *in vitro* desses mutantes expressam níveis normais de receptores colinérgicos, mas os receptores não podem ser agrupados por agrina. A ligação de agrina ao complexo MuSK/LRP4 inicia uma cadeia de eventos que leva ao agrupamento dos receptores. Eventos-chave nessa cadeia são a ativação cinásica da MuSK; a autofosforilação do domínio intracelular da MuSK; o recrutamento

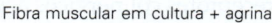

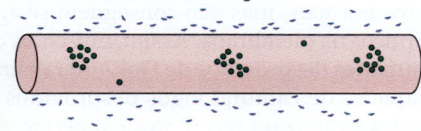

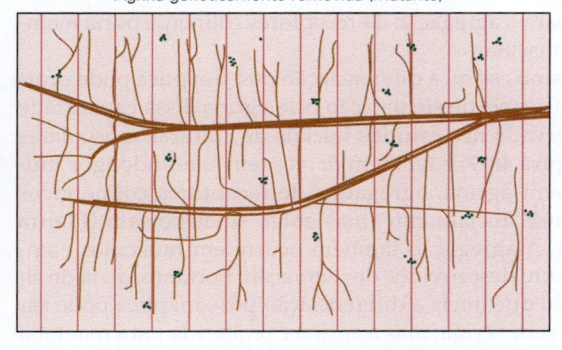

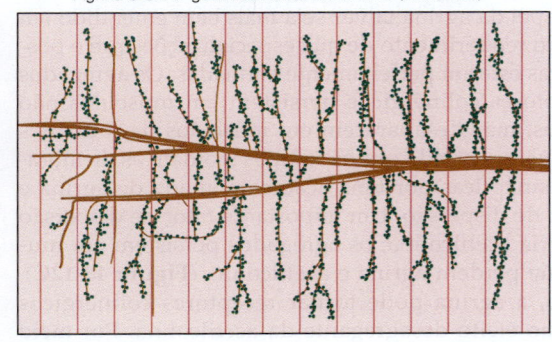

FIGURA 48-12 A agrina induz a agregação de receptores colinérgicos nos locais sinápticos.

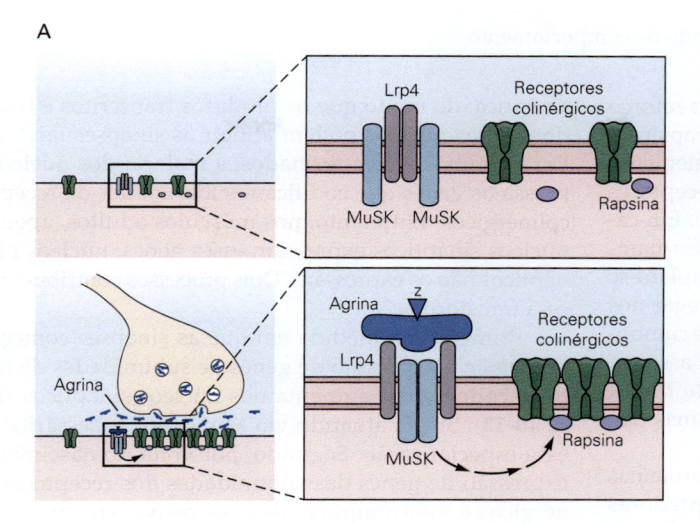

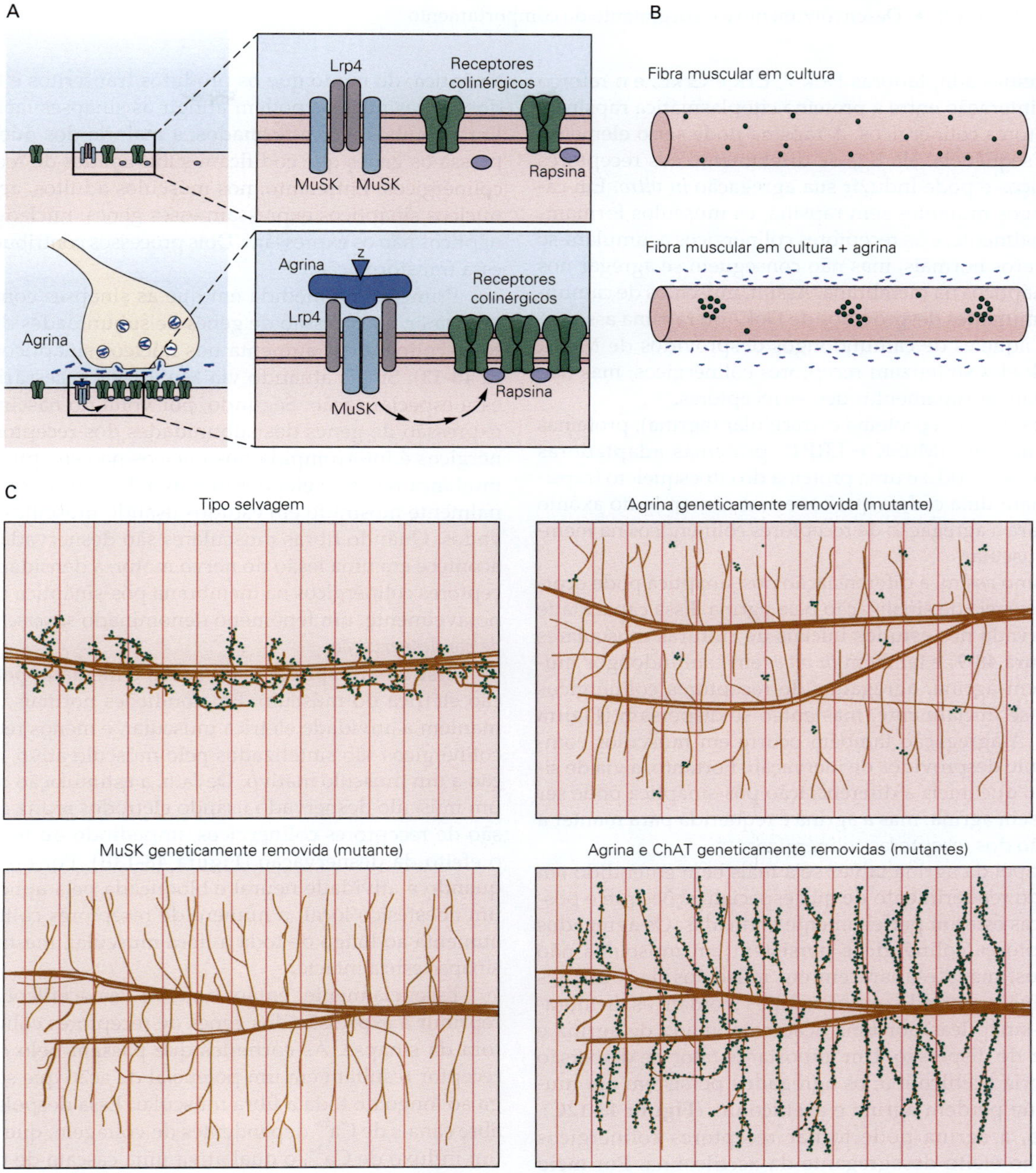

A. A agrina é um proteoglicano grande (cerca de 400 kDa) da matriz extracelular. O processo de corte-junção (*splicing*) alternativo para essa proteína inclui um éxon "z" que confere a capacidade de promover a agregação dos receptores colinérgicos. Quando é liberada por um terminal nervoso, a agrina liga-se à Lrp4 na membrana muscular, ativando o receptor com atividade tirosina-cinase MuSK associado à membrana e desencadeando uma cascata intracelular que resulta na agregação dos receptores colinérgicos. Moléculas-chave de sinalização intracelular são Dok7, Crk e CrkL. Essas moléculas sinalizam para a rapsina, uma proteína citoplasmática associada ao receptor colinérgico, a qual interage fisicamente e forma agregados com os receptores colinérgicos. (Adaptada, com autorização, de DeChiara et al., 1996.)

B. Poucos agregados de receptores colinérgicos se formam em miofibras em cultura sob condições controladas, mas a adição de agrina induz a agregação desses receptores. (Adaptada, com autorização, de Misgeld et al., 2005.)

C. Músculos de camundongos selvagens e de três tipos mutantes no período neonatal. Os músculos foram marcados para receptores colinérgicos (**em verde**) e axônios motores (**em marrom**). No camundongo selvagem, os agregados de receptores colinérgicos estão formados sob cada terminal nervoso ao nascimento, enquanto nos mutantes para agrina, os agregados dispersaram-se. Agregados de receptores colinérgicos também estão ausentes em camundongos mutantes para MuSK, Dok7 e rapsina. Quando os genes para agrina e colina-acetiltransferase (ChAT) são mutados, os agregados de receptores permanecem, indicando que a agrina funciona impedindo a dispersão mediada por acetilcolina. Todos esses mutantes também apresentaram anormalidades axonais, refletindo defeitos na sinalização retrógrada para o axônio motor. (Sigla: **MuSK**, receptor relacionado à tirosina-cinase específico de músculo, com um domínio *kringle*.) (Adaptada, com autorização, de Gautam et al., 1996.)

das proteínas adaptadoras Dok-7, Crk e CrkL; e o reforço de uma interação entre a proteína citoplasmática rapsina e os receptores colinérgicos. A rapsina pode ser o elemento final na sequência: ela liga-se diretamente aos receptores colinérgicos e pode induzir sua agregação *in vitro*. Em camundongos mutantes sem rapsina, os músculos formam-se normalmente, e os receptores colinérgicos acumulam-se em números normais, mas não conseguem se agregar nos sítios sinápticos na membrana. Assim, músculos de camundongos mutantes desprovidos de Dok7 ou rapsina assemelham-se àqueles de camundongos desprovidos de MuSK ou LRP4: eles sintetizam receptores colinérgicos, mas não apresentam agrupamentos desses receptores.

Portanto, uma proteína extracelular (agrina), proteínas transmembrana (MuSK e LRP4), proteínas adaptadoras (Dok-7, Crk e CrkL) e uma proteína do citoesqueleto (rapsina) formam uma cadeia que conecta o comando do axônio motor para a agregação de receptores colinérgicos na membrana muscular.

Mesmo assim, a diferenciação pós-sináptica pode ocorrer na ausência da sinalização pela agrina. Essa capacidade foi observada nos estudos iniciais de culturas musculares (ver **Figura 48-9**) e também *in vivo*: em camundongos mutantes sem agrina, agregados de receptores colinérgicos formam-se inicialmente, mas então se dispersam (**Figura 48-12C**). A agregação também ocorre em músculos completamente desprovidos de inervação. Portanto, a via de sinalização que inicia a diferenciação pós-sináptica pode ser ativada sem agrina, mas a agrina é requerida para manter a agregação dos receptores colinérgicos.

O papel da agrina talvez seja mais bem entendido em termos do requerimento de que especializações pré e pós-sinápticas estejam perfeitamente alinhadas. Os agregados de receptores colinérgicos persistem em músculos não inervados, mas desaparecem em músculos de mutantes sem agrina, sugerindo que os axônios moldam as membranas pós-sinápticas por uma ação combinada de agrina e um fator de dispersão. Um importante fator de dispersão é a própria acetilcolina; os agregados persistem em mutantes que perdem agrina e acetilcolina (**Figura 48-12C**). Portanto, a agrina pode tornar receptores colinérgicos imunes ao efeito desagregante da acetilcolina. Por meio da combinação de fatores positivos e negativos, o neurônio motor garante que regiões da membrana pós-sináptica contatadas pelos axônios sejam enriquecidas em receptores colinérgicos.

O nervo regula a transcrição dos genes de receptores colinérgicos

Juntamente com a redistribuição de receptores colinérgicos no plano da membrana, o nervo motor orquestra o programa de transcrição responsável pela expressão dos genes dos receptores colinérgicos no músculo. Para entender esse aspecto do controle da transcrição, é importante que se avalie a geometria do músculo.

Fibras musculares individuais com frequência são mais longas que um centímetro e contêm centenas de núcleos ao longo de seu comprimento. A maioria dos núcleos está longe da sinapse, mas alguns estão agrupados sob a membrana sináptica, de modo que os produtos transcritos e traduzidos desses núcleos podem atingir as sinapses facilmente. Em miotubos recém-formados, a maioria dos núcleos expressa os genes que codificam subunidades de receptores colinérgicos. Entretanto, nos músculos adultos, apenas os núcleos sinápticos expressam esses genes; núcleos não sinápticos não os expressam. Dois processos contribuem para essa transformação.

Primeiro, na medida em que as sinapses começam a se formar, a expressão de genes de subunidades de receptores colinérgicos aumenta nos núcleos sinápticos (**Figura 48-13**). Sinais atuando via MuSK são necessários para essa especialização. Segundo, por volta do nascimento, a expressão de genes das subunidades dos receptores colinérgicos é interrompida nos núcleos não sinápticos. Essa mudança reflete o efeito repressivo do nervo, como originalmente mostrado em estudos usando músculos desnervados. Quando fibras musculares são desnervadas, como acontece em uma lesão do nervo motor, a densidade de receptores colinérgicos na membrana pós-sináptica aumenta notavelmente, um fenômeno denominado *supersensibilidade por desnervação*.

Esse efeito repressivo do nervo é mediado pela ativação elétrica do músculo. Em condições normais, o nervo mantém a atividade elétrica muscular, e menos receptores colinérgicos são sintetizados pelo músculo ativo, em relação a um músculo inativo. De fato, a estimulação direta de um músculo desnervado usando eletrodos reduz a expressão de receptores colinérgicos, impedindo ou revertendo o efeito da desnervação (**Figura 48-13B**). Por outro lado, quando a atividade neural é bloqueada pela aplicação de um anestésico local, o número de receptores colinérgicos aumenta ao longo de toda a fibra muscular, mesmo que a sinapse esteja intacta.

Essencialmente, então, o nervo usa acetilcolina para reprimir a expressão dos genes de receptores colinérgicos fora da sinapse. As correntes que passam pelo canal do receptor resultam em um potencial de ação que se propaga ao longo de toda a fibra muscular. Essa despolarização abre canais de Ca^{2+} dependentes de voltagem, que levam a um influxo de Ca^{2+}, o qual ativa uma cascata de transdução de sinal que atinge núcleos não sinápticos e regula a transcrição dos genes de receptores colinérgicos. Portanto, a mesma variação de voltagem que produz a contração muscular por um período de milissegundos também regula a transcrição de genes dos receptores colinérgicos por um período de dias.

O aumento da transcrição dos genes de receptores colinérgicos nos núcleos abaixo da sinapse, junto com o decréscimo dessa transcrição nos núcleos distantes das sinapses, leva à localização de RNA mensageiro (mRNA) para receptores colinérgicos próximo aos sítios sinápticos, levando então à síntese preferencial e à inserção de receptores colinérgicos nesses locais. Essa síntese local é semelhante àquela observada em locais pós-sinápticos em espinhos dendríticos no encéfalo. A síntese local no músculo é vantajosa, visto que os receptores sintetizados em sítios distantes não atingiriam as sinapses sem degradação.

Muitos componentes do aparelho pós-sináptico são regulados de modo semelhante ao descrito para receptores colinérgicos – sua agregação depende de agrina e de MuSK, e sua transcrição é aumentada em núcleos sinápticos e reprimida em núcleos extrassinápticos pela atividade elétrica. Portanto, componentes sinápticos têm mecanismos regulatórios feitos sob medida, mas muitos desses componentes são regulados em paralelo.

A junção neuromuscular amadurece em uma série de etapas

A junção neuromuscular de um adulto é notavelmente diferente em arquitetura molecular, forma, tamanho e propriedades funcionais em relação ao contato nervo-músculo simples que inicia a neurotransmissão no embrião. A maturação do terminal nervoso, da membrana pós-sináptica e da fenda sináptica ocorre em uma complexa sequência de passos. Será ilustrada em detalhe essa construção sináptica passo a passo, continuando com o foco no desenvolvimento dos receptores colinérgicos.

Como visto, os receptores colinérgicos agregam-se no plano da membrana quando a junção neuromuscular começa a se formar, e a transcrição gênica do receptor aumenta nos núcleos pós-sinápticos. Alguns dias depois, a atividade elétrica inicia o decréscimo dos níveis de receptores extrassinápticos. A essas mudanças transcricionais, seguem-se mudanças na estabilidade dos recepores. No músculo embrionário, receptores colinérgicos sofrem rápida renovação (com meia-vida de aproximadamente 1 dia), tanto em regiões sinápticas quanto extrassinápticas. Em contraste, no músculo adulto, os receptores são relativamente estáveis (com meia-vida de aproximadamente 2 semanas). A estabilização metabólica dos receptores colinérgicos contribui para sua concentração nos sítios sinápticos e para a estabilização do aparelho pós-sináptico.

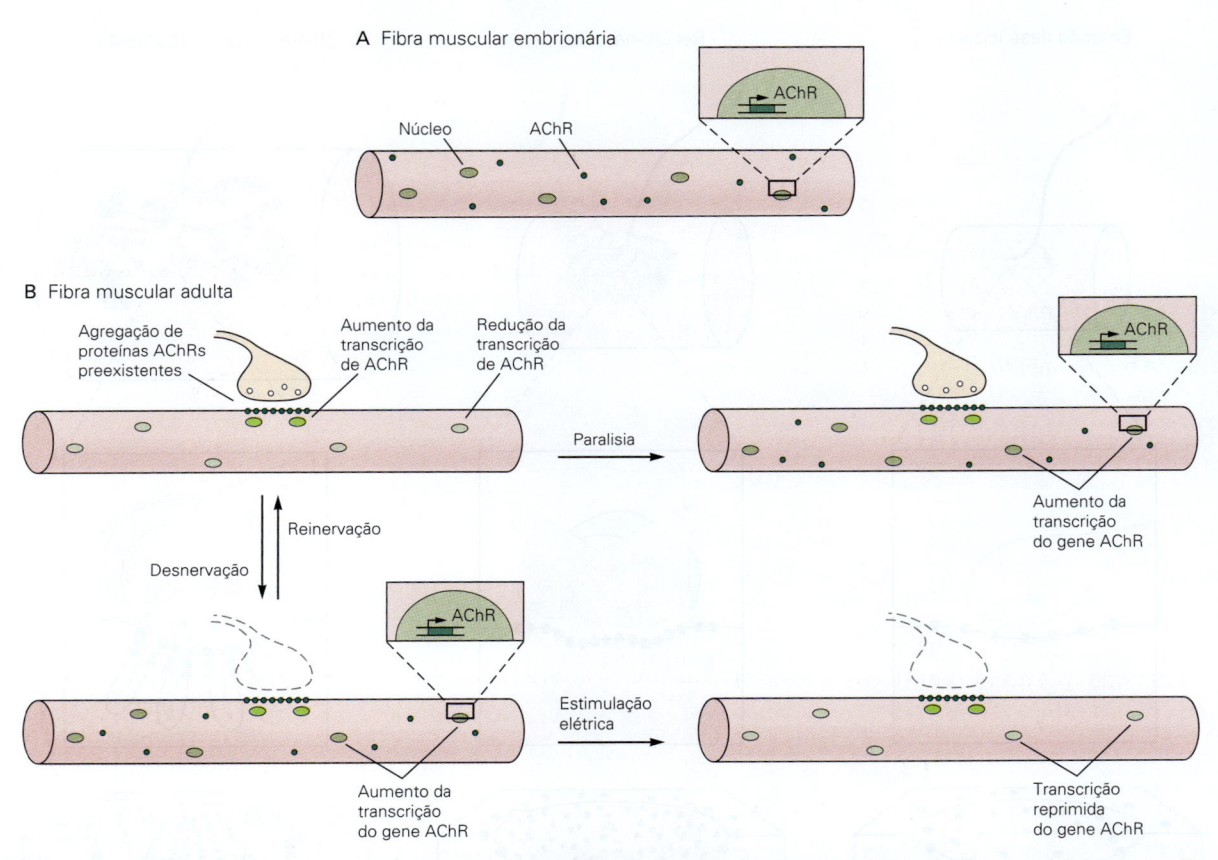

FIGURA 48-13 O agrupamento de receptores da acetilcolina (ACh) na junção neuromuscular resulta da regulação da transcrição e do tráfego proteico local.

A. Receptores colinérgicos (AChR) são distribuídos de maneira difusa na superfície de miotubos embrionários.

B. Depois que o músculo é inervado pelo axônio do neurônio motor, o número de receptores nas regiões extrassinápticas decresce, enquanto a densidade de receptores nas sinapses aumenta. Isso reflete a agregação de receptores preexistentes e o aumento da expressão gênica de receptores colinérgicos nos núcleos localizados diretamente abaixo do terminal nervoso. Além disso, a transcrição dos genes dos receptores é reprimida nos núcleos das regiões extrassinápticas. A atividade elétrica no músculo reprime a expressão dos genes desses receptores nos núcleos não sinápticos, levando a uma menor densidade de AChR nessas regiões. Os núcleos nas regiões sinápticas estão imunes a esse efeito repressivo. Após uma desnervação, a expressão de genes de receptores para ACh é aumentada nos núcleos não sinápticos, embora não atinja os altos níveis observados nos núcleos sinápticos. A paralisia mimetiza o efeito da desnervação, enquanto a estimulação elétrica do músculo sem inervação mimetiza a influência do nervo e reduz a densidade de receptores para ACh nas membranas não sinápticas.

Uma outra alteração ocorre na composição dos receptores colinérgicos. No embrião, receptores colinérgicos são compostos por subunidades α, β, δ e γ. Durante os primeiros dias após o nascimento, o gene γ deixa de ser expresso e um gene bastante relacionado, chamado ε, é ativado. Como resultado, os novos receptores colinérgicos inseridos na membrana são compostos pelas subunidades α, β, δ e ε. Essa composição alterada refina o receptor de um modo adequado à sua função madura. Entretanto, embora isso ocorra no mesmo momento da estabilização metabólica, as duas mudanças não são causalmente relacionadas.

Essas mudanças moleculares nos receptores colinérgicos são acompanhadas por mudanças em sua distribuição (**Figura 48-14**). Logo após o nascimento, as dobras juncionais começam a se formar na membrana pós-sináptica, e os receptores colinérgicos começam a se concentrar nas cristas das dobras, juntamente com rapsina, enquanto outras proteínas de membrana e citoesqueléticas estão localizadas nas depressões das dobras. O agrupamento inicial dos receptores colinérgicos parece ter uma aparência de placa. Perfurações que sofrem fusões e fissões, por fim, dão à densa placa um formato de "pretzel", que acompanha os ramos do terminal nervoso. Novas proteínas citoesqueléticas associadas aos receptores são adicionadas aos agregados, presumivelmente para possibilitar as mudanças geométricas. Finalmente, a membrana pós-sináptica expande-se e passa a conter mais receptores colinérgicos do que havia no agrupamento inicial. Cada uma dessas mudanças ocorre enquanto a sinapse é funcional, sugerindo que a atividade em curso exerce um papel importante na maturação sináptica.

Sinapses centrais e junções neuromusculares desenvolvem-se de maneiras semelhantes

As sinapses no sistema nervoso central são, de muitas maneiras, estrutural e funcionalmente similares às junções

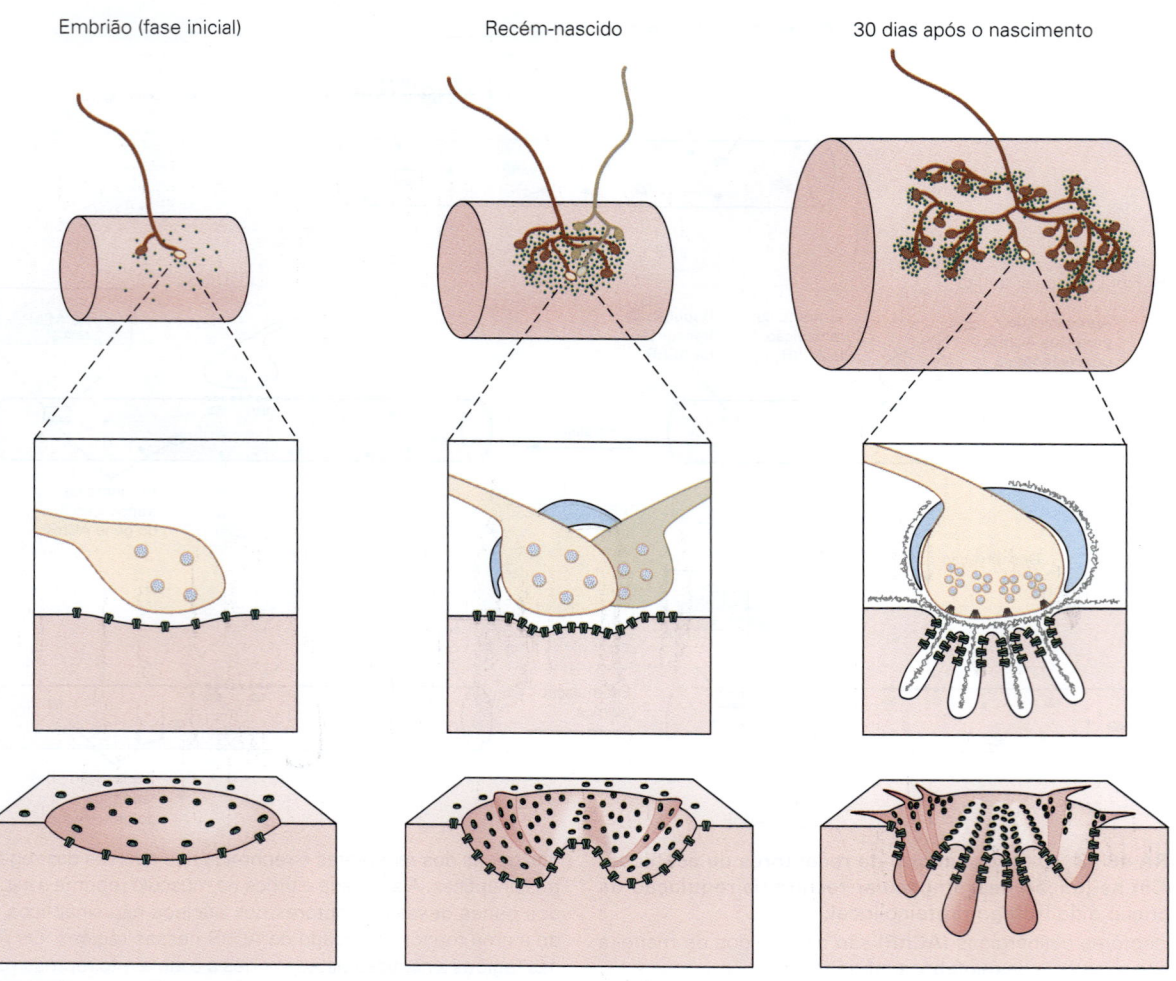

FIGURA 48-14 **A membrana pós-sináptica na junção neuromuscular amadurece em estágios.** Durante o início da embriogênese, os receptores colinérgicos existem como agregados frouxos. Mais tarde, esses agregados se condensam em uma estrutura com aparência de placa. Depois do nascimento, o agrupamento abre-se, ao passo que o nervo desenvolve múltiplos terminais. Esses ramos axonais se expandem de modo intercalado enquanto o músculo cresce, e a placa faz recortes que formam uma valeta, a qual se invagina para formar as dobras. Receptores concentram-se nas cristas das dobras. (Adaptada, com autorização, de Sanes e Lichtman, 2001.)

neuromusculares. Na pré-sinapse, a maioria dos principais componentes proteicos das vesículas sinápticas é idêntica em ambos os tipos de sinapse. Do mesmo modo, os mecanismos de liberação de neurotransmissores diferem apenas quantitativamente, não qualitativamente. Na pós-sinapse, receptores para neurotransmissores estão concentrados sob o terminal nervoso e associam-se a "grupamentos" de proteínas.

Esses paralelos se estendem ao desenvolvimento sináptico. Estudos em culturas neuronais mostraram que a lógica celular da formação das sinapses é conservada entre junções neuromusculares e sinapses centrais. Em ambos os tipos sinápticos, elementos pré e pós-sinápticos regulam a diferenciação uns dos outros mais pela organização de componentes sinápticos do que pela indução da expressão de genes específicos, e as sinapses desenvolvem-se em uma série de passos progressivos (**Figura 48-15**). Os detalhes moleculares, contudo, diferem. Moléculas organizadoras neuromusculares, como agrina e lamininas, não desempenham papéis-chave nas sinapses centrais, sugerindo que outros organizadores sinápticos estejam envolvidos. Recentemente, algumas dessas moléculas organizadoras foram identificadas.

Os receptores de neurotransmissores tornam-se localizados nas sinapses centrais

A concentração de receptores de neurotransmissores na membrana pós-sináptica é um aspecto compartilhado por muitas sinapses. No encéfalo, os receptores de glutamato, glicina, ácido γ-aminobutírico (GABA) e outros

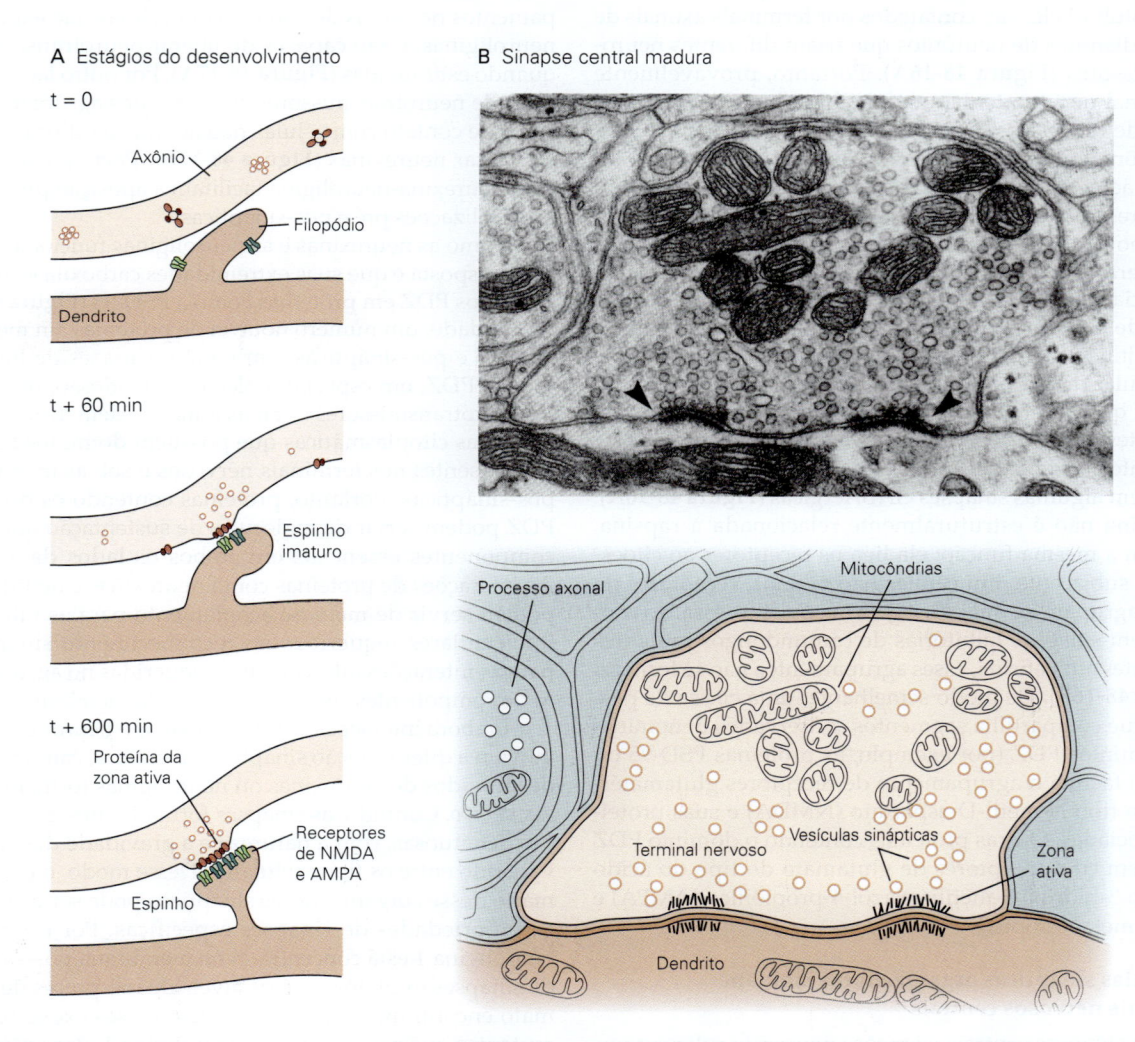

FIGURA 48-15 Ultraestrutura de uma sinapse no sistema nervoso central de mamíferos.

A. O contato inicial de um axônio e um filopódio de um dendrito em desenvolvimento leva a um espinho dendrítico estável e a uma sinapse axodendrítica. O processo inteiro é tão rápido que pode levar apenas 60 minutos. (Siglas: **AMPA**, ácido α-amino-3-hidróxi-5-metilisoxazol-4-propiônico; **NMDA**, N-metil-D-aspartato.)

B. Em uma sinapse madura de interneurônio no cerebelo, as vesículas sinápticas são agrupadas em zonas ativas (pontas de seta) no terminal nervoso, em oposição direta às regiões da membrana pós-sináptica ricas em receptores. (Reproduzida, com autorização, de J. E. Heuser e T. S. Reese.)

neurotransmissores estão concentrados em regiões da membrana alinhadas com terminais nervosos que contêm os transmissores correspondentes.

Os processos pelos quais esses receptores se tornam localizados podem ser similares àqueles da junção neuromuscular. Em culturas de neurônios hipocampais dissociados, por exemplo, ambos os terminais glutamatérgicos e GABAérgicos parecem estimular o agrupamento dos receptores apropriados na membrana pós-sináptica. Além disso, os terminais nervosos centrais podem induzir a expressão de genes que codificam receptores de glutamato, assim como ocorre para os receptores de acetilcolina no músculo. Finalmente, a atividade elétrica também regula a expressão de receptores de neurotransmissores em neurônios centrais.

Na formação de agrupamentos de receptores, os neurônios centrais encaram um desafio óbvio que não acontece nos miotubos: eles são contatados por terminais axonais de classes distintas de neurônios que usam diferentes neurotransmissores (**Figura 48-16A**). Portanto, provavelmente o terminal nervoso tenha um papel instrutivo no agrupamento de receptores. Em culturas de neurônios hipocampais, axônios glutamatérgicos e GABAérgicos terminam em regiões adjacentes dos mesmos dendritos. Inicialmente, os receptores de glutamato e GABA estão dispersos, mas logo cada tipo se torna seletivamente agrupado sob o terminal que libera o neurotransmissor. Essa observação indica a existência de múltiplos sinais de agrupamento com vias paralelas de transdução de sinal.

Na junção neuromuscular, a rapsina liga-se ao domínio intracelular de receptores colinérgicos e os agrupa. Foi descoberto que diversas proteínas desempenham papéis semelhantes nas sinapses centrais. Uma delas, a gefirina, está altamente concentrada em densidades sinápticas glicinérgicas e em algumas sinapses GABAérgicas (**Figura 48-16A**). A gefirina não é estruturalmente relacionada à rapsina, mas tem a mesma função: ela liga os receptores ao citoesqueleto subjacente. Em células não neurais, receptores da glicina agrupam-se quando a gefirina é coexpressa; ao contrário, em sinapses inibitórias de camundongos mutantes deficientes em gefirina, esses agrupamentos não se formam (**Figura 48-16B**). De modo semelhante, uma classe de proteínas que compartilha segmentos conservados denominados domínios PDZ (por exemplo, as proteínas PSD-95 ou SAP-90) facilita o agrupamento de receptores glutamatérgicos do tipo *N*-metil-D-aspartato (NMDA) e suas proteínas associadas. Outras proteínas contendo o domínio PDZ interagem com receptores de glutamato do tipo do ácido α-amino-3-hidroxi-5-metilisoxazol-4-propiônico (AMPA) e do tipo metabotrópicos.

Moléculas sinápticas organizadoras moldam terminais nervosos centrais

Embora sinapses centrais e junções neuromusculares compartilhem muitas características, suas fendas sinápticas diferem drasticamente. Enquanto as fibras musculares são revestidas por uma lâmina basal, a qual tem uma estrutura molecular característica na junção neuromuscular, os neurônios centrais não têm uma lâmina basal proeminente. Ao invés disso, a formação de sinapses centrais é regulada em grande parte por moléculas incorporadas às membranas pré e pós-sinápticas.

Diversos pares de proteínas de membrana que interagem umas com as outras foram encontrados unindo as membranas pré e pós-sinápticas, os quais também organizam a diferenciação sináptica na medida em que as sinapses se formam. Talvez os melhor estudados sejam um conjunto de proteínas chamadas neurexinas, que estão enriquecidas nas membranas pré-sinápticas, e suas parceiras, as neuroliginas, que estão concentradas nas membranas pós-sinápticas (**Figura 48-17A**). Há três genes para neurexinas e quatro para neuroliginas no genoma de mamíferos. A capacidade das neurexinas e das neuroliginas em promover a diferenciação sináptica foi inicialmente revelada pelo cultivo de neurônios com células não neurais induzidas a expressar uma delas. Em cultura, vesículas sinápticas formam agrupamentos nos sítios de contato com células que expressam neuroliginas, e são capazes de liberar neurotransmissores quando estimuladas (**Figura 48-17A**). Por outro lado, receptores de neurotransmissores em dendritos agrupam-se nos sítios de contato com células não neurais modificadas para expressar neurexinas (**Figura 48-17B**). Portanto, as interações neurexina-neuroligina facilitam a aposição precisa das especializações pré e pós-sinápticas.

Como as neurexinas e as neuroliginas funcionam? Parte da resposta é que suas extremidades carboxila se ligam a domínios PDZ em proteínas como a PSD-95 (**Figura 48-16**). Na verdade, um número notável de proteínas em membranas pré e pós-sinápticas tem regiões capazes de ligar domínios PDZ, em especial moléculas de adesão, receptores de neurotransmissores e canais iônicos. Além disso, muitas proteínas citoplasmáticas que possuem domínios PDZ estão presentes nos terminais nervosos e sob as membranas pós-sinápticas. Portanto, proteínas contendo os domínios PDZ podem servir de moléculas de sustentação que ligam componentes essenciais em ambos os lados da sinapse. As interações de proteínas como neurexinas e neuroliginas podem servir de meio de acoplamento para as interações intercelulares requeridas no reconhecimento sináptico e para as interações intracelulares requeridas no agrupamento de componentes sinápticos dentro da membrana.

Embora interações entre neurexinas e neuroliginas promovam a diferenciação sináptica em cultura, camundongos desprovidos de neurexinas ou neuroliginas formam sinapses *in vivo*. Contudo, as sinapses formadas nesses mutantes são defeituosas, com a natureza e a gravidade dos defeitos variando entre os tipos celulares. Desse modo, o papel primário desses organizadores sinápticos pode ser especificar as propriedades de sinapses específicas. Por exemplo, a neuroligina 1 está concentrada na membrana pós-sináptica de sinapses excitatórias, e os níveis de receptores de glutamato encontram-se reduzidos em sinapses excitatórias de mutantes que não produzem neuroligina 1. Por outro lado, a neuroligina 2 está concentrada em sinapses inibitórias e desempenha um papel crítico na estruturação da membrana pós-sináptica inibitória.

Um grau adicional de complexidade no refinamento de sinapses centrais pelas neurexinas vem do fato de que elas se ligam a múltiplas moléculas organizadoras pós-sinápticas,

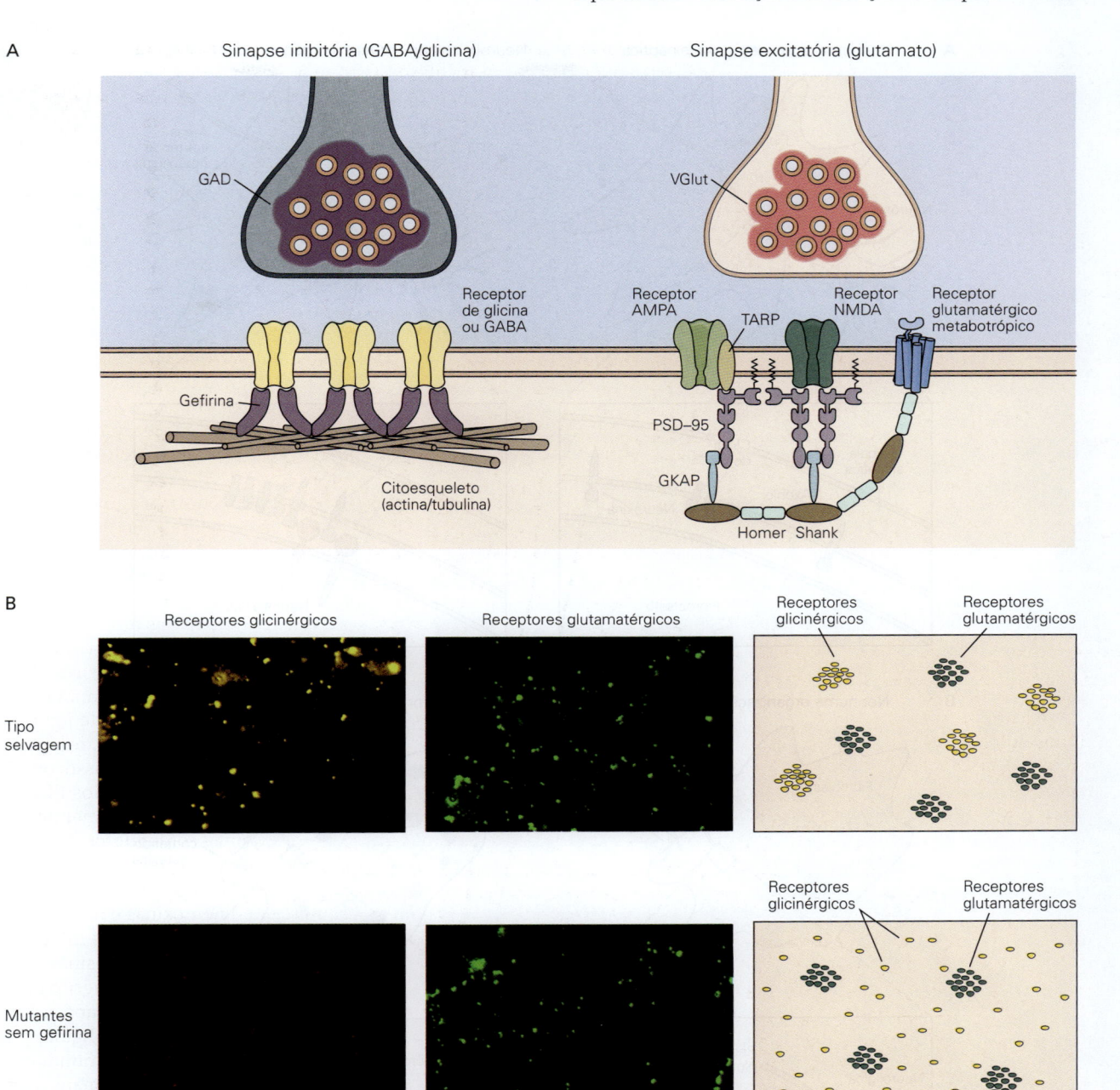

FIGURA 48-16 Localização de receptores de neurotransmissores em neurônios centrais.

A. Receptores glutamatérgicos estão localizados em sinapses excitatórias, e receptores para ácido γ-aminobutírico (**GABA**) e para glicina estão localizados em sinapses inibitórias. Os receptores estão ligados ao citoesqueleto por proteínas adaptadoras. Os receptores de glicina são conectados aos microtúbulos pela gefirina (*à esquerda*), enquanto os receptores de glutamato do tipo *N*-metil-D-aspartato (**NMDA**) são ligados entre si e com o citoesqueleto por proteínas relacionadas à PSD-95 (*à direita*). A família de proteínas PSD contém os domínios PDZ, que interagem com uma variedade de proteínas sinápticas para reunir complexos de sinalização. Outras proteínas contendo o domínio PDZ interagem com receptores de glutamato do tipo do ácido α-amino-3-hidroxi-5-metilisoxazol-4-propiônico (**AMPA**) e do tipo metabotrópico (ver Capítulo 13). (Siglas: **GAD**, glutamato-descarboxilase; **GKAP**, proteína associada à guanilato-cinase; **TARP**, proteínas regulatórias transmembrana do receptor AMPA; **VGlut**, transportador vesicular do glutamato.)

B. Em camundongos mutantes sem gefirina, os receptores da glicina não se agrupam nos locais sinápticos nos neurônios motores espinais, e esses animais mostram espasticidade muscular e hiper-reflexia. Nos mesmos neurônios, os agrupamentos de receptores de glutamato estão inalterados. (Adaptada, com autorização, de Feng et al., 1998.)

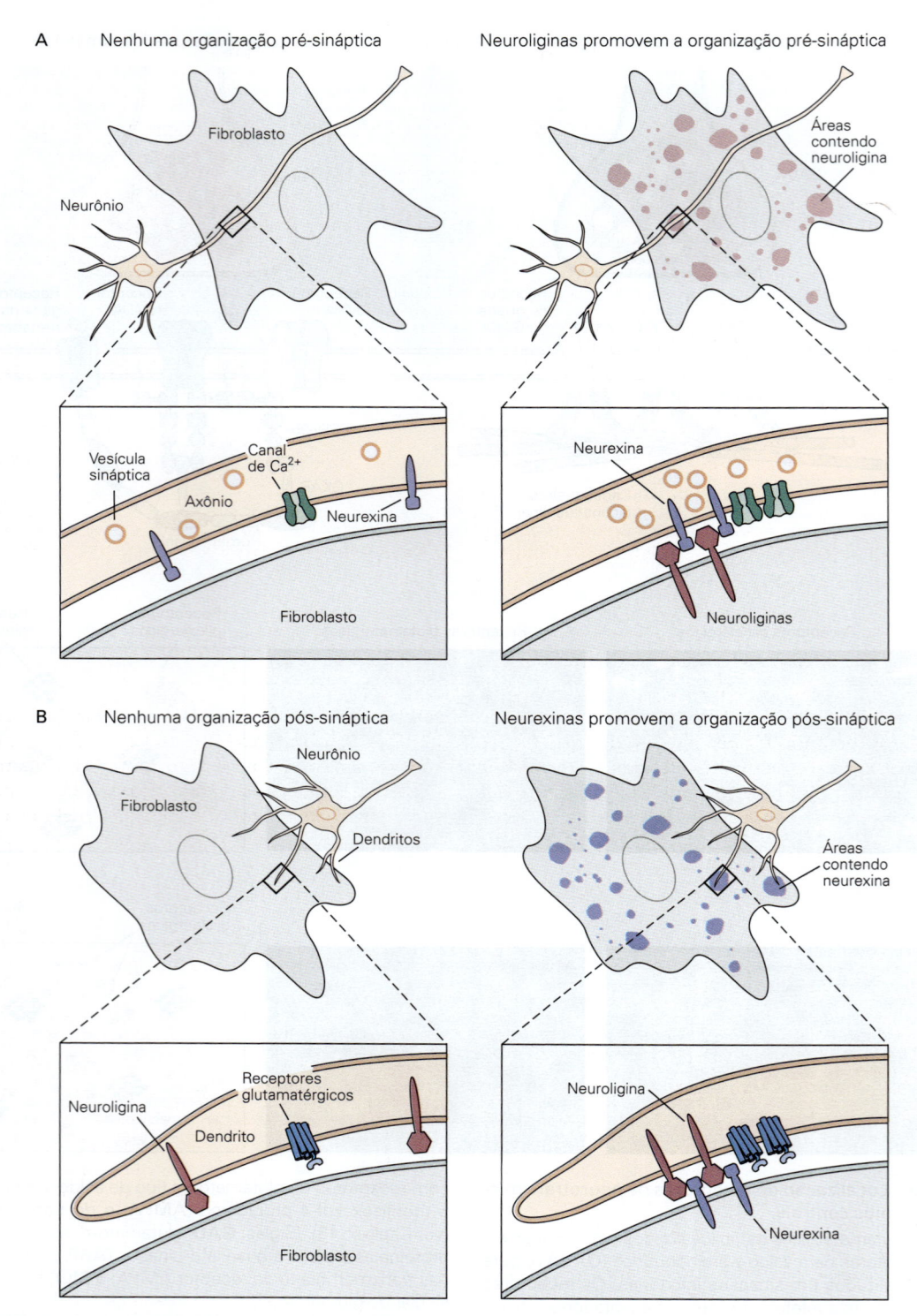

FIGURA 48-17 Organizadores sinápticos como as neurexinas e as neuroliginas promovem a diferenciação de sinapses centrais.

A. Quando neurônios do encéfalo são cultivados com fibroblastos que expressam neuroligina, os segmentos axonais que contatam essas células formam especializações pré-sinápticas, caracterizadas pelo agrupamento de neurexinas, canais de Ca^{2+} e vesículas sinápticas.

B. De modo semelhante, quando neurônios são cultivados com células que expressam neurexina, dendritos que contatam essas células mostram acúmulo de agregados de receptores glutamatérgicos, acompanhados por moléculas que formam plataformas para esses receptores (não mostradas) e neuroliginas agrupadas. Neurônios cultivados com células-controle não formam tais especializações pré e pós-sinápticas.

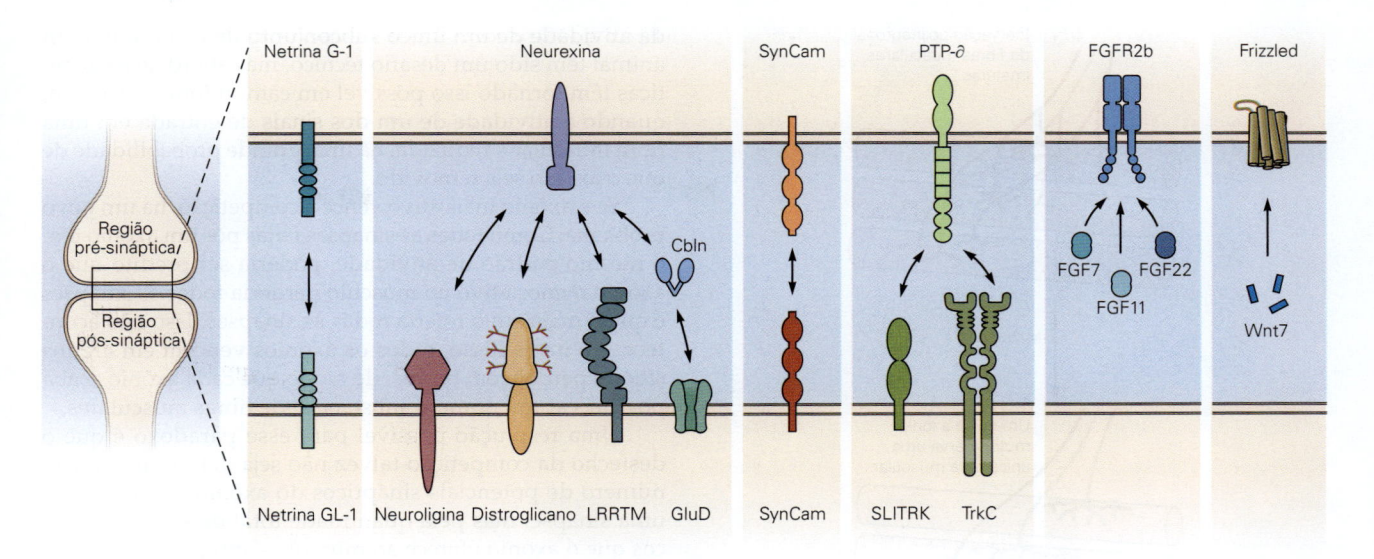

FIGURA 48-18 Numerosos complexos macromoleculares conectam as membranas pré e pós-sinápticas nas sinapses centrais. A figura mostra algumas das muitas proteínas transsinápticas que interagem nos sítios sinápticos. Algumas possibilitam a formação de sinapses favorecendo parceiros apropriados, enquanto outras atuam na regulação das propriedades da sinapse; algumas têm ambas as funções.

além das neuroliginas (**Figura 48-18**). Além disso, milhares de isoformas de neurexinas são geradas a partir de cada gene de neurexina como resultado de diferenças na escolha de promotor (gerando formas α e β) e de corte-junção alternativo em múltiplos sítios. Diferentes isoformas de neurexinas são diferencialmente expressas por neurônios e apresentam diferentes afinidades pelos vários ligantes de neurexinas. As neuroliginas também sofrem corte-junção alternativo e são diferentemente expressas, de modo que provavelmente tenham múltiplos parceiros pré-sinápticos.

Mais recentemente, foram encontradas outras moléculas organizadoras na sinapse; elas incluem proteína-tirosina-fosfatases e proteínas com repetições ricas em leucina, assim como membros das famílias de morfógenos secretados e seus receptores, fator de crescimento do fibroblasto e Wnt (**Figura 48-18**). Essas moléculas estão presentes em subconjuntos específicos de sinapses e desempenham diferentes papéis. Por exemplo, de maneira semelhante à neuroligina 1 e à neuroligina 2, FGF22 e FGF7 estão localizados em sinapses excitatórias e inibitórias, respectivamente, promovendo sua diferenciação. Algumas dessas proteínas organizadoras podem atuar em paralelo com neurexinas, enquanto outras podem atuar como organizadoras iniciais, com neuroliginas e neurexinas consolidando as sinapses posteriormente e especificando suas propriedades específicas.

Juntos, esses resultados sugerem que sinapses centrais não são estruturadas por organizadores mestres, de tipos como agrina, MuSK, LRP4 e lamininas. De fato, a perda de um único organizador central, qualquer que seja, dos estudados até agora, não é letal, como no caso de mutantes para agrina, MuSK, LRP4 e laminina. Em vez disso, a enorme variedade de tipos neuronais e sinápticos no sistema nervoso central e seu amplo espectro de propriedades funcionais surge de uma multitude de organizadores que atuam de modo combinatório e de forma específica segundo o tipo celular. Consistente com essa visão, variações genéticas em muitos organizadores centrais e em moléculas de reconhecimento sinápticas, incluindo neurexinas, neuroliginas, caderinas e contactinas, têm sido associadas a perturbações comportamentais em animais experimentais e a transtornos comportamentais em humanos, incluindo autismo (Capítulo 62).

Algumas sinapses são eliminadas depois do nascimento

Nos mamíferos adultos, cada fibra muscular recebe uma única sinapse. Entretanto, esse não é o caso no embrião. Nos estágios intermediários do desenvolvimento, vários axônios convergem em cada miotubo, e formam sinapses em um sítio comum. Logo depois do nascimento, todos os contatos, exceto um, são eliminados.

O processo de eliminação sináptica não é uma consequência de morte neural. De fato, ele geralmente ocorre muito depois do período no qual naturalmente acontece a morte celular (Capítulo 46). Cada axônio motor remove seus ramos de algumas fibras musculares, mas reforça suas conexões com outras, focalizando, assim, sua capacidade aumentada de liberação de neurotransmissores sobre um número decrescente de alvos. Além disso, a eliminação axonal não é endereçada a sinapses defeituosas; todos os sinais de entrada para um miotubo neonatal são morfológica e eletricamente similares, e cada um pode ativar a célula pós-sináptica (**Figura 48-19**).

Qual é o propósito desse estágio transitório de inervação polineuronal? Uma possibilidade é que ele garanta que cada fibra muscular seja inervada. Uma segunda é que ele

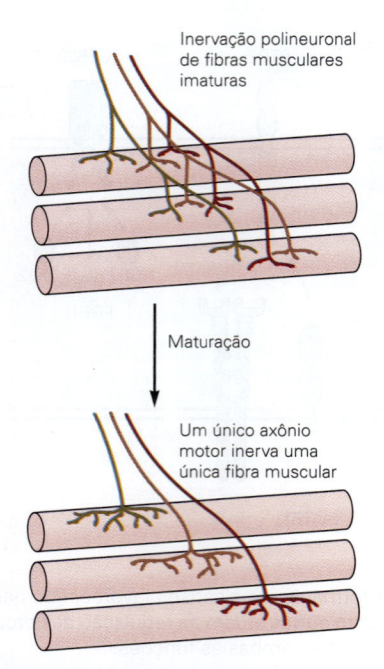

FIGURA 48-19 Algumas sinapses neuromusculares são eliminadas após o nascimento. No início do desenvolvimento da junção neuromuscular, cada fibra muscular é inervada por vários axônios motores. Depois do nascimento, todos os axônios motores, exceto um, se retiram de cada fibra, e o axônio sobrevivente torna-se mais elaborado. A eliminação sináptica ocorre sem qualquer perda global de axônios – axônios que "perdem" em algumas fibras musculares, "ganham" em outras. Sinapses centrais também estão sujeitas à eliminação.

permita a cada axônio capturar um conjunto apropriado de células-alvo. Uma terceira e intrigante possibilidade é que a eliminação sináptica forneça um meio pelo qual a atividade possa alterar a força de conexões sinápticas específicas. Essa ideia será explorada no Capítulo 49.

Como a formação das sinapses, a eliminação sináptica resulta de interações intercelulares. Cada fibra muscular acaba ficando com exatamente um sinal de entrada: nenhuma fica sem sinal e muito poucas têm mais de um sinal. É difícil imaginar como isso poderia acontecer sem retroalimentação a partir da célula muscular. Além disso, os axônios que permanecem depois da desnervação parcial ao nascimento têm um número maior de sinapses do que tinham inicialmente. Portanto, a eliminação sináptica parece ser um processo competitivo.

O que estimula a competição e qual é a recompensa? Há boas evidências de que a atividade neural exerce um papel: a paralisia muscular reduz a eliminação sináptica, enquanto a estimulação direta a aumenta. Esses achados mostraram que a atividade estava envolvida, mas não revelaram como era determinado o desfecho, pois todos os axônios eram estimulados ou paralisados conjuntamente. Como a essência do processo competitivo é o fato de algumas sinapses ganharem território à custa de outras, a atividade diferenciada entre os axônios pode ser o determinante de axônios ganhadores e perdedores. A mudança da atividade de um único subconjunto de axônios em um animal tem sido um desafio técnico, mas abordagens genéticas têm tornado isso possível em camundongos. De fato, quando a atividade de um dos sinais de entrada em uma fibra muscular é reduzida, há uma grande probabilidade de que o axônio seja removido.

Se o axônio mais ativo vence a competição, há um novo problema. Como todas as sinapses feitas por um axônio têm o mesmo padrão de atividade, poderia ser predito que o axônio menos ativo no músculo perderia todas as sinapses e que o mais ativo reteria todas as sinapses. Isso não acontece. Ao invés disso, todos os axônios vencem em alguns sítios e perdem em outros, de modo que cada axônio acaba por inervar um número substancial de fibras musculares.

Uma resolução possível para esse paradoxo é que o desfecho da competição talvez não seja determinado pelo número de potenciais sinápticos do axônio ganhador em uma sinapse, mas pela quantidade total de sinais sinápticos que o axônio oferece ao músculo – um produto do número de impulsos e da quantidade de neurotransmissores liberados por impulso. Nesse caso, um axônio que perde em várias sinapses poderia redistribuir seus recursos (por exemplo, vesículas sinápticas) e, portanto, os terminais remanescentes poderiam ser reforçados, com maior chance de vencerem em suas sinapses. De modo recíproco, um axônio que ganha muitas competições poderia ficar com vesículas sinápticas insuficientes para gerar potenciais sinápticos adequados e, por fim, perderia em algumas sinapses. Dessa maneira, o número de fibras musculares inervadas por axônios individualmente poderia variar muito mais entre os axônios do que é de fato observado.

Se a atividade dirige a competição, qual o objeto dessa competição? Uma ideia é que os mecanismos sejam similares àqueles que determinam se os neurônios vivem ou morrem. O músculo poderia produzir uma quantidade limitada de uma substância trófica pela qual os axônios competem. À medida que o ganhador cresce, ele priva os perdedores da sustentação ou ganha força suficiente para armar um ataque que resulte na remoção de seu competidor. Alternativamente, o músculo poderia liberar um fator tóxico ou punitivo. Nesses cenários, embora o músculo contribua com um fator para a competição, o resultado vai depender inteiramente de diferenças entre os axônios. Essas diferenças poderiam ser relacionadas à atividade. Os axônios mais ativos poderiam ser mais capazes de captar o fator trófico ou resistir a uma toxina. Tais interações competitivas positivas e negativas têm sido demonstradas nas sinapses neuromusculares em cultura, mas não *in vivo*.

Ainda assim, o músculo poderia exercer um papel seletivo na eliminação sináptica, mais do que somente proporcionar um sinal amplamente distribuído. Por exemplo, um axônio mais ativo poderia desencadear um sinal da fibra muscular que reforça as interações adesivas na fenda sináptica, enquanto um axônio menos ativo poderia provocar um sinal que enfraquece tais interações.

A complexidade do encéfalo torna problemática a demonstração direta da eliminação sináptica, mas as evidências eletrofisiológicas de diferentes partes do SNC indicam que essa eliminação é generalizada. Nas sinapses dos gânglios motores viscerais e das células de Purkinje no cerebelo, a eliminação sináptica tem sido documentada diretamente, e suas regras são similares àquelas encontradas nas junções neuromusculares. Axônios individuais retiram-se de algumas células pós-sinápticas, enquanto simultaneamente aumentam o tamanho das sinapses que formam com outros neurônios.

Células gliais regulam tanto a formação quanto a eliminação de sinapses

Estudos clássicos da formação e da maturação sináptica concentraram-se, com bastante lógica, nos parceiros pré e pós-sinápticos. Mais recentemente, contudo, tem surgido uma crescente apreciação do papel desempenhado por um terceiro tipo de célula: as células gliais que envolvem os terminais nervosos. As células de Schwann são a glia nas junções neuromusculares, e os astrócitos são a glia nas sinapses centrais. Ambos foram implicados na formação e maturação sinápticas.

As análises mais profundas foram realizadas pelo finado Ben Barres e seus colegas. Eles desenvolveram métodos para cultivar neurônios em meios definidos e na completa ausência de células não neurais. Usando esse sistema, eles descobriram que os neurônios formam poucas sinapses quando cultivados isoladamente, mas muitas quando os astrócitos estão presentes (**Figura 48-20**). Os astrócitos fornecem múltiplos sinais para os neurônios. Alguns, como trombospondina, promovem a maturação pós-sináptica, enquanto outros, como o colesterol, promovem a maturação pré-sináptica.

Outro tipo de célula glial, a microglia, também desempenha papéis críticos. A microglia está relacionada aos macrófagos e aos monócitos de outros tecidos, compartilhando sua capacidade de eliminar células mortas ou restos celulares. Inicialmente, pensou-se que estaria envolvida principalmente na resposta do encéfalo a lesões, mas sabe-se agora que fagocitam terminais sinápticos durante o período de eliminação sináptica. De acordo com suas origens fagocíticas, a microglia utiliza o complexo sistema de fatores do complemento, inicialmente estudados no contexto da imunidade, para determinar os terminais que serão seus alvos; essa determinação é dependente de atividade, fornecendo um possível mecanismo para a eliminação sináptica dependente de atividade (**Figura 48-21**). Uma possibilidade intrigante é que a desregulação da poda sináptica realizada pela microglia contribui para a perda sináptica em doenças neurodegenerativas como a doença de Alzheimer e a esquizofrenia (ver Capítulos 60 e 64).

Os papéis da glia no desenvolvimento sináptico estão apenas começando a ser deslindados, e atribuições de astrócitos e microglia para a formação e eliminação de sinapses são claramente muito redutoras. Esses dois tipos gliais estão envolvidos em ambos os processos, e as células de Schwann podem ter ambos os papéis na junção neuromuscular. Além disso, um complexo conjunto de sinais comunica astrócitos com microglia e neurônios com glia, e todos esses sinais contribuem para o desenvolvimento e estão em risco de sofrerem perturbações em doenças encefálicas.

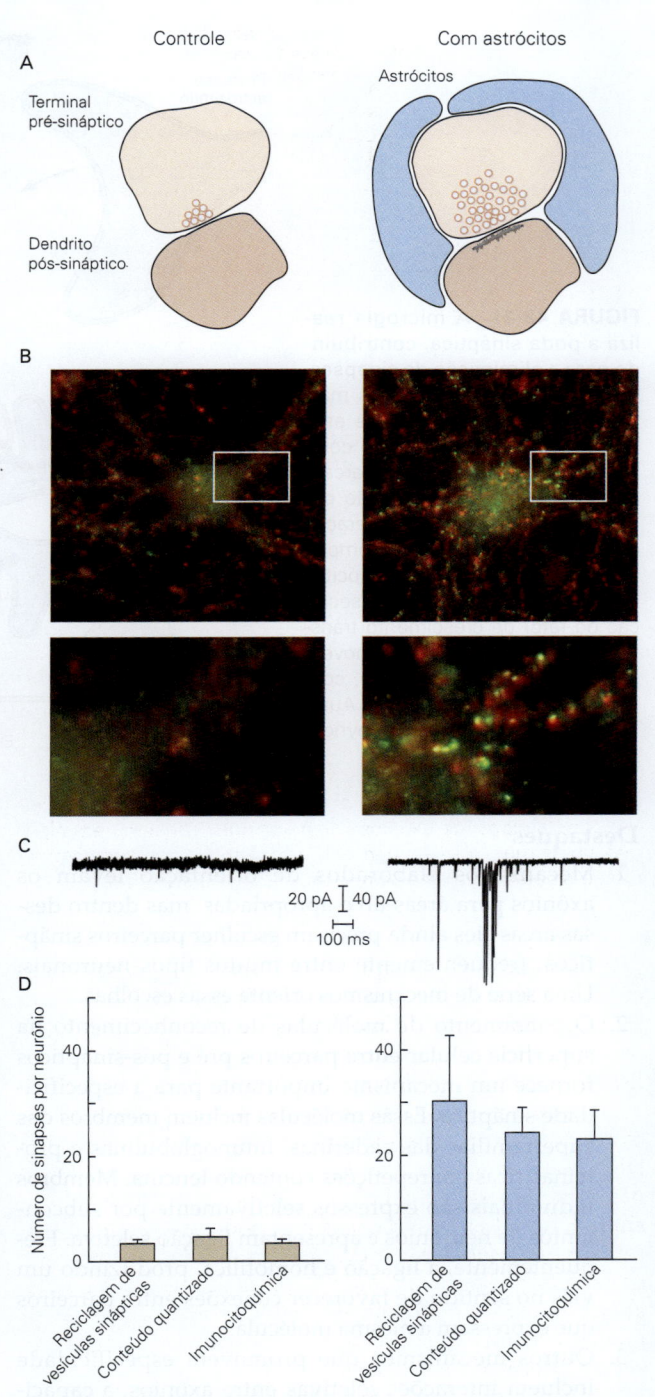

FIGURA 48-20 Sinais dos astrócitos promovem a formação sináptica.
A. Astrócitos promovem a maturação de ambos os elementos da sinapse: pré e pós-sinápticos.
B. Neurônios cultivados com astrócitos formam mais sinapses, de acordo com a medida da expressão das proteínas sinápticas (**pontos amarelos**). (Reproduzida, com autorização, de Ben A. Barres.)
C. Neurônios da retina cultivados com astrócitos formam mais sinapses, como mostrado pelo aumento da liberação de neurotransmissor.
D. A formação de sinapses é aumentada na presença de astrócitos de acordo com três medidas.

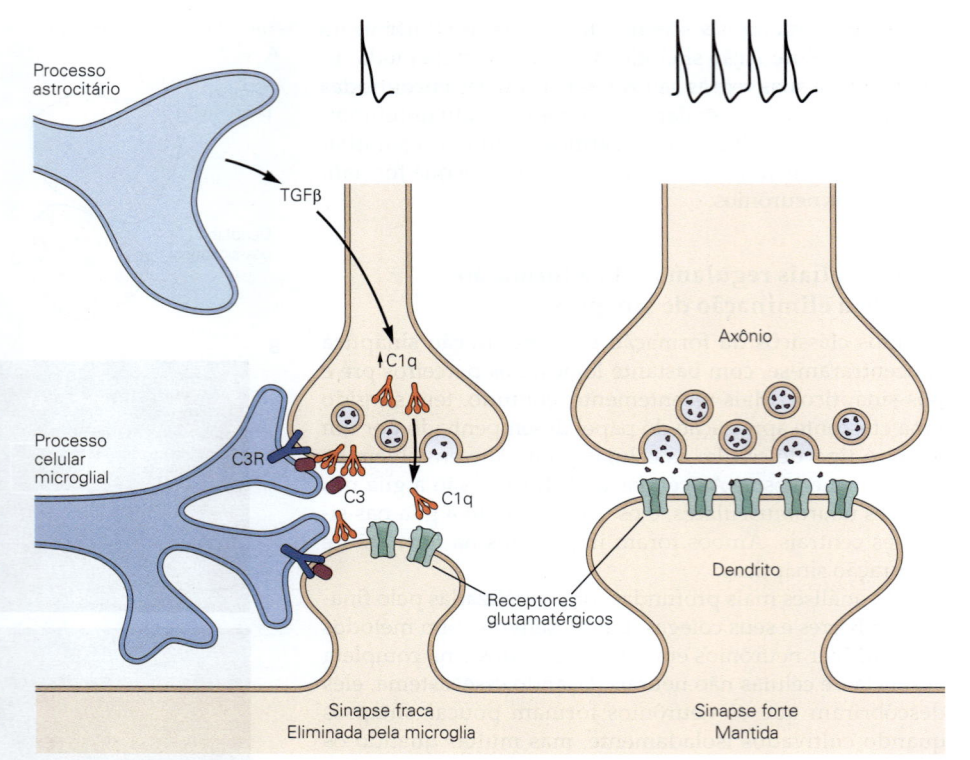

FIGURA 48-21 A microgia realiza a poda sináptica, contribuindo para a eliminação de sinapses. A microglia engolfa sinapses mais fracas. Esse engolfamento é estimulado por componentes do complemento, como C1q, que marca o terminal inativo para remoção por um processo envolvendo interação de C3 com o receptor de complemento C3R, na microglia. Astrócitos desempenham um papel pela secreção do fator de crescimento transformante β (**TGFβ**), que promove a produção de C1q. (Adaptada, com autorização, de Allen, 2014. Autorização transmitida pelo Copyright Clearance Center, Inc.)

Destaques

1. Mecanismos elaborados de orientação levam os axônios para áreas-alvo apropriadas, mas dentro dessas áreas eles ainda precisam escolher parceiros sinápticos, frequentemente entre muitos tipos neuronais. Uma série de mecanismos orienta essas escolhas.
2. O pareamento de moléculas de reconhecimento na superfície celular entre parceiros pré e pós-sinápticos fornece um mecanismo importante para a especificidade sináptica. Essas moléculas incluem membros das superfamílias das caderinas, imunoglobulinas e proteínas ricas em repetições contendo leucina. Membros individuais são expressos seletivamente por subconjuntos de neurônios e apresentam ligação seletiva. Frequentemente, a ligação é homofílica, produzindo um viés no sentido de favorecer conexões entre parceiros que expressam a mesma molécula.
3. Outros mecanismos que promovem especificidade incluem interações seletivas entre axônios, a capacidade de alguns axônios de converter seus alvos nos tipos apropriados e a eliminação seletiva de contatos inapropriados.
4. No momento, ainda não se sabe quantas espécies moleculares são necessárias para conectar circuitos neurais no encéfalo de mamíferos. Por certo tempo, pareceu que a complexidade molecular precisaria ser abordada em função da complexidade dos circuitos, mas é mais provável que umas poucas centenas de moléculas de reconhecimento sejam suficientes, dada sua utilização combinatória, assim como o emprego do mesmo gene em múltiplos momentos e múltiplas regiões.
5. Limitações espaciais que aumentam a especificidade incluem restrições de axônios e dendritos a determinadas lâminas dentro da região alvo – assim restringindo suas escolhas de parceiros – e a restrição de sinapses de determinados tipos a fim de definir domínios na superfície da célula alvo.
6. Alguns mecanismos de especificidade não requerem que os parceiros sejam eletricamente ativos, mas em muitos casos mecanismos dependentes da atividade refinam a especificidade. A atividade pode ser espontânea, dar-se no início do desenvolvimento, ou ser estimulada pela experiência, em estágios posteriores.
7. A junção neuromuscular esquelética, na qual o axônio de um neurônio motor estabelece sinapse com uma fibra muscular, tem sido uma preparação de escolha para estudarem-se os princípios do desenvolvimento sináptico. Um achado importante é o de que são necessárias interações múltiplas entre os parceiros sinápticos para a formação, maturação e manutenção das sinapses.
8. Neurônios motores e fibras musculares podem expressar genes que codificam componentes pré e pós-sinápticos, respectivamente, na ausência um do outro, mas exercem influências profundas sobre os níveis e a distribuição desses componentes em seus parceiros. Assim, sinais entre parceiros sinápticos são melhor vistos como organizadores, e não como indutores.
9. Na junção neuromuscular, uma camada de lâmina basal ocupa a fenda sináptica, entre o terminal do nervo motor e a membrana pós-sináptica. Nervo e músculo

secretam moléculas de sinalização na fenda, onde se tornam estabilizadas e organizam a diferenciação.
10. Um organizador-chave da diferenciação pós-sináptica, que é derivado do nervo, é a agrina. Ela atua por meio de receptores MuSK e LRP4 para agrupar receptores colinérgicos e outros componentes pós-sinápticos sob o terminal nervoso. A atividade evocada pelo nervo também afeta a diferenciação pós-sináptica pela modulação da expressão de componentes pós-sinápticos. Organizadores-chave da diferenciação pré-sináptica que são derivados do músculo incluem membros das famílias da laminina e do fator de crescimento de fibroblastos.
11. Sinapses centrais desenvolvem-se de maneiras similares àquelas descobertas para a junção neuromuscular. Muitos organizadores sinápticos centrais foram descobertos, incluindo neuroliginas, neurexinas, proteína-tirosina-fosfatases, proteínas ricas em repetições de leucina e numerosas outras.
12. Muitas das sinapses que se formam inicialmente, tanto no sistema nervoso central quanto no periférico, são subsequentemente eliminadas, geralmente por mecanismos de competição dependentes de atividade. A consequência é que, na medida em que os circuitos amadurecem, o número de sinapses que um neurônio recebe pode diminuir drasticamente, mas o tamanho e a força das sinapses remanescentes aumenta ainda mais drasticamente.
13. Juntamente com os parceiros pré e pós-sinápticos, células gliais desempenham papéis-chave nas sinapses. Em especial, tanto astrócitos quanto células da microglia trocam sinais com parceiros da sinapse em desenvolvimento, contribuindo para a formação, maturação, manutenção e eliminação da sinapse.

Joshua R. Sanes

Leituras selecionadas

Allen NJ, Lyons DA. 2018. Glia as architects of central nervous system formation and function. Science 362:181–185.
Baier H. 2013. Synaptic laminae in the visual system: molecular mechanisms forming layers of perception. Annu Rev Cell Dev Biol 29:385–416.
Darabid H, Perez-Gonzalez AP, Robitaille R. 2014. Neuromuscular synaptogenesis: coordinating partners with multiple functions. Nat Rev Neurosci 15:703–718.
Hirano S, Takeichi M. 2012. Cadherins in brain morphogenesis and wiring. Physiol Rev 92:597–634.
Krueger-Burg D, Papadopoulos T, Brose N. 2017. Organizers of inhibitory synapses come of age. Curr Opin Neurobiol 45:66–77.
Nishizumi H, Sakano H. 2015. Developmental regulation of neural map formation in the mouse olfactory system. Dev Neurobiol 75:594–607.
Südhof TC. 2017. Synaptic neurexin complexes: a molecular code for the logic of neural circuits. Cell 171:745–769.
Takahashi H, Craig AM. 2013. Protein tyrosine phosphatases PTPδ, PTPσ, and LAR: presynaptic hubs for synapse organization. Trends Neurosci 36:522–534.
Thion MS, Ginhoux F, Garel S. 2018. Microglia and early brain development: an intimate journey. Science 362:185–189.
Yogev S, Shen K. 2014. Cellular and molecular mechanisms of synaptic specificity. Annu Rev Cell Dev Biol 30:417–437.

Referências

Allen NJ. 2014. Astrocyte regulation of synaptic behavior. Annu Rev Cell Dev Biol. 30:439–463.
Anderson, MJ, Cohen MW. 1977. Nerve-induced and spontaneous redistribution of acetylcholine receptors on cultured muscle cells. J Physiol 268:757–773.
Ango F, di Cristo G, Higashiyama H, Bennett V, Wu P, Huang ZJ. 2004. Ankyrin-based subcellular gradient of neurofascin, an immunoglobulin family protein, directs GABAergic innervation at Purkinje axon initial segment. Cell 119:257–272.
Buller AJ, Eccles JC, Eccles RM. 1960. Interactions between motoneurons and muscles in respect of the characteristic speeds of their responses. J Physiol 150:417–439.
Burden SJ, Sargent PB, McMahan UJ. 1979. Acetylcholine receptors in regenerating muscle accumulate at original synaptic sites in the absence of the nerve. J Cell Biol 82:412–425.
Christopherson KS, Ullian EM, Stokes CC, et al. 2005. Thrombospondins are astrocyte-secreted proteins that promote CNS synaptogenesis. Cell 120:421–433.
DeChiara TM, Bowen DC, Valenzuela DM, et al. 1996. The receptor tyrosine kinase MuSK is required for neuromuscular junction formation in vivo. Cell 85:501–512.
Duan X, Krishnaswamy A, De la Huerta I, Sanes JR. 2014. Type II cadherins guide assembly of a direction-selective retinal circuit. Cell 158:793–807.
Feng G, Tintrup H, Kirsch J, et al. 1998. Dual requirement for gephyrin in glycine receptor clustering and molybdoenzyme activity. Science 282:1321–1324.
Fox MA, Sanes JR, Borza DB, et al. 2007. Distinct target-derived signals organize formation, maturation, and maintenance of motor nerve terminals. Cell 129:179–193.
Gautam M, Noakes PG, Moscoso L, et al. 1996. Defective neuromuscular synaptogenesis in agrin-deficient mutant mice. Cell 85:525–535.
Glicksman MA, Sanes JR. 1983. Differentiation of motor nerve terminals formed in the absence of muscle fibres. J Neurocytol 12:661–671.
Graf ER, Zhang X, Jin SX, Linhoff MW, Craig AM. 2004. Neurexins induce differentiation of GABA and glutamate postsynaptic specializations via neuroligins. Cell 119:1013–1026.
Hall ZW, Sanes JR. 1993. Synaptic structure and development: the neuromuscular junction. Cell 72:99–121. Suppl.
Huang ZJ. 2006. Subcellular organization of GABAergic synapses: role of ankyrins and L1 cell adhesion molecules. Nat Neurosci 9:163–166.
Imai T, Suzuki M, Sakano H. 2006. Odorant receptor-derived cAMP signals direct axonal targeting. Science 314:657–661.
Krishnaswamy A, Yamagata M, Duan X, Hong YK, Sanes JR. 2015. Sidekick 2 directs formation of a retinal circuit that detects differential motion. Nature 2524:466–470.
Lupa MT, Gordon H, Hall ZW. 1990. A specific effect of muscle cells on the distribution of presynaptic proteins in neurites and its absence in a C2 muscle cell variant. Dev Biol 142:31–43.
Misgeld T, Kummer TT, Lichtman JW, Sanes JR. 2005. Agrin promotes synaptic differentiation by counteracting an inhibitory effect of neurotransmitter. Proc Natl Acad Sci U S A 102:11088–11093.
Nishimune H, Sanes JR, Carlson SS. 2004. A synaptic laminin-calcium channel interaction organizes active zones in motor nerve terminals. Nature 432:580–587.
Nja A, Purves D. 1977. Re-innervation of guinea-pig superior cervical ganglion cells by preganglionic fibres arising from different levels of the spinal cord. J Physiol 272:633–651.

Noakes PG, Gautam M, Mudd J, Sanes JR, Merlie JP. 1995. Aberrant differentiation of neuromuscular junctions in mice lacking s-laminin/laminin beta 2. Nature 374:258–262.

Salmons S, Sreter FA. 1976. Significance of impulse activity in the transformation of skeletal muscle type. Nature 263:30–34.

Sanes JR, Lichtman JW. 2001. Induction, assembly, maturation and maintenance of a postsynaptic apparatus. Nat Rev Neurosci 2:791–805.

Sanes JR, Yamagata M. 2009. Many paths to synaptic specificity. Annu Rev Cell Dev Biol 25:161–195.

Schafer DP, Lehrman EK, Kautzman AG, et al. 2012. Microglia sculpt postnatal neural circuits in an activity and complement-dependent manner. Neuron 74:691–705.

Scheiffele P, Fan J, Choih J, Fetter R, Serafini T. 2000. Neuroligin expressed in nonneuronal cells triggers presynaptic development in contacting axons. Cell 101:657–669.

Serizawa S, Miyamichi K, Takeuchi H, Yamagishi Y, Suzuki M, Sakano H. 2006. A neuronal identity code for the odorant receptor-specific and activity-dependent axon sorting. Cell 127:1057–1069.

Terauchi A, Johnson-Venkatesh EM, Toth AB, Javed D, Sutton MA, Umemori H. 2010. Distinct FGFs promote differentiation of excitatory and inhibitory synapses. Nature 465:783–787.

Uezu A, Kanak DJ, Bradshaw TW, et al. 2016. Identification of an elaborate complex mediating postsynaptic inhibition. Science 353:1123–1129.

Vaughn JE. 1989. Fine structure of synaptogenesis in the vertebrate central nervous system. Synapse 3:255–285.

Yamagata M, Sanes JR. 2012. Expanding the Ig superfamily code for laminar specificity in retina: expression and role of contactins. J Neurosci 32:14402–14414.

Yumoto N, Kim N, Burden SJ. 2012. Lrp4 is a retrograde signal for presynaptic differentiation at neuromuscular synapses. Nature 489:438–442.

49

Experiência e o refinamento de conexões sinápticas

O desenvolvimento das funções mentais humanas é influenciado pela experiência precoce

    A experiência precoce tem efeitos de longo prazo sobre os comportamentos sociais

    O desenvolvimento da percepção visual requer experiência visual

O desenvolvimento de circuitos binoculares no córtex visual depende da atividade pós-natal

    A experiência visual afeta a estrutura e a função do córtex visual

    Padrões de atividade elétrica organizam os circuitos binoculares

A reorganização dos circuitos visuais durante um período crítico envolve alterações nas conexões sinápticas

    A reorganização cortical depende de alterações tanto excitatórias quanto inibitórias

    Estruturas sinápticas são alteradas durante o período crítico

    Aferências talâmicas são remodeladas durante o período crítico

    A estabilização sináptica contribui para o encerramento do período crítico

A atividade neural espontânea independente da experiência leva a um refinamento precoce dos circuitos

O refinamento dependente de atividade das conexões é uma característica geral dos circuitos no encéfalo

    Muitos aspectos do desenvolvimento do sistema visual são dependentes de atividade

    As modalidades sensoriais são coordenadas durante um período crítico

    Diferentes funções e diferentes regiões encefálicas têm períodos críticos distintos durante o desenvolvimento

Períodos críticos podem ser reativados na idade adulta

    Mapas visuais e auditivos podem ser alinhados em adultos

    Circuitos binoculares podem ser remodelados em adultos

Destaques

O SISTEMA NERVOSO HUMANO É FUNCIONAL ao nascimento – bebês recém-nascidos podem ver, ouvir, respirar e mamar. As capacidades dos bebês humanos, no entanto, são bastante rudimentares quando comparadas às de outras espécies. Um filhote de antílope pode ficar em pé e correr dentro de minutos após o nascimento, e muitas aves podem voar logo após eclodirem de seus ovos. Em contrapartida, um bebê humano não consegue erguer sua cabeça até os 2 meses de idade, não consegue levar alimentos à boca até os 6 meses, e não consegue sobreviver sem o cuidado dos pais por uma década.

Qual a explicação para o retardo na maturação das capacidades motoras, de percepção e cognitivas humanas? Um fator importante é que a conectividade do sistema nervoso durante o período embrionário, discutida do Capítulo 45 ao 48, é apenas um "esboço rudimentar" dos circuitos neurais que existem no humano adulto. Os circuitos embrionários são refinados pela estimulação sensorial – as experiências. Essa sequência em duas partes – a conectividade determinada geneticamente, seguida pela reorganização dependente da experiência – é uma característica comum do desenvolvimento neural dos mamíferos, nos humanos, contudo, a segunda fase é especialmente prolongada.

À primeira vista, esse retardo no desenvolvimento neural humano pode parecer uma disfunção. Embora tenha seu preço, essa especificidade também fornece uma vantagem. Uma vez que as capacidades mentais humanas são modeladas principalmente pela experiência, cada ser humano tem a capacidade de adequar seu sistema nervoso a seu corpo e ambiente específicos. Tem sido argumentado que não é apenas o tamanho do encéfalo humano, mas sim o fato de sua maturação ser dependente da experiência, o que torna as capacidades mentais humanas superiores àquelas de outras espécies.

A plasticidade do sistema nervoso em resposta à experiência preserva-se ao longo da vida. Ainda assim, existem períodos de maior suscetibilidade a modificações, conhecidos como *períodos sensíveis*, que ocorrem em momentos específicos do desenvolvimento. Em alguns casos, os efeitos adversos de privação ou de experiências atípicas em períodos delimitados no início da vida não podem ser facilmente revertidos pela exposição a situações que levem a experiências apropriadas em uma idade posterior. Tais períodos são chamados de *períodos críticos*. Como será visto, novas descobertas estão tornando indistintas as diferenças entre períodos sensíveis e períodos críticos, de modo que aqui será usado o termo "período crítico" referindo-se a ambos.

Observações comportamentais têm ajudado na observação dos períodos críticos. A impressão (*imprinting*), uma forma de aprendizado em aves, ilustra de modo admirável um comportamento estabelecido durante um período crítico e que perdura no decorrer da vida. Logo após a eclosão dos ovos, as aves tornam-se ligadas de forma indelével (impressa) ao primeiro objeto móvel em seu ambiente e passam a segui-lo. Tipicamente, esse objeto é a mãe, mas pode ser um pesquisador que esteja próximo a um pinto recém-nascido. O processo de impressão é importante para a proteção desses filhotes. Embora essa ligação seja persistente e rapidamente adquirida, a impressão só pode ocorrer durante um período crítico, logo após a eclosão dos ovos – em algumas espécies, apenas durante algumas poucas horas.

Em humanos, períodos críticos são evidenciados no modo como as crianças adquirem as capacidades de perceber o mundo ao seu redor, aprender uma linguagem ou formar relações sociais. Uma criança de cinco anos pode aprender uma segunda língua de maneira rápida e sem esforço, enquanto um adolescente de 15 anos pode tornar-se fluente, mas provavelmente terá sotaque ao falar durante toda a vida, mesmo que viva em outro país até os 90 anos. Do mesmo modo, crianças submetidas ao procedimento de implante coclear durante os primeiros 3 a 4 anos de vida geralmente adquirem e compreendem bem a língua falada, enquanto que nem produção nem compreensão da linguagem serão normais caso o implante ocorra em períodos mais tardios. Tais períodos críticos demonstram que o desenvolvimento neural dependente da experiência se concentra no início da vida pós-natal, embora não esteja confinado a esse período.

Este capítulo inicia com uma análise das evidências de que experiências precoces definem um espectro de capacidades mentais humanas, da capacidade de compreender aquilo que é visualizado à capacidade de estabelecer interações sociais adequadas. As bases neurais desses efeitos da experiência foram analisadas em diversas partes dos encéfalos de animais experimentais, incluindo os sistemas auditivo, somatossensorial, motor e visual. Aqui, ao invés de inspecionarem-se múltiplos sistemas, será tomado como foco basicamente o sistema visual, pois pesquisas nesse sistema forneceram uma compreensão particularmente rica de como a experiência determina a circuitaria neural. Será visto que a experiência é necessária para refinar padrões de conexões sinápticas e para que esses padrões se estabilizem, uma vez formados. Por fim, serão consideradas as evidências recentes de que os períodos críticos, em muitos sistemas, são menos restritivos do que se acreditava e que, em alguns casos, podem ser prolongados, ou mesmo "reabertos".

Há muitas consequências práticas em se compreender os períodos críticos na infância e o grau em que podem ser reabertos na idade adulta. Primeiro, boa parte da política educacional baseia-se na ideia de que a experiência precoce é crucial; assim, é importante saber exatamente quando determinada forma de enriquecimento ambiental será mais benéfica. Segundo, o tratamento médico de muitas condições na infância, como a catarata congênita ou a surdez, agora tem como base a ideia de que intervenções precoces são imperativas para evitar deficiências duradouras. Terceiro, há uma suspeita crescente de que alguns transtornos comportamentais, como o autismo, possam ser causados pela reorganização prejudicada dos circuitos neurais durante períodos críticos. Finalmente, a possibilidade de reabertura dos períodos críticos na idade adulta está levando a novas abordagens terapêuticas para lesões do sistema nervoso, como acidentes vasculares encefálicos, os quais anteriormente acreditava-se terem consequências irreversíveis.

O desenvolvimento das funções mentais humanas é influenciado pela experiência precoce

A experiência precoce tem efeitos de longo prazo sobre os comportamentos sociais

Uma das primeiras indicações de que experiências precoces, sociais ou de percepção, apresentam consequências irreversíveis para o desenvolvimento humano veio de estudos com crianças que haviam sido privadas dessas experiências no início da vida. Alguns casos raros de crianças abandonadas em um ambiente selvagem e que posteriormente retornaram à sociedade humana foram estudados. Como se poderia esperar, essas crianças mostravam desajustes sociais, mas, surpreendentemente, esses desajustes persistiam ao longo de toda a vida.

Na década de 1940, o psicanalista René Spitz forneceu evidências mais sistemáticas de que interações com outros seres humanos no início da vida são essenciais para o desenvolvimento social normal. Spitz comparou o desenvolvimento de bebês criados em um orfanato com o desenvolvimento de bebês criados em uma creche ligada a um presídio feminino. Ambas as instituições eram limpas e forneciam alimentos e cuidados médicos adequados. Os bebês na creche da prisão eram cuidados por suas mães, que, embora presas e removidas de suas famílias, tendiam a demonstrar afeição por seus bebês, no período de tempo limitado que podiam dedicar a eles diariamente. Já os bebês no orfanato eram cuidados por babás, cada uma delas responsável por diversos bebês. Como resultado, as crianças no orfanato tinham muito menos contato com outros seres humanos do que aquelas na creche da prisão.

As duas instituições também diferiam em outro aspecto. Na creche da prisão, os berços eram abertos, de modo que os bebês podiam facilmente observar outras atividades no pátio; podiam ver outros bebês brincarem e observar os funcionários trabalhando. No orfanato, as barras dos berços eram cobertas por colchas, que impediam que os bebês observassem o ambiente. Na realidade, os bebês do orfanato estavam vivendo em condições de grave privação sensorial e social.

Bebês de ambas instituições foram acompanhados em seus primeiros anos de vida. No final de quatro meses, os bebês do orfanato apresentavam melhor desempenho em diferentes testes de desenvolvimento em comparação àqueles da creche do presídio, sugerindo que fatores intrínsecos não favoreciam os bebês nesta última instituição. No final do primeiro ano, porém, o desempenho motor e intelectual das crianças do orfanato apresentava-se bastante abaixo daquele das crianças da creche do presídio. Muitas das crianças do orfanato desenvolveram uma síndrome que Spitz denominou *hospitalismo*, agora frequentemente denominada *depressão anaclítica*. Essas crianças eram introvertidas e mostravam pouca curiosidade ou divertimento. Além disso, suas deficiências estendiam-se para além da capacidade emocional e cognitiva. Eram especialmente suscetíveis a infecções, sugerindo que o encéfalo exerce controle complexo sobre o sistema imunológico, assim como sobre o comportamento. Em seus segundo e terceiro anos, as crianças da creche do presídio eram semelhantes a crianças criadas por famílias normais em suas casas – eram ágeis, tinham um vocabulário de centenas de palavras e falavam empregando sentenças. Em contrapartida, o desenvolvimento das crianças do orfanato estava ainda mais retardado – muitas eram incapazes de caminhar ou falar mais que umas poucas palavras.

Estudos mais recentes, com outras crianças que sofreram privações semelhantes, confirmaram essas conclusões, e mostraram que tais deficiências são de longa duração. Estudos longitudinais de órfãos criados por diversos anos em instituições bastante impessoais, com pouco ou nenhum cuidado pessoal, e então adotados por famílias carinhosas têm sido especialmente esclarecedores. Apesar de todos os esforços dos pais adotivos, muitas das crianças foram incapazes de desenvolver relações adequadas e carinhosas com membros da família ou com seus pares (**Figura 49-1A**). Estudos mais recentes de exames de imagem têm revelado deficiências na estrutura encefálica que se correlacionam a essa privação e que provavelmente se devem a ela (**Figura 49-1B**).

Por mais instigantes que sejam essas observações, é difícil chegar a conclusões definitivas. Um conjunto influente de estudos que estende a análise do comportamento social para os macacos foi desenvolvido na década de 1960 por dois psicólogos, Harry e Margaret Harlow. Eles criaram macacos recém-nascidos em isolamento durante seis a doze meses, privando-os do contato com suas mães, com outros macacos ou com humanos. No final desse período, os macacos eram fisicamente saudáveis, mas completamente alterados quanto a seu comportamento. Eles se agachavam em um canto da jaula e balançavam-se para a frente e para trás como crianças autistas (**Figura 49-1C**), não interagiam com

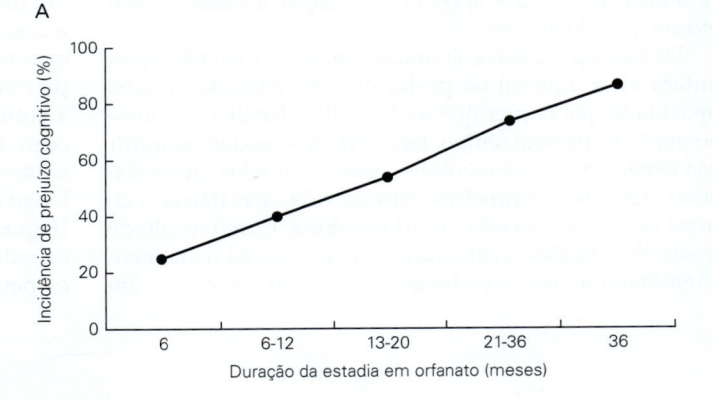

FIGURA 49-1 A privação social precoce tem um impacto profundo sobre a estrutura encefálica e o comportamento posteriormente.

A. A disfunção neurocognitiva é evidente em crianças criadas sob condições de privação social em orfanatos. A incidência de prejuízo cognitivo aumenta com a duração da estadia no orfanato. (Adaptada de Behen et al., 2008.)

B. Varreduras de difusão usando imageamento por ressonância magnética (IRM) mostram um fascículo uncinado (**região vermelha**) bem desenvolvido e robusto em uma criança normal (*à esquerda*), enquanto, em uma criança socialmente privada (*à direita*), ele é fino e pouco organizado. (Reproduzida, com autorização, de Eluvathingal et al., 2006. Copyright © 2006 AAP.)

C. As interações sociais no início da vida têm impacto sobre padrões de comportamento social posteriormente. Macacos criados na presença de seus irmãos adquirem habilidades sociais que permitem interações eficientes mais tarde em suas vidas (*à esquerda*). Um macaco criado em isolamento nunca adquire a capacidade de interagir com outros, permanecendo excluído e isolado mais tarde na vida (*à direita*). (Fonte: Harry F. Harlow. Utilizada com autorização.)

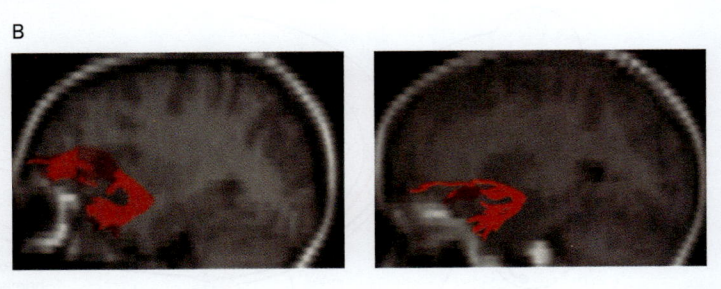

outros macacos, não lutavam, brincavam ou mostravam qualquer interesse sexual. Assim, um período de seis meses de isolamento social durante os 18 primeiros meses de vida produziu distúrbios persistentes e sérios no comportamento. Em comparação, o isolamento de um animal mais velho por um período comparável não apresentou consequências tão drásticas. Esses resultados confirmaram, em condições controladas, a influência crítica da experiência precoce no comportamento posterior na vida. Por razões éticas, esses estudos não seriam possíveis atualmente.

O desenvolvimento da percepção visual requer experiência visual

A dramática dependência de experiência que o encéfalo demonstra e a capacidade dessa experiência de modificar a percepção são evidentes em pessoas que nascem com catarata. Cataratas são opacidades do cristalino que interferem na óptica do olho, mas não interferem diretamente no sistema nervoso, sendo facilmente removidas por cirurgia. Na década de 1930, tornou-se evidente que pacientes que haviam tido catarata binocular congênita removida após os dez anos apresentavam deficiências permanentes na acuidade visual e tinham dificuldade na percepção de formas. Em contraste, quando a catarata se desenvolve em adultos e é removida décadas após sua formação, a visão normal retorna imediatamente.

Da mesma maneira, crianças com *estrabismo* não apresentam visão normal de profundidade (*estereopsia*), uma capacidade que requer que os dois olhos focalizem o mesmo ponto ao mesmo tempo. Essas crianças podem adquirir essa capacidade se seus olhos forem alinhados cirurgicamente durante os primeiros anos de vida, mas não se a cirurgia ocorrer mais tarde, na adolescência. Como resultado dessas observações, a catarata congênita é agora usualmente removida no início da infância, assim como ocorre com a correção cirúrgica do estrabismo. Ao longo das últimas cinco décadas, os pesquisadores têm elucidado as bases estruturais e fisiológicas desses períodos críticos.

O desenvolvimento de circuitos binoculares no córtex visual depende da atividade pós-natal

Uma vez que a percepção sensorial do mundo é transformada em padrões de atividade elétrica no encéfalo, poder-se-ia imaginar que sinais elétricos nos circuitos neurais afetam os circuitos encefálicos. Mas isso é verdade? E se for, quais alterações ocorrem, e como a atividade dispara tais alterações?

A compreensão mais detalhada que se tem dessas ligações vem de estudos dos circuitos neurais que medeiam a visão binocular. Pesquisas importantes nas primeiras fases desse trabalho foram realizadas por David Hubel e Torsten Wiesel. Após seus estudos pioneiros acerca da organização estrutural e funcional do córtex visual em gatos e em macacos (Capítulo 23), eles empreenderam outro conjunto de estudos sobre a maneira como a experiência afeta os circuitos que haviam delineado.

A experiência visual afeta a estrutura e a função do córtex visual

Em um estudo muito influente, Hubel e Wiesel criaram um macaco desde o seu nascimento até os seis meses de idade com uma pálpebra suturada para manter o olho fechado, privando assim o animal da visão naquele olho. Quando a sutura foi removida, tornou-se claro que o animal era cego daquele olho, uma condição chamada *ambliopia*. Eles então realizaram registros eletrofisiológicos de células ao longo da via visual para determinar onde residia o defeito (**Figura 49-2**). Descobriram, então, que células ganglionares da retina no olho privado de experiência visual, assim como os neurônios no núcleo geniculado lateral, que recebem

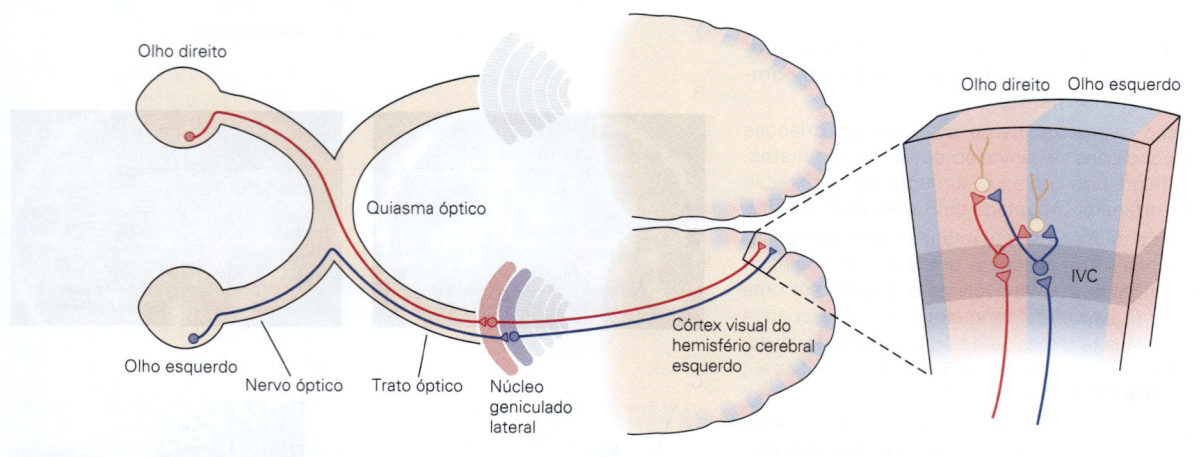

FIGURA 49-2 Vias aferentes originadas nos dois olhos projetam-se para colunas discretas de neurônios no córtex visual. Neurônios ganglionares da retina em cada olho enviam axônios para camadas separadas no núcleo geniculado lateral. Os axônios de neurônios nesse núcleo projetam-se para neurônios na camada IVC do córtex visual primário, que está organizado em conjuntos alternados de colunas de dominância ocular; cada coluna recebe sinais de apenas um olho. Os axônios dos neurônios da camada IVC projetam-se para neurônios em colunas adjacentes, assim como para neurônios em camadas acima e abaixo na mesma coluna. Como resultado, a maioria dos neurônios nas camadas superiores e inferiores do córtex recebe informações de ambos os olhos.

aferências do olho privado, respondiam bem aos estímulos visuais e tinham campos receptivos essencialmente normais.

Em contrapartida, células no córtex visual apresentavam-se fundamentalmente alteradas. No córtex de animais normais, a maior parte dos neurônios responde a sinais de entrada binoculares. Nos animais que haviam sido privados monocularmente pelos primeiros seis meses, a maioria dos neurônios corticais não respondia a sinais originários do olho privado (**Figura 49-3**). As poucas células corticais capazes de responder não eram suficientes para a percepção visual. O olho privado não apenas havia perdido sua capacidade de estimular a maioria dos neurônios corticais como também apresentava pouquíssima recuperação. Essa perda era permanente e irreversível.

Hubel e Wiesel seguiram o estudo, testando os efeitos da privação visual imposta durante períodos mais curtos e em diferentes idades. Eles obtiveram três tipos de resultados, dependendo do momento da privação e de sua duração. Primeiro, privações monoculares por umas poucas semanas logo após o nascimento levaram à perda das respostas corticais para o olho privado, sendo essa perda reversível após o olho ser reaberto, em especial se o olho oposto era então fechado, estimulando-se o uso do olho inicialmente privado. Segundo, a privação monocular por umas poucas semanas durante os meses seguintes também resultou em perda substancial das respostas corticais a sinais originários do olho privado, mas, nesse caso, os efeitos eram irreversíveis. Finalmente, a privação nos adultos, mesmo por períodos de muitos meses, não teve efeito sobre as respostas das células corticais a sinais originários do olho privado ou sobre a percepção visual. Esses resultados demonstraram que as conexões corticais que controlam a percepção visual são estabelecidas durante um período crítico, no início do desenvolvimento.

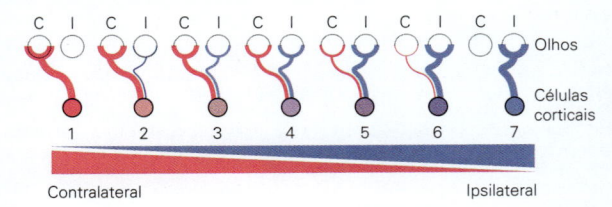

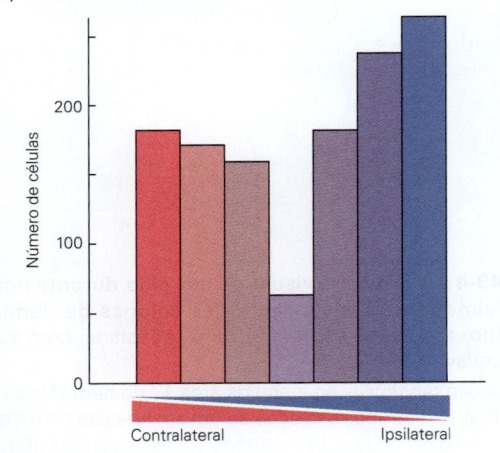

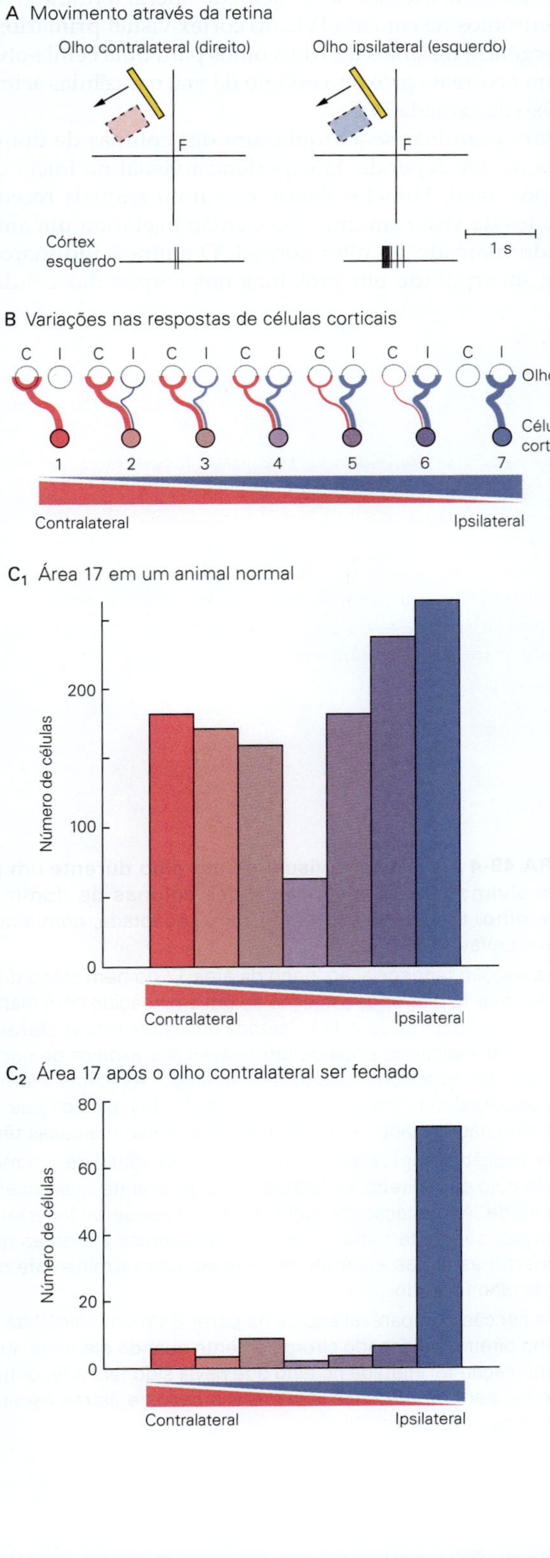

FIGURA 49-3 Respostas de neurônios no córtex visual primário de um macaco a estímulos visuais. (Adaptada de Hubel e Wiesel, 1977.)

A. Uma barra luminosa diagonal é movimentada para a esquerda ao longo do campo visual, atravessando campos receptivos de uma célula que responde binocularmente na área 17 do córtex visual. Os campos receptivos medidos através do olho direito e do olho esquerdo estão desenhados separadamente. Os campos receptivos das duas células são semelhantes em orientação, posição, forma e tamanho e respondem à mesma forma do estímulo. Registros (parte de baixo) mostram que o neurônio cortical responde mais efetivamente aos sinais de entrada vindos do olho ipsilateral. (Sigla: F, ponto de fixação).

B. As respostas de neurônios corticais individuais na área 17 podem ser classificadas em sete grupos. Os neurônios que recebem sinais apenas do olho contralateral (C) ficam no grupo 1, enquanto os neurônios que recebem sinais apenas do olho ipsilateral (I) ficam no grupo 7. Outros neurônios recebem sinais de entrada de ambos os olhos, mas os sinais de um olho podem influenciar o neurônio muito mais que os sinais do outro olho (grupos 2 e 6), ou a diferença entre eles pode ser muito pequena (grupos 3 e 5). Alguns neurônios respondem igualmente a sinais de ambos os olhos (grupo 4). De acordo com esses critérios, o neurônio cortical mostrado na parte A situa-se no grupo 6.

C. A capacidade de resposta de neurônios na área 17 à estimulação de um ou de outro olho. **1.** Respostas de mais de mil neurônios na área 17 do hemisfério esquerdo em macacos normais, adultos e jovens. Neurônios na camada IV que normalmente recebem apenas sinais monoculares foram excluídos. **2.** Respostas de neurônios no hemisfério esquerdo de um macaco cujo olho contralateral (direito) foi suturado desde as 2 semanas até os 18 meses de idade, sendo depois reaberto. A maioria dos neurônios responde apenas à estimulação do olho ipsilateral.

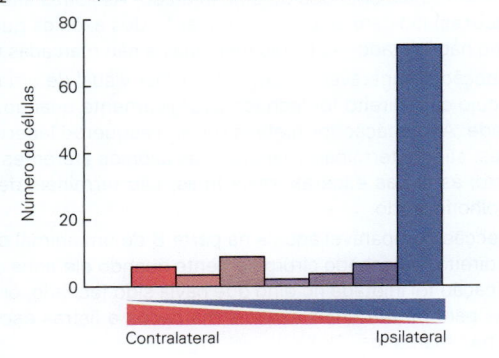

Há correlatos anatômicos dessas deficiências funcionais? Para responder a essa questão, é preciso recordar três fatos básicos acerca da anatomia do córtex visual (**Figura 49-2**). Primeiro, sinais de entrada originários dos dois olhos permanecem segregados no núcleo geniculado lateral. Segundo, os sinais que saem do geniculado carregando informações dos dois olhos para o córtex terminam em colunas alternadas, denominadas *colunas de dominância ocular*. Terceiro, axônios do geniculado lateral terminam sobre neurônios na camada IVC do córtex visual primário; a convergência de sinais dos dois olhos para uma célula-alvo comum ocorre no próximo estágio da via, nas células acima e abaixo da camada IVC.

Para examinar se a arquitetura das colunas de dominância ocular depende da experiência visual no início da vida pós-natal, Hubel e Wiesel privaram animais recém-nascidos da visão em um olho e então injetaram um aminoácido marcado no olho normal. O aminoácido marcado foi incorporado em proteínas nos corpos das células ganglionares da retina, transportado ao longo dos axônios até o núcleo geniculado lateral, transferido para neurônios do geniculado e então transportado para terminais sinápticos desses axônios no córtex visual primário. Após o fechamento de um olho, o arranjo colunar dos terminais sinápticos que retransmitiam sinais originários do olho privado foi reduzido, enquanto o arranjo colunar dos terminais retransmitindo sinais do olho normal foi expandido (**Figura 49-4**). Assim, a privação sensorial no início da vida altera a estrutura do córtex cerebral.

Como ocorrem essas notáveis alterações anatômicas? A privação sensorial altera as colunas de dominância ocular após terem sido estabelecidas ou interfere na sua formação? Uma organização colunar do córtex visual já é evidenciada em macacos ao nascimento, embora o padrão maduro dessa organização não seja alcançado até diversas semanas após o nascimento (**Figura 49-5**). Apenas nesse momento, os terminais das fibras do núcleo geniculado lateral tornam-se completamente segregados no córtex. Uma vez que

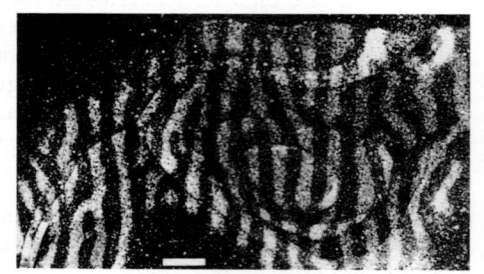

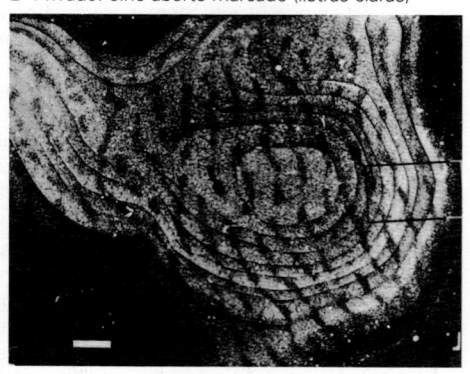

FIGURA 49-4 A privação visual de um olho durante um período crítico do desenvolvimento reduz a largura das colunas de dominância ocular para aquele olho. (Barras de escala = 1 mm) (Adaptada, com autorização, de Hubel, Wiesel e LeVay, 1977.)

A. Uma secção tangencial ao longo da área 17 do hemisfério direito de um macaco adulto normal 10 dias após a injeção de um aminoácido com marcação radioativa em um olho. A radioatividade está localizada em listras (**áreas claras**) na camada IVC do córtex visual, indicando sítios de terminação dos axônios do núcleo geniculado lateral que enviam sinais oriundos do olho injetado. As listras alternadas não marcadas (**áreas escuras**) indicam sítios de terminação dos axônios que trazem sinais oriundos do olho não injetado. As listras marcadas e não marcadas têm a mesma largura.

B. Uma secção comparável ao longo do córtex visual de um macaco de 18 meses de idade cujo olho direito foi fechado cirurgicamente quando ele tinha duas semanas de idade. A marcação foi injetada no olho esquerdo (aberto). As listras brancas, mais largas, são os terminais marcados de axônios aferentes que trazem sinais do olho aberto; as listras escuras, mais finas, são terminais de axônios que trazem sinais do olho fechado.

C. Uma secção comparável àquela na parte B de um animal de 18 meses de idade cujo olho direito foi fechado cirurgicamente quando ele tinha duas semanas de idade. A marcação foi injetada no olho que havia sido fechado, originando listras claras e estreitas para os terminais axonais marcados e listras escuras e largas para os terminais não marcados.

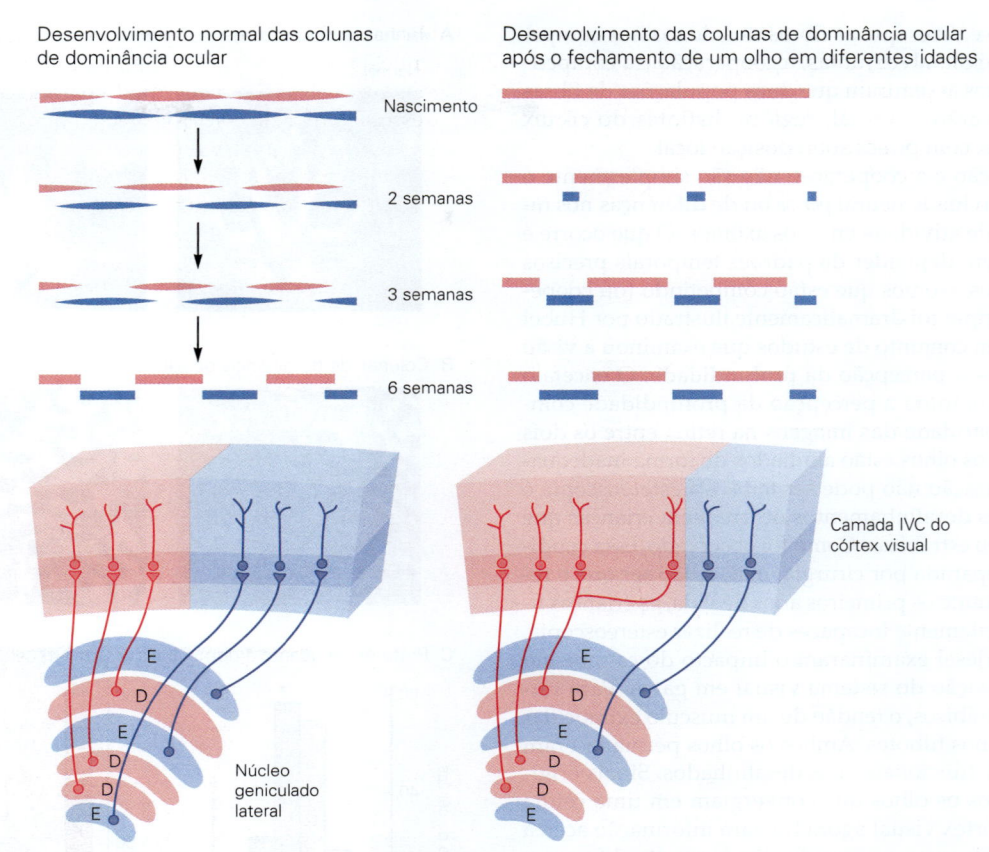

FIGURA 49-5 Efeitos do fechamento de um olho na formação das colunas de dominância ocular. Os diagramas na parte superior da figura mostram a segregação gradual dos terminais dos aferentes vindos do núcleo geniculado lateral na camada IVC do córtex visual em condições normais (*à esquerda*), e quando um olho é privado de estimulação (*à direita*). **Domínios azuis** representam as áreas onde chegam os terminais com sinais de um olho, e **domínios vermelhos,** aqueles do outro olho. Os comprimentos dos domínios representam a densidade de terminais em cada ponto ao longo da camada IVC. Para maior clareza, as colunas são mostradas aqui uma sobre a outra, mas, na realidade, elas se situam lado a lado no córtex. Durante o desenvolvimento normal, a camada IVC é gradualmente dividida em locais alternados de chegada de sinais de cada olho. As consequências da privação da visão em um olho dependem do momento em que ocorre essa privação. O fechamento ao nascimento leva à dominância pelo olho aberto (**em cor-de-rosa**), pois, nesse momento, pouca segregação teria ocorrido. O fechamento do olho com duas, três e seis semanas de idade tem efeito progressivamente mais fraco sobre a formação das colunas de dominância ocular, pois as colunas tornam-se mais segregadas com o tempo. (Siglas: **E**, esquerdo; **D**, direito.) (Adaptada, com autorização, de Hubel, Wiesel e LeVay, 1977.)

os sinais de entrada estão parcialmente, mas não completamente segregados no momento em que a privação visual exerce seus efeitos, pode-se concluir que a privação perturba a capacidade desses sinais de entrada de adquirirem seu padrão maduro. Posteriormente neste capítulo, será novamente discutida a questão do que leva à segregação nas fases iniciais, independentes da experiência.

Padrões de atividade elétrica organizam os circuitos binoculares

Como a atividade leva à maturação das colunas de dominância ocular? O fator crucial pode ser a ocorrência de pequenas diferenças na proporção dos sinais de entrada originários de cada olho que convergem em células-alvo comuns ao nascimento. Se, por acaso, as fibras que convergem trazendo sinais de um olho são inicialmente mais numerosas em uma região localizada do córtex, esses axônios podem ter uma vantagem, levando à segregação.

Como isso poderia ocorrer? Uma ideia atrativa, baseada em uma teoria proposta inicialmente na década de 1940 por Donald Hebb, é que as conexões sinápticas são reforçadas quando elementos pré e pós-sinápticos estão ativos ao mesmo tempo. No caso das interações binoculares, axônios vizinhos trazendo sinais do mesmo olho tendem a disparar em sincronia, pois são ativados pelo mesmo estímulo visual em qualquer momento. A sincronização desses disparos significa que eles cooperam na despolarização e na excitação de uma célula-alvo. Essa ação cooperativa mantém a viabilidade daqueles contatos sinápticos à custa das sinapses não cooperativas.

A atividade em cooperação também pode promover a ramificação de axônios, criando assim a oportunidade para a formação de conexões sinápticas adicionais com células na região-alvo. Ao mesmo tempo, o reforço dos contatos sinápticos realizado pelos axônios de um olho impedirá o crescimento de aferências sinápticas do olho oposto. Nesse sentido, pode-se dizer que as fibras dos dois olhos competem por uma célula-alvo. Juntas, a cooperação e a competição entre axônios asseguram que duas populações de fibras aferentes inervarão, no final, regiões distintas do córtex visual primário, com pouca sobreposição local.

A competição e a cooperação não são simplesmente o resultado da atividade neural *per se* ou de diferenças nos níveis absolutos de atividade entre os axônios. O que ocorre é que elas parecem depender de padrões temporais precisos de atividade nos axônios que estão competindo (ou cooperando). O princípio foi dramaticamente ilustrado por Hubel e Wiesel, em um conjunto de estudos que examinou a visão estereoscópica – a percepção da profundidade. O encéfalo normalmente computa a percepção da profundidade comparando a disparidade das imagens na retina entre os dois olhos. Quando os olhos estão alinhados de forma inadequada, essa comparação não pode ser feita, e a estereoscopia é impossível. Tais desalinhamentos ocorrem em crianças que são "vesgas", ou estrábicas. Como foi observado, essa condição pode ser reparada por cirurgia, mas, a não ser que o reparo ocorra durante os primeiros anos de vida, as crianças ficarão permanentemente incapazes de realizar estereoscopia.

Hubel e Wiesel examinaram o impacto do estrabismo sobre a organização do sistema visual em gatos. Para tornar os gatos estrábicos, o tendão de um músculo extraocular foi seccionado nos filhotes. Ambos os olhos permaneceram completamente funcionais, mas desalinhados. Sinais originários de ambos os olhos que convergiam em uma célula binocular no córtex visual agora traziam informação acerca de estímulos diferentes, em partes ligeiramente diferentes do campo visual. Como resultado, as células corticais tornaram-se monoculares, estimuladas por sinais de um ou outro olho, mas não dos dois (**Figura 49-6**). Por outro lado, neurônios corticais continuaram a responder de modo binocular após privação visual binocular, levando a uma redução, mas não a um desequilíbrio, na atividade originária dos dois olhos. Esses achados sugeriram a Hubel e Wiesel que o desajuste da sincronia dos sinais de entrada leva à competição em vez de à cooperação, de modo que as células corticais vieram a ser dominadas por um olho, presumivelmente aquele que havia apresentado dominância no início.

Esses estudos fisiológicos levaram os investigadores a testar se o bloqueio farmacológico da atividade elétrica nas células ganglionares da retina poderia afetar a conectividade neural no sistema visual. A atividade foi bloqueada pela injeção, em cada olho, de tetrodotoxina, uma toxina que bloqueia seletivamente canais de Na$^+$ dependentes de voltagem. Sinais que partiam dos dois olhos eram gerados separadamente, pela estimulação elétrica direta bilateral dos nervos ópticos. Nos filhotes, as colunas de dominância ocular não são estabelecidas se a atividade nos neurônios ganglionares da retina for bloqueada antes do período crítico do desenvolvimento. Quando os dois nervos ópticos foram estimulados sincronicamente, as colunas de dominância ocular ainda assim não se formaram. Apenas quando os nervos ópticos foram estimulados assincronicamente é que as colunas de dominância ocular foram estabelecidas.

Se o desenvolvimento das colunas de dominância ocular depende de fato da competição entre fibras dos dois

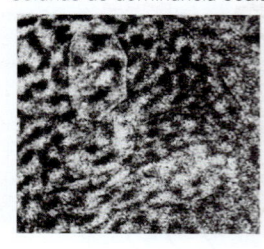

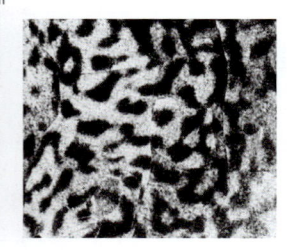

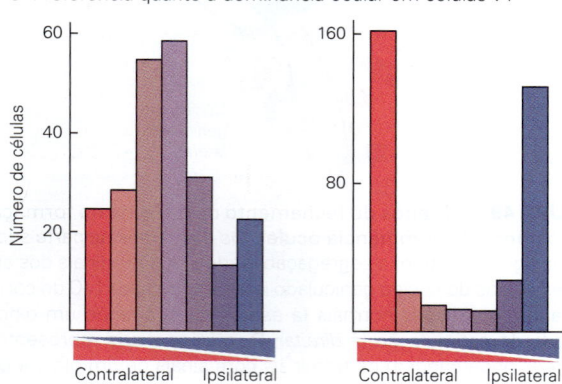

FIGURA 49-6 A indução de estrabismo em filhotes de gatos prejudica a formação de regiões de resposta binocular no córtex visual primário.

A. Os olhos de gatos estrábicos são desalinhados. (Fotos [*à esquerda*] de Steve Richardson/Alamy Stock Photo e [*à direita*] reproduzidas, com autorização, de Van Sluyters e Levitt, 1980.)
B. No animal estrábico, os domínios dos olhos esquerdo e direito são mais agudamente definidos, indicando a exiguidade de regiões binoculares. (Reproduzida, com autorização, de Löwel, 1994. Copyright © 1994 Society for Neuroscience.)
C. Animais estrábicos apresentam menos neurônios ajustados para responder binocularmente no córtex visual. (Reproduzida, com autorização, de Hubel e Wiesel, 1965.)

olhos, seria possível induzir a formação de colunas onde normalmente elas não existem pelo simples estabelecimento de uma competição entre dois conjuntos de axônios? Essa possibilidade radical foi testada em rãs, cujos neurônios ganglionares da retina de cada olho se projetam apenas para o lado contralateral do encéfalo. Em rãs normais, as fibras aferentes dos dois olhos não competem pelas mesmas células corticais, de modo que não há segregação dos sinais aferentes em colunas. Para gerar competição, um terceiro olho foi transplantado no início do desenvolvimento larval, em uma região da cabeça da rã próxima a um dos olhos normais. Os neurônios ganglionares da retina do olho extra emitiram axônios para o teto óptico contralateral. De forma notável, os terminais axonais do olho normal e do olho transplantado apresentaram segregação, gerando um padrão de colunas alternadas (**Figura 49-7**).

Esse achado forneceu amplo apoio à ideia de que a competição entre axônios aferentes pela mesma população de neurônios-alvo gera sua segregação em territórios-alvo distintos. A segregação dos estímulos originários da retina em colunas no encéfalo de rã é dependente da atividade sináptica, presumivelmente das sinapses entre axônios da retina e neurônios tectais. Assim, a atividade neural tem papéis poderosos no ajuste fino dos circuitos visuais.

A reorganização dos circuitos visuais durante um período crítico envolve alterações nas conexões sinápticas

O trabalho pioneiro de Hubel, Wiesel e colaboradores mostrou que a experiência no início da vida é necessária para a emergência de estrutura e função normais no córtex visual. No entanto, mecanismos celulares e moleculares subjacentes ao período crítico seguiram sendo um mistério. Nos últimos anos, muitos cientistas começaram a investigar esses tópicos. Muito desse trabalho envolveu a utilização de camundongos, uma vez que são mais facilmente estudados em termos de análises mecanísticas que os gatos e macacos estudados por Hebel, Wiesel e seus discípulos.

A reorganização cortical depende de alterações tanto excitatórias quanto inibitórias

Ao contrário de gatos e macacos, a maior parte do córtex visual de camundongos recebe apenas sinais de entrada contralaterais, e sua região binocular não é dividida em colunas de dominância ocular. Ainda assim, essa pequena região binocular contém uma mistura de neurônios estimulados de forma monocular e binocular, e a sutura do olho contralateral durante o período crítico para a dominância ocular desvia, de modo marcante, a preferência dos neurônios binoculares para os sinais originários do olho ipsilateral (**Figura 49-8**).

O que converte essa perda inicial de sinais de entrada em uma alteração permanente da capacidade funcional? Uma ideia é que os axônios talâmicos que transmitem informações originárias do olho privado perdem sua capacidade de ativar os neurônios corticais. No entanto, embora uma redução na eficácia da sinapse talamocortical possa contribuir para esse efeito, isso não explica tudo. Cada axônio talâmico leva informação de apenas um olho (**Figura 49-2**). Uma vez que a perda da capacidade de responder a estímulos do olho privado ocorre apenas quando o outro olho continua ativo, pode-se imaginar que as primeiras alterações ocorrem no primeiro local onde sinais de ambos os olhos tiverem a oportunidade de interagir. De modo consistente com essa ideia, as primeiras alterações fisiológicas não são observadas nos neurônios da camada IV, cada um dos quais recebe sinais de apenas um olho. Em vez disso, elas ocorrem nos neurônios binoculares das camadas II/III e V, que recebem sinais convergentes de neurônios monoculares da camada IV estimulados tanto pelo olho direito

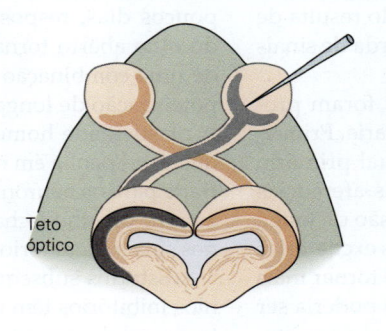

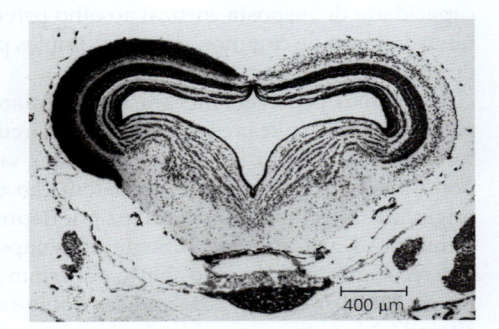

FIGURA 49-7 Colunas de dominância ocular podem ser induzidas experimentalmente em uma rã pelo transplante de um terceiro olho. (Adaptada, com autorização, de Constantine-Paton e Law, 1978. Copyright © 1978 AAAS.)

A. Três dias antes do transplante, o olho direito foi injetado com um aminoácido contendo marcação radioativa. A autorradiografia de uma secção coronal do rombencéfalo mostra todo o neurópilo na superfície do lobo óptico esquerdo preenchido com grânulos de prata, indicando a região ocupada pelos terminais sinápticos do olho marcado (contralateral).

B. Algum tempo após o terceiro olho ter sido transplantado próximo ao olho direito normal, o olho direito foi injetado com um aminoácido contendo marcação radioativa. A autorradiografia mostra que o lobo óptico esquerdo recebe sinais oriundos tanto do olho marcado quanto do transplantado. A zona sináptica normalmente contínua do olho contralateral tornou-se dividida em zonas alternadas claras e escuras, que indicam os locais de entrada de sinais de cada olho.

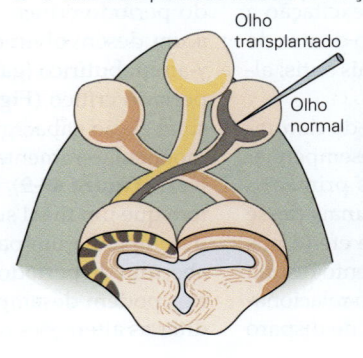

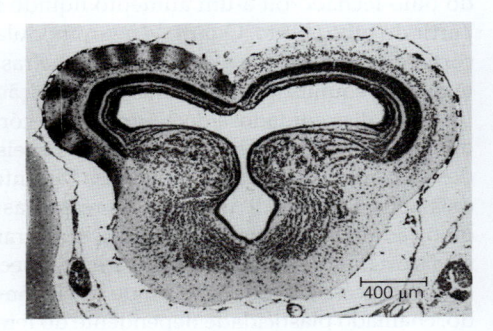

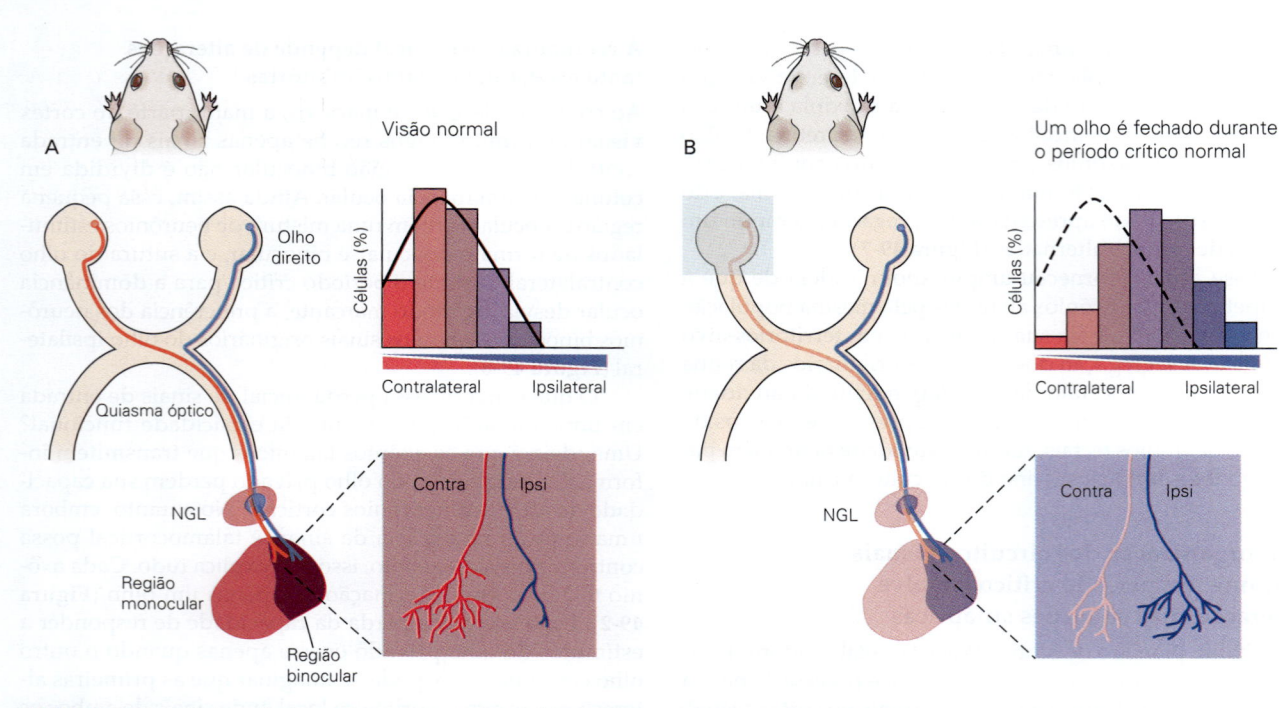

FIGURA 49-8 Um período crítico para a plasticidade das colunas de dominância ocular é evidente nos camundongos. (Adaptada, com autorização, de Hensch, 2005.)
A. O córtex visual dos camundongos contém uma pequena região que recebe sinais talâmicos (núcleo geniculado lateral [**NGL**]) de ambos os olhos. Nessa região binocular, a maioria dos neurônios responde predominantemente a sinais vindos do olho contralateral, um número menor responde a sinais de ambos os olhos, e muito poucos respondem apenas a sinais vindos do olho ipsilateral.
B. Quando o olho contralateral foi fechado durante o período crítico normal, sendo depois reaberto, sinais oriundos daquele olho mostraram menor representação, e muito mais neurônios responderam a sinais binoculares ou do olho ipsilateral. O fechamento do olho antes ou depois do período crítico não causa o mesmo deslocamento nas respostas.

quanto pelo olho esquerdo. Isso significa que a perda da capacidade de resposta cortical ao olho privado resulta de uma alteração de circuitos, e não da simples perda de sinais de entrada.

Diversos possíveis mecanismos celulares foram propostos para se explicar essa mudança na circuitaria. Primeiro, sinapses excitatórias dentro do córtex visual primário poderiam ser enfraquecidas pela redução das aferências originárias do olho fechado, talvez por depressão de longa duração (LTD) (Capítulo 53). Segundo, sinapses excitatórias que recebem sinais do olho aberto poderiam se tornar mais fortes. Terceiro, a força das sinapses inibitórias poderia ser alterada, levando a uma redução líquida no nível de excitação de neurônios corticais pelos sinais que deveriam chegar do olho fechado ou a um aumento líquido na excitação a partir do olho aberto. Quarto, a neuromodulação dentro do córtex poderia ajustar o circuito de maneiras mais sutis, alterando o equilíbrio entre excitação e inibição.

A análise cuidadosa de neurônios no córtex de camundongos forneceu evidências acerca dos papéis desempenhados por alguns desses mecanismos. Durante os primeiros dias após a sutura de um olho, as respostas a sinais desse olho são marcadamente reduzidas, sem grande efeito nos sinais originários do olho aberto. O enfraquecimento resulta de um processo como a LTD ou de um fenômeno relacionado, chamado plasticidade dependente do tempo de disparo (STDP, de *spike timing-dependent plasticity*). No decorrer de poucos dias, respostas aos sinais de entrada originários do olho aberto tornam-se mais fortes. O aumento resulta de uma combinação de alterações sinápticas chamadas de potenciação de longa duração e plasticidade homeostática. A plasticidade homeostática é um mecanismo do circuito que se empenha em manter um nível estável de sinais de entrada para os neurônios. Nesse caso, a perda da estimulação a partir do olho fechado leva a um aumento compensatório nos sinais excitatórios a partir do olho aberto.

Estudos subsequentes demonstraram que interneurônios inibitórios têm um importante papel na determinação temporal do período crítico. A maturação de sinais inibitórios para neurônios do córtex visual coincide com o início do período crítico. Além disso, manipulações que levam a um desenvolvimento precoce da sinalização pelo ácido γ-aminobutírico (gabaérgica) resultam no adiantamento do período crítico (**Figura 49-9**). Por outro lado, o retardo na sinalização gabaérgica retarda o período em que a privação monocular aumenta a preferência por sinais do olho ipsilateral (**Figura 49-9**). Juntos, esses e outros resultados sugerem que um nível suficiente de sinais de entrada inibitórios desempenha um papel fundamental no "acionamento" da abertura do período crítico, enquanto mecanismos excitatórios podem desempenhar um papel mais proeminente em ditar as alterações que ocorrem durante o período crítico.

nos quais são formadas sinapses excitatórias. Esses espinhos são estruturas dinâmicas, e acredita-se que seu aparecimento e desaparecimento reflitam a formação e a eliminação de sinapses. A motilidade dos espinhos é especialmente marcante durante o início do desenvolvimento pós-natal, e o aumento na dinâmica e no número dos espinhos tem sido associado a alterações no comportamento.

Alterações drásticas na motilidade e no número de espinhos dendríticos nos neurônios do córtex visual de camundongos são observadas após o fechamento de um olho. Dois dias após o fechamento do olho em camundongos jovens, a motilidade e a renovação de espinhos dendríticos nos neurônios do córtex visual aumentam, sugerindo que as conexões sinápticas estão começando a sofrer um rearranjo (**Figura 49-10**). Uns poucos dias após, o número de espinhos começa a mudar – o número de espinhos nos dendritos apicais dos neurônios piramidais inicialmente diminui, mas aumenta novamente após períodos mais longos de privação.

Essas alterações no número e na motilidade dos espinhos podem estar correlacionadas com três características conhecidas do período crítico. Primeiro, essas alterações ocorrem, principalmente, não na camada IV, mas nas camadas superficiais e profundas do córtex, onde estão as células binoculares. Segundo, elas ocorrem apenas na porção do córtex visual que normalmente recebe sinais de entrada binoculares. Terceiro, elas não ocorrem após o fechamento do olho em camundongos adultos (**Figura 49-10**).

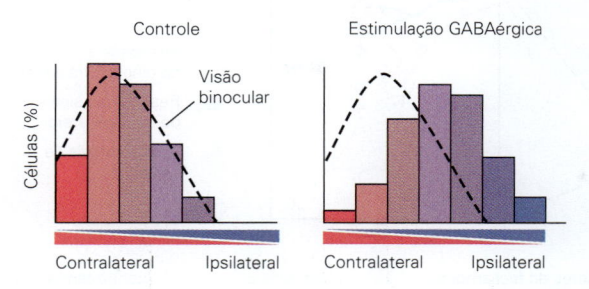

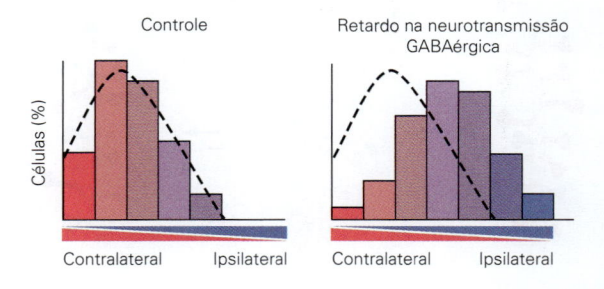

Juntos, esses resultados sustentam uma relação entre a dinâmica dos espinhos e a plasticidade do período crítico. De acordo com um determinado modelo, a motilidade dos espinhos pode resultar do desequilíbrio entre os sinais que chegam aos neurônios binoculares vindos do olho aberto e do olho fechado, podendo refletir os primeiros estágios no rearranjo sináptico. Por sua vez, a perda dos espinhos e, presumivelmente das sinapses, corresponde no tempo e no espaço à perda dos sinais de entrada vindos do olho fechado, e pode fornecer a base estrutural para a permanência dessa perda. O crescimento posterior de novos espinhos ocorre à medida que a capacidade de resposta em relação ao olho aberto aumenta, ou subsequentemente a isso, e pode ser a base para o rearranjo adaptativo que permite ao córtex fazer o melhor uso dos sinais disponíveis.

Aferências talâmicas são remodeladas durante o período crítico

Como as alterações locais nos espinhos se relacionam com as alterações estruturais em larga escala nas colunas de dominância ocular mostradas na **Figura 49-4**? Quando os axônios em desenvolvimento, originários do núcleo geniculado lateral, alcançam o córtex, as terminações de diversos neurônios apresentam, inicialmente, intensa sobreposição. Cada fibra estende uns poucos ramos ao longo de uma área do córtex visual, área esta que, no futuro, abrangerá diversas colunas de dominância ocular. À medida que o córtex amadurece, os axônios retraem alguns desses ramos, expandem outros e até mesmo formam novos ramos (**Figura 49-11A**).

Com o tempo, cada neurônio do geniculado se torna conectado quase exclusivamente a um grupo de neurônios corticais vizinhos, dentro de uma única coluna.

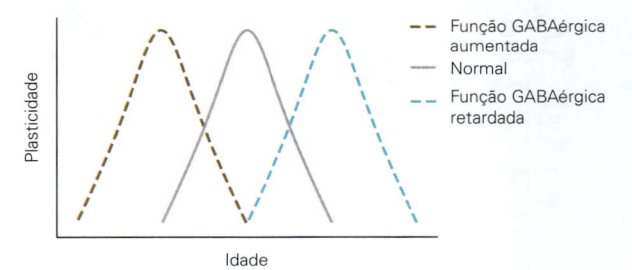

FIGURA 49-9 A fase de ocorrência do período crítico para a plasticidade da dominância ocular em camundongos é sensível ao grau de neurotransmissão GABAérgica. A alteração do grau de síntese de ácido γ-aminobutírico (**GABA**) e de sua sinalização desloca o período em que a privação monocular pode alterar as propriedades de resposta de neurônios no córtex visual. O aumento da sinalização GABAérgica (pela administração de benzodiazepínicos) desloca o período crítico para a privação monocular para um período anterior do desenvolvimento. Em contrapartida, o retardo da sinalização GABAérgica (pela redução genética da síntese de GABA e pela administração, em um momento posterior, de benzodiazepínicos) desloca o período crítico para a privação monocular para um período posterior. (Adaptada de Hensch et al., 1998.)

Estruturas sinápticas são alteradas durante o período crítico

Muitos estudos buscaram alterações estruturais que se correlacionassem com mudanças nas respostas no córtex visual a sinais de entrada dos olhos aberto e fechado. Uma atenção especial tem sido dada aos espinhos dendríticos como potenciais locais de plasticidade.

Espinhos dendríticos são pequenas protrusões que aparecem nos dendritos de muitos neurônios corticais, e

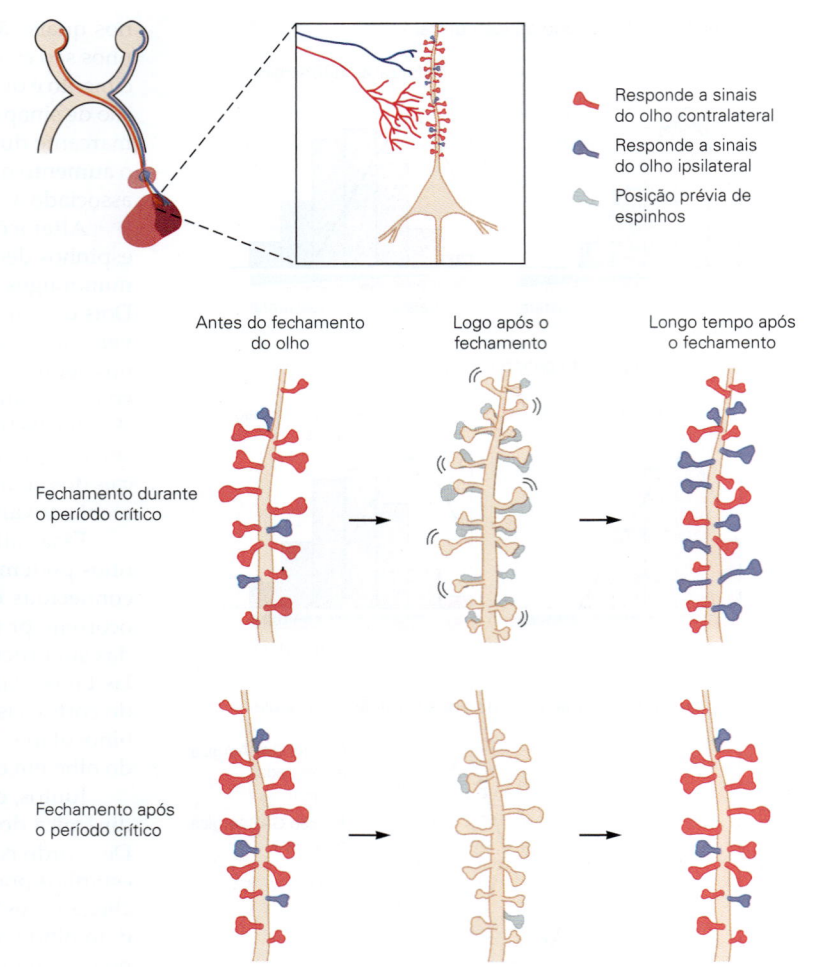

FIGURA 49-10 A mobilidade de espinhos dendríticos no córtex visual de camundongos é alterada após um olho ser fechado. Os dendritos dos neurônios piramidais no córtex visual têm muitos espinhos, cuja densidade permanece comparativamente constante em condições normais. O fechamento de um olho (contralateral, neste exemplo) durante o período crítico para o desenvolvimento binocular aumenta a mobilidade dos espinhos dendríticos e resulta, com o tempo, em um aumento na proporção de espinhos que recebem sinais de entrada sinápticos do olho aberto. Alterações como essas na mobilidade dos espinhos não são observadas se o olho é fechado após o período crítico. (Adaptada de Oray, Majewska e Sur, 2004.)

A arborização torna-se segregada em colunas, pela poda ou retração de certos axônios e pelo brotamento de outros. Esse processo dual de retração e brotamento axonal ocorre amplamente em todo o sistema nervoso durante o desenvolvimento.

O que ocorre após um olho ser fechado? Os axônios do olho fechado ficam em desvantagem, e uma proporção maior que o normal sofrerá retração. Ao mesmo tempo, os axônios do olho aberto apresentam brotamento de novos terminais em locais que se tornaram vagos devido à retração de fibras que normalmente trariam sinais oriundos do olho fechado (**Figura 49–11B**). Se um animal é privado do uso de um olho precocemente durante o período crítico de segregação axonal, os processos normais de retração e crescimento axonal são perturbados. Em contraste, se um animal é privado do uso de um olho após as colunas de dominância ocular apresentarem segregação quase completa, os axônios que trazem sinais do olho aberto apresentarão na verdade brotamentos colaterais em regiões do córtex que eles haviam deixado vagas anteriormente (ver **Figura 49-5**).

Inicialmente, acreditava-se que o rearranjo dos axônios talamocorticais nos animais privados de um olho causava as alterações na capacidade de resposta cortical ao olho aberto e ao olho fechado. Sabe-se agora, por registros eletrofisiológicos e por imageamento dos espinhos, que alterações fisiológicas e sinápticas precedem esses rearranjos axonais em larga escala. Desse modo, em vez de causar as alterações fisiológicas, o remodelamento axonal pode contribuir para que tais alterações se tornem duradouras e irreversíveis. A questão, então, passa a ser: como as alterações na estrutura e na função sinápticas dentro do córtex levam às alterações na chegada de sinais?

Uma ideia é que a atividade sináptica regula a secreção de fatores neurotróficos pelos neurônios corticais. Tais fatores podem então regular a sobrevivência de alguns neurônios à custa de outros (Capítulo 46) ou promover a expansão de algumas arborizações axonais à custa de outras. Um desses fatores, o fator neurotrófico derivado do encéfalo (BDNF, de *brain-derived neurotrophic factor*), é sintetizado e secretado por neurônios corticais, e a administração de excesso de BDNF ou a interferência com seu receptor TrkB modifica a formação de colunas de dominância ocular. Ainda assim, a interpretação das ações do BDNF não é direta. A sinalização por BDNF e trkB afeta o córtex de muitas maneiras, incluindo a estimulação do crescimento de axônios talamocorticais. O BDNF também pode acelerar a maturação de circuitos inibitórios, os quais, como observado anteriormente, podem influenciar a plasticidade. Ainda não

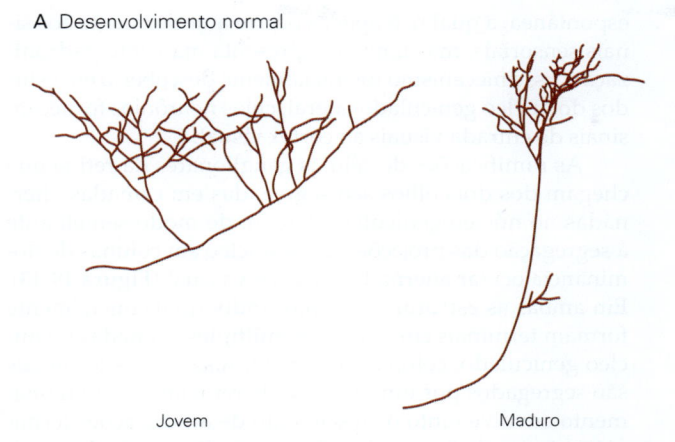

FIGURA 49-11 A ramificação de fibras talamocorticais no córtex visual de filhotes de gatos é alterada após o fechamento de um olho. (Adaptada, com autorização, de Antonini e Stryker, 1993. Copyright © 1993 AAAS.)
A. Durante o desenvolvimento pós-natal normal, os axônios das células do núcleo geniculado lateral ramificam-se amplamente no córtex visual. As ramificações, por fim, tornam-se confinadas a uma pequena região.
B. Após um dos olhos ser fechado, a arborização terminal de neurônios na via que se origina daquele olho é notavelmente menor, se comparada àquela do olho aberto.

foi esclarecido se o BDNF é um estimulador específico da competição que promove preferencialmente a expansão de porções da arborização.

A estabilização sináptica contribui para o encerramento do período crítico

Uma marca dos períodos críticos é que o intervalo no qual a experiência afeta o desenvolvimento dos circuitos neurais é limitado. O que encerra esses períodos de alta plasticidade?

Uma vez que sinapses e circuitos são lábeis durante os períodos críticos, os pesquisadores buscaram as mudanças corticais durante o desenvolvimento que poderiam levar à estabilização. Um parâmetro é o estado de mielinização dos axônios, que ocorre aproximadamente no momento em que o período crítico é encerrado. A formação da mielina cria barreiras físicas ao brotamento e crescimento axonal. Além disso, como discutido em detalhe no Capítulo 50, a mielina contém fatores como o Nogo e glicoproteínas associadas à mielina que inibem ativamente o crescimento de axônios. Em camundongos mutantes que não expressam o Nogo ou um de seus receptores, NogoR, o período crítico é prolongado até a idade adulta, sugerindo que o surgimento desses receptores normalmente contribui para o encerramento do período crítico (**Figura 49-12**).

Outro possível agente para o encerramento do período crítico é a rede perineuronal, uma teia de glicosaminoglicanos que envolve certas classes de neurônios inibitórios. Essas redes se formam por volta do momento em que o período crítico se encerra. A infusão da enzima condroitinase, que digere essas redes perineuronais, permite a continuidade da plasticidade. Assim, períodos críticos podem ser encerrados quando barreiras moleculares ao crescimento e rearranjo sináptico estiverem presentes.

Agentes adicionais para esse encerramento podem ser intrínsecos aos neurônios. No Capítulo 50, será visto que programas de crescimento neuronal diminuem com a idade, e no Capítulo 51 serão descritos mecanismos epigenéticos que programam padrões de expressão gênica dependentes da experiência, estabelecidos no início da vida pós-natal.

Por que deveria haver um final para os períodos críticos? Não seria vantajoso para o encéfalo manter a capacidade de se remodelar até a idade adulta? Talvez não – a capacidade do encéfalo humano de se adaptar a variações nos estímulos sensoriais, ao crescimento físico gradual (p. ex., os aumentos na distância entre os olhos afetando a correspondência binocular) e a várias doenças congênitas é um recurso valioso. Em um extremo, se um olho é perdido, é vantajoso devotar todas as propriedades corticais disponíveis para o olho remanescente. Por outro lado, não seria desejável uma reorganização completa, possivelmente acompanhada por perda de capacidades e memórias, se a visão de um olho fosse perdida temporariamente na idade adulta devido a uma doença ou lesão. Assim sendo, o aumento da plasticidade durante um período crítico pode representar uma adaptação conciliatória entre flexibilidade e estabilidade.

A atividade neural espontânea independente da experiência leva a um refinamento precoce dos circuitos

Como observado acima, a segregação do córtex visual em colunas de dominância ocular em inicia-se antes do advento da experiência visual em gatos e macacos. O que estimula essa fase precoce da segregação? Uma possibilidade seria que os axônios dos olhos ipsilateral e contralateral tenham rótulos moleculares distintos que levem a sua associação. Um mecanismo similar ocorre na formação da projeção olfatória (Capítulo 48). No entanto, ainda não se encontrou tal molécula ou mecanismo para a projeção visual. Ao invés disso, a segregação parece depender da atividade espontânea, a qual não apenas ocorre anteriormente aos sinais sensoriais, mas também apresenta marcante padronização. Esse mecanismo foi inicialmente descoberto em estudos do núcleo geniculado lateral, cujos neurônios fornecem sinais de entrada visuais ao córtex visual.

As ramificações de células ganglionares da retina que chegam dos dois olhos são segregadas em camadas alternadas no núcleo geniculado lateral, de modo semelhante à segregação das projeções desse núcleo em colunas de dominância ocular alternadas no córtex visual (**Figura 49-13**). Em ambas as estruturas, axônios individuais inicialmente formam terminais em domínios múltiplos (camadas no núcleo geniculado, colunas no córtex). A seguir, os terminais são segregados por um processo de refinamento. O refinamento envolve tanto o crescimento de arborizações terminais na camada "apropriada", como a eliminação de terminais das camadas não apropriadas (Capítulo 48).

Como no córtex, a aplicação de tetrodotoxina no nervo óptico perturba a segregação dos sinais de cada olho, indicando que a atividade é essencial para a segregação. Em contraste ao que ocorre no córtex, contudo, a segregação de sinais de entrada está completa antes do início da experiência visual – antes do nascimento em macacos e no período pós-natal, mas anteriormente à abertura dos olhos em camundongos. Assim, a visão não pode disparar a atividade neural essencial para a segregação.

Ocorre que os axônios dos neurônios ganglionares da retina apresentam atividade espontânea intraútero, bem antes da abertura dos olhos. Células ganglionares vizinhas disparam em salvas sincrônicas que duram uns poucos segundos, seguindo-se períodos silenciosos que podem durar minutos. Amostras da atividade de neurônios ganglionares retinianos ao longo de toda a retina revelam que essas salvas se propagam através da retina como uma onda (**Figura 49-14**). Esse padrão de atividade das células ganglionares parece ser coordenado por sinais de entrada excitatórios vindos das células amácrinas na próxima camada da retina (Capítulo 22).

Os disparos espontâneos e sincrônicos de um grupo seleto de neurônios ganglionares excitam um grupo local de neurônios no núcleo geniculado lateral. Tal atividade sincronizada parece reforçar essas sinapses às custas de outras sinapses próximas, talvez por um mecanismo hebbiano, similar àquele proposto para o refinamento dependente da experiência. Isso não significa que a atividade evocada visualmente não tenha um papel em esculpir a via retino-geniculada. Em um estágio posterior, outros aspectos do refinamento, como o rearranjo espacial das sinapses ao longo do axônio, são regulados pela experiência visual.

A descoberta de que a atividade espontânea pode levar ao refinamento dos circuitos fornece uma explicação plausível para a segregação inicial de sinais que chegam ao córtex visual. De modo mais geral, a separação do refinamento dependente de atividade do circuito em duas fases, a primeira dependente da atividade espontânea, e a segunda da chegada de sinais sensoriais, parece ser agora um tema geral no desenvolvimento dos circuitos encefálicos em que o refinamento se inicia antes que esses circuitos tenham chance de responder à estimulação ambiental.

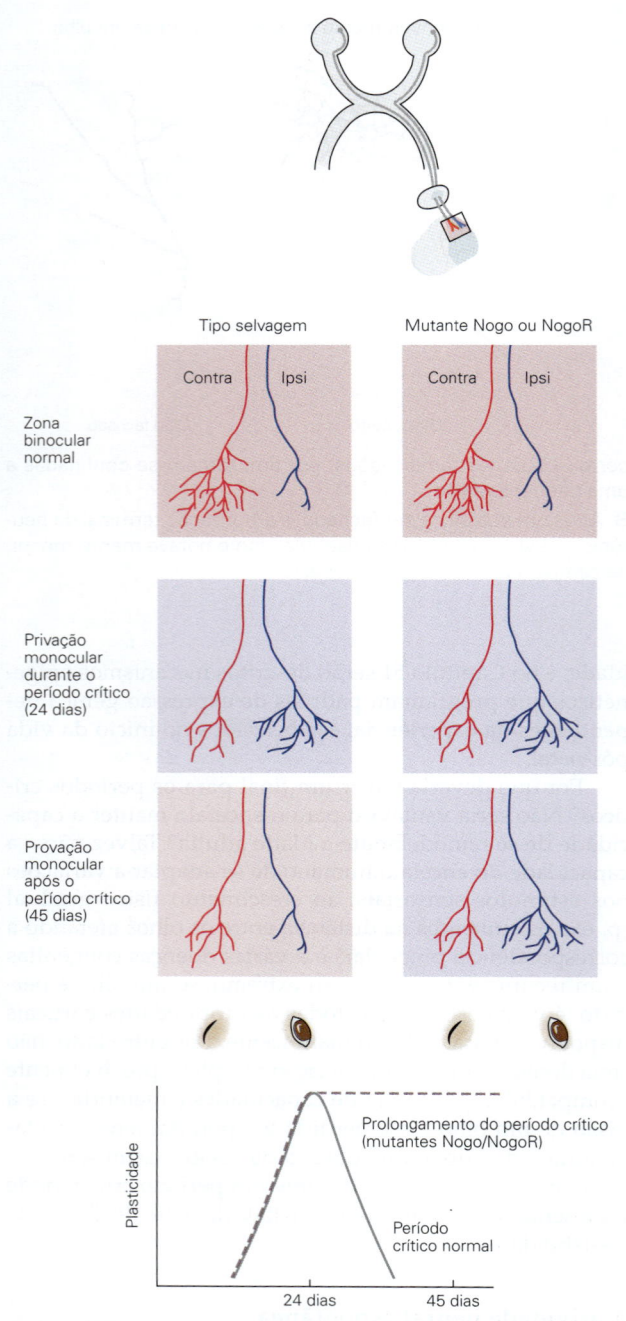

FIGURA 49-12 O período crítico para a privação monocular é prolongado em camundongos deficientes de sinalização por Nogo. Os desenhos mostram padrões de arborização de axônios talamocorticais que trazem informações dos olhos contralateral e ipsilateral para a zona binocular do córtex visual. A privação monocular durante o período crítico resulta em um deslocamento na preferência ocular em neurônios da zona binocular, tanto em camundongos do tipo selvagem quanto em camundongos mutantes para Nogo ou para o receptor de Nogo (**NogoR**). Após o período crítico normal (aos 45 dias), o deslocamento na preferência ocular continua nos camundongos com mutações em Nogo-A ou no receptor de Nogo, mas não nos camundongos do tipo selvagem. O gráfico mostra que a eliminação da sinalização por Nogo impede o encerramento do período crítico. (Adaptada de McGee et al., 2005.)

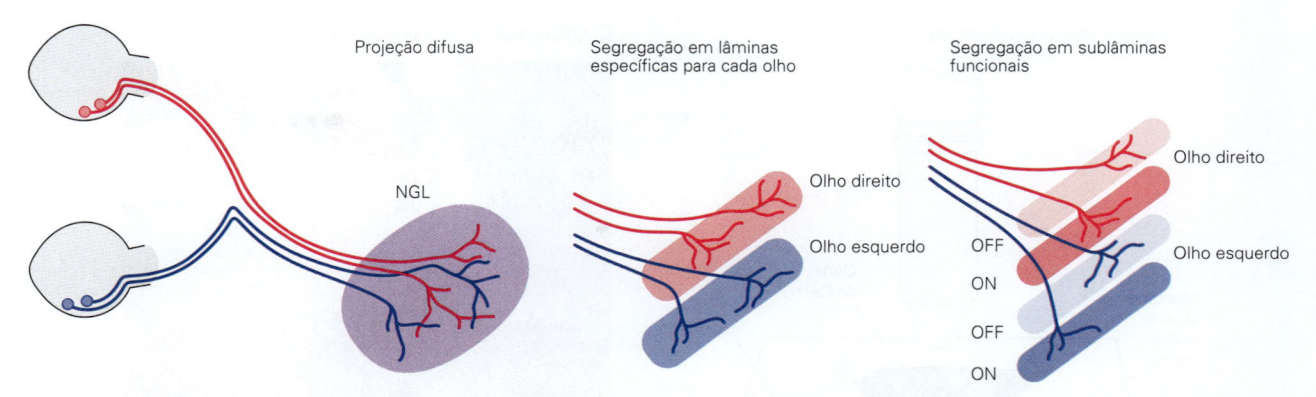

FIGURA 49-13 Os terminais das células ganglionares da retina no núcleo geniculado lateral (NGL) tornam-se segregados durante o desenvolvimento normal. Em estágios iniciais do desenvolvimento, os terminais de axônios de cada olho entremeiam-se, mas, em estágios posteriores, eles são segregados em camadas separadas do núcleo. Em algumas espécies, os axônios de um olho são ainda segregados em subcamadas funcionalmente especializadas (camadas ON e OFF, nos furões). (Adaptada, com autorização, de Sanes e Yamagata, 1999.)

O refinamento dependente de atividade das conexões é uma característica geral dos circuitos no encéfalo

Como visto anteriormente, a atividade neural é crítica para a segregação de axônios das duas retinas em camadas distintas no núcleo geniculado lateral e, a seguir, em colunas distintas no córtex visual. Esse papel da atividade no desenvolvimento é um caso especial, ou a atividade também afetaria a maturação em outros locais no sistema visual, e mesmo em outras partes do encéfalo? Estudos de muitos sistemas mostram que o controle dependente de atividade do refinamento de circuitos é uma propriedade geral dos circuitos neurais no encéfalo de mamíferos.

Muitos aspectos do desenvolvimento do sistema visual são dependentes de atividade

Um exemplo bem estudado do desenvolvimento dependente de atividade no sistema visual é o aperfeiçoamento da distribuição topográfica dos axônios das células ganglionares da retina sobre seus alvos centrais, um tópico introduzido no Capítulo 47. Em vertebrados, dicas moleculares, como as efrinas, orientam os axônios da retina para locais apropriados no teto óptico (chamado colículo superior nos mamíferos – ver **Figura 47-11**), mas essas dicas não são suficientes para formar o mapa visual refinado.

Estudos histológicos e fisiológicos revelaram que o mapa formado inicialmente no colículo superior/teto óptico é grosseiro e que axônios de células ganglionares individuais da retina apresentam ramificações grandes e sobrepostas. Essas ramificações axonais são posteriormente "podadas", chegando a seu tamanho maduro, o que resulta em um campo de terminações mais restrito e preciso. Se a atividade na retina é inibida, forma-se apenas o mapa grosseiro inicial.

O que é importante para a formação do mapa visual, o padrão de atividade ou a atividade em si? Colocado de outra forma, a atividade seria simplesmente um requisito para o refinamento ou teria ela um papel organizador, determinando exatamente quais axônios vencem ou perdem a competição? Muitos experimentos mostram que essa última alternativa é a mais próxima da realidade.

Em um estudo, verificou-se a exatidão do mapa retinotectal em peixes criados em um tanque iluminado apenas por breves clarões de uma luz estroboscópica. Um grupo-controle foi criado em um ambiente normal de laboratório. A intensidade total da luz apresentada aos peixes era semelhante em ambas as condições, mas o padrão resultante foi muito diferente. Nos peixes do grupo-controle, as imagens caíam casualmente sobre várias partes da retina à medida que eles nadavam em seu tanque. Esses estímulos produziam atividade sincrônica local, do tipo gerado pelas ondas de atividade espontânea descritas anteriormente – células ganglionares vizinhas tendem a disparar juntas, mas há pouca correlação com os padrões de disparo de células ganglionares mais distantes. Nesses peixes, o mapa torna-se preciso. Em contraste, a iluminação estroboscópica ativa sincronicamente quase todas as células ganglionares, e, nesses peixes, o mapa retinotectal permanece grosseiro.

O teto presumivelmente determina quais axônios da retina são vizinhos próximos uns dos outros pela determinação de quais deles disparam em sincronia, de forma semelhante aos padrões de atividade no núcleo geniculado lateral ou no córtex visual, que determinam quais axônios transmitem sinais do mesmo olho. Essa informação é então utilizada para refinar o mapa topográfico, por mecanismos semelhantes àqueles utilizados no córtex. Quando todos os axônios disparam em sincronia, o teto não pode determinar quais axônios são vizinhos; o refinamento então não ocorre, e o mapa permanece grosseiro.

As modalidades sensoriais são coordenadas durante um período crítico

Nossa experiência do mundo é moldada pela geração de sinais sensoriais de múltiplas modalidades. Por exemplo, nossa imagem mental da localização de um objeto com relação a nosso corpo é a mesma, independente da informação sensorial chegar via tato, audição ou visão. Para cada

A Imagem de atividade na retina

B Dinâmica das ondas de Ca²⁺

C Ondas sobrepostas na retina

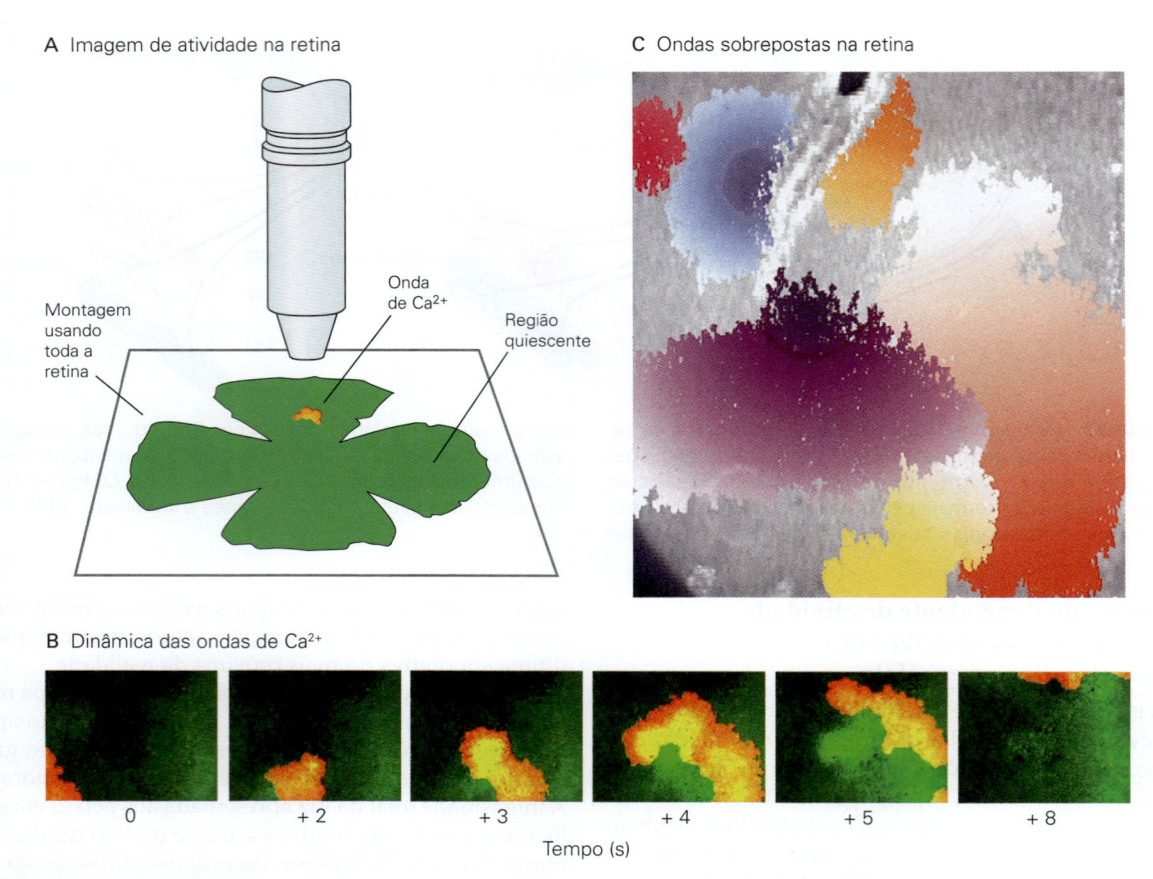

FIGURA 49-14 Ondas correlacionadas de atividade neural na retina em desenvolvimento.
A. Visualização microscópica da atividade de neurônios ganglionares retinianos em uma preparação em que uma retina de mamífero é estendida sobre uma superfície. As ondas espontâneas de atividade neural são visualizadas monitorando-se movimentos de Ca²⁺ (**domínios em amarelo**) após carregarem-se as células com corantes que mudam seu espectro de emissão de fluorescência de acordo com mudanças nas concentrações intracelulares de Ca²⁺.
B. Estas imagens de uma sequência em um filme mostram a propagação de um foco de atividade de Ca²⁺ (**domínio amarelo**) ao longo da retina. As imagens foram captadas com um segundo de intervalo. Muitas células dentro do foco de atividade são ativadas de modo sincrônico. (Reproduzida, com autorização, de Blankenship et al., 2009. Copyright © 2009 Elsevier Inc.)
C. Ondas de atividade na retina registradas ao longo do tempo estão sobrepostas nesta imagem. Ondas discretas estão indicadas em cores diferentes; a origem de uma onda é indicada por um tom mais escuro. Essas ondas se originam em diferentes focos na retina e espalham-se em direções distintas e imprevisíveis. (Reproduzida, com autorização, de Meister et al., 1991. Copyright © 1991 AAAS.)

modalidade, a informação é mapeada de modo ordenado dentro de áreas encefálicas relevantes, semelhante aos mapas retinotópicos no teto óptico e no córtex visual. A localização multimodal requer que esses mapas, que são formados de modo independente durante o desenvolvimento, estejam sintonizados. Esse aspecto do refinamento ocorre durante os períodos críticos.

Estudos com corujas-de-igreja forneceram informações novas acerca de como os mapas auditivo e visual são coordenados durante um período crítico. Durante o dia, as corujas usam a visão para localizar suas presas – camundongos ou outros pequenos roedores –; durante a noite, no entanto, elas se baseiam em sinais auditivos e, durante o crepúsculo, ambos os canais sensoriais são utilizados. A localização do som deve ser precisa para que as corujas tenham sucesso em encontrar a presa, e é intuitivamente óbvio que as dicas visuais e auditivas para uma mesma localização devem ser consistentes.

A localização auditiva em corujas, assim como nos humanos, resulta da presença de neurônios que diferem em sua sensibilidade ao som percebido pelos dois ouvidos. Por exemplo, sons emitidos por uma fonte à esquerda chegam ligeiramente mais cedo ao ouvido esquerdo que ao direito e têm volume ligeiramente mais alto no ouvido esquerdo. Essas discrepâncias ajudam a determinar o ponto no espaço horizontal de onde chega um som (Capítulo 28). A computação das diferenças temporais entre a chegada de um som aos dois ouvidos é particularmente crucial. A diferença é de apenas uns poucos décimos de microssegundos, como esperado de cálculos com base na velocidade do som e na largura da cabeça. O sistema auditivo é notavelmente sensível a essas diferenças extremamente curtas no tempo interaural (DTI), sendo capaz de calcular a posição da presa a partir delas (**Figura 49-15**). Além disso, muitos neurônios auditivos no teto óptico com campos receptivos centrados em

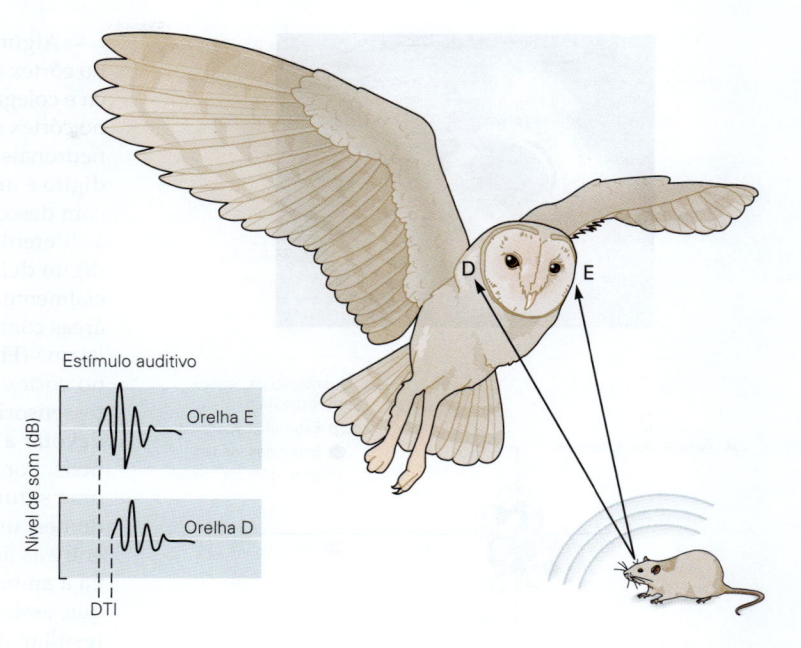

FIGURA 49-15 A coruja-de-igreja utiliza diferenças no tempo interaural para localizar sua presa. Ondas de som geradas pelos movimentos de um camundongo são percebidas pelas orelhas direita e esquerda da coruja. À medida que a presa emite ruído, a diferença no tempo de chegada dos estímulos auditivos entre as duas orelhas – a diferença no tempo interaural (**DTI**) – é utilizada para calcular a posição precisa da presa. (Reproduzida, com autorização, de Knudsen, 2002. Copyright © 2002 Springer Nature.)

determinada localização também estão ajustados a DTIs que correspondem aos sons emitidos daquele mesmo ponto no espaço. O registro é impreciso nos primeiros estágios, mas torna-se progressivamente mais preciso durante o início da adolescência, como consequência da experiência do animal.

Informações cruciais acerca de como ocorre esse registro vieram de experimentos nos quais prismas foram montados sobre os olhos de corujas jovens. Os prismas deslocavam horizontalmente a imagem sobre a retina, de modo que o mapa visual no teto refletia um mundo sistematicamente deslocado de sua orientação real. Essa mudança rompeu de forma abrupta a correspondência entre campos receptivos visuais e auditivos. Ao longo das diversas semanas seguintes, no entanto, a DTI à qual os neurônios do teto apresentavam máxima resposta, isto é, seu campo receptivo auditivo, foi modificada até que os mapas visual e auditivo voltassem a se organizar de modo afinado um com o outro (**Figura 49-16**). Assim, o mapa visual instrui o mapa auditivo.

Experimentos posteriores mostraram que essa reorganização resultava do rearranjo de conexões entre dois núcleos auditivos mais profundos (**Figura 49-17**). Quando óculos com prismas eram colocados em corujas jovens, as alterações na sintonia da DTI eram completamente adaptativas, pois os animais compensavam totalmente os efeitos dos prismas. Em contraste, óculos com prismas colocados em corujas maduras (com mais de 7 meses de idade) tinham pouco efeito. Desse modo, a reorganização dessa projeção auditiva ocorre de modo eficiente durante um período crítico em corujas jovens.

Diferentes funções e diferentes regiões encefálicas têm períodos críticos distintos durante o desenvolvimento

Nem todos os circuitos encefálicos são estabilizados ao mesmo tempo. Mesmo dentro do córtex visual, os períodos críticos para a organização dos sinais de entrada diferem entre as camadas, tanto em camundongos quanto em macacos.

Por exemplo, as conexões neurais na camada IVC do córtex visual do macaco não são afetadas por privação monocular quando o animal tem dois meses de idade. Em contrapartida, as conexões nas camadas superiores e inferiores continuam sendo influenciadas pela experiência sensorial (ou pela falta dela) durante quase todo o primeiro ano após o nascimento. Períodos críticos para outras características do sistema visual, como o ajuste da orientação, ocorrem em diferentes estágios do desenvolvimento (**Figura 49-18A**).

O momento em que ocorrem períodos críticos também varia entre as regiões encefálicas (**Figura 49-18B**). As consequências adversas da privação sensorial para as regiões sensoriais primárias do encéfalo em geral são totalmente percebidas no início do desenvolvimento pós-natal. Em contrapartida, a experiência social pode afetar conexões intracorticais durante um período muito mais longo. Essas diferenças podem explicar por que certos tipos de aprendizado são ideais em determinados estágios do desenvolvimento. Por exemplo, certas capacidades cognitivas – linguagem, música e matemática – em geral devem ser adquiridas bem antes da puberdade para serem de fato desenvolvidas. Além disso, agressões ao encéfalo em estágios precoces específicos da vida pós-natal podem afetar seletivamente o desenvolvimento de certas capacidades de percepção e certos comportamentos.

Períodos críticos podem ser reativados na idade adulta

Por definição, os períodos críticos são limitados no tempo. Ainda assim, são menos nitidamente definidos do que se acreditava a princípio. O prolongamento ou a reabertura dos períodos críticos na idade adulta pode aumentar a plasticidade encefálica e tornar possível ou facilitar a recuperação de pacientes que sofreram acidentes vasculares encefálicos ou outras lesões que prejudicam pequenas regiões do sistema nervoso.

Algumas das primeiras evidências para a plasticidade no córtex adulto vieram de estudos realizados por Merzenich e colegas, acerca da representação dos dedos de macacos no córtex somatossensorial. Registros de campos receptivos neuronais em animais adultos normais mostraram que cada dígito é mapeado de modo ordenado na superfície cortical, com descontinuidades abruptas entre áreas que respondem a diferentes dígitos (**Figura 49-19A**). A amputação de um dígito deixava a representação cortical daquele dígito inicialmente não responsiva, contudo, após diversos meses, as áreas com representações de dígitos vizinhos preenchiam a lacuna (**Figura 49-19B**). De modo semelhante ao que ocorre no córtex visual após privação monocular, o mapa somatossensorial foi reajustado, de modo que o córtex pudesse devotar a maior parte de seus recursos a sinais de entrada úteis. Por outro lado, quando dois dígitos eram unidos por uma sutura, de modo que os sinais de entrada eram coincidentes, uma faixa do córtex, em ambos os lados da borda entre as áreas dos dois dígitos, ao final tornou-se responsiva a ambas as áreas (**Figura 49-19C**). Esse resultado sugere que, assim como ocorre no sistema visual, as bordas podem resultar de competição, e podem ser borradas quando a competição diminui. O que mais surpreendente foi que tais efeitos ocorreram na idade adulta, muito tempo depois de todos os períodos críticos conhecidos terem sido encerrados.

Nos anos que se seguiram após os estudos de Merzenich, acumularam-se evidências de que períodos críticos podem ser reabertos em muitos sistemas. Esse princípio será ilustrado retornando às duas áreas nas quais os períodos críticos foram bem mapeados, o teto óptico, na coruja, e o córtex visual, no camundongo.

Mapas visuais e auditivos podem ser alinhados em adultos

Nos estudos iniciais sobre o pareamento dos mapas visual e auditivo em corujas, o realinhamento após o deslocamento do campo visual com óculos contendo prismas era basicamente restrito a um período sensível precoce (**Figuras 49-16 e 49-17**). No entanto, três estratégias aumentaram dramaticamente a plasticidade da sintonia biaural em corujas adultas.

Primeiro, quando corujas adultas que haviam usado esses óculos quando adolescentes recebiam novamente os óculos, o mapa auditivo era novamente deslocado para alinhar-se com o novo mapa visual (**Figura 49-20A**). Em contraste, em corujas adultas que não haviam usado os óculos quando adolescentes, seu uso tinha pouco efeito na organização do mapa auditivo. Desse modo, os eventos de rearranjo do mapa durante o período crítico normal devem deixar um traço neural que permite o rearranjo posteriormente na vida. De fato, nas corujas que usaram prismas no início da vida, axônios chegando aos núcleos auditivos que normalmente seriam "podados" eram mantidos, fornecendo uma base estrutural para a reorganização na idade adulta.

Um segundo método para induzir a plasticidade tardia é o deslocamento da imagem na retina em pequenos passos, por meio da colocação, na coruja, de uma série de óculos contendo prismas de desvios progressivamente maiores. Nessas condições, o ajuste do mapa auditivo em geral é

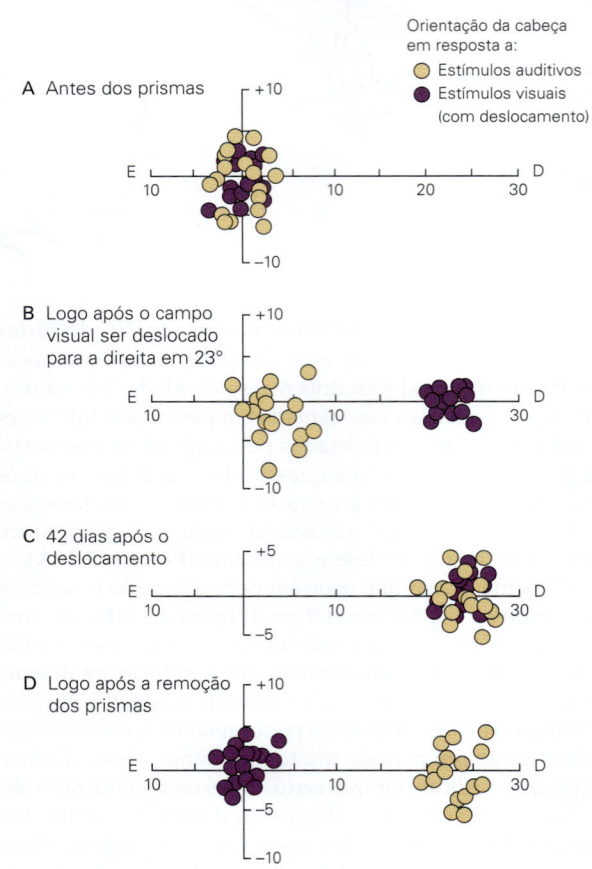

FIGURA 49-16 Reorganização dos mapas sensoriais no teto óptico de corujas após deslocamento sistemático da imagem na retina. A imagem na retina em corujas adolescentes pode ser deslocada utilizando-se óculos com prismas, o que causa um deslocamento de 5° a 30° nas imagens. (Adaptada, com autorização, de Knudsen, 2002. Copyright © 2002 Springer Nature.)

A. Antes do uso dos prismas, os mapas neurais visual e auditivo coincidem.

B. Os prismas deslocam a imagem sobre a retina em 23°. Consequentemente, os mapas neurais visual e auditivo encontram-se desalinhados.

C. Os dois mapas encefálicos são mais uma vez congruentes 42 dias após a aplicação dos prismas, pois o mapa auditivo foi deslocado para ser realinhado com o mapa visual.

D. Logo após a remoção dos prismas, o mapa visual volta para sua posição original, mas o mapa auditivo continua em sua posição deslocada.

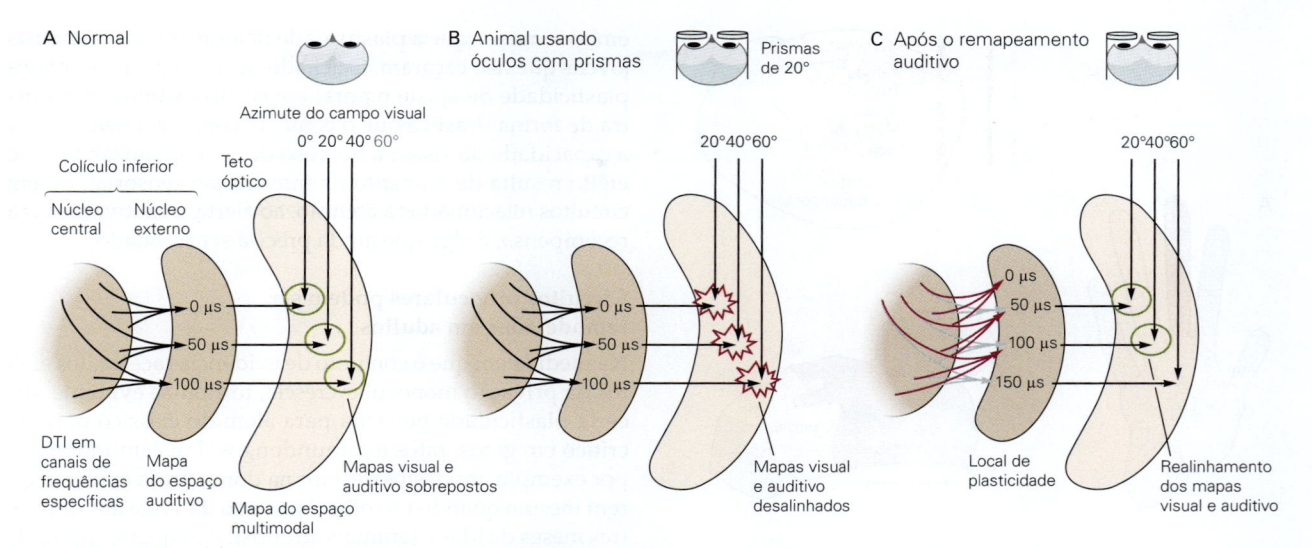

FIGURA 49-17 O efeito da experiência com prismas sobre o fluxo de informação na via de localização auditiva no mesencéfalo na coruja-de-igreja. (Adaptada de Knudsen, 2002.)

A. Via auditiva em uma coruja normal. A diferença no tempo interaural (**DTI**) é medida e mapeada em canais de frequências específicas no tronco encefálico. Essa informação ascende para o colículo inferior, onde é criado um mapa neural do espaço auditivo. O mapa é retransmitido para o teto óptico, onde é sobreposto a um mapa do espaço visual.

B. Após óculos com prismas terem sido ajustados sobre os olhos de uma coruja, os mapas dos espaços visual e auditivo no teto óptico tornam-se desalinhados.

C. Após a reorganização dos mapas auditivos, os mapas visual e auditivo estão novamente alinhados.

três a quatro vezes maior que a resposta a um único grande deslocamento da imagem sobre a retina (**Figura 49-20B**).

A terceira técnica envolve permitir que as corujas cacem presas vivas. Nos experimentos iniciais, os animais eram mantidos e alimentados em condições padrão de laboratório. No entanto, quando corujas adultas usando prismas podiam capturar camundongos vivos sob condições de baixa luminosidade durante 10 semanas, elas mostravam plasticidade de ajuste biaural muito maior que corujas alimentadas com camundongos mortos (**Figura 49-19C**),

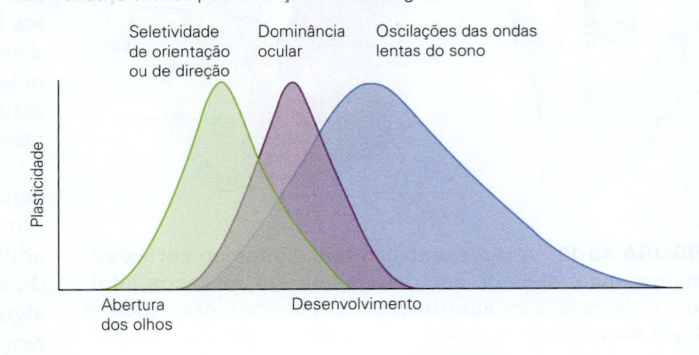

FIGURA 49-18 O momento de ocorrência dos períodos críticos varia com as funções encefálicas. (Reproduzida, com autorização, de Hensch, 2005. Copyright © 2005 Springer Nature.)

A. Em gatos, os períodos críticos para o desenvolvimento da seletividade para a orientação ou a direção nos neurônios visuais ocorrem antes dos períodos críticos para o estabelecimento da dominância ocular e da oscilação das ondas lentas do sono.

B. Em humanos, o tempo de ocorrência dos períodos para o desenvolvimento do processamento sensorial, da linguagem e das funções cognitivas varia.

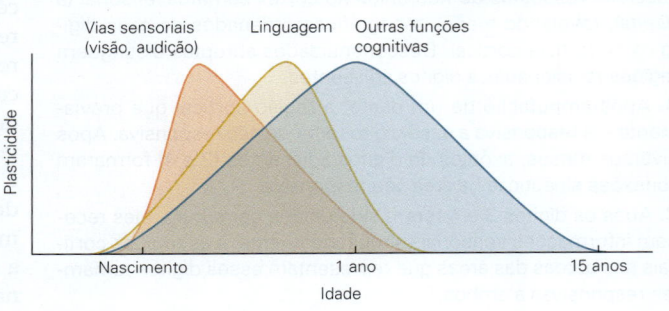

embora menor que a plasticidade demonstrada por corujas jovens que não caçaram. O achado de que a caça aumenta a plasticidade de ajuste biaural em corujas adultas demonstra de forma drástica que o contexto comportamental afeta a capacidade do sistema nervoso de se reorganizar. Se esse efeito resulta de aumento na informação sensorial, ou em circuitos relacionados à atenção, ao alerta, à motivação ou à recompensa, é algo que ainda precisa ser estudado.

Circuitos binoculares podem ser remodelados em adultos

Na medida em que o conjunto de evidências acerca dos efeitos da privação monocular crescia, tornou-se evidente que certa plasticidade persistia para além do clássico período crítico em gatos, ratos e camundongos. Em camundongos, por exemplo, modestos desvios na dominância ocular ocorrem mesmo quando um olho é privado da visão aos dois ou três meses de idade (animais adultos). Aos quatro meses de idade, contudo, a privação monocular não apresenta efeito detectável.

Ao longo da última década, descobriram-se várias intervenções capazes de aumentar o grau de plasticidade na dominância ocular em adultos jovens, e mesmo capazes de permitir uma plasticidade substancial em animais mais velhos. Algumas dessas intervenções são não invasivas: enriquecimento ambiental, interação social (pela criação em grupos na mesma gaiola), estimulação visual e exercício, todos esses fatores aumentam a magnitude e a velocidade das mudanças que ocorrem após a privação monocular em adultos. Um segundo grupo de intervenções tem como alvo mecanismos que parecem afetar os momentos de abertura e fechamento dos períodos críticos normais. Como observado acima, o tratamento do córtex com condroitinase para romper redes perineuronais ou a interferência com os efeitos inibitórios da mielina sobre o crescimento axonal podem, ambos, estender ou reabrir o período crítico. De modo notável, o transplante de interneurônios inibitórios imaturos no córtex visual também pode reabrir o período crítico mesmo em camundongos de seis meses de idade.

Como as fortes evidências para os períodos críticos podem ser conciliadas com as novas evidências de reorganização de circuitos em adultos? A plasticidade observada em adultos é modesta e lenta em comparação àquela presente durante o período crítico, e seus mecanismos diferem em alguns aspectos daqueles da privação precoce. Essas diferenças resultam de dois fatores. Primeiro, do início da vida pós-natal até a adolescência, o ambiente molecular no encéfalo leva ao crescimento axonal, e os mecanismos celulares apresentam condições ideais para promover formação, reforço, enfraquecimento e eliminação de sinapses. Sob tais condições, os circuitos podem mudar facilmente em resposta à experiência. Por sua vez, elementos estruturais e moleculares dos circuitos maduros promovem a estabilidade e impedem a plasticidade. Segundo, em um circuito em desenvolvimento, não há um padrão de conectividade firmemente estabelecido, de modo que há menos obstáculos a serem vencidos. As conexões especificadas por determinantes genéticos são menos precisas, e as próprias conexões

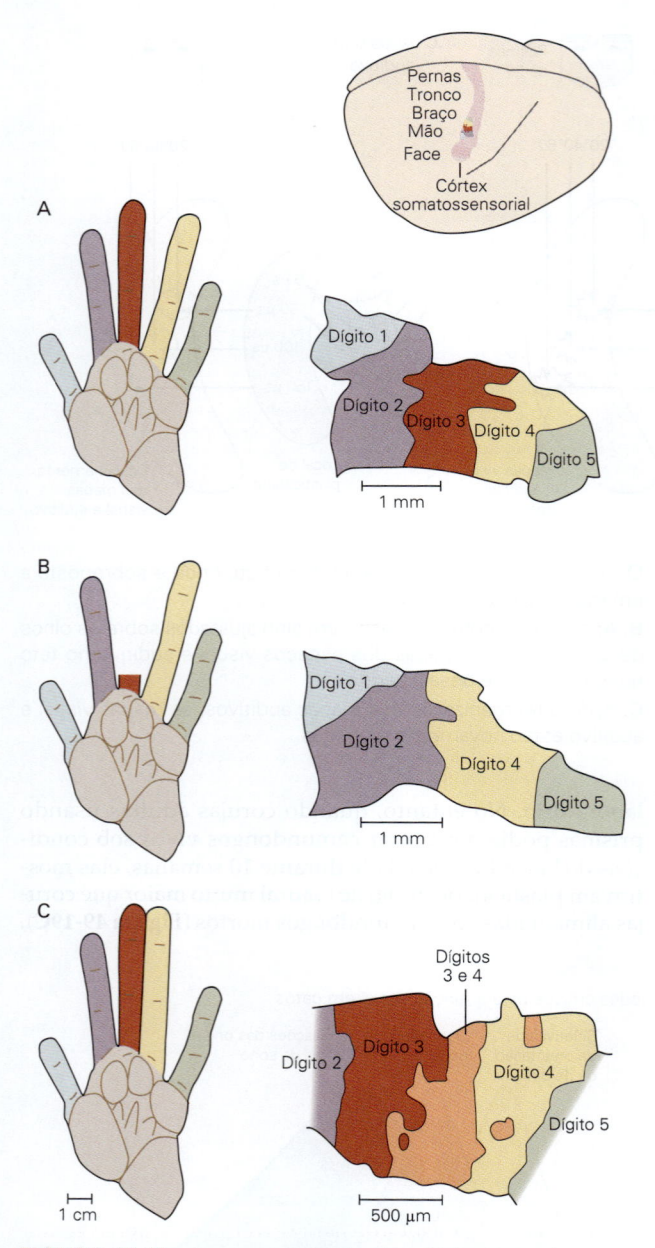

FIGURA 49-19 A representação dos dígitos no córtex somatossensorial pode ser remapeada em macacos adultos. (Adaptada, com **autorização**, de Merzenich et al. 1984, e Allard et al., 1991.)

A. Toques leves em pontos específicos nos dígitos (à *esquerda*) suscitam respostas de neurônios no córtex somatossensorial (à *direita*), revelando mapas topográficos ordenados de cada dígito na superfície cortical. Descontinuidades abruptas distinguem regiões relacionadas a dígitos adjacentes.

B. Após amputação de um dígito, a região cortical que previamente era responsiva a esse dígito torna-se não responsiva. Após diversos meses, axônios de dígitos adjacentes (2 e 4) formaram conexões sinápticas na área não responsiva.

C. Após os dígitos 3 e 4 terem sido unidos por sutura, eles recebem informações sensoriais simultaneamente, e as regiões corticais nas bordas das áreas que representam esses dígitos tornam-se responsivas a ambos.

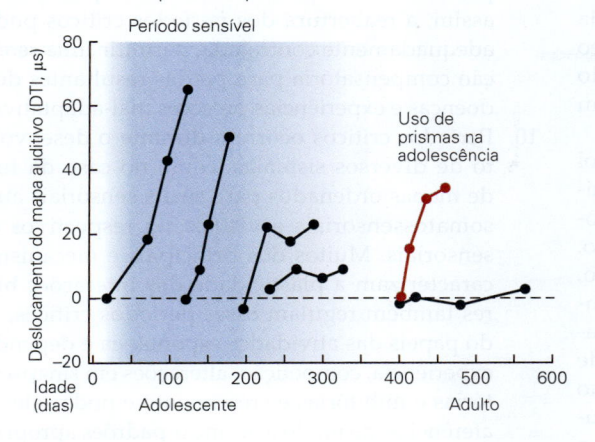

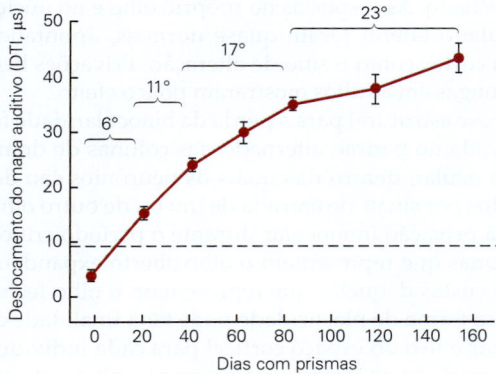

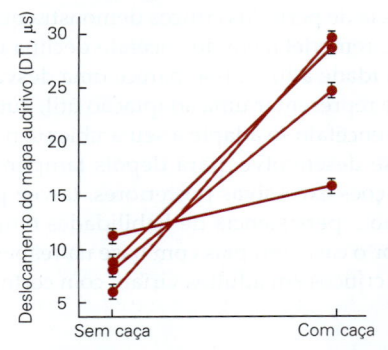

FIGURA 49-20 Diferentes condições comportamentais têm diferentes efeitos sobre o realinhamento dos mapas neurais visual e auditivo na coruja-de-igreja adulta.

A. O remodelamento dos mapas auditivos que resulta da utilização de óculos com prismas por um breve período durante a adolescência deixa um traço neural que pode ser reativado no adulto. Quando essas aves recebem novamente os óculos, na idade adulta, o mapa auditivo ainda é capaz de se realinhar com o mapa visual. (Sigla: **DTI**, diferença no tempo interaural.) (Reproduzida, com autorização, de Knudsen, 2002. Copyright © 2002 Springer Nature.)

B. Quando um animal recebe óculos com uma série de prismas, cada um produzindo um pequeno deslocamento da imagem visual, o mapa auditivo é alinhado de forma bem-sucedida. A linha pontilhada mostra o grau de realinhamento se o animal utilizasse um prisma de 23° no dia 0. (Reproduzida, com autorização, de Linkenhoker e Knudsen, 2002. Copyright © 2002 Springer Nature.)

C. Se uma coruja adulta tem oportunidade de caçar presas vivas enquanto utiliza os óculos com prismas, o remapeamento auditivo ocorre, talvez devido à maior motivação para uma percepção mais aguda. (Reproduzida, com autorização, de Bergan et al., 2005. Copyright © 2005 Society for Neuroscience.)

são relativamente fracas. Os padrões de atividade neural estimulados pela experiência refinam e mesmo realinham os padrões de conectividade.

Em suma, a experiência durante os períodos críticos tem um efeito potente nos circuitos, pois as condições celulares e moleculares são ideais para a plasticidade e o padrão de conectividade instruído por essa experiência não precisa competir com um padrão que já existe há algum tempo. Essas diferenças ajudam a explicar as intervenções especiais necessárias para estimular a plasticidade em adultos, tanto comportamentais quanto farmacológicas ou genéticas.

Destaques

1. Embora o sistema nervoso seja maleável ao longo de toda a vida, a plasticidade é particularmente grande durante intervalos de tempo restritos no início da vida pós-natal, chamados de períodos críticos. Alterações que ocorrem durante esses períodos são quase irreversíveis.

2. Os períodos críticos variam em seu tempo em relação a áreas encefálicas e tarefas. Por exemplo, crianças com estrabismo (vesgas) não terão uma boa visão estereoscópica, a não ser que seus olhos sejam cirurgicamente alinhados durante os primeiros anos do período pós-natal, e não é possível aprender uma nova língua sem sotaque após os primeiros anos da adolescência.

3. A riqueza na compreensão dos períodos críticos veio de estudos iniciados por Hubel e Wiesel acerca de como os sinais que chegam dos dois olhos são integrados no córtex. Eles privaram um olho de visão por períodos variáveis em gatos e macacos jovens. Em animais normais, a maioria dos neurônios no córtex visual respondia de modo binocular, mas, após a privação monocular por um breve período no início da vida pós-natal, a maior

parte das células corticais perdia permanentemente sua capacidade de responder aos sinais do olho que havia sido fechado. As respostas no próprio olho e no núcleo geniculado lateral foram quase normais, apontando para o córtex como o sítio de alteração. Privações bem mais longas em adultos mostraram pouco efeito.

4. Uma base estrutural para a perda da binocularidade foi observada no padrão alternado das colunas de dominância ocular, dentro das quais os neurônios são dominados por sinais de entrada de um ou de outro olho. Após a privação monocular durante o período crítico, as colunas que representam o olho aberto expandem-se, às custas daquelas que representam o olho fechado. Essa forma de plasticidade pode ter a finalidade de otimizar o uso do espaço cortical para cada indivíduo a cada período de tempo – por exemplo, alterando sutilmente interações binoculares na medida em que a cabeça cresce e os olhos tornam-se mais afastados um do outro.

5. A interação binocular reflete a competição entre os dois conjuntos de sinais de entrada, uma vez que visão e colunas simétricas são mantidas após a privação binocular. Muitas linhas de evidência indicam que a competição depende de padrões de atividade que surgem nos dois olhos, os sinais de cada olho tendo maior sincronia entre si do que com os sinais do outro olho. No período pós-natal, a sincronia é estimulada pela experiência visual. No período pré-natal, ou antes da abertura dos olhos, a atividade espontânea padronizada nos dois olhos responde pela sincronia.

6. Mecanismos celulares subjacentes aos efeitos da privação monocular têm sido estudados em grande detalhe em camundongos. Após a privação monocular, sinais do olho fechado são rapidamente enfraquecidos por um processo relacionado à depressão de longa duração (LTD). Pouco tempo depois, sinais do outro olho são reforçados, em parte por um mecanismo compensatório chamado plasticidade homeostática. O remodelamento estrutural dos axônios talâmicos e dos dendritos corticais ocorre posteriormente.

7. A maturação de interneurônios inibitórios é um determinante importante do momento de abertura do período crítico. O final do período crítico é marcado pela formação da mielina e de estruturas perineuronais ricas em proteoglicanos que dificultam o remodelamento estrutural.

8. Embora inicialmente se tenha acreditado que a plasticidade das interações binoculares fosse confinada ao início da vida pós-natal, sabe-se agora que os períodos críticos podem ser "reabertos" em certa medida na idade adulta. Em alguns casos, isso pode ser alcançado pela alteração do ambiente no qual o animal está inserido ou pela forma com que o animal experimenta um ambiente com estímulos modificados. Períodos críticos podem também ser reabertos pela manipulação de alguns dos fatores que normalmente os encerram na adolescência.

9. A plasticidade na idade adulta é modesta em magnitude e difícil de ser acionada em comparação com períodos críticos no início da vida pós-natal. Ainda assim, a reabertura dos períodos críticos poderia, se adequadamente controlada, permitir uma reorganização compensatória para perdas resultantes de lesões, doenças e experiências precoces mal-adaptativas.

10. Períodos críticos ocorrem durante o desenvolvimento de diversos sistemas, como no caso da formação de mapas ordenados para sinais sensoriais auditivos, somatossensoriais e visuais nos respectivos córtices sensoriais. Muitos dos princípios e mecanismos que caracterizam a plasticidade das interações binoculares também regulam esses períodos críticos, incluindo papeis das atividades espontânea e dependente de experiência, competição, alterações em sinapses excitatórias e inibitórias e crescimento e poda seletivos das aferências, de modo a alcançar padrões apropriados de conectividade no adulto.

11. A existência de períodos críticos demonstra que a capacidade de remodelagem do encéfalo declina marcadamente na idade adulta. Isso parece uma desvantagem, mas pode representar uma adaptação útil, que permite que cada encéfalo se adapte a seu ambiente na medida em que se desenvolve, para depois tamponá-lo contra alterações excessivas posteriores, talvez permitindo mesmo a persistência de habilidades e memórias. Se esse for o caso, terapias com base na reabertura dos períodos críticos em adultos viriam com certo ônus.

Joshua R. Sanes

Leituras selecionadas

Espinosa JS, Stryker MP. 2012. Development and plasticity of the primary visual cortex. Neuron 75:230–249.

Harlow HF. 1958. The nature of love. Am Psychol 13:673–685.

Hensch TK, Quinlan EM. 2018. Critical periods in amblyopia. Vis Neurosci 35:E014.

Hübener M, Bonhoeffer T. 2014. Neuronal plasticity: beyond the critical period. Cell 159:727–737.

Knudsen EI. 2002. Instructed learning in the auditory localization pathway of the barn owl. Nature 417:322–328.

Leighton AH, Lohmann C. 2016. The wiring of developing sensory circuits: from patterned spontaneous activity to synaptic plasticity mechanisms. Front Neural Circuits 10:71.

Thompson A, Gribizis A, Chen C, Crair MC. 2017. Activity-dependent development of visual receptive fields. Curr Opin Neurobiol 42:136–143.

Wiesel TN. 1982. Postnatal development of the visual cortex and the influence of environment. Nature 299:583–591.

Referências

Allard T, Clark SA, Jenkins WM, Merzenich MM. 1991. Reorganization of somatosensory area 3b representations in adult owl monkeys after digital syndactyly. J Neurophysiol 66:1048–1058.

Antonini A, Stryker MP. 1993. Rapid remodeling of axonal arbors in the visual cortex. Science 260:1819–1812.

Behen ME, Helder E, Rothermel R, Solomon K, Chugani HT. 2008. Incidence of specific absolute neurocognitive impairment in globally intact children with histories of early severe deprivation. Child Neuropsychol 14:453–469.

Bergan JF, Ro P, Ro D, Knudsen EI. 2005. Hunting increases adaptive auditory map plasticity in adult barn owls. J Neurosci 25:9816–9820.

Blankenship A, Ford K, Johnson J, et al. 2009. Synaptic and extrasynaptic factors governing glutamatergic retinal waves. Neuron 62:230–241.

Buonomano DV, Merzenich MM. 1998. Cortical plasticity: from synapses to maps. Annu Rev Neurosci 21:149–186.

Constantine-Paton M, Law MI. 1978. Eye-specific termination bands in tecta of three-eyed frogs. Science 202:639–641.

Davis MF, Figueroa Velez DX, et al. 2015. Inhibitory neuron transplantation into adult visual cortex creates a new critical period that rescues impaired vision. Neuron 86:1055–1066.

Eluvathingal TJ, Chugani HT, Behen ME, et al. 2006. Abnormal brain connectivity in children after early severe socioemotional deprivation: a diffusion tensor imaging study. Pediatrics 117:2093–2100.

Galli L, Maffei L. 1988. Spontaneous impulse activity of rat retinal ganglion cells in prenatal life. Science 242:90–91.

Hebb DO. 1949. *Organization of Behavior: A Neuropsychological Theory*. New York: Wiley.

Hensch TK. 2005. Critical period plasticity in local cortical circuits. Nat Rev Neurosci 6:877–888.

Hensch TK, Fagiolini M, Mataga N, Stryker MP, Baekkeskov S, Kash SF. 1998. Local GABA circuit control of experience--dependent plasticity in developing visual cortex. Science 282:1504–1508.

Hofer S, Mrsic-Flogel T, Bonhoeffer T, Hubener M. 2009. Experience leaves a lasting structural trace in cortical circuits. Nature 457:313–317.

Hong YK, Park S, Litvina EY, Morales J, Sanes JR, Chen C. 2014. Refinement of the retinogeniculate synapse by bouton clustering. Neuron 84:332–339.

Hubel DH, Wiesel TN. 1965. Binocular interaction in striate cortex of kittens reared with artificial squint. J Neurophysiol 28:1041–1059.

Hubel DH, Wiesel TN. 1977. Ferrier lecture: functional architecture of macaque monkey visual cortex. Proc R Soc Lond B Biol Sci 198:1–59.

Hubel DH, Wiesel TN, LeVay S. 1977. Plasticity of ocular dominance columns in monkey striate cortex. Philos Trans R Soc Lond B Biol Sci 278:377–409.

Khibnik LA, Cho KK, Bear MF. 2010. Relative contribution of feed forward excitatory connections to expression of ocular dominance plasticity in layer 4 of visual cortex. Neuron 66:493–500.

Kral A, Sharma A. 2012. Developmental neuroplasticity after cochlear implantation. Trends Neurosci 35:111–122.

Linkenhoker BA, Knudsen EI. 2002 Incremental training increases the plasticity of the auditory space map in adult barn owls. Nature 419:293–296.

Löwel S. 1994. Ocular dominance column development: strabismus changes the spacing of adjacent columns in cat visual cortex. J Neurosci 14:7451–7468.

McGee AW, Yang Y, Fischer QS, Daw NW, Strittmatter SM. 2005. Experience-driven plasticity of visual cortex limited by myelin and Nogo receptor. Science 309:2222–2226.

Meister M, Wong ROL, Baylor DA, Shatz CJ. 1991. Synchronous bursts of action potentials in ganglion cells of the developing mammalian retina. Science 252:939–943.

Merzenich MM, Nelson RJ, Stryker MP, Cynader MS, Schoppmann A, Zook JM. 1984. Somatosensory cortical map changes following digit amputation in adult monkeys. J Comp Neurol 224:591–605.

Nelson CA 3rd, Zeanah CH, Fox NA, Marshall PJ, Smyke AT, Guthrie D. 2007. Cognitive recovery in socially deprived young children: the Bucharest Early Intervention Project. Science 318:1937–1940.

Oray S, Majewska A, Sur M. 2004. Dendritic spine dynamics are regulated by monocular deprivation and extracellular matrix degradation. Neuron 44:1021–1030.

Pizzorusso T, Medini P, Berardi N, Chierzi S, Fawcett JW, Maffei L. 2002. Reactivation of ocular dominance plasticity in the adult visual cortex. Science 298:1248–1251.

Rakic P. 1981. Development of visual centers in the primate brain depends on binocular competition before birth. Science 214:928–931.

Sanes JR, Yamagata M. 1999. Formation of lamina-specific synaptic connections. Curr Opin Neurobiol 9:79–87.

Shatz CJ, Stryker MP. 1988. Prenatal tetrodotoxin infusion blocks segregation of retino-geniculate afferents. Science 242:87–89.

Van Sluyters RC, Levitt FB. 1980. Experimental strabismus in the kitten. J Neurophysiol 43:686–699.

Zhang J, Ackman JB, Xu HP, Crair MC. 2011. Visual map development depends on the temporal pattern of binocular activity in mice. Nat Neurosci 15:298–307.

50

Restauração do encéfalo lesionado

Danos ao axônio afetam tanto o neurônio quanto as células vizinhas
    A degeneração axonal é um processo ativo
    A axotomia leva a respostas reativas em células vizinhas
Axônios centrais mostram pouca regeneração após lesão
Intervenções terapêuticas podem promover a regeneração de neurônios centrais danificados
    Fatores ambientais sustentam a regeneração de axônios lesionados
    Componentes da mielina inibem o crescimento de neuritos
    Cicatrizes induzidas por lesões prejudicam a regeneração axonal
    Um programa intrínseco de crescimento promove a regeneração
    A formação de novas conexões por axônios intactos pode levar à recuperação da função após lesões
Neurônios no encéfalo lesionado morrem, mas novos neurônios podem nascer
Intervenções terapêuticas podem manter ou substituir neurônios centrais lesionados
    O transplante de neurônios ou de suas células progenitoras pode substituir neurônios perdidos
    A estimulação da neurogênese em regiões lesionadas pode contribuir para o restabelecimento funcional
    O transplante de células não neuronais ou de suas células progenitoras pode melhorar a função neuronal
    A restauração da função é o objetivo das terapias regenerativas
Destaques

DURANTE A MAIOR PARTE DE SUA HISTÓRIA, A NEUROLOGIA foi vista como uma disciplina de notável rigor diagnóstico, mas de pouca eficácia terapêutica. Em resumo, neurologistas têm sido reconhecidos por sua capacidade de localizar lesões com alta precisão, mas, até recentemente, tinham pouco a oferecer em termos de tratamento. Atualmente, essa situação vem mudando.

Avanços na compreensão da estrutura, da função e da química dos neurônios encefálicos, das células gliais e das sinapses levaram a novas ideias acerca de tratamentos. Muitos deles estão agora sendo testados clinicamente, e alguns já estão disponíveis para os pacientes. A neurociência do desenvolvimento está contribuindo de forma importante para essa mudança, por três razões em especial. Primeiro, esforços para preservar ou substituir neurônios perdidos em lesões ou por doenças têm como base avanços recentes na compreensão dos mecanismos que controlam a geração e a morte das células nervosas (ver Capítulos 45 e 46). Segundo, esforços no sentido de melhorar a regeneração de vias neurais após uma lesão apoiam-se firmemente naquilo que é aprendido acerca do crescimento dos axônios e da formação de sinapses (ver Capítulos 47 e 48). Terceiro, há evidências crescentes de que alguns transtornos encefálicos devastadores, como o autismo e a esquizofrenia, sejam o resultado de distúrbios na formação de circuitos neurais no período embrionário ou no início da vida pós-natal. Assim, estudos sobre o desenvolvimento normal podem fornecer fundamentos essenciais para que seja descoberto de modo preciso o que ocorre de errado no caso dessas doenças.

Neste capítulo, nos concentramos nas duas primeiras questões: como os neurocientistas esperam aumentar a capacidade limitada dos neurônios de recuperar a função normal. Inicia-se descrevendo como os axônios se degeneram após o axônio com seu terminal separar-se do corpo celular. A regeneração de axônios seccionados é vigorosa no sistema nervoso periférico de mamíferos e no sistema nervoso central de vertebrados inferiores, porém muito ineficiente no sistema nervoso central de mamíferos. Muitos pesquisadores têm buscado razões para essas diferenças, na esperança de que esse entendimento leve a métodos para melhorar a recuperação do encéfalo e da medula espinal após uma lesão. De fato, será visto que foram descobertas várias diferenças na capacidade regenerativa dos neurônios dos mamíferos, cada uma possibilitando novas e promissoras abordagens para terapias.

Consideraremos então uma consequência ainda mais terrível da lesão neural: a morte dos neurônios.

A incapacidade do encéfalo adulto de formar novos neurônios tem sido o dogma central das neurociências desde que o neuroanatomista pioneiro Santiago Ramón y Cajal declarou que, no sistema nervoso central lesionado, "tudo pode morrer, nada pode ser regenerado". Essa visão pessimista dominou a neurologia durante a maior parte do último século, apesar do fato de Ramón y Cajal ter acrescentado que "é trabalho da ciência do futuro mudar, se possível, esse duro decreto". É notável que, nas últimas poucas décadas, acumularam-se evidências de que de fato ocorre neurogênese em certas regiões do encéfalo de mamíferos adultos. Essa descoberta ajudou a acelerar o ritmo das pesquisas sobre as formas de estimular a neurogênese e substituir neurônios após lesões. Mais de um século depois, neurocientistas estão finalmente começando a reverter o "decreto cruel" de Ramon y Cajal.

Danos ao axônio afetam tanto o neurônio quanto as células vizinhas

Uma vez que os neurônios apresentam axônios muito longos e corpos celulares de tamanho modesto, a maioria das lesões no sistema nervoso central ou no sistema nervoso periférico envolve lesões em axônios. A transecção do axônio, seja por corte ou esmagamento, é denominada *axotomia*, e tem diversas consequências.

A degeneração axonal é um processo ativo

A axotomia divide o axônio em duas porções: um segmento proximal, que continua conectado ao corpo celular, e um segmento distal, que perdeu essa conexão crucial. A axotomia condena o segmento distal do axônio porque os suprimentos de energia decaem num curto período de tempo. As alterações logo tornam-se irreversíveis. A transmissão sináptica falha nos terminais nervosos seccionados, e os níveis de cálcio aumentam dentro do axônio. O cálcio ativa proteases, iniciando um programa de desmontagem e degradação do citoesqueleto, e segue-se a degeneração física do axônio. Uma vez iniciada a desnervação, sua progressão é relativamente rápida e prossegue inexoravelmente até a conclusão (**Figura 50-1**). Essa resposta degenerativa é o primeiro passo de uma elaborada constelação de mudanças, chamada *degeneração walleriana*, que foi inicialmente descrita em 1850 por Augustus Waller.

A degeneração dos axônios seccionados foi por muito tempo considerada um processo passivo, consequência da separação do corpo celular, onde a maioria das proteínas da célula é sintetizada. Na falta de uma fonte de novas proteínas, pensava-se que o coto distal simplesmente murchava. No entanto, a descoberta e a análise de um mutante de ocorrência espontânea em camundongos, denominado *Wlds* (do inglês *Wallerian degeneration slow*), desafiava essa visão (**Figura 50-2**). Em camundongos mutantes *Wlds*, os cotos distais dos nervos periféricos persistem por várias semanas após a transecção, cerca de 10 vezes mais do que em camundongos normais. Esta notável descoberta sugeriu que a degeneração não é uma consequência passiva da separação do corpo celular, mas sim uma resposta regulada ativamente.

A análise dos camundongos mutantes *Wlds* levou a novas percepções sobre a natureza dessa regulação. A mutação levou à formação de uma forma mutante da enzima nicotinamida mononucleotídeo adeniltransferase 1 (NMNAT1), envolvida na biossíntese de um cofator metabólico, o dinucleotídeo nicotinamida adenina (NAD). Uma enzima relacionada, NMNAT2, que está normalmente presente no axônio, torna-se bastante instável e decompõe-se rapidamente após a axotomia, o que leva à perda de NAD, que é crítica

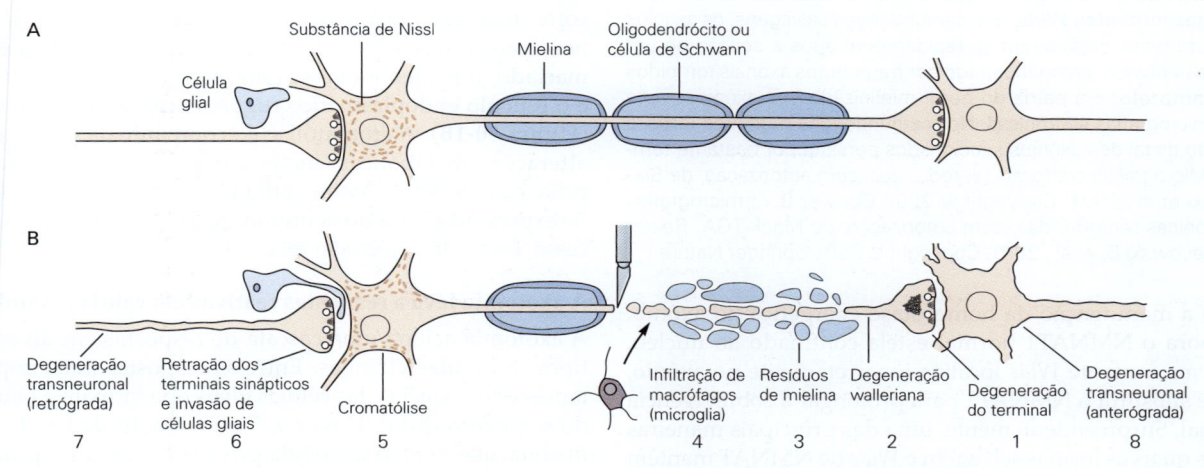

FIGURA 50-1 A axotomia afeta o neurônio lesionado e seus parceiros sinápticos.
A. Um neurônio normal, com um axônio funcional intacto envolvido por células produtoras de mielina, estabelece contato com um neurônio pós-sináptico. O corpo celular do neurônio é, ele próprio, um alvo pós-sináptico.
B. Após a axotomia, os terminais nervosos do neurônio lesionado começam a degenerar-se (**1**). O coto axonal distal, separado do corpo celular parental, torna-se irregular e sofre degeneração walleriana (**2**). A mielina começa a se fragmentar (**3**), e o local da lesão é invadido por células fagocíticas (**4**). O corpo celular do neurônio lesionado sofre cromatólise. O corpo celular fica edemaciado, e o núcleo move-se para uma posição excêntrica (**5**). Terminais sinápticos que estabelecem contato com o neurônio lesionado retiram-se, e o local sináptico é invadido por processos de células gliais (**6**). As aferências do neurônio lesionado (**7**), assim como suas eferências (**8**), podem atrofiar e degenerar.

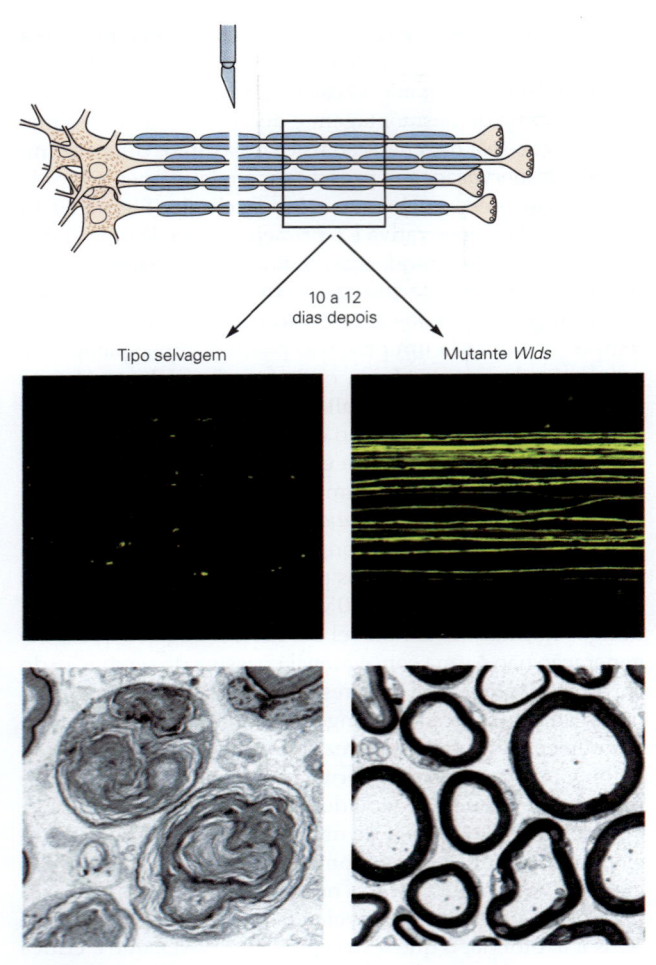

FIGURA 50-2 A degeneração axonal é atrasada em camundongos mutantes *Wlds*. Em camundongos selvagens, os axônios no coto distal degeneram-se rapidamente após a secção de um nervo periférico, como mostrado por fragmentos axonais rompidos (**em amarelo**) e a perda do perfil mielinizado dos axônios, vista nas micrografias eletrônicas. Nos camundongos mutantes *Wlds*, a porção distal dos axônios seccionados persiste por bastante tempo. (Micrografias confocais reproduzidas, com autorização, de Beirowski et al., 2004. Copyright © 2004 Elsevier B.V.; micrografias eletrônicas reproduzidas, com autorização, de Mack TGA, Reiner M, Beirowski B, et al., 2001. Copyright © 2001 Springer Nature.)

para a manutenção da homeostase energética no axônio. Embora o NMNAT1 normal esteja confinado ao núcleo, a forma mutante *Wlds* localiza incorretamente no axônio, onde substitui o NMNAT2 para prolongar a sobrevivência axonal. Surpreendentemente, uma das principais maneiras pelas quais as formas selvagem e *Wlds* de NMNAT mantêm os níveis de NAD não é o sintetizando, mas inibindo outra proteína, SARM1*, que degrada o NAD. Assim, a perda de SARM protege os axônios danificados, enquanto a ativação de SARM1 leva à degeneração (**Figura 50-3A**). Várias outras proteínas modulam essa via central (**Figura 50-3B**).

---

*N. de RT. A SARM1 (do inglês *sterile alpha and TIR motif-containing protein 1*) é uma proteína adaptadora de receptores Toll-like que tem atividade de NAD(P)ase.

Juntas, essas animadoras novas descobertas fornecem uma resposta para a questão de por que, após a axotomia, o coto distal degenera enquanto o coto proximal é preservado. A explicação convencional de que o coto distal é privado de nutrientes normalmente fornecidos pelo corpo celular é incompleta. Em vez disso, uma via de sinalização no axônio detecta danos e rapidamente desencadeia a degeneração. Nesse cenário, o elemento chave fornecido pelo axônio é o NMNAT2. Sua degradação após a axotomia desinibe SARM1 e, talvez em paralelo com a ativação de fatores que estimulam SARM1, desencadeia a perda de NAD, levando à crise energética que resulta na degeneração walleriana.

Essas descobertas recentes podem ser úteis na elaboração de tratamentos para distúrbios neurológicos nos quais a degeneração axonal é proeminente e geralmente precede a morte neuronal. A esclerose lateral amiotrófica (ELA), uma doença fatal dos neurônios motores, é um desses distúrbios. Outras possibilidades incluem algumas formas de atrofia muscular espinal, a doença de Parkinson e mesmo a doença de Alzheimer. A degeneração axonal nessas doenças, assim como ocorre após agressões metabólicas, tóxicas ou inflamatórias, assemelha-se à degeneração que segue traumas agudos, e pode ser regulada de forma semelhante. Desse modo, enquanto é improvável que métodos para salvar a porção distal de axônios seccionados sejam utilizados clinicamente para tratar pacientes que tenham sofrido lesões traumáticas, as mesmas técnicas podem ser úteis para o tratamento de doenças neurodegenerativas.

Embora a porção proximal do axônio continue ligada ao corpo celular, ela também sofre. Em alguns casos, o próprio neurônio morre por apoptose, provavelmente porque a axotomia isola o corpo celular neuronal de seu suprimento de fatores tróficos fornecidos pela célula-alvo. Mesmo quando isso não ocorre, o corpo celular frequentemente sofre uma série de alterações celulares e bioquímicas, denominadas *reações cromatolíticas*: o corpo celular fica edemaciado, o núcleo move-se para uma posição excêntrica, e o retículo endoplasmático rugoso torna-se fragmentado (**Figura 50-1B**). A cromatólise é acompanhada por outras alterações metabólicas, incluindo aumento nas sínteses proteica e de RNA, assim como uma mudança no padrão de expressão gênica do neurônio. Se a regeneração tiver sucesso, essas alterações são revertidas.

A axotomia leva a respostas reativas em células vizinhas

A axotomia aciona uma cascata de respostas em diversos tipos de células vizinhas. Entre as respostas mais importantes estão aquelas das células gliais que formam a bainha do segmento distal. Uma é a fragmentação da bainha de mielina, que é então removida pelos fagócitos. Esse processo é rápido no sistema nervoso periférico, onde as células de Schwann produtoras de mielina "quebram" a mielina em pequenos fragmentos, engolfando-os. As células de Schwann então dividem-se e secretam fatores que recrutam macrófagos da corrente sanguínea. Os macrófagos, por sua vez, auxiliam as células de Schwann na eliminação de debris. As células de Schwann também produzem fatores de crescimento que promovem a regeneração axonal, um ponto que será retomado posteriormente.

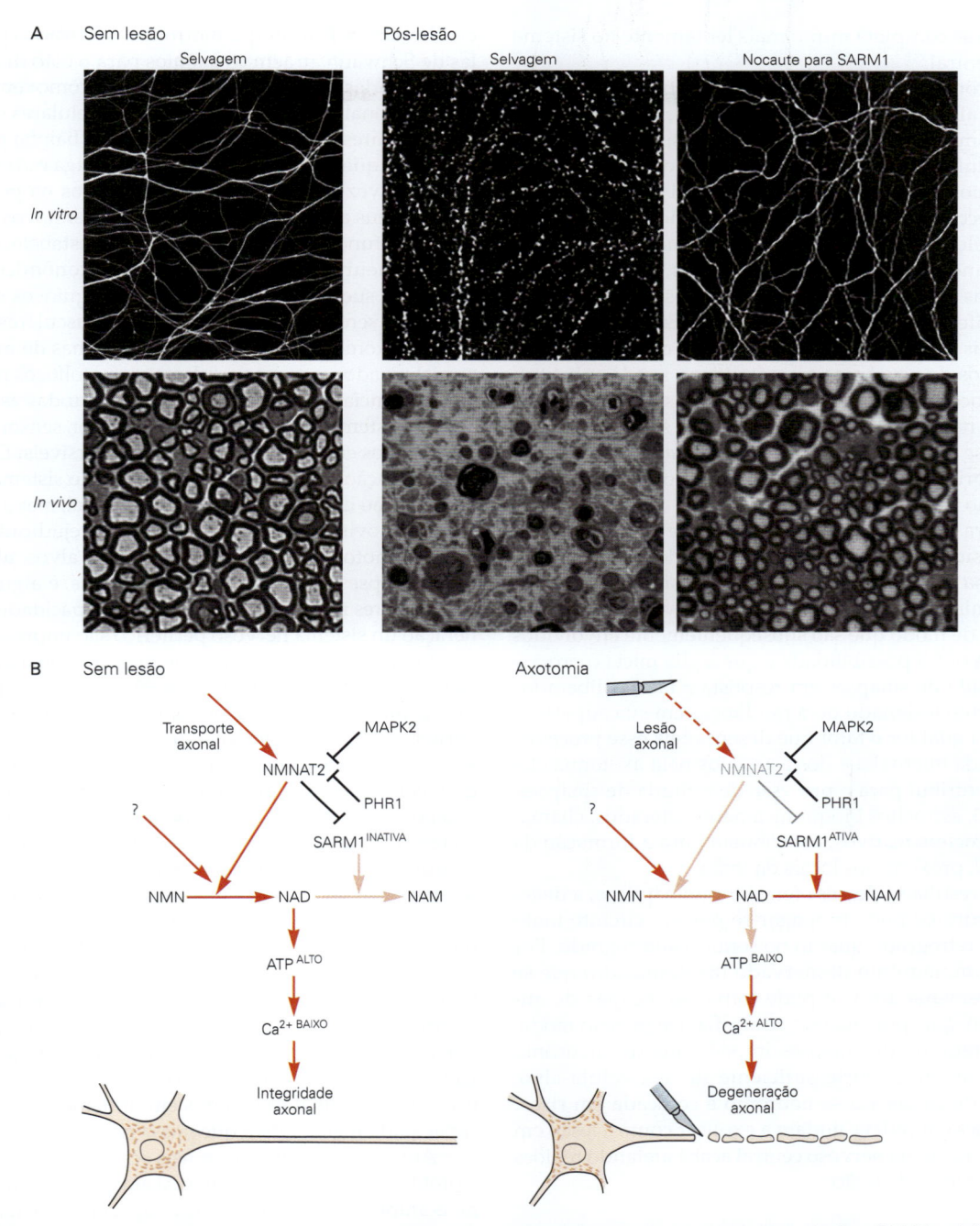

FIGURA 50-3 Uma via central regula a degeneração do axônio após a axotomia em camundongos.

A. Lesão nos neuritos *in vitro* leva à degeneração das porções separadas do corpo celular. Da mesma forma, a axotomia *in vivo* leva à degeneração walleriana, como mostrado pela perda de perfis mielinizados na secção transversal. Os axônios *in vitro* e *in vivo* são poupados se o gene SARM1 for eliminado. (De Gerdts et al., 2013.)
B. A NMNAT2, intimamente relacionada com a proteína mutante *Wlds*, está normalmente presente nos axônios. Ela pode gerar dinucleotídeo de nicotinamida adenina (**NAD**) e inibir SARM1, que degrada NAD. Altos níveis de NAD são necessários para o metabolismo energético, mantendo os níveis de trifosfato de adenosina (**ATP**) altos e os níveis de cálcio baixos no axônio. Após a axotomia, os níveis de NMNAT2 diminuem rapidamente, desinibindo o SARM1. Os níveis de NAD caem, o ATP é depletado, os níveis de cálcio aumentam, as proteases dependentes de cálcio são ativadas e o axônio é degradado. Uma cinase (MAPK2) e uma ubiquitina-ligase (PHR1) regulam a via.

Em contraste, no sistema nervoso central, os oligodendrócitos formadores de mielina têm pouca ou nenhuma capacidade de eliminar a mielina, e a remoção de debris depende de células fagocíticas residentes chamadas *microglia*. Essa diferença nas propriedades celulares pode ajudar a explicar a observação de que a degeneração walleriana se completa muito mais lentamente no sistema nervoso central.

A axotomia também afeta tanto as entradas sinápticas quanto os alvos sinápticos do neurônio lesionado. Quando a axotomia interrompe os principais sinais de entrada de uma célula – como acontece no músculo desnervado ou em neurônios do núcleo geniculado lateral quando o nervo óptico é seccionado – as consequências são graves. Geralmente, a célula-alvo atrofia-se, podendo morrer em alguns casos. Quando os alvos são desnervados apenas parcialmente, suas respostas são mais limitadas. Além disso, a axotomia afeta neurônios pré-sinápticos. Em muitos casos, os terminais sinápticos são removidos do corpo celular ou de dendritos de neurônios cromatolíticos, sendo substituídos por processos de células gliais – células de Schwann na periferia e na microglia, ou astrócitos, no sistema nervoso central. Esse processo, denominado *retirada de sinapses* (*stripping*), deprime a atividade sináptica e pode prejudicar a recuperação funcional.

Embora o mecanismo da retirada de sinapses ainda não tenha sido esclarecido, duas possibilidades foram propostas. Uma delas sugere que a lesão pós-sináptica faz com que os terminais axonais percam sua adesividade aos locais sinápticos, de modo que são subsequentemente envolvidos pela glia. A outra possibilidade é que a glia inicia o processo de retirada de sinapses em resposta a fatores liberados pelo neurônio lesionado ou a mudanças em sua superfície celular. Seja qual for o fator que desencadeia esse processo, a ativação da microglia e dos astrócitos pela axotomia claramente contribui para o processo de retirada de sinapses. Além disso, astrócitos bioquimicamente alterados, chamados de astrócitos reativos, contribuem para a formação da *cicatriz glial*, próxima aos locais da lesão.

Como resultado desses efeitos transsinápticos, a degeneração neuronal pode propagar-se por um circuito tanto no sentido retrógrado quanto no sentido anterógrado. Por exemplo, um neurônio desnervado (axotomizado) que se torna gravemente atrófico pode tornar-se incapaz de ativar seu alvo, que, por sua vez, se atrofia. Do mesmo modo, quando a retirada de sinapses impede que um neurônio aferente obtenha suporte suficiente de sua célula-alvo, a chegada de sinais a esse neurônio é colocada em risco. Essas reações em cadeia ajudam a explicar como a lesão em uma área do sistema nervoso central acaba afetando regiões distantes do local da lesão.

Axônios centrais mostram pouca regeneração após lesão

Nervos centrais e periféricos diferem bastante em sua capacidade de regeneração após lesões. Os nervos periféricos com frequência podem ser reparados após uma lesão. Embora os segmentos distais dos neurônios degenerem, elementos do tecido conectivo que cercam o coto distal geralmente sobrevivem.

Brotos axonais crescem do coto proximal, entram no coto distal e crescem ao longo do nervo em direção a seus alvos (**Figura 50-4**). Os mecanismos que acionam esse processo estão relacionados àqueles que guiam os axônios embrionários. Fatores quimiotróficos secretados pelas células de Schwann atraem os axônios para o coto distal, moléculas de adesão dentro do coto distal promovem o crescimento axonal ao longo de membranas celulares e matrizes extracelulares, e moléculas inibitórias na bainha perineural impedem que o axônio em regeneração siga outra rota.

Uma vez que os axônios regenerados na periferia alcançam seus alvos, eles podem estabelecer novos terminais nervosos funcionais. Axônios motores estabelecem novas junções neuromusculares; axônios autonômicos reinervam, com sucesso, glândulas, vasos sanguíneos e vísceras; e axônios sensoriais reinervam fusos musculares. Por fim, aqueles axônios que perderam suas bainhas de mielina são remielinizados, e corpos celulares cromatolíticos recuperam sua aparência original. Desse modo, em todas as três divisões do sistema nervoso periférico – motor, sensorial e autonômico – os efeitos da axotomia são reversíveis. Entretanto, a regeneração periférica não é perfeita. No sistema motor, a recuperação da força pode ser considerável, mas a recuperação dos movimentos finos é, em geral, prejudicada. Alguns axônios motores nunca encontram seus alvos, alguns formam sinapses em músculos inadequados, e alguns neurônios motores morrem. Ainda assim, as capacidades de regeneração do sistema nervoso periférico são impressionantes.

Em contraste, a regeneração após a lesão é precária no sistema nervoso central (**Figura 50-4**). Os cotos proximais dos axônios lesionados podem apresentar brotamentos curtos, formando terminais que logo deixam de crescer e se tornam edemaciados, os chamados "bulbos de retração", que não conseguem progredir. A regeneração a longas distâncias é rara. A falha da regeneração central é o que levou à crença de longa data de que as lesões no encéfalo e na medula espinal são em grande parte irreversíveis e de que a terapia deve ser restrita a medidas de reabilitação.

Há algum tempo, neurobiólogos têm buscado razões que expliquem as diferenças significativas entre as capacidades regenerativas do sistema nervoso central e do sistema nervoso periférico. O objetivo deste trabalho foi identificar as principais barreiras para a regeneração para que possam ser superadas. Esses estudos começaram a dar frutos, e há agora um otimismo cauteloso de que o encéfalo e a medula espinal lesionados em humanos possuam uma capacidade regenerativa que possa por fim ser utilizada.

Antes de discutir esses novos achados, é útil considerar o problema da regeneração neural em um contexto biológico mais amplo. O que é incomum: a capacidade de regeneração dos axônios periféricos ou a incapacidade dos axônios centrais? De fato, a segunda situação é incomum. Obviamente, os axônios centrais apresentam bom crescimento durante o desenvolvimento. O que surpreende é o fato de que os axônios de mamíferos imaturos também podem se regenerar após transecção do encéfalo ou da medula espinal. Além disso, a regeneração é robusta no sistema nervoso central de vertebrados inferiores, como peixes e rãs, como exemplificado pelos estudos de Roger Sperry acerca da restauração da visão após lesão do nervo óptico (ver Capítulo 47).

Sendo assim, por que os mamíferos adultos perderam essa capacidade de reparo aparentemente tão importante? A resposta pode estar na *capacidade* ímpar do encéfalo dos

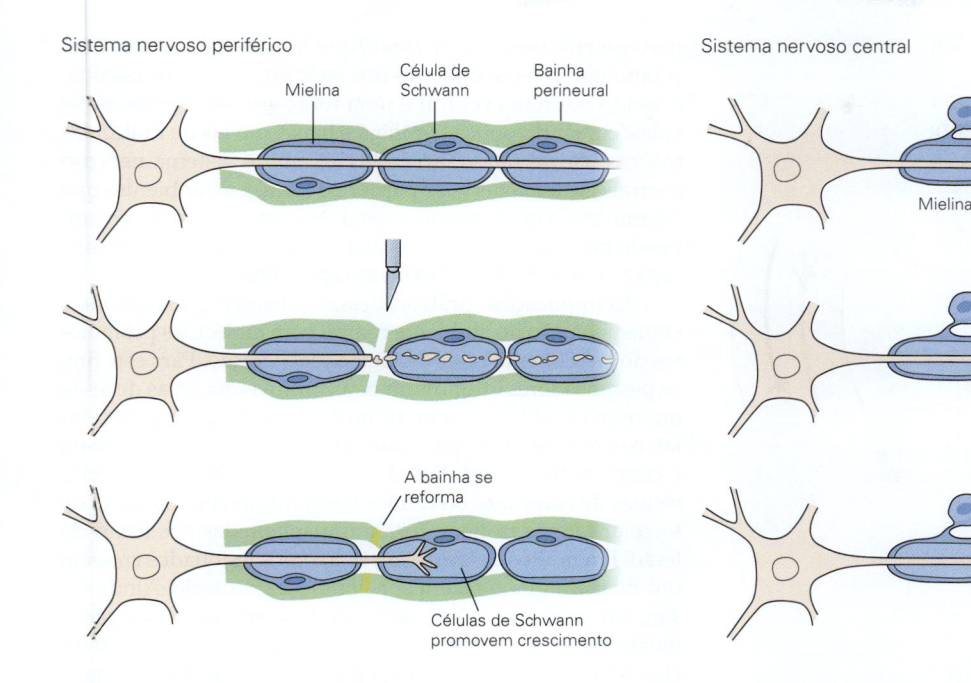

FIGURA 50-4 Os axônios periféricos se regeneram melhor do que os do sistema nervoso central. Após a secção de um nervo periférico, a bainha perineural reconstitui-se rapidamente, e as células de Schwann no coto distal promovem o crescimento axonal, produzindo fatores tróficos e sinais atrativos, bem como expressando altos níveis de proteínas de adesão. Após a secção de um axônio no sistema nervoso central, o segmento distal desintegra-se e a mielina fragmenta-se. Além disso, astrócitos reativos e macrófagos são atraídos para o local da lesão. Esse meio celular complexo, denominado *cicatriz glial*, inibe a regeneração axonal.

mamíferos de remodelar seu diagrama básico de circuitos de acordo com a experiência durante períodos críticos no início da vida pós-natal, de modo que cada encéfalo individual é otimizado para lidar com as mudanças e desafios dos ambientes interno e externo (ver Capítulo 49). Uma vez que a remodelação tenha ocorrido, ela deve ser estabilizada. Embora seja obviamente útil reatribuir o espaço cortical a um olho se o outro estiver cego na infância, não queremos que nossas conexões corticais sejam reorganizadas de maneira semelhante em resposta a um período breve de iluminação incomum ou escuridão. A manutenção da constância mediante pequenas perturbações na conectividade pode, assim, levar à inevitável consequência de limitar a capacidade de regeneração das conexões centrais em resposta a lesões. Nessa visão, nossa capacidade regenerativa limitada é uma barganha faustiana (personagem de Goethe), na qual sacrificamos o poder de recuperação para garantir a manutenção de circuitos precisamente conectados que fundamentam nossa capacidade intelectual superior.

Intervenções terapêuticas podem promover a regeneração de neurônios centrais danificados

Ao buscar-se razões para a regeneração precária dos axônios centrais, uma questão crítica é se isso reflete uma incapacidade dos próprios neurônios de crescer ou uma incapacidade do ambiente de suportar o crescimento axonal. Essa questão foi investigada por Albert Aguayo e colaboradores no início da década de 1980. Eles inseriram segmentos de um tronco nervoso central em um nervo periférico e segmentos de um nervo periférico no cérebro ou na medula espinal para descobrir como os axônios responderiam quando confrontados com um novo ambiente.

Como esperado, os axônios dos enxertos, que foram separados de seus somatos, degeneraram-se prontamente, deixando "cotos distais" contendo glia, células de suporte e matriz extracelular. O que chamou a atenção foi o comportamento dos axônios próximos aos segmentos translocados. Os axônios espinais que se regeneraram mal após a lesão da medula espinal cresceram vários centímetros para dentro do enxerto periférico (**Figura 50-5**). Da mesma forma, os axônios da retina, que se regeneraram mal após danos ao nervo óptico, cresceram longas distâncias em um enxerto periférico colocado em seu caminho. Por sua vez, axônios periféricos regeneraram-se muito bem através de seu próprio tronco nervoso distal, mas muito pouco quando colocados em um nervo óptico seccionado (**Figura 50-6**).

Aguayo estendeu esses estudos para mostrar que axônios de várias regiões, incluindo o bulbo olfativo, o tronco encefálico e o mesencéfalo, poderiam se regenerar longas distâncias se fornecido um ambiente adequado. Mesmo um ambiente ideal não pode restaurar totalmente o potencial de crescimento dos axônios centrais por razões que discutiremos em uma seção posterior. Ainda assim, esses experimentos pioneiros tiveram como foco componentes do ambiente central que inibem a capacidade regenerativa e que motivaram uma intensa busca pelas moléculas responsáveis.

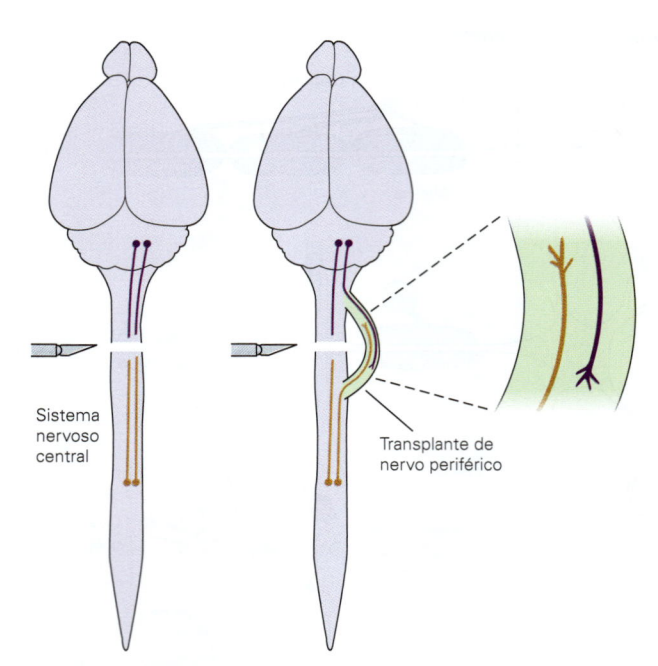

FIGURA 50-5 Um nervo periférico transplantado fornece um ambiente favorável para a regeneração dos axônios centrais. *À esquerda*: após a secção da medula espinal, axônios ascendentes e descendentes não conseguem atravessar o local da lesão. *À direita*: inserção de um enxerto de nervo periférico formando uma ponte, que permite um novo caminho ao redor do local da lesão, promove a regeneração de axônios ascendentes e descendentes. (Adaptada de David e Aguayo, 1981.)

Fatores ambientais sustentam a regeneração de axônios lesionados

As pesquisas iniciais em busca de diferenças entre os ambientes central e periférico para o crescimento foram influenciadas pelos resultados de experimentos realizados por Jorge Tello-Muñoz, discípulo de Ramón y Cajal, quase um século antes dos estudos de Aguayo. Tello-Muñoz transplantou segmentos de nervos periféricos para encéfalos de animais experimentais e constatou que axônios centrais lesionados cresciam em direção aos implantes, ao passo que mal cresciam quando os implantes não estavam disponíveis.

Esse resultado indica que células periféricas fornecem fatores promotores do crescimento para áreas lesionadas, os quais estão normalmente ausentes no encéfalo. Ramón y Cajal deduziu que vias nervosas centrais eram desprovidas de "substâncias capazes de sustentar e dar vigor ao crescimento indolente e escasso", como aquelas fornecidas pelas vias periféricas. Diversos estudos ao longo do século que se seguiu identificaram constituintes dos nervos periféricos que são potentes promotores do crescimento excessivo de neuritos. Tais constituintes incluem componentes da lâmina basal da célula de Schwann, como a laminina, e moléculas de adesão celular da superfamília das imunoglobulinas. Além disso, as células em cotos de nervos distais desnervados começam a produzir neurotrofinas e outras moléculas tróficas do tipo descrito no Capítulo 46. Juntas, essas moléculas nutrem os neurônios e guiam o crescimento dos axônios no sistema nervoso embrionário, de modo que faz sentido que também promovam o recrescimento dos axônios. Em contrapartida, o tecido neuronal central é uma fonte escassa dessas moléculas, contendo pouca laminina e baixos níveis de moléculas tróficas. Desse modo, no embrião, ambos sistema nervoso central e sistema nervoso periférico fornecem ambientes que promovem o crescimento axonal. No entanto, apenas o ambiente periférico retém essa capacidade na idade adulta ou é capaz de retomá-la efetivamente após uma lesão.

As implicações práticas dessas considerações são que a suplementação do ambiente central com moléculas promotoras do crescimento pode facilitar a regeneração. Para este fim, os pesquisadores infundiram neurotrofinas em áreas de lesão ou inseriram fibras ricas em moléculas de matriz extracelular, como a laminina, para que servissem como suporte para o crescimento axonal. Em alguns experimentos, as próprias células de Schwann, ou células modificadas com o intuito de secretar fatores tróficos, foram transplantadas nos locais de lesão. Em muitos desses casos, os axônios lesionados crescem um mais do que o fazem sob condições controle. Ainda assim, a regeneração continua limitada, com os axônios geralmente falhando em recuperar-se ao longo de grandes distâncias. Mais importante, a recuperação funcional era mínima.

Componentes da mielina inibem o crescimento de neuritos

Qual a causa dessa regeneração tão limitada e tão desapontadora? Uma parte da explicação é que o ambiente encontrado pelos axônios centrais seccionados não é apenas pobre em fatores promotores de crescimento, mas também rico em fatores inibidores do crescimento, alguns dos quais são derivados da mielina. Em cultura celular, fragmentos de mielina central, mas não de mielina periférica, inibem potentemente o crescimento de neuritos de neurônios centrais ou periféricos co-cultivados. Por outro lado, o brotamento de colaterais de axônios espinais após uma lesão intensifica-se em ratos tratados para impedir a formação de mielina na medula espinal (**Figura 50-7**).

Esses achados mostram que, embora ambientes centrais e periféricos possam conter um suprimento de elementos promotores do crescimento, os nervos centrais também contêm componentes inibidores. O fato de a mielina inibir o crescimento de neuritos pode parecer peculiar, mas não se considerarmos que a mielinização ocorre normalmente após o nascimento, quando a extensão do axônio já encontra-se praticamente completa.

As buscas pelos componentes inibitórios da mielina central resultaram em um embaraço de importantes informações. Diversas classes de moléculas que são encontradas em níveis mais altos na mielina central, em comparação com a mielina periférica, são capazes de inibir o crescimento de neuritos quando presentes em cultura de neurônios. A primeira dessas moléculas a ser descoberta foi identificada quando um anticorpo gerado contra proteínas da mielina mostrou ser capaz de neutralizar parcialmente a capacidade da mielina de inibir o crescimento de neuritos. O uso desse anticorpo para isolar o antígeno correspondente levou à proteína atualmente denominada Nogo. Descobriu-se que duas outras proteínas, a glicoproteína associada à mielina (MAG) e a glicoproteína de mielina de

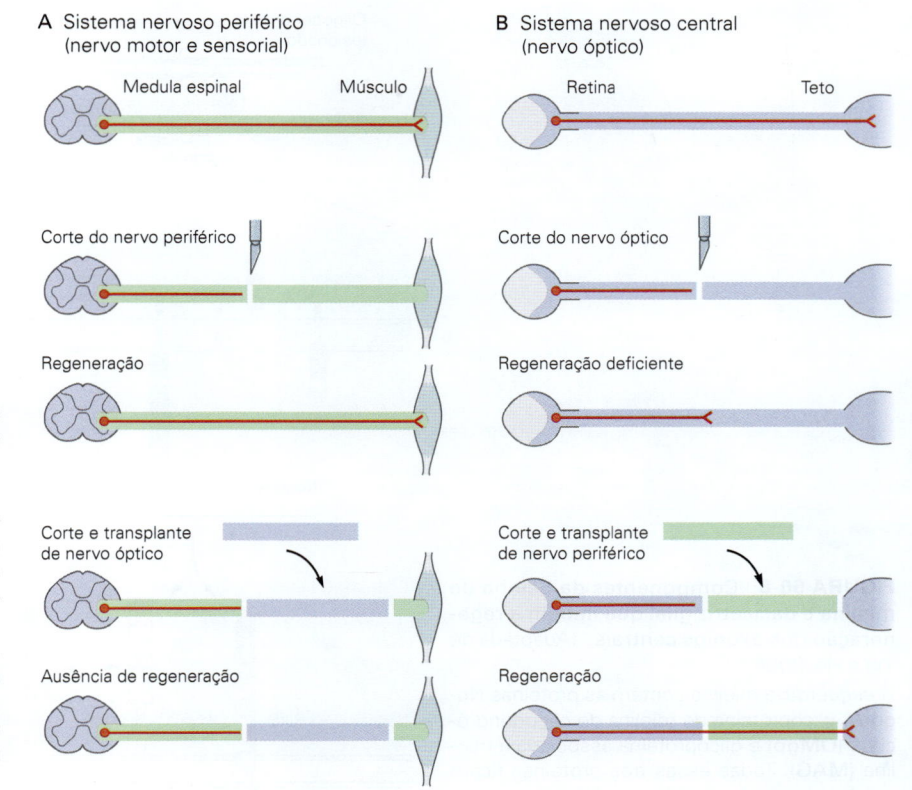

FIGURA 50-6 Os nervos periféricos e centrais diferem em sua capacidade de dar suporte à regeneração axonal.

A. No sistema nervoso periférico, axônios seccionados crescem novamente no local da lesão. A inserção de um segmento de nervo óptico em um nervo periférico suprime a capacidade de regeneração do nervo periférico.

B. No sistema nervoso central, axônios seccionados, em geral, são incapazes de crescer novamente no local da lesão. A inserção de um segmento de nervo periférico em um trato nervoso central promove a regeneração.

oligodendrócitos (OMgp), inicialmente isoladas como importantes componentes da mielina, também inibem o crescimento de alguns tipos neuronais.

Curiosamente, Nogo, MAG e OMgp ligam-se, cada uma, aos receptores comuns na membrana NogoR e PirB (do inglês *paired immunoglobulin-like receptor B*) (**Figura 50-8**).

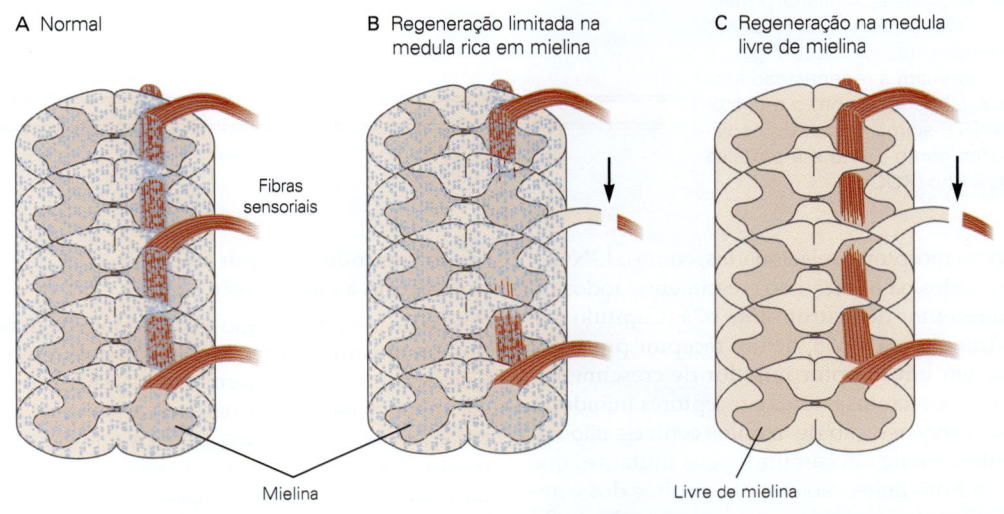

FIGURA 50-7 A mielina inibe a regeneração dos axônios centrais. (Adaptada, com autorização, de Schwegler, Schwab e Kapfhammer, 1995.)

A. Fibras sensoriais normalmente se estendem rostralmente em uma medula espinal rica em mielina.

B. Fibras das raízes dorsais no lado direito foram seccionadas em ratos normais de duas semanas de idade. A regeneração das fibras foi verificada histologicamente 20 dias depois. Os ramos centrais dos axônios seccionados degeneraram-se, deixando desnervada uma parte da medula espinal. Uma pequena regeneração ocorreu na medula espinal rica em mielina.

C. Alguns dos ratos da mesma ninhada receberam irradiação com raios X localizada para bloquear a mielinização. Nesses animais, as fibras sensoriais que entram na medula através de raízes vizinhas não lesionadas mostraram brotamento de novos colaterais após a denervação.

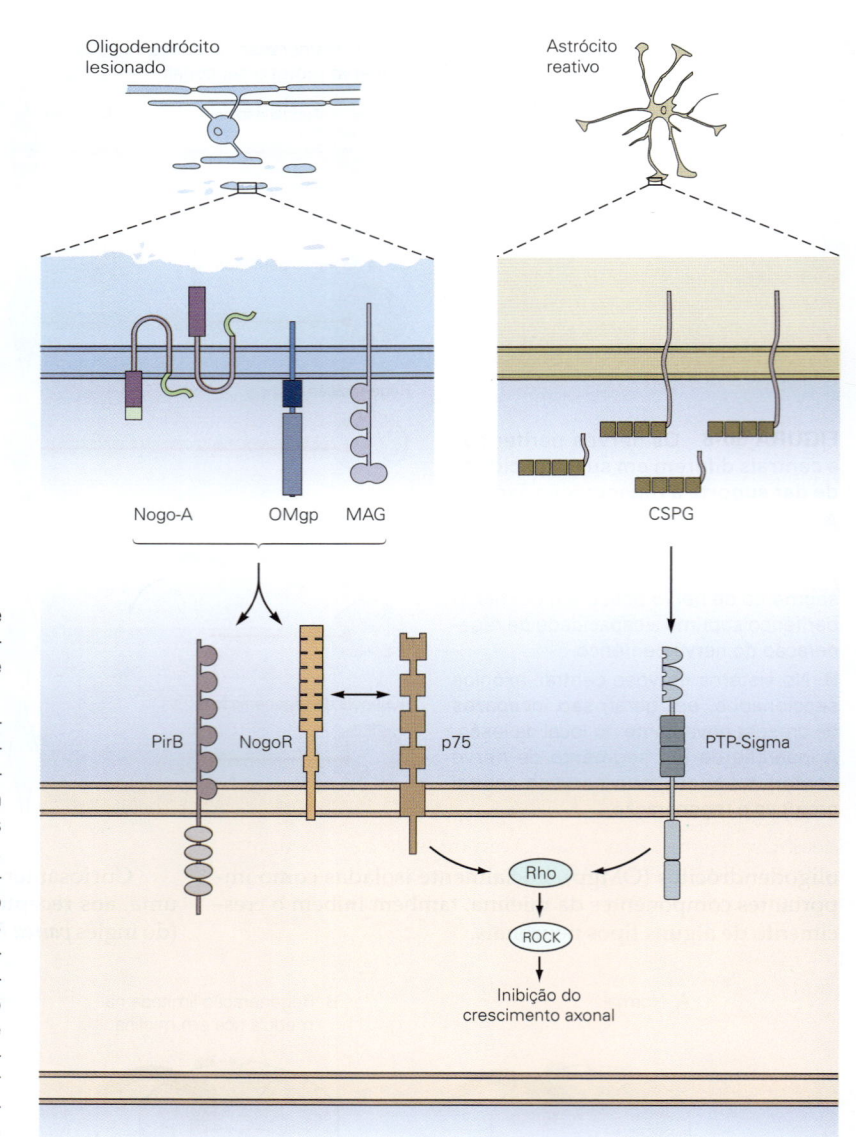

FIGURA 50-8 Componentes da bainha de mielina e dacicatriz glial que inibem a regeneração dos axônios centrais. (Adaptada de Yiu e He, 2006.)

À esquerda: a mielina contém as proteínas Nogo-A, glicoproteína de mielina de oligodendrócitos (**OMgp**) e glicoproteína associada à mielina (**MAG**). Todas essas três proteínas ficam expostas quando a mielina se fragmenta. Elas podem se ligar à proteína receptora NogoR, que pode se associar ao receptor de neurotrofina p75, bem como a uma proteína receptora do tipo imunoglobulina PirB. A inativação de PirB resulta em um modesto aumento da regeneração de axônios corticospinais. *À direita*: proteoglicanos de sulfato de condroitina (**CSPG**) são importantes componentes da cicatriz glial e acredita-se que suprimam a regeneração axonal por meio de sua interação com o receptor tirosina fosfatase PTP-sigma, que ativa mediadores intracelulares como a Rho e a proteína cinase associada à Rho (**ROCK**).

NogoR, bem como receptores relacionados, como o LINGO, que foram implicados na inibição do crescimento, todos interagem com o receptor de neurotrofina p75 (Capítulo 46). Esta interação transforma o p75, de um receptor promotor de crescimento, em um receptor inibidor de crescimento. Talvez porque existam tantos fatores e receptores inibidores de crescimento, a regeneração de axônios centrais não aumenta significativamente em camundongos mutantes que não possuem nenhum deles. No entanto, muitos dos componentes inibitórios desencadeiam a mesma via de sinalização intracelular na qual a RhoA é ativada, estimulando assim a Rho-cinase (ROCK); ROCK, por sua vez, leva ao colapso dos cones de crescimento e bloqueia a polimerização de actina e tubulina necessária para o crescimento de neuritos. Estudos atuais estão explorando se a interferência nesse caminho compartilhado pode ou não neutralizar o impacto de muitos inibidores de uma só vez.

Cicatrizes induzidas por lesões prejudicam a regeneração axonal

Restos de mielina não são a única fonte de material inibidor do crescimento no encéfalo ou na medula espinal lesionados. Como observado anteriormente, os astrócitos podem tornar-se ativados e proliferar-se após uma lesão, adquirindo características de astrócitos reativos que geram uma cicatriz tecidual nos sítios de lesão. A cicatriz é uma resposta adaptativa que ajuda a limitar o tamanho da lesão, restabelecer a barreira hematencefálica e reduzir a inflamação.

Entretanto, a própria cicatriz prejudica a regeneração de duas maneiras: pela interferência mecânica no crescimento axonal e pelos efeitos inibidores de crescimento de proteínas produzidas pelas células dentro da cicatriz. Muito importante, entre esses inibidores, é uma classe de proteoglicanos sulfato de condroitina (CSPG), que são produzidos em abundância pelos astrócitos reativos e inibem diretamente a extensão axonal, ao interagirem com receptores tirosina fosfatase nos axônios (**Figura 50-8**). Assim, o foco tem se voltado às formas de dissolver a cicatriz glial pela infusão de uma enzima denominada *condroitinase*, que lisa as cadeias polissacarídicas nos CSPG. Esse tratamento promove a regeneração axonal e a recuperação funcional em animais. Substâncias capazes de reduzir a inflamação e diminuir a cicatrização, principalmente a prednisolona, também são benéficas se administradas logo após a lesão, antes da formação da cicatriz glial.

Um programa intrínseco de crescimento promove a regeneração

Até aqui, foram enfatizadas as diferenças entre os ambientes locais para os axônios periféricos e centrais. Diferenças ambientais não podem, no entanto, explicar completamente a precária regeneração dos axônios centrais. Embora possam regenerar-se nos nervos periféricos, os axônios centrais crescem muito menos quando percorrendo a mesma via. Assim sendo, os axônios centrais de adultos são provavelmente menos capazes de regeneração do que axônios periféricos.

Apoiando essa ideia, experimentos em cultura de tecidos mostraram que o potencial de crescimento dos neurônios centrais diminui com a idade, enquanto neurônios periféricos maduros estendem axônios de forma robusta quando em um ambiente favorável. Uma possível explicação para essa diferença é a variação na expressão de proteínas consideradas críticas para um alongamento axonal ideal. Um exemplo é a GAP-43 (do inglês *growth-associated protein of 43kDa*). Essa proteína se encontra expressa em altos níveis em neurônios embrionários centrais e periféricos. Nos neurônios periféricos, os níveis continuam altos durante a maturidade e aumentam ainda mais após a axotomia, enquanto que, nos neurônios centrais, sua expressão diminui à medida que ocorre o desenvolvimento. Os fatores de transcrição necessários para coordenar os programas de crescimento axonal também são expressos em altos níveis durante o desenvolvimento e, sendo então regulados negativamente na maturidade.

Seria essa capacidade reduzida de regeneração dos axônios centrais reversível? A esperança vem de dois tipos de estudo. Uma envolve o que tem sido chamado de "lesão condicionante". Deve-se lembrar que neurônios sensoriais primários nos gânglios da raiz dorsal têm um axônio bifurcado, com um ramo periférico, que se estende até a pele, os músculos ou outros alvos; e um ramo central, que entra na medula espinal. O ramo periférico regenera-se após uma lesão, enquanto o ramo central apresenta baixa capacidade de regeneração. Contudo, o ramo central regenera-se com sucesso se o ramo periférico for lesionado muitos dias antes de o ramo central ser lesionado (**Figura 50-9**). De alguma forma, lesões prévias ou lesões condicionantes ativam um programa de crescimento axonal.

Um componente do programa de crescimento responsável pela regeneração do ramo central parece ser o monofosfato de adenosina cíclico (AMPc). Essa molécula, que funciona como segundo mensageiro, ativa enzimas que, por sua vez, promovem o crescimento de neuritos. Os níveis de AMPc são altos quando os neurônios formam inicialmente

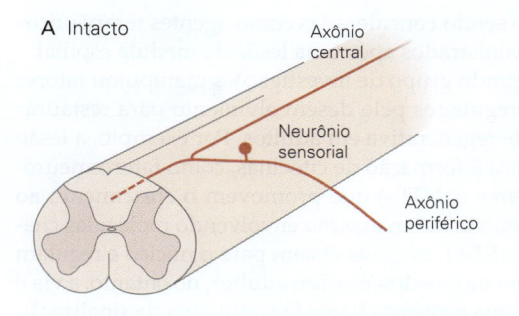

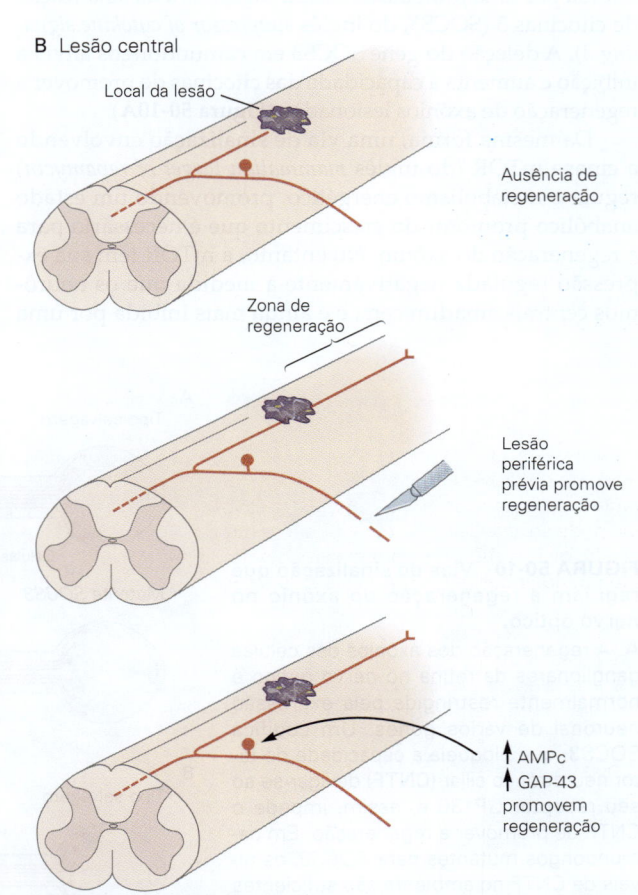

FIGURA 50-9 Uma lesão condicionante promove a regeneração do ramo central de um axônio do neurônio sensorial primário. Após lesões da medula espinal, há pouca regeneração do ramo central para além do local de lesão. Entretanto, se o ramo periférico do axônio for seccionado antes de o ramo central ser lesionado, este último crescerá para além do local de lesão. O impacto de tal "lesão condicionante" pode ser mimetizado aumentando-se os níveis de AMPc ou da proteína associada ao crescimento GAP-43 no ramo periférico.

os circuitos, declinando no período pós-natal nos neurônios centrais, mas não nos periféricos. Em alguns casos, níveis aumentados de AMPc ou proteínas normalmente ativadas pelo AMPc podem promover a regeneração de axônios centrais após uma lesão. De acordo com essa ideia, substâncias que aumentam os níveis de AMPc ou que ativam os alvos do

AMPc estão sendo consideradas como agentes terapêuticos a serem administrados após uma lesão da medula espinal.

Um segundo grupo de investigações manipulou fatores intrínsecos regulados pelo desenvolvimento para restaurar a capacidade regenerativa em adultos. Por exemplo, a lesão por vezes leva à formação de citocinas, como fatores neurotróficos ciliares (CNTFs) que promovem o crescimento ao ativarem uma via de sinalização envolvendo moléculas chamadas JAK e STAT, as quais viajam para o núcleo e regulam um programa de crescimento. Em adultos, no entanto, a via é inibida por uma proteína chamada supressora da sinalização de citocinas 3 (SOCS3, do inglês *suppressor of cytokine signaling 3*). A deleção do gene SOCS3 em camundongos alivia a inibição e aumenta a capacidade das citocinas de promover a regeneração de axônios lesionados (**Figura 50-10A**).

Da mesma forma, uma via de sinalização envolvendo a cinase mTOR (do inglês *mammalian target of rapamycin*) regula o metabolismo energético, promovendo um estado anabólico promotor do crescimento que é necessário para a regeneração do axônio. No entanto, a mTOR tem sua expressão regulada negativamente à medida que os neurônios centrais amadurecem, e é ainda mais inibida por uma proteína fosfatase chamada PTEN. De maneira análoga à sinalização da SOCS3 e da JAK/STAT, a deleção do gene PTEN em camundongos promove o recrescimento axonal após lesões no nervo óptico ou na medula espinal (**Figura 50-10B**). Além disso, a perda de SOCS3 e de PTEN estimula a regeneração significativamente mais do que a perda de qualquer um individualmente. Embora seus múltiplos papéis tornem improvável que SOCS3 ou PTEN sejam alvos úteis para terapia, as vias de sinalização que regulam fornecem vários pontos de partida para projetarem-se drogas que podem aumentar a regeneração.

A formação de novas conexões por axônios intactos pode levar à recuperação da função após lesões

Até agora, foram discutidas intervenções projetadas para estimular a capacidade limitada de regeneração dos axônios centrais lesionados. Uma estratégia alternativa aborda a recuperação funcional significativa, embora incompleta, que pode ocorrer após uma lesão, mesmo sem regeneração observável dos axônios seccionados. Se a base para essa recuperação limitada de função puder ser compreendida, pode ser possível melhorá-la.

FIGURA 50-10 Vias de sinalização que regulam a regeneração do axônio no nervo óptico.

A. A regeneração dos axônios das células ganglionares da retina no nervo óptico é normalmente restringida pela expressão neuronal de vários genes. Um codifica SOCS3, que bloqueia a capacidade do fator neurotrófico ciliar (**CNTF**) de ligar-se ao seu receptor GP130 e, assim, impede o CNTF de promover a regeneração. Em camundongos mutantes para *SOCS3*, os níveis de CNTF no ambiente são suficientes para melhorar a regeneração do nervo óptico. A eliminação de GP130 bem como a de SOCS3, bloqueia a capacidade regenerativa. A administração de mais CNTF estimula a capacidade de regeneração em camundongos mutantes *SOCS3*.

B. Outro gene codifica a fosfatase PTEN, que bloqueia a sinalização mediada pela cinase mTOR, que regula o metabolismo energético. Consequentemente, a regeneração é aprimorada em camundongos mutantes *PTEN*.

C. Como *SOCS3* e *PTEN* regulam diferentes sinais promotores de crescimento, camundongos mutantes sem ambos os genes exibem maior capacidade regenerativa do que qualquer mutante isoladamente. (Adaptada de Smith et al., 2009.)

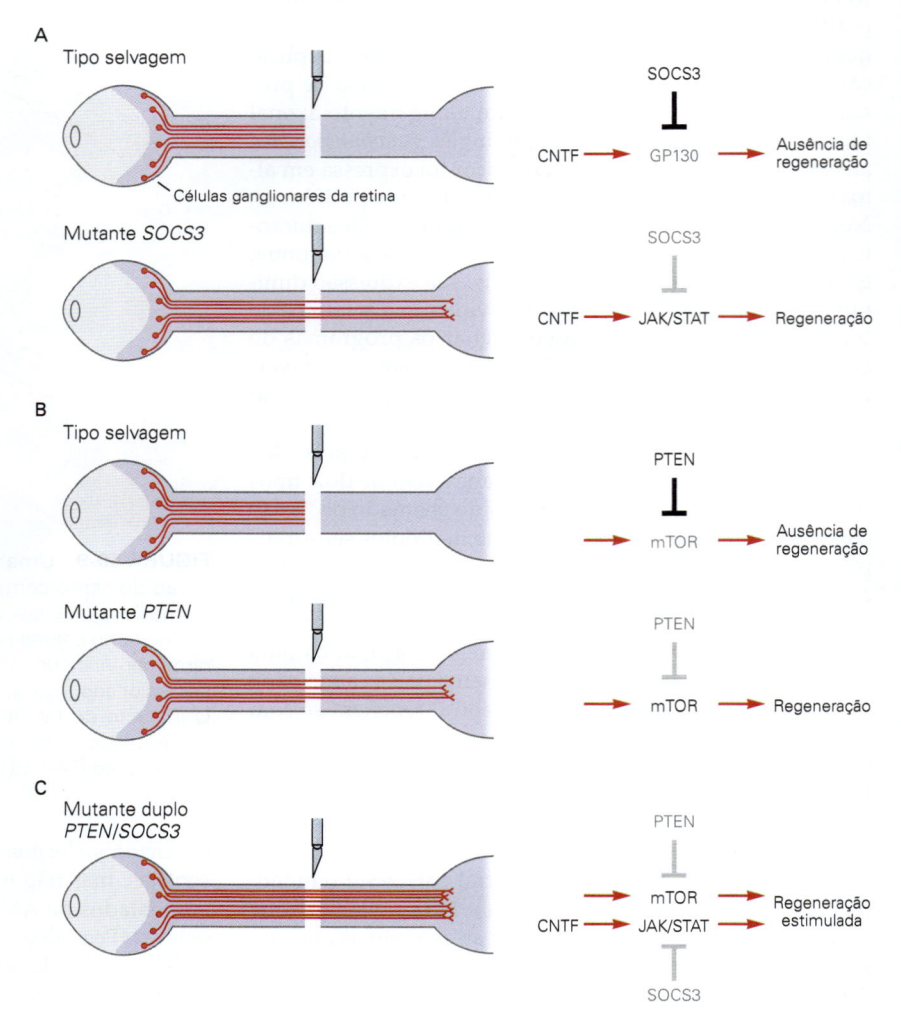

Um rearranjo de conexões em resposta a lesão previamente existentes pode contribuir para a recuperação de função. Sabe-se que a axotomia leva a mudanças tanto nos sinais de entrada quanto nos alvos do neurônio lesionado. Embora muitas dessas alterações sejam prejudiciais para a função, algumas são benéficas. Em especial, o sistema nervoso central pode, após uma lesão, sofrer uma reorganização adaptativa espontânea, o que o ajuda a retomar a função. Por exemplo, após a transecção da via corticospinal descendente, que ocorre em muitas lesões traumáticas da medula espinal, o córtex não mais é capaz de transmitir comandos aos neurônios motores abaixo do local da lesão. Ao longo de diversas semanas, no entanto, axônios corticospinais intactos, rostrais à lesão, começam a produzir brotamentos de novas ramificações terminais e a estabelecer sinapses sobre interneurônios espinais cujos axônios se estendem ao redor da lesão, formando, assim, um desvio intraespinal que contribui para uma recuperação funcional limitada (**Figura 50-11**).

Casos semelhantes de reorganização funcional têm sido demonstrados no córtex motor e no tronco encefálico. Essas respostas compensatórias atestam a plasticidade latente do sistema nervoso. A capacidade do sistema nervoso de religar-se é mais vigorosa durante os períodos críticos do início da vida pós-natal, mas pode ser revivida por eventos traumáticos na idade adulta (Capítulo 49).

Como a capacidade de reconexão do sistema nervoso central pode ser melhorada? É possível que alguns dos efeitos benéficos dos transplantes em animais experimentais reflitam a reorganização de axônios intactos e não a regeneração de axônios seccionados. Na medida em que a plasticidade do sistema nervoso é mais bem compreendida, estratégias terapêuticas para promover alterações específicas nos circuitos podem se tornar uma possibilidade. Talvez a abordagem mais promissora seja aquela na qual intervenções celulares ou moleculares que promovem o crescimento são combinadas com terapias comportamentais que resultam na reconexão dos circuitos.

Neurônios no encéfalo lesionado morrem, mas novos neurônios podem nascer

A incapacidade de fazer crescer um novo axônio não é o pior que pode acontecer a um neurônio lesionado. Para muitos neurônios, a axotomia leva à morte celular. Os esforços para melhorar a recuperação após lesões, portanto, precisam considerar a sobrevivência dos neurônios e não simplesmente o crescimento de axônios. Uma vez que a morte neuronal é uma consequência frequente em casos de lesões neurais graves, como acidentes vasculares encefálicos e doenças neurodegenerativas, métodos aprimorados para manter vivos os neurônios ou substituí-los teriam ampla utilidade.

A perda de células após uma lesão não é característica exclusiva do sistema nervoso, embora nos demais tecidos novas células costumem ser efetivas no reparo da lesão. Essa capacidade regenerativa é mais notável no sistema hematopoiético, onde umas poucas células-tronco podem restabelecer a população de todo o sistema imune adaptável. Em contrapartida, acredita-se, há muito tempo, que a capacidade de geração de neurônios esteja completa ao nascimento. Em função disso, abordagens para a regeneração normalmente têm como foco maneiras de poupar neurônios que, de outro modo, morreriam.

Essa visão tradicional mudou, motivada inicialmente pela descoberta de Joseph Altman, na década de 1960, de que a neurogênese continua em algumas partes do encéfalo dos mamíferos na idade adulta. Como essa descoberta desafiou os princípios fundamentais do dogma predominante, a ideia de que novos neurônios poderiam se formar em roedores após o nascimento foi recebida com ceticismo durante três décadas.

No entanto, a aplicação de tecnologias mais avançadas de marcação celular sustentou amplamente a conclusão de Altman, e mostrou que também se aplica a primatas não humanos e até mesmo, de forma limitada, a humanos. Estamos hoje confiantes de que novos neurônios são adicionados ao giro denteado do hipocampo e ao bulbo olfatório

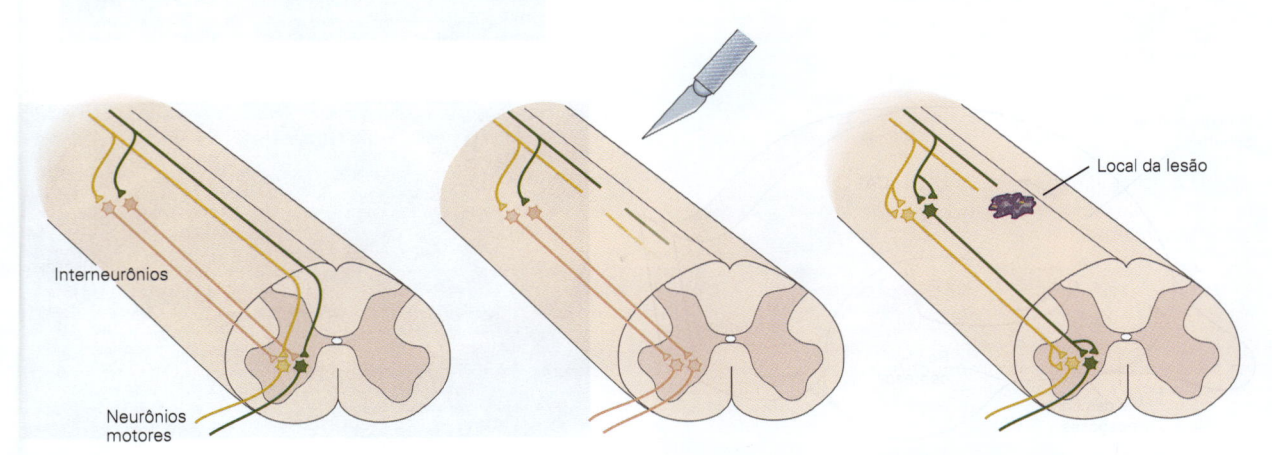

FIGURA 50-11 A função pode ser recuperada após lesão da medula espinal através da reorganização dos circuitos espinais. Axônios corticospinais seccionados podem restabelecer conexões com neurônios motores pelo brotamento de colaterais axonais que inervam interneurônios de vias proprioceptivas espinais, cujos axônios desviam o local da lesão e estabelecem contato com neurônios motores localizados caudalmente a esse local. (Adaptada de Bareyre et al., 2004.)

ao longo da vida, embora a taxa de adição diminua com a idade. Algumas das células recém-nascidas no giro denteado do hipocampo adulto morrem logo após o nascimento e outras se tornam células gliais, mas uma minoria substancial se diferencia em células granulares que são indistinguíveis daquelas nascidas em estágios embrionários (**Figura 50-12**). Novos neurônios também são adicionados ao bulbo olfatório adulto. Eles são gerados próximo à superfície dos ventrículos laterais, longe do próprio bulbo, e então migram para seu destino (**Figura 50-13**). Em ambos os casos, os novos neurônios estendem processos, formam sinapses e se integram em circuitos funcionais. Assim, neurônios gerados em estágios embrionários são gradualmente substituídos por neurônios gerados subsequentemente, de modo que o número total de neurônios nessas regiões do encéfalo é mantido.

As propriedades dos neurônios nascidos em animais maduros não são completamente compreendidas, mas eles parecem ser capazes de recapitular muitas das propriedades dos neurônios que surgem no embrião. Quando a geração de novos neurônios no adulto é impedida, certos comportamentos mediados pelo bulbo olfatório e pelo hipocampo são prejudicados. Por sua vez, algumas alterações comportamentais são acompanhadas por alterações no ritmo da neurogênese no adulto. A neurogênese no adulto pode estar diminuída em modelos animais de depressão e estresse crônico, enquanto o enriquecimento do hábitat de um animal, assim como um aumento da atividade física, em roedores que de outro modo seriam sedentários, é um fator que pode aumentar a geração de novos neurônios.

Quais células dão origem a neurônios nascidos em adultos? O princípio de que neurônios e glia embrionários surgem de progenitores multipotentes também se aplica a neurônios nascidos no adulto, os quais, assim como em embriões, se originam das células-tronco. Eles provavelmente são derivados da glia radial, que também serve como fonte de neurônios durante o desenvolvimento embrionário (Capítulo 46). Um subconjunto dessas células sai do ciclo celular durante a gestação, torna-se quiescente e passa a residir próximo à superfície ventricular. Na idade adulta, eles são ativados, reintroduzidos ao ciclo celular e dão origem aos neurônios.

Embora até agora a neurogênese adulta não tenha sido diretamente ligada ao reparo de tecidos danificados, sua

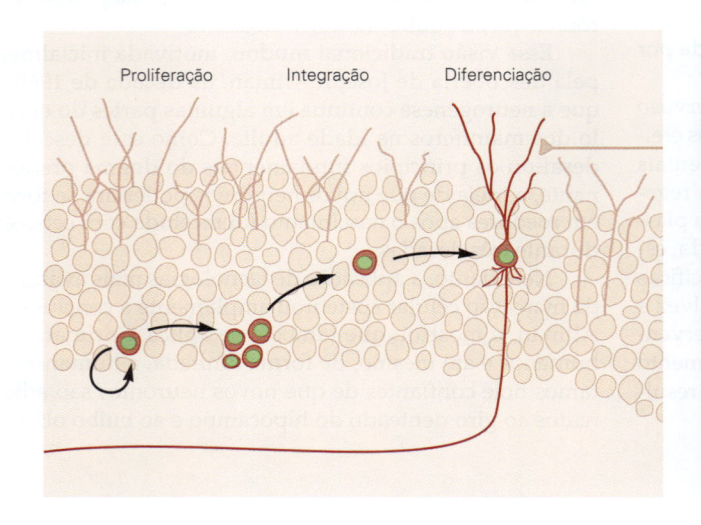

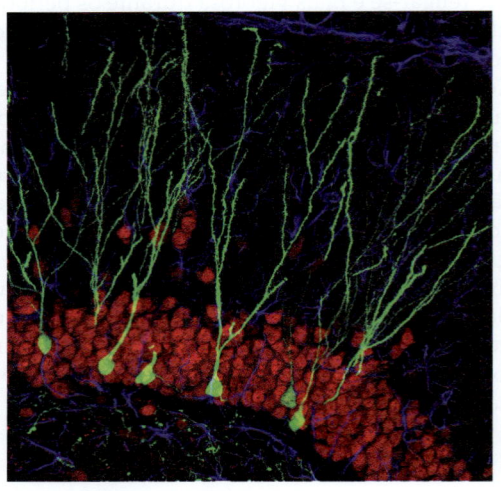

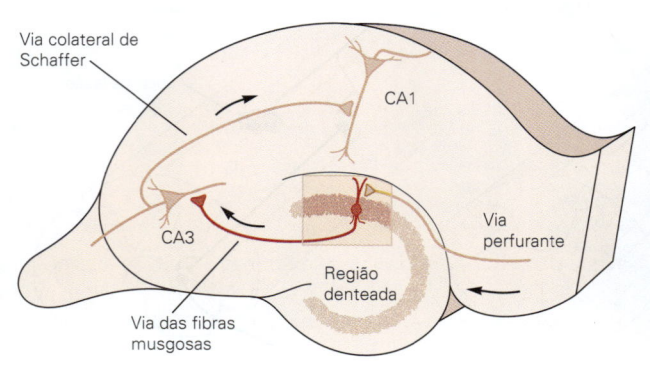

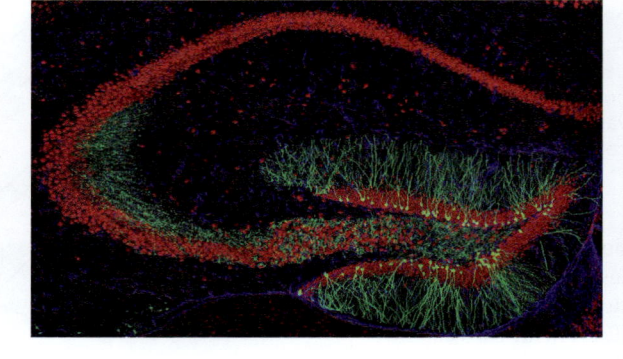

FIGURA 50-12 Neurônios nascidos na zona germinativa do giro denteado em roedores adultos são integrados em circuitos hipocampais. Os diagramas à esquerda mostram as vias de diferenciação neuronal e de integração em circuitos no giro denteado. As imagens à direita mostram neurônios recém-gerados e seus ramos dendríticos marcados com um vírus que expressa a proteína de fluorescência verde (**GFP**). (Micrografias reproduzidas, com autorização, de F. Gage.)

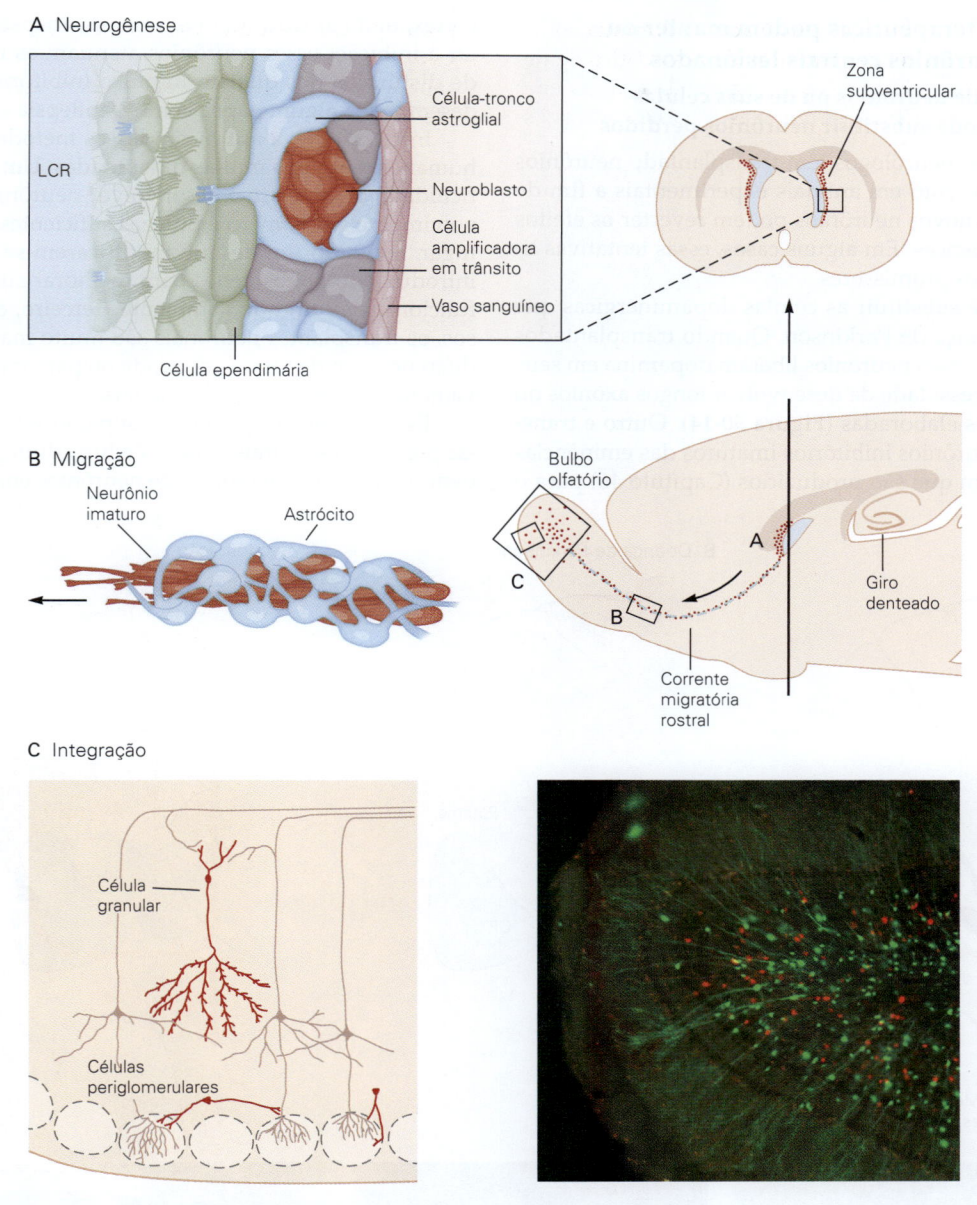

FIGURA 50-13 A origem e o destino dos neurônios nascidos na zona ventricular adulta. (Adaptada de Tavazoie et al., 2008.)
A. Os neuroblastos desenvolvem-se em uma progressão ordenada a partir de células-tronco astrocíticas por meio de uma população de células dentro de um nicho local próximo aos vasos sanguíneos na zona subventricular. (Sigla: **LCR**, líquido cefalorraquidiano.)
B. Neuroblastos diferenciam-se em neurônios imaturos que migram para o bulbo olfatório utilizando astrócitos como guias. Eles rastejam um ao longo do outro, em um processo denominado migração em cadeia.
C. Ao chegar ao bulbo olfatório, os neurônios imaturos diferenciam-se em células granulares e periglomerulares, duas classes de interneurônios do bulbo olfatório. (Imagem reproduzida, com autorização, de A. Mizrahi.)

descoberta influenciou as pesquisas sobre recuperação de lesões de duas maneiras importantes. Primeiro, os achados de que neurônios gerados endogenamente podiam diferenciar-se e estender processos através da densa rede do neurópilo adulto, integrando-se a circuitos funcionais, levaram os pesquisadores a especular que o mesmo poderia acontecer com neurônios ou precursores transplantados. Segundo, uma vez que precursores neurais podem ser induzidos a dividirem-se e diferenciarem-se, estratégias projetadas para aumentar essa capacidade inata estão agora sendo consideradas, com o objetivo de produzir neurônios em número suficientemente grande para substituir aqueles perdidos em lesões ou doenças neurodegenerativas. Como descreveremos a seguir, essas ideias progrediram nas últimas décadas, da ficção científica a esforços que estão instigantemente próximos dos testes clínicos.

Intervenções terapêuticas podem manter ou substituir neurônios centrais lesionados

O transplante de neurônios ou de suas células progenitoras pode substituir neurônios perdidos

Há muitos anos, neurólogos têm transplantado neurônios em desenvolvimento em animais experimentais a fim de descobrir se os novos neurônios podem reverter os efeitos de lesões ou doenças. Em alguns casos, essas tentativas tiveram resultados promissores.

Um deles é substituir as células dopaminérgicas que morrem na doença de Parkinson. Quando transplantados para o estriado, esses neurônios liberam dopamina em seus alvos sem a necessidade de desenvolver longos axônios ou formar sinapses elaboradas (**Figura 50-14**). Outro é transplantar interneurônios inibitórios imaturos das eminências ganglionares em que são produzidos (Capítulo 46) para o córtex, onde amadurecem e formam sinapses. Ao aumentar a inibição, esses neurônios atenuam as manifestações de distúrbios nos quais o impulso inibitório insuficiente desempenha algum papel, como a epilepsia e a ansiedade.

Infelizmente, a aplicação desses métodos a pacientes humanos tem visto muitas dificuldades. Uma delas é a dificuldade de obter-se e desenvolver neurônios em desenvolvimento em número e purezas suficientes. Em segundo lugar, tem sido um desafio modificarem-se os neurônios introduzindo novos genes para melhorar suas chances de funcionar em um novo ambiente. Terceiro, em muitos casos, os transplantes neuronais são muito maduros para se diferenciarem de forma adequada ou para integrarem efetivamente novos circuitos funcionais.

Esses obstáculos podem ser superados transplantando-se precursores neurais para o cérebro adulto, onde eles podem se diferenciar na forma de neurônios em um ambiente

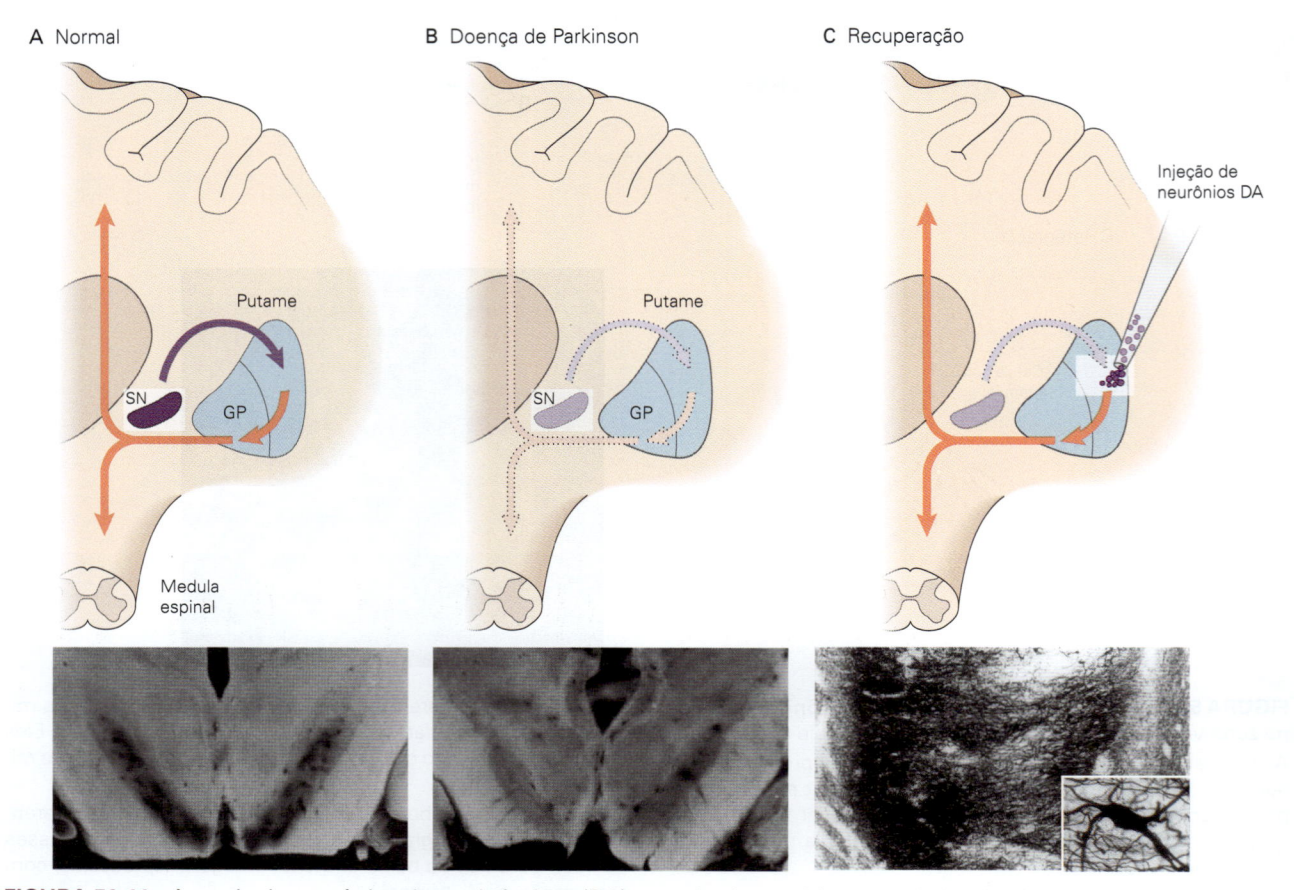

FIGURA 50-14 A perda de neurônios dopaminérgicos (DA) na doença de Parkinson pode ser tratada enxertando-se células embrionárias no putame.

A. No encéfalo saudável, projeções dopaminérgicas da substância negra (**SN**) inervam o putame, que, por sua vez, ativa neurônios no globo pálido (**GP**). Eferências do globo pálido para o encéfalo e para a medula espinal facilitam o movimento. A imagem na parte inferior da figura mostra neurônios dopaminérgicos, ricos em melanina, na substância negra em humanos.

B. Na doença de Parkinson, a perda de neurônios dopaminérgicos na substância negra priva as vias putame-globo pálido de sua estimulação. A imagem abaixo do diagrama mostra a ausência virtual de neurônios dopaminérgicos ricos em melanina na substância negra de um indivíduo com doença de Parkinson.

C. A injeção direta de neurônios dopaminérgicos embrionários no putame reativa as vias de saída para o globo pálido. A imagem na parte inferior mostra a expressão de tirosina-hidroxilase nos corpos celulares e nos axônios de neurônios dopaminérgicos mesencefálicos embrionários, transplantados no putame de um paciente humano. (Imagem reproduzida, com autorização, de Kordower e Sortwell, 2000. Copyright © 2000. Publicado por Elsevier B.V.)

hospitaleiro. Diversas classes de precursores foram transplantadas com sucesso, incluindo células-tronco neurais e precursores comprometidos com determinado tipo de diferenciação. Algum sucesso inicial foi obtido com células tronco embrionárias (ES, do inglês *embryonic stem*). Essas células são derivadas de embriões em início de estágio de blastocisto, e podem originar todas as células do organismo. Como podem se dividir indefinidamente em cultura, múltiplas células podem ser geradas, induzidas à diferenciação e, então, transplantadas.

Mais recentemente, essa tecnologia foi aprimorada pela reprogramação molecular a partir células de fibroblastos da pele, de modo que induzissem células-tronco pluripotentes (iPS) (**Figura 50-15**). Essas células têm uma vantagem distinta sobre as células ES; não são necessários embriões para sua produção, contornando efetivamente um campo minado de preocupações práticas, políticas e éticas que dificultaram a pesquisa com células ES humanas. Outra vantagem das células iPS é que elas podem ser geradas a partir das próprias células da pele do paciente, evitando, assim, questões de incompatibilidade imunológica. Também é possível modificarem-se geneticamente as células iPS em cultura, reparando um gene defeituoso antes do transplante.

Como as células ES e iPS têm o potencial de gerar qualquer tipo de célula, é essencial que sua diferenciação seja guiada por vias específicas em cultura antes de serem transplantadas. Métodos para gerar classes específicas de precursores neurais, neurônios e células gliais de células ES e iPS já foram desenvolvidos (**Figura 50-15**). Por exemplo, é possível gerarem-se neurônios que possuem muitas ou todas as propriedades dos neurônios motores espinais que são perdidos na esclerose lateral amiotrófica (**Figura 50-16**) ou gerarem-se os neurônios dopaminérgicos perdidos no estriado na doença de Parkinson, e então enxertarem-se esses neurônios na medula espinal ou no encéfalo.

Embora muitos obstáculos precisem ser superados, ensaios clínicos utilizando-se neurônios derivados de células ES e iPS estão em andamento. Além disso, essas células estão sendo usadas em triagens químicas para identificarem-se compostos que neutralizam os defeitos celulares subjacentes às doenças neurodegenerativas humanas.

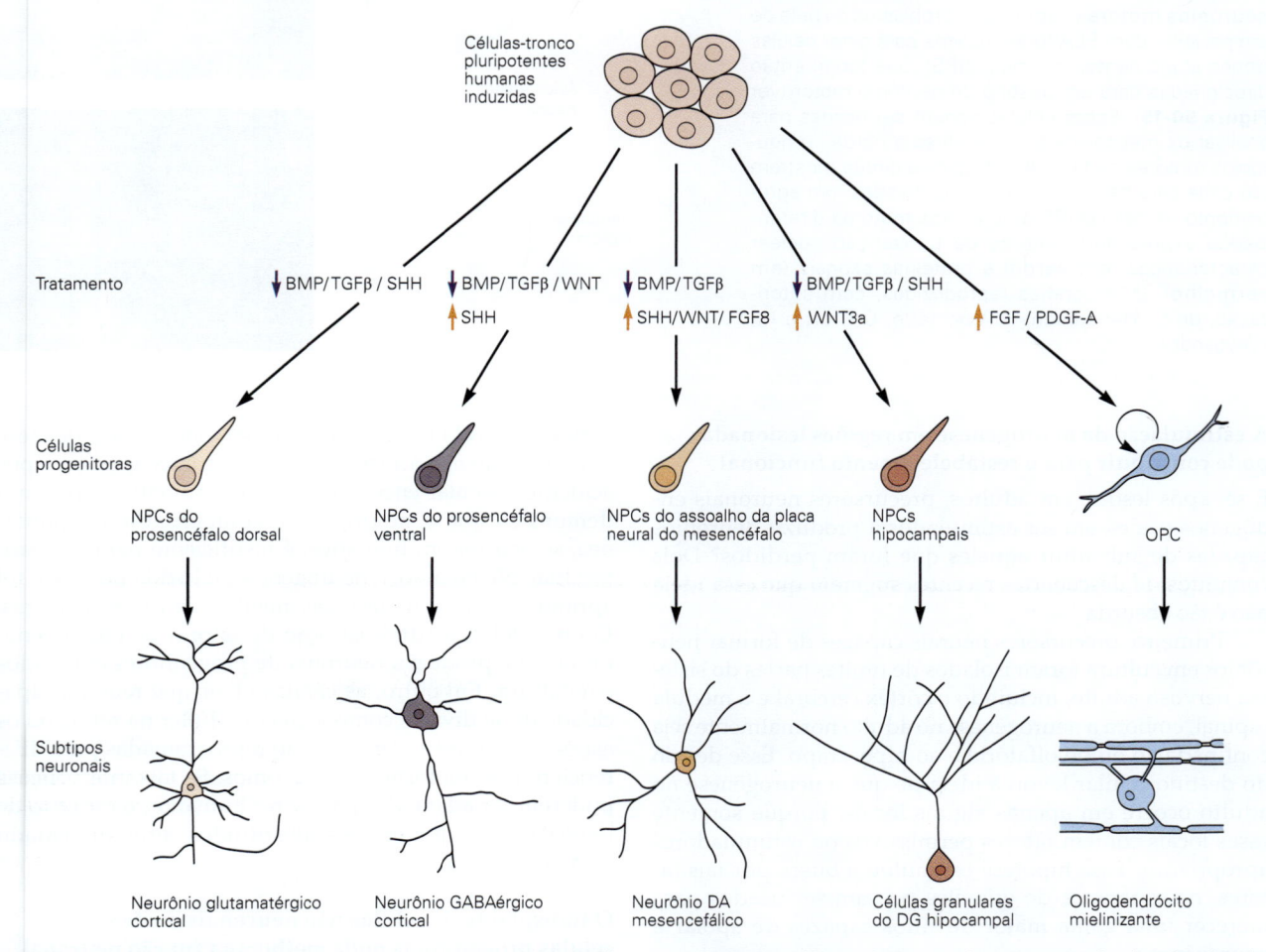

FIGURE 50-15 As células tronco pluripotentes induzidas (iPS) podem ser reprogramadas para gerar precursores de muitos tipos neuronais e gliais. Os precursores podem então ser transplantados para o encéfalo ou medula espinal, onde as células completam sua diferenciação e se integram em circuitos funcionais. (Siglas: **DA**, dopamina; **DG**, giro denteado; **NPC**, célula progenitora neural; **OPC**, célula progenitora de oligodendrócitos) (Adaptada, com autorização, de Wen et al., 2016. Copyright © 2016 Elsevier Ltd.)

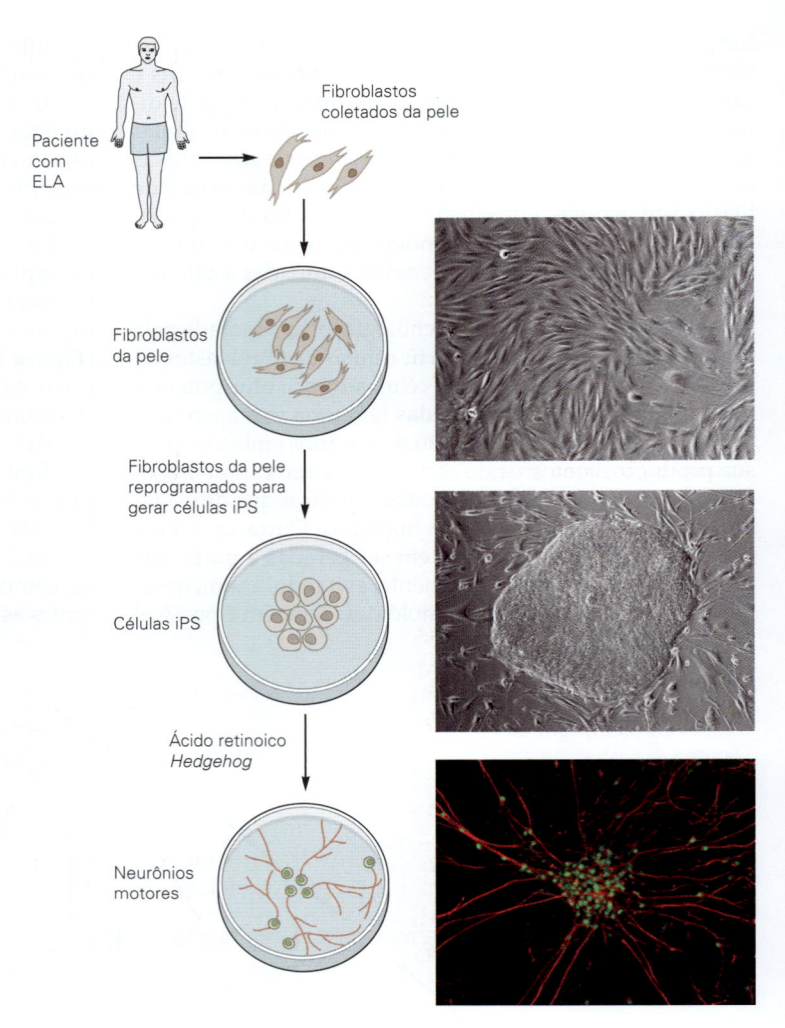

FIGURA 50-16 Células tronco pluripotentes induzidas derivadas de um indivíduo com esclerose lateral amiotrófica (ELA) podem se diferenciar em neurônios motores espinais. Fibroblastos da pele de um paciente com ELA foram usados para gerar células tronco pluripotentes induzidas (**iPS**), que foram então direcionadas para um destino de neurônio motor (ver **Figura 50-15**). Essas células podem ser usadas para analisar os mecanismos subjacentes à perda de neurônios motores na ELA. As imagens à direita mostram (de cima para baixo) fibroblastos cultivados, um agrupamento de células iPS e neurônios motores diferenciados expressando fatores de transcrição nuclear característicos (**em verde**) e proteínas axonais (**em vermelho**). (Micrografias reproduzidas, com autorização, de C. Henderson, H. Wichterle, G Croft e M. Weygandt.)

A estimulação da neurogênese em regiões lesionadas pode contribuir para o restabelecimento funcional

E se, após lesões, em adultos, precursores neuronais endógenos pudessem ser estimulados a produzir neurônios capazes de substituir aqueles que foram perdidos? Dois conjuntos de descobertas recentes sugerem que essa ideia não é tão absurda.

Primeiro, precursores neurais capazes de formar neurônios em cultura foram isolados de muitas partes do sistema nervoso adulto, incluindo o córtex cerebral e a medula espinal, embora a neurogênese no adulto normalmente seja confinada ao bulbo olfatório e ao hipocampo. Esse desvio do destino celular levou à ideia de que a neurogênese no adulto ocorre em apenas alguns locais, porque somente esses locais contêm fatores permissivos ou estimuladores apropriados. Essa hipótese estimulou a busca por tais fatores, na esperança de que eles possam ser usados para oferecer uma gama maior de sítios capazes de apoiar a neurogênese.

Segundo, em alguns casos, a produção de novos neurônios pode ser estimulada por lesão traumática ou isquêmica (como nos "derrames"), mesmo em áreas como o córtex cerebral ou a medula espinal, onde a neurogênese normalmente não ocorre. O fato de que a recuperação após acidente vascular encefálico e lesão traumática é precária demonstra que a neurogênese compensatória espontânea, se ocorrer em humanos, é insuficiente para o reparo tecidual. No entanto, a neurogênese induzida por lesão foi aprimorada em animais experimentais de várias maneiras. Em um deles, a administração de fatores de crescimento promove a produção neuronal de progenitores cultivados em cultura. Em outro, as células gliais que retêm a capacidade de se dividir, como a glia de Müller na retina ou os astrócitos no córtex cerebral, são reprogramadas para diferenciarem-se na forma de neurônios. Se tais intervenções puderem ser adaptadas para seres humanos, o espectro de neurônios que podem ser substituídos seria aumentado significativamente.

O transplante de células não neuronais ou de suas células progenitoras pode melhorar a função neuronal

Outras células, além dos neurônios, são perdidas após lesões encefálicas. Entre as perdas mais profundas estão aquelas dos oligodendrócitos, as células que formam a

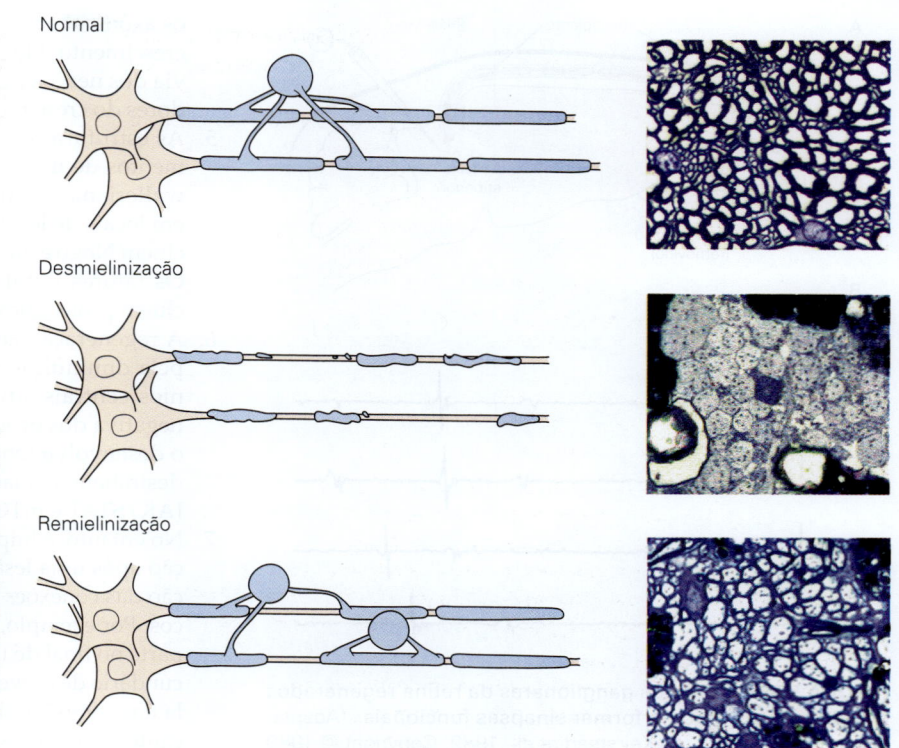

FIGURA 50-17 Restauração da mielinização no sistema nervoso central por células-tronco de oligodendrócitos transplantadas. Em roedores com axônios desmielinizados, enxertos de células precursoras de oligodendrócitos podem restaurar a mielinização tornando-a quase normal. Secções transversais de tratos nervosos centrais são mostradas nas imagens à direita. (Adaptada, com autorização, de Franklin e ffrench-Constant 2008. Copyright © 2008 Springer Nature.)

bainha de mielina ao redor dos axônios centrais. A perda da mielina continua por um bom tempo após a lesão traumática e contribui para a perda progressiva de função dos axônios que podem não ter sofrido lesão diretamente.

Embora o encéfalo e a medula espinal de adultos sejam capazes de gerar novos oligodendrócitos e substituir a mielina perdida, essa linha de produção celular, em muitos casos, é insuficiente para restaurar a função. Uma vez que diversas doenças neurológicas comuns, em especial a esclerose múltipla, são acompanhadas por um estado profundo de desmielinização, há um grande interesse em fornecer ao sistema nervoso precursores adicionais de oligodendrócitos para aumentar a remielinização.

Células-tronco neurais, progenitores multipotentes, células ES e iPS podem originar não apenas neurônios, mas também células não neurais, incluindo oligodendrócitos e seus precursores diretos. De fato, atualmente, celulas ES humanas estão sendo canalizadas para a produção de células progenitoras de oligodendrócitos e implantadas nas medulas espinais de animais experimentais lesionados. Células transplantadas que se diferenciam em oligodendrócitos aumentam a remielinização e melhoram bastante a capacidade locomotora de animais experimentais (**Figura 50-17**).

A restauração da função é o objetivo das terapias regenerativas

Precisa-se ter em mente que os esforços para substituir neurônios centrais ou estimular a regeneração de seus axônios seriam de pouca utilidade se esses axônios fossem incapazes de estabelecer sinapses funcionais com suas células-alvo. As mesmas questões fundamentais que são levantadas acerca da regeneração axonal em adultos aplicam-se, assim, à sinaptogênese: poderia ela ocorrer? Se não pode, por que não?

Tem sido difícil abordar tais questões, pois a regeneração axonal que se segue a uma lesão induzida experimentalmente, em geral, é tão pobre que os axônios nunca alcançam os campos apropriados de seus alvos. Entretanto, vários dos estudos, discutidos anteriormente neste capítulo, oferecem esperanças de que a formação de sinapses seja possível dentro do denso neurópilo adulto. De fato, os ramos dos axônios que se regeneram após uma lesão podem estabelecer sinapses com alvos próximos. Por exemplo, Aguayo e colaboradores descobriram que os axônios da retina eram capazes de crescer novamente na direção do colículo superior quando canalizados por um nervo periférico enxertado dentro do nervo óptico (**Figura 57-18A**). Notavelmente, pode-se observar que alguns neurônios do colículo disparavam potenciais de ação quando o olho era iluminado, mostrando que haviam sido restabelecidas conexões sinápticas funcionais (**Figura 57-18B**). Estudos mais recentes promoveram a regeneração de axônios seccionados ao aprimorar seus programas de crescimento intrínsecos, conforme descrito acima, e observaram alguma restauração da função.

Da mesma forma, neurônios que surgem endogenamente ou são implantados por pesquisadores podem formar e receber sinapses. Assim, há razões para acreditar-se que, se axônios lesionados podem ser induzidos a se regenerar, ou novos neurônios podem ser fornecidos para substituir neurônios perdidos, eles poderão se conectar de modo a ajudar a restaurar funções e comportamentos perdidos.

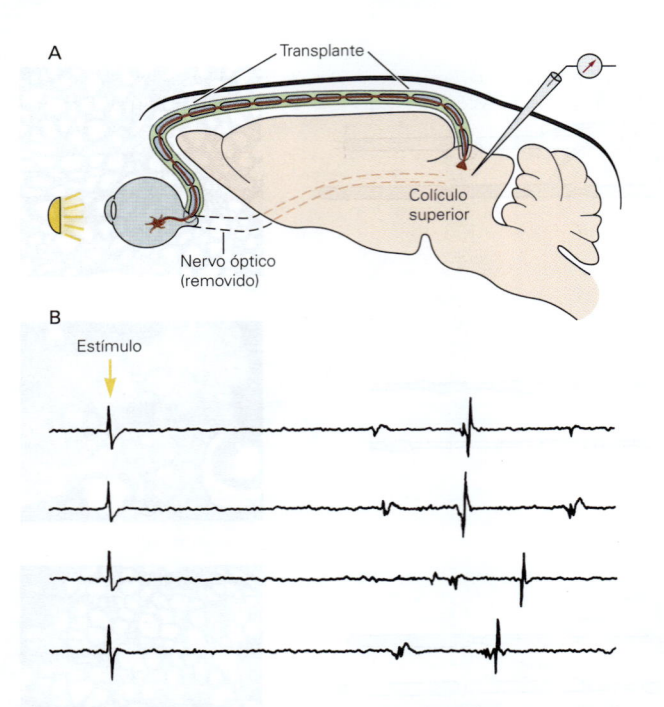

FIGURA 50-18 Axônios ganglionares da retina regenerados no nervo óptico podem formar sinapses funcionais. (Adaptada, com autorização, de Keirstead et al., 1989. Copyright © 1989 AAAS.)

A. Um segmento de nervo óptico foi removido de um rato adulto, e um segmento de nervo ciático foi enxertado em seu lugar. A outra extremidade do nervo ciático foi ligada ao colículo superior. Alguns axônios de células ganglionares da retina se regeneraram através do nervo ciático e entraram no colículo superior.

B. Após os axônios dos neurônios ganglionares da retina terem se regenerado, foram feitos registros do colículo superior. Clarões de luz que estimulavam o olho eram capazes de gerar potenciais de ação nos neurônios do colículo, demonstrando que pelo menos alguns dos axônios que se regeneraram haviam estabelecido sinapses funcionais.

Destaques

1. Quando os axônios são seccionados, o segmento distal degenera-se, em um processo chamado degeneração walleriana. O segmento proximal e o corpo celular também sofrem alterações, assim como as entradas e os alvos sinápticos do neurônio lesionado.
2. Durante muito tempo pensou-se que a degeneração walleriana era uma consequência passiva e inevitável do segmento distal ser privado de sustento do corpo celular, mas agora se sabe que é um processo ativo e regulado. Os genes chamados NMNAT e SARM1 são componentes chave de uma via de sinalização central que controla o processo. A intervenção na via pode retardar ou mesmo interromper a degeneração.
3. Axônios podem regenerar-se e formar novas sinapses após uma lesão, mas, em mamíferos, a regeneração é muito mais ampla e efetiva em axônios periféricos do que em axônios centrais.
4. Um fator chave na resposta diferencial dos axônios periféricos e centrais é que o ambiente que confronta os axônios centrais lesionados é pobre para sustentar o crescimento. Ele carece de fatores tróficos presentes na via dos nervos periféricos, além de conter fatores inibidores do crescimento ausentes dos nervos periféricos.
5. As estruturas que inibem a regeneração incluem fragmentos de mielina que persistem após a degeneração walleriana e astrócitos que formam cicatrizes gliais em locais de lesão. Os fatores inibitórios na mielina incluem Nogo e glicoproteína associada à mielina (MAG). Os fatores inibitórios secretados pelos astrócitos incluem proteoglicanos de sulfato de condroitina (CSPG).
6. A regeneração central também é também dificultada pela diminuição intrínseca da capacidade dos neurônios centrais adultos de crescer, devido à regulação negativa dos programas de crescimento ativos durante o desenvolvimento. As intervenções que restauram ou desinibem as vias de crescimento, como a sinalização JAK/STAT e mTOR, permitem a regeneração.
7. No entanto, é importante notar que a falha de regeneração após uma lesão pode estar relacionada à estabilização das conexões que ocorre no final dos períodos críticos. Por exemplo, a mielinização, que ocorre em grande parte no final de um período crítico, pode ter o efeito secundário de prevenir rearranjos adicionais em larga escala das conexões sinápticas. Desse modo, será necessária cautela para assegurar-se que tratamentos direcionados a facilitar a recuperação após uma lesão não acabem promovendo a formação de circuitos mal-adaptativos.
8. Outra abordagem para restaurar a função após o dano é explorar a capacidade dos axônios intactos de formar novas conexões, gerando circuitos adaptativos que podem compensar, até certo ponto, aqueles perdidos devido à lesão.
9. A visão tradicional de que toda neurogênese ocorre durante ou logo após a gestação agora foi modificada pela descoberta de que novos neurônios nascem ao longo da vida em algumas áreas do encéfalo. Esses neurônios surgem de células tronco residentes e podem integrar-se em circuitos funcionais.
10. Células capazes de formar novos neurônios também estão presentes em muitas outras áreas do cérebro e da medula espinal, mas permanecem quiescentes. Tentativas de ativá-los fornecendo-se fatores de crescimento ou introduzindo genes promotores de crescimento (reprogramação transcricional) podem aproveitar seu potencial após lesão ou doença neurodegenerativa.
11. Outra abordagem para a substituição neuronal é implantar neurônios em desenvolvimento. Embora os neurônios fetais sejam às vezes usados para esse fim em animais de experimentação, uma fonte mais útil pode ser os neurônios derivados de células ES ou iPS. Eles podem ser cultivados em grandes quantidades, geneticamente modificados, se necessário, e tratados para se diferenciarem em tipos neuronais específicos. Estudos clínicos usando esta abordagem estão começando agora.

Joshua R. Sanes

Leituras selecionadas

Benowitz LI, He Z, Goldberg JL. 2017. Reaching the brain: advances in optic nerve regeneration. Exp Neurol 287:365–373.

Dell'Anno MT, Strittmatter SM. 2017. Rewiring the spinal cord: direct and indirect strategies. Neurosci Lett 652: 625–634.

Gerdts J, Summers DW, Milbrandt J, DiAntonio A. 2016. Axon self-destruction: new links among SARM1, MAPKs, and NAD+ metabolism. Neuron 89:449–460.

He Z, Jin Y. 2016. Intrinsic control of axon regeneration. Neuron 90:437–451.

Magnusson JP, Frisén J. 2016. Stars from the darkest night: unlocking the neurogenic potential of astrocytes in different brain regions. Development 143:1075–1086.

McComish SF, Caldwell MA. 2018. Generation of defined neural populations from pluripotent stem cells. Philos Trans R Soc Lond B Biol Sci 373:pii: 20170214.

Zhao C, Deng W, Gage FH. 2008. Mechanisms and functional implications of adult neurogenesis. Cell 132:645–660.

Referências

Alilain WJ, Horn KP, Hu H, Dick TE, Silver J. 2011. Functional regeneration of respiratory pathways after spinal cord injury. Nature 475:196–200.

Altman J. 1969. Autoradiographic and histological studies of postnatal neurogenesis. IV. Cell proliferation and migration in the anterior forebrain, with special reference to persisting neurogenesis in the olfactory bulb. J Comp Neurol 137:433–457.

Altman J, Das GD. 1965. Autoradiographic and histological evidence of postnatal hippocampal neurogenesis in rats. J Comp Neurol 124:319–335.

Bareyre FM, Kerschensteiner M, Raineteau O, Mettenleiter TC, Weinmann O, Schwab ME. 2004. The injured spinal cord spontaneously forms a new intraspinal circuit in adult rats. Nat Neurosci 7:269–277.

Bei F, Lee HHC, Liu X, et al. 2016. Restoration of visual function by enhancing conduction in regenerated axons. Cell 164:219–232.

Beirowski B, Berek L, Adalbert R, et al. 2004. Quantitative and qualitative analysis of Wallerian degeneration using restricted axonal labelling in YFP-H mice. J Neurosci Methods 134:23–35.

Bradbury EJ, McMahon SB. 2006. Spinal cord repair strategies: why do they work? Nat Rev Neurosci 7:644–653.

Bradbury EJ, Moon LD, Popat RJ, et al. 2002. Chondroitinase ABC promotes functional recovery after spinal cord injury. Nature 416:636–640.

Caroni P, Schwab ME. 1988. Antibody against myelin-associated inhibitor of neurite growth neutralizes nonpermissive substrate properties of CNS white matter. Neuron 1:85–96.

Conforti L, Gilley J, Coleman MP. 2014. Wallerian degeneration: an emerging axon death pathway linking injury and disease. Nat Rev Neurosci 15:394–409.

David S, Aguayo AJ. 1981. Axonal elongation into peripheral nervous system "bridges" after central nervous system injury in adult rats. Science 214:931–933.

Dimos JT, Rodolfa KT, Niakan KK, et al. 2008. Induced pluripotent stem cells generated from patients with ALS can be differentiated into motor neurons. Science 321:1218–1221.

Duan X, Qiao M, Bei F, Kim IJ, He Z, Sanes JR. 2015. Subtype-specific regeneration of retinal ganglion cells following axotomy: effects of osteopontin and mTOR signaling. Neuron 85:1244–1256.

Essuman K, Summers DW, Sasaki Y, Mao X, DiAntonio A, Milbrandt J. 2017. The SARM1 toll/interleukin-1 receptor domain possesses intrinsic NAD+ cleavage activity that promotes pathological axonal degeneration. Neuron 93:1334–1343.

Ferri A, Sanes JR, Coleman MP, Cunningham JM, Kato AC. 2003. Inhibiting axon degeneration and synapse loss attenuates apoptosis and disease progression in a mouse model of motoneuron disease. Curr Biol 13:669–673.

Franklin RJ, ffrench-Constant C. 2008. Remyelination in the CNS: from biology to therapy. Nat Rev Neurosci 9:839–855.

Galtrey CM, Fawcett JW. 2007. The role of chondroitin sulfate proteoglycans in regeneration and plasticity in the central nervous system. Brain Res Rev 54:1–18.

Gerdts J, Brace EJ, Sasaki Y, DiAntonio A, Milbrandt J. 2015. SARM1 activation triggers axon degeneration locally via NAD$^+$ destruction. Science 348:453–457.

Gerdts J, Summers DW, Sasaki Y, DiAntonio A, Milbrandt J. 2013. Sarm1-mediated axon degeneration requires both SAM and TIR interactions. J Neurosci 33:13569–13580.

Goldman SA, Kuypers NJ. 2015. How to make an oligodendrocyte. Development 142:3983-3995.

Guo Z, Zhang L, Wu Z, Chen Y, Wang F, Chen G. 2014. In vivo direct reprogramming of reactive glial cells into functional neurons after brain injury and in an Alzheimer's disease model. Cell Stem Cell 14:188–202.

Imayoshi I, Sakamoto M, Ohtsuka T. 2008. Roles of continuous neurogenesis in the structural and functional integrity of the adult forebrain. Nat Neurosci 10:1153–1161.

Jorstad NL, Wilken MS, Grimes WN, et al. 2017. Stimulation of functional neuronal regeneration from Müller glia in adult mice. Nature 548:103–107.

Keirstead HS, Nistor G, Bernal G, et al. 2005. Human embryonic stem cell-derived oligodendrocyte progenitor cell transplants remyelinate and restore locomotion after spinal cord injury. J Neurosci 25:4694–4705.

Keirstead SA, Rasminsky M, Fukuda Y, Carter DA, Aguayo AJ, Vidal-Sanz M. 1989. Electrophysiologic responses in hamster superior colliculus evoked by regenerating retinal axons. Science 246:255–257.

Kordower J, Sortwell C. 2000. Neuropathology of fetal nigra transplants for Parkinson's disease. Prog Brain Res 127:333–344.

Lim DA, Alvarez-Buylla A. 2016. The adult ventricular-subventricular zone (V-SVZ) and olfactory bulb (OB) Neurogenesis. Cold Spring Harb Perspect Biol 8:pii: a018820.

Lois C, Alvarez-Buylla A. 1994. Long-distance neuronal migration in the adult mammalian brain. Science 264: 1145–1148.

Mack TGA, Reiner M, Beirowski B, et al. 2001. Wallerian degeneration of injured axons and synapses is delayed by a Ube4b/Nmnat chimeric gene. Nat Neurosci 4:1199–1206.

Magavi SS, Leavitt BR, Macklis JD. 2000. Induction of neurogenesis in the neocortex of adult mice. Nature 405:951–955.

Magnusson JP, Göritz C, Tatarishvili J, et al. 2014. A latent neurogenic program in astrocytes regulated by Notch signaling in the mouse. Science 346:237–241.

Maier IC, Schwab ME. 2006. Sprouting, regeneration and circuit formation in the injured spinal cord: factors and activity. Philos Trans R Soc Lond B Biol Sci 361:1611–1634.

Osterloh JM, Yang J, Rooney TM, et al. 2012. dSarm/Sarm1 is required for activation of an injury-induced axon death pathway. Science 337:481–484.

Schwab ME, Thoenen H. 1985. Dissociated neurons regenerate into sciatic but not optic nerve explants in culture irrespective of neurotrophic factors. J Neurosci 5:2415–2423.

Schwegler G, Schwab ME, Kapfhammer JP. 1995. Increased collateral sprouting of primary afferents in the myelin-free spinal cord. J Neurosci 15:2756–2767.

Smith PD, Sun F, Park KK, et al. 2009. SOCS3 deletion promotes optic nerve regeneration in vivo. Neuron 64:617–623.

Sohur US, Emsley JG, Mitchell BD, Macklis JD. 2006. Adult neurogenesis and cellular brain repair with neural progenitors, precursors and stem cells. Philos Trans R Soc Lond B Biol Sci 361:1477–1497.

Southwell DG, Nicholas CR, Basbaum AI, et al. 2014. Interneurons from embryonic development to cell-based therapy. Science 344:1240622.

Takahashi K, Tanabe K, Ohnuki M, et al. 2007. Induction of pluripotent stem cells from adult human fibroblasts by defined factors. Cell 131:861–872.

Takahashi K, Yamanaka S. 2006. Induction of pluripotent stem cells from mouse embryonic and adult fibroblast cultures by defined factors. Cell 126:663–676.

Tavazoie M, Van der Verken L, Silva-Vargas V, et al. 2008. A specialized vascular niche for adult neural stem cells. Cell Stem Cell 3:279–288.

Thuret S, Moon LD, Gage FH. 2006. Therapeutic interventions after spinal cord injury. Nat Rev Neurosci 7:628–643.

Torper O, Ottosson DR, Pereira M, et al. 2015. In vivo reprogramming of striatal NG2 glia into functional neurons that integrate into local host circuitry. Cell Rep 12:474–481.

Wen Z, Christian KM, Song H, Ming GL. 2016. Modeling psychiatric disorders with patient-derived iPSCs. Curr Opin Neurobiol 36:118–127.

Wernig M, Zhao JP, Pruszak J, et al. 2008. Neurons derived from reprogrammed fibroblasts functionally integrate into the fetal brain and improve symptoms of rats with Parkinson's disease. Proc Natl Acad Sci U S A 105:5856–5861.

Winkler C, Kirik D, Bjorklund A. 2005. Cell transplantation in Parkinson's disease: how can we make it work? Trends Neurosci 28:86–92.

Yiu G, He Z. 2006. Glial inhibition of CNS axon regeneration. Nat Rev Neurosci 7:617–627.

Zhou FQ, Snider WD. 2006. Intracellular control of developmental and regenerative axon growth. Philos Trans R Soc Lond B Biol Sci 361:1575–1592.

51

Diferenciação sexual do sistema nervoso

Genes e hormônios determinam as diferenças físicas entre machos e fêmeas

O sexo cromossômico orienta a diferenciação gonadal do embrião

As gônadas sintetizam os hormônios que promovem a diferenciação sexual

Distúrbios da biossíntese do hormônio esteroide afetam a diferenciação sexual

A diferenciação sexual do sistema nervoso gera comportamentos sexualmente dimórficos

A função erétil é controlada por um circuito sexualmente dimórfico na medula espinal

A produção do canto em pássaros é controlada por circuitos sexualmente dimórficos no prosencéfalo

O comportamento de acasalamento em mamíferos é controlado por um circuito neural sexualmente dimórfico no hipotálamo

Sinais do ambiente regulam comportamentos sexualmente dimórficos

Os feromônios controlam a escolha do parceiro em camundongos

Situações experimentadas no início da vida modificam o comportamento materno na vida adulta

Um conjunto de mecanismos-chave está subjacente a muitos dimorfismos sexuais no encéfalo e na medula espinal

O encéfalo humano é sexualmente dimórfico

Os dimorfismos sexuais em humanos podem surgir da ação hormonal ou das experiências

Estruturas dimórficas no encéfalo correlacionam-se com identidade de gênero e orientação sexual

Destaques

POUCAS PALAVRAS SÃO MAIS CARREGADAS DE significado do que a palavra "sexo". A atividade sexual é uma necessidade biológica e uma grande preocupação humana. As diferenças físicas entre homens e mulheres, que constituem a base do reconhecimento dos parceiros e da reprodução, são evidentes, e suas origens no desenvolvimento são bem compreendidas. No entanto, pouco se sabe sobre as diferenças comportamentais entre os sexos. Em muitos casos, sua própria existência é controversa, e as origens dos comportamentos que foram claramente demonstrados permanecem incertas.

Neste capítulo, primeiramente, serão resumidas as bases embrionárias da diferenciação sexual. Depois, são discutidas com maior profundidade as diferenças comportamentais entre os dois sexos, com foco nas diferenças ou dimorfismos cujas bases neurobiológicas ou parte delas já foram demonstradas. Esses dimorfismos incluem respostas fisiológicas (ereção, lactação), respostas envolvendo motivação (comportamento materno) e comportamentos mais complexos (identidade de gênero). Na análise desses dimorfismos, serão discutidas três questões.

Primeiro, qual é a origem genética das diferenças sexuais? Machos e fêmeas da espécie humana têm 23 pares completos de cromossomos, e somente um difere entre os sexos. As fêmeas possuem um par de cromossomos X, sendo portanto XX, enquanto os machos têm um cromossomo X pareado com um cromossomo Y (XY). Os outros 22 pares de cromossomos, chamados de *autossômicos*, são compartilhados entre machos e fêmeas. Veremos que os determinantes genéticos iniciais surgem de um único gene no cromossomo Y, enquanto os posteriores surgem indiretamente de padrões de expressão específicos de sexo impostos a outros genes à medida que o desenvolvimento prossegue.

Segunda questão: como as diferenças sexuais iniciadas pelo cromossomo Y são traduzidas em diferenças entre os cérebros de homens e mulheres? Será visto que os principais intermediários são os hormônios sexuais, um conjunto de esteroides que inclui a testosterona e o estrogênio. Esses hormônios atuam durante a embriogênese e também após o nascimento, a princípio organizando o desenvolvimento físico das genitálias e de regiões encefálicas e, mais tarde, ativando determinadas respostas fisiológicas e comportamentais. A regulação hormonal é especialmente complexa, uma vez que o sistema nervoso, que é profundamente influenciado pelos esteroides sexuais, também controla a síntese desses hormônios. Essa alça de retroalimentação pode ajudar a explicar como o ambiente externo, que inclui os fatores sociais e culturais, pode em última instância moldar o dimorfismo sexual no âmbito neural.

Terceira e última questão, quais são as diferenças neurais cruciais que resultam nos comportamentos sexualmente dimórficos? Diferenças morfológicas e moleculares evidentes entre o cérebro de homens e o de mulheres vêm sendo encontradas. Essas diferenças refletem diferenças na circuitaria neural entre os sexos e estão, em alguns casos, diretamente relacionadas a diferenças comportamentais. Em outros casos, entretanto, os comportamentos sexualmente dimórficos parecem resultar do uso diferencial dos mesmos circuitos básicos.

Antes de prosseguir, devemos definir duas palavras que são comumente usadas de várias maneiras e às vezes confundidas entre si: *sexo* e *gênero*. Para descrever diferenças biológicas entre homens e mulheres, a palavra *sexo* é usada de três maneiras. Primeiro, o *sexo anatômico*, que se refere às diferenças evidentes, incluindo as diferenças na genitália externa e outras características sexuais, como a distribuição dos pelos no corpo. Segundo, o *sexo gonadal*, que está relacionado à presença de gônadas masculinas ou femininas, ou seja, testículos ou ovários. Por fim, o *sexo cromossômico*, que está relacionado à distribuição dos cromossomos sexuais entre as fêmeas (XX) e os machos (XY).

Enquanto *sexo* é um termo biológico, o termo *gênero* abrange um conjunto de comportamentos sociais e estados mentais que geralmente diferencia machos e fêmeas. O *papel de gênero* é o conjunto de comportamentos e manifestações sociais que é normalmente distribuído de uma forma sexualmente dimórfica dentro da população. As preferências pelos brinquedos na infância, bem como as vestimentas, são exemplos do papel do gênero que pode distinguir machos e fêmeas. A *identidade de gênero* é o sentimento de pertencer à categoria do sexo masculino ou feminino. É importante ressaltar que a identidade de gênero é distinta da *orientação sexual*, que está relacionada com a atração erótica exibida por membros de um ou de outro sexo.

Gênero e orientação sexual são determinados geneticamente? Ou são construções sociais moldadas por expectativas culturais e experiências pessoais? Como os exemplos neste capítulo irão ilustrar, ainda se está longe de desvendar a contribuição dos genes e do ambiente em tais fenômenos complexos. No entanto, nosso reconhecimento de que os genes e experiência interagem para moldar circuitos neurais nos dá uma estrutura mais realista para responder a essa pergunta, em comparação com nossos antecessores, que eram limitados pela visão simplista de que genes e experiência agiam de maneiras mutuamente exclusivas.

Genes e hormônios determinam as diferenças físicas entre machos e fêmeas

O sexo cromossômico orienta a diferenciação gonadal do embrião

A determinação do sexo é o processo embrionário pelo qual os cromossomos sexuais direcionam a diferenciação do sexo gonadal dos animais. Surpreendentemente, alguns aspectos fundamentais desse processo diferem dentro do reino animal, e mesmo entre os vertebrados. Contudo, na maioria dos mamíferos, incluindo os seres humanos, um genótipo XY direciona a diferenciação embrionária da gônada em testículos, enquanto o genótipo XX leva à diferenciação ovariana. A produção dos hormônios pelos testículos e ovários, subsequentemente, orienta a diferenciação sexual do sistema nervoso e do resto do corpo.

É a presença do cromossomo Y, e não a falta de um segundo cromossomo X, que é o determinante fundamental da diferenciação do sexo masculino. Isso foi primeiro evidenciado com o nascimento raro de indivíduos com dois ou mesmo três cromossomos X e um cromossomo Y (XXY ou XXXY). Esses indivíduos são homens que exibem traços masculinos típicos. De fato, as células de fêmeas não apresentam dois cromossomos X ativos. No início do desenvolvimento embrionário, um dos dois cromossomos X das células das fêmeas é escolhido aleatoriamente para ser inativado, e a transcrição de seus genes consequentemente é silenciada. Assim, tanto as células dos machos quanto as das fêmeas apresentam somente um cromossomo X ativo, e as células dos machos possuem também um cromossomo Y.

A atividade de determinação sexual exercida pelo cromossomo Y é codificada pelo gene *SRY* (de *sex-determining region on Y*), cuja ação é necessária para a masculinização das gônadas embrionárias (**Figura 51-1**). A inativação ou a deleção do gene *SRY* induz uma reversão sexual completa:

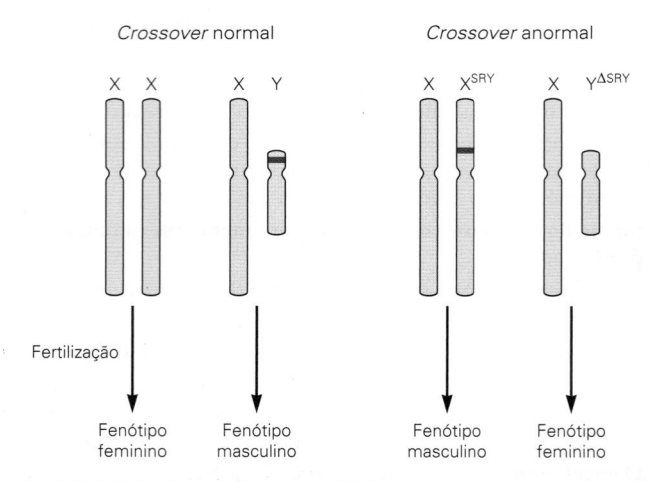

FIGURA 51-1 O papel do gene *SRY* na determinação do sexo em humanos. *SRY*, o *locus* da determinação sexual (**domínio azul**), encontra-se na região não homóloga do braço curto do cromossomo Y. A presença do *SRY* é determinante para a diferenciação dos machos em muitos mamíferos, incluindo primatas e a maioria dos roedores. Normalmente, um espermatozoide contendo X ou Y fertiliza um ovócito para gerar uma fêmea XX ou um macho XY, dando origem a um fenótipo sexual, que é concordante com o sexo cromossômico. Raramente, *SRY* transloca-se para o cromossomo X ou para um cromossomo autossômico (não mostrado aqui). Em tais casos, os descendentes XX^{SRY} são fenotipicamente machos, enquanto os descendentes XY$^{\Delta SRY}$ (onde Δ indica uma deleção no gene) são fenotipicamente fêmeas. (Adaptada de Wilhelm, Palmer e Koopman, 2007.)

Os indivíduos são cromossomicamente machos (XY), mas externamente indistinguíveis das fêmeas. Por outro lado, em casos raros, o gene SRY pode ser translocado para outro cromossomo (o cromossomo X ou um autossomo) durante a espermatogênese. Assim, tais espermatozoides podem fertilizar óvulos e produzir indivíduos que são cromossomicamente fêmeas (XX), mas externamente machos. Entretanto, esses machos XX com reversão sexual são inférteis, pois muitos genes necessários para produzir um esperma funcional estão localizados no cromossomo Y.

Como o gene SRY instrui as gônadas indiferenciadas a se desenvolverem dando forma aos testículos? O programa de diferenciação do sexo feminino parece ser o modo padrão; genes primários moldam o corpo e as gônadas, desenvolvendo assim as características específicas das fêmeas. O gene SRY codifica um fator transcricional que induz a expressão de genes, alguns dos quais impedem a execução do programa padrão e iniciam o processo de diferenciação das gônadas masculinas. Um dos alvos mais bem estudados do fator de transcrição SRY é outro fator de transcrição, SOX9, o qual é necessário para a diferenciação dos testículos. Assim, SRY inicia uma cascata de tradução gênica que resulta, em última instância, no desenvolvimento das gônadas masculinas.

As gônadas sintetizam os hormônios que promovem a diferenciação sexual

O complemento cromossômico do embrião dirige a diferenciação sexual das gônadas e, por sua vez, as gônadas determinam as características específicas do sexo de todos os órgãos do corpo, incluindo o sistema nervoso. Essa ação das gônadas se dá pela secreção de hormônios. Os hormônios gonadais têm dois papéis principais. Seu papel no desenvolvimento é tradicionalmente chamado de *organizacional*, pois os efeitos iniciais dos hormônios no encéfalo e no resto do corpo levam a aspectos importantes e em geral irreversíveis da diferenciação de células e tecidos. Mais tarde, alguns desses hormônios desencadeiam respostas fisiológicas e comportamentais. Essas influências, geralmente denominadas *ativadoras*, são reversíveis.

Um exemplo do papel organizacional dos hormônios gonadais é observado na diferenciação das estruturas que conectam as gônadas à genitália externa. Nos machos, o ducto de Wolff dá origem ao vaso deferente, à vesícula seminal e ao epidídimo. Nas fêmeas, o ducto de Müller diferencia-se em tuba uterina, útero e vagina (**Figura 51-2**). Inicialmente, os embriões de ambos os sexos, feminino (XX) e masculino (XY), possuem os ductos wolffiano e mülleriano. Nos machos, os testículos em desenvolvimento secretam um hormônio proteico, a substância inibidora mülleriana (MIS), e um hormônio esteroide, a testosterona. A MIS induz a regressão do ducto mülleriano, e a testosterona leva o ducto wolffiano a se diferenciar em seus derivados maduros. Nas fêmeas, a ausência de MIS permite que o ducto mülleriano se diferencie em seus derivados adultos, e a ausência de testosterona circulante provoca a reabsorção do ducto wolffiano. Portanto, o cromossomo Y interfere no programa padrão feminino e gera as gônadas masculinas, que, por sua vez, secretam os hormônios que substituem o programa padrão feminino de diferenciação das genitálias.

FIGURA 51-2 Diferenciação sexual da genitália interna. Embriões de ambos os sexos desenvolvem cristas genitais bilaterais (as gônadas primitivas), que podem se diferenciar na forma de testículos ou de ovários; ductos de Müller, que podem se diferenciar formando os ovidutos, o útero e a parte superior da vagina; e ductos de Wolff, que podem se diferenciar em epidídimo, ducto deferente e vesículas seminais. Nos embriões XY, a expressão do gene SRY na crista genital induz a diferenciação desse tecido em testículos, e dos ductos wolffianos no resto da genitália interna do macho, enquanto os ductos müllerianos são reabsorvidos. Nos embriões XX, a ausência de SRY permite que as cristas genitais se desenvolvam em ovários, e os ductos müllerianos se diferenciem dando forma ao resto da genitália interna feminina; na ausência de testosterona circulante, os ductos wolffianos degeneram-se. (Sigla: MIS, substância inibidora mülleriana.) (Adaptada, com autorização, de Wilhelm, Palmer e Koopman, 2007.)

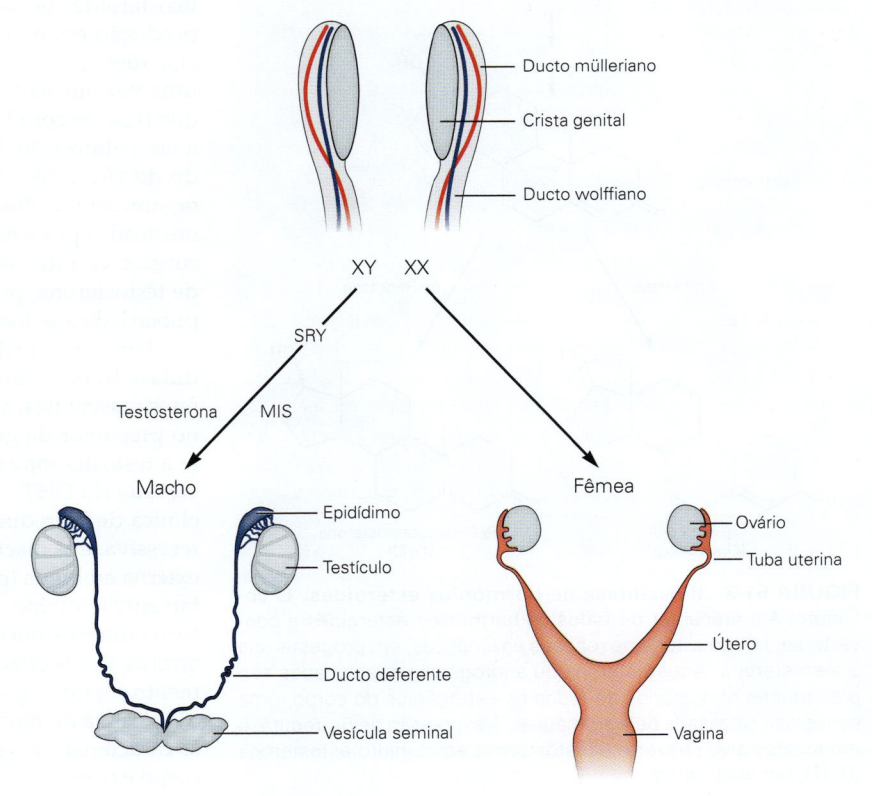

A ação do MIS está amplamente confinada aos embriões, mas os hormônios esteroides exercem efeitos ao longo da vida – ou seja, eles também têm papéis de ativação em estágios posteriores. Todos os hormônios esteroides derivam do colesterol (**Figura 51-3**). Os esteroides sexuais podem ser divididos nos androgênios, que geralmente estimulam as características masculinas, e nos estrogênios e a progesterona, que promovem as características femininas. Os testículos produzem principalmente o androgênio testosterona, enquanto os ovários produzem principalmente a progesterona e um estrogênio, o 17β-estradiol. O ciclo menstrual é um exemplo excelente do papel ativador do estrogênio e da progesterona.

Um olhar sobre as relações metabólicas entre os hormônios esteroides (**Figura 51-3**) revela uma surpresa. O hormônio feminino progesterona é o precursor do hormônio masculino testosterona, e a testosterona é o precursor direto do hormônio feminino 17β-estradiol. Dessa forma, as enzimas que convertem um hormônio no outro controlam não somente os níveis hormonais, mas também o "sinal" (macho ou fêmea) do efeito hormonal. A aromatase, a enzima que converte testosterona em estradiol, está presente em níveis altos nos ovários, mas não nos testículos. A expressão diferencial da aromatase é a razão para o dimorfismo sexual dos níveis de testosterona e estrogênio na circulação. A aromatase também é expressa em várias regiões do encéfalo (**Figura 51-4A**), e acredita-se que muitos dos efeitos da testosterona nos neurônios ocorrem após sua conversão em estrogênio. A testosterona também é convertida pela enzima 5α-redutase em outro esteroide androgênio, a 5α-di-hidrotestosterona (DHT), em vários tecidos alvo, incluindo a genitália externa. Nesses tecidos, a DHT é responsável pela indução das características masculinas secundárias, como os pelos na face e no corpo e o crescimento da próstata. Posteriormente, a DHT, ao longo da vida, torna-se responsável pela calvície masculina.

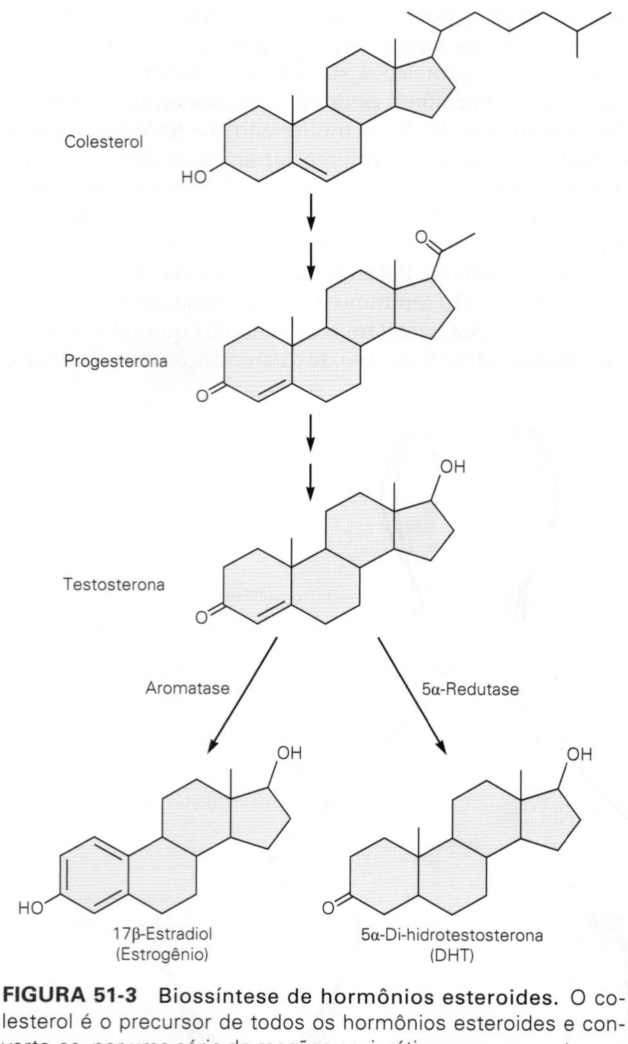

Distúrbios da biossíntese do hormônio esteroide afetam a diferenciação sexual

Como se pode imaginar, mutações nos genes que codificam as enzimas envolvidas na biossíntese dos hormônios esteroides têm consequências de longo alcance. Os fenótipos ilustram de modo notável os efeitos organizacionais e ativadores dos hormônios esteroides, bem como a dificuldade de se distinguir nitidamente entre os dois. Aqui, serão descritos três distúrbios (**Tabela 51-1**).

O primeiro distúrbio, a hiperplasia suprarrenal congênita (HSRC), é uma deficiência genética na síntese de corticosteroides pelas glândulas suprarrenais, que resulta na produção em excesso de testosterona e androgênios relacionados. Essa condição é autossômica recessiva e ocorre uma vez em 10.000 a 15.000 nascidos vivos. Nas meninas que nascem com HSRC, os androgênios em excesso levam à masculinização da genitália externa, um processo chamado de *virilização*. A virilização reflete claramente o papel organizacional dos esteroides. Essa condição pode ser diagnosticada após o nascimento e resolvida por intervenção cirúrgica. O tratamento com corticosteroides reduz os níveis de testosterona, permitindo que essas mulheres entrem na puberdade e se tornem férteis.

Um segundo distúrbio genético, a deficiência de 5α-redutase II, também pode afetar a diferenciação sexual. Nos fetos masculinos, a 5α-redutase II é expressa em altos níveis no precursor da genitália externa, onde a enzima converte a testosterona circulante em DHT. A concentração local elevada de DHT viriliza a genitália externa. A deficiência clínica de 5α-redutase II é herdada de forma autossômica recessiva, e os machos apresentam, ao nascer, uma genitália externa ambígua (pouco virilizada) ou com aspecto explicitamente feminino. Em muitos casos, portanto, pacientes do sexo cromossômico masculino (XY) com essa condição são erroneamente criados como mulheres até a puberdade, momento em que o grande aumento de testosterona na circulação viriliza de modo notável a genitália externa e estimula as características secundárias masculinas, como os pelos no corpo e o aumento da musculatura.

FIGURA 51-3 Biossíntese de hormônios esteroides. O colesterol é o precursor de todos os hormônios esteroides e converte-se, por uma série de reações enzimáticas, em progesterona e testosterona. A testosterona ou androgênios relacionados são precursores obrigatórios de todos os estrogênios do corpo, uma conversão catalisada pela aromatase. A expressão de 5α-redutase em tecidos-alvo converte a testosterona em di-hidrotestosterona (DHT), um andrógeno.

A Distribuição da aromatase

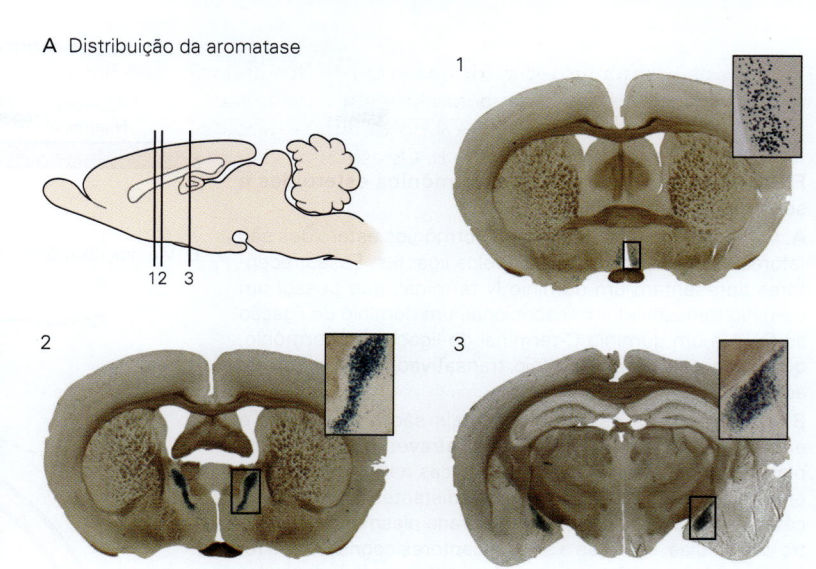

FIGURA 51-4 A aromatase e os receptores de estrogênio são expressos em regiões específicas do cérebro.

A. A enzima aromatase catalisa a conversão da testosterona em estrogênio (**Figura 51-3**) e é expressa em populações neuronais discretas no encéfalo. A distribuição de neurônios que expressam aromatase marcados com uma proteína repórter (**em azul**) em camundongos transgênicos é mostrada aqui em três planos coronais do cérebro: em neurônios da área pré-óptica no hipotálamo (**1**), no núcleo do leito da estria terminal (BNST) (**2**) e na amígdala medial (**3**). Essas áreas contêm neurônios sexualmente dimórficos que regulam o comportamento sexual, a agressividade e o comportamento materno. (Adaptada, com autorização, de Wu et al., 2009.)

B. Esta secção sagital média de um cérebro de rato adulto mostra a ligação de estrogênio a células em várias regiões hipotalâmicas, incluindo a área pré-óptica sexualmente dimórfica. Sítios adicionais de ligação do estrogênio são observados no septo, no hipocampo, na hipófise e no mesencéfalo. Outras áreas mais laterais, como a amígdala (não mostrada), também possuem receptores de estrogênio.

B Distribuição dos receptores de estrogênio

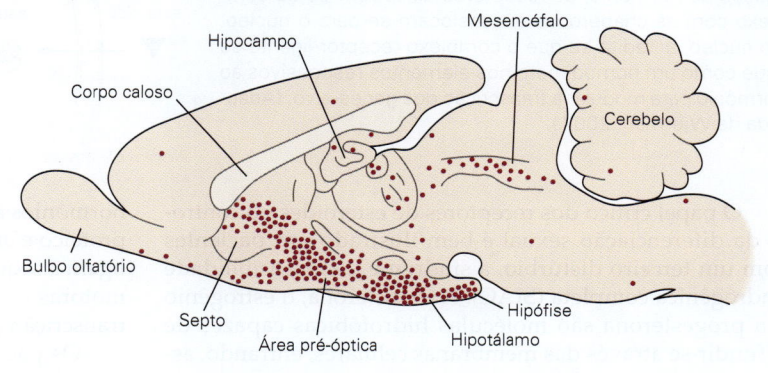

TABELA 51-1 Três síndromes clínicas que destacam o papel dos andrógenos na masculinização em humanos

	Síndrome da insensibilidade androgênica completa (SIAC)	Deficiência da 5α-redutase II	Hiperplasia suprarrenal congênita (HSRC)
Sexo cromossômico	XY	XY	XX
Base molecular	Receptor androgênico não funcional, levando à incapacidade de responder a andrógenos circulantes	5α-redutase II não funcional, levando ao déficit na conversão de testosterona em 5α-di-hidrotestosterona (DHT) em tecidos-alvo	Defeito na síntese de corticosteroides, levando ao aumento dos andrógenos circulantes das glândulas suprarrenais
Gônada	Testículo	Testículo	Ovário
Derivados wolffianos	Vestigial	Presente	Ausente
Derivados müllerianos	Ausente	Ausente	Presente
Genitália externa			
Ao nascimento	Feminizada	Variavelmente feminizada	Variavelmente virilizada
Depois da puberdade	Feminizada	Masculinizada	Feminizada
Identidade de gênero	Fêmea	Fêmea ou macho	Fêmea ou macho
Preferência de parceiro sexual	Macho	Fêmea ou macho	Fêmea ou macho

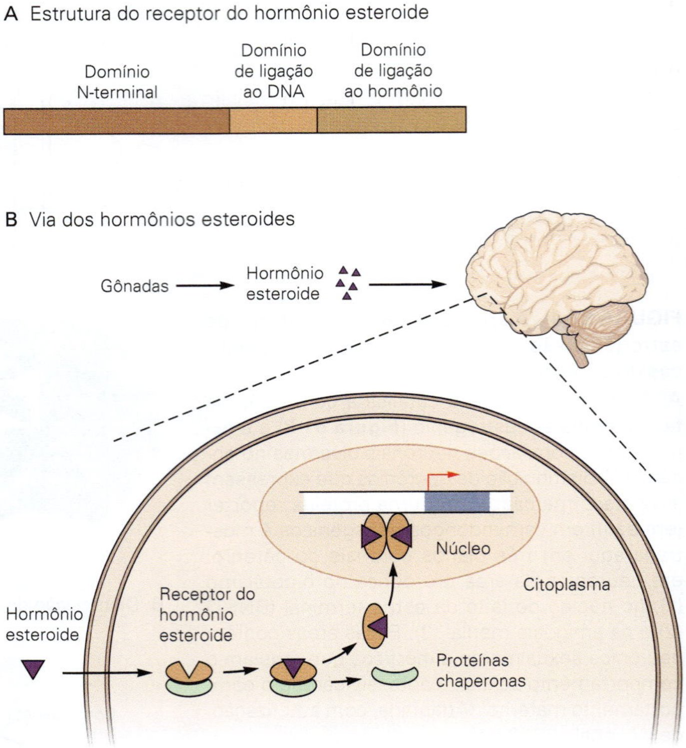

FIGURA 51-5 Receptores de hormônios esteroides e seus mecanismo de ação.

A. Os receptores canônicos para hormônios esteroides são fatores de transcrição ativados pelos ligantes. Esses receptores apresentam um domínio N-terminal, que possui um domínio transativador transcricional, um domínio de ligação ao DNA e um domínio C-terminal de ligação ao hormônio, que pode conter um domínio transativador transcricional adicional.

B. Os hormônios esteroides sexuais são hidrofóbicos e entram na circulação por difusão, através da membrana plasmática das células esteroidogênicas nas gônadas. Eles entram nas células-alvo em tecidos distantes, como no encéfalo, após atravessarem a membrana plasmática, e, dentro das células, ligam-se a seus receptores cognatos. Os receptores dos hormônios esteroides estão no citoplasma das células responsivas aos hormônios, onde formam um complexo multiproteico com as proteínas chaperonas. Após a ligação do hormônio, os receptores dissociam-se do complexo com as chaperonas e translocam-se para o núcleo. No núcleo, acredita-se que o complexo receptor-ligante se ligue como um homodímero nos elementos responsivos ao hormônio para modular a transcrição dos genes-alvo. (Adaptada de Wierman, 2007.)

O papel crítico dos receptores de esteroides no controle da diferenciação sexual é bem ilustrado por pacientes com um terceiro distúrbio, a síndrome de insensibilidade androgênica completa (SIAC). A testosterona, o estrogênio e a progesterona são moléculas hidrofóbicas capazes de difundir-se através das membranas celulares, entrando, assim, na corrente sanguínea e atingindo as células em vários órgãos, onde ligam-se a receptores específicos intracelulares. Os receptores para esses hormônios são codificados por genes distintos, mas homólogos.

Um único gene codifica o receptor que se liga aos androgênios testosterona e DHT. O receptor de andrógeno liga a DHT aproximadamente três vezes mais fortemente do que a testosterona, sendo responsável pela maior potência da DHT. Existe também um único receptor para a progesterona (receptor de progesterona), enquanto dois genes codificam os receptores de estrogênio (receptores α e β de estrogênio). Esses receptores de hormônios esteroides estão presentes em muitos tecidos do corpo, incluindo o encéfalo (**Figura 51-4B**).

Essas proteínas receptoras são fatores de transcrição que se ligam a sítios específicos no genoma e modulam a transcrição de genes-alvo. Elas contêm vários domínios estruturais característicos, como um domínio de ligação ao hormônio, um domínio de ligação ao DNA e um domínio que modula a atividade transcricional dos genes-alvo (**Figura 51-5A**). Os hormônios ativam a atividade transcricional por sua ligação aos receptores. Na ausência dos ligantes, os receptores ligam-se a complexos proteicos, que os sequestram no citoplasma. Após a ligação dos hormônios aos receptores, estes se dissociam do complexo proteico e entram no núcleo, onde formam dímeros que se ligam a sequências elementares específicas nas regiões promotoras e estimuladoras dos genes-alvo, modulando sua transcrição (**Figura 51-5B**).

Os pacientes com SIAC são cromossomicamente XY, mas são portadores de um alelo não funcional do receptor de androgênio ligado ao cromossomo X, eliminando, assim, as respostas celulares à testosterona e à DHT. Uma vez que a via de determinação sexual através do *SRY* permanece funcional, esses pacientes possuem testículos. No entanto, por causa da sinalização deficiente dos hormônios androgênios, os ductos wolffianos não se desenvolvem, os testículos não conseguem descer, e os órgãos genitais externos são feminilizados. Na idade adulta, a maioria desses pacientes opta pela cirurgia de remoção dos testículos e pela suplementação hormonal apropriada para o sexo feminino.

A diferenciação sexual do sistema nervoso gera comportamentos sexualmente dimórficos

Os comportamentos específicos aos sexos ocorrem porque o sistema nervoso difere entre machos e fêmeas. Essas diferenças surgem de uma combinação de fatores genéticos, tais como vias de sinalização iniciadas pela determinação do sexo, bem como fatores ambientais, como a experiência social. Em muitos casos, tanto os fatores genéticos quanto os fatores ambientais agem por meio do sistema hormonal esteroide para esculpir o sistema nervoso. Muitos casos de dimorfismo sexual foram documentados, incluindo diferenças no número e tamanho dos neurônios em estruturas particulares, diferenças na expressão gênica em vários grupos neuronais e diferenças no padrão e número de conexões. Aqui, examinamos alguns casos em que estudos em animais experimentais permitiram descobertas importantes. Nas próximas seções, será discutido se mecanismos semelhantes embasam os comportamentos sexualmente dimórficos em seres humanos.

No entanto, antes de prosseguir, notemos que as vias pelas quais os mecanismos cromossômicos de determinação do sexo estão ligados aos processos celulares de diferenciação sexual no sistema nervoso central variam amplamente entre as espécies. Nos insetos, as diferenças sexuais no comportamento são independentes da secreção hormonal das gônadas e, em vez disso, dependem exclusivamente de uma via de determinação do sexo dentro dos neurônios individuais. Este modo de diferenciação sexual do encéfalo e do comportamento é particularmente bem compreendido na mosca-da-fruta, onde foi demonstrado que a cascata de determinação do sexo inicia a expressão de um fator de transcrição, o infrutífero (Fru), que especifica grande parte do repertório dos comportamentos sexuais masculinos (**Quadro 51-1**).

QUADRO 51-1 Controle de acasalamento de invidívuos machos da mosca-da-fruta *Drosophila melanogaster*

Na presença de uma mosca-da-fruta fêmea, a mosca macho adulta (sinalizada com um asterisco) envolve-se em uma série de rotinas essencialmente estereotipadas que geralmente culminam na cópula (**Figura 51-6A**). Esse ritual elaborado de cortejo dos machos é codificado por uma cascata de transcrição de genes no encéfalo e em órgãos sensoriais periféricos que masculiniza os circuitos neurais relacionados.

A determinação do sexo nas moscas, diferente da determinação nos vertebrados, não depende dos hormônios gonadais. Ela ocorre independentemente nas células por todo o corpo, ou seja, a diferenciação sexual do encéfalo e do resto do corpo é independente do sexo gonadal. Isso porque o cromossomo Y dos machos da mosca-da-fruta não possui o *locus* que determina o sexo. Em vez disso, o sexo é determinado pela proporção entre o número de cromossomos X e o número de cromossomos autossômicos (X:A). Uma razão de 1 determina a diferenciação do sexo feminino, ao passo que uma proporção de 0,5 determina a diferenciação do sexo masculino.

A razão X:A coordena uma cascata de transcrição de genes e um programa de rearranjo alternativo dos éxons no mRNA (*alternative splicing*), que promove a expressão de formas sexualmente específicas de dois genes, *doublesex* (*dsx*) e *fruitless* (*fru*). O gene *dsx* codifica um fator de transcrição que é essencial para a diferenciação sexual do sistema nervoso e do resto do corpo, com as variantes específicas para o sexo (resultantes do rearranjo de éxons) responsáveis pelo desenvolvimento típico masculino e feminino.

O gene *fru* codifica um conjunto de fatores de transcrição que são gerados a partir de numerosos promotores e processamentos alternativos de rearranjos de éxons no mRNA. Nos machos, um determinado mRNA (fru^M) é traduzido em proteínas funcionais. Nas fêmeas, o processamento alternativo desse gene resulta na ausência de tais proteínas.

Os machos portadores de um alelo *fru* geneticamente modificado cujo mRNA que só pode ser processado da maneira específica da fêmea (fru^F) têm diferenciação sexual dependente de *dsx* essencialmente normal. Esses machos fru^F assemelham-se externamente aos machos selvagens. No entanto, a perda de Fru^M nesses animais abole o comportamento sexual de cortejo direcionado às fêmeas. Esses dados indicam que Fru^M é necessário para o comportamento de cortejo e de cópula nos machos.

Por outro lado, as moscas fêmeas transgênicas que carregam um alelo fru^M exibem um comportamento de acasalamento dirigido às fêmeas, típico de machos selvagens, o que indica que fru^M é suficiente para inibir as respostas sexuais femininas e promover o acasalamento masculino.

Curiosamente, os machos fru^F não cortejam as fêmeas e, como as fêmeas selvagens, não rejeitam as tentativas de acasalamento dos machos selvagens ou das fêmeas fru^M. Da mesma forma, as fêmeas fru^M tentam acasalar tanto com as fêmeas fru^M quanto com as fêmeas selvagens. Esses dados sugerem que fru^M pode também especificar a preferência sexual ao parceiro, que, no caso dos machos selvagens, seria direcionada às fêmeas.

Nas fêmeas do tipo selvagem sem fru^M, as vias neurais são conectadas de tal forma que essas moscas exibem comportamentos sexualmente receptivos para com os machos. Quando grupos de machos fru^F (ou fêmeas fru^M) são alojados juntos, cortejam-se vigorosamente, muitas vezes formando longas cadeias de moscas na tentativa de copular.

Para construir os circuitos relacionados com os rituais masculinos de cortejo, fru^M parece iniciar a diferenciação autonômica típica de células masculinas nos neurônios onde é expresso. Isso leva a um dimorfismo neuroanatômico evidente no número de células ou projeções de muitas classes de neurônios (**Figura 51-6B**). Alguns neurônios que expressam fru^M não estão distribuídos de maneira dimórfica. Nesses neurônios, fru^M pode regular a expressão de classes específicas de genes, cujos produtos conduzem a um programa fisiológico e funcional específico masculino.

Os neurônios que expressam fru^M são necessários para o comportamento masculino de cortejo? Quando a transmissão sináptica é geneticamente bloqueada nesses neurônios em machos adultos, todos os componentes do comportamento de cortejo são abolidos. Cabe lembrar que esses machos continuam a exibir os movimentos, o vôo e outros comportamentos normais em resposta a estímulos visuais e olfatórios. Esses achados demonstram que fru^M parece ser expresso nos neurônios que fazem parte de um circuito neural que é essencial para e dedicado ao comportamento de cortejo nos machos.

continua

QUADRO 51-1 Controle de acasalamento de invidívuos machos da mosca-da-fruta *Drosophila melanogaster* (*continuação*)

A

Orientação → Contato → Vibração das asas → Lamber → Tentativa de cópula

B

Encéfalo do macho

Encéfalo da fêmea

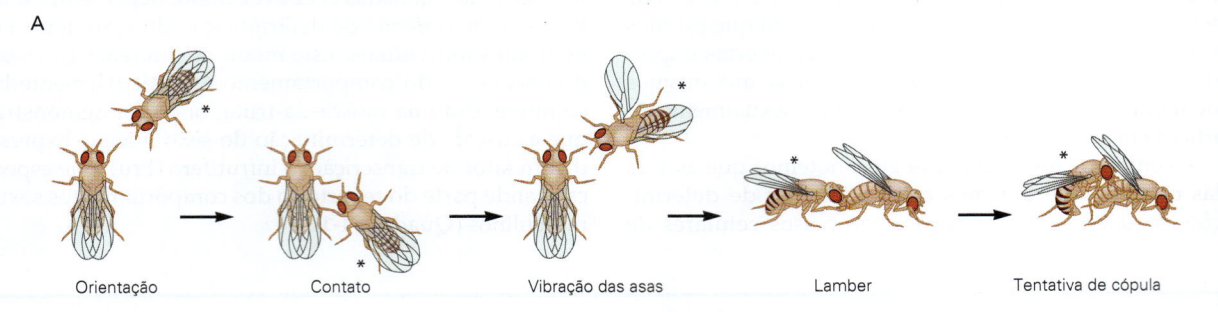

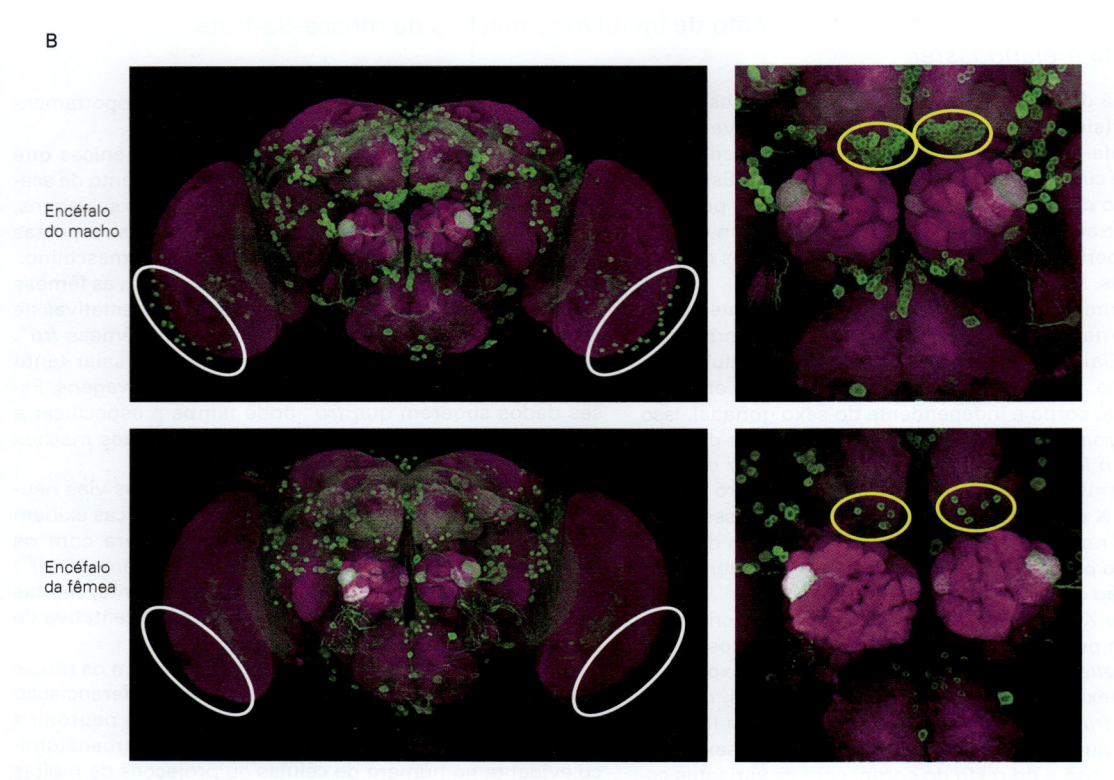

FIGURA 51-6 Controle do cortejo masculino na mosca-da-fruta *Drosophila melanogaster*.

A. Moscas machos (marcadas com **asterisco**) envolvem-se em uma sequência estereotipada de rotinas comportamentais que culminam na tentativa de cópula. O macho dirige-se à fêmea e depois a toca com suas patas dianteiras. Isso é seguido pela extensão das asas dos machos e por um padrão específico da espécie de vibrações das asas, que comumente é conhecido como canção de cortejo. Se a fêmea da mosca é sexualmente receptiva, ela fica mais lenta e permite que o macho lamba sua genitália. A fêmea então abre as placas vaginais, a fim de permitir que o macho inicie a cópula. Todas as etapas do ritual de acasalamento do macho requerem a expressão de uma variante do gene "*infrutífero*" (*fru*), feita no processamento do mRNA por rearranjo dos éxons, que é dependente do sexo. (Adaptada, com autorização, de Greenspan e Ferveur, 2000.)

B. O gene *fru* codifica uma variante no processamento do RNAm específico para machos que é necessária e suficiente para conduzir a maioria das etapas do ritual de acasalamento dos machos das moscas. A expressão de *Fru* é visualizada utilizando-se uma proteína repórter fluorescente (**verde**) em moscas transgênicas. Aglomerados neuronais que expressam *Fru* estão presentes em números comparáveis no sistema nervoso central de moscas masculinas e femininas. No entanto, existem diferenças regionais dependentes de sexo na expressão de *Fru*. Um conjunto de neurônios que expressam *Fru* está presente nos lobos ópticos de machos (em uma área dentro das **elipses brancas**), mas ausente nas regiões correspondentes do encéfalo das fêmeas. As duas regiões do lobo antenal masculino (áreas dentro das **elipses amarelas**) contêm cerca de 30 neurônios cada, enquanto cada região feminina tem apenas de quatro a cinco neurônios. (Adaptada, com autorização, de Kimura et al., 2005.)

A função erétil é controlada por um circuito sexualmente dimórfico na medula espinal

A medula espinal lombar de muitos mamíferos, incluindo os humanos, contém um núcleo chamado de núcleo espinal do bulbocavernoso (SNB, de *spinal nucleus of the bulbocavernosus*), um centro motor sexualmente dimórfico. Os neurônios motores no SNB inervam o músculo bulbocavernoso, que desempenha um papel importante nos reflexos penianos nos machos e nos movimentos vaginais nas fêmeas.

Nos ratos adultos, o SNB dos machos possui mais motoneurônios que o SNB das fêmeas. Além disso, os neurônios motores desse núcleo nos machos são maiores em tamanho e apresentam uma maior arborização dendrítica, com um aumento correspondente no número de sinapses que recebem. Assim como os neurônios motores do SNB, o músculo bulbocavernoso é maior em machos do que em fêmeas e está completamente ausente nas fêmeas de algumas espécies de mamíferos. Os neurônios motores no SNB também inervam o músculo levantador do ânus, que está envolvido no comportamento de cópula e também é maior em machos do que em fêmeas.

Como essas diferenças surgem? Inicialmente, o circuito não é sexualmente dimórfico. Ao nascer, ratos machos e fêmeas apresentam um número semelhante de neurônios no SNB e de fibras nos músculos bulbocavernoso e levantador do ânus. Contudo, nas fêmeas, durante o início do período pós-natal, muitos neurônios motores no SNB e fibras nos músculos levantador do ânus e bulbocavernoso morrem. Assim, esse dimorfismo sexual surge não pela geração de células específica do sexo masculino, mas sim pela morte celular específica do sexo feminino (**Figura 51-7A**).

A injeção perinatal de testosterona ou DHT pode impedir a morte de um número significativo desses neurônios e das fibras musculares nas fêmeas de rato. Por outro lado, o tratamento dos filhotes do sexo masculino com um antagonista do receptor de androgênio aumenta a morte dos neurônios e das fibras musculares. Dessa forma, em um nível mais profundo, o dimorfismo sexual parece resultar de uma preservação específica nos machos dos neurônios motores e das fibras musculares que morreriam na ausência do hormônio.

Onde a testosterona age para estabelecer esse dimorfismo estrutural? Ela atuaria basicamente como um fator de sobrevivência para os neurônios motores, os quais morreriam consequentemente por perderem sua inervação? Ou a testosterona agiria nos músculos induzindo a produção de um fator trófico, o qual promove a sobrevivência dos neurônios motores no SNB? Para responder essas questões, foram avaliadas as fibras musculares em ratos portadores de uma mutação nos receptores de androgênio (alelo *tfm*), que reduz para 10% do normal a atividade dos ligantes endógenos. O gene para esse receptor reside no cromossomo X, por isso todos os machos que carregam o gene mutante em seu único cromossomo X são feminizados e estéreis. Em fêmeas heterozigoto, a situação é mais complicada. Conforme descrito anteriormente, um dos cromossomos X é aleatoriamente inativado em cada fêmea XX.

Os heterozigotos femininos são, portanto, mosaicos: algumas células expressam um alelo funcional do receptor de androgênio, outras o alelo mutado. Como cada fibra muscular tem muitos núcleos, as fêmeas heterozigoto expressam os receptores funcionais na maioria das fibras musculares bulbocavernosas. Já os neurônios motores têm um único núcleo; dessa forma, cada neurônio pode ser normal ou apresentar uma deficiência no receptor. Se os receptores androgênicos fossem necessários no neurônio, seria de se esperar que apenas os neurônios motores do SNB que expressam receptores sobrevivessem, enquanto que se os receptores fossem necessários apenas nos músculos, seria de se esperar que os neurônios motores sobreviventes fossem uma mistura de tipo selvagem e mutante.

Na verdade, é essa última situação que ocorre, o que indica que a sobrevivência dos neurônios motores no SNB não depende da função autonômica dos receptores de androgênio dos neurônios. Em vez disso, esses neurônios recebem a sinalização trófica, dependente da ação dos androgênios nos músculos bulbocavernoso e levantador do ânus (**Figura 58-7A**). Essa sinalização pode ocorrer via fator neurotrófico ciliar (do inglês *ciliary neurotrophic factor*, CNTF) ou uma molécula relacionada, uma vez que camundongos machos nocaute para os receptores de CNTF apresentam uma redução no número de neurônios no SNB, típica de fêmeas.

Os neurônios motores no SNB de machos e fêmeas também apresentam diferenças em seu tamanho. Os androgênios determinam as diferenças no número e no tamanho desses neurônios de maneiras distintas. Estudos com os mutantes *tfm* mostraram que os androgênios exercem um efeito organizacional durante os primeiros dias de vida por um efeito direto no músculo. Baixos níveis hormonais de androgênios durante esse período crítico induzem uma redução irreversível no número dos neurônios motores no SNB. Posteriormente, os androgênios atuam diretamente nos neurônios motores no SNB aumentando a extensão de sua arborização dendrítica. Uma perda de testosterona circulante, como a que ocorre após a castração, leva a uma poda dramática de ramos dendríticos; injeção de testosterona suplementar em um rato macho castrado pode restaurar esse padrão de ramificação dendrítica (**Figura 51-7B**). Esse efeito persiste na vida adulta e é reversível, de modo que pode ser visto como uma influência ativadora. Portanto, os androgênios podem exercer efeitos diversos, mesmo em um único tipo neuronal.

A produção do canto em pássaros é controlada por circuitos sexualmente dimórficos no prosencéfalo

Várias espécies de pássaros canoros aprendem a vocalização específica da espécie, que é usada nos rituais de cortejo e demarcação de território (ver Capítulo 55). Um conjunto de núcleos encefálicos interconectados controla o aprendizado e a produção do canto dos pássaros (**Figura 58-8A**). Em algumas espécies de pássaros, ambos os sexos cantam, e a estrutura do circuito envolvido na produção desses sons é similar entre machos e fêmeas. Em outras espécies, como o canário e o tentilhão-zebra, somente os machos cantam. Nessas espécies, vários núcleos relacionados aos sons são significativamente maiores nos machos do que nas fêmeas.

O desenvolvimento do dimorfismo sexual nos circuitos envolvidos na produção do canto foi estudado em detalhes

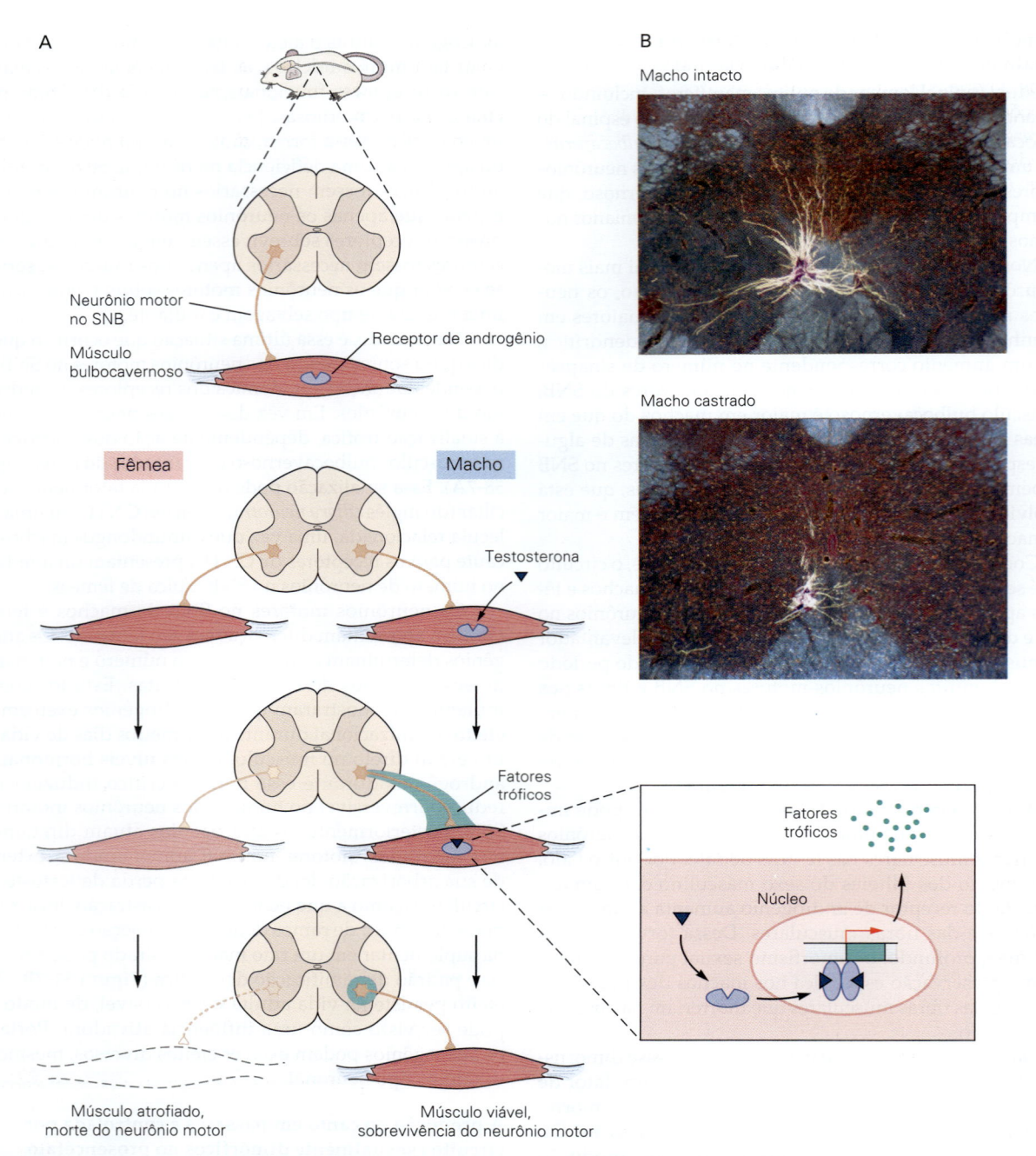

FIGURA 51-7 Dimorfismo sexual no núcleo espinal do músculo bulbocavernoso no rato.

A. O núcleo espinal do bulbocavernoso (**SNB**) é encontrado na medula espinal lombar dos machos e das fêmeas, mas é muito reduzido nas fêmeas. Os neurônios motores do núcleo estão presentes em ambos os sexos ao nascimento, mas a falta de testosterona circulante nas fêmeas leva à morte dos neurônios SNB e de seus músculos-alvo. Acredita-se que, nos machos, a testosterona circulante promova a sobrevivência dos alvos musculares, que expressam os receptores de androgênio. Em resposta à testosterona, os músculos produzem fatores tróficos para os neurônios do SNB que os inervam. É provável que esse fator de sobrevivência derivado do músculo seja o fator neurotrófico ciliar ou um membro relacionado da família das citocinas. Assim, a testosterona atua nas células musculares controlando a diferenciação sexual dos neurônios no SNB. (Reproduzida, com autorização, de Morris, Jordan e Breedlove, 2004. Copyright © 2004 Springer Nature.)

B. A ramificação dendrítica dos neurônios no SNB é regulada pela testosterona circulante em ratos machos adultos. Nos machos, observa-se uma extensa arborização dendrítica na medula espinal (**foto superior**). O fato de que a arborização se encontra podada nos ratos adultos machos castrados (**foto inferior**) é evidência de que a ramificação dendrítica depende dos androgênios. No corte transversal da medula espinal, os neurônios no SNB, bem como seus dendritos, são marcados por um traçador retrógrado injetado nos músculos-alvo. (De Cooke e Woolley, 2005. Reproduzida, com autorização, de D. Sengelaub.)

nos tentilhões-zebra. O núcleo robusto arquiestriatal (RA) no tentilhão macho adulto contém cinco vezes mais neurônios do que o mesmo núcleo nas fêmeas. Além disso, as projeções aferentes do RA exibem um dimorfismo sexual impressionante – apenas o RA dos machos recebe projeções do centro vocal superior (HVC, do inglês *high vocal center*) (**Figura 51-8B**). Essas diferenças sexuais no número de células e na conectividade do RA não é evidente até o nascimento, quando um grande número de neurônios do RA morre nas fêmeas e os axônios dos neurônios do HVC chegam ao RA nos machos.

Essas características anatômicas sexualmente dimórficas são reguladas por hormônios esteroides. Quando as fêmeas são suplementadas com estrogênio (ou com um androgênio

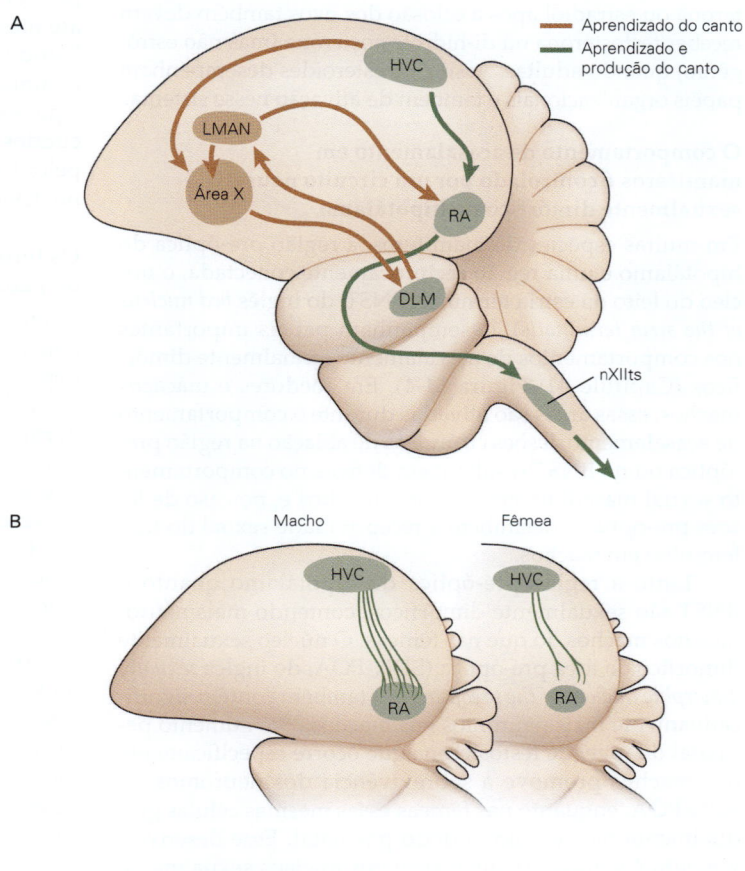

FIGURA 51-8 Dimorfismo sexual no circuito do canto das aves.

A. Os pássaros canoros possuem um circuito neural dedicado à produção e ao aprendizado do canto, com distintos componentes. Muitos desses componentes são sexualmente dimórficos em pássaros canoros em que apenas um sexo canta. Por exemplo, os machos dos tentilhões-zebra cantam, e o centro vocal superior (**HVC**), o núcleo robusto do arquiestriado (**RA**), o núcleo magnocelular lateral do neoestriado anterior (**LMAN**) e a área X apresentam um volume maior e contêm mais neurônios que regiões anatomicamente comparáveis nas fêmeas. (Siglas: **DLM**, porção medial do núcleo dorsolateral do tálamo; **nXIIts**, núcleo hipoglosso.) (Reproduzida, com autorização, de Brainard e Doupe, 2002. Copyright © 2002 Springer Nature.)

B. Nos machos, os axônios dos neurônios no HVC terminam nos neurônios do RA, enquanto nas fêmeas esses axônios terminam em uma zona em torno desse núcleo. O dimorfismo sexual no número de células e na conectividade dessas regiões é regulado pelo estrogênio. (Reproduzida, com autorização, de Morris, Jordan e Breedlove, 2004. Copyright © 2004 Springer Nature.)

C. O padrão das terminações dos axônios enviados pelos neurônios no HVC ao RA varia entre os machos e as fêmeas nas diferentes idades após o nascimento. (Reproduzida, com autorização, de Konishi e Akutagawa, 1985. Copyright © 1985 Springer Nature.)

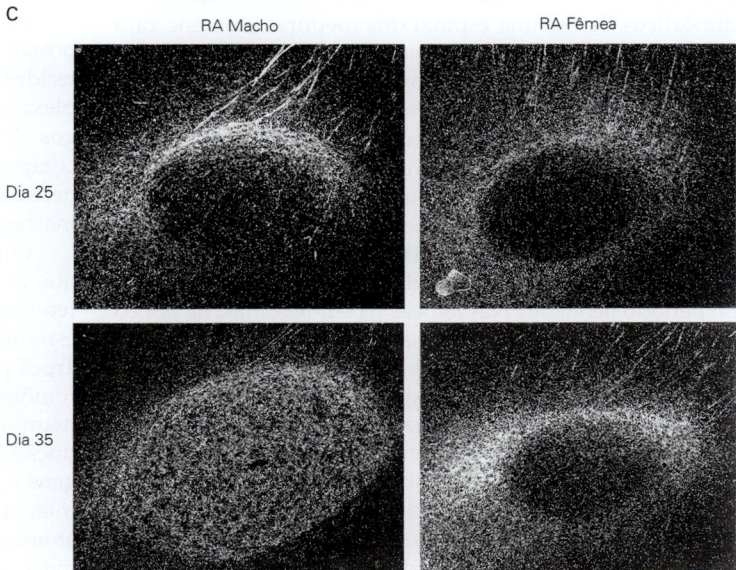

substrato da enzima aromatase, como a testosterona) após a eclosão dos ovos, o número de neurônios no RA e seu padrão de terminação nervosa se assemelham aos do sexo masculino. No entanto, a administração hormonal precoce às fêmeas jovens não é suficiente para masculinizar os núcleos envolvidos no canto a um tamanho comparável àquele dos machos adultos, nem é suficiente para induzir o canto nas fêmeas. Para atingir essas funções, as fêmeas que receberam testosterona ou estradiol após a eclosão dos ovos também devem receber testosterona ou di-hidrotestosterona (mas não estrogênio) quando adultas. Assim, os esteroides desempenham papéis organizacionais e também de ativação nesse sistema.

O comportamento de acasalamento em mamíferos é controlado por um circuito neural sexualmente dimórfico no hipotálamo

Em muitas espécies de mamíferos, a região pré-óptica do hipotálamo e uma região reciprocamente conectada, o núcleo do leito da estria terminal (BNST, do inglês *bed nucleus of the stria terminalis*), desempenham papéis importantes nos comportamentos de acasalamento sexualmente dimórficos (Capítulo 41; **Figura 51-4**). Em roedores e macacos machos, essas áreas são ativadas durante o comportamento de acasalamento; lesões cirúrgicas de ablação na região pré-óptica ou no BNST resultam em déficits no comportamento sexual masculino em roedores machos e, no caso de lesões pré-ópticas, desinibem a receptividade sexual do tipo feminino em machos.

Tanto a região pré-óptica do hipotálamo quanto o BNST são sexualmente dimórficos, contendo mais neurônios nos machos do que nas fêmeas. O núcleo sexualmente dimórfico da área pré-óptica (SDN-POA, do inglês *sexually dimorphic nucleus of the preoptic area*) também contém significativamente mais neurônios nos machos. Um aumento perinatal do nível de testosterona que ocorre especificamente nos machos promove a sobrevivência dos neurônios no SDN-POA, enquanto nas fêmeas essas mesmas células gradualmente morrem no período pós-natal. Esse desenvolvimento é similar ao que ocorre nos núcleos sexualmente dimórficos da medula espinal dos roedores e no encéfalo das aves, sugerindo que o controle androgênico seja um mecanismo comum que promove as diferenças no tamanho das populações neuronais entre os sexos.

Curiosamente, a capacidade da testosterona no encéfalo de promover a sobrevivência dos neurônios está provavelmente relacionada à aromatização da testosterona a estrogênio e à ligação subsequente deste nos receptores de estrogênio (ver **Figuras 51-3** e **51-4**). Como, então, o encéfalo das fêmeas é protegido dos efeitos do estrogênio circulante no período neonatal? Nas fêmeas recém-nascidas, há pouco estrogênio na circulação, e essa pequena quantidade é facilmente sequestrada por sua ligação com a α-fetoproteína, uma proteína do soro. Isso explica por que as fêmeas de camundongo que não produzem α-fetoproteína exibem comportamentos típicos de machos e receptividade sexual reduzida típica de fêmeas. Assim, nesse caso o dimorfismo sexual estrutural não é resultado dos efeitos diferenciais de androgênios e estrogênios, mas sim de diferenças sexo-específicas nos níveis de hormônio disponíveis aos tecidos-alvo.

Sinais do ambiente regulam comportamentos sexualmente dimórficos

Os comportamentos sexuais específicos, em geral, são iniciados em resposta a sinais sensoriais do ambiente. Existem muitos desses sinais, e espécies diferentes usam modalidades sensoriais distintas para provocar respostas semelhantes. Os rituais de acasalamento podem ser desencadeados por vocalização espécie-específica, sinais visuais, odores e, até mesmo, no caso do peixe elétrico, descargas elétricas. Estudos genéticos e moleculares recentes têm sugerido algumas teorias de como a experiência sensorial controla alguns desses comportamentos em roedores. Aqui, são discutidos dois exemplos: a regulação da escolha do parceiro pelos feromônios e as mudanças no comportamento materno devido às experiências no início da vida.

Os feromônios controlam a escolha do parceiro em camundongos

Muitos animais dependem de seu olfato para se orientar no ambiente, obter alimentos e evitar predadores. Eles também dependem da sinalização química dos feromônios, substâncias químicas produzidas por um animal para afetar o comportamento de outro membro da espécie. Em roedores, os feromônios podem desencadear muitos comportamentos sexualmente dimórficos, incluindo a escolha de parceiros e a agressividade.

Os feromônios são detectados pelos neurônios em dois tecidos sensoriais distintos do nariz dos vertebrados: o epitélio olfatório principal (MOE, do inglês *main olfactory epithelium*) e o órgão vomeronasal (VNO, do inglês *vomeronasal organ*) (**Figura 51-9A**). Acredita-se que os neurônios sensoriais no MOE detectam odores voláteis, enquanto que aqueles no VNO detectam sinais quimiossensoriais não voláteis. A remoção dos bulbos olfatórios, os únicos alvos sinápticos dos neurônios no MOE e no VNO, abole o acasalamento, bem como a agressividade em camundongos e em outros roedores. Esses e outros estudos indicam um papel essencial dos estímulos olfatórios para o início do acasalamento e da luta.

Alterações genéticas que resultam no bloqueio das respostas a feromônios no MOE e no VNO revelam que esses tecidos sensoriais têm um papel surpreendentemente complexo no comportamento de acasalamento dos camundongos. A atividade do MOE é essencial para desencadear o comportamento sexual dos machos, e um VNO intacto é necessário para a discriminação sexual e a aproximação dos machos para acasalar com as fêmeas.

O ponto-chave desses experimentos foi demonstrar que os neurônios olfatórios no MOE e no VNO usam diferentes cascatas de transdução de sinal para converter o estímulo olfatório em respostas elétricas. O canal de cátions Trpc2 parece ser essencial na sinalização evocada pelos feromônios nos neurônios no VNO, mas não é expresso nos neurônios no MOE, que utilizam outro aparato de transdução de sinal. Assim, camundongos transgênicos sem o gene *trpc2* apresentam um VNO não funcional e um MOE intacto. O comportamento de acasalamento dirigido para animais do sexo oposto aparece inalterado em machos e fêmeas mutantes para *trpc2*.

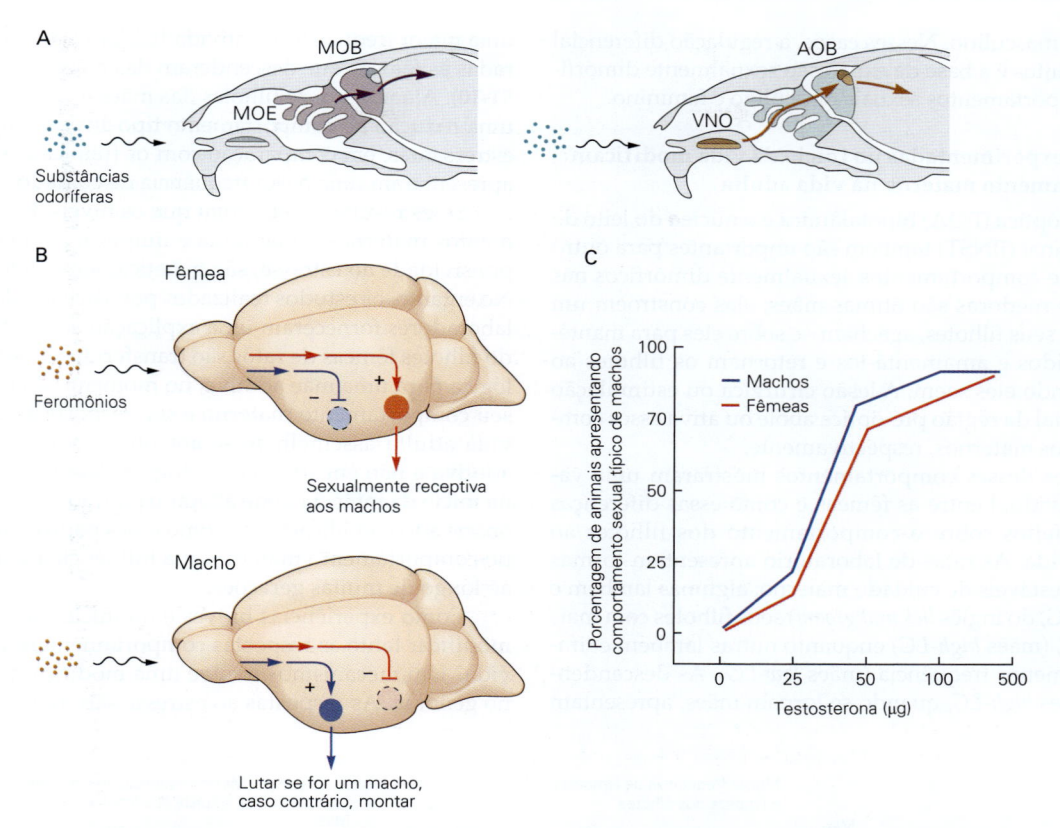

FIGURA 51-9 Controle feromonal e hormonal do comportamento sexualmente dimórfico em camundongos.
A. As substâncias odoríferas são detectadas pelos neurônios sensoriais do epitélio olfatório principal (**MOE**), que se projetam para o bulbo olfatório principal (**MOB**), e pelos neurônios no órgão vomeronasal (**VNO**), os quais se projetam para o bulbo olfatório acessório (**AOB**). Muitas conexões centrais da via do MOE e do VNO são anatomicamente segregadas. (Adaptada, com autorização, de Dulac e Wagner, 2006.)
B. Os camundongos fêmeas possuem o circuito neural que pode ativar o comportamento de acasalamento tanto masculino (**azul**) quanto feminino (**vermelho**). Em camundongos fêmeas selvagens, os feromônios ativam o comportamento de acasalamento feminino e inibem o masculino. Nos machos, os feromônios ativam o circuito que irá iniciar lutas com outros machos e acasalamento com as fêmeas. (Adaptada, com autorização, de Kimchi, Xu e Dulac, 2007.)
C. A testosterona ativa o comportamento sexual masculino em camundongos machos e fêmeas. Os dados são de um estudo em que as gônadas dos camundongos machos e fêmeas foram removidas cirurgicamente na idade adulta. Nenhum dos animais apresentou comportamento sexual masculino com uma fêmea selvagem após a cirurgia. Entretanto, após a administração de testosterona, o comportamento de acasalamento foi restaurado em machos castrados, e as fêmeas demonstraram um comportamento sexual masculino. Esse efeito foi dependente da dose; na maior dose, os camundongos machos e fêmeas apresentaram níveis comparáveis de comportamento de acasalamento típico de machos direcionado a fêmeas do tipo selvagem. (Adaptada, com autorização, de Edwards e Burge, 1971. Copyright © 1971 Springer Nature.)

Contudo, tanto os machos como as fêmeas mutantes frequentemente exibem comportamentos sexuais típicos de machos com os membros de qualquer um dos sexos. Por exemplo, as fêmeas mutantes *trpc2* acasalam com as fêmeas de uma forma aparentemente indistinguível da dos machos selvagens, exceto, é claro, que elas não conseguem ejacular. Esses e outros achados sugerem que o VNO é usado para discriminar os parceiros sexuais. Quando o VNO é inativado, os animais não podem mais distinguir entre machos e fêmeas, e assim os mutantes exibem comportamentos sexuais típicos de machos com outros indivíduos de ambos os sexos. Do mesmo modo, as fêmeas selvagens adultas, quando tratadas com testosterona, também apresentam comportamentos sexuais masculinos com as outras fêmeas (**Figura 51-9C**).

Uma implicação desses estudos é que os camundongos fêmeas possuem o circuito neural para o comportamento sexual masculino (**Figura 51-9B**). A ativação desse circuito neural é inibida nas fêmeas selvagens pelas informações sensoriais oriundas do VNO e pela falta de testosterona. A remoção do VNO ou a administração de testosterona ativa o comportamento sexual masculino nas fêmeas. O comportamento de acasalamento típico dos machos é observado em fêmeas de muitas espécies, indicando que os resultados observados em camundongos apresentam uma relevância geral. Assim, as vias neurais para o comportamento sexual masculino parecem estar presentes em ambos os sexos. Da mesma forma, o comportamento típico de fêmeas de ratos machos após lesões hipotalâmicas sugere que a via neural para o comportamento sexual feminino também existe no cérebro masculino. Nesses casos, a regulação diferencial desses circuitos é a base da expressão sexualmente dimórfica dos comportamentos sexuais masculino e feminino.

Situações experimentadas no início da vida modificam o comportamento materno na vida adulta

A área pré-óptica (POA) hipotalâmica e o núcleo do leito da estria terminal (BNST) também são importantes para outro conjunto de comportamentos sexualmente dimórficos nas fêmeas. As roedoras são ótimas mães; elas constroem um ninho para seus filhotes, agacham-se sobre eles para mantê-los aquecidos e amamentá-los e retornam os filhotes ao ninho quando eles saem. A lesão cirúrgica ou estimulação experimental da região pré-óptica abole ou ativa esses comportamentos maternos, respectivamente.

Estudos desses comportamentos mostraram uma variação individual entre as fêmeas e como essas diferenças exercem efeitos sobre o comportamento dos filhotes ao longo da vida. As ratas de laboratório apresentam formas distintas e estáveis de cuidado materno: algumas lambem e limpam (LG, do inglês *lick and groom*) seus filhotes com mais frequência, (mães *high-LG*) enquanto outras lambem e limpam com menos frequência (mães *low-LG*). As descendentes das mães *high-LG*, quando se tornam mães, apresentam uma maior frequência de atividade *high-LG* quando comparadas às fêmeas que descenderam das mães *low-LG* (**Figura 51-10**). Além disso, os filhotes das mães *high-LG* mostraram uma redução no comportamento tipo ansioso em situações estressantes, em comparação com os filhotes das mães que apresentaram uma baixa frequência de cuidado.

Esses resultados sugerem que os níveis dos comportamentos maternos de lambida e limpeza, bem como a responsividade ao estresse, são geneticamente determinados. No entanto, os estudos realizados por Michael Meaney e colaboradores fornecem uma explicação alternativa. Quando filhotes fêmeas de ratos são transferidos de sua mãe biológica para uma mãe adotiva, no momento do nascimento, seu comportamento materno e sua resposta ao estresse na vida adulta assemelham-se aos observados em sua mãe adotiva e não em sua mãe biológica. Assim, a experiência no início da infância pode alterar o padrão comportamental observado na vida adulta. Como esses padrões repercutem no comportamento materno, sua influência pode perdurar ao longo de muitas gerações.

Como experiências breves e no início da vida podem modificar tanto as respostas comportamentais ao longo da vida? Um mecanismo envolve uma modificação covalente no genoma. As respostas ao estresse são coordenadas pela

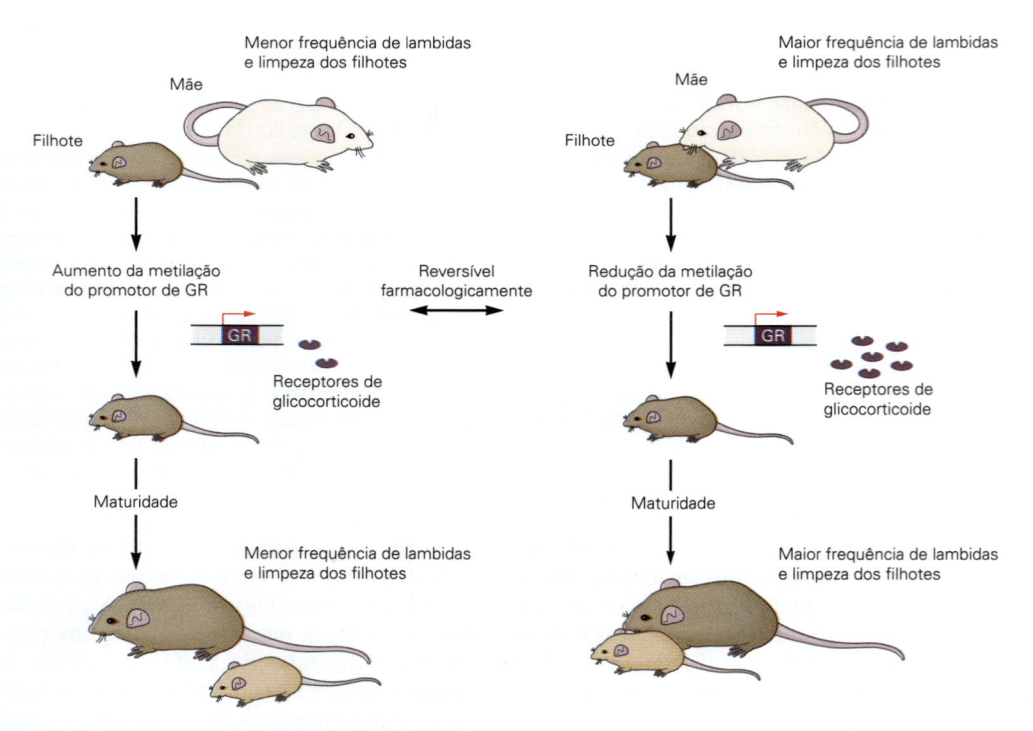

FIGURA 51-10 Regulação epigenética do comportamento materno em ratas. Diferentes ratas de laboratório lambem e limpam seus filhotes com frequências baixas ou elevadas, resultando em diferentes modificações epigenéticas no promotor do gene do receptor de glicocorticoide (**GR**). Mães que lambem e limpam mais seus filhotes têm proles com baixos níveis de metilação no DNA do promotor do GR, resultando em uma maior expressão de GR no hipocampo. Fêmeas criadas por essas mães lambem e limpam mais seus filhotes. Mães que lambem e limpam seus filhotes com menos frequência geram proles com níveis maiores de metilação no DNA do promotor de GR e níveis menores de expressão dos GRs hipocampais. Fêmeas cuidadas por essas mães subsequentemente apresentam, de maneira semelhante, redução na frequência das lambidas e dos comportamentos de limpeza em seus filhotes. A reversão farmacológica das modificações epigenéticas observadas no promotor do GR resulta na mudança tanto na expressão de GR quanto na frequência dos comportamentos maternos. (Adaptada de Sapolsky, 2004.)

ação dos glicocorticoides em seus receptores no hipocampo. Ao longo da vida, a estimulação tátil, incluindo aquela realizada durante a limpeza dos filhotes, leva à ativação da transcrição do gene do receptor de glicocorticoide, o que, em última instância, induz uma redução na liberação de hormônios hipotalâmicos que disparam a resposta de estresse. A estimulação tátil no início da vida também regula a transcrição do gene do receptor de glicocorticoide por um segundo mecanismo. Foi observado que o gene do receptor de glicocorticoide pode ser inativado pela metilação enzimática realizada por uma metil-transferase do DNA. Inicialmente, a metilação do gene ocorre em todos os animais, mas os filhotes criados por mães que lambem e limpam os filhotes têm esse gene seletivamente mais desmetilado. Assim, em animais criados por mães que lambem e limpam mais, os efeitos da experiência adulta são potencializados. Esse é um exemplo de modificação epigenética pela qual os genes podem ser ativados ou desativados ou, ainda, expressos de forma mais ou menos permanente. Esses animais apresentam respostas comportamentais atenuadas mediante estímulos estressantes durante a vida adulta.

Quais as relações biológicas existentes entre as experiências vivenciadas no início da vida e a variação comportamental? A ocitocina, um hormônio peptídico, desempenha um papel importante. Trabalhos clássicos mostraram que a ocitocina regula a produção de leite pela mãe, o que ocorre pelo reflexo de ejeção em resposta à sucção (descida do leite). A ocitocina é sintetizada por neurônios no hipotálamo e liberada na circulação pelas projeções que o hipotálamo estabelece para a neuro-hipófise. Esse hormônio provoca a contração do músculo liso da glândula mamária, resultando em ejeção do leite. A liberação de ocitocina pela hipófise é controlada pela sucção, a qual proporciona um estímulo sensorial que é transmitido para o hipotálamo pelos nervos espinais aferentes.

A ocitocina e a vasopressina, um hormônio polipeptídico relacionado, também desempenham papéis importantes no estabelecimento do vínculo mãe-filhote e na regulação de outros comportamentos sociais (ver Capítulo 2). Nesse caso, a experiência parece modular comportamentos tanto afetando a liberação de ocitocina como os níveis dos receptores de ocitocina em áreas específicas do encéfalo. Em ratos de laboratório e em ratos silvestres, diferenças individuais no cuidado materno estão correlacionadas às variações nos níveis dos receptores de ocitocina em áreas específicas do encéfalo. Nesse contexto, observa-se que fêmeas cuidadas por mães que lambem e limpam mais seus filhotes apresentam maiores níveis dos receptores de ocitocina em diversas regiões encefálicas se comparadas aos filhotes que foram cuidados por mães que lambem e limpam menos. Assim, a estimulação sensorial pode afetar a atividade desses sistemas hormonais polipeptídicos, que, por sua vez, regulam o comportamento materno e outros comportamentos sociais.

Um conjunto de mecanismos-chave está subjacente a muitos dimorfismos sexuais no encéfalo e na medula espinal

Nas seções anteriores, descrevemos circuitos neurais que regulam vários comportamentos sexualmente dimórficos. Podemos discernir temas comuns?

Uma variedade de circuitos neurais sexualmente dimórficos, ou diagramas de conexão, podem, em princípio, gerar diferenças sexuais no comportamento (**Figura 51-11**). Embora seja desafiador traçar a cadeia de causalidade de fatores genéticos a circuitos dimórficos e comportamentos específicos do sexo, existem certas possibilidades gerais. Em uma delas, um circuito neural, da entrada sensorial à saída motora, pode ser exclusivo de um sexo. Na verdade, essa alternativa raramente é encontrada. A maioria dos comportamentos é compartilhada entre os sexos, e até mesmo comportamentos como alimentação, retirada materna de um filhote pela nuca ou mordida (durante brigas territoriais entre machos) exigem movimentos semelhantes da mandíbula. Consistente com essa semelhança, parece que a maioria dos dimorfismos sexuais no comportamento surgem de diferenças sexuais em populações neuronais-chave dentro de circuitos comuns. A atividade e conectividade dessas populações alteram o desfecho comportamental de uma maneira típica masculina ou feminina.

O estrogênio pode atuar não apenas durante o desenvolvimento, mas também em adultos, para reconfigurar periodicamente a conectividade pré-sináptica dentro de um circuito neural hipotalâmico, garantindo que as fêmeas de camundongos acasalem apenas quando estiverem ovulando e férteis. Esses estudos pintam um quadro de circuitos neurais dinâmicos no cérebro feminino: os diagramas de conexão são plásticos e responsivos às mudanças hormonais ao longo do ciclo estral, que é análogo ao ciclo menstrual em humanos. De modo similar, o estrogênio também exerce efeitos relacionados ao ciclo na plasticidade da coluna dendrítica em outras regiões do cérebro, embora as consequências comportamentais nesses casos sejam menos bem compreendidas.

Outro tema recorrente quanto ao encéfalo em desenvolvimento é que a masculinização é controlada pelo estrogênio durante a fase organizacional. Esse controle tem efeitos profundos e duradouros nos comportamentos sociais na vida adulta. O tratamento com testosterona (que é aromatizada ao estrogênio), ou com estrogênio de fêmeas de roedores neonatos, masculiniza o encéfalo. Quando adultas, essas fêmeas não são mais sexualmente receptivas aos machos e, de fato, exibem interações sociais típicas dos machos, embora em intensidade reduzida. Fornecer testosterona a essas fêmeas, para imitar os níveis adultos de testosterona em machos, aumenta a intensidade dos comportamentos sociais, incluindo a agressão territorial (a propensão dos animais a lutar por território ou por parceiros), para níveis típicos masculinos. Assim, o aumento perinatal de testosterona age, em grande parte, via aromatização a estrogênios para masculinizar o encéfalo, enquanto na vida adulta, tanto testosterona quanto estrogênio facilitam a exibição de interações sociais típicas masculinas (**Figura 51-12A**).

Esses achados implicam que camundongos machos que não possuem um receptor de andrógeno, exclusivamente no sistema nervoso, devem não apenas ter genitália masculina, mas também exibir padrões masculinos de comportamento social, embora em intensidade reduzida. De fato, isso foi bem comprovado por estudos de engenharia genética em camundongos; tais camundongos machos mutantes de fato

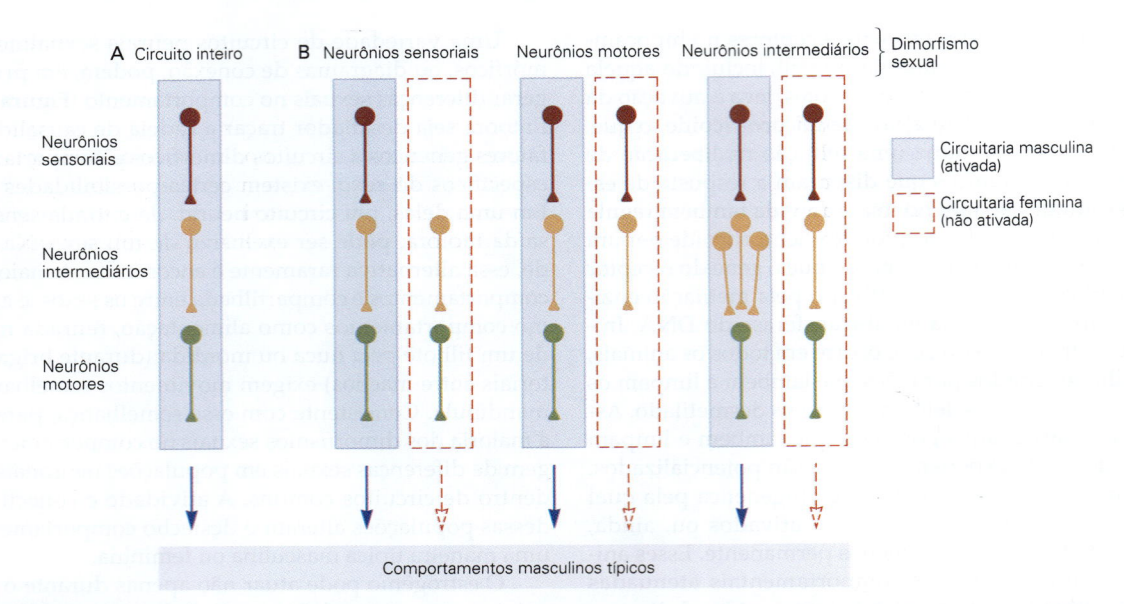

FIGURA 51-11 Possíveis configurações de circuitos subjacentes às diferenças de comportamento entre os sexos. Diagramas de circuito neural podem ser configurados para gerar diferenças sexuais nos comportamentos. Embora seja possível imaginar um circuito neural inteiramente exclusivo para um ou outro sexo, a maioria dos comportamentos são compartilhados entre os sexos, e o consenso atual é que as diferenças sexuais no comportamento ou na fisiologia refletem dimorfismos sexuais em populações neuronais-chave inseridas dentro de uma estrutura compartilhada de circuito neural. Tais dimorfismos sexuais foram encontrados no nível dos neurônios sensoriais, dos neurônios motores (como discutido para o núcleo espinal dos neurônios bulbocavernosos) ou dos neurônios interpostos entre as vias sensoriais e motoras (como o BNST e o núcleo sexualmente dimórfico da área pré-óptica)

parecem indistinguíveis externamente dos machos de controle, mas exibem comportamentos sexuais e agressivos do tipo masculino com intensidade diminuída. No entanto, há evidências crescentes de que o controle do desenvolvimento da masculinização do encéfalo pelo estrogênio mudou durante a evolução, de modo que a testosterona pode ser o agente masculinizante predominante em primatas, incluindo humanos.

Como as ações de um número limitado de hormônios sexuais modulam a exibição de uma grande variedade de interações sociais complexas, como vocalizações de cortejo (assim como pássaros canoros, muitos animais, incluindo os camundongos, vocalizam como parte de seu ritual de acasalamento), comportamento sexual, marcação territorial (com feromônios secretados em fluidos corporais) e agressão? Conforme descrito anteriormente neste capítulo, os hormônios sexuais ligam-se a receptores cognatos para modular a expressão gênica nas células-alvo. Esses esteroides estão disponíveis em diferentes momentos, quantidades e locais no encéfalo dos dois sexos. Assim, os genes regulados por hormônios sexuais são expressos em padrões sexualmente dimórficos, que também são diferentes para diferentes regiões do encéfalo. Esses genes regulam a diferenciação e a função adulta de circuitos neurais de maneiras típicas masculinas ou femininas (**Figura 51-12B**).

A inativação experimental de tais genes regulados por hormônios sexuais revela que genes individuais influenciam apenas um subconjunto das interações sociais sexualmente dimórficas, sem alterar todo o programa comportamental de machos e fêmeas. Assim, um tema emergente adicional é que os hormônios sexuais controlam a diferenciação e a função dos circuitos neurais de maneira modular, com diferentes genes regulados por hormônios sexuais atuando em populações neuronais distintas, para regular aspectos separados de comportamentos típicos masculinos ou femininos. Em suma, não existe uma única população neuronal que governe os comportamentos típicos de gênero; em vez disso, o controle neural de comportamentos distintos é distribuído por várias populações neuronais diferentes.

Esse controle modular de comportamentos sexualmente dimórficos se encaixa bem com nosso pensamento de que a maioria dos circuitos é compartilhada entre machos e fêmeas e que as diferenças sexuais no comportamento surgem de populações neurais-chave que alteram a função do circuito de uma maneira típica masculina ou feminina. Parece provável que os neurônios que exibem características moleculares ou anatômicas sexualmente dimórficas representem essas populações neuronais-chave.

O encéfalo humano é sexualmente dimórfico

As diferenças estruturais sexuais observadas no encéfalo entre machos e fêmeas de mamíferos também estão presentes em humanos e, assim sendo, podem ser funcionalmente importantes? Os primeiros estudos revelaram que algumas estruturas são maiores em homens: elas incluem o núcleo de Onuf, na medula espinal, o homólogo do SNB em roedores (**Figura 51-7**); o BNST, implicado no comportamento de acasalamento de roedores (**Figura 51-4**); e o núcleo intersticial do hipotálamo anterior 3 (INAH3), relacionado ao SDN-POA de roedores, discutido anteriormente (**Figura 51-13**).

Com os avanços das imagens de alta resolução por ressonância magnética e de novas técnicas genéticas, é possível observarem-se sutis dimorfismos estruturais e moleculares no sistema nervoso central. Por exemplo, estruturas como o córtex orbitofrontal e vários giros – incluindo o pré-central, o frontal superior e o lingual – ocupam um volume significativamente maior em mulheres adultas do que em homens da mesma idade (**Figura 51-14**). Além disso, o córtex medial frontal, a amígdala e o giro angular apresentam um volume maior nos homens em relação às mulheres. Assim, é provável que o encéfalo humano possua muitos dimorfismos sexuais.

Os dimorfismos sexuais em humanos podem surgir da ação hormonal ou das experiências

O que ainda não está claro é como esses dimorfismos surgem e como se relacionam com o comportamento. Eles podem surgir no início do desenvolvimento devido aos efeitos organizacionais dos hormônios, ou mais tarde, como resultado das experiências. As diferenças sexuais que surgem antes ou logo após o nascimento podem estar subjacentes às diferenças comportamentais, enquanto aquelas que surgem mais tarde na vida podem ser resultados de experiências dimórficas. As respostas a essas perguntas são bastante claras em alguns poucos casos. Por exemplo, os estudos sobre o desenvolvimento dos circuitos neurais responsáveis pela ereção do pênis e pela lactação em roedores aplicam-se facilmente a seres humanos.

Duas observações recentes sugerem que os efeitos duradouros da experiência sobre o comportamento, estudados inicialmente em animais (**Figura 51-10**), também são relevantes para os humanos. Em primeiro lugar, como discutido no Capítulo 49, crianças criadas por longos períodos em orfanatos, recebendo poucos cuidados individuais, têm alterações de longo prazo em uma variedade de comportamentos sociais. Mesmo após anos vivendo com uma família adotiva, essas crianças têm, em média, níveis plasmáticos menores de ocitocina e vasopressina do que crianças criadas por seus pais biológicos. Segundo, as pessoas que sofreram abusos quando crianças muitas vezes se tornam pais pouco dedicados. Estudos *post-mortem* revelaram que adultos que sofreram abusos quando crianças exibem níveis maiores de metilação nos promotores dos genes dos receptores de glicocorticoide, se comparados a grupos populacionais controle. Embora esses estudos sejam recentes e requeiram replicação, eles fornecem sugestões tentadoras dos mecanismos biológicos relacionados aos efeitos de longo prazo do cuidado despendido pelos pais no início da vida.

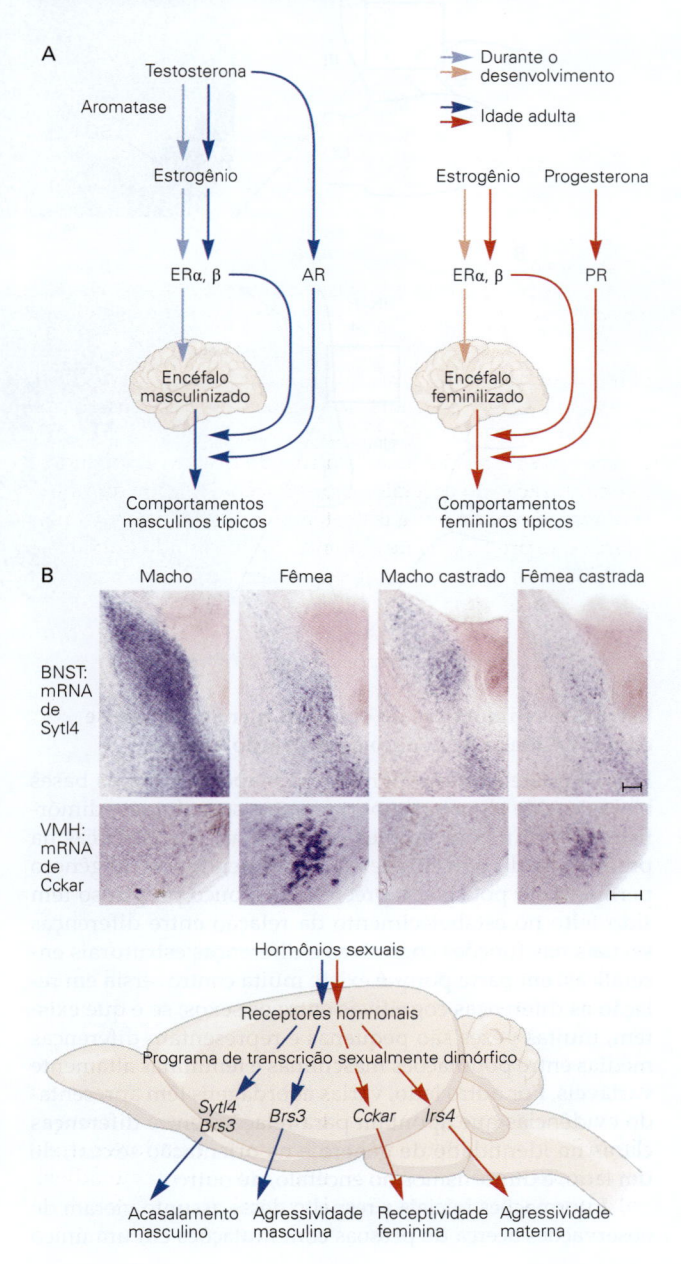

FIGURA 51-12 Mecanismos pelos quais os hormônios sexuais influenciam o desenvolvimento e a função do sistema nervoso.
A. A masculinização do sistema nervoso ocorre em pelo menos duas etapas distintas: uma fase organizacional de desenvolvimento, amplamente controlada pela sinalização de estrogênio; e uma fase de ativação pós-puberal, controlada pela sinalização de estrogênio e testosterona por meio de seus receptores hormonais cognatos para regular a expressão gênica. (Siglas: **AR**, receptor de androgênio; **ER**, receptor de estrogênio; **PR**, receptor de progesterona.)
B. As imagens histológicas mostram padrões de expressão sexualmente dimórficos do mRNA de Sytl4 no núcleo do leito da estria terminal (**BNST**) e de Cckar no hipotálamo ventromedial (**VMH**) de camundongos adultos. A expressão desses genes é claramente diferente em machos e fêmeas não manipulados e drasticamente alterada pela remoção experimental de hormônios sexuais da circulação após a castração na vida adulta. Tanto o BNST quanto o VMH regulam o acasalamento e a agressão nos dois sexos.

O pensamento atual sobre como os hormônios sexuais regulam as diferenças sexuais no comportamento é ilustrado no diagrama abaixo. Estudos moleculares identificaram muitos genes, como *Sytl4* e *Cckar*, cuja expressão é sexualmente dimórfica no cérebro adulto e controlada por hormônios sexuais. Muitos desses genes, quando mutados experimentalmente em camundongos por meio de engenharia genética, regulam componentes distintos de comportamentos sexualmente dimórficos, mas não todo o repertório de interações sociais. Em outras palavras, os hormônios sexuais controlam os comportamentos sexualmente dimórficos de uma maneira genética modular. (Reproduzida, com autorização, de Xu et al., 2012.)

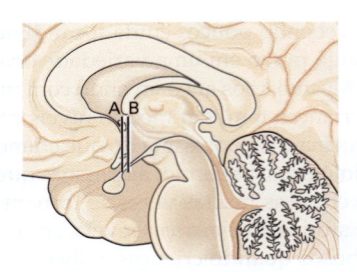

FIGURA 51-13 Dimorfismo sexual no núcleo intersticial do hipotálamo anterior (INAH) 3 no encéfalo humano. O hipotálamo humano contém quatro pequenos e distintos aglomerados neuronais, INAH1 até INAH4. As fotomicrografias mostram esses núcleos em cérebros adultos masculinos e femininos. Enquanto INAH1, INAH2 e INAH4 parecem ser semelhantes em homens e mulheres, o INAH3 é significativamente maior em homens. A secção na parte **A** é 0,8 mm anterior à secção na parte **B**. (Siglas: **RIF**, recesso infundibular; **III**, terceiro ventrículo; **QO**, quiasma óptico; **TO**, trato óptico; **NPV**, núcleo paraventricular do hipotálamo; **SO**, núcleo supraóptico.) (Adaptada, com autorização, de Gorski, 1988.)

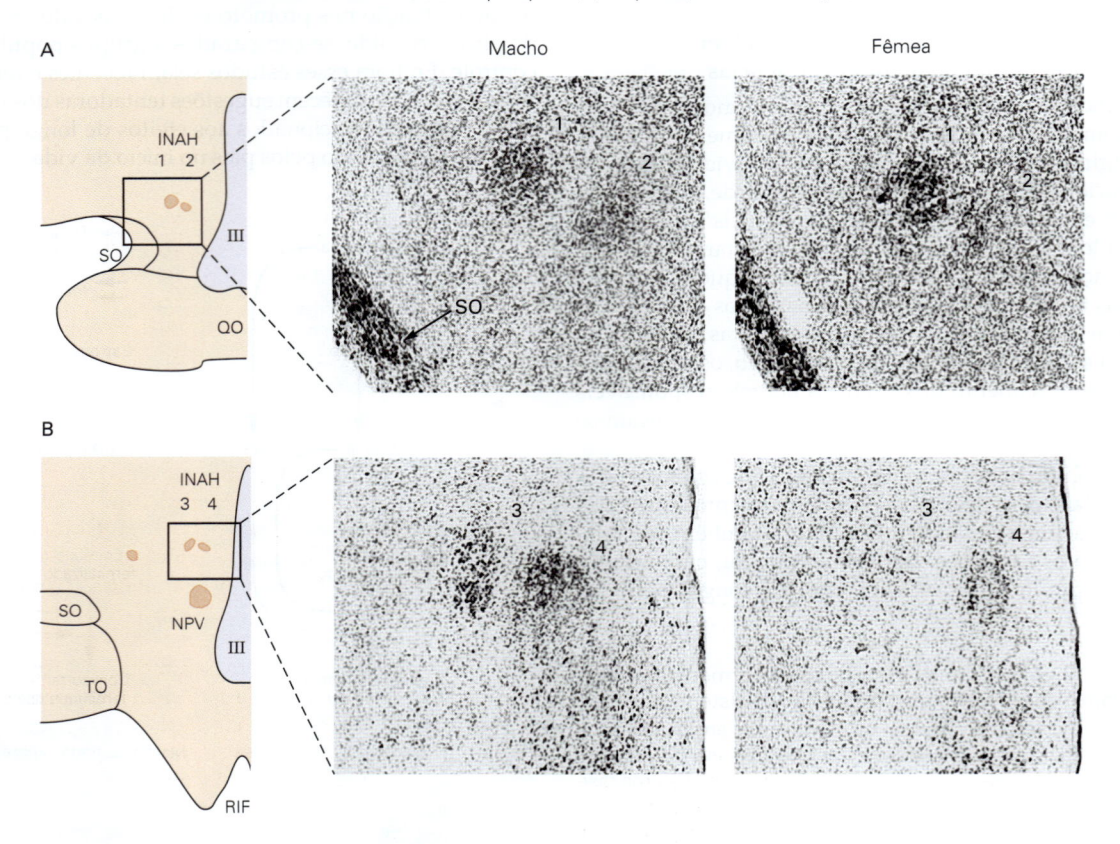

Estruturas dimórficas no encéfalo correlacionam-se com identidade de gênero e orientação sexual

Em contraste com o progresso no mapeamento das bases biológicas de alguns comportamentos sexualmente dimórficos relativamente simples nas pessoas, as diferenças na preferência do parceiro sexual e na identidade de gênero permanecem pouco compreendidas. Pouco progresso tem sido feito no estabelecimento da relação entre diferenças sexuais nas funções cognitivas e diferenças estruturais encefálicas, em parte porque existe muita controvérsia em relação às diferenças cognitivas entre os sexos; se é que existem, muitas vezes são pequenas e representam diferenças médias entre populações masculinas e femininas altamente variáveis. Por outro lado, várias abordagens têm apresentado evidências que apontam para relações entre diferenças claras na identidade de gênero e na orientação sexual, de um lado, e dimorfismos no encéfalo, de outro.

Informações iniciais a respeito desse assunto vieram de observações acerca de pessoas com mutações em um único gene que apresentam dissociação entre o sexo anatômico e o sexo gonadal e cromossômico, como na SIAC, na HSRC e na deficiência da 5α-redutase (ver **Tabela 51-1**). Por exemplo, meninas com HSRC apresentam um excesso de testosterona durante a vida fetal; essa alteração geralmente é diagnosticada nos primeiros dias de vida e, então, corrigida. No entanto, a exposição precoce aos androgênios está correlacionada com alterações subsequentes nos comportamentos relacionados ao gênero. Em geral, as meninas com HSRC tendem a ter preferências por brinquedos e brincadeiras típicas de meninos de idade equivalente. Há também um pequeno, mas significativo, aumento na incidência da orientação homossexual e bissexual em mulheres tratadas para HSRC quando crianças, e uma proporção significativa dessas mulheres também expressa o desejo de viver como homens, de acordo com uma mudança de identidade de gênero. Esses achados sugerem que efeitos organizacionais precoces dos esteroides afetam comportamentos específicos de gênero que são independentes do sexo cromossômico e anatômico.

FIGURA 51-14 O dimorfismo sexual é comum no encéfalo humano adulto. Estudos com imagem por ressonância magnética (IFM) avaliam o volume de várias regiões encefálicas em homens e mulheres adultos. O volume de cada região foi normalizado pelo tamanho do cérebro em ambos os sexos. As diferenças sexuais foram significativas em muitas regiões, incluindo várias áreas corticais que provavelmente medeiam funções cognitivas. (Adaptada, com autorização, de Cahill, 2006. Copyright © 2006 Springer Nature.)

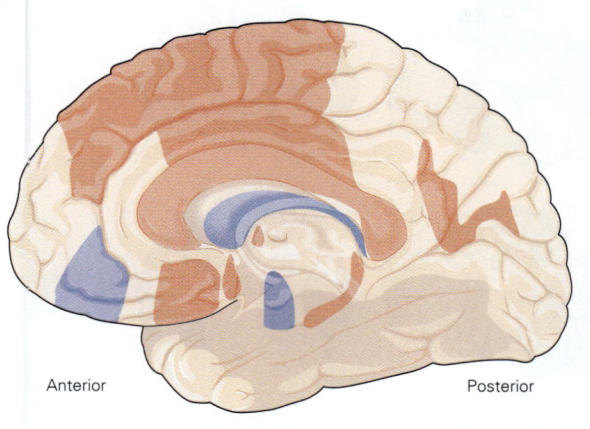

■ Proporcionalmente maior no encéfalo feminino
■ Proporcionalmente maior no encéfalo masculino

Muitos homens afetados com a deficiência da 5α-redutase II e com a SIAC apresentam uma genitália externa feminizada e são erroneamente criados como mulheres até a puberdade. A partir desse período, suas histórias divergem. Na deficiência da 5α-redutase II, os sintomas surgem a partir do defeito no processamento da testosterona, comprometendo mais o desenvolvimento da genitália externa. Na puberdade, o grande aumento na circulação de testosterona viriliza os pelos no corpo, a musculatura e, de modo mais notável, a genitália externa. Nessa fase, muitos, mas não todos os indivíduos, escolhem adotar o gênero masculino. Na SIAC, em contrapartida, os defeitos surgem a partir de um defeito sistêmico no receptor de androgênio. Esses indivíduos comumente procuram aconselhamento médico ao observarem a ausência de menstruação durante a puberdade. Concordante com seu fenótipo externo feminilizado, a maioria dos indivíduos com SIAC tem uma identidade de gênero feminino e uma preferência sexual por homens. Eles optam pela retirada cirúrgica dos testículos e pela suplementação hormonal adequada para mulheres.

Qual a explicação para os diferentes desfechos? Entre muitas possibilidades, uma delas é que a mudança notável no comportamento dos pacientes com a deficiência da 5α-redutase II durante a puberdade resulte da ação da testosterona sobre o encéfalo. Nos pacientes com SIAC, esses efeitos não ocorrem, pois os receptores de androgênio estão ausentes no encéfalo. No entanto, essa explicação obviamente não exclui a criação social e cultural como fatores importantes na determinação da identidade de gênero e da orientação sexual.

Outros estudos que investigam a neurobiologia da orientação sexual avaliaram as respostas aos feromônios. A percepção dos feromônios nos seres humanos é muito diferente da dos camundongos, sendo provavelmente um sentido menos importante. Os seres humanos não têm um VNO funcional, e a maioria dos genes implicados na recepção de feromônios no VNO dos camundongos, como trpc2 e aqueles que codificam receptores de VNO, estão ausentes ou não são funcionais no genoma humano. Os seres humanos parecem usar o MOE e bulbo olfatório para perceber os feromônios. Substâncias químicas que parecem ser feromônios humanos incluem a androstadienona (AND), um metabólito androgênico odorífero, e o estratetraenol (EST), um metabólito estrogênico odorífero. A AND está presente em uma concentração dez vezes maior no suor masculino do que no suor feminino, enquanto o EST está presente na urina das mulheres grávidas. Ambos os compostos podem produzir excitação sexual, a AND, nas mulheres heterossexuais, e o EST, nos homens heterossexuais, mesmo em concentrações tão baixas em que não há percepções olfatórias consciente.

As áreas encefálicas ativadas pela AND e pelo EST foram identificadas em imagens obtidas por tomografia por emissão de pósitrons (PET, do inglês *positron emission tomography*). Quando AND é apresentado, certos núcleos hipotalâmicos são ativados em mulheres heterossexuais, mas não em homens heterossexuais, enquanto que quando EST é apresentado, regiões adjacentes contendo aglomerados de núcleos são ativadas em homens, mas não em mulheres (**Figura 51-15A**). Em homens e mulheres homossexuais, há uma inversão da ativação do hipotálamo: AND, mas não EST, ativa centros hipotalâmicos em homens homossexuais, e EST, mas não AND, ativa essas áreas em mulheres homossexuais. Encéfalos heterossexuais e homossexuais, portanto, parecem processar as informações sensoriais olfatórias de maneiras diferentes.

As estruturas encefálicas sexualmente dimórficas em homossexuais correlacionam-se com sexo anatômico ou orientação sexual? Estudos com imagens têm dado suporte à visão de que os encéfalos de homens homossexuais se assemelham aos de mulheres heterossexuais, e que os encéfalos de mulheres homossexuais se assemelham aos de homens heterossexuais (**Figura 51-15B**). Além disso, o volume do BNST, núcleo encefálico sexualmente dimórfico, é pequeno nas transexuais femininas (de homem para mulher), em comparação com os homens, enquanto os transexuais masculinos (de mulher para homem) parecem ter o BNST maior que o das mulheres (**Figura 51-16**). Não está claro, no entanto, se o dimorfismo estrutural nesses indivíduos é consequência ou causa da identidade de gênero ou orientação sexual.

O equivalente ao BNST humano em camundongos machos desempenha um papel crítico no reconhecimento do sexo de outros camundongos e orienta as interações sociais subsequentes, como a agressão com machos e o acasalamento com fêmeas. Assim, uma região ligada à identidade de gênero no encéfalo humano desempenha um papel importante no reconhecimento do sexo em roedores. Como é o caso com o dimorfismo sexual do BNST de camundongo, discutido anteriormente, as influências hormonais também são consideradas subjacentes ao dimorfismo do BNST humano.

Se as influências pré-natais levam à dissociação entre o sexo e o gênero, seriam essas influências genéticas? Com exceção das síndromes raras, descritas anteriormente, as

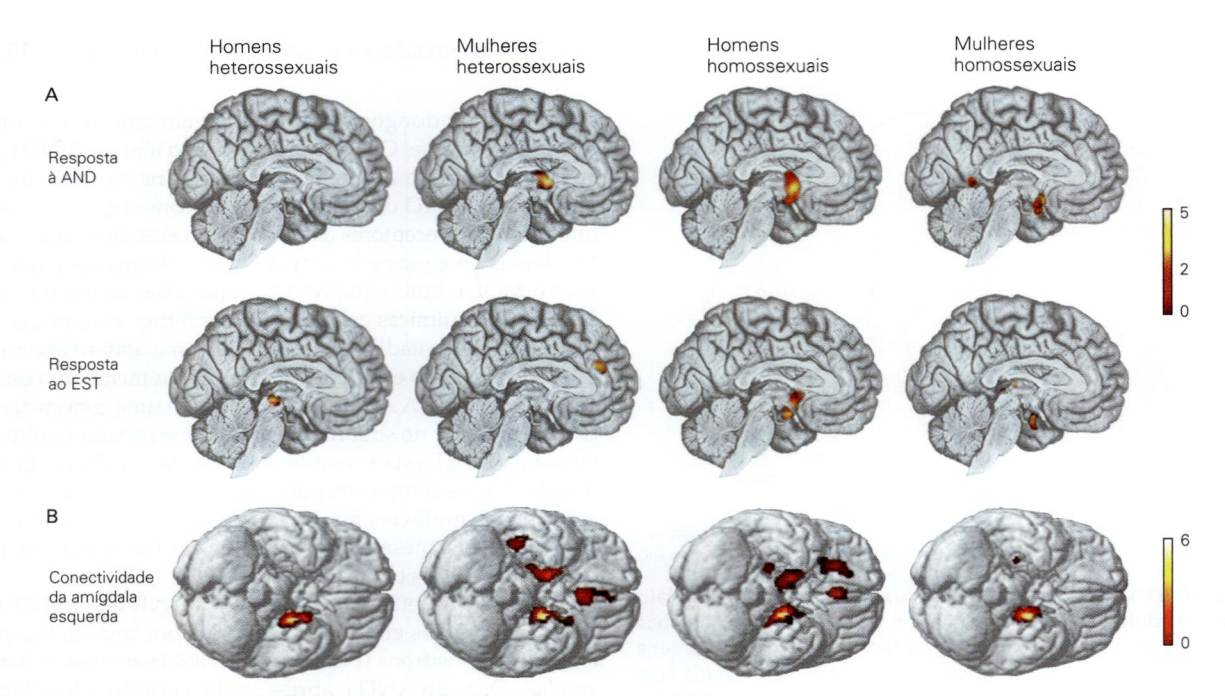

FIGURA 51-15 Alguns padrões sexualmente dimórficos de ativação olfativa no encéfalo se correlacionam com a orientação sexual.

A. A tomografia por emissão de pósitrons (**PET**) foi utilizada para identificarem-se regiões do encéfalo que foram ativadas quando os participantes cheiraram androstadienona (**AND**) ou estratetraenol (**EST**), em comparação ao contato com ar sem odor. A AND ativa vários centros hipotalâmicos no encéfalo de mulheres heterossexuais, mas não nos homens; o EST ativa vários centros hipotalâmicos em homens heterossexuais, mas não nas mulheres. Padrões de ativação no hipotálamo de homens homossexuais foram semelhantes aos de mulheres heterossexuais na resposta à AND; padrões semelhantes de ativação foram encontrados em homens heterossexuais e mulheres homossexuais na resposta ao EST. A calibração das cores à direita mostra o nível de atividade neural. Uma vez que as mesmas regiões do encéfalo foram selecionadas para comparação, as figuras não ilustram a ativação máxima em cada condição. (Adaptada, com autorização, de Berglund, Lindstrom e Savic, 2006; Savic, Berglund e Lindstrom, 2005.)

B. Indivíduos heterossexuais e homossexuais foram avaliados enquanto respiravam ar sem odor, e uma medida de covariância foi utilizada para se estimar a conectividade entre as regiões. Nas mulheres heterossexuais e nos homens homossexuais, a amígdala esquerda estava fortemente ligada à amígdala direita, enquanto que, nos homens heterossexuais e nas mulheres homossexuais, a conectividade restringiu-se ao local. (Adaptada, com autorização, de Savic e Lindstrom, 2008.)

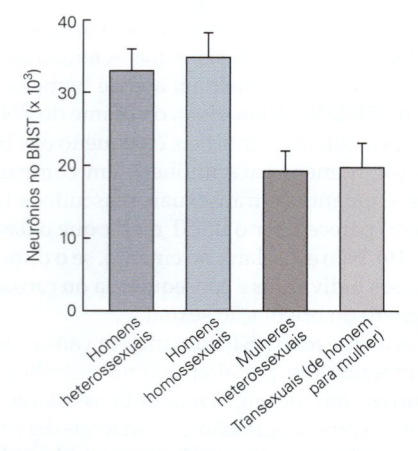

FIGURA 51-16 Dimorfismo sexual no núcleo do leito da estria terminal (BNST) no encéfalo humano. O núcleo tem significativamente mais neurônios em homens do que em mulheres, independentemente da orientação sexual dos homens. Semelhante às mulheres cisgênero, mulheres transexuais (de homem para mulher) têm menos neurônios que os homens. No único encéfalo disponível para análise *post-mortem* de transexual de mulher para homem (não mostrado no gráfico de barras), o número de neurônios está dentro da faixa normal para os homens. (Adaptada, com autorização, de Kruijver et al., 2000.)

tentativas para encontrar bases genéticas para a orientação sexual ou a identidade de gênero não têm sido produtivas. Os estudos mostram que as contribuições genéticas são pequenas, e as associações propostas com *loci* genômicos específicos não foram replicadas. Assim, embora as evidências atuais apontem que alterações no início da vida ou mesmo durante o período pré-natal participem nesses processos, sua causa e peso relativo ainda não são conhecidos.

Destaques

1. Em humanos e em muitos outros mamíferos, a via de determinação do sexo direciona a diferenciação da gônada bipotencial para que se formem testículos nos machos, e ovários nas fêmeas. O gene *SRY* do cromossomo Y direciona a gônada para formar testículos, enquanto a ausência de *SRY* permite que a gônada se diferencie na forma de ovários.

2. Hormônios esteroides sexuais produzidos pelas gônadas – testosterona, pelos testículos, e estrogênios e progesterona, pelos ovários – impulsionam a diferenciação sexual do sistema nervoso e do resto do corpo.

3. Os hormônios sexuais agem precocemente durante uma janela crítica no desenvolvimento para organizar

irreversivelmente os substratos neurais para o comportamento de uma maneira sexualmente dimórfica, enquanto na vida adulta esses hormônios agem de forma aguda e reversível para ativar respostas fisiológicas e comportamentais típicas do sexo.
4. Durante a janela crítica, os testículos produzem uma onda transitória de testosterona que masculiniza o sistema nervoso bipotencial em desenvolvimento. Em contraste, os ovários estão quiescentes durante esse período, e acredita-se que a ausência de hormônios sexuais permita que o sistema nervoso, nesse período, se diferencie através de uma via típica feminina.
5. Muitas das ações da testosterona que masculinizam o sistema nervoso ocorrem após sua conversão em estrogênio localmente, no local de ação. Há evidências que sugerem que, em humanos e outros primatas, a testosterona também atua diretamente, por meio de seu receptor hormonal cognato, para efetuar a masculinização dos substratos neurais do comportamento.
6. Os hormônios sexuais controlam a diferenciação sexual das vias neurais, utilizando processos celulares como apoptose, extensão de neuritos e formação de sinapses, os quais são amplamente empregados durante outros eventos de desenvolvimento.
7. Os hormônios sexuais ligam-se a receptores hormonais cognatos que modulam a expressão gênica. Esses genes, por sua vez, regulam os processos celulares que resultam em diferenças sexuais no número neuronal, na conectividade e na fisiologia.
8. Muitas populações neuronais que são sexualmente dimórficas por critérios morfológicos, entre outros, foram identificadas no encéfalo de vertebrados nas últimas décadas. Estudos funcionais mostram que essas regiões influenciam alguns, mas não todos, os comportamentos sexualmente dimórficos.
9. Estudos moleculares recentes identificaram muitos genes regulados por hormônios sexuais cujos padrões de expressão são sexualmente dimórficos. Esses genes, bem como os neurônios nos quais são expressos, regulam comportamentos sociais sexualmente dimórficos de maneira modular. Em outras palavras, os genes individuais e as populações neuronais que os expressam modulam um ou alguns comportamentos sexualmente dimórficos, de modo que o controle desses comportamentos seja distribuído entre muitos grupos neuronais diferentes.
10. Essas populações neuronais sexualmente dimórficas provavelmente estão inseridas em circuitos neurais presentes em ambos os sexos, e acredita-se que elas guiem o comportamento seguindo padrões típicos masculinos ou femininos.
11. Tanto os estímulos sensoriais quanto a experiência vivida regulam profundamente a exibição de comportamentos sexualmente dimórficos. Em alguns casos, a influência da experiência passada pode se estender ao longo da vida do animal.
12. Os feromônios orientam a escolha do parceiro sexual em roedores. Há evidências de estudos de imagem de que homens e mulheres também podem apresentar respostas neurais sexualmente dimórficas a feromônios masculinos e femininos, e que essas respostas podem se alinhar com a orientação sexual; nesses casos, no entanto, não está claro se as respostas neurais são respostas aprendidas com base na experiência vivida.
13. Existem muitas diferenças sexuais entre os cérebros de homens e mulheres e, em alguns casos, essas diferenças sexuais se alinham com o gênero na vida adulta, e não com o gênero atribuído no nascimento. Nesses casos, não está claro se as diferenças de sexo refletem causalmente a identidade de gênero ou são resultado dela. Tais questões são difíceis de desvendar no momento.

Nirao M. Shah
Joshua R. Sanes

Leituras selecionadas

Arnold AP. 2004. Sex chromosomes and brain gender. Nat Rev Neurosci 5:701–708.
Bayless DW, Shah NM. 2016. Genetic dissection of neural circuits underlying sexually dimorphic social behaviours. Philos Trans R Soc Lond B Biol Sci 371:20150109.
Byne W. 2006. Developmental endocrine influences on gender identity: implications for management of disorders of sex development. Mt Sinai J Med 73:950–959.
Cahill L. 2006. Why sex matters for neuroscience. Nat Rev Neurosci 7:477–484.
Curley JP, Jensen CL, Mashoodh R, Champagne FA. 2010. Social influences on neurobiology and behavior: epigenetic effects during development. Psychoneuroendocrinology 36:352–371.
Dulac C, Wagner S. 2006. Genetic analysis of brain circuits underlying pheromone signaling. Annu Rev Genet 40:449–467.
Hines M. 2006. Prenatal testosterone and gender-related behavior. Eur J Endocrinol 155:S115–S121.
Kohl J, Dulac C. 2018. Neural control of parental behaviors. Curr Opin Neurobiol 49:116–122.
Morris JA, Jordan CL, Breedlove SM. 2004. Sexual differentiation of the vertebrate nervous system. Nat Neurosci 7:1034–1039.
Swaab DF. 2004. Sexual differentiation of the human brain: relevance for gender identity, transsexualism and sexual orientation. Gynecol Endocrinol 19:301–312.
Wilhelm D, Palmer S, Koopman P. 2007. Sex determination and gonadal development in mammals. Physiol Rev 87:1–28.
Yang CF, Shah NM. 2014. Representing sex in the brain, one module at a time. Neuron 82:261–278.

Referências

Bakker J, De Mees C, Douhard Q, et al. 2006. Alpha-fetoprotein protects the developing female mouse brain from masculinization and defeminization by estrogens. Nat Neurosci 9:220–226.
Bayless DW, Yang T, Mason MM, et al. 2019. Limbic neurons shape sex recognition and social behavior in sexually naïve males. Cell 176:1190–1205.
Berglund H, Lindstrom P, Savic I. 2006. Brain response to putative pheromones in lesbian women. Proc Natl Acad Sci U S A 103:8269–8274.
Brainard MS, Doupe AJ. 2002. What songbirds teach us about learning. Nature 417:351–358.
Byne W, Lasco MS, Kemether E, et al. 2000. The interstitial nuclei of the human anterior hypothalamus: an investigation of sexual variation in volume and cell size, number and density. Brain Res 856:254–258.
Cohen-Kettenis PT. 2005. Gender change in 46, XY persons with 5α-reductase-2 deficiency and 17β-hydroxysteroid dehydrogenase-3 deficiency. Arch Sex Behav 34:399–410.

Cooke BM, Woolley CS. 2005. Gonadal hormone modulation of dendrites in the mammalian CNS. J Neurobiol 64:34–46.

Demir E, Dickson BJ. 2005. *Fruitless* splicing specifies male courtship behavior in *Drosophila*. Cell 121:785–794.

Edwards DA, Burge KG. 1971. Early androgen treatment and male and female sexual behavior in mice. Horm Behav 2:49–58.

Forger NG, de Vries GJ. 2010. Cell death and sexual differentiation of behavior: worms, flies, and mammals. Curr Opin Neurobiol 20:776–783.

Goldstein LA, Kurz EM, Sengelaub DR. 1990. Androgen regulation of dendritic growth and retraction in the development of a sexually dimorphic spinal nucleus. J Neurosci 10:935–946.

Gorski RA. 1988. Hormone-induced sex differences in hypothalamic structure. Bull Tokyo Metropol Inst Neurosci 16 (Suppl 3):67–90.

Gorski RA. 1988. Sexual differentiation of the brain: mechanisms and implications for neuroscience. In: SS Easter Jr, KF Barald, BM Carlson (eds). *From Message to Mind: Directions in Developmental Neurobiology*, pp. 256–271. Sunderland, MA: Sinauer.

Gorski RA, Harlan RE, Jacobsen CD, Shryne JE, Southam AM. 1980. Evidence for the existence of a sexually dimorphic nucleus in the preoptic area of the rat. J Comp Neurol 193:529–539.

Greenspan RJ, Ferveur JF. 2000. Courtship in *Drosophila*. Annu Rev Genet 34:205–232.

Inoue S, Yang R, Tantry A, et al. 2019. Periodic remodeling in a neural circuit governs timing of female sexual behavior. Cell 179:1393–1408.

Juntti SA, Tollkuhn J, Wu MV, et al. 2010. The androgen receptor governs the execution, but not programming, of male sexual and territorial behaviors. Neuron 66:260–272.

Kimchi T, Xu J, Dulac C. 2007. A functional circuit underlying male sexual behavior in the female mouse brain. Nature 448:1009–1014.

Kimura K, Ote M, Tazawa T, Yamamoto D. 2005. *Fruitless* specifies sexually dimorphic neural circuitry in the *Drosophila* brain. Nature 438:229–233.

Kohl J, Babayan BM, Rubinstein ND, et al. 2018. Functional circuit architecture underlying parental behaviour. Nature 556:326–331.

Konishi M, Akutagawa E. 1985. Neuronal growth, atrophy and death in a sexually dimorphic song nucleus in the zebra finch brain. Nature 315:145–147.

Koopman P, Gubbay J, Vivian N, Goodfellow P, Lovell-Badge R. 1991. Male development of chromosomally female mice transgenic for *Sry*. Nature 351:117–121.

Kruijver FP, Zhou JN, Pool CW, Hofman MA, Gooren LJ, Swaab DF. 2000. Male-to-female transsexuals have female neuron numbers in a limbic nucleus. J Clin Endocrinol Metab 85:2034–2041.

Långström N, Rahman Q, Carlström E, Lichtenstein P. 2010. Genetic and environmental effects on same-sex sexual behavior: a population study of twins in Sweden. Arch Sex Behav 39:75–80.

Lee H, Kim DW, Remedios R, et al. 2014. Scalable control of mounting and attack by Esr1+ neurons in the ventromedial hypothalamus. Nature 509:627–632.

LeVay S. 1991. A difference in hypothalamic structure between heterosexual and homosexual men. Science 253:1034–1037.

Leypold BG, Yu CR, Leinders-Zufall T, Kim MM, Zufall F, Axel R. 2002. Altered sexual and social behaviors in *trp2* mutant mice. Proc Natl Acad Sci U S A 99:6376–6381.

Liu YC, Salamone JD, Sachs BD. 1997. Lesions in medial preoptic area and bed nucleus of stria terminalis: differential effects on copulatory behavior and noncontact erection in male rats. J Neurosci 17:5245–5253.

Mandiyan VS, Coats JK, Shah NM. 2005. Deficits in sexual and aggressive behaviors in *Cnga2* mutant mice. Nat Neurosci 8:1660–1662.

Manoli DS, Foss M, Villella A, Taylor BJ, Hall JC, Baker BS. 2005. Male-specific *fruitless* specifies the neural substrates of *Drosophila* courtship behaviour. Nature 436:395–400.

McCarthy MM, Arnold AP. 2011. Reframing sexual differentiation of the brain. Nat Neurosci 14:677–683.

McGowan PO, Sasaki A, D'Alessio AC, et al. 2009. Epigenetic regulation of the glucocorticoid receptor in human brain associates with childhood abuse. Nat Neurosci 12:342–348.

Nottebohm F, Arnold AP. 1976. Sexual dimorphism in vocal control areas of the songbird brain. Science 194:211–213.

Ohno S, Geller LN, Lai EV. 1974. TFM mutation and masculinization versus feminization of the mouse central nervous system. Cell 3:235–242.

Sapolsky RM. 2004. Mothering style and methylation. Nat Neurosci 7:791–792.

Savic I, Berglund H, Gulyas B, Roland P. 2001. Smelling of odorous sex hormone-like compounds causes sex-differentiated hypothalamic activations in humans. Neuron 31:661–668.

Savic I, Berglund H, Lindstrom P. 2005. Brain response to putative pheromones in homosexual men. Proc Natl Acad Sci U S A 102:7356–7361.

Savic I, Lindstrom P. 2008. PET and MRI show differences in cerebral asymmetry and functional connectivity between homo- and heterosexual subjects. Proc Natl Acad Sci U S A 105:9403–9408.

Sekido R, Lovell-Badge R. 2009. Sex determination and *SRY*: down to a wink and a nudge? Trends Genet 25:19–29.

Shah NM, Pisapia DJ, Maniatis S, Mendelsohn MM, Nemes A, Axel R. 2004. Visualizing sexual dimorphism in the brain. Neuron 43:313–319.

Stockinger P, Kvitsiani D, Rotkopf S, Tirian L, Dickson BJ. 2005. Neural circuitry that governs *Drosophila* male courtship behavior. Cell 121:795–807.

Stowers L, Holy TE, Meister M, Dulac C, Koentges G. 2002. Loss of sex discrimination and male-male aggression in mice deficient for TRP2. Science 295:1493–1500.

Unger EK, Burke KJ Jr, Yang CF, Bender KJ, Fuller PM, Shah NM. 2015. Medial amygdalar aromatase neurons regulate aggression in both sexes. Cell Rep 10:453–462.

Weaver IC, Cervoni N, Champagne FA, et al. 2004. Epigenetic programming by maternal behavior. Nat Neurosci 7:847–854.

Wei YC, Wang SR, Jiao ZL, et al. 2018. Medial preoptic area in mice is capable of mediating sexually dimorphic behaviors regardless of gender. Nat Commun 9:279.

Wierman ME. 2007. Sex steroid effects at target tissues: mechanisms of action. Adv Physiol Educ 31:26–33.

Wu MV, Manoli DS, Fraser EJ, et al. 2009. Estrogen masculinizes neural pathways and sex-specific behaviors. Cell 139:61–72.

Wu Z, Autry AE, Bergan JF, Watabe-Uchida M, Dulac CG. 2014. Galanin neurons in the medial preoptic area govern parental behaviour. Nature 509:325–330.

Xu X, Coats JK, Yang CF, et al. 2012. Modular genetic control of sexually dimorphic behaviors. Cell 148:596–607.

Yang CF, Chiang MC, Gray DC, et al. 2013. Sexually dimorphic neurons in the ventromedial hypothalamus govern mating in both sexes and aggression in males. Cell 153:896–909.

Yang T, Yang CF, Chizari MD, et al. 2017. Social control of hypothalamus-mediated male aggression. Neuron 95:955–970.

Zhang J, Webb DM. 2003. Evolutionary deterioration of the vomeronasal pheromone transduction pathway in catarrhine primates. Proc Natl Acad Sci U S A 100:8337–8341.

Zhang TY, Meaney MJ. 2010. Epigenetics and the environmental regulation of the genome and its function. Annu Rev Psychol 61:439–466.

Parte VIII

Página anterior
Homens Tingarri e iniciados em Marabindinya. Nesta pintura de um artista aborígene australiano, Anatjari Tjampitjinpa, instrutores Tingarri são retratados como círculos concêntricos, e seus jovens iniciados são mostrados como formas de ferraduras ao longo das bordas. O fundo da pintura mostra as terras arenosas do deserto australiano central. Tais representações simbólicas relembram as representações neurais das memórias episódicas, que consistem em eventos que ocorrem no espaço e no tempo e são codificados por disparos de células de grade e células de lugar no córtex entorrinal e no hipocampo, respectivamente. (© Patrimônio do artista, com licença da Aboriginal Artists Agency Ltd.)

Aprendizado, memória, linguagem e cognição

VIII

AS FUNÇÕES MOTORAS E SENSORIAIS ocupam menos da metade do córtex cerebral em seres humanos. O resto do córtex é ocupado pelas áreas associativas, que coordenam eventos que surgem nos centros sensoriais e motores. Três áreas associativas – pré-frontal, parietal-temporal-occipital e límbica – estão envolvidas no comportamento cognitivo: linguagem, pensamento, sentimentos, percepção, planejamento de movimentos habilidosos, aprendizado, memória, tomada de decisão e consciência.

Grande parte das primeiras evidências relacionando as funções cognitivas com as áreas associativas vieram de estudos clínicos de pacientes com danos cerebrais. Assim, o estudo da linguagem em pacientes com afasia gerou conhecimento importante sobre como os processos mentais humanos estão distribuídos nos dois hemisférios do encéfalo e sobre como ocorre seu desenvolvimento. Análises mais refinadas foram realizadas em estudos em humanos usando imageamento por ressonância magnética funcional (IRMf) e outros métodos.

Uma compreensão mais profunda dos circuitos neurais e de mecanismos celulares que produzem os processos cognitivos vem de registros eletrofisiológicos e de manipulações genéticas, incluindo deleções gênicas em tipos celulares específicos e excitação ou inibição optogenética em tipos celulares específicos em animais experimentais, especialmente em roedores. Tais estudos podem avaliar as contribuições relativas de genes, neurônios e conexões sinápticas específicos para comportamentos específicos.

Até aqui, consideramos neste livro mecanismos neurais associados a funções básicas do encéfalo, incluindo a percepção sensorial primária, o movimento e o controle homeostático. Nesta parte do livro e na próxima, serão consideradas as funções encefálicas mais complexas e de ordem elevada mencionadas anteriormente, o domínio das neurociências cognitivas. O objetivo dessa fusão entre neurofisiologia, anatomia, biologia do desenvolvimento, biologia celular e molecular, teoria e psicologia cognitiva é, ao final das contas, fornecer uma compreensão dos mecanismos neurais da mente.

Até o final do século XX, o estudo das funções mentais superiores era realizado por meio de observações comportamentais em pacientes com lesões encefálicas e em animais com lesões experimentais. Na primeira parte do século XX, para evitar conceitos e hipóteses não comprováveis, a psicologia passou a se preocupar de modo minucioso com comportamentos definidos estritamente em termos de estímulos e respostas possíveis de serem observadas. Behavioristas ortodoxos consideravam improdutivo lidar com consciência, sentimentos, atenção ou mesmo motivação. Concentrando-se apenas em ações observáveis, os behavioristas questionavam: o que um organismo pode fazer, e como o faz? Realmente, a análise quantitativa cuidadosa de estímulos e respostas tem contribuído muito para a compreensão da aquisição e do uso de conhecimento "implícito" de habilidades perceptuais e motoras. Entretanto, seres humanos e outros animais superiores também têm conhecimento "explícito" de fatos e eventos. Eles têm conhecimento do espaço, de regras e relações – o que Edward Tolman denominou *mapas cognitivos*. Animais são capazes de escolher uma nova trajetória rumo a uma determinada meta sem nunca terem aprendido a associação sensorimotora correspondente, e seres humanos podem raciocinar de modo intencional a partir do que sabem para imaginar algo desconhecido. De fato, isso é o que torna possíveis as neurociências – e, na verdade, toda a ciência e as humanidades.

Portanto, é preciso perguntar também: o que o animal sabe acerca do mundo, e como vem a sabê-lo? Como esse conhecimento é representado no encéfalo? Será que o conhecimento explícito difere do conhecimento implícito? E como esse conhecimento pode ser transmitido a outros e permitir a tomada de decisões racionais com base na experiência prévia? Muito do conhecimento, talvez a maior parte dele, é inconsciente uma grande parte do tempo. Precisamos conhecer a natureza dos processos inconscientes, os sistemas que os mediam e sua influência sobre a natureza da atividade mental consciente. Finalmente, precisamos saber a respeito dos domínios mais elevados do conhecimento consciente, o conhecimento de si mesmo como um indivíduo, um ser humano que pensa e sente.

O esforço moderno para a compreensão dos mecanismos neurais das funções mentais superiores iniciou no final do século XIX, quando Pierre Broca e Carl Wernicke descobriram regiões do córtex cerebral responsáveis pela produção e pela compreensão da linguagem. Ao longo do século XX, estudos de pacientes com lesões encefálicas resultantes de acidentes, guerra e doenças levaram a uma ampliação do conhecimento dos papéis de áreas específicas do encéfalo, responsáveis pelas funções cognitivas, incluindo atenção, intensão (planejamento), raciocínio, e aprendizado e memória. Contudo, foi apenas nos últimos 20 a 30 anos, em parte com base em novas abordagens experimentais, que nosso conhecimento sobre processos cognitivos avançou da localização anatômica para uma compreensão da atividade neural subjacente a tais processos em regiões encefálicas específicas.

Na Parte VIII, serão estudadas essas questões das neurociências cognitivas. O Capítulo 52 introduz mecanismos básicos do aprendizado e da memória, com foco no uso de IRMf e em estudos comportamentais para elucidar os papéis de diferentes regiões encefálicas nas memórias implícita e explícita. No Capítulo 53, serão discutidos os mecanismos celulares e moleculares responsáveis pelo armazenamento da memória implícita, com foco em estudos em invertebrados e vertebrados que têm elucidado o papel da plasticidade sináptica nessa função. No Capítulo 54, o tema da plasticidade sináptica será expandido na consideração do armazenamento da memória explícita pelo hipocampo e por regiões encefálicas relacionadas. Será também considerado como a conectividade sináptica entre o córtex entorrinal e o hipocampo permite ao animal perceber e lembrar sua localização espacial em dado ambiente. A seguir, no Capítulo 55, serão abordados os mecanismos neurais subjacentes à linguagem, uma função unicamente humana, que nos permite comunicar a outros o conhecimento armazenado, incluindo os circuitos encefálicos necessários para a fala e a percepção da palavra falada. Finalmente, no Capítulo 56, será examinado como o encéfalo nos permite a utilização do conhecimento para a tomada racional de decisões. Vista através das lentes da tomada de decisão, os processos aparentemente separados do conhecimento e da habilidade técnica podem ser considerados como uma função unificada, que fornece uma base para a compreensão de como a consciência pode emergir a partir da atividade encefálica. A obtenção de uma compreensão completa dos mecanismos neurais que nos permitem manter um conjunto rico de memórias de experiências passadas ao longo de toda a vida, comunicar essas memórias a outros e utilizá-las para tomar decisões informadas e conscientes é talvez um dos desafios mais assombrosos em toda a ciência.

Editores desta parte: Eric R. Kandel e Steven A. Siegelbaum

Parte VIII

Capítulo 52	Aprendizado e memória
Capítulo 53	Mecanismos celulares da formação da memória implícita e bases biológicas da individualidade
Capítulo 54	Hipocampo e as bases neurais do armazenamento da memória explícita
Capítulo 55	Linguagem
Capítulo 56	Tomada de decisão e consciência

52

Aprendizado e memória

Memórias de curto e de longo prazo envolvem diferentes sistemas neurais

    A memória de curto prazo mantém representações transitórias de informações relevantes para objetivos imediatos

    A informação armazenada na memória de curto prazo é convertida seletivamente em memória de longo prazo

O lobo temporal medial é crítico para a memória episódica de longo prazo

    O processamento da memória episódica envolve codificação, armazenamento, consolidação e evocação

    A memória episódica envolve interações entre o lobo temporal medial e os córtices associativos

    A memória episódica contribui para a imaginação e o comportamento orientado para metas

    O hipocampo dá suporte à memória episódica pela construção de associações relacionais

A memória implícita dá suporte a uma série de comportamentos em humanos e outros animais

    Diferentes formas de memória implícita envolvem diferentes circuitos neurais

    A memória implícita pode ser associativa ou não associativa

    O condicionamento operante envolve a associação de um comportamento específico com um evento reforçador

    O aprendizado associativo é limitado pela biologia do organismo

Erros e imperfeições da memória lançam luz sobre os processos normais da memória

Destaques

EM SUA OBRA-PRIMA *Cem anos de solidão*, Gabriel Garcia Márquez descreve uma estranha praga que invade uma pequena vila e rouba as memórias das pessoas. Os habitantes perdem inicialmente lembranças pessoais, depois esquecem os nomes e as funções de objetos comuns. Para combater a praga, um homem coloca etiquetas escritas em todos os objetos de sua casa. Ele logo percebe, no entanto, a futilidade dessa estratégia, pois, no fim, a praga acaba destruindo até mesmo seu conhecimento de palavras e letras.

Esse incidente fictício mostra a importância do aprendizado e da memória para a vida diária. Aprendizado refere-se a uma mudança no comportamento que resulta da aquisição de conhecimento acerca do mundo, e memória, aos processos pelos quais esse conhecimento é codificado, armazenado e posteriormente evocado. A história de Márquez desafia o leitor a imaginar a vida sem as capacidades de aprender e lembrar. O indivíduo esqueceria pessoas e lugares que antes conhecia, e não seria mais capaz de utilizar e compreender a linguagem ou executar tarefas motoras que havia aprendido anteriormente; não lembraria os momentos mais felizes ou mais tristes de sua vida, e perderia até mesmo o sentido de identidade pessoal. O aprendizado e a memória são essenciais para o pleno funcionamento e a sobrevivência independente de pessoas e animais.

Em 1861, Pierre Paul Broca descobriu que uma lesão na porção posterior do lobo frontal esquerdo (área de Broca) produz uma deficiência específica da linguagem. Logo tornou-se claro que outras funções mentais, como a percepção e o movimento voluntário, também são mediadas por regiões bem definidas do encéfalo (ver Capítulo 1). Isso levou naturalmente à próxima questão: existem sistemas neurais delimitados relacionados à memória? Se existem, haveria um "centro da memória", ou o processamento da memória estaria amplamente distribuído por todo o encéfalo?

Ao contrário da visão prevalente de que as funções cognitivas possuem localizações específicas no encéfalo, muitos estudiosos do aprendizado duvidavam que a memória fosse uma entidade localizada. De fato, até meados do século XX, muitos psicólogos duvidavam que a memória fosse uma função delimitada, independente da percepção, da linguagem ou do movimento. Uma razão para essa dúvida persistente é que o armazenamento da memória envolve muitas partes diferentes do encéfalo. Agora, porém, se sabe que tais regiões não são igualmente importantes. Há diversos tipos fundamentalmente distintos de memória, e certas regiões do encéfalo são muito mais importantes para codificar alguns tipos de memória que para outros.

Durante as últimas décadas, a pesquisa avançou de modo significativo na análise e na compreensão do aprendizado e da memória. Neste capítulo, serão considerados estudos da memória humana normal, de suas perturbações em casos de lesões encefálicas por traumas ou cirurgias, e de medidas da atividade encefálica durante o aprendizado ou a evocação da memória utilizando-se imageamento por ressonância magnética funcional (IRMf) e registros eletrofisiológicos extracelulares. Esses estudos produziram três ideias principais.

Primeiro, há diversas formas de aprendizado e memória. Cada forma de aprendizado e memória apresenta propriedades cognitivas e computacionais distintas e é sediada em diferentes sistemas encefálicos. A segunda ideia é que a memória envolve codificação, armazenamento, evocação e consolidação. Por fim, imperfeições e erros na evocação podem fornecer dicas acerca da natureza e da função do aprendizado e da memória e do papel fundamental que a memória desempenha na orientação do comportamento e no planejamento para o futuro.

A memória pode ser classificada conforme duas dimensões: (1) o curso temporal do armazenamento e (2) a natureza da informação armazenada. Neste capítulo, será considerado o curso temporal do armazenamento. Nos próximos dois capítulos, serão abordados os mecanismos celulares, moleculares e de circuitos das diferentes formas de aprendizado e memória, com base principalmente em estudos de modelos animais.

Memórias de curto e de longo prazo envolvem diferentes sistemas neurais

A memória de curto prazo mantém representações transitórias de informações relevantes para objetivos imediatos

Quando se reflete acerca da natureza da memória, geralmente se pensa na memória de longo prazo, que William James chamou de "memória propriamente dita" ou "memória secundária". Ou seja, pensa-se na memória como "o conhecimento de um estado prévio da mente após já ter sido uma vez removido da consciência". Esse conhecimento depende da formação de um traço de memória que é durável, no qual a representação persiste mesmo quando seu conteúdo ficar fora da percepção consciente por um longo período.

Nem todas as formas de memória, porém, constituem "estados prévios da mente". De fato, a capacidade de armazenar informação depende de uma forma de memória de curto prazo, chamada de memória de trabalho, que mantém representações atuais, embora transitórias, de conhecimentos relevantes para certos objetivos. Nos seres humanos, a memória de trabalho consiste em pelo menos dois subsistemas – um para a informação verbal e outro para a informação visuoespacial. O funcionamento desses dois subsistemas é coordenado por um terceiro sistema, denominado *processos de controle executivo*. Acredita-se que os processos de controle executivo aloquem recursos de atenção para os subsistemas verbal e visuoespacial, além de monitorar, manipular e atualizar as representações armazenadas.

Utiliza-se o subsistema verbal ao tentar manter informação com base na linguagem falada (fonológica) conscientemente, como quando mentalmente se repete uma senha antes de digitá-la. O subsistema verbal consiste em dois componentes interativos: um armazenado, que representa conhecimento fonológico, e um mecanismo de ensaio, que mantém essas representações ativas enquanto se precisa delas. O armazenamento fonológico depende dos córtices parietais posteriores, e o ensaio depende parcialmente de processos articuladores na área de Broca.

O subsistema visuoespacial da memória de trabalho retém imagens mentais de objetos visuais e da localização dos objetos no espaço. Acredita-se que o ensaio (rehearsal), ou repetição mental, da informação espacial e referente a objetos envolva a modulação dessa informação nos córtices parietal, temporal inferior e occipital pelos córtices frontal e pré-motor.

Registros unitários (eletrofisiológicos) em células de primatas não humanos indicam que, ao longo de um período de segundos, alguns neurônios pré-frontais mantêm representações espaciais, outros mantêm representações de objetos, e ainda outros representam a integração de ambos conhecimentos, espacial e de objetos. Embora os neurônios relacionados à memória de trabalho de objetos tendam a situar-se no córtex pré-frontal ventrolateral, e aqueles relacionados ao conhecimento espacial tendam a se situar no córtex pré-frontal dorsolateral, todas as três classes de neurônios estão presentes em ambas sub-regiões pré-frontais (**Figura 52-1**).

Assim, a memória de trabalho envolve a ativação de representações de informações armazenadas em regiões corticais especializadas que variam em função do conteúdo informacional, assim como a ativação de mecanismos gerais de controle no córtex pré-frontal. Sinais de controle pré-frontal na memória de trabalho são ainda dependentes de interações com o estriado e de aferências dopaminérgicas ascendentes originárias do mesencéfalo.

A informação armazenada na memória de curto prazo é convertida seletivamente em memória de longo prazo

Em meados da década de 1950, novas evidências surpreendentes acerca das bases neurais da memória de longo prazo emergiram do estudo de pacientes que haviam sofrido a remoção bilateral do hipocampo e de regiões vizinhas no lobo temporal medial como tratamento para a epilepsia. O primeiro e mais bem estudado caso foi o de um paciente chamado H. M., estudado pela psicóloga Brenda Milner e pelo cirurgião William Scoville. (Após a morte de H. M., em 2 de dezembro de 2008, seu nome completo, Henry Molaison, foi revelado ao mundo.)

H. M. sofria havia vários anos de uma epilepsia intratável do lobo temporal, causada por uma lesão encefálica que ele sofrera aos sete anos em um acidente de bicicleta. Como adulto, suas crises o tornaram incapaz de trabalhar e levar uma vida normal e, aos 27 anos, foi submetido a uma cirurgia. Scoville removeu cirurgicamente as regiões encefálicas que se acreditava serem responsáveis pelas crises, incluindo a formação hipocampal, a amígdala e partes da área associativa multimodal do córtex temporal, em ambos hemisférios (**Figura 52-2**). Após a cirurgia, as crises de H. M. ficaram sob controle, mas ele passou a

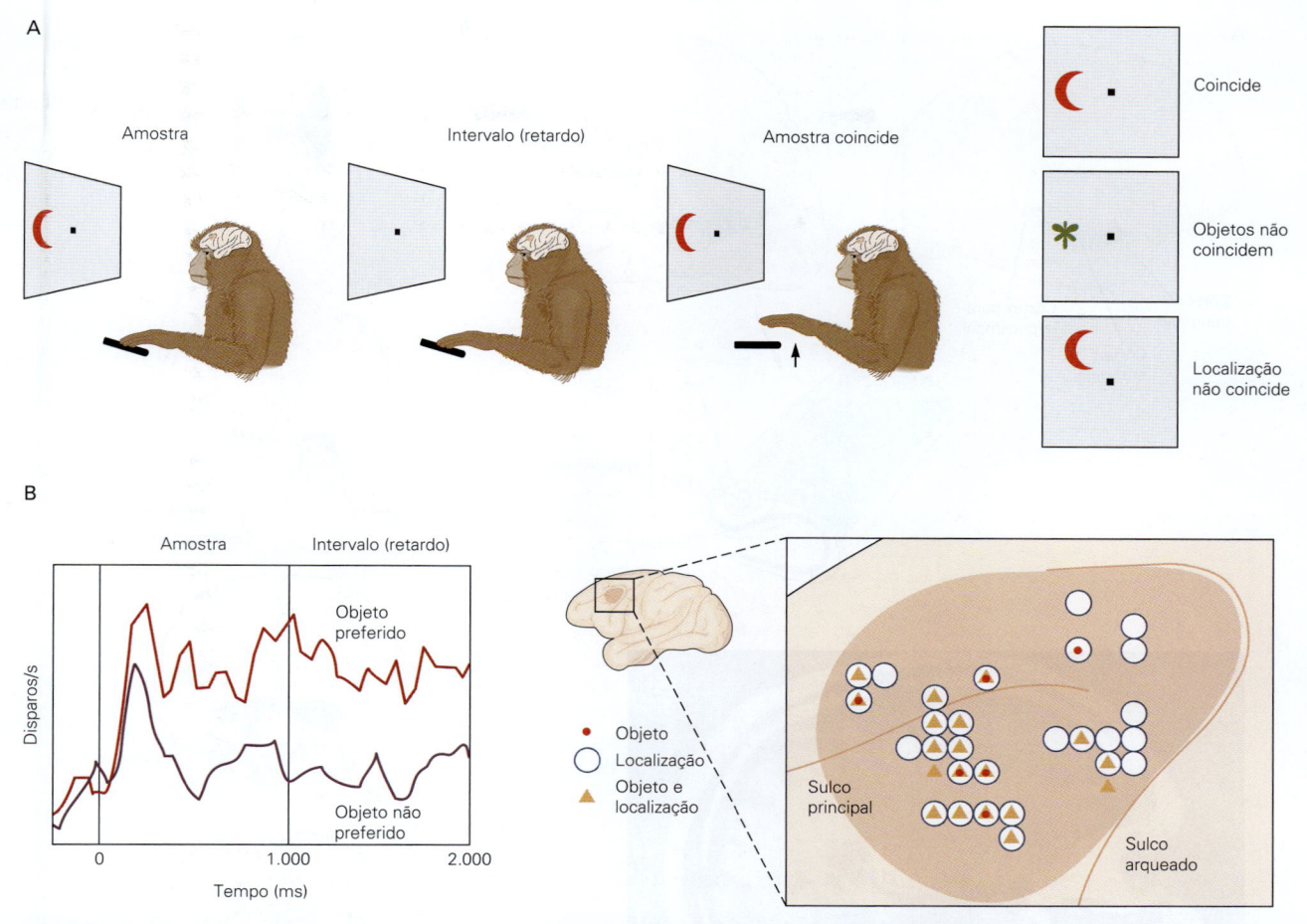

FIGURA 52-1 O córtex pré-frontal mantém a chamada memória de trabalho. (Adaptada, com autorização, de Rainer, Asaad e Miller, 1998.)

A. O papel do córtex pré-frontal na manutenção da informação na memória de trabalho costuma ser investigado em macacos pela utilização de métodos eletrofisiológicos, juntamente com uma tarefa de amostragem coincidente com retardo. Nesse tipo de tarefa, cada tentativa inicia quando o macaco agarra uma alavanca de resposta e fixa o olhar em um pequeno alvo no centro de um monitor de computador. Um estímulo visual inicial (a "amostra") é apresentado brevemente e deve ser mantido na memória de trabalho até que o próximo estímulo apareça. Na tarefa aqui ilustrada, o macaco deve lembrar a amostra ("o quê") e sua localização ("onde") e liberar a alavanca apenas em resposta a estímulos que "coincidam" em ambas dimensões.

B. As taxas de disparos neurais no córtex pré-frontal lateral de um macaco durante o período de intervalo (retardo) na tarefa costumam estar acima da linha de base e representam respostas ao tipo de estímulo (o quê), à localização (onde) e à integração dos dois (o quê e onde). À esquerda, é mostrada a atividade de um neurônio pré-frontal em resposta a um objeto preferido (ao qual o neurônio responde de forma robusta) e a um objeto não preferido (ao qual o neurônio responde minimamente). A atividade é robusta tanto quando o macaco olha para o objeto preferido (amostra) quanto durante o intervalo (retardo). No desenho à direita, os símbolos representam sítios de registro onde neurônios mantêm cada tipo de informação (o quê, onde, e o quê e onde). Geralmente diversos tipos de neurônios são encontrados em um sítio; desse modo, muitos símbolos apresentam superposição, e alguns indicam mais de um neurônio.

exibir um devastador déficit de memória (ou amnésia). O mais notável na deficiência de H. M., porém, era sua especificidade.

Sua memória de trabalho era normal, durante de segundos a minutos, indicando que o lobo temporal medial não é uma estrutura necessária para memórias transitórias. Ele também tinha memória de longo prazo para eventos que haviam ocorrido antes da cirurgia: por exemplo, ele lembrava seu nome, o trabalho que fazia e eventos da infância. Além disso, ele ainda detinha o comando da linguagem, incluindo seu vocabulário, o que significava que a memória semântica – conhecimento geral relacionado a conceitos – estava preservada. Seu quociente de inteligência não mudou, permanecendo na faixa entre normal e brilhante.

O que H. M. não possuía mais – uma carência muito notável – era a capacidade de transferir novas informações para a memória de longo prazo, um déficit denominado amnésia anterógrada. Ele era incapaz de reter, por períodos longos, as informações sobre pessoas, lugares ou objetos com os quais há pouco havia feito contato. Se lhe fosse pedido que lembrasse um número de telefone, H. M. podia repeti-lo imediatamente, passados segundos ou mesmo minutos, pois sua memória de trabalho estava intacta. No entanto, se sofresse qualquer distração, mesmo que breve, ele esquecia o

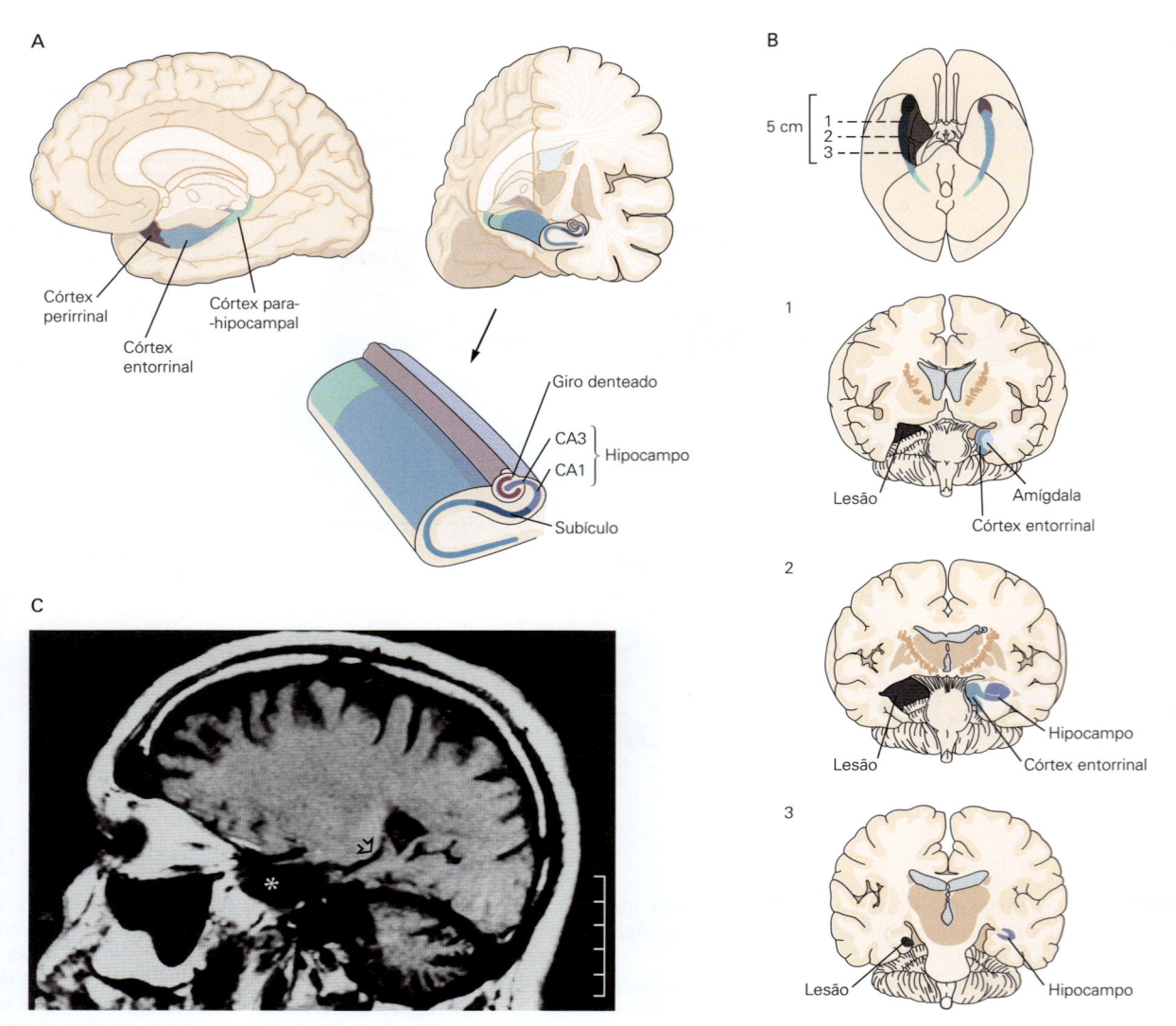

FIGURA 52-2 O lobo temporal medial e o armazenamento da memória.

A. Componentes essenciais do lobo temporal medial, importantes para o armazenamento da memória.

B. Áreas do lobo temporal medial que sofreram ressecção (**sombreadas em cinza**) no paciente conhecido como H. M., vistas a partir da superfície ventral do encéfalo (o hemisfério esquerdo está no lado direito da imagem). A cirurgia foi um procedimento bilateral em um único estágio, mas, para ilustrar as estruturas que foram removidas, mostra-se a lesão do hemisfério esquerdo (lado direito da imagem), enquanto o hemisfério direito é aqui mostrado intacto. A extensão longitudinal da lesão é mostrada em uma visão ventral do encéfalo (parte superior). As secções transversais 1 a 3 mostram uma estimativa da extensão das áreas do encéfalo removidas de H. M. (Adaptada, com autorização, de Corkin et al., 1997.)

C. Imagem por ressonância magnética (IRM) de uma secção parassagital do lado esquerdo do encéfalo de H. M. A barra de calibração à direita do painel mostra incrementos de 1 cm. O **asterisco** na área central da varredura indica a porção que sofreu ressecção nos lobos temporais anteriores. A **ponta de seta** aponta para a região remanescente da porção intraventricular da formação hipocampal. Cerca de 2 cm da formação hipocampal preservada são visíveis bilateralmente. Observa-se também a substancial degeneração nos espaços aumentados das folhas cerebelares. (Adaptada, com autorização, de Corkin et al., 1997.)

número. H. M. não conseguia reconhecer pessoas que havia conhecido após a cirurgia, mesmo após encontrá-las muitas vezes. Por diversos anos ele via Milner todo mês, mas, cada vez que ela entrava no quarto, ele reagia como se nunca a tivesse encontrado antes. O caso de H. M. não é único. Todos os pacientes com grandes lesões bilaterais nas áreas associativas límbicas do lobo temporal medial apresentam deficiências semelhantes na memória de longo prazo.

O paciente H. M. é um caso histórico, pois sua deficiência forneceu a primeira ligação clara entre a memória e o lobo temporal medial, incluindo o hipocampo. Estudos subsequentes, conduzidos por Larry Squire e outros pesquisadores, envolvendo pacientes com lesões encefálicas mais limitadas ao hipocampo, confirmaram o papel central dessa estrutura na memória. A observação de que H.M. e outros pacientes com lesões no lobo temporal medial apresentavam um profundo déficit na formação de novas memórias enquanto a evocação de memórias antigas permanecia basicamente intacta sugeriu que as memórias devem ser transferidas ao longo do tempo do hipocampo e do lobo temporal medial para outras estruturas encefálicas. Esses estudos levantaram quatro questões centrais que até hoje guiam pesquisas envolvendo a memória. Primeiro, qual o papel funcional do sistema de memória do lobo temporal medial? Segundo, quais os papéis das diferentes sub-regiões dentro deste sistema? Terceiro, como essas sub-regiões trabalham em consonância com outros circuitos encefálicos para dar suporte a diferentes formas de memória? Quarto, onde são, ao final, armazenadas as memórias dependentes do hipocampo?

O lobo temporal medial é crítico para a memória episódica de longo prazo

Um achado crucial acerca de H. M. foi que a formação da memória de longo prazo estava prejudicada apenas para certos tipos de informação. H. M. e outros pacientes com lesões no lobo temporal medial eram capazes de formar e reter certos tipos de memórias duráveis tão bem quanto indivíduos saudáveis.

Por exemplo, H. M. aprendeu a desenhar os contornos de uma estrela olhando para a estrela e sua mão em um espelho (**Figura 52-3**). Do mesmo modo que indivíduos saudáveis aprendem a remapear a coordenação entre olho e mão, H. M. cometia muitos erros inicialmente, mas, após diversos dias de treino, seu desempenho não tinha erros e era comparável àquele de indivíduos saudáveis. Mesmo assim, ele não era capaz de recordar conscientemente ter alguma vez realizado essa tarefa.

A formação da memória de longo prazo em pacientes amnésicos não é limitada a habilidades motoras. Esses pacientes retêm o aprendizado de reflexos simples, incluindo habituação, sensibilização e algumas formas de condicionamento (que serão discutidos posteriormente neste capítulo). Além disso, são capazes de melhorar seu desempenho em certas tarefas conceituais e perceptuais. Por exemplo, eles têm bom desempenho em uma forma de memória conhecida como *priming*, na qual a percepção/detecção de uma palavra ou objeto ou o acesso ao significado de uma palavra ou objeto aumenta após exposição prévia. Assim, quando se mostram apenas as letras iniciais de palavras previamente estudadas, um paciente com amnésia é capaz de reconstituir a mesma quantidade de palavras estudadas que indivíduos normais, embora os amnésicos não tenham memória consciente de haver estudado recentemente tais palavras (**Figura 52-4**).

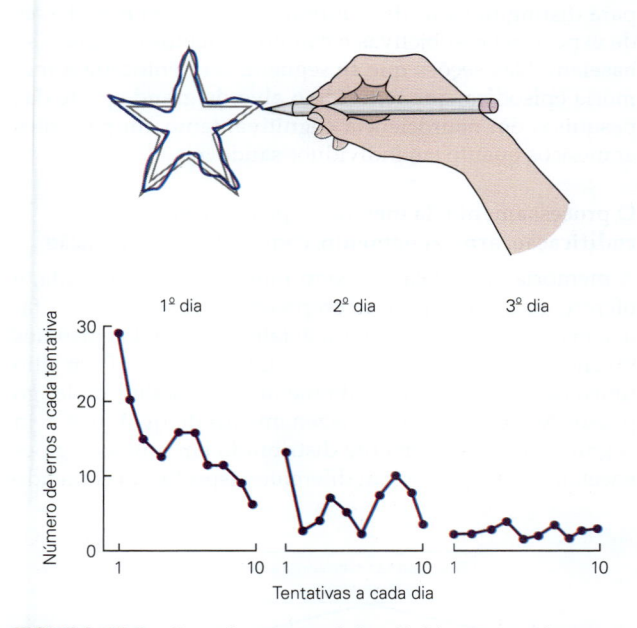

FIGURA 52-3 O paciente amnésico H. M. conseguia aprender movimentos hábeis. Ele foi ensinado a traçar entre dois contornos de uma estrela enquanto observava sua mão em um espelho. O gráfico mostra o número de vezes em que o traço saiu dos limites durante cada tentativa de desenhar a estrela. Assim como ocorre com indivíduos saudáveis, H. M. melhorou consideravelmente seu desempenho com a repetição das tentativas, a despeito de não lembrar de ter desempenhado a tarefa antes. (Feproduzida, com autorização, de Blakemore, 1977.)

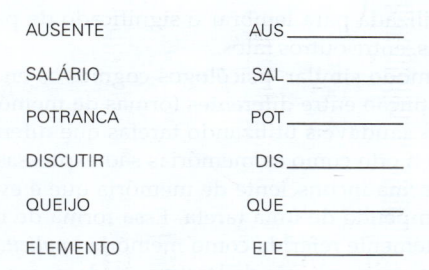

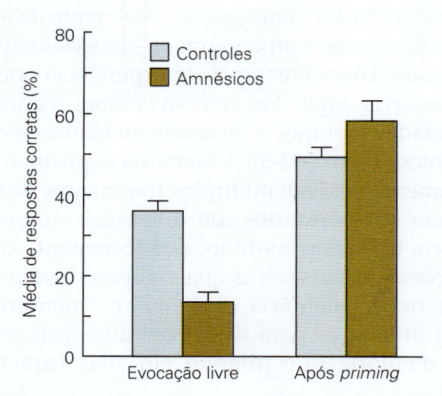

FIGURA 52-4 Pacientes amnésicos diferem em sua capacidade de recordar palavras sob duas condições diferentes. Palavras comuns foram apresentadas aos pacientes e, então, lhes foi pedido que lembrassem dessas palavras. Pacientes amnésicos não apresentam bom desempenho nesse teste durante a evocação livre. No entanto, quando se dão aos indivíduos as primeiras três letras de uma palavra que havia sido apresentada, com a instrução de que formem a primeira palavra que lhes vier à mente (completar palavras), os indivíduos amnésicos apresentam desempenho igual ao de controles normais. A linha de base ("chutes") no teste de completar palavras quando tais palavras não haviam sido apresentadas anteriormente foi 9%. (Adaptada de Squire, 1987.)

Esse padrão de desempenho com prejuízo seletivo em pacientes amnésicos levantou questões acerca de como devem ser classificadas essas diferentes formas de memória. Quais as características centrais capazes de diferenciar entre memórias que são mantidas após lesão do lobo temporal medial e aquelas que não o são? Teorias iniciais de Squire e colaboradores sugeriam que um fator crítico poderia ser a percepção consciente – lesões do lobo temporal medial parecem prejudicar formas de memória que podem ser acessadas conscientemente e podem ser relatadas ou expressas em palavras, enquanto são mantidas as formas de memória que não podem ser expressas desse modo. Por essa razão, memórias que dependem do lobo temporal medial são frequentemente referidas como memórias *explícitas* (ou *declarativas*). A memória explícita pode ainda ser classificada em episódica (memória da experiência pessoal ou memória autobiográfica) e semântica (memória para fatos e conceitos). A *memória episódica* refere-se à capacidade de lembrar certos momentos com riqueza de detalhes, incluindo informação acerca do que ocorreu, quando e onde. Por exemplo, a memória episódica é utilizada para recordar que se viu ontem as primeiras flores da primavera, ou que se ouviu a "Sonata ao luar" de Beethoven vários meses atrás. A *memória semântica* é utilizada para lembrar o significado de palavras ou conceitos, entre outros fatos.

De modo similar, psicólogos cognitivos encontraram uma distinção entre diferentes formas de memória em indivíduos saudáveis utilizando tarefas que diferem em relação ao modo como as memórias são expressas. Um tipo é uma forma inconsciente de memória que é evidenciada no desempenho de uma tarefa. Essa forma de memória é frequentemente referida como memória *implícita* (também chamada memória *não declarativa* ou de procedimentos). A memória implícita manifesta-se geralmente de forma automática, com pouco processamento consciente por parte do indivíduo. Diferentes tipos de experiência podem produzir memórias implícitas, como o *priming*, o aprendizado de habilidades motoras, a memória de hábitos e os condicionamentos (**Figura 52-5**). A memória explícita é considerada altamente flexível; múltiplos fragmentos de informação podem ser associados sob diferentes circunstâncias. A memória implícita, contudo, está fortemente conectada às condições originais sob as quais o aprendizado ocorreu.

Os termos "memória explícita" e "memória implícita" são utilizados para descrever duas categorias amplas de memória que diferem em suas características comportamentais e em suas bases neurais. Essas formas de memória podem ser adquiridas em paralelo. Por exemplo, um indivíduo pode formar uma memória explícita de quão bom era o aroma de uma confeitaria em que ele entrou ontem, ao mesmo tempo em que desenvolve uma resposta condicionada automática de aumento de salivação ao ver uma fotografia daquela confeitaria. Além disso, acredita-se agora que essas formas de memória, embora distintas, interajam normalmente para dar suporte ao comportamento, embora a natureza precisa e a extensão dessa interação seja um tópico constante de pesquisa.

Há também debates em andamento acerca do papel da percepção consciente na memória, e se ela de fato é uma característica necessária para memórias em que o lobo temporal medial está envolvido. Esses debates são impulsionados por um crescente corpo de evidências que mostra que os mesmos circuitos temporais mediais necessários para a memória explícita são também necessários para algumas formas de memória implícita (como descrito abaixo). De fato, embora a memória episódica seja verificada tipicamente ao se solicitar ao indivíduo que faça relatos do conteúdo de sua memória, não se sabe se a acessibilidade consciente é uma característica integral das próprias memórias. Ainda assim, a distinção entre memória implícita e explícita desempenhou, historicamente, um importante papel para a diferenciação de formas de memória e ainda oferece um produtivo arcabouço na consideração das bases neurais da memória. Desse modo, os termos "memória explícita" e "memória implícita" são utilizados neste texto para distinguir essas duas formas de memória e as classes de experiências subjetivas e comportamentos nos quais se baseiam. Nas seções que se seguem, será enfocada a memória episódica, que tem sido o alvo de grande parte das pesquisas em neurociência cognitiva, tanto em pacientes amnésicos quanto em indivíduos saudáveis.

O processamento da memória episódica envolve codificação, armazenamento, consolidação e evocação

A memória episódica tem sido intensamente estudada, e oferece uma janela para a compreensão de como o encéfalo constrói, armazena e evoca detalhes acerca de episódios vivenciados. Sabemos que o encéfalo não possui um sítio único de armazenamento da memória episódica de longo prazo. Ao contrário, o armazenamento de qualquer item cognitivo está amplamente distribuído em muitas regiões encefálicas que processam diferentes aspectos do conteúdo

FIGURA 52-5 A memória de longo prazo é comumente classificada como explícita (a memória pode ser reportada verbalmente) ou implícita (a memória é expressa pelo comportamento, sem percepção consciente).

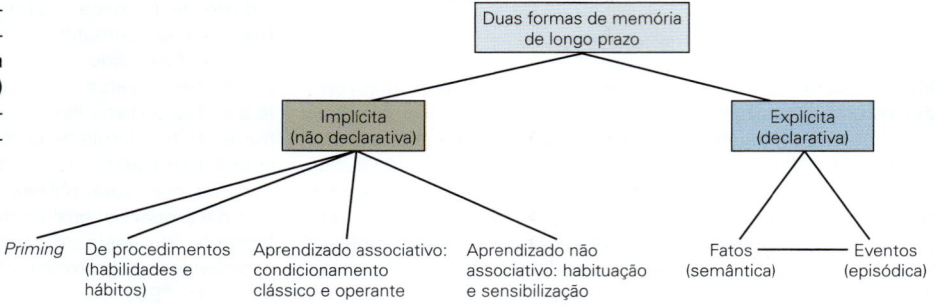

da memória, e pode ser acessado de forma independente (por meio de dicas visuais, verbais ou outros elementos sensoriais). Segundo, a memória episódica é mediada por pelo menos quatro tipos de processamento relacionados, porém distintos entre si: codificação, armazenamento, consolidação e evocação.

A *codificação* é o processo pelo qual novas informações são inicialmente adquiridas e processadas durante a formação de uma nova memória. A intensidade desse processamento é criticamente importante para determinar quão bem o material aprendido será lembrado. Para uma memória persistir e ser bem lembrada, a informação que chega deve passar por aquilo que os psicólogos Fergus Craik e Robert Lockhart denominaram codificação profunda. Isso é feito ao se perceber atentamente a informação e a associar a memórias já bem estabelecidas. A codificação da memória também é mais forte quando existe motivação para lembrar, seja porque a informação tem especial relevância emocional ou comportamental (p. ex., uma memória de uma refeição particularmente deliciosa ou um primeiro encontro com um parceiro romântico), ou porque a própria informação é neutra, porém está associada a algo significativo (p. ex., lembrar a localização de um certo restaurante).

Armazenamento refere-se aos mecanismos e sítios neurais pelos quais a informação recém-adquirida é retida como uma memória duradoura ao longo do tempo. Uma das características mais notáveis do armazenamento de longa duração é que ele parece ter uma capacidade quase ilimitada. Em contraste, o armazenamento na memória de trabalho é muito limitado; psicólogos acreditam que a memória de trabalho em seres humanos possa reter apenas poucos fragmentos de informação em um dado momento.

A *consolidação* é o processo que transforma uma informação ainda lábil (instável) e armazenada temporariamente em uma forma mais estável. Como veremos nos próximos dois capítulos, a consolidação envolve a expressão de genes e a síntese proteica que produzem alterações estruturais nas sinapses.

Por fim, a *evocação* é o processo pelo qual a informação armazenada é recuperada, "recordada". Envolve trazer de volta à mente diferentes tipos de informação, os quais foram armazenados em diferentes lugares no encéfalo. A evocação da memória é bastante semelhante à percepção na medida em que se trata de um processo construtivo, estando, portanto, sujeita a distorções, da mesma forma que a percepção está sujeita a ilusões (**Quadro 52-1**). Quando uma memória é evocada, ela se torna ativa novamente, provendo uma oportunidade para que uma memória antiga seja novamente codificada. Como a evocação é uma construção, a recodificação de uma memória evocada pode resultar em uma memória diferente da original. Por exemplo, a recodificação pode incluir informações da memória antiga juntamente com o novo contexto em que ela foi evocada. Essa recodificação permite que memórias de momentos separados no tempo sejam conectadas, mas também abre a possibilidade de erros, como será discutido adiante neste capítulo.

A evocação da informação é mais eficiente quando uma dica utilizada para evocar lembra os indivíduos da natureza episódica dos eventos que unem os elementos da experiência codificada. Por exemplo, em um experimento comportamental clássico, Craig Barclay e colaboradores pediram a alguns participantes que codificassem sentenças como "O homem levantou o piano". Mais tarde, em um teste de evocação, "algo pesado" foi uma dica mais efetiva para lembrar do piano do que sugestões como "algo com um belo som". A outros participantes desse estudo, contudo, foi solicitada a codificação da sentença "O homem afinou o piano". Para eles, "algo com um belo som" foi uma dica mais eficiente para evocar "piano" que sugestões como "algo pesado", pois melhor refletia a experiência inicial. A evocação, em especial de memórias explícitas, também depende parcialmente da memória de trabalho.

QUADRO 52-1 Memórias episódicas estão sujeitas a mudanças durante a evocação

Quão acurada é a memória episódica? Essa questão foi investigada pelo psicólogo Frederic Bartlett em uma série de estudos, na década de 1930, nos quais era pedido aos participantes que lessem histórias e depois as contassem. As histórias contadas eram mais curtas e mais coerentes que as histórias originais, refletindo reconstrução e condensação do original.

Os participantes não tinham consciência de que estavam editando as histórias originais e frequentemente se sentiam mais seguros acerca das partes editadas que acerca das partes não editadas quando contavam as histórias. Eles não estavam confabulando; estavam simplesmente interpretando o material original de modo que fizesse sentido quando evocado.

Observações como essas demonstram que a memória episódica é maleável. Além disso, o fato de que as pessoas incorporam edições posteriores a suas memórias originais leva à consideração de que a memória episódica seja um processo construtivo, no sentido de que os indivíduos percebem o ambiente a partir de dado ponto de vista, tanto de um ponto no espaço quanto de um ponto específico de sua própria história. De modo bastante semelhante à percepção sensorial, a memória episódica não é um registro passivo do mundo externo, mas um processo ativo no qual informação sensorial que chega da periferia é moldada por sinais descendentes, representando experiência prévia, ao longo das vias aferentes. Do mesmo modo, uma vez que a informação é armazenada, a evocação não recupera uma cópia exata dessa informação. Experiências passadas são usadas no presente como dicas que ajudam o encéfalo a reconstruir um evento passado. Durante a evocação, uma variedade de estratégias cognitivas é utilizada, incluindo comparações, inferências, "chutes" astutos e suposições, de modo a gerar uma memória que não apenas pareça coerente, mas que seja também consistente com outras memórias e com a nossa "memória da memória".

A memória episódica envolve interações entre o lobo temporal medial e os córtices associativos

Embora estudos de pacientes amnésicos ao longo das últimas décadas tenham refinado nossa compreensão acerca dos vários tipos de memória, lesões no lobo temporal medial afetam todos os quatro processos da memória – codificação, armazenamento, consolidação e evocação – portanto costuma ser difícil discernir como o lobo temporal medial contribui para cada um deles. O imageamento por IRMf nos permite esquadrinhar a atividade encefálica durante o processo de formação de novas memórias ou de evocação de memórias existentes, de modo a identificar regiões específicas que são ativadas durante diferentes processos (Capítulo 6).

Um método comum para o estudo da codificação usando IRMf é o *paradigma da memória subsequente*. Em uma tarefa típica de memória subsequente, um indivíduo humano vê uma série de estímulos (por exemplo, palavras ou figuras), um por vez, enquanto está sendo escaneado com IRMf, normalmente enquanto envolvido em uma tarefa de cobertura (p. ex., determinar se as figuras são coloridas ou em preto e branco). A memória do participante para o estímulo é então testada fora do aparelho, permitindo aos pesquisadores separar todos os eventos possivelmente codificados entre aqueles que foram posteriormente lembrados em comparação com aqueles que foram esquecidos. O escaneamento usando IRMf mostra que itens lembrados, em relação aos esquecidos, estão associados a uma maior atividade hipocampal durante a codificação. Essa diferença é também evidenciada na atividade simultânea em outras partes do encéfalo, incluindo os córtices pré-frontal, retrosplenial e parietal. Frequentemente, a atividade nessas regiões apresenta covariação, em uma análise momento-a-momento, em relação ao hipocampo durante a codificação da memória, sugerindo que essas regiões estão funcionalmente conectadas (**Figura 52-6**).

Esses achados utilizando-se IRMf, juntamente a achados de pacientes com amnésia, fornecem forte suporte para um papel importante do hipocampo na codificação de memórias episódicas. Os achados utilizando-se IRMf também ampliam os achados obtidos de pacientes amnésicos, mostrando que a formação bem-sucedida de memórias episódicas depende de interações entre redes frontoparietais e o lobo temporal medial. Contudo, como o lobo temporal medial é uma estrutura grande, um objetivo importante agora é compreender os papéis de suas distintas sub-regiões. Tal informação está sendo fornecida por estudos de IRMf de mais alta resolução, que utilizam tecnologias de esquadrinhamento encefálico mais poderosas. Esses estudos revelam que sub-regiões distintas, dentro e fora do hipocampo, contribuem para diferentes aspectos da codificação da memória. Assim, enquanto algumas áreas corticais que cercam o hipocampo são especialmente importantes para o reconhecimento de objetos (córtex perirrinal), outras são importantes para a codificação do contexto espacial (córtex para-hipocampal). Essas regiões corticais fornecem fortes aferências (embora indiretas) para o hipocampo propriamente dito, o que se acredita ser importante para unir informação espacial e de objetos, formando uma memória unificada.

A interação entre o lobo temporal medial e regiões corticais amplamente separadas também é um ponto central para a consolidação e a evocação da memória. Acreditava-se inicialmente que o hipocampo não era importante para a evocação, pois o paciente H. M., cujo lobo temporal medial havia sido removido cirurgicamente, ainda apresentava memórias de sua infância. De fato, observações iniciais sugeriram que H. M. podia evocar muitas das experiências de sua vida até diversos anos antes da cirurgia. Essas observações de H. M. e de outros pacientes amnésicos com lesão no lobo temporal medial sugeriam que memórias antigas

FIGURA 52-6 No estudo ilustrado aqui, a atividade neural durante a codificação de eventos visuais (apresentação de palavras) foi medida utilizando imageamento por ressonância magnética funcional (IRMf). Subsequentemente, a evocação das palavras estudadas foi testada, e cada palavra foi classificada como lembrada ou esquecida. Os esquadrinhamentos realizados durante a codificação foram então divididos em dois grupos: aqueles feitos durante a codificação de palavras que foram mais tarde lembradas, e aqueles feitos durante a codificação de palavras que foram mais tarde esquecidas. As atividades em regiões do córtex pré-frontal esquerdo e do lobo temporal medial esquerdo foram maiores durante a codificação de palavras lembradas mais tarde do que durante a codificação de palavras depois esquecidas (locais marcados por **setas brancas**). À direita, estão as respostas observadas no IRMf nessas regiões para palavras que foram lembradas mais tarde e para aquelas que foram esquecidas. (Adaptada, com autorização, de Wagner et al., 1998.)

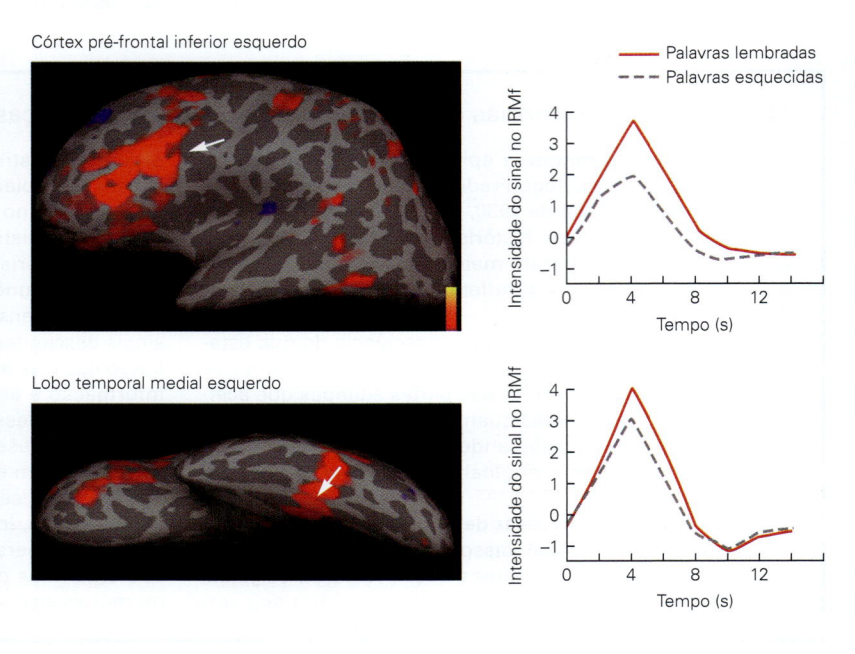

devem ser, no final, armazenadas em várias outras regiões corticais por meio de interações com o lobo temporal medial. Contudo, embora pacientes com lesão hipocampal como H. M. tenham certa capacidade de evocar memórias antigas, há evidências de que o grau de evocação pode estar prejudicado nesses pacientes. Ideias atuais sugerem que há um circuito distribuído para a consolidação e a evocação envolvendo diversas regiões encefálicas, com o hipocampo desempenhando um papel essencial no estabelecimento de associações no decorrer dos dois processos. As regiões corticais servem como um repositório de longa duração para os elementos separados de informação que formam uma memória, além de controlar a evocação e a reativação dos conteúdos da própria memória.

Da mesma forma que os estudos sobre a codificação, os estudos da evocação de conhecimentos episódicos têm mostrado o envolvimento de regiões específicas do córtex associativo, de redes frontoparietais e do lobo temporal medial. A evocação de detalhes contextuais ou de eventos associados a uma memória episódica também envolve a atividade no hipocampo, com processos de evocação no lobo temporal medial facilitando a ativação de representações neocorticais presentes durante a codificação.

Varreduras de IRMf apresentam uma resolução temporal bastante limitada em função das mudanças relativamente lentas no fluxo sanguíneo ao longo do tempo, associadas à atividade encefálica. Para se obter maior resolução temporal para a atividade encefálica, pesquisadores podem registrar a atividade elétrica do encéfalo humano usando eletrodos extracelulares. Tais registros são raros e podem ser realizados apenas em pacientes humanos que passam por cirurgia encefálica por razões médicas, como epilepsia grave, quando a implantação de eletrodos é utilizada para localizar o sítio de geração da crise. Em um estudo, sinais da eletrencefalografia intracraniana (EEGi) foram medidos usando-se eletrodos subdurais posicionados no lobo temporal medial e em outras áreas do córtex. Um paciente inicialmente aprendeu associações entre pares de palavras, e então devia evocar memórias dessas associações. A evocação de memórias estava associada à atividade neural no hipocampo, acoplada à atividade neural no córtex associativo temporal, uma região envolvida na linguagem e na integração multissensorial. Esse acoplamento da atividade neural estava associado à reativação de padrões corticais que eram inicialmente observados quando os pacientes memorizavam os pares de palavras pela primeira vez. Esse achado fornece um elo entre a atividade neural observada no hipocampo durante a codificação inicial de uma memória e a atividade acoplada posteriormente no córtex associativo temporal durante a evocação. Observações relacionadas à reativação de padrões de codificação durante a evocação foram relatadas em numerosos estudos de imageamento funcional em humanos, os quais documentam a ubiquidade de tais efeitos. Como ocorre durante a codificação da memória episódica, a evocação envolve uma interação complexa entre o lobo temporal medial e regiões corticais distribuídas, incluindo redes frontoparietais e outras áreas associativas de ordem hierarquicamente superior.

A memória episódica contribui para a imaginação e o comportamento orientado para metas

A memória permite o uso de experiências passadas para se preverem eventos futuros, promovendo assim um comportamento adaptativo. Do mesmo modo que para a evocação de memórias, a imaginação de eventos futuros envolve uma construção que utiliza detalhes obtidos da memória. O primeiro relato de uma possível conexão entre memória e imaginação veio de um estudo de caso do paciente K. C., como relatado por Endel Tulving em 1985. O paciente K. C. apresentava amnésia típica e devastadora como resultado de uma lesão ao hipocampo e lobo temporal medial. Do mesmo modo que o paciente H. M., ele apresentava ausência completa de memória episódica, enquanto a linguagem e funções não episódicas não apresentavam prejuízo. Os estudos de Tulving revelaram ainda que tal lesão encefálica estava relacionada com perda da capacidade de imaginar eventos futuros. Quando lhe perguntavam o que estaria fazendo no dia seguinte, K. C. era incapaz de fornecer detalhes.

A importância do hipocampo para a imaginação de eventos futuros é corroborada por estudos de IRMf. Tais estudos examinaram a atividade encefálica de indivíduos saudáveis, comparando a atividade de quando lhes era pedido para lembrar um evento do passado (p. ex., pense em seu aniversário no ano passado) com a atividade quando imaginavam eventos no futuro (p. ex., imagine férias na praia no próximo verão). Era solicitado aos participantes que relatassem quaisquer detalhes vívidos do evento que lhes viessem à mente. As varreduras por IRM mostraram uma notável sobreposição na rede de regiões encefálicas ativas durante a evocação da memória e durante a imaginação de eventos futuros. Essa rede incluía o hipocampo, o córtex pré-frontal, o córtex cingulado posterior, o córtex retrosplenial e áreas temporais e parietais laterais (**Figura 52-7**).

Novas evidências que apoiam a visão de que a memória episódica e a função hipocampal são necessárias para o planejamento do comportamento futuro vieram de um estudo de desempenho de humanos em uma tarefa de navegação espacial usando simulações em realidade virtual. IRMf de alta resolução e análise de padrões *multivoxel* (Capítulo 6) mostraram que a atividade no hipocampo estava relacionada à simulação dos objetivos da navegação. Além disso, a atividade no hipocampo durante o planejamento covariava com a atividade relacionada a objetivos nos córtices pré-frontal, temporal medial e parietal medial (**Figura 52-8**).

A codificação e o armazenamento da memória episódica também são influenciados pelo valor adaptativo dos eventos. Alison Adcock e colegas mostraram que a antecipação de uma potencial recompensa pode facilitar a memória pela indução de atividade coordenada entre o lobo temporal medial e regiões mesencefálicas ricas em neurônios dopaminérgicos. A recompensa pode também facilitar memórias retroativamente. Quando participantes humanos navegam por um labirinto em busca de uma recompensa, eles têm uma melhor memória para eventos neutros que ocorreram imediatamente antes da recompensa.

FIGURA 52-7 Regiões encefálicas envolvidas na evocação de memórias de eventos passados e na imaginação de eventos futuros. (Adaptada, com autorização, de Schacter, Addis e Buckner, 2007.)

A. Os participantes foram instruídos a relembrar um evento que viveram pessoalmente no passado ou a imaginarem um evento futuro plausível enquanto estavam deitados em um aparelho de imageamento por ressonância magnética funcional (IRMf). Os eventos são evocados por uma palavra que funciona como dica (p. ex., "praia" ou "aniversário"). A avaliação subjetiva da fenomenologia do evento (p. ex., a nitidez e a emocionalidade do episódio) e suas descrições detalhadas são frequentemente obtidas em uma entrevista após o esquadrinhamento por IRMf, a fim de confirmar que um evento episódico foi gerado com sucesso.

B. O sistema encefálico básico que medeia o pensamento acerca do passado e do futuro é consistentemente ativado enquanto se lembra o passado, se imagina o futuro, e durante formas relacionadas de estimulação mental. Componentes proeminentes dessa rede incluem regiões pré-frontais mediais, regiões posteriores no córtex parietal medial e lateral (que se estendem para os córtices pré-cúneo e retrosplenial), córtex temporal lateral e lobo temporal medial. Além disso, regiões dentro desse sistema encefálico básico estão funcionalmente correlacionadas umas às outras e ao hipocampo. Acredita-se que esse sistema encefálico básico funcione adaptativamente para integrar informação acerca das relações e associações de experiências passadas de modo a construir simulações mentais acerca de possíveis eventos futuros.

A capacidade de moldar retroativamente a memória episódica com base nos desfechos experienciados é importante pois a relevância de um episódio específico somente pode se tornar conhecida após o fato. Juntamente ao papel da memória episódica na construção da evocação de eventos passados e na imaginação e simulação de eventos futuros, os achados relacionados a recompensa dão suporte à visão de que uma das principais funções da memória episódica é orientar comportamentos adaptativos.

O hipocampo dá suporte à memória episódica pela construção de associações relacionais

Além do amplo papel do hipocampo na memória episódica, no pensamento acerca do futuro e no comportamento direcionado a objetivos, estudos com roedores apontaram pela primeira vez para um papel do hipocampo na navegação espacial (Capítulo 54), achados que foram apoiados posteriormente por estudos em humanos e em primatas não humanos. Em roedores, neurônios hipocampais isolados codificam informação espacial específica, e lesões no hipocampo interferem na memória do animal para a localização espacial. A imagem funcional do encéfalo em seres humanos saudáveis mostra que a atividade aumenta no hipocampo direito quando uma informação espacial é evocada, aumentando no hipocampo esquerdo quando palavras, objetos ou pessoas são lembrados. Esses achados fisiológicos são consistentes com observações clínicas nas quais lesões no hipocampo direito originam diferencialmente problemas de orientação espacial, enquanto lesões no hipocampo esquerdo causam, diferencialmente, defeitos na memória verbal.

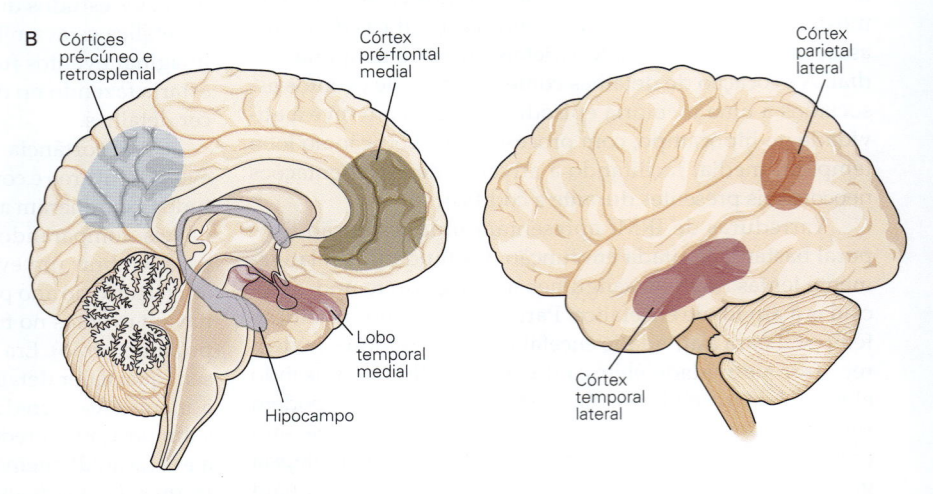

O fato de que o hipocampo dá suporte ao processamento espacial, à memória semântica e à memória episódica levanta questões acerca de como o hipocampo contribui para comportamentos tão distintos. Uma teoria convincente, proposta por Howard Eichenbaum e Neal Cohen, sugere que o hipocampo fornece um mecanismo geral para a formação e o armazenamento de associações multimodais complexas. De acordo com essa visão, o hipocampo une na memória os elementos das experiências que estão separados, codificando eventos como mapas de relações entre itens dentro de certos contextos espaciais e temporais, compondo assim um "espaço de memória" capaz de distinguir

FIGURA 52-8 Circuitos neurais envolvidos na navegação baseada na memória e direcionada a um objetivo. (Reproduzida, com autorização, de Brown et al., 2016.)

A. Participantes humanos navegam em direção a objetivos posicionados em um ambiente de realidade virtual enquanto são esquadrinhados com imageamento por ressonância magnética funcional. Eles primeiramente investigam o espaço e aprendem onde estão localizados os objetivos e, então, sua capacidade de navegar em direção a determinados objetivos é testada.

B. O planejamento do percurso determina a atividade direcionada a um objetivo em uma rede básica que inclui o hipocampo, o lobo temporal medial, o córtex para-hipocampal (**CPH**) e o córtex orbitofrontal (**COF**).

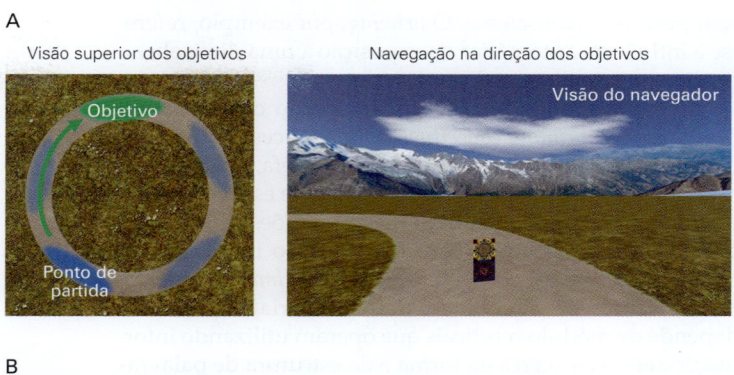

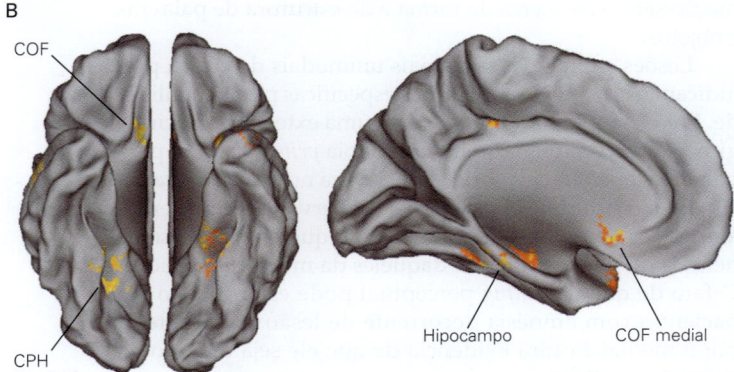

episódios distintos ou sequências de eventos, mesmo quando esses mesmos eventos (ou eventos similares) ocorrem em episódios diferentes (**Figura 52-9**). Como discutido adiante neste capítulo, a visão de que o hipocampo codifica relações oferece noções acerca de mecanismos pelos quais as memórias são construídas e explica a razão pela qual, em alguns casos, o hipocampo pode participar de processos de memória que não são conscientemente acessíveis mas codificam as relações.

A memória implícita dá suporte a uma série de comportamentos em humanos e outros animais

Assim como existem muitas formas pelas quais a memória explícita pode orientar o comportamento, há também muitas maneiras pelas quais formas de memória não explícitas, aquelas que ocorrem na ausência de percepção consciente, podem exercer tal influência. A memória implícita refere-se a formas de conhecimento que orientam o comportamento

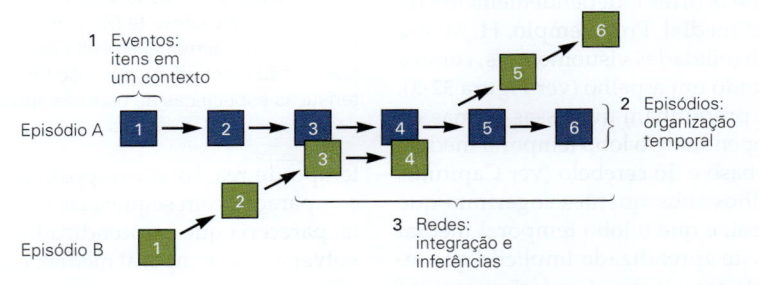

FIGURA 52-9 O hipocampo dá suporte ao processamento de relações subjacentes à memória episódica. Uma ilustração conceitual de um espaço de memória designando três tipos chave de processamento de relações: eventos, episódios e redes. O esquema ilustra o processamento de dois episódios distintos (Episódio A e Episódio B), os quais apresentam tanto elementos distintos quanto sobrepostos. Por exemplo, os episódios poderiam ser duas visitas diferentes a um restaurante italiano em noites distintas, com o mesmo amigo. As noites são experimentadas como distintas (diferentes dias, diferente clima, diferente humor), mas ainda assim compartilham certa sobreposição (a companhia do mesmo amigo no mesmo restaurante). *Eventos* (**1**) são definidos como itens (objetos, comportamentos) associados ao contexto no qual ocorrem (denotado aqui como eventos 1 a 6 em cada episódio, como a mesa específica onde se senta, o prato que se pede, etc.). *Episódios* (**2**) são definidos nessa visão como a organização temporal desses eventos. Enquanto os itens em cada episódio são únicos em sua maioria, alguns deles se sobrepõem (aqui, os itens 3 e 4; no exemplo, o amigo e o restaurante). *Redes de relações* (**3**) são formadas por associações entre eventos e episódios em função dos eventos que se sobrepõem, dando suporte à capacidade de estabelecer vínculos entre eventos indiretamente relacionados. (Reproduzida, com autorização, de Eichenbaum e Cohen 2014. Copyright © 2014 Elsevier Inc.)

sem percepção consciente. O *priming*, por exemplo, refere-se à influência automática da exposição a uma dica sobre o processamento de uma dica posterior.

O *priming* pode ser classificado como conceitual ou perceptual. O *priming conceitual* facilita o acesso ao conhecimento semântico relevante para uma tarefa, pois esse conhecimento foi utilizado anteriormente. Ele está correlacionado a uma redução da atividade em regiões pré-frontais do lado esquerdo que atuam na evocação inicial do conhecimento semântico. Em contraste, o *priming perceptual* ocorre dentro de uma modalidade sensorial específica e depende de módulos corticais que operam utilizando informação sensorial acerca da forma e da estrutura de palavras e objetos.

Lesões em regiões sensoriais unimodais do córtex prejudicam o *priming* de percepções específicas para modalidade. Por exemplo, um paciente com uma extensa lesão cirúrgica no lobo occipital direito não exibia *priming* visual para palavras, mas sua memória explícita era normal (**Figura 52-10**). Essa condição é oposta àquela observada em pacientes amnésicos como H. M., o que sugere que os mecanismos neurais do *priming* diferem daqueles da memória explícita. O fato de que o *priming* perceptual pode estar intacto em pacientes com amnésia decorrente de lesão no lobo temporal medial é outra evidência de que ele seja distinto da memória explícita.

Diferentes formas de memória implícita envolvem diferentes circuitos neurais

Outras formas de memória implícita estão relacionadas ao aprendizado de hábitos e de habilidades cognitivas, motoras e perceptuais e à formação e expressão de respostas condicionadas. Em geral, essas formas de memória implícita são caracterizadas por um aprendizado progressivo, que se dá de modo gradual mediante repetição e, em alguns casos, é estimulado por reforço.

O aprendizado de hábitos, habilidades motoras e respostas condicionadas pode ocorrer independentemente do sistema do lobo temporal medial. Por exemplo, H. M. era capaz de adquirir novas habilidades visuomotoras, como a tarefa de desenhar utilizando um espelho (ver **Figura 52-3**). Portanto, teorias iniciais propunham que essas formas de memória em geral não dependem do lobo temporal medial, mas sim dos núcleos da base e do cerebelo (ver Capítulos 37 e 38). Contudo, trabalhos subsequentes sugeriram que essa não é uma regra geral, e que o lobo temporal medial é necessário para formas de aprendizado implícito que levam ao armazenamento de associações de relações, mesmo quando tais associações são aprendidas por repetição e parecem ocorrer sem percepção consciente.

Hoje, acredita-se que diversos tipos de aprendizado implícito gradual envolvam os lobos temporais mediais. Por exemplo, Turk-Browne e colaboradores investigaram o aprendizado implícito de regularidades entre dicas visuais chamado aprendizado estatístico. Em uma tarefa típica de aprendizado estatístico, é apresentada aos participantes uma série de sons ou de imagens que seguem uma sequência estruturada, ou "gramática", de repetições. O aprendizado da sequência é tipicamente medido por um menor tempo de reação em resposta a sequências repetidas, em comparação com sequências não repetidas. À primeira vista, pareceria que o aprendizado estatístico não deveria envolver o lobo temporal medial: o aprendizado é não verbal, não requer pensamento consciente, sendo, portanto, implícito, e presume-se que reflita a computação acumulada de relações probabilísticas ao longo de múltiplos episódios, e não a memória específica de um episódio. Ainda assim, estudos de IRMf mostram que o hipocampo está ativo durante o aprendizado estatístico, e descobriu-se que lesões do lobo temporal medial prejudicam o desempenho nessa tarefa implícita.

O aprendizado estatístico é um exemplo de como o aprendizado ocorre pela repetição. Novas habilidades motoras, cognitivas ou perceptuais também são aprendidas pela repetição. Com a prática, o desempenho torna-se mais

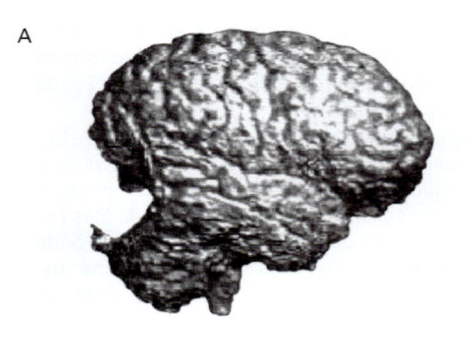

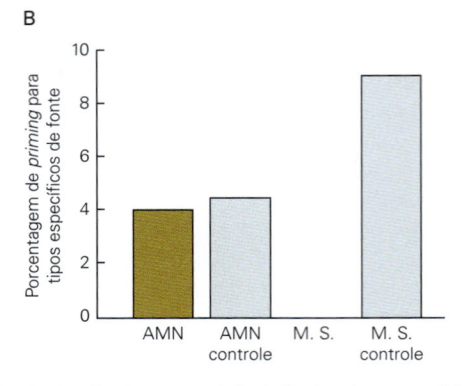

FIGURA 52-10 O córtex occipital direito é necessário para o priming visual de palavras. (Adaptada de Vaidya et al., 1998.)

A. Imageamento por ressonância magnética estrutural mostrando a remoção quase completa do córtex occipital direito em um paciente, M. S., que sofria de epilepsia farmacologicamente intratável com foco no córtex occipital direito.

B. O *priming* para tipos específicos de fonte é um tipo de *priming* visual no qual o indivíduo está mais capacitado a identificar uma palavra que aparece brevemente quando o tipo de fonte é idêntico a uma apresentação anterior, em comparação com a identificação quando o tipo é diferente. O *priming* é medido como desempenho quando o tipo é o mesmo menos o desempenho quando o tipo é distinto. O *priming* para tipos específicos de fonte está intacto em pacientes amnésicos (**AMN**) e seus controles, assim como nos controles para o paciente M. S., mas não no próprio M. S. O paciente M. S. tem memória explícita normal, mesmo para dicas visuais (dados não mostrados), mas não tem memória implícita para características específicas de palavras apresentadas visualmente.

acurado e rápido e esses aperfeiçoamentos se generalizam no aprendizado de novas informações. O aprendizado de habilidades parte de um estágio cognitivo, em que o conhecimento está explicitamente representado e quem aprende deve prestar bastante atenção em seu desempenho, chegando a um estágio mais autonômico, em que a habilidade pode ser executada sem muita atenção consciente. Por exemplo, dirigir um carro inicialmente requer que se preste atenção em cada componente envolvido nesse aprendizado, mas, com a prática, não é mais necessário prestar atenção em cada componente individual.

O aprendizado de habilidades sensorimotoras depende de numerosas regiões encefálicas, que variam com as associações específicas que estão sendo aprendidas. Como visto no Capítulo 38, essas regiões incluem os núcleos da base, o cerebelo e o neocórtex. Prejuízos nas funções dos núcleos da base em pacientes com doenças como Parkinson e Huntington impedem o aprendizado de habilidades motoras. Pacientes com lesões cerebelares também apresentam dificuldades em adquirir algumas habilidades motoras. O imageamento funcional de indivíduos saudáveis durante o aprendizado sensorimotor mostra mudanças na atividade dos núcleos da base e do cerebelo e na conectividade dessas estruturas com regiões corticais. Danielle Bassett e colaboradores têm empregado algoritmos de análise de rede aplicados a dados de IRMf do encéfalo como um todo para caracterizar alterações dinâmicas na conectividade funcional de redes, as quais ocorrem durante o aprendizado de habilidades motoras. Por fim, habilidades comportamentais podem depender de alterações estruturais no neocórtex motor, como observado pela expansão da área de representação cortical dos dedos em músicos (ver Capítulo 53).

Os hábitos emergem de associações repetidas de dicas ou ações com desfechos recompensadores. O aprendizado de hábitos em humanos é estudado utilizando-se tarefas que envolvem aprendizado gradual de associações do tipo estímulo-recompensa. Em uma tarefa típica, os participantes passam por uma série de tentativas nas quais devem escolher entre dicas visuais e recebem, a cada tentativa, um retorno em relação a sua escolha (certo/errado). A relação entre as dicas e esse retorno varia de modo probabilístico no decurso da tarefa, de modo que os participantes devem continuar atualizando suas respostas com base nessa retroalimentação que recebem. Como o aprendizado ocorre ao longo de numerosas tentativas, a memória explícita sobre qualquer das tentativas especificamente pode não ser tão útil para um desempenho bem-sucedido quanto o acúmulo gradual de aprendizado das associações estímulo-desfecho propiciado pela retroalimentação.

Estudos empregando IRMf mostram que o aprendizado crescente das associações estímulo-recompensa depende do estriado, a área dos núcleos da base que recebe aferências do neocórtex, e seus sinais de entrada dopaminérgicos modulatórios. Pacientes com perda de dopamina estriatal, como ocorre na doença de Parkinson, são menos eficientes para aprender com base em reforço a cada tentativa. Esses achados são consistentes com outros estudos que indicam que a dopamina tem um papel importante na modulação de circuitos cortico-estriatais para o aprendizado de reforço (ver Capítulo 38).

À primeira vista, o aprendizado da relação estímulo-recompensa parece ser precisamente o tipo de aprendizado que não depende do lobo temporal medial: é implícito, e não explícito, e ocorre antes gradualmente que em função de uma memória explícita de um único evento. De fato, teorias iniciais propunham que o aprendizado de associações probabilísticas estímulo-recompensa não dependia do lobo temporal medial. Contudo, trabalhos subsequentes revelaram que o hipocampo contribui para o aprendizado estímulo-recompensa em algumas circunstâncias, como quando a tarefa requer o aprendizado de associações estímulo-estímulo mais complexas (**Figura 52-11**). A contribuição do hipocampo para o aprendizado implícito ocorre via interações com outros circuitos corticais e subcorticais. Estudos usando IRMf mostram conectividade funcional entre o hipocampo e o estriado em uma variedade de tarefas. As interações entre o hipocampo e o estriado são às vezes competitivas e às vezes cooperativas, dependendo das demandas da tarefa.

A memória implícita pode ser associativa ou não associativa

Algumas formas de memória implícita também foram estudadas em animais não humanos, em estudos que distinguiam entre duas formas de memória implícita: a não associativa e a associativa. No *aprendizado não associativo*, um animal aprende acerca das propriedades de um único estímulo. No *aprendizado associativo*, o animal aprende acerca da relação entre dois estímulos ou entre um estímulo e um comportamento. No próximo capítulo, serão considerados os mecanismos celulares da *memória implícita* em animais.

O aprendizado não associativo ocorre quando um indivíduo é exposto uma vez ou de forma repetida a um único tipo de estímulo. Duas formas de aprendizado não associativo são comuns na vida diária: a habituação e a sensibilização. A *habituação* é a redução em uma resposta que ocorre quando um estímulo benigno é apresentado repetidamente. Por exemplo, a maior parte das pessoas se sobressalta quando ouve os primeiros ruídos de rojões em um dia festivo, mas, à medida que o dia prossegue e os rojões continuam, as pessoas acostumam-se ao barulho e não respondem mais da mesma forma. A *sensibilização* (ou *pseudocondicionamento*) é a resposta mais acentuada a uma ampla variedade de estímulos após a apresentação de um estímulo intenso ou nocivo. Por exemplo, um animal responderá de modo mais vigoroso a um estímulo tátil moderado após receber um beliscão doloroso. Além disso, um estímulo sensibilizante pode cancelar os efeitos da habituação, um processo denominado *desabituação*. Por exemplo, após a resposta de sobressalto a um ruído ser reduzida pela habituação, pode-se restaurar a intensidade da resposta a esse ruído aplicando-se um forte beliscão.

Na sensibilização e na desabituação, o momento de aplicação do estímulo não é importante, pois nenhuma associação entre estímulos precisa ser aprendida. Em contrapartida, nas duas formas de aprendizado associativo, o momento em que o estímulo é aplicado passa a ser crítico para que a associação ocorra. O *condicionamento clássico*

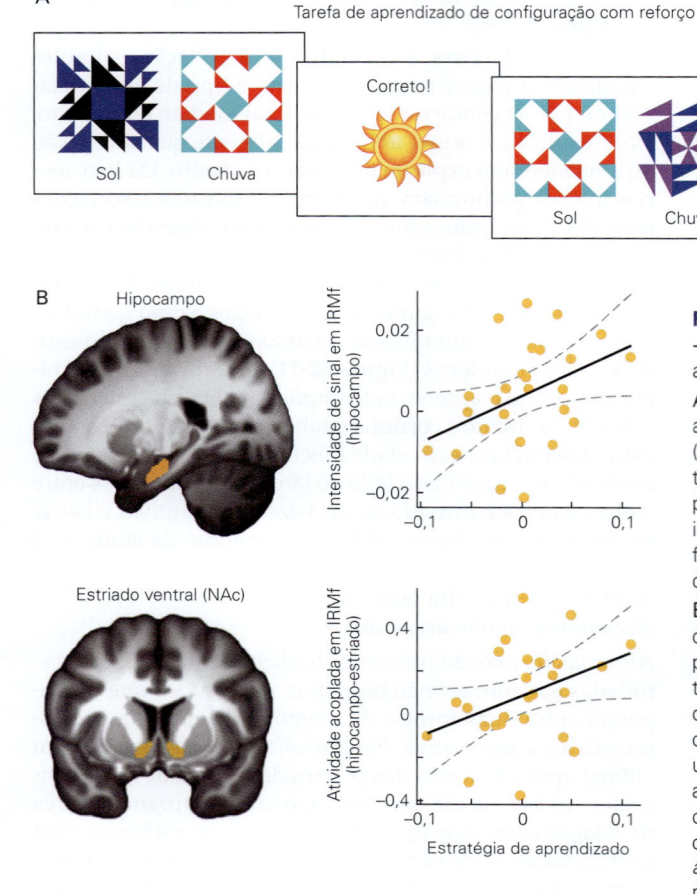

FIGURA 52-11 O aprendizado de associações estímulo-resposta envolve o estriado e o hipocampo. (Adaptada, com autorização, de Duncan et al., 2018.)

A. Participantes utilizam reforço de tentativa a tentativa para aprender a prever desfechos (chuva ou sol) com base em dicas (formas coloridas). As dicas apresentam uma relação probabilística com cada desfecho climático, o qual o participante aprende por tentativa e erro. Pode-se prever o tempo com base em dicas individuais ou na apresentação combinada de duas dicas (sua configuração). Modelos de aprendizado com reforço podem discernir qual a estratégia empregada por cada participante.

B. Sabe-se que o estriado desempenha um papel crítico no aprendizado para atualizar escolhas com base no reforço. Quando os participantes aprendem acerca da configuração, essa mesma tarefa também determina atividade no hipocampo e aumento da atividade acoplada entre hipocampo e estriado. Gráficos de dispersão mostram correlação do grau em que os participantes utilizam uma estratégia de aprendizado de configuração com a atividade dependente do nível de oxigenação sanguíneo no hipocampo e com o acoplamento funcional entre hipocampo e estriado. As imagens mostram a atividade no hipocampo e no *nucleus accumbens* (**NAc**), uma região da porção ventral do estriado que responde a estímulos recompensadores. (Sigla: **IRMf**, imageamento por ressonância magnética funcional.)

– também chamado de respondente – envolve o aprendizado de uma relação entre dois estímulos, enquanto o condicionamento operante envolve o aprendizado de uma relação entre o comportamento do organismo e as consequências daquele comportamento.

O condicionamento clássico foi descrito inicialmente no início do século XX pelo fisiologista russo Ivan Pavlov. A essência do condicionamento clássico é o pareamento de dois estímulos: um estímulo condicionado e um estímulo incondicionado. O *estímulo condicionado* (CS, do inglês *conditioned stimulus*), como uma luz, um tom ou um toque, é escolhido por não produzir respostas evidentes, ou por produzir uma resposta fraca, geralmente não relacionada àquela que será aprendida no final. O *estímulo incondicionado* (US, do inglês *unconditioned stimulus*), como um alimento ou um choque, é escolhido porque normalmente produz uma resposta forte e consistente (a *resposta incondicionada*), como salivação ou retraimento de um membro. As respostas incondicionadas são inatas, podem ser produzidas sem aprendizado. A apresentação repetida de um CS seguida por um US determina gradualmente uma resposta nova ou diferente, denominada *resposta condicionada*.

Uma forma de se explicar o condicionamento é que o pareamento repetido de CS e US faz o CS se transformar em um sinal antecipatório para o US. Com suficiente experiência, um animal responderá ao CS como se estivesse antecipando o US. Por exemplo, se uma luz for repetidamente seguida pela apresentação de um pedaço de carne, ao final a visão da luz fará o animal salivar. Desse modo, o condicionamento clássico é uma maneira de fazer com que um animal aprenda a prever eventos.

A probabilidade de ocorrência de uma resposta condicionada bem estabelecida diminui se o CS for apresentado repetidamente sem o US. Esse processo é conhecido como *extinção*. Se uma luz que foi pareada com alimento é mais tarde repetidamente apresentada na ausência de alimento, ela gradualmente deixará de evocar a salivação. A extinção é um mecanismo adaptativo importante: não seria adaptativamente adequado para um animal continuar a responder a dicas que já não têm mais sentido para ele. As evidências disponíveis mostram que extinção não é o mesmo que *esquecimento*, pois algo novo é aprendido na extinção – o CS agora sinaliza que o US não ocorrerá.

Por muitos anos, os psicólogos acreditaram que o condicionamento clássico acontecia desde que o CS precedesse o US dentro de um intervalo de tempo crítico. De acordo com essa visão, cada vez que o CS é seguido por um US (estímulo reforçador), uma conexão é reforçada entre a representação interna do estímulo e a resposta, ou entre representações de um estímulo e de outro. Acreditava-se que a força da conexão dependia do número de pareamentos de CS e US. Hoje, um conjunto substancial de evidências indica que o condicionamento clássico não pode ser explicado de modo adequado simplesmente pelo fato de que dois eventos ou estímulos ocorrem um após o outro (**Figura 52-12**). Na realidade, não seria adaptativo depender unicamente da sequência. Em vez disso, todos os animais capazes de condicionamento associativo, desde caramujos até seres humanos, se lembram de relações salientes entre eventos associados. Assim, o condicionamento clássico, e talvez todas as formas de aprendizado associativo, capacitam os animais a distinguir, de modo confiável, eventos que ocorrem juntos daqueles que estão apenas aleatoriamente associados.

Lesões em diversas regiões do encéfalo afetam o condicionamento clássico. Um exemplo de tarefa comportamental bem estudada é o *condicionamento do reflexo corneal* (ou palpebral), uma forma de aprendizado motor com base na resposta involuntária que visa proteger o olho. Um jato de ar direcionado ao olho causa naturalmente um piscar de olhos. Um piscar condicionado pode ser estabelecido pelo pareamento do jato de ar com um som que o preceda. Estudos em coelhos indicam que a resposta condicionada (o piscar dos olhos em resposta ao som) é abolida por uma lesão em um de dois sítios anatômicos específicos. A lesão no verme do cerebelo abole a resposta condicionada, mas não afeta a incondicionada (piscar os olhos em resposta ao jato de ar). É interessante observar que neurônios na mesma área do cerebelo mostram um aumento de atividade dependente do aprendizado, que ocorre em paralelo ao desenvolvimento desse comportamento condicionado. Uma lesão no núcleo interpósito, um núcleo cerebelar profundo, também abole o piscar de olhos condicionado. Desse modo, tanto o verme cerebelar quanto os núcleos profundos do cerebelo desempenham um papel importante no condicionamento do piscar de olhos, e talvez em outras formas simples de condicionamento clássico envolvendo movimentos de músculos esqueléticos.

Outro exemplo de tarefa comportamental bem estudada é o chamado *medo condicionado*, que depende da amígdala. No medo condicionado, um estímulo neutro, como um som, é pareado a um desfecho aversivo, como um choque. Esse pareamento leva a uma resposta de medo condicionado na qual o som neutro por si só determina uma reação comportamental, o "congelamento" (imobilidade reflexa induzida pelo medo). O medo condicionado depende da plasticidade nas aferências e nas conexões entre subnúcleos da amígdala, particularmente da *amígdala basolateral*, como será discutido no próximo capítulo.

O condicionamento operante envolve a associação de um comportamento específico com um evento reforçador

Um segundo paradigma importante no aprendizado associativo, descoberto por Edgar Thorndike e estudado sistematicamente por B. F. Skinner e outros pesquisadores, é o *condicionamento operante* (também denominado aprendizado por tentativa e erro). Em um exemplo típico de condicionamento operante, que é realizado em laboratório, um rato

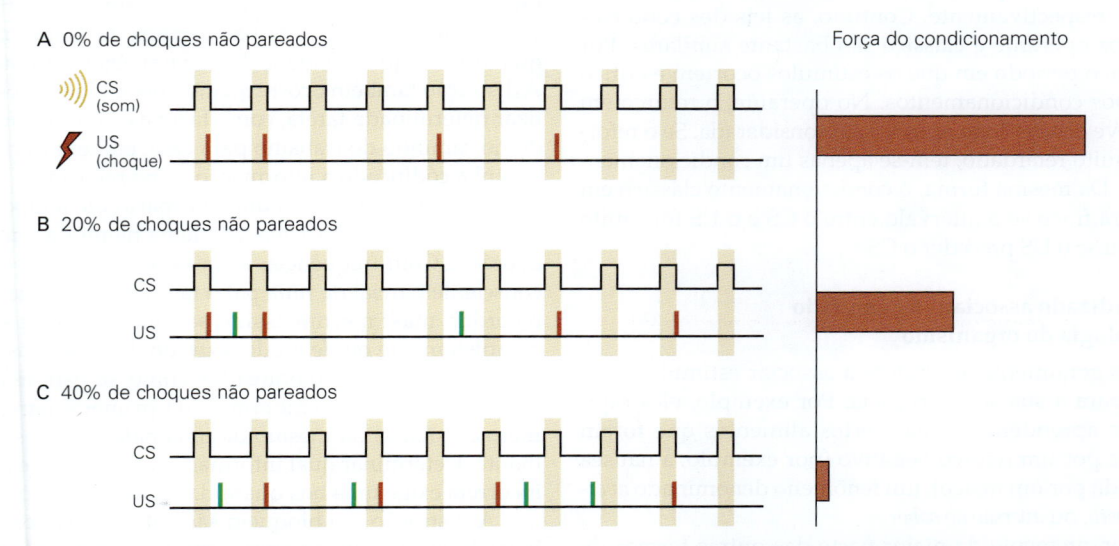

FIGURA 52-12 O condicionamento clássico depende do grau de correlação entre dois estímulos. Neste experimento utilizando ratos, um som (o estímulo condicionado ou **CS**) é pareado com um choque elétrico (o estímulo incondicionado ou **US**) em 4 de 10 tentativas (**tiras vermelhas**). Em alguns blocos de tentativas, o choque foi apresentado sem o som (**tiras verdes**). A supressão do ato de pressionar a alavanca para obter alimento é um sinal de uma resposta defensiva condicionada, o congelamento. O grau de condicionamento foi avaliado pela determinação de quão efetivo era o som *per se* em suprimir o pressionar de uma alavanca para se obter alimento. (Adaptada de Rescorla, 1968.)

A. O condicionamento máximo ocorre quando o US é apresentado apenas com o CS.

B-C. Pouco ou nenhum condicionamento é observado quando o choque é apresentado sem o som com a mesma frequência que é apresentado pareado a ele (40%). Algum condicionamento é observado quando o choque ocorre 20% das vezes sem o som.

ou um pombo com fome é colocado em uma caixa de condicionamento na qual o animal é recompensado por uma ação específica. Por exemplo, a caixa pode ter uma alavanca saliente em uma das paredes. Em função de aprendizados anteriores, ou investigando a caixa ao acaso, o animal por fim pressionará a alavanca. Se o animal receber prontamente um reforço positivo (um alimento, por exemplo) após pressionar a alavanca, ele começará a pressioná-la com mais frequência que o faria ao acaso. Pode-se dizer que o animal aprendeu que, entre seus muitos comportamentos (de limpeza, de orientação, de andar na caixa), um deles é seguido por alimento. Com essa informação, o animal provavelmente pressionará a alavanca sempre que tiver fome.

Ao se pensar no condicionamento clássico como a formação de uma relação preditiva entre dois estímulos (o CS e o US), o condicionamento operante pode ser considerado como a formação de uma relação preditiva entre uma ação e seu desfecho. Diferentemente do condicionamento clássico, que testa a capacidade de resposta de um reflexo a um estímulo, o condicionamento operante testa o comportamento que ocorre de modo espontâneo ou sem um estímulo identificável. Diz-se então que comportamentos operantes são emitidos, e não responsivos. Em geral, ações que são recompensadas tendem a se repetir, enquanto ações seguidas por consequências aversivas, embora não necessariamente dolorosas, tendem a não se repetir. Muitos psicólogos experimentais acreditam que essa ideia simples, denominada *lei do efeito*, governa muito do comportamento voluntário.

Os condicionamentos operante e clássico envolvem diferentes tipos de associação – uma associação entre uma ação e uma recompensa ou uma associação entre dois estímulos, respectivamente. Contudo, as leis dos condicionamentos operante e clássico são bastante similares. Por exemplo, o período em que os estímulos ocorrem é crítico em ambos condicionamentos. No operante, o reforço em geral deve ocorrer logo após a ação considerada. Se o reforço for muito retardado, tem-se apenas um condicionamento fraco. Da mesma forma, o condicionamento clássico em geral será fraco se o intervalo entre o CS e o US for muito longo, ou se o US preceder o CS.

O aprendizado associativo é limitado pela biologia do organismo

Animais geralmente aprendem a associar estímulos relevantes para a sua sobrevivência. Por exemplo, eles rapidamente aprendem a evitar certos alimentos que foram seguidos por um reforço negativo (por exemplo, a náusea produzida por um tóxico), um fenômeno denominado *aversão ao gosto*, ou *aversão ao sabor*.

Diferentemente da maior parte das outras formas de condicionamento, a aversão ao sabor desenvolve-se mesmo quando a resposta incondicionada (náusea induzida pela substância tóxica) ocorre após um longo retardo, até mesmo horas depois do CS (o sabor específico). Isso faz sentido em termos biológicos, pois os efeitos patológicos de alimentos infectados e de toxinas de ocorrência natural normalmente se dão apenas depois de certo tempo após a ingestão. Para a maioria das espécies, incluindo os seres humanos, o condicionamento de aversão ao sabor ocorre apenas quando certos sabores estão associados à náusea. Essa aversão se desenvolve apenas fracamente se um sabor é seguido por um estímulo doloroso que não produz náusea. Além disso, os animais não desenvolvem aversão a estímulos visuais ou auditivos que tenham sido pareados com náusea.

Erros e imperfeições da memória lançam luz sobre os processos normais da memória

A memória permite que o passado pessoal seja revisto, dá acesso a uma vasta rede de fatos, associações e conceitos, e permite o aprendizado e o comportamento adaptativo. Ela não é, contudo, perfeita. Com frequência, eventos são esquecidos, rápida ou gradualmente; às vezes, o passado fica distorcido e, ocasionalmente, nos recordamos de eventos que preferiríamos esquecer. Na década de 1930, o psicólogo britânico Frederic Bartlett relatou experimentos nos quais as pessoas liam histórias complexas e tentavam lembrá-las. Ele mostrou que as pessoas frequentemente recordavam várias características dessas histórias de modo incorreto, muitas vezes distorcendo a informação com base em suas expectativas de como as coisas deveriam ter acontecido. O esquecimento e a distorção podem prover ideias importantes acerca de como funciona a memória.

As imperfeições da memória foram classificadas em sete categorias básicas, chamadas de "*sete pecados da memória*": transitoriedade, distração, bloqueio, erro de atribuição, sugestibilidade, viés (*bias*) e persistência. Aqui, enfocaremos seis delas.

A *distração* resulta da falta de atenção à experiência imediata. A ausência de atenção durante a codificação é uma fonte provável de falhas comuns da memória, como quando se esquece onde se deixou um objeto recentemente. A distração também ocorre quando nos esquecemos de realizar determinada tarefa, como fazer as compras no mercado no caminho do trabalho para casa, embora inicialmente se tenha codificado a informação como relevante.

O *bloqueio* refere-se a uma incapacidade temporária de acessar a informação armazenada na memória, ou seja, de evocá-la. Com frequência, as pessoas têm uma percepção consciente parcial de uma palavra ou imagem que buscam recordar, mas, mesmo assim, são incapazes de evocá-la completamente ou de modo acurado. É comum as pessoas relatarem palavras bloqueadas como se estivessem "na ponta da língua" – lembram-se da primeira letra, do número de sílabas ou mesmo de uma palavra que soa semelhante. Determinar qual informação está correta e qual está incorreta exige uma boa quantidade de esforço consciente.

A distração e o bloqueio são ditos "pecados" (ou falhas) de *omissão*: quando precisamos recordar de uma informação, ela fica inacessível. Entretanto, a memória também se caracteriza pelos chamados "pecados" de *atribuição*, situações em que a memória, de alguma forma, está presente, mas é incorretamente evocada.

Erro de atribuição (ou amnésia de fonte) refere-se à associação incorreta de uma memória com determinado momento, lugar ou pessoa. O reconhecimento falso é um tipo de erro de atribuição que ocorre quando o indivíduo relata "lembrar" de itens ou eventos que nunca aconteceram. Essas falsas memórias foram documentadas em experimentos controlados em que as pessoas declaram ter visto ou ouvido palavras ou objetos que, de fato, não lhes haviam sido apresentados anteriormente, mas que eram semelhantes, em significado ou aparência, àquilo que lhes havia de fato sido apresentado. Estudos utilizando tomografia por emissão de pósitrons e IRMf mostraram que muitas regiões encefálicas têm níveis de atividade semelhantes quando o reconhecimento é verdadeiro ou falso, o que pode ser uma das razões pelas quais as falsas memórias às vezes parecem ser memórias verdadeiras.

A *sugestibilidade* refere-se à tendência de incorporar informações novas à memória, em geral como resultado de questões ou sugestões acerca daquilo que teria ocorrido. Estudos empregando sugestões hipnóticas indicam que vários tipos de falsas memórias podem ser implantados em indivíduos altamente sugestionáveis, como a lembrança de se ter ouvido ruídos altos à noite. Estudos com adultos jovens também mostraram que sugestões repetidas sobre uma experiência da infância podem produzir memórias de eventos que nunca ocorreram. Esses achados têm grande importância teórica, pois mostram que memória não é mera reprodução exata – uma forma de "*playback*" – de experiências passadas (**Quadro 52-1**). A despeito dessas importantes implicações teóricas e práticas, sabe-se pouco acerca das bases neurais da sugestibilidade.

O *viés* (*bias*), ou filtro, refere-se a distorções e influências inconscientes sobre a memória que refletem conhecimentos gerais e crenças do indivíduo. As pessoas com frequência se recordam do passado de modo impreciso, tornando-o consistente pelo uso daquilo que no momento presente acreditam, sabem ou sentem. Essa ideia é consistente com a ideia da "codificação preditiva", sugerida por estudos que mostram que mesmo mecanismos neurais de baixo grau de percepção ou sensação são moldados pelas expectativas. Os mecanismos encefálicos específicos pelos quais as expectativas influenciam a memória não são bem compreendidos.

A *persistência* refere-se às memórias obsessivas, o constante relembrar de informações ou eventos que poderíamos querer esquecer. Estudos de neuroimagem têm lançado luz sobre alguns fatores neurobiológicos que contribuem para a persistência de memórias emocionais. Os principais achados relacionam-se com a atividade na amígdala, uma estrutura em formato de amêndoa localizada próxima ao hipocampo e que há muito se sabe estar envolvida com o processamento emocional (Capítulo 42). Há estudos que mostram que o nível de evocação dos componentes emocionais de uma história está correlacionado com o nível de atividade na amígdala durante a apresentação da história. Estudos relacionados apontam o envolvimento da amígdala na codificação e na evocação de experiências de elevada carga emocional, que tendem a ser intrusivas, emergindo repetidamente na consciência.

Embora a persistência possa ser incapacitante, ela também possui valor adaptativo. A persistência de memórias de experiências perturbadoras aumenta a probabilidade de recordarmos de informações acerca de eventos alertantes ou traumáticos em situações nas quais tais memórias podem ser decisivas para a sobrevivência.

De fato, muitas imperfeições da memória podem ter valor adaptativo. As memórias falsas e a sugestibilidade podem estar ambas relacionadas a uma das funções adaptativas mais básicas da memória: a integração de experiências separadas no tempo em uma rede de associações aprendidas. Para a memória desempenhar um papel importante na orientação do comportamento futuro, ela deve ser flexível, de modo a permitir a consideração de experiências passadas para se fazerem inferências acerca de eventos futuros, mesmo quando as circunstâncias tenham mudado. Do mesmo modo, embora as várias formas de esquecimento (transitoriedade, distração e bloqueio) possam ser frustrantes, um sistema de memória que automaticamente retivesse cada detalhe de cada experiência poderia resultar em uma avalanche de informações triviais inúteis. Isso é exatamente o que acontecia no fascinante caso de Shereshevski, um mnemonista estudado pelo neuropsicólogo russo Alexander Luria e descrito no livro *A mente de um mnemonista*. Shereshevski estava sempre tão repleto de memórias altamente detalhadas de experiências passadas que era incapaz de generalizar ou de pensar em um nível abstrato. Um sistema de memória saudável não codifica, armazena ou evoca todos os detalhes de cada experiência. Desse modo, a transitoriedade, a distração e o bloqueio permitem que evitemos o infeliz destino de Shereshevski.

Destaques

1. Diferentes formas de aprendizado e memória podem ser distinguidas do ponto de vista comportamental ou neural. A memória de trabalho mantém informações relevantes para um objetivo durante períodos curtos de tempo. A memória explícita (ou declarativa) envolve duas categorias de conhecimento: a memória episódica, que representa experiências pessoais, e a memória semântica, que representa conhecimentos e fatos gerais. A memória implícita inclui formas de *priming* conceitual e perceptual, assim como o aprendizado de habilidades motoras e perceptuais, de regularidades perceptuais e de hábitos reforçados.

2. A codificação, o armazenamento, a consolidação e a evocação de novas memórias explícitas dependem de interações entre regiões específicas dentro do neocórtex e do lobo temporal medial com sub-regiões hipocampais específicas. O início do armazenamento de longa duração da memória explícita requer o sistema do lobo temporal, como mostrado pelo estudo de pacientes amnésicos como H. M. O processo de consolidação estabiliza representações armazenadas, tornando as memórias explícitas menos dependentes do lobo temporal medial. A evocação de memórias explícitas envolve o lobo temporal medial, assim como redes frontoparietais envolvidas no controle da atenção e da cognição.

3. Múltiplos processos interagem para dar suporte ao comportamento orientado pela memória. A evocação da memória episódica orienta a imaginação de eventos futuros, importante para a tomada de decisões acerca

de futuras escolhas e ações. Eventos com significado motivacional são priorizados na memória pela acentuação de processos de codificação, armazenamento e consolidação. A motivação também apresenta impacto na evocação, talvez por meio de diferentes mecanismos de priorização.
4. A memória implícita emerge automaticamente durante a percepção, o pensamento e a ação. Esse tipo de memória tende a ser inflexível e expressar-se mesmo sem percepção consciente durante o desempenho de tarefas. A memória implícita envolve uma grande variedade de regiões e circuitos encefálicos, incluindo áreas corticais que dão suporte a sistemas perceptuais, conceituais ou motores específicos, recrutados para processar um estímulo ou desempenhar uma tarefa, além do estriado e da amígdala. O aprendizado implícito que envolve a codificação de associações de relações também envolve o hipocampo.
5. Imperfeições e erros na evocação fornecem dicas reveladoras acerca dos mecanismos de aprendizado e memória. O passado pode ser esquecido ou distorcido, indicando que a memória não é um registro fiel de todos os detalhes de cada experiência. Memórias evocadas são o resultado de uma interação complexa entre várias regiões encefálicas, podendo ser modificadas ao longo do tempo por influências múltiplas. Várias formas de esquecimento e distorção dizem muito acerca da flexibilidade da memória, que permite que o encéfalo se adapte ao ambiente físico e social.

Daphna Shohamy
Daniel L. Schacter
Anthony D. Wagner

Leituras sugeridas

Baddeley AD. 1986. *Working Memory*. Oxford: Oxford Univ. Press.
Eichenbaum H. 2017. Prefrontal-hippocampal interactions in episodic memory. Nat Rev Neurosci 18:547–558.
Eichenbaum H, Cohen NJ. 2001. *From Conditioning to Conscious Recollection: Memory Systems of the Brain*. Oxford: Oxford Univ. Press.
Kamin LJ. 1969. Predictability, surprise, attention, and conditioning. In: BA Campbell, RM Church (eds). *Punishment and Aversive Behavior*, pp. 279–296. New York: Appleton–Century–Crofts.
Kumaran D, Hassabis D, McClelland JL. 2016. What learning systems do intelligent agents need? Complementary learning systems theory updated. Trends Cog Sci 20:512–534.
Milner B, Squire LR, Kandel ER. 1998. Cognitive neuroscience and the study of memory. Neuron 20:445–468.
Schacter DL, Benoit RG, Szpunar KK. 2017. Episodic future thinking: mechanisms and functions. Curr Opin Behav Sci 17:41–50.
Shohamy D, Turk-Browne NB. 2013. Mechanisms for widespread hippocampal involvement in cognition. J Exp Psychol Gen 142:1159–1170.
Tulving E. 1983. *Elements of Episodic Memory*. Oxford: Oxford Univ. Press.
Yonelinas AP, Ranganath C, Ekstrom A, Wiltgen B. 2019. A contextual binding theory of episodic memory: systems consolidation reconsidered. Nat Rev Neurosci 20:364–375.

Referências

Adcock RA, Thangavel A, Whitfield-Gabrieli S, Knutson B, Gabrieli JD. 2006. Reward motivated learning: mesolimbic activation precedes memory formation. Neuron 50:507–517.
Bartlett FC. 1932. *Remembering: A Study in Experimental and Social Psychology*. Cambridge: Cambridge Univ. Press.
Blakemore C. 1977. *Mechanics of the Mind*. Cambridge: Cambridge Univ. Press.
Brewer JB, Zhao Z, Desmond JE, et al. 1998. Making memories: brain activity that predicts how well visual experience will be remembered. Science 281:1185–1187.
Brown TI, Carr VA, LaRocque KF, et al. 2016. Prospective representation of navigational goals in the human hippocampus. Science 352:1323–1326.
Corkin S. 2002. What's new with the amnesic patient H.M.? Nat Rev Neurosci 3:153–160.
Corkin S, Amaral DG, González RG, et al. 1997. H.M.'s medial temporal lobe lesion: findings from magnetic resonance imaging. J Neurosci 17:3964–3979.
Craik FIM, Lockhart RS. 1972. Levels of processing: a framework for memory research. J Verb Learn Verb Behav 11:671–684.
Duncan K, Doll BB, Daw ND, Shohamy D. 2018. More than the sum of its parts: a role for the hippocampus in configural reinforcement learning. Neuron 98:646–657.
Eichenbaum H, Cohen NJ. 2014. Can we reconcile the declarative memory and spatial navigation views on hippocampal function? Neuron 83:764–770.
Eldridge LL, Knowlton BJ, Furmanski CS, et al. 2000. Remembering episodes: a selective role for the hippocampus during retrieval. Nat Neurosci 3:1149–1152.
Hebb DO. 1966. *A Textbook of Psychology*. Philadelphia: Saunders.
Luria AR. 1968. *The Mind of a Mnemonist*. New York: Basic Books.
Naya Y, Yoshida M, Miyashita Y. 2001. Backward spreading of memory-related signal in the primate temporal cortex. Science 291:661–664.
Nyberg L, Habib R, McIntosh AR, Tulving E. 2000. Reactivation of encoding-related brain activity during memory retrieval. Proc Natl Acad Sci U S A 97:11120–11124.
Pavlov IP. 1927. *Conditioned Reflexes: Investigation of the Physiological Activity of the Cerebral Cortex*. GV Anrep (transl). London: Oxford Univ. Press.
Penfield W. 1958. Functional localization in temporal and deep sylvian areas. Res Publ Assoc Res Nerv Ment Dis 36:210–226.
Petrides M. 1994. Frontal lobes and behavior. Curr Opin Neurobiol 4:207–211.
Poldrack RA, Clark J, Pare-Blagoev EJ, et al. 2001. Interactive memory systems in the human brain. Nature 414:546–550.
Rainer G, Asaad WF, Miller EK. 1998. Memory fields of neurons in the primate prefrontal cortex. Proc Natl Acad Sci U S A 95:15008–15013.
Rescorla RA. 1968. Probability of shock in the presence and absence of CS in fear conditioning. J Comp Physiol Psychol 66:1–5.
Rescorla RA. 1988. Behavioral studies of Pavlovian conditioning. Annu Rev Neurosci 11:329–352.
Schacter DL. 2001. *The Seven Sins of Memory: How the Mind Forgets and Remembers*. Boston and New York: Houghton Mifflin.
Schacter DL, Addis DR. 2007. The cognitive neuroscience of constructive memory: remembering the past and imagining the future. Philos Trans Roy Soc B 362:773–786.
Schacter DL, Addis DR, Buckner RL. 2007. Remembering the past to imagine the future: the prospective brain. Nat Rev Neurosci 8:657–661.
Schacter DL, Guerin SA, St. Jacques PL. 2011. Memory distortion: an adaptive perspective. Trends Cog Sci 15:467–474.
Sestieri C, Shulman GL, Corbetta M. 2017. The contribution of the human posterior parietal cortex to episodic memory. Nat Rev Neurosci 18:183–192.

Shohamy D, Adcock RA. 2010. Dopamine and adaptive memory. Trends Cog Sci 14:464–472.

Skinner BF. 1938. *The Behavior of Organisms: An Experimental Analysis*. New York: Appleton–Century–Crofts.

Squire LR. 1987. *Memory and Brain*. New York: Oxford Univ. Press.

Thorndike EL. 1911. *Animal Intelligence: Experimental Studies*. New York: Macmillan.

Tomita H, Ohbayashi M, Nakahara K, et al. 1999. Top-down signal from prefrontal cortex in executive control of memory retrieval. Nature 401:699–703.

Tulving E, Schacter DL. 1990. Priming and human memory systems. Science 247:301–306.

Uncapher M, Wagner AD. 2009. Posterior parietal cortex and episodic encoding: insights from fMRI subsequent memory effects and dual attention theory. Neurobiol Learn Mem 91:139–154.

Vaidya CJ, Gabrieli JD, Verfaellie M, et al. 1998. Font-specific priming following global amnesia and occipital lobe damage. Neuropsychology 12:183–192.

Vaz AP Inati SK, Brunel N, Zaghloul KA. 2019. Coupled ripple oscillations between the medial temporal lobe and neocortex retrieve human memory. Science 363:975–978.

Wagner AD. 2002. Cognitive control and episodic memory: contributions from prefrontal cortex. In: LR Squire, DL Schacter (eds). *Neuropsychology of Memory*, 3rd ed., pp. 174–192. New York: Guilford Press.

Wagner AD, Schacter DL, Rotte M, et al. 1998. Building memories: remembering and forgetting of verbal experiences as predicted by brain activity. Science 281:1188–1191.

Wheeler ME, Petersen SE, Buckner RL. 2000. Memory's echo: vivid remembering reactivates sensory-specific cortex. Proc Natl Acad Sci U S A 97:11125–11129.

Wimmer GE, Shohamy D. 2012. Preference by association: how memory mechanisms in the hippocampus bias decisions. Science 338:270–273.

53

Mecanismos celulares da formação da memória implícita e bases biológicas da individualidade

A formação da memória implícita envolve modificações na efetividade da transmissão sináptica
    A habituação resulta de uma depressão pré-sináptica da transmissão sináptica
    A sensibilização envolve a facilitação pré-sináptica da transmissão sináptica
    O medo condicionado clássico envolve facilitação da transmissão sináptica

O armazenamento da memória implícita de longo prazo envolve modificações sinápticas mediadas pela via AMPc-PKA-CREB
    A sinalização do AMPc participa na sensibilização de longo prazo
    O papel dos RNA não codificantes na regulação da transcrição
    A facilitação sináptica de longa duração é sinapse-específica
    A manutenção da facilitação sináptica de longa duração requer síntese proteica local regulada por uma proteína semelhante a proteínas priônicas
    A memória armazenada em uma sinapse sensorimotora torna-se desestabilizada após a evocação, mas pode ser reestabilizada

A ameaça condicionada das respostas de defesa em moscas utiliza a via AMPc-PKA-CREB

A memória do aprendizado de ameaça em mamíferos envolve a amígdala

Mudanças induzidas pelo aprendizado na estrutura do encéfalo contribuem para as bases biológicas da individualidade

Destaques

A O LONGO DESTE LIVRO, TEMOS ENFATIZADO que o comportamento como um todo é função do encéfalo, e que disfunções encefálicas produzem distúrbios de comportamento específicos. O comportamento também é moldado pela experiência. Como as experiências agem nos circuitos encefálicos para modificar o comportamento? Como as novas informações são adquiridas pelo encéfalo? E, uma vez adquiridas, como são armazenadas, evocadas e lembradas?

No capítulo anterior, foi visto que a memória não é um processo único, existindo pelo menos duas formas principais. As memórias *implícitas** operam de modo inconsciente e automático, como as memórias de respostas condicionadas, de hábitos e as habilidades motoras e sensoriais, enquanto as memórias *explícitas* operam de modo consciente, como as memórias de pessoas, lugares e objetos. Os circuitos para o armazenamento da memória de longo prazo diferem entre memórias explícitas e implícitas. O armazenamento da memória explícita de longa duração inicia no hipocampo e no lobo temporal medial do neocórtex, enquanto a formação de diferentes tipos de memória implícita de longa duração requer uma família de estruturas neurais: o neocórtex, para o *priming*, o estriado, para os hábitos e as habilidades, a amígdala, para o *medo condicionado* – um tipo de ameaça condicionada pavloviana –, o cerebelo, para o aprendizado de habilidades motoras, e algumas vias reflexas, para o aprendizado não associativo, como a habituação e a sensibilização (**Figura 53-1**).

Com o tempo, as memórias explícitas são transferidas para diferentes regiões do neocórtex. Além disso, muitas habilidades cognitivas, motoras e sensoriais inicialmente formadas como memória explícita se tornam tão enraizadas com a prática que são retidas como uma memória implícita. A transferência da memória explícita para a implícita e a diferença entre elas são notavelmente evidenciadas no caso do músico e maestro inglês Clive Waring, que, em 1985, sofreu uma infecção viral no encéfalo (*herpes encephalitis*), a qual afetou o hipocampo e o córtex temporal. Waring passou a sofrer de uma perda devastadora de memória para eventos ou pessoas que havia encontrado até mesmo um ou dois minutos antes, mas sua capacidade para ler música, tocar piano ou conduzir um coral não foi afetada. No entanto, uma vez finalizada sua performance, ele não lembrava o que havia acontecido.

---

*N. de R.T. Também chamadas de memórias não declarativas ou memórias de procedimentos, terminologia que é mais apropriada para a memória em humanos. Para mais detalhes, ver o Capítulo 52.

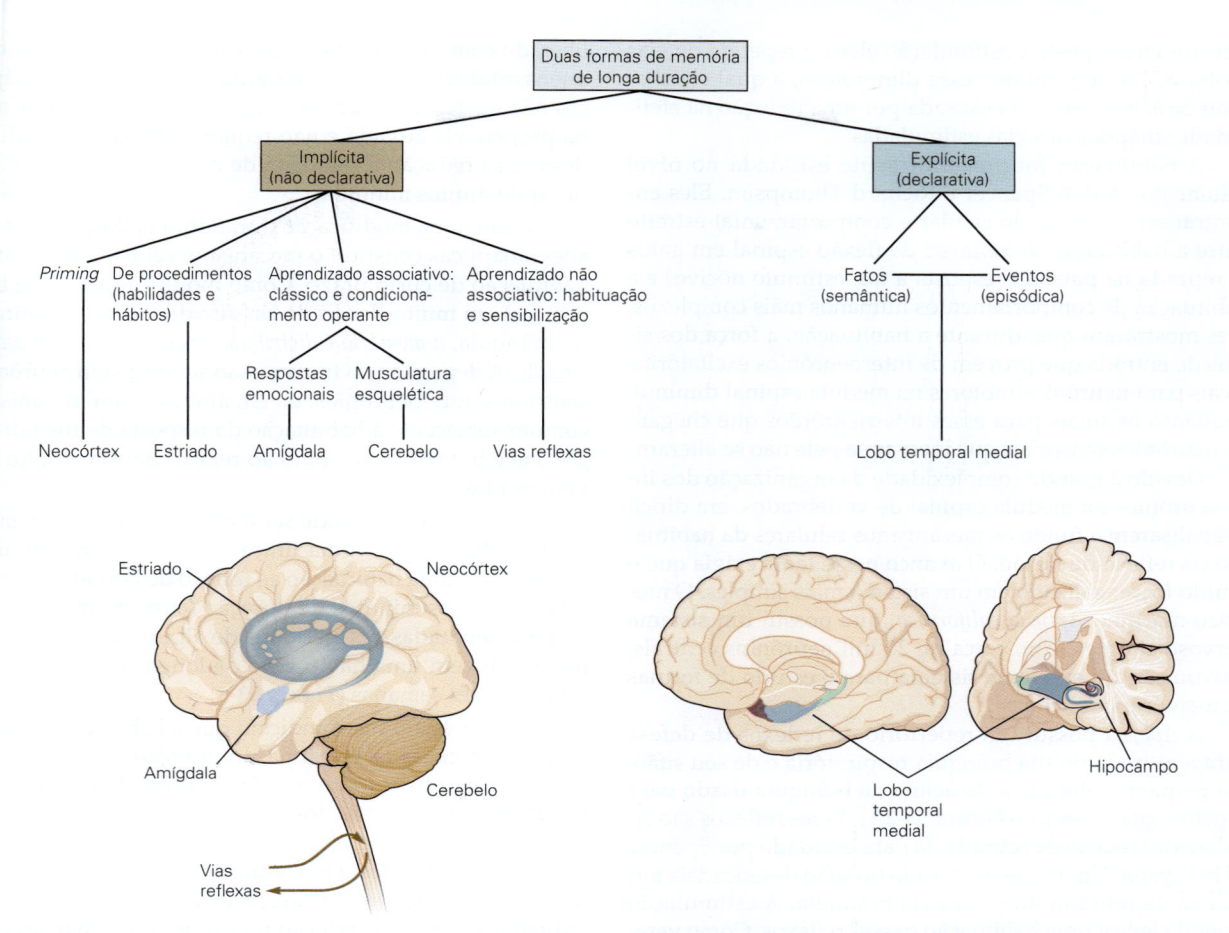

FIGURA 53-1 Duas formas de memória de longo prazo envolvem diferentes sistemas encefálicos. A memória implícita envolve o neocórtex, o estriado, a amígdala, o cerebelo e, nos casos mais simples, as próprias vias reflexas. A memória explícita requer o lobo temporal medial e o hipocampo, bem como certas áreas do neocórtex (não mostrado).

De modo semelhante, o pintor abstrato expressionista William de Kooning desenvolveu prejuízos graves da memória explícita como resultado da doença de Alzheimer. Na medida em que a doença progredia e sua memória se tornava deteriorada com relação a pessoas, lugares e objetos, ele continuava produzindo obras de arte importantes e interessantes. Esse aspecto de sua personalidade criativa permaneceu relativamente inalterado.

Neste capítulo, são examinados os mecanismos moleculares e celulares subjacentes ao armazenamento da memória implícita em invertebrados e vertebrados. Nosso foco será o aprendizado de ameaças, também chamado de *medo aprendido*. A memória implícita para habilidades motoras e hábitos nos mamíferos, envolvendo o cerebelo e os núcleos da base, foi abordada nos capítulos 37 e 38. No próximo capítulo, é apresentada a biologia das memórias explícitas em mamíferos.

A formação da memória implícita envolve modificações na efetividade da transmissão sináptica

O estudo das formas elementares de aprendizado implícito – habituação, sensibilização e condicionamento clássico – forneceu o arcabouço conceitual para a investigação dos mecanismos neurais da formação da memória. Essas formas de aprendizado foram analisadas em invertebrados simples e em muitos comportamentos de vertebrados, como os reflexos de flexão e de piscar os olhos, e também em comportamentos defensivos, como o congelamento. Essas formas simples de memória implícita envolvem mudanças na efetividade de vias sinápticas que medeiam o comportamento.

A habituação resulta de uma depressão pré-sináptica da transmissão sináptica

A *habituação* é a forma mais simples de aprendizado implícito. Ela ocorre, por exemplo, quando um animal aprende a ignorar um novo estímulo. Um animal reage a um estímulo novo com uma série de respostas de orientação. Se o estímulo não é nem benéfico nem prejudicial, o animal aprende a ignorá-lo após repetidas exposições.

As bases fisiológicas desse comportamento foram primeiramente investigadas por Charles Sherrington enquanto estudava a postura e a locomoção em gatos. Sherrington observou uma diminuição na intensidade de alguns reflexos em resposta à estimulação elétrica repetida de vias motoras. Ele sugeriu que essa diminuição, a qual ele chamou de *habituação*, seria causada por uma redução na efetividade sináptica das vias estimuladas.

A habituação foi posteriormente estudada no nível celular por Alden Spencer e Richard Thompson. Eles encontraram um paralelo celular e comportamental estreito entre a habituação de reflexos de flexão espinal em gatos (a retirada da pata em resposta a um estímulo nocivo) e a habituação de comportamentos humanos mais complexos. Eles mostraram que, durante a habituação, a força dos sinais de entrada que provêm de interneurônios excitatórios locais para neurônios motores na medula espinal diminui, enquanto os sinais para esses interneurônios que chegam de neurônios sensoriais que inervam a pele não se alteram.

Devido à grande complexidade da organização dos interneurônios da medula espinal de vertebrados, era difícil se analisarem a fundo os mecanismos celulares da habituação no reflexo de flexão. O avanço nesse tema exigia que o estudo fosse realizado em um sistema mais simples. O molusco marinho *Aplysia californica*, que possui um sistema nervoso simples, com cerca de 20 mil neurônios centrais, provou ser um excelente sistema para o estudo de formas de memória implícita.

A *Aplysia* possui um repertório de reflexos de defesa para a retirada de sua brânquia respiratória e de seu sifão, um pequeno tubo carnudo acima da brânquia usado para expelir água e dejetos (**Figura 53-2A**). Esses reflexos são similares ao reflexo de retirada da pata estudado por Spencer e Thompson. Um toque moderado no sifão desencadeia um reflexo de retirada do sifão e da brânquia. A estimulação repetida leva a uma habituação desses reflexos. Como veremos adiante, essas respostas também podem ser desabituadas, sensibilizadas ou condicionadas.

O mecanismo neural subjacente ao reflexo de retirada da brânquia na *Aplysia* foi estudado em detalhes. Um toque no sifão excita uma população de mecanorreceptores de neurônios sensoriais que inervam o sifão. A liberação de glutamato nos terminais desses neurônios gera rápidos potenciais excitatórios pós-sinápticos (PEPS) em interneurônios e neurônios motores. Nos neurônios motores, há uma soma temporal e espacial dos PEPSs das células sensoriais e dos interneurônios, causando uma forte despolarização e, consequentemente, uma retirada vigorosa da brânquia. Contudo, se o sifão é tocado repetidamente, os PEPSs monossinápticos produzidos pelos neurônios sensoriais nos interneurônios e neurônios motores vão diminuindo progressivamente, de maneira análoga à habituação da retirada da brânquia. Além disso, a estimulação repetida também leva a uma diminuição na força da transmissão sináptica entre interneurônios excitatórios e neurônios motores; o resultado líquido é uma diminuição na resposta reflexa (**Figura 53-2B,C**).

O que reduz a efetividade da transmissão sináptica entre os neurônios sensoriais e as células pós-sinápticas durante a estimulação repetida? Uma análise quantizada (Capítulo 15) revelou que a quantidade de glutamato liberada dos terminais pré-sinápticos dos neurônios sensoriais diminui. Ou seja, um menor número de vesículas sinápticas é liberado com cada potencial de ação no neurônio sensorial; a sensibilidade dos receptores glutamatérgicos pós-sinápticos não é alterada. Como a redução na transmissão ocorre na própria via ativada e não requer outra célula moduladora, essa redução é chamada de *depressão homossináptica*, durando muitos minutos.

Assim, uma modificação duradoura na força das conexões sinápticas constitui o mecanismo celular subjacente à habituação de curto prazo. Como modificações desse tipo ocorrem em muitos locais do circuito do reflexo de retirada da brânquia, *a memória é distribuída e armazenada em todo o circuito*. A depressão da transmissão sináptica em neurônios sensoriais, interneurônios, ou em ambos, é um mecanismo comum subjacente à habituação da resposta de fuga de lagostins e baratas, bem como ao reflexo de sobressalto em vertebrados.

Quão duradoura pode ser a alteração na eficiência sináptica? Na *Aplysia*, uma única sessão de dez estímulos desencadeia uma habituação ao reflexo de retirada da brânquia de alguns minutos de duração (curto prazo). Quatro sessões, separadas por períodos de algumas horas até um dia, produzem uma habituação de longo prazo que pode durar até três semanas (**Figura 53-3**).

Estudos anatômicos indicam que a habituação de longo prazo é causada por uma diminuição no número de contatos sinápticos entre neurônios sensoriais e motores. Em animais naïve, 90% dos neurônios sensoriais estabelecem conexões fisiologicamente detectáveis com neurônios motores identificados. Em contraste, em animais treinados na habituação de longo prazo, a incidência de conexões é reduzida em 30%; a redução no número de sinapses persiste por uma semana, e tais conexões não são completamente recuperadas mesmo passadas três semanas (ver **Figura 53-9**). Como veremos adiante, o contrário ocorre na sensibilização de longo prazo, quando a transmissão sináptica está associada a um *aumento* no número de sinapses entre os neurônios sensoriais e motores.

Nem todas as classes de sinapses são igualmente modificáveis. Na *Aplysia*, a força de algumas sinapses raramente se modifica, mesmo após ativações repetidas. Por outro lado, nas sinapses especificamente envolvidas com o aprendizado (como nas conexões entre os neurônios sensoriais e motores no circuito do reflexo de retirada), uma quantidade relativamente pequena de treinamento pode produzir modificações grandes e duradouras na força sináptica.

A sensibilização envolve a facilitação pré-sináptica da transmissão sináptica

A capacidade de reconhecer e responder ao perigo é necessária para a sobrevivência. Não apenas lesmas e moscas, mas todos os animais, incluindo os seres humanos, necessitam distinguir predadores de presas e ambientes hostis de ambientes seguros. Uma vez que a capacidade de responder a ameaças é uma condição universal para a sobrevivência, ela foi conservada ao longo da evolução, permitindo que estudos em invertebrados ajudem a esclarecer mecanismos neurais em mamíferos.

FIGURA 53-2 Habituação de curto prazo do reflexo de retirada da brânquia da lesma marinha *Aplysia*.

A. Uma visão dorsal da *Aplysia* ilustra o órgão respiratório (brânquia) coberto por um manto, o qual termina no sifão, um tubo carnudo usado para expelir água do mar e excrementos. Um toque no sifão provoca o reflexo de retirada da brânquia. Estimulações repetidas levam à habituação.

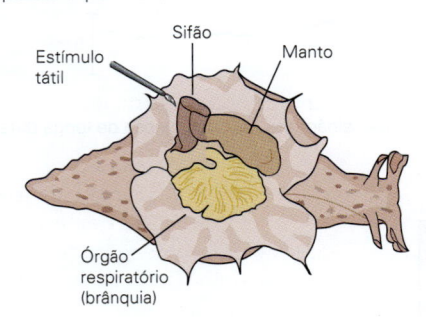

B. Diagramas simplificados do circuito do reflexo de retirada da brânquia e dos sítios envolvidos na habituação. Cerca de 24 neurônios mecanorreceptores do gânglio abdominal inervam a superfície do sifão. Essas células sensoriais fazem sinapses excitatórias com um grupo de seis neurônios motores que inervam a brânquia e com interneurônios que modulam os disparos dos neurônios motores. (Para simplificar, somente um tipo de cada neurônio está ilustrado aqui.) Um toque no sifão leva à retirada da brânquia (o **contorno tracejado** mostra o tamanho original da brânquia; o **contorno contínuo** mostra a retirada máxima).

C. A estimulação repetida do neurônio sensorial do sifão (**traçado superior**) leva a uma depressão progressiva da transmissão sináptica entre os neurônios sensorial e motor. O tamanho do potencial excitatório pós-sináptico (**PEPS**) no neurônio motor é gradualmente reduzido, a despeito de não haver mudança no potencial de ação (**PA**) pré-sináptico. Em outro experimento, a estimulação repetida do sifão resulta na diminuição da retirada da brânquia (habituação). Uma hora após a estimulação repetida, tanto o PEPS quanto a retirada da brânquia haviam sido normalizados. A habituação envolve uma diminuição da liberação de neurotransmissores em muitas sinapses por todo o circuito do reflexo. (Adaptada, com autorização, de Pinsker et al., 1970; Castellucci e Kandel, 1974.)

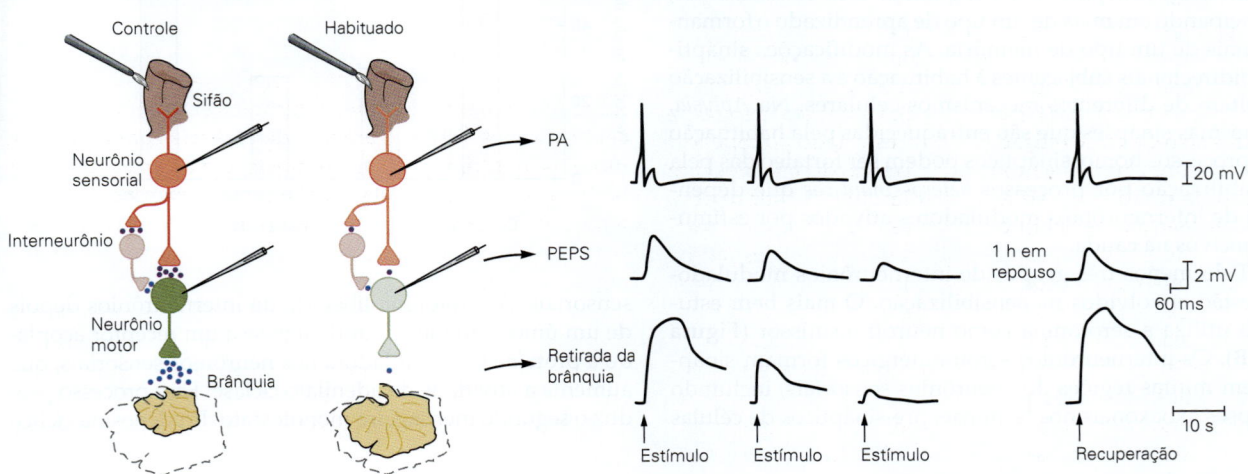

No início do século XX, tanto Freud quanto Pavlov consideraram que respostas defensivas antecipatórias a sinais de perigo são biologicamente adaptativas, um fato que provavelmente explica a profunda conservação dessa capacidade em vertebrados e invertebrados. Em laboratório, o condicionamento de uma ameaça (medo) é tipicamente estudado apresentando-se um estímulo neutro, como um tom, previamente a um estímulo aversivo, como um choque elétrico. Os dois estímulos ficam associados de forma que o tom passa a induzir comportamentos defensivos que protegem contra as consequências danosas previstas pelo tom. Freud chamou esse fenômeno de "sinal de ansiedade", que prepara o indivíduo para uma resposta de luta ou fuga caso exista o menor sinal de um perigo externo.

Quando um animal se depara repetidamente com um estímulo inócuo, sua resposta ao estímulo sofre habituação, como visto anteriormente. Em contraste, quando o animal é confrontado com um estímulo *danoso*, ele tipicamente aprende a responder mais vigorosamente a uma apresentação subsequente do mesmo estímulo. A apresentação de um estímulo danoso pode até mesmo fazer com que o animal passe a executar uma resposta defensiva a um estímulo inofensivo subsequente. Portanto, reflexos defensivos como o de retirada e o de fuga tornam-se intensificados. Esse aumento da resposta reflexa é chamado de *sensibilização*.

Assim como a habituação, a sensibilização pode ser passageira ou duradoura. Um único choque na cauda da *Aplysia* produz uma sensibilização de curto prazo do reflexo de retirada da brânquia que dura alguns minutos; cinco ou mais choques na cauda produzem uma sensibilização que dura dias ou semanas. Choques na cauda também são suficientes para que os efeitos da habituação sejam sobrepostos

FIGURA 53-3 Habituação de longo prazo do reflexo de retirada da brânquia na *Aplysia*. (Adaptada, com autorização, de Castellucci, Carew e Kandel, 1978.)

A. Comparação de potenciais de ação em neurônios sensoriais e potenciais pós-sinápticos em neurônios motores em um animal não treinado (controle) e em um animal submetido à habituação de longo prazo. No animal habituado, não ocorre potencial sináptico no neurônio motor em resposta ao potencial de ação do neurônio sensorial uma semana após o treinamento.

B. Após o treinamento para a habituação de longo prazo, a porcentagem média de neurônios sensoriais que estabelecem conexões fisiologicamente detectáveis com neurônios motores é reduzida, mesmo após três semanas.

A Depressão dos potenciais sinápticos por habituação de longa duração

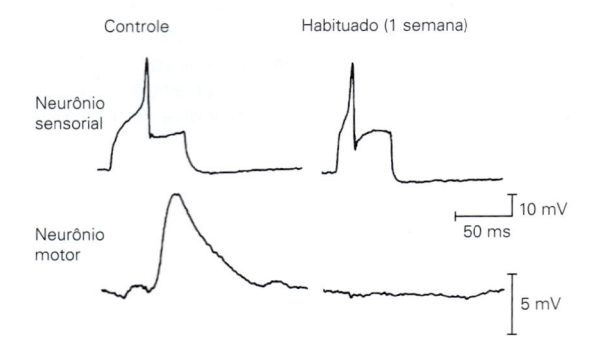

B Inativação de conexões sinápticas pela habituação de longa duração

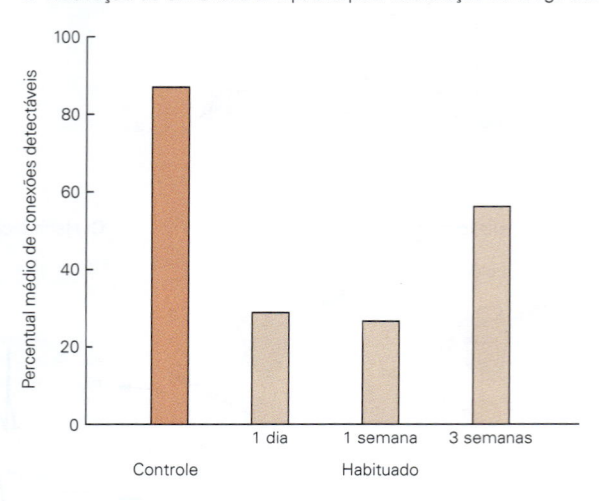

e para aumentar uma resposta reflexa "habituada" de retirada da brânquia, um processo chamado *desabituação*.

A sensibilização e a desabituação resultam de um aumento na transmissão sináptica em diversas conexões no circuito neural do reflexo de retirada da brânquia, incluindo as conexões dos neurônios sensoriais com neurônios motores e interneurônios – as mesmas sinapses enfraquecidas durante a habituação (**Figura 53-4A**). Em geral, sinapses modificáveis podem ser reguladas bidirecionalmente, participando em mais de um tipo de aprendizado e formando mais de um tipo de memória. As modificações sinápticas bidirecionais subjacentes à habituação e à sensibilização resultam de diferentes mecanismos celulares. Na *Aplysia*, as mesmas sinapses que são enfraquecidas pela habituação por processos homossinápticos podem ser fortalecidas pela sensibilização por processos *heterossinápticos* que dependem de interneurônios moduladores ativados por estímulos nocivos na cauda.

Pelo menos três grupos de interneurônios moduladores estão envolvidos na sensibilização. O mais bem estudado utiliza a serotonina como neurotransmissor (**Figura 53-4B**). Os interneurônios serotoninérgicos formam sinapses em muitas regiões dos neurônios sensoriais, incluindo sinapses axoaxonais nos terminais pré-sinápticos de células sensoriais. A serotonina liberada de interneurônios depois de um único choque na cauda liga-se a um receptor acoplado à proteína G estimuladora nos neurônios sensoriais, que aumenta a atividade da adenilato ciclase. Esse processo produz o segundo mensageiro monofosfato de adenosina cíclico

FIGURA 53-4 Sensibilização de curto prazo do reflexo de retirada da brânquia na *Aplysia*.

A. A sensibilização do reflexo de retirada da brânquia é produzida aplicando-se um estímulo nocivo em outra parte do corpo, como a cauda. Um choque na cauda ativa neurônios sensoriais dessa estrutura que excitam interneurônios (moduladores), os quais formam sinapses com o corpo celular e terminações dos neurônios sensoriais mecanorreceptores, que inervam o sifão. Por essas sinapses axoaxonais, os interneurônios moduladores aumentam a liberação de neurotransmissores dos neurônios sensoriais do sifão nos neurônios pós-sinápticos motores da brânquia (facilitação pré-sináptica), aumentando assim a retirada da brânquia. A facilitação pré-sináptica resulta, em parte, de um prolongamento do potencial de ação (**PA**) do neurônio sensorial (**traços inferiores**). (Sigla: **PEPS**, potencial excitatório pós-sináptico.) (Adaptada, com autorização, de Pinsker et al., 1970; Klein e Kandel, 1980.)

B. Acredita-se que a facilitação pré-sináptica do neurônio sensorial ocorre por duas vias bioquímicas. O diagrama mostra detalhes do complexo sináptico no quadrado tracejado na parte **A**.

Via 1: Um interneurônio facilitatório libera serotonina (**5-HT**), que se liga a receptores metabotrópicos no terminal do neurônio sensorial. Essa ação envolve uma proteína G (G_s), que aumenta a atividade da adenilato ciclase. A adenilato ciclase converte trifosfato de adenosina em monofosfato de adenosina cíclico (**AMPc**), o qual se liga à subunidade reguladora da proteína-cinase A (**PKA**), ativando então sua subunidade catalítica. A subunidade catalítica fosforila certos canais de K^+, fechando-os e diminuindo o efluxo de K^+. Isso prolonga o potencial de ação, aumentando o influxo de Ca^{2+} através dos canais de Ca^{2+} dependentes de voltagem e assim aumentando a liberação do neurotransmissor.

Via 2: A serotonina liga-se a uma segunda classe de receptor metabotrópico que ativa uma proteína G da classe $G_{q/11}$, que aumenta a atividade da fosfolipase C (**PLC**). A atividade da PLC leva à produção de diacilglicerol, que ativa a proteína-cinase C (**PKC**). A PKC fosforila proteínas pré-sinápticas, resultando na mobilização de vesículas contendo glutamato de uma reserva para a zona ativa, aumentando assim a eficiência da transmissão sináptica.

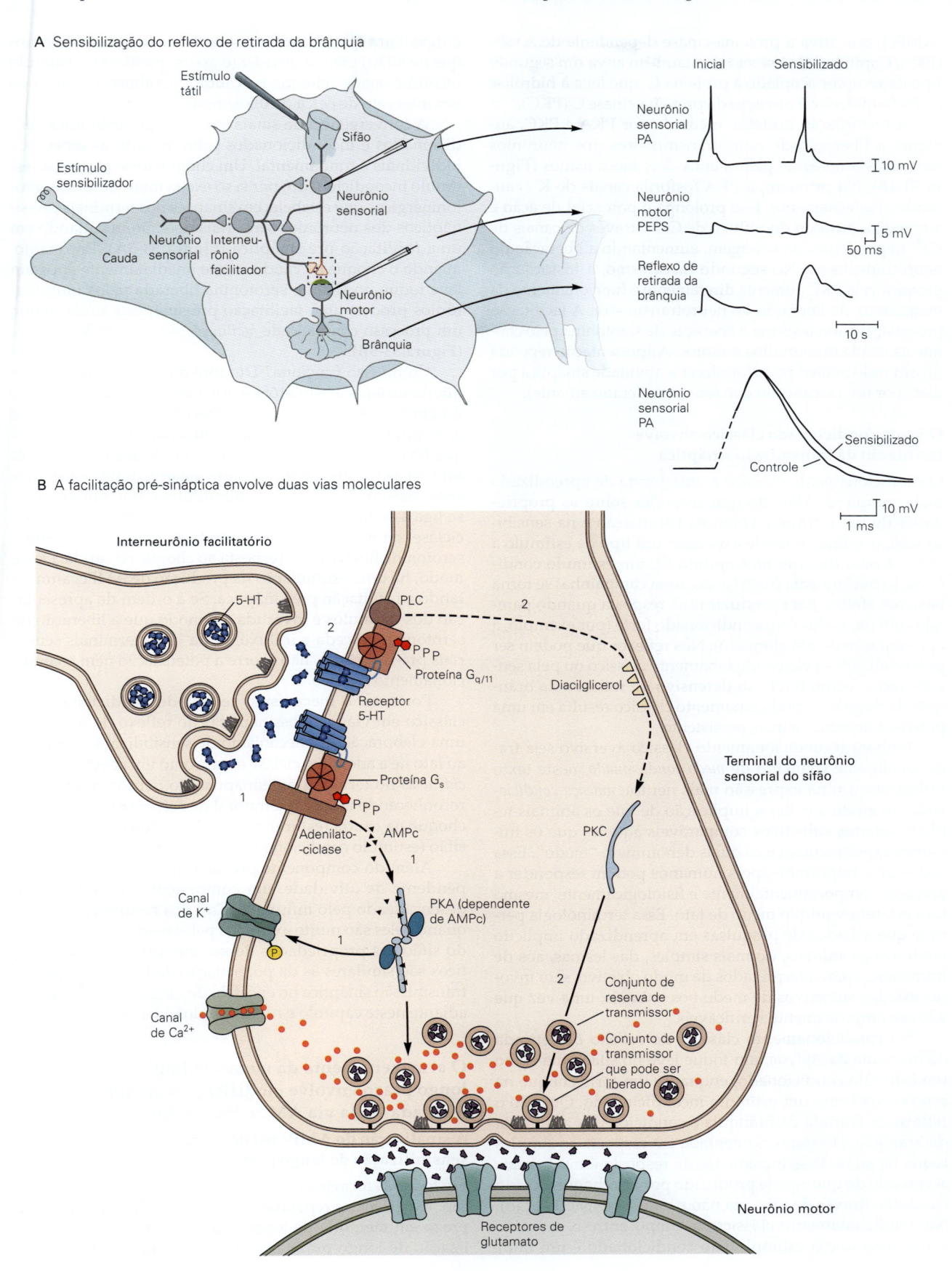

Capítulo 53 • Mecanismos celulares da formação da memória implícita e bases biológicas da individualidade

A Sensibilização do reflexo de retirada da brânquia

B A facilitação pré-sináptica envolve duas vias moleculares

(AMPc), que ativa a proteína-cinase dependente de AMPc (PKA; Capítulo 14). A serotonina também ativa um segundo tipo de receptor acoplado à proteína G, que leva à hidrólise de fosfolipídeos e à ativação da proteína-cinase C (PKC).

A fosforilação proteica, mediada por PKA e PKC, aumenta a liberação de neurotransmissores dos neurônios sensoriais através de pelo menos dois mecanismos (**Figura 53-4B**). No primeiro, a PKA fosforila canais de K^+, causando seu fechamento. Isso prolonga o potencial de ação e aumenta a duração do influxo de Ca^{2+} através de canais de Ca^{2+} dependentes de voltagem, aumentando a liberação do neurotransmissor. No segundo mecanismo, a fosforilação proteica pela PKC aumenta diretamente o funcionamento da maquinaria de liberação do neurotransmissor. A facilitação pré-sináptica em resposta à liberação de serotonina pelo choque na cauda dura muitos minutos. A apresentação repetida do estímulo nocivo pode fortalecer a atividade sináptica por dias (por um mecanismo que será considerado adiante).

O medo condicionado clássico envolve facilitação da transmissão sináptica

O condicionamento clássico é uma forma de aprendizado mais complexa. Mais do que aprender sobre as propriedades de um estímulo, como na habituação e na sensibilização, o animal aprende a associar um tipo de estímulo a outro. Como descrito no Capítulo 52, um estímulo condicionado inicialmente fraco (p. ex., uma campainha) se torna bastante efetivo para produzir uma resposta quando pareado com um estímulo incondicionado forte (por exemplo, a apresentação de um alimento). Nos reflexos que podem ser potencializados pelo condicionamento clássico ou pela sensibilização, como o reflexo defensivo de retirada da brânquia da *Aplysia*, o condicionamento clássico resulta em uma potenciação maior e mais persistente.

Embora o condicionamento clássico aversivo seja tradicionalmente chamado de *medo condicionado*, neste texto utilizaremos uma expressão mais neutra, *ameaça condicionada*, de modo a evitar a implicação de que os animais tenham estados subjetivos comparáveis àqueles que os humanos experimentam e os quais denominam "medo". Essa distinção é importante, pois humanos podem responder a ameaças comportamentalmente e fisiologicamente, mesmo sem estarem sentindo medo de fato. Essa terminologia permite que achados de pesquisas em aprendizado implícito em todos os animais, do mais simples, das lesmas, aos de humanos, sejam interpretados de modo objetivo, sem invocar estados subjetivos de medo nos animais, uma vez que não são empiricamente verificáveis.

No condicionamento clássico do reflexo de retirada da brânquia da *Aplysia*, um toque leve no sifão atua como um estímulo condicionado, enquanto um forte choque na cauda atua como um estímulo incondicionado. Quando o reflexo de retirada da brânquia é condicionado, a retirada da brânquia é bastante aumentada em resposta ao simples toque no sifão. Esse incremento da resposta é muito mais acentuado do que aquele produzido por um choque isolado na cauda através de uma via não pareada (sensibilização). No condicionamento clássico, o tempo entre o estímulo condicionado e o estímulo não condicionado é um fator crítico. Para que seja efetivo, o estímulo condicionado (toque no sifão) precisa *preceder* (e assim, predizer) o estímulo incondicionado (choque na cauda), geralmente dentro de um intervalo de cerca de 0,5 segundo.

A convergência de sinais iniciados por estímulos condicionados e incondicionados sobre neurônios sensoriais individuais é fundamental. Um choque forte na cauda (estímulo incondicionado) por si só excita interneurônios serotoninérgicos que estabelecem sinapses nos terminais pré-sinápticos dos neurônios sensoriais do sifão, resultando em uma facilitação pré-sináptica (**Figura 53-5A**). Entretanto, quando o choque na cauda ocorre imediatamente após um leve toque no sifão, a serotonina liberada pelos interneurônios produz uma facilitação pré-sináptica ainda maior, um processo chamado de *facilitação dependente de atividade* (**Figura 53-5B**).

Como isso funciona? Durante o condicionamento, os interneurônios modulatórios ativados pelo choque na cauda liberam serotonina imediatamente *após* o potencial de ação produzido nos neurônios sensoriais do sifão pelo toque leve nessa estrutura. O potencial de ação produz um influxo de Ca^{2+} nos terminais pré-sinápticos dos neurônios sensoriais, o Ca^{2+} se liga à calmodulina que, por sua vez, se liga à enzima adenilato ciclase. Isso prepara a adenilato ciclase, de modo que ela responde mais vigorosamente à serotonina liberada em resposta ao choque na cauda. Desse modo, há uma estimulação na produção de AMPc, aumentando a facilitação pré-sináptica. Se a ordem de apresentação dos estímulos é invertida, de modo que a liberação de serotonina preceda o influxo de Ca^{2+} nos terminais sensoriais pré-sinápticos, não ocorre a potenciação nem o condicionamento clássico.

Portanto, o mecanismo celular do condicionamento clássico em vias monossinápticas do reflexo de retirada é uma elaboração do mecanismo de sensibilização, somado ao fato de a adenilato ciclase atuar como um *detector de coincidências* no terminal pré-sináptico do neurônio sensorial, reconhecendo a ordem temporal da resposta fisiológica ao choque na cauda (estímulo incondicionado) e ao toque no sifão (estímulo condicionado).

Além do componente pré-sináptico da facilitação dependente de atividade, um componente pós-sináptico é desencadeado pelo influxo de Ca^{2+} nos neurônios motores quando eles são muito excitados pelos neurônios sensoriais do sifão. As propriedades desses mecanismos pós-sinápticos são similares às da potenciação de longa duração da transmissão sináptica no encéfalo de mamíferos (discutidas adiante neste capítulo e nos Capítulos 13 e 54).

O armazenamento da memória implícita de longo prazo envolve modificações sinápticas mediadas pela via AMPc-PKA-CREB

A sinalização do AMPc participa na sensibilização de longo prazo

Em todas as formas de aprendizado, a prática leva à perfeição. Experiências repetidas convertem a memória de curto prazo em memória de longo prazo. Na *Aplysia*, a sensibilização de longo prazo foi a forma de memória de longo

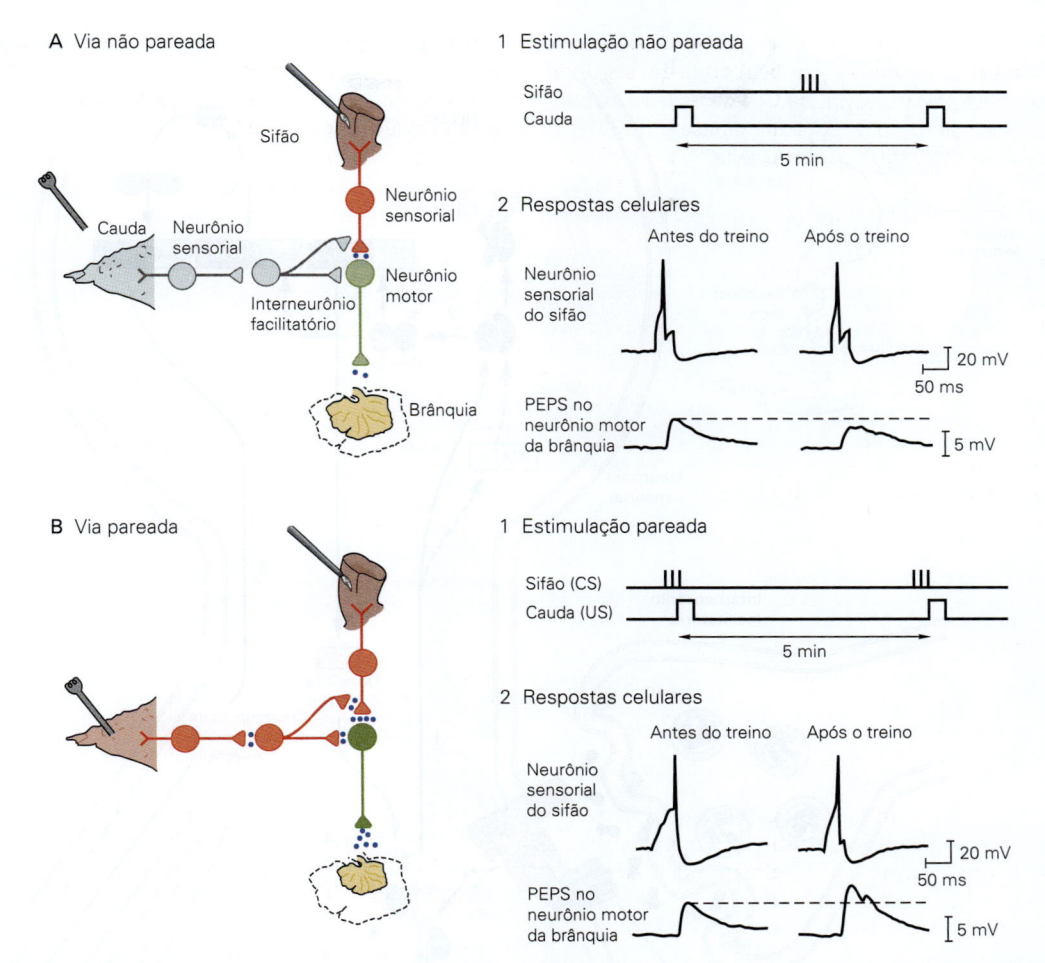

FIGURA 53-5 Condicionamento clássico do reflexo de retirada da brânquia da *Aplysia*. (Adaptada, com autorização, de Hawkins et al., 1983.)

A. O sifão é estimulado por um toque leve, e a cauda recebe um choque, mas os dois estímulos não são temporalmente pareados. O choque na cauda estimula interneurônios facilitatórios que fazem sinapses nas terminações pré-sinápticas dos neurônios sensoriais inervando o manto e o sifão. Esse é o mecanismo de sensibilização. 1. Padrão de estimulação não pareado durante o treino. 2. Nessas condições, o tamanho dos potenciais excitatórios pós-sinápticos (**PEPS**) no neurônio motor é fracamente facilitado pelo choque na cauda. Frequentemente, como ocorre nesse exemplo, o PEPS na verdade é levemente diminuído, apesar do choque na cauda, pois as repetições não pareadas repetidas da estimulação do sifão levam à depressão sináptica, devido à habituação.

B. O choque na cauda é temporalmente pareado com a estimulação do sifão. 1. O sifão é tocado (estímulo condicionado ou **CS**) imediatamente antes do choque na cauda (estímulo incondicionado ou **US**). Como resultado, os neurônios sensoriais do sifão tornam-se mais responsivos às entradas dos interneurônios facilitatórios da via incondicionada. Esse é o mecanismo do condicionamento clássico; ele amplifica seletivamente a resposta da via condicionada. 2. Registro, em um neurônio motor identificado, do PEPS produzido por um neurônio sensorial do sifão antes e depois de uma hora do treino. Depois do treino com sinais sensoriais pareados, o PEPS no neurônio motor do sifão é consideravelmente maior do que o PEPS antes do treino ou do que o PEPS que se segue ao choque não pareado na cauda (mostrado na parte **A2**). Essa amplificação sináptica produz uma retirada mais vigorosa da brânquia.

prazo mais estudada. Assim como na sensibilização de curto prazo, a sensibilização de longa duração do reflexo de retirada da brânquia envolve modificações na força de conexões em diversas sinapses. No entanto, ela também recruta o crescimento de novas conexões sinápticas.

Cinco sessões de treino espaçadas (ou aplicações repetidas de serotonina) no intervalo de uma hora produzem sensibilização e facilitação sináptica de longa duração, persistindo por um ou mais dias. Treinamentos espaçados ao longo de muitos dias produzem sensibilização que persiste por uma ou mais semanas. A sensibilização de longo prazo, assim como a de curto prazo, requer a fosforilação de proteínas dependente de níveis aumentados de AMPc (**Figura 53-6**).

A conversão da memória de curto prazo em memória de longo prazo, um processo chamado *consolidação*, requer a síntese de RNA mensageiro e de proteínas nos neurônios do circuito. Sendo assim, a ativação da expressão de genes específicos é requerida para a memória de longo prazo. A transição da memória de curto para a de longo prazo

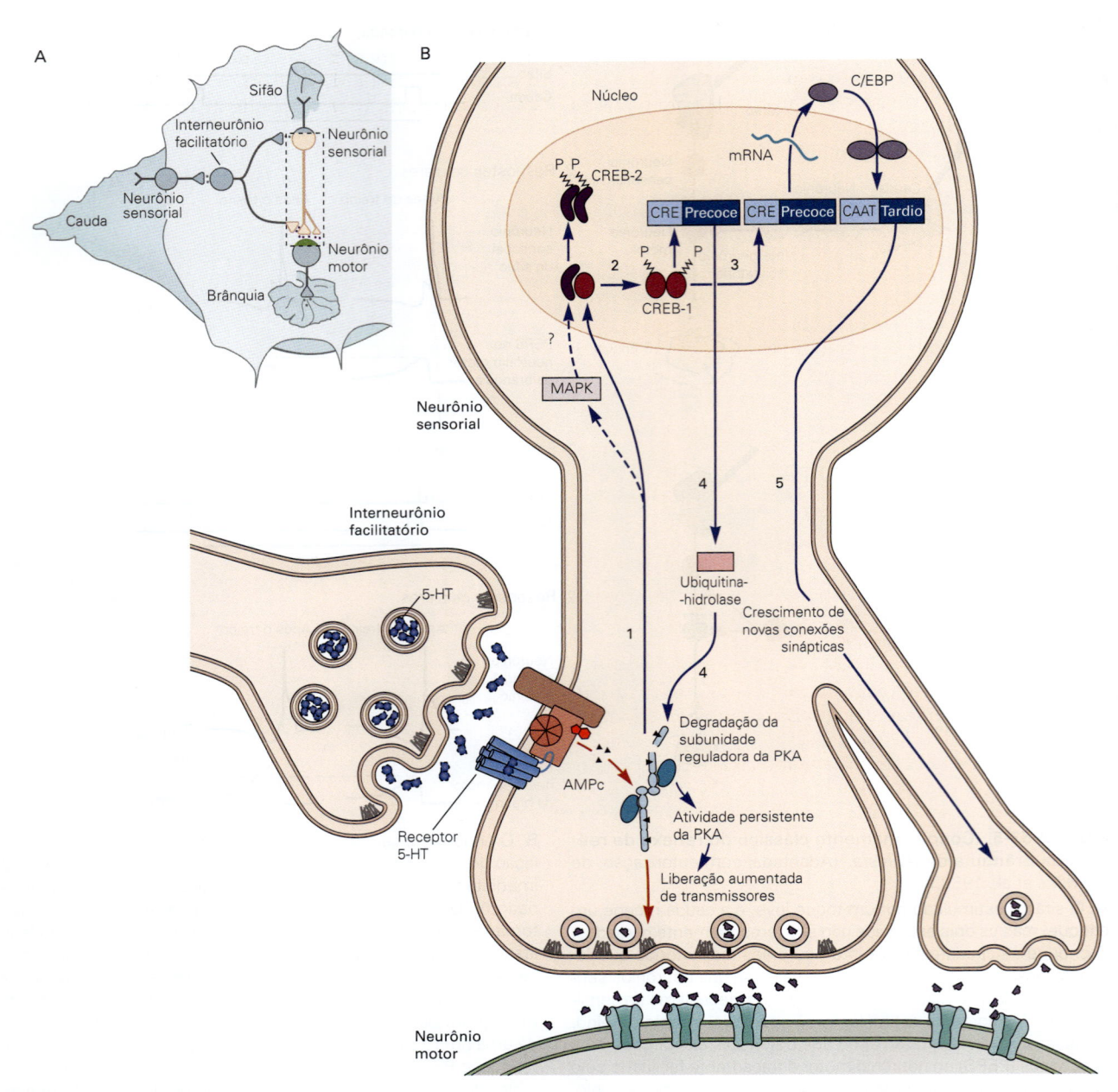

FIGURA 53-6 A sensibilização de longo prazo envolve a facilitação sináptica e o crescimento de novas conexões sinápticas.

A. A sensibilização de longo prazo do reflexo de retirada da brânquia da *Aplysia* envolve a facilitação de longa duração da liberação do neurotransmissor nas sinapses entre os neurônios sensoriais e motores.

B. A sensibilização de longo prazo do reflexo de retirada da brânquia leva a uma atividade persistente da proteína-cinase A (**PKA**), resultando no crescimento de novas conexões sinápticas. Choques repetidos na cauda levam a uma elevação mais pronunciada de monofosfato de adenosina cíclico (**AMPc**), produzindo a facilitação de longo prazo (durante um ou mais dias) que dura mais que o aumento de AMPc e recruta a síntese de novas proteínas. Esse mecanismo indutivo é iniciado pela translocação da PKA para o núcleo (**via 1**), onde a PKA fosforila o fator de transcrição proteína 1 de ligação ao elemento responsivo ao AMPc (**CREB-1**) (**via 2**). A CREB-1 liga-se a elementos responsivos ao AMPc (**CRE**) localizados na região a montante de diversos genes induzíveis pelo AMPc, ativando a transcrição gênica (**via 3**). A PKA também ativa a proteína-cinase ativada por mitógeno (**MAPK**), que fosforila o repressor de transcrição proteína 2 de ligação ao elemento responsivo ao AMPc (**CREB-2**), removendo sua ação repressora. Um gene ativado pela CREB-1 codifica a ubiquitina-hidrolase, um componente de um sistema específico ubiquitina-proteassoma, que leva à clivagem proteolítica da subunidade reguladora da PKA, resultando na atividade persistente da PKA, mesmo após os níveis de AMPc retornarem aos valores basais (**via 4**). A CREB-1 também ativa a expressão do fator de transcrição C/EBP, que resulta na expressão de uma série de proteínas ainda não identificadas e importantes para o crescimento de novas conexões sinápticas (**via 5**).

depende de um aumento prolongado de AMPc que se segue a aplicações repetidas de serotonina. Isso leva a uma ativação prolongada da PKA, o que permite que a subunidade catalítica da cinase seja translocada para o núcleo do neurônio sensorial. Além disso, também ocorre, indiretamente, a ativação de uma segunda proteína-cinase, a proteína-cinase ativada por mitógeno (MAPK, de *mitogen-activated protein kinase*), uma cinase comumente associada ao crescimento celular (Capítulo 14). Dentro do núcleo, a subunidade catalítica da PKA fosforila e, portanto, ativa o fator de transcrição CREB-1 (de *cAMP response element binding protein 1*, proteína de ligação dos elementos responsivos ao AMPc 1), que se liga a um elemento no promotor chamado CRE (elemento responsivo ao AMPc, de *cAMP responsive element*) (**Figuras 53-6 e 53-7**).

Para a ativação da transcrição gênica, a CREB-1 fosforilada recruta um coativador transcricional, a proteína de ligação à CREB (CBP, de *CREB-binding protein*), para a região promotora. A CBP tem duas propriedades importantes que facilitam a ativação da transcrição: ela recruta a RNA-polimerase II para o promotor e funciona como uma acetiltransferase, adicionando grupos acetila a alguns resíduos de lisina em seus substratos proteicos. Entre os substratos mais importantes da CBP estão proteínas que se ligam ao DNA, as histonas, que compõem o nucleossoma, a unidade fundamental da cromatina. As histonas contêm uma série de resíduos básicos carregados positivamente que interagem fortemente com as cargas negativas dos grupos fosfato do DNA. Essa interação deixa o DNA enrolado de modo compacto sobre o nucleossoma, assim como um fio é enrolado em volta de um carretel, evitando o acesso de fatores de transcrição a seus genes-alvo.

A ligação da CBP à CREB-1 leva à acetilação das histonas, causando importantes mudanças estruturais e funcionais nos nucleossomas. Por exemplo, a acetilação neutraliza as cargas positivas dos resíduos de lisina nos domínios da cauda da histona, diminuindo a afinidade das histonas pelo DNA. Além disso, classes específicas de

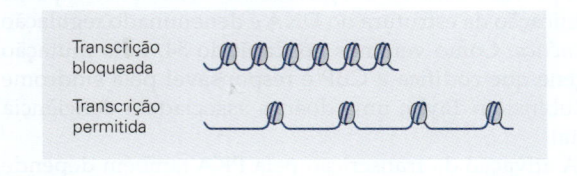

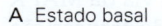

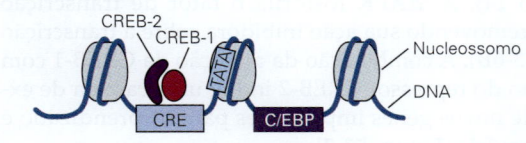

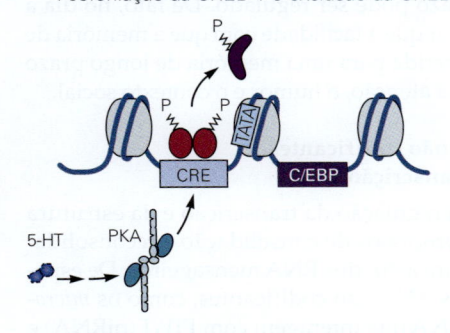

FIGURA 53-7 Regulação da acetilação de histonas por serotonina, CREB-1 e CBP.

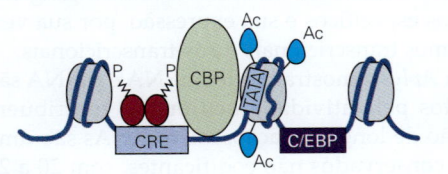

A. Em condições basais, o ativador CREB-1 (aqui em um complexo com CREB-2) ocupa o local de ligação do elemento responsivo ao AMPc (**CRE**) dentro da região promotora de seus genes-alvo. No exemplo mostrado aqui, a CREB-1 liga-se ao CRE dentro do promotor C/EBP. Em condições basais, a ligação da CREB-1 é incapaz de ativar a transcrição, uma vez que a caixa TATA, o núcleo da região promotora responsável pelo recrutamento da RNA-polimerase II (**Pol II**) durante a iniciação da transcrição, é inacessível, pois o DNA está fortemente ligado a proteínas histonas no nucleossomo.

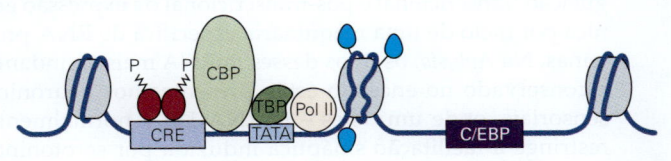

B. A serotonina (**5-HT**) ativa a proteína-cinase A (**PKA**), a qual fosforila CREB-1 e indiretamente aumenta a fosforilação de CREB-2 pela MAPK, fazendo com que CREB-2 se desassocie do promotor. Isso permite à CREB-1 formar um complexo no promotor com a proteína de ligação de CREB (**CBP**). Ativada, a CBP acetila resíduos específicos de lisina das histonas, causando uma ligação menos forte com o DNA. Junto com outras alterações na estrutura da cromatina, a acetilação facilita o reposicionamento do nucleossomo que previamente bloqueava o acesso do complexo Pol II à caixa TATA. Esse reposicionamento permite o recrutamento da Pol II para começar a transcrição do gene C/EBP. (Sigla: **TBP**, proteína de ligação à caixa TATA.)

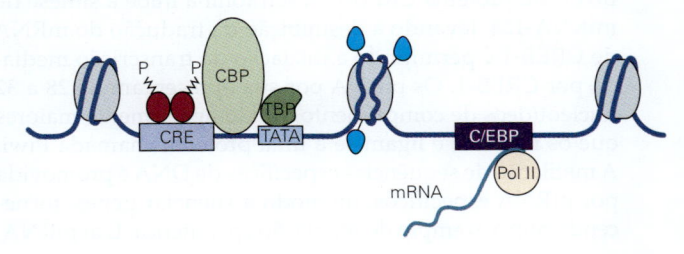

ativadores de transcrição podem se ligar às histonas acetiladas e facilitar o reposicionamento do nucleossoma nas regiões promotoras. Esses e outros tipos de modificações na cromatina atuam juntos na regulação da acessibilidade da cromatina à maquinaria de transcrição, aumentando assim a possibilidade de um gene ser transcrito. Esse tipo de modificação da estrutura do DNA é denominado regulação *epigenética*. Como veremos no Capítulo 54, uma mutação no gene que codifica a CBP é responsável pela síndrome de Rubinstein-Taybi, uma doença associada à deficiência mental.

A ativação da transcrição pela PKA também depende de sua capacidade de ativar indiretamente a via da MAPK (Capítulo 14). A MAPK fosforila o fator de transcrição CREB-2, removendo sua ação inibidora sobre a transcrição (**Figura 53-6B**). A combinação da ativação da CREB-1 com a liberação do repressor CREB-2 induz uma cascata de expressão de novos genes importantes para o aprendizado e para a memória (**Figura 53-7**).

A presença de um repressor (CREB-2) e de um ativador (CREB-1) da transcrição no primeiro passo da facilitação de longa duração sugere que o limiar para a formação da memória de longo prazo pode ser regulado. De fato, no dia a dia, pode-se observar que a facilidade com que a memória de curto prazo é transferida para uma memória de longo prazo varia bastante com a atenção, o humor e o contexto social.

O papel dos RNA não codificantes na regulação da transcrição

Há outros alvos da regulação da transcrição e da estrutura da cromatina nos processos de consolidação e reconsolidação da memória, para além dos RNA mensageiros. De especial interesse são os RNA não codificantes, como os *micro-RNAs* (miRNA), RNA que interagem com PIWI (piRNA) e longos RNA não codificantes. Esses também são dirigidos a sítios genéticos específicos e sua expressão, por sua vez, regula mecanismos transcricionais e pós-transcricionais.

Estudos na *Aplysia* mostram que miRNA e piRNA são ambos regulados pela atividade neuronal e contribuem para a facilitação de longa duração. Micro-RNAs são uma classe de RNA conservados não codificantes, com 20 a 23 nucleotídeos de comprimento e que contribuem para a regulação transcricional e pós-transcricional da expressão gênica por meio de uma maquinaria específica de RNA-proteínas. Na *Aplysia*, os tipos desses miRNA mais abundante e conservado no encéfalo estão presentes nos neurônios sensoriais, onde um deles – miRNA-124 – normalmente restringe a facilitação sináptica induzida por serotonina, por inibir a tradução do mRNA de CREB-1, suprimindo os níveis da proteína CREB-1. A serotonina inibe a síntese de miRNA-124, levando à desinibição da tradução do mRNA de CREB-1 e permitindo a iniciação da transcrição mediada por CREB-1. Os piRNA por sua apresentam de 28 a 32 nucleotídeos de comprimento, sendo ligeiramente maiores que os miRNA, e ligam-se a uma proteína chamada Piwi. A metilação de sequências específicas de DNA é promovida por piRNA específicos, de modo a silenciar genes, fornecendo outro exemplo de regulação epigenética. Um piRNA, piRNA-F, aumenta em resposta à serotonina, o que leva à metilação do promotor da CREB-2, reduzindo a transcrição gênica de CREB-2.

Pode-se assim observar um exemplo de ação integradora no nível da transcrição. A serotonina regula tanto piRNA quanto miRNA de modo coordenado: a serotonina causa rápida diminuição dos níveis de miRNA-124 e facilita a ativação de CREB-1, o que inicia o processo de consolidação da memória. Após um certo período, a serotonina também aumenta os níveis de piRNA-F, resultando na metilação e no silenciamento do promotor do repressor transcricional CREB-2. O decréscimo em CREB-2 aumenta a duração da ação de CREB-1, assim permitindo a consolidação de uma forma estável de memória de longo prazo no neurônio sensorial (**Figura 53-8**).

Dois dos genes expressos na esteira da ativação da CREB-1 e a consequente alteração na estrutura da cromatina são importantes no desenvolvimento precoce da facilitação de longa duração. Um deles é um gene para a hidrolase ubiquitina-carboxiterminal, e o outro é um gene de um fator de transcrição, a proteína intensificadora de ligação à caixa CAAT (C/EBP, de *CAAT box enhancer binding protein*), componente de uma cascata gênica de síntese de proteínas necessárias para o crescimento de novas conexões sinápticas (**Figuras 53-6 e 53-7**).

A hidrolase facilita a degradação proteica mediada pela ubiquitina (Capítulo 7) e ajuda a aumentar a ativação da PKA. A PKA é constituída de quatro subunidades: duas catalíticas e duas reguladoras (Capítulo 14). Com o treinamento de longa duração e a indução da hidrolase, cerca de 25% das subunidades reguladoras são degradadas nos neurônios sensoriais. Dessa forma, mesmo um longo tempo após os níveis de AMPc terem retornado aos níveis basais, as subunidades catalíticas livres podem continuar fosforilando proteínas importantes para o aumento da liberação de neurotransmissores e para o fortalecimento das conexões sinápticas, incluindo a CREB-1 (**Figura 53-6B**). A formação de uma enzima constitutivamente ativa é, portanto, o mecanismo molecular mais simples para a memória de longo prazo. Com treinamentos repetidos, uma cinase ativada por segundo mensageiro, crucial para a facilitação de curta duração, pode permanecer ativa por até 24 horas sem a necessidade de um sinal ativador contínuo.

A segunda e mais persistente consequência da ativação da CREB-1 é a ativação do fator de transcrição C/EBP. Esse fator de transcrição forma um homodímero consigo mesmo e um heterodímero com outro fator de transcrição, chamado de *fator de ativação*. Juntos, esses fatores atuam em genes localizados a jusante, que desencadeiam o crescimento de novas conexões sinápticas que sustentam a memória de longo prazo.

Com a sensibilização de longo prazo, dobra o número de terminais pré-sinápticos dos neurônios sensoriais do circuito do reflexo de retirada da brânquia (**Figura 53-9**). Os dendritos dos neurônios motores também crescem para acomodar sinais de entrada sinápticos adicionais. Portanto, mudanças estruturais de longa duração nas células pré e pós-sinápticas levam a um aumento do número de sinapses. Em contraste, a habituação de longo prazo leva a uma variedade de alvos celulares. Assim, acredita-se que a formação da memória de longo prazo seja sinapse-específica – ou seja, somente as sinapses que participam ativamente do aprendizado devem acabar sendo facilitadas. Entretanto, o achado de que a facilitação de longa duração envolve expressão gênica – a qual ocorre no núcleo, bastante longe das sinapses – levanta algumas questões fundamentais sobre o armazenamento da informação.

O armazenamento da memória de longo prazo é de fato sinapse-específico, ou os produtos gênicos recrutados durante a formação da memória de longo prazo alteram a força de todos os terminais pré-sinápticos em um neurônio? E se a memória de longo prazo é sinapse-específica, quais são os mecanismos celulares que permitem que os produtos dos genes transcritos fortaleçam seletivamente somente algumas sinapses e não outras?

Kelsey Martin e colaboradores investigaram essas questões envolvendo a facilitação de longa duração utilizando um sistema de cultura de células, o qual consiste em neurônios sensoriais isolados de *Aplysia* com uma bifurcação axonal que estabelecia contatos sinápticos separados com dois neurônios motores. As terminações do neurônio sensorial sobre um dos dois neurônios motores eram ativadas com pulsos focais de serotonina, mimetizando os efeitos neurais do choque na cauda. Quando somente um pulso de serotonina era aplicado, essas sinapses mostravam uma facilitação de curta duração. As sinapses do outro neurônio motor, que não receberam serotonina, não apresentaram alterações na transmissão sináptica.

Quando cinco pulsos de serotonina eram aplicados nas mesmas sinapses, elas exibiam facilitação de curta e de longa duração, e novas sinapses eram formadas com o neurônio motor. Embora a facilitação de longa duração e o crescimento sináptico necessitem de transcrição gênica e síntese proteica, as sinapses que não receberam serotonina não mostraram aumento da transmissão sináptica (**Figura 53-10**). Portanto, tanto a facilitação sináptica de curta quando a de longa duração são sinapse-específicas e manifestam-se somente através das sinapses que recebem o sinal modulador da serotonina.

Mas, como é que produtos oriundos do núcleo conseguem facilitar somente a transmissão em algumas sinapses e não em outras, em um mesmo neurônio? As novas proteínas sintetizadas são, de algum modo, enviadas somente àquelas sinapses que recebem serotonina? Ou são despachadas para todas as sinapses, mas somente utilizadas para o crescimento de novas conexões nas sinapses que foram marcadas por ao menos um pulso único de serotonina?

Para responder a essa questão, Martin e colaboradores aplicaram seletivamente cinco pulsos de serotonina nas sinapses dos neurônios sensoriais com os neurônios motores. Entretanto, dessa vez, as sinapses com o segundo neurônio motor foram simultaneamente ativadas com um único pulso de serotonina (o qual produz somente a facilitação sináptica de curta duração, que dura apenas alguns minutos). Nessas condições, um único pulso de serotonina foi suficiente para induzir uma facilitação de longa duração e o crescimento de novas conexões sinápticas entre o neurônio sensorial e o segundo neurônio motor. Portanto, a aplicação

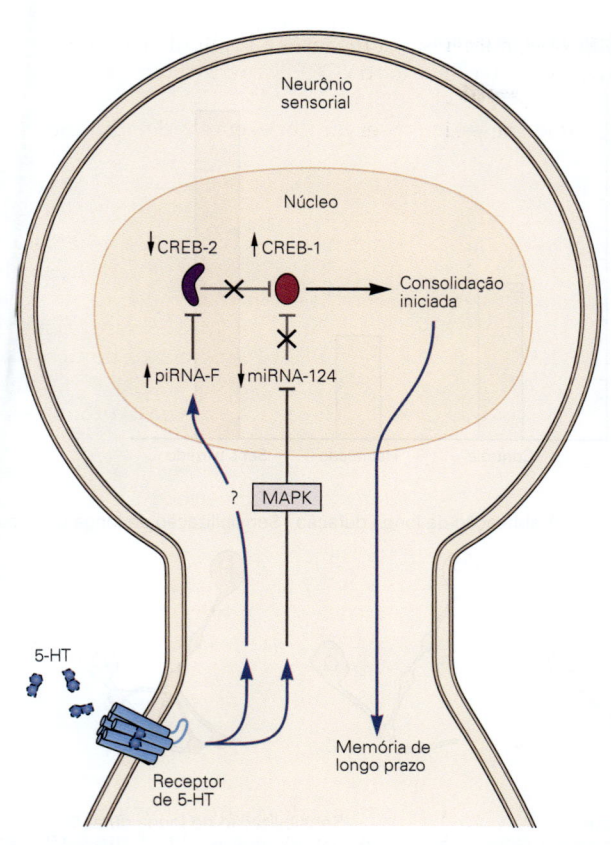

FIGURA 53-8 Pequenas moléculas de RNA não codificante contribuem para a consolidação da memória. A facilitação de longa duração nas sinapses entre o neurônio sensorial e o neurônio motor é consolidada por meio da ação de duas classes distintas de pequenas moléculas de RNA não codificante. O miRNA-124 normalmente atua suprimindo os níveis do fator de transcrição CREB-1, pois se liga a seu mRNA e inibe sua tradução. A serotonina (**5-HT**) causa uma redução nos níveis de miRNA-124 por meio de um mecanismo que requer a proteína-cinase ativada por mitógeno (**MAPK**). Isso aumenta os níveis de CREB-1, promovendo a ativação da transcrição de produtos gênicos dependentes de CREB-1 que são necessários para a consolidação da memória. Em uma via complementar, a 5-HT estimula, com um período de retardo, a síntese de diversos piRNAs, incluindo piRNA-F, que se liga à proteína Piwi. O complexo piRNA-F/Piwi leva ao aumento na metilação do gene *CREB-2*, resultando na repressão transcricional de longa duração de *CREB-2* e na redução nos níveis da proteína CREB-2. Como CREB-2 normalmente inibe a ação de CREB-1, os níveis aumentados de piRNA-F em resposta à 5-HT favorecem e prolongam a atividade de CREB-1, resultando em uma consolidação mais efetiva da memória.

poda das conexões sinápticas, como descrito acima. A falta de uso de conexões funcionais por longos períodos entre neurônios sensoriais e motores reduz em um terço o número de terminais de cada neurônio sensorial (**Figura 53-9A**).

A facilitação sináptica de longa duração é sinapse-específica

Um neurônio piramidal típico no encéfalo de um mamífero faz dez mil conexões pré-sinápticas com uma grande

FIGURA 53-9 Habituação e sensibilização de longo prazo envolvem mudanças estruturais nos terminais pré-sinápticos de neurônios sensoriais.

A. A habituação de longo prazo promove a perda de sinapses, e a sensibilização de longo prazo leva a um aumento no número de sinapses. Quando medido um dia (mostrado aqui) ou uma semana após o treino, o número de terminais (ou botões) pré-sinápticos aumentou em relação ao nível dos controles nos animais sensibilizados e diminuiu nos animais habituados. O desenho abaixo do gráfico ilustra modificações no número de contatos sinápticos. As dilatações ou varicosidades nos processos dos neurônios sensoriais são chamados botões sinápticos; eles contêm todas as estruturas especializadas necessárias para a liberação de transmissores. (Adaptada, com autorização, de Bailey e Chen, 1983. Copyright © 1983 AAAS.)

B. Imagens de fluorescência do axônio de um neurônio sensorial que faz contacto com um neurônio motor em cultura antes (*à esquerda*) e depois de um dia (*à direita*) de cinco exposições breves à serotonina. O aumento resultante nas varicosidades simula as mudanças sinápticas associadas à sensibilização de longo prazo. Antes da aplicação da serotonina, nenhuma varicosidade pré-sináptica é visível na área delineada (*à esquerda*). Após a aplicação de serotonina, diversos novos botões sinápticos são visíveis (**setas**), alguns dos quais contêm uma zona ativa completamente desenvolvida (**asterisco**) ou pequenas zonas ativas imaturas. Barra de escala = 50 μm. (Reproduzida, com autorização, de Glanzman, Kandel e Schacher, 1990.)

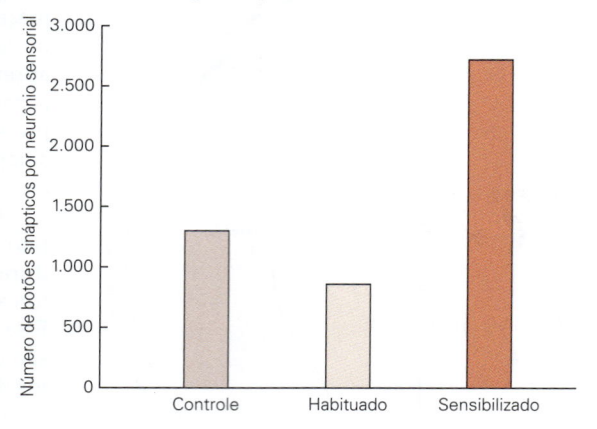

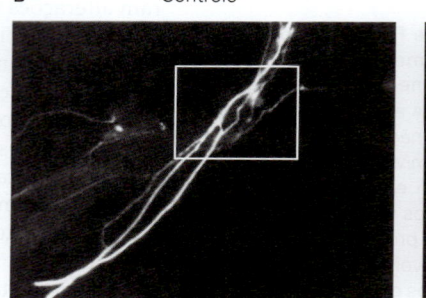

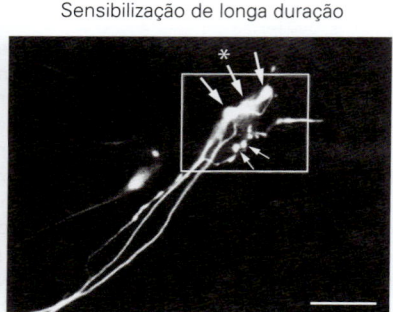

de um único pulso de serotonina em um segundo ramo axonal permitiu que essas sinapses usassem os produtos sintetizados no núcleo em resposta aos cinco pulsos de serotonina no primeiro ramo de terminações sinápticas, um processo chamado de *captura*.

Esses resultados sugerem que os novos produtos gênicos sintetizados, tanto mRNAs como proteínas, sejam entregues por transporte axonal rápido a todas as sinapses de um neurônio, mas sejam funcionais somente naquelas que foram marcadas pela atividade sináptica prévia, ou seja, pela liberação pré-sináptica de serotonina. Embora um único pulso de serotonina em uma sinapse seja insuficiente para ativar a expressão gênica no corpo celular, ele é suficiente para marcar aquela sinapse, de modo que permite que ela utilize as novas proteínas formadas no soma em resposta aos cinco pulsos de serotonina aplicados em outra sinapse. Essa ideia, desenvolvida por Martin e colaboradores na *Aplysia*, e independentemente por Frey e Morris no hipocampo de roedores, é chamada de *captura sináptica* ou *marcação sináptica*.

Esses achados levantam a seguinte questão: qual a natureza da marcação sináptica que permite a captura de produtos gênicos para a facilitação de longa duração? Quando um inibidor da PKA é aplicado localmente nas sinapses que receberam um único pulso de serotonina, essas sinapses não podem capturar os produtos gênicos produzidos em resposta aos cinco pulsos de serotonina (**Figura 53-11**). Isso indica que a fosforilação local pela PKA é necessária para que haja a captura sináptica.

No início dos anos de 1980, Oswald Steward descobriu que os ribossomos, a maquinaria responsável pela síntese de proteínas, estão presentes tanto nas sinapses quanto no corpo celular. Martin examinou a importância da síntese proteica local na facilitação sináptica de longa duração aplicando um único pulso de serotonina junto com um inibidor de síntese proteica local em um conjunto de sinapses enquanto

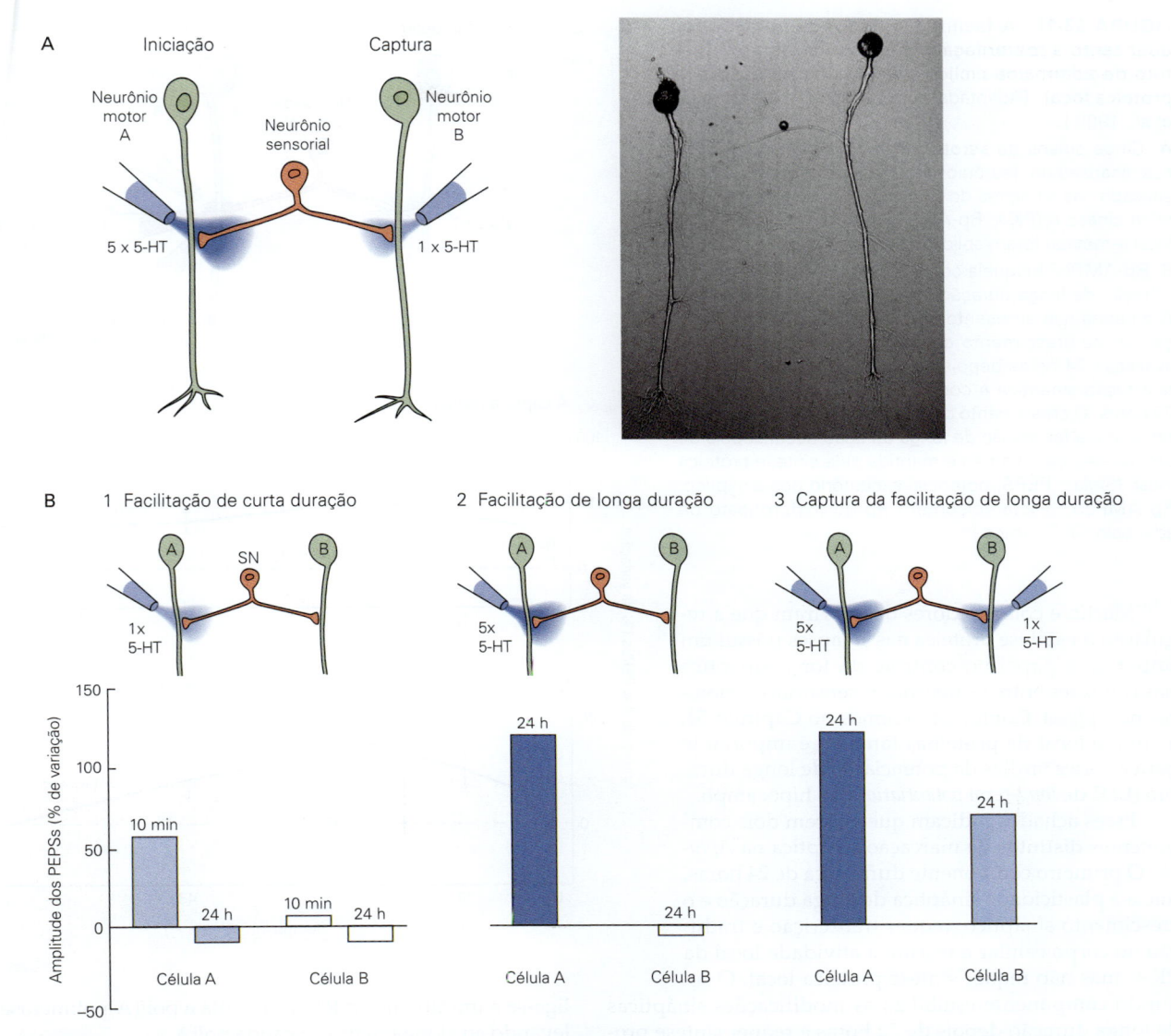

FIGURA 53-10 A facilitação de longa duração da transmissão sináptica é sinapse-específica. (Adaptada, com autorização, de Martin et al., 1997.)

A. O experimento utiliza um único neurônio sensorial pré-sináptico que estabelece contato com dois neurônios motores pós-sinápticos, A e B. A pipeta à esquerda é usada para aplicar cinco pulsos de serotonina (**5-HT**) a uma sinapse do neurônio sensorial com o neurônio motor A, iniciando a facilitação de longa duração daquela sinapse. A pipeta à direita é usada para aplicar um pulso de 5-HT na sinapse do neurônio sensorial com o neurônio motor B, permitindo que essa sinapse utilize (capture) novas proteínas produzidas no corpo celular em resposta aos cinco pulsos de 5-HT na sinapse com o neurônio motor A. A imagem à direita mostra a aparência das células em cultura.

B. 1. Um pulso de 5-HT aplicado na sinapse com o neurônio motor A produz apenas uma facilitação de curta duração (10 minutos) do potencial excitatório pós-sináptico (**PEPS**) no neurônio. Em 24 horas, o PEPS retornou ao seu tamanho normal. Não existem modificações significativas no tamanho dos PEPSs na célula B. **2.** A aplicação de cinco pulsos de 5-HT nas sinapses com a célula A produz facilitação de longa duração (24 horas) dos PEPSs nessa célula, mas não no tamanho dos PEPSs na célula B. **3.** Quando cinco pulsos de 5-HT nas sinapses com a célula A são pareados com um único pulso de 5-HT nas sinapses com a célula B, esta agora apresenta facilitação de longa duração e um aumento no tamanho dos PEPSs após 24 horas.

aplicava simultaneamente cinco pulsos de serotonina em um segundo conjunto de sinapses. Normalmente, a facilitação de longa duração e o crescimento sináptico persistiriam por até 72 horas em resposta à captura sináptica. Na presença do inibidor de síntese proteica local, a captura sináptica ainda ocorria, produzindo facilitação sináptica de longa duração nas sinapses expostas a um único pulso de serotonina. Essa facilitação, contudo, durava apenas 24 horas. Após esse tempo, o crescimento sináptico e a facilitação nessas sinapses colapsavam, indicando que a manutenção do crescimento sináptico induzido pelo aprendizado requer a síntese local de novas proteínas nas sinapses (**Figura 53-11B**).

FIGURA 53-11 A facilitação de longa duração requer tanto a fosforilação dependente de monofosfato de adenosina cíclico (AMPc) quanto a síntese proteica local. (Adaptada, com autorização, de Casadio et al., 1999.)

A. Cinco pulsos de serotonina (5-HT) foram aplicados nas sinapses do neurônio motor A, e um único pulso foi aplicado nas sinapses do neurônio B. Inibidores da proteína-cinase A (PKA; Rp-AMPcS) ou de síntese proteica local (emetina) foram aplicados nas sinapses da célula B.

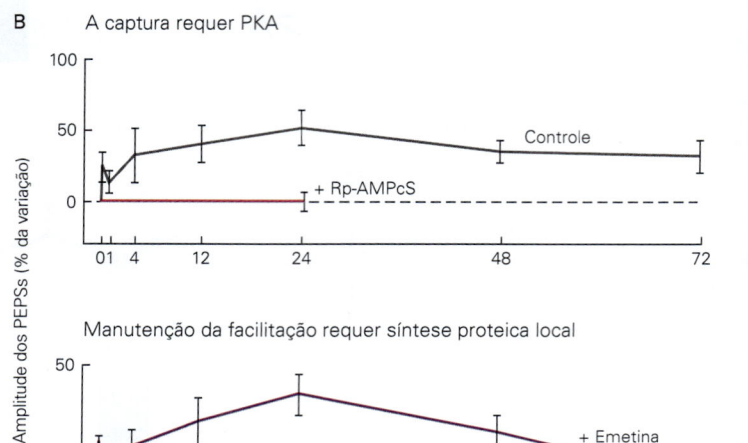

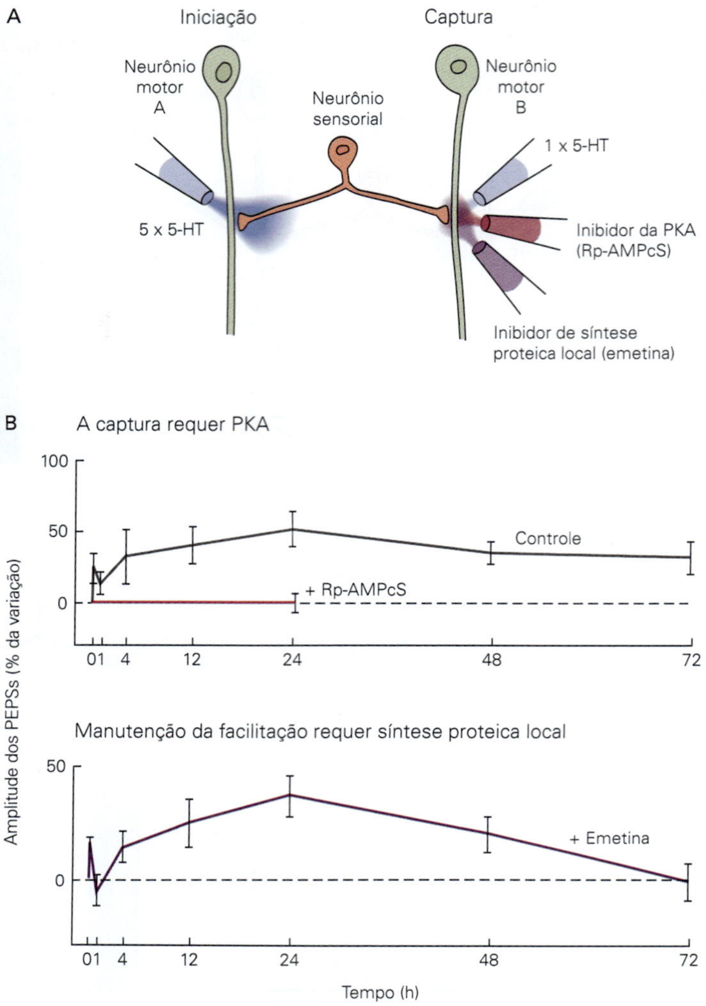

B. Rp-AMPcS bloqueia completamente a captura da facilitação de longa duração nas sinapses do neurônio B. A emetina não apresentou efeito na captura da facilitação ou no crescimento de novas conexões sinápticas avaliadas 24 horas depois da aplicação de 5-HT, mas a facilitação sináptica é completamente bloqueada após 72 horas. O crescimento de novas conexões sinápticas é retraído e a facilitação de longa duração decai depois de um dia se a captura não é mantida pela síntese proteica local. (Siglas: **PEPS**, potencial excitatório pós-sináptico; **Rp-AMPcS**, diastereoisômero Rp do fosforotioato de adenosina 3',5' cíclico.)

Martin e colaboradores descobriram que a regulação da síntese proteica nas sinapses possui um importante papel no controle da força sináptica nas conexões entre os neurônios sensoriais e motores na *Aplysia*. Conforme veremos no Capítulo 54, a síntese local de proteínas também é importante para as fases tardias da potenciação de longa duração (LTP, de *long-term potentiation*) no hipocampo.

Esses achados indicam que existem dois componentes distintos de marcação sináptica na *Aplysia*. O primeiro componente dura cerca de 24 horas, inicia a plasticidade sináptica de longa duração e o crescimento sináptico, requer transcrição e tradução no corpo celular e recruta a atividade local da PKA, mas não requer síntese proteica local. O segundo componente estabiliza as modificações sinápticas de longa duração depois de 72 horas e requer síntese proteica local nas sinapses. De que forma essa síntese local de proteínas é regulada?

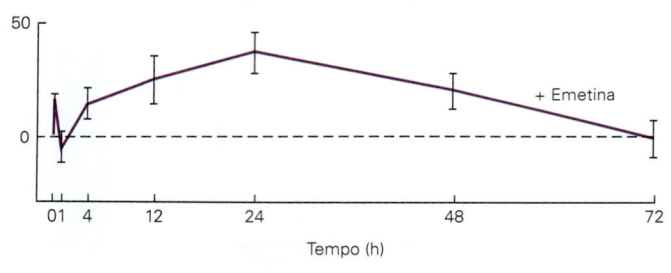

A manutenção da facilitação sináptica de longa duração requer síntese proteica local regulada por uma proteína semelhante a proteínas priônicas

O fato de o mRNA ser traduzido nas sinapses em resposta à marcação daquela sinapse por um pulso de serotonina sugere que esse mRNA pode inicialmente estar inativo e ser controlado por um regulador da tradução recrutado pela serotonina. A tradução da maioria dos mRNA requer que os transcritos contenham uma longa cauda de nucleotídeos de adenosina em sua extremidade 3' (cauda poliA). Joel Richter havia descoberto anteriormente que, em oócitos de *Xenopus* (uma rã), os mRNA maternos apresentam apenas uma curta cauda de nucleotídeos de adenosina, estando silenciados até serem ativados pela proteína citoplasmática de ligação ao elemento de poliadenilação (CPEB, de *cytoplasmic polyadenylation element binding protein*). A CPEB liga-se a um sítio nos mRNA e recruta a poli(A)polimerase, levando ao alongamento da cauda poliA.

Kausik Si e colaboradores observaram que a serotonina aumenta a síntese local de uma nova isoforma de CPEB, específica de neurônios, em terminais de neurônios sensoriais na *Aplysia*. A indução de CPEB é independente de transcrição, mas requer a síntese de novas proteínas. Com a inibição da CPEB localmente em uma sinapse ativada, a manutenção da facilitação sináptica de longa duração é bloqueada na sinapse, mas não sua iniciação e manutenção inicial de 24 horas.

De que forma a CPEB estabiliza a fase tardia da facilitação de longa duração? A maioria das moléculas biológicas possui uma meia-vida relativamente curta (de horas a dias), enquanto a memória dura dias, semanas ou mesmo anos. Como então as alterações induzidas pelo aprendizado na composição molecular de uma sinapse são mantidas por tanto tempo? Muitas hipóteses propõem algum tipo de mecanismo autossustentado que module a força e a estrutura sinápticas.

Si e colaboradores fizeram a surpreendente descoberta de que a isoforma neuronal da CPEB na *Aplysia* parece ter propriedades autossustentadas que se assemelham às das proteínas priônicas. Os *príons* foram descobertos por Stanley Prusiner, que demonstrou que essas proteínas são os agentes causadores da doença de Creutzfeldt-Jakob, uma devastadora doença neurodegenerativa humana, e da doença da vaca louca (encefalopatia espongiforme bovina). As proteínas priônicas podem existir em duas formas: uma forma solúvel e uma forma agregada capaz de autoperpetuação. A CPEB da *Aplysia* também possui dois estados conformacionais, uma forma solúvel, que é inativa, e uma forma agregada, que é ativa. Essa troca depende de um domínio N-terminal da CPEB que é rico em glutamina, similar aos domínios priônicos de outras proteínas.

Em uma sinapse virgem, a CPEB existe em um estado solúvel, inativo, e seu nível basal de expressão é baixo. Entretanto, em resposta à serotonina, a síntese local de CPEB aumenta até atingir um limiar de concentração que muda a CPEB para seu estado agregado (ativo), que é então capaz de ativar a tradução de mRNA quiescente (ou silencioso). Uma vez que o estado ativo esteja estabelecido, ele se torna autoperpetuante pelo recrutamento de CPEB solúvel pelos agregados, mantendo sua capacidade de ativar a tradução dos mRNAs quiescentes. Embora os mRNA quiescentes sejam formados no corpo celular e distribuídos por toda a célula, eles são traduzidos somente nas sinapses com agregados de CPEBs ativos.

Embora os mecanismos priônicos convencionais sejam patogênicos – o estado agregado da maior parte das proteínas priônicas causa morte celular – a CPEB da *Aplysia* é uma nova forma de uma proteína do tipo priônica, cujo estado agregado desempenha uma função fisiológica importante. A forma ativa autoperpetuadora da CPEB da *Aplysia* mantém, em uma sinapse, alterações moleculares de longa duração necessárias para a persistência do armazenamento da memória (**Figura 53-12**).

A memória armazenada em uma sinapse sensorimotora torna-se desestabilizada após a evocação, mas pode ser reestabilizada

Uma variedade de estudos realizados em mamíferos por Karim Nader e outros mostraram que o armazenamento da memória de longo prazo, em seus estágios iniciais, é dinâmico e pode ser perturbado. Em especial, um traço de memória pode tornar-se lábil após a evocação e necessitar de uma nova rodada de consolidação (a assim chamada *reconsolidação*).

Até recentemente, não era claro se é o mesmo conjunto de sinapses envolvido no armazenamento de uma memória que é desestabilizado e reestabilizado após a evocação, ou se, após a reativação sináptica de uma memória, um novo conjunto de sinapses é regulado. Essa questão foi examinada para a evocação da sensibilização de longo prazo do reflexo de retirada da brânquia e do sifão na *Aplysia*. Esses experimentos mostraram que uma memória evocada torna-se lábil como resultado da degradação proteica mediada pela ubiquitina, sendo, a seguir, reconsolidada por meio de nova síntese proteica.

Será que um mecanismo similar de reconsolidação ocorre nas sinapses sensoriomotoras que sofreram facilitação de longa duração? De fato, quando uma sinapse que sofreu facilitação de longa duração é reativada por uma breve rajada de potenciais de ação pré-sinápticos, essa sinapse se torna desestabilizada por um processo que envolve degradação proteica e requer síntese proteica para a reestabilização. Tais resultados sugerem que a reconsolidação da memória envolve a reestabilização da facilitação sináptica nas mesmas sinapses nas quais a memória inicial havia sido armazenada.

A ameaça condicionada das respostas de defesa em moscas utiliza a via AMPc-PKA-CREB

Os mecanismos celulares de memória implícita encontrados na *Aplysia* podem ser extrapolados para outros animais? Estudos sobre o aprendizado aversivo indicam que os mesmos mecanismos são também utilizados para o armazenamento da memória na mosca-da-fruta *Drosophila* e em roedores, indicando mecanismos que foram conservados através da evolução dos metazoários. A mosca-da-fruta é um modelo particularmente conveniente para o estudo da formação e armazenamento da memória implícita, uma vez que seu genoma é facilmente manipulável e, como previamente demonstrado por Seymour Benzer e colaboradores, a mosca poder ser submetida ao condicionamento clássico. Em um paradigma típico do condicionamento clássico, um odor é pareado com repetidos choques elétricos nas patas. O grau de aprendizado é então avaliado pela escolha das moscas entre um de dois braços de um labirinto, um deles contendo o mesmo odor pareado com o choque e o outro contendo um odor não pareado com o choque. Depois do treinamento, a maior parte das moscas do tipo selvagem evita o braço com o odor condicionado. Foram identificadas algumas moscas mutantes que não aprendem a evitar o odor condicionado. Esses mutantes com déficit de aprendizado foram batizados com nomes fantasiosos, mas descritivos, como *dumb* ("parvo"), *dunce* ("bobo"), *rutabaga* ("nabo"), *amnesiac* ("amnésico") e *PKA-R1*. É interessante notar que todos esses mutantes possuem algum defeito na cascata do AMPc.

O medo condicionado olfatório depende de regiões do sistema nervoso da mosca chamadas de *corpos cogumelares* (ou pedunculados). Os neurônios dos corpos cogumelares, chamados de *células de Kenyon*, recebem aferências olfativas dos lobos antenais, estruturas similares aos lobos olfatórios do encéfalo de mamíferos. As células de Kenyon também recebem aferências de neurônios dopaminérgicos que respondem a estímulos aversivos, como choques nas patas. A dopamina liga-se a receptores metabotrópicos (codificados pelos genes *dumb*) que ativam uma proteína G estimuladora e um tipo específico de adenilato ciclase dependente de Ca^{2+}/calmodulina (codificada pelo gene *rutabaga*), similar à ciclase envolvida no condicionamento clássico da *Aplysia*. A ação convergente da liberação de dopamina pelo estímulo incondicionado (choque nas patas) e o aumento intracelular de Ca^{2+} desencadeado por aferências olfatórias levam a uma ativação sinérgica da adenilato ciclase, produzindo um grande aumento de AMPc.

FIGURA 53-12 Um acionamento automantenedor da síntese proteica nos terminais axonais na *Aplysia* mantém a facilitação sináptica de longa duração. Cinco pulsos de serotonina (**5-HT**) disparam um sinal que vai até o núcleo para ativar a síntese de mRNA. Novos mRNA transcritos e novas proteínas sintetizadas no corpo celular são enviados para todos os terminais sinápticos por um transporte axonal rápido. Entretanto, somente os terminais que foram marcados pela exposição a pelo menos um pulso de serotonina podem utilizar essas proteínas para o crescimento de novas sinapses necessárias para a facilitação de longa duração. A marcação de um terminal envolve duas enzimas: (1) a proteína-cinase A (**PKA**), que é necessária para o crescimento sináptico imediato iniciado pelas proteínas transportadas para os terminais, e (2) a fosfoinositídeo-3-cinase (**PI3K**), que inicia a tradução local de mRNA, necessária para a manutenção do crescimento das sinapses e para a facilitação de longa duração depois de 24 horas. Alguns dos mRNA nos terminais codificam a proteína citoplasmática de ligação ao elemento de poliadenilação (**CPEB**), um regulador da síntese proteica local. No estado basal, acredita-se que a CPEB exista em uma conformação basicamente inativa, como um monômero solúvel que não consegue se ligar ao mRNA. Por um mecanismo ainda desconhecido ativado por serotonina e pela PI3 cinase, algumas cópias de CPEB se convertem em uma conformação ativa que forma agregados. Esses agregados funcionam como príons, pois recrutam monômeros que se unem a eles, ativando assim esses monômeros. As CPEBs agregadas ligam-se ao sítio do elemento de poliadenilação citoplasmática (**CPE**) nos mRNA. Essa ligação recruta a maquinaria da polimerase poli(A) e permite que as caudas poli(A) de nucleotídeos de adenina (**A**) sejam adicionadas aos mRNA quiescentes. Os mRNA poliadenilados podem agora ser reconhecidos pelos ribossomos, permitindo a tradução desses mRNA em diversas proteínas. Por exemplo, além da CPEB, isso leva à síntese local de N-actina e tubulina, que estabilizam novas estruturas sinápticas recém-formadas. (Modelo baseado em Bailey, Kandel e Si, 2004.)

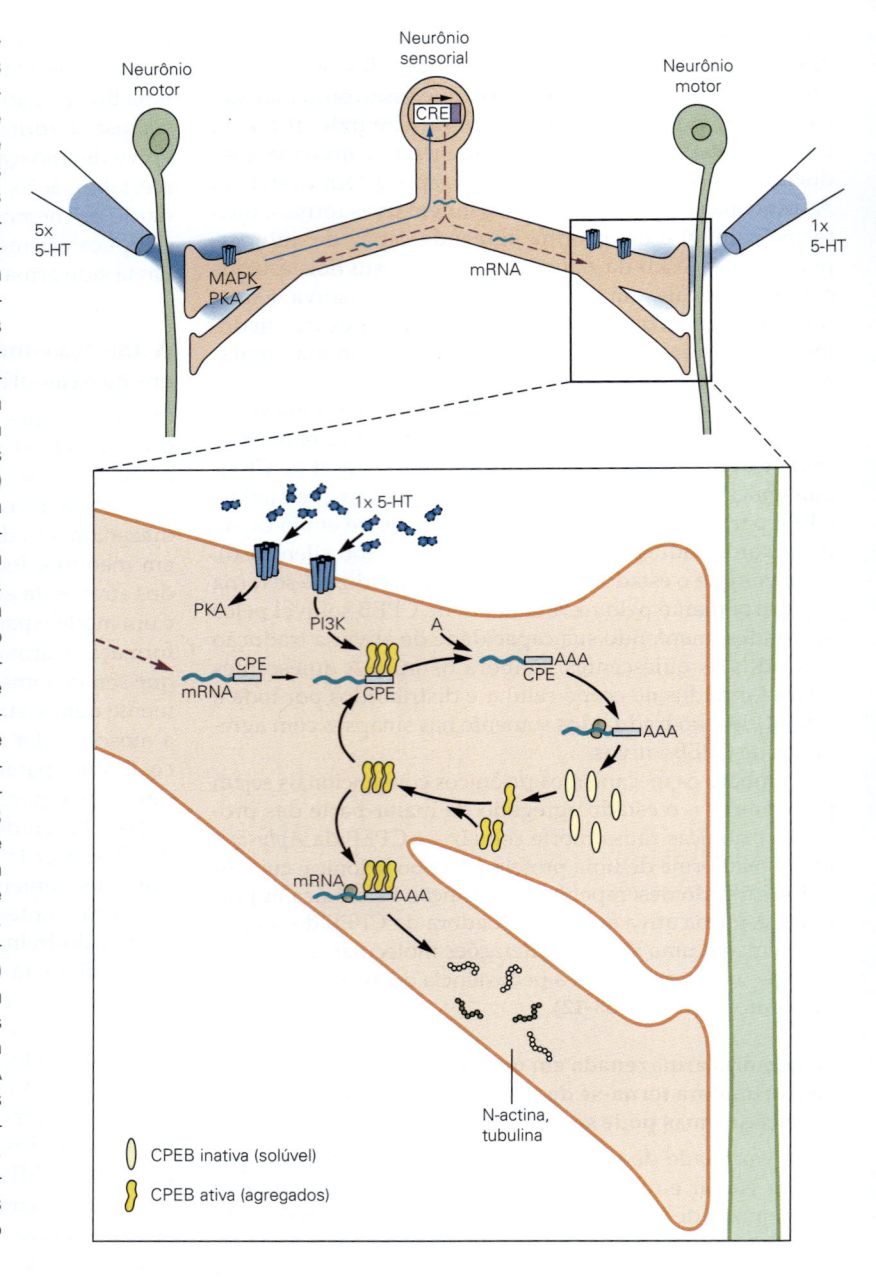

Experimentos recentes demonstraram que as moscas podem ser condicionadas quando um odor é pareado com a estimulação direta de neurônios dopaminérgicos no lugar do choque nas patas. Nesses experimentos, o receptor P2X de mamíferos (um canal de cátion ativado por trifosfato de adenosina [ATP]) é expresso como um transgene nos neurônios dopaminérgicos. As moscas são então injetadas com um análogo do ATP. Os neurônios dopaminérgicos podem então ser excitados e disparar potenciais de ação pela emissão de luz nas moscas para liberar o ATP de sua forma inativa e ativar os receptores P2X. Quando os neurônios dopaminérgicos são ativados desse modo na presença de um odor, as moscas sofrem condicionamento aversivo, ou seja, aprendem a evitar o odor. Portanto, o estímulo incondicionado ativa um sinal dopaminérgico que atua como reforço aversivo, do mesmo modo que a serotonina atua como reforço aversivo para o aprendizado de respostas defensivas na *Aplysia*.

Uma abordagem genética reversa também foi utilizada para explorar a formação da memória na *Drosophila*. Nesses experimentos, muitos transgenes eram colocados sob controle de um promotor sensível ao calor. A sensibilidade ao calor permite que o transgene seja ativado quando desejado, através da elevação da temperatura do compartimento onde estão as moscas. Os experimentos foram realizados com animais maduros para minimizar um eventual efeito no desenvolvimento do sistema nervoso. Quando a subunidade catalítica da PKA era temporariamente bloqueada por um transgene inibitório, as moscas eram incapazes de formar memórias de curto prazo, mostrando a importância da via de transdução de sinal do AMPc para o aprendizado associativo e para a memória de curto prazo na *Drosophila*.

A formação da memória de longo prazo na *Drosophila* requer a síntese de novas proteínas, como ocorre na *Aplysia* e em outros animais. O nocaute de um gene ativador de CREB bloqueia seletivamente a memória de longo prazo sem interferir na memória de curto prazo. De maneira recíproca, quando o gene é superexpresso, uma sessão de treino que produz somente memória de curto prazo promove também a formação de memória de longo prazo.

Como na *Aplysia*, certas formas de memória de longo prazo na *Drosophila* também envolvem CPEB, e podem depender do comportamento do tipo priônico dessa proteína. Os machos dessas moscas aprendem a suprimir seu comportamento de corte após exposição a fêmeas não receptivas. Quando o domínio N-terminal de CPEB é deletado geneticamente, existe uma perda na memória de longo prazo desse comportamento de corte e o macho falha no reconhecimento da fêmea não receptiva. Esse domínio N-terminal é rico em resíduos de glutamina, e corresponde ao domínio do tipo priônico rico em glutamina da CPEB na *Aplysia*. Portanto, muitos mecanismos moleculares envolvidos na memória implícita são conservados da *Aplysia* até as moscas, e, como veremos, essa conservação se estende aos mamíferos.

A memória do aprendizado de ameaça em mamíferos envolve a amígdala

Pesquisas ao longo das últimas décadas resultaram em uma compreensão detalhada dos circuitos neurais das respostas defensivas a ameaças em mamíferos, tanto de respostas inatas quanto aprendidas, sendo estas últimas frequentemente referidas como *medo aprendido*. Em particular, como observado no Capítulo 42, ambos tipos de resposta defensiva envolvem, de modo crucial, a amígdala, que participa na detecção e na avaliação de uma ampla gama de estímulos ambientais potencialmente perigosos e significativos. O sistema defensivo que está baseado na amígdala aprende rapidamente acerca de novos perigos. A amígdala pode associar novos estímulos neutros (condicionados) a um estímulo ameaçador conhecido (incondicionado) após uma única exposição pareada, e essa associação aprendida pode ser lembrada frequentemente por toda a vida.

A amígdala recebe informação sobre ameaças diretamente dos sistemas sensoriais. O núcleo de entrada da amígdala, o núcleo lateral, é o local de convergência para sinais de estímulos tanto incondicionados como condicionados. Ambos sinais são levados por uma via rápida, que segue diretamente do tálamo para a amígdala, e uma via indireta, mais lenta, que se projeta do tálamo a áreas sensoriais do neocórtex e, então, para a amígdala. Essas vias paralelas contribuem, ambas, para o condicionamento (**Figura 53-13**). A amígdala também recebe informação cognitiva de ordem superior por meio de conexões com áreas associativas corticais, especialmente as regiões corticais mediais nos lobos frontal e parietal.

Durante o condicionamento pavloviano, a eficácia da transmissão sináptica é modificada na amígdala. Em resposta a um tom, um sinal eletrofisiológico extracelular proporcional à resposta sináptica excitatória é registrado no núcleo lateral. Após o pareamento do tom com um choque, a resposta eletrofisiológica ao tom é aumentada por um incremento da transmissão sináptica que depende da convergência do tom (estímulo condicionado) com o choque (estímulo incondicionado) sobre os mesmos neurônios na amígdala lateral (**Figura 53-14**).

Acredita-se que o aprendizado comportamental dependa da plasticidade sináptica. Em um esforço para compreender como tal plasticidade poderia ocorrer na amígdala lateral durante o aprendizado, os pesquisadores têm estudado a *potenciação de longa duração* (LTP), um modelo celular de plasticidade. A LTP foi inicialmente discutida no Capítulo 13, em conexão com a função sináptica excitatória, e será discutida em detalhes no Capítulo 54, em conexão com a memória explícita e o hipocampo. Em fatias do

FIGURA 53-13 O aprendizado de ameaça aciona vias paralelas do tálamo à amígdala. O sinal para o estímulo condicionado, aqui um som neutro, é carregado, por duas vias, do tálamo auditivo para o núcleo lateral da amígdala: por uma via direta e por uma via indireta, através do córtex auditivo. Da mesma forma, o sinal do estímulo incondicionado, aqui um choque, é conduzido por vias nociceptivas paralelas da parte somatossensorial do tálamo para o núcleo lateral, uma delas direta e outra via indireta, através do córtex somatossensorial. O núcleo lateral da amígdala, por sua vez, projeta-se para o núcleo central, o núcleo de saída da amígdala, o qual ativa circuitos neurais que aumentam a frequência cardíaca e produzem outras modificações autonômicas, determinando comportamentos defensivos que constituem o estado defensivo. (Reproduzida, com autorização, de Kandel, 2006.)

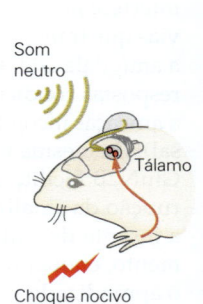

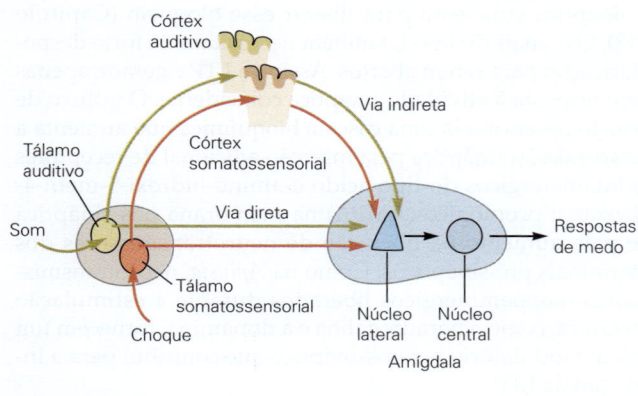

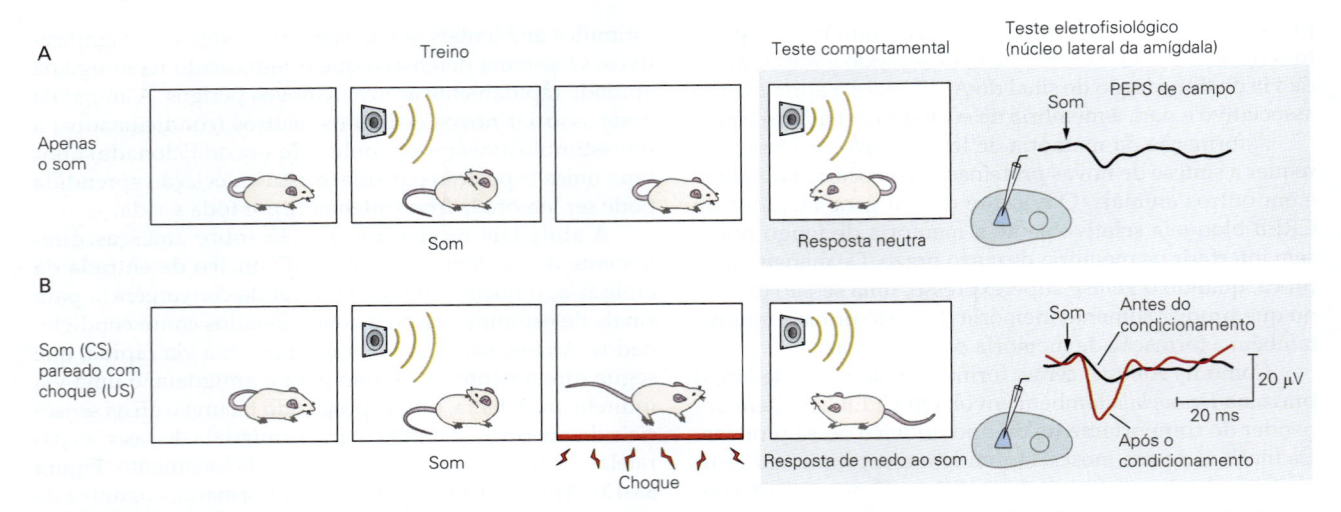

FIGURA 53-14 O aprendizado da ameaça condicionada produz mudanças comportamentais e eletrofisiológicas correlatas.
A. Um animal costuma ignorar um som neutro. O som produz uma pequena resposta sináptica na amígdala, registrada por um eletrodo extracelular de campo. Esse potencial excitatório pós-sináptico (**PEPS**) de campo é gerado por uma pequena queda da voltagem entre o eletrodo de registro na amígdala e um segundo eletrodo no exterior do encéfalo, à medida que correntes sinápticas excitatórias entram nos dendritos de uma grande população de neurônios da amígdala.

B. Quando o som é apresentado imediatamente antes do choque nas patas, o animal aprende a associar o som ao choque. Como resultado, o som sozinho passa a determinar o que o choque determinava: o som faz o camundongo apresentar congelamento, uma resposta defensiva instintiva. Após a ameaça condicionada, a resposta eletrofisiológica ao som no núcleo lateral da amígdala é maior do que a resposta antes do condicionamento. (Siglas: **CS**, estímulo condicionado; **US**, estímulo não condicionado.) (Reproduzida, com autorização, de Rogan et al., 2005.)

encéfalo que incluem a amígdala lateral, a LTP pode ser induzida por estimulação tetânica de alta frequência das vias sensoriais, tanto direta quanto indireta, o que produz um aumento de longa duração na resposta pós-sináptica excitatória a esses sinais. Essa mudança resulta de uma forma de plasticidade homossináptica (**Figura 53-15**).

A LTP no núcleo lateral da amígdala é desencadeada pelo influxo de Ca^{2+} nos neurônios pós-sinápticos em resposta à grande atividade sináptica. A entrada de Ca^{2+} é mediada pela abertura de canais de cálcio dependentes de voltagem do tipo L e dos receptores glutamatérgicos do tipo N-metil-D-asparato (NMDA) na célula pós-sináptica. Como os receptores NMDA estão normalmente bloqueados por Mg^{2+} extracelular, eles precisam de uma grande intensidade de sinais sinápticos para gerar despolarização pós-sináptica suficiente para liberar esse bloqueio (Capítulo 13). Os canais do tipo L também necessitam de forte despolarização para serem abertos. Assim, a LTP é gerada apenas em resposta à atividade sináptica coincidente. O influxo de cálcio desencadeia uma cascata bioquímica que aumenta a transmissão sináptica pela inserção adicional de receptores glutamatérgicos do tipo ácido α-amino-hidróxi-5-metil-4-isoxazol-propiônico (AMPA) na membrana pós-sináptica e pelo aumento na liberação de neurotransmissores dos terminais pré-sinápticos. Como na *Aplysia*, neurotransmissores monoaminérgicos liberados durante a estimulação tetânica, como a noradrenalina e a dopamina, fornecem um sinal modulatório heterossináptico que contribui para a indução da LTP.

Estudos em roedores acordados e enquanto executam comportamentos indicam que mecanismos similares contribuem para a aquisição da ameaça condicionada pavloviana. Essa forma de aprendizado requer receptores NMDA pós-sinápticos e canais de cálcio ativados por voltagem na amígdala lateral, e é facilitada por liberação de noradrenalina na amígdala lateral a partir do *locus ceruleus*.

Além disso, o grau da LTP produzida pela estimulação elétrica em fatias da amígdala de animais previamente treinados é menor que aquele observado em fatias de animais não treinados. Como existe um limite máximo do quanto as sinapses podem ser potencializadas, esse resultado é considerado uma evidência de que a ameaça condicionada recruta a LTP, o que impediria a indução adicional de LTP em resposta à estimulação elétrica. Assim, a LTP induzida artificialmente e a LTP induzida comportamentalmente estão fortemente relacionadas.

Dois tipos de experimentos genéticos também apoiam fortemente a ideia de que um fenômeno semelhante à LTP contribui para o mecanismo celular do armazenamento da memória de uma ameaça aprendida. Primeiro, a ablação genética da subunidade GluN2B (NR2B) do receptor NMDA interfere na ameaça condicionada e na indução da LTP nas vias que transmitem o sinal do estímulo condicionado para a amígdala lateral. Além disso, essa mutação afeta somente respostas condicionadas a ameaças (não altera as respostas a ameaças incondicionadas nem a transmissão sináptica basal). Da mesma forma, uma superexpressão da subunidade GluN2B facilita o aprendizado. De modo similar, a interrupção da sinalização da CREB, um processo posicionado a jusante do influxo de Ca^{2+}, interfere com o condicionamento, enquanto o aumento da atividade da CREB facilita o aprendizado.

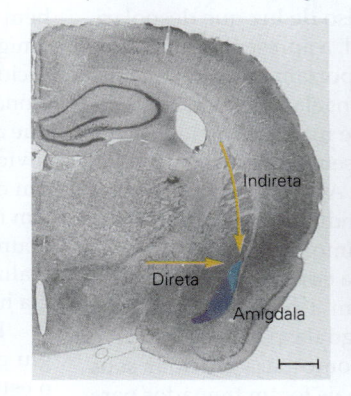

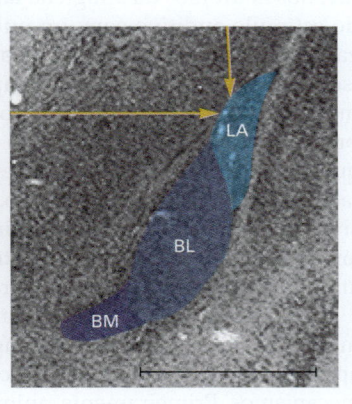

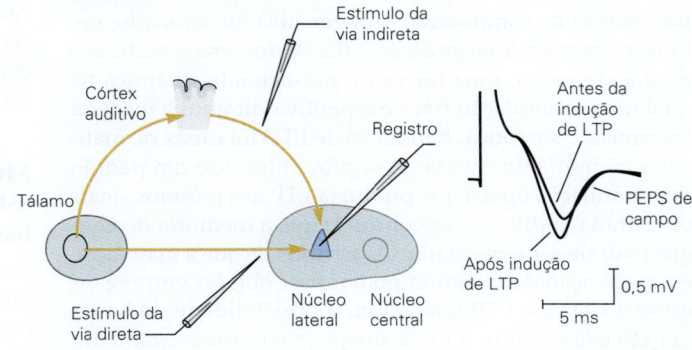

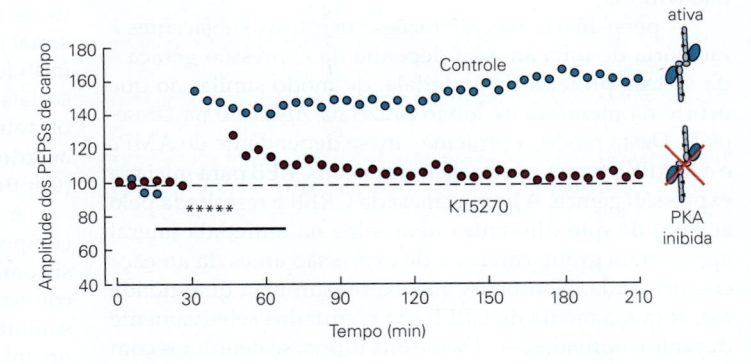

FIGURA 53-15 Potenciação de longa duração em sinapses na amígdala podem mediar a ameaça condicionada.

A. Um corte coronal do encéfalo de um camundongo mostra a posição da amígdala. O maior aumento mostra três núcleos de entrada essenciais da amígdala – os núcleos lateral (**LA**), basolateral (**BL**) e basomedial (**BM**) – que juntos formam o complexo basolateral. Esses núcleos se projetam para o núcleo central, o qual se projeta para o hipotálamo e para o tronco encefálico. (Adaptada, com autorização, de Maren, 1999. Copyright © 1999 Elsevier.)

B. A estimulação tetânica de alta frequência da via direta ou indireta do tálamo para o núcleo lateral inicia a potenciação de longa duração (**LTP**). O desenho mostra a posição do eletrodo de registro de voltagem extracelular no núcleo lateral e a posição de dois eletrodos de estímulo usados para ativar as vias direta ou indireta. O gráfico mostra a amplitude do potencial excitatório pós-sináptico (**PEPS**) extracelular de campo em resposta à estimulação da via cortical indireta durante o curso temporal do experimento. Quando uma via é estimulada em baixa frequência (uma vez a cada 30 segundos), o PEPS de campo é estável. Entretanto, quando a estimulação tetânica de cinco trens de alta frequência é aplicada (**asteriscos**), a resposta é aumentada por um período de horas. A facilitação depende da proteína-cinase A (**PKA**) e é comprometida quando o inibidor da PKA, KT5270, é aplicado (indicado pela **barra**). Os PEPSs de campo antes e depois da indução da LTP também são mostrados. (Adaptada, com autorização, de Huang e Kandel, 1998; Huang, Martin e Kandel, 2000.)

A LTP que é importante para o aprendizado de ameaças também envolve a inserção de novos receptores AMPA, como se observa em fatias encefálicas? Para responder a essa questão, os pesquisadores infectaram neurônios piramidais no núcleo lateral com um vírus geneticamente programado, que não danifica os neurônios mas induz a expressão de receptores AMPA marcados com fluorescência. A ameaça condicionada leva a um aumento da inserção de receptores AMPA marcados na membrana celular, similar ao que é observado durante a indução experimental da LTP em fatias encefálicas. Quando um vírus diferente foi utilizado para expressar a porção C-terminal do receptor AMPA, que compete com a inserção de receptores AMPA endógenos e previne essa inserção, a memória para ameaças aprendidas foi reduzida substancialmente, embora o vírus infectasse apenas de 10 a 20% dos neurônios do núcleo lateral. Esse resultado surpreendente sugere que a LTP deve ser induzida em quase todas as sinapses ativadas para efetivamente dar suporte ao aprendizado de ameaças.

Uma das vantagens do paradigma pavloviano é a possibilidade de utilizá-lo para estudos experimentais, pois se sabe que estímulos específicos são transmitidos para a amígdala por vias conhecidas. Isso tem permitido aos pesquisadores a ativação direta de vias de estímulos condicionados ou incondicionados, contornando as vias sensoriais normais. Tais estudos têm fornecido evidências convincentes que implicam que essas vias que se projetam à amígdala no aprendizado de ameaças.

Com base nesses achados, os pesquisadores investigaram se o aprendizado de ameaças poderia ser induzido quando fossem pareados um estímulo condicionado auditivo (tom) com a despolarização direta de neurônios da amígdala lateral, ao invés de se utilizar um estímulo incondicionado externo como um choque doloroso para produzir a despolarização determinada pela via do estímulo incondicionado até a amígdala lateral. Para esse intento, eles utilizaram uma abordagem optogenética (Capítulo 5). Um vírus foi injetado na amígdala para exprimir a canal-rodopsina-2, um canal de cátions excitatório, ativado por luz, nos neurônios da amígdala lateral. Após o pareamento do estímulo auditivo com um pulso de luz que despolarizava as células da amígdala lateral, a apresentação do tom, isoladamente, determinava comportamento de congelamento condicionado. O grau de congelamento era maior na presença da noradrenalina, o que é mais uma evidência de que vias modulatórias também desempenham um papel na facilitação sináptica nesse circuito. Assim, um choque aversivo em si não é necessário para induzir o aprendizado de ameaça: é a associação de um estímulo com a ativação da amígdala lateral que é a chave para esse aprendizado.

Outros estudos demonstraram a possibilidade de se manipular artificialmente a amígdala para prejudicar o aprendizado de ameaça, assim como para elucidar seus mecanismos. Primeiramente, animais foram treinados para associar um choque nas patas com a estimulação optogenética de vias auditivas projetando-se à amígdala. A seguir, um padrão de estimulação optogenética foi acionado, gerando *depressão de longa duração* (LTD) dos sinais auditivos para a amígdala, uma forma de plasticidade sináptica na qual uma estimulação fraca e repetitiva diminui a força da transmissão sináptica. A indução de LTD foi capaz de inativar a memória do choque. A seguir, utilizando um padrão de estimulação óptica que produzia LTP nos mesmos sinais de entrada auditivos, descobriu-se que a memória do choque poderia ser reinstalada. Os achados de que a inativação e a reativação da memória podiam ser obtidas empregando-se a LTD e a LTP reforçaram a possibilidade de haver um elo causal entre a força sináptica e o armazenamento da memória.

A persistência das alterações sinápticas subjacentes à memória de uma ameaça depende da expressão gênica e da síntese proteica na amígdala, de modo similar ao que ocorre na memória de longo prazo na *Aplysia* e na *Drosophila*. Deste modo, a proteína-cinase dependente de AMPc e a MAPK ativam o fator de transcrição CREB para iniciar a expressão gênica. A importância da CREB é ressaltada pelo achado de que diferentes neurônios na amígdala lateral apresentam graus variáveis de expressão antes da ameaça condicionada. Neurônios que expressam uma quantidade maior que a média de CREB são recrutados seletivamente durante o aprendizado. Da mesma forma, se neurônios com uma grande quantidade basal de CREB são seletivamente removidos depois do aprendizado, a memória é bloqueada.

Embora a maior parte dos trabalhos acerca dos mecanismos neurais da ameaça condicionada tenha se concentrado no núcleo lateral da amígdala, nos últimos anos, muitas evidências têm mostrado que a plasticidade no núcleo central também é importante. O núcleo central recebe sinais de entrada diretos e indiretos do núcleo lateral e estabelece conexões sinápticas com neurônios na substância cinzenta periaquedutal do mesencéfalo, que se projetam para o tronco encefálico para controlar diversas reações defensivas, incluindo o comportamento de congelamento. Dentro de um grupo celular lateral do núcleo central, células inibitórias chamadas neurônios PKC delta controlam a atividade de neurônios de saída no grupo celular medial que se projeta para a substância cinzenta periaquedutal.

A memória da ameaça condicionada em humanos também envolve a amígdala. Assim, em humanos, lesões da amígdala prejudicam a memória implícita da ameaça condicionada, mas não a memória explícita de ter sido condicionado. Estudos de imageamento funcional descobriram que a amígdala é ativada por ameaças mesmo quando o indivíduo não está consciente da presença da mesma, por ser um estímulo subliminar. Embora estudos em humanos sejam muito limitados em sua capacidade de revelar detalhes neurobiológicos, eles demonstram a relevância dos estudos realizados em animais para a compreensão da psicopatologia humana.

Em suma, a ameaça condicionada pavloviana emergiu como um dos mais úteis modelos experimentais para o estudo do aprendizado associativo e da memória no encéfalo de mamíferos. Em parte, isso ocorre devido ao fato de o paradigma comportamental ter sido aplicado com sucesso em uma diversidade de espécies, desde moscas até seres humanos, o que ajuda a construir o conhecimento com base nos progressos anteriores obtidos nos modelos de invertebrados.

Mudanças induzidas pelo aprendizado na estrutura do encéfalo contribuem para as bases biológicas da individualidade

Até que ponto essas alterações anatômicas das sinapses, necessárias para o armazenamento da memória de longo prazo, modificam a arquitetura funcional em larga escala do encéfalo maduro? A resposta é bem ilustrada pelo fato de os mapas da superfície corporal no córtex somatossensorial primário – o chamado "homúnculo" – diferirem entre indivíduos de modo a refletir o uso específico de vias sensoriais específicas. Esse achado notável resulta da expansão ou retração das conexões das vias sensoriais no córtex de acordo com as experiências específicas de cada indivíduo (Capítulo 49).

A reorganização das vias aferentes como resultado do comportamento também é evidente em níveis inferiores do sistema nervoso, especificamente no nível dos núcleos da coluna dorsal, que contêm as primeiras sinapses do sistema somatossensorial. Portanto, é provável que mudanças na organização ocorram por toda a via aferente somática.

O processo pelo qual a experiência altera aferências somatossensoriais ao córtex é ilustrado em um experimento no qual macacos adultos foram treinados para usar apenas os três dedos médios para obter comida. Depois de milhares de tentativas, a área cortical que representava os dedos médios expandiu de maneira expressiva (ver **Figura 53-16A**). Portanto, a prática pode expandir as conexões sinápticas pelo aumento da efetividade de conexões existentes.

O desenvolvimento normal das vias somatossensoriais para os neurônios corticais pode depender do nível de atividade nas aferências axonais vizinhas. Em um experimento com macacos, a superfície da pele de dois dedos adjacentes foi conectada cirurgicamente, de modo que os dedos conectados eram utilizados sempre juntos, assegurando que seus axônios somatossensoriais aferentes fossem normalmente coativados. Como resultado, a descontinuidade

FIGURA 53-16 O treino expande a representação dos sinais de entrada dos dedos no córtex.

A. Um macaco foi treinado por uma hora por dia para realizar uma tarefa que requer o uso repetido da ponta dos dedos 2, 3 e, ocasionalmente, 4. Depois do treino, a porção da área 3b do córtex somatossensorial que representa as pontas dos dedos estimulados (**cor escura**) está substancialmente maior do que o normal (medida três meses antes do treino). (Adaptada, com autorização, de Jenkins et al., 1990).

B. 1. Um humano treinado para realizar uma rápida sequência de movimentos dos dedos aumenta a velocidade e a acurácia depois de três semanas de treinamento diário (10 a 20 minutos por dia). A imagem por ressonância magnética funcional do córtex motor primário (com base em sinais dependentes dos níveis locais de oxigenação do sangue) mostra que, após o treinamento, a região ativada nos indivíduos treinados (**região em cor de laranja**) é maior do que a região ativada nos indivíduos não treinados (controles). Os indivíduos do grupo controle não foram treinados e realizaram movimentos não treinados dos dedos usando a mesma mão que os indivíduos do outro grupo. A alteração na representação cortical nos indivíduos treinados persiste por diversos meses. (Reproduzida, com autorização, de Karni et al., 1998. Copyright © 1998 National Academy of Sciences.)

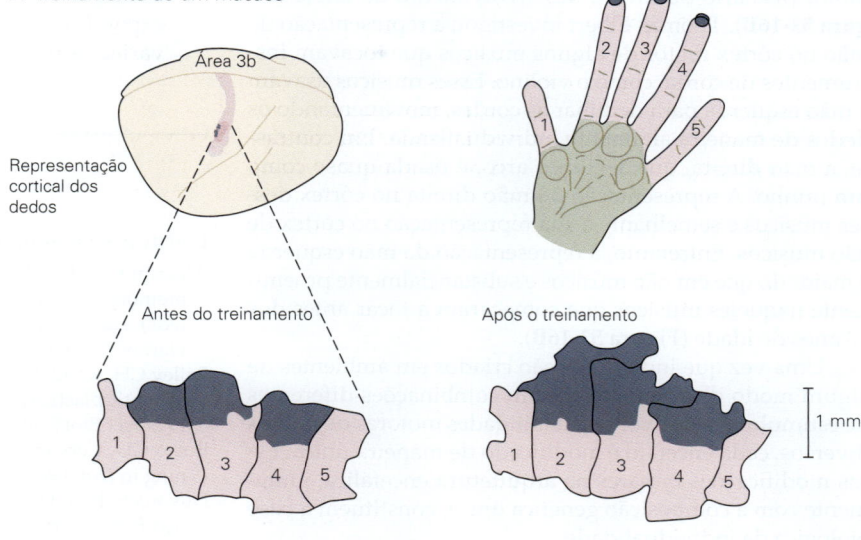

2. O tamanho da representação cortical do quinto dedo da mão esquerda é maior em músicos que tocam instrumentos de corda do que em não músicos. O gráfico mostra a força do dipolo obtida da magnetencefalografia, uma medida de atividade neural. O aumento é mais pronunciado em músicos que começaram o treinamento musical antes dos 13 anos. (Reproduzida, com autorização, de Elbert et al., 1995. Copyright © 1995 AAAS.)

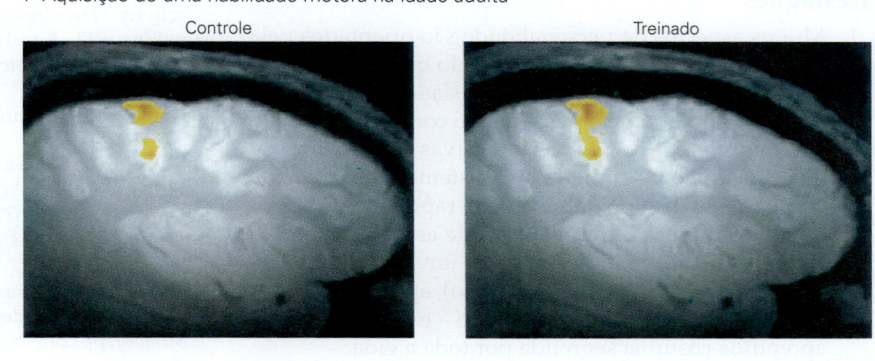

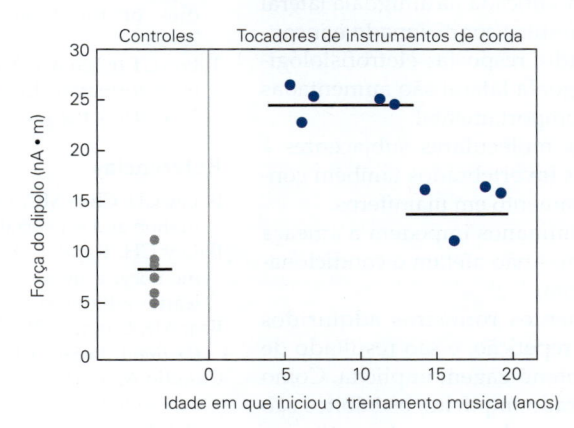

normalmente aguda entre as zonas no córtex somatossensorial que recebe informações desses dígitos era abolida. Desse modo, o desenvolvimento normal dos limites da representação dos dedos adjacentes no córtex pode ser guiado pela genética, mas também pela experiência. A sintonia fina das conexões corticais pode depender de mecanismos associativos como a LTP, similar ao papel da atividade cooperativa na modelagem do desenvolvimento das colunas de dominância ocular no sistema visual (Capítulo 49).

Essa plasticidade também é evidente nos seres humanos. Pessoas treinadas para realizar uma tarefa com seus dedos apresentam uma expansão no sinal de IRMf no córtex motor primário durante o desenvolvimento da tarefa (**Figura 53-16B**). Thomas Elbert investigou a representação da mão no córtex motor de alguns músicos que tocavam instrumentos de corda, como o violino. Esses músicos usavam a mão esquerda para dedilhar as cordas, movimentando os dedos de maneira altamente individualizada. Em contraste, a mão direita, que segura o arco, é usada quase como um punho. A representação da mão direita no córtex desses músicos é semelhante à sua representação no córtex de não músicos. Entretanto, a representação da mão esquerda é maior do que em não músicos e substancialmente proeminente naqueles músicos que começaram a tocar antes dos 13 anos de idade (**Figura 53-16B**).

Uma vez que indivíduos são criados em ambientes de algum modo distintos, vivenciam combinações diferentes de estímulos e desenvolvem habilidades motoras de modos diversos, cada encéfalo é modificado de maneira única. Essas modificações ímpares na arquitetura encefálica, juntamente com a composição genética única, constituem a base biológica da individualidade.

Destaques

1. Muitos aspectos da personalidade são orientados pela memória implícita. Grande parte do que vivenciamos – o que é percebido, pensado, fantasiado – não é diretamente controlado pelo pensamento consciente.
2. Em mamíferos, respostas defensivas aprendidas ou inatas envolvem a amígdala. O sistema defensivo que está baseado na amígdala aprende rapidamente acerca de novos perigos. A amígdala pode associar um novo estímulo neutro (condicionado) a um estímulo ameaçador conhecido (incondicionado) após uma única exposição – um único pareamento – e essa associação aprendida costuma ser retida por toda a vida.
3. Durante o condicionamento pavloviano, a força da transmissão sináptica é modificada na amígdala lateral pelo pareamento dos estímulos condicionado e incondicionado. Como resultado, respostas eletrofisiológicas de neurônios na amígdala lateral são aumentadas e ocorre o aprendizado comportamental.
4. Muitos dos mecanismos moleculares subjacentes à ameaça condicionada nos invertebrados também contribuem para o condicionamento em mamíferos.
5. Lesões na amígdala em humanos impedem a ameaça condicionada implícita, mas não afetam o condicionamento da memória explícita.
6. Hábitos são comportamentos rotineiros adquiridos gradualmente mediante repetição, e são resultado de uma forma distinta de aprendizagem implícita. Como toda a forma de aprendizado implícito, os hábitos são expressos em ações, sem controle consciente e independentes de manifestações verbais.
7. Como fica claro com esses argumentos, o estudo empírico dos processos psíquicos inconscientes foi, durante muitos anos, bastante limitado pela falta de métodos experimentais adequados. Hoje, entretanto, a biologia possui uma vasta gama de métodos empíricos, que estão produzindo informações moleculares e celulares, expandindo nosso conhecimento acerca de uma ampla variedade de atividades mentais.

Eric R. Kandel
Joseph LeDoux

Leituras selecionadas

Alberini CM, Kandel ER. 2016. The regulation of transcription in memory consolidation. In: ER Kandel, Y Dudai, MR Mayford (eds). *Learning and Memory*, pp. 157–174. New York: Cold Spring Harbor Laboratory Press.

Bailey CH, Kandel ER, Harris KM. 2015. Structural components of synaptic plasticity and memory consolidation. Cold Spring Harb Perspect Biol 7:a021758.

Busto GU, Cervantes-Sandoval I, Davis RL. 2010. Olfactory learning in *Drosophila*. Physiology (Bethesda) 25:338–346.

Duvarci S, Pare D. 2014. Amygdala microcircuits controlling learned fear. Neuron 82:966–980.

Fanselow MS, Zelikowsky M, Perusini J, Barrera VR, Hersman S. 2014. Isomorphisms between psychological processes and neural mechanisms: from stimulus elements to genetic markers of activity. Neurobiol Learn Mem 108:5–13.

Hawkins RD, Kandel ER, Bailey CH. 2006. Molecular mechanisms of memory storage in *Aplysia*. Biol Bull 210: 174–191.

LeDoux JE. 2014. Coming to terms with fear. Proc Natl Acad Sci U S A 111:2871–2878.

LeDoux J. 2015. *Anxious: Using the Brain to Understand and Treat Fear and Anxiety*. New York: Viking.

LeDoux JE. 2019. *The Deep History of Ourselves: The Four-Billion Year History of How We Got Conscious Brains*. New York: Viking.

Nader K. 2016. Reconsolidation and the dynamic nature of memory. In: ER Kandel, Y Dudai, MR Mayford (eds). *Learning and Memory*, pp. 245–260. New York: Cold Spring Harbor Laboratory Press.

Phelps EA. 2006. Emotion and cognition: insights from studies of the human amygdala. Annu Rev Psychol 57:27–53.

Tubon CT Jr, Yin JCP. 2008. CREB responsive transcription and memory formation. In: SM Dudek (ed). *Transcriptional Regulation by Neuronal Activity, Part III*, pp. 377–397. New York: Springer.

Referências

Bailey CH, Chen MC. 1983. Morphological basis of long-term habituation and sensitization in *Aplysia*. Science 220:91–93.

Bailey CH, Kandel ER, Si K. 2004. The persistence of long-term memory: a molecular approach to self-sustaining changes in learning-induced synaptic growth. Neuron 44:49–57.

Bear MF, Connors BW, Paradiso MA. 2001. *Neuroscience: Exploring the Brain*, 2nd ed. Chicago: Lippincott Williams & Wilkins.

Casadio A, Martin KC, Giustetto M, et al. 1999. A transient, neuron-wide form of CREB-mediated long-term facilitation can be stabilized at specific synapses by local protein synthesis. Cell 99:221–237.

Castellucci VF, Carew TJ, Kandel ER. 1978. Cellular analysis of long-term habituation of the gill-withdrawal reflex in *Aplysia californica*. Science 202:1306–1308.

Castellucci VF, Kandel ER. 1974. A quantal analysis of the synaptic depression underlying habituation of the gill-withdrawal reflex in *Aplysia*. Proc Natl Acad Sci U S A 71:5004–5008.

Claridge-Chang A, Roorda RD, Vrontou E, et al. 2009. Writing memories with light-addressable reinforcement circuitry. Cell 139:405–415.

Ehrlich DE, Josselyn SA. 2016. Plasticity-related genes in brain development and amygdala-dependent learning. Genes Brain Behav 15:125–143.

Eichenbaum H, Cohen NJ. 2001. *From Conditioning to Conscious Recollection: Memory Systems of the Brain.* Oxford: Oxford Univ. Press.

Elbert T, Pantev C, Wienbruch C, Rockstroh B, Taub E. 1995. Increased cortical representation of the fingers of the left hand in string players. Science 270:305–307.

Glanzman DL, Kandel ER, Schacher S. 1990. Target-dependent structural changes accompanying long-term synaptic facilitation in *Aplysia* neurons. Science 249:799–802.

Greco JA, Liberzon I. 2016. Neuroimaging of fear-associated learning. Neuropsychopharmacology 41:320–334.

Gründemann J, Lüthi A. 2015. Ensemble coding in amygdala circuits for associative learning. Curr Opin Neurobiol 35:200–206.

Guan Z, Giustetto M, Lomvardas S, et al. 2002. Integration of long-term-memory-related synaptic plasticity involves bidirectional regulation of gene expression and chromatin structure. Cell 111:483–493.

Hawkins RD, Abrams TW, Carew TJ, Kandel ER. 1983. A cellular mechanism of classical conditioning in *Aplysia*: activity-dependent amplification of presynaptic facilitation. Science 219:400–405.

Hegde AN, Inokuchi K, Pei W, et al. 1997. Ubiquitin C-terminal hydrolase is an immediate-early gene essential for long-term facilitation in *Aplysia*. Cell 89:115–126.

Herry C, Johansen JP. 2014. Encoding of fear learning and memory in distributed neuronal circuits. Nat Neurosci 17:1644–1654.

Huang YY, Kandel ER. 1998. Postsynaptic induction and PKA-dependent expression of LTP in the lateral amygdala. Neuron 21:169–178.

Huang YY, Martin KC, Kandel ER. 2000. Both protein kinase A and mitogen-activated protein kinase are required in the amygdala for the macromolecular synthesis-dependent late phase of long-term potentiation. J Neurosci 20:6317–6325.

Janak PH, Tye KM. 2015. From circuits to behaviour in the amygdala. Nature 517:284–292.

Jenkins WM, Merzenich MM, Ochs MT, Allard T, Guic-Robles E. 1990. Functional reorganization of primary somatosensory cortex in adult owl monkeys after behaviorally controlled tactile stimulation. J Neurophysiol 63:82–104.

Johansen JP, Diaz-Mataix L, Hamanaka H, et al. 2014. Hebbian and neuromodulatory mechanisms interact to trigger associative memory formation. Proc Natl Acad Sci U S A 111:E5584–E5592.

Kandel ER. 2001. The molecular biology of memory storage: a dialogue between genes and synapses. Science 294:1030–1038.

Kandel ER. 2006. *In Search of Memory: The Emergence of a New Science of Mind.* New York: Norton.

Karni A, Meyer G, Rey-Hipolito C, et al. 1998. The acquisition of skilled motor performance: fast and slow experience-driven changes in primary motor cortex. Proc Natl Acad Sci U S A 95:861–868.

Keleman K, Krüttner S, Alenius M, Dickson BJ. 2007. Function of the *Drosophila* CPEB protein Orb2 in long-term courtship memory. Nat Neurosci 10:1587–1593.

Klein M, Kandel ER. 1980. Mechanism of calcium current modulation underlying presynaptic facilitation and behavioral sensitization in *Aplysia*. Proc Natl Acad Sci U S A 77:6912–6916.

Krabbe S, Gründemann J, Lüthi A. 2018. Amygdala inhibitory circuits regulate associative fear conditioning. Biol Psychiatry 83:800–809.

Mahan AL, Ressler KJ. 2011. Fear conditioning, synaptic plasticity and the amygdala: implications for posttraumatic stress disorder. Trends Neurosci 35:24–35.

Maren S. 2017. Synapse-specific encoding of fear memory in the amygdala. Neuron 95:988–990.

Maren S. 1999. Long-term potentiation in the amygdala: a mechanism for emotional learning and memory. Trends Neurosci 22:561–567.

Martin KC, Casadio A, Zhu H, et al. 1997. Synapse-specific, long-term facilitation of *Aplysia* sensory to motor synapses: a function for local protein synthesis in memory storage. Cell 91:927–938.

Nabavi S, Fox R, Proulx CD, Lin JY, Tsien RY, Malinow R. 2014. Engineering a memory with LTD and LTP. Nature 511:348–352.

Pape HC, Pare D. 2010. Plastic synaptic networks of the amygdala for the acquisition, expression, and extinction of conditioned fear. Physiol Rev 90:419–463.

Pavlov IP. 1927. *Conditioned Reflexes: An Investigation of the Physiological Activity of the Cerebral Cortex.* GV Anrep (transl). Oxford: Oxford Univ. Press.

Pinsker H, Kupferman I, Castelucci V, Kandel ER. 1970. Habituation and dishabituation of the gill-withdrawal reflex in *Aplysia*. Science 167:1740–1742.

Rajasethupathy P, Antonov I, Sheridan R, et al. 2012. A role for neuronal piRNAs in the epigenetic control of memory-related synaptic plasticity. Cell 149:693–707.

Rogan MT, Leon KS, Perez DL, Kandel ER. 2005. Distinct neural signatures for safety and danger in the amygdala and striatum of the mouse. Neuron 46:309–320.

Sears RM, Fink AE, Wigestrand MB, Farb CR, de Lecea L, LeDoux JE. 2013. Orexin/hypocretin system modulates amygdala-dependent treat learning trough the locus coeruleus. Proc Natl Acad Sci U S A 110:20260–20265.

Sears RM, Schiff HC, LeDoux JE. 2014. Molecular mechanisms of threat learning in the lateral nucleus of the amygdala. Prog Mol Biol Transl Sci 122:263–304.

Si K, Giustetto M, Etkin A, et al. 2003. A neuronal isoform of CPEB regulates local protein synthesis and stabilizes synapse-specific long-term facilitation in *Aplysia*. Cell 115:893–904.

Si K, Lindquist S, Kandel ER. 2003. A neuronal isoform of the *Aplysia* CPEB has prion-like properties. Cell 115:879–891.

Spencer AW, Thompson RF, Nielson DR Jr. 1966. Response decrement of the flexion reflex in the acute spinal cat and transient restoration by strong stimuli. J Neurophysiol 29:240–252.

Squire LR, Kandel ER. 2008. *Memory: From Mind to Molecules*, 2nd ed. Greenwood Village: Roberts.

Yin JCP, Wallach JS, Del Vecchio M, et al. 1994. Induction of a dominant negative CREB transgene specifically blocks long-term memory in *Drosophila*. Cell 79:49–58.

54

Hipocampo e as bases neurais do armazenamento da memória explícita

A memória explícita em mamíferos envolve plasticidade sináptica no hipocampo

A potenciação de longa duração em vias hipocampais distintas é essencial para o armazenamento da memória explícita

Diferentes mecanismos moleculares e celulares contribuem para as distintas formas de expressão da potenciação de longa duração

A potenciação de longa duração possui duas fases: inicial e tardia

A plasticidade dependente do tempo de disparo fornece um mecanismo mais natural para a alteração da eficácia sináptica

A potenciação de longa duração no hipocampo tem propriedades que a tornam útil como mecanismo para o armazenamento da memória

A memória espacial depende da potenciação de longa duração

O armazenamento da memória explícita também depende da depressão de longa duração da transmissão sináptica

A memória é armazenada em agrupamentos celulares

Diferentes aspectos da memória explícita são processados em diferentes sub-regiões do hipocampo

O giro denteado é importante para a *separação de padrões*

A área CA3 é importante para o *completamento de padrões*

A área CA2 codifica a memória social

Um mapa espacial do mundo externo é formado no hipocampo

Neurônios do córtex entorrinal fornecem uma representação distinta do espaço

As células de lugar fazem parte do substrato da memória espacial

Distúrbios da memória autobiográfica resultam de perturbações funcionais no hipocampo

Destaques

MEMÓRIA EXPLÍCITA – A EVOCAÇÃO CONSCIENTE de informações acerca de pessoas, lugares, objetos e eventos – é o que as pessoas normalmente entendem por memória. Algumas vezes chamada de *memória declarativa*, ela conecta a vida mental, permitindo que o indivíduo recorde à vontade aquilo que comeu no café da manhã, onde fez a refeição e com quem. Também permite que juntemos aquilo que foi feito hoje com o que foi feito ontem ou na semana passada ou no mês passado.

Duas estruturas no encéfalo de mamíferos são especialmente críticas para a codificação e o armazenamento da memória explícita: o córtex pré-frontal e o hipocampo (Capítulo 52). O córtex pré-frontal medeia a memória de trabalho, que pode ser mantida ativamente apenas por períodos muito curtos, sendo depois rapidamente esquecida, como uma senha que é lembrada apenas até ser digitada. A informação na memória de trabalho pode ser armazenada em outro local do encéfalo como memória de longo prazo por períodos que vão de dias a semanas, anos ou por toda a vida. Embora o armazenamento de longa duração da memória explícita requeira o hipocampo, acredita-se que o sítio final de armazenamento para a maioria das memórias declarativas seja o córtex cerebral.

Neste capítulo abordaremos os mecanismos moleculares, celulares e de redes que formam a base do armazenamento de memórias explícitas de longo prazo no hipocampo. Uma vez que o hipocampo recebe suas principais aferências de uma região do córtex cerebral chamada córtex entorrinal, uma área que processa muitas formas de sinais sensoriais, também levaremos em conta como a informação que chega do córtex entorrinal é transformada pelo hipocampo. Em especial, examinaremos o modo como a atividade neural no córtex entorrinal e no hipocampo contribui para a memória espacial mediante a codificação de uma representação da localização de um animal em seu próprio ambiente.

A memória explícita em mamíferos envolve plasticidade sináptica no hipocampo

Ao contrário da memória de trabalho, que se entende ser mantida por atividade neural em curso no córtex pré-frontal (Capítulo 52), acredita-se que o armazenamento de informações de longo prazo depende de mudanças duradouras na força das conexões entre grupos específicos de neurônios (*agrupamentos neurais*) no hipocampo, os quais codificam determinados elementos da memória

A ideia de que o armazenamento da memória envolve alterações estruturais de longa duração no encéfalo, inicialmente referidas como um "engrama" pelo biólogo alemão Richard Semon, no início do século XX, remonta a ideias do filósofo francês René Descartes. Em uma tentativa de localizar o engrama, o psicólogo norte-americano Karl Lashley examinou os efeitos de lesões em diferentes regiões do neocórtex sobre a capacidade de um rato de aprender a se localizar em um labirinto. Como o desempenho no labirinto parecia ser mais diretamente proporcional ao tamanho que à localização exata da lesão, Lashley concluiu que qualquer traço de memória deve estar distribuído em todo o encéfalo. Embora atualmente seja amplamente aceito que o armazenamento de uma memória explícita esteja distribuído por todo o neocórtex, também está igualmente claro que o processo de armazenamento da memória requer o hipocampo, como demonstrado pelos estudos pioneiros de Brenda Milner com o paciente H. M. (Capítulo 52) e por estudos posteriores com lesões hipocampais em animais. Assim, a compreensão de como o encéfalo armazena memórias explícitas depende de sabermos como o circuito cortico-hipocampal processa e armazena informações.

A natureza dos mecanismos básicos de armazenamento da memória foi e continua sendo objeto de muita especulação e debate entre psicólogos e neurocientistas. Uma influente teoria foi proposta pelo psicólogo canadense Donald Hebb, que sugeriu, em 1949, que agrupamentos neurais que codificam a memória poderiam ser gerados quando conexões sinápticas são reforçadas com base na experiência vivida. De acordo com a chamada *regra de Hebb*: "Quando um axônio da célula A [...] excita a célula B e repetida ou persistentemente contribui para seu disparo, algum processo de crescimento ou mudança metabólica ocorre em uma ou em ambas as células, de modo que a eficiência de A como uma das células disparadoras de B é aumentada". O elemento-chave da regra de Hebb é a necessidade da coincidência dos disparos pré e pós-sinápticos, tanto que essa regra tem sido também expressa como "células que disparam juntas, conectam-se juntas." Acredita-se que um princípio de coincidência similar ao princípio hebbiano esteja envolvido no ajuste fino das conexões sinápticas durante os últimos estágios do desenvolvimento (Capítulo 49). As ideias de Hebb foram posteriormente refinadas pelo neurocientista teórico David Marr com base na circuitaria hipocampal.

O hipocampo compreende um circuito de conexões que processam dados sensoriais multimodais e informações espaciais oriundas das camadas superficiais do vizinho córtex entorrinal. Essa informação passa através de múltiplas sinapses antes de chegar à área CA1 do hipocampo, a principal região de saída hipocampal. A importância crucial dos neurônios de CA1 no aprendizado e na memória é demonstrada pela profunda perda de memória que pacientes com lesões restritas a essa área exibem, uma observação apoiada por numerosos estudos em animais. A informação do córtex entorrinal alcança os neurônios em CA1 por meio de duas vias excitatórias, uma direta e uma indireta.

Na via indireta, os axônios de neurônios da camada II do córtex entorrinal projetam-se pela *via perfurante* para excitar células granulares do giro denteado (uma área que é considerada parte do hipocampo). A seguir, os axônios das células granulares projetam-se através da *via das fibras musgosas*, excitando células piramidais da região CA3 do hipocampo. Finalmente, os axônios de neurônios em CA3 projetam-se pela *via das colaterais de Schaffer*, estabelecendo sinapses excitatórias principalmente nas regiões proximais dos dendritos das células piramidais de CA1 (**Figura 54-1**). (Em função dessas três conexões sinápticas excitatórias sucessivas, a via indireta é frequentemente denominada *via trissináptica*.) Por fim, as células piramidais de CA1 se projetam de volta às camadas mais profundas do córtex entorrinal, e, avante, em direção ao subículo, outra estrutura do lobo temporal medial que conecta o hipocampo a uma ampla diversidade de regiões encefálicas.

Paralelamente à via indireta, o córtex entorrinal também se projeta diretamente às áreas hipocampais CA3 e CA1. Na via direta ao CA1, neurônios na camada III do córtex entorrinal enviam seus axônios através da *via perfurante* para estabelecer sinapses excitatórias nas regiões mais distais dos dendritos apicais dos neurônios de CA1 (tais projeções são também chamadas de *via temporoamônica*). É provável que interações entre as entradas diretas e indiretas em cada estágio do circuito hipocampal sejam importantes para o armazenamento ou evocação da memória, embora a natureza exata dessas interações ainda não tenha sido determinada.

Além das vias descritas acima, que ligam diferentes estágios do circuito hipocampal, os neurônios piramidais em CA3 também estabelecem fortes conexões excitatórias uns com os outros. Acredita-se que essa autoexcitação via colaterais recorrentes contribua para aspectos associativos do armazenamento e da evocação da memória. Em condições patológicas, tal autoexcitação pode levar a crises convulsivas.

Finalmente, neurônios na relativamente pequena área CA2, localizada entre CA3 e CA1, recebem informação da camada II do córtex entorrinal tanto por uma via direta quanto por uma indireta, passando pelo giro denteado e CA3. A área CA2 também recebe fortes sinais de entrada de núcleos hipotalâmicos que liberam ocitocina e vasopressina, hormônios importantes para o comportamento social. Por sua vez, CA2 envia fortes sinais a CA1, propiciando a esses neurônios uma terceira fonte de sinais excitatórios (somada às vias direta e trissináptica originárias do córtex entorrinal).

A potenciação de longa duração em vias hipocampais distintas é essencial para o armazenamento da memória explícita

Como a informação é armazenada nos circuitos hipocampais para permitir o registro de um traço de memória de longo prazo? Em 1973, Timothy Bliss e Terje Lømo descobriram que um breve período de estimulação sináptica de alta frequência causa um aumento persistente na amplitude dos potenciais excitatórios pós-sinápticos (PEPS) no hipocampo, um processo denominado *potenciação de longa duração* ou LTP (Capítulo 13). Esse aumento nos PEPS, por sua vez, aumenta a probabilidade de a célula pós-sináptica disparar potenciais de ação.

Bliss e Lømo examinaram o estágio inicial da via hipocampal indireta – as sinapses formadas na via perfurante pelos neurônios da camada II do córtex entorrinal com neurônios granulares do giro denteado. Estudos subsequentes mostraram que trens breves de estímulos de alta frequência podem induzir formas de LTP em quase todas as sinapses excitatórias dessa via indireta, bem como nas sinapses da via perfurante direta com os neurônios de CA3 e CA1 (**Figura 54-2**). A LTP pode durar dias ou mesmo semanas quando induzida em animais intactos mediante eletrodos implantados, e pode durar diversas horas em fatias isoladas de hipocampo e em cultura celular de neurônios hipocampais.

Estudos nas diferentes vias hipocampais mostraram que a LTP produzida nas diferentes sinapses não é um processo único. Ao contrário, ela constitui uma família de processos que reforçam a transmissão sináptica em diferentes sinapses hipocampais mediante distintos mecanismos celulares e moleculares. De fato, mesmo em uma única sinapse, diferentes formas de LTP podem ser induzidas por diferentes padrões de atividade sináptica, embora esses processos distintos compartilhem muitas similaridades importantes.

Todas essas formas de LTP são induzidas pela atividade sináptica na via que está sendo potenciada – ou seja, nestes casos, a LTP é homossináptica. Além disso, a LTP é sinapse-específica, i.e., são potenciadas apenas aquelas sinapses que são ativadas pela estimulação tetânica. No entanto, as várias formas de LTP diferem quanto a sua

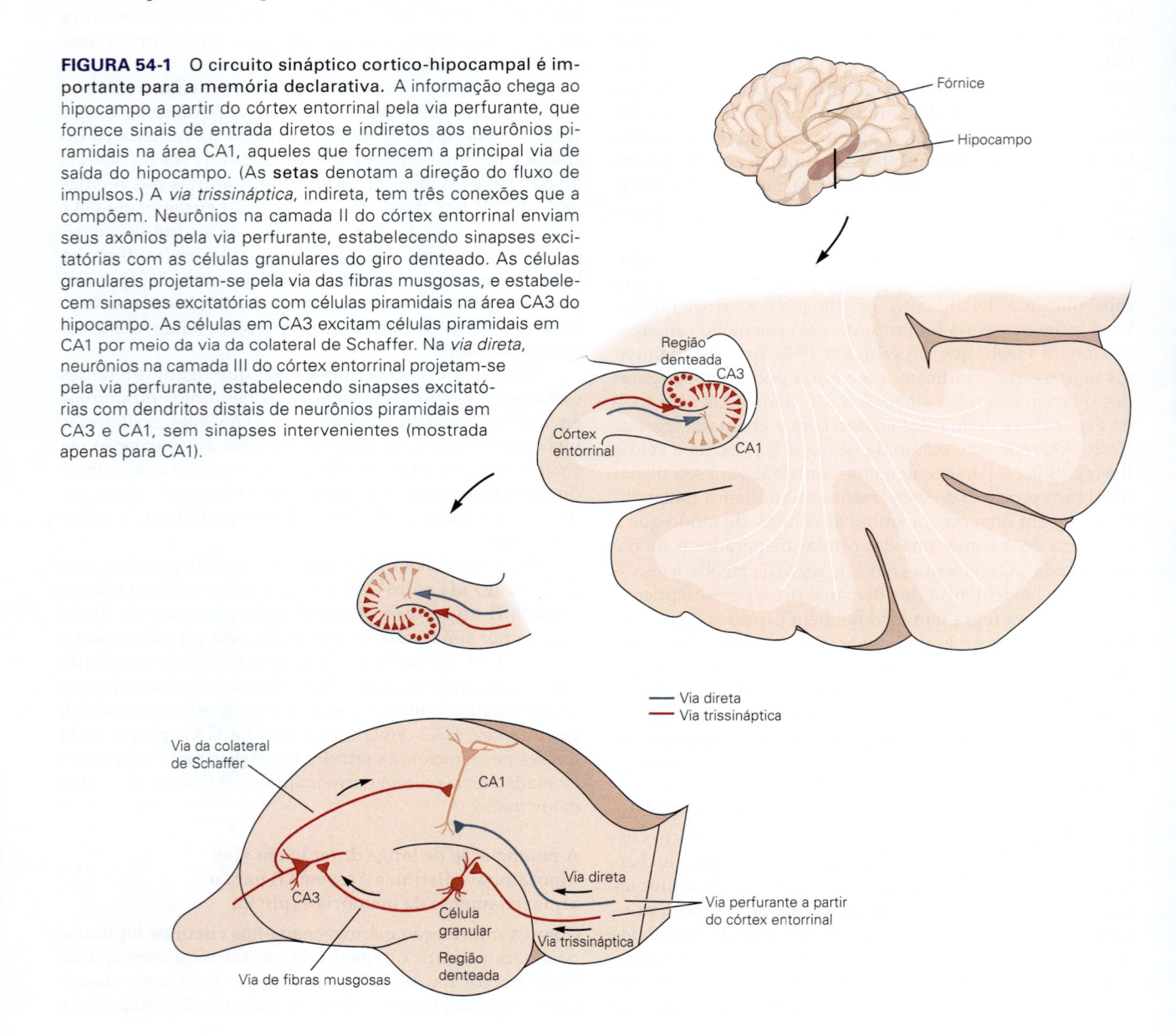

FIGURA 54-1 O circuito sináptico cortico-hipocampal é importante para a memória declarativa. A informação chega ao hipocampo a partir do córtex entorrinal pela via perfurante, que fornece sinais de entrada diretos e indiretos aos neurônios piramidais na área CA1, aqueles que fornecem a principal via de saída do hipocampo. (As **setas** denotam a direção do fluxo de impulsos.) A *via trissináptica*, indireta, tem três conexões que a compõem. Neurônios na camada II do córtex entorrinal enviam seus axônios pela via perfurante, estabelecendo sinapses excitatórias com as células granulares do giro denteado. As células granulares projetam-se pela via das fibras musgosas, e estabelecem sinapses excitatórias com células piramidais na área CA3 do hipocampo. As células em CA3 excitam células piramidais em CA1 por meio da via da colateral de Schaffer. Na *via direta*, neurônios na camada III do córtex entorrinal projetam-se pela via perfurante, estabelecendo sinapses excitatórias com dendritos distais de neurônios piramidais em CA3 e CA1, sem sinapses intervenientes (mostrada apenas para CA1).

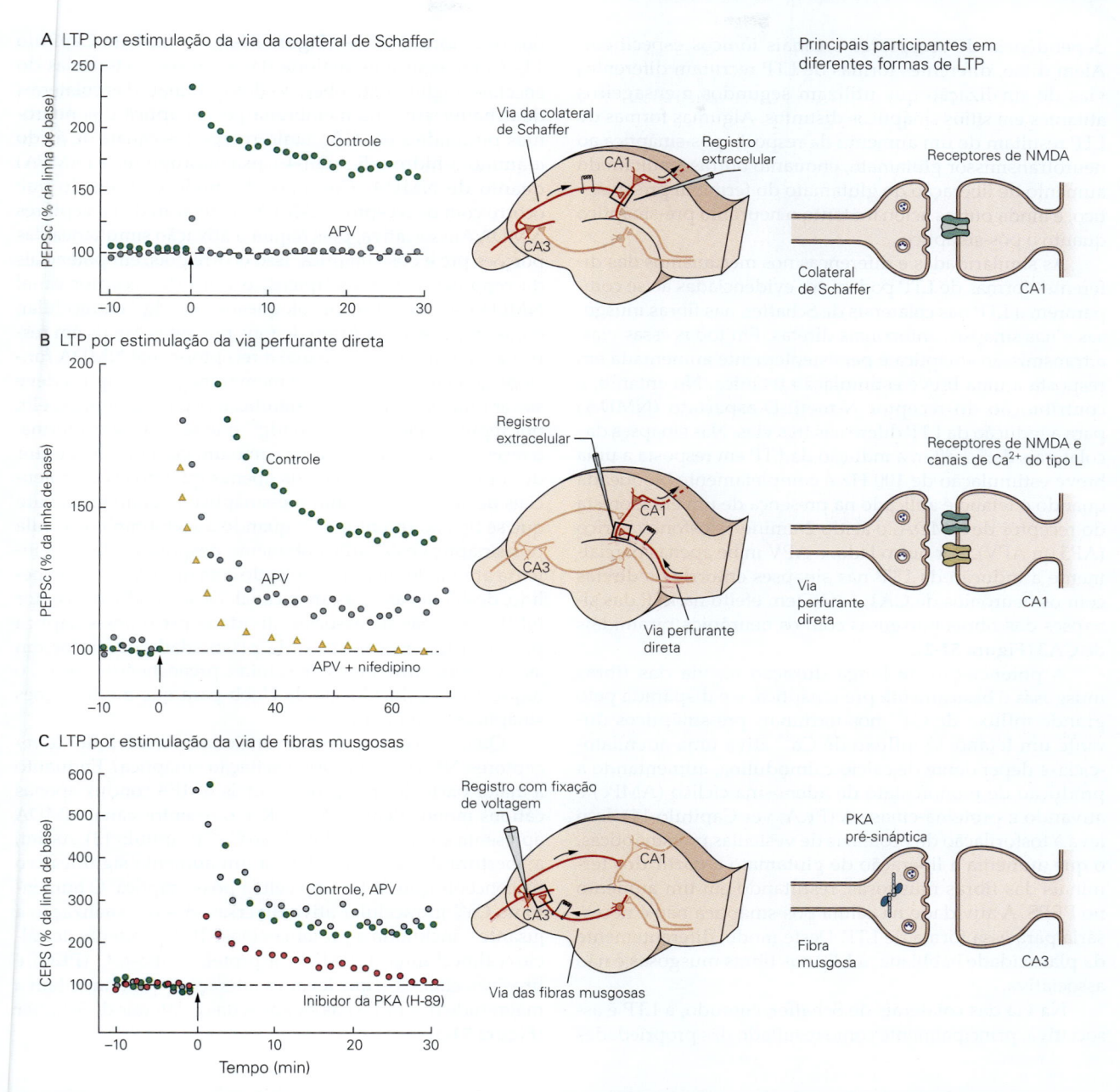

FIGURA 54-2 Diferentes mecanismos neurais formam a base da potenciação de longa duração em cada uma das três sinapses na via trissináptica. A potenciação de longa duração (**LTP**) está presente em sinapses em todo o hipocampo, mas depende de diferentes graus da ativação de receptores glutamatérgicos do tipo N-metil-D-aspartato (**NMDA**).

A. A estimulação tetânica de fibras da colateral de Schaffer (tempo 0 na seta) induz a LTP nas sinapses entre os terminais pré-sinápticos dos neurônios piramidais de CA3 com os neurônios piramidais de CA1 pós-sinápticos. O gráfico mostra o tamanho do potencial excitatório pós-sináptico de campo (**PEPSc**) extracelular, como porcentagem do PEPSc na linha de base antes da indução da LTP. Nessas sinapses, a LTP requer a ativação de receptores-canais NMDA nos neurônios pós-sinápticos em CA1, sendo completamente bloqueada quando o tétano é aplicado na presença do antagonista do receptor de NMDA ácido 2-amino-5--fosfonovalérico (**APV**). (Adaptada de Morgan e Teyler, 2001.)

B. A estimulação tetânica da via direta do córtex entorrinal para neurônios em CA1 gera LTP do PEPSc que depende em parte da ativação de receptores-canais NMDA e, em parte, da ativação de canais de Ca^{2+} dependentes de voltagem do tipo L. Ela é, portanto, apenas parcialmente bloqueada por APV. A adição de APV e nifedipino, uma di-hidropiridina que bloqueia canais do tipo L, é necessária para a inibição completa da LTP.

C. A estimulação tetânica da via das fibras musgosas induz a LTP nas sinapses com as células piramidais na área CA3. Neste experimento, a corrente excitatória pós-sináptica (**CEPS**) foi medida sob condições de fixação de voltagem. Essa LTP não requer a ativação de receptores NMDA, não sendo bloqueada por APV. Contudo, ela requer a ativação da proteína-cinase A (**PKA**) e, sendo assim, é bloqueada pelo inibidor dessa cinase, H-89. (Reproduzida, com autorização, de Zalutsky e Nicoll, 1990. Copyright © 1990 AAAS.)

dependência de receptores e canais iônicos específicos. Além disso, diferentes formas de LTP recrutam diferentes vias de sinalização que utilizam segundos mensageiros atuantes em sítios sinápticos distintos. Algumas formas de LTP resultam de um aumento da resposta pós-sináptica ao neurotransmissor glutamato, enquanto outras resultam do aumento de liberação do glutamato do terminal pré-sináptico, e ainda outras acionam tanto o neurônio pré-sináptico quanto o pós-sináptico.

As similaridades e diferenças nos mecanismos das diferentes formas de LTP podem ser evidenciadas ao se compararem a LTP nas colaterais de Schaffer, nas fibras musgosas e nas sinapses entorrinais diretas. Em todas essas vias, a transmissão sináptica é persistentemente aumentada em resposta a uma breve estimulação tetânica. No entanto, a contribuição do receptor N-metil-D-aspartato (NMDA) para a indução da LTP difere nas três vias. Nas sinapses das colaterais de Schaffer, a indução da LTP em resposta a uma breve estimulação de 100 Hz é completamente bloqueada quando o tétano é aplicado na presença de um antagonista do receptor de NMDA, o ácido 2-amino-5-fosfonovalérico (AP5 ou APV). Por outro lado, o APV inibe apenas parcialmente a indução da LTP nas sinapses entorrinais diretas com os neurônios de CA1, e não tem efeito na LTP das sinapses das fibras musgosas com os neurônios piramidais de CA3 (**Figura 54-2**).

A potenciação de longa duração na via das fibras musgosas é basicamente pré-sináptica, e é disparada pelo grande influxo de Ca^{2+} nos terminais pré-sinápticos durante um tétano. O influxo de Ca^{2+} ativa uma adenilato-ciclase dependente de cálcio-calmodulina, aumentando a produção de monofosfato de adenosina cíclico (AMPc) e ativando a proteína-cinase A (PKA; ver Capítulo 14). Isso leva à fosforilação de proteínas de vesículas pré-sinápticas, o que aumenta a liberação de glutamato a partir dos terminais das fibras musgosas, resultando em um aumento no PEPS. A atividade na célula pós-sináptica não é necessária para essa forma de LTP. Deste modo, diferentemente da plasticidade hebbiana, a LTP nas fibras musgosas é não associativa.

Na via das colaterais de Schaffer, contudo, a LTP é associativa, principalmente como resultado das propriedades dos receptores NMDA (**Figura 54-3**; ver também Capítulo 13). Como ocorre na maioria das sinapses excitatórias do encéfalo, o glutamato liberado dos terminais das colaterais de Schaffer ativa na membrana pós-sináptica dos neurônios piramidais em CA1 tanto receptores-canais de ácido α-amino-3-hidroxi-5-metil-4-isoxazolpropiônico (AMPA) quanto de NMDA. Contudo, de modo distinto do que ocorre com os receptores AMPA, a ativação dos receptores NMDA é associativa, pois requer a ativação simultânea das porções pré e pós-sináptica. Isso ocorre pois, em potenciais de repouso negativos típicos, o poro do receptor-canal NMDA está normalmente bloqueado por Mg^{2+} extracelular, o que impede a condução de íons por esses canais em resposta ao glutamato. Para que o receptor-canal NMDA funcione de maneira eficiente, a membrana pós-sináptica deve sofrer uma despolarização significativa para, assim, expelir, por repulsão eletrostática, o Mg^{2+} que se liga. Dessa forma, o receptor-canal NMDA atua como um verdadeiro detector de coincidência: ele funciona apenas quando (1) os potenciais de ação no neurônio pré-sináptico liberam glutamato que se liga ao receptor *e* (2) quando a membrana da célula pós-sináptica está suficientemente despolarizada pela intensa atividade sináptica, fazendo com que o Mg^{2+} seja expelido, desbloqueando assim o canal. Deste modo, o receptor NMDA é capaz de associar atividade pré e pós-sináptica para recrutar mecanismos de plasticidade que reforçam as conexões entre pares de células, preenchendo, assim, o requisito da coincidência de Hebb para que modificações sinápticas sejam induzidas.

Quais as consequências funcionais da ativação de receptores NMDA pela forte excitação sináptica? Enquanto a maior parte dos receptores-canais AMPA conduz apenas cátions monovalentes (Na^+ e K^+), o receptor-canal NMDA apresenta alta permeabilidade ao Ca^{2+} (Capítulo 13). Assim, a abertura desses canais leva a um aumento significativo na concentração de Ca^{2+} na célula pós-sináptica. O aumento no Ca^{2+} intracelular ativa diversas vias de sinalização a jusante – incluindo a proteína-cinase II dependente de cálcio/calmodulina (CaMKII), a proteína-cinase C (PKC) e tirosinas-cinases –, que levam a alterações que aumentam a magnitude dos PEPS nas sinapses das colaterais de Schaffer (**Figura 54-3**).

FIGURA 54-3 Um modelo para a indução da potenciação de longa duração (LTP) nas sinapses da colateral de Schaffer. Um único tétano, de alta frequência, induz a LTP inicial. A grande despolarização da membrana pós-sináptica (causada pela forte ativação dos receptores de ácido α-amino-3-hidroxi-5-metil-4-isoxazolpropiônico [**AMPA**]) libera o bloqueio de Mg^{2+} dos receptores/canais de N-metil-D-aspartato (**NMDA**) (**1**), permitindo que Ca^{2+}, Na^+ e K^+ fluam através desses canais. O aumento resultante de Ca^{2+} no espinho dendrítico (**2**) ativa cinases dependentes de cálcio (**3**) – cinase dependente de cálcio/calmodulina (**CaMKII**) e proteína cinase C (**PKC**) –, levando à indução da LTP. Cascatas de segundos mensageiros ativadas durante a indução da LTP têm dois efeitos principais na transmissão sináptica. A fosforilação, pela ativação de proteínas-cinases, incluindo a PKC, aumenta a corrente através dos receptores-canais AMPA, em parte pela inserção de novos receptores nas sinapses dos espinhos (**4**). Além disso, a célula pós-sináptica libera mensageiros retrógrados, como óxido nítrico (**NO**), que ativam proteínas-cinases no terminal pré-sináptico, estimulando a liberação subsequente de neurotransmissor (**5**). A aplicação de repetidas estimulações tetânicas induz LTP tardia. O prolongado aumento no influxo de Ca^{2+} recruta a adenilato-ciclase (**6**), que gera monofosfato de adenosina cíclico (**AMPc**), o qual ativa a proteínas-cinase A (**PKA**). Isso leva à ativação da MAP-cinase, que é translocada ao núcleo, onde fosforila CREB-1. A CREB-1, por sua vez, ativa a transcrição de alvos (contendo CRE no promotor) que, acredita-se, leva ao crescimento de novas conexões sinápticas (**7**). A estimulação repetida também ativa a tradução do mRNA que codifica a PKMζ, uma isoforma constitutivamente ativa da PKC (**8**). Isso leva a um aumento de longa duração no número de receptores AMPA na membrana pós-sináptica.

Diferentes mecanismos moleculares e celulares contribuem para as distintas formas de expressão da potenciação de longa duração

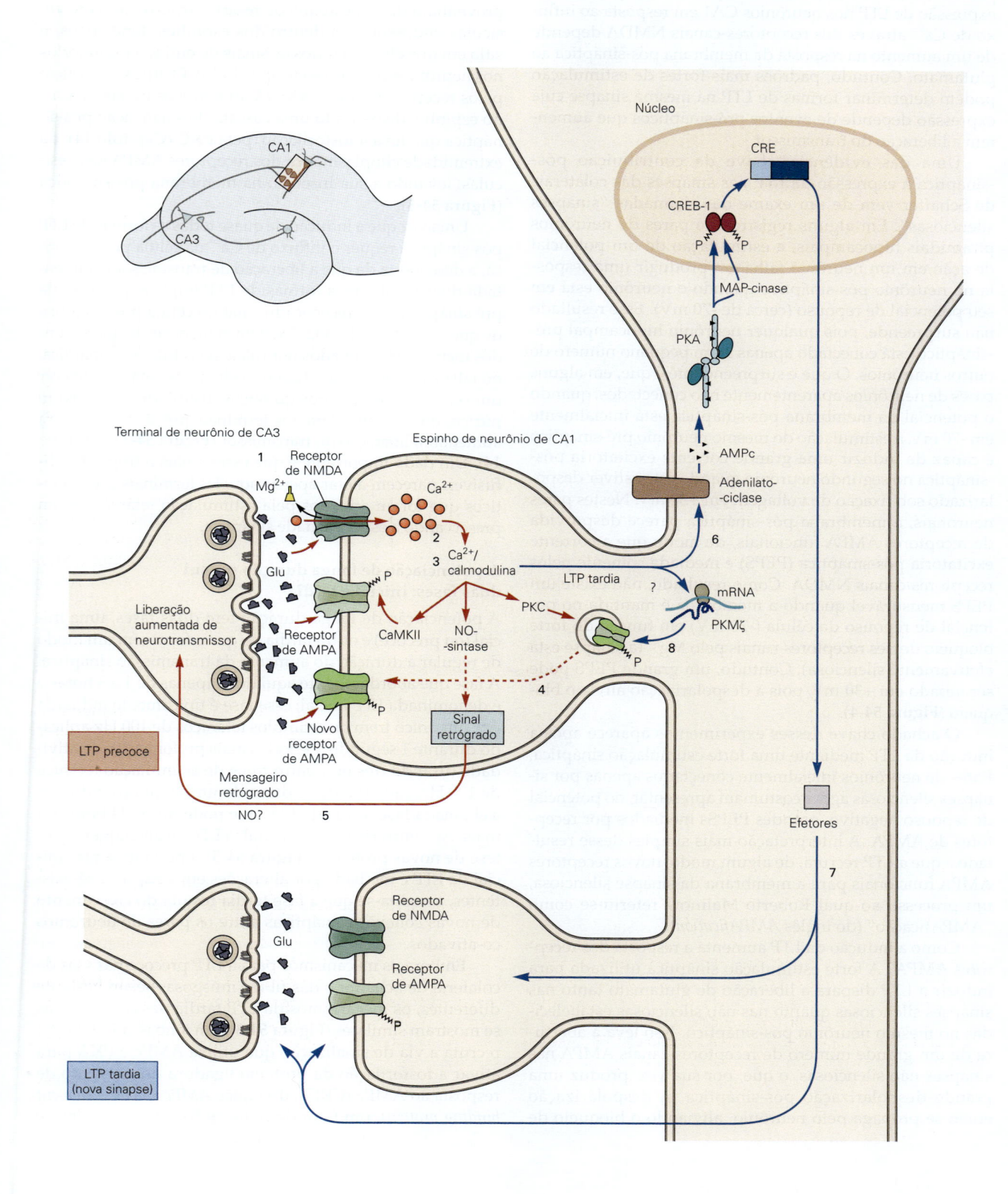

Neurocientistas consideram útil distinguir entre a *indução* da LTP (as reações bioquímicas ativadas pela estimulação tetânica) e a *expressão* da LTP (as alterações de longa duração responsáveis pelo aumento da transmissão sináptica). Os mecanismos responsáveis pela indução da LTP na sinapse CA3-CA1 são basicamente pós-sinápticos. A expressão da LTP nessa sinapse é causada por um aumento na liberação de transmissor, por uma resposta pós-sináptica aumentada a uma quantidade fixa de transmissor, ou por uma combinação desses dois mecanismos?

Diversas linhas de evidências sugerem que a forma de expressão de LTP depende do tipo de sinapse e do padrão preciso de atividade que induz a LTP. Em muitos casos, a expressão de LTP nos neurônios CA1 em resposta ao influxo de Ca^{2+} através dos receptores-canais NMDA depende de um aumento na resposta da membrana pós-sináptica ao glutamato. Contudo, padrões mais fortes de estimulação podem determinar formas de LTP na mesma sinapse cuja expressão depende de eventos pré-sinápticos que aumentam a liberação do transmissor.

Uma das evidências-chave da contribuição pós-sináptica à expressão da LTP nas sinapses das colaterais de Schaffer vem de um exame das chamadas "sinapses silenciosas". Em alguns registros de pares de neurônios piramidais hipocampais, a estimulação de um potencial de ação em um neurônio falha em produzir uma resposta no neurônio pós-sináptico quando o neurônio está em seu potencial de repouso (cerca de -70 mV). Esse resultado não surpreende, pois qualquer neurônio hipocampal pré-sináptico está conectado apenas a um pequeno número de outros neurônios. O que é surpreendente é que, em alguns pares de neurônios aparentemente não conectados, quando o potencial da membrana pós-sináptica está inicialmente em -70 mV, a estimulação do mesmo neurônio pré-sináptico é capaz de induzir uma grande corrente excitatória pós-sináptica no segundo neurônio quando este estiver despolarizado sob fixação de voltagem em +30 mV. Nestes pares neuronais, a membrana pós-sináptica parece desprovida de receptores AMPA funcionais, de modo que a corrente excitatória pós-sináptica (PEPS) é mediada somente pelos receptores-canais NMDA. Como resultado, não existe um PEPS mensurável quando a membrana é mantida no potencial de repouso da célula (-70 mV) em função do forte bloqueio desses receptores-canais pelo Mg^{2+} (a sinapse está efetivamente silenciosa). Contudo, um grande PEPS pode ser gerado em +30 mV, pois a despolarização alivia o bloqueio (**Figura 54-4**).

O achado chave desses experimentos aparece após a indução da LTP mediante uma forte estimulação sináptica. Pares de neurônios inicialmente conectados apenas por sinapses silenciosas agora costumam apresentar, no potencial de repouso negativo, grandes PEPSs mediados por receptores de AMPA. A interpretação mais simples desse resultado é que a LTP recruta, de algum modo, novos receptores AMPA funcionais para a membrana da sinapse silenciosa, um processo ao qual Roberto Malinow referiu-se como "AMPAficação" (do inglês *AMPAfication*).

Como a indução da LTP aumenta a resposta dos receptores AMPA? A forte estimulação sináptica utilizada para induzir a LTP dispara a liberação de glutamato tanto nas sinapses silenciosas quanto nas não silenciosas estabelecidas no mesmo neurônio pós-sináptico. Isso leva à abertura de um grande número de receptores-canais AMPA nas sinapses não silenciosas, o que, por sua vez, produz uma grande despolarização pós-sináptica. A despolarização então se propaga pelo neurônio, aliviando o bloqueio de Mg^{2+} dos receptores-canais NMDA tanto nas sinapses não silenciosas quanto nas silenciosas. Nas sinapses silenciosas, o influxo de Ca^{2+} através dos receptores-canais NMDA ativa uma cascata bioquímica que, ao cabo, leva à inserção de grupos de receptores AMPA na membrana pós-sináptica. Acredita-se que esses receptores AMPA recém-inseridos provenham de um estoque de reserva armazenado em vesículas endossômicas dentro dos espinhos dendríticos, o sítio em que chegam todos os sinais de entrada excitatórios nos neurônios piramidais (Capítulo 13). O influxo de cálcio pelos receptores-canais NMDA aumenta os níveis de Ca^{2+} no espinho, disparando uma cascata de sinalização pós-sináptica que leva à fosforilação, pela PKC (Capítulo 14), da extremidade citoplasmática dos receptores AMPA nas vesículas, levando a sua inserção na membrana pós-sináptica (**Figura 54-3**).

Uma vez que a indução de quase todas as formas de LTP pós-sináptica requer o influxo de Ca^{2+} na célula pós-sináptica, a descoberta de que a liberação de transmissor é aumentada durante algumas formas de LTP implica que a célula pré-sináptica deve receber um sinal da célula pós-sináptica de que a LTP foi induzida. Existem evidências de que segundos mensageiros ativados por cálcio na célula pós-sináptica, ou talvez o próprio Ca^{2+}, façam a célula pós-sináptica liberar um ou mais mensageiros químicos, incluindo o gás óxido nítrico, que se difundem aos terminais pré-sinápticos para aumentar a liberação do transmissor (**Figura 54-3** e Capítulo 14). Um dado importante é que esses sinais retrógrados difusíveis parecem afetar apenas aqueles terminais pré-sinápticos que foram ativados pela estimulação tetânica, assim preservando a especificidade sináptica.

A potenciação de longa duração possui duas fases: inicial e tardia

A potenciação de longa duração tem duas fases, uma inicial (ou precoce) e outra tardia, as quais fornecem um modo de regular a duração do aumento da transmissão sináptica. A fase que abordamos até aqui dura apenas de 1 a 3 horas e é denominada LTP inicial; essa fase é tipicamente induzida por um único trem de estímulos tetânicos de 100 Hz aplicado durante 1 segundo. Períodos mais prolongados de atividade (usando três ou quatro trens de estimulação tetânica de 100 Hz, cada um deles durando um segundo) induzem a chamada fase tardia da LTP, que pode durar 24 horas ou mais. Ao contrário da LTP inicial, a LTP tardia requer a síntese de novas proteínas (**Figura 54-5**). Enquanto a fase inicial da LTP é mediada por alterações em sinapses pré-existentes, acredita-se que a fase tardia resulta do crescimento de novas conexões sinápticas entre os pares de neurônios co-ativados.

Embora os mecanismos para a LTP precoce nas vias da colateral de Schaffer e das fibras musgosas sejam bastante diferentes, os mecanismos da LTP tardia nessas duas vias se mostram similares (**Figura 54-3**). Em ambas, a LTP tardia recruta a via de sinalização que utiliza AMPc e PKA para ativar a fosforilação da proteína ligadora do elemento de resposta ao AMPc (CREB, do inglês *AMPc response element binding protein*), um fator de transcrição, levando à síntese

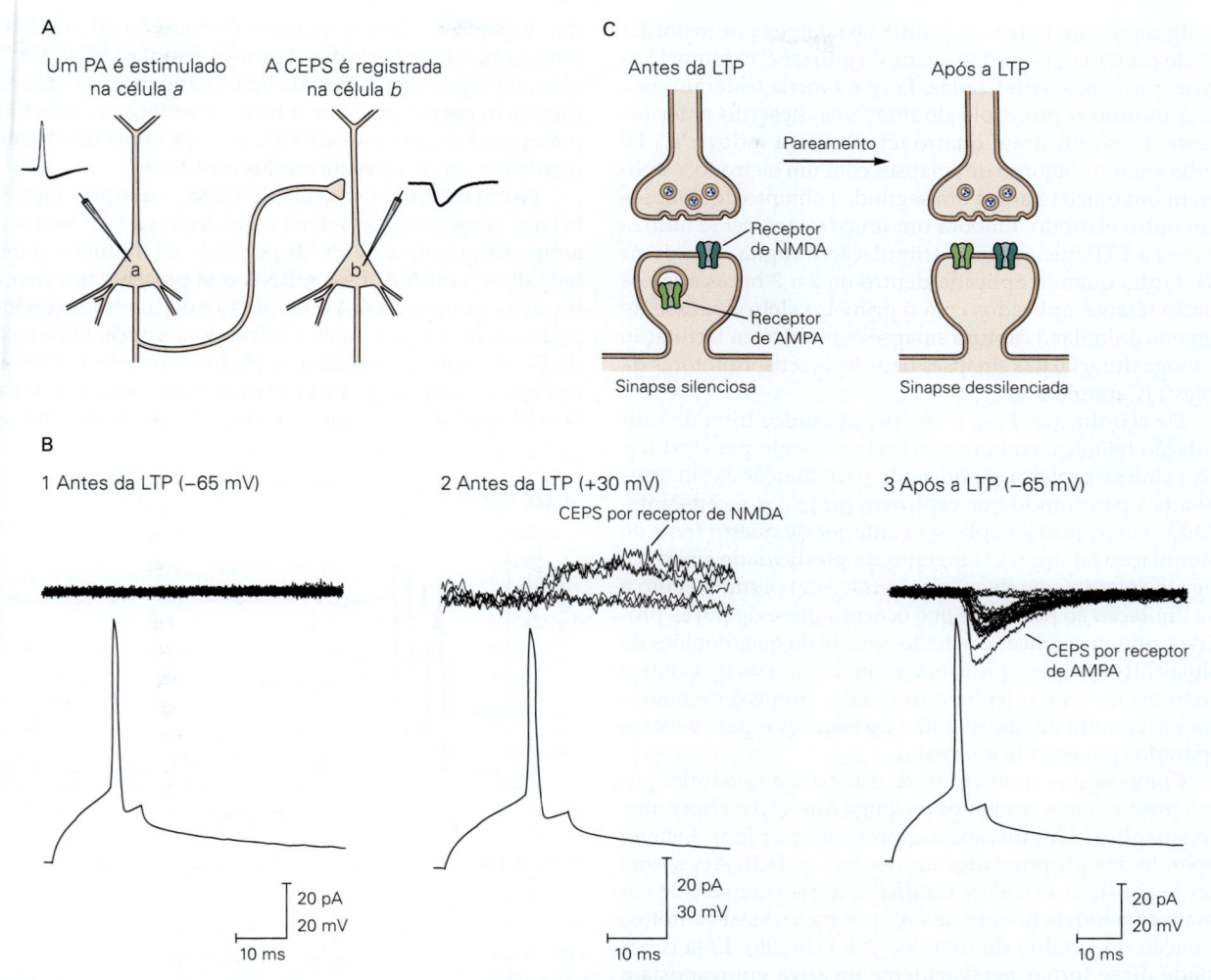

FIGURA 54-4 A adição de receptores do ácido α-amino-3-hidroxi-5-metil-4-isoxazolpropiônico (AMPA) a sinapses silenciosas durante a potenciação de longa duração (LTP).

A. Registros intracelulares são obtidos de um par de neurônios piramidais do hipocampo. Um potencial de ação (PA) é disparado no neurônio *a* por um pulso de corrente despolarizante, e a corrente excitatória pós-sináptica (CEPS) resultante produzida no neurônio *b* é registrada sob condições de fixação de voltagem.

B. Antes da indução da LTP, não há CEPS na célula *b* (traçados superiores) em resposta a um potencial de ação na célula *a* (traçados inferiores) quando o potencial de membrana do neurônio *b* está em seu potencial de repouso de −65 mV (**1**). Contudo, quando o neurônio *b* é despolarizado pela fixação da voltagem em +30 mV, os receptores *N*-metil-D-aspartato (**NMDA**) são ativados e CEPS lentos, característicos desses receptores, são observados (**2**). A LTP é então induzida pelo pareamento de potenciais de ação no neurônio *a* com despolarização pós-sináptica no neurônio *b* para liberar o bloqueio de Mg^{2+} dos receptores NMDA. Após esse pareamento, CESPs rápidos, iniciados pela ativação de receptores AMPA, são observados na célula *b* (**3**). (Reproduzida, com autorização, de Montgomery, Pavlidis e Madison, 2001. Copyright © 2001 Cell Press.)

C. Mecanismo para o dessilenciamento das sinapses silenciosas. Antes da LTP, o espinho dendrítico contatado por um terminal pré-sináptico de um neurônio de CA3 contém apenas receptores NMDA. Após a indução da LTP, vesículas intracelulares contendo receptores AMPA fundem-se com a membrana plasmática na sinapse, adicionando receptores AMPA à membrana.

de novos RNAs mensageiros (mRNAs) e proteínas. Como no caso da sensibilização do reflexo de retirada da brânquia na *Aplysia*, que também envolve AMPc, PKA e CREB (Capítulo 53), a LTP tardia na via da colateral de Schaffer é sinapse-específica. Quando dois conjuntos independentes de sinapses no mesmo neurônio de CA1 pós-sináptico são estimulados usando-se dois eletrodos espaçados por certa distância, a aplicação de quatro trens de estimulação tetânica a um conjunto de sinapses induz a LTP tardia apenas nas sinapses ativadas; a transmissão sináptica não é alterada no segundo conjunto de sinapses, que não foi estimulado.

Como pode a LTP tardia ser sinapse-específica se a transcrição e a maior parte da tradução ocorrem no corpo celular, de modo que novas proteínas recém-sintetizadas deveriam estar disponíveis para todas as sinapses da célula? Para explicar a especificidade sináptica, Uwe Frey e Richard Morris propuseram a hipótese da captura sináptica, na qual as sinapses que são ativadas durante um tétano são de algum modo marcadas (rotuladas), talvez por fosforilação de proteínas, o que lhes permite utilizar ("capturar") as novas proteínas sintetizadas. Frey e Morris testaram essa ideia usando o protocolo de duas vias descrito anteriormente. Eles utilizaram quatro tétanos para induzir a LTP tardia em um conjunto de sinapses com um eletrodo, e aplicaram um único tétano a um segundo conjunto de sinapses com outro eletrodo. Embora um único tétano *per se* induza apenas a LTP inicial, essa estimulação é capaz de induzir LTP tardia quando aplicada dentro de 2 a 3 horas após os quatro tétanos aplicados com o primeiro eletrodo. Esse fenômeno é similar à captura sinapse-específica da facilitação de longa duração nas sinapses neuronais sensorimotoras da *Aplysia* (Capítulo 53).

De acordo com Frey e Morris, um único trem de estimulação tetânica, embora não seja suficiente para induzir nova síntese proteica, é suficiente para marcar as sinapses ativadas, permitindo que capturem proteínas recém-sintetizadas em resposta à aplicação anterior de quatro trens de estimulação tetânica. O aumento da plasticidade sináptica que esse mecanismo de marcação (*tagging*) permite, junto a sua limitação ao período e que ocorre síntese de novas proteínas, podem explicar o achado recente de que reuniões de células hipocampais que armazenam memórias de eventos próximos no tempo tenham um maior número de neurônios em comum do que reuniões de neurônios para eventos separados por grande intervalos.

Como alguns breves trens de estimulação sináptica podem produzir tais aumentos de longa duração na transmissão sináptica? Um mecanismo proposto por John Lisman depende das propriedades únicas da CaMKII. Após uma breve exposição ao Ca^{2+}, a CaMKII pode ser convertida em uma forma independente de Ca^{2+} por meio de sua autofosforilação no resíduo de treonina 286 (Thr286). Essa capacidade de se tornar persistentemente ativa em resposta a um estímulo transitório de Ca^{2+} levou à sugestão de que a CaMKII poderia atuar como um interruptor molecular simples que pode prolongar a duração da LTP após sua ativação inicial.

Estudos de Todd Sacktor sugeriram que alterações com durações mais longas, que mantêm a LTP, podem depender de uma isoforma atípica da PKC, chamada PKMζ (PKM zeta). A maioria das isoformas de PKC contém tanto um domínio regulador quanto um domínio catalítico (Capítulo 14). A ligação de diacilglicerol, fosfolipídeos e Ca^{2+} ao domínio regulador alivia sua ligação inibitória ao domínio catalítico, permitindo que a PKC fosforile seus substratos proteicos. Em contraste, a PKMζ não apresenta um domínio regulador, sendo ativa de modo constitutivo.

Normalmente, os níveis de PKMζ no hipocampo são baixos. A estimulação tetânica que induz a LTP leva a um aumento na síntese de PKMζ por meio da tradução aumentada de seu mRNA. Esse mRNA está presente nos dendritos de neurônios de CA1, de modo que sua tradução local pode alterar rapidamente a eficácia sináptica. O bloqueio de PKMζ com um inibidor peptídico durante a estimulação tetânica bloqueia a LTP tardia, mas não a LTP inicial. Se o bloqueador é aplicado diversas horas após a indução

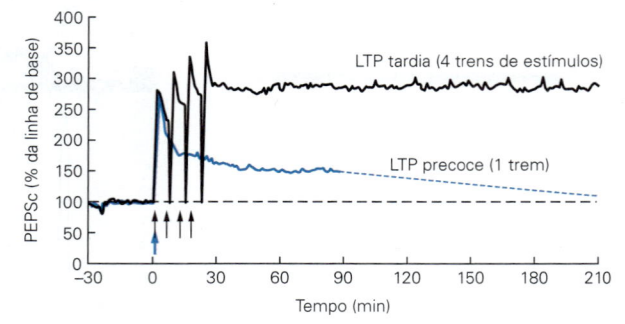

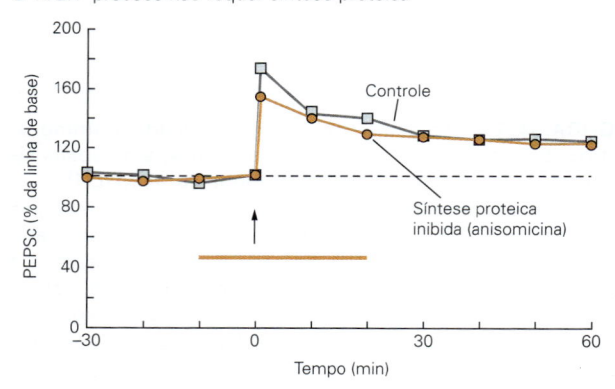

FIGURA 54-5 A potenciação de longa duração (LTP) na área CA1 do hipocampo possui duas fases: a inicial e a tardia.
A. A LTP inicial é induzida por um único tétano de 100 Hz que dura 1 segundo, enquanto a LTP tardia é induzida por quatro tétanos administrados com dez minutos de intervalo. A fase inicial da LTP do potencial excitatório pós-sináptico de campo (**PEPSc**) dura apenas de uma a duas horas, enquanto a LTP tardia dura mais de oito horas (apenas as primeiras 3,5 horas são mostradas).
B. A LTP inicial, induzida por um tétano, não é bloqueada por anisomicina (**barra**), um inibidor da síntese proteica.
C. A LTP tardia, normalmente induzida por três trens de estímulos, é bloqueada por anisomicina. (Três ou quatro trens podem ser utilizados para induzir a LTP tardia.) (Painéis B e C são reproduzidos, com autorização, de Huang e Kandel, 1994.)

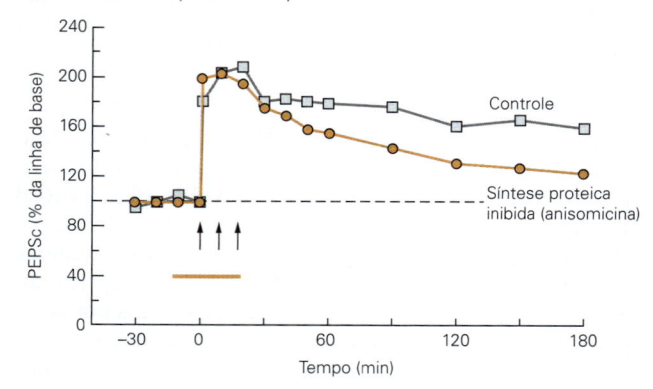

da LTP, a LTP tardia que havia sido estabelecida é revertida. Esse resultado indica que a manutenção da LTP tardia requer a atividade continuada da PKMζ para manter o aumento de receptores AMPA na membrana pós-sináptica (**Figura 54-3**). Uma segunda isoforma atípica de PKC pode substituir a PKMζ em certas condições, o que pode explicar o surpreendente achado de que a deleção genética da PKMζ apresenta pouco efeito sobre a LTP tardia.

Formas de proteínas-cinases ativas de modo constitutivo podem não ser o único mecanismo para a manutenção de alterações sinápticas de longa duração no hipocampo. A estimulação repetida pode levar à formação de novas conexões sinápticas, assim como a facilitação de longa duração leva à formação de novas sinapses durante o aprendizado na *Aplysia*. Além disso, alterações sinápticas de longa duração envolvem, provavelmente, mudanças epigenéticas na estrutura da cromatina. Durante a LTP tardia, a CREB fosforilada ativa a expressão gênica, recrutando a proteína de ligação à CREB (CBP, do inglês *CREB binding protein*), que atua como histona-acetilase, transferindo um grupo acetila para resíduos específicos de lisina nas proteínas histonas, produzindo assim alterações de longa duração na expressão gênica. Mutações na CBP prejudicam a LTP tardia e o aprendizado e a memória em camundongos. Em humanos, mutações de novo no gene da CBP são responsáveis pela síndrome de Rubinstein-Taybi, um transtorno do desenvolvimento associado a prejuízo intelectual. Outros estudos implicam um segundo mecanismo epigenético, a metilação do DNA, na plasticidade sináptica de longa duração e no aprendizado e na memória.

A plasticidade dependente do tempo de disparo fornece um mecanismo mais natural para a alteração da eficácia sináptica

Sob a maioria das circunstâncias, os neurônios hipocampais não produzem os trens de potenciais de ação de alta frequência em geral usados para induzir a LTP experimentalmente..Contudo, uma forma de LTP chamada plasticidade dependente do momento de disparo (STDP, do inglês *spike-timing-dependent plasticity*), pode ser induzida por um mecanismo mais natural de atividade, no qual um único estímulo pré-sináptico é pareado com o disparo de um único potencial de ação na célula pós-sináptica em uma frequência relativamente baixa (p. ex., um par por segundo ao longo de diversos segundos). No entanto, a célula pré-sináptica deve disparar imediatamente antes que a pós-sináptica dispare. Se, ao contrário, a célula pós-sináptica dispara logo antes do PEPS, ocorre uma redução de longa duração no tamanho do PEPS. Essa *depressão de longa duração* da transmissão sináptica representa uma forma de plasticidade sináptica distinta da LTP e será descrita mais detalhadamente a seguir. Se o potencial de ação pós-sináptico ocorre mais de uma centena de milissegundos antes ou depois do PEPS, a eficácia sináptica não é alterada.

As regras de pareamento para a STDP estão de acordo com o postulado de Hebb, e resultam em grande parte das propriedades cooperativas do receptor-canal NMDA. Se o potencial de ação pós-sináptico ocorrer durante o PEPS, ele é capaz de liberar o bloqueio do canal pelo Mg^{2+} em um momento que o receptor de NMDA tenha sido ativado pela ligação do glutamato. Isso leva a um maior influxo de Ca^{2+} através do receptor e à indução da STDP. No entanto, se o potencial de ação pós-sináptico ocorrer antes da liberação pré-sináptica de glutamato, qualquer liberação do bloqueio pelo Mg^{2+} ocorrerá quando o portão do receptor estiver fechado, devido à ausência de glutamato. Como resultado, haverá apenas um pequeno influxo de Ca^{2+} através do receptor, insuficiente para induzir uma STDP.

A potenciação de longa duração no hipocampo tem propriedades que a tornam útil como mecanismo para o armazenamento da memória

A LTP dependente do receptor NMDA na via das colaterais de Schaffer, e em outras vias hipocampais, tem três propriedades diretamente relevantes para o aprendizado e para a memória (**Figura 54-6**). Primeiro, a LTP nessas vias requer a ativação quase simultânea de um grande número de axônios aferentes, uma característica denominada *cooperatividade* (**Figura 54-6**). Essa necessidade deriva do fato de que a liberação do bloqueio do receptor-canal NMDA pelo Mg^{2+} requer uma grande despolarização, obtida apenas quando a célula pós-sináptica recebe sinais de entrada de um grande número de células pré-sinápticas.

Segundo, a LTP nas sinapses com receptores-canais NMDA é *associativa*. Um sinal de entrada pré-sináptico fraco normalmente não produz despolarização pós-sináptica suficiente para induzir uma LTP. Contudo, se o estímulo fraco for pareado com um estímulo de entrada forte que produz despolarização supraliminar, a marcante despolarização resultante se propagará até a sinapse com os sinais fracos de entrada, levando à remoção do bloqueio de Mg^{2+} nos receptores NMDA e à indução da LTP naquela sinapse.

Terceiro, a LTP dependente do receptor NMDA é *sinapse-específica*. Se determinada sinapse não for ativada durante um período de forte estimulação sináptica, os receptores NMDA naquele sítio não serão capazes de ligar glutamato e, assim, não serão ativados, apesar da forte despolarização pós-sináptica. Como resultado, aquela sinapse não produzirá uma LTP.

Cada uma dessas três propriedades – cooperatividade, associatividade e especificidade para a sinapse – representa um componente chave do próprio armazenamento da memória. A cooperatividade assegura que apenas eventos de alto grau de significância, aqueles que ativam sinais de entrada suficientes, resultarão em armazenamento da memória. A associatividade, como o condicionamento associativo pavloviano, permite que um evento (ou estímulo condicionado) que tem pouco significado por si só possa ser dotado de um grau mais alto de significado se ocorrer logo antes ou simultaneamente a outro evento mais significativo (um estímulo incondicionado). Em uma rede com fortes conexões recorrentes, como em CA3, a LTP associativa permite que um padrão de atividade em um grupo de células seja ligado a um padrão distinto de atividade em um grupo separado, mas parcialmente sobreposto, de células sinapticamente acopladas. Acredita-se que tais ligações em agrupamentos celulares permitem que eventos relacionados se associem uns aos outros, sendo importantes para o armazenamento

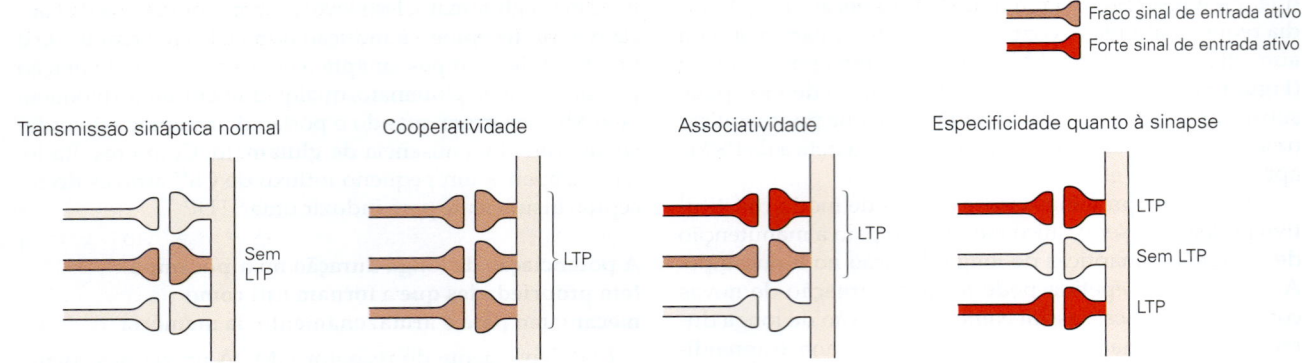

FIGURA 54-6 Potenciação de longa duração (LTP) em neurônios piramidais de CA1 do hipocampo mostrando cooperatividade, associatividade e especificidade quanto à sinapse. Com transmissão sináptica normal, um único potencial de ação em um ou poucos axônios (sinal de entrada fraco) leva a um pequeno potencial excitatório pós-sináptico (PEPS) que é insuficiente para expelir o Mg^{2+} do poro dos receptores-canais N-metil-D-aspartato (NMDA), não podendo induzir a LTP. Isso assegura que estímulos irrelevantes não sejam lembrados. A ativação quase simultânea de diversos sinais de entrada fracos durante uma ativação forte (cooperatividade) produz um PEPS supralimiar, que aciona o disparo de um potencial de ação e resulta em LTP em todas as vias. A estimulação em conjunto de sinais de entrada fortes e fracos (associatividade) causa LTP em ambas as vias. Desse modo, um sinal de entrada fraco torna-se significativo quando pareado com um sinal poderoso. Uma sinapse não estimulada não apresentará LTP, apesar da forte estimulação das sinapses vizinhas. Isso assegura que memórias sejam armazenadas de modo seletivo em sinapses ativas (especificidade quanto à sinapse).

e a evocação de grande variedade de experiências, como ocorre com a memória explícita. Finalmente, a especificidade sináptica assegura que sinapses que recebem sinais de entrada com informações não relacionadas a determinado evento não sejam reforçadas. A especificidade sináptica é crítica quando grandes quantidades de informação devem ser armazenadas em uma rede, pois muito mais informações podem ser armazenadas em uma célula por meio de alterações funcionais em sinapses individuais do que por alterações globais em certa propriedade da célula, como sua excitabilidade.

A memória espacial depende da potenciação de longa duração

A potenciação de longa duração é uma alteração induzida de modo experimental na eficácia sináptica, produzida por estimulação forte e direta de vias neurais. Essa forma de plasticidade sináptica, ou alguma forma relacionada, ocorre fisiologicamente durante o armazenamento da memória explícita? Se assim for, o quão importante ela é para o armazenamento da memória explícita no hipocampo?

Até agora, um grande número de abordagens experimentais tem mostrado que a inibição da LTP interfere na memória espacial. Em um estudo, um camundongo é colocado em um tanque preenchido com um fluido opaco (o labirinto aquático de Morris); para escapar do líquido, o camundongo deve nadar até encontrar uma plataforma oculta, submersa no fluido. O animal é largado de uma posição aleatória dentro do tanque e, inicialmente, encontra a plataforma por acaso. Contudo, em tentativas subsequentes, o camundongo rapidamente aprende a localizar a plataforma, e então lembra de sua posição com base em informações espaciais distais – marcas nas paredes da sala onde o tanque está localizado. Essa tarefa requer o hipocampo. Em uma versão não espacial desta tarefa, com dicas ou pistas detectáveis, a plataforma pode estar elevada acima da superfície da água ou marcada com uma bandeira, de modo que esteja visível e permita que o camundongo navegue diretamente até ela, usando vias nervosas que não requerem o hipocampo.

Quando os receptores NMDA são bloqueados por um antagonista farmacológico injetado no hipocampo imediatamente antes do treino de um animal no labirinto aquático de Morris, o animal não é capaz de lembrar a localização da plataforma oculta utilizando informação espacial, mas pode encontrá-la na versão da tarefa com a dica visível. Esses experimentos sugerem, então, que algum mecanismo envolvendo os receptores NMDA no hipocampo, talvez a LTP, esteja envolvido no aprendizado espacial. Contudo, se um bloqueador do receptor NMDA for injetado no hipocampo *após* o animal ter aprendido uma tarefa de memória espacial, isso não impede a evocação subsequente da memória para aquela tarefa. Isso é consistente com achados de que os receptores NMDA são necessários para a indução, mas não para a manutenção da LTP.

Evidências mais diretas para a correlação entre a formação da memória e a LTP vêm de experimentos com camundongos mutantes que apresentam alterações genéticas as quais interferem com a LTP. Uma mutação interessante é produzida pelo nocaute genético da subunidade NR1 do receptor de NMDA. Neurônios que não produzem essa subunidade não conseguem formar receptores de NMDA funcionais. Camundongos com um nocaute geral da subunidade morrem logo após o nascimento, mostrando a importância desses receptores para a função neural. Contudo, é possível gerar linhagens de camundongos com mutações condicionais, em que o cancelamento do gene NR1 está restrito aos neurônios piramidais de CA1 do hipocampo, ocorrendo apenas de uma a duas semanas após o nascimento (ver Capítulo 2, **Figura 2-8**, para uma descrição de como é gerada essa linhagem de camundongos). Esses camundongos sobrevivem até a idade adulta e exibem uma perda da LTP na via das colaterais de Schaffer. Embora essa disrupção seja altamente localizada, os camundongos mutantes apresentam uma grave deficiência na memória espacial (**Figura 54-7**).

Em alguns casos, alterações genéticas podem de fato acentuar tanto a LTP hipocampal quanto o aprendizado e memória espaciais. Um dos primeiros exemplos de tal facilitação vem do estudo de um camundongo mutante com alta expressão da subunidade NR2B do receptor NMDA. Essa subunidade costuma estar presente em sinapses hipocampais nos estágios iniciais do desenvolvimento, mas tem sua expressão reduzida em adultos. Os receptores que incluem essa subunidade permitem maior influxo de Ca^{2+} que aqueles que não têm tal subunidade. Em camundongos mutantes com alta expressão da subunidade NR2B, a LTP é aumentada, presumivelmente devido ao maior influxo de Ca^{2+}. É importante observar que também são facilitados o aprendizado e a memória para diversas tarefas diferentes (**Figura 54-8**).

Uma questão a respeito dos nocautes gênicos ou da expressão de transgenes é que tais mutações poderiam levar a anormalidades sutis durante o desenvolvimento. Ou seja, alterações na LTP ou na memória espacial nos animais mutantes poderiam ser o resultado de uma alteração anterior nos circuitos hipocampais, ocorrida durante o desenvolvimento, e não de uma alteração nos mecanismos básicos da LTP. Essa possibilidade pode ser investigada mediante o "ligar" e o "desligar" reversível de um transgene que interfere na LTP.

A expressão gênica reversível (também chamada de condicional) tem sido usada para investigar o papel da CaMKII, cujas propriedades de autofosforilação e função na LTP foram discutidas anteriormente neste capítulo (ver também Capítulo 2, **Figura 2-9**, para uma descrição da metodologia). A mutação na qual a Thr286 do sítio de autofosforilação é substituída por um resíduo do aminoácido aspartato negativamente carregado mimetiza o efeito da autofosforilação da Thr286, convertendo a CaMKII em uma forma independente do cálcio. A expressão transgênica dessa mutação dominante da CaMKII (CaMKII-Asp286) resulta em uma mudança sistemática na relação entre a frequência de um tétano e a alteração resultante na eficácia (força) sináptica durante a plasticidade de longa duração.

Nos camundongos transgênicos, uma estimulação tetânica numa frequência intermediária de 10 Hz, que normalmente induz pouca LTP, induz uma depressão de longa duração da transmissão sináptica na via da colateral de Schaffer (**Figura 54-9A**). Em contraste, os camundongos transgênicos mostraram LTP normal após um tétano de 100 Hz. O defeito na plasticidade sináptica com estimulação de 10 Hz está associado a uma incapacidade do camundongo mutante de se lembrar de tarefas espaciais. No entanto, os defeitos na indução de LTP e na memória espacial podem ser completamente revertidas quando o gene mutante é "desligado" no adulto, mostrando que o defeito da memória não se deve a uma anomalia do desenvolvimento (**Figura 54-9**).

Esses vários experimentos utilizando nocautes restritos, expressão aumentada do receptor de NMDA e superexpressão regulada da CaMKII-Asp286 tornam claro que as vias moleculares importantes para a LTP nas sinapses das colaterais de Schaffer também são necessárias para a memória espacial. Contudo, tais resultados não mostram diretamente que o aprendizado e a memória espacial estão de fato associados a um aumento na transmissão sináptica hipocampal. Mark Bear e seus colaboradores investigaram essa questão monitorando a força da transmissão sináptica nas sinapses das colaterais de Schaffer *in vivo* em ratos.

Registros da força sináptica foram feitos utilizando-se um conjunto de eletrodos extracelulares para estimular as aferências da colateral de Schaffer, e outro conjunto para registrar os PEPS de campo extracelulares em várias localizações. Ratos foram então treinados para evitar um dos lados de uma caixa pela administração de um choque nas patas; os PEPS de campo foram medidos após o treino, mostrando um aumento pequeno mas significativos na amplitude da transmissão sináptica em um subconjunto de eletrodos de registro. O aumento da transmissão sináptica durante o aprendizado resulta da LTP ou de algum outro mecanismo? Uma vez que a quantidade de LTP possível de ser produzida em uma sinapse é finita, se é verdade que o aprendizado recruta um processo do tipo LTP, então a capacidade de induzir LTP por estimulação tetânica após o aprendizado deveria estar reduzida. E, de fato, Bear e seus colegas descobriram que a magnitude da LTP está diminuída naqueles sítios de registro onde o treino comportamental produziu o maior aumento nos PEPS de campo. Esse resultado é similar aos achados na amígdala, onde o aprendizado de medo reduz a magnitude da LTP induzida pela estimulação tetânica subsequente.

Se mudanças do tipo LTP ocorrem durante a formação da memória no hipocampo, o esperado seria que tais alterações ocorressem apenas em um pequeno subconjunto das sinapses, ou seja, naquelas que participam no armazenamento daquela memória em particular. Memórias diferentes provavelmente correspondem a diferentes agrupamentos de células com interconexões sinápticas reforçadas. Se isso fosse verdade, contudo, as memórias hipocampais deveriam ser vulneráveis a perturbações por manipulações que alterassem indiscriminadamente a força sináptica dentro da rede como um todo. Para testar essa ideia, os pesquisadores induziram LTP em todo o giro denteado *após* o treino de aprendizado espacial na tarefa de labirinto aquático, que é dependente de hipocampo. Esse protocolo de fato prejudica a memória do animal quanto à localização do objetivo no labirinto aquático. Animais controle, nos quais se administram antagonistas do receptor NMDA após o aprendizado, mas antes de estimulação de alta frequência, apresentaram memória espacial normal. Esses resultados indicam que o prejuízo da memória era produzido especificamente como consequência de LTP indiscriminada, o que provavelmente perturba o padrão específico de sinapses fortes e fracas que codifica a memória da localização do objetivo.

Finalmente, embora a maior parte dos testes comportamentais envolvendo LTP tenham usado tarefas de aprendizado espacial para averiguar a memória, os estudos também têm mostrado que receptores NMDA e, por inferência, a LTP, são necessários para uma variedade de memórias explícitas dependentes do hipocampo. Quando receptores NMDA na área CA1 são bloqueados, camundongos não são capazes de adquirir uma tarefa não espacial de reconhecimento de objetos, aprender discriminação complexa de odores ou se submeter à transmissão social da preferência por um alimento, na qual um animal aprende a aceitar um novo alimento pela observação de um coespecífico (outro animal de sua espécie) consumindo o mesmo alimento. Assim, a LTP dependente dos receptores NMDA é provavelmente necessária para muitas, senão todas as formas de memória explícita no hipocampo (muitas das quais incluem um elemento de reconhecimento espacial).

O armazenamento da memória explícita também depende da depressão de longa duração da transmissão sináptica

Se as conexões sinápticas pudessem apenas ser reforçadas e nunca atenuadas, a transmissão sináptica poderia saturar rapidamente – a força das conexões sinápticas poderia alcançar um ponto além do qual reforços adicionais não seriam mais possíveis. Além disso, o reforço sináptico uniforme poderia levar a uma perda da especificidade da memória, com uma memória interferindo em outra. Ainda assim, os animais são capazes de aprender, armazenar e evocar novas memórias durante toda a vida. Esse paradoxo levou à sugestão de que os neurônios devem possuir mecanismos que diminuam a função sináptica de modo a contrabalançar a LTP.

Tal mecanismo inibitório, chamado de *depressão de longa duração* (LTD), foi descoberto inicialmente no cerebelo, onde é importante para o aprendizado motor. Desde então, a LTD também foi caracterizada em diversas sinapses dentro do hipocampo. Enquanto a LTP é tipicamente induzida por um breve tétano de alta frequência, a LTD é induzida por estimulação sináptica prolongada de baixa frequência (**Figura 54-10A**). Como mencionado acima, ela também pode ser induzida por um protocolo de pareamento de potenciais de ação no qual um PEPS é evocado *após* um potencial de ação na célula pós-sináptica. Isso sugere um corolário para a regra do aprendizado de Hebb: sinapses ativas que não contribuem para o disparo de uma célula acabam sendo enfraquecidas. Como no caso da LTP, diversos mecanismos moleculares e sinápticos são acionados durante a indução e na expressão da LTD.

Surpreendentemente, muitas formas de LTD requerem a ativação dos mesmos receptores envolvidos na LTP, ou seja, os receptores NMDA (**Figura 54-10A**). Como pode a ativação de um único tipo de receptor produzir tanto potenciação quanto depressão? Uma diferença chave pode ser observada nos protocolos experimentais utilizados para induzir LTP ou LTD. Em comparação à estimulação de alta frequência utilizada para induzir a LTP, o tétano de baixa frequência usado para induzir a LTD produz uma despolarização pós-sináptica relativamente modesta, que é, portanto, muito menos efetiva em remover o bloqueio de Mg^{2+} dos receptores NMDA. Como resultado, qualquer aumento na concentração de Ca^{2+} na célula pós-sináptica é muito menor que o aumento observado durante a indução da LTP, sendo assim insuficiente para ativar a CaMKII, a enzima implicada na LTP. Por sua vez, a LTD pode resultar da ativação da

FIGURA 54-7 A potenciação de longa duração (LTP) e o aprendizado e a memória espaciais são prejudicados em camundongos que não apresentam o receptor *N*-metil-D-aspartato (NMDA) na área CA1 do hipocampo. (Reproduzida, com autorização, de Tsien, Huerta e Tonegawa, 1996.)
A. Uma linhagem de camundongos é criada, na qual o gene que codifica a subunidade NR1 do receptor NMDA é deletada seletivamente em neurônios piramidais de CA1. Hibridização *in situ* é utilizada para detectar mRNA para a subunidade NR1 em fatias hipocampais de camundongos do tipo selvagem e mutantes, que contêm dois alelos NR1 "floxados" e expressam a Cre-recombinase sob controle do promotor do gene *CaMKIIα*. Observa-se que a expressão de mRNA para NR1 (**em coloração escura**) está muito reduzida na área CA1 do hipocampo, mas não em CA3 e no giro denteado (**GD**).
B. A LTP é abolida nas sinapses da colateral de Schaffer em CA1 desses camundongos. Potenciais excitatórios pós-sinápticos de campo (**PEPSc**) são registrados em resposta à estimulação de colaterais de Schaffer. Uma estimulação tetânica de 100 Hz durante um segundo (**seta**) causou uma forte potenciação nos camundongos selvagens, mas falhou em induzir a LTP nos camundongos nocaute para o receptor NMDA (**mutantes**).
C. Camundongos que não apresentam o receptor NMDA em neurônios piramidais de CA1 apresentam prejuízo na memória espacial. Uma plataforma (**quadrado tracejado**) está submersa em um fluido opaco dentro de um tanque circular (um labirinto aquático de Morris). Para evitar que permaneçam na água, os camundongos devem encontrar a plataforma usando dicas espaciais (contextuais) nas paredes que cercam o tanque e subir nela. O gráfico mostra as latências de esquiva (o tempo necessário para os camundongos encontrarem a plataforma escondida em tentativas sucessivas) em tentativas sucessivas. Os camundongos mutantes apresentam maior latência de esquiva em cada bloco de tentativas (quatro tentativas por dia) do que os camundongos do tipo selvagem. Além disso, após 12 dias de treino, os camundongos mutantes não alcançam um desempenho ideal, como aquele obtido pelos camundongos do grupo controle, embora apresentem certa melhora no desempenho com o treino.
D. Após os camundongos serem treinados no labirinto de Morris, a plataforma é removida. Nesse teste, os camundongos do tipo selvagem passam um tempo muito maior no quadrante que anteriormente continha a plataforma (o quadrante-alvo), indicando que lembram a localização da plataforma. Camundongos mutantes passam um mesmo período de tempo (25%) em todos os quadrantes; isto é, apresentam um desempenho ao acaso, indicando memória deficiente.

Capítulo 54 • Hipocampo e as bases neurais do armazenamento da memória explícita

A A ação da Cre-recombinase é restrita à região CA1

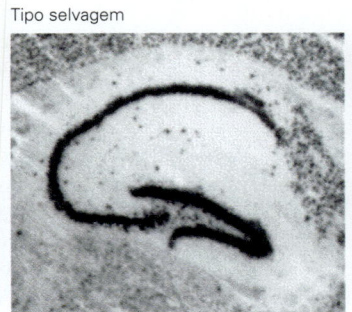

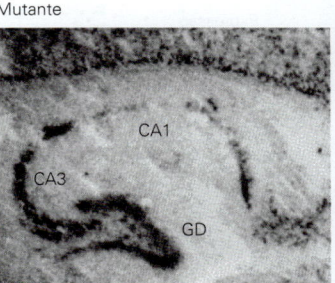

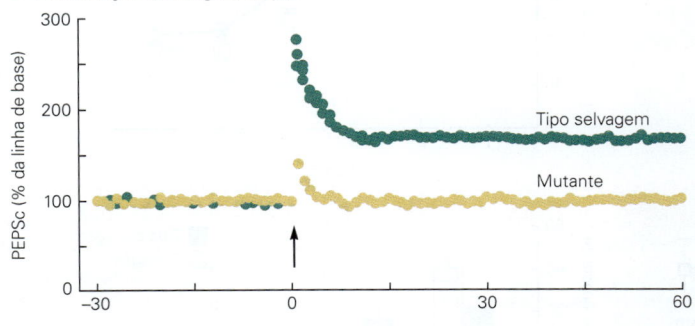

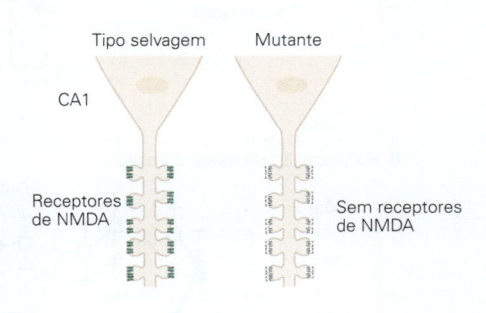

Tipo selvagem

Mutante

B Potenciação de longa duração

C Aprendizado no labirinto aquático de Morris

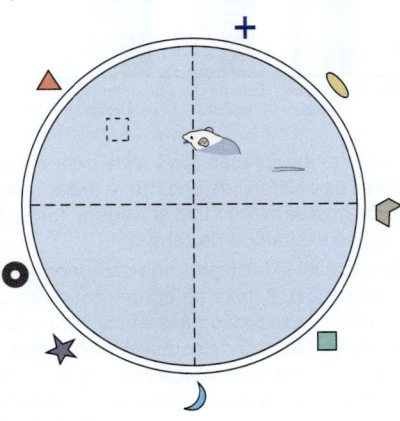

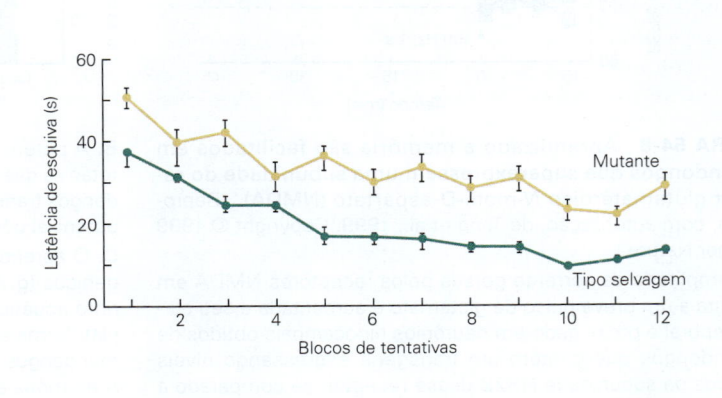

D Teste da memória

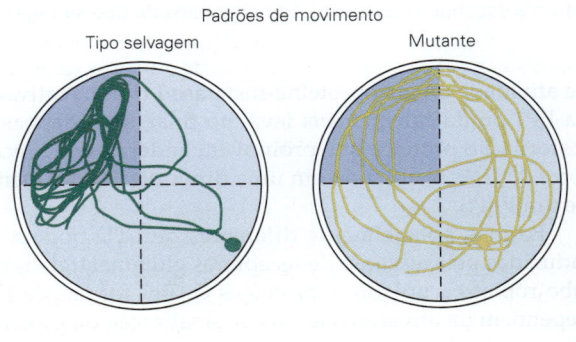

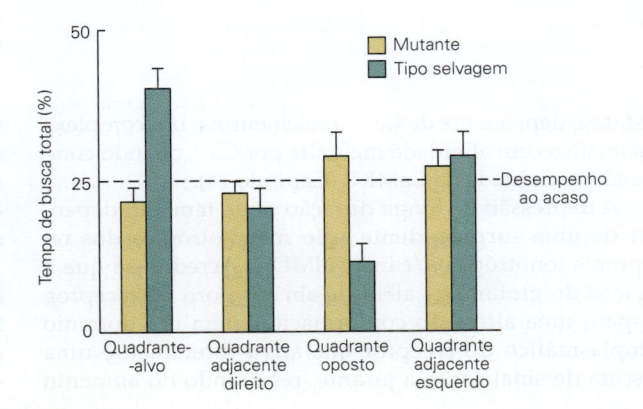

Padrões de movimento

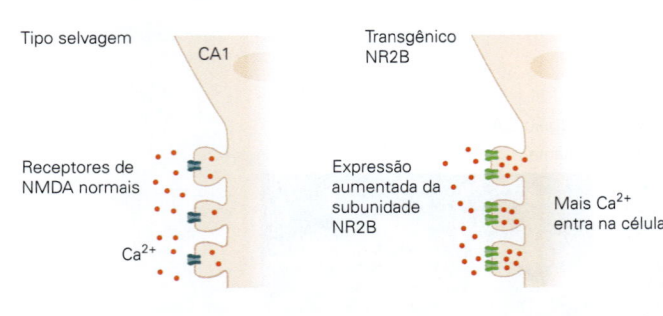

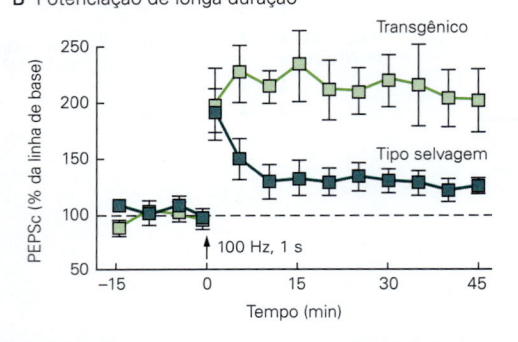

FIGURA 54-8 Aprendizado e memória são facilitados em camundongos que superexpressam uma subunidade do receptor glutamatérgico *N*-metil-D-aspartato (NMDA). (Reproduzida, com autorização, de Tang et al., 1999. Copyright © 1999 Springer Nature.)

A. A amplitude da corrente gerada pelos receptores NMDA em resposta a um breve pulso de glutamato é aumentada e seu curso temporal é prolongado em neurônios hipocampais obtidos de camundongos que contém um transgene expressando níveis elevados da subunidade NR2B desse receptor, se comparado a camundongos do tipo selvagem.

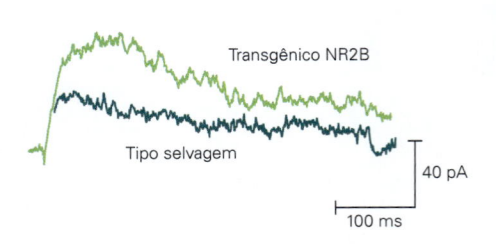

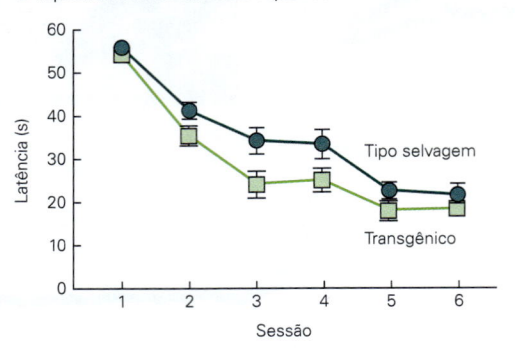

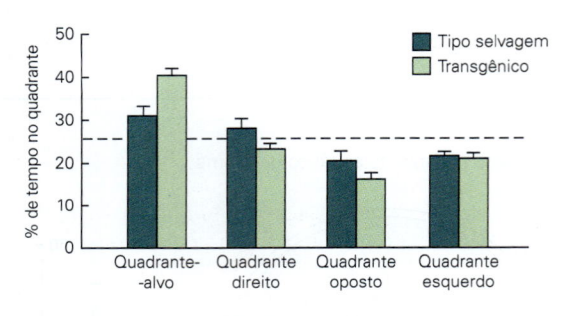

B. A potenciação de longa duração produzida pela estimulação tetânica das sinapses da colateral de Schaffer é maior nos camundongos transgênicos do que nos do tipo selvagem. (Sigla: **PEPSc**, potencial pós-sináptico excitatório de campo.)

C. O aprendizado espacial é facilitado nos camundongos transgênicos (**gráfico superior**). A taxa de aprendizado em um labirinto aquático de Morris (a redução na latência para encontrar a plataforma escondida ou latência de esquiva) é acelerada nos camundongos transgênicos em comparação aos do tipo selvagem. A memória espacial também está aumentada nos camundongos transgênicos (**gráfico inferior**). No teste, esses animais passam mais tempo no quadrante-alvo, que previamente continha a plataforma escondida, do que os camundongos do tipo selvagem.

---

fosfatase dependente de Ca^{2+}, a calcineurina, um complexo enzimático com afinidade mais alta por Ca^{2+}, quando comparada à afinidade da CaMKII (Capítulo 14).

A depressão de longa duração pode também depender de uma surpreendente ação metabotrópica dos receptores ionotrópicos/canais NMDA. Acredita-se que a ligação do glutamato, além de abrir o poro do receptor, dispara uma alteração conformacional em um domínio citoplasmático do receptor que ativa diretamente uma cascata de sinalização a jusante, resultando no aumento da atividade da fosfoproteína-fosfatase 1 (PP1). A ativação da PP1 ou da calcineurina leva, no final, a mudanças na fosforilação proteica que promovem endocitose de receptores AMPA, resultando em uma diminuição no tamanho de um PEPS.

Formas notavelmente diferentes de LTD podem ser induzidas pela ativação de receptores glutamatérgicos metabotrópicos acoplados a proteínas G. Tais formas de LTD dependem da ativação das vias de sinalização da proteína-cinase ativada por mitógenos (MAP; Capítulo 14), e não da

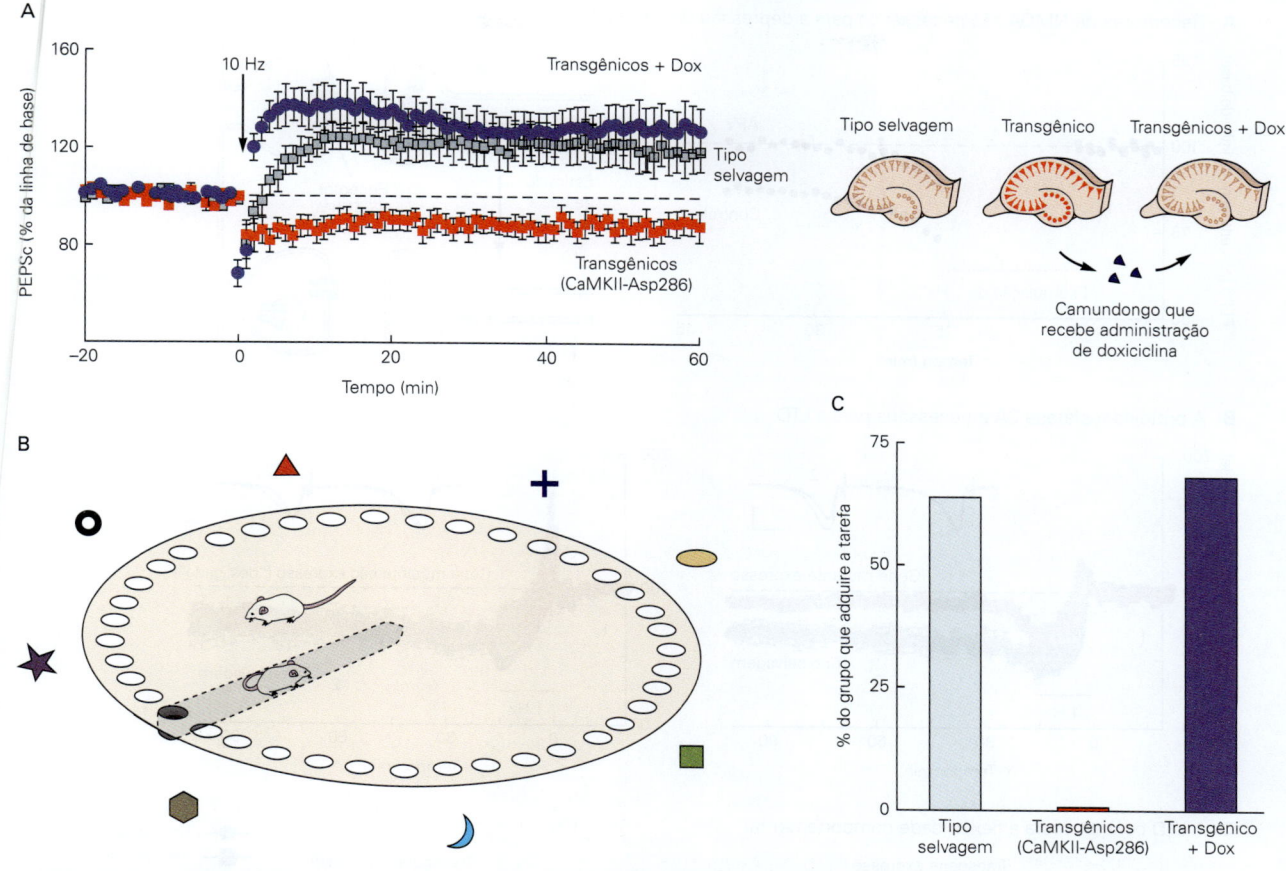

FIGURA 54-9 Déficits na potenciação de longa duração (LTP) e na memória espacial devidos a um transgene são reversíveis. (Reproduzida, com autorização, de Mayford et al., 1996.)

A. Um déficit na LTP é observado em fatias hipocampais de camundongos transgênicos que expressam maior quantidade de uma forma constitutivamente ativa da CaMKII, a cinase CaMKII-Asp286. A expressão desse transgene é ativada por um segundo transgene, o fator de transcrição bacteriano tTA, que é inibido pelo antibiótico doxiciclina (**Dox**) (ver Capítulo 2, **Figura 2-9**, para uma descrição completa). Quatro grupos de camundongos foram testados: camundongos transgênicos que receberam administração de doxiciclina, que bloqueia a expressão da cinase; camundongos transgênicos que não receberam doxiciclina, nos quais a cinase é expressa; e camundongos do tipo selvagem que receberam ou não doxiciclina. Nos camundongos do tipo selvagem, um tétano de 10 Hz induz a LTP, e a doxiciclina não tem efeito (dados não mostrados). Nos camundongos transgênicos, o tétano falha na indução da LTP, mas causa uma leve depressão sináptica. Nos camundongos transgênicos que receberam doxiciclina, o déficit na LTP é revertido. (Sigla: **PEPSc**, potencial pós-sináptico excitatório de campo.)

B. O efeito da cinase na memória espacial foi testado em um labirinto de Barnes. Esse labirinto consiste em uma plataforma com 40 buracos, um dos quais leva a um túnel de escape, que permite que o camundongo deixe a plataforma. O animal é colocado no centro da plataforma. Camundongos não gostam de espaços abertos e iluminados, de modo que tentam escapar da plataforma procurando o buraco que leva ao túnel de escape. O modo mais eficiente para o camundongo aprender e lembrar a localização desse buraco (e a única maneira de alcançar o critério estabelecido para essa tarefa pelo pesquisador) é pela utilização de marcas distintas nas quatro paredes como dicas espaciais, demonstrando assim memória espacial dependente do hipocampo.

C. Camundongos transgênicos que recebem doxiciclina apresentam desempenho tão bom quanto os do tipo selvagem na tarefa do labirinto de Barnes (cerca de 65% dos animais aprendem a tarefa), enquanto camundongos transgênicos que não recebem doxiciclina (que, assim, expressam a CaMKII-Asp286) não aprendem a tarefa.

ativação de fosfatases. Essas formas de LTD levam à redução na transmissão sináptica por meio de um decréscimo na liberação de glutamato a partir dos terminais pré-sinápticos, bem como mediante alterações no tráfego de receptores AMPA nas células pós-sinápticas.

Muito menos se conhece sobre o papel da LTD no comportamento do que acerca da LTP, mas uma ideia começa a ficar clara a partir de estudos em camundongos usando um transgene que expressa um inibidor da proteína-fosfatase. A LTD que depende de receptores NMDA é inibida quando o transgene é expresso, mas ocorre normalmente quando a expressão do transgene é suprimida (**Figura 54-10B**). A expressão do transgene não afeta a LTP ou formas de LTD que envolvam receptores glutamatérgicos metabotrópicos. Camundongos que expressam esse transgene apresentam aprendizado normal na primeira vez em que são testados

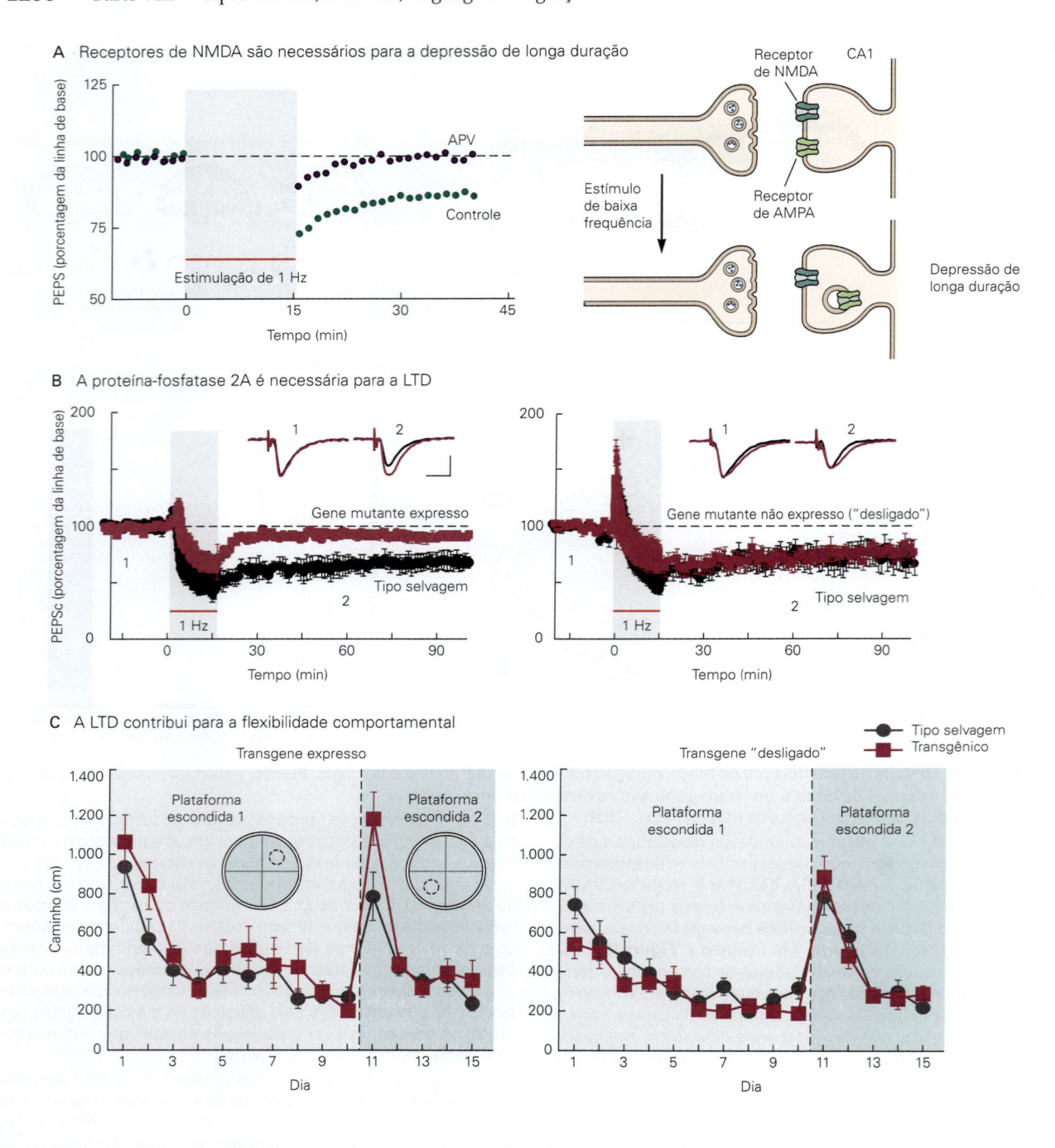

A Receptores de NMDA são necessários para a depressão de longa duração

B A proteína-fosfatase 2A é necessária para a LTD

C A LTD contribui para a flexibilidade comportamental

no labirinto de Morris. Contudo, quando esses mesmos camundongos são testados após a plataforma escondida ter sido movida para uma nova localização, eles apresentam uma menor capacidade de aprender a nova localização e tendem a perseverar na busca pela plataforma em locais próximos à localização previamente aprendida (**Figura 54-10C**). Assim, a LTD pode ser necessária não apenas para impedir a saturação pela LTP, mas também para favorecer a flexibilidade no armazenamento da memória e a especificidade de sua evocação. Estudos sobre medo condicionado sugerem que a LTD na amígdala pode ser importante para a reversão do medo aprendido.

A memória é armazenada em agrupamentos celulares

Se, por um lado, há um acúmulo de evidências acerca da relação entre plasticidade sináptica de longa duração e formação da memória, por outro, sabemos muito menos sobre como processos celulares específicos – como a LTP – permitem a formação da memória. Isso reflete as limitações de nosso conhecimento sobre o funcionamento dos circuitos neurais e como as memórias poderiam estar neles representadas fisicamente. A raiz dos principais modelos teóricos para o armazenamento de memórias em circuitos neurais

FIGURA 54-10 A depressão de longa duração da transmissão sináptica requer receptores *N*-metil-D-aspartato (**NMDA**) e atividade de fosfatase.

A. A estimulação prolongada de baixa frequência (1 Hz por 15 minutos) das fibras da colateral de Schaffer produz uma redução de longa duração no tamanho do potencial excitatório pós-sináptico de campo (**PEPSc**) na área CA1 hipocampal, uma redução que ultrapassa o período da estimulação (controle). A depressão de longa duração (**LTD**) ocorre quando receptores do ácido α-amino-3-hidroxi-5-metil-4-isoxazolpropiônico (**AMPA**) são removidos da membrana pós-sináptica por endocitose; ela é bloqueada quando receptores NMDA são bloqueados por ácido 2-amino-5-fosfonovalérico (**APV**). (Adaptada de Dudek e Bear, 1992.)

B. A LTD requer desfosforilação de proteínas. Os gráficos comparam a LTD na área CA1 do hipocampo de camundongos do tipo selvagem e de camundongos transgênicos que expressam uma proteína que inibe a fosfoproteína-fosfatase 2A. A expressão do transgene está sob controle do sistema tAT. Na ausência de doxiciclina, o inibidor da fosfatase é expresso, e a indução da LTD é inibida (*gráfico à esquerda*). Quando a expressão do inibidor da fosfatase é "desligada" pela administração de doxiciclina, uma LTD de características normais é induzida (*gráfico à direita*).

C. A inibição da fosfatase 2A reduz a flexibilidade comportamental. Camundongos transgênicos que expressam o inibidor da fosfatase aprendem a localização da plataforma submersa no labirinto de Morris na mesma taxa que camundongos do tipo selvagem (dias 1 a 10). Assim, a LTD não é necessária para o aprendizado da localização inicial da plataforma. Ao fim do dia 10, a plataforma é colocada em uma nova posição escondida, e os camundongos são novamente testados (dias 11 a 15). Agora, os camundongos transgênicos percorrem caminhos significativamente mais longos para encontrar a plataforma no primeiro dia do novo teste (dia 11), indicando prejuízo no aprendizado (redução da flexibilidade). Quando a expressão do transgene é inibida com doxiciclina, os camundongos transgênicos apresentam aprendizado normal em todas as fases do teste. (Painéis B e C reproduzidos, com autorização, de Nicholls et al., 2008.)

---

pode ser traçada até o conceito hebbiano de *agrupamento celular/neural* – uma rede de neurônios que é ativada sempre que certa função é executada; por exemplo, cada vez que uma memória é evocada. As células dentro desse agrupamento estão unidas por conexões sinápticas excitatórias, e são reforçadas no momento em que a memória se forma.

Hoje, mais de meio século depois, as ideias de Hebb ainda constituem o arcabouço teórico para o modo como o hipocampo medeia o armazenamento e a evocação da memória, embora provas experimentais ainda sejam de difícil obtenção. Um teste adequado requer o registro da atividade de milhares de neurônios simultaneamente, juntamente da excitação ou inativação experimental de grupos celulares selecionados. Avanços tecnológicos estão permitindo tais experimentos atualmente. Em geral, os resultados obtidos até aqui confirmam o modelo de Hebb para os agrupamentos celulares e apontam implicitamente para a LTP como mecanismo de formação.

Em um estudo revelador com camundongos, Susumu Tonegawa e seus colaboradores testaram se a reativação de neurônios que participaram no armazenamento de determinada memória é suficiente para provocar a evocação daquela memória. Inicialmente, os pesquisadores aplicaram um choque elétrico nas patas dos animais enquanto estes exploravam um novo ambiente. A reexposição do animal ao mesmo ambiente depois de um dia ou mais determinou uma resposta de congelamento, indicando que o animal associou o ambiente ou contexto (o estímulo condicionado) com o choque (o estímulo incondicionado). Usando uma estratégia genética, Tonegawa fez com que um subconjunto de neurônios granulares do giro denteado, os quais estavam ativos durante o condicionamento de medo, expressassem canalrodopsina-2, que são canais de cátions ativados por luz (**Figura 54-11**). Os animais condicionados eram, a seguir, colocados em um novo ambiente que não se assemelhava ao ambiente condicionado, de modo que não deveria induzir uma resposta de medo. Contudo, a ativação pela luz daquele subconjunto de células granulares que estavam ativas durante o medo condicionado foi capaz de determinar uma forte resposta de congelamento, embora os animais estivessem, na verdade, em um ambiente não ameaçador. Isso apoia a ideia de que as memórias são armazenadas em agrupamentos celulares e, mais importante, demonstra que a reativação desses agrupamentos é suficiente para induzir a evocação de uma experiência.

Em um estudo experimental complementar, um transportador de Cl^- ativado por luz, capaz de gerar uma resposta inibitória, foi expresso em células de CA1 que estavam ativas no momento do condicionamento de medo. Posteriormente, as células marcadas eram inativadas e os animais eram colocados novamente no ambiente no qual haviam recebido o choque. Sob tais condições, o comportamento normal de congelamento (i.e., o comportamento que demonstrava a evocação da memória de medo condicionado) foi bloqueado, sugerindo que a atividade da população marcada de células em CA1 era necessária para a evocação da memória. Tomados em conjunto, esses achados sugerem que a reativação do padrão específico de agrupamento de células que ocorreu durante a codificação é necessária e suficiente para a evocação da memória.

Talvez o teste mais direto do modelo de agrupamento celular seja a criação de uma memória falsa. Tonegawa e colaboradores induziram a expressão de canalrodopsina em células que estavam ativas durante a investigação de um novo ambiente (contexto A), exceto pelo fato de que não houve choque aplicado aos animais nesse momento. Posteriormente, as células marcadas foram reativadas usando-se estimulação pela luz enquanto os camundongos exploravam um segundo ambiente novo (contexto B), agora em combinação com um choque elétrico. Quando os animais retornaram ao contexto A, neutro, eles exibiam a resposta de congelamento, embora nunca tivessem recebido um choque nesse ambiente. Esse resultado indica que a reativação do engrama original do contexto A quando pareado com uma experiência aversiva no contexto B é capaz de criar uma falsa memória, fazendo com que os animais sintam medo no contexto A. Assim, é possível modificar o significado comportamental de uma representação neutra (um padrão de disparos neurais em resposta a dado estímulo) pelo pareamento do agrupamento neuronal que havia sido ativado por uma nova experiência não relacionada à experiência original.

Diferentes aspectos da memória explícita são processados em diferentes sub-regiões do hipocampo

A memória explícita armazena conhecimento referente a fatos (memória semântica), lugares (memória espacial), outros indivíduos (memória social) e eventos (memória episódica). Como discutido anteriormente, o armazenamento e a evocação bem-sucedidas da memória explícita requer que padrões de atividade sejam formados dentro de agrupamentos celulares locais para evitar que as memórias se misturem. Ao mesmo tempo, uma característica psicológica importante das memórias dependentes do hipocampo é que, geralmente, umas poucas dicas são suficientes para provocar a evocação de uma memória complexa. Como o hipocampo desempenha todas essas diferentes funções? Terão suas sub-regiões papéis especializados, ou será que a memória é uma função unitária do hipocampo como um todo? Ao menos em alguns casos, foi possível atribuir funções-chave para áreas específicas do hipocampo.

O giro denteado é importante para a *separação de padrões*

Como é que o hipocampo armazena um padrão diferente de atividade neural em resposta a cada experiência que precisa ser lembrada, incluindo padrões que distinguem entre ambientes estreitamente relacionados? A visão contemporânea acerca de como circuitos neurais realizam essa tarefa levaram a uma proposta, frequentemente denominada *separação de padrões*, remonta ao trabalho teórico de David Marr, no final da década de 1960 e início de 1970. Em um

A Um engrama pode ser marcado com um interruptor sensível a luz

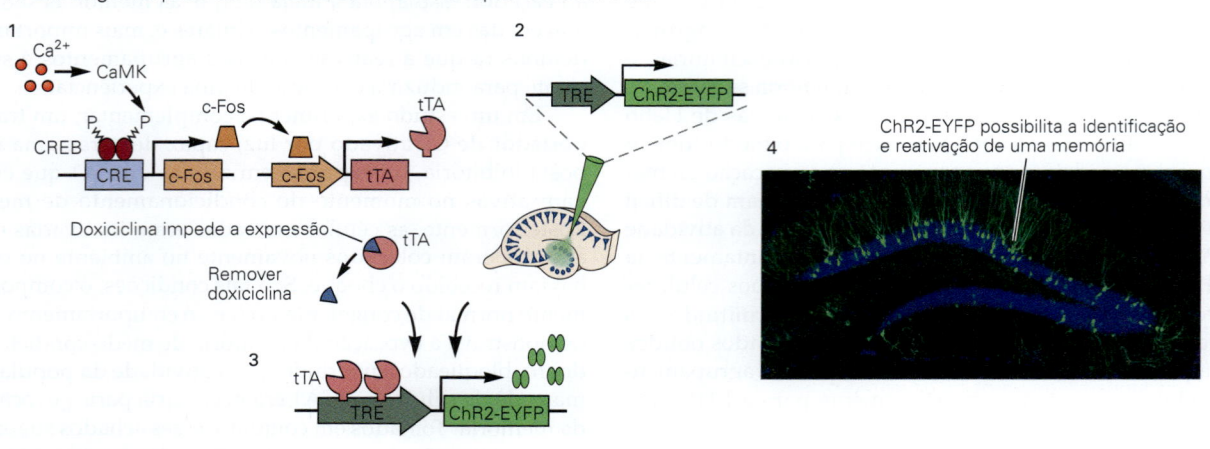

B Uma memória pode ser evocada quando o engrama é ativado pela luz

1 Codificação da memória de medo

2 Reativação da memória de medo

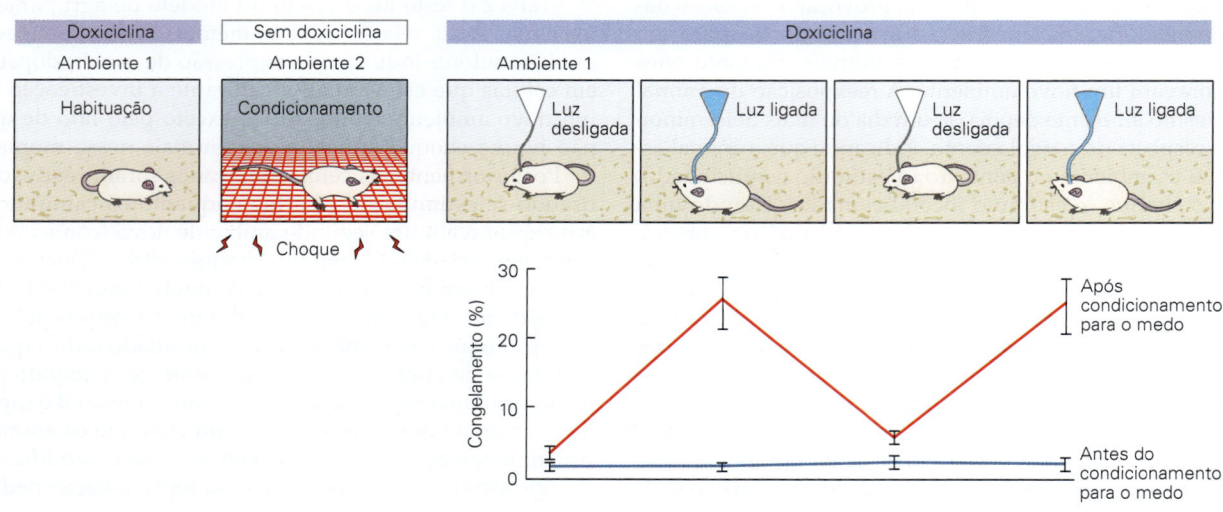

artigo seminal acerca do cerebelo, Marr sugeriu que a extensa divergência dos sinais de entrada, via fibras musgosas, os quais se projetam a um número extraordinariamente grande de células granulares do cerebelo, poderia permitir a separação de padrões nesse sistema.

Essa ideia de um "registro expansivo" no qual padrões de disparo distintos são formados por meio da projeção de um número limitado de aferências sobre uma grande população de células-alvo sinápticos foi, mais tarde, também aplicada para o hipocampo por outros autores. Foi proposto que a separação de padrões hipocampal resulta da divergência de sinais de entrada entorrinais que se projetam sobre um grande número de células granulares no giro denteado. Os achados de estudos experimentais subsequentes estão amplamente alinhados com essas sugestões teóricas: padrões de atividade neural registrados em diferentes ambientes diferem mais amplamente no giro denteado e em CA3 do que o fazem na sinapse seguinte (a montante), no córtex entorrinal. O giro denteado também estaria envolvido na separação de padrões devido ao fato de que lesões ou manipulações genéticas dirigidas a esta área prejudicam a capacidade de ratos ou camundongos de discriminar entre localizações e contextos similares.

O giro denteado é o sítio de um dos mais inesperados achados das neurociências, a descoberta de que o nascimento de novos neurônios, ou neurogênese, não se limita aos estágios iniciais do desenvolvimento. Novos neurônios continuam sendo produzidos a partir de células-tronco precursoras e são incorporados aos circuitos neurais ao longo de toda a vida adulta. A neurogênese no adulto, contudo, é limitada a neurônios granulares, em duas regiões encefálicas: células granulares inibitórias no bulbo olfatório e neurônios granulares excitatórios no giro denteado do hipocampo. Achados experimentais recentes levantam a possibilidade de que neurônios granulares recém-nascidos em adultos são particularmente importantes para a separação de padrões, embora representem apenas uma pequena fração do número total de células granulares. Procedimentos que estimulam a neurogênese favorecem a capacidade de um camundongo de discriminar entre ambientes estreitamente relacionados. O silenciamento experimental de todos os neurônios granulares do giro denteado, com exceção daqueles recém produzidos no animal adulto, não parece prejudicar a separação de padrões, o que sugere que os neurônios recém-gerados s eriam essenciais para a separação de padrões. Embora certas incertezas persistam acerca do papel da neurogênese na separação de padrões e na codificação da memória, métodos capazes de estimular a neurogênese estão atualmente sendo testados como um meio de tratar diferentes tipos de perda de memória relacionados à idade.

FIGURA 54-11 A estimulação de um agrupamento neuronal associado a uma memória de condicionamento de medo determina comportamento de medo. (Painéis reproduzidos ou redesenhados, com autorização, de Liu et al., 2012. Copyright © 2012 Springer Nature.)

A. *Protocolo experimental.* **1.** A exposição de um camundongo a um novo ambiente aumenta a atividade em um grupo de neurônios hipocampais (agrupamento celular) que codifica o ambiente. A atividade aumenta o Ca^{2+} intracelular, que ativa a cascata de sinalização da CaM cinase, resultando na fosforilação do fator de transcrição CREB. A CREB fosforilada aumenta a transcrição de genes de expressão imediata, incluindo o fator de transcrição c-Fos. Na linhagem de camundongos transgênicos *c-fos-tTA*, a c-Fos liga-se ao promotor *c-fos* do transgene e assim inicia a expressão do fator de transcrição tTA. O antibiótico doxiciclina é administrado aos camundongos e liga-se ao tTA, inibindo-o até o dia do experimento. **2.** O giro denteado dos mesmos camundongos transgênicos foi injetado previamente com um vírus adeno-associado contendo uma sequência de DNA que codifica ChR2, fusionado à proteína marcadora fluorescente EYFP (ChR2-EYFP). A transcrição dessa sequência está sob controle do promotor TRE, que requer tTA (sem a doxiciclina) para sua expressão. **3.** A exposição de camundongos a um novo ambiente (após a remoção da doxiciclina do alimento administrado ao animal) leva à expressão de tTA e a subsequente expressão de ChR2-EYFP em um subconjunto de neurônios ativos no giro denteado. **4.** ChR2-EYFP permanece sendo expresso por diversos dias nos neurônios, como observado pelo sinal fluorescente da EYFP nas células granulares do giro denteado em uma fatia hipocampal. (ChR2-EYPF em **verde**, camada de corpos celulares do giro denteado em **azul**.)

B. *Evocação de uma memória de medo.* Uma fibra óptica é implantada acima do giro denteado. **1.** Durante a codificação da memória de medo, os camundongos foram habituados inicialmente em um ambiente enquanto eram alimentados com doxiciclina (que impede a expressão de ChR2-EYFP). A administração de doxiciclina era então descontinuada e os camundongos eram expostos a um novo ambiente por uns poucos minutos. Isso aciona a transcrição gênica no agrupamento de neurônios que estão ativos no novo ambiente, levando a uma expressão prolongada de ChR2-EYFP nessas células. Enquanto estavam no novo ambiente, os camundongos receberam uma série de choques nas patas para induzir condicionamento de medo: os camundongos aprendem a associar o novo ambiente a um estímulo de medo. Os camundongos foram então devolvidos a suas caixas e voltaram a receber doxiciclina. **2.** Durante a reativação de uma memória de medo, cinco dias após o condicionamento, camundongos apresentam um comportamento defensivo de congelamento normal ao serem recolocados no ambiente onde receberam o choque (não mostrado). Por sua vez, quando expostos ao ambiente no qual foram inicialmente habituados (não associado ao choque nas patas), eles normalmente o reconhecem como um ambiente neutro, não apresentando congelamento defensivo. Contudo, à medida que os camundongos investigam o ambiente neutro, o acionamento da luz azul para ativar os neurônios que expressam ChR2 no giro denteado induz aumento no comportamento de congelamento. Isso indica que a ativação do agrupamento de neurônios que expressam ChR2 inicialmente ativados no ambiente de condicionamento é suficiente para evocar a memória de medo associada a esse ambiente. Os dados experimentais mostram que a resposta de congelamento no ambiente neutro é muito maior quando os pulsos de luz são acionados, se comparado a quando a luz está desligada (**gráfico em vermelho**; o acionamento da luz é indicado no desenho na parte superior). A emissão de pulsos de luz sobre um animal que não sofreu condicionamento de medo não suscita congelamento (**gráfico em azul**).

A área CA3 é importante para o *completamento de padrões*

Uma característica-chave da memória explícita é que poucas dicas são suficientes para evocar uma memória complexa armazenada. Marr sugeriu, em um segundo artigo seminal, de 1971, que as conexões excitatórias recorrentes das células piramidais de CA3 poderiam estar na base desse fenômeno. Ele propôs que, quando uma memória é codificada, padrões de atividade neuronal são armazenados na forma de mudanças nas conexões entre células ativas em CA3. Durante a subsequente evocação da memória, a reativação de uma fração desse agrupamento celular armazenado seria suficiente para ativar todo o agrupamento neural original que codificou a memória devido às fortes conexões recorrentes entre as células do agrupamento. Essa restauração é denominada *completamento de padrão*.

A importância da LTP para o completamento de padrões na rede de CA3 foi observada em estudos realizados em camundongos nos quais o receptor glutamatérgico NMDA não é expresso, de modo seletivo, nos neurônios de CA3. Esses camundongos experimentam uma deficiência seletiva de LTP nas sinapses que são recorrentes entre neurônios de CA3, sem alterações da LTP nas sinapses das fibras musgosas com neurônios de CA3 ou nas sinapses das colaterais de Schaffer entre neurônios de CA3 e CA1. Apesar dessa deficiência, os camundongos apresentam aprendizado e memória normais para encontrar uma plataforma submersa em um labirinto aquático utilizando um conjunto completo de dicas espaciais. Contudo, em uma tarefa em que menos dicas espaciais para encontrar a plataforma estão disponíveis para os camundongos, seu desempenho é prejudicado, indicando que a LTP nas sinapses recorrentes entre neurônios de CA3 é importante para o completamento de padrões.

A área CA2 codifica a memória social

Estudos comparando representações neuronais no giro denteado e nas áreas CA3 e CA1 indicaram que cada uma dessas áreas tem uma função única no armazenamento e na evocação da memória no hipocampo. Evidências recentes sugerem que a área CA2 desempenha um papel crucial na memória social, a capacidade de um indivíduo de lembrar e reconhecer outros membros de sua própria espécie (seus coespecíficos). O silenciamento genético de CA2 perturba a capacidade de um camundongo de lembrar de encontros com outros camundongos, mas não prejudica outras formas de memória dependentes do hipocampo, incluindo a memória de objetos e lugares.

A área CA2 é também única entre as regiões do hipocampo por ter níveis muito elevados de receptores para os hormônios ocitocina e vasopressina, que são importantes reguladores de comportamentos sociais. A estimulação seletiva de sinais de entrada em neurônios de CA2 pela vasopressina pode prolongar bastante a duração de uma memória social. A memória social também depende de neurônios em CA1 na região ventral do hipocampo, uma área relacionada ao comportamento emocional, que recebe importantes aferências de CA2.

Um mapa espacial do mundo externo é formado no hipocampo

Como os neurônios hipocampais codificam características do ambiente externo para formar uma memória da localização espacial que permita a um animal navegar no ambiente até um objetivo lembrado? No final dos anos 1940, o psicólogo cognitivo Edward Tolman propôs que em algum local do encéfalo deve haver representações do ambiente em que o indivíduo está. Ele se referia a tais representações neurais como mapas cognitivos. Acreditava-se não apenas na formação de um mapa interno do espaço, mas também de um banco de dados mental no qual informações seriam armazenadas com relação à posição do animal no ambiente, de modo semelhante às coordenadas do GPS em uma fotografia.

Tolman não teve a oportunidade de verificar se de fato existia um mapa cognitivo no encéfalo, mas em 1971, John O'Keefe e John Dostrovsky descobriram que muitas células nas áreas CA1 e CA3 do hipocampo de rato disparavam seletivamente quando um animal estava localizado em uma posição específica do ambiente. Eles chamaram essas células de *células de lugar* (*place cells*), e a localização espacial no ambiente em que tais células disparavam preferencialmente de *campos de lugar* (*place fields*; **Figura 54-12A,B**). Quando o animal entra em um novo ambiente, novos campos de lugar são estabelecidos em minutos, mantendo-se estáveis por semanas ou meses a fio.

Diferentes células de lugar possuem diferentes campos de lugar, e coletivamente fornecem um mapa do ambiente, no sentido de que a combinação de células ativas em dado momento é suficiente para determinar com precisão onde o animal está no ambiente. Um mapa constituído por células de lugar não é organizado de forma egocêntrica, como é o caso dos mapas neurais para o tato ou a visão, que ficam na superfície do córtex cerebral. Em vez disso, o mapa é alocêntrico (ou geocêntrico); ele é fixo com relação a um ponto de referência no mundo externo. Com base nessas propriedades, John O'Keefe e Lynn Nadel sugeriram em 1978 que as células de lugar são parte do mapa cognitivo proposto por Tolman. A descoberta das células de lugar forneceu a primeira evidência de uma representação interna do ambiente que permite que um animal navegue pelo mundo movimentando-se intencionalmente.

Neurônios do córtex entorrinal fornecem uma representação distinta do espaço

Como esse mapa espacial hipocampal é formado? Que tipo de informação espacial é levada pelas conexões aferentes que chegam do córtex entorrinal às células de lugar hipocampais? Em 2005, foi feita uma descoberta surpreendente foi feita acerca da representação espacial formada por certos neurônios no córtex entorrinal medial, cujos axônios fornecem uma parte importante da via perfurante para o hipocampo. Esses neurônios representam o espaço de um modo muito diferente daquele das células de lugar hipocampais. Em vez de disparar quando o animal está em uma localização única, como as células de lugar, esses neurônios entorrinais, chamados de *células de grade* (*grid cells*), disparam

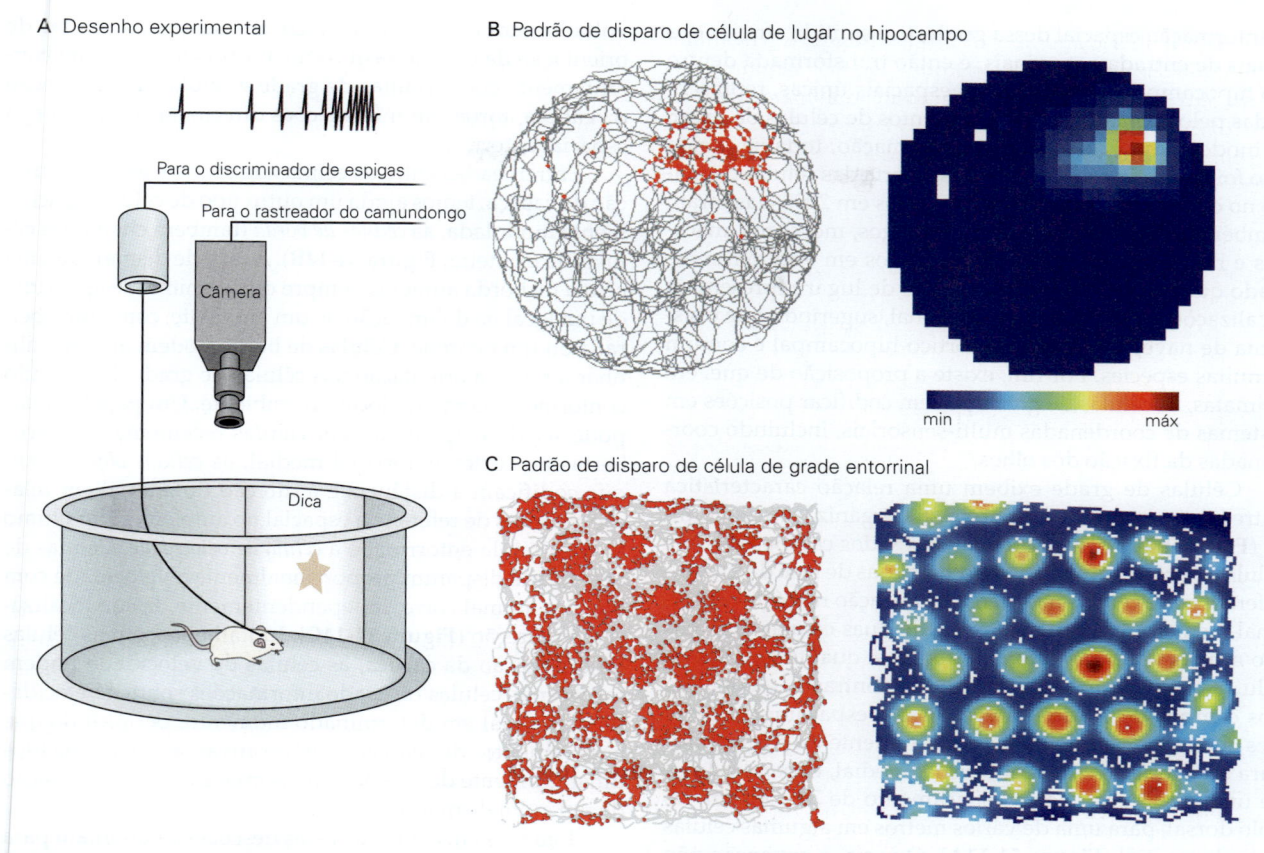

FIGURA 54-12 Os padrões de disparo de células no hipocampo e no córtex entorrinal medial sinalizam a localização do animal em seu ambiente.

A. Eletrodos implantados no hipocampo de um camundongo são conectados a um cabo de registro, que, por sua vez, liga-se a um amplificador conectado a um programa de discriminação de espigas (potenciais de ação) em um computador. O camundongo é colocado em um cilindro sobre o qual uma câmera transmite imagens a um aparelho que detecta sua posição. O cilindro também contém uma dica visual para orientar o animal. Potenciais de ação em neurônios piramidais individuais do hipocampo (as "células de lugar") são detectados pelo programa de discriminação de espigas. A taxa de disparos de cada célula é então colocada em um gráfico em função da localização do animal no cilindro. Essa informação é visualizada em um mapa de atividade bidimensional para a célula, a partir do qual se podem determinar os campos de disparo da célula (mostrados na parte **B**). (Adaptada, com autorização, de Muller, Kubie e Ranck, 1987. Copyright © 1987 Society for Neuroscience.)

B. Disparos específicos para localização em uma célula de lugar hipocampal. Um rato está correndo em um cilindro similar ao mostrado na parte **A**. *À esquerda:* O caminho seguido pelo animal no cilindro é mostrado em **cinza**; as localizações de disparo para potenciais de ação individuais são mostradas, para uma célula de lugar individual, como pontos vermelhos. *À direita:* A taxa de disparos da mesma célula recebe um código de cores (**azul** = baixa taxa de disparos, **vermelho** = alta taxa de disparos). Em ambientes maiores, células de lugar costumam ter mais de um campo de disparos, os quais, no entanto, não possuem relação espacial aparente.

C. Padrão espacial de disparos de uma célula de grade do córtex entorrinal de um rato durante 30 minutos busca por alimento em um ambiente fechado de forma quadrada com 220 cm de largura. O padrão apresenta campos de disparos periódicos típicos de uma grade. *À esquerda:* A trajetória do rato é mostrada em **cinza**; localizações de potenciais de ação individuais são mostradas como **pontos vermelhos**. *À direita:* Mapa das taxas de disparos, codificadas em cores, para a célula de grade à esquerda. O código de cores é o mesmo que para a célula de lugar na parte **B**. (Adaptada, com autorização, de Stensola et al., 2012.)

sempre que o animal estiver em qualquer uma de diversas posições regularmente espaçadas, as quais formam uma matriz hexagonal semelhante a uma grade (**Figura 54-12C**). Quando o animal se movimenta pelo ambiente, diferentes células de grade são ativadas, de modo que a atividade de toda a população de células de grade sempre representa a posição do animal em um dado momento.

A grade permite ao animal localizar seu corpo dentro de um sistema de coordenadas externas, do tipo cartesiano, que independe do contexto, de pontos de referência no ambiente ou de marcas específicas. O padrão de disparos de uma célula de grade é expresso em todos os ambientes que um animal visita, mesmo quando há escuridão total. A independência dos disparos das células de grade em relação aos sinais de entrada visuais implica que redes intrínsecas, assim como dicas de automovimento, possam servir como fonte de informação para assegurar que as células de grade sejam ativadas sistematicamente por todo o ambiente.

A informação espacial dessa grade, transmitida através dos sinais de entrada entorrinais, é então transformada dentro do hipocampo em localizações espaciais únicas, representadas pelos disparos de agrupamentos de células de lugar. O modo como ocorre essa transformação, todavia, ainda não foi determinado. Desde a descoberta das células de grade no córtex entorrinal medial de ratos em 2005 elas foram também identificadas em camundongos, morcegos, macacos e humanos. Registros de morcegos em voo têm mostrado que células de grade e células de lugar representam localizações no espaço tridimensional, sugerindo que o sistema de navegação espacial cortico-hipocampal é comum a muitas espécies. Por fim, existe a proposição de que, em primatas, as células de grade podem codificar posições em sistemas de coordenadas multi-sensoriais, incluindo coordenadas da fixação dos olhos.

Células de grade exibem uma relação característica entre seus campos de disparo e sua organização anatômica (**Figura 54-13**). As coordenadas x,y dos campos de uma célula de grade – muitas vezes chamadas de fase da grade – diferem entre células na mesma localização no córtex entorrinal medial. As coordenadas x,y de duas células vizinhas são muitas vezes tão diferentes entre si quanto aquelas de células de grade mais distantes. Em contraste, o tamanho dos campos de grade individuais e o espaçamento entre eles geralmente aumenta topograficamente da parte dorsal para a ventral do córtex entorrinal medial, expandindo-se de uma grade típica com espaçamento de 30 a 40 cm, no polo dorsal, para uma de vários metros em algumas células do polo ventral (**Figura 54-13A**). Ou seja, a expansão não é linear, mas gradual, sugerindo que a rede de células de grade seja modular.

Um achado interessante foi que uma expansão gradual também é observada no tamanho dos campos de lugar das células de lugar ao se percorrer o eixo longitudinal hipocampal, da porção dorsal à ventral (**Figura 54-13B**). Isso é consistente com o padrão conhecido de conectividade sináptica: o córtex entorrinal dorsal inerva o hipocampo dorsal, enquanto o córtex entorrinal ventral inerva o hipocampo ventral. A descoberta de que os campos de lugar são maiores no hipocampo ventral está de acordo com resultados que sugerem que o hipocampo dorsal é mais importante para a memória espacial, enquanto o hipocampo ventral é mais importante para a memória não espacial, incluindo a memória social e o comportamento emocional.

Mas as células de grade não são os únicos neurônios do córtex entorrinal medial que se projetam ao hipocampo. Existem, por exemplo, as *células de orientação da cabeça*, que respondem principalmente conforme a direção para a qual o animal está voltado (**Figura 54-14A**). Tais células foram inicialmente descobertas no pré-subículo, uma outra região do córtex para-hipocampal, mas existem também no córtex entorrinal medial. Muitas células de orientação da cabeça também apresentam propriedades de disparo semelhantes às das células de grade. Como as células de grade, tais células de orientação da cabeça estão ativas quando o animal atravessa os vértices de uma grade triangular em um ambiente bidimensional. Contudo, dentro de cada campo de grade, essas células disparam apenas se o animal está voltado para certa direção. Acredita-se que as células de orientação da cabeça, bem como as células que atuam conjuntamente como células de grade e células de orientação da cabeça, fornecem informações direcionais para o mapa espacial entorrinal.

Entremeadas entre as células de grade e as de orientação da cabeça, temos ainda um outro tipo de célula espacialmente modulada, as *células de borda* (também chamadas células de fronteira; **Figura 54-14B**). A taxa de disparo de uma célula de borda aumenta sempre que o animal se aproxima de um local na delimitação de um ambiente, como uma beirada ou uma parede. Células de borda podem ajudar a alinhar a fase e a orientação das células de grade disparando conforme a geometria local do ambiente. Um papel similar pode ser desempenhado por células recentemente descobertas no córtex entorrinal medial, as *células objeto-vetor*, que codificam a distância e a direção do animal em relação a pontos de referência espacial no ambiente. Um último tipo de célula entorrinal é a *célula de velocidade*. Células de velocidade disparam proporcionalmente à velocidade com que um animal corre, independentemente de sua localização ou direção (**Figura 54-14C**). Juntamente com as células de orientação da cabeça, as células de velocidade podem fornecer às células de grade informações sobre a velocidade do animal em determinado momento, permitindo que agrupamentos de células de grade ativas sejam atualizados dinamicamente de acordo com as mudanças na localização de um animal em movimento.

Tomadas em conjunto, essas descobertas apontam para uma rede de células funcionalmente dedicadas no córtex entorrinal medial que lembra os detectores de características dos córtices sensoriais. A especificidade funcional de cada tipo celular deriva da representação, pela célula, de uma característica comportamental específica. Nesse sentido, os tipos celulares do entorrinal diferem das células da maior parte de outros córtices associativos, os quais integram informações de muitas fontes, de modo que não são facilmente decodificáveis.

Quais as principais diferenças entre as células que codificam o espaço no hipocampo e aquelas do córtex entorrinal medial? Uma propriedade notável de todos os tipos celulares do entorrinal é a rigidez de seus padrões de disparo. Agrupamentos de células de grade colocalizadas mantêm o mesmo padrão intrínseco de disparos, independentemente do contexto ou do ambiente. Quando um par de células de grade possuem campos de grade sobreponíveis em um ambiente, seus campos de grade também se sobrepõem em outros ambientes. Se seus campos de grade se opõem, ou seja, se estão "fora de fase", serão opostos também em outros ambientes. Uma rigidez similar é observada nas células de orientação da cabeça e nas células de borda: células com orientação semelhante em um ambiente têm orientações semelhantes em outros ambientes. Células de velocidade também mantêm, em diferentes ambientes, seu ajuste singular em relação à velocidade do deslocamento. Esses achados sugerem que o córtex entorrinal medial, ou certos módulos desse circuito cortical, podem operar como um mapa universal do espaço que desconsidera

A Córtex entorrinal

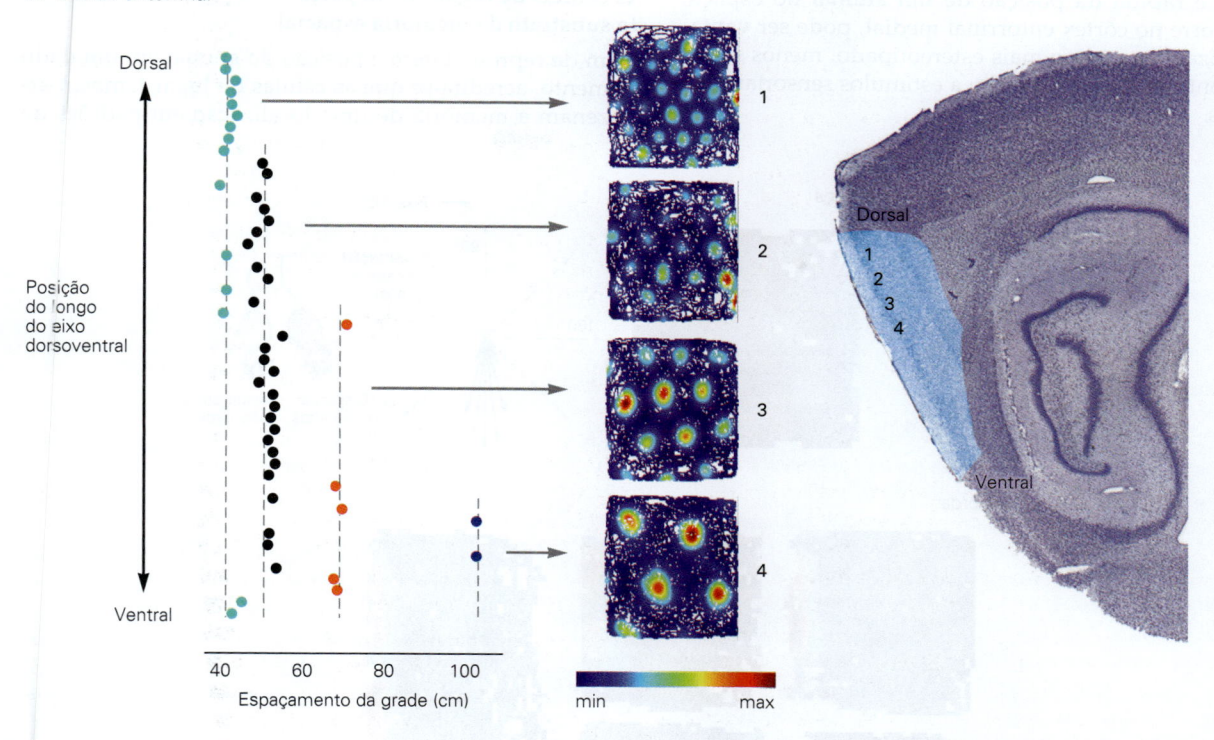

FIGURA 54-13 Campos de grade e campos de lugar expandem-se em tamanho em função da localização neuronal ao longo do eixo dorsoventral do córtex entorrinal e do hipocampo.

A. Organização topográfica da escala de grade no córtex entorrinal. O espaçamento da grade (distância entre campos da grade) foi determinado para 49 células de grade (pontos coloridos), registradas no mesmo rato em níveis sucessivos dorsal para ventral no córtex entorrinal medial (área **verde** na seção encefálica sagital à direita). **Linhas tracejadas** indicam valores médios de espaçamento da grade, mostrando que o espaçamento cai em um de quatro módulos discretos, com pontos coloridos de acordo com o módulo. Mapas de taxas de disparo para quatro das células são mostrados no meio (como aqueles da **Figura 54-12C**). As localizações dos registros para essas células estão indicadas pelos números de 1 a 4, à direita. (Adaptada, com autorização, de Stensola et al., 2012.)

B. Campos de lugar de três diferentes localizações ao longo do eixo dorsoventral do hipocampo. *À direita:* Posições dos registros (números) na formação hipocampal são mostrados à direita. *À esquerda:* Mapas com código de cores mostram os campos de disparo de cada célula de lugar nas localizações de registro. O tamanho do campo expande-se nas células ao longo do eixo dorsoventral do hipocampo. (Reproduzida, com autorização, de Kjelstrup et al., 2008.)

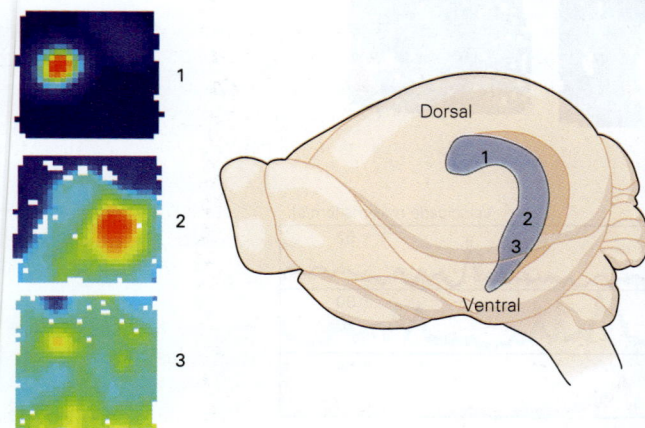

os detalhes do ambiente. Assim sendo, o mapa entorrinal difere enormemente do mapa das células de lugar do hipocampo.

O padrão de disparos de uma célula de lugar hipocampal é muito sensível às mudanças no ambiente. Os campos de lugar de uma dada célula de lugar no hipocampo costumam se reorganizar para codificar uma localização espacial completamente diferente quando o ambiente do animal sofre uma mudança importante, um processo denominado *remapeamento*. Às vezes, mesmo mudanças mínimas nos sinais sensoriais ou motivacionais são suficientes para determinar um remapeamento. Acredita-se que a falta de correlação dos mapas de lugar hipocampais para ambientes diferentes (**Figura 54-15**) sirva para facilitar o armazenamento de memórias separadas individualmente e, assim, minimizar o risco de uma memória ser confundida com outra, processo denominado *interferência*. Para um sistema de memória explícita como o hipocampo, com milhões de eventos a serem armazenados, isso pode ser uma imensa vantagem. Por outro lado, para uma representação acurada e rápida da posição de um animal no espaço, como ocorre no córtex entorrinal medial, pode ser vantajoso utilizar um código mais estereotipado, menos sensível ao contexto do ambiente ou a estímulos sensoriais não espaciais.

As células de lugar fazem parte do substrato da memória espacial

Além de representarem a posição do animal em um dado momento, acredita-se que as células de lugar também armazenam a memória de uma localização em padrões de

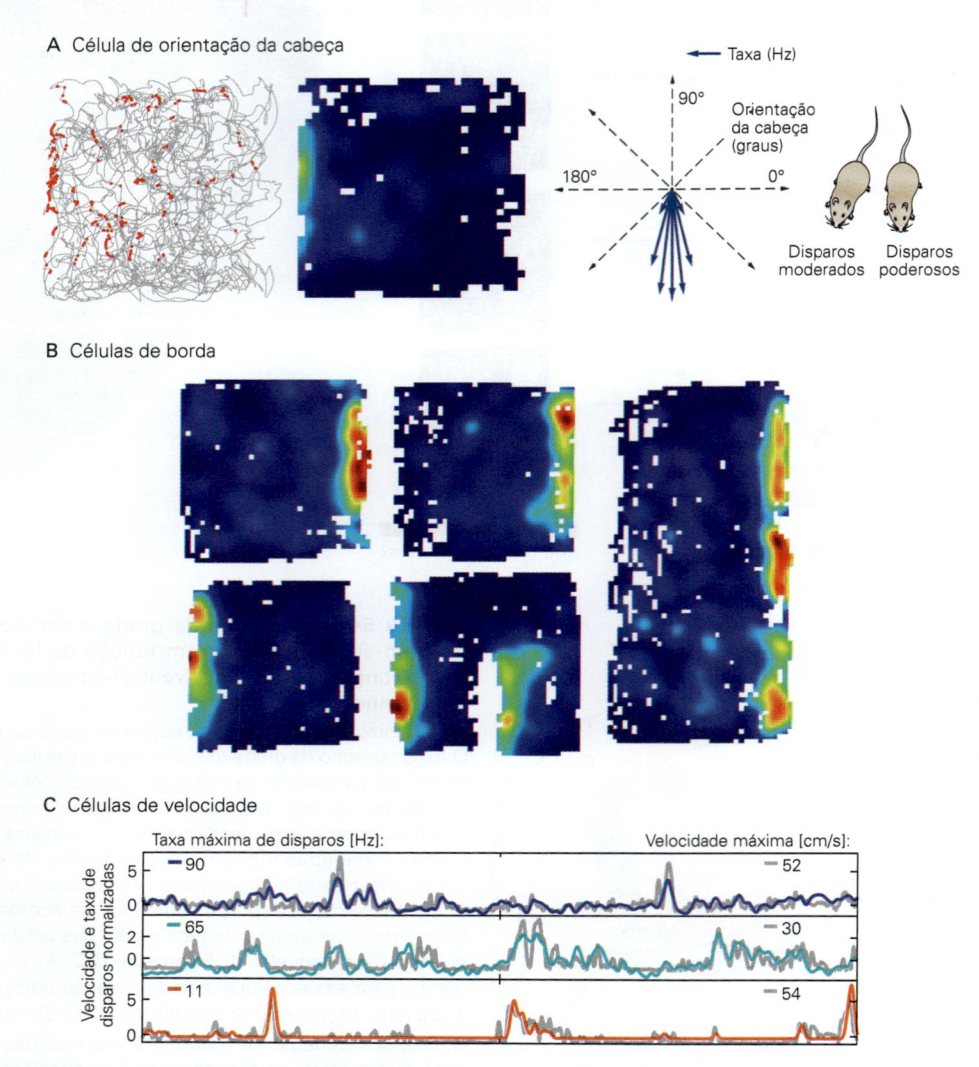

FIGURA 54-14 O córtex entorrinal medial contém diversos tipos funcionais de células, ajustados para diferentes representações da navegação de um animal no ambiente.

A. À esquerda, está a trajetória de um rato que explora um ambiente fechado de formato quadrado com 100 cm de largura (**pontos vermelhos** indicam as localizações dos disparos). Um mapa de taxas de disparos com código de cores também é mostrado (com a mesma escala de cores das figuras anteriores). Observe que os disparos da célula estão espalhados pelo ambiente. O gráfico à direita mostra a taxa de disparos da mesma célula em função da orientação da cabeça em coordenadas polares. A célula dispara seletivamente quando o rato está voltado para o sul, independente de sua localização dentro da caixa. (Adaptada, com autorização, de Sargolini et al., 2006.)

B. Mapas de taxas de disparos para uma célula de borda típica em ambientes fechados com diferentes formatos geométricos (**vermelho** = alta taxa de disparos; **azul** = baixa taxa de disparos).

Linha superior: O mapa do campo de disparos segue as paredes quando o ambiente é ampliado de um quadrado (mapas à esquerda e ao centro) para um retângulo (mapa à direita). **Linha inferior:** O campo de disparos da mesma célula de borda em outro ambiente. A introdução de uma parede delimitada por bordas (*pixels* **brancos**, no mapa à direita) dentro do ambiente fechado de forma quadrada causa o aparecimento de um novo campo de borda (ou de fronteira) à direita da parede. (Reproduzida, com autorização, de Solstad et al., 2008.)

C. Células de velocidade. Os traçados mostram as taxas de disparo (**traços coloridos**) e de velocidade (**em cinza**) normalizadas para sete células de velocidade típicas no entorrinal durante 2 minutos de busca espontânea por alimento. Valores máximos de taxa de disparo e velocidade estão indicados (à esquerda e à direita, respectivamente). Observe a alta correspondência entre velocidade e taxa de disparo nestas células. (Reproduzida, com autorização, de Kropff et al., 2015.)

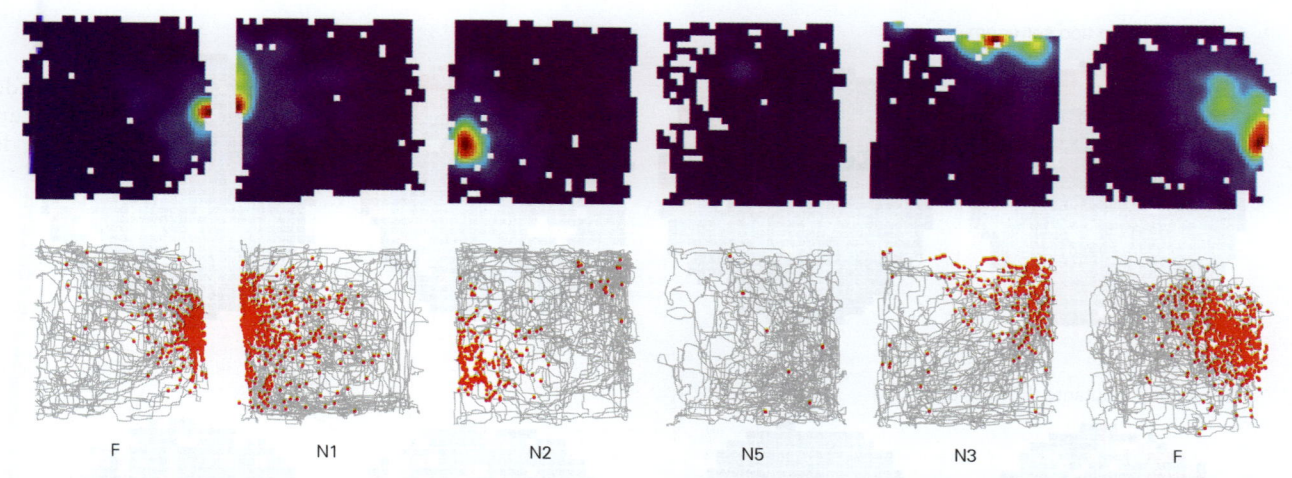

FIGURA 54-15 Células de lugar formam mapas independentes para diferentes ambientes. Os mapas mostram padrões de disparos de uma única célula de lugar hipocampal em diferentes ambientes fechados de forma quadrada, cada um localizado em uma sala diferente. O rato foi testado em uma sala familiar (**F**) e em 11 salas novas (**N**) (mostrados apenas os registros de quatro das salas novas). A linha superior mostra mapas de taxa de disparo, enquanto a linha inferior mostra trajetórias do movimento do animal, com os locais de disparo em **vermelho**. A célula estava ativa apenas em algumas das salas (F, N1, N2, N3), onde os locais de disparo eram diferentes. Quando o rato foi recolocado na sala familiar, ao final do experimento, o campo de disparo da célula apresentou local similar ao registro inicial na sala familiar, indicando a estabilidade do padrão de disparo espacial de uma determinada célula no mesmo ambiente. (Adaptada, com autorização, de Alme et al., 2014.)

disparo relacionados com a posição, que podem ser evocados na ausência das entradas sensoriais que originalmente determinaram os disparos. Por exemplo, enquanto um animal dorme após percorrer a extensão de um labirinto linear repetidas vezes, células de lugar disparam espontaneamente na mesma sequência que o fizeram no labirinto, fenômeno denominado *recapitulação* (*replay*). De modo similar, trajetórias e experiências passadas podem influenciar as taxas de disparo em certas localizações no ambiente. A capacidade das células de lugar de representar eventos e localizações experimentados no passado provavelmente seja a base da capacidade do hipocampo de codificar as complexas memórias de eventos.

Uma vez que o padrão de disparos de uma população de neurônios hipocampais é formado para representar um dado ambiente, de que modo ele é mantido? Uma vez que as células de lugar são os mesmos neurônios piramidais hipocampais que podem apresentar LTP experimental, uma questão que naturalmente se coloca é se a LTP é importante. Essa questão foi investigada em experimentos utilizando camundongos nos quais a LTP estava prejudicada.

Nos camundongos que não apresentam a subunidade NR1 do receptor NMDA, os neurônios piramidais hipocampais ainda disparam em campos de lugar, a despeito de a LTP estar bloqueada. Assim, essa forma de LTP não é necessária para a transformação de informação sensorial espacial em campos de lugar. No entanto, os campos de lugar nos camundongos mutantes são maiores e apresentam contornos mais indistintos quando comparados com aqueles dos animais normais. Em um segundo experimento com camundongos mutantes, a LTP tardia e a memória espacial de longo prazo foram seletivamente prejudicadas pela expressão de um transgene que codifica uma proteína inibidora da PKA. Nesses camundongos, campos de lugar também são formados, mas os padrões de disparo de células individuais são estáveis apenas por cerca de uma hora (**Figura 54-16**). Desse modo, a LTP tardia é necessária para a estabilização de longa duração dos campos de lugar, mas não para sua formação.

Qual a relevância desses mapas do ambiente do animal para a mediação da memória explícita? Em seres humanos, a memória explícita é definida como a evocação consciente de fatos acerca de pessoas, lugares e objetos. Embora a consciência não possa ser estudada empiricamente no camundongo, a atenção seletiva, que é necessária para a evocação consciente, pode ser examinada.

Quando os camundongos são submetidos a diferentes tarefas comportamentais, a estabilidade de longa duração dos campos de lugar correlaciona-se fortemente com o grau de atenção necessário para executar a tarefa. Quando um camundongo não presta atenção ao lugar onde caminha, campos de lugar formam-se, mas ficam instáveis após três a seis horas. Animais com campos de lugar instáveis são incapazes de aprender uma tarefa espacial. Contudo, quando um camundongo é forçado a prestar atenção ao lugar, por exemplo, quando é treinado a correr para um dado local, os campos de lugar conseguem manter-se estáveis por dias.

Como funciona esse mecanismo de atenção? Estudos em primatas mostraram a importância do córtex pré-frontal e do sistema modulador dopaminérgico para a atenção. De fato, o estabelecimento de campos de lugar estáveis em camundongos requer a ativação de receptores dopaminérgicos do tipo D_1/D_5, o que facilita o estabelecimento da LTP tardia pela produção de AMPc e ativação da PKA. Esses resultados sugerem que a memória de longo prazo de um campo de lugar não é uma forma de memória implícita

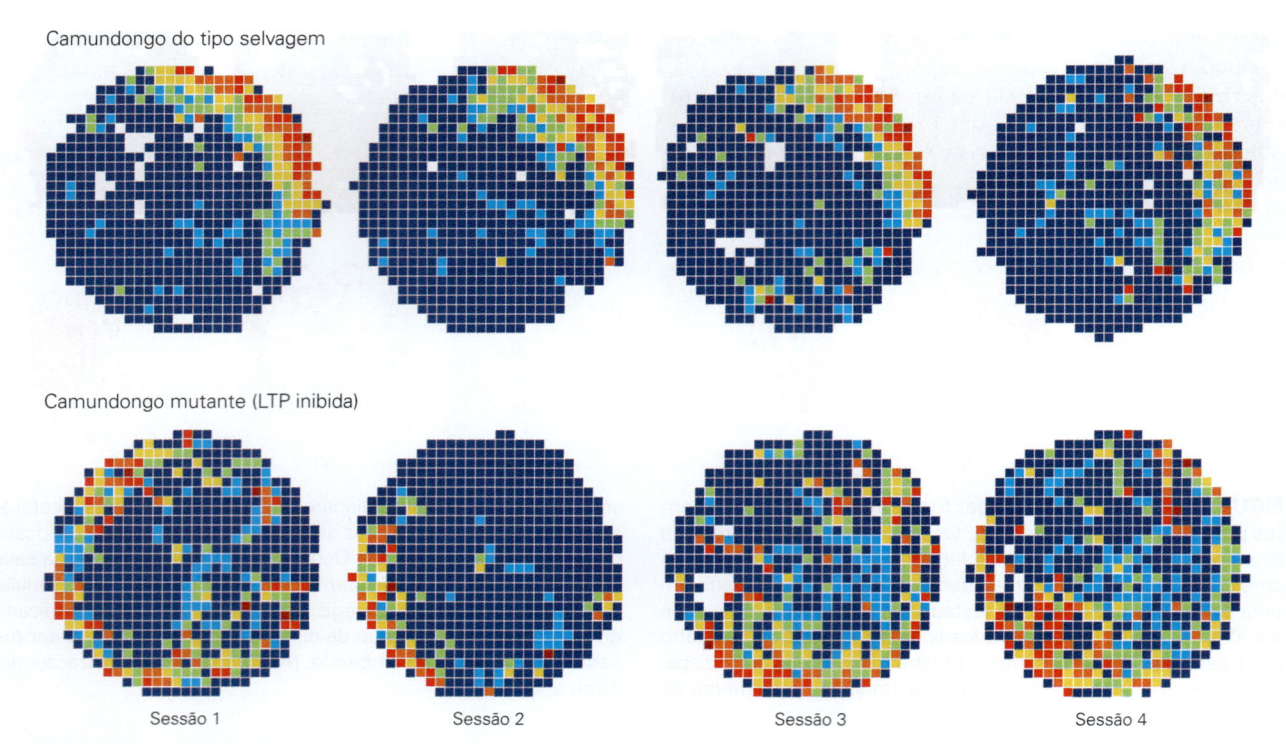

FIGURA 54-16 A disrupção da potenciação de longa duração (LTP) degrada a estabilidade da formação de campo de lugar no hipocampo. Mapas de frequências de disparos em códigos de cores (ver **Figura 54-12**) mostram campos de lugar registrados em quatro sessões sucessivas para um único neurônio piramidal hipocampal em um camundongo do tipo selvagem e para um neurônio em um camundongo mutante que expressa a forma persistentemente ativa da CaMKII (que inibe a indução da LTP). Antes de cada sessão de registro, o animal é removido do aparato, sendo nele reintroduzido após certo período. Em cada uma das quatro sessões, o campo de lugar para a célula no animal do tipo selvagem é estável; a célula dispara sempre que o animal está na região superior direita do ambiente. Em contrapartida, o campo de lugar para a célula do camundongo mutante é instável ao longo das quatro sessões. (Reproduzida, com autorização, de Rotenberg et al., 1996.)

armazenada e evocada sem esforço consciente, mas sim um processo que requer que o animal preste atenção a seu ambiente, como é o caso da memória explícita em humanos.

Distúrbios da memória autobiográfica resultam de perturbações funcionais no hipocampo

Nosso senso de identidade é extremamente dependente das memórias autobiográficas explícitas que temos armazenadas e da nossa capacidade de navegar através de ambientes espaciais familiares e de reconhecê-los. Distúrbios neurológicos e psiquiátricos que perturbam essas capacidades muitas vezes ocorrem como resultado de mudanças em circuitos neurais e em mecanismos de plasticidade dentro do hipocampo e de regiões relacionadas no lobo temporal.

Temos hoje evidências substanciais de que a devastadora perda de memória associada à doença de Alzheimer esteja relacionada ao acúmulo de placas extracelulares do fragmento proteico β-amiloide (Aβ) e de emaranhados neurofibrilares intracelulares de tau, uma proteína associada a microtúbulos (Capítulo 64). Contudo, mesmo antes do aparecimento das placas e dos emaranhados, os níveis elevados de Aβ solúvel e de tau já conseguem perturbar diversos processos celulares, em particular através da redução da magnitude da LTP, tanto inicial quanto tardia, em certas sinapses. Modelos em camundongos da doença de Alzheimer também mostram alterações na estabilidade das células de lugar hipocampais e na sincronia em nível populacional, o que pode causar tanto perda de memória quanto desorientação espacial. Alterações nas funções das células de grade também foram observadas em registros eletrofisiológicos em modelos da doença em camundongos e em estudos em humanos com imageamento por ressonância magnética funcional. Embora diversos estudos pré-clínicos tenham mostrado que agentes que reduzem os níveis de Aβ possam recuperar a função sináptica e a memória em roedores, até agora, esses tratamentos não tiveram grande sucesso no tratamento de pacientes com Alzheimer, talvez porque os tratamentos devam ser iniciados em estágios precoces, antes do surgimento de alterações sinápticas irreversíveis.

Uma função hipocampal alterada também pode contribuir para problemas cognitivos em indivíduos com esquizofrenia, incluindo prejuízos na memória de trabalho (Capítulo 60). Estudos recentes utilizando um modelo genético para a esquizofrenia em camundongos para a esquizofrenia relataram redução na sincronia entre hipocampo e córtex pré-frontal associada à memória de trabalho. Além disso, campos de lugar de células na área CA1 do hipocampo podem ser excessivamente rígidos nesse camundongo, sugerindo que a capacidade do hipocampo em distinguir diferentes contextos possa estar prejudicada. Por fim, um déficit na memória social nesses camundongos tem sido relacionado a uma redução de neurônios inibitórios positivos para parvalbumina na área CA2; uma perda semelhante de neurônios inibitórios tem sido observada *post-mortem* em tecido encefálico de indivíduos com esquizofrenia e transtorno bipolar.

Assim, estudos do hipocampo e de estruturas relacionadas do lobo temporal oferecem a grande promessa de *insights* fundamentais no que diz respeito à forma como são armazenadas e evocadas as memórias explícitas e como alterações funcionais nessas estruturas podem contribuir para distúrbios neuropsiquiátricos. Por outro lado, tais estudos podem ajudar na descoberta de novos tratamentos para esses distúrbios devastadores.

Destaques

1. A memória explícita possui um componente de curta duração, chamado de memória de trabalho, e um componente de longa duração. Ambas formas dependem do córtex pré-frontal e do hipocampo.
2. Acredita-se que a memória de longo prazo depende da plasticidade sináptica de longa duração dependente de atividade em sinapses no circuito cortico-hipocampal. Um breve trem de estimulação tetânica de alta frequência leva à potenciação de longa duração (LTP) da transmissão sináptica excitatória em cada uma das estações do circuito cortico-hipocampal.
3. Em muitas sinapses, a LTP depende do influxo de cálcio mediado por receptores pós-sinápticos glutamatérgicos do tipo *N*-metil-D-aspartato (NMDA). Esse receptor atua como um detector de coincidência: ele requer tanto a liberação de glutamato quanto uma forte despolarização pós-sináptica para permitir a entrada de cálcio.
4. A expressão da LTP depende da inserção de receptores glutamatérgicos do tipo ácido α-amino-3-hidroxi-5-metil-4-isoxazolpropiônico (AMPA) na membrana pós-sináptica ou a um aumento na liberação pré-sináptica de glutamato, dependendo do tipo de sinapse e da intensidade da estimulação tetânica.
5. A LTP apresenta uma fase inicial e uma fase tardia. A LTP inicial depende de modificações covalentes, enquanto a LTP tardia depende da síntese de novas proteínas, da transcrição gênica e do crescimento de novas conexões sinápticas.
6. Manipulações farmacológicas e genéticas que perturbam a LTP frequentemente levam a um prejuízo da memória de longo prazo, indicando que a LTP pode ser um mecanismo celular importante para o armazenamento da memória.
7. As memórias são armazenadas em agrupamentos celulares. A LTP pode ser necessária para a formação de agrupamentos celulares que registram eventos específicos. A evocação da memória pode refletir a reativação dos mesmos agrupamentos que estavam ativos durante o evento original.
8. O hipocampo codifica tanto sinais espaciais quanto não espaciais. Muitos neurônios hipocampais atuam como células de lugar, disparando potenciais de ação quando um animal visita determinada localização em seu ambiente.
9. O córtex entorrinal, a área do córtex que fornece a maior parte dos sinais de entrada para o hipocampo, também codifica informação espacial e não espacial. A porção medial do córtex entorrinal contém neurônios denominados células de grade, que disparam quando um animal cruza os vértices de uma rede semelhante a uma grade hexagonal de localizações espaciais. As células de grade são organizadas de modo semitopográfico em módulos semi-independentes, com distintas frequências de grade. O mapa entorrinal também contém células de borda, células objeto-vetor, células de orientação da cabeça e células de velocidade.
10. Dentro de um módulo de células de grade, pares de células de grade mantêm relações relativamente rígidas de disparos em diferentes ambientes e experiências, o que sugere que células de grade constituem um mapa universal que se expressa de modo similar em todos os ambientes. Em contraste, células de lugar no hipocampo formam mapas que são plásticos e completamente não correlacionados entre diferentes ambientes.
11. Distúrbios neuropsiquiátricos como a doença de Alzheimer e a esquizofrenia foram associados a déficits na função sináptica hipocampal e cortical entorrinal, às propriedades das células de lugar e ao aprendizado e a memória. Tratamentos que visam restaurar tal função podem proporcionar novas abordagens terapêuticas para doenças.
12. A despeito de suas claras diferenças, o armazenamento da memória implícita (Capítulo 53) e o da memória explícita baseiam-se em uma lógica em comum. Tanto a facilitação pré-sináptica dependente de atividade, para o armazenamento da memória implícita, quanto a potenciação de longa duração associativa para o armazenamento da memória explícita se baseiam nas propriedades associativas de proteínas específicas: a ativação da adenilato-ciclase, na memória implícita, requer neurotransmissores mais Ca^{2+} intracelular, enquanto a ativação de receptores NMDA, na memória explícita, requer glutamato mais despolarização pós-sináptica. Tais similaridades indicam a importância fundamental de regras de aprendizado associativo para o armazenamento da memória.

Edvard I. Moser
May-Britt Moser
Steven A. Siegelbaum

Leituras selecionadas

Basu J, Siegelbaum SA. 2015. The corticohippocampal circuit, synaptic plasticity, and memory. Cold Spring Harb Perspect Biol 7:a021733.
Bliss TV, Collingridge GL. 2013. Expression of NMDA receptor-dependent LTP in the hippocampus: bridging the divide. Mol Brain 6:5.
Frey U, Morris RG. 1991. Synaptic tagging and long-term potentiation. Nature 385:533–536.
Hafting T, Fyhn M, Molden S, Moser M-B, Moser EI. 2005. Microstructure of a spatial map in the entorhinal cortex. Nature 436:801–806.
Kessels HW, Malinow R. 2009. Synaptic AMPA receptor plasticity and behavior. Neuron 61:340–350.
Martin SJ, Grimwood PD, Morris RG. 2000. Synaptic plasticity and memory: an evaluation of the hypothesis. Annu Rev Neurosci 23:649–711.
Nicoll RA. 2017. A brief history of long-term potentiation. Neuron 93:281–290.
Rowland DC, Roudi Y, Moser MB, Moser EI. 2016. Ten years of grid cells. Annu Rev Neurosci 39:19–40.
Taube JS. 2007. The head direction signal: origins, and sensory-motor integration. Annu Rev Neurosci 30:181–207.
Tonegawa S, Pignatelli M, Roy DS, Ryan TJ. 2015. Memory engram storage and retrieval. Curr Opin Neurobiol 35: 101–109.

Referências

Abel T, Nguyen PV, Barad M, Deuel TAS, Kandel ER, Bourtchouladze R. 1997. Genetic demonstration of a role for PKA in the late phase of LTP and in hippocampal based long-term memory. Cell 88:615–626.
Alme CB, Miao C, Jezek K, Treves A, Moser EI, Moser M-B. 2014. Place cells in the hippocampus: eleven maps for eleven rooms. Proc Natl Acad Sci U S A 111:18428–18435.
Bliss TVP, Lømo T. 1973. Long-lasting potentiation of synaptic transmission in the dentate gyrus of the anesthetized rabbit following stimulation of the perforant path. J Physiol (Lond) 232:331–356.
Dudek SM, Bear MF. 1992. Homosynaptic long-term depression in area CA1 of hippocampus and effects of N-methyl-D-aspartate receptor blockade. Proc Natl Acad Sci U S A 89:4363–4367.
Fyhn M, Hafting T, Treves A, Moser M-B, Moser EI. 2007. Hippocampal remapping and grid realignment in entorhinal cortex. Nature 446:190–194.
Hebb DO. 1949. *The Organization of Behavior: A Neuropsychological Theory*. New York: Wiley.
Hitti FL, Siegelbaum SA. 2014. The hippocampal CA2 region is essential for social memory. Nature 508:88–92.
Høydal ØA, Skytøen ER, Andersson SO, Moser MB, Moser EI. 2019. Object-vector coding in the medial entorhinal cortex. Nature 568:400–404.
Huang Y-Y, Kandel ER. 1994. Recruitment of long-lasting and protein kinase A-dependent long-term potentiation in the CA1 region of hippocampus requires repeated tetanization. Learn Mem 1:74–82.
Kandel ER. 2001. The molecular biology of memory storage: a dialog between genes and synapses (Nobel Lecture). Biosci Rep 21:565–611.
Kjelstrup KB, Solstad T, Brun VH, et al. 2008. Finite scale of spatial representation in the hippocampus. Science 321:140–143.
Kropff E, Carmichael JE, Moser M-B, Moser EI. 2015. Speed cells in the medial entorhinal cortex. Nature 523:419–424.
Lisman J, Yasuda R, Raghavachari S. 2012. Mechanisms of CaMKII action in long-term potentiation. Nat Rev Neurosci 13:169–182.
Liu X, Ramirez S, Pang PT, et al. 2012. Optogenetic stimulation of a hippocampal engram activates fear memory recall. Nature 484:381–385.
Mayford M, Bach ME, Huang Y-Y, Wang L, Hawkins RD, Kandel ER. 1996. Control of memory formation through regulated expression of a CaMKII transgene. Science 274:1678–1683.
McHugh TJ, Blum KI, Tsien JZ, Tonegawa S, Wilson MA. 1996. Impaired hippocampal representation of space in CA1-specific NMDAR1 knockout mice. Cell 87:1339–1349.
McHugh TJ, Jones MW, Quinn JJ, et al. 2007. Dentate gyrus NMDA receptors mediate rapid pattern separation in the hippocampal network. Science 317:94–99.
Montgomery JM, Pavlidis P, Madison DV. 2001. Pair recordings reveal all-silent synaptic connections and the postsynaptic expression of long-term potentiation. Neuron 29:691–701.
Morgan SL, Teyler TJ. 2001. Electrical stimuli patterned after the theta-rhythm induce multiple forms of LTP. J Neurophysiol 86:1289–1296.
Muller RU, Kubie JL, Ranck JB Jr. 1987. Spatial firing patterns of hippocampal complex-spike cells in a fixed environment. J Neurosci 7:1935–1950.
Nakashiba T, Young JZ, McHugh TJ, Buhl DL, Tonegawa S. 2008. Transgenic inhibition of synaptic transmission reveals role of CA3 output in hippocampal learning. Science 319:1260–1264.
Nakazawa K, Quirk MC, Chitwood RA, et al. 2002. Requirement for hippocampal CA3 NMDA receptors in associative memory recall. Science 297:211–218.
Nicholls RE, Alarcon JM, Malleret G, et al. 2008. Transgenic mice lacking NMDAR-dependent LTD exhibit deficits in behavioral flexibility. Neuron 58:104–117.
O'Keefe J, Dostrovsky J. 1971. The hippocampus as a spatial map: preliminary evidence from unit activity in the freely-moving rat. Brain Res 34:171–175.
O'Keefe J, Nadel L. 1978. *The Hippocampus as a Cognitive Map*. Oxford: Clarendon Press.
Ramirez S, Liu X, Lin PA, et al. 2013. Creating a false memory in the hippocampus. Science 341:387–391.
Rotenberg A, Mayford M, Hawkins RD, Kandel ER, Muller RU. 1996. Mice expressing activated CaMKII lack low frequency LTP and do not form stable place cells in the CA1 region of the hippocampus. Cell 87:1351–1361.
Rumpel S, LeDoux J, Zador A, Malinow R. 2005. Postsynaptic receptor trafficking underlying a form of associative learning. Science 308:83–88.
Sacktor TC. 2011. How does PKMζ maintain long-term memory? Nat Rev Neurosci 12:9–15.
Sargolini F, Fyhn M, Hafting T, et al. 2006. Conjunctive representation of position, direction, and velocity in entorhinal cortex. Science 312:758–762.
Silva AJ, Stevens CF, Tonegawa S, Wang Y. 1992. Deficient hippocampal long-term potentiation in α-calcium-calmodulin kinase II mutant mice. Science 257:201–206.
Solstad T, Boccara CN, Kropff E, Moser M-B, Moser EI. 2008. Representation of geometric borders in the entorhinal cortex. Science 322:1865–1868.
Stensola H, Stensola T, Solstad T, Frøland K, Moser M-B, Moser EI. 2012. The entorhinal grid map is discretized. Nature 492:72–78.
Tang YP, Shimizu E, Dube GR, et al. 1999. Genetic enhancement of learning and memory in mice. Nature 401:63–69.
Taube JS, Muller RU, Ranck JB Jr. 1990. Head-direction cells recorded from the postsubiculum in freely moving rats. I. Description and quantitative analysis. J Neurosci 10:420–435.
Tsien JZ, Huerta PT, Tonegawa S. 1996. The essential role of hippocampal CA1 NMDA receptor-dependent synaptic plasticity in spatial memory. Cell 87:1327–1338.
Whitlock JR, Heynen AJ, Shuler MG, Bear MF. 2006. Learning induces long-term potentiation in the hippocampus. Science 313:1093–1097.
Zalutsky RA, Nicoll RA. 1990. Comparison of two forms of long-term potentiation in single hippocampal neurons. Science 248:1619–1624.

55

Linguagem

A linguagem possui vários níveis estruturais: fonemas, morfemas, palavras e frases

A aquisição da linguagem nas crianças segue um padrão universal

    A criança "universalista" torna-se linguisticamente especializada com 1 ano de idade

    O sistema visual está envolvido na produção e percepção da linguagem

    As pistas prosódicas são aprendidas desde o período intrauterino

    Probabilidades transicionais ajudam a distinguir palavras em fala contínua

    Há um período crítico para o aprendizado da linguagem

    O estilo "paternês" de fala melhora o aprendizado de idiomas

    A aprendizagem bilíngue bem-sucedida depende da idade em que a segunda língua é aprendida

Surge um novo modelo para a base neural da linguagem

    Numerosas regiões corticais especializadas contribuem para o processamento da linguagem

    A arquitetura neural da linguagem desenvolve-se rapidamente durante a primeira infância

    O hemisfério esquerdo é dominante para a linguagem

    A prosódia recruta tanto o hemisfério direito quanto o esquerdo, dependendo da informação transmitida

Estudos das afasias têm fornecido *insights* sobre o processamento de linguagem

    A afasia de Broca resulta de uma extensa lesão no lobo frontal esquerdo

    A afasia de Wernicke resulta de lesão em estruturas do lobo temporal posterior esquerdo

    A afasia de condução resulta de danos a um setor de áreas posteriores de linguagem

    A afasia global resulta de uma lesão alastrada a vários centros da linguagem

    As afasias transcorticais resultam de lesão em áreas próximas às áreas de Broca e de Wernicke

As afasias menos comuns envolvem áreas cerebrais adicionais importantes para a linguagem

Destaques

A LINGUAGEM É EXCLUSIVA AOS SERES HUMANOS e, sem dúvida, nossa maior habilidade e nossa mais alta realização. Apesar de sua complexidade, todas as crianças em desenvolvimento típico a dominam em torno dos 3 anos de idade. O que leva a esse fenômeno do desenvolvimento universal, e por que as crianças são muito melhores do que os adultos para adquirir uma nova linguagem? Quais sistemas cerebrais estão envolvidos no processo de amadurecimento da linguagem? E estariam esses sistemas presentes no nascimento? Como a lesão cerebral produz os vários distúrbios da linguagem conhecidos como afasias?

Durante séculos, essas perguntas sobre a linguagem e o encéfalo provocaram intensos debates entre os teóricos. Entretanto, na última década, uma explosão de informações a respeito da linguagem levou a discussão para além dos debates que opõem os fatores inato e adquirido e da visão padrão de que algumas poucas áreas cerebrais especializadas são responsáveis pela linguagem. Dois fatores provocaram essa mudança.

Primeiro, técnicas de imageamento encefálico funcional, como tomografia por emissão de pósitrons (PET), ressonância magnética funcional (IRMf), eletrencefalografia (EEG) e magnetencefalografia (MEG) nos permitiram examinar os padrões de ativação no encéfalo enquanto uma pessoa realiza tarefas de linguagem – nomear objetos ou ações, ouvir sons ou palavras e detectar anomalias gramaticais. Os resultados desses estudos revelam um quadro muito mais complexo do que o proposto pela primeira vez por Carl Wernicke, em 1874. Além disso, técnicas estruturais de imageamento encefálico, como imagem por tensor de difusão (ITD), tratografia e ressonância magnética quantitativa (IRMq), revelaram uma rede de conexões que ligam áreas especializadas da linguagem no encéfalo. Essas descobertas estão nos levando para além das visões anteriores e mais simples dos fundamentos neurais do processamento e produção da linguagem os quais consideravam o envolvimento de apenas algumas áreas e conexões específicas do encéfalo.

Em segundo lugar, estudos comportamentais e encefálicos sobre a aquisição da linguagem mostram que os bebês começam a aprender a linguagem mais cedo do que se pensava e de maneiras não imaginadas anteriormente. Bem antes de as crianças produzirem suas primeiras palavras, elas aprendem os padrões de sons das unidades fonéticas, as palavras e a estrutura de frases da língua que escutam. Ouvir a língua altera o encéfalo do bebê precocemente no desenvolvimento, e o aprendizado de uma língua no início da vida afeta o encéfalo de forma permanente.

Juntos, esses avanços estão moldando uma nova visão da anatomia funcional encefálica da linguagem, como uma rede complexa e dinâmica no cérebro adulto, na qual vários sistemas cerebrais distribuídos espacialmente cooperam funcionalmente por meio de fascículos neurais de longa distância (feixes de fibras axonais). Essa rede madura surge da notável estrutura e função encefálicas presentes desde o momento do nascimento e se desenvolve em conjunto com poderosos mecanismos inatos de aprendizado responsivos à experiência linguística. Essa nova visão da linguagem abrange não apenas seu desenvolvimento e estado maduro, mas também sua destruição quando o dano cerebral leva à afasia.

Os seres humanos não são a única espécie a se comunicar. Os pássaros canoros atraem os parceiros com cantos, as abelhas codificam a distância e a direção do néctar com a dança, e os macacos sinalizam o desejo de contato sexual ou o temor na aproximação do inimigo com gemidos e grunhidos. Com a linguagem, realizamos tudo isso e muito mais. Os humanos utilizam a linguagem para fornecer informações e expressar suas emoções, comentar sobre o passado e o futuro e criar ficção e poesia. Usando sons com uma associação meramente arbitrária em relação aos significados que transmitem, fala-se sobre tudo e qualquer coisa. Nenhum animal tem um sistema de comunicação que se assemelhe à linguagem humana, tanto na forma como na função. A linguagem é a característica definidora dos seres humanos, e viver sem ela cria um mundo totalmente diferente, como evidenciado de forma tão desoladora por pacientes com afasia após um acidente vascular encefálico.

A linguagem possui vários níveis estruturais: fonemas, morfemas, palavras e frases

O que distingue a linguagem de outras formas de comunicação? A característica principal é um conjunto finito de sons de fala ou fonemas distintos que podem ser combinados com infinitas possibilidades. Fonemas são os blocos que constroem as unidades de significado chamadas morfemas. Cada idioma possui um conjunto distinto de fonemas e regras para combiná-los em morfemas e palavras. As palavras podem ser combinadas de acordo com as regras de sintaxe em um número infinito de frases.

A compreensão da linguagem apresenta um conjunto interessante de quebra-cabeças, que desafia os supercomputadores. O advento de assistentes pessoais virtuais, como Siri e Alexa, baseados em algoritmos de aprendizado de máquina, permitiu que dispositivos eletrônicos respondessem a tipos selecionados de enunciados humanos. No entanto, ainda não estamos conversando com computadores. Avanços fundamentais precisarão ser feitos antes que os humanos possam esperar ter uma conversa com uma máquina semelhante a uma conversa que você pode ter com qualquer criança de 3 anos. As soluções de aprendizado de máquina não apresentam suas limitadas respostas imitando os sistemas do cérebro humano usados para a linguagem, nem aprendem da mesma forma que os bebês humanos aprendem. Comparar abordagens de aprendizado de máquina (inteligência artificial) e abordagens humanas é de interesse teórico e prático (Capítulo 39) e um tema quente para pesquisas futuras.

A linguagem apresenta um quebra-cabeça bastante complexo, uma vez que envolve vários níveis funcionalmente interligados, começando no nível mais básico, com os sons que distinguem as palavras. Por exemplo, em português, os sons /r/ e /l/ diferenciam palavras como *mora* e *mola*. Em japonês, no entanto, essa mudança de som não distingue palavras porque os sons /r/ e /l/ são usados de forma intercambiável. De modo semelhante, os falantes de língua espanhola fazem distinção entre as palavras *pano* e *bano*, enquanto os falantes de língua inglesa consideram os sons /p/ e /b/, no início dessas palavras, como os mesmos sons. Visto que muitas línguas usam sons idênticos, mas os agrupam de forma diferente, as crianças precisam descobrir como os sons são agrupados em sua língua para distingui-los de maneira significativa.

As unidades fonéticas são subfonêmicas. Como ilustramos acima com /r/ e /l/, esses dois sons são unidades fonéticas, mas seu status fonêmico difere entre o português e o japonês. Em português, os dois são fonemicamente diferentes, o que quer dizer que modificam o significado de uma palavra. Em japonês, /r/ e /l/ pertencem à mesma categoria fonêmica, e não são distinguidos pelos falantes. As unidades fonéticas são distinguidas por variações acústicas sutis causadas pelo formato do trato vocal chamadas *frequências formantes* (**Figura 55-1**). Os padrões e o ritmo das frequências formantes distinguem palavras que diferem em apenas uma unidade fonética, como *pato* e *gato*. Na fala normal, as mudanças formantes ocorrem muito rapidamente, na ordem de milissegundos. O sistema auditivo precisa acompanhar essas mudanças rápidas para que um indivíduo possa distinguir sons semanticamente diferentes e, assim, entender a fala. Enquanto na linguagem escrita os espaços costumam ser inseridos entre as palavras, na fala não há quebras acústicas entre as palavras. Portanto, a fala exige um processo que possa detectar palavras baseando-se em algo que não sejam sons separados pelo silêncio. Os computadores têm muita dificuldade em reconhecer palavras no fluxo normal da fala.

As regras *fonotáticas* especificam como os fonemas podem ser combinados para formar palavras. Tanto o inglês quanto o polonês usam os fonemas /z/ e /b/, por exemplo, mas a combinação /zb/ não é permitida em inglês, enquanto que em polonês ela é comum (como no nome *Zbigniew*).

Morfemas são as menores unidades estruturais de um idioma, melhor ilustradas por prefixos e sufixos. Em português, por exemplo, o prefixo *des* (significando *negação*) pode ser adicionado a muitos adjetivos para transmitir a ideia de

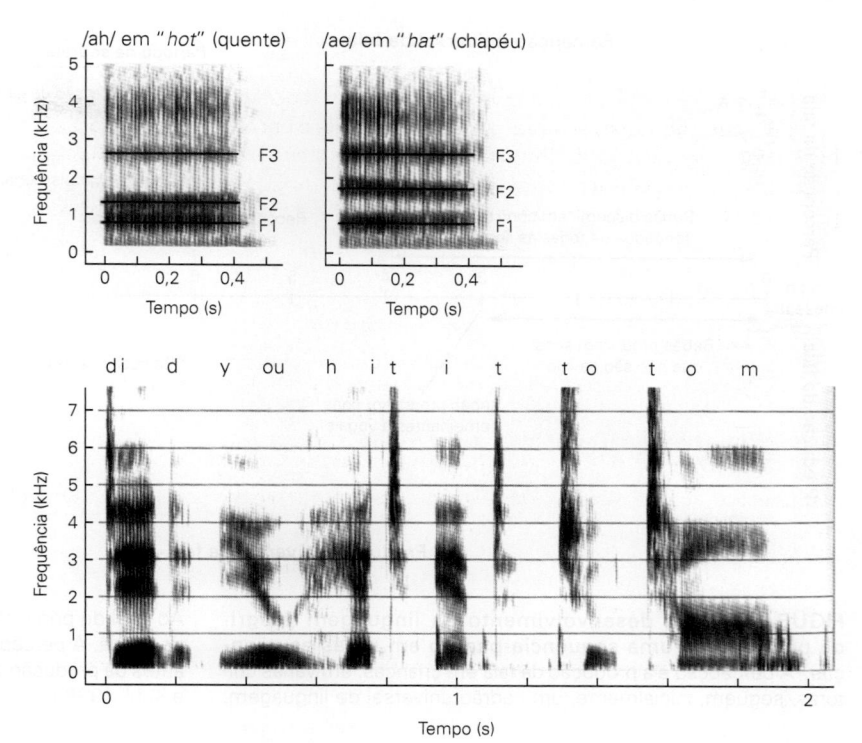

FIGURA 55-1 Frequências formantes. Formantes são variações sistemáticas na concentração de energia em várias frequências sonoras e representam ressonâncias do trato vocal. Eles são mostrados aqui em função do tempo em uma análise espectrográfica da fala. Os padrões formantes para duas vogais simples (/a/ e /ae/) faladas isoladamente são distinguidos pelas diferenças no formante 2 (F2). Padrões formantes para a frase "Did you hit it to Tom" falada lenta e claramente ilustram as rápidas mudanças subjacentes ao discurso normal. (Dados de Patricia Kuhl.)

sentido oposto (p. ex., *desleal*). Os sufixos frequentemente sinalizam o tempo ou o número de uma palavra. Por exemplo, em português, adicionamos *s* ou *es* para indicar mais de uma unidade (*pote* torna-se *potes*, *inseto* torna-se *insetos*, ou *par* torna-se *pares*). Para indicar o tempo de um verbo regular, acrescenta-se uma terminação à palavra (p. ex., *ele brinca* pode ficar *brincou*, *brincando* ou *brincava*). Os verbos irregulares não seguem a regra (p. ex., para o verbo *ser*, *ele é* fica *foi* ou *era*). Todo idioma tem um conjunto diferente de regras para alterar o tempo verbal e o número de uma palavra.

Por fim, para produzir a linguagem, as palavras devem estar ligadas umas às outras. A *sintaxe* especifica a ordem de palavras e frases em um determinado idioma. No português, por exemplo, as frases normalmente obedecem a uma ordem sujeito-verbo-objeto (p. ex., *ele come bolo*), enquanto, no japonês, costuma ser sujeito-objeto-verbo (p. ex., *Kare wa keeki o tabemasu*, literalmente, *ele bolo come*). Os idiomas têm diferenças sistemáticas na ordem dos elementos maiores (sintagmas nominais e sintagmas verbais) de uma frase e na ordem das palavras nas frases, conforme ilustrado pela diferença entre sintagmas nominais no inglês e no francês. No inglês, os adjetivos precedem o substantivo (p. ex., *a very intelligent man*, literalmente, *um muito inteligente homem*), enquanto, no francês, como no português, a maioria dos adjetivos segue os substantivos (p. ex., *un homme très intelligent*, *um homem muito inteligente*).

A aquisição da linguagem nas crianças segue um padrão universal

Não importa a cultura, todas as crianças inicialmente exibem padrões universais na percepção e produção da fala, independentemente do idioma específico que ouvem (**Figura 55-2**). Ao final do primeiro ano de vida, os bebês já aprenderam, pela exposição a um idioma específico, quais unidades fonéticas transmitem significado naquele idioma e reconhecem palavras prováveis, embora ainda não as entendam. Aos 12 meses de idade, as crianças compreendem cerca de 50 palavras e já começam a produzir uma fala que se parece com o idioma nativo. Aos 3 anos, as crianças conhecem cerca de mil palavras (o adulto, 70 mil), criam frases longas como os adultos e podem manter uma conversação. Entre 36 e 48 meses, as crianças respondem às diferenças entre sentenças gramaticais e não gramaticais de forma semelhante à de um adulto, embora os testes usando as sentenças mais complexas indiquem que os meandros da gramática não são dominados até o final da infância, entre 7 e 10 anos de idade.

Na última metade do século XX, a questão sobre a natureza e a aquisição da linguagem acirrou-se, em função de um debate muito divulgado na época entre um forte teórico do aprendizado e um forte inatista. Em 1957, o psicólogo behaviorista (comportamentalista) B. F. Skinner propôs que a linguagem é adquirida pelo aprendizado. Em seu livro *O Comportamento Verbal*, Skinner argumenta que a linguagem, como todo comportamento animal, é um comportamento aprendido que se desenvolve nas crianças em função de reforço externo e uma modelagem parental criteriosa. De acordo com Skinner, as crianças aprendem uma língua como um rato aprende a apertar uma alavanca – pelo monitoramento e pelo gerenciamento de contingências de recompensa. O inatista Noam Chomsky, ao escrever uma revisão d'*O Comportamento Verbal*, assumiu uma posição bem diferente. Chomsky argumentou que o

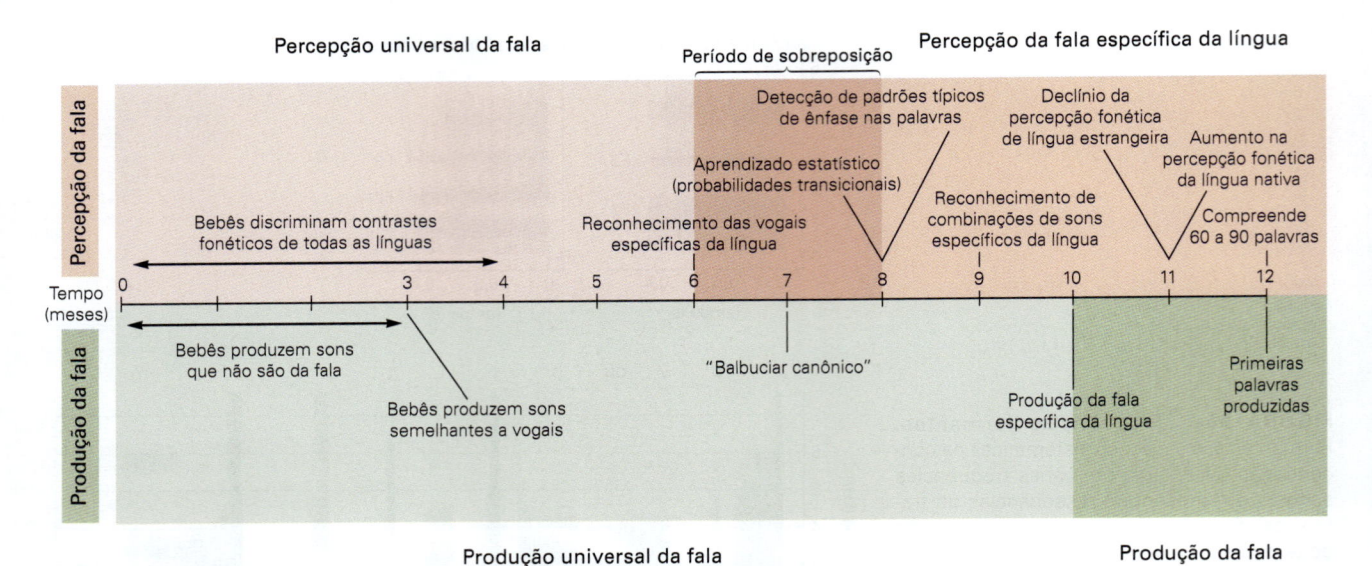

FIGURA 55-2 O desenvolvimento da linguagem progride por meio de uma sequência-padrão em todas as crianças. A percepção e a produção da fala em crianças, em várias culturas, seguem, inicialmente, um padrão universal de linguagem. Ao final do primeiro ano de vida, surgem os padrões específicos da língua. A percepção da fala torna-se específica de cada língua antes da produção da fala. (Adaptada, com autorização, de Doupe e Kuhl, 1999.)

tradicional aprendizado por reforço tem pouco a ver com a capacidade dos humanos em adquirir a linguagem. Em vez disso, ele propôs que todo indivíduo tem uma "faculdade de linguagem" inata, que inclui uma gramática universal e uma fonética universal. A exposição a um idioma específico desencadeia um processo de "seleção" para um idioma.

Estudos mais recentes sobre a aquisição da linguagem em bebês e crianças claramente demonstram que o tipo de aprendizado que ocorre no início da infância não se parece com o descrito por Skinner com base na modelagem e no reforço externo. Ao mesmo tempo, um posicionamento inatista como o de Chomsky, em que a linguagem ouvida pelo bebê desencadeia a seleção de uma das várias opções inatas, também não capta o processo.

A criança "universalista" torna-se linguisticamente especializada com 1 ano de idade

No início da década de 1970, o psicólogo Peter Eimas mostrou que os bebês são especialmente bons em escutar mudanças acústicas e que são capazes de distinguir unidades fonéticas dos idiomas existentes no mundo. Quando os sons da fala variavam acusticamente em pequenos passos iguais para formar uma série que varia de uma unidade fonética para a outra, digamos de /ba/ a /pa/, Eimas mostrou que os bebês podiam discernir mudanças acústicas muito suaves nos pontos da série (a "fronteira") onde os adultos ouviam uma mudança abrupta entre as duas categorias fonéticas, um fenômeno chamado *percepção categórica*. Eimas demonstrou que os bebês podem detectar essas pequenas mudanças acústicas na fronteira fonética entre duas categorias para unidades fonéticas em línguas que nunca experimentaram, enquanto os adultos têm essa habilidade apenas para unidades fonéticas em línguas em que são fluentes.

Os japoneses, por exemplo, acham muito difícil ouvir as diferenças acústicas entre os sons do inglês americano, como no português, /r/ e /l/. Ambos são percebidos como /r/ no japonês e, como vimos, os falantes de japonês usam os dois sons de forma intercambiável ao produzir palavras.

Originalmente, pensava-se que a percepção categórica ocorria apenas em humanos, mas em 1975, neurocientistas cognitivos demonstraram que ela existe em mamíferos não humanos, como chinchilas e macacos. Desde então, muitos estudos confirmaram esse achado (além de identificarem diferenças entre espécies de mamíferos e aves). Esses estudos sugerem que a evolução de unidades fonéticas foi fortemente influenciada por estruturas e capacidades auditivas preexistentes. A capacidade dos bebês de escutar todas as possíveis diferenças na fala os prepara para aprender qualquer língua. Ao nascer, eles são "universalistas" linguísticos.

A produção da fala desenvolve-se simultaneamente com a percepção da fala (**Figura 55-2**). Todos os bebês, seja qual for a cultura, produzem sons que são universais. Aos 3 meses de idade, "murmuram" sons parecidos com vogais, e "balbuciam" usando combinações de consoantes e vogais em torno dos 7 meses. Próximo ao final do primeiro ano, padrões de produção da fala específicos da linguagem começam a aparecer nas expressões espontâneas. À medida que se aproximam dos 2 anos, as crianças começam a imitar os padrões de sons de sua língua nativa. As falas das crianças chinesas refletem o tom, o ritmo e a estrutura fonética do mandarim, e as falas das crianças britânicas soam distintamente britânicas. As crianças desenvolvem uma habilidade de imitar os sons que escutam já com 20 semanas de idade. Muito cedo no desenvolvimento, começam a dominar padrões motores sutis necessários para produzir a

Percepção da fala específica da língua

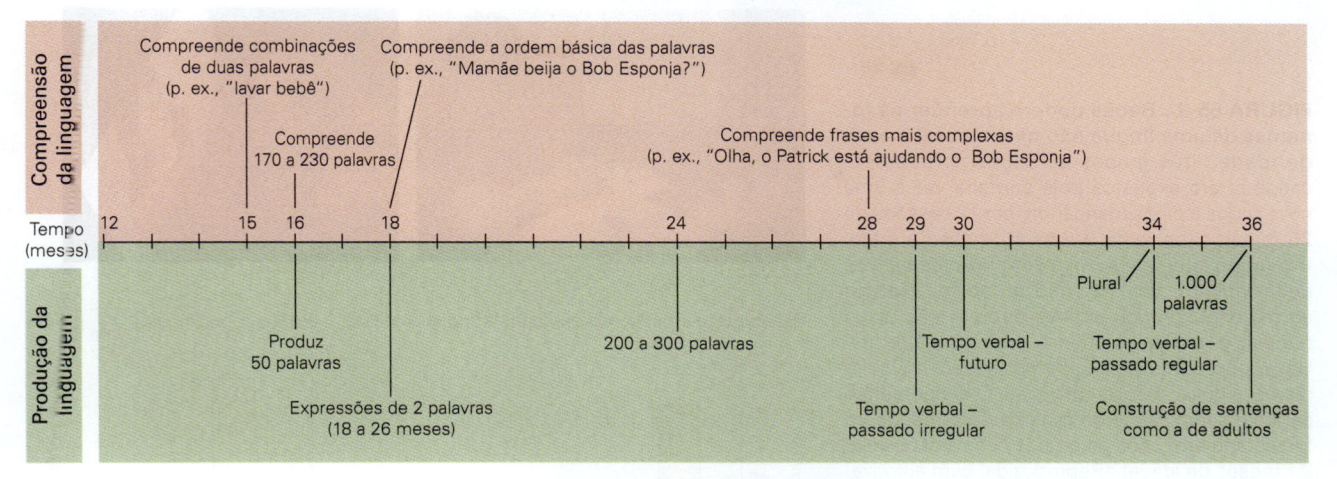

Compreensão da linguagem

- Compreende combinações de duas palavras (p. ex., "lavar bebê")
- Compreende a ordem básica das palavras (p. ex., "Mamãe beija o Bob Esponja?")
- Compreende 170 a 230 palavras
- Compreende frases mais complexas (p. ex., "Olha, o Patrick está ajudando o Bob Esponja")

Tempo (meses): 12 — 15 — 16 — 18 — 24 — 28 — 29 — 30 — 34 — 36

Produção da linguagem

- Produz 50 palavras
- Expressões de 2 palavras (18 a 26 meses)
- 200 a 300 palavras
- Tempo verbal – passado irregular
- Tempo verbal – futuro
- Plural
- Tempo verbal – passado regular
- 1.000 palavras
- Construção de sentenças como a de adultos

Produção da fala específica da língua

"Língua-mãe". Padrões motores da fala adquiridos nos estágios iniciais de aprendizado da linguagem persistem por toda a vida e influenciam os sons, o tempo e o ritmo de uma segunda língua aprendida mais tarde.

Logo antes do início das primeiras palavras, a capacidade dos bebês de discriminar unidades fonéticas nativas e não nativas sofre uma dramática mudança. Aos 6 meses de idade, os bebês são capazes de discriminar todas as unidades fonéticas usadas em todas as línguas, mas, ao final do primeiro ano, eles não conseguem mais discriminar mudanças fonéticas que reconheciam com sucesso seis meses antes. Ao mesmo tempo, eles tornam-se significativamente mais aptos a escutar diferenças fonéticas da língua nativa. Por exemplo, quando bebês japoneses e norte-americanos foram testados entre os 6 e os 12 meses para a discriminação do /r/ e do /l/ do inglês americano, os bebês norte-americanos melhoraram significativamente entre os 8 e os 10 meses, enquanto a capacidade dos bebês japoneses declinou, sugerindo que esse é um período sensível para o aprendizado fonético. Além disso, a capacidade de discriminação da língua nativa dos bebês aos 7 meses e meio de idade prevê a proporção na qual as palavras conhecidas, a complexidade das frases e a duração média dos enunciados ampliam entre 14 e 30 meses.

Se a segunda metade do primeiro ano é um período sensível para a aprendizagem da fala, o que acontece quando os bebês são expostos a uma nova língua durante esse período? Eles aprendem? Quando bebês americanos foram expostos ao chinês mandarim em laboratório, entre os 9 e 10 meses de idade, eles aprendiam somente se a exposição ocorresse por meio da interação com um ser humano. Bebês expostos a precisamente o mesmo material através da televisão ou fita de áudio, sem interação humana ao vivo, não aprendem (**Figura 55-3**). Quando testado, o desempenho do grupo exposto a falantes ao vivo foi estatisticamente indistinguível do de crianças criadas em Taiwan que ouviam mandarim por 10 meses. Esses resultados estabeleceram que, aos 9 meses de idade, a exposição de maneira correta a uma língua estrangeira permite o aprendizado fonético, dando suporte à opinião de que esse é um período sensível a tal aprendizado. O estudo também demonstrou, no entanto, que a interação social desempenha um papel mais significativo na aprendizagem do que se pensava anteriormente.

Trabalhos posteriores mostraram que o grau em que os bebês rastreiam os movimentos oculares do tutor, observando o que ele está olhando enquanto nomeia objetos na língua estrangeira, correlaciona-se fortemente com as medidas neurais de aprendizado fonético e de palavras após a exposição ao novo idioma, novamente implicando áreas cerebrais sociais na aprendizagem de línguas.

A capacidade de um bebê em captar pistas sociais é essencial para o aprendizado de idiomas. Mas que outras habilidades promovem o aprendizado durante esse período crítico? Estudos sugerem que a exposição precoce à fala induz um processo de aprendizagem implícita que aumenta a discriminação da língua nativa e reduz a capacidade inata do bebê de ouvir distinções entre as unidades fonéticas de todas as outras línguas. Os bebês são sensíveis às propriedades estatísticas da linguagem que ouvem. Os padrões de frequência de distribuição dos sons afetam o aprendizado da fala dos bebês pelos 6 meses de idade. As crianças começam a organizar os sons da fala em categorias com base em *protótipos fonéticos* – as unidades fonéticas de maior frequência de seu idioma.

Bebês de 6 meses dos Estados Unidos e da Suécia foram testados com vogais inglesas e suecas prototípicas para examinar sua capacidade de discriminar variações acústicas nas vogais, como aquelas produzidas por diferentes falantes. Por volta dos 6 meses, essas crianças ignoraram as variações acústicas de protótipos da língua nativa, mas não de protótipos não nativos. Paul Iverson mostrou que a experiência linguística altera os aspectos acústicos para os quais os falantes de diferentes línguas escutam, o que distorce a percepção de protótipos categóricos. Isso torna os estímulos perceptualmente mais semelhantes ao protótipo, o que ajuda a explicar por que bebês japoneses de 11 meses

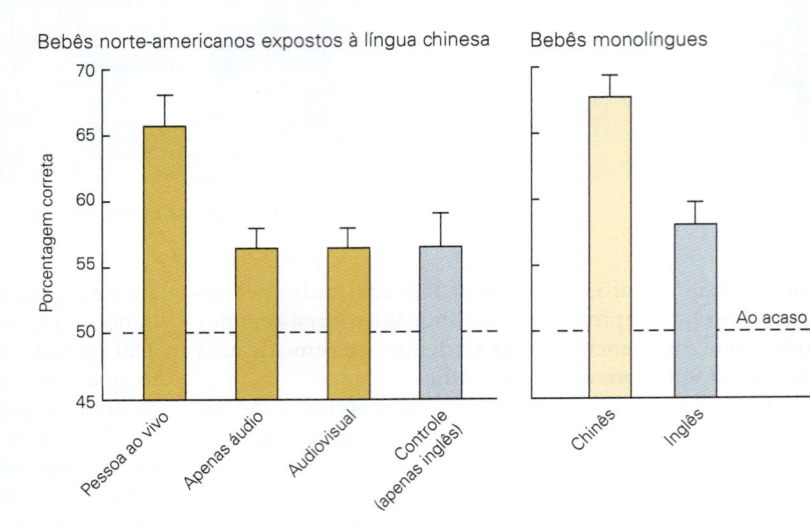

FIGURA 55-3 Bebês podem aprender os fonemas de uma língua não nativa aos 9 meses de idade. Três grupos de bebês norte-americanos foram expostos pela primeira vez a uma nova língua (chinês mandarim), em 12 sessões de 25 minutos, entre os 9 e os 10 meses e meio. Um grupo interagiu ao vivo com falantes nativos de mandarim, um segundo grupo foi exposto ao material idêntico através da televisão e um terceiro grupo ouviu apenas gravações em fita. Um grupo-controle passou por sessões similares, mas ouvia apenas em inglês. O desempenho para a discriminação de fonemas em mandarim foi testado em todos os grupos após a exposição (11 meses de idade). (Reproduzida, com autorização, de Kuhl, Tsao e Liu, 2003.)

À esquerda. Apenas os bebês expostos a falantes de mandarim ao vivo discriminaram os fonemas em mandarim. Os bebês expostos à televisão e a fitas gravadas não aprenderam e seu desempenho foi igual ao dos bebês controle (que ouviram apenas inglês).

À direita. O desempenho das crianças norte-americanas expostas a falantes de mandarim ao vivo foi equivalente ao de crianças taiwanesas monolíngues da mesma faixa etária, com experiência com mandarim desde o nascimento.

não conseguem discriminar o /r/ e /l/ do inglês após a experiência com o japonês.

O sistema visual está envolvido na produção e percepção da linguagem

A linguagem é normalmente comunicada por meio de um canal auditivo-vocal, mas os surdos se comunicam por meio de um canal visual-manual. Linguagens naturais de sinais, como a Língua Americana de Sinais (Ameslan ou ASL, de American Sign Language), são aquelas criadas pelos surdos e variam de país para país. Bebês surdos "balbuciam" com suas mãos aproximadamente ao mesmo tempo da etapa de desenvolvimento em que bebês que escutam balbuciam oralmente. Outros marcos do desenvolvimento, como as primeiras palavras e combinações de duas palavras, também ocorrem no mesmo período de desenvolvimento das crianças que escutam.

Estudos adicionais indicam que diferentes informações visuais, como o rosto do falante, não só são muito úteis para a comunicação, mas também influenciam a percepção da fala na vida diária. Todos nós experimentamos os benefícios da "leitura labial" em festas barulhentas. Observar o movimento da boca nos ajuda a entender quem fala em um ambiente barulhento. A demonstração em laboratório mais convincente do papel da visão na percepção da fala na vida diária é a ilusão que resulta do envio simultâneo de informações discrepantes entre modalidades visuais e auditivas. Quando os sujeitos escutam o som "ba" enquanto observam uma pessoa pronunciar "ga", eles relatam ouvir uma articulação intermediária "da". Tais demonstrações apoiam a ideia de que as categorias da fala sejam definidas tanto auditiva quanto visualmente e de que a percepção seja controlada tanto pela imagem quanto pelo som.

As pistas prosódicas são aprendidas desde o período intrauterino

Muito antes de os bebês reconhecerem que coisas e eventos no mundo têm nomes, eles memorizam os padrões globais de sons típicos em sua língua. Os bebês aprendem pistas prosódicas, como mudanças de tom, duração e intensidade. Em inglês, por exemplo, um padrão forte/fraco de marcação é típico, como nas palavras "BAby" (bebê), "MOmmy" (mamãe), "TAble" (mesa) e "BASEball" (beisebol), enquanto que, em algumas línguas, predomina um padrão fraco/forte. Bebês com 6 e 9 meses, que podiam optar por palavras ouvidas em inglês ou holandês, mostram uma preferência pelas palavras da língua nativa aos 9 meses (mas não aos 6).

Pistas prosódicas podem transmitir tanto informações linguísticas (diferenças de entonação e de tom em idiomas como o chinês) quanto informações paralinguísticas, como o estado emocional do falante. Mesmo os fetos dentro do útero aprendem pistas prosódicas ouvindo a fala de sua mãe. Certos sons são transmitidos ao útero através da condução óssea, tipicamente os sons intensos (acima de 80 dB) e de baixa frequência (particularmente abaixo de 300 Hz, mas até 1.000 Hz com alguma atenuação). Portanto, os padrões prosódicos da fala, como o tom da voz e os padrões de acentuação e entonação característicos de uma língua e de um falante em particular, são transmitidos ao feto, enquanto os padrões sonoros que transmitem unidades fonéticas e palavras são bastante atenuados. Ao nascer, os bebês demonstram ter aprendido essa informação prosódica devido à sua preferência para (1) a língua falada por suas mães durante a gravidez, (2) a voz da mãe comparada à voz de outra mulher e (3) histórias com tempo e ritmo distintos lidos em voz alta pela mãe durante as últimas dez semanas de gravidez.

Probabilidades transicionais ajudam a distinguir palavras em fala contínua

Bebês de 7 a 8 meses aprendem a reconhecer palavras usando a probabilidade de que uma sílaba seguirá outra. Tais probabilidades transicionais entre sílabas dentro de uma palavra são altas pois a ordem sequencial permanece fixa. Na palavra *sopa*, por exemplo, a sílaba "pa" sempre segue a sílaba "so" (probabilidade de 1,0). Por outro lado, entre as palavras, como entre "pa" e "quen" na sequência *sopa quente*, as probabilidades de transição são muito menores.

A psicóloga Jenny Saffran mostrou que as crianças consideram unidades fonéticas e sílabas com altas probabilidades transicionais como unidades do tipo palavra. Em um experimento, bebês ouviram sequências de dois minutos de pseudopalavras, como *tibudo, pabiku, golatu* e *daropi*, sem qualquer quebra acústica entre elas. Foram então testados para o reconhecimento dessas pseudopalavras, assim como para outras novas, formadas pela combinação da última sílaba de uma palavra com as duas sílabas iniciais de uma outra (como *tudaro,* formado a partir de *golatu* e *daropi*). Os bebês reconheceram as pseudopalavras originais, mas não as novas combinações às quais não haviam sido expostos anteriormente, indicando que usaram probabilidades transicionais para identificar palavras.

Essas formas de aprendizagem claramente não envolvem o reforço skinneriano. Cuidadores não administram contingências, nem usam estratégias de reforço para, gradualmente, moldarem as análises estatísticas mentais das crianças. Por outro lado, o aprendizado da língua pelos bebês também não parece refletir um processo em que opções fornecidas de modo inato são escolhidas com base na experiência de linguagem. Em vez disso, os bebês aprendem a linguagem implicitamente por meio da análise detalhada dos padrões de variação estatística na fala natural que ouvem e da análise sofisticada das informações fornecidas por meio da interação social (por exemplo, o olhar). O aprendizado desses padrões, por sua vez, altera a percepção em favor da língua nativa. Em resumo, tanto as propriedades estatísticas da linguagem quanto as pistas sociais fornecidas durante as interações linguísticas ajudam os bebês a aprender. A linguagem evoluiu para capitalizar os tipos de pistas que os bebês são capazes de reconhecer de forma inata. Isso reflete o argumento de que o desenvolvimento de unidades fonéticas foi significativamente influenciado pelas características da audição de mamíferos, garantindo que os bebês tivessem facilidade para discriminar fonemas, as unidades fundamentais de significado na linguagem.

Há um período crítico para o aprendizado da linguagem

As crianças aprendem uma linguagem de maneira mais natural e eficiente do que os adultos, o que é um paradoxo, já que as capacidades cognitivas dos adultos são superiores. Por que isso acontece?

Muitos consideram a aquisição de uma língua um exemplo de capacidade melhor aprendida durante um período crítico do desenvolvimento. Eric Lenneberg propôs que os fatores responsáveis pela maturação na puberdade causam uma mudança nos mecanismos neurais que controlam a aquisição de uma língua. Evidências que apoiam essa visão vêm de estudos clássicos de imigrantes chineses e coreanos nos Estados Unidos, os quais vivenciaram uma imersão no inglês com idades variando dos 3 aos 39 anos. Quando solicitados a identificar problemas em frases contendo erros gramaticais, tarefa fácil para falantes nativos, as respostas desses aprendizes, para os quais o inglês era uma segunda língua, diminuía conforme a idade de chegada ao país. Uma tendência semelhante é observada quando se comparam indivíduos expostos à língua de sinais desde o nascimento com aqueles expostos entre os 5 e 12 anos. Aqueles expostos desde o nascimento foram melhores em identificar erros na língua de sinais, os expostos aos 5 anos foram menos eficientes e aqueles expostos após os 12 anos foram bem piores.

O que restringe nossa capacidade de aprender uma nova língua após a puberdade? Estudos sobre o desenvolvimento sugerem que o aprendizado prévio desempenha um papel. Aprender uma língua nativa produz um comprometimento neural para a detecção de seus padrões acústicos e esse comprometimento interfere no aprendizado posterior de uma segunda língua. A exposição precoce à linguagem resulta em um circuito neural "afinado" para detectar as unidades fonéticas e os padrões prosódicos dessa língua. O comprometimento neural com a língua nativa aumenta a capacidade de detectar padrões com base naqueles já aprendidos (p. ex., o aprendizado fonético dá suporte ao aprendizado da palavra), mas reduz a capacidade de detectar padrões que não se assemelham aos já conhecidos. Aprender os padrões motores exigidos para se falar uma língua também leva a um comprometimento neural. Os padrões motores aprendidos para um idioma (p. ex., arredondamento labial em francês) podem interferir naqueles necessários para a pronúncia de um segundo idioma (p. ex., inglês) e, portanto, podem dificultar os esforços para pronunciar o segundo idioma sem sotaque. Nos primeiros anos de vida, duas ou mais línguas podem ser facilmente aprendidas porque os efeitos de interferência são mínimos antes de os padrões neurais estarem bem estabelecidos.

O neurobiólogo Takao Hensch vem trabalhando na identificação dos interruptores químicos que abrem e fecham os períodos críticos do neurodesenvolvimento no aprendizado, incluindo aqueles em animais e humanos. Hensch descobriu que o neurotransmissor ácido γ-aminobutírico (GABA) abre o período crítico, inibindo o disparo de neurônios excitatórios e equilibrando-os com o disparo de neurônios inibitórios, de modo a criar um equilíbrio excitatório-inibitório (EI). Estudos que testam essa hipótese em humanos são difíceis de realizar, mas investigações em bebês de mães que alteraram o equilíbrio EI do feto durante a gravidez por usarem medicamentos psicotrópicos (inibidores da recaptação de serotonina [IRSs]) para depressão apoiam a hipótese EI. Um dos efeitos fora do alvo da fluoxetina é aumentar a sensibilidade ao GABA de alguns receptores GABA. Quando comparados a bebês de mães deprimidas não expostos no período pré-natal a IRSs e mães controle sem depressão ou uso de IRSs, bebês expostos no período pré-natal a IRSs mostraram um processo de aprendizagem fonética acelerado, indicando que o *timing* já bem-estabelecido da transição no início da vida dos bebês para a percepção fonética pode ser alterado.

Não perdemos completamente a capacidade de aprender um novo idioma mais tarde na vida, mas é bem mais difícil. Independentemente da idade em que se inicia, o aprendizado de uma segunda língua melhora com um programa de treinamento que imite componentes importantes do aprendizado precoce – longos períodos de exposição à língua falada em um contexto social (imersão), o uso de informações tanto visuais quanto auditivas e a exposição à fala simples e marcada, semelhante ao "paternês" (referindo-se a mães e pais).

O estilo "paternês" de fala melhora o aprendizado de idiomas

Todos concordam que quando os adultos falam com seus filhos, o fazem de maneira diferente. Descoberto por linguistas e antropólogos no início da década de 1960, ao escutarem as línguas faladas ao redor do mundo, o "maternês" (ou "paternês", pois os pais também o fazem) é um estilo de fala especial usado ao se dirigir a bebês e crianças pequenas. O paternês tem um tom mais alto, um tempo mais lento e contornos de entonação marcados, sendo facilmente reconhecido. Em comparação com a fala dirigida a um adulto, o tom da voz é aumentado em média em uma oitava, tanto nas mulheres quanto nos homens. As unidades fonéticas são faladas com mais clareza e são acusticamente exageradas, aumentando, portanto, a separação acústica de unidades fonéticas. Adultos falando com bebês marcam apenas as características da fala que são importantes para sua língua nativa. Por exemplo, ao conversar com seus bebês, as mães chinesas exageram os quatro tons em mandarim que são fundamentais para o significado das palavras. Quando lhes é dada uma escolha, os bebês preferem ouvir o discurso dirigido ao bebê em vez do discurso dirigido ao adulto. Quando lhes é permitido ligar gravações de fala dirigida a bebês ou adultos, girando suas cabeças para a esquerda ou para a direita, os bebês girarão para o lado referente à fala dirigida a bebês.

Uma pesquisa recente dos psicólogos Nairan Ramirez-Esparza e Adrian Garcia-Sierra mostra que o grau em que o paternês usado na linguagem falada para bebês aos 11 e 14 meses de idade em casa está fortemente correlacionado com o desenvolvimento da linguagem de uma criança aos 24 meses de idade e permanece fortemente correlacionada aos 36 meses de idade. Essa relação vale tanto para crianças monolíngues quanto para crianças bilíngues. No entanto, em crianças bilíngues, os avanços no início da vida nas duas línguas diferem, dependendo da língua falada em paternês. Por exemplo, o paternês na língua espanhola, o paternês melhora as respostas comportamentais e neurais de uma criança ao espanhol, mas não ao inglês, e vice-versa. Crianças criadas em famílias em que a quantidade de exposição da linguagem e o uso de paternês são baixos, muitas vezes apresentam déficits na linguagem e na alfabetização no momento em que entram na escola, e esses déficits se correlacionam à diminuição da ativação funcional em áreas cerebrais relacionadas à linguagem.

A aprendizagem bilíngue bem-sucedida depende da idade em que a segunda língua é aprendida

Como o cérebro lida com duas línguas? Dados comportamentais mostram que, se a exposição a duas línguas começa no nascimento, as crianças atingem os marcos da linguagem na mesma idade que seus pares monolíngues – elas murmuram, balbuciam e produzem palavras nas idades de referência padrão observadas em monolíngues. A ideia de que a experiência bilíngue produz "confusão" foi desmascarada por estudos medindo o vocabulário "conceitual", ou seja, o conhecimento de palavras independentemente do idioma usado pela criança para expressar esse conhecimento. Estudos mais antigos mediram o número de palavras em apenas um dos dois idiomas dos bebês, e essas contagens de palavras geralmente mostravam um vocabulário reduzido quando comparados aos monolíngues. Já as pontuações de vocabulário conceitual mostram que as contagens de vocabulário de crianças bilíngues igualam ou excedem aquelas de seus pares monolíngues.

A exposição a uma segunda língua após a puberdade mostra limitações no grau em que a nova língua pode ser aprendida. Se os sujeitos são testados quanto a regras fonológicas, terminações morfológicas ou sintaxe, a capacidade de aprender uma nova língua parece diminuir a cada 2 anos após os 7 anos de idade, indicando que a aquisição de uma segunda língua após a puberdade é bem difícil.

Medidas cerebrais em bebês bilíngues refletem esses dados comportamentais. A psicóloga Naja Ferjan Ramirez usou a MEG para mostrar que a ativação da área temporal superior em bebês de 11 meses expostos a duas línguas (inglês e espanhol) desde o nascimento é a mesma para os sons de ambas as línguas, e que as respostas cerebrais para o inglês são equivalentes às de bebês monolíngues da mesma idade para o inglês. Ao ouvir a fala, bebês bilíngues também apresentam maior ativação no córtex pré-frontal, região mediadora da atenção, quando comparados aos bebês monolíngues. Esse achado é consistente com o fato de que crianças bilíngues (adultos também) demonstram habilidades cognitivas superiores relacionadas à atenção. Indiscutivelmente, ouvir dois idiomas requer várias mudanças de atenção para ativar um idioma em detrimento de outro.

Se uma segunda língua é adquirida mais tarde no desenvolvimento, a idade em que a exposição ocorre e o grau de eventual proficiência afetam como o cérebro processa ambas as línguas. Em bilíngues "tardios" (aqueles que aprenderam um segundo idioma após a puberdade), a segunda língua e a língua nativa são processadas em áreas espacialmente separadas na região frontal esquerda dedicada à linguagem. Em bilíngues "precoces" (aqueles que adquiriram os dois idiomas na infância), as duas línguas são processadas na mesma área frontal esquerda.

Surge um novo modelo para a base neural da linguagem

Numerosas regiões corticais especializadas contribuem para o processamento da linguagem

O clássico modelo neural de Wernicke-Geschwind para a linguagem foi baseado nos trabalhos de Broca (1861), Wernicke (1874), Lichtheim (1885) e Geschwind (1970). No modelo Wernicke-Geschwind, as pistas acústicas contidas nas palavras faladas eram processadas nas vias auditivas e retransmitidas para a área de Wernicke, onde o significado de uma palavra era transmitido às estruturas cerebrais superiores. O fascículo arqueado era considerado como uma via unidirecional para enviar informações da área de Wernicke para a área de Broca e permitindo assim a produção da fala. Tanto a área de Wernicke quanto a de Broca interagiam com as áreas associativas. O modelo Wernicke-Geschwind formou a base para uma classificação prática das afasias ainda hoje utilizadas pelos neurologistas clínicos (**Tabela 55-1**).

Avanços na neurociência básica e clínica, o advento de ferramentas de imageamento encefálico funcional mais sofisticadas, métodos avançados para imageamento encefálico estrutural e um número crescente de estudos que combinam medidas cerebrais e comportamentais resultaram no desenvolvimento de um novo modelo de "dupla via". Esse modelo pressupõe que o processamento da linguagem envolva redes de de largas proporções formadas por diferentes áreas encefálicas, cada uma com uma função especializada, e os tratos de substância branca que as conectam.

Esse modelo de dupla via para o processamento da linguagem é semelhante ao bem estabelecido modelo de dupla via "o quê" e "onde" do sistema visual. A existência de duas vias corticais para o processamento de informação auditiva foi postulada pela primeira vez por Josef Rauschecker. Mais adiante, Gregory Hickok e David Poeppel aprimoraram o modelo de dupla via, o qual foi desde então expandido por Angela Friederici, bem como outros estudiosos da neurobiologia da linguagem. A **Figura 55-4** mostra os componentes básicos do modelo de dupla via.

Comparado ao modelo clássico de Wernicke-Geschwind, o modelo de dupla via compreende um número maior de áreas corticais mais amplamente distribuídas no encéfalo e adiciona vias bidirecionais cruciais de conexão entre regiões especializadas. Essas melhorias no modelo para o processamento da linguagem se devem aos avanços nas técnicas de imageamento encefálico estrutural, como imageamento por tensor de difusão (ITD) e imagem ponderada por difusão, as quais fornecem medidas quantitativas em escala microscópica da substância branca referente aos fascículos que conectam várias áreas corticais, permitindo o delineamento detalhado de tratos neurais em todo o encéfalo (tratografia).

No modelo de dupla via, o processamento espectrotemporal inicial dos estímulos auditivos da fala é realizado bilateralmente no córtex auditivo. Essa informação é então comunicada ao giro temporal posterossuperior bilateralmente, onde ocorre o processamento em nível fonológico. Na sequência, o processamento da linguagem diverge em uma "via sensório-motora" dorsal, projetada para associar o som à articulação da fala, e uma via "sensório-conceitual" ventral, projetada para associar o som ao seu significado.

A via dorsal bidirecional conecta as informações auditivas da fala com os planos motores que produzem a fala.

TABELA 55-1 Diagnóstico diferencial dos principais tipos de afasia

Tipo de afasia	Fala	Compreensão	Capacidade de repetição	Outros sinais	Região afetada
Broca	Não fluente, com esforço	Bastante preservada para palavras isoladas e sentenças gramaticalmente simples	Comprometida	Hemiparesia direita (braço > perna); o paciente tem consciência do defeito e pode estar deprimido	Córtex frontal posterior esquerdo e estruturas subjacentes
Wernicke	Fluente, abundante, bem articulada, melódica	Comprometida	Comprometida	Sem sinais motores. O paciente pode estar ansioso, agitado, eufórico ou paranoico	Região do córtex posterior superior e médio do lobo temporal esquerdo
De condução	Fluente, com alguns defeitos de articulação	Intacta ou bastante preservada	Comprometida	Em geral, nenhum. O paciente pode ter perda sensorial cortical ou fraqueza no braço direito	Giros temporal superior e supramarginal esquerdos
Global	Escassa, não fluente	Comprometida	Comprometida	Hemiplegia direita	Maciça lesão perisilviana esquerda
Transcortical motora	Não fluente, explosiva	Intacta ou bastante preservada	Intacta ou bastante preservada	Algumas vezes, fraqueza no lado direito	Anterior ou superior à área de Broca
Transcortical sensorial	Fluente, escassa	Comprometida	Intacta ou bastante preservada	Sem sinais motores	Posterior ou inferior à área de Wernicke

FIGURA 55-4 Modelo de dupla via para o processamento da linguagem. As análises temporais e espectrais dos sinais da fala ocorrem bilateralmente no córtex auditivo, seguidas de análise fonológica nos giros temporais posterossuperiores (**seta amarela**). O processamento então diverge em duas vias separadas: uma via dorsal que projeta os sons da fala para associar a programas motores e uma via ventral que projeta os sons da fala para associar ao significado. A via dorsal é fortemente dominante para o hemisfério esquerdo e possui segmentos que se estendem ao córtex pré-motor (via dorsal 1) e ao córtex frontal posterior inferior (via dorsal 2). A via ventral ocorre bilateralmente e se estende ao lobo temporal anterior e ao córtex frontal posterior inferior. (Adaptada, com autorização, de Hickok e Poeppel 2007, e Skeide e Friederici 2016.)

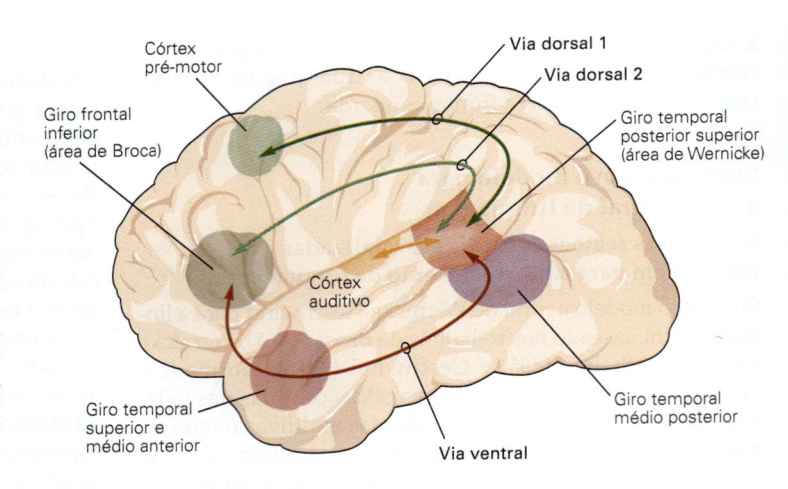

A via dorsal passa acima dos ventrículos laterais e mapeia sons os associando a representações articulatórias, conectando regiões do lobo frontal inferior, córtex pré-motor e ínsula (todos envolvidos na articulação da fala) à região classicamente reconhecida como área de Wernicke. Considera-se ser formada por duas vias: a via dorsal 1 para conectar o giro temporal posterossuperior ao córtex pré-motor e a via dorsal 2 para conectar o giro temporal posterossuperior à área de Broca. Esta via 2, envolvida na análise de ordem superior da fala, discrimina diferenças sutis de significado com base na gramática e interpreta a linguagem usando conceitos mais complexos. A via dorsal é fortemente dominante para o hemisfério esquerdo. O fascículo arqueado e o fascículo longitudinal superior são tratos de fibras da substância branca que mediam a comunicação ao longo da via dorsal.

A via ventral passa abaixo da fissura de Sylvius e é composta por regiões dos lobos temporais superior e médio, bem como regiões do lobo frontal posterior inferior. Essa via transmite informações para a compreensão auditiva, o que requer a transformação do sinal auditivo em representações em um léxico mental, um "dicionário cerebral" para relacionar os formatos de cada palavra ao seu significado semântico. Essa via compreende o fascículo fronto-occipital inferior, o fascículo uncinado e o sistema de fibras da cápsula extrema, com ampla representação bilateral.

As regiões corticais do cérebro incluídas no modelo de dupla via também interagem com regiões espacialmente distribuídas em ambos os hemisférios cerebrais que fornecem informações adicionais cruciais para o processamento da linguagem. Essas regiões incluem o córtex pré-frontal e os córtices cingulados cuja função é exercer o controle executivo e mediar os processos atencionais, respectivamente, bem como regiões nas áreas mediais dos lobos temporal, frontal e parietal envolvidas na recuperação da memória.

A arquitetura neural da linguagem desenvolve-se rapidamente durante a primeira infância

O estudo do desenvolvimento da linguagem na primeira infância requer uma metodologia que documente mudanças significativas no comportamento e as vinculem a modificações na função e na morfologia cerebral ao longo do tempo.

Os métodos de neuroimagem encefálica infantil avançaram substancialmente na última década, permitindo uma avaliação detalhada da progressão do desenvolvimento das regiões especializadas e conexões estruturais requeridas pelas redes de linguagem. Por exemplo, neurocientistas do desenvolvimento criaram modelos do encéfalo de dimensões médias na primeira infância e atlas encefálicos infantis referentes às idades de 3 e 6 meses. Esses modelos indicam que estruturas cerebrais essenciais para o processamento da linguagem na idade adulta, como o córtex frontal inferior, córtex pré-motor e giro temporal superior, conferem a base para o processamento da fala na primeira fase da infância. Estudos usando ITD e tratografia indicam que o fascículo arqueado e o fascículo uncinado conectam as regiões da linguagem até os 3 meses de idade.

O desenvolvimento dos substratos neurais para a linguagem em lactentes de 1 a 3 dias foi estudado em profundidade por Daniela Perani, utilizando-se IRMf e ITD. O trabalho de ressonância magnética funcional de Perani revela que ouvir a fala ativa o giro temporal superior do bebê bilateralmente e que, no hemisfério esquerdo, essa ativação se estende ao plano temporal, giro frontal inferior e porção inferior do lobo parietal. Os estudos com ITD de Perani desses recém-nascidos demonstram conexões intra-hemisféricas fracas, mas fortes conexões entre os hemisférios. No entanto, o trato ventral de fibras conectando a porção ventral do giro frontal inferior ao córtex temporal, através do sistema de fibras da cápsula extrema, é evidente em recém-nascidos, em ambos os hemisférios. A via dorsal que conecta o córtex temporal ao córtex pré-motor também está presente nos recém-nascidos, embora o trato dorsal que conecta o córtex temporal à área de Broca em adultos não seja detectável em recém-nascidos. Essas conexões no início da vida entre as áreas sensoriais e o córtex pré-motor são importantes pois permitem a estruturação de uma rede do sensorial para o motor essencial para o desenvolvimento dos processos iniciais de imitação dos sons e palavras da linguagem.

Jens Brauer e colegas replicaram esses achados referentes ao desenvolvimento de vias ventrais e dorsais em recém-nascidos, revelando a primazia maturacional da conexão ventral que liga áreas temporais ao giro frontal inferior.

Brauer também verificou que a via dorsal conecta o córtex temporal com o pré-motor no nascimento e mostrou que a via dorsal direcionada para o giro frontal inferior se desenvolve mais tarde. Brauer utilizou o mesmo protocolo com crianças de 7 anos e com adultos. Em crianças de 7 anos, a via dorsal conecta completamente as áreas auditivas e o giro frontal inferior, mas em adultos, esta via possui conexões mais extensas e de amplo alcance.

Estudos de imagens encefálicas funcionais de EEG e MEG em bebês já a partir dos 2 meses de idade mostram que os córtices frontal e temporal inferiores, implicados nos modelos clássico e contemporâneo de processamento de linguagem, são ativados bilateralmente pela fala – sílabas, palavras e frases. Essa descoberta apoia a hipótese de que a especialização do hemisfério esquerdo progride ao longo do tempo, iniciando pela especialização para sílabas no final do primeiro ano, palavras aos 2 anos de idade e frases no período entre 6 a 8 anos.

Os estudos de EEG e MEG com crianças pequenas que ouviam passivamente sílabas nativas e não nativas produziram resultados consistentes com as transições comportamentais descritas anteriormente neste capítulo. Vários laboratórios para o estudo da infância têm mostrado que a atividade cerebral em resposta à fala, medida no início do desenvolvimento, fornece marcadores sensíveis que predizem habilidades de linguagem vários anos depois. Esses estudos são promissores para posterior identificação de medidas encefálicas em bebês que indicam risco para deficiências de desenvolvimento envolvendo linguagem, como transtorno do espectro autista, dislexia e transtorno específico de linguagem. A identificação precoce permitiria intervenções mais precoces e eficazes, beneficiando os desfechos para essas crianças e suas famílias.

Estudos usando imagens encefálicas funcionais de bebês com MEG mostram que, aos 7 meses de idade, sílabas de fala nativa e não de língua nativa ativam não apenas as regiões temporais superiores do cérebro infantil, mas também as regiões frontais inferiores e o cerebelo, compondo uma associação entre os padrões de audição da fala e os planos motores usados para balbuciar e imitar. Pelos 12 meses de idade, a experiência da linguagem altera os padrões de ativação em ambas as regiões sensoriais e motoras do cérebro.

A ativação auditiva torna-se mais forte para sons nativos, indicando que as áreas do cérebro começaram a se especializar para os aspectos fonológicos da língua nativa. Em contraste, a ativação motora na área de Broca e no cerebelo aumenta em resposta a sons *não nativos* já que, por volta dos 12 meses, os bebês possuem conhecimento sensorimotor suficiente para imitar sons e algumas palavras de língua nativa e associam padrões auditivos armazenados (palavras como "copo" e "bola") aos planos motores necessários para produzi-los. No entanto, não são capazes de realizar as associações sensorimotoras para sons e palavras de idiomas estranhos pois os planos motores necessários não podem ser gerados. Portanto, vemos uma ativação mais longa e difusa à medida que os bebês se esforçam para criar os planos motores para um som ou palavra que nunca experimentaram. A importância da aprendizagem motora no desenvolvimento da linguagem também é mostrada por estudos longitudinais de morfometria cerebral baseada em voxel em bebês de 7 meses de idade, mostrando que as concentrações de substância cinzenta no cerebelo se correlacionam com o número de palavras que esses bebês podem produzir no primeiro ano de idade.

Durante os próximos cinco anos, é provável que haja uma significativa profusão de estudos sobre o encéfalo focados no desenvolvimento das redes de linguagem. Em vários laboratórios, essas medidas encefálicas serão associadas a medidas comportamentais, permitindo a criação de modelos capazes de delinear como a experiência da linguagem altera o cérebro infantil de forma a ampliar sua especialização para a linguagem ou linguagens às quais a criança é exposta. A descoberta de as clássicas regiões cerebrais conhecidas por fazerem parte das redes de linguagem em adultos – em particular, os córtices temporais esquerdo e direito e o córtex frontal inferior esquerdo – já serem ativadas pela fala ao nascer lembra a visão de Chomsky sobre as capacidades inatas da linguagem.

O hemisfério esquerdo é dominante para a linguagem

As visões atuais sobre o processamento da linguagem concordam que, embora os circuitos neurais necessários para transformar os sons da fala em significado possam estar presentes em ambos os hemisférios, o hemisfério esquerdo é bem mais especializado para o processamento da linguagem. Essa dominância do hemisfério esquerdo progride com o amadurecimento e o aprendizado.

Evidências a partir de uma variedade de fontes sugerem que a especialização do hemisfério esquerdo para a linguagem se desenvolve rapidamente nos primeiros dois anos de vida. O aprendizado de palavras representa um ponto em questão. Deborah Mills e seus colegas usaram potenciais relacionados a eventos para rastrear o desenvolvimento dos sinais neurais gerados em resposta a palavras conhecidas pelas crianças. Seus estudos mostraram que tanto a idade quanto a proficiência linguística levam a mudanças na intensidade das respostas neurais a palavras conhecidas, bem como a uma modificação na dominância do hemisfério entre 13 e 20 meses de idade. Nos bebês mais novos estudados, as palavras conhecidas ativam um padrão amplo e bilateralmente distribuído bilateralmente em todo o cérebro. À medida que os bebês se aproximam dos 20 meses de idade e o vocabulário se amplia, o padrão de ativação muda e o hemisfério esquerdo torna-se dominante nas regiões temporal e parietal. Naqueles que iniciam a fala tardiamente, essa mudança é adiada para 30 meses, aproximadamente. O grau em que essa dominância do hemisfério esquerdo é evidente em crianças de 24 meses com autismo prediz suas habilidades linguísticas, cognitivas e adaptativas aos 6 anos.

Vários estudos mostram que a imersão em uma segunda língua na idade adulta leva ao crescimento do fascículo longitudinal superior, um trato de fibras da substância branca importante para a linguagem. O neurocientista Ping Mamiya, em colaboração com o geneticista Evan Eichler, demonstrou, utilizando ITD, um aumento da integridade da substância branca do fascículo longitudinal superior no hemisfério direito, em estudantes universitários chineses, proporcionalmente ao número de dias em um curso de imersão em inglês, a qual diminuiu após o término da imersão. Além disso, a análise de polimorfismos no gene da catecol-O-metiltransferase (*COMT*) mostrou um efeito sobre essa relação – os alunos com duas das variantes demonstraram essas alterações, enquanto os alunos com a terceira variante não mostraram qualquer alteração nas propriedades da substância branca decorrente da experiência de linguagem.

Há um grande interesse em estudos do encéfalo investigando a seletividade dos mecanismos encefálicos subjacentes à linguagem. Estudos sobre o sistema visual realizados pela neurocientista Nancy Kanwisher levaram a sugerir que certas áreas visuais (a área fusiforme para a face) são altamente seletivas para estímulos específicos, como rostos. Afirmações semelhantes avançaram no que se refere a áreas do cérebro subjacentes à análise da fala. Por exemplo, o grupo de Kanwisher propôs que a área de Broca contém muitas sub-regiões, cada uma altamente seletiva para qualidades particulares de linguagem. Estudos adicionais sobre seletividade, principalmente durante o desenvolvimento, serão o foco de estudos futuros.

Helen Neville e Laura-Anne Pettito mostraram que o hemisfério esquerdo é ativado não apenas por estímulos auditivos, mas também por estímulos visuais com significado linguístico. Indivíduos surdos processam a língua de sinais nas regiões para o processamento da fala do hemisfério esquerdo. Tais estudos mostram que a rede para linguagem processa informações linguísticas independentemente da modalidade.

A prosódia recruta tanto o hemisfério direito quanto o esquerdo, dependendo da informação transmitida

As pistas prosódicas na linguagem podem ser linguísticas, transmitindo significado semântico como os tons em chinês mandarim ou tailandês, bem como paralinguísticas, expressando nossas atitudes e emoções. O tom de voz carrega ambos os tipos de informação, e o processamento do encéfalo difere para cada um deles.

Mudanças emocionais no tom recrutam o hemisfério direito, principalmente nas regiões frontais e temporais direitas. A informação emocional ajuda a transmitir o humor e as intenções de um falante e isso ajuda a interpretar o significado da frase. Pacientes com lesões no hemisfério direito geralmente produzem fala com explosão, tempo e entonação inadequados, e sua fala soa emocionalmente monótona. Além disto, frequentemente falham na interpretação das pistas emocionais na fala dos outros.

As mudanças semânticas no tom envolvem um padrão diferente de atividade cerebral, como demonstrado por estudos de neuroimagem. Jackson Grandour usou um novo desenho experimental usando sílabas chinesas que carregavam seu tom chinês nativo ou o tom tailandês não nativo. Os resultados de IRMf para falantes de chinês e tailandês mostram maior ativação no plano temporal esquerdo para sílabas que carregam o tom nativo em oposição ao tom não nativo (**Figura 55-5**). O hemisfério direito não apresentou essa dupla dissociação, sustentando a visão de que o processamento da linguagem ocorre no hemisfério esquerdo mesmo para sinais auditivos tipicamente processados à direita.

Estudos das afasias têm fornecido *insights* sobre o processamento de linguagem

De acordo com estimativas recentes, há mais de 795.000 acidentes vasculares encefálicos por ano nos Estados Unidos. A afasia ocorre em 21 a 38% dos quadros agudos, o que eleva a probabilidade de mortalidade e morbidade. Na última década, o número de indivíduos com afasia cresceu mais de 100.000 por ano. Afasia de Broca, afasia de Wernicke e afasia de condução compõem os três modelos clássicos de síndromes de afasia clínica. Hickok e Poeppel descrevem cada um desses subtipos no contexto do modelo de dupla via. Por conseguinte, a afasia de Broca e a afasia de condução são decorrentes de prejuízos na integração sensoriomotora relacionados a danos na via dorsal do processamento da linguagem, enquanto a afasia de Wernicke, surdez para palavras e afasia sensorial transcortical são produzidas por danos na via ventral.

A afasia de Broca resulta de uma extensa lesão no lobo frontal esquerdo

A afasia de Broca é um distúrbio da produção da fala, incluindo deficiências no processamento gramatical, causado por lesões da via dorsal. Quando falamos, contamos com padrões auditivos armazenados no cérebro. Nomear uma xícara com café requer que o paciente conecte o padrão sensorial armazenado associado à palavra "xícara" aos planos motores necessários que correspondam a esse alvo auditivo. Com a afasia de Broca, a integração sensorimotora necessária para a produção fluente da fala é prejudicada. Assim, a fala é trabalhosa e lenta, a articulação é prejudicada e a entonação melódica da fala normal está ausente (**Tabela 55-2**). No entanto, os pacientes às vezes apresentam um considerável sucesso na comunicação verbal pois sua seleção para certos tipos de palavras, especialmente substantivos, é geralmente correta. Por outro lado, verbos e palavras gramaticais, como preposições e conjunções, são mal selecionados e/ou podem estar completamente ausentes. Outro grande sinal da afasia de Broca é um defeito na capacidade de repetir frases complexas.

Como a maioria dos pacientes com afasia de Broca passa a impressão de compreender uma conversa, a condição foi inicialmente considerada apenas como um déficit de produção. Mas os afásicos de Broca têm dificuldade em compreender frases com significados que dependem principalmente da gramática. Os afásicos de Broca podem compreender *A maçã que a menina comeu era verde*, mas têm problemas em compreender *A menina que o menino está perseguindo é alta*. Isso ocorre porque eles podem compreender a primeira frase sem recorrer a regras gramaticais – meninas comem maçãs, mas maçãs não comem meninas; as maçãs podem ser verdes, mas as meninas não. No entanto, eles têm dificuldade com a segunda frase porque tanto as meninas quanto os meninos podem ser altos e um pode perseguir o outro. Para compreender a segunda frase, é necessário analisar sua estrutura gramatical, algo que os afásicos de Broca têm dificuldade em fazer.

A afasia de Broca resulta de danos na área de Broca (giro frontal inferior esquerdo); os campos frontais circunjacentes; a substância branca subjacente, ínsula e núcleos da

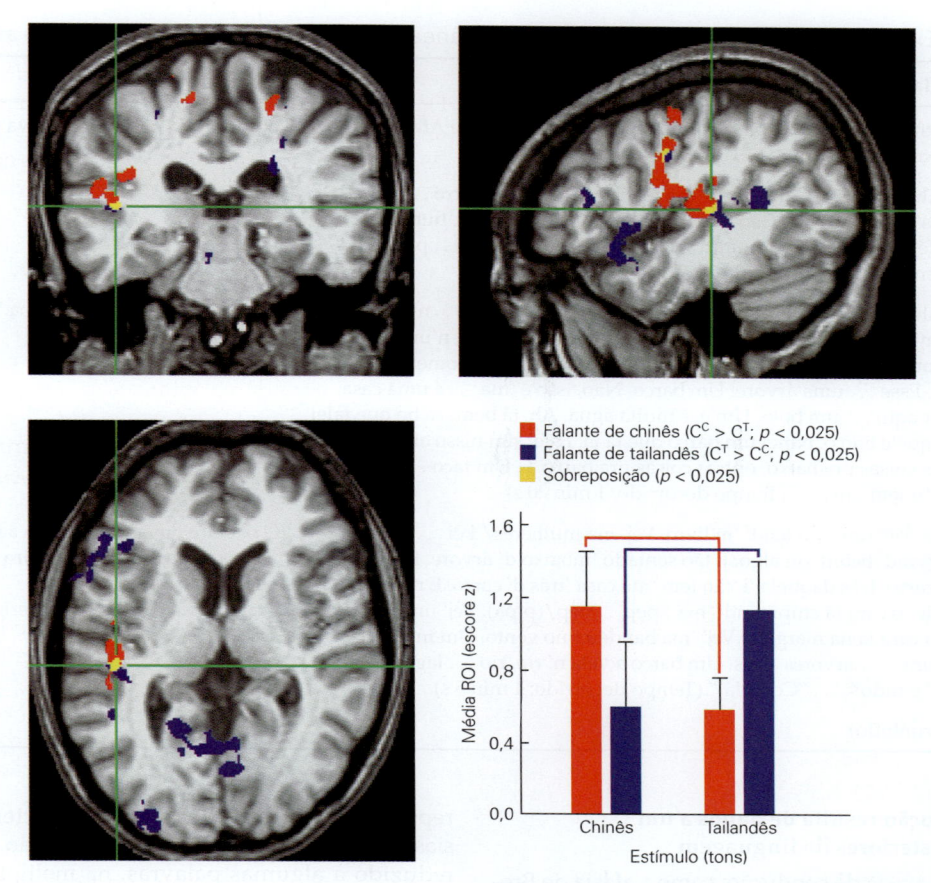

FIGURA 55-5 Ativação cerebral para tons lexicais chineses e tailandeses mostrada pela ressonância magnética funcional. Os estímulos de linguagem eram compostos por sílabas chinesas sobrepostas com tons tailandeses (C^T) ou tons chineses (C^C). Tanto os falantes nativos de chinês quanto de tailandês demonstraram uma dominância para o hemisfério esquerdo (**HE**) ao ouvir os tons de sua língua nativa. Nos falantes de chinês, a ativação do hemisfério esquerdo foi mais forte para tons chineses, enquanto nos falantes de tailandês, a ativação foi mais forte para tons do tailandês. A sobreposição para os dois grupos ocorre no plano temporal esquerdo e no giro pré-central ventral. No plano temporal esquerdo (**cruzamento das linhas verdes**), foi encontrada uma dupla dissociação entre processamento tonal e experiência de linguagem (gráficos de barras). O hemisfério direito (**HD**) não apresentou esses efeitos. (*Superior esquerdo*, seção coronal; *superior direito*, seção sagital; *inferior esquerdo*, seção axial.) (Sigla: ROI, região de interesse.) (Adaptada, com autorização, de Xu et al. 2006. Copyright © 2005 Wiley-Liss, Inc.)

base; e uma pequena porção do giro temporal anterosuperior (**Figura 55-6**). Uma pequena região da ínsula, uma ilha de córtex nas profundezas do hemisfério cerebral, também pode ser incluída entre os correlatos neurais da afasia de Broca. Os afásicos de Broca normalmente não têm dificuldade em perceber os sons da fala ou reconhecer seus próprios erros, e não têm problemas em criar palavras. Quando o dano for restrito apenas à área de Broca ou à substância branca subjacente, resulta na condição chamada de afasia da área de Broca, uma versão mais moderada da verdadeira afasia de Broca, da qual muitos pacientes são capazes de se recuperar.

A afasia de Wernicke resulta de lesão em estruturas do lobo temporal posterior esquerdo

Os afásicos de Wernicke têm dificuldade em compreender as frases pronunciadas por outras pessoas, e os danos são em áreas do cérebro que servem à gramática, atenção e significado das palavras. A afasia de Wernicke pode ser causada por danos em diferentes níveis da via ventral, onde a informação auditiva está ligada ao conhecimento da palavra. Geralmente é causada por lesão na região posterior do córtex associativo esquerdo ligado à audição, embora, em casos graves, o giro temporal médio e a substância branca estejam envolvidos (**Figura 55-7**).

Pacientes com afasia de Wernicke podem produzir a fala em um ritmo normal que soa sem esforço, melódico e bem diferente dos pacientes com afasia de Broca. Mas a fala também pode ser ininteligível, pois os afásicos de Wernicke muitas vezes mudam a ordem de cada som e dos grupos de sons. Esses erros são chamados de *parafasias fonêmicas* (uma parafasia é a substituição de um fonema certo por um errado). Mesmo quando cada som é produzido corretamente, os afásicos de Wernicke têm muita dificuldade em selecionar palavras que representem de modo acurado o significado pretendido (conhecido como uma *parafasia verbal ou semântica*). Por exemplo, um paciente pode dizer *homem chefe* quando quer dizer presidente.

TABELA 55-2 Exemplos de produção e repetição espontânea da fala para os principais tipos de afasia

Tipo de afasia	Fala espontânea	Repetição
	Estímulo (figura de piquenique da Bateria Western de Afasia): o que você vê nesta figura?	Estímulo: "O pasteleiro estava empolgado.
Broca	"Ah, sim. Ess' é 'm moço e 'ma moça . . . 'e . . 'm . . carro . . . casa . . . pos' (poste) d' luz. Cão 'i um . . . barco. 'i 'stu é um . . . humm . . . um café, 'i lendo. Ess' é 'humm . . . 'um . . ess' é 'm moço . . . pescand'." (Tempo decorrido: 1 min 30 s)	"'Empolgado."
Wernicke	"Ah, sim, é, ah . . . muitas coisas. É 'ma moça . . . liso . . . n'um barco. Um cão... . . É 'm outro cão . . . Humm-ah . . . long' . . . n'um barco. A moça, é 'ma moça nova. i' um homem um 'tavam comend'. 'stava ali. Esse . . . uma árvore! Um barco. Não, isso é 'ma . . . é uma casa. Por aqui . . . um bolo. Um é, é muita água. Ah, tá bem. Acho que falei naquele barco. Notei um barco que tá lá. Falei sim nisso antes. . . . Várias coisas pra baixo, outras coisas pra baixo. . . Um taco . . Um bolo . . . Tu tem um . . ." (Tempo decorrido: 1 min 20 s)	"/Eu/ . . não . . . Numa névoa."
De condução	"Tá. Vej' um cara lend' 'm livro. Vej' ma mulheres/ kei . . . ele . . . / servind' bebid' ou algo. E tão sentado 'mbaixo d' árvore. E tem um . . carro 'trás daquela 'i 'tão tem 'ma casa 'trás d' carro. E no outro lado, o cara tá empinand' 'ma /pep. . . pep/(pipa). Vej' um cão lá e um cara lá na margem. Vej' 'ma bandeira no vento. Um mont' di/ hi. . . um . . . /árvores atrás. Um barco a vela n' rio, rio . . . lago. E ach' q' iss' é tudo". . . . "Cesta lá." (Tempo decorrido: 1 min 5 s)	"O padeiro 'tava . . . Qual era a última palavra?" ("Deixa eu repetir: o pasteleiro estava 'empolgado.") "O padeiro-eiro / 'tava / facerin' /. . . ã..." . ."
Global	(Grunhido)	(Sem resposta)

A afasia de condução resulta de danos a um setor de áreas posteriores de linguagem

Acredita-se que a afasia de condução, como a afasia de Broca, envolva a via dorsal. A produção da fala e a compreensão auditiva são menos comprometidas do que nas outras duas afasias principais, mas os pacientes não conseguem repetir frases palavra por palavra, não conseguem montar fonemas de forma eficaz (e, portanto, produzem muitas parafasias fonêmicas) e não conseguem nomear figuras e objetos com facilidade (**Tabela 55-2**).

A afasia de condução é causada por danos no giro temporal superior esquerdo e no lobo parietal inferior. O dano pode se estender ao córtex auditivo primário esquerdo, à ínsula e à substância branca subjacente. Grandes lesões na área temporoparietal de Sylvius, situadas no meio da rede de regiões auditivas e motoras, são consistentes com a ideia de que o dano ocorre na via dorsal. Lesões nas regiões auditivas do hemisfério esquerdo muitas vezes produzem déficits na produção da fala, apoiando a ideia de que os sistemas sensoriais participam da produção da fala. Tais lesões interrompem as interfaces que ligam as representações auditivas das palavras e as ações motoras utilizadas para produzi-las. O dano compromete a substância branca (via dorsal) e afeta as projeções de retroalimentação e de controle antecipatório que interligam áreas do córtex temporal, parietal, insular e frontal.

A afasia global resulta de uma lesão alastrada a vários centros da linguagem

Pacientes com afasia global são quase completamente incapazes de compreender a linguagem ou formular e repetir frases, combinando assim características das afasias de Broca, de Wernicke e de condução. O discurso fica reduzido a algumas palavras, na melhor das hipóteses. A mesma palavra pode ser usada repetidamente, de forma correta ou não, em uma tentativa inútil de comunicar uma ideia. Contudo, uma fala não deliberada ("automática") pode ficar preservada. Isso inclui palavrões (usados apropriadamente, com estruturas fonêmicas, fonéticas e de flexão normais); ações de rotina, como contar e recitar os dias da semana, e capacidade de cantar melodias com suas letras aprendidas no passado. A compreensão auditiva fica limitada a um pequeno número de palavras e expressões idiomáticas.

A afasia global clássica envolve danos nos córtices frontal inferior e parietal (como visto na afasia de Broca), no córtex auditivo e na ínsula (como visto na afasia de condução) e no córtex temporal posterior superior (como visto na afasia de Wernicke). As regiões subcorticais, como os núcleos da base, também são frequentemente afetadas. Tal dano generalizado é tipicamente causado por um acidente vascular encefálico na região suprida pela artéria cerebral média. Fraqueza no lado direito da face e paralisia dos membros direitos acompanham a afasia global clássica.

As afasias transcorticais resultam de lesão em áreas próximas às áreas de Broca e de Wernicke

As afasias podem ser causadas por danos não apenas nos centros corticais de fala, mas também nas vias que conectam esses componentes ao restante do cérebro. A afasia transcortical pode ser motora ou sensorial. Pacientes com afasia motora transcortical não falam fluentemente, mas

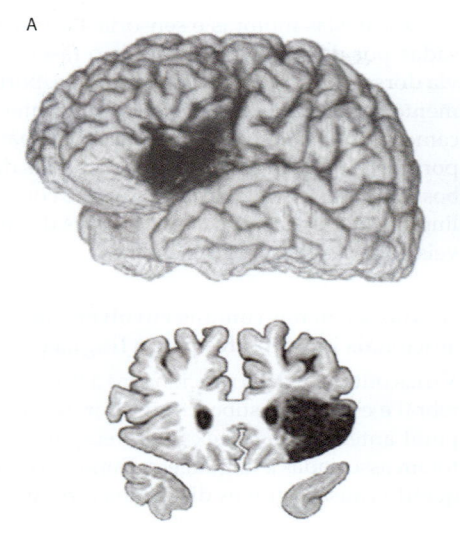

FIGURA 55-6 Locais de lesão na afasia de Broca. (Imagens usadas, com autorização, de Hanna e Antonio Damásio.)
A. Superior: reconstrução tridimensional por ressonância magnética (IRM) de uma lesão (infarto) no opérculo frontal esquerdo (**cinza-escuro**) em um paciente com afasia de Broca. **Parte inferior:** IRM de secção coronal do mesmo cérebro na altura da área lesionada.

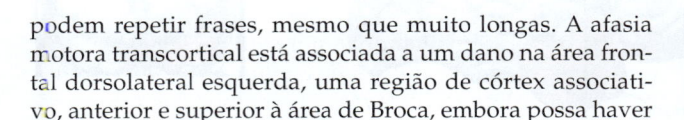

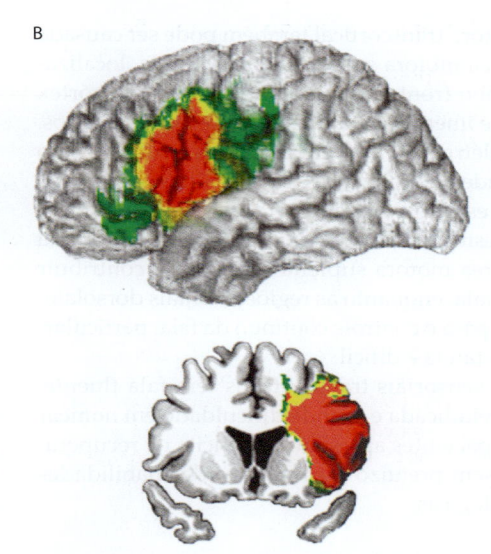

B. Superior: sobreposição tridimensional de lesões por ressonância magnética em 13 pacientes com afasia de Broca (**vermelho** indica que as lesões em cinco ou mais pacientes compartilham os mesmos pixels). **Parte inferior:** seção coronal de ressonância magnética da mesma imagem composta do cérebro cruzando a área danificada.

podem repetir frases, mesmo que muito longas. A afasia motora transcortical está associada a um dano na área frontal dorsolateral esquerda, uma região de córtex associativo, anterior e superior à área de Broca, embora possa haver dano substancial à própria área de Broca. O córtex frontal dorsolateral esquerdo está envolvido na fixação da atenção e na manutenção de capacidades executivas superiores, incluindo a seleção de palavras.

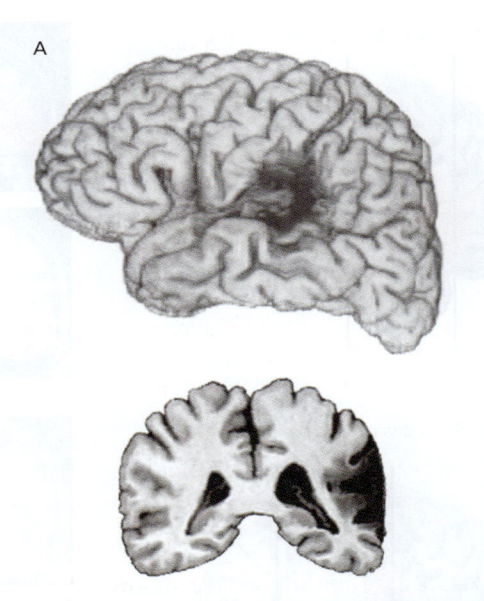

FIGURA 55-7 Locais de lesão na afasia de Wernicke. (Imagens reproduzidas, com autorização, de Hanna e Antonio Damasio.)
A. Superior: reconstrução tridimensional por ressonância magnética (IRM) de uma lesão (um infarto) no córtex temporal posterossuperior esquerdo (**cinza-escuro**) em um paciente com afasia de Wernicke. **Parte inferior:** IRM de secção coronal do mesmo cérebro sobre a área lesionada.

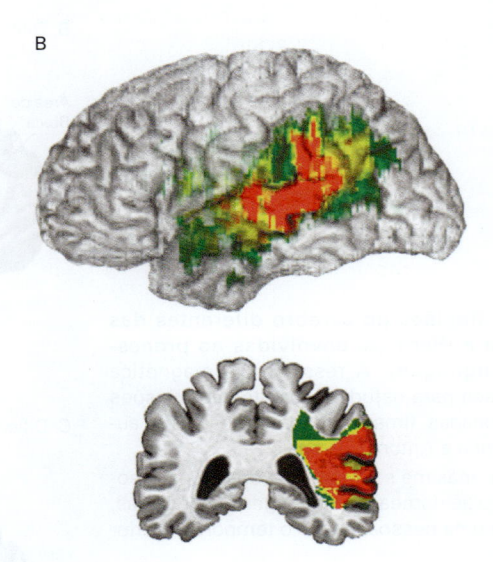

B. Superior: sobreposição de IRM tridimensional de lesões em 13 pacientes com afasia de Wernicke, obtida com a técnica MAP-3 (o **vermelho** indica que cinco ou mais lesões compartilham os mesmos pixels). **Parte inferior:** corte coronal de ressonância magnética da mesma imagem composta do cérebro sobre a área danificada.

A afasia motora transcortical também pode ser causada por danos na área motora suplementar esquerda, localizada no alto do lobo frontal, diretamente à frente do córtex motor primário e imersa medialmente entre os hemisférios. A estimulação elétrica da área em pacientes cirúrgicos não afásicos desencadeia vocalizações involuntárias ou inibição da fala. Ainda, estudos de neuroimagem funcional mostraram que a mesma área é ativada durante a produção da fala. Assim, a área motora suplementar parece contribuir para o início da fala, enquanto as regiões frontais dorsolaterais contribuem para o controle contínuo da fala, particularmente quando a tarefa é difícil.

Os afásicos sensoriais transcorticais têm fala fluente, compreensão prejudicada e grande dificuldade em nomear as coisas. Esses pacientes apresentam déficits na recuperação semântica, sem prejuízo significativo das habilidades sintáticas e fonológicas.

As afasias motoras e sensoriais transcorticais são causadas por danos que preservam o fascículo arqueado e a via dorsal. As afasias transcorticais são, portanto, o complemento da afasia de condução, comportamental e anatomicamente. A afasia sensorial transcortical parece ser causada por danos na via ventral, afetando partes da junção dos lobos temporal, parietal e occipital, que conectam as áreas da linguagem perisilviana com as partes do cérebro responsáveis pelo significado das palavras.

As afasias menos comuns envolvem áreas cerebrais adicionais importantes para a linguagem

Várias outras regiões relacionadas à linguagem no córtex cerebral e estruturas subcorticais, por exemplo, o córtex temporal anterior e o córtex inferotemporal, só recentemente foram associadas à linguagem. Danos ao córtex temporal esquerdo causam graves distúrbios específicos de nomeação

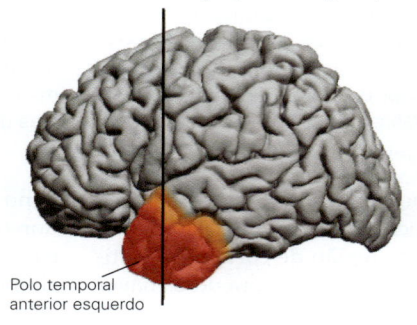

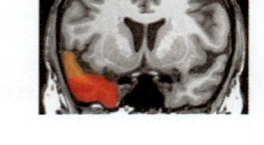

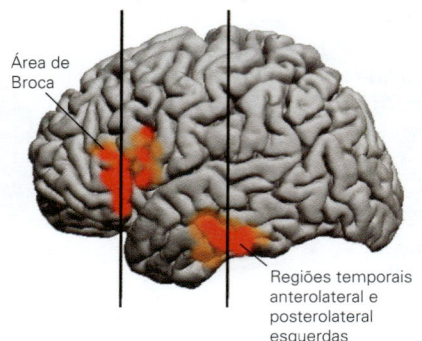

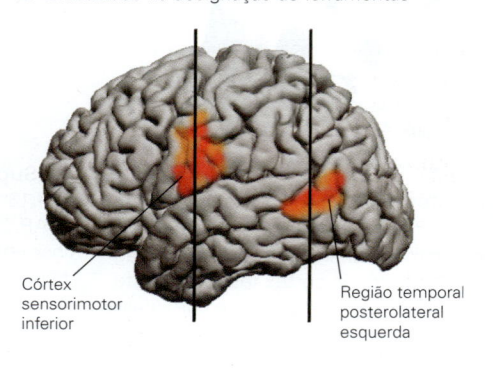

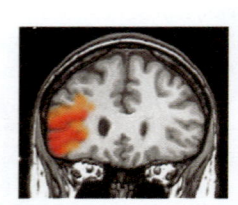

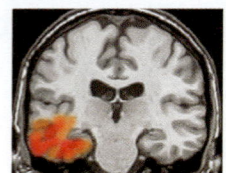

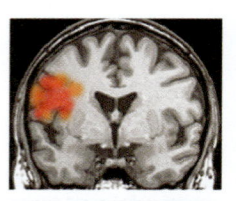

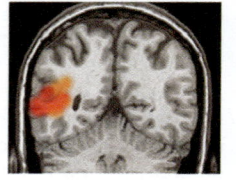

FIGURA 55-8 Regiões do cérebro diferentes das áreas de Broca e Wernicke envolvidas no processamento da linguagem. A ressonância magnética funcional foi usada para estudar pacientes com lesões cerebrais selecionadas. (Imagens reproduzidas, com autorização, de Hanna e Antonio Damasio.)

A. A região com máxima sobreposição de lesões associadas ao prejuízo de nomeação de imagens específicas, como o rosto de uma pessoa, é o polo temporal anterior esquerdo.

B. Os locais com máxima sobreposição de lesões associadas ao prejuízo de nomeação de animais inespecíficos são as regiões temporais anterolateral e posterolateral esquerdas, bem como a região de Broca.

C. Os locais com máxima sobreposição de lesões associadas a déficits na nomeação de ferramentas são o córtex sensorimotor esquerdo e o córtex temporal posterolateral esquerdo.

– deficiências na recuperação de palavras sem qualquer dificuldade gramatical, fonêmica ou fonética associada.

Quando a lesão está confinada ao pólo temporal esquerdo, o paciente tem dificuldade em lembrar os nomes específicos de lugares e pessoas, mas não os nomes de coisas comuns. Quando as lesões envolvem a região mediotemporal, o paciente tem dificuldade em lembrar tanto nomes específicos quanto nomes comuns. Por fim, a lesão da região inferotemporal posterior esquerda causa um déficit na evocação de palavras para tipos específicos de itens – ferramentas e utensílios – mas não palavras para elementos naturais ou particulares e específicas. A evocação de palavras para ações ou relações espaciais não é comprometida (**Figura 55-8**).

O córtex temporal esquerdo contém sistemas neurais que guardam a chave para recuperar palavras que denotam várias categorias de coisas ("ferramentas", "utensílios para comer"), mas não palavras que denotam ações ("caminhar", "andar de bicicleta"). Essas descobertas foram obtidas não apenas a partir de estudos de pacientes com lesões encefálicas causadas por acidentes vasculares, traumatismo craniano, encefalite herpética e processos degenerativos, como a doença de Alzheimer, mas também de estudos de imagens funcionais de indivíduos normais e de estimulação elétrica desses mesmos córtices temporais durante cirurgias.

Áreas do córtex frontal na superfície medial do hemisfério esquerdo, incluindo a área motora suplementar e a região cingulada anterior, desempenham um papel importante na iniciação e continuação da fala. Uma lesão nessas áreas prejudica a iniciação do movimento (acinesia) e causa mutismo, a ausência completa da fala. Em pacientes afásicos, a ausência completa da fala é muito rara e é encontrada apenas durante os estágios iniciais desta condição. Pacientes com acinesia e mutismo não se comunicam por palavras, gestos ou expressão facial, pois é a motivação para a comunicação que está prejudicada, não por dano à maquinaria neural da expressão, como ocorre na afasia.

Lesões nos núcleos cinzentos subcorticais esquerdos prejudicam o processamento gramatical tanto na fala quanto na compreensão. Os núcleos da base estão intimamente interconectados aos córtices frontal e parietal e parecem ter uma função na junção de morfemas em palavras e de palavras em sentenças, da mesma maneira que transformam os componentes dos movimentos complexos em uma ação suave.

Destaques

1. A linguagem existe em vários níveis, devendo cada um ser dominado durante a primeira infância – as unidades fonéticas elementares (vogais e consoantes) usadas para mudar o significado de uma palavra, as próprias palavras, terminações de palavras (morfemas) que mudam o tempo e pluralização e as regras gramaticais que permitem que as palavras sejam encadeadas para criar frases com significado. Aos 3 anos, as crianças pequenas, independentemente da(s) língua(s) que estão aprendendo, já dominam todos os níveis e podem conversar com um adulto. Ainda nenhuma máquina artificialmente inteligente pode imitar esse feito.

2. As estratégias de aprendizagem utilizadas pelas crianças com menos de 1 ano de idade para dominar a língua são surpreendentes. A aprendizagem da linguagem ocorre quando os bebês (1) exploram as propriedades estatísticas da fala (padrões de frequência de distribuição de sons para detectar unidades fonéticas relevantes e probabilidades de transição entre sílabas adjacentes para detectar palavras prováveis) e (2) exploram o contexto social em que a linguagem ocorre, seguindo os movimentos oculares de adultos ao se referirem a objetos e ações, para aprender as correspondências palavra-objeto e palavra-ação. Em idades muito precoces, a aprendizagem de línguas naturais requer um contexto e uma interação social. As estratégias dos bebês não são bem explicadas pelo condicionamento operante skinneriano ou pela representação e seleção inata de Chomsky com base na experiência. Em vez disso, poderosos mecanismos implícitos de aprendizagem em contextos sociais impelem os bebês a avançarem desde os primeiros meses de vida.

3. A produção da fala e as habilidades de percepção da fala dos bebês são "universais" no nascimento. Na percepção da fala, os bebês discriminam todos os sons usados para distinguir palavras em todas as línguas, até os 6 meses de idade. Pelos 12 meses, a discriminação de sons de línguas nativas aumenta dramaticamente, enquanto a discriminação de sons de línguas estrangeiras diminui. A produção também é inicialmente universal, e torna-se específica da linguagem no final do primeiro ano. Aos 3 anos, as crianças conhecem 1.000 palavras. O domínio da estrutura gramatical em frases complexas continua até os 10 anos de idade. Trabalhos futuros nesse campo avançarão ao vincular os marcos comportamentais detalhados agora existentes com medidas encefálicas funcionais e estruturais para mostrar como as redes encefálicas para a linguagem são moldadas em função da experiência da linguagem.

4. Um novo modelo de linguagem de "dupla rota" surgiu com base em avanços em imagens neurais funcionais e imagens estruturais do encéfalo na última década. O novo modelo carrega semelhanças com o modelo de dupla rota para o sistema visual. O modelo de dupla rota para a linguagem vai além do modelo clássico de Wernicke-Geschwind, mostrando que várias regiões do encéfalo e as vias neurais que as conectam dão suporte às vias som-significado (ventral) e som-articulação (dorsal). O refinamento do modelo continuará à medida que estudos adicionais mostrarem relações entre medidas comportamentais e encefálicas. Estudos futuros integrarão medidas encefálicas estruturais e funcionais, medidas genéticas e avaliações comportamentais do processamento da linguagem e da aprendizagem, incluindo a aprendizagem de uma segunda língua na idade adulta.

5. Estudos sobre o cérebro na primeira infância revelam um conjunto notavelmente bem desenvolvido de estruturas e vias encefálicas por volta de 3 a 6 meses de idade. O ITD estrutural revela uma via ventral totalmente formada ao nascimento e uma via dorsal que liga áreas auditivas à área pré-motora, mas não à área de Broca ao

nascimento. Estudos de imagens encefálicas com EEG e MEG refletem a transição na percepção fonética entre 6 e 12 meses de idade, um "período crítico" para o aprendizado do som. Escaneamentos cerebrais por MEG nesse período revelam a coativação dos centros auditivos e motores quando os bebês ouvem a fala e mostram mudanças nas áreas sensoriais e motoras do cérebro decorrentes da experiência. Os dados indicam que as vias dorsais estão suficientemente bem formadas no primeiro ano para sustentar conexões sensorimotoras e a aprendizagem por imitação durante esse período.

6. A especialização hemisférica geralmente é aprimorada em função da idade e experiência linguística. A representação inicial das áreas e vias é bilateral. Já a dominância emerge com a experiência linguística. No entanto, existem diferenças no grau de lateralização para vários níveis de linguagem. A via dorsal, a qual medeia as representações auditivo-motoras da fala, é mais lateralizada à esquerda comparada à via ventral, a qual medeia as representações auditivo-conceituais das palavras.

7. As afasias clássicas – de Broca, Wernicke e de condução – são bem descritas no contexto do modelo de linguagem de dupla rota. A afasia de Broca, na qual se destaca a incapacidade de produzir a fala, mas com uma relativamente boa compreensão de fala, é vista como seja um déficit da via dorsal, enquanto a afasia de Wernicke, na qual se destaca os déficits de compreensão de fala, é vista como um déficit da via ventral. Considera-se que a causa da afasia de condução, como a de Broca, seja por um déficit na via dorsal, com danos que englobam regiões auditivas e motoras. Pesquisas futuras sobre afasia se beneficiarão de estudos adicionais de lesões funcionais e estruturais, podendo ser combinados com protocolos comportamentais detalhados.

8. Estudos futuros permitirão comparações detalhadas entre encéfalos humanos e não humanos para revelar as estruturas e vias exclusivamente humanas úteis para a linguagem. Trabalhos futuros também se concentrarão no grau em que as estruturas da linguagem em humanos são seletivamente ativadas pela fala em oposição a outros sons auditivos complexos e se a seletividade de nível adulto está presente no início do desenvolvimento.

9. A linguagem humana representa um aspecto único das realizações cognitivas humanas. Compreender os sistemas encefálicos que permitem essa proeza cognitiva em praticamente todas as crianças e, especialmente, a descoberta de biomarcadores para identificar crianças em risco para transtornos do desenvolvimento da linguagem, levará ao avanço da ciência encéfalo e será benéfico à sociedade. Os estudos comportamentais agora nos permitem conectar os pontos em relação a como a experiência da linguagem nos períodos iniciais da vida está ligada ao desenvolvimento avançado da linguagem no momento da entrada das crianças na escola, o que permite levar a intervenções voltadas à linguagem para melhorar o desempenho de todas as crianças.

Patricia K. Kuhl

Leituras selecionadas

Brauer J, Anwander A, Perani D, Friederici AD. 2013. Dorsal and ventral pathways in language development. Brain Lang 127:289–295.

Buchsbaum BR, Baldo J, Okada K, et al. 2011. Conduction aphasia, sensory-motor integration, and phonological short-term memory—an aggregate analysis of lesion and fMRI data. Brain Lang 119:119–128.

Chomsky N. 1959. A review of B. F. Skinner's "Verbal Behavior." Language 35:26–58.

Damasio H, Tranel D, Grabowski TJ, Adolphs R, Damasio AR. 2004. Neural systems behind word and concept retrieval. Cognition 92:179–229.

Doupe A, Kuhl PK. 1999. Birdsong and human speech: common themes and mechanisms. Annu Rev Neurosci 22:567–631.

Gopnik A, Meltzoff AN, Kuhl PK. 2001. *The Scientist in the Crib: What Early Learning Tells Us About the Mind*. New York: HarperCollins.

Hickok G, Poeppel D. 2007. The cortical organization of speech processing. Nat Rev Neurosci 8:393–402.

Iverson P, Kuhl PK, Akahane-Yamada R, et al. 2003. A perceptual interference account of acquisition difficulties for non-native phonemes. Cognition 87:B47–B57.

Kuhl PK. 2004. Early language acquisition: cracking the speech code. Nat Rev Neurosci 5:831–843.

Kuhl PK, Rivera-Gaxiola M. 2008. Neural substrates of language acquisition. Annu Rev Neurosci 31:511–534.

Kuhl PK, Tsao F-M, Liu H-M. 2003. Foreign-language experience in infancy: effects of short-term exposure and social interaction on phonetic learning. Proc Natl Acad Sci U S A 100:9096–9101.

Kuhl PK, Williams KA, Lacerda F, Stevens KN, Lindblom B. 1992. Linguistic experience alters phonetic perception in infants by 6 months of age. Science 255:606–608.

Perani D, Saccuman MC, Scifo P, et al. 2011. Neural language networks at birth. Proc Natl Acad Sci U S A 108:16056–16061.

Pinker S. 1994. *The Language Instinct*. New York: William Morrow.

Skeide MA, Friederici AD. 2016. The ontogeny of the cortical language network. Nat Rev Neurosci 17:323–332.

Referências

Berwick RC, Friederici AD, Chomsky N, Bolhuis JJ. 2013. Evolution, brain, and the nature of language. Trends Cogn Sci 17:89–98.

Broca P. 1861. Remarques sur le siege de la faculte du langage articule, suivies d'une observation d'aphemie (perte de la parole). Bull Societe Anatomique de Paris 6:330–357.

Buchsbaum BR, Baldo J, Okada K, et al. 2011. Conduction aphasia, sensory-motor integration, and phonological short-term memory: an aggregate analysis of lesion and fMRI data. Brain Lang 119:119–128.

Burns TC, Yoshida KA, Hill K, Werker JF. 2007. The development of phonetic representation in bilingual and monolingual infants. App Psycholing 28:455–474.

Damasio AR, Damasio H. 1992. Brain and language. Sci Am 267:88–109.

Damasio AR, Tranel D. 1993. Nouns and verbs are retrieved with differently distributed neural systems. Proc Natl Acad Sci U S A 90:4957–4960.

Dronkers NF, Baldo JV. 2009. Language: aphasia. In: LR Squire (ed). *Encyclopedia of Neuroscience* (Vol. 5), pp. 343–348. Oxford: Academic Press.

Dubois J, Hertz-Pannier L, Dehaene-Lambertz G, Cointepas Y, Le Bihan D. 2006. Assessment of the early organization and maturation of infants' cerebral white matter fiber bundles: a feasibility study using quantitative diffusion tensor imaging and tractography. Neuroimage 30:1121–1132.

Eimas PD, Siqueland ER, Jusczyk P, Vigorito J. 1971. Speech perception in infants. Science 171:303–306.

Fedorenko E, Duncan J, Kanwisher N. 2012. Language-selective and domain-general regions lie side by side within Broca's area. Curr Biol 22:2059–2062.

Ferjan Ramirez N, Ramirez RR, Clarke M, Taulu S, Kuhl PK. 2017. Speech discrimination in 11-month-old bilingual and monolingual infants: a magnetoencephalography study. Dev Sci 20:e12427.

Flege JE. 1995. Second language speech learning: theory, findings, and problems. In: W Strange (ed). *Speech Perception and Linguistic Experience*, pp. 233–277. Timonium, MD: York Press.

Flege JE, Yeni-Komshian GH, Liu S. 1999. Age constraints on second-language acquisition. J Mem Lang 41:78–104.

Friederici AD. 2009. Pathways to language: fiber tracts in the human brain. Trends Cog Sci 13:175–181.

Garcia-Sierra A, Ramirez-Esparza N, Kuhl PK. 2016. Relationships between quantity of language input and brain responses in bilingual and monolingual infants. Int J Psychophysiol 110:1–17.

Geschwind N. 1970. The organization of language and the brain. Science 170:940–944.

Golfinopoulos E, Tourville JA, Guenther FH. 2010. The integration of large-scale neural network modeling and functional brain imaging in speech motor control. Neuroimage 52:862–874.

Hickok G, Okada K, Serences JT. 2009. Area Spt in the human planum temporale supports sensory-motor integration for speech processing. J Neurophysiol 101:2725–2732.

Johnson J, Newport E. 1989. Critical period effects in second language learning: the influence of maturational state on the acquisition of English as a second language. Cognit Psychol 21:60–99.

Knudsen EI. 2004. Sensitive periods in the development of the brain and behavior. J Cogn Neurosci 16:1412–1425.

Kuhl PK. 2000. A new view of language acquisition. Proc Natl Acad Sci U S A 97:11850–11857.

Kuhl PK, Andruski J, Christovich I, et al. 1997. Cross-language analysis of phonetic units in language addressed to infants. Science 277:684–686.

Lenneberg E. 1967. *Biological Foundations of Language*. New York: Wiley.

Lesser RP, Arroyo S, Hart J, Gordon B. 1994. Use of subdural electrodes for the study of language functions. In: A Kertesz (ed). *Localization and Neuro-Imaging in Neuropsychology*, pp. 57–72. San Diego: Academic Press.

Liu H-M, Kuhl PK, Tsao F-M. 2003. An association between mothers' speech clarity and infants' speech discrimination skills. Dev Sci 6:Fl–F10.

Mamiya PC, Richards TL, Coe BP, Eichler EE, Kuhl PK. 2016. Brain white matter structure and COMT gene are linked to second-language learning in adults. Proc Natl Acad Sci U S A 113:7249–7254.

Mills DL, Coffey-Corina SA, Neville HJ. 1993. Language acquisition and cerebral specialization in 20-month-old infants. J Cogn Neurosci 5:317–334.

Miyawaki K, Jenkins JJ, Strange W, Liberman AM, Verbrugge R, Fujimura O. 1975. An effect of linguistic experience: the discrimination of /r/ and /l/ by native speakers of Japanese and English. Percept Psychophys 18:331–340.

Neville HJ, Coffey SA, Lawson D, Fischer A, Emmorey K, Bellugi U. 1997. Neural systems mediating American Sign Language: effects of sensory experience and age of acquisition. Brain Lang 57:285–308.

Newport EL, Aslin RN. 2004. Learning at a distance I. Statistical learning of non-adjacent dependencies. Cogn Psychol 48:127–162.

Peterson SE, Fox PT, Posner MI, Mintun M, Raichle ME. 1988. Positron emission tomographic studies of the cortical anatomy of single-word processing. Nature 331:585–589.

Petitto LA, Holowka S, Sergio LE, Levy B, Ostry DJ. 2004. Baby hands that move to the rhythm of language: hearing babies acquiring sign language babble silently on the hands. Cognition 93:43–73.

Poeppel D. 2014. The neuroanatomic and neurophysiological infrastructure for speech and language. Curr Opin Neurobiol 28:142–149.

Price CJ. 2012. A review and synthesis of the first 20 years of PET and fMRI studies of heard speech, spoken language and reading. Neuroimage 62:816–847.

Pulvermüller F, Fadiga L. 2010. Active perception: sensorimotor circuits as a cortical basis for language. Nat Rev Neurosci 11:351–360.

Raizada RD, Richards TL, Meltzoff A, Kuhl PK. 2008. Socioeconomic status predicts hemispheric specialisation of the left inferior frontal gyrus in young children. Neuroimage 40:1392–1401.

Ramirez-Esparza N, Garcia-Sierra A, Kuhl PK. 2014. Look who's talking: speech style and social context in language input are linked to concurrent and future speech development. Dev Sci 17:880–891.

Rauschecker JP. 2011. An expanded role for the dorsal auditory pathway in sensorimotor control and integration. Hear Res 271:16–25.

Saffran JR, Aslin RN, Newport EL. 1996. Statistical learning by 8-month old infants. Science 274:1926–1928.

Saur D, Kreher BW, Schnell S, et al. 2008. Ventral and dorsal pathways for language. Proc Natl Acad Sci U S A 105:18035–18040.

Silva-Pereyra J, Rivera-Gaxiola M, Kuhl PK. 2005. An event related brain potential study of sentence comprehension in preschoolers: semantic and morphosyntactic processing. Cogn Brain Res 23:247–258.

Skinner BF. 1957. *Verbal Behavior*. Acton, MA: Copley Publishing Group.

Tsao F-M, Liu H-M, Kuhl PK. 2004. Speech perception in infancy predicts language development in the second year of life: a longitudinal study. Child Dev 75:1067–1084.

Weikum WM, Oberlander TF, Hensch TK, Werker JF. 2012. Prenatal exposure to antidepressants and depressed maternal mood alter trajectory of infant speech perception. Proc Natl Acad Sci U S A 109:17221–17227.

Weisleder A, Fernald A. 2013. Talking to children matters: early language experience strengthens processing and builds vocabulary. Psychol Sci 24:2143–2152.

Wernicke C. 1874. *Der Aphasische Symptomenkomplex: Eine Psychologische Studie auf Anatomischer Basis*. Breslau: Cohn und Weigert.

Xu Y, Gandour J, Talavage T, et al. 2006. Activation of the left planum temporale in pitch processing is shaped by language experience. Hum Brain Mapp 27:173–183.

Yeni-Komshian GH, Flege JE, Liu S. 2000. Pronunciation proficiency in the first and second languages of Korean–English bilinguals. Biling Lang Cogn 3:131–149.

Zatorre RJ, Gandour JT. 2008. Neural specializations for speech and pitch: moving beyond the dichotomies. Philos Trans R Soc Lond B Biol Sci 363:1087–1104.

Zhao TC, Kuhl PK. 2016. Musical intervention enhances infants' neural processing of temporal structure in music and speech. Proc Natl Acad Sci U S A 113:5212–5217.

56

Tomada de decisão e consciência

Discriminações perceptivas requerem uma regra de decisão
  Uma regra simples de decisão é a aplicação de um limiar para uma representação da evidência
  Decisões sobre a percepção envolvendo deliberação imitam aspectos de decisões na vida real envolvendo competências cognitivas

Neurônios de áreas corticais sensoriais fornecem as amostras de evidências com ruído para a tomada de decisão

A acumulação de evidências até um limiar explica a negociação entre velocidade e acurácia

Neurônios dos córtices associativos parietal e pré-frontal representam uma variável de decisão

A tomada de decisão sobre percepção é um modelo para raciocínio a partir de amostras de evidências

Decisões sobre preferência usam evidências sobre valor

A tomada de decisão oferece um marco para a compreensão dos processos de pensamento, dos estados de conhecimento e dos estados de consciência

A consciência pode ser compreendida através das lentes da tomada de decisão

Destaques

N os capítulos anteriores, vimos como a aferência sensorial é transformada em atividade neural e então processada pelo encéfalo, dando origem a percepções imediatas. Vimos também como essas percepções podem ser armazenadas como memórias de curto e longo prazo (Capítulos 52 a 54). Além disso, examinamos em detalhes como o movimento é controlado pela medula espinal e pelo encéfalo. Neste capítulo, começamos a considerar um dos aspectos mais desafiadores da neurociência: a transformação da aferência sensorial em eferência motora por meio dos processos cognitivos superiores para a tomada de decisão. Ao fazê-lo, vislumbramos os blocos de construção do pensamento superior e da consciência.

Fora da neurociência, o termo *cognitivo* normalmente implica algo distinto de reflexos e rotinas com propósito e, no entanto, veremos que a neurociência reconhece os esboços de cognição em comportamentos simples que exibem dois tipos de flexibilidade – contingência e liberdade do imediatismo. Contingência significa que um estímulo não comanda ou inicia uma ação da mesma forma que o faz para um reflexo. Um estímulo pode motivar um comportamento específico, mas a ação pode ser adiada, pendente de informação adicional ou pode nem ocorrer. Essa liberdade desvinculada da ação imediata significa que há operações que ocorrem em escalas de tempo não imediatamente vinculadas às mudanças no ambiente ou às demandas em tempo real do controle corporal.

Ambos os tipos de flexibilidade – contingência e tempo – estão presentes quando tomamos decisões. É claro que nem todas as decisões invocam a cognição, muitas rotinas comportamentais – nadar, caminhar, alimentar-se e cuidar da higiene – têm pontos de escolha que podem ser chamados de decisões, mas prosseguem de maneira ordenada, sem muita flexibilidade ou controle de ritmo. Essas rotinas são governadas principalmente pelos níveis temporais da transmissão nervosa, e dedicadas, em sua maior parte, a relações de aferência-eferência específicas. O objetivo de traçar essas distinções não é estabelecer limites nítidos em torno da tomada de decisões, mas nos ajudar a focar nos aspectos das decisões que fazem delas um modelo para a cognição.

Com esse objetivo em mente, usaremos a seguinte definição: uma decisão é um compromisso com uma proposição, uma ação ou um plano baseado em evidências (aferência sensorial), conhecimento prévio (memória) e resultados esperados. O compromisso é provisório. Não requer comportamento e pode ser modificado. Podemos mudar de ideia. O componente crítico é que alguma consideração da evidência leva a uma mudança no estado do organismo que comparamos a uma implementação provisória de uma ação, estratégia ou novo processo mental.

Tais proposições podem ser representadas como um plano de ação: decido virar à direita, sair de um abrigo seguro, procurar água, escolher um caminho menos provável para encontrar um predador, abordar um estranho ou buscar informações em um livro. O conceito de um plano enfatiza estar livre do imediatismo. Além disso, nem todos os planos se concretizam. Nem todo pensamento leva à ação, mas é útil conceber o pensamento como um tipo de plano de ação. Essa visão nos convida a considerar o conhecimento como o resultado de um questionamento dirigido, principalmente inconsciente, em vez de uma propriedade emergente de representações neurais.

A tomada de decisão tem sido estudada em organismos simples, especialmente vermes, moscas, abelhas e sanguessugas, bem como em mamíferos, de camundongos a primatas. Organismos mais simples são atraentes porque possuem sistemas nervosos menores, mas carecem do repertório comportamental necessário para estudar decisões que envolvam formas de cognição. A expectativa é que ideias a partir do conhecimento biológico dessas espécies elucidem nossa compreensão dos processos caracterizados em mamíferos, especialmente nos primatas. Esse é um objetivo louvável porque, parafraseando Platão, a tomada de decisão oferece nossa melhor chance de esclarecer a função cognitiva em seu conjunto – identificar os princípios comuns que sustentam sua função normal e elucidar seus mecanismos para que possam ser reparados na doença.

Neste capítulo, focamos principalmente nas decisões sobre a percepção feitas pelos primatas em contextos planejados. Os fundamentos se estendem naturalmente ao raciocínio a partir de evidências e a decisões baseadas em valores relativos à preferência. Na última parte do capítulo, abordamos conhecimentos sobre aspectos mais amplos da cognição. Observados sob o olhar ou perspectiva da tomada de decisão, os estados cerebrais associados ao conhecimento e à consciência podem estar mais próximos de uma explicação neurobiológica do que se costuma pensar.

Discriminações perceptivas requerem uma regra de decisão

Até recentemente, a tomada de decisão era estudada principalmente por economistas e cientistas políticos. No entanto, psicólogos e neurocientistas que trabalham no campo da percepção há muito tempo se preocupam com decisões. De fato, o tipo mais simples de decisão envolve a detecção de um estímulo de baixa intensidade, tal como uma luz ou som fracos, odor ou toque fracos. A decisão que um sujeito deve tomar é se o estímulo está presente – sim ou não. No laboratório, não há incerteza sobre onde e quando o estímulo provavelmente estará presente. Tais experimentos foram usados, portanto, para inferir sobre as sensibilidades básicas de um sistema sensorial a partir do comportamento, uma subárea da psicologia conhecida como psicofísica. Os experimentos de detecção desempenharam um papel em inferir sobre as propriedades de sinalização-ruído dos neurônios sensoriais que transduzem o toque leve, os sons fracos e luzes difusas. No último caso, tais experimentos forneceram evidências de que o sistema visual é capaz de detectar a luz mais fraca, um único fóton, sujeito ao ruído de fundo dos fotorreceptores. Em outras palavras, é a detecção mais eficiente possível sob as leis da física.

A investigação psicofísica da percepção iniciou com Ernst Weber e Gustav Fechner, no século XIX. Eles estavam interessados em medir a menor diferença detectável de intensidade entre dois estímulos sensoriais. Tais medições podem revelar princípios fundamentais de processamento sensorial sem qualquer registro de um neurônio. Dessa forma, eles também lançaram as bases para a neurociência da tomada de decisão, pois cada resposta sim/não é uma escolha baseada na evidência sensorial.

No Capítulo 17, aprendemos como os psicofísicos conceituam o problema da detecção (**Quadro 17-1**). Em qualquer teste, o estado do mundo é estímulo presente ou estímulo ausente. A decisão é baseada em uma amostra de evidências com ruído. Se o estímulo estiver presente, a evidência é uma amostra aleatória extraída da distribuição de probabilidade de sinal + ruído. Se o estímulo estiver ausente, a evidência é uma amostra da distribuição somente de ruído (**Figura 56-1A**). O cérebro não percebe diretamente um estímulo, mas recebe uma representação neural da amostra. Consequentemente, parte do ruído surge da atividade neural envolvida na formação dessa representação. A função do cérebro é decidir de qual distribuição veio a amostra, usando informação codificada nas frequências de disparos neurais. No entanto, o cérebro não tem acesso às distribuições, mas apenas a uma amostra de cada decisão tomada. É a separação dessas distribuições – o grau em que elas não se sobrepõem – que determina a discriminação de um estímulo em meio ao ruído. A regra de decisão é dizer "sim" se a evidência exceder algum critério ou limiar.

Uma regra simples de decisão é a aplicação de um limiar para uma representação da evidência

O critério fundamenta os princípios ou a estratégia do tomador de decisão. Se o critério for menos exigente – ou seja, o limiar for baixo – o tomador de decisão raramente falhará em detectar o estímulo, mas muitas vezes responderá "sim" quando não houver estímulo porque o ruído de fundo excede o limiar. Esse tipo de erro é chamado de *alarme falso*. Se o critério for mais exigente – ou seja, o limiar for alto – o tomador de decisão raramente dirá "sim" quando o estímulo estiver ausente, mas frequentemente dirá "não" quando o estímulo estiver presente. Esse tipo de erro é chamado de *falha* (ou falso negativo). O critério apropriado depende do custo relativo dos dois tipos de erros e também da concepção do experimento. Por exemplo, se o estímulo estiver presente em 90% das tentativas, um critério menos exigente pode ser justificado, pois alarmes falsos serão raros.

O princípio de conduta deve ser influenciado por um valor ou custo associado à tomada de decisões corretas e incorretas. Por exemplo, no diagnóstico médico são frequentes os casos em que uma doença afeta apenas uma pequena fração da população, mas um teste de diagnóstico não discrimina perfeitamente entre pessoas com e sem a doença. Podemos ilustrar essa questão usando a distribuição dos escores de calcificação na mamografia. Os escores são maiores em mulheres com câncer de mama do que em mulheres saudáveis, mas a faixa de valores se sobrepõe até certo ponto, significando que o teste não é perfeito (**Figura 56-1B**).

Nessa situação, um critério menos exigente pode parecer problemático, porque produziria muitos alarmes falsos: pacientes saudáveis informadas, com base no exame,

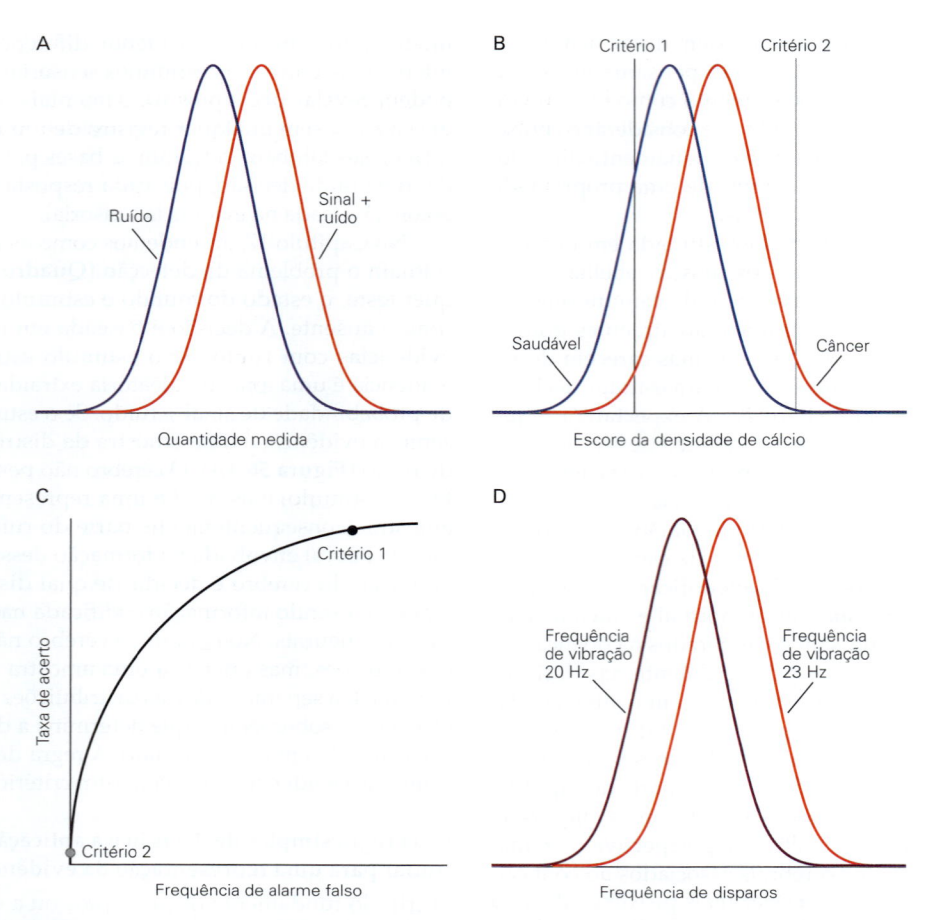

FIGURA 56-1 O fundamento da teoria de detecção de sinal formaliza a relação entre evidências e decisões. Nos gráficos de A a C, consideramos decisões simples do tipo *sim-não*, nas quais aquele toma decisões, ou o decisor, recebe apenas uma medida.

A. A altura das curvas representa a probabilidade de se observar uma medida no eixo x (seja o número de potenciais de ação por segundo, contagens radioativas ou pressão arterial) sob duas condições: presença ou ausência de sinal. Em ambos os casos, a medida é variável, originando a dispersão de possíveis valores associados às duas condições. Se o sinal estiver presente, o decisor recebe uma amostra aleatória da distribuição de probabilidade **Sinal + ruído (vermelho)**. Se o sinal estiver ausente, o decisor recebe uma amostra da distribuição de probabilidade **Só ruído (azul)**. A decisão surge pela comparação da medida a um critério, ou limiar, e respondendo *sim* ou *não* (sinal está presente ou ausente) se o valor for maior ou menor que o critério.

B. O critério é uma expressão dos princípios do decisor, como exemplificado na tomada de decisões médicas. Supõe-se que a medida seja referente à detecção de calcificações em uma mamografia de rastreamento – um escore que combina número, densidade e forma. O critério 1 (**linha da esquerda**) é liberal (menos exigente) para interpretação do teste como positivo ou negativo (câncer de mama ou não). Tal critério leva a muitos falsos positivos (83%), mas muito poucas mulheres com câncer recebem um resultado negativo. O critério 2 (**linha da direita**) é conservador (mais exigente). Este falharia a detecção de muitos casos de câncer, mas raramente daria um resultado positivo para uma pessoa saudável, o que faria sentido no caso de uma decisão positiva justificar um procedimento perigoso (ou doloroso).

C. A característica operacional do receptor (curva ROC) mostra a combinação de proporções de decisões "sim" que estão corretas (taxa de acerto) e incorretas (taxa de alarme falso) para todos os critérios possíveis. O critério liberal e o critério conservador são representados pelos símbolos **preto** e **cinza**, respectivamente.

D. O fundamento também se aplica a decisões entre duas alternativas. Neste caso, a decisão é se a vibração aplicada no dedo indicador tem uma frequência mais alta que a vibração aplicada alguns segundos antes. A mesma representação de distribuições sobrepostas pode estar em conformidade às respostas neurais de alguma região cerebral que representa um estímulo sensorial. Por exemplo, um neurônio do córtex somatossensorial poderia responder às várias tentativas com uma média de frequência de potenciais de ação maior à estimulação vibratória de 23 Hz no dedo do que à estimulação de 20 Hz. No entanto, as distribuições se sobrepõem de modo que, para uma determinada apresentação de estímulo, não podemos dizer com 100% de certeza se a vibração foi de 20 Hz ou de 23 Hz com base na resposta do neurônio.

de que podem ter uma doença. No entanto, é possível que uma falha na detecção seja uma ameaça à vida, enquanto que um alarme falso ocasionaria uma semana estressante, já que a paciente teria que aguardar um exame mais decisivo.

Nessa situação, é realmente sensato aplicar um critério menos exigente, mesmo que isso leve a muitos alarmes falsos. Por outro lado, um alarme falso poderia desencadear um procedimento doloroso ou arriscado, nesse caso, adotar um critério mais rigoroso seria mais apropriado. A analogia médica nos permite apreciar os papéis estratégicos da configuração dos critérios. Nós elogiamos e criticamos os tomadores de decisão com base em seus princípios, não nas imperfeições ruidosas das medições.

O ponto importante é que o critério representa uma regra de decisão, a qual fundamenta o conhecimento sobre o problema e uma atitude sobre o valor positivo associado a fazer escolhas corretas (acertos e rejeições corretas) e o valor negativo de cometer erros (falhas e alarmes falsos). Observe que a aplicação de diferentes critérios não altera a característica fundamental das amostras de evidências responsáveis pela acurácia das decisões. Isso se reflete na sobreposição entre as distribuições azul e vermelha, a qual não muda se um tomador de decisão ajustar seu critério. A curva na **Figura 56-1C**, denominada curva característica operacional do receptor ou curva ROC (do inglês *receiver operating characteristic curve*), mostra como a mudança do critério afeta a acurácia da decisão se um estímulo (ou câncer) estiver presente ou ausente para todos os critérios possíveis. Cada ponto na curva é um par ordenado da probabilidade de uma resposta "sim" correta (acertos) *versus* uma resposta "sim" errônea (alarmes falsos) associada a um determinado critério (limiar). A curva ROC nos informa algo sobre a confiabilidade da medida (ou seja, a separação entre as duas distribuições), independentemente de como o tomador de decisão a utiliza. O critério nos informa algo sobre os princípios do tomador de decisão. Isso se refere ao motivo pelo qual dois tomadores de decisão que recebem a mesma evidência podem chegar a decisões diferentes. De fato, são seus princípios, e não o ruído, que o tomador de decisão controla, e é a partir deles que pode vir a ser elogiado ou criticado, ou seja, responsabilizado. Pensaremos sobre esse tópico novamente quando discutirmos a negociação entre velocidade e acurácia.

O desafio para a neurociência é relacionar os termos *sinal*, *ruído* e *critério* a representações neurais de informações sensoriais e operações sobre essas representações que resultam em uma escolha. Desenvolveremos essas conexões nas seções subsequentes. Desejamos propor aqui uma visão importante sobre o termo *ruído* no que se refere às representações neurais das evidências. Os tomadores de decisão não tomam a mesma decisão, mesmo quando confrontados com repetições de fatos idênticos ou de estímulos sensoriais. Alguma variabilidade em algum estágio deve se infiltrar no processo. A distinção entre sinal e ruído não precisa se transformar em argumentos acadêmicos sobre acaso e determinismo. Qualquer fonte de variação na representação de uma evidência é efetivamente ruído caso este seja responsável pelos erros. Se o cérebro não distinguisse tal variabilidade do sinal e, então, cometesse um erro, estaríamos justificados em explicar essa variabilidade como não contabilizada por quem toma a decisão.

Decisões sobre a percepção envolvendo deliberação imitam aspectos de decisões na vida real envolvendo competências cognitivas

As bases neurais para decisões mais cognitivas foram examinadas ampliando-se as decisões simples sobre percepção de três maneiras: primeiro, indo além da detecção para uma escolha entre duas ou mais alternativas concorrentes; segundo, requerendo que o processo de decisão tome mais tempo, envolvendo a consideração de muitas amostras de evidências; e terceiro, considerando decisões sobre assuntos que envolvem valores e preferências.

Vernon Mountcastle foi o primeiro a estudar as decisões sobre percepção como uma escolha entre duas interpretações alternativas de um estímulo sensorial. Ele treinou macacos para tomar uma decisão categórica sobre a frequência de uma pressão flutuante aplicada levemente na ponta do dedo (**Figura 56-2**). Uma vez que a *vibração* tem uma intensidade facilmente detectável, a decisão não é se o estímulo está presente ou ausente, mas se a frequência de vibração é maior ou menor. Em cada tentativa do experimento, o macaco era exposto a uma frequência de referência, f1, igual a 20 ciclos por segundo (Hz). Os ciclos de pressão são muito rápidos para serem contados; eles sentem mais como se fosse um zumbido. A referência era então desligada e, após alguns segundos, era aplicado um segundo estímulo de teste, f2. A frequência de f2 era escolhida a partir de uma faixa de valores de 10 a 30 Hz. O macaco era recompensado por indicar se a frequência do teste era maior ou menor que a referência f1.

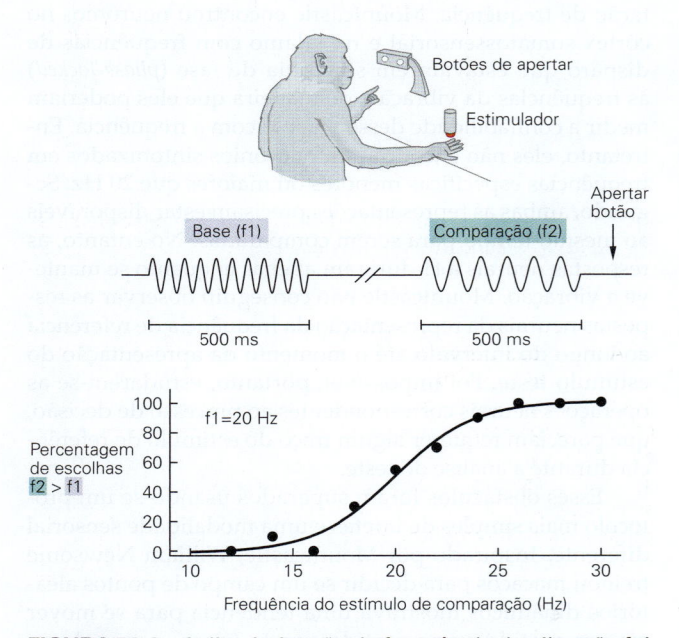

FIGURA 56-2 A discriminação da frequência de vibração foi o primeiro estudo de decisão sobre a percepção no sistema nervoso central. Um estímulo vibratório de 20 Hz é aplicado no dedo da mão direita. Após um período de retardo de vários segundos, um segundo estímulo vibratório é aplicado. O macaco indica se a segunda vibração (f2) foi de uma frequência maior ou menor em comparação à do primeiro estímulo (f1), pressionando o botão esquerdo ou direito com a outra mão. O gráfico mostra que a proporção de tentativas nas quais o macaco decidiu que o estímulo de comparação era maior que o estímulo de referência dependia da magnitude e do sinal dessa diferença. Com diferenças maiores, o macaco quase sempre escolhia corretamente, mas quando a diferença era pequena, as escolhas eram muitas vezes incorretas. (Adaptada de Romo e Salinas 2001.)

Podemos representar o processo conceitualmente usando o mesmo tipo de distribuições de sinais e ruídos que elaboramos para o problema de detecção (**Figura 56-1D**). Nesse caso, a distribuição "somente ruído" representa uma quantidade que é uma amostragem associada à referência de 20 Hz, enquanto a distribuição vermelha representa uma quantidade que é uma amostragem associada ao estímulo de teste, com uma frequência de vibração superior a 20 Hz. Mountcastle sustentou a ideia de que o cérebro obtinha duas amostras de evidências – uma acompanhando a referência de 20 Hz, e a segunda, a partir do teste. A decisão, superior ou inferior, poderia resultar da avaliação da desigualdade, maior que ou menor que, ou, então, subtraindo as duas amostras e respondendo com base no sinal da diferença. Essa foi uma concepção fantástica, mas os registros neurais estavam fora de sintonia com a teoria. Os registros neurais de Mountcastle explicavam a capacidade do macaco em detectar a estimulação vibratória em função da intensidade e da frequência (Capítulo 17) – uma decisão sim/não – mas eles não foram capazes de explicar o mecanismo para a comparação entre as duas alternativas, se f2 seria maior ou menor que f1.

Faltavam dois elementos chave. Primeiro, para avaliar f2 em comparação a f1, o cérebro precisa de uma representação de frequência. Mountcastle encontrou neurônios no córtex somatossensorial e no tálamo com frequências de disparo que estavam em sincronia de fase (*phase-locked*) às frequências da vibração, de maneira que eles poderiam medir a confiabilidade desse vínculo com a frequência. Entretanto, eles não encontraram neurônios sintonizados em frequências específicas menores ou maiores que 20 Hz. Segundo, ambas as representações precisam estar disponíveis ao mesmo tempo para serem comparadas. No entanto, as respostas neurais a f1 duraram apenas enquanto se manteve a vibração. Mountcastle não conseguiu observar as respostas neurais da representação da frequência de referência ao longo do intervalo até o momento da apresentação do estímulo teste. Foi impossível, portanto, estudarem-se as operações neurais correspondentes ao processo de decisão, que pareciam requerer algum traço do estímulo de referência durante a análise do teste.

Esses obstáculos foram superados usando-se um protocolo mais simples de tarefas e uma modalidade sensorial diferente. Inspirado por Mountcastle, William Newsome treinou macacos para decidir se um campo de pontos aleatórios dinâmicos mostrava uma tendência para se mover em um sentido ou no sentido oposto (p. ex., esquerda ou direita). O estímulo de movimento de pontos aleatórios é concebido de tal forma que, em um extremo fácil do campo, todos os pontos compartilham a mesma orientação de movimento, digamos, à direita. No outro extremo fácil, todos os pontos se movem para a esquerda e, no meio, a orientação pode ser difícil de discernir, já que muitos pontos contribuem apenas com ruído (**Figura 56-3A**).

Ao contrário da tarefa de vibração, em que uma decisão fica mais difícil quando se comparam frequências mais próximas, os dois sentidos de movimento seguem fixos e opostos para todos os níveis de dificuldade. Os dois sentidos ficaram menos nítidos quando se diminuiu a relação sinal-ruído dos pontos aleatórios. Cada ponto aparece apenas brevemente e, em seguida, reaparece em um local aleatório ou se desloca de acordo com uma dada velocidade e orientação. A probabilidade de o deslocamento determinar a intensidade do movimento, chamada de coerência percentual, era comumente expressa em uma escala de 0 a 100. No extremo mais difícil, referente a 0% de coerência, todos os pontos são plotados em locais aleatórios para cada campo sucessivo, dando a aparência de flocos de neve dançantes sem orientação dominante. Em níveis intermediários de dificuldade, os flocos de neve dançantes dão origem a uma sensação fraca de que o vento os pode estar soprando levemente para a direita ou para a esquerda. É improvável que qualquer ponto seja deslocado mais de uma vez, portanto, não há nenhum recurso para rastrear.

Esse estímulo simples foi desenvolvido originalmente por Anthony Movshon para promover uma estratégia de decisão que se beneficiaria da integração de informações visuais em toda a sua extensão espacial e em função do tempo. Além disso, satisfez outro desejo: os mesmos neurônios deveriam informar a decisão em todos os níveis de dificuldade. Para uma decisão de esquerda *versus* direita, neurônios do córtex visual seletivos para a orientação que sejam, por exemplo, sensíveis ao movimento para a esquerda, emitem sinais relevantes à decisão para todos os níveis de dificuldade. O que não seria o caso se a dificuldade fosse controlada pela diferença angular entre duas orientações. Outra vantagem dessa tarefa em relação à tarefa de vibração é que ocorre apenas uma apresentação de estímulo. Não há necessidade de lembrar de algo entre uma referência e um estímulo teste. Por fim, humanos e macacos realizam essa tarefa em níveis quase idênticos. Eles respondem corretamente aos testes de movimento intenso e cometem mais erros quando a intensidade do movimento é reduzida (**Figura 56-3C**). Isso estabelece condições para uma reconciliação quantitativa entre decisões e atividade neural. Existe uma maneira de explicar a probabilidade em que uma decisão será acurada a partir de medidas da relação sinal-ruído nos neurônios sensoriais apropriados?

Neurônios das áreas corticais sensoriais fornecem as amostras de evidências com ruído para a tomada de decisão

Em mamíferos superiores e primatas, os neurônios que respondem de forma diferenciada à orientação do movimento foram encontrados primeiramente no córtex visual primário (área V1). Esses neurônios são um subconjunto das células simples e complexas sintonizadas para orientação descobertas por Hubel e Wiesel (Capítulo 22). Esses neurônios se projetam para uma área cortical visual secundária, a área TM.[1]

---

[1]TM significa temporal médio, um sulco descrito pela primeira vez nas espécies de macacos do Novo Mundo. Esse sulco não existe em macacos do Velho Mundo e em humanos, mas existe neles uma área homóloga, que mantém seu nome original. A área TM é referida às vezes como área V5 (área visual de quinta ordem, ou quinária) em humanos. O nome não é importante, mas a área é!

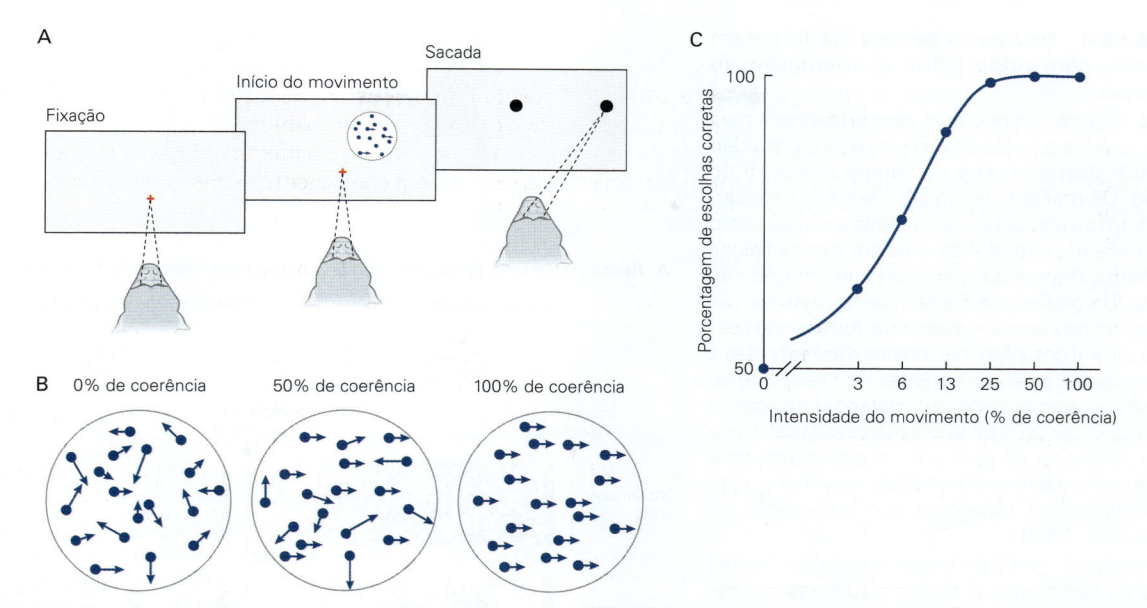

FIGURA 56-3 Na tarefa de discriminação do movimento de pontos aleatórios, o observador decide se o movimento resultante dos pontos é em um dado sentido ou no sentido oposto (p. ex., direita ou esquerda).

A. O macaco mantém seu olhar em uma cruz enquanto visualiza a exibição de movimentos de pontos aleatórios. Quando o estímulo e a cruz de fixação do olhar desaparecem, o macaco indica sua decisão desviando o olhar (sacada) para o alvo de escolha, à esquerda ou à direita, e recebe uma recompensa se a decisão estiver correta.

B. A dificuldade em decidir depende da coerência dos movimentos dos pontos. Cada ponto aparece por apenas alguns milissegundos em um local aleatório e reaparece 40 ms depois em um novo local aleatório ou com um deslocamento consistente de acordo com uma velocidade e orientação. A probabilidade de um ponto presente no tempo t_1 se deslocar no mesmo sentido em t_2 estabelece a intensidade ou força do movimento (% de coerência). (Reproduzida, com autorização, de Britten et al., 1992. Copyright © 1992 Society for Neuroscience.)

C. É mais provável que a decisão seja correta quando o movimento é mais intenso.

A área TM contém um mapa completo do campo visual contralateral, e quase todos os neurônios na área TM são seletivos para orientação do movimento. Neurônios com preferências de orientação semelhantes agrupam-se de modo que a TM contém um mapa do espaço e do sentido do movimento para cada ponto do campo visual. Seus campos receptivos são maiores que os dos neurônios de V1, e alguns mostram propriedades que não são evidentes em V1 (p. ex., movimento padrão; Capítulo 23), mas a maioria responde como se integrasse sinais de V1 que compartilham a mesma seletividade para orientação sobre uma área maior do campo visual. Nos experimentos de Newsome, o estímulo do movimento de pontos aleatórios estava restrito a um espaço circular correspondente ao tamanho do campo receptivo de um neurônio da TM. Assim, foi possível medir a resposta de um neurônio perfeitamente localizado para transmitir a evidência para o processo de decisão em cada tentativa.

Pareceu ser possível que os neurônios com campos receptivos alinhados ao estímulo de movimentos de pontos aleatórios e com preferência de disparo por uma ou outra orientação em consideração pudessem contribuir com a evidência usada para tomar a decisão. De fato, podemos começar a entender a percepção do macaco sobre o movimento aplicando as mesmas considerações sinal-ruído às respostas neurais da área TM. Nós consideramos dois tipos de neurônios seletivos para a orientação (**Figura 56-4**).

Um tipo responde melhor ao movimento para a direita do que ao movimento para a esquerda e produz frequência de disparos mais altas quando o movimento para a direita é mais intenso. Também responde acima da linha de base ao estímulo com coerência de 0%, porque o ruído aleatório contém todos os sentidos de movimento, incluindo os sentidos para a esquerda e para a direita e, ainda, gera frequências de disparo mais baixas (comparado a 0% de coerência) quando o movimento para a esquerda é mais intenso (**Figura 56-4B**). O outro tipo de neurônio responde bem ao movimento para a esquerda. Ele exibe o mesmo padrão que o tipo de neurônio de preferência à direita, apenas com as preferências de orientação invertidas. As respostas neurais são ruidosas e, assim, as frequências de disparos em qualquer tentativa ou em qualquer momento podem ser como um sorteio aleatório de uma das distribuições da **Figura 56-4C**. Essas distribuições podem ser interpretadas de duas maneiras. As duas curvas podem representar as possíveis frequências de disparo de um neurônio que prefere a direita quando o movimento fraco é para a direita, ou para a esquerda, quando o movimento é fraco para a esquerda. As curvas também podem representar as possíveis frequências de disparo de neurônios que preferem a direita e a esquerda, respectivamente, para o mesmo estímulo fraco para a direita.

Como as respostas das duas classes de neurônios estão disponíveis ao mesmo tempo, podemos caracterizar a

FIGURA 56-4 Neurônios da área TM fornecem evidências com ruído sobre a orientação do movimento.

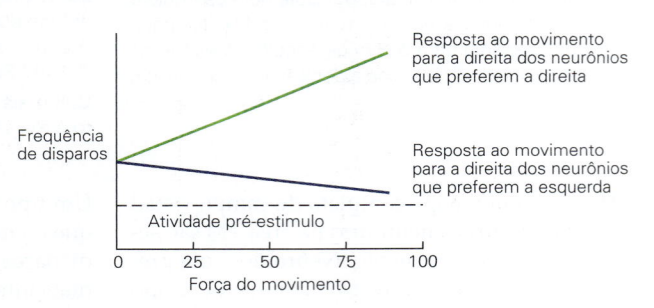

A. Respostas de um neurônio com preferência para a direita durante a tarefa de discriminação. Um vídeo de pontos aleatórios está no campo receptivo do neurônio. Os gráficos de registro na coluna esquerda mostram as respostas do neurônio ao movimento para sua orientação preferida, e os gráficos na coluna da direita mostram suas respostas à orientação não preferida. Os gráficos na fileira superior mostram as respostas do neurônio a movimentos fortemente coerentes e os gráficos inferiores mostram as respostas a movimentos fracamente coerentes. Em cada gráfico de registro, o momento de cada potencial de ação é representado por uma pequena marca vertical. Cada linha de potenciais de ação em um gráfico mostra a resposta do neurônio ao estímulo de movimento para uma única tentativa. (Adaptada, com autorização, de Mazurek et al., 2003.)

B. A frequência média de disparos varia em função da força do movimento. O neurônio aumenta sua frequência de disparos acima da linha basal, mesmo em resposta ao estímulo com 0% de coerência, pelo fato de os pontos aleatórios dinâmicos mostrarem todas as orientações de movimento, incluindo o sentido preferido do neurônio. A frequência de disparos aumenta, então, com a movimentação mais acentuada dos pontos para a direita. A frequência de disparos diminui em relação à resposta a 0% de coerência quando a movimentação for mais acentuada para a esquerda. As respostas desse neurônio, que prefere a direita, ao movimento dos pontos para a esquerda são espelhadas às respostas de um neurônio que prefere a esquerda quando é exposto ao movimento para a direita.

C. Distribuições de probabilidades das frequências de disparos de neurônios que preferem a esquerda e que preferem a direita em resposta à movimentação fraca para a direita. O neurônio que prefere a direita tende a responder com mais intensidade, mas a sobreposição das distribuições mostra ser possível ao neurônio que prefere a esquerda responder mais intensamente que o neurônio que prefere a direita, em qualquer tentativa. Essas mesmas considerações se aplicam aos sinais agrupados de populações de neurônios que preferem a direita e que preferem a esquerda. O gráfico da direita mostra a distribuição da diferença de frequências de disparos entre os neurônios com preferências para a esquerda e para a direita, medidas em resposta ao mesmo estímulo ao longo de várias tentativas. A decisão seria escolher para a direita se essa diferença for positiva e escolher para a esquerda, se for negativa. Tal regra levaria a escolhas corretas para a direita em 80% das tentativas.

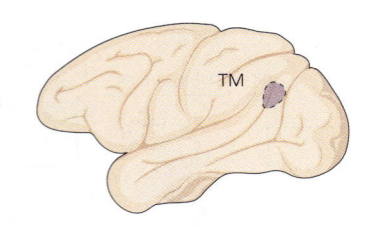

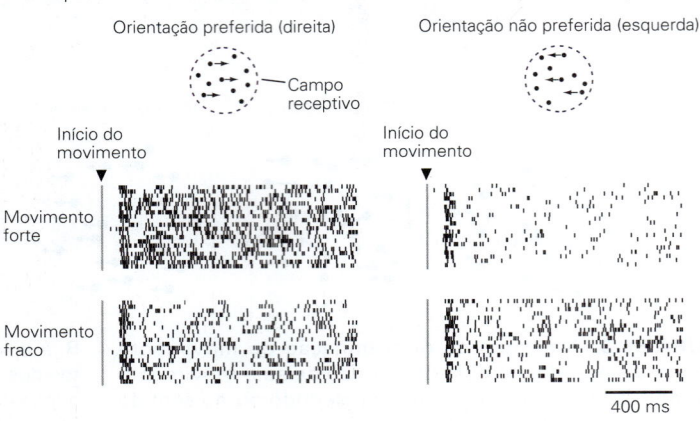

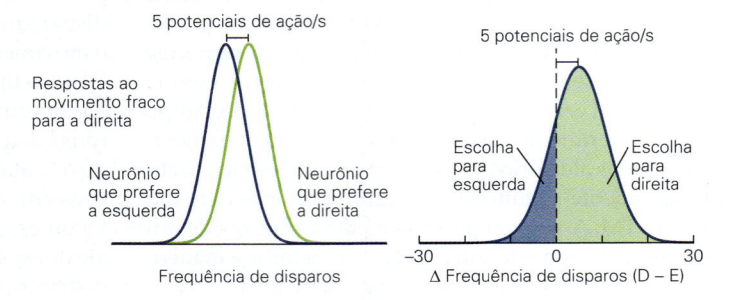

evidência como a diferença entre as taxas de disparo dos neurônios preferenciais para a esquerda e para a direita. (O cérebro, de fato, depende da diferença entre as médias de muitos neurônios de preferência para a esquerda e para a direita.) Referimo-nos a tais valores como uma variável de decisão, pois a decisão pode ser tomada pela aplicação de um critério a essa diferença. Nesse caso, o critério seria zero. Assim, se a variável de decisão for positiva, a resposta é *direita*; se for negativa, a resposta é *esquerda*.

Observe que quando o estímulo é puramente aleatório (0% de coerência), não há resposta correta. O macaco é recompensado aleatoriamente pelo experimentador em metade aleatória das tentativas, e responde direita e esquerda com probabilidade aproximadamente igual. Isso não ocorre porque o macaco está adivinhando, mas porque a flutuação no estímulo de movimentos aleatórios dos pontos e as frequências de disparo ruidosos dos neurônios de preferência para a direita e para a esquerda levam à variabilidade nas evidências usadas para tomar a decisão. Isso faz sentido porque os neurônios com preferências para a direita e para a esquerda respondem de forma equivalente a esse tipo de estímulo. Em algumas tentativas, os neurônios com preferência para a direita respondem mais do que aqueles com preferência para a esquerda, e o cérebro interpreta isso como evidência de movimento para a direita. Em outras tentativas, os neurônios que preferem a esquerda respondem mais, e o macaco escolhe a esquerda.

Os neurocientistas conseguiram usar uma rede de pequenas populações de neurônios para formular a relação entre a acurácia da escolha de um animal *versus* a força do movimento, conhecida como *função psicométrica*. O sucesso de tais modelos confere apoio à ideia de que as propriedades de sinal e ruído dos neurônios corticais podem explicar a fidelidade de uma decisão sobre a percepção, exatamente como Mountcastle esperava. Essa conquista foi possível devido a um delineamento experimental inteligente que permitiu que o mesmo neurônio participasse de decisões em uma ampla gama de dificuldades. Mas esses neurônios são realmente usados para tomar a decisão? Eles realmente fornecem a evidência com ruído que o macaco usa para tomar sua decisão?

Sabemos agora que sim. Devido à organização colunar dos neurônios seletivos à orientação na área TM, é possível aplicar pequenas correntes através de um microeletrodo para excitar um grupo de neurônios que compartilham a mesma propriedade em termos de campo receptivo. Newsome e colaboradores colocaram o eletrodo no meio de um grupo de neurônios com campos receptivos precisamente alinhados ao estímulo de movimentos de pontos aleatórios. Ele argumentava que, com correntes excitatórias fracas, a maioria desses neurônios provavelmente compartilharia o mesmo campo receptivo e a mesma preferência de orientação. Newsome fez o macaco decidir entre um sentido e o sentido oposto. Por exemplo, se esses neurônios preferiam o movimento para a direita, as correntes fracas faziam com que o macaco decidisse com mais frequência a favor da direita (**Figura 56-5**).

Vamos nos referir, por ora, a essa estimulação fraca, projetada para influenciar um grupo de neurônios que estão em uma área de um raio de 50 a 100 μm, como *microestimulação*. A microestimulação, notavelmente, não causou alucinação visual de movimento, mas influenciou as decisões do macaco, as quais foram orientadas principalmente pelo estímulo de movimentos de pontos aleatórios. O macaco não respondia quando o estímulo não era mostrado. E a microestimulação não afetava as decisões do macaco quando os pontos aleatórios eram apresentados em um local do campo visual fora do campo receptivo dos neurônios estimulados. O maior efeito da microestimulação foi observado nas escolhas em que a intensidade de movimento era a mais fraca. Os neurônios estimulados simplesmente adicionaram um pequeno valor para a evidência a favor do movimento para a direita, o que efetivamente é uma evidência contra o movimento para a esquerda, conforme discutido a seguir.

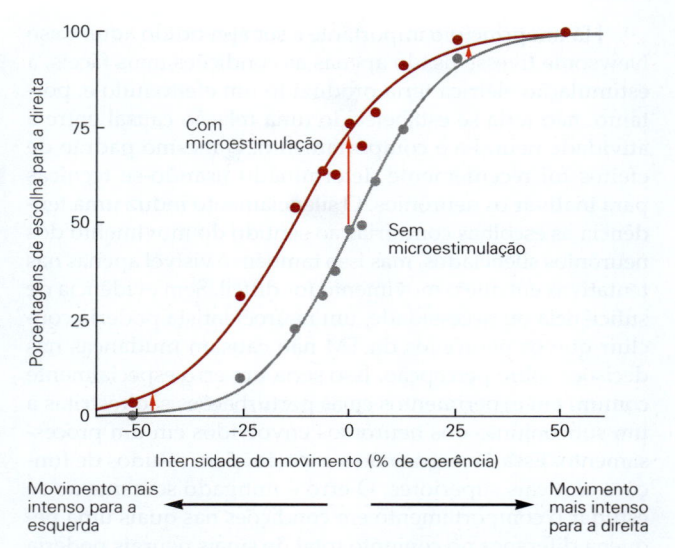

FIGURA 56-5 A ativação artificial de neurônios que respondem preferencialmente a movimentos para a direita leva o macaco a decidir que o sentido do movimento é para a direita. No experimento, um eletrodo é colocado no meio de um grupo de neurônios da área TM com a mesma preferência de orientação de movimento, digamos, para a direita. O movimento dos pontos aleatórios é mostrado no campo receptivo desses neurônios. Uma corrente alternada fraca é aplicada em metade das tentativas durante a apresentação do vídeo de pontos aleatórios. A quantidade de corrente ativa cerca de 200 a 400 neurônios localizados de 50 a 100 μm da ponta do eletrodo. Nas tentativas com microestimulação, é mais provável que o macaco escolha a orientação do movimento preferido dos neurônios estimulados. O efeito é mais pronunciado quando a decisão é mais difícil (**seta vermelha central**). (Adaptada, com autorização, de Ditterich, Mazurek e Shadlen, 2003.)

O experimento de microestimulação mostra que os neurônios seletivos à orientação na área TM contribuem com a evidência para a decisão sobre percepção. No entanto, não é necessário que os neurônios estimulados afetem diretamente a decisão. Eles apenas precisam participar de um circuito neural que está em uma cadeia causal. Além disso, muitos outros neurônios na TM não foram afetados pela estimulação elétrica, mas, ainda assim, responderam ao mesmo local de pontos aleatórios com a mesma seletividade para orientação. Esses neurônios se encontram em outras colunas com campos receptivos que não estão no centro no estímulo, mas na periferia, em sobreposição aos campos que estão no centro. Se o eletrodo for movido de forma a estimular esses neurônios, estes também levarão o macaco a escolher a orientação preferida com mais frequência. Essas descobertas indicam que, em qualquer experimento, a microestimulação afeta apenas uma pequena fração dos neurônios que contribuem para a decisão. A maioria responde com suas frequências de disparo habituais ao movimento aleatório de pontos. A microestimulação muda apenas um pouco o sinal resultante usado pelo cérebro para tomar sua decisão. Não é de se admirar que o efeito só é evidente quando a decisão for difícil.

Há um princípio importante a ser aprendido aqui. Caso Newsome tivesse usado apenas as condições mais fáceis, a estimulação elétrica teria produzido um efeito nulo e, portanto, não teria se estabelecido uma relação causal entre a atividade neural e o comportamento. O mesmo padrão de efeitos foi recentemente determinado usando-se técnicas para inativar os neurônios. O silenciamento induz uma tendência às escolhas contrárias ao sentido do movimento dos neurônios silenciados, mas isso também é visível apenas nas tentativas em que o movimento for difícil. Sem evidência de suficiência ou necessidade, um neurocientista poderia concluir que os neurônios da TM não causam mudanças nas decisões sobre percepção. Isso seria um erro especialmente comum em experimentos cujas perturbações são restritas a um subconjunto dos neurônios envolvidos em um processamento. Essa é a regra, não a exceção, para estudos de funções corticais superiores. O erro é mitigado somente ao se estudar o comportamento em condições nas quais uma pequena diferença no conjunto total de sinais neurais poderia fazer uma diferença, como no modelo difícil (baixa relação sinal-ruído) empregado nos experimentos de Newsome.

Em resumo, a decisão sobre a percepção surge de uma *regra de decisão* simples: a aplicação de um critério para a evidência com ruído fornecida por neurônios do córtex visual seletivos à orientação do movimento com ruído. Caracterizamos a evidência ruidosa como um único valor: a diferença entre as frequências de disparo médias de dois conjuntos opostos de neurônios seletivos à orientação. Essa explicação deixa de fora dois pontos importantes: o fato de que as operações que estabelecem a variável de decisão devem ser realizadas por neurônios que recebem informação direta ou indiretamente da área TM, e que essas operações levam tempo. Como veremos, o tempo é a chave para entender a tomada de decisão, sendo também o fator que relaciona a tomada de decisão à função cognitiva superior.

A acumulação de evidências até um limiar explica a negociação entre velocidade e acurácia

A regra de decisão considerada até agora é apropriada caso o cérebro receba uma imagem de movimento por somente uma exposição instantânea, digamos, por um décimo de segundo. No entanto, a tomada de decisão normalmente leva um certo tempo, de modo que quando a duração da visualização for maior, as decisões tendem a ser mais acuradas. De fato, a intensidade do movimento que é necessária para permitir 75% de acurácia, denominada *limiar sensorial*, diminui em função da duração da visualização. Com mais tempo, o tomador de decisão pode alcançar esse mesmo nível de acurácia com uma intensidade menor do movimento. Expondo de outra forma, a sensibilidade ao movimento fraco melhora em função da duração da visualização deste, t. De fato, a sensibilidade melhora em função da raiz quadrada do tempo ($\sqrt{t}$), que é a taxa de melhoria na relação sinal-ruído que se obtém pela acumulação da evidência ou se calculando a média. A sugestão, então, é que a diferença nas frequências de disparos de neurônios seletivos à orientação preferida à esquerda e à direita supre a evidência momentânea para um outro processo que acumula essa evidência ruidosa em função do tempo – nesse caso, dois processos que acumulam evidências para a esquerda e direita, respectivamente.

A acumulação de evidências ruidosas segue uma trajetória de etapas aleatórias tanto na orientação positiva quanto negativa sobre uma tendência constante determinada pela coerência e pelo sentido dos pontos em movimento. Isso é denominado de *passeio aleatório em tendência* (*biased random walk*) ou processo de deriva e difusão (*drift plus diffusion*) (**Figura 56-6**). Pelo fato de a evidência para a esquerda ser uma evidência contra a direita (e vice-versa), os dois passeios aleatórios são anticorrelacionados, embora imperfeitamente. As acumulações evoluem com o tempo e continuam assim até que o estímulo seja desligado, ou até que uma das acumulações atinja um *limite de parada* (*stopping bound*) superior, o que determina a resposta como esquerda ou direita. Até mesmo o estímulo de coerência 0% (ruído puro) alcançará, ao final, um limite de parada, mas é provável que a acumulação de evidência à esquerda ou à direita alcance igualmente o limite de parada. Quando o movimento aleatório dos pontos favorece uma orientação, é mais provável que a acumulação correspondente determine a escolha, o que acontece principalmente com um movimento mais intenso. Tais acumulações de evidências ruidosas são versões dinâmicas da variável de decisão. A regra de decisão permanece similar: escolher direita se houver mais evidências à direita do que à esquerda, e vice-versa. Os limites de parada também explicam outro aspecto importante da decisão – o tempo que leva para chegar à decisão.

Dessa forma, essa ideia simples explica a negociação observada entre a velocidade e a acurácia de uma decisão. A negociação especifica a relação exata entre a probabilidade de que cada intensidade de movimento levará a uma escolha correta e a quantidade de tempo média para a resposta, denominada tempo de reação (**Figura 56-6C**). Se os limites de parada forem próximos ao ponto inicial da acumulação, a decisão será baseada em evidências insuficientes – a decisão será rápida, mas propensa ao erro. Se os limites de parada forem mais distantes do ponto de partida, mais evidências acumuladas serão necessárias para parar – decisão mais lenta, porém com maior probabilidade de estar correta. Se o fluxo de informações for interrompido antes de algum limite ter sido alcançado, o tomador de decisão pode sentir que ainda não chegou a uma resposta, mas poderá, no entanto, responder com base na acumulação que estiver mais próxima de seu limite de parada. Esse mecanismo, denominado *acumulação limitada de evidências*, explica o efeito da dificuldade da tarefa na acurácia da escolha e os tempos de reação associados em uma variedade de tarefas perceptivas. O mecanismo explica o grau de confiança que um tomador de decisão tem para deliberar e por que tal confiança depende tanto da quantidade de evidências quanto do tempo de deliberação. Ele explica também a taxa de melhora na acurácia quando o experimentador controla a duração da visualização pela $\sqrt{t}$, mencionada acima, e explica por que essa melhora satura com tempos de visualização mais longos. O cérebro deixa de adquirir evidência adicional quando a evidência acumulada atinge um limite de parada.

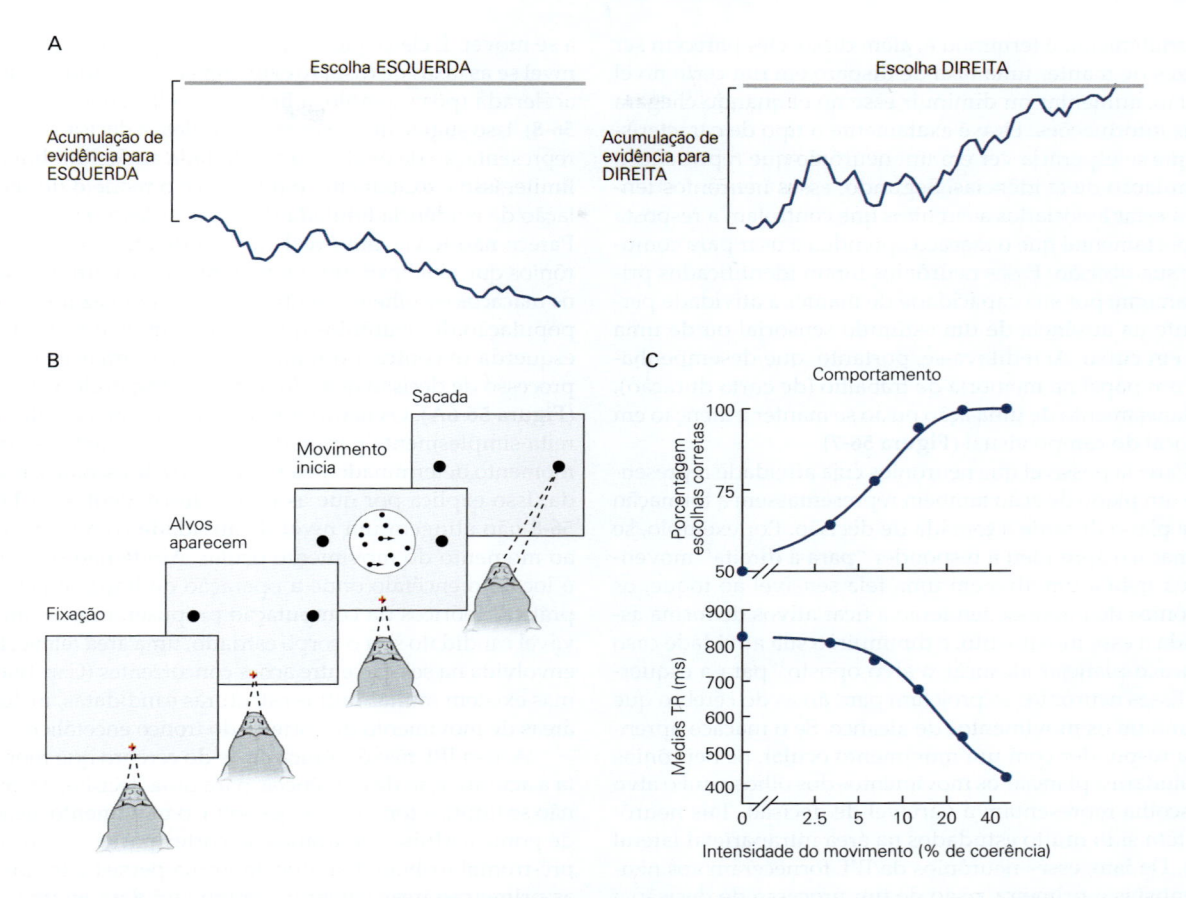

FIGURA 56-6 A velocidade e a acurácia de uma decisão são explicadas por um processo de acumulação de evidências.

A. A decisão e o tempo necessário para alcançá-la são explicados pela acumulação de evidências em função do tempo, que ocorre até que haja evidências suficientes para concluir a decisão a favor de uma ou outra escolha. O desenho ilustra uma decisão a favor do movimento para a direita, porque a acumulação de "escolha a direita" foi a primeira a atingir o limite de parada (**linhas cinzas espessas**). Como a evidência tem ruído, as acumulações assemelham-se a passeios aleatórios em tendência, também conhecidos como processos de deriva-difusão. Para a decisão entre movimento à esquerda e à direita existem duas acumulações. O gráfico da esquerda acumula evidências a favor do movimento à esquerda e contrário ao movimento à direita. O gráfico da direita acumula evidências a favor do movimento à direita e contrário ao movimento à esquerda. Para esse processo, a tendência (ou taxa de deriva) é a média das amostras de evidências representadas pela distribuição das diferenças (direita menos esquerda) na **Figura 56-4C**. Esse processo é um passeio aleatório, porque mesmo se o movimento for para a direita, os neurônios com preferência para a esquerda da área TM poderiam responder mais do que os neurônios com preferência para a direita a qualquer momento. Os dois processos tendem a evoluir de modo anticorrelacionado, já que o estímulo de movimentação aleatória de pontos fornece as mesmas amostras de evidências com ruídos para ambas as acumulações por meio do córtex visual. Eles não são perfeitamente anticorrelacionados porque os neurônios com preferência para a direita e para a esquerda introduzem ruído adicional. Se a anticorrelação fosse perfeita (por exemplo, se todo ruído viesse do estímulo de movimento), os dois processos poderiam ser representados por uma acumulação que termina tanto em um limite de parada superior como inferior.

B. Em uma tarefa de escolha e tempo de reação, o tomador de decisão relata uma decisão sempre que estiver pronto para responder. Nesse caso, o macaco sinaliza sua escolha pela orientação de um movimento sacádico (sacada).

C. Os gráficos mostram um conjunto típico de dados. Além da proporção de escolhas corretas, o tempo de reação (**TR**), o tempo desde o início do movimento dos pontos até o início da resposta do movimento ocular, também depende da intensidade do movimento. A duração total do TR é o tempo para chegar a uma decisão, explicado pelo processo em **A**, acrescido do tempo necessário para transmitir a informação sensorial do estímulo para os neurônios que computam a decisão e do tempo necessário para converter a decisão em uma resposta motora. (Adaptada, com autorização, de Gold e Shadlen, 2007.)

Neurônios dos córtices associativos parietal e pré-frontal representam uma variável de decisão

Neurônios de várias partes do cérebro, incluindo os córtices parietal e pré-frontal, mudam suas frequências de disparo para representar a acumulação de evidências – no caso do movimento visual da área TM – levando à decisão sobre a orientação do movimento. Os neurônios que representam a acumulação diferem dos neurônios sensoriais em dois aspectos importantes. Primeiro, eles podem continuar a responder por vários segundos depois que um estímulo sensorial iniciou e terminou e, além disso, eles parecem ser capazes de manter uma taxa de disparo em um certo nível e, então, aumentar ou diminuir esse nível quando chegam novas informações. Esse é exatamente o tipo de característica que se esperaria ver em um neurônio que representa a acumulação de evidências. Segundo, esses neurônios tendem a estar associados a circuitos que controlam a resposta comportamental que o macaco aprendeu a usar para comunicar sua decisão. Esses neurônios foram identificados primeiramente por sua capacidade de manter a atividade persistente na ausência de um estímulo sensorial ou de uma ação em curso. Acreditava-se, portanto, que desempenhavam um papel na memória de trabalho (de curta duração), no planejamento de uma ação ou ao se manter a atenção em um local do campo visual (**Figura 56-7**).

Parecia possível que neurônios cuja atividade representasse um plano de ação também representassem a formação desse plano durante a tomada de decisão. Por exemplo, se um macaco aprendeu a responder "para a direita" movendo sua mão a um alvo em uma tela sensível ao toque, os neurônios de interesse tenderão a ficar ativos de forma associada a esse movimento, e diminuirão sua atividade caso o macaco planejar alcançar o alvo oposto "para a esquerda". Esses neurônios se projetam para áreas do cérebro que comandam os movimentos de alcance. Se o macaco aprendeu a responder com um movimento ocular, os neurônios que ajudam a planejar os movimentos dos olhos para o alvo de escolha representam a variável de decisão. Tais neurônios têm sido muito estudados na área intraparietal lateral (IPL). De fato, esses neurônios da IPL forneceram aos neurocientistas a primeira visão de um processo de decisão à medida que esta acontece no tempo.

Os neurônios que representam o processamento da decisão aumentam suas frequências de disparos gradualmente à medida que as evidências se acumulam para uma das escolhas e diminuem gradualmente quando a evidência favorece a outra opção (**Figura 56-8**). As frequências de disparos desses neurônios plotadas em função do tempo se aproximam a uma rampa: uma taxa basal mais uma constante multiplicada pelo tempo, onde a constante é proporcional à força da evidência momentânea (por exemplo, a diferença média nas taxas de disparos entre os neurônios TM preferenciais à direita e os preferenciais à esquerda). Isso captura as taxas médias de disparo em muitas tentativas, mas deixa de fora o ponto crítico de que a variável de decisão é uma acumulação tanto de sinal como de ruído. O sinal é a média da diferença. O ruído é a variância – isto é, a dispersão em torno da média. O ruído acumulado é obscurecido pela média na **Figura 56-8**, mas é aparente na variabilidade das taxas de disparo nas várias decisões.

As respostas iniciam em um nível comum e evoluem à medida que o cérebro adquire mais e mais informações, até que algo interrompa o processo. Uma assinatura neural da regra da parada do processo é aparente nas respostas alinhadas ao próprio movimento ocular. A taxa de disparo parece alcançar o mesmo nível tanto em tentativas que levam apenas alguns décimos de segundo como em tentativas que levam até um segundo completo. O nível é alcançado em menos de um décimo de segundo antes que os olhos comecem a se mover. É claro que leva menos tempo para atingir esse nível se as taxas de disparo estiverem aumentando de forma acelerada (por exemplo, a linha vermelha sólida na **Figura 56-8**). Isso sugere que o cérebro completa a decisão quando a representação da evidência acumulada atinge um limiar ou limite. Isso é exatamente o que prevê o modelo de acumulação de evidência limitada (*bounded evidence accumulation*). Parece não haver um nível comum de atividade nos neurônios que sinalizam um movimento para a direita quando os macacos escolhem o sentido oposto. Em vez disso, outra população de neurônios que acumulam evidências para a esquerda (e contra a direita) atinge seu limiar e encerra o processo de decisão quando o macaco responde à esquerda (**Figura 56-6A**). Os neurônios que favorecem a escolha à direita simplesmente param de acumular evidências em um momento determinado pelos neurônios de escolha à esquerda. Isso explica por que as linhas descendentes na **Figura 56-8** não atingem um nível de atividade comum próximo ao momento do movimento ocular. Ainda não se conhece o local no encéfalo onde a operação de limiar é posta em prática. Teóricos da computação propuseram que um provável candidato seja o corpo estriado, uma área telencefálica envolvida na seleção entre ações concorrentes (Capítulo 38), mas existem muitas outras estruturas candidatas, incluindo áreas de movimento do córtex e do tronco encefálico.

A área IPL não é a única parte do cérebro que representa a acumulação de evidências para uma decisão, e também não se limita a tomar decisões sobre o movimento aleatório de pontos. Muitos neurônios no córtex parietal e no córtex pré-frontal exibem disparos de forma persistente. De fato, as primeiras áreas cerebrais em que foi demonstrado esse tipo de atividade estão no lobo frontal, rostral ao córtex motor primário, e alguns neurônios com essa propriedade foram encontrados no próprio córtex motor. A atividade persistente foi considerada representativa da memória de trabalho para um local no espaço ou para uma regra, categoria ou plano de ação, conforme foi discutido no Capítulo 52. Mas esses neurônios são capazes, também, de representar níveis graduados de atividade, sugerindo uma capacidade de representar mais quantidades analógicas, como o processo de desenvolver uma variável de decisão, o valor esperado de fazer uma ação ou a memória de trabalho de uma qualidade sensorial, como consideraremos a seguir.

Vinte anos depois que Mountcastle publicou seus estudos sobre discriminação de frequências de vibração, seu aluno Ranulfo Romo rejuvenesceu essa linha de pesquisa, observando os neurônios do córtex pré-frontal, que apresentavam o tipo de atividade persistente que discutimos. Romo modificou a tarefa. Os macacos recebiam, como anteriormente, dois estímulos vibratórios, separados por um retardo de tempo, e deveriam decidir se a frequência de vibração do segundo estímulo (f2) era maior ou menor que a frequência de vibração do primeiro estímulo (f1). Entretanto, em vez de usar o mesmo estímulo de referência de 20 Hz em todas as tentativas, a frequência de vibração variou nas tentativas. Ele descobriu que muitos neurônios no córtex pré-frontal respondem de maneira graduada e persistente à frequência do primeiro estímulo de vibração durante o retardo de tempo, enquanto o macaco aguardava o segundo

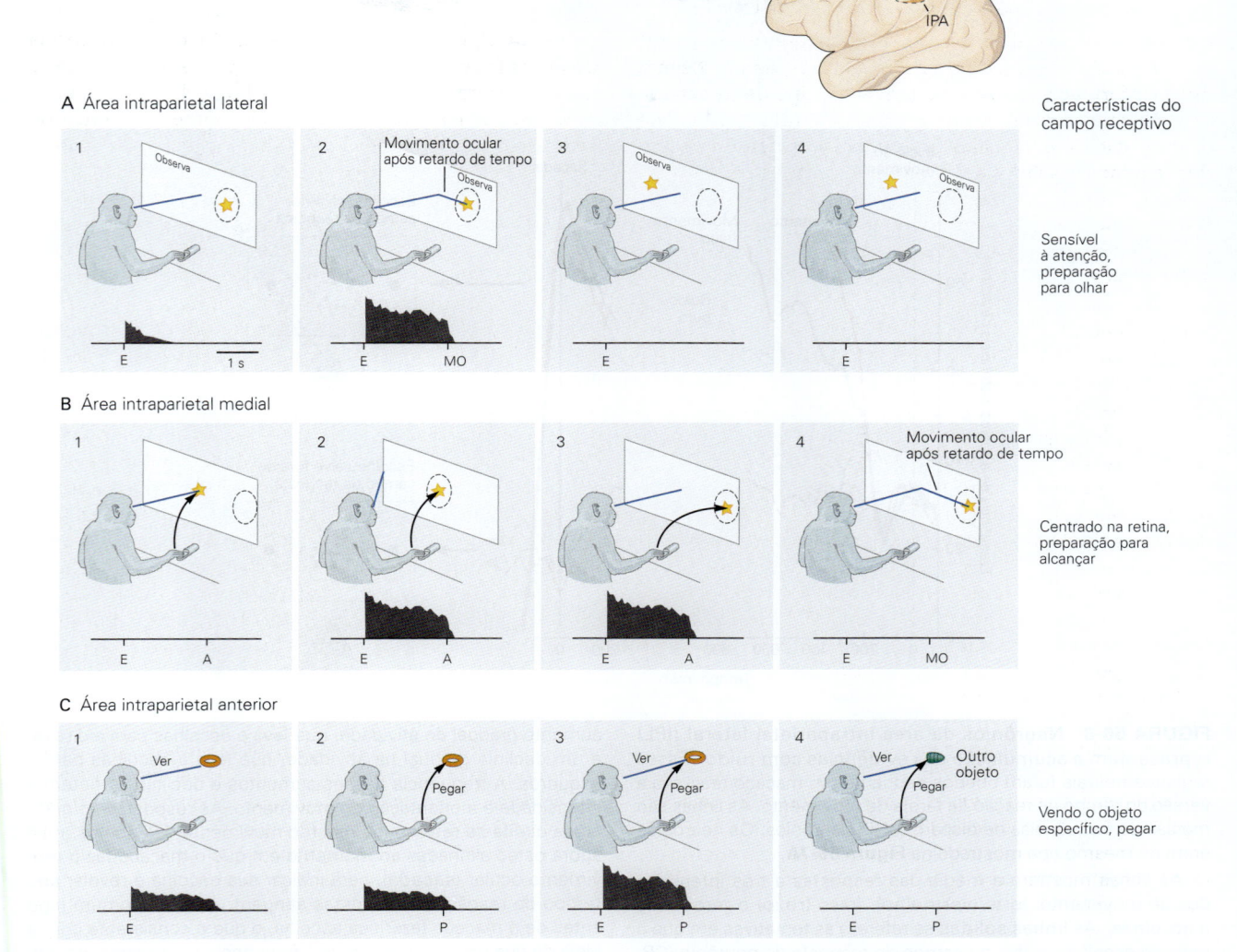

FIGURA 56-7 A atividade neural persistente mantém a memória de trabalho, a atenção e os planos de ação. Solicita-se ao macaco que olhe uma cena e responda a um estímulo visual (**E**), movendo os olhos (**MO**), alcançando (**A**) ou pegando (**P**) com a mão. Cada histograma representa a frequência de disparos de um neurônio representativo em função do tempo após a apresentação do estímulo visual. Os **círculos tracejados** mostram os *campos de resposta*. Esse termo é preferível ao campo receptivo ou campo de movimento, porque esses neurônios não são puramente sensoriais nem motores. A **linha azul** mostra o local na tela em que se pede ao macaco para que fixe seu olhar inicialmente.

A. Os neurônios da área intraparietal lateral (**IPL**) disparam quando um macaco está se preparando para fazer um movimento ocular para um objeto ou quando o macaco direciona a atenção para o local do objeto. A maioria dos neurônios da IPL não são seletivos para características do objeto como forma e cor. Esse neurônio dispara quando o objeto for apresentado no campo de resposta do neurônio, localizado na área circulada à direita de onde o macaco está olhando (1). Os disparos do neurônio ficam intensificados se o objeto for apresentado enquanto a atenção do macaco estiver direcionada a esse local ou se for solicitado que o macaco planeje um movimento ocular para o local (2). Os disparos podem persistir por vários segundos após a remoção do estímulo (2), fornecendo assim um mecanismo potencial para a manutenção de uma memória de curto prazo ou memória de trabalho da localização do estímulo. O neurônio não dispara se um objeto for apresentado fora do campo de resposta do neurônio (por exemplo, à esquerda), (3) mesmo que se peça ao macaco prestar atenção no local do campo de resposta do neurônio (4). Um objeto deve aparecer no campo de resposta, mesmo que brevemente (2).

B. Na área intraparietal medial (**IPM**), os neurônios disparam quando o macaco está se preparando para alcançar um alvo visual. Este neurônio começa a disparar logo após o aparecimento de um alvo no campo de resposta do neurônio, neste caso, um ângulo fixo à direita de onde o macaco está olhando, caso seu olhar esteja direcionado para a margem esquerda (2) ou para o centro (3) da tela, e continua a disparar enquanto o macaco aguarda para alcançá-lo. O neurônio não dispara quando o macaco alcança um alvo no centro de seu olhar (1) ou quando planeja desviar seu olhar para um alvo no campo de resposta, sem alcançá-lo (4). A orientação física para alcançar o alvo não é um fator para o disparo do neurônio, pois a orientação é a mesma em 1 e 2, mas o neurônio dispara apenas em 2.

C. Na área intraparietal anterior (**IPA**), os neurônios disparam quando o macaco está olhando ou se preparando para pegar um objeto, e são seletivos para objetos com formatos específicos. Esse neurônio é acionado quando o macaco está vendo um anel (1) ou alcançando o anel no escuro, guiando-se pela memória (2). O neurônio dispara de forma especialmente intensa quando o macaco está pegando o anel sob orientação visual (3). O neurônio não dispara durante a visualização ou quando pega outros objetos (4).

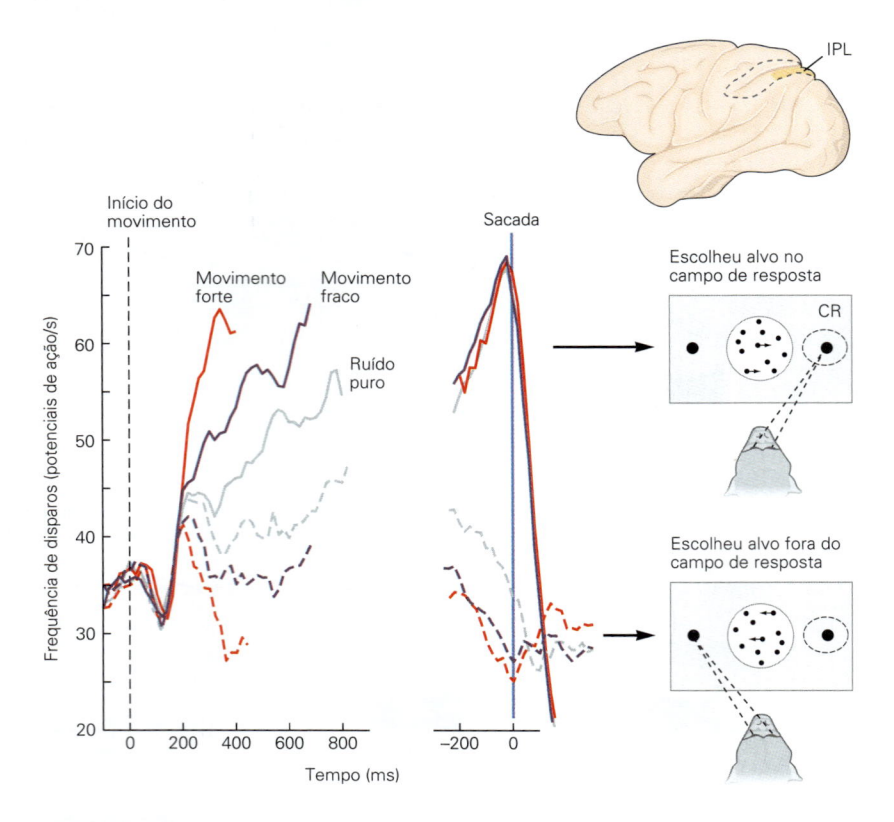

FIGURA 56-8 Neurônios da área intraparietal lateral (IPL) representam a acumulação das evidências com ruído. Esses registros neurais foram obtidos enquanto um macaco realizava a versão do tempo de reação da tarefa de movimento. As linhas são médias de frequências de disparo de 55 neurônios. Os neurônios eram do mesmo tipo mostrado na **Figura 56-7A**.

As linhas mostram a média das respostas a três intensidades de movimento: forte (**vermelho**), fraco (**roxo**) e zero (ruído puro, **cinza**). As **linhas sólidas** se referem às tentativas em que o macaco escolheu o alvo no campo de resposta do neurônio (**CR**; escolha para a direita). As **linhas tracejadas** se referem às tentativas em que o macaco escolheu o alvo fora do campo de resposta do neurônio (escolha para a esquerda). Para as intensidades diferentes de zero, a orientação do movimento aleatório do ponto foi a que o macaco escolheu (isto é, apenas as opções corretas são mostradas). As respostas no gráfico da esquerda, que estão alinhadas ao início do movimento aleatório de pontos, exibem um aumento gradual de atividade, que leva a escolhas para a direita, e um declínio gradual na atividade, que leva a escolhas para a esquerda. A frequência desses aumentos e declínios reflete a intensidade e a orientação do movimento. As respostas no gráfico da direita se referem ao mesmo movimento dos pontos, mas agora estão alinhadas ao momento em que o macaco faz o movimento ocular (**sacada**), para indicar sua escolha e revelar seu tempo de reação. As respostas atingem um nível comum logo antes de o macaco fazer sua escolha, o que é consistente com a ideia de que um limiar referente à frequência de disparos estabelece o término dessas tentativas. As respostas não atingem um nível comum antes das escolhas para a esquerda, porque estas decisões tinham terminado quando uma população diferente de neurônios, com o alvo de escolha à esquerda em seus campos de resposta atingiu um limiar de frequência de disparo. (Adaptada, com autorização, de Roitman e Shadlen, 2002. Copyright © 2002 Society for Neuroscience.)

estímulo. Alguns neurônios aumentaram sua taxa de disparo em função da frequência de vibração f1, enquanto outros foram mais ativos com frequências menores. Essas respostas neurais persistentes não foram observadas por Mountcastle em seus estudos originais. Há evidência de que uma variável de decisão seja formada no córtex pré-motor ventral, onde os neurônios respondem à diferença de vibração, f2 – f1. Esse estudo é desafiador, uma vez que a variável de decisão não se desenvolve em uma escala de tempo longa. Não há necessidade em se adquirirem muitas amostras de evidências. É necessário apenas que se faça uma estimativa da f2 e a aplicação de um limiar. A tarefa de estimar frequências de vibração complementa a tarefa de decisão sobre a orientação do movimento, demonstrando diversas funções de atividade persistente. Na tarefa de movimento, a persistência sustenta o cálculo da variável de decisão – a evidência acumulada sobre as alternativas de decisão. Na tarefa das frequências de vibração, a atividade persistente representa uma qualidade sensorial – a frequência do estímulo de referência – ao longo de um retardo de tempo.

A tomada de decisão sobre percepção é um modelo para raciocínio a partir de amostras de evidências

A maioria das decisões que animais e humanos tomam não são sobre estímulos sensoriais fracos ou ruidosos. As decisões são sobre atividades, compras, propostas e itens de cardápio. Elas são informadas por conhecimentos e expectativas derivadas de fontes como experiência pessoal, livros, amigos e planilhas. Algumas são baseadas em avaliação ou preferência pessoal (subjetiva). Muitas envolvem raciocínio a partir de fontes de evidência que podem diferir em confiabilidade e que devem ser ponderadas em relação aos custos e benefícios. Até que ponto os mecanismos neurais da tomada de decisão sobre a percepção se aplicam a esses outros tipos de decisões?

Imagine o seguinte cenário. Ao sair de casa pela manhã, você percebe que estará ao ar livre das 16h às 17h, e deve decidir se vai levar um guarda-chuva. Para ficar mais interessante, suponha que isso ocorreu antes da era da internet e da previsão do tempo acurada por satélite. Você deve decidir com base na previsão de ontem sobre "possibilidade de chuva", na aparência clara do céu às 7h, numa pequena queda da pressão barométrica em relação a uma hora antes e na observação de que entre dezenas de pedestres visíveis de sua janela apenas um parece estar carregando um guarda-chuva. Vamos supor ainda que você tenha experiência com tais decisões e tenha alguma noção de quão confiáveis são esses indicadores. Finalmente, o incômodo de carregar o guarda-chuva é tal que sua decisão se resume a uma avaliação fundamentada sobre se a chuva é mais provável de acontecer do que de não acontecer.

A maneira correta de tomar essa decisão é considerar cada um dos indicadores e questionar quão prováveis eles seriam para a ocorrência ou não de chuva à tarde. Essas possibilidades são estimativas aprendidas sobre probabilidades condicionais, a probabilidade de observar o indicador quando chove à tarde e a probabilidade de fazer a mesma observação quando não chove. Por exemplo, suponha que através da experiência você aprendeu que a previsão de chance de chuva implica uma chance de 1 em 4 de chuva. Então, as probabilidades condicionais são de 1 em 4 de que choverá e de 3 em 4 de que não choverá, de acordo com o boletim meteorológico. A razão entre essas duas probabilidades é denominada razão de verossimilhança (RV), que, nesse caso é de 1 em 3. Se a RV for maior que 1, favorece a chuva, e se a RV for menor que 1, favorece a ausência de chuva. Há um RV para cada um dos quatro indicadores. Se o produto dos quatro RVs for maior que 1, você deve levar o guarda-chuva.

Por razões que ficarão claras em breve, é útil utilizar logaritmos de RVs, denominados log da razão de verossimilhança (logRV). Isso fornece uma escala mais natural para a confiança e nos permite substituir a multiplicação pela adição [lembre-se de que $\log(xy)=\log(x)+\log(y)$]. Para entender a escala, suponha que um transeunte com um guarda-chuva teria a mesma probabilidade de carregar o guarda-chuva, independentemente de a chuva ser ou não uma expectativa. Ambas as probabilidades são de 1 em 2. O RV é, portanto, 1, e o $\log(1)=0$, o que corresponde à intuição de que essa observação não é informativa. RVs maiores que 1 têm logaritmos positivos, e RVs menores que 1 têm logaritmos negativos, consistentes com a maneira como as observações influenciam a previsão de chuva.

Os macacos podem ser treinados para executar uma versão dessa tarefa de previsão do tempo. No experimento representado na **Figura 56-9**, um macaco teve que decidir se olhava para um alvo vermelho ou verde, dos quais apenas um levaria a uma recompensa. Antes de se decidir por vermelho ou verde, eram mostradas quatro formas ao macaco. Cada forma servia como um indicador sobre a localização da recompensa. O macaco aprendeu a associar um valor preditivo ao total de dez formas, metade das quais favoreciam a recompensa no vermelho, e a outra metade das formas ao verde. As formas também diferiam na confiabilidade com que previam a localização da recompensa. O macaco aprendeu a confiar naquelas formas racionalmente, tomando suas decisões pela combinação das evidências de cada forma e dando àquelas formas que eram mais informativas, maior potencial nas escolhas.

Enquanto os macacos tomavam suas decisões, a atividade neural era registrada na mesma área parietal estudada na tarefa de movimento. Como ocorreu naquela tarefa, os neurônios responderam de uma maneira que revelou a formação da decisão a favor ou contra a escolha do alvo em seu campo de resposta. Quando o alvo vermelho estava no campo de resposta, o neurônio atribuía valores positivos às formas que favoreciam o vermelho e valores negativos às formas favoráveis ao verde. Quando o alvo verde estava no campo de resposta, os sinais eram invertidos. Conforme mostrado no exemplo, a resposta mudava discretamente quando cada uma das quatro formas era apresentada, e numa medida proporcional ao grau de confiabilidade. De fato, o incremento (ou decremento) foi proporcional ao logRV atribuído pelo experimentador à forma! O cérebro simplesmente soma esses logRVs para formar uma decisão. E, se o macaco puder ver quantas formas quiser, ele normalmente irá parar quando a evidência acumulada (em unidades de logRV) atingir um nível de critério. Os neurônios da área IPL fazem o mesmo que fizeram na decisão sobre o movimento. Eles produzem frequências de disparos que representam a soma cumulativa de incrementos e decrementos ruidosos.

Ao somar unidades de logRV, o cérebro alcança o raciocínio a partir de pistas probabilísticas, da mesma forma que um estatístico ou atuário combina evidências de várias fontes. O experimento demonstra que o mecanismo usado para a tomada de decisão sobre percepções também está em jogo em decisões mais complicadas que envolvem raciocínio a partir de fontes de evidência mais abstratas. Isso remete a um tema mais amplo neste capítulo: o estudo da tomada de decisão oferece um vislumbre de como o cérebro realiza uma variedade de funções cognitivas.

Decisões sobre preferência usam evidências sobre valor

Muitas, talvez a maioria, das decisões tomadas por humanos e animais são expressões de preferência, baseadas em uma atribuição de valor. Em alguns casos, o valor é inato. Por exemplo, a maioria dos animais sente o doce como positivo e o amargo como negativo (Capítulo 29). Na grande maioria dos casos, no entanto, o valor é aprendido por meio da experiência ou derivado do raciocínio baseado em outras preferências. Ao contrário de uma decisão sobre a

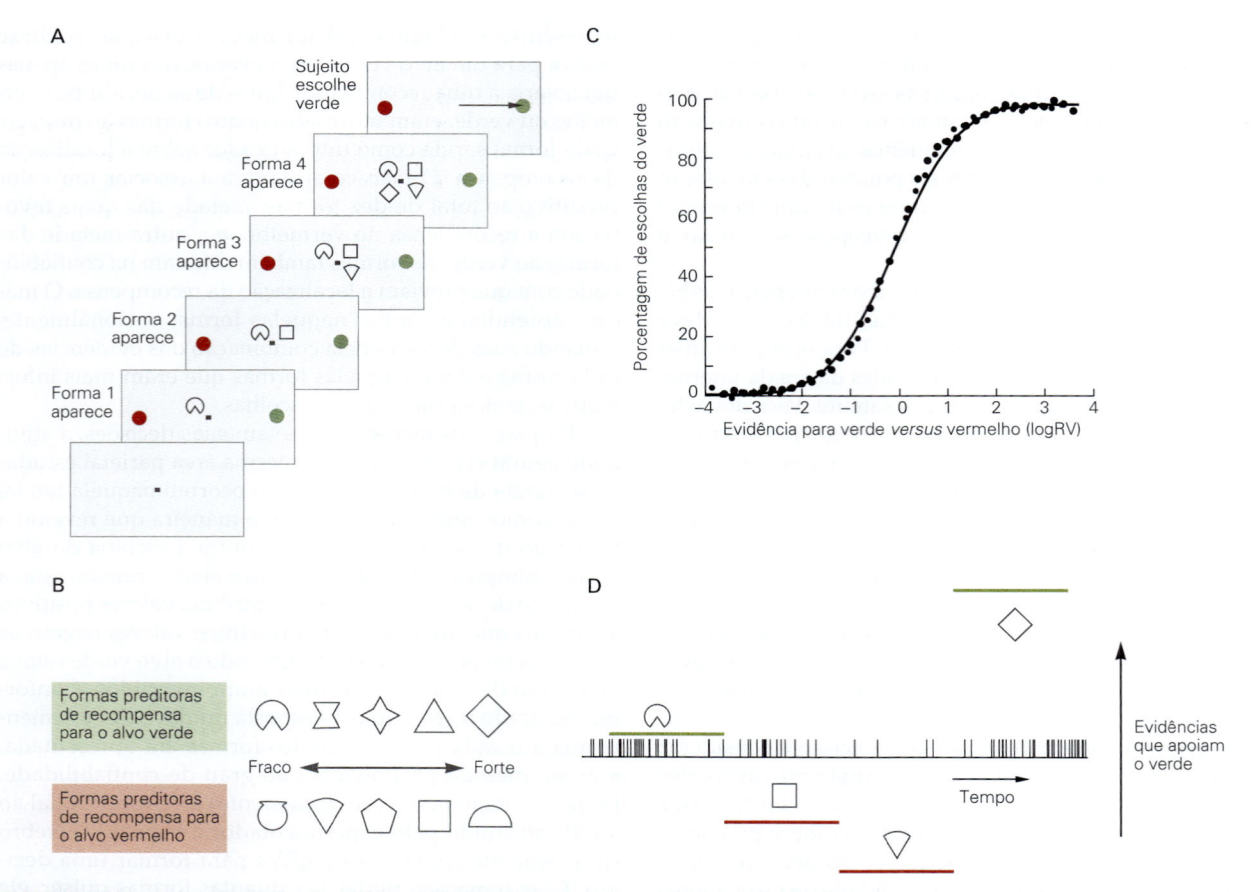

FIGURA 56-9 A acumulação de evidências ressalta o raciocínio probabilístico a partir de símbolos como evidências.

A. Um macaco foi treinado para tomar decisões com base em uma sequência de quatro formas, sorteadas aleatoriamente (com reposição) de um conjunto de dez formas. As formas eram adicionadas à tela em sequência a cada meio segundo.

B. Cada forma fornece uma quantidade diferente de evidência de que uma recompensa está associada a um alvo de escolha vermelho ou verde. Algumas formas são preditoras de alta confiabilidade para a obtenção de recompensa, como a forma de diamante para o alvo verde e a de semicírculo para o alvo vermelho. Outras são preditoras menos confiáveis. O grau de confiabilidade é quantificado pela razão de verossimilhança ou por seu logaritmo. Um bom tomador de decisão deveria basear sua decisão no produto das razões de verossimilhança ou na soma de seus logaritmos (**logRV**).

C. As decisões do macaco foram orientadas pela evidência probabilística das quatro formas. Nas tentativas em que a soma do logRV das quatro formas favoreceu fortemente o verde, o macaco quase sempre escolheu o verde. Quando a soma era mais próxima de zero, sua decisão era baseada em evidência fraca, e o macaco escolhia de forma menos consistente. O padrão de escolhas demonstra que o macaco atribuiu maior peso às formas que eram mais confiáveis (forte *versus* fraca).

D. Os mesmos tipos de neurônios parietais estudados na tarefa de tomada de decisão sobre percepção representam a soma de evidências relacionadas ao alvo escolhido em seu campo de resposta. São mostrados os potenciais de ação de uma decisão quando o alvo verde estava no campo de resposta do neurônio. A **linha preta horizontal** abaixo dos potenciais de ação marca o nível neutro de evidência para verde *versus* vermelho, de modo que os dois alvos escolhidos tenham a mesma probabilidade de serem recompensados. A posição vertical das linhas verde ou vermelha associadas a cada apresentação sucessiva de uma forma indicada mostra a evidência acumulada conferida pelas formas de que a recompensa estava no alvo verde. A primeira forma era uma evidência fraca para o verde. A segunda e a terceira formas forneceram evidências de suporte contra o verde (a favor do vermelho). Observe a redução na taxa de disparos. A forma final forneceu evidência forte para o verde, de modo que a evidência acumulada de todas as formas favoreceu o verde. Observe o aumento da taxa de disparos. Este é um exemplo de um neurônio do córtex de associação que usa atividade persistente para computar quantidades úteis para a tomada de decisão. Com base nas taxas de disparos de muitas tentativas, foi demonstrado que os neurônios codificam a soma acumulada do logaritmo das razões de probabilidade – o logRV de que uma recompensa está associada ao alvo de escolha no campo de resposta do neurônio. (Adaptada, com autorização, de Yang e Shadlen, 2007.)

orientação do movimento, um diagnóstico médico ou a previsão do tempo, uma decisão sobre qual é o preferido de um par de itens não é objetivamente certa ou errada. Pode-se apenas dizer que a escolha é consistente ou inconsistente com a expressão de valor de determinado sujeito. De fato, nosso conhecimento sobre a apreciação de valor que um sujeito faz de um objeto só pode ser revelado a nós pela observação de suas escolhas.

Apesar da diferença qualitativa entre evidências subjetivas e objetivas, existem, no entanto, paralelos entre os mecanismos neurais que apoiam as decisões sobre percepção e aquelas baseadas em valores. Os tomadores de decisão levam mais tempo para escolher entre itens de valor semelhante do que entre itens que diferem substancialmente em valor, e suas escolhas são menos consistentes. Em um experimento típico, o participante é solicitado a indicar o valor de cada item sobre o qual ele fará escolhas mais tarde. Por exemplo, eles podem ser questionados sobre o quanto estão dispostos a pagar ou solicitados a classificar desde altamente indesejável, passando por neutro até altamente desejável. Este procedimento é normalmente repetido para que se forneça um valor subjetivo para cada item a ser usado no experimento.

O participante é então solicitado a decidir entre pares de itens. A diferença nos valores subjetivos comunicados antes do experimento fornece um indicador da dificuldade da decisão entre os itens. É análogo à coerência de movimento. Uma abordagem similar é utilizada com animais. Por exemplo, um macaco pode demonstrar preferência por suco de uva em relação a suco de maçã e, em seguida, ele é solicitado a escolher entre um volume pequeno de suco de uva *versus* um volume grande de suco de maçã. A decisão é dificultada pela aferição da relação de volumes para considerar valores, o que leva o macaco a escolher qualquer um dos sucos com igual tendência.

Dois tipos de neurônios associados a esse tipo de codificação de valor foram identificados. O primeiro, usualmente localizado no corpo estriado, codifica o valor associado a uma ação. O segundo, localizado principalmente no córtex orbitofrontal e córtex cingulado, parece codificar o valor associado a itens específicos. As decisões sobre preferência parecem surgir da mesma estratégia que governa as decisões de percepção. Assim como a decisão entre o movimento para a esquerda e para direita é guiada pela diferença das taxas de disparos dos neurônios sensoriais que preferem a esquerda e os que preferem a direita, uma decisão entre dois itens é baseada na diferença de atividade dos neurônios que codificam os valores de cada item. Essas representações neurais têm ruído, e essa característica poderia explicar por que um tomador de decisão pode fazer escolhas que são inconsistentes com seus valores. Também poderia explicar por que as decisões entre itens de valor semelhante tendem a levar mais tempo – uma negociação entre velocidade e consistência similar à negociação entre velocidade e precisão discutida acima.

A analogia com a tomada de decisão sobre percepção é atrativa, mas ela não inclui os aspectos mais interessantes das decisões baseadas em valor. Como mencionado acima, o valor da maioria dos itens não é dado pela biologia, mas sim pelo que foi aprendido. Além disso, não há razão para supor que tal valor seja monovalente. Pode-se avaliar um item de forma diferente com base em diferentes qualidades e considerações e uma ou mais dessas qualidades podem dominar sob diferentes circunstâncias. Dessa forma, o valor de um item poderia mudar simplesmente pela ocasião em que o item foi comparado a outro, o que poderia induzir uma ênfase em um aspecto mais ou menos desejável.

Novidade, familiaridade e o próprio valor da exploração também podem desempenhar um papel na modificação de uma avaliação subjetiva.

Essas considerações poderiam contribuir para a representação "ruidosa" do valor, que se acredita que explicaria inconsistências e tempos de decisão longos nas escolhas de preferência. Esse tipo de ruído contradiz processos que são muito mais complexos do que a variabilidade na apresentação de pontos aleatórios e as taxas de disparos com ruído dos neurônios. Esses processos avaliativos provavelmente envolvem prospecção e evocação de memória, que estão apenas começando a ser compreendidos em termos neurais (Capítulo 52). Ao final, esses processos devem fornecer amostras de evidências sobre o valor relativo dos itens, e essas evidências são acumuladas ou avaliadas individualmente em oposição a um critério para interromper o processo com uma decisão.

A tomada de decisão oferece um marco para a compreensão dos processos de pensamento, dos estados de conhecimento e dos estados de consciência

Os estados de conhecimento têm persistência. Mesmo com relação a informações derivadas dos sentidos, o conhecimento da sensação geralmente perdura mais que a própria atividade sensorial. Dessa forma, o estado de conhecimento assemelha-se a uma decisão sobre percepção – um compromisso com um julgamento sobre o objeto, baseado em evidências sensoriais. Como temos visto, esses estados estão mais frequentemente ligados a comportamentos possíveis que às características da informação sensorial. Essa é uma posição defendida por muitos filósofos e pelo psicólogo James J. Gibson.

Essa simples questão pode ser feita sobre bases empíricas. A atividade neural persistente não está presente em áreas sensoriais do cérebro, a menos que um estímulo seja imutável e que os neurônios não se adaptem. Naturalmente, os neurônios sensoriais devem mudar sua resposta quando o ambiente muda ou quando o observador se move no ambiente, ao passo que os estados de conhecimento persistem durante mudanças sensoriais e sem um fluxo contínuo de aferências. De fato, a atividade persistente é aparente em áreas do cérebro que associam fontes de informação – a partir dos sentidos e da memória – a circuitos que organizam o comportamento.

No córtex pré-frontal, os estados persistentes representam planos de ação, regras abstratas e estratégias. Nos lobos parietal e temporal, as representações neurais têm o duplo caráter, do conhecimento e do comportamento sobre o qual o conhecimento incide, tal como fazer um movimento ocular ou atos de alcançar, comer ou evitar. As respostas podem se assemelhar a uma representação espacial, já que envolvem a área IPL, se o alvo da projeção for o sistema de movimento ocular, mas isso ocorre apenas porque há correspondência entre o espaço e a ação. Um guia útil é considerar a origem e o alvo da associação. Se a origem for o córtex visual e os alvos forem as áreas pré-motoras que controlam a posição da mão (por exemplo, para agarrar), a área de associação intraparietal anterior poderia transmitir conhecimento sobre curvatura, distância, convexidade e textura. Pode-se estar propenso a usar termos da geometria para catalogar tal conhecimento, mas pode ser mais simples pensar no repertório de formas de mão disponíveis para o organismo. É importante ressaltar que os neurônios do córtex de associação não comandam uma ação imediata. Eles representam a possibilidade de que a ação ocorra de determinada maneira – uma intenção ou *affordance* (potencial de interação oferecido pelo objeto ou ambiente) provisória (**Quadro 56-1**).

Vamos adiar por enquanto uma abordagem sobre o estado de conhecimento que inclui a percepção consciente e considerar o sentido mais simples do conhecimento como um estado de utilização possível. Essa ideação pré-consciente é provavelmente o estado dominante em que um animal interage com o ambiente. É indiscutivelmente também a maior parte da experiência humana, embora, por não estarmos conscientes disso, subestimamos seu domínio. Dois entendimentos importantes emergem dessa perspectiva. O primeiro é que a correspondência entre conhecimento e atividade neuronal situa-se em um nível de organização cerebral entre a sensação e o comportamento. Embora o fluxo de informação, desde as superfícies sensoriais (por exemplo, a retina) até as áreas corticais sensoriais primárias seja essencial para a percepção, o conhecimento resultante da atividade em regiões cerebrais superiores possui flexibilidade temporal e persistência que não são observadas nas regiões cerebrais inferiores – o que o filósofo Maurice Merleau-Ponty denominou como a *espessura temporal do presente*.

O segundo entendimento é que a computação que leva a um estado de conhecimento tem a estrutura de uma decisão – um compromisso provisório com algo que se aproxime de uma seleção possível a partir de um submenu do repertório comportamental. Poderíamos dizer que os neurônios associativos parietais interrogam as áreas sensoriais em busca de evidências sobre a possibilidade de um comportamento: olhar para lá, alcançar lá, posicionar a mão desta maneira para agarrar. É claro que os neurônios não perguntam. No entanto, podemos pensar nos circuitos como se eles vasculhassem o mundo, procurando evidências sobre um possível comportamento. O tipo de informação que eles podem acessar é limitado pela conectividade anatômica e funcional. O tipo de pergunta é moldado pelo alvo da projeção, tais como regiões que controlam o olhar, o ato de alcançar e o de agarrar.

Sir Arthur Conan Doyle concebeu Sherlock Holmes com a capacidade de entendimento de que a chave para a descoberta era saber onde e o que procurar. Nós adquirimos conhecimento controlando o sistema de questionamento do cérebro. Algumas perguntas são automáticas, enquanto outras são aprendidas. Um exemplo da primeira é uma mudança repentina de brilho de um objeto no campo visual; isso fornece evidência sobre a possibilidade de orientar os olhos ou o corpo na direção desse objeto. Um exemplo da última baseia-se na aprendizagem e no forrageio; aprendemos, por meio de brincadeiras e interação social (na escola, por exemplo), como procurar itens escondidos e como explorar o ambiente de maneira orientada a um objetivo.

QUADRO 56-1 *Affordances* (pregnâncias), percepção e conhecimento

James J. Gibson, conhecido por sua teoria ecológica da percepção, referiu-se às propriedades dos objetos e do ambiente como *affordances*. O termo vem do verbo *afford* (prover, dispor, oferecer). Um objeto *oferece* comportamentos possíveis, como erguer, agarrar, preencher, servir de esconderijo, poder ser desenhado ou escrito (por exemplo, um pergaminho) ou poder ser usado para desenhar ou escrever (p. ex., um pincel) ou para se andar em cima. O termo *affordance*, ou *pregnância**, refere-se aos comportamentos potenciais do animal. O mesmo objeto, digamos uma pedra, pode ser agarrado, derrubado, quebrado (quando é usado como ferramenta, por exemplo), arremessado (quando usado como arma de arremesso) ou fixado (ao ser usado como peso de papel).

Gibson foi amplamente criticado por afirmar que os processos perceptivos captavam essas pregnâncias diretamente da variedade óptica, o que ele chamou de "percepção direta". O termo é comumente mal interpretado como uma antítese às considerações computacionais do processamento de informações. Por "percepção direta", Gibson não quis dizer que não havia um processamento computacional dos dados recebidos através dos sentidos. Ele promoveu a compreensão matemática dessas operações. Ele se referia ao fato de que não percebermos os processamentos intermediários.

Nós percebemos as partes de objetos que ficam acidentalmente obstruídas por algo em nossa linha de visão, e percebemos a parte de trás de um objeto opaco que é obstruído pela sua parte da frente. Não percebemos os contornos, o desenho e muitos outros detalhes, mas isso não significa que eles não sejam registrados na retina e no córtex visual. Gibson defende que a representação da informação visual não é uma condição suficiente para a percepção. Sob a perspectiva neurocientífica da tomada de decisão, poderia-se enfatizar a representação do comportamento potencial – algo como um compromisso provisório para um planejamento.

A pregnância também se refere a uma categoria de ações, mas quanto à organização da ação (por exemplo, arremesso) ou sua estratégia, e também – mas não necessariamente – a uma qualidade do objeto. O modificador, "provisório", enfatiza que a ação não deve realmente acontecer agora ou nunca. Esse modificador teria sido supérfluo no uso por Gibson do termo *affordance*, porque uma *affordance*, ou pregnância, seria uma propriedade do objeto (em seu modelo ecológico) e, portanto, teria uma permanência independente do observador.

*N. de T. O termo *affordance* criado por James J. Gibson pode ser traduzido em português como *pregnância*, que corresponde à qualidade de um objeto ou de um ambiente que identifica sua funcionalidade.

A beleza dessa construção é que uma resposta à pergunta confere uma espécie de significado. Mesmo para uma pergunta tão desinteressante como "Posso olhar para lá?", uma resposta afirmativa – uma decisão para (possivelmente) olhar para um objeto ainda indefinido na periferia do campo visual – confere um conhecimento espacial sobre o item. Antes de olharmos diretamente para ele para identificarmos o que seria, tomamos conhecimento sobre sua presença. Sob a perspectiva da tomada de decisão, a localização de um objeto não é percebida porque existe uma atividade neural em um mapa do campo visual, mas sim porque algum aspecto do campo visual – uma mancha de contraste, mudança no brilho, aparecimento ou desaparecimento – respondeu afirmativamente à pergunta acima.

Essa maneira de pensar nos ajuda a compreender os estados de doenças conhecidas como *agnosias*, palavra do Grego que significa "ausência de conhecimento". O exemplo clássico é a heminegligência visual, que é causada por lesão no lobo parietal (Capítulo 59). Um paciente com lesão do parietal direito ignorará o lado esquerdo do campo visual, assim como o lado esquerdo dos objetos, quando estes estiverem inteiramente no campo visual direito (**Figura 56-10**; veja também a **Figura 59-1**). Ao contrário do desaparecimento da visão do lado esquerdo, chamado hemianopsia homônima, que resulta da lesão do córtex visual primário direito (homônima pois fica suprimido o mesmo lado dos campos, independentemente do olho utilizado), o paciente com lesão parietal não se queixa da incapacidade para ver. Ele desconhece o déficit, tanto que atravessar uma rua é um grande perigo.

Um paciente com hemianopsia decorrente da lesão no córtex visual direito ainda espera questionar e receber informações do campo visual esquerdo. Quando esse paciente não recebe nenhuma informação visual, ele sabe virar o rosto paralelo à rua, dispondo, assim, as informações no hemicampo direito intacto. Ao contrário, o paciente com heminegligência não pergunta, em primeiro lugar, ao hemicampo esquerdo. Ele não percebe falta de informação visual, uma vez que o sistema que conduz ao questionamento não está funcionando. Como na maioria dos déficits, existe redundância suficiente no encéfalo (ou em lesão parcial) para que algumas capacidades visuais estejam presentes. De fato, quando confrontado com um único ponto de luz em um fundo escuro, o mesmo paciente pode relatar sua presença com precisão, mesmo no hemicampo afetado.

Existem outras versões de heminegligência que envolvem a ausência de conhecimento do corpo. Por exemplo, uma paciente com lesão parietal direita pode negar que o braço esquerdo dela pertença a ela. Ela pode reconhecê-lo como um braço, mas negar que seja seu. Quando perguntada de quem é o braço, ela pode expressar ignorância e até mesmo desinteresse (experiência pessoal). A síndrome está associada, geralmente, a alguma negligência visual, como também a alguma fraqueza no mesmo lado do corpo, sugerindo uma localização mais rostral e superior da lesão. Considere que a posição do corpo nos é conhecida em parte pelo sistema somatossensorial, em parte pelas consequências previstas de nosso comando motor e em parte pela visão. O braço, em especial, é um aspecto comum do nosso campo visual inferior. De fato, estamos acostumados a ignorá-lo.

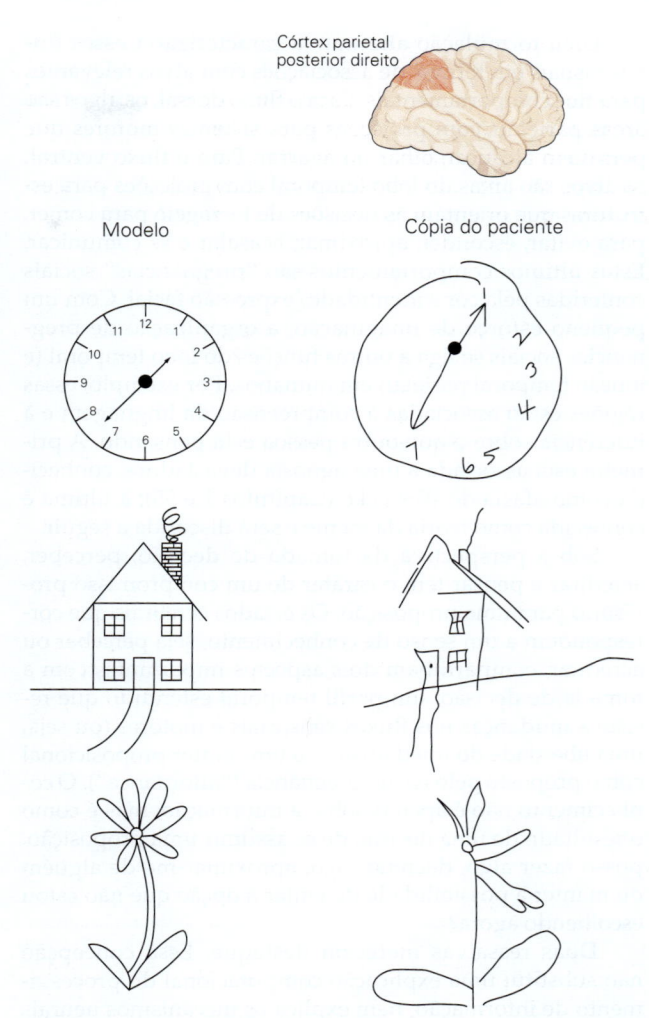

FIGURA 56-10 Lesão nos córtices parietal ou temporal resultam em agnosia ou déficits de conhecimento. Após uma lesão no lobo parietal direito, muitos pacientes perdem a consciência do lado esquerdo do campo visual ou da parte esquerda dos objetos. Os desenhos da direita foram feitos por pacientes com negligência visual unilateral após lesão do córtex parietal posterior direito. Agnosias também podem ser induzidas em indivíduos saudáveis desviando sua atenção (ver a **Figura 25-8**). (Reproduzida, com autorização, de Bloom F, Lazerson A., 1988. *Brain, Mind and Behavior*, 2ª ed., p. 300. New York: Freeman.)

Esses exemplos são os mais comuns das agnosias (que felizmente são raras). Outros exemplos bem conhecidos envolvem problemas no reconhecimento facial (prosopagnosia) e na percepção das cores (acromatopsia), ambas associadas a lesões do lobo temporal. Os diferentes tipos de agnosia têm pouca correspondência com as especializações anatômicas que aprendemos no Capítulo 24. Em especial, a extensão ventral das vias visuais centrais no lobo temporal é chamada de via "o quê", que contém circuitos especializados para processar faces, objetos, cores e memória semântica. A extensão dorsal da via visual, que tem sido denominada via "onde" ou "como", parece envolvida com representações responsáveis pela localização.

Uma formulação alternativa caracterizaria esses fluxos visuais em termos de associações com alvos relevantes para fins comportamentais. Para o fluxo dorsal, os alvos são áreas parietais com projeções para sistemas motores que permitem alcançar, olhar ou agarrar. Para o fluxo ventral, os alvos são áreas do lobo temporal com projeções para estruturas que orientam as decisões de forrageio para comer, para evitar, esconder, aproximar, acasalar e se comunicar. Estes últimos comportamentos são "pregnâncias" sociais conferidas pela cor e identidade/expressão facial. Com um pequeno esforço de imaginação, a organização de pregnâncias sociais se liga a outras funções do lobo temporal (e junção temporal parietal) em humanos. Por exemplo, essas regiões estão associadas à compreensão da linguagem e à inferência sobre o que outra pessoa está pensando. A primeira está associada a uma agnosia devastadora, conhecida como afasia de Wernicke (Capítulos 1 e 55); a última é conhecida como teoria da mente e será discutida a seguir.

Sob a perspectiva da tomada de decisão, perceber, acreditar e pensar têm o caráter de um compromisso provisório para uma proposição. Os estados cerebrais que correspondem a um senso de conhecimento, seja perceber ou acreditar, compartilham dois aspectos importantes com a tomada de decisão: um perfil temporal estendido que resiste a mudanças nos fluxos sensoriais e motores (ou seja, uma liberdade do imediatismo) e um caráter proposicional como proposto pelo termo pregnância ("affordance"). O conhecimento não é apenas sobre a informação, mas é como o resultado de uma decisão de se assumir uma proposição: posso fazer algo, decretar algo, aproximar-me de alguém ou manter a possibilidade de tentar a opção que não estou escolhendo agora?

Duas ressalvas merecem destaque. Essa concepção não substitui uma explicação computacional do processamento de informação, nem explica os mecanismos neurais que são responsáveis por essas computações. Ele nos fala principalmente sobre o nível de organização encefálica que realiza essas operações. Por exemplo, considere a busca pelos neurônios que obtêm conhecimento sobre a cor vermelha, apesar das mudanças no conteúdo espectral da luz da manhã ou da tardinha – um fenômeno conhecido como constância da cor. Em vez de procurar em áreas sensoriais por neurônios que respondem seletivamente ao vermelho de modo invariável, pode-se procurar por neurônios que orientam a escolha de fruta madura. Isso não elimina os processamentos necessários para recuperar as propriedades de refletância da superfície da casca da fruta, apesar da variação no conteúdo espectral da luz que está incidindo. Os dados brutos para tais computações são fornecidos por neurônios sensoriais que não possuem constância de cor e mantêm a fidelidade com as mudanças no ambiente ao longo do tempo. O estado de conhecimento "vermelho", no entanto, é invariável à fonte de iluminação, e provavelmente persistente. Em animais que não possuem linguagem, o estado de conhecimento pode não ser dissociável de "vegetal maduro".

A segunda ressalva é que não distinguimos os estados de conhecimento em que estamos conscientemente atentos daqueles que experimentamos inconscientemente. Por exemplo, enquanto caminho pela floresta tentando encontrar o riacho que ouço borbulhando, meu cérebro poderia considerar a localização de objetos pelos quais passo que estejam ao alcance, presos à vegetação e com cores sugerindo condição madura. Eu posso não estar atento a isso conscientemente. No entanto, naquele final de tarde, em busca por comida, eu posso retornar a essa parte da floresta guiado por esses achados inconscientes. Posso fazer isso sem saber o motivo, ou a memória pode penetrar a consciência. Tudo o que foi dito até aqui poderia ser aplicado à experiência consciente e inconsciente. Estamos agora preparados para elucidar a diferença entre elas.

A consciência pode ser compreendida através das lentes da tomada de decisão

Nós claramente estamos inconscientes da maioria das operações que ocorrem em nossos cérebros, e isso vale até mesmo para os processos que, ao final, penetram na consciência. Eis por que Freud fez a famosa brincadeira de que a consciência é superestimada. Cada pensamento que chega à nossa consciência teve início como uma computação neural precedendo a atenção consciente daquele pensamento. De fato, a sofisticação dos processos mentais inconscientes, incluindo aqueles que levam ao momento de "entendi!" e as atividades que realizamos enquanto estamos ocupados com um telefonema, envolve decisões que acontecem sem atenção consciente.

É difícil estudar o processamento inconsciente, porque as pessoas negam a experiência do processo. De fato, o termo experiência inconsciente parece um oxímoro. O experimentador deve encontrar uma maneira de provar que o processamento da informação ocorreu apesar do fato de o sujeito não estar ciente disso. Recentemente, tornou-se possível de se estabelecerem condições pelas quais uma informação que tem grande possibilidade de passar despercebida, mas que pode ser capaz de influenciar o comportamento, é fornecida a um sujeito humano, o que permite a caracterização científica do processamento mental inconsciente (Capítulo 59). Isso encorajou os neurocientistas a se questionarem sobre a atividade neural que dá origem aos pensamentos, às percepções e aos movimentos que alcançam a atenção consciente. Não revisaremos esse vasto tópico aqui, mas iremos compartilhar uma visão pertinente: o problema da consciência pode ser mais simples do que imaginamos se o considerarmos através das lentes da tomada de decisão.

Em termos gerais, dois conjuntos de fenômenos se encaixam sob o título consciência. O primeiro se refere aos níveis de vigília. A pessoa não está consciente quando está dormindo, sob anestesia geral, em coma ou enquanto tem uma crise epiléptica generalizada. A pessoa está plenamente consciente quando acordada, e há níveis de consciência entre esses extremos. Esses estados estão associados a termos como confusão, dissociação, estupor e obnubilação. Algumas alterações da consciência são normais (p. ex., o sono), enquanto outras são induzidas por toxinas (p. ex., álcool), distúrbios metabólicos (p. ex., a hipoglicemia), nível de oxigênio baixo, traumatismo (p. ex., uma concussão) ou febre (p. ex., o delírio).

A neurociência subjacente a esses estados – e às transições entre eles – é imensamente importante para a medicina. Podemos classificar esse grupo de fenômenos como consciência neurológica. No entanto, não é a esses tópicos que a maioria das pessoas se refere quando falam do mistério da consciência. Isso ocorre, em parte, porque eles são menos misteriosos, mas também porque sua caracterização é mais objetiva e os fenômenos podem ser estudados em animais. Dito isso, há muito a ser aprendido sobre os mecanismos responsáveis pelo sono, pelo despertar, pela anestesia e assim por diante. A neurociência, em sua maior parte, está se desenvolvendo em ritmo acelerado (Capítulo 44).

Não falaremos mais sobre a consciência neurológica aqui, exceto para semear uma visão útil. Imagine uma mãe e um pai dormindo confortavelmente em seu quarto enquanto uma tempestade começa. Há também sons de trânsito e até alguns trovões. Essa cena continua por algum tempo, até que o choro de um bebê desperta os pais. Essa ocorrência comum nos diz que o encéfalo inconsciente é capaz de processar sons e de decidir se tornar consciente. Ele decide, inconscientemente, que alguns sons oferecem uma oportunidade para dormir mais, enquanto outros soam como um chamado para a criação. Essa decisão é semelhante às decisões sobre percepções consideradas anteriormente neste capítulo. Ambas envolvem o processamento inconsciente de evidências. No entanto, o compromisso de despertar e de serem pais é uma decisão que envolve o ambiente de forma consciente. Esse pode ser um ponto importante na comparação entre a consciência neurológica e o tipo mais intrigante de consciência que você está experimentando ao ler essas palavras (ou assim esperam os autores).

Quando neurocientistas, psicólogos e filósofos ponderam sobre os mistérios da consciência, estão se referindo a temas mais grandiosos do que a vigília. Esse conjunto mais elevado de fenômenos compreende a conscientização, a imaginação, a volição e a ação. Há um componente subjetivo em toda experiência consciente. A experiência da percepção consciente incorpora a sensação de que sou eu que estou contemplando o conteúdo. Isso é paralelo ao "eu" na volição. Não é o meu braço que se moveu sozinho; eu o fiz mover-se! Usamos o termo deliberação anteriormente neste capítulo para descrever o processo de pensamento que leva a uma decisão. Nosso uso do termo foi metafórico. O termo descreve uma computação e um mecanismo biológico, mas não requer consciência. A deliberação real implica intenção consciente. Estamos cientes das etapas do raciocínio ao longo do caminho. Se nos fosse solicitado, seríamos capazes de relatar sobre as evidências em que confiamos, isto é, as evidências das quais estávamos conscientemente cientes durante a decisão e, possivelmente, incluiríamos no relato algumas das evidências que usamos inconscientemente caso estivessem acessíveis na memória. Será que a diferença entre a noção consciente de um item e o processamento inconsciente desse mesmo item poderia ser uma mera questão de saber se o cérebro decidiu sobre a possibilidade de relatar? Será que poderia ser tão simples?

Considere o seguinte cenário. Um psicólogo conclui que um participante do estudo viu algo inconscientemente porque o item afetou um comportamento subsequente, apesar de o participante negar que o tenha visto. Suponha que o comportamento subsequente envolve um movimento de alcance na direção do objeto. Com base no que sabemos sobre tomada de decisão, concluiríamos que circuitos cerebrais, como os discutidos anteriormente, receberam evidências suficientes para se comprometer com a possibilidade de procurar, alcançar e se aproximar, mas não havia evidências suficientes para se comprometer com a possibilidade de relatar. Assim como o cérebro considera a possibilidade de procurar com o olhar, de alcançar e pegar, também pode considerar a possibilidade de relatar. Então, o ato de relatar também é uma *pregnância (affordance) provisória*.

Os eventos oferecem a possibilidade de relato, o que inclui os estados inconscientes de conhecimento adquiridos por meio do processo de tomada de decisões. O evento em que foi tomada uma decisão pode ter sido, de fato, uma experiência consciente – o momento "*arrá!*" – em virtude de uma outra decisão a ser relatada. No cenário desse estudo, a participante não estava consciente do item, uma vez que seu cérebro não havia se comprometido com um relatório provisório. A evidência não satisfez um critério de decisão, que é atingir o limite de parada na tarefa de tomada de decisão sobre percepção, considerado anteriormente neste capítulo.

Essa interpretação fornece uma explicação plausível para a falha da participante em relatar que ela viu o item, mas o mero interesse na possibilidade de relatar não parece explicar a fenomenologia da experiência perceptiva em si, pelo menos não à primeira vista. Essa explicação exige uma consideração mais cuidadosa do caráter do relatório. Da mesma forma como associamos estados de conhecimento espacial a configurações da mão para alcançar e agarrar, devemos considerar o estado de conhecimento que acompanha a pregnância do relato. Seja pela linguagem ou pelo gesto (por exemplo, apontar), o relato é uma comunicação provisória com outro agente ou consigo mesmo (por exemplo, no futuro). Isso pressupõe conhecimento sobre a mente do destinatário.

Os cientistas cognitivos usam o termo *teoria da mente* para se referir a esse tipo de conhecimento ou capacidade mental. Pode ser demonstrado pedindo-se a alguém que raciocine sobre a motivação por trás das ações de outro agente, podendo ser estudado em animais e crianças pré-verbais ao se examinarem suas reações a outra criança ou a um fantoche. Em um protocolo de estudo, duas crianças veem um brinquedo desejado ser colocado no recipiente da esquerda ou da direita (**Figura 62-2**). A criança do teste observa, então, o deslocamento do brinquedo para o outro recipiente enquanto a outra criança está ausente. Quando aquela criança retorna, o experimentador avalia a expectativa da criança do teste quanto ao recipiente que a criança que retornou abrirá para encontrar o brinquedo. Crianças menores de três anos não exibem teoria da mente nesse teste. Elas acham que a criança que voltou abrirá o recipiente que contém o brinquedo, e não aquele em que estava antes da transferência. A discussão sobre se animais, além dos humanos, têm teoria da mente, é controversa. Suspeitamos que existam formas incipientes dessa capacidade no reino animal e em crianças menores de três anos. Quando os adultos realizam tarefas que dependem da teoria da mente, a junção temporal-parietal direita e o sulco temporal superior estão ativos.

A teoria da mente – de acordo com a narrativa – tem consequências profundas para o estado do conhecimento associado à capacidade de pregnância do relato. Imagine uma mulher olhando para uma furadeira sobre uma mesa. Ela experiencia a localização da furadeira em relação aos olhos e à mão, bem como sua textura e forma. Há uma superfície para agarrar que está parcialmente em sua linha de visão e parcialmente ocluída (por exemplo, a parte de trás). Esses são os estados de conhecimento que surgem por meio de compromissos provisórios de olhar na direção, alcançar e agarrar a furadeira. É provável que esses estados de conhecimento envolvam atividade neural similar àquela ilustrada na **Figura 56-7** e sejam o resultado de decisões simples. A furadeira traz à mente outras pregnâncias associadas a sua utilidade como ferramenta, seu potencial para fazer barulho e o perigo potencial representado pela ponta afiada em uma extremidade. Isso é um conjunto de conhecimentos elaborado e potencialmente rico, que, no entanto, poderia ser experimentado inconscientemente. Por exemplo, se a mulher estivesse preocupada com alguma outra tarefa, como uma conversa ao telefone com sua amiga, ela poderia, ainda assim, fazer uso desses estados de conhecimento.

Suponha, entretanto, que haja um homem do outro lado da mesa, e que a mulher – ou melhor, seu cérebro – tenha alcançado, também, um compromisso provisório de relatar ao homem sobre a furadeira que está entre eles. Considere a mudança em seu estado de conhecimento. A furadeira, agora, passa a estar presente não apenas em seu campo visual, sob seu olhar, sua mão e seu repertório de ações, mas também no campo de visão do homem e suas ações possíveis. E é do conhecimento dela que as partes da furadeira que não estão à sua vista estão na linha de visão do homem. De fato, sua capacidade para "teoria da mente" também fornece o conhecimento de que outras partes da furadeira são vistas apenas por ela e que o homem pode estar experienciando essas partes da mesma forma que ela experiencia as partes que não estão em sua linha direta de visão – ou seja, tanto pré-conscientemente, como as partes ocultas do objeto, quanto conscientemente, como parte de um objeto que poderia ser vista diretamente se olhado de outro ângulo. Há algo sobre a furadeira que é ao mesmo tempo privado, público e universal – independente de qualquer mente. A furadeira está lá para a próxima pessoa que entrar na sala, ou para uma pessoa imaginária. A transformação do conhecimento sobre a furadeira ocorre desde um conjunto de experiências na primeira pessoa (por exemplo, qualidades e pregnâncias) a uma coisa no mundo que possui uma existência em si. É concebível que esse estado de conhecimento seja nossa noção consciente do mundo, ou pelo menos uma parte dele, pois o estado de conhecimento associado à decisão de relatar é ainda mais enriquecido pelo conteúdo do próprio relatório.

O relato poderia ser simples, como apontar para a localização de uma ferramenta ou de um esconderijo, ou pode envolver uma narração. No caso do esconderijo, conteúdo adicional pode ser transmitido para indicar que o recinto oferece segurança contra um predador ou, como alternativa, uma localização de um predador. Muitos relatos simples não requerem narração, uma vez que itens como ferramentas e recintos persistem e a teoria da mente presume o potencial de interação de uma ferramenta ou de um esconderijo na mente de outra pessoa, enquanto eventos, que também oferecem a possibilidade de relato, requerem, muitas vezes, narração, por serem transitórios.

O estado de conhecimento associado à narração pode incorporar história, simulação, previsão, etiologia (por exemplo, histórias sobre origem), propósito e consequência. Para a furadeira, a narração poderia aumentar o estado do conhecimento para incluir a memória do local de compra, um episódio em que a furadeira falhou e o seu mecanismo de encaixe da broca. A narração nos permite raciocinar em ambientes mais complexos do que os cenários considerados anteriormente (como o exemplo do guarda-chuva e a tarefa de raciocínio probabilístico; **Figura 56-9**). Nós não poderíamos raciocinar sobre ciência, diagnóstico médico e jurisprudência sem histórias sobre a origem, a simulação, as hipóteses, a prospecção e contrafactuais. A vantagem evolutiva dessa capacidade é óbvia (pelo menos por enquanto, até que esta capacidade nos leve a tornar a Terra inabitável).

Resumindo, a atenção consciente de um item pode surgir quando o cérebro inconsciente toma uma decisão de relatar o item para outra mente. A intenção é provisória no sentido de que nenhum relato explícito – verbal ou gestual – precisa ocorrer, assim como nenhum movimento ocular precisa ocorrer, para que o córtex parietal se envolva na possível intenção de levar um item do campo visual à fóvea. Da mesma forma que a intenção provisória de levar o item à fóvea corresponda ao conhecimento pré-consciente da localização de um objeto ainda não identificado na periferia do campo visual, a possibilidade de relatar a outro agente (ou a si próprio), sobre o qual temos teoria da mente, corresponde ao conhecimento de um item de uma forma que satisfaça a maioria dos aspectos da consciência.

Naturalmente, nossa jornada desde a tomada de decisão sobre percepção, passando pelas pregnâncias (*affordances*), até a consciência é, na melhor das hipóteses, incompleta. Por exemplo, as explicações ainda não fornecem uma consideração satisfatória sobre como é uma experiência consciente. Mas é um começo, pois fornece uma explicação grosseira do motivo da informação sensorial adquirida pela visão ser experienciada de forma diferente das experiências auditivas ou somatossensoriais, além de prover um entendimento dos aspectos privados da consciência perceptiva, bem como de nossa experiência dos objetos como coisas no mundo, independentemente do que estes oferecem ao observador. Esses últimos recursos decorrem da consideração sobre a mente de um outro agente.

A visão da consciência a partir da perspectiva da tomada de decisão é, no mínimo, simplificadora. Não há razão para se procurar uma área especial do cérebro que gera a consciência, ou um tipo especial de neurônio, ou um ingrediente especial na representação da informação (p. ex., uma oscilação ou sincronização) ou, ainda, um mecanismo especial. O mecanismo pode se assemelhar a qualquer outro tipo de compromisso provisório – ou seja, uma decisão que confere um estado de conhecimento, mas não envolve atenção consciente. É claro que a atividade cerebral em si não é consciente, assim como a atividade cerebral que determina uma possível postura da mão não é, propriamente, a postura da mão. Nesse sentido, o mecanismo da consciência só é diferente de outras pregnâncias porque envolve relatar em vez de alcançar, de olhar na direção, comer, beber, se esconder, caminhar e acasalar. Todos provavelmente envolvem formação de decisão e detecção do limiar.

Assim, estudando a neurociência da tomada de decisão, nós estamos estudando também a neurociência da consciência. Ainda há muito a aprender sobre os mecanismos das decisões mais simples, descritos na primeira parte do capítulo. Por exemplo, não sabemos o que estabelece os limites ou como os limiares são implementados nos circuitos cerebrais. No entanto, as respostas para essas e outras questões fundamentais estão na mira da neurociência moderna e, portanto, da consciência humana.

Destaques

1. Uma decisão é um compromisso com uma proposição, ação ou plano – entre outras opções – com base em evidências, conhecimento prévio e consequências esperadas. O compromisso não requer uma ação ou qualquer comportamento imediato, e pode ser modificado.
2. A tomada de decisão fornece uma janela para a neurociência da cognição. Ela modela o comportamento contingente e as operações mentais que são livres das demandas imediatas do processamento sensorial e do controle da musculatura do corpo.
3. Uma decisão é formada pela aplicação de uma regra ao estado de evidência sobre as alternativas. Uma regra de decisão simples para se escolher entre duas alternativas emprega um critério. Se a evidência exceder o critério, então escolha a alternativa apoiada pela evidência; se não, escolha a outra alternativa.
4. Para certas decisões sobre percepção, a fonte da evidência e sua representação neural são conhecidas.
5. A acurácia de muitas decisões é limitada por considerações da intensidade do sinal e de seu ruído associado. Em termos de sistemas neurais, esse ruído é atribuído à descarga variável de neurônios individuais, por conseguinte a frequência de disparos variável de pequenas populações de neurônios representam a evidência.
6. Muitas decisões se beneficiam de várias amostras de evidências, que são combinadas ao longo do tempo. Tais processos de decisão levam tempo e requerem representações neurais que podem manter e atualizar a evidência acumulada (ou seja, a variável de decisão). Neurônios do córtex pré-frontal e córtex parietal, os quais são capazes de manter e atualizar suas frequências de disparos, representam o desenvolvimento da variável de decisão. Esses neurônios também estão envolvidos no planejamento, na atenção e na memória de trabalho.
7. A negociação entre a velocidade e a acurácia é controlada definindo-se um limite ou limiar na quantidade de evidência necessária para completar uma decisão. É um exemplo dos princípios de conduta que diferenciam um tomador de decisão de outro.
8. Muitas decisões são sobre proposições, itens ou metas que diferem em valor para o organismo. Tais decisões, baseadas em valor, dependem de associações entre itens e valências armazenadas.
9. A fonte de evidência para muitas decisões é a memória e o questionamento ativo do ambiente – a busca de informações. Essas operações entram em ação quando os animais forrageiam e exploram, e quando um músico de jazz improvisa.
10. A tomada de decisão nos convida a considerar o conhecimento não como uma propriedade emergente de representações neurais, mas como o resultado de questionamento orientado, principalmente inconsciente, de evidências relacionadas a proposições, planos e pregnâncias (*affordances*). A intenção é provisória na medida em que nenhuma ação explícita precisa acontecer. Assim como a intenção provisória de colocar um item do campo visual na fóvea corresponde ao conhecimento pré-consciente da localização de um objeto da periferia ainda não identificado, a possibilidade de relatar a outro agente (ou a si próprio), sobre o qual possuímos a teoria da mente, corresponde ao conhecimento consciente de um item.
11. Vista sob a perspectiva da tomada de decisão, a consciência de um item pode surgir quando o cérebro inconsciente toma a decisão de relatar para outra mente. A pregnância tem a qualidade da narração, muito similar à fala silenciosa ou à ideia que precede sua expressão em linguagem. A pregnância, ou *affordance,* também impregna objetos com uma presença no ambiente habitado por outras mentes, portanto, independente da mente do observador, e confere conteúdo privado e público a aspectos do objeto do modo como este é percebido.

Michael N. Shadlen
Eric R. Kandel

Leituras selecionadas

Clark A. 1997. *Being There: Putting brain, body, and world together again*. Cambridge, MA: MIT Press. 269 pp.
Dehaene S. 2014. *Consciousness and the Brain: Deciphering How the Brain Codes Our Thoughts*. New York: Viking.
Dennett D. 1991. *Consciousness Explained*. Boston: Little, Brown.
Donlea JM, Pimentel D, Talbot CB, et al. 2018. Recurrent circuitry for balancing sleep need and sleep. Neuron 97:378–389.e4.
Gibson JJ. 2015. *The Ecological Approach to Visual Perception*. Classic Edition. New York: Psychology Press.
Graziano MSA, Kastner S. 2011. Human consciousness and its relationship to social neuroscience: a novel hypothesis. Cogn Neurosci 2:98–113.
Green DM, Swets JA. 1966. *Signal Detection Theory and Psychophysics*. New York: John Wiley and Sons, Inc.
Kang YHR, Petzschner FH, Wolpert DM, Shadlen MN. 2017. Piercing of consciousness as a threshold-crossing operation. Curr Biol 27:2285–2295.

Laming DRJ. 1968. *Information Theory of Choice-Reaction Times.* New York: Academic Press.

Link SW. 1992. *The Wave Theory of Difference and Similarity.* Hillsdale, NJ: Lawrence Erlbaum Associates.

Luce RD. 1986. *Response Times: Their Role in Inferring Elementary Mental Organization.* New York: Oxford University Press.

Markkula G. 2015. Answering questions about consciousness by modeling perception as covert behavior. Front Psychol 6:803.

Merleau-Ponty M. 1962. *Phenomenology of Perception.* London: Routledge & Kegan Paul Ltd.

Rangel A, Camerer C, Montague PR. 2008. A framework for studying the neurobiology of value-based decision-making. Nat Rev Neurosci 9:545–556.

Saxe R, Baron-Cohen S. 2006. The neuroscience of theory of mind. Soc Neurosci 1:i–ix.

Shadlen MN, Newsome WT. 1994. Noise, neural codes and cortical organization. Curr Opin Neurobiol 4:569–579.

Vickers D. 1979. *Decision Processes in Visual Perception.* London: Academic Press.

Wimmer H, Perner J. 1983. Beliefs about beliefs: representation and constraining function of wrong beliefs in young children's understanding of deception. Cognition 13:103–128.

Referências

Albright TD, Desimone R, Gross CG. 1984. Columnar organization of directionally selective cells in visual area MT of macaques. J Neurophysiol 51:16–31.

Andersen RA, Gnadt JW. 1989. Posterior parietal cortex. Rev Oculomot Res 3:315–335.

Born RT, Bradley DC. 2005. Structure and function of visual area MT. Annu Rev Neurosci 28:157–189.

Brincat SL, Siegel M, von Nicolai C, Miller EK. 2018. Gradual progression from sensory to task-related processing in cerebral cortex. Proc Natl Acad Sci U S A 115:E7202-E7211.

Britten KH, Shadlen MN, Newsome WT, Movshon JA. 1992. The analysis of visual motion: a comparison of neuronal and psychophysical performance. J. Neurosci. 12: 4745–65.

Brody CD, Hernandez A, Zainos A, Romo R. 2003. Timing and neural encoding of somatosensory parametric working memory in macaque prefrontal cortex. Cereb Cortex 13:1196–1207.

Constantinidis C, Funahashi S, Lee D, et al. 2018. Persistent Spiking Activity Underlies Working Memory. J Neurosci 38:7020–7028.

Ditterich J, Mazurek M, Shadlen MN. 2003. Microstimulation of visual cortex affects the speed of perceptual decisions. Nat Neurosci 6:891–898.

Fetsch CR, Odean NN, Jeurissen D, El-Shamayleh Y, Horwitz GD, Shadlen MN. 2018. Focal optogenetic suppression in macaque area MT biases direction discrimination and decision confidence, but only transiently. Elife 7:e36523.

Funahashi S, Bruce C, Goldman-Rakic P. 1989. Mnemonic coding of visual space in the monkey's dorsolateral prefrontal cortex. J Neurophysiol 61:331–349.

Gnadt JW, Andersen RA. 1988. Memory related motor planning activity in posterior parietal cortex of monkey. Exp Brain Res 70:216–220.

Gold JI, Shadlen MN. 2007. The neural basis of decision making. Annu Rev Neurosci 30:535–574.

Kiani R, Hanks TD, Shadlen MN. 2008. Bounded integration in parietal cortex underlies decisions even when viewing duration is dictated by the environment. J Neurosci 28:3017–3029.

Kiani R, Shadlen MN. 2009. Representation of confidence associated with a decision by neurons in the parietal cortex. Science 324:759–764.

Mazurek ME, Roitman JD, Ditterich J, Shadlen MN. 2003. A role for neural integrators in perceptual decision making. Cereb Cortex 13:1257–1269.

Mountcastle VB, Steinmetz MA, Romo R. 1990. Frequency discrimination in the sense of flutter: psychophysical measurements correlated with postcentral events in behaving monkeys. J Neurosci 10:3032–3044.

Padoa-Schioppa C. 2011. Neurobiology of economic choice: a good-based model. Ann Rev Neurosci 34:333–359.

Padoa-Schioppa C, Assad JA. 2006. Neurons in the orbitofrontal cortex encode economic value. Nature 441:223–226.

Roitman JD, Shadlen MN. 2002. Response of neurons in the lateral intraparietal area during a combined visual discrimination reaction time task. J Neurosci 22:9475–9489.

Romo R, Salinas E. 2001. Touch and go: decision-making mechanisms in somatosensation. Annu Rev Neurosci 24:107–137.

Salzman CD, Britten KH, Newsome WT. 1990. Cortical microstimulation influences perceptual judgements of motion direction. Nature 346:174–177.

Snyder LH, Batista AP, Andersen RA. 1997. Coding of intention in the posterior parietal cortex. Nature 386:167–170.

Yang T, Shadlen MN. 2007. Probabilistic reasoning by neurons. Nature 447:1075–1080.

Parte IX

Página anterior
Quarto em Arles, de Vincent Van Gogh. Van Gogh escreveu a seu amigo e colega pintor, Gaugin, o que estava sentindo: "minha visão estava estranhamente cansada. Bem, eu descansei por dois dias e meio e então voltei ao trabalho. Mas, ainda não me atrevendo a sair, eu pintei uma tela do meu quarto, com os móveis de madeira branca que você conhece. Ah, bem, divertiu-me enormemente fazer este interior vazio. Com uma simplicidade ao estilo de Seurat. Em tons lisos, mas grosseiramente escovados em empastamento total, as paredes de cor lilás pálido, o chão com um vermelho quebrado e desbotado, as cadeiras e a cama amarelo-cromo, os travesseiros e o lençol verde-limão muito pálido, o cobertor vermelho-sangue, a penteadeira laranja, a bacia azul, a janela verde. Eu queria expressar o *descanso absoluto* com todos esses tons muito diversos, perceba, entre os quais o único branco é a pequena nota dada pelo espelho com moldura preta (para ainda colocar dentro o quarto par de complementares)". Van Gogh apresentava episódios psicóticos, mas ainda há debate sobre a sua causa – entre as teorias consideradas, estão transtorno bipolar, epilepsia do lobo temporal, sífilis, esquizofrenia e até intoxicação pela planta dedaleira (um remédio para doenças mentais na época) em combinação com intoxicação do chumbo de suas tintas a óleo e o consumo de absinto. (Museu Van Gogh, Amsterdã.)

Doenças do sistema nervoso IX

Ele lembrava que, durante suas crises epilépticas, ou melhor, imediatamente antes delas, sempre experimentava um ou dois momentos em que todo o seu coração, mente e corpo pareciam despertar para vigor e luz; quando ele se enchia de alegria e esperança, e todas as suas ansiedades pareciam ser varridas para sempre; esses momentos não passavam de pressentimentos, como do último segundo (nunca era mais do que um segundo) em que a crise aconteceu. Aquele segundo, é claro, era indescritível. Quando a crise terminava, e o príncipe refletia sobre seus sintomas, costumava dizer a si mesmo: "Esses momentos, por mais curtos que sejam, em que sinto uma consciência tão extrema de mim mesmo e, consequentemente, mais vivo do que em outros momentos, devem-se apenas à doença – à súbita ruptura das condições normais. Portanto, eles não são realmente um tipo de vida superior, mas inferior". Esse raciocínio, no entanto, parecia terminar em um paradoxo e levar a uma consideração adicional: – "Que importa que seja apenas doença, uma tensão anormal do cérebro, se quando me lembro e analiso o momento, parece ter sido de harmonia e beleza no mais alto grau – um instante de sensação mais profunda, transbordando de ilimitada alegria e arrebatamento, devoção extática e vida mais completa?" Por mais vago que pareça, era perfeitamente compreensível para Muishkin, embora ele soubesse que era apenas uma expressão débil de suas sensações.*

QUAL É EXATAMENTE A NATUREZA DO RELACIONAMENTO entre a mente e o cérebro? A própria experiência de epilepsia de Dostoiévski influenciou profundamente sua escrita e, nesta passagem, ele investiga algumas das questões mais profundas sobre a experiência humana. Nossos pensamentos e humores são simplesmente combinações transitórias de produtos químicos e sinais elétricos? Temos alguma influência sobre eles? Se não, podemos ser responsabilizados por nossas ações? E se algumas de nossas experiências de alegria/euforia forem apenas felizes acidentes químicos? Ou, como o príncipe Muishkin se pergunta, e se alguma s de nossas euforias forem felizes acidentes de doença? O que, então, significaria "melhorar"? Indivíduos com transtorno bipolar, por exemplo, podem ter muita dificuldade em abrir mão dos sentimentos expansivos e energias criativas que podem acompanhar a mania.

Embora essas questões profundas sejam da alçada de filósofos, e não de neurocientistas, poucas circunstâncias colocam a relação mente-cérebro em questão tão fortemente quanto tornar-se vítima de um distúrbio neurológico ou psiquiátrico. A variedade dessas condições é muito ampla, e vão desde distúrbios motores até epilepsia, esquizofrenia, desequilíbrios de humor, distúrbios cognitivos, neurodegeneração e mesmo envelhecimento. Quanto mais aprendemos, mais se torna aparente que essas doenças exercem efeitos muito

---

*Dostoévski F. *The idiot*. Traduzido por Eva Martin Projeto Gutenberg, EBook, última atualização em 13 de maio de 2017.

amplos que confundem as fronteiras entre suas classificações. Os chamados distúrbios do movimento, como a doença de Parkinson, por exemplo, envolvem alterações cognitivas e afetivas; distúrbios da cognição, como autismo ou esquizofrenia, podem ter manifestações muito físicas.

Apesar desses limites um tanto confusos, cada capítulo desta seção examinará os princípios subjacentes a cada classe principal de doença da perspectiva da neurociência. A ênfase aqui está nos mecanismos moleculares, como são compreendidos atualmente. Talvez seja surpreendente que tantas doenças diferentes pareçam convergir em um ponto fisiológico: a função sináptica. No autismo e em vários transtornos psiquiátricos, o desenvolvimento sináptico está alterado; na epilepsia, a atividade anormal do canal iônico perturba o equilíbrio das aferências sinápticas dos neurônios excitatórios e inibitórios. Envelhecimento e distúrbios neurodegenerativos causam perda sináptica através de alterações graduais na homeostase de proteínas e RNA que sobrecarregam as funções celulares normais.

Essa observação serve para ajudar a dar forma ao material que você está prestes a encontrar, mas não deve ser usada para simplificar demais o assunto. Qualquer um que fique tentado pelo reducionismo faria bem em se envolver com as obras de grandes artistas como Dostoiévski e Van Gogh, que representam as complexidades da experiência humana em toda a sua angústia e glória.

Editor desta parte: Huda Y. Zoghbi

Parte IX

Capítulo 57	Doenças do nervo periférico e da unidade motora
Capítulo 58	Crises epilépticas e epilepsia
Capítulo 59	Distúrbios dos processos mentais conscientes e inconscientes
Capítulo 60	Transtornos do pensamento e da volição na esquizofrenia
Capítulo 61	Transtornos do humor e de ansiedade
Capítulo 62	Transtornos que afetam a cognição social: transtorno do espectro autista
Capítulo 63	Mecanismos genéticos em doenças neurodegenerativas do sistema nervoso
Capítulo 64	Envelhecimento do encéfalo

57

Doenças do nervo periférico e da unidade motora

Os distúrbios do nervo periférico, da junção neuromuscular e do músculo podem ser distinguidos clinicamente

Uma variedade de doenças acomete neurônios motores e nervos periféricos

    Doenças do neurônio motor não afetam os neurônios sensoriais (esclerose lateral amiotrófica)

    Doenças dos nervos periféricos afetam a condução do potencial de ação

    A base molecular de algumas neuropatias periféricas hereditárias foi definida

As doenças da transmissão sináptica na junção neuromuscular possuem causas múltiplas

    A miastenia grave é o exemplo mais bem estudado de uma doença da junção neuromuscular

    O tratamento da miastenia é baseado nos efeitos fisiológicos e na patogênese autoimune da doença

    Existem duas formas congênitas distintas de miastenia grave

    Síndrome de Lambert-Eaton e botulismo também alteram a transmissão neuromuscular

As doenças do músculo esquelético podem ser hereditárias ou adquiridas

    A dermatomiosite exemplifica uma miopatia adquirida

    As distrofias musculares são as miopatias hereditárias mais comuns

    Algumas doenças hereditárias do músculo esquelético resultam de defeitos genéticos nos canais iônicos dependentes de voltagem

Destaques

... mover coisas é tudo o que a humanidade pode fazer; para tal, o único executor é o músculo, seja para sussurrar uma sílaba ou para derrubar uma floresta.

Charles Sherrington, 1924

UMA IMPORTANTE TAREFA DO PROCESSAMENTO ELABORADO de informações que ocorre no encéfalo é a contração dos músculos esqueléticos. O desafio de decidir quando e como se movimentar é, em grande parte, a força motriz por trás da evolução do sistema nervoso (Capítulo 30).

Em todos os animais, exceto nos mais primitivos, o movimento é gerado por células musculares especializadas. Existem três tipos de tecidos musculares: o músculo liso, usado principalmente para ações internas, como o peristaltismo e o controle do fluxo sanguíneo; o músculo cardíaco, que é usado exclusivamente para o bombeamento do sangue; e o músculo esquelético, usado principalmente para o movimento dos ossos. Neste capítulo, serão examinados vários distúrbios neurológicos em mamíferos que afetam o movimento por alterarem a condução do potencial de ação em um nervo motor, a transmissão sináptica do nervo ao músculo, ou ainda a contração muscular *per se*.

Em 1925, Charles Sherrington introduziu o termo *unidade motora* para designar a unidade básica da função motora – um neurônio motor e o grupo de fibras musculares por ele inervadas (Capítulo 31). O número de fibras musculares inervadas por um único neurônio motor varia amplamente por todo o corpo, dependendo da destreza dos movimentos controlados e da massa da parte do corpo a ser movida. Assim, os movimentos oculares são finamente controlados por unidades motoras com menos de 100 fibras musculares, enquanto na perna uma única unidade motora contém até 1.000 fibras musculares. Em cada caso, todas as fibras musculares inervadas pela unidade motora são do mesmo tipo. Além disso, as unidades motoras são recrutadas em uma ordem fixa tanto para movimentos voluntários como para reflexos. As menores unidades motoras são as primeiras a serem recrutadas, e a elas se unem mais tarde as unidades motoras maiores, a fim de aumentar a força muscular.

A unidade motora é um alvo comum de doenças. Os aspectos que distinguem as doenças da unidade motora variam dependendo de qual componente funcional é primariamente afetado: (1) o corpo celular do neurônio motor ou sensorial, (2) os axônios correspondentes, (3) a junção neuromuscular (a sinapse entre o axônio motor e o músculo) ou (4) as fibras musculares inervadas pelo neurônio motor. Assim, os distúrbios da unidade motora têm sido tradicionalmente agrupados em doenças do neurônio motor, neuropatias periféricas, distúrbios da junção neuromuscular e doenças musculares primárias (miopatias) (**Figura 57-1**).

Pacientes com neuropatias periféricas apresentam fraqueza originada pela função anormal dos neurônios motores ou de seus axônios, embora problemas com a sensação também possam ocorrer, uma vez que a maioria das neuropatias periféricas também envolve neurônios sensoriais. Em contraste, nas doenças do neurônio motor, os neurônios motores e os tratos motores na medula espinal se degeneram, mas os nervos sensoriais são poupados. Nas miopatias, a fraqueza é causada pela degeneração muscular, com pouca ou nenhuma mudança nos neurônios motores. Nas doenças da junção neuromuscular, as alterações na sinapse neuromuscular levam à fraqueza que pode ser intermitente. Os estudos clínicos e laboratoriais geralmente distinguem os distúrbios dos nervos periféricos daqueles da junção neuromuscular ou do músculo (**Tabela 57-1**).

Os distúrbios do nervo periférico, da junção neuromuscular e do músculo podem ser distinguidos clinicamente

Quando um nervo periférico é cortado, os músculos inervados por esse nervo imediatamente se tornam paralisados e atrofiam de modo progressivo. Já que o nervo contém tanto fibras sensoriais quanto fibras motoras, a sensação na área inervada pelo nervo também é perdida, e os reflexos tendinosos são abolidos imediatamente. O termo *atrofia* (literalmente, falta de nutrição) refere-se à diminuição de um músculo até então normal; devido ao uso histórico, o termo aparece nos nomes de várias doenças que agora são consideradas neurogênicas.

Os principais sintomas das *miopatias* são devidos à fraqueza do músculo esquelético e geralmente incluem dificuldade para caminhar ou para levantar peso. Outros sintomas menos comuns incluem a incapacidade do músculo de relaxar (miotonia), cãibras, dor (mialgia) ou presença na urina da proteína que contém o grupo heme que dá ao músculo sua cor vermelha (mioglobinúria). As *distrofias musculares* são miopatias com características especiais: as doenças são hereditárias, todos os sintomas são causados por fraqueza, a fraqueza torna-se progressivamente mais grave, e os sinais de degeneração e regeneração são visíveis histologicamente.

Distinguir doenças neurogênicas e miopáticas pode ser difícil porque ambas são caracterizadas por fraqueza muscular. Como um critério inicial, a fraqueza na parte distal dos membros indica mais frequentemente um distúrbio neurogênico, enquanto sinais de fraqueza na parte proximal dos membros sinaliza miopatia. Os principais aspectos clínicos e laboratoriais usados para o diagnóstico diferencial das doenças da unidade motora estão listados na **Tabela 57-1**.

Um teste muito útil é a eletromiografia com agulha (EMG), um procedimento clínico no qual uma pequena agulha é inserida em um músculo para registro extracelular da atividade elétrica de várias unidades motoras vizinhas. Três medidas específicas são importantes: atividade espontânea em repouso, número de unidades motoras sob controle voluntário e duração e amplitude dos potenciais de ação em cada unidade motora. (Intervalos normais de valores foram estabelecidos para a amplitude e duração dos potenciais da unidade motora; a amplitude é determinada pelo número de fibras musculares dentro da unidade motora.)

Em um músculo normal, geralmente não há atividade fora da placa motora quando em repouso. Durante uma contração voluntária fraca, uma série de potenciais de unidades motoras é registrada à medida que diferentes

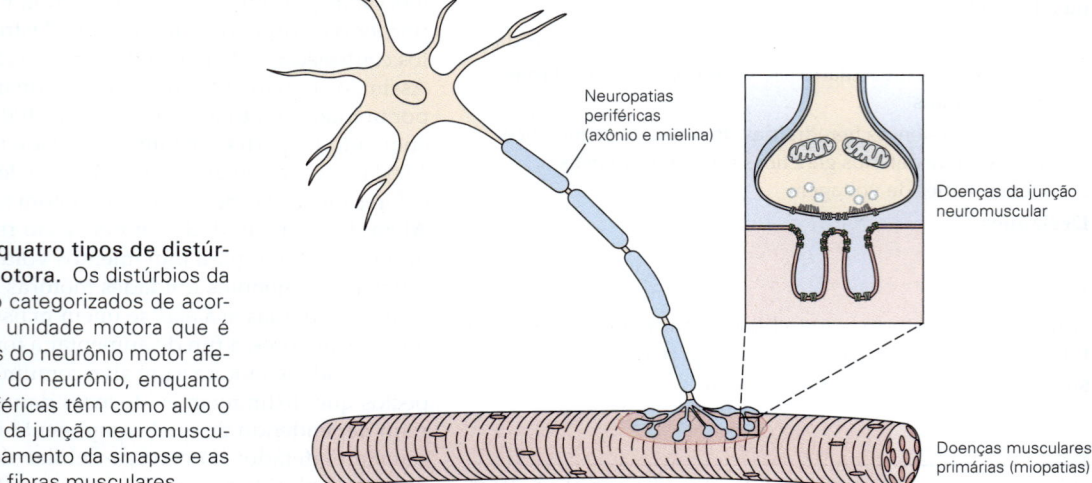

FIGURA 57-1 Os quatro tipos de distúrbios da unidade motora. Os distúrbios da unidade motora são categorizados de acordo com a parte da unidade motora que é afetada. As doenças do neurônio motor afetam o corpo celular do neurônio, enquanto as neuropatias periféricas têm como alvo o axônio. As doenças da junção neuromuscular afetam o funcionamento da sinapse e as miopatias afetam as fibras musculares.

TABELA 57-1 Diagnóstico diferencial das doenças da unidade motora

Achado	Nervo	Junção neuromuscular	Músculo
Clínico			
Fraqueza	++	+	++
Perda muscular	++	−	+
Fasciculações	+	−	−
Cãibras	+	−	+/−
Déficit sensorial	+/−	−	−
Hiper-reflexia, Babinski	+ (ELA)	−	−
Laboratorial			
CPK elevada no soro	−	−	++
Proteína elevada no líquido cefalorraquidiano	+/−	−	−
Condução nervosa lenta	+	−	−
Resposta à estimulação repetida	Normal	Decremental (MG) Incremental (LEMS)	Normal
Eletromiografia			
Fibrilação, fasciculação	++	−	+/−
Duração dos potenciais	Aumentada	Normal	Diminuída
Amplitude dos potenciais	Aumentada	Normal	Diminuída
Biópsia muscular			
Atrofia de fibra isolada	++	Normal	+/−
Atrofia de grupo de fibras	++	Normal	Normal
Necrose muscular	Normal	Normal	++

ELA, esclerose lateral amiotrófica; CPK, creatina-fosfocinase, de *creatine phosphokinase*; LEMS, síndrome miastênica de Lambert-Eaton, de *Lambert-Eaton myasthenic syndrome*; MG, miastenia grave.

unidades motoras são recrutadas. Em músculos normais totalmente ativos, esses potenciais abundantes se sobrepõem em um padrão de interferência, de modo que é impossível identificar potenciais únicos (**Figura 57-2A**).

Nas doenças neurogênicas, o músculo parcialmente desnervado está espontaneamente ativo mesmo no repouso. O músculo ainda pode se contrair em resposta a comandos motores voluntários, mas o número de unidades motoras sob controle voluntário é menor que o normal, porque alguns axônios motores foram perdidos. A perda de unidades motoras é evidente no EMG durante uma contração máxima, que mostra um padrão de potenciais discretos de unidades motoras em vez do padrão de interferência profusa para músculos normais (**Figura 57-2B**). Em um músculo recentemente desnervado, a EMG também pode mostrar potenciais elétricos espontâneos de baixa amplitude que correspondem ao disparo de uma única fibra muscular, conhecidos como potenciais de fibrilação. À medida que a doença neurogênica progride, a amplitude e a duração dos potenciais da unidade motora individual podem aumentar, pois os axônios remanescentes emitem pequenos ramos que inervam as fibras musculares desnervadas pela perda dos outros axônios. Assim, as unidades motoras que sobreviveram contêm mais do que o número normal de fibras musculares.

Na doença miopática, não há atividade no músculo em repouso e não há mudança no número de unidades motoras que disparam durante uma contração. Mas, como há menos fibras musculares sobreviventes em cada unidade motora, os potenciais da unidade motora são de duração mais longa e mais complexos, de polaridade +/− alternada (polifásico) e amplitude menor (**Figura 57-2C**).

As velocidades de condução dos axônios motores periféricos também podem ser medidas por estimulação elétrica e registro (ver **Figura 57-3**). A velocidade de condução dos axônios motores é retardada nas neuropatias desmielinizantes, mas normal nas neuropatias sem desmielinização (neuropatias axonais).

Outro teste que ajuda a distinguir doenças miopáticas de neurogênicas é a medição das atividades enzimáticas séricas. O sarcoplasma do músculo é rico em enzimas solúveis que normalmente se encontram em baixas concentrações no soro. Em muitas doenças musculares, a concentração dessas enzimas sarcoplasmáticas no soro está elevada, presumivelmente porque as doenças afetam a integridade das membranas superficiais do músculo, permitindo que as enzimas extravasem para a corrente sanguínea. A atividade enzimática mais comumente usada para diagnosticar miopatias é a creatina-cinase, uma enzima que fosforila a creatina e é importante no metabolismo energético do músculo.

A aparência histoquímica do músculo em uma biópsia também pode fornecer uma ferramenta – útil de diagnóstico. As fibras musculares humanas são identificadas por reações histoquímicas como tipo I ou tipo II, que são, respectivamente, aeróbicas (enriquecidas por enzimas oxidativas) ou anaeróbicas (abundantes enzimas glicolíticas)

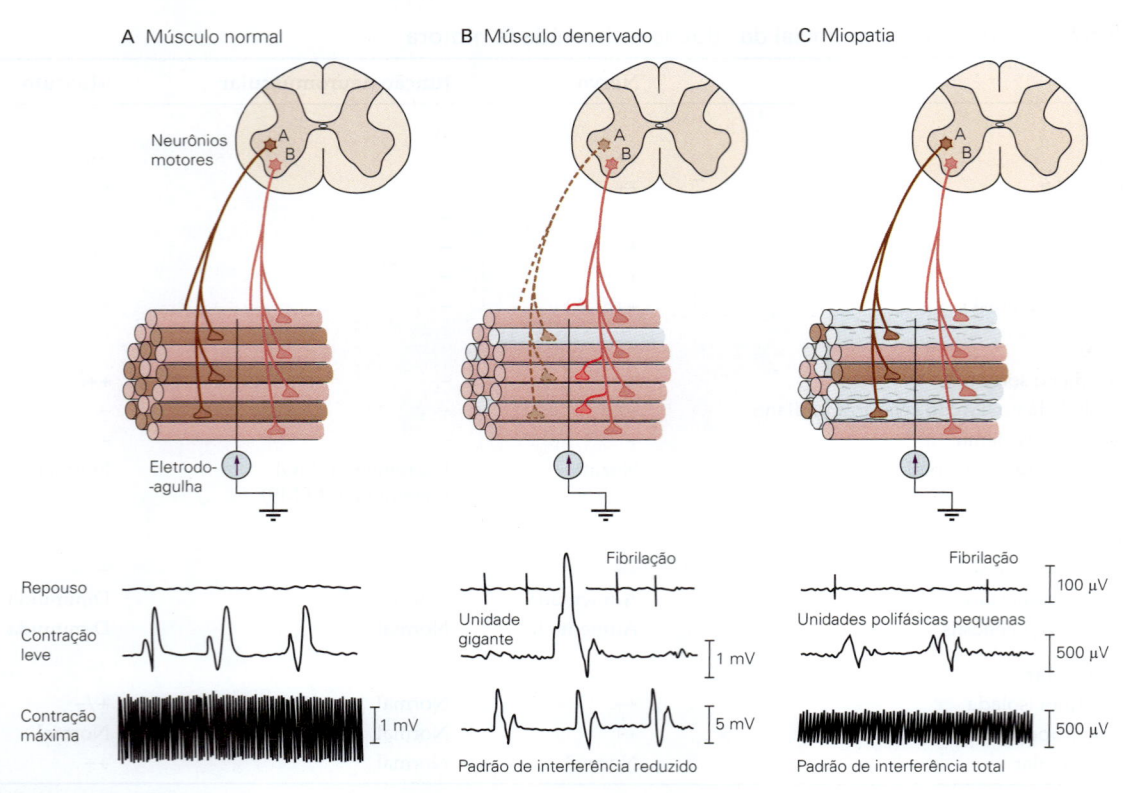

FIGURA 57-2 O registro elétrico do músculo esquelético revela diferentes perfis em neuropatias e doenças musculares primárias.

A. Atividade típica em um músculo normal. As fibras musculares inervadas por um único neurônio motor geralmente não são adjacentes umas às outras. Quando um potencial de unidade motora é registrado por um eletrodo inserido no músculo, a transmissão altamente eficaz na junção neuromuscular garante que cada fibra muscular inervada pelo mesmo neurônio gere um potencial de ação e se contraia em resposta a um potencial de ação no neurônio motor. No músculo normal em repouso, não há atividade elétrica registrada do músculo na eletromiografia (EMG). A ativação leve do músculo por um movimento voluntário revela respostas elétricas extracelulares características no músculo (potenciais da unidade motora (PUMs). A contração muscular máxima produz uma característica salva complexa de atividade elétrica do músculo (o padrão de interferência).

B. Quando neurônios motores estão doentes, o número de unidades motoras sob controle voluntário está reduzido. As fibras musculares inervadas pelo neurônio motor em degeneração (célula A) se tornam desnervadas e atróficas. Contudo, o neurônio sobrevivente (célula B) produz brotamentos axonais que reinervam algumas das fibras musculares desnervadas. Axônios do neurônio motor sobrevivente disparam de modo espontâneo, mesmo no repouso, dando origem a fasciculações, outra característica da doença do neurônio motor. Fibras musculares desnervadas também disparam de modo espontâneo, produzindo fibrilações (traçado superior). Com a perda da aferência nervosa do neurônio motor A e a reinervação das fibras desnervadas pelo neurônio motor B, a ativação do neurônio motor B produz um potencial de unidade motora aumentado (PUM gigante). Nesta configuração, há simplificação do padrão de interferência.

C. Quando o músculo está doente (miopatia), o número de fibras musculares em cada unidade motora é reduzido. Algumas fibras musculares inervadas por dois neurônios motores encolhem e se tornam não funcionais. Na eletromiografia, os potenciais das unidades motoras não diminuem em número, mas são menores, têm maior duração que o normal e são polifásicos. As fibras musculares isoladas afetadas às vezes se contraem espontaneamente, produzindo fibrilação. Quando o músculo é levemente ativado, os PUMs apresentam amplitudes reduzidas. Após a contração muscular máxima, o padrão de interferência mostra também uma redução na amplitude.

(Capítulo 31). Todas as fibras musculares inervadas por um único neurônio motor são do mesmo tipo histoquímico. Contudo, as fibras musculares de uma unidade motora costumam estar intercaladas entre as fibras musculares de outras unidades motoras. Em um corte transversal de músculo saudável, as marcações enzimáticas mostram que as fibras oxidativas ou glicolíticas estão mescladas em um padrão de "tabuleiro de xadrez"

Nas doenças neurogênicas crônicas, o músculo que é inervado por um neurônio motor afetado se torna atrófico e algumas fibras musculares desaparecem. Os axônios dos neurônios sobreviventes tendem a brotar e reinervar algumas das fibras musculares remanescentes adjacentes. Como o neurônio motor determina as propriedades bioquímicas e, portanto, histoquímicas de uma fibra muscular, as fibras musculares reinervadas assumem as propriedades histoquímicas do neurônio inervado. Como resultado, em doenças neurogênicas, as fibras de um músculo agrupam-se por tipo (um padrão chamado agrupamento de tipo de fibra).

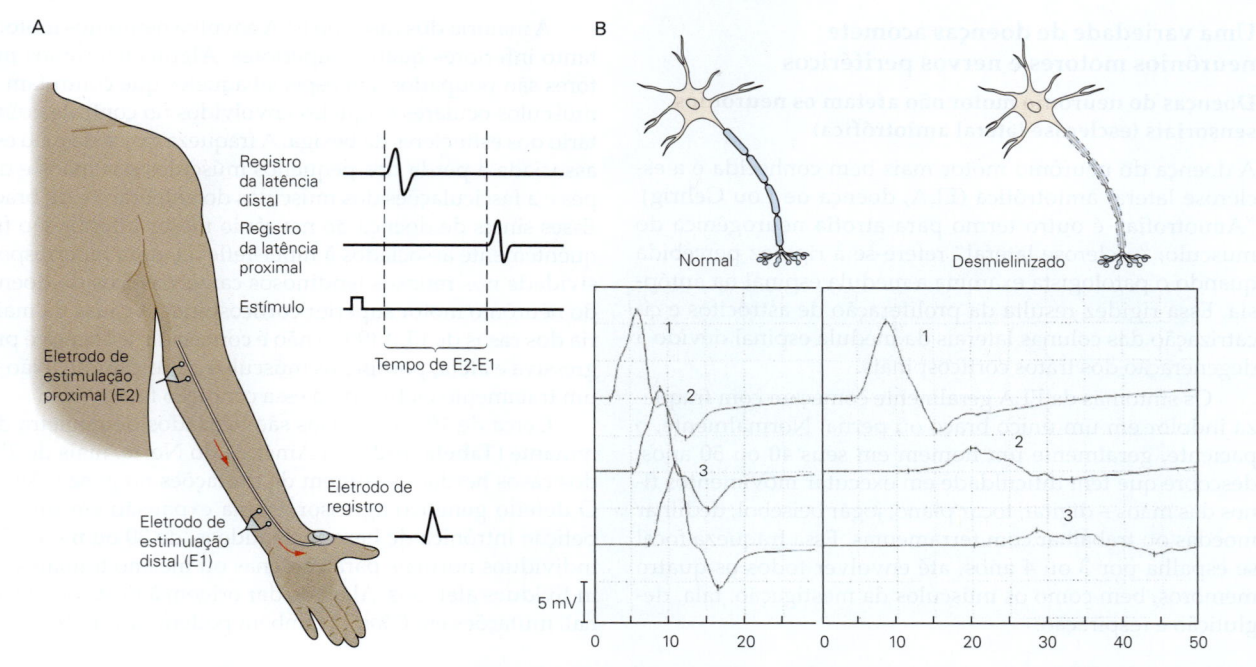

FIGURA 57-3 A velocidade de condução nervosa motora pode ser determinada registrando o potencial de ação muscular composto (PAMC) em resposta à estimulação elétrica em diferentes pontos ao longo do nervo.

A. Um estímulo é aplicado através de um eletrodo de estimulação de superfície proximal (**E2**) ou através de um eletrodo de estimulação distal (**E1**), e o PAMC extracelular no polegar é medido via transcutânea pelo eletrodo de registro. O tempo que o potencial de ação leva para se propagar de E2 ao músculo (t_{E2}) é a latência proximal; o tempo de E1 ao músculo (t_{E1}) é a latência distal. A distância entre E1 e E2 dividida por ($t_{E2} - t_{E1}$) resulta na velocidade de condução.

B. As formas de onda dos PAMCs do polegar provocadas pela estimulação do nervo motor no pulso (**1**), logo abaixo do cotovelo (**2**) e logo acima do cotovelo (**3**). Em indivíduos normais (*esquerda*), as formas de onda são as mesmas, independentemente do local de estimulação. Eles se diferenciam somente pelo tempo mais prolongado requerido para a onda se formar à medida que o local de estímulo é movido para posições mais acima no braço (afastando-se do local de registro). Quando o nervo motor está desmielinizado entre E1 e E2, mas acima do punho, o PAMC é normal quando a estimulação ocorre no punho (**1**), mas atrasado e dessincronizado quando a estimulação é proximal à lesão do nervo (**2, 3**). (Adaptada, com autorização, de Bromberg 2002.)

Se a doença for progressiva e os neurônios na unidade motora sobrevivente também forem afetados, ocorre atrofia em um grupo de fibras musculares adjacentes pertencentes ao mesmo tipo histoquímico, um processo chamado de atrofia de grupo. Em contraste, nas doenças miopáticas, as fibras musculares são afetadas de forma mais ou menos aleatória. Ocasionalmente, uma resposta celular inflamatória fica evidente, e, algumas vezes, há uma infiltração proeminente do músculo por tecido adiposo e conectivo.

Fasciculações – contrações musculares visíveis que aparecem como tremores sob a pele – são frequentemente sinais de doenças neurogênicas. Elas resultam de contrações involuntárias mas sincronizadas de todas as fibras musculares de uma unidade motora. Fibrilações – contrações espontâneas dentro de fibras musculares individuais – também podem ser sinais de desnervação contínua do músculo. As fibrilações não são visíveis, mas podem ser registradas por EMG. O registro elétrico da fibrilação é um potencial de baixa amplitude que reflete a atividade elétrica em uma única célula muscular. Estudos eletrofisiológicos sugerem que as fasciculações tenham origem no terminal do nervo motor.

No diagnóstico de distúrbios do neurônio motor, os médicos distinguem, historicamente, entre os chamados neurônios motores inferiores e neurônios pré-motores. Os neurônios motores inferiores são neurônios motores da medula espinal e do tronco encefálico que inervam diretamente os músculos esqueléticos. Os neurônios pré-motores, também conhecidos como neurônios motores "superiores", originam-se no córtex motor e emitem comandos para movimentos para os neurônios motores inferiores, através de seus axônios, no trato corticospinal (piramidal).

As doenças dos neurônios motores superiores podem ser distinguidas daquelas que afetam os neurônios motores inferiores por diferentes conjuntos sintomas. Os distúrbios dos neurônios motores inferiores causam atrofia, fasciculações, diminuição do tônus muscular e perda dos reflexos tendinosos, enquanto os distúrbios dos neurônios motores superiores e seus axônios resultam em espasticidade, reflexos tendinosos hiperativos e reflexo extensor plantar anormal (o sinal de Babinski).

O sintoma primário dos distúrbios da junção neuromuscular é a fraqueza; em algumas doenças da junção neuromuscular, essa fraqueza é bastante variável, mesmo no decorrer de um único dia.

Uma variedade de doenças acomete neurônios motores e nervos periféricos

Doenças do neurônio motor não afetam os neurônios sensoriais (esclerose lateral amiotrófica)

A doença do neurônio motor mais bem conhecida é a esclerose lateral amiotrófica (ELA; doença de Lou Gehrig). "Amiotrofia" é outro termo para atrofia neurogênica do músculo; "esclerose lateral" refere-se à rigidez percebida quando o patologista examina a medula espinal na autópsia. Essa rigidez resulta da proliferação de astrócitos e cicatrização das colunas laterais da medula espinal devido à degeneração dos tratos corticospinais.

Os sintomas da ELA geralmente começam com fraqueza indolor em um único braço ou perna. Normalmente, o paciente, geralmente um homem em seus 40 ou 50 anos, descobre que tem dificuldade em executar movimentos finos das mãos – digitar, tocar piano, jogar beisebol, dedilhar moedas ou trabalhar com ferramentas. Essa fraqueza focal se espalha por 3 ou 4 anos, até envolver todos os quatro membros, bem como os músculos da mastigação, fala, deglutição e respiração.

A maioria dos casos de ELA envolve neurônios motores tanto inferiores quanto superiores. Alguns neurônios motores são poupados, em especial aqueles que controlam os músculos oculares e aqueles envolvidos no controle voluntário dos esfíncteres da bexiga. A fraqueza típica da mão está associada à perda dos pequenos músculos das mãos e dos pés e a fasciculações dos músculos do antebraço e do braço. Esses sinais de doença do neurônio motor inferior são frequentemente associados à hiper-reflexia, uma hiperresponsividade nos reflexos tendinosos característicos da doença do neurônio motor superior corticospinal. A causa da maioria dos casos de ELA (90%) não é conhecida; a doença é progressiva e afeta, por fim, os músculos da respiração. Não há um tratamento efetivo para essa condição fatal.

Cerca de 10% dos casos são herdados de maneira dominante (**Tabela 57-2**). Na América do Norte, mais de 25% dos casos herdados surgem de mutações no gene *C9orf72*. O defeito genético agressor é uma expansão em uma repetição intrônica de hexanucleotídeos, de 30 ou menos em indivíduos normais para centenas ou mesmo milhares em indivíduos afetados. Além de dar origem à ELA convencional, mutações em *C9orf72* também podem causar demência

TABELA 57-2 Genes selecionados da esclerose lateral amiotrófica

Gene	Proteína	Função da proteína	Mutações	Proporção de ELA Familiar	Esporádica
SOD1	Cu-Zn superóxido-dismutase	Superóxido-dismutase	> 150	20%	2%
DCTN1	Subunidade 1 da dinactina	Componente do complexo motor de dineína	10	1%	<1%
ANG	Angiogenina	Ribonuclease	> 10	<1%	<1%
TARDBP	TDP-43	Proteína de ligação ao RNA	> 40	5%	<1%
FUS	FUS	Proteína de ligação ao RNA	> 40	5%	<1%
VCP	ATPase do retículo endoplasmático de transição	Ubiquitina-segregase	5	1-2%	<1%
OPTN	Optineurina	Adaptador de autofagia	1	4%	<1%
C9orf72	C9orf72	Possível fator de troca de nucleotídeo guanina	Intrônico GGGGCC	25%	10%
UBQLN2	Ubiquilina 2	Adaptador de autofagia	5	<1%	<1%
SQSTM1	Sequestossomo 1	Adaptador de autofagia	10	<1%	?
FFN1	Profilina-1	Proteína de ligação à actina	5	<1%	<1%
HNRNPA1	hnRNP A1	Proteína de ligação ao RNA	3	<1%	<1%
MATR3	Matrina 3	Proteína de ligação ao RNA	4	<1%	<1%
TUBA4A	Cadeia de tubulina α-4A	Subunidade de microtúbulos	7	<1%	<1%
CHCHD10	Proteína 10 contendo domínio de *coiled-coil-helix-coiled-coil-helix*	Proteína mitocondrial de função desconhecida	2	<1%	<1%
TBK1	Serina/treonina-proteína-cinase TBK1	Regula a autofagia e a inflamação	10	1%	<1%

Fonte: Modificada de Taylor, Brown e Cleveland 2016.

frontotemporal. A toxicidade da proteína *C9orf72* mutante provavelmente reflete tanto uma redução na atividade total da proteína mutante quanto os efeitos tóxicos da expansão intrônica. Por exemplo, os segmentos intrônicos expandidos produzem depósitos intranucleares de RNA que provavelmente sequestram e inativam proteínas nucleares importantes. Além disso, o RNA expandido é traduzido para produzir peptídeos compostos por pares repetidos de aminoácidos, como poli-(glicina-prolina) ou poli-(prolina-arginina); alguns destes são neurotóxicos.

Dois outros genes comumente mutados na ELA são *SOD1* e *TDP43*. *SOD1* codifica a proteína superóxido-dismutase citosólica de cobre/zinco, enquanto *TDP43* codifica uma proteína de interação com RNA de 43 kD que normalmente é intranuclear, mas é deslocada para o citosol na maioria dos casos de ELA (herdada e esporádica). Mutações em *SOD1* e vários outros genes de ELA (por exemplo, *ubiquilina-2*) desestabilizam a conformação do produto proteico, promovendo o dobramento incorreto e causando consequências adversas a diversos processos e compartimentos subcelulares. Por outro lado, mutações em *TDP43* e alguns outros genes de ELA (p. ex., *FUS*) que codificam proteínas de ligação de RNA agem no nível do RNA, prejudicando a homeostase do RNA e perturbando processos críticos, como a vigilância do *splicing* de genes. Raramente, a ELA familiar é causada por mutações em genes que codificam proteínas do citoesqueleto, como profilina-1, dinactina ou tubulina-A4.

Muitos estudos sugerem que as proteínas mutantes associadas à ELA tendem a se agregar, particularmente em organelas sem membrana, chamadas grânulos de estresse, que se formam em condições de sofrimento celular. Várias linhas de investigação apoiam a visão de que agregados migram e transmitem patologia entre células adjacentes, sendo responsáveis pela disseminação da doença para diferentes regiões do encéfalo. Surpreendentemente, camundongos que expressam altos níveis de proteínas SOD1 ou profilina-1 defeituosas desenvolvem uma forma letal de doença do neurônio motor com início na vida adulta, mas camundongos que expressam níveis equivalentemente altos de proteínas SOD1 ou profilina-1 normais não desenvolvem a doença. Esses achados são consistentes com o conceito de que a proteína defeituosa tem algum tipo de função tóxica.

Nos últimos 10 anos, também ficou claro que a fisiopatologia do neurônio motor é modulada pelas reações de células não neurais à degeneração do neurônio motor. Assim, na maioria dos casos de ELA, existem vários graus de proliferação e ativação da microglia, astrócitos e algumas populações de linfócitos, que, embora comecem como respostas compensatórias, podem por fim afetar adversamente os neurônios motores lesados. Estudos genéticos ressaltaram a importância de fatores celulares não autônomos, como as variantes que reduzem a função do gene microglial *TREM-2* e aumentam o risco de desenvolver não apenas ELA, mas também outros distúrbios neurodegenerativos (p. ex., a doença de Alzheimer).

A paralisia bulbar progressiva é um tipo de doença do neurônio motor em que o dano é restrito aos músculos inervados pelos nervos cranianos, causando disartria (dificuldade para falar) e disfagia (dificuldade para engolir). (O termo "bulbo" é usado de forma intercambiável com "ponte", a estrutura do tronco encefálico onde residem os neurônios motores que inervam a face e os músculos da deglutição, e "paralisia" significa fraqueza). Se somente os neurônios motores inferiores estão envolvidos, a síndrome é chamada de atrofia muscular espinal progressiva.

A atrofia muscular espinal progressiva é, na verdade, um distúrbio do desenvolvimento do neurônio motor caracterizado por fraqueza, perda muscular, perda de reflexos e fasciculações. A maioria dos casos surge na infância e é causada por mutações hereditárias recessivas no gene que codifica uma proteína chamada sobrevivência do motoneurônio (SMN). A sobrevida nesses casos é muito curta, embora existam casos raros que começam no final da infância ou mesmo no início da idade adulta e estão associados a uma sobrevida mais longa, de muitos anos. A proteína SMN está implicada no tráfico de RNA para dentro e para fora do núcleo e na formação de complexos que são importantes no *splicing* de RNA. O *locus* SMN no cromossomo 5, em humanos, tem duas cópias quase idênticas do gene *SMN*: *SMN1* produz uma proteína SMN completa, enquanto o *splicing* alternativo de *SMN2* causa a omissão do sétimo éxon no gene, levando à expressão de uma pequena quantidade de SMN completa e um SMN encurtada. O efeito clínico da perda de SMN com completa originada de mutações no *locus* principal pode ser mitigado até certo ponto pela proteína SMN encurtada expressa pelo gene *SMN2* (**Figura 57-4A,B**).

Duas estratégias de tratamento alcançaram benefícios extraordinários na atrofia muscular espinal. Em uma, pequenas cadeias de aproximadamente 20 ácidos nucleicos (oligonucleotídeos antisense [ASO]s: de *antisense oligonucleotides*) são administradas para alterar o *splicing* do gene *SMN2* para que produza níveis mais altos da proteína SMN de comprimento total (**Figura 57-4A**). Isso ocorre porque o ASO é direcionado para se ligar ao RNA SMN2 e inibir a ação da proteína de ligação ao RNA hnRNPA1/A2, que normalmente leva a maquinaria de *splicing* a pular o éxon 7. Ao bloquear a ligação de hnRNPA1/A2, o ASO bloqueia o efeito inibitório de hnRNPA1/A2 no *splicing*, promovendo a expressão da proteína SMN completa (**Figura 57-4B**). Parece provável que os ASOs se tornem ferramentas terapêuticas poderosas com muitas aplicações. Neste exemplo, o ASO é usado para promover a inclusão do éxon; conforme observado abaixo na discussão sobre distrofia muscular, o ASO também pode ser usado para promover o salto de éxon, assim como em outros paradigmas, onde pode inibir ou aumentar os níveis de expressão do gene alvo.

A segunda abordagem para tratar a atrofia muscular espinal tem sido trazer o gene SMN ausente a os músculos e neurônios motores espinais usando altas doses de vetor viral adeno-associado infundido por via intravenosa carregando o gene *SMN1*. Isso também aumentaria dramaticamente a sobrevivência na atrofia muscular espinal infantil (**Figura 57-4B**).

ELA e suas variantes são restritas a neurônios motores; não afetam neurônios sensoriais ou neurônios do sistema

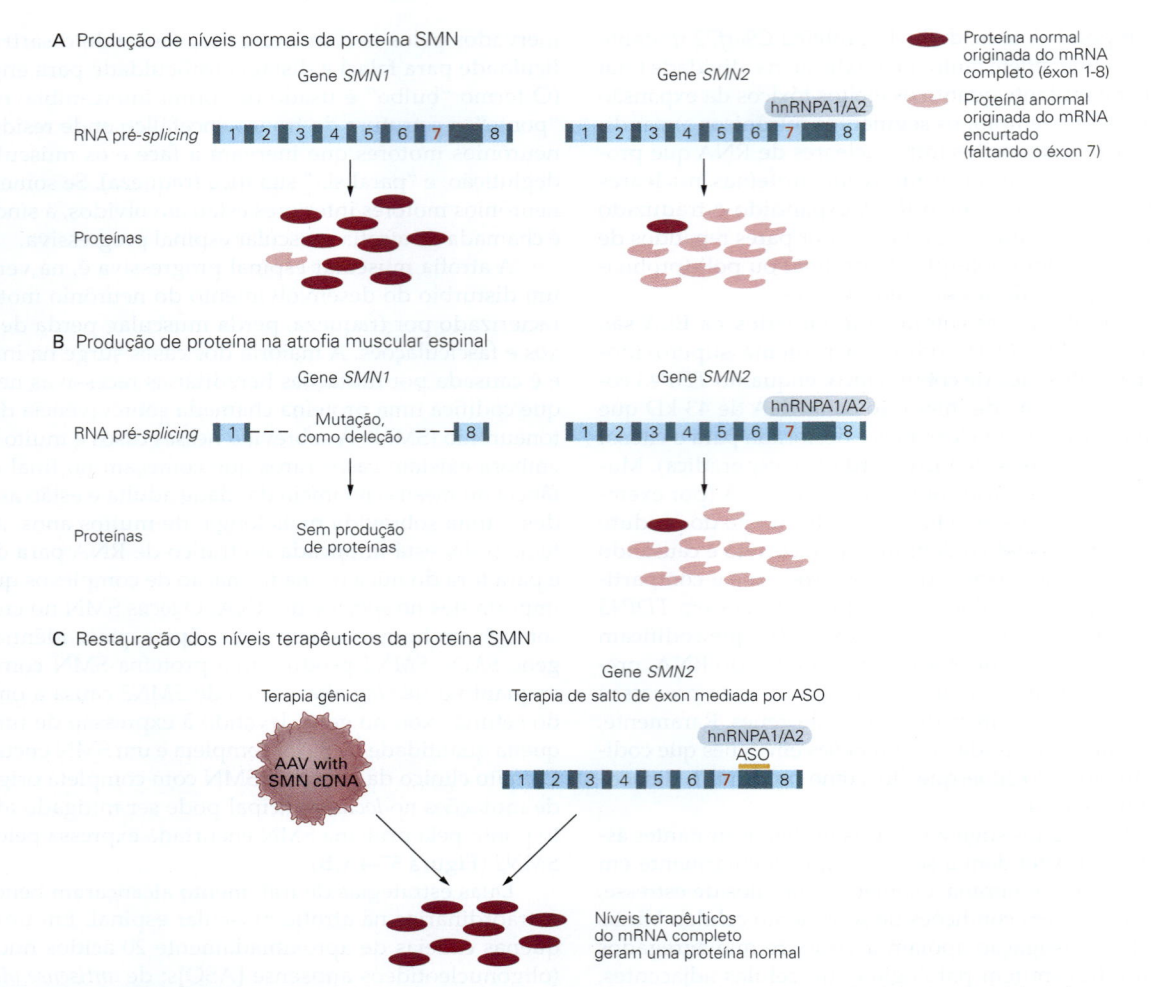

FIGURA 57-4 A atrofia motora espinal causada por defeitos no gene de sobrevivência do motoneurônio (*SMN1*) pode ser tratada por terapia de substituição gênica ou por manipulação do *splicing* de *SMN2*.

A. Normalmente, a maior parte da proteína de sobrevivência do motoneurônio (**SMN**) é produzida a partir do gene *SMN1*, cujo mRNA sofre *splicing* a partir de oito éxons. Em circunstâncias normais, cerca de 90% do mRNA tem todos os oito éxons, produzindo níveis normais da proteína SMN. No gene irmão adjacente, *SMN2*, a ligação da proteína hnRNPA1/A2 à transcrição *SMN2* exclui o éxon 7; *SMN2*, portanto, produz uma proteína SMN encurtada.

B. Na atrofia muscular espinal, lesões genéticas (comumente deleções) em *SMN1* levam a uma redução acentuada nos níveis de proteína SMN total.

C. Quando a proteína *SMN1* está ausente, uma abordagem terapêutica é substituir o gene *SMN1* ausente usando um vetor viral adeno-associado (**AAV**) para disponibilizar o gene ausente ao sistema nervoso central e ao músculo. Uma abordagem alternativa é introduzir um oligonucleotídeo antisense (**ASO**), que bloqueia o efeito de hnRNPA1/A2, aumentando assim a produção de um mRNA completo (com todos os oito éxons) de *SMN2*. Isso restaura os níveis de proteína SMN.

nervoso autônomo. A poliomielite, uma doença viral aguda, também é restrita aos neurônios motores. Essas doenças ilustram a individualidade das células nervosas e o princípio da vulnerabilidade seletiva. As bases dessa seletividade são, em geral, desconhecidas.

Doenças dos nervos periféricos afetam a condução do potencial de ação

Doenças dos nervos periféricos podem afetar tanto os axônios quanto a mielina. Como os axônios motores e sensoriais estão juntos nos mesmos nervos periféricos, distúrbios dos nervos periféricos em geral afetam ambas as funções motora e sensorial. Alguns pacientes com neuropatia periférica relatam experiências sensoriais anormais, frequentemente desagradáveis, como dormência, picadas ou formigamento. Quando essas sensações ocorrem de modo espontâneo, sem um estímulo sensorial externo, elas são chamadas de parestesias.

Pacientes com parestesias geralmente têm uma percepção prejudicada das sensações cutâneas (dor e temperatura), muitas vezes porque as pequenas fibras que carregam essas sensações são afetadas seletivamente. No entanto, esse nem sempre é o caso. As sensações proprioceptivas (posição e vibração) podem ser perdidas sem que haja perda da sensibilidade cutânea. A falta de percepção de dor pode causar lesões. Os déficits sensoriais são mais proeminentes distalmente (chamado padrão de luva e meia), provavelmente porque as porções distais dos nervos são mais distantes do corpo celular e, portanto, mais suscetíveis a distúrbios que interferem no transporte axonal de metabólitos e proteínas essenciais.

A neuropatia periférica é manifestada primeiro por fraqueza, normalmente distal. R eflexos tendinosos são, em geral, diminuídos ou perdidos, fasciculações aparecem raramente, e a perda muscular não ocorre, a menos que tenha havido fraqueza por muitas semanas.

As neuropatias podem ser tanto agudas quanto crônicas. A neuropatia aguda mais bem conhecida é a síndrome de Guillain-Barré. A maioria dos casos ocorre após infecção respiratória ou diarreia infecciosa, mas a síndrome pode ocorrer sem doença anterior aparente. Essa condição pode ser moderada ou grave o suficiente para que seja necessária a ventilação mecânica. Os nervos cranianos podem ser afetados, levando à paralisia dos músculos oculares, faciais e orofaríngeos. O distúrbio é atribuído a uma agressão autoimune dos nervos periféricos por anticorpos circulantes. Esse distúrbio é, portanto, tratado pela remoção dos anticorpos agressores por infusões de gamaglobulina e plasmaferese (um procedimento no qual o sangue é removido de um paciente, as células são separadas do plasma portador de anticorpos e as células sozinhas são devolvidas ao paciente).

As neuropatias crônicas variam de condições leves a incapacitantes ou até fatais. Elas são muito variáveis, incluindo doenças genéticas (porfiria intermitente aguda, doença de Charcot-Marie-Tooth), doenças metabólicas (diabetes, deficiência de vitamina B_{12}), toxicidade (chumbo), distúrbios nutricionais (alcoolismo, deficiência de tiamina), carcinomas (em especial carcinoma de pulmão) e enfermidades imunológicas (doenças das células plasmáticas, amiloidose). Alguns distúrbios crônicos, como neuropatia devido à deficiência de vitamina B_{12} na anemia perniciosa, são passíveis de terapia.

Além de agudas ou crônicas, as neuropatias podem ser caracterizadas como desmielinizantes (nas quais há uma perda da bainha de mielina) ou axonais (nas quais os axônios são afetados). Nas neuropatias desmielinizantes, como pode ser esperado pelo papel da bainha de mielina na condução saltatória, a velocidade de condução é retardada. Nas neuropatias axonais, a bainha de mielina não é afetada e a velocidade de condução é normal.

As neuropatias axonais e desmielinizantes podem levar a sintomas e sinais positivos e negativos. Os sinais negativos consistem em fraqueza ou paralisia, perda dos reflexos tendinosos e prejuízo das sensações, que resultam da perda de nervos motores e sensoriais. Os sintomas positivos das neuropatias periféricas consistem em parestesias que se originam de atividade anormal das fibras sensoriais e atividade espontânea das fibras nervosas lesionadas, ou interação elétrica (conversa cruzada) entre axônios anormais, um processo chamado de transmissão efática, para distinguir da transmissão sináptica normal. Não se sabe por que os nervos danificados se tornam hiperexcitáveis. Mesmo um leve golpe no local da lesão pode evocar uma salva de sensações dolorosas na região sobre a qual o nervo está distribuído.

Os sintomas negativos, que têm sido mais estudados que os positivos, podem ser atribuídos a três mecanismos básicos: bloqueio da condução, condução reduzida e capacidade prejudicada de conduzir impulsos em altas frequências. O bloqueio da condução foi reconhecido pela primeira vez em 1876, quando o neurologista alemão Wilhelm Erb observou que a estimulação de um nervo periférico lesionado abaixo do local da lesão evoca uma resposta muscular enquanto a estimulação acima do local da lesão não produz resposta. Ele concluiu que a lesão bloqueia a condução dos impulsos de origem central, mesmo quando o segmento do nervo distal à lesão ainda está funcional. Estudos posteriores confirmaram essa conclusão ao mostrar que a aplicação seletiva da oxina diftérica e de outras toxinas produz bloqueio de condução ao causar desmielinização apenas no local da aplicação (**Figura 57-5**).

Por que a desmielinização produz bloqueio nervoso e como isso leva à diminuição da velocidade de condução? A velocidade de condução é muito mais rápida em fibras mielinizadas do que em axônios não mielinizados por duas razões (Capítulo 9). Primeiro, há uma relação direta entre velocidade de condução e diâmetro axonal, e os axônios mielinizados tendem a ter um diâmetro maior. Segundo, a capacitância da membrana nas regiões mielinizadas do axônio é menor do que nos nódulos de Ranvier não mielinizados, acelerando muito a taxa de despolarização e, portanto, a condução. Com a desmielinização, a distribuição espacial dos canais iônicos ao longo do axônio sem a bainha de mielina não é ideal para manter a propagação do potencial de ação e pode até causar uma falha de condução. Quando a mielina é rompida pela doença, os potenciais de ação em diferentes axônios de um nervo começam a conduzir em velocidades ligeiramente diferentes. Como resultado, o nervo perde sua sincronia normal de condução em resposta a um único estímulo. (A **Figura 57-2** mostra como as velocidades de condução são medidas nos nervos periféricos.)

Acredita-se que essa desaceleração e perda de sincronia sejam responsáveis por alguns dos primeiros sinais clínicos de neuropatia desmielinizante. Por exemplo, funções que normalmente dependem da chegada de rajadas sincronizadas de atividade neural, como reflexos tendinosos e sensação vibratória, são perdidas logo no início da neuropatia crônica. À medida que a desmielinização se torna mais grave, a condução se torna bloqueada. Esse bloqueio pode ser intermitente, ocorrendo apenas em altas frequências de disparo do neurônio, ou completo (**Figura 57-3**).

A base molecular de algumas neuropatias periféricas hereditárias foi definida

As proteínas da mielina são afetadas em um grupo de neuropatias periféricas hereditárias desmielinizantes coletivamente denominadas doença de Charcot-Marie-Tooth (CMT). A doença de CMT é caracterizada por fraqueza e perda muscular, perda de reflexos e perda de sensibilidade nas partes distais dos membros. Esses sintomas aparecem na infância e na adolescência e são lentamente progressivos.

Uma forma (tipo 1) tem as características de uma neuropatia desmielinizante (**Figura 57-5**). A condução no nervo

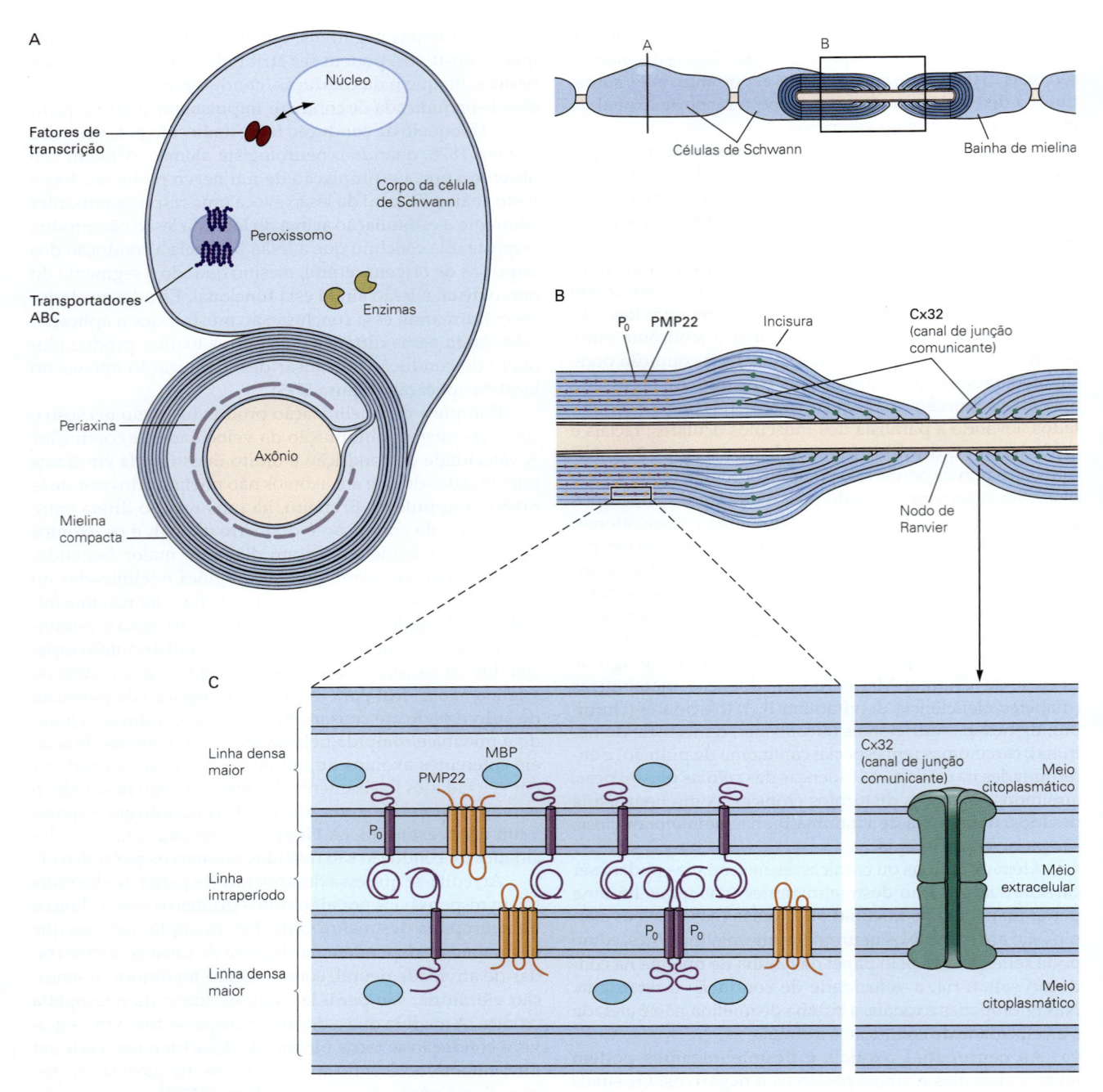

FIGURA 57-5 Defeitos gênicos em componentes da mielina causam neuropatias desmielinizantes.

A. A produção e a função de mielina na célula de Schwann podem ser afetadas adversamente por muitos defeitos genéticos, incluindo anormalidades em fatores de transcrição, transportadores ABC (*ATP-binding cassete,* cassete de ligação de ATP) em peroxissomos e várias proteínas implicadas na organização da mielina. Visto ao microscópio de alta potência, o local de aposição das faces intracelulares da membrana celular de Schwann aparece como uma linha densa, enquanto as faces extracelulares apostas são descritas como a "linha intraperíodo" (consulte a parte **C**). (Adaptada de Lupski, 1998.)

B. Os axônios periféricos são envolvos em várias camadas de bainhas finas de mielina que são processos das células de Schwann. A mielina é compacta e firme, exceto perto dos nódulos de Ranvier e em locais focais descritos como "incisuras" por Schmidt e Lanterman. Três proteínas associadas à mielina estão defeituosas em três neuropatias desmielinizantes diferentes: P_0 (neuropatia infantil de Dejerine-Sottas), proteína da mielina periférica (**PMP22**) (neuropatia de Charcot-Marie-Tooth tipo 1), e conexina 32 (**Cx32**) (neuropatia de Charcot-Marie-Tooth ligada ao X). (Adaptada de Lupski, 1998.)

C. A borda de citoplasma, na qual a proteína básica de mielina (**MBP**, de *myelin basic protein*) está localizada, define a linha densa maior, enquanto a camada fina de espaço extracelular residual define a linha intraperíodo. Mutações nos genes da PMP22 e da P_0 afetam negativamente a organização da mielina compacta. (Adaptada, com autorização, de Brown e Amato, 2002.)

periférico é lenta, com evidência histológica de desmielinização seguida de remielinização. Algumas vezes, a remielinização leva a uma hipertrofia grosseira dos nervos. Os distúrbios do tipo 1 são inexoravelmente progressivos, sem remissões ou exacerbações. a outra forma (o tipo 2), tem velocidade de condução nervosa normal e é considerada uma neuropatia axonal sem desmielinização. Ambos os tipos 1 e 2 são doenças hereditárias autossômicas dominantes.

A doença tipo 1 é atribuída a mutações em dois cromossomos diferentes (heterogeneidade do *locus*). A forma mais comum (tipo 1A) está ligada ao cromossomo 17, enquanto a forma menos comum (1B) está localizada no cromossomo 1. Os genes nesses *loci* foram diretamente implicados na fisiologia da mielina (**Figura 57-5**). O tipo 1A envolve um defeito na proteína 22 da mielina periférica, e o tipo 1B envolve um defeito na proteína P_0 da mielina. Além disso, uma forma de neuropatia desmielinizante ligada ao X ocorre devido a mutações no gene que expressa a conexina-32, uma subunidade dos canais de junção comunicante que interconectam as dobras de mielina próximas aos nódulos de Ranvier (**Figura 57-5B,C**). Ainda outros genes têm sido implicados nas desmielinizações hereditárias.

Alguns dos genes e proteínas implicados em neuropatias axonais são mostrados na **Figura 57-6** e na **Tabela 57-3**. Os genes que codificam a subunidade leve do neurofilamento e uma proteína motora axonal relacionada à cinesina, que são importantes para o transporte ao longo dos microtúbulos, estão mutados em dois tipos de neuropatias axonais. Defeitos nesses genes estão associados a neuropatias periféricas nas quais a fraqueza é proeminente. Os mecanismos pelos quais genes alteram a função axonal em outras neuropatias axonais são menos evidentes.

Conforme observado acima, uma variedade de problemas, para além das mutações genéticas, leva a neuropatias periféricas. Particularmente notáveis são os defeitos nos nervos associados à presença de autoanticorpos direcionados contra canais iônicos nos nervos periféricos distais. Por exemplo, alguns indivíduos com instabilidade da unidade motora (apresentando cãibras e fasciculações), bem como contrações musculares sustentadas ou exageradas causadas pela exagerada excitabilidade dos nervos motores, possuem anticorpos no soro que são direcionados contra um ou mais canais de K^+ dependentes de voltagem. A visão prevalente é a de que a ligação dos autoanticorpos aos canais reduz a condutância do K^+ e, assim, despolariza o axônio, levando a disparos aumentados e sustentados do nervo motor distal e às contrações musculares associadas. Alterações na função dos canais iônicos constituem a base de uma variedade de distúrbios neurológicos, como os distúrbios adquiridos dos canais na junção neuromuscular e os distúrbios herdados nos canais dependentes de voltagem no músculo (discutidos a seguir).

As doenças da transmissão sináptica na junção neuromuscular possuem causas múltiplas

Muitas doenças têm como consequência a interrupção da transmissão química entre neurônios e suas células-alvo. Ao analisarem tais anormalidades, pesquisadores têm

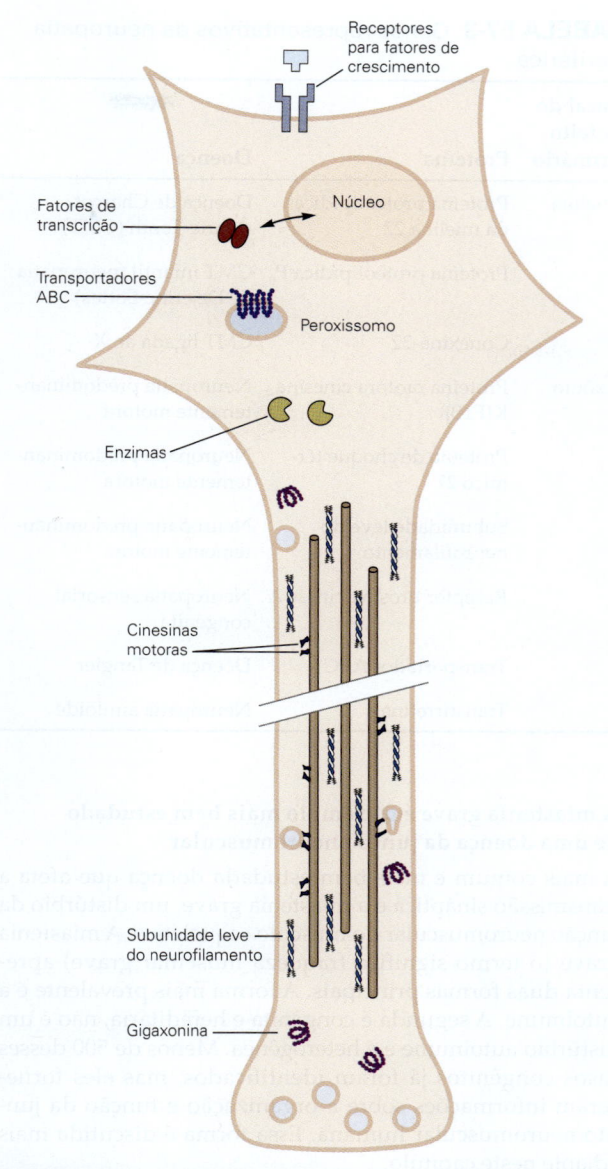

FIGURA 57-6 Defeitos genéticos que causam neuropatias axonais. Esses defeitos incluem alterações nos receptores para fatores de crescimento, transportadores ABC nos peroxissomos, enzimas citosólicas, proteínas motoras dos microtúbulos, como as cinesinas, proteínas neurofilamentosas e outras proteínas estruturais, como a gigaxonina. (Adaptada, com autorização, de Brown e Amato, 2002.)

aprendido muito sobre os mecanismos envolvidos na transmissão sináptica normal, bem como nos distúrbios causados pela disfunção da sinapse.

Doenças que perturbam a transmissão na junção neuromuscular se dividem em duas grandes categorias: aquelas que afetam o terminal pré-sináptico e aquelas que primariamente envolvem a membrana pós-sináptica. Nas duas categorias, os casos mais estudados são os defeitos autoimunes e hereditários das proteínas sinápticas essenciais.

TABELA 57-3 Genes representativos da neuropatia periférica

Local do defeito primário	Proteína	Doença
Mielina	Proteína proteolipídica da mielina 22	Doença de Charcot-Marie-Tooth (CMT)
	Proteína proteolipídica P_0	CMT infantil (neuropatia de Dejerine-Sottas)
	Conexina-32	CMT ligada ao X
Axônio	Proteína motora cinesina KIF1Bβ	Neuropatia predominantemente motora
	Proteína de choque térmico 27	Neuropatia predominantemente motora
	Subunidade leve do neurofilamento	Neuropatia predominantemente motora
	Receptor tirosina-cinase A	Neuropatia sensorial congênita
	Transportador ABC1	Doença de Tangier
	Transtirretina	Neuropatia amiloide

A miastenia grave é o exemplo mais bem estudado de uma doença da junção neuromuscular

A mais comum e mais bem estudada doença que afeta a transmissão sináptica é a miastenia grave, um distúrbio da junção neuromuscular do músculo esquelético. A miastenia grave (o termo significa fraqueza muscular grave) apresenta duas formas principais. A forma mais prevalente é a autoimune. A segunda é congênita e hereditária, não é um distúrbio autoimune e é heterogênea. Menos de 500 desses casos congênitos já foram identificados, mas eles forneceram informações sobre a organização e função da junção neuromuscular humana. Essa forma é discutida mais adiante neste capítulo.

Na miastenia grave autoimune, os anticorpos são produzidos contra componentes pós-sinápticos na placa motora, como o receptor nicotínico acetilcolina (ACh) e o receptor relacionado à tirosina-cinase específica de músculo (MuSK). Os anticorpos anti-receptor de ACh interferem na transmissão sináptica, reduzindo o número de receptores funcionais ou impedindo a interação entre ACh e seus receptores. Como resultado, a comunicação entre o neurônio motor e o músculo esquelético se torna enfraquecida. Essa fraqueza sempre afeta os músculos cranianos – pálpebras, músculos oculares e músculos orofaríngeos – bem como os músculos dos membros. A gravidade dos sintomas varia no decorrer de um único dia, de dia para dia, ou entre períodos mais longos (dando origem a períodos de remissão ou exacerbação), tornando a miastenia grave diferente da maioria das outras doenças musculares ou nervosas. A fraqueza muscular é revertida por fármacos que inibem a acetilcolinesterase, a enzima que degrada a ACh. Como um exemplo, quando os pacientes são solicitados a olhar para cima de forma sustentada, as pálpebras se cansam após vários segundos e caem (ptose). Assim como as respostas diminuídas na EMG, essa fatigabilidade e queda das pálpebras são revertidas após o tratamento com inibidores da acetilcolinesterase (**Figura 57-7**).

Quando um nervo motor é estimulado a taxas de dois a cinco estímulos por segundo, a amplitude do potencial de ação composto evocado no músculo humano normal permanece constante. Na miastenia grave, a amplitude do potencial de ação composto evocado diminui rapidamente. Esse padrão de resposta decrescente do potencial de ação muscular composto à estimulação repetitiva do nervo motor reflete o sintoma clínico de fadiga na miastenia. Além disso, essa anormalidade se assemelha ao padrão induzido no músculo normal pela d-tubocurarina (o composto ativo do curare), que bloqueia os receptores nicotínicos da ACh e inibe a ação da ACh na junção neuromuscular. A neostigmina (prostigmina), que inibe a acetilcolinesterase e, portanto, aumenta a duração da ação da ACh na junção neuromuscular, reverte a diminuição da amplitude dos potenciais de ação compostos evocados em pacientes miastênicos (**Figura 57-8**).

Cerca de 15% dos pacientes adultos com miastenia apresentam tumores benignos do timo (timomas). Como os sintomas nos pacientes miastênicos com frequência são melhorados pela remoção desses tumores, alguns elementos do timoma podem estimular a patologia autoimune. De fato,

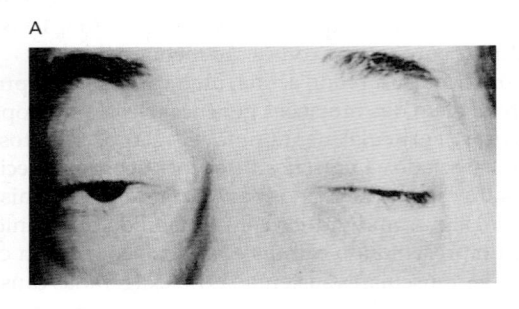

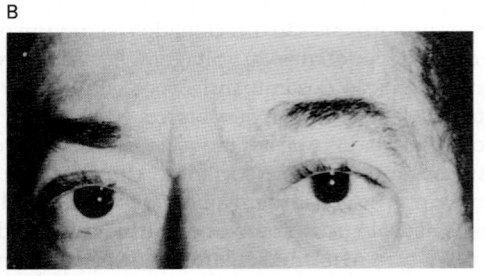

FIGURA 57-7 A miastenia grave com frequência afeta seletivamente os músculos cranianos. (Reproduzida, com autorização, de Rowland, Hoefer e Aranow, 1960.)
A. A queda grave das pálpebras, ou ptose, é característica da miastenia grave. Este paciente também não podia mover os olhos para olhar para os lados.
B. Um minuto após uma injeção intravenosa de 10 mg de edrofônio, um inibidor da acetilcolinesterase, ambos os olhos estão abertos e podem ser movidos livremente.

a miastenia grave costuma afetar pessoas que têm outras doenças autoimunes, como artrite reumatoide, lúpus eritematoso sistêmico ou doença de Graves (hipertireoidismo).

Normalmente, um potencial de ação em um axônio motor libera ACh suficiente das vesículas sinápticas para induzir um grande potencial excitatório de placa motora, com uma amplitude de cerca de 70 a 80 mV em relação ao potencial de repouso de –90 mV (Capítulo 12). Assim, o potencial de placa motora normal é maior do que o limiar necessário para iniciar um potencial de ação, cerca de -45 mV. No músculo normal, a diferença entre o limiar e a amplitude real do potencial da placa motora – o fator de segurança – é, portanto, bastante grande (**Figura 57-8**). De fato, em muitos músculos, a quantidade de ACh liberada durante a transmissão sináptica pode ser reduzida a 25% do normal antes que falhe em produzir um potencial de ação.

A densidade dos receptores de ACh é reduzida ao longo do tempo na miastenia. Isso torna menos provável que uma molécula de ACh encontre um receptor antes de ser hidrolisada pela acetilcolinesterase. Além disso, a geometria da placa motora também é alterada na miastenia (**Figura 57-9**). O dobramento normal nas pregas juncionais é reduzido, e a fenda sináptica é aumentada. Essas alterações morfológicas aumentam a difusão da ACh para longe da fenda sináptica e reduzem ainda mais a probabilidade da ACh interagir com os poucos receptores funcionais restantes. Como resultado, a amplitude do potencial da placa motora é reduzida a um ponto ligeiramente acima do limiar (**Figura 57-8**).

Assim, na miastenia, a transmissão sináptica é facilmente bloqueada, embora as vesículas no terminal pré-sináptico contenham quantidades normais de ACh e o processo de liberação do transmissor esteja intacto. Tanto a anormalidade fisiológica (a resposta decrescente) quanto os sintomas clínicos (fraqueza muscular) são parcialmente revertidos por fármacos que inibem a acetilcolinesterase. Isso ocorre porque as moléculas de ACh liberadas permanecem não hidrolisadas por mais tempo, aumentando a probabilidade de que interajam com os receptores.

Como os anticorpos causam os sintomas da miastenia? Os anticorpos não ocupam simplesmente o sítio de ligação da ACh. Mais do que isso, eles parecem reagir com epítopos de outros locais da molécula receptora. Isso aumenta a renovação dos receptores nicotínicos de ACh, provavelmente porque os anticorpos da miastenia se ligam e estabelecem reações cruzadas entre os receptores, desencadeando sua degradação (**Figura 57-9**). Além disso, alguns anticorpos miastênicos se ligam a proteínas da cascata do complemento do sistema imunitário, causando lise da membrana pós-sináptica.

Apesar das evidências que documentam o papel primário dos anticorpos contra o receptor nicotínico da ACh na miastenia, cerca de um quinto dos pacientes com miastenia não têm esses anticorpos – incluindo alguns que respondem à terapia anti-imune, como a plasmaferese. Em vez disso, a maioria desses pacientes tem anticorpos para outras proteínas pós-sinápticas, como MuSK (receptor relacionado à tirosina-cinase específica de *mús*culo com domínio *Kringle*) e proteína 4 relacionada à lipoproteína (LPR4), que

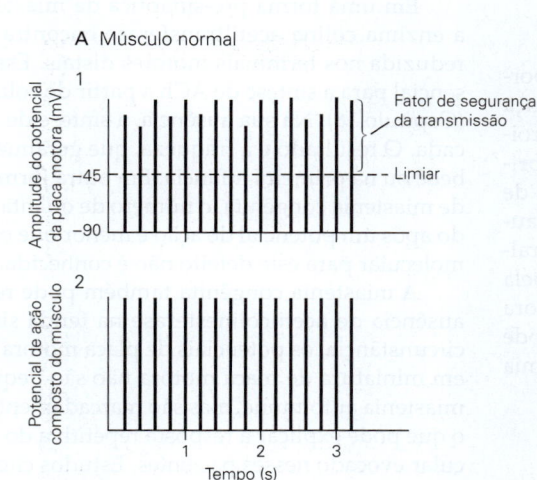

FIGURA 57-8 A transmissão sináptica na junção neuromuscular falha na miastenia grave. (Reproduzida, com autorização, de Lisak e Barchi, 1982.)

A. Na junção neuromuscular normal, a amplitude do potencial de placa motora é tão grande que todas as flutuações na eficiência da liberação do transmissor ocorrem bem acima do limiar para um potencial de ação muscular. Isso resulta em um alto fator de segurança para a transmissão sináptica (1). Portanto, durante a estimulação repetitiva do nervo motor, a amplitude dos potenciais de ação compostos, representando as contribuições de todas as fibras musculares nas quais a transmissão sináptica é bem-sucedida em desencadear um potencial de ação, é constante e invariável (2).

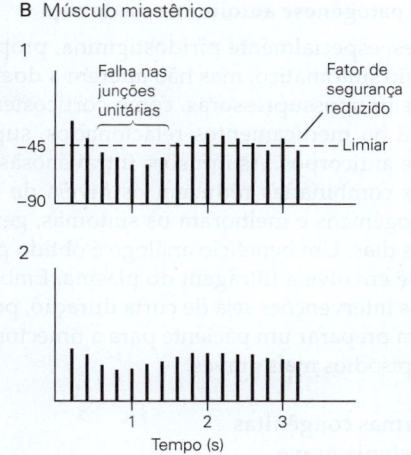

B. Na miastenia, as mudanças pós-sinápticas da junção neuromuscular reduzem a amplitude do potencial da placa motora de modo que, sob circunstâncias ótimas, o potencial da placa pode ser não mais que suficiente para produzir um potencial de ação muscular. Flutuações na liberação do transmissor que normalmente acompanham a estimulação repetitiva agora causam um potencial da placa motora abaixo desse limiar, levando à falha da condução nessa junção (1). A amplitude dos potenciais de ação compostos no músculo declina de modo progressivo, mostrando somente uma pequena e variável recuperação (2).

FIGURA 57-9 Anormalidades morfológicas da junção neuromuscular são características da miastenia grave. Na junção neuromuscular, acetilcolina (ACh) é liberada por exocitose de vesículas sinápticas em zonas ativas no terminal nervoso. A acetilcolina flui através da fenda sináptica para alcançar os receptores de ACh que estão concentrados nos picos das dobras juncionais. A acetilcolinesterase na fenda rapidamente termina a transmissão, hidrolisando a ACh. Na miastenia grave, a junção neuromuscular tem números reduzidos de receptores de ACh, dobras sinápticas simplificadas, um espaço sináptico alargado, mas um terminal nervoso normal.

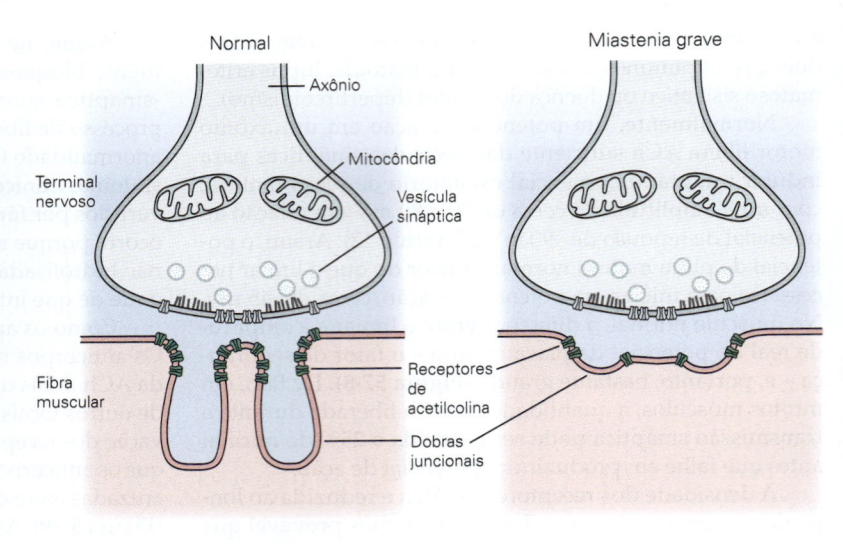

é um ativador de MuSK. MuSK é um receptor tirosina-cinase específico do músculo que interage com outra proteína pós-sináptica, a agrina, para organizar os receptores nicotínicos de ACh em agrupamentos na junção neuromuscular (Capítulo 48); ele parece ser funcionalmente importante tanto durante o desenvolvimento quanto no adulto. Os anticorpos anti-MuSK bloqueiam parte do agrupamento normal dos receptores nicotínicos de ACh após a interação de agrina com MuSK. Os anticorpos anti-LPR4 também bloqueiam o agrupamento do receptor de ACh.

O tratamento da miastenia é baseado nos efeitos fisiológicos e na patogênese autoimune da doença

Anticolinesterases, especialmente piridostigmina, proporcionam certo alívio sintomático, mas não alteram a doença de base. Terapias imunossupressoras, como corticosteroides e azatioprina ou medicamentos relacionados, suprimem a síntese de anticorpos. As infusões intravenosas de imunoglobulinas combinadas reduzem os níveis de autoanticorpos patogênicos e melhoram os sintomas, geralmente em poucos dias. Um benefício análogo é obtido pela plasmaferese, que envolve a filtragem do plasma. Embora o benefício dessas intervenções seja de curta duração, pode ser suficiente para preparar um paciente para a timectomia ou ajudá-lo em episódios mais graves.

Existem duas formas congênitas distintas de miastenia grave

Em dois tipos distintos de miastenia, os sintomas podem estar presentes desde o nascimento ou logo após. Na miastenia neonatal, a própria mãe tem miastenia autoimune, que é transmitida passivamente ao recém-nascido através do sistema imunológico. Na miastenia congênita, o lactente tem um defeito hereditário em algum componente da junção neuromuscular em vez de uma doença autoimune e, portanto, não possui anticorpos séricos para o receptor nicotínico da ACh ou MuSK.

A síndrome miastênica congênita divide-se em três grupos amplos, com base no lugar do defeito na sinapse neuromuscular: as formas pré-sináptica, a forma na fenda sináptica e a forma pós-sináptica. As características clínicas comuns a todos os três tipos incluem uma história familiar positiva, fraqueza com fadiga fácil (presente desde a infância), queda das pálpebras (ptose), uma resposta decrescente à estimulação repetitiva no EMG e triagem negativa para anticorpos anti-receptores de ACh nicotínicos. O desenvolvimento subnormal dos músculos esqueléticos reflete o fato de que a função normal na sinapse neuromuscular é necessária para manter o volume muscular normal.

Em uma forma pré-sináptica da miastenia congênita, a enzima colina acetiltransferase encontra-se ausente ou reduzida nos terminais motores distais. Essa enzima é essencial para a síntese de ACh a partir de colina e acetil-CoA (Capítulo 16). Na sua ausência, a síntese de ACh é prejudicada. O resultado é a fraqueza, que geralmente começa no bebê ou na primeira infância. Em outra forma pré-sináptica de miastenia congênita, o número de quanta de ACh liberado após um potencial de ação é menor que o normal; a base molecular para este defeito não é conhecida.

A miastenia congênita também pode resultar de uma ausência de acetilcolinesterase na fenda sináptica. Nessa circunstância, os potenciais de placa motora e os potenciais em miniatura de placa motora não são pequenos como na miastenia autoimune, mas são marcadamente prolongados, o que pode explicar a resposta repetitiva do potencial muscular evocado nesses pacientes. Estudos citoquímicos indicam que a acetilcolinesterase está ausente das membranas basais. Ao mesmo tempo, receptores colinérgicos nicotínicos são preservados.

A consequência fisiológica da deficiência de acetilcolinesterase é a ação sustentada da ACh na placa motora e por fim o desenvolvimento de uma miopatia da placa motora. Essa miopatia indica que o músculo esquelético pode reagir adversamente à estimulação excessiva na junção neuromuscular. No tratamento dessa doença é fundamental evitar o uso de agentes que inibem a acetilcolinesterase, que podem aumentar o disparo elétrico na placa motora e, assim, exacerbar a fraqueza muscular.

A maioria dos casos de miastenia congênita é causada por mutações primárias nos genes que codificam diferentes subunidades do receptor de ACh. A *síndrome do canal lento* é caracterizada por fraqueza proeminente nos membros, mas pouca fraqueza nos músculos faciais (padrão inverso ao geralmente visto na miastenia autoimune, na qual os músculos dos olhos e da orofaringe quase sempre são afetados). As correntes da placa motora apresentam um decaimento lento, e há prolongamento anormal da abertura do canal. É provável que essas mutações ajam tanto aumentando a afinidade do receptor nicotínico de ACh para a ACh, assim prolongando os efeitos desse transmissor, como diminuindo de modo direto a taxa de fechamento do canal. Em alguns casos, a quinidina é uma terapia efetiva na síndrome do canal lento, pois bloqueia o canal receptor aberto. Tal como acontece com as mutações da acetilcolinesterase, a função da placa motora degenera devido à estimulação pós-sináptica excessiva, de modo que os medicamentos anticolinesterásicos são potencialmente perigosos.

Na síndrome do canal rápido, um conjunto diferente de mutações em uma ou mais subunidades do receptor nicotínico da ACh leva a uma taxa acelerada de fechamento do canal e ao decaimento da corrente da placa terminal. A síndrome do canal rápido pode responder a inibidores da acetilcolinesterase ou 3,4-diaminopiridina. Este último bloqueia a condutância pré-sináptica do potássio aumentando a probabilidade de liberação quântica de ACh, provavelmente por prolongar o potencial de ação.

Síndrome de Lambert-Eaton e botulismo também alteram a transmissão neuromuscular

Alguns pacientes com câncer, em especial câncer de células pequenas do pulmão, apresentam a síndrome da fraqueza dos músculos proximais e um distúrbio neuromuscular com características que são opostas àquelas vistas na miastenia grave. Em vez de um declínio na resposta sináptica à estimulação repetitiva do nervo, a amplitude do potencial evocado aumenta; isto é, a transmissão neuromuscular é facilitada. Aqui, o primeiro potencial pós-sináptico é anormalmente pequeno, mas as respostas subsequentes aumentam em amplitude, de modo que o potencial somado final é duas a quatro vezes a amplitude do primeiro potencial.

Esse distúrbio, a *síndrome de Lambert-Eaton*, é atribuído à ação de anticorpos contra canais de Ca^{2+} dependentes de voltagem nos terminais pré-sinápticos. Acredita-se que esses anticorpos reajam com os canais, degradando-os à medida que o complexo anticorpo-antígeno é internalizado. Canais de cálcio semelhantes àqueles dos terminais pré-sinápticos são encontrados em culturas celulares de carcinoma de células pequenas do pulmão; o desenvolvimento de anticorpos contra esses antígenos no tumor pode ser acompanhado pela ação patogênica contra o terminal nervoso, outro tipo de mimetismo molecular.

Um bloqueio neuromuscular facilitador também ocorre no botulismo humano, pois a toxina botulínica também prejudica a liberação de ACh dos terminais nervosos. Tanto o botulismo quanto a síndrome de Lambert-Eaton são amenizados pela administração de gliconato de cálcio ou guanidina, agentes que promovem a liberação de ACh. Esses fármacos são menos efetivos que os tratamentos imunossupressores para o controle a longo prazo da síndrome de Lambert-Eaton, que é crônica. O botulismo, por outro lado, é transitório e, se o paciente for mantido vivo durante a fase aguda através do tratamento dos sintomas, o distúrbio desaparece em semanas, à medida que a infecção é controlada e a toxina botulínica é inativada.

As doenças do músculo esquelético podem ser hereditárias ou adquiridas

A fraqueza, vista em qualquer miopatia, é, em geral, atribuída à degeneração das fibras musculares. No início, as fibras que são perdidas são substituídas pela regeneração de novas fibras. Em última análise, no entanto, a renovação não consegue acompanhar o ritmo e as fibras são progressivamente perdidas. Isso leva ao aparecimento de potenciais compostos de unidades motoras de curta duração e amplitude reduzida. A diminuição do número de fibras musculares funcionais, assim, é responsável pela diminuição da força, seja a doença do músculo esquelético herdada ou adquirida.

A dermatomiosite exemplifica uma miopatia adquirida

O protótipo de uma miopatia adquirida é a dermatomiosite, definida por duas características clínicas: vermelhidão cutânea e miopatia. A erupção cutânea tem predileção por face, tórax e superfícies extensoras das articulações, inclusive os dedos. A fraqueza miopática afeta principalmente os músculos proximais dos membros. A erupção cutânea e a fraqueza geralmente aparecem simultaneamente e pioram em questão de semanas. A fraqueza pode ser moderada ou representar risco à vida.

Esse distúrbio afeta crianças ou adultos. Cerca de 10% dos pacientes adultos têm tumores malignos. Embora a patogênese não seja conhecida, acredita-se que a dermatomiosite seja uma doença autoimune de pequenos vasos sanguíneos intramusculares.

As distrofias musculares são as miopatias hereditárias mais comuns

As doenças musculares hereditárias mais conhecidas são as distrofias musculares; vários tipos principais são distinguidos por padrões clínicos e genéticos (Tabela 57-4). Alguns tipos são caracterizados apenas pela fraqueza (distrofia de Duchenne, distrofia facioescapuloumeral e distrofia muscular de cinturas); outras (por exemplo, as distrofias musculares miotônicas) têm características clínicas adicionais. A maioria é recessivamente herdada e começa na primeira infância (a de Duchenne, a de Becker e a muscular de cinturas); com menos frequência, as distrofias são herdadas de forma dominante (a facioescapuloumeral ou a miotônica). O traço cardinal das distrofias musculares de cinturas é a fraqueza proximal lentamente progressiva; nas distrofias musculares miotônicas, a fraqueza progressiva é acompanhada de severa rigidez muscular.

TABELA 57-4 Genes representativos da distrofia muscular

Local do defeito primário	Proteína	Doença
Matriz extracelular	Colágeno VI α1, α2 e α3	Miopatia de Bethlem
	Subunidade α2 laminina merosina	Miopatia congênita
Transmembrana	α-Sarcoglicano	DMC-2D
	β-Sarcoglicano	DMC-2E
	χ-Sarcoglicano	DMC-2C
	σ-Sarcoglicano	DMC-2F
	Disferlina	DMC-2B, miopatia de Miyoshi
	Caveolina-3	DMC-1C, doença muscular ondulatória
	Integrina-α7	Miopatia congênita
	Proteína XK	Síndrome de McLeod
Submembrana	Distrofina	Distrofias de Becker e de Duchenne
Sarcômero/miofibrilas	Tropomiosina B	Miopatia nemalínica do bastão
	Calpaína	DMC-2A
	Titina	Distrofia distal
	Nebulina	Miopatia nemalínica do bastão
	Teletonina	DMC-2G
	Actina muscular esquelética	Miopatia nemalínica do bastão
	Troponina	Miopatia nemalínica do bastão
Citoplasma	Desmina	Miopatia relacionada à desmina
	Cristalina-αβ	Miopatia miofibrilar distal
	Selenoproteína	Síndrome da espinha rígida
	Plectina	Epidermólise bolhosa simples
Retículo sarcoplasmático	Receptor rianodina	Hipertermia maligna
	SERCA1	Miopatia de Brody
Núcleo	Emerina	Distrofia muscular de Emery-Dreifuss
	Lamina A/C	Distrofia muscular de Emery-Dreifuss
	Expansão trinucleotídica na proteína de ligação à PoliA	Distrofia muscular oculofaríngea
Enzimas/diversos	Miotonina-cinase, repetições CTG	Distrofia muscular miotônica
	Dedo de zinco 9, repetição de CCTG	Distrofia muscular miotônica proximal
	Epimerase	Miosite com corpos de inclusão
	Miotubularina	Miopatia miotubular
	Coreína	Coreia acantocitose
Complexo de Golgi	Fukutina	Distrofia congênita de Fukuyama
	Peptídeo relacionado à fukutina	Distrofia muscular de cinturas
	POMT1	Distrofia muscular congênita
	POMGnT1	Distrofia muscular congênita

DMC, distrofia muscular de cinturas.

A distrofia muscular de Duchenne afeta somente homens, porque é uma herança recessiva ligada ao cromossomo X. Ela c omeça na primeira infância e progride de forma relativamente rápida, de modo que os pacientes estão em cadeiras de rodas aos 12 anos e geralmente morrem na terceira década de vida. Essa distrofia é causada por mutações que reduzem gravemente os níveis de distrofina, uma proteína do músculo esquelético que aparentemente confere resistência à tração da célula muscular. Em um distúrbio muscular hereditário relacionado, a distrofia muscular de Becker, a distrofina está presente, mas tem tamanho anormal ou quantidade reduzida. A distrofia de Becker é, portanto, tipicamente muito mais leve, embora haja considerável variabilidade clínica de acordo com a quantidade de distrofina retida; indivíduos com distrofia de Becker normalmente conseguem caminhar até chegarem à idade adulta, embora com fraqueza dos músculos proximais das pernas e dos braços.

A distrofina é codificada pelo gene *DMD*, o segundo maior gene humano, que abrange cerca de 2,5 milhões de pares de bases, ou 1% do cromossomo X e 0,1% do genoma humano total (**Figura 57-10A**). Ele contém no mínimo 79 éxons, que codificam um RNA mensageiro (mRNA) de 14 kb. A sequência de aminoácidos inferida para a proteína distrofina sugere uma estrutura em forma de bastão e um peso molecular de 427.000, com domínios semelhantes àqueles das duas proteínas do citoesqueleto, a α-actinina e a espectrina. A distrofina localiza-se na superfície interna da membrana plasmática. O terminal amino da distrofina está ligado ao citoesqueleto de actina, enquanto o terminal

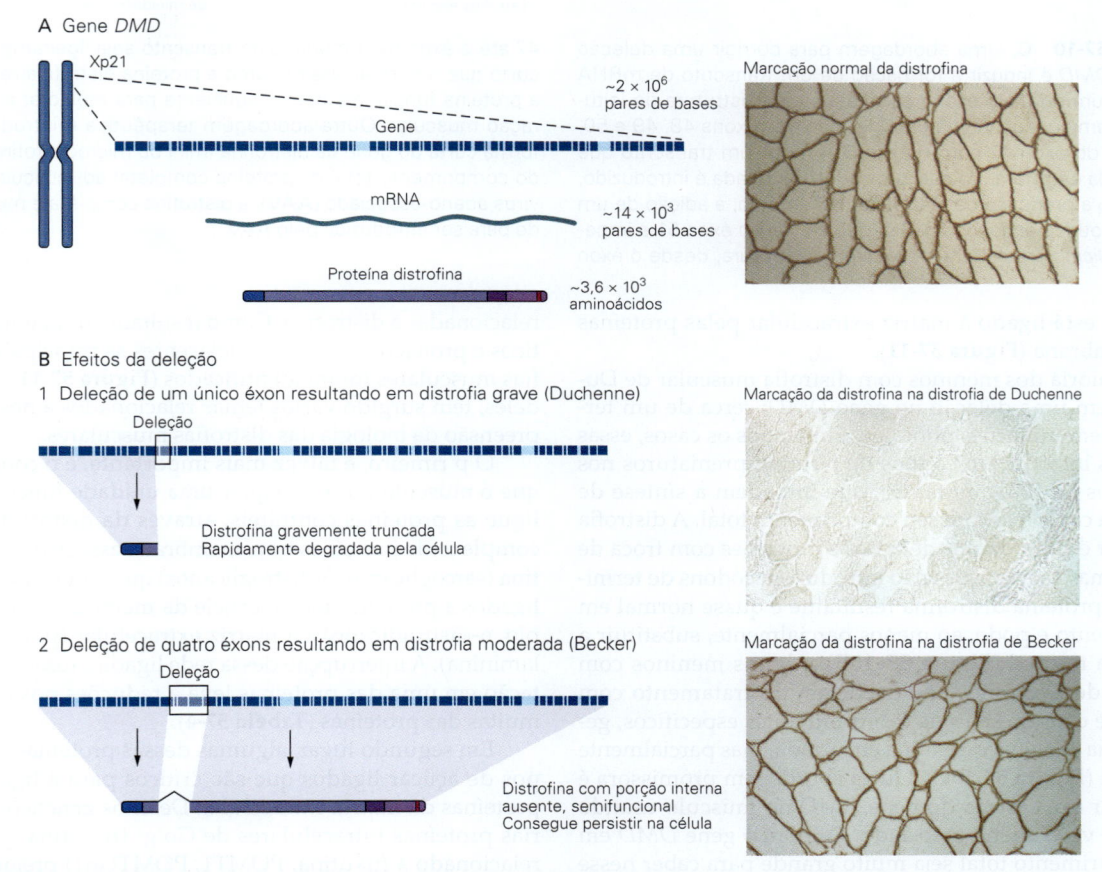

FIGURA 57-10 Duas formas de distrofia muscular são causadas por mutações de deleção no gene da distrofina. (De Hoffman e Kunkel 1989.)

A. A posição relativa do gene *DMD* na região Xp21 do cromossomo X. Uma ampliação desse *locus* mostra os 79 éxons (**linhas em azul-claro**) e íntrons (**linhas em azul-escuro**) que definem o gene com cerca de $2,0 \times 10^6$ pares de bases. A transcrição do gene dá origem ao mRNA (cerca de 14×10^3 pares de bases), e a tradução desse mRNA dá origem à proteína distrofina (peso molecular 427.000).

B. Uma exclusão que interrompe a estrutura de leitura resulta na distrofia muscular de Duchenne clinicamente grave, enquanto uma exclusão que preserva a estrutura de leitura geralmente resulta na distrofia muscular de Becker clinicamente mais leve. Em ambos os casos, o gene é transcrito em mRNA e os éxons adjacentes à deleção são unidos. 1. Se as bordas dos éxons vizinhos não mantiverem a estrutura de leitura translacional, aminoácidos incorretos são inseridos na cadeia polipeptídica em crescimento até que um códon de parada anormal seja alcançado, causando a terminação prematura da proteína. A proteína truncada pode ser instável, pode deixar de ser localizada na membrana, ou pode não se ligar a glicoproteínas. A distrofina funcional está, então, quase totalmente ausente. 2. Se a deleção preserva a estrutura de leitura, uma molécula de distrofina é produzida com uma deleção interna, mas com extremidades intactas. Embora a proteína seja menor e possa estar presente em quantidades menores do que o normal, muitas vezes pode ser suficiente para preservar algumas funções musculares.

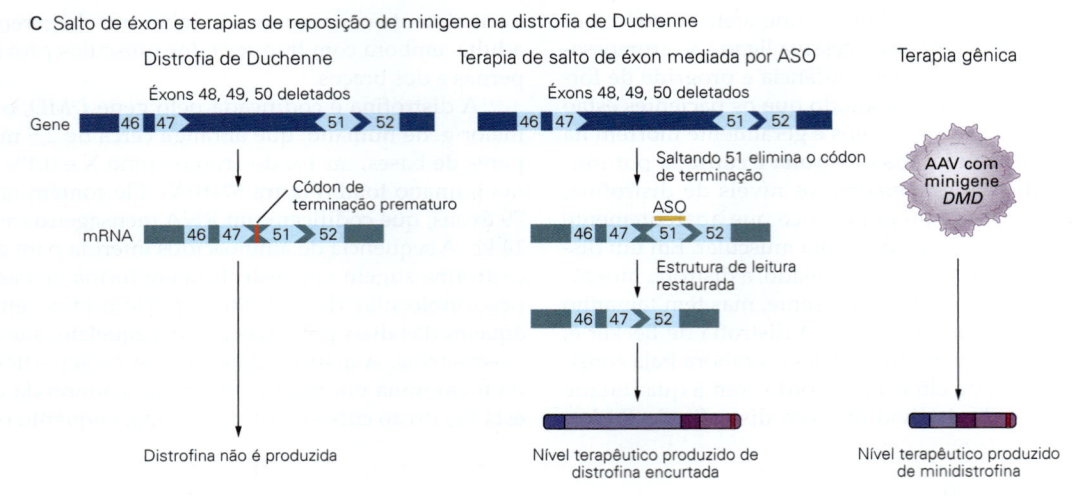

FIGURA 57-10 C. Uma abordagem para corrigir uma deleção do gene *DMD* é induzir a formação de um transcrito de mRNA que salta um ou mais éxons para restaurar a estrutura de leitura. Por exemplo, quando há uma deleção dos éxons 48, 49 e 50, o *splicing* do éxon 47 com o éxon 51 produz um transcrito que está fora da estrutura, no qual um códon de parada é introduzido, impedindo a produção de distrofina. No entanto, a adição de um oligonucleotídeo antisense (**ASO**) que se liga ao éxon 51 e impede seu *splicing* promoverá o *splicing* na estrutura, desde o éxon 47 até o éxon 52. Embora este transcrito seja ligeiramente mais curto que o normal, assim como a proteína distrofina resultante, a proteína funcionará bem o suficiente para melhorar a degeneração muscular. Outra abordagem terapêutica é introduzir uma forma curta do gene da distrofina (mini ou microdistrofina, ~30% do comprimento total na proteína completa) ao músculo usando vírus adeno-associado (**AAV**); a distrofina completa é muito grande para ser introduzida pelo AAV.

carboxila está ligado à matriz extracelular pelas proteínas transmembrana (**Figura 57-11**).

A maioria dos meninos com distrofia muscular de Duchenne tem uma deleção no gene *DMD*; cerca de um terço deles tem mutações pontuais. Em ambos os casos, essas mutações introduzem códons de término prematuros nos transcritos de RNA mutantes, que impedem a síntese de distrofina completa com seu comprimento total. A distrofia de Becker é causada por deleções e mutações com troca de sentido, mas as mutações não introduzem códons de terminação. A proteína distrofina resultante é quase normal em comprimento e pode, ao menos parcialmente, substituir a distrofina normal (**Figura 57–10B**). Alguns meninos com distrofia de Duchenne se beneficiam do tratamento com ASOs que causam salto de éxons mutantes específicos, gerando uma proteína distrofina encurtada, mas parcialmente funcional (**Figura 57-10C**). Outra abordagem promissora é introduzir uma forma do gene *DMD* no músculo usando um vetor viral adeno-associado. Embora o gene *DMD* em seu comprimento total seja muito grande para caber nesse vírus, há evidências de que algumas versões truncadas da distrofina retêm função parcial; de fato, distrofinas severamente encurtadas foram descobertas em pacientes com formas muito leves de distrofia de Becker. O empacotamento de genes que codificam mini-distrofinas em vírus adeno-associados é viável, permitindo a sua liberação no músculo esquelético e a melhora do processo distrófico (**Figura 57-10C**).

A descoberta do produto do gene afetado na distrofia muscular de Duchenne por Louis Kunkel, em meados da década de 1980, estimulou a descoberta rápida de inúmeras outras proteínas musculares novas, algumas intimamente relacionadas à distrofina. Como resultado, os defeitos genéticos e proteicos primários subjacentes às principais distrofias musculares foram identificados (**Figura 57-11**). A partir deles, têm surgido vários temas relacionados à nossa compreensão da biologia das distrofias musculares.

O primeiro, e talvez mais importante, é o conceito de que o músculo normal requer uma unidade funcional que ligue as proteínas contráteis, através da distrofina, a um complexo de proteínas transmembrana associadas à distrofina (sarcoglicanos, β-distroglicanos) que, por sua vez, estão ligados a proteínas na superfície da membrana (por exemplo, α-distroglicano) e à matriz extracelular (por exemplo, laminina). A interrupção dessa rede ligada causada por mutação em uma das proteínas leva a reduções nos níveis de muitas das proteínas (**Tabela 57-4**).

Em segundo lugar, algumas dessas proteínas têm grupos de açúcar ligados que são críticos para a ligação das proteínas da matriz extracelular. Defeitos genéticos em várias proteínas intracelulares de Golgi (fukutina, peptídeo relacionado à fukutina, POMT1, POMTGn1) prejudicam a deposição dos açúcares (glicosilação) das proteínas transmembrana, muitas vezes levando a desenvolvimento muscular aberrante e patologia clínica pronunciada, não apenas no músculo, mas por vezes no encéfalo.

Terceiro, a integridade da matriz extracelular é essencial para a função muscular normal: Defeitos nas proteínas da matriz extracelular (laminina α2 ou α7-integrina) também causam distrofias musculares.

Quarto, outras proteínas (por exemplo, disferlina), distintas daquelas complexadas com distrofina, são mediadoras do reparo da membrana após a lesão. Enquanto a distrofina é importante na manutenção da força tênsil e

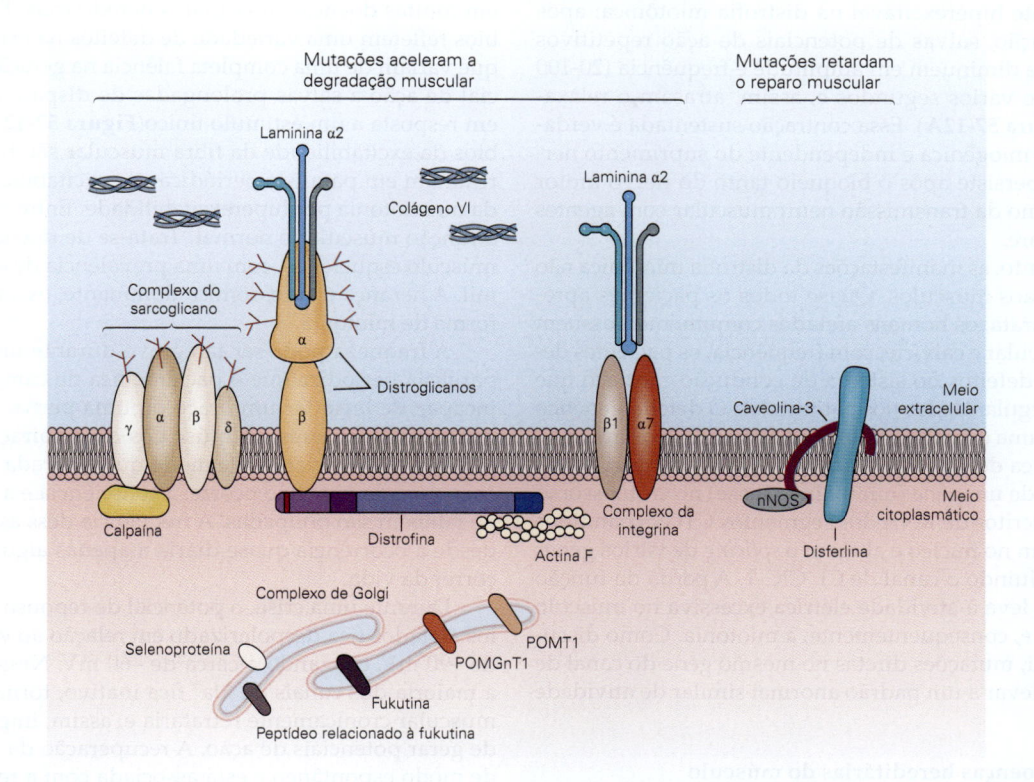

FIGURA 57-11 Na distrofia muscular, as proteínas mutantes enfraquecem a membrana da célula muscular ou retardam seu reparo após a lesão. Por exemplo, a deficiência de distrofina, uma proteína da parte interna da membrana, causa a distrofia muscular de Duchenne. A distrofina interage com complexos de outras proteínas de membrana que sofrem mutação em outras distrofias, incluindo os distroglicanos e os sarcoglicanos, que estão intimamente associados a proteínas extracelulares, como laminina α2 e colágeno. Várias outras proteínas mutadas em diferentes formas de distrofia muscular estão normalmente presentes no complexo de Golgi, onde são essenciais para adicionar grupos de açúcar às proteínas de membrana. Estes incluem POMT1 (proteína-O-manosil-transferase 1), POMGnT1 (proteína-O-manosil α-,2-N-acetilglucosaminil-transferase), fukutina, peptídeo relacionado à fukutina e uma selenoproteína. A disferlina, que também está mutada em outras distrofias, está envolvida no reparo da membrana do músculo esquelético após uma lesão. (Adaptada, com autorização, de Brown e Mendell 2005.)

da integridade da membrana muscular, a disferlina e seu parceiro de ligação caveolina-3 são centrais para gerar jangadas de vesículas que coalescem e consertam as brechas que ocorrem na membrana muscular.

É importante na clínica médica o fato de que os distúrbios devidos a defeitos em muitas dessas proteínas são menos agressivos e têm evolução mais lenta do que os da distrofia de Duchenne. Defeitos neste grupo diversificado de proteínas do músculo esquelético levam ao fenótipo da distrofia muscular de cinturas, caracterizado por fraqueza proximal dos braços e pernas lentamente progressiva. Muitas são recessivamente herdadas; mutações em ambas as cópias de um determinado gene impedem a expressão de uma proteína normal e levam à perda da função daquela proteína. Alguns genes da distrofia de cinturas são transmitidos de forma dominante; mutações em apenas uma cópia do gene em um par podem causar patologia. Como na maioria das doenças musculares primárias, no fenótipo da distrofia muscular de cinturas, a fraqueza é proeminente no tronco e nos músculos proximais dos braços e pernas. A razão deste padrão ser tão comum não é conhecida, especialmente porque as proteínas afetadas são expressas em músculos distais e proximais. O padrão de degeneração provavelmente reflete o uso muscular. Os músculos proximais são, em média, mais sujeitos a uma atividade contrátil de baixo nível, mas crônica, pois funcionam como músculos antigravitacionais.

A distrofia miotônica possui diferentes aspectos, incluindo padrão de herança autossômica, fraqueza predominantemente distal, envolvimento de tecidos não musculares e rigidez muscular notável (*miotonia*). A rigidez é induzida por descargas elétricas excessivas da membrana muscular, associadas a contrações musculares voluntárias ou percussão, ou estimulação elétrica do músculo. É mais intensa nos primeiros movimentos após um período de repouso e melhora com a atividade muscular continuada (fenômeno do "aquecimento"). Os pacientes geralmente têm dificuldade em relaxar a mão por vários segundos após o movimento do aperto de mão, em abrir as pálpebras após fechar os olhos com força ou em mover as pernas nos primeiros passos depois de se levantar de uma cadeira. A EMG demonstra que a membrana da célula muscular é eletricamente hiperexcitável na distrofia miotônica; após uma contração, salvas de potenciais de ação repetitivos aumentam e diminuem em amplitude e frequência (20-100 Hz) durante vários segundos e, assim, atrasam o relaxamento (**Figura 57-12A**). Essa contração sustentada é verdadeiramente miogênica e independente do suprimento nervoso, pois persiste após o bloqueio tanto do nervo motor aferente como da transmissão neuromuscular com agentes como o curare.

Entretanto, as manifestações da distrofia miotônica não se limitam aos músculos. Quase todos os pacientes apresentam catarata; os homens afetados comumente possuem atrofia testicular e calvície; com frequência, os pacientes desenvolvem defeitos no sistema de condução cardíaco que levam a irregularidades nos batimentos. O defeito genético primário é uma expansão, transmitida de forma dominante, de uma trinca de pares de bases (CTG) em uma região não codificante de um gene (miotonina-cinase) no cromossomo 19. Os transcritos de RNA dos segmentos CTG expandidos se acumulam no núcleo e alteram o *splicing* de vários genes críticos, incluindo o canal de Cl^- ClC-1. A perda da função desse canal leva à atividade elétrica excessiva no músculo esquelético e, consequentemente, à miotonia. Como discutido a seguir, mutações diretas no mesmo gene do canal de Cl^- podem levar a um padrão anormal similar de atividade muscular.

Algumas doenças hereditárias do músculo esquelético resultam de defeitos genéticos nos canais iônicos dependentes de voltagem

A excitabilidade elétrica do músculo esquelético é essencial para a contração rápida e quase síncrona de uma fibra muscular completa. O potencial de despolarização da placa motora na junção neuromuscular desencadeia um potencial de ação que se propaga longitudinalmente ao longo da superfície da fibra muscular e radialmente para dentro, ao longo dos túbulos transversos, que são invaginações da membrana da fibra em aposição com o retículo sarcoplasmático (Capítulo 31).

A despolarização dos túbulos transversos induz uma mudança conformacional nos canais de Ca^{2+} dependentes de voltagem do tipo L, que são transmitidos diretamente para os canais de liberação de Ca^{2+} (os receptores de rianodina) no retículo sarcoplasmático, fazendo com que os canais se abram. A liberação de Ca^{2+} do retículo sarcoplasmático aumenta o Ca^{2+} mioplasmático e, assim, ativa o movimento dependente de adenosina trifosfato (ATP) dos filamentos de actina-miosina.

Normalmente, um potencial de ação é gerado na fibra muscular para cada potencial da placa motora. A repolarização do potencial de ação muscular depende da inativação dos canais de Na^+ e da abertura dos canais de K^+ dependentes de voltagem retificadores com retardo, similares àqueles dos axônios. Essa repolarização também é aumentada pelo influxo de Cl^- através dos canais Cl^- ClC-1. Doenças musculares hereditárias surgem de mutações em qualquer um desses canais.

O acoplamento elétrico do potencial da placa motora à despolarização dos túbulos transversos está interrompido em muitas doenças musculares hereditárias. Esses distúrbios refletem uma variedade de defeitos na excitabilidade, que variam de uma completa falência na geração do potencial de ação a salvas prolongadas de disparos repetitivos em resposta a um estímulo único (**Figura 57-12**). Os distúrbios da excitabilidade da fibra muscular são transitórios e resultam em paralisia periódica por excitabilidade reduzida ou miotonia por hiperexcitabilidade. Entre os episódios, a função muscular é normal. Trata-se de doenças raras do músculo esquelético, com uma prevalência de até 1 por 100 mil. A herança é autossômica dominante, exceto para uma forma de miotonia.

A fraqueza pode ser tão grave durante um ataque de paralisia periódica que o paciente fica de cama por horas, incapaz de levantar um braço ou uma perna. Felizmente, durante essas crises, os músculos da respiração e da deglutição são poupados, de modo que a parada respiratória com risco de vida não ocorre; a consciência e a sensibilidade também são poupadas. A frequência dessas crises varia desde a ocorrência quase diária a apenas algumas no decorrer da vida.

Durante uma crise, o potencial de repouso dos músculos afetados fica despolarizado em relação ao valor normal de –90 mV, chegando a cerca de –60 mV. Nesse potencial, a maioria dos canais de Na^+ fica inativo, tornando a fibra muscular cronicamente refratária e, assim, impossibilitada de gerar potenciais de ação. A recuperação da força ocorre de modo espontâneo e está associada com a repolarização ao potencial de repouso dentro de poucos milivolts da normalidade e com a recuperação da excitabilidade.

Duas variantes da paralisia periódica têm sido delineadas. As crises de paralisia periódica hipercalêmica ocorrem durante períodos de alta concentração de K^+ venoso ($\geq 6{,}0$ mM, *versus* os níveis normais de 3,5 – 4,5 mM). A ingestão de alimentos com alto teor de K^+, como banana ou suco de frutas, pode desencadear uma crise. Por outro lado, a paralisia periódica hipocalêmica se apresenta como fraqueza episódica, em associação à baixa concentração de K^+ ($\leq 2{,}5$ mM). Os músculos afetados ficam paradoxalmente despolarizados com a redução do K^+ extracelular, o que desloca o potencial de reversão para o K^+ para valores mais negativos. Ambas as formas são de herança autossômica dominante.

A paralisia periódica hipercalêmica é causada por mutações com troca de sentido em um gene que codifica a subunidade formadora de poros de um canal de Na^+ dependente de voltagem expresso no músculo esquelético. Os canais de Na^+ mutantes resultantes têm defeitos de inativação. Defeitos sutis de inativação produzem miotonia, enquanto defeitos mais pronunciados resultam em despolarização crônica e perda de excitabilidade com paralisia (**Figura 57-12A-C**). A paralisia hipocalêmica é causada por mutações com troca de sentido nos domínios do sensor de voltagem de canais de Ca^{2+} ou canais de Na^+ no músculo esquelético. A interrupção do domínio do sensor de voltagem permite um influxo de corrente iônica através de uma via anômala, separada do poro do canal (**Figura 57-13**). Esse "vazamento" de corrente nas fibras em repouso produz uma suscetibilidade à despolarização e perda de excitabilidade em baixo K^+ extracelular. Uma forma rara de paralisia

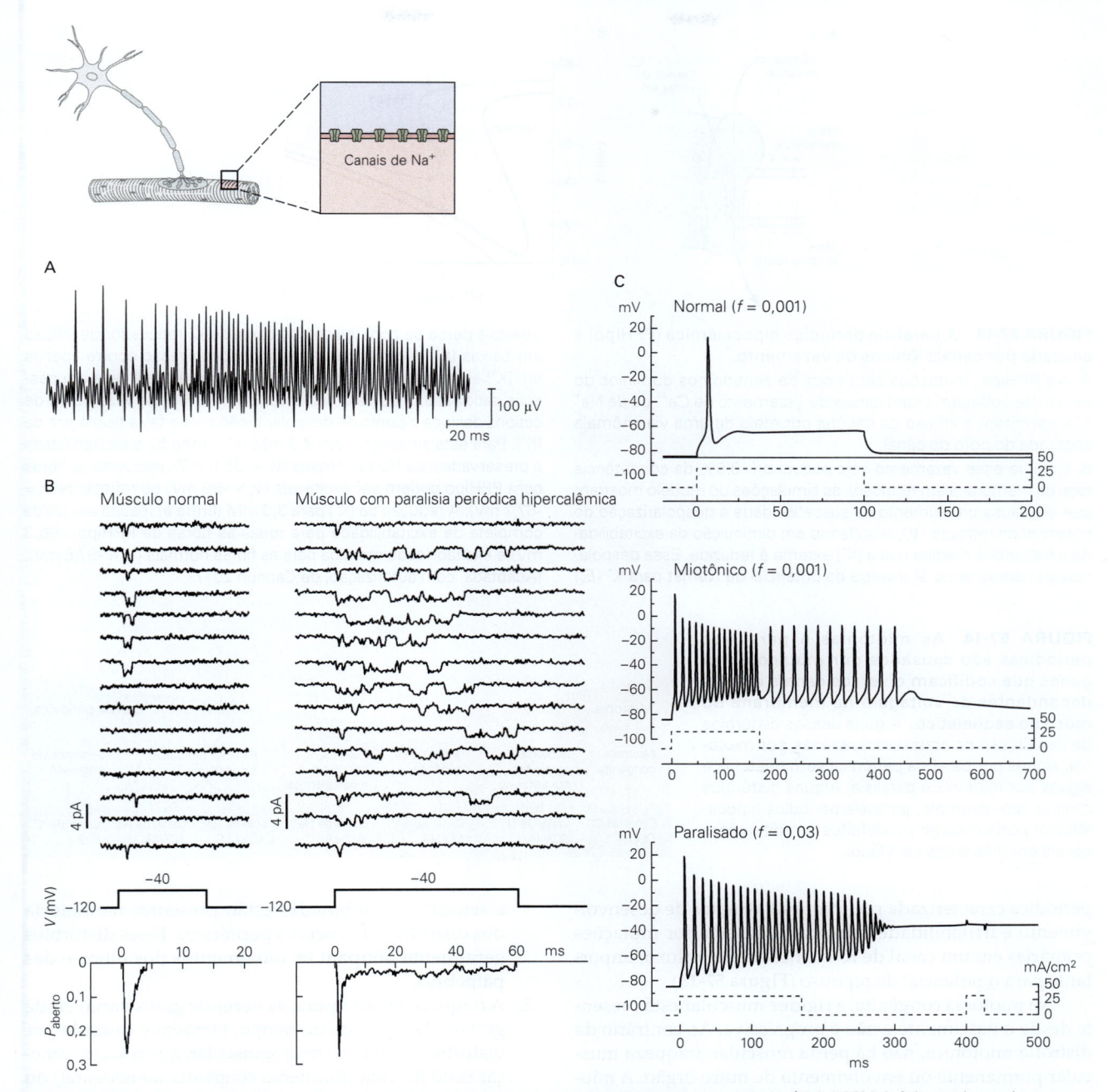

FIGURA 57-12 A miotonia ou a paralisia podem resultar da função geneticamente alterada nos canais iônicos no músculo esquelético.

A. A característica elétrica da miotonia (rigidez muscular) é uma salva rápida de potenciais de ação em resposta a um único estímulo. Os potenciais de ação, aqui representados pelas alterações de voltagem nos registros extracelulares, variam em amplitude e aumentam e diminuem em frequência. Essas salvas podem seguir a uma contração muscular voluntária ou a um estímulo mecânico, como a percussão do músculo.

B. Registros de canal único por fixação da membrana celular de células musculares humanas em cultura. No músculo normal, os canais de Na^+ se abrem precoce e brevemente em resposta a uma despolarização por fixação de voltagem de 60 ms, de -120 mV a -40 mV. Em músculos de pacientes com paralisia periódica hipercalêmica (canal de Na^+ M1592V defeituoso), as aberturas e reaberturas prolongadas indicam inativação prejudicada. A probabilidade de abertura do canal (obtida pela média dos registros individuais) persiste no músculo hipercalêmico após a inativação. (Reproduzida, com autorização, de Cannon, 1996.)

C. Mesmo um transtorno moderado da inativação do canal de Na^+ é suficiente para produzir salvas de disparos miotônicos ou perda da excitabilidade induzida por despolarização. Esses registros de simulação computadorizada mostram a voltagem muscular em resposta à injeção de corrente despolarizante (**linha tracejada**). Entre o conjunto total de canais mutantes, uma pequena fração (*f*) não consegue inativar normalmente. Nessas simulações, *f* variou de valores normais para valores apropriados para músculos miotônicos ou paralisados. (Reproduzida, com autorização, de Cannon, 1996.)

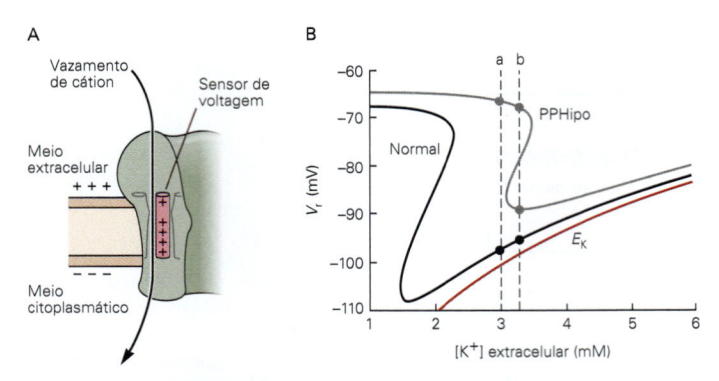

FIGURA 57-13 A paralisia periódica hipocalêmica (PPHipo) é causada por canais iônicos de vazamento.

A. Na PPHipo, mutações com troca de sentido nos domínios do sensor de voltagem criam canais de vazamento de Ca^{2+} ou de Na^+ que permitem o influxo de cátions por meio de uma via anômala separada do poro do canal.

B. Embora esse vazamento seja pequeno (~0,5% da condutância total da membrana em repouso), as simulações do modelo mostram que ele causa um aumento da suscetibilidade à despolarização do potencial de repouso (V_r), resultando em diminuição da excitabilidade e fraqueza à medida que a [K^+] externa é reduzida. Essa despolarização paradoxal do V_r diverge do potencial de Nernst para K^+ (E_K) devido à perda da contribuição do canal de K^+ retificador de influxo em baixas [K^+]. Normalmente, essa despolarização ocorre apenas em [K^+] extremamente baixas (<2 mM) e não é observada em pessoas saudáveis, mas para pacientes com PPHipo, o vazamento de cátions desloca o ponto de despolarização para a faixa fisiológica de [K^+]. Para esta simulação, em 3,3 mM [K^+] (**linha b**), a excitabilidade é preservada para fibras normais (V_r = -95,6 mV), enquanto as fibras com PPHipo podem ser excitáveis (V_r = -89 mV) ou refratárias(V_r = -67,7 mV). A redução da [K^+] para 3,0 mM (**linha a**) resulta em perda completa de excitabilidade para todas as fibras de PPHipo (-66,3 mV) e excitabilidade mantida para as fibras normais (V_r = -97,8 mV). (Adaptada, com autorização, de Cannon 2017.)

FIGURA 57-14 As miotonias e paralisias periódicas são causadas por mutações em genes que codificam diversos canais iônicos dependentes de voltagem na membrana do músculo esquelético. Alguns desses distúrbios de canais são caracterizados apenas por miotonia, alguns por paralisia periódica sem miotonia e alguns por miotonia e paralisia. Alguns distúrbios clínicos (por exemplo, paralisia periódica hipocalêmica) podem surgir de defeitos em diferentes canais em diferentes indivíduos.

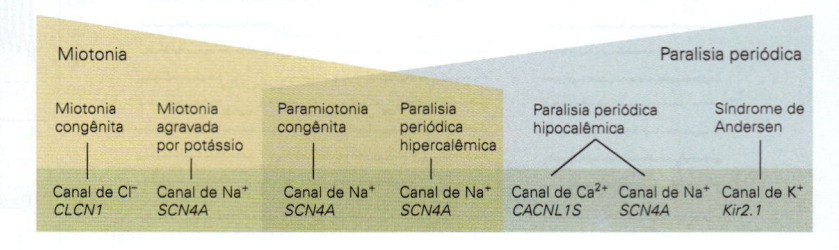

periódica caracterizada por fraqueza, defeitos de desenvolvimento e irritabilidade cardíaca é causada por mutações primárias em um canal de K^+ retificador de influxo, importante para o potencial de repouso (**Figura 57-13**).

Na miotonia congênita, a rigidez muscular está presente desde o nascimento e não é progressiva. Ao contrário da distrofia miotônica, não há perda muscular, fraqueza muscular permanente ou envolvimento de outro órgão. A miotonia congênita é uma consequência de mutações no gene que codifica o canal de Cl^- ClC-1 na membrana do músculo esquelético (**Figura 57-14**). A diminuição resultante no influxo de Cl^- leva à despolarização da membrana e a disparos repetitivos. A doença é de herança dominante, semidominante ou recessiva.

Destaques

1. Distúrbios distintos surgem de patologia em diferentes componentes da unidade motora. Doenças motoras puras, como esclerose lateral amiotrófica ou atrofia muscular espinal, são causadas pela perda de neurônios motores, enquanto características motoras e sensoriais combinadas estão presentes na maioria dos distúrbios dos nervos periféricos. Esses distúrbios geralmente poupam os movimentos dos olhos e das pálpebras.

2. A fraqueza motora pura, às vezes de graus variáveis de gravidade ao longo do tempo, também é causada por distúrbios da junção neuromuscular, que podem começar cedo na vida (miastenia congênita ou neonatal) ou na infância, ou idade adulta (geralmente miastenia grave autoimune). Este último geralmente envolve músculos das pálpebras e músculos faciais.

3. Muitas formas de fraqueza são causadas por mutações em genes que são importantes no músculo esquelético. Esses distúrbios geralmente se tornam evidentes na infância, envolvem mais os músculos proximais do que os distais e progridem constantemente. Alguns (por exemplo, distrofia muscular de Duchenne) também acarretam degeneração do músculo cardíaco.

4. Doenças hereditárias do músculo esquelético com episódios transitórios de fraqueza (paralisia periódica) ou pós-contrações involuntárias com duração de segundos (miotonia) são causadas por mutações pela troca

de sentido nos canais iônicos dependentes de voltagem. Durante um episódio de fraqueza, as fibras musculares ficam despolarizadas e refratárias à condução de potenciais de ação. Essa falha intermitente em manter o potencial de repouso pode surgir de mutações de ganho de função em canais de Na^+, mutações de perda de função em canais de K^+ ou correntes de vazamento anômalas em canais de Na^+ ou Ca^{2+}. A miotonia é um estado hiperexcitável do músculo esquelético causado por mutações de perda de função do canal de Cl^- ou de ganho de função do canal de Na^+.

5. Os estudos das doenças do sistema nervoso periférico mostram a poderosa sinergia entre a neurociência clínica e básica. Para a maioria dos distúrbios herdados como traços mendelianos, análises genéticas moleculares levaram à descrição de defeitos causadores em proteínas musculares e neuronais, começando apenas com dados clínicos de famílias afetadas e DNA de membros da família.

6. Modelos animais de muitos desses distúrbios, com defeitos genéticos precisamente definidos, estão se mostrando inestimáveis para a análise dos mecanismos de patogênese de doenças e para estudos de novos tratamentos. Combinados com a inovação em novas terapias biológicas (terapia genética, silenciamento de genes), esses modelos levaram a sucessos transformadores para os testes em humanos (por exemplo, no caso da atrofia muscular espinal).

7. Em vários desses distúrbios, uma nova geração de terapias moleculares (por exemplo, oligonucleotídeos antisense ou introdução de genes mediada por vírus) que aumentam a função dos genes mutantes está melhorando substancialmente os resultados clínicos.

Robert H. Brown
Stephen C. Cannon
Lewis P. Rowland

Leituras selecionadas

Brown RH, Al-Chalabi A. 2017. Amyotrophic lateral sclerosis. N Engl J Med 377:162–172.
Cannon SC. 2015. Channelopathies of skeletal muscle excitability. Compr Physiol 5:761–790.
Engel AG, Shen X-M, Selcen D, et al. 2015. Congenital myasthenic syndromes: pathogenesis, diagnosis, and treatment. Lancet Neurol 14:420–434.
Fridman V, Reilly MM. 2015. Inherited neuropathies. Semin Neurol 35:407–423.
Gilhus NE, Verschuuren JJ. 2015 Myasthenia gravis: subgroup classification and therapeutic strategies. Lancet Neurol 14:1023–1036.
Ranum LP, Day JW. 2004. Pathogenic RNA repeats: an expanding role in genetic disease. Trends Genet 20:506–512.

Referências

Bromberg MB. 2002. Acute and chronic dysimmune polyneuropathies. In: WF Brown, CF Bolton, MJ Aminoff (eds). *Neuromuscular Function and Disease*, p. 1048, Fig. 58–2. New York: Elsevier Science.
Bromberg MB, Smith A, Gordon MD. 2002. Toward an efficient method to evaluate peripheral neuropathies. J Clin Neuromuscular Dis 3:172–182.
Brown RH Jr, Amato AA. 2002. Inherited peripheral neuropathies: classification, clinical features and review of molecular pathophysiology. In: WF Brown, CF Bolton, MJ Aminoff (eds). *Neuromuscular Function and Disease*, p. 624, Fig. 35–2. New York: Elsevier Science.
Brown RH, Mendell J. 2005. Muscular dystrophy. In: *Harrison's Principles of Internal Medicine*. New York: McGraw-Hill.
Cannon SC. 2010. Voltage-sensor mutations in channelopathies of skeletal muscle. J Physiol (Lond) 588:1887–1895.
Cannon SC. 1996. Ion channel defects and aberrant excitability in myotonia and periodic paralysis. Trends Neurosci 19:3–10.
Cannon SC. 2017. Sodium channelopathies of skeletal muscle. Handb Exp Pharm 246:309–330.
Cannon SC, Brown RH Jr, Corey DP. 1991. A sodium channel defect in hyperkalemic periodic paralysis: potassium-induced failure of inactivation. Neuron 64:619–626.
Cannon SC, Brown RH Jr, Corey DP. 1993. Theoretical reconstruction of myotonia and paralysis caused by incomplete inactivation of sodium channels. Biophys J 66:270–288.
Chamberlain JR, Chamberlain JS. 2017. Progress toward molecular therapy for Duchenne muscular dystrophy. Mol Ther 25:1125–1131.
Cull-Candy SG, Miledi R, Trautmann A. 1979. End-plate currents and acetylcholine noise at normal and myasthenic human endplates. J Physiol (Lond) 86:353–380.
Drachman DB. 1983. Myasthenia gravis: immunology of a receptor disorder. Trends Neurosci 6:446–451.
Finkel RS, Mercuri E, Darras BT, et al. 2017. Nusinersen versus sham control in infantile-onset spinal muscular atrophy. N Engl J Med 377:1723–1732.
Gilhus NE, Verschuuren JJ. 2015. Myasthenia gravis: subgroup classification and therapeutic strategies. Lancet Neurol 14:1023–1036.
Hoffman EP, Brown RH, Kunkel LM. 1987. Dystrophin: the protein product of the Duchenne muscular dystrophy locus. Cell 51:919–928.
Hoffman EP, Kunkel LM. 1989. Dystrophin in Duchenne/Becker muscular dystrophy. Neuron 2:1019–1029.
Lisak RP, Barchi RL. 1982. *Myasthenia Gravis*. Philadelphia: Saunders.
Lupski JR. 1998. Molecular genetics of peripheral neuropathies. In: JB Martin (ed). *Molecular Neurology*, pp. 239–256. New York: Scientific American.
Mendell JR, Al-Zaidy S, Shell R, et al. 2017. Single-dose gene-replacement therapy for spinal muscular atrophy. N Engl J Med 377:1713–1722.
Mendell JR, Goemans N, Lowes LP, et al. 2016. Longitudinal effect of etiplersen versus historical control on ambulation in Duchenne muscular dystrophy. Ann Neurol 79:257–271.
Milone M. 2017. Diagnosis and management of immune-mediated myopathies. Mayo Clin Proc 92:826–837.
Newsom-Davis J, Buckley C, Clover L, et al. 2003. Autoimmune disorders of neuronal potassium channels. Ann NY Acad Sci 998:202–210.
Patrick J, Lindstrom J. 1973. Autoimmune response to acetylcholine receptor. Science 180:871–872.
Rahimov F, Kunkel LM. 2013. Cellular and molecular mechanisms underlying muscular dystrophy. J Cell Biol 201:499–510.
Rosen DR, Siddique T, Patterson D, et al. 1993. Mutations in Cu/Zn superoxide dismutase gene are associated with familial amyotrophic lateral sclerosis. Nature 362:59–62.
Rowland LP, Hoefer PFA, Aranow H Jr. 1960. Myasthenic syndromes. Res Publ Assoc Res Nerv Ment Dis 38:548–600.
Taylor JP, Brown RH, Cleveland DW. 2016. Decoding ALS: from genes to mechanisms. Nature 539:197–206.

58

Crises epilépticas e epilepsia

A classificação das crises epilépticas e epilepsias é importante para a patogênese e o tratamento
- Crises epilépticas são perturbações temporárias da função cerebral
- Epilepsia é uma condição crônica de crises epilépticas recorrentes

O eletrencefalograma representa a atividade coletiva dos neurônios corticais

As crises de início focal se originam de um pequeno grupo de neurônios
- Os neurônios no foco da crise têm atividade anormal em salvas
- A falta da inibição circundante leva à sincronização
- A propagação da atividade epileptógena envolve circuitos corticais normais

Crises epilépticas de início generalizado são transmitidas por circuitos talamocorticais

A localização do foco da crise é crucial para o tratamento cirúrgico da epilepsia

Crises prolongadas podem causar dano encefálico
- Crises epilépticas repetidas são uma emergência médica
- A excitotoxicidade é a base do dano cerebral relacionado às crises

Os fatores que levam ao desenvolvimento da epilepsia são pouco compreendidos
- Mutações nos canais iônicos estão entre as causas genéticas da epilepsia
- A gênese das epilepsias adquiridas é uma resposta inadequada à lesão

Destaques

ATÉ BEM RECENTEMENTE, A FUNÇÃO e a organização do córtex cerebral humano – a região do encéfalo relacionada às funções perceptivas, motoras e cognitivas – iludiu tanto médicos quanto neurocientistas. No passado, a análise das funções encefálicas baseava-se amplamente em observações de perda de funções resultantes de danos e da perda de células causados por acidentes vasculares ou traumas encefálicos. Esses experimentos naturais forneceram muitas das primeiras evidências de que regiões encefálicas distintas servem a funções específicas, ou, como disse o famoso neurologista americano C. Miller Fisher: "Aprendemos sobre o encéfalo 'derrame a derrame'" (*We learn about the brain 'stroke by stroke'*.). Observações de pacientes com crises epilépticas e epilepsia têm sido igualmente importantes no estudo da função encefálica, porque as consequências comportamentais desses distúrbios de *hiperatividade* neural informam aos médicos como a ativação afeta as regiões cerebrais das quais eles se originam.

As interrupções temporárias da função cerebral resultantes de atividade neuronal anormal e excessiva são chamadas de crises epilépticas, enquanto a condição crônica de crises epilépticas repetidas é chamada de epilepsia. Durante séculos, a compreensão sobre a origem neurológica das crises epilépticas foi dificultada, graças aos comportamentos dramáticos, e às vezes bizarros, associados a elas. A condição crônica da epilepsia foi amplamente associada a possessão de maus espíritos, mas as crises epilépticas eram consideradas um sinal dos poderes do oráculo, de premonições ou de poderes criativos especiais.

Os gregos, na época de Hipócrates (cerca de 400 a.C.), sabiam que lesões em um lado da cabeça poderiam causar crises no lado contralateral do corpo. Naquela época, o diagnóstico de epilepsia era provavelmente muito mais amplo do que a definição contemporânea. Outros casos de perda de consciência episódica, como síncope, histeria e crises psicogênicas foram quase certamente atribuídos à epilepsia. Além disso, documentos históricos tipicamente descrevem crises epilépticas generalizadas envolvendo ambos os hemisférios cerebrais; assim, é provável que as crises envolvendo uma área muito limitada do cérebro tenham sido diagnosticadas erroneamente ou nunca diagnosticadas. Ainda hoje pode ser difícil para os médicos distinguir entre a perda episódica de consciência e os vários tipos de crises epilépticas. Entretanto, como a capacidade de tratar ou até curar epilepsias continua se aperfeiçoando, essas diferenças diagnósticas têm sido de significativa importância.

A primeira análise neurobiológica da epilepsia começou com o trabalho de John Hughlings Jackson, em Londres, na década de 1860. Jackson notou que as crises não eram necessariamente acompanhadas de perda de consciência, mas poderiam ser associadas a sintomas localizados, como abalos musculares (movimentos clônicos) de um membro superior. Sua observação foi o primeiro reconhecimento formal do que hoje chamamos de crises focais (ou parciais).* Jackson também observou pacientes cujas crises epilépticas começaram com sintomas neurológicos focais, depois progrediram para crises com perda de consciência, envolvendo, de forma constante, as regiões adjacentes de forma ordenada (a chamada marcha jacksoniana). Suas observações deram origem ao conceito de homúnculo motor (o mapa anatômico que representa a organização do corpo ou "diagrama de redes" sobre a superfície cortical) muito antes de a organização funcional ser estabelecida por meio de técnicas eletrofisiológicas (Capítulo 4).

Outro desenvolvimento pioneiro que ajudaria na terapia moderna foi o primeiro tratamento cirúrgico para a epilepsia, em 1886, desenvolvido pelo neurocirurgião britânico Victor Horsley. Ele realizou a remoção do córtex cerebral adjacente a uma depressão do escalpo causada por uma fratura e curou um paciente com crises motoras focais. As inovações médicas relacionadas incluem o uso de fenobarbital pela primeira vez como anticonvulsivante, em 1912, por Alfred Hauptmann, o desenvolvimento do eletrencefalograma, por Hans Berger, em 1929, e a descoberta das propriedades anticonvulsivante da fenitoína por Houston Merritt e Tracey Putnann, em 1937. O nascimento do tratamento cirúrgico de rotina para a epilepsia data do início da década de 1950, quando Wilder Penfield e Herbert Jasper, em Montreal, estimularam o córtex e identificaram os mapas motor e sensorial antes de remover o foco epileptogênico ou foco da crise. Assim como em muitas doenças crônicas, as características fisiológicas das crises não são as únicas considerações que se deve ter quanto ao cuidado e o tratamento de pacientes com epilepsia. Fatores psicossociais também são extremamente importantes. O diagnóstico de epilepsia traz consequências que podem afetar todos os aspectos da vida diária, incluindo oportunidades educacionais, poder dirigir e o trabalho. Embora muitas das limitações sociais impostas aos pacientes com epilepsia sejam apropriadas – muitos concordam que esses pacientes não deveriam ser pilotos de avião –, um diagnóstico de epilepsia pode ter efeitos negativos inadequados nas oportunidades educacionais e de emprego desses pacientes. Para melhorar essa situação, os médicos têm o dever de educar a si mesmos e ao público sobre a ciência subjacente à epilepsia e suas principais comorbidades, incluindo problemas cognitivos e depressão.

---

*N. de T. Segundo a Classificação das Crises Epilépticas atual da Liga Internacional Contra Epilepsia (ILAE) de 2017, chamam-se de crises focais e não mais parciais.

A classificação das crises epilépticas e epilepsias é importante para a patogênese e o tratamento

Nem todas as crises epilépticas são iguais. Assim, a patogênese e a classificação das crises devem levar em consideração suas características clínicas, bem como fatores adquiridos e genéticos em cada paciente. As crises e a condição crônica de crises recorrentes (epilepsia) são comuns. Com base em estudos epidemiológicos nos Estados Unidos, 1% a 3% de todos os indivíduos que vivem até os 80 anos serão diagnosticados com epilepsia. A maior incidência ocorre em crianças e idosos.

Em muitos aspectos, as crises epilépticas representam um protótipo de uma doença neurológica cujos sintomas incluem ambas as manifestações "positivas" e "negativas" sensoriais ou motoras. Exemplos de sinais positivos que podem ocorrer durante as crises são a percepção de raios luminosos ou movimentos clônicos no membro superior. Os sinais negativos refletem prejuízo da função cerebral normal, como um comprometimento da consciência e da percepção cognitiva, ou mesmo cegueira transitória, interrupção da fala ou paralisia. Esses exemplos ressaltam uma característica geral das crises: os sinais e sintomas dependem da localização e da extensão das regiões do cérebro que são afetadas. Finalmente, as manifestações das crises resultam, em parte, da atividade sincrônica desencadeada no tecido circundante com propriedades celulares e de rede normais. A última atividade é particularmente importante na propagação de uma crise epiléptica para além de seus limites originais – as crises literalmente sequestram as funções normais do cérebro.

Crises epilépticas são perturbações temporárias da função cerebral

As crises epilépticas foram classificadas clinicamente em duas categorias, focais ou generalizadas, com base em seu início (**Tabela 58-1**). Essa classificação é conceitualmente simples, mas, como vários termos têm sido usados ao longo dos anos para se referir à mesma condição, a natureza binária pode ter sido obscurecida. No entanto, essa classificação de crises epilépticas se provou extremamente útil para os médicos, sendo os medicamentos anticonvulsivantes direcionados a um ou outro tipo de crise.

As crises de início focal (chamadas anteriormente de parciais) se originam em um pequeno grupo de neurônios (foco da crise ou foco epileptogênico) e, portanto, os sintomas dependem da localização deste foco no cérebro. As crises de início focal podem ocorrer sem alteração da consciência (antes chamadas parciais simples) ou com alteração da consciência (antes chamadas parciais complexas).** Uma crise de início focal típica pode começar com movimentos clônicos na mão direita e progredir com movimentos clônicos (i.e., clonia) de todo o membro superior direito. Se a

---

**N. de T. Segundo a Classificação das Crises Epilépticas atual da ILAE de 2017, as parciais simples passaram a ser chamadas de crises focais, em que não há comprometimento da consciência, e as parciais complexas passaram a ser chamadas de crises focais, com comprometimento da consciência.

TABELA 58-1 Classificação Internacional das Crises Epilépticas

Crises

Início focal
Consciente *versus* comprometimento da consciência
Início motor *versus* não motor
Focal a tônico-clônica bilateral

Início generalizado
Motora
  Tônico-clônica (antigamente grande mal)
  Outra motora
Não motora (ausência)

Início desconhecido
Motora
  Tônico-clônica
  Outra motora
Não motora

Não classificada

Fonte: Comissão de Classificação e Terminologia da Liga Internacional Contra a Epilepsia, 2017.

crise de início focal progride mais, o paciente pode perder a consciência, cair, estender as extremidades de forma rígida (fase tônica) e, então, ter movimentos clônicos de todas as extremidades (fase clônica).

Uma crise de início focal pode ser precedida por sintomas premonitórios, chamados *auras*. As auras comuns incluem sensações não provocadas, e muitas vezes vívidas, como sensação de medo, impressão de que algo sobe e desce no abdome, ou mesmo um odor específico. O romancista Fyodor Dostoyevsky descreveu suas auras como um "sentimento... tão forte e doce que por alguns segundos de tal felicidade eu daria dez ou mais anos da minha vida, até mesmo toda a minha vida". A aura é um produto da atividade elétrica no foco da crise e, portanto, representa a manifestação mais precoce da crise. O período logo após a crise e antes que o paciente recupere suas funções neurológicas normais é chamado de período pós-ictal.

As crises de início generalizado constituem a segunda principal categoria. Elas iniciam sem aura ou qualquer outra manifestação de crise de início focal e envolvem ambos os hemisférios, desde o início. Assim, às vezes eram chamadas de crises generalizadas primárias, para evitar que se confundissem com crises que se generalizam após um início focal. As crises generalizadas podem ser subdivididas em motoras ou não motoras, dependendo de a crise ser ou não associada a movimentos tônico-clônicos.

O protótipo de uma crise generalizada não motora é a *crise de ausência típica* em crianças (anteriormente chamada de pequeno mal). Essas crises começam abruptamente, costumam durar menos de 10 segundos, são associadas com olhar fixo e a cessação súbita de toda a atividade motora, e perda da consciência, porém sem perda da postura. Os pacientes parecem estar em transe, mas os episódios são tão breves que podem passar despercebidos por um observador casual. Diferentemente das crises focais, não existe aura no início e nem confusão mental após a crise (o período pós-ictal). Os pacientes podem apresentar manifestações motoras leves, como piscar dos olhos, mas não caem, nem têm movimentos tônico-clônicos. As crises de ausência típicas têm características elétricas muito distintas no eletrencefalograma (EEG), conhecidas como padrão de ponta-onda.

Algumas crises de início generalizado envolvem apenas movimentos anormais (mioclônicos, clônicos ou tônicos) ou uma perda súbita do tônus motor (atonia). O tipo motor mais comum de crise de início generalizado é a crise tônico-clônica (anteriormente chamada de grande mal). Esse tipo de crise começa abruptamente, com frequência o paciente emite um som como gemido ou choro, porque a contração tônica do diafragma e do tórax força a expiração. Durante a fase tônica, o paciente pode cair, em postura rígida e mandíbula cerrada, ele perde o controle esfincteriano e torna-se cianótico. A fase tônica dura cerca de 30 segundos antes de evoluir para movimentos clônicos das extremidades, durando de 1 a 2 minutos. Essa fase ativa é seguida por uma fase pós-ictal, durante a qual o paciente fica sonolento, desorientado e pode se queixar de dor de cabeça e dores musculares.

Uma crise tônico-clônica de início generalizado pode ser difícil de distinguir, por critérios puramente clínicos, de uma crise focal com uma aura breve, que então progride rapidamente para uma crise tônico-clônica generalizada. Essa distinção não é acadêmica, pois pode ser vital para identificar a causa subjacente e escolher o tratamento adequado. No entanto, algumas crises são simplesmente difíceis de serem classificadas devido ao início indeterminado.

Epilepsia é uma condição crônica de crises epilépticas recorrentes

Crises recorrentes constituem o critério mínimo para o diagnóstico de epilepsia. A regra clínica frequentemente citada, "uma única crise epiléptica não causa epilepsia", enfatiza esse ponto, e, mesmo crises repetidas provocadas, como abstinência de álcool, não são consideradas epilepsia. Vários fatores que contribuem para um padrão clínico de crises epilépticas recorrentes – a etiologia subjacente das crises, a idade de início ou o histórico familiar – são ignorados no esquema de classificação das crises na **Tabela 58-1**. A classificação das epilepsias evoluiu principalmente com base na observação clínica, em vez de uma compreensão celular, molecular ou genética precisa do distúrbio. Os fatores que influenciam o tipo e a gravidade da crise epiléptica geralmente podem ser reconhecidos como padrões de sinais e sintomas, chamados de *síndromes epilépticas*. Tais fatores incluem a idade de início das crises, se as crises são hereditárias e certos padrões no EEG. O reconhecimento dessas síndromes tem desempenhado um papel importante na recente descoberta de mutações em um único gene como causa de crises epilépticas.

As variáveis principais na classificação das epilepsias são a identificação ou não de anormalidade cerebral focal (epilepsias relacionadas à localização *versus* generalizadas) e a existência de uma causa identificável (sintomática) ou não (desconhecida, antes chamada de idiopática).* A grande maioria das epilepsias de início na idade adulta é classificada como epilepsias sintomáticas relacionadas à localização. Esta categoria inclui causas como trauma, acidente vascular encefálico, tumores e infecções. Um grande número de indivíduos tem epilepsias de início na vida adulta sem uma causa claramente definida.

Infelizmente, apesar da utilidade desse esquema de classificação, muitas síndromes epilépticas não se encaixam perfeitamente. Tem-se a expectativa (e a esperança) de que essa classificação seja bastante refinada, pois os critérios incluem as etiologias subjacentes, e não apenas o fenótipo clínico.

O eletrencefalograma representa a atividade coletiva dos neurônios corticais

Como os neurônios são células excitáveis, não é surpreendente que as crises resultem direta ou indiretamente de alterações na excitabilidade de neurônios individuais ou de grupos de neurônios. Esse ponto de vista foi dominante nos estudos iniciais sobre as crises epilépticas. Para estudar tais efeitos, registros elétricos da atividade cerebral podem ser feitos com eletrodos intracelulares ou extracelulares. Os eletrodos extracelulares detectam potenciais em neurônios próximos e podem detectar a atividade sincronizada de conjuntos de células chamados *potenciais de campo*.

Em uma baixa resolução temporal de registro extracelular (centenas de milissegundos a segundos), os potenciais de campo podem aparecer como alterações transitórias únicas, chamadas de pontas. Essas pontas refletem as alterações mediadas pelos potenciais de ação de muitos neurônios, e não devem ser confundidas com o potencial de ação de um único neurônio, o qual tem uma duração de apenas 1 a 2 ms. O EEG, portanto, representa um conjunto de potenciais de campo registrados por múltiplos eletrodos na superfície do escalpo (**Figura 58-1**).

Como a atividade elétrica se origina em neurônios no tecido cerebral subjacente, a forma registrada pelos eletrodos de superfície depende da orientação e da distância da fonte de atividade elétrica em relação ao eletrodo de registro. O sinal do EEG é inevitavelmente distorcido pela filtragem e atenuação causadas pelas camadas de tecido e osso que agem da mesma forma que resistores e capacitores em um circuito elétrico. Assim, a amplitude dos sinais de EEG (medida em microvolts) é muito menor do que as mudanças de voltagem em um único neurônio (milivolts). A atividade de alta frequência de uma única célula, como os potenciais de ação, é filtrada pelo sinal de EEG, o qual reflete principalmente alterações de voltagem mais lentas através da membrana celular, como os potenciais sinápticos.

Embora o sinal de EEG seja uma medida da corrente extracelular causada pela soma da atividade elétrica de muitos neurônios, nem todas as células contribuem igualmente para o EEG. O EEG de superfície reflete predominantemente a atividade dos neurônios corticais nas proximidades de cada um dos conjuntos de eletrodos de EEG no couro cabeludo. Assim, estruturas profundas como a base de um giro cortical, paredes mesiais dos lobos cerebrais, hipocampo, tálamo ou tronco encefálico não contribuem diretamente para a atividade registrada no EEG de superfície. As contribuições de células nervosas individuais para o EEG são discutidas no **Quadro 58-1**.

O EEG de superfície mostra padrões de atividade – caracterizados por frequência e amplitude da atividade elétrica – que se correlacionam com vários estágios de sono e vigília (Capítulo 44) e com processos fisiopatológicos como as crises epilépticas. O EEG humano normal apresenta atividade na faixa de 1 a 30 Hz, com amplitudes variando de 20 a 100 μV. As frequências foram divididas em vários grupos: alfa (8-13 Hz), beta (13-30 Hz), delta (0,5-4 Hz) e teta (4-7 Hz).

As ondas alfa de amplitude moderada são típicas do estado de vigília relaxado, sendo mais proeminentes nas regiões parietais e occipitais. Durante atividade mental intensa, as ondas beta de baixa amplitude são mais proeminentes nas áreas frontais e em outras regiões. Quando se pede a um indivíduo, durante estado relaxado, que abra os olhos, ocorre a chamada dessincronização do EEG, com redução da atividade alfa e aumento da atividade beta (**Figura 58-1B**). As ondas teta e delta são normais durante a sonolência e o sono de ondas lentas, respectivamente; se estiverem presentes durante a vigília, é um sinal de disfunção cerebral.

À medida que conjuntos de neurônios ficam sincronizados, quando um indivíduo relaxa ou fica sonolento, as correntes somadas tornam-se maiores e podem ser vistas como alterações abruptas na atividade de base do EEG. Essa atividade "paroxística" pode ser normal, por exemplo, os episódios de atividade de alta amplitude (1-2 segundos, 7-15 Hz) que ocorrem durante o sono (fusos do sono). Entretanto, ondas agudas ou pontas no EEG também podem fornecer uma informação sobre a localização do foco da crise em pacientes com epilepsia (**Figura 58-4**). Novos métodos analíticos e de registro, como a análise espectral do EEG, estão sendo cada vez mais usados para detectar zonas anormais de sincronia (*fast ripples*) no foco da crise.

As crises de início focal se originam de um pequeno grupo de neurônios

Apesar da variedade de crises definidas clinicamente, informações importantes sobre a geração da atividade epileptógena podem ser amplamente compreendidas pela comparação de padrões eletrográficos das crises de início focal com os de crises de início generalizado.

A característica que define as crises de início focal é que a atividade elétrica anormal inicia no *foco da crise,* ou *foco epileptogênico*. O foco da crise é considerado nada mais do que um pequeno grupo de neurônios, talvez 1.000 ou mais, que possuem excitabilidade aumentada e a capacidade de ocasionalmente espalhar essa atividade para regiões vizinhas, causando uma crise epiléptica. O aumento da excitabilidade (atividade epileptiforme) pode resultar de muitos fatores diferentes, como alteração das propriedades

---

*N. de T. Segundo a Classificação atual das Epilepsias e Síndromes Epilépticas atual da ILAE de 2017, o termo idiopática não é mais utilizado.

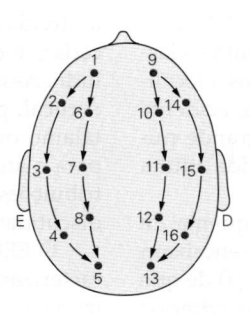

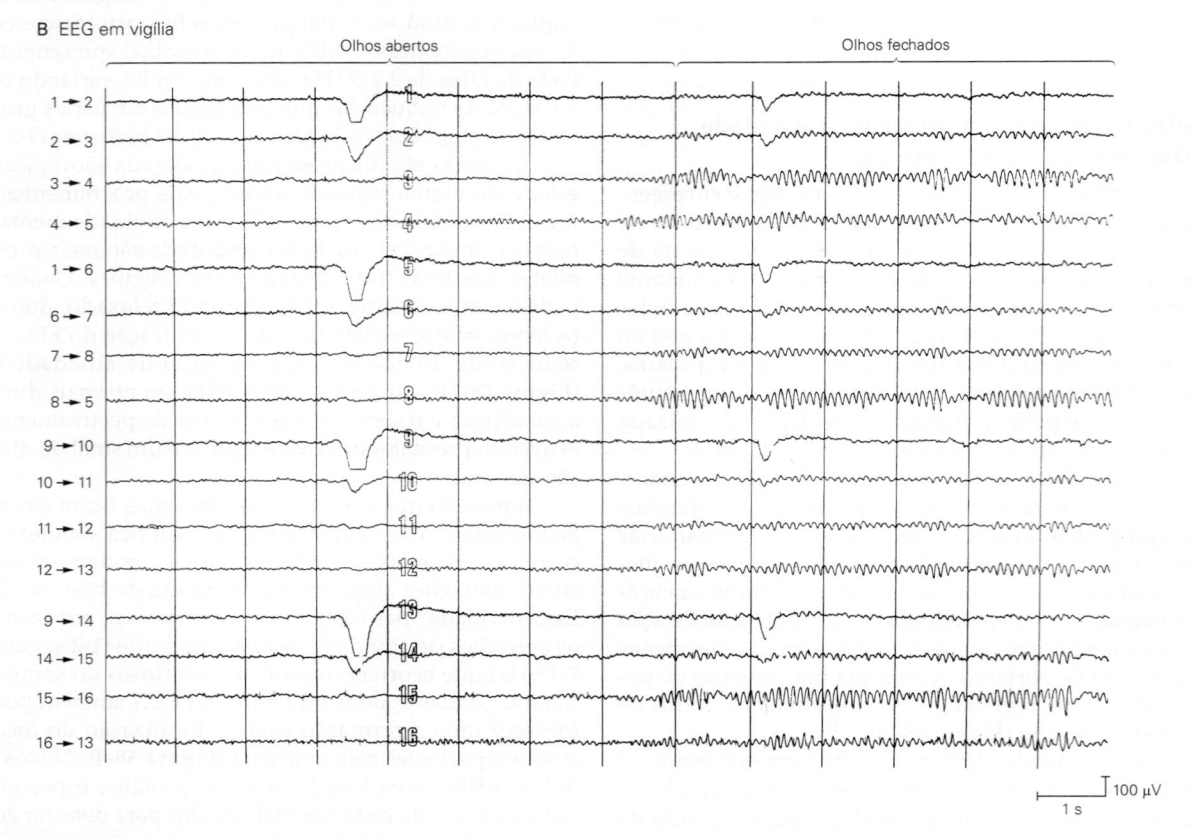

FIGURA 58-1 O eletrencefalograma (EEG) normal de um indivíduo em vigília.

A. Esquema-padrão de colocação (ou montagem) dos eletrodos na superfície do escalpo. A resposta elétrica de cada traçado reflete a atividade entre dois eletrodos.

B. No início, o EEG mostra uma atividade lenta de baixa voltagem (~20 µV) na superfície do escalpo. As linhas verticais estão posicionadas a intervalos de 1 segundo. Durante os primeiros 8 segundos, o sujeito está relaxado e com os olhos abertos, depois, foi pedido a ele que fechasse os olhos. Com os olhos fechados, uma atividade de alta amplitude (8-10 Hz) se desenvolve na região occipital (traçados 3, 4, 8, 12, 15 e 16). Esse é o ritmo alfa normal característico do estado de vigília relaxado. Artefatos lentos de alta amplitude ocorrem aos 3,5 segundos, quando os olhos piscam, e aos 9 segundos, quando os olhos se fecham.

celulares, disfunção glial ou alterações das conexões sinápticas causadas por uma cicatriz local, coágulo sanguíneo ou tumor. O desenvolvimento de uma crise de início focal pode ser arbitrariamente dividido em quatro fases: (1) o período interictal entre as crises, seguido por (2) sincronização da atividade dentro do foco da crise, (3) propagação da crise e, finalmente, (4) evolução para generalização. As fases de 2 a 4 representam a fase ictal. Diferentes fatores contribuem para cada fase.

Muito do que se sabe sobre os eventos elétricos que ocorrem durante as crises provêm de estudos em modelos animais de crises com origem focal. Uma crise pode ser induzida em um animal por estimulação elétrica ou por injeção aguda de um agente convulsivante. Essa abordagem, juntamente com estudos *in vitro* de tecidos desses modelos animais, forneceu uma boa compreensão dos eventos elétricos no foco da crise durante a crise epiléptica, bem como durante o início do período interictal.

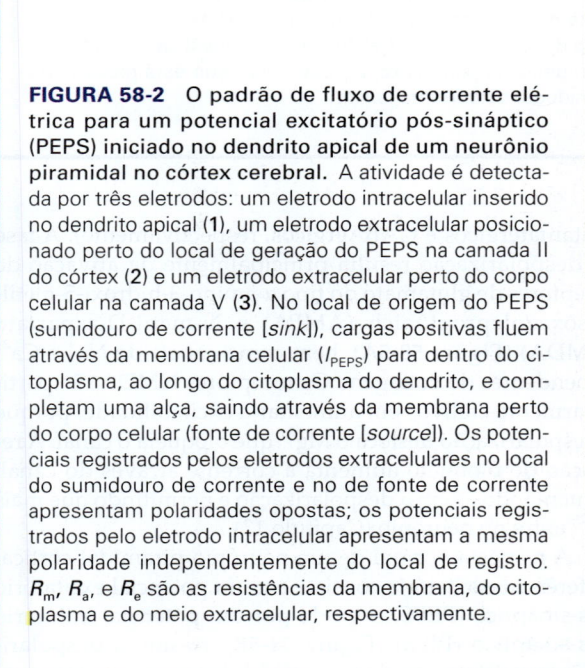

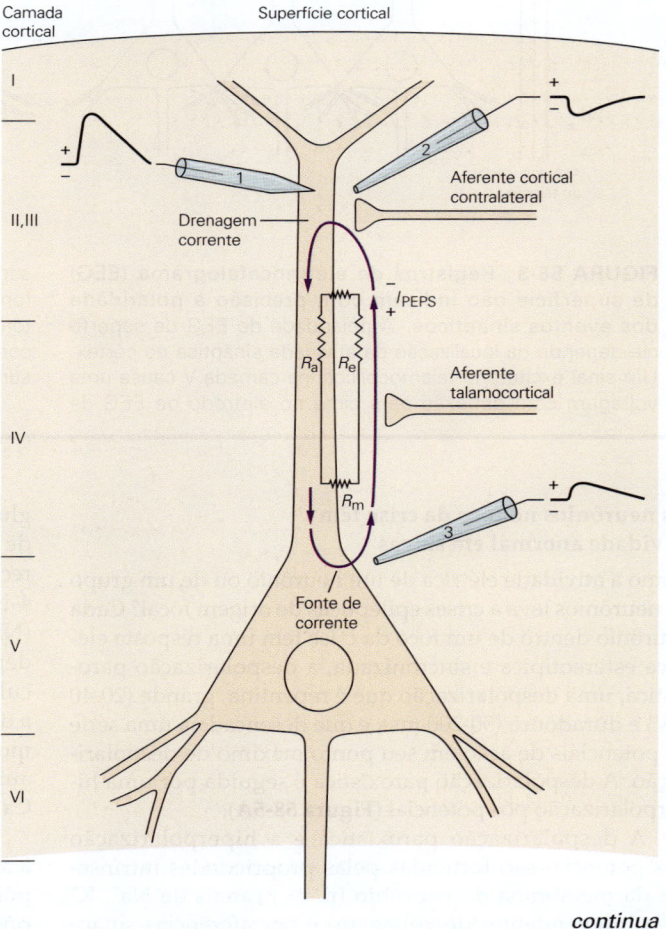

QUADRO 58-1 Contribuição de neurônios individuais para o eletrencefalograma

A contribuição da atividade de um único neurônio ao eletrencefalograma (EEG) pode ser compreendida pelo exame de um circuito cortical simplificado e por alguns princípios elétricos básicos. Os neurônios piramidais são os principais neurônios de projeção no córtex. Os dendritos apicais dessas células, que são orientados perpendicularmente à superfície celular, recebem uma variedade de aferências sinápticas. Assim, a atividade sináptica nas células piramidais é a principal fonte de atividade registrada no EEG.

Para entender a contribuição de um único neurônio para o EEG, considere o fluxo de carga produzido por um potencial excitatório pós-sináptico (PEPS) no dendrito apical de um neurônio piramidal cortical (**Figura 58-2**). A corrente iônica entra no dendrito no local de geração do PEPS, criando o que é comumente chamado de sumidouro de corrente (sink). Ela deve então completar a alça, fluindo dentro do dendrito e dali para fora através da membrana em outros sítios, criando uma fonte de corrente.

O sinal de voltagem criado por uma corrente sináptica é aproximadamente previsto pela lei de Ohm ($V = IR$, onde V é a voltagem, I é a corrente e R é a resistência). Como a resistência da membrana (R_m) é muito maior do que a da solução salina do meio extracelular (R_e), a voltagem registrada através da membrana com o eletrodo intracelular (V_m) também é maior do que a voltagem registrada no eletrodo extracelular posicionado perto do sumidouro de corrente (V_e).

No local de geração de um PEPS, o eletrodo extracelular detecta a mudança de voltagem devido à carga que flui do eletrodo para o citoplasma como uma deflexão de voltagem negativa. No entanto, um eletrodo extracelular próximo à fonte de corrente (source) registra um sinal de polaridade oposta (compare os eletrodos 1 e 3 na **Figura 58-2**). A situação é o inverso se o sítio de PEPS ocorrer no segmento basal dos dendritos apicais.

No córtex cerebral, os axônios excitatórios do hemisfério contralateral terminam principalmente nos dendritos das camadas II e III, enquanto os axônios talamocorticais terminam na camada IV (**Figura 58-2**). Como resultado, a atividade medida pelo eletrodo de EEG de superfície terá polaridades opostas para essas duas aferências, mesmo que o evento elétrico (despolarização da membrana) seja o mesmo.

FIGURA 58-2 O padrão de fluxo de corrente elétrica para um potencial excitatório pós-sináptico (PEPS) iniciado no dendrito apical de um neurônio piramidal no córtex cerebral. A atividade é detectada por três eletrodos: um eletrodo intracelular inserido no dendrito apical (**1**), um eletrodo extracelular posicionado perto do local de geração do PEPS na camada II do córtex (**2**) e um eletrodo extracelular perto do corpo celular na camada V (**3**). No local de origem do PEPS (sumidouro de corrente [sink]), cargas positivas fluem através da membrana celular (I_{PEPS}) para dentro do citoplasma, ao longo do citoplasma do dendrito, e completam uma alça, saindo através da membrana perto do corpo celular (fonte de corrente [source]). Os potenciais registrados pelos eletrodos extracelulares no local do sumidouro de corrente e no de fonte de corrente apresentam polaridades opostas; os potenciais registrados pelo eletrodo intracelular apresentam a mesma polaridade independentemente do local de registro. R_m, R_a, e R_e são as resistências da membrana, do citoplasma e do meio extracelular, respectivamente.

continua

QUADRO 58-1 Contribuição de neurônios individuais para o eletrencefalograma (*continuação*)

De forma semelhante, a origem ou a polaridade dos eventos sinápticos corticais não podem ser determinadas com precisão somente por meio dos eletrodos de EEG de superfície. Os PEPSs nas camadas profundas (como um sinal excitatório talamocortical na camada V) e os PIPSs nas camadas superficiais apresentam potenciais com deflexão para cima (positivos), enquanto os PEPSs nas camadas superficiais (como um sinal excitatório do hemisfério contralateral na camada II) e os potenciais inibitórios pós-sinápticos (PIPSs) nas camadas mais profundas aparecem como potenciais com deflexão para baixo (negativos) (**Figura 58-3**).

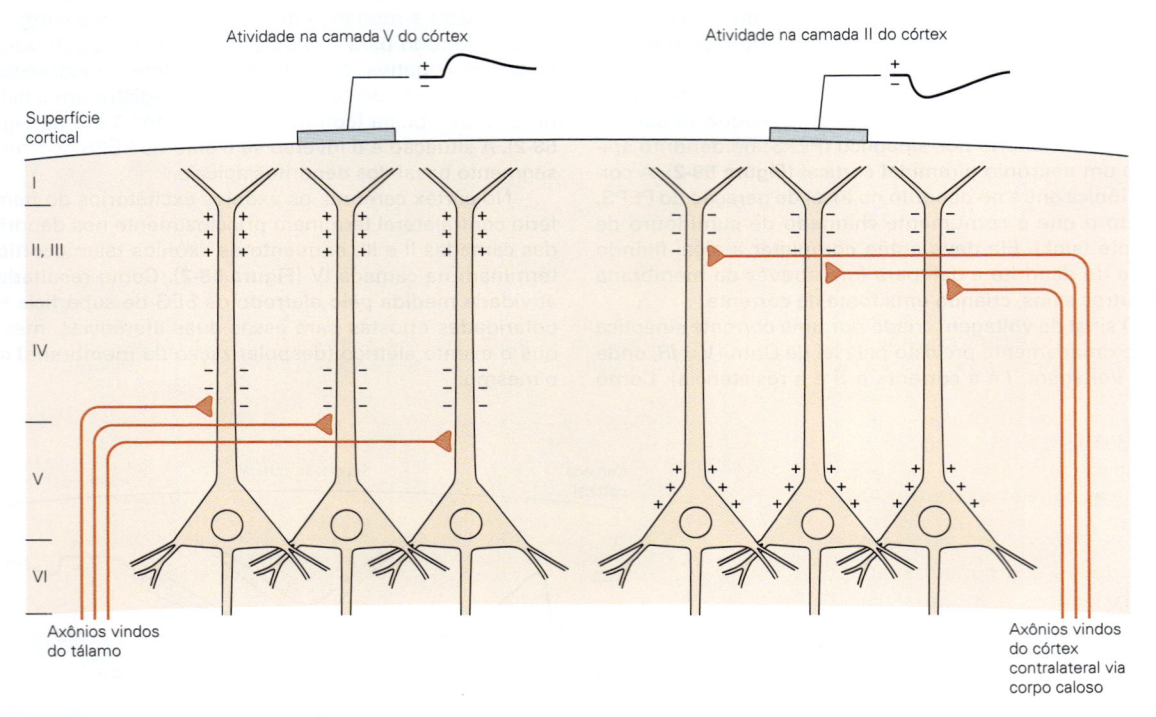

FIGURA 58-3 Registros de eletrencefalograma (EEG) de superfície não indicam com precisão a polaridade dos eventos sinápticos. A polaridade do EEG de superfície depende da localização da atividade sináptica no córtex. Um sinal excitatório talamocortical na camada V causa uma voltagem com deflexão para cima no eletrodo de EEG de superfície, uma vez que o eletrodo está próximo do local de fonte da corrente (*source*). Em contrapartida, um sinal excitatório do hemisfério contralateral na camada II causa voltagem com deflexão para baixo, porque o eletrodo está próximo do sumidouro de corrente (*sink*).

Os neurônios no foco da crise têm atividade anormal em salvas

Como a atividade elétrica de um neurônio ou de um grupo de neurônios leva a crises epilépticas de origem focal? Cada neurônio dentro de um foco da crise tem uma resposta elétrica estereotípica e sincronizada, a despolarização paroxística, uma despolarização que é repentina, grande (20-40 mV) e duradoura (50-200 ms), e que desencadeia uma série de potenciais de ação em seu ponto máximo de despolarização. A despolarização paroxística é seguida por uma hiperpolarização pós potencial (**Figura 58-5A**).

A despolarização paroxística e a hiperpolarização pós potencial são formadas pelas propriedades intrínsecas da membrana do neurônio (p. ex., canais de Na^+, K^+ e Ca^{2+} dependentes de voltagem) e por aferências sinápticas de neurônios excitatórios e inibitórios (sobretudo glutamatérgicos e GABAérgicos, respectivamente). A fase de despolarização resulta principalmente da ativação de receptores de glutamato do tipo α-amino-3-hidroxi-5-metil-4-isoxazolepropiônico (AMPA) e N-metil-D-aspartato (NMDA) (**Figura 58-5A**), bem como canais de Na^+ e Ca^{2+} dependentes de voltagem. Os receptores NMDA são particularmente efetivos em aumentar a excitabilidade, porque a despolarização desloca o Mg^{2+} que bloqueia o canal. A remoção do bloqueio aumenta a corrente através do canal, aumentando assim a despolarização e permitindo que mais Ca^{2+} entre no neurônio (Capítulo 13).

A resposta normal de um neurônio piramidal cortical à aferência excitatória consiste em um potencial excitatório pós-sináptico (PEPS) seguido por um potencial inibitório pós-sináptico (PIPS) (**Figura 58-5B**). Assim, a despolarização paroxística pode ser entendida como um aumento

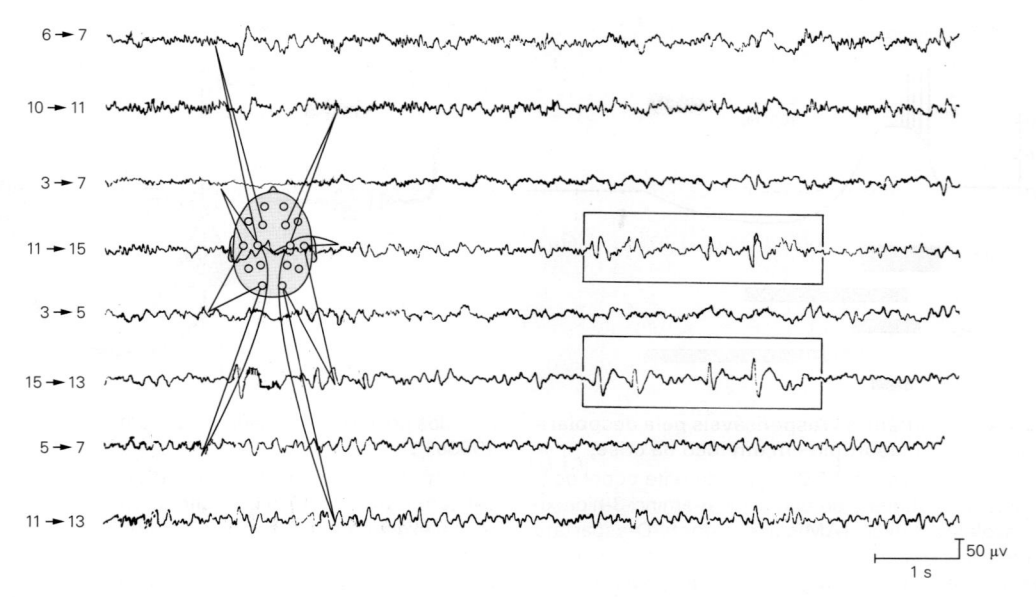

FIGURA 58-4 O eletrencefalograma (EEG) pode fornecer pistas sobre a localização de um foco da crise. Cada traçado representa a atividade elétrica entre pares de eletrodos no escalpo, como indicado no mapa dos eletrodos. Por exemplo, os pares de eletrodos 11-15 e 15-13 medem atividade da área temporal direita. A atividade no EEG de um paciente com epilepsia mostra ondas agudas nos eletrodos sobre a área temporal direita (registro dentro dos retângulos). Tal atividade paroxística surge subitamente, rompendo o padrão basal normal do EEG. A anormalidade local pode indicar que o foco da crise deste paciente é no lobo temporal. Devido ao paciente não apresentar crises clínicas durante o registro, estas são pontas interictais (ver Figura 58-7). (Adaptada, com autorização, de Lothman e Collins, 1990.)

massivo desses componentes sinápticos despolarizantes e hiperpolarizantes. A hiperpolarização pós-potencial é gerada por canais K^+ dependentes de voltagem ativados por Ca^{2+}, bem como por uma condutância de Cl^- dos receptores ionotrópicos $GABA_A$ e condutância K^+ dos receptores metabotrópicos $GABA_B$, mediadas pelo ácido γ-aminobutírico (GABA) (**Figura 58-5A**). O influxo de Ca^{2+} através de canais de Ca^{2+} dependentes de voltagem e de receptores do tipo NMDA desencadeiam a abertura de canais ativados por cálcio, particularmente os canais de K^+. A hiperpolarização pós potencial limita a duração da despolarização paroxística; e seu desaparecimento gradual é um fator mais importante no início da crise focal, como será discutido posteriormente.

Portanto, não é surpreendente que muitos convulsivantes aja m aumentando a excitação ou bloqueando a inibição. Inversamente, anticonvulsivantes agem bloqueando a excitação ou aumentando a inibição. Por exemplo, os benzodiazepínicos diazepam e lorazepam aumentam a inibição mediada por $GABA_A$ e são usados no tratamento de emergência de crises epilépticas repetitivas prolongadas. Os anticonvulsivantes fenitoína, carbamazepina e vários outros reduzem a abertura dos canais de Na^+ dependentes de voltagem necessários para a geração do potencial de ação. Modelos moleculares do canal de Na^+ indicam que esses medicamentos são mais eficazes quando o canal está no estado aberto ou ativado. Assim, apropriadamente, a capacidade desses fármacos de bloquear os canais de Na^+ é aumentada pela atividade repetitiva associada a crises epilépticas; ou seja, o maior efeito é naqueles neurônios que mais precisam ser silenciados.

A falta da inibição circundante leva à sincronização

Contanto que a atividade elétrica anormal fique restrita a um pequeno grupo de neurônios, não haverá manifestação clínica. A sincronização dos neurônios no foco da crise depende não apenas das propriedades intrínsecas de cada célula individual, mas também do número e da força das conexões entre os neurônios. Durante o período interictal, a atividade anormal é confinada ao foco da crise pela inibição do tecido circundante.

Essa "área circundante inibitória", inicialmente descrita por David Prince, é particularmente dependente da inibição de avanço direto (*feedforward*) e de retroalimentação (*feedback*) por interneurônios inibitórios GABAérgicos (**Figura 58-6A**). Embora os circuitos inibitórios no córtex cerebral sejam frequentemente representados por diagramas simples (**Figura 58-6B**), a morfologia e a conectividade dos neurônios inibitórios corticais são, na verdade, bastante complexas, e um tópico de contínua investigação por várias metodologias novas, como a marcação viral específica do tipo de célula e a estimulação por optogenética.

Durante o desenvolvimento de uma crise focal, a excitação no circuito supera a inibição circundante, e a hiperpolarização pós potencial nos neurônios do foco da crise desaparece gradualmente. Como resultado, um trem quase contínuo de potenciais de ação de alta frequência é gerado e a crise epiléptica começa a se espalhar além do foco da crise original (**Figura 58-7**).

Um fator importante na propagação das crises de início focal parece ser que intenso disparo dos neurônios piramidais resulta em uma diminuição relativa na transmissão

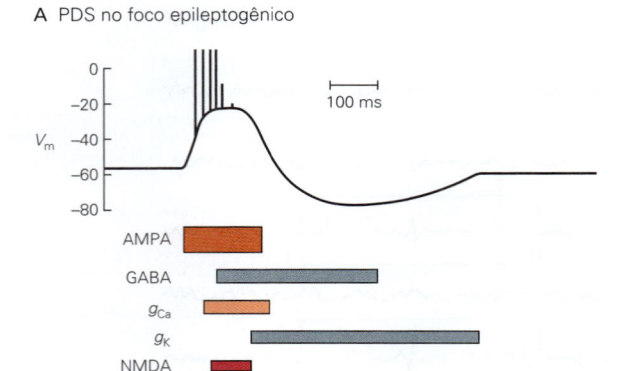

FIGURA 58-5 As condutâncias responsáveis pela despolarização paroxística de um neurônio em um foco da crise.

A. A despolarização paroxística (**PDS**) é amplamente dependente dos receptores de glutamato do tipo ácido α-amino-3-hidroxi-5-metil-4-isoxazolepropiônico (**AMPA**) e N-metil-D-aspartato (**NMDA**) cuja eficácia é aumentada pela abertura de canais de Ca^{2+} dependentes de voltagem (g_{Ca}). Após a despolarização, a célula é hiperpolarizada pela ativação dos receptores de ácido γ-aminobutírico (**GABA**) ($GABA_A$ ionotrópico e $GABA_B$ metabotrópico), bem como pelos canais de K^+ dependentes de voltagem e ativados por cálcio (g_K). (Adaptada, com autorização, de Lothman, 1993a.)

B. Ramos axônicos recorrentes ativam neurônios inibitórios e causam retroalimentação inibitória do neurônio piramidal. Aferência excitatória extrínseca pode também ativar a inibição (*feedforward inhibition*). A PDS representa excitação exagerada em um foco da crise, enquanto o circuito inibitório forma a base da inibição circundante, importante para restringir a atividade interictal no foco.

sináptica dos interneurônios GABAérgicos inibitórios, embora os mesmos permaneçam viáveis. Ainda não está bem compreendido se esta diminuição resulta de uma mudança pré-sináptica na liberação de GABA ou pós-sináptica nos receptores de GABA, e ainda pode não ser o mesmo para todos os casos. Outros fatores que podem contribuir para a perda da área circundante inibitória ao longo do tempo incluem mudanças na morfologia dendrítica, na densidade de receptores ou canais, ou uma mudança despolarizante no E_K causada pelo acúmulo extracelular de íons K^+. Os disparos prolongados também transmitem potenciais de ação para locais distantes no encéfalo, que, por sua vez, podem originar salvas de potenciais de ação em neurônios que se projetam retrogradamente aos neurônios do foco da crise (retropropagação). Conexões recíprocas entre o neocórtex e o tálamo podem ser particularmente importantes nesse aspecto.

Apesar do entendimento desse mecanismo, ainda não se sabe o que leva à ocorrência de crise em um determinado momento. A incapacidade de prever quando uma crise ocorrerá é talvez o aspecto mais debilitante em epilepsia. Novas abordagens para esse dilema são discutidas no **Quadro 58-2**. Alguns pacientes aprendem a reconhecer os gatilhos mais críticos para eles, como a privação de sono ou o estresse, e assim ajustam seu estilo de vida para evitar essas circunstâncias. Porém, em muitos indivíduos, as crises não seguem um padrão previsível.

Em poucos pacientes, estímulos sensoriais, como luzes intermitentes, podem desencadear crises, sugerindo que a excitação repetida de alguns circuitos causa alteração na excitabilidade. Por exemplo, a atividade do receptor de glutamato do tipo NMDA e a inibição GABAérgica podem sofrer alterações dependentes da frequência de disparo do neurônio pré-sináptico. Isso fornece um possível mecanismo molecular para tais mudanças na excitabilidade da rede neuronal. Em uma escala de tempo mais longa, os ritmos circadianos e os padrões hormonais também podem influenciar a probabilidade de ocorrerem crises epilépticas, como visto em pacientes que apresentam crises somente durante o sono (epilepsia noturna) ou durante o período menstrual (epilepsia catamenial). Se pudéssemos desenvolver métodos de monitoramento contínuo para prever o momento da geração das crises epilépticas (**Quadro 58-2**), a intervenção aguda para administrar um fármaco ou alterar os padrões de atividade neural para prevenir as crises poderia se tornar uma opção terapêutica. No entanto, estudos de EEG revelam grande variabilidade nos padrões pré-ictais entre pacientes. A estimulação crônica contínua dos circuitos neurais é outro método de modificação da excitabilidade dos circuitos epileptogênicos. Como exemplo dessa abordagem, os estimuladores do nervo vago implantados tiveram um sucesso modesto no tratamento da epilepsia resistente aos fármacos (refratária) que não responde a outros tratamentos.

A propagação da atividade epileptógena envolve circuitos corticais normais

Se a atividade no foco da crise é suficientemente intensa, a atividade elétrica começa a se alastrar a outras regiões encefálicas. A atividade que se alastra a partir do foco da crise geralmente segue as mesmas vias axonais da atividade cortical normal. Assim, as vias talamocorticais, subcorticais e transcalosas podem estar envolvidas na disseminação das crises. A atividade epileptógena pode se propagar de um foco da crise para outras áreas do mesmo hemisfério ou através do corpo caloso para envolver o hemisfério contralateral (**Figura 58-10**). Uma vez que ambos os hemisférios estejam envolvidos, uma crise de início focal torna-se generalizada. Nesse momento, o paciente costuma ter perda da

FIGURA 58-6 A organização espacial e temporal de um foco da crise depende da interação entre a excitação e a inibição dos neurônios no foco.

A. A célula piramidal *a* mostra as propriedades elétricas típicas dos neurônios em um foco de crise (consulte a parte **B**). A excitação na célula *a* ativa outra célula piramidal (*b*) e, quando muitas dessas células disparam de forma síncrona, uma ponta é registrada no eletrencefalograma. No entanto, a célula *a* também ativa interneurônios inibitórios GABAérgicos (**cinza**). Esses interneurônios podem reduzir a atividade das células *a* e *b* através da retroalimentação inibitória, limitando assim o foco da crise temporariamente, também podendo impedir o disparo de células fora do foco, representado aqui pela célula *c*. Este último fenômeno cria um ambiente inibitório que atua para conter a hiperexcitabilidade no foco da crise durante os períodos interictais. Quando fatores extrínsecos ou intrínsecos alteram esse equilíbrio de excitação e inibição, o ambiente inibitório começa a se romper, e a atividade epileptógena se espalha, levando à geração das crises. (Adaptada, com autorização, de Lothman e Collins, 1990.)

B. As conexões sinápticas e os padrões de atividade para as células *a*, *b* e *c* mostrados na parte **A**. As células *a* e *b* (dentro do foco da crise) sofrem uma despolarização paroxística, enquanto a célula *c* (no entorno inibitório) é hiperpolarizada devido a aferências de interneurônios inibitórios GABAérgicos.

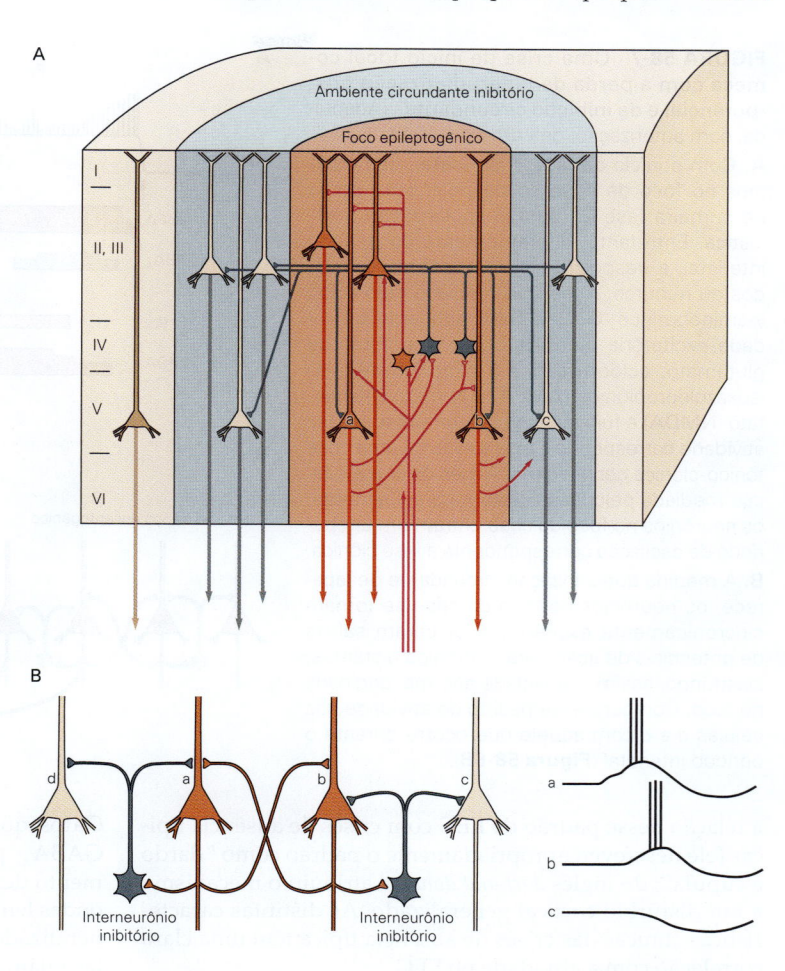

---

consciência. A propagação de uma crise focal comumente ocorre em poucos segundos, mas também pode evoluir em muitos minutos. A generalização rápida é mais provável de ocorrer em uma crise de início focal que começa no neocórtex do que uma que começa no sistema límbico (em particular, no hipocampo e na amígdala).

Uma questão interessante e ainda sem resposta é o que leva ao fim de uma crise. Notavelmente, poucos mecanismos para a limitação da crise e retorno ao estado interictal foram definidos. Uma conclusão definitiva neste ponto é que o término não é devido à exaustão metabólica celular, porque sob condições severas as crises clínicas podem continuar por horas (ver a seguir). Durante os 30 segundos iniciais ou mais de uma crise de início focal que se generaliza posteriormente, os neurônios nas áreas envolvidas sofrem despolarização prolongada e disparam continuamente (devido à perda da hiperpolarização pós-potencial, que normalmente segue uma despolarização paroxística). Enquanto a crise evolui, os neurônios começam a repolarizar e a hiperpolarização pós-potencial reaparece. Os ciclos de despolarização e repolarização correspondem à fase clônica da crise (**Figura 58-7A**).

A crise é com frequência seguida de um período de diminuição da atividade elétrica, o período pós-ictal, que pode ser acompanhado por sintomas de confusão, sonolência, ou mesmo déficits neurológicos focais, como hemiparesia (paralisia de Todd). Um exame neurológico no período pós-ictal pode fornecer informações sobre o local do foco da crise quando há depressão prolongada da função ou de uma região do cérebro, enquanto outras regiões tenham recuperado a função normal.

Crises epilépticas de início generalizado são transmitidas por circuitos talamocorticais

Ao contrário da crise de início focal típica, uma crise de início generalizado interrompe abruptamente a atividade cerebral normal em ambos os hemisférios cerebrais simultaneamente. Crises de início generalizado e as epilepsias associadas variam quanto às manifestações e etiologias. Os mecanismos celulares das crises de início generalizado diferem em vários aspectos interessantes daquelas de início focal ou com posterior generalização. Entretanto, uma crise de início generalizado pode ser difícil de ser distinguida, clinicamente ou por EEG, de uma crise de início focal que se generaliza rapidamente.

O tipo mais estudado de crise de início generalizado é a crise de ausência típica (antigamente chamada de pequeno mal), cujo padrão de EEG característico (o padrão de ponta-onda a 3 Hz na **Figura 58-11A**) foi reconhecido pela primeira vez por Hans Berger, em 1933. F. A. Gibbs reconheceu

FIGURA 58-7 Uma crise de início focal começa com a perda da hiperpolarização pós-potencial e da inibição circundante. (Adaptada, com autorização, de Lothman, 1993a.)

A. Com o início de uma crise (seta), os neurônios no foco da crise se despolarizam, como na primeira fase de uma despolarização paroxística. Entretanto, diferentemente do período interictal, a despolarização persiste por segundos ou minutos. A inibição mediada pelo ácido γ-aminobutírico (**GABA**) falha, enquanto a atividade excitatória mediada pelos receptores de glutamato, ácido α-amino-3-hidroxi-5-metil-4-isoxazolepropiônico (**AMPA**) e N-metil-D-aspartato (**NMDA**) é funcionalmente aumentada. Essa atividade corresponde à fase tônica de uma crise tônico-clônica generalizada. À medida que a inibição mediada pelo GABA retorna gradualmente, os neurônios no foco da crise entram em um período de oscilação correspondente à fase clônica.

B. À medida que a inibição circundante desaparece, os neurônios no foco da crise se tornam sincronicamente excitados e disparam salvas de potenciais de ação para neurônios distantes, alastrando, assim, a atividade anormal originada no foco. Compare esse padrão de atividade nas células *a* a *c* com aquele que ocorre durante o período interictal (**Figura 58-6B**).

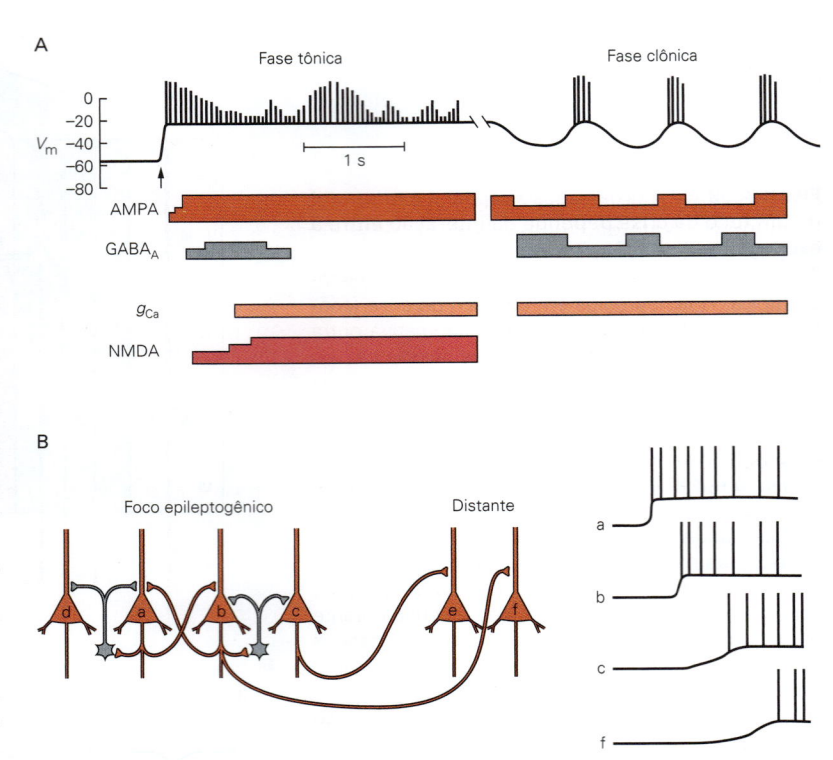

---

a relação desse padrão de EEG com crises de ausência típicas (ele descreveu apropriadamente o padrão como "dardo e cúpula"; do inglês *dart and dome*) e atribuiu o mecanismo a um distúrbio cortical generalizado. As distintas características clínicas das crises de ausência típica têm uma clara correlação com a atividade no EEG.

A crise de ausência típica começa repentinamente, dura de 10 a 30 segundos e produz um comprometimento da consciência com poucas manifestações motoras, como piscar de olhos ou movimentos labiais. Ao contrário de uma crise de início focal, que se generaliza, as crises de início generalizado tipo ausência não são precedidas por uma aura ou seguidas por sintomas pós-ictais. O padrão de EEG de ponta-onda pode ser visto simultaneamente em todas as áreas cerebrais de forma abrupta e simultânea e é imediatamente precedido e seguido por uma atividade de base normal. Períodos muito breves (1 a 5 segundos) de atividade de EEG de 3 Hz sem sintomas clínicos aparentes são comuns em pacientes com crises de ausência, mas, se frequentes, podem afetar a capacidade do indivíduo de realizar atividades normais, como afetar o desempenho escolar.

Em contrapartida à hipótese de Gibbs de hiperexcitabilidade cortical difusa, Penfield e Jasper notaram que o EEG em crises de ausência típica é semelhante à atividade rítmica no EEG durante o sono, chamada de fusos de sono (Capítulo 44). Eles propuseram a hipótese "centrencefálica", na qual a generalização foi atribuída à atividade rítmica dos agregados neuronais na parte superior do tronco encefálico ou no tálamo, que se projetam difusamente ao córtex.

Pesquisas em modelos animais de crises de início generalizado e estudos genéticos de epilepsias generalizadas sugerem que elementos de ambas as hipóteses estão corretos.

Gatos que receberam penicilina, um fraco antagonista $GABA_A$, por via parenteral, apresentaram um comportamento de indiferença associado a um padrão de EEG com ondas lentas sincrônicas bilaterais (modelo de epilepsia generalizada induzida por penicilina). Durante tal crise, células talâmicas e corticais tornam-se sincronizadas por meio das mesmas interconexões recíprocas talamocorticais que contribuem para os fusos de sono normais durante o sono de ondas lentas.

Tais crises poderiam, em teoria, representar uma forma de hiperexcitabilidade difusa no córtex. Registros de neurônios corticais individuais mostram um aumento na frequência de disparos durante uma salva de potenciais de ação despolarizante que, por sua vez, produz uma potente retroalimentação GABAérgica inibitória que hiperpolariza a célula por aproximadamente 200 ms após cada salva de potenciais de ação (**Figura 58-11C**). Essa despolarização seguida de inibição difere fundamentalmente da despolarização paroxística das crises de início focal, onde a inibição GABAérgica é preservada. Na crise de ausência típica, a soma da atividade da salva de potenciais de ação produz a ponta, enquanto a soma da inibição produz a onda do padrão de EEG de ponta-onda.

Quais as propriedades das células e das redes celulares que facilitam essa atividade síncrona e generalizada? Uma pista inicial para esta pergunta surgiu dos estudos dos disparos em salva intrínsecos dos neurônios de relé do tálamo. Henrik Jahnsen e Rodolfo Llinas descobriram que esses neurônios expressam de forma robusta o canal de Ca^{2+} dependente de voltagem do tipo T, que é inativado no potencial de repouso da membrana, mas torna-se disponível para ativação quando a célula é hiperpolarizada

QUADRO 58-2 Novas abordagens para detecção e prevenção de crises epilépticas em tempo real

Talvez o aspecto mais incapacitante das crises epilépticas e da epilepsia seja a incerteza de tudo isso – quando ocorrerá a próxima crise? Como você pode imaginar, isso afeta o emprego, o ato de dirigir, o lazer e muitas vezes impede o desenvolvimento de todo o potencial de um indivíduo. Os pacientes com epilepsia às vezes têm um breve aviso ou aura, mas raramente têm tempo suficiente para realizar uma intervenção terapêutica, como tomar uma medicação ou uma injeção, a fim de abortar a crise.

Médicos e pesquisadores da área de epilepsia há muito reconhecem a importância da detecção e prevenção das crises em tempo real como um objetivo da terapia. Claro, a detecção aguda deve preceder um tratamento agudo. No entanto, em geral, essa abordagem só tem sido possível em pacientes submetidos à monitorização de EEG com eletrodos de superfície ou implantados. Várias tecnologias estão surgindo atualmente que trazem uma nova esperança de detecção e, assim, permitem esforços para abortar ou prevenir uma crise epiléptica iminente. A maioria ainda está em fase experimental em modelos animais, mas alguns chegaram a ensaios clínicos e até à prática clínica, como no caso dos estimuladores de nervo vago. A prevenção de crises epilépticas pode ser realizada, em geral, de duas maneiras: alterando a excitabilidade de grandes regiões do cérebro ou interrompendo, de alguma forma, a atividade no foco da crise. Essas duas abordagens também podem ser consideradas em termos de engenharia enquanto estratégias de circuito aberto (*open-loop*) ou circuito fechado (*closed-loop*), respectivamente.

A primeira abordagem levou ao desenvolvimento, em 1997, do estimulador do nervo vago, implantado no pescoço e alimentado por uma bateria tipo marca-passo (**Figura 58-8**). A estimulação crônica e intermitente resultante do nervo vago tem sido eficaz na redução da frequência de crises em alguns pacientes. O paciente também pode ativar o estimulador com um ímã de mão durante uma aura para ver se a estimulação aguda pode prevenir uma crise. O mecanismo exato de redução de crises epilépticas por estimulação do nervo vago ainda não está claro, mas presumivelmente envolve a ativação do sistema nervoso parassimpático e, portanto, essa forma de estimulação tem especificidade limitada a regiões específicas do cérebro.

Como muitos pacientes com epilepsia refratária tem crises que se originam de um ou mais focos discretos no cérebro, obviamente seria ideal ser capaz de detectar atividade anormal dentro de um foco da crise e, assim, por meio de algum tipo de mecanismo de retroalimentação, fornecer um estímulo que pudesse abortar a propagação da atividade epileptiforme a partir desse foco. Esta tem sido uma área ativa de investigação na última década, levando, por exemplo, a um ensaio clínico cujos resultados foram publicados recentemente. Ness e estudo, o dispositivo testado foi um neuroestimulador implantado cronicamente (RNS System, Neuropace, sistema de neuroestimulação) que estimula diretamente o foco da crise quando a atividade epileptiforme é detectada (**Figura 58-9**).

Ness e estudo multicêntrico duplo-cego, o dispositivo foi implantado em pacientes com crises epilépticas refratárias (intratáveis) de início focal com um ou duas zonas de

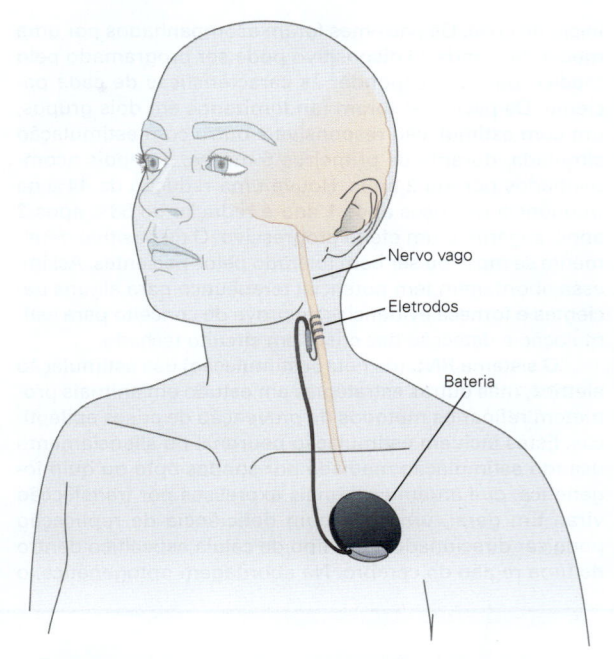

FIGURA 58-8 Estimulação do nervo vago. Esquema de colocação de eletrodos no nervo vago esquerdo alimentados por uma bateria implantada no subcutâneo na parede torácica. A estimulação pode ser programada em intervalos regulares (por exemplo, a cada 30 segundos) e também pode ser ativada sob demanda, posicionando-se um ímã sobre o peito. (Adaptada de Stacey e Litt 2008.)

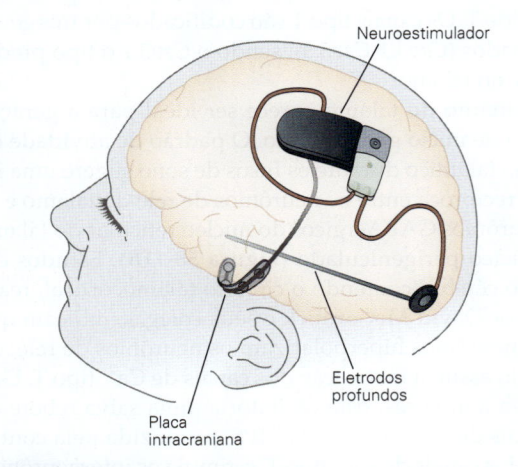

FIGURA 58-9 Detecção e prevenção de crises em circuito fechado. Este diagrama esquemático do sistema RNS de circuito fechado mostra a placa intracraniana e os eletrodos de profundidade que detectam a atividade ictal e, posteriormente, fornecem estimulação programada ao foco da crise. (Adaptada, com autorização, de Heck et al. 2014.)

continua

> **QUADRO 58-2** Novas abordagens para detecção e prevenção de crises epilépticas em tempo real (*continuação*)
>
> início de crise. Os pacientes foram acompanhados por uma média de 5 anos. O dispositivo pode ser programado pelo médico para corresponder às características de cada paciente. Os pacientes foram randomizados em dois grupos, um com estimulação responsiva e outro com estimulação simulada, durante os primeiros 5 meses, e depois acompanhados por até 2 anos. Houve uma redução de 44% na frequência de crises após 1 ano e redução de 53% após 2 anos, sugerindo um efeito progressivo. O dispositivo geralmente se mostrou ser bem tolerado pelos pacientes. Assim, essa abordagem tem potencial terapêutico para alguns pacientes e fornece evidências de prova de conceito para estimulação e detecção das crises em circuito fechado.
>
> O sistema RNS (de neuroestimulação) usa estimulação elétrica, mas outras estratégias em estudo em animais prometem refinar os métodos de prevenção de crises epilépticas. Estes incluem estimulação neuronal ou silenciamento usando estimulação mediada por sondas opto ou quimiogenética, que atuam em canais expressos por transfecção viral. Em geral, um vírus com deficiência de replicação pode ser direcionado a um tipo de célula específico dentro de uma região do cérebro. Na abordagem optogenética, o vírus é projetado para expressar canais iônicos ou bombas que atuam para reduzir a excitabilidade dos neurônios quando expostos à luz. Na abordagem quimiogenética, um produto químico é administrado de forma sistêmica. Esta estratégia já foi empregada com sucesso em modelos animais de epilepsia.
>
> A estratégia optogenética é semelhante ao neuroestimulador, exceto que a estimulação é fornecida através de um guia de luz de fibra óptica implantado próximo ao foco da crise. A vantagem dessa abordagem é que o vírus é projetado para fornecer estimulação a uma população específica de neurônios. A abordagem quimiogenética tem a vantagem de liberação não invasiva do produto químico, mas não tem a velocidade que pode ser alcançada com estimulação óptica ou elétrica. Mesmo quando otimizadas e testadas em ensaios clínicos, essas abordagens invasivas provavelmente serão úteis apenas em um subconjunto de epilepsias de início focal que têm zonas de início da crise estáveis e bem definidas. Assim, esforços contínuos e complementares são essenciais para entender os mecanismos genéticos da epileptogênese, bem como novas tecnologias, como terapias com células-tronco.

(Capítulo 10). A despolarização subsequente então abre transitoriamente o canal de Ca^{2+} (por isso chamado tipo T), e o influxo de Ca^{2+} gera potenciais em ponta de Ca^{2+} de baixo limiar. Consistente com a hipótese de que os canais tipo T contribuem para as crises de ausência, certos agentes antiepilépticos que bloqueiam as crises de ausência, como a etossuximida e o ácido valproico, também bloqueiam os canais tipo T. Os canais tipo T são codificados por três genes relacionados (*Cav3.1-Cav3.3*), sendo o *Cav3.1* o tipo predominante no tálamo.

O circuito do tálamo parece ser ideal para a geração de crises de início generalizado. O padrão de atividade do neurônio talâmico durante os fusos de sono sugere uma interação recíproca entre os neurônios de relé do tálamo e os interneurônios GABAérgicos do núcleo reticular do tálamo e do núcleo perigeniculado (**Figura 58-11B**). Estudos em fatias do cérebro contendo o circuito talamocortical, realizados por David McCormick e seus colegas, indicam que os interneurônios hiperpolarizam os neurônios de relé, removendo assim a inativação dos canais de Ca^{2+} tipo T. Essa ação leva a uma resposta oscilatória: uma salva rebote de potenciais de ação após cada PIPS, produzida pela contribuição dos canais de Ca^{2+} tipo T, estimula os interneurônios GABAérgicos, resultando em um novo evento de disparo rebote em salva do neurônio de relé do tálamo. Os neurônios de relé também excitam os neurônios corticais, que geram o "fuso" registrado no EEG. Tanto o canal de Ca^{2+} tipo T quanto o receptor $GABA_A$* desempenham um papel importante na geração dessa atividade, que se assemelha a crises de ausência em humanos (Capítulo 44).

Mutações em canais de Ca^{2+} dependentes de voltagem produziram vários modelos de camundongos de epilepsia generalizada, incluindo o chamado camundongo *totterer*, que possui uma mutação nos canais de cálcio do tipo P/Q envolvidos na liberação de neurotransmissores. Estudos realizados nesses mutantes por Jeffrey Noebels e colaboradores revelaram que os animais desenvolvem crises de início generalizado quando atingem a adolescência. O EEG desses animais mostra descarga paroxística de ponta-onda e crises que são caracterizadas por uma interrupção do comportamento e prevenidas por etossuximida, semelhantes às crises de ausência típicas em crianças. Os neurônios talâmicos nesses camundongos têm canais de Ca^{2+} do tipo T elevados, que favorecem as salvas de rebote de potenciais de ação. Mutações de mais de 20 genes diferentes para este fenótipo já foram descritas em camundongos. Notavelmente, muitas codificam subunidades de canais iônicos ou proteínas envolvidas na liberação de transmissores pré-sinápticos.

A localização do foco da crise é crucial para o tratamento cirúrgico da epilepsia

Os estudos pioneiros de Wilder Penfield, em Montreal, no início da década de 1950, levaram ao reconhecimento de que a remoção do lobo temporal em certos pacientes com crises focais de origem hipocampal poderia reduzir o número de crises ou até mesmo curar a epilepsia. À medida que o tratamento cirúrgico para esses pacientes se tornou mais comum, ficou claro que o resultado cirúrgico está diretamente

---

*N. de T. O receptor de $GABA_A$ é ionotrópico com característica de canal, e o receptor $GABA_B$ é metabotrópico.

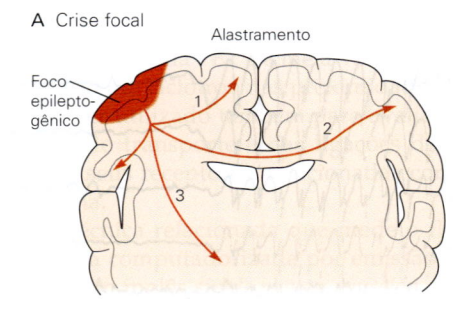

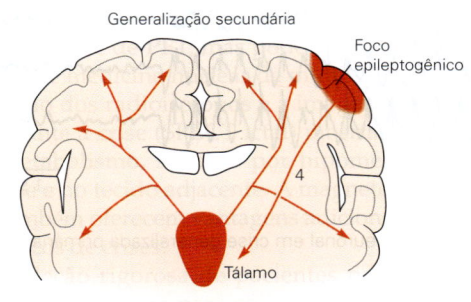

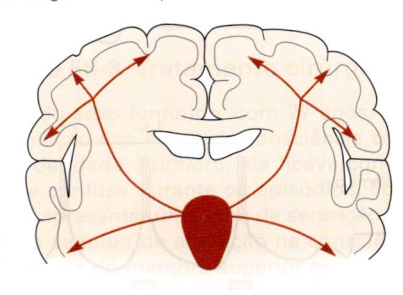

FIGURA 58-10 As crises focais e generalizadas propagam-se por várias vias. (Adaptada, com autorização, de Lothman, 1993b.)
A. Crises de início focal podem se alastrar localmente a partir do foco via fibras intra-hemisféricas (**1**) e mais remotamente ao córtex homotópico contralateral (**2**) e centros subcorticais (**3**). A generalização de uma crise de início focal se espalha para centros subcorticais por meio de projeções para o tálamo (**4**). As amplas interconexões talamocorticais contribuem então para a rápida ativação de ambos os hemisférios.
B. Em uma crise de início generalizado, como uma crise de ausência típica, as interconexões entre o tálamo e o córtex são a principal via de propagação da crise.

relacionado à adequação da ressecção. Então, a localização precisa do foco da crise em casos de crises de início focal é essencial. O mapeamento elétrico dos focos das crises originalmente se baseava no EEG de superfície, o qual, como visto, é direcionado para conjuntos específicos de neurônios no córtex imediatamente adjacente ao escalpo. No entanto, as crises refratárias ao tratamento medicamentoso convencional podem começar em estruturas profundas que mostram pouca ou nenhuma anormalidade no EEG de superfície no início da crise. Portanto, o EEG de superfície apresenta limitações para definir a localização do foco da crise.

O desenvolvimento do imageamento por ressonância magnética (IRM) melhorou marcadamente o mapeamento anatômico não invasivo dos focos das crises. Essa técnica já é rotina na avaliação de epilepsias envolvendo o lobo temporal, mas também se mostra cada vez mais promissora na identificação de focos das crises em outros locais. A base científica do mapeamento anatômico dos focos das crises por IRM foi a observação de que a maioria dos pacientes com crises refratárias de início focal com comprometimento da consciência apresentam atrofia e perda de células nas porções mesiais da formação hipocampal. Existe uma drástica perda neuronal no hipocampo (esclerose temporal mesial), alterações na morfologia dos dendritos das células sobreviventes e brotamento colateral de alguns axônios. A resolução anatômica das máquinas de IRM modernas permitiu uma avaliação quantitativa não invasiva do tamanho do hipocampo em pacientes com epilepsia. A perda de volume do hipocampo em um ou outro lado do cérebro geralmente se correlaciona bem com a localização dos focos das crises no hipocampo, conforme determinado por critérios funcionais usando eletrodos de profundidade implantados.

O paciente típico com epilepsia do lobo temporal mesial tem doença unilateral, que leva à diminuição do tamanho do hipocampo de um lado que pode estar associado à aparente dilatação do corno temporal do ventrículo lateral. Esse caso é ilustrado no **Quadro 58-3**. Entretanto, em muitos pacientes, as anormalidades não podem ser detectadas por IRM anatômico; assim, técnicas de imagem não anatômicas (funcionais) (IRMf) também são usadas (Capítulo 6).

A neuroimagem funcional aproveita as mudanças no metabolismo cerebral e no fluxo sanguíneo que ocorrem no foco da crise durante os períodos ictal e interictal. A atividade elétrica associada à crise estabelece uma grande demanda metabólica no tecido cerebral. Durante a crise focal, há um aumento aproximado de três vezes na utilização de glicose e de oxigênio. Entre as crises, o foco da crise frequentemente mostra diminuição do metabolismo. Apesar do aumento das demandas metabólicas, o cérebro é capaz de manter os níveis normais de trifosfafo de adenosina (ATP) durante a crise de início focal. Por outro lado, a interrupção transitória da respiração durante uma crise motora generalizada causa uma diminuição nos níveis de oxigênio no sangue. Isso resulta em uma queda da concentração de ATP e aumento no metabolismo anaeróbio indicado pelo aumento dos níveis de lactato. Esse déficit de oxigênio é rapidamente restabelecido no período pós-ictal, não ocorrendo nenhum dano permanente no tecido cerebral devido a uma única crise generalizada.

A tomografia por emissão de pósitrons (PET; do inglês *positron emission tomography*) de pacientes com crises de início focal originadas no lobo temporal mesial frequentemente mostra hipometabolismo interictal, com alterações metabólicas estendendo-se ao lobo temporal lateral, tálamo ipsilateral, núcleos da base e córtex frontal. O exame de PET utilizando análogos não hidrolisáveis de glicose é particularmente útil em identificar os focos das crises em pacientes com IRM normal e em alguns casos de epilepsia precoce na infância. Infelizmente, por razões desconhecidas, a PET é menos precisa em localizar o foco da crise em metabólicos resultantes, incluindo hipóxia, hipotensão, hipoglicemia e acidemia, levam à redução nos fosfatos de alta energia (ATP e fosfocreatina) no encéfalo e, portanto, podem ser devastadores para o tecido encefálico.

Complicações sistêmicas como arritmias cardíacas, edema pulmonar, hipertermia e rabdomiólise podem também ocorrer. A ocorrência de crises generalizadas repetidas sem retorno à consciência plena entre elas, chamada *status epilepticus*, ou estado de mal epiléptico, é uma verdadeira emergência médica. Essa condição requer um manejo agressivo das crises e cuidados médicos gerais, porque 30 minutos ou mais de crises tônico-clônicas generalizadas (chamadas de crises convulsivas) contínuas produzem lesão cerebral ou, até mesmo, levar à morte. O *status epilepticus* pode envolver crises não convulsivas (focal ou generalizada), nas quais as consequências metabólicas são bem menos graves.

Além dos perigos do *status epilepticus*, os pacientes com crises mal controladas também correm o risco de morte súbita (morte súbita inesperada na epilepsia [SUDEP]; do inglês *sudden unexpected death in epilepsy*), a principal causa de morte em pacientes com crises epilépticas não controladas. Os mecanismos da SUDEP não são completamente compreendidos, mas estudos recentes realizados por Richard Bagnall e colegas, bem como outros, sugerem que os casos de SUDEP têm mutações clinicamente relevantes nos genes implicados em arritmia cardíaca e epilepsia. Esses dados apoiam uma associação entre SUDEP e arritmias cardíacas ou interrupção de circuitos do tronco encefálico envolvidos no controle respiratório. Este tópico é um foco importante e de intensa investigação atualmente.

A excitotoxicidade é a base do dano cerebral relacionado às crises

Crises repetitivas podem causar danos encefálicos independentemente de alterações cardiopulmonares ou metabólicas sistêmicas, sugerindo que fatores locais no encéfalo podem resultar em morte neuronal. O cérebro imaturo parece ser bastante vulnerável a tais danos, provavelmente devido ao maior acoplamento elétrico entre os neurônios em desenvolvimento, à menor eficácia do tamponamento de potássio pelas células gliais imaturas, e ao decréscimo do transporte de glicose através da barreira hematencefálica.

Em 1880, Wilhelm Sommer notou pela primeira vez a vulnerabilidade do hipocampo a tais insultos, com perda preferencial dos neurônios piramidais nas regiões CA1 e

---

QUADRO 58-3 Tratamento cirúrgico para a epilepsia do lobo temporal (*continuação*)

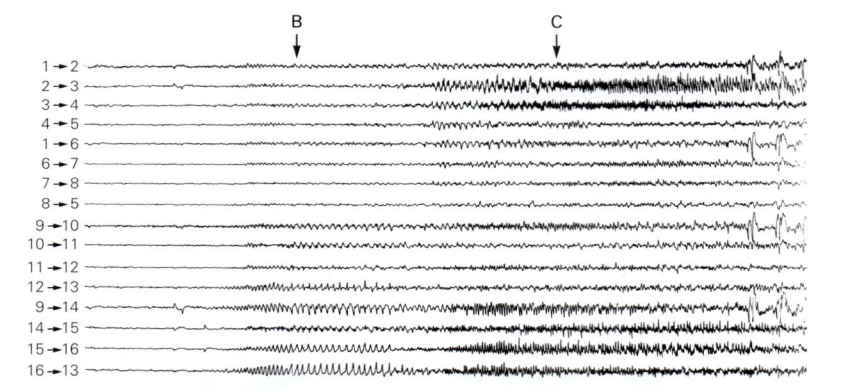

FIGURA 58-13 O EEG durante as fotografias da Figura 58-12. Ritmos de base de baixa amplitude no início (*esquerda*). No momento em que a paciente relata a sensação de medo (B), existe um aumento gradual na atividade do EEG no início da crise focal com comprometimento da consciência, mas essa atividade fica restrita aos eletrodos de EEG no hemisfério direito (eletrodos 9-16). No momento em que a consciência é alterada (C), a atividade da crise se alastra para o hemisfério esquerdo (eletrodos 1-8). As atividades de ponta-onda no EEG são particularmente proeminentes na derivação 9 sobre a região temporal anterior direita. (Reproduzida, com autorização, de Dr. Martin Salinsky.)

FIGURA 58-14 Imagem de ressonância magnética em maior aumento revela atrofia do hipocampo direito (setas à direita) e um hipocampo esquerdo normal (setas à esquerda). (Reproduzida, com autorização, de Dr. Martin Salinsky.)

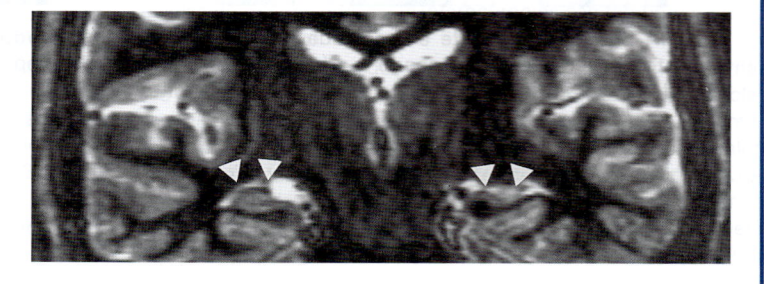

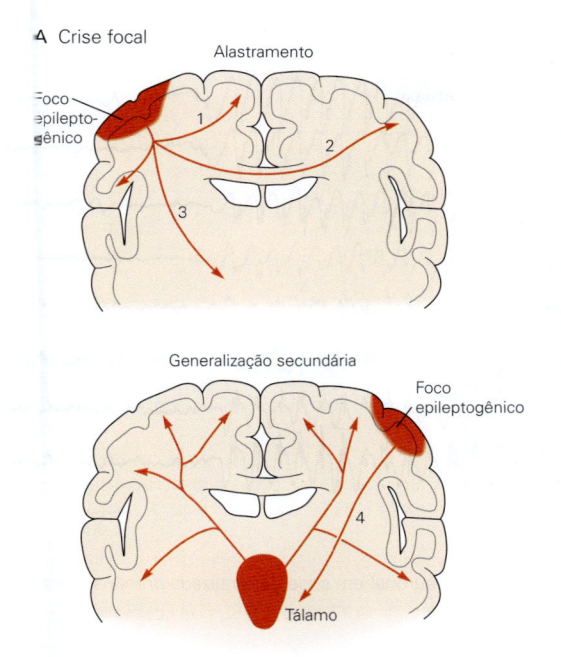

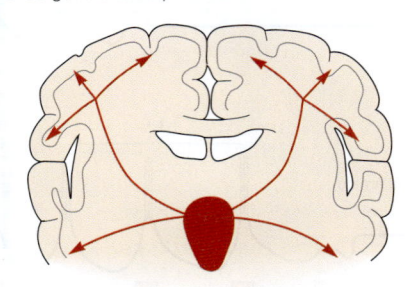

FIGURA 58-10 As crises focais e generalizadas propagam-se por várias vias. (Adaptada, com autorização, de Lothman, 1993b.)
A. Crises de início focal podem se alastrar localmente a partir do foco via fibras intra-hemisféricas (**1**) e mais remotamente ao córtex homotópico contralateral (**2**) e centros subcorticais (**3**). A generalização de uma crise de início focal se espalha para centros subcorticais por meio de projeções para o tálamo (**4**). As amplas interconexões talamocorticais contribuem então para a rápida ativação de ambos os hemisférios.
B. Em uma crise de início generalizado, como uma crise de ausência típica, as interconexões entre o tálamo e o córtex são a principal via de propagação da crise.

relacionado à adequação da ressecção. Então, a localização precisa do foco da crise em casos de crises de início focal é essencial. O mapeamento elétrico dos focos das crises originalmente se baseava no EEG de superfície, o qual, como visto, é direcionado para conjuntos específicos de neurônios no córtex imediatamente adjacente ao escalpo. No entanto, as crises refratárias ao tratamento medicamentoso convencional podem começar em estruturas profundas que mostram pouca ou nenhuma anormalidade no EEG de superfície no início da crise. Portanto, o EEG de superfície apresenta limitações para definir a localização do foco da crise.

O desenvolvimento do imageamento por ressonância magnética (IRM) melhorou marcadamente o mapeamento anatômico não invasivo dos focos das crises. Essa técnica já é rotina na avaliação de epilepsias envolvendo o lobo temporal, mas também se mostra cada vez mais promissora na identificação de focos das crises em outros locais. A base científica do mapeamento anatômico dos focos das crises por IRM foi a observação de que a maioria dos pacientes com crises refratárias de início focal com comprometimento da consciência apresentam atrofia e perda de células nas porções mesiais da formação hipocampal. Existe uma drástica perda neuronal no hipocampo (esclerose temporal mesial), alterações na morfologia dos dendritos das células sobreviventes e brotamento colateral de alguns axônios. A resolução anatômica das máquinas de IRM modernas permitiu uma avaliação quantitativa não invasiva do tamanho do hipocampo em pacientes com epilepsia. A perda de volume do hipocampo em um ou outro lado do cérebro geralmente se correlaciona bem com a localização dos focos das crises no hipocampo, conforme determinado por critérios funcionais usando eletrodos de profundidade implantados.

O paciente típico com epilepsia do lobo temporal mesial tem doença unilateral, que leva à diminuição do tamanho do hipocampo de um lado que pode estar associado à aparente dilatação do corno temporal do ventrículo lateral. Esse caso é ilustrado no **Quadro 58-3**. Entretanto, em muitos pacientes, as anormalidades não podem ser detectadas por IRM anatômico; assim, técnicas de imagem não anatômicas (funcionais) (IRMf) também são usadas (Capítulo 6).

A neuroimagem funcional aproveita as mudanças no metabolismo cerebral e no fluxo sanguíneo que ocorrem no foco da crise durante os períodos ictal e interictal. A atividade elétrica associada à crise estabelece uma grande demanda metabólica no tecido cerebral. Durante a crise focal, há um aumento aproximado de três vezes na utilização de glicose e de oxigênio. Entre as crises, o foco da crise frequentemente mostra diminuição do metabolismo. Apesar do aumento das demandas metabólicas, o cérebro é capaz de manter os níveis normais de trifosfafo de adenosina (ATP) durante a crise de início focal. Por outro lado, a interrupção transitória da respiração durante uma crise motora generalizada causa uma diminuição nos níveis de oxigênio no sangue. Isso resulta em uma queda da concentração de ATP e aumento no metabolismo anaeróbio indicado pelo aumento dos níveis de lactato. Esse déficit de oxigênio é rapidamente restabelecido no período pós-ictal, não ocorrendo nenhum dano permanente no tecido cerebral devido a uma única crise generalizada.

A tomografia por emissão de pósitrons (PET; do inglês *positron emission tomography*) de pacientes com crises de início focal originadas no lobo temporal mesial frequentemente mostra hipometabolismo interictal, com alterações metabólicas estendendo-se ao lobo temporal lateral, tálamo ipsilateral, núcleos da base e córtex frontal. O exame de PET utilizando análogos não hidrolisáveis de glicose é particularmente útil em identificar os focos das crises em pacientes com IRM normal e em alguns casos de epilepsia precoce na infância. Infelizmente, por razões desconhecidas, a PET é menos precisa em localizar o foco da crise em

A Atividade de ponta e onda em crise de ausência típica

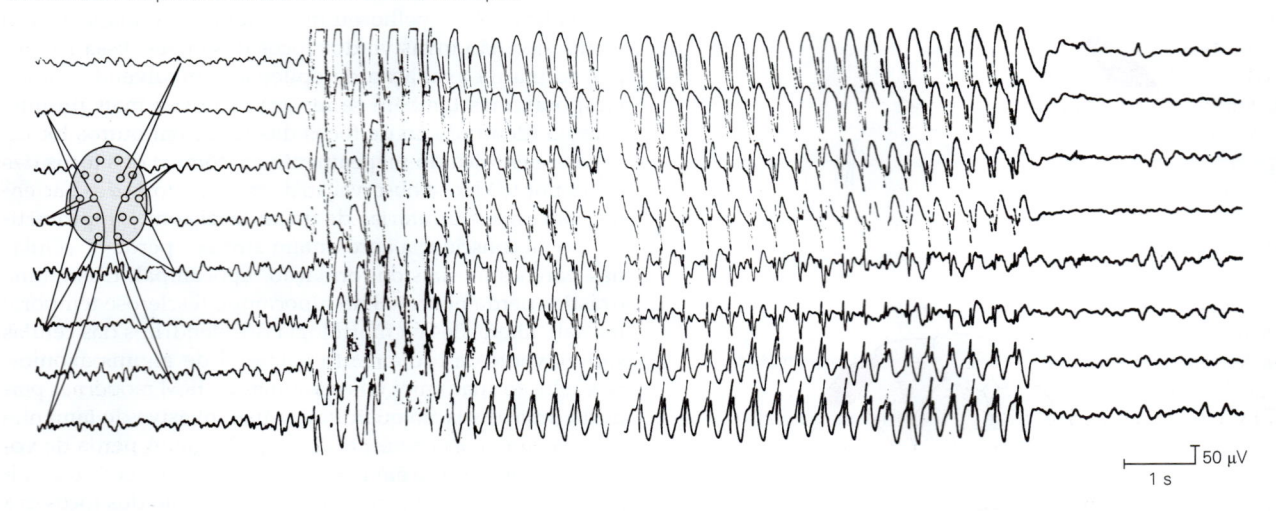

B Projeções talamocorticais

C Sincronia da atividade neuronal em crise generalizada primária (ponta-onda)

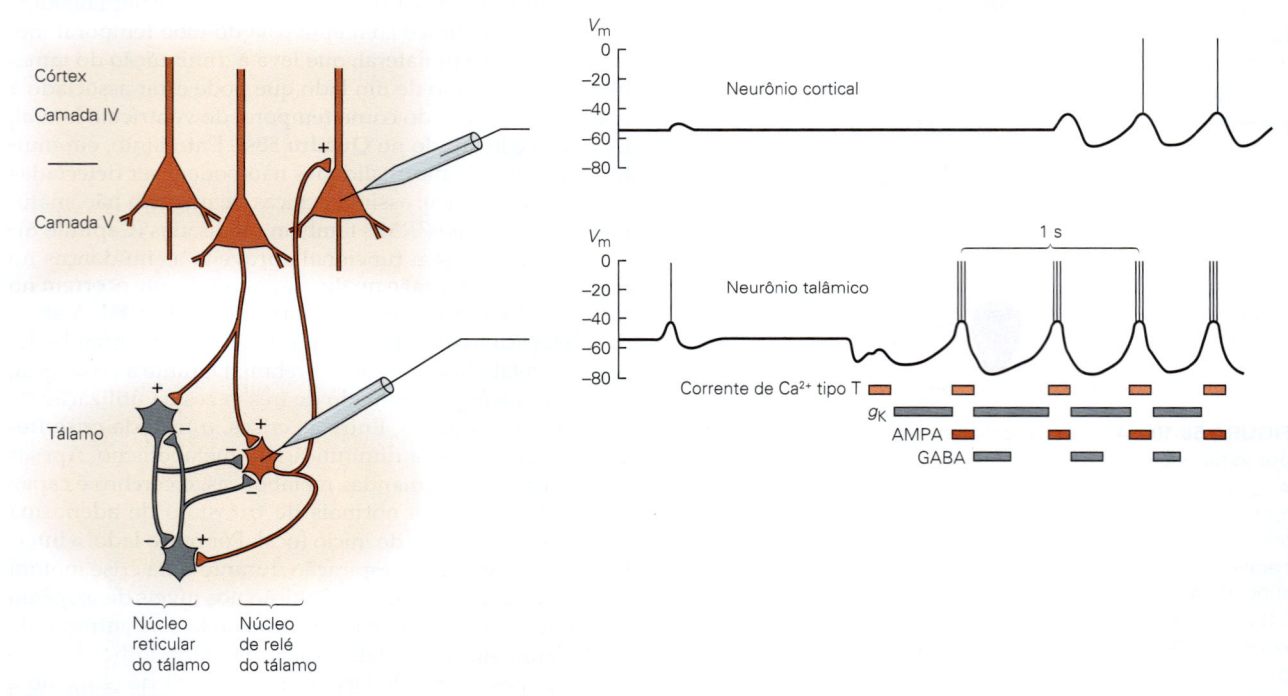

FIGURA 58-11 As crises de início generalizado têm padrões distintos de eletrencefalograma (EEG) e de um único neurônio.

A. Este EEG de um paciente de 12 anos de idade com crises de ausência típica (antigamente chamada de pequeno mal) mostra o início súbito das pontas síncronas a uma frequência de 3 por segundo e ondas com duração aproximada de 14 segundos. A manifestação clínica dessa crise foi o olhar fixo com ocasionais piscadas dos olhos. Diferentemente da crise focal, não há um aumento de amplitude da atividade no início da crise, e a atividade elétrica retorna abruptamente ao nível de base normal após a crise. A descontinuidade no traçado deve-se à remoção de um período de registro de 3 segundos. (Reproduzida, com autorização, de Lothman e Collins, 1990.)

B. As conexões talamocorticais que participam na geração dos fusos de sono (Capítulo 44) são consideradas essenciais na geração das crises de início generalizado. Células piramidais no córtex são reciprocamente conectadas por sinapses excitatórias com os neurônios de relé do tálamo. Interneurônios GABAérgicos inibitórios no núcleo reticular do tálamo são excitados por células piramidais no córtex e pelos neurônios de relé do tálamo e inibidos por células de relé talâmicas. Os interneurônios são também reciprocamente conectados.

C. A atividade neuronal dos neurônios corticais e talâmicos torna-se sincronizada durante a crise de início generalizado. A despolarização é dependente de condutâncias de receptores de glutamato do tipo ácido α-amino-3-hidroxi-5-metil-4-isoxazolepropiônico (**AMPA**) e canais de Ca^{2+} dependentes de voltagem do tipo T. A repolarização é devida à inibição mediada pelo ácido γ-aminobutírico (**GABA**), bem como às condutâncias (g_K) dos canais de K^+ dependentes de voltagem ativados por Ca^{2+}. (Adaptada, com autorização, de Lothman, 1993a.)

áreas extratemporais como o lobo frontal. Uma limitação adicional é o custo da PET e a meia-vida curta dos isótopos (é necessário um cíclotron nas proximidades). O exame de PET pode ser utilizado também para avaliar as alterações funcionais do transporte e das ligações dos neurotransmissores a seus receptores, relacionadas com a atividade epileptógena.

Uma técnica relacionada que mede o fluxo cerebral, a tomografia computadorizada por emissão de fóton único (SPECT, do inglês *single photon emission computed tomography*), tem sido utilizada com mais frequência do que o exame de PET. O exame de SPECT não tem a mesma resolução que o exame de PET, mas pode ser realizado no departamento de medicina nuclear de muitos grandes hospitais. A injeção dos radioisótopos e a imagem do exame de SPECT durante a crise (SPECT ictal) mostram um padrão de hipermetabolismo, seguido por hipometabolismo no foco da crise e no tecido adjacente. A magnetencefalografia e a IRMf também oferecem vantagens adicionais no mapeamento de focos de crises.

Com seleção rigorosa de pacientes para cirurgia de epilepsia, a taxa de cura para epilepsia com foco de crise bem definido no lobo temporal pode se aproximar a 80%. Pacientes com fatores complicadores (i.e., focos múltiplos) apresentam menores taxas de sucesso. Entretanto, mesmo entre esses pacientes, o número e a gravidade das crises geralmente são reduzidos. Pacientes que ficaram "curados" das crises podem ainda apresentar problemas cognitivos como perda da memória e problemas sociais como ter de se adaptar para uma vida mais independente e ter oportunidades de trabalho limitadas. Esses fatores enfatizam a necessidade de tratamentos o mais cedo possível na vida.

Crises prolongadas podem causar dano encefálico
Crises epilépticas repetidas são uma emergência médica

Conforme observado acima, o tecido cerebral pode compensar o estresse metabólico de uma crise de início focal ou a diminuição transitória na liberação de oxigênio durante uma única crise tônico-clônica generalizada. Na crise generalizada, a estimulação do hipotálamo leva à ativação massiva da resposta ao "estresse" pelo sistema nervoso simpático. O aumento da pressão arterial sistêmica e da glicose sérica inicialmente compensam o aumento da demanda metabólica, mas esses mecanismos homeostáticos falham durante crises prolongadas. Os distúrbios sistêmicos

---

QUADRO 58-3 Tratamento cirúrgico para a epilepsia do lobo temporal

Paciente do sexo feminino, com 27 anos, teve episódios de diminuição nos níveis de consciência começando aos 19 anos de idade. Primeiro, ela ficava com o olhar vago e parecia confusa durante os episódios. Posteriormente, passou a apresentar uma aura de sensação de medo. Esse medo era seguido de alteração na consciência, olhar vago, distonia do membro superior esquerdo e gritos que duravam de 14 a 20 segundos (**Figura 58-12**).

Essas crises foram diagnosticadas como crises parciais complexas, atualmente classificadas como crises focais com comprometimento da consciência*. As crises ocorriam várias vezes por semana, apesar do tratamento com vários fármacos antiepilépticos. Ela era incapaz de trabalhar ou dirigir devido à frequência das crises. Ela tinha história pregressa de meningite aos 6 meses de idade, e durante a infância apresentava breves episódios de alteração de percepção descritos como "se alguém tivesse desligado um interruptor".

Com base em uma avaliação resumida nas **Figuras 58-13** e **58-14**, foi realizada uma amígdalo-hipocampectomia à direita. A paciente ficou livre de crises após a operação e retornou ao emprego sem problemas.

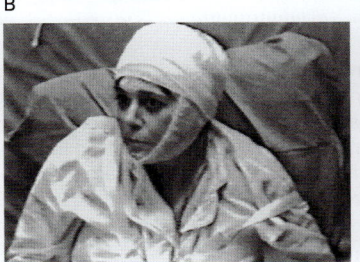

FIGURA 58-12 A paciente é mostrada lendo tranquilamente no período que precede a crise (A), durante o período em que relata a sensação de medo (B) e durante o período em que há alteração da consciência e gritos (C). (Reproduzida, com autorização, de Dr. Martin Salinsky.)

---

*N. de T. Segundo a Classificação das Crises Epilépticas atual da ILAE de 2017, as parciais complexas passaram a ser chamadas de crises focais com comprometimento da consciência.

continua

metabólicos resultantes, incluindo hipóxia, hipotensão, hipoglicemia e acidemia, levam à redução nos fosfatos de alta energia (ATP e fosfocreatina) no encéfalo e, portanto, podem ser devastadores para o tecido encefálico.

Complicações sistêmicas como arritmias cardíacas, edema pulmonar, hipertermia e rabdomiólise podem também ocorrer. A ocorrência de crises generalizadas repetidas sem retorno à consciência plena entre elas, chamada *status epilepticus*, ou estado de mal epiléptico, é uma verdadeira emergência médica. Essa condição requer um manejo agressivo das crises e cuidados médicos gerais, porque 30 minutos ou mais de crises tônico-clônicas generalizadas (chamadas de crises convulsivas) contínuas produzem lesão cerebral ou, até mesmo, levar à morte. O *status epilepticus* pode envolver crises não convulsivas (focal ou generalizada), nas quais as consequências metabólicas são bem menos graves.

Além dos perigos do *status epilepticus*, os pacientes com crises mal controladas também correm o risco de morte súbita (morte súbita inesperada na epilepsia [SUDEP]; do inglês *sudden unexpected death in epilepsy*), a principal causa de morte em pacientes com crises epilépticas não controladas. Os mecanismos da SUDEP não são completamente compreendidos, mas estudos recentes realizados por Richard Bagnall e colegas, bem como outros, sugerem que os casos de SUDEP têm mutações clinicamente relevantes nos genes implicados em arritmia cardíaca e epilepsia. Esses dados apoiam uma associação entre SUDEP e arritmias cardíacas ou interrupção de circuitos do tronco encefálico envolvidos no controle respiratório. Este tópico é um foco importante e de intensa investigação atualmente.

A excitotoxicidade é a base do dano cerebral relacionado às crises

Crises repetitivas podem causar danos encefálicos independentemente de alterações cardiopulmonares ou metabólicas sistêmicas, sugerindo que fatores locais no encéfalo podem resultar em morte neuronal. O cérebro imaturo parece ser bastante vulnerável a tais danos, provavelmente devido ao maior acoplamento elétrico entre os neurônios em desenvolvimento, à menor eficácia do tamponamento de potássio pelas células gliais imaturas, e ao decréscimo do transporte de glicose através da barreira hematencefálica.

Em 1880, Wilhelm Sommer notou pela primeira vez a vulnerabilidade do hipocampo a tais insultos, com perda preferencial dos neurônios piramidais nas regiões CA1 e

---

QUADRO 58-3 Tratamento cirúrgico para a epilepsia do lobo temporal (*continuação*)

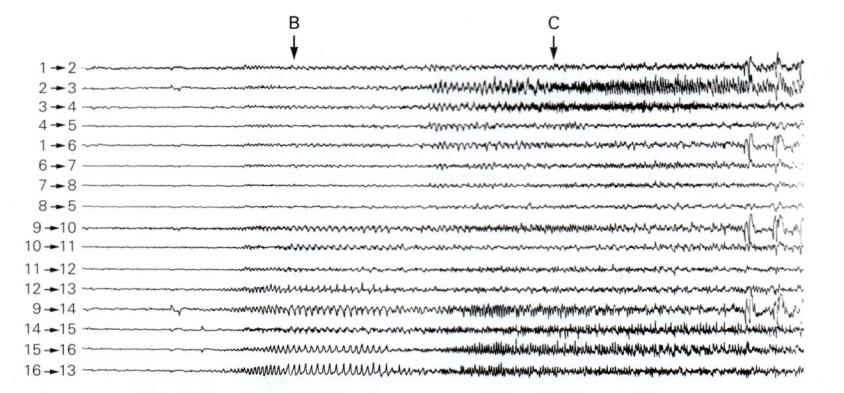

FIGURA 58-13 O EEG durante as fotografias da Figura 58-12. Ritmos de base de baixa amplitude no início (*esquerda*). No momento em que a paciente relata a sensação de medo (**B**), existe um aumento gradual na atividade do EEG no início da crise focal com comprometimento da consciência, mas essa atividade fica restrita aos eletrodos de EEG no hemisfério direito (eletrodos 9-16). No momento em que a consciência é alterada (**C**), a atividade da crise se alastra para o hemisfério esquerdo (eletrodos 1-8). As atividades de ponta-onda no EEG são particularmente proeminentes na derivação 9 sobre a região temporal anterior direita. (Reproduzida, com autorização, de Dr. Martin Salinsky.)

FIGURA 58-14 Imagem de ressonância magnética em maior aumento revela atrofia do hipocampo direito (setas à direita) e um hipocampo esquerdo normal (setas à esquerda). (Reproduzida, com autorização, de Dr. Martin Salinsky.)

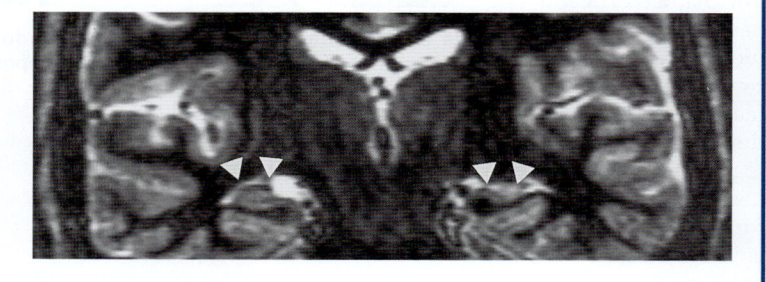

CA3. Esse padrão foi replicado em modelos animais experimentais por estimulação elétrica das aferências ao hipocampo ou por injeção de análogos de aminoácidos excitatórios, como o ácido caínico. Curiosamente, o ácido caínico causa dano local no sítio de injeção e também no sítio de terminação das vias aferentes originadas no sítio de injeção.

Essas observações sugerem que a liberação do neurotransmissor excitatório glutamato durante a estimulação excessiva, como uma crise, pode causar dano neuronal *per se*, uma condição chamada de *excitotoxicidade*. Como tem sido difícil detectar aumentos de glutamato extracelular durante o *status epilepticus*, parece que a excitotoxicidade resulta mais da estimulação excessiva dos receptores de glutamato do que do aumento tônico do glutamato extracelular. A característica histológica da excitotoxicidade aguda inclui edema massivo dos corpos celulares e dendritos, os predominantes de receptores de glutamato e de sinapses excitatórias.

Embora os mecanismos celulares e moleculares da excitotoxicidade ainda não sejam completamente compreendidos, muitas características são evidentes. A hiperativação dos receptores de glutamato leva a um aumento excessivo de Ca^{2+} intracelular que pode ativar cascatas celulares autodestrutivas envolvendo enzimas dependentes de cálcio, como fosfatases, proteases e lipases. O estresse oxidativo pode também levar a um aumento em radicais livres que danificam proteínas celulares vitais, levando à morte celular. O papel da mitocôndria na homeostase do Ca^{2+} e no controle dos radicais livres também pode ser importante. O padrão de morte celular foi inicialmente considerado como necrose, devido à autólise de proteínas celulares críticas. Entretanto, a ativação de "genes da morte", característicos da morte celular programada (apoptose), também pode estar envolvida.

A lesão cerebral, ou excitotoxicidade, relacionada à crise epiléptica, pode ser específica para certos tipos de células em regiões específicas do cérebro, talvez devido a fatores protetores, como proteínas de ligação ao cálcio em algumas células e fatores de sensibilização, como a expressão de receptores de glutamato permeáveis ao cálcio em outras células. Por exemplo, a excitotoxicidade induzida *in vitro* pela ativação excessiva dos receptores de glutamato do tipo AMPA afeta preferencialmente os interneurônios que expressam receptores AMPA com alta permeabilidade ao Ca^{2+}, fornecendo um possível mecanismo da vulnerabilidade seletiva.

Vários surtos "amnésicos" por intoxicação por marisco fornecem um exemplo vívido das consequências da hiperativação dos receptores de glutamato. O ácido domoico, um análogo exógeno do glutamato, é um produto natural de certas espécies de algas marinhas que crescem em condições oceânicas apropriadas. Esse ácido pode ser concentrado por meio de alimentadores por filtragem, como os mariscos. A ingestão de mariscos contaminados por ácido domoico esporadicamente causa surtos de danos neurológicos, incluindo crises graves e perda da memória (amnésia). A área mais sensível ao dano é o hipocampo, o que fornece um suporte adicional para a hipótese de excitotoxicidade e o papel essencial do hipocampo no aprendizado e na memória.

Os fatores que levam ao desenvolvimento da epilepsia são pouco compreendidos

Uma única crise não é suficiente para o diagnóstico de epilepsia. Pessoas normais podem ter uma crise sob circunstâncias extenuantes, como após a ingestão de drogas ou privação extrema de sono. Os médicos buscam as possíveis causas para as crises nesses pacientes, mas geralmente não começam o tratamento com medicamento anticonvulsivante (fármacos antiepilépticos) após uma única crise. Infelizmente, a compreensão sobre os fatores que contribuem para a suscetibilidade à epilepsia é ainda rudimentar. No entanto, os estudos neste assunto vêm progredindo rapidamente com o advento da mutagênese experimental em modelos animais e a neurogenética clínica em pacientes, incluindo o sequenciamento completo do exoma.

Algumas formas de epilepsia têm sido consideradas como resultado em parte de uma predisposição genética. Por exemplo, bebês com crises febris frequentemente possuem história familiar de crises similares. O papel da genética na epilepsia é apoiado pela existência de síndromes epilépticas familiares em humanos, bem como de modelos animais suscetíveis a crises, como, por exemplo, o *Papio papio* (babuíno com crises fotossensitivas), os camundongos audiogênicos (com crises induzidas por sons altos) e os camundongos com mutações espontâneas em um *locus* único como os *reeler* e *totterer* (nomes dados devido às manifestações clínicas das mutações cerebelares desses animais). Mesmo com uma predisposição genética ou uma lesão estrutural, a evolução do fenótipo da epilepsia frequentemente envolve alterações inadequadas na estrutura e na função do cérebro.

Mutações nos canais iônicos estão entre as causas genéticas da epilepsia

Estudos recentes forneceram uma riqueza de novas informações a respeito da genética molecular nas epilepsias. Até o momento, mais de 120 genes foram relacionados com um fenótipo epiléptico; aproximadamente metade deles foi descoberta em humanos, e os outros, em animais, sobretudo camundongos. As proteínas afetadas incluem subunidades de canais iônicos, proteínas envolvidas na transmissão sináptica, como os transportadores, proteínas de vesículas, receptores sinápticos e moléculas envolvidas na sinalização do Ca^{2+}. Por exemplo, as crises no camundongo mutante *totterer* são devidas a uma mutação espontânea no gene que codifica a subunidade $Ca_v2.1$ ou a subunidade α_{1A} do canal de Ca^{2+} dependente de voltagem do tipo P/Q. Talvez não seja inesperado que uma mutação nessas classes de proteínas possa causar epilepsia devido ao fato de que as crises dependem da transmissão sináptica e da excitabilidade neuronal.

Alguns outros genes relacionados à epilepsia em camundongos são mais surpreendentes, como os genes para o centrômero BP-B, uma proteína ligante de DNA, e o trocador sódio/hidrogênio, que é afetado em camundongos com epilepsia com crises de ponta-onda. Uma grande variedade de genes humanos causa distúrbios neurológicos, dos quais a epilepsia é apenas uma das manifestações. Por exemplo, a síndrome de Rett, uma doença associada à deficiência intelectual, autismo e crises epilépticas, é causada por mutações em *MECP2* (*methyl-CpG-binding protein-2*), um regulador da transcrição gênica. Embora a correlação exata não seja conhecida, está claro que as mutações em muitos genes diferentes podem resultar em epilepsia.

Na maioria dos casos, as síndromes epilépticas genéticas em humanos têm padrões de hereditariedade complexos, em vez de simples (mendelianos), sugerindo o envolvimento de muitos genes, e não de genes únicos. Porém, muitas epilepsias monogênicas foram identificadas em estudos de famílias com epilepsia. Ortrud Steinlein e colaboradores relataram, em 1995, que a mutação na subunidade α4 do receptor nicotínico de acetilcolina é responsável pela epilepsia do lobo frontal noturna autossômica dominante (ADNFLE, do inglês *autosomal dominant nocturnal frontal lobe epilepsy*), o primeiro exemplo de um defeito de um gene autossômico em epilepsia em humanos. Subsequentemente, outras proteínas de canais dependentes de voltagem e de ligantes foram identificadas como genes cruciais para a epilepsia. Mutações nos genes dos canais iônicos (canalopatias) constituem a principal causa de epilepsias monogênicas conhecidas (Figura 58-15). Muitos outros genes estão sendo descobertos pela análise clínica do exoma para mutações *de novo*. O grande número de genes para canais de K^+ e o papel crítico desses canais no equilíbrio de excitação e inibição são razões importantes para a expansão do genoma em epilepsia.

Nos canais dependentes de voltagem, as mutações envolvem em grande parte a(s) subunidade(s) formadora(s) do poro, mas existem também exemplos de epilepsia causada por mutações em subunidades regulatórias. Quando examinadas *in vitro*, as proteínas mutantes de canais são comumente associadas, ou à redução na expressão do canal na superfície da membrana plasmática (devido ao reduzido direcionamento da proteína à membrana ou à degradação prematura), ou a cinéticas alteradas dos canais. É fácil entender como as alterações nos mecanismos de abertura e fechamento de canais iônicos podem afetar a excitabilidade dos neurônios e suas sincronizações durante a geração das crises. Entretanto, as mutações em genes de canais iônicos também podem afetar o desenvolvimento neuronal e, portanto, exercer seus efeitos epileptogênicos por meio de uma ação secundária sobre a migração celular, formação de rede ou sobre padrões de expressão gênica.

No início das investigações sobre genes em epilepsia, aceitava-se amplamente que os genes estariam envolvidos principalmente nas crises generalizadas, com base na ideia de que uma mutação genética (p. ex., em um canal iônico) poderia afetar a maioria dos neurônios. No entanto, o primeiro gene de epilepsia autossômico dominante descoberto por Steinlein e colegas está relacionado a uma epilepsia de início focal (lobo frontal), e outro a crises originadas no lobo temporal com aura auditiva. Em retrospecto, isso não deveria ser tão surpreendente, uma vez que as subunidades dos canais raramente são expressas de maneira uniforme no encéfalo, e algumas regiões cerebrais são mais propensas a gerar crises do que outras.

O tempo de expressão gênica também é importante. Por exemplo, camundongos *totterer* com mutações na subunidade $Ca_V2.1$ formadora de poros dos canais de Ca^{2+} do tipo P/Q apresentam crises do tipo ponta-onda que começam na terceira semana pós-natal, presumivelmente porque os canais de Ca^{2+} do tipo N são as isoformas funcionais

FIGURA 58-15 As canalopatias são uma causa importante, mas não a única, de epilepsia monogênica em humanos. Os genes da epilepsia em humanos descobertos até agora podem afetar várias fases da transmissão sináptica, incluindo a migração de interneurônios (1), ativação de interneurônios (2), níveis de ácido γ-aminobutírico (GABA) nos interneurônios (3), a excitabilidade de neurônios excitatórios e neurônios inibitórios (4), a liberação de neurotransmissores (5) e a resposta pós-sináptica aos neurotransmissores (6). A inserção mostra que o impacto de mutações nesses genes na excitabilidade neuronal pode afetar a forma do potencial de ação, bem como os eventos pós-potenciais e sinápticos que se seguem. Mutações indicadas perto da ponta (a) afetam a repolarização do potencial de ação. Outras mutações mostradas em (b) afetam a hiperpolarização pós-potencial, condutâncias sinápticas ou intervalo entre pontas.

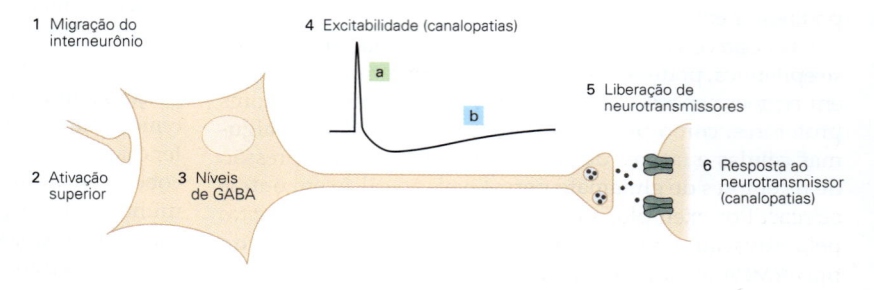

	Canal	Subunidades afetadas	Epilepsia
a	Canais de Na^+ dependentes de voltagem	$Na_V1.1$, $Na_V1.2$, β1	Epilepsia generalizada com crises febris mais (GEFS+) Epilepsia mioclônica grave da infância Epilepsia benigna da infância
	Canais de K^+ dependentes de voltagem	$K_V1.1$	Epilepsia do lobo temporal
	Canais de K^+ ativados por Ca^{2+}	$Ca_V1.1$	Epilepsia de ausência
b	Receptor $GABA_A$	α1, β3, γ2	GEFS+ Epilepsia mioclônica juvenil Epilepsia de ausência na infância
	Canais de K^+ tipo M	KCNQ2/3	Epilepsia nenatal benigna
	Canais de Ca^{2+} dependentes de voltagem	$Ca_V2.1$	Epilepsia de ausência
	Cl^-	CLCN2	Epilepsia mioclônica juvenil

predominantes no início do desenvolvimento, enquanto os canais de Ca^{2+} do tipo P/Q predominam mais tarde. O fenótipo neurológico começa quando o canal mutante é funcionalmente necessário durante o desenvolvimento.

Além disso, uma mutação pode gerar diferentes fenótipos de epilepsia, ou diferentes genes mutantes podem causar o mesmo fenótipo epiléptico. Como exemplo desse último, a síndrome da ADNFLE, descoberta primeiramente como uma mutação na subunidade α4 do receptor nicotínico de ACh, também pode ser causada por mutação na subunidade α2. Mas nem todos os membros da família que apresentam essa mutação autossômica dominante têm epilepsia, indicando que, mesmo nessa forma de epilepsia monogênica, outros genes, bem como fatores não genéticos, podem influenciar o fenótipo. A síndrome GEFS+ (epilepsia generalizada com crises febris mais, do inglês *generalized epilepsy with febrile seizures plus*) é um bom exemplo dessa heterogeneidade. É uma síndrome infantil e pode envolver diferentes tipos de crises epilépticas, em diferentes membros da família. GEFS+ é observada em famílias com mutações nos genes para uma das três subunidades diferentes do canal de Na^+ ou um dos dois genes para os receptores $GABA_A$. Estudos familiares de epilepsia de início generalizado sugerem que os tipos de crises podem ser hereditários dentro das famílias. Esses achados indicam que mesmo as epilepsias monogênicas são provavelmente modificadas por outros genes, influências ambientais e até mesmo mudanças sinápticas dependentes da experiência.

A alteração no desenvolvimento cortical pode ser uma causa comum de epilepsia. O aumento da resolução dos exames de ressonância magnética tem mostrado um número inesperadamente grande de malformações corticais e de áreas localizadas com sulcos corticais anormais em pacientes com epilepsia. Então, mutações que alteram a formação normal do córtex ou a rede neuronal podem sugerir genes que podem causar epilepsia. Essa ideia é apoiada pelo mapeamento de duas malformações corticais ligadas ao cromossomo X associadas com fenótipos de epilepsia: heterotopia periventricular familiar e banda heterotópica subcortical familiar. Os genes responsáveis por esses dois distúrbios, que codificam a filamina A e a doblecortina, respectivamente, são provavelmente importantes na migração neuronal. Displasias corticais focais pequenas podem funcionar como um foco da crise, originando crises focais seguidas ou não de generalização, ao passo que malformações corticais mais extensas podem causar uma variedade de tipos de crises e, em geral, estão associadas a outros problemas neurológicos.

Outro gene ligado ao X, *aristaless related homeobox* (ARX), é um exemplo de um fator de transcrição específico ao tipo celular que altera a migração, porque é expresso apenas em precursores interneurônios. Um exemplo particularmente instrutivo é a associação da epilepsia ao complexo de esclerose tuberosa (TSC, do inglês *tuberous sclerosis complex*), um distúrbio genético autossômico dominante que resulta da falta do complexo funcional Tsc1-Tsc2, levando à hiperatividade do complexo 1 do alvo da rapamicina em mamíferos (mTORC1) da via de sinalização mTOR (*mammalian target of rapamycin*). Os primeiros ensaios clínicos usando inibidores de mTOR como tratamento para epilepsia refratária nesses pacientes têm sido promissores. Tais exemplos trazem esperança, ao relacionar os conhecimentos biológicos das síndromes epilépticas aos tratamentos clinicamente relevantes.

O genoma da epilepsia está se expandindo rapidamente, impulsionado pelo sequenciamento clínico do exoma e pelo estudo das vias biológicas que levam à instabilidade da rede neural. Infelizmente, a grande maioria dos casos de epilepsia ainda não pode ser explicada, nem mesmo pelo recente aumento na identificação de genes envolvidos em epilepsia. A identificação de um grande número de pacientes por meio de registros online pode fornecer as amostras populacionais necessárias para avaliar os genes de suscetibilidade subjacentes a padrões complexos de herança.

A gênese das epilepsias adquiridas é uma resposta inadequada à lesão

A epilepsia geralmente se desenvolve após uma lesão cortical discreta, como um ferimento penetrante na cabeça. Esse dano serve como um local de início para que o foco da crise se desenvolva, levando, passado algum tempo, a crises epilépticas. Isso tem levado a ideia de que insultos prévios engatilham uma série de alterações fisiológicas ou anatômicas progressivas que resultam em crises crônicas. Ou seja, o intervalo "silencioso" característico (geralmente meses ou anos) entre o insulto e o início das crises recorrentes pode refletir alterações moleculares e celulares inadequadas e progressivas, que podem ser passíveis de intervenção terapêutica. Embora seja uma hipótese atrativa, o entendimento deste processo ainda está por surgir. A evidência mais promissora veio de estudos de tecidos removidos de pacientes que foram submetidos à cirurgia para tratamento de epilepsia do lobo temporal e de modelos de crises límbicas em roedores.

Em um modelo experimental, a hiperexcitabilidade é induzida por estimulação elétrica repetida de estruturas límbicas, como a amígdala ou o hipocampo. O estímulo inicial é seguido por uma resposta elétrica (pós-descarga) que se torna mais intensa e prolongada com os estímulos repetidos, até ocorrer uma crise generalizada. Esse processo, chamado de abrasamento (*kindling*), pode ser induzido por estímulos químicos ou elétricos. Muitos investigadores acreditam que o abrasamento contribui para o desenvolvimento de epilepsia em humanos.

Acredita-se que o *kindling* envolva alterações sinápticas na formação hipocampal que se assemelham às alterações importantes que ocorrem em processos de aprendizado e memória (Capítulos 53 e 54). Estas incluem alterações a curto prazo na excitabilidade e alterações morfológicas persistentes, incluindo neurogênese na fase adulta, brotação axonal e reorganização sináptica. Rearranjos de conexões sinápticas foram observados no giro denteado de pacientes com crises do lobo temporal de longa data, bem como após o *kindling* em animais experimentais. Além do brotamento axonal (**Figura 58-16**), as mudanças incluem alterações na estrutura dendrítica, controle da liberação do transmissor e novas expressões e alterações na estequiometria das subunidades de canais iônicos e bombas.

As alterações de longa duração que levam à epilepsia provavelmente também envolvam padrões específicos

FIGURA 58-16 A reorganização sináptica das fibras musgosas (brotamento) no lobo temporal humano pode causar hiperexcitabilidade. (Reproduzida, com autorização, de Sutula et al., 1989. Copyright © 1989 American Neurological Association.)
A. Coloração de Timm de um corte transversal do hipocampo retirado de um paciente com epilepsia no momento da lobectomia temporal para controle da epilepsia. A marcação aparece em preto nos axônios das células granulares do giro denteado (fibras musgosas) devido à presença de zinco nesses axônios. As fibras musgosas normalmente passam pelo hilo (H) do giro denteado para fazer sinapse nas células piramidais de CA3. No tecido mostrado aqui, de um paciente com epilepsia, as fibras marcadas aparecem na camada supragranular (**SG**, pontas das setas) do giro denteado, que agora contém não somente os dendritos das células granulares, mas também novos brotamentos das fibras musgosas. Esse brotamento aberrante de fibras musgosas forma novas sinapses excitatórias recorrentes nas células granulares do giro denteado.
B. Esta fotografia em maior aumento do segmento da camada supragranular mostra as fibras musgosas marcadas com Timm em maior detalhe.

de expressão gênica. Por exemplo, o proto-oncogene c-fos e outros genes de expressão rápida, bem como fatores de crescimento, podem ser ativados por crises epilépticas. Como muitos genes precoces imediatos codificam fatores de transcrição que controlam outros genes, os produtos gênicos resultantes da atividade epileptiforme podem iniciar mudanças que contribuem ou suprimem o desenvolvimento da epilepsia, alterando mecanismos como destino celular, direcionamento de axônios, crescimento dendrítico e formação de sinapses.

Destaques

1. As crises epilépticas são um dos mais drásticos exemplos de comportamento elétrico coletivo do cérebro de mamíferos. O padrão clínico distinto das crises focais e crises generalizadas pode ser atribuído aos padrões distintamente diferentes de atividade dos neurônios corticais.

2. Estudos sobre as crises de início focal em animais experimentais mostram uma série de eventos – desde a atividade dos neurônios no foco da crise até a sincronização e subsequente alastramento da atividade epileptógena por todo o córtex. A perda gradual da inibição GABAérgica circundante ao foco da crise é essencial para as primeiras etapas nessa progressão. Em contrapartida, as crises de início generalizado parecem surgir de atividade dos circuitos talamocorticais, combinada, talvez, com uma anormalidade geral na excitabilidade da membrana dos neurônios corticais.

3. O eletrencefalograma (EEG) tem fornecido, desde muito tempo, informações sobre a atividade elétrica do córtex cerebral, tanto em atividade normal em sono e vigília, quanto em atividade anormal, como as crises. O EEG pode ser utilizado para identificar certos padrões de atividade elétrica associados às crises, mas fornece informações limitadas sobre a fisiopatologia delas. Várias abordagens muito mais potentes e não invasivas estão agora disponíveis para que se localize o foco de uma crise focal. Isso levou ao uso amplo e bem-sucedido da cirurgia de epilepsia em pacientes selecionados, particularmente aqueles com crises com início focal com comprometimento da consciência* com início no hipocampo. A promessa de abordagens invasivas para detecção e prevenção de crises epilépticas fornece esperança adicional para um melhor controle das mesmas.

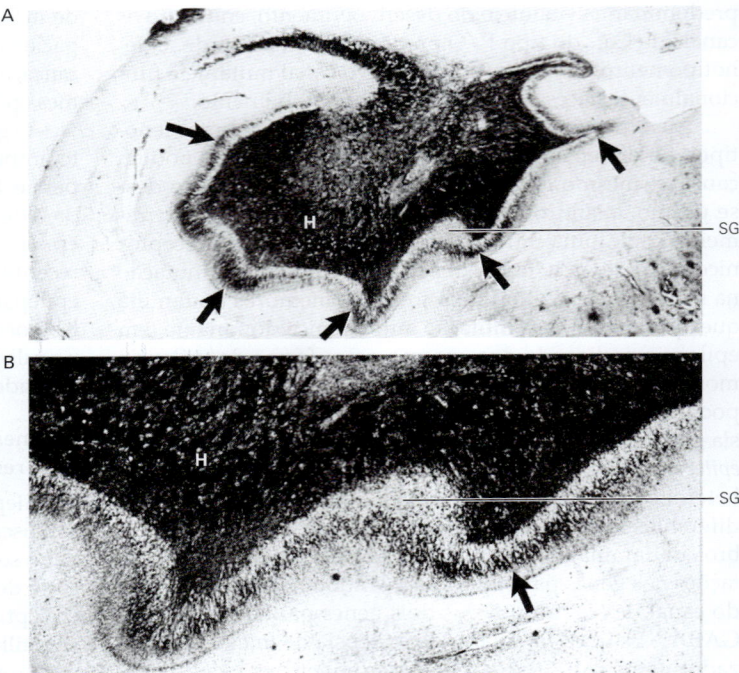

4. O crescente domínio das abordagens genéticas, moleculares e de fisiologia celular modernas aplicadas ao estudo de crises epilépticas e epilepsia também fornece uma nova esperança de que a compreensão dessas interrupções da atividade cerebral normal proporcionará novas opções terapêuticas para pacientes com epilepsia, bem como novos conhecimentos sobre a função do cérebro dos mamíferos.

5. Estudos neurobiológicos adicionais sobre a progressão de uma crise epiléptica aguda para o desenvolvimento de epilepsia deverão fornecer estratégias alternativas para o tratamento, além das opções convencionais de fármacos antiepilépticos e de cirurgia para epilepsia.

Gary Westbrook

---

*N. de T. Segundo a Classificação das Crises Epilépticas atual da ILAE de 2017, as parciais complexas passaram a ser chamadas de crises focais com comprometimento da consciência.

Leituras selecionadas

Cascino GD. 2004. Surgical treatment for epilepsy. Epilepsy Res 60:179–186

Engel J. 1989. *Seizures and Epilepsy*. Philadelphia: Davis.

Kleen JK, Lowenstein DH. 2017. Progress in epilepsy: latest waves of discovery. JAMA Neurol 74:139–140.

Krook-Magnuson E, Soltesz I. 2015. Beyond the hammer and the scalpel: selective circuit control for the epilepsies. Nat Neurosci 18:331–338.

Krueger DA, Wilfong AA, Holland-Bouley K, et al. 2013. Everolimus treatment of refractory epilepsy in tuberous sclerosis complex. Ann Neurol 74:679–687.

Kullmann DM, Schorge S, Walker MC, Wykes RC. 2014. Gene therapy in epilepsy—is it time for clinical trials? Nat Rev Neurol 10:300–304.

Lennox WG, Lennox MA. 1960. *Epilepsy and Related Disorders*. Boston: Little, Brown.

Lennox WG, Mattson RH. 2003. Overview: idiopathic generalized epilepsies. Epilepsia 44(Suppl 2):2–6.

Lerche H, Shah M, Beck H, Noebels J, Johnston D, Vincent A. 2013. Ion channels in genetic and acquired forms of epilepsy. J Physiol 591:753–764.

Lowenstein DH. 2015. Decade in review-epilepsy: edging toward breakthroughs in epilepsy diagnostics and care. Nat Rev Neurol 11:616–617.

Maheshwari A, Noebels JL. 2014. Monogenic models of absence epilepsy windows into the complex balance between inhibition and excitation in thalamocortical microcircuits. Prog Brain Res 213:223–252.

Noebels J. 2015. Pathway-driven discovery of epilepsy genes. Nat Neurosci 18:344–350.

Paz JT, Huguenard JR. 2015. Optogenetics and epilepsy: past, present and future. Epilepsy Curr 15:34–38.

Penfield W, Jasper H. 1954. *Epilepsy and the Functional Anatomy of the Human Brain*. Boston: Little, Brown.

Snowball A, Schorge S. 2015. Changing channels in pain and epilepsy: exploring ion channel gene therapy for disorders of neuronal hyperexcitability. FEBS Letters 589:1620–1624.

Stables JP, Bertram EH, White HS, et al. 2002. Models for epilepsy and epileptogenesis: report from the NIH workshop. Epilepsia 43:1410–1420.

Stafstrom CE, Carmant L. 2015. Seizures and epilepsy: an overview for neuroscientists. Cold Spring Harb Perspect Med 5:a022426.

Referências

Bagnall RD, Crompton DE, Petrovski S, et al. 2016. Exome-based analysis of cardiac arrhythmia, respiratory control and epilepsy genes in sudden unexpected death in epilepsy. Ann Neurol 79:522–534.

Berenyi A, Belluscio M, Mao D, Buzsaki G. 2012. Closed-loop control of epilepsy by transcranial electrical stimulation. Science 337:735–737.

Bergey GK, Morrell MJ, Mizrahi EM, et al. 2015. Long-term treatment with responsive brain stimulation in adults with refractory partial seizures. Neurology 84:810–817.

Biervert C, Schroeder BC, Kubisch C, et al. 1998. A potassium channel mutation in neonatal human epilepsy. Science 279:403–406.

Fisher RS, Cross JH, D'Souza C, et al. 2017. Instruction manual for the ILAE 2017 operational classification of seizure types. Epilepsia 58:531–542.

Gadhoumi K, Lina J-M, Mormann F, Gotman J. 2016. Seizure prediction for therapeutic devices: a review. J Neurosci Methods 260:270–282.

Haug K, Warnstedt M, Alekov AK, et al. 2003. Mutations in CLCN2 encoding a voltage-gated chloride channel are associated with idiopathic generalized epilepsies. Nat Genet 33:527–532.

Heck CN, King-Stephens D, Massey AD, et al. 2014. Two-year reduction in adults with medically intractable partial onset epilepsy treated with responsive neurostimulation: final results of the RNS system pivotal trial. Epilepsia 55:432–441.

Kätzel D, Nicholson E, Schorge S, Walker MC, Kullmann DM. 2013. Chemical-genetic attenuation of focal neocortical seizures. Nat Commun 5:3847.

Kramer MA, Eden UT, Kolaczyk E, et al. 2010. Coalescence and fragmentation of cortical networks during focal seizures. J Neurosci 30:10076–10085.

Lothman EW. 1993a. The neurobiology of epileptiform discharges. Am J EEG Technol 33:93–112.

Lothman EW. 1993b. Pathophysiology of seizures and epilepsy in the mature and immature brain: cells, synapses and circuits. In: WE Dodson, JM Pellock (eds). *Pediatric Epilepsy: Diagnosis and Therapy*, pp. 1–15. New York: Demos Publications.

Lothman EW, Collins RC. 1990. Seizures and epilepsy. In: AL Pearlman, RC Collins (eds). *Neurobiology of Disease*, pp. 276–298. New York: Oxford University Press.

Mulley JC, Scheffer IE, Harkin LA, Berkovic SF, Dibbens LM. 2005. Susceptibility genes for complex epilepsy. Hum Mol Genet 14:R243–R249.

Santhakumar V, Aradi S, Soltesz I. 2005. Role of mossy fiber sprouting and mossy cell loss in hyperexcitability: a network model of the dentate gyrus incorporating cell types and axonal topography. J Neurophysiol 93:437–463.

Spencer WA, Kandel ER. 1968. Cellular and integrative properties of the hippocampal pyramidal cell and the comparative electrophysiology of cortical neurons. Int J Neurol 6:266–296.

Stacey WC, Litt B. 2008. Technology insight: neuroengineering and epilepsy-designing devices for epilepsy control. Nat Clin Pract Neurol 4:190–201.

Steinlein OK, Mulley JC, Propping P, et al. 1995. A missense mutation in the neuronal nicotinic acetylcholine receptor alpha 4 subunit is associated with autosomal dominant nocturnal frontal lobe epilepsy. Nat Genet 11:201–203.

Sutula T, Cascino G, Cavazos J, Parada I, Ramirez L. 1989. Mossy fiber synaptic reorganization in the epileptic human temporal lobe. Ann Neurol 26:321–330.

Teitelbaum J, Zatorre RJ, Carpenter S, et al. 1990. Neurologic sequelae of domoic acid intoxication due to ingestion of contaminated mussels. N Engl J Med 322:1781–1787.

Tung JK, Berglund K, Gross RE. 2016. Optogenetic approaches for controlling seizure activity. Brain Stimul 9:801–810.

von Krosigk M, Bal T, McCormick DA. 1993. Cellular mechanisms of a synchronized oscillation in the thalamus. Science 261:361–364.

Walsh CA. 1999. Genetic malformations of the human cerebral cortex. Neuron 23:19–29.

Wiebe S, Blume WT, Girvin JP, Eliasziw M. 2001. Effectiveness and efficiency of surgery for temporal lobe epilepsy study. A randomized, controlled trial of surgery for temporal lobe epilepsy. N Engl J Med 14:211–216.

Winawer MR, Marini C, Grinton BE, et al. 2005. Familial clustering of seizure types within the idiopathic generalized epilepsies. Neurology 65:523–528.

Zhao M, Alleva R, Ma H, Daniel AGS, Schwartz TH. 2015. Optogenetic tools for modulating and probing the epileptic network. Epilepsy Res 116:15–26.

59

Distúrbios dos processos mentais conscientes e inconscientes

Os processos cognitivos conscientes e inconscientes têm correlatos neurais distintos

Diferenças entre processos conscientes e inconscientes na percepção podem ser percebidas de maneira exagerada após danos encefálicos

O controle da ação é fortemente inconsciente

A evocação consciente da memória é um processo criativo

A observação comportamental precisa ser complementada com relatos subjetivos

　　A verificação de relatos subjetivos é desafiadora

　　A simulação de doença e a histeria podem levar a relatos subjetivos não confiáveis

Destaques

EMBORA A NEUROCIÊNCIA COGNITIVA tenha surgido como uma nova disciplina de grande relevância no final do século XX, um significado preciso do termo cognição permanece indefinido. O termo é usado de diferentes maneiras em diferentes contextos. Em um extremo, o termo *cognitivo*, na neurociência cognitiva, tem a mesma conotação do que significava o termo mais antigo *processamento de informação*. Nesse sentido, cognição é simplesmente o que o cérebro faz. Quando neurocientistas cognitivos falam que aspectos visuais ou ações motoras são *representadas* pela atividade neural, estão usando os conceitos de processamento de informação. Desse ponto de vista, a linguagem da cognição fornece uma ponte entre as descrições da atividade neural e do comportamento, pois os mesmos termos podem ser aplicados em ambos os domínios.

No outro extremo, o termo *cognição* refere-se àqueles processos de nível superior, fundamentais para a formação da experiência consciente. É isto o que quer dizer o termo *terapia cognitiva*, uma abordagem de tratamento pioneira iniciada por Aaron Beck e Albert Ellis e desenvolvida a partir da terapia comportamental. Em vez de tentar modificar o comportamento de um paciente diretamente, a terapia cognitiva tem como objetivo modificar suas atitudes e crenças (**Quadro 59-1**).

Na linguagem comum, o termo *cognição* significa pensar e raciocinar, um uso mais próximo de sua raiz latina *cognoscere* (conhecer ou perceber). Desse modo, o dicionário Oxford de língua inglesa define esse termo como "ação ou faculdade de conhecer". De fato, conhecemos o mundo aplicando-se o pensamento e o raciocínio aos dados brutos dos sentidos.

Essa ideia está implícita ao caracterizarmos os vários tipos de distúrbios da cognição. Após danos encefálicos, alguns pacientes não conseguem mais processar a entrada de informações fornecidas pelos sentidos. Esse tipo de distúrbio foi descrito pela primeira vez por Sigmund Freud, que o chamou de agnosia, ou perda da capacidade de conhecer (Capítulo 17). As agnosias podem ser de vários tipos. Um paciente com agnosia visual pode ver perfeitamente bem, porém não ser mais capaz de reconhecer ou encontrar sentido no que vê. Um paciente com prosopagnosia apresenta um problema específico em reconhecer faces. Um paciente com agnosia auditiva pode ouvir perfeitamente bem, mas pode ser incapaz de reconhecer as palavras faladas.

Muitas vezes, o indivíduo apresenta transtornos da cognição desde o nascimento, com dificuldade em adquirir conhecimento. Isso pode levar à deficiência intelectual geral ou, caso o problema for mais localizado, a uma dificuldade específica de aprendizado, como dislexia (dificuldade em aprender a língua escrita) ou autismo (dificuldade em entender a mente dos outros). Por fim, a cognição pode ser disfuncional, de modo que o conhecimento adquirido sobre o mundo seja falso. Esses distúrbios do pensamento levam a tipos de falsas percepções (alucinações) e de falsas crenças (delírios) associadas a doenças mentais graves, como a esquizofrenia.

Os processos cognitivos conscientes e inconscientes têm correlatos neurais distintos

A cognição – obtenção de conhecimento por meio do pensamento e do raciocínio – é um dos três componentes da consciência (ver Capítulo 42 para discussão dos aspectos conscientes das emoções, em geral chamados de sentimentos). Os outros dois são a emoção e a volição. Costumava-se achar que o pensamento e o raciocínio estariam sob o

> **QUADRO 59-1** Terapia cognitiva
>
> A insatisfação com tratamentos psicológicos com base nas teorias de Freud sobre a motivação inconsciente intensificou-se em meados do século XX. Essas teorias não só não tinham relevância para a psicologia experimental, mas não havia evidência científica de que os tratamentos psicodinâmicos realmente funcionassem.
>
> A primeira forma de terapia psicológica alternativa a surgir de estudos de laboratório é conhecida como *terapia comportamental*. A suposição fundamental dessa abordagem é que o comportamento mal-adaptativo é aprendido, e pode, por isso, ser eliminado aplicando-se os princípios de aprendizagem baseada em estímulo-resposta de Pavlov e Skinner. Assim, por exemplo, uma criança atacada por um cachorro pode ficar com medo de todos os cães, mas essa resposta de medo pode ser extinta se a criança aprender que o estímulo condicionado (a visão de um cachorro) não é seguido pelo estímulo incondicionado (ser mordida).
>
> A terapia comportamental mostrou-se rápida e eficaz para fobias, mas muitos transtornos mentais são melhor caracterizados em termos de pensamento mal-adaptativo em vez de comportamento mal-adaptativo. Na década de 1960, Aaron Beck e Albert Ellis introduziram um novo tipo de terapia, em que os princípios de aprendizagem são usados para modificar pensamentos, em vez de comportamentos. Isto é conhecido como *terapia cognitiva* ou *terapia cognitivo-comportamental*.
>
> Essa forma de terapia vem apresentando especial sucesso no tratamento da depressão. A depressão é tipicamente associada a pensamentos negativos (por exemplo, uma pessoa se lembra apenas das coisas ruins que lhe aconteceram) e atitudes negativas (por exemplo, uma pessoa acredita que nunca alcançará seus objetivos). Os terapeutas cognitivos ensinam a seus pacientes métodos para reduzir a frequência de pensamentos negativos e transformar suas atitudes negativas em positivas.

controle voluntário consciente, e que a cognição não seria possível sem consciência. Entretanto, no final do século XIX, Freud desenvolveu uma teoria sobre os processos mentais inconscientes e sugeriu que muito do comportamento humano é conduzido por processos internos dos quais não temos consciência.

De importância mais direta para a neurociência foi a ideia da *inferência inconsciente*, originalmente proposta por Helmholtz. Helmholtz foi o primeiro a elaborar experimentos psicofísicos quantitativos e a avaliar a velocidade com que os sinais aferentes em nervos periféricos são conduzidos. Antes desses experimentos, supunha-se que os sinais sensoriais chegavam ao cérebro imediatamente (com a velocidade da luz). Contudo, Helmholtz mostrou que a condução nervosa é, na verdade, muito lenta. Ele também observou que os tempos de reação são ainda mais lentos. Essas observações indicam que boa parte do trabalho encefálico ocorre entre os estímulos sensoriais e a percepção consciente de um objeto. Helmholtz concluiu que muito do que acontece no encéfalo não é consciente, e o que realmente entra na consciência, o que é percebido, depende de inferências inconscientes. Em outras palavras, o encéfalo usa evidências dos sentidos para decidir sobre a identidade mais provável do objeto que está ocasionando atividade nos órgãos sensoriais, porém, o faz sem que tenhamos consciência desse processo.

Essa visão foi extremamente impopular entre os contemporâneos de Helmholtz e, de fato, ainda é hoje. A maioria das pessoas acredita que, para fazer inferências, é necessária a consciência, e que a responsabilidade moral pode ser atribuída apenas a decisões baseadas em inferência consciente. Se as inferências podem ser feitas sem consciência, pode não haver base ética para o enaltecimento ou para a culpa. As ideias de Helmholtz sobre as inferências inconscientes foram fortemente ignoradas.

Contudo, na metade do século XX, evidências começaram a se acumular em favor da ideia de que a maior parte do processamento cognitivo nunca entra na consciência. Após o desenvolvimento dos computadores eletrônicos e o surgimento do estudo da inteligência artificial, os pesquisadores começaram a estudar como e em que medida as máquinas podiam perceber o mundo para além de si mesmas. Rapidamente, ficou claro que muitos processos perceptivos que a princípio parecem simples são, na verdade, bastante complexos quando definidos como um conjunto de cálculos.

A percepção visual é o melhor exemplo. Na década de 1960, quase ninguém imaginava o quão difícil seria construir máquinas que pudessem reconhecer a forma e a aparência de objetos, já que para nós parece tão fácil. Vejo pela janela prédios, árvores, flores e pessoas. Não estou ciente de nenhum processo mental por trás dessa percepção. Minha percepção de todos esses objetos parece instantânea e direta. Acontece que ensinar uma máquina a descobrir quais bordas encaixam em qual objeto em uma cena visual tipicamente confusa contendo muitos objetos sobrepostos é excepcionalmente difícil. A abordagem computacional do sistema visual revelou os processos neurais subjacentes dos quais depende a percepção aparentemente fácil do mundo. Processos semelhantes fundamentam toda a percepção sensorial, especialmente a de sons como os da fala. A maioria dos neurocientistas agora acredita que não estamos conscientes dos processos cognitivos, apenas de nossas percepções.

A evidência de processos cognitivos inconscientes vem não só de estudos da inteligência artificial, mas também de estudos sobre cognição em pacientes com dano cerebral. A influência de processos inconscientes no comportamento pode ser demonstrada de forma notável em certos pacientes com "visão cega", um distúrbio descrito pela primeira vez na década de 1970 por Lawrence Weiskrantz. Esses pacientes apresentam lesões no córtex visual primário e afirmam não enxergar nada no campo visual correspondente à região lesionada. Mesmo assim, quando solicitados a tentar adivinhar, são capazes de detectar propriedades visuais simples, como movimento ou cor, bem mais que o esperado se fosse ao acaso. Apesar de não terem a percepção sensorial de objetos nas áreas cegas do campo visual, esses pacientes na realidade possuem informações inconscientes que estão disponíveis para influenciar seu comportamento.

Outro exemplo é a negligência unilateral causada por lesões no lobo parietal direito (Capítulo 17). Os pacientes com esse distúrbio têm visão normal, mas parecem inconscientes da presença de objetos no lado esquerdo do espaço em sua frente. Alguns pacientes até mesmo ignoram o lado esquerdo de um objeto. Em um experimento de John Marshall e Peter Halligan, foram mostrados a pacientes dois desenhos de uma casa. O lado esquerdo de uma das casas estava pegando fogo (**Figura 59-1**). Quando perguntados se havia alguma diferença entre as casas, os pacientes responderam "não". Mas, ao lhes perguntar em qual casa prefeririam morar, escolheram a casa que não estava pegando fogo. Portanto, essa escolha foi feita com base em informações que não estavam representadas na consciência. A visão cega e a negligência unilateral são apenas dois exemplos das inúmeras evidências empíricas demonstrando a existência de processos cognitivos inconscientes, evidências não disponíveis para nós por meio da introspecção.

Atualmente, uma das áreas mais interessantes de investigação em neurociência diz respeito à busca pelos *correlatos neurais da consciência*, iniciada por Francis Crick e Christopher Koch. O objetivo é demonstrar as diferenças qualitativas entre as atividades neurais associadas a processos cognitivos conscientes e inconscientes. Sua importância reside não só nas respostas à difícil pergunta sobre a função da consciência, mas também em sua relevância para a compreensão de muitos distúrbios neurológicos e transtornos psiquiátricos. Anteriormente, experiências estranhas e crenças delirantes de pacientes com certos distúrbios cognitivos nem eram consideradas, por estarem além de uma possível compreensão. A neurociência cognitiva nos fornece uma estrutura para a compreensão de como essas experiências e crenças podem surgir de alterações específicas de mecanismos cognitivos normais.

Diferenças entre processos conscientes e inconscientes na percepção podem ser percebidas de maneira exagerada após danos encefálicos

A relação entre estimulação sensorial e percepção está longe de ser direta. A percepção pode mudar sem qualquer alteração na estimulação sensorial, como ilustrado por figuras ambíguas, como a figura de Rubin e o cubo de Necker (**Figura 59-2**). Por outro lado, uma grande mudança na estimulação sensorial pode ocorrer sem que o observador tenha consciência dessa mudança – a percepção permanece constante. Um exemplo convincente disso é a cegueira à mudança.

Para demonstrar a cegueira à mudança, são construídas duas versões de uma cena complexa. Em um exemplo bem conhecido, desenvolvido por Ron Rensink, a figura consiste em um avião de transporte militar em uma pista do aeroporto. Em uma das versões, está faltando um motor. Se essas duas figuras forem mostradas alternadamente em uma tela de computador, interpostas por uma tela em branco, pode levar minutos para se perceber a diferença, embora seja imediatamente óbvia quando apontada. (Ver **Figura 25-8** para um outro exemplo.)

À luz desses fenômenos, podemos explorar a atividade neural associada a alterações da percepção na ausência de alteração na estimulação sensorial. Do mesmo modo, podemos descobrir se mudanças no sistema aferente sensorial são registradas no encéfalo mesmo sem estarem representadas na consciência. Podemos perguntar se há alguma diferença qualitativa entre a atividade neural associada aos processos conscientes em oposição aos inconscientes.

Dois achados importantes resultaram de estudos sobre a atividade neural associada a tipos específicos de perceptos conscientes. Primeiro, certos tipos de percepções estão relacionados à atividade neural em áreas específicas do encéfalo. Aquelas áreas do cérebro especializadas para o reconhecimento de certos tipos de objetos (por exemplo, faces, palavras, paisagens) ou para certos aspectos visuais (por exemplo, cor e movimento) são mais ativas quando o objeto ou o aspecto é percebido conscientemente (**Figura 59-3**). Quando percebemos as faces na figura de Rubin, há

FIGURA 59-1 Processos inconscientes em casos de negligência espacial. Após dano no lobo parietal direito, muitos pacientes parecem não ter consciência do lado esquerdo do espaço (síndrome da negligência unilateral). Quando mostrados os dois desenhos aqui reproduzidos, esses pacientes dizem que as duas casas parecem iguais. No entanto, também dizem preferir morar na casa de baixo, indicando que inconscientemente processaram a imagem do incêndio na outra casa. (Adaptada de Marshall e Halligan, 1988.)

FIGURA 59-2 Figuras ambíguas. Se fixar a visão na figura à esquerda (a figura de Rubin), algumas vezes você pode ver um vaso e, em outras, duas faces se olhando. Se fixar a visão na figura à direita (o cubo de Necker), você vê um cubo tridimensional. Mas a face frontal do cubo algumas vezes é vista no canto inferior esquerdo e, em outras, na parte superior direita. Em cada figura, o cérebro constata duas interpretações igualmente corretas do que de fato está ali, porém mutuamente exclusivas. Nossa percepção consciente espontaneamente alterna entre essas duas interpretações.

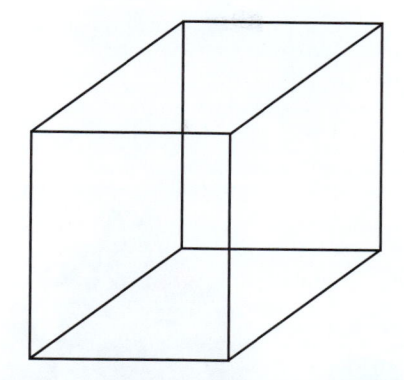

maior atividade na área do giro fusiforme, especializado no processamento de faces.

Essa observação também se aplica à percepção dissonante (alucinações). Após a degeneração do sistema visual periférico, a qual leva à cegueira, alguns pacientes experienciam alucinações visuais intermitentes (síndrome de Charles Bonnet). Essas alucinações variam de um paciente para outro. Alguns enxergam fragmentos coloridos, enquanto outros enxergam padrões semelhantes a grades, e outros, ainda, enxergam faces. Dominic Ffytche descobriu que essas alucinações estão associadas ao aumento da atividade no córtex visual secundário, e o conteúdo da alucinação está associado ao local específico da atividade (**Figura 59-4**). Pacientes esquizofrênicos com frequência experienciam alucinações auditivas complexas que, em geral, ocorrem em forma de vozes que falam para ou sobre o paciente. São alucinações associadas à atividade no córtex auditivo.

Essas observações sugerem que a experiência consciente possa resultar da atividade em certas regiões corticais. Essa ideia é difícil de testar experimentalmente, mas, na década de 1950, o neurocirurgião Wilder Penfield descobriu

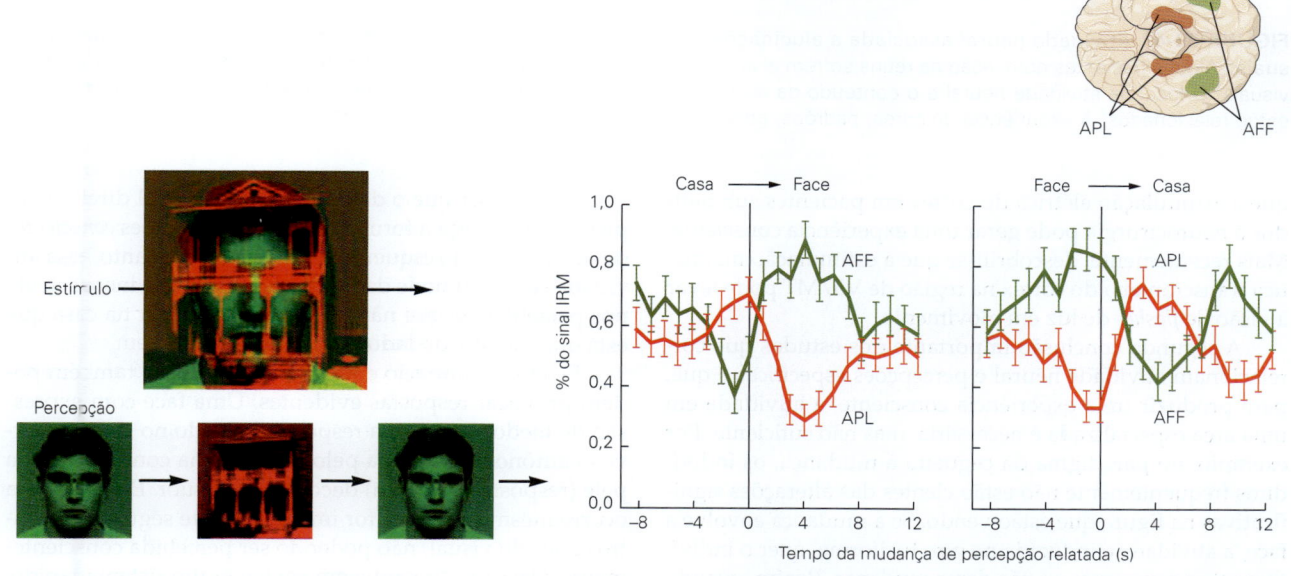

FIGURA 59-3 Atividade neural associada a informações visuais ambíguas. Um estímulo ambíguo foi criado apresentando-se simultaneamente uma face a um olho e uma casa ao outro olho. A atividade encefálica foi medida enquanto os indivíduos observavam essas imagens. Os indivíduos foram instruídos a pressionar um botão sempre que ocorresse uma troca espontânea na percepção (devido à rivalidade binocular). Quando a face é percebida (à esquerda), a atividade aumenta na área fusiforme para reconhecimento de faces (**AFF**). Quando a casa é percebida (à direita), a atividade aumenta na área para-hipocampal para localização (**APL**). (Sigla: **IRM**, imageamento por ressonância magnética.) (Reproduzida, com autorização, de Tong et al., 1998. Copyright © 1998 por Cell Press.)

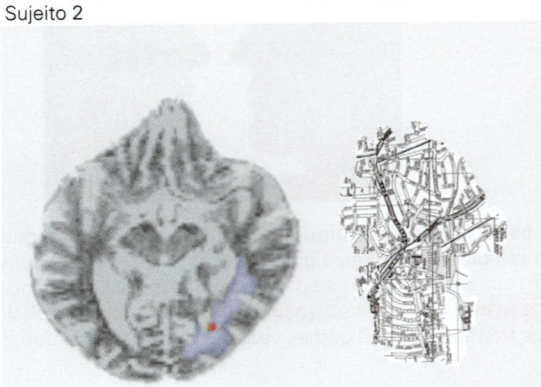

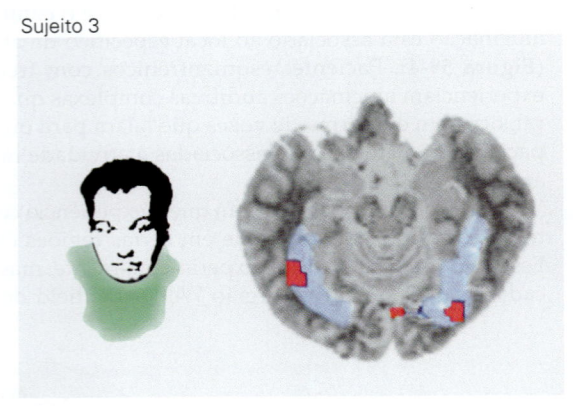

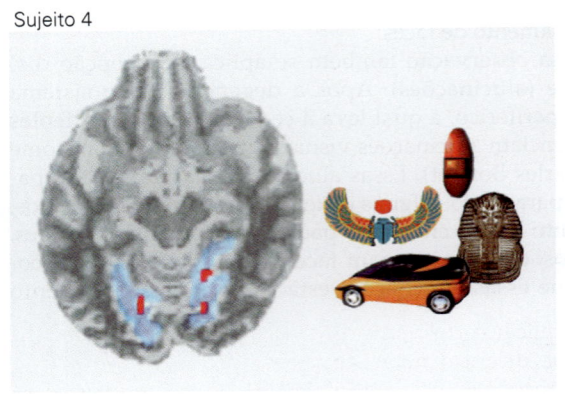

FIGURA 59-4 Atividade neural associada a alucinações visuais. Alguns pacientes com lesão na retina sofrem alucinações visuais. O local da atividade neural e o conteúdo da alucinação estão relacionados. A experiência de cores, padrões, objetos ou faces está associada ao aumento da atividade (**em vermelho**) em regiões específicas do córtex temporal inferior. A área **azul** é o giro fusiforme. (Reproduzida, com autorização, de Ffytche et al., 1998. Copyright © 1998 Springer Nature.)

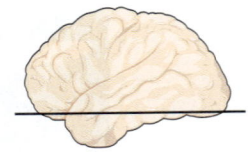

que a estimulação elétrica do córtex em pacientes submetidos à neurocirurgia pode gerar uma experiência consciente. Mais recentemente, descobriu-se que a estimulação magnética transcraniana do córtex na região de V5/MT pode levar à visão de *flashes* de luz em movimento.

A segunda conclusão importante dos estudos que correlacionam atividade neural e percepções específicas é que, para produzir uma experiência consciente, a atividade em uma área especializada é necessária, mas não suficiente. Por exemplo, no paradigma da cegueira à mudança, os indivíduos frequentemente não estão cientes das alterações significativas na figura que estão vendo. Se a mudança envolve a face, a atividade é induzida no giro fusiforme, quer o indivíduo esteja consciente ou não dessa mudança. Porém, quando a mudança sensorial for também percebida conscientemente, ocorrerá atividade nos córtices parietal e frontal (**Figura 59-5**).

Essas observações são relevantes para a compreensão da negligência unilateral. Pelo fato dos objetos do lado esquerdo ainda provocarem atividade neural no córtex visual, pode ser que o dano no córtex parietal direito simplesmente impeça a formação de representações *conscientes* de objetos no lado esquerdo do espaço. No entanto, essa atividade sensorial pode dar suporte à inferência inconsciente nos pacientes de que não gostariam de morar na casa que está queimando, do lado esquerdo.

Estímulos que não entram na consciência também podem provocar respostas evidentes. Uma face com expressão de medo leva a uma resposta de medo no sistema nervoso autônomo, medida pelo aumento na condutância da pele (resposta galvânica) decorrente do suor. Essa resposta ocorre mesmo se a face for imediatamente seguida por outro estímulo visual, não podendo ser percebida conscientemente. Deve existir vantagem em haver um sistema rápido, mas de baixa resolução, para o reconhecimento de fatos ou eventos perigosos. Saltamos primeiro. Só mais tarde, com base em um sistema lento e de alta resolução, podemos identificar o objeto que nos fez saltar (Capítulo 48). Prejuízo em um ou outro desses dois sistemas de reconhecimento

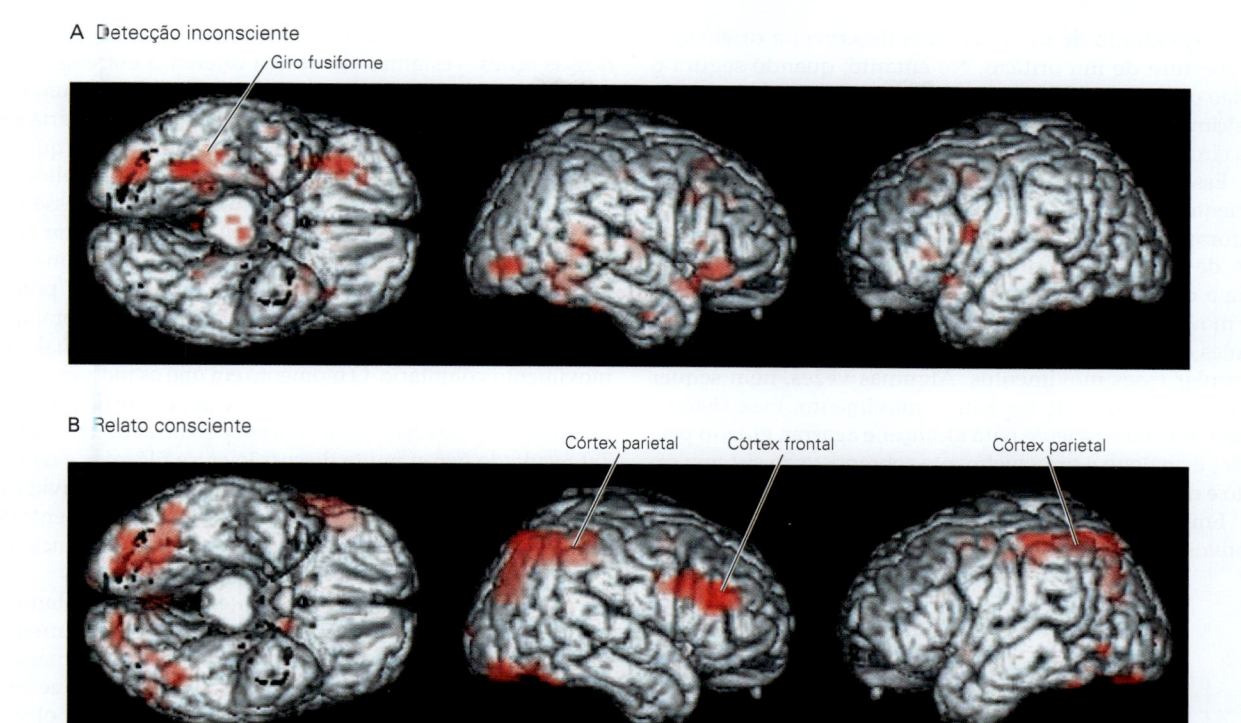

FIGURA 59-5 Atividade cerebral com e sem percepção consciente. A atividade na área fusiforme da face aumenta quando a face vista pelos sujeitos muda, estejam eles conscientes ou não da mudança. Quando os sujeitos têm consciência da mudança, a atividade no córtex parietal e frontal também aumenta. (Reproduzida, com autorização, de Beck et al., 2001.)

pode explicar certos transtornos psiquiátricos ou neurológicos que, de outro modo, seriam complicados de entender.

A prosopagnosia é um distúrbio perceptivo em que as faces não são mais reconhecíveis. O paciente sabe que está olhando para um rosto, mas não consegue reconhecê-lo, mesmo sendo de alguém amado, conhecido há anos. O problema é específico para faces, pois o paciente ainda pode reconhecer a pessoa por suas roupas, seu caminhar e sua voz. Na verdade, pacientes com prosopagnosia são capazes de identificar faces inconscientemente. Eles mostram respostas autonômicas a rostos familiares e se saem melhor do que ao acaso quando solicitados a adivinhar se uma face a eles mostrada pertence ou não a uma pessoa familiar. De fato, a consciência de suas respostas autonômicas (emocionais) desencadeadas por uma face pode capacitá-los a julgar a familiaridade.

A síndrome de Capgras, um delírio ocasionalmente observado em pacientes esquizofrênicos e em alguns pacientes que sofrem de lesão encefálica ou demência, produz uma experiência mais perturbadora. Esses pacientes acreditam firmemente que alguém muito próximo, em geral o marido ou a esposa, foi substituído por um impostor. Afirmam que a pessoa, embora semelhante, senão idêntica, na aparência, é na verdade outra pessoa. Muitas vezes, essa alucinação leva a exigir que o impostor saia de casa.

Hadyn Ellis e Andy Young sugeriram que essa alucinação bizarra seja o fenômeno espelho da prosopagnosia. De acordo com essa visão, o circuito para o reconhecimento facial está intacto, mas o circuito que medeia a resposta emocional ao rosto não está. Como resultado, os pacientes reconhecem a pessoa à sua frente, mas, como falta a resposta emocional, sentem que há algo essencialmente errado. Esse achado, em parte, se confirma pela observação de que esses indivíduos não possuem respostas autonômicas normais às faces familiares.

Essa explicação sugere que os delírios de Capgras não sejam uma consequência de um pensamento desorganizado, mas sim de uma experiência desorganizada do significado emocional. Um paciente vê a face de sua esposa sem apresentar a resposta emocional normal. A conclusão de que aquela não é sua esposa, mas uma impostora, é uma resposta cognitiva a essa experiência anormal, uma tentativa da mente para explicar tal experiência.

O controle da ação é fortemente inconsciente

A percepção do indivíduo de ter o controle das próprias ações é um importante componente da consciência. Mas será que temos consciência de todos os aspectos das próprias ações? David Milner e Mel Goodale estudaram uma paciente, conhecida como D. F., com uma impressionante falta de consciência sobre certos aspectos de suas próprias ações. Como resultado da lesão em seu lobo temporal inferior causado por envenenamento por monóxido de carbono, D.F. sofre de *agnosia para forma*. Ela é incapaz de identificar as formas das coisas. Não consegue distinguir um cartão quadrado de um oval, nem descrever a orientação da abertura de um orifício. No entanto, quando segura o cartão oval para colocá-lo na abertura, orienta sua mão e a posiciona apropriadamente, graças à operação inconsciente dos circuitos visuomotores (**Figura 59-6**).

Esse tipo de orientação inconsciente não é exclusivo de pacientes com danos encefálicos. É simplesmente revelada de forma mais contundente no caso de D.F. pois o sistema que, de modo geral, traz informações visuais sobre a forma para a consciência está prejudicado. De fato, podemos fazer movimentos rápidos e precisos de agarrar sem estarmos cientes das informações perceptivas e motoras usadas para controlar esses movimentos. Algumas vezes, nem sequer temos consciência de ter feito o movimento. Esse sistema fortemente inconsciente para alcançar e agarrar, guiado pela visão, é análogo e provavelmente sobreposto ao sistema rápido e de pouca resolução associado a respostas de medo.

Embora possamos não estar cientes dos detalhes perceptivos e motores de ações como alcançar e agarrar, temos a nítida consciência de estar no controle de algumas de nossas ações – estamos cientes da diferença entre as ações que causamos e aquelas que acontecem involuntariamente. Benjamin Libet estudou o fenômeno da ação voluntária em experimentos controlados. Ele solicitou aos sujeitos que levantassem um dedo "sempre que sentissem compelidos a fazê-lo" e relatassem o momento em que sentiram esse impulso. Os sujeitos não tiveram dificuldade em relatar com segurança o tempo dessa experiência subjetiva. Ao mesmo tempo, Libet usou a eletrencefalografia para medir o "potencial de prontidão", uma mudança na atividade cerebral que ocorre até um segundo antes de um sujeito realizar qualquer movimento voluntário. O momento em que os indivíduos relatavam sentir a vontade de levantar o dedo ocorria centenas de milissegundos *após* o início desse potencial de prontidão. Tal resultado gerou muita discussão entre filósofos e neurocientistas sobre a existência do livre-arbítrio. Se a atividade cerebral pode *prever* uma ação antes da pessoa estar ciente do seu desejo de realizá-la, significa que nossa experiência de ações baseadas no livre arbítrio é uma ilusão?

Embora o resultado de Libet tenha sido amplamente replicado, a relevância de seu protocolo experimental para nossa compreensão sobre o livre-arbítrio permanece controversa. Levantar um dedo não é uma ação que realizamos com frequência. As ações geralmente têm objetivos. Por exemplo, podemos pressionar um botão para tocar uma campainha. Quando nossas ações são seguidas pelo objetivo esperado, sentimos estar no controle de nossas ações. É essa experiência subjetiva que nos dá um senso de agência, de sermos a causa dos eventos. Aplicando o paradigma de Libet a tais ações, Patrick Haggard descobriu o fenômeno da "vinculação intencional" (do inglês *intentional binding*). Quando um movimento deliberado (pressionar um botão) é seguido pelo objetivo pretendido (ouvir um som), esses eventos são vivenciados subjetivamente como se ocorressem ao mesmo tempo (**Figura 59-7**).

FIGURA 59-6 A ação pode ser controlada por estímulos inconscientes. Uma paciente, D.F., com lesão no córtex temporal inferior, é incapaz de reconhecer objetos com base em sua forma (agnosia para forma). Ela não consegue alinhar a placa com a orientação da abertura (correspondência perceptiva) pois não tem consciência da orientação da placa ou da abertura. No entanto, quando solicitada a colocar a placa na abertura com um movimento rápido, ela orienta a mão com rapidez e precisão. Presumivelmente, o movimento é impulsionado por cálculos visuomotores dos quais o sujeito não está ciente. (Adaptada, com autorização, de Milner e Goodale, 1995.)

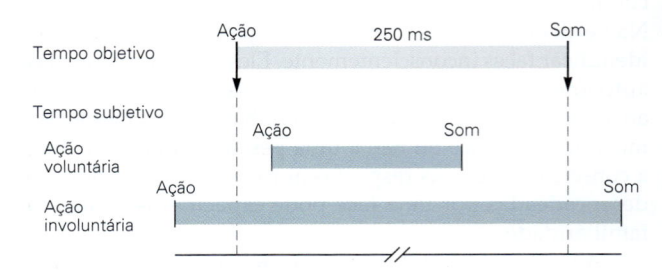

FIGURA 59-7 Vivenciamos nossas ações e seus efeitos como se ocorressem ao mesmo tempo. Quando solicitados a pressionar um botão, o qual aciona um som 250 ms depois, os sujeitos vivenciam sua ação e o som como ocorrendo mais próximos um do outro (tempo subjetivo) do que realmente são (tempo objetivo). Em contraste, quando o dedo se move involuntariamente em decorrência da estimulação magnética transcraniana (EMT) do córtex motor, os movimentos e o som são vivenciados como mais distantes, em comparação com o tempo objetivo. A associação temporal ocorre apenas quando o movimento é intencional e deliberado sendo, portanto, um marcador da experiência do senso de agência. (Baseada em Haggard, Clark e Kalogeras, 2002.)

Essa vinculação temporal de nossas ações a seus objetivos fornece um marcador empírico de nosso senso de agência, considerando que um senso de agência mais forte refletirá em um maior grau de associação. Se um movimento ocorre passivamente, causado, por exemplo, por estimulação magnética no cérebro, então a vinculação intencional é reduzida. De fato, percebemos o tempo entre o movimento e o resultado como mais longo comparado ao tempo físico real.

Nosso senso de agência está intimamente ligado à nossa crença no livre-arbítrio e à ideia de que as pessoas podem ser responsabilizadas por suas ações quando realizadas deliberadamente. A vinculação intencional aumenta quando associada a resultados com consequências morais. É reduzida para ações as quais foram comandadas por outros, em vez de realizadas livremente. Esses resultados não abordam a questão da existência ou não do livre-arbítrio, mas sugerem que nossa experiência consciente de agir livremente possui um papel importante na criação de normas de responsabilidade social. Tais normas são cruciais para manter a coesão social.

A inferência inconsciente ocorre tanto no domínio motor quanto no sensorial. Nosso senso de agência é criado a partir de dois componentes: nossas expectativas prévias e as consequências sensoriais do desfecho da ação. Nos surpreendemos caso as sensações reais divirjam das esperadas, como ocorre ao pegarmos um objeto muito mais leve do que o previsto (Capítulo 30). No entanto, se o resultado confirma nossas expectativas, prestamos pouca atenção à evidência sensorial real. Experimentamos o que esperávamos acontecer e não o que realmente aconteceu.

Pierre Fourneret e Marc Jeannerod solicitaram que indivíduos desenhassem uma linha vertical usando o mouse do computador. Não podiam olhar sua mão e, assim, não podiam ver que o computador havia criado uma distorção na linha mostrada na tela. O resultado surpreendente foi que os sujeitos não estavam cientes de que haviam movido a mão em um ângulo de 10° para a esquerda para produzir a linha vertical na tela (**Figura 59-8**). Essa falta de noção ocorreu para desvios de até 15°. Quando instruídos a não olhar para a tela, mas simplesmente repetir o movimento que haviam recém realizado, os sujeitos não reproduziram o movimento desviante, mas, sim, na direção correta a qual acreditavam ter feito. Parece que, se o objetivo é alcançado (desenhar uma linha reta para a frente), experienciamos a retroalimentação sensorial esperada, e não a retroalimentação sensorial real.

Esse fenômeno nos ajuda a entender algumas experiências bizarras. Por exemplo, após a amputação de um membro, alguns pacientes podem ter a sensação de experienciar um membro fantasma. Eles ainda sentem a vontade de mover o membro ausente e, inclusive, podem escolher movimentos específicos a serem realizados pelo membro amputado. Seus sistemas sensorimotores prevêem as sensações proprioceptivas decorrentes do movimento de um membro intacto. São essas sensações previstas que fundamentam a sensação de um membro fantasma em movimento.

Após um membro ficar paralisado devido a um acidente vascular encefálico, alguns pacientes acreditam ainda serem capazes de mover o membro (anosognosia para a hemiplegia). Aqui, novamente, esses pacientes podem selecionar os movimentos que desejam fazer e estão cientes de suas expectativas sobre o movimento. Apesar da falta de evidência sensorial que segue sua tentativa de iniciar o movimento, ainda assim acreditam que o movimento tenha de fato ocorrido.

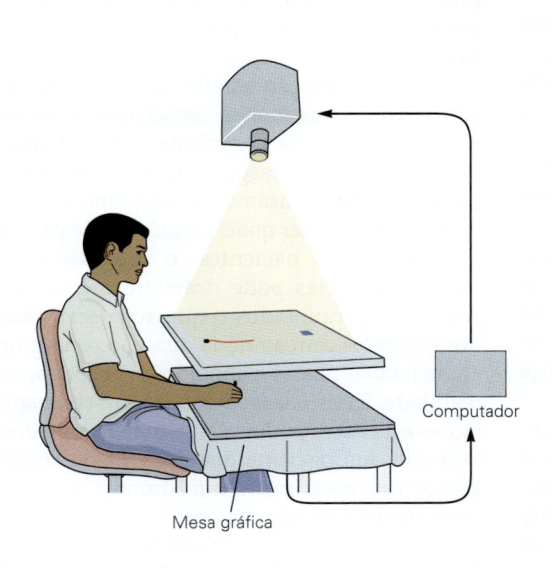

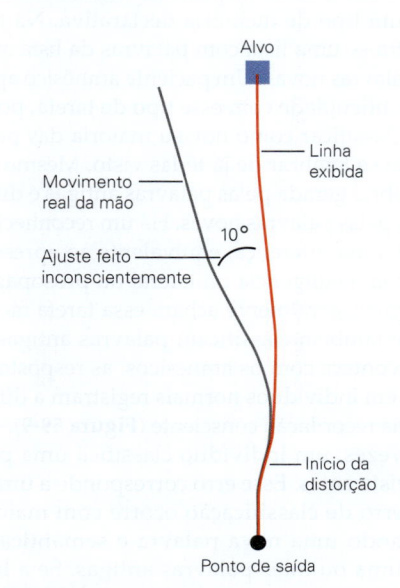

FIGURA 59-8 As ações podem ser modificadas inconscientemente. Os sujeitos são solicitados a desenhar uma linha reta com um mouse de computador. Eles podem ver a linha na tela, mas não o seu movimento da mão. O computador está programado para sistematicamente distorcer a linha apresentada na tela. No resultado aqui apresentado, o indivíduo devia mover a mão 10° para a esquerda a fim de produzir uma linha vertical na tela. Os indivíduos não são cientes da realização desses ajustes. (Adaptada, com autorização, de Fourneret e Jeannerod, 1998. Copyright © 1998 Elsevier Science Ltda.)

A evocação consciente da memória é um processo criativo

Para a maioria de nós, memória é reviver conscientemente uma experiência passada através da imaginação. Se desconsiderarmos a experiência subjetiva (a perspectiva behaviorista), no entanto, a memória é um processo pelo qual nossa experiência passada altera o comportamento futuro. Nosso comportamento é muitas vezes afetado por experiências passadas, mas sem recordação consciente da memória ou consciência dessa influência sobre nós. Mais uma vez, esse tipo de experiência é visto de forma mais marcante em pacientes com danos em áreas específicas do cérebro.

Alguns pacientes se tornam profundamente amnésicos após danos nas regiões mediais do lobo temporal. Não apresentam declínio intelectual conforme avaliado por testes de QI, mas não conseguem lembrar nada por mais de alguns minutos. Embora devastador, esse comprometimento da memória é, na realidade, bastante circunscrito. O problema manifesta-se na *memória declarativa* e, mais gravemente, em uma categoria da memória declarativa chamada *memória episódica*, a capacidade de lembrar eventos da sua própria vida (Capítulo 54). A *memória de procedimentos*, em que a consciência tem um papel menor (Capítulo 53), permanece intacta. Assim, os pacientes ainda podem lembrar de atividades motoras, como andar de bicicleta, e podem, com frequência, aprender normalmente novas atividades motoras. Esse efeito seletivo decorrente de um dano encefálico pode levar a importantes dissociações. Um paciente que vem aprendendo uma nova habilidade todos os dias, durante uma semana, negará ter realizado a tarefa em algum momento anterior, de modo que ficará surpreso em verificar o quão habilidoso se tornou.

Um protocolo bastante utilizado testa a capacidade dos indivíduos de lembrar listas de palavras memorizadas, tarefa que requer um tipo de memória declarativa. Na fase de evocação, mostra-se uma lista com palavras da lista anterior misturadas a palavras novas. Um paciente amnésico apresenta uma grande dificuldade com esse tipo de tarefa, podendo erroneamente classificar como nova a maioria das palavras antigas, por não se lembrar de já tê-las visto. Mesmo assim, a atividade cerebral gerada pelas palavras antigas é diferente daquela gerada pelas palavras novas. Há um reconhecimento inconsciente de uma diferença, equivalente ao apresentado por pacientes com negligência unilateral ou prosopagnosia. Indivíduos normais geralmente acham essa tarefa fácil, mas ocasionalmente também classificam palavras antigas como novas. Como acontece com os amnésicos, as respostas cerebrais evocadas em indivíduos normais registram a diferença não detectada na recordação consciente (**Figura 59-9**).

Algumas vezes, um indivíduo classifica uma palavra nova como já vista antes. Esse erro corresponde a uma falsa memória. Tal erro de classificação ocorre com maior probabilidade quando uma nova palavra é semanticamente relacionada a uma ou mais palavras antigas. Se a lista de palavras antigas contiver *grande, graúdo, enorme*, então a palavra nova *imenso* pode ser identificada como antiga. Uma explicação para isso é que a percepção da palavra nova *imenso* foi inconscientemente associada às palavras antigas da apresentação anterior. Assim, a nova palavra *imenso* é

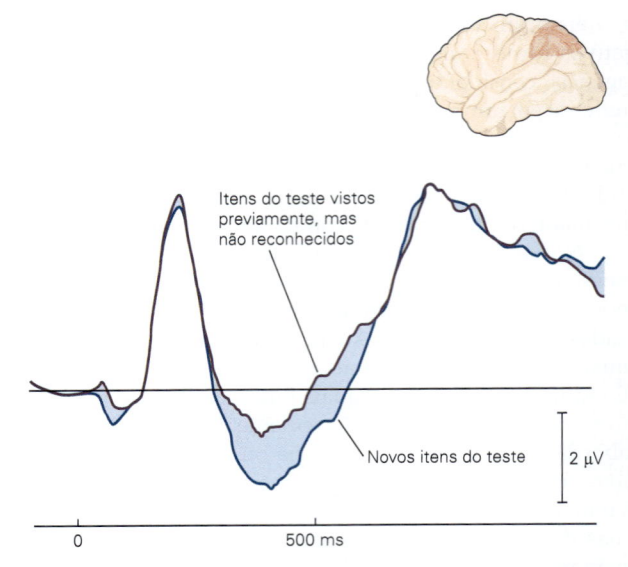

FIGURA 59-9 A atividade cerebral mostra o registro de memórias esquecidas. Os sujeitos foram apresentados a uma lista de palavras, incluindo algumas mostradas anteriormente e outras palavras novas. Quando solicitados a identificar as palavras antigas, reconheciam algumas corretamente, mas não lembravam de outras. Imediatamente após a apresentação visual de uma palavra, aparece uma breve flutuação no potencial evocado no cérebro. As respostas evocadas na região parietal do cérebro refletem se as palavras foram ou não vistas anteriormente, mesmo quando os indivíduos não as reconhecem de modo consciente. O padrão produzido pelas palavras antigas, reconhecidas ou não, é diferente daquele produzido pelas palavras novas. (Reproduzida, com autorização, de Rugg et al., 1998. Copyright © 1998 Springer Nature.)

processada com facilidade e rapidez e, pelo fato de o sujeito estar ciente disso, conclui que a palavra deve ser familiar e a classifica como antiga.

Essa observação enfatiza que a memória é um processo criativo. As memórias conscientes são construídas tanto a partir da evocação consciente quanto do conhecimento inconsciente. Para se resguardar de falsas memórias, como de falsas percepções, usamos nosso conhecimento sobre o mundo para determinar quais memórias são plausíveis.

Em alguns pacientes, o processo de rastreamento dessas memórias pode dramaticamente se desorganizar. Ao serem perguntados o que aconteceu ontem, a maioria dos pacientes com amnésia dirá não conseguir lembrar, mas alguns darão relatos elaborados sem correspondência com a realidade. Essas falsas memórias são chamadas de confabulações e às vezes podem ser extremamente implausíveis. Por exemplo, um paciente disse que havia encontrado Harold Wilson (um ex-primeiro-ministro inglês) e discutido com ele sobre um trabalho de construção em que ambos trabalhavam.

Os mecanismos criativos necessários para reconstruir memórias de episódios passados também estão envolvidos na imaginação de eventos os quais podem acontecer no futuro. Em pacientes amnésicos com danos no hipocampo, a capacidade de imaginar novos eventos é marcadamente prejudicada.

A observação comportamental precisa ser complementada com relatos subjetivos

Na metade do século XX, tornou-se claro que a abordagem behaviorista clássica era inadequada para a exploração de muitos processos psicológicos. A aquisição da linguagem, a atenção seletiva e a memória de trabalho não podem ser compreendidas em termos de relações entre estímulos e respostas, por mais complexas que sejam as relações postuladas.

A demonstração de que alguns processos cognitivos são inconscientes exige ainda um maior distanciamento do behaviorismo. Se quisermos explorar toda a gama de processos cognitivos conscientes e inconscientes, não seremos capazes de fazê-lo concentrando-nos apenas no comportamento manifesto. Não podemos pensar que um indivíduo agindo de modo proposital, direcionado a um objetivo, está necessariamente ciente dos estímulos que evocam a ação ou mesmo da própria ação. Devemos complementar as observações comportamentais com relatos subjetivos. Temos que perguntar ao sujeito: "Você viu o estímulo? Você mexeu sua mão?"

Há cem anos, a introspecção era o principal método da psicologia para se obter dados. De que outra maneira se poderia estudar a consciência? Entretanto, diversas escolas de psicologia obtinham resultados diversos e, como John B. Watson enfatizou, não parecia haver um modo objetivo para decidir quem estaria certo. Como você confirma imparcialmente uma experiência subjetiva? Por isso, o método foi desacreditado. Durante as décadas em que a psicologia foi dominada pelo behaviorismo, relatos subjetivos não eram considerados uma fonte adequada de dados. Com isso, os métodos para o registro de relatos subjetivos ficaram bem para trás com relação àqueles voltados ao registro da manifestação comportamental. Lamentavelmente, muitos estudos de processos cognitivos ainda não exigem relatos de experiências subjetivas dos sujeitos devido à longa tradição de exclusão de tais relatos.

O único domínio da psicologia em que os relatos subjetivos continuaram a ser usados foi a psicofísica, o estudo da relação entre sensação (energia física) e percepção (experiência psicológica), introduzido por Fechner em 1860. Tais estudos fornecem resultados robustos e confiáveis, e criaram algumas das poucas leis da psicologia, como a lei de Weber (a mínima diferença perceptível entre dois estímulos é proporcional à magnitude dos estímulos). Nesses estudos geralmente é perguntado aos sujeitos: "Você viu o estímulo?" ou "Você está seguro de que viu o estímulo?"

A teoria de detecção de sinal, desenvolvida na década de 1950, fornece uma metodologia robusta para medir a capacidade de detectar um estímulo (discriminabilidade, d') independentemente de quaisquer vieses do relato (Capítulo 17). Se sua discriminabilidade for alta, você detectará com sucesso pequenas mudanças nos estímulos. Mais recentemente, tem havido um interesse crescente na segunda pergunta, "Quão seguro você está de que viu o estímulo?" Falar sobre a própria confiança requer *metacognição*, a capacidade de refletir sobre nossos processos cognitivos. Essa habilidade tem um papel importante no controle do comportamento. Por exemplo, se percebermos não estar realizando alguma tarefa muito bem, podemos desacelerar e prestar mais atenção ao que estamos fazendo.

A capacidade de refletir sobre nossa percepção pode ser medida objetivamente. Da mesma forma, a capacidade de refletir sobre a qualidade de nossos processos cognitivos também pode ser avaliada quantitativamente. Se sua acurácia metacognitiva for alta, você discriminará com sucesso entre suas respostas certas e erradas. Em outras palavras, uma detecção correta geralmente estará associada a um alto grau de confiança, enquanto uma detecção incorreta estará associada a um baixo grau de confiança. No entanto, sua acurácia metacognitiva não precisa estar relacionada à sua capacidade de detecção de sinal. Você pode ser bom em detectar sinais e, ao mesmo tempo, ruim em saber se suas respostas estão provavelmente certas ou erradas. De fato, pacientes com danos no córtex pré-frontal anterior mantêm a capacidade de detectar sinais visuais, mas mostram um déficit acentuado na precisão metacognitiva.

Relatos verbais não podem, é claro, ser usados em experimentos de detecção de sinais com animais de laboratório ou bebês pré-verbais. Uma alternativa é identificar aspectos de comportamentos que refletem confiança. Por exemplo, se estivermos confiantes de que deixamos nossas chaves em algum lugar da sala, passaremos mais tempo procurando lá antes de ir procurar no corredor. Louise Goupil e Sid Kouider aplicaram esse *insight* ao estudo da metacognição em bebês pré-verbais. Os bebês precisavam lembrar qual das duas caixas continha um brinquedo posteriormente removido sem o seu conhecimento. Eles passaram mais tempo procurando dentro da caixa correta. Os bebês também eram mais propensos a pedir ajuda a um adulto para abrir a caixa correta. Esses efeitos deixaram de ocorrer após longos intervalos. Tal comportamento sugere que os bebês apresentavam algum *insight* sobre sua condição corrente de conhecimento. Eles sabiam quando não conseguiam mais lembrar qual era a caixa correta. Experimentos semelhantes sugerem que ratos e macacos também possuem algumas habilidades metacognitivas.

A verificação de relatos subjetivos é desafiadora

Relatos de experiência subjetiva, como confiança, servem como um medidor. Assim como um medidor elétrico converte a medida da resistência elétrica na posição de um ponteiro em um mostrador (lendo 100 ohms), um sujeito converte um estímulo de luz no relato de uma cor ("eu vejo vermelho"). Contudo, há uma diferença crucial pela qual o medidor não é como uma pessoa. O medidor não vivencia a experiência do vermelho e não pode comunicar significado. No entanto, embora possa ter falhas, o medidor nunca fingirá enxergar vermelho quando realmente estiver enxergando azul. Na maioria das vezes, presumimos serem verdadeiros tais relatos subjetivos, ou seja, o sujeito está tentando, na medida do possível, dar uma descrição precisa de sua experiência. Mas como ter certeza de que podemos confiar nesses relatos subjetivos?

O problema de verificar relatos subjetivos pode ser abordado parcialmente com o uso de imageamento encefálico. Estudos de imageamento encefálico mostraram que a atividade neural ocorre em áreas localizadas do cérebro durante a atividade mental não associada a qualquer comportamento manifesto. O conteúdo de tal atividade mental, como imaginar ou sonhar acordado, só pode ser conhecido a partir dos relatos do sujeito.

Se escaneamos um indivíduo enquanto relata estar imaginando mexer sua mão, será detectada atividade em várias regiões do sistema motor. Na maioria das regiões motoras, a atividade é menos intensa do que a associada a um movimento real, mas bem acima dos níveis de repouso. Do mesmo modo, se um indivíduo relata estar imaginando uma face vista recentemente, a atividade pode ser detectada na "área de reconhecimento de faces" do giro fusiforme (**Figura 59-10**). Nesses exemplos, a localização da atividade neural observada pelo escaneamento fornece confirmação independente do conteúdo da experiência relatada pelo sujeito. O conteúdo da consciência pode, em alguns casos restritos, ser inferido a partir de padrões de atividade neural.

A simulação de doença e a histeria podem levar a relatos subjetivos não confiáveis

E se um sujeito relata estar enxergando "azul" apesar de estar experienciando vermelho? Como isso pode acontecer e qual a validade do relato subjetivo nesses casos?

Considere um paciente amnésico em função de uma extensa lesão no córtex temporal medial. Ao mostrar para o paciente uma fotografia de alguém que vê todos os dias na enfermaria, ele nega ter visto essa pessoa, mesmo quando medidas fisiológicas (eletrencefalograma ou condutância da pele) apresentam uma resposta a essa foto (mas não a fotos de pessoas que não havia visto antes). Concluímos que os processos de memória conscientes foram danificados, enquanto os processos inconscientes permanecem intactos. O relato subjetivo desse paciente é um relato preciso sobre o que sabe *conscientemente*, mas exclui aquelas coisas que "sabe" as quais não entraram na consciência.

Outro paciente, encontrado vagando na rua, não mostra evidências de danos cerebrais, mas relata que não consegue se lembrar de nada sobre si mesmo ou sobre sua história. Quando lhe são mostradas fotografias de pessoas do seu passado, nega ter qualquer conhecimento sobre elas, mas ao mesmo tempo apresenta respostas fisiológicas às fotos. Nesse caso, devido à falta de lesão cerebral detectável (e outras características da perda de memória), começamos a duvidar da veracidade de suas declarações. É possível que as respostas fisiológicas indiquem que ele reconhece conscientemente as pessoas. Posteriormente, o paciente foi identificado pela polícia, e descobrimos ser procurado por um sério crime cometido na cidade vizinha. Nossas

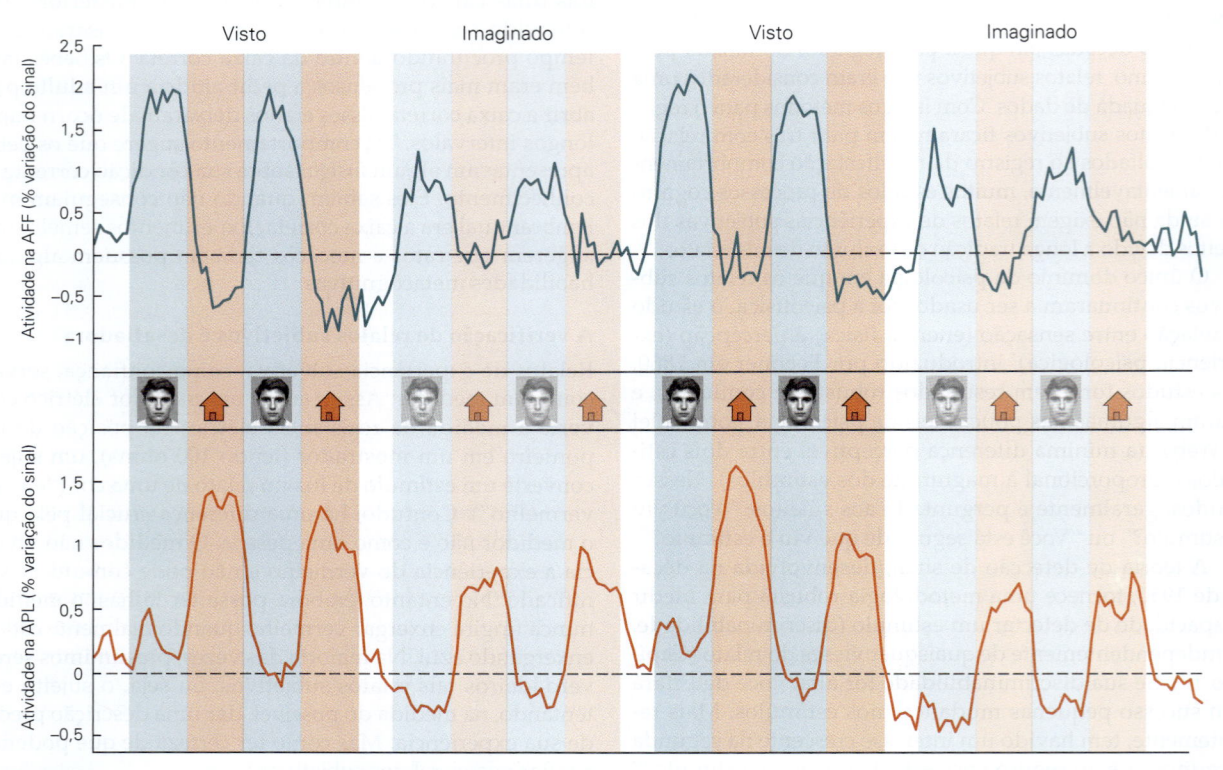

FIGURA 59-10 A imaginação de uma face ou de um lugar correlaciona-se com a atividade em áreas específicas do cérebro. Indivíduos foram escaneados enquanto viam ou imaginavam faces e casas. No primeiro bloco de tentativas, os indivíduos alternadamente viam uma casa ou uma face. Ao verem a face, a atividade cerebral do lobo temporal inferior aumentava na área fusiforme da face (**AFF**). Ao verem a casa, a atividade cerebral aumentava na área para-hipocampal para localização (**APL**) do córtex temporal inferior. No seguinte bloco de tentativas, os indivíduos alternadamente imaginavam uma face ou uma casa. As mesmas regiões cerebrais estão ativas tanto durante a imaginação quanto durante a visão direta das faces e das casas, embora a atividade seja menos pronunciada durante a visão por imaginação. (Reproduzida, com autorização, de O'Craven e Kanwisher, 2000. Copyright © 2000 MIT.)

dúvidas quanto à confiabilidade de seus relatos aumentam. Finalmente, as suspeitas confirmam-se quando ele diz, levianamente, a um parceiro de enfermaria: "É tão fácil enganar esses psicólogos clínicos".

Nesse caso, temos a evidência direta de que o paciente estava enganando deliberadamente os outros sobre sua pessoa. Para enganar os outros, precisamos ter não apenas consciência de nosso próprio estado mental, mas também o dos outros. Existe alguma forma com a qual podemos avaliar a fraude? Uma abordagem é usar um teste de memória do tipo comentado anteriormente. O paciente lê uma lista de palavras. Em seguida, lhe é mostrada uma nova lista composta pelas palavras que acabou de estudar, além de novas palavras. Deve então decidir se cada uma dessas palavras é antiga ou nova. Um amnésico genuíno não reconheceria nenhuma das palavras. Teria que adivinhar. Mas, por meio de efeitos inconscientes para reconhecimento a partir de pistas, apresentaria um desempenho melhor do que ao acaso. O simulador irá reconhecer as palavras antigas, porém, sua tendência será negar que as viu anteriormente. A menos que sua simulação seja muito sofisticada, seu desempenho será pior do que ao acaso. É possível sermos capazes de distinguir entre o amnésico verdadeiro e o simulador.

Há um terceiro tipo de paciente que também simula uma amnésia (ou algum outro distúrbio), mas o faz inconscientemente, não sendo então um simulador. Tal caso seria chamado de amnésia histérica ou psicogênica. Do mesmo modo que o simulador, seu desempenho no teste de reconhecimento é pior do que ao acaso. Contudo, ele não é ciente de sua simulação. O mesmo mecanismo ocorre em pessoas normais que foram hipnotizadas, quando lhes é dito para não ter memória do que acabou de ocorrer. Este fenômeno é por vezes referido como um estado dissociado: essa parte da mente a qual registra experiências e faz relatos verbais se tornou dissociada da parte que está criando a simulação. As simulações histéricas também podem gerar perda sensorial, como cegueira histérica, e transtornos motores, como paralisia histérica ou distonia histérica.

Ainda estamos muito longe da compreensão dos processos cognitivos ou da fisiologia subjacente desses transtornos. Uma questão essencial é como distinguir histeria de simulação consciente. Do ponto de vista da experiência consciente, os dois transtornos são bem diferentes: o simulador está ciente de que está simulando, enquanto o paciente histérico, não. Mesmo assim, os relatos subjetivos e a manifestação do comportamento dos pacientes nos dois casos são muito semelhantes. Não haveria uma medida que pudesse distinguir esses dois transtornos? Talvez a única maneira de demonstrar a distinção fundamental entre esses diferentes estados de consciência seja por meio de estudos de neuroimagem.

Destaques

1. O estudo dos transtornos mentais nos exige confrontar a lacuna conceitual entre o mental e o físico. Não é mais possível sustentar terem os transtornos mentais causas mentais, e os transtornos físicos, causas físicas.
2. A neurociência cognitiva teve grande impacto na busca pelo preenchimento dessa lacuna, pois sua linguagem descritiva, a linguagem do processamento de informação, pode ser aplicada simultaneamente a processos neurais e psicológicos. A teoria da informação e o desenvolvimento computacional dão pistas sobre como a ciência é capaz de abordar a questão da maneira sobre a qual a experiência subjetiva pode emergir da atividade em um cérebro físico.
3. Agora está claro que percepção, ação e memória são o resultado de muitos processos paralelos e que, embora alguns desses processos dão suporte à experiência consciente, a maioria ocorre abaixo do nível da consciência.
4. Anormalidades surpreendentes ocorrem quando alguns desses processos são comprometidos enquanto outros permanecem intactos. Uma paciente, D.F., com lesão no córtex temporal inferior, não possui mais a consciência sobre a forma de um objeto e, portanto, não consegue descrevê-lo ou reconhecê-lo. Mesmo assim, consegue posicionar sua mão de maneira apropriada para apanhar o objeto.
5. Temos muito pouca consciência dos detalhes de nossas ações, mas temos a nítida consciência de estar no controle (o senso de agência). Em casos extremos, esse senso de agência pode se desvincular do controle da ação. Após a amputação de um membro, muitas pessoas experienciam a sensação de poder mover um membro fantasma. Em outros casos, após um membro ficar paralisado devido a um acidente vascular encefálico, alguns pacientes acreditam ainda poderem mover o membro.
6. A lembrança do passado não é como a reprodução de um vídeo. A memória é um processo criativo baseado na recordação imperfeita preenchida com conhecimentos variados. Devido à perda dessa criatividade, os pacientes amnésicos têm dificuldade em imaginar o futuro e lembrar do passado.
7. A experiência subjetiva é uma parte importante da vida humana. Quando tomamos uma decisão, nossa escolha é sinalizada por nosso comportamento, mas nossa confiança em tal escolha é uma experiência subjetiva. Podemos estudar tais experiências através do relato verbal. A confiança em nossas escolhas é um exemplo de *metacognição* (ou seja, a capacidade de refletir sobre nossos processos cognitivos). Danos ao córtex frontal podem prejudicar a metacognição, deixando a tomada de decisão intacta.
8. Relatos verbais nem sempre são confiáveis. As pessoas podem fingir uma perda de memória para se livrar da justiça. Esse tipo de simulação é muito difícil de detectar, pois se assemelha muito a distúrbios como a amnésia histérica, na qual o paciente não tem ciência de que está simulando o transtorno. O desafio da neurociência cognitiva é distinguir esses casos.

Christopher D. Frith

Leituras selecionadas

Dehaene S. 2014. *Consciousness and the Brain: Deciphering How the Brain Codes Our Thoughts*. New York: Viking.

Frith CD. 2007. *Making Up the Mind: How the Brain Creates Our Mental World*. Oxford: Blackwell.

Gazzaniga MS (ed). 1995. *Cognitive Neuroscience: A Reader*. Oxford: Blackwell.

Marr D. 1982. *Vision: A Computational Investigation into the Human Representation and Processing of Visual Information*. San Francisco: Freeman.

McCarthy R, Warrington EK. 1990. *Cognitive Neuropsychology: A Clinical Introduction*. London, San Diego: Academic Press.

Sacks O. 1970. *The Man Who Mistook His Wife for a Hat and Other Clinical Tales*. New York: Touchstone.

Referências

Bauer RM. 1994. Autonomic recognition of names and faces in prosopagnosia: a neuropsychological application of the Guilty Knowledge test. Neuropsychology 22:457–469.

Beck DM, Rees G, Frith CD, Lavie N. 2001. Neural correlates of change and change blindness. Nat Neurosci 4:645–650.

Beck JS. 1995. *Cognitive Therapy: Basics and Beyond*. New York: Guilford Press.

Burgess PW, Baxter D, Rose M, Alderman N. 1986. Delusional paramnesic syndrome. In: PW Halligan, JC Marshall (eds). *Method in Madness: Case Studies in Cognitive Neuropsychiatry*, pp. 51–78. Hove, UK: Psychology Press.

Caspar EA, Christensen JF, Cleeremans A, Haggard P. 2016. Coercion changes the sense of agency in the human brain. Curr Biol 26:585–592.

Dierks T, Linden DE, Jandl M, et al. 1999. Activation of Heschl's gyrus during auditory hallucinations. Neuron 22:615–621.

Ellis HD, Young AW. 1990. Accounting for delusional misidentification. Br J Psychiatry 157:239–248.

ffytche DH, Howard RJ, Brammer MJ, David A, Woodruff P, Williams S. 1998. The anatomy of conscious vision: an fMRI study of visual hallucinations. Nat Neurosci 1:738–742.

Fleming SM, Ryu J, Golfinos JG, Blackmon KE. 2014. Domain-specific impairment in metacognitive accuracy following anterior prefrontal lesions. Brain 137:2811–2822.

Fotopoulou A, Tsakiris M, Haggard P, Vagopoulou A, Rudd A, Kopelman, M. 2008. The role of motor intention in motor awareness: an experimental study on anosognosia for hemiplegia. Brain 131:3432–3442.

Fourneret P, Jeannerod M. 1998. Limited conscious monitoring of motor performance in normal subjects. Neuropsychology 36:1133–1140.

Frith CD. 2011. Explaining delusions of control: the comparator model 20 years on. Conscious Cogn 21:52–54.

Frith CD. 2013. Action, agency and responsibility. Neuropsychologia 55:137–142.

Glinsky EL, Schacter DL. 1988. Long-term retention of computer learning in patients with memory disorders. Neuropsychology 26:173–178.

Goupil L, Romand-Monnier M, Kouider S. 2016. Infants ask for help when they know they don't know. Proc Natl Acad Sci U S A 113:3492–3496.

Haggard P, Clark S, Kalogeras J. 2002. Voluntary action and conscious awareness. Nat Neurosci 5:382–385.

Hassabis D, Kumaran D, Vann SD, Maguire EA. 2007. Patients with hippocampal amnesia cannot imagine new experiences. Proc Natl Acad Sci U S A 104:1726–1731.

Jacoby LL, Whitehouse K. 1989. An illusion of memory: false recognition influenced by unconscious perception. J Exp Psychol Gen 118:126–135.

Kopelman MD. 1995. The assessment of psychogenic amnesia. In: AD Baddeley, BA Wilson, FN Watts (eds). *Handbook of Memory Disorders*. New York: Wiley.

Libet B, Gleason CA, Wright EW, Pearl DK. 1983. Time of conscious intention to act in relation to onset of cerebral activity (readiness potential). The unconscious initiation of a freely voluntary act. Brain 106:623–642.

Maniscalco B, Lau H. 2011. A signal detection theoretic approach for estimating metacognitive sensitivity from confidence ratings. Conscious Cogn 21:422–430.

Marshall JC, Halligan PW. 1988. Blindsight and insight in visuo-spatial neglect. Nature 336:766–767.

Milner AD, Goodale MA. 1995. *The Visual Brain in Action*. Oxford: Oxford Univ. Press.

Moore J, Haggard P. 2008. Awareness of action: inference and prediction. Conscious Cogn 17:136–144.

Moretto G, Walsh E, Haggard P. 201 Experience of agency and sense of responsibility. Conscious Cogn 20:1847–1854.

O'Craven KM, Kanwisher N. 2000. Mental imagery of faces and places activates corresponding stimulus-specific brain regions. J Cogn Neurosci 12:1013–1023.

Öhman A, Soares JJ. 1994. "Unconscious anxiety": phobic responses to masked stimuli. J Abnorm Psychol 103:231–240.

Penfield W, Perot P. 1963. The brain's record of auditory and visual experience: a final summary and discussion. Brain 86:595–696.

Rensink RA, O'Regan JK, Clark JJ. 1997. To see or not to see: the need for attention to perceive changes in scenes. Psychol Sci 8:368–373.

Rugg MD, Mark RE, Walla P, Schloerscheidt AM, Birch CS, Allan K. 1998. Dissociation of the neural correlates of implicit and explicit memory. Nature 392:595–598.

Schurger A, Mylopoulos M, Rosenthal D. 2016. Neural antecedents of spontaneous voluntary movement: a new perspective. Trends Cogn Sci 20:77–79.

Shepherd J. 2012 Free will and consciousness: experimental studies. Conscious Cogn 21:915–927.

Smith CH, Oakley DA, Morton J. 2013. Increased response time of primed associates following an "episodic" hypnotic amnesia suggestion: a case of unconscious volition. Conscious Cogn 22:1305–1317.

Stewart L, Battelli L, Walsh V, Cowey A. 1999. Motion perception and perceptual learning studied by magnetic stimulation. Electroencephalogr Clin Neurophysiol Suppl 51:334.

Swets JA, Tanner WPJ, Birdsall TG. 1959. Decision processes in perception. Psychol Rev 68:301–340.

Tong F, Nakayama K, Vaughn JT, Kanwisher N. 1998. Binocular rivalry and visual awareness in human extrastriate cortex. Neuron 21:753–759.

Watson JB. 1930. *Behaviorism*. Chicago: Univ. of Chicago Press.

Weiskrantz L. 1986. *Blindsight: A Case Study and Its Implications*. Oxford: Oxford Univ. Press.

60

Transtornos do pensamento e da volição na esquizofrenia

A esquizofrenia é caracterizada por deficiências cognitivas, sintomas deficitários e sintomas psicóticos

    A esquizofrenia apresenta um curso característico de doença com início durante a segunda e terceira décadas de vida

    Os sintomas psicóticos da esquizofrenia tendem a ser episódicos

O risco de esquizofrenia é altamente influenciado pelos genes

A esquizofrenia é caracterizada por anormalidades na estrutura e na função encefálica

    A perda de substância cinzenta no córtex cerebral parece resultar da perda de contatos sinápticos em vez da perda de células

    Anormalidades no desenvolvimento encefálico durante a adolescência podem ser responsáveis pela esquizofrenia

Drogas antipsicóticas atuam em sistemas dopaminérgicos no encéfalo

Destaques

NESTE CAPÍTULO E NO PRÓXIMO, são examinados os transtornos que afetam percepção, pensamento, humor, emoção e motivação: esquizofrenia, depressão, transtorno bipolar e transtornos de ansiedade. Compreendê-los é desafiador, mas progressos recentes de análise genética começaram a fornecer pistas significativas sobre sua patogênese.

A doença mental tem efeitos prejudiciais sobre indivíduos, famílias e sociedade. A Organização Mundial da Saúde relata que as doenças mentais, em conjunto, constituem a principal causa de incapacidade em todo o mundo e são os principais fatores de risco para os 800.000 suicídios anuais relatados pela Organização Mundial da Saúde. Além disso, depressão e transtornos de ansiedade, com frequência, ocorrem concomitantemente e pioram os desfechos de diabete melito, doença arterial coronariana, acidente vascular encefálico e várias outras doenças.

Medicamentos como antipsicóticos, lítio e antidepressivos, descobertos em meados do século XX, possibilitaram o fechamento de grandes hospitais psiquiátricos, muitos dos quais abaixo do padrão. No entanto, as casas de passagem e outros ambientes de tratamento menos restritivos não se materializaram em número suficiente. Como resultado, muitas pessoas com esquizofrenia e transtorno bipolar grave passam à situação de rua em algum momento de suas vidas e, em muitos países, indivíduos com transtornos mentais graves compõem uma grande fração das populações carcerárias.

Além disso, embora os medicamentos antipsicóticos, lítio e medicamentos antidepressivos tenham desempenhado um papel importante no controle dos sintomas de transtornos mentais, permanecem limitações significativas quanto à eficácia dos tratamentos. Por exemplo, não existem tratamentos eficazes para os prejuízos cognitivos altamente incapacitantes ou para os sintomas deficitários da esquizofrenia. Mesmo para sintomas que se beneficiam com os medicamentos existentes, como alucinações e delírios, os sintomas residuais permanecem e as recaídas são a regra. Em decorrência dos significativos desafios científicos impostos pelo encéfalo humano e das limitações dos modelos animais de transtornos mentais, por mais de 50 anos houve pouco avanço na eficácia das drogas psiquiátricas. No entanto, o progresso recente na genética humana e na neurociência criou oportunidades significativas para melhorar essa triste situação.

A esquizofrenia é caracterizada por deficiências cognitivas, sintomas deficitários e sintomas psicóticos

Na medicina, a compreensão de uma doença e, portanto, seu diagnóstico, baseia-se, em última análise, na identificação de duas características: (1) fatores etiológicos (por exemplo, microrganismos, toxinas ou fatores de risco genéticos) e (2) o mecanismo de sua patogênese (processos pelos quais os agentes etiológicos produzem a doença). Embora a genética humana e a neurociência estejam começando a fornecer esclarecimentos sobre a etiologia e a patogênese de distúrbios como esquizofrenia, transtorno bipolar e transtornos do espectro autista, tais pesquisas até agora não resultaram na produção de testes diagnósticos objetivos ou biomarcadores. Sendo assim, os diagnósticos psiquiátricos ainda dependem de uma descrição dos sintomas do paciente, das observações do examinador e do curso da doença ao longo do tempo.

A esquizofrenia é uma doença bastante severa. Seus sintomas podem ser divididos em três grupos: (1) sintomas cognitivos; (2) sintomas deficitários ou negativos; e (3) sintomas psicóticos. Esses grupos de sintomas exibem diferentes padrões temporais, iniciando com deficiências cognitivas e sintomas deficitários particularmente mais precoces. Acredita-se que os diferentes momentos de início e os sintomas precisos de cada grupo decorrem dos mecanismos patogênicos do desenvolvimento em diferentes circuitos neurais e regiões do encéfalo. Em vista disso, os tratamentos existentes, como medicamentos antipsicóticos, os quais atuam em aspectos mais tardios do processo da doença, não exercem efeitos benéficos sobre deficiências cognitivas ou sintomas deficitários.

No início do século XX, na Alemanha, Emil Kraepelin constatou que o declínio cognitivo era uma característica de destaque da esquizofrenia, já que os sintomas psicóticos ocorrem em uma variedade de condições psiquiátricas. De fato, o termo usado por Kraepelin para o que mais tarde veio a ser chamado de esquizofrenia era *dementia praecox*, um termo o qual ressalta o início precoce da perda cognitiva. As deficiências cognitivas na esquizofrenia convergem na memória de trabalho e funções executivas, na memória declarativa, na fluência verbal, na capacidade de identificar as emoções transmitidas por expressões faciais e em outros aspectos da cognição social. Essas deficiências não apresentam melhoras significativas com os medicamentos existentes, mas pesquisas em andamento mostram benefícios promissores, embora ainda modestos, de terapias psicológicas destinadas à remediação cognitiva.

Os sintomas deficitários incluem respostas emocionais embotadas, afastamento da interação social, conteúdo empobrecido de pensamento e da fala e perda de motivação. Os sintomas psicóticos incluem alucinações, delírios e pensamentos desordenados e dissociativos (**Quadro 60-1**). Os sintomas psicóticos da esquizofrenia são responsivos a drogas antipsicóticas. Esses medicamentos também reduzem os sintomas psicóticos de outros distúrbios neuropsiquiátricos, incluindo transtorno bipolar, depressão grave e distúrbios neurodegenerativos, como doença de Parkinson, doença de Huntington e doença de Alzheimer.

A esquizofrenia apresenta um curso característico de doença com início durante a segunda e terceira décadas de vida

A esquizofrenia afeta 0,25 a 0,75% da população mundial, com diferenças regionais apenas modestas. Os homens são mais comumente afetados do que as mulheres, numa razão entre os gêneros estimada em 3:2, com início geralmente mais precoce nos homens. A esquizofrenia geralmente começa no final da adolescência ou na primeira metade dos vinte anos. Os sintomas cognitivos e os sintomas deficitários duradouros geralmente começam meses, e às vezes anos, antes do início dos sintomas psicóticos. Este período é referido como estado de risco ultra-alto por alguns pesquisadores e como os pródromos da esquizofrenia, por outros.

Indivíduos neste estado de risco geralmente têm declínios apreciáveis no funcionamento cognitivo, acompanhados por sintomas como isolamento social, desconfiança e diminuição da motivação para se envolver em trabalhos escolares ou em outras tarefas. Sintomas psicóticos atenuados geralmente se sucedem, incluindo alucinações transitórias e leves. Nem todo adolescente com tal quadro progride, desenvolvendo todo o espectro de sintomas que justifique

---

QUADRO 60-1 Transtorno do pensamento

A estrutura da fala de uma pessoa psicótica pode variar da divagação à incoerência, um sintoma comumente referido como afrouxamento das associações. Outros exemplos de fala esquizofrênica incluem neologismos (invenção de palavras estranhas), bloqueio (interrupções espontâneas repentinas) ou associações de *clang* (baseadas nos sons das rimas, e não nos significados das palavras, como:

"*If you can make sense out of nonsense, well, have fun. I'm trying to make cents out of sense. I'm not making cents anymore. I have to make dollars.*"*

Exemplos de afrouxamento das associações são:

"Eu deveria estar fazendo um filme, mas não sei qual será o final. Jesus Cristo está escrevendo um livro sobre mim."

"Não acho que eles se importam comigo, nem por dois milhões de camelos... 10 milhões de táxis... Papai Noel no rebote."

Pergunta: "Como está sua cabeça?" Resposta: "Minha cabeça, bem, essa é a parte mais difícil do trabalho. Minha memória é tão boa quanto a dos outros. Eu lhe digo qual é o meu problema, eu não sei ler. Você não pode aprender nada se não souber ler ou escrever direito. Você não pode pegar um bom livro, não estou falando apenas de um livro de sexo, um livro sobre literatura ou sobre história ou algo assim. Você não consegue pegar, ler e entender as coisas por si mesmo."

Vários tipos de afrouxamento da associação foram descritos (por exemplo, descarrilamento, incoerência, tangencialidade ou perda de objetivo). No entanto, ainda não está claro se isso reflete distúrbios em mecanismos fundamentalmente diferentes ou diferentes manifestações de um distúrbio subjacente comum, como a incapacidade de representar um "plano de fala" para orientar uma fala coerente. Um distúrbio com tal mecanismo seria consistente e pode ser paralelo ao comprometimento do controle de outras funções cognitivas na esquizofrenia, como déficits na memória de trabalho.

*N. de T. Em tradução livre, "Se você dá sentido ao que não faz sentido, bem, divirta-se. Eu estou tentando fazer centavos do que faz sentido. Não estou fazendo mais centavos. Tenho que fazer dólares."

o diagnóstico de esquizofrenia. Uma pequena fração se recupera. Outros desenvolvem quadros psiquiátricos graves diferentes da esquizofrenia. Medicamentos antipsicóticos não parecem beneficiar indivíduos em estado de risco, nem retardam o início da esquizofrenia. No entanto, terapias da fala e terapias por meio de abordagens com tecnologia computacional destinadas à remediação cognitiva se mostram promissoras em retardar o início da psicose.

Os sintomas psicóticos da esquizofrenia tendem a ser episódicos

Os sintomas psicóticos, incluindo alucinações e delírios, são as manifestações mais dramáticas da esquizofrenia. Alucinações são percepções que se manifestam na ausência de estímulos sensoriais ambientais compatíveis e podem ocorrer para qualquer modalidade sensorial. Na esquizofrenia, as alucinações mais comuns são auditivas. Normalmente, uma pessoa afetada ouve vozes, mas ruídos e música também são comuns. Às vezes, as vozes mantêm um diálogo, e frequentemente são percebidas como depreciativas ou intimidadoras. Ocasionalmente, as vozes emitem comandos, podendo suscitar danos de alto risco a si mesmo ou aos outros.

Delírios são crenças firmes sem base real e não são explicadas pela cultura do paciente, nem são passíveis de mudança por argumentos ou evidências. Os delírios podem se apresentar de uma forma bastante variada. Para alguns, a realidade é significativamente distorcida: o mundo está cheio de sinais ocultos destinados apenas à pessoa afetada (ideias de referência) ou a pessoa acredita que está sendo observada, seguida ou perseguida de perto (delírios paranoides). Outros podem experimentar delírios bizarros. Por exemplo, podem acreditar que alguém está inserindo ou extraindo pensamentos de suas mentes ou que seus parentes próximos foram substituídos por alienígenas de outro planeta. Além dos prejuízos cognitivos duradouros, os episódios psicóticos são frequentemente acompanhados por pensamentos desordenados e padrões estranhos de fala (**Quadro 60-1**).

Sintomas psicóticos também podem ocorrer em outros distúrbios neuropsiquiátricos, como transtorno bipolar, depressão maior (unipolar), vários distúrbios neurodegenerativos e estados induzidos por drogas. No entanto, essas condições geralmente podem ser distinguidas da esquizofrenia pela presença de outros sintomas e pela idade de início típicos desses quadros. No momento em que o quadro de esquizofrenia se manifesta em sua totalidade, os sintomas psicóticos tendem a ser episódicos. Períodos de franca psicose acompanhados de pensamento, emoção e comportamento marcadamente desordenados são intercalados com períodos com sintomas psicóticos mais leves ou mesmo ausentes. Os episódios psicóticos geralmente requerem hospitalização. A gravidade e a duração de tais episódios são consideravelmente reduzidas por drogas antipsicóticas. O primeiro e o segundo episódios de psicose geralmente respondem totalmente aos medicamentos antipsicóticos, mas os déficits cognitivos e os sintomas deficitários tipicamente persistem. Após as primeiras recaídas do quadro psicótico, indivíduos com esquizofrenia geralmente sofrem sintomas psicóticos residuais, mesmo entre suas recaídas agudas e apesar do tratamento com drogas antipsicóticas.

O funcionamento cognitivo e social tipicamente continua a se deteriorar ao longo de vários anos até atingir um platô bem abaixo do nível pré-mórbido de funcionamento.

O risco de esquizofrenia é altamente influenciado pelos genes

Já em 1930, na Alemanha, Franz Kalman estudou padrões familiares de esquizofrenia e concluiu que os genes possuem uma contribuição significativa. Para elucidar a diferença entre as influências genéticas e ambientais, Seymour Kety, David Rosenthal e Paul Wender examinaram, na Dinamarca, crianças adotadas no nascimento ou logo após o nascimento. Eles descobriram que a frequência de esquizofrenia na família biológica do adotado era muito mais preditiva de esquizofrenia quando comparada à frequência de esquizofrenia na família adotiva.

Kety e seus colaboradores também observaram que alguns dos parentes biológicos de adotados com esquizofrenia exibiam sintomas mais leves relacionados à esquizofrenia, como isolamento social, desconfiança, crenças excêntricas e pensamento mágico, mas não alucinações ou delírios manifestos. Desde a época de Kety, é observado que esses parentes também podem apresentar deficiências cognitivas moderadas, com graus de severidade intermediários entre indivíduos não afetados e aqueles com esquizofrenia. Também podem apresentar estreitamento do córtex cerebral, observado através do imageamento por ressonância magnética (IRM), com severidade de mesmo modo intermediária entre indivíduos saudáveis e aqueles com esquizofrenia. (O estreitamento cortical na esquizofrenia é discutido abaixo.) Atualmente, esses indivíduos são diagnosticados com transtorno esquizotípico, o que parece ser a extremidade mais branda do espectro de transtornos psicóticos da esquizofrenia. A gravidade e a natureza dos sintomas parecem ser influenciadas pela carga geral de variantes genéticas associadas ao risco, bem como pela exposição do indivíduo a fatores de risco ambientais.

Os estudos genealógicos de Irving Gottesman estendidos a parentes mais distantes de pacientes dinamarqueses com esquizofrenia reforçaram a importância dos genes. Gottesman observou as correlações entre o risco de esquizofrenia em parentes e o grau de compartilhamento de sequências de DNA com uma pessoa afetada. O pesquisador encontrou um risco maior de esquizofrenia ao longo da vida entre parentes de primeiro grau* (pais, irmãos e filhos, que compartilham 50% das sequências de DNA com o paciente) se comparado a parentes de segundo grau (tias, tios, sobrinhas, sobrinhos, netas e netos (compartilhamento de 25% de suas sequências de DNA). Mesmo parentes de terceiro grau, que compartilham apenas 12,5% das sequências de DNA do paciente), apresentavam maior risco de esquizofrenia comparados à população geral, cujo risco é de aproximadamente 1% para esta doença (**Figura 60-1**).

---

*N. de R.T. Neste texto, os autores classificam graus de parentesco em função do compartilhamento de material genético entre os indivíduos (ver Figura 60-1). Observe que sistemas jurídicos de diferentes países podem utilizar uma classificação diferente daquela aqui apresentada para graus de parentesco.

FIGURA 60-1 O risco de esquizofrenia ao longo da vida aumenta em função da proximidade de parentesco genético com um indivíduo esquizofrênico. O risco de esquizofrenia aumenta com o parentesco genético do indivíduo afetado e, portanto, com o aumento do compartilhamento de sequências de DNA. Contudo, o padrão de segregação nas famílias não segue as proporções mendelianas simples. Em vez disso, a herança reflete a complexidade genética. Além do mais, o risco varia dentro das categorias de parentesco (parentes de primeiro e segundo grau), sugerindo um papel dos efeitos desenvolvimentais ou ambientais dos não compartilhados. (Reproduzida, com autorização, de Gottesman 1991.)

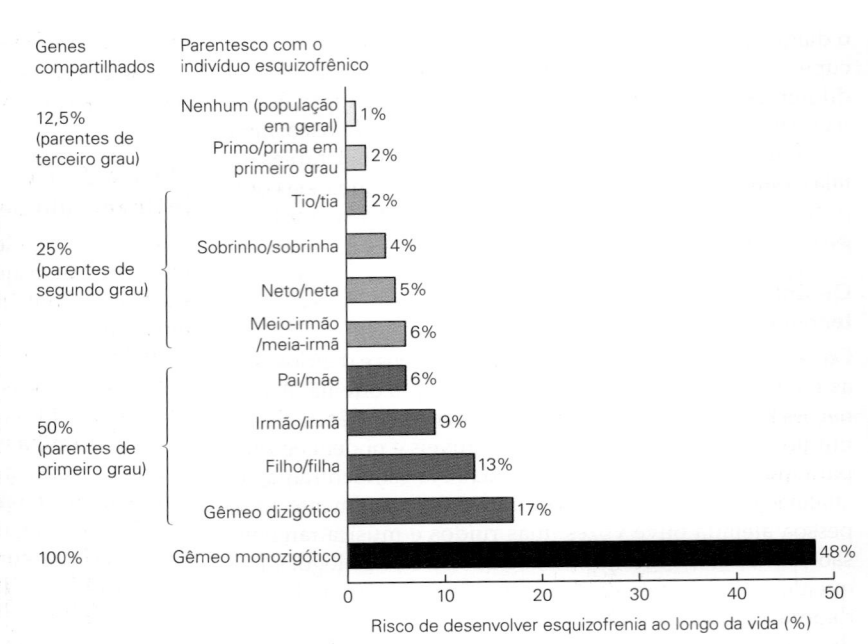

Genes compartilhados	Parentesco com o indivíduo esquizofrênico	Risco (%)
—	Nenhum (população em geral)	1%
12,5% (parentes de terceiro grau)	Primo/prima em primeiro grau	2%
25% (parentes de segundo grau)	Tio/tia	2%
	Sobrinho/sobrinha	4%
	Neto/neta	5%
	Meio-irmão/meia-irmã	6%
50% (parentes de primeiro grau)	Pai/mãe	6%
	Irmão/irmã	9%
	Filho/filha	13%
	Gêmeo dizigótico	17%
100%	Gêmeo monozigótico	48%

Com base nas diferenças dos níveis de risco medidos nesses heredogramas, Gottesman constatou que o risco de esquizofrenia não era transmitido dentro das famílias como traços mendelianos dominantes ou recessivos. Ou seja, não era causado por um único *locus* gênico. Ele previu corretamente que a esquizofrenia se distingue por seus traços poligênicos, envolvendo um grande número de *loci* por todo o genoma humano. Essa arquitetura genética está subjacente a muitos fenótipos humanos, incluindo fenótipos de doenças, podendo envolver inúmeras centenas de *loci* dentro do genoma. Nos traços poligênicos, as variantes em cada *locus* associado à doença contribuem com pequenos efeitos adicionais para a expressão do fenótipo. Variantes de risco genético atuam em conjunto com fatores ambientais para produzir o fenótipo da esquizofrenia.

Em 2014, um grande consórcio global de pesquisa relatou um estudo de associação do genoma completo de mais de 35.000 indivíduos com esquizofrenia. O estudo identificou 108 *loci* significativos associados à esquizofrenia distribuídos por todo o genoma. A pesquisa continua, e o número de *loci* conhecidos já é superior a 250. Cada um desses *loci* representa um segmento de DNA identificado por um único polimorfismo de nucleotídeo, o qual confere um pequeno incremento no risco (tipicamente 5-10%) para esquizofrenia. O valor de tais variantes alélicas serve como uma ferramenta para identificar genes que desempenham um papel no mecanismo molecular da doença. Os genes implicados, por sua vez, ajudam a identificar vias moleculares a serem potencialmente exploradas para o desenvolvimento de drogas terapêuticas.

Além de sua utilidade para a descoberta de processos biológicos envolvidos em doenças, a genética também pode contribuir para a estratificação de populações investigadas em estudos epidemiológicos e clínicos. O risco de esquizofrenia ou outros distúrbios em um indivíduo pode ser estimado calculando-se sua carga total de alelos de risco comuns para a condição. O resultado é um escore de risco poligênico, uma medida cada vez mais usada para a estratificação de populações por suscetibilidade genética à esquizofrenia tanto em estudos clínicos quanto epidemiológicos sobre fatores de risco ambientais.

Os fatores de risco ambientais para a esquizofrenia já replicados em muitos estudos incluem privação de nutrientes intraútero (principalmente em populações que passam fome), estação do ano no momento do nascimento (inverno e início da primavera), nascimento em regiões urbanas e migração. A análise de fatores causais dentro dessas amplas categorias de exposição provavelmente será beneficiada ao se identificar quem é suscetível. Além disso, pistas sobre vias causais induzidas pelo ambiente podem ser encontradas naqueles com genótipos de risco para esquizofrenia e que tenham sofrido alguma exposição específica.

Dada a falta de testes diagnósticos objetivos, os critérios diagnósticos atuais, como os da 5ª edição do *Manual diagnóstico e estatístico de transtornos mentais*, são baseados na observação clínica e no curso da doença. Como resultado, os indivíduos atualmente diagnosticados com esquizofrenia são marcadamente heterogêneos. As pontuações de risco poligênico podem explicar somente uma parte da variância nas coortes de esquizofrenia, fornecendo apenas informações probabilísticas. No entanto, elas representam a primeira ferramenta objetiva que permite a estratificação de sujeitos diagnosticados com esquizofrenia. Como tal, a aplicação de tais pontuações permitirá reduzir a heterogeneidade em estudos clínicos, variando de neuroimagem a estudos neurofisiológicos para triagens de tratamento.

Embora quase todos os casos de esquizofrenia sejam reflexo de riscos poligênicos, como previsto por Gottesman, uma pequena porcentagem de casos é altamente influenciada pela presença de uma mutação penetrante, que normalmente exerce efeitos pleiotrópicos, incluindo deficiência intelectual, resultando no que é frequentemente chamado de esquizofrenia sindrômica. A maioria dessas mutações penetrantes são variantes do número de cópias: deleções, duplicações ou, às vezes, triplicações de um segmento específico de um cromossomo.

A causa mais comum e mais bem estudada de esquizofrenia sindrômica é a microdeleção 22q11.2, a qual representa aproximadamente 1% dos pacientes diagnosticados com esquizofrenia. A microdeleção normalmente ocorre *de novo* e resulta na perda de uma das duas cópias de 38 a 44 genes. Como é típico para essas variações de número de cópias, as pessoas afetadas apresentam um complexo de sintomas. A síndrome que acompanha a microdeleção 22q11.2, também chamada de síndrome velocardiofacial ou de DiGeorge, inclui deficiência cognitiva, defeitos cardiovasculares e dismorfia facial. A penetrância de cada um desses sintomas e sinais é independente dos demais. Assim, os indivíduos afetados apresentam diferentes combinações de fenótipos. Indivíduos com a microdeleção 22q.11.2 têm um risco de 25 a 40% para esquizofrenia e um risco de 20% para autismo. Outras formas sindrômicas de psicose são igualmente variadas.

Formas sindrômicas de esquizofrenia podem fornecer esclarecimentos importantes para a biologia da psicose, mesmo que suas semelhanças com tipos poligênicos comuns de esquizofrenia ainda sejam uma questão de estudo. Uma vantagem significativa das mutações penetrantes é a possibilidade de se criar modelos celulares e animais para caracterizar seus efeitos na estrutura e função encefálica. Uma segunda vantagem é a capacidade de se estudar prospectivamente indivíduos portadores dessas mutações. Estudar a esquizofrenia sindrômica, portanto, tem o potencial de revelar muito sobre os mecanismos fisiopatológicos básicos. Uma importante área de investigação é de que forma as variações do número de cópias e outras mutações de alta penetrância para a psicose se manifestam com base no histórico genético de uma pessoa, especificamente as inúmeras variantes comuns de DNA que influenciam o risco. Até este momento, descobertas recentes sugerem que a propensão para desenvolver sintomas psicóticos em indivíduos portadores de uma variação no número de cópias pode ser resultado de uma forte interação da variação do número de cópias com o risco hereditário poligênico para esquizofrenia, sugerindo mecanismos compartilhados significativos entre a esquizofrenia associada a mutações genéticas de um único gene e aquela associada apenas a variantes poligênicas.

A esquizofrenia é caracterizada por anormalidades na estrutura e na função encefálica

Anormalidades na estrutura e na função do encéfalo foram identificadas na esquizofrenia, tanto por exame *post-mortem* quanto por uma variedade de tecnologias não invasivas em pacientes vivos. O achado mais bem replicado, tanto por estudo *post-mortem* quanto por IRM estrutural, é a perda de substância cinzenta nas regiões pré-frontal, temporal e parietal do córtex cerebral (**Figura 60-2**), resultando em aumento no tamanho dos ventrículos cerebrais (**Figura 60-3**). O estreitamento do córtex cerebral é mais pronunciado no córtex pré-frontal dorsolateral, uma região do cérebro crucial para a memória de trabalho e, portanto, para o controle cognitivo do pensamento, da emoção e do comportamento.

A perda de substância cinzenta no giro temporal superior, polo temporal, amígdala e hipocampo, na esquizofrenia, também foi correlacionada com deficiências na cognição, no reconhecimento de emoções de outras pessoas e na regulação da própria emoção. Exames de neuroimagem funcional, como tomografia por emissão de pósitrons e ressonância magnética funcional (IRMf), demonstraram uma associação entre os déficits para execução de tarefas de memória de trabalho durante a realização dos exames de imagens e decréscimos na ativação do córtex pré-frontal dorsolateral, região do cérebro conhecida por desempenhar um papel crítico na memória de trabalho (**Figura 60-4**).

Há também um crescente reconhecimento de que a esquizofrenia é caracterizada por interrupções na conectividade entre as regiões do encéfalo (**Figura 60-5**). A conectividade anatômica pode ser medida por imagens de tensor de difusão, as quais identificam os principais tratos axonais à medida que atravessam as regiões cerebrais. A conectividade funcional entre as regiões encefálicas pode ser estimada fisiologicamente medindo o grau em que os padrões de atividade em diferentes regiões do encéfalo se correlacionam, usando abordagens como eletrofisiologia e IRMf em estado de repouso. Tanto os métodos de imagem quanto os fisiológicos revelam que os indivíduos com esquizofrenia apresentam déficits nas conexões entre regiões encefálicas. E é bem provável que conexões mais fracas prejudiquem a cognição e comportamentos complexos.

A perda de substância cinzenta no córtex cerebral parece resultar da perda de contatos sinápticos em vez da perda de células

Estudos *post-mortem* examinaram as anormalidades celulares subjacentes aos achados macro-anatômicos e déficits funcionais na esquizofrenia. Esses estudos revelaram que a perda de substância cinzenta nas regiões corticais pré-frontal e temporal não é resultado da morte celular, mas sim de uma redução nos prolongamentos dendríticos. Como consequência, a densidade de empacotamento das células no córtex cerebral aumenta. Mais células por unidade de volume e menos substância cinzenta total contribuem para o alargamento dos espaços ventriculares.

Uma redução nos dendritos e espinhos dendríticos dos neurônios piramidais, o tipo mais comum de neurônio excitatório no neocórtex (**Figura 60-6**), provavelmente significa uma perda de contatos sinápticos nas regiões cerebrais afetadas em indivíduos com esquizofrenia. A perda de conexões sinápticas pode estar subjacente a anormalidades na conectividade funcional de longa distância e a falhas no recrutamento de regiões corticais pré-frontais durante tarefas que exigem memória de trabalho (**Figuras 60-4 e 60-5**).

Anormalidades no desenvolvimento encefálico durante a adolescência podem ser responsáveis pela esquizofrenia

A esquizofrenia apresenta um início padrão entre o final da adolescência e o início da idade adulta, com declínio cognitivo e sintomas negativos ocorrendo meses ou anos antes

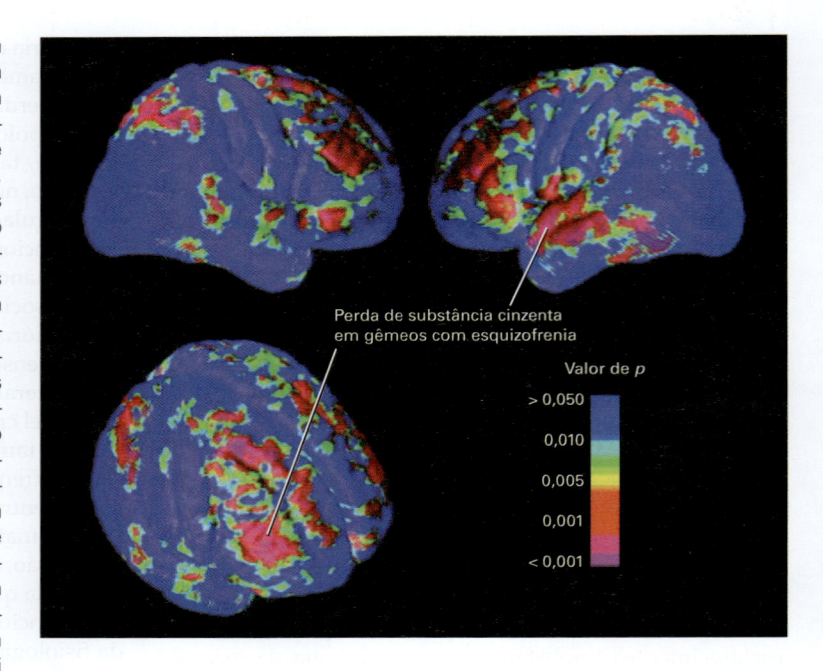

FIGURA 60-2 Perda de substância cinzenta na esquizofrenia. A perda de substância cinzenta está bem documentada na esquizofrenia. Parentes em primeiro grau sem diagnóstico de esquizofrenia ainda assim apresentam frequentemente uma perda de substância cinzenta cortical de grau intermediário, entre indivíduos saudáveis e aqueles diagnosticados com esquizofrenia. Consistente com isto, um estudo que examinou perdas de substância cinzenta cortical, comparando pares de gêmeos monozigóticos e dizigóticos discordantes para esquizofrenia com gêmeos controle saudáveis, encontrou perdas significativas naqueles com risco genético para esquizofrenia mas sem a doença. Os indivíduos dos pares de gêmeos diagnosticados com esquizofrenia demonstraram afinamento cortical adicional específico da doença nas áreas de associação pré-frontal dorsolateral, temporal superior e parietal superior. Esses defeitos adicionais parecem refletir a influência de fatores não genéticos envolvidos na patogênese (por exemplo, fatores desenvolvimentais ou ambientais). A perda de substância cinzenta específica da doença se correlaciona com o grau de comprometimento cognitivo, e não com a duração da doença ou tratamento medicamentoso. As imagens aqui mostram déficits regionais na substância cinzenta em gêmeos monozigóticos com esquizofrenia comparados aos seus irmãos gêmeos saudáveis (n = 10 pares), visualizados nas perspectivas direita, esquerda e oblíqua direita. As diferenças entre gêmeos são ilustradas pela escala de cores sobreposta nos mapas da superfície cortical, com **rosa** e **vermelho**, indicando a maior significância estatística. (Reproduzida, com autorização, de Cannon et al. 2002.)

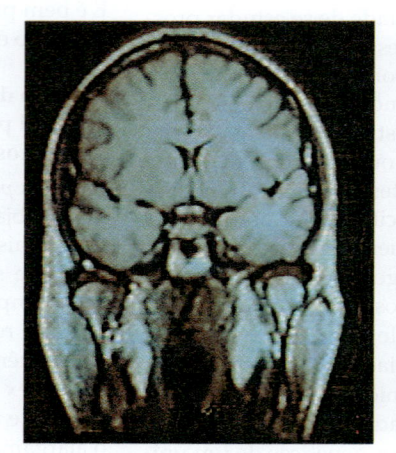

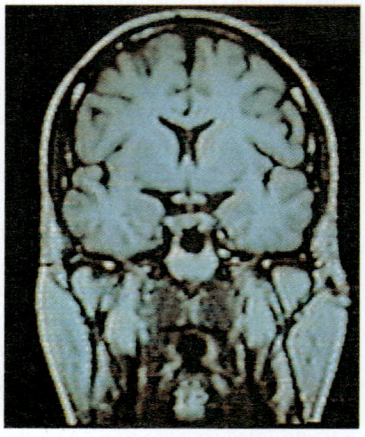

FIGURA 60-3 Alargamento dos ventrículos laterais na esquizofrenia. Comparação de imagens de ressonância magnética entre gêmeos monozigóticos discordantes para esquizofrenia. O indivíduo afetado do par de gêmeos apresenta aumento dos ventrículos característico da esquizofrenia. Pelo fato de haver uma ampla faixa de volumes ventriculares normais na população, é particularmente apropriado o gêmeo monozigótico não afetado servir como sujeito controle. Por possuírem genomas idênticos, essa comparação também ilustra o papel de fatores não genéticos na esquizofrenia.

Gêmeo não afetado   Gêmeo esquizofrênico

do início da psicose. Esse tempo determinado sugere que a patogênese da esquizofrenia deve envolver anormalidades nos estágios finais do desenvolvimento encefálico durante a adolescência, quando a função cognitiva, a regulação emocional e a função executiva normalmente amadurecem.

Ao longo do desenvolvimento, os neurônios formam um número excessivamente grande de conexões sinápticas. Geralmente, as sinapses são reforçadas e preservadas quando utilizadas, enquanto as sinapses fracas ou ineficientes são eliminadas através de um processo chamado de *poda*. O processo de refinamento sináptico, envolvendo tanto a sinaptogênese quanto a poda, resulta em processamentos neurais eficientes e adaptados ao ambiente. O refinamento sináptico dependente da experiência foi descrito pela primeira vez no córtex visual, onde a poda de conexões fracas é necessária para o surgimento da visão binocular (ver Capítulo 49). A sinaptogênese e a poda continuam ao longo da vida, possibilitando novos aprendizados e atualizando memórias mais antigas. No entanto, sobrepostas a esses eventos locais, ocorrem curvas significativas de poda sináptica espacialmente específicas, cada qual em períodos exclusivos do desenvolvimento. A última dessas curvas de maturação do cérebro humano ocorre durante a adolescência e o início da idade adulta, com poda no córtex associativo temporal e pré-frontal. Essa curva tardia de poda é seguida pela mielinização de muitos axônios nessas áreas corticais.

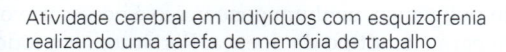

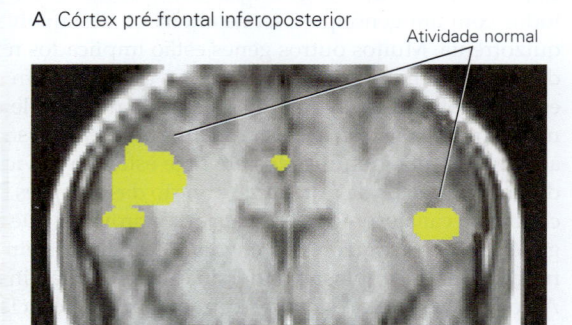

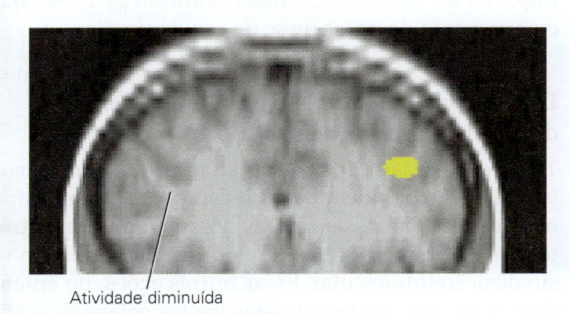

FIGURA 60-4 Déficits na função do córtex pré-frontal na esquizofrenia. A imagem por ressonância magnética funcional (IRMf) foi utilizada para testar a hipótese de que, em pacientes com esquizofrenia, a memória de trabalho ativa circuitos no córtex pré-frontal de maneira diferente da memória de trabalho dos controles. A atividade no córtex pré-frontal de dois grupos – pacientes com esquizofrenia (primeiro episódio, sem nunca terem recebido drogas antipsicóticas) e controles saudáveis – foi examinada enquanto os indivíduos realizavam uma tarefa de memória de trabalho. Os sujeitos foram apresentados a uma sequência de letras e instruídos a responder a uma determinada letra (a letra de "sondagem") somente se sucedesse imediatamente uma outra letra específica (a letra de "dica contextual"). As demandas da memória de trabalho aumentavam com a ampliação do intervalo entre a letra dica e a letra de sondagem. Um aumento na demanda na memória de trabalho requer maior ativação dos circuitos corticais pré-frontais. (Adaptada, com autorização, de Barch et al. 2001.)

A. Tanto em pacientes com esquizofrenia quanto em controles, o aumento normal na ativação das regiões inferoposteriores do córtex pré-frontal (**CPFIP**; área de Brodmann 44/46) decorrente da demanda na memória de trabalho sugere que a função dessas regiões permanece intacta na esquizofrenia. O gráfico mostra a alteração do sinal na IRMf no lado direito do córtex pré-frontal para as condições de intervalo longo e curto em controles saudáveis e em pacientes com esquizofrenia. Efeitos semelhantes foram observados em relação ao lado esquerdo.

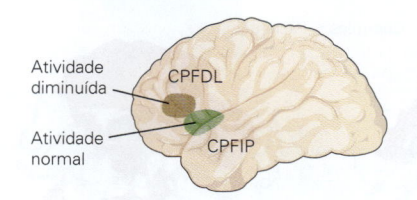

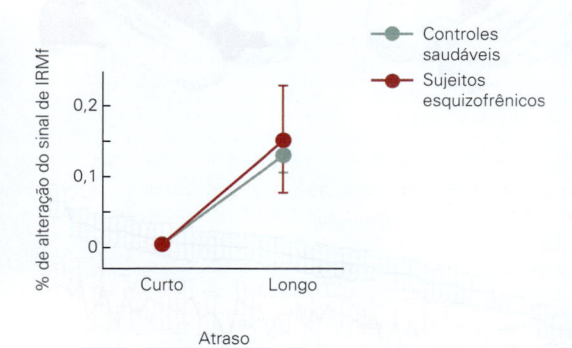

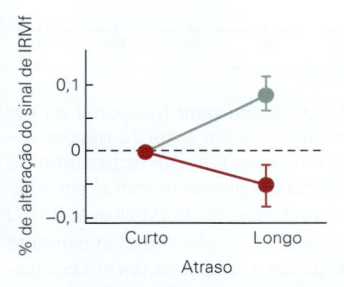

B. Há menor atividade na área de Brodmann 46/49, uma região do córtex pré-frontal dorsolateral (**CPFDL**), em pacientes com esquizofrenia do que em controles saudáveis. Ao contrário da área 44/49 de Brodmann (mostrada na parte **A**), a área 46/49 de Brodmann não apresenta uma atividade normal em indivíduos com esquizofrenia, consistente com o déficit na memória de trabalho observado nesses pacientes. O comprometimento seletivo de uma região do córtex pré-frontal, comparado a outras regiões que parecem ter função normal, sugere dever-se a um processo específico regional, e não a um processo patológico difuso e inespecífico.

No início da década de 1980, Irwin Feinberg levantou a hipótese de que a esquizofrenia poderia resultar da poda sináptica anormalmente excessiva durante a adolescência. O exame *post-mortem* dos encéfalos de pessoas com esquizofrenia demonstrou subsequentemente uma redução dos espinhos dendríticos e das sinapses nos córtices pré-frontal e temporal. Estudos em primatas não humanos, em conjunto com estudos *post-mortem* e de neuroimagem em humanos, sugerem que a perda de arborizações dendríticas não se deve aos medicamentos antipsicóticos utilizados por muitos indivíduos com esquizofrenia. O início do comprometimento cognitivo e dos sintomas negativos durante esse período é consistente com a ideia que, de alguma forma, há um desordenamento da poda sináptica prejudicando a capacidade do córtex cerebral de processar informações. Quando a hipótese da

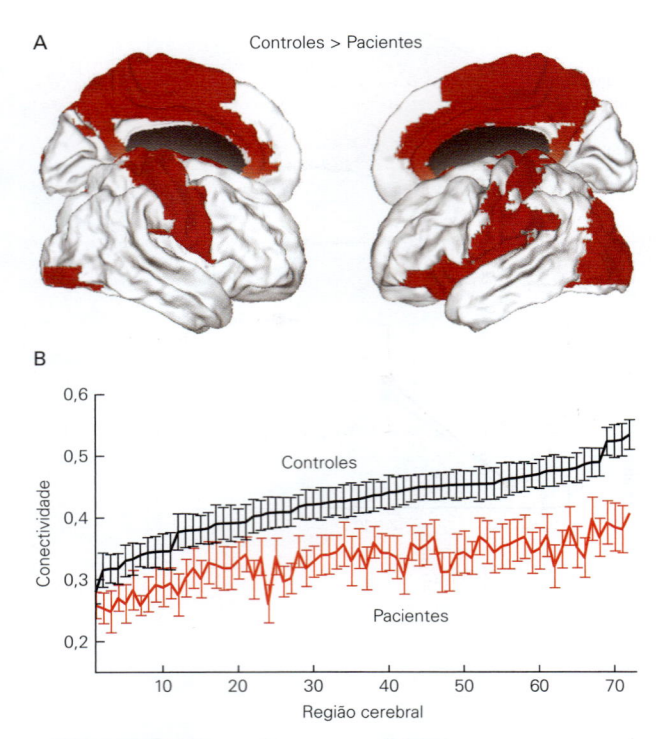

FIGURA 60-5 Diminuição da conectividade funcional na esquizofrenia. Correlações na atividade neural entre 72 regiões cerebrais definidas foram medidas em pacientes com esquizofrenia e em sujeitos controle por ressonância magnética funcional em estado de repouso. (Reproduzida, com autorização, de Lynall et al. 2010.)

A. Regiões do cérebro que mostraram reduções estatisticamente significativas na conectividade funcional de pacientes em comparação a controles estão destacadas em vermelho.

B. Conectividade funcional média (+/– erro padrão da média) entre cada região cerebral e áreas restantes do cérebro de pacientes e controles saudáveis.

poda excessiva foi enunciada pela primeira vez, na década de 1980, faltava um mecanismo molecular ou celular plausível que pudesse explicar a falha do processo de poda sináptica na esquizofrenia. Análises genéticas recentes podem ter fornecido uma solução.

Estudos genéticos imparciais e em larga escala constataram que a associação mais forte com o risco de esquizofrenia está no *locus* principal de histocompatibilidade (MHC), no cromossomo 6. O *locus* MHC codifica inúmeras proteínas envolvidas na função imunitária. O refinado mapeamento do *locus* identificou o maior sinal de associação genética para os genes que codificam o fator do complemento C4, um componente da clássica cascata do complemento que, fora do encéfalo, está envolvido na marcação de microrganismos e células danificadas para englobamento e destruição pelas células fagocíticas. Análises subsequentes mostraram que o risco de esquizofrenia é elevado em função do aumento da expressão, no encéfalo, de C4A (uma das duas isoformas). Essa descoberta dá suporte à hipótese da poda excessiva, já que uma função do sistema complemento no encéfalo é marcar sinapses fracas ou ineficientes para serem removidas pela microglia (**Figura 60-7**).

A expressão elevada do fator do complemento C4A envolvido na poda sináptica certamente não é o único mecanismo que leva à esquizofrenia. Como em qualquer distúrbio poligênico, nenhum gene único é necessário ou suficiente para o fenótipo da doença. Portanto, nem todos com esquizofrenia têm um genótipo C4A de alto risco, e nem todos com um genótipo C4A de alto risco desenvolvem esquizofrenia. Muitos outros genes estão implicados no risco de esquizofrenia. Vários desses fatores de risco, além do C4, estão envolvidos na regulação da cascata do complemento, mas a grande maioria não está. Muitos dos genes associados à esquizofrenia identificados até hoje estão envolvidos em diversos aspectos da estrutura e função das sinapses. Vários codificam canais iônicos. Assim, parece provável que o risco genético para esquizofrenia envolva, pelo menos em parte, função sináptica, plasticidade sináptica e poda sináptica. A poda excessiva de sinapses durante a adolescência é um mecanismo plausível a ser mais explorado em estudos com jovens de alto risco para esquizofrenia. No entanto, outras vias, ainda menos caracterizadas, podem também se revelar importantes. Temos um longo caminho a percorrer quanto à compreensão da patogênese da esquizofrenia.

Drogas antipsicóticas atuam em sistemas dopaminérgicos no encéfalo

Todas as drogas antipsicóticas atuais produzem seus efeitos terapêuticos bloqueando os receptores D_2 para dopamina no prosencéfalo. Essas drogas possuem muitos outros efeitos em vários receptores de neurotransmissores e vias de sinalização intracelular. Essas outras ações, no entanto, influenciam principalmente seus efeitos colaterais e não seus principais mecanismos terapêuticos (**Figura 60-8**).

A primeira droga antipsicótica eficaz, a clorpromazina, desenvolvida por seus efeitos anti-histamínicos e sedativos, foi investigada pela primeira vez como pré-anestésico cirúrgico por Henry Laborit, em 1952. Com base em seus efeitos sedativos, foi testada em pacientes psicóticos logo em seguida. Esses testes, surpreendentemente, demonstraram redução das alucinações e delírios. De fato, o efeito sedativo da clorpromazina é agora considerado um efeito colateral. O sucesso da clorpromazina levou a tentativas de descobrir outras drogas antipsicóticas. Embora muitos medicamentos antipsicóticos quimicamente diversos sejam atualmente utilizados, todos compartilham a mesma ação inicial da clorpromazina no encéfalo, a capacidade de bloquear o receptor de dopamina D_2. Como classe, essas drogas melhoram os sintomas psicóticos não apenas na esquizofrenia, mas também no transtorno bipolar, na depressão grave e em vários distúrbios neurodegenerativos. Nenhuma das drogas antipsicóticas fornece tratamento eficaz para deficiências cognitivas ou sintomas deficitários da esquizofrenia.

Entre seus efeitos colaterais, a clorpromazina e medicamentos relacionados causaram sintomas motores semelhantes aos do Parkinson. Pelo fato da doença de Parkinson ser causada pela perda de neurônios dopaminérgicos no mesencéfalo, a ocorrência de efeitos colaterais semelhantes a esta doença levou Arvid Carlsson a aventar que tais drogas atuam diminuindo a transmissão dopaminérgica. Seguindo

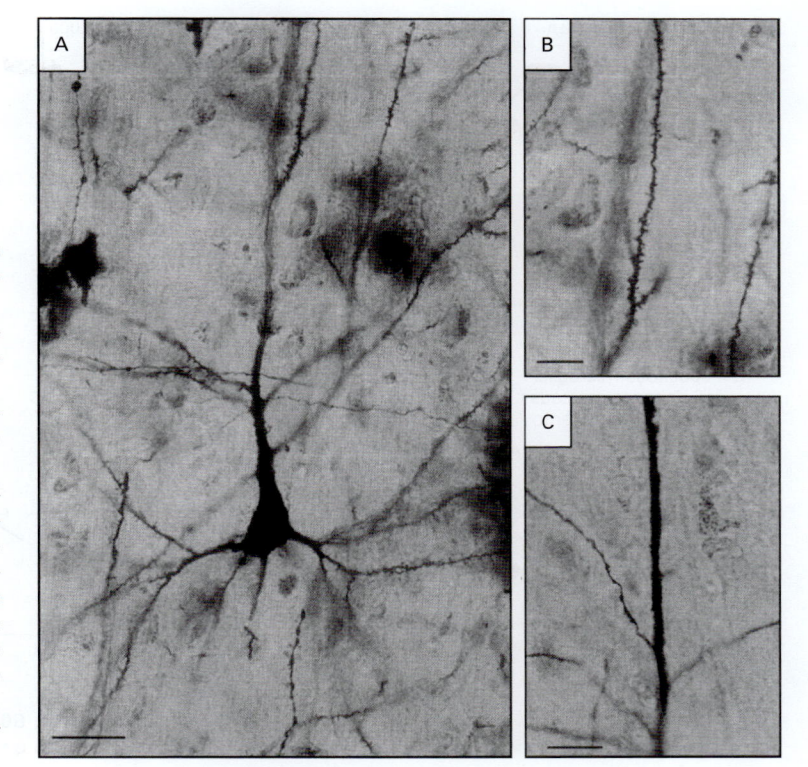

FIGURA 60-6 Fotomicrografias de neurônios piramidais do córtex cerebral de cérebros humanos corados pelo método de Golgi.
A. Um neurônio piramidal da camada III de um cérebro controle, mostrando sua morfologia e seus dendritos cobertos por espinhos.
B. Imagem com maior poder de visão mostrando espinhos no dendrito de um neurônio piramidal de um cérebro controle.
C. Segmento desprovido de espinhos de um dendrito do córtex cerebral de um indivíduo com esquizofrenia. (Escala: **A**: 30 μm; **B**: 20 μm; **C**: 15 μm.) Os números de espinhos são uma representação aproximada do número de contatos sinápticos de outros neurônios no dendrito. Sendo assim, a escassez de espinhos na esquizofrenia é consistente com menos contatos sinápticos em relação aos encontrados no córtex cerebral de cérebros saudáveis. (Reproduzida, com autorização, de Garey et al. 1998. Com autorização do BMJ Publishing Group Ltd.)

essa ideia, Carlsson estabeleceu que as drogas antipsicóticas são bloqueadoras dos receptores de dopamina. Duas famílias desses receptores são conhecidas. A família D_1, que em humanos inclui D_1 e D_5, está acoplada a proteínas G estimuladoras, as quais ativam a adenililciclase. A família D_2, que inclui D_2, D_3 e D_4, está acoplada à proteína G inibitória (G_i), a qual inibe a ciclase e ativa um canal de K^+ hiperpolarizante. Uma segunda via de sinalização para os receptores D_2 é mediada pela β-arrestina. O receptor D_1 é expresso no corpo estriado, sendo a principal classe de receptor de dopamina no córtex cerebral e no hipocampo. O receptor D_2 é expresso mais densamente no corpo estriado, córtex cerebral, amígdala e hipocampo. As correlações entre os estudos de ligação no receptor e a eficácia clínica sobre os sintomas psicóticos indicaram ser a família D_2 o alvo molecular para as ações terapêuticas dos antipsicóticos.

A clozapina, uma droga antipsicótica descoberta em 1959, mostrou ter um menor risco de causar efeitos colaterais motores como os do tipo parkinsonianos. No entanto, por apresentar alguns efeitos colaterais graves, incluindo uma pequena chance de causar uma perda potencialmente letal de granulócitos sanguíneos, seu uso foi descontinuado até que um ensaio clínico no final da década de 1980 mostrou claramente sua maior eficácia comparada à de outros medicamentos antipsicóticos. A clozapina promoveu uma melhora em alguns indivíduos que não respondiam a outras drogas antipsicóticas. Ela foi reintroduzida com monitoramento semanal da contagem de células brancas. Tentativas de buscar outras drogas com a mesma eficácia da clozapina também motivaram o desenvolvimento de drogas antipsicóticas de segunda geração, as quais imitavam algumas de suas propriedades de ligação no receptor, particularmente, a capacidade de bloquear os receptores de serotonina $5-HT_{2A}$, uma ação que parece diminuir os efeitos colaterais motores. Ensaios clínicos de larga escala com medicamentos antipsicóticos de segunda geração mostraram que sua eficácia não é maior do que os medicamentos de primeira geração, sendo que nenhum deles apresentou a mesma eficácia da clozapina. O risco dos efeitos colaterais motores similares aos do Parkinson é menor nos medicamentos de segunda do que nos de primeira geração. No entanto, é comum que causem ganho de peso e outros problemas metabólicos mais severos.

Uma vez que as drogas que reduzem os sintomas psicóticos o fazem bloqueando os receptores D_2, os pesquisadores têm se perguntado: qual é o papel da dopamina nos sintomas da esquizofrenia? Posto que algumas drogas que bloqueiam os receptores D_2 reduzam os sintomas psicóticos, outras drogas que aumentam a dopamina nas sinapses, como a anfetamina e a cocaína, podem produzir sintomas psicóticos quando usadas cronicamente em altas doses. Assim, Carlsson sugeriu que os sistemas dopaminérgicos estão hiperativados na esquizofrenia. A evidência para esta hipótese tem sido difícil de obter. A evidência mais direta para essa ideia vem de estudos iniciados em meados da década de 1990, ao descobrirem que os aumentos na liberação de dopamina induzidos por anfetaminas eram maiores em pacientes com esquizofrenia, se comparados a indivíduos saudáveis. Esses estudos sugerem que anormalidades em processos sensíveis às anfetaminas – como armazenamento de dopamina, transporte vesicular, liberação de dopamina ou recaptação de dopamina por neurônios pré-sinápticos – podem levar à hiperatividade nos sistemas dopaminérgicos subcorticais e

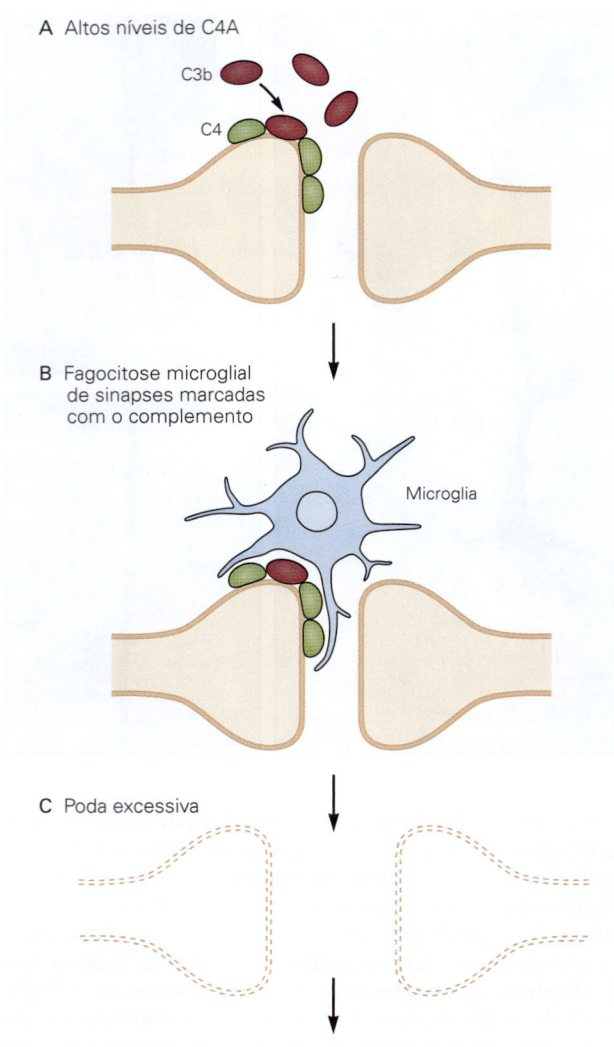

FIGURA 60-7 Os fatores do complemento e a microglia possuem um papel na eliminação de sinapses. A maturação e a plasticidade do sistema nervoso envolvem tanto a sinaptogênese quanto a eliminação de sinapses fracas. Acredita-se que o fator do complemento 3b (**C3b**) sirva como um "sinal de punição" que identifica sinapses fracas a serem fagocitadas pela microglia. O fator do complemento 4 (**C4**), um componente da cascata do complemento, é sintetizado por neurônios e astrócitos e recruta C3b para enfraquecer sinapses. Em humanos, um *locus* genômico complexo no cromossomo 6 contém números variados de cópias dos genes que codificam as proteínas C4 do fator complemento, C4A e C4B. Variantes dentro desse *locus* as quais dão origem a altos níveis de expressão de C4A no encéfalo aumentam o risco de esquizofrenia. (Reproduzida, com autorização, de Christina Usher e Beth Stevens.)

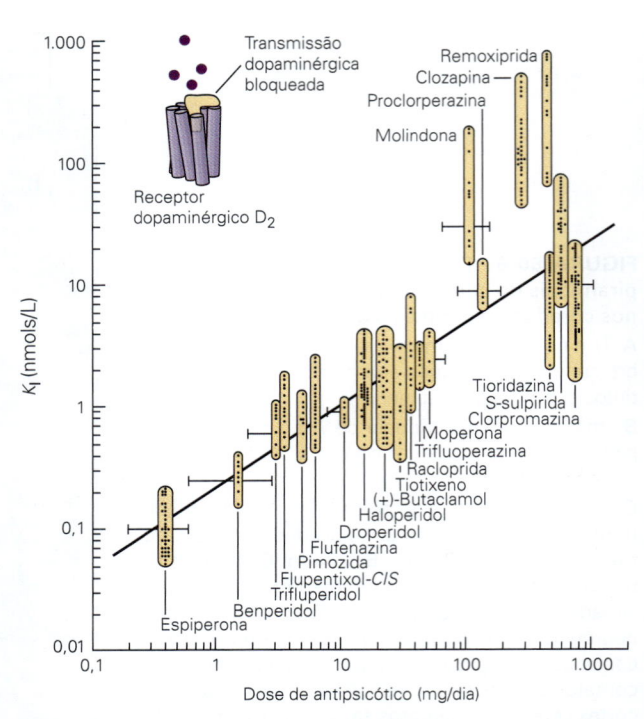

FIGURA 60-8 A potência das drogas antipsicóticas de primeira geração no tratamento de sintomas psicóticos se correlaciona fortemente com a sua afinidade pelos receptores de dopamina D_2. No eixo horizontal, está a dose média diária necessária para atingir níveis similares de eficácia clínica. No eixo vertical, está o K_i, a concentração do fármaco necessária para ligar 50% dos receptores D_2 *in vitro*. Quanto maior a concentração do fármaco necessária, menor é a afinidade por seu receptor. Uma ressalva é que as medições nos dois eixos não são totalmente independentes uma da outra, pois a capacidade de um medicamento de bloquear os receptores D_2 *in vitro* é frequentemente usada para auxiliar a determinar as doses usadas em ensaios clínicos. A clozapina, que não acerta na linha, possui eficácia significativamente maior que as demais. O mecanismo dessa maior eficácia não é compreendido. (Adaptada, com autorização, de Seeman et al. 1976.)

podem contribuir para os sintomas psicóticos da esquizofrenia, os quais respondem a drogas antipsicóticas.

Embora na esquizofrenia possa haver um aumento da atividade dopaminérgica nas regiões subcorticais, nas regiões corticais, a dopamina pode estar diminuída, possivelmente contribuindo para as deficiências cognitivas observadas nesse transtorno. No caso, é plausível que haja menos receptores D_1 no córtex pré-frontal, o que seria consistente com a observação de que os receptores D_1 nessa região desempenham um papel na memória de trabalho e nas funções executivas.

Destaques

1. A esquizofrenia é um transtorno crônico e profundamente incapacitante, caracterizado por sintomas psicóticos dramáticos, bem como déficits na emoção, motivação e cognição.
2. O risco de esquizofrenia é de base hereditária e poligênica.
3. Os medicamentos antipsicóticos são eficazes na redução de alucinações, delírios e distúrbios do pensamento, mas não beneficiam os sintomas cognitivos e deficitários da esquizofrenia.

4. As deficiências cognitivas reduzem a capacidade das pessoas com esquizofrenia de regular seu comportamento de acordo com seus objetivos. Como resultado, esses indivíduos frequentemente são incapazes de ter sucesso na escola ou manter empregos, mesmo nos períodos em que suas alucinações e delírios sejam efetivamente controlados pelo uso de drogas antipsicóticas.
5. Estudos *post-mortem* e de neuroimagem documentam a perda de substância cinzenta no córtex cerebral pré-frontal e temporal em um padrão consistente com deficiências cognitivas, como déficits na memória de trabalho.
6. A perda de substância cinzenta resulta da diminuição da arborização dendrítica e diminuição dos espinhos dendríticos, o que implica também em conexões sinápticas reduzidas. Uma hipótese consistente com esses achados anatômicos e com a idade típica de início na adolescência é que a esquizofrenia é desencadeada pela poda sináptica excessiva e inadequada nos córtices cerebrais pré-frontal e temporal durante a adolescência e o início da idade adulta.
7. O progresso na análise genética da esquizofrenia combinada com o uso de novas ferramentas para estudar a neurociência no nível de sistemas, promete ajudar a alcançar os avanços tão necessários para a compreensão dos mecanismos da doença e para a descoberta de novas terapêuticas.

Steven E. Hyman
Joshua Gordon

Leituras selecionadas

Barch DM. 2005. The cognitive neuroscience of schizophrenia. Annu Rev Clin Psychol 1:321–353.

Nestler EJ, Hyman SE, Holtzman D, Malenka RJ. 2015. *Molecular Neuropharmacology: Foundation for Clinical Neuroscience*, 3rd ed. New York: McGraw-Hill.

Owen MJ, Sawa A, Mortensen PB. 2016. Schizophrenia. Lancet 388:85–97.

Stephan AH, Barres BA, Stevens B. 2012. The complement systems: an unexpected role in synaptic pruning during development and disease. Annu Rev Neurosci 35:369–389.

Referências

Addington J, Heinssen R. 2012. Prediction and prevention of psychosis in youth at clinical high risk. Annu Rev Clin Psychol 8:269–289.

Barch DM, Carter CS, Braver TS, et al. 2001. Selective deficits in prefrontal cortex function in medication-naïve patients with schizophrenia. Arch Gen Psychiatry 58:280–288.

Brans EG, van Haren NE, van Baal GC, et al. 2008. Heritability of changes in brain volume over time in twin pairs discordant for schizophrenia. Arch Gen Psychiatry 65:1259–1268.

Cannon TD, Thompson PM, van Erp TG, Toga AW. 2002. Cortex mapping reveals regionally specific patterns of genetic and disease-specific gray-matter deficits in twins discordant for schizophrenia. Proc Natl Acad Sci U S A 99:3228–3233.

Feinberg I. 1983. Schizophrenia: caused by a fault in programmed synaptic elimination during adolescence? J Psychiatr Res 17:319–324.

Fisher M, Loewy R, Hardy K, Schlosser D, Vinogradov S. 2013. Cognitive interventions targeting brain plasticity in the prodromal and early phases of schizophrenia. Annu Rev Clin Psychol 9:435–463.

Fusar-Poli P, Borgwardt S, Bechdolf A, et al. 2013 The psychosis high-risk state: a comprehensive state-of-the-art review. JAMA Psychiatry 70:107–120.

Garey LJ, Ong WY, Patel TS, et al. 1998. Reduced dendritic spine density on cerebral cortical pyramidal neurons in schizophrenia. J Neurol Neurosurg Psychiatry 65:446–453.

Glantz LA, Lewis DA. 2000. Decreased dendritic spine density on prefrontal cortical pyramidal neurons in schizophrenia. Arch Gen Psychiatry 57:65–73.

Gottesman II. 1991. *Schizophrenia Genesis: The Origins of Madness*. New York: Freeman.

Gur RE, Cowell PE, Latshaw A, et al. 2000. Reduced dorsal and orbital prefrontal gray matter volumes in schizophrenia. Arch Gen Psychiatry 57:761–768.

Kambeitz J, Abi-Dargham A, Kapur S, Howes OD. 2014. Alterations in cortical and extrastriatal subcortical dopamine function in schizophrenia: systematic review and meta-analysis of imaging studies. Br J Psychiatry 204:420–429.

Kane J, Honigfeld G, Singer J, Meltzer H. 1988. Clozapine for the treatment-resistant schizophrenic. A double-blind comparison with chlorpromazine. Arch Gen Psychiatry 45:789–796.

Kety SS, Rosenthal D, Wender PH, Schulsinger F. 1968. The types and prevalence of mental illness in the biological and adoptive families of adopted schizophrenics. J Psych Res 6:345–362.

Lesh TA, Niendam TA, Minzenberg MJ, Carter CS. 2011. Cognitive control deficits in schizophrenia. Mechanisms and meaning. Neuropsychopharmcology 36:316–338.

Lieberman JA, Stroup TS, McEvoy JP, et al. 2005. Effectiveness of antipsychotic drugs in patients with chronic schizophrenia. N Engl J Med 353:1209–1223.

Lynall M-E, Bassett DS, Kerwin R, et al. 2010. Functional connectivity and brain networks in schizophrenia. J Neurosci 30:9477–9487.

McGrath J, Saha S, Welham J, El Saadi O, MacCauley C, Chant D. 2004. A systematic review of the incidence of schizophrenia: the distribution of rates and the influence of sex, urbanicity, migrant status, and methodology. BMC Med 2:13.

Mortensen PB, Pedersen CB, Westergaard T, et al. 1999. Effects of family history and place and season of birth on the risk of schizophrenia. N Engl J Med 340:603–608.

Rapoport JL, Giedd JN, Blumenthal J, et al. 1999. Progressive cortical change during adolescence in childhood-onset schizophrenia. A longitudinal magnetic resonance imaging study. Arch Gen Psychiatry 56:649–654.

Schizophrenia Working Group of the Psychiatric Genomics Consortium. 2014. Biological insights from 108 schizophrenia-associated genetic loci. Nature 511:421–427.

Seeman P, Lee T, Chau-Wong M, Wong K. 1976. Antipsychotic drug doses and neuroleptic/dopamine receptors Nature 261:717–9.

Sekar A, Bialas AR, de Rivera H, et al. 2016. Schizophrenia risk from complex variation of complement component 4. Nature 530:177–183.

Suddath RL, Christison GW, Torrey EF, Casanova MF, Weinberger DR. 1990. Anatomical abnormalities in the brains of monozygotic twins discordant for schizophrenia. N Engl J Med 322:789–794.

Thompson PM, Vidal C, Giedd JN, et al. 2001. Mapping adolescent brain change reveals dynamic wave of accelerated gray matter loss in very early-onset schizophrenia. Proc Natl Acad Sci USA 98:11650–11655.

Vidal CN, Rapoport JL, Hayashi KM, et al. 2006. Dynamically spreading frontal and cingulate deficits mapped in adolescents with schizophrenia. Arch Gen Psychiatry 63:25–34.

61

Transtornos do humor e de ansiedade

Transtornos do humor podem ser divididos em duas classes gerais: depressão unipolar e transtorno bipolar
    O transtorno depressivo maior difere significativamente da tristeza normal
    O transtorno depressivo maior muitas vezes inicia precocemente na vida
    O diagnóstico de transtorno bipolar requer um episódio de mania
Transtornos de ansiedade representam uma significativa desregulação do circuito do medo
Fatores de risco genéticos e ambientais contribuem para os transtornos de humor e de ansiedade
Depressão e estresse compartilham mecanismos neurais sobrepostos
Disfunções de estruturas encefálicas humanas e circuitos envolvidos nos transtornos de humor e de ansiedade podem ser identificadas por neuroimageamento
    A identificação de funcionamento anormal de circuitos encefálicos ajuda a explicar sintomas e pode sugerir tratamentos
    Uma diminuição no volume hipocampal está associada a transtornos no humor
A depressão maior e os transtornos de ansiedade podem ser eficientemente tratados
    Os fármacos antidepressivos atuais afetam os sistemas neurais monoaminérgicos
    A cetamina se mostra promissora como um fármaco de ação rápida para o tratamento da depressão maior
    A psicoterapia é efetiva no tratamento do transtorno depressivo maior e dos transtornos de ansiedade
    A eletroconvulsoterapia é um tratamento muito eficaz contra a depressão
    Novas formas de neuromodulação estão sendo desenvolvidas para tratar a depressão
    O transtorno bipolar pode ser tratado com lítio e com vários fármacos anticonvulsivantes
    Antipsicóticos de segunda geração são úteis para o tratamento do transtorno bipolar
Destaques

DEPRESSÃO, TRANSTORNO BIPOLAR E TRANSTORNOS DE ANSIEDADE têm sido bem documentados nas escritas médicas desde tempos remotos. No século V a.C, Hipócrates pensou que o humor dependia do equilíbrio entre quatro fluidos corporais (ou humores) – sangue, fleuma, bile amarela e bile preta. Acreditava-se que o excesso de bile preta (*melancholia* é o termo grego antigo para bile preta) causava um estado dominado por medo e desânimo. O texto de Robert Burton, *Anatomia da melancolia* (1621) foi importante, não apenas como um texto médico, mas também por ter visto a literatura e a arte através das lentes da melancolia. Tais textos descrevem sintomas que permanecem familiares até os dias de hoje, além de reconhecerem que os sintomas de depressão e de ansiedade costumam ocorrer juntos.

Neste capítulo, os transtornos de humor e de ansiedade serão discutidos juntos, não apenas por sua frequente co-ocorrência, mas também em função dos fatores de risco genéticos e ambientais sobrepostos e do compartilhamento de algumas estruturas neurais, incluindo regiões da amígdala, hipocampo, córtex pré-frontal e córtex insular.

Transtornos do humor podem ser divididos em duas classes gerais: depressão unipolar e transtorno bipolar

Não há testes médicos objetivos para transtornos de humor e de ansiedade. Sendo assim, o diagnóstico depende da observação de sintomas, comportamento, cognição, prejuízos funcionais e história natural (incluindo idade de início, curso e resultados). Padrões de transmissão familiar e de resposta aos tratamentos também podem informar a classificação diagnóstica. Baseando-se em tais fatores, é possível distinguir-se dois grupos principais de transtornos de humor: depressão unipolar e transtorno bipolar. A depressão unipolar, quando grave e profunda, é classificada como depressão maior, ou transtorno depressivo maior. A depressão maior é diagnosticada quando as pessoas sofrem somente com episódios depressivos. Já o transtorno bipolar é diagnosticado quando também ocorrem episódios de mania.

Estima-se que o risco de desenvolver depressão maior ao longo da vida, nos Estados Unidos, seja de aproximadamente 19%. Dentro de qualquer período de um ano, 8,3% da população sofre com depressão maior. A prevalência de depressão difere entre diferentes países e culturas; contudo, na ausência de testes médicos objetivos, tais dados epidemiológicos estão sujeitos a vieses de notificação e diagnóstico e, sendo difícil delinearem-se conclusões comparativas. A Organização Mundial da Saúde relata que a depressão é uma causa principal de incapacidade em todo o mundo, e outros estudos demonstram que a depressão é também uma causa principal de perda econômica por doenças não transmissíveis. Essas terríveis consequências sociais e econômicas ocorrem porque a depressão é comum, inicia-se geralmente cedo na vida do indivíduo, e interfere na cognição, na energia e na motivação, as quais são necessárias para o aprendizado na escola e para trabalhar efetivamente.

O transtorno bipolar é menos comum que a depressão unipolar, com uma prevalência de aproximadamente 1% da população mundial. Seus sintomas são relativamente constantes em todos os países e culturas. A incidência do transtorno bipolar é equivalente entre homens e mulheres.

O transtorno depressivo maior difere significativamente da tristeza normal

Muitos fatores distinguem a depressão maior de períodos transitórios de tristeza que podem ocorrer na vida cotidiana ou causados pelo luto que muitas vezes sucede uma perda pessoal. Isso inclui o contexto de vida em que os sintomas ocorrem, sua duração e profundidade, e sua associação com sintomas fisiológicos, comportamentais e cognitivos (**Tabela 61-1**). Em indivíduos saudáveis, o humor alterna entre alto e baixo, com periodicidade e intensidade ocorrendo em fases relacionadas apropriadamente com as interações interpessoais e eventos da vida. Os estados de humor que são contextualmente inapropriados, de extrema amplitude, rígidos ou prolongados são sugestivos de depressão ou de mania, dependendo de sua prevalência.

Episódios depressivos, sejam eles associados a doença unipolar ou bipolar, são caracterizados por estados de humor negativo como tristeza, ansiedade, perda de interesses ou irritabilidade durante a maior parte do dia, todos os dias, os quais não são aliviados por eventos que eram previamente apreciáveis. Essa perda de interesse é bem expressa pela reclamação de Hamlet: "Quão exaustivas, insípidas, monótonas e sem proveito me parecem todas as atividades deste mundo!" Quando a depressão é grave, os indivíduos podem sofrer intensa angústia mental e profunda inabilidade de experimentar prazer, uma condição conhecida como anedonia.

Os sintomas fisiológicos da depressão incluem distúrbios do sono (mais frequentemente, insônia com despertar no início da manhã, mas ocasionalmente há sonolência excessiva); alterações do apetite (mais comumente, a perda do apetite e de peso, podendo ocorrer também aumento do apetite); diminuição de interesse na atividade sexual e falta de energia. Alguns indivíduos gravemente afetados exibem lentificação motora, descrita como retardo psicomotor, enquanto outros podem se tornar agitados, exibindo sintomas como deambulação aumentada. Os sintomas cognitivos são evidentes no conteúdo dos pensamentos (desesperança, pensamento de inutilidade e culpa, com impulsos e ideações suicidas) e nos processos cognitivos (dificuldade de concentração, pensamentos lentos e prejuízos de memória).

Nos casos mais graves da depressão, podem ocorrer sintomas psicóticos, incluindo delírios (falsas crenças inabaláveis que não podem ser explicadas considerando-se a cultura do indivíduo) e alucinações. Quando sintomas psicóticos ocorrem na depressão, eles tipicamente refletem os pensamentos do indivíduo de ser indigno, inútil ou mau. Uma pessoa com depressão grave pode, por exemplo, acreditar que exala um odor forte, por imaginar que está apodrecendo por dentro.

TABELA 61-1 Sintomas dos transtornos do humor

Cinco ou mais dos seguintes sintomas devem estar presentes durante o mesmo período de duas semanas, e representam uma mudança em relação ao estado prévio. Ao menos um dos sintomas é (1) humor deprimido ou (2) perda de interesse ou prazer.

1. Humor deprimido durante a maior parte do dia, quase todos os dias, indicado tanto por um relato pessoal (por exemplo, sentir-se triste, vazio ou desesperançoso) quanto por relatos de outras pessoas (por exemplo, parece choroso).
2. Redução marcante do interesse ou prazer por todas, ou quase todas, as atividades diárias, quase todos os dias (sinalizado tanto por relatos subjetivos do indivíduo quanto por observações de outros).
3. Perda de peso significante sem dieta, ganho de peso (por exemplo, alteração de mais de 5% no peso corporal em um mês) ou mudanças no apetite quase todos os dias.
4. Insônia ou aumento da sonolência quase todos os dias.
5. Agitação ou retardo psicomotor quase todos os dias (observados por outros, não meramente o sentimento subjetivo de inquietação ou de estar muito lento).
6. Fadiga ou perda de energia quase todos os dias.
7. Sentimento de inutilidade ou de culpa excessiva ou inapropriada (a qual pode ser delirante) quase todos os dias (não apenas autocrítica ou culpa por estar doente).
8. Habilidade reduzida para pensar ou para se concentrar, ou insegurança, quase todos os dias (tanto relatada pelo indivíduo quanto observada pelos outros).
9. Pensamento recorrente de morte (não apenas medo de morrer), ideação suicida recorrente sem um plano específico, tentativa de suicídio ou um plano específico para cometer suicídio.

Fonte: Adaptada da American Psychiatric Association. 2013. *Diagnostic and Statistical Manual of Mental Disorders*, 5th ed. Washington, DC: American Psychiatric Association.

O resultado mais grave da depressão é o suicídio, o qual representa uma causa mundialmente significativa de óbitos; a Organização Mundial da Saúde estima que, por ano, ocorrem 800.000 mortes por suicídio. Mais de 90% dos suicídios são associados a doenças mentais, com a depressão sendo o principal fator de risco, especialmente quando acompanhada por transtorno por uso de substâncias.

O transtorno depressivo maior muitas vezes inicia precocemente na vida

O transtorno depressivo maior muitas vezes tem início precoce, mas os primeiros episódios também podem ocorrer ao longo da vida. Aqueles que apresentaram o primeiro episódio na infância ou adolescência geralmente têm uma história familiar de transtorno depressivo e apresentam alta probabilidade de recorrência. Uma vez que um segundo episódio ocorra, um padrão de repetidas recaídas e remissões geralmente se estabelece. Algumas pessoas não se recuperam completamente de um episódio agudo e desenvolvem uma depressão crônica, embora mais suave, a qual pode ser pontuada por exacerbações agudas. A depressão crônica, mesmo quando os sintomas são menos graves do que os de um episódio agudo, pode se mostrar extremamente incapacitante, em função da erosão de longo prazo das habilidades do indivíduo para desempenhar as funções da vida. O transtorno depressivo maior na infância ocorre igualmente em ambos os sexos. Após a puberdade, contudo, ocorre mais frequentemente em mulheres; a razão entre mulheres e homens deprimidos é de aproximadamente 2:1 através dos países e culturas.

O diagnóstico de transtorno bipolar requer um episódio de mania

O transtorno bipolar é nomeado em função de seu sintoma principal, a alternância de humor entre mania e depressão; na verdade, o influente psiquiatra do século XIX Emil Kraepelin denominou essa condição como Insanidade Maníaco-depressiva. Por convenção, o diagnóstico de transtorno bipolar requer ao menos um episódio de mania. Mania é tipicamente associada a episódios recorrentes de depressão, ao passo que mania sem depressão é distintamente incomum.

Episódios maníacos são tipicamente caracterizados pelo humor elevado, embora alguns indivíduos sejam predominantemente irritáveis. Durante os episódios maníacos, os indivíduos apresentam energia marcadamente aumentada, necessidade de sono diminuída, e, ocasionalmente, diminuição do desejo por comida (**Tabela 61-2**). Pessoas com mania são tipicamente impulsivas e excessivamente engajadas em comportamentos direcionados a recompensas, geralmente com julgamento empobrecido caracterizado por extremo otimismo. Por exemplo, uma pessoa pode cometer gastos muito além de suas posses, ou se engajar em episódios de excessivo consumo de álcool, drogas ou de prática de atividade sexual. A autoestima se encontra tipicamente inflada, frequentemente em níveis delirantes. Por exemplo, um indivíduo pode ter a falsa crença de possuir extensa influência sobre eventos, ou de ser uma figura religiosa importante. Na antiguidade, a mania era descrita como "um

---

TABELA 61-2 Sintomas de um episódio maníaco

A. Um período distinto de humor persistente e anormalmente elevado, expansivo ou irritável, e aumento anormal e persistente na energia ou atividade dirigida a objetivos, com duração de pelo menos uma semana (ou com qualquer duração, caso a hospitalização tenha sido necessária).

B. Durante o período da alteração do humor e energia ou atividade aumentadas, três (ou mais) dos sintomas seguintes (ou quatro, se o quadro de humor mostrar apenas irritabilidade) são persistentes ou estão presentes em níveis elevados:
1. Ideias de grandeza e superestima.
2. Redução da necessidade de sono (por exemplo, sentir-se descansado após apenas 3 horas de sono).
3. Mais falante que o usual ou desejo de continuar falando.
4. Fuga de ideias ou experiências subjetivas de que os pensamentos estão acelerados.
5. Distração (ou seja, atenção facilmente desviada para estímulos externos sem importância ou irrelevantes).
6. Aumento de atividade direcionada a objetivos (tanto socialmente quanto no trabalho, na escola ou sexualmente) ou agitação psicomotora (ou seja, atividade sem propósito não dirigida a objetivos).
7. Excesso de envolvimento em atividades prazerosas com consequências potencialmente perigosas (por exemplo, engajar-se em um surto desenfreado de compras, atividades sexuais imprudentes ou investimentos econômicos insensatos).

Fonte: Adaptada da American Psychiatric Association. 2013. *Diagnostic and Statistical Manual of Mental Disorders*, 5th ed. Washington, DC: American Psychiatric Association.

---

estado de loucura delirante com humor exaltado". Contudo, tal humor elevado pode ser frágil, com súbitas intrusões de raiva, irritabilidade e agressão.

A mania, como a depressão, afeta o processamento cognitivo, muitas vezes prejudicando a atenção e a memória verbal. Durante um episódio maníaco, a fala do indivíduo é frequentemente rápida, profusa e de difícil interrupção. A pessoa pode pular rapidamente de uma ideia a outra, tornando difícil a compreensão do discurso. Sintomas psicóticos comumente ocorrem durante os episódios de mania, e em geral são consistentes com o humor do indivíduo. Por exemplo, pessoas com mania podem ter delírios de possuírem poderes especiais ou de serem figuras de adulação.

Os episódios depressivos que ocorrem no transtorno bipolar são sintomaticamente indistinguíveis daqueles na depressão unipolar, mas costumam ser mais difíceis de tratar. Por exemplo, eles geralmente são menos responsivos às medicações antidepressivas. Estudos longitudinais observaram que o estado afetivo mais comum em pacientes bipolares, entre os episódios agudos e graves de mania ou depressão, não é um humor saudável (eutimia), como frequentemente proposto em textos antigos, mas sim um estado de depressão crônica.

Historicamente, o conceito de transtorno bipolar descrevia pacientes que experienciavam episódios maníacos completos, os quais frequentemente incluíam sintomas psicóticos e onde era necessária a hospitalização (**Tabela 61-2**). Nas décadas recentes, as classificações diagnósticas adicionaram o transtorno bipolar tipo 2, em que episódios maníacos moderados (também denominados hipomanias) alternam com episódios depressivos. Os episódios maníacos do transtorno bipolar do tipo 2, por definição, não são acompanhados por psicose, tampouco são graves o suficiente para requerer hospitalização. Não se sabe ainda se isso representa uma variação do transtorno bipolar clássico (tipo 1) ou alguma outra patofisiologia, embora a dissecção genética dos transtornos de humor possa oferecer algum esclarecimento em um futuro próximo.

O transtorno bipolar geralmente inicia na idade adulta jovem, mas o início pode ocorrer antes ou mais tarde, por vezes na quinta década de vida. Os episódios maníacos geralmente não apresentam um precipitante óbvio; contudo, a privação de sono pode iniciar um episódio maníaco em indivíduos com transtorno bipolar. Para alguns indivíduos, viagens para diferentes fusos horários ou trabalho por turnos representam um risco. A frequência da ciclagem entre mania, depressão e períodos de humor normal variam amplamente entre pacientes bipolares. Indivíduos com ciclagem rápida e curta tendem a ser menos responsivos a fármacos estabilizadores do humor.

Transtornos de ansiedade representam uma significativa desregulação do circuito do medo

Transtornos de ansiedade são os transtornos psiquiátricos mais comuns em todo o mundo. Nos Estados Unidos, 28,5% da população sofre com um ou mais transtornos de ansiedade ao longo da vida. Alguns transtornos de ansiedade são moderados, como as fobias simples que envolvem estímulos raramente encontrados; outros, como o transtorno do pânico ou transtorno de estresse pós-traumático, são frequentemente debilitantes, em função da gravidade dos sintomas, interferência funcional e cronicidade.

A ansiedade e o medo são estados emocionais relacionados; ambos são críticos para a sobrevivência diante de perigos que podem ser encontrados no decorrer da vida. A maior distinção é que o medo é uma resposta a ameaças que estão presentes e claramente significam perigo, enquanto a ansiedade é um estado de antecipação de ameaças que são menos específicas, tanto em proximidade quanto em temporalidade. Os circuitos neurais de medo e de ansiedade sobrepõem-se fortemente, assim como seus aspectos fisiológicos, comportamentais, cognitivos e afetivos.

O medo é normalmente uma resposta adaptativa transitória a perigos que, como a dor, servem como um mecanismo de sobrevivência. Assim como a dor, o medo é aversivo e promove alerta, motivando respostas comportamentais mais ou menos imediatas. Assim, o medo interrompe comportamentos em execução, suplantando-os com respostas como esquiva ou agressão defensiva. Para preparar fisiologicamente o corpo para um enfrentamento, o circuito de medo ativa o sistema nervoso autônomo simpático e causa a liberação de hormônios do estresse. Esta resposta do tipo "luta ou fuga" facilita o fluxo sanguíneo para os músculos esqueléticos, aumenta a atividade metabólica e eleva os limiares de dor. Assim como a recompensa e outras respostas emocionais que são relevantes para a sobrevivência, o medo facilita fortemente a codificação e a consolidação tanto de memórias implícitas quanto explícitas, que preparam o organismo para responder rápida e efetivamente a futuras pistas preditivas. (O circuito do medo é descrito no Capítulo 42.)

Muitos componentes cognitivos e fisiológicos da ansiedade são similares aos do medo, mas tipicamente exibem menores intensidades e um curso temporal mais prolongado. A ansiedade é adaptativa quando proporcional à provável gravidade de uma ameaça, levando a níveis apropriados de alerta, vigília e preparação fisiológica. Dadas as consequências perigosas e potencialmente letais de ignorarem-se até mesmo sinais de ameaça ambíguas, a falha em montar respostas de ansiedade apropriadas pode ser altamente maladaptativa. Contudo, a vigilância prolongada, excessiva e contextualmente inapropriada, bem como a tensão e a ativação fisiológica, podem ser a base para transtornos de ansiedade incapacitantes ou sintomas de ansiedade que podem acompanhar a depressão. Fatores de risco para transtornos de ansiedade incluem uma base genética pessoal, experiências durante o desenvolvimento e lições aprendidas não somente da experiência direta, mas também ensinadas por familiares, pares, escolas e outras instituições.

As pistas que suscitam a ansiedade podem ser ambientais ou interoceptivas (por exemplo, surgidas de dentro do corpo, como desconforto abdominal ou palpitações cardíacas). Pistas sociais e situações sociais podem ser uma importante fonte de ansiedade. Em humanos, estados de ansiedade também podem ser iniciados por sequências de pensamentos que suscitam memórias ou a imaginação de perigos. A ansiedade também pode surgir de estímulos que são processados inconscientemente em função de sua brevidade ou ambiguidade, e a emoção resultante pode então ser percebida como uma sensação que surge espontaneamente. Ao contrário do medo, que é iniciado e terminado pela presença ou pelo término de um estímulo claro que denota ameaça, a ansiedade tem um curso temporal mais variável. Estados de ansiedade podem ser prolongados se o potencial para perigo ou dano é de longa duração, ou se não há um sinal claro de segurança.

Transtornos de ansiedade que podem acompanhar a depressão maior são associados a diversos sintomas. Indivíduos afetados podem desenvolver preocupação excessiva com possíveis ameaças e vieses atencionais dirigidos a pistas interpretadas como ameaçadoras. Tais estados cognitivos são frequentemente associados a preocupação persistente, tensão e vigilância. Sintomas fisiológicos comuns incluem alerta amplificado, evidenciado por baixos limiares para o indivíduo se tornar assustado, dificuldade para dormir e ativação do sistema nervoso simpático, incluindo o aumento da frequência cardíaca. Indivíduos com ansiedade podem se tornar particularmente conscientes de seus batimentos cardíacos ou respiração, o que pode se tornar fonte de preocupação e aborrecimento sobre si mesmos. A ativação do sistema nervoso simpático pode alcançar níveis extremos de intensidade durante um ataque de pânico, uma das manifestações mais graves de ansiedade.

Nos transtornos de ansiedade, as respostas cognitivas, fisiológicas e comportamentais, que deveriam ser adaptativas face a uma ameaça real, podem ser ativadas maladaptativamente por estímulos inócuos, sendo inapropriadamente intensas para a situação, e podem ter um curso temporal prolongado, em que os sinais de segurança falham em terminar os sintomas. Indivíduos afetados podem evitar lugares, pessoas ou experiências que, ainda que objetivamente seguras, tenham se tornado associadas à percepção de ameaças ou da experiência de ansiedade. Quando grave, tal esquiva pode prejudicar a habilidade do indivíduo afetado em desempenhar diferentes funções.

Como não há biomarcadores ou testes médicos objetivos para as constelações particulares de sintomas de ansiedade, as classificações psiquiátricas atuais, como a 5ª edição do *Manual diagnóstico e estatístico de transtornos mentais* (DSM-5) classifica os transtornos de ansiedade com base nas histórias clínicas, como a natureza, intensidade e curso temporal dos sintomas, a função dos fatores externos no desencadeamento de episódios e sintomas associados. O DSM-5 divide as síndromes de ansiedade patológica em muitos transtornos distintos: transtorno do pânico, transtorno de estresse pós-traumático, transtorno de ansiedade generalizada, transtorno de ansiedade social (anteriormente chamado de fobia social) e fobias simples. Para fins heurísticos, esses transtornos serão discutidos abaixo, mas as evidências das observações clínicas de longa duração e de estudos epidemiológicos, com gêmeos e famílias, não sustentam a divisão dos sintomas de ansiedade em categorias distintas e não sobrepostas. Ao invés disso, as evidências sugerem que sintomas de ansiedade patológica e sintomas de depressão devem ser melhor conceitualizados como um *continuum*, ou espectro, em que os indivíduos experimentam sintomas variados que transpõem os limites dispostos pelo DSM.

De forma consistente com o conceito de um espectro de sintomas, os transtornos de ansiedade e a depressão não ocorrem frequentemente juntos através de gerações de famílias como categorias distintas do DSM-5; ao invés disso, diversos padrões de sintomas de ansiedade e depressão são tipicamente observados entre membros de uma família afetada. Estudos com gêmeos que comparam a concordância para traços em pares de gêmeos monozigóticos e dizigóticos encontraram um risco genético compartilhado significativo através de múltiplos transtornos de ansiedade e de depressão maior. Além disso, estudos epidemiológicos demonstram que indivíduos diagnosticados com uma categoria de transtorno de ansiedade, de acordo com o DSM-5, durante um período de, por exemplo, dez anos, apresentam uma alta probabilidade de desenvolver novos sintomas de ansiedade ou depressão que poderiam resultar no diagnóstico de múltiplos transtornos baseados nas classificações do DSM-5. A alta frequência com que transtornos de ansiedade e depressão supostamente distintos, de acordo com o DSM-5, ocorrem concomitantemente, e os resultados de estudos em gêmeos e famílias, sugerem um compartilhamento significante de fatores etiológicos e mecanismos patogênicos entre os transtornos de ansiedade e a depressão maior. Ainda assim, os transtornos individuais listados no DSM-5 são brevemente listados abaixo.

Ataques de pânico são manifestações graves da ansiedade. Eles são caracterizados por períodos distintos (que podem durar muitos minutos) de intenso pressentimento e sensação de tragédia iminente, medo de perder o controle sobre si mesmo e medo de morrer. Eles são associados a sintomas corporais proeminentes, como palpitações cardíacas, dificuldades para respirar, sudorese, parestesias e tontura (**Tabela 61-3**).

Ataques de pânico normalmente dão origem à ansiedade quanto a futuros episódios, de forma que os contextos nos quais os ataques ocorrem podem se tornar estímulos fóbicos que deflagram ataques subsequentes (medo condicionado). Como resultado, indivíduos gravemente afetados restringem suas atividades para evitar situações ou lugares nos quais o ataque tenha ocorrido, ou ainda de onde temem não poder escapar caso um ataque ocorra. Os mais gravemente afetados podem desenvolver uma esquiva fóbica generalizada, levando-os a se tornar reclusos em casa, um estado denominado agorafobia. Os sistemas de classificação diagnóstica atuais, como o DSM-5, definem o transtorno do pânico baseando-se no número e na frequência de ataques e na identificação de possíveis gatilhos fóbicos. Tais critérios detalhados carecem de uma base empírica forte, mas é fato que indivíduos que têm ataques de pânico recorrentes juntamente com outros sintomas de ansiedade são não apenas altamente angustiados, mas podem também estar significativamente incapacitados.

O *transtorno do estresse pós-traumático* (TEPT) segue uma experiência grave de perigo ou dano. Sob diferentes nomes e descrições, incluindo trauma pós-guerra, um termo criado durante a primeira guerra mundial, o TEPT é há muito reconhecido como um resultado dos combates. Mais recentemente, traumas civis, como ataques, estupros ou acidentes automobilísticos têm sido reconhecidos como potenciais causadores de TEPT. A abordagem atual para o TEPT foi formalizada pela Associação Americana de Psiquiatria com base na experiência com veteranos da Guerra do Vietnã.

O TEPT é iniciado por uma experiência traumática. Seus sintomas cardinais incluem a re-experiência intrusiva do episódio traumático, tipicamente iniciada por pistas

TABELA 61-3 Sintomas de um ataque de pânico

Um período limitado de medo intenso ou desconforto com quatro (ou mais) dos seguintes sintomas, que surgem abruptamente e alcançam um pico dentro de 10 minutos.

1. Palpitação, aceleração na frequência cardíaca
2. Sudorese
3. Tremores ou agitação
4. Sensação de falta de ar ou sufocamento
5. Sensação de asfixia
6. Dor no peito ou desconforto
7. Náusea ou desconforto abdominal
8. Sensação de tontura, instabilidade ou desmaio
9. Calafrios ou ondas de calor
10. Parestesias (sensação de entorpecimento ou formigamento)
11. Sensação de irrealidade ou despersonificação (sensação de estar fora do corpo)
12. Medo de perder o controle ou de enlouquecer
13. Medo de morrer

Fonte: Adaptada da American Psychiatric Association. 2013. *Diagnostic and Statistical Manual of Mental Disorders*, 5th ed. Washington, DC: American Psychiatric Association.

como sons, imagens ou outros elementos que lembrem do trauma. Por exemplo, uma pessoa que tenha sido atacada pode responder bruscamente a um toque por trás que não seja esperado. Tais episódios são geralmente caracterizados pela ativação do sistema nervoso simpático e, quando graves, podem ser caracterizados por respostas do tipo "luta ou fuga". A re-experiência de um evento traumático também pode ocorrer na forma de pesadelos. Outros sintomas do TEPT incluem embotamento emocional – que pode interferir com os relacionamentos e interações sociais –, insônia, hiperexcitação crônica incluindo vigilância excessiva, ativação do sistema nervoso simpático, e resposta de sobressalto exagerada a estímulos inócuos como um toque ou um som.

O *transtorno de ansiedade generalizada* (TAG) é diagnosticado quando uma pessoa sofre de preocupação e vigilância crônicas não justificadas pelas circunstâncias. A preocupação é acompanhada por sintomas fisiológicos, como acentuada ativação do sistema nervoso simpático e tensão muscular. TAG comumente ocorre concomitantemente com a depressão maior.

O *transtorno de ansiedade social* é caracterizado por um medo persistente de situações sociais, especialmente situações em que o indivíduo é exposto à avaliação por outros. As pessoas afetadas apresentam um medo intenso de agir de modo que leve a uma humilhação pública. O medo do palco é uma forma de ansiedade social limitada a situações de desempenho, como falar para um público. O transtorno de ansiedade social pode levar à esquiva de participações verbais na sala de aula ou comunicação com outras pessoas no trabalho, e pode, então, se tornar incapacitante e angustiante.

Fobias simples consistem de medo intenso e inapropriadamente excessivo de estímulos específicos, como elevadores, voos, altura, ou aranhas.

Fatores de risco genéticos e ambientais contribuem para os transtornos de humor e de ansiedade

Transtorno bipolar, depressão maior e transtornos de ansiedade ocorrem em famílias. Estudos com gêmeos que compararam a frequência de concordância de pares de gêmeos monozigóticos ou dizigóticos demonstram hereditariedades significativas entre estes transtornos, onde a hereditariedade representa a porcentagem de variação em um fenótipo que é explicada pela variação genética. Entre os transtornos de humor e ansiedade, o transtorno bipolar tem a maior hereditariedade (70-80%); depressão maior e transtornos de ansiedade exibem hereditariedade menor, mas ainda significativa (aproximadamente 35%), com maior papel dos fatores de risco ambientais e relacionados ao desenvolvimento. Apesar de haver uma função importante para os genes na patogênese dos transtornos de humor e de ansiedade, todos eles exibem padrões não Mendelianos de transmissão através das gerações, incluindo a frequente ocorrência concomitante de depressão maior e transtornos de ansiedade. Tais padrões refletem a complexidade de fatores de risco genéticos e não genéticos.

Estudos de genética molecular objetivando a descoberta da sequência precisa de variantes do DNA (alelos) relacionados à predisposição a transtornos de humor e ansiedade já foram iniciados. Tais estudos são desafiadores, porque a arquitetura de risco destes – na verdade, de todos – os transtornos psiquiátricos comuns é altamente poligênica, o que significa que o risco populacional parece envolver muitos milhares de alelos raros e comuns, ligados ou contidos em muitas centenas de genes. Diferentemente de algumas doenças neurológicas, como a doença de Huntington, não há um "gene da depressão" ou "gene da ansiedade". Alelos associados a doenças conferem pequenos efeitos adicionais ao risco de uma doença. O risco para um dado indivíduo resulta da carga genética (composta de diversas combinações de alelos associados à doença) atuando conjuntamente com fatores ambientais ou relacionados ao desenvolvimento. A arquitetura poligênica explica padrões não Mendelianos de transmissão de diversas combinações de sintomas depressivos e ansiosos observados em famílias e através das populações.

A falta de testes diagnósticos objetivos para transtornos de humor e de ansiedade implica que qualquer estudo em coorte provavelmente terá alguma proporção de classificação diagnóstica incorreta. Como resultado, a busca por variantes comuns associadas à doença por estudos de associação genômica ampla (GWAS, do inglês *genome-wide association studies*), bem como variantes raras associadas a doenças pelo sequenciamento de DNA, requerem um poder estatístico significativo conferido por coortes muito grandes e por metanálises conduzidas através de múltiplas coortes. Resultados iniciais de GWAS para depressão maior e transtorno bipolar têm sido apresentados; para ambos os casos, muitos locais significativos do genoma foram encontrados até agora, mas ainda não o suficiente para identificar uma via molecular da patogênese com alguma certeza. O sequenciamento do exoma completo (isto é, sequenciamento do DNA de todas as regiões genômicas que codificam proteínas) e o sequenciamento do genoma completo estão sendo conduzidos para o transtorno bipolar.

A arquitetura de risco altamente poligênica para os transtornos de humor e ansiedade indica não haver valor diagnóstico em testar para uma ou algumas variantes de genes de risco que podem ser associadas a essas doenças. Ao contrário, os escores poligênicos de risco (EPR), baseados na soma de todas as variantes de risco genético para uma característica, estão emergindo como uma ferramenta útil para estratificarem-se os indivíduos em estudos clínicos e epidemiológicos de acordo com a gravidade do risco genético. Um EPR discrepante dentro de uma coorte clínica, por exemplo, mostrando baixo risco de depressão em um estudo de pessoas com depressão maior, sugeriria uma classificação errada. É importante enfatizar que a natureza poligênica do risco para transtornos de humor e de ansiedade e a contribuição significativa de fatores de risco ambientais indicam que, como qualquer teste genético, o EPR oferece apenas uma probabilidade.

Conforme se aprende mais, o EPR pode ser combinado com outras medidas para produzir uma classificação de risco mais preditiva, assim como os modelos de risco cardíaco vêm crescentemente incluindo medidas genéticas, histórico de tabagismo, níveis lipídicos e pressão arterial. Para os transtornos de humor e de ansiedade, um tipo de medida que se mostra promissora é a identificação de padrões intrínsecos de conectividade neural derivados do imageamento por ressonância magnética funcional (IRMf) no estado de repouso é o imageamento conduzido quando os indivíduos não estão engajados na execução de uma tarefa. Os diferentes padrões de conectividade poderiam distinguir diferentes formas de transtornos.

Evidências epidemiológicas identificaram fatores de risco significativos relacionados ao desenvolvimento da depressão e de transtornos de ansiedade. O melhor documentado é a história de abusos físicos ou sexuais, negligência grave, ou outros estressores severos ocorrendo no início da vida. As investigações sobre tais estressores precoces focaram nos possíveis efeitos sobre a reatividade alterada do eixo hipotálamo-hipófise-adrenal (HHA). Estudos de estresse precoce em modelos animais sugerem que a regulação epigenética da expressão gênica pode desempenhar um papel na alteração das trajetórias durante o desenvolvimento. Tais resultados não podem ser facilmente extrapolados para humanos em função da falta de acesso ao tecido cerebral destes indivíduos, e, portanto, permanecem hipotéticos.

Outro fator de risco para a depressão e transtornos de ansiedade inclui o transtorno por uso de álcool e outras substâncias e a presença de outros transtornos psiquiátricos, como transtorno do déficit de atenção e hiperatividade, transtornos de aprendizagem e transtorno obsessivo-compulsivo. Também há evidências de que o alcoolismo e outros transtornos por abuso de substâncias podem ser iniciados por tentativas inapropriadas de automedicação para depressão ou ansiedade, agravando, por fim, a condição subjacente.

Fatores ambientais que podem desencadear novos episódios de depressão ou ansiedade incluem transições de vida, como casamento, um novo emprego ou aposentadoria. Doenças graves, sejam agudas ou crônicas, também estão associadas ao início da depressão maior e da ansiedade. Algumas doenças neurológicas estão associadas a um risco elevado de depressão, incluindo a Doença de Parkinson, a Doença de Alzheimer, a esclerose múltipla e acidentes vasculares encefálicos. Algumas medicações prescritas, como interferonas, também frequentemente deflagram a depressão. Quando a depressão maior acompanha uma doença crônica, como diabetes tipo 2 ou doença cardiovascular, os desfechos médicos são agravados, como resultado tanto dos efeitos fisiológicos da depressão, como da liberação aumentada de hormônios do estresse (ver a seguir) e da motivação diminuída para o engajamento em regimes de reabilitação.

Depressão e estresse compartilham mecanismos neurais sobrepostos

A depressão e as respostas ao estresse exibem interações complexas, porém significativas. Como já observado, adversidades graves na infância são fatores de risco para depressão; além disso, episódios depressivos podem ser iniciados por experiências de estresse intenso. Por outro lado, a experiência da depressão é, por si só, estressante, em função do sofrimento que causa e dos efeitos negativos sobre o funcionamento do indivíduo. Sintomaticamente, a depressão compartilha várias características fisiológicas com o estresse crônico, incluindo mudanças no apetite, no sono e na disposição. Tanto a depressão quanto o estresse crônico estão associados à ativação persistente do eixo HHA (**Figura 61-1**).

Muitos (mas não todos) dos indivíduos com depressão maior, e muitos na fase depressiva do transtorno bipolar, exibem síntese e secreção excessivas do hormônio cortisol

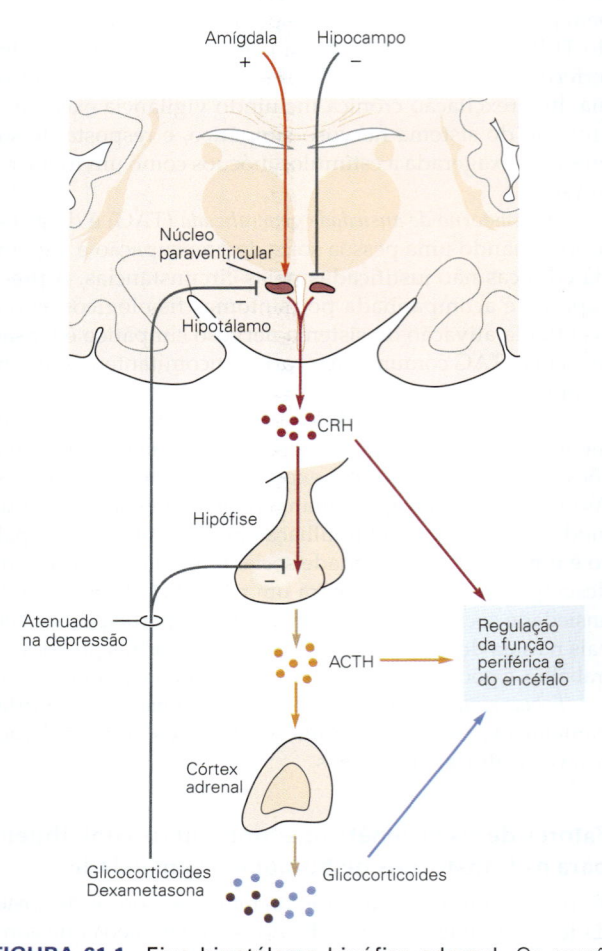

FIGURA 61-1 Eixo hipotálamo-hipófise-adrenal. Os neurônios do núcleo paraventricular do hipotálamo sintetizam e liberam o hormônio liberador de corticotropina (**CRH**), o principal hormônio regulador dessa cascata. Os neurônios liberadores de CRH têm um padrão circadiano de secreção, e os efeitos estimulatórios do estresse sobre a síntese e secreção de CRH são sobrepostos a esse padrão circadiano basal. Fibras excitatórias da amígdala conduzem informações sobre estímulos estressantes que ativam os neurônios liberadores de CRH; fibras inibitórias descendem do hipocampo sobre o núcleo paraventricular. O CRH entra no sistema portal hipofisário e estimula as células corticotrópicas da hipófise anterior que sintetizam e liberam o hormônio adrenocorticotrópico (**ACTH**). O ACTH liberado entra na circulação sistêmica e estimula o córtex adrenal a liberar glicocorticoides. Em seres humanos, o principal glicocorticoide é o cortisol; em roedores, é a corticosterona. Tanto o cortisol quanto os glicocorticoide sintéticos, como a dexametasona, atuam na hipófise e no hipotálamo inibindo a liberação de ACTH e CRH, respectivamente. A inibição por retroalimentação exercida pelos glicocorticoides é atenuada na depressão maior e na fase depressiva do transtorno bipolar. (Adaptada, com autorização, de Nestler et al., 2015.)

– glicocorticoide relacionado ao estresse – e dos hormônios que regulam sua liberação: hormônio liberador de corticotropina (CRH) e hormônio adrenocorticotrópico (ACTH). Em um estado saudável, um aumento *transitório* na secreção de cortisol, como aquele que ocorre em resposta ao estresse agudo, altera o corpo para um estado catabólico (tornando a glicose disponível para confrontar o estressor ou ameaça), aumenta os níveis subjetivos de energia, aguça a cognição e pode aumentar a confiança. Contudo, um aumento *crônico* nos glicocorticoides pode contribuir para sintomas similares aos da depressão. Por exemplo, muitas pessoas com síndrome de Cushing (na qual um tumor na hipófise aumenta a secreção de ACTH, levando a um excesso de secreção de cortisol) apresentam sintomas de depressão.

Mecanismos de retroalimentação dentro do eixo hipotálamo-hipófise-adrenal normalmente permitem que o cortisol (ou glicocorticoides administrados exogenamente) iniba a secreção de CRH e ACTH e, dessa forma, suprima a síntese e a secreção adicional de cortisol. Em aproximadamente metade das pessoas com depressão maior, esse sistema de retroalimentação está comprometido, e o eixo hipotálamo-hipófise-adrenal torna-se resistente à supressão, mesmo por potentes glicocorticoides sintéticos, como a dexametasona. Apesar de distúrbios rapidamente mensuráveis do eixo HHA não terem se provado sensíveis ou específicos o suficiente para serem usados como um teste diagnóstico para depressão, as anormalidades observadas sugerem fortemente que a uma resposta ao estresse patologicamente ativada é com frequência um importante componente da depressão.

A relação do estresse com a depressão tem levado ao desenvolvimento de muitos paradigmas de estresse crônico em modelos de depressão em roedores. A confiança nas síndromes induzidas por estresse nesses modelos animais tem sido fortalecida pela observação de que muitos fármacos antidepressivos revertem as alterações induzidas pelo estresse na fisiologia ou no comportamento desses animais. Contudo, o grau com que animais submetidos a diversos estressores crônicos podem servir de modelo para os mecanismos da doença subjacentes à depressão em humanos permanece desconhecido. A preocupação sobre a excessiva confiança em modelos de roedores baseados no estresse, entre outros, é indicada pela falha em identificarem-se novos mecanismos antidepressivos, a despeito dos mais de 50 anos de tentativas. A triagem de fármacos usando tais modelos identificou apenas moléculas com ações similares aos antidepressivos protótipos, que foram primeiramente identificados por seus inesperados efeitos psicotrópicos sobre humanos.

Disfunções de estruturas encefálicas humanas e circuitos envolvidos nos transtornos de humor e de ansiedade podem ser identificadas por neuroimageamento

Estudos sobre regiões encefálicas em humanos e os circuitos neurais envolvidos nos transtornos de humor e de ansiedade têm se baseado em neuroimageamento estrutural e funcional não invasivo, testes neuropsicológicos e análises *post-mortem*. Mais recentemente, tem-se recolhido informações a partir de neuroimageamento de pacientes sendo tratados com estimulação encefálica profunda.

A identificação de funcionamento anormal de circuitos encefálicos ajuda a explicar sintomas e pode sugerir tratamentos

Vem se buscando neuroimageamento funcional e estudos eletrofisiológicos para elucidar anormalidades na atividade dos circuitos e nos padrões de conectividade intrínseca em transtornos de humor e de ansiedade. Dada a heterogeneidade da depressão maior, do transtorno bipolar e dos transtornos de ansiedade definidos pelos métodos atuais de diagnóstico, tem sido desafiador identificar anormalidades robustas e replicáveis. Além do mais, o uso de diversas tarefas emocionais e cognitivas para examinar experimentalmente os transtornos de humor e de ansiedade tem limitado a habilidade dos pesquisadores em confirmar e replicar alguns achados. Superar as incertezas resultantes irá requerer números maiores de indivíduos, padronização de dados que permita a realização de metanálises, e, de forma crescente, métodos como o uso de ERPs para estratificação dos sujeitos.

A despeito das limitações atuais, o estudo de transtornos de humor e de ansiedade através de IRMf e eletrofisiologia tem fornecido dados empíricos iniciais sobre as anormalidades nos circuitos envolvidos nessas doenças Estudos com IRMf realizada no estado de repouso, comparando indivíduos com depressão maior e indivíduos controle, sugerem diferenças no padrão de conectividade intrínseca, especialmente dentro de circuitos neurais que regulam o controle "de cima para baixo" da cognição e emoção – a "rede de controle cognitivo" – e em circuitos que processam estímulos de significado emocional e motivacional – a "rede da saliência" (**Figura 61-2**). Apesar da necessidade de replicação, esses achados são notáveis, por serem consistentes com resultados de estudos de imagem baseados em tarefas com humanos (por exemplo, estudos de medo condicionado) e estudos em animais investigando respostas a estímulos aversivos.

Em indivíduos saudáveis, as regiões da amígdala são ativadas por estímulos ameaçadores durante tarefas de medo condicionado, tais como o pareamento de um tom neutro inicial com um choque leve. Começando pelo trabalho de Charles Darwin, reconhece-se que faces humanas expressando medo podem suscitar respostas de ansiedade através de diversas culturas, presumivelmente como um mecanismo de comunicar a presença de um perigo entre os membros de um grupo.

Os efeitos de faces que expressam medo e outras emoções sobre as medidas de atividade autonômica e encefálica, avaliados por IRMf ou por eletrencefalografia, têm sido estudados em indivíduos com transtornos de ansiedade ou depressão maior. Em tais paradigmas, faces de medo são mostradas muito brevemente (33 ms), enquanto o indivíduo está em um *scanner* de IRM. A apresentação é seguida por uma face neutra (denominada mascaramento retroativo). Sob tais circunstâncias, os indivíduos reportam não terem consciência da visão da face de medo. Ainda, eles

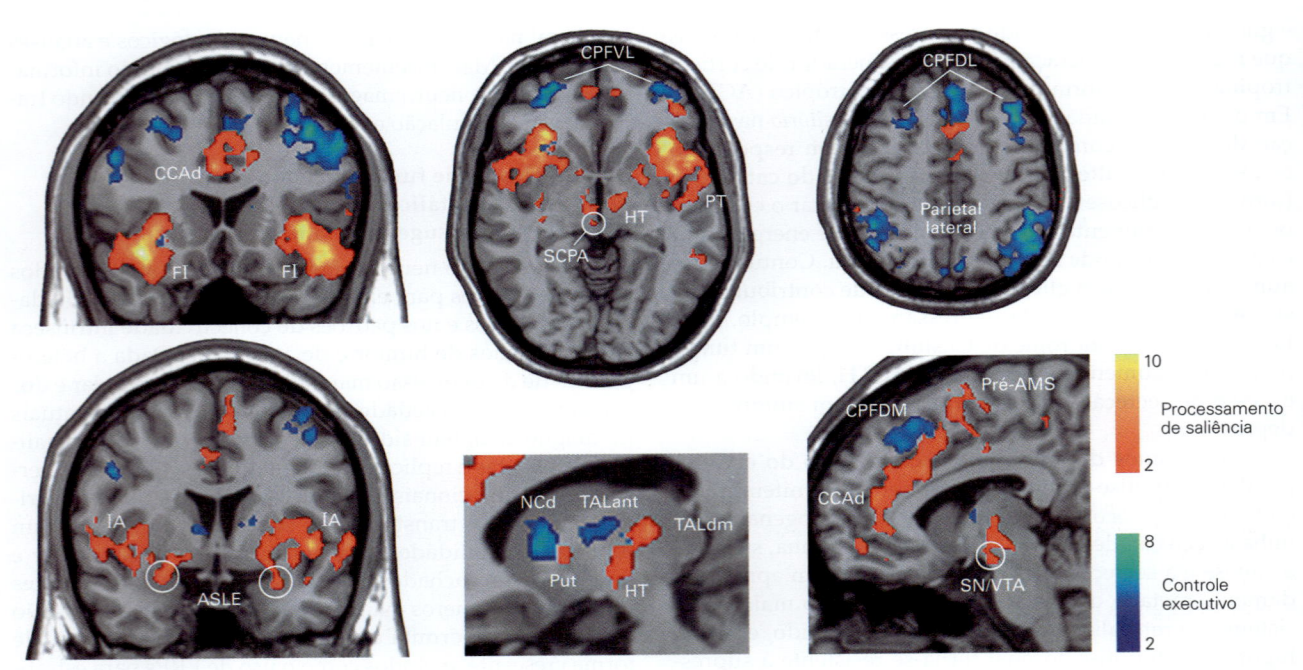

FIGURA 61-2 Os transtornos do humor envolvem redes neurais independentes associadas ao processamento da saliência emocional e ao controle cognitivo. A análise estatística (análise de componentes independentes) aplicada aos dados de imageamento por ressonância magnética funcional no estado de repouso identificou redes separadas que computam a saliência emocional (**vermelho-laranja**) e regulam o controle cognitivo/função executiva (**azul**). A rede da saliência emocional liga o córtex cingulado anterior dorsal (**CCAd**) e o córtex frontoinsular (**FI**) a estruturas subcorticais envolvidas na emoção. A rede de controle cognitivo liga o córtex pré-frontal dorsolateral (**CPFDL**) e o córtex parietal com diversas estruturas subcorticais. As regiões encefálicas que se mostraram ligadas em rede neste estudo têm sido implicadas na depressão maior por múltiplos estudos independentes. (Siglas: **IA**, insula anterior; **TALant**, tálamo anterior; **NCd**, núcleo caudado dorsal; **CPFDM**, córtex pré-frontal dorsomedial; **TALdm**, tálamo dorsomedial; **HT**, hipotálamo; **SCPA**, substância cinzenta periaquedutal; **Pré-AMS**, área pré-motora suplementar; **Put**, putame; **ASLE**, amígdala sublenticular estendida; **SN/VTA**, substância negra e área tegmentar ventral do mesencéfalo; **PT**, polo temporal; **CPFVL**, córtex pré-frontal ventrolateral.) (Reproduzida, com autorização, de Seeley et al., 2007. Copyright © 2007 Society for Neuroscience.)

exibem uma resposta galvânica cutânea alterada, uma medida de ativação simpática, assim como a ativação da amígdala basal, a região da amígdala que processa as aferências sensoriais e que responde seletivamente a ameaças. Muitos estudos de neuroimageamento funcional de indivíduos com TEPT, com outros transtornos de ansiedade e com depressão maior, têm demonstrado atividade aumentada na amígdala, ativação até mesmo por estímulos inócuos e atividade persistente da amígdala em contraste aos padrões normais de adaptação (**Figura 61-3**).

Estudos de neuroimageamento funcional em transtornos de ansiedade e depressão maior também demonstraram atividade diminuída das regiões do córtex pré-frontal interconectadas com a amígdala basal. Estudos em animais com lesões no córtex pré-frontal demonstraram que suas projeções para a amígdala basal são necessárias para o controle cognitivo sobre informações aversivas. Em indivíduos acometidos por transtornos de ansiedade ou depressão maior, a ativação reduzida do córtex pré-frontal por estímulos aversivos é consistente com testes cognitivos que demonstram controle cognitivo diminuído, e podem contribuir para a ansiedade excessiva e persistente e para outras emoções negativas.

Estudos eletrofisiológicos e por neuroimageamento funcional, tanto da depressão maior quanto do transtorno bipolar demonstraram funcionamento anormal das subdivisões rostral e ventral do córtex cingulado anterior (CCA), uma região do córtex pré-frontal que participa na rede de saliência emocional. Os CCAs rostral e ventral têm amplas conexões com hipocampo, amígdala, córtex orbital pré-frontal, ínsula anterior e *nucleus accumbens*, e estão envolvidos na integração de emoção, cognição e função do sistema nervoso autônomo. A subdivisão caudal do CCA está envolvida com os processos cognitivos envolvidos no controle do comportamento; ela tem conexões com a porção dorsal do córtex pré-frontal, o córtex motor secundário e o córtex cingulado posterior.

Apesar da função anormal de ambas as divisões do CCA terem sido observadas em episódios depressivos, a anormalidade mais consistente observada na depressão maior e na fase depressiva do transtorno bipolar é a atividade aumentada nas subdivisões rostral e ventral, especialmente na região subgenual ventral ao genu (ou "joelho") do corpo caloso. Em estudos usando tomografia por emissão de pósitron, o tratamento eficaz da depressão maior com antidepressivos inibidores seletivos da recaptação de serotonina

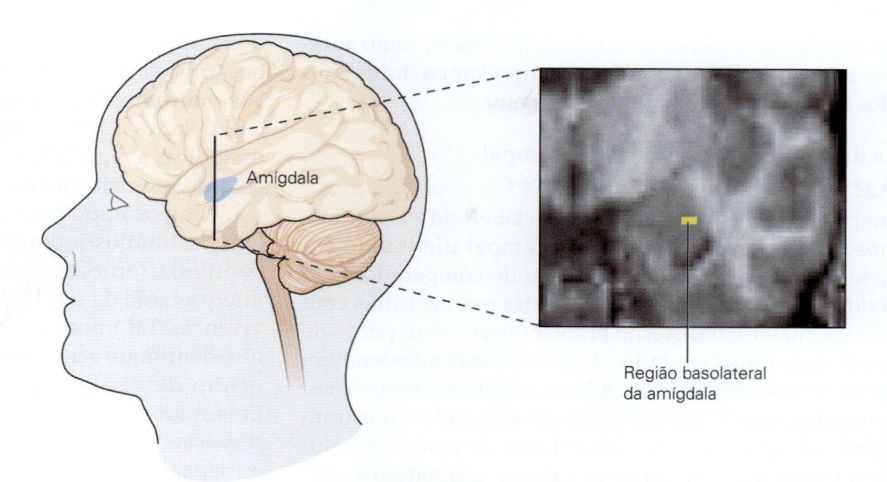

FIGURA 61-3 Atividade da amígdala em resposta à apresentação de estímulos aversivos. Um indivíduo é submetido a um exame de imagem por ressonância magnética enquanto observa imagens projetadas. Quando uma face de medo é apresentada rapidamente antes de imagens neutras (um protocolo chamado mascaramento retroativo), o indivíduo não relata a consciência da presença dessa imagem. Nessas condições, a região basolateral da amígdala é mais fortemente ativada em indivíduos com transtorno de ansiedade do que em indivíduos normais. (Reproduzida, com autorização, de Etkin et al., 2004.)

foi correlacionado com atividade diminuída no CCA rostral, enquanto a tristeza autoinduzida em indivíduos saudáveis aumentou a atividade desta área (**Figura 61-4**). Baseado em tais estudos, o córtex cingulado anterior rostral (subgenual) tem sido usado como um alvo para posicionamento de eletrodos na estimulação encefálica profunda para a terapia de depressão maior resistente a tratamentos, a qual é operacionalmente definida como doença depressiva não responsiva a medicamentos antidepressivos e à psicoterapia.

Anormalidades funcionais nos circuitos encefálicos de recompensa também podem desempenhar um papel nos sintomas dos transtornos do humor. O circuito de recompensa compreende as projeções dopaminérgicas da área tegmentar ventral do mesencéfalo para alvos prosencefálicos, incluindo o *nucleus accumbens*, habênula, córtex pré-frontal, hipocampo e amígdala (Capítulo 43). Sob condições normais, essas vias são envolvidas na avaliação de recompensas (p. ex., alimentos palatáveis, atividade sexual e interações sociais) e na motivação para os comportamentos necessários para obtê-las. O processamento das recompensas parece ser anormal na depressão, baseado em sintomas como interesse diminuído em atividades anteriormente prazerosas, motivação diminuída, e, quando a depressão é grave, inabilidade para experimentar prazer (anedonia). Ainda que menos estudado, o processamento de recompensas é provavelmente anormal na mania, a qual é caracterizada pelo engajamento excessivo em comportamentos direcionados mesmo a objetivos maladaptativos, como gastos descontrolados, uso perigoso de drogas e comportamento sexual promíscuo.

Em uma análise recente de IRMf em estado de repouso, os dados mostraram que pacientes com depressão maior poderiam ser estratificados com base nos padrões de conectividade que correlacionam com seu grau de anedonia e ansiedade. Contudo, apesar de a modulação do circuito de recompensa ter sido considerada como um tratamento possível para depressão maior, isso se mostrou difícil na prática. Por exemplo, drogas conhecidas por ativar esse circuito pelo aumento da dopamina sináptica, como anfetamina e cocaína, apresentam um alto risco de abuso e adição. Mais recentemente, testes com drogas que liberam

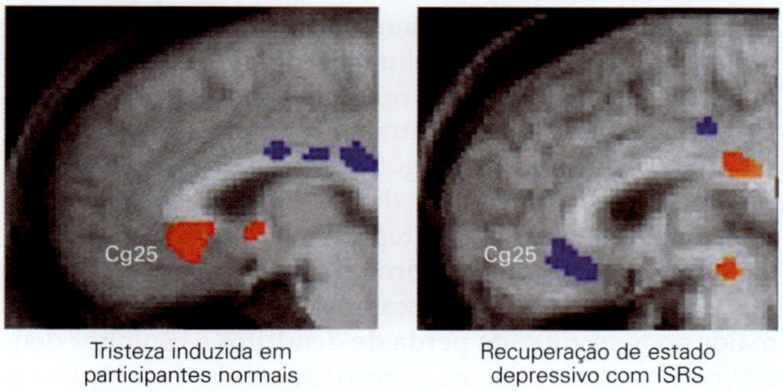

FIGURA 61-4 A atividade no córtex cingulado anterior rostral (subgenual) é aumentada pela tristeza e diminuída pelo tratamento bem-sucedido da depressão maior com antidepressivos. (Reproduzida, com autorização, de Mayberg et al., 1997.)

À esquerda: Voluntários saudáveis forneceram um roteiro de sua memória mais triste, que foi posteriormente usado para gerar tristeza transitória enquanto eram submetidos a uma tomografia por emissão de pósitrons (PET). O córtex cingulado anterior rostral foi ativado (**coloração avermelhada,** na secção sagital do cérebro humano) quando a história triste foi lida. Cg25 é uma nomenclatura alternativa para o giro do cíngulo, área 25 de Brodmann. O ligante para a PET foi água marcada com oxigênio 15, usada para avaliar o fluxo sanguíneo cerebral como uma medida para a atividade encefálica.

À direita: O metabolismo elevado no córtex cingulado anterior rostral foi confirmado em indivíduos com depressão maior. Após o tratamento bem-sucedido com um antidepressivo inibidor seletivo da recaptação de serotonina (**ISRS**), a atividade encefálica na Cg25 diminuiu (**coloração azulada** na secção sagital do encéfalo humano). O ligante para a PET foi 2-desoxiglicose, usada para avaliar o metabolismo encefálico como uma medida para a atividade encefálica.

o circuito de recompensa do controle inibitório, como antagonistas dos receptores opióides do tipo kappa, foram iniciados em pacientes com depressão maior.

Uma diminuição no volume hipocampal está associada a transtornos no humor

A anormalidade estrutural melhor estabelecida nos transtornos do humor é o volume hipocampal diminuído em indivíduos com depressão maior quando comparados com indivíduos saudáveis. Estudos recentes em pacientes com depressão maior e transtorno bipolar observaram perda de volume hipocampal em indivíduos não medicados e em regiões do córtex cerebral associadas ao controle das emoções. Tais estudos, que ainda precisam ser replicados, mostram padrões sobrepostos e não sobrepostos de perda de volume em pacientes com depressão maior comparados com transtorno bipolar. As reduções de volume observadas em pacientes com depressão maior correlacionam-se à duração do episódio depressivo, quando controlada a duração de uso de medicamentos. Esses achados sugerem que a perda de volume em pacientes depressivos resulta de uma doença persistente, e não representa um fator de risco antecedente. Alguns pesquisadores sustentam a hipótese de que os níveis elevados de cortisol em pacientes com depressão maior podem estar associados aos volumes hipocampais reduzidos.

O volume hipocampal reduzido também foi relatado em casos de TEPT. Em contraste com a depressão maior, estudos de gêmeos monozigóticos discordantes para TEPT sugerem que hipocampos reduzidos precedem o início do transtorno e podem, assim, representar um fator de risco, e não um resultado do transtorno.

A perda de volume hipocampal adquirida na depressão maior pode resultar da perda de dendritos e espinhos dendríticos, da diminuição no número de células (neurônios ou glia), ou de ambos. Dada a relação entre estresse e depressão, a secreção excessiva de cortisol pode desempenhar um papel causal em ambos os tipos de perda. Uma diminuição no número de células hipocampais poderia ser explicada pelo fato de o estresse e os níveis elevados de glicocorticoides suprimirem a neurogênese hipocampal adulta, como mostrado em estudos em muitas espécies de animais.

Em muitos animais, incluindo humanos, células granulares novas dentro do giro denteado do hipocampo são produzidas durante a vida adulta. Estudos em roedores mostraram que esses novos neurônios podem ser incorporados em circuitos neurais funcionais, onde inicialmente exibem plasticidade sináptica e estrutural intensa. Uma função para a morte celular como um equilíbrio para a neurogênese adulta não é tão bem estudada.

Em roedores, a exposição a protocolos estressantes ou aversivos, bem como a administração de glicocorticoides, inibem a proliferação dos precursores das células granulares e suprimem, portanto, a taxa normal de neurogênese no hipocampo. Antidepressivos, incluindo os inibidores seletivos da recaptação de serotonina, exercem um efeito oposto, aumentando a taxa de neurogênese. Assim, a secreção excessiva de hormônios do estresse – glicocorticoides –, como a que ocorre na depressão, poderia causar perda de volume hipocampal pela inibição da neurogênese ao longo do tempo. Como os receptores para glicocorticoides no hipocampo são necessários para a retroalimentação negativa aos neurônios hipotalâmicos que sintetizam e liberam o CRH, danos à função hipocampal podem adicionalmente prejudicar a regulação por retroalimentação do eixo HHA, criando um ciclo vicioso.

O hipocampo permite ao encéfalo resolver diferenças entre estímulos intimamente relacionados (separação de padrões) e fornece informações contextuais que facilitam a interpretação da significância de um estímulo para a sobrevivência. Tal informação é necessária para que o organismo identifique acuradamente ameaças que são sinalizadas dentro de um fluxo de aferências sensoriais complexas. Em estudos em animais, lesões no hipocampo aumentam as respostas de ansiedade; imagina-se que o dano ao processo de separação de padrões e processamento de informações contextuais que resulta dessas lesões permita que memórias relacionadas à ameaça se generalizem inapropriadamente, tornando-se, assim, associadas a estímulos inócuos. Evidências fisiológicas e comportamentais sugerem que neurônios recém-nascidos dentro do giro denteado do hipocampo desempenham um papel importante nessa separação de padrões. Assim, a inibição da neurogênese pode contribuir para os sintomas de ansiedade que geralmente acompanham a depressão maior, e volumes hipocampais anormalmente baixos podem aumentar o risco de TEPT.

A depressão maior e os transtornos de ansiedade podem ser eficientemente tratados

O transtorno depressivo maior pode ser tratado de modo eficaz com fármacos antidepressivos, psicoterapia cognitiva e eletroconvulsoterapia. O transtorno depressivo maior refratário a outras intervenções vem sendo tratado experimentalmente com estimulação encefálica profunda direcionada ao córtex pré-frontal subgenual e a outros alvos, incluindo o *nucleus accumbens*.

Os fármacos antidepressivos atuais afetam os sistemas neurais monoaminérgicos

Nomeados por suas primeiras indicações clínicas, os fármacos antidepressivos possuem utilidade bem mais ampla do que seu nome sugere. Na verdade, eles são também os fármacos de primeira linha para o tratamento de transtornos de ansiedade. Juntamente com a frequente ocorrência concomitante e com o compartilhamento de fatores de risco e alguns circuitos neurais, a sobreposição nas modalidades de tratamento eficazes é mais uma evidência de que transtornos de humor e de ansiedade estão relacionados.

Todos os fármacos antidepressivos amplamente utilizados aumentam a atividade em sistemas monoaminérgicos do encéfalo, especialmente a serotonina e a noradrenalina, embora alguns antidepressivos exerçam efeitos modestos também sobre a dopamina. Os neurotransmissores monoaminérgicos relevantes – serotonina, noradrenalina e dopamina – são sintetizados por células localizadas em núcleos dentro do tronco encefálico (Capítulo 40). Os neurônios serotoninérgicos e noradrenérgicos na ponte e no bulbo projetam-se amplamente para campos terminais altamente diversos em regiões encefálicas que incluem o hipotálamo, o hipocampo, a amígdala, os núcleos da base e o córtex cerebral (**Figuras 61-5 e 61-6**). Os neurônios dopaminérgicos na área tegmentar ventral e parte compacta da substância negra do mesencéfalo projetam-se para áreas menos amplamente distribuídas. Os neurônios da área tegmentar ventral projetam-se para o hipocampo, amígdala, *nucleus accumbens* e córtex pré-frontal; os neurônios da substância negra inervam o caudado e o putame. As projeções amplamente divergentes desses neurônios monoaminérgicos permitem que eles influenciem funções como o alerta, a atenção, a vigília, a motivação e outros estados emocionais e cognitivos que requerem a integração de múltiplas regiões encefálicas.

A serotonina, a noradrenalina e a dopamina são sintetizadas a partir de aminoácidos precursores e empacotadas dentro de vesículas sinápticas para liberação. As monoaminas no citoplasma, fora das vesículas, são metabolizadas pela enzima monoaminoxidase (MAO), a qual é associada com a membrana externa das mitocôndrias. Após a liberação vesicular, os neurotransmissores monoaminérgicos se ligam a receptores sinápticos para exercer seus efeitos biológicos ou são removidos da sinapse por proteínas transportadoras específicas localizadas na membrana das células pré-sinápticas.

Os fármacos antidepressivos mais amplamente utilizados pertencem a vários grupos principais, os quais afetam os neurônios monoaminérgicos e seus alvos (**Figura 61-7**). Os *inibidores da MAO*, descobertos nos anos 1950, tais como fenelzina e tranilcipromina, são eficazes tanto no tratamento da depressão quanto de transtornos de ansiedade, mas são raramente usados hoje em dia, em função de suas reações adversas. Os inibidores da MAO bloqueiam a capacidade da MAO de degradar a noradrenalina, a serotonina ou a dopamina nos terminais pré-sinápticos; assim, promovem uma disponibilidade extra de neurotransmissores para armazenamento em vesículas e para posterior liberação.

Duas formas da MAO, tipo A e B, estão presentes no encéfalo. A MAO do tipo A também foi encontrada no intestino e no fígado, onde cataboliza as aminas bioativas que estão presentes nos alimentos. Inibidores da MAO-A permitem que aminas bioativas provenientes de alimentos, como a tiramina, entrem na corrente sanguínea após a ingestão de alimentos contendo altas concentrações dessas aminas, como carnes e queijos maturados. Os transportadores realizam o carreamento dessas aminas aos terminais

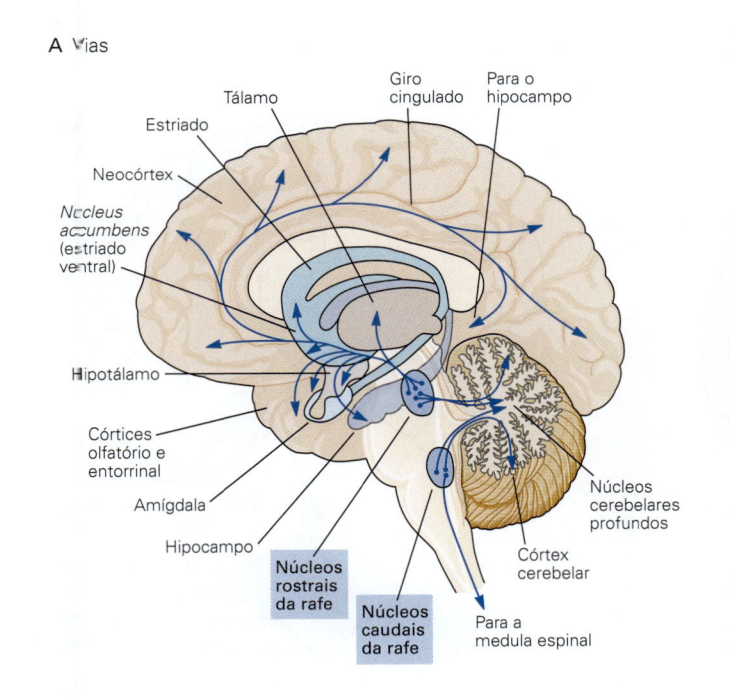

FIGURA 61-5 O principal sistema serotoninérgico do encéfalo origina-se nos núcleos da rafe do tronco encefálico. A serotonina é sintetizada em um grupo de núcleos no tronco encefálico chamados de núcleos da rafe. Esses neurônios se projetam para todo o neuroeixo, atingindo tanto o prosencéfalo como a medula espinal. As projeções serotoninérgicas são as mais massivas e difusas do sistema monoaminérgico, com neurônios serotoninérgicos unitários inervando centenas de neurônios-alvo. (Adaptada, com autorização, de Heimer, 1995.)

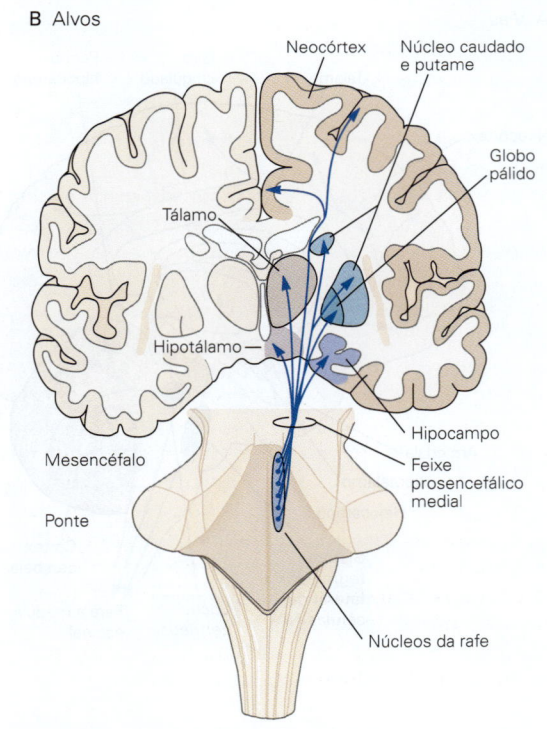

A. Uma visão sagital do encéfalo ilustrando os núcleos da rafe. No encéfalo, esses núcleos formam uma coleção bastante contínua de grupos de células próximas da linha média do tronco encefálico e estendendo-se ao longo da sua extensão. A figura faz uma distinção entre os grupos rostrais e caudais. Os núcleos da rafe rostral projetam-se para uma grande quantidade de estruturas no prosencéfalo.
B. Esta visão coronal do encéfalo ilustra algumas das principais estruturas inervadas pelos neurônios serotoninérgicos dos núcleos da rafe.

de neurônios simpáticos, onde elas podem remover a noradrenalina e a adrenalina vesiculares endógenas para o citoplasma, levando a uma liberação não vesicular que causa elevação significativa na pressão arterial.

Os *antidepressivos tricíclicos*, também identificados pela primeira vez na metade da década de 1950, incluem imipramina, amitriptilina e desipramina; eles bloqueiam o transportador de noradrenalina, o transportador de recaptação de serotonina, ou ambos. Esses fármacos são eficazes no tratamento da depressão e dos transtornos de ansiedade. Contudo, além de seus alvos terapêuticos, os tricíclicos mais antigos também bloqueiam muitos receptores para neurotransmissores, incluindo os receptores colinérgicos muscarínicos, os receptores histaminérgicos do tipo H_1 e os receptores noradrenérgicos do tipo $α_1$, produzindo uma panóplia de efeitos adversos.

Os *inibidores seletivos da recaptação de serotonina* (ISRSs), tais como fluoxetina, sertralina e paroxetina, aprovados para uso na década de 1980, não apresentam eficácia maior do que a dos antidepressivos tricíclicos ou inibidores da MAO, mas são amplamente usados por induzirem reações adversas mais moderadas, e por serem mais seguros se ingeridos em doses elevadas. Como seu nome implica, são fármacos que inibem seletivamente os transportadores de serotonina. Eles são eficazes no tratamento do transtorno depressivo maior e do transtorno de ansiedade. Em altas doses, os inibidores seletivos da recaptação de serotonina são eficazes também para os sintomas de transtorno obsessivo compulsivo. Inibidores seletivos da recaptação de noradrenalina e serotonina/noradrenalina também foram desenvolvidos; esses fármacos apresentam perfis de reações adversas similares aos dos inibidores seletivos da recaptação de serotonina, mas são úteis para alguns pacientes que não são beneficiados pela inibição somente dos transportadores de serotonina.

Apesar do conhecimento dos alvos moleculares iniciais que medeiam os efeitos de fármacos antidepressivos – MAO e transportadores de monoaminas – o derradeiro mecanismo molecular pelo qual eles aliviam a depressão permanece desconhecido. Um desafio principal para o entendimento dos mecanismos terapêuticos desses fármacos é o retardo no início dos efeitos terapêuticos. Apesar de fármacos antidepressivos ligarem-se e inibirem a MAO, os transportadores de noradrenalina ou os transportadores de serotonina a partir da primeira dose, normalmente são necessárias muitas semanas de tratamento para que se observe um alívio nos sintomas depressivos.

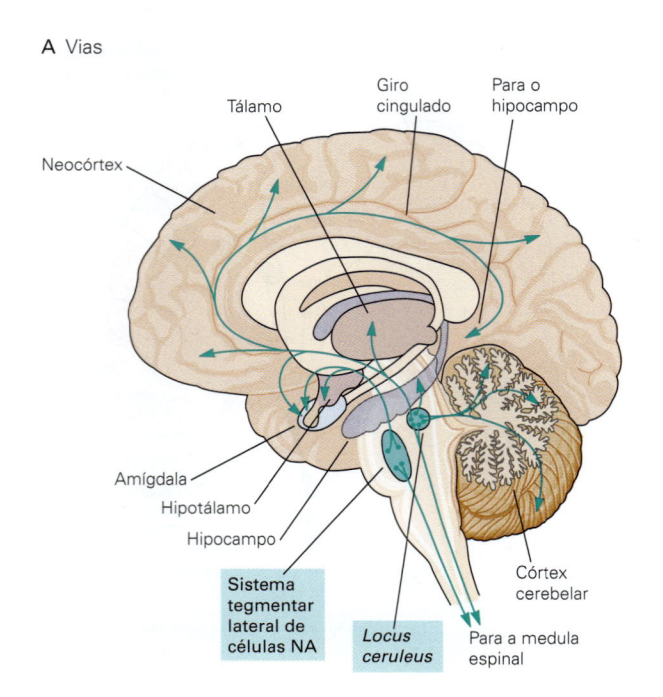

FIGURA 61-6 As principais projeções do sistema noradrenérgico para o prosencéfalo originam-se no *locus ceruleus*. (Adaptada, com autorização, de Heimer, 1995.)

A. A noradrenalina é sintetizada em vários núcleos no tronco encefálico, o maior deles sendo o núcleo do *locus ceruleus*, um núcleo pigmentado localizado logo abaixo do assoalho do quarto ventrículo na ponte rostrolateral. A visão sagital medial demonstra o percurso das principais vias noradrenérgicas (NA) do *locus ceruleus* e do tegmento lateral do tronco encefálico. Os axônios do *locus ceruleus* projetam-se rostralmente para o prosencéfalo, e também para o cerebelo e a medula espinal; os axônios dos núcleos noradrenérgicos no tegmento lateral do tronco encefálico projetam-se para a medula espinal, hipotálamo, amígdala e prosencéfalo ventral.

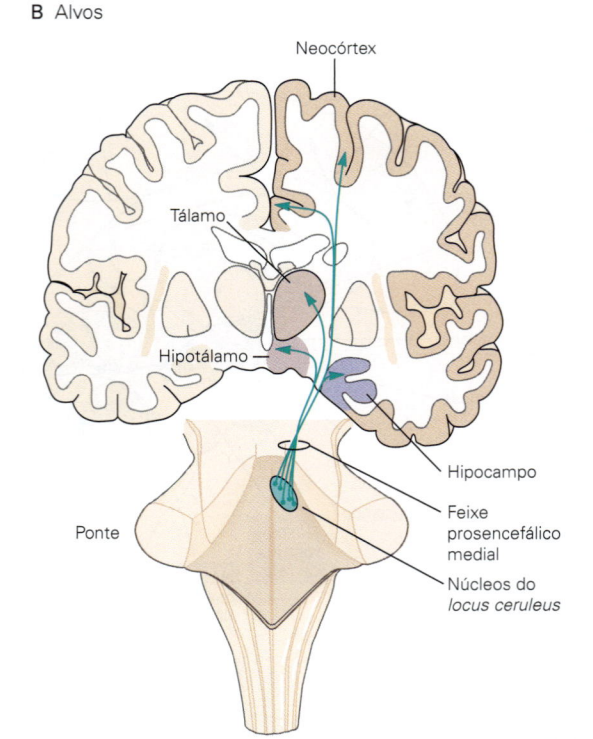

B. A secção coronal mostra os principais alvos dos neurônios do *locus ceruleus*.

Muitas hipóteses têm sido lançadas para explicar esse retardo. Uma é que o acúmulo lento de proteínas logo após serem sintetizadas altera a responsividade dos neurônios de uma maneira que trata a depressão. Outra é que aumentos nos níveis de transmissão sináptica noradrenérgica e serotoninérgica aumentam rapidamente a plasticidade em diferentes circuitos de processamento das emoções, e que a latência para os benefícios terapêuticos reflete o tempo que leva para as novas experiências alterarem os pesos das sinapses. Uma terceira hipótese é a de que a eficácia antidepressiva é mediada em parte pelo aumento da neurogênese hipocampal. Delimitar os possíveis mecanismos terapêuticos é desafiador, em função da carência de bons modelos animais de depressão. Sem um modelo animal, não é possível saber qual das muitas alterações moleculares, celulares e sinápticas observadas causam a depressão ou são subjacentes às ações terapêuticas dos antidepressivos efetivos.

A cetamina se mostra promissora como um fármaco de ação rápida para o tratamento da depressão maior

A cetamina bloqueia o receptor glutamatérgico do tipo *N*-metil-D-aspartato (NMDA), sendo utilizada atualmente na anestesia pediátrica, em função de sua habilidade de produzir experiências dissociativas e analgesia. Esse fármaco

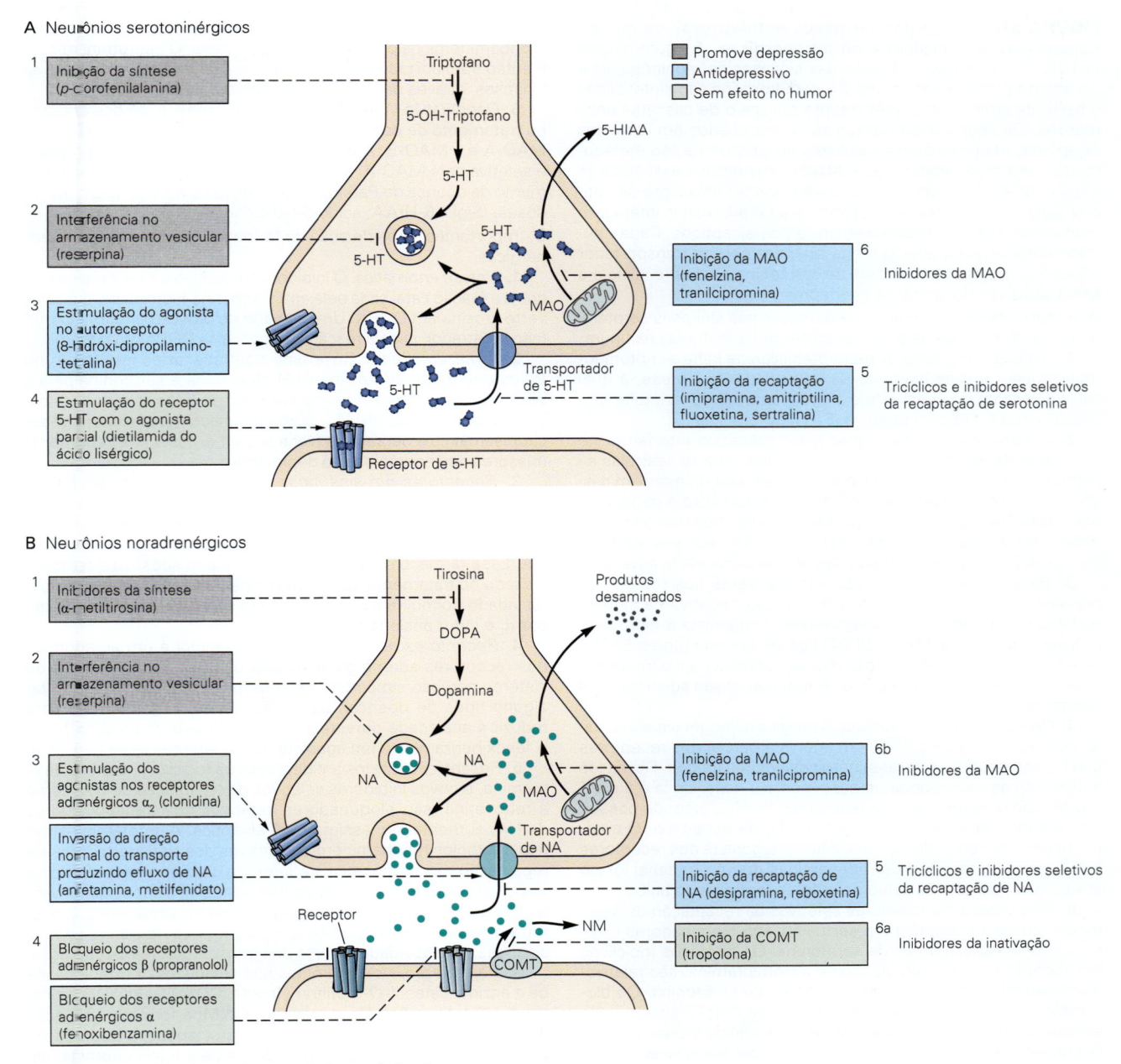

FIGURA 61-7 (Ver legenda na próxima página.)

tem sido estudado em ensaios clínicos randomizados com indivíduos acometidos por depressão maior. Nesses ensaios, a cetamina foi administrada por infusão intravenosa, produzindo efeito antidepressivo dentro de duas horas, uma vantagem significativa sobre os fármacos antidepressivos existentes, que tipicamente levam duas semanas para mostrar efeito benéfico. A ação terapêutica da cetamina dura aproximadamente sete dias, após os quais segundas ou terceiras doses podem continuar a manter a eficácia. Se tais resultados se tornarem amplamente replicáveis, a cetamina pode representar o primeiro fármaco antidepressivo que não exerce sua ação primária sobre a neurotransmissão monoaminérgica.

Estudos para identificar o mecanismo pelo qual a cetamina promove alívio da depressão, como os realizados para os antidepressivos mais antigos, são desafiadores, em parte em função da falta de bons modelos animais de depressão.

Em doses mais altas, a cetamina é utilizada inadequadamente como uma droga recreativa para produzir euforia, dissociação, despersonalização e alucinações. Ela é também usada em contextos laboratoriais para induzir sintomas cognitivos que se assemelham à esquizofrenia em humanos. Apesar de as vantagens de um antidepressivo de ação rápida serem significativas – para o tratamento de indivíduos com ideação suicida aguda, por exemplo – as reações

FIGURA 61-7 Ação dos fármacos antidepressivos nas sinapses serotoninérgicas e noradrenérgicas. A figura mostra as porções pré e pós-sinápticas das sinapses serotoninérgicas e noradrenérgicas. A serotonina e a noradrenalina são sintetizadas a partir de aminoácidos precursores por meio de cascatas enzimáticas. Os neurotransmissores são armazenados em vesículas sinápticas; neurotransmissores livres no citoplasma são metabolizados pela monoaminoxidase (**MAO**), uma enzima associada às mitocôndrias abundantes encontradas nos terminais pré-sinápticos. Quando liberadas, a serotonina e a noradrenalina interagem com vários tipos de receptores pré e pós-sinápticos. Cada neurotransmissor é retirado da fenda sináptica por um transportador específico. Os transportadores de serotonina e noradrenalina e a MAO são alvos de fármacos antidepressivos.
A. Importantes sítios de ação de fármacos nas sinapses serotoninérgicas. Nem todas as ações descritas são mostradas na figura.
   1. *Síntese enzimática*. A p-clorofenilalanina inibe a triptofano-hidroxilase, enzima limitante da velocidade de síntese, a qual inicia a cascata que converte o triptofano em 5-OH-triptofano, o precursor da 5-hidroxitriptamina (**5-HT**, serotonina).
   2. *Armazenamento*. Reserpina e tetrabenazina interferem no transporte de serotonina e de catecolaminas para as vesículas sinápticas pelo bloqueio do transportador vesicular de monoaminas, $VMAT_2$. Como resultado, a serotonina citoplasmática é degradada (ver passo 6 a seguir), e os neurotransmissores nos neurônios são depletados. A reserpina foi utilizada como um fármaco anti-hipertensivo, porém normalmente induzia depressão como efeito adverso.
   3. *Receptores pré-sinápticos*. Os agonistas dos receptores pré-sinápticos promovem retroalimentação negativa na síntese ou na liberação dos neurotransmissores. O agonista 8-hidróxi-dipropilamino-tetralina (8-OH-DPAT) liga-se aos receptores $5-HT_{1A}$ no neurônio pré-sináptico. Os fármacos triptanos para o tratamento da enxaqueca (por exemplo, o sumatriptano) são agonistas dos receptores $5-HT_{1D}$.
   4. *Receptores pós-sinápticos*. A droga alucinogênica dietilamida do ácido lisérgico (LSD) é um agonista parcial dos receptores $5-HT_{2A}$ dos neurônios serotoninérgicos pós-sinápticos. Fármacos antipsicóticos de segunda geração, como a risperidona e a olanzapina, são antagonistas dos receptores $5-HT_{2A}$, além de possuírem efeito bloqueador dos receptores D_2 da dopamina. O composto antiemético ondansetrona é um antagonista dos receptores $5-HT_3$, o único receptor de monoaminas que é um canal iônico ativado por ligantes. Seu sítio de ação encontra-se no bulbo.
   5. *Recaptação*. Os inibidores seletivos da recaptação de serotonina, como a fluoxetina e a sertralina, são bloqueadores seletivos dos transportadores de serotonina. Os fármacos tricíclicos possuem ação mista; alguns, como a clomipramina, são relativamente seletivos para os transportadores de serotonina. Os bloqueadores da captação aumentam a concentração sináptica de serotonina. As anfetaminas entram nos neurônios monoaminérgicos através dos transportadores de captação e ligam-se aos transportadores vesiculares encontrados na membrana das vesículas sinápticas, causando o transporte reverso de neurotransmissores monoaminérgicos para dentro do citoplasma. O neurotransmissor é então transportado reversamente para fora do neurônio, para as sinapses, através da ação dos transportadores de captação.
   6. *Degradação*. A fenelzina e a tranilcipromina, ambos eficazes no tratamento de depressão e transtorno do pânico, bloqueiam a MAO-A e a MAO-B. A moclobemida, eficaz contra a depressão, é seletiva para MAO-A; a selegilina, que tem sido usada no tratamento da doença de Parkinson, é seletiva para MAO-B em baixas doses. (Sigla: 5-HIAA, ácido 5-hidroxindolacético.)

B. Importantes sítios de ação de fármacos nas sinapses noradrenérgicas.
   1. *Síntese enzimática*. O inibidor competitivo α-metiltirosina bloqueia a reação catalisada pela enzima tirosina-hidroxilase, que converte tirosina em DOPA. Um derivado do ditiocarbamato, FLA-63 (não mostrado), inibe a reação que converte DOPA em dopamina.
   2. *Armazenamento*. Reserpina e tetrabenazina interferem no transporte de noradrenalina (**NA**), dopamina e serotonina para a vesícula sináptica por meio do bloqueio do transportador vesicular de monoaminas, $VMAT_2$. Como resultado, o neurotransmissor citoplasmático é degradado (ver a seguir) e, assim, os neurotransmissores nos neurônios são depletados.
   3. *Receptores pré-sinápticos*. Os agonistas dos receptores pré-sinápticos promovem retroalimentação negativa na síntese ou na liberação dos neurotransmissores. A clonidina é um agonista dos receptores adrenérgicos α_2, os quais inibem a liberação de NA. Esse fármaco é ansiolítico, possui efeito sedativo e também é usado no tratamento do transtorno de déficit de atenção e hiperatividade. Ioimbina é um antagonista dos receptores adrenérgicos α_2 e induz ansiedade.
   4. *Receptores pós-sinápticos*. Propranolol é um antagonista dos receptores adrenérgicos β2 que bloqueia muitos efeitos do sistema nervoso simpático. Esse fármaco é utilizado para tratar alguns tipos de doenças cardiovasculares, e geralmente para reduzir a ansiedade durante situações de exposição ao público. A fenoxibenzamina é um agonista dos receptores adrenérgicos α.
   5. *Recaptação*. Certos antidepressivos tricíclicos, como a desipramina, e novos inibidores seletivos da recaptação de NA, como a reboxetina, são bloqueadores seletivos dos transportadores de NA, aumentando, assim, a NA sináptica. A anfetamina entra nos neurônios monoaminérgicos através dos transportadores de recaptação das monoaminas e interage com os transportadores vesiculares (os transportadores nas vesículas sinápticas), ativando a liberação dos neurotransmissores para o citoplasma. O neurotransmissor é então bombeado para fora do neurônio, para as sinapses, pela atividade reversa dos transportadores de captação.
   6. *Degradação*. Nos neurônios pós-sinápticos, a tropolona inibe a enzima catecol-*O*-metiltransferase (**COMT**), a qual torna inativa a NA (etapa 6a). Normetanefrina (**NM**) é formada pela ação da COMT sobre a NA. No neurônio pré-sináptico, a degradação pela MAO é bloqueada pela fenelzina e pela tranilcipromina, inibidoras de MAO.

psicotrópicas indesejáveis da cetamina tornam seu uso problemático. Tentativas de desenvolver um bloqueador dos receptores NMDA com efeitos antidepressivos dissociados dos efeitos psicotrópicos adversos estão em andamento.

A psicoterapia é efetiva no tratamento do transtorno depressivo maior e dos transtornos de ansiedade

Psicoterapias de curta duração com foco em sintomas têm sido desenvolvidas para a depressão e a ansiedade e analisadas em testes clínicos. As psicoterapias melhor estudadas são as terapias cognitivo-comportamentais. Terapias cognitivas que podem ser usadas para tratar a depressão maior focam na identificação e correção de interpretações excessivamente negativas de eventos e interações com outras pessoas. Por exemplo, muitas pessoas depressivas exibem um forte viés atencional direcionado a informações negativas: elas interpretam automaticamente eventos neutros como negativos, e inferem evidências de desaprovação no comportamento dos outros. Tal pensamento negativo automático, o qual pode iniciar ou perpetuar o humor deprimido, pode ser melhorado através da psicoterapia cognitiva.

As terapias com um componente mais comportamental provaram-se úteis no tratamento de transtornos de ansiedade como as fobias e o TEPT. Na terapia de exposição, o indivíduo afetado é direcionado a recordar vividamente estímulos fóbicos que desencadeiam a ansiedade ou a esquiva. O terapeuta fornece um contexto seguro para tais experiências e sugere novas interpretações de tais estímulos, as quais ajudam o paciente a lidar com a experiência. Onde é possível, e quando tolerável para os pacientes, pode ser aplicada a transição para exposição a estímulos fóbicos "do mundo real".

A terapia de exposição produz a extinção do aprendizado, em analogia a estudos de comportamento animal. A memória do estímulo fóbico não é apagada, mas a resposta de medo é suprimida pela nova informação de que o estímulo e o contexto em que ele é experienciado não são perigosos. Estudos fisiológicos e com lesões em animais, bem como estudos de imageamento em humanos, demonstram que o córtex pré-frontal é requerido para a extinção do aprendizado, e que o hipocampo é requerido para o aprendizado de novos contextos para eventos ou estímulos familiares (p. ex., que um helicóptero voando sobre a cabeça não é um presságio de um ataque).

A eletroconvulsoterapia é um tratamento muito eficaz contra a depressão

Embora ainda evoque imagens negativas no imaginário popular, a eletroconvulsoterapia (ETC), administrada com anestésicos modernos, é clinicamente segura e uma experiência tolerável para os pacientes, perdurando como uma intervenção altamente eficiente no tratamento agudo de casos graves de transtorno depressivo maior. Ela é mais frequentemente usada quando os sintomas depressivos são graves e as medicações e psicoterapias se provaram ineficazes. Esse tipo de terapia também é eficaz em ambas as fases, maníaca e depressiva, do transtorno bipolar mas não é efetiva para transtornos de ansiedade na ausência de um transtorno de humor, não sendo clinicamente utilizada para tratá-los.

Geralmente, de seis a oito sessões são administradas, na maioria das vezes em um ambulatório. O paciente é anestesiado, e a estimulação elétrica é moderadamente acima dos limiares necessários para produzir evidências encefalográficas de uma convulsão generalizada. O principal efeito adverso do tratamento é um grau variável de amnésia retrógrada e anterógrada. A amnésia pode ser minimizada, mas não eliminada, pela colocação de eletrodos unilateralmente e pelo uso do nível mais baixo de estimulação necessário. Roedores submetidos à ECT exibem uma liberação maciça de neurotransmissores, o que causa uma ativação significativa da expressão gênica, presumivelmente levando a uma plasticidade sináptica em larga escala. Contudo, as moléculas, células e circuitos envolvidos na resposta terapêutica permanecem desconhecidos.

Novas formas de neuromodulação estão sendo desenvolvidas para tratar a depressão

Outras formas de estimulação elétrica terapêutica do encéfalo estão sendo exploradas, tendo como motivação o desejo de melhorar os efeitos terapêuticos da ECT e diminuir seus efeitos adversos. Essas abordagens são frequentemente descritas como "neuromodulação".

A *estimulação magnética transcraniana* (EMT) aplica um dispositivo no escalpo para liberar breves pulsos de estimulação magnética rápida e alternada. Isso induz um fluxo de corrente nos axônios em regiões do córtex cerebral abaixo do dispositivo. A administração diária de EMT sobre o córtex pré-frontal esquerdo é segura, e foi efetiva o suficiente para receber aprovação regulatória da Agência de Administração de Alimentos e Medicamentos dos Estados Unidos, a Food and Drug Administration (FDA). Não obstante, em ensaios subsequentes, sua eficácia se mostrou meramente modesta. Experimentos clínicos adicionais para melhorar sua eficácia estão em andamento.

Terapias alternativas em desenvolvimento incluem a terapia por convulsões magnéticas, uma alternativa à ECT, na qual um campo magnético é usado para produzir uma convulsão. A esperança para essa terapia experimental é reproduzir a eficácia da ECT, mas com amnésias anterógrada e retrógrada menores.

A estimulação encefálica profunda (EEP), mencionada anteriormente, é um tratamento neuromodulatório invasivo amplamente utilizado para o tratamento dos sintomas motores da doença de Parkinson e o tremor essencial. Para o tratamento da doença de Parkinson, um eletrodo é colocado tipicamente no núcleo subtalâmico, componente do circuito dos núcleos da base envolvido no controle motor, que é mais bem compreendido que os circuitos que regulam o humor. Um eletrodo de EEP é conectado por um fio que sai do crânio e trafega entre o escalpo e a pele do pescoço em direção a um controlador à bateria posicionado no peito, muito similar a um marca-passo cardíaco. A frequência com que o eletrodo estimula seu alvo pode ser controlada externamente, e é tipicamente ajustada pela equipe terapêutica para otimizar a resposta terapêutica. Durante a última década, ensaios clínicos com EEP foram estendidos, da doença de Parkinson e outros transtornos do movimento, para os transtornos psiquiátricos. Adicionalmente ao seu uso no tratamento da depressão refratária, a EEP tem sido estudada para o tratamento do transtorno obsessivo compulsivo.

Muitas localizações encefálicas foram alvos para EEP no tratamento da depressão. Como descrito na **Figura 61-4**, o córtex cingulado anterior rostral (subgenual) é ativado pela tristeza, sendo portanto usado como um alvo para a EEP no tratamento da depressão resistente (**Figura 61-8**). Em algumas séries clínicas, 60% dos pacientes resistentes aos tratamentos alcançaram melhora estável com a estimulação do córtex cingulado subgenual. Contudo, níveis similares de eficácia usando esse alvo podem não ser replicáveis em um estudo clínico multicêntrico amplo. As diferenças na seleção dos pacientes, diferenças interindividuais na anatomia encefálica ou pequenas diferenças na colocação dos eletrodos podem contribuir para os resultados discrepantes vistos até agora. Simplificadamente, a depressão é altamente heterogênea, e não é surpreendente que um único alvo para EEP não seja útil para todos os pacientes resistentes aos tratamentos.

Na falta de bons modelos animais de depressão, os estudos envolvendo tratamentos com EEP em humanos podem fornecer uma fonte particularmente importante de informações sobre os circuitos encefálicos responsáveis pelos sintomas dos transtornos mentais. Ainda que se deva dar atenção cuidadosa à segurança e à obtenção de termos de consentimento livre e esclarecido, especialmente quando o julgamento dos pacientes pode estar influenciado pela depressão grave, a EEP pode fornecer oportunidades para se aprender sobre a regulação do humor. Em particular, novos eletrodos desenvolvidos não apenas estimulam um alvo de EEP, mas também podem registrar a atividade neuronal extracelular. Tais eletrodos do tipo que "registra e estimula", usados atualmente apenas para pesquisa, podem não apenas melhorar os resultados clínicos, mas também fazer avançarem os conhecimentos sobre as disfunções dos circuitos e a modulação terapêutica em transtornos psiquiátricos.

O transtorno bipolar pode ser tratado com lítio e com vários fármacos anticonvulsivantes

Em 1949, John Cade descobriu os efeitos calmantes do lítio em porquinhos-da-índia e, logo em seguida, em um pequeno ensaio clínico com pacientes bipolares. As observações de Cade iniciaram a era moderna da psicofarmacologia, em que fármacos, que eram por fim submetidos a ensaios clínicos cegos e randomizados, passaram a ser usados para tratar sintomas específicos dos transtornos mentais. O lítio

FIGURA 61-8 Colocação de eletrodos para estimulação encefálica profunda (EEP) no córtex cingulado anterior rostral e medida de resposta pela tomografia por emissão de pósitrons (PET) com [^{18}F]fluor-2-desoxiglicose. (Reproduzida, com autorização, de Helen Mayberg.)

A. *À esquerda*: O córtex cingulado anterior rostral (subgenual), área 25 de Brodmann (**Cg25**) é um alvo anatômico para EEP para pacientes com depressão resistente aos tratamentos. (Secção sagital; sítio do eletrodo **em vermelho**; corpo caloso está imediatamente acima, mostrado **em branco**; **linha pontilhada**, posição do eletrodo relativa à linha CA-genu) (Siglas: **CA**, comissura anterior, **CSC-Med**, cingulado subcaloso medial. *Direita:* Um escaneamento por PET mostra a mudança na atividade em pacientes com depressão resistente a tratamentos submetidas à estimulação do córtex cingulado anterior rostral. (Secção sagital.)

B. Escaneamentos por PET mostram alterações na atividade em pacientes com depressão resistente a tratamentos que tiveram melhora com a estimulação do córtex cingulado anterior rostral. Os painéis **superiores** são secções sagitais; os painéis **inferiores** são secções coronais. *À esquerda:* Atividade metabólica pré-tratamento em pacientes com depressão resistente a tratamento. As cores **avermelhadas** indicam atividade metabólica aumentada, comparada com indivíduos-controle saudáveis (nota-se a atividade elevada na Cg25 antes da EEP); o **azul** indica atividade metabólica mais baixa. *À direita:* Média dos pacientes que tiveram melhora em três ou seis meses após o início da EEP. A atividade na Cg25 está diminuída (**azul**) em pacientes que tiveram uma resposta positiva à estimulação. (Siglas: **CCA**, córtex cingulado anterior; **TE**, tronco encefálico; **F9**, córtex pré-frontal dorsolateral; **F46**, córtex pré-frontal; **F47**, córtex pré-frontal ventrolateral; **HT**, hipotálamo; **Ins**, ínsula; **MF10**, córtex frontal medial; **CCM**, córtex cingulado medial; **OF11**, córtex orbital frontal; **SN**, substância negra; **CDv**, caudado ventral.)

A Procedimento cirúrgico

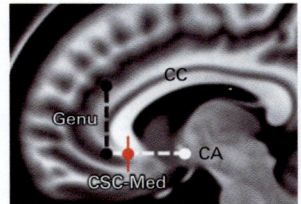

Alvo anatômico para o eletrodo — Colocação bilateral do eletrodo de EEP

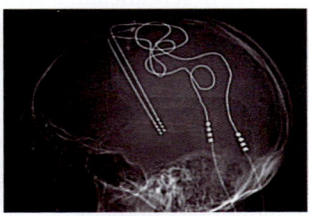

B Mudança na atividade na PET em pacientes que apresentaram melhora com a EEP

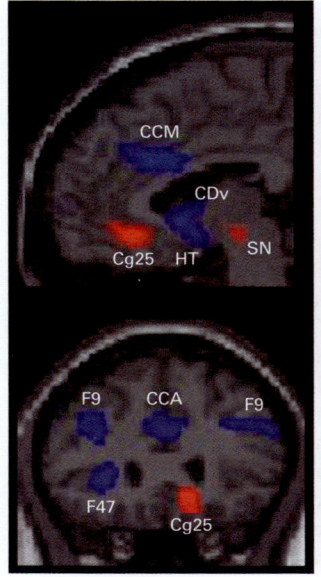

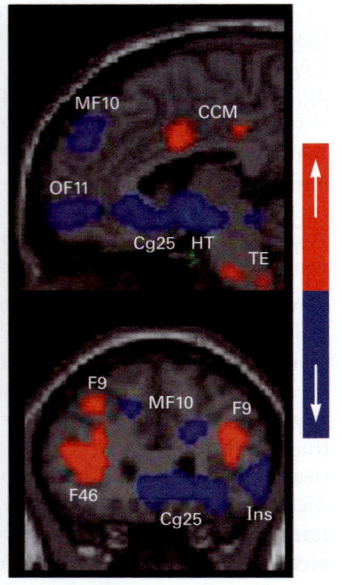

PET comparando linha de base de pacientes vs. indivíduos saudáveis — PET em pacientes que apresentaram melhora após 3 ou 6 meses

mostrou-se efetivo no tratamento de episódios agudos de mania e na estabilização do humor pela redução na frequência de ciclagem entre mania e depressão.

Muitos fármacos inicialmente desenvolvidos para tratar epilepsia, tais como ácido valproico e lamotrigina, também se tem demonstrado efetivos no tratamento da mania aguda e na estabilização do humor, e podem servir como substitutos para o lítio. Além disso, fármacos antipsicóticos melhoram efetivamente os sintomas da mania aguda e, em baixas doses, podem também auxiliar na estabilização do humor. Nenhum desses fármacos exerce efeitos terapêuticos rapidamente, uma vez que melhoras no estado mental e no comportamento podem levar muitas semanas.

Os mecanismos pelos quais o lítio e os fármacos anticonvulsivantes exercem efeitos benéficos sobre a mania e a ciclagem do humor não são conhecidos. Diferentemente dos fármacos antidepressivos e antipsicóticos, contudo, ainda há questões em aberto quanto ao alvo molecular inicial do lítio no sistema nervoso, responsável pela iniciação de seus efeitos terapêuticos. Essa falta de assertividade reflete as muitas ações das concentrações terapêuticas de lítio sobre o encéfalo. O alvo molecular mais provável é a inibição da glicogênio-sintase-cinase tipo 3β (GSK3β, do inglês *glycogen synthase kinase 3β*), um componente da via de sinalização Wnt que tem muitas funções no sistema nervoso. Como no caso de outros fármacos usados no tratamento de transtornos psiquiátricos, a investigação dos mecanismos terapêuticos do lítio e das propriedades estabilizadoras do humor de anticonvulsivantes é dificultada pela falta de um modelo animal de transtorno bipolar.

Seja qual for o mecanismo molecular do lítio ou dos anticonvulsivantes, estabilizadores de humor parecem atenuar a dinâmica dos sistemas que regulam o humor. O humor é regulado pelo ambiente externo, bem como por muitos fatores internos, nos quais estão incluídos os níveis hormonais, os moduladores imunológicos e o controle dos ritmos circadianos (p. ex., tanto o sistema serotoninérgico quanto o noradrenérgico mostram variações ao longo do dia relacionadas ao ciclo sono-vigília). A integração desses sistemas é complexa e envolve interações dinâmicas que ainda são pouco compreendidas.

Antipsicóticos de segunda geração são úteis para o tratamento do transtorno bipolar

Todas os fármacos antipsicóticos agem bloqueando os receptores dopaminérgicos do tipo D_2, e estes fármacos são há muito reconhecidos por apresentarem efeitos terapêuticos não somente no tratamento de sintomas psicóticos da esquizofrenia, transtornos de humor graves e muitas outras condições, mas também no tratamento de episódios agudos de mania. Os efeitos adversos dos antipsicóticos de primeira geração são graves, principalmente os sintomas motores (parkinsonismo) que resultam do antagonismo dos receptores dopaminérgicos do tipo D_2.

A maior parte dos fármacos de segunda geração (também denominados antipsicóticos atípicos) tem afinidade um pouco reduzida pelos receptores D_2, em comparação a fármacos de primeira geração; além disso, eles atuam sobre outros receptores, bloqueando os receptores serotoninérgicos $5-HT_{2A}$, por exemplo, o que resulta em uma menor tendência aos severos efeitos adversos motores. Esses fármacos não são livres de efeitos adversos, e a maioria causa ganho de peso e condições metabólicas associadas, contudo, sua tolerabilidade relativa e seus efeitos sobre os receptores de serotonina têm feito com que sejam um importante tratamento para a fase depressiva do transtorno bipolar, assim como para o tratamento da mania aguda. Eles ganharam um importante papel na terapêutica porque a depressão bipolar é menos responsiva a fármacos antidepressivos do que a depressão unipolar.

Destaques

1. Transtornos do humor são divididos em transtorno unipolar e bipolar, com base na ocorrência apenas da depressão (unipolar) ou também de episódios de mania afetando o indivíduo. Os transtornos unipolar e bipolar apresentam diferentes padrões de transmissão familiar.

2. A depressão unipolar clinicamente significativa, geralmente chamada de transtorno depressivo maior (depressão maior) difere da tristeza normal por sua persistência, profundidade, e associação a sintomas psicológicos, cognitivos e comportamentais.

3. A depressão maior é comum (prevalência de 15% a 20% ao longo da vida) e incapacitante, o que a torna uma das maiores causas de incapacidade no mundo. O transtorno bipolar é menos comum (prevalência mundial de 1% ao longo da vida), mas tende a produzir sintomas graves, os quais frequentemente requerem hospitalização.

4. Transtornos de ansiedade são os transtornos psiquiátricos mais comuns. Eles variam em gravidade, de casos altamente incapacitantes, como o transtorno do pânico e transtorno de estresse pós-traumático (TEPT), a fobias simples. Eles costumam ocorrer concomitantemente com a depressão maior.

5. Transtornos de humor e de ansiedade apresentam componentes de risco genéticos e não genéticos. O transtorno bipolar é mais hereditário que a depressão maior e que os transtornos de ansiedade. Adversidades na infância e estressores ambientais mais tardios desempenham um importante papel na suscetibilidade à depressão maior e a transtornos de ansiedade. A análise genética do transtorno bipolar, da depressão maior e do TEPT estão começando a fornecer pistas moleculares para as patogêneses.

6. O circuito neural do medo e dos transtornos de ansiedade envolve a amígdala e suas interconexões com o córtex pré-frontal. O circuito neural da depressão maior e do transtorno bipolar é menos compreendido. Contudo, o neuroimageamento em humanos com depressão maior chamou atenção para circuitos envolvidos no processamento da saliência emocional e no controle cognitivo.

7. O transtorno bipolar pode ser tratado com lítio, com alguns fármacos anticonvulsivantes como o ácido valproico, e com fármacos antipsicóticos de segunda geração, embora muitos pacientes tenham sintomas residuais, mais comumente a depressão.

8. A depressão maior e os transtornos de ansiedade podem ser tratados com diversos fármacos antidepressivos e por terapias cognitivas e comportamentais. A eletroconvulsoterapia é eficaz para o tratamento da depressão maior não responsiva a fármacos.
9. Tratamentos experimentais como a estimulação encefálica profunda estão sendo investigados para o tratamento da depressão maior e outros transtornos psiquiátricos. O desenvolvimento de eletrodos que podem registrar e estimular prometem um maior entendimento sobre a função dos circuitos neurais nas doenças em humanos e seus tratamentos.

Steven E. Hyman
Carol Tamminga

Leituras selecionadas

Nestler EJ, Hyman SE, Holtzman D, Malenka RJ. 2015. *Molecular Neuropharmacology: Foundation for Clinical Neuroscience*, 3rd ed. New York: McGraw-Hill.

Otte C, Gold SM, Penninx BW, et al. AF. 2016. Major depressive disorder. Nat Rev Dis Primers 2:16065.

Sullivan PF, Daly MJ, O'Donovan M. 2012. Genetic architecture of psychiatric disorders: the emerging picture and its implications. Nat Rev Genet 13:537–551.

Yehuda R, Hoge CW, McFarlane AC, et al. 2015. Post-traumatic stress disorder. Nat Rev Dis Primers 1:15057.

Referências

Adhikari A, Lerner TN, Finkelstein J, et al. 2015. Basomedial amygdala mediates top-down control of anxiety and fear. Nature 527:179–185.

American Psychiatric Association. 2013. *Diagnostic and Statistical Manual of Mental Disorders*, 5th ed. Washington, DC: American Psychiatric Association.

Anacker C, Hen R. 2017. Adult hippocampal neurogenesis and cognitive flexibility: linking memory and mood. Nat Rev Neurosci 18:335–346.

Bagot RC, Cates HM, Purushothama I, et al. 2016. Circuit-wide transcriptional profiling reveals brain region-specific gene networks regulating depression susceptibility. Neuron 90:969–983.

Besnard A, Sahay A. 2016. Adult hippocampal neurogenesis, fear generalization, and stress. Neuropsychopharm 41:24–44.

Cade JFJ. 1949. Lithium salts in the treatment of psychotic excitement. Med Australia 2:349–352.

Clementz BA, Sweeney JA, Hamm, JP, et al. 2015. Identification of distinct psychosis biotypes using brain-based biomarkers. Am J Psychiatry 173:373–384.

Cross-Disorder Group of the Psychiatric Genomics Consortium, Lee SH, Ripke S, et al. 2013. Genetic relationship between five psychiatric disorders estimated from genome-wide SNPs. Nat Genet 45:984–994.

Davidson RJ, Pizzagalli D, Nitschke JB, Putnam K. 2002. Depression: perspectives from affective neuroscience. Annu Rev Psychol 53:545–574.

Dayan P, Huys QJ. 2009. Serotonin in affective control. Annu Rev Neurosci 32:95–126.

Drysdale AT, Grosenick L, Downar J, et al. 2017. Resting-state connectivity biomarkers define neurophysiological subtypes of depression. Nat Med 23:28–38.

Etkin A, Klemenhagen KC, Dudman JT, et al. 2004. Individual differences in trait anxiety predict the response of the basolateral amygdala to unconsciously processed fearful faces. Neuron 44:1043–1055.

Fettes P, Schulze L, Downar J. 2017. Cortico-striato-thalamic loop circuits of the orbitofrontal cortex: promising therapeutic targets in psychiatric illness. Front Syst Neurosci 11:25.

Fornaro M, Stubbs B, De BD, et al. 2016. Atypical antipsychotics in the treatment of acute bipolar depression with mixed features: a systematic review and exploratory meta-analysis of placebo-controlled clinical trials. Int J Mol Sci 17:241.

Heimer L. 1995. *The Human Brain and Spinal Cord*, 2nd ed. New York: Springer-Verlag.

Holtzheimer PE, Mayberg HS. 2011. Deep brain stimulation for psychiatric disorders. Annu Rev Neurosci 34:289–307.

Hui PS, Sim K, Baldessarini RJ. 2015. Pharmacological approaches for treatment-resistant bipolar disorder. Curr Neuropharmacol 13:592–604.

Hyde CL, Nagle MW, Tian C, et al. 2016. Identification of 15 genetic loci associated with risk of major depression in individuals of European descent. Nat Genet 48:1031–1036.

Ivleva EI, Morris DW, Moates AF, et al. 2010. Genetics and intermediate phenotypes of the schizophrenia: bipolar disorder boundary. Neurosci Biobehav Rev 34:897–921.

Johansen JP, Cain CK, Ostroff LE, LeDoux JE. 2011. Molecular mechanisms of fear learning and memory. Cell 47:509–524.

Kendler KS, Prescott CA, Myers J, Neale MC. 2003. The structure of genetic and environmental risk factors for common psychiatric and substance use disorders in men and women. Arch Gen Psychiatry 60:929–937.

Kessler RC, Bromet EJ. 2013. The epidemiology of depression across cultures. Annu Rev Public Health 34:119–138.

Kreuger RF, Markon KE. 2006. Reinterpreting comorbidity: a model-based approach to understanding and classifying psychopathology. Annu Rev Clin Psychol 2:111–133.

Mayberg HS, Brannan SK, Mahurin RK, et al. 1997. Cingulate function in depression: a potential predictor of treatment response. NeuroReport 8:1057–1061.

Mayberg HS, Liotti M, Brannan SK, et al. 1999. Reciprocal limbic-cortical function and negative mood: converging PET findings in depression and normal sadness. Am J Psychiatry 156:675–682.

Mayberg HS, Lozano AM, Voon V, et al. 2005. Deep brain stimulation for treatment-resistant depression. Neuron 45:651–660.

McClintock SM, Reti IM, Carpenter LL, et al. 2018. Consensus recommendations for the clinical application of repetitive transcranial magnetic stimulation (rTMS) in the treatment of depression. J Clin Psychiatry 79:1. doi:10.4088/JCP.16cs10905.

Miller BR, Hen R. 2015. The current state of the neurogenic theory of depression and anxiety. Curr Opin Neurobiol 30:51–58.

Moussavi S, Chatterji S, Verdes E, et al. 2007. Depression, chronic diseases, and decrements in health: results from the World Health Surveys. Lancet 370:851–858.

Muller VI, Cieslik EC, Serbanescu I, et al. 2017. Altered brain activity in unipolar depression revisited. Meta-analyses of neuroimaging studies. JAMA Psychiatry 74:47–55.

Neal, BM, Sklar P. 2015. Genetic analysis of schizophrenia and bipolar disorder reveals polygenicity but also suggests new directions for molecular interrogation. Curr Opin Neurobiol 30:131–138.

Nock MK, Borges G, Bromet EJ, et al. 2008. Cross-national prevalence and risk factors for suicidal ideation, plans and attempts. Br J Psychiatry 192:98–105.

Pizzagalli D, Pascual-Marqui RD, Nitschke JB, et al. 2001. Anterior cingulate activity as a predictor of degree of treatment response in major depression: evidence from brain electrical tomography analysis. Am J Psychiatry 158:405–415.

Ripke S, Wray NR, Lewis CM, et al. 2013. A mega-analysis of genome-wide association studies for major depressive disorder. Mol Psychiatry 18:497–511.

Seeley WW, Menon V, Schatzberg AF, et al. 2007. Dissociable intrinsic connectivity networks for salience processing and executive control. J Neurosci 27:2349–2356.

Sheline YI, Sanghavi M, Mintun MA, Gado MH. 1999. Depression duration but not age predicts hippocampal volume loss in medically healthy women with recurrent major depression. J Neurosci 19:5034–5043.

Stoddard J, Gotts SJ, Brotman MA, et al. 2016. Aberrant intrinsic functional connectivity within and between corticostriatal and temporal-parietal networks in adults and youth with bipolar disorder. Psychol Med 46:1509–1522.

Trivedi MH, Rush AJ, Wisniewski SR, et al. 2006. Evaluation of outcomes with citalopram for depression using measurement-based care in STAR*D: implications for clinical practice. Am J Psychiatry 163:28–40.

Tye KM, Prakash R, Kim SY, et al. 2011. Amygdala circuitry mediating reversible and bidirectional control of anxiety. Nature 471:358–362.

Whiteford HA, Degenhardt L, Rehm J, et al. 2013. Global burden of disease attributable to mental and substance use disorders: findings from the global burden of disease study 2010. Lancet 382:1575–1586.

Zarate CA Jr, Singh JB, Carlson PJ, et al. 2006. A randomized trial of an N-methyl-D-aspartate antagonist in treatment-resistant major depression. Arch Gen Psychiatry 63:856–864.

62

Transtornos que afetam a cognição social: transtorno do espectro autista

Fenótipos do transtorno do espectro autista compartilham características comportamentais características

Os fenótipos do transtorno do espectro autista também compartilham anormalidades cognitivas distintas

    A comunicação social é prejudicada no transtorno do espectro autista: a hipótese da cegueira mental

    Outros mecanismos sociais contribuem para o transtorno do espectro autista

    Pessoas com autismo apresentam menor flexibilidade comportamental

    Alguns indivíduos com autismo apresentam talentos especiais

Fatores genéticos aumentam o risco de transtorno do espectro autista

Síndromes genéticas raras forneceram percepções iniciais sobre a biologia do transtorno do espectro autista

    Síndrome do X frágil

    Síndrome de Rett

    Síndrome de Williams

    Síndrome de Angelman e síndrome de Prader-Willi

    Os transtornos do neurodesenvolvimento têm sido base para percepções sobre os mecanismos da cognição social

A genética complexa de formas comuns de transtorno do espectro autista está sendo esclarecida

A genética e a neuropatologia estão revelando os mecanismos neurais do transtorno do espectro autista

    Descobertas genéticas podem ser interpretadas usando abordagens biológicas de sistemas

    Os genes relacionados ao TEA foram estudados em uma diversidade de modelos

    Estudos *post-mortem* e com tecido encefálico fornecem informações sobre a fisiopatologia do transtorno do espectro autista

Avanços na ciência básica e translacional fornecem um caminho para elucidar a fisiopatologia do transtorno do espectro autista

Destaques

O RETARDO MENTAL, agora referido amplamente como *deficiência intelectual*, é atualmente definido como ter um QI abaixo de 70, acompanhado por prejuízos acentuados no funcionamento adaptativo. Ambos os termos têm sido amplamente usados para rotular uma variedade de deficiências cognitivas ligadas a anormalidades encefálicas pré-natais ou pós-natais precoces. Por décadas, subconjuntos de indivíduos com síndromes raras de deficiência intelectual, como síndrome de Rett ou síndrome do X frágil, foram caracterizados por suas etiologias genéticas. Agora começamos a elucidar a genética complexa dos transtornos do neurodesenvolvimento mais prevalentes sem características físicas distintas que os distinguem, incluindo as chamadas formas *idiopáticas* ou *não sindrômicas* de transtorno do espectro autista (TEA). A combinação de percepções resultantes do estudo intensivo de síndromes genéticas raras, juntamente com avanços no conhecimento da genética subjacente ao TEA idiopático, transformou nossa compreensão do desenvolvimento normal e patológico do encéfalo humano.

As deficiências mentais são comuns nesses transtornos e persistem ao longo da vida, dificultando o desenvolvimento e o aprendizado. De modo geral, mesmo que todas as funções mentais pareçam afetadas, condições com etiologias e histórias naturais distintas podem ser diferenciadas, pois alguns domínios cognitivos tendem a ser mais prejudicados do que outros. E, de fato, essas diferenças são convertidas em esquemas diagnósticos que traçam distinções entre as alterações do desenvolvimento que afetam, principalmente, a cognição geral, a cognição social ou a percepção. Essas vulnerabilidades cognitivas e comportamentais diferenciais podem fornecer pistas úteis sobre a origem e o tempo de desenvolvimento de funções mentais específicas durante o desenvolvimento típico.

Este capítulo aborda principalmente os transtornos do neurodesenvolvimento que incluem anormalidades no funcionamento social, incluindo TEA, síndrome do X frágil, síndrome de Williams, síndrome de Rett e síndromes de Angelman e Prader-Willi. Todas essas condições prejudicam funções encefálicas altamente sofisticadas, incluindo consciência social e comunicação. O TEA tem recebido atenção especial por vários motivos: a alta prevalência na população; a sobreposição de riscos genéticos com outras condições neuropsiquiátricas comuns, incluindo esquizofrenia; e a ausência de uma neuropatologia definida. Ele é também representativo da heterogeneidade etiológica e fenotípica comum a muitas síndromes psiquiátricas. Nesse sentido, o TEA é uma síndrome neuropsiquiátrica paradigmática.

Fenótipos do transtorno do espectro autista compartilham características comportamentais características

Essa impactante deficiência social* provavelmente sempre esteve presente, mas a caracterização do autismo como uma síndrome médica foi descrita pela primeira vez na literatura em 1943, por Leo Kanner, e em 1944, por Hans Asperger.

Hoje, clínicos e pesquisadores pensam no autismo como um espectro de distúrbios com duas características de diagnóstico definidoras, mas altamente variáveis: comunicação social prejudicada e comportamentos estereotipados com interesses altamente restritos.

Até recentemente, o termo "síndrome de Asperger" era usado para descrever indivíduos que preenchiam esses dois critérios diagnósticos, mas nos quais a aquisição da linguagem não era atrasada e o QI estava na faixa normal. Na edição mais recente do *Manual diagnóstico e estatístico de transtornos mentais*, 5ª edição (DSM-5), a síndrome de Asperger, juntamente com um transtorno distinto conhecido como transtorno invasivo do desenvolvimento sem outra especificação – projetado para capturar indivíduos com prejuízo na comunicação social que não atendiam a critérios completos em outras áreas – foram eliminados, em favor da inclusão de variações dentro de um único construto de espectro, o TEA.

O TEA está presente em pelo menos 1,5% da população. Estudos epidemiológicos rigorosos estimam uma prevalência de até 2,6% para todo o espectro de deficiência social, muito mais do que o que fora estimado há apenas algumas décadas. As razões para o aumento da prevalência em um período de tempo relativamente curto são de considerável interesse e temas de debate ativo, principalmente entre o público leigo. Dentro da comunidade científica, surgiu um consenso de que esse aumento reflete uma combinação de mudanças nos critérios diagnósticos, maior conscientização entre as famílias e profissionais de saúde, "substituição diagnóstica" (na qual indivíduos que anteriormente teriam sido diagnosticados com deficiência intelectual agora são mais propensos a serem identificados como deficientes sociais) e algum aumento real na incidência. Essas questões serão discutidas a seguir, em relação aos riscos genéticos.

O TEA ocorre predominantemente em homens, embora a proporção 4:1 homem-mulher, normalmente citada, tenha sido recentemente questionada com base em preocupações sobre o viés das abordagens usadas para determinar o diagnóstico em relação ao sexo masculino, incluindo os instrumentos de diagnóstico. Mesmo levando em conta esses desafios, a evidência cumulativa sugere um viés de proporção de pelo menos 2:1 a 3:1 para o masculino. Indivíduos em todo o espectro de QI são afetados e, com base nas práticas de diagnóstico atuais, cerca de metade de todos os indivíduos com TEA também apresentam deficiência intelectual. Por definição, o TEA deve ser detectável antes dos 3 anos de idade, mas estudos recentes mostraram que é possível identificar crianças afetadas em famílias de alto risco já no primeiro ano de vida. Ele ocorre em todos os países, culturas e grupos socioeconômicos.

Embora o TEA afete claramente o encéfalo, ainda não foram identificados marcadores biológicos definitivos; assim, o diagnóstico é baseado em critérios comportamentais. Isso não significa que não existem fortes correlatos biológicos, incluindo mutações genéticas específicas e resultados de neuroimagem, mas nenhum deles é suficientemente específico ou preditivo para ser útil como uma alternativa ao padrão-ouro da avaliação clínica. Além disso, como o comportamento é variável durante o desenvolvimento e depende de vários fatores – idade, ambiente, contexto social e disponibilidade e duração da intervenção terapêutica – provavelmente nenhum comportamento isolado será suficiente para um diagnóstico conclusivo.

Como outras síndromes do neurodesenvolvimento, o TEA normalmente perdura por toda a vida. No entanto, em estudos longitudinais recentes, aproximadamente 10% das crianças claramente afetadas apresentaram melhora, com pouca ou nenhuma evidência de incapacidade social mais tarde na vida. O autismo não é progressivo. Pelo contrário, programas educacionais especiais e apoio profissional geralmente levam a melhorias no comportamento e no funcionamento adaptativo com a idade.

Os fenótipos do transtorno do espectro autista também compartilham anormalidades cognitivas distintas

A comunicação social é prejudicada no transtorno do espectro autista: a hipótese da cegueira mental

Uma teoria cognitiva da comunicação social postula que os seres humanos têm uma capacidade particularmente bem desenvolvida de compreender os estados mentais dos outros de forma intuitiva e totalmente automática. Observando uma jovem tentando abrir a porta de um carro sem chave, entende-se instantaneamente que ela acredita que pode arrombar sem ser observada, e se espera que ela fuja assim que perceber que alguém está observando. Assim, você explica e prevê o comportamento dela ao deduzir seus estados mentais (desejos, intenções, crenças, conhecimento) a partir de um comportamento explícito. Acredita-se que essa capacidade de mentalização, denominada *teoria da mente*, depende de mecanismos e circuitos encefálicos específicos subjacentes à cognição social (**Figura 62-1**). Além disso, postula-se que a mentalização está prejudicada no TEA, com impactos profundos no desenvolvimento social.

---

*N. de T. Uma deficiência social pode se referir a qualquer condição que dificulte a capacidade de progredir social e emocionalmente, prejudicando a qualidade de vida de uma pessoa.

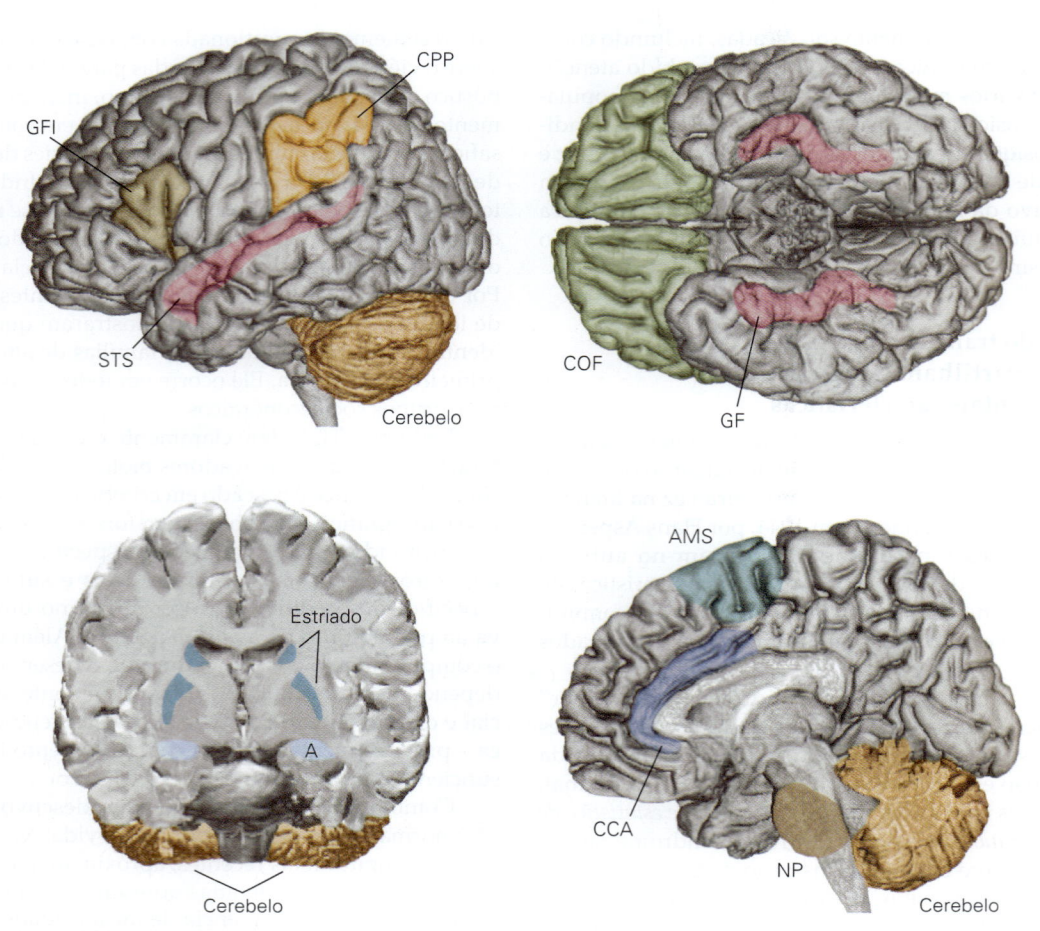

FIGURA 62-1 Áreas encefálicas implicadas nos principais prejuízos característicos do autismo: interação social, linguagem e comunicação prejudicadas e interesses restritos com comportamentos repetitivos e estereotipados. As áreas implicadas em prejuízos sociais incluem o córtex orbitofrontal (**COF**), o córtex cingulado anterior (**CCA**) e a amígdala (**A**). O córtex cerebral limítrofe ao sulco temporal superior (**STS**) tem sido correlacionado com a mediação da percepção de um ser vivo em movimento e com a fixação do olhar. O processamento da face envolve uma região do córtex temporal inferior dentro do giro fusiforme (**GF**). A compreensão e a expressão da linguagem envolvem diferentes regiões, incluindo a região frontal inferior, o corpo estriado e áreas subcorticais, como os núcleos pontinos (**NP**). O estriado também tem sido correlacionado com a mediação de comportamentos repetitivos. (Siglas: **GFI**, giro frontal inferior; **CPP**, córtex parietal posterior; **AMS**, área motora suplementar.)

Hoje em dia, é amplamente aceito que a percepção sobre o estado mental de outra pessoa depende da capacidade de mentalização espontânea. A mentalização espontânea nos permite estimar que pessoas diferentes têm pensamentos diferentes e que os pensamentos são internos e diferentes da realidade externa.

A incapacidade de mentalizar, ou "cegueira mental", foi testada pela primeira vez em crianças com autismo usando um jogo simples com duas bonecas, o teste Sally-Anne. Crianças pequenas com TEA, ao contrário daquelas com síndrome de Down ou de crianças de 4 anos com desenvolvimento típico, não conseguem prever onde uma das personagens procurará primeiro um objeto que foi movido enquanto ela estava fora da sala. Elas não são capazes de prever que a personagem iria "pensar" que o objeto permaneceria onde ela o tinha deixado (**Figura 62-2**). Muitas crianças com TEA, depois de um tempo, aprendem a realizar essa tarefa com sucesso, mas em média com um atraso de 5 anos. Uma capacidade de mentalização adquirida tão lentamente permanece difícil e propensa a erros até mesmo na idade adulta.

Ao mesmo tempo, crianças com TEA apresentam excelente compreensão de causas e eventos físicos. Por exemplo, uma criança que é incapaz de dizer falsamente a outra que uma caixa está trancada é bem capaz de trancar a mesma caixa para evitar que seu conteúdo seja roubado.

Variações do teste Sally-Anne e outras tarefas de mentalização têm sido usadas com crianças e adultos com TEA desde meados da década de 1980 (**Figura 62-3**).

A neuroimagem funcional tem sido usada para examinar a atividade encefálica de indivíduos saudáveis enquanto eles estão envolvidos em tarefas que exigem pensar sobre estados mentais. Uma ampla gama de testes que usam estímulos visuais e verbais tem sido utilizada nesses estudos. Em um estudo inicial de tomografia por emissão de pósitrons, adultos em uma coorte de controle assistiram a animações silenciosas

FIGURA 62-2 Teste de Sally-Anne. Esse primeiro teste da "teoria da mente" começa com a representação de um roteiro utilizando duas bonecas. A boneca Sally tem um cesto, e a boneca Anne tem uma caixa. Sally coloca uma bola no cesto. Ela sai da sala para dar uma volta. Enquanto ela está fora, de forma travessa, Anne retira a bola do cesto e a coloca em sua caixa. Agora Sally volta para a sala e quer brincar com a bola. Onde será que ela vai procurar a bola, no cesto ou na caixa? A resposta, em se tratando da maioria das crianças de 4 anos com desenvolvimento típico, é obviamente no cesto, mas não para crianças com autismo da mesma faixa etária ou até mesmo com mais idade. (Adaptada da arte original de Axel Scheffler.)

de formas geométricas. Em algumas das animações, os triângulos se movem em cenários com roteiros desenvolvidos para evocar mentalização (p. ex., triângulos enganando uns aos outros). Em outras animações, os triângulos se movem aleatoriamente e não evocam mentalização. A comparação das análises realizadas durante a visualização dos dois tipos de animação revela uma rede específica de quatro centros encefálicos envolvidos na mentalização (**Figura 62-4**). Estudos de ressonância magnética funcional (IRMf) usando as mesmas animações mostraram que a atividade nessa rede é reduzida em indivíduos com TEA.

Essa rede possui quatro componentes. A primeira, no córtex pré-frontal medial, é uma região que se acredita estar envolvida no monitoramento de nossos próprios pensamentos. Um segundo componente, na região temporoparietal do lobo temporal superior, está envolvido na fixação do olhar e no movimento biológico. Pacientes com lesões nessa área do hemisfério esquerdo são incapazes de realizar com sucesso o teste de Sally-Anne. A terceira região envolve a amígdala, que está relacionada à avaliação de informações sociais e não sociais decorrentes de indicações de perigo provenientes do meio. A quarta região é uma região temporal inferior envolvida na percepção de faces.

Estudos recentes usaram estímulos que pretendiam imprimir conteúdo social mais matizado e realista, por exemplo, usando filmes de encontros sociais reais, em vez de imagens estáticas de expressões faciais. Esses estudos identificaram, entre outras coisas, o papel do córtex orbital frontal na cognição social.

Outros mecanismos sociais contribuem para o transtorno do espectro autista

Desde o nascimento, bebês com desenvolvimento típico preferem prestar atenção em pessoas em vez de outros estímulos. A ausência desse tipo de preferência poderia levar a uma incapacidade de compreender e interagir com outros. De fato, a ausência de atenção preferencial a estímulos sociais e de atenção mútua são amplamente reconhecidas como sinais precoces de TEA. Esses prejuízos podem não envolver problemas de mentalização, uma vez que a atenção mútua normalmente aparece no final do primeiro ano, quando os sinais de mentalização ainda são escassos.

Os pesquisadores têm considerado a possibilidade de que um mecanismo neural específico seja a base da atenção a estímulos sociais, como rostos, vozes e movimentos biológicos. A favor dessa hipótese, os pesquisadores descobriram que o olhar de indivíduos com TEA é atípico ao assistir cenas sociais. Por exemplo, vários estudos descobriram que indivíduos com TEA se fixam na boca das pessoas em vez de mostrar a preferência típica pelos olhos (**Figura 62-5**).

Pessoas com autismo apresentam menor flexibilidade comportamental

O comportamento repetitivo e inflexível no TEA pode refletir anormalidades nas funções executivas do lobo frontal, compreendendo uma ampla gama de processos cognitivos superiores, que incluem a capacidade de se desengajar de uma determinada tarefa, inibir respostas inadequadas, permanecer na tarefa (planejar e gerenciar sequências de ações deliberadas), manter várias demandas de tarefas na memória de trabalho, monitorar o desempenho e mudar a atenção de uma tarefa para outra.

Mesmo indivíduos com TEA que apresentem QI na faixa normal têm problemas em planejar, organizar e alternar entre comportamentos de forma flexível. Independentemente do QI, os indivíduos afetados têm dificuldades em sugerir usos diferentes para um único objeto, como um

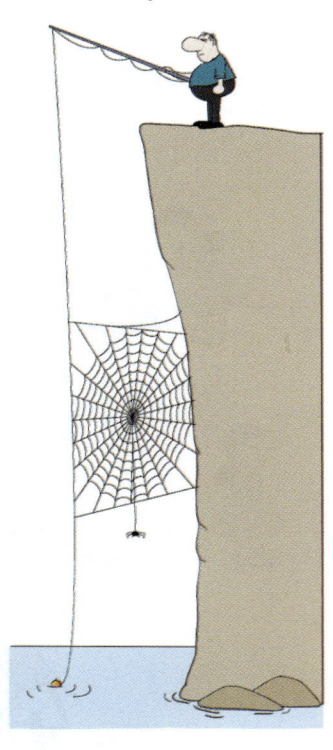

FIGURA 62-3 Exemplos de cartuns usados nos estudos de "mentalização" por meio de imagem. Os participantes foram convidados a avaliar (em silêncio) o significado de cada imagem e em seguida explicá-las. Em um estudo de ressonância magnética funcional, adultos normais visualizaram passivamente cartuns que exigem mentalização, comparados com aqueles que não exigem. Um conjunto característico de regiões encefálicas foi ativado em cada tema (ver **Figura 62-4**). (Adaptada de Gallagher et al. 2000.)

A Mentalização necessária

B Mentalização não necessária

lenço (usado para bloquear um espirro, para embrulhar objetos soltos, etc.). O pensamento flexível também é precário em pacientes com danos no lobo frontal.

Alguns indivíduos com autismo apresentam talentos especiais

Uma característica particularmente fascinante do TEA em alguns indivíduos é a "síndrome de savant", definida pela presença de uma ou mais habilidades excepcionais que contrastam marcadamente com a deficiência geral do indivíduo, mas também raras na população em geral. A estimativa mais citada é que 10% dos indivíduos com TEA demonstram essas habilidades excepcionais em comparação com cerca de 1 em 1.000 indivíduos com outras formas de deficiência intelectual.

Na maior coorte de TEA pesquisada por autorrelato até o momento (cerca de 5.000 famílias), 531 indivíduos relataram ter habilidades excepcionais nas seguintes 10 áreas (listadas em frequência decrescente): música, memória, arte, hiperlexia, matemática, mecânica, coordenação, direções, cálculo de datas e percepção extra-sensorial. Estudos subsequentes em pequena escala estimam a prevalência de habilidades savant no TEA entre 13% e 28%.

Um registro de síndrome de savant recentemente estabelecido inclui mais de 400 pessoas de 33 países. Entre um grupo de 319 indivíduos que preencheram alguns critérios para o diagnóstico de savant com base em relatos de familiares ou cuidadores ou autorrelato, 75% dos que apresentaram habilidades savant na infância foram diagnosticados com TEA. Aproximadamente metade relatou uma única habilidade excepcional e metade relatou múltiplas habilidades. A música foi a habilidade excepcional mais comumente relatada, seguida por arte, memória e matemática. Calcular datas em calendário, embora presente em muitos savants associado a outra habilidade, foi a habilidade única em cerca de 5% da amostra. Nesse grupo autosselecionado ou selecionado pela família, a distribuição geral de sexo refletiu a relatada para TEA em geral, com uma proporção homem-mulher de aproximadamente 4:1.

Uma explicação para a síndrome de savant é que o processamento de informações é preferencialmente voltado para pequenos detalhes, ao custo de ver o quadro maior. (Por exemplo, o desenho do artista talentoso com autismo de alto funcionamento na **Figura 62-6** mostra paisagens urbanas notavelmente detalhadas, bem como padrões numéricos detalhados e datas.) Uma hipótese semelhante é que regiões do encéfalo envolvidas na percepção são de hiperfuncionamento; outra possibilidade é que haja uma preferência por manipular os fragmentos de informação que se encaixam em uma estrutura rígida, como conhecimento de calendário ou horários de ônibus. Dados neuropsicológicos dão suporte a ambas as hipóteses, mas ainda são necessários experimentos que possam discriminá-las melhor.

Fatores genéticos aumentam o risco de transtorno do espectro autista

As primeiras evidências de que os genes contribuem para o TEA surgiram de estudos com pares de gêmeos e de agregação familiar. Os primeiros apresentam concordância de

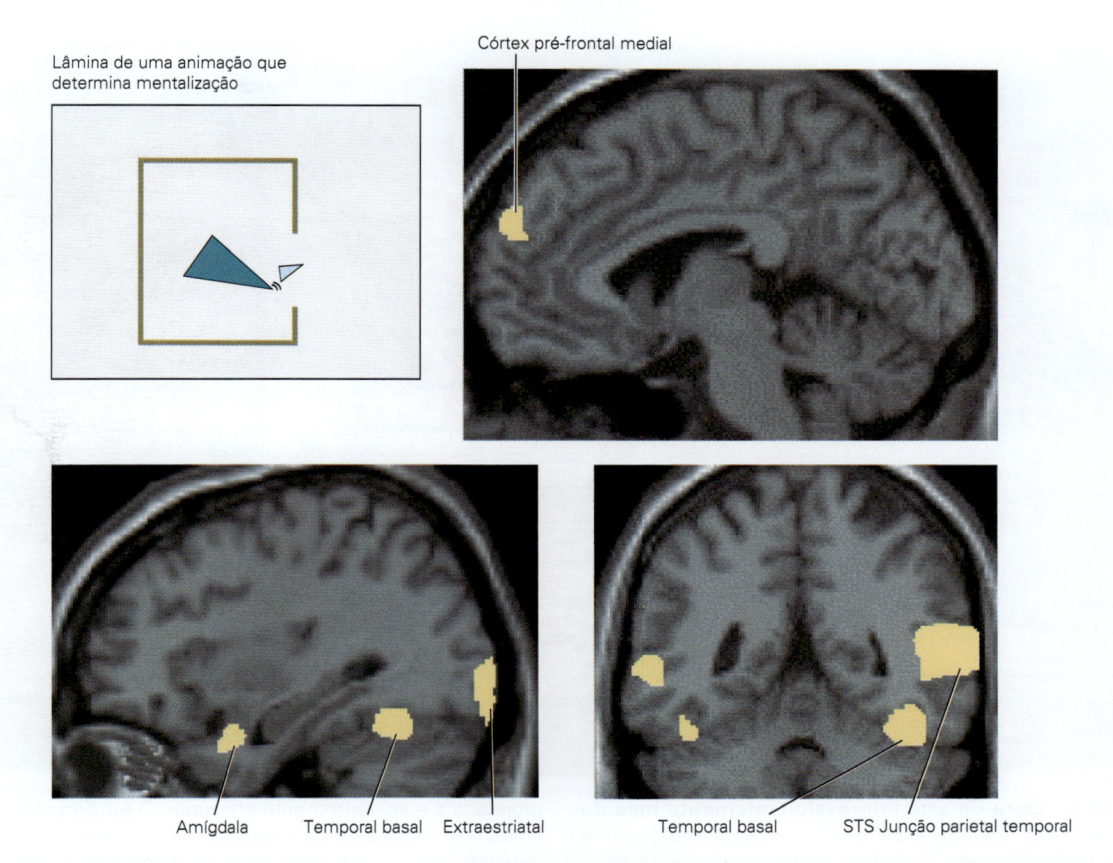

FIGURA 62-4 Sistema de mentalização encefálico. Nesse teste, voluntários saudáveis observaram um roteiro animado contendo triângulos que se moviam de forma que os espectadores poderiam atribuir estados mentais a eles. No desenho ilustrado, o triângulo maior é visto como incentivando o pequeno para sair do retângulo. Eles também assistiram a um roteiro animado contendo triângulos que se moviam de forma mais ou menos aleatória e que, assim, não originavam mentalização. As áreas ressaltadas nas imagens mostram diferenças de ativação nos esquadrinhamentos utilizando tomografia por emissão de pósitrons (PET) quando as duas condições foram comparadas. (Sigla: STS, sulco temporal superior.) (Reproduzida, com autorização, de Castelli et al., 2002. Copyright © 2002 Oxford University Press.)

FIGURA 62-5 Indivíduos com transtorno do espectro autista muitas vezes não olham nos olhos dos outros. Os padrões de movimentos oculares em indivíduos com autismo foram avaliados enquanto assistiam a cenas do filme "Quem tem medo de Virginia Wolf?". Ao olharem para rostos humanos, eles tendem a olhar para a boca em vez dos olhos, e em cenas de intensa interação entre as pessoas, tendem a olhar para lugares irrelevantes em vez de olharem para o rosto dos atores. (Reproduzida, com autorização, de Klin et al., 2002. Copyright © 2002 American Psychiatric Association.)

FIGURA 62-6 Obra de arte impressionantemente bela de George Widener. George é um artista excêntrico altamente realizado e muito admirado. A atenção ao detalhe desse desenho lembra os desenhos de outros artistas, também autistas savant (sábios). Os intrincados detalhes topográficos simetricamente dispostos de uma cidade, com rios, pontes e altos edifícios, estão associados a sequências de calendários minuciosamente projetada s e aparentemente obscuras. O funcionamento do calendário e a habilidade para localizar o dia da semana em qualquer data têm sido muitas vezes descritos como habilidades de autistas savant. O observador desse desenho pode participar de um mundo muito particular de espaço e de tempo, de números e de padrões. (Reproduzida, com autorização, da Henry Boxer Gallery, Londres.)

60 a 90%, entre pares de gêmeos monozigóticos; essa ampla variação deve-se, em parte, à classificação e os critérios diagnósticos usados anteriormente. Por exemplo, as maiores estimativas de concordância monozigótica são derivadas de observações de gêmeos com qualquer um dos três critérios que compunham o espectro de deficiência social antes das reformulações no DSM-5. Apenas cerca de 60% dos gêmeos monozigóticos foram considerados concordantes para o "diagnóstico completo" de autismo, que era definido na época como compreendendo deficiências fundamentais em cada uma das três categorias: comunicação social, desenvolvimento da linguagem e interesses restritos ou comportamentos repetitivos. Em contraste, gêmeos dizigóticos mostram 10 a 30% de concordância – novamente o número mais baixo representa diagnóstico completo de autismo, enquanto o número maior engloba qualquer um dos três critérios diagnósticos de TEA.

Essa diferença entre as taxas em gêmeos monozigóticos e dizigóticos que compartilham um fenótipo de TEA é atribuída a diferenças na quantidade de material genético compartilhado entre os dois tipos de pares de gêmeos. Irmãos monozigóticos compartilham todo o seu DNA, enquanto gêmeos dizigóticos compartilham tanto DNA quanto qualquer par de irmãos. Além desses tipos de dados, observa-se há muito tempo que o TEA ocorre em famílias: as estimativas atuais são de que, se os pais tiverem um filho com TEA, o risco de um segundo filho ser afetado aumenta em aproximadamente 5 a 10 vezes em relação à taxa básica da população.

As estimativas mais contundentes de contribuição genética não explicam todo o risco de TEA na população. Já é certo que existe alguma contribuição do meio ambiente. No entanto, dado o conhecido debate público sobre a questão de saber se a imunização é um fator de risco para o TEA, é importante salientar que não há evidências confiáveis para o aumento na prevalência de TEA devido a imunizações. O estudo inicial que levantou a questão da contribuição da vacina trivalente sarampo-caxumba-rubéola (MMR) foi retratado e completamente repudiado pelos editores da revista em que o artigo apareceu, bem como por 10 dos 12 autores originais. Uma ampla gama de investigações subsequentes, tanto da vacina MMR quanto de vacinas com o conservante timerosal contendo mercúrio, não encontrou evidências de associação com o risco de TEA.

O contra-argumento de que alguns poucos indivíduos podem estar predispostos a uma vulnerabilidade às vacinas que levam ao TEA não é falseável. No entanto, três linhas de evidência sugerem que tal contribuição, se presente, provavelmente seria bem pequena. Em primeiro lugar, é importante lembrar que a base para a hipótese MMR foi completamente desmascarada e, consequentemente, a probabilidade anterior de que as vacinas sejam os principais fatores etiológicos é extremamente baixa. Em segundo lugar, mesmo em coortes de pesquisa muito grandes, até agora não foi possível detectar esse sinal de risco. Em terceiro lugar, embora haja um subconjunto de crianças com TEA que apresenta regressão do desenvolvimento no segundo ano de vida, muitas vezes, ao se examinar cuidadosamente, há evidências de um atraso preexistente. Em última análise, embora o nível atual de compreensão dos mecanismos fisiopatológicos impossibilite a exclusão definitiva de qualquer contribuinte etiológico em um único indivíduo, o que é incontestável é que os riscos para as crianças que não são vacinadas são claros, mensuráveis e muito maiores em geral do que o papel que as vacinas podem desempenhar no risco de TEA.

Embora as evidências de uma contribuição predominantemente genética tenham sido consistentes, até recentemente, a busca por genes de risco que contribuam para formas não sindrômicas de TEA tem sido extremamente desafiadora. Como será discutido a seguir, os avanços tecnológicos e as mudanças na cultura da pesquisa transformaram o campo. Além disso, percepções iniciais criticamente importantes sobre a genética e a neurobiologia do TEA surgiram da investigação de transtornos genéticos do neurodesenvolvimento bem caracterizados, às vezes chamados de síndromes mendelianas (aquelas com um único gene causador ou *locus* genômico para a condição). Esses transtornos geralmente se manifestam com deficiência intelectual, muitas vezes com evidência de prejuízo social. Várias dessas síndromes, incluindo as síndromes do X frágil, Rett, Williams e Prader-Willi/Angelman, foram particularmente importantes no início da elaboração da biologia do TEA.

Síndromes genéticas raras forneceram percepções iniciais sobre a biologia do transtorno do espectro autista

Síndrome do X frágil

A síndrome do X frágil é uma forma comum de deficiência intelectual ligada ao cromossomo X. Os pacientes apresentam uma série de anormalidades comportamentais, incluindo prejuízo no contato visual, ansiedade social e comportamentos repetitivos. Além disso, aproximadamente 30% dos meninos com X frágil atendem a todos os critérios diagnósticos para TEA. Além disso, em pesquisas com várias coortes, até 1% dos participantes com TEA aparentemente idiopático também apresentavam mutações no X frágil. A prevalência geral é de aproximadamente 1 em 4.000 meninos e 1 em 8.000 meninas.

A mutação na síndrome do X frágil é notável. O gene *FMR1* (do inglês *fragile X messenger ribonucleoprotein*) no cromossomo X apresenta expansão do trinucleotídeo CGG. Em indivíduos normais, esse trinucleotídeo é repetido em cerca de 30 cópias. Em pacientes com síndrome do X frágil, o número de repetições é acima de 200, sendo o mais comum cerca de 800 cópias. Essa expansão de repetições de trinucleotídeos já foi observada em outros genes que levam a doenças neurológicas, como a doença de Huntington (Capítulos 2 e 63). Quando o número de repetições CGG excede 200, a região reguladora do gene *FMR1* torna-se fortemente metilada e a expressão do gene é desligada. Consequentemente, nessas crianças, a proteína do X frágil de retardo mental (FMRP, do inglês *fragile X mental retardation protein*) está ausente.

Essa falta de FMRP funcional é considerada responsável pela síndrome do X frágil. O FMRP é uma proteína de ligação seletiva ao RNA que bloqueia a tradução do RNA mensageiro até que a síntese de proteínas seja necessária. É encontrado junto aos ribossomos, na base dos espinhos dendríticos, onde regula a síntese proteica dendrítica local, necessária para a sinaptogênese e para certas formas de mudanças sinápticas duradouras associadas ao aprendizado e à memória (Capítulos 52 e 53). Curiosamente, a depressão de longa duração da transmissão sináptica excitatória, uma forma de mudança sináptica de longa duração que requer síntese proteica local é aumentada em um modelo com camundongo da síndrome do X frágil no qual o gene que codifica o FMRP foi excluído. A perda de FMRP pode aumentar a depressão de longa duração, permitindo o excesso de tradução de mRNAs importantes para a plasticidade sináptica.

Uma interessante implicação desses dados é que os antagonistas do receptor de glutamato metabotrópico tipo 5 (mGluR5), cuja ativação é necessária para aumento na síntese proteica subjacente à depressão de longa duração, podem diminuir o excesso de tradução proteica. De fato, compostos com esta atividade foram capazes de contrapor o fenótipo mutante em modelos com camundongos e moscas-da-fruta. Até o momento, os ensaios clínicos com antagonistas de mGluR5 para indivíduos com X frágil ou com TEA não foram eficazes contra os desfechos clínicos definidos. No entanto, ainda é muito cedo para dizer se essas incursões iniciais no desenho racional de medicamentos para transtornos do neurodesenvolvimento podem ou não ser promissoras a longo prazo. Uma série de desafios confrontaram esses esforços pioneiros, incluindo medir as alterações em indivíduos com TEA, identificar desfechos clínicos ideais e determinar a melhor idade para avaliar as intervenções.

Síndrome de Rett

Outro distúrbio de gene único que se sobrepõe ao TEA é a síndrome de Rett, um distúrbio devastador que afeta principalmente meninas. Os bebês do sexo feminino com síndrome de Rett apresentam desenvolvimento normal desde o nascimento até os 6 a 18 meses de idade, momento em que regridem, perdendo a fala e as habilidades manuais que adquiriram. A síndrome de Rett é progressiva, e os primeiros sintomas são acompanhados por movimentos repetitivos das mãos, perda de controle motor e deficiência intelectual. Muitas vezes, as meninas apresentarão sintomas indistinguíveis do TEA no início do curso da síndrome, embora a comunicação social frequentemente melhore mais tarde na infância. Sua prevalência é de aproximadamente 1 em 10.000 nascidos vivos do sexo feminino.

A síndrome de Rett é uma doença hereditária ligada ao X, causada por mutações de perda de função no gene *MECP2*, que codifica um regulador transcricional que se liga a bases de citosina metiladas no DNA, regulando a expressão gênica e a remodelação da cromatina. Pensou-se inicialmente que o produto desse gene agisse predominantemente como um repressor transcricional, mas estudos em modelo com camundongo e com células-tronco humanas pluripotentes induzidas (hiPSCs) mostraram que o nocaute do gene diminui de maneira geral a expressão gênica. Entre os genes que têm expressão reduzida em neurônios, está o BDNF, que codifica o fator neurotrófico derivado do encéfalo. Estudos com modelo de síndrome de Rett em ratos demonstram que a superexpressão de BDNF melhora o fenótipo do nocaute. Outros fatores de crescimento que aumentam a expressão gênica, mas têm perfis neurofarmacológicos mais favoráveis, incluindo o fator de crescimento semelhante à insulina-1 (IGF-1), também melhoraram aspectos do fenótipo do camundongo, levando ao otimismo sobre ensaios clínicos de compostos relacionados. Ensaios clínicos de fase II em humanos com ambas as moléculas estão em andamento.

Pode-se pensar que tal anormalidade global na expressão gênica levaria a um fenótipo muito grave, mas como as fêmeas são mosaico, com aproximadamente metade de suas células encefálicas expressando uma cópia normal de *MECP2* (devido à inativação aleatória do X), elas são viáveis mas manifestam o devastador fenótipo de Rett. Meninos, que têm um único cromossomo X e, portanto, uma única cópia de *MECP2*, normalmente morrem logo após o nascimento ou durante infância se tiverem uma mutação com perda de função em *MECP2*.

O papel da inativação do X na sobrevivência de mulheres portadoras de mutação e a observação de que o padrão favorável de desvio (uma mudança para o silenciamento preferencial do mutante X) leva a um curso clínico menos grave geraram interesse considerável em estratégias terapêuticas destinadas a reativar o cromossomo X normal e silenciar o cromossomos X mutado em mulheres com síndrome de Rett. Embora se possam imaginar desafios consideráveis resultantes da reativação de muitos genes em um cromossomo normalmente silenciado, um estudo recente relatou uma mutação em camundongos que induz a expressão de MeCP2 em ambos os alelos sem ativação global de genes no cromossomo X.

Curiosamente, em 2005, duplicações abrangendo *MECP2* foram identificadas em homens com deficiência intelectual grave. Essa condição, chamada síndrome de duplicação *MECP2* (SDM), inclui características autistas, hipotonia, epilepsia, anormalidades da marcha e infecções recorrentes. Assim como a síndrome de Rett, essa condição também tem sido modelada produtivamente em roedores. No entanto, ao contrário de Rett, a maioria dos casos identificados são de natureza familiar, e não esporádica. Nesses casos, as mulheres portadoras geralmente são saudáveis o suficiente (devido à inativação favorável do X) para reproduzir e transmitir a duplicação para meninos com apenas um único cromossomo X.

Síndrome de Williams

A síndrome de Williams é causada por uma deleção segmentar de cerca de 27 genes no braço longo do cromossomo 7 e é caracterizada por deficiência intelectual leve a moderada, anormalidades do tecido conjuntivo, defeitos cardiovasculares, aparência distinta e um fenótipo comportamental caracterizado por sociabilidade aumentada, habilidades de linguagem preservadas, afinidade pela música e capacidades visuoespaciais prejudicadas. Ocorre em 1 de 10.000 nascidos vivos. Anormalidades no tecido conjuntivo e os principais sintomas cardiovasculares têm sido atribuídos à perda do gene *ELN* (elastina), embora nenhum gene específico dentro do intervalo deletado tenha sido definitivamente demonstrado resultar no fenótipo comportamental. No entanto, as características cognitivas sociais da síndrome de Williams são particularmente intrigantes: o grau de interesse na interação social é impressionante, levando a uma perda quase universal de cautela com estranhos em crianças com a síndrome. Entretanto, com a quase completa ausência de ansiedade social, os indivíduos com síndrome de Williams apresentam um alto grau de ansiedade geral e fobias isoladas. Por fim, a afinidade e o interesse pela música entre uma porcentagem muito grande de portadores de deleção na região 7q11.23, embora menos caracterizados, são impressionantes.

Por outro lado, a duplicação da região idêntica do cromossomo 7, incluindo os mesmos 26 a 28 genes, é um fator de risco significativo para TEA e outros transtornos do neurodesenvolvimento, além da síndrome de Williams. A observação de fenótipos sociais contrastantes dependendo de haver perda ou ganho de uma pequena região do genoma é fascinante. Se o funcionamento social na síndrome de William é realmente o oposto do observado no TEA, como às vezes é argumentado, parece menos interessante do que a conclusão de que essa região do genoma deve conter um ou mais genes que modulam o interesse social. Consequentemente, a caracterização molecular dessas síndromes de deleção e duplicação e a investigação intensiva de seu impacto no desenvolvimento de propriedades moleculares, celulares e de circuito no sistema nervoso central são particularmente importantes.

Síndrome de Angelman e síndrome de Prader-Willi

As síndromes de Angelman e Prader-Willi são exemplos de síndromes genéticas consideradas paradigmas que resultam de mutações em genes sujeitos à impressão parental. Para entender essas condições, deve-se conhecer não apenas a lesão de DNA associada, mas também sua origem parental.

Por exemplo, ambas as síndromes geralmente resultam da perda da região idêntica do cromossomo 15 (15q11-q13), mas têm fenótipos facilmente distinguíveis. A síndrome de Angelman é caracterizada por deficiência intelectual grave, epilepsia, ausência de fala, hiperatividade e riso inadequado. Em contraste, a síndrome de Prader-Willi é caracterizada por hipotonia infantil, deficiência intelectual leve a moderada, obesidade, comportamento altamente perseverante, incapacidade social e saciedade diminuída ou ausente.

Como esses fenótipos contrastantes resultam da perda do conjunto idêntico de genes é uma questão que confundiu os geneticistas médicos até meados do ano 2000. O mistério foi resolvido pela descoberta de que o intervalo cromossômico é impresso. Especificamente, dentro desta região, vários genes são expressos apenas no cromossomo herdado paternalmente (impressão *materna*), enquanto pelo menos dois genes, *UBE3A* e *ATP10C*, são expressos apenas no cromossomo herdado maternamente (impressão *paterna*) (**Figura 62-7**).

Essa descoberta, juntamente com uma série de estudos que permitiram um mapeamento preciso do intervalo, forneceu uma explicação cautelosa para as observações clínicas. Se a deleção do cromossomo 15 proximal envolvesse o cromossomo materno, o paciente sofreria a perda do produto proteico de *UBE3A*, uma ubiquitina-proteína ligase que estimula a degradação e o *turnover* de outras proteínas, levando à síndrome de Angelman. Alternativamente, se o cromossomo paterno carregasse a deleção, *UBE3A* seria expresso normalmente, mas uma série de outros genes, incluindo vários fortemente implicados na síndrome de Prader-Willi, seriam perdidos.

A solução para a complexidade fenotípica vista na deleção de 15q11-13 também levou a uma série de observações que revelaram outros mecanismos genéticos (anteriormente não apreciados) das patologias comportamentais. Por exemplo, deleções no cromossomo materno que não envolvem diretamente o gene *UBE3A* também foram observadas em pacientes raros com síndrome de Angelman, o que contribuiu para a identificação de uma região de *controle de impressão* da síndrome de Angelman, localizada a alguma distância de UBE3A, mas dentro do intervalo de exclusão. Da mesma forma, a descoberta das síndromes de Prader-Willi e de Angelman em pacientes sem deleções de qualquer tipo levou ao reconhecimento de que, em uma pequena porcentagem de ambas as condições, estavam presentes duas cópias de um mesmo cromossomo de um dos pais (sem representação do outro pai), um fenômeno chamado *dissomia uniparental*.

Ambas as síndromes têm fenótipos comportamentais complexos. O prejuízo social é característico de Prader-Willi. Com a síndrome de Angelman, a sobreposição com TEA tem sido mais difícil de ser demonstrada, devido à deficiência intelectual acentuada associada à síndrome. Diferenciar prejuízo intelectual decorrente de TEA em indivíduos com QI muito baixo pode ser bastante desafiador. No entanto, existem várias associações moleculares e comportamentais com o TEA. Por exemplo, duplicações da região 15q11-13 são um fator de risco bem estabelecido para TEA não sindrômico (ver a seguir), e *mutações funcionais de novo* no sentido trocado (*missense*) no gene *UBE3A* foram encontradas em indivíduos com TEA sem as características da síndrome de Angelman.

Os transtornos do neurodesenvolvimento têm sido base para percepções sobre os mecanismos da cognição social

Embora as síndromes do X frágil, Rett, Williams, Angelman e Prader-Willi representem coletivamente uma pequena

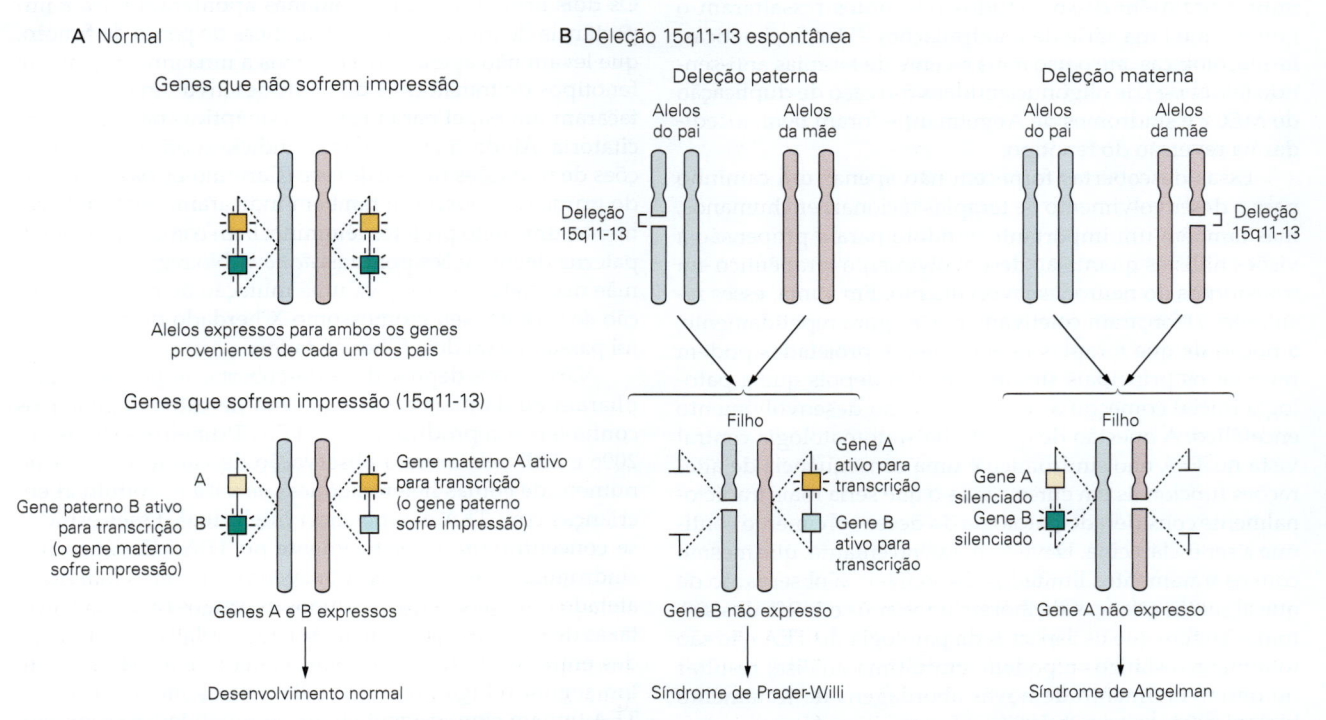

FIGURA 62-7 Impressão nas síndromes de Prader-Willi e Angelman. Aproximadamente 70% dos pacientes com síndrome de Prader-Willi e Angelman herdam o cromossomo 15 de um dos pais com deleções espontâneas (não herdadas) do intervalo q11-13. Esse intervalo contém genes que sofreram impressão genômica, com alelos que são expressos ou não, dependendo de o cromossomo ter sido herdado do pai ou da mãe. Se o cromossomo com a deleção for do pai, desenvolve-se a síndrome de Prader-Willi, pois genes que sofrem impressão materna no intervalo correspondente do cromossomo materno intacto (p. ex., gene B) não são expressos. Se o cromossomo com a deleção for da mãe, o gene da ubiquitina-ligase (*UBE3A*) não será expresso na prole devido à inativação normal desse gene no cromossomo paterno. A perda da expressão desse gene leva à síndrome de Angelman.

fração da carga de incapacidade social na população, os estudos desses transtornos contribuíram para grandes avanços na compreensão do desenvolvimento encefálico normal, das síndromes gerais do neurodesenvolvimento, e, particularmente, dos mecanismos subjacentes ao prejuízo social. Uma série de processos biológicos identificados no estudo desses transtornos – incluindo a contribuição dos mecanismos epigenéticos e da dinâmica da cromatina, a disfunção sináptica e o papel da síntese proteica local aberrante – tornaram-se pistas iniciais importantes para desvendar os mecanismos biológicos e do desenvolvimento subjacentes às formas não sindrômicas de TEA. Além disso, a caracterização da genética subjacente a certas síndromes do neurodesenvolvimento forneceu alguns dos primeiros exemplos de um fenômeno que agora é bem aceito no TEA – perdas ou ganhos de genes ou regiões de risco idênticos podem levar a distúrbios do neurodesenvolvimento, às vezes com fenótipos sobrepostos e às vezes com fenótipos contrastantes.

É importante ressaltar que, além das primeiras pistas sobre mecanismos moleculares, estudos recentes de várias síndromes mendelianas desafiaram a sabedoria convencional ao destacar, em sistemas modelo, a reversibilidade potencial de fenótipos de desenvolvimento, mesmo na idade adulta. Essas observações, particularmente no que diz respeito às síndromes de Rett, Angelman, MDS e X frágil, desafiaram a longa e amplamente aceita crença de que os prejuízos associados a esses tipos de síndromes graves são imutáveis. Além disso, estudos relevantes ressaltaram o fato de que uma série de manipulações – desde genéticas, farmacológicas, até o uso mais recente de terapias anti-sentido (*antisense*) de oligonucleotídeos (no caso de duplicação de *MEC2* e síndromes de Angelman) – foram bem-sucedidas na reversão do fenótipo.

Essas descobertas fornecem não apenas um caminho para o desenvolvimento de terapias racionais em humanos, mas também um importante antídoto para a propensão a visões niilistas quanto ao desenvolvimento terapêutico em transtornos do neurodesenvolvimento. Em suma, esses resultados reforçaram coletivamente, e agora repetidamente, a noção de que terapias racionalmente projetadas podem reverter os principais sintomas muito depois que a patologia inicial começou a se desdobrar no desenvolvimento encefálico. A questão de quanto da sintomatologia central vista no TEA não sindrômico é uma consequência de alterações funcionais em curso *versus* o que seria mais tradicionalmente considerado patologia do desenvolvimento continua a ser esclarecida. Deve-se notar, no entanto, que mesmo com os tratamentos limitados disponíveis, a observação de que algumas crianças melhoram anos após o início dos sintomas sugere que os aspectos da patologia do TEA não são totalmente estáticos e podem, em última análise, resultar no desenvolvimento de novas abordagens de tratamento biologicamente orientadas.

A genética complexa de formas comuns de transtorno do espectro autista está sendo esclarecida

A recente descoberta de genes que causam TEA idiopático – visto até pouco tempo como um dilema científico – está entre as histórias de sucesso mais dramáticas no campo da genética humana. A combinação de tecnologias genômicas de alto rendimento (incluindo a capacidade de testar variações comuns e raras tanto na sequência quanto na estrutura do DNA), a consolidação de grandes coortes de pacientes e o investimento considerável na pesquisa de TEA transformaram o campo.

As descobertas iniciais podem ser atribuídas a estudos dos genes que codificam a família das neuroliginas – moléculas de adesão celular encontradas nas densidades pós-sinápticas das sinapses glutaminérgicas (Capítulo 48). No início deste século, o grupo liderado por Thomas Bourgeron, geneticista do Instituto Pasteur, identificou pela primeira vez mutações de codificação supostamente deletérias nos genes que codificam para neuroligina 4X (perda de função) e neuroligina 3X (no sentido trocado – *missense*). Cerca de 6 meses após o relatório inicial sobre a mutação de perda de função em *NLGN4X*, uma mutação de perda de função quase idêntica no mesmo gene foi encontrada ligada à deficiência intelectual e ao TEA em uma linhagem familiar ampla. A relevância da mutação da neuroligina 3X para o TEA levou mais tempo para ser esclarecida. Estudos contemporâneos fornecem evidências estatísticas de que *NLGN3X* é um provável gene de risco para o desenvolvimento de TEA, mas ainda não definitivo. Estudos adicionais de grandes coortes esclarecerão essa questão.

Em retrospecto, esses resultados foram reveladores. Os dois artigos sobre neuroliginas apontaram para a importância de mutações heterozigóticas de perda de função, que levam não apenas ao TEA, mas a uma ampla gama de fenótipos de transtornos do neurodesenvolvimento e destacaram um papel para proteínas sinápticas na sinapse excitatória. Ainda, além de darem indício sobre as contribuições de mutações raras e *de novo* (Capítulo 2), os resultados do grupo de Bourgeron também indicaram, retrospectivamente, um efeito protetor feminino, bem como uma origem paterna de mutações pontuais *de novo*. No registro inicial, a mãe não afetada carregava uma mutação de perda de função *de novo* em seu cromossomo X herdado do pai, a qual foi passada para dois filhos afetados.

Vários anos depois, duas descobertas importantes ampliaram ainda mais a era moderna de estudos genéticos confiáveis e reprodutíveis no TEA. Primeiro, artigos em 2006 e 2007 relataram a observação de variações raras no número de cópias heterozigóticas *de novo* (Capítulo 2) em crianças com TEA e deficiência intelectual. Esses estudos se concentraram especificamente no TEA idiopático não sindrômico e em famílias com apenas um único indivíduo afetado (famílias *simplex*). Ambos os artigos relataram altas taxas de variações no número de cópias relativamente grandes entre indivíduos com deficiência intelectual e social. Em segundo lugar, não ficou claro se os indivíduos com TEA tinham simplesmente mais anormalidades cromossômicas do que aqueles sem o transtorno. No entanto, esta pergunta logo foi respondida por estudos de vários laboratórios. As variações do número de cópias *de novo* não parecem ser distribuídas aleatoriamente por todo o genoma, mas tendem a se agrupar em regiões distintas, sugerindo que o aumento da taxa nesses casos foi consequência de um acúmulo de eventos de risco específicos. Além disso, à medida que os ensaios genômicos de alta resolução começaram a ser aplicados, surgiram resultados semelhantes: apenas certos subconjuntos de mutações (por exemplo, mutações pontuais que interrompem a função do gene) estavam elevadas em indivíduos com autismo, indicando uma agregação de mutações causais em indivíduos afetados, e a não hipermutabilidade, como uma explicação para o excesso de taxa(s) de eventos *de novo* nesses indivíduos.

Um investimento considerável no estudo das variações no número de cópias em famílias *simplex* resultou em uma lista cada vez maior dessas variações, as quais aumentam de forma clara e notável o risco de TEA. Atualmente, muitos intervalos genômicos alcançam significância no genoma como um todo com base na triagem de casos de mutações *de novo* (**Figura 62-8**). Por esse motivo, o American College of Medical Genetics passou a considerar a triagem de variações no número de cópias como padrão de atendimento para um indivíduo que apresenta TEA de etiologia desconhecida.

Os estudos de mutações *de novo* avançaram ao longo da segunda década deste milênio, levando à descoberta de que, semelhante às variações do número de cópias *de novo*, alterações *de novo* na sequência do DNA – variantes de nucleotídeo único e inserções ou deleções (*indels*) – também contribuem para o risco de TEA e podem ser usados da mesma forma para identificar genes de risco específicos. Estudos recentes alavancaram essa abordagem para incluir mais de 100 genes que contêm variantes de um único nucleotídeo de grande efeito e mutações *indel* que interrompem a função da proteína codificada (ou seja, mutações prováveis de ruptura genética [LGD, do inglês *likely gene-disruptive*]) (Capítulo 2).

Várias descobertas associadas merecem destaque aqui. Primeiro, embora a contribuição de mutações *de novo* para o risco de TEA na população total seja bastante pequena (em torno de 3%), a proporção de indivíduos com mutações *de novo* de grande efeito observados em ambientes clínicos e recrutados para estudos genéticos é bastante significativa, chegando a 40% das meninas. A razão para essa aparente contradição é que o principal risco para a população em geral é transposto em variações comuns de pequeno efeito, que na maioria dos indivíduos não são suficientes para ultrapassar o limiar diagnóstico para TEA. Em suma, a maioria dos indivíduos com algum grau de risco na população nunca apresenta comprometimento social evidente e não chega ao atendimento clínico. Por outro lado, indivíduos com variações no número de cópias de novo de grande efeito, variantes de nucleotídeo único e *indels* são muito mais propensos a ter manifestações clínicas significativas e a procurar atendimento médico.

Em segundo lugar, estudos usando sequenciamento de exoma no TEA, avaliando variantes de nucleotídeo único *de novo* e *indels*, demonstraram que a taxa de mutações de novo aumenta com a idade do pai. Consistente com esta observação, descobriu-se que a maioria das mutações *de novo* de sequência deletérias no TEA estão presentes no cromossomo herdado do pai. Embora o aumento absoluto do risco com a idade seja pequeno, essa observação fornece uma estrutura conceitual para se entenderem os aumentos seculares na prevalência de TEA, também preparando o terreno para mais estudos sobre o impacto de fatores ambientais no aumento de mutações *de novo* e, assim, aumentando potencialmente a verdadeira incidência de casos clínicos de TEA.

A relação entre mutações *de novo* de grande efeito e a deficiência intelectual tem sido objeto de discussão considerável, com argumentos de que esse tipo de mutação é tipicamente observado em indivíduos com TEA que apresentam deficiência intelectual. Embora as mutações *de novo* prejudiciais, como variações de número de cópias ou variantes de nucleotídeo único, estejam mais prevalentes em pacientes com TEA com QI mais baixo, também é evidente que mutações que conferem risco para o desenvolvimento de TEA são encontradas em todo o espectro de QI, reforçando a ideia de que os domínios do funcionamento cognitivo e social são até certo ponto separáveis.

Uma diferença notável entre a genética do TEA e de outros transtornos, como a esquizofrenia, foi a falta no progresso do uso de estudos de associação ampla do genoma (Capítulo 2). Até o momento, apenas algumas variantes genéticas comuns foram significativa e reprodutivamente associadas ao risco de TEA. Além disso, o conhecimento convencional prévio sobre a contribuição de genes candidatos como polimorfismos *5-HTT*, *MTHFR* ou *OXT* é altamente incerta, com base na falta estudos de associação ampla do genoma além do fato de que essas associações derivam de uma abordagem considerada empiricamente não confiável para o estudo de genes em transtornos comuns complexos. Por outro lado, como observado, há evidências muito fortes de que a variação comum desempenha um papel substancial no risco populacional para TEA. De fato, estudos de associação ampla do genoma que inferiram o grau de contribuição desse tipo de variação concordam que a maior parte da vulnerabilidade reside na variação comum. A reunião dessas descobertas leva à observação de que para transtornos como o TEA que prejudicam acentuadamente a aptidão reprodutiva, apenas variações genéticas comuns que carregam pequenos efeitos permanecem na população humana por muitas gerações. Aqueles com efeitos maiores seriam levados para baixas frequências ou removidos inteiramente pela seleção natural. Além disso, os tamanhos das amostras de caso-controle para estudos de associação ampla do genoma no TEA têm sido mais modestos do que aqueles que levaram ao sucesso marcante na identificação de polimorfismos comuns associados à esquizofrenia. Em suma, o poder limitado é considerado uma limitação fundamental na identificação dos alelos comuns de pequeno efeito que contribuem para o TEA.

O relativo sucesso na identificação de mutações *de novo* não indica que esses sejam os únicos mecanismos importantes em relação ao risco de TEA. O progresso recente nesta área resulta de uma combinação fortuita entre o tamanho das mutações de grande efeito, sua localização na porção mais facilmente interpretada do genoma (a região de codificação) e sua baixa taxa básica em indivíduos com desenvolvimento típico. No entanto, no que diz respeito ao risco populacional, os alelos comuns não codificantes

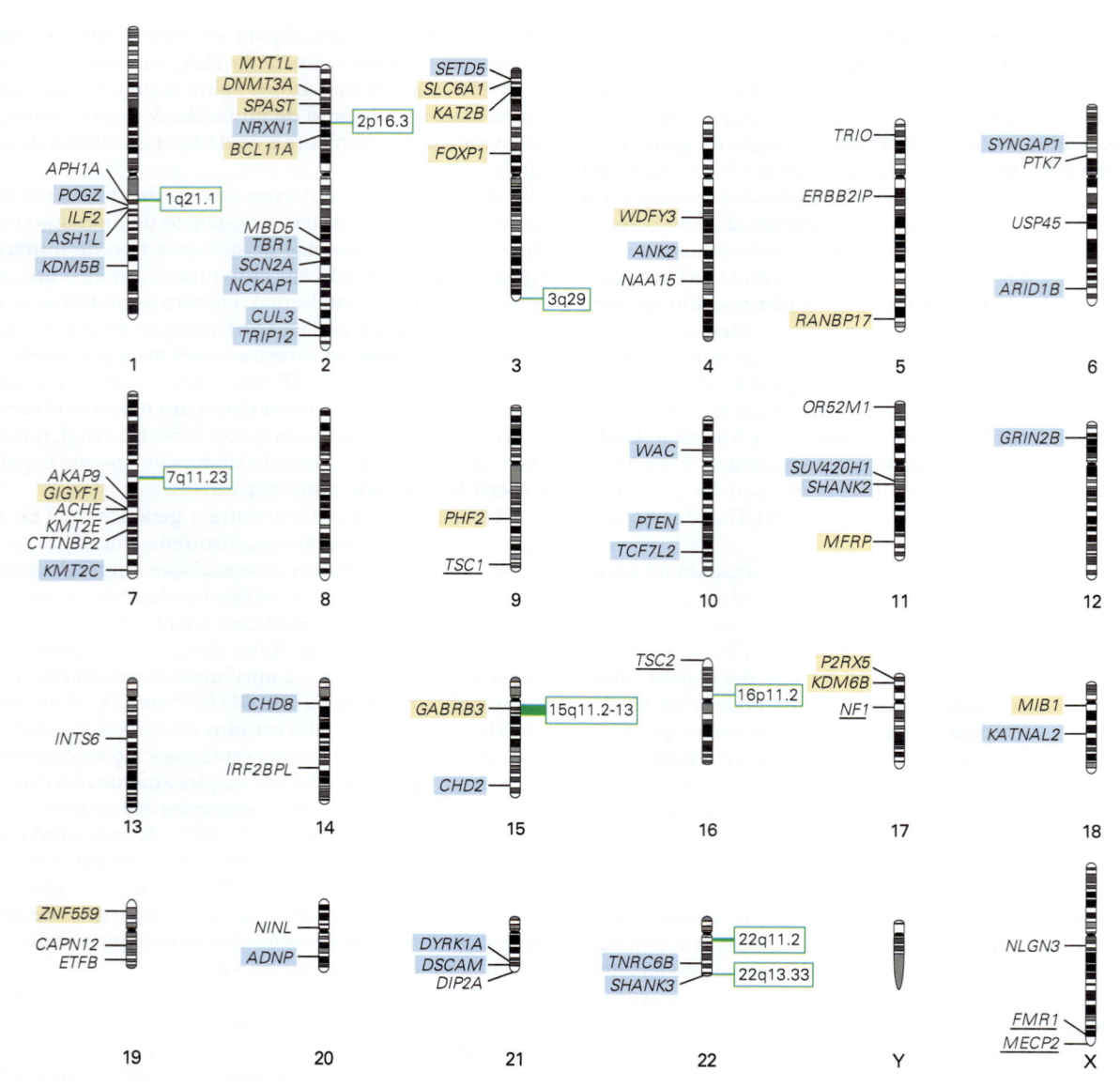

FIGURA 62-8 Múltiplos genes e variações no número de cópias que têm sido fortemente associadas ao risco idiopático para transtornos do espectro autista (TEA). A figura identifica 71 genes e variações no número de cópias (CNVs) associadas ao risco de TEA, com base predominantemente na recorrência de mutações *de novo*. As siglas em **sombreado azul** indicam genes com uma taxa de descoberta falsa (**FDR**, do inglês *false discovery rate*) inferior a 0,01; as siglas em **sombreado amarelo** denotam uma FDR entre 0,01 e 0,05; e siglas **sem sombreado** denotam uma FDR maior que 0,05 e menor que 0,1. As **barras verdes** identificam CNVs com FDR menor que 0,05. Obtido de Samders et al. 2015. A análise estatística foi realizada utilizando os métodos descritos em Sanders et al. 2015. Cinco genes adicionais com nomes sublinhados causam as formas sindrômicas de TEA discutidas no texto do capítulo. A identificação de genes no TEA continua em ritmo acelerado. Listas atualizadas de genes associados e regiões genômicas podem ser encontradas em https://gene.sfari.org.

e de pequeno efeito são, provavelmente, responsáveis por uma proporção geral maior da suscetibilidade para desenvolvimento de TEA, em comparação a variantes raras de maior efeito. Além disso, há também evidência de formas recessivas de TEA. Essas formas foram inicialmente identificadas, predominantemente, em populações consanguíneas através da identificação de mutações homozigóticas de perda de função – ou seja, com o alelo prejudicial idêntico nos cromossomos herdados paterno e materno – incluindo nos genes *CNTNAP2*, *BCKDK* e *NHE9*. Além disso, vários estudos recentes destacaram a contribuição de mutações heterozigóticas compostas para o risco de TEA – ou seja, diferentes mutações mapeadas para o mesmo gene no cromossomo herdado materno e paterno – em populações com baixas taxas de consanguinidade.

Um ponto-chave é que a busca por e descoberta de diferentes tipos de mutações podem ajudar a ciência a avançar de diferentes maneiras. Por exemplo, mutações raras de maior efeito *de novo* podem ser rapidamente estudadas em sistemas modelo. Além disso, variantes comuns oferecem uma oportunidade para se avaliar o risco poligênico geral em pesquisa com coortes, uma abordagem que pode ser muito útil para estudos multimodais, como aqueles que integram neuroimagem com dados genéticos ou outras investigações que ligam comportamentos humanos a genótipos. Finalmente, variantes homozigóticas/recessivas muito raras atenuam alguns dos desafios da modelagem de haploinsuficiência.

Embora a hereditariedade – proporção da variação fenotípica devido a fatores genéticos – seja muito alta no TEA, os fatores ambientais também desempenham um papel, ainda que poucos fatores ambientais específicos tenham sido identificados de forma conclusiva. Infecções por vírus (p. ex., rubéola, sarampo, influenza, herpes simples e citomegalovírus) durante o período gestacional podem contribuir para a etiologia do TEA. Há evidências substanciais de que os mediadores das funções imunológicas também desempenham um papel no desenvolvimento encefálico, incluindo na sinaptogênese. Dada a complexidade do TEA e suas várias formas, é provável que uma variedade de etiologias venha a ser descoberta – algumas puramente genéticas, outras que dependam de combinações de fatores de risco genéticos e de fatores ambientais, e algumas causas puramente ambientais.

A genética e a neuropatologia estão revelando os mecanismos neurais do transtorno do espectro autista

Descobertas genéticas podem ser interpretadas usando abordagens biológicas de sistemas

Os recentes avanços na descoberta de genes representam um desenvolvimento particularmente fascinante, oferecendo muitas oportunidades para análises biológicas usando uma quantidade crescente de métodos *in vitro* e *in vivo*. Além disso, abordagens genômicas contemporâneas, que examinam grandes seções do genoma simultaneamente, permitem que análises imparciais sejam usadas no estudo de grupos de genes de risco, em um esforço para se identificarem pontos de convergência entre diferentes genes de TEA.

Até o momento, abordagens biológicas que examinam múltiplos sistemas foram divididas em dois tipos principais: os que tentam identificar tipos de processos biológicos relacionados à crescente lista de genes do TEA, e aqueles que tentam identificar pontos biológicos de convergência no nível molecular ou celular. Esta última abordagem é baseada na ideia de que vários tipos de perturbações geneticamente direcionadas, em diferentes vias, podem levar a um fenótipo comum devido à sua convergência em tipos de células, regiões ou circuitos específicos e em pontos de tempo específicos durante o desenvolvimento do encéfalo humano.

Processos biológicos ou vias cujos genes de risco para desenvolvimento de TEA estão presentes em maior proporção do que o esperado sob a hipótese nula incluem modificação da cromatina, função sináptica, via de sinalização WNT e alvos de FMRP. Essa lista certamente não é completa. Por exemplo, estudos envolvendo genes relacionados com síndromes genéticas, bem como genes que causam TEA não sindrômico ou idiopático, indicam a síntese de proteínas locais na sinapse e a neurogênese como pontos de potencial convergência biológica para mutações de risco distintas.

Certa variabilidade nessas descobertas pode quase seguramente ser atribuída a diferentes critérios de seleção de genes de risco para desenvolvimento de TEA, bem como a diferenças nos dados usados para anotar sua função. É importante ter em mente esta última questão, pois vários fatores de confusão são naturais nos esforços atuais para anotar os processos biológicos atribuídos a um determinado gene ou proteína. Entre esses fatores, estão as fontes de dados. Por exemplo, a função atribuída de um gene pode ser marcadamente influenciada pelo viés de publicação, se foram empregados ensaios *in vitro* ou *in vivo*, e quais tipos de tecidos e sistemas modelo foram usados para gerar os dados. Além disso, a maioria das anotações funcionais fornece informações limitadas sobre o curso temporal de função para genes que podem ser biologicamente pleiotrópicos e regulados ao longo do desenvolvimento. No entanto, o mais impressionante é a crescente consistência nas descobertas. Apesar das abordagens diversificadas, os processos biológicos mencionados acima foram repetidamente identificados entre vários estudos rigorosos.

Como observado, uma abordagem alternativa para se determinar onde vários genes de risco para desenvolvimento de TEA se sobrepõem envolve examinar não apenas sua função, mas também seu padrão de expressão ao longo do desenvolvimento. Esses estudos se baseiam na noção de que múltiplos genes de risco podem ter diferentes funções, mas compartilham a capacidade de interferir no mesmo processo de desenvolvimento, celular ou de circuito. Por exemplo, uma mutação em um gene que codifica uma proteína conhecida por mediar a adesão sináptica e outra mutação em um gene que codifica um modificador de cromatina podem levar a anormalidades idênticas no desenvolvimento de conexões cortico-estriatais precoces. Nesses casos, o momento e a localização da perturbação podem ser tão relevantes quanto uma via molecular específica ou a função molecular atribuída a genes individuais. Esses estudos tendem a se basear no ensaio de trajetórias de expressão ao longo do desenvolvimento em todo o genoma, a fim de minimizar alguns dos fatores de confusão associados a outros sistemas de anotação disponíveis. Por exemplo, agora é possível testar essencialmente todos os genes do genoma simultaneamente – eliminando a necessidade de se confiar em pesquisas anteriores para atribuir uma função específica a um gene. Além disso, esses estudos examinam cada vez mais a expressão gênica no encéfalo de humanos e/ou primatas não humanos, mitigando alguns dos desafios de se confiar em dados *in vitro*. Claro, esses estudos ainda precisam lidar com os limites de resolução de análises de expressão, bem como uma representação incompleta (e potencialmente tendenciosa) de diferentes regiões encefálicas. No entanto, até o momento, o grau de concordância entre os vários estudos é tranquilizador.

Apesar das diferenças nas abordagens analíticas e estatísticas usadas nesses tipos de estudos, tem havido um consenso geral até o momento de que os genes de risco para desenvolvimento de TEA convergem para a vulnerabilidade no desenvolvimento cortical médio fetal humano. Há também evidências crescentes de que esses genes estão relacionados ao envolvimento de neurônios de projeção da camada profunda e superior no córtex cerebral e no corpo estriado e cerebelo (embora os dados sobre a expressão do desenvolvimento nessas regiões permaneçam limitados em bancos de dados acessíveis ao público em comparação com os de regiões corticais).

Os genes relacionados ao TEA foram estudados em uma diversidade de modelos

Como resultado do notável progresso dos últimos tempos, mesmo uma descrição superficial da literatura sobre o estudo do TEA em modelos animais está além do escopo deste capítulo. Em parte, isso se deve ao grande número de estudos; em parte, se deve às diferenças marcantes no tipo de perturbação estudada (por exemplo, modelos genéticos bem validados, modelos de "genes candidatos", modelos farmacológicos como exposição ao valproato ou ativação imunológica materna). Além disso, diferenças nas regiões encefálicas, nos tipos de células, nos períodos de desenvolvimento e nos processos biológicos testados acabam fazendo com que generalizações sejam problemáticas. Em suma, ainda não há consenso sobre a gama de mecanismos fisiopatológicos relevantes para o TEA.

No entanto, dado o progresso recente na genética humana, é cada vez mais importante se distinguir entre modelos baseados em dados genéticos reprodutíveis, incluindo aqueles que induzem TEA sindrômico, e modelos baseados em *loci* de genes candidatos não confiáveis ou embasados apenas em comportamentos (ou seja, aqueles que parecem reproduzir sintomas humanos). Dadas as múltiplas opções disponíveis para se estudarem variações genéticas que comprovadamente aumentam o risco para desenvolvimento de TEA em humanos nos fenótipos de interesse, o estudo de modelos com associações mais tênues à fisiopatologia humana é cada vez mais difícil de justificar.

Muitas publicações relatando modelos de TEA em roedores, independentemente de suas origens, se concentram em fenótipos que se assemelham a sintomas presentes no espectro autista em humanos, incluindo prejuízo na interação social, vocalização e comportamentos que lembram ansiedade ou agressividade em humanos. Mesmo com um viés para a publicação de resultados positivos, os resultados variam drasticamente. É importante notar que há um debate de longa data sobre a relevância dos modelos animais para o desenvolvimento de TEA, dadas as importantes diferenças na função, desenvolvimento e organização encefálicos entre humanos e os animais experimentais mais comumente usados. No entanto, avaliações imparciais de uma ampla gama de comportamentos animais – não necessariamente priorizando aqueles que "parecem" sintomas centrais do TEA – podem fornecer uma janela valiosa para os mecanismos fisiopatológicos. Por exemplo, alguns dos fenótipos mais comumente observados relatados até hoje em vários modelos genéticos de TEA (e por vários laboratórios) envolvem comportamento motor. Nesse caso, parece menos importante observar se comportamentos são indicativos de características básicas de diagnóstico em humanos, e sim observar se sugerem pontos importantes de convergência biológica, com pistas para tipos de células, circuitos e processos envolvidos no TEA.

Embora os modelos de roedores continuem a dominar a literatura sobre TEA, uma ampla gama de outros modelos já forneceu informações biológicas importantes. Estes incluem a mosca-da-fruta, os nematódeos, o peixe-zebra, rãs, ratazanas, primatas não humanos, células-tronco pluripotentes induzidas, organoides encefálicos e amostras *post--mortem* de humanos. Dada a complexidade dos problemas em questão, as diferenças na robustez e nas limitações de vários modelos, bem como as importantes diferenças na estrutura e desenvolvimento encefálicos entre as espécies, o progresso continuado provavelmente exigirá a integração de dados em uma ampla gama de modelos existentes, de moscas e nematódeos a humanos.

Estudos *post-mortem* e com tecido encefálico fornecem informações sobre a fisiopatologia do transtorno do espectro autista

A neuropatologia do autismo em nível microscópico também não está clara, mas vários estudos fornecem evidências do potencial de múltiplos correlatos anatômicos. Os múltiplos correlatos podem ser em parte devido ao pequeno número de encéfalos disponíveis para análise patológica. Além disso, apenas uma pequena fração destes passou por análise quantitativa. Outro problema é a ocorrência frequente de epilepsia. Aproximadamente 30% dos indivíduos com autismo também apresentam crises convulsivas, e as convulsões podem danificar a amígdala e muitas outras regiões encefálicas envolvidas no TEA.

Um dos primeiros e mais consistentes dados anatômicos obtidos no TEA foi o menor número de células de Purkinje no cerebelo em alguns indivíduos. Quando as marcações neurais são usadas para delimitar os corpos celulares, as lacunas nas matrizes ordenadas de células de Purkinje são perceptíveis. Entretanto, ainda não está claro se essa redução no número de células ocorre por causa do autismo, da epilepsia ou da ocorrência conjunta dos dois fatores. Também não está claro se o número reduzido de células de Purkinje é característico do TEA em particular ou de transtornos do neurodesenvolvimento em geral. Uma grande variedade de alterações cerebelares foi identificada em casos de deficiência intelectual idiopática, na síndrome de Williams e em outros transtornos do neurodesenvolvimento. Alguns casos de alterações nos núcleos do tronco encefálico que estabelecem conexões com o cerebelo, como o complexo olivar, também têm sido relatados. Por fim, análises recentes encontraram uma heterogeneidade considerável no número de células, com apenas um subconjunto de amostras mostrando uma diminuição no número de células de Purkinje.

Alterações microscópicas também têm sido observadas no córtex cerebral de pacientes com autismo, incluindo defeitos na migração de células para o córtex, como as ectopias, representadas por conjuntos de células presentes na substância branca que não conseguiram chegar ao córtex cerebral. Também tem sido proposto que a organização colunar cortical de indivíduos com autismo seja anormal. Esses dados ainda aguardam confirmação em estudos maiores que utilizem estratégias quantitativas. Ainda, um estudo encontrou menos neurônios na amígdala de indivíduos com TEA sem epilepsia.

Em uma das poucas descrições relatadas a partir de amostras de tecidos patológicos vivos de pacientes com TEA (removidos de três pacientes durante cirurgia para epilepsia intratável), múltiplas anormalidades citoarquitetônicas foram identificadas nos córtices temporais. Todos esses indivíduos apresentavam mutações recessivas raras de perda de função no gene da *proteína tipo 2 associada à contactina*. Múltiplas anormalidades histológicas foram observadas nesses pacientes, incluindo áreas de espessamento cortical e perda do limite entre a substância cinzenta e a substância branca. Além disso, os autores descreveram neurônios desorganizados em várias regiões corticais, formando colunas ou aglomerados bem compactados. Tanto no hipocampo quanto no córtex temporal, o número de neurônios aumentou, e muitos dos neurônios tinham formas anormais em vez de sua morfologia piramidal. Dada a presença de alterações rudimentares no lobo temporal, visíveis na ressonância magnética em dois dos três pacientes, a rara contribuição genética recessiva e o distúrbio convulsivo particularmente grave, a transposição desses dados para o TEA idiopático permanece em questão.

A noção geral de que existem alterações neuroanatômicas em alguns pacientes com TEA é respaldada por várias outras linhas de evidência. Vários genes de risco para o desenvolvimento do TEA bem respaldados e bem caracterizados (p. ex., mutações *PTEN*) estão associados a aumentos no tamanho encefálico que variam de modestos (p. ex., mutações de perda de função *CHD8*) a macrocefalia aparente. Além disso, o TEA é frequentemente associado à microcefalia. Meninas com síndrome de Rett adquiriram microcefalia, sugerindo, não surpreendentemente, que vários distúrbios anatômicos podem ocorrer em fenótipos de prejuízo social.

Avanços na ciência básica e translacional fornecem um caminho para elucidar a fisiopatologia do transtorno do espectro autista

Uma compreensão completa da base neurobiológica dos muitos transtornos do neurodesenvolvimento que levam à deficiência social e intelectual exigirá a convergência da neurociência, de outras disciplinas médicas, da biologia computacional e da genômica. Uma abordagem de baixo para cima – progredindo desde a identificação de genes responsáveis por distúrbios cognitivos e comportamentais até a compreensão de seus efeitos no desenvolvimento encefálico – já está fornecendo conhecimentos importantes. Ao mesmo tempo, uma abordagem de cima para baixo também pode ser altamente produtiva, identificando e definindo circuitos neurais críticos envolvidos na função e disfunção social.

Felizmente, as ferramentas disponíveis para a busca de ambas as abordagens estão cada vez mais acessíveis, desde o sequenciamento de genoma completo de alto rendimento até *pipelines* de informática de rápido avanço, edição de genoma, optogenética e outros métodos para estudar circuitos *in vivo*, tecnologias de célula única, métodos e tecnologias de neuroimagem aprimorados e o desenvolvimento de modelos neurais de humanos e primatas não humanos tratáveis, incluindo organoides encefálicos.

Embora tenha havido um grande progresso na elaboração da genética e biologia do TEA e de outros transtornos do neurodesenvolvimento, os resultados dos estudos genômicos também indicam alguns desafios importantes: no nível mais básico, a tradução dessas descobertas para a compreensão da fisiopatologia é limitada pelo estado atual do conhecimento sobre a organização e o desenvolvimento encefálico. Parece provável que, sem uma compreensão celular detalhada dos encéfalos de humanos, de primatas não humanos e de outros sistemas-modelo, será um desafio interpretar a ampla variedade de perturbações genéticas e passar de uma compreensão da biologia para qualquer compreensão da patogênese. Também é razoável presumir que, para que seja mais útil para transtornos como os discutidos neste capítulo, esse tipo de mapa terá que capturar as dimensões do desenvolvimento. É animador e empolgante, então, que a recente Iniciativa BRAIN, demais esforços governamentais em larga escala e esforços de fundações privadas tenham destacado o conhecimento fundamental como uma chave para o sucesso.

Diante do exposto, pode parecer desafiador considerar por um lado a distância entre o conhecimento de fenomenologia clínica, genética, imagem e neuropatologia e por outro, o desenvolvimento de novos tratamentos que irão melhorar profundamente a vida de indivíduos gravemente afetados. Ao mesmo tempo, é animador ver o progresso com transtornos do neurodesenvolvimento Mendeliano, onde alguns ensaios clínicos de terapias racionais foram concluídos e outros estão em andamento. Embora alguns dos primeiros resultados tenham sido decepcionantes, o simples fato de a compreensão dessas síndromes ter avançado até este ponto é motivo de otimismo contínuo. Nessa linha, é importante se considerar a extensa revisão necessária para este capítulo neste volume em relação ao anterior. Em um período de tempo relativamente curto passou-se a determinar o risco genético de grande efeito em quase 100 *loci* genômicos e genes, o consenso emergente sobre quais tipos de processos moleculares e vias estão envolvidos, os primeiros sinais de características relacionadas ao desenvolvimento e o início de ensaios terapêuticos conduzidos biologicamente. É emocionante especular onde o campo poderia estar na publicação da próxima revisão deste livro.

Destaques

1. Os transtornos do neurodesenvolvimento podem envolver vários graus de comprometimento em diferentes domínios cognitivos. As síndromes que envolvem disfunção na esfera social, com ou sem envolvimento da cognição ou percepção geral, são o foco deste capítulo.

2. O autismo é a síndrome paradigma de deficiência social, descrita pela primeira vez na literatura em 1943 por Leo Kanner. Hoje, o autismo é considerado um espectro de transtornos com duas características diagnósticas definidoras: comunicação social fundamentalmente prejudicada e comportamentos estereotipados e/ou interesses altamente restritos. A prevalência do transtorno do espectro autista (TEA) é estimada em pelo menos 1,5% nos países desenvolvidos e é muito mais frequente em homens do que em mulheres.
3. Tanto os fatores ambientais quanto a miríade de genes contribuem para o risco de TEA. Essa complexidade genética resultou por várias décadas em pouco progresso nos esforços para mapear regiões genômicas (*loci*) e genes específicos de risco para desenvolvimento de TEA.
4. As primeiras pistas, tanto para a genética quanto para a neurobiologia do TEA, surgiram das primeiras investigações de síndromes do neurodesenvolvimento que se manifestam tanto com deficiência intelectual quanto com prejuízo social. Estas incluem, entre outras, a síndrome do X frágil, a síndrome de Rett, a síndrome de Williams e as síndromes de Prader-Willi e Angelman.
5. Tecnologias genômicas de alto rendimento, a consolidação de grandes coortes de pacientes e investimentos consideráveis na pesquisa do TEA transformaram o campo da descoberta de genes no TEA idiopático. Atualmente, dezenas de genes específicos e regiões genômicas têm sido associados de forma confiável e reprodutível ao risco de TEA.
6. O progresso recente na genética de formas comuns de TEA surgiu de um foco em mutações raras e esporádicas (*de novo*) na porção codificante do genoma. Em média, essas mutações carregam efeitos biológicos muito maiores do que os identificados em estudos de outros transtornos psiquiátricos, como a esquizofrenia, onde muitas variantes de risco genético comuns foram identificadas, cada uma com um pequeno efeito.
7. Estudos de síndromes genéticas e TEA idiopático começaram a revelar processos, vias e épocas de desenvolvimento envolvidas na fisiopatologia. Estes incluem mecanismos epigenéticos e dinâmica da cromatina, disfunção sináptica e o papel da síntese proteica local aberrante. Estudos recentes de TEA geneticamente determinados também mostraram que o desenvolvimento cortical médio fetal humano e os neurônios glutamatérgicos são particularmente vulneráveis.
8. A disponibilidade atual de um número significativo de *loci* de TEA confirmados, tanto para formas sindrômicas quanto idiopáticas do transtorno, fornece uma base sólida para estudos neurobiológicos. Esses avanços fornecem um forte vínculo com a fisiopatologia humana, incluindo potencial tração na questão de causa *versus* efeito, uma vez que as alterações genéticas da linhagem germinativa estão presentes antes dos estágios iniciais do desenvolvimento encefálico.
9. Além de fornecer algumas das primeiras pistas sobre os mecanismos moleculares do TEA idiopático, os estudos das síndromes mendelianas desafiaram o conhecimento convencional, destacando a potencial reversibilidade dos fenótipos de desenvolvimento. Essas observações, particularmente em relação à síndrome de Rett e à síndrome do X frágil, renovaram o otimismo quanto às oportunidades de desenvolvimento racional de tratamentos terapêuticos.
10. Vários métodos estão agora convergindo para se elaborar a patologia subjacente ao TEA, incluindo a descoberta de genes e a biologia de sistemas, abordagens de sistemas modelo, estudos de neuroimagem e estudos neuropatológicos. O principal desafio daqui para frente será passar de uma compreensão geral da biologia para uma compreensão razoável da fisiopatologia.

Matthew W. State

Leituras selecionadas

de la Torre-Ubieta L, Won H, Stein JL, Geschwind DH. 2016. Advancing the understanding of autism disease mechanisms through genetics. Nat Med 22:345–361.

Frith U. 2008. *Autism: A Very Short Introduction*. Oxford: Oxford Univ. Press.

Happé F, Frith U (eds). 2010. *Autism and Talent*. Oxford: Oxford Univ. Press. (First published as a special issue of *Philosophical Transactions of the Royal Society, Series B*, Vol. 364, 2009.)

Klin A, Jones W, Schultz R, Volkmar F, Cohen D. 2002. Defining and quantifying the social phenotype in autism. Am J Psychiatry 159:895–908.

Sesan N, State MW. 2018. Lost in translation: traversing the complex path from genomics to therapeutics in autism spectrum disorders. Neuron 100:406–423.

Zoghbi HY, Bear MF. 2012. Synaptic dysfunction in neurodevelopmental disorders associated with autism and intellectual disabilities. Cold Spring Harb Perspect Biol 4:a009886.

Referências

Amaral DG, Schumann CM, Nordahl CW. 2008. Neuroanatomy of autism. Trends Neurosci 31:137–145.

Anderson DK, Liang JW, Lord C. 2014. Predicting young adult outcome among more and less cognitively able individuals with autism spectrum disorders. J Child Psychol Psychiatry 55:485–494.

Baron-Cohen S, Cox A, Baird G, et al. 1996. Psychological markers in the detection of autism in infancy in a large population. Br J Psychiatry 168:158–163.

Baron-Cohen S, Leslie AM, Frith U. 1985. Does the autistic child have a "theory of mind"? Cognition 21:37–46.

Bear MF, Huber KM, Warren ST. 2004. The mGluR theory of fragile X syndrome. Trends Neurosci 27:370–377.

Cassidy SB, Morris CA. 2002. Behavioral phenotypes in genetic syndromes: genetic clues to human behavior. Adv Pediatr 49:59–86.

Castelli F, Happé F, Frith CD, Frith U. 2002. Autism, Asperger syndrome and brain mechanisms for the attribution of mental states to animated shapes. Brain 125:1839–1849.

De Rubeis S, He X, Goldberg AP, et al. 2014. Synaptic, transcriptional and chromatin genes disrupted in autism. Nature 515:209–215.

Deuse L, Rademacher LM, Winkler L, et al. 2016. Neural correlates of naturalistic social cognition: brain-behavior relationships in healthy adults. Soc Cogn Affect Neurosci 11:1741–1751.

Dolen G, Bear MF. 2009. Fragile x syndrome and autism: from disease model to therapeutic targets. J Neurodev Disord 1:133–140.

Ecker C, Bookheimer SY, Murphy DG. 2015. Neuroimaging in autism spectrum disorder: brain structure and function across the lifespan. Lancet Neurol 14:1121–1134.

Gallagher HL, Happé F, Brunswick N, et al. 2000. Reading the mind in cartoons and stories: an fMRI study of "theory of mind" in verbal and nonverbal tasks. Neuropsychologia 38:11–21.

Gaugler T, Klei L, Sanders SJ, et al. 2014. Most genetic risk for autism resides with common variation. Nat Genet 46:881–885.

Grove J, Ripke S, Als TD, et al. 2019. Identification of common genetic risk variants for autism spectrum disorder. Nat Gen 51:431–444.

Halladay AK, Bishop S, Constantino JN, et al. 2015. Sex and gender differences in autism spectrum disorder: summarizing evidence gaps and identifying emerging areas of priority. Mol Autism 6:36.

Happe F, Ehlers S, Fletcher P, et al. 1996. "Theory of mind" in the brain. Evidence from a PET scan study of Asperger syndrome. Neuroreport 8:197–201.

Hill E. 2004. Executive dysfunction in autism. Trends Cogn Sci 8:26–32.

Iossifov I, O'Roak BJ, Sanders SJ, et al. 2014. The contribution of de novo coding mutations to autism spectrum disorder. Nature 515:216–221.

Jacquemont ML, Sanlaville D, Redon R, et al. 2006. Array-based comparative genomic hybridisation identifies high frequency of cryptic chromosomal rearrangements in patients with syndromic autism spectrum disorders. J Med Genet 43:843–849.

Jamain S, Quach H, Betancur C, et al. 2003. Mutations of the X-linked genes encoding neuroligins NLGN3 and NLGN4 are associated with autism. Nat Genet 34:27–29.

Jin P, Alisch RS, Warren ST. 2004. RNA and microRNA in fragile X syndrome. Nat Cell Biol 6:1048–1053.

Kana RK, Keller TA, Cherkassky VL, Minshew NJ, Just MA. 2009. Atypical frontal-posterior synchronization of theory of mind regions in autism during mental state attribution. Soc Neurosci 4:135–152.

Kim YS, Leventhal BL. 2015. Genetic epidemiology and insights into interactive genetic and environmental effects in autism spectrum disorders. Biol Psychiatry 77:66–74.

Klei L, Sanders SJ, Murtha MT, et al. 2012. Common genetic variants, acting additively, are a major source of risk for autism. Mol Autism 3:9.

Koldewyn K, Yendiki A, Weigelt S, et al. 2014. Differences in the right inferior longitudinal fasciculus but no general disruption of white matter tracts in children with autism spectrum disorder. Proc Natl Acad Sci U S A 111:1981–1986.

Kovács ÁM, Téglás E, Endress AD. 2010. The social sense: susceptibility to others' beliefs in human infants and adults. Science 330:1830–1834.

Kumar RA, Marshall CR, Badner JA, et al. 2009. Association and mutation analyses of 16p11.2 autism candidate genes. PLoS One 4:e4582.

Laumonnier F, Bonnet-Brilhault F, Gomot M, et al. 2004. X-linked mental retardation and autism are associated with a mutation in the NLGN4 gene, a member of the neuroligin family. Am J Hum Genet 74:552–557.

Lombardi LM, Baker SA, Zoghbi HY. 2015. MECP2 disorders: from the clinic to mice and back. J Clin Invest 125:2914–2923.

Marshall CR, Noor A, Vincent JB, et al. 2008. Structural variation of chromosomes in autism spectrum disorder. Am J Hum Genet 82:477–488.

Morrow EM, Yoo SY, Flavell SW, et al. 2008. Identifying autism loci and genes by tracing recent shared ancestry. Science 321:218–223.

Nakamoto M, Nalavadi V, Epstein MP, et al. 2007. Fragile X mental retardation protein deficiency leads to excessive mGluR5-dependent internalization of AMPA receptors. Proc Natl Acad Sci U S A 104:15537–15542.

Neale BM, Kou Y, Liu L, et al. 2012. Patterns and rates of exonic de novo mutations in autism spectrum disorders. Nature 485:242–245.

Novarino G, El-Fishawy P, Kayserili H, et al. 2012. Mutations in BCKD-kinase lead to a potentially treatable form of autism with epilepsy. Science 338:394–397.

Ozonoff S, Iosif AM, Baguio F, et al. 2010. A prospective study of the emergence of early behavioral signs of autism. J Am Acad Child Adolesc Psychiat 49:256–266.

Ozonoff S, Macari S, Young GS, Goldring S, Thompson M, Rogers SJ. 2008. Atypical object exploration at 12 months of age is associated with autism in a prospective sample. Autism 12:457–472.

Parikshak NN, Luo R, Zhang A, et al. 2013. Integrative functional genomic analyses implicate specific molecular pathways and circuits in autism. Cell 155:1008–1021.

Pinto D, Delaby E, Merico D, et al. 2014. Convergence of genes and cellular pathways dysregulated in autism spectrum disorders. Am J Hum Genet 94:677–694.

Raznahan A, Wallace GL, Antezana L, et al. 2013. Compared to what? Early brain overgrowth in autism and the perils of population norms. Biol Psychiatry 74:563–575.

Samson D, Apperly IA, Chiavarino C, Humphreys GW. 2004. Left temporoparietal junction is necessary for representing someone else's belief. Nat Neurosci 7:499–500.

Sanders SJ, Ercan-Sencicek AG, Hus V, et al. 2011. Multiple recurrent de novo CNVs, including duplications of the 7q11.23 Williams syndrome region, are strongly associated with autism. Neuron 70:863–885.

Sanders SJ, He X, Willsey AJ, et al. 2015. Insights into autism spectrum disorder genomic architecture and biology from 71 risk loci. Neuron 87:1215–1233.

Sanders SJ, Murtha MT, Gupta AR, et al. 2012. De novo mutations revealed by whole exome sequencing are strongly associated with autism. Nature 485:237–241.

Satterstrom FK, Kosmicki JA, Wang J, Breen MS, et al. 2020. Large-scale exome sequencing study implicates both developmental and functional changes in the neurobiology of autism. Cell 180:568–584.

Schultz RT, Grelotti DJ, Klin A, et al. 2003. The role of the fusiform face area in social cognition: implications for the pathobiology of autism. Philos Trans R Soc Lond B Biol Sci 358:415–427.

Sebat J, Lakshmi B, Malhotra D, et al. 2007. Strong association of de novo copy number variation with autism. Science 316:445–449.

Senju A, Southgate V, White S, Frith U. 2009. Mindblind eyes: an absence of spontaneous theory of mind in Asperger syndrome. Science 325:883–885.

State MW, Sestan N. 2012. Neuroscience. The emerging biology of autism spectrum disorders. Science 337:1301–1303.

Strauss KA, Puffenberger EG, Huentelman MJ, et al. 2006. Recessive symptomatic focal epilepsy and mutant contactin-associated protein-like 2. N Engl J Med 354:1370–1377.

Sztainberg Y, Chen HM, Swann JW, et al. 2015. Reversal of phenotypes in MECP2 duplication mice using genetic rescue or antisense oligonucleotides. Nature 528:123–126.

Sztainberg Y, Zoghbi HY. 2016. Lessons learned from studying syndromic autism spectrum disorders. Nat Neurosci 19:1408–1417.

Weiss LA, Shen Y, Korn JM, et al. 2008. Association between microdeletion and microduplication at 16p11.2 and autism. N Engl J Med 358:667–675.

Willsey AJ, Sanders SJ, Li M, et al. 2013. Coexpression networks implicate human midfetal deep cortical projection neurons in the pathogenesis of autism. Cell 155:997–1007.

Yang DY, Beam D, Pelphrey KA, Abdullahi S, Jou RJ. 2016. Cortical morphological markers in children with autism: a structural magnetic resonance imaging study of thickness, area, volume, and gyrification. Mol Autism 7:11.

63

Mecanismos genéticos em doenças neurodegenerativas do sistema nervoso

A doença de Huntington envolve degeneração do estriado

A atrofia muscular espinobulbar é causada por disfunção do receptor de andrógeno

Ataxias espinocerebelares hereditárias compartilham sintomas semelhantes, mas têm etiologias distintas

A doença de Parkinson é uma enfermidade degenerativa comum do idoso

Perda neuronal seletiva ocorre após danos a genes expressos ubiquamente

Modelos animais são ferramentas eficientes no estudo de doenças neurodegenerativas

    Modelos em camundongos reproduzem muitas características das doenças neurodegenerativas

    Modelos em invertebrados manifestam neurodegeneração progressiva

A patogênese das doenças neurodegenerativas segue várias vias

    O enovelamento alterado e a degradação proteica contribuem para a doença de Parkinson

    O enovelamento modificado de proteínas induz alterações patológicas na expressão gênica

    A disfunção mitocondrial agrava as doenças neurodegenerativas

    A apoptose e a atividade de caspases modificam a gravidade da neurodegeneração

O entendimento da dinâmica molecular das doenças neurodegenerativas proporciona abordagens para a intervenção terapêutica

Destaques

AS PRINCIPAIS DOENÇAS DEGENERATIVAS do sistema nervoso – Alzheimer, Parkinson e as doenças de repetição de trinucleotídeos (doença de Huntington e as ataxias espinocerebelares) – afligem mais de seis milhões de pessoas nos Estados Unidos e mais de 25 milhões em todo o mundo. Embora esta seja uma porcentagem relativamente pequena da população, essas doenças causam grande sofrimento e dificuldades econômicas, não apenas para suas vítimas, mas também para as famílias e amigos.

A maioria desses distúrbios ocorre a partir da meia-idade. O próprio envelhecimento pode contribuir para a suscetibilidade. Os primeiros sintomas a aparecer geralmente envolvem a perda do controle motor fino. A doença de Huntington pode se manifestar primeiro em déficits cognitivos, e este é certamente o caso da doença de Alzheimer. No entanto, o resultado final é o mesmo: um período de deterioração lenta, geralmente de 10 a 20 anos, priva os pacientes de suas habilidades e, finalmente, de suas vidas.

As doenças neurodegenerativas de início tardio podem ser divididas em duas categorias: hereditárias e esporádicas (ou seja, de etiologia desconhecida). As doenças de Alzheimer e de Parkinson são predominantemente esporádicas; no entanto, formas hereditárias, que afetam apenas um pequeno número de pacientes, forneceram algumas informações sobre a fisiopatologia dessas doenças. A doença de Huntington, as ataxias espinocerebelares, a atrofia dentato-rubro-palido-luisiana e a atrofia muscular espinobulbar são hereditárias, resultantes de doenças de repetição de trigêmeos de poliglutamina ou CAG.

As doenças de repetição tripla são notáveis por serem causadas por uma mutação "dinâmica": as proteínas da doença contêm série repetida de CAG que codifica a glutamina e pode sofrer expansão durante a replicação do DNA. Infelizmente, quanto mais longa a série de CAG, maior a probabilidade de sua expansão, o que explica o impressionante fenômeno da *antecipação*: as gerações mais jovens dentro de uma família têm repetições mais longas e desenvolvem sintomas mais graves em uma idade mais precoce do que seus pais. A identificação da base molecular desses distúrbios facilitou o diagnóstico e fornece esperança para um eventual tratamento.

A doença de Huntington envolve degeneração do estriado

A doença de Huntington geralmente começa no início ou no meio da idade adulta e afeta cerca de 5 a 10 pessoas a cada 100 mil. Os sintomas incluem perda de controle motor, comprometimento cognitivo e distúrbios afetivos. É mais comum que os problemas motores se manifeste m primeiro como coreia (movimento involuntário e brusco, que envolve as pequenas articulações no início, mas depois afeta gradualmente as pernas e o tronco, dificultando a caminhada). Movimentos rápidos e fluidos são substituídos por rigidez e bradicinesia (movimentos excepcionalmente lentos).

O comprometimento cognitivo – especialmente a dificuldade em planejar e executar funções complexas – pode ser detectado por testes neuropsicológicos formais, mesmo antes da disfunção motora. Os indivíduos afetados também podem ter distúrbios do sono e distúrbios afetivos, como depressão, irritabilidade e retraimento social. Cerca de 10% dos pacientes apresentam hipomania (aumento de energia), e uma porcentagem menor tem psicose franca.

Em pacientes adultos, a doença progride inexoravelmente para a morte cerca de 17 a 20 anos após o início. Os pacientes com início juvenil têm um curso mais rápido e geralmente desenvolvem bradicinesia, distonia (espasmos do pescoço, ombros e tronco), rigidez (resistência ao movimento passivo de um membro), crises epilépticas e demência grave em apenas alguns anos.

A característica patológica da doença de Huntington é a degeneração do corpo estriado, que pode aparecer em neuroimagem até uma década antes do início dos sintomas. O núcleo caudado é mais afetado que o putame. A perda dos neurônios espinhosos médios, uma classe de interneurônios inibitórios no corpo estriado, reduz a inibição dos neurônios no pálido externo (Capítulo 38). A atividade excessiva resultante dos neurônios palidais inibe o núcleo subtalâmico, o que explicaria os movimentos coreiformes. Com a progressão da doença e a degeneração dos neurônios do estriado que se projetam para o pálido interno, a rigidez começa a substituir a coreia. A ruptura das projeções corticostriatais leva ao afinamento do córtex. Além dess a patologia do sistema nervoso central, os pacientes podem sofrer de distúrbios metabólicos e do sistema imunológico, atrofia testicular, insuficiência cardíaca, osteoporose e perda de massa muscular esquelética. Os casos de doença de Huntington juvenil são mais graves, e a patologia progride mais rápida e amplamente; por exemplo, pode ocorrer degeneração das células cerebelares de Purkinje.

A doença de Huntington é uma doença autossômica dominante e uma das primeiras doenças humanas cujo gene foi mapeado usando-se marcadores de DNA polimórficos. É causada pela expansão de uma repetição CAG traduzida, que codifica uma série de glutamina na proteína huntingtina. Os alelos normais ou do tipo selvagem têm de 6 a 34 repetições, enquanto os alelos causadores de doenças geralmente têm 36 ou mais repetições, que são bastante instáveis quando transmitidos de uma geração para a próxima, especialmente por meio de células germinativas paternas. A gravidade da doença, a idade de início e a velocidade de progressão correlacionam-se à duração da repetição; indivíduos com 36 a 39 repetições têm um início mais tardio e doença mais leve, enquanto aqueles com mais de 40 repetições terão início mais precoce e um curso mais grave. Aqueles que possuem mais de 75 repetições desenvolverão a doença quando jovens.

A série expandida de glutamina causa um ganho de função na huntingtina, uma proteína de 348 kDa que é bem conservada na natureza, desde invertebrados até mamíferos. É expressa em todo o encéfalo como uma proteína citoplasmática solúvel, com uma fração menor presente nos núcleos celulares. É particularmente abundante em regiões somatodendríticas e axônios e foi encontrada associada a microtúbulos. Embora suas funções precisas não sejam totalmente compreendidas, a huntingtina é essencial para o desenvolvimento embrionário normal. Com base em uma ampla variedade de moléculas com interações proteicas atuantes no metabolismo, na renovação de proteínas, no tráfego de carga e na expressão gênica, postulou-se que a huntingtina funciona como um andaime molecular. Seu grande tamanho, estabilidade e capacidade de alternar entre múltiplas conformações sugerem que reúne várias proteínas em complexos macromoleculares.

A huntingtina possui múltiplos domínios proteicos, sendo o mais bem estudado a região N-terminal, que contém a expansão da poliglutamina e um sinal de localização nuclear. A região N-terminal consiste em uma α-hélice anfipática, que cria uma estrutura crítica para a retenção da proteína no retículo endoplasmático. A região N-terminal sofre extensa modificação pós-traducional por acetilação, ubiquitinação, fosforilação e sumoilação, todas as quais afetam a depuração da huntingtina e a localização subcelular. Curiosamente, as repetições de poliglutamina no éxon 1 são seguidas por um domínio rico em prolina, que, ao contrário dos outros éxons, foi pouco conservado durante a evolução.

Os 66 éxons restantes fora do N-terminal, que representam cerca de 98% da proteína, são bem menos caracterizados. Várias repetições HEAT são importantes para interações proteína-proteína. Essas interações permitem que a proteína huntingtina adote um grande número de conformações tridimensionais (até 100 *in vitro*). Além disso, o gene *HTT* produz dois transcritos de mRNA diferentes, uma forma curta e uma forma longa. A forma longa contém uma região 3' não traduzida adicional e é enriquecida no encéfalo. O *splicing* alternativo raro produz isoformas que saltam os éxons 10, 12, 29 e 46 ou incluem o éxon 41b ou um fragmento do íntron 28, mas seu significado não foi determinado. A diversidade dessas isoformas pode ser importante durante o desenvolvimento e pode expandir a variedade de interações proteicas disponíveis para huntingtina.

A atrofia muscular espinobulbar é causada por disfunção do receptor de andrógeno

A atrofia muscular espinobulbar (AMEB, também conhecida como doença de Kennedy) é o único distúrbio ligado ao X dentre as doenças neurodegenerativas discutidas neste capítulo. É causada pela expansão de uma repetição CAG traduzida na proteína receptora de andrógenos, um membro da família de receptores de hormônios esteroides. Apenas os indivíduos do sexo masculino manifestam sintomas: o receptor de andrógeno mutante é tóxico apenas quando localizado no núcleo, e essa localização é dependente do hormônio andrógeno.

Fraqueza muscular proximal costuma ser o sintoma inicial; no decurso da doença, os músculos distais e faciais também enfraquecem. A perda de massa muscular é importante, secundária à degeneração dos neurônios motores. A perda da função androgênica normalmente leva à ginecomastia (crescimento do tecido mamário em homens), hipogonadismo tardio e esterilidade. Como os indivíduos que perdem a função do receptor de andrógeno por outras causas não desenvolvem degeneração do neurônio motor, parece que a expansão da glutamina na AMEB causa tanto uma perda parcial de função, que explica as características sexuais secundárias, quanto um ganho parcial de função que danifica os neurônios e produz a disfunção neurológica.

Ataxias espinocerebelares hereditárias compartilham sintomas semelhantes, mas têm etiologias distintas

As ataxias espinocerebelares (SCAs) e atrofia dentato-rubro-palido-luisiana (DRPLA) são caracterizadas por disfunção do cerebelo, tratos espinais e vários núcleos do tronco encefálico. Os núcleos da base, o córtex cerebral e o sistema nervoso periférico também podem ser afetados (Tabela 63-1).

As duas características clínicas comuns a todas as SCAs, ataxia e disartria, são sinais de disfunção cerebelar. Elas geralmente aparecem na metade da idade adulta e pioram gradualmente, tornando impossível andar e fazendo com que a fala fique incompreensível. A disfunção do tronco encefálico na doença avançada causa dificuldades em manter as vias aéreas desobstruídas; os pacientes muitas vezes morrem de pneumonia por aspiração. Algumas SCAs estão associadas a sintomas adicionais, como coreia, retinopatia ou demência, mas são muito variáveis para sustentar um diagnóstico diferencial. Mesmo indivíduos de uma mesma família podem apresentar quadros clínicos bastante distintos. Assim, embora as SCAs sejam doenças mendelianas monogênicas, a composição genética individual e as influências ambientais afetam o quadro clínico-patológico.

TABELA 63-1 Padrão de herança e principais características clínicas de doenças neurodegenerativas causadas por repetições instáveis de trinucleotídeos CAG

Doença	Herança	Características típicas	Principais regiões afetadas
AMEB	Recessiva ligada ao X	Cãibras musculares, fraqueza, ginecomastia	Neurônio motor inferior e células do corno anterior da medula espinal
Huntington	AD	Prejuízo cognitivo, coreia, depressão, irritabilidade	Estriado, córtex
Doença assemelhada à de Huntington do tipo 2	AD	Prejuízo cognitivo, coreia, depressão, irritabilidade	Estriado, córtex
SCA1	AD	Movimentos oculares sacádicos hipermétricos, ataxia, disartria, desequilíbrio e nistagmo	Células e Purkinje, tronco encefálico
SCA2	AD	Ataxia, hiporreflexia, movimentos oculares sacádicos lentos	Células de Purkinje, células granulares do cerebelo, oliva inferior
SCA3	AD	Ataxia, nistagmo evocado por fixação do olhar, protrusão dos olhos, distonia, espasticidade	Neurônios pontinos, substância negra, células do corno anterior da medula espinal
SCA6	AD	Ataxia de início tardio (> 50 anos de idade)	Células de Purkinje, células granulares do cerebelo
SCA7	AD	Ataxia, perda visual devido à degeneração retiniana, perda da audição	Células de Purkinje, retina (degeneração de cones e bastonetes)
SCA8	AD	Disartria com pausas entre sílabas, ataxia	Células de Purkinje
SCA10	AD	Ataxia e crises epilépticas	Células de Purkinje
SCA12	AD	Tremor precoce de membro superior, hiper-reflexia, ataxia	Células de Purkinje, atrofia cortical e cerebelar
SCA17	AD	Disfagia, deterioração intelectual, ataxia, crises de ausência	Células de Purkinje, células granulares do cerebelo, neurônio motor superior
DRPLA	AD	Demência, ataxia, coreoatetose	Núcleo denteado, núcleo rubro, globo pálido, núcleo subtalâmico, córtex cerebelar, córtex

AD, autossômica dominante; DRPLA, atrofia dentato-rubro-pálido-luisiana; AMEB, atrofia muscular espinobulbar; SCA, ataxia espinocerebelar.

Por exemplo, a doença de Machado-Joseph e a SCA tipo 3 (SCA3, do inglês *spinocerebelar ataxia 3*) foram consideradas clinicamente como doenças distintas antes de se descobrir que são causadas por mutações no mesmo gene. A confusão clínica surgiu por um acidente histórico. As características mais proeminentes das famílias de ascendência açoriana que foram primeiramente estudadas foram os olhos esbugalhados, fasciculações faciolinguais, parkinsonismo e distonia; essa síndrome foi denominada doença de Machado-Joseph. Posteriormente, um grupo de geneticistas europeus estudou pacientes que apresentavam sintomas mais reminiscentes da SCA1 – movimentos oculares sacádicos hipermétricos e reflexos rápidos, além da ataxia e da disartria características. Essa constelação de sintomas foi, portanto, chamada de SCA3. Demorou vários anos até que se tornasse claro que o *locus* genético das duas doenças era o mesmo, mas ainda assim ambos os nomes (doença de Machado-Joseph e SCA3) são usados. Sabemos agora que as diferenças observadas nos dois grupos originais de pacientes são, pelo menos parcialmente, atribuíveis a diferenças no comprimento das repetições de CAG. Não obstante, as diferenças na atividade de outras proteínas causadas por variações genéticas provavelmente também têm um papel em tais doenças.

A idade de início em cada tipo de ataxia depende do número de repetições de CAG no gene (**Figura 63-1**), embora a toxicidade de diferentes comprimentos de repetição dependa do contexto da proteína. Por exemplo, a expansão CAG em SCA6 é a mais curta de todas as SCAs: alelos normais têm menos de 18 repetições, e repetições patológicas têm apenas 21 a 33 repetições. No entanto, séries do mesmo comprimento são completamente não patogênicas em outras SCAs. De fato, o gene responsável pela SCA7 normalmente tolera algumas dezenas de repetições de CAG e, no estado de doença, pode sofrer expansão para centenas de CAGs, as maiores expansões observadas em qualquer SCA.

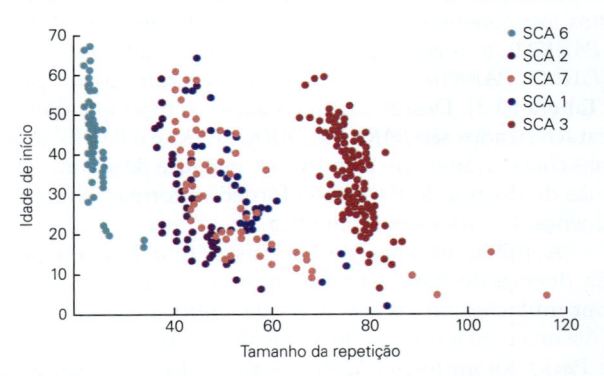

FIGURA 63-1 A duração da repetição de CAG e a idade de início na ataxia espinocerebelar (SCA) estão inversamente correlacionadas. Quanto mais longa a série de CAG, mais precoce é o aparecimento de uma determinada doença. Comprimentos repetidos específicos, no entanto, têm resultados diferentes, dependendo da proteína hospedeira. Por exemplo, uma repetição de 52 CAG causa início dos sintomas na idade juvenil, no caso da ataxia espinocerebelar do tipo 2 (**SCA2**); início na idade adulta, no caso da ataxia espinocerebelar do tipo 1 (**SCA1**); e não causa sintomas para a ataxia espinocerebelar do tipo 3 (**SCA3**).

Além de tolerar diferentes comprimentos de repetição de CAG, os produtos gênicos de genes mutantes em doenças de poliglutamina variam amplamente em função:

- O produto gênico em SCA1, a ataxina-1 (ATXN1), é predominantemente uma proteína nuclear que forma um complexo com o repressor transcricional Capicua (CIC). A série expandida de glutamina altera a interação de ATXN1 com CIC no cerebelo, o que ajuda a explicar a vulnerabilidade desta região na fisiopatologia de SCA1.
- A SCA2 é causada por uma expansão de trinucleotídeos CAG em *ATXN2*. A ablação genética de *Atxn2* aumenta a abundância global de transcrição, indicando que pode funcionar como uma proteína de ligação a RNA. Estudos mais recentes revelaram que *ATXN2* interage com TDP43, uma proteína envolvida na esclerose lateral amiotrófica (ELA10), e mutações em *ATXN2* podem contribuir para o desenvolvimento de esclerose lateral amiotrófica.
- A depuração prejudicada de proteínas está relacionada com as SCAs, na medida em que níveis elevados da proteína causadora da doença parecem levar à patogênese. No caso da SCA3, a relação é mais direta, pois sendo a ataxina-3 (ATXN3) uma enzima desubiquitinante, a sua versão expandida não pode remover a ubiquitina das proteínas programadas para depuração. Recentemente, a ATXN3 tem sido associada ao reparo de danos no DNA.
- O produto gênico afetado em SCA6, CACNA1A, é a subunidade α_{1A} do canal Ca^{2+} dependente de voltagem. Curiosamente, mutações de perda de função no gene (não ganho de função causado por repetições CAG) foram relatadas em pacientes com ataxia episódica e enxaqueca hemiplégica familiar.
- Na SCA17, o produto gênico afetado é a proteína de ligação à TATA box, proteína essa que atua como um fator de transcrição essencial.
- Acredita-se que a atrofina-1, a proteína causadora de doenças em DRPLA, seja um correpressor, com base em estudos funcionais de seu provável ortólogo em *Drosophila*.

Apesar dessas diferenças, alguns mecanismos patogenéticos podem ser comuns às doenças de poliglutamina, como será discutido mais adiante neste capítulo.

As repetições CAG nas regiões de codificação não são as únicas mutações dinâmicas que ocorrem nas SCAs (**Tabela 63-2**). A SCA8 envolve a expansão de uma série de CAG e sua repetição CTG complementar na fita oposta na região 3' não traduzida de um RNA transcrito sem a fase de leitura aberta. A mutação responsável pela SCA12 é uma repetição de CAG, mas ocorre em uma região 5' não codificadora a montante de uma subunidade reguladora da proteína-fosfatase 2A, específica do encéfalo. A SCA10 é causada pela expansão maciça de uma repetição pentanucleotídica (ATTCT) no íntron de um novo gene.

Até agora, um total de 33 SCAs foram identificadas. Para as SCAs cuja patogênese subjacente é mais conhecida, a abordagem terapêutica mais promissora parece ser

TABELA 63-2 Ataxias hereditárias causadas pela expansão de repetições de trinucleotídeos CAG instáveis

Doença	Gene	Locus	Proteína	Mutação	Comprimento da repetição Normal	Comprimento da repetição Doença
SCA1	SCA1	6p 23	Ataxina-1	Repetição de CAG em região codificadora	6-44[1]	39-121
SCA2	SCA2	12q24.1	Ataxina-2	Repetição de CAG em região codificadora	15-31	36-63
SCA3 (doença de Machado-Joseph)	SCA3, MJD1	14q32.1	Ataxina-3	Repetição de CAG em região codificadora	12-40	55-84
SCA6	SCA6	19p13	Subunidade α_{1A} do canal de Ca^{2+} dependente de voltagem	Repetição de CAG em região codificadora	4-18	21-33
SCA7	SCA7	3p12-13	Ataxina-7	Repetição de CAG em região codificadora	4-35	37-306
SCA8	SCA8	13q21	Nenhuma	Repetição de CTG no éxon terminal 3' (antissenso)	16-37	110-250
SCA10	SCA10	22q13ter	Ataxina-10	Repetição de pentanucleotídeo (ATTCT) no íntron	10-20	500-4.500
SCA12	SCA12	5q31-33	Proteína-fosfatase 2A	Repetição de CAG em 5' UTR	7-28	66-78
SCA17	TBP	6qter	Proteína de ligação ao TATA	Repetição de CAG em região codificadora	29-42	47-55
DRPLA	DRPLA	12q	Atrofina-1	Repetição de CAG em região codificadora	6-35	49-88
FXTAS	FMR1	Xq27.3	FMRP	Repetição de CGG em 5' UTR	6-60	60-200

[1]Alelos com 21 ou mais repetições são interrompidos por uma a três unidades CAT; os alelos da doença contêm séries puras de CAG.
DRPLA, atrofia dentato-rubro-palido-luisiana; FXTA, ataxia de tremor associado ao X frágil; SCA, ataxia espinocerebelar.

a redução dos níveis da proteína condutora da doença. No modelo de camundongo SCA7, a redução da quantidade de ATXN7 mutante e de tipo selvagem por interferência de RNA melhora muito os sinais comportamentais e patológicos da doença. Da mesma forma, tanto em *Drosophila* quanto em modelos de camundongo de SCA1, a regulação negativa genética ou farmacológica de vários componentes da via RAS-MAPK-MSK1 diminui os níveis de ATXN1 e suprime a neurodegeneração.

A doença de Parkinson é uma enfermidade degenerativa comum do idoso

A doença de Parkinson, uma das doenças neurodegenerativas mais comuns, afeta aproximadamente 3% da população com idade superior a 65 anos. Os pacientes com doença de Parkinson apresentam tremor de repouso, bradicinesia, rigidez e comprometimento da capacidade de iniciar e manter os movimentos. Os indivíduos afetados apresentam marcha festinante distinta, e seu equilíbrio muitas vezes é precário. Os movimentos faciais espontâneos são muito reduzidos, criando uma aparência de máscara, sem expressão. As características patológicas da doença de Parkinson são a perda progressiva de neurônios dopaminérgicos, principalmente na parte compacta da substância negra (Capítulo 38), e o acúmulo de agregados proteicos denominados corpos de Lewy e neuritos de Lewy em todo o encéfalo.

Embora a maioria dos casos de doença de Parkinson seja esporádica, os estudos de casos familiares raros, autossômicos dominantes ou recessivos, forneceram informações sobre a fisiopatologia desse distúrbio e revelaram novos fatores de risco para a doença. Até o momento, vários *loci* genéticos foram mapeados (designados *PARK1-PARK22*), e os genes para todos, exceto quatro desses *loci* (*PARK3, PARK10, PARK12 e PARK16*) foram identificados (Tabela 63-3). Desses *loci* mapeados, os mais estudados e caracterizados são *PARK1/4, PARK2, PARK6* e *PARK7*. Aqui, nos concentramos em como a base genética de algumas formas de doença de Parkinson fornece informações sobre a doença de Parkinson esporádica.

A 4q2-22 (doença de Parkinson tipo 1/4) é o *locus* da doença de Parkinson hereditária dominante causada por mutações no gene SNCA que codifica a α-sinucleína. (Assim como a doença de Machado-Joseph e SCA3, Park1 e Park4 foram inicialmente considerados duas variantes distintas.) Variantes no *locus* SNCA foram associadas ao aumento do risco de doença de Parkinson esporádica, e várias mutações no SNCA alteram a conformação da porção da proteína α-sinucleína ligada à membrana e fazem com que ela se agregue. Duplicações e triplicações de SNCA também foram identificadas como causas da doença de Parkinson autossômica dominante, indicando que níveis elevados de α-sinucleína de tipo selvagem podem causar doença. Pacientes com duplicação de SNCA têm um curso da doença

TABELA 63-3 Genética e principais características clínicas da doença de Parkinson hereditária

Doença	*Locus* mapeado	Padrão de herança	Gene	Principais características
PARK1/4	4q21	AD	SNCA	Início precoce, rigidez e prejuízo cognitivo
PARK2	6q26	AR	PARKIN	Início na idade juvenil e distonia
PARK3	2p13	AD	Desconhecido	Início na idade adulta, demência
PARK5	4p13	AD	UCHL1	Início na idade adulta
PARK6	1p36.12	AR	PINK1	Início precoce, distonia
PARK7	1p36.21	AR	DJ1	Início precoce, distúrbios de comportamento, distonia
PARK8	12q12	AD	LRRK2	DP clássica
PARK9	1p36.13	AR	ATP13A2	Início precoce ou juvenil, prejuízo cognitivo
PARK10	1p32	AD	Desconhecido	DP clássica
PARK11	2q37.1	AD	GIGYF2	Início na idade adulta, prejuízo cognitivo
PARK12	Xq21-25	Ligada ao X	Desconhecido	Desconhecidas
PARK13	2p13.1	AD	Omi/	DP clássica
PARK14	22q13.1	AR	PLA2G6	Início precoce, prejuízo cognitivo, distonia.
PARK15	22q12.3	AR	FBXO7	Início precoce ou juvenil
PARK16	1q32	Desconhecido	Desconhecido	Desconhecidas
PARK17	16q11.2	Desconhecido	VPS35	Início na idade adulta, prejuízo cognitivo, distonia.
PARK18	6p21.3	Desconhecido	EIF4G1	DP clássica
PARK19a/b	1p31.3	AR	DNAJC6	Início precoce ou juvenil, prejuízo cognitivo
PARK20	21q22.11	AR	SYNJ1	Início precoce, convulsões
PARK21	3q22	AD	DNAJC13	DP clássica
PARK22	7p11.2	AD	CHCHD2	DP clássica

AD, autossômica dominante; AR, autossômica recessiva; PARK, DP, doença de Parkinson.

que se assemelha a casos esporádicos, mas pacientes com triplicação manifestam uma doença de início mais precoce e progressão mais rápida, com características atípicas, como demência e alucinações.

Pacientes com mutações em *SNCA* diferem daqueles com doença de Parkinson esporádica, pois têm uma idade de início mais precoce (média de 45 anos) e apresentam menos tremores e mais rigidez, declínio cognitivo, mioclonia, hipoventilação central, hipotensão ortostática e incontinência urinária.

O parkinsonismo juvenil autossômico recessivo é caracterizado por distonia de início precoce, reflexos tendinosos profundos exacerbados e sinais cerebelares, além dos sinais clássicos da doença de Parkinson, já aos 3 anos de idade. Mutações em *PARK2*, *PARK6* e *PARK7* – que codificam a parkina, cinase putativa 1 induzida por PTEN (PINK1; do inglês *PTEN-induced putative kinase 1*) e a proteína deglicase DJ-1, respectivamente – foram confirmadas como causas desta doença. Mutações em *PARK2* são muito mais frequentes do que mutações em *PARK6* e *PARK7*, e mais de 60 mutações de inativação diferentes foram identificadas. Portanto, o parkinsonismo juvenil autossômico recessivo é causado pela perda de função do produto gênico, e não por um ganho de função. A patologia também é caracterizada pela perda de neurônios dopaminérgicos, mas os corpos de Lewy não são tão comuns quanto em casos esporádicos ou de *PARK1/4*. A parkina é uma ubiquitina ligase E3 da família RING, com dedos de zinco, que transfere ubiquitina ativada para resíduos de lisina em proteínas destinadas à degradação por proteassomos. Estudos na mosca-da-fruta *Drosophila melanogaster* revelaram que parkina e PINK1 trabalham juntas para promover mitocôndrias saudáveis. Curiosamente, DJ-1, a terceira causa de parkinsonismo juvenil autossômico recessivo, também está envolvida na função mitocondrial, atuando como um sensor de estresse oxidativo.

Nem todas as causas genéticas da doença de Parkinson apresentam penetrância completa. Esse é o caso de mutações no gene que codifica a cinase 2 de repetição rica em leucina (do inglês *leucine-rich repeat kinase 2LRRK2*, *PARK8*).

Curiosamente, as mutações de *LRRK2* são um fator de risco para a doença de Parkinson esporádica. Outro fator de risco genético para a doença de Parkinson é o gene que codifica a glicocerebrosidase-1 (*GBA1*): portadores heterozigotos de mutações de *GBA1* têm risco aumentado de desenvolver doença de Parkinson mais tarde na vida, enquanto portadores homozigotos desenvolvem um distúrbio recessivo conhecido como doença de Gaucher. Existem, sem dúvida, fatores de risco genéticos adicionais para a doença de Parkinson, e esforços para identificá-los estão em andamento.

Perda neuronal seletiva ocorre após danos a genes expressos ubiquamente

Um aspecto intrigante das doenças neurodegenerativas é que, apesar de os produtos gênicos alterados serem amplamente expressos, não apenas no sistema nervoso, mas também em outros tecidos, os fenótipos são predominantemente neurológicos. Além disso, os fenótipos geralmente refletem disfunção apenas em grupos específicos de neurônios (**Figura 63-2**), um fenômeno conhecido como seletividade neuronal.

Por que os neurônios estriatais são os mais vulneráveis na doença de Huntington, enquanto as células de Purkinje são direcionadas nas SCAs? Por que os neurônios dopaminérgicos da parte compacta da substância negra são afetados principalmente na doença de Parkinson, embora α-sinucleína, parkina, DJ-1, PINK1 e LRRK2 sejam abundantes em muitos outros grupos neuronais (e até não neuronais)? Embora respostas definitivas ainda não estejam disponíveis, houve avanço em algumas hipóteses. Uma possibilidade foi sugerida pela descoberta de que os neurônios dopaminérgicos que são vulneráveis na doença de Parkinson exibem uma característica fisiológica incomum: eles dependem dos canais de Ca^{2+} para disparar com um padrão rítmico. Acredita-se que essa dependência do influxo de Ca^{2+} no neurônio cause estresse mitocondrial basal, o que poderia explicar por que esses neurônios são tão vulneráveis a insultos diretos à reciclagem mitocondrial, como os causados pela disfunção de parkina, DJ-1 e PINK1, bem como estresse causado pela disfunção de LRRK2 e acúmulo de α-sinucleína.

Nas doenças de poliglutamina, a seletividade para a patologia celular diminui à medida que o comprimento da série de glutamina aumenta: quanto mais grave a mutação, maior é o número de grupos neuronais afetados. Isso é ainda mais evidente nas formas de início precoce caracterizadas por repetições extremamente longas. A SCA1 juvenil pode envolver anormalidades oculomotoras, por exemplo, ou causar distonia, rigidez e comprometimento cognitivo, características que se sobrepõem à doença de Huntington

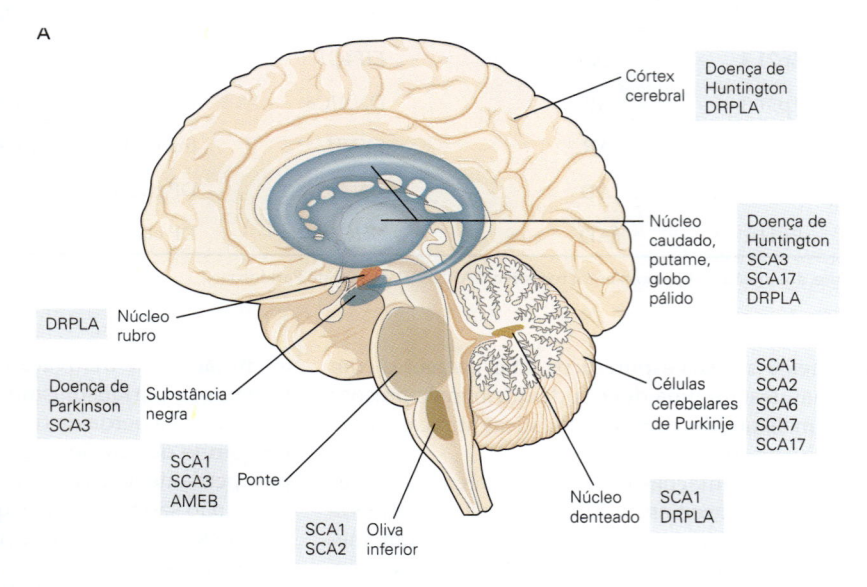

FIGURA 63-2 Seletividade neuronal ilustrada pelos principais sítios de degeneração neuronal nas doenças de repetição de trinucleotídeos e na doença de Parkinson.

A. Regiões do encéfalo mais comumente afetadas pela doença de início na idade adulta (ver **Tabela 63-1**). (Siglas: **DRPLA**, atrofia dentato-rubro-palido-luisiana; **SCA**, ataxia espinocerebelar.)

B. Comparação da neuropatologia de esclerose lateral amiotrófica (**ELA**) e atrofia muscular espinobulbar (**AMEB**).

e à DRPLA; a morte geralmente ocorre dentro de 4 a 8 anos do início dos sintomas. Pacientes juvenis com SCA7 podem apresentar crises epilépticas, delírios e alucinações auditivas, e a doença infantil também produz características somáticas, como baixa estatura e insuficiência cardíaca congestiva. A SCA7 infantil causa cegueira progressiva por destruir bastonetes e cones. Curiosamente, bebês com SCA2 também podem apresentar degeneração da retina. Tais observações sugerem que diferentes tipos de células têm diferentes limiares de vulnerabilidade a proteínas tóxicas com as séries expandidas de glutamina. Células da retina, por exemplo, parecem ser mais resistentes à toxicidade de poliglutamina do que os neurônios cerebelares, mas mais vulneráveis do que os miócitos cardíacos. Quando o número de glutaminas se expande para além de certo comprimento – o que varia de uma proteína para outra –, nenhuma célula está segura.

Estudos utilizando modelos de camundongos sugerem que falhas no enovelamento proteico são responsáveis por distúrbios relacionados à poliglutamina. Quanto mais longa for a série de glutamina, mais grave será o enovelamento incorreto e mais resistência haverá à depuração. Assim, o acúmulo lento de níveis proteicos acima do normal é uma característica comum às doenças neurodegenerativas. À medida que a série se torna muito longa, mesmo as células com concentrações mais baixas de produto gênico desordenado tornam-se vulneráveis. Na verdade, estudos em modelos animais mostram que mesmo uma duplicação da concentração pode ser a diferença entre a manifestação fenotípica e a aparente normalidade. Portanto, é concebível que os neurônios afetados em cada doença tenham mais proteínas disfuncionais do que os neurônios menos vulneráveis. Embora não detectável pelas técnicas atuais de imunomarcação, esse aumento gradual seria suficiente para interferir na função celular se o neurônio fosse exposto à proteína tóxica por décadas.

Outros fatores importantes de vulnerabilidade seletiva podem ser as variações nos níveis de proteínas que interagem com as proteínas mutantes ou que ajudam a eliminá-las. Variações nos genes que codificam essas proteínas podem contribuir para a variabilidade clínica, tão proeminente entre as famílias que desenvolvem ataxias.

Por que os neurônios são afetados antes de outras células? À medida que o organismo envelhece, insultos leves, com pequenos efeitos prejudiciais, podem ser exacerbados pelo desafio adicional que a proteína tóxica apresenta à maquinaria de enovelamento de proteínas. Como os neurônios são pós-mitóticos, eles podem ser especialmente sensíveis a perturbações no equilíbrio de fatores intracelulares. Se o organismo pudesse sobreviver à agressão neurológica por tempo suficiente, outros tecidos também poderiam, ao final, mostrar sinais de sofrimento.

Modelos animais são ferramentas eficientes no estudo de doenças neurodegenerativas

Os modelos animais têm sido extremamente valiosos no estudo da patogênese de várias doenças neurodegenerativas e na investigação de novas terapias. O camundongo tem sido o animal preferido para modelar distúrbios neurológicos, mas a mosca *Drosophila* e o verme *Caenorhabditis elegans* também se mostraram úteis para delinear as vias genéticas.

Modelos em camundongos reproduzem muitas características das doenças neurodegenerativas

Com exceção das formas juvenis autossômicas recessivas da doença de Parkinson, as doenças neurodegenerativas discutidas aqui refletem principalmente mutações de ganho de função. Assim, a maioria dos camundongos geneticamente modificados que modelam essas doenças são criados usando uma de duas técnicas. Na abordagem transgênica, um alelo que abriga o gene mutante tem expressão exacerbada, enquanto na abordagem *knock-in*, uma mutação humana, como uma série expandida de CAG, é inserida em um *locus* endógeno de camundongo para promover a expressão do produto gênico no momento correto do desenvolvimento e nas células certas.

Em alguns modelos transgênicos, como os gerados para os tipos 1, 2, 3 e 7 de SCA e DRPLA, um cDNA completo com alelos do tipo selvagem ou expandidos têm a expressão exacerbada em uma classe particular de neurônios ou em uma população maior de células (**Figura 63-3**). Em outros modelos transgênicos de SCA3 e em modelos de AMEB, são expressas versões truncadas das regiões codificantes. Tanto a huntingtina com comprimento total quanto a truncada foram usadas em modelos transgênicos.

Camundongos *knock-in* foram gerados para a doença de Huntington, AMEB e SCA tipos 1 e 7. Esses modelos confirmam que outras sequências para além da série expandida de glutamina podem produzir proteína tóxica. Além disso, a mesma expansão em duas proteínas hospedeiras diferentes pode afetar as células de forma diferente. Por exemplo, em humanos, 33 repetições causam SCA2, enquanto 44 a 52 repetições CAG podem ou não desenvolver SCA3 (**Figura 63-1** e **Tabela 63-2**). No entanto, em modelos de camundongos, a relação do comprimento da série com o resto da proteína é um bom preditor de toxicidade: disfunção neuronal grave, generalizada e não seletiva ocorre em camundongos transgênicos portadores de uma proteína truncada com uma série de glutamina relativamente grande. Em contraste, camundongos que expressam proteínas com comprimento total contendo o mesmo comprimento de repetição CAG desenvolvem uma síndrome neurológica mais leve e que progride mais lentamente. Promotores de expressão fraca também tendem a produzir disfunção neuronal mais seletiva. Em alguns casos, a expressão da proteína com comprimento total, mesmo com uma expansão moderadamente grande, não causa disfunção neurológica, mas uma versão truncada com um tamanho de repetição semelhante produz o fenótipo da doença. Em resumo, uma série de glutamina de um determinado comprimento é mais tóxica quando expressa isoladamente ou flanqueada por sequências peptídicas curtas, ou seja, quando ocupa uma proporção maior da proteína.

Em camundongos *knock-in* SCA1 com 78 repetições de glutamina, a disfunção neurológica é pouco detectável; somente quando o comprimento da repetição é expandido para aproximadamente 154 glutaminas é que um fenótipo

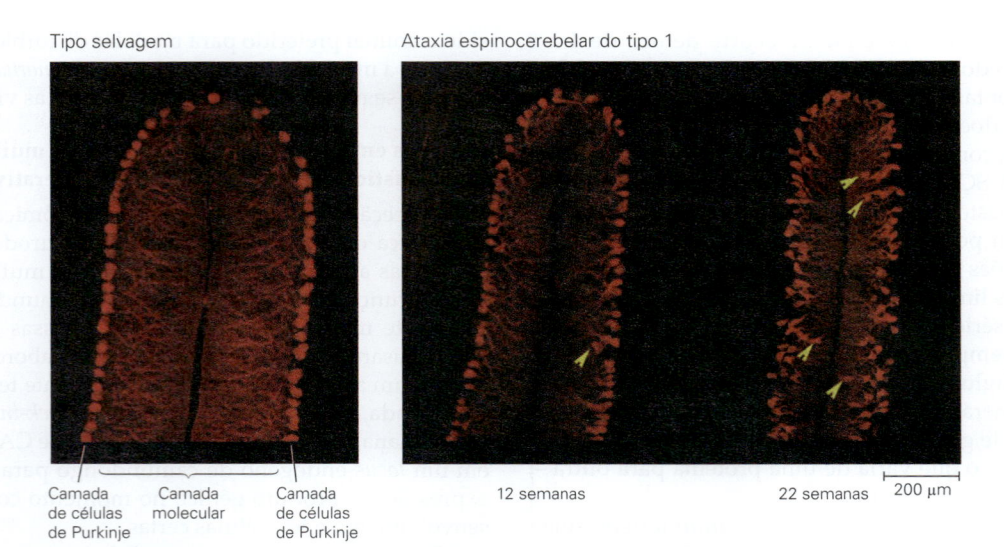

FIGURA 63-3 Patologia celular de Purkinje progressiva em camundongos transgênicos com ataxia espinocerebelar tipo 1. Cortes cerebelares de um camundongo selvagem e de um camundongo expressando um transgene da ataxia espinocerebelar do tipo 1 (SCA1) com 82 glutaminas em células de Purkinje, com 12 e 22 semanas de idade. Imunofluorescência para calbindina marca as células de Purkinje e suas extensas arborizações dendríticas. Na SCA1, há perda progressiva de dendritos, afinamento da camada molecular e deslocamento das células de Purkinje (**pontas de seta**). (Imagens reproduzidas, com autorização, de H.T. Orr.)

neurológico se torna aparente. Repetições mais longas são necessárias para observar um fenótipo durante o curto período da vida do camundongo, já que a toxicidade da poliglutamina leva tempo para exercer seus efeitos. Em camundongos transgênicos, no entanto, a superprodução maciça da proteína mutante compensa a moderada repetição e brevidade da exposição. De fato, em camundongos, mesmo a superprodução de ataxina-1 de tipo selvagem resulta em disfunção neurológica leve, e a superexpressão de α-sinucleína humana do tipo selvagem é suficiente para causar sintomas parkinsonianos.

A análise do tecido cerebral de humanos e de vários modelos experimentais em camundongos revela que proteínas mal dobradas tendem a se acumular em vários neurônios, muitas vezes formando agregados visíveis (**Figura 63-4**). Corpos de Lewy e acúmulo anormal de α-sinucleína se desenvolvem em modelos de camundongos da doença de Parkinson, assim como em humanos. Embora o acúmulo de proteínas seja comum a todos esses distúrbios neurodegenerativos, a localização da proteína acumulada na célula varia, e a localização dentro da célula é um fator na patogenicidade da proteína. Por exemplo, a ataxina-1 mutante que se acumula no citoplasma em vez do núcleo (porque seu sinal de localização nuclear está desativado) não exerce efeitos tóxicos detectáveis.

O fato de proteínas mutantes se acumularem tanto em modelos de camundongos que não têm produção exagerada de proteínas quanto em pacientes humanos que apresentam um único alelo mutante sugere que os neurônios têm dificuldade em depurar as proteínas. Esta hipótese é apoiada pela descoberta de que componentes de ubiquitina e proteassomo, a maquinaria de degradação de proteínas, são encontrados com agregados proteicos em tecidos humanos e de camundongos.

Modelos em invertebrados manifestam neurodegeneração progressiva

Vários modelos de invertebrados têm sido usados para estudar proteínas poliglutamina, α-sinucleína, parkina e PINK1. As semelhanças entre os efeitos patogênicos dessas proteínas em todas as espécies são notáveis.

Moscas com altos níveis de α-sinucleína humana desenvolvem degeneração progressiva de neurônios dopaminérgicos e têm agregados citoplasmáticos α-sinucleína-imunorreativos que lembram corpos de Lewy. Como no modelo de camundongo, altos níveis de α-sinucleína em moscas que possuem o alelo do tipo selvagem ou mutante induzem esse fenótipo. Além disso, moscas com mutações PINK1 ou parkina têm defeitos nos neurônios dopaminérgicos e anormalidades motoras. A superexpressão de ataxina-1 do tipo selvagem ou mutante em moscas induz degeneração neuronal progressiva que se correlaciona com os níveis de proteína, mas é mais grave, é claro, para as moscas com a proteína mutante.

A toxicidade da poliglutamina também foi avaliada no nematódeo *C. elegans*, expressando-se um fragmento amino terminal de huntingtina contendo séries de glutamina de diferentes comprimentos. Disfunção neuronal e morte celular ocorrem em vermes que expressam séries expandidas embutidas em uma proteína truncada.

A patogênese das doenças neurodegenerativas segue várias vias

O enovelamento alterado e a degradação proteica contribuem para a doença de Parkinson

O acúmulo gradual de proteínas de doenças neurodegenerativas juntamente com chaperonas e componentes da via de

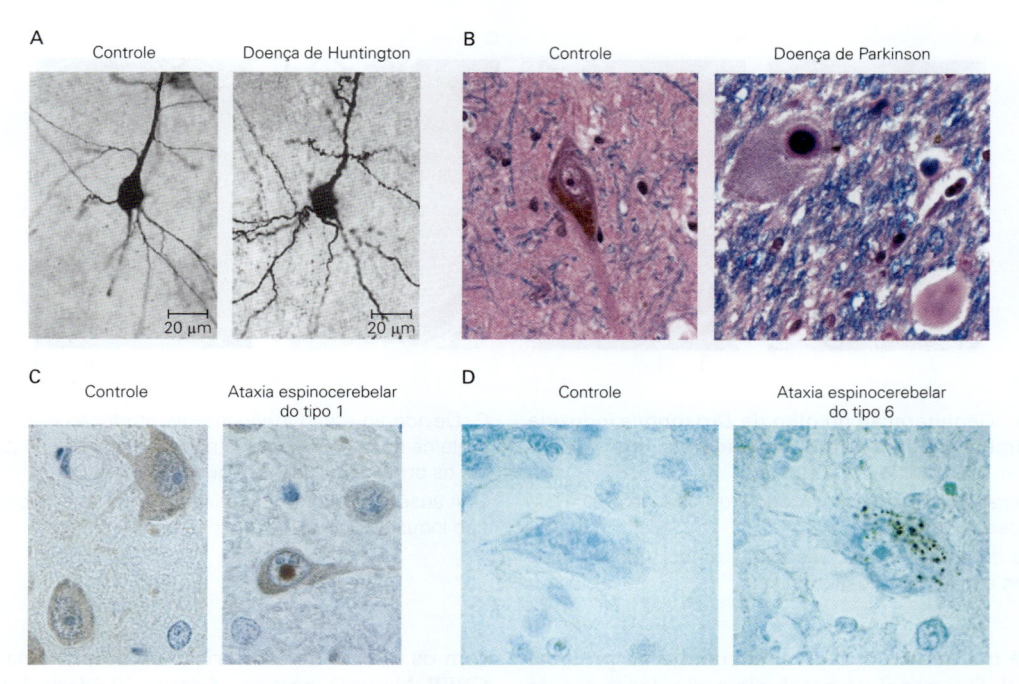

FIGURA 63-4 Características neuropatológicas de doenças neurodegenerativas selecionadas.
A. Comparação entre um neurônio espinhoso normal do núcleo caudado e um neurônio espinhoso afetado pela doença de Huntington. Observe a acentuada curvatura dos ramos dendríticos terminais no neurônio afetado. (Imagem do neurônio na doença de Huntington reproduzida, com autorização, de Marian Di Figlia e J.-P. Vonsattel.)
B. Neurônio pigmentado dopaminérgico na substância negra, com a inclusão citoplasmática clássica (corpo de Lewy). A inclusão citoplasmática circular está rodeada por um halo claro. Recentes evidências bioquímicas e de microscopia eletrônica indicam que os principais componentes dos corpos de Lewy são sinucleína, ubiquitina e neurofilamentos anormalmente fosforilados, que formam um novelo compacto não delimitado por membrana no corpo da célula. Os corpos de Lewy extracelulares ocorrem após a morte e desintegração neuronal.
C. Um neurônio com uma inclusão nuclear típica, quase tão grande quanto o nucléolo, e outra célula de Purkinje com um vacúolo considerável e edema axonal conhecido como torpedo.
D. Como a ataxia espinocerebelar tipo 6 resulta de uma expansão repetida em *CACNA1A*, que codifica um canal de cálcio, a marcação de *CACNA1A* ocorre difusamente em todo o citoplasma, e não no núcleo.

degradação ubiquitina-proteassomo sugere que a expansão da série de glutamina altera o estado de enovelamento da proteína nativa, que por sua vez recruta a atividade da maquinaria de enovelamento e degradação de proteínas. Quando essa maquinaria não consegue processar as moléculas de proteína, elas se acumulam, por fim formando agregados. Evidências em favor dessa ideia vieram pela primeira vez de observações em cultura de células em que a superprodução de chaperonas reduz a agregação de proteínas e mitiga a toxicidade de séries expandidas de glutamina em proteínas. Em contrapartida, o bloqueio do proteassomo inibe a degradação proteica e, assim, aumenta a agregação e a toxicidade. Estudos genéticos em moscas e camundongos fornecem resultados ainda mais convincentes. A produção exagerada de pelo menos uma chaperona, como Hsp70, Hsp40 ou proteína tetratricopeptídeo 2, suprime a toxicidade da poliglutamina em *Drosophila* e reduz a degeneração em modelos de camundongos da doença de Parkinson e vários tipos de ataxia. Por outro lado, a perda da função de chaperonas piora os fenótipos neurodegenerativos (**Figura 63-5**).

A importância da via ubiquitina-proteassomo e da degradação de proteínas nas SCAs é, ainda, apoiada pela modificação genética em modelos animais. Em um modelo de SCA1 em *Drosophila*, a insuficiência haploide para ubiquitina, enzimas transportadoras de ubiquitina, ou uma hidrolase ubiquitina carboxiterminal, piora a neurodegeneração. Parece que as inclusões são parte da tentativa da célula de sequestrar a proteína mutante e, assim, limitar seus efeitos tóxicos. As células que são incapazes de formar agregados sofrem os piores danos da toxicidade da poliglutamina. De fato, os modelos de camundongo *knock-in* de SCA tipos 1 e 7 mostram, de forma conclusiva, que as células que formam agregados sobrevivem por mais tempo. As células cerebelares de Purkinje, os principais alvos desta doença, são as últimas a formar agregados nucleares.

Na doença de Huntington, a proteína huntingtina expandida é facilmente clivada por proteases, mas os fragmentos são tóxicos para a célula, interferindo na transcrição e desregulando a atividade da dinamina-1. A Huntingtina expandida ativa a via da autofagia através da repressão da mTOR (de *mammalian target of rapamycin*), mas os autofagossomos resultantes são defeituosos e não podem ajudar os neurônios a degradar proteínas agregadas. Finalmente, a proteína huntingtina expandida forma agregados. Alguns estudos sugerem que esses agregados são prejudiciais à célula, enquanto outros estudos mostraram que eles são

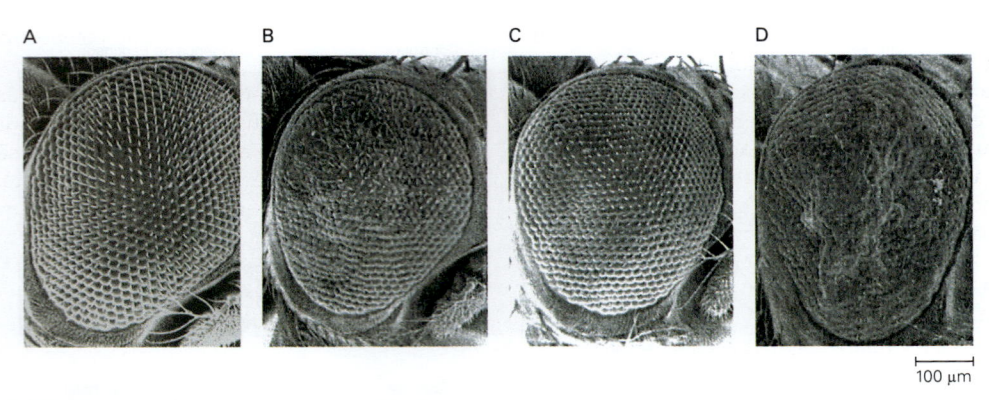

FIGURA 63-5 Degeneração no olho de *Drosophila* induzida por poliglutamina e o efeito de modificadores. (Imagens reproduzidas, com autorização, de J. Botas.)
A. Uma micrografia eletrônica de varredura do olho de uma mosca com omatídeos normais.
B. Omatídeos de uma mosca transgênica tendo uma proteína com repetições expandidas de glutamina.
C. Devido ao efeito atenuante da produção exacerbada de uma proteína de choque térmico no fenótipo induzido por poliglutamina, os omatídeos parecem quase normais.
D. A ausência de outra proteína de choque térmico agrava o fenótipo induzido por poliglutamina.

protetores, já que reduzem o nível circulante da proteína tóxica solúvel. Seu papel na patologia pode depender do estágio da doença e de quais proteínas de interação se acumulam mutuamente nos agregados.

Estudos da doença de Parkinson mostram ainda mais a importância da via da ubiquitina-proteassomo e revelam paralelos adicionais com as doenças de poliglutamina. Primeiro, estudos focados na α-sinucleína mostraram que as formas ubiquitinadas da proteína se acumulam nos corpos de Lewy, e que a ubiquitinação regula a estabilidade da α-sinucleína. Segundo, estudos recentes identificaram NEDD4 como uma ubiquitina-ligase E3 que tem como alvo a α-sinucleína, e USP9X como uma enzima desubiquitinante que remove a modificação. Outros estudos identificaram a parkina como uma ubiquitina ligase E3 que tem como alvo muitas proteínas mitocondriais diferentes e é importante para o controle de qualidade mitocondrial.

Como o enovelamento alterado da α-sinucleína ou de séries expandidas de glutamina interrompem a função neuronal? Uma proteína que resiste à degradação pode permanecer muito tempo na célula, desempenhando sua função normal por mais tempo do que deveria; a conformação alterada também pode fazer com que ela favoreça certas interações de proteínas em detrimento de outras. Isto é o que acontece com a ataxina-1 expandida com glutamina: parte do ganho de função tóxica envolve ligação prolongada com Capicua e alterações subsequentes em sua atividade transcricional.

O enovelamento modificado de proteínas induz alterações patológicas na expressão gênica

Uma das principais consequências do enovelamento alterado de proteínas resultantes de séries expandidas de glutamina é a alteração na expressão gênica. Suspeitou-se disso pela primeira vez quando se percebeu que a maioria das proteínas mutantes se acumulava no núcleo da célula, e que elas interagiam ou afetavam a função dos principais reguladores da transcrição. Por exemplo, a huntingtina interage com os fatores de transcrição como proteína de ligação a CREB, NeuroD, proteína de especificidade-1, fator nuclear-γB e proteína supressora de tumor 53 (p53), entre outros. A interrupção dessas interações secundárias à expansão da poliglutamina leva a uma miríade de alterações transcricionais observadas no estado da doença.

Alterações na expressão de genes estão entre os primeiros acontecimentos na patogênese, ocorrendo alguns dias após a expressão do transgene mutante em modelos em camundongos de SCA1 e de doença de Huntington. Muitos dos genes cuja expressão é alterada estão envolvidos na homeostase do Ca^{2+}, apoptose, controle do ciclo celular, reparo de DNA, transmissão sináptica e transdução de eventos sensoriais em sinais neurais. Em modelos de SCA1 em moscas, vários modificadores do fenótipo neurodegenerativo são cofatores de transcrição. A superprodução de proteínas poliglutamina também pode reduzir os níveis de acetilação de histonas nas células, um efeito que pode ser revertido pela superprodução de proteína de ligação a CREB. Finalmente, a ataxina-1 está em um complexo nativo com o repressor transcricional Capicua; assim, alguns dos efeitos de ganho de função envolvem um ganho de repressão mediada por Capicua.

A disfunção mitocondrial agrava as doenças neurodegenerativas

Estudos morfológicos e funcionais fornecem evidências de disfunção mitocondrial em distúrbios de poliglutamina e doença de Parkinson. Mitocôndrias de linfoblastos de pacientes com doença de Huntington, bem como mitocôndrias de células do encéfalo de um modelo de camundongo transgênico para a doença de Huntington, têm um menor potencial de membrana e despolarizam com cargas mais baixas de Ca^{2+} do que mitocôndrias-controle.

Muitas proteínas implicadas na doença de Parkinson afetam a função e a integridade mitocondrial. Por exemplo, estudos em *Drosophila* mostraram que a perda de PINK1 leva à disfunção mitocondrial, ao comprometimento do neurônio dopaminérgico e a anormalidades motoras que podem ser resgatadas pela parkina. Esses estudos levaram à descoberta de que PINK1 e parkina regulam a renovação mitocondrial na célula, em um processo denominado mitofagia. Assim, considerando as funções e interações dessas proteínas, a disfunção mitocondrial é provavelmente um dos principais contribuintes para o fenótipo da doença de Parkinson.

A apoptose e a atividade de caspases modificam a gravidade da neurodegeneração

Embora os estudos da maioria das doenças neurodegenerativas demonstrem que os sintomas aparecem muito antes da morte celular detectável, a perda de neurônios é uma marca registrada do estágio final de todos esses distúrbios. Dois fatores principais estão implicados na morte de neurônios: homeostase alterada do Ca^{2+} e diminuição da indução de fatores de sobrevivência neuronal, como fator neurotrófico derivado do encéfalo na doença de Huntington. Há, no entanto, evidências específicas de que a atividade da caspase crítica para a apoptose é um fator contribuinte em doenças neurodegenerativas. Algumas das proteínas poliglutamina, como huntingtina, receptor de andrógeno, ataxina-3 e atrofina-1, são substratos para caspases *in vitro*. Isso levanta a possibilidade de que a caspase libere fragmentos dessas proteínas com séries expandidas de glutamina. Como observado acima, os fragmentos são mais prejudiciais do que a proteína com o comprimento total.

A huntingtina intranuclear aumenta a produção de caspase-1 nas células, o que poderia levar à apoptose e à ativação da caspase-3. Hip-1, uma proteína que interage com a huntingtina, forma um complexo que ativa a caspase-8. Esse processo pode ser aumentado com a expansão de glutaminas na huntingtina, uma vez que Hip-1 se liga menos avidamente à huntingtina mutante do que à proteína de tipo selvagem. Em *Drosophila*, a produção da proteína antiapoptótica p35 resulta em resgate parcial da perda de pigmento induzida pela ataxina-3 mutante.

Em resumo, as expansões de séries de poliglutamina, assim como as diversas mutações com troca de sentido em proteínas implicadas em doenças neurodegenerativas, alteram a proteína do hospedeiro, levando a seu acúmulo ou a interações anormais. A disfunção neuronal resulta de efeitos a jusante de tais interações anormais (**Figura 63-6**).

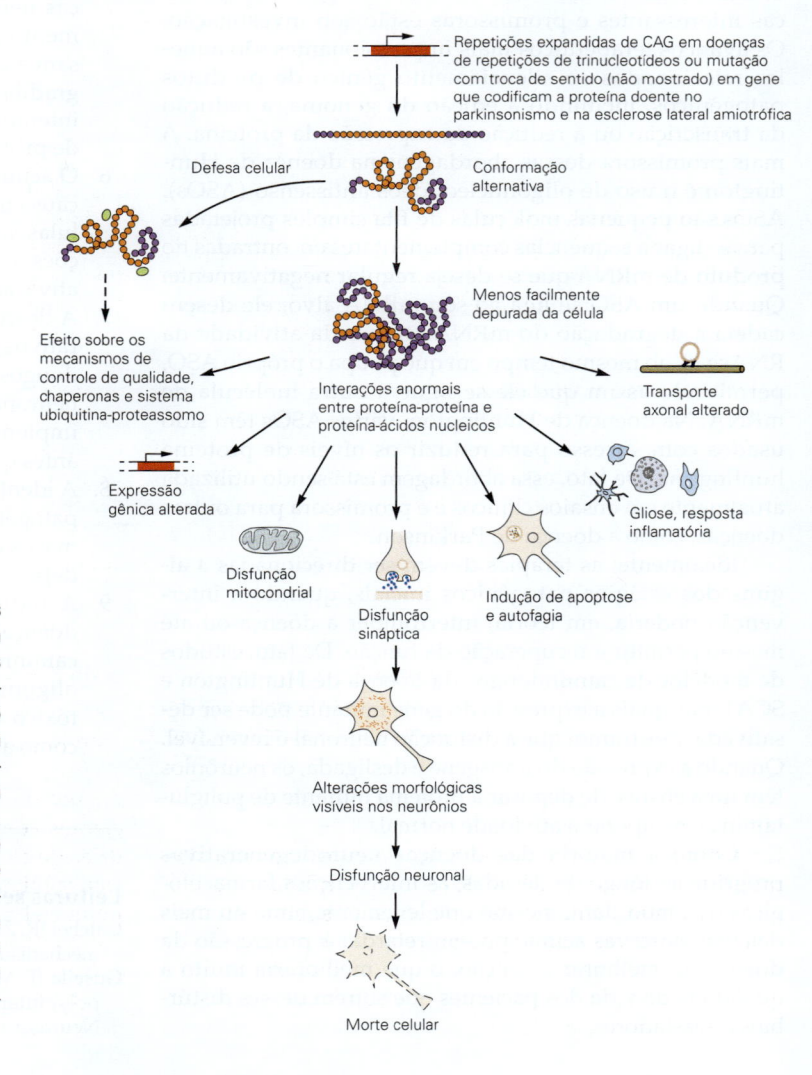

FIGURA 63-6 Modelo atual de patogênese das proteinopatias. A proteína causadora da doença adota uma conformação alternativa que altera suas interações com outras proteínas, DNA ou RNA, alterando a expressão gênica e possivelmente gerando uma resposta inflamatória. Esses eventos iniciais na patogênese ocorrem anos antes de os sintomas aparecerem. Uma vez que esta conformação alternativa é mais difícil para a célula se redobrar ou degradar, os níveis de estado estacionário da proteína mutante aumentam lentamente ao longo de um período de décadas. À medida que os níveis da proteína mutante aumentam, o neurônio tenta sequestrar a proteína mutante e forma agregados. À medida que a doença progride, esses próprios depósitos proteicos podem afetar as interações proteicas ou comprometer o sistema de controle de qualidade das proteínas.

O entendimento da dinâmica molecular das doenças neurodegenerativas proporciona abordagens para a intervenção terapêutica

A descoberta das bases genéticas e dos mecanismos patogênicos de várias doenças neurodegenerativas nos fornece a esperança de que em breve surgirão terapias para essas doenças. A terapia de reposição de dopamina tem sido até agora a única opção farmacológica para a doença de Parkinson, mas não é a ideal. Os pacientes tendem a desenvolver tolerância e requerem doses cada vez mais altas dos medicamentos, que por sua vez causam um efeito colateral conhecido como discinesias induzidas pela levodopa. Os movimentos incontroláveis da discinesia logo se tornam tão perturbadores quanto os sintomas motores originalmente tratados. Os avanços na estimulação encefálica profunda são promissores, mas o procedimento é invasivo e, portanto, reservado para a doença de Parkinson refratária a medicamentos.

Pacientes com doença de Huntington e SCA estão em pior situação. Nenhum tratamento que retarde a perda progressiva da coordenação motora está disponível atualmente. No entanto, várias abordagens terapêuticas interessantes e promissoras estão sob investigação. Os avanços terapêuticos mais impressionantes são aqueles relacionados ao silenciamento gênico de produtos patogênicos, incluindo a edição do genoma, a redução da transcrição ou a redução da expressão da proteína. A mais promissora dessas abordagens na doença de Huntington é o uso de oligonucleotídeos antissenso (ASOs). ASOs são pequenas moléculas de fita simples projetadas para se ligar a sequências complementares encontradas no produto de mRNA que se deseja regular negativamente. Quando um ASO se liga ao seu mRNA alvo, ele desencadeia a degradação do mRNA através da atividade da RNAse H, ao mesmo tempo em que poupa o próprio ASO, permitindo assim que ele se ligue a outra molécula de mRNA. Na doença de Huntington, vários ASOs têm sido usados com sucesso para reduzir os níveis de proteína huntingtina. De fato, essa abordagem está sendo utilizada atualmente em ensaios clínicos e é promissora para outras doenças, como a doença de Parkinson.

Idealmente, as terapias devem ser direcionadas a alguns dos estágios patogênicos iniciais, quando a intervenção poderia, em teoria, interromper a doença ou até mesmo permitir a recuperação da função. De fato, estudos de modelos de camundongos da doença de Huntington e SCA1, nos quais a expressão do gene mutante pode ser desativada, mostraram que a disfunção neuronal é reversível. Quando a expressão do transgene é desligada, os neurônios têm uma chance de depurar a proteína mutante de poliglutamina e recuperar a atividade normal.

Como a maioria das doenças neurodegenerativas progride ao longo de décadas, as intervenções farmacológicas que modulam, mesmo que levemente, uma ou mais das vias descritas acima, podem retardar a progressão da doença ou melhorar a função, o que melhoraria muito a qualidade de vida dos pacientes que sofrem desses distúrbios devastadores.

Destaques

1. As doenças neurodegenerativas de início tardio afetam coletivamente mais de 25 milhões de pessoas em todo o mundo, e prevê-se que a prevalência das doenças de Alzheimer e Parkinson aumentará, dada a tendência crescente da expectativa de vida.

2. A identificação dos genes causadores de várias formas de parkinsonismo e de doenças neurodegenerativas de poliglutamina tem permitido a classificação e o diagnóstico preciso dessas doenças clinicamente heterogêneas.

3. Embora o produto do gene que conduz a doença seja amplamente expresso no encéfalo, há uma vulnerabilidade neuronal seletiva em todos os distúrbios neurodegenerativos com início na idade adulta. Talvez um leve aumento na abundância da proteína e/ou de moléculas com interação proteica possa explicar tal vulnerabilidade seletiva.

4. A disfunção mitocondrial é comum na doença de Parkinson; alguns dos genes mutados na doença de Parkinson regulam o *turnover* mitocondrial.

5. Estudos em cultura de células e em modelos animais revelaram um mecanismo patogênico comum a doenças neurodegenerativas de início adulto: o enovelamento incorreto de proteínas. As mutações que causam a conformação alterada das respectivas proteínas gradualmente induzem a disfunção neuronal, quer por interações entre proteínas anormais, quer por acúmulo de proteínas intracelulares com atividade alterada.

6. O acúmulo de proteínas expandidas de poliglutamina causa uma variedade de alterações moleculares nas células, incluindo alterações na expressão gênica, alterações na homeostase do Ca^{2+}, disfunção mitocondrial e ativação de caspases.

7. A descoberta de que muitos distúrbios neurodegenerativos adultos são reversíveis em modelos de camundongos dá esperança de que algumas das disfunções neuronais possam ser resgatadas se um tratamento for implementado cedo o suficiente no curso da doença, antes que ocorra a morte celular.

8. A identificação de vias que mediam alguns dos efeitos patogênicos provavelmente levará à descoberta de fármacos que podem ser primeiro testados em animais e depois aplicados s em humanos.

9. A redução dos níveis de proteínas causadoras de doenças pode diminuir seus efeitos tóxicos. Isso abre caminho para estratégias terapêuticas que empregam oligonucleotídeos antissenso direcionados ao RNA tóxico ou que usam pequenas moléculas que tenham como alvo os reguladores da proteína tóxica.

Huda Y. Zoghbi

Leituras selecionadas

Gatchel JR, Zoghbi HY. 2005. Diseases of unstable repeat expansion: mechanisms and common principles. Nat Rev Genet 6:743–755.

Gusella JF, MacDonald ME. 2000. Molecular genetics: unmasking polyglutamine triggers in neurodegenerative disease. Nat Rev Neurosci 1:109–115.

Haelterman NA, Yoon WH, Sandoval H, et al. 2014. A mitocentric view of Parkinson's disease. Annu Rev Neurosci 37:137–159.

Laforet GA, Sapp E, Chase K, et al. 2001. Changes in cortical and striatal neurons predict behavioral and electrophysiological abnormalities in a transgenic murine model of Huntington's disease. J Neurosci 21:9112–9123.

Moore DJ, West AB, Dawson VL, Dawson TM. 2005. Molecular pathophysiology of Parkinson's disease. Annu Rev Neurosci 28:57–87.

Pickrell AM, Youle RJ. 2015. The roles of PINK1, parkin, and mitochondrial fidelity in Parkinson disease. Neuron 85:257–273.

Sherman MY, Goldberg AL. 2001. Cellular defenses against unfolded proteins: a cell biologist thinks about neurodegenerative diseases. Neuron 1:15–32.

Steffan JS, Bodai L, Pallos J, et al. 2001. Histone deacetylase inhibitors arrest polyglutamine-dependent neurodegeneration in *Drosophila*. Nature 413:739–743.

Wong Y, Krainc D. 2017. α-Synuclein toxicity in neurodegeneration: mechanism and therapeutic strategies. Nat Med 23:1–13.

Zoghbi HY, Orr HT. 2009. Pathogenic mechanisms of a polyglutamine-mediated neurodegenerative disease, spinocerebellar ataxia type 1. J Biol Chem. 284:7425–7429.

Referências

Alexopoulou, Z, Lang J, Perrett RM, et al. 2016. Deubiquitinase Usp8 regulates α-synuclein clearance and modifies its toxicity in Lewy body disease. Proc Natl Acad of Sci U S A 113:4688–4697.

Alves-Cruzeiro JM, Mendonça L, Pereira de Almeida L, Nóbrega C. 2016. Motor dysfunctions and neuropathology in mouse models of spinocerebellar ataxia type 2: a comprehensive review. Front Neurosci 10:572.

Auluck PK, Chan HY, Trojanowski JQ, Lee VM, Bonini NM. 2002. Chaperone suppression of α-synuclein toxicity in a *Drosophila* model for Parkinson's disease. Science 295:865–888.

Bonifati V. 2012. Autosomal recessive parkinsonism. Parkinsonism Relat Disord 18:S4–S6.

Bonini NM, Gitler AD. 2011. Model organisms reveal insight into human neurodegenerative disease: ataxin-2 intermediate-length polyglutamine expansions are a risk factor for ALS. J Mol Neurosci 45:676–683.

Burré, J. 2015. The synaptic function of α-synuclein. J Parkinson Dis 5:699–713.

Chai Y, Koppenhafer SL, Bonini NM, Paulson HL. 1999. Analysis of the role of heat shock protein (Hsp) molecular chaperones in polyglutamine disease. J Neurosci 19:10338–10347.

Chesselet M.-F, Richter F, Zhu C, et al. 2012. A progressive mouse model of Parkinson's disease: the thy1-aSyn ('Line 61') Mice. Neurotherapeutics 9:297–314.

Cummings CJ, Mancini MA, Antalffy B, et al. 1998. Chaperone suppression of ataxin-1 aggregation and altered subcellular proteasome localization imply protein misfolding in SCA1. Nat Genet 19:148–154.

Cummings CJ, Sun Y, Opal P, et al. 2001. Over-expression of inducible HSP70 chaperone suppresses neuropathology and improves motor function in *SCA1* mice. Hum Mol Genet 10:1511–1518.

Davies SW, Turmaine M, Cozens BA, et al. 1997. Formation of neuronal intranuclear inclusions underlies the neurological dysfunction in mice transgenic for the HD mutation. Cell 90:537–548.

Feany MB, Bender WW. 2000. A *Drosophila* model of Parkinson's disease. Nature 404:394–398.

Fernandez-Funez P, Nino-Rosales ML, de Gouyon B, et al. 2000. Identification of genes that modify ataxin-1-induced neurodegeneration. Nature 408:101–106.

Fryer JD1, Yu P, Kang H, et al. 2011. Exercise and genetic rescue of SCA1 via the transcriptional repressor Capicua. Science. 334:690–3.

Fujioka S, Wszolek ZK. 2012. Update on genetics of parkinsonism. Neurodegener Dis 10:257–260.

Gennarino VA, Singh RK, White JJ, et al. 2015. Pumilio1 haploinsufficiency leads to SCA1-like neurodegeneration by increasing wild-type Ataxin1 levels. Cell 160:1087–1098.

Hagerman RJ, Hagerman PJ. 2002. The fragile X premutation: into the phenotypic fold. Curr Opin Genet Dev 12:278–283.

Holmes SE, O'Hearn EE, McInnis MG, et al. 1999. Expansion of a novel CAG trinucleotide repeat in the 5' region of PPP2R2B is associated with SCA12. Nat Genet 23:391–392.

Huynh DP, Del Bigio MR, Ho DH, Pulst SM. 1999. Expression of ataxin-2 in brains from normal individuals and patients with Alzheimer's disease and spinocerebellar ataxia 2. Ann Neurol 45:232–241.

Huynh DP, Figueroa K, Hoang N, Pulst SM. 2000. Nuclear localization or inclusion body formation of ataxin-2 are not necessary for SCA2 pathogenesis in mouse or human. Nat Genet 26:44–50.

Kegel KB, Kim M, Sapp E, McIntyre C, Castano JG, Aronin N, DiFiglia M. 2000. Huntingtin expression stimulates endosomal-lysosomal activity, endosome tubulation, and autophagy. J Neurosci 20:7268-7278.

Koob MD, Moseley ML, Schut LJ, et al. 1999. An untranslated CTG expansion causes a novel form of spinocerebellar ataxia (SCA8). Nat Genet 21:379–384.

Kruger R, Kuhn W, Muller T, et al. 1998. Ala30Pro mutation in the gene encoding α-synuclein in Parkinson's disease. Nat Genet 18:106–108.

La Spada AR, Fu YH, Sopher BL, et al. 2001. Polyglutamine-expanded ataxin-7 antagonizes CRX function and induces cone-rod dystrophy in a mouse model of SCA7. Neuron 31:913–927.

Leroy E, Boyer R, Auburger G, Leube B, et al. 1998. The ubiquitin pathway in Parkinson's disease. Nature 395:451–452.

Lucking CB, Durr A, Bonifati V, et al. 2000. Association between early-onset Parkinson's disease and mutations in the *parkin* gene. N Engl J Med 342:1560–1567.

Luthi-Carter R, Strand A, Peters NL, et al. 2000. Decreased expression of striatal signaling genes in a mouse model of Huntington's disease. Hum Mol Genet 9:1259–1271.

Masliah E, Rockenstein E, Veinbergs I, et al. 2000. Dopaminergic loss and inclusion body formation in α-synuclein mice: implications for neurodegenerative disorders. Science 287:1265–1269.

Matsuura T, Yamagata T, Burgess DL, et al. 2000. Large expansion of the ATTCT pentanucleotide repeat in spinocerebellar ataxia type 10. Nat Genet 26:191–194.

McCampbell A, Taye AA, Whitty L, Penney E, Steffan JS, Fischbeck KH. 2001. Histone deacetylase inhibitors reduce polyglutamine toxicity. Proc Natl Acad Sci U S A 98:15179–15184.

Miller J, Arrasate M, Shaby BA, Mitra S, Masliah E, Finkbeiner S. 2010. Quantitative relationships between huntingtin levels, polyglutamine length, inclusion body formation, and neuronal death provide novel insight into Huntington's disease molecular pathogenesis. J. Neurosci. 30:10541–10550.

Nakamura K, Jeong SY, Uchihara T, et al. 2001. SCA17, a novel autosomal dominant cerebellar ataxia caused by an expanded polyglutamine in TATA-binding protein. Hum Mol Genet 10:1441–1448.

Nalls MA, Pankratz N, Lill CM, et al. 2014. Large-scale meta-analysis of genome-wide association data identifies six new risk loci for Parkinson's disease. Nat Genet 46:989–993.

Nucifora FC, Sasaki M, Peters MF, et al. 2001. Interference by huntingtin and atrophin-1 with cbp-mediated transcription leading to cellular toxicity. Science 291:2423–2428.

Orr HT, Zoghbi HY. 2007. Trinucleotide repeat disorders. Annu Rev Neurosci 30:575–621.

Panov AV, Gutekunst CA, Leavitt BR, et al. 2002. Early mitochondrial calcium defects in Huntington's disease are a direct effect of polyglutamines. Nat Neurosci 5:731–736.

Park J, Al-Ramahi I, Tan Q, et al. 2013. RAS-MAPK-MSK1 pathway modulates ataxin 1 protein levels and toxicity in SCA1. Nature 498:325–331.

Piedras-Renteria ES, Watase K, Harata N, et al. 2001. Increased expression of alpha 1A Ca^{2+} channel currents arising from expanded trinucleotide repeats in spinocerebellar ataxia type 6. J Neurosci 21:9185–9193.

Polymeropoulos MH, Lavedan C, Leroy E, et al. 1997. Mutation in the α-*synuclein* gene identified in families with Parkinson's disease. Science 276:2045–2047.

Ramachandran PS, Boudreau RL, Schaefer KA, La Spada AR, Davidson BL. 2014. Nonallele specific silencing of ataxin-7 improves disease phenotypes in a mouse model of SCA7. Mol Ther 22:1635–1642.

Ravikumar B, Vacher C, Berger Z, et al. 2004. Inhibition of mTOR induces autophagy and reduces toxicity of polyglutamine expansions in fly and mouse models of Huntington disease. Nat Genet 36:585–595.

Rott R, Szargel R, Haskin J. 2011. α-Synuclein fate is determined by USP9X-regulated monoubiquitination. Proc Natl Acad Sci U S A 108:18666–18671.

Saudou F, Humbert S. 2016. The biology of huntingtin. Neuron 89:910–926.

Sidransky E, Lopez G. 2012. The link between the GBA gene and parkinsonism. Lancet Neurol 11:986–998.

Singleton AB, Farrer M, Johnson J, et al. 2003. α-*Synuclein* locus triplication causes Parkinson's disease. Science 302:841.

Smith WW, Pei Z, Jiang H, et al. 2005. Leucine-rich repeat kinase 2 (LRRK2) interacts with parkin, and mutant LRRK2 induces neuronal degeneration. Proc Natl Acad Sci U S A 102:18676–18681.

Surmeier JD, Guzman JN, Sanchez-Padilla J, Schumacker PT. 2011. The role of calcium and mitochondrial oxidant stress in the loss of substantia nigra pars compacta dopaminergic neurons in Parkinson's disease. Neuroscience 198:221–231.

Valente EM, Abou-Sleiman PM, Caputo V, et al. 2004. Hereditary early-onset Parkinson's disease caused by mutations in PINK1. Science 304:1158–1160.

Vonsattel JP, DiFiglia M. 1998. Huntington's disease. J Neuropathol Exp Neurol 57:369–384.

Warrick JM, Chan HY, Gray-Board GL, Chai Y, Paulson HL, Bonini NM. 1999. Suppression of polyglutamine-mediated neurodegeneration in *Drosophila* by the molecular chaperone HSP70. Nat Genet 23:425–428.

Wyant KJ, Riddler AJ, Dayalu P. 2017. Huntington's disease—update on treatments. Curr Neurol Neurosci Rep 17:1–11.

Zhang S, Xu L, Lee J, Xu T. 2002. *Drosophila* atrophin homolog functions as a transcriptional corepressor in multiple developmental processes. Cell 108:45–56.

Zu T, Duvick LA, Kaytor MD, et al. 2004. Recovery from polyglutamine-induced neurodegeneration in conditional SCA1 transgenic mice. J Neurosci 24:8853–8861.

64

Envelhecimento do encéfalo

A estrutura e a função do encéfalo mudam com a idade

O declínio cognitivo é significativo e debilitante em parte substancial dos idosos

A doença de Alzheimer é a causa mais comum de demência

Na doença de Alzheimer, o encéfalo está alterado por atrofia, placas amiloides e emaranhados neurofibrilares

    As placas amiloides contêm peptídeos tóxicos que contribuem para a fisiopatologia do Alzheimer

    Os emaranhados neurofibrilares contêm proteínas associadas a microtúbulos

    Fatores de risco para a doença de Alzheimer foram identificados

Atualmente há bons critérios para o diagnóstico da doença de Alzheimer, mas as possibilidades de tratamento são pouco satisfatórias

Destaques

A EXPECTATIVA MÉDIA DE VIDA NOS ESTADOS UNIDOS em 1900 era de cerca de 50 anos. Em 2015, ela era de aproximadamente 77 anos para homens e 82 para mulheres (**Figura 64-1**) A média é ainda maior em outros 30 países. Esse aumento resultou principalmente de uma redução na mortalidade infantil, do desenvolvimento de vacinas e antibióticos, de uma melhor nutrição, de um aprimoramento nas medidas de saúde pública e de avanços no tratamento e na prevenção de doenças cardíacas e de acidentes vasculares encefálicos. Em função do aumento na expectativa de vida, junto com a coorte de indivíduos nascidos no período de alta taxa de natalidade (*baby boom*) que se seguiu à Segunda Guerra Mundial, os idosos são o segmento populacional que mais cresce nos Estados Unidos.

A longevidade aumentada é uma faca de dois gumes, uma vez que as alterações cognitivas relacionadas à idade são crescentemente prevalentes. A magnitude das alterações varia amplamente entre os indivíduos. Para muitos, as alterações são pequenas e têm relativamente pouco impacto em sua qualidade de vida – são lapsos momentâneos, com os quais é possível fazer piada ("estou ficando velho").

Outros prejuízos cognitivos, embora não debilitantes, podem causar problemas que comprometem a capacidade do idoso de dirigir sua vida de forma independente. As demências, contudo, corroem a razão e a memória e alteram a personalidade. Dessas, a doença de Alzheimer é a mais prevalente.

Conforme a população envelhece, neurocientistas, neurologistas e psicólogos têm dedicado mais energia ao entendimento das alterações encefálicas relacionadas ao envelhecimento. A motivação principal das pesquisas acerca do envelhecimento tem sido descobrir tratamentos para a doença de Alzheimer e outras demências, mas também é importante compreender o processo normal de declínio cognitivo com a idade, a qual é, afinal, o maior fator de risco para uma grande variedade de doenças neurodegenerativas. O entendimento das mudanças que acontecem no encéfalo humano à medida que ocorre o envelhecimento poderá não apenas melhorar a qualidade de vida para a população em geral, mas também fornecer informações que ajudarão a eliminar outras alterações patológicas, mesmo que aparentemente não relacionadas à idade.

Com isso em mente, este capítulo inicia com uma consideração sobre o envelhecimento normal do encéfalo. Após, será abordada a ampla variedade de alterações patológicas na cognição e, finalmente, será dado um foco na doença de Alzheimer.

A estrutura e a função do encéfalo mudam com a idade

À medida que se envelhece, o corpo muda – o cabelo fica mais fino, a pele enruga e as articulações estalam. Assim, não é de surpreender que o encéfalo também mude. De fato, as frequentemente observadas alterações comportamentais que ocorrem com a idade são sinais de alterações subjacentes no sistema nervoso. Por exemplo, conforme as habilidades motoras declinam, a postura se torna menos ereta, o andar se torna mais vagaroso, o comprimento dos passos se torna mais curto, e os reflexos posturais frequentemente se tornam lentos. Embora os músculos enfraqueçam e os

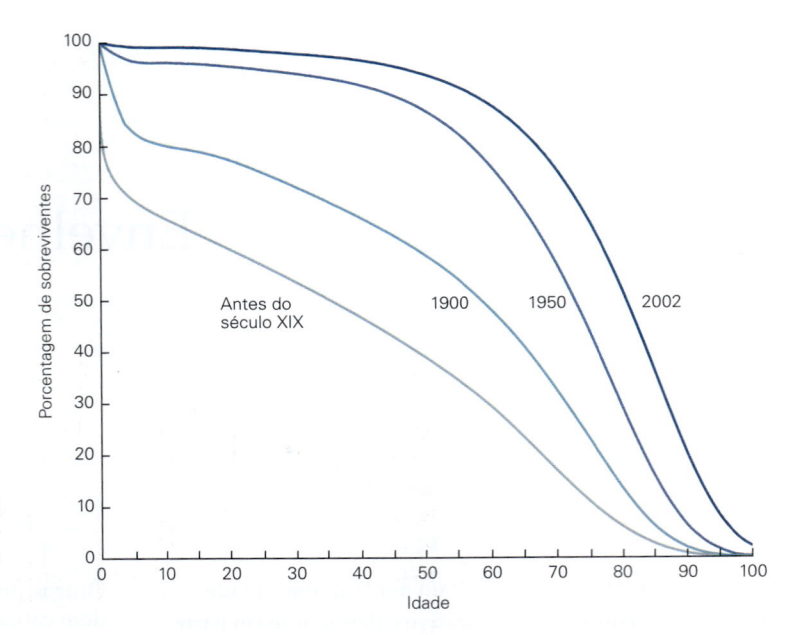

FIGURA 64-1 A expectativa de vida humana está aumentando. A expectativa média de vida nos Estados Unidos aumentou rapidamente ao longo dos últimos 100 anos. (Adaptada de Strehler, 1975; Arias, 2004.)

ossos tornem-se mais quebradiços, essas anormalidades motoras resultam principalmente de processos sutis, que envolvem o sistema nervoso periférico e o sistema nervoso central. Os padrões de sono também se alteram com a idade: pessoas mais velhas dormem menos e acordam com mais frequência. As funções mentais desempenhadas pelo prosencéfalo, como memória e capacidade de solucionar problemas, também diminuem.

Os declínios nas habilidades mentais relacionados à idade são altamente variáveis, tanto em frequência quanto em severidade (**Figura 64-2A**). Apesar de muitas pessoas experienciarem um declínio gradual na agilidade mental, para muitos, o declínio é rápido, enquanto outros retêm seu potencial cognitivo ao longo da vida – Giuseppe Verdi, Eleanor Roosevelt e Pablo Picasso são exemplos bem conhecidos desta última categoria. Ticiano continuou pintando obras de arte até seus 80 anos, e Sófocles teria escrito *Édipo em Colono* aos 92 anos. O fato de que são raros os casos de pessoas idosas com a função mental completamente preservada mostra que deve haver propriedades especiais nas experiências de vida ou nos genes dessas pessoas. Assim, tem havido grande interesse no estudo de indivíduos que retêm a cognição quase completamente intacta ao longo da décima ou mesmo da décima primeira década de vida. Esses centenários podem fornecer dados acerca de fatores ambientais ou genéticos que os protegem contra o declínio cognitivo normal relacionado à idade ou contra o devastador decaimento patológico em direção à demência. Uma variante de gene protetor, discutida mais adiante, é o alelo épsilon 2 do gene da apoliproteína E.

Um achado interessante que emergiu de estudos com muitos indivíduos é que algumas capacidades cognitivas declinam significativamente com a idade, enquanto outras são bastante poupadas (**Figura 64-2B**). Por exemplo, as memórias de trabalho e de longo prazo, as capacidades visuoespaciais (medidas pedindo-se ao indivíduo que organize blocos em um padrão ou desenhe uma figura tridimensional) e a fluência verbal (medida pela designação rápida de objetos ou pela listagem de tantas palavras quanto possível que comecem com determinada letra), em geral, declinam com a idade avançada. Por outro lado, medidas de vocabulário, informação e compreensão frequentemente mostram declínio mínimo em indivíduos normais ao longo da oitava década de vida.

Mudanças relacionadas à idade na memória, na atividade motora, no humor, no padrão de sono, no apetite e na função neuroendócrina resultam de alterações na estrutura e na função do encéfalo. Mesmo o mais saudável dos encéfalos, aos 80 anos de idade, não é igual ao que era aos 20 anos. Pessoas idosas apresentam uma leve contração no volume e uma perda no peso do encéfalo, assim como aumento dos ventrículos encefálicos (**Figura 64-3A**). A diminuição do peso encefálico é de em média 0,2% ao ano, iniciando com o adulto jovem, e de cerca de 0,5% ao ano por volta dos 70 anos.

Essas mudanças podem resultar da morte de neurônios. De fato, alguns neurônios são perdidos com a idade. Por exemplo, 25% ou mais dos neurônios motores que inervam os músculos esqueléticos morrem em indivíduos idosos que são, de modo geral, saudáveis. Como será visto, doenças neurodegenerativas como doença de Alzheimer aceleram marcadamente a morte dos neurônios (**Figura 64-3-B**). Na maioria das partes do encéfalo saudável, contudo, a perda neuronal provocada simplesmente pela idade é mínima ou inexistente, de modo que a contração deve surgir por outros fatores.

De fato, análises do encéfalo de seres humanos e de animais experimentais revelam alterações estruturais tanto em neurônios quanto na glia. A mielina é fragmentada e perdida, comprometendo a integridade da substância branca. Ao mesmo tempo, a densidade da arborização dendrítica dos neurônios no córtex e em outras estruturas diminui, resultando no encolhimento do neurópilo. Os níveis das

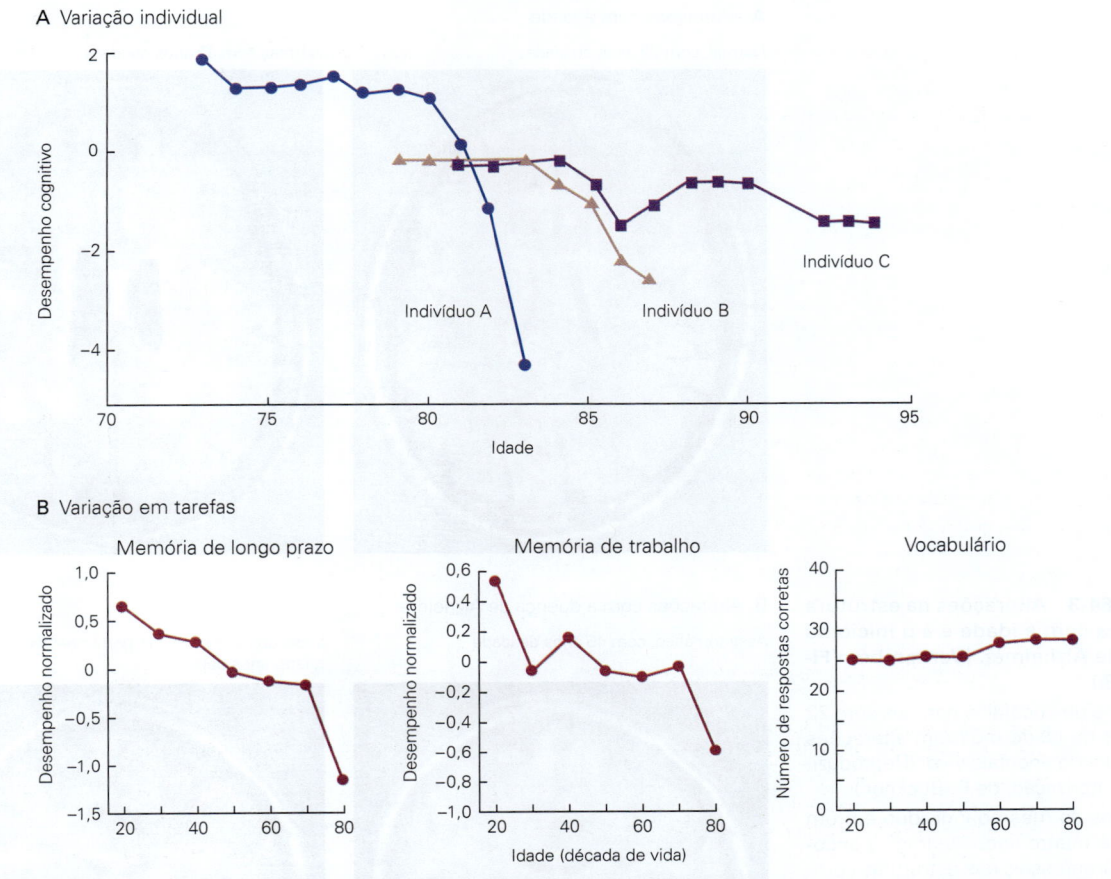

FIGURA 64-2 Há variações no declínio cognitivo relacionado à idade.

A. Escores de uma bateria de testes cognitivos aplicados anualmente a três pessoas durante décadas. A pessoa A apresentou declínio rápido. As pessoas B e C apresentaram desempenhos cognitivos semelhantes até os seus 80 e poucos anos e, então, passaram a divergir. (Adaptada de Rubin et al., 1998.)

B. Desempenhos médios em diversos testes cognitivos aplicados em um grande número de pessoas. A memória declarativa de longo prazo e a memória de trabalho declinam ao longo da vida, especialmente na velhice. Em contraste, o vocabulário conhecido é mantido. (Adaptada de Park et al., 1996.)

enzimas que sintetizam alguns neurotransmissores, como dopamina, noradrenalina e acetilcolina, diminuem com a idade, e esse declínio presumivelmente resulta em defeitos funcionais nas sinapses que utilizam esses transmissores. A estrutura sináptica também se altera, ao menos na junção neuromuscular (**Figura 64-4**), levantando à possibilidade de que alterações estruturais também levem a deficiências funcionais nas sinapses centrais. Finalmente, o número de sinapses no neocórtex e em muitas outras regiões do encéfalo também declina (**Figura 64-5**).

Essas alterações celulares interferem com a integridade dos circuitos neurais que mediam as atividades mentais. Acredita-se que a perda de sinapses, associada ao prejuízo na função das sinapses remanescentes, contribua de forma importante para o declínio cognitivo. As alterações na substância branca são amplas, mas não são especialmente notáveis nos córtices pré-frontal e temporal. Elas podem ser a base das alterações nas funções executivas e na capacidade de focalizar a atenção e codificar e armazenar a memória, funções que estão localizadas nos sistemas frontoestriatais e nos lobos temporais. Essa perda de substância branca também pode ajudar a explicar o recente achado de que o encéfalo do idoso apresenta menor capacidade de efetuar a sincronização de atividade em áreas amplamente separadas, e que normalmente trabalham em conjunto para o desempenho de atividades mentais complexas. A ruptura dessas redes de larga escala pode ser uma causa importante do declínio cognitivo.

Por muito tempo, acreditou-se que o envelhecimento resultava da deterioração progressiva de células e tecidos em função do acúmulo de danos genéticos ou de produtos tóxicos. A observação de que células mitóticas removidas de animais e colocadas em uma cultura de tecidos dividem-se apenas um número limitado de vezes antes de envelhecer e morrer apoiou essa ideia. Essa visão de um envelhecimento "pré-ordenado" está mudando radicalmente ao longo da última década, principalmente como resultado da descoberta, em organismos utilizados como modelos, de mutações que aumentam de modo significativo o tempo de vida (**Figura 64-6**).

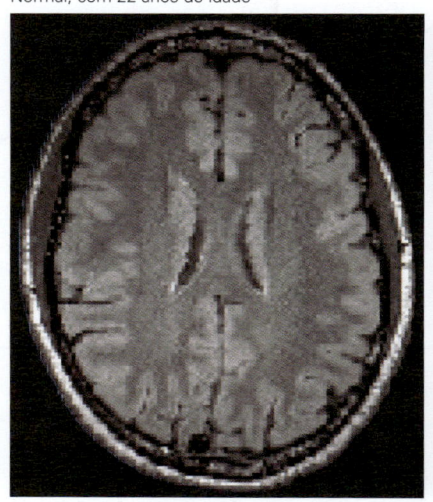

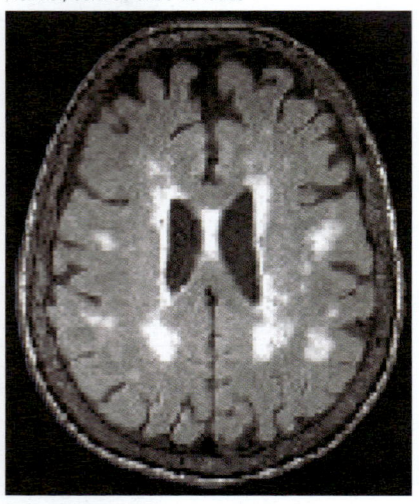

FIGURA 64-3 Alterações na estrutura encefálica com a idade e a o início da doença de Alzheimer. (Ver também **Figura 64-8**.)

A. Imagens de encéfalos normais com 22 e 89 anos de idade mostram alterações na estrutura do encéfalo vivo. (Reproduzida, com autorização, de R. Buckner.)

B. Imagens do mesmo indivíduo em um período de quatro anos ilustram o encolhimento progressivo das estruturas corticais e o início do aumento dos ventrículos (**em vermelho**). Essas alterações estruturais são evidentes antes do início dos sintomas comportamentais. (Reproduzida, com autorização, de N. Fox.)

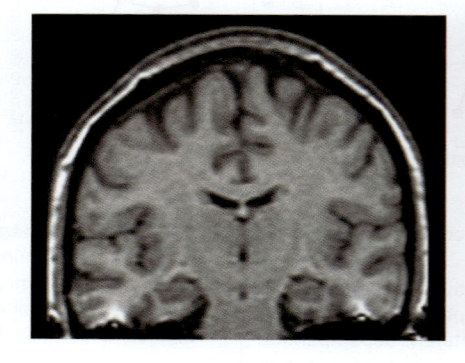

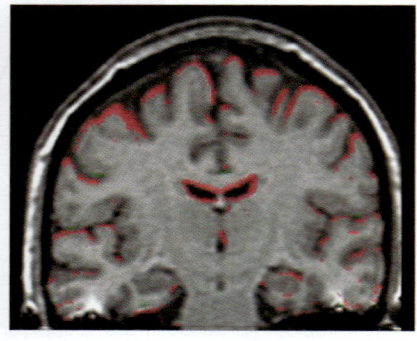

Tais descobertas notáveis estabeleceram que o processo de envelhecimento está sob controle genético ativo. Uma dessas vias reguladoras caracterizadas inclui a insulina e os fatores de crescimento semelhantes à insulina, seus receptores e os programas de sinalização que eles ativam. A interrupção na função desses genes leva a um aumento na resistência das células a danos oxidativos letais. Acredita-se que as formas normais desses genes foram selecionadas durante a evolução por beneficiarem o organismo durante o período reprodutivo. Seus efeitos deletérios sobre a longevidade, uma vez que o animal passa do período reprodutivo, podem ser um infeliz efeito colateral com o qual a evolução pouco se importa.

Esses achados têm duas importantes implicações para a compreensão de como o envelhecimento afeta o sistema nervoso. Primeiro, os mecanismos bioquímicos que nos protegem da devastação induzida pela idade ou que nos levam a ela provavelmente contribuem para as mudanças neuronais que levam ao declínio cognitivo associado ao envelhecimento. Pesquisas que investigam esse elo entre alterações celulares e funções cognitivas estão em andamento em organismos-modelo. Segundo, e talvez mais animador, pesquisas sobre as vias descobertas por estudos genéticos podem identificar estratégias farmacológicas ou ambientais para estender a longevidade e o período de saúde (o período durante o qual a pessoa se mantém geralmente saudável).

Até o momento, a estratégia ambiental mais bem validada para aumentar a duração da vida (em organismos que vão de fungos até primatas, passando por vermes) é a restrição calórica. Aparentemente, a restrição calórica atua por meio de genes na via da insulina, mencionada anteriormente, e pode envolver um conjunto de enzimas denominadas *sirtuínas*. As sirtuínas são ativadas por um composto chamado de *resveratrol*, originalmente isolado do vinho tinto. O resveratrol, por sua vez, quando administrado a camundongos, retarda alguns aspectos do envelhecimento, incluindo o declínio cognitivo. Embora seja improvável que o resveratrol venha a ser uma fonte da juventude para seres humanos, ele exemplifica as novas substâncias químicas que estão sendo estudadas. Essas estratégias químicas utilizam organismos-modelo para investigar não apenas os fatores que levam ao envelhecimento, mas também as restrições que impedem os organismos-modelo, e possivelmente os seres humanos, de manterem-se geralmente saudáveis ao longo de suas vidas.

cognitivo moderado (PCM). Essa síndrome é caracterizada por perda de memória com ou sem outros prejuízos cognitivos que vão além do que é visto no envelhecimento normal. Indivíduos com PCM podem conseguir desempenhar a maioria das atividades da vida diária, embora os prejuízos sejam notáveis aos outros e frequentemente influenciem a habilidade da pessoa afetada de conduzir algumas atividades que lhe são importantes ou prazerosas, como controlar suas finanças ou jogar jogos de palavras.

É importante frisar que o PCM é uma síndrome, não um diagnóstico. Muitos problemas subjacentes, como depressão, medicação excessiva, acidentes vasculares encefálicos e doenças neurodegenerativas podem contribuir para o PCM. Aproximadamente metade dos indivíduos com PCM apresentam doença de Alzheimer, e mais de 90% desse grupo irá progredir para um quadro de franca demência dentro de 5 anos, a contar do momento do diagnóstico da PCM (**Figura 64-7**). Como discutido abaixo, hoje há biomarcadores que podem sugerir a presença da fisiopatologia subjacente à doença de Alzheimer. Contudo, não há ainda bons biomarcadores preditores da progressão de pessoas com PCM resultante de outras doenças para o quadro de demência.

Como o PCM, a demência senil é uma síndrome que envolve prejuízo progressivo da memória e de outras habilidades cognitivas, como a linguagem, o discernimento, a capacidade de resolver problemas e de calcular ou a atenção. Ela é associada a várias doenças. Sendo a mais comum delas a doença de Alzheimer, como será discutido a seguir. A segunda causa mais comum em idosos é a doença cerebrovascular, especialmente como resultado de acidentes vasculares encefálicos que levam à isquemia focal e ao consequente infarto no encéfalo.

Grandes lesões no córtex estão frequentemente associadas a distúrbios de linguagem (afasias), hemiparesias ou síndromes de negligência, dependendo de quais partes do encéfalo estão comprometidas. Pequenos infartos da substância branca ou de estruturas mais profundas do encéfalo, denominados *lacunas*, também são consequência de hipertensão e diabetes. Em pequeno número, estes infartos podem ser assintomáticos, ou podem contribuir para o que parece ser um declínio cognitivo normal associado à idade ou a certos casos de PCM. À medida que as lesões vasculares aumentam em

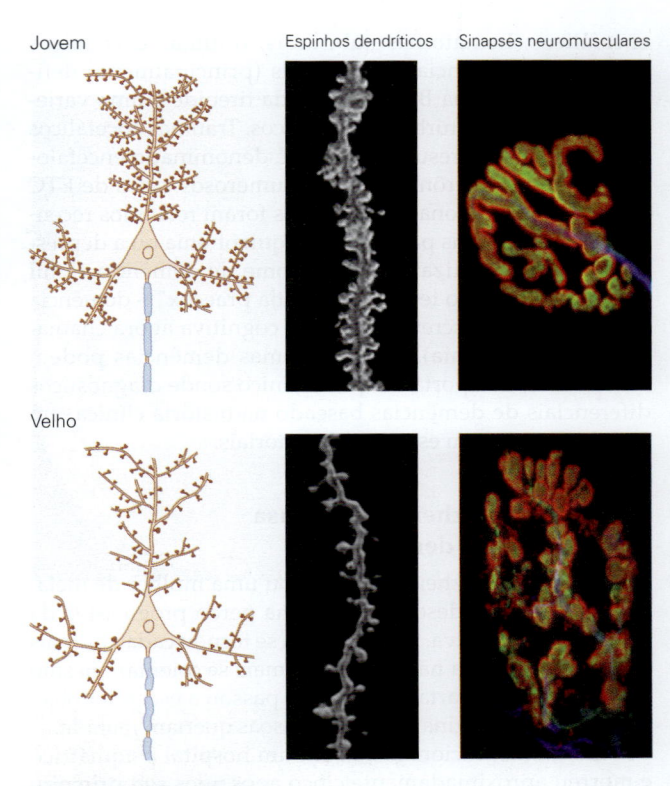

FIGURA 64-4 Alterações relacionadas à idade na estrutura de dendritos e de sinapses. Neurônios piramidais corticais em roedores perdem os espinhos dendríticos com a idade. As sinapses neuromusculares nos roedores também mostram alterações estruturais associadas à idade. (Imagens dos espinhos reproduzidas, com autorização, de J. Luebke; imagens das sinapses reproduzidas, com autorização, de G. Valdez.)

O declínio cognitivo é significativo e debilitante em parte substancial dos idosos

Na maioria das pessoas, as alterações cognitivas relacionadas à idade não comprometem seriamente a qualidade de vida. Em algumas pessoas idosas, no entanto, o declínio cognitivo alcança um nível que pode ser considerado patológico. Na parte inferior do espectro anormal está uma constelação de alterações conhecida como prejuízo

FIGURA 64-5 Alterações relacionadas à idade na densidade sináptica. O início do desenvolvimento cognitivo é acompanhado por um aumento marcante na densidade sináptica em diferentes regiões do córtex cerebral humano. Os marcos do desenvolvimento até a idade de 10 meses estão indicados. A densidade das sinapses corticais declina com a idade. (Adaptada de Huttenlocher, 2002.)

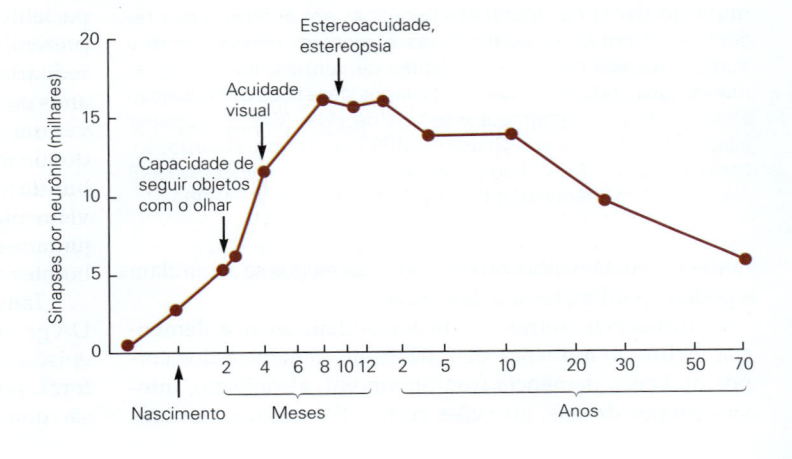

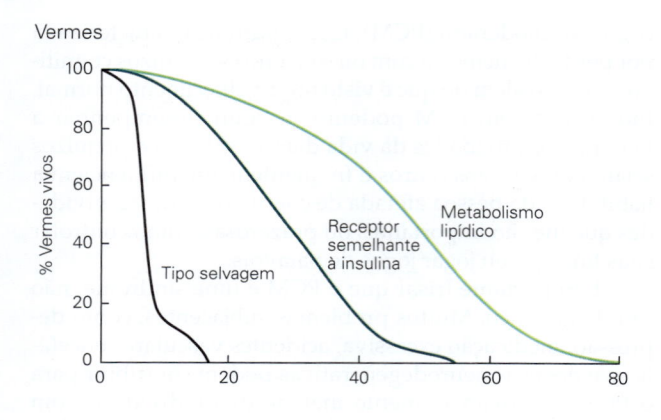

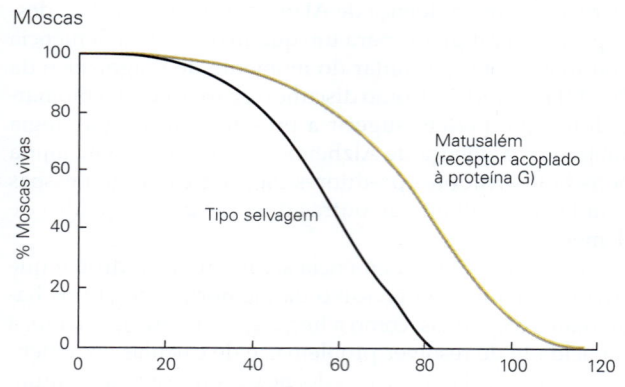

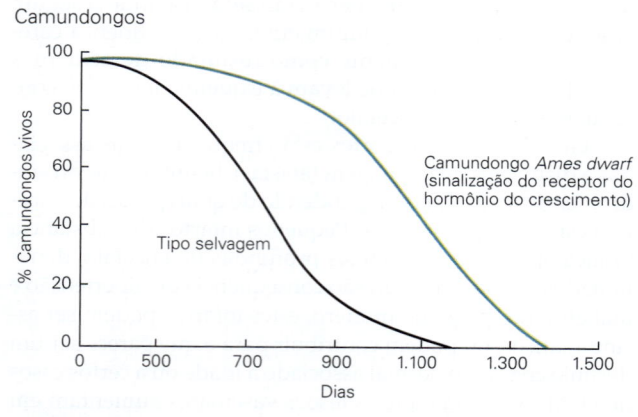

FIGURA 64-6 O tempo de vida pode ser prolongado por mutação genética. Mutações genéticas em determinados receptores e proteínas sinalizadoras aumentam notavelmente a duração da vida em cepas mutantes de vermes, moscas e camundongos, indicando que mecanismos genéticos de regulação afetam o envelhecimento e o tempo de vida. (Gráfico superior adaptado de Hekimi and Guarente, 2003; ao centro: autorização, com permissão, de Yi, Seroude e Benzer, 1998. Copyright © 1998 AAAS; gráfico inferior adaptado de Brown-Borg et al., 1996.)

número e em tamanho, no entanto, seus efeitos se acumulam e podem, por fim, levar à demência.

Numerosas outras condições podem levar à demência, incluindo a doença de Parkinson, demência dos corpos de Lewy, demência frontotemporal, alcoolismo, intoxicação por drogas, infecções como HIV e sífilis, tumores encefálicos, hematomas subdurais, traumas encefálicos repetidos, deficiências vitamínicas (principalmente deficiência de vitamina B_{12}), doenças da tireoide e uma variedade de outros distúrbios metabólicos. Traumas encefálicos repetidos podem resultar no que é denominado encefalopatia traumática crônica (ETC). Numerosos casos de ETC em atletas profissionais americanos foram relatados recentemente. Em alguns pacientes, a esquizofrenia ou a depressão podem mimetizar uma síndrome de demência (Emil Kraepelin adotou o termo "dementia praecox" – demência precoce – para descrever a doença cognitiva agora chamada de esquizofrenia). Como algumas demências podem ser tratadas, é importante que o clínico sonde diagnósticos diferenciais de demências baseado na história clínica, em exames físicos e em estudos laboratoriais.

A doença de Alzheimer é a causa mais comum de demência

Em 1901, Alois Alzheimer examinou uma mulher de meia-idade que havia desenvolvido uma perda progressiva da capacidade cognitiva. Sua memória se tornou cada vez mais comprometida. Ela não conseguia mais se orientar, mesmo em seu próprio apartamento, onde passou a esconder objetos. Às vezes, imaginava que as pessoas queriam matá-la.

Ela foi institucionalizada em um hospital psiquiátrico e morreu aproximadamente cinco anos após seu primeiro contato com o Dr. Alzheimer. Após sua morte, Alzheimer realizou uma necropsia, que revelou alterações específicas no córtex cerebral, como descrito a seguir. A constelação de sintomas comportamentais e de alterações físicas recebeu posteriormente o nome de doença de Alzheimer (DA).

Esse caso chamou a atenção de Alzheimer por ter ocorrido na meia idade; as manifestações clínicas iniciais da DA (geralmente, perda de memória e diminuição da função executiva) aparecem mais comumente após os 65 anos de idade. A prevalência de DA na idade de 70 anos é de cerca de 2%, ao passo que após os 80 ela é maior do que 20%. Casos precoces iniciados antes dos 65 anos são geralmente familiares (DA autossômica dominante), e mutações gênicas foram descobertas em muitos desses pacientes, como será visto adiante. De fato, novos testes genéticos em amostras encefálicas bem preservadas deste primeiro caso do Dr. Alzheimer mostraram recentemente que a doença da paciente resultou de uma mutação de um gene chamado presenilina-1, a causa mais comum de DA familiar ou hereditária dominante. A DA de início tardio (iniciada aos 65 anos ou mais) costuma ser esporádica, implicando não haver um gene causal único, como ocorre na DA hereditária dominante. Não obstante, é evidente que a genética contribui fortemente também para o risco da DA tardia, provavelmente através de variantes que afetam a suscetibilidade, juntamente com fatores ambientais e outros fatores contribuintes que só agora estão sendo descobertos.

Tanto as variedades de início precoce quanto tardio da DA geralmente apresentam um defeito seletivo na memória episódica e nas funções executivas. No início, linguagem, força, reflexos, capacidade sensorial e habilidades motoras são quase normais. Gradualmente, no entanto, a memória

FIGURA 64-7 O desempenho cognitivo pode variar amplamente com a idade. O gráfico mostra a compreensão atual sobre a etiologia da doença de Alzheimer (DA). Esse processo gradual, o qual resulta de uma combinação de fatores biológicos, genéticos, ambientais e relacionados ao estilo de vida, por fim conduz algumas pessoas a um curso progressivo para um prejuízo cognitivo moderado (PCM) e, então, para a demência. Outras pessoas, com uma constituição genética diferente ou uma combinação diferente de fatores ao longo da vida, se mantêm num curso de envelhecimento cognitivo saudável. (Do National Institute on Aging: http://www.nia.nih.gov/alzheimers/publication/part-2-what-happens-brain-ad/changing-brain-ad.)

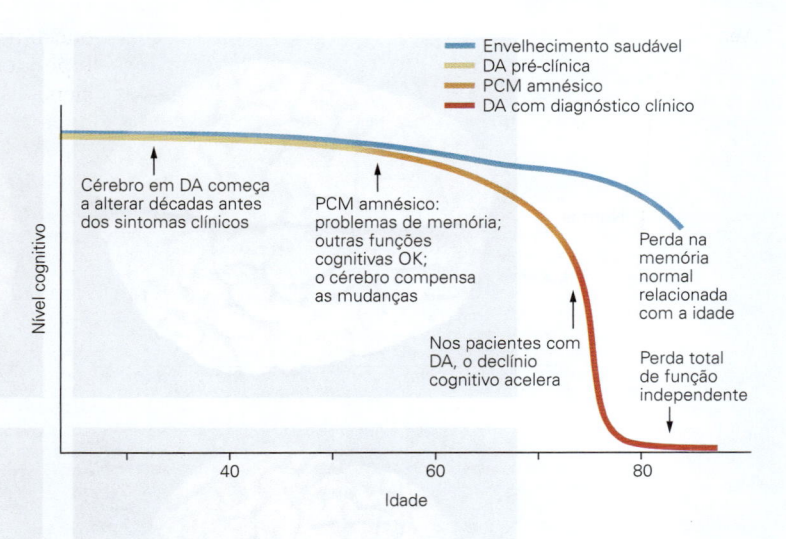

e a atenção são perdidas, juntamente com as capacidades cognitivas, como a capacidade de resolver problemas, a linguagem, o cálculo e a percepção visuoespacial. Não é de surpreender que essas perdas cognitivas levem a outras alterações comportamentais e que alguns pacientes desenvolvam sintomas psicóticos como alucinações e delírios. Todos os pacientes sofrem prejuízo progressivo das funções mentais e das atividades cotidianas; nos estágios tardios, eles se tornam mudos, incontinentes e acamados.

A doença de Alzheimer afeta cerca de um oitavo das pessoas com mais de 65 anos. Mais de 5 milhões de pessoas nos Estados Unidos atualmente sofrem de demência devido à DA. A população idosa está crescendo rapidamente, o que faz com que cresça rapidamente também a população em risco para a DA. Durante os próximos 25 anos, a expectativa é de que o número de pessoas com Alzheimer nos Estados Unidos triplique, assim como o custo dos cuidados com pacientes que não mais são capazes de cuidar de si próprios. Desse modo, a DA é um dos principais problemas de saúde pública da sociedade.

Na doença de Alzheimer, o encéfalo está alterado por atrofia, placas amiloides e emaranhados neurofibrilares

Três categorias de anormalidades encefálicas são encontradas na DA. Primeiro, em função da perda de neurônios e sinapses, o encéfalo está atrofiado, com giros mais estreitos, sulcos alargados, peso encefálico reduzido e ventrículos aumentados (**Figura 64-8**). Essas alterações também são observadas, em formas menos graves, em pessoas idosas que mantiveram a cognição intacta e que morreram de outras causas. Desse modo, a DA é uma doença neurodegenerativa.

Segundo, o cérebro de pacientes com DA contém placas extracelulares compostas predominantemente de uma forma agregada de um peptídeo denominado β-amiloide, ou Aβ, o qual é clivado de uma proteína normalmente produzida. Agregados de Aβ são chamados de placas amiloides. Grande parte da Aβ nas placas é fibrilar; agregados de Aβ se dispõem em uma conformação de lençol plissado juntamente com outras proteínas que se coagregam a Aβ (**Figura 64-9**). Placas amiloides podem ser detectadas quando marcadas com corantes como vermelho de Congo, sendo refrativas quando observadas sob luz polarizada ou quando coradas com tioflavina S e observadas ao microscópio de fluorescência. Os depósitos extracelulares de amiloide são cercados por axônios e dendritos inchados (distrofia neurítica). Esses processos neuronais estão, por sua vez, cercados pelos processos celulares de astrócitos e microglia ativados (células inflamatórias). A Aβ também pode formar depósitos amiloides nas paredes das arteríolas no encéfalo, produzindo o que é conhecido como angiopatia amiloide cerebral. Isso ocorre, com extensões variáveis, em mais de 90% dos pacientes que desenvolvem DA, mas também independentemente dessa doença. A angiopatia amiloide cerebral pode levar a acidentes vasculares encefálicos (AVE) isquêmicos, uma causa comum de AVEs hemorrágicos em idosos.

Em terceiro lugar, muitos neurônios afetados pela fisiopatologia do Alzheimer, mas ainda vivos, apresentam anormalidades no citoesqueleto, sendo a mais notável delas o acúmulo de emaranhados neurofibrilares e fios de neurópilos (**Figura 64-9**). Os emaranhados são inclusões filamentosas nos corpos celulares e dendritos que contêm filamentos helicoidais pareados e filamentos retos de 15 nm. Esses filamentos são constituídos de uma forma agregada das proteínas tau normalmente associadas aos microtúbulos.

Na DA, os emaranhados não ocorrem de modo uniforme em todo o encéfalo; elas afetam regiões específicas. O córtex entorrinal, o hipocampo, partes do neocórtex e o núcleo basal são especialmente vulneráveis (**Figura 64-10**). Alterações no córtex entorrinal e no hipocampo provavelmente são subjacentes aos problemas com a memória episódica, que são os primeiros sintomas da DA. Anormalidades nos sistemas colinérgicos do prosencéfalo basal podem contribuir para as dificuldades cognitivas e os déficits de atenção. Essas anormalidades colinérgicas contrastam com aquelas observadas nos circuitos frontoestriatais, que se correlacionam com o declínio cognitivo relacionado à idade em indivíduos normais. A combinação

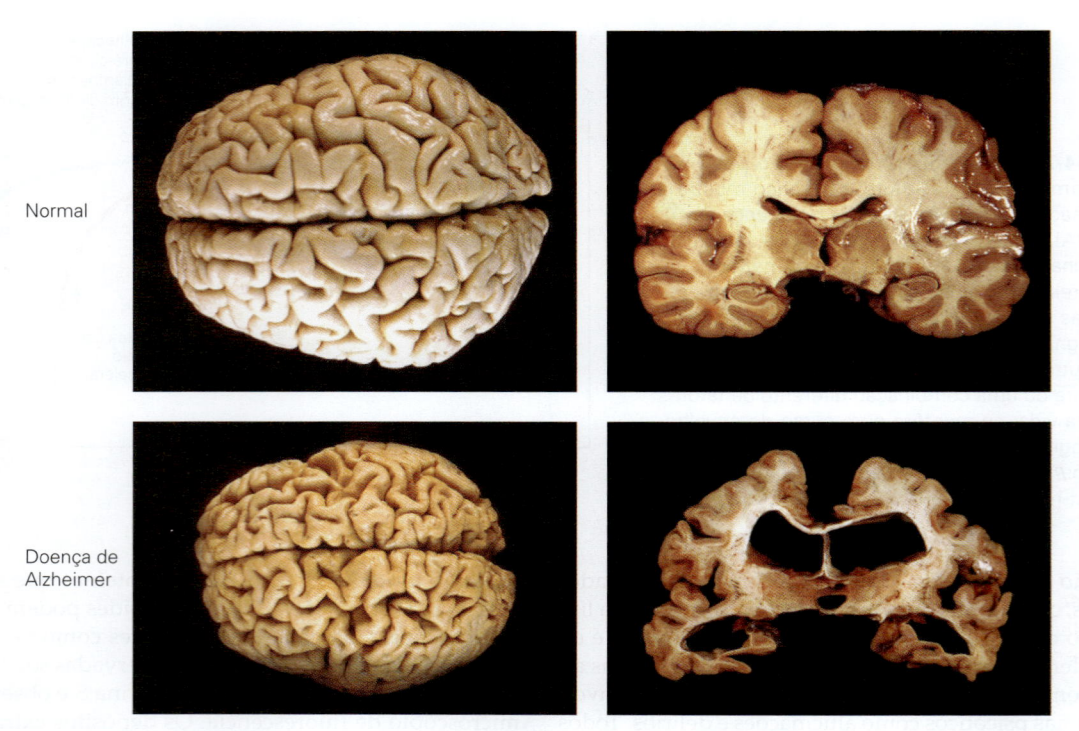

FIGURA 64-8 Alterações patológicas evidentes no encéfalo de indivíduos com doença de Alzheimer. Quando comparado com encéfalos normais de mesma idade, o encéfalo de um paciente com Alzheimer apresenta encolhimento marcante e aumento dos ventrículos. (Ver também **Figura 64-3**.) (Fotos do encéfalo inteiro reproduzidas, com autorização, de University of Alabama at Birmingham Department of Pathology © PEIR Digital Library [http://peir.net]; fotos dos cortes cerebrais reproduzidas, com autorização, de A.C. McKee.)

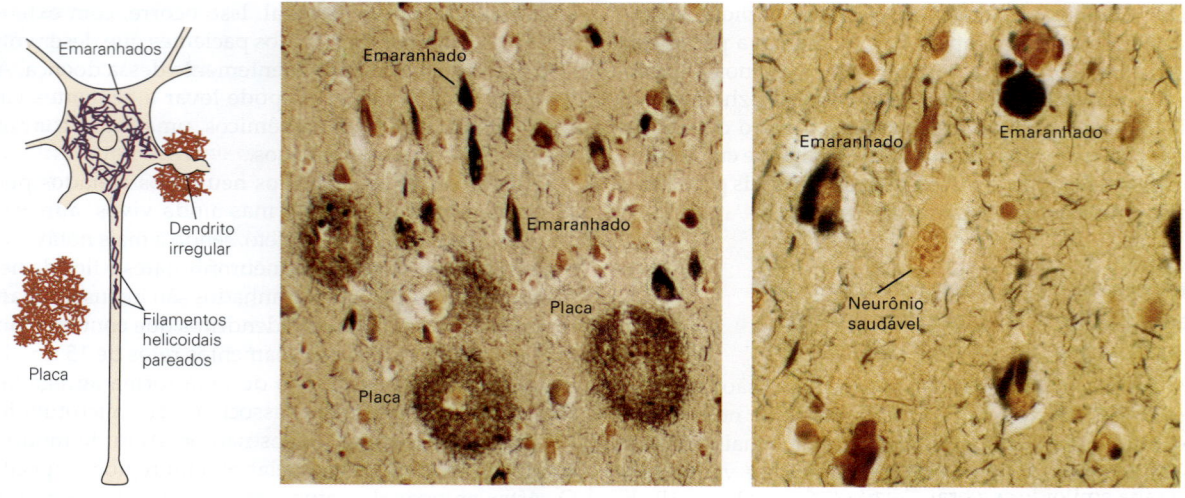

FIGURA 64-9 Placas e emaranhados no encéfalo com doença de Alzheimer. Uma secção do córtex cerebral do encéfalo de um indivíduo com doença de Alzheimer grave mostra placas e emaranhados neurofibrilares característicos. (Imagens reproduzidas, com autorização, de James Goldman.)
À esquerda: O diagrama mostra um neurônio contendo emaranhados neurofibrilares no corpo celular e no axônio. Placas amiloides são mostradas no neurópilo; uma delas cerca um dendrito, que apresenta uma forma edemaciada, alterada. Os emaranhados, constituídos por pacotes de filamentos helicoidais pareados, são compostos por polímeros anormais de proteína tau hiperfosforilada, e as placas amiloides são depósitos extracelulares de polímeros de peptídeo β-amiloides (Aβ).
No meio: Secção do neocórtex de um paciente com doença de Alzheimer submetida à coloração com prata mostra os corpos neuronais contendo os emaranhados neurofibrilares e neurópilos contendo placas amiloides.
À direita: Um maior aumento do córtex mostra emaranhados neurofibrilares nos corpos celulares neuronais e um neurônio saudável sem emaranhados. Muitos finos processos celulares marcados com prata são vistos no neurópilo.

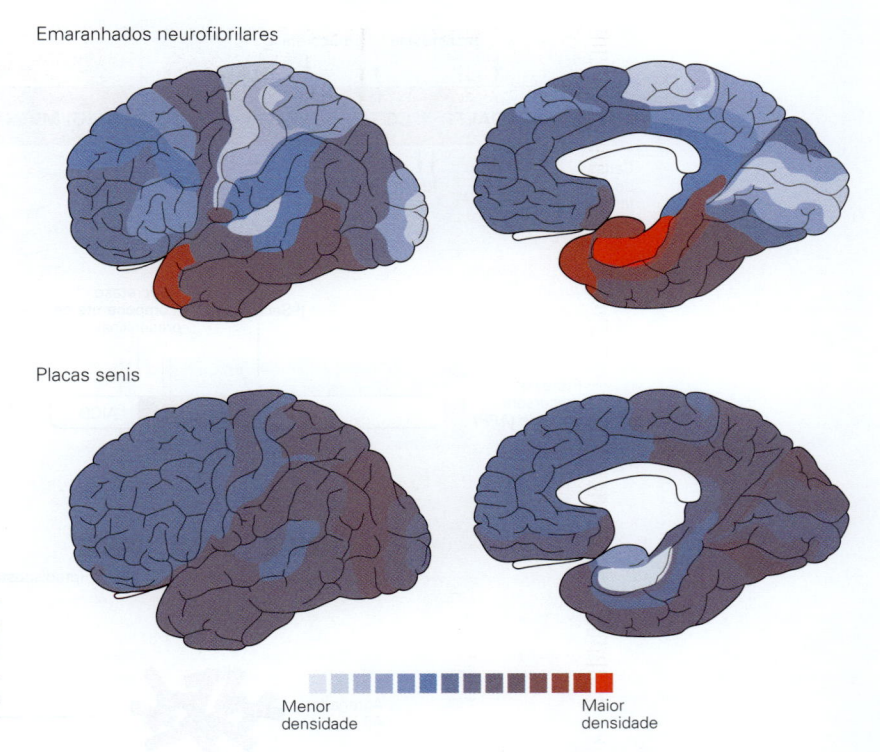

FIGURA 64-10 Emaranhados neurofibrilares e placas senis estão concentrados em diferentes regiões do encéfalo na doença de Alzheimer. (Adaptada, com autorização, de Arnold et al., 1991. Copyright © 1991 Oxford University Press.)

Menor densidade — Maior densidade

de diferenças anatômicas, alterações patológicas, morte neuronal ampla e mutações genéticas (ver adiante) representa argumentos contra a ideia, antigamente prevalente, de que a DA seria uma forma extrema do processo normal de envelhecimento.

As placas amiloides contêm peptídeos tóxicos que contribuem para a fisiopatologia do Alzheimer

O principal constituinte das placas amiloides, os agregados de peptídeos Aβ, foram isolados pela primeira vez no início dos anos 1980, por meio da centrifugação, em função de sua baixa solubilidade. Os peptídeos predominantes apresentaram 40 e 42 aminoácidos em comprimento (os 40 resíduos mais dois resíduos de aminoácidos adicionais na extremidade carboxila). Estudos bioquímicos mostraram que o peptídeo Aβ42 forma núcleos de fibrilas amiloides mais rapidamente que o Aβ40.

Evidências experimentais consideráveis indicam que o Aβ42 conduz a agregação inicial, embora o Aβ40 também se acumule em quantidade significativa, especialmente na angiopatia amiloide cerebral. Para neurônios em cultura, as formas do peptídeo Aβ42 que são maiores que um monômero são geralmente mais tóxicas que as formas agregadas de Aβ40. Esses resultados sugerem que o Aβ42 seja o condutor chave na formação das placas amiloides, assim como da toxicidade da Aβ.

Uma vez descoberto que os peptídeos Aβ com 38 e 43 aminoácidos em comprimento são formados pela clivagem de uma proteína precursora, os pesquisadores dedicaram-se a isolar essa proteína. A proteína precursora foi encontrada na metade dos anos 1980, clonada molecularmente, e nomeada *proteína precursora amiloide* (APP, de *amyloid precursor protein*). Ela é uma grande glicoproteína transmembrana que está presente em todos os tipos de células, mas é expressa em seus níveis mais altos nos neurônios. As funções normais da APP no encéfalo não são compreendidas.

Como a APP é processada para formar os peptídeos Aβ? A resposta mostrou-se bastante complexa. Três enzimas, as secretases α, β, e γ, cortam a APP em pedaços. As secretases β, e γ clivam a APP para gerar fragmentos extracelulares solúveis que são liberados no fluído intersticial. Esses são os peptídeos Aβ, os quais incluem parte do segmento transmembrana da APP (**Figura 64-11**). A clivagem pela secretase γ é incomum por ocorrer em uma região transmembrana da APP, uma região que se acreditava ser imune à hidrólise, por ser cercada por lipídios e não por água. A clivagem pela secretase α no meio da sequência Aβ previne a formação dos peptídeos Aβ.

As enzimas com atividades de secretase α, β e γ foram isoladas e caracterizadas. A enzima secretase α é um membro de uma grande família de proteases extracelulares denominadas ADAM (de *a disintegrin and metalloproteinase*), que são responsáveis pela degradação de muitos componentes da matriz extracelular. A secretase β, chamada de enzima-1 de clivagem do sítio β da APP, ou BACE1 (de β-*site APP cleaving enzyme 1*), é uma proteína transmembrana em neurônios centrais que está concentrada nas sinapses. Células encefálicas derivadas de camundongos mutantes que não expressam a BACE1 não produzem os peptídeos Aβ, provando que a BACE1 é, na verdade, a secretase β neuronal. A secretase γ, a mais complicada das três, é reconhecida hoje como um complexo multiproteico que cliva diversas diferentes proteínas transmembrana. Como seria

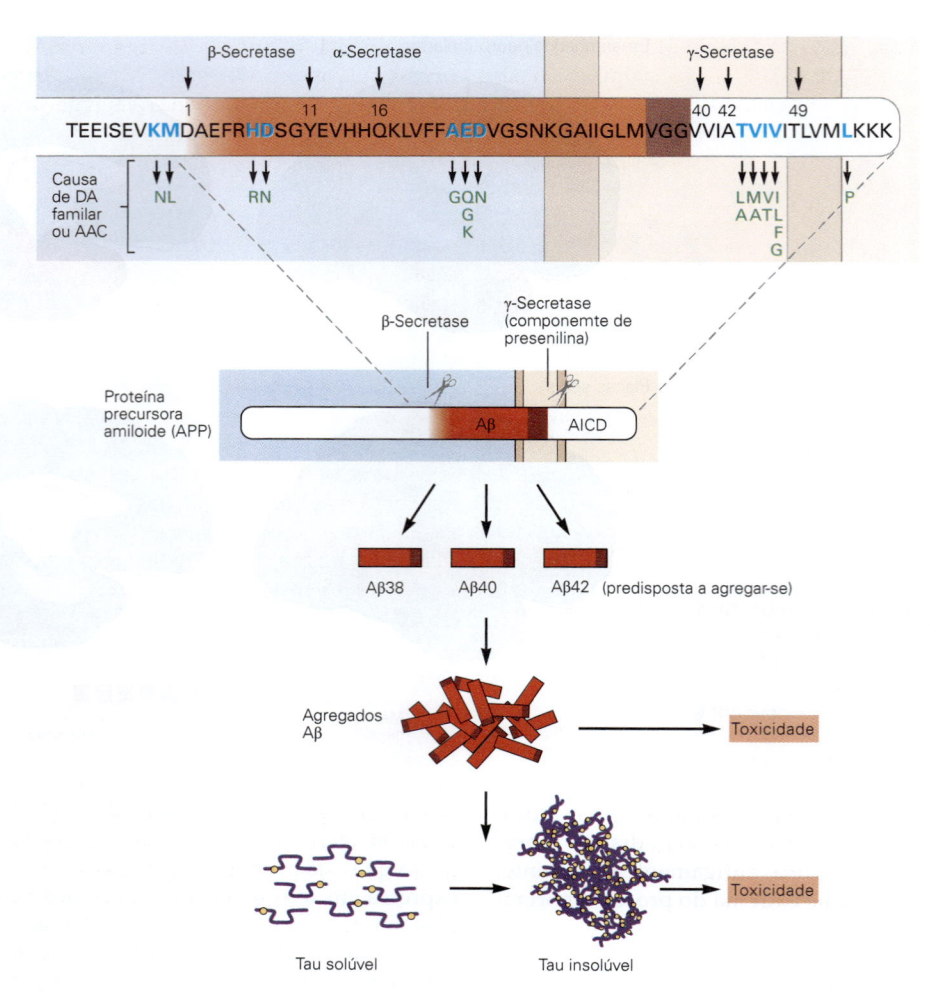

FIGURA 64-11 Processamento da proteína precursora amiloide, geração do peptídeo Aβ e efeitos cascata abaixo sobre a agregação da tau. O peptídeo Aβ é produzido a partir da proteína precursora amiloide (**APP**), uma proteína transmembrana, através da clivagem de duas enzimas, as secretases β e γ. (A clivagem pela secretase α previne a produção de Aβ.) A presenilina é o componente enzimático ativo do complexo da secretase γ e cliva a APP em muitos sítios dentro da membrana para produzir os peptídeos Aβ de diferentes comprimentos, tais como Aβ38, Aβ40, e Aβ42. Muitas mutações de APP que estão fora da região Aβ ou dentro da sequência codificadora do Aβ causam formas de doença de Alzheimer (**DA**) autossômica dominante. Os aminoácidos (**azul**) na sequência de aminoácidos APP/Aβ representam os aminoácidos normais da APP; aminoácidos em **verde** (abaixo da sequência normal) são aqueles que causam a DA familiar ou a angiopatia amiloide cerebral (**AAC**). A Aβ é produzida predominantemente da APP dentro dos endossomas. Uma variedade de moléculas e atividades sinápticas regula os níveis de Aβ. Há evidências de que a agregação de Aβ é influenciada pelas moléculas de ligação à Aβ ApoE e clusterina, as quais provavelmente interagem no espaço extracelular do encéfalo. Uma variedade de moléculas e processos afeta a depuração de Aβ do fluído intersticial (FIS) que está presente no espaço extracelular do encéfalo, incluindo a neprisilina e a enzima degradadora de insulina (EDI), assim como do líquido cefalorraquidiano e do fluxo do volume de fluído intersticial. LRP1 e RAGE (receptor para produtos finais de glicação avançada, de *receptor for advanced glycation end products*) parecem influenciar o transporte de Aβ através da barreira hemato-encefálica. A concentração e o tipo de Aβ influencia a agregação (a Aβ42 é mais fibrilogênica). Uma vez agregada dentro de oligômeros e fibrilas, ela pode ser diretamente tóxica às células, induzir inflamação e exacerbar a conversão da tau solúvel em agregados de tau através de mecanismos que ainda não são muito claros. Adicionalmente à Aβ, uma variedade de fatores influencia a agregação de tau e sua toxicidade, incluindo os níveis de tau, sua sequência e seu estado de fosforilação. (Sigla: **AICD**, domínio intracelular da APP.)

de se esperar, dada a sua capacidade peculiar de atuar dentro da membrana, a secretase γ inclui, ela própria, diversas proteínas transmembrana. Duas delas são denominadas presenilina-1 e presenilina-2, refletindo sua associação com a DA. Outros componentes do complexo incluem as proteínas transmembrana nicastrina, Aph-1 e Pen-2.

Apesar de as propriedades bioquímicas da Aβ e da APP serem interessantes, a questão crítica é se elas desempenham algum papel nos sintomas debilitantes da DA. A doença pode ser causada pelo acúmulo de Aβ, mas os peptídeos Aβ podem por si só ser resultado de outro processo patológico, ou mesmo ser um correlato inócuo. Evidências genéticas em seres humanos e em animais experimentais têm sido críticas para a demonstração de que a APP e, especialmente, a Aβ desempenham um papel central na DA.

A primeira evidência veio da observação de que o gene APP se situa no cromossomo 21, o qual está presente em três cópias (e não em duas, como usual) em pessoas com síndrome de Down (também conhecida como trissomia do 21). Todas as pessoas com síndrome de Down que vivem até a meia idade desenvolvem sintomas patológicos da DA e demência, com início em torno dos 50 anos. Essa associação é consistente com a ideia de que a APP predispõe à DA pela produção de APP e Aβ aumentada em 50% ao longo da vida. Todavia, cópias de muitos genes estão presentes em três cópias em indivíduos com trissomia do 21, e, inicialmente, não era claro que a triplicação da APP na síndrome de Down era responsável pela DA nesta população. Subsequentemente, foram encontradas algumas famílias em que tanto a DA quanto a angiopatia amiloide cerebral se desenvolveram na ausência de síndrome de Down devido à duplicação apenas do *locus* da APP no cromossomo 21 humano. Esta é uma evidência forte de que apenas a superexpressão da APP é suficiente para levar a DA e angiopatia amiloide cerebral.

Evidências genéticas mais diretas vieram da análise dos raros pacientes com DA hereditária dominante, nos quais o início dos sintomas ocorre geralmente entre os 30 e 50 anos de idade. No final dos anos 1980, muitos grupos de pesquisa começaram a usar métodos de clonagem molecular para identificar os genes que sofriam mutação na DA hereditária dominante. De modo notável, os primeiros três genes identificados foram aqueles codificando as proteínas APP, a presenilina-1 e a presenilina-2 (**Figura 64-12**). Muitas mutações diferentes nesses três genes foram observadas, e a maioria influencia a clivagem da APP, aumentando a produção dos peptídeos Aβ ou, especificamente, a proporção da espécie mais propensa à agregação, a Aβ42. Curiosamente, algumas mutações na APP ocorrem dentro da própria sequência de Aβ e não afetam sua produção, mas sim sua agregação e depuração do encéfalo.

Algumas mutações na APP são substituições de aminoácidos que delimitam a região Aβ. As células que expressam uma mutação dupla nos sítios de clivagem da secretase β (a denominada mutação Sueca), a qual é necessária para a formação da Aβ, secretam várias vezes mais peptídeos Aβ do que as células que expressam o tipo selvagem de APP. Curiosamente, outra mutação na APP em região adjacente ao sítio da secretase β foi descoberta recentemente. Essa mutação parece proteger contra a DA reduzindo a produção de Aβ. Ainda, outra mutação na APP faz com que a secretase γ gere uma maior proporção das espécies longas da Aβ, como a Aβ42, em relação às espécies curtas como a Aβ40. Da mesma forma, na maioria das mutações na presenilina, a secretase γ mutada apresenta atividade maior que o normal ou gera peptídeos em uma razão Aβ42:Aβ40 aumentada.

Estes estudos genéticos em humanos oferecem evidências convincentes de que (1) a clivagem da APP para gerar Aβ e a propensão da Aβ em formar agregados desempenham papéis-chave instigantes em alguns casos de DA hereditária dominante com início precoce, e que (2) uma menor produção de Aβ diminui o risco de DA de início tardio. Estudos genéticos utilizando camundongos também reforçaram as evidências de que a clivagem da APP e, especificamente, a agregação de Aβ, contribuem para a DA. A expressão transgênica de formas mutantes da APP, idênticas àquelas encontradas na forma autossômica dominante da DA, levou

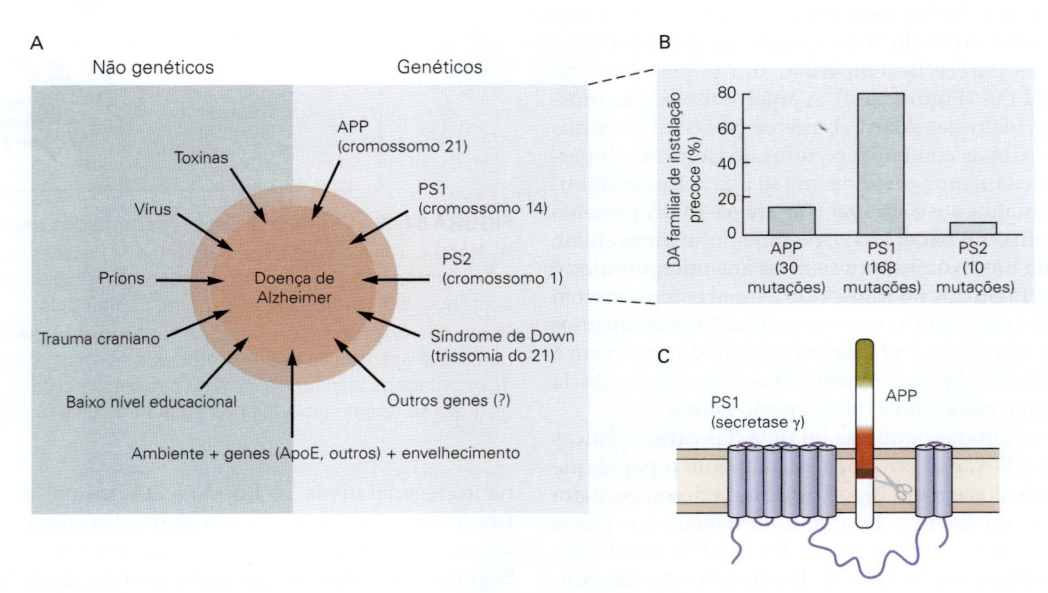

FIGURA 64-12 Fatores ambientais e genéticos influenciam a doença de Alzheimer.
A. Fatores ambientais e genéticos. (Siglas: **ApoE**, apolipoproteína E; **APP**, proteína precursora amiloide; **PS1**, presenilina-1; **PS2**, presenilina-2.)
B. Genes específicos envolvidos na doença de Alzheimer (**DA**) de início precoce.
C. A presenilina 1 (um componente do complexo enzimático da secretase γ) está associada à proteína APP dentro da membrana plasmática.

ao aparecimento de placas amiloides no hipocampo e no córtex, neuritos distróficos nas proximidades dos depósitos do peptídeo Aβ, redução na densidade de terminais sinápticos no entorno das placas amiloides e prejuízos na transmissão sináptica. Muitos modelos animais desenvolvem anormalidades funcionais, tais como déficits nas memórias espacial e episódica. As alterações são mais graves em camundongos transgênicos que expressam formas alteradas, tanto de APP quanto de presenilina-1. É importante notar que, embora esses camundongos não tenham desenvolvido agregados de proteína tau ou agregados neurofibrilares, lesões que se acredita serem importantes para o declínio cognitivo observado na DA, eles permanecem sendo modelos de valor inestimável para se acessar o papel mecanístico da Aβ e a fisiopatologia relacionada na patogênese da DA, especialmente a função da Aβ, bem como para a testagem de potenciais terapias.

Dadas as fortes evidências de que a clivagem da APP esteja envolvida na patogênese da DA, a próxima questão é: como o acúmulo dos produtos da clivagem contribui para os sintomas e, em última instância, para a demência? Há três conjuntos de produtos de clivagem: a região extracelular secretada (ectodomínio), o peptídeo Aβ e o fragmento citoplasmático. Apesar de os três fragmentos poderem gerar efeitos deletérios sobre os neurônios em modelos experimentais, os peptídeos Aβ receberam maior atenção e, portanto, as evidências para seu envolvimento são mais robustas. Há evidências de que diferentes formas de agregados de Aβ, como olilgômeros, protofibrilas e fibrilas, podem levar a danos neuronais e sinápticos que podem contribuir para a DA.

Os emaranhados neurofibrilares contêm proteínas associadas a microtúbulos

Até cerca de 2005, a maior parte das pesquisas sobre as bases moleculares da DA focaram nos peptídeos Aβ e nas placas amiloides, contudo, a agregação da tau nas placas neurofibrilares parece desempenhar um papel chave na progressão da DA (**Figura 64-9**). A análise molecular mostrou que essas inclusões anormais nos corpos celulares e nos dendritos proximais contêm agregados de isoformas hiperfosforiladas de tau, uma proteína que se liga aos microtúbulos e que normalmente é solúvel (**Figura 64-13**). A proteína tau desempenha um papel-chave no transporte intracelular, especialmente nos axônios, por ligar-se aos microtúbulos e os estabilizar. Prejuízos no transporte axonal comprometem a estabilidade sináptica e o suporte trófico. Os mecanismos pelos quais a agregação e a hiperfosforilação da tau levam à toxicidade não são ainda compreendidos, mas o acúmulo da tau é claramente associado à degeneração neural.

Embora os emaranhados sejam uma das características que definem a DA, não era claro inicialmente o papel que esses emaranhados e a tau hiperfosforilada desempenham na patogênese da doença. Enquanto mutações dos genes para a APP e as presenilinas podem levar à DA, não foram encontradas mutações do gene da tau na DA familiar. Ainda assim, há hoje uma grande quantidade de evidências indicando que a agregação da tau é um fator chave na neurodegeneração que ocorre na DA.

Primeiro, depósitos de filamentos de tau hiperfosforilada são vistos em uma grande variedade de doenças neurodegenerativas, incluindo a DA, formas de demências frontotemporais, a paralisia supranuclear progressiva, a degeneração corticobasal e a encefalopatia traumática crônica. Segundo, descobriu-se que mutações no gene da tau são subjacentes a outra forma de doença neurodegenerativa dominante: a demência frontotemporal com doença de Parkinson tipo 17 (FTPD17, de *frontotemporal dementia with Parkinson disease type 17*). Estes pacientes desenvolvem a agregação da tau juntamente com atrofia em áreas encefálicas específicas

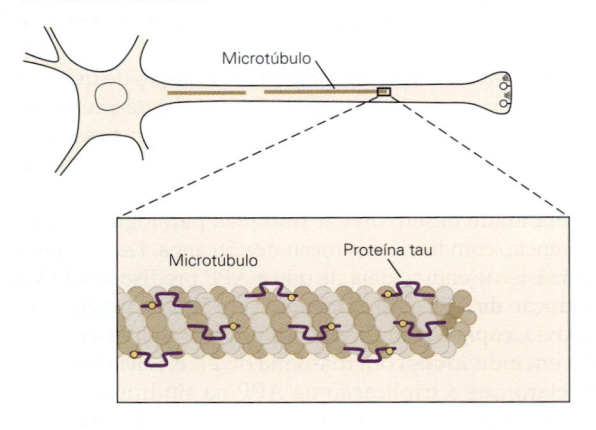

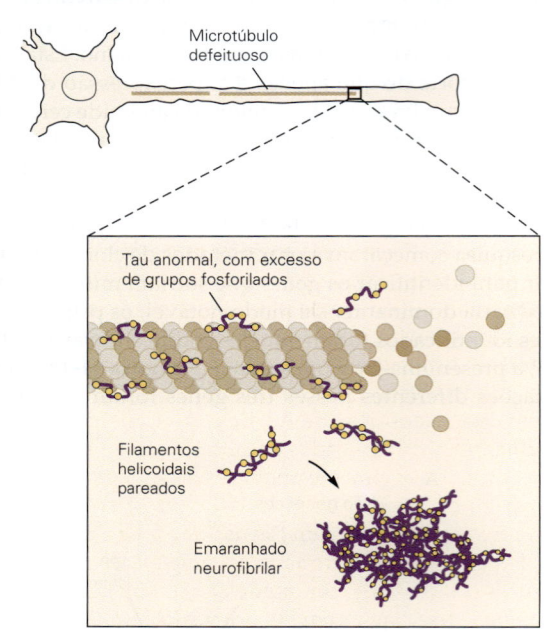

FIGURA 64-13 Formulação dos emaranhados neurofibrilares.
A. Nos neurônios saudáveis, a proteína tau associa-se a microtúbulos normais, mas não como filamentos helicoidais pareados, e contribui para a integridade estrutural do neurônio.
B. No neurônio doente, a proteína tau torna-se hiperfosforilada e perde sua associação aos microtúbulos normais, o que inicia sua desmontagem. Isso forma, então, filamentos helicoidais pareados, os quais se tornam isolados nos emaranhados neurofibrilares.

na ausência de deposição de Aβ. Terceiro, os sintomas progressivos da DA correlacionam-se muito melhor com o número e a distribuição dos emaranhados do que com as placas amiloides, conforme observado em autópsias. Por exemplo, os emaranhados geralmente aparecem primeiro nos neurônios do córtex entorrinal e do hipocampo, o provável local dos primeiros problemas de memória, antes que as placas apareçam nessa área (ver **Figura 64-16**).

Por muitos anos, houve grande controvérsia entre aqueles que acreditavam que o Aβ era o principal agente causador da DA e aqueles que acreditavam que o principal papel era desempenhado pelos emaranhados ricos em tau. Esses partidários foram chamados de "batistas" e "tauístas", respectivamente. Os batistas apontavam para o fato de que, durante o desenvolvimento patológico da DA, o qual inicia cerca de 15 anos antes dos sintomas iniciarem, o acúmulo de Aβ neocortical precede o desenvolvimento da tau patológica nessa região. Evidências mais recentes sugerem, contudo, que o acúmulo de Aβ parece, em certa medida, direcionar a agregação da tau e seu espalhamento no encéfalo. Assim, a agregação da Aβ provavelmente instiga a doença e a agregação da tau, e o espalhamento provavelmente contribui de forma principal para a neurodegeneração. Por exemplo, camundongos transgênicos que expressam formas mutantes da APP e da tau desenvolvem uma patologia da tau muito mais grave.

Parece haver uma interação entre placas e emaranhados. Injeções de Aβ42 em áreas encefálicas específicas de camundongos transgênicos que expressam uma proteína tau mutante aumentam o número de placas nos neurônios do entorno. Além disso, a manipulação que reduz o número e tamanho das placas leva à diminuição nos níveis de tau hiperfosforilada. É importante ressaltar que experimentos recentes sugerem que a deposição de Aβ, de alguma forma, promove o espalhamento de agregados de tau de uma região do encéfalo para outra, possivelmente por via trans-sináptica na forma de príons. Os detalhes desse processo ainda serão explorados, e provavelmente apresentam imensa importância.

Há evidências abundantes, oriundas de estudos com culturas de células e com modelos animais, de que muitas proteínas que se agregam em doenças neurodegenerativas, incluindo a tau e a sinucleína, podem se espalhar de uma célula a outra de forma similar a príons. Isso é particularmente importante como um mecanismo potencial para doenças. Por exemplo, se o espalhamento célula a célula de proteínas não enoveladas ocorre no espaço extracelular, esse processo pode ser interrompido com anticorpos direcionados à proteína específica associada à doença. De fato, isso agora serve de base para muitos ensaios clínicos em humanos, tomando como alvo a tau e a sinucleína.

Fatores de risco para a doença de Alzheimer foram identificados

Muito poucos indivíduos desenvolvem DA por carregarem os alelos autossômicos dominantes mutantes dos genes da APP ou da presenilina, e estes geralmente são da variedade de início precoce da DA. Dificilmente os casos de início tardio da doença de Alzheimer são devidos a mutações nos genes da APP ou da presenilina. É possível, então, prever a DA em tais indivíduos?

O principal fator de risco é a idade. A doença está presente em uma fração muito pequena de pessoas com menos de 60 anos (muitos deles sendo casos autossômicos dominantes), em 1 a 3% dos indivíduos entre 60 e 70 anos, em 3 a 12% daqueles entre 70 e 80 anos, e em 25 a 40% daqueles com mais de 85 anos. Saber que indivíduos idosos são os principais candidatos para a DA é, contudo, de pouco uso terapêutico, porque a medicina moderna não pode fazer nada para retardar a passagem do tempo. Assim, tem havido grande interesse em outros fatores que possam afetar a incidência da DA.

Atualmente, o fator de risco genético mais significativo descoberto para a DA de início tardio são os alelos do gene *APOE*. A proteína ApoE é uma apolipoproteína. No sangue, ela desempenha um papel importante no metabolismo do colesterol plasmático. Ela também é expressa em altos níveis no encéfalo, mais proeminentemente pelos astrócitos e, em alguma extensão, pela microglia. No encéfalo, onde sua função normal não é totalmente elucidada, ela é secretada como um componente das lipoproteínas de alta densidade. Em humanos, há três alelos do gene *APOE*, são eles *APOE2*, *APOE3* e *APOE4*, os quais se diferem uns dos outros por no máximo dois aminoácidos. Pessoas com o alelo *APOE4* apresentam risco para DA, enquanto aqueles com o alelo *APOE2* são protegidos contra DA, quando comparados a pessoas que apresentam o genótipo *APOE3/APOE3*, o tipo mais comum. O alelo *APOE4* está presente em aproximadamente 25% da população geral, mas é presente em cerca de 60% das pessoas com DA. Uma cópia do alelo *APOE4* aumenta o risco da DA em torno de 3,7 vezes, e duas cópias aumentam em torno de 12 vezes, em relação a quem é *ApoE 3/E3* (**Figura 64-14**). Uma cópia do alelo *APOE2* diminui o risco para DA em 40% relativo a indivíduos *APOE3/APOE3*.

Os mecanismos pelos quais o *APOE4* predispõe à DA e o *APOE2* protege contra ela são incertos, mas a ApoE4 claramente promove a agregação de Aβ pela diminuição de sua depuração e pela promoção de sua fibrilação (ApoE4 > ApoE3 > ApoE2). Ela também pode atuar através de mecanismos adicionais, por exemplo, influenciando a tau, o sistema imunológico inato, o metabolismo do colesterol ou a plasticidade sináptica, embora essas vias ainda precisem ser elucidadas.

Uma série de outros genes e *loci* genéticos influenciam o risco para a DA de início tardio. Alguns são variantes comuns, que alteram o risco apenas modestamente, enquanto outras variantes aumentam o risco de forma significativa (**Figura 64-14**). Por exemplo, mutações relativamente raras no gene *TREM2* duplicam ou triplicam o risco para a DA, de forma similar ao que ocorre nos casos de presença de uma cópia do alelo *APOE4*. Isso é interessante porque o *TREM2*, assim como outro gene associado com risco para DA, o *CD33*, é expresso somente na microglia. Juntamente com outros dados emergentes de modelos animais e celulares, esses achados sugerem que o sistema imunológico inato é envolvido na patogênese da doença de Alzheimer. Algumas outras variantes raras que aumentam o risco em graus variáveis estão sob investigação. Parece provável que esses desenvolvimentos irão resultar, em última instância, em uma abordagem clínica mais personalizada para a determinação do risco para DA, especialmente quando os tratamentos para a doença emergirem.

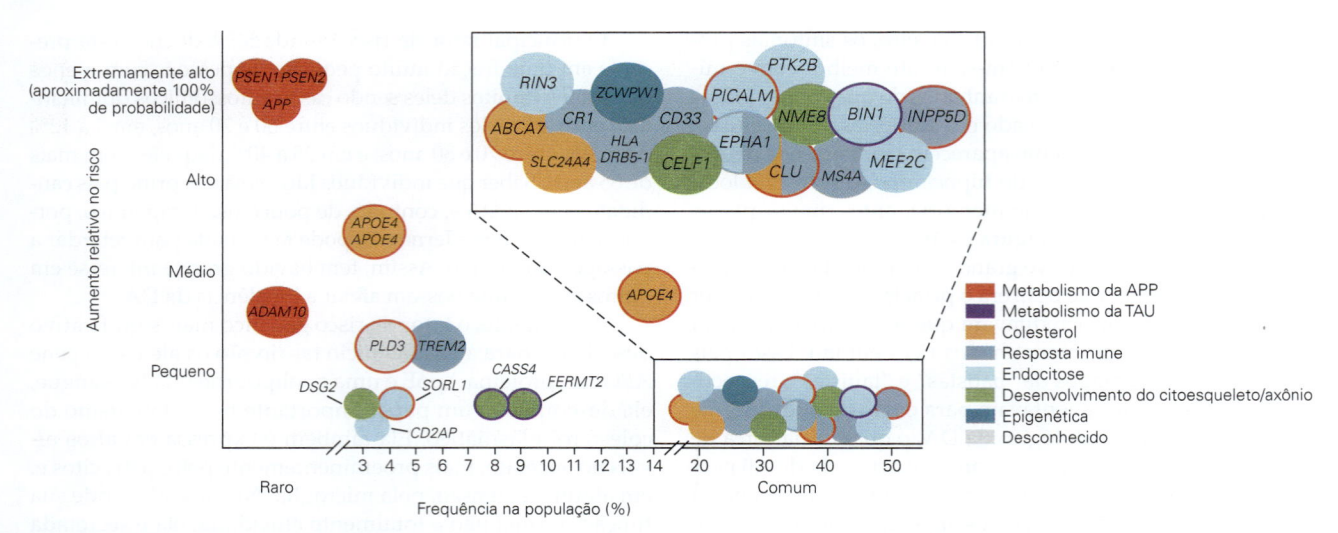

FIGURA 64-14 Risco para doença de Alzheimer devido a variantes genéticas comuns e raras. Os dados vêm dos Estudos de Associação Genômica Ampla (GWAS, do inglês *genome-wide association studies*). Mutações nos três genes que causam a doença de Alzheimer familiar de início precoce (*PSEN1*, *PSEN2*, e *APP*) são raras, mas resultam na doença de Alzheimer em praticamente 100% das pessoas com essas mutações que atingem a meia idade. Tem-se encontrado uma quantidade de alterações genéticas comuns localizadas em regiões em torno de ou nos genes que são relativamente frequentes na população (por exemplo, *ABCA7*, *CLU*, *BIN1*) que afetam o risco para doença de Alzheimer, mas em um grau muito pequeno. O fator de risco genético mais comum e mais forte para a doença de Alzheimer, que está presente em cerca de 20% a 25% da população (frequência de alelo ~15%), é o *APOE4*. Uma cópia do *APOE4* aumenta o risco em aproximadamente 3,7 vezes, e duas cópias aumentam o risco em aproximadamente 12 vezes, em relação a pessoas que são homozigóticas para o *APOE3*. (Adaptada, com autorização, de Karch e Goate, 2015.)

Atualmente há bons critérios para o diagnóstico da doença de Alzheimer, mas as possibilidades de tratamento são pouco satisfatórias

O diagnóstico da DA em seus estágios mais precoces, na ausência de biomarcadores, pode ser desafiador, uma vez que seus sintomas iniciais podem ser similares àqueles do usual declínio cognitivo relacionado à idade ou de outras doenças relacionadas. Ainda assim, o diagnóstico da demência suave a moderada decorrente da DA é geralmente bastante preciso. De fato, durante as últimas poucas décadas, a possibilidade de diagnóstico acurado da doença melhorou, principalmente em função de três fatores.

Primeiro, os protocolos para exames físicos, neurológicos e neuropsicológicos tornaram-se mais sofisticados e padronizados. Segundo, o maior conhecimento das alterações estruturais demonstradas por imageamento por ressonância magnética (IRM) ajudou a diagnosticar a DA em estágios iniciais. Por exemplo, agora é possível prever, com cerca de 80% de precisão, quais pacientes com prejuízo cognitivo moderado irão desenvolver DA, com base na redução da espessura cortical e no aumento ventricular, visíveis por IRM. Essas imagens e métodos de diagnóstico também ajudam a distinguir as síndromes demenciais e a relacionar defeitos estruturais e funcionais. Por exemplo, pacientes com a doença conhecida como *variante comportamental da demência frontotemporal* sofrem alterações de personalidade precocemente, e IRM nesse estágio revela atrofia do lobo frontal e/ou temporal. Da mesma forma, as dificuldades iniciais na DA estão geralmente centralizadas na memória e na atenção, e a IRM revela alterações iniciais no córtex temporal medial e no hipocampo.

Terceiro e talvez o mais promissor, as placas amiloides e emaranhados neurofibrilares podem ser visualizados por tomografia por emissão de pósitrons (PET), utilizando-se compostos que se ligam avidamente às formas fibrilares da Aβ ou formas agregadas da tau. O primeiro deles, o composto B de Pittsburgh (PIB, de *Pittsburgh compound B*), liga-se com alta afinidade ao peptídeo Aβ fibrilar, e sua forma radioativa, marcada com isótopos de curta duração de carbono ou flúor, é facilmente detectada por PET (**Figura 64-15**). A Food and Drug Administration (FDA) aprovou três agentes para imageamento da amiloide: florbetapir, flumetamol e florbetaben.

A disponibilidade de marcadores moleculares seguros para a DA permite a identificação dos estágios iniciais da doença antes da presença dos sintomas clínicos. De igual importância, isso permite a seleção de pacientes para ensaios clínicos e a seleção mais aguçada de indivíduos para análise detalhada do envelhecimento normal. É importante notar que essas alterações também podem ser detectadas no líquido cefalorraquidiano, onde o nível de Aβ42 cai quando a deposição de amiloide está presente, e a tau total, bem como suas formas fosforiladas, aumentam com a neurodegeneração e agregação de tau.

Naturalmente, o aprimoramento do diagnóstico da DA seria mais útil se houvesse tratamentos disponíveis para bloquear ou reduzir a progressão da doença em seus estágios iniciais. Ainda que não haja um tratamento que retarde o início ou a progressão da DA, há esperança de que não se esteja tão longe de poder mitigar os sintomas. Apesar de não haver prova definitiva, há boas evidências de que uma variedade de fatores relacionados ao estilo de vida possam diminuir o

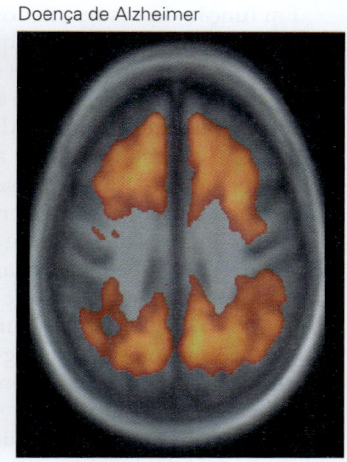

FIGURA 64-15 Varreduras por tomografia por emissão de pósitrons podem visualizar as placas amiloides no encéfalo vivo. A densidade de placas de Aβ é indicada pelas regiões em **vermelho** nessas imagens obtidas após a administração do composto B de Pittsburgh, um análogo fluorescente da tioflavina T. (Imagens reproduzidas, com autorização, de R. Buckner.)

risco para DA. Estes incluem altos níveis educacionais, estimulação cognitiva, manter-se socialmente engajado, exercício regular, controle do peso corporal e manutenção de número apropriado de horas de sono. As terapias atuais baseiam-se no tratamento dos sintomas associados, como depressão, agitação, distúrbios do sono, alucinações e delírios.

Um dos principais alvos terapêuticos até o momento é o sistema colinérgico no prosencéfalo basal, uma região do encéfalo lesionada na DA que contribui para a atenção. Inibidores da acetilcolinesterase aumentam os níveis de acetilcolina através da inibição de sua degradação, e representam um dos poucos fármacos aprovados pela FDA para o tratamento da DA. A memantina, antagonista dos receptores glutamatérgicos do tipo N-metil-D-aspartato (NMDA), é outro fármaco que melhora os sintomas em indivíduos com demência leve a moderada devido à DA. Acredita-se que a ação da memantina module a neurotransmissão mediada pelo glutamato. Mesmo assim, esses fármacos exercem um efeito apenas modesto sobre as funções cognitivas e as atividades diárias.

Avanços recentes na compreensão da base celular e biológica da DA têm produzido diversos alvos terapêuticos novos e promissores, que estão sendo intensamente investigados. Uma abordagem é o desenvolvimento de fármacos que reduzam ou modulem a atividade das secretases β e γ, que clivam a APP para gerar os peptídeos Aβ e os fragmentos solúveis intracelular e extracelular associados. De fato, a redução da atividade da secretase β ou da γ em camundongos transgênicos que expressam a proteína mutante APP em altos níveis reduz a deposição de Aβ e, em alguns casos, as anormalidades funcionais..

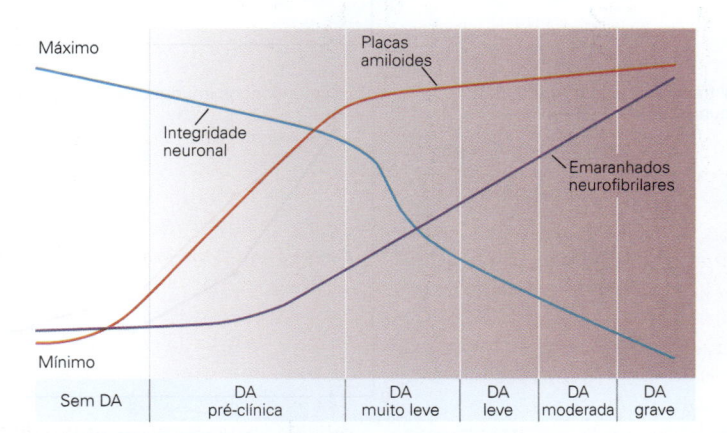

FIGURA 64-16 Relação de alterações de biomarcadores com as alterações clínicas na doença de Alzheimer (DA). Em pessoas cognitivamente normais que irão desenvolver a demência da DA, um dos primeiros sinais físicos é o início da agregação de Aβ no encéfalo na forma de placas amiloides. Enquanto as pessoas são ainda cognitivamente normais, as placas amiloides continuam a se acumular. Num dado momento, cerca de cinco anos antes de qualquer declínio cognitivo claro, a acumulação de tau começa a aumentar no neocórtex, a inflamação e o estresse oxidativo aumentam, e as redes de conexões encefálicas e o metabolismo começam a declinar. A perda neuronal e sináptica, bem como a atrofia encefálica, também têm início. Esse período – quando o paciente permanece cognitivamente normal, mas a fisiopatologia da DA está sendo construída – é chamado de DA pré-clínica. Uma vez que haja disfunção neuronal e sináptica suficiente, assim como perda celular, uma demência muito suave e os prejuízos cognitivos leves tornam-se detectáveis. Nesse momento, a deposição de amiloide já praticamente atingiu seu pico. Conforme a demência progride entre os estágios suave, moderado e severo, os emaranhados neurofibrilares são formados, e a disfunção neuronal e sináptica, inflamação, morte celular e atrofia encefálica pioram. (Adaptada, com autorização, de Perrin, Fagan, e Holtzman, 2009.)

Em função desses resultados, companhias farmacêuticas têm desenvolvido fármacos que diminuem ou modulam os níveis das secretases β e γ em seres humanos. Um obstáculo para essa abordagem é que as secretases também agem em outros substratos além da APP, de modo que a redução de seus níveis pode ter efeitos adversos deletérios. Isso é especialmente verdade para a secretase γ, cuja inibição levou à toxicidade em ensaios com humanos. Atualmente há diversos inibidores da secretase β em ensaios clínicos para DA, e é provável que tais drogas sejam direcionadas a ensaios para o que é chamado de DA pré-clínica, quando a fisiopatologia da DA vem se acumulando mas não há ainda sinais de declínio cognitivo (**Figura 64-16**). O objetivo dessas terapias seria retardar ou prevenir o início do declínio cognitivo e da demência.

Outra abordagem é a redução dos níveis de Aβ por meios imunológicos. Tanto a imunização com Aβ, que leva à produção de anticorpos contra esse peptídeo, e a transferência passiva de anticorpos anti-Aβ têm sido testadas em modelos de DA em camundongos transgênicos. Em ambos os tratamentos tem-se demonstrado redução dos níveis e da toxicidade da Aβ, além de redução das placas (**Figura 64-17**). Os mecanismos da depuração aumentada de Aβ não estão bem esclarecidos. Anticorpos séricos provavelmente funcionam como um "sumidouro", resultando na remoção extensiva de peptídeos Aβ de baixo peso molecular do encéfalo para a circulação, alterando assim o equilíbrio de Aβ em diferentes compartimentos e promovendo a remoção de Aβ do encéfalo.

Também é claro que no encéfalo muitos anticorpos anti-Aβ se ligam tanto à Aβ solúvel quanto à fibrilar (ou a ambas). Aqueles que ligam à formas agregadas de Aβ podem estimular a fagocitose mediada pela microglia para remover a Aβ, embora também haja remoção de placas não dependente da fagocitose mediada pela microglia. Anticorpos contra a Aβ solúvel que entram no encéfalo podem diminuir a toxicidade da Aβ solúvel. Esses achados sugerem que estratégias imunoterapêuticas podem ser bem sucedidas em pacientes com DA, especialmente se forem aplicadas cedo o suficiente

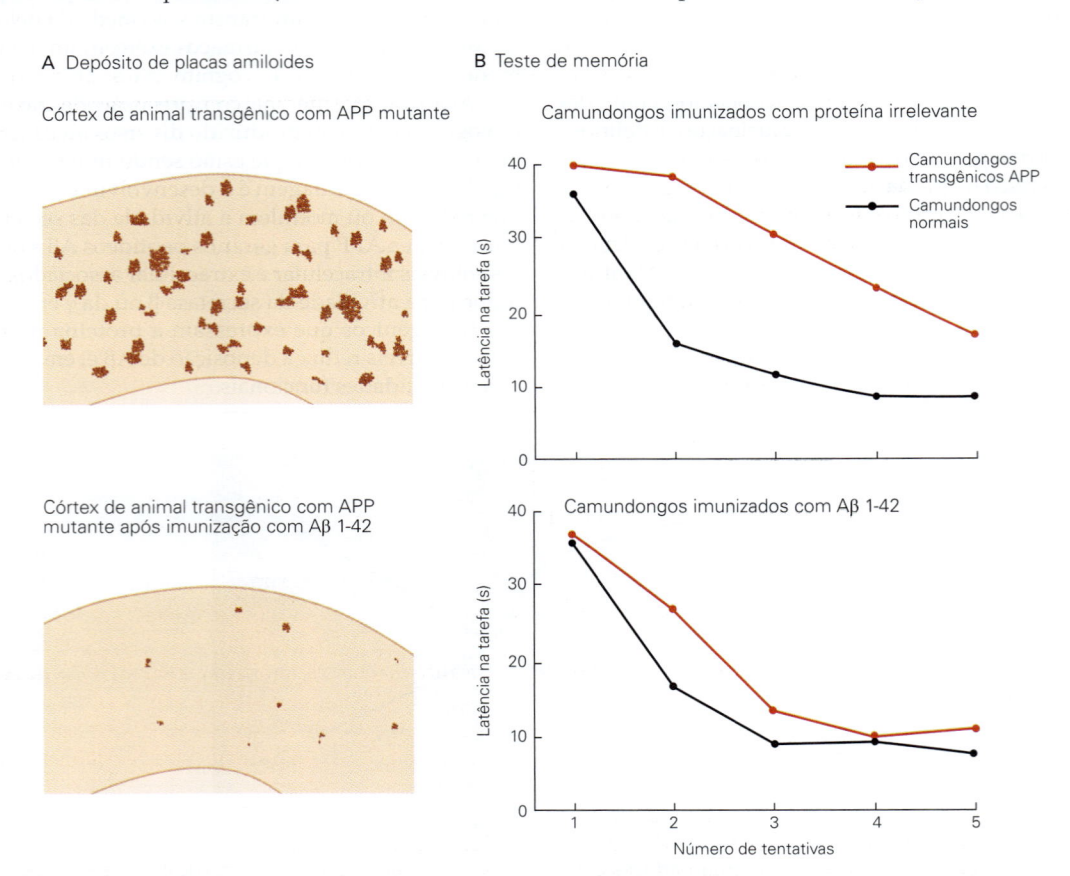

FIGURA 64-17 A imunização com anticorpos contra o peptídeo Aβ reduz as placas Aβ e preserva o desempenho cognitivo em camundongos que expressam o peptídeo. Camundongos que desenvolvem a deposição de Aβ na forma de placas amiloides foram imunizados com o peptídeo Aβ, o que levou à produção de anticorpos contra Aβ.

A. Comparação da deposição de placas amiloides no córtex cerebral de camundongos com alta expressão do transgene mutante APP (camundongos transgênicos para APP) que desenvolvem placas amiloides. Os camundongos que foram imunizados para o peptídeo Aβ tiveram a deposição de placas amiloides substancialmente reduzida. (Adaptada de Brody e Holtsman, 2008).

B. Desempenho cognitivo (um teste de memória) em dois grupos de camundongos transgênicos para APP. Um grupo foi imunizado com uma proteína irrelevante, e o outro com o peptídeo Aβ. Camundongos vacinados com Aβ apresentaram desempenho próximo ao dos animais normais, enquanto os animais imunizados com a proteína irrelevante apresentaram prejuízo grave de memória. (Adaptada, com autorização, de Janus et al., 2000.)

no curso da doença, antes de perda ou dano neuronal significativo. Há múltiplos ensaios em andamento em humanos utilizando imunoterapias passivas ou ativas contra Aβ, tanto em casos de DA pré-clínica quanto em casos leves da doença.

Adicionalmente ao foco na Aβ, os ensaios clínicos também já começaram a ser direcionados à tau. Isso está sendo feito com imunização ativa e passiva contra a tau, assim como com pequenas moléculas que, em culturas celulares ou modelos animais, podem diminuir a agregação da tau. Uma série de estudos em modelos animais têm mostrado que certos anticorpos anti-tau podem diminuir o montante de agregados de tau hiperfosforilada no sistema nervoso central e, em alguns casos, promover melhora da função. Apesar de a tau ser uma proteína predominantemente citoplasmática, uma das razões pela qual anticorpos anti-tau podem estar tendo efeito é que, como discutido acima, os agregados de tau podem se espalhar de célula a célula no espaço extracelular de maneira similar a príons. É nesse espaço que um anticorpo pode estar apto para interagir com a tau e bloquear este processo.

Destaques

1. Foi só nos últimos 50 anos que uma grande porcentagem da população passou a viver até a oitava, nona ou décima décadas de vida. Com esse aumento, tem sido possível aos neurocientistas estudar as mudanças que ocorrem no encéfalo durante o envelhecimento normal, assim como em indivíduos que desenvolvem transtornos encefálicos relacionados ao envelhecimento.
2. Mudanças súbitas em uma variedade de funções encefálicas ocorrem com a idade, incluindo declínios na velocidade de processamento e armazenamento de memória e mudanças no padrão de sono. As bases subjacentes a essas alterações são provavelmente a atrofia encefálica e a perda da integridade da substância branca. Em geral, contudo, não há uma diminuição significativa no número de neurônios que contribua para alterações na função encefálica que ocorre com o envelhecimento normal.
3. As alterações na cognição que ocorrem no envelhecimento normal não são incapacitantes. Quando a memória, e, frequentemente, outras áreas da função cognitiva, declinam mais do que o esperado com a idade, de modo a se tornar notável a outros e afetar moderadamente o dia a dia do indivíduo, esta síndrome é chamada prejuízo cognitivo moderado (PCM).
4. O PCM não é uma doença, mas uma síndrome. Cerca de 50% dos indivíduos com PCM tem a doença de Alzheimer (DA) como causa subjacente ao PCM. Outras condições que podem causar PCM incluem depressão, doença cerebrovascular, doença dos corpos de Lewy, doenças metabólicas e fármacos prescritos para outras doenças que provocam efeitos adversos no sistema nervoso central.
5. A DA é a causa mais comum de demência e manifesta-se pela perda de memória e de outras habilidades cognitivas de modo que as funções sociais e ocupacionais são prejudicadas. A DA contabiliza cerca de 70% dos casos de demência nos Estados Unidos, sendo os casos remanescentes causados por doença cerebrovascular primária, doença de Parkinson, demência dos corpos de Lewy e demência frontotemporal.
6. A patologia da DA é caracterizada pelo acúmulo de formas agregadas de duas proteínas no encéfalo, o peptídeo Aβ e a tau. A Aβ acumula-se em uma forma fibrilar em estruturas extracelulares chamadas de placas amiloides, tanto no parênquima encefálico quanto nas paredes das arteríolas (onde é chamada de angiopatia amiloide cerebral). A tau acumula-se em emaranhados neurofibrilares nos corpos celulares e nos dendritos.
7. Adicionalmente ao acúmulo de agregados proteicos no encéfalo com Alzheimer, conforme a doença progride ocorre uma marcante atrofia encefálica e perda neuronal e sináptica. Há também uma resposta neuroinflamatória robusta, especialmente em torno das placas amiloides, a qual envolve a microglia e os astrócitos.
8. A patologia da DA começa em torno de 15 anos antes do início do declínio cognitivo ou da fase de PCM da doença. O acúmulo de Aβ no neocórtex parece iniciar a doença com níveis marcadamente anormais, seguidos pelo espalhamento dos agregados de tau a partir do lobo temporal medial para outras regiões do neocórtex. Essa fase do fisiopatologia do Alzheimer anterior ao início dos sintomas é conhecida como DA pré-clínica.
9. Estudos significativos sugerem que certas formas agregadas do peptídeo Aβ levam a dano sináptico e neuronal no encéfalo com Alzheimer, mas o melhor correlato do declínio cognitivo é a presença de acúmulos das formas agregadas da proteína tau.
10. Há duas formas principais de DA. A primeira é a DA hereditária dominante, a qual diz respeito a menos de 1% dos pacientes com Alzheimer e é causada por mutações em um de três genes codificadores das proteínas APP, PS1 e PS2; essa forma leva ao início da doença clínica entre as idades de 30 e 50 anos. Estudos genéticos, bioquímicos, entre outros, mostraram que os genes que causam a DA autossômica dominante o fazem através do acúmulo precoce do peptídeo Aβ no encéfalo. A segunda forma, a DA de início tardio, que inicia a partir dos 65 anos, contabiliza mais de 99% dos casos. Apesar de a idade ser o maior fator de risco para a DA de início tardio, a genética também contribui. O gene *APOE* é de longe o maior contribuidor genético para a DA, sendo que a variante *APOE4* aumenta, e a variante *APOE2* diminui o risco. Há algumas outras variantes genéticas comuns em outros genes que influenciam o risco. Há também variantes raras em outros genes, como a *TREM2*, que aumenta o risco em nível similar ao risco associado com uma cópia do gene *APOE4*. Não obstante, há um consenso geral de que as principais características da patogênese são similares na DA esporádica e familiar.
11. Paralelamente aos sintomas clínicos e sinais de DA, o imageamento da amiloide e da tau, bem como marcadores no líquido cefalorraquidiano, podem determinar a presença da patologia do Alzheimer em um indivíduo vivo com ou sem declínio cognitivo.
12. Atualmente, há somente terapias sintomáticas para a DA, que, na melhor das hipóteses, apresentam

benefícios modestos. Um número considerável de potenciais terapias modificadoras de doença, que influenciam a produção, depuração e agregação, tanto da Aβ quanto da tau, estão sendo testadas em humanos. Embora nenhuma dessas terapias tenha sido aprovada ainda, há esperança de que, ao longo dos próximos muitos anos, uma ou mais dessas terapias comece a mostrar um benefício claro.

Joshua R. Sanes
David M. Holtzman

Leituras selecionadas

Brody DL, Holtzman DM. 2008. Active and passive immunotherapy for neurodegenerative disorders. Annu Rev Neurosci 31:175–193.

Buckner RL. 2004. Memory and executive function in aging and AD: multiple factors that cause decline and reserve factors that compensate. Neuron 44:195–208.

Goedert M, Eisenberg DS, Crowther RA. 2017. Propagation of tau aggregates and neurodegeneration. Annu Rev Neurosci 40:189–210.

Haass C, Selkoe DJ. 2007. Soluble protein oligomers in neurodegeneration: lessons from the Alzheimer's amyloid beta-peptide. Nat Rev Mol Cell Biol 8:101–112.

Holtzman DM, Herz J, Bu G. 2012. Apolipoprotein E and apolipoprotein E receptors: normal biology and roles in Alzheimer disease. Cold Spring Harb Perspect Med 2:a006312.

Holtzman DM, Morris JC, Goate AM. 2011. Alzheimer's disease: the challenge of the second century. Sci Transl Med 3:77sr1.

Kenyon C. 2005. The plasticity of aging: insights from long-lived mutants. Cell 120:449–460.

Musiek ES, Holtzman DM. 2015. Three dimensions of the amyloid hypothesis: time, space and "wingmen." Nat Neurosci 18:800–806.

Sanders DW, Kaufman SK, Holmes BB, Diamond MI. 2016. Prions and protein assemblies that convey biological information in health and disease. Neuron 89:433–448.

Referências

Andrews-Hanna JR, Snyder AZ, Vincent JL, et al. 2007. Disruption of large-scale brain systems in advanced aging. Neuron 56:924–935.

Arias E. 2004. United States Life Tables, 2001. National Vital Statistics Reports, Vol. 52, No. 14. Hyattsville, MD: National Center for Health Statistics.

Arnold SE, Hyman BT, Flory J, Damasio AR, Van Hoesen GW. 1991. The topographical and neuroanatomical distribution of neurofibrillary tangles and neuritic plaques in the cerebral cortex of patients with Alzheimer's disease. Cereb Cortex 1:103–116.

Bard F, Cannon C, Barbour R, et al. 2000. Peripherally administered antibodies against amyloid beta-peptide enter the central nervous system and reduce pathology in a mouse model of Alzheimer disease. Nat Med 6:916–919.

Bateman RJ, Xiong C, Benzinger TL, et al. 2012. Clinical and biomarker changes in dominantly inherited Alzheimer's disease. N Engl J Med 367:795–804.

Bishop NA, Lu T, Yankner BA. 2010. Neural mechanisms of ageing and cognitive decline. Nature 464:529–535.

Brown-Borg H, Borg K, Meliska C, Bartke A. 1996. Dwarf mice and the ageing process. Nature 384:33.

Cai H, Wang Y, McCarthy D, et al. 2001. BACE1 is the major beta-secretase for generation of A–beta peptides by neurons. Nat Neurosci 4:233–234.

Choi SH, Kim YH, Hebisch M, et al. 2014. A three-dimensional human neural cell culture model of Alzheimer's disease. Nature 515:274–278.

Cleary JP, Walsh DM, Hofmeister JJ, et al. 2005. Natural oligomers of the amyloid-beta protein specifically disrupt cognitive function. Nat Neurosci 8:79–84.

Cohen E, Dillin A. 2008. The insulin paradox: aging, proteotoxicity and neurodegeneration. Nat Rev Neurosci 9:759–767.

Corder EH, Saunders AM, Strittmatter WJ, et al. 1993. Gene dose of apolipoprotein E type 4 allele and the risk of Alzheimer disease in late onset families. Science 261:921–923.

De Strooper B, Saftig P, Craessaerts K, et al. 1998. Deficiency of presenilin-1 inhibits the normal cleavage of amyloid precursor protein. Nature 391:387–390.

Dickstein DL, Kabaso D, Rocher AB, Luebke JI, Wearne SL, Hof PR. 2007. Changes in the structural complexity of the aged brain. Aging Cell 6:275–284.

Fitzpatrick AWP, Falcon B, He S, et al. 2017. Cryo-EM structures of tau filaments from Alzheimer's disease. Nature 547:185–190.

Glenner GG, Wong CW. 1984. Alzheimer's disease: initial report of the purification and characterization of a novel cerebrovascular amyloid protein. Biochem Biophys Res Commun 120:885–890.

Goate A, Chartier-Harlin MC, Mullan M, et al. 1991. Segregation of a missense mutation in the amyloid precursor protein gene with familial Alzheimer's disease. Nature 349:704–706.

Guerreiro R, Wojtas A, Bras J, et al. 2013. TREM2 variants in Alzheimer's disease. N Engl J Med 368:117–127.

Hansson O, Zetterberg H, Buchhave P, Londos E, Blennow K, Minthon L. 2006. Association between CSF biomarkers and incipient Alzheimer's disease in patients with mild cognitive impairment: a follow-up study. Lancet Neurol 5:228–234.

Hebert LE, Scherr PA, Bienias JL, Bennett DA, Evans DA. 2003. Alzheimer disease in the US population: prevalence estimates using the 2000 census. Arch Neurobiol 60: 1119–1122.

Hekimi S, Guarente L. 2003. Genetics and the specificity of the aging process. Science 299:1351–1354.

Hsiao K, Chapman P, Nilsen S, et al. 1996. Correlative memory deficits, Aβ elevation, and amyloid plaques in transgenic mice. Science 274:99–102.

Huttenlocher PR. 2002. Neural Plasticity: The Effects of Environment on the Development of the Cerebral Cortex. Cambridge, MA: Harvard Univ. Press.

Janus C, Pearson J, McLaurin J, et al. 2000. A beta peptide immunization reduces behavioural impairment and plaques in a model of Alzheimer's disease. Nature 408:979–982.

Johnson KA, Schultz A, Betensky RA, et al. 2016. Tau positron emission tomographic imaging in aging and early Alzheimer disease. Ann Neurol 79:110–119.

Jonsson T, Atwal JK, Steinberg S, et al. 2007. A mutation in APP protects against Alzheimer's disease and age-related cognitive decline. Nature 488:96–99.

Kang J, Lemaire HG, Unterbeck A, et al. 1987. The precursor of Alzheimer's disease amyloid A4 protein resembles a cell-surface receptor. Nature 325:733–736.

Kang JE, Lim MM, Bateman RJ, et al. 2009. Amyloid-beta dynamics are regulated by orexin and the sleep-wake cycle. Science 326:1005–1007.

Karch CM, Goate AM. 2015. Alzheimer's disease risk genes and mechanisms of disease pathogenesis. Biol Psychiatry 77:43–51.

Klunk WE, Engler H, Nordberg A, et al. 2004. Imaging brain amyloid in Alzheimer's disease with Pittsburgh Compound-B. Ann Neurol 55:306–319.

Lesne S, Koh MT, Kotilinek L, et al. 2006. A specific amyloid-beta protein assembly in the brain impairs memory. Nature 440:352–357.

Levy-Lahad E, Wasco W, Poorkaj P, et al. 1995. Candidate gene for the chromosome 1 familial Alzheimer's disease locus. Science 269:973–977.

Morgan D, Diamond DM, Gottschall PE, et al. 2000. A beta peptide vaccination prevents memory loss in an animal model of Alzheimer's disease. Nature 408:982–985.

Morris JC, McKeel DW Jr, Storandt M, et al. 1991. Very mild Alzheimer's disease: informant-based clinical, psychometric, and pathologic distinction from normal aging. Neurology 41:469–478.

Oddo S, Caccamo A, Shepherd JD, et al. 1996. Mediators of long-term memory performance across the life span. Psychol Aging 11:621–637.

Park DC, Smith AD, Lautenschlager G, et al. 1996. Mediators of long-term memory performance across the life span. Psychol Aging. 11:621–37.

Perrin RJ, Fagan AM, Holtzman DM. 2009. Multimodal techniques for diagnosis and prognosis of Alzheimer's disease. Nature 461:916–922.

Price JL, Davis PB, Morris JC, White DL. 1991. The distribution of tangles, plaques and related immunohistochemical markers in healthy aging and Alzheimer's disease. Neurobiol Aging 12:295–312.

Rubin EH, Storandt M, Miller JP, et al. 1998. A prospective study of cognitive function and onset of dementia in cognitively healthy elders. Arch Neurol 55:395–401.

Sanders DW, Kaufman SK, DeVos SL, et al. 2014. Distinct tau prion strains propagate in cells and mice and define different tauopathies. Neuron 82:1271–1278.

Schenk D, Barbour R, Dunn W, et al. 1999. Immunization with amyloid attenuates Alzheimer-disease-like pathology in the PDAPP mouse. Nature 400:173–177.

Sevigny J, Chiao P, Bussière T, et al. 2016 The antibody aducanumab reduces Aβ plaques in Alzheimer's disease. Nature 537:50–56.

Shi Y, Yamada K, Liddelow SA, et al. 2017. ApoE4 markedly exacerbates tau-mediated neurodegeneration in a mouse model of tauopathy. Nature 549:523–527.

Sperling RA, Aisen PS, Beckett LA, et al. 2011. Toward defining the preclinical stages of Alzheimer's disease: recommendations from the National Institute on Aging-Alzheimer's Association workgroups on diagnostic guidelines for Alzheimer's disease. Alzheimers Dement 7:280–292.

Strehler BL. 1975. Implications of aging research for society. Fed Proc 34:5–8.

Valdez G, Tapia JC, Kang H, et al. 2010. Attenuation of age-related changes in mouse neuromuscular synapses by caloric restriction and exercise. Proc Natl Acad Sci U S A 107:14863–14868.

Van Broeckhoven C, Haan J, Bakker E, et al. 1990. Amyloid beta protein precursor gene and hereditary cerebral hemorrhage with amyloidosis (Dutch). Science 248:1120–1122.

Yanamandra K, Kfoury N, Jiang H, et al. 2013. Anti-tau antibodies that block tau aggregate seeding in vitro markedly decrease pathology and improve cognition in vivo. Neuron 80:402–414.

Yi L, Seroude L, Benzer S. 1998. Extended life-span and stress resistance in the *Drosophila* mutant Methuselah. Science 282:943–946.

Índice

As letras q, f e t após um número de página indicam quadros, figuras e tabelas.

Abdução, olho, 764-765, 764-766f, 766-767t
Abertura do canal, tempo de, 232-235
Abraira, Victoria, 386-387
Abrasamento, 1301
Abstinência de drogas, 946-948. *Ver também* Adicção a drogas
Abuso de substâncias. *Ver* Adicção a drogas; *substâncias específicas*
Abuso, droga. *Ver* Dependência; Drogas de abuso
Ação
  controle da, 632-633. *Ver também* Controle sensorimotor
  seleção, no gânglio basal. *Ver* Gânglio basal, seleção de ação no
Ação de massas, teoria da, 15-16
Ação, intenção de. *Ver* Movimento voluntário, como intenção de ação
Acetilcoenzima A (acetil-CoA), 322-323
Acetilação de histonas, na sensibilização de longa duração, 1169f, 1169-1170
Acetilcolina (ACh)
  abertura do canal de GIRK, 283-285, 284f
  biossíntese da, 322-324
  coliberação com o peptídeo intestinal vasoativo, 330-332
  degradação enzimática da, 332, 335-336
  descoberta da, 321-322
  liberação da, em unidades *quanta*, 232-235
  no sistema nervoso autônomo
    receptores, 900-902t
    respostas, 900-902t
    transmissão sináptica, 900-903f, 1009-1011, 1011-1013f
  precursor da, 232-235t
  transportador vesicular da, 327, 329, 328f
Acetilcolinesterase (AChE), 328f, 332, 335-336, 1272-1273
Acidente vascular encefálico (AVE)
  afasia no, 1223-1224
  déficits locomotores no, 719
Ácido acetilsalicílico
  nas enzimas COX, 428-429
  zumbido oriundo do, 554-555
Ácido araquidônico, 279, 280f
Ácido desoxirribonucleico (DNA). *Ver* DNA

Ácido domoico, na intoxicação amnésica por mariscos, 1298-1300
Ácido retinoico, na padronização neural, 983-984, 985f
Ácido valproico
  para crises epilépticas, 1291-1292, 1294
  para transtorno bipolar, 1344-1345
Ácidos hidroperoxieicosatetraenoicos (HPETEs), 280f
Acinesia, 734-735q, 839-840f
Ações sinápticas modulatórias, 281-282f
Acomodação
  vergência e, 781-782
  vias de processamento visual para, 448-449, 449-450f
ACTH (hormônio adrenocorticotrópico), na depressão e no estresse, 1334-1335, 1334-1335f
Actina
  formas moleculares, 123, 127
  no cone de crescimento, 1027-1029f, 1027-1030
Actomiosina, 126-128
Acuidade/sensibilidade tátil
  campos receptivos na, 392-396, 396-398f
  em diferentes regiões do corpo, 397f
  estrutura de impressão digital na sensibilidade de, 394, 396q-397q, 396f
  medição da, 393, 395-398, 397f
  na mão, 397f
  no controle sensorimotor, 650q, 650f
  variações na, 396-398
Acumulação limitada de evidências, 1239-1242
ADAM, 1389
Adaptação, em estudos de IRMf, 103, 105
Adcock, Alison, 1149-1150
Adeno-hipófise. *Ver* Glândula hipófise anterior
Adenosina, 326-327
Adenosina trifosfatase (ATPase), 129-130
Adicção a drogas, 944-953. *Ver também* Drogas de abuso
  adaptações celulares e circuitos em, 950-953
    plasticidade de célula inteira, 952-953
    plasticidade de circuitos, 952-953
    plasticidade sináptica, 950-953

  adaptações moleculares em regiões encefálicas de recompensa em, 948-950
    indução de DFosB, 948-952, 951f
    regulação positiva da via AMPc-CREB, 948-950, 950-952f
  circuitos encefálicos de recompensa em, 932-933, 944-945, 944-945f
  definição de, 944-945
  destaques, 953-953
  disfunção dos gânglios da base em, 839-840f, 840-842
  fatores genéticos em, 946-948
  modelos animais de, 945-947q
  vs. vícios por recompensa natural, 952-953
ADNFLE (epilepsia do lobo frontal noturna autossômica dominante), 1299-1301
Adolescência, poda sináptica e esquizofrenia na, 1321-1326, 1323-1326f
Adrenalina
  regulação por retroalimentação da, 324-326
  síntese de, 323-325
Adrenérgico, 321-322
Adrian, Edgar
  sobre fibras sensoriais, 58-59
  sobre força muscular na unidade motora, 659-660
  sobre localização funcional no córtex, 16-18
  sobre potencial de ação tudo ou nada em neurônios sensoriais, 354-355
  sobre receptores do tato, 373-375
Adução, 764-765, 765-766f, 766-767t
Afasia
  classificação de, 1220-1222, 1221-1222t
  definição de, 8, 14-15
  diagnóstico diferencial da, 1221-1222t, 1225-1226t
  epidemiologia da, 1223-1224
  expressiva, 11
  menos comum, 1226-1229, 1228-1229f
  primeiros estudos sobre, 8, 14-16
  receptiva, 11
Afasia de Broca
  diagnóstico diferencial da, 1221-1222t

  locais de lesão e danos na, 1223-1228, 1227f
  produção de fala espontânea e repetição na, 1223-1225, 1225-1226t
  características da, 8, 14-15
Afasia de condução
  características da, 15-16
  dano na área posterior da linguagem na, 1226-1228
  diagnóstico diferencial da, 1221-1222t
  produção e repetição de fala espontânea na, 1225-1226t, 1225-1228
Afasia de Wernicke
  características da, 15-16
  diagnóstico diferencial da, 1221-1222t
  locais de lesão e danos na, 1225-1226, 1227f
  produção e repetição de fala espontânea na, 1225-1226, 1225-1226t
Afasia expressiva, 15-16
Afasia global
  dano cerebral na, 1226-1228
  diagnóstico diferencial da, 1221-1222t
  produção espontânea de discurso e repetição na, 1225-1226t, 1226-1228
Afasia motora transcortical
  diagnóstico diferencial da, 1221-1222t
  lesão encefálica na, 1226-1228
  sintomas da, 1221-1222t, 1226-1228
Afasia receptiva, 15-16
Afasia sensorial transcortical
  diagnóstico diferencial da, 1221-1222t
  lesão encefálica na, 1226-1228
  sintomas da, 1221-1222t, 1226-1228
Aferência de entrada, 57-58, 57-58f
Agnosia
  aperceptiva, 504-506, 504-506f
  associativa, 504-506, 504-506f
  de categoria específica, 506-507, 511-512
  de formas, 1310-1311f, 1317
  definição da, 504-505, 1304-1305
  espacial, 15-16
  prosopagnosia, 452, 506-507, 1304-1305, 1307-1309. *Ver também* Reconhecimento facial
Agonista, na abertura do canal, 154-156, 156-157f
Agorafobia, 1332-1333

Agre, Peter, 150, 152
Agrina, 1056-1058, 1057f
Agrupamento celular, armazenamento de memória em, 1198-1202, 1201-1203f
Aguayo, Alberto, 1098-1112
AINEs. Ver Anti-inflamatórios não esteroides (AINEs)
Ajuste de orientação, 358-360
Ajustes posturais antecipatórios. Ver também Postura
  antes do movimento voluntário, 792-794, 793f
  aprendendo com a prática, 792-793f
  para perturbação do equilíbrio, orientação postural em, 793-795
AKAPs (proteínas de ancoragem da cinase A), 272-274
Alarme falso, na tomada de decisão, 1234-1235f, 1235
Albin, Roger, 828-829
Albright, Thomas, 513
Albus, James, 92-93, 819, 823-824
Alça do reflexo de estiramento, ação contínua de, 684-687
Alcançar e pegar
  aprendizado baseado no erro em, 646-647, 647-648f
  áreas do córtex parietal em, 731-734, 732f-734f
  com braço protético, interfaces cérebro-máquina para, 854-855, 855-858f
  com o braço paralisado, interfaces cérebro-máquina para, 854-857, 858-859f
  córtex dorsal pré-motor no planejamento de, 736-739, 736-739f
  córtex pré-motor ventral no planejamento de, 739, 742-743f
  expansão do campo receptivo visual após, 733, 733-734f
  forçado, 734-735
  movimentos anormais para, 690-691
  neurônios corticais motores primários em, 751-752, 755, 753f
  sinais motores e sensoriais para, 635, 638
  sistema de orientação inconsciente em, 1309-1311, 1310-1311f
Alças recorrentes, no cerebelo, 809, 811-813, 810f
Álcool etílico, 946-948t. Ver também Drogas de abuso
Alelos, 26-27, 45-46
Alexander, Garrett, 829-831
α-tubulina, 123, 127, 125-127f
5-α-Di-hidrotestosterona (DHT), 1117-1118, 1117-1120f
α-secretase, 1389, 1389f
α-sinucleína
  em corpos de Lewy, 1375-1376
  na doença de Parkinson, 126-128q, 127-128f, 1369-1372, 1374-1375

Alinhamento anatômico, em IRMf, 102-103
Alodinia, 422-423, 429-431
Alstermark, Bror, 690
Altman, Joseph, 1105-1106
Alucinações
  definição de, 1305-1306
  hipnagógicas, 967-968
  hipnopômpicas, 967-968
  na esquizofrenia, 1306-1309, 1318-1319
  olfatórias, 613
  percepção nas, 1306-1309, 1308-1309f
Alzheimer, Alois, 1385-1387
Ambliopia, 1073-1074
Amígdala, 927-933
  anatomia da, 12f
  em emoções positivas, 932-933
  em transtornos de humor e da ansiedade, 932-933, 1335-1338, 1336-1337f
  lesões da, deficiência de expressão facial na, 1335-1337f
  na dependência de drogas, 932-933
  na esquizofrenia, 1321-1324
  na função autonômica, 905-907, 906-907f
  na mentalização, 1351-1352, 1351-1353f
  na resposta ao medo
    em animais, 928-930, 928-930f
    em humanos, 930-933, 930-932f, 935, 934f
  no comportamento de congelamento, 927-928, 928-930f
  no condicionamento aversivo em mamíferos, 1176-1180, 1176-1179f, 1181f
  no processamento emocional, 865-866, 933-936
  no transtorno do espectro autista, 1349-1350f, 1362-1363
  núcleos laterais e centrais na, 928-930, 928-930f
  potencialização de longa duração na, 1177-1179, 1178-1179f
Aminas, biogênicas, 322-323t, 323-327. Ver também tipos específicos
Aminas-traço, 325-326
Aminoácidos transmissores, 322-323t, 326-327
  GABA. Ver GABA (ácido γ-aminobutírico)
  glicina. Ver Glicina
  glutamato. Ver Glutamato
Amiotrofia, 128-129
Amitriptilina, 1339-1340
Amnésia
  após dano no lobo temporal, 1312, 1314-1315
  histérica (psicogênica), 1314-1315
  priming (pré-ativação) na, 1143-1146, 1144f
  recordação da memória episódica na, 1148-1149

simulação de, fingimento, 1314-1315
Amostragem de experiência, 924-925q
AMPc (AMP cíclico)
  em neurônios sensoriais olfatórios, 1047-1048f
  na consolidação, 1164-1166
  na regeneração dos axônios centrais, 1102-1103
  no cone de crescimento, 1027-1030, 1029-1030f
  sinalização, na sensibilização de longa duração, 1164-1170, 1168f, 1169f
  via do, 272-274
AMPc-CREB (via), regulação positiva por drogas de abuso, 948-950, 950-952f, 951f
AMPc-PKA-CREB (via), no condicionamento do medo em moscas, 1175-1177
Amplificação
  de som, na cóclea, 547-549, 551, 547-549f, 551f
  do sinal, em sinapses químicas. Ver Sinapse química, amplificação de sinal
Amplitude de movimento, torque muscular em, 667-669, 667-669f
Ampola, 533-534f, 560-561, 562-563f
Analgesia produzida por estimulação, 435-437
Análise de ativação univariada, em IRMf, 104f, 103, 105
Análise de conectividade funcional, em IRMf, 104f, 105-107
Análise de padrão multivariado, em IRMf, 103, 104f, 105-106
Análise de similaridade representacional, em IRMf, 105-106
Análise genética clássica, 28-29
Análise histoquímica, de mensageiros químicos, 333q-335q, 333f, 334f
Análises da característica de operação do receptor (COR), 349-351q, 349-351f
Anandamida, 279, 280f, 428-429
Andar automático, 717-719
Andar. Ver também Locomoção
  após lesão da medula espinal em humanos, 717-719, 718q
  aprendendo novos padrões de, 647-648, 647-648f, 823-824
  extensão do quadril no, 704-705, 705-708f
  fase basal de oscilação do proprioceptiva na, 704-705, 705-708f
  retroalimentação sensorial do músculo extensor na, 705-708, 708-709f
Andersen, Richard, 523-524
Androstadienona, percepção de, 1132-1134f, 1133-1134
Anedonia, 1329-1330. Ver também Transtorno depressivo maior
Anencefalia, 717-719

Anestesia dolorosa, 423-426
Anfetaminas
  dependência por. Ver Drogas de abuso
  fonte e alvo molecular das, 946-948t
  liberação de dopamina por, 337-338
  para narcolepsia, 968-969
Angiotensina I (ANGI), 912-913
Angiotensina II (ANGII), 912-913
Ângulo cerebelopontino, 869-870f, 871-872
Ângulo de inversão, em IRMf, 99-101
Ângulo de penação, músculos, 666-669, 667-668t
Ânion, 150, 152
Anosmia, 613
Anquirina G, 1048-1050f
Ansiedade
  adaptativa, 1330-1332
  definição de, 1330-1331
  fontes de, 1331-1332
  vs. medo, 1330-1331
Antibióticos aminoglicosídeos
  em células ciliadas, 542
  na função vestibular, 574-576
Antibióticos, em células ciliadas, 541-542
Anticorpos
  na miastenia grave, 1272
  para peptídeos Aβ, imunização com, 1394-1397, 1396-1397f
  para receptor AMPA na epilepsia, 250-251
Antidepressivos tricíclicos, 1339-1343, 1341f-1342f
Anti-histamínicos
  para insônia, 966-967
  sonolência e, 889-890
Anti-inflamatórios não esteroides (AINEs)
  na febre, 910-912
  nas enzimas COX, 428-429
Aparato vacuolar, 120-121, 123, 122f
Aparato vestibular/labirinto. Ver também Sistema vestibular
  anatomia do, 559-561, 559-560f
  órgãos receptores no, 560-566
  anatomia e localização dos, 559-561, 560-561f
  canais semicirculares. Ver Canais semicirculares
  células ciliadas. Ver Células ciliadas, no sistema vestibular
  órgãos otolíticos, 563-566, 563-565f
  perda do, ataxia após, 795-797
Aparelho motor, modelo cerebelar interno de, 818-819
Apneia do sono
  interrupção do padrão de sono por, 966-967, 966-967f
  padrões motores respiratórios na, 880, 880-881f
Apneia obstrutiva do sono, 965-967, 966-967f

Apoptose (morte celular programada)
  de neurônios motores, 1012-1014, 1014-1016f
  em doenças neurodegenerativas, 1376-1378
  fatores neurotróficos na supressão da, 1016-1019, 1015f-1018f
  vs. necrose, 1016-1017
APP (proteína precursora amiloide), 1389-1392, 1390f
Aprendizado. *Ver também* Memória; *tipos específicos*
  associativo, 1152-1155
  baseado em erro, 646-648, 647-648f, 647-648f
  de habilidades sensorimotoras, 1152-1153
  dopamina como sinal no, 943-945, 944-945f
  espacial. *Ver* Memória, espacial
  estatístico, 1151-1153
  estudos de IRMf sobre, 108-109
  explícito, 646-647, 932-933
  de habilidades motoras. *Ver* Aprendizado de habilidades motoras
  de habilidades, 1152-1153
  implícito. *Ver* Aprendizado implícito
  memória e. *Ver* Memória
  mudanças na estrutura cerebral no, na individualidade, 1181f, 1180-1182
  não associativo, 1153-1155
  perceptivo, 496-498, 499-501f
  períodos críticos em, 1071-1072
  perspectiva geral de, 1139-1140
  restrição de, por representações sensório-motoras, 649, 651
  tentativa e erro, 1155-1156
Aprendizado de habilidades motoras
  controle sensorimotor do. *Ver* Controle sensorimotor, do aprendizado motor
  mudanças de conectividade funcional de rede durante, 1152-1153
  no cerebelo, 819-824
    atividade de fibras trepadeiras na eficácia sináptica de fibras paralelas, 820-823, 820f
    da resposta palpebral, 95-96, 96-97f, 820-823
    movimentos oculares sacádicos/adaptação, 820-823, 822f
    na coordenação olho-mão, 820-823, 821f
    novos padrões de caminhada, 823-824
    núcleos cerebrais profundos, 823-824, 823-824f
    plasticidade vestibular, 95-97
    reflexo vestíbulo-ocular, 571-572, 572f, 820-823, 822f
  no córtex motor primário, 756-761, 757-759f, 760-761f

Aprendizado de habilidades, 1152-1153
Aprendizado de hábitos, 1152-1153
Aprendizado de idiomas
  destaques, 1229-1229
  do segundo idioma, 1220-1221
  em bebês e crianças, 1213-1221, 1216-1218f
    desenvolvimento inicial da arquitetura neural, 1222-1223
    dicas prosódicas para palavras e frases, 1217-1219
    discriminação de língua nativa, 1216-1217
    discurso contínuo em, probabilidades de transição para, 1217-1220
    especialização com 1 ano de idade, 1215-1217, 1216-1218f
    estágios, 1214-1217
    estilo de fala "paternês", 1219-1221
    exposição ao segundo idioma, 1220-1221
    padrões motores da fala, 1215-1217
    percepção e produção da fala, 1215-1217, 1216-1218f
    período crítico, 1219-1220
    sistema visual, 1217-1219
    Skinner vs. Chomsky, 1215-1217
  em espécies não humanas, 1213-1214
  envolvimento neural no, 1219-1220
Aprendizado estatístico, 1151-1153
Aprendizado implícito
  amígdala e hipocampo no, 930-933
  na memória visual, seletividade de respostas neuronais no, 511-512, 512-513f
  tarefas motoras, 645-647
Aprendizado pela extinção, 1343-1344
Aprendizado por reforço
  nos núcleos da base, 836-839, 837-838f
  tipos de, 649, 651
  vs. aprendizado baseado em erro, 649, 651
Aprendizado por resposta à estímulo
  hipocampo no, 1152-1153, 1153-1154f
  na terapia cognitiva, 1305-1306q
  quantificação do, 349-351q, 349-351f
2-Araquidonilglicerol (2-AG), 279, 280f
Área de Broca, 8, 14-16f, 1141
  danos a, afasia e. *Ver* Afasia de Broca
  danos a, na língua de sinais, 17-18

processamento de linguagem e compreensão na, 15-18
Área de Brodmann, 725-726, 726-727f, 731
Área de frequência constante deslocada por Doppler (DSCF), em morcegos, 598-600, 599f
Área de Wernicke
  anatomia da, 15-16, 15-16f
  dano a, 15-16, 17-18
  processamento da linguagem na, 15-16
Área hipotalâmica lateral, 894-895
Área intraparietal anterior
  na preensão de objetos, 731, 732f-733f, 733
  na tomada de decisões, 1243f-1244f
Área intraparietal lateral
  lesões na, 776-777
  nos movimentos sacádicos, 777-778
  na atenção visual e nos movimentos sacádicos
    ativação do neurônio parietal para, 776-777, 776-777f
    mapa de prioridades para, 527, 528q-529q, 528-529f
  na tomada de decisão, 1239-1242, 1244, 1243f-1245f
  no movimento voluntário, 731, 732f-733f
  no processamento visual, 450-452f, 452
Área intraparietal medial
  na tomada de decisão, 1243f-1244f
  no controle dos movimentos da mão e do braço, 731, 732f-733f
Área intraparietal ventral, 731, 732f-733f
Área motora do cingulado, 736-737
Área motora pré-suplementar, 725-726, 726-727f
Área motora suplementar
  anatomia da, 725-726, 728f
  no controle contextual de ações voluntárias, 734-736
  no controle postural, 802-804
Área tegmentar ventral
  projeções dopaminérgicas a partir da, 828-829, 942-944, 942-943f
  síntese de dopamina na, 1259-1260
Área temporal média, no processamento visual, 450-452f, 452
Áreas retinotópicas, 450-452f
Aristóteles, sobre os sentidos, 346
Armazenamento de gordura, 912-914
Armazenamento de memória. *Ver também tipos específicos de memória*
  de memória episódica, 1146-1147
  em diferentes partes do cérebro, 1141-1142
  hipocampo em, 1143-1146, 1144f

lobo temporal medial no, 1142-1146, 1144f
Armazenamento de velocidade, visão, 568-570
Aromatase, 1116-1117, 1117-1120f
Arquitetônica, 117
Articulações, coordenação dos músculos nas, 687-689, 688-689f
Artrite, dor nociceptiva na, 423-426
Aserinsky, Eugene, 956-957
Asperger, Hans, 1348-1349
Associação temporal, 1310-1311, 1310-1311f
Associações
  afrouxamento de, na esquizofrenia, 1317-1318q
  visuais, circuitos para, 515-517, 516-517f
Associatividade, na potenciação de longa duração, 1193-1195
Astrócitos
  ativação na esclerose lateral amiotrófica, 1265-1267
  das células da glia radial, 998-999
  estrutura e função dos, 120, 135-136, 135-136f
  na barreira hematencefálica, 142, 144
  na formação de sinapses, 142, 144, 1066-1068, 1067f
  na sinalização sináptica, 136-137, 142, 143f, 144
  reativos, 142, 144
Ataques de pânico/transtorno de, 880-881, 1331-1333. *Ver também* Transtornos de ansiedade
Ataxia
  definição de, 806-808
  em distúrbios cerebelares, 714-717, 806-808, 807-808f
  espinocerebelar. *Ver* Ataxias espinocerebelares (SCAs), hereditárias
  hipermetria na, 795-797
Ataxia cerebelar, 806-808, 807-808f
Ataxia de marcha, 806-808
Ataxia de membro, 806-808
Ataxias espinocerebelares (AECs), hereditárias
  características clínicas das, 1367-1369, 1368-1369t
  características genéticas das, 1368-1369t, 1375-1371
  degeneração neuronal nas, 1371-1374, 1372-1373f
  idade de início das, 1367-1369
  início precoce, 1371-1373
  modelos animais em camundongos de, 1373-1375, 1374-1375f
  tratamento das, 1376-1378
Atenção
  a estímulos sociais, no transtorno do espectro autista, 1351-1353, 1351-1353f
  amígdala na, 933, 935

como processo de cima para baixo (*top-down*), conexões corticais na, 496-498
no reconhecimento de objetos, 498-500
visual
área intraparietal lateral na, 527, 776-777, 776-777f
atenção voluntária e movimentos oculares sacádicos na, 524-526, 526-527f
lesões do lobo parietal direito e, 525-527, 527f
mapa de prioridade no córtex visual na, 527q-529q, 527f-529f
resposta neural para, 360-361, 361-362f
Atenção espacial, 498-499
Ativação auditiva, no desenvolvimento da linguagem, 1222-1223
Ativação de luz, de moléculas de pigmento, 468-469f, 471-472, 471f-472f
Ativação mental (*arousal*)
confusa, 968-969
neurônios monoaminérgicos e colinérgicos em, 888-890, 889-890f
sistema ascendente para. *Ver* Sistema de ativação ascendente
Atividade de abelhas, regulação da proteína-cinase da, 38-39, 38-39f
Atividade dependente do nível de oxigênio no sangue (BOLD)
em IRMf, 101-106, 104f. *Ver também* Ressonância magnética funcional (IRMf)
no estado de repouso em áreas encefálicas, 358-360
Atividade epileptiforme, 1285-1286, 1288-1289
Atividade neural
decodificação, 86-87
estimativa de movimentos pretendidos pela, 849-851, 854, 849f-851f, 853-854f
informação sensorial codificada pela, 85-86
integrada, circuitos recorrentes para, 92-95, 93-94f
mensuração da, 85-86, 85-86q, 847-848
na precisão da especificidade sináptica, 1048-1051, 1050-1052f
Atividade paroxística, 1284-1285
ATP. *Ver* Trifosfato de adenosina (ATP)
ATP10C, deleção, 1356-1357
ATPase, 129-130
ATPases do tipo P, 85, 177-178f
ATP-ubiquitina-proteassoma, via, 133-134
Atraso, no controle da retroalimentação, 635, 638, 637-638f
Atrasos de tempo, no controle sensorimotor, 631-632f, 632-633

Atribuição incorreta, 1156-1157
Atributos visuais, representação cortical de, 496-499, 500f
Atrofia
definição, 1259-1260
dentatorrubropalidoluisiana, 1366-1369, 1368-1373f
encefálica, na doença de Alzheimer, 1387-1388, 1387-1388f
muscular espinal progressiva, 1265-1267, 1266-1267f
Atrofia muscular espinobulbar (doença de Kennedy), 1367-1369, 1368-1369t, 1372-1373f, 1373-1374
Audição. *Ver também* Processamento auditivo
binaural, na localização do som, 578-580
energia sonora, captada pela cóclea na, 533-534, 536, 535f-536f
filtro espectral na, 578-580, 579-580f
história evolutiva da, 551-552q
reconhecimento de discurso na, 578-580
reconhecimento musical na, 578-580
sombras sonoras na, 578-580
tempo de atraso interaural na, 579-580f, 608-609, 611-612
varredura, em recém-nascidos, 549, 551
Auras relacionadas a convulsões, 1283-1284, 1293q-1294q, 1291-1292, 1294
Aurícula, 532-533, 532-533f
Autacoides
histamina como, 325-326
vs. neurotransmissores, 321-322
Autorreceptores, ação de, 321-322
Autorrenovação, 998-999, 999-1000f
Autossomos, 25-27, 1115
Aversão ao paladar, 1155-1156
Axelrod, Julius, 336-337
Axonema, 538-540
Axônio(s), 49-51, 49-50f, 1021-1042
condutância em, canais de Na$^+$ e K$^+$ em, 210
cruzamento da linha média de axônios de neurônios espinais, 1039-1042
direcionamento de axônios comissurais pela netrina no, 1039-1040, 1040-1042f
desenvolvimento inicial do, 1021-1022
destaques, 1042
diâmetro do, 676, 680q, 680t
na propagação do potencial de ação, 185-187, 185-186f
efrinas no, 1035-1040, 1037-1039f
em fibras sensoriais, 676, 680q, 680t
estrutura do citoesqueleto do, 126-128, 128-129f

fatores extracelulares na diferenciação do, 1021-1022, 1024f
polaridade neuronal e rearranjos do citoesqueleto em, 1021-1022, 1023f-1024f
gânglio retinal, 1031-1032, 1035-1040
divergência do cone de crescimento no quiasma óptico no, 1032, 1035-1037, 1035-1038f
gradientes de efrina de sinais encefálicos inibitórios no, 1035-1040, 1037-1039f
lesão de. *Ver* Dano axonal (axotomia)
mielinização de
células gliais em, 136-138f, 136-137, 142
defeituoso, 136-137, 142, 139q-141q, 139f-141f
orientação de, pistas moleculares em, 1029-1031
em células ganglionares da retina, 1030-1031, 1031-1032f
estereotropismo e ressonância em, 1030-1031
hipótese de quimioespecificidade, 1030-1031, 1031-1032f, 1044-1045
interações proteína-proteína em, 1030-1035f
localização e ação de, 1030-1031, 1033f-1035f
regeneração de. *Ver* Regeneração axonal
zona de gatilho de, 207-210
Axônios comissurais, direcionados por netrina, 1039-1040, 1040-1042f
Axônios descendentes e vias axônicas da medula espinal, 67-68f, 68-69
corticoespinal lateral, 78-81, 79f
vias monoaminérgicas no controle da dor, 435-438, 437-438f
Axotomia. *Ver* Dano axonal (axotomia)
Aβ (β-amiloide), 1387-1388

Bagnall, Richard, 1298-1299
Balanço energético, regulação hipotalâmica do, 894-895t, 912-913
alterações na obesidade, 913-914
armazenamento de gordura no, 912-914
balanço entre ingestão e gasto de energia, 913-914
conceitos psicológicos e, 916-918, 918f
sinais aferentes no controle do apetite, 913-916, 915f-916f
Barbitúricos, 946-948t. *Ver também* Drogas de abuso
Barclay, Craig, 1147-1148
Bard, Philip, 16-18, 925-926, 926-927f
Barlow, Horace, 358-360
Barreira hematencefálica, 142, 144

Barris, córtex somatossensorial características de, 407, 410, 410q, 409q, 407f-409f
desenvolvimento de, 993-996, 995f
Barris corticais. *Ver* Barris, córtex somatossensorial
Bartlett, Frederic, 1147-1148q, 1156-1157
Basset, Daniella, 1152-1153
Bastonete(s)
estrutura dos, 467-468, 468-469f
funções dos, 468-469
pigmentos visuais nos, 471f
resposta à luz, 351-352f, 353-354
sensibilidade graduada dos, 353-354, 354f, 468-469f
Bautista, Diana, 381-382
Bayliss, William, 150, 152
BDNF. *Ver* Fator neurotrófico derivado do encéfalo (BDNF)
Beams, de vesículas sinápticas, 312-314, 314-315f
Bear, Mark, 1195-1196
Bebês, sono em, 965-966
Beck, Aaron, 1304-1305, 1305-1306q
Békésy, Georg von, 535-536
Bell, Charles, 349-351
Bell, fenômeno, 877-878
Bell, paralisia, 868-870
Bensmaia, Sliman, 398
Benzer, Seymour, 28-29, 35-36, 1175-1176
Benzodiazepínicos, 946-948t, 965-966. *Ver também* Drogas de abuso
Berger, Hans, 1282-1283, 1291-1292, 1294
Berkeley, George, 347-348, 444-446
Bernardo, Claude, 5-6, 892-893
Berridge, Kent, 916-918
Beta axônios, 678-682
β-amiloide, na doença de Alzheimer. *Ver* Doença de Alzheimer, placas amiloides na
β-endorfinas, 438-439, 438-441f
15-β-Estradiol, 1116-1117, 1117-1120f
β-secretase
direcionamento de drogas, 1394-1396
na doença de Alzheimer, 126-128q, 1389, 1390f
β-tubulina, 123, 127, 125-127f
Bicamada lipídica, 149-150, 152, 151f-153f, 180-181
Bifurcação de Hopf, 549, 551, 550f, 550-552q
Bigorna
anatomia da, 532-533, 532-533f
na audição, 533-534, 536, 535f-536f
Biópsia muscular, 1260-1261t, 1261-1262
Bliss, Timothy, 1185-1186, 1188
Bliss, Tom, 256-257
Bloch, Felix, 111-112
Bloqueadores de recaptação de serotonina, 889-890
Bloqueio de condução, 1267, 1269

Bloqueio de fase, 584, 586, 585f-587f, 594-595
Bloqueio, de memória, 1156-1157
Bloqueio direto da proteína G, etapas de, 274
Bloqueio nervoso, por desmielinização, 1267, 1269
BMAL1, proteína, 962-964, 963f
Bois-Reymon, Emil du, 5-6
Bomba de íons, 149-150
  ATP na, 149-150
  vs. canal iônico, 168f
Bomba de Na^+-K^+ (Na^+-K^+ ATPase), 56-58, 175, 177-179, 177-178f
Bomba eletrogênica, 175, 177
Bombas de Ca^{2+}, 177-179, 177-178f
Botão sináptico, 229-230, 231f
Botões gustatórios, 617-618, 617-618f
Botulismo, 1272-1273, 1275
Bourgeron, Thomas, 1358-1359
Braço, cromossomo, 46
Braços protéticos
  conceito de, 845-846, 845-846f
  interfaces cérebro-máquina em, 854-855, 855-858f
Bradicinina
  no canal TRP, 424f
  sensibilização do nociceptor pela, 428-429
Brauer, Jens, 1222-1223
Brilho, contexto na percepção do, 494-498, 497f
Broca, Pierre Paul
  na linguagem
    processamento neural, 1220-1221
    estudos encefálicos de, 8, 14-15, 1141
  no encéfalo visceral, 7, 926-928
Brodie, Benjamin, 336-337
Brodmann, Korbinian, 15-16, 15-16f, 75-77, 75-77f, 449
Brown, Sanger, 506-507
Bruchpilot, 312-314
Brücke, Ernest, 150, 152
Brunger, A.T., 311-313
Bucy, Paul, 926-927
Bulbo
  anatomia do, 10q, 11f-13f
  geração de respiração no, 879-880, 879-880f
  núcleos de nervos cranianos no, 855-857f
  regulação da respiração no, 880, 880f
Bulbo olfatório
  aferências sensoriais para, 608-609, 611-612, 608-610f
  codificação odorante. Ver Neurônios sensoriais olfatórios
  glomérulos no, 608-609, 611-612, 608-610f
  interneurônios no, 608-609f, 608-609, 611-612
  neurogênese no, 1105-1106, 1107f
  transmissão ao córtex olfatório pelo, 608-609, 611-613, 611-613f
Bulbos de retração, 1098-1100

Bungarotoxina, 229-230, 232f
Busca visual, representação cortical de atributos e formas visuais na, 496-499, 500f

Ca^{2+}
  ligação à sinaptotagmina, 311-313
  no cone de crescimento, 1027-1030
  permeabilidade, no canal do receptor AMPA, 250-251, 253, 253-255f
  residual, 315-317
  sinaptotagmina, na exocitose em vesículas sinápticas, 312f-314f
Cabeça
  movimentos da
    compensação via reflexo vestíbulo-ocular nos, 570-572
    informação vestibular para equilíbrio nos, 794-797, 795-796f
  rotação da
    compensação rotacional via reflexo vestíbulo-ocular na, 568-571, 569f-571f
    percepção pelo canal semicircular da, 561-564, 562-564f
Cacosmia, 613
Cade, John, 1344-1345
Caderinas
  na maquinaria de transdução de células ciliadas, 543-544, 544-545f
  nas células da crista neural, 1007-1009
  no crescimento e orientação do axônio, 1034f-1032, 1035f
Caenorhabditis elegans
  estudos do sistema nervoso de, 1016-1017, 1016-1017f
  mecanismos olfatórios na, 615-617, 616-617f
Cálice de Held, 294, 297, 296f, 585-587, 587f
Calmodulina (CaM), 157, 157f
Calor, 429
Camada marginal, do corno dorsal da medula espinal, 423-426, 425-426f
Camada molecular, do cerebelo, 814-816, 815f
Camada plexiforme interna, 1044-1046, 1046-1047f
Camadas coniocelulares, núcleo geniculado lateral, 448-449, 455, 457-458
Camadas de fotorreceptores, retinal, 465-469
  bastonetes e cones nas, 467-469, 468-469f
  óptica ocular na qualidade da imagem da retina nas, 465-468, 465-466f, 468-469f
Camadas magnocelulares, núcleo geniculado lateral, 448-449, 456-457f, 455, 457-458, 460f

Camadas parvocelulares, núcleo geniculado lateral, 448-449, 456-457f, 455, 457-458, 460f
Campo de movimento, 774-775
Campo de visão
  frontal, 777-778, 780-781f, 780-781
  lesões frontais do, 777-778
  suplementar, 777-778
Campo muscular, 748
Campo ocular frontal, 777-778, 780-781f, 780-781
Campo ocular suplementar, 777-778
Campo perceptivo, 356-357
Campos de grade, 1204-1206, 1207f
Campos de lugar
  hipocampal, 86-89, 87-88f, 1203-1206, 1205-1207f
  interrupção de, 1208-1210, 1208-1210f
Campos receptivos, 473-475, 478
  centro-periferia, 473-475, 478, 474f
  de inibição final, 489-490, 490-492f
  de neurônios corticais, 407-409, 412, 411-412f
  de neurônios de retransmissão, 358-361
  de neurônios parietais, 731-733, 732f-734f
  de neurônios sensoriais, 356-358, 357-360f
  definição de, 496-498
  na zona de sensibilidade tátil, 392-396, 396-398f
  no processamento visual
    em retransmissores sucessivos, 452-455, 453f-455f
    excentricidade nos, 452-453, 454-455f
    remapeamento de, com movimentos oculares sacádicos, 519-521, 521-522f
  origem de, 452-453
Camundongo jimp, 140q
Camundongo mutante shiverer (shi), 139q, 139f
Camundongo mutante totteler, 1294-1295, 1299-1301
Camundongo ob/ob, 914, 916
Camundongo trembler, 139q, 139f
Camundongos db/db, 914, 916
Camundongos mutantes Wlds, 1095-1096, 1095-1097f
Canabinoide(s), 946-948t. Ver também Drogas de abuso
Canais abertos. Ver também canais específicos
  em células nervosas em repouso, condutância iônica em, 174-175, 177, 176f
  na célula glial, permeabilidade ao K^+ nos, 171-172f, 172-175, 174-175f
Canais AMPA-cainato
  dessensibilização em, 478-479
  em células ON e OFF, 478

Canais ativados por estiramento, modelos físicos de, 154-156, 156-157f
Canais ativados por ligante
  acetilcolina. Ver Receptores de acetilcolina (ACh)
  acoplados à proteína G. Ver Receptores acoplados à proteína G
  $GABA_A$. Ver Receptores $GABA_A$
  glicina. Ver Receptores de glicina
  glutamato. Ver Receptores de glutamato
  ionotrópico vs. metabotrópico, 226-227, 279-282, 279-281t, 281-283f
Canais ativados por ligantes, 117-118, 149-150. Ver também Receptores de glutamato (canais ativados por ligante); tipos específicos
  estados refratários em, 156-157
  modelos físicos de, 154-157, 156-157f
  superfamília de genes em, 159-161, 160-161f
Canais ativados por nucleotídeos cíclicos, 706q
Canais com portão
  ativação, 196-197
  inativação, 196-198
Canais de Ca^{2+}
  ativado por alta voltagem, 203-205, 294, 297t, 297-298
  ativado por baixa voltagem, 297t, 297-298
  baixo limiar, 706q
  classes de, 294, 295f, 297t, 297-298
  dependente de voltagem
    ativado por alta voltagem (AAV), 203-205
    ativado por baixa voltagem (ABV), 203-205
  em convulsões, 1288-1290
  fatores genéticos na diversidade de, 159-161, 160-161f, 202-206, 209f
  mutações no, epilepsia e, 1300-1301, 1300-1301f
  na doença, 297-298
  na junção neuromuscular, 229-230, 231f
  na síndrome de Lambert-Eaton, 297-298, 1272-1273, 1275
  receptores acoplados à proteína G na abertura de, 283-285, 284f
  dependente de voltagem, inativação de, 157, 157f
  estrutura de, 294, 297
  localizações de, 294, 297
  na doença de Parkinson, 1371-1372
Canais de Cl^-
  ações inibitórias em sinapses e abertura de, 260-261f, 260-262
  estrutura de, 167, 167f

mutações em, epilepsia e, 1300-1301f
no repouso, múltiplo, na membrana celular, 181
permeabilidade seletiva em, 167-169, 167f
Canais de junção comunicante, 215, 217-218, 218-219f
disparo de célula interconectada, rápido e síncrono, 220, 223-224, 220, 223f
em células gliais, 223-224
estrutura de, 218-220, 221f-222f, 223
na função glial e em doenças, 223-224
superfamília de genes em, 159-161, 160-161f
Canais de K$^+$
dependentes de voltagem, 203-208, 210
ativados por cálcio, 206-207, 1300-1301f
autoanticorpos para, em neuropatias periféricas, 1269
condução de íons em, 235-236
fatores genéticos na diversidade de, 160-161, 161-162f, 202-206, 204f
interdependência do canal de Na$^+$ com, 191-191, 192q-193q
mecanismos de fechamento de canal em, 164-167, 165-167f
mutações genéticas, epilepsia e, 1299-1300, 1300-1301f
na epilepsia, 1288-1290, 1288-1290f
no potencial de ação. Ver Canais iônicos dependentes de voltagem, no potencial de ação
subunidades α formadoras de poros em, 202-203, 204f
tipo A, 207-208, 210, 209f
estrutura dos, 150, 152, 151f-153f
análise por cristalografia de raio X da, 162, 164-165, 163f
famílias de genes na, 160-162, 160-161f
vs. canais ClC-1, 167, 168
inativação dos, 195-196, 197-198f
na função de gerador de padrão central, 706q
não controlado por voltagem (KcsA), 162, 164-165, 163f, 166-167f
permeabilidade e seletividade dos, 162, 164-165, 163f
potencial de repouso, 175, 177, 176f
propriedades elétricas dos, 180-181, 180-181f
regiões P nos, 160-161, 161-162f

sensível à serotonina (tipo S), 285-287, 286-287f, 316-318
tipo M (sensível à muscarina), 281-285, 283f
Canais de vazamento, 182-183q, 191
Canais iônicos, 56-58, 149-169. Ver também canais específicos
bloqueadores de, 154-156
bloqueio do receptor de
direto (ionotrópico), 225-227, 226-227f, 271-274, 271-272f. Ver também Segundos mensageiros
indireto (metabotrópico), 225-227, 226-227f, 271-274, 271-272f. Ver também Receptores acoplados à proteína G; Receptores tirosina-cinase
características dos, 153, 155-157
dependente de voltagem. Ver Canais iônicos dependentes de voltagem; canais específicos
fluxo passivos de íons, 153, 155-156, 155f
mudanças conformacionais na abertura/fechamento, 154-157, 154-157f
únicos, correntes através, 151-153, 155, 154q, 154f
características funcionais dos, 151-153, 155
condutância dos, 153, 155-156, 155f
definições dos, 150, 152
dessensibilização dos, 156-157
destaques, 167-169
disfunção dos, doenças causadas por, 149
efeito da saturação em, 153, 155
em mecanorreceptores, 372-375, 373-375f
estados funcionais dos, 154-157
estrutura de
estudos sobre, 157-161
canais quiméricos, 158-161
estrutura secundária, 158-159, 158-159f
famílias de genes, 159-162, 160-162f
gráfico de hidrofobicidade, 158-159, 158-159f
mutagênese dirigida ao local em, 159-161
sequências de aminoácidos, 158-159, 158-159f
subunidades em, 157-158, 157-158f
proteínas nos, 149-150, 152, 151f-153f
fechados, 171
filtros seletivos em, 150, 152-151, 151f-153f
genes para, 157-159
mutações genéticas em, epilepsia e, 1299-1301, 1300-1301f
na função de gerador de padrão central, 706q

na sinalização, rápida, 149-150
papéis do, 149-150
propriedades dos, 149-150
repouso, 171
seletividade dos, 149-152, 151f-153f
vs. bombas de íons, 168f, 167-169
Canais iônicos dependentes de voltagem, 117-118, 149-150, 171. Ver também tipos específicos
defeitos genéticos nos, 1276-1278, 1279f
diversidade de, fatores genéticos nos, 159-161, 160-162f, 202-203, 204f
energia para, 156-157
inativação dos, 157, 157f
modelos físicos de, 154-156f, 154-156
mutações nos, epilepsia e, 1299-1301, 1300-1301f
na função de gerador de padrão central, 706q
taxas de transição nos, 156-157
Canais quiméricos, 158-161
Canais semicirculares
estrutura dos, 533-534f
função dos, 561-564, 563-564f
percepção de rotação da cabeça por, 561-564, 562-564f
simetria bilateral dos, 561-562, 562-563f
Canal iônico em repouso, 117-118, 149-150, 171
Canal ôhmico, 153, 155f
Canal receptor de potencial transitório (TRP), ativado por ligante
na sensação de coceira, 381-383
na sensação de tato, 373-375
na sensação térmica, 379-381, 379-380f, 909-910
nos nociceptores de dor, 422-423, 424f
regiões P nos, 160-162
Canal retificador, 153, 155, 153, 155f
Cannon, Walter B.
na homeostase, 892-893
na resposta de "luta ou fuga", 900-903
no medo e raiva, 925-926, 926-928f
Capacitância (C)
definição de, 180-181
membrana, 182-184, 183-184f
Capacitor
com vazamento, 180-181
definição de, 124
Capas de clatrina, 134-135
Capsaicina, em receptores térmicos, 380-381
Captura sináptica, 1171-1174, 1173-1175f
Carandini, M., 363
Carbamazepina, mecanismo de ação da, 1288-1291
Cardiotrofina-1, 1011-1013
Carlsson, Arvid, 323-324, 1324-1326

Caspase
em doenças neurodegenerativas, 1376-1378, 1377-1378f
na apoptose, 1017-1019, 1017-1018f
CASPR2, proteína associada à contactina 2, 1362-1363
Cataplexia, 967-969
Catarata, 1072-1074
Catecolaminérgico, 321-322
Catecol-O-metiltransferase (COMT), 336-337, 1223-1224
Cátion, 150, 152
Caudal, 9q, 9f
Caverna de Platão, 343
CCK. Ver Colecistocinina (CCK)
cDNA (DNA complementar), 45-46
Cegueira à mudança
definição de, 500
demonstração de, 1306-1309, 1309-1310f
teste para, 524-525, 526-527f
Cegueira mental, 1349-1352
Cegueira noturna estacionária, 472-473
Cegueira para cores
formas congênitas de, 480-481, 479-481f
genes na, 480-482, 480-481f
testes para, 479-481, 479-480f
Célula avó, 461, 463
Célula bipolar anã, 478, 478-479f
Célula bipolar difusa, 478, 478-479f
Célula de Golgi
nas alças recorrentes do córtex cerebelar, 817-818, 817-818f
no cerebelo, 814-816, 815f
Célula de Kenyon, 1175-1176
Célula de Mauthner, 220, 223
Célula em tufos, 604-605f, 608-609, 611-613, 611-613f
Célula mitral, 604-605f, 608-609, 611-613, 611-613f
Célula neuroendócrina, 55-57, 55-57f
Células amácrinas, 467-468f, 478-482
Células bipolares, 466-467, 466-467f
anãs, 478, 478-479f
difusas, 478, 478-479f
em hastes, 467-468f, 481-482
Células ciliadas, 532
anatomia das, 536-538, 537-539f
drogas nas, 541-542
história evolutiva das, 551-552q
no processamento auditivo, 538-552
canais de transdução, 541-542
canais iônicos, 540-542
mecanismos de retroação dinâmica das, 545-549, 551
adaptação a um estímulo sustentado nos, 545-548, 546f

amplificação da energia sonora na cóclea nos, 547-549, 551, 547-549f
amplificação da entrada de estímulo acústico nas cócleas nos, 549, 551
bifurcação Hopf nos, 549, 551, 550f, 550-552q
sintonia nos, 545-547, 545f
potencial receptor, 540-542, 540-541f
sensibilidade mecânica, 538-541, 540-541f
sinapses em fita, especializadas, 549, 551-552, 552f
transformação de energia mecânica em sinais neurais, 538-545
   composição molecular da maquinaria, 543-545, 544-545f
   deflexão do feixe ciliar, 538-542, 540-541f
   força mecânica na abertura de canal de transdução, 541-542, 542f-544f
   transdução mecanoelétrica direta, 542-544
variações na responsividade, 545
zona ativa pré-sináptica, 551-552, 552f
no sistema vestibular
   percepção de aceleração linear, 563-565, 563-565f
   transdução dos estímulos mecânicos em sinais neurais, 560-562, 560-561f
Células complexas, no córtex visual, 488-489, 489-490f
Células da crista neural
definição de, 1007-1009
migração a partir do tubo neural, 985-986f, 987-988
migração no sistema nervoso periférico, 1007-1009, 1008-1011f
Células de bordas, 1204-1206, 1208f
Células de Cajal-Retzius (neurônios), 1005-1006
Células de Deiters, 536-538, 537-539f
Células de grade, 1204-1206, 1205-1206f
Células de lugar
como substrato para memória espacial, 1206-1211, 1206-1208f
hipocampal, 86-88, 87-88f, 1203-1206, 1205-1206f
Células de Merkel (receptor do disco de Merkel)
Fibras AL1 nas. Ver Fibras de adaptação lenta do tipo 1 (AL1)
grupo de fibra, nome da fibra e modalidade em, 372-373t
inervação e funções das, 374-377, 376f, 395-397f

na mão humana, 391-392f, 392-393, 395, 392-395t, 396-398f, 450-452f
na pele do dedo, 394, 396q-397q
Células de orientação da cabeça, 1204-1206, 1208f
Células de Purkinje
depressão da aferência sináptica para, 820-823, 820f
disparos simples e complexos de, 95-97, 814-816, 816-817f
entradas excitatórias e inibitórias em, 92-93, 816-817
morfologia de, 1022, 1024-1027, 1027f
na adaptação sacádica, 820-823, 822f
no cerebelo, 92-93, 814-816, 815f
no condicionamento do piscar de olhos, 95-96, 96-97f
no transtorno do espectro autista, 1362-1363
plasticidade sináptica em, 95-97, 96-97f
propriedades de excitabilidade de, 206-207
Células de Renshaw, 687-689, 688-689f
Células de Schwann
anormalidades genéticas das, 1268f
estrutura das, 120, 120f
função das, 120, 135-136
junções comunicantes nas, 223-224
na mielina, após axotomia, 1096-1098
Células de velocidade, 1205-1206, 1208f
Células do gânglio da raiz dorsal, 122f
Células em arbusto, 580-582, 584, 583f-586f
Células estreladas, 580-582, 584, 583f-586f
Células fusiformes, no núcleo coclear dorsal, 584, 586, 583f-586f
Células ganglionares da retina, 465-466, 466-467f
atividade elétrica e especificidade de conexão sináptica nas, 1048-1050, 1050-1051f
axônios das, 973f-974f, 1044-1046f
   crescimento e orientação dos, 1031-1040, 1032-1037f
   divergência do cone de crescimento no quiasma óptico em, 1032, 1035-1037, 1035-1038f
   gradientes de efrina dos sinais encefálicos inibitórios em, 1035-1040, 1037-1039f
   regeneração dos, 1111-1112, 1111-1112f
células M, 466-467f, 473-475, 478
células P, 466-467f, 473-475, 478

marcação transgênica das, 973f-974f
mudanças temporais em estímulos no sinal de saída das, 473-475, 478, 474f
no reflexo pupilar à luz, 876-877, 877-878f
no ritmo circadiano, 963-964
segregação no núcleo geniculado lateral, 1083-1085, 1084-1086f
sinapses das, específicas por camada, 1044-1047, 1046-1047f
transmissão de imagens neurais para o encéfalo nas, 472-478
   células ON e OFF na, 472-475, 478
   mudanças temporais nos estímulos nos sinais de saída na, 473-475, 478, 474f
   resposta de contorno da imagem na, 473-475, 478, 474f
   sinais de saída da retina e objetos em movimento na, 473-475, 478, 475f, 476q-477q
   vias paralelas das células ganglionares para o encéfalo na, 473-475, 478
   vias paralelas para o encéfalo, 466-467f
Células gliais, 135-145
astrócitos. Ver Astrócitos
captação de GABA pelas, 328f
características estruturais e moleculares das, 120-128
células de Schwann. Ver Células de Schwann
como bainhas isolantes para axônios, 135-137, 142, 136-138f
destaques, 146
funções das, 52-55
junções do tipo GAP nas, 223-224
microglia. Ver Microglia
na formação e eliminação de sinapses, 1066-1068, 1067f
oligodendrócitos. Ver Oligodendrócito(s)
permeabilidade de K^+ nos canais abertos das, 171-172f, 172-175, 174-175f
proteínas transportadoras em, 119-120
quantidade de, 52-54
radiais. Ver Células gliais radiais
tipos de, 119-120, 120f. Ver também tipos específicos
Células gliais radiais
astrócitos a partir de, 998-999
como progenitores neurais e arcabouços estruturais, 998-999, 1000-1001f
migração neuronal ao longo, 1002-1006, 1005-1006f
sinalização delta-notch e hélice-alça-hélice básica na geração de, 998-1003, 1001-1003f

Células granulares/camada granular, do cerebelo
aferências para e conectividade das, 91-93
anatomia das, 814-817, 815f
conexões com células de Purkinje, 92-93
plasticidade sináptica das, 95-97, 96-97f
Células horizontais, fotorreceptor, 467-468f, 478-479
Células M, gânglio retinal, 466-467f, 473-475, 478
Células musculares esqueléticas
atividade do neurônio motor nas propriedades bioquímicas e funcionais das, 1050-1051, 1050-1052f
tipos de, 1050-1051
Células nervosas. Ver Neurônio(s)
Células P, gânglio retinal, 466-467f, 473-475, 478-480
Células progenitoras neurais
células gliais radiais como. Ver Células gliais radiais
divisão simétrica e assimétrica na proliferação de, 998-999, 999-1000f
expansão em humanos e outros primatas, 1007-1011, 1010f
Células progenitoras, neural, proliferação de, 998-999, 999-1000f
Células pseudounipolares, 366-368
Células simples, no córtex visual, 488-489, 489-490f
Células-tronco embrionárias, 1108-1109, 1108f
Células-tronco pluripotentes induzidas (iPS)
métodos de criação, 1008-1011, 1108-1110, 1108-1109f
organoide gerado a partir de, 1010f
para tratamento de ELA, 1109-1110f
Central pneumotáxica, 880-881
Centro de massa
centro de pressão e, 784-785, 785-786q, 785-786f
definição do, 784-785
orientação postural na localização do, 784-785
Centro de pressão, 784-785, 785-786q, 785-786f
Centro do olhar, na retina, 468-469
Centro pontino da micção (núcleo de Barrington), 903, 905-906, 904f
Centro retinal do olhar, 465-466f, 468-469
Centrômero, 45-46
Cerebelo, 806-824
aferência sensorial e integração de descarga corolária no, 819
anatomia do, 10q, 11f-13f, 808-811, 811f-813f
aprendizado de habilidades motoras. Ver Aprendizado de habilidades motoras, no cerebelo

conexões corticais do, 808-811, 810f
controle de movimento pelo. *Ver também* Movimento, controle do
coordenação com outros componentes do sistema motor, 80-81, 80-81f
depressão de longa duração no, 1196, 1198
destaques, 824
distúrbios do/dano ao. *Ver* Distúrbios cerebelares
em movimentos oculares, 768-771f, 780-781, 780-781f, 809, 811-813, 813f
em transtornos do neurodesenvolvimento, 1362-1363
funções computacionais gerais do, 818-819
    controle de tempo em, 819
    controle sensorimotor proativo (*feedforward*), 818-819
    integração de entradas sensoriais e descarga corolária em, 819
    modelo interno do aparelho motor em, 818-819
na locomoção, 714-717
na orientação e no equilíbrio, 800-802
na postura, 800-802
neurônios excitatórios no, 1011-1012
neurônios inibitórios no, 1011-1012
    terminação da célula de Purkinje cerebelar, 1048-1050, 1048-1050f
no aprendizado de habilidades sensorimotoras, 1152-1153
no transtorno do espectro autista, 1351-1353f, 1362-1363
núcleos interpostos e denteados no, 813-814, 813-814f
organização de microcircuitos no, 814-819
    camadas funcionalmente especializadas no, 814-816, 815f
    similaridade com computação canônica na, 816-818, 817-818f
        alças recorrentes, 817-818
        vias paralelas proativas (*feedforward*) excitatórias e inibitórias, 817-818
    sistemas de fibra aferente no, codificação de informações pela, 814-817, 815f-817f
representações neuronais como base para a aprendizagem no, 91-93, 91-92f
verme no, 813
vias aferentes e eferentes para o, 812f, 813
zonas longitudinais funcionais em, 808-814, 811f. *Ver também* Cerebrocerebelo; Espinocerebelo; Vestibulocerebelo

Cerebrocerebelo. *Ver também* Cerebelo
    alvos de entrada e saída do, 811f, 813-814
    anatomia do, 809, 811-813f, 813-814
Cetamina, 1340-1343
Changeux, Jean-Pierre, 237-238
Cheiro. *Ver* Olfato
Chesler, Alexander, 383-385
Chomsky, Noam, 1215-1217
Choque espinal, 692
Cicatriz glial, 1096-1098, 1098-1099f
Cicatrização, na regeneração axonal, 1101-1102f, 1102-1103
Ciclo das pontes transversas, 662-666, 666f
Ciclo de estiramento-encurtamento, 670-672f, 672-673
Ciclo sono-vigília
    hipotálamo na regulação do, 894-895t, 964-965n
    padrões de disparo de neurônios monoaminérgicos no, 882-885, 883-885f
    ritmo circadiano e, 962-964, 963f
    sistema de excitação ascendente no controle do, 956 959, 959f
Ciência neural, perspectiva geral da, 3-4. *Ver também tópicos específicos*
Cílios
    fibras nervosas dos, 375-377, 377f-378f
    tipos, 375-377, 377f-378f
Cinesina, 129-130
Cinocílio, 538-540, 538-540f
Cintilando, 307-308, 310-311
    como estímulo de campo visual, 476q, 477f
Circuito (elétrico), curto, 181
Circuito de bastonetes, na retina interna, 467-468f, 481-482
Circuito de cones, circuito de bastonetes fundindo-se com, 467-468f, 481-482
Circuito de coordenação de flexores e extensores, 703-704, 704f-705f
Circuito de Papez, 926-927, 926-927f
Circuito de recompensa encefálico
    na seleção de metas, 941-944, 942-943f
    no vício e em drogas de abuso, 944-947, 944-948f
Circuito equivalente
    cálculo do potencial de membrana em repouso via, 181-183q, 181-182f, 182-183f
    da corrente da placa motora, 242-244, 242-244f
    definição de, 179-180
    funcionamento do neurônio como, 179-181
        baterias em série e, 180-181, 180-181f

    capacitância e capacitores com vazamento, 180-181
    definição de, 179-180
    destaques, 187-188
    fluxo de corrente passiva e ativa no, 181, 181f
    fluxo de corrente passiva e curto-circuitos no, 181, 181f
    força eletromotriz no, 180-181, 180-181f
    força motriz eletroquímica no, 181
    propriedades elétricas do canal K^+ no, 180-181, 180-181f
Circuito sináptico cortico-hipocampal, 1184-1185, 1185-1186f. *Ver também* Hipocampo
Circuito(s) neural(is), bases neuroanatômicas da mediação do comportamento por
    circuitos de informação sensorial nos, 64-72. *Ver também* Córtex/sistema somatossensorial culminação no córtex cerebral. *Ver* Córtex cerebral, no processamento de informações sensoriais
    destaques, 83-84
    gânglios da raiz dorsal, 68-72, 68-71f. *Ver também* Gânglios da raiz dorsal
    medula espinal, 65-70, 67-69f. *Ver também* Medula espinal
    processamento de submodalidade nos, 70-73
    sistema anterolateral em, 71f-72f
    sistema coluna dorsal-lemnisco medial, 66f, 71-72f
    terminais axonais centrais e mapa da superfície corporal nos, 70-72
    conexões da medula espinal com o córtex cerebral para movimento voluntário, 78-81, 79-81f. *Ver também* Córtex motor primário
    em comportamentos complexos
    circuitos locais para computação neural, 64-65, 65-67f
    conexões do sistema hipocampal na memória, 82-84, 82-84f. *Ver também* Hipocampo
    sistema nervoso periférico nos, 81-82, 81-82f
    sistemas modulatórios sobre a motivação de, emoção e memória, 78-82
    tálamo como ligação entre receptores sensoriais e córtex cerebral nos, 72-74, 72-73f. *Ver também* Núcleos talâmicos
Circuitos neurais. *Ver também* Neurônio(s), sinalização em
    bases para análise do comportamento por

    conhecimento de, importância de, 3-6
    convergentes, 55-56, 55-56f, 89-90f, 90-91
    desenvolvimento de, 975-976
    divergentes, 55-56, 55-56f, 89-90f, 90-91
    em reflexos de estiramento, 54-57
    experiência e modificação de, 62
    mediação do comportamento por, 3-4, 54-57
    motivos, 89-95, 90-91f
    para comportamento direcionado por objetivo baseado em memória, 1149-1150, 1150-1151f
    proativos, 55-57, 55-56f, 89-91, 89-90f
    recorrentes, 89-90f, 90-95, 93-94f
    reflexo patelar e, 54-55, 54-55f
    retroativos, 55-56f, 55-57
Cirelli, Chiari, 965-966
Citoesqueleto
    estrutura do, 123, 127-128
    rearranjos do, na polaridade neuronal em axônios e dendritos, 1021-1022, 1023f-1024f
Citoplasma, 120
Citosol, 120-121
Cl^-, transporte ativo de, 120-121f, 177-178f, 178-179
CLC, proteínas/canais, 161-162, 167f, 167-169
ClC-1, canais, 167, 167f
CLOCK, gene/proteína, 29, 35-36, 36-38f, 962-964, 963f
Clonagem, 45-46
Clorpromazina, 1324-1326, 1324-1326f
Clozapina, 1324-1326, 1324-1326f
CNF (núcleo cuneiforme), 709-711, 711f-712f
Cocaína. *Ver também* Drogas de abuso
    correlatos neurais para fissura por, 945-947, 949f
    fonte e alvo molecular da, 946-948t
Cóclea
    anatomia da, 532-534, 532-534f
    distorção de aferência acústica por amplificação da, 549, 551
    processamento auditivo na, 532-555
        amplificação da energia sonora na, 547-549, 551, 547-549f, 551f
        captura de energia sonora na, 533-535
            lei de Weber-Fechner na, 533-534, 536
            som na pressão do ar na, 533-534, 536, 535f-536f
        células ciliadas. *Ver* Células ciliadas, no processamento auditivo
        destaques, 555

entrega de estímulos mecânicos para células receptoras na, 535-540
    membrana basilar na, 535f-536f, 535-538
    órgão de Corti na, 536-540, 537-539f
feixes ciliados. *Ver* Feixes ciliados
história evolutiva da, 551-552q
nervo coclear na. *Ver* Nervo coclear

Codificação
    de estímulos visuais complexos no córtex temporal inferior, 506-507, 506-507f
    de eventos visuais, lobo temporal medial na, 1147-1148, 1148-1149f
    de frequência e harmônicos, no córtex auditivo, 596-598, 597-598f
    no processamento de memória episódica, 1146-1147
    nos neurônios sensoriais olfatórios. *Ver* Neurônios sensoriais olfatórios
    sequências de disparos, 354-355, 354-355f

Codificação eficiente, 358-360
Codificação neural. *Ver também* Codificação sensorial; Neurônios sensoriais
    estudo da, 348-351
    no processamento visual, 459-461, 463, 459-463f
Codificação profunda, 1146-1147
Codificação sensorial, 346-365
    circuitos do sistema nervoso central na
        áreas corticais especializadas funcionais, 358-360, 359-361f
        mecanismos descendentes de aprendizado, 363-364
        neurônios de retransmissão, 359-361, 360-361f
        variabilidade na resposta do neurônio central, 359-361, 361-362f
        vias de retroalimentação, 362-363, 362-363f
        vias paralelas no córtex cerebral, 361-363, 362-363f
    destaques, 363-365
    história do estudo da, 346
    neurônios. *Ver* Neurônios sensoriais
    psicofísica na, 347-349, 348-349f
    receptores na. *Ver* Receptores sensoriais
Codificação temporal, de sons variáveis no tempo, 594-598, 595-596f
Código de frequência, 554-555
Código de lugar, 554-555
Código distribuído, 461, 463
Códigos de população, 354-356, 459-461, 463, 459-463f

Códon, 28f
Cohen, Neal, 1150
Cohen, Stanley, 1012-1014
Cole, Kenneth, 191, 191f. *Ver também* Estudos de fixação de voltagem
Colecistocinina (CCK)
    no controle do apetite, 913-914, 915f-916f
    no nervo vago, 870-871
    no plexo mioentérico, 901f
Coleman, Douglas, 914, 916
Colesterol, na biossíntese de hormônios esteroides, 1116-1117, 1117-1120f
Colículo inferior
    anatomia do, 588-589
    convergência da via auditiva aferente no, 587-588f, 588-591
    inibição da resposta pelo lemnisco lateral, 587-589
    localização sonora no, no mapa sonoro espacial do colículo superior, 589-591, 590f
    transmissão de informações auditivas para o córtex cerebral a partir do, 589-595
        controle do olhar na, 593-595
        fluxos de processamento do circuito auditivo do córtex cerebral na, 594-595, 594-595f
        mapeamento no córtex auditivo do som na, 591-594, 591-593f
        processamento de informações auditivas de múltiplas áreas corticais na, 593-594
        seletividade ao estímulo ao longo da via ascendente na, 589-593, 591-592f
Colículo rostral superior, na fixação visual, 775-776
Colículo superior
    controle dos movimentos sacádicos pelo, 772, 774-778, 775-776f. *Ver também* Movimentos sacádicos, controle do colículo superior
    inibição dos núcleos da base do, 775-777, 775-776f
    integração visual motora em, 772, 774-778, 775-776f
    lesões de, em movimentos sacádicos, 777-778
    localização do som no, 589-591, 590f
    organização de neurônios no, 774-775f
    rostral, na fixação visual, 775-776
Colina-acetiltransferase, 1272-1273
Colinérgico, 321-322
Coluna motora somática geral, 874f, 875-877
Coluna motora visceral especial, 874f, 875-876
Coluna motora visceral geral, 874f, 874-876

Coluna sensorial somática geral, 871-875, 874f
Coluna sensorial visceral, 874f, 874-875
Coluna somatossensorial especial, 874f, 874-875
Colunas de dominância ocular
    aferências nos olhos para, 1074-1075, 1074-1075f
    atividade elétrica e formação de, 1075-1079, 1078-1079f
    estimulação síncrona vs. assíncrona do nervo óptico, 1078-1079
    estrutura de, 453-455, 456f-457f
    fator neurotrófico derivado do cérebro, 1082-1083
    indução experimental de, em sapos, 1078-1079, 1079-1080f
    modificação das, período crítico para, 1089-1090
    plasticidade das, período crítico para, 1080, 1081f
    privação sensorial e arquitetura de, 1074-1077, 1076-1078f
Colunas de orientação, no córtex visual primário, 453-455, 456f-457f
Colunas dorsais, medula espinal, 65-67, 67-68f
Colunas laterais, medula espinal, 67-68, 67-68f
Coma, dano ao sistema de ativação mental ascendente no, 959-960
Comandos motores. *Ver* Controle sensorimotor; Movimento voluntário
Competência celular, 977-978
Complexo da esclerose tuberosa, 1301
Complexo de Golgi
    dendritos originados do, 121, 123, 123f
    estrutura do, 120-121, 122f-123f
    modificações em proteínas secretoras, 133-135
Complexo distrofina-glicoproteína, 663
Complexo motor suplementar, no controle de ações voluntárias, 734-737, 734-735q, 735-736f
Complexo olivar superior, 584, 586-588, 587-588f
    lateral, diferenças de intensidade interaural no, 583-587, 587f
    lemnisco lateral de, em respostas no colículo inferior, 587-589
    medial, mapa de diferenças de tempo interaural a partir de, 584, 583-586, 587f
    retroalimentação para a cóclea a partir do, 587-589
Complexo parabraquial, 888-889
Complexo pré-Bötzinger, 879-880, 879-880f
Complexo principal de histocompatibilidade (MHC), risco de esquizofrenia e, 44-45, 1323-1326

Complexos K, EEG, 955-956f, 956-957
Componente de frequência constante (CF), 598-600, 599f
Componente de frequência modulada (FM), em morcegos, 598-600, 599f
Comporta de ativação, 196-197
Comportamento. *Ver também* Função cognitiva/processos; *tipos específicos*
    células nervosas e. *Ver* Neurônio(s)
    circuitos neurais na mediação do, 3-4, 54-57. *Ver também* Circuito(s) neural(is), bases computacionais de mediação de comportamento nos; Circuito(s) neural(is), bases neuroanatômicas de mediação do comportamento nos distúrbios de seleção. *Ver* Gânglios da base, disfunção de encéfalo e. *Ver* Encéfalo, comportamento e
    genes no. *Ver* Gene(s), no comportamento inconsciente. *Ver* Processos mentais inconscientes
    IRMf. *Ver* Ressonância magnética funcional (IRMf)
    seleção, nos núcleos da base, 838-840, 839-840f
    sexualmente dimórfico. *Ver* Comportamentos sexualmente dimórficos
    sinais neurais no. *Ver* Neurônio(s), sinalização em
Comportamento agressivo, hipotálamo na regulação do, 918-920
Comportamento de acasalamento
    circuito neural hipotalâmico no, 1126-1127
    em drosófilas, controle genético e neural de, 1120, 1123, 1121q, 1122f
Comportamento de congelamento, amígdala em, 927-928, 928-930f
Comportamento defensivo, hipotálamo na regulação de, 894-895t, 900-903, 1330-1331
Comportamento direcionado por objetivo
    estados motivacionais no. *Ver* Estados motivacionais
    gânglios da base no, 838-840
    memória episódica no, 1149-1150, 1150f-1151f
Comportamento materno em roedores, experiência precoce em, 1128-1129, 1128f
Comportamento parental, hipotálamo no controle de, 894-895t, 920
Comportamento reprodutivo, hipotálamo no, 894-895t
Comportamento sexual, hipotálamo na regulação do, 894-895t, 918-920, 918-920f, 944-945

Comportamentos repetitivos, no transtorno do espectro autista, 1349-1350f, 1354
Comportamentos sexualmente dimórficos, 1115-1131
  ação hormonal ou experiência e, 1131-1133
    ativação olfatória e orientação sexual, 1132-1134f, 1133-1134
    hipotálamo e, 1131-1132, 1131-1132f
  diferenciação sexual do sistema nervoso e, 1117-1127
    circuitos neurais hipotalâmicos sobre comportamento sexual, agressivo e parental, 918-920, 918-920f, 1126-1127
    na função erétil, 1120, 1123, 1126, 1124f
    produção de canto em pássaros e, 1123, 1126
  em humanos, 1130-1134
    identidade de gênero e orientação sexual e, 1131-1134
    tamanho do núcleo leito da estria terminal e, 1133-1134, 1133-1134f
  estímulos ambientais nos, 1126-1131
    em rituais de cortejo, 1126-1127
    experiência precoce no comportamento materno posterior em roedores nos, 1128-1129, 1128f
    feromônios na escolha do parceiro em camundongos nas, 1126-1128, 1127-1128f
  fatores genéticos nas, 1117-1120, 1123
  mecanismos centrais no encéfalo e subjacentes na medula espinal, 1128-1131, 1129-1131f
Comportamentos sociais. Ver também tipos específicos
  experiência precoce e desenvolvimento dos, 1071-1074, 1073-1074f
  influências genéticas nos, 40-42
  receptores de neuropeptídeos, 38-40, 39-41f
Composto B de Pittsburgh (PIB), 1394-1395, 1394-1395f
Comprometimento neural, 1219-1220
COMT (catecol-O-metiltransferase), 336-337, 1223-1224
Conan Doyle, Arthur, 1247-1248
Concentração de Ca^{2+}
  na atividade do canal iônico, 206-207
  na liberação do transmissor, 294, 297, 296f, 315-317
  na plasticidade sináptica, 315-317
Conclusão de padrão, 1203-1204

Condicionamento
  clássico. Ver Condicionamento clássico
  operante, 1154-1156
  pseudo, 1153-1154
Condicionamento clássico
  amígdala no. Ver Amígdala, na resposta ao medo
  definição de, 1162-1166
  emparelhamento de estímulos, 1154-1155, 1155-1156f
  fundamentos do, 1154-1155
  história do, 1154-1155
  medo, 927-929, 928-930f, 1332-1333, 1335
  vs. condicionamento operante, 1155-1156
Condicionamento de medo, 1162-1166
  clássico, facilitação da transmissão sináptica em, 1162-1166, 1167f
  de respostas defensivas em moscas-da-fruta, via AMPc-PKA-CREB no, 1175-1177
  em mamíferos, amígdala em, 1176-1180, 1176-1179f, 1181f
Condicionamento pavloviano, 927-929, 1154-1155. Ver também Condicionamento clássico
Condroitinase, 1102-1103
Condução saltatória, 136-137, 138f, 187-188
Condução/transmissão eletrotônica
  constante de comprimento e, 184-185
  em sinapses elétricas, 218-220
  membrana e resistência citoplasmática na, 183-185, 183-184f
  na propagação do potencial de ação, 184-186, 185-186f
Condutância
  canal iônico, 153, 155, 155f, 180-181
  membrana, em correntes de fixação de voltagem, 196-197q, 196-197f
Condutância de vazamento (g_l), 191, 196-197q
Cone axonal, 121, 123, 123f
Cone de crescimento
  divergência no quiasma óptico do, 1032, 1035-1037, 1035-1038f
  como transdutor sensorial e estrutura motora, 1025, 1027-1029, 1027-1029f
    actina e miosina no, 1027-1029f, 1027-1030
    cálcio no, 1027-1030
    células motoras no, 1027-1029, 1029f
    filopódios do, 1027-1028f, 1027-1030
    lamelipódios do, 1027-1028f, 1027-1030
    microtúbulos no, 1027-1029, 1029f

  núcleo central do, 1027-1029, 1027-1028f
  tubulina no, 1027-1028f
  descoberta do, 5-6, 1026-1028
Cone(s)
  estrutura do(s), 467-468, 468-469f
  funções do(s), 468-469
  opsina no(s), 471-472
  resposta à luz, 351-352f, 353-354
  sensibilidade graduada no(s), 353-354, 354f, 468-469f
Cones azuis, 353-354, 354f
Cones L, 468-469, 468-469f, 471-472, 479-480
Cones M, 468-469, 468-469f, 471-472, 479-480
Cones S, 468-469, 468-469f, 479-480
Cones verdes, 353-354, 354f
Cones vermelhos, 353-354, 354f
Conexão, 218-220, 221f
Conexina, 218-220, 221f
Conexionismo celular, 7, 15-16
Conexões sinápticas
  experiência no refinamento das, 1071-1092
    atividade-dependente, 1084-1089, 1085-1088f
    comportamentos sociais e, 1071-1074, 1073-1074f
    destaques, 1091-1092
    em circuitos binoculares. Ver Córtex visual, desenvolvimento de circuito binocular na
    percepção visual e, 1072-1074
    períodos críticos na. Ver Períodos críticos
    períodos sensíveis na, 1071-1072
    plasticidade da, 1071-1072
  formação de, 975-976
  perda de, na esquizofrenia, 1321-1326, 1324-1326f
Conéxon, 27-28, 223-224
Confabulação, 1312
Confiabilidade sináptica, 302-303
Conhecimento prévio, 347-348
Conhecimento, semântica, 1151-1152
Conjuntos motores, 988-990, 992-994f
Consciência. Ver também aspectos específicos
  circuitos hemisféricos independentes na, 18-20
  componentes da, 1305-1306
  correlatos neurais de, 18-20, 1306-1309
  memória e, 1146-1147
  níveis de ativação mental e, 1250-1251
  teoria da mente e, 1251-1253
  tomada de decisão como via para a compreensão da, 1250-1253
Consciência, desejo de agir e, 1310-1311. Ver também Consciência

Conservação de genes, 27-29, 28-29f, 45-46
Considerações éticas, em interfaces cérebro-máquina, 859-861
Consolidação
  definição de, 1164-1166
  lobo temporal medial e córtices de associação na, 1147-1148
  moléculas de RNA não codificantes na, 1169-1170, 1170-1171f
  no processamento de memória episódica, 1146-1147
Constante de comprimento, 184-185, 184-185f
Constante de dissociação, 153, 155
Constante de tempo da membrana, 183-184
Constantes de tempo (T1, T2, T2+), em IRMf, 100f, 99-101
Conteúdo quântico, 300-302q
Contexto
  modulação de, no processamento visual, 457, 459f, 491f
  sobre percepção visual, 486-488, 494-498
    das propriedades do campo receptivo, 496-498
    de cor e brilho, 494-498, 497f
Continuação, 444-446, 445-446f
Contorno
  ilusório, e preenchimento perceptivo, 486-487, 486-487f
  integração do, 486
    conexões horizontais na, 491f, 496-498
  no processamento visual, 487-489, 491f
  processamento visual do, 453-455
  saliência do, 444-446, 445-446f
    conexões horizontais na, 491f, 496-498
Contração
  alongamento, 662-666, 665f, 670-672f, 672-673
  encurtamento, 662-666, 670-672f, 672-673
  espasmo, 654-656, 655-657f
  isométrica, 662-666
  tetânica, 654-656, 655-656f
Contração muscular, 654-656, 655-657f
Controle antecipado, 639-641, 641-642f
Controle contextual de comportamento voluntário, 734-737, 735-736f
Controle da bexiga, 903, 905-906, 904f
Controle de circuito aberto, 633-635, 634-635f
Controle de preensão, receptores táteis no, 398, 400-402, 403f
Controle de retroação ideal, 723-724f, 724-725
Controle do apetite, sinais aferentes, 913-916, 915f-916f. Ver também Balanço energético, regulação hipotalâmica do

Controle do olhar, 764-782
  circuitos motores do tronco encefálico para movimentos sacádicos no, 770, 772
    formação reticular mesencefálica em movimentos sacádicos verticais no, 766-767f, 770-772
    formação reticular pontina em movimentos sacádicos horizontais no, 770, 772, 770-773f
    lesões do tronco encefálico no, 770-772, 774
  controle de movimentos sacádicos pelo colículo superior no, 772, 774-778
    campo ocular frontal no, 777-778
    campo ocular suplementar no, 777-778
    colículo superior rostral na fixação visual no, 775-777
    controle do córtex cerebral no, 772, 774f, 775-780, 776-781f
    experiência no, 779-780
    inibição dos gânglios da base, 775-777, 775-776f
    integração visuomotora em sinais oculomotores para o tronco encefálico no, 772, 774-776, 775-776f
    neurônios de movimento visual no, 777-778
    neurônios relacionados ao movimento no, 777-778, 778-779f
    neurônios visuais no, 777-778, 778-779f
    vias corticais no, 772, 774, 774f
  córtex cerebral, cerebelo e ponte em seguimento lento no, 768-771f, 780-781, 780-781f, 813, 813f
  destaques, 781-782
  desvios do olhar, movimentos coordenados da cabeça e dos olhos, 779-781, 779-780f
  músculos extraoculares do olho no, 764-767
    controle do nervo craniano dos, 765-767, 766-767f, 768q, 769f
    movimentos coordenados dos dois olhos nos, 765-766, 766-767t
    neurônios oculomotores para posição e velocidade dos olhos nos, 768-771, 772f
    pares agonistas-antagonistas dos, 765-766, 764-766f
    rotação do olho em órbita pelos, 764-765
  sistema ocular no, 764
  sistemas de controle neuronal no, 767-768, 770, 772
    sistema de fixação ativa em, 767-768, 770

sistema de seguimento lento em, 767-768, 770-771, 780-781f
sistema de vergência em, 780-782
sistema sacádico em, 767-768, 770-771, 768-771f, 780-781f
visão geral de, 767-768, 770
via de localização do som a partir do colículo inferior no, 593-595
Controle por retroalimentação. Ver também Controle sensorimotor
  ganho e atraso no, 635, 638, 637-638f
  ideal, 644-646, 645-646f
  para correção de movimento, 635, 638, 637-638f
  para movimentos rápidos, 634-635f, 635, 638
Controle proativo (feedforward), 633-635, 634-635f
Controle sensorimotor, 631-651. Ver também Movimento voluntário
  controle do sinal motor no, 633-642
    atrasos sensorimotores no, previsão para compensar, 639-642, 641-642f
    modelos sensorimotores internos de, 634-635, 636q
    proação (feedforward), para movimentos rápidos, 633-635, 634-635f
    processamento sensorial diferencial para ação e percepção, 641-642, 642f
    retroalimentação, para correção de movimento, 634-635f, 635, 638, 637-638f
    sinais sensoriais e motores para estimativa do estado atual do corpo no, 635, 638-641
      estruturas teóricas para, 722-725, 723-724f
      inferência bayesiana em, 638-639, 638-639q
      modelo de observador de, 639-640, 639-640f
  desafios do, 631-633, 631-632f
  destaques, 651
  do aprendizado motor, 645-649, 651
    aprendizado de habilidades, processos múltiplos para, 647-649, 651
    baseado em problema, adaptação de modelos internos, 646-648, 647-648f
    propriocepção e sensação tátil no, 650q, 650f
    representações sensorimotoras na restrição do, 649, 651
  hierarquia de processos no, 632-635

planos motores para tradução de tarefas em movimento intencional em, 642-646
  controle de retroalimentação ideal para correção de erros, 644-646, 645-646f
  otimização de custos com, 642-645, 643-645f
  padrões estereotipados no, 642-643, 642-643f
processos mentais inconscientes no, 629-630, 632-633, 1309-1311, 1310-1311f
tipos de, 632-633
vias monoaminérgicas no, 887-888
Convergência
  de aferências sensoriais em interneurônios, 683-687, 683-685f
  de modalidades sensoriais, 435-437, 437-438f
  dos olhos, 768-771f, 781-782
  na estimulação elétrica transcutânea do nervo, 435-437, 437-438f
Conversa cruzada (cross-talk), 1267, 1269
Cooperatividade, em potenciação de longa duração, 1193-1195, 1193-1194f
Coordenação
  da resposta ao estresse, glicocorticoides na, 1128-1129
  de comportamento, neuropeptídeos na, 38-40
  motora. Ver Coordenação motora
  muscular, 669-673, 669-671f
  na locomoção, 695-700, 698-700f. Ver também Locomoção
  olho-mão, 820-823, 821f
Coordenação motora. Ver também tipos específicos
  cerebelo na, 820-822, 821f-822f
  no movimento muscular, 669-673, 669-672f
  para locomoção. Ver Locomoção
Cópia de eferência, 390-391
Corbetta, Maurizio, 358-360
Cordina, 980-981f, 981-982
Coreia
  na doença de Huntington, 892t, 1366-1367, 1368-1369t
  nas ataxias espinocerebelares, 1367-1369
Córnea, 465, 465-466f
Corno dorsal (medula espinal)
  anatomia do, 65-70, 67-68f
  ativação microglial no, 429-431, 431-434f
  excitabilidade aumentada do, na hiperalgesia, 429-431, 432f, 434-435f
  neuropeptídeos e receptores no, 426-428, 427f-429f
  projeções de fibras de tato e de dor para o, 385-386, 386-387f

transmissão do sinal de dor para a lâmina do, 423-428, 425-428f
Corno ventral, medula espinal, 65-70, 67-68f
Corpo basal, 1002-1005, 1006f
Corpo caloso
  anatomia do, 10q, 11f, 12f
  divisão do, funções do, 18-20
  no processamento visual, 449
Corpo celular, 49-50, 49-50f
Corpo restiforme, 809, 811-813
Corpos de cogumelos, 614-615f, 615-616, 1175-1176
Corpos de Lewy, na doença de Parkinson, 126-128q, 127-128f, 1374-1375, 1375f
Corpúsculo de Pacini
  fibras AR2 no. Ver Fibras de adaptação rápida do tipo 2 (AR2)
  grupo de fibra, nome e modalidade para, 372-373t
  na detecção de movimento e vibração, 393, 395-396, 398, 400, 401f
  na mão humana, 392-393, 395-396, 393-398f
  no tato, 373-375, 391-392f, 392-393, 395t
Corpúsculos de Meissner
  fibras AR1 nos. Ver Fibras de adaptação rápida do tipo 1 (AR1)
  grupo de fibras, nome e modalidade para, 372-373t
  inervação e ação dos, 351-352f, 392-393, 395, 395-397f
  na mão humana, 392-393, 395, 395-398f
  no tato, 391-393, 395, 391-392f, 395t
Correção de movimento, no IRMf, 102-103
Correção do tempo de corte, no IRMf, 102-103
Correlatos neurais da consciência, 1306-1307
Corrente (I)
  capacitância na fixação de voltagem, 191
  direção da, 171-172
Corrente capacitiva (Ic), na fixação de voltagem, 191
Corrente da placa motora
  cálculo da, a partir do circuito equivalente, 242-244, 242-243f
  fatores da, 236, 236-237f
  potencial da placa motora e, 231-232, 234-235, 234f
Corrente de comporta, 199-200, 201f
Corrente de entrada, iônica, 230, 233
Corrente de K⁺
  de saída, 198-199
  despolarização da membrana em magnitude e polaridade da, 194-196, 195-196f

fixação de voltagem, na condutância, 195-198, 196-197q, 196-198f
Corrente de membrana (I_m), 191
Corrente de Na$^+$
  dependente de voltagem, na condutância, 195-198, 196-197q, 196-198f
  para dentro, 197-198
  persistente, 207-208, 210, 209f
Corrente de vazamento (I_l), 191, 194-196f, 196-197q
Corrente dorsal, 10q
Corrente excitatória pós-sináptica (CEPS), na via colateral de Schaffer, 1188-1190, 1190-1191f
Corrente ventral
  anatomia da, 10q
  reconhecimento de objeto pela, 503-504, 504-505f
Corte-junção, RNA, 25-26f, 46
Córtex auditivo
  áreas primárias e secundárias do, 358-360, 359-361f, 591-594, 591-593f
  codificação de tons e harmônicos no, 596-598, 597-598f
  codificação temporal e taxa de sons variáveis no tempo no, 594-598, 595-596f
  especialização para características comportamentais relevantes do som, em morcegos, 598-600, 599f
  fluxos de processamento no, 594-595, 594-595f
  modulação do processamento sensorial em áreas auditivas subcorticais, 594-595
  neurônios seletivos de tons no, 596-598, 597-598f
  no retorno vocal durante a fala, 600, 601f
  via de localização de som do colículo inferior para o, 593-595
  vias auditivas centrais no, 578-580, 581f, 587-588f
Córtex cerebral
  anatomia do, 10q, 11f, 12f, 13f
  campos receptivos no, 411f, 407, 412-412, 412f
  cingulado anterior. Ver Córtex cingulado anterior
  conexões cerebelares com, 808-811, 810f
  conexões dos gânglios da base com, 829-832, 831-832f
  em movimentos oculares de seguimento lento, 768-771f, 780-781, 780-781f
  especialização em humanos e outros primatas, 1007-1011, 1010f
  função do, 10q, 8, 14-15
  hemisférios do, 12f-13f, 8, 14-15
  informações vestibulares no, 573-576, 573-574f
  insular. Ver Córtex insular (ínsula)

lesões vasculares do, 1385-1387
lóbulos de, 10q, 11
migração neuronal em camadas do, 1002-1006, 1004f-1006f
no controle postural, 802-804
no movimento voluntário, 78-81, 79f-81f. Ver também Córtex motor primário; Movimento voluntário
no transtorno do espectro autista, 1349-1350f, 1362-1363
organização do, 74-78, 74-77f
processamento auditivo no. Ver Córtex auditivo
processamento de informações sensoriais no, 73-78
  área cortical dedicada ao, 73-75, 73-74f
  áreas de associação para, 76-78, 78-81f
  áreas funcionais no, 358-360, 359-361f
  camadas do neocórtex no, 74-77, 74-75f, 75-77f
  caminhos ascendentes e descendentes no, 66f, 76-78, 76-79f
  redes seriais e paralelas no, 361-363, 362-363f
  vias de retroalimentação no, 362-363
processamento visual. Ver Córtex visual
Córtex cingulado, 10q, 11f
Córtex cingulado anterior
  ação de opiáceos no, 441
  colocação de eletrodos para estimulação encefálica profunda, 1344-1345f
  controle da dor pelo, 433-435, 436q, 436f
  em transtornos de humor e da ansiedade, 1336-1338f, 1335-1338
  no processamento emocional, 926-927, 926-927f, 933-937
Córtex de associação, 15-16, 1147-1149, 1148-1149f
Córtex de associação multimodal, 76-78, 78-81f
Córtex de associação unimodal, 76-78, 78-81f
Córtex entorrinal
  anatomia do, 12f
  no mapa espacial do hipocampo, 1204-1208, 1205-1208f
  potenciação de longa duração no, 1185-1186, 1188
Córtex estriado, no processamento visual, 448-449
Córtex gustatório, 622-624, 623-624f
Córtex insular (ínsula)
  anatomia do, 10q
  controle da dor pelo, 433-435, 436q, 436f
  no processamento emocional, 933, 935q, 935-937

Córtex motor primário
  anatomia funcional do, 73-74f, 725-726, 726-727f
  coordenação com outros componentes do sistema motor, 78-81, 80-81f, 629-630
  execução motora no, 745-761
    adaptabilidade da, 756-761, 757-761f
    atividade como reflexo das características espaciais e temporais da produção motora, 748-756
      codificações populacionais e vetores para medição da, 751-752, 755-756, 754-755f
      correlação da atividade do neurônio com nível e direção da força isométrica, 750-752, 751-752f
      correlação da atividade neuronal com mudanças nas forças musculares, 746, 749-750, 750-751f
      correlação da atividade neuronal com padrões de atividade muscular, 751-752, 755, 755f
      neurônio e músculos sintonizam a direção do alcance, 753-752, 755, 753f
    atividade como reflexo de características de movimento de ordem superior, 755-757
    células corticomotoneuronais para, 745-746, 747f, 748
    mapa da periferia do motor para, 745-746, 746f
    transmissão de retroalimentação sensorial para, 756-757, 758f
  informação visual do, em locomoção, 712-717, 713-714f. Ver também Locomoção
  lesões em, deficiências de execução motora e, 748q
  representação da mão em instrumentistas de cordas, 1181f, 1180-1182
  transmissão do trato corticospinal para, 78-81, 79f, 725-729, 728f
Córtex olfatório
  áreas de, 608-609, 611-612
  definição de, 608-609, 611-612
  saída para áreas corticais e límbicas superiores do, 611-613
  vias aferentes de, 608-609, 611-613, 611-613f
Córtex orbitofrontal, dimorfismos sexuais no, 1131-1133, 1131-1133f
Córtex pré-frontal
  medial
    em resposta de medo, 936-937, 937f
    na função autonômica, 905-907, 906-907f
    na mentalização, 1351-1353

na codificação da memória episódica, 1146-1147, 1148-1149f
na esquizofrenia, 1321-1324, 1323-1325f, 1325-1326
na extinção do aprendizado, 1343-1344
na memória de curto prazo, 1141-1142, 1142-1143f
na memória de trabalho, 1141-1142, 1142-1143f
neurônios do, na tomada de decisão, 1239-1244
representações específicas por categoria no, 511-512, 512-513f
ventromedial, no processamento emocional, 935-936, 935q
Córtex pré-motor (PM)
  anatomia do, 725-726, 726-727f
  controle de movimento voluntário no, 629-630, 733-735
    aplicação de regras que guiam o comportamento para, 738f, 737-739, 739-742f
    áreas ativas quando ações motoras de outros são observadas, 742-745, 744-745f
    aspectos compartilhados com o córtex parietal, 745, 745f
    controle contextual de ações voluntárias para, 734-737, 735-736f
    decisões perceptivas que guiam ações motoras para, 739-742, 743-744f
    planejamento de ações motoras da mão para, 739, 742-743f
    planejamento do movimento da mão guiado sensorialmente para, 736-739, 738f-740f
  lesões do, comprometimento do comportamento voluntário no, 734-735q
  medial, controle contextual de ações voluntárias no, 734-737, 735-736f
Córtex pré-motor dorsal (PMd)
  anatomia do, 725-726, 726-727f
  na aplicação de regras que regem o comportamento, 737-739, 738-742f
  no planejamento do movimento do braço guiado sensorialmente, 736-739, 738f-740f
Córtex pré-motor ventral (PMv)
  anatomia do, 725-726, 726-727f
  nas decisões perceptivas que guiam as ações motoras, 739-742, 743-744f
  neurônios-espelho no, 743-744, 744-745f
  no planejamento de ações motoras da mão, 739, 742-743f
Córtex sensorial somático primário, 76-78, 78-81f. Ver também Córtex/sistema somatossensorial
Córtex temporal esquerdo, na linguagem, 1228-1229, 1228-1229f

Córtex temporal inferior, reconhecimento de objetos no. *Ver* Reconhecimento de objetos, córtex temporal inferior no
Córtex temporoparietal, no controle postural, 802-804
Córtex visual
  áreas do, 358-360, 359-361f, 487-488, 487-488f
  circuito intrínseco do, 456-457f, 455, 457-462, 460f-462f
  colunas de orientação no, 453-455, 454f-457f
  desenvolvimento atividade-dependente de, 1084-1087
  desenvolvimento do circuito binocular no, 1073-1079
    atividade neural experiência-independente e, 1083-1085, 1084-1086f
    experiência pós-natal e, 1073-1077, 1074-1078f
    experiência visual e, 1073-1077, 1074-1077f
    padrões de atividade elétrica e, 1075-1079, 1078-1080f. *Ver também* Colunas de dominância ocular
    refinamento atividade-dependente do, 1084-1089, 1085-1089f
  hipercolunas no, 453-455, 456f-457f
  remodelamento do circuito binocular em adultos, 1089-1092
  reorganização do circuito binocular durante períodos críticos, 1079-1084
    alternância da estrutura sináptica durante, 1081, 1081-1082f
    equilíbrio de entrada excitatória/inibitória e, 1074-1075f, 1079-1080, 1080f-1081f
    estabilização sináptica durante, 1082-1084, 1083-1084f
    remodelamento da entrada talâmica durante, 1077-1078f, 1081-1083, 1082-1083f
  resposta do neurônio a estímulos no, 1074-1075, 1075-1077f
  vias aferentes dos olhos para, 1074-1075, 1074-1075f
  vias em. *Ver* Vias visuais
Córtex/lobo frontal
  no transtorno do espectro autista, 1349-1350f
  no processamento emocional, 935-936, 935q
  na linguagem, 1222, 1222f, 1229
  lesões do
    afasia de Broca com, 1221-1222t, 1225-1226, 1227f
    em movimentos sacádicos, 777-778
  no movimento voluntário, 724-726, 726-727f
  anatomia do, 10q, 11f, 8, 14-15
  função do, 10q, 8, 14-15f

Córtex/lobo occipital
  anatomia do, 10q, 11f, 12f
  funções do, 8, 14-15
  no *priming* visual para palavras, 1151-1152, 1151-1152f
Córtex/lobo parietal
  anatomia do, 8, 10q, 11f, 12f, 14-15
  controle de movimento voluntário no, 729-734
    áreas ativas quando ações motoras de outros são observadas, 742-745, 744-745f
    áreas de apoio, 725-726, 726-727f
    áreas para a posição do corpo e movimento no, 730-731
    áreas para informações espaciais/visuais no, 731-733, 732f-733f. *Ver também* Área intraparietal lateral
    aspectos compartilhados com o córtex pré-motor, 745, 745f
    expansão do campo receptivo visual no, 733, 733-734f
    informação sensorial ligada à ação motora no, 730-731, 730-731q
    retroação gerada internamente no, 733-734
  função do, 10q, 8, 14-15f
  informações visuais para o sistema motor provenientes do, 528-530, 529-530f
  lesões do
    negligência visual nas, 525-527, 527f
    prejuízo no uso de informações sensoriais para guiar a ação em, 730-731q
    prejuízos táteis nas, 415, 417, 416f
  mapa de prioridade do, 527q-529q, 527-529f
  na locomoção, 714-717, 715-717f
  posterior, 404-405f
  tato ativo em circuitos sensorimotores do, 414-415, 417
  temporoparietal, no controle postural, 802-804
Córtex/lobo temporal. *Ver também áreas específicas*
  no transtorno do espectro autista, 1349-1350f, 1362-1363
  danos/lesões
    afasia de Wernicke com, 1221-1222t, 1225-1226, 1227f
    afasias menos comuns e, 1228-1229, 1228-1229f
    agnosia e, 504-507, 504-506f
    amnésia após, 1312
  áreas seletivas de face no, 106-108, 507-509, 507-509f
  hiperexcitabilidade do, 1301-1302, 1301-1302f
  inferior, no reconhecimento de objetos. *Ver* Reconhecimento de objetos, córtex temporal inferior no

lesões do, em movimentos oculares de seguimento lento, 780-781
medial. *Ver* Lobo temporal medial
superior, na mentalização, 1351-1352, 1351-1353f
anatomia do, 10q, 11f, 12f, 8, 14-15
função do, 8, 14-15
Córtex/sistema somatossensorial
  barris, 993-996, 995f
  características de, 367-368, 368-369f
  como neurônios sensoriais primários, 366-368, 367-368f
  definição de, 366
  dor no, 366
  exterocepção no, 366-368
  fibras nervosas somatossensoriais periféricas no, 367-373, 369-371f, 369-370t
  informações da medula espinal-tálamo fluem no, através de vias paralelas
    sistema coluna dorsal-lemnisco medial em, 64-65, 66f, 401-404f
    sistema espinotalâmico em, 401-404f
  interocepção no, 366-368
  lesões em, prejuízos táteis do, 415, 417-418, 416f-418f
  mapa neural no
    de colunas corticais neurais, 407-408, 405-408f, 410
    experiência em, 1181f, 1180-1182
  mediação do comportamento em, 64-73
  microestimulação elétrica de, nas interfaces cérebro-máquina, 855-858
  miótomos em, 385-386
  na percepção do sabor, 622-624
  na resposta emocional, 935q, 936-937
  nervos cranianos e espinais em, 383-388
    corno dorsal da medula espinal, 386-388, 386-387f
    dermátomos em, 385-386, 386f
    substância cinzenta da medula espinal, 385-386, 386-387f
  no sistema tátil central. *Ver* Sistema tátil central, córtex somatossensorial em
  perspectiva geral do, 343-344
  primário, 76-78, 76-78f, 725-726. *Ver também* Córtex cerebral, no processamento de informações sensoriais
  propriocepção no, 366
  receptores, 370-383, 372-373t
    coceira, 381-383
    destaques, 387-388
    gânglios da raiz dorsal. *Ver* Gânglios da raiz dorsal

informações ambíguas sobre postura e movimento corporal a partir do, 796-797, 797-798f
mecanorreceptores para tato e propriocepção, 370-375, 372-373t, 373-375f. *Ver também* Mecanorreceptores
nervo mediano, 370-373
no tempo e direção da resposta postural automática, 793-795, 794-795f
nociceptores para dor, 380-382, 381-382f
órgãos terminais especializados e, 373-378, 376f-378f
proprioceptores para atividade muscular e posição articular, 377-379, 378-379f
receptores térmicos para mudanças de temperatura da pele, 378-381, 379-380f
sensações viscerais e estado dos órgãos internos a partir de, 382-383
tálamo como ligação entre receptores sensoriais e córtex cerebral, 72-74, 72-73f
trigêmeo, 383-385, 384f-386f
Cortisol, na depressão e estresse, 1334-1335
Corujas, localização auditiva em, 611-613, 1085-1088, 1085-1089f
Costâmera, 663, 662f-666f
Costelas da vesícula sináptica, 312-314, 314-315f
CoT (transportador de colina), 328f
Cotransportador de Na^+-K^+-Cl^-, 177-178f, 178-179
Cotransportador K^+-Cl^-, 177-178f, 178-180
Cotransportadores, 177-178f, 178-179. *Ver também tipos específicos*
COX, enzimas
  ácido acetilsalicílico e AINEs, 428-429
  na dor, 428-429
Craik, Fergus, 1146-1147
Craik, Kenneth, 636q
Cramer, William, 321-322
Creatina-cinase, 1260-1261t, 1261-1262
Crescente monocular, 449f
Crescimento de neuritos, mielina na inibição do, 1100-1102, 1100-1102f
Crescimento específico da sinapse, CPEB como acionador autoperpetuador de, 1174-1176, 1175-1176f
CRH. *Ver* Hormônio liberador de corticotropina (CRH)
Crianças
  privação social e desenvolvimento de, 1071-1074, 1073-1074f
  transtorno depressivo maior em, 1329-1330
Crick, Francis, 955, 1306-1307

Crise parcial complexa, 1283-1284
Crise(s) epiléptica(s), 1282-1302
    ausência típica, 1283-1284, 1291-1292, 1294, 1296f
    classificação das, 1282-1284, 1283-1284t
    como perturbações da função cerebral, 1282-1284
    definição de, 1282
    desenvolvimento de epilepsia e, 1299-1300.
    focal, 1282-1284
        auras no, 1283-1284
        encerramento do, 1289-1291, 1292f, 1295
        estudo inicial do, 1282-1283
        foco de crises epilépticas no, 1285-1286, 1288-1292, 1294
            atividade de disparo anormal de neurônios e, 1285-1286, 1288-1290, 1288-1290f
            colapso do entorno inibitório no, 131-132f, 1289-1290, 1292
            definição de, 1283-1284
            fases de desenvolvimento do, 1285-1286, 1288-1289
            organização espacial e temporal do, 1289-1291, 1289-1291f
            propagação dos, circuito cortical normal na, 1290-1295, 1295f
            sincronização do, 1019f, 1285-1286, 1288-1291, 1288-1289f, 1292f
        generalização rápida do, 1290-1291, 1295
    destaques, 1301-1302
    detecção e prevenção, 846-848, 1293q-1294q, 1293f-1294f
    EEG na. Ver Eletrencefalografia (EEG)
    focos das. Ver Focos das crises epilépticas
    história das, 1282-1283
    início generalizado, 1283-1284
        circuitos talamocorticais na propagação do, 1291-1292, 1294-1295, 1296f
        crise de ausência típica, 1283-1284, 1291-1292, 1294, 1296f
        perturbação hemisférica no, 1290-1291, 1295, 1295f
        tônico-clônica, 1283-1284
        modelos animais de, 1285-1286, 1288-1289
    no transtorno do espectro autista, 1362-1363
    parcial simples, 1283-1284
    prolongada, como emergências médicas, 1297-1299
    sinais negativos das, 1282-1283
    sinais positivos das, 1282-1283
    término das, 1289-1291, 1292f, 1295
Crises de ausência típicas, 1283-1284, 1291-1292, 1294, 1296f

CRISPR, para direcionamento de genes, 31q, 33q, 45-46
Crista neural anterior, 984-985, 984-985f
Cristas papilares, do dedo, 394, 396-397q, 394, 396f
Cromatina, 122f
Cromossomo X, genes dos pigmentos L e M no, 480-482, 480-481f
Cromossomo Y, na diferenciação sexual, 1115-1116
Cromossomos, 25-27, 26-27f
Cromossomos sexuais, 1115-1116
Cruzamento da linha média, dos axônios dos neurônios espinais, 1039-1042
    direcionamento dos axônios comissurais pela netrina no, 1039-1040, 1040-1042f
    fatores quimioatratores e quimiorrepelentes no, 1039-1042, 1041-1042f
Cubo de Necker, 1306-1307, 1306-1307f
Cullen, Kathy, 819
Curare
    como antagonista de ACh, 230, 232f
    na morte do neurônio motor, 1014-1016f
Curtis, Howard, 191, 191f
Curto-circuito, 181
Curva de sensibilidade ao contraste, 476q, 477f
Curva de sintonia do neurônio, 848-849, 849f

Dab1, 1005-1006
DAG. Ver Diacilglicerol (DAG)
Dahlstrom, Annica, 881-882
Dale, Henry, 217-218, 225-226, 321-322
Dano axonal (axotomia)
    definição de, 1094-1095
    degeneração após, 1094-1098, 1094-1097f
    destaques, 1111-1113
    em neurônios pós-sinápticos, 1096-1098
    intervenções terapêuticas para recuperação após, 1104-1112
        estimulação da neurogênese, 1109-1111
        neurogênese no adulto, 1104-1108, 1106-1108f
        restauração da função, 1110-1112, 1111-1112f
        transplante de células não neuronais/progenitoras, 1110-1111, 1110-1111f
        transplante de neurônio e de progenitor neuronal, 1106-1110, 1108-1110f
    morte celular por, 1104-1106
    reação cromatolítica após, 1094-1095f, 1096-1098
    regeneração após. Ver Regeneração axonal

respostas reativas por células vizinhas após, 1094-1095f, 1096-1099
Darwin, Charles
    em geradores de padrões, 878-879
    na expressão emocional, 865-866, 923, 924-925q
    na expressão facial, 876-877, 1335
DAT (transportador de dopamina), 328f, 337-338
de Kooning, William, 1160-1161
Decisão perceptiva de correspondência/não correspondência, 739
Decodificação contínua, atividade neural, 849, 851, 854, 854f-853f
Decodificação discreta, atividade neural, 849, 851, 851f
Decodificação do movimento. Ver Interfaces cérebro-máquina (ICMs), decodificação de movimento em
Decodificação neural, em interfaces cérebro-máquina, 845
Decomposição do movimento, 806-808
Decussação piramidal, 78-81
Deficiência de 5-α-redutase II, 1108-1109, 1119t, 1131-1134
Deficiências intelectuais, 1348. Ver também Transtornos do neurodesenvolvimento
Degeneração walleriana, 1095-1098
Deglutição, neurônios geradores de padrões na, 878-879
Degradação enzimática, de transmissores na fenda sináptica, 332, 335-336
Dejerine, Jules, 7
del Castillo, José, 232-235, 293-294, 298-301
Deleção de 15q11-13, 1356-1358, 1356-1357f
Deleção de 22q11, 42-45, 1320-1321
Deleção UBE3A, 1356-1357, 1356-1357f
Delírios
    definição de, 1305-1306
    na depressão, 1329-1330
    na esquizofrenia, 1318-1319
    na síndrome de Capgras, 1308-1310
    paranoicos, 1318-1319
Demência. Ver também Doença de Alzheimer
    em ataxias espinocerebelares, 1367-1369
    na atrofia dentatorrubropalidoluisiana, 1368-1369t
    na doença cerebrovascular, 1385-1387
    na doença de Huntington, 1366-1367
    na doença de Parkinson, 1369-1371, 1371-1372t
Demências frontotemporais, proteína tau em, 126-128q

Dementia praecox, 1317-1318, 1385-1387. Ver também Esquizofrenia
Dendritos
    amplificação da aferência sináptica por, 265-268, 266-268f
    anatomia dos, 49-50, 49-50f
    canais iônicos dependentes de voltagem em, 207-208, 210
    cone de crescimento como transdutor sensorial e estrutura motora. Ver Cone de crescimento
    desenvolvimento inicial de, 1021-1025, 1027
        fatores extracelulares em, 1021-1022, 1024f
        fatores intrínsecos e extrínsecos em, 1021-1027, 1024-1027f
        polaridade neuronal e rearranjos do citoesqueleto em, 1021-1024f
        ramificação em, 1021-1022, 1024-1027f
    estrutura de, 122f-124f, 121, 123
    liberação de dopamina por, 329-330
    transporte de proteínas e organelas. Ver Transporte axonal
    zonas de gatilho em, 263-264, 263f
Densidade do canal, 184-185
Densidade pós-sináptica, em receptores NMDA e AMPA, 253-256, 254-255f
Dependência, 946-948. Ver também Drogas de abuso
Depressão
    anaclítica, 1072-1074
    córtex cingulado anterior na, 936-937
    do olho (rotação para baixo), 764-765, 764-767t
    homossináptica, 1161-1162
    maior. Ver Transtorno depressivo maior
    no transtorno bipolar, 1330-1331. Ver também Transtorno bipolar
    sináptica, 314-315, 315f-317f
Depressão de longa duração (LTD)
    após o fechamento dos olhos, no desenvolvimento visual, 1080
    de transmissão sináptica, na memória, 1196, 1198-1201, 1200-1201f
    na adicção a drogas, 950-952
    na entrada auditiva para a amígdala, 1179-1180
    no cerebelo, 1196, 1198
    papel comportamental da, 1200-1201f, 1198-1201
Depressão unipolar. Ver Transtorno depressivo maior
Dermatomiosite, 1273, 1275
Dermátomos, 385-386, 386f
Desabituação, 1153-1155, 1162-1164

Descarga corolária
  integração com aferência sensorial no cerebelo, 819
  na percepção visual, 519-522, 522-523f
Descartes, René, 6-7, 347-348, 1184-1185
Desenvolvimento do tubo neural
  do tronco encefálico, 871-874, 871-872f
  formação a partir de placa neural, 977-978, 978-979f
  padronização dorsoventral no, 984-988
    conservação de mecanismos ao longo do tubo neural rostrocaudal na, 983-984f, 986-987
    indução homogenética na, 985-986
    mesoderma e sinais ectodérmicos na, 985
    neurônios da medula espinal na, 985, 985-986f
    proteína *Sonic hedgehog* na, 985-988, 986-987f
    proteínas morfogenéticas ósseas na, 987-988
  padronização rostrocaudal no, 981-985
    fatores indutivos na, 981-982
    interações repressivas na segmentação do rombencéfalo, 984-985, 985f
    organização dos sinais centrais na, 982-985, 983-985f
    sinais de mesoderma e endoderma na, 981-983, 983-984f
    regionalização no, 981-982, 982-983f
Desfosforilação, 133-134
Desidratação, 912-913
Desinibição nos gânglios da base, 832-833, 832-833f
Desipramina, 1339-1340, 1341f-1342f
Desmielinização, 187-188
Desmina, 663, 662f-666f
Despertares confusos, 968-969
Despolarização
  axônio, 119-120
  de membrana
    definição de, 56-58, 171-172
    na duração do potencial de ação, 197-199, 197-198f
    na magnitude e polaridade da corrente de Na^+ e K^+, 194-196, 195-196f
    registro de, 173q, 173f
    prolongada, nos canais de K^+ e de Na^+, 195-198, 197-198f
Dessensibilização, 156-157
Desvio despolarizante paroxístico, 1018-1019
Detecção ativa, 639-641
Detecção de mentiras, IRMf em, 111-112q
Detector de coincidência, 1164-1166

Detectores de características, em morcegos, 598-600, 599f
Determinação do sexo, 1115-1116, 1116-1117f
Detwiler, Samuel, 1012-1014
Deuteranomalia, 480-481
Deuteranopia, 480-481
DHT (5-α-di-hidrotestosterona), 1117-1118, 1117-1120f
Diacilglicerol (DAG)
  a partir da hidrólise de fosfolipase C de fosfolipídeos, 274-278, 276-277f
  na plasticidade sináptica, 315-317
Diagnóstico, 1317-1318. *Ver também distúrbios específicos*
Diâmetro
  de axônios. *Ver* Axônio(s), diâmetro
  de neurônios. *Ver* Neurônio(s), diâmetro
Diásquise, 18-19
Diazepam, no bloqueio de canais, 157
DiCarlo, James, 363-364
Dicas prosódicas, 1217-1219
Dicromacia, 480-481
Diencéfalo, 10q, 11f, 13f
Diferenças de intensidade interaural, oliva lateral superior na, 583-587, 587f
Diferenças de tempo interaural (DTIs)
  mapa da oliva superior medial das, 583-586, 585f-587f
  na localização auditiva em corujas, 1085-1088, 1085-1089f
  na localização sonora, 578-580, 579-580f
Diferenciação da membrana pós-sináptica muscular, 1054, 1056f, 1056-1058, 1057f
Diferenciação de neurônios. *Ver* Neurônio(s), diferenciação de
Diferenciação do ducto mülleriano, 1116-1117, 1117-1118f
Diferenciação sexual, 1115-1127
  comportamentos sexualmente dimórficos. *Ver* Comportamentos sexualmente dimórficos destaques, 1133-1134-1126-1127
  diferenças comportamentais na, 1115-1116
  diferenças físicas na, 1115-1120
    diferenciação gonadal do embrião e, 1115-1117, 1116-1117f
    distúrbios da biossíntese de hormônios esteroides que afetam, 1116-1118, 1119f, 1123f, 1170-1171t
    síntese gonadal de hormônios que promovem, 1116-1118, 1117-1119f
  no comportamento de acasalamento da mosca-da-fruta, 1120, 1123, 1121q, 1122f
  origens genéticas da, 1115-1116

Difusão de transmissores da fenda sináptica, 332, 335-336
Dineínas, 129-131
Dinorfinas
  coliberação de glutamato com, 332, 335-336
  no controle da dor endógena, 438-439, 438-41f
Diploide, 25-26
Diplopia, lesões musculares extraoculares na, 768q
Direção desejada do movimento, 746, 749-750
Disartria
  na paralisia bulbar progressiva, 1265-1267
  nas ataxias espinocerebelares, 1367-1369, 1368-1369t
Discinesia induzida por levodopa, 1376-1378
Disco óptico, 465-466f, 466-468
Discos Z, 660-663, 662f-666f
Discriminações/decisões perceptivas
  envolvendo deliberação, 1235-1237, 1235-1237f
  raciocínio probabilístico em, 1243-1247, 1246f
  regras de decisão para, 1232-1235, 1234-1235f
Discurso dirigido a bebês, 1219-1221
Disdiadococinesia, 806-808, 807-808f
Disestesias, 433-434
Disfagia, 1269-1270
Disfunção mitocondrial, na doença neurodegenerativa, 1376-1378
Dislexia, 1305-1306
Dismetria, 806-808, 807-808f
Disparidade binocular, percepção de profundidade, 490-492, 493f-494f
Disparidade da retina, 781-782
Disparo, 1284-1285. *Ver também* Potencial de ação
Disparo autossustentado, 660-661
Dispneia, 881-882
Dispositivo de pressão positiva contínua nas vias aéreas (CPAP), 966-967
Dissipador atual, 1287q, 1287f
Dissomia uniparental, 1357-1358
Distorção, na memória, 1156-1157
Distração, 1156-1157
Distribuição binomial, 300, 302q-302q
Distrofias musculares, 1259-1261, 1273, 1275-1278
  de Becker, 1273, 1275, 1274t, 1275-1278f
  de cinturas, 1273, 1275-1278
  de Duchenne, 1272-1278, 1275-1278f
  defeitos genéticos em, 1273, 1275t
  disferlina nas, 1275-1278, 1277-1278f
  herança de, 1273, 1275

miotônicas, 1275-1278, 1279f
mutação em *DMD*, 1273, 1275-1278, 1275-1278f
Distrofina, 1273, 1275, 1275-1278f
Distúrbio comportamental do sono REM, 968-969
Distúrbio de movimento periódico dos membros, 968-969
Distúrbio do ritmo sono-vigília não de 24 horas, 963-964
Distúrbios cerebelares. *Ver também tipos específicos*
  anormalidades de movimento e postura em, 629-630, 806-808, 807-808f
  efeitos sensoriais e cognitivos de, 806-811
  lesões, em movimentos oculares de seguimento lento, 780-781, 809, 811-813, 813f
Distúrbios da audição. *Ver* Surdez; Perda de audição
Distúrbios da junção neuromuscular, 1269-1273, 1275
  botulismo, 1272-1273, 1275
  categorias de, 1269-1270
  diagnóstico diferencial de, 1259-1265, 1260-1261t, 1261-1262f
  miastenia grave. *Ver* Miastenia grave
  síndrome de Lambert-Eaton, 297-298, 1272-1273, 1275
Distúrbios do neurônio motor inferior, 1262-1265. *Ver também* Doenças do neurônio motor
Distúrbios do processo mental consciente
  correlatos neurais da consciência e, 1306-1309
  destaques, 1314-1316
  evocação da memória em, 1312-1313, 1312f
  história do estudo de, 1305-1307
  observação comportamental em, relatos subjetivos com, 1312-1315, 1313-1314f
  percepção em, dano encefálico em, 1306-1310, 1306-1310f
    alucinações na, 1306-1309, 1308-1309f
    cegueira a mudanças na, 1306-1309, 1309-1310f
    figuras ambíguas na, 1306-1307, 1306-1307f
    negligência unilateral na, 1306-1307f, 1307-1309
    prosopagnosia na, 1307-1309
    síndrome de Capgras na, 1308-1310
Distúrbios do processo mental inconsciente
  correlatos neurais de consciência e, 1306-1307
  história do estudo dos, 1304-1305
Distúrbios do sono, 965-970
  apneia do sono. *Ver* Apneia do sono

distúrbio comportamental do sono REM, 968-969
distúrbio de movimento periódico dos membros, 968-969
distúrbio do ritmo sono-vigília não 24 horas, 963-964
insônia, 965-967
narcolepsia, 959-960, 966-969, 967-968f
parassonias, 968-970
síndrome das pernas inquietas, 968-969
síndrome familiar da fase avançada do sono, 963-964
Distúrbios dos neurônios motores superiores, 1262-1265. *Ver também* Doenças dos neurônios motores
Distúrbios e lesões da medula espinal
   andar após, treinamento de reabilitação para, 717-719, 718q, 718f
   controle da bexiga após, 903, 905-906
   epidemiologia dos, 691-692
   reparo de neurônios lesados. *Ver* Dano axonal (axotomia)
   transecção, choque espinal e hiperreflexia a partir de, 691-692
Distúrbios sensoriais. *Ver também distúrbios específicos*
Divergência, nos olhos, 768-771f, 781-782
Diversidade genética, mutações em, 27-28, 28q
Divisão assimétrica, na proliferação de células progenitoras neurais, 998-999, 999-1000f
Divisão parassimpática, sistema autônomo, 897-898, 898-899f
Divisão simétrica, na proliferação de células progenitoras neurais, 998-999, 999-1000f
Divisão simpática, sistema autônomo, 897-900, 898-899f
Dlx1, 1006-1007, 1011-1012
Dlx2, 1006-1007, 1011-1012
DNA
   complementar, 45-46
   estrutura do, 22-25, 24-26f
   mitocondrial, 26-27
   transcrição e tradução do, 22-25, 25-26f
DNA complementar (cDNA), 45-46
Dobras juncionais, 229-230, 231f
Dodge, Raymond, 767-768, 770
Doença cerebrovascular, demência na, 1385-1387
Doença de Alzheimer (DA), 1385-1397
   agregação de tau em, 126-128q, 1392-1393, 1397
   alelos do gene *APOE* na, 149f, 1393-1395
   astrócitos reativos em, 142, 144
   declínio cognitivo na, 1385-1387f
   déficits de memória na, 1385-1387

   destaques, 1397-1397
   diagnóstico de, 1394-1397, 1394-1395f
   emaranhados neurofibrilares na
      características de, 123, 127, 126-128q, 127-128f, 1387-1388f
      declínio cognitivo e, 1394-1396f
      formação de, 1391-1392, 1392-1393f
      localizações de, 1387-1389, 1389f
      proteínas associadas a microtúbulos em, 1391-1393
   epidemiologia da, 1387-1388
   fatores ambientais na, 1391-1392f
   fatores de risco para, 1392-1395, 1393-1394f
   fragmentação do sono em, 965-966
   função hipocampal alterada na, 1210-1211
   história da, 1385-1388
   início precoce, genes na, 42-43, 1389-1392, 1391-1392f
   mudanças na estrutura encefálica na, 1383-1384f, 1387-1388, 1387-1388f
   na síndrome de Down, 1389-1392
   peptídeos Aβ na, 1389-1392, 1390f, 1394-1397, 1396-1397f
   placas amiloides na, 126-128q, 127-128f, 1387-1389, 1387-1389f
      declínio cognitivo e, 1394-1396f
      imagens PET da, 1394-1395, 1394-1395f
      peptídeos tóxicos na, 1389-1392, 1390f-1392f
   prosencéfalo basal na, 1394-1396
   sinais e sintomas de, 1385-1388
   tratamento de, 1394-1397, 1394-1397f
Doença de Charcot-Marie-Tooth
   defeitos genéticos e moleculares na, 1267, 1269, 1268f, 1269-1270t
   fisiopatologia da, 223-224
   infantil, 1269-1270t
   ligada ao X, 1268f, 1269-1270t
   mielinização desordenada na, 140q, 140f
Doença de Creutzfeldt-Jakob, 1174-1175
Doença de Cushing, depressão e insônia na, 1334-1335
Doença de Huntington
   alteração da expressão gênica devido ao enovelamento incorreto de proteínas na, 1375-1378
   degeneração estriatal na, 1366-1367
   disfunção dos gânglios da base na, 839-840

   epidemiologia da, 1366-1367
   fisiopatologia da, 257, 839-840, 1366-1367
   genética da, 1366-1378
   modelos em camundongo de, 1373-1374, 1375f
   sinais e sintomas da, 1366-1367
   tratamento da, 1376-1378
Doença de Kennedy (atrofia muscular espinobulbar), 1367-1369, 1368-1369t, 1372-1373f, 1373-1374
Doença de Lou Gehrig. *Ver* Esclerose lateral amiotrófica (ELA)
Doença de Machado-Joseph, 1367-1371, 1370-1372t
Doença de Parkinson, 1369-1372, 1371-1372t
   características clínicas da, 839-840, 1369-1371, 1371-1372t
   epidemiologia da, 1369-1371
   espinocerebelo e adaptação da postura na, 801-802, 802f-803f
   fisiopatologia da
      corpos de Lewy na, 126-128q, 127-128f, 1374-1375, 1375f
      deficiência de dopamina na, 60-62, 323-324, 839-840
      degeneração neuronal na, 887-890, 1371-1372, 1372-1373f
      disfunção dos gânglios da base na, 839-840f, 839-840
      enovelamento incorreto de proteínas e degradação na, 1374-1375
   genética da, 1369-1372, 1371-1372t
   início precoce, 42-43
   modelos em camundongos de, 1373-1375, 1375f
   problemas de marcha na, 716-717
   respostas posturais na, 792-793
   tipo 17, gene tau na, 1391-1392
   tipos de, 1369-1372, 1371-1372t
   tratamento de
      enxertos de células-tronco embrionárias para, 1108, 1108f
      terapia de reposição de dopamina para, 1376-1378
Doença de Pelizaeus-Merzbacher, 140q
Doença de Tangier, 1269-1270t
Doença do sobressalto familiar, 259-260
Doença psiquiátrica. *Ver também tipos específicos*
   características multigênicas na, 42-43
   função cerebral na, 5
Doenças com repetição de trinucleotídeos CAG
   ataxias espinocerebelares hereditárias. *Ver* Ataxias espinocerebelares (SCAs), hereditárias
   atrofia dentatorrubropalidoluisiana, 1366-1369, 1368-1369t, 1370-1373f

   atrofia muscular espinobulbar, 1367-1369, 1368-1369t, 1372-1373f, 1373-1374
   degeneração neuronal e, 1372-1373f
   Huntington. *Ver* Doença de Huntington
   modelos em camundongos de, 1373-1375
Doenças da poliglutamina. *Ver* Doenças de repetição de trinucleotídeos CAG
Doenças da unidade motora
   diagnóstico diferencial de, 1260-1265, 1260-1261t
   tipos de, 1259-1260, 1259-1260f. *Ver também* Doenças do neurônio motor; Miopatias; Distúrbios da junção neuromuscular; Neuropatias periféricas
Doenças desmielinizantes
   centrais, 136-137, 142, 139q-141q, 139f-141f
   periféricas, 1267, 1269, 1268f, 1269-1270t. *Ver também* Doença de Charcot-Marie-Tooth
Doenças do músculo esquelético. *Ver* Miopatias
Doenças dos nervos periféricos e da unidade motora, 1259-1278, 1280
   destaques, 1278, 1280
   diagnóstico diferencial de, 1259-1265, 1260-1261t, 1261-1262f
   distúrbios da junção neuromuscular. *Ver* Distúrbios da junção neuromuscular
   doenças do neurônio motor. *Ver* Doenças do neurônio motor
   miopatias. *Ver* Miopatias
   neuropatias periféricas. *Ver* Neuropatias periféricas
Doenças dos neurônios motores, 1262-1267
   atrofia muscular espinal progressiva, 1265-1267
   esclerose lateral amiotrófica. *Ver* Esclerose lateral amiotrófica (ELA)
   inferior, 1262-1265
   poliomielite, 1265-1267
   superior, 1262-1265
Doenças musculares primárias. *Ver* Miopatias (doenças musculares primárias)
Doenças neurodegenerativas. *Ver também doenças específicas*
   destaques, 1378
   epidemiologia das, 1366
   esporádicas, 1366
   hereditárias, 1366-1367
   modelos animais de camundongo, 1373-1375, 1374-1375f
   invertebrados, 1374-1375
   patogênese das, 1374-1378
      apoptose e caspase na, 1376-1378

disfunção mitocondrial na, 1376-1378
  enovelamento e degradação de proteínas nas, 1374-1376, 1375-1376f
  enovelamento incorreto de proteínas e alterações na expressão gênica na, 1375-1378
  visão geral da, 1376-1378, 1377-1378f
  perda neuronal após dano a genes expressos de forma ubíqua nas, 1371-1374, 1372-1373f
  tratamento das, 1376-1387
Dok-7, 1057f, 1058
Domínio celular pós-sináptico, aferências sinápticas direcionadas para, 1047-1050, 1048-1050f
Domínio PAS, 29, 35-36
Domínios PDZ, 253-255, 1062, 1063f
Dopamina
  ação modulatória nos neurônios do circuito pilórico, 288-289, 289f
  catecol-O-metiltransferase e, 336-337
  coliberação de glutamato com, 332, 335-336
  como sinal de aprendizado, 943-945, 944-945f
  liberação através de mecanismo não exocítico, 337-338
  liberação por dendritos, 329-330
  mapeamento de campo no local, 1210-1211
  na esquizofrenia, 1325-1326
  no parkinsonismo, deficiência de, 60-62
  precursor de, 322-323t
  síntese de, 323-324, 1338-1339
  terapia de substituição, para a doença de Parkinson, 1376-1378
  vias de sinalização intracelular ativadas por, 951f
Dor, 421-442
  controle da, opioides endógenos no, 437-439
    classes e famílias de, 438-439t, 439-441f
    história dos, 437-438
    mecanismos de, 438-441, 440f
    tolerância e vício em, 441. *Ver também* Drogas de abuso
  definição de, 421
  destaques, 441-442
  espontânea, 429-431
  hiperalgesia na. *Ver* Hiperalgesia
  ilusória, no córtex cerebral, 436q, 436f
  inflamação tecidual na, 426-428
  neuropática, 423-426, 429-431, 433f
  nociceptiva, 423-426

percepção da, 366
  canais TRP ativados por ligante na, 422-423, 424f
  mecanismos corticais na, 433-438
    analgesia produzida por estimulação, 435-437
    áreas cinguladas e insulares, 433-435, 436q, 436f
    convergência de modalidades sensoriais, 435-437, 435-437f
    vias monoaminérgicas descendentes, 435-438, 437-438f
  modulação monoaminérgica da, 885-888
  nociceptores. *Ver* Nociceptores de dor
  núcleos talâmicos na, 431-434, 434-435f
  sistema espinotalâmico na, 401-404f, 421-422, 431-434, 433-434f
persistente, 421, 423-426
primeira, 421-422f, 422-423, 438-439
prostaglandinas na, 428-429
referida, 423-426, 426-428f
segunda, 421-422f, 422-423, 438-439
teoria do portão da dor, 435-437, 435-437f
Dor do membro fantasma
  ativação neural na, 433-434, 434-435f
  dor neuropática na, 423-426
Dor espontânea, 429-431
Dor neuropática, 423-426, 429-431, 433f
Dor nociceptiva, 423-426
Dor referida, 423-426, 426-428f
Dor segunda, 421-422f, 422-423, 438-439
Dor talâmica (síndrome de Dejerine-Roussy), 433-434
Dostoiévski, Fyodor, 1257, 1283-1284
Dostrovsky, John, 1203-1204
Doutrina neuronal, 5-6, 50-51
Drogas de abuso. *Ver também medicamentos específicos*
  adaptações comportamentais de exposição repetida a, 945-950
  classes de, 946-948t
  receptores de neurotransmissores, transportadores e alvos de canais iônicos por, 944-947, 949f
Drosophila. Ver Mosca-da-fruta (*Drosophila*)
d-Tubocurarina, 1270-1272
Duchateau, Jacques, 655-657

E (força eletromotriz), 180-181, 180-181f
Ebert, Thomas, 1180-1182

EC (estímulo condicionado), 927-928, 928-930f, 1154-1155, 1155-1156f
Excentricidade, de campos receptores, 452-453, 454-455f
Eccles, John
  sobre PEPS em células motoras espinais, 249-250, 689-690
  sobre PIPS em células motoras espinais, 259-260
  sobre transmissão sináptica, 217-218, 246-247
ECoG (eletrocorticografia), 846-848, 847-848f
Ecolocalização, em morcegos, 598-600, 599f
Economo, Constantino von, 958
ECT (eletroconvulsoterapia), para depressão, 1343-1344
Ectoderma
  fatores de indução, 977-978
  no desenvolvimento do tubo neural, 977-978, 978-979f
  proteínas morfogenéticas do osso no, 980-981f, 981-982
Ectodomínio, 1389-1392
Edin, Benoni, 398
Edrofônio, na miastenia grave, 1269-1270, 1269-1270f
Edwards, Robert, 327, 329
EEG. *Ver* Eletrencefalografia (EEG)
EENT (estimulação elétrica nervosa transcutânea), 435-437
Efeito de curto-circuito, 260-262
Efeito de precedência, 615-616
Efeito de saturação, 153, 155
Efeitos colaterais do tipo Parkinson, de antipsicóticos, 1324-1326
Eficácia sináptica, 302-303
Efrina
  na migração de células da crista neural, 1007-1009
  na segmentação do rombencéfalo, 984-985, 985f
  no crescimento e orientação do axônio, 1034f-1032, 1035f, 1035-1040, 1037-1039f
  no desenvolvimento da junção neuromuscular, 1050-1052, 1054, 1053f
Efrina-cinases, em axônios, 1036-1038, 1038-1039f
Ehrlich, Paul, 5-6, 225-226
Eichenbaum, Howard, 1150
Eichler, Evan, 1223-1224
Eicosanoides, 279
Eimas, Peter, 1215-1217
Eisenman, George, 151-153
Eixos, do sistema nervoso central, 9q, 9f
E_K (potencial de equilíbrio para K^+), 172-174, 174-175f
ELA. *Ver* Esclerose lateral amiotrófica (ELA)
Elbert, Thomas, 1180-1182
Elemento de poliadenilação citoplasmática (CPE), na síntese do terminal sináptico, 1175-1176f

Elemento responsivo ao AMPc (CRE)
  na produção de catecolaminas, 324-325q
  na sensibilização de longa duração, 1164-1166, 1168f, 1169f
Elementos de transposição, 30q, 34q
Elementos P, 30q, 34q
Eletrencefalografia (EEG)
  contribuições de células nervosas individuais para a, 1287q-1288q, 1287f-1288f
  de superfície, 1284-1285, 1287-1288q, 1287-1288f
  dessincronização da, 1284-1285
  dormindo, 955-957, 955-956f, 958f
  em crise de ausência típica, 1291-1292, 1294, 1296f
  em estudos de desenvolvimento da linguagem, 1213, 1222-1223
  frequências da, 1284-1285
  fundamentos da, 1284-1285
  mecanismos celulares de ritmos durante o sono, 958f
  padrão, desperto, 1284-1285, 1286f
  para localização de foco de convulsão, 1284-1286, 1288-1289, 1288-1289f, 1294-1295
Eletrencefalograma *cap* (EEG *cap*), 846-848, 847-848f
Eletroconvulsoterapia (ECT), para depressão, 1343-1344
Eletrocorticografia (ECoG), 846-848, 847-848f
Eletrodos intracorticais, penetrantes, 846-848, 847-848f
Eletrólitos, hipotálamo na regulação de, 894-895t
Eletromiografia (EMG)
  em doença miopática vs. doença neurogênica, 1260-1262, 1260-1262f
  unidades motoras e contrações musculares em, 653-655
Elevação, olhos, 764-765, 766-767t
ELH (hormônio de postura dos ovos), 330, 334f
Elliott, Thomas Renton, 321
Ellis, Albert, 1304-1305, 1305-1306q
Ellis, Haydn, 1308-1310
Emaranhados neurofibrilares, na doença de Alzheimer. *Ver* Doença de Alzheimer (DA), emaranhados neurofibrilares na
Embrião
  diferenciação gonadal no, 1115-1117, 1116-1117f
  organização dos núcleos dos nervos cranianos em, 871-874, 873f
Embriogênese, hormônios sexuais na, 1115-1116
EMG. *Ver* Eletromiografia (EMG)
Eminências ganglionares, migração de neurônios das, para

o córtex cerebral, 1005-1007, 1006-1007f
Emissões otoacústicas, 547-548f, 547-549, 551
Emoções, 923-939
　amígdala nas. *Ver* Amígdala
　áreas corticais em processamento de, 935-936, 935q
　atualizações envolvendo extinção e regulação, 932-933, 935
　circuitos neurais em, primeiros estudos de, 924-928, 925-928f
　conservação evolutiva de, 923
　definição de, 923
　desencadeamento de estímulos, 923-924
　destaques, 937-939
　expressão facial nas, 878-879
　história do estudo de, 926-927f
　homeostase e, 937-939
　IRMf em estudos de, 936-937, 937f
　medição de, 923-925q, 923-924t
　perspectiva geral sobre, 865-866
　positivas, 932-933
　sobre processos cognitivos, 933, 935
EMT. *Ver* Estimulação magnética transcraniana (EMT)
Emx2, na padronização do prosencéfalo, 991-993, 994-996f
En1, 983-984
Encefalinas, 427f, 438-439, 438-439t, 439-441f
Encefalite letárgica, 958
Encefalite, receptor anti-NMDA, 258-259
Encéfalo
　atrofia do, na doença de Alzheimer, 1387-1388, 1387-1388f
　danos/lesões do. *Ver também tipos específicos*
　　de convulsões prolongadas, 1297-1299
　　reparo de. *Ver* Dano axonal (axotomia), intervenções terapêuticas para tratamento de, melhorias recentes em, 1094
　princípios funcionais do
　　especificidade conexional, 51-52
　　polarização dinâmica, 51-52
　　vias de sinalização, 50-51
　mente e, 1257-1258
　termos neuroanatômicos de navegação, 9q
　sinalização no, 149-150
　regiões funcionais do, 8, 14-18
　perspectiva geral do, 3-4
　comportamento e, 5-20
　　circuitos neurais, 5-6.
　　Ver também Circuito(s) neural(is), bases computacionais de mediação de comportamento por; Circuito(s) neural(is), bases neuroanatômicas da mediação do comportamento
　　destaques, 20
　　história no estudo do, 5-7
　　localização de processos para o. *Ver* Função/processos cognitivos, localização de mente, 5
　　método citoarquitetônico e, 15-16, 15-16f
　　perfil do, 5-7
　　　conexionismo celular, 7
　　　doutrina neuronal, 5-6
　　　dualista, 6-7
　　　holístico, 7, 15-16
　　　localização funcional, 6-7, 6-7f
　　　sinalização química e elétrica, 5-7
　　sistemas de processamento complexos, 17-18
　　unidades elementares de processamento no, 18-20
　organização anatômica do, 7-8, 14-15, 10q-13q. *Ver também estruturas específicas*
Encéfalo em homossexuais, estruturas sexuais dimórficas no, 1132-1134f, 1133-1134
Encéfalo visceral, 926-928
Encefalopatia traumática crônica (ETC), 1385-1387
Endocanabinoides, 279, 280f, 322-323t
Endocitose
　em bloco, 135-136
　independente de clatrina ultrarrápida, 305, 307
　mediada por receptor, 135-136
　na reciclagem de transmissores, 302-303, 304f
Endoderma
　embriogênese do, 977-978, 978-979f
　sinais do, na padronização da placa neural, 981-983, 983-984f
Endolinfa, 536-538, 538-540f, 559-560f, 560-561
Endonuclease de restrição, 46
Endossomas, 120-121, 122f, 1016-1017
Enhancers (intensificadores), 24-26, 25-26f
Enovelamento incorreto de proteínas
　alterações de expressão gênica pelo, 1375-1378
　na doença de Parkinson, 1374-1375
Entorno inibitório, 1289-1290, 1292, 1289-1291f, 1292f
Entorses, dor nociceptiva nas, 423-426
Envelhecimento encefálico, 1381-1397
　declínio cognitivo no, 1384-1387, 1385-1387f
　destaques, 1397-1397
　doença de Alzheimer no. *Ver* Doença de Alzheimer
　estrutura e função do, 1381-1387
　　capacidades cognitivas na, 1381-1382, 1382-1383f
　　dendritos e sinapses na, 1027-1028f, 1381-1383
　　encolhimento encefálico na, 1381-1382, 1383-1384f
　　insulina e fatores de crescimento semelhantes à insulina e receptores na, 1383-1384
　　morte neuronal na, 1382-1383
　　mutações estendendo a vida útil em, 1383-1384, 1384-1386f
　　sobre habilidades motoras, 1381-1382
　　mudanças no sono, 965-966
　　pesquisa de extensão da vida útil e, 1384-1385-1027-1030
　　tempo de vida e, 1381, 1381-1382f
Envoltório nuclear, 122f, 121, 123
Enxaqueca
　mutação do canal de Ca^{2+} do tipo P/Q na, 297-298
　tratamento da, 887-888
Enzimas. *Ver também enzimas e sistemas específicos*
　em miopatias, 1261-1262
　taxas de rotatividade de, 149-150
Enzimas ciclogenases. *Ver* COX, enzimas
EOP (epitélio olfatório principal), 1126-1127, 1127-1128f
Epêndima, 144-146, 145-146f
EPI (imagem ecoplanar), em IRMf, 99-102
Epilepsia, 1282-1302
　autoanticorpos para o receptor AMPA na, 250-251
　classificação da, 1282-1285, 1283-1284t
　convulsões na, 1283-1285. *Ver também* Crise(s) epiléptica(s)
　critérios da, 1283-1285
　definição de, 1282
　desenvolvimento da, 1299-1302
　　fatores genéticos no, 1299-1301, 1300-1301f
　　gravetos, 1301
　　mutações do canal iônico no, 1299-1301, 1300-1301f
　　respostas desadaptativas a lesões em, 1301-1302, 1301-1302f
　destaques, 1301-1302
　EEG de. *Ver* Eletrencefalografia (EEG)
　epidemiologia da, 1282-1283
　fatores genéticos na, 1299-1301, 1300-1301f
　fatores psicossociais na, 1282-1283
　história da, 1282-1283
　intervalo silencioso na, 1301
　localização do foco convulsivo na. *Ver* Foco convulsivo, localização de
　morte súbita inesperada na, 1298-1299
　noturna, 1290-1291, 1295
　penicilina generalizada, 1291-1292, 1294
　síndromes, 1283-1284, 1283-1284t
　transtorno do espectro autista e, 1362-1363
Epilepsia do lobo frontal noturna autossômica dominante (ADNFLE), 1299-1301
Epilepsia do lobo temporal, 1294-1295, 1297q-1298q, 1297-1298f
Epilepsia generalizada com convulsões febris mais (síndrome GEFS+), 1300-1301f, 1301
Epilepsia generalizada ocasionada por penicilina, 1291-1292, 1294
Epilepsia noturna, 1290-1291, 1295
Epilepsias monogênicas, 1299-1300, 1300-1301f
Episódios psicóticos
　na esquizofrenia, 1318-1319
　na mania, 1330-1331
　no transtorno depressivo maior, 1329-1330
Epitélio olfatório principal, 1126-1127, 1127-1128f
Epsina, 536-538
Equação de Goldman, 179-180
Equação de Larmor, 98-99
Equação de Nernst, 174-175
Equilíbrio, 784-785. *Ver também* Postura
　água, 910-913, 911-912f
　em postura ereta, 784-785, 785-786q
　em sistemas de controle postural
　　integração de informações sensoriais, 797f, 798-800, 800-801f
　　modelos internos, 797-798, 797f
　espinocerebelo no, 800-802
　informação vestibular para, em movimentos de cabeça, 794-797, 795-796f
　perturbação para, orientação postural em antecipação do, 793-795
Equilíbrio hídrico, 910-913, 911-912f
Equilíbrio postural. *Ver* Balanço; Postura, equilíbrio postural
Equilíbrio velocidade-precisão, 643-645, 644-645f
Equivalência motora, 642-643, 643-644f
Erb, Wilhelm, 1267, 1269
Erro de previsão de recompensa, 108-109
Escala do tímpano, 532-533, 533-536f
Escala média, 533-534, 533-536f
Escala vestibular, 532-533, 533-536f
Esclerose lateral, 1262-1265

Esclerose lateral amiotrófica (ELA)
  células-tronco pluripotentes induzidas para, 1109-1110, 1109-1110f
  fatores genéticos na, 1262-1265, 1264-1265f, 1267
  fisiopatologia do neurônio motor na, 988-990, 1262-1267, 1372-1373f
  interfaces cérebro-máquina para, 851, 854-855, 856f
  reações celulares não neurais na, 1265-1267
  sintomas da, 1262-1265
Esclerose mesial temporal, em convulsões do lobo temporal, 1294-1295
Esclerose múltipla
  desmielinização na, 187-188
  potencial de ação composto na, 370-373
  respostas posturais na, 792-793, 792-793f
Escolha do parceiro em camundongos, feromônios ativados, 1126-1127, 1127-1128f
Escores de risco poligênico, em transtornos de humor e ansiedade, 1333-1334
Escrita, equivalência motora na, 642-643, 643-644f
Espasticidade, 691-692. *Ver também distúrbios específicos*
Especificidade conexional, 51-52
Especificidade sináptica, na potenciação de longa duração, 1193-1195
Espinhos dendríticos, 1021-1022, 1024-1027f
  aferências excitatórias associadas a, 266-268, 268f
  definição de, 1081
  estrutura de, 121, 123, 123f
  motilidade e número de, no córtex visual, 1081, 1081-1082f
  perda de densidade
    na esquizofrenia, 1321-1324, 1324-1325f
    relacionados com idade, 1382-1383, 1384-1385f
  plasticidade de, 1081, 1081-1082f
  proteínas, ribossomos e localização do mRNA em, 131-132, 132f
  tipos de, 124f
Espinocerebelo. *Ver também* Cerebelo
  adaptação da postura no, 801-851, 854, 802f
  alvos de entrada e saída do, 811f, 813
  anatomia do, 809, 811-813f, 813
Esplênio, na leitura, 1222-1224
Esquecimento, 1156-1157
Esquizofrenia, 1317-1326
  alterações na função hipocampal na, 1210-1211
  alucinações na, 1306-1309
  curso da doença, 1318-1319
  déficits cognitivos na, 1385-1387
  destaques, 1325-1326
  diagnóstico da, 1317-1319
  dopamina na, 1324-1326
  epidemiologia da, 1317-1319
  estrutura encefálica e anormalidades de função na, 1320-1326
    anormalidades do desenvolvimento encefálico na adolescência, 1321-1324, 1323-1326, 1323-1326f
    aumento do ventrículo lateral, 1320-1321, 1322f
    déficits do córtex pré-frontal, 1321-1324, 1323f
    disfunção dos núcleos da base, 839-840f, 840-841
    eliminação de sinapses, 1323-1326, 1323-1326f
    interrupções de conectividade, 1321-1324, 1324-1325f
    perda de massa cinzenta, 1320-1324, 1322f
  fala na, 1317-1318q
  fatores de risco ambientais, 43-44, 1318-1319
  funcionamento incorreto do receptor NMDA, 257-259
  genética na
    como fator de risco, 1318-1321, 1319-1320f
    estudos de, 44-45
    hereditariedade e, 23f, 43-44
  IRMf na, 1321-1324, 1323f
  natureza episódica da, 1318-1319
  sintomas da, 839-840, 1317-1319
  tratamentos da, 1323-1326, 1324-1326f
Estado de mal epiléptico, 1298-1299
Estado dissociado, 1314-1315
Estado estacionário, no potencial de membrana em repouso, 175, 177, 176f
Estado refratário, de canais iônicos, 156-157, 157f
Estado vegetativo, IRMf em, 111-112q
Estados afetivos. *Ver* Emoções
Estados motivacionais
  comportamento direcionado por objetivo, 980-984
    circuitos de recompensa cerebral em, 941-944, 942-943f
    dopamina como sinal de aprendizagem em, 943-945, 944-945f
    estímulos internos e externos em, 941-942
    necessidades regulatórias e não regulatórias em, 941-942
  destaques, 953
  patológicos. *Ver* Adicção a drogas
Estereocílios
  anatomia dos, 536-538, 539f
  composição molecular dos, 543-545, 544-545f
  transdução mecanoelétrica próximas das pontas dos, 541-542, 542f
Estereognose, 396-398f, 398
Estereogramas de pontos aleatórios, 492, 494
Estereopsia, 492, 494f, 494, 1072-1074
Estereotropismo, 1029-1031
Estimador linear ideal, 851, 854
Estimativa de estado
  estruturas teóricas para, 723-725, 723-724f
  inferência bayesiana em, 637-638q
  modelo de observador de, 639-641, 639-640f
  sinais sensoriais e motores, 635, 638-641
Estimulação elétrica funcional, em interfaces cérebro-máquina, 845, 854-857, 858-859f
Estimulação elétrica nervosa transcutânea (EENT), 435-437
Estimulação encefálica profunda (EEP)
  para depressão, 1343-1345, 1344-1345f
  princípios da, 846-848
Estimulação magnética transcraniana (EMT)
  da atividade cortical motora, 719
  para depressão, 1343-1344
Estimulação sensorial. *Ver tipos específicos*
Estimulação tátil, no gene do receptor de glicocorticoide, 1128-1129
Estimulação tetânica, 315-317, 315f-317f, 1185-1186, 1188, 1187f
Estimulantes, 946-948t, 948-950. *Ver também* Drogas de abuso
Estímulo
  condicionado, 927-928, 928-930f, 1154-1155, 1155-1156f
  de reforço, 1154-1155
  doloroso, 421
  não condicionado, 923-924, 927-928, 928-930f, 1154-1155, 1155-1156f
  padrões de disparo de neurônios como representação dos, 348-351. *Ver também* Neurônios sensoriais
  quantificação da resposta a, 349-351q, 349-351f, 1312-1313
  recompensador de incentivo, 941-942
Estímulo de Grating, 476q, 476f
Estímulo médio para o disparo do potencial de ação (*spike-triggered averaging*), 676, 678, 680
Estrabismo, 1072-1074, 1077-1079, 1078-1079f
Estratégia do quadril, 789, 791-792, 791f
Estratégia do tornozelo, 789-792, 791f
Estratetraenol (EST), percepção do, 1132-1134f, 1133-1134
Estresse, depressão e, 1334-1335, 1334-1335f
Estriado
  anatomia do, 826-828f, 827-828
  degeneração na doença de Huntington, 1366-1367, 1368-1369t
  fisiologia do, 827-828
  na seleção de ação, 834-835f, 835-836
  no aprendizado por reforço, 836-837, 837-838f, 1152-1153, 1153-1154f
  sinais a partir do córtex cerebral, tálamo e mesencéfalo ventral para, 827-828
Estribo
  anatomia do, 532-533f, 533-534
  na audição, 533-534, 536, 535f-536f
Estrogênio, 1117-1120
Estrutura de impressão digital, sensibilidade ao tato, 394, 396q-397q, 396f
Estudos de associação genômica ampla (GWAS)
  em transtornos de humor e da ansiedade, 1333-1334
  na esquizofrenia, 44-45, 1319-1321
  no transtorno do espectro autista, 1360-1361
Estudos de fixação de membrana
  célula inteira, 192-193, 192-193f
  da corrente do canal do receptor de ACh, 232-235, 235-236f
  de canais iônicos únicos, 154q, 154f
  de moléculas do canal iônico, 198-199, 200f
  de receptores NMDA, 255-256, 255-256f
Estudos de fixação de voltagem, 191-196
  ativação sequencial de correntes de K^+ e Na^+ em, 191, 194-196, 194-196f
  cálculo de condutância da membrana em, 195-198, 196-197q, 196-197f
  desenvolvimento de, 191-191, 192f
  despolarização da membrana em, 194-196, 195-196f
  estudos de potencial de placa terminal usando, 231-232, 234-235, 234f
  interdependência de K^+ e Na^+ e, 191, 192q-193q
  protocolo experimental, 191, 192q-193q, 192f-193f
ETC (encefalopatia traumática crônica), 1385-1387
Etossuximida, 1291-1292, 1294
Eucariotos, 45-46
Eucromatina, 45-46

Eutimia, 1330-1331
Evarts, Ed, 736-737, 746, 749-750, 755-756
Evidências com ruído, na tomada de decisões, 1236-1239, 1238f, 1239f
Evidências, na tomada de decisão
　acumulação até um limiar, 1239-1242, 1241f
　baseada em valores, 1245-1248
　com ruído, 1236-1239, 1238f-1239f
　estrutura da teoria de detecção de sinal para, 1232-1233, 1234-1235f
Ewins, Artur, 321-322
Excentricidade de campos receptivos, 452-453, 454-455f
Excitabilidade
　de neurônios, 117, 119-120
　　em zonas ativas, 56-58
　　plasticidade na, 210
　　região na, 207-208, 210
　　regulação de canal dependente de voltagem na, 207-208, 210, 209f
　　tamanho do axônio na, 185-187
　　tipos de, 206-208, 210, 208f
　　no corno dorsal da medula espinal, na hiperalgesia, 429-431, 432f, 434-435f
Excitação autogênica, 676, 680
Excitotoxicidade do glutamato, 256-257
Excitotoxicidade, em danos encefálicos relacionados a convulsões, 1298-1300
Execução de tarefas, orientação postural para, 792-793
Exocitose, 59-60, 120-121, 129-130f
　de grandes vesículas de centro denso, 330-332
　em vesículas sinápticas, 223-224, 224-225f, 307-308, 310-313, 330-332
　　ligação de Ca^{2+} à sinaptotagmina em, 311-313, 312f-314f
　　maquinário de fusão no arcabouço de proteína da zona ativa na, 309f, 311-313, 314-315f
　　proteínas SNARE na, 307-308, 310-313, 309-311f
　　proteínas transmembrana na, 307-308, 309f, 310-311
　　sinapsinas na, 304, 309f
　　na liberação do transmissor, 302-303, 304f
　　　cinética da, medidas de capacitância da, 303, 305f, 307f
　　　poro de fusão, temporário, 303, 305, 307, 306f
Éxons, 22-25, 25-26f, 45-46
Expectativa de vida
　controle genético da, 1383-1384, 1384-1386f
　　humano médio, 1381, 1381-1382f
　　pesquisa sobre aumento da, 1384-1386
Expectativa, no processamento visual, 486-488
Experiência
　mudanças nos circuitos corticais na, no processamento visual, 486-488
　refinamento da conexão sináptica e. Ver Conexões sinápticas, experiência em refinamento de
　sobre o comportamento maternal em roedores, 1128-1129, 1128f
Expressão facial, geradores de padrões na, 878-879
Expressão transgênica
　anormalidades de desenvolvimento a partir de, 1195-1196
　em camundongos, 30q-31q, 34q, 34f
　em moscas, 34q, 34f
　sistema de tetraciclina para regulação de, 31q, 33f
Extensão do quadril, no andar, 704-705, 705-708f
Exterocepção, 366
Extinção, 1154-1155
Extorsão, 764-765, 764-765f, 766-767t

Facilitação dependente de atividade, 1162-1166, 1167f
Facilitação pré-sináptica, 316-317, 317-318f
Facilitação sináptica (potenciação), 314-315, 315f-317f
Fala contínua, probabilidades de transição para, 1217-1220
Fala. Ver também Aprendizado de idiomas; Processamento de linguagem
　córtex auditivo na retroalimentação vocal durante, 600, 601f
　na esquizofrenia, 1317-1318q
　percepção de, produção de fala e, 1215-1217
Falantes bilíngues, processamento de linguagem em, 1220-1221
Falar durante o sono, 968-970
Falck, Bengt, 333q
Falhas, 298-301
Falsa memória, 1312-1313
Falso reconhecimento, 1156-1157
Falsos neurotransmissores fluorescentes, 335q, 335f
Falsos transmissores, 327, 329-330
Família de genes Nav1, 204-206, 422-423
Família de proteínas Mrg, 422-423
Família de proteínas Piezo, 373-375, 374-375f, 377-378, 422-423
Família de receptores do fator de necrose tumoral (TNF), 1016
Família de receptores gustatórios T1R, 618-624, 618-622f. Ver também Sistema gustatório, receptores sensoriais e células no
Família do gene Kv1, 203-206
Farmacologia, história da, 5-7

Fármacos anticonvulsivantes
　mecanismos de ação de, 1291-1294
　para convulsões, 1282-1283
　para transtorno bipolar, 1344-1345
Fármacos antidepressivos. Ver também fármacos específicos e classes de fármacos
　atividade do córtex cingulado anterior e sucesso de, 1335-1338, 1335-1338f
　cetamina como, 1340-1343
　mecanismos de ações de, 1338-1343, 1341f-1342f
　　hipóteses de, 1340-1343
　　monoaminoxidase em, 1338-1340, 1341f-1342f
　　sistemas noradrenérgicos em, 1338-1340, 1341f-1342f
　　sistemas serotoninérgicos em, 1338-1339, 1338-1339f, 1341f-1342f
Fármacos antipsicóticos
　efeitos colaterais de, 1324-1326
　mecanismos de ação de, 1323-1326, 1324-1326f
　para transtorno bipolar, 1345
Fasciculação, no crescimento e orientação do axônio, 1033f
Fasciculações, em doenças neurogênicas, 1262-1265
Fascículo cuneado, 67-68f, 70-72, 401-404f
Fascículo grácil, 67-68f, 70-72, 401-404f
Fascículo longitudinal
　medial, lesões nos movimentos oculares, 770-773f, 770-772
　superior, no desenvolvimento da linguagem, 1223-1224
Fascina, 536-538
Fase clônica, 1283-1284
Fase ictal, 1285-1286, 1288-1289
Fase rápida, 568-570
Fase tônica, 1283-1284
Fase vestibular lenta, 568-570, 570-571f
Fatigabilidade muscular, 656-658
Fator de ativação, 1170-1171
Fator de complemento C4, na esquizofrenia, 1323-1326, 1323-1326f
Fator de crescimento do nervo (NGF)
　na dor, 428-429, 429, 429-431f
　na hipótese do fator neurotrófico, 1012-1014, 1014-1016f, 1015f
　receptores para, 1016-1017, 1016f
Fator de necrose tumoral (TNF), na dor, 429-431f
Fator de transcrição SRY, 1115-1117
Fator inibidor de leucemia (LIF), 1011-1013, 1011-1013f
Fator neurotrófico derivado da glia (GDNF), 1014-1016, 1015f

Fator neurotrófico derivado do encéfalo (BDNF)
　em colunas de dominância ocular, 1082-1083
　na dor, 429, 429-431f
　receptores para, 1014-1016, 1016f
　superexpressão, na síndrome de Rett, 1355-1356
Fator(es) neurotrófico(s). Ver também tipos específicos
　descoberta de, 1012-1014, 1015f
　fator de crescimento do nervo como, 1012-1014, 1015f
　na supressão da apoptose, 1016-1019, 1016-1018f
　neurotrofinas como, 1012-1017, 1015f. Ver também Neurotrofina(s)
　teorias iniciais sobre, 1012-1014, 1014-1016f
Fatores de crescimento de fibroblastos (FGFs)
　na indução neural, 981-982
　na padronização neural, 982-984, 983-984f
Fatores de crescimento peptídico, na indução neural, 979-982, 980-981f
Fatores de crescimento semelhantes à insulina, no processo de envelhecimento, 1383-1384
Fatores de transcrição
　hélice-alça-hélice básico. Ver Fatores de transcrição hélice-alça-hélice básico (bHLH)
　na expressão gênica, 24-26
　na padronização do prosencéfalo, 991-994, 994-996f
　na dependência de substâncias, 948-952
　SRY, 1115-1117
　transporte de, 129-130
Fatores de transcrição hélice-alça-hélice básico (bHLH)
　na geração de neurônios e células gliais, 998-1003, 1001-1003f
　na migração de células da crista neural, 1007-1009, 1009-1011f
　no fenótipo do neurotransmissor do neurônio central, 1011-1012, 1011-1012f
　no padrão ventral da medula espinal, 987-988
Fatores neurotróficos ciliares (CNTFs)
　na diferenciação sexual, 1123, 1126
　na mudança de fenótipo do neurotransmissor, 1011-1013, 1011-1013f
　no crescimento do axônio, 1102-1103, 1104-1105f
Fatt, Paul, 230-233, 232f-234f, 232-235, 297-298
Febre, 910-912
Fechner, Gustav, 347-348, 1232-1233, 1312-1313
Feinberg, Irwin, 1321-1324

Feixes de cílios
　anatomia dos, 536-540, 538-540f, 539f
　deflexão dos, na transdução mecanoelétrica, 538-541, 540-541f
　história evolutiva dos, 551-552q
　motilidade ativa e eletromobilidade dos, 547-549, 551
　na percepção de aceleração linear, 563-565, 563-565f
　na sintonia de células ciliadas para frequências específicas, 545-547
　nas emissões otoacústicas, 549, 551
Fenciclidina (PCP), no receptor NMDA, 249-250f, 255-256
Fenda sináptica
　anatomia da, 49-50f, 50-51
　na junção neuromuscular, 229-230, 231f
　remoção do neurotransmissor da, na transmissão, 231f, 332, 335-336
Fendas, no crescimento e orientação do axônio, 1034f-1032, 1035f, 1041-1042, 1041-1042f
Fenelzina, 1339-1340, 1341f-1342f
Fenilcetonúria (PKU), 40-41
Fenitoína, 1288-1291
Fenômeno de aquecimento, 1275-1278
Fenômeno de saliência de objetos diferentes, 496-499, 500f
Fenótipo
　definição de, 46
　genótipo e, 26-28
Feromônios
　definição e funções de, 613
　detecção pelas estruturas olfatórias de, 613, 612-615f
　na escolha do parceiro em camundongos, 1126-1127, 1127-1128f
　percepção de, 1132-1134f, 1133-1134
Ferrier, David, 745-746
Ffytche, Dominic, 1306-1307
Fibras aferentes primárias, 366-368
Fibras Aα
　na medula espinal, 385-386, 386-387f
　na transmissão de sinal térmico, 380-381
　velocidade de condução nas, 369-370f, 370t
Fibras Aβ
　na alodinia mecânica, 429-431
　na medula espinal, 385-387, 386-387f
　para o corno dorsal da medula espinal, 423-426, 425-426f
　velocidade de condução de, 369-370f, 369-370t
Fibras Aδ
　direcionadas ao corno dorsal da medula espinal, 423-426, 425-426f
　na dor aguda rápida, 422-423

　na medula espinal, 385-386, 386-387f
　nociceptores com, 380-382, 381-382f
　velocidade de condução em, 369-370f, 369-370t
Fibras C
　na recepção da sensação de calor, 380-381
　no prurido, 381-382
　nociceptores com, 381-382
　para o corno dorsal da medula espinal, 423-426, 425-426f
　sinais nociceptores polimodais nas, 422-423
　transmissão da dor por, 422-423
　velocidade de condução nas, 369-370f, 369-370t
　viscerais, na medula espinal, 386-387, 386-387f
Fibras de adaptação lenta do tipo 1 (AL1)
　campos receptivos das, 392-393, 395-396, 396-398f
　na pressão de objeto e detecção de forma, 398
　na vibração e detecção, 398, 400, 400-401f
　no controle de preensão, 398, 400, 403f
　nos receptores de tato, 391-393, 395, 391-392f, 395t, 395-397f
　transdução sensorial nas, 374-377, 376f
Fibras de adaptação lenta do tipo 2 (AL2)
　campos receptivos das, 392-396, 396-398f
　na estereognose, 396-398f, 398
　na propriocepção, 401
　no controle de preensão, 398, 400-402, 403f
　nos receptores de tato, 391-393, 395, 391-392f, 395t
Fibras de adaptação rápida do tipo 1 (AR1)
　campos receptivos de, 392-396, 396-398f
　na detecção de movimento, 399f, 398, 400
　na detecção de vibração, 398, 400, 400-401f
　no controle da preensão, 398, 400-402, 403f
　nos receptores do tato, 391-393, 395, 391-392f, 392-393, 395t
Fibras de adaptação rápida do tipo 2 (AR2)
　campos receptivos de, 392-396, 396-398f
　na detecção de vibração, 393, 395-396, 398, 400, 400-401f
　no controle de preensão, 398, 400-402, 403f
　nos receptores do tato, 391-393, 395, 391-392f, 392-393, 395t
Fibras Ia, 677f, 676-676, 678-679, 678-682f

Fibras musculares
　ensaio da miosina ATPase em, 655-657
　extrafusais, 676-678q
　intrafusais, 377-378, 378-379f, 676-678q, 676-679f
　isótopos de cadeia pesada de miosina nas, 655-658, 655-657f
　na força contrátil, 663-666, 665f
　número de inervação das, 654-655, 654-655t
　número e comprimento das, 666-667, 667-668f, 667-668t
　propriedades contráteis das, 655-658, 655-658f
　propriedades das, variação nas, 654-658, 655-657f
Fibras musgosas, no cerebelo
　processamento de informações por, 92-93, 814-817, 816-817f
　reorganização sináptica das, 1301, 1301-1302f
Fibras trepadeiras, no cerebelo
　atividade de, na eficácia sináptica de fibras paralelas, 820-823, 820f
　processamento de informações por, 814-815, 816-817f
Fibrilações, 1261-1262f, 1262-1265
Fibrina, 536-538
Figura de Rubin, 1306-1307, 1306-1307f
Filamentos de actina
　como trilhas de organelas, 125-127
　no citoesqueleto, 123, 127
　no estereocílio, 536-538
Filamentos finos, 660-663, 662f-666f
Filamentos grossos, 660-663, 662f-666f
Filamina A, 1301
Filopódios, 1027-1028f, 1027-1030
Filtro de seletividade, 150-152, 151f-153f
Filtro espacial, na inibição da via lateral da retina, 467-468f, 478-479
Filtro espectral, 578-580, 579-580f
Filtro temporal
　na retina, via sinapses e circuitos de retroalimentação, 467-470f, 474f, 477f, 478-479
　no IRMf, 102-103
Fisiologia sensorial, 347-348
Fissura orbital superior, 869-870f, 871-872
Fissuras, 8, 14-15
Fixação visual, colículo superior rostral na, 775-776
Flanagan, Randy, 415, 417
Flexão cefálica, 981-982, 982-983f
Flexão cervical, 981-982, 982-983f
Flexura pontina, 981-982, 982-983f
Flourens, Pierre, 7, 18-19
Fluoxetina
　exposição pré-natal a, 1219-1220
　indicações para, 1340-1343
　mecanismos de ação da, 1340-1343, 1341f-1342f

Fluxo axoplasmático, 128-129
Fluxo de íons
　condutância e forças motrizes em, 175, 177
　vs. difusão, 153, 155-156, 155f
FMRP (proteína de deficiência mental do X frágil), 41-42, 1355
Fobia social, 1331-1332. Ver também Transtornos de ansiedade
Fobias, 1330-1333, 1340-1344
Fobias simples, 1330-1333, 1340-1343. Ver também Transtornos de ansiedade
Foco da crise epiléptica, 1285-1286, 1288-1292, 1294
　definição de, 1283-1284
　entorno inibitório no, 1289-1290, 1292, 1289-1291f
　fases de desenvolvimento do, 1285-1286, 1288-1289
　localização do, para cirurgia, 1294-1298
　mapeamento de EEG na, 1294-1295
　mapeamento metabólico na, 1294-1295
　na epilepsia do lobo temporal, 1294-1295, 1297q-14532q, 1297-1298f
　na taxa de cura, 1295, 1297-1298
　PET, 1295, 1297-1298
　ressonância magnética na, 1294-1295
　SPECT e SPECT ictal na, 1295, 1297
　mudança de despolarização paroxística e pós-hiperpolarização no, 1288-1290
　nas crises epilépticas focais, 1285-1286, 1288-1292, 1294
　organização espacial e temporal do, 131-132f, 1289-1290, 1292, 1289-1291f
　propagação a partir do, circuitaria cortical normal na, 1289-1295, 1292f
　sincronização do, 1285-1286, 1288-1292f, 1289-1290
Folistatina, 980-981f, 981-982
Fonemas, 1213-1214
Forame jugular, 869-870f, 871-872
Força contrátil. Ver Fibras musculares
Força de reação do solo, 784-785, 785-786q, 785-786f
Força, de reflexos, 691-692
Força eletromotriz (E), 180-181, 180-181f
Força máxima, do músculo, 655-658
Força motriz
　elétrica, 172-174
　eletroquímica, 175, 177, 181
　em fluxo de íons, 175, 177
　química, 172-174
Força muscular, 660-669
　controle na unidade motora da, 656-661, 658-660f
　destaques, 672-673

estrutura muscular na, 660-669
  elementos não contráteis na, suporte estrutural de, 663, 662f-666f
  força contrátil na, 663-666, 665f
  proteínas contráteis do sarcômero na, 660-663, 662f-666f
  torque e geometria muscular na, 664, 666-669, 666-669f
Força sináptica, 300, 302q-302q
Forma
  geometria de objeto na análise da, modelos internos de, 487-492, 488-492f
  no processamento visuomotor de, 745, 745f
  representação cortical da, na busca visual, 496-499, 500f
Forma do objeto, pistas de movimento local, 494-495
Formação de pares em mamíferos, diferenças na, 39-40, 40-41f
Formação de sinapses, 1044-1069
  das sinapses centrais, 1059-1066
    células gliais em, 1066-1068, 1067f
    células microgliais em, 1066-1067, 1067-1068f
    localização do receptor do neurotransmissor, 1059-1062, 1063f
    padronização de moléculas organizadoras de terminais nervosos centrais em, 1062-1066, 1064f-1065f
    princípios gerais de, 1059-1062, 1061-1062f
    ultraestrutura de sinapse em, 1059-1062, 1061-1062f
  destaques, 1067-882
  diferenciação em, na junção neuromuscular, 1050-1052, 1054
    da membrana muscular pós-sináptica, nervo motor no, 1054, 1056-1058, 1056f-1056f
    desenvolvimento em características gerais de, 1050-1052, 1054, 1056f
    estágios sequenciais de, 1050-1052, 1054, 1053f
    do terminal nervoso motor, fibras musculares no, 1050-1054, 1055f
    etapas de maturação em, 1058-1062, 1062f
    tipos de células em, 1050-1052
    transcrição do gene do receptor de acetilcolina em, 1058-1059, 1058-1059f
  processos-chave no, 975-976, 1044-1045
  reconhecimento de alvo no, 1044-1051
    direção de entrada para o domínio da célula pós-sináptica no, 1048-1051, 1048-1050f

formatação da especificidade sináptica por atividade neural no, 1048-1051, 1050-1052f
    moléculas de reconhecimento no, 1044-1047, 1045-1048f
Formação reticular, 876-882
  geradores de padrões da na respiração, 878-882, 879-881f
  nos comportamentos estereotipados e autonômicos, 876-879
  retransmissões mono e polissinápticas do tronco cerebral da, nos reflexos dos nervos cranianos, 876-879, 877-878f
Formação reticular mesencefálica, em movimentos sacádicos verticais, 766-767f, 770-772
Formação reticular pontina, em movimentos sacádicos horizontais, 770, 772, 770-773f
Formação reticular pontomedular, em locomoção, 711-712, 712-713f
FosB, 948-950
Fosfatases proteicas, no cone de crescimento, 1027-1030
Fosfatidilinositol-4,5-bifosfato (PIP2), 274, 276-277f, 283-285
Fosfoinositídeo-3-cinase (PI3-cinase), 1175-1176f
Fosfolipase A2, 274, 279, 280f
Fosfolipase C, 274, 276-278f
Fosfolipase D, 274
Fosfolipídeos
  hidrólise pela fosfolipase A2 de, em ácido araquidônico, 279, 280f
  hidrólise pela fosfolipase C de, IP3 e diacilglicerol a partir de, 274-278, 276-277f
  nas membranas celulares, 149-151, 151f-153f
Fosforilação
  de rodopsina, 468-470f, 471-473
  dependente de AMPc, no fechamento do canal de K^+, 285-287, 286-287f
  dependente de GMPc, 279-281
  na modificação pós-traducional, 133-134
Foster, Michael, 684-687
Fotorreceptores
  características dos, 351-352f, 351-353t, 353-354
  células horizontais nos, 467-468f, 478-479
  densidade de, resolução visual e, 356-358, 358-360f
  na retina, 465-466, 465-466f
  sensibilidade gradativa dos, 353-355, 354f
  sinapse em fita nos, 478
Fourneret, Pierre, 1311
Fóvea, 465-466f, 466-467
Fovéola, 465-466f, 466-467
Frases, dicas prosódicas para, 1217-1219
Freedman, David, 511-512
Freiwald, Winrich, 507-508

Frenologia, 7, 8, 14-15, 18-19
Frequência de vibração oscilante, 1235-1236, 1235-1236f
Frequência ressonante, 98-99
Frequências formantes, 1213-1215, 1214-1215f
Freud, Sigmund
  em sonhos, 955
  na consciência, 1250-1251
  no medo, 1162-1164
  sobre agnosia, 504-505, 1304-1305
Frey, Uwe, 1171-1174, 1190-1193
Friederici, Angela, 1221-1222
Friedman, Jeffrey, 914, 916
Fritsch, Gustav, 8, 14-15, 745-746
Fu, Ying-hui, 36-38
Função de resposta hemodinâmica, em IRMf, 101-102
Função erétil, controle da, 1120, 1123f-1123, 1126f, 1124f
Função psicométrica, 348-349, 348-349f, 1236-1237, 1239
Função/processos cognitivos. Ver também Comportamento
  arquitetura neural complexa para, 60-62
  como produto de interações entre unidades elementares de processamento encefálico, 18-20
  comprometimento de aberrações em, 1304-1305
    desde o nascimento, 1304-1306
    leve, 1384-1386, 1385-1387f
  consciente, correlatos neurais de, 1305-1307. Ver também Consciência
  declínio relacionado à idade em, 1381-1382, 1382-1383f, 1384-1387, 1385-1387f
  definição de, 1304-1306
  emoções e, 933, 935
  experiência inicial e, 1071-1074, 1076-1077f
  história do estudo de, 1304-1305
  localização de
    abordagem citoarquitetônica na, 15-16
    área e vias de associação na, 17-18
    estudos de afasia na, 8, 14-16
    evidência para, 16-18
    para processamento de linguagem, 16-18. Ver também Processamento de linguagem
    processamento distribuído na, 15-16
    teoria da ação de massa em, 15-18
    visão de campo agregado na, 15-16
  na percepção visual, 498-500
  sistemas encefálicos para, 17-18
  transtornos de. Ver Distúrbios do processo mental consciente; Distúrbios do

neurodesenvolvimento; Distúrbios do processo mental inconsciente
Furshpan, Edwin, 218-219
Fusão vesicular
  em exocitose, 303, 305, 307, 306f
  etapas da, 311-314, 312f-315f
Fusos do sono, 955-956f, 956-957, 958f, 1291-1292, 1294, 1296f
Fusos musculares, 54-55
  atividade aferente no reforço de comandos centrais para movimento, 684-688, 687-688f
  estrutura e função dos, 676-679q, 676, 678-679f
  fibras intrafusais nos, 377-378, 378-379f, 676-678q, 676-679f
  na propriocepção, 377-379, 378-379f
  neurônios motores gama na sensibilidade de, 676, 680-682, 682-683f
Fuxe, Kjell, 881-882

GABA (ácido γ-aminobutírico)
  ação de, 258-259
  captação em vesículas sinápticas, 326-327, 328f
  em período crítico para o aprendizado de idiomas, 1219-1220
Gabapentina, 423-426
Gage, Phineas, 935q
Gaiola química, 294, 297, 296f
Galanina, em nociceptores de dor do corno dorsal da medula espinal, 425-426
Galeno, 5-6
Gall, Franz Joseph, 6-7, 6-7f
Galton, Francis, 22-25
Galvani, Luigi, 5-6
γ-secretase
  na doença de Alzheimer, 1389-1392, 1390f
  no direcionamento de fármacos, 1385-1388
Gânglio espiral, 552-553, 552-553f
Gânglio estomatogástrico (GEG), 288-289, 289f
Gânglios
  autonômicos. Ver Sistema autonômico
  basais. Ver Gânglios da base
  raiz dorsal. Ver Gânglios da raiz dorsal
  retinais. Ver Células ganglionares da retina
Gânglios da base
  anatomia dos, 10q, 11f, 826-829, 826-827f, 827-828f
  aprendizado por reforço em, 836-839, 837-838f
  circuito interno dos, 828-831, 829-830f
  conexões com estruturas externas, rotações reentrantes, 829-830f, 829-832
  conservação evolutiva dos, 832-834
  destaques, 841-842

disfunção dos, 629-630, 839-840, 839-840f
   na adicção, 840-842. *Ver também* Adicção a drogas
   na doença de Huntington, 839-840. *Ver também* Doença de Huntington
   na doença de Parkinson, 839-840. *Ver também* Doença de Parkinson
   na esquizofrenia, 839-841. *Ver também* Esquizofrenia
   na síndrome de Tourette, 840-841
   no transtorno de déficit de atenção/hiperatividade, 840-841
   no transtorno obsessivo-compulsivo, 840-841. *Ver também* Transtorno obsessivo-compulsivo (TOC)
funções dos, 10q
inibição do colículo superior pelo, 775-777, 775-776f
na linguagem, 1229
na locomoção, 715-719
no aprendizado de habilidades sensor-motoras, 1152-1153
no controle de postura, 801-802, 803f
no controle do olhar, 775-777, 775-775f
peptídeos neuroativos dos, 329-330t
seleção comportamental em, 838-840, 839-840f
seleção de ação em, 833-837
   argumentos contra, 835-837
   arquitetura neural para, 832-833, 834-836
   escolher entre opções concorrentes e, 833-834
   mecanismos intrínsecos para, 835-836
   para processamento motivacional, afetivo, cognitivo e sensorimotor, 833-835, 834-835f
sinais fisiológicos dos
   ao mesencéfalo ventral, 831-833
   desinibição como expressão final dos, 832-833, 832-833f
   no córtex cerebral, tálamo e mesencéfalo ventral, 831-832
Gânglios da raiz dorsal
   corpo celular de, 366-368, 367-368f
   na transmissão de informações somatossensoriais, 68-72, 71f-72f, 382-385, 384f-386f
   neurônios dos
      corpo celular de, 366-368, 367-368f
      diâmetro axonal de, 367-370
      sensorial primário, 68-72, 68-70t, 366-368, 367-368f
   propriedades e estrutura dos, 122f, 367-368, 368-369f

terminais axonais centrais de, 70-72
Gânglios entéricos, 900, 901f
Gânglios parassimpáticos, 898-899f, 899-900
Gânglios paravertebrais, 898-900, 898-900f
Gânglios pré-vertebrais, 898-900, 898-900f
Gânglios simpáticos, 897-900, 898-900f
Ganho de campo, 523-524, 524-525f
Ganho, no controle da retroalimentação, 635, 638, 637-638f
Garcia-Sierra, Adrian, 1220-1221
Gardner, John, 343
Gaskell, Walter, 895-897
Gastrinas, 330t
Gata2, 1009-1011f, 1011-1012
Gbx2, 983-984, 983-984f
GCPs. *Ver* Geradores de padrões centrais (GCPs)
GDNF (fator neurotrófico derivado da célula glial), 1014-1016, 1015f
Gefirina, nos receptores centrais na, 1062, 1063f
Gêmeos, fraternos vs. idênticos, 22-25
Gene C4, 44-45
Gene da dinorfina, 438-439
Gene de receptor de glicocorticoide, estimulação tátil e, 1128-1129
Gene do *citocromo*, 962-964, 963f
Gene *dumb*, 1175-1176
Gene *ELN*, 1355-1356
Gene *for*, 36-39, 38-39f
Gene *GluA2*, 250-251, 253, 252-255f
Gene *HTT*, 1367-1369
Gene *per*, 29, 35-36, 35-37f
Gene período, 962-964, 963f
Gene *rutabaga*, 1175-1176
Gene *SRY*, 1115-1117, 1116-1117f
Gene(s), 5
   comportamento e. *Ver* Gene(s), no comportamento
   conservação de, 27-29, 28-29f, 45-46
   corte-junção de, 25-26f
   em gêmeos, idênticos vs. fraternos, 22-25, 23f
   estrutura e expressão de, 24-26, 25-26f
   expressão de
      no encéfalo, 24-26
      regulação de, 30q-31q
   expressão transgênica. *Ver* Expressão transgênica
   genótipo vs. fenótipo e, 26-28
   glossário de, 46
   hereditariedade e, 22-25, 23f
   mutações em, 27-28, 28q
   nos cromossomos, 25-27, 26-27f
   ortólogo, 27-28, 28-29f, 45-46
   risco familiar de transtornos psiquiátricos e, 23f
Gene(s), no comportamento, 22-46
   destaques, 45-46
   hereditariedade de, 22-25, 23f

humanos
   influências ambientais e, 40-41
   transtornos do neurodesenvolvimento e. *Ver* Transtornos do neurodesenvolvimento
   transtornos psiquiátricos e, 42-43. *Ver também* Doença de Alzheimer (DA); Doença de Parkinson; Esquizofrenia
modelos animais por meio de, 28-40
   análise genética clássica de, 28-29
   geração de mutação em, 30q-31q
   receptores de neuropeptídeos em comportamentos sociais, 38-40, 39-40f, 40-41f
   regulação da atividade da proteína-cinase em moscas e abelhas, 36-39, 38-39f
   genética reversa em, 28-29
   ritmo circadiano em, oscilador transcricional em, 28-29, 35-38, 35-37f
Gênero, 1115-1116
Genes de morte celular (*ced*), 1016-1017, 1016-1017f
Genes de pigmento L, no cromossomo X, 480-482, 480-481f
Genes de pigmento M, no cromossomo X, 480-482, 480-481f
Genes *Hox*
   conservação dos, em *Drosophila*, 988-990, 989-991f
   na diversificação e diferenciação de neurônios motores, 988-991, 989-993f
Genes ortólogos, 27-28, 28-29f, 45-46
Genes *SMN*, 1265-1267, 1266-1267f
Genes *USH1*, 543-544, 545-547
Genética reversa, 28-29
Genitália, diferenciação sexual de, 1116-1117, 1117-1118f
Genoma, 45-46
Genótipo, 26-28, 45-46
Genótipo XX, 1115-1116
Genótipo XY, 1115-1116
Gentamicina, na função vestibular, 574-576
Genu interno, do nervo facial, 875-876
Geradores de padrão central
   canais iônicos neuronais, 706q
   características de, 700-703, 700-702f
   códigos moleculares de neurônios espinais, 706q
   coordenação esquerda-direita, 703-704, 704f-705f
   coordenação flexora e extensora, 703-704, 704f-705f
   em humanos, 717-719
   natação, 701-703, 704f-705f
   quadrúpede, 703-704, 704f-705f
Geschwind, Norman, 1220-1221
Ghitani, Nima, 383-385

GHRH, GRH (hormônio de liberação do hormônio do crescimento), 908-909, 909t
Gibbs, F.A., 1291-1292, 1294
Gibson, James, 733, 1247-1248, 1248-1249q
Gilbert, Charles, 459, 461
Ginty, David, 367-368, 368-369f, 386-387
Giro angular, 15-16f
Giro cingulado. *Ver* Córtex cingulado anterior
Giro denteado, do hipocampo
   neurogênese no, 1105-1106, 1106-1108f, 1202-1204, 1338
   potenciação de longa duração no, 1185-1186, 1188
   separação de padrões no, 1202-1204
Giro fusiforme, na percepção facial
   análise do, 1306-1307, 1307-1309f
   durante alucinações visuais, 1307-1309, 1309-1310f
   estudos IRMf do, 106-108
   imaginário, 1313-1314, 1313-1314f
Giro pós-central, 10, 15-16f
Giro pré-central, 8, 14-15, 15-16f
Giros, 8, 14-15. *Ver também* tipos específicos
g_l (condutância de vazamento), 191, 196-197q
Glândula hipófise anterior (adeno-hipófise)
   controle hipotalâmico da, 908-909, 908-909f, 909t
   hormônios da, 907-908
Glândula hipófise posterior (neuro-hipófise)
   controle hipotalâmico da, 907-908, 907-909f
   hormônios de, 329-330t
Glândulas salivares, 900-902
Glândulas sudoríparas exócrinas, acetilcolina em, 1011-1013, 1011-1013f
Glia de Bergmann, 136-137, 142
Glicemia, no apetite, 914, 916
Glicina
   em receptores ionotrópicos, 258-259
   síntese da, 326-327
Glicocorticoide(s), na coordenação da resposta ao estresse, 1128-1129
Glicopenia, 914, 916
Glicoproteína associada à mielina (MAG)
   na condução do sinal nervoso, 139q-140q
   na regeneração do axônio, 1101-1102, 1101-1102f
Glicoproteína de mielina de oligodendrócitos (OMgp), 1101-1102, 1101-1102f
Glicose no sangue, 914, 916
Glicosilação, 133-134
Globo pálido
   anatomia do, 12f, 826-827f

conexões do, 827-830f, 829-830
  externo, 828-829
  interno, 828-830, 828-830f
Glomérulo
  bulbo olfatório, 608-609, 611-612, 610-612f
  cerebelar, 814-816, 815f
Glutamato
  captação vesicular de, 327, 329, 328f
  coliberação de dinorfina com, 332, 335-336
  coliberação de dopamina com, 332, 335-336
  como neurotransmissor, 250-251, 327, 329
  metabólico, 327, 329
  nos nociceptores de dor do corno dorsal da medula espinal, 425-426, 428-429f
  receptores para. Ver Receptores de glutamato (canais ativados por ligante)
GMP cíclico (GMPc)
  ações do, 279-281
  no cone de crescimento, 1027-1030
GnRH (hormônio liberador de gonadotropinas), 908-909, 909t
Goldstein, Kurt, 18-19
Golgi, Camillo, 5-6
Gônadas
  diferenciação embrionária das, 1115-1117, 1116-1117f
  síntese hormonal nas, 1116-1118, 1117-1119f, 1119t
Goodale, Melvin, 1317
Gottesman, Irving, 1319-1320
Gouaux, Eric, 250-251, 253
Goupil, Louise, 1312-1313
Gradientes de concentração, 172-174
Graham Brown, Thomas, 694, 699-701, 699-701f
Gramática
  processamento cerebral da, 17-18
  universal, 16-18
Grandes vesículas de núcleo denso, 129-130f, 134-135, 321-322, 327, 329, 330-332
Grandour, Jackson, 1223-1224
Granit, Ragnar, 684-687
Gravidade, na queda, 795-796
Gray, E.G., 247, 249
Greengard, Paul, 307-308, 310-311
Grelina, 914, 916, 915f-916f
Grendel, 343
Grillner, Sten, 887-888
Gross, Charles, 506-507
Grupo anterior, núcleos talâmicos, 72-73f, 73
Grupo medial, núcleos talâmicos, 72-73f, 73
Grupo nuclear lateral, retransmissão de informações nociceptivas para o córtex cerebral pelo, 431-434
Grupo nuclear medial, retransmissão de informações nociceptivas para o córtex cerebral pelo, 433-434
Grupo posterior, núcleos talâmicos, 72-73f, 73
Grupo respiratório dorsal, 879-880
Grupo respiratório pontino, 880-881
Grupo respiratório ventral, 879-880
Grupo ventrolateral, núcleos talâmicos, 72-73f, 73
Guanosina-trifosfatases (GTPases), no cone de crescimento, 1027-1030
Guillemin, Roger, 908-909
Gurfinkel, Victor, 797-798
GWAS. Ver Estudos de associação genômica ampla (GWAS)

Habilidades motoras, declínio relacionado à idade em, 1185-1186
Habituação
  aprendizado não associativo na, 1153-1154
  base fisiológica da, 1161-1162
  de curto prazo, 1161-1162, 1162-1163f
  de longa duração, 1162-1164, 1162-1164f, 1170-1171, 1171-1172f
  história e definição da, 1161-1162
  transmissão sináptica na, depressão pré-sináptica dependente de atividade da, 1161-1163, 1162-1164f
Hagbarth, Karl-Erik, 684-687
Haggard, Patrick, 1310-1311
Halligan, Peter, 1306-1307
Hamburger, Viktor, 1012-1014, 1014-1016f
Haploinsuficiência, 27-28
Haplótipo, 45-46
Harlow, Harry e Margaret, 1072-1074
Harmonia
  em morcegos, 598-600, 599f
  neurônios corticais especializados em codificar, 596-598
Harris, Geoffrey, 908-909
Harris, Kenneth, 363
Harrison, Ross, 5-6
Hartline, H. Keffer, 452-453
Hauptmann, Alfred, 1282-1283
Head, Henry, 15-16, 797-798
Hebb, Donald
  nas conexões sinápticas, 1078-1079
  no agrupamento celular, 256-257, 1200-1201
  no armazenamento de memórias, 1184-1185, 1196, 1198
Hegel, Georg Wilhelm Friedrich, 347-348
Helmholtz, Hermann von
  sobre atividade elétrica no axônio, 5-6
  sobre comando motor de movimentos sacádicos, 519-520
  sobre controle do movimento dos olhos, 767-768, 770
  sobre interferência inconsciente, 1305-1306
  sobre localização de objetos visuais, 638-639
  sobre membrana basilar, 536-538
  sobre percepção, 347-348
  sobre plasticidade cortical, 496-498
Hemicampo, 448-449, 449f
Hemicanais, 218-220, 221f
Hemirretina, 448-449, 449f
Hemisfério direito, na prosódia, 1223-1224, 1224-1225f
Hemisfério dominante, 8, 14-15
Hemisfério esquerdo
  na prosódia, 1223-1224, 1224-1225f
  no processamento da linguagem, 1222-1224
Hemisférios
  cerebelares, 808-811, 809, 811-813f. Ver também Cerebelo
  cerebrais, 12f, 13f, 8, 14-15. Ver também Córtex cerebral
Hemizigose, 27-28
Hemorragia cerebral. Ver Acidente vascular encefálico
Henneman, Elwood, 658-659, 676, 678-679
Hensch, Takao, 1219-1220
Hensen, células de, 539f
Herança de características neurológicas, psiquiátricas e comportamentais, 22-25, 23f. Ver também Gene(s); características e distúrbios específicos
Herança ligada ao sexo, 26-27
Heroína, 946-948t. Ver também Adicção a drogas
Heterocromatina, 45-46
Heterozigoto, 26-27
Heuser, John, 302-303, 304f
HHA (hipotálamo-hipófise-adrenal), eixo, 1334-1335, 1334-1335f
Hibridização de ácidos nucleicos, detecção de mRNA via, 334q
Hickok, Gregory, 1221-1222
Hidranencefalia, 867
Hidratação, águas de, 150, 152
5-Hidroxitriptamina. Ver Serotonina (5-hidroxitriptamina, 5-HT)
Hill, A.V., 225-226
Hillarp, Nils-Åke, 333q
Hille, Bertil, 150, 152, 200
Hiperacusia, 877-878
Hiperalgesia, 426-434
  disparo repetitivo das fibras C na, 429, 432f
  excitabilidade dos neurônios do corno dorsal na, 429-431, 432f
  inflamação neurogênica na, 429, 430f
  inflamação tecidual na, 429, 430f
  neuropeptídeos e moléculas pequenas na, 426-429
  neurotrofinas na, 429, 429-431f
  reflexo axonal na, 429
  sensibilização central na, 429
  sensibilização do nociceptor, 426-429, 429f
  sintomas e definição da, 422-423
  vias de segundos mensageiros na, 429-431
Hipercapnia, 879-880
Hipercolunas, no córtex visual primário, 453-455, 456f-457f
Hiperecplexia, 259-260
Hipermetria, 795-796
Hipermetria vestibular, 795-796
Hiperplasia suprarrenal congênita (HSRC), 1108-1109, 1119t, 1131-1134
Hiperpolarização, 56-58, 171-172, 173q, 173f
Hiper-reflexia, de transecção da medula espinal, 691-692
Hipertropia, lesão do nervo troclear na, 768q, 769f
Hipnograma, 955-956f
Hipocampo
  anatomia do, 12f
  astrócitos no, 143f
  circuitos integrados do, 82-83
  citoarquitetura do, 82, 82f, 124f
  dano ao, 107-108, 927-928
  distúrbios da memória autobiográfica e disfunções do, 1210-1211
  em transtornos do humor, 1338
  em memórias episódicas
    para a construção de associações relacionais, 1149-1151, 1150-1151f
    para comportamento direcionado por objetivo, 1149-1150, 1150-1151f
  funções do, 10q
  mapas espaciais cognitivos no, 86-90, 1203-1211
    células de localização nos, 78-81f, 86-89, 1206-1211, 1206-1210f
    neurônios do córtex entorrinal noS, 1204-1208, 1205-1208f
    oscilações de ondas curtas, 88-90, 88-89f
  mecanismos gerais do, 1184-1186, 1188, 1185-1186f
  plasticidade dependente do tempo de disparo para a alteração da força sináptica, 1193-1194
  potenciação de longa duração nos
    em vias distintas, 1185-1186, 1188-1190, 1187f, 1189f-1190f
    fases precoces e tardias da, 1190-1194, 1190-1192f
    mecanismos moleculares e celulares da, 1188-1192, 1190-1191f
  memória espacial e. Ver Memória espacial

propriedades da, 1193-1195, 1193-1194f
memória explícita e plasticidade sináptica no, 1184-1196, 1198
    conexões corticais na, 82-84, 82-84f
memória visual e, 515-516
na esquizofrenia, 1321-1324
na expressão de emoções, 927-928
na recuperação de memórias, 1149-1150
neurônios do
    crescimento e polaridade dos, 1021-1022, 1023f
    gerados em adultos, 1105-1106, 1106-1108f, 1202-1204, 1338
no aprendizado de resposta a estímulo, 1152-1153, 1153-1154f
no autismo, 1362-1363
no transtorno de estresse pós-traumático, 1338, 1343-1344
processamento de memórias explícitas nas sub-regiões do, 1201-1204
    codificação de memória social na região CA3, 1203-1204
    completamento de padrões na região CA3, 1203-1204
    discriminação de padrão no giro denteado, 1202-1204
RNA ribossomal no, 132f
Hipocretinas, na narcolepsia, 967-969, 967-968f
Hipofunção vestibular, 574-576
Hipomanias, 1330-1331
Hiposmia, 613
Hipotálamo, 12f, 892-920
anterior, dimorfismo sexual e, 1131-1132, 1131-1132f
circuitos neurais do, no comportamento de acasalamento, 1126-1127
destaques do, 920-920
estrutura do, 894-895, 896f
na depressão, 1334-1335, 1334-1335f
na expressão emocional, 865-866, 926-927
na regulação homeostática, 10q, 865-866, 894-895, 894-895t, 895-897
    balanço energético. Ver Balanço energético, regulação hipotalâmica do
    balanço hídrico, 910-913, 911-912f
    impulso de sede, 912-913
    temperatura corporal, 909-912, 909q
no ciclo sono-vigília. Ver Sistema de ativação ascendente
peptídeos neuroativos do, 329-330t
regiões de dimorfismo sexual do
    ativação olfatória nas, 1132-1134f, 1133-1134

controle dos comportamentos sexuais, agressivos e parentais nas, 918-920, 918-920f
sistema neuroendócrino do, 865-866, 906-909, 907-908f
    neurônios nas células endócrinas na hipófise anterior no, 908-909, 908-909f, 909t
    núcleo paraventricular no, 907-908, 907-908f
    terminais axonais da hipófise posterior no, 907-908, 908-909f
Hipotálamo posterior, 894-895
Hipotálamo pré-óptico, 894-895. Ver também Hipotálamo
    ativação olfatória no, 1132-1134f, 1133-1134
    controle do comportamento sexual, agressão e comportamento parental no, 918-920, 918-920f, 1126-1127
Hipotálamo tuberal, 894-895
Hipotálamo-hipófise-adrenal (HHA), eixo, 1334-1335, 1334-1335f
Hipótese "centrencefálica", de convulsões de início generalizado, 1006
Hipótese da quimioespecificidade, 1030-1031, 1031-1032f, 1044-1045
Hipótese de correspondência direta, 743-744
Hipótese do fator neurotrófico, fator de crescimento do nervo na, 1012-1014, 1014-1016f
Hipótese do filamento deslizante, 663
Hipotonia, em distúrbios cerebelares, 806-808
Hipóxia, 879-880
Histamina
    prurido por, 381-382
    sensibilização de nociceptor por, 428-429
    síntese e ação da, 325-327
Histeria, em relatos subjetivos, 1314-1315
Hitzig, Eduard, 8, 14-15, 745-746
Hodgkin, Alan, 179-180, 191-196. Ver também Estudos de fixação de voltagem
Holmes, Gordon, 806-808
Homeobox, 987-988
Homeostase
hipotálamo na. Ver Hipotálamo, na regulação homeostática
princípios da, 892-895, 893-894f
resposta emocional e, 936-937, 937-939
Homozigoto, 676, 678-679
Homúnculo, 73-75, 73-74f, 405-408, 405-408f
Hormônios. Ver também hormônios específicos
ações dos, 321-322
esteroides, biossíntese de, 1116-1117, 1117-1120f

processamento de precursores dos, 330, 331f
regulação por, 1115-1116
resposta fisiológica a, hipotálamo e. Ver Hipotálamo, sistema neuroendócrino do
sexuais, 1115-1116
vs. neurotransmissores, 321-322
Hormônio adrenocorticotrópico (ACTH), na depressão e no estresse, 1334-1335, 1334-1335f
Hormônio antidiurético. Ver Vasopressina
Hormônio de postura de ovos (ELH), 330, 334f
Hormônio estimulante de α-melanócitos, 915f-916f, 915-916
Hormônio inibidor da liberação de prolactina (PIH), 909t
Hormônio inibidor da liberação do hormônio do crescimento. Ver Somatostatina
Hormônio liberador de corticotropina (CRH)
    hipotálamo na liberação do, 907-908f, 908-909, 909t
    na depressão e estresse, 1334-1335, 1334-1335f
Hormônio liberador de gonadotropinas (GnRH), 908-909, 909t
Hormônio liberador de tireotropina (TRH), 907-908f, 908-909, 909t
Hormônio liberador do hormônio do crescimento (GHRH, GRH), 908-909, 909t
Hormônios gonadais, 1116-1117
Horsley, Victor, 1282-1283
Hortega, Rio, 142, 144
Hospitalismo, 1072-1074
Hoxb1
    na segmentação do rombencéfalo, 984-985, 985f
    nos subtipos de neurônios motores no rombencéfalo e na medula espinal, 988-990, 989-993f
HPETEs (ácidos hidroperoxieicosatetraenoicos), 280f
Hubel, David
    sobre córtex auditivo, 591-593
    sobre os campos receptivos das células ganglionares da retina, 453-455
    sobre privação sensorial, 1073-1075, 1074-1077f
    sobre visão estereoscópica, 1077-1079
Hughes, F. Barbara, 336-337
Hume, David, 347-348, 444-446
Humphrey, David, 754-755
Huntingtina, 1366-1369
Huxley, A.F., 191-196, 663. Ver também Estudos de fixação de voltagem
Huxley, H.E., 663
Hyvärinen, Juhani, 414-415

I (intensidade), do estímulo, 347-348

I. Ver Corrente (I)
IB4, 367-368, 368-369f
I_c (corrente capacitiva), na fixação de voltagem, 191
ICMs. Ver Interfaces cérebro-máquina (ICMs)
Ideias de referência, 1318-1319
Identidade de gênero, 1115-1116. Ver também Comportamentos sexualmente dimórficos
I_l (corrente de vazamento), 191, 194-196f, 196-197q
Ilusão de brilho, 481-482, 482-484f
Ilusão de espiral, efeito, 494-495, 495-496f
Ilusão tamanho-peso, 641-642, 642f
Ilusão/grade térmica de Thunberg, 436q, 436f
I_m (corrente de membrana), 191
Imageamento e comportamento. Ver Ressonância magnética funcional (IRMf)
Imagem ecoplanar (EPI), na IRMf, 99-102
Imagem por tensão difusional (ITD), em estudos de desenvolvimento da linguagem, 1213-1214, 1222-1224
Imaginação, memória episódica e, 1149-1150, 1150f
Imipramina, 1339-1340, 1341f-1342f
Imprinting
    genético (parental), 1356-1358, 1356-1357f
    no aprendizado de aves, 1071-1072
Imprinting genético, 1356-1358, 1356-1357f
Impulso de fome, 916-918, 918f. Ver também Balanço energético, regulação hipotalâmica do
Imunofluorescência indireta, 333f, 334q
Imunoglobulinas, no crescimento e orientação do axônio, 1034f-1032, 1035f
Inalantes, 946-948t. Ver também Adicção a drogas
Inativação
    do canal de Ca^{2+} dependente de voltagem, 157, 157f
    do canal de K^+, 195-196, 197-198f
    do canal de Na^+, 195-198, 197-198f
        na despolarização prolongada, 195-197, 197-198f
        em canais dependentes de voltagem, 157, 157f
        no músculo esquelético, 1276-1278, 1279f
Inativação do X, 1355-1356
Incerteza, no controle sensorimotor, 631-632, 631-632f
Inclinação
    percepção da, 573-574
    resposta postural à, 794-796

Individualidade, mudanças na estrutura cerebral induzidas pelo aprendizado na, 1181f, 1180-1182
Indóis, 325-326
Indução homogenética, na padronização dorsoventral, 985
Indução neural
definição de, 977-978
na padronização do tubo neural rostrocaudal, 981-982
no desenvolvimento neural, 979-980
proteínas morfogenéticas ósseas na, 979-982, 980-981f
Inervação recíproca, 675-676, 680, 687-688
Infarto do miocárdio, dor referida no, 423-426, 426-428f
Infecção por herpes-zóster, 869-870
Inferência bayesiana, 638-639, 638-639q
Inferência reversa, em estudos de IRMf, 109-111
Inferências inconscientes, 1305-1306
Inflamação neurogênica, 429, 430f
Inflamação tecidual, 426-428, 429
Influxo de Ca^{2+}
na liberação do transmissor, 293-298
classes de canais Ca^{2+} no, 295f, 294, 297t, 297-298
concentração pré-sináptica de Ca^{2+} no, 294, 297, 296f
função dual de Ca^{2+} no, 293-294
via canais de Ca^{2+} dependentes de voltagem, 293-294, 293-294f
zonas ativas no, terminal pré-sináptico, 293-298, 295f
na plasticidade sináptica, 315-317
na potenciação de longa duração, 1185-1186, 1188, 1189f-1190f, 1190-1192
Informação ambígua
atividade visual neural com, 1306-1307, 1307-1309f
de informações somatossensoriais, sobre postura e movimento corporal, 796-798f
Informação espacial
a partir de neurônios sensoriais, 356-358, 357-358f
na via visual dorsal, 452
Informação sensorial
codificação da atividade neural de, 85-86
definição de, 346
tipos de, 346-347, 346-347f
vias do córtex cerebral para, 361-363, 362-363f
Informação sensorial visceral, retransmitida ao encéfalo, 903, 905-906, 905-907f
Informação verbal, na memória de curto prazo, 1141-1142

Informação visuoespacial, na memória de curto prazo, 1141-1142
Informações nocivas, nociceptores de dor para, 421-426. Ver também Nociceptores de dor
Inibição
autogênica, 682-683
nas sinapses químicas, mecanismos de, 259-261, 260-261f
no neurônio pós-sináptico, distância percorrida em efeito de, 264-265, 265-266f
papel escultor da, 260-262, 260-262f
pós-sináptica, 316-317, 317-318f
pré-sináptica, 285-287, 316-317, 317-318f
proativa (*feedforward*) 55-56f, 55-58
retroalimentação (*feedback*), 55-56f, 55-57
Inibição final, 489-490, 490-492f
Inibição periférica, 1289-1290, 1292, 1289-1292f, 1289-1290
Inibição por contato, no crescimento e orientação do axônio, 1033f
Inibidores da monoaminoxidase (MAO), 336-337, 1339-1340, 1341f-1342f
Inibidores de acetilcolinesterase, 1272, 1394-1396
inibidores de mTOR, 1301
Inibidores seletivos da recaptação da serotonina (ISRSs), 1335-1338f, 1340-1343, 1341f-1342f
Insônia, 965-967
Instrumentistas de cordas, representação da mão no córtex motor em, 1181f
Insulina
como um peptídeo neuroativo, 330t
no apetite, 914, 916, 915f-916f
no processo de envelhecimento, 1383-1384
Integração
contorno. Ver Contorno, integração do
da informação sensorial
na postura, 793-797, 800-802. Ver também Postura
no equilíbrio, 797f, 798-800, 800-801f
nos núcleos vestibulares. Ver Núcleos vestibulares
em circuitos neurais, 92-95, 93-94f
sináptica. Ver Integração sináptica
visuomotor, no colículo superior, 772, 774-776, 775-776f
Integração sináptica, 246-268
complexidade da, 246-247
de ações excitatórias e inibitórias em uma única saída, 262-268
ação da serotonina em receptores ionotrópicos nas, 262-263

amplificação dendrítica da entrada sináptica nas, 265-268, 266-268f
integração neuronal nas, 262-263
neurônios GABAérgicos alvos nas, 263-266, 264-266f
para disparar o potencial de ação no segmento inicial, 263-264, 263f
somação temporal e espacial nas, 263-264, 263-264f
destaques, 268-268
história de estudo das, 246-247
inibitória, 202-205
abertura do canal de Cl^- e, 259-263, 260-261f
receptores ionotrópicos em, 258-260
receptores ionotrópicos de glutamato na. Ver Receptores de glutamato (canais ativados por ligante), ionotrópicos
sinapses excitatórias e inibitórias na, 246-250, 248f-249f
Integrinas
na migração de neurônios ao longo das células gliais, 1002-1005
nas células da crista neural, 1007-1009
Inteligência artificial (IA), 1305-1307
Intenção (ação) tremor, 806-808
Intensidade (I), do estímulo, 347-348
Intensidade luminosa, variação na, 481-482
Interações efrina-efrina, em axônios, 1036-1038, 1038-1039f
Interações neurexina-neuroligina, 1062-1065, 1064f, 1065f
Interfaces cérebro-máquina (ICMs), 844-861
conceitos de, 845-846, 845-846f
braços protéticos para alcançar e pegar, 854-855, 855-858f
estimulação de braços paralisados em, 854-857, 858-859f
para uso de dispositivos eletrônicos, 852, 854-855, 854f
considerações de ética biomédica em, 859-861
decodificação de movimento em, 848-849, 850f, 849f
algoritmos de decodificação para, 850f, 849, 851
decodificação contínua na, 849, 851, 854, 854f-853f
decodificação distinta na, 849, 851, 851f
destaques, 860-861
em pesquisa básica em neurociência, 857-860
motoras e comunicação neurotecnologia para
análise de grande número de neurônios, 847-848

eletrônica de baixa potência para aquisição de sinal, 847-849
sensores neurais, 846-848, 847-848f
sistemas de supervisão, 848-849
para restauração de capacidades perdidas
dispositivos anticonvulsivantes, 846-848
em funções motoras e de comunicação, 845-846, 845-846f
estimulação encefálica profunda, 846-848. Ver também Estimulação encefálica profunda (EEP)
implantes cocleares, 554-555, 822f, 845
peças de reposição, 846-848
próteses retinianas, 845
retroatividade sensorial por estimulação cortical para controle de, 855-858
Interferência frontal, em estudos de IRMf, 109-111
Interneurônios, 52-54
componentes funcionais dos, 55-57, 55-57f
de projeção, 52-57, 55-57f
de retransmissão, 52-54
inibitórios. Ver Interneurônios inibitórios
na retina. Ver Retina, rede de interneurônios na saída da
no bulbo olfatório, 608-609, 608-609f
Interneurônios inibitórios
aferência dos órgãos tendinosos de Golgi nos, 682-683, 683-684q
convergência de aferências sensoriais em, 683-687
modulações proativas e retroativas em, 55-56f, 55-58
na locomoção, 682-683, 683-685f
na medula espinal, 78-81
no núcleo do relé, 359-361, 360-361f
nos músculos ao redor de uma articulação, 687-688, 688-689f
terminais sinápticos dos, 247, 249, 249f
Interneurônios locais, 55-57, 55-57f
Interocepção, 366
Intervalo silencioso, epilepsia, 1301
Intervalos entre os disparos, 355-356, 356-357f
Intoxicação amnésica por crustáceos, 1298-1300
Íntrons, 22-25, 25-26f, 45-46
Invariância de forma-pista, na identificação de objeto, 508-510, 510-511f
Invariância do ponto de vista, na identificação do objeto, 508-510
Inversão reflexa dependente de fase, 688-689

Íon cálcio. *Ver* Ca^{2+}
Íon cloreto (Cl$^-$), transporte ativo de, 120-121f, 177-178f, 178-179
Íon(s). *Ver íons específicos*
IP3
　hidrólise da fosfolipase C de fosfolipídeos em, 274-278, 276-277f
　na plasticidade sináptica, 315-317
IRM. *Ver* Ressonância magnética (IRM)
IRMf. *Ver* Ressonância magnética funcional (IRMf)
Isa, Tadashi, 690
Isoformas de cadeia pesada de miosina (MHC), 655-658, 655-657f
Isoprenilação, 132-133
ISRSs (inibidores seletivos da recaptação da serotonina), 1335-1338f, 1340-1343, 1341f-1342f
ITD (imagem por tensor de difusão), em estudos de desenvolvimento da linguagem, 1213-1214, 1222-1223
Ito, Masao, 819, 823-824
Ivry, Richard, 819

Jackson, John Hughlings, 7, 745-746, 1282-1283
Jahnsen, Henrik, 1291-1292, 1294
James, William
　sobre aprendizado de associações visuais, 513
　sobre atenção, 524-525
　sobre medo, 924-926, 926-927f
　sobre memória, 1141-1142
　sobre percepção, 344-345
　sobre seleção, 833-834
Janela oval, 533-534f
Janela redonda, da cóclea, 532-534f, 533-534
Jasper, Herbert, 1282-1283, 1291-1292, 1294
Jeannerod, Marc, 1311
Jeffress, Lloyd, 584, 586
Jejum, comportamento alimentar e, 916-918, 918f
Johansson, Roland
　na sensibilidade tátil, 392-393, 395-398
　no controle da preensão, 398, 400
Jorgensen, Erik M., 305, 307
Julius, David, 379-380
Junção comunicante
　definição de, 215, 218-220
　em células gliais, 223-224
Junção neuromuscular (JNM, placa motora)
　cálculo da corrente na placa motora a partir de circuito equivalente na, 242-244, 242-243f
　cones de crescimento do axônio na, 1050-1052, 1054, 1053f
　corrente. *Ver* Corrente da placa motora

　desenvolvimento da, 1050-1052, 1054, 1053f, 1056f
　diferenciação da membrana muscular pós-sináptica na, 1054, 1056-1058, 1056-1057f
　diferenciação do terminal nervoso motor na, 1050-1052, 1054, 1056, 1055f, 1056f
　diferenciação sináptica na, 1050-1062
　　maturação na, passos da, 1058-1062, 1062f
　　tipos de células na, 1050-1052
　　transcrição do gene do receptor de acetilcolina na, 1058-1059, 1058-1059f
　estruturas pré-sinápticas e pós-sinápticas da, 229-230, 231f
　força motriz química na, 235-236
　maturação da, passos da, 1058-1062, 1062f
　potencial pós-sináptico na. *Ver* Potencial da placa motora
　receptores de acetilcolina na. *Ver* Receptores de acetilcolina (ACh)
　sinalização sináptica na, 229-230, 230-233f
　tipos de células na, 1050-1052

Kalman, Franz, 1318-1319
Kanner, Leo, 1348-1349
Kant, Immanuel
　sobre percepção, 444-446
　sobre sentidos e conhecimento, 347-348, 351-352
Kanwisher, Nancy, 507-508, 1223-1224
Karlin, Arthur, 237-238, 238-239f
Katz, Bernard
　sobre despolarização do terminal pré-sináptico na liberação do transmissor, 291-293, 291-293f
　sobre influxo de Ca^{2+} na liberação do transmissor, 293-294
　sobre potencial da placa motora, 230-233, 233f-234f, 232-235
　sobre potencial de ação, 191
　sobre potencial de membrana, 179-180
　sobre transmissão sináptica quântica, 297-301
Keele, Steven, 819
Kety, Seymour, 1318-1320
Kisspeptina, 908-909
Klatzky, Roberta, 390-391
Kleitman, Nathaniel, 956-957
Klüver, Henrich, 926-927
Koch, Christof (Christopher), 1306-1307
Koffka, Kurt, 444-446
Köhler, Wolfgang, 83-84
Kohn, Alfred, 321-322
Kommerell, Guntram, 779-780
Konorski, Jerzy, 62
Kouider, Sid, 1312-1313
Kraepelin, Emil, 1317-1318, 1385-1387

Krebs, Edward, 272-274
Krox20, 984-985, 985f
Kuffler, Stephen, 230, 232-234, 452-453, 496-498
Kuhl, Patricia, 1215-1217, 1222-1223
Kunkel, Louis, 1275-1278
Kuypers, Hans, 881-882

Labirinto
　membranoso, 559-560, 559-560f, 560-561
　ósseo, 559-560
Labirinto aquático de Morris, 1193-1195, 1196-1198f
Labirinto de Barnes, 1199f
Lacunas, 1385-1387
Lágrimas de crocodilo, 877-878
Lamelipódios, 1027-1028f, 1027-1030
Lâmina
　corno dorsal, 423-426, 425-428f
　medula espinal, 385-386, 386-387f
Lâmina basal
　na junção neuromuscular, 229-230, 231f
　sobre especialização pré-sináptica, 1054, 1056, 1055f
Lâmina medular interna, do tálamo, 72-73f, 73
Laminina
　na especialização pré-sináptica, 1054, 1056, 1056f
　no crescimento de neuritos, 1099-1101
　no crescimento e orientação do axônio, 1034f-1032, 1035f
Laminina-190, na especialização pré-sináptica, 1054, 1056
Lampreias, nadando, 694-705f, 695-699, 701-703
Landott, Edwin, 767-768, 770
Langley, J.N.
　sobre crescimento axonal, 1029-1030
　sobre especificidade da conexão sináptica, 1044-1045, 1045-1046f
　sobre neurotransmissores, 321
　sobre receptores, 5-6, 225-226
　sobre sistema autônomo, 895-897
LAS (língua americana de sinais), 16-18
Lashley, Karl, 15-18, 1184-1185
Lateral, 9q, 9f
Lauterbur, Paul, 111-112
LCR (líquido cefalorraquidiano), produção de, 144-146, 145-146f
Lederman, Susan, 390-391
Lei da polarização dinâmica, 1021-1022
Lei de ação e reação de Newton, no movimento muscular, 670-672
Lei de aceleração de Newton, no movimento muscular, 669-670f
Lei de adaptação de Weber, 482-484, 483f

Lei de Ohm
　em canais iônicos únicos, 153, 155
　na contribuição de um único neurônio para o EEG, 1287q-1288q
　no circuito equivalente, 180-181
　no potencial de ação, 190
　resistência axoplasmática e, 186-187
Lei de Weber-Fechner, 533-534, 536
Leibel, Rudolph, 914, 916
Lemnisco lateral, 587-589. *Ver também* Colículo inferior; complexo olivar superior
Lemnisco medial, 71f-72f, 70-73, 401-402, 401-404f
Lenneberg, Eric, 1219-1220
Lente, 465, 465-466f
Leptina, 914, 916, 915f-916f
Lesma, 1007-1009
Lesões da área temporal, 780-781
Lesões da área temporal média, 780-781
Lesões da área temporal superior medial, 780-781
Lesões da formação reticular pontina paramediana, nos movimentos oculares, 770-772
Lesões do córtex orbitofrontal, 611-613
Lesões do fascículo longitudinal medial, nos movimentos oculares, 770-773f, 770-772
Lesões vasculares do encéfalo, no envelhecimento, 1385-1387
Levi-Montalcini, Rita, 1012-1014
L-glutamato, 1009-1011
Liberação do transmissor, 291-319. *Ver também neurotransmissores específicos*
　despolarização do terminal pré-sináptico na, 291-294, 291-292f
　destaques, 317-319
　influxo de Ca^{2+} na, 293-298
　　classes de canal Ca^{2+} no, 295f, 294, 297, 297t, 297-298
　　concentração pré-sináptica de Ca^{2+} no, 294, 297, 296f
　　funções duais do Ca^{2+} no, 293-294
　　via canais de Ca^{2+} dependentes de voltagem, 293-294, 293-294f
　　zonas ativas nos terminais pré-sinápticos no, 293-298, 295f
　plasticidade sináptica na, 314-318, 315f-317f
　　alterações de Ca^{2+} livre intracelular dependente de atividade, na liberação, 315-317
　　definição de, 314-315
　　sinapses axoaxônicas nos terminais pré-sinápticos na, 315-318, 317-318f
　　probabilidade de, cálculo, 300, 302q

unidades quânticas de, 297-301, 301f
vesículas sinápticas na, 298-308. *Ver também* Vesículas sinápticas, armazenamento do transmissor e liberação de exocitose nas, 307-308, 310-313. *Ver também* Exocitose
Liberles, Stephen, 382-383
Libet, Benjamin, 1310-1311
Lichtheim, 1220-1221
Liddell, E.G.T, 675-676
Liga Internacional Contra a Epilepsia, classificação de crises, 1282-1284, 1283-1284t
Ligação de pontas, de estereocílios, 541-542, 542f. *Ver também* Estereocílios
Ligação intencional, 1310-1311, 1310-1311f
Ligações dissulfeto, na modificação de proteínas, 132-133
Ligantes, ações e efeitos de, 1310-1311, 1310-1311f
Limiar
 discriminação perceptiva, 461, 463
 para início do potencial de ação, 190, 197-199, 197-198f
Limiar sensorial (S0), 347-349, 1239-1242, 1241f
Limite de parada, 1239-1242
Limite do mesencéfalo-rombencéfalo, 983-984, 983-984f
Limites de decisão, na decodificação da atividade neural, 849, 851, 851f
Língua americana de sinais (LAS), 16-18
Língua de sinais britânica, 16-18
Linha de retardo, 584, 586, 585f-587f
Linha intraperíodo, 1268f
Linha marcada, 459-461, 463, 1034f-1035f
Lipoxigenases, em ácido araquidônico, 279
Líquido cefalorraquidiano (LCR), produção de, 144-146, 145-146f
Lisencefalia, migração neuronal na, 1004f-1005f, 1005-1006
Lisman, John, 1190-1193
Lisossomos, 120-121, 122f
Lítio, para transtorno bipolar, 1344-1345
Llinás, Rodolfo, 293-294, 293-294f, 1291-1292, 1294
Lloyd, David, 368-369, 369-370t
Lobo floculonodular. *Ver* Vestibulocerebelo
Lobo temporal medial
 na codificação de eventos visuais, 1147-1149, 1148-1149f
 na memória episódica, 1143-1147, 1144f-1146f
 na memória implícita, 1151-1153
 na memória visual, 513, 515-516
 no armazenamento de memórias, 1143-1146, 1144f
 no autismo, 1349-1350f

Localização
 auditiva, em corujas, 1085-1088, 1085-1089f
 de foco de convulsão, para cirurgia de epilepsia, 1294-1298
 de som. *Ver* Som, localização do
 imuno-histoquímica, de mensageiros químicos, 333q-335q, 333f, 334f
 no cérebro, processamento de linguagem e, 8, 14-18
 ultraestrutura, de mensageiros químicos, 334q-335q, 334f
Localização funcional, 6-7, 6-7f
Locke, John, 347-348, 444-446
Lockhart, Robert, 1146-1147
Locomoção, 694-719
 aferências somatossensoriais na modulação da, 704-709
  mecanorreceptores no ajuste a obstáculos como, 705-709
  proprocepção na regulação do tempo e amplitude dos, 704-708, 705-709f
 cerebelo na regulação e sinais descendentes na, 714-717
 córtex parietal posterior no planejamento da, 714-717, 715-717f
 destaques, 719-719
 estruturas supraespinais no controle adaptativo da, 708-713
  núcleos do mesencéfalo para iniciação e manutenção nas, 709-711, 710-712f
  núcleos do tronco cerebral na regulação da postura nas, 711-713
  projeções dos núcleos do mesencéfalo para os neurônios do tronco encefálico nas, 709-712, 710-711f
 estudos de, 694-696, 695-698q, 695-698f
 gânglios da base na, 715-719
 guiada visualmente, córtex motor na, 712-717, 713-714f
 humana, 717-719, 718q
 modelagem de rede computacional de circuitos na, 717-719
 organização espinal do padrão motor da, 699-705
  circuitos gerados por ritmo e padrão na, 701-705
  coordenação da flexão e extensão nos, 703-704, 704f-705f
  coordenação entre membros nos, 704-705
  coordenação esquerda-direita nos, 703-704, 704f-705f
  gerador de padrão central de natação nos, 701-703, 704f-705f
  gerador de padrão central quadrúpede nos, 703-704, 704f-705f

 contração flexora e extensora na, 699-702, 699-701f
 estudos de transecção da medula espinal na, 699-703, 699-702f
 experiência na, 701-703
 geradores de padrões centrais na, 700-703
 padrão de ativação muscular na, 695-700, 698-700f
 sistema locomotor na, 694, 694-695f
Locomoção quadrúpede, 698-700, 703-704, 704f-705f. *Ver também* Locomoção
Locus (gênico), 25-26
Locus ceruleus
 na atenção e no desempenho da tarefa, 888, 888f
 no sistema de excitação ascendente, 957, 959, 959f
 padrões de disparo de, no ciclo sono-vigília, 882-885, 883-885f
Loewi, Otto, 162, 164, 283-285, 284f, 321-322
Lømo, Terje, 256-257, 1185-1186, 1188
Longevidade. *Ver* Expectativa de vida
LTD. *Ver* Depressão de longa duração (LTD)
LTP. *Ver* Potenciação de longa duração (LTP)
Lumpkin, Ellen, 375-377
Lundberg, Anders, 690
Luria, Alexander, 1157-1158
"Luta ou fuga", resposta, 894-895t, 900-903, 1330-1331

MacKinnon, Rod, 162, 164-165
MacLean, Paul, 926-928
MacMahan, Jack, 312-314
Maconha, 946-948t. *Ver também* Adicção a drogas
Mácula, células ciliadas, 563-564
MAG. *Ver* Glicoproteína associada à mielina (MAG)
Magnetencefalografia, em estudos de linguagem, 1213, 1222-1223
Magnificação cortical, 407, 410
Mahowald, M.W., 968-969
Malinow, Roberto, 1190-1191
Mamiya, Ping, 1223-1224
Mangold, Hilde, 977-980
Mania/episódio maníaco, 1329-1331, 1329-1330t. *Ver também* Transtorno bipolar
Mão
 acuidade tátil na, 393, 395-397, 397f
 campos receptivos na, 409-407, 412, 411f
 fibras de adaptação lenta na. *Ver* Fibras de adaptação lenta tipo 1 (AL1); Fibras de adaptação lenta tipo 2 (AL2)
 localização da, aferências sensoriais para a, 637-639

 mecanorreceptores da, 391-393, 395, 391-392f, 395t. *Ver também* Mecanorreceptores cutâneos
 movimento da, características estereotipadas da, 642-643, 642-643f
 preensão da. *Ver* Alcançar e pegar
 propriocepção na, 650q, 650f
 representação no córtex motor, em instrumentistas de corda, 1181f, 1180-1182
Mapa
 auditório, período crítico para o refinamento do, 1085-1089, 1085-1089f
 cognitivo, 1139-1140
 cortical, protomapa, 991-993
 da periferia motora, no córtex motor primário, 745-746, 746f
 de diferenças de tempo interaural na oliva medial superior, 584, 586, 585-587f
 de informações de localização de som no colículo superior, 589-591, 590f
 espacial, no hipocampo. *Ver* Hipocampo, mapas cognitivos espaciais em
 neural. *Ver* Mapas neurais
 superfície do corpo, nos gânglios da raiz dorsal, 324-325
 tonotópico, 536-538
Mapa de periferia motora, 745-746, 746f
Mapa retinotectal, 1085-1087
Mapa visuotópico, 452-453
Mapas cognitivos, 1139-1140
Mapas cognitivos espaciais. *Ver* Hipocampo, mapas cognitivos espaciais em
Mapas neurais
 experiência nos, 1181f, 1180-1182
 somatotópico, de colunas corticais de neurônios, 405-407, 410, 405-408f
Mapas tonotópicos, 536-538
Mapeamento metabólico, na localização do foco convulsivo, 1294-1295
Mapeamento, para localização do foco convulsivo na epilepsia, 1294-1295
MAPKs. *Ver* Proteínas-cinases ativadas por mitógeno (MAPKs, MAP-cinases)
Marca da linha, 459-461, 463, 463f
Marcação sináptica, 1174-1175, 1174-1175f
Marca-passo, por neurônios, 207-208, 210
Marcha jacksoniana, 1282-1283
Márquez, Gabriel Garcia, 1141
Marr, David
 cerebelo no aprendizado motor, 92-93, 819, 823-824
 no circuito hipocampal de memória, 1184-1185, 1202-1204
Marshall, John, 1306-1307

Marshall, Wade, 16-18
Martelo
  anatomia do, 532-533, 532-533f
  na audição, 533-534, 536, 535f-536f
Martin, Kelsey, 1170-1172, 1171-1174
Mash1, no córtex cerebral, 1001-1003, 1007-1009, 1009-1012f, 1011-1012
Mastigação, neurônios geradores de padrões ativados, 878-879
Math-1, 1011-1012, 1011-1012f
Mauk, Michael, 820-823
MBP (proteína básica da mielina), em neuropatias desmielinizantes, 1268f
MC4R (receptor de melanocortina-4), 915f-916f, 915-918
McCarroll, Steven, 44-45
McCarthy, Gregory, 507-508
McCormick, David, 1291-1292, 1294
MDS (síndrome de duplicação MECP2), 1355-1356
Meaney, Michael, 1128
Meato auditivo externo, 532-533, 532-533f
Mecanismos de controle preditivo, 639-642, 641-642f
Mecanorreceptores
  adaptação lenta, 355-356, 356-357f. Ver também Fibras de adaptação lenta do tipo 1 (AL1); Fibras de adaptação lenta do tipo 2 (AL2)
  adaptação rápida, 355-356, 356-357f
  ao corno dorsal da medula espinal, 423-426, 425-426f
  ativação dos, 370-373, 373-375f, 421-422, 421-422f
  canais iônicos nos, 372-375, 373-375f
  características dos, 351-352f, 351-353, 351-353t
  cutâneos. Ver Mecanorreceptores cutâneos
  diâmetro do axônio do neurônio dos gânglios da raiz dorsal em, 367-370
  esqueléticos, 372-373t
  limiar baixo de adaptação rápida, 375-377, 377f-378f
  mecanismos de ação de, 380-382, 381-382f
  no músculo, 372-373t
  para tato e propriocepção, 370-375, 372-373t, 373-375f
Mecanorreceptores cutâneos. Ver também tipos específicos
  fibras de adaptação lenta. Ver Fibras de adaptação lenta tipo 1 (AL1); Fibras de adaptação lenta tipo 2 (AL2)
  fibras de adaptação rápida. Ver Fibras de adaptação rápida tipo 1 (AR1); Fibras de adaptação rápida tipo 2 (AR2)
  na mão, 391-393, 395, 391-392f, 395t
  para tato e propriocepção, 370-375, 372-373t, 373-375f
  sobre o ajuste aos obstáculos no caminhar, 705-709
Mecanorreceptores de baixo limiar (MRBLs), 377f-378f
Mecanorreceptores de baixo limiar de adaptação rápida (MRBL-AR), 375-377, 377f-378f
Mecanorreceptores subcutâneos, 372-373t
Média de vetores, 459-461, 463, 459-461, 463f
Média, disparo do potencial de ação, 676-679
Medial, 9q, 9f
Medicamentos do tipo fenciclidina, 946-948t. Ver também Adicção a drogas
Medicamentos estabilizadores do humor, 1344-1345
Medo
  amígdala no. Ver Amígdala, na resposta ao medo
  análise do, 923-924q-925q, 923-924t
  condicionamento do, 927-929, 1154-1155. Ver também Condicionamento aversivo
  definição de, 1330-1331
  estimulação de agrupamento neuronal associado ao, 1198-1201, 1201-1203f
  estudos por IRMf sobre, 936-937, 937f
  vs. ansiedade, 1330-1331. Ver também Transtornos de ansiedade
Medo do palco, 1332-1333
Medo inato. Ver Medo
Medula espinal
  anatomia da, 10q, 11f, 65-70, 67-69f
  circuitos de informação somatossensorial na, 65-72
    a partir do tronco e membros, 65-70
    neurônios sensoriais dos gânglios da raiz dorsal, 68-72, 68-72f
  corno dorsal da. Ver Corno dorsal (medula espinal)
  desenvolvimento inicial da, 985, 985-986f
  entradas de nociceptores de dor para, 423-426, 425-426f
  integração sensorimotora na, 675-692
    dano ao SNC na, 691-692
      choque espinal e hiper-reflexia por, 691-692
      espasticidade por, 691-692
    destaques, 692
    história do estudo da, 675-676
    redes neuronais na, 675-687
      convergência de entradas sensoriais em interneurônios, 683-687
      neurônios motores gama em fusos musculares, 676-678q, 676, 678-679f, 680-682, 682f-683f
      órgãos tendinosos de Golgi e retroalimentação sensível à força, 682-683, 683-684q, 683-685f
      reflexos cutâneos e movimentos complexos, 682-685
      via monossináptica do reflexo de estiramento, 675-676, 680, 681q, 682q
      vias polissinápticas, 677f, 678-682
    reflexos proprioceptivos para, 690-691
    retroalimentação sensorial e comandos motores descendentes para, 684-690
      ativação dos, antes do movimento, 690-691
      interneurônios espinais para, 690-691
      modulação da eficiência das fibras sensoriais primárias, 689-690, 689-690f
      modulação de interneurônios inibitórios e células de Renshaw, 687-689, 688-689f
      na atividade aferente do fuso muscular, 684-688, 687-688f
      na transmissão da via reflexa, 688-689
      neurônios proprioespinais no movimento do membro superior, 690-691, 690f
    vias reflexas de contração muscular para, 675-676, 676-679q, 677-679f, 711-712q
  lâmina da, 385-386, 386-387f
  massa cinzenta, 384-386
  neurônios da, 985
  núcleos de nervos cranianos na, 876-877. Ver também Núcleos de nervos cranianos
  organização da, vs. tronco cerebral, 876-877
  padronização da. Ver Padronização, no sistema nervoso
Medula espinal caudal, 68-69f
Medula espinal cervical, 11f, 68-70, 68-69f
Medula espinal lombar, 11f, 68-70, 68-69f
Medula espinal rostral, 68-69f
Medula espinal sacral, 11f, 68-70, 68-69f
Medula espinal torácica, 11f, 68-70, 68-69f
Meios-centros, 781-782
MEK (ativada por mitógeno/ERK), 1016f
Melanopsina, 876-877, 877-878f, 963-964
Melhoramento genético, 34q, 34f
Melzack, Ronald, 435-437
Memantina, 1394-1396
Membrana (plasmática) celular. Ver também tipos específicos
  condutância na, a partir de correntes de fixação de voltagem, 195-197, 196-197q, 196-197f
  despolarização da, 194-196, 195-196f
  despolarização da, na magnitude e polaridade da corrente de Na^+ e K^+, 195-196f
  estrutura e permeabilidade da, 149-153, 151f-153f
  múltiplos canais de K^+ em repouso na, 181
  permeabilidade a íons específicos, 179-180
  proteínas da, síntese e modificação de, 132-134, 132-133f
Membrana basilar, 535f-536f, 535-538
Membrana de Reissner, 533-534, 533-534f, 537-538f
Membrana otolítica, 563-564, 563-565f
Membrana tectória, 536-538, 537-538f
Membrana timpânica, 533-534
Membrana vestibular, 533-534f, 533-534, 536
Membro fantasma, 1311
Memória, 1141-1158. Ver também Aprendizado
  autobiográfica, 1210-1211
  celular, 315-317
  como processo criativo, 1312-1313
  declarativa. Ver Memória explícita
  declínio relacionado à idade na, 1381-1382, 1382-1383f
  definição de, 1141-1142
  destaques, 1157-1158
  episódica. Ver Memória episódica
  erros e imperfeições na, 1156-1158
  esquecida, impressão de, 1312, 1312f
  estudos de IRMf sobre, 107-109
  falsa, 1312-1313
  hipocampo na. Ver Hipocampo
  imediata (de trabalho). Ver Memória de curto prazo
  na doença de Alzheimer. Ver Doença de Alzheimer
  não declarativa. Ver Memória implícita
  perspectiva geral de, 1139-1140
  processual. Ver Memória implícita
  recordação consciente de, 1312-1313, 1312f
  social, 1203-1204

sono e formação de, 969-970
visual. *Ver* Memória visual
Memória associativa visual, 515-517, 516-517f. *Ver também* Memória visual
Memória autobiográfica, 1210-1211
Memória celular, 315-317
Memória de curto prazo
  córtex pré-frontal na, 1141-1142, 1142f-1143f
  definição de, 1141-1142
  para informações verbais, 1141-1142
  para informações visuoespaciais, 1141-1142
  processos de controle executivo na, 1141-1142
  representação transitória de informações para objetivos imediatos na, 1141-1142, 1142f-1143f
  transferência seletiva para a memória de longa duração na, 1142-1146, 1144f
Memória de longo prazo
  explícita. *Ver* Memória explícita
  implícita. *Ver* Memória implícita
Memória de trabalho. *Ver* Memória de curto prazo
Memória declarativa. *Ver* Memória explícita
Memória episódica, 1143-1151
  contribuição para a imaginação e comportamento direcionado por objetivos, 1149-1150, 1150f
  definição de, 1145-1146
  lobo temporal medial e interação dos córtices associativos na, 1147-1150
  lobo temporal medial no armazenamento de, 1143-1147, 1144f
  precisão da, 1147-1148q
  processamento de, 1146-1148
  recuperação de, 1149-1150, 1150f, 1312
  regiões cerebrais envolvidas na, 110f
  trabalho inicial sobre, 1143-1146
Memória espacial
  células de localização como substratos para, 1206-1211, 1208-1210f
  potenciação de longa duração e, 1193-1196, 1198
    déficits na, reversibilidade de, 1195-1196, 1199f
    labirinto aquático de Morris para testes de, 1193-1195, 1196f-1198f
    receptores NMDA na, 1193-1196, 1196f-1198f
  sinais vestibulares na orientação e navegação, 573-576
Memória explícita
  armazenamento de, 1184-1211
    agrupamento celular no, 1198-1202, 1201f-1203f
    depressão de longa duração da transmissão sináptica no, 1196, 1198-1201, 1200-1201f
    destaques, 1210-1211
    hipocampo no. *Ver* Hipocampo
  autobiográfica, 1210-1211
  definição de, 1145-1147
  episódica. *Ver* Memória episódica
  estudos de IRMf sobre, 107-109
  recordação consciente de, 1312
  semântica, 1145-1146
  sistemas cerebrais na transferência de, 362-363, 1160-1161, 1160-1161f
Memória implícita, 1151-1157
  alterações sinápticas mediadas pela via AMPc-PKA-CREB no armazenamento de longa duração de, 1164-1176
    especificidade da sinapse de, 1170-1174, 1173f-1175f
    facilitação de, no condicionamento aversivo, 1162-1166, 1167f
    facilitação pré-sináptica de, 1162-1166, 1165f-1166f
    proteína reguladora semelhante a príon na manutenção de, 1171-1176, 1175f-1176f
    RNAs não codificantes na regulação da transcrição em, 1169-1171, 1170f-1172f
    sinalização de AMPc na sensibilização de longa duração nas, 1164-1166, 1168f-1169f, 1169-1170
  aprendizado por estímulo--recompensa e, 1152-1153, 1153f-1154f
  armazenamento de, transmissão sináptica na, 1160-1166
    condicionamento aversivo e, 1162-1166, 1167f
    facilitação pré-sináptica de, na sensibilização, 1162-1166, 1165f-1166f
    habituação de curto prazo no, 1161-1163, 1162f-1163f
    habituação de longo prazo no, 1161-1162, 1162f-1164f
    habituação e depressão pré--sináptica no, 1161-1163, 1162f-1164f
  associativa vs. não associativa, 1152-1155
  circuitos neurais na, 1151-1153
  definição e propriedades da, 1145-1146, 1146f-1147f
  estudos de IRMf sobre, 107-109
  no aprendizado de habilidades sensorimotoras, 1152-1153
  no aprendizado estatístico, 1151-1153
  no aprendizado perceptivo, 1152-1153
  priming visual, 1151-1152, 1151-1152f

sistemas cerebrais na transferência de, 362-363, 1160-1161, 1160-1161f
Memória não declarativa. *Ver* Memória implícita
Memória processual, 1312. *Ver também* Memória implícita
Memória semântica, 1145-1146. *Ver também* Memória explícita
Memória visual, 511-517
  implícita, na seletividade de respostas neuronais em, 511-512, 513f
  interações com memória de trabalho e memória de longo prazo, 511-516, 514q
    atividade neural nas, 512-513, 515f
    hipocampo e lobo temporal medial nas, 515-516
    lobo temporal inferior nas, 513, 515, 515-516f
  no reconhecimento de objetos, 511-512
  recordação associativa de, 515-517, 516-517f
Mendell, Lorne, 676, 678-679
Mentalização
  áreas cerebrais usadas na, 1351-1352, 1351-1353f
  estudos de, 1349-1352, 1350f-1352f
Mente
  ciência e, 3-4
  definição de, 5
  encéfalo e, 1257-1258
Merleau-Ponty, Maurice, 1247-1248
Merritt, Houston, 1282-1283
Merzenich, M.M., 1087-1089
Mesaxônio, 135-136, 136-137f
Mesencéfalo. *Ver também estruturas específicas*
  aferências dos gânglios da base, 831-833
  anatomia do, 10q, 11f, 13f
  embriogênese do, 981-982, 982-983f
  na locomoção, 709-712, 710-711f, 711-712f
  no sistema de ativação ascendente, 957, 959, 957-959f
  padronização de, sinais organizadores ístmicos na, 982-985, 983-985f
  sinais para os gânglios da base, 831-832
Mesencéfalo, 981-982, 982-983f
Mesencéfalo ventral, entrada a partir dos núcleos da base, 831-833
Mesoderma
  embriogênese do, 977-978, 978-979f
  sinais de, na padronização da placa neural, 981-983, 983-984f
Metacognição, 1312-1314
Metadona, 946-948t
Metarrodopsina II, 471-472

Método citoarquitetônico, 15-16, 15-16f
Método de marcação de Golgi, 50-52
Metodologia quimiogenética, na manipulação da atividade neuronal, 86-87q
mGluR5 (receptor de glutamato metabotrópico tipo 5), 1355
Mialgia, 1259-1260
Miastenia congênita, 1272-1273
Miastenia grave, 1269-1273
  anticorpos na, 1272
  autoimune, 1269-1270
  congênita, 1269-1270, 1272-1273
  falha na transmissão sináptica na, 1269-1272, 1270-1272f
  ptose na, 1269-1270, 1269-1270f
  receptores de ACh na, 239-241, 1269-1272, 1272f
  tratamento da, 1272
  tumores do timo na, 1270-1272
Microcefalia, em transtornos do neurodesenvolvimento, 1363
Microestimulação, 1239, 1239f
Microfilamentos, 123, 127, 125-127f
Microglia
  ativação na esclerose lateral amiotrófica, 1265-1267
  ativação por lesão de nervo periférico, 429-431, 431-434f
  estrutura da, 144-145f
  funções da, 142, 144-145, 144-145f, 1096-1098
  na eliminação de sinapses, 1067, 1067-1068f
  na esquizofrenia, 1323-1326, 1323-1326f
Microneurografia, 684-687
Micro-RNA (miRNA)
  na transcrição gênica, 24-26
  no acionamento da consolidação de memória, 1169-1171, 1170-1171f
Microscopia eletrônica de fratura por congelamento, de armazenamento e liberação do transmissor, 302-303, 304f
Microssonos, 964-965
Microtúbulo(s)
  como trilhos de organelas, 126-128
  estrutura de, 122f, 123, 126-128
  na migração de neurônios ao longo de células gliais, 1002-1005, 1006f
  no cinocílio, 538-540
  no citoesqueleto, 123, 127, 125-129f
  no transporte axonal lento, 131-132
  no transporte axonal rápido, 129-130
Microvilosidades, célula gustatória, 617-618, 617-618f
Midríase, lesão do nervo oculomotor na, 768q
Mielina, 49-50f, 50-51
  células de Schwann, após axotomia, 1096-1098

defeitos na
  em neuropatias desmielinizantes, 1268f.
  Ver também Doença de Charcot-Marie-Tooth
  na condução do sinal nervoso, 136-137, 142, 139q-141q, 139f-141f
  estrutura da, 136-137, 142
  isolamento do axônio por, 136-138f, 136-137, 142
  mudanças relacionadas à idade na, 1382-1383
  no fechamento do período crítico para privação monocular, 1082-1083, 1083-1084f
  proteína proteolipídica na, 140q
  sobre crescimento de neuritos, 1100-1102, 1100-1101f, 1101-1102f
Mielinização
  na velocidade de propagação do potencial de ação, 187-188, 187-188f
  no sistema nervoso central, 136-137f, 138f
  no sistema nervoso periférico, 136-137f, 138f
  restauração da, transplante de oligodendrócitos para a, 1110-1111, 1110-1111f
Migração em cadeia, 1006-1007, 1006-1007f
Migração neuronal
  células gliais como arcabouço para neurônios corticais excitatórios, 1002-1006, 1005-1006f
  de células da crista neural no sistema nervoso periférico, 1007-1009, 1008-1011f
  de dentro para fora, 1006f
  de interneurônios, 1005-1006, 1006-1007f
  integrinas na, 1002-1005
  na lisencefalia, 1005-1006, 1006f
  Ramón y Cajal e Santiago sobre, 1002-1005
  tangencial, 1005-1007, 1006-1007f
Miledi, Ricardo
  sobre a despolarização do terminal pré-sináptico na liberação do transmissor, 291-293, 291-293f
  sobre o influxo de Ca^{2+} na liberação de transmissores, 293-294
Mill, James, 363
Mill, John Stuart, 343-344, 363
Miller, Christopher, 146q
Miller, Earl, 511-513
Mills, Deborah, 1222-1224
Milner, Brenda, 1142-1143, 1184-1185
Milner, David, 1317
Milner, Peter, 941-942
Miofibrila, 660-661, 662-666f
Mioglobinúria, 1259-1260
Miopatia adquirida, 1273, 1275

Miopatias (doenças musculares primárias), 1259-1260
  características das, 1273, 1275
  dermatomiosite, 1273, 1275
  diagnóstico diferencial das, 1259-1265, 1260-1261t, 1261-1262f
  hereditárias
    defeitos genéticos do canal iônico dependente de voltagem nas, 1276-1278, 1279f
    distrofias musculares. *Ver* Distrofias musculares
    miotonia congênita, 1278-1280, 1278-1280f
    paralisia periódica. *Ver* Paralisia periódica
  vs. doenças neurogênicas, 1260-1265, 1260-1261t, 1261-1262f
Miosina
  no cone de crescimento, 1027-1028f, 1027-1030, 1029f
  nos feixes de cílios, 545-547
  nos filamentos de actina, 126-128
  nos filamentos grossos, 660-661, 662-666f
Miosina, cadeia pesada de, isoformas, 655-658, 655-657f
Miótomo, 385-386
Miotonia, 1259-1260, 1279f, 1278, 1280f
Miotonia congênita, 1278-1280, 1278-1280f
Mishkin, Mortimer, 361-362
Mitocôndrias, 26-27
  DNA nas, 26-27
  estrutura das, 122f
  funções das, 120-121
  origens das, 120-121
Mitose, em células encefálicas embrionárias, 998-999
Miyashita, Yasushi, 515-516
MK801, no receptor NMDA, 249-250f, 255-256
MnPO. *Ver* Núcleo pré-óptico mediano (MnPO)
Mobilidade, de íons, 150, 152
Modafinila, para narcolepsia, 968-969
Modelagem computacional de redes, de circuitos locomotores, 717-719
Modelo de Hodgkin-Huxley, 197-199, 197-198f
Modelo de ponto de acomodação, em homeostase, 893-895f
Modelo de via dupla no processamento da fala, 1221-1222, 1222f
Modelo de Wernicke-Geschwind
  do processamento de linguagem, 1221-1222
  na classificação de afasia, 1220-1222, 1221-1222t
Modelo dos observadores, de estimativa de estado, 639-640, 639-640f
Modelo proativo, sensorimotor, 636q, 636f
Modelo representacional, 723-724

Modelos de camundongo
  de doenças neurodegenerativas, 1373-1375, 1374-1375f
  introdução de transgenes em, 34q, 34f
  jimp, 82-83q, 140q
  mutagênese direcionada em, 30q-31q, 31f
  ob/ob, 914, 916
  reeler, 1004f-1005f
  totterer, 1294-1295, 1299-1300f, 1300-1301
  trembler, 139q, 139f
  Wlds, 1095-1096, 1095-1096f, 1097f
Modelos internos, sensorimotor, 636q, 636f
Modificação cotraducional, 132-133
Modificação pós-traducional, de proteína, 132-134
Modo fásico, dos neurônios do *locus ceruleus*, 888, 888f
Modo tônico, dos neurônios do *locus ceruleus*, 888, 888f
Módulo computacional cortical, 455, 457-458, 457-458f
Mola de comporta, em feixes de cílios, , 541-542, 542f
Molaison, Henry, 82-83, 1142-1146
Moléculas de adesão
  em sinapses ganglionares da retina, 1046-1047f
  padronização do terminal nervoso central por, 1062-1065, 1063f, 1064f
Moléculas de reconhecimento, na formação de sinapse seletiva, 1044-1047, 1045-1048f
Moléculas motoras, para transporte axonal rápido, 129-130
Moléculas transportadoras, para neurotransmissores, 336-337
Monoaminoxidase (MAO), 1338-1340
Monoaminas. *Ver também monoaminas específicas*
  em neurônios motores, 660-661, 661-663f
  estrutura e funções de, 322-323t, 323-327
Monoubiquitinação, 133-134
Montagem, do eletrodo EEG, 1286f
Morcegos, áreas corticais especializadas para recursos sonoros em, 598-600, 599f
Morfema, 1214-1215
Morfina. *Ver também* Adicção a drogas
  fonte e alvo molecular da, 946-948t
  mecanismos de controle da dor da, 437-438f, 438-441, 440f
Morgan, Thomas Hunt, 26-27
Morris, Richard, 1171-1174, 1190-1193
Morte celular programada. *Ver* Apoptose

Morte súbita inesperada em epilepsia (MSIEp), 1298-1299
Mosaico, de dendritos, 1022, 1024-1027, 1026-1027f
Mosca-da-fruta (*Drosophila*)
  ativação de proteína-cinase e nível de atividade na, 36-39, 38-39f
  comportamento de acasalamento, controle genético e neural do, 1120, 1123, 1121q, 1122f
  formação de memória na, 1175-1177
  memória de longo prazo na, 1176-1177
  mutagênese aleatória na, 30q
  transgênico, geração de, 30q, 34q, 34f
  via AMPc-PKA-CREB no condicionamento aversivo em, 1175-1177
  vias olfatórias na, 612-616, 614-615f
Moser, Edvard, 86-87
Moser, May-Britt, 86-87
Motores celulares, no cone de crescimento, 1027-1030, 1029f
Mountcastle, Vernon
  sobre a resposta dos neurônios visuais à posição do olho em órbita, 523-524
  sobre circuitos sensorimotores no córtex parietal, 414-415
  sobre decisões perceptivas, 1235-1236
  sobre limiares sensoriais e respostas neurais, 354-355
  sobre organização cortical, 404-405
Movimentação horizontal, resposta postural à, 794-797
Movimento. *Ver também* Locomoção; Movimento voluntário
  angular, resposta postural para, 794-796
  controle de. *Ver também* Controle sensorimotor; Movimento voluntário
    coordenação de componentes do sistema motor no, 78-81, 80-81f, 631-633, 631-632f
    na locomoção, córtex parietal posterior no, 714-717, 715-717f
    no cerebelo. *Ver* Cerebelo, controle de movimento por
    no córtex cerebral. *Ver* Córtex motor primário
  corpo, informações ambíguas de aferências somatossensoriais para o, 796-797, 797-798f
  decodificação de. *Ver* Interfaces cérebro-máquina (ICMs), decodificação de movimento em
  detecção pelo corpúsculo de Pacini no, 399f, 398, 400
  equilíbrio velocidade-precisão no, 643-645, 644-645f
  fibras de adaptação rápida para detecção do. *Ver* Fibras

de adaptação rápida do tipo 1 (AR1); Fibras de adaptação rápida do tipo 2 (AR2)
  horizontal, resposta postural ao, 794-797
  linear. *Ver* Movimento linear
  músculo. *Ver* Músculo, movimento do
  neurônios sensíveis ao, sinapses centrais sucessivas para, 409-412, 412-413f
  orientação de, vias visuais dorsais no, 452
  percepção de, processos de baixo para cima no, 494-495
  perspectiva geral do, 629-630
  pistas locais para, no objeto e na forma de trajetória, 494-495
  seletividade direcional de, 494, 494-495f
Movimento linear
  compensação do reflexo vestíbulo-ocular para, 570-572
  percepção pelos órgãos otolíticos de, 563-565
  resposta postural ao, 794-797
Movimento saltatório, axonal, 128-129
Movimento voluntário, 722-761. *Ver também* Controle sensorimotor
  como intenção de ação, 722-728
    comandos motores descendentes transmitidos pelo trato corticospinal em, 725-729
    período de atraso para isolar a atividade neural a partir da execução da ação, 727-729, 729-730f
    quadros teóricos para processamento neural no, 722-725, 723-724f
    regiões corticais frontal e parietal no, 724-726, 726-728f
  córtex motor primário. *Ver* Córtex motor primário
  córtex parietal nos. *Ver* Córtex/lobo parietal
  córtex pré-motor. *Ver* Córtex pré-motor
  destaques, 760-761
  interneurônios espinais em, 690-691
    ativação de, antes do movimento, 690-691
    neurônios proprioespinais no movimento do membro superior, 690-691, 690f
  reflexos proprioceptivos no, 690-691
  retroalimentação sensorial e comandos motores descendentes no, 684-690
    atividade aferente do fuso muscular, 684-688, 687-688f
    modulação da eficiência sináptica das fibras sensoriais primárias, 689-690, 689-690f

modulação de interneurônios inibitórios e células de Renshaw, 687-689, 688-689f
técnica de somação espacial para teste, 686-687f
transmissão da via reflexa, 688-689
via reflexa monossináptica em, 684-687
Movimentos clônicos, 1283-1284
Movimentos de lambida, neurônios geradores de padrão nos, 878-879
Movimentos de olhos de boneca, 877-878
Movimentos de tatear, 734-735q
Movimentos do corpo, cerebelo nos. *Ver* Cerebelo, controle de movimento pelo
Movimentos dos membros, cerebelo no aprendizado de, 820-823, 821f
Movimentos oculares, 764-765
  cerebelo nos, 820-823, 822f
  coordenação dos, 765-766, 766-767t
  de seguimento lento, cerebelo e. *Ver* Movimentos oculares de seguimento lento
  detecção ativa nos, 639-641
  na visão, 519, 519-520f. *Ver também* Movimentos sacádicos
  sacádicos. *Ver* Movimentos sacádicos
  vias para, 448-449, 449-450f
Movimentos oculares de seguimento lento, 767-768, 770-771
  controle de retroalimentação nos, 635, 638
  córtex cerebral, cerebelo e ponte nos, 768-771f, 780-781, 780-781f, 813f
  lesões cerebelares nos, 780-781, 809, 811-813, 813f
  lesões do tronco encefálico nos, 780-781
Movimentos optocinéticos dos olhos
  com reflexos vestíbulo-oculares, 571-572
  na estabilização de imagem, 767-768, 770
Movimentos orofaciais, geradores de padrões em, 878-879
Movimentos rítmicos, 632-633
Movimentos sacádicos
  ao direcionar a fóvea para objetos de interesse, 767-768, 770-771, 768-771f, 780-781f
  aprendizado cerebelar nos, 820-823, 822f
  circuitos motores do tronco encefálico para, 770, 772-772
    formação reticular mesencefálica nos movimentos sacádicos verticais nos, 766-767f, 770-772
    formação reticular pontina nos movimentos sacádicos

horizontais nos, 770, 772, 770-773f
    lesões do tronco encefálico nos, 770-772
  controle das, 92-94, 93-94f, 779-780
  controle pelo colículo superior das, 772, 774-778
    campo ocular frontal no, 777-778
    campo ocular suplementar no, 777-778
    colículo superior rostral na fixação visual no, 775-776
    córtex cerebral no, 772, 774f, 775-780, 776-779f, 780-781f
    experiência no, 779-780
    inibição dos núcleos da base no, 775-777, 775-776f
    integração visual motora nos sinais oculomotores para o tronco cerebral no, 772, 774-776, 774-776f
    neurônios associados ao movimento no, 777-778, 778-779f
    neurônios de movimento visual no, 777-778
    neurônios visuais no, 777-778, 778-779f
    vias corticais no, 772, 774, 774f
  em peixes, 220, 223-224
  estabilização encefálica de imagens durante
    comandos motores copiados para o sistema visual na, 519-520, 521-522f
    desafios da, 519, 519-521f
    descarga corolária na, 519-524, 522-523f
    remapeamento de campo receptivo na, 519-520, 521-522f
    tarefa em duas etapas na, 520-521, 520-521f
  função das, 473-475, 478
  mensuração proprioceptiva do olho nas, 523-525, 523-526f
  na leitura, 767-768, 770
  vias corticais para, 774, 772, 774f
Movimentos tônico-clônicos, 1283-1284
Movshon, J. Anthony, 349-351q, 1236-1237
MPZ (proteína de mielina zero), 140q
MRBL-AR (mecanorreceptores de baixo limiar de adaptação rápida), 375-377, 377f-378f
Mudanças ambientais, no controle sensorimotor, 632-633
Mudanças conformacionais, na abertura e fechamento do canal, 154-157, 154-157f
Mueller, Paul, 146q
Müller, Johannes, 5-6, 349-351
Munc13, 309f, 312-317
Munc18, 309f, 310-311, 310-311f

Músculo. *Ver também* músculos e ações específicas
  anatomia do
    na função, 664, 666-669, 666-667f
    nos músculos da perna humana, 666-669, 667-668t
    número e comprimento da fibra na, 664, 666-669, 667-668t
    sarcômeros na, 664, 666-667
    tipos de arranjos na, 664, 666-667, 666-667f
  ativação sinérgica do, para postura, 790f
  contração do, 675-676
    fibras sensoriais na, 675-676, 680q, 676, 680t
    fusos musculares na, 676-678q, 676, 678-679f
    reflexo de estiramento, 675-676, 677f
    reflexo de flexão, 677f
  fibras sensoriais de, classificação de, 676, 680t
  força do. *Ver* Força muscular
  mecanorreceptores no, 372-373t
  movimento do, 667-673
    coordenação muscular no, 669-673, 669-671f
    padrão de ativação no, 672-673, 703-704f
    variação da velocidade de contração no, 665f, 667-670, 667-669f
  proprioceptores para atividade do, 377-379, 378-379f
  rigidez do, 662-666
  sinergia do, 670-671
  tipos de, 1259
  tipos de fibra no, 1050-1051, 1050-1052f
  torque do, 667-669, 667-669f
Músculo cardíaco, 1259
Músculo de Müller, inervação de, 766-767
Músculo esquelético, 1259
  disfunção de canal iônico no, 1276-1278, 1279f. *Ver também* Miopatias (doenças musculares primárias)
  pernas, propriedades das, 666-669, 667-668t
Músculo heterônimo, 676, 678-679
Músculo homônimo, 676, 678-679
Músculo liso, 1259
Músculos oculares, extraoculares, 765-769
  controle do nervo craniano dos, 765-767, 766-767f, 768q, 769f
  lesões de, 768q
  movimentos coordenados dos dois olhos, 766-767t
  neurônios oculomotores para posição e velocidade dos olhos em, 768-771, 772f
  pares agonistas-antagonistas de, 764-765f, 765-766, 765-766f
  rotação do olho na órbita por, 764-765

MuSK (receptor tirosina-cinase músculo-específico com um domínio kringle)
   anticorpo para, na miastenia grave, 1269-1270, 1272
   na ação do receptor de ACh em sinapses, 1056, 1057f, 1058
Mutação complexa, 28q
Mutação da disferlina, 1274t, 1275-1278, 1277-1278f
Mutação do gene *FMR1*, 131-132, 1355
Mutação mendeliana (simples), 28q
Mutação no sítio de *splicing* canônico, 28f
Mutação silenciosa, 28f
Mutações. *Ver também tipos e distúrbios específicos*
   definição de, 46
   diversidade genética e, 27-28, 28q
   dominantes, 27-28
   geração de, em modelos animais, 30q-31q, 31f
   recessivas, 27-28
Mutações *C9orf72*, 1262-1265, 1264-1265t
Mutações com provável alteração gênica, 28f, 43-44
Mutações de *GBA1*, 1370-1372
Mutações de *NLGN3X/4X*, 43-44, 1358-1359
Mutações do gene *DMD*, 1273, 1275, 1275-1278f
Mutações do gene *FUS*, 1264-1265, 1264-1265t
Mutações do gene *PMP22*, 140q, 1268f, 1270-1272
Mutações do gene *TREM2*, 1265-1267, 1393-1395
Mutações em *MECP2*, 1299-1300, 1355-1356
Mutações *Lis1*, 1004f-1005f, 1005-1006
Mutações *LRRK2*, 1370-1372
Mutações na via de sinalização da relina, 1004f, 1005-1006
Mutações pontuais, 28f
Mutações *SNCA*, na doença de Parkinson, 1369-1372, 1371-1372t
Mutações *SOD1*, 1264-1265, 1264-1265t
Mutações *TDP43*, 1264-1265, 1264-1265t
Mutações *UBQLN2*, 1264-1265
Mutagênese
   aleatória, em moscas, 30q
   direcionada, em camundongos, 30q-31q, 32f
   dirigida ao sítio, 159-161
   química, 30q
Mutante *reeler*, 1004f-1005f
Mutismo, 734-735q

N-acilação, 132-133
Nadel, Lynn, 1204-1206
Nader, Karim, 1175-1176
Narcolepsia, 959-960, 966-969, 967-968f
Nascimento, neurônio, 1002-1005

Natação, 695-699, 698-699f, 701-703, 704f-705f
NCAM, no crescimento e orientação do axônio, 1034-1035f
Nebulina, 663, 662-666f
Necessidade de dormir, 961-963, 963f
Necessidades não regulatórias, estados motivacionais para, 941-942
Necessidades regulatórias, estados motivacionais para, 941-942
Necrose, 1016-1017
Negligência
   espacial, 1306-1307, 1306-1307f, 1307-1309
   unilateral, 452, 1306-1309, 1306-1307f
   visual. *Ver* Negligência visual
Negligência visual
   com lesões do lobo parietal direito, 525-527, 526-527f, 1248-1249, 1249-1250f
   unilateral, 452, 1306-1309, 1306-1307f
Neher, Erwin, 146q, 153, 155, 232-235, 294, 297
Neocórtex
   áreas de Brodmann do, 75-77, 75-77f
   camadas do, 74-75, 74-77f
   no aprendizado de habilidades sensorimotoras, 1152-1153
   organização colunar do, 76-78
Neostigmina, na miastenia gravis, 1270-1272
Nervo abducente (NC VI)
   lesões do, 768q, 770-772
   no controle dos músculos oculares, 766-767, 766-767f, 867-869
   origem no tronco encefálico, 868-870f
   saída do crânio, 869-870f
Nervo acessório espinal (NC XI), 868-870f, 870-871
Nervo coclear, 532-534f, 552-555
   capacidade de resposta do axônio como curva de afinação (sintonia), 545f, 552-553
   distribuição de informações através de vias paralelas no, 580-582, 584
   frequência de estímulo e codificação de intensidade pelo, 552-555, 553-554f
   inervação do, 552f, 552-554
   padrão de disparo do, 553-554, 553-554f
Nervo facial (NC VII)
   como nervo misto, 868-870
   componente autonômico do, 868-870
   joelho interno do, 858-859
   lesão do, na paralisia de Bell, 868-870
   origem no tronco encefálico, 868-870f
   projeções do, 900

Nervo frênico, 879-880f
Nervo glossofaríngeo (NC IX)
   como um nervo misto, 870-871
   dano no, 870-871
   informação conduzida pelo, 385-386, 870-871
   origem no tronco encefálico, 868-870f
   projeções do, 900
Nervo hipoglosso (NC XII), 868-870f, 870-871, 879-880
Nervo oculomotor (NC III)
   lesões do, 768q
   no controle dos músculos extraoculares, 766-767, 766-767f, 867-869
   origem no tronco encefálico, 868-870f
   projeções do, 900
   saída do crânio do, 869-870f
Nervo óptico (NC II)
   origem do tronco encefálico, 868-870f
   saída do crânio do, 909-910f
   vias de sinalização que regulam a regeneração axonal no, 1102-1105, 1104-1105f
Nervo trigêmeo (NC V)
   como nervo misto, 867-869
   divisão mandibular do, 868-870, 870-871f
   divisão maxilar do, 868-870, 870-871f
   divisão oftálmica do, 867-870, 869-871f
   informações transportadas pelo, 385-386
   origem no tronco encefálico, 868-870f
   perda sensorial no, 868-870
   saída do crânio do, 869-870f
Nervo troclear (NC IV)
   lesões do, 768q, 769f
   no controle dos músculos oculares extraoculares, 766-767, 766-767f, 867-869
   origem no tronco encefálico, 868-870f
   saída do crânio do, 869-870f
Nervo vago (NC X)
   como nervo misto, 908-909
   estimulação, para redução de crises epilépticas, 1293q-1294q, 1293f
   informações transmitidas pelo, 385-386, 870-871
   lesão do, 870-871
   origem no tronco encefálico, 868-870f
   projeções do, 900
Nervo vestibular inferior, 559-560f, 561-562
Nervo vestibular superior, 559-560f, 561-562
Nervo vestibulococlear (NC VIII), 561-562, 868-870f, 869-871
Nervo(s) periférico(s)
   atrofia de, 1259-1260

classificação de fibras sensoriais no
   por diâmetro e velocidade de condução, 367-370, 369-370f, 369-370t
   por potenciais de ação compostos, 369-371, 369-370f
doenças de. *Ver* Neuropatias periféricas
lesão de
   ativação microglia após, 429-431, 431-434f
   regeneração após, 1098-1100, 1098-1100f
   sensibilização central e, 429-431, 433f
Nervos cranianos, 867-872, 868-870f. *Ver também nervos específicos*
   avaliação dos, 867-869
   localizações e funções dos, 867-871
   no sistema somatossensorial, 385-386
   numeração e origens dos, 867-869, 868-870f
   reflexos dos, retransmissões mono e polissinápticas no tronco encefálico nos, 876-879, 877-878f
   saídas do crânio de, 867-872, 869-870f
Nervos espinais, 68-70, 383-386
Nervos oculomotores simpáticos, 768q
Nervos vestibulares, 532-534f, 559-560f, 561-562
Netrinas
   conservação da expressão e ação de, 1039-1040, 1041-1042f
   direcionamento do axônio comissural por, 1039-1040, 1040-1042f
   na atração ou repulsão do cone de crescimento, 1029-1030f
   na diferenciação pré-sináptica, 1065f
   no crescimento e orientação do axônio, 1034f-1035f
Neuralgia do trigêmeo, 423-426
Neuralgia pós-herpética, 423-426
Neurexinas, na diferenciação pré-sináptica, 1062-1065, 1064f, 1065f
Neuroestimulador, para detecção e prevenção de convulsões, 1293-1294q, 1293-1294f
Neurofascina, 1048-1050, 1048-1050f
Neurofilamentos
   estrutura dos, 122f, 123, 127, 125-127f
   no transporte axonal lento, 132
   polipeptídeo pesado, 368-369f
Neurogênese
   ao longo da idade adulta, 1202-1204
   estimulação da, em regiões de lesão, 1108-1109
   no encéfalo de mamífero adulto, 1105-1108, 1106-1108f
   nos transtornos de humor, 1338

pesquisa recente sobre, 1094-1095
Neurogeninas
  na migração das células da crista neural, 1007-1009, 1009-1011f
  no córtex cerebral, 1001-1003, 1009-1013f
Neuro-hipófise. *Ver* Glândula hipófise posterior
Neuroimagem funcional
  em estudos de desenvolvimento da linguagem, 1213-1214, 1222-1223
  em estudos sobre emoção, 936-937
  em transtornos de humor e da ansiedade, 1335-1338, 1335-1338f
Neuroimagem óptica, 85-86q
Neuroliginas
  mutações nas, no transtorno do espectro autista, 43-44, 1357-1359
  na diferenciação pré-sináptica, 1062-1065, 1064-1065f
Neuromoduladores
  múltiplo, convergência no mesmo neurônio e canais iônicos, 288-289, 289f
  propriedades dos, 287
Neurônio motor de sobrevivência, 1265-1267, 1266-1267f
Neurônio(s), 49-54, 119-136. *Ver também tipos específicos*
  aferente, 51-52
  assimetria do, 119-120
  axônios do, 49-51, 49-50f
  batimentos, 59-60
  bipolar, 51-52, 52-53f
  características básicas do, 49-50, 117-118
  características estruturais e moleculares de, 119-123, 127, 120-121f
  chattering, 206-207, 208f
  citoesqueleto de, 123, 127-128
  citoplasma de, 122f
  como circuito elétrico equivalente. *Ver* Circuito equivalente
  conexões de, 49, 89-91, 89-90f
  conexões sinápticas para, número de, 217
  corpo celular de, 49-50, 49-50f
  corticais, origens e migrações dos, 1002-1007, 1006-1007f
  definição de, 117
  dendritos do. *Ver* Dendritos
  desenvolvimento de, 975-976
  destaques, 146
  diâmetro de
    na constante de comprimento, 184-185
    no nervo periférico, 367-370, 369-370f, 369-370t
    nos gânglios da raiz dorsal, 367-369
    variação no, 184-185
  diferenças de nível molecular em, 59-61

  diferenciação de, 975-976, 998-999
    células gliais radiais na, 998-999, 1000-1001f. *Ver também* Células gliais radiais
    destaques, 1018-1019
    estratificação do córtex cerebral, 1002-1006, 1004f-1005f
    plasticidade fenotípica do neurotransmissor no, 1009-1014, 1011-1013f
    proliferação de células progenitoras neurais na, 998-999, 999-1000f
    sinalização *delta-notch* e fatores básicos de transcrição hélice-alça-hélice na, 998-1003, 1001-1003f
  disparando, 59-60
  disparo rápido, 208f, 207-208, 210
  eferente, 51-52
  excitabilidade. *Ver* Excitabilidade, de neurônios
  fenda sináptica de, 49-50f, 50-51
  geração de. *Ver* Células progenitoras neurais
  integração de, 262-263
  interneurônios. *Ver* Interneurônios
  liberação do neurotransmissor por, 117-118
  mielina de, 49-50f, 50-51
  morte de, 1094-1095, 1381-1383
  motor, 51-52
  multipolar, 51-52, 52-53f
  nódulos de Ranvier no, 49-50f, 50-51
  organelas de, 122f
  perspectiva geral de, 117-118
  polaridade de, 1021-1022, 1023f, 1024f
  polarização de, 117
  pós-sináptico
    astrócitos e, 143f, 142, 144
    características do, 49-50f, 50-51
    efeito de corrente inibitória no, 264-265, 265-266f
  pré-sináptico
    astrócitos e, 143f, 142, 144
    características do, 49-50f, 50-51
  propriedades elétricas passivas de, 181-188
    capacitância da membrana, 182-184, 183-184f
    membrana e resistência citoplasmática, 183-186, 184-186f
    mielinização e diâmetro do axônio, 185-186f, 186-188, 187-188f
    resistência axial (axonal), 181-185, 184-185f
    tamanho do axônio e excitabilidade, 185-187
  propriedades secretoras de, 117-118
  proprioespinal, 690, 690f

  pseudounipolar, 51-52, 52-53f
  quantidade de, no cérebro, 49
  sensível à direção, 1236-1237, 1239, 1238f, 1239f
  sensorial, 51-52, 52-54f
  sinal de entrada sináptica para, canais controlados por íons em resposta a, 206-208, 209f, 210
  sinalização em, 55-61, 117-118. *Ver também tipos específicos*
    bomba de Na^+-K^+ na, 56-58
    canais iônicos, 56-58
    componente de saída na, 59-60
    componentes funcionais da, 55-57, 55-57f
    despolarização e hiperpolarização na, 56-58
    em comportamentos complexos, 60-62
    polarização dinâmica na, 55-57f
    potencial de ação na, 49-51, 50-51f, 56-59, 57-58f, 58-59t
    potencial de repouso na membrana, 55-57
    potencial do receptor na, 56-58, 57-58f, 58-59t
    potencial sináptico na, 57-59, 58-59t
    rápida, canais iônicos na, 149-150
    tipo de neurônio ativado na, 59-60
    tipos de sinal na, 55-57
    transformação sensorial para motora na, 59-60, 60-61f
    zona de gatilho na, 57-58f, 58-59
  sinapses de, 49-50f, 50-51
  síntese e modificação de proteínas no, 132-135, 132-133f
  sobrevivência de, 1012-1019
    caspases na, 1017-1019, 1017-1018f
    destaques, 1018-1019
    fator de crescimento do nervo e a hipótese do fator neurotrófico na, 1012-1014, 1014-1016f
    fatores neurotróficos e, 1015-1018f, 1016-1019
    genes de morte celular (*ced*) na, 1016-1017, 1016-1017f
    neurotrofinas na, 1012-1017, 1016-1017f
    proteínas Bcl-2 na, 1016-1018, 1016-1017f
  superprodução de, 1012-1014
  sustentado, 473-475, 478, 474f
  tipos de, 119-120
  tráfego de membrana em, 127-128, 129-130f
  tráfego endocítico, 134-136
  transplante de, 1108-1109, 1108f
  transporte axonal no. *Ver* Transporte axonal
  unipolar, 51-52, 52-53f

Neurônio(s) espinal(is)
  axônios, cruzamento da linha média dos, 1039-1042
    direção dos axônios comissurais por netrina nos, 1039-1040, 1040-1042f
    fatores quimioatratores e quimiorrepelentes nos, 1039-1042, 1041-1042f
  códigos moleculares de desenvolvimento dos, 707t
Neurônio(s) motor(es), 988-990
  alfa, 676-678q
  componentes funcionais de, 55-57, 55-57f
  definição de, 51-52
  desenvolvimento de subtipos de, 987-993
    circuitos de transcrição com, 989-993, 992-994f
    genes e proteínas *Hox* no, 988-991, 990-994f
    posição rostrocaudal no, 988-991, 989-994f
    sinais de Wnt4/5 no, 990-991
    sinalização da efrina, 990-991, 993-994f
  eletricamente acoplado, disparo simultâneo de, 220, 223-224, 224-225f
  em unidades motoras, 653-654, 653-654f
  estrutura de, 122f
  função de, 988-990
  gama. *Ver* Neurônios motores gama
  inferior, 1262-1265
  monoaminas no, 660-661, 663f, 887-888
  morte e sobrevivência de, 1012-1014, 1014-1016f
  na diferenciação da membrana muscular pós-sináptica da JNM, 1054, 1056-1058, 1056-1057f
  na medula espinal, 65-67, 67-68f
  no número de inervações, 654-655, 654-655t
  propriedades de entrada-saída de, 660-661, 663f
  superior, 1262-1265
  tamanho de, no recrutamento, 658-660, 659-660f
  velocidade de condução de, 1261-1262, 1261-1262f
  visceral, no sistema autônomo, 895-898
Neurônios adrenérgicos, localização e projeções de, 881-882, 883f
Neurônios aferentes, 51-52
Neurônios bipolares, 51-52, 52-53f
  olfatórios. *Ver* Neurônios sensoriais olfatórios
Neurônios colinérgicos
  localização e projeções de, 322-324, 884f, 882-885
  na manutenção da ativação mental, 888-890, 889-890f
  transmissão sináptica em, 281-285, 283f

Neurônios comissurais, 1039-1040
Neurônios corticais
  adaptação de, 206-208, 210, 208f-209f
  campos receptivos de, 407, 412, 411f-412f
  no processamento auditivo. Ver Córtex auditivo
  no sono, 956-957, 958f
  origens e migração de, 1005-1007, 1006-1007f
  propriedades de excitabilidade de, 206-207, 208f, 404-408, 406f
Neurônios corticomotores, 727-729, 745-746, 747f, 748
Neurônios de amplo alcance dinâmico, 386-387, 423-426
Neurônios de disparo rápido, 207-208, 210
Neurônios de fixação, 780-781f
Neurônios de pausa (*omnipause*), 770-772, 770-773f
Neurônios de retransmissão, em sistemas sensoriais, 358-361, 360-361f
Neurônios do gânglio trigêmeo, 383-385, 384f-386f
Neurônios do *nucleus accumbens*, 952-953
Neurônios dopaminérgicos
  erro na previsão da recompensa, 108-109, 943-944, 944-945f
  estudos por IRMf de, 108-109
  localização e projeções de, 881-882, 884f
  na recompensa por estimulação encefálica, 865, 942-943f, 943-944
  nos gânglios da base, 828-829
Neurônios eferentes, 51-52
Neurônios em salvas de disparo, no controle do olhar, 770, 772, 770-773f
Neurônios específicos de nocicepção, 423-426
Neurônios espelho, 743-744, 744-745f
Neurônios GABAérgicos
  ações inibitórias produzidas por, 263-266, 264-266f
  durante a convulsão, 1289-1291, 1289-1291f
  na dor neuropática, 429-431, 433f
  na modulação dos terminais axonais primários, 689-690, 689-690f
  na plasticidade de dominância ocular, 1080, 1081f
  na promoção do sono, 959-962
  no cerebelo, 1009-1012, 1011-1012f
  no estriado, 828-829
  no núcleo dorsal do lemnisco lateral, 588-589
  no ritmo circadiano, 962-963, 964-965
  propriedades de excitabilidade de, 206-207, 208f

Neurônios glutamatérgicos
  como quimiorreceptores para CO_2, 880
  no cerebelo, 1011-1012
Neurônios histaminérgicos
  localização e projeções dos, 883f, 882-885
  no ciclo sono-vigília, 959-960
Neurônios monoaminérgicos. Ver Tronco encefálico, neurônios monoaminérgicos do
Neurônios motores alfa, 676-678q
Neurônios motores gama
  coativação com neurônios alfa, no movimento voluntário, 678-682, 682f, 684-688, 687-688f
  na sensibilidade dos fusos musculares, 676, 678-679f, 680-682, 682-684f
  no reflexo de estiramento espinal, 676-678q, 676, 678-679f
Neurônios motores viscerais, sistema autônomo, 895-898. Ver também Sistema autônomo
Neurônios multipolares, 51-52, 52-53f
Neurônios não sincronizados, no córtex auditivo, 595-596, 595-596f
Neurônios noradrenérgicos
  localização e projeções dos, 881-882, 883f
  na atenção e desempenho de tarefas, 888, 888f
  na percepção da dor, 887-888
  na ponte e no bulbo, 1338-1339, 1339-1340f
  no sistema de ativação ascendente, 957, 959, 957f, 959f
  respostas do neurônio motor e, 887-888
Neurônios oculomotores
  atividade neural em, 92-94, 93-94f
  nos movimentos sacádicos, 523-524, 525-526f
  para posição e velocidade dos olhos, 768-771, 772f
  simpático, 768q
Neurônios olivococleares, 587-588, 587-588f
Neurônios piramidais
  corticais. Ver Neurônios corticais
  morfologia de, 1022, 1024-1027, 1027f
  na esquizofrenia, 1321-1324, 1324-1325f
  potencial excitatório pós-sináptico e, 1287q, 1287f
  propriedades de excitabilidade de, 206-207, 208f
Neurônios piramidais CA1, do hipocampo
  na memória explícita, 1184-1185, 1185-1186f
  potenciação de longa duração em, 1190-1194, 1190-1194f
Neurônios piramidais CA2, na memória social, 1203-1204

Neurônios piramidais CA3
  na memória explícita, 1184-1185, 1185-1187f
  na separação de padrões, 1202-1203
  no completamento de padrões, 1203-1204
Neurônios pós-ganglionares, 897-898, 897-898f
Neurônios pré-ganglionares
  funções dos, 897-898, 897-898f
  localizações dos, 897-898, 898-900f
Neurônios pré-motores, 1262-1265
Neurônios pré-ópticos ventrolaterais, 960-962
Neurônios pré-sinápticos. Ver Neurônio(s), pré-sináptico
Neurônios proprioespinais, 690, 690f
Neurônios pseudounipolares, 51-52, 52-53f
Neurônios pulsáteis, 59-60
Neurônios relacionados ao movimento, 777-778, 778-779f
Neurônios REM-OFF, 962-963f
Neurônios REM-ON, 962-963f
Neurônios salivares, 877-878
Neurônios sensíveis à direção, 409-412, 412-413f
Neurônios sensíveis à orientação, 409-412, 412-413f
Neurônios sensíveis ao movimento, 409-412, 412-413f
Neurônios sensoriais. Ver também tipos específicos
  campo perceptivo de, 356-357
  campo receptivo de, 356-358, 357-360f
  componentes funcionais dos, 55-57, 55-57f
  definição de, 51-52
  dos gânglios da raiz dorsal, 68-70, 68-70f, 366-368, 367-368f
  grupos dos, 51-52
  grupos funcionais dos, 52-54f
  intervalos entre os disparos de, 355-356, 356-357f
  na medula espinal, 65-67, 67-68f
  sintonia de, 361-362
  taxas de disparo de
    curso de tempo do estímulo e, 355-356, 356-357f
    intensidade do estímulo e, 354-356, 354-355f
  variabilidade na resposta de, 360-361, 361-362f
Neurônios sensoriais gustatórios, 617-618, 617-618f, 622-624, 623-624f
Neurônios sensoriais olfatórios
  estrutura dos, 351-352f, 604-606, 604-606f
  no bulbo olfatório, 608-609, 611-612, 608-609f
  no epitélio olfatório, 607-609, 608-609f
  receptores codificadores de odorantes em combinações de, 606-608, 607-608f

direcionamento axônico de, 608-609, 611-612, 1047-1048, 1047-1048f
expressão de moléculas de orientação e reconhecimento em, 1047-1048f
receptores odorantes em, 605-607, 606-607f, 1046-1048
Neurônios sincronizados, no córtex auditivo, 595-596, 595-596f
Neurônios sustentados, 473-475, 478, 474f
Neurônios talamocorticais
  em crises epilépticas de início generalizado, 1291-1292, 1294-1295, 1296f
  em excitação, 888-890, 889-890f
  no córtex visual, remodelação do, 1081-1083, 1082-1083f
  no sono, 956-957, 958f
  reencaminhamento de, em funções sensoriais, 994-996, 995f
Neurônios transitórios, 473-475, 478, 474f
Neurônios unipolares, 51-52, 52-53f
Neurônios visuais, 777-778, 778-779f
Neurônios visuomotores, 777-778
Neurônios/sistema serotoninérgico
  como quimiorreceptores, 880, 880f
  funções dos, 325-326
  localização e projeções dos, 883f, 882, 883-885
  na enxaqueca, 887-888
  na percepção da dor, 887-888
  na regulação autonômica e modulação da respiração, 880, 885-887, 885-887f
  na síndrome da morte súbita do lactente, 885-887, 885-887f
  no sistema de excitação ascendente, 1047-1048, 1047-1048f
  no tronco encefálico, 325-326, 1338-1339, 1338-1339f
Neurônios-alvo do flóculo, 571-572
Neuropatia amiloide, 1269-1270t
Neuropatia diabética, potencial de ação composto na, 370-373
Neuropatia infantil de Dejerine-Sottas, 1268f-1270f. Ver também Doença de Charcot-Marie-Tooth
Neuropatia predominantemente motora, 1269-1270t
Neuropatia sensorial congênita, 1269-1270t
Neuropatias axonais, 1267, 1269, 1269-1270t
Neuropatias periféricas, 1265-1267, 1269. Ver também distúrbios específicos
  agudas, 1266-1267, 1269
  axonais, 1267, 1269, 1269f, 1269-1270t
  controle sensorimotor nas, 650q, 650f
  crônicas, 1267, 1269

desmielinizantes, 1267, 1269, 1269-1270t. *Ver também* Doença de Charcot-Marie-Tooth
diagnóstico diferencial de, 1260-1265, 1260-1262f
sintomas de, 1265-1267, 1269
Neuropeptídeo Y, 901f, 900-902t
Neuropeptídeo(s) (peptídeos neuroativos), 321-322, 329-332, 335-336. *Ver também tipos específicos*
categorias e ações de, 329-330, 329-330t
coordenação de comportamento por, 38-40
em nociceptores de dor do corno dorsal, 427f
em nociceptores de dor do corno dorsal da medula espinal, 425-428, 428-429f
empacotamento de, 321-322
famílias de, 330, 330t
na percepção sensorial e emoções, 330
processamento de, 330-332, 331f
síntese de, 329-330
vs. neurotransmissores (moléculas pequenas), 330-332, 335-336
Neuropsicologia, 8, 14-15
Neurotecnologia, para interfaces cérebro-máquina. *Ver* Interfaces cérebro-máquina (ICMs), neurotecnologia para
Neurotransmissores, 321-338. *Ver também tipos específicos*
absorção vesicular de, 326-327, 329, 328f
ação de, 321-322
alvos de, 321-322
astrócitos nas concentrações de, 136-137, 142, 143f
ativação do receptor ionotrópico por, 271-272, 271-272f
ativação do receptor metabotrópico por, 271-274, 271-272f
autonômicos, 900-902t
critérios para, 321-322
definição de, 223-224, 321-322
destaques, 337-338
disparo espontâneo de neurônios e, 207-208, 210
efeitos a curto prazo de, 287f
efeitos a longo prazo de, 285-287, 287f
em sinapses químicas, 224-226, 224-225f
história dos, 321-322
identificação e processamento neuronal de, 332, 335-336, 333q-335q, 333f-335f
interação do receptor de, duração da, 321-322
liberação de, potenciais de ação na, 57-58f, 59-60
moléculas transportadoras de, 248
neuronal, plasticidade fenotípica de, 1009-1011, 1011-1014
fatores de transcrição na, 1009-1012, 1011-1012f

sinais de alvo neuronais em, 1011-1014, 1011-1013f
organelas com, 59-60
peptídeos neuroativos. *Ver* Neuropeptídeo(s)
pequenas moléculas. *Ver* Neurotransmissores (moléculas pequenas)
receptor pós-sináptico na ação dos, 224-226
remoção da fenda sináptica de, na transmissão, 231f, 332, 335-336
transmissão volumétrica de, 828-829
transportadores, 307-308, 310-311
vs. autacoides, 321-322
vs. hormônios, 321-322
Neurotransmissores de moléculas pequenas, 322-332. *Ver também neurotransmissores específicos*
acetilcolina. *Ver* Acetilcolina (ACh)
aminas biogênicas, 322-323t, 323-327
histamina. *Ver* Histamina
rastreamento, 325-326
serotonina. *Ver* Serotonina
transmissores de catecolaminas, 323-326, 324-325q
ATP e adenosina, 326-327. *Ver também* Trifosfato de adenosina (ATP)
captação ativa de, em vesículas, 326-330, 328f
empacotamento dos, 321-322
precursores dos, 322-323t
transmissores de aminoácidos, 326-327. *Ver também* GABA (ácido γ-aminobutírico); Glutamato; glicina
visão geral dos, 322-323
vs. peptídeos neuroativos, 330-332, 335-336
Neurotrofina(s)
na dor, 429
fator de crescimento do nervo, 426-429, 429-431f
fator neurotrófico derivado do cérebro, 429, 429-431f
na sobrevivência neuronal, 1012-1017, 1015f, 1016f
receptores para, 1014-1017, 1016f
tipos e funções de, 1016-1017, 1016f
Neurotrofina-3 (NT-3), 1014-1016, 1015f, 1016f
Neurulação, 977-978, 978-979f
Neville, Helen, 1223-1224
Newsome, William, 349-351q, 1235-1237, 1239
NfH (neurofilamento de cadeia pesada), 368-369f
NGF. *Ver* Fator de crescimento do nervo (NGF)
Nialamida, 699-701
Nicotina, 889-890, 946-948t. *Ver também* Drogas de abuso

Nistagmo, 568-570
optocinético, 571-572
para a direita, 568-570
vestibular, 570-571, 570-571f
NK1 (neurocinina 1), receptor, ativação do, 427f, 432f
NLET. *Ver* Núcleo do leito da estria terminal (NLET)
NMNAT1/2, 1095-1096, 1097f
NO. *Ver* Óxido nítrico (NO)
Nocaute genético
anormalidades de desenvolvimento em, 1195-1196
sistema Cre/loxP para, 30q--31q, 32f
Nocicepção. *Ver* Dor
Nociceptores, 372-373t
classes de, 421-423, 421-422f
definição de, 380-381
diâmetro do axônio do neurônio dos gânglios da raiz dorsal nos, 367-370
dor. *Ver* Nociceptores de dor
fibra Aδ, 380-382, 381-382f
fibra C, 381-382
mecânicos. *Ver* Mecanorreceptores
polimodais. *Ver* Nociceptores polimodais
propagação do potencial de ação por classe de, 421-422f
térmicos, 421-426, 421-422f, 425-426f
Nociceptores de dor, 60-61, 372-373t, 380-382, 381-382f
ativação dos, 421-426, 421-422f, 424f
mecânicos. *Ver* Mecanorreceptores
polimodais. *Ver* Nociceptores polimodais
sensibilização de. *Ver* Hiperalgesia
silenciosos, 422-426, 425-426f
térmicos, 421-426, 421-422f, 425-426f
transmissão de sinal por na hiperalgesia. *Ver* Hiperalgesia
opioides na, 438-441, 440f
para neurônios do corno dorsal, 423-428, 425-428f
Nociceptores polimodais
ativação de, 421-422, 421-422f
mecanismos de ação de, 381-382
para o corno dorsal da medula espinal, 423-426, 425-426f
Nociceptores silenciosos, 422-426, 425-426f
Nociceptores térmicos, 421-426, 421-422f, 425-426f
Nódulos de Ranvier
estrutura dos, 49-50f, 50-51, 135-137, 138f
propagação do potencial de ação nos, 186-187, 187-188f, 370-371
Noebels, Jeffrey, 1294-1295
Noggin, 980-981f, 981-982

Noradrenalina
atividade neuronal na produção de, 324-325q
como neurotransmissor, 323-324
em neurônios motores, 660-661, 663f
no sistema autônomo, 900, 900-902t, 902-903f, 1011-1013, 1011-1013f
receptores de, 900-902t
síntese de, 323-324, 1338-1339, 1339-1340f
Normalização, 359-361
Notocorda, 978-979f, 985-986
Npy2r, 367-368, 368-369f
NSD-APO (núcleo sexualmente dimórfico da área pré-óptica), 1126-1127
NSF, 310-311f, 311-313
NSS (simportadores de sódio), 248, 336-338
NT-3 (neurotrofina-3), 1014-1016, 1015f, 1016f
Núcleo abducente, 874f, 876-877
Núcleo ambíguo, 874f, 875-876, 878-879
Núcleo arqueado
anatomia do, 896f, 895-897
no equilíbrio energético e no impulso da fome, 895-897, 912-914, 916, 915f-916f
Núcleo central, da amígdala, 928-930, 928-930f
Núcleo central, do cone de crescimento, 1027-1029, 1027-1028f
Núcleo cuneado, 66f, 71f, 70-72
Núcleo cuneiforme (CNF), 709-711, 711-712f
Núcleo de Barrington (centro da micção pontina), 903, 905-906, 904f
Núcleo de Deiters, 565-566
Núcleo de Edinger-Westphal
colunas do, 874f, 875-876
no reflexo e na acomodação pupilar, 449-450f, 876-878, 877-878f
Núcleo de Onuf, 1131-1132
Núcleo denteado
anatomia do, 12f, 808-811, 811-813f
na ativação de agonista/antagonista em movimentos rápidos, 813-814, 813-814f
Núcleo do leito da estria terminal (NLET)
em comportamentos sexualmente dimórficos, 1126-1127
no encéfalo de homossexuais e de transexuais, 1133-1134, 1133-1134f
Núcleo do nervo hipoglosso, 874f, 876-877
Núcleo do trato solitário (NTS)
colunas funcionais de, 874f, 874-875
na retransmissão de informações sensoriais viscerais, 874-875, 903, 905-906, 905-907f

nos reflexos gastrintestinais, 878-879
Núcleo espinal do bulbocavernoso (NEB), dimorfismo sexual no, 1120, 1123, 1126, 1124f
Núcleo espinal do trigêmeo, 871-875, 874f
Núcleo fastigial, 808-811, 809, 811-813f
Núcleo geniculado lateral (NGL)
    anatomia do, 72-73f, 1074-1075, 1074-1075f
    campos receptivos em, 452-453, 453-455f
    no processamento visual, 448-449
    projeções para o córtex visual do
        campos receptivos de, 453-455f
        circuitaria intrínseca do, 455, 457-462, 460f
        colunas do, 453-455, 456-457f
        radiações ópticas, 64-65
        sinapse formada por, 73
        segregação das aferências na retina em, no útero, 1083-1085, 1084-1086f
Núcleo geniculado medial, 72-73f, 73
Núcleo grácil, 67-68f, 68-70
Núcleo hipotalâmico ventromedial, 918-920, 918-920f
Núcleo lateral, da amígdala, 928-929, 928-930f
Núcleo magno da rafe, no controle da dor, 435-437, 437-438f
Núcleo mesencefálico de nervo trigêmeo, 874f, 874-875
Núcleo motor do trigêmeo, 874f, 875-876
Núcleo motor facial, 873f, 874f, 875-876
Núcleo oculomotor, 858-859, 874f
Núcleo paraventricular, hipotálamo, 907-908, 907-908f. Ver também Hipotálamo
Núcleo pedunculopontino, 709-711, 711-712f, 716-719
Núcleo pré-óptico mediano (MnPO), 896f, 895-897
    na de sede, 90-91
    na promoção do sono, 959-962
    no controle da temperatura corporal, 909-910
    no equilíbrio de fluidos, 911-912, 911-912f
Núcleo reticular, do tálamo, 72-73, 72-73f
Núcleo robusto do arquiestriado (RA), 1123, 1126, 1125f
Núcleo salivatório inferior, 874f, 875-876
Núcleo salivatório superior, 874f, 875-876
Núcleo sensorial principal do trigêmeo, 874f, 874-875
Núcleo solitário. Ver Núcleo do trato solitário (NTS)

Núcleo subtalâmico
    anatomia do, 826-828f, 827-828
    conexão com os núcleos da base, 829-830, 829-830f
    funções do, 827-829
    na seleção de ação, 834-835f, 835-836
    região locomotora de, 709-711
    sinais a partir do córtex cerebral, tálamo e mesencéfalo ventral para, 827-828
Núcleo supraquiasmático
    disparo espontâneo de marca-passo de neurônios no, 207-208, 210, 209f
    no controle do relógio biológico, 963-964
    no ritmo circadiano do ciclo sono-vigília, 962-964, 963f-965f
Núcleo trigeminal
    espinal, 871-875, 874f
    mesencefálico, 874f, 874-875
    sensorial principal, 874f, 874-875
Núcleo troclear, 874f, 875-877
Núcleo vagal motor dorsal, 874f, 875-876
Núcleo vestibular descendente, 565-566, 566f. Ver também Núcleos vestibulares
Núcleo vestibular lateral. Ver também Núcleos vestibulares
    na locomoção, 711-712, 712f
    no reflexo vestíbulo-ocular, 565-566, 569f
Núcleo vestibular medial, 565-566, 569f. Ver também Núcleos vestibulares
Nucleoporinas, 121, 123
Núcleos amigdaloides, 10q
Núcleos cerebelares profundos
    aprendendo sobre, 823-824, 823-824f
    convergência de vias excitatórias e inibitórias em, 817-818, 817-818f
    em movimentos voluntários, 813-814
Núcleos cocleares, 578-584, 586
    células em arbusto, células estreladas e células-polvo em, 580-582, 584, 583f-586f
    células fusiformes em, 584, 586, 583f-586f
    colunas funcionais de, 874f, 874-875
    dorsais
        características de, 580-582, 584, 582-584f
        células fusiformes em, 584, 586
        processamento de som imprevisível vs. previsível em, 584, 586
        uso de pistas espectrais para localização de som por, 582-584, 586, 583-586f
    inervação da fibra nervosa coclear de, 580-582, 584

nervo coclear e. Ver Nervo coclear
    ventrais
        características de, 580-582, 584, 582-584f
        extração de informações de som temporal e espectral em, 580-582, 584, 583f-586f
        vias neurais, 578-580, 581f
Núcleos da linha média, do tálamo, 72-73f, 73
Núcleos de retransmissão, do tálamo, 73
Núcleos dos nervos cranianos, 871-877
    adulto, organização colunar dos, 871-877, 874f
        coluna motora somática geral, 871-875
        coluna motora visceral especial, 875-876
        coluna motora visceral geral, 874-876
        coluna sensorial somática especial, 874-875
        coluna sensorial somática geral, 875-877
        coluna sensorial visceral, 874-875
    embrionários, organização segmentar dos, 871-874, 873f
    no tronco encefálico vs. medula espinal, 876-877
    plano de desenvolvimento do tronco encefálico nos, 871-874, 871-872f
Núcleos inespecíficos, do tálamo, 73
Núcleos intralaminares, do tálamo, 72-73f, 73
Núcleos motores faciais acessórios, 874f, 875-876
Núcleos talâmicos
    conexões dos núcleos da base para, 829-831
    processamento de informações táteis e proprioceptivas nos, 401-402
    projeções vestibulares para, 566-567f, 573-574
    retransmissão de informações nociceptivas e sensoriais para o córtex cerebral pelos, 72-74, 72-73f, 431-434, 433-434f
    subdivisões dos, 72-73, 72-73f
Núcleos trigêmeos acessórios, 858-859, 874f
Núcleos vestibulares
    colunas funcionais de, 874f, 874-875
    integração de sinais da medula espinal, cerebelo e sistema visual por, 565-568
        canal semicircular combinado e sinais otólitos para, 566-568
        para controle de movimento da cabeça, 567-568

sistema comissural para comunicação bilateral em, 565-567, 567-568f
no reflexo vestíbulo-ocular, 569f. Ver também Reflexos vestíbulo-oculares
projeções aferentes e centrais para, 566f
projeções de saída a partir de, 566-567f, 811f, 812f
Numa, Shosaku, 238-239
Número de inervação, 654-655, 654-655t

Obesidade, 913-914. Ver também Balanço energético, regulação hipotalâmica do
Objetos em movimento, saída da retina e, 473-475, 478, 475f, 476q-477q
    representação de células ganglionares da retina de, 473-475, 478, 475f
    sensibilidade espaço-temporal da percepção humana nos, 473-475, 478, 476q-477q, 477f
Observação comportamental, relatórios subjetivos com, 1312-1315, 1313-1314f
Ocitocina
    funções da, 907-908, 1128-1129
    neurônios hipotalâmicos na liberação de, 907-908, 908-909f
    no comportamento social, 39-40
    no vínculo materno e comportamentos sociais, 1128-1129
    síntese de, 907-908
Odorantes. Ver também Olfato
    definição de, 604-605
    detecção por humanos, 604
    receptores para
        codificação de combinações, 606-608, 607-608f
        em mamíferos, 605-607, 606-607f
Oftalmoplegia internuclear, 770-772
Ojemann, George, 16-18
O'Keefe, John, 86-88, 1203-1204, 1204-1206
Olausson, Håkan, 375-377
Olds, James, 941-942
Olfato, 604-617
    acuidade no, 613
    anatomia do, 604-606, 604-606f. Ver também Bulbo olfatório
    caminhos de informação para o encéfalo. Ver Bulbo olfatório; Córtex olfatório
    comportamento e, 613-617
        codificação de odor e, em invertebrados, 613-616, 614-615f
        detecção de feromônio no, 613, 612-615f
        estereotipado, nematódeo, 615-617, 616-617f
        evolução de estratégias para, 616-617
    destaques, 623-625

detecção de odorante pela, amplitude de, 604
distúrbios da, 611-613
evolução de estratégias para, 616-617
na percepção do sabor, 622-624
neurônios sensoriais na. *Ver* Neurônios sensoriais olfatórios
padrões sexualmente dimórficos de, 1132-1134f, 1133-1134
perspectiva geral da, 343-344

Olhos
posição em órbita, respostas de neurônios visuais na, 523-525, 524-525f
posicionamento e velocidade dos, neurônios oculomotores nos, 768-771, 772f
rotação em órbita dos, 764-765

Oligodendrócito
estrutura do, 120, 120f
funções do, 120, 135-136
geração de, 999-1002, 999-1000f, 1004f
perda de, após lesão cerebral, 1110-1111
transplante de, para restauração de mielina, 1110-1111, 1110-1111f

Oligonucleotídeos complementares (*antisense*)
no tratamento da atrofia muscular espinal, 1265-1267, 1266-1267f
no tratamento da doença de Huntington, 1376-1378

Oliver, George, 321
Olson, Carl, 508-510
ONAs. *Ver* Oligonucleotídeos complementares (*antisense*)
Onda Aα, 369-371f, 370-371
Onda Aβ, 369-371f, 370-371
Onda Aδ, 369-371f, 370-371
Onda lenta, EEG, 955-956f, 956-957, 958f
Ondas alfa, EEG, 1284-1285, 1286f
Ondas delta, EEG, 1284-1285
Ondas teta, EEG, 1284-1285

Opioides/opiáceos
classes de, 437-439, 439-441f
como drogas de abuso, 948-950. *Ver também* Drogas de abuso
efeitos colaterais de, 439-441
endógenos, 437-439, 439-441f
fonte e alvo molecular de, 946-948t
mecanismo de ação de, 438-441, 440f
peptídeos, 330t
tolerância e dependência de, 441. *Ver também* Drogas de abuso

Opsina, 471, 471f, 471-472
Opsina L, 471f
Opsina M, 471f
Opsina S, 471f

Optogenética
em pesquisas sobre emoções em animais, 926-927

em pesquisas sobre reforço, 837-838
na manipulação da atividade neuronal, 86-87q

Órbita, rotação do olho na, 764-765

Orelha. *Ver também* Processamento auditivo
externa, 532-533, 532-533f
interna, 532-534, 532-533f. *Ver também* Cóclea
média, 532-533, 532-533f
propriedades de captação do som pela, 511-534, 536, 535f-536f

Orexinas, na narcolepsia, 967-969, 967-968f

Organelas
membranosas, 120-121
transporte axonal de, 128-129, 130-131q

Organização retinotópica, 448-449, 454-455f
Organização visuotópica, 453-455
Organizador ístmico, 982-984, 983-985f
Organizadores moleculares, na especialização pré-sináptica, 1054, 1056, 1055f

Órgão de Corti. *Ver também* Feixes de cílios; Células ciliadas
anatomia do, 533-534f
arquitetura celular do, 537-538f
na audição, 536-540

Órgão subfornical (OSF)
anatomia do, 896f, 895-897
na sede, 912-913
no equilíbrio de fluidos, 911-912, 911-912f

Órgão vascular da lâmina terminal (OVLT)
anatomia de, 896f, 895-897
na sede, 912-913
no balanço hídrico, 911-913, 911-912f

Órgão vomeronasal (OVN), 613, 612-615f, 1126-1127, 1127-1128f

Órgãos otolíticos
aceleração linear nos, 563-565, 563-565f
anatomia dos, 559-560f, 561-562

Órgãos tendinosos de Golgi, 377-378
estrutura e função dos, 682-683, 683-684q, 683-684f
frequência de descargas da população de, 683-684f
interneurônios inibitórios Ib dos, 682-683, 683-685f

Orientação
ao ambiente, entradas visuais para, 795-796f, 796-797
cerebelo na, 800-802
local, computação da, 486
postural. *Ver* Postura, orientação postural na
sexual, 1115-1116
sinais sensoriais em modelos internos para otimização da, 797-798, 797f

tato, neurônios sensíveis a, 409-412, 412-413f
Oscilação vibratória, discriminação de, 1235-1236, 1235-1236f
Oscilações de ondas curtas, no hipocampo, 88-90, 88-89f
Oscilador crítico, 549, 551, 550q
Oscilador transcricional, em ritmo circadiano, 28-29, 35-38, 35-37f
Osmolaridade sanguínea, 910-912
Osmorreceptores, 351-353, 910-913, 911-912f

Ossículos
anatomia dos, 532-533, 532-533f
na audição, 533-534, 536, 535f-536f

Otite média, 533-534, 536
Otoconia, 563-565, 563-565f
Otosclerose, 533-534, 536
Otx2, 983-984, 983-984f
OVLT. *Ver* Órgão vascular da lâmina terminal (OVLT)
OVN (órgão vomeronasal), 613, 612-615f, 1126-1127, 1127-1128f
Oxicodona, 946-948t. *Ver também* Drogas de abuso

Óxido nítrico (NO)
como mensageiro transcelular, 279
funções autonômicas do, 900-902t
na potenciação de longa duração, 1189f-1190f, 1190-1192
precursor de, 322-323t

P_0 (proteína de mielina zero), 140q
Padrão luva e meia, 1265-1267
Padrões de disparo neural
em mapas espaciais do hipocampo, 85-90
informações decodificadas de, 85-86
na codificação de informações sensoriais, 85-86

Padrões estereotipados, no movimento, 642-643, 642-643f
Padronização dorsoventral do tubo neural. *Ver* Desenvolvimento do tubo neural
Padronização, no sistema nervoso, 977-996
destaques, 996
diversidade de neurônios na, 984-985
no prosencéfalo. *Ver* Prosencéfalo, padronização de
no tubo neural. *Ver* Desenvolvimento do tubo neural
promoção do destino das células neurais na, 977-980
competência na, 977-978
fatores de crescimento peptídico e seus inibidores na, 979-982, 980-981f
fatores de indução na, 977-978
receptores de superfície na, 977-978
sinais da região organizadora no desenvolvimento

da placa neural, 977-979, 979-980f
sinais locais para subclasses de neurônios funcionais. *Ver* Neurônio(s) motor(es), desenvolvimento de subtipos de
Padronização temporal, 355-356

Paladar. *Ver também* Sistema gustatório
destaques, 624-625
neurônios sensoriais na transmissão ao córtex gustatório, 622-624, 623-624f
percepção do sabor e, 622-624f
sensibilidade graduada de quimiorreceptores no, 353-354
submodalidades ou qualidades do, 617
vs. sabor, 617

Palavras. *Ver também* Aprendizado de idiomas; Processamento de linguagem
regras para combinação de, 1214-1215
sinais prosódicos para, 1217-1219

Palay, Sanford, 5-6
Palpos maxilares, 612-615, 614-615f
Papel de gênero, 1115-1116
Papel escultor, de inibição, 260-262, 260-262f
Papez, James, 925-927, 926-927f
Papilas circunvaladas, 617-618, 617-618f
Papilas foliadas, 617-618, 617-618f
Papilas fungiformes, 617-618, 617-618f
Paracetamol, na enzima COX3, 428-429
Paradigma/tarefa de memória subsequente, 107-108, 1147-1148
Parafasia fonêmica, 15-16, 1225-1226
Parafasias, 15-16, 1225-1226
Paralisia, 1265-1267
Paralisia bulbar progressiva, 1265-1267
Paralisia cerebral, 691-692
Paralisia de Todd, 1291-1292, 1294
Paralisia do braço, estimulação da interface cérebro-máquina em, 854-857, 858-859f
Paralisia do sono, 967-968
Paralisia periódica, 1276-1278, 1280, 1279f
hipercalêmica, 1277-1278, 1280, 1279f
hipocalêmica, 1277-1278, 1278, 1280f
mutações genéticas na, 1278, 1280f
Paralisia supranuclear progressiva, 126-128q
Parassonias, 968-970
Parestesias, 1265-1267, 1269. *Ver também* Neuropatias periféricas
Parkinsonismo, autossômico recessivo juvenil, 1370-1372
Paroxetina, 1340-1343, 1341f-1342f

Índice

Parte compacta da substância negra, 828-829
Parte reticulada da substância negra
   anatomia da, 827-828f, 828-829
   funções da, 828-829
   inibição do colículo superior por, 775-776f
Partículas de ouro, eletro-opaco, 334f, 335q
Pássaros
   aprendizado para vocalização em, 1213-1214
   aprendizagem por estampagem (*imprinting*) em, 1071-1072
   circuito neural sexualmente dimórfico na produção do canto em, 1123, 1126, 1125f
   localização auditiva em corujas, 611-613, 1085-1088, 1085-1089f
Passeios aleatórios tendenciosos, na tomada de decisão, 1239-1242, 1241f
Patapoutian, Ardem, 373-375, 377-378
Paternês, 1219-1221
Pavlov, Ivan
   sobre condicionamento clássico, 1154-1155
   sobre medo, 1162-1164
   visão holística encefálica, 15-16
Pax6, no padrão do prosencéfalo, 991-993, 994-996f
PCP (fenciclidina), no receptor NMDA, 249-250f, 255-256
Pedúnculo cerebelar inferior, 808-811, 811-813f
Pedúnculo cerebelar médio, 820-823
Pedúnculo cerebelar superior, 809, 811-813, 811-813f
Pegar. *Ver* Alcançar e pegar
Pele
   mecanorreceptores na. *Ver* Mecanorreceptores cutâneos
   mudanças de temperatura na, receptores térmicos para, 378-381, 379-380f
Pelos awl/auchene (fibras do tipo Aδ), 375-377, 377f-378f
Pelos de guarda (fibras do tipo Aα e β), 375-377, 377f-378f
Pelos do tipo zigue-zague (fibra C), 375-377, 377f-378f
Penetrância, genética, 27-28
Penfield, Wilder
   sobre áreas corticais para processamento de linguagem, 16-18
   sobre convulsões, 1282-1283, 1291-1292, 1294-1295
   sobre córtex somatossensorial, 73-74
   sobre experiências conscientes a partir da estimulação cortical, 1307-1309
   sobre funções motoras no córtex cerebral, 745-746
PEPS. *Ver* Potencial excitatório pós-sináptico excitatório (PEPS)

Peptidases, 330
Peptídeo intestinal vasoativo (VIP)
   funções autonômicas de, 900-902, 900-902t, 902-903f
   liberação conjunta de acetilcolina com, 330-332
Peptídeo relacionado ao gene cutia (AgRP)
   atividade aversiva do, 916-918
   no balanço energético, 915f-916f, 915-918
Peptídeo relacionado ao gene da calcitonina (CGRP)
   em nociceptores de dor no corno dorsal da medula espinal, 425-426
   liberação e ação de, 332, 335-336
   na dor, 425-426
   na inflamação neurogênica, 429, 430f
   nos neurônios do gânglio da raiz dorsal, 367-368, 368-369f
Peptídeo similar ao glucagon 1 (GLP-1), 913-914, 915f-916f
Peptídeo YY (PYY), 913-914, 915-916f
Peptídeos Aβ
   detecção no líquido cefalorraquidiano de, 1394-1395
   imunização com anticorpos para, 1394-1397, 1396-1397f
   na doença de Alzheimer, 1389-1392, 1390f
Peptídeos neuroativos. *Ver* Neuropeptídeo(s)
Pequenas vesículas sinápticas, 134-135, 321-322
Pequenos RNAs não codificantes, 24-26
PER, 29, 35-36, 37f
Perani, Daniela, 1222
Percepção. *Ver também tipos específicos*
   categórica, 1215-1217
      na simplificação do comportamento, 510-512, 512-513f
      no aprendizado de idiomas, 1215-1217
   codificação sensorial. *Ver* Codificação sensorial
   perspectiva geral da, 343-345
   processamento sensorial para, 641-642, 642f
   relação com outras funções cerebrais, 344-345
   visual. *Ver* Percepção visual
Percepção categórica
   na simplificação comportamental, 510-512, 512-513f
   no aprendizado da linguagem, 1215-1217
Percepção de cores
   contexto em, 494-496, 497f
   sensibilidade gradativa de fotorreceptores na, 353-355, 354f
Percepção de profundidade. *Ver* Processamento visual, nível intermediário, percepção de profundidade no

Percepção de textura, 397f, 398, 399f
Percepção de tom, 596-598, 597-598f
Percepção direta, 1248-1249q
Percepção visual
   como processo construtivo
      estímulo primário no, 444-446, 446-448f
      figura vs. pano de fundo no, 444-446, 445-446f
      fundamentos do, 444-446
      gestalt no, 444-446, 445-446f
      ideia inicial sobre, 444-446
      níveis de análise encefálica no, 444-446, 447f
      percepção unificada no, 444-446
      regras organizacionais do, 444-446, 445-446f
      saliência de contorno e continuidade no, 444-446, 445-446f
      segmentação no, 444-446, 445-448f
   complexidade da, 1306-1307, 1306-1307f
   experiência visual e desenvolvimento da, 1072-1074
   perspectiva geral da, 343-344
Percepção visual-vertical, 573-574
Perda de audição. *Ver também* Surdez
   condutiva, 533-534, 536
   neurossensorial, 533-534, 536, 554-555, 555f
   zumbido na, 554-555
Perilinfa, 536-538, 537-538f, 559-560f, 560-561
Período interictal, 1285-1286, 1288-1289
Período pós-ictal, 1283-1284
Período refratário
   absoluto, 198-199
   após a recuperação do canal de Na⁺ da inativação, 198-199, 199-200f
   após potencial de ação, 191, 197-198f
   relativo, 198-199
Períodos críticos
   em diferentes regiões encefálicas, 1087-1089, 1088-1089f
   fechamento dos
      estabilização sináptica em, 1082-1084, 1083-1084f
      razão para, 1083-1084
   no aprendizado de língua, 1219-1220
   no córtex somatossensorial, 1088-1090, 1089-1090f
   pós-natais precoces, 1081
   reabertura na idade adulta, 1087-1092
   em corujas, 1088-1090, 1090-1091f
   em mamíferos, 1089-1091
   reorganização do circuito visual durante. *Ver* Córtex visual, reorganização do circuito

   binocular durante o período crítico
Períodos sensíveis, 1071-1072. *Ver também* Períodos críticos
Permeabilidade. *Ver também* íons e receptores específicos
   da barreira hematencefálica, 142, 144
   de membrana celular. *Ver* Membrana (plasmática) celular, estrutura e permeabilidade de
Pernas
   contrações musculares das, nas passadas, 698-700, 698-700f
   músculos da, 666-669, 667-668t
Peroxissomos, 120-121
Persistência, 1156-1158
PET. *Ver* Tomografia por emissão de pósitrons (PET)
Pettito, Laura-Anne, 1223-1224
PGCS (proteoglicanos de condroitina-sulfato), 1101-1102f, 1102-1103
Phox2, 1009-1011f
PI3-cinase (fosfoinositídeo-3-cinase), 1175-1176f
PIB (composto B de Pittsburgh), 1394-1395, 1394-1395f
Pigmento visual
   ativação pela luz de, 468-469f, 471-472, 471-472f
   genes para, 480-482, 480-481f
PIH (hormônio inibidor da liberação de prolactina), 909t
Piloereção, 909
PIP2 (fosfatidilinositol-4,5-bifosfato), 274, 276-277f, 283-285
Pirâmides medulares, 78-81
Piridostigmina, para miastenia grave, 1272
Pisar. *Ver* Locomoção; Andar
PKA. *Ver* Proteína-cinase A (PKA)
PKC. *Ver* Proteína-cinase C (PKC)
PKG (proteína-cinase dependente de GMPc), 279-281
PKM (proteína-cinase M), 276-277f
PKM ζ (PKM zeta), 1189f-1190f, 1190-1193
PKU (fenilcetonúria), 40-41
Placa cuticular, 537-538
Placa de inserção, 545-547
Placa motora. *Ver* Junção neuromuscular (JNM), placa motora
Placa neural
   células na, 998-999
   desenvolvimento da
      competência no, 977-978
      estágios iniciais do, 977-978
      fatores de indução e receptores de superfície no, 977-978, 979-982
      sinais de região organizadora no, 977-980, 979-980f
   formação do tubo neural a partir da, 977-978, 978-979f
Placas amiloides, na doença de Alzheimer. *Ver* Doença de Alzheimer (DA), placas amiloides na
Placebo, respostas para, 441

1440 Índice

Plano coronal, do sistema nervoso central, 9q
Plano de fixação, 490-492, 494f
Plano horizontal, do sistema nervoso central, 9q
Plano sagital, do sistema nervoso central, 9q
Planos motores. *Ver* Controle sensorimotor
Plasmaférese
  definição de, 1267, 1269
  para miastenia grave, 1272
Plasmalema, 120-121
Plasticidade
  célula inteira, 952-953
  circuito, 952-953
  cortical
    aprendizado na, 1181f, 1180-1182
    em adultos, 496-498, 498-499f
    no aprendizado perceptivo, 496-498, 498-499f
  de colunas de dominância ocular, 1080, 1081f
  de excitabilidade neuronal, 210. *Ver também* Excitabilidade, de neurônios
  do fenótipo do neurotransmissor, 1009-1014, 1011-1013f
  do sistema nervoso
    curto prazo, 314-315, 315-317f. *Ver também* Plasticidade sináptica
    espinhos dendríticos em, 1081, 1081-1082f
    experiência precoce e, 1071-1074, 1073-1074f
    hipótese, 62
  sináptica. *Ver* Plasticidade sináptica
Plasticidade dependente do tempo de disparo, 1193-1194
Plasticidade sináptica
  de curta duração, 314-315, 315f-317f
  de longa duração, receptores NMDA e, 256-257, 257-259f
  definição de, 215-217
  hebbiana, 95-96, 96-97f
  na aprendizagem e memória, 94-97
  na liberação do transmissor. *Ver* Liberação do transmissor, plasticidade sináptica na
  na dependência de substâncias, 950-952
  no hipocampo. *Ver* Hipocampo
Plastina, 536-538
Platô, sobre a tomada de decisões, 1232-1233
Plexo coroide, 144-146, 145-146f
PLP (proteína proteolipídica), 140q
PM. *Ver* Córtex pré-motor (PM)
PMd. *Ver* Córtex pré-motor dorsal (PMd)
PMv. *Ver* Córtex pré-motor ventral (PMv)
Poda sináptica
  na esquizofrenia, 1321-1324, 1323-1326, 1324-1326f

na habituação de longa duração, 1170-1171
Poeppel, David, 1221-1222
Polarização dinâmica
  lei da, 1021-1022
  princípio da, 51-52, 55-57f
Polarização, neurônio, 117
Polimorfismo
  de nucleotídeo único, 46
  definição de, 27-28, 46
Polimorfismo de nucleotídeo único (SNP), 46
Poliomielite, 1265-1267
Poliproteínas, 330, 331f
Polissomos, estrutura e função de, 122f
Polissonografia, 955-956, 955-956f
Política de controle, 723-724f, 724-725
POMC. *Ver* Pró-opiomelanocortina (POMC)
Ponta dos dedos, acuidade tátil na, 394, 396-397, 397f
Ponte
  anatomia da, 10q, 11- 13f, 1265-1267
  em movimentos oculares suaves, 768-771f, 780-781, 780-781f
Pontes transversas, formação de, 663-666, 665f
Ponto cego, 467-468, 468-469f
Ponto de ajuste
  do cálcio, em cone de crescimento, 1027-1030
  na homeostase, 893-895, 893-894f
Pontos de Braille, respostas do receptor tátil para, 396-398, 399f
Poros gustatórios, 617-618, 617-618f
Portão, canal. *Ver também canais específicos*
  direto (ionotrópico), 225-227, 226-227f, 271-274, 271-272f. *Ver também* Segundos mensageiros
  em canais de transdução, em células ciliadas, 541-542, 542f
  fatores exógenos no, 157-158
  indireto (metabotrópico), 226-227, 226-227f, 271-274, 271-272f. *Ver também* Receptores acoplados à proteína G; Receptor do tipo tirosina-cinase
  mecanismos moleculares do, 153, 155-156
  modelos físicos do, 154-157, 154-157f
Portão de inativação, 196-198
Pós-despolarização, 206-207
Pós-hiperpolarização, 206-207, 1288-1290
Postura, 784-804
  ativação da musculatura sinérgica na, 790q, 790f
  controle da, sistema nervoso no, 798-801
    capacidade de atenção e demandas no, 802-804
    centros do córtex cerebral no, 802-804

circuitos da medula espinal no suporte antigravidade, mas não no equilíbrio no, 798-801
espinocerebelo e núcleos da base na adaptação da postura no, 801-802, 802f, 803f
estado emocional no, 802-804
integração de sinais sensoriais do tronco encefálico e cerebelo no, 798-802
destaques, 804
durante a locomoção, 711-713, 712f
equilíbrio postural na, controle do centro de massa no, 785-789
  ajustes posturais antecipatórios no, para mudanças nos movimentos voluntários, 792-794, 792-793f
  centro de pressão em, 784-785, 785-786q, 785-786f
  definições e fundamentos de, 784-785
  respostas posturais automáticas na
    adaptação para mudanças nas necessidades para suporte por, 788-789, 791-792, 791f
    circuitos da medula espinal nos, 798-801
    para distúrbios inesperados, 785-789, 787-792f
    sinais somatossensoriais no tempo e direção das, 793-795, 794-795f
  integração de informações sensoriais na, 793-798, 797f
    aferências visuais na
      para conhecimento avançado de situações desestabilizantes, 796-797
      para orientar para o ambiente, 795-796f, 796-797
    informações ambíguas a partir de modalidade sensorial única na, 796-797, 797-798f
    informações vestibulares para equilíbrio em superfícies instáveis e em movimentos da cabeça na, 794-797, 795-796f
    modalidades sensoriais específicas de equilíbrio e orientação de acordo com a tarefa na, 797f, 798-800, 800-801f
    modelos internos para equilíbrio na, 797-798, 797f
    sinais somatossensoriais no tempo e direção da resposta postural automática na, 793-795, 794-795f
  orientação postural em, 784-785
    em antecipação à perturbação do equilíbrio, 793-795
    integração de informações sensoriais na, 793-798, 797f
    no centro de localização de massa, 784-785

para execução de tarefas, 792-793
para interpretação de sensação, 793-794
vs. equilíbrio postural, 784-785
Potenciação, 315-317, 315f-317f. *Ver também* Potenciação de longa duração (LTP)
Potenciação de longa duração (LTP)
  definição de, 1193-1195
  expressão gênica na, 1178-1180
  indução vs. expressão de, 1188-1190
  na adição a drogas, 950-952
  na amígdala, 1177-1179, 1178-1179f
  na memória espacial. *Ver* Memória espacial
  na plasticidade sináptica, 315-317
  no condicionamento do medo, 1177-1179, 1178-1179f
  no hipocampo. *Ver* Hipocampo
  receptores AMPA na, 1179-1180
  receptores NMDA na, 256-257, 257-259f, 1177-1179
Potenciação pós-tetânica, 315-317, 315f-317f
Potenciais de campo, 1284-1285
Potenciais de campo locais, em interfaces cérebro-máquina, 845
Potenciais de reversão (reverso), 196-197q, 235-236, 236q
Potenciais eletrotônicos, 171-172
Potenciais em platô, 706q
Potenciais sinápticos
  classificação de, 57-59, 58-59t
  miniatura espontânea, 299, 301f
  na ação reflexa, 59-60, 60-61f
  quânticos, 297-298
Potenciais sinápticos espontâneos em miniatura, 299, 301f
Potencial da placa motora, 229-230, 297-301
  corrente da placa motora e, 231-232, 234-235, 234f
  em miniatura, 297-301
  geração do, 230, 233-235
  isolamento do, 230, 232, 232f-233f
  "miniatura", 232-235
  mudança localizada na permeabilidade da membrana e, 229-230, 232
  na miastenia, 1270-1272f, 1272-1273
  padrão, 1270-1272, 1270-1272f
  potencial de reversão, 235-236, 235-236f, 236q
Potencial de ação, 190-210
  aferência excitatória sobre, 59-60
  aferência inibitória sobre, 59-60
  amplitude no, 50-51, 50-51f
  composto. *Ver* Potencial de ação composto
  condução sem decremento no, 191

destaques, 210-210
em fibras nociceptivas, 421-422, 421-422f. *Ver também* Nociceptores da dor
em nervos mielinizados, 186-188, 187-188f
em neurônios monoaminérgicos, 882-885, 882-885f
em neurônios sensoriais
sequência de, 355-356, 356-357f
tempo de, 354-356, 354-355f
excitabilidade celular no, 56-58
fundamentos do, 50-52, 50-51f, 56-58
limiar para iniciação do, 190, 197-199, 197-198f
na transmissão de informações somatossensoriais, 382-385
natureza do tudo ou nada do, 57-58f, 58-60, 58-59t, 190-191
descoberta do, 50-51f
despolarização no, 171-172, 173q
modelo de Hodgkin-Huxley sobre o, 197-199, 197-198f
no equilíbrio do fluxo iônico do potencial de membrana em repouso, 178-180
nos dendritos, 263-268, 263f, 266-267f
padrão do, 58-59
período refratário após, 191, 197-198f, 198-199
pré-sináptico. *Ver também* Terminais pré-sinápticos
abertura do canal de Ca^{2+} dependente de voltagem no, 223-225
com pós-potencial hiperpolarizante, 218-220
concentração de Ca^{2+} pré-sináptico, 294, 296f, 297-301
na transmissão sináptica, 223-225, 224-225f, 242-243
no atraso sináptico, 294, 297
serotonina no, 316-318
propagação do
canais de íons dependentes de voltagem na. *Ver* Canais iônicos dependentes de voltagem, no potencial de ação
condução eletrônica na, 184-186, 185-186f
diâmetro do axônio e mielinização na, 186-188, 187-188f
tamanho e geometria do axônio na, 185-187
tudo ou nada, 50-51f, 57-58f, 58-60, 58-59t
retropropagação, 266-268, 266-267f
tipo de neurônio e padrão de, 58-60, 206-208, 210, 208f
Potencial de ação composto
definição de, 185-186
na miastenia grave, 1270-1272, 1270-1272f

nas fibras nervosas somatossensoriais periféricas, 369-373, 370-371f, 1261-1262, 1261-1262f
por classe de fibra nociceptiva, 421-422f
Potencial de equilíbrio
íon, 172-175
K^+, 172-174, 174-175f
Na^+, 178-180
Potencial de membrana (V_m), 171-181
capacitância de membrana e, 182-184, 183-184f
destaques, 187-188
na fixação de membrana, 191, 192q
neurônio como circuito elétrico equivalente e, 179-181. *Ver também* Circuito equivalente
repouso. *Ver* Potencial de membrana em repouso (V_r)
Potencial de membrana em repouso (V_r)
canais iônicos com e sem portão, 171-179
condutância iônica nos canais abertos nas células nervosas em repouso nos, 174-175, 177, 176f
distribuição de íons através da membrana nos, 172-174, 172-174t
gradientes de concentração de íons nos, 172-174
permeabilidade ao K^+ dos canais abertos das células gliais nos, 171-172f, 172-175, 174-175f
transporte ativo de Cl^- nos, 178-179
transporte ativo nos gradientes eletroquímicos de Na^+, K^+ e Ca^{2+} nos, 175, 177-179, 176f-178f
definição de, 55-57, 171-172
equação de Goldman sobre contribuição de íons para, 179-180
modelo de circuito equivalente para cálculo do, 181-183q, 181-183f
potencial de ação no equilíbrio do fluxo iônico no, 178-180
registro de, 173q, 173f
separação de carga através da membrana e, 171-172, 171-172f
Potencial de Nernst, 174-175
Potencial de prontidão, 735-737
Potencial do receptor, 56-58, 57-58f, 58-59t, 351-352, 367-368
Potencial em miniatura na placa motora, 297-301
Potencial excitatório pós-sináptico (PEPS), 229-230
canais ativados por ligante do tipo AMPA e NMDA no, 255-257, 257f
na EEG, 1287q-1288q, 1287f
na habituação de curto prazo, 1161-1162, 1162-1163f

na junção neuromuscular. *Ver* Potencial da placa motora
para neurônios centrais, 246-247, 304f
Potencial inibitório pós-sináptico (PIPS)
mecanismo de, em canais de Cl^-, 259-260, 260-261f
para neurônios centrais, 246-247, 248f
Potencial sináptico quântico, 297-298
Potter, David, 218-219
Prazer, base neural do, 932-933, 937-939
Precessão, 98-99
Preenchimento perceptivo, contornos ilusórios e, 486-487, 486-487f
Preensão forçada, 734-735
Preferência condicionada de lugar, 945-947q
Pregnância (*affordance*) provisória, 1251-1252
Pregnância, da forma, 733, 1248-1249q
Prejuízo cognitivo moderado, 1384-1386, 1385-1387f
Preparação descerebrada, para estudos do circuito espinal, 675-676, 695-696q, 695-697f
Preparação *in vitro*, para estudos de organização central de redes, 697-698q, 697-698f
Preparações da coluna vertebral, para estudos de locomoção, 695-697q
Preparações intactas, para estudos de locomoção, 695-696q
Preparações semi-intactas, para estudos de locomoção, 695-697q
Pré-placa, 1002-1003, 1002-1006f
Pré-processamento, de dados IRMf, 101-103
Pré-prodinorfina, 331f
Presenilina-1, 1387-1392, 1391-1392f
Presenilina-2, 1389-1392, 1391-1392f
Pressão arterial
hipotálamo na regulação da, 894-895t
reflexo baroceptor na regulação da, 903, 905-906, 907-908f
Pressão, fibras de adaptação lenta para, 398, 400. *Ver também* Fibras de adaptação lenta do tipo 1 (AL1); Fibras de adaptação lenta tipo 2 (AL2)
Primeira dor, 421-422f, 422-423, 438-439
Priming
em vesículas sinápticas, 305, 307, 307-308f
memória, em amnésia, 1143-1146, 1145-1146f
visual, por palavras, 1151-1152, 1151-1152f
Priming conceitual, 1151-1152
Priming perceptivo, 1151-1152

Primitivos motores, 649, 651
Primitivos visuais, 487-488
Prince, David, 1289-1291
Princípio do máximo da entropia, 363
Príons, 1174-1175
Privação
social, 1071-1074, 1073-1074f
visual, 1073-1077, 1074-1077f
Proação inibitória
em neurônios motores, 55-57, 55-56f
em sistemas sensoriais, 358-361, 360-361f
Probabilidades de transição, para palavras na fala contínua em bebês, 1219-1221
Problema de abertura, 494-496f
Procarioto, 46
Processamento auditivo. *Ver também* Som
captação de energia sonora pelo ouvido, 511-536, 535f-536f
localização da fonte sonora e, 578-580, 579-580f
na cóclea. *Ver* Cóclea, processamento auditivo na
pelo sistema nervoso central, 578-602
colículo inferior no. *Ver* Colículo inferior
complexo olivar superior no. *Ver* Complexo olivar superior
córtex cerebral. *Ver* Córtex auditivo
destaques, 602
núcleos cocleares no. *Ver* Núcleos cocleares
vias auditivas centrais no, 578-580, 581f, 587-588f
perspectiva geral do, 343-344
reconhecimento de fala e, 578-580
reconhecimento de música e, 578-580
Processamento da linguagem
bases neurais do
desenvolvimento da arquitetura neural na infância nas, 1222-1223
dominância do hemisfério esquerdo nas, 1222-1224
modelo de via dupla nas, 1221-1222, 1222f
modelo de Wernicke nas, 15-16
modelo de Wernicke-Geschwind nas, 1220-1222, 1221-1222t
prosódia em, envolvimento dos hemisférios direito e esquerdo nas, 1223-1224, 1224-1225f
destaques, 1229-1229
distúrbios do, localização funcional cerebral nas, 1223-1229
em afasias menos comuns, 1226-1229, 1228-1229f

em afasias transcorticais, 1226-1228
estudos de dano encefálico de, 16-18
na afasia de Broca. *Ver* Afasia de Broca
na afasia de condução. *Ver* Afasia de condução
na afasia de Wernicke. *Ver* Afasia de Wernicke
na afasia global, 1226-1228
primeiros estudos de, 8, 14-16
hemisfério direito no, 15-16
imagens encefálicas funcionais do, 16-18, 1213-1214
na área de Broca. *Ver* Área de Broca
na área de Wernicke. *Ver* Área de Wernicke
na linguagem de sinais, 16-18, 17-18f
níveis estruturais de, 1213-1215
Processamento de informações, 1304-1305
Processamento de língua de sinais, 16-18, 17-18f
Processamento distribuído, 15-16
Processamento espacial, adaptação à luz ativada, 467-468f, 474f, 476q-477q, 477f, 484
Processamento heterossináptico, 1162-1164
Processamento modular, no cérebro, 18-20
Processamento paralelo, em sistemas colunares visuais, 455, 457-458, 457-459f
Processamento sensorial, 641-642, 642f
Processamento serial, em sistemas colunares visuais, 455, 457-458
Processamento visual, 444-464. *Ver também* Percepção visual
alto nível, 503-517
destaques, 516-517
memória visual como componente de. *Ver* Memória visual
reconhecimento de objeto em, 503, 503-504f. *Ver também* Reconhecimento de objetos
áreas de processamento de forma, cor e profundidade no, 449-453, 450-452f
baixo nível. *Ver* Retina
campos receptivos em retransmissões sucessivas nas, 452-455, 453f-455f
circuitos corticais intrínsecos no, 456-457f, 455, 457-462, 460f-462f
códigos neurais nos, 459-463, 463f
colunas de neurônios especializados no, 453-455, 457-458
arquitetura funcional, 456f-457f

arquitetura funcional do córtex visual em, 453-455
colunas de orientação, 453-455
dominância ocular, 453-455, 456f-457f
funções gerais das, 453-455
hipercolunas, 453-455
hipercolunas nas, 456f-457f
módulos computacionais corticais nas, 455, 457-458, 457-458f
processamento em série e em paralelo nas, 455, 457-458, 459f
projeções do núcleo geniculado lateral nas, 453-455, 456-457f
vantagens das, 455, 457-458
córtex parietal na informação visual para o sistema motor, 528-529
neurônios intraparietais no, 528-530, 529-530f
vias no, 528-529, 529-530f
de contornos, 453-455
destaques, 529-530
direcionador da seletividade visual, 524-527
cegueira à mudança, 524-525, 526-527f
mapa de prioridade, 527q-529q, 527f-529f
no lobo parietal, 525-527, 525-526f
fluxos de, 448-449, 503-504, 504-505f
movimento dos olhos no, 448-449, 449-450f
nível intermediário, 486-493
áreas corticais no, 487-488, 487-488f
conexões corticais no, 496-500
conexões horizontais e arquitetura funcional nas, 457, 459f, 496-498
para integração de contorno e saliência, 491f, 496-498
plasticidade das, e aprendizado por percepção, 496-498, 498-499f
projeções de retroalimentação nas, 496-498
representação cortical de atributos visuais e formas na procura visual nas, 496-499, 500f
contexto no, 486-488, 494-498
na percepção do brilho e das cores, 494-498, 497f
nas propriedades do campo receptivo, 496-498
contornos ilusórios e percepção de preenchimento do, 486-487, 486-487f
destaques, 500-501
elementos fundamentais do, 486-488, 486-487f

expectativa no, 486-488
modelos internos de geometria de objetos no, 487-492, 488-492f
campos receptores de inibição terminal nos, 489-490, 490-492f
células complexas nos, 488-489, 488-489f
células simples nos, 488-489, 488-489f
estímulos móveis nos, 490-492
integração de contorno nos, 489-492, 491f
modulação contextual nos, 457, 459f, 489-490, 491f
neurônios do córtex visual nos, 487-489
seletividade de orientação nos, 487-489, 488-489f
mudanças dependentes da experiência nos circuitos corticais no, 486-488
percepção de profundidade no, 490-494
estereopsia de DaVinci na, 494
estereopsia na, 492, 494, 494f
plano de fixação na, 490-492, 494f
propriedade de borda na, 494, 494f
vergência na, 494
primitivos visuais nos, 487-488
processos cognitivos no, 498-500
sinais do movimento local no objeto e na forma da trajetória no, 494-495
problema de abertura e espiral ilusória nos, 494-495, 495-496f
seletividade de direção do movimento nos, 494, 494-495f
no aprendizado de idiomas, 1217-1219
para atenção e ação, 519-530
compensação encefálica para movimentos oculares na, 519, 519-521f
comandos motores para. *Ver* Movimentos sacádicos, estabilização encefálica da imagens durante proprioceção oculomotora na, 523-525, 524-526f
reflexo e acomodação pupilar nos, 448-449, 449-450f
representações proativas no, 90-92, 90-91f
via geniculoestriada no, 446-449, 449f
vias visuais para, córtex encefálico. *Ver* Vias visuais

Processo de deriva-difusão, na tomada de decisão, 1239-1242, 1241f
Processo mental consciente, correlatos neurais de, 1305-1307
Processos de baixo para cima
na percepção de movimento, 494-495
na percepção visual, 498-500
no processamento visual de nível superior, 515-516
Processos de controle executivo, 1141-1142
Processos descendentes
atenção como, conexões corticais nos, 496-498
atenção espacial nos, 498-499
na evocação por associação de memórias visuais, 515-516, 516-517f
no processamento sensorial, 363-364
no processamento visual de alto nível, 515-516
segmentação de cena nos, 494-495
tarefa de percepção nos, 498-499
Processos mentais. *Ver* Funções/processos cognitivos
Processos mentais inconscientes
correlatos neurais dos, 1305-1307, 1306-1307f
evidência para, 1250-1252, 1306-1307
no controle da ação, 629-630, 1309-1311, 1310-1311f
agnosia de forma e, 1310-1311f, 1317
consciência e urgência de agir, 1310-1311
membro fantasma e, 1311
sistema de orientação inconsciente no, 1309-1311, 1310-1311f
relatos subjetivos do, 1312-1314
Prodinorfina, 438-439t
Proencefalina (PENK), 331f, 438-439t
Progesterona, 1116-1120, 1117-1120f
Projeções de retroalimentação, 496-498
Promotores, 24-26, 25-26f
Pró-opiomelanocortina (POMC)
como peptídeo opioide, 438-439t
na regulação do balanço energético, 915f-916f, 915-918
precursor de, 331f
variação em peptídeos produzidos por, 330-332
Propriedade de borda, 494, 494f
Proprioceção, 366
fibras AL2 na, 398, 400
fuso muscular como receptor para, 377-379, 378-379f
mecanorreceptores para, 372-373t, 373-375f, 377-379, 378-379f

no controle sensorimotor, 650q, 650f
no tempo e amplitude da passada, 704-705, 705-708f
oculomotora, 522-524, 523-525f
reflexos na, 690-691
sensações para, perda de, 1265-1267
Propriocepção de membros, mecanorreceptores para, 372-373t
Propriocepção oculomotora, 522-524, 523-525f
Prosencéfalo
anatomia do, 10q, 11f
embriogênese do, 981-982, 982-983f
padronização do
prosômeros na, 991-993
sinais indutivos e fatores de transcrição na, 991-994, 994-996f
sinais organizadores ístmicos na, 982-985, 983-985f
vias aferentes na, 992-996, 995f
Prosencéfalo basal, na doença de Alzheimer, 1387-1388, 1394-1396
Prosódia, hemisférios direito e esquerdo na, 1223-1224
Prosômeros, 984-985, 991-993
Prosopagnosia
características da, 1304-1305, 1307-1309
dano ao córtex temporal inferior na, 452, 506-507
estudos de IRMf da, 107-108
Prostaglandina(s)
na dor, 428-429
na febre, 910-912
Protanomalia, 480-481
Protanopia, 480-481
Proteassomas, 120-121
Proteína. *Ver também proteínas específicas*
acúmulo anormal de, em distúrbios neurológicos, 126-128q, 127-128f
em espinhos dendríticos, 131-132, 1298-1299f
síntese de. *Ver* Síntese de proteínas
transporte axônico de, 127-128, 129-130f
Proteína ApoE, 1393-1394
Proteína básica de mielina (MBP), em neuropatias desmielinizantes, 1268f
Proteína-cinase
dependente de AMPc. *Ver* Proteína-cinase A (PKA)
dependente de GMP, 279-281
variação na, na atividade de moscas e abelhas, 36-39, 38-39f
Proteína-cinase A (PKA), 272-274, 273f, 324-325q, 1162-1166
estrutura da, 1169-1171
na captura sináptica, 1171-1174, 1174-1175f
na potenciação de longa duração, 1190-1193

na sensibilização, 1162-1166, 1165f-1166f
na sensibilização de longa duração, 1164-1166, 1168f, 1169-1170
na síntese do terminal sináptico, 1175-1176f
no cone de crescimento, 1029-1030f
Proteína-cinase asociada a microtúbulos (MAPK), 1014-1016, 1016f
Proteína-cinase C (PKC)
isoformas, 276-277f
na potenciação de longa duração da transmissão sináptica, 257-259f
na sensibilização, 1162-1166, 1165f-1166f
Proteína-cinase dependente de AMPc (PKA). *Ver* Proteína-cinase A (PKA)
Proteína-cinase dependente de cálcio/calmodulina (CaM-cinase), 276-277f, 276-278, 315-317
Proteína-cinase dependente de GMPc (PKG), 279-281
Proteína-cinase II dependente de cálcio/calmodulina (CaMKII), 257-259f, 1189f-1190f, 1188-1190, 1195-1196
Proteína-cinase II dependente de cálcio/calmodulina (CaMKII--Asp286) constitutivamente ativa, 1195-1196, 1199f
Proteína-cinase M (PKM), 276-277f
Proteína-cinase Rho (ROCK), 1101-1102, 1101-1102f
Proteína-cinase ativada por mitógeno (MAPK, MAP-cinase)
ativação da, 276-278, 278f
na sensibilização de longa duração, 1168f, 1169-1170
Proteína de dedo de zinco (SNAI1), 1007-1009
Proteína de deficiência intelectual do X frágil (FMRP), 41-42, 1355
Proteína de desacoplamento-1, 909q
Proteína de ligação ao CREB (CBP)
ativação de transcrição por, 285-287
na sensibilização de longa duração, 1164-1166, 1168f, 1169f
Proteína de ligação ao elemento de poliadenilação citoplasmática (CPEB)
na facilitação sináptica de longo prazo, 1171-1176, 1175-1176f
na formação de memória de longo prazo em moscas-da--fruta, 1176-1177
na tradução de RNA local, 130-132
no aprendizado aversivo em mamíferos, 1178-1180

Proteína de ligação ao elemento responsivo ao AMPc (CREB)
ativação de transcrição por, 285-287
na produção de catecolaminas, 324-325q
na sensibilização de longa duração, 1164-1170, 1168f, 1169f
no interruptor de consolidação de memória, 1169-1170, 1170-1171f
Proteína de membrana associada à vesícula (VAMP), 309f, 307-308, 310-311
Proteína de mielina periférica 22 (PMP22), 140q, 140f, 141f
Proteína de mielina zero (MPZ ou P_0), 140q
Proteína de Staufen, 130-131
Proteína G
alvos efetores para, 274
estrutura da, 274, 275f
fechamento do canal, direto, 274
interações com o receptor adrenérgico β2, 274, 275f
modulação de canal iônico por, direto, 283-285, 284f-287f
tipos de subunidades, 274
Proteína MAP2
na polaridade neuronal do hipocampo, 1021-1022, 1023f
nos dendritos, 1021-1022, 1023f
Proteína potenciadora de ligação à caixa CAAT, na sensibilização de longa duração (C/EBP), 1168f, 1169-1170, 1170-1171f
Proteína precursora amiloide (APP), 1389-1392, 1390f
Proteína proteolipídica (PLP), 140q
Proteína Ptc (*patched*), 986-987
Proteína Ras, 276-278
Proteína Rig-1, no crescimento e orientação do axônio, 1041-1042, 1041-1042f
Proteína Smo (*smoothened*), 986-987
Proteína TIM, 37f
Proteína transmembrana reguladora do receptor AMPA (TARP), 250-251, 253, 252f
Proteína verde fluorescente (GFP), 333f
Proteínas associadas aos microtúbulos (MAPs)
no citoesqueleto, 123, 127
nos emaranhados neurofibrilares, 1391-1393, 1392-1393f
Proteínas Bcl-2, em apoptose, 1016-1018, 1016-1017f
Proteínas contráteis, no sarcômero, 660-663, 662f-666f
Proteínas de ancoragem à cinase A (AKAPs), 272-274
Proteínas de homeodomínio, 983-984
na diferenciação de neurônios motores, 988-990, 989-991f

na padronização da medula espinal ventral, 986-987f, 987-988
Proteínas de homeodomínio LIM, 993-994f
Proteínas de ligação à RIM, 312-314
Proteínas de revestimento (capas), 134-135
Proteínas efetoras de morte, 1018-1019
Proteínas Gli, 986-988
Proteínas Hox
na diversificação e diferenciação de neurônios motores, 989-993, 992-994f
nos subtipos de neurônios motores no encéfalo e na medula espinal, 988-990, 989-991f
Proteínas morfogenéticas ósseas (BMPs)
características de, 980-981
na indução e migração da crista neural, 1007-1009
na indução neural, 979-982, 980-981f
na padronização do tubo neural dorsal, 987-988
no crescimento e orientação do axônio, 1041-1042f
Proteínas Nogo
inibição da regeneração axonal por, 1101-1102, 1101-1102f
no período crítico para privação monocular, 1082-1083, 1083-1084f
Proteínas Par, na polaridade neuronal, 1021-1022, 1023f
Proteínas secretoras
modificação no complexo de Golgi, 133-135
síntese no retículo endoplasmático, 132-134, 132-133f
Proteínas SM, 309f, 310-311
Proteínas SNARE, 134-135, 307-308, 310-313, 310-314f
Proteínas tau
agregação de, 1390f, 1391-1393
em dendritos, 1021-1022, 1023f
na doença de Parkinson tipo 17, 1391-1392
na polaridade neuronal do hipocampo, 1021-1022, 1023f
nos distúrbios neurológicos, 126-128q, 127-128f
nos emaranhados neurofibrilares, 1391-1393, 1392-1393f
nos neurônios normais, 123, 127, 126-128q
Proteínas transportadoras, em células gliais, 119-120
Proteínas Wnt
na padronização rostrocaudal do tubo neural, 981-983, 983-984f
no crescimento e orientação do axônio, 1041-1042f, 1042
no desenvolvimento do subtipo de neurônio motor, 990-991
Proteolipídeos, 140q
Proteoma, 46

Proteômica, 120
Prótese de retina, 845
Prótese/implante coclear, 554-555, 556f, 845
Próteses neurais. *Ver* Interfaces cérebro-máquina (ICMs)
Protocaderina 14, 543-544, 544-545f
Protocérebro lateral, 614-615f, 615-616
Protofilamentos, 123, 127, 125-127f
Protomapa cortical, 991-993
Protótipos fonéticos, 1216-1217
Prurido
  da histamina, 381-382
  fibras C no, 381-382
  propriedades do, 381-383
  sistema espinotalâmico no, 401-404f
Prusiner, Stanley, 1174-1175
Pruszynski, André, 395-398
Pseudocondicionamento. *Ver* Sensibilização
Psicoestimulantes, 946-948t, 948-950. *Ver também* Drogas de abuso
Psicofísica, 347-349, 348-349f
Psicofisiologia, 923-925q
Psicologia cognitiva, estudos por IRMf e, 107-108
Psicoterapia, para transtornos de humor e ansiedade, 1340-1344
PTEN, na regeneração axonal, 1103-1105, 1104-1105f
Ptf1a, 1011-1012, 1011-1012f
Ptose
  lesão do nervo oculomotor na, 768q
  na miastenia grave, 1269-1270, 1269-1270f
Pulso sacádico, 768-771, 770, 772f
Pulvinar, 72-73f, 73, 449-452f, 452
Pupila(s), 465, 465-466f
Purcell, Edward, 111-112
Purina(s), 326-327
Putnam, Tracey, 1282-1283
PYY (peptídeo YY), 913-914, 915-916f

Q-SNAREs, 309f, 307-308, 310-311
Quanta, 297-298
Quiasma óptico
  cruzamento axonal no, 1039-1040
  divergência do cone de crescimento no, 1032, 1035-1037, 1035-1038f
Quimioatração, no crescimento e orientação do axônio, 1033f, 1039-1042, 1040-1042f
Quimiorreceptores
  características de, 351-352f, 351-353t, 353-354
  centrais, na respiração, 879-880, 880f
  diâmetro axonal de neurônios dos núcleos da raiz dorsal em, 367-369
  sensibilidade gradativa, 353-354

Quimiorreceptores centrais, 879-880, 880f
Quimiorreceptores de CO_2, na respiração, 879-880, 880f
Quimiorrepulsão, no crescimento e direcionamento axonal, 1033f, 1039-1042, 1041-1042f
Quimotripsina, 330
Quinino, zumbido a partir de, 554-555

Rab27, 309f, 312-314
Rab3, 309f, 312-314
Rabi, Isidor, 111-112
Radiação óptica, 448-449, 449-450f
Raia elétrica, 230, 232f
Raichle, Marcus, 358-360
Raiva simulada, 925-926, 927-928f
Raiz dorsal, 67-68f
Raiz ventral, medula espinal, 67-68f, 68-70
Raízes nervosas espinais, 68-70f
Ramirez, Naja Ferjan, 1220-1221
Ramirez-Esparza, Nairan, 1220-1221
Ramón y Cajal, Santiago
  em fatores quimiotáticos, 1039-1040
  em fatores quimiotáticos axonais, 5-6
  estudos cerebrais celulares de, 7, 975
  hipótese de plasticidade, 62
  método de coloração de Golgi usado por, 50-52
  na diferenciação axônio *vs.* dendrito, 1021-1022
  na função glial, 135-136, 135-136f
  na migração de neurônios, 1002-1005
  na morte e regeneração de neurônios, 1094-1095
  na regeneração axonal da via nervosa central, 1099-1100
  no cone de crescimento, 5-6, 1026-1027, 1027-1028f
Rapsina, 1057f, 1058, 1059-1062
Rauschecker, Josef, 1221-1222
Razão giromagnética, 98-99
Reação cromatolítica, 1094-1095f, 1096-1098
Recaída, na dependência de substâncias, 949. *Ver também* Drogas de abuso
Recaptação, de transmissores da fenda sináptica, 336-337
Recém-nascidos
  atividade do tronco encefálico em, 867
  sono em, 965-966
Receptor de 5-α-di-hidrotestosterona (DHT), 1117-1120, 1123f
Receptor de andrógeno
  disfunção do, na atrofia muscular espinobulbar, 1375-1376
  receptor de 5-α-di-hidrotestosterona (DHT), 1117-1120, 1123f

Receptor de cainato
  codificação de famílias de genes, 250-251
  estrutura do, 250-251, 253
  regulação da ação sináptica excitatória por, 249-250, 249-250f
Receptor de melanocortina 4 (MC4R), 915f-916f, 915-918
Receptor de neurocinina 1 (NK1), ativação do, 427f, 432f
Receptor de orfanina FQ, 437-438, 438-439t
Receptor de progesterona, 1117-1120, 1123f
Receptor de sabor amargo, 618-622f, 621-622
Receptor de sabor azedo, 618-619f, 622-624
Receptor de sabor doce, 618-621, 618-621f
Receptor de sabor salgado, 618-619f, 622
Receptor de testosterona, 1117-1120, 1123f
Receptor gustatório umami, 618-622f, 619-622
Receptor P2X
  estrutura do, 262-263
  genes codificantes para, 262-263
  no condicionamento de aversivo em moscas, 1175-1176
Receptor PTX3, na dor, 422-423
Receptor β_2-adrenérgico, 275f
Receptor(es). *Ver também tipos específicos*
  abertura do canal iônico por, 225-227, 226-227f
  concentração de, nos terminais nervosos, 1059-1062
  nas sinapses centrais, 1059-1062, 1063f
  pós-sinápticos, ligação do neurotransmissor em, 224-226
  sensoriais. *Ver* Receptores sensoriais
  sistema somatossensorial. *Ver* Córtex/sistema somatossensorial, receptores
  superfície, na diferenciação celular ectodérmica, 977-978
  transmembrana, codificação gênica de, 28
Receptores acoplados à proteína G, 271-272, 271-272f
  domínios transmembrana em, 274, 275f
  glutamato, 249-250, 249-250f
  iniciação da via AMPc por, 272-274
  mecanismo de, 226-227, 226-227f
  na abertura do canal de Ca^{2+} dependente de voltagem, 283-285, 284f
  na sensibilização, 1162-1166, 1165f-1166f
  odorante, 605-606, 606-607f
  sequência comum em, 274

Receptores AMPA
  codificação de famílias de genes, 250-251, 253
  contribuições para a corrente pós-sináptica excitatória, 255-257, 257f
  densidade pós-sináptica em, 253-256, 254-255f
  em convulsões, 1288-1290, 1288-1290f
  estrutura de, 250-255, 252f
  na potencialização de longa duração na via colateral de Schaffer, 1189f-1191f, 1188-1190
  no corno dorsal da medula espinal, 429, 432f
  permeabilidade do Ca^{2+} em, 250-251, 253-255f
  regulação da ação sináptica excitatória por, 249-250, 249-250f
Receptores associados a aminas-traço, 605-606
Receptores CB1/CB2, 279
Receptores das articulações, 377-378
Receptores DCC (deletados no câncer colorretal), no crescimento e orientação do axônio, 1032f-1035f, 1041-1042f, 1042
Receptores de acetilcolina (ACh) (canais ativados por ligante)
  em correntes tudo ou nada, 232-236, 235-236f
  em fatores genéticos, 159-161, 160-161f, 1058-1059, 1058-1059f
  em mutações genéticas, epilepsia e, 1299-1300
  $GABA_A$ ionotrópico e homologia do receptor de glicina com, 250-251f, 262-263
  localização de, 332, 335-336
  muscarínicos, 238-239, 900-902t
  na junção neuromuscular, 229-230, 231f
    agrupamento de, 229-230, 233f, 1056-1058, 1057f-1059f
    correntes iônicas por meio de, no potencial da placa motora, 230, 232, 234, 233f-232, 234f
    destaques, 240-243
    e no potencial da placa motora. *Ver* Potencial da placa motora
    permeabilidade ao Na^+ e K^+, 232-236, 235-236f, 236q
    propriedades moleculares de, 291-298
      estrutura de alta resolução, 239-242, 240-242f
      estrutura de baixa resolução, 230-233, 232f, 238-241, 238-240f
      ligação do transmissor e alterações em, 236-238
      vs. canais de potencial de ação dependentes de voltagem, 236-237, 237-238f
      registro de correntes por fixação de membrana

(*patch-clamp*), 154q, 154f, 235-236, 235-236f
na miastenia grave, 239-241, 1270-1272, 1272f
nicotínicos. *Ver* Receptores nicotínicos de ACh
síntese na célula muscular, 1050-1052, 1054, 1056f
subunidades de, 250-251f, 1059-1062
Receptores de calor, 379-380
Receptores de canabinoides, 279
Receptores de efrina, 990-991, 993-994f
Receptores de estrogênio, 1116-1120, 1119f, 1120, 1123f
Receptores de glicina (canais ativados por ligante)
ações inibitórias dos, 259-262, 260-261f
em sinapses centrais, 1059-1062, 1063f
funções dos, 259-260
inibição celular pós-sináptica por corrente de Cl- via, 259-262, 260-262f
ionotrópicos, 250-251f, 258-260
nicotínicos, subunidades dos, 250-251f
Receptores de glutamato (canais ativados por ligante)
em astrócitos, 136-137, 142, 143f
em sinapses centrais, 1059-1062, 1063f
hiperativação dos, em convulsões prolongadas, 1298-1299
ionotrópicos, 249-256, 249-250f
estrutura e função dos, 249-255, 249f-252f
excitotoxicidade do glutamato em, 256-257
famílias/categorias de, 249-251, 253, 250-251f. *Ver também* Receptores AMPA; Receptores de cainato; Receptores do tipo NMDA (canais ativados por ligante)
rede de proteínas na densidade pós-sináptica nos, 256-257, 257f
metabotrópicos, 249-250, 249-250f, 1355
no corno dorsal da medula espinal, 429, 432f
Receptores de glutamato do tipo AMPA e cainato, em células ON e OFF, 478
Receptores de glutamato do tipo NMDA (*N*-metil-D-aspartato)
codificação de famílias de genes, 250-251, 253, 250-251f
contribuições para a corrente pós-sináptica excitatória, 255-257, 257f
densidade pós-sináptica nos, 253-256, 254-255f
em convulsões, 1288-1290, 1288-1290f
em doenças neuropsiquiátricas, 256-259

estrutura dos, 120-121, 250-251, 253
na depressão de longa duração da transmissão sináptica, 1196, 1198-1201, 1200-1201f
na excitabilidade do neurônio do corno dorsal na dor, 429, 432f
na função de gerador de padrão central, 706q
na potenciação de longa duração nas vias do hipocampo, 1185-1186, 1188-1190, 1189f-1190f, 1203-1204
nos neurônios do núcleo dorsal do lemnisco lateral, 588-589
plasticidade sináptica de longa duração e, 256-257, 257-259f
propriedades biofísicas e farmacológicas dos, 255-257, 255-256f
regulação da ação sináptica excitatória por, 249-250, 249-250f
subunidade NR1 dos, na memória espacial, 1193-1196, 1196-1198f
voltagem na abertura dos, 255-256
Receptores de importação nuclear (importinas), 121, 123
Receptores de neuropeptídeos, na regulação do comportamento social, 39-40f, 40-41f
Receptores de superfície, 977-978
Receptores delta (δ), opioide, 437-439, 438-439t
Receptores GABA (canais ativados por ligante)
abertura de, 259-260
nas sinapses centrais, 1059-1062, 1063f
Receptores GABA$_A$ (canais ativados por ligante), 258-259
função de, 259-260
inibição de células pós-sinápticas por corrente de Cl- através de, 259-262, 260-262f
ionotrópicos, 250-251f, 258-260
mutações em, epilepsia e, 1300-1301f
na convulsão, 1288-1290, 1288-1290f
nicotínicos, subunidades de, 250-251f
Receptores GABA$_B$ (canais ativados por ligante), 258-259
Receptores gustatórios. *Ver* Sistema gustatório, receptores sensoriais e células no
Receptores ionotrópicos. *Ver também* Receptores de glutamato (canais ativados por ligante)
ativação por neurotransmissores dos, 215, 271-272, 271-272f
efeitos funcionais dos, 279-281, 279-281t
funções dos, 225-227, 226-227f
no balanço de cargas, 271-272

vs. receptores metabotrópicos, 226-227, 279-282, 279-281t, 281-283f
Receptores kappa (κ), opioides, 437-439, 438-439t
Receptores metabotrópicos. *Ver também tipos específicos*
ações fisiológicas dos, 279-281, 279-281t
acoplado à proteína G. *Ver* Receptores acoplados à proteína G
ativação por neurotransmissor de, 271-274, 271-272f
famílias de, 271-272, 271-272f
mecanismo de, 215, 225-227, 226-227f
receptor tirosinaicinase. *Ver* Receptores tirosina-cinase
vs. receptores ionotrópicos, 226-227, 279-282, 279-281t, 281-283f
Receptores muscarínicos de ACh, 229-230, 900-902t
Receptores nicotínicos de ACh, 229-230
anticorpos para, na miastenia grave, 1269-1270, 1272
estrutura de
estudos da, 230, 233f
modelos de alta resolução de, 239-242, 240-242f
modelos de baixa resolução de, 237-241, 238-240f
funções de, 900-902t
mutações genéticas em, epilepsia e, 1299-1300
Receptores opioides, 437-439, 438-439t
Receptores opioides do tipo mu (μ), 437-438, 438-439, 438-439t
Receptores purinérgicos, 262-263, 326-327
Receptores rianodina, 1276-1278
Receptores sensíveis ao estiramento, 54-55
Receptores sensoriais, 117-118. *Ver também tipos específicos*
adaptação dos, 355-356
classificação dos, 351-354, 351-353t
de adaptação lenta, 355-356, 355-356f
de adaptação rápida, 355-356, 356-357f
especialização de, 349-354, 351-352f
limiar alto, 355-356
limiar baixo, 355-356
subclasses e submodalidades de, 353-355, 354f
superfície de, em estágios iniciais de resposta, 359-362
tipos de, 346-347, 346-347f
Receptores serpentina, 274. *Ver também* Receptores acoplados à proteína G
Receptores térmicos, 372-373t
características dos, 351-353t, 353-354

diâmetro do axônio do neurônio dos gânglios da raiz dorsal nos, 367-370
para mudanças de temperatura da pele, 378-381, 379-380f
Receptores tirosina-cinase, 271-272, 271-272f
efeitos do receptor metabotrópico dos, 276-278, 278f
funções dos, 276-278
ligantes para, 276-278
Receptores transmembrana, codificação de genes, 28
Receptores Trk, 1014-1016, 1016f
Receptores TRP. *Ver* Receptores de potencial transitório (TRP)
Rechtschaffen, Allan, 969-970
Reciclagem mediada por clatrina, transmissor, 305, 307, 307-308f
Recombinação, 46
Recompensa
amígdala no processamento da, 932-933
circuito neural para, 941-944, 942-943f
de curto e longo prazo, 941-942
definição de, 941-942
patológico. *Ver* Adicção a drogas
Recompensa por estímulo encefálico, 941-944, 942-943f
Reconhecimento de alvo sináptico, 1044-1050
ajuste da atividade neural relacionada à especificidade sináptica no, 1048-1051, 1050-1052f
moléculas de reconhecimento na formação de sinapses seletivas no, 1044-1047, 1045-1048f
sinais de entradas sinápticos direcionados para domínios celulares pós-sinápticos distintos no, 1047-1050, 1048-1050f
Reconhecimento de objeto
atenção no, 498-500
categórico, na simplificação de comportamento, 510-512, 512-513f
constância perceptiva no, 508-510, 510-511f
córtex temporal inferior no, 503-509
divisões posterior e anterior do, 503-504, 504-505f
evidências clínicas do, 504-507, 504-506f
neurônios que codificam estímulos visuais complexos no, 506-507, 506-507f
organização colunar funcional de neurônios no, 506-508, 506-508f
projeções corticais do, 504-505f, 507-509
reconhecimento facial no, 507-509, 507-509f
recordação associativa de memórias visuais no, 515-517, 516-517f

via cortical para, 503-505, 504-505f
figura vs. fundo em, 444-446, 445-446f
memória visual no, 511-512
no processamento visual de nível superior, 503-504, 504-505f
processos cognitivos no, 498-500
representações proativas no, 90-92, 90-91f
Reconhecimento facial
giro fusiforme no. *Ver* Giro fusiforme, na percepção facial
IRMf em estudos de, 106-108
lobo temporal no, 507-509, 507-509f
Reconsolidação, da memória, 1175-1176
Recordação consciente da memória, 1312-1313, 1312f
Recordação visual, circuitos para, 515-517, 516-517f
Recuperação
em massa, 307-308, 307-308f
no processamento de memória episódica, 1143-1146q, 1146-1148
Recuperação de memória
consciente, 1312-1313, 1312f
em distúrbios do processo mental consciente, 1312-1313, 1312f
visual, associativa, 515-517, 516-517f
Rede perineuronal, no período crítico para privação monocular, 1082-1083, 1089-1090
Redes de aprendizado biológica, 90-91f
Redes de aprendizado de máquina, 90-91f
Redes neurais
artificiais, 363-364
integração nas, 92-95, 93-94f
nos transtornos de humor e ansiedade, 1335, 1336-1337f
Redes neurais profundas, 108-109
Redes recorrentes, 358-360
Reese, Thomas, 302-303, 304f
Refletância, 481-482
Reflexo de estiramento, 54-57
do músculo quadríceps, 246-247, 248f
em exames clínicos, 691-692
espinal, 675-676, 677f, 676-678q, 678-679f
hiperativo, 691-692
hipoativo ou ausente, 691-692
inervação recíproca no, 675-676
patelar, 54-55, 54-55f, 57-58, 57-58f
sinalização no, 59-61, 60-61f
vias monossinápticas no, 675-676, 678, 680, 677-682f
Reflexo de Hoffmann
técnica para mensuração do, 681q, 681f
testes não invasivos em humanos, 683-685q, 684-687, 690-691

Reflexo de micção, 903, 905-906, 904f
Reflexo estapediano, 877-878
Reflexo flexor de retirada, 677f, 682-685
Reflexos
acústico de estapédio, 877-878
arquitetura neural para, 60-62
axonal, 429
baroceptor, 878-879, 903, 905-906, 907-908f
cutâneos, 677f, 682-685
da córnea, 877-878
de extensão cruzada, 683-684
de flexão, 677f, 683-685
de Hering-Breuer, 690-691
de Hoffmann. *Ver* Reflexo de Hoffmann
de nervo craniano, 876-879
de retirada de flexão, 677f, 682-685
de vômito, 877-879
estiramento. *Ver* Reflexo de estiramento
força dos, variação nos, 691-692
gastrintestinal, 877-878
hierarquia de, 633-635
inverso estado-dependente nos, 688-689
patelar, 54-55, 54-55f, 57-58, 57-58f
proprioceptivo, 690-691
pupilares à luz, 876-878, 877-878f
retração de brânquias, em *Aplysia*. *Ver Aplysia*
reversão fase-dependente dos, 708-709
sinais sensoriais, motores e musculares em, 59-60, 60-61f, 633-635
tendinosos, 691-692
vestíbulo-oculares. *Ver* Reflexos vestíbulo-oculares
vias espinais para, 690-691
vs. função mental complexa, 60-62
Reflexos pendulares, 806-808
Reflexos vestíbulo-oculares
aprendizado cerebelar nos, 571-572, 572f, 820-823, 822f
ativação dos, 877-878
circuitos neurais para inclinação da cabeça em aceleração linear nos, 796-797
como sistema de controle de circuito aberto, 634-635
na estabilização de imagem na retina, 767-768, 770, 877-878
na estabilização ocular durante os movimentos da cabeça, 567-572
respostas optocinéticas nos, 571-572
rotacional, em compensação pela rotação da cabeça, 568-571, 569f-571f
supressão dos, para mudanças do olhar, 779-781

teste calórico para avaliação dos, 574-576, 575-576f
translacional, no movimento linear e inclinação da cabeça, 570-572
Reforço, 1154-1155
Reforço baseado em modelo, 649, 651
Reforço extrínseco, 837-838f, 838-839
Reforço intrínseco, 836-839, 837-838f
Reforço negativo, 1156-1157
Regeneração
axonal. *Ver* Regeneração axonal
no sistema hematopoiético, 1105-1106
Regeneração axonal
em nervos centrais e periféricos, 1098-1100, 1098-1100f
intervenções terapêuticas para a promoção da
cicatriz induzida por lesão e, 1102-1103, 1102-1103f
componentes de mielina no crescimento de neuritos na, 1100-1182, 1100-1102f
fatores ambientais na, 1099-1101
novas conexões por axônios intactos na, 1103-1105, 1105-1106f
programa de crescimento intrínseco para, 1102-1105, 1103-1105f
transplante de nervo periférico para, 1098-1100, 1098-1100f
no gânglio da retina, 1111-1112, 1111-1112f
Região de alcance parietal, 731, 732-738f
Região locomotora mesencefálica (MLR), 709-711, 710-712f
Região organizadora, no desenvolvimento da placa neural, 977-980, 979-980f
Região pró-neural, 999-1000
Regiões P, canais iônicos com, 160-161, 161-162f
Regiões transmembrana, de canais dependentes de voltagem, 199-200, 201f
Regra de Bayes, 363-364
Regra de Hebb, 1184-1185, 1196, 1198
Regras comportamentais, 739, 739-742f
Regras de decisão, 1232-1235, 1239-1242
Regras fonotáticas, 1214-1215
Regulação epigenética, 1169-1170
Regulação indireta de canal, 225-227, 226-227f, 271-274, 271-272f. *Ver também* Receptores acoplados à proteína G; Receptores tirosina-cinase
REL (retículo endoplasmático liso), 120-121, 123, 123f

Relações corrente-tensão, em canais iônicos, 153, 155, 155f
Relações preditivas, 1156-1157
Relatos subjetivos
com observação comportamental, 1312-1314
de emoções, 924-925q
fingimento e histeria, 1314-1315
verificação de, 1313-1315, 1313-1314f
Remoção sináptica, 1096-1098
Remodelação, entrada talâmica no circuito visual para, 1081-1083, 1082-1083f
Renina, 912-913
Rensink, Ron, 1306-1307
Reparo de lesão encefálica. *Ver* Encéfalo, danos/lesões de
Repetição, nas células de lugar, 88-89f, 89-90, 1208-1210
Repetição, no aprendizado, 1152-1153
Repetições CTG, em ataxias espinocerebelares hereditárias, 1369-1371, 1370-1372t
RER (retículo endoplasmático rugoso), 120-121, 123, 122f
Reserpina, 1341f-1342f
Resistência
axial, 184-185
axial intracelular, 181-183
axonal, 183-184f
citoplasmática, 183-185, 183-184f
de correntes através de canal iônico único, 153, 155
de membrana, 183-185, 183-184f
Respiração
bulbo na, 879-880, 879-880f
controle voluntário da, 880-882
movimentos da, 878-880
neurônios geradores de padrões na, 878-882
neurônios serotoninérgicos na, 885-887, 885-887f
quimiorreceptores na, 879-880, 880f
Respiração apnêustica, 880-881
Respiração de Cheyne-Stokes, 880, 880-881f
Resposta de borda, 473-475, 478, 474f
Resposta de tinta, em *Aplysia*, 220, 223, 223f
Resposta palpebral
cerebelo na, 95-96, 96-97f
condicionamento clássico da, 820-823, 1154-1155
Respostas posturais automáticas. *Ver também* Postura
a perturbações inesperadas, 787-789, 787f-792f
adaptação a mudanças em necessidades de suporte pela, 788-792, 791f
circuitos da medula espinal em, 798-801
sinais somatossensoriais no tempo e direção de, 793-795, 794-795f

Ressonância, 1030-1031
Ressonância magnética (IRM). *Ver também* Ressonância magnética funcional (IRMf)
  encéfalo humano normal, 13f
  para localização de foco de convulsão, 1294-1295
Ressonância magnética funcional (IRMf)
  análise de dados em, 101-107
    abordagens na, 101-102, 104f
    ferramentas para, 102-103q
    para decodificar informações representadas na, 103, 105-106
    para localização de funções cognitivas, 103, 105
    para medir atividade correlacionada com redes neurais, 105-107
    pré-processamento para, 101-103
  de atenção ao estímulo visual, 361-362f
  em estudos de desenvolvimento da linguagem, 1213-1214, 1222-1223
  em estudos de memória, 1147-1150, 1150-1151f
  em estudos sobre emoção, 936-937, 937f
  em transtornos de humor e de ansiedade, 1335-1338, 1336-1337f
  interpretação e aplicabilidade da, 108-111, 110f, 111-112q
  medida da atividade neurovascular em, 98-102
    biologia do acoplamento neurovascular na, 101-102
    física da ressonância magnética na, 98-102
    princípios da, 98-99, 100f
  na esquizofrenia, 1321-1324, 1323f
  percepções a partir de estudos usando, 106-109
    desafios às teorias da psicologia cognitiva e da neurociência de sistemas, 107-109
    desenho de estudos neurofisiológicos em animais, 106-108
    testar hipóteses baseadas em estudos com animais e modelos computacionais, 108-109
  progresso futuro em, 109-112
  sobre o sistema de mentalização, 1351-1352, 1351-1353f
  sobre prejuízos de processamento de linguagem, 1228-1229, 1228-1229f
  sobre processamento de linguagem, 16-18
  vantagens, 98
Restrição calórica, para aumento da expectativa de vida, 1384-1386
Resveratrol, 1384-1386
Retardo mental, 1348

Retardo sináptico, 217-218t, 218-220, 294, 297
Retículo endoplasmático
  liso, 120-121, 122f, 123
  rugoso, 120-121, 123, 122f
  síntese e modificação de proteínas no, 132-134, 132-133f
Retículo endoplasmático liso (REL), 120-121, 123, 123f
Retículo endoplasmático rugoso (RER), 120-121, 123, 122f
Retina, 465-484
  adaptação à luz na, 481-484
    controles de ganho na, 468-470f, 477f, 482-484, 482-484f
    no processamento e na percepção visual na retina, 481-484, 483f
    no processamento espacial, 467-468f, 474f, 476q-477q, 477f, 484
    refletância na, 481-482, 482-484f
  anatomia funcional da, 465-466, 465-468f
  camadas e sinapses, 465-468, 466-467f
  camadas fotorreceptoras na, 351-352f, 465-469
    bastonetes e cones nas, 467-469, 468-469f
    óptica ocular na qualidade da imagem na retina nas, 465-468, 465-466f, 468-469f
  células bipolares na, 478, 478-479f
  células ganglionares. *Ver* Células ganglionares da retina
  circuitos da, 465-466, 467-468f
  destaques, 484
  doença por defeitos de fototransdução na, 472-473
  fototransdução na, 465-466, 465-466f, 468-473
    ativação pela luz de moléculas de pigmento na, 468-469f, 471-472, 471f-472f
    excitação da rodopsina na fosfodiesterase via proteína G transducina na, 468-470f, 471-473
    mecanismo geral de, 468-469, 468-470f
    mecanismos para desligar a cascata na, 468-470f, 472-473
  rede de interneurônio nos sinais de saída da, 478-482
    cegueira à cor e, 479-481, 479-481f
    filtro espacial via inibição lateral em, 467-468f, 478-479
    filtro temporal nas sinapses e nos circuitos de retroalimentação na, 467-470f, 474f, 477f, 478-479
    fusão do circuito de bastonetes e cones na retina interna na, 467-468f, 481-482
    origem da via paralela em células bipolares na,

467-468f, 473-475, 478, 478-479f
  visão de cores nos circuitos seletivos de cone na, 479-480
  transmissão de imagens neurais na. *Ver* Células ganglionares da retina
Retinal, 471, 471f
Retinite pigmentosa, 472-473
Retinotomia, 448-449
Retroação negativa, na fixação de voltagem, 192q-193q, 192f
Retroalimentação vocal, durante a fala, 600, 601f
Retropropagação, de potenciais de ação, 266-268, 266-267f, 1289-1290, 1292
Reversão reflexa dependente de fase, 708-709
Ribossomos, 120-121, 122f, 131-132, 132f
Richter, Joel, 1171-1174
Rigidez de curta amplitude, 662-666
Rigidez muscular, 662-666
RIM, 312-314, 315-317
Ritmo circadiano
  mecanismos moleculares do, 35-38, 37f
  no sono. *Ver* Sono, ritmos circadianos no
  oscilador transcricional no, 28-29, 35-38, 35-37f
Rituais de acasalamento, estímulos ambientais, 1126-1127
RLM (região locomotora mesencefálica), 709-711, 710-712f
RNA, 22-25. *Ver também tipos específicos*
RNA de interferência (RNAi)
  definição de, 46
  mecanismos em, 133-134
  na função gênica, 31q
RNA mensageiro (mRNA)
  definição de, 46
  na facilitação sináptica, 1171-1174
  na tradução do genoma, 22-25
  nos espinhos dendríticos, 131-132, 132f
RNA ribossômico (rRNA), 24-26, 131-132, 132f
RNAs de interação com PIWI (piRNAs), 1169-1170, 1170-1171f
RNAs longos não codificantes, 24-26
RNAs não codificantes, no acionamento de consolidação de memória, 1169-1171
Robo, no crescimento e orientação do axônio, 1041-1042, 1041-1042f
Rodopsina, 471, 471f
  ativada, na fosfodiesterase via proteína G transducina, 468-470f, 471-473
  fosforilação da, 468-470f, 471-473
Rombencéfalo
  anatomia do, 10q, 11f

embriogênese do, 981-982, 982-983f
  padronização do, sinais organizadores ístmicos no, 982-985, 983-985f
  segmentação do, 984-985, 985f
Rombômeros
  expressão do gene Hox e, 988-990, 989-991f
  formação dos, 984-985, 985f
  organização segmentar dos, 871-874, 873f
Romo, Ranulfo, 412-413, 1242, 1244
Rosenthal, David, 1318-1320
Rostral, 9q, 9f
Rotação do campo visual, orientando para, 794-796, 795-796f
Rotação do olho, em órbita, 764-765
Rothman, James, 307-308, 310-311
R-SNAREs, 307-308, 310-311
Rubor, 429
Rudin, Donald, 146q
Ruído de pico, em neurônios, 849, 849f
Ruído, no *feedback* sensorial, 631-633, 631-632f
Runx1, 1009-1011f
Runx3, 1009-1011f

S0 (limiar sensorial), 347-349, 1239-1242, 1241f
Sabor, 617, 622-624
Sacktor, Todd, 1190-1193
Sáculo, 533-534f, 559-560, 559-560f
SAD-cinases, na polaridade neuronal do hipocampo, 1023f
Saffran, Jenny, 1217-1219
Saída quântica, 300-302q
Sakmann, Bert, 146q, 153, 155, 232-235, 294, 297
Salvas de disparo neuronal
  definição de, 59-60
  em geradores de padrão central, 701-703, 706q
  padrões de disparo de, 208f, 209f
Sarcômero
  anatomia do, 660-661, 662f-666f
  comprimento e velocidade do, na força contrátil, 662-666, 665f
  na função muscular, 666-667
  proteínas contráteis no, 660-663, 662f-666f
SARM1 (modulador seletivo do receptor de androgênio), 1095-1096, 1097f
SAT (sistema transportador A), 328f
Schäffer, Edward Albert, 321, 504-505
Schally, Andrew, 908-909
Schenck, C.H., 968-969
Schleiden, Jacob, 50-51
Schultz, Wolfram, 943-944
Schwann, Theodor, 50-51
Schwannoma vestibular, 871-872
SCN9A, na dor, 422-423
Scoville, William, 1142-1143

1448 Índice

Secções, 9q, 9f
Secreção constitutiva, 134-135
Secreção regulada, 134-135
Secretinas, 330t
Sedativo-hipnóticos, 946-948t. *Ver também* Drogas de abuso
Sede, 912-913
Segmentação de cena, 494-495, 498-499
Segmentação, no processamento visual, 444-446, 445-448f
Segmento inicial, 49-50f
Seguimento
 lento. *Ver* Movimentos oculares de seguimento lento
 respostas vestibulares para, 570-571
Segundos mensageiros, 272-290. *Ver também tipos específicos*
 ações dos receptores ionotrópicos vs. metabotrópicos nos, 279-285
  abertura do canal iônico nas, aumento ou diminuição da, 279-281t, 281-285, 281-283f
  efeitos funcionais nas, 279-281, 279-281t
  fosforilação de proteína dependente de AMPc e fechamento de canais de K$^+$ nas, 285-287, 286-287f
  modulação de canal iônico via proteína G nas, 283-285, 284f
  modulação pré-sináptica e pós-sináptica, 279-282, 281-282f
 Ca^{2+} como, 293-294, 293-294f
 consequências duradouras da transmissão sináptica com, 285-287, 287f
 destaques, 289-290
 em canais iônicos pós-sinápticos, 226-227, 226-227f
 iniciado por receptor acoplado à proteína G
  isoformas da proteína-cinase C na, 276-277f
  lógica molecular do, 274-278
   domínios atravessando a membrana na, 274, 275f
   hidrólise de fosfolipídeos pela fosfolipase A2 no ácido araquidônico na, 279, 280f
   IP3 e diacilglicerol a partir da hidrólise de fosfolipídeos pela fosfolipase C na, 274-278, 276-277f
   vias de ativação da proteína G da, 273f, 274
  na via AMPc, 272-274
 no cone de crescimento, 1027-1030
 proteínas citosólicas nos, 120-121
 receptor tirosina-cinase nos efeitos do receptor metabotrópico dos, 276-278, 278f

transcelular, na função pré-sináptica, 279-281
 endocanabinoides, 279, 280f
 óxido nítrico, 279
Seio cavernoso, 869-870f, 871-872
Seleção de tarefa, 723-724f, 724-725
Selegilina, 1341f-1342f
Seletividade
 de canais iônicos, 149-150, 152-151, 151f-153f. *Ver também* Íons e canais específicos
 de orientação, 487-489
 direcional, de movimento, 494, 494-495f
 nos núcleos da base, 832-833, 832-833f
Semaforinas, 1021-1022, 1024f, 1034f-1035f
Semon, Richard, 1184-1185
Sensação. *Ver também tipos específicos*
 cutânea, 1265-1267
 de dor. *Ver* dor
 de membro fantasma, 1311
 orientação postural na interpretação da, 793-794
 propósitos de, 346
 proprioceptiva, 1265-1267
Sensações térmicas, 366, 378-381
 canal receptor de potencial transitório (TRP) nas, 379-381, 379-380f
 fibras aferentes nas, 379-381
 mudanças lentas nas, 379-380
 tipos de, 379-381
Sensações viscerais
 receptores para, 382-383
 sistema espinotalâmico nas, 401-404f
Sensibilidade de contraste espacial, 476q, 477f
Sensibilidade de contraste temporal, 476q, 529-530f
Sensibilidade espaço-temporal, da percepção humana, 473-475, 478, 476q-477q
Sensibilização
 a drogas, 946-948
 central, 429-431, 433f
 comprimento da, 1162-1164
 de longa duração
  facilitação pré-sináptica da transmissão sináptica na, 1162-1166, 1165f-1166f, 1170-1171, 1171-1172f
  sinalização AMPc na, 1164-1166, 1168f-1169f, 1169-1170
 definição de, 1153-1154, 1162-1164
 desabituação e, 1153-1155, 1162-1164
 neurônios modulatórios na, 1162-1166, 1165f-1166f
 nociceptor, para bradicinina e histamina, 428-429
Sensor
 de cálcio, 294, 297
 de voltagem, 156-157

Sentidos. *Ver sentidos e sensações específicos*
Sentimentos, 923. *Ver também* Emoções
Separação de padrões, 1202-1204
Sequência de pulso, em IRMf, 99-101
Sequências consenso de fosforilação, 272-274
Serina-proteases, 330
Serotonina (5-hidroxitriptamina, 5-HT)
 na sensibilização, 1162-1166, 1165f-1166f
 estrutura química de, 325-326
 fechamento de canais de K$^+$ por, 285-287, 286-287f
 na facilitação de longa duração da transmissão sináptica, 1171-1172, 1173f
 no acionamento da consolidação de memória, 1169-1170, 1170-1171f
 no processamento da dor, 887-888
 nos neurônios motores, 660-661, 663f
 receptores ionotrópicos e, 262-263
 regulação da acetilação de histonas por, 1169f, 1169-1170
 síntese de, 325-326, 1338-1339
Sertralina, 1340-1343, 1341f-1342f
Servomecanismo, 684-687
Sexo anatômico, 1115-1116
Sexo cromossômico, 1115-1117, 1116-1117f
Sexo gonadal, 1115-1116
Sexo masculino por reversão do XX, 1115-1116
Shadlen, Michael, 349-351q
Shereshevski, 1157-1158
Sherrington, Charles
 estudos das células encefálicas, 7
 estudos sensoriais de, 366
 na compensação do encéfalo para o movimento dos olhos na visão, 523-524
 sobre a integração no sistema nervoso, 58-59, 675-676
 sobre campo receptivo, 452-453
 sobre circuitos espinais, 675-676
 sobre habituação, 1161-1162
 sobre medula espinal na locomoção, 694
 sobre movimento, 629
 sobre sinais proprioceptivos, 690-691, 704-705
 sobre sinapses, 217-218
 sobre unidades motoras, 653, 1259
Shh. *Ver* Sonic hedgehog (Shh)
Shprintzen, Robert, 42-43
Si, Kausik, 1171-1174
SIAC (síndrome da insensibilidade androgênica completa), 1117-1120, 1119t, 1131-1134
Sigrist, Stephan, 312-314

Simportadores de sódio (NSS), 248, 336-338
Simporte, 177-178f, 178-179, 336-337
Simulação de doença, 1314-1315
Sinais de erro motor, 757-760, 760-761f
Sinais do centro organizador, nos padrões do prosencéfalo, mesencéfalo e rombencéfalo, 982-985, 983-985f
Sinais elétricos transitórios, 171. *Ver também tipos específicos*
Sinais excitatórios, em reflexos de estiramento, 55-56
Sinais inibitórios, 55-57
Sinais motores, na ação reflexa, 59-60, 60-61f. *Ver também* Controle sensorimotor, controle de sinal do motor no
Sinais musculares, na ação reflexa, 60-61f
Sinais sensoriais/retroalimentação
 na ação reflexa, 59-60, 60-61f
 transmissão ao córtex motor primário, 756-757, 758f
 transmissão ao córtex somatossensorial, 358-363, 360-361f
Sinal de Babinski, 1262-1265
Sinal de erro de previsão, 943-944
Sinalização *delta-notch*, 1001-1002f
 na geração de neurônios e células gliais, 998-1003, 1001-1003f
Sinalização, em neurônios. *Ver* Neurônio(s), sinalização em
Sinalização JAK/STAT, na regeneração axonal, 1103-1105, 1104-1105f
Sinalização Notch, na gênese neuronal e glial, 998-1003, 1001-1003f
Sinapse elétrica
 coexistência e interação com sinapses químicas, 226-227
 descoberta da, 217-218
 estrutura da, 217-218
 propriedades funcionais da, 217-218, 217-218t, 218-219f
 transmissão de sinal na, 217-220
  canais de junções comunicantes na, 218-220, 223, 221f, 222f. *Ver também* Canais de junções comunicantes
  disparo por célula interconectada na, rápido e sincronizado, 220, 223-224, 223f
  em lagostins, 218-220, 218-219f
  graduada, 218-220, 218-220f
Sinapse em fita, 478, 549, 551-552, 552f
Sinapse inibitória recíproca, 478-479
Sinapse neuromuscular. *Ver* Junção neuromuscular (JNM, placa motora)
Sinapse química
 amplificação de sinal na, 223-227
  mecanismos de, 223-225, 224-225f

receptores pós-sinápticos na abertura do canal iônico por, 225-227, 226-227f
ação do neurotransmissor e, 224-226
coexistência e interação com sinapses elétricas, 226-227
descoberta da, 217-218
estrutura da, 217-218, 223-224, 223-224f
propriedades funcionais da, 217-218, 217-218t, 218-219f
transmissão sináptica na, 223-225, 224-225f
Sinapse
astrócitos no desenvolvimento das, 133-134
axoaxônica. Ver Sinapses axoaxônicas
central, desenvolvimento de, 1059-1066. Ver também Formação de sinapses
componentes de, 215
elétrica. Ver Sinapse elétrica
eliminação, após o nascimento, 1065-1067, 1065-1066f
estabilização da, no fechamento do período crítico, 1082-1084, 1083-1084f
estrutura da, 49-50f, 50-51
formação de. Ver Formação de sinapses
história do estudo das, 217
integração de. Ver Integração sináptica
lâmina-específica
na retina, 1046-1047f
nas células ganglionares da retina, 1044-1047
no sistema olfatório, 1046-1048, 1047-1048f
mudanças relacionadas à idade em, 1382-1383, 1384-1385f
não silenciosa, 1190-1192
número de, 1170-1171
plasticidade de. Ver Plasticidade sináptica
proximidade da zona de disparo da, 264-265, 265-266f
química. Ver Sinapse química
retificadora, 218-220
silenciosa, 1065-1067, 1188-1190, 1190-1191f
transmissão por. Ver Transmissão sináptica
ultraestrutura da, 1059-1062, 1061-1062f
Sinapses axoaxônicas
estrutura de, 247, 249, 249f, 264-265
na liberação do transmissor, 315-317, 317-318f
Sinapses axodendríticas, 247, 249, 249f, 265-266f
Sinapses axossomáticas, 247, 249, 249f, 265-266f
Sinapses de Gray tipo I e II, 247, 249, 249f
Sinapsinas, 309f, 307-308, 310-311

Sinaptobrevina, 307-308, 310-311, 309-311f
Sinaptotagmina, 309f, 307-308, 310-313, 312f-314f
Sincício, 5-6
Sincronização, do foco das crises epilépticas, 1285-1286, 1289-1290, 1292, 1288-1292f
Síndrome da mão alheia, 734-735q
Síndrome da morte súbita do lactente (SMSL), 885-887, 885-887f
Síndrome da serotonina, 887-888
Síndrome das pernas inquietas, 968-969
Síndrome de Angelman, 1356-1358, 1356-1357f
Síndrome de Asperger, 1348-1349. Ver também Transtornos do espectro autista
Síndrome de Balint, 776-778
Síndrome de Capgras, 1308-1310
Síndrome de Charles Bonnet, 1306-1307, 1308-1309f
Síndrome de Dejerine-Roussy (dor talâmica), 433-434
Síndrome de DiGeorge (velocardiofacial), 42-43, 1320-1321
Síndrome de dor regional complexa, 423-426
Síndrome de Down, doença de Alzheimer em, 1389-1392
Síndrome de duplicação MECP2 (MDS), 1355-1356
Síndrome de Guillain-Barré, 136-137, 142, 187-188, 1266-1267
Síndrome de hipoventilação central congênita, 880
Síndrome de Horner, 768q
Síndrome de insensibilidade androgênica completa (SIAC), 1117-1120, 1119t, 1131-1134
Síndrome de Klüver-Bucy, 926-927
Síndrome de Lambert-Eaton, 297-298, 1272-1273, 1275
Síndrome de Prader-Willi, 1356-1358, 1356-1357f
Síndrome de Rett
convulsões na, 1299-1300
genética da, 41-43, 1299-1300, 1355-1356
sintomas da, 1355-1356
Síndrome de Rubinstein-Taybi, 1169-1170
Síndrome de Savant, no transtorno do espectro autista, 1351-1353, 1354f
Síndrome de Timothy, canal de Ca^{2+} tipo L na, 297-298
Síndrome de Tourette, 840-841
Síndrome de Usher, 543-544
Síndrome de Williams, 41-42, 1355-1356
Síndrome do canal lento, 1272-1273
Síndrome do canal rápido, 1272-1273
Síndrome do comportamento de utilização, 734-735q
Síndrome do X frágil, 41-42, 1355

Síndrome familiar da fase avançada do sono, 963-964
Síndrome GEFS+ (epilepsia generalizada com crises febris mais), 1300-1301f, 1301
Síndrome velocardiofacial (DiGeorge), 42-43, 1320-1321
Síndromes epilépticas familiares, 1299-1300
Sinergia, músculo, 670-671
Sintaxe, 1214-1215
Sintaxina, 252, 309f-311f
Síntese proteica
em neurônios, 132-135
modificação no complexo de Golgi, 133-135
no retículo endoplasmático, 132-134, 132-133f
local
na captura sináptica, 1171-1174, 1174-1175f
regulador de proteína do tipo príon de, na memória de longa duração, 1171-1175, 1175-1176f
nos terminais axonais, CPEB como acionador autoperpetuador de, 1171-1175, 1175-1176f
Sinucleína, 1392-1393
Sirtuínas, 1384-1386
Sistema anterolateral, 401-404f
Sistema autônomo, 895-906
controle central do, 905-907, 906-907f
destaques, 920
divisão parassimpática do, 897-898, 898-899f
divisão simpática do, 897-898, 898-899f
gânglios, transmissão sináptica colinérgica no, 281-285, 283f
neurônios geradores de padrões no, 876-877, 878-879
neurotransmissores e receptores no, 900-902t
respostas fisiológicas ligadas ao encéfalo pelo, 895-903, 905-906
acetilcolina e noradrenalina como transmissores principais em, 900-902, 900-902t, 902-903f
cooperação simpática e parassimpática em, 902-906
gânglios entéricos em, 900, 901f
gânglios parassimpáticos em, 899-900
gânglios simpáticos em, 897-900, 898-900f
neurônios motores viscerais em, 895-898
neurônios pré-ganglionares em, 897-898, 899f-900f
retransmissão de informações sensoriais viscerais no, 903-906, 905-907f
tipos de células do, 897-898, 897-898f

vias monoaminérgicas na regulação do, 885-887, 885-887f
Sistema central do tato, 401-412
ampliação cortical no, 407, 410
circuitos espinais, encefálicos e talâmicos no, 401-402, 401-403f
córtex somatossensorial no
campos receptivos no, 407, 409-412, 411f-412f
divisões do, 404-405, 404-405f
neurônios piramidais no, 404-408, 411f
organização colunar do, 404-405, 406f
organização de circuitos neuronais, 404-405, 406f
estudos de circuitos corticais em, 407q-410q, 407f-410f
organização somatotópica das colunas corticais no, 405-407, 410, 405-408f
Sistema Cre/loxP, para gene nocaute, 30q-31q, 32f
Sistema de ativação mental ascendente
composição do, 957-960, 957-959f
danos ao, coma e, 959-960
neurônios monoaminérgicos no, 888-889, 888-889f, 959-960
primeiros estudos sobre, 958, 957, 959
vias promotoras do sono no, 959-962, 961-963f
Sistema de barril associado às vibrissas, 315f-317f, 407, 409q-410q, 407-410f
Sistema de fixação, 767-768, 770
Sistema de movimentação da cabeça, 767-768, 770
Sistema de seguimento lento, 767-768, 770-771, 780-781f
Sistema de tetraciclina, para regulação da expressão do transgene, 31f, 33f
Sistema de vergência, 780-782
Sistema do olhar, 764
Sistema dopaminérgico
medicamentos antipsicóticos, 1323-1326, 1324-1326f
no estado motivacional e aprendizagem, 865
Sistema fosfoinositol, etapas de, 274
Sistema fusomotor, 676, 680-682, 682-683f
Sistema gustatório, 617-624
anatomia do, 617-618, 617-618f, 622-624f
comportamento em, em insetos, 622-624
na percepção de sabor, 622-624
neurônios sensoriais no, 608-609f, 622-624, 623-624f
receptores sensoriais e células no, 618-624, 618-622f
Sistema hematopoiético, regeneração no, 1105-1106

Sistema límbico, 927-928, 928-929f
Sistema nervoso central
  células do, 119-146
    células gliais. *Ver* Células gliais
    destaques, 146
    epêndima, 144-146, 145-146f
    neurônios. *Ver* Neurônio(s)
    plexo coroide, 144-146, 144-145f
  doenças do, 1257-1258. *Ver também doenças específicas*
  organização anatômica do, 10q-12q, 11f
  termos neuroanatômicos de relação espacial, 9q, 9f
Sistema nervoso periférico
  divisão autonômica do, 81-82f, 82
  divisão somática do, 81-82, 81-82f
  migração de células da crista neural no, 1006f, 1007-1009, 1008-1011f
  no comportamento, 81-82
Sistema neuroendócrino. *Ver* Hipotálamo, sistema neuroendócrino de
Sistema oculomotor
  conexão dos núcleos vestibulares ao, 565-566, 566f
  função e estrutura do, 764
Sistema sacádico, 767-768, 770-771, 768-771f, 780-781f
Sistema vestibular, 559-576
  destaques, 575-576
  hipofunção bilateral do, 574-576
  irrigação calórica como ferramenta de diagnóstico para, 574-576, 575-576f
  lesão, vertigem e nistagmo de, 574-576
  na orientação espacial e navegação, 573-576
  no córtex, 573-576, 573-574f
  no tálamo, 573-574
  núcleos vestibulares no. *Ver* Núcleos vestibulares
  reflexos vestíbulo-oculares do. *Ver* Reflexos vestíbulo-oculares
Sistemas antiporte (trocadores), 168f, 178-179
Sistemas motores. *Ver* Locomoção; *sistemas específicos*
Sistemas sensoriais. *Ver também tipos específicos*
  definição de, 358-360
  resolução espacial dos, 356-358, 358-360f
  retransmissão dos neurônios nos, 358-361, 360-361f
  tipos de, 351-353t
Skinner, B.F., 1154-1155, 1215-1217
SMSI (síndrome da morte súbita infantil), 885-887, 885-887f-886f
SN1/SN2 (transportador do sistema N), 328f
SNAP, 310-311f, 311-313

SNAP-25, 309f, 307-308, 310-311, 310-311f
SNP (polimorfismo de nucleotídeo único), 46
Sobrevivência de neurônios. *Ver* Neurônio(s), sobrevivência de
Sobrevivência do neurônio motor (SNM), 1265-1267, 1266-1267f
SOCS3, no crescimento do axônio, 1102-1103, 1104-1105f
Sokolowski, Marla, 36-38, 38-39f
Som. *Ver também* Processamento auditivo; Audição
  energia mecânica no, 532-533
  localização do
    audição binaural na, 578-580
    caminho do colículo inferior, no controle do olhar, 593-595
    diferença interaural na, 578-580, 579-580f
    filtragem espectral na, 578-580, 579-580f
    núcleo coclear dorsal na, 582-584, 586, 583f-586f
    núcleo coclear ventral na, 580-582, 584, 583f-586f
Soma (corpo celular), do neurônio, 49-50, 49-50f
Somação espacial, 263-264, 263-264f, 686-687f
Somação temporal, 263, 263-264f
Somatostatina
  como peptídeo neuroativo, 330t
  em nociceptores de dor do corno dorsal da medula espinal, 425-426
  hipotálamo na liberação de, 907-908f, 908-909, 909t
Sombras sonoras, 578-580
Sombreamento da cabeça, 585-587
Somitos, 1007-1009, 1008-1009f
Sommer, Wilhelm, 1298-1299
Sonambulismo, 968-970
Sonhos, 955. *Ver também* Sono
  ação fora do, 968-969
  no sono REM e não REM, 956-957, 960-962, 962-963f
Sonic hedgehog (Shh)
  na padronização do tubo neural ventral, 985-988, 986-987f
  na posição do neurônio dopaminérgico/serotoninérgico, 983-984f, 987-988
  no padrão talâmico, 985
Sono, 955-970
  destaques, 970-970
  EEG do, 955-957, 955-956f, 958f
  em recém-nascidos, 965-966
  funções do, 969-970
  hipnograma do, 955-956f
  interrupções. *Ver* Distúrbios do sono
  mudanças relacionadas à idade no, 965-966, 1381-1382
  padrões respiratórios instáveis durante, 880, 880-881f
  perda, efeitos da, 964-966
  períodos REM e não REM no, 955-957, 955-956f, 958f

polissonografia do, 955-956, 955-956f
pressão homeostática para, 960-962
pressão para, 960-962
ritmos circadianos no
  relógio para, no núcleo supraquiasmático, 961-964, 963f
  retransmissão hipotalâmica nos, 963-965, 964-965f
sistema de excitação ascendente. *Ver* Sistema de excitação ascendente
Sono local, 964-965
Sono não REM
  EEG do, 955-956, 955-956f
  mudanças fisiológicas durante o, 956-957
  parassonias no, 968-970
  vias do sistema de ativação ascendente no, 959-962, 961-963f
Sono rebote, 960-962
Sono REM
  EEG do, 65-67, 955-956f
  mudanças fisiológicas no, 955-956, 955-956f, 956-957
  rebote, 960-962
  sonhos no, 956-957, 960-962, 962-963f
  troca do sono REM para não-REM, 962-963f
  vias ascendentes do sistema de excitação no, 959-962, 961-963f
Sonolência, 964-966
Sonolência diurna, 965-966, 968-969
SOX9, 1116-1117
SPECT (tomografia computadorizada por emissão de fóton único), 1295, 1297
Spemann, Hans, 977-980
Spencer, Alden, 1161-1162
Sperry, Roger, 1030-1031, 1031-1032f, 1098-1100
Spitz, René, 1071-1074
Squire, Larry, 1143-1146
STAT3, 1000-1001
Steinlein, Ortrud, 1299-1300
Sternson, Scott, 916-918
Stevens, Charles F, 363
Stevens, Stanley S., 347-348
Steward, Oswald, 1171-1174
Stickgold, Robert, 964-965
Strick, Peter, 808-811
Suavização espacial, na IRMf, 102-103
Subsistema verbal, 1141-1142
Subsistema visuoespacial, 1141-1142
Substância branca
  na medula espinal, 67-70, 68-69f
  perda relacionada à idade de, 1383-1384
Substância cinzenta
  na medula espinal, 65-67, 67-68f, 385-386, 386-387f
  perda da, na esquizofrenia, 1321-1324, 1323f-1325f

Substância cinzenta periaquedutal
  analgesia por estimulação da, 435-437
  na função autonômica, 905-907, 906-907f
  na resposta de medo aprendida, 930, 936-937, 937f
  no comportamento de congelamento, 928-930
  no sistema de excitação ascendente, 957, 959, 959f
  opioides na, 437-438f, 438-439
Substância gelatinosa, do corno dorsal da medula espinal, 423-426, 425-426f
Substância inibidora mülleriana (SIM), 1116-1117, 1117-1118f
Substância P
  em nociceptores de dor do corno dorsal, 427f
  em nociceptores de dor do corno dorsal da medula espinal, 425-428, 428-429f
  na inflamação neurogênica, 429, 430f
Subunidade NR1 do receptor NMDA, na memória espacial, 1193-1196, 1198f
Subunidades dos canais reguladas por glutamato, regiões P nas, 160-161, 161-162f
Sucção, neurônios geradores de padrões na, 878-879
Sugestão na adicção, 943-944, 945-947q, 949f
Sugestionabilidade, 1156-1157
Suicídio, com depressão, 1328-1329t, 1329-1330
Sulco central, 8, 14-15, 15-16f
Sulco neural, 977-978
Sulco temporal superior, no transtorno do espectro autista, 1349-1350f
Sulco ventral, medula espinal, 67-68f
Sulcos, 8, 14-15, 15-16f
Superfícies instáveis, informações vestibulares para equilíbrio em, 794-797, 795-796f
Supersensibilidade na desnervação, 1058, 1058-1059f
Suporte antigravitacional, 785-788
Supressão de repetição, em estudos usando IRMf, 103, 105
Surdez
  fatores genéticos em, 543-545, 544-545f
  perda auditiva condutiva, 533-534, 536
  perda auditiva neurossensorial, 533-534, 536, 554-555, 556f
  processamento de linguagem de sinais na, 16-18, 17-18f
Swets, John, 349-351q

Tabaco, 946-948t
Tabes dorsalis, na sífilis, 415, 417
TAG1, no crescimento e orientação do axônio, 1034f-1032, 1035f
Takahashi, Joseph, 29, 35-36

Tálamo, 10q, 12f
Tampões espaciais, 136-137, 142
Tamponamento de K$^+$, astrócitos no, 136-137, 142
Tanner, Wilson, 349-351q
Taquicininas, 330t
Tarefa de associação pareada, 514q, 514f
Tarefa de associação visual pareada, 514q, 514f
Tarefa de classificação probabilística, 107-109
Tarefa de correspondência de objeto após um retardo, 514q, 514f, 1142-1143f
Tarefa de discriminação de movimento de ponto aleatório, 1235-1237, 1236-1237f
Tarefa de duas etapas, 520-521, 520-521f
Tarefa de resposta com retardo, 514q
Tarefa perceptiva, 500
Tarefas de tempo de reação, 727-729, 729-730f
TARP (proteína transmembrana reguladora do receptor AMPA), 250-251, 253, 252f
Tartini, Giuseppe, 549, 551
Tato, 390-419
  acuidade/sensibilidade no. *Ver* Acuidade/sensibilidade tátil
  ativo, 390-392, 413-414f
  déficits no, 415, 417-418, 416f-418f
  destaques, 417-419
  exterocepção em, 366-368
  informações em sinapses centrais sucessivas para, 409-418
    arranjo espacial de entradas excitatórias/inibitórias para, 407, 412f, 409-412
    neurônios sensíveis a movimento, direção e orientação nas, 409-412, 412-413f
    tato ativo em circuitos sensorimotores no córtex parietal posterior nas, 414-415, 417
    tato cognitivo no córtex somatossensorial secundário nas, 409-414, 413-415f
  mecanorreceptores para, 372-373t, 373-375f, 391-392f, 392-393, 395t. *Ver também* Mecanorreceptores cutâneos
  passivo, 390-392, 413-414f
  sistema central do tato no. *Ver* Sistema central de tato
Taxa de codificação
  de sons variáveis no tempo, 595-598, 595-596f
  em neurônios sensoriais, 354-355
Taxa de falsos positivos, 349-351q
Taxa de transferência de informação, 852, 854-855
TDAH (transtorno de déficit de atenção/hiperatividade), 839-840f, 840-841
Tecido adiposo marrom, 909q

Tello, Francisco, 1099-1100
Tello-Muñóz, Fernando, 1054, 1056
Temperatura
  do corpo, regulação de, 894-895t, 909-912, 909q
  receptores térmicos para, 372-373t, 378-381, 379-380f
  sistema espinotalâmico na, 401-404f
Tempo de contração, 654-655, 655-656f
Tendão, tipos de arranjos em, 666-667f
Teoria celular
  no encéfalo, 50-51
  origens da, 50-51
Teoria central de Cannon-Bard, 925-926, 926-927f
Teoria da decisão, 349-351q
Teoria da mente, 1251-1253, 1349-1350
Teoria da motivação por incentivo, 916-918, 918f
Teoria da redução do impulso, 916-918, 918f
Teoria da retroação periférica, 925-926, 926-927f
Teoria de ação em massa, 15-16
Teoria de detecção de sinal
  estrutura da, 1234-1235, 1234-1235f
  para quantificação de detecção e discriminação sensorial, 349-351q, 349-351f, 1312-1313
Teoria do controle do portão, da dor, 435-437, 435-437f
TEPT. *Ver* Transtorno de estresse pós-traumático (TEPT)
Terapia cognitivo-comportamental, 1305-1306q
Terapia de exposição, 1343-1344
Terapia de substituição genética, para atrofia muscular espinal, 1265-1267, 1266-1267f
Terminações de Ruffini
  fibras AL2 nas. *Ver* Fibras de adaptação lenta do tipo 2 (AL2)
  grupo de fibras, nome e modalidade para, 372-373t
  inervação e ação das, 377-378
  na mão humana, 391-392f, 392-393, 395-396, 395t, 396-398f
Terminais axonais, 122f, 127-128
Terminais pré-sinápticos, 49-50f, 50-51
  canais de Ca^{2+} dependentes de voltagem nos, 210
  liberação do transmissor no, 291-292, 291-292f, 297-301
    calculando a probabilidade da, 300, 302q
    despolarização e, 291-294, 291-292f
    sinapse axoaxônica e, 315-317, 317-318f
    transmissão quântica na, 300, 302-303, 302q

na junção neuromuscular, 231f, 230, 233
neurotransmissores nos, 223-225, 223-224f
Terminais sinápticos, 246-247, 249, 249f
Terminal nervoso motor, diferenciação de, 1050-1052, 1054-1056, 1055f, 1056f
Termogênese, conduzida simpaticamente, 909q
Termorregulações. *Ver* Temperatura corporal, regulação da
Terror noturno, 969-970
Teste de impulso da cabeça, 566-567
Teste de Ishihara, 479-480f, 480-481
Teste de latência múltipla do sono, 960-962, 968-969
Teste de Rinne, 533-534, 536
Teste de Sally-Anne, 1350-1351, 1350-1351f
Teste de sondagem, de memória, 1196f-1198f
Teste de vigilância psicomotora, 961-962, 964-965
Testes de discriminação de dois pontos, 397f, 398, 399f
Testes de estimulação nervosa, tamanho do axônio nos, 186-187
Testosterona, 1116-1120, 1117-1120f
Tetrodotoxina
  em estudos de fixação de voltagem, 191, 194-196, 194-196f
  nos canais de Na$^+$, 236-237, 1078-1079
Teuber, Hans-Lukas, 516-517
Thompson, Richard, 1161-1162
Thorndike, Edgar, 1154-1155
Thorndike, Edward Lee, 836-837
Thurstone, L.L., 349-351q
Timerosal, 1354
Timomas, na miastenia grave, 1270-1272
Tímpano, 532-533, 532-533f
Tioacilação, 132-133
Tirosina-hidroxilase, 324-325q, 325-326
Titina, 663, 662f-666f
TMC1/2, 543-545, 544-545f
TMIE, 544-545, 544-545f
Toates, Frederick, 916-918
Tolerância, 946-948
Tolman, Edward, 87-88, 1139-1140, 1203-1204
Tomada de decisão, 1232-1253
  associação de neurônios parietais e pré-frontais como variável na, 1239-1244, 1243f-1244f
  baseada em valores, 1245-1248
  como estrutura para entender processos de pensamento, estados de conhecimento e estados de consciência, 1247-1251, 1248-1249q, 1249-1250f
  conjunto de evidências sobre velocidade *vs.* precisão na, 1239-1242, 1241f
  destaques, 1252-1253

na compreensão da consciência, 1250-1253
neurônios corticais no fornecimento de evidências com ruído para, 1236-1239, 1238f, 1239f
perceptiva. *Ver* Discriminações/decisões perceptivas
Tomografia computadorizada por emissão de fóton único (SPECT), 1295, 1297
Tomografia por emissão de pósitrons
  de placas amiloides, 1394-1395, 1394-1395f
  em estudos de linguagem, 1213
  em estudos sobre emoção, 936-937
  na fissura por cocaína induzida por estímulos, 945-947, 949f
  para localização de foco de crise epiléptica, 1294-1295, 1297
Tonegawa, Susumu, 1198-1201
Tononi, Giulio, 965-966
Tônus postural, 785-788
Torção, 1007-1009
Torção ocular reflexa (reflexo vestíbulo-ocular), 571-572
Torpedo marmorata, 230, 232f
Torque
  de interação, na ataxia cerebelar, 806-808, 807-808f
  muscular, 667-670, 669-670f
Traçadores neuroanatômicos, transporte axonal nos, 130-131q, 130-131f
Tradução, 22-25, 25-26f, 46
Tráfego de membrana, no neurônio, 127-128, 129-130f
Tráfego endocítico, 134-136
Trajetória, sinais de movimento local em forma de, 494-495
Tranilcipromina, 1339-1340, 1341f-1342f
Transativador de tetraciclina (tTA), 31q, 33f
Transcrição, 22-25, 25-26f, 31q, 46
Transcriptase reversa, 45-46
Transdução de estímulo, 351-352
Transducina, proteína G, rodopsina na via da fosfodiesterase, 468-470f, 471-473
Transferência cotraducional, 132
Transitoriedade, na memória, 1156-1158
Transmissão de volume, neurotransmissores, 828-829
Transmissão elétrica. *Ver* Sinapse elétrica
Transmissão sináptica com controle direto. *Ver* Placa motora; Junção neuromuscular (JNM)
Transmissão sináptica. *Ver também* Sinapse química; Sinapse elétrica com controle direto. *Ver* Junção neuromuscular (JNM, placa motora)
  consequências duradouras de, com segundos mensageiros, 285-287, 287f

depressão de longa duração de, na memória, 1196, 1198, 1200-1201f, 1198-1201
destaques, 227
distúrbios da. *Ver* Distúrbios da junção neuromuscular
lenta, 281-282, 283f
modulação de, 285-289, 289f. *Ver também* Segundos mensageiros
no armazenamento de memória implícita. *Ver* Memória implícita, transmissão sináptica em
no sistema autônomo, 900-902, 902-903f. *Ver também* Sistema autônomo
perspectiva geral de, 215-216
rápido, 279-281, 283f
Transmissor(es)
armazenamento de, em vesículas sinápticas, 298-308. *Ver também* Vesículas sinápticas, armazenamento do transmissor e liberação de
falso, 327, 329-330. *Ver também* Falsos neurotransmissores fluorescentes
Transmissores de aminas biogênicas, 322-323t, 323-327. *Ver também transmissores específicos*
Transmissores de catecolaminas adrenalina. *Ver* Adrenalina
atividade neuronal na produção de, 324-325q
dopamina. *Ver* Dopamina
estrutura e características de, 323-326
noradrenalina. *Ver* Noradrenalina
Transplante
célula/progenitor não neuronal, 1110-1111, 1110-1111f
células dopaminérgicas, 1108, 1108f
oligodendrócitos, para restauração de mielina, 1110-1111, 1110-1111f
precursores neurais, 1108-1110, 1108-1110f
Transplante de células não neuronais, 1110-1111, 1110-1111f
Transplante de progenitor de neurônios, 1108-1110, 1108f-1110f
Transportador. *Ver tipos específicos*
Transportador de colina (CoT), 328f
Transportador de dopamina (DAT), 328f, 337-338
Transportador de glicina (GLYT2), 328f
Transportador de íons, 149-150, 168f. *Ver também tipos específicos*
Transportador de noradrenalina (NAT), 328f
Transportador de serotonina (SERT), 328f
Transportador do sistema A (SAT), 328f
Transportador do sistema N (SN1/SN2), 328f

Transportador GABA (GAT1), 328f
Transportador vesicular de ACh (VAChT), 327, 329, 328f
Transportadores ABC, 1268f
Transportadores de glutamato, 327, 329, 328f, 336-338
Transportadores vesiculares, 327, 329, 328f
Transportadores vesiculares de glutamato (VGLUTs)
especificidade do, 327, 329, 328f
no balanço energético, 915f-916f, 915-918
Transportadores vesiculares de monoamina (VMATs), 325-327, 329, 328f
Transporte ativo primário, 175, 177-179, 177-178f
Transporte ativo secundário, 177-178f, 178-179
Transporte axonal
anterógrado, 129-130, 131-132f
fundamentos do, 127-129, 128-129f
lento, de proteínas e elementos do citoesqueleto, 131-132
no traçado neuroanatômico, 130-131q, 130-131f
rápido, de organelas membranosas, 128-132, 131-132f
tráfego de membrana no, 127-128, 129-130f
Transtorno bipolar
diagnóstico de, 1329-1330
episódios depressivos no, 1330-1331
episódios maníacos no, 1329-1331, 1329-1330t
início do, 1330-1331
tratamento de, 1344-1345
Transtorno de ansiedade generalizada, 1331-1333. *Ver também* Transtornos de ansiedade
Transtorno de ansiedade generalizada, 1331-1333. *Ver também* Transtornos de ansiedade
Transtorno de ansiedade social, 1332-1333. *Ver também* Transtornos de ansiedade
Transtorno de déficit de atenção/hiperatividade (TDAH), 839-840f, 840-841
Transtorno de estresse pós-traumático (TEPT)
causas de, 1332-1333. *Ver também* Transtornos de ansiedade
sintomas de, 1332-1333
volume do hipocampo em, 1338
Transtorno depressivo maior
ativação do eixo hipotálamo-hipófise-adrenal no, 1334-1335, 1334-1335f
diminuição do volume do hipocampo no, 1338
epidemiologia de, 1328-1329
fatores de risco ambientais para, 1333-1335

fatores de risco genético para, 1332-1334
mau funcionamento do circuito neural no, 1335-1338, 1335-1338f
na infância, 1329-1330
sintomas e classificação do, 1328-1330, 1328-1329t
suicídio no, 1329-1330
tratamento do
cetamina no, 1340-1343
eletroconvulsoterapia no, 1343-1344
medicamentos antidepressivos. *Ver* Medicamentos antidepressivos
neuromodulação no, 1343-1345, 1344-1345f
psicoterapia no, 1340-1343, 1343-1344
terapia cognitiva no, 1305-1306q
vs. tristeza ou luto, 1328-1329
Transtorno do espectro autista, 1348-1363
anormalidades cognitivas no
deficiência de comunicação social, 1305-1306, 1349-1352, 1350f-1353f
falta de flexibilidade comportamental, 1351-1353
falta de preferência visual, 1351-1353, 1352-1353f
síndrome de savant, 1351-1353, 1354f
áreas encefálicas implicadas no, 1349-1350, 1349-1350f
critérios comportamentais no, 1348-1349
destaques, 1363-1363
distúrbios convulsivos em, 1362-1363
epidemiologia do, 1348-1349
fatores de risco no, 1354-1355, 1360-1361
fatores genéticos no
abordagens biológicas de sistemas para, 1360-1362
alelos de pequeno efeito, 1360-1361
estudos com sistemas modelo de, 1361-1363
estudos de associação do genoma, 1360-1361
estudos em gêmeos, 23f, 1352-1354
mutações de neuroligina, 43-44, 1357-1359
mutações de novo, 41-44, 1358-1361
variações no número de cópias, 43-44, 1358-1359, 1359-1360f
fisiopatologia do
ciência básica e translação na, 1363
estudos *post mortem* e tecido encefálico na, 1362-1363
história do, 1348

Transtorno esquizotípico, 1319-1320
Transtorno obsessivo-compulsivo (TOC). *Ver também* Transtornos de ansiedade
disfunção dos gânglios da base em, 839-840f, 840-841
fatores de risco para, 1333-1334
tratamento de, 1340-1344
Transtornos da cognição social. *Ver* Transtornos do neurodesenvolvimento
Transtornos de ansiedade, 1330-1333
diagnóstico, 1331-1332
epidemiologia de, 1330-1331
fatores de risco para, 1331-1332
fatores genéticos em, 1331-1332
medo, 1330-1331
síndromes de, 1331-1333
sintomas de, 1331-1332
tratamento de, 1340-1344
Transtornos de humor e ansiedade, 1328-1345. *Ver também* Transtornos de ansiedade; Transtorno bipolar; Transtorno depressivo maior
destaques, 1345-1345
diminuição do volume do hipocampo nos, 1338
fatores ambientais nos, 1333-1335
fatores de risco genéticos nos, 1332-1334
IRMf nos, 1335-1338, 1336-1337f
mau funcionamento do circuito neural nos, 1335-1338, 1336-1338f
Transtornos do neurodesenvolvimento
compreensão dos mecanismos de cognição social a partir das, 1357-1358
deleção 15q11-13 nas, 1356-1358, 1356-1357f
deleção 22q11 nas, 42-45, 1320-1321
fatores genéticos na, 40-43
síndrome de Angelman, 1356-1358, 1356-1357f
síndrome de Prader-Willi, 1356-1358, 1356-1357f
síndrome de Rett. *Ver* Síndrome de Rett
síndrome de Williams, 41-42, 1355-1356
síndrome do X frágil, 41-42, 1355
transtorno do espectro autista. *Ver* Transtorno do espectro do autista
Tratado de Deiters, 569f
Trato espinomesencefálico, na dor, 431-434
Trato espinoparabraquial, na dor, 431-434, 433-434f
Trato espinorreticular, na dor, 431-434
Trato gastrintestinal
aferentes viscerais no, 874-876

controle do tronco encefálico dos reflexos no, 877-878
gânglios entéricos no, 900, 901f
neurônios vagais no, 870-871
Trato neoespinotalâmico, 433-434
Trato paleoespinotalâmico, 433-434
Trato vestíbulo-espinal lateral, na resposta postural automática, 801-802
Trato vestíbulo-espinal medial, na resposta postural automática, 801-802
Tratos corticospinais
movimento voluntário e, 78-81, 79f-81f
origens corticais de, 725-729, 728f
Tratos espinotalâmicos
informação sensorial transmitida por, 401-404f
na transmissão da dor, 431-434, 433-434f
Tratos piramidais, 727-729
Tratos vestibulospinais, na resposta postural automática, 801-802
Treinamento de força
na força máxima, 656-658
na velocidade de contração muscular, 656-658
Tremor de ação (intenção), 806-808
Tremor terminal, 813-814, 813-814f
Tricromacia, 430-481
Trifosfato de adenosina (ATP)
armazenamento vesicular e liberação de, 332, 335-336
como transmissor, 326-327
de mitocôndrias, 120-121
funções autonômicas de, 900, 900-902t
na abertura de canais, 156-157
na regulação da temperatura corporal, 909q
nas bombas iônicas, 149-150
receptores ionotrópicos e, 262-263
Tripsina, 330
Triptofano-hidroxilase, 325-326
Tristeza
regiões corticais na, 935, 936-937
vs. transtorno depressivo maior, 1328-1329. Ver também Transtorno depressivo maior
Tritanopia, 430-481
TrkA, 1009-1011f
TrkC, 1009-1011f
Trocador de Na$^+$-Ca^{2+}, 177-178f, 178-179
Trocadores (antiporters), 168f, 167-169
Tromboespondina, 1066-1067
Tronco encefálico, 867-890. Ver também partes específicas
anatomia do, 10q, 11f, 867-869
circuitos motores para movimentos sacádicos no, 770, 772
formação reticular de. Ver Formação reticular

formação reticular mesencefálica em movimentos sacádicos verticais em, 766-767f, 770-772
formação reticular pontina em movimentos sacádicos horizontais em, 770, 772, 770-773f
lesões do tronco encefálico em, 770-772
no comportamento do recém-nascido, 867
postura e, integração de sinais sensoriais para, 800-802
destaques, 889-890
funções do, 865
lesões
nos movimentos oculares, 770-772, 774
nos movimentos oculares de seguimento lento, 780-781
na emoção, 925-926f, 970
na locomoção, 710-713, 712f-713f
nervos cranianos no, 867-872, 868-870f. Ver também Nervos cranianos
neurônios monoaminérgicos no, 881-890
grupos de células
adrenérgicas. Ver Neurônios adrenérgicos
colinérgicas. Ver Neurônios colinérgicos
dopaminérgicas. Ver Neurônios dopaminérgicos
histaminérgicas. Ver Neurônios histaminérgicos
noradrenérgicas. Ver Neurônios noradrenérgicos
serotoninérgicas. Ver Neurônios/sistema serotoninérgicos
na manutenção da ativação mental, 888-890, 889-890f
propriedades celulares compartilhadas de, 882-887, 885-887f
regulação autônomica e modulação da respiração por, 885-887, 885-887f
núcleos de nervos cranianos. Ver Núcleos de nervos cranianos
plano de desenvolvimento do, 871-872, 871-872f
vias monoaminérgicas no ascendente, 881-882, 887-889, 888f-889f. Ver também Sistema de ativação mental ascendente
facilitação da atividade motora por, 887-888
modulação da dor por, 885-888
Tropeço, reação corretiva a, 708-709
Tropomiosina, 661, 663, 662f-666f
Troponina, 661, 663, 662f-666f
Tsao, Doris, 507-508

t-SNAREs, 134-135, 307-308, 310-311
tTA (transativador de tetraciclina), 31q, 33f
Tubulinas, 123, 127, 125-127f, 1027-1028f
Tulving, Endel, 1149-1150
Tumor, 423-426, 429
Turk-Browne, Nicholas, 1151-1152

Ubiquitina, 126-128q, 133-134
Ubiquitinação, 133-134
Ungerleider, Leslie, 361-362
Unidade motora, 653-661
ações da, 1259-1260
componentes da, 653-655, 653-654f
definição da, 653, 1259
destaques, 672-673
força da, taxa de potencial de ação na, 654-658, 655-656f
na contração muscular, 653-655
na força muscular, 656-661, 658-660f
número de inervação da, 654-655, 654-655t
propriedades da
atividade física, 655-657f, 656-658
variação na, 654-658, 655-657f
Unidades elementares de processamento, no encéfalo, 18-20
Unidades fonéticas, 1213-1214
Unidades motoras de contração lenta, 655-656, 655-656f
Unidades motoras de contração rápida, 655-657, 655-656f
Unidades quânticas, de liberação do transmissor, 297-301, 299, 301f
Unidades subfonêmicas, 1213-1214
Unwin, Nigel, 238-239, 239-241
Urgência para agir, consciência e, 1310-1311
Utrículo, 533-534f, 563-565, 563-565f

VAChT (transportador vesicular de ACh), 327, 329, 328f
Vacina tríplice viral (sarampo-caxumba-rubéola), ausência de risco para transtorno do espectro autista, 1354-1355
Vacinas, ausência de risco para transtorno do espectro autista e, 1354-1355
Vale, Wylie, 908-909
Vallbo, Åke, 375-377, 392-393, 395, 684-687
Valor, na tomada de decisão, 1245-1248
VAMP (proteína de membrana associada à vesícula), 309f, 307-308, 310-311
Van Gogh, Vincent, 1255-1256
Variação do número de cópias (VNC)
definição de, 28q, 45-46

no transtorno do espectro autista, 41-44, 1358-1359, 1359-1360f
Variantes por corte-junção, 31q
Vasopressina
funções da, 878-879, 907-908
na excreção renal de água, 910-912
neurônios hipotalâmicos na liberação da, 907-908, 908-909f
no comportamento social, 39-40, 40-41f
nos comportamentos de vínculo materno e sociais, 1128-1129
síntese de, 907-908
V-ATPase, 307-308, 310-311, 327, 329
Velocidade de condução
em axônios mielinizados vs. não mielinizados, 1267, 1269
medidas de, 1261-1262, 1261-1262f
medidas do potencial de ação composto de, 369-370, 370-371f
nas fibras sensoriais dos nervos periféricos, 367-373, 369-370t, 370-371f
no diagnóstico de defeitos de condução, 186-187
no diagnóstico de doenças, 370-373
Velocidade de contração, 662-670, 665f
Ventral, 9q, 9f
Ventrículos laterais, na esquizofrenia, 1320-1321, 1322f
Vergência dos movimentos oculares, 764-765
Vergência, percepção em profundidade, 494
Verme, 808-811, 811f-813f
Verme da linha média, 820-823
Versão dos movimentos oculares, 764-765
Vertigem, 574-576
Vesículas
captação de neurotransmissores pelas, 326-327, 329, 328f
transmissores de moléculas pequenas nas, 321-322
transporte de, 133-135
Vesículas de transporte, 120-121, 122f
Vesículas revestidas de clatrina
membranas de, 307-308, 310-311
tráfego endocítico, 133-135
Vesículas secretoras, 120-121, 122f
Vesículas sinápticas, 59-60
armazenamento e liberação do transmissor a partir das, 298-308
descoberta por microscopia eletrônica do, 295f, 298-301
eficácia e confiabilidade do, 302-303
etapas no, 305, 307, 307-308f

exocitose e endocitose no, 302-303, 304f
  medições de capacitância de cinética da, 303, 305-307f
  poro de fusão na exocitose no, 303, 305, 307, 306f
  probabilidade de, cálculo, 300, 302q
  probabilidade de liberação no, baixa, 302-303
  zona ativa no, 298-299, 301
exocitose nas, 307-308, 310-313, 330-332
  ligação de Ca^{2+} à sinaptotagmina na, 311-313, 312f-314f
  proteínas SNARE na, 307-308, 310-313, 309-311f
  proteínas transmembrana na, 309f
  sinapsinas na, 309f, 307-308, 310-311
fusão de, 311-314, 312f-315f
grande núcleo denso, 129-130f, 134-135, 321-322, 327, 329-332
pequenas, 134-135, 321-322
Vestibulocerebelo. *Ver também* Cerebelo
  alvos de entrada e saída do, 808-809, 811-813, 811f
  lesões do, em movimentos oculares de seguimento lento, 809, 811-813, 813f
  no equilíbrio, 800-802
Vetor de força, do neurônio, 851, 854, 851, 854f-853f
Vetores de população, 751-752, 755, 754-755f, 851, 854
VGLUTs (transportadores vesiculares de glutamato), 327, 329, 328f
  especificidade de, 327, 329, 328f
  no balanço energético, 915f-916f, 915-918
Via beija-e-corre, 305, 307, 307-308f
Via beija-e-fica, 305, 307, 307-308f
Via colateral de Schaffer
  estimulação tetânica da, 1185-1186, 1188, 1187f
  na memória espacial, 1195-1196
  potenciação de longa duração na
    contribuição pós-sináptica para, 1188-1190, 1190-1191f
    dependente do receptor NMDA, 256-257, 257-259f
    indução da, 1189f-1190f
    mecanismos neurais da, 1185-1186, 1188, 1187f
    visão geral da, 1184-1185, 1185-1186f
Via da fibra musgosa, 1184-1186, 1185-1187f, 1188

Via da fosfatidilinositol-3-cinase (PI3-cinase), 1014-1016, 1016f
Via de sinalização Wnt, lítio na, 1345
Via geniculoestriado, no processamento visual, 446-449, 449-450f
Via indireta, no armazenamento de memórias explícitas, 1184-1185
via mTOR, na regeneração do axônio, 1102-1105, 1104-1105f
Via perfurante, 1184-1186, 1185-1187f, 1188
Via PI3-cinase (fosfatidilinositol-3--cinase), 1014-1016, 1016f
Via temporoamônica, 1184-1185
Via trissináptica, 1184-1185, 1185-1186f
Vias de segundos mensageiros, na hiperalgesia, 429-431
Vias de sinalização, 50-51
Vias espinais reflexas, 690-691, 690f
Vias monoaminérgicas
  ascendentes, 881-882, 887-889, 888-889f. *Ver também* Sistema de excitação ascendente
  descendentes, 435-438, 437-438f, 881-882
  facilitação da atividade motora por, 887-888
  modulação da dor por, 885-888
Vias monossinápticas, no reflexo de estiramento, 633-635, 675-679, 677f, 684-687f
Vias neuronais interconectadas, 59-60
Vias polissinápticas
  no reflexo de estiramento, 678-682
  no reflexo de flexão, 677f
Vias sensoriais. *Ver também tipos específicos*
  componentes das, 346-348
  sinapses nas, 358-360, 360-361f
Vias visuais
  campos visuais ao longo, 449, 449f
  dorsais
    informações transmitidas por, 361-363, 362-363f
    na orientação de movimento, 448-449, 452
    processamento visual em, 449-453, 529-530f. *Ver também* Processamento visual
    vs. via ventral, 452-453
  lesões das, 448-449, 449f
  para movimento ocular, 448-449, 449-450f
  para processamento visual, 448-449, 449-450f. *Ver também* Processamento visual

  para reflexo pupilar e acomodação, 448-449, 449-450f
  ventral
    informações transportadas por, 361-363
    reconhecimento de objeto por, 450-452f, 452
    visão clássica de, 452-453
    vs. via dorsal, 452-453
Vibração, receptores de tato na detecção de, 398, 400, 400-401f
Vibrissas, 407, 409q-410q, 407-410f
Viés, 1156-1157
Vigília
  EEG na, 955-956, 955-956f
  promoção do sistema de excitação ascendente da, 956-957, 959-960
VIP. *Ver* Peptídeo intestinal vasoativo (VIP)
Virilização, 1117-1118
Vírus herpes simplex (HSV), transporte axonal do, 130-131q, 130-131f
Visão cega, 1306-1307
Visão de campo agregado, da função mental, 15-16
Visão de cores, nos circuitos seletivos de cone, 479-480
Visão dualista do encéfalo (mente e cérebro), 6-7
Visão estereoscópica, 1077-1078
Visão holística, do encéfalo, 7
Visão noturna, bastonetes em, 468-469, 468-469f
Visão. *Ver* Percepção visual; Processamento visual
Vitamina A, 471-472
V_m. *Ver* Potencial de membrana (V_m)
VMATs (transportadores vesiculares de monoamina), 325-327, 329, 328f
Vômito, neurônios geradores de padrão no, 878-879
von Békésy, Georg, 535-536
von Economo, Constantin, 958
von Helmholtz, Hermann. *Ver* Helmholtz, Hermann von
V_r. *Ver* Potencial de membrana em repouso (V_r)
v-SNAREs, 134-135, 307-308, 310-311

Wall, Patrick, 435-437
Waller, Augustus, 1095-1096
Wang, Xiaoqin, 596-598
Waring, Clive, 1160-1161
Watson, John B., 1312-1313
Waxman, Steven, 383-385
Weber, Ernst, 347-348, 1232-1233

Weiskrantz, Lawrence, 932-933, 1306-1307
Weiss, Paul, 127-129, 1029-1031
Wender, Paul, 1318-1320
Wernicke, Carl, 7, 8, 14-16, 1213, 1220-1221
Wertheimer, Max, 444-446
Wessberg, Johan, 375-377
Westling, Gören, 398, 400
Whittaker, Victor, 302-303
Widener, George, 1354f
Wiesel, Torsten
  na análise de contorno, 453-455
  na anatomia e função do córtex visual, 459, 461
  na privação sensorial, 1073-1075, 1075-1078f
  na seletividade de orientação, 487-488
  na visão estereoscópica, 1077-1079
Wightman, Mark, 321-322
Willis, William, 383-385
Wilson, Sarah, 381-382
Wise, Steven, 736-737
Wolpaw, Jonathan, 690-691
Wolpert, Daniel, 415, 417
Woolsey, Clinton, 734-735, 745-746
Wundt, Wilhelm, 347-348

Yamins, Daniel L., 363-364
Young, Andy, 1308-1310

Zoghbi, Huda, 42-43
Zona ativa pré-sináptica, célula ciliada, 551-552, 552f
Zona de fixação, 775-776
Zona de gatilho, 57-58f, 58-59, 263
  dendrítica, 263, 263f
  do axônio, 207-208, 210
  integração de entrada sináptica para disparar potencial de ação na, 263, 263f
  na ação reflexa, 59-60, 60-61f
Zona de sensibilidade tátil, campos receptivos na, 392-396, 396-398f
Zona limitante intratalâmica, 984-985, 984-985f
Zona neuroendócrina parvocelular, do hipotálamo, 907-908f, 908-909
Zonas ativas, 59-60
  de botões sinápticos, 224-226
  em terminais pré-sinápticos, para influxo de Ca^{2+}, 223-225, 223-224f, 293-298, 295f
  na junção neuromuscular, 229-230, 231f
  vesículas sinápticas em, 295f, 298-301
Zotterman, Yngve, 354-355, 373-375